书名题签　韩 启 德

LIǍNG'ÀN KĒJÌ CHÁNGYÒNG CÍDIǍN

两岸科技常用词典

首席顾问　路甬祥
主　　编　刘　青

全国科学技术名词审定委员会事务中心编

2017年·北京

《两岸科技常用词典》编辑委员会

首席顾问　路甬祥

顾　　问　王永炎　李济生　张礼和　张焕乔

陆汝钤　陈运泰

主　　编　刘　青

副 主 编　李志江　周明鑑　王存忠

编　　委　（按姓氏笔画排序）

于殿利　王有志　王存忠　代晓明

朱建平　刘　青　刘志荣　李志江

杨　鲁　张玉森　周明鑑　周洪波

潘正安

编写人员 （按姓氏笔画排序）

万百五 马　静 王有志 王存忠 王自严 王赞基
田载今 吕　京 朱建平 刘志荣 许　政 杜　敏
李　慧 李志江 李克力 李国建 李咸菊 杨　鲁
吴文清 吴寅泰 何　静 邱　玏 余　恒 辛德培
张　茜 张玉森 陈效真 周明鑑 周家骥 荆志文
胡晓春 洪　梅 姚云云 徐　蔓 高新颜 唐小兰
曹兰萍 程天柱 程利平 霍春雁

审校人员 （按姓氏笔画排序）

于建辉 万　森 才　磊 马海亮 王　海 王　雷
王梦华 卞毓麟 代晓明 白　冰 朱雪莲 乔　永
刘诗发 刘新彦 安建苇 许　慧 杜　翔 李　斐
李福田 杨　芙 杨传福 杨清华 吴　琴 吴满蓉
应小雄 沈　伟 沈　岩 张　伟 张　勇 张大同
陆　梅 陈　浪 陈为众 陈言放 陈康宁 邵宇彤
周　欣 单　亭 赵亚强 赵志峰 赵振华 郝建东
侯笑如 姜兰志 费　麟 高　蕾 高素婷 高振宇
唐云江 商　涛 董文辉 傅祚华 冀彩霞 魏　励

辞书室 代晓明 吴　岫 王　海 善　玉 姜　贺

插　　图 腾吉斯 张　良

责任编辑 吕海春 余桂林

序

《两岸科技常用词典》的出版，是两岸科技文化交流中一件非常有意义的事情。我表示衷心祝贺。

由于历史的原因，海峡两岸已经分隔逾 50 年。这期间正是现代科技大发展时期，两岸对于此期产生的科技新词，按照各自的理解和方式给予定名。因此，科技名词，尤其是新兴学科的名词，难免存在着不尽一致之处。比如，大陆所称的“航天飞机”，台湾称作“太空梭”；大陆地质学名词“地幔”，台湾则称作“地函”；等等。这类概念相同，而称谓不同的情况，多多少少已影响到两岸科技、文教、经贸的交流和发展。

海峡两岸各界对名词差异所造成的语言文字障碍有着深刻的认知和感受。上世纪 90 年代初，“汪辜会谈”顺应民意，把“探讨海峡两岸科技名词的统一”列入了共同协议之中。自此以后，两岸积极组织各学科专家学者开展科技名词对照统一工作。在此工作中，专家们本着“求同存异、统一为上”的原则，努力减少两岸科技名词的差异。比如，国际纯粹与应用化学联合会(IUPAC)对 101～116 号元素重新命名之后，两岸专家对这些元素的定名进行及时的沟通和协调，达成了共识，成为一个很好的范例。迄今，两岸已在 30 多个学科领域开展了对照研讨活动，出版名词对照本达 20 多种，为两岸科教文化的顺畅交流提供了良好的基础。

随着形势的发展，专家们也认识到，消除两岸交流的语言文字障碍，途径、措施和办法是多方面的。除科技名词对照统一外，也可以共同编订各类辞书，更加广泛而深入地促进科技名词交流。

2009 年 7 月，《第五届两岸经贸文化论坛共同建议》中提出“鼓励两岸民间合作编纂中华语文工具书”的建议。随后，两岸合作开展了词典编纂活动。其中，科技部分由全国科学技术名词审定委员会和台湾教育研究院共同组织专家编纂，并将出版《两岸科技常用词典》和《中华科学技术大词典》。

《两岸科技常用词典》的编纂工作从2010年5月启动，两岸专家在词典的整体构架、读者定位、收词原则、体例格式、释义方式、出版形式等方面进行了反复研讨，并明确了任务和分工。在专家们的共同努力下，历经4年寒暑，完成了编纂任务。

合作编纂《两岸科技常用词典》，是在过去近20年所开展的两岸名词工作基础上进行的。两岸专家密切合作，克服了许多困难，除了开展学术讨论交换意见外，还通过网络等信息技术手段加强联系沟通，在数据资源上实现了交换和共享。这部词典的出版，是两岸专家相互配合，密切合作的成果。两岸专家也在共同编纂活动中加深了相互理解，取得了广泛共识。这本身就是一次很好的交流。

借此机会，我要对参与编纂工作的两岸专家和出版部门表示感谢。编纂两岸科学技术对照词典本身是一项科学性、知识性、社会性兼备的工作，两岸专家们能密切合作，克服困难，在较短的时间完成此项重任，令人钦佩。商务印书馆对这部词典的顺利出版给予了大力支持，其深厚的历史底蕴、严谨的出版职业水准，保证了这部词典具有较高的出版质量。

两岸专家合作编写《两岸科技常用词典》，仅是两岸蓬勃展开的科教文化交流的一个缩影，也为两岸科教文化交流搭建了一座新的桥梁。相信在专家们的共同努力下，两岸科教文化的交流将会呈现更加繁荣的局面，为实现振兴中华民族的百年梦想增添光彩。

路甬祥

2014年5月28日

前　言

《两岸科技常用词典》作为两岸同胞日常科技交流对照的查考工具，是在两岸科技专家共同努力下完成的，是两岸合编中华语文工具书的成果之一。

由于历史的原因，两岸在科技领域的概念表述上存在着一些差异，在科技文化交流中造成一些理解上的困难，影响了交流的效率，同时也给信息处理自动化带来了困难。当前，两岸各方面的交流迅速发展，经济合作也越来越紧密，及时规范两岸科技名词并使其逐步一致，对于促进两岸科技、经济发展，实现互利双赢，作用十分明显。

两岸专家学者很早就已经开展了交流合作，并取得丰硕成果。2010 年 3 月，根据《第五届两岸经贸文化论坛共同建议》中“鼓励两岸民间合作编纂中华语文工具书”的建议，双方专家学者再次聚首北京，决定共同编纂几部科技词典，其中《两岸科技常用词典》由两岸相关机构共同组织专家编写。双方约定，在多年来开展科技名词交流对照的成果基础上，选用较常见的基本的科学技术名词编纂成册，以利于两岸民众的方便使用。

虽然，目前两岸出版的差异词典，像《大陆和台湾词语差别词典》《港台语词词典》等亦已有所见，但体现两岸科技词汇方面差异的词典还寥寥无几。其主要原因是编写两岸的科技类词典有较大难度。一是科技名词具有鲜明的学科特点。比如，动物的飞行器官，昆虫的称“翅”，鸟类的称“翼”；同样一种疾病，心理学称“心理障碍”，医学称“精神障碍”；地质有一个概念叫“双晶”，冶金上却称为“孪晶”。这些反映了科技名词的专用性和领域性特点，必须要在词目归属、主副词条的确立等方面仔细琢磨。二是两岸科技词条的对应问题。对同一概念，双方在英文表述上、同义词的选取上存在着差异，出现一对多，或多对一的情况。比如台湾的“月台门”和“遮罩门”两词对应大陆的“屏蔽门”一词；大陆“向量”和“矢量”两词对应台湾的“向量”一词。这些问题给体例编排带来不小的工作难度，需要双方各学科领域的专家深入研讨才能达成一致。三是作为两岸科学普及性词典，既要考虑释义的科学性，又要注意语言的通俗性，以利于公众阅读。这也是编纂科技词典必须顾及的问题。

在词典编纂期间，两岸专家反复协调学术观点，商讨体例，研究词目，斟酌释义。双方通过电话、电子邮件不断沟通协商，重大问题曾多次晤谈。台湾林庆隆先生、丁彦平先生、刘宝琦女士等专家学者对台湾名、英文名、注音等多次逐条审读，在此表示感谢。可以说，这部词典是两岸专家智慧的结晶，是两岸专家齐心耕作的结果。

由于我们的经验和水平所限，词典中难免存有一些疏漏，欢迎广大读者提出宝贵意见，以便在将来修订时订正和完善。

《两岸科技常用词典》编辑委员会

2014年5月28日

目　　录

凡　例

1. 收词和用字

1.1 收词以基础学科和应用学科的基本词汇为主，共约 19 500 条。

1.2 收词分为 31 类，分别是：科学技术总论、数学、物理、化学化工、天文、气象、地质地理、生物基础、动物、植物、医学、中医、心理、信息、机械、轻工、自动化、航空航天、船舶、环境保护、电工电力、材料、纺织、建筑、交通、农业、水利、物流、计量、测绘、军事装备。

1.3 大陆词目用规范字形，台湾词目用传承字形。词目以外部分（包括目录、释义、附录等）的汉字用大陆规范字，并遵从大陆的异形词书写规范。

1.4 立目采用两岸名称对照的方式，大陆名列前，台湾名列后，中间用“/”隔开。为了方便对照和检索，汉语名后附列对应的英文名（前标 * 的为台湾提供的英文名）。

1.4.1 同一事物两岸名称相同的，只立一个词目。例如：

脾/脾　**折射/折射**　**玉蜀黍/玉蜀黍**　**零售物流/零售物流**

风/風　**直线/直線**　**试验舱/試驗艙**　**陆相沉积/陸相沈積**

1.4.2 同一事物两岸名称不同的，台湾名另立词目。例如：

打印/列印　dǎyìn/ㄌㄧㄝˋ ㄧㄣˋ

print

【信息】把编辑好的文档输出到纸张等物理介质上的操作。需要在安装打印机和相应驱动软件后进行。先在常用工具栏单击“打印”按钮，再根据需要选择页码范围、份数等，然后单击“确定”。

列印　ㄌㄧㄝˋ ㄧㄣˋ/lièyìn

print

【信息】台湾名。即“打印”(174 页)。

1.5 同一事物有多个名称的,多个名称通常分别立目。

1.5.1 “又称”(表示也可用的名称)。规范名称作为主条立目,附列对应的英文名,详注;“又称”作为副条立目,不附列对应的英文名,简注。例如:

自主神经/自主神經 zìzhǔ shénjīng/ㄗˋ ㄓㄨˇ ㄕㄣˊ ㄐㄧㄥ

autonomic nerve

【医】又称“植物神经”。周围神经的一部分。包括交感神经和副交感神经。调节内脏、心血管的运动和腺体的分泌,参与人体的新陈代谢活动,且人的意志难以控制。

植物神经 zhíwù shénjīng/ㄓˊ ㄨˋ ㄕㄣˊ ㄐㄧㄥ

【医】即“自主神经”(1506 页)。

1.5.2 “又作”(表示也可用的异形词)。规范名称作为主条立目,附列对应的英文名,详注;“又作”作为副条立目,不附列对应的英文名,简注。例如:

硫黄/硫磺 liúhuáng/ㄌㄧㄡˊ ㄏㄨㄤˊ

sulfur

【化】又作“硫磺”。硫单质的通称。黄色固体,分为结晶形硫和无定形硫两种。化学性质较活泼,能燃烧,着火点 363 ℃。低毒,但蒸气或燃烧放出的二氧化硫有毒。是重要的工业原料,可用于制硫酸、火药、火柴、杀虫剂、橡胶等,也可入药,治疗皮肤病。

硫磺/硫磺 liúhuáng/ㄌㄧㄡˊ ㄏㄨㄤˊ

【化】即“硫黄”(750 页)。

1.5.3 “全称”(对“简称”而言)。规范名称作为主条立目,附列对应的英文名,详注;“全称”作为副条立目,不附列对应的英文名,简注。例如:

充要条件/充要條件 chōngyào tiáojiàn/ㄔㄨㄥ ㄧㄠˋ ㄊㄧㄠˊ ㄐㄧㄢˋ

necessary and sufficient condition

【数】全称“充分必要条件”。命题“若 p 则 q”和“若 q 则 p”都为真时,p 与

q 互为充要条件。例如，两直线都与第三条直线相交时，“同位角相等”与“两直线平行”互为充要条件。

充分必要条件 chōngfèn bìyào tiáojiàn/ㄔㄨㄥ ㄈㄣˋ ㄅㄧˋ ㄧㄠˋ ㄊㄧㄠˊ ㄐㄧㄢˋ

【数】“充要条件”的全称。

1.5.4 “简称”（对“全称”而言）。规范名称作为主条立目，附列对应的英文名，详注；“简称”作为副条立目，不附列对应的英文名，简注。例如：

火力发电厂/火力發電廠 huǒlì fādiànchǎng/ㄏㄨㄛˇ ㄌㄧˋ ㄈㄚ ㄉㄧㄢˋ ㄔㄤˇ

thermal power plant，fossil-fired power plant

【电】简称“火电厂”。发电厂的一种。装备火力发电机组生产电能。由燃烧系统、供水系统、锅炉、汽轮发电机组、变电站等组成。将燃料燃烧产生的热能做动力而发电。按使用燃料的不同，可分为燃煤发电厂、燃气发电厂、燃油发电厂等。

火电厂 huǒdiànchǎng/ㄏㄨㄛˇ ㄉㄧㄢˋ ㄔㄤˇ

【电】“火力发电厂”的简称。

1.5.5 “通称”（表示通常用的名称）。规范名称作为主条立目，附列对应的英文名，详注；“通称”作为副条立目，不附列对应的英文名，简注。例如：

丝织物/絲綢 sīzhīwù/ㄙ ㄔㄡˊ

silk fabric

【纺】通称“丝绸”。用蚕丝纯织，或蚕丝和其他纤维混纺、交织的织物。光泽柔和明亮，高雅华贵，手感爽滑柔软，吸湿性好。但耐光性差，耐酸不耐碱，且易虫蛀。其中，绡、纺、绉、缎、绫、罗、纱、绒等适于用作高档夏季女装面料及礼服面料，锦、织锦缎等适于用作富有中国传统特色的秋冬季服装面料。

丝绸/絲綢 sīchóu/ㄙ ㄔㄡˊ

【纺】❶“丝织物”的通称。❷在台湾，丝绸也指“绸”（136 页）。

1.5.6 “学名”（科学上的专门名称）。通常的规范名称作为主条立目，附列对应的英文名，详注；“学名”作为副条立目，不附列对应的英文名，简注。例如：

氯仿/氯仿 lǜfǎng/ㄌㄩˋ ㄈㄤˇ

chloroform, trichloromethane

【化】学名“三氯甲烷”。有机化合物。无色透明液体,易挥发,遇空气或日光分解为有剧毒的光气。化学性质活泼。主要用作有机溶剂及化工原料,曾用作麻醉剂。是可疑致癌物。

三氯甲烷 sānlǜjiǎwán/ㄙㄢ ㄌㄩˋ ㄐㄧㄚˇ ㄨㄢˊ

【化】“氯仿”的学名。

1.5.7 “俗称”(表示社会上通俗的不规范的称呼)。规范名称立目,附列对应的英文名,详注;“俗称”只作为知识介绍,不立目。例如:

油灰/油灰 yóuhuī/ㄧㄡˊ ㄏㄨㄟ

putty

【材】俗称“玻璃腻子”。一种安装玻璃用的辅助材料。以白垩为基础,用熟桐油、清油等调制而成。具有塑性,涂抹时不断裂,常温下20个昼夜硬化。硬化后为硬质材料,无弹性,无伸缩变形。

“玻璃腻子”不立目。

1.5.8 “旧称”(表示过去曾用,现已不用的名称)。规范名称立目,附列对应的英文名,详注;“旧称”只作为知识介绍,不立目。例如:

介质/介質 jièzhì/ㄐㄧㄝˋ ㄓˋ

medium

【物】旧称“媒质”。传播某种物理运动的物质。例如水是传播光和声音的介质。

“媒质”不立目。

1.6 台湾名与大陆名的“又称”或“通称”相同时,视为两岸名称相同,只列一个词目,词目的大陆名和台湾名并列。例如:

非本征半导体/雜質半導體 fēiběnzhēng bàndǎotǐ/ㄗㄚˊ ㄓˊ ㄅㄢˋ ㄉㄠˇ ㄊㄧˇ

extrinsic semiconductor

【物】又称“杂质半导体”。不纯的半导体。其导电性能取决于杂质的类型和含量。又分为n型半导体和p型半导体。

杂质半导体/雜質半導體 zázhì bàndǎotǐ/ㄗㄚˊ ㄓˊ ㄅㄢˋ ㄉㄠˇ ㄊㄧˇ

【物】即“非本征半导体”(331 页)。

1.7 只在大陆使用的名称只列大陆规范字形。例如：

星际物质 xīngjì wùzhì/ㄒㄧㄥ ㄐㄧˋ ㄨˋ ㄓˊ

【天】即“星际介质”(1276 页)。

只在台湾使用的名称只列传承字形。例如：

資訊流 ㄗ ㄒㄩㄣˋ ㄌㄧㄡˊ/zīxùnliú

information flow

【物流】台湾名。即“信息流”(1275 页)。

2. 注音

2.1 词目中大陆名依据普通话的读音注音，用汉语拼音字母；台湾名依据国语读音注音，用注音符号。通常汉语拼音的拼写列前，注音符号的拼写列后，中间用“/”隔开。例如：

气温/氣溫 qìwēn /ㄑㄧˋ ㄨㄣ

塑料/塑膠 sùliào/ㄙㄨˋ ㄐㄧㄠ

质量/質量 zhìliàng/ㄓˊ ㄌㄧㄤˋ

2.2 台湾名另立词目时，注音符号的拼写列前，汉语拼音的拼写列后。例如：

軟體 ㄖㄨㄢˇ ㄊㄧˇ/ruǎntǐ

2.3 汉语拼音拼写依据《汉语拼音正词法基本规则》。例如：

代谢综合征/代謝症候群 dàixiè zōnghézhēng/ㄉㄞˋ ㄒㄧㄝˋ ㄓㄥˋ ㄏㄡˋ ㄑㄩㄣˊ

牛顿第一定律/牛頓第一運動定律

Niúdùn dì-yī dìnglǜ/ㄋㄧㄡˊ ㄉㄨㄣˋ ㄉㄧˋ ㄧ ㄩㄣˋ ㄉㄨㄥˋ ㄉㄧㄥˋ ㄌㄩˋ

2.4 “一”“不”的注音只注本调，不注变调。例如：

一串红/一串紅 yīchuànhóng/ㄧ ㄔㄨㄢˋ ㄏㄨㄥˊ，“一”不注 yí/ㄧˊ

不锈钢/不鏽鋼 bùxiùgāng /ㄅㄨˋ ㄒㄧㄡˋ ㄍㄤ，“不”不注 bú/ㄅㄨˊ

2.5 词目中的西文字母和阿拉伯数字、罗马数字不注汉语拼音。例如：

X 射线/X 射線 X shèxiàn/X ㄕㄜˋ ㄒㄧㄢˋ

“3R”原则/“3R”原則 “3R” yuánzé/“3R”ㄩㄢˊ ㄗㄜˊ

1 型糖尿病/1 型糖尿病 1xíng tángniàobìng/1ㄒㄧㄥˊ ㄊㄤˊ ㄋㄧㄠˋ ㄅㄧㄥˋ

维生素 B_1/維生素 B_1 wéishēngsù B_1/ㄨㄟˊ ㄕㄥ ㄙㄨˋ B_1

3. 词条安排

3.1 词条按汉语拼音字母次序排列。同音字按笔画排列，笔画少的在前，多的在后；笔画相同的按起笔笔形（横、竖、撇、点、折）的次序排列，起笔笔形相同的按第二笔笔形的次序排列，以此类推。首字相同的按第二字的汉语拼音字母次序排列，以此类推。

3.2 首字为西文字母或阿拉伯数字、罗马数字的词条排列在正文最后。先排首字为西文字母的词语（拉丁字母的在前，希腊字母的在后），按西文字母顺序排列；后排首字为阿拉伯数字、罗马数字的词语，分别按数字次序排列。

词目中有西文字母和阿拉伯数字而其不在首字的，西文字母和阿拉伯数字不参与汉语拼音音序排列。

4. 释义

4.1 释文采用现代汉语通用词语，不用方言或纯文言词语。

4.2 每个义项的释文前标注学科类别。其简称分别为：

【总】（科学技术总论）、【数】（数学）、【物】（物理）、【化】（化学化工）、【天】（天文）、【气】（气象）、【地】（地质地理）、【生】（生物基础）、【动】（动物）、【植】（植物）、【医】（医学）、【中医】（中医）、【心】（心理）、【信息】（信息）、【机】（机械）、【轻】（轻工）、【自】（自动化）、【航】（航空航天）、【船】（船舶）、【环】（环境保护）、【电】（电工电力）、【材】（材料）、【纺】（纺织）、【建】（建筑）、【交】（交通）、【农】（农业）、【水利】（水利）、【物流】（物流）、【计量】（计量）、【测绘】（测绘）、【军】（军事装备）。

4.3 多义词的不同义项，分属不同学科的，用㊀㊁㊂……表示，顺次排列；属于同一学科的，用❶❷❸……表示，顺次排列。例如：

公差/公差 gōngchā/ㄍㄨㄥ ㄔㄚ

㊀tolerance, tolerance of size, ㊁common difference

㊀【机】❶机械加工中根据精度要求规定的，产品最大极限尺寸与最小极限尺寸的差，即实际参数值的允许变动量。公差在一定范围之内的产品，能够满足互换或配合的要求。❷"尺寸公差"的简称。㊁【数】等差数列$\{a_n\}$中$a_n - a_{n-1} = d$（d是与n无关的常值），d叫作公差。例如，等差数列0,5,10,15,20,…的公差是5。

4.4 有些词目附有"知识窗"栏目，对其知识背景及其应用发展等做进一步说明。例如：

数学/數學　shùxué/ㄕㄨˋ ㄒㄩㄝˊ

mathematics

【数】研究现实世界的空间形式和数量关系的学科。包括算术、数论、代数、几何、拓扑、数理逻辑、数学分析、微分方程、计算数学、概率、数理统计等分支。运筹学、控制理论等是数学的边缘学科。

📖 数学起源于计数和度量。至16世纪，算术、初等代数、初等几何、三角等以研究常量为主的初等数学基本完备。17世纪后，以研究变量为主的高等数学逐渐形成并深入发展。20世纪50年代以后，随着计算技术的不断发展，数学得到更加广泛的应用。

4.5 植物、动物、中医药类有些词条附列词目对应的拉丁名。例如：

龙爪槐/龍爪槐　lóngzhǎohuái/ㄌㄨㄥˊ ㄓㄠˇ ㄏㄨㄞˊ

Chinese pagoda tree

【植】*Sophora japonica* var. *japonica* f. *pendula* 豆科槐属。落叶乔木。……

狒狒/狒狒　fèifèi/ㄈㄟˋ ㄈㄟˋ

savanna baboons

【动】*papio hamodryas* 哺乳动物名。灵长目猴科。……

川贝母/川貝母　chuānbèimǔ/ㄔㄨㄢ ㄅㄟˋ ㄇㄨˇ

Bulbus Fritillariae Cirrhosae (拉), tendrilleaf fritillary bulb

【中医】中药名。百合科植物川贝母 *Fritillaria cirrhosa* D. Don、暗

紫贝母 *F. unibracteata* Hsiao et K. C. Hsia、甘肃贝母 *F. przewalskii* Maxim.、梭砂贝母 *F. delavayi* Franch.的干燥鳞茎。……

4.6 释文中的计量单位，采用《国际单位制》及其他国际通用的单位，通常用中文符号。例如：用“吨”“毫米”，不用 t，mm。个别常用的单位除外。例如：用“℃”，不用“摄氏度”。

4.7 释义中表示异名的“又称××”“又作××”等，置于释文之前。如有多个异名，其排列顺序通常是“又作××”“通称××”“全称××”“简称××”“又称××”“台湾又称××”“俗称××”“旧称××”。例如：

茶籽油/茶籽油　【农】又作“茶子油”，又称“茶油”。……

獐/獐　【动】*Hydropotes inermis* 通称“獐子”，又称“牙獐”“河麂”。……

集成电路卡/積體電路卡　【信息】又称“智能卡”，台湾又称“智慧卡”。……

蛋白质/蛋白質　【生】简称“蛋白”，旧称“朊”。……

轮作/輪作　【农】又称“轮种”，俗称“倒茬”。……

5. 插图及附录

5.1 根据释文需要附有随文黑白插图约 700 幅。

5.2 附录有：汉语拼音方案、希腊字母表、国际单位制、地质年代表、地震烈度表、中国的世界地质公园名录、蒲福风级表、海况等级表、星座表、二十四节气表、元素周期表。

6. 索引

6.1 列有词目首字汉语拼音音序索引和词目首字笔画索引。

6.2 列有词目英文索引。

词目首字汉语拼音音序索引

（字右边的号码指词典正文的页码）

D

词目首字笔画索引

（字右边的号码指词典正文的页码）

十画

十一画

a（ㄚ）

吖啶/吖啶 ādìng/ㄧㄚ ㄉㄧㄥˋ

acridine

【化】杂环化合物。无色针状晶体，稀溶液呈蓝色荧光，有强刺激性，弱碱性，是强化学发光物质。很多染料的分子结构中带有吖啶环。

吖嗪/吖哄 āqín/ㄧㄚ ㄐㄧㄥˇ

azine

【化】含有一个或几个氮原子的不饱和六元杂环的统称。如吡啶、哒嗪、嘧啶、吡嗪、噁嗪、噻嗪及三嗪、四嗪等。

吖哄 ㄧㄚ ㄐㄧㄥˇ/ājǐng

azine

【化】台湾名。即“吖嗪”(1 页)。

阿波罗工程/太陽神計畫 Ābōluó gōngchéng/ㄊㄞˋ ㄧㄤˊ ㄕㄣˊ ㄐㄧˋ ㄏㄨㄚˋ

Apollo project

【航】又称“阿波罗计划”。美国实施的实现载人登月飞行和对月球进行实地考察的工程。该工程自1961年5月开始，经过多次登月飞行试验。1969年7月20—21日，三名航天员乘阿波罗11号宇宙飞船首次成功登上月球，实现了人类载人登月飞行和人类对月球实地考察。到1972年12月19日，又有5艘飞船共12名航天员先后登上月球，此后登月工程结束。

阿波罗计划 Ābōluó jìhuà/ㄚ ㄅㄛ ㄌㄨㄛˊ ㄐㄧˋ ㄏㄨㄚˋ

【航】即“阿波罗工程”(1 页)。

阿尔卑斯山脉/阿爾卑斯山脈 Ā'ěrbēisī Shānmài/ㄚ ㄦˇ ㄅㄟ ㄙ ㄕㄢ ㄇㄞˋ

Alps

【地】山脉名。位于欧洲南部，西起法国东南部，经意大利北部、瑞士南部、列支敦士登、德国南部，东至奥地利西部，大致呈东西走向，长约1200千米，宽130～260千米，西窄东宽。平均海拔3000米。最高峰勃朗峰，海拔4810米。是欧洲最高的山脉，多瑙河、莱茵河和波河等的发源地，也是中欧温带大陆性气候和南欧亚热带地中海式气候的分界线。

阿尔茨海默病/阿兹海默病 ā'ěrcíhǎimòbìng/ㄚ ㄗ ㄏㄞ ㄇㄛˋ ㄅㄧㄥˋ

Alzheimer disease

【医】一种病因未明的原发性退行性脑变性疾病。病理改变主要为皮质弥漫性萎缩，可见神经元丢失、老年斑、神经元纤维缠结、海马锥体细胞颗粒性空泡变性等。多发病于老年期或老年前期，潜隐起病，缓慢不可逆地进展，临床上以记忆及全面性认知损害为特征，日常生活能力下降，后期可伴有精神症状、锥体束征等。

阿尔法射线/阿伐射線 ā'ěrfǎ shèxiàn/ㄚ ㄈㄚ ㄕㄜˋ ㄒㄧㄢˋ

α-ray

【化】又作“α射线”。放射性原子核所发射出的阿尔法粒子流。阿尔法粒子是氦的原子核，即两个中子和两个质子的结合体。阿尔法射线通过物质时极易使原子电离而损失能量。阿尔法粒子质量大，电离能力强并高速旋转，穿透能力弱。

阿尔法衰变/阿伐衰變 ā'ěrfǎ shuāibiàn/ㄚ ㄈㄚ ㄕㄨㄞ ㄅㄧㄢˋ

α-decay

【化】又作“α衰变”。原子核自发放射α粒子的核衰变过程。

阿尔泰山/阿爾泰山 Ā'ěrtài Shān/ㄚ ㄦˇ ㄊㄞˋ ㄕㄢ

Altay

【地】山脉名。位于新疆最北部，中国、蒙古、俄罗斯、哈萨克斯坦的边境地区。北西—南东走向，总长约2000千米，最高峰友谊峰，海拔4374米。“阿尔泰”是蒙古语音译，意为“金山”，因盛产黄金，故名。

阿伐射線 ㄚ ㄈㄚ ㄕㄜˋ ㄒㄧㄢˋ/āfá shèxiàn

【化】台湾名。即“阿尔法射線”(1 页)。

阿伐衰變 ㄚ ㄈㄚ ㄕㄨㄞ ㄅㄧㄢˋ/āfá shuāibiàn

A

α-decay

【化】台湾名。即“阿尔法衰变”(1 页)。

阿非利加洲

Āfēilìjiāzhōu/ㄚ ㄈㄟ ㄌㄧˋ ㄐㄧㄚ ㄓㄡ

【地】“非洲”的全称。

阿伏伽德罗常量/亞佛加厥常數

Āfújiādéluó chángliàng/

ㄧㄚˋ ㄈㄛˊ ㄐㄧㄚ ㄐㄩㄝˊ ㄔㄤˊ ㄕㄨˋ

Avogadro constant

【化】表示 1 摩物质所含的粒子(如分子、原子、离子、电子)数。为一常数,其数量值取 6.022×10^{23}。因意大利科学家阿伏伽德罗首先发现,故名。

📖 意大利科学家阿伏伽德罗(A. Avogadro,1776—1856)最早提出分子概念,并指出氮、氧、氢、氯等气体分子均由两个原子组成。他于 1811 年提出,同温同压下,相同体积的各种气体均含有相同数目的分子。当时只是假说,后实验测量出同温同压下的气体体积为同一数值(0℃,1 大气压下约 22.4升),并由此得到了阿伏伽德罗常量。

阿基米德原理/阿基米德原理

Ājīmǐdé yuánlǐ/ㄚ ㄐㄧ ㄇㄧˇ ㄉㄜˊ ㄩㄢˊ ㄌㄧˇ

Archimedes principle

【物】物体在静止流体中所受浮力大小的基本原理。物体浸在流体中受到的浮力大小等于它所排开流体的重力。数学表达式为 $F=\rho gV$,式中 ρ 是流体的密度,g 是重力加速度,V 是其浸入流体中的体积。因古希腊科学家阿基米德(Archimedes,公元前 287—前 212)首先发现并在约公元前 240 年严格证明了该原理,故名。

阿拉伯半岛/阿拉伯半島

Ālābó Bàndǎo/ㄚ ㄌㄚ ㄅㄛˊ ㄅㄢˋ ㄉㄠˇ

Arabian Peninsula

【地】半岛名。位于亚洲西南部,从中东向东南方伸入印度洋。面积 322 万平方千米,海拔 300～2000 米,是世界上第一大半岛。属热带沙漠气候,干热少雨,年降水量在 100 毫米以下。东部沿海是世界石油和天然气储藏量最多的地区。

阿拉伯数字/阿拉伯數字

Ālābó shùzì/ㄚ ㄌㄚ ㄅㄛˊ ㄕㄨˋ ㄗˋ

Arabic numerals

【数】现在世界上通用的数字。由符号 0,1,2,3,4,5,6,7,8,9 组成。起源于印度,8 世纪前后传入阿拉伯,13 世纪从阿拉伯传入欧洲,以后在世界上广泛传播使用。

阿里山/阿里山 Ālǐ Shān/ㄚ ㄌㄧˇ ㄕㄢ

Ali Mountain

【地】山脉名。位于台湾岛西部,近南北走向,主峰大塔山,海拔 2663 米。谷深林茂,山势雄伟,是台湾著名风景区。

阿伦森效应/阿倫森效應

Ālúnsēn xiàoyìng/ㄚ ㄌㄨㄣˊ ㄙㄣ ㄒㄧㄠˋ ㄧㄥˋ

Aronson effect

【心】一种社会心理效应。美国心理学家阿伦森(E. Aronson,1932—)认为,人们大都喜欢对自己的赞赏不断增加的人或事,而反感对自己的赞赏不断减少的人或事。通过实验他发现,人们会随着褒奖递减而态度逐渐消极,随着褒奖递增而态度逐渐积极。这个效应说明,表扬递增是受欢迎的,在人际交往中,要注意表扬和批评的方法。

阿米巴 āmǐbā/ㄚ ㄇㄧˇ ㄅㄚ

【动】即“变形虫”(62 页)。

阿是穴/阿是穴 āshìxué/ㄚ ㄕˋ ㄒㄩㄝˊ

a-shi point, *ouch point

【中医】无固定名称与位置,根据病痛局部或与病痛有关的压痛或缓解点确定的腧穴。因按压时疼痛,患者常“啊”的一声,问是否为痛点,答“是”,故名。

阿兹海默病

ㄚ ㄗ ㄏㄞˇ ㄇㄛˋ ㄅㄧㄥˋ/āzīhǎimòbìng

Alzheimer disease

【医】台湾名。即“阿尔茨海默病”(1 页)。

锕/錒 ā/ㄚ

actinium

【化】金属元素。属周期表第ⅢB 族(锕系),符号 Ac,原子序数 89。原子量 227.0277。有放射性。自然界极少量存在于沥青铀矿中。单质为银白色金属,在暗处能发光,在空气中迅速氧化,化学性质活泼。可用作航天器的热源。

📖 1899 年,法国的德比耶纳(A. Debierne)将氨水兑在沥青铀矿矿渣的溶液中,在其沉淀物中发现了从未见过的特征 X 射线,从中分离出一种新的放射性元素。拉丁文定名为

actinium，源自希腊文 aktinos，意思是“放射”。中文定名为“锕”，是形声字。

ai （ㄞ）

埃/埃 āi/ㄞ

angstrom

【计量】天文学常用的波长单位。符号 Å。1 埃 $=10^{-10}$ 米。为纪念瑞典物理学家昂斯特伦(J. Ångström)而命名。

埃博拉出血热/伊波拉出血熱

Āibólā chūxuèrè/ㄧ ㄅㄛ ㄌㄚ ㄔㄨ ㄒㄧㄝˇ ㄖㄜˋ

Ebola hemorrhagic fever

【医】由埃博拉病毒(一种丝状病毒)引起的急性传染病。主要通过接触患者血液和排泄物所污染的物品传播。主要表现是高热，头痛，呕吐，腹泻，发生凝血功能障碍与血小板减少，导致鼻腔或口腔内出血，进而肾功能衰竭，出现休克和昏迷，死亡率高。

📖 1976 年，埃博拉出血热在非洲的苏丹和扎伊尔暴发。因该病始发于扎伊尔北部的埃博拉河附近地区，故名。

埃迪卡拉动物群/埃迪卡拉動物群

Āidíkǎlā dòngwùqún/

ㄞ ㄉㄧˊ ㄎㄚˇ ㄌㄚ ㄉㄨㄥˋ ㄨˋ ㄑㄩㄣˊ

Ediacara fauna

【地】发现于澳大利亚南部的埃迪卡拉(Ediacara)地区的一大群软体多细胞无脊椎动物化石。这些古生物生活于距今 6 亿～5.43 亿年期间。有腔肠动物、环节动物、节肢动物等。1960 年第 22 届国际地质会议正式命名。埃迪卡拉动物群表明，在寒武纪之前已经出现了不少多细胞的无脊椎动物。

埃洛石/敘永石 āiluòshí/ㄒㄩˋ ㄩㄥˇ ㄕˊ

halloysite

【地】又称“多水高岭石”。黏土矿物。单斜晶系。晶体里含有水(水合物)。管状构造(区别于高岭石的片状构造)，常呈土状块体。质地细腻，多为白色，蜡状或油脂光泽。贝壳状断口。是典型的风化作用的产物，在风化壳中常与高岭石等共生。主要用于陶瓷工业。

锿/鑀 āi/ㄞ

einsteinium

【化】金属元素。周期表第ⅢB 族(锕系)，符号 Es，原子序数 99。原子量252.0830。有放射性，由人工核反应获取。单质为银白色金属，容易挥发。

📖 1952 年，美国洛斯阿拉莫斯(Los Alamos)国家实验室等在第一颗氢弹爆炸后的核污染物质中发现了这一新元素。拉丁文定名为 einsteinium，源自 A.Einstein，这是著名科学家爱因斯坦的姓，用以纪念他创立相对论的贡献。中文定名原为“鑀”，后大陆改为“锿”，现台湾、港澳仍用“鑀”，都是形声字。

癌/癌 ái/ㄧㄢˊ(又读ㄞ)

carcinoma

【医】发生于上皮组织的恶性肿瘤。其细胞的生长处于失控状态，无限制增生，造成对正常组织的侵入、破坏和挤压，并可通过血液、淋巴等途径扩散转移到其他部位，进行增殖与破坏。当向周围组织的浸润和播散无法控制时，将进一步侵犯要害器官，导致机体的衰竭和死亡。按发生在人体的部位不同，可分为肝癌、胃癌、食管癌、肺癌、喉癌、子宫癌、肠癌、乳腺癌、胰腺癌、肾癌、前列腺癌、皮肤癌等。

矮呆病 ㄞˇ ㄉㄞ ㄅㄧㄥˋ/ǎidāibìng

cretinism

【医】台湾名。即“呆小症”(190 页)。

矮牵牛/矮牽牛

ǎiqiānniú/ㄞˇ ㄑㄧㄢ ㄋㄧㄡˊ

【植】即“碧冬茄”(56 页)。

矮星系/矮星系 ǎixīngxì/ㄞˇ ㄒㄧㄥ ㄒㄧˋ

dwarf galaxy

【天】光度最弱的一类星系。通常含有一百万到十亿颗恒星，绝对星等为－8～－16 等。银河系近邻的大小麦哲伦云都是矮星系。

矮行星/矮行星 ǎixíngxīng/ㄞˇ ㄒㄧㄥˊ ㄒㄧㄥ

dwarf planet

【天】太阳系天体的一类。介于行星与太阳系小天体(小行星、彗星)之间。围绕太阳公转，质量足够维持自身引力平衡，呈球对称形态，未能清除轨道上的其他天体。

📖 冥王星、谷神星和阋神星都被认为是矮行星。

矮壮素/矮壯素

ǎizhuàngsù/ㄞˇ ㄓㄨㄤˋ ㄙㄨˋ

chlormequat chloride, CCC

【生】一种植物生长调节物质。即 2-氯乙基三甲基氯化铵,白色晶体,吸湿性强,易溶于水。可抑制细胞伸长,使植株变矮,茎秆加粗,防徒长,防倒伏。

艾/艾 ài/ㄞˋ

argy sagebrush

【植】*Artemisia argyi* 又称"艾叶"。菊科蒿属。多年生草本植物。略半灌木状,有浓香。茎单生,有纵棱,基部稍木质化。叶厚纸质,羽状裂,被毛,有白色腺点。椭圆形头状花序,再排成穗状花序,花冠紫色。花果期7—10月份。在中国,分布于东北、华北、华东、华南、西南以及陕西、甘肃。野生杂草。

📖 "清明插柳,端午插艾"是中华民族的民俗传统之一。古代在端午节,人们把菖蒲和艾条插于门楣,悬于堂中,起一定的防病作用。

艾宾浩斯记忆遗忘曲线

Àibīnhàosī jìyì yíwàng qūxiàn/ㄞˋ ㄅㄧㄣ ㄏㄠˋ ㄙ ㄐㄧˋ ㄧˋ ㄧˊ ㄨㄤˋ ㄑㄩ ㄒㄧㄢˋ

【心】即"遗忘曲线"(1336 页)。

艾灸/艾灸 àijiǔ/ㄞˋ ㄐㄧㄡˇ

moxa-wool moxibustion, * moxibustion

【中医】灸法之一。以艾绒为主要原料制成艾炷或艾条,点燃后熏熨或温灼体表腧穴。

艾叶/艾葉 àiyè/ㄞˋ ㄧㄝˋ

㊀ argy sagebrush, ㊁ Folium Artemisiae Argyi(拉), argy wormwood leaf

㊀【植】即"艾"(4 页)。㊁【中医】中药名。菊科植物艾*Artemisia argyi* Lévl. et Vant.的干燥叶。味辛、苦,性温;有小毒。归肝、脾、肾经。散寒止痛,温经止血。用于少腹冷痛,经寒不调,宫冷不孕,吐血,衄血,崩漏经多,妊娠下血;外治皮肤瘙痒。是中医灸法的原料。

📖 艾叶可制成艾绒、艾条等进行艾灸治疗。艾灸历史悠久,《孟子》即有"七年之病,求三年之艾"之说。

艾叶豹 àiyèbào/ㄞˋ ㄧㄝˋ ㄅㄠˋ

【动】即"雪豹"(1294 页)。

艾滋病 àizībìng/ㄞˋ ㄗ ㄅㄧㄥˋ

【医】"获得性免疫缺陷综合征"的通称。

艾滋病病毒

àizībìng bìngdú/ㄞˋ ㄗ ㄅㄧㄥˋ ㄅㄧㄥˋ ㄉㄨˊ

【医】"人类免疫缺陷病毒"的通称。

砹/砹 ài/ㄜˋ

astatine

【化】非金属元素。属周期表ⅦA 族,符号At,原子序数85。原子量209.9871。有放射性,自然界极少量存在于放射性元素的衰变产物中。单质黑色或深黑色,沸点低,有导电性,在非金属元素中金属性最强,化学性质活泼。

📖 1940 年,意大利的赛格雷(E. Segre)等三人在美国加州大学的回旋加速器中制出砹。拉丁文定名为 astratium,源自希腊文 astatos,意思是"不稳定"(因当年它被制出后,7.214 小时就衰变掉了一半)。中文定名为"砹",是形声字。

爱奥尼柱式/愛奧尼柱式

Ài'àoní zhùshì/ㄞˋ ㄠˋ ㄋㄧˊ ㄓㄨˋ ㄕˋ

Ionic order

【建】欧洲古典建筑中基本柱式之一。从木结构演变而来。主要特点是柱头有一对涡卷,有柱础,并带有复杂的线脚,柱身通常有 24 条凹槽,柱高是柱底径的 9~10 倍。带有轻快精致的柔和美,是女性、秀美、温和、优雅、纤细的象征。

爱奥尼柱式

爱玉/愛玉 àiyù/ㄞˋ ㄩˋ

【植】即"爱玉子"(4 页)。

爱玉子/愛玉 àiyùzǐ/ㄞˋ ㄩˋ

ficus awkeotsang

【植】*Ficus pumila* var. *awkeotsang* 又称"爱玉"。桑科榕属。攀缘或匍匐灌木。叶长椭圆状卵形,背面被毛。榕果单生叶腋,长圆形,表面被毛,顶部渐尖,脐部凸起。雄花生榕果内壁口部,有柄,花被片 2~3 枚,线形;雌花生另一植株的榕果内壁,花柄长,花被片 4~5 枚。花果期 5—8 月份。在中国,分布于台湾(多栽培)、福建、浙江等地。果实可食,用果实制成的胶质食品称为爱玉冻。

📖 爱玉子是薜荔 *Ficus pumila* 的变种。

愛滋病 ㄞˋ ㄗ ㄅㄧㄥˋ/àizībìng

acquired immunodeficiency syndrome, AIDS

【医】台湾名。即"获得性免疫缺陷综合征"

(556 页)。

愛滋病毒 ㄞˋ ㄗ ㄅㄧㄥˋ ㄉㄨˊ/àizībìngdú

human immunodeficiency virus, HIV

【医】台湾名。即“人类免疫缺陷病毒”(947 页)。

礙子 ㄞˋ ㄗˇ/àizǐ

insulator

【电】台湾名。即“绝缘子”(661 页)。

礙子連 ㄞˋ ㄗˇ ㄌㄧㄢˊ/àizǐlián

insulator string

【电】台湾名。即“绝缘子串”(661 页)。

鑀 ㄞˋ/ài

einsteinium

【化】台湾名。即“锿”(3 页)。

an (ㄢ)

安 ān/ㄢ

【计量】“安培”的简称。

安地斯山脈

ㄢ ㄉㄧˋ ㄙ ㄕㄢ ㄇㄞˋ/Āndìsī Shānmài

Andes Mountains

【地】台湾名。即“安第斯山脉”(5 页)。

安第斯山脉/安地斯山脈

Āndìsī Shānmài/ㄢ ㄉㄧˋ ㄙ ㄕㄢ ㄇㄞˋ

Andes Mountains

【地】山脉名。纵贯南美大陆西部,大体上与太平洋岸平行,南北长 8900 千米。是科迪勒拉山系在南美洲的主干山脉,也是世界最长的山脉。海拔多在 3000 米以上,最高峰阿空加瓜山,海拔 6960 米,是西半球最高点。气候和植被类型复杂多样,垂直分带明显。矿藏丰富,主要有铜、锡、银、铅、锌、金、铂、铋、钒、煤、石油、硝石、硫黄和铁等。

安宫牛黄丸/安宫牛黄丸

āngōng niúhuángwán/

ㄢ ㄍㄨㄥ ㄋㄧㄡˊ ㄏㄨㄤˊ ㄨㄢˊ

angong niuhuang pills, angong niuhuang wan, * Peaceful Palace Bovine Bezoar Pill

【中医】中医方剂名。组成:牛黄、郁金、犀角(用代用品)、黄连、朱砂、冰片、麝香、珍珠、山栀、雄黄、金箔衣、黄芩。研为极细末,炼老蜜为丸,每丸一钱,金箔为衣,蜡护。脉虚者人参汤下,脉实者金银花、薄荷汤下。清热开窍,豁痰解毒。用于温病热陷心包,痰热壅闭心窍,见高热烦躁,神昏谵语等症。

安赫尔瀑布/安琪兒瀑布

Ānhè'ěr Pùbù/ㄢ ㄑㄧˊ ㄦˊ ㄆㄨˋ ㄅㄨˋ

Angel Falls

【地】瀑布名。位于南美洲委内瑞拉境内,卡罗尼河支流丘伦河上。丘伦河水从平顶高原的陡壁直泻而下,宽 150 米,落差达 979.6 米。是世界上落差最大的瀑布。

安培/安培 ānpéi/ㄢ ㄆㄟˊ

ampere

【计量】简称“安”。电流的国际单位制单位。符号 A。在真空中,截面积可忽略的两根相距 1 米的无限长平行圆直导线内通以等量恒定电流时,若导线间相互作用力在每米长度上为 2×10^{-7} 牛,则每根导线中的电流为 1 安。为纪念法国物理学家安培(André-Marie Ampère, 1775—1836)而命名。

安培電路定律

ㄢ ㄆㄟˊ ㄉㄧㄢˋ ㄌㄨˋ ㄉㄧㄥˋ ㄌㄩˋ/

Ānpéi diànlù dìnglǜ

Ampère circuital law

【电】台湾名。即“安培环路定律”(6 页)。

安培定则/安培定則

Ānpéi dìngzé/ㄢ ㄆㄟˊ ㄉㄧㄥˋ ㄗㄜˊ

Ampère rule

【物】描述电流及其磁场之间方向关系的定则。由两部分组成。(1)直线电流的磁场。用右手握住导线,使拇指指向电流 I 方向,与拇指垂直的其余四指所指的方向就是磁场 B 的磁感线方向。(2) 螺线管电流的磁场。用右手握住螺线管,使四指指向其中电流 I 的方向,与四指垂直的拇指所指的方向

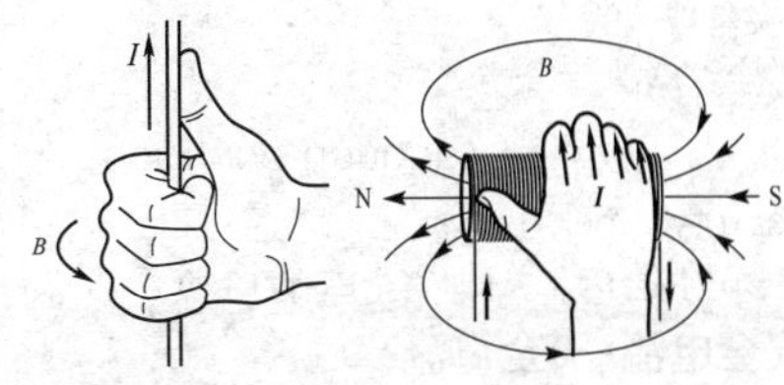

直流电流的右手定则　　通电螺线管的安培定则

A

就是螺线管内部磁场 B 的磁感线方向。因法国物理学家安培(André-Marie Ampère, 1775—1836)首先发现,故名。

安培环路定律/安培電路定律

Ānpéi huánlù dìnglǜ/ㄢ ㄆㄟˊ ㄏㄨㄢˊ ㄌㄨˋ ㄉㄧㄥˋ ㄌㄩˋ

Ampère circuital law

【电】表征恒定磁场基本特征的定律。描述磁场强度 H 的环路积分特性。在恒定磁场中对任意闭合环路 l 有 $\oint_l \boldsymbol{H} \cdot \mathrm{d}\boldsymbol{l} = \sum_{k=1}^{n} \boldsymbol{I}_k$,其微分形式为 $\nabla \times \boldsymbol{H} = \boldsymbol{J}_0$。式中 $\boldsymbol{I}_0$ 和 $\boldsymbol{J}_0$ 分别是回路所交链的传导电流和传导电流密度。在时变电磁场中,式中的 $\boldsymbol{I}_0$ 和 $\boldsymbol{J}_0$ 应分别扩展为全电流(传导电流与位移电流)和全电流密度。

安培計 ㄢ ㄆㄟˊ ㄐㄧˋ/ānpéijì

ammeter

【电】台湾名,即"电流表"(250 页)。

安培力/安培力 ānpéilì/ㄢ ㄆㄟˊ ㄌㄧˋ

Ampère force

【物】载流导线在外磁场中所受的力。在磁场中,一段长 L 的导线与磁场磁感应强度 B 的方向成 θ 角时,如果导线通过的电流为 I,所受到的安培力为 $ILB\sin\theta$。方向用左手定则判断。

安琪兒瀑布

ㄢ ㄑㄧˊ ㄦˊ ㄆㄨˋ ㄅㄨˋ/Ānqí'ér Pùbù

Angel Falls

【地】台湾名。即"安赫尔瀑布"(5 页)。

安全玻璃/安全玻璃

ānquán bōli/ㄢ ㄑㄩㄢˊ ㄅㄛ ·ㄌㄧ

safety glass

【材】安全性好,在受撞击时不易破碎,或破碎也不易伤人的玻璃。通常用于汽车、飞机或建筑物的门窗。主要有钢化玻璃、夹层玻璃、夹丝玻璃等。

安全存量

ㄢ ㄑㄩㄢˊ ㄘㄨㄣˊ ㄌㄧㄤˋ/ānquán cúnliàng

safety stock, SS

【物流】台湾名。即"安全库存"(6 页)。

安全电流/安全電流

ānquán diànliú/ㄢ ㄑㄩㄢˊ ㄉㄧㄢˋ ㄌㄧㄡˊ

safety current

【电】通过人体时不会对人身产生危险的电流。通常为 30 毫安。

安全电压/安全電壓

ānquán diànyā/ㄢ ㄑㄩㄢˊ ㄉㄧㄢˋ ㄧㄚ

safety voltage

【电】为防止人身电击事故,采用由特定电源供电的电压系列。其上限值为在任何情况下,加在身体不同部位之间的电压不得超过交流有效值 50 伏或直流 36 伏。

安全阀/安全閥 ānquánfá/ㄢ ㄑㄩㄢˊ ㄈㄚˊ

safety valve, relief valve

【机】锅炉、压力容器、高压管道等设备为保证安全所采用的一种阀。当管道或设备内介质压力超过规定值时启闭件(阀瓣)自动开启排放介质,低于规定值时启闭件(阀瓣)自动关闭,对管道或设备起保护作用。锅炉和压力容器必须装设这种阀。通常有重锤式、弹簧式和脉冲式等。

安全库存/安全存量

ānquán kùcún/ㄢ ㄑㄩㄢˊ ㄎㄨˋ ㄘㄨㄣˊ ㄌㄧㄤˋ

safety stock, SS

【物流】为应对不确定因素(如大量突发性订货、交货期突然延期等)而准备的缓冲库存。是经常库存之外的额外库存,持有量取决于企业订货周期的变动和现货供应的水平。

安全气囊/安全氣囊

ānquán qìnáng/ㄢ ㄑㄩㄢˊ ㄑㄧˋ ㄋㄤˊ

safety airbag

【机】汽车上用于减轻乘员伤害程度的充气囊安全装置。通常设置在车内前方(正副驾驶位)、侧方(车内前排和后排)和车顶三个方向。由高强度纤维织物缝制而成,有较高的气密性和强度,并有规定的贮放安全期。当发生碰撞事故时,避免乘员发生二次碰撞或车辆发生翻滚等危险情况时被抛离座位。

安全食品/安全食品

ānquán shípǐn/ㄢ ㄑㄩㄢˊ ㄕˊ ㄆㄧㄣˇ

safety food

【轻】广义上指不含污染物和有害成分,食用不会损害消费者健康的食品。狭义上指按照一定的规程生产,符合营养、卫生等方面标准的食品。

安全填埋/安全掩埋
ānquán tiánmái/ㄢ ㄑㄩㄢˊ ㄊㄧㄢˊ ㄇㄞˊ
safe landfill, security landfill
【环】又称"安全土地填埋"。对工业固体废物,尤其是危险性废物进行土地填埋的最终处置方法。安全填埋场建有地下水安全保护、地表径流和气体控制系统等,以防止填埋物向外迁移,并保证填埋物与生态环境的长期隔离。

安全土地填埋
ānquán tǔdì tiánmái/
ㄢ ㄑㄩㄢˊ ㄊㄨˇ ㄉㄧˋ ㄊㄧㄢˊ ㄇㄞˊ
【环】即"安全填埋"(7 页)。

安全信道/保全通道
ānquán xìndào/ㄅㄠˇ ㄑㄩㄢˊ ㄊㄨㄥ ㄉㄠˋ
security channel
【信息】已采取各种措施加以保护,防止未授权的访问、操作或使用的通信链路。常用措施有:与公用网络隔离、加密以及其他控制手段。

安全掩埋
ㄢ ㄑㄩㄢˊ ㄧㄢˇ ㄇㄞˊ/ānquán yǎnmái
safe landfill, security landfill
【环】台湾名。即"安全填埋"(7 页)。

安全着陆
ānquán zhuólù/ㄢ ㄑㄩㄢˊ ㄓㄨㄛˊ ㄌㄨˋ
【航】即"软着陆"(963 页)。

安山岩/安山岩 ānshānyán/ㄢ ㄕㄢ ㄧㄢˊ
andesite
【地】中性喷出岩。与闪长岩成分相当,斑状结构,斑晶主要为斜长石及暗色矿物。暗色矿物主要为黑云母、角闪石和辉石。灰黑、灰绿或棕色,具斑状构造。是环太平洋沿岸分布最广的喷出岩,因大量发育于美洲的安第斯山脉,故名。

安神定志
ānshén dìngzhì/ㄢ ㄕㄣˊ ㄉㄧㄥˋ ㄓˋ
【中医】即"安神法"(7 页)。

安神法/安神法 ānshénfǎ/ㄢ ㄕㄣˊ ㄈㄚˇ
tranquillization method, * spirit-quieting method
【中医】又称"安神定志"。内治法之一。用具有镇静宁心作用的方药治疗神志不安等病证。

安慰剂效应/安慰劑效果
ānwèijì xiàoyìng/ㄢ ㄨㄟˋ ㄐㄧˋ ㄒㄧㄠˋ ㄍㄨㄛˇ
placebo effect
【心】又称"伪药效应"。一种社会心理效应。指病人在接受治疗的过程中,接受的并非是有效的治疗药物,但如果病人相信该药物的治疗作用,症状便会得到缓解。实际是病人自我暗示在起作用。这个效应也用于心理学研究。

📖 安慰剂,医学上指不含有任何药理成分的制剂,既无药效也无毒副作用的物质。主要用于安抚病人,配合治疗。

安慰劑效果
ㄢ ㄨㄟˋ ㄐㄧˋ ㄒㄧㄠˋ ㄍㄨㄛˇ/ānwèijì xiàoguǒ
placebo effect
【心】台湾名。即"安慰剂效应"(7 页)。

桉/桉 ān/ㄢ
swamp mahogany
【植】*Eucalyptus robusta* 又称"大叶桉"。桃金娘科桉属。高大乔木。树皮深褐色,有不规则斜裂沟,嫩枝有棱。叶卵状披针形,厚革质,两侧不等,侧脉明显,两面都有腺点。伞形花序粗大,白色,花瓣与萼片合生成一帽状体,开放时脱落。蒴果卵状壶形。花期 4—9 月份。中国只在云南和四川个别生境生长。木材可用,叶可入药。

桉树油 ānshùyóu/ㄢ ㄕㄨˋ ㄧㄡˊ
【化】即"桉叶油"(7 页)。

桉叶油/桉油 ānyèyóu/ㄢ ㄧㄡˊ
eucalyptus oil
【化】又称"桉树油"。天然桉叶油是将桉树的叶子和顶端枝条经水蒸气蒸馏而得的精油。按用途不同,有工业用桉叶油、医用桉叶油和香料用桉叶油三种类型。

桉油 ㄢ ㄧㄡˊ/ānyóu
eucalyptus oil
【化】台湾名。即"桉叶油"(7 页)。

氨基/胺基 ānjī/ㄢ ㄐㄧ
amino
【化】氨分子脱掉一个氢原子而成的原子团。

氨基树脂/胺基樹脂
ānjī shùzhī/ㄢ ㄐㄧ ㄕㄨˋ ㄓ

amino resin

【材】树脂的一类。由含有氨基或酰胺基的单体与醛类(主要是甲醛)缩聚而成的热固性树脂。通常为低聚物。包括三聚氰胺甲醛树脂、氨基甲酸酯甲醛树脂、氰胺与双氰胺甲醛树脂、苯胺甲醛树脂、磺酰胺甲醛树脂等。用于制涂料、胶黏剂等。

氨基酸/胺基酸 ānjīsuān/ㄢ ㄐㄧ ㄙㄨㄢ

amino acid

【生】蛋白质的基本结构单位。含有氨基和羧基的一类有机化合物的统称。各种生物体的蛋白质都是由 20 种基本氨基酸组成的,是一类重要的生物物质,另有多种非蛋白氨基酸在生物体内也有不同功能。

📖 20 种蛋白质氨基酸是:丙氨酸(Ala)、缬氨酸(Val)、亮氨酸(白氨酸,Leu)、异亮氨酸(异白氨酸,Ile)、脯氨酸(Pro)、苯丙氨酸(Phe)、色氨酸(Trp)、蛋氨酸(甲硫氨酸,Met)、氨基乙酸(甘氨酸,Gly)、丝氨酸(Ser)、苏氨酸(Thr)、半胱氨酸(Cys)、酪氨酸(Tyr)、天冬酰胺(Asn)、谷氨酰胺(Gln)、赖氨酸(Lys)、精氨酸(Arg)、组氨酸(His)、天冬氨酸(Asp)、谷氨酸(麸氨酸,Glu)。

氨基乙酸 ānjī yǐsuān/ㄢ ㄐㄧ ㄧˇ ㄙㄨㄢ

【生】"甘氨酸"的学名。

氨纶 ānlún/ㄢ ㄌㄨㄣˊ

【纺】即"聚氨基甲酸酯纤维"(655 页)。

氨水/氨水 ānshuǐ/ㄢ ㄕㄨㄟˇ

ammonia water

【化】氨的水溶液。化学式曾作 NH_4OH,称氢氧化铵,但因其中的 NH_4^+ 很少,现写作 $NH_3 \cdot H_2O$。无色液体,有刺激性臭味,极易挥发。多用于农业,称农用氨水。

鮟鱇/鮟鱇 ānkāng/ㄢ ㄎㄤ

angler fish

【动】俗称"老头鱼"。鱼名。硬骨鱼纲鮟鱇科。体前半部平扁,圆盘形,头大而扁,口宽,尾部细小,体柔软,全身无鳞,常潜伏在海底不动,以其他鱼类为食,能发出像老人咳嗽的声音。中国沿海均有分布。

铵/銨 ǎn/ㄢ

ammonium

【化】一类含氮物质。是铵离子(NH_4^+)及其盐的统称。大部分铵盐易溶于水,碳酸氢铵、硝酸铵、氯化铵等均用作化学肥料。

岸基声呐/岸基聲納 ànjī shēngnà/ㄢˋ ㄐㄧ ㄕㄥ ㄋㄚˋ

coast sonar

【军】又称"海岸声呐"。以海岸为基地,将声呐基阵布设在近岸海底或深海山脉上的大型警戒声呐。用于对潜警戒和监视,引导反潜兵力实施对潜搜索和攻击。

岸基聲納 ㄢˋ ㄐㄧ ㄕㄥ ㄋㄚˋ/ànjī shēngnà

coast sonar

【军】台湾名。即"岸基声呐"(8 页)。

按 ㄢˋ/àn

click

【信息】台湾名。即"单击"(197 页)。

按单分拣/按單分揀

àn dān fēnjiǎn/ㄢˋ ㄉㄢ ㄈㄣ ㄐㄧㄢˇ

single order picking

【物流】又称"摘果式分拣"。分拣方式的一种。分拣人员或分拣工具根据订单需求巡回于各个储存点完成拣货和配货。作业前置时间短,配货次序可调整,必须配合货位号码,货物分拣后不用分类。适用于多品种小批量的订单。

按需收视

àn xū shōushì/ㄢˋ ㄒㄩ ㄕㄡ ㄕˋ

【信息】即"视频点播"(1037 页)。

按诊/按診 ànzhěn/ㄢˋ ㄓㄣˇ

body palpation

【中医】切诊之一。医生用手对患者体表进行触、摸、按、压,以了解病情,诊察疾病。

胺/胺 àn/ㄢ

amine

【化】一类含氮有机化合物。氨(NH_3)分子中的氢原子被烃基取代后的化合物。按取代数不同,可分为伯胺、仲胺、叔胺和季胺等。

胺基 ㄢ ㄐㄧ/ànjī

amino

【化】台湾名。即"氨基"(7 页)。

胺基樹脂 ㄢ ㄐㄧ ㄕㄨˋ ㄓ/ànjī shùzhī

amino resin

【材】台湾名。即"氨基树脂"(7 页)。

胺基酸 ㄢ ㄐㄧ ㄙㄨㄢ/ànjīsuān

amino acid

【生】台湾名。即"氨基酸"(8 页)。

胺甲脒 ㄢ ㄐㄧㄚˇ ㄇㄧˇ/ànjiǎmǐ

carbamamidine

【化】台湾名。即"胍"(433 页)。

案秤/計數秤 ànchèng/ㄐㄧˋ ㄕㄨˋ ㄔㄥˋ

counter scale

【计量】在桌子、柜台或工作台上使用的,最大称量通常不大于 30 千克的非自动衡器。有杠杆秤、弹簧度盘秤、电子计价秤、条码打印计价秤、邮政秤、计重秤、计数秤、厨房秤、珠宝秤、袖珍秤、婴儿秤,以及带价格图表单价范围标尺的非自动衡器、由顾客自行操作的自助式非自动衡器等。

暗河/伏流 ànhé/ㄈㄨˊ ㄌㄧㄡˊ

underground river

【地】又称"地下河"。地面下的河流。多是喀斯特地区由潜水溶蚀石灰岩形成的经常流水的地下通道。

暗礁/暗礁 ànjiāo/ㄢˋ ㄐㄧㄠ

submerged rock

【地】海洋或江河中经常隐没在水面以下的礁石。为保证航行安全,需在航海图上精确绘出其位置,有的还要在暗礁处设置灯塔等标志。

暗渠/暗渠 ànqú/ㄢˋ ㄑㄩˊ

underground canal

【水利】在地下开挖、修筑,不露出地面的渠道。

暗沙/淺灘 ànshā/ㄑㄧㄢˇ ㄊㄢ

shoal

【地】海洋中由沙和珊瑚碎屑堆成的岛屿。略低于高潮线或与高潮线相平。如中国南沙群岛的曾母暗沙。

暗示/暗示 ànshì/ㄢˋ ㄕˋ

suggestion

【心】用含蓄、间接的方式,对人的心理和行为产生影响。往往会使人不自觉地按照所暗示的方式行事,或不加批判地接受一定的意见或信念。可分为自我暗示和他人暗示。

暗示疗法/暗示療法

ànshì liáofǎ/ㄢˋ ㄕˋ ㄌㄧㄠˊ ㄈㄚˇ

suggestive therapy

【心】一种心理治疗的方法。用言语、手势、表情等暗示,对心理活动施加影响,从而使自身或来访者的态度及行为方式不自觉地改变。自我暗示主要通过第二信号系统的作用调节自身大脑的兴奋水平,"默念"是一种有效的自我暗示方法;他人暗示也能影响被暗示者的心理状态。

暗适应/暗適應 ànshìyìng/ㄢˋ ㄕˋ ㄧㄥˋ

dark adaptation

【医】从亮处进入暗处时,由看不清到逐渐看清物体的现象。是视觉感受性逐渐提高的过程。

暗滩/暗灘 àntān/ㄢˋ ㄊㄢ

hidden shoal

【地】隐没在水面以下的石滩或沙滩。

暗筒式日照计/約旦日照計

àntǒngshì rìzhàojì/ㄩㄝ ㄉㄢˋ ㄖˋ ㄓㄠˋ ㄐㄧˋ

Jordan sunshine recorder

【气】又称"乔唐日照计"。日照计的一种。主要由带孔的金属圆筒、隔光板、纬度盘和支架底座等构成。阳光通过圆筒上的小孔照射到筒内涂有感光剂的记录纸上,根据感光纸留下的痕迹计算日照时数。

暗物质/暗物質 ànwùzhì/ㄢˋ ㄨˋ ㄓˋ

dark matter

【天】由天文观测推断存在于宇宙中的不发光物质。因不发出电磁辐射而无法直接观测到,但可以根据引力作用推测其存在。其中可能候选体包括不发光天体、晕物质以及非重子中性粒子等。

ang (ㄤ)

昂/昂 áng/ㄤˊ

ang, cantilever

【建】在斗栱的前后中轴线上的一种作用与栱相似的斜置构件。是中国古代建筑斗栱中重要构件之一,断面为一材,有下昂和上昂之分。下昂是顺屋面坡度,自内向外,自上而下斜置的昂,起平衡挑檐与上部屋面的作用,用于外檐;上昂是昂头向外上挑,昂尾斜向下收,昂身不过中心线的昂,起斜撑作用,可减少斗栱出跳,多用于内檐、外檐斗栱里跳或平坐斗栱的外跳中。按位置不同,又有头昂、二昂、三昂之分。

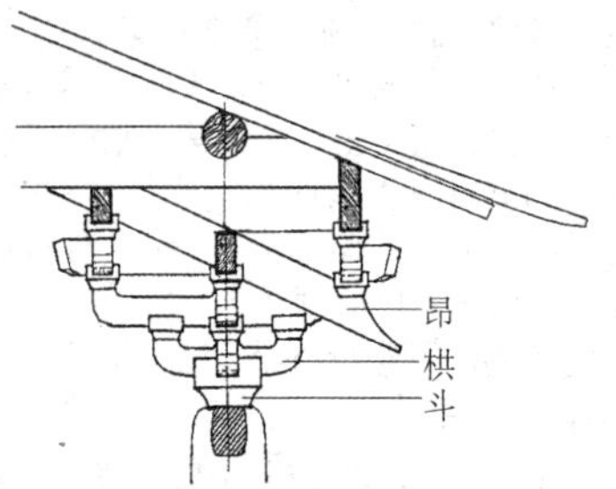

中国古建筑中的昂

盎司/盎司 àngsī/ㄤˋ ㄙ

ounce

【计量】质量的英制单位。符号 oz。倍数单位为磅(lb)。1 盎司=(1/16)磅=28.3495 克。

📖 另有用于称量药剂的药衡盎司(符号:英国 oz apoth;美国 oz ap),用于称量贵金属的金衡盎司(符号:英国 oz tr;美国 oz t),以及计量液体容积的液盎司(fl oz)。1 英制药衡盎司=1 美制药衡盎司=31.1035 克,1 金衡盎司 = 31.103 48 克;英国 1 液盎司 = 28.4131 毫升,美国 1 液盎司=29.5735 毫升。

ao (ㄠ)

凹版纸/凹版紙 āobǎnzhǐ/ㄠ ㄅㄢˇ ㄓˇ

plate paper

【轻】纸的一种。适用于凹版印刷(印版的图文部分为凹陷,非印刷部分刮去油墨,凹陷处留有油墨并转移到承印物上的印刷方式)。

凹多面体/凹多面體 āoduōmiàntǐ/ㄠ ㄉㄨㄛ ㄇㄧㄢˋ ㄊㄧˇ

concave polyhedron

【数】若将多面体的某一面延展成的平面通过多面体的内部,则称这样的多面体为凹多面体。

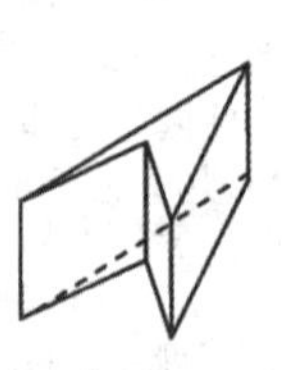
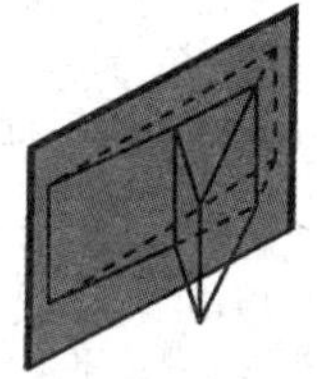
凹多面体

凹模/母型 āomú/ㄇㄨˇ ㄒㄧㄥˊ

matrix

【机】冲模的组成部分。与凸模配合直接对制件进行分离或成形的工作零件。

凹透镜/凹透鏡 āotòujìng/ㄠ ㄊㄡˋ ㄐㄧㄥˋ

concave lens

【物】又称"发散透镜"。透镜的一类。中央薄、边缘厚,能使透过的光发散。可分为双凹透镜、平凹透镜和凸凹透镜三种。

双凹透镜　平凹透镜　凹凸透镜

凹紋頭毒蛇 ㄠ ㄨㄣˊ ㄊㄡˊ ㄉㄨˊ ㄕㄜˊ/ āowéntóu dúshé

pit viper

【动】台湾名。即"蝮蛇"(374 页)。

螯合物/螯合物 áohéwù/ㄠˊ ㄏㄜˊ ㄨˋ

chelate

【化】一个配位体中的两个或两个以上原子直接与同一个金属离子配位结合而成的配位化合物。因其配位原子与金属结合像节肢动物伸出的螯,故名。"螯"的数目常用二齿、三齿、四齿等表示。螯合物具有环形结构,比单齿非螯合物稳定。

拗陷/窪地 ǎoxiàn/ㄨㄚ ㄉㄧˋ

depression

【地】地壳上不同成因的下降构造。如盆地、裂谷等。

奥氏体/沃斯田體 àoshìtǐ/ㄨㄛˋ ㄙ ㄊㄧㄢˊ ㄊㄧˇ

austenite

【材】钢中相形态之一。碳原子溶于面心立方晶格 γ-Fe 中所形成的间隙固溶体。有颗粒状、针状等组织形态,通常为颗粒状。奥氏体钢比容小,塑性好,导热性能差;具有顺磁性,可作为无磁性钢;热强性好,可作为高温用钢。

奥陶纪/奥陶紀 àotáojì/ㄠˋ ㄊㄠˊ ㄐㄧˋ

Ordovician Period

【地】古生代的第二个纪。从距今 4.883 亿年开始,至距今 4.437 亿年结束。植物仍以藻类为主。海生无脊椎动物空前繁盛,以笔石和鹦鹉螺为主。

奥陶系/奥陶系 àotáoxì/ㄠˋ ㄊㄠˊ ㄒㄧˋ

Ordovician System

【地】古生界的第二个系。是奥陶纪时期形成的地层。

薁/薁 ào/ㄠˋ

azulene

【化】芳香族化合物。是萘的同分异构体。青蓝色片状晶体,有特殊气味,可用于制药。

B

ba (ㄅㄚ)

八宝纹/八寶紋 bābǎowén/ㄅㄚ ㄅㄠˇ ㄨㄣˊ
eight treasures pattern
【纺】中国传统静物装饰纹样。由八种器物(和合、鼓板、龙门、玉鱼、仙鹤、灵芝、磬、松)组成,或从珠、锭、鼎、书、笔、方胜、如意、祥云、犀角、珊瑚、艾叶、蕉叶、元宝等器物中选取八种。造型丰富多样,寓意祥瑞,适用于男女便服以及马面裙、荷包等的图案中。

八段锦/八段錦
bāduànjǐn/ㄅㄚ ㄉㄨㄢˋ ㄐㄧㄣˇ
baduanjin, eight-sectioned exercises, *eight brocades
【中医】导引术之一。由八节肢体动作组成,因珍贵如锦而得名。通过肢体锻炼配合气息调理,达到舒筋活络、调理脏腑、养生保健的目的。具有圆活舒缓、松紧结合、形神兼备的特点。分为文八段和武八段两种,也有南派和北派之说。
📖 文八段多用坐式,恬静柔缓,运动量较小,注重凝神行气。明代高濂《遵生八笺》括为歌诀:"闭目冥心坐,握固静思神。叩齿三十六,两手抱昆仑。左右鸣天鼓,二十四度闻。微摆撼天柱,赤龙搅水津。漱津三十六,神水满口匀。一口分三咽,龙行虎自奔。闭气搓手热,背摩后精门。尽此一口气,想火烧脐轮。左右辘轳转,两脚放舒伸。叉手双虚托,低头攀脚频。以候逆水上,再漱再吞精。如此三度毕,神水九次吞。咽下汩汩响,百脉自调匀。河车搬运讫,发火遍烧身。……子后午前后,造化合乾坤。循环次第转,八卦是良因。"武八段多为马步式或站式,舒展大方,运动量较大,适合青壮年与体力充沛者。其名称最早见于北宋洪迈《夷坚志》:"政和七年,李似矩为起居郎……尝以夜半时起坐,嘘吸按摩,行所谓八段锦者。"现流行的是晚清所传歌诀:两手托天理三焦,左右开弓似射雕。调理脾胃须单举,五劳七伤往后瞧。摇头摆尾去心火,背后七颠百病消。攒拳怒目增气力,两手攀足固肾腰。

八分體 ㄅㄚ ㄈㄣ ㄊㄧˇ/bāfēntǐ
octant
【数】台湾名。即"卦限"(433 页)。

八纲辨证/八綱辨證
bāgāng biànzhèng/ㄅㄚ ㄍㄤ ㄅㄧㄢˋ ㄓㄥˋ
syndrome differentiation of eight principles, *eight-principle pattern identification, *eight-principle syndrome differentiation
【中医】辨证论治方法之一。运用表、里、寒、热、虚、实、阴、阳八纲对疾病的病位外内、病势浅深、虚实属性,以及致病因素与人体抗病能力的强弱对比状态等进行分析辨别。

八哥/八哥 bāge/ㄅㄚ·ㄍㄜ
mynas
【动】*Acridotheres cristatellus* 又称"鸲鹆"。鸟名。雀形目椋鸟科。头部有羽冠,羽毛黑而有光泽,喙和足黄色,两翼有白斑,飞时显露,呈八字形。栖息于平原和山林间,以昆虫和果实、种子等为食。雄鸟善鸣,经训练能模仿人说话的某些声音。

八角/八角 bājiǎo/ㄅㄚ ㄐㄧㄠˇ
㊀ star anise, ㊁ Fructus Anisi Stellati (拉), Chinese star anise
㊀【植】*Illicium verum* 通称"大料",又称"八角茴香"。木兰科八角属。常绿乔木。树皮深灰色,枝密。叶革质,倒卵状椭圆形,先端尖,基部楔形,光照下可见油点。花单生,粉红至深红色。聚合果,多由八个蓇葖果放射状排列成八角形,红褐色,木质,先端钝,成熟时沿腹缝线开裂,内有种子,亮棕色。春秋两季花,秋春两季果熟。在中国,分布于广西西部和南部,以及福建、台湾、广东、云南。果可做调味料,称大料;也可入药,还可提制芳香油。㊁【中医】即"八角茴香"(12 页)。

八角茴香/八角茴香
bājiǎo huíxiāng/ㄅㄚ ㄐㄧㄠˇ ㄏㄨㄟˊ ㄒㄧㄤ
㊀Fructus Anisi Stellati(拉), Chinese star anise, ㊁ star anise
㊀【中医】又称"八角"。中药名。木兰科植物

八角茴香 *Illicium verum* Hook. f. 的干燥成熟果实。味辛,性温。归肝、肾、脾、胃经。温阳散寒,理气止痛。用于寒疝腹痛,肾虚腰痛,胃寒呕吐,脘腹冷痛等。㊁【植】即“八角”(12 页)。

八珍汤/八珍湯
bāzhēntāng/ㄅㄚ ㄓㄣ ㄊㄤ
bazhen decoction, bazhen tang
【中医】中医方剂名。组成:当归 10 克,川芎 5 克,熟地 15 克,白芍 8 克,人参 3 克,白术 10 克,茯苓 8 克,甘草 5 克。加生姜三片、大枣二枚,水煎服。补益气血。用于气血两虚,面色苍白或萎黄,头晕眼花,四肢倦怠,气短懒言,心悸怔忪,食欲减退等。由四君子汤和四物汤共八味药组成,因疗效好,为医家和患者所珍视,故名。

八珍益母丸/八珍益母丸
bāzhēn yìmǔwán/ㄅㄚ ㄓㄣ ㄧˋ ㄇㄨˇ ㄨㄢˊ
bazhen yimu pills, bazhen yimu wan
【中医】中成药名。主要成分:益母草、党参、白术、茯苓、甘草、当归、白芍、川芎、熟地黄。口服。补气血,调月经。用于妇女气血两虚,体弱无力,月经不调。

八爪鱼 bāzhǎoyú/ㄅㄚ ㄓㄠˇ ㄩˊ
【动】即“章鱼”(1420 页)。

巴/巴 bā/ㄅㄚ
bar
【计量】压力、压强的非国际单位制单位。符号 bar。1 巴=10^5 帕。通常用其分数单位毫巴,符号 mbar。1 毫巴=100 帕。

巴比伦建筑/巴比倫建築
Bābǐlún jiànzhù/ㄅㄚ ㄅㄧˇ ㄌㄨㄣˊ ㄐㄧㄢˋ ㄓㄨˋ
Babylonian architecture
【建】公元前 40 世纪—前 6 世纪,古巴比伦(在今西亚两河流域)的建筑。大量使用土坯建造房屋,创造了拱券技术,发明了琉璃并逐渐使其成为重要饰面材料。传到亚洲西南部、欧洲和非洲,对后来的拜占庭建筑和伊斯兰建筑产生深远影响。

巴豆/巴豆 bādòu/ㄅㄚ ㄉㄡˋ
㊀ croton, ㊁ Fructus Crotonis(拉), croton fruit
㊀【植】*Croton tiglium* 大戟科巴豆属。常绿灌木或小乔木。叶柄长,叶互生,卵形,先端尖,边缘有齿,两面均被毛。总状花序,顶生,花单性,雌雄同株;雄花绿色,花瓣反卷,花蕾球形,雌花无花瓣。蒴果椭圆形,有三棱,种子呈椭圆形,略扁,表面棕色,平滑,一端有种脐,另一端有合点和种脊,味辛辣。花期 4—6 月份。在中国,分布于四川、湖南、云南、贵州、江西、广西、广东、海南、福建、台湾、浙江。种子可入药。㊁【中医】中药名。大戟科植物巴豆 *Croton tiglium* L. 的干燥成熟果实。味辛,性热;有大毒。归胃、大肠经。峻下积滞,逐水消肿,豁痰利咽。内服用于寒积便秘,乳食停滞,下腹水肿,二便不通,喉风,喉痹。通常制成“巴豆霜”入丸散。

巴豆

📖 巴豆,孕妇禁用;不宜与牵牛子同用。

巴尔干半岛/巴爾幹半島
Bā'ěrgàn Bàndǎo/ㄅㄚ ㄦˇ ㄍㄢˋ ㄅㄢˋ ㄉㄠˇ
Balkan Peninsula
【地】半岛名。位于南欧东部。西临亚得里亚海,东濒黑海,南滨伊奥尼亚海和爱琴海,北以多瑙河及支流萨瓦河为界。面积 50.5 万平方千米。因地处欧、亚、非三大陆之间,地理位置极为重要。地形以山地为主,西北部有喀斯特地貌。大部属地中海气候。海岸线曲折,多岛屿。有森林、煤、铜、石油等资源。

巴甫洛夫条件反射
Bāfǔluòfū tiáojiàn fǎnshè/
ㄅㄚ ㄈㄨˇ ㄌㄨㄛˋ ㄈㄨ ㄊㄧㄠˊ ㄐㄧㄢˋ ㄈㄢˇ ㄕㄜˋ
【心】即“经典性条件反射”(639 页)。

巴黎圣母院/巴黎聖母院
Bālí Shèng-mǔyuàn/
ㄅㄚ ㄌㄧˊ ㄕㄥˋ ㄇㄨˇ ㄩㄢˋ
Notre-Dame de Paris
【建】天主教巴黎总教区的主教座堂。位于

法国巴黎市中心的西堤岛上，是典型的哥特式教堂建筑，始建于 1163 年，1345 年建成。其建造全部采用石材，使用骨架拱和飞扶壁，西立面构图完整，雕饰精美。水平与竖直的比例接近黄金比（即 1∶0.618），立柱和装饰带把立面分为 9 块小的黄金比矩形，和谐匀称，中心有直径为 13 米的玫瑰花形的大圆窗。

巴黎圣母院

巴洛克建筑/巴洛克建築
bāluòkè jiànzhù/ㄅㄚ ㄌㄨㄛˋ ㄎㄜˋ ㄐㄧㄢˋ ㄓㄨˊ
Baroque architecture
【建】17—18 世纪在意大利文艺复兴建筑基础上发展而成的建筑风格。建筑突破了欧洲古典的、文艺复兴的既有风格，外形自由，追求动态，装饰富丽，色彩强烈，表现力量，甚至炫耀财富。常用穿插的曲面和椭圆形空间。

📖 “巴洛克”原意是畸形的珍珠，16—17 世纪时，衍义为拙劣、虚伪、矫揉造作或风格卑下、文理不通。18 世纪中叶，古典主义理论家带着轻蔑的意思称呼 17 世纪的意大利建筑为巴洛克。这种轻蔑是片面的、不公正的，巴洛克建筑有它特殊的成就，对欧洲建筑的发展有长远的影响。

巴拿马运河/巴拿馬運河
Bānámǎ Yùnhé/ㄅㄚ ㄋㄚˊ ㄇㄚˇ ㄩㄣˋ ㄏㄜˊ
Panama Canal
【地】运河名。位于巴拿马。开凿于 1883—1914 年，全长 81.3 千米。横穿巴拿马地峡，连通太平洋和大西洋，是重要的国际航道。

巴氏灭菌法/低温殺菌法
Bāshì mièjūnfǎ/ㄅㄚ ㄕˋ ㄇㄧㄝˋ ㄐㄩㄣ ㄈㄚˇ
pasteurization
【轻】又称“低温消毒法”。采用较低温度（通常为 60～85℃），在规定的时间内对食品进行加热处理，达到杀死致病微生物的目的。是一种既可杀死病原菌，又能保持食品品质和风味的消毒方法。在乳品和啤酒生产中广泛使用。此法灭菌并不彻底，灭菌后的食品通常要在 4℃左右的温度下保存，保存期为 3～10 天。因法国微生物学家路易斯·巴斯德（L. Pasteur，1821—1895）发明，故名。

巴斯卡三角形
ㄅㄚ ㄙ ㄎㄚˇ ㄙㄢ ㄐㄧㄠˇ ㄒㄧㄥˊ/
Bāsīkǎ sānjiǎoxíng
Pascal triangle
【数】台湾名。即“帕斯卡三角形”(852 页)。

巴西高原/巴西高原
Bāxī Gāoyuán/ㄅㄚ ㄒㄧ ㄍㄠ ㄩㄢˊ
Brazil Highland
【地】高原名。位于南美洲东部，跨巴西中部、东部和东南部。面积 500 万平方千米，是世界上面积最大的高原。海拔 300～1500 米，最高点为马尔山脉的班代拉峰，海拔 2890 米。高原边缘部分多缓急不等的崖坡，河流陡落成为瀑布或急流。矿藏有铁、锰、铅、锌、铬、镍、锡、云母等。

巴西利卡/巴西利卡
bāxīlìkǎ/ㄅㄚ ㄒㄧ ㄌㄧˋ ㄎㄚˇ
basilica
【建】古罗马时期用作法庭、交易所和会场的大厅建筑。平面为长方形，一端或两端有半圆形龛。大厅常被两排或四排柱子分成三部分或五部分。中间宽且高，称为中厅，两侧窄且低，称为侧廊，侧廊上面常有夹层。这种建筑对中世纪基督教堂和伊斯兰教清真寺均有重大影响。

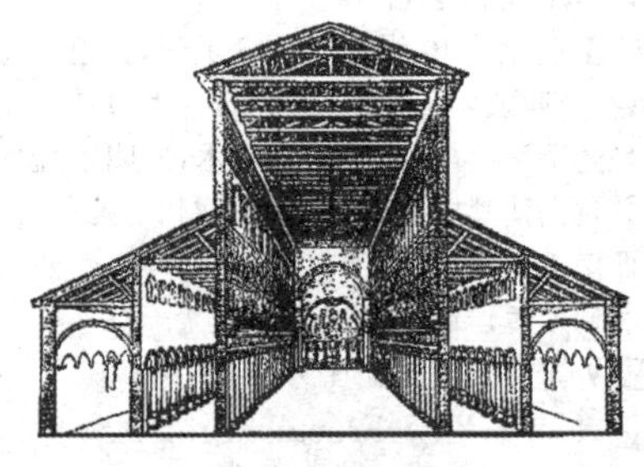
巴西利卡

扒口/扒口 bākǒu/ㄅㄚ ㄎㄡˇ

artificial levee breach

【水利】因有计划地分洪等人为因素而在堤坝上掘开缺口过水的措施。

芭蕉/芭蕉 bājiāo/ㄅㄚ ㄐㄧㄠ

Japanese banana

【植】*Musa basjoo* 芭蕉科芭蕉属。多年生高大草本植物。叶柄粗壮,叶很大,长圆形,先端钝,基部圆形,有光泽。花序顶生,下垂,苞片红褐色,雄花生于花序上部,雌花生于花序下部。浆果三棱状,长圆形,近无柄,肉质,内有多粒种子。中国台湾有野生,秦淮以南多栽培。果实可作水果,叶可造纸,全株有药用价值。

芭乐 bālè/ㄅㄚ ㄌㄜˋ

【植】即“番石榴”(309 页)。

拔罐疗法/拔罐療法

báguàn liáofǎ/ㄅㄚˊ ㄍㄨㄢˋ ㄌㄧㄠˊ ㄈㄚˇ

cupping therapy, * cupping

【中医】利用罐内的负压,使罐吸附于施术部位,造成局部郁血以治疗疾病的方法。

拔节/拔節 bájié/ㄅㄚˊ ㄐㄧㄝˊ

shooting, elongation

【农】稻、麦、高粱、玉米等禾本科植物生长到一定阶段时,茎的各节依次向上迅速伸长。

拔染/拔染印花

bárǎn/ㄅㄚˊ ㄖㄢˇ ㄧㄣˋ ㄏㄨㄚ

discharge printing

【纺】俗称“镪水画”。一种印花方法。用毛笔蘸稀硫酸在靛蓝织物上作画。画完后将织物放入清水中漂洗干净,即呈现出蓝底白色的纹样。纹样以线条为主,主要特点是蓝底白花。

拔染印花

ㄅㄚˊ ㄖㄢˇ ㄧㄣˋ ㄏㄨㄚ/bárǎn yìnhuā

discharge printing

【纺】台湾名。即“拔染”(15 页)。

把关定时器/監視計時器

bǎguān dìngshíqì/ㄐㄧㄢ ㄕˋ ㄐㄧˋ ㄕˊ ㄑㄧˋ

watchdog

【信息】简称“把关器”,又称“监视定时器”。监视信号或功能单元的状态,以便发现响应迟钝或延迟的定时器。发现后可立即激活报警器,或让备份的冗余功能单元取代正受监督的功能单元。

把关器 bǎguānqì/ㄅㄚˇ ㄍㄨㄢ ㄑㄧˋ

【信息】“把关定时器”的简称。

钯/鈀 bǎ/ㄅㄚˇ

palladium

【化】金属元素。属周期表第Ⅷ B 族,符号 Pd,原子序数 46。原子量 106.421。自然界存在于铂钯矿或原铂矿中。单质为银白色金属。质软,延展性和可塑性好,能吸附氢、氧等气体,化学性质不活泼。可用来制低电流接触点、电阻线、印刷电路和特殊合金,也用作催化剂。

📖 1803 年,英国的沃拉斯顿(W.H.Wollaston)在处理铂矿时不仅发现了铑,还发现了钯。拉丁文定名为 palladium,源自 Pallas,是希腊神话中掌管智慧的女神“巴拉斯”的名字,以纪念 1802 年发现并用此命名的智神星。中文定名为“钯”,是形声字。

靶標計算機

ㄅㄚˇ ㄅㄧㄠ ㄐㄧˋ ㄙㄨㄢˋ ㄐㄧ/bǎbiāo jìsuànjī

target computer

【信息】台湾名。即“目标计算机”(816 页)。

靶机/目標靶機 bǎjī/ㄇㄨˋ ㄅㄧㄠ ㄅㄚˇ ㄐㄧ

target drone

【航】用于模拟空中打靶目标的无人飞行器。能准确模拟空中靶标的各种运动轨迹和状态,提供空中靶标的实际功能参数和相应性能指标,用于鉴定地空导弹、空空导弹、航空机炮或高射炮的效能及供歼击机部队打靶训练使用。有些靶机上装有相应的靶标回收装置。

靶器官/目標器官

bǎqìguān/ㄇㄨˋ ㄅㄧㄠ ㄑㄧˋ ㄍㄨㄢ

target organ

【医】生物、化学物质作用于人体时,引起生物效应的器官。如脑是汞和甲基汞的靶器官,甲状腺是碘和钴的靶器官,肺和肾是镉的靶器官。靶器官与蓄积器官不是同一概念。参见“蓄积器官”(1288 页)。

靶生物/目標生物

bǎshēngwù/ㄇㄨˋ ㄅㄧㄠ ㄕㄥ ㄨˋ

target organism

【环】某种生物是某种药物或毒物作用攻击的目标,这种生物即为这种药物或毒物作用的靶生物。如农药“杀螨特”用于防治危害棉花、果树等作物上的螨类，螨类就是“杀螨特”的靶生物。

靶式流量计/靶式流量計
bǎshì liúliàngjì/ㄅㄚˇ ㄕˋ ㄌㄧㄡˊ ㄌㄧㄤˋ ㄐㄧˋ
target flowmeter
【机】流量计的一种。以检测流体作用在测量管道中心并垂直于流动方向的圆盘（靶）上的力来测量流量。适用于工业领域高黏度、低雷诺数流体的流量测量。

靶细胞/靶細胞
bǎxìbāo/ㄅㄚˇ ㄒㄧˋ ㄅㄠ
target cell
【医】某种细胞成为另外的细胞、抗体、病毒、药物或其他生理物质的作用目标时，前者称为后者的靶细胞。

靶向治疗/靶向治療
bǎxiàng zhìliáo/ㄅㄚˇ ㄒㄧㄤˋ ㄓˋ ㄌㄧㄠˊ
targeted therapy
【医】在细胞分子水平上，针对已经明确的致癌位点设计相应的治疗药物，特异地选择致癌位点发生作用，而不波及周围正常组织的治疗方法。

靶語言 ㄅㄚˇ ㄩˇ ㄧㄢˊ/bǎyǔyán
target language
【信息】台湾名。即“目标语言”（816 页）。

坝/壩 bà/ㄅㄚˋ
dam
【水利】拦截河流、溪谷，用以抬高水位或调蓄水量的水工建筑物。也指用来调整水势、保护岸床的河道整治建筑物，如丁坝、顺坝和潜坝等。

鲅 bà/ㄅㄚˋ
【动】即“马鲛”（778 页）。

霸王鞭 bàwángbiān/ㄅㄚˋ ㄨㄤˊ ㄅㄧㄢ
【植】即“量天尺”（735 页）。

霸王龙/霸王龍
bàwánglóng/ㄅㄚˋ ㄨㄤˊ ㄌㄨㄥˊ
tyrannosaur
【地】*Tyrannosaurus* 又称“暴龙”。一种大型恐龙。属蜥臀目，兽脚类。身体长约 13 米，前肢短小，后肢粗壮，牙齿锐利。以动物为食。生活于白垩纪末期。

bai （ㄅㄞ）

白矮星/白矮星 bái'ǎixīng/ㄅㄞˊ ㄞˇ ㄒㄧㄥ
white dwarf, WD
【天】光度低、密度大、温度高的一类恒星。由质量较小的恒星耗尽内部核燃料后在自身引力作用下塌缩而成，体积接近行星。因早期发现的星体多呈白色，体积比恒星小，故名。

白氨酸 bái'ānsuān/ㄅㄞˊ ㄢ ㄙㄨㄢ
【生】即“亮氨酸”（737 页）。

白胺酸 ㄅㄞˊ ㄢˋ ㄙㄨㄢ/bái'ànsuān
leucine, Leu
【生】台湾名。即“亮氨酸”（737 页）。

白斑症 ㄅㄞˊ ㄅㄢ ㄓㄥˋ/báibānzhèng
vitiligo
【医】台湾名。即“白癜风”（17 页）。

白板/白板 báibǎn/ㄅㄞˊ ㄅㄢˇ
whiteboard
【信息】可让多个用户通过网络合作编制同一文档的软件。文档同时显示在这些用户的屏幕上，像齐聚在一块物理白板面前，故名。

白鼻心 ㄅㄞˊ ㄅㄧˊ ㄒㄧㄣ/báibíxīn
masked civet
【动】台湾名。即“果子狸”（456 页）。

白疕/白疕 báibǐ/ㄅㄞˊ ㄅㄧˇ
white crust, psoriasis
【中医】皮肤病之一。因营血亏虚，化燥生风，肌肤失养所致，症见皮损状如松皮，形如疹疥，搔起白皮等。相当于银屑病。病程长，易反复发作。风热血燥证，治宜清热解毒、凉血活血，方用犀角地黄汤或凉血地黄汤加减；血虚风燥证，治宜养血和血、祛风润燥，方用四物汤合消风散加减；瘀滞肌肤证，治宜活血化瘀，方用桃红四物汤加减。外治可酌情选用雄黄膏、疯油膏等。

白扁豆/白扁豆
báibiǎndòu/ㄅㄞˊ ㄅㄧㄢˇ ㄉㄡˋ
Semen Lablab Album（拉），hyacinth bean，*lablab bean

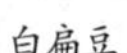
白扁豆

【中医】中药名。豆科植物扁豆 *Dolichos lablab* L.的干燥成熟种子。味甘，性微温。归脾、胃经。健脾化湿，和中消暑。用于脾胃虚弱，食欲不振，大便溏泻，白带过多，暑湿吐泻，胸闷腹胀。炒白扁豆健脾化湿。用于脾虚泄泻，白带过多。常用于食疗。

白驳风/白駁風 báibófēng/ㄅㄞˊ ㄅㄛˊ ㄈㄥ

vitiligo， * white patch wind

【中医】皮肤病之一。因气血不和，外受风邪所致，症见皮肤有大小形态不一的白斑，无痒痛等。相当于白癜风。治宜祛风胜湿，活血理气。可内服乌蛇散、浮萍丸或白驳丸。外用海螵蛸、密陀僧、硫黄各等分，共研细末，以鲜姜片蘸药末外搽，或用补骨脂酊外搽。

白菜/大白菜 báicài/ㄉㄚˋ ㄅㄞˊ ㄘㄞˋ

Chinese cabbage

【植】*Brassica pekinensis* 通称"大白菜"。十字花科芸薹属。二年生草本植物。茎短缩，基生叶多，叶柄肥厚扁平，白色，边缘有翅，是主要食用部分，叶片倒卵状长圆形至宽倒卵形，边缘皱缩，波状，先端圆，绿色，中脉白色，很宽。十字花冠，鲜黄色。花期 5 月份，果期 6 月份。中国各地均有栽培。叶可作蔬菜。

白茶/白茶 báichá/ㄅㄞˊ ㄔㄚˊ

white tea

【轻】基本茶类之一。因全身披满白色茸毛，故名。制作时通常只有萎凋、干燥两道工序，轻微发酵。茶叶冲泡后，芽叶完整而舒展，汤色较浅。主要产于福建。名品有银针白毫、白牡丹等。

白唇鹿/白脣鹿

báichúnlù/ㄅㄞˊ ㄔㄨㄣˊ ㄌㄨˋ

white-lipped deer

【动】*Cervus albirostris* 哺乳动物名。偶蹄目鹿科。体长约 2 米，耳长而尖，身体暗褐色，有淡色小斑点，唇周围和下颌纯白色，尾很短，雄鹿有扁平角，分四叉或五叉。生活在高寒地区的树林和灌木带，群居，以草类等为食。在中国，分布于青藏高原、四川和甘肃等地。是中国特有的珍稀动物。

白唇鹿

白瓷/白瓷 báicí/ㄅㄞˊ ㄘˊ

white porcelain

【轻】瓷器的一类。以含铁量低的白色瓷土制坯，表面施纯净的透明釉，入窑经过高温火焰烧制而成。釉料中没有或只有极微量的呈色剂。

白带/白帶 báidài/ㄅㄞˊ ㄉㄞˋ

leucorrhea

【医】阴道正常生理状态产生的分泌物。由阴道黏膜渗出物、宫颈管及子宫内膜腺体分泌物等混合而成，白色或淡黄色，稀糊状或蛋清样，黏稠，无腥臭味，量少。生殖道出现炎症时，其数量增多，性状也有所改变。

白帶魚 ㄅㄞˊ ㄉㄞˋ ㄩˊ/báidàiyú

hairtail

【动】台湾名。即"带鱼"(194 页)。

白蛋白/白蛋白 báidànbái/ㄅㄞˊ ㄉㄢˋ ㄅㄞˊ

【医】即"清蛋白"(917 页)。

白道/白道 báidào/ㄅㄞˊ ㄉㄠˋ

moon's path

【天】月球绕地球运行的轨道所在的平面与天球的交线。

白地青花瓷

báidì qīnghuācí/ㄅㄞˊ ㄉㄧˋ ㄑㄧㄥ ㄏㄨㄚ ㄘˊ

【轻】即"青花瓷"(913 页)。

白癜风/白斑症

báidiànfēng/ㄅㄞˊ ㄅㄢ ㄓㄥˋ

vitiligo

【医】后天性色素脱失性皮肤病。与局部色素细胞减少或消失、黑素细胞内酪氨酸酶活性降低或丧失有关，可发生于人体皮肤的各个部位。

白洞/白洞 báidòng/ㄅㄞˊ ㄉㄨㄥˋ

white hole

【天】广义相对论所预言的一种与黑洞相反的特殊天体。与黑洞类似，也有一个封闭的边界。白洞内部的物质，可以通过其边界向外运动，白洞外部的物质却不能进入白洞。白洞可向外部区域提供物质和能量，但不能吸收外部区域的任何物质和辐射。目前白洞还只是一种理论模型，尚未被观测所证实。

白豆蔻/白豆蔻 báidòukòu/ㄅㄞˊ ㄉㄡˋ ㄎㄡˋ

Fructus Amomi Rotundus（拉）， cardamon fruit, * cardamom

【中医】中药名。姜科植物白豆蔻 *Amomum kravanh* Pierre ex Gagnep.和爪哇白豆蔻 *A. compactum* Soland ex Maton 的果实。味辛，性温。归肺、脾、胃经。化湿消痞，行气温中，开胃消食。用于湿浊中阻，不思饮食，湿温初起，胸闷不饥，寒湿呕逆，胸腹胀痛，食积不消。

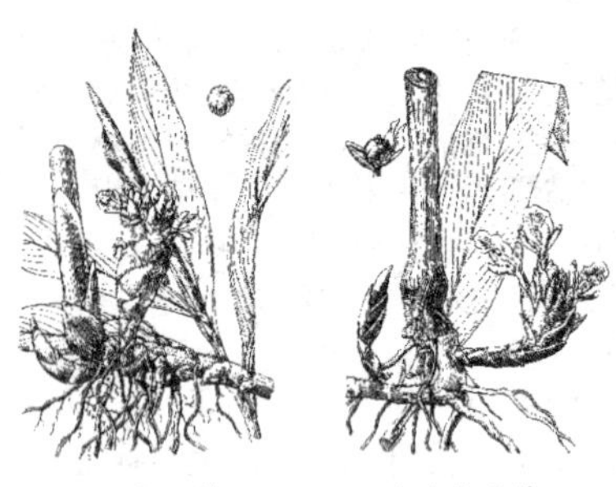

白豆蔻　　爪哇白豆蔻

白垩/白堊 bái'è/ㄅㄞˊ ㄜˋ

chalk

【地】白色疏松土状的石灰岩。主要成分是方解石，主要由颗石藻、钙球等浮游微体化石组成，粒径小于 55 微米。形成于温暖浅海环境。是制作石灰和水泥的原料，也用来制造粉笔等。

白垩纪/白堊紀 bái'èjì/ㄅㄞˊ ㄜˋ ㄐㄧˋ

Cretaceous Period

【地】中生代的第三个纪。从距今约 1.455 亿年开始，至距今 6550 万年结束。被子植物开始出现并迅速发展。淡水双壳类、介形类和叶肢介等发展。爬行类达到极盛，其中的大型恐龙渐趋灭绝，真正的鸟类出现。

白垩系/白堊系 bái'èxì/ㄅㄞˊ ㄜˋ ㄒㄧˋ

Cretaceous System

【地】中生界的第三个系。是白垩纪时期形成的地层。

白矾/白礬 báifán/ㄅㄞˊ ㄈㄢˊ

㊀ alum, ㊁ Alumen

㊀【化】即"明矾"(803 页)。㊁【中医】中药名。硫酸盐类矿物明矾石经加工提炼而成。主要成分是含水硫酸铝钾。味酸、涩，性寒。归肺、脾、肝、大肠经。外用解毒杀虫，燥湿止痒；内服止血止泻，祛除风痰。外治用于湿疹，疥癣，聤耳流脓；内服用于久泻不止，便血，崩漏，癫痫发狂。以明煅法炮制过为"枯矾"，收湿敛疮，止血化腐。用于湿疹湿疮，聤耳流脓，阴痒带下，鼻衄齿衄，鼻息肉。

白粉病/白粉病

báifěnbìng/ㄅㄞˊ ㄈㄣˇ ㄅㄧㄥˋ

powdery mildew

【农】植物病害的一种。受白粉菌寄生而引起，病害部分表面生白粉状霉层，使植物易凋枯，影响其光合作用，新陈代谢受到干扰，造成植物早衰，产量受到损失。

白鹳/白鸛 báiguàn/ㄅㄞˊ ㄍㄨㄢˋ

white stork

【动】*Ciconia ciconia* 鸟名。鹳形目鹳科。体长 1 米左右，羽毛白色，仅翅膀有一部分黑色，尾短，喙和腿长，红色，鸣声响亮。栖息于水边，以鱼虾等为食。分布于欧洲、非洲西北部、亚洲西部，在中国，分布于新疆地区。

白鹳

白果/白果

báiguǒ/ㄅㄞˊ ㄍㄨㄛˇ

Semen Ginkgo(拉), ginkgo, * ginkgo nut

【中医】中药名。银杏科植物银杏 *Ginkgo biloba* L. 的干燥成熟种子。味甘、苦、涩，性平；有毒。归肺经。敛肺定喘，止带浊，缩小便。用于痰多喘咳，带下白浊，遗尿、尿频。

白鹤/白鶴 báihè/ㄅㄞˊ ㄏㄜˋ

white crane

【动】*Grus leucogeranus* 鸟名。鹤形目鹤科。站立时羽毛通体白色，飞翔时可见翅尖黑色，眼周围和头顶红色，喙橘黄色，鸣声响亮。栖息于湿地中，在浅滩觅食，以植物的根、茎、种子以及昆虫、鱼、蛙、鼠类等为食。在中国，分布于从东北到长江中下游、沿海以及新疆等地。

白鹤

白喉/白喉 báihóu/ㄅㄞˊ ㄏㄡˊ

diphtheria

㊀【医】由白喉棒状杆菌引起的急性呼吸道传染病。咽喉部黏膜充血、肿胀，并出现灰白色假膜为突出症状，严重的可引起心肌炎和末梢神经麻痹。㊁【中医】中医儿科疾病之一。因感受疫邪所致，症见发热，咽痛，咽、喉、鼻等处出现不易剥脱的白色假膜，甚而导致窒息等。治宜养阴清肺为主。有表证者当先解表；如初起阳热偏盛，症见咽喉痛闭，饮水作呛，目红声嘶，口出臭气者，用神仙活命汤；属阴虚者，宜养阴清热，用养阴清肺汤加减；若痰火阻塞，喉声如锯，宜清肺降痰，用猴枣散。

白虎汤/白虎湯

báihǔtāng/ㄅㄞˊ ㄏㄨˇ ㄊㄤ

baihu decoction, baihu tang

【中医】中医方剂名。组成：石膏 30 克，知母 9 克，炙甘草 3 克，粳米 9 克。水煎，米熟时即可服用。清热生津。用于阳明气分热盛，大热、大汗、大渴、脉洪大等。

白花马蔺/白花馬藺

báihuā mǎlìn/ㄅㄞˊ ㄏㄨㄚ ㄇㄚˇ ㄌㄧㄣˋ

swordflag

【植】*Iris lacteal* 又称“马莲”。鸢尾科鸢尾属。多年生密丛草本植物。根状茎粗壮，被大量的红紫色老叶、叶鞘及纤维包裹。叶基生，条形，顶端渐尖，基部鞘状，带红紫色。花茎光滑，苞片绿色带白边，内含 2～4 朵花，花被蓝色带条纹，裂片倒披针形，爪部楔形。花期 5—6 月份。在中国，分布于东北、华北、西北、华东、华中和四川、西藏。观赏花卉。全草入药。

白桦/白樺 báihuà/ㄅㄞˊ ㄏㄨㄚˋ

white birch

【植】*Betula platyphylla* 又称“粉桦”。桦木科桦木属。落叶乔木。树冠卵圆形，树皮白色，纸状分层剥离。叶厚纸质，三角状卵形，先端尖，基部广楔形，边缘有齿，背面密生腺点。花单性，雌雄同株，葇荑花序。果序圆柱形，下垂。在中国，分布于东北、华北、西北，以及四川、云南、西藏东南部。造林树种。木材供建筑用。

📖 白桦是俄罗斯的国树。

白鹮/黑頭白鳥

báihuán/ㄏㄟ ㄊㄡˊ ㄅㄞˊ ㄋㄧㄠˇ

white ibis

【动】*Threskiornis aethiopicus* 鸟名。鹳形目鹮科。头和颈裸露黑色，喙长而略弯，黑灰色，全身的羽毛洁白，翅膀边缘和端部黑色。栖息于河湖岸边和沼泽地区，以昆虫、小鱼、蛙类和某些软体动物、甲壳动物等为食。分布于南亚和东南亚地区。

白鹮

白鹡鸰/白鶺鴒 báijílíng/ㄅㄞˊ ㄐㄧˊ ㄌㄧㄥˊ

white wagtail

【动】*Motacilla alba* 又称“点水雀”。鸟名。雀形目鹡鸰科。体长约 20 厘米，头黑额白，背部羽毛灰黑色，腹部白色，两翼及尾黑白相间，中央尾羽比两侧的长，停息时尾上下摆动，鸣声清脆响亮。栖息于水边或沼泽地带，主要以昆虫为食，也吃蜘蛛或植物种子、果实等。种类较多，分布广泛。

白鹡鸰

白鱀豚/白鱀豚

báijìtún/ㄅㄞˊ ㄐㄧˋ ㄊㄨㄣˊ

Chinese white-fin plataniste

【动】*Lipotes vexillifer* 又称“白鳍豚”。哺乳动物名。鲸目白鱀豚科。身体纺锤形，体长 2 米左右，嘴长而细，有背鳍，体背淡蓝灰色，腹部白色。生活在淡水中，以鱼类为食。分布于中国长江中下游。是中国特有的珍稀动物。

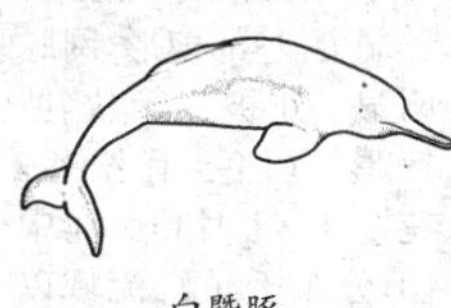

白鱀豚

白僵蚕 báijiāngcán/ㄅㄞˊ ㄐㄧㄤ ㄘㄢˊ

【中医】即“僵蚕”(609 页)。

白口铸铁/白口鑄鐵

báikǒu zhùtiě/ㄅㄞˊ ㄓㄨˋ ㄊㄧㄝˇ

white cast iron

【材】不含石墨的铸铁。所有的碳分除微量溶于铁外，都呈化合碳状态，与铁形成碳化三铁。断口近于白色。硬度和脆性很大，难于切削加工，但耐磨性极好。可分为普通白口铸铁、低合金白口铸铁、中合金白口铸铁和高合金白口铸铁。

B

白蜡虫/白蠟蟲
báilàchóng/ㄅㄞˊ ㄌㄚˋ ㄔㄨㄥˊ
white wax insect
【动】*Ericerus pela* 昆虫名。同翅目蜡蚧科。身体小,雄虫或有翅或无翅,雌虫无翅。通常寄生于女贞树和白蜡树上。中国各地均有分布。雄虫的分泌物白蜡,用于医药、纺织等工业。

白蜡树/白蠟樹 báilàshù/ㄅㄞˊ ㄌㄚˋ ㄕㄨˋ
China ash
【植】*Fraxinus chinensis* 木樨科梣属。落叶乔木。树皮灰褐色,纵裂。奇数羽状复叶,小叶硬纸质,卵圆形至披针形,边缘有齿。圆锥花序,大而疏松下垂,雌雄异株。翅果上中部宽,基部窄,顶端圆钝,翅平展。花期4—5月份,果期7—9月份。在中国,分布于各地。观赏树木。可生产白蜡,树皮可入药。
📖 白蜡树是白蜡虫的最适寄主,可在此树上放养白蜡虫,以取白蜡,故名。白蜡树是瑞典的国树。

白兰/白玉蘭 báilán/ㄅㄞˊ ㄩˋ ㄌㄢˊ
white michelia
【植】*Michelia alba* 又称“白兰花”。木兰科含笑属。常绿乔木。树皮灰色,幼枝被毛。单叶互生,薄革质,椭圆形,先端尖,基部楔形,网脉明显。花被片十枚,披针形。白色,有浓香。花期4—9月份。在中国,分布于长江流域以南各地。观赏花木。花、叶可提制香精,根皮入药。

白兰

📖 白兰是危地马拉的国花。

白兰花 báilánhuā/ㄅㄞˊ ㄌㄢˊ ㄏㄨㄚ
【植】即“白兰”(20页)。

白鲢 báilián/ㄅㄞˊ ㄌㄧㄢˊ
【动】即“鲢”(732页)。

白磷/白磷 báilín/ㄅㄞˊ ㄌㄧㄣˊ
white phosphorus
【化】又称“黄磷”。磷的一种同素异形体。白色晶体或蜡状固体,质软。在暗处发磷光,有恶臭。剧毒。在空气中能自燃。可用于制磷肥、烟火、杀虫剂和燃烧弹等。

白鳞鱼 báilínyú/ㄅㄞˊ ㄌㄧㄣˊ ㄩˊ
【动】即“鳓”(714页)。

白蛉/白蛉 báilíng/ㄅㄞˊ ㄌㄧㄥˊ
sand fly
【动】俗称“白蛉子”。昆虫名。双翅目白蛉科。体形似蚊而较小,表面有很多细长的毛,灰黄色。飞行力弱。吸食植物的汁,叮咬动物,吸食血液,能传播黑热病和白蛉热等。

白令海峡/白令海峽
Báilìng Hǎixiá/ㄅㄞˊ ㄌㄧㄥˋ ㄏㄞˇ ㄒㄧㄚˊ
Bering Strait
【地】海峡名。位于亚洲最东点与北美洲最西点之间。宽35～86千米,水深30～50米。海峡两岸分别是俄罗斯的西伯利亚和美国的阿拉斯加。是沟通北冰洋和太平洋的唯一航道,也是北美洲和亚洲大陆间最短的海上通道。纬度高,气候寒冷,多暴风雪和雾。

白鹭/白鷺 báilù/ㄅㄞˊ ㄌㄨˋ
egret
【动】*Egretta garzetta* 又称“小白鹭”。鸟名。鹳形目鹭科。全身羽毛白色。多栖息于湖沼岸边或水田中,群居,以鱼、蛙等为食。在中国,主要分布于长江以南地区。另有中白鹭(*E. intermedia*)、大白鹭(*Ardea alba*)。

白鹭

白马寺/白馬寺 Báimǎ Sì/ㄅㄞˊ ㄇㄚˇ ㄙˋ
White Horse Temple
【建】中国古代佛寺。位于河南洛阳市老城以东12千米处,建于东汉永平十一年(公元68年),是佛教传入中国后兴建的第一座寺院。现存寺院为清代重修,中轴线上有天王庙、大佛殿、大雄宝殿和接引殿等四座大殿,后院清凉台上有毗卢阁,寺外有金代齐云塔。寺内保存了大量元代夹纻干漆造像,如三世佛、二天将、十八罗汉等,十分珍贵。

白茅根/白茅根
báimáogēn/
ㄅㄞˊ ㄇㄠˊ ㄍㄣ
Rhizoma Imperatae

白茅

(拉)，cogon grass rhizome，* imperata root

【中医】中药名。禾本科植物白茅 *Imperata cylindrica* (L.) Beauv. var. *major* (Nees) C. E. Hubb. 的干燥根茎。味甘，性寒。归肺、胃、膀胱经。凉血止血，清热利尿。用于血热吐血，衄血，尿血，热病烦渴，黄疸，水肿，热淋涩痛；急性肾炎水肿。

白猸 báiméi/ㄅㄞˊ ㄇㄟˊ

【动】即“鼬獾”(1374 页)。

白木耳 báimù'ěr/ㄅㄞˊ ㄇㄨˋ ㄦˇ

【植】即“银耳”(1348 页)。

白内障/白內障

báinèizhàng/ㄅㄞˊ ㄋㄟˋ ㄓㄤˋ

cataract

【医】因老化、糖尿病等因素，导致眼睛内晶状体变性混浊，阻碍光线进入眼内，从而影响视力的眼病。是致盲的首要病因。

白皮松/白皮松 báipísōng/ㄅㄞˊ ㄆㄧˊ ㄙㄨㄥ

lacebark pine

【植】*Pinus bungeana* 松科松属。常绿大乔木。宽塔形树冠。有明显主干或从树干基部分成多个干，幼枝灰绿色，光滑。树皮成不规则薄片脱落，露出淡黄绿色的新皮；老枝褐灰色，树皮成不规则的鳞片状脱落，露出粉白色内皮，使枝干呈白褐相间的斑鳞状。针叶三针一束，粗硬。雄球花多数聚生于新枝成穗状，球果单生。花期 4—5 月份，球果翌年 10—11 月份成熟。在中国，分布于山西、河南西部、陕西秦岭、甘肃南部、四川北部、湖北西部等地，其他地区均有栽培。观赏树木。

白鳍豚 báiqítún/ㄅㄞˊ ㄑㄧˊ ㄊㄨㄣˊ

【动】即“白鱀豚”(19 页)。

白色人种

báisè rénzhǒng/ㄅㄞˊ ㄙㄜˋ ㄖㄣˊ ㄓㄨㄥˇ

【地】即“欧罗巴人种”(848 页)。

白色污染/白色污染

báisè wūrǎn/ㄅㄞˊ ㄙㄜˋ ㄨ ㄖㄢˇ

white pollution

【环】废弃的塑料制品对环境所造成的污染。废弃的塑料制品，尤其是含聚苯乙烯、聚丙烯、聚氯乙烯等制成的包装材料和农用薄膜进入环境很难降解，影响环境景观，并产生潜在危害。因其多为白色，故名。

白鳝 báishàn/ㄅㄞˊ ㄕㄢˋ

【动】即“鳗鲡”(783 页)。

白芍/白芍 báisháo/ㄅㄞˊ ㄕㄠˊ

Radix Paeoniae Alba(拉)，debark peony root，* white peony root

【中医】中药名。毛茛科植物芍药 *Paeonia lactiflora* Pall.的干燥根。味苦、酸，性微寒。归肝、脾经。平肝止痛，养血调经，敛阴止汗。用于头痛眩晕，胁痛，腹痛，四肢挛痛，血虚萎黄，月经不调，自汗，盗汗。

芍药

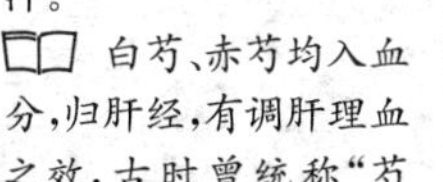

白芍、赤芍均入血分，归肝经，有调肝理血之效，古时曾统称“芍药”，现在已分为两种不同的药物。白芍不宜与藜芦同用。

白薯 báishǔ/ㄅㄞˊ ㄕㄨˇ

【植】即“番薯”(310 页)。

白陶/白陶 báitáo/ㄅㄞˊ ㄊㄠˊ

white pottery

【轻】陶器的一种。器表呈白色。以瓷土和高岭土为原料，采用泥条盘制或轮制。烧成温度为 1200℃左右，因胎质中所含氧化铁比例极低，烧成后表面和胎质均呈白色。

白天能见度/白天能見度

báitiān néngjiàndù/

ㄅㄞˊ ㄊㄧㄢ ㄋㄥˊ ㄐㄧㄢˋ ㄉㄨˋ

daylight visibility

【气】视力正常的人，在当时的天气条件下，白天能够从天空背景中看到和辨识的目标物(黑色、大小适度)的最大水平距离。参见“能见度”(830 页)。

白铜/銅鎳白銅

báitóng/ㄊㄨㄥˊ ㄋㄧㄝˋ ㄅㄞˊ ㄊㄨㄥˊ

cupro-nickel alloys

【材】以铜为基本元素，镍为主要合金元素的合金。银白色，有金属光泽。铜、镍无限互溶形成连续固溶体。耐蚀性好、强度中等，延展性好，可承受冷、热塑性加工和焊接，随镍含量的增高，其力学性能相应提高。是重要的电阻和热电偶材料，广泛用于制造耐蚀部件。白铜中加入第三种元素，分别称为锌白铜、铝白铜、锰白铜、铁白铜等。

白头鹎/白頭鵯
báitóubēi/ㄅㄞˊ ㄊㄡˊ ㄅㄟ
light-vented bulbul, Chinese bulbul
【动】*Pycnonotus sinensis* 又称“白头翁”。鸟名。雀形目鹎科。体长20厘米左右，头顶黑色，眉及枕羽白色，老鸟枕羽更白，生殖季节雄鸟善鸣。栖息于山林中，以树木的果实等为食，也吃昆虫。通常视作益鸟。

白头鹎

白头鹤/白頭鶴
báitóuhè/ㄅㄞˊ ㄊㄡˊ ㄏㄜˋ
hooded crane
【动】*Grus monacha* 鸟名。鹤形目鹤科。头顶赤裸，羽毛灰色，头和颈部白色，尾部近黑色。栖息于河流、湖泊岸边和芦苇沼泽中，以昆虫、鱼和软体动物等为食。

白头鹤

白头婆/白頭婆
báitóupó/ㄅㄞˊ ㄊㄡˊ ㄆㄛˊ
Japan bogorchid
【植】*Eupatorium japonicum* 菊科泽兰属。多年生草本植物。茎直立，淡紫红色，被毛。叶对生，茎中部叶大，叶片椭圆形，先端尖，羽状脉，边缘有齿。头状花序在枝顶排成紧密的伞房花序，总苞钟状，绿色带紫红色；花白色带深或浅的红色，有黄色腺点。花果期6—11月份。在中国，分布于东北、华北、华东、华西和华南。野生。全草入药。

白头翁 báitóuwēng/ㄅㄞˊ ㄊㄡˊ ㄨㄥ
【动】即“白头鹎”(22页)。

白钨矿/白鎢礦
báiwūkuàng/ㄅㄞˊ ㄨ ㄎㄨㄤˋ
scheelite
【地】又称“钙钨矿”。矿物。成分为$CaWO_4$。四方晶系。晶体呈四方双锥，通常呈不规则粒状。灰白色，有时略带浅黄、浅紫或浅褐色，油脂光泽，莫氏硬度4.5，密度5.8～6.2克/厘米^3。在紫外线照射下呈浅蓝色荧光。是炼钨的主要矿物原料。

白细胞/白血球 báixìbāo/ㄅㄞˊ ㄒㄧˋ ㄑㄧㄡˊ
leucocyte
【生】血液中的一类细胞。无色，球形，有核，能做变形运动，参与机体的防御和免疫功能。按细胞质内有无特殊颗粒，可分为有粒白细胞和无粒白细胞，前者包括中性粒细胞、嗜酸性粒细胞和嗜碱性粒细胞，后者包括单核细胞和淋巴细胞。

白鹇/白鷳 báixián/ㄅㄞˊ ㄒㄧㄢˊ
silver pheasant
【动】*Lophura nycthemera* 又称“白雉”。鸟名。鸡形目雉科。雄鸟体长1米多，头上的长冠及下体纯蓝黑色，有光泽，背部和两翼白色，有黑色的纹，腹部黑蓝色，雌的全身棕绿色，头上有冠，头的裸出部分和足为红色。尾长。栖息于高山竹林间，以植物茎叶、果实和昆虫等为食。分布于中国的南部地区。

白鹇

白熊 báixióng/ㄅㄞˊ ㄒㄩㄥˊ
【动】即“北极熊”(44页)。

白血病/白血病
báixuèbìng/ㄅㄞˊ ㄒㄧㄝˇ ㄅㄧㄥˋ
leukemia
【医】造血干细胞恶性增殖性疾病。特征为一种或几种血细胞成分自发性、进行性异常增殖，在骨髓和其他器官广泛积聚浸润，导致正常血细胞进行性减少。病因可能与遗传、病毒感染及某些理化因素等有关。临床主要表现为感染、出血、贫血和髓外组织器官浸润。预后较差。按病情缓急不同，可分为急性白血病和慢性白血病；按细胞类型不同，可分为淋巴细胞型、粒细胞型、单核细胞型及少见的巨核细胞型、浆细胞型、嗜酸细胞型、嗜碱细胞型白血病等；按外周白细胞多少不同，可分为白细胞增多性和白细胞不增多性白血病。

白血球 ㄅㄞˊ ㄒㄧㄝˇ ㄑㄧㄡˊ/báixuèqiú
leucocyte
【医】台湾名。即“白细胞”(22页)。

白血球生成劑
ㄅㄞˊ ㄒㄧㄝˋ ㄑㄧㄡˊ ㄕㄥ ㄔㄥˊ ㄐㄧˋ/
báixuèqiú shēngchéngjì
leukopoietic
【医】台湾名。即“增白细胞药”(1415 页)。

白鲟/白鱘 báixún/ㄅㄞˊ ㄒㄩㄣˊ
Chinese paddlefish
【动】*Psephurus gladius* 又称“象鱼”。鱼名。硬骨鱼纲白鲟科。身体延长,近圆筒形,长可达 3 米,背灰绿色,眼小,吻突出像剑,口大而能伸缩,无鳞。性凶猛,以其他鱼类和虾蟹等为食。是世界上最大的淡水鱼。是中国特有的珍稀动物。

白 鲟

白羊座/白羊座
báiyángzuò/ㄅㄞˊ ㄧㄤˊ ㄗㄨㄛˋ
Aries, Ari
【天】黄道十二星座之一。位于双鱼座和金牛座之间,其中亮星不多。古代春分点就位于这个星座(现已移至双鱼座)。

白蚁/白蟻 báiyǐ/ㄅㄞˊ ㄧˇ
termite
【动】昆虫名。等翅目昆虫的统称。外形像蚂蚁,比蚂蚁大,白色。群居。口器发达,蛀食木料、树木,危害房屋、道路、桥梁等建筑物。破坏性极大。

白玉/白玉 báiyù/ㄅㄞˊ ㄩˋ
white jade
【地】玉石。颜色呈白色,或稍泛淡青色、乳黄色,质地细腻滋润,油脂性好,可有少量石花等杂质。莫氏硬度 6～6.5,化学性质极其稳定。新疆和田产的白玉质地细腻、温润如羊脂的,称为羊脂玉,是白玉中的上品。

白玉蘭 ㄅㄞˊ ㄩˋ ㄌㄢˊ/báiyùlán
white michelia
【植】台湾名。即“白兰”(20 页)。

白玉簪 báiyùzān/ㄅㄞˊ ㄩˋ ㄗㄢ
【植】即“玉簪”(1381 页)。

白云母/白雲母 báiyúnmǔ/ㄅㄞˊ ㄩㄣˊ ㄇㄨˇ
muscovite
【地】云母的一种。成分为 $KAl_2[AlSi_3O_{10}](OH)_2$。单斜晶系。晶体呈假六方片状。薄片透明无色,厚时带黄、绿、棕等色。玻璃光泽,莫氏硬度 2.5～3,密度 2.7～3.1 克/厘米^3。片状极完全解理,薄片具弹性,具有高的电绝缘性、耐热性及强的抗酸、抗碱、抗压能力。用作高级电绝缘材料、高温窑炉和射线管的耐高温、耐酸碱的观察窗。

白云石/白雲石 báiyúnshí/ㄅㄞˊ ㄩㄣˊ ㄕˊ
dolomite
【地】矿物。成分为 $CaMg[CO_3]_2$,常含铁、锰。三方晶系。晶体呈菱面体,集合体通常呈粒状。灰白色,有时微带浅黄、浅褐、浅绿色,玻璃光泽,莫氏硬度 3.5～4,密度 2.8～2.9克/厘米^3。遇冷盐酸缓慢起泡。

白云岩/白雲岩 báiyúnyán/ㄅㄞˊ ㄩㄣˊ ㄧㄢˊ
dolostone, dolomite
【地】以白云石为主要成分的碳酸盐岩。也有方解石和黏土矿物等。灰白色,性脆,硬度小。但比石灰岩坚韧。遇稀盐酸缓慢起泡或不起泡,冶金工业中用作熔剂和耐火材料,化学工业中用于制钙镁磷肥等。还可用作陶瓷、玻璃配料和建筑石材。

白灾/白災 báizāi/ㄅㄞˊ ㄗㄞ
snow storm
【农】牧业气象灾害的一种。多发生在冬春季节,大风夹着雪花,能见度小于 10 千米,甚至于不足 1 千米。常造成牧民和羊群迷失方向,交通受阻,人畜被冻伤、冻死。

白噪声/粉紅噪音
báizàoshēng/ㄈㄣˇ ㄏㄨㄥˊ ㄗㄠˋ ㄧㄣ
white noise
【环】在固定频带宽度内频谱连续而均匀的噪声。“白”字是从光学名词中借用的,光学中表示高低频各种波长的光含量均等时呈白色(如日光),在噪声的描述上,白噪声谱密度(带宽为 1 赫的单位频带中的能量)为常数。

白芷/白芷
báizhǐ/ㄅㄞˊ ㄓˇ
Radix Angelicae dahuricae(拉), dahurian angelica

杭白芷

root，* dahurian angelica

【中医】中药名。伞形科植物白芷 *Angelica dahurica* (Fisch. ex Hoffm.) Benth. et Hook. f.或杭白芷 *A. dahurica* (Fisch. ex Hoffm.) Benth. et Hook. f. var. *formosana* (Boiss.) Shan et Yuan 的干燥根。味辛，性温。归胃、大肠、肺经。散风除湿，通窍止痛，消肿排脓。用于感冒头痛，眉棱骨痛，鼻塞，鼻渊，牙痛，白带，疮疡肿痛。

白雉 báizhì/ㄅㄞˊ ㄓˋ

【动】即"白鹇"(22 页)。

白术/白朮

báizhú/ㄅㄞˊ ㄓㄨˊ

Rhizoma Atractylodis Macrocephalae (拉)，largehead atractylodes rhizome

【中医】中药名。菊科植物白术 *Atractylodes macrocephala* Koidz.的干燥根茎。味苦、甘，性温。归脾、胃经。健脾益气，燥湿利水，止汗，安胎。用于脾虚食少，腹胀泄泻，痰饮眩悸，水肿，自汗，胎动不安。

📖 白术和苍术作用相近，主要功效均为健脾燥湿，在古代统称为"术"，后世渐渐分开使用。白术味偏甘，作用偏重于健脾；苍术味偏苦，作用侧重于燥湿。

白鑄鐵 ㄅㄞˊ ㄓㄨˋ ㄊㄧㄝˇ/báizhùtiě

white cast iron

【材】台湾名。即"白口铸铁"(19 页)。

百/百 bǎi/ㄅㄞˇ

hecto

【计量】用于构成十进倍数单位的词头。相当于 10^2，符号 h。例如，1 百帕＝100 帕。

百步蛇 ㄅㄞˇ ㄅㄨˋ ㄕㄜˊ/bǎibùshé

long-nosed pit viper

【动】台湾名。即"尖吻蛇"(596 页)。

百蝶纹/百蝶紋

bǎidiéwén/ㄅㄞˇ ㄉㄧㄝˊ ㄨㄣˊ

hundred butterflies pattern

【纺】中国传统装饰纹样。由数只蝴蝶构成。"蝶"与"耋"同音，借以象征吉祥长寿。图案用蝴蝶翅膀的变化表现动感，布局匀称，色彩明丽，明清以来流行。适用于年长女性的服饰，以掐金满绣的百蝶女上装最著名。

百分比 bǎifēnbǐ/ㄅㄞˇ ㄈㄣ ㄅㄧˇ

【数】即"百分率"(24 页)。

百分表/針盤指示器

bǎifēnbiǎo/ㄓㄣ ㄆㄢˊ ㄓˇ ㄕˋ ㄑㄧˋ

dial gauge

【机】一种高精度量具。具有指针、表盘等结构，利用齿轮传动(或兼用杠杆)原理使测量杆的微小移动变为指针的转动而得到放大，以读出微小直线位移值。常用于测量零件表面几何形状偏差和相互位置偏差。测量精度达 0.01 毫米。精度达到 0.001 毫米或 0.005 毫米的为千分表。

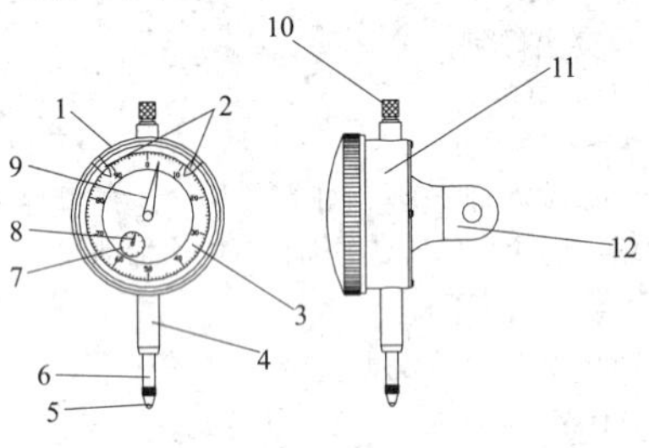

百分表

1.表圈，2.界限指针，3.表盘，4.轴套，5.测量头，6.测量杆，7.转数指示盘，8.转数指针，9.主指针，10.挡帽，11.表体，12.耳环

百分点/百分點

bǎifēndiǎn/ㄅㄞˇ ㄈㄣ ㄉㄧㄢˇ

percentage point

【数】统计学中常用百分数形式表示变化幅度，百分之一为一个百分点。例如，今年 GDP 比上年增长 4 个百分点，即增长 4%。

百分率/百分率 bǎifēnlǜ/ㄅㄞˇ ㄈㄣ ㄌㄩˋ

percent

【数】又称"百分比"。把两个数量的比写成百分数的形式，表示一个数量是另一个数量的百分之几。百分之一是比率的单位。

百分数/百分數 bǎifēnshù/ㄅㄞˇ ㄈㄣ ㄕㄨˋ

percentage

【数】分母是 100 的分数。通常用百分号"%"表示，例如 $\frac{19}{100}$ 记作 19%，读作"百分之十九"。

百合/百合 bǎihé/ㄅㄞˇ ㄏㄜˊ

㊀ greenish lily，㊁ Bulbus Lilii(拉)，lily bulb

㊁【植】*Lilium brownii* var.*viridulum* 百合科百合属。多年生草本植物。鳞茎球形，白色。茎有紫色条纹。叶散生，倒披针形，全缘。花1～4朵生于茎顶，下垂或平伸，喇叭形，花被片六枚，多白色，还有黄、粉红、橙红、紫或带黑色斑点等颜色，有香气。花期5—6月份。在中国，分布于河北、山西、河南、陕西、湖北、湖南、江西、安徽和浙江。观赏花卉。鳞茎药食兼用。㊂【中医】中药名。百合科植物卷丹 *Lilium lancifolium* Thunb.、百合 *L. brownii* F. E. Brown var. *viridulum* Baker 或细叶百合 *L. pumilum* DC.的干燥肉质鳞叶。味甘，性寒。归心、肺经。养阴润肺，清心安神。用于阴虚久咳，痰中带血，虚烦惊悸，失眠多梦，精神恍惚。常用于食疗。

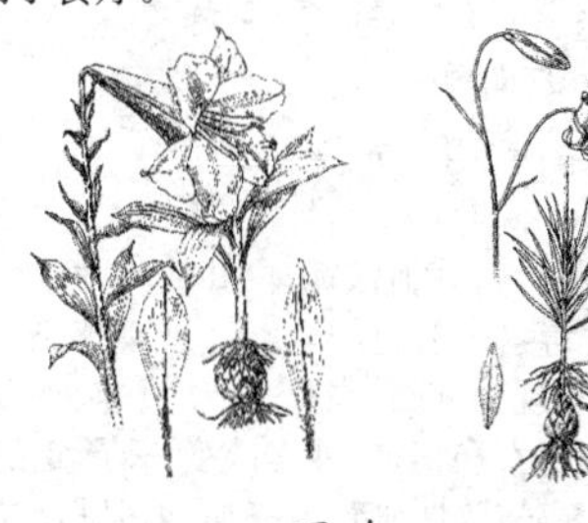

百合

百合病/百合病 bǎihébìng/ㄅㄞˇ ㄏㄜˊ ㄅㄧㄥˋ

lily disease, disease of all vessels

【中医】中医内科疾病之一。症见神情恍惚，行、卧、饮食等皆觉不适等。其病邪少虚多，属阴虚内热之证，治宜补虚清热，养血凉血，用百合地黄汤。也可选用百合知母汤、百合鸡子汤、百合滑石散等方。

百会/百會 bǎihuì/ㄅㄞˇ ㄏㄨㄟˋ

GV20, DU20, * Hundred Convergences

【中医】督脉穴之一。在头部，当前发际正中直上5寸，或两耳尖连线的中点处。该穴主治头痛、眩晕、中风失语、癫狂、脱肛、泄泻、阴挺、健忘、不寐等病证。

百脉根/百脈根

bǎimàigēn/ㄅㄞˇ ㄇㄞˋ ㄍㄣ

crowtoe

【植】*Lotus corniculatus* 又称"五叶草""牛角花"。豆科百脉根属。多年生草本植物。茎丛生，匍匐生长，近四棱形。羽状复叶，小叶五枚，纸质，卵形。伞形花序生于花梗顶端，花冠蝶形，淡黄色至金黄色，干后常变蓝色。花期5—9月份。在中国，分布于西北、西南和长江中上游各地。优良牧草。

百日咳/百日咳 bǎirìké/ㄅㄞˇ ㄖˋ ㄎㄜˊ

pertussis, whooping cough

【医】由百日咳杆菌引起的急性呼吸道传染病。主要感染5岁以下儿童。典型临床表现为阵发性痉挛性咳嗽，并出现带有哮鸣音(如鸡鸣样的吸气声)，外周血液中淋巴细胞增多，病程长达2～3个月，故名。

百萬 ㄅㄞˇ ㄨㄢˋ/bǎiwàn

mega

【计量】台湾名。即"兆"(1421页)。

百叶箱/百葉箱

bǎiyèxiāng/ㄅㄞˇ ㄧㄝˋ ㄒㄧㄤ

screen, instrument shelter

【气】一种气象仪器防护设施。架设高度1.5米，保证箱内气象仪器既免受太阳直接辐射，又保持适当通风的白色百叶式箱体。分为大、小两种：小百叶箱内安装干、湿球温度表，最高、最低温度表，毛发湿度表；大百叶箱内安装温度计、湿度计，或温度传感器、湿度传感器。

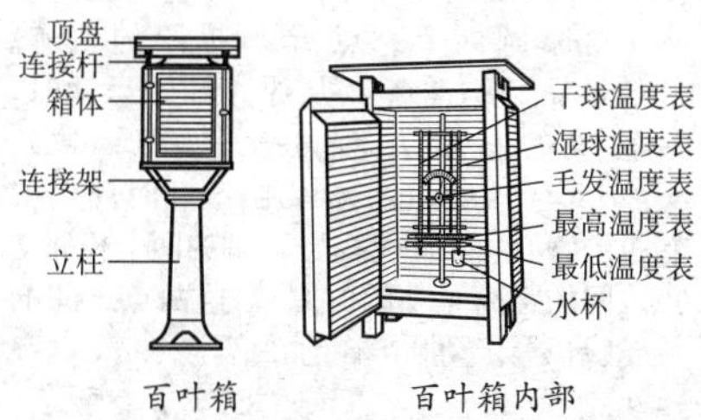

百叶箱　百叶箱内部

柏油 bǎiyóu/ㄅㄛˊ ㄧㄡˊ

tar

【化】"焦油沥青"的通称。有时也泛指沥青。

柏子仁/柏子仁 bǎizǐrén/ㄅㄛˊ ㄗˇ ㄖㄣˊ

Semen Platycladi(拉), Chinese arborvitae kernel, * arborvitae seed

【中医】中药名。柏科植物侧柏 *Platycladus orientalis* (L.) Franco 的干燥成熟种仁。味甘，性平。归心、肾、大肠经。养心安神，止汗，润肠。用于虚烦失眠，心悸怔忡，阴虚盗汗，肠燥便秘。

柏子养心丸/柏子養心丸

bǎizǐ yǎngxīnwán/ㄅㄛˊ ㄗˇ ㄧㄤˇ ㄒㄧㄣ ㄨㄢˊ

baizi yangxin pills, baizi yangxin wan, * Arborvitae Seed Heart-Nourishing Pill

【中医】中成药名。主要成分:柏子仁、党参、炙黄芪、川芎、当归、茯苓、远志、酸枣仁、肉桂、五味子、半夏曲、炙甘草、朱砂。口服。补气,养血,安神。用于心气虚寒,心悸易惊,失眠多梦,健忘等。

摆动数列/擺動數列

bǎidòng shùliè/ㄅㄞˇ ㄉㄨㄥˋ ㄕㄨˋ ㄌㄧㄝˋ

swing sequence of number

【数】既不是递增数列又不是递减数列的数列。例如,$-1, 2, -3, 4, -5, 6, \cdots, (-1)^n n, \cdots$。

摆渡车/接駁車 bǎidùchē/ㄐㄧㄝ ㄅㄛˊ ㄔㄜ

car ferry

【航】机场内方便旅客登机、出港和机场中转的专用客车。主要往返于飞机与出港口(站)或候机厅与中转港口(站)之间。

摆线/擺線 bǎixiàn/ㄅㄞˇ ㄒㄧㄢˋ

cycloid

【数】又称"旋轮线"。圆沿一条直线无滑动地滚动时,圆周上一点 P 所描绘的轨迹。圆的半径为 a,动点 P 从原点开始运动时,旋轮线的参数方程为:$x=a(\theta-\sin\theta)$,$y=a(1-\cos\theta)$,其中 θ 为圆滚动时动点 P 转过的圆心角。旋轮线与 x 轴的两个相邻交点之间的距离是动圆的周长,这两点之间的旋轮线长等于动圆半径的 8 倍。

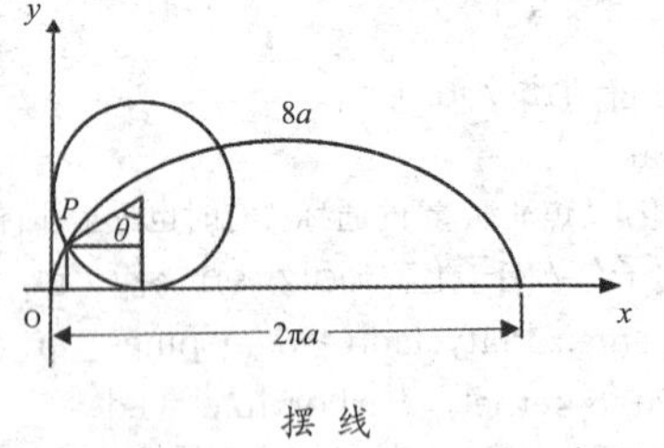

摆 线

擺線推進器

ㄅㄞˇ ㄒㄧㄢˋ ㄊㄨㄟ ㄐㄧㄣˋ ㄑㄧˋ/bǎixiàn tuījìnqì

cycloidal propeller

【船】台湾名。即"平旋推进器"(877 页)。

败酱草/敗醬草

bàijiàngcǎo/ㄅㄞˋ ㄐㄧㄤˋ ㄘㄠˇ

Herba Patriniae(拉), atrina glass

【中医】中药名。败酱科植物白花败酱 *Patrinia villosa* Juss.、黄花败酱 *Patrinia scabiosaefolia* Fisch. ex Trev. 的干燥全草。味辛、苦,性微寒。归胃、大肠、肝经。清热解毒,消痈排脓,祛瘀止痛。主治肠痈,肺痈,疮痈肿毒,胸腹疼痛。

白花败酱

📖 败酱草可供食用,蒸熟后有陈酱的气味,故名。

败血症/敗血病

bàixuèzhèng/ㄅㄞˋ ㄒㄧㄝˇ ㄅㄧㄥˋ

septicemia

【医】病原体进入血液循环,并在其中生长繁殖、产生毒素而引起的全身性严重感染。临床主要表现为寒战、高热、心动过速、呼吸急促、肝脾肿大和精神、神志改变等,严重的可引起休克、弥散性血管内凝血和多脏器功能衰竭。

拜占庭建筑/拜占庭建築

Bàizhàntíng jiànzhù/ㄅㄞˋ ㄓㄢˋ ㄊㄧㄥˊ ㄐㄧㄢˋ ㄓㄨˊ

Byzantine architecture

【建】拜占庭帝国(东罗马帝国)的建筑风格。继承东方建筑传统,改造和发展古罗马建筑中某些要素而形成独特的建筑风格。建筑外形较封闭,以体量组合为特点,砖是主要的建筑材料,内部用云石或马赛克贴面,并装饰彩色玻璃。建筑以教堂为代表。

稗/稗 bài/ㄅㄞˋ

barnyard grass

【植】*Echinochloa crusgalli* 通称"稗子"。禾本科稗属。一年生草本植物。秆直立,光滑。叶鞘裹秆松弛,无叶舌;叶片扁平条形,边缘粗糙。圆锥花序直立,尖塔形,穗轴粗糙,小穗卵形,密集于穗轴的一侧。在中国,分布于各地。稻田杂草。全草可作饲料,茎叶可造纸。

📖 稗子是一种极像水稻的杂草，人们在稻田除草时很容易漏掉它们。其实，稗子叶片毛涩，颜色较浅，主脉清楚，可以与稻区分。

ban （ㄅㄢ）

扳手/扳手 bānshou/ㄅㄢ·ㄕㄡ

spanner，wrench

【机】手工具的一种。利用杠杆原理拧紧或旋松螺钉、螺母等。通常分为死扳手和活扳手两类。

班轮运输/班輪運輸

bānlún yùnshū/ㄅㄢ ㄌㄨㄣˊ ㄩㄣˋ ㄕㄨ

liner service

【物流】一种水路运输方式。以既定的港口顺序，按规定的船期表在固定航线上航行。可分为正规班轮运输和非正规班轮运输。前者即定期定港班轮运输，以固定的船舶，按船期表靠离港日期组织运行；后者是不定期、不定港、不定船的定线班轮运输，事先不能编制船期表。特点是有固定的航线、船期、港口及运价。

斑羚/斑羚 bānlíng/ㄅㄢ ㄌㄧㄥˊ

goral

【动】*Naemorhedus goral* 又称“青羊”。哺乳动物名。偶蹄目牛科。外形略像山羊，但颌下无须，雌雄均有角，较小，黑色，毛松软而厚，冬季灰黑色或深棕色，夏季毛色较暗，背部有深色纵纹。多生活在陡峭的山地，善跳跃，喜单独活动，以植物枝叶、苔藓等为食。

斑羚

斑马/斑馬 bānmǎ/ㄅㄢ ㄇㄚˇ

zebra

【动】*Equus zebra* 哺乳动物名。奇蹄目马科。毛淡黄色或银白色，与黑色条纹相间，臀部和腹部条纹较宽，听觉灵敏。群居，以草、树叶等为食。分布于非洲热带草原，是非洲特有动物。

斑蝥/斑蝥 bānmáo/ㄅㄢ ㄇㄠˊ

㊀ spanish fly，cantharides，㊁ Mylabris(拉)，blister beetle

㊀【动】昆虫名。鞘翅目芫菁科。体黑色，鞘翅基部有两个大黄斑，触角呈鞭状，腿细长，足关节处能分泌毒液，人的皮肤接触后会起水泡。成虫危害大豆、棉花、茄子等农作物。干燥虫体有毒性，可入药。㊁【中医】中药名。芫菁科昆虫南方大斑蝥 *Mylabris phalerata* Pallas 或黄黑小斑蝥 *M. cichorii* Linnaeus 的干燥体。味辛，性热；有大毒。归肝、胃、肾经。破血消癥。攻毒蚀疮，引赤发泡。用于癥瘕肿块，积年顽癣，瘰疬，赘疣，痈疽不溃，恶疮死肌。

南方大斑蝥

📖 斑蝥毒性大，内服慎用；孕妇禁用。

斑鲵 ㄅㄢ ㄋㄧˊ/bānní

hynobius

【动】台湾名。即“小鲵”(1259 页)。

斑铜矿/斑銅礦

bāntóngkuàng/ㄅㄢ ㄊㄨㄥˊ ㄎㄨㄤˋ

bornite

【地】硫化物矿物。主要成分为 Cu_5FeS_4。等轴晶系。呈致密块状或分散粒状。暗铜红色，金属光泽，莫氏硬度 3，密度 4.9～5.0 克/厘米^3。常与黄铜矿共生，也形成于铜矿床的次生富集带，易被次生辉铜矿和铜蓝置换。含铜量 63.3%，是炼铜的矿物原料。

搬运/搬運 bānyùn/ㄅㄢ ㄩㄣˋ

handling and carrying

【物流】在同一场所内，以人力或机械方式，使物品进行短距离位移的作业。包括入库、堆垛、出库以及连接上述各项动作的短程输送。

板 ㄅㄢˇ/bǎn

board，sheet

【材】台湾名。即“板材”(27 页)。

板材/板 bǎncái/ㄅㄢˇ

board，sheet

【材】厚度超过 0.1 毫米的块状材料制品。通常将厚度为 0.1～5 毫米的称为薄板，厚度超过 5 毫米的称为厚板。板材大多采用热轧法生产，有的可作为带材的原料。

板结/堅膜 bǎnjié/ㄐㄧㄢ ㄇㄛˋ

hardening

【农】土壤因缺乏有机质，在降雨或灌水后变硬结块的现象。

B

板块/板塊 bǎnkuài/ㄅㄢˇ ㄎㄨㄞˋ
plate
【地】岩石圈的构造单元。全球岩石圈分为六大板块，即太平洋板块、欧亚板块、印度洋板块、非洲板块、美洲板块和南极洲板块。大板块之间还有一些小板块。

板块构造学/板塊構造
bǎnkuài gòuzàoxué/
ㄅㄢˇ ㄎㄨㄞˋ ㄍㄡˋ ㄗㄠˋ
plate tectonics
【地】研究全球构造的形成、演化的学科。主要研究地球岩石圈板块的成因、运动、演化、物质组成、构造组合、分布和相互关系以及地球动力学等问题。
📖 板块构造学认为岩石圈由若干板块构成，板块间发生碰撞挤压，发生造山运动；或使一个板块下插到另一个板块之下，发生消减；或发生平移错动。在板块边界还可伴随地震、火山运动等。这个学说是在大陆漂移说、海底扩张说的基础上发展起来的，很好地解释了地球地质作用和现象，是当代最有影响的全球构造理论。

板塊構造
ㄅㄢˇ ㄎㄨㄞˋ ㄍㄡˋ ㄗㄠˋ/bǎnkuài gòuzào
plate tectonics
【地】台湾名。即“板块构造学”(28 页)。

板蓝根/板藍根
bǎnlángēn/ㄅㄢˇ ㄌㄢˊ ㄍㄣ
Radix Isatidis(拉)，isatis root
【中医】中药名。十字花科植物菘蓝 *Isatis indigotica* Fort.的干燥根。味苦，性寒。归心、胃经。清热解毒，凉血利咽。用于温毒发斑，舌绛紫暗，痄腮，喉痹，烂喉丹痧，大头瘟疫，丹毒，痈肿。

板蓝根颗粒/板藍根顆粒
bǎnlángēn kēlì/ㄅㄢˇ ㄌㄢˊ ㄍㄣ ㄎㄜ ㄌㄧˋ
banlangen granules，banlangen keli，* Isatis Granules
【中医】中成药名。主要成分：板蓝根。清热解毒，凉血利咽。用于肺胃热盛所致的咽喉肿痛、口咽干燥等。

板栗 bǎnlì/ㄅㄢˇ ㄌㄧˋ
【植】即“栗”(728 页)。

板料冲压
bǎnliào chòngyā/ㄅㄢˇ ㄌㄧㄠˋ ㄔㄨㄥˋ ㄧㄚ
【机】即“冲压”(135 页)。

板式输送机/板條運送機
bǎnshì shūsòngjī/ㄅㄢˇ ㄊㄧㄠˊ ㄩㄣˋ ㄙㄨㄥˋ ㄐㄧ
slat conveyor
【机】链式输送机的一种。输送机在牵引链上安装承载物料的平板或一定形状的底板。广泛应用于冶金、煤炭、化工、电力、机械制造等行业。

板式住宅/板式住宅
bǎnshì zhùzhái/ㄅㄢˇ ㄕˋ ㄓㄨˋ ㄓㄞˊ
slab block
【建】通常指东西长，南北短，外观形象如一巨形平板的住宅楼。内部户型特征是南向面宽大，进深短，南北通透。在南北开窗的情况下，自然通风形成对流，使室内空气流通。

板司呢/蓆紋呢 bǎnsīní/ㄒㄧˊ ㄨㄣˊ ㄋㄧˊ
hopsack
【纺】精纺毛织物名。一种传统的有特色花型外观的中厚型花呢。呢面平整，花样细巧，手感丰厚软糯，有弹性。适于用作西装的面料。

板條 ㄅㄢˇ ㄊㄧㄠˊ/bǎntiáo
strip
【材】台湾名。即“带材”(193 页)。

板條運送機
ㄅㄢˇ ㄊㄧㄠˊ ㄩㄣˋ ㄙㄨㄥˋ ㄐㄧ/
bǎntiáo yùnsòngjī
slat conveyor
【机】台湾名。即“板式输送机”(28 页)。

板瓦/板瓦 bǎnwǎ/ㄅㄢˇ ㄨㄚˇ
plate tile
【建】横断面小于半圆形的弧形，前端稍窄于后端的片状陶制品。用黏土烧成，无釉，吸水性强。

板瓦

📖 板瓦在宋《营造法式》中写作瓪瓦，主要为民宅使用。西周的板瓦长56 厘米，宽 28 厘米。清代的板瓦长 20 厘米，宽 18 厘米。板瓦逐渐缩小，是为方便施工，破裂时容易更换。

板牙/螺紋模 bǎnyá/ㄅㄢˇ ㄧㄚˊ

threading die

【机】刀具的一种。用于加工外螺纹。螺纹孔上的螺纹被沿圆周分成若干段，形成切削刃和排屑槽。加工精度较低，多用于单件、小批生产和修配工作中。按外形和用途不同，可分为圆板牙、方板牙、六角板牙、管形板牙和钳工板牙等。

板岩/板岩 bǎnyán/ㄅㄢˇ ㄧㄢˊ

slate

【地】变质岩的一种。变质程度低，具板状构造。由黏土岩、粉砂岩和中酸性凝灰岩经轻微变质作用而成。可剥成薄片。可用作建筑材料和装饰材料。

版权 bǎnquán/ㄅㄢˇ ㄑㄩㄢˊ

【总】即“著作权”(1481 页)。

办公设备/辦公設備

bàngōng shèbèi/ㄅㄢˋ ㄍㄨㄥ ㄕㄜˋ ㄅㄟˋ

office equipment

【轻】泛指用于办公室工作的设备和器具。常用的有电话机、传真机、打印机、复印机、投影仪、碎纸机、扫描仪、计算机、计算器、考勤机、装订机等。

办公自动化/辦公室自動化

bàngōng zìdònghuà/

ㄅㄢˋ ㄍㄨㄥ ㄕˋ ㄗˋ ㄉㄨㄥˋ ㄏㄨㄚˋ

office automation，OA

【自】利用现代通信技术、办公自动化设备和电子计算机系统来实现事务处理、信息管理和决策支持的综合自动化的新型办公方式。

半边莲/半邊蓮

bànbiānlián/ㄅㄢˋ ㄅㄧㄢ ㄌㄧㄢˊ

Chinese lobelia

【植】*Lobelia chinensis* 桔梗科半边莲属。多年生草本植物。茎细长，匍匐于地面，节上生根。叶无柄，狭披针形或条形，先端尖，基部圆，边缘有齿。花单生于叶腋，萼筒倒长锥状，与花梗连接，花冠一侧开裂至基部，五瓣，二长三短，粉红色或白色。花果期 5—10 月份。在中国，分布于长江中下游以南各地。全草入药。

半常绿植物/半常綠植物

bànchánglǜ zhíwù/ㄅㄢˋ ㄔㄤˊ ㄌㄩˋ ㄓˊ ㄨˋ

semi-evergreen plant

【植】温度适合时呈现常绿状态，温度寒冷时又呈现落叶状态的植物。如月季。

半翅目/半翅目 bànchìmù/ㄅㄢˋ ㄔˋ ㄇㄨˋ

Hemiptera

【动】*Hemiptera* 昆虫纲的一目。体扁平。口器长喙状，适于刺吸。前翅基半部革质，端半部膜质；后翅全部膜质或退化。后足基节旁有挥发性臭腺的开口，遇敌时放出臭气。种类很多，如各种椿象、臭虫、田鳖等，其中食虫椿象是益虫。此目的昆虫通称蝽或椿象。

半穿甲弹

bànchuānjiǎdàn/ㄅㄢˋ ㄔㄨㄢ ㄐㄧㄚˇ ㄉㄢˋ

【军】即“侵彻弹”(911 页)。

半搭拖車

ㄅㄢˋ ㄉㄚ ㄊㄨㄛ ㄔㄜ/bàndā tuōchē

semi-trailer

【机】台湾名。即“半挂车”(30 页)。

半导体/半導體 bàndǎotǐ/ㄅㄢˋ ㄉㄠˇ ㄊㄧˇ

semiconductor

【物】导电能力介于导体和绝缘体之间的固体材料。其室温电阻率在 10^{-5}～10^{7} 欧·米，且随温度升高而减小。靠电子(带负电)或空穴(带正电)导电。主要依靠电子导电的称为 n 型半导体，主要依靠空穴导电的称为 p 型半导体。导电性能与含杂质多少和外界条件(如光照、温度或压强)的改变有关。按是否含有杂质，可分为本征半导体和非本征(掺杂)半导体。

半导体二极管/半導體二極體

bàndǎotǐ èrjíguǎn/

ㄅㄢˋ ㄉㄠˇ ㄊㄧˇ ㄦˋ ㄐㄧˊ ㄊㄧˇ

semiconductor diode

【物】又称“晶体二极管”。具有单向导电性的半导体器件。在一个 pn 结上焊两根引线，用外壳封装而成。与 p 型半导体相接的是正极，与 n 型半导体相接的是负极。可用于整流、检波、混频、开关、稳压等。按材料不同，可分为锗二极管、硅二极管和砷化镓二极管等；按用途不同，可分为普通二极管、整流二极管、开关二极管、稳压普通二极管、变容二极管、光敏二极管、发光二极管等。

普通二极管　稳压二极管　变容二极管　光敏二极管　发光二极管

一些半导体二极管的符号

半导体器件/半導體元件

bàndǎotǐ qìjiàn/ㄅㄢˋ ㄉㄠˇ ㄊㄧˇ ㄩㄢˊ ㄐㄧㄢˋ

semiconductor device

【电】基本电特性归因于一个或多个半导体材料中的载流子流动的器件。

半导体三极管/半導體三極體

bàndǎotǐ sānjíguǎn/

ㄅㄢˋ ㄉㄠˇ ㄊㄧˇ ㄙㄢ ㄐㄧˊ ㄊㄧˇ

semiconductor triode

【物】又称"晶体三极管"。具有放大、振荡或开关等功能的半导体器件。按工作原理不同,可分为结型晶体管和场效应晶体管。结型晶体管是在半导体单晶上制备两个结合得很紧、能相互影响的 pn 结,组合成 n-p-n(或 p-n-p)结构。中间的 p 型(或 n 型)区域称基区,边上的两个区域分别称发射区和集电区。集电区和基区的交界处的 pn 结称集电结,发射区和基区的交界处的 pn 结称发射结。由三个区所引出的电极分别为发射极(*e*)、基极(*b*)、集电极(*c*)。主要结构特点是基区很薄,通常只有几微米至几十微米,发射区的多数载流子的浓度远远大于基区的多数载流子浓度(通常在 100 倍以上)。

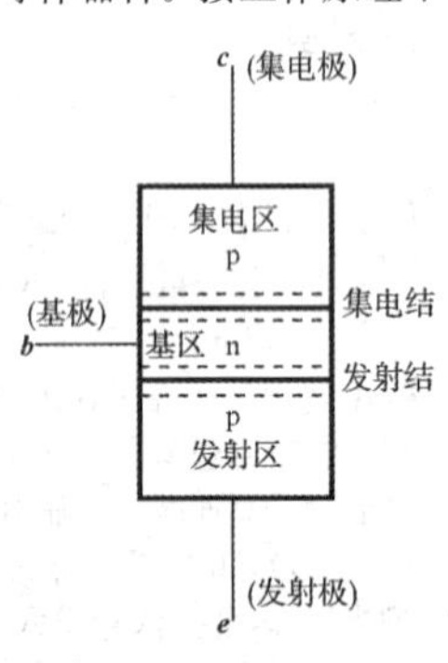

一种半导体三极管

半岛/半島 bàndǎo/ㄅㄢˋ ㄉㄠˇ

peninsula

【地】伸入海洋或湖泊的陆地。三面临水。如亚洲的阿拉伯半岛、欧洲的巴尔干半岛。

半導體二極體

ㄅㄢˋ ㄉㄠˇ ㄊㄧˇ ㄦˋ ㄐㄧˊ ㄊㄧˇ/bàndǎotǐ èrjítǐ

semiconductor diode

【物】台湾名。即"半导体二极管"(29 页)。

半導體三極體

ㄅㄢˋ ㄉㄠˇ ㄊㄧˇ ㄙㄢ ㄐㄧˊ ㄊㄧˇ/bàndǎotǐ sānjítǐ

semiconductor triode

【物】台湾名。即"半导体三极管"(30 页)。

半導體元件

ㄅㄢˋ ㄉㄠˇ ㄊㄧˇ ㄩㄢˊ ㄐㄧㄢˋ/bàndǎotǐ yuánjiàn

semiconductor device

【电】台湾名。即"半导体器件"(30 页)。

半地下室/半地下室

bàndìxiàshì/ㄅㄢˋ ㄉㄧˋ ㄒㄧㄚˋ ㄕˋ

semi-basement

【建】地面低于室外设计地面的平均高度,且高度差超过该房间平均净高的 1/3,又不足 1/2 的房间。即少半部分建筑在地下的房间。

半电池/半電池

bàndiànchí/ㄅㄢˋ ㄉㄧㄢˋ ㄔˊ

half cell

【化】指电池的一个电极。因电池是由两个电极及其电解质组成的,两个相对独立的电极可分别看作电池的一半,故名。参见"电极"(246 页)。

半发酵茶

bànfājiàochá/ㄅㄢˋ ㄈㄚ ㄒㄧㄠˋ ㄔㄚˊ

【轻】即"乌龙茶"(1198 页)。

半干旱气候/半乾燥氣候

bàngānhàn qìhòu/ㄅㄢˋ ㄍㄢ ㄗㄠˋ ㄑㄧˋ ㄏㄡˋ

semi-arid climate

【气】在中国指北方和西北地区年降水量在 200～400 毫米,自然景观以草原为主的气候。

半乾燥氣候

ㄅㄢˋ ㄍㄢ ㄗㄠˋ ㄑㄧˋ ㄏㄡˋ/bàngānzào qìhòu

semi-arid climate

【气】台湾名。即"半干旱气候"(30 页)。

半挂车/半搭拖車

bànguàchē/ㄅㄢˋ ㄉㄚ ㄊㄨㄛ ㄔㄜ

semi-trailer

【机】挂车的一种。车轴置于车辆重心(当车辆均匀受载时)后面,并且装有可将水平或垂直力传递到牵引车的连接装置。

半灌木/亞灌木
bànguànmù/ㄅㄢˋ ㄍㄨㄢˋ ㄇㄨˋ
subshrub
【植】仅植株下部为木质化的多年生小灌木。如艾。

半胱氨酸/半胱胺酸
bànguāng'ānsuān/ㄅㄢˋ ㄍㄨㄤ ㄢ ㄙㄨㄢ
cysteine, Cys
【生】20 种蛋白质氨基酸之一。为非必需氨基酸。无色晶体。是生物体内一些酶和蛋白质的组成成分。有缓解、修复放射线对人体造成损伤的作用。

半胱胺酸
ㄅㄢˋ ㄍㄨㄤ ㄢ ㄙㄨㄢ/bànguāng'ànsuān
cysteine, Cys
【生】台湾名。即“半胱氨酸”(31 页)。

半焦/半焦 bànjiāo/ㄅㄢˋ ㄐㄧㄠ
semicoke
【化】炭的一种。泥煤、褐煤和高挥发分的烟煤等经 500～700℃ 低温干馏而成,固体,暗灰色到黑色,无光泽,质软而脆,有开放气孔,强度、密度比焦炭低,挥发分通常为10%～20%,易着火且反应性高。可用作燃料。

半角/半寬 bànjiǎo/ㄅㄢˋ ㄎㄨㄢ
half-width
【信息】指一字符占用一个标准的字符位置。通常的英文字母、数字键、符号键为半角字符。半角的显示内码为一个字节。

半开区间/半開區間
bànkāi qūjiān/ㄅㄢˋ ㄎㄞ ㄑㄩ ㄐㄧㄢ
half open interval
【数】设 a,b 为任意两个实数,且 $a<b$。实数集 **R** 的子集 $\{x|a\leqslant x<b\}$ 和 $\{x|a<x\leqslant b\}$ 叫作半开区间,分别记作 $[a,b)$ 和 $(a,b]$。在数轴上以代表 a,b 两数的点为左、右端点的线段中,只含左端点的是 $[a,b)$ 的几何表示,只含右端点的是 $(a,b]$ 的几何表示,区间长为 $b-a$。

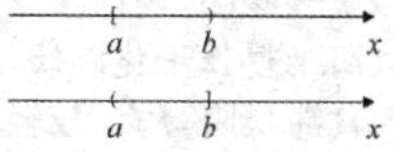

半开区间

半寬 ㄅㄢˋ ㄎㄨㄢ/bànkuān
half-width
【信息】台湾名。即“半角”(31 页)。

半平面/半平面
bànpíngmiàn/ㄅㄢˋ ㄆㄧㄥˊ ㄇㄧㄢˋ
half plane
【数】一个平面内的一条直线将这个平面分为两部分,每一部分叫作半平面。包含这条直线的半平面叫作半闭平面,不含这条直线的半平面叫作半开平面。

半坡遗址/半坡遺址
Bànpō yízhǐ/ㄅㄢˋ ㄆㄛ ㄧˊ ㄓˇ
Banpo
【建】中国新石器时代仰韶文化的重要遗址。位于陕西西安市东郊灞河东岸,面积约 5 万平方米,距今约 6000 年。1953 年开始发掘,该遗址反映了以穴居方式演进为特点的原始聚落文化特色,居住区位于中央部位,散布有房屋、围栏等,居住区四周有一条大壕沟。北部为墓葬区,东部为制陶区,居住区内发现房屋基址 46 座,平面有圆形、方形和长方形三种,结构为原始的木构架,构件结合用绑扎方法,还出土了大量的彩陶器皿、石制工具、骨制用品和装饰物。

半潜式钻井平台/半潛式鑽探平臺
bànqiánshì zuànjǐng píngtái/
ㄅㄢˋ ㄑㄧㄢˊ ㄕˋ ㄗㄨㄢ ㄊㄢˋ ㄆㄧㄥˊ ㄊㄞˊ
semi-submersible drilling platform
【船】海上钻井平台的一种。可整体移动,其浮体大部浸没于水下,因处于水下一定深度,可少受波浪的扰动力;平台甲板高出水面,上设有钻井机械设备、器材和生活舱室等,不受波浪的冲击;甲板与浮体之间由立柱连接。这种平台的特点是在风浪中运动幅度小,可较好满足平台作业要求。典型的半潜式钻井平台作业水深 500 米,总高 100 米,排水量 30 000吨。

半潜双体船
bànqián shuāngtǐchuán/
ㄅㄢˋ ㄑㄧㄢˊ ㄕㄨㄤ ㄊㄧˇ ㄔㄨㄢˊ
【船】即“小水线面双体船”(1260 页)。

半潛式鑽探平臺
ㄅㄢˋ ㄑㄧㄢˊ ㄕˋ ㄗㄨㄢ ㄊㄢˋ ㄆㄧㄥˊ ㄊㄞˊ/
bànqiánshì zuāntàn píngtái
semi-submersible drilling platform
【船】台湾名。即“半潜式钻井平台”(31 页)。

B

半人马座/半人馬座

bànrénmǎzuò/ㄅㄢˋ ㄖㄣˊ ㄇㄚˇ ㄗㄨㄛˋ

Centaurus, Cen

【天】星座之一。位于南天,巨大明亮,其中最亮的一等星半人马座 α(南门二)是距离太阳最近的恒星(4.2 光年),银河系内最大的球状星团半人马座 ω 也在这个星座。

半乳糖/半乳糖 bànrǔtáng/ㄅㄢˋ ㄖㄨˇ ㄊㄤˊ

galactose

【生】单糖的一种。是含醛基的己糖(六碳糖)。甜味为蔗糖的 32%,是乳糖、琼胶、糖苷脂、脑苷脂及半纤维素等的组成成分。半乳糖与葡萄糖结合成乳糖,存在于乳汁中。

半身不遂

bànshēn bùsuí/ㄅㄢˋ ㄕㄣ ㄅㄨˋ ㄙㄨㄟˊ

【医】即“偏瘫”(867 页)。

半衰期/半衰期

bànshuāiqī/ㄅㄢˋ ㄕㄨㄞ ㄑㄧˊ

halflife

㊀【物】描述放射性核素衰变快慢的物理量。放射性元素的原子核有半数发生衰变所需要的时间,用 $T_{1/2}$ 表示。例如,氡-222 经过衰变成为钋-218,其半衰期为3.8天,即每3.8天就有一半的氡发生了衰变。不同放射性元素的半衰期不同。㊁【医】指药物或其他可衰减的物质,在体内经代谢、排泄等过程,其血浆浓度从最高值下降一半所需要的时间。

半双工/半雙工

bànshuānggōng/ㄅㄢˋ ㄕㄨㄤ ㄍㄨㄥ

half duplex

【信息】双向通信中,信息在两点之间的两个方向只能错时(而不能同时)发送的工作方式。

半透膜/半透膜 bàntòumó/ㄅㄢˋ ㄊㄡˋ ㄇㄛˊ

semipermeable membrane

【化】膜的一种。能够有选择地透过一定尺寸以下的组分。如动物膀胱(水能透过,酒精分子不能透过)、玻璃纸(水能透过,蔗糖分子不能透过),灼热的钯或铂(氢分子能透过,氩、氖分子不能透过)等。应用于生产和医疗的半透膜有气体分离膜、渗透汽化膜、反渗透膜、透析膜等。

半完全蛋白质/半完全蛋白質

bànwánquán dànbáizhì/ㄅㄢˋ ㄨㄢˊ ㄑㄩㄢˊ ㄉㄢˋ ㄅㄞˊ ㄓˋ

semi-complete protein

【医】所含必需氨基酸种类齐全,但有的氨基酸数量不足、比例不适当,可以维持生命,但不能促进生长发育的蛋白质。如谷类中的蛋白质。

半万能分度头/半萬能分度頭

bànwànnéng fēndùtóu/ㄅㄢˋ ㄨㄢˋ ㄋㄥˊ ㄈㄣ ㄉㄨˋ ㄊㄡˊ

semi-universal dividing head

【机】分度头的一种。可进行直接分度和间接分度。结构与万能分度头基本相同,但不带交换齿轮机构,只能用分度盘直接分度,不能与铣床工作台联动。

半夏/半夏

bànxià/ㄅㄢˋ ㄒㄧㄚˋ

Rhizoma Pinelliae(拉), pinellia tuber, * pinellia corn

【中医】中药名。天南星科植物半夏 *Pinellia ternata* (Thunb.) Breit. 的干燥块茎。味辛,性温;有毒。归脾、胃、肺经。燥湿化痰,降逆止呕,消痞散结。用于痰多咳喘,痰饮眩悸,风痰眩晕,痰厥头痛,呕吐反胃,胸脘痞闷,梅核气;生用外治痈肿痰核。按炮制方法不同,可分成法半夏、清半夏、姜半夏、半夏曲等。法半夏燥湿化痰,用于痰多咳喘,痰饮眩悸,风痰眩晕,痰厥头痛;清半夏长于化湿痰,适于体弱痰多,或小儿食滞痰阻,病症较轻者;姜半夏长于降逆止呕,宜于胃寒呕吐者;半夏曲化湿健脾,消食止泻,用于脾虚弱,湿阻食滞,苔腻呕恶等症。

半 夏

📖 半夏的采挖时间在小暑、大暑两个节气之间,此时夏天正好过半,故名。半夏及其炮制品不宜与乌头类药物同用。生半夏因有毒,多在炮制后使用。

半纤维素/半纖維素
bànxiānwéisù/ㄅㄢˋ ㄒㄧㄢ ㄨㄟˊ ㄙㄨˋ
hemicellulose
【化】一种由木糖、阿拉伯糖、甘露糖和半乳糖等组成的多糖聚合物。存在于植物的茎、种子、果壳中,数量仅次于纤维素,常与脂质、木质素、纤维素、果胶等结合在一起。广泛用于工业中,用于造纸可提高纸张的断裂、折裂强度及透明性与防油性。

半序集/偏序集　bànxùjí/ㄅㄢˋ ㄒㄩˋ ㄐㄧˊ
partially ordered set
【数】又称"偏序集"。若集合 X 有一个顺序关系$\prec$,则称 X 按$\prec$为半序集。例如,整数集 **Z** 中,"整除"关系是一个顺序关系,因此 **Z** 按"整除"关系为半序集。

半穴居/半穴居　bànxuéjū/ㄅㄢˋ ㄒㄩㄝˊ ㄐㄩ
semi-cave dwelling
【建】竖穴深度较浅的穴居形式。其下半部空间挖掘而成,上半部空间构筑而成。建筑由地下变为半地下,并开始向地面建筑过渡的居住形式。
📖 早期半穴居为袋型,竖穴深度由深而浅,穴壁由内倾转为直壁。例如属于仰韶文化时期的西安半坡遗址所见的半穴居,穴壁皆为直壁。随着半穴居的不断发展,最终形成地面建筑。

半影/半影　bànyǐng/ㄅㄢˋ ㄧㄥˇ
penumbra
【天】❶天体的光在传播过程中被另一天体所遮挡,在这另一天体后方形成的只有部分光线可以照到的外围区域。当月球进入地球的半影区时会发生半影月食,月面亮度会有所降低。❷太阳黑子外围较亮的区域。

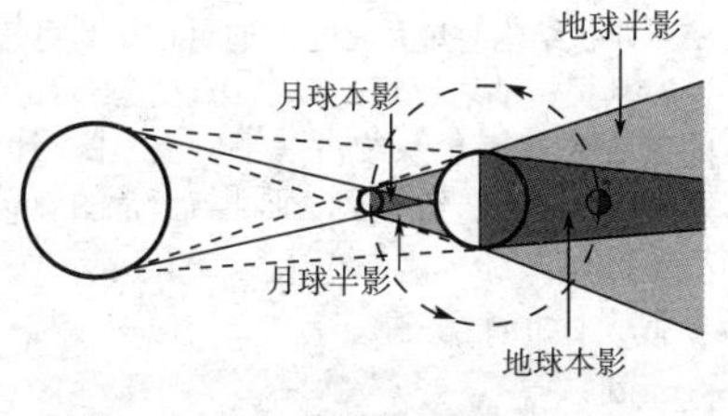

半影

半圆键/半圓鍵
bànyuánjiàn/ㄅㄢˋ ㄩㄢˊ ㄐㄧㄢˋ
woodruff key
【机】俗称"月牙键"。键的一种。上表面为平面,下表面为半圆弧面,两侧面平行。适于带锥度轴与轮毂的连接,通常只在受力较小的部位采用。

半月板/半月板
bànyuèbǎn/ㄅㄢˋ ㄩㄝˋ ㄅㄢˇ
meniscus
【医】膝关节内呈半月形的纤维软骨。有两块,分别称为内侧半月板(略呈 C 形)和外侧半月板(略呈 O 形)。外侧缘厚,内侧缘薄。上面与股骨的两髁相接,下面平贴于胫骨内、外侧髁上,两端依靠韧带附着于胫骨髁间隆起。具有弹性,可缓冲压力,吸收震荡,减少股、胫两关节面相互冲击,保护关节软骨。

半镇静钢/半鎮靜鋼
bànzhènjìnggāng/ㄅㄢˋ ㄓㄣˋ ㄐㄧㄥˋ ㄍㄤ
semikilled steel
【材】脱氧程度、组织和性能介于镇静钢和沸腾钢之间,在浇铸过程中仍存在微弱沸腾现象的钢。

半直线　bànzhíxiàn/ㄅㄢˋ ㄓˊ ㄒㄧㄢˋ
【数】即"射线"(994 页)。

半轴/輪軸　bànzhóu/ㄌㄨㄣˊ ㄓㄡˊ
axle shaft
【机】汽车驱动桥上从差速器把扭矩传给左右驱动轮的实心轴。由于左右车轮有转速不同的工况,此轴必须左右分开,故名。按结构不同,可分为全浮式、3/4 式、半浮式等。

半自动车床/半自動車床
bànzìdòng chēchuáng/
ㄅㄢˋ ㄗˋ ㄉㄨㄥˋ ㄔㄜ ㄔㄨㄤˊ
semi-automatic lathe
【机】见"自动车床"(1498 页)。

半自动化/半自動化
bànzìdònghuà/ㄅㄢˋ ㄗˋ ㄉㄨㄥˋ ㄏㄨㄚˋ
semi-automation
【自】在人的干预下自动进行工作循环的自动化方式。

伴飞/伴飛　bànfēi/ㄅㄢˋ ㄈㄟ
accompanying flight

【航】为保证对空中飞行器的实时观察、警示、监控、礼遇等,由另外的飞行器与其保持空中一定间隔距离共同编队飞行,或跟踪、护航飞行。被伴飞的通常是飞行训练或飞行试验的空中飞行器。

伴流/伴流 bànliú/ㄅㄢˋ ㄌㄧㄡˊ

wake

【船】船舶航行时,其附近的水受船体运动影响而产生的伴随在船体周围流动的水流。对推进器的影响大,故通常指船舶尾部处推进器周围的水流。推进器周围的轴向水流平均速度称为伴流速度。

伴随桥/伴隨橋

bànsuíqiáo/ㄅㄢˋ ㄙㄨㄟˊ ㄑㄧㄠˊ

accompanying bridge

【军】为保障作战行动,在敌方直瞄火力威胁不到的条件下架设的军用桥梁。通常使用可伴随部队机动的舟桥器材、机械化桥和拆装式金属桥等进行架设。条件允许时,也可用就便器材架设。按承载能力不同,可分为重型桥、轻型桥、徒步桥和驮载桥;按结构体系不同,可分为单跨和多跨的固定桥和浮桥。

伴星/伴星 bànxīng/ㄅㄢˋ ㄒㄧㄥ

companion star

【天】通常指双星或聚星中较难观测到的星。

拌碼 ㄅㄢˋ ㄇㄚˇ/bànmǎ

scramble

【信息】台湾名。即"扰码"(938 页)。

拌种/拌種 bànzhǒng/ㄅㄢˋ ㄓㄨㄥˇ

seed dressing

【农】播种前将种子与农药、菌肥等拌和。农药用以防止病虫害,菌肥作为供给植物苗期营养的肥料。

辦公室自動化

ㄅㄢˋ ㄍㄨㄥ ㄕˋ ㄗˋ ㄉㄨㄥˋ ㄏㄨㄚˋ/

bàngōngshì zìdònghuà

office automation, OA

【自】台湾名。即"办公自动化"(29 页)。

瓣胃/重瓣胃 bànwèi/ㄔㄨㄥˊ ㄅㄢˋ ㄨㄟˋ

omasum

【动】反刍动物的胃的第三部分。前接网胃,后接皱胃,容积比网胃略大,内壁有书页状的褶。反刍后的食物进入瓣胃继续磨细。参见"瘤胃"(750 页)、"网胃"(1172 页)、"皱胃"(1474 页)。

bang (ㄅㄤ)

邦克楼 bāngkèlóu/ㄅㄤ ㄎㄜˋ ㄌㄡˊ

【建】即"光塔"(444 页)。

帮助台/服務桌

bāngzhùtái/ㄈㄨˊ ㄨˋ ㄓㄨㄛ

help desk

【信息】帮助用户解决硬件或软件系统问题,或将此类问题转交他处解决的技术支持组。

绑定/連結

bǎngdìng/ㄌㄧㄢˊ ㄐㄧㄝˊ

binding

【信息】又称"联编"。程序设计中在标识符与其对象之间建立起关系。例如在标识符与值或地址之间建立关系,或使形参与实参关联。

蚌/蚌 bàng/ㄅㄤˋ

swan mussel

【动】又称"河蚌"。软体动物名。瓣鳃纲蚌目珠蚌科。有两扇坚硬的石灰质的壳,用鳃呼吸,可以开闭,壳表面黑绿色,有环状纹,内有珍珠层。生活在淡水中。种类很多,有的壳内能产珍珠。

棒材/棒材 bàngcái/ㄅㄤˋ ㄘㄞˊ

bar

【材】直径大于 10 毫米、纵向平直的实心金属材料产品。

棒旋星系/棒旋星系

bàngxuán xīngxì/ㄅㄤˋ ㄒㄩㄢˊ ㄒㄧㄥ ㄒㄧˋ

barred spiral galaxy, SB, SB galaxy

【天】旋涡星系的一类。有棒状结构贯穿星系核。棒状结构对星系总光度的贡献最高可达 1/3,其长短轴之比可达 5∶1。在全部有盘的星系中,棒旋星系约占一半以上。棒旋星系的质量、光度、光谱等特征都与正常的旋涡星系相似。

磅/磅 bàng/ㄅㄤˋ

pound

【计量】❶质量的英制单位。符号 lb。1 磅=16 盎司=0.4536 千克。❷表示字体大小的单位。1 磅(1/72 英寸)约为0.35毫米。

bao (ㄅㄠ)

包菜 bāocài/ㄅㄠ ㄘㄞˋ

【植】即“甘蓝”(380 页)。

包虫病 bāochóngbìng/ㄅㄠ ㄔㄨㄥˊ ㄅㄧㄥˋ

【医】即“棘球蚴病”(575 页)。

包蟲囊病

ㄅㄠ ㄔㄨㄥˊ ㄋㄤˊ ㄅㄧㄥˋ/bāochóngnángbìng

hydatid disease, echinococcosis

【医】台湾名。即“棘球蚴病”(575 页)。

包封/包封 bāofēng/ㄅㄠ ㄈㄥ

envelope

【信息】消息中包含接收方标识符、路由选择信息或用来交付该消息的其他信息的部分。

包覆電熔接條

ㄅㄠ ㄈㄨˋ ㄉㄧㄢˋ ㄖㄨㄥˊ ㄐㄧㄝ ㄊㄧㄠˊ/

bāofù diànróngjiētiáo

covered electrode

【机】台湾名。即“焊条”(474 页)。

包谷 bāogǔ/ㄅㄠ ㄍㄨˇ

【植】即“玉蜀黍”(1381 页)。

包含/包含 bāohán/ㄅㄠ ㄏㄢˊ

inclusion

【数】若 A 是 B 的子集,则称 B 包含 A,或 A 包含于 B。例如,整数集 $\mathbf{Z}$ 包含自然数集 $\mathbf{N}$。若集合 A 与 B 互相包含,即 $A \subseteq B$ 且 $B \subseteq A$,则 A 与 B 是同一集合,记作 $A=B$。

包合物/晶籠化合物

bāohéwù/ㄐㄧㄥ ㄌㄨㄥˊ ㄏㄨㄚˋ ㄏㄜˊ ㄨˋ

clathrate, inclusion compound

【化】分子被包在大分子的空腔而成的化合物。如可燃冰即甲烷分子包合在水分子骨架的多面体孔穴中的包合物($46H_2O \cdot 8CH_4$)。

包交换 bāojiāohuàn/ㄅㄠ ㄐㄧㄠ ㄏㄨㄢˋ

【信息】即“分组交换”(347 页)。

包茎/包莖 bāojīng/ㄅㄠ ㄐㄧㄥ

phimosis

【医】阴茎包皮口狭窄或包皮与阴茎头部粘连,使包皮不能上翻外露阴茎头。

包模鑄造法

ㄅㄠ ㄇㄛˊ ㄓㄨˋ ㄗㄠˋ ㄈㄚˇ/bāomó zhùzàofǎ

investment casting, lost-wax molding

【机】台湾名。即“熔模铸造”(956 页)。

包皮过长/包皮過長

bāopí guòcháng/ㄅㄠ ㄆㄧˊ ㄍㄨㄛˋ ㄔㄤˊ

redundant prepuce

【医】阴茎包皮覆盖于全部阴茎头和尿道口,但仍可上翻外露阴茎头。

包气带/含氣層 bāoqìdài/ㄏㄢˊ ㄑㄧˋ ㄘㄥˊ

aeration zone

【水利】又称“通气层”。地面以下、潜水面以上,孔隙中含有空气和少量水分的岩土层。

包气带水/包氣帶水

bāoqìdàishuǐ/ㄅㄠ ㄑㄧˋ ㄉㄞˋ ㄕㄨㄟˇ

water of aeration zone

【水利】包气带中的地下水。受气候和季节影响,雨季水量多,旱季水量少。水量不大,易受污染,不适于作工农业供水水源,但对植物生长具有重要意义。

包芯纱/包芯紗

bāoxīnshā/ㄅㄠ ㄒㄧㄣ ㄕㄚ

core-spun yarn

【纺】一种以长丝为芯,外包短纤维的花式纱。长丝和短纤维常选用不同的纤维材料组合,常在经过改装的环锭细纱机上纺制。以涤纶长丝为芯纱,外包纯棉制成涤棉包芯纱,适用于缝纫线、烂花布;以氨纶长丝为芯纱,外包棉、毛等短纤维,可制成弹力纱,适用于弹力织物。

包扎/包紮 bāozā/ㄅㄠ ㄗㄚ

dressing

【医】用敷料覆盖伤口并加以固定,以保护伤口、减少污染和帮助止血。

包装/包裝 bāozhuāng/ㄅㄠ ㄓㄨㄤ

㊀ package, packaging, ㊁ encapsulation

㊀【物流】利用一定的技术方法将物品用容器、材料和辅助物等包裹或盛装起来的操作活动。目的是保护并美化产品,便于流通,促进销售,引导消费。也指按一定技术方法将产品包裹或盛装起来所用的容器、材料及辅助物等。㊁【信息】在台湾,包装也指“封装”

(354 页)。

包装拆器

bāozhuāngchāiqì/ㄅㄠ ㄓㄨㄤ ㄔㄞ ㄑㄧˋ

【信息】即“分组装拆器”(347 页)。

包装储运标志/包裝儲運標誌

bāozhuāng chǔyùn biāozhì/ㄅㄠ ㄓㄨㄤ ㄔㄨˇ ㄩㄣˋ ㄅㄧㄠ ㄓˋ

package indicative mark

【物流】在运输包装明显处印刷的(或刷写的、粘贴的、拴挂的),以图形和文字标示的特定记号和说明事项。根据统一标准,要求文字书写与标志底边平行,内容简单明了。可分为指示标志、运输标志和危险品标志。

包装技术/封裝技術

bāozhuāng jìshù/ㄈㄥ ㄓㄨㄤ ㄐㄧˋ ㄕㄨˋ

packaging technology

【物流】使用不同容器、材料、包装辅助材料,对产品进行包装的各种物理、化学等技术和方法。包括防水包装技术、防潮包装技术、防锈包装技术、防霉包装技术、防爆包装技术、防盗包装技术、真空包装技术、充气包装技术、贴体包装技术和泡罩包装技术等。

包装纸/包裝紙

bāozhuāngzhǐ/ㄅㄠ ㄓㄨㄤ ㄓˇ

wrapping paper

【轻】包装用纸的统称。韧性好,强度高,含水率低,透气性小,防腐性强,抗水性强,大多不透光。用于食品的包装纸还要求卫生、无菌、无污染杂质、美观等。常用的有牛皮纸、鸡皮纸、纸袋纸、羊皮纸、玻璃纸、柏油纸、防潮纸、防锈纸、防油纸、真空镀铝纸等。

苞片/苞片 bāopiàn/ㄅㄠ ㄆㄧㄢˋ

bract

【植】生于花基部的变态叶。有保护花和果实、吸引昆虫的作用。

孢粉化石/孢粉化石

bāofěn huàshí/ㄅㄠ ㄈㄣˇ ㄏㄨㄚˋ ㄕˊ

spore and pollen fossil

【地】孢子、花粉的外壁保存下来的化石。孢子、花粉的内壁由纤维质构成,易被腐蚀;外壁含接近角质的物质,受高温、高压的地质作用也难以破坏,能保存为化石。

孢蒴/蒴果 bāoshuò/ㄕㄨㄛˋ ㄍㄨㄛˇ

capsule

【植】苔藓植物产生孢子的部分。

孢子/孢子 bāozǐ/ㄅㄠ ㄗˇ

spore

【生】某些生物产生的具有繁殖或休眠作用的细胞。脱离母体后能直接或间接发育成新个体。个体微小,因其性状不同,发生过程和结构差异而有不同名称。通过无性生殖产生的称为无性孢子,如分生孢子、孢囊孢子等;通过有性生殖产生的称为有性孢子,如接合孢子、卵孢子等。

孢子果 ㄅㄠ ㄗˇ ㄍㄨㄛˇ/bāozǐguǒ

sporocarp

【植】台湾名。即“子实体”(1495 页)。

孢子囊/孢子囊 bāozǐnáng/ㄅㄠ ㄗˇ ㄋㄤˊ

sporangium

【植】蕨类植物产生孢子的多细胞无性生殖器官。由孢囊和囊柄组成,囊内产生孢子,孢子成熟时从开裂的囊外环带上散出去。

孢子囊穗/孢子囊穗

bāozǐnángsuì/ㄅㄠ ㄗˇ ㄋㄤˊ ㄙㄨㄟˋ

sporangium ear

【植】较原始的蕨类植物的孢子囊生于专门分化的叶片或苞片上而组成的穗状孢子叶球或圆锥状孢子叶序。

孢子叶球 bāozǐyèqiú/ㄅㄠ ㄗˇ ㄧㄝˋ ㄑㄧㄡˊ

【植】即“球花” (923 页)。

孢子植物/孢子植物

bāozǐ zhíwù/ㄅㄠ ㄗˇ ㄓˊ ㄨˋ

spore plant

【植】又称“隐花植物”。不产生种子,而以孢子进行繁殖的植物。包括藻类、菌类、地衣、苔藓和蕨类植物。

胞苷/胞苷 bāogān/ㄅㄠ ㄍㄢ

cytidine

【生】全称“胞嘧啶核苷”。核苷的一种。白色或类白色结晶状粉末。可用于制药。

胞宫/胞宫 bāogōng/ㄅㄠ ㄍㄨㄥ

uterus, womb

【中医】又称“子宫”“女子胞”。女子的生殖器官之一。位于小腹正中,膀胱之后,直肠之前,下口连接阴道,囊状。卵子受精后在此发育成胎儿。

胞嘧啶/胞嘧啶 bāomìdìng/ㄅㄠ ㄇㄧˋ ㄉㄧㄥˋ
cytosine
【生】嘧啶型碱基的一种。存在于DNA和RNA中。在DNA中,一股链上的胞嘧啶(C)与另一股链上的鸟嘌呤(G)配对,相互形成3个氢键,可以稳定DNA双螺旋结构。

胞嘧啶核苷
bāomìdìng hégān/ㄅㄠ ㄇㄧˋ ㄉㄧㄥˋ ㄏㄜˊ ㄍㄢ
【生】"胞苷"的全称。

雹/雹 báo/ㄅㄠˊ
hail
【气】又称"冰雹",俗称"雹子"。固态降水的一种。由坚硬的球状、锥状或形状不规则的粒子组成。粒径差异较大,通常不透明,外面包有透明的冰层,或由透明与不透明的冰层相间组成。常伴随雷暴出现,是一种灾害性天气。

雹灾/雹災 báozāi/ㄅㄠˊ ㄗㄞ
hail damage
【农】降雹引起的灾害。主要危害农业生产,使农作物遭受机械损伤或冻害,造成农作物减产或绝收。有时还造成人畜伤亡,并破坏交通、通信、输电等工程设施。

薄透镜/薄透鏡
báotòujìng/ㄅㄛˊ ㄊㄡˋ ㄐㄧㄥˋ
thin lens
【物】折射曲面为球面(或一面为平面),中心部分的厚度与球面曲率半径相比小得多的透镜。其光学性质主要由焦点 F 位置和焦距 f 大小决定。

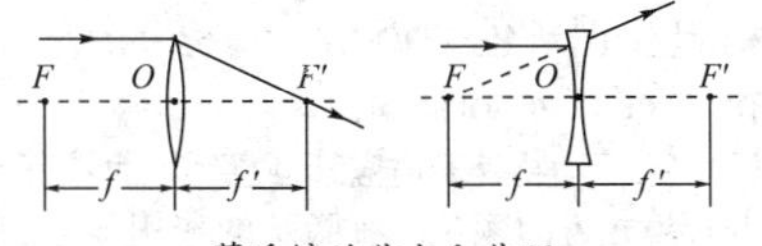

薄透镜的焦点和焦距

饱和/飽和 bǎohé/ㄅㄠˇ ㄏㄜˊ
saturation
【化】❶无机化学上指在一定的温度和压力下,溶质的量在溶液中达到最大限度,不能继续溶解的状态。❷有机化学上指碳碳间为单键的状态。

饱和汽/飽和蒸汽
bǎohéqì/ㄅㄠˇ ㄏㄜˊ ㄓㄥ ㄑㄧˋ
saturated steam
【物】在一定温度下,与液体保持平衡共存的蒸汽。液体与其饱和汽的平衡是动态平衡。

饱和脂肪酸/飽和脂肪酸
bǎohé zhīfángsuān/ㄅㄠˇ ㄏㄜˊ ㄓ ㄈㄤˊ ㄙㄨㄢ
saturated fatty acid
【医】碳链完全被氢原子所饱和的一类脂肪酸。多存在于动物脂肪及乳脂中,这些食物富含胆固醇。植物中富含饱和脂肪酸的有椰子油、棉籽油和可可油。

宝城宝顶/寶城寶頂
bǎochéng bǎodǐng/ㄅㄠˇ ㄔㄥˊ ㄅㄠˇ ㄉㄧㄥˇ
baochengbaoding
【建】帝王陵墓的一种封土型制。在地宫上方,用砖砌成圆形或长圆形围墙,内填黄土,夯实,顶部做成穹隆状。围墙外侧设雉堞,内侧是女墙,中间是马道。围墙称宝城,高出的穹隆顶称宝顶。宝城的形式有圆形和长圆形两种,明陵多是圆形,清陵多为长圆形。

宝光 bǎoguāng/ㄅㄠˇ ㄍㄨㄤ
【气】"宝光环"的简称。

宝光环/光環
bǎoguānghuán/ㄍㄨㄤ ㄏㄨㄢˊ
glory
【气】简称"宝光",俗称"峨眉宝光""佛光"。背向太阳,在由细小水滴组成的云、雾的背景上出现的自己影子周围的彩色光环。在佛教四大名山之一峨眉山的金顶上常能看到。

宝丽板/合板 bǎolìbǎn/ㄏㄜˊ ㄅㄢˇ
plywood, polyboard
【材】胶合板的一种。在木纹纸贴面后涂覆不饱和聚酯,表面再压合一层塑料薄膜保护层,以提高板材的耐磨、耐热、耐水、耐化学污染等性能。主要用于室内装饰和家具制造。

宝瓶座/寶瓶座
bǎopíngzuò/ㄅㄠˇ ㄆㄧㄥˊ ㄗㄨㄛˋ
Aquarius, Aqr
【天】黄道十二星座之一。位于黄道带摩羯座与双鱼座之间,大而暗。宝瓶座的拉丁语Aquarius原意为"持水者"。

宝石/寶石 bǎoshí/ㄅㄠˇ ㄕˊ
gemstone
【地】❶ 广义上指所有经过雕刻琢磨,可作为首饰和工艺品的材料。分为天然珠宝玉石(包括天然宝石、天然玉石和天然有机宝石)和人工宝石(包括合成宝石、人造宝石、拼合宝石和再造宝石)。❷狭义上指色彩艳丽、透明度好、坚硬、稀少,且可琢磨的矿物晶体或单矿物集合体。如钻石、祖母绿、红蓝宝石等。

宝石学/寶石學 bǎoshíxué/ㄅㄠˇ ㄕˊ ㄒㄩㄝˊ
gemology
【地】研究珠宝玉石的学科。以矿物学和岩石学为基础,与材料学、工艺美术学等学科互相渗透。研究珠宝玉石的化学成分、矿物组分、结构和构造、物理性质、化学性质、形成的地质环境和成因机制、分布规律及其资源开发,人工珠宝玉石制造、改善,珠宝玉石款式设计与加工工艺,珠宝玉石市场规律等。

宝塔 bǎotǎ/ㄅㄠˇ ㄊㄚˇ
【建】即“佛塔”(357 页)。

保安备用电源/保安備用電源
bǎo'ān bèiyòng diànyuán/
ㄅㄠˇ ㄢ ㄅㄟˋ ㄩㄥˋ ㄉㄧㄢˋ ㄩㄢˊ
emergency standby electricity
【电】正常电源故障时,为保证向重要负荷连续供电而设置的备用电源。

保安电源/緊急電源供應
bǎo'ān diànyuán/
ㄐㄧㄣˇ ㄐㄧˊ ㄉㄧㄢˋ ㄩㄢˊ ㄍㄨㄥ ㄧㄥˋ
emergency power supply
【电】为避免停电造成某些重要设备失控而设置的向保安负荷供电的专用电源。

保持/保持 bǎochí/ㄅㄠˇ ㄔˊ
retention
【心】记忆过程的中间环节。是识记的事物在头脑中储存和巩固的过程,为实现回忆的必要前提。并非只是原封不动保存识记过的材料的静态过程,也是信息加工的复杂过程,是富于变化的动态过程。

保持曲线
bǎochí qūxiàn/ㄅㄠˇ ㄔˊ ㄑㄩ ㄒㄧㄢˋ
【心】即“遗忘曲线”(1336 页)。

保存 ㄅㄠˇ ㄘㄨㄣˊ/bǎocún
storage
【物流】台湾名。即“保管”(38 页)。

保存期/保存期 bǎocúnqī/ㄅㄠˇ ㄘㄨㄣˊ ㄑㄧˊ
keeping time, retention period
【轻】食品可以食用的最终日期。是推荐的最终食用期,通常在标签上注明。超过此期限,食品不再适于食用。

保管/保存 bǎoguǎn/ㄅㄠˇ ㄘㄨㄣˊ
storage
【物流】台湾又称“儲存”。对物品进行保存并管理控制其数量、质量等的活动。

保和丸/保和丸 bǎohéwán/ㄅㄠˇ ㄏㄜˊ ㄨㄢˊ
baohe pills, baohe wan, * Harmony-Preserving Pill
【中医】中医方剂名。组成:山楂 18 克,神曲 6 克,半夏、茯苓各 9 克,陈皮、连翘、莱菔子各 6 克。制成蜜丸服用,或水煎服。消食和胃,治疗食积证,脘腹痞满胀痛,嗳腐吞酸,恶食呕吐或大便泄泻等。

保护导体/保護導體
bǎohù dǎotǐ/ㄅㄠˇ ㄏㄨˋ ㄉㄠˇ ㄊㄧˇ
protective conductor
【电】为防电击,用来与外露可导电部分、外部可导电部分、主接地端子、接地极、电源接地点或人工中性点任一部分做电气连接的导体。符号 PE。

保护接地/保護接地
bǎohù jiēdì/ㄅㄠˇ ㄏㄨˋ ㄐㄧㄝ ㄉㄧˋ
protective earthing
【电】为防止电气装置的金属外壳、配电装置的构架和线路杆塔等带电危及人身和设备安全而进行的接地。

保护色/保護色 bǎohùsè/ㄅㄠˇ ㄏㄨˋ ㄙㄜˋ
protective coloration
【动】某些动物外表适应其栖息环境而具有的与环境相近的颜色。有隐蔽的作用,以免受敌害攻击,也利于捕食。例如生活在雪地上的北极熊为白色,生活在青草里的蚱蜢为绿色。

保护生态学/保護生態學
bǎohù shēngtàixué/
ㄅㄠˇ ㄏㄨˋ ㄕㄥ ㄊㄞˋ ㄒㄩㄝˊ
conservation ecology
【环】环境生态学的一个分支。研究自然资源的保护和可持续利用及其与环境相互关系。

主要包括:研究人类活动对生态环境和自然资源的影响及发展趋势;探讨自然和人工生态系统的合理配置,以及防止生态破坏、环境退化、资源紧缺和物种灭绝的途径;揭示维护地球生态系统活力和可更新资源增殖及合理利用的理论和方法等。

保护中性导体/複合保護與中性導管
bǎohù zhōngxìng dǎotǐ/
ㄈㄨˋ ㄏㄜˊ ㄅㄠˇ ㄏㄨˋ ㄩˇ ㄓㄨㄥ ㄒㄧㄥˋ ㄉㄠˇ ㄍㄨㄢˇ
combined protective and neutral conduct
【电】同时具有中性点连接导体和保护导体两种功能的接地导体。符号 PEN。

保護林 ㄅㄠˇ ㄏㄨˋ ㄌㄧㄣˊ/bǎohùlín
shelter forest
【农】台湾名。即“防护林”(323 页)。

保价邮件/保價郵件
bǎojià yóujiàn/ㄅㄠˇ ㄐㄧㄚˋ ㄧㄡˊ ㄐㄧㄢˋ
insured mail
【交】给据邮件的一种。寄件人按规定交付其所交寄邮件的保价费,邮局对该邮件的丢失、损毁承担保价金额为限的赔偿责任。

保留林地 ㄅㄠˇ ㄌㄧㄡˊ ㄌㄧㄣˊ ㄉㄧˋ/bǎoliú líndì
forest reservation
【农】台湾名。即“封山育林”(354 页)。

保苗/保苗 bǎomiáo/ㄅㄠˇ ㄇㄧㄠˊ
protection of seedling
【农】采取措施,使地里有足够株数的幼苗,并使其苗壮生长。是丰产的重要基础。

保全通道
ㄅㄠˇ ㄑㄩㄢˊ ㄊㄨㄥ ㄉㄠˋ/bǎoquán tōngdào
security channel
【信息】台湾名。即“安全信道”(7 页)。

保墒/保墒 bǎoshāng/ㄅㄠˇ ㄕㄤ
soil moisture conservation
【农】通过深耕、细耙、地膜覆盖等措施,使土壤中保持一定的水分,减少田间水分蒸发,以利于农作物生长。

保守力/保守力 bǎoshǒulì/ㄅㄠˇ ㄕㄡˇ ㄌㄧˋ
conservative force
【物】使质点在运动时所做的功只由初位置和末位置决定,与质点的运动路径无关的作用力。例如,重力、万有引力、弹力、静电力等。

保税区/保稅區
bǎoshuìqū/ㄅㄠˇ ㄕㄨㄟˋ ㄑㄩ
duty-free zone
【交】经主权国家海关批准,在其海港、机场或其他地点设立的享有海关、税收、外汇等优惠政策,外国货物不办理进出口手续即可较长时间存储的区域。

保税物流/保稅物流
bǎoshuì wùliú/ㄅㄠˇ ㄕㄨㄟˋ ㄨˋ ㄌㄧㄡˊ
bonded logistics
【物流】在海关监管区域(包括保税区、保税仓、海关监管仓等)内,享受海关“境内关外”制度及税收、外汇等方面的特殊政策的境内物流活动。

保税物流园区/保稅物流園區
bǎoshuì wùliú yuánqū/
ㄅㄠˇ ㄕㄨㄟˋ ㄨˋ ㄌㄧㄡˊ ㄩㄢˊ ㄑㄩ
bonded logistics park
【物流】经中央政府批准,设立在保税区或毗邻保税区的特定港区内、专门发展现代化国际物流的封闭式海关特殊监管区。主要功能是开展保税物流业务,包括储存进出口货物及其他未办结海关手续的货物;对所储存货物开展流通性简单加工和增值服务;进出口贸易,包括转口贸易;国际采购、分配和配送;国际中转;商品展示;经海关批准的其他国际物流业务。

保温层/保溫層
bǎowēncéng/ㄅㄠˇ ㄨㄣ ㄘㄥˊ
insulation layer
【建】用于屋顶、外墙及首层地面等围护构件处,防止室内热量通过外围防护构件向外散失的构造层。采用导热系数小的轻质保温材料。可分为内墙保温和外墙保温。内墙保温将保温层设于结构层上,防水层下;外墙保温将保温层设于结构层下或顶棚吊顶的间层内。

保鲜/保鮮 bǎoxiān/ㄅㄠˇ ㄒㄧㄢ
keep fresh, retain freshness
【轻】采用冷藏、速冻、辐照、气调或添加食品添加剂等方法,使食品基本保持原有风味、形态和营养价值的过程。

保鲜剂/保鮮劑 bǎoxiānjì/ㄅㄠˇ ㄒㄧㄢ ㄐㄧˋ
preservative

【化】以防霉、防腐等手段使食品、农产品等保持新鲜而使用的物质。大多数是化学品,如苯甲酸钠;也包括天然产品,如中草药等。

保险伞 bǎoxiǎnsǎn/ㄅㄠˇ ㄒㄧㄢˇ ㄙㄢˇ

【航】即"救生伞"(651 页)。

保險套 ㄅㄠˇ ㄒㄧㄢˇ ㄊㄠˋ/bǎoxiǎntào

condom

【医】台湾名。即"阴茎套"(1345 页)。

保障飞机/後備飛機

bǎozhàng fēijī/ㄏㄡˋ ㄅㄟˋ ㄈㄟ ㄐㄧ

supporting aircraft

【军】对作战行动起保障和支援作用的各种飞机的统称。包括军用运输机、军用教练机、空中加油机、搜索救援飞机、观察飞机、卫生飞机等。

保障性住房/保障性住房

bǎozhàngxìng zhùfáng/

ㄅㄠˇ ㄓㄤˋ ㄒㄧㄥˋ ㄓㄨˋ ㄈㄤˊ

subsidized housing

【建】各级政府和单位在解决中低收入家庭住房的过程中,实行分类保障所提供的限定供应对象、建设标准、销售价格或租金标准的住房。

保质期/品質保證期

bǎozhìqī/ㄆㄧㄣˇ ㄓˊ ㄅㄠˇ ㄓㄥˋ ㄑㄧˊ

quality guarantee period, shelf life

【轻】台湾又称"儲存壽命"。在规定的储存条件下产品保持其质量和安全性的时间。在食品包装上通常会注明。食品在此期限内是最佳食用期。

鸨/鴇 bǎo/ㄅㄠˇ

bustard

【动】鸟名。鹤形目鸨科。身体比雁稍大,体长可达 1 米,头小,颈长,背部平,有褐色和黑色斑纹,尾短,善走不善飞,能涉水,多栖息于草原地带。种类很多,中国有小鸨(*Tetrax tetrax*)、大鸨(*Otis tarda*)和波斑鸨(*Chlamydotis macqueenii*)。

堡礁/堡礁 bǎojiāo/ㄅㄠˇ ㄐㄧㄠ

barrier reef

【地】又称"离岸礁""堤礁"。珊瑚礁的一种。由潟湖或浅海水域与大陆或岛屿隔开。规模最大的堡礁为澳大利亚昆士兰大堡礁,全长约 2000 千米。

飽和地下水

ㄅㄠˇ ㄏㄜˊ ㄉㄧˋ ㄒㄧㄚˋ ㄕㄨㄟˇ/bǎohé dìxiàshuǐ

phreatic water

【地】台湾名。即"潜水"(904 页)。

飽和蒸汽

ㄅㄠˇ ㄏㄜˊ ㄓㄥ ㄑㄧˋ/bǎohé zhēngqì

saturated steam

【物】台湾名。即"饱和汽"(37 页)。

报春花/報春花

bàochūnhuā/ㄅㄠˋ ㄔㄨㄣ ㄏㄨㄚ

fairy primrose

【植】*Primula malacoides* 报春花科报春花属。二年生草本植物。全株被白粉。叶簇生,椭圆形,基部心形,边缘有浅裂,叶面光滑。花莛自根部抽出,伞状花序,花萼钟状,花冠粉红色、淡蓝紫色或近白色。花期 12 月份至翌年 4 月份。在中国,分布于各地。观赏花卉。

报关/報關 bàoguān/ㄅㄠˋ ㄍㄨㄢ

customs declaration

【物流】货物、行李物品、运输工具等进出境海关时,由所有人或代理人向海关申报,办理货物、物品或运输工具进出境手续及相关海关事务的过程。

报文 bàowén/ㄅㄠˋ ㄨㄣˊ

【信息】即"消息"(1256 页)。

报文交换/訊息交換

bàowén jiāohuàn/ㄒㄩㄣˋ ㄒㄧˊ ㄐㄧㄠ ㄏㄨㄢˋ

message switching

【信息】又称"消息交换"。通过接收消息,必要时存储并转发消息以对其进行路由选择的交换方式。

刨 bào/ㄅㄠˋ

【机】"刨削"的简称。

刨齒 ㄅㄠˋ ㄔˇ/bàochǐ

gear shaping

【机】台湾名。即"插齿"(103 页)。

刨齒刀 ㄅㄠˋ ㄔˇ ㄉㄠ/bàochǐdāo

shaper cutter, gear shaper cutter

【机】台湾名。即"插齿刀"(103 页)。

刨床/刨床

bàochuáng/ㄅㄠˋ ㄔㄨㄤˊ

planing machine

【机】金属切削机床的一种。以刨刀对工件进行切削加工。工作时刨刀(或工件)做水平往复运动,工件(或刨刀)在与之垂直的方向上做进给运动。用于加工平面、斜面、沟槽和成形表面等。多用于单件、小批量生产及机修车间中。可分为悬臂刨床、龙门刨床和牛头刨床等。

刨刀/刨刀 bàodāo/ㄅㄠˋ ㄉㄠ

planing tool

【机】刀具的一种。用于刨削加工,具有一个切削部分,结构与车刀相似。按用途不同,可分为纵切刨刀、横切刨刀、切槽刨刀、切断刨刀和成形刨刀等。

刨花板/刨花板

bàohuābǎn/ㄅㄠˋ ㄏㄨㄚ ㄅㄢˇ

shaving board

【材】胶合板的一种。以刨花、碎木和胶黏剂为主要原料制成。多经贴面、涂刷等表面处理,特点是保温、隔声,价格便宜等。主要用作天花板和壁板等。

刨削/刨削 bàoxiāo/ㄅㄠˋ ㄒㄧㄠ

planing, planing and shaping

【机】简称“刨”。金属切削加工的一种方法。刨刀与工件做水平方向相对直线往复运动。工件随机床工作台做往复切削运动,而刀具在与之垂直的平面内做进给运动的是龙门刨加工;刀具做直线往复运动,而工件随机床工作台做横向进给运动的是牛头刨加工。

抱负/抱負 bàofù/ㄅㄠˋ ㄈㄨˋ

aspiration

【心】一个人追求目标、目的、希望、欲望等的心理活动。

抱负水平/抱負水準

bàofù shuǐpíng/ㄅㄠˋ ㄈㄨˋ ㄕㄨㄟˇ ㄆㄧㄥˊ

aspiration level

【心】一个人渴望对所追求事物达到某种水平的心理愿望。是用以衡量个人对事业成败和成就水平高低的指标。

抱負水準

ㄅㄠˋ ㄈㄨˋ ㄕㄨㄟˇ ㄓㄨㄣˇ/bàofù shuǐzhǔn

aspiration level

【心】台湾名。即“抱负水平”(41 页)。

抱鼓石/抱鼓石 bàogǔshí/ㄅㄠˋ ㄍㄨˇ ㄕˊ

drum-shaped bearing stone

【建】在垂带栏杆的最下端刻成鼓形或云形的石构件。是栏杆端部的结束处理,作用是将最下一根望柱扶牢撑稳,兼起装饰作用。图见“栏杆”(709 页)

📖 抱鼓石也用于牌坊立柱或罗汉栏杆的端部。旧时宅院大门两侧设置的起夹持稳固作用的圆鼓形石雕构件,也称抱鼓石。

抱厦/抱廈 bàoshà/ㄅㄠˋ ㄕㄚˋ

covered porch, baosha

【建】又称“龟头屋”。中国古建筑中主要殿宇在外突出的一间小屋。建筑造型生动活泼,在唐宋建筑中采用颇多。中国壮族楼居式传统住宅中,突出于房屋前部的外廊扩大部分,也称抱厦。

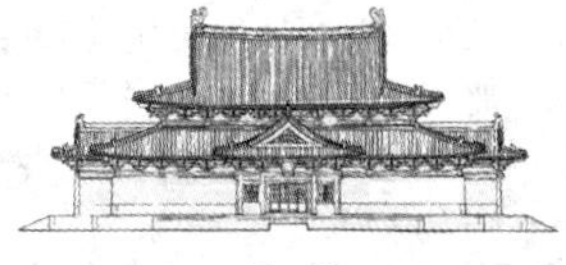

抱 厦

豹/豹 bào/ㄅㄠˋ

leopard

【动】通称“豹子”。哺乳动物名。食肉目猫科。身体像虎而较小,头圆,耳短,身上有黑色斑点或环纹,四肢强健,爪锐利。生活在山地、丘陵、荒漠、草原和森林,性凶猛,善奔走,能上树,捕食其他兽类,有时也伤害人。有金钱豹(*Panthera pardus*)、云豹(*Neofelis nebulosa*)、雪豹(*Panthera uncia*)、猎豹(*Acinonyx jubatus*)等。

豹猫/豹貓 bàomāo/ㄅㄠˋ ㄇㄠ

leopard cat

【动】*Felis bengalensis* 又称“山猫”“狸猫”。哺乳动物名。食肉目猫科。外形像家猫,全身浅棕色,头部有黑色条纹,躯干有黑褐色斑点,尾部有横纹。两眼内缘向上各有一白纹。生活在森林、草丛间,性凶猛,以鸟、鼠、蛇、蛙等为食,也吃植物果实。在中国分布广泛。

豹 猫

鲍/鮑 bào/ㄅㄠˋ

awabi，abalone

【动】俗称"鲍鱼"。软体动物名。腹足纲原始腹足目鲍科。只有半面外壳，形状像耳，厚而坚硬，足部肥厚。生活在海洋中。壳可入药，入药称为石决明。

暴潮 ㄅㄠˋ ㄔㄠˊ/bàocháo

storm surge

【水利】台湾名。即"风暴潮"(349 页)。

暴龙 bàolóng/ㄅㄠˋ ㄌㄨㄥˊ

【地】即"霸王龙"(16 页)。

暴聋/暴聾 bàolóng/ㄅㄠˋ ㄌㄨㄥˊ

sudden deafness，sudden hearing loss

【中医】中医耳病之一。因脏腑失调，气血瘀滞，或邪毒炽盛，上犯耳窍所致，症见单耳或双耳听力骤然减退，或伴眩晕、耳鸣等。外邪壅滞经络，治宜疏解外邪，可用九味羌活汤、银翘散等加减；郁怒伤肝，治宜疏肝解郁、理气活血，可用逍遥散、桃红四物汤加减。外伤也可致聋。

暴盲/暴盲 bàománg/ㄅㄠˋ ㄇㄤˊ

sudden blindness，sudden visual loss

【中医】中医眼病之一。症见眼外观端好，而一眼或双眼视力急剧下降至失明。包括眼底血管性疾病及视神经疾病，如视网膜静脉阻塞、视网膜动脉阻塞、视网膜血管炎、急性视神经炎、缺血性视神经病变等。肝气上逆者，宜疏肝理气解郁，用丹栀逍遥散加减；气滞血瘀者，宜活血化瘀，用生蒲黄汤加减；元气亏损者，宜大补元气，用生脉散或独参汤。

暴雪/大雪 bàoxuě/ㄉㄚˋ ㄒㄩㄝˇ

heavy snow

【气】指将降雪折合成降水量后，12 小时降水量 3.0 毫米以上，24 小时降水量 5.0 毫米以上的雪。是灾害性天气。

暴雪预警信号/暴雪預警信號

bàoxuě yùjǐng xìnhào/

ㄅㄠˋ ㄒㄩㄝˇ ㄩˋ ㄐㄧㄥˇ ㄒㄧㄣˋ ㄏㄠˋ

snow storm warning signal

【气】气象灾害预警信号的一种。分为四级，分别以蓝色、黄色、橙色、红色标识。参见"气象灾害预警信号"(895 页)。

暴雨/大豪雨 bàoyǔ/ㄉㄚˋ ㄏㄠˊ ㄩˇ

torrential rain

【气】指 12 小时降水量 30.0～69.9 毫米，或 24 小时降水量 50.0～99.9 毫米的雨。是灾害性天气。参见"雨量等级"(1379 页)。

暴雨预警信号/大豪雨預警信號

bàoyǔ yùjǐng xìnhào/

ㄉㄚˋ ㄏㄠˊ ㄩˇ ㄩˋ ㄐㄧㄥˇ ㄒㄧㄣˋ ㄏㄠˋ

torrential rain warning signal

【气】气象灾害预警信号的一种。分为四级，分别以蓝色、黄色、橙色、红色标识。参见"气象灾害预警信号"(895 页)。

爆轰/爆轟 bàohōng/ㄅㄠˋ ㄏㄨㄥ

detonation

【化】台湾又称"起爆"。爆炸的一种方式。起爆药、猛炸药等高速炸药爆炸多为爆轰。爆轰波沿药柱以超声速传播，形成高温、高压气体，使周围物体受到强烈的冲击、压缩、变形、碎裂、抛掷等作用，多伴随有光、声、烟等效应。

爆破筒/爆破筒

bàopòtǒng/ㄅㄠˋ ㄆㄛˋ ㄊㄨㄥˇ

bangalore torpedo

【军】内装炸药的管状爆破器材。由筒体、炸药和引信组成。可分为刚性爆破筒、柔性爆破筒和刚柔组合爆破筒。通常需要破障手近迫作业，主要用于在铁丝障碍物和地雷场中开辟通路、破坏工事、消灭工事内的人员，也可用于破坏技术装备和其他工程设施。

爆破药/爆破藥 bàopòyào/ㄅㄠˋ ㄆㄛˋ ㄧㄠˋ

blasting explosive

【化】炸药的一种。在相当强的外界作用激发下才能起爆，一旦起爆则具有高爆速和大破坏力。通常用起爆药激发，爆炸基本上以爆轰的形式出现。常用的有梯恩梯、特屈儿、黑索今、奥克托今、泰安等。用于爆破器材和子弹装药。储运中应与起爆药分库存放。

爆燃/爆燃 bàorán/ㄅㄠˋ ㄖㄢˊ

deflagration

【化】爆炸的一种方式。火药和烟火等低速炸药爆炸多为爆燃。在爆燃物反应区内进行，表现为快速燃烧。通过热传导、扩散和辐射传播，伴随有火焰及火花，燃烧粒子四面飞散。爆速低于声速且受外界影响大。

爆炸/爆炸 bàozhà/ㄅㄠˋ ㄓㄚˋ

explosion
【化】物质发生非常急剧的化学和物理变化，瞬间释放大量能量的现象。主要由化学反应引起。爆炸产生高热、高压，常伴随燃烧、浓烟等。其释放能量的形式为爆燃和爆轰，火药多为爆燃，炸药多为爆轰。

爆炸波 bàozhàbō/ㄅㄠˋ ㄓㄚˋ ㄅㄛ
【军】即“冲击波”(133 页)。

爆炸火燄噴塗
ㄅㄠˋ ㄓㄚˋ ㄏㄨㄛˇ ㄧㄢˋ ㄆㄣ ㄊㄨˊ/
bàozhà huǒyàn pēntú
detonation flame spraying
【机】台湾名。即“爆炸喷涂”(43 页)。

爆炸喷涂/爆炸火燄噴塗
bàozhà pēntú/ㄅㄠˋ ㄓㄚˋ ㄏㄨㄛˇ ㄧㄢˋ ㄆㄣ ㄊㄨˊ
detonation flame spraying
【机】喷涂的一种。在特殊设计的燃烧室里，将氧气和乙炔气按一定比例混合后引爆，使料粉加热熔融，并使颗粒高速撞击在零件表面而形成涂层。涂层致密，气孔率低，表面粗糙度低，附着性强。

爆炸物/爆炸物 bàozhàwù/ㄅㄠˋ ㄓㄚˋ ㄨˋ
explosive
【化】化学危险品的一类。因化学性质不稳定而有爆炸可能的物质，或在外界作用如热、冲击等影响下能发生高速反应而引起爆炸的物质。过氧化物、氮的卤化物、乙炔化合物等自身分解即可爆炸。梯恩梯、硝化棉等的爆炸过程为复杂分解，通常伴有燃烧反应。

爆震性聋/爆震性聾
bàozhènxìng lóng/
ㄅㄠˋ ㄓㄣˋ ㄒㄧㄥˋ ㄌㄨㄥˊ
deafness by detonation
【环】见“噪声性聋”(1413 页)。

bei (ㄅㄟ)

揹負 ㄅㄟ ㄈㄨˋ/bēifù
piggyback
【物流】台湾名。即“驮背运输”(1158 页)。

北半球/北半球 běibànqiú/ㄅㄟˇ ㄅㄢˋ ㄑㄧㄡˊ
northern hemisphere
【地】地球赤道以北直至北极部分。其中陆地包括亚洲的绝大部分，欧洲和北美洲的全部，南美洲的北部，非洲的北半部；海洋包括太平洋北部、大西洋北部、印度洋北部和北冰洋。

北冰洋/北冰洋
Běibīng Yáng/ㄅㄟˇ ㄅㄧㄥ ㄧㄤˊ
Arctic Ocean
【地】世界四大洋之一。位于北极圈内，在亚洲、欧洲和北美洲包围之中，面积仅 1310 万平方千米，约占世界海洋总面积的 4.1%，不到太平洋的 1/10。是世界最小、最浅和最冷的大洋。平均深度 1205 米，最深 5527 米。大陆架 440 万平方千米，占总面积的 1/3 以上。常年不化的冰盖占大洋面积的 2/3。海岸线十分曲折，形成了许多浅而宽的边缘海及海湾。

北部湾/北部灣
Běibù Wān/ㄅㄟˇ ㄅㄨˋ ㄨㄢ
Beibu Gulf
【地】旧称“东京湾”。海湾名。位于南海北部，雷州半岛、海南岛和广西南部及越南之间，故名。有南流江、红河等注入。面积 12.7 万平方千米。水深 40 米，最深达 100 米。是中国重要渔场。海底石油资源蕴藏丰富。

北柴胡/北柴胡 běicháihú/ㄅㄟˇ ㄔㄞˊ ㄏㄨˊ
Chinese thorowax
【植】*Bupleurum chinense* 通称“柴胡”。伞形科柴胡属。多年生草本植物。茎上部多回分枝，表面有细纵槽纹。基生叶早落；茎中上部叶倒披针形，先端有尖，基部抱茎，表面有白霜。复伞形花序，常形成疏松的圆锥状花序，花瓣鲜黄色，上部向内折，中肋隆起，小舌片矩圆形，顶端 2 浅裂。花期 9 月份。在中国，分布于东北、华北、西北、华东和华中。全草入药。

北斗卫星导航系统/北斗衛星導航系統
Běidǒu Wèixīng Dǎoháng Xìtǒng/
ㄅㄟˇ ㄉㄡˇ ㄨㄟˋ ㄒㄧㄥ ㄉㄠˇ ㄏㄤˊ ㄒㄧˋ ㄊㄨㄥˇ
Beidou Navigation Satellite System, Compass
【信息】中国自主研发、独立运行的卫星导航系统。由空间段、地面段和用户段三部分组成：空间段包括 5 颗对地静止卫星和 30 颗非静止轨道卫星；地面段包括主控站、注入站和监测站等若干个地面站；用户段包括北斗用户终端以及与其他卫星导航系统兼容的终端。

📖 北斗卫星导航系统 2012 年覆盖亚太地区，计划 2020 年左右覆盖全球。与美国全球定位系统、俄罗斯全球导航卫星系统和欧洲伽利略卫星导航系统一起，成为全球四个成熟的卫星导航系统。

B

北方古陆 Běifāng Gǔlù/ㄅㄟˇ ㄈㄤ ㄍㄨˇ ㄌㄨˋ

【地】即“劳亚古大陆”(712 页)。

北方园林/北方園林

běifāng yuánlín/ㄅㄟˇ ㄈㄤ ㄩㄢˊ ㄌㄧㄣˊ

The North Garden

【建】明清时期北京一带建造的园林。以北京、承德的皇家宫苑为主要代表，整体布局严整，轴线对称。园林建筑通常比较封闭，造型厚重，体量较大，与宏伟的自然山水相得益彰。建筑色彩金碧辉煌，体现皇家的至尊气派。

北非/北非 Běifēi/ㄅㄟˇ ㄈㄟ

North Africa

【地】非洲北部地区。北临地中海，南至撒哈拉沙漠，东起红海，西至大西洋，大部地势起伏平缓，西北部由一系列山脉组成，山脉之间分布有高原与谷地，海拔大都在 1500～2000 米。地中海沿岸为狭窄平原。面积约 826 万平方千米，通常包括埃及、苏丹、南苏丹、利比亚、突尼斯、阿尔及利亚、摩洛哥和大西洋中的亚速尔群岛和马德拉群岛等。气候因常年受副热带高压带控制，除地中海沿岸为地中海气候外，其余地区基本上为高温干燥的热带沙漠气候。主要经济是农业和矿业等，农产品有棉花、阿拉伯树胶、栓皮、油橄榄、无花果、椰枣等；矿藏有石油、磷酸盐、天然气等。

北寒带/北極帶 běihándài/ㄅㄟˇ ㄏㄢˊ ㄉㄞˋ

arctic zone

【地】北半球的寒带。在北极圈与北极之间。

北回归线/北回歸線

běihuíguīxiàn/ㄅㄟˇ ㄏㄨㄟˊ ㄍㄨㄟ ㄒㄧㄢˋ

Tropic of Cancer

【地】北纬 23°26′的纬线。参见“回归线”(544 页)。

北极/北極 běijí/ㄅㄟˇ ㄐㄧˊ

north pole

【地】❶地轴的北端，北半球的顶点。❷指北极圈以内的地区。

北极光/北極光

běijíguāng/ㄅㄟˇ ㄐㄧˊ ㄍㄨㄤ

aurora borealis

【地】在北极地区高层大气中出现的极光。参见“极光”(572 页)。

北极圈/北極圈 běijíquān/ㄅㄟˇ ㄐㄧˊ ㄑㄩㄢ

arctic circle

【地】北半球的极圈。在北纬 66°34′，是北寒带和北温带的分界线。

北极星/北極星 běijíxīng/ㄅㄟˇ ㄐㄧˊ ㄒㄧㄥ

Polaris

【地】又称“小熊座 α 星”。因其距离北极最近，故名。从地球上看，它的位置几乎不变，可以靠它来辨别方向。

北极熊/北極熊 běijíxióng/ㄅㄟˇ ㄐㄧˊ ㄒㄩㄥˊ

polar bear

【动】*Thalarctos maritimus* 又称“白熊”。哺乳动物名。食肉目熊科。体长可达 2 米以上，重可达 1 吨。头较小，耳朵圆形，毛白色带黄，长而稠密，鼻和爪黑色。行动敏捷，善游泳，性凶猛。捕食海豹、海鸟和鱼类，也吃苔藓等植物。生活在北极地区。是世界珍稀濒危动物。

北极熊

北極帶 ㄅㄟˇ ㄐㄧˊ ㄉㄞˋ/běijídài

arctic zone

【地】台湾名。即“北寒带”(44 页)。

北京时间/北京時間

Běijīng shíjiān/ㄅㄟˇ ㄐㄧㄥ ㄕˊ ㄐㄧㄢ

Beijing time

【地】中国大陆地区的标准时。以东经 120°子午线为标准的时刻，即北京所在时区(东八时区)的标准时刻。比世界时早 8 小时。

北京铁角蕨/北京鐵角蕨

Běijīng tiějiǎojué/

ㄅㄟˇ ㄐㄧㄥ ㄊㄧㄝˇ ㄐㄧㄠˇ ㄐㄩㄝˊ

Beijing spleenwort

【植】*Asplenium pekinense* 蕨类。铁角蕨科

铁角蕨属。根状茎短,直立,顶部密生鳞片。叶簇生,厚草质,叶片披针形,2～3 回羽裂,裂片三角状圆形。孢子囊群每裂片 1 枚,成熟时布满叶下面,囊群盖近矩圆形。在中国,分布于华北以南各地。观赏植物。

北京猿人/北京猿人

Běijīng yuánrén/ㄅㄟˇ ㄐㄧㄥ ㄩㄢˊ ㄖㄣˊ

Peking Man (Sinanthropus pekinensis), Homo erectus pekinensis

【地】*Homo erectus pekinensis* 又称"北京直立人"。正式名称为"中国猿人北京种"。生活于距今约 70 万年至距今 23 万年的猿人。颧骨较高。身材粗短,男性高约 156 厘米,女性高约 144 厘米。1927 年在北京房山周口店龙骨山的洞穴中发现化石。

北京宅园/北京宅園

Běijīng zháiyuán/ㄅㄟˇ ㄐㄧㄥ ㄓㄞˊ ㄩㄢˊ

house garden in Beijing

【建】明清时期北京建造的宅园。设计思想除满足物质精神享受,建造"城市山林"外,还追求气派,显示政治地位。其布局受四合院建筑和宫苑影响,园林空间划分数量少而面积大,常中轴对称布局。选址大多在靠近水系的地方,城内宅园仅挖小池,以所得土方堆土山,体量也不大,常模拟大山的余脉或小丘。叠石也多为小品,偶得奇石就独立特置供欣赏。明代宅园风格继承了唐宋写意山水园的传统,着重于运用水景和古树、花木来创造素雅而富于野趣的意境,因景而设置园林建筑,并巧于借景。清代乾隆以后,宅园中建筑增多,趋于烦琐富丽。

北京直立人

Běijīng zhílìrén/ㄅㄟˇ ㄐㄧㄥ ㄓˊ ㄌㄧˋ ㄖㄣˊ

【地】即"北京猿人"(45 页)。

北美大陆桥/北美陸橋

Běiměi dàlùqiáo/ㄅㄟˇ ㄇㄟˇ ㄌㄨˋ ㄑㄧㄠˊ

north American land-bridge

【交】陆桥运输线名。以横贯北美洲大陆的铁路为桥梁,把大陆两端的海洋连接起来的交通大动脉。包括三条线路:一条是从美国西部太平洋沿岸至美国东部大西洋沿岸的铁路运输线;一条是从加拿大南部太平洋海岸至东部大西洋海岸的铁路运输线;一条是从美国西南部海岸至南部墨西哥湾海岸的铁路运输线。

北美陸橋

ㄅㄟˇ ㄇㄟˇ ㄌㄨˋ ㄑㄧㄠˊ/Běiměi lùqiáo

north American land-bridge

【交】台湾名。即"北美大陆桥"(45 页)。

北美洲/北美洲

Běiměizhōu/ㄅㄟˇ ㄇㄟˇ ㄓㄡ

North America

【地】全称"北亚美利加洲"。世界七大洲之一。位于西半球北部,东濒大西洋,西临太平洋,北濒北冰洋,南以巴拿马运河与南美洲分界。地形明显地分为:东部山地和高原,中部平原,西部山地和高原。平原和丘陵约占总面积的 42%,海拔 500 米以上的高原和山地约占 58%,平均海拔约为 700 米。总面积 2422.8 万平方千米(包括附近岛屿),是世界第三大洲。现有 23 个独立国家和 10 余个美、英、法、荷、丹等国的属地。人口总数约 5.28亿(2010 年)。居民主要为来自欧洲移民的后裔,其次是黑人、印第安人、混血种人,还有少数的犹太人和亚裔等。通用英语、西班牙语,其次是法语、荷兰语、印第安语等。

北欧/北歐 Běi'ōu/ㄅㄟˇ ㄡ

North Europe

【地】欧洲北部地区,即斯堪的纳维亚半岛、日德兰半岛一带。面积 132 万平方千米,包括丹麦、挪威、瑞典、芬兰和冰岛五国以及法罗群岛。西临大西洋,东连东欧,北抵北冰洋,南接中欧。几乎全部由岛屿和半岛组成,多高原、丘陵和湖泊。大部分地区具有温和湿润的海洋性气候特征,冬暖夏凉。森林和水力资源丰富。可耕地少,乳用畜牧业发达。经济发展水平高。

北沙参/北沙參

běishāshēn/ㄅㄟˇ ㄕㄚ ㄕㄣ

Radix Glehniae (拉), coastal glehnia root

【中医】中药名。伞形科植物珊瑚菜 *Glehnia littoralis* Fr. Schmidt ex Miq. 的干燥根。味甘、微苦,性微寒。归肺、胃经。养阴清肺,益

北沙参

胃生津。用于肺热燥咳,劳嗽痰血,热病津伤口渴。

📖 北沙参不宜与藜芦同用。

北山羊 běishānyáng/ㄅㄟˇ ㄕㄢ ㄧㄤˊ

【动】即"羱羊"(1393 页)。

北太湖石 běitàihúshí/ㄅㄟˇ ㄊㄞˋ ㄏㄨˊ ㄕˊ

【建】即"房山石"(324 页)。

北纬/北緯 běiwěi/ㄅㄟˇ ㄨㄟˇ

north latitude

【地】赤道以北的纬度或纬线。

北温带/北溫帶 běiwēndài/ㄅㄟˇ ㄨㄣ ㄉㄞˋ

north temperate zone

【地】北半球的温带。在北极圈与北回归线之间。

北亚美利加洲

Běiyàměilìjiāzhōu/ㄅㄟˇ ㄧㄚˋ ㄇㄟˇ ㄌㄧˋ ㄐㄧㄚ ㄓㄡ

【地】"北美洲"的全称。

苝/苝 běi/ㄅㄟˇ

perylene

【化】芳香族化合物。无色至黄色结晶,是多环烃的母体结构。吸入或接触皮肤有毒,对机体有不可逆损伤。用于合成有机物质。

鉳 ㄅㄟˇ/běi

berkelium

【化】台湾名。即"锫"(858 页)。

贝尔/貝耳 bèi'ěr/ㄅㄟˋ ㄦˇ

bel

【计量】计量级差的单位。以两个同类的量的对数形式表示。常用于功率、电压、电流及声压。符号 B。为了尽可能是整数值,通常用其分数单位"分贝",符号 dB。1 分贝=0.1 贝。为纪念美国发明家贝尔(A.G.Bell)而命名。

贝加尔湖/貝加爾湖

Bèijiā'ěr Hú/ㄅㄟˋ ㄐㄧㄚ ㄦˇ ㄏㄨˊ

Baikal Lake

【地】湖名。位于俄罗斯东西伯利亚南部。面积 3.15 万平方千米,海拔 456 米,平均水深 730 米,最深达 1620 米。蓄水量 23 万亿立方米,约占全球地表淡水总量的 1/5,是世界上最深、容量最大的淡水湖。湖水清澈,湖中有植物 600 种,水生动物 1200 种,其中 3/4 为贝加尔湖所特有。

贝可 bèikě/ㄅㄟˋ ㄎㄜˇ

【计量】"贝可勒尔"的简称。

贝可勒尔/貝可勒

bèikělè'ěr/ㄅㄟˋ ㄎㄜˇ ㄌㄜˋ

becquerel

【计量】简称"贝可"。放射性活度的国际单位制单位。符号 Bq。放射性元素每秒有 1 个原子发生衰变时,其放射性活度为 1 贝可。为纪念法国物理学家贝可勒尔(A.H.Becquerel,1852—1908)而命名。

贝氏体/變韌鐵 bèishìtǐ/ㄅㄧㄢˋ ㄖㄣˋ ㄊㄧㄝˇ

bainite

【材】又称"贝茵体"。钢中相形态之一。具有铁素体和碳化物的针状结构。钢过冷奥氏体介于珠光体与马氏体转变温度(350~550℃)的转变产物,是 α-Fe 和渗碳体的复相组织。

贝塔射线/貝他射線

bèitǎ shèxiàn/ㄅㄟˋ ㄊㄚˇ ㄕㄜˋ ㄒㄧㄢˋ

β-ray

【化】又作"β 射线"。放射性原子核衰变时放出的 β 粒子流。β 粒子为高速运动的电子,电子质量小,速率大,动能大,可达几兆电子伏以上,通过物质时不易使其中原子电离,能量损失小,穿透能力比 α 射线强。

贝塔衰变/貝他衰變

bèitǎ shuāibiàn/ㄅㄟˋ ㄊㄚˇ ㄕㄨㄞ ㄅㄧㄢˋ

β-decay

【化】又作"β 衰变"。原子核自发放射 β 粒子的核衰变过程。

贝茵体 bèiyīntǐ/ㄅㄟˋ ㄧㄣ ㄊㄧˇ

【材】即"贝氏体"(46 页)。

貝耳 ㄅㄟˋ ㄦˇ/bèiěr

bel

【计量】台湾名。即"贝尔"(46 页)。

貝可勒 ㄅㄟˋ ㄎㄜˇ ㄌㄜˋ/bèikělè

becquerel

【计量】台湾名。即"贝可勒尔"(46 页)。

貝他射線

ㄅㄟˋ ㄊㄚ ㄕㄜˋ ㄒㄧㄢˋ/bèitā shèxiàn

β-ray

【化】台湾名。即"贝塔射线"(46 页)。

貝他衰變

ㄅㄟˋ ㄊㄚ ㄕㄨㄞ ㄅㄧㄢˋ/bèitā shuāibiàn

β-decay

【物】台湾名。即“贝塔衰变”(46 页)。

备降场坪

bèijiàng chǎngpíng/ㄅㄟˋ ㄐㄧㄤˋ ㄔㄤˇ ㄆㄧㄥˊ

【航】即“备降机场”(47 页)。

备降机场/備降機場

bèijiàng jīchǎng/ㄅㄟˋ ㄐㄧㄤˋ ㄐㄧ ㄔㄤˇ

alternate aerodrome

【航】又称“备降场坪”。在飞行计划中设定的作为备用降落用的其他机场。为预防航空器因突发故障和气象原因,不能在原定目标机场降落而设,通常在航线或目标降落机场附近选定一个或几个作为备降机场,特殊情况下可能只是一条备用跑道。

背罐车/可拆卸式油罐車

bèiguànchē/ㄎㄜˇ ㄔㄞ ㄒㄧㄝˋ ㄕˋ ㄧㄡˊ ㄍㄨㄢˋ ㄔㄜ

demountable tanker carrier

【机】专用汽车的一种。装备有液压举升机构,能实现容罐的自背、自卸、自运等功能。

背景噪声/背景噪音

bèijǐng zàoshēng/ㄅㄟˋ ㄐㄧㄥˇ ㄗㄠˋ ㄧㄣ

background noise

【环】又称“本底噪声”。指未受噪声污染情况下声环境能量分布的正常值。实际应用中,通常指待测声源未发声时所处的正常声环境,或噪声测量系统中与被测信号无关的干扰声。如机动车辆噪声测量中,背景噪声应比待测车辆噪声低 10 分贝以下。

背景噪音

ㄅㄟˋ ㄐㄧㄥˇ ㄗㄠˋ ㄧㄣ/bèijǐng zàoyīn

background noise

【环】台湾名。即“背景噪声”(47 页)。

背阔肌/闊背肌 bèikuòjī/ㄎㄨㄛˋ ㄅㄟˋ ㄐㄧ

latissimus dorsi

【医】背部肌肉之一。位于腰背部和胸部后外侧的皮下,上内侧部被斜方肌遮盖。以腱膜起自下位 6 个胸椎和全部腰椎棘突、骶中嵴、髂嵴后 1/3 和第 10～12 肋骨外面。肌纤维斜向外上方,逐渐集中,经腋窝后壁止于肱骨小结节嵴。近固定时,使肱骨伸、旋内、内收。远固定时,可上提躯干,还可辅助吸气。受胸背神经支配,是全身最大的扁阔肌。

背斜/背斜 bèixié/ㄅㄟˋ ㄒㄧㄝˊ

anticline

【地】地层受挤压而向上凸的褶曲形式。地层从中央向两侧倾斜。背斜的地层受侵蚀后,在平面上形成中间古老、两侧较新的地层排列方式。初期,形态上背斜成山、向斜成谷;后期,背斜因顶部常断裂,容易被侵蚀反而成为谷地,向斜底部被挤压坚实,不易被侵蚀反而成为山岭。参见“褶皱”(1423 页)。

钡/鋇 bèi/ㄅㄟˋ

barium

【化】金属元素。属周期表第ⅡA 族(碱土金属),符号 Ba,原子序数 56。原子量 137.327。自然界存在于重晶石和毒重石等中。单质为银白色金属,化学性质相当活泼,易氧化,钡粉遇潮气自燃,发出黄绿色光,与水猛烈反应,放出氢气。可溶性钡盐极毒。可用来制造合金,硫酸钡可作白色颜料和 X 射线造影剂(钡餐)。

📖 1602 年,意大利的卡西奥劳罗(V.Casciorolo)发现一种矿石(后确认为重晶石)焙烧后能够发光;1774 年瑞典的舍勒(C. W. Scheele)开始进行研究,并于第三年从其中制出一种崭新而纯净的氧化物;1808 年,英国的戴维(H.Davy)用电解法从重晶石中分离出金属钡。拉丁文定名为 baryum,源自希腊文 baryta,意思是“重晶石”。中文定名为“钡”,是形声字。

倍式/倍式 bèishì/ㄅㄟˋ ㄕˋ

multiple

【数】若整式 C 是包括 A 的若干整式的乘积,即 C 能被 A 整除,则 C 叫作 A 的倍式。例如,$x^2-1=(x+1)(x-1)$,x^2-1 是 $x+1$ 的倍式,也是 $x-1$ 的倍式。

倍数/倍數 bèishù/ㄅㄟˋ ㄕㄨˋ

multiple

【数】若数 a 是数 b 与整数 c 的积,即 $a=b\times c$,则 a 叫作 b 的倍数。例如,$16=1\times16=2\times8=4\times4$,16 是 1,2,4,8,16 的倍数。

被动免疫/被動免疫

bèidòng miǎnyì/ㄅㄟˋ ㄉㄨㄥˋ ㄇㄧㄢˇ ㄧˋ

passive immunity

【生】机体通过获得外源性免疫效应分子

(如抗体等)或免疫效应细胞而获得相应免疫力。

被积函数/被積分函數

bèijī hánshù/ㄅㄟˋ ㄐㄧ ㄈㄣ ㄏㄢˊ ㄕㄨˋ

integrand

【数】被积分的函数。例如,$\int f(x)\,dx$ 和 $\int_a^b f(x)\,dx$ 中的 $f(x)$。

被積分函數

ㄅㄟˋ ㄐㄧ ㄈㄣ ㄏㄢˊ ㄕㄨˋ/bèijīfēn hánshù

integrand

【数】台湾名。即"被积函数"(48 页)。

被叫方/被叫方

bèijiàofāng/ㄅㄟˋ ㄐㄧㄠˋ ㄈㄤ

called party

【信息】电信网中被主叫用户呼叫的用户。

被子植物/被子植物

bèizǐ zhíwù/ㄅㄟˋ ㄗˇ ㄓˊ ㄨˋ

angiosperm

【植】又称"有花植物"。植物界中进化最高级,生长最繁茂,分布最广泛的类群。其显著特征是具有真正的花;有雌蕊和胚珠包被在子房内,形成果实;具有双受精现象。

焙烧/煅燒 bèishāo/ㄉㄨㄢˋ ㄕㄠ

roasting

【化】又称"煅烧"。将物料加热至低于其熔点,使之发生化学变化的过程。目的是改变物料的化学组成或制取工业用气体。

ben (ㄅㄣ)

本草/本草 běncǎo/ㄅㄣˇ ㄘㄠˇ

materia medica, * herbal foundation, * bencao

【中医】古代指中药,或指中药学,或指中药学著作(包括图谱之类)。五代韩保昇(约生活于公元 10 世纪)说:"药有玉、石、草、木、虫、兽,而直云本草者,为诸药中草类最多也",故药物统称本草。《帝王本纪》载:"黄帝使岐伯尝味草木,定本草经,造医方以疗众疾。"古代中药学著作多以本草命名,如《神农本草经》《新修本草》《本草图经》《证类本草》《本草纲目》等。

本草纲目/本草綱目

Běncǎo Gāngmù/ㄅㄣˇ ㄘㄠˇ ㄍㄤ ㄇㄨˋ

Compendium of Materia Medica, * Herbal Foundation Compendium

【中医】中药学名著。李时珍撰。成书于明万历六年(1578 年),万历二十一年(1593 年)在金陵(今南京)正式刊行。52 卷。作者在继承和总结明代以前本草学成就的基础上,收集大量药物学知识,并参考各类著作 800 余种。载药 1892 种,其中新增 370 多种,附药物图 1000 余幅,方剂 1 万余首。以药物的天然来源及属性为纲,将药物分为 16 部,同一部药物,又以相近的类别为目,分为 62 类目。其分类方法,具有相当高的科学价值。每种药物分列释名、集解(叙述产地)、正误、修治(炮制)、气味、主治、发明(前三项指分析药物的功能)、附方等项。此外,还记录生物、化学、天文、地理、地质、采矿、历史等博物学资料。内容丰富,价值很高,具有广泛的国际影响,已被译成多种外国文字。

📖《本草纲目》在药物分类上改变了原有上、中、下三品分类法,采取了"析族区类,振纲分目"的科学分类。将药物分为矿物药、植物药、动物药三类。矿物药分为金部、玉部、石部、卤部四部;植物药按性质、形态、生长环境分为草部、谷部、菜部、果部、木部等五部,草部又分为山草、芳草、隰草、毒草、水草、蔓草、石草等小类;动物类按低级向高级进化的顺序,分为虫部、鳞部、介部、禽部、兽部、人部等六部。这种分类法从无机到有机,从简单到复杂,从低级到高级,明显含有生物进化的思想,受到达尔文的高度重视。达尔文在《动物和植物在家养下的变异》一书中,引用了"中国古代百科全书(《本草纲目》)"中关于鸡的七个品种和金鱼家化的资料。在植物的科学分类上比瑞典分类学家林奈(Linnaeus)早 200 年。

本草经 Běncǎo Jīng/ㄅㄣˇ ㄘㄠˇ ㄐㄧㄥ

【中医】"神农本草经"的简称。

本初子午线/本初子午線

běnchū zǐwǔxiàn/ㄅㄣˇ ㄔㄨ ㄗˇ ㄨˇ ㄒㄧㄢˋ

㊀ basis meridian, ㊁ prime meridian

㊀【地】经度为 0° 的子午线。是地球上计算经度的起始线。国际上以通过英国格林尼治(Greenwich)天文台原址子午仪中心的经线为本初子午线。现已改用若干长期稳定的天

文台来计算和保持本初子午线的位置。㊁【天】天体上作为经度起算点的子午线。在地球上是经过英国格林尼治天文台原址的子午线。

本岛/本島 běndǎo/ㄅㄣˇ ㄉㄠˇ
main island
【地】几个岛屿中的主要岛屿。其名称与这几个岛屿总体的名称相同。如中国的台湾岛包括台湾本岛和澎湖列岛、绿岛、钓鱼岛、兰屿等,意大利的威尼斯岛包括威尼斯本岛和周边的玻璃岛、色彩岛和丽都岛等。

本底浓度 běndǐ nóngdù/ㄅㄣˇ ㄉㄧˇ ㄋㄨㄥˊ ㄉㄨˋ
【气】即"大气本底值"(182 页)。

本底噪声
běndǐ zàoshēng/ㄅㄣˇ ㄉㄧˇ ㄗㄠˋ ㄕㄥ
【环】即"背景噪声"(47 页)。

本经 Běnjīng/ㄅㄣˇ ㄐㄧㄥ
【中医】"神农本草经"的简称。

本能/本能 běnnéng/ㄅㄣˇ ㄋㄥˊ
instinct
【生】❶人类和动物在进化过程中形成而由遗传固定下来的、对个体和种族生存有重要意义的行为。如蜜蜂酿蜜、婴儿吃奶等。❷机体对外界刺激无意识地做出反应。

本態性高血壓
ㄅㄣˇ ㄊㄞˋ ㄒㄧㄥˋ ㄍㄠ ㄒㄧㄝˇ ㄧㄚ/
běntàixìng gāoxuèyā
essential hypertension
【医】台湾名。即"原发性高血压"(1387 页)。

本体感受器/本體受器
běntǐ gǎnshòuqì/ㄅㄣˇ ㄊㄧˇ ㄕㄡˋ ㄑㄧˋ
proprioceptor
【医】主要分布于肌肉、肌腱和关节等处的感受器。感受来自这些部位的刺激,如肌肉或肌腱的弛张和关节的运动等所引起的体位变化感觉。

本體受器 ㄅㄣˇ ㄊㄧˇ ㄕㄡˋ ㄑㄧˋ/běntǐ shòuqì
proprioceptor
【医】台湾名。即"本体感受器"(49 页)。

本影/本影 běnyǐng/ㄅㄣˇ ㄧㄥˇ
umbra
【天】❶天体的光在传播过程中被另一天体所遮挡而在这另一天体后方形成的光线完全不能照到的圆锥形内区。当月球全部进入地球的本影区时则会发生月全食,部分进入时会发生月偏食。❷太阳黑子中央较暗的部分。图见"半影"(33 页)

本站气压/測站氣壓
běnzhàn qìyā/ㄘㄜˋ ㄓㄢˋ ㄑㄧˋ ㄧㄚ
station pressure
【气】又称"地面气压"。地面气象观测项目之一。气象台站内气压表或气压传感器所在高度上的气压值。因安装在百叶箱内的气压表距地面高度仅为 1.5 米,在精度要求不高的情况下,可以代替地面气压。

📖 气象预报中所说的气压,通常是指地面气压;在气象预报用的地面天气图中,通常采用对本站气压订正而得到的海平面气压。

本征半导体/本質半導體
běnzhēng bàndǎotǐ/ㄅㄣˇ ㄓˋ ㄅㄢˋ ㄉㄠˇ ㄊㄧˇ
intrinsic semiconductor
【物】半导体的一种。几乎不含杂质。在热平衡条件下,参与导电的电子和空穴数目相等,仅依赖本征载流子导电。

本征振荡/本徵振盪
běnzhēng zhèndàng/ㄅㄣˇ ㄓㄥ ㄓㄣˋ ㄉㄤˋ
eigen oscillation
【物】又称"自由振荡""固有振荡"。LC 电路(只有电感和电容而无电阻的电路)中,只需起始时接受外界一次能量,即可维持电能、磁能周期性相互转化的振荡。理想情况下,该振荡电路中没有电阻,振荡的振幅不衰减,是等幅振荡。

本征振动/本徵振動
běnzhēng zhèndòng/ㄅㄣˇ ㄓㄥ ㄓㄣˋ ㄉㄨㄥˋ
eigen vibration
【物】又称"固有振动""自由振动"。物质系统在不受外界作用的影响,阻尼又可忽略的情况下的振动。是一种理想的情况。单摆在真空中的振动和敲击音叉发生的振动都近似于本征振动。

本質半導體
ㄅㄣˇ ㄓˋ ㄅㄢˋ ㄉㄠˇ ㄊㄧˇ/běnzhì bàndǎotǐ
intrinsic semiconductor
【物】台湾名。即"本征半导体"(49 页)。

苯/苯 běn/ㄅㄣˇ
benzene

【化】最简单的芳香族化合物。化学式 C_6H_6。无色透明液体,有芳香气味,易挥发,易燃。苯蒸气有毒。是重要的有机化工原料,可用作溶剂等。

苯胺/苯胺 běn'àn/ㄅㄣˇ ㄢˋ

aniline

【化】有机化合物。化学式 $C_6H_5NH_2$。苯环上一个氢被氨基取代而成,无色油状可燃液体,有特殊气味。遇高热、明火或与氧化剂接触有引起燃烧的危险。是重要的有机中间体。致癌,高毒。

苯丙氨酸/苯丙胺酸

běnbǐng'ānsuān/ㄅㄣˇ ㄅㄧㄥˇ ㄢ ㄙㄨㄢ

phenylalanine, Phe

【生】20 种蛋白质氨基酸之一。为必需氨基酸。对幼儿尤其重要,其生理作用与酪氨酸有关,可影响甲状腺激素和毛发、皮肤的黑色素。

苯丙胺酸

ㄅㄣˇ ㄅㄧㄥˇ ㄢˋ ㄙㄨㄢ/běnbǐng'ànsuān

phenylalanine, Phe

【生】台湾名。即“苯丙氨酸”(50 页)。

苯并芘/苯並芘 běnbìngbǐ/ㄅㄣˇ ㄅㄧㄥˋ ㄅㄧˇ

benzopyrene

【化】多环芳香族碳氢化合物。黄色针状晶体。广泛存在于汽车尾气、香烟烟雾、熏烤食物中。是强致癌物。

苯并吡啶

běnbìngbǐdìng/ㄅㄣˇ ㄅㄧㄥˋ ㄅㄧˇ ㄉㄧㄥˋ

【化】即“喹啉”(703 页)。

苯酚/苯酚 běnfēn/ㄅㄣˇ ㄈㄣ

phenol

【化】又称“石碳酸”。有机化合物。化学式 C_6H_5OH。苯环上一个氢被羟基取代而成。无色针状结晶或白色熔块,暴露在空气中和在光照下易变红色,具特殊气味。有毒,有腐蚀性。是重要的化工原料。

苯酐/酞酸酐 běngān/ㄊㄞˋ ㄙㄨㄢ ㄍㄢ

phthalic anhydride, PA

【化】全称“邻苯二甲酸酐”。有机化合物。白色针状晶体。是重要的有机原料,用于制染料、药物、聚酯树脂、醇酸树脂、增塑剂等。

苯甲基 běnjiǎjī/ㄅㄣˇ ㄐㄧㄚˇ ㄐㄧ

【化】即“苄基”(60 页)。

苯甲醛/苯甲醛

běnjiǎquán/ㄅㄣˇ ㄐㄧㄚˇ ㄑㄩㄢˊ

benzaldehyde

【化】有机化合物。苯环上一个氢被醛基取代而成。纯品是无色液体,工业品略带淡黄色,有苦杏仁气味。存在于杏核、桃核等各种精油中。可用于生产化学品和香精。

苯甲酸/苯甲酸

běnjiǎsuān/ㄅㄣˇ ㄐㄧㄚˇ ㄙㄨㄢ

benzoic acid

【化】台湾又称“苄酸”。有机化合物。化学式 C_6H_5COOH。苯环上一个氢被羧基取代而成,因最初由安息香胶制得,故又俗称为安息香酸。白色片状或针状晶体,可抑制微生物生长,毒性很低。用作食品防腐剂。

苯系 ㄅㄣˇ ㄒㄧˋ/běnxì

benzene series

【化】台湾名。即“苯系物”(50 页)。

苯系物/苯系 běnxìwù/ㄅㄣˇ ㄒㄧˋ

benzene series

【化】一类环境有害物。在环境污染监测与控制中,通常指苯、甲苯、邻二甲苯、间二甲苯、对二甲苯、乙苯、苯乙烯、异丙苯八种化合物。对人体健康和生态均有较严重的危害,其中苯是已知的致癌物。主要来源于石油化工、煤化工、油漆、农药、医药等生产过程中排放的废气和废水。

苯乙烯/苯乙烯 běnyǐxī/ㄅㄣˇ ㄧˇ ㄒㄧ

styrene

【化】台湾又称“蘇合香烯”。有机化合物。化学式 $C_6H_5CH{=\!=}CH_2$。苯环上一个氢被乙烯基取代而成,无色易燃液体,有辛辣气味,有毒。用于制树脂、塑料、合成橡胶等。

笨终端/啞終端機

bènzhōngduān/ㄧㄚˇ ㄓㄨㄥ ㄉㄨㄢ ㄐㄧ

dumb terminal

【信息】与“灵巧终端”相对。除显示、通信和数据录入外,没有内部处理器的用户终端。没有独立于主机的处理能力。

beng (ㄅㄥ)

崩漏/崩漏 bēnglòu/ㄅㄥ ㄌㄡˋ

metrorrhagia and metrostaxis, metrorrhagia, metrostaxis, * flooding and spotting

【中医】月经病的一种。症见妇女月经非时而下,突然大量下血不止,或下血淋漓不净。突然出血,来势急,血量多者为“崩”;淋漓下血,来势缓,血量少者为“漏”。两者在发展过程中常相互转化,故多并称。治疗应根据病情的缓急轻重、出血的久暂,灵活运用塞流(止血)、澄源(求因治本,针对具体原因,采用补肾、健脾、清热、理气、化瘀等法,使崩漏得到根本上的治疗)、复旧(调理善后)三法。肾阴虚证用左归丸加减;肾阳虚证用大补元煎加味;脾虚证用固冲汤;血热证用清热固经汤;血瘀证用逐瘀止崩汤。

崩塌/崩陷 bēngtā/ㄅㄥ ㄒㄧㄢˋ

collapse

【地】较陡斜坡上的岩体、土体在重力作用下突然脱离母体崩落、滚动、堆积在坡脚或沟谷的地质现象。涉及山体的规模巨大的崩塌称为山崩。

崩陷 ㄅㄥ ㄒㄧㄢˋ/bēngxiàn

collapse

【地】台湾名。即“崩塌”(51 页)。

绷带/繃帶 bēngdài/ㄅㄥ ㄉㄞˋ

bandage

【医】纱布、棉布等材料做成的条带。用来包扎伤口或保护、固定、支撑受伤的肢体。

泵/泵 bèng/ㄅㄥˋ

pump

【机】流体机械的一类。在原动机驱动下增加流体的压力并使之产生运动。按工作原理不同,可分为叶片泵、容积泵、水轮泵、射流泵等;按泵轴位置不同,可分为立式泵和卧式泵;按用途不同,可分为上下水道给排水泵、锅炉给水泵、凝水泵等。

泵揚程 ㄅㄥˋ ㄧㄤˊ ㄔㄥˊ/bèngyángchéng

water raising capacity

【机】台湾名。即“扬程”(1314 页)。

泵站/抽水站

bèngzhàn/ㄔㄡ ㄕㄨㄟˇ ㄓㄢˋ

pumping station

【水利】又称“抽水站”。将水从低处提升至高处或增加管道中水压的工程设备。通常由泵、机电设备、管道、闸阀、泵房和进出水通道等组成。

bi (ㄅㄧ)

荸荠/荸薺 bíqí/ㄅㄧˊ ㄑㄧˊ

water chestnut

【植】*Eleocharis dulcis* 又称“马蹄”。莎草科荸荠属。多年生水生草本植物。匍匐根状茎细长,顶端膨大成块茎。块茎圆球形,稍扁,下端中央凹陷,上部顶端有嫩芽,表皮褐色,环状节明显,肉质白,脆嫩,味甜。秆丛生,直立,圆柱形,无叶。小穗顶生,圆柱状,淡绿色。中国各地均有栽培。块茎药食兼用。

鼻窦炎/竇炎 bídòuyán/ㄉㄡˋ ㄧㄢˊ

sinusitis

【医】伴发或继发于鼻黏膜炎症的鼻窦黏膜炎症。致病因素复杂,以细菌感染和超敏反应为主。按发生的部位不同,可分为单鼻窦炎、多鼻窦炎和全鼻窦炎;按症状持续时间不同,可分为急性鼻窦炎和慢性鼻窦炎;按发病年龄不同,可分为儿童鼻窦炎和成人鼻窦炎;按致病菌不同,可分为细菌性鼻窦炎和真菌性鼻窦炎。

鼻骨/鼻骨 bígǔ/ㄅㄧˊ ㄍㄨˇ

nasal bone

【医】位于鼻背的成对的小骨,长方形,上窄下宽,上接额骨,下接鼻软骨,外侧接上颌骨,内侧接对侧鼻骨。支撑鼻背。

鼻疖/鼻癤 bíjiē/ㄅㄧˊ ㄐㄧㄝ

nasal furuncle

【中医】中医鼻病之一。生于鼻部,症见自觉麻痒,红肿胀痛,或生小白疱,顶硬根突,堵塞鼻窍,痛引脑门,腮唇皆肿,破流脓水等。治用大剂量清热解毒药,止痛排脓。可选蟾酥丸内服、外搽。

📖 鼻疖根脚坚硬,形如钉状,故名。

鼻疽/鼻疽 bíjū/ㄅㄧˊ ㄐㄩ

malleus

【医】由胞内寄生性鼻疽杆菌引起的人畜共患病。表现为鼻腔、喉头、气管黏膜或皮肤形成特异性鼻疽结节、溃疡或瘢痕,肺脏、淋巴结或其他实质脏器发生鼻疽结节。

B

鼻旁窦/鼻旁竇 bípángdòu/ㄅㄧˊ ㄆㄤˊ ㄉㄡˋ

paranasal sinuses

【医】又称"副鼻窦"。鼻腔周围骨壁内的含气空腔。内表面覆有黏膜，经小孔通鼻腔。可分为额窦、上颌窦、蝶窦和筛窦。

鼻涕虫 bítìchóng/ㄅㄧˊ ㄊㄧˋ ㄔㄨㄥˊ

【动】即"蛞蝓"(705 页)。

鼻咽癌/鼻咽癌

bíyān'ái/ㄅㄧˊ ㄧㄢ ㄧㄢˊ(又读ㄞˊ)

nasopharyngeal carcinoma, NPC

【医】发生于鼻咽部的恶性肿瘤。原发于鼻咽黏膜被覆上皮，以低分化鳞状细胞癌为主。早期常无明显症状，多因鼻塞、涕血或回缩性血涕、耳鸣及头痛等就诊，常有颈淋巴结转移。

鼻炎/鼻炎 bíyán/ㄅㄧˊ ㄧㄢˊ

rhinitis

【医】鼻腔黏膜和黏膜下组织的炎症。表现为充血或者水肿，常见症状是鼻塞，流清水涕，鼻痒，喉部不适，咳嗽等。

鼻渊/鼻淵 bíyuān/ㄅㄧˊ ㄩㄢ

acute and chronic sinusitis, * deep-source nasal congestion

【中医】中医鼻病之一。多因外感风寒，寒邪化热所致，症见鼻流浊涕，量多不止，常伴有头痛、鼻塞、嗅觉减退等。初起治宜清热、宣肺、开窍为主，如防风散、辛夷散、藿香散加减；久病者应注意从虚治之，选加味逍遥散、补中益气汤、六味地黄汤等加减。

比/比 bǐ/ㄅㄧˇ

ratio

【数】设 a, b($b\neq 0$)是两个数或同类量，则 $a\div b$ 即 $\frac{a}{b}$ 也可记作 $a:b$，叫作 a 与 b 的比，读作"a 比 b"。其中 a 叫作比的前项，b 叫作比的后项。a 与 b 的比表示求 a 是 b 的多少倍的运算。

比荷/荷質比 bǐhè/ㄏㄜˋ ㄓˋ ㄅㄧˇ

specific charge

【物】又称"荷质比"。带电粒子的电荷[量]与其质量之比。

📖 1897 年，英国物理学家汤姆孙(J.J. Thomson, 1856—1940)最先测出电子的荷质比(e/m)的平均值，现在更精确的测量值(电子速率远小于光速 c 的情形下)为 $1.758\,804\,7\times10^{11}$ 库/千克。

比较仪/比較儀 bǐjiàoyí/ㄅㄧˇ ㄐㄧㄠˋ ㄧˊ

comparator

【机】量仪的一种。用比较法测量长度或某些物理量，如检查被测工件尺寸相对于标准件尺寸的偏差。通常可分为机械式比较仪、光学比较仪和电学比较仪等。常用的有圆度仪、水平仪等。

比结合能/比結合能

bǐjiéhénéng/ㄅㄧˇ ㄐㄧㄝˊ ㄏㄜˊ ㄋㄥˊ

specific binding energy

【物】结合能与核子数之比。其值越大，核子结合越牢固，原子核越稳定。

比例/比例 bǐlì/ㄅㄧˇ ㄌㄧˋ

proportion

【数】设 a, b($b\neq0$)是两个数或同类量，c, d($d\neq0$)是两个数或同类量，若 $a:b=c:d$，则称 a, b, c, d 成比例。例如，$1:2=3:6$，即 1,2,3,6 成比例。比例式 $a:b=c:d$ 中，a, d 叫作外项，b, c 叫作内项。由 $a:b=c:d$ 可以推出 $ad=bc$，即外项积等于内项积。

比例泵 bǐlìbèng/ㄅㄧˇ ㄌㄧˋ ㄅㄥˋ

【机】即"计量泵"(580 页)。

比例尺/比例尺 bǐlìchǐ/ㄅㄧˇ ㄌㄧˋ ㄔˇ

scale

【测绘】地图上某一线段的长度与地面上相应线段的水平距离之比。常用的有数字比例尺、文字比例尺、图解比例尺等。

📖 1977 年河北平山出土了战国时期的墓葬规划平面图《兆域图》。该图镌刻在铜板上，注明了面积和距离，证实了战国时期的地图已经有了比例尺的概念。

比例函數 ㄅㄧˇ ㄌㄧˋ ㄏㄢˊ ㄕㄨˋ/bǐlì hánshù

proportional function

【数】台湾名。即"正比例函数"(1433 页)。

比例误差/比例誤差

bǐlì wùchā/ㄅㄧˇ ㄌㄧˋ ㄨˋ ㄔㄚ

proportional error, scale error

【测绘】测量距离时，与被测距离成正比关系的误差计算系数。是测距仪器的重要性能指标。例如，比例误差为 1 毫米/千米，表示每千米距离将累积 1 毫米的误差，若测距达 10 千米时，测量结果将含 10 毫米的误差。

比例中项/比例中項
bǐlì zhōngxiàng/ㄅㄧˇ ㄌㄧˋ ㄓㄨㄥ ㄒㄧㄤˋ
mean term of proportion
【数】若 $a:b=b:c$,则 b 叫作 a 和 c 的比例中项。正负相同的两个数 a 和 c 有两个比例中项,它们是 $\pm\sqrt{ac}$。例如,1 和 9 的比例中项是±3。

比流器 ㄅㄧˇ ㄌㄧㄡˊ ㄑㄧˋ/bǐliúqì
current transformer
【电】台湾名。即"电流互感器"(251 页)。

比目鱼/比目魚 bǐmùyú/ㄅㄧˇ ㄇㄨˋ ㄩˊ
flatfishes
【动】*Paralichthys olivaceus* 又称"偏口鱼"。鱼名。硬骨鱼纲鲽形目。身体扁平,成长中两眼逐渐移到头部的一侧,平卧在海底,以小鱼为食。常见的有鲽、鳎、鲆、鳒等。中国沿海均有分布。

比热/比熱 bǐrè/ㄅㄧˇ ㄖㄜˋ
【物】"比热容"的简称。

比热容/比熱 bǐrèróng/ㄅㄧˇ ㄖㄜˋ
specific heat capacity
【物】简称"比热"。单位质量物质的热容量,即单位质量的物质改变单位温度时所吸收或释放的热量。用符号 c 表示,单位为焦/(千克开)。

比特/位元 bǐtè/ㄨㄟˋ ㄩㄢˊ
bit
【计量】又称"二进制位"。信息单元的计量单位。二进制数的一位所包含的信息量就是 1 比特。

比体积/比體積 bǐtǐjī/ㄅㄧˇ ㄊㄧˇ ㄐㄧ
specific volume
【计量】旧称"比容"。物质体积与其质量之比。是密度的倒数,单位米^3/千克。

比值/比值 bǐzhí/ㄅㄧˇ ㄓˊ
value of ratio
【数】$a:b$ 的结果(即$\frac{a}{b}$的值)叫作 a 与 b 的比值。例如,5∶15 的比值是$\frac{1}{3}$。

比重/比重 bǐzhòng/ㄅㄧˇ ㄓㄨㄥˋ
specific gravity, specific weight
【物】又称"相对密度"。物体的密度与标准物质密度之比。是无量纲量。对固体和液体,以 4℃的水(密度为 1 千克/分米^3)作为比较的标准物质;对气体,以 0℃和 1 标准大气压(1.01×10^5 帕)的干燥空气(密度为 1.29 克/分米^3)为比较的标准物质。

芘/芘 bǐ/ㄅㄧˇ
pyrene
【化】芳香族化合物。淡黄色棱状晶体。可用于制染料、树脂等。

吡啶/吡啶 bǐdìng/ㄅㄧˇ ㄉㄧㄥˋ
pyridine
【化】含氮六元杂环化合物。化学式 C_5H_5N。无色液体,有特殊气味。可用作溶剂和化学试剂,用于制药。对人体有毒,蒸气与空气混合形成爆炸性混合物。

吡哄 ㄅㄧˇ ㄐㄧㄥˇ/bǐjǐng
pyrazine
【化】台湾名。即"吡嗪"(53 页)。

吡咯/吡咯 bǐluò/ㄅㄧˇ ㄌㄨㄛˋ
pyrrole
【化】含氮五元杂环化合物。化学式 C_4H_5N。无色液体,空气中放置逐渐变黑,有刺激性气味。有毒。可用于制药。

吡嗪/吡哄 bǐqín/ㄅㄧˇ ㄐㄧㄥˇ
pyrazine
【化】含两个氮原子的六元杂环化合物。化学式 $C_4H_4N_2$。晶体或蜡状固体,有强烈吡啶气味。吡嗪的衍生物是重要的染色剂、指示剂和药物。

笔记本电脑
bǐjìběn diànnǎo/ㄅㄧˇ ㄐㄧˋ ㄅㄣˇ ㄉㄧㄢˋ ㄋㄠˇ
【信息】即"笔记本式计算机"(53 页)。

笔记本式计算机/筆記型電腦
bǐjìběnshì jìsuànjī/ㄅㄧˇ ㄐㄧˋ ㄒㄧㄥˊ ㄉㄧㄢˋ ㄋㄠˇ
notebook computer
【信息】又称"笔记本电脑"。与笔记本大小相当的便携式计算机。体积小,重量轻,耗电低,可提供移动式无纸化工作环境。

笔石/筆石 bǐshí/ㄅㄧˇ ㄕˊ
graptolite
【地】古半索动物。以群体形式生活在古海洋中。生存于中寒武世至早石炭世,保存状态是压扁的碳质薄膜,因像铅笔在岩石层上书写的痕迹,故名。按形状不同,可分为树形笔石、管笔石、腔笔石、茎笔石、甲壳笔石和正笔石六大类。

舭/舭 bǐ/ㄅㄧˇ

bilge

【船】船侧与船底的连接部分。按连接方式不同,可分为圆舭(弧形过渡)和尖舭(直接相交成一定角度)两种。通常船舶的舭部为圆形,可避免应力集中,在狭水道航行时不易受损,且对船体运动减少阻力有利。因减小了横摇阻尼,故圆舭船常装设舭龙骨。简易船型和滑行艇的舭部呈折角或双折角形,结构简单,对横摇有较大的阻尼作用。

舭龙骨/舭龍骨 bǐlónggǔ/ㄅㄧˇ ㄌㄨㄥˊ ㄍㄨˇ

bilge keel

【船】装设在船体中段舭部外侧,近似垂直舭部的纵向鳍状构件。主要作用是增加船舶横摇时的阻尼,减轻横摇的程度,是一种固定式减摇装置。通常在船两舷对称布置,有连续式和间断式两种。

筆記型電腦

ㄅㄧˇ ㄐㄧˋ ㄒㄧㄥˊ ㄉㄧㄢˋ ㄋㄠˇ/bǐjìxíng diànnǎo

notebook computer

【信息】台湾名。即"笔记本式计算机"(53 页)。

必然事件/必然事件

bìrán shìjiàn/ㄅㄧˋ ㄖㄢˊ ㄕˋ ㄐㄧㄢˋ

certain event

【数】在一定条件下一定会发生的事件,叫作相对于这种条件的必然事件。必然事件的概率为 1。例如,"水沸腾"是相对于"标准大气压下温度达到 100 ℃"这个条件的必然事件。在此条件下,"水沸腾"的概率为 1。

必需氨基酸/必需胺基酸

bìxū ānjīsuān/ㄅㄧˋ ㄒㄩ ㄢ ㄐㄧ ㄙㄨㄢ

essential amino acid

【生】机体维持正常代谢和全部功能所必需,而自身不能合成,必须从食物中摄取的氨基酸。包括苯丙氨酸、赖氨酸、异亮氨酸、亮氨酸、甲硫氨酸、苏氨酸、色氨酸、缬氨酸,共 8 种;对于幼小动物,还有组氨酸和精氨酸(为半必需氨基酸)。

必需胺基酸

ㄅㄧˋ ㄒㄩ ㄢˋ ㄐㄧ ㄙㄨㄢ/bìxū ànjīsuān

essential amino acid

【生】台湾名。即"必需氨基酸"(54 页)。

必需元素/必需元素

bìxū yuánsù/ㄅㄧˋ ㄒㄩ ㄩㄢˊ ㄙㄨˋ

essential element

【医】维持生命不可缺少的化学元素。缺乏可导致机体相应的功能失调。

必需脂肪酸/必需脂肪酸

bìxū zhīfángsuān/ㄅㄧˋ ㄒㄩ ㄓ ㄈㄤˊ ㄙㄨㄢ

essential fatty acid

【生】机体维持正常生长和功能所必需,而自身不能合成,必须从食物中摄取的不饱和脂肪酸。如亚油酸、亚麻酸和花生四烯酸等。

必要条件/必要條件

bìyào tiáojiàn/ㄅㄧˋ ㄧㄠˋ ㄊㄧㄠˊ ㄐㄧㄢˋ

necessary condition

【数】命题"若 p 则 q"为真时,q 叫作 p 的必要条件。例如,"$\angle AOC=\angle BOD$"是"$\angle AOC$ 与 $\angle BOD$ 是对顶角"的必要条件。

毕奥—萨伐尔定律/畢奧—薩伐爾定律

Bì'ào-Sàfá'ěr dìnglǜ/

ㄅㄧˋ ㄠˋ ㄙㄚˋ ㄈㄚˊ ㄦˇ ㄉㄧㄥˋ ㄌㄩˋ

Biot-Savart law

【电】表征无限大真空中恒定电流产生磁场的定律。对于载有电流 I 的回路 l 在空间点 P 处产生的磁通密度 B,毕奥—萨伐尔定律可表示为 $\boldsymbol{B}=\frac{\mu_0}{4\pi}\int_l \frac{I\mathrm{d}\boldsymbol{l}\times\boldsymbol{r}^0}{r^2}$,式中 $\boldsymbol{r}$ 是电流源 $I\mathrm{d}\boldsymbol{l}$ 与点 P 之间的距离,$\boldsymbol{r}^0$ 是从电流元指向点 P 的单位矢量,$\mathrm{d}\boldsymbol{l}$ 是导线的长度元;对于电流密度为 $\boldsymbol{J}$ 的体电流分布,毕奥—萨伐尔定律可表示为 $\boldsymbol{B}=\frac{\mu_0}{4\pi}\iiint_v \frac{\boldsymbol{J}\times\boldsymbol{r}^0}{r^2}\mathrm{d}v$,式中 v 是体电流分布的体积,$\mathrm{d}v$ 是体积元。

毕达哥拉斯定理

Bìdágēlāsī dìnglǐ/

ㄅㄧˋ ㄉㄚˊ ㄍㄜ ㄌㄚ ㄙ ㄉㄧㄥˋ ㄌㄧˇ

【数】即"勾股定理"(419 页)。

毕托管 bìtuōguǎn/ㄅㄧˋ ㄊㄨㄛ ㄍㄨㄢˇ

【机】即"皮托管"(864 页)。

闭果/閉果 bìguǒ/ㄅㄧˋ ㄍㄨㄛˇ

indehiscent fruit

【植】成熟后，果皮不自然开裂的果实。如颖果、翅果、瘦果和坚果等。

闭合差/閉合差 bìhéchā/ㄅㄧˋ ㄏㄜˊ ㄔㄚ

closing error, closure

【测绘】测量计算所得的数值与理论数值的差。例如测量三角形的三个内角，其度数之和与理论值 180°往往有微小的数值差。闭合差越小，测量精度越高。

闭合导线/閉合導線

bìhé dǎoxiàn/ㄅㄧˋ ㄏㄜˊ ㄉㄠˇ ㄒㄧㄢˋ

closed traverse

【测绘】测量的起点和终点是同一个已知坐标的控制点的导线。

闭合性损伤/閉合性損傷

bìhéxìng sǔnshāng/

ㄅㄧˋ ㄏㄜˊ ㄒㄧㄥˋ ㄙㄨㄣˇ ㄕㄤ

closed injury

【医】受伤部位皮肤或黏膜保持完整，未与外界相通的损伤。

闭环控制/閉環控制

bìhuán kòngzhì/ㄅㄧˋ ㄏㄨㄢˊ ㄎㄨㄥˋ ㄓˋ

【自】即"自动控制"(1500 页)。

闭环控制系统

bìhuán kòngzhì xìtǒng/

ㄅㄧˋ ㄏㄨㄢˊ ㄎㄨㄥˋ ㄓˋ ㄒㄧˋ ㄊㄨㄥˇ

【自】即"自动控制系统"(1500 页)。

闭经/閉經 bìjīng/ㄅㄧˋ ㄐㄧㄥ

amenorrhea

㊀【医】女性年满 15 周岁而月经尚未来潮，或过去月经一向正常，并非怀孕而中断 6 个月以上的症状。㊁【中医】月经病的一种。症见女子年逾 15 周岁，月经尚未来潮，或已来潮、非怀孕而又中断 6 个月以上。病因复杂。治虚证用补肾滋肾，或补脾益气，或补血益阴，以滋养经血之源；治实证用行气活血，或温经通脉，或祛邪行滞，以疏通冲任经脉。

闭链烃/閉鏈烴 bìliàntīng/ㄅㄧˋ ㄌㄧㄢˋ ㄊㄧㄥ

closed chain hydrocarbon

【化】又称"环烃"。分子中碳原子相连成环状结构的烃。可分为脂环烃(脂肪族环烃)和芳烃(芳香烃)。

闭区间/閉區間 bìqūjiān/ㄅㄧˋ ㄑㄩ ㄐㄧㄢ

closed interval

【数】设 a, b 为任意两个实数，且 $a<b$。实数集 **R** 的子集 $\{x \mid a \leqslant x \leqslant b\}$ 叫作闭区间，记作 $[a, b]$。在数轴上以代表 a, b 两数的点为左、右端点的线段(含端点)，是它的几何表示，区间长为 $b-a$。

闭区间

闭塞/閉塞 bìsè/ㄅㄧˋ ㄙㄜˋ

block system

【交】在一条铁路线路上的一个区间，为防止对向开行的列车发生正面冲突或避免同向开行的列车发生追尾，在同一时间，只允许一列列车运行的技术方法。

哔叽/嗶嘰 bìjī/ㄅㄧˋ ㄐㄧ

serge

【纺】斜纹类织物。按所用纤维原料不同，可分为毛哔叽和棉哔叽。毛哔叽以羊毛为原料，呢面光洁平整，纹路清晰，密度适中，悬垂性好，多染成藏青、草绿、棕色或黑色，适于做男女套装、学生服和军服面料。棉哔叽以棉或棉混纺纱线为原料，又有线哔叽和纱哔叽之分，主要做女装、童装面料或被套料等。

畢氏定理 ㄅㄧˋ ㄕˋ ㄉㄧㄥˋ ㄌㄧˇ/Bìshì dìnglǐ

Pythagoras theorem

【数】台湾名。即"勾股定理"(419 页)。

畢氏三元數組

ㄅㄧˋ ㄕˋ ㄙㄢ ㄩㄢˊ ㄕㄨˋ ㄗㄨˇ/

Bìshì sānyuánshùzǔ

Pythagorean triplet

【数】台湾名。即"勾股数"(419 页)。

铋/鉍 bì/ㄅㄧˋ

bismuth

【化】金属元素。属周期表第ⅤA 族，符号 Bi，原子序数 83。原子量208.980 38。自然界主要存在于辉铋矿和铋华矿中。单质为白色重金属，略显淡粉红色。质硬而脆，易粉碎。空气中加热燃烧，火焰呈蓝色，并生成黄色云雾状氧化铋，熔融的铋凝固时体积增大，化学性质不活泼。可用于制低熔点合金或高温超导体等。

📖 铋的熔点较低，在自然界有单质存在，含铋矿物遇火后很容易发现铋。古代先民经常把铅、锡、锌、铋相混淆，直至 1530 年，德国的阿格里科拉才指出它们是不同的金属。拉丁文定名为 bismuthum，源自德文 bismuth，意思是“白色物质”（因其金属块为白色）。中文名定名为“铋”，是形声字。

B

蓖麻/蓖麻 bìmá/ㄅㄧˋ ㄇㄚˊ

castor oil plant

【植】*Ricinus communis* 大戟科蓖麻属。一年生草本植物或草质灌木。全株被白霜。茎粗壮，圆形中空，有分枝。叶圆形，掌状 7～11 中裂，裂片卵状长圆形，边缘有齿，掌状脉明显。总状花序或圆锥花序，无花被。蒴果卵球形，果皮具刺，种子椭圆形，微扁平，种皮硬而平滑，并有灰、白、棕等颜色的斑纹，种阜大。花期全年。在中国，黑龙江以南各地有栽培。种子可榨油，全株入药。

蓖 麻

痹病/痹病 bìbìng/ㄅㄧˋ ㄅㄧㄥˋ

arthralgia, bi disease, * impediment disease

【中医】中医内科疾病之一。风、寒、湿、热等外邪侵袭人体，引起气血凝滞，经络痹阻所致，症见肌肉、筋骨、关节酸痛、麻木、重着、灼热，或关节肿大、僵直、畸形等。其痛游走不定，恶风寒者，为“行痹”，治宜祛风通络，散寒除湿，可选用防风汤加减或宣痹达经汤；痛剧，遇寒则甚，得热则缓者为“痛痹”，治宜温经散寒，祛风除湿，用乌头汤加减；重着而痛，手足笨重，活动不灵，肌肤麻木不仁者，为“着痹”，治宜渗湿通经活络，佐以健脾，可用薏苡仁汤加减；肢体关节灼痛，或痛处焮红，肿胀剧烈，筋脉拘急者，为“热痹”，治宜清热解毒通络，佐以疏风，可用白虎加桂枝汤；关节剧痛、肿大、僵硬、变形，屈伸受限者，为“尪痹”，治宜补肾祛寒为主，佐以活血通络，方用尪痹汤。久病气虚血亏者，治宜益气养血活络为主，佐以疏筋之品，方用荣筋汤。

碧冬茄/矮牵牛 bìdōngqié/ㄅㄧˋ ㄉㄨㄥ ㄑㄧㄝˊ

petunia

【植】*Petunia hybrida* 又称“矮牵牛”。茄科碧冬茄属。一年生草本植物。全株被毛。叶近无柄，卵形，顶端急尖，全缘。花单生于叶腋，漏斗状，筒部向上渐扩，檐部开展，有折襞，五浅裂。白色或紫堇色，有各式条纹。中国各地普遍栽培。观赏花卉。

碧空 ㄅㄧˋ ㄎㄨㄥ/bìkōng

clear sky

【气】台湾名。即“晴天”（920 页）。

碧玺/碧璽 bìxǐ/ㄅㄧˋ ㄒㄧˇ

tourmaline

【地】宝石级的电气石。色彩丰富，按所含元素不同，可分为红碧玺（含锰）、绿碧玺（含铬和钒）、蓝碧玺（含铁）和褐碧玺（含镁）。沿晶体长轴或同心带状有不同彩色的称为双色碧玺，其中以兼具粉红及绿色的“西瓜碧玺”更为珍贵。

碧玉/碧玉 bìyù/ㄅㄧˋ ㄩˋ

jasper

【地】❶玉石。一种绿至深绿色的软玉。❷致密、隐晶质的石英集合体，含部分黏土的矿物。半透明至不透明，有红、黄、绿、灰、蓝等颜色。工艺美术界称为肝石。按颜色的不同，有红肝石、绿肝石、瑞士青金石（蓝色）等特殊品种。

壁虎/壁虎 bìhǔ/ㄅㄧˋ ㄏㄨˇ

gekkonids

【动】又称“蝎虎”，旧称“守宫”。爬行动物名。有鳞目壁虎科各种的统称。身体扁平，四肢短，趾上有吸盘，能在壁上爬行，尾易断，多能再生。生活在壁缝、瓦檐、橱柜后等隐蔽地方，昼伏夜出，捕食蚊、蝇、蛾和蜘蛛等。分布广泛。

壁 虎

壁纸/壁紙 bìzhǐ/ㄅㄧˋ ㄓˇ

wall paper

【建】又称“墙纸”。用来裱贴内墙面和顶棚的装饰卷材。

避弹服 bìdànfú/ㄅㄧˋ ㄉㄢˋ ㄈㄨˊ

【军】即“防弹衣”（322 页）。

避弹衣 bìdànyī/ㄅㄧˋ ㄉㄢˋ ㄧ

【军】即“防弹衣”（322 页）。

避风港/避風港

bìfēnggǎng/ㄅㄧˋ ㄈㄥ ㄍㄤˇ

refuge harbor

【水利】具备掩蔽条件,供船舶临时躲避大风浪的港口。

避雷带/避雷帶 bìléidài/ㄅㄧˋ ㄌㄟˊ ㄉㄞˋ

lightning conductor belt

【电】防雷装置的一种。由避雷线改进而来,接闪器由扁平的金属带代替单一凸起的针状钢线,与建筑外形相配合,使防护范围加大而更有效。

避雷器/避雷器 bìléiqì/ㄅㄧˋ ㄌㄟˊ ㄑㄧˋ

surge arrester

【电】一种能释放雷电或兼能释放过电压能量,保护电工设备免受瞬时过电压的危害,又能截断续流,不致引起系统接地短路的电器装置。

避雷网/避雷網 bìléiwǎng/ㄅㄧˋ ㄌㄟˊ ㄨㄤˇ

lightning conductor net

【气】防雷装置的一种。利用建筑物钢筋混凝土中的钢筋网作为雷电保护设施的一部分。建筑物墙体过厚时,需要加辅助金属网。根据法拉第笼的原理,网内的电器会得到更为有效的保护。

避雷线/架空地線

bìléixiàn/ㄐㄧㄚˋ ㄎㄨㄥ ㄉㄧˋ ㄒㄧㄢˋ

overhead grounding wire

【电】又称"架空地线"。防雷装置的一种。悬于线路相导线、变电站设备或建筑物之上,用于屏蔽相导线直接截受雷击,并将雷电流迅速泄入大地的架空导线。

避雷针/避雷針 bìléizhēn/ㄅㄧˋ ㄌㄟˊ ㄓㄣ

lightning rod

【电】防雷装置的一种。用于保护建筑物等免受雷击的接地金属棒系统,由接闪器、引下线和接地装置构成。接闪器安装在高于被保护物的构架上,通过引下线和接地装置将雷电流释放到大地中。

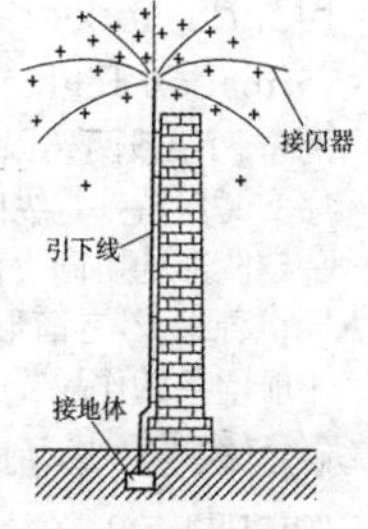

避雷针示意图

📖 现代避雷针由美国的富兰克林(B. Franklin,1706—1790)发明。教会最初将其视为不祥之物而拒绝在教堂上安装,认为安装会引起上帝的震怒而遭到雷击。后一些高大的教堂在大雷雨中相继遭受雷击,而比教堂更高的建筑物因已装避雷针,却安然无恙。由此避雷针很快传至北美各地,后经英国传入欧洲,再进入亚洲。

避难层/避難層 bìnàncéng/ㄅㄧˋ ㄋㄢˋ ㄘㄥˊ

refuge floor

【建】在建筑高度超过 100 米的高层建筑中,为消防安全而专门设置的供人疏散避难的楼层。

避碰/避碰 bìpèng/ㄅㄧˋ ㄆㄥˋ

collision avoidance

【船】船舶在海上航行时,为避免相互碰撞而采取的避让措施和行动。其避让行动须严格遵循《国际海上避碰规则》的规定。

避役 bìyì/ㄅㄧˋ ㄧˋ

【动】即"变色龙"(61 页)。

避孕/避孕 bìyùn/ㄅㄧˋ ㄩㄣˋ

contraception

【医】台湾又称"節育"。避免妇女受孕的预防措施。包括使用避孕药具和采取手术等方法。

避孕药/避孕藥 bìyùnyào/ㄅㄧˋ ㄩㄣˋ ㄧㄠˋ

contraceptive

【医】防止妇女受孕的药物。女用避孕药的作用为抑制排卵、抗精子穿透、抗孕卵着床、抗早孕及杀精等;男用避孕药的作用为抗精子生成和发育。

避孕药膜/避孕藥膜

bìyùn yàomó/ㄅㄧˋ ㄩㄣˋ ㄧㄠˋ ㄇㄛˊ

contraceptive film

【医】具有避孕作用的药膜。将杀精化学物质搭载在可溶性薄膜上,性交前置入阴道,可以杀死精子,避免受孕。

臂丛/臂神經叢

bìcóng/ㄅㄧˋ ㄕㄣˊ ㄐㄧㄥ ㄘㄨㄥˊ

brachial plexus

【医】由第 5~8 颈神经前支和第 1 胸神经前支的大部分组成的神经。位于锁骨下动脉的后上方,行于斜角肌间隙,于锁骨后方入腋窝。主要支配背浅部肌(斜方肌除外)和与上肢有关的肌肉,如胸上肢肌、上肢带肌、臂肌和前臂肌、手肌。

臂叢阻斷

ㄅㄧˋ ㄘㄨㄥˊ ㄗㄨˇ ㄉㄨㄢˋ/bì cóng zǔduàn

brachial plexus block

【医】台湾名。即"臂神经丛阻滞"(58 页)。

B

臂神经丛阻滞/臂叢阻斷

bì shénjīngcóng zǔzhì/

ㄅㄧˋ ㄘㄨㄥˊ ㄗㄨˇ ㄉㄨㄢˋ

brachial plexus block

【医】将局麻药注入臂神经丛周围间隙,暂时阻滞其功能传导,使臂神经丛支配区感觉麻木和肌肉松弛的麻醉方法。

臂神經叢

ㄅㄧˋ ㄕㄣˊ ㄐㄧㄥ ㄘㄨㄥˊ/bì shénjīngcóng

brachial plexus

【医】台湾名。即"臂丛"(57 页)。

bian (ㄅㄧㄢ)

边舱/翼艙 biāncāng/ㄧˋ ㄘㄤ

wing tank

【船】台湾又称"翼櫃"。船舶上处于舷侧的舱。设置边舱有利于调整船舶稳性,并能起到部分双壳体的作用,有利于提高船的抗沉能力。当船舶(如滚装船、集装箱船)出现大横倾时,可利用边舱压水调节平衡。散货船上位于货船顶部两侧角隅处的称顶边舱,位于货舱两侧舭部的称底边舱。设在双层甲板上两层甲板间的称上边舱,自上甲板至船底或内底整个型深范围的称全深边舱。边舱主要作压载水舱、淡水舱、燃油舱、货油舱和平衡水舱等液舱用。也有将边舱的部分用作纵向通道或管弄。

边带/旁波帶 biāndài/ㄆㄤˊ ㄅㄛ ㄉㄞˋ

sideband

【信息】调制正弦载波时产生,处于载频任何一侧的有效频谱分量。

边坡/邊坡 biānpō/ㄅㄧㄢ ㄆㄛ

slope

【地】岩体、土体因自然重力作用或人为作用而形成的有一定倾斜度的临空面。可分为人工边坡和自然边坡。

边缘学科/邊緣學科

biānyuán xuékē/ㄅㄧㄢ ㄩㄢˊ ㄒㄩㄝˊ ㄎㄜ

marginal science

【总】在原有学科之间互相渗透、交叉而形成的新兴学科。如物理化学、生物力学、技术经济等。

砭石/砭石 biānshí/ㄅㄧㄢ ㄕˊ

stone needle, * wedge stone

【中医】古代用于医疗的楔形石器。约起源于新石器时代。用以砭刺患部,治疗各种疼痛,或用来排脓放血等。

📖 砭石曾称针石、镵石、石针、砭针。《山海经》载:"高氏之山,其上多玉,其下多箴石。"晋代郭璞(276—324)注:"箴石,可以为砥(砭)针,治痈肿。"《说文解字》段玉裁注:"砭,以石刺病曰砭。因之名其石曰砭石。"《素问·异法方宜论》:"其病皆为痈疡,其治宜砭石。"后世的金属针由砭石发展而来。

编程/程式設計

biānchéng/ㄔㄥˊ ㄕˋ ㄕㄜˋ ㄐㄧˋ

programming

【信息】又称"程序设计"。设计、编写、修改和测试计算机程序的过程。

📖 程序设计的发展可归结为:从顺序设计到并发、并行、分布设计;从非结构化设计到结构化设计;从过程式设计到非过程式、逻辑式、函数式、对象式以及可视化设计;从低级语言工具到高级语言工具。

编程语言/程式設計語言

biānchéng yǔyán/ㄔㄥˊ ㄕˋ ㄕㄜˋ ㄐㄧˋ ㄩˇ ㄧㄢˊ

programming language

【信息】又称"程序设计语言"。用来表达程序的人工语言。包括语法(结构或形式)、语义(固有含义)和语用(与使用情景有关的含义)三方面。

编队飞行/編隊飛行

biānduì fēixíng/ㄅㄧㄢ ㄉㄨㄟˋ ㄈㄟ ㄒㄧㄥˊ

formation flight

【航】两架或两架以上的航空器,按照飞行程序实时保持一定纵向、横向和垂直间隔,形成一定队形的协同飞行。通常由同一机种或不同机种组成,有箭形、蛇形、梯形等队形,多用于航空兵的作战、训练、加油或飞行表演。

编绘/編纂 biānhuì/ㄅㄧㄢ ㄗㄨㄢˇ

compilation

【测绘】根据地图编辑设计文件,采用一定的技术,将各种测绘资料编制成地图的过程。地形图的编绘通常在测量规范的指导下进行,其他地图的编绘受设计大纲、设计书等控制。

编辑程序/编輯器

biānjí chéngxù/ㄅㄧㄢ ㄐㄧˊ ㄑㄧˋ

editor

【信息】又称"编辑器"。能创建新文件或改变现有文件内容的程序。没有文本格式化能力,因此功能上没有字处理程序强。

编辑器/编輯器 biānjíqì/ㄅㄧㄢ ㄐㄧˊ ㄑㄧˋ

【信息】即"编辑程序"(59 页)。

编码/編碼 biānmǎ/ㄅㄧㄢ ㄇㄚˇ

coding, encoding

【信息】以预先规定的代码来表示文字、数字或其他对象的过程。例如把计算机指令转换为一系列二进制数字 0 和 1 的序列。

编码器/編碼器 biānmǎqì/ㄅㄧㄢ ㄇㄚˇ ㄑㄧˋ

coder, encoder

【信息】可对信息进行编码的硬件或软件。

编码三联体

biānmǎ sānliántǐ/ㄅㄧㄢ ㄇㄚˇ ㄙㄢ ㄌㄧㄢˊ ㄊㄧˇ

【生】即"密码子"(798 页)。

编译程序/編譯器

biānyì chéngxù/ㄅㄧㄢ ㄧˋ ㄑㄧˋ

compiler

【信息】又称"编译器"。能对高级语言编写的程序进行编译的程序。"编译"指翻译成以中级语言、汇编语言或机器语言表达的程序。

编译器 biānyìqì/ㄅㄧㄢ ㄧˋ ㄑㄧˋ

【信息】即"编译程序"(59 页)。

编组场/調車場

biānzǔchǎng/ㄉㄧㄠˋ ㄔㄜ ㄔㄤˇ

marshalling yard

【交】又称"调车场"。专门办理车列的解体、编组和集结车辆的线群。

编组调车/編組調車

biānzǔ diàochē/ㄅㄧㄢ ㄗㄨˇ ㄉㄧㄠˋ ㄔㄜ

make up of trains

【交】与"解体调车"相对。根据编组计划和相关规定,将车辆或车组选编成车列的一系列调车作业。

编组站/編組站

biānzǔzhàn/ㄅㄧㄢ ㄗㄨˇ ㄓㄢˋ

marshalling station

【交】铁路车站的一种。拥有较完善的调车、行车、机务、车辆、货运等设备,办理大量的货物列车解体和编组作业,对其车辆进行技术检修和货运检查整理,并按照运行图规定接发列车。通常设在若干铁路干线的汇合处,或设在有大量装卸作业地点的城市、港口或工矿企业附近。

蝙蝠/蝙蝠 biānfú/ㄅㄧㄢ ㄈㄨˊ

bat

【动】哺乳动物名。翼手目动物的统称。头部和躯干像老鼠,四肢和尾部之间有翼膜,能够在空中飞翔。视力很弱,靠本身发出的超声波引导飞行。种类很多,可分为大蝙蝠和小蝙蝠两类。在世界上分布广泛。

蝙蝠

编纂 ㄅㄧㄢ ㄗㄨㄢˇ/biānzuǎn

compilation

【测绘】台湾名。即"编绘"(58 页)。

鳊鱼/鯿魚 biānyú/ㄅㄧㄢ ㄩˊ

Wuchang fish

【动】*Parabramis pekinensis* 又称"武昌鱼"。鱼名。硬骨鱼纲鲤科。身体侧扁,略呈菱形,长约 30 厘米,头小而尖,鳞较细。腹缘有棱,背鳍有硬刺,银灰色。生活在淡水中,草食性。是重要的经济鱼类。

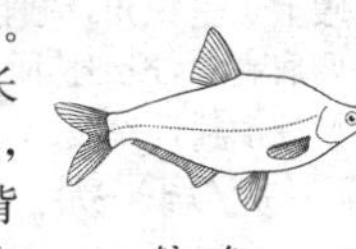

鳊鱼

鞭毛/鞭毛 biānmáo/ㄅㄧㄢ ㄇㄠˊ

flagellum

【动】原生质神经伸出细胞外形成的鞭状物。一条或多条,有运动、摄食等作用。鞭毛虫以及各种动植物的精子等都有鞭毛。按着生部位不同,可分为周生鞭毛、侧生鞭毛和端生鞭毛。

鞭毛虫/鞭毛蟲

biānmáochóng/ㄅㄧㄢ ㄇㄠˊ ㄔㄨㄥˊ

flagellate, mastigot

【动】Flagellate 原生动物名。鞭毛虫总纲。

有一根或几根鞭毛,以此为运动器官。生活在水中,有的寄生在动物体内。种类很多,如眼虫、黑热病原虫、滴虫、锥体虫等。分布广泛。

B

邊角網 ㄅㄧㄢ ㄐㄧㄠˇ ㄨㄤˇ/biānjiǎowǎng
triangulation network
【测绘】台湾名。即“三角网”(969 页)。

扁豆/扁豆 biǎndòu/ㄅㄧㄢˇ ㄉㄡˋ
purple haricot
【植】*Lablab purpureus* 又作“藊豆”。豆科扁豆属。多年生藤本植物。茎缠绕,淡紫色。羽状复叶,小叶三枚,宽三角状卵形,先端尖,侧生小叶两边不等大。总状花序直立,花冠蝶形,白色或紫色。荚果长圆状镰形,扁平,顶端向背弯曲,且有尖喙;种子白色或紫黑色,长椭圆形。花期 4—12 月份。在中国,分布于各地。嫩荚可作蔬菜,白花和白色种子可入药。

扁平的 ㄅㄧㄢˇ ㄆㄧㄥˊ・ㄉㄜ/biǎnpíngde
compressed
【动】台湾名。即“侧扁”(98 页)。

扁平胸/扁平胸
biǎnpíngxiōng/ㄅㄧㄢˇ ㄆㄧㄥˊ ㄒㄩㄥ
flat chest
【医】胸廓呈扁平状,前后径不及左右径的一半的胸廓畸形。肋骨斜度变大,肋间隙较窄,腹上角呈锐角,锁骨突出,锁骨上下凹明显,两肩高耸,颈细长而前伸,常见于瘦长体型或慢性消耗性疾病。

扁平疣/扁平疣
biǎnpíngyóu/ㄅㄧㄢˇ ㄆㄧㄥˊ ㄧㄡˊ
flat wart, verruca plana
【医】因人乳头瘤病毒感染而形成的一种良性皮肤赘生物。是质地柔软、顶部光滑的扁平丘疹,皮色或淡褐色,粟粒至绿豆大,分布分散。多侵犯青少年,好发于颜面、颈部、前臂、手背等处。呈慢性病变过程,可自行消退,也可复发。

扁桃体炎/扁桃腺炎
biǎntáotǐyán/ㄅㄧㄢˇ ㄊㄠˊ ㄒㄧㄢˋ ㄧㄢˊ
tonsillitis
【医】腭扁桃体的炎症。临床分为急性和慢性两种,主要症状是咽痛、发热及咽部不适感等。此病可引起耳、鼻以及心、肾、关节等局部或全身的并发症。致病原以溶血性链球菌为主,其他如葡萄球菌、肺炎球菌、流感杆菌以及病毒也可引起。

扁桃腺炎
ㄅㄧㄢˇ ㄊㄠˊ ㄒㄧㄢˋ ㄧㄢˊ/biǎntáoxiànyán
tonsillitis
【医】台湾名。即“扁桃体炎”(60 页)。

扁形动物/扁形動物
biǎnxíng dòngwù/ㄅㄧㄢˇ ㄒㄧㄥˊ ㄉㄨㄥˋ ㄨˋ
platyhelminth
【动】Platyhelminthes 无脊椎动物的一门。身体柔软,呈扁形,不分节,两侧对称。有消化道,无肛门。多为雌雄同体,如绦虫;有的雌雄异体,如血吸虫。除涡虫等少数种类外,多营寄生生活。

藊豆 biǎndòu/ㄅㄧㄢˇ ㄉㄡˋ
【植】即“扁豆”(60 页)。

卞氏兽/卞氏獸龍
Biànshìshòu/ㄅㄧㄢˋ ㄕˋ ㄕㄡˋ ㄌㄨㄥˊ
Bienotherium
【地】古爬行动物。牙齿已分化为门齿和颊齿,肢骨与哺乳动物也极为相似。生存于三叠纪晚期至侏罗纪早期。因化石最早由卞美年发现于中国云南禄丰,故名。

卞氏獸龍
ㄅㄧㄢˋ ㄕˋ ㄕㄡˋ ㄌㄨㄥˊ/Biànshì shòulóng
Bienotherium
【地】台湾名。即“卞氏兽”(60 页)。

苄基/苄基 biànjī/ㄅㄧㄢˋ ㄐㄧ
benzyl group
【化】又称“苯甲基”。甲苯分子中的甲基上失去一个氢原子而形成的原子团。

苄酸 ㄅㄧㄢˋ ㄙㄨㄢ/biànsuān
benzoic acid
【化】台湾名。即“苯甲酸”(50 页)。

变彩/變彩 biàncǎi/ㄅㄧㄢˋ ㄘㄞˇ
play of colour
【地】又称“游彩”。光从特定结构的宝玉石中反射或透射时,因衍射和干涉作用,其颜色随光照方向或观察角度不同而改变的现象。具变彩效应的宝石有欧泊、拉长石、珍珠、鲍贝壳、文石化菊石等。

变电/變電 biàndiàn/ㄅㄧㄢˋ ㄉㄧㄢˋ

transformation of electricity, power transformation

【电】通过电力变压器或电力电子变换器传输和变换电能。

变电所 biàndiànsuǒ/ㄅㄧㄢˋ ㄉㄧㄢˋ ㄙㄨㄛˇ

【电】即"变电站"(61 页)。

变电站/變電站

biàndiànzhàn/ㄅㄧㄢˋ ㄉㄧㄢˋ ㄓㄢˋ

substation

【电】又称"变电所"。电力系统的一部分。其功能是变换电压等级,汇集、配送电能。主要包括变压器、母线、线路开关设备、建筑物及电力系统安全和控制所需的设施。

变分法/變分法 biànfēnfǎ/ㄅㄧㄢˋ ㄈㄣ ㄈㄚˇ

calculus of variations

【数】台湾又称"變分學"。研究泛函的极值的方法。泛函的极值是由函数极值问题推广而来的,若泛函 J 在函数集合 Y 中含有函数 y_0 及其附近函数的子集 Y' 上有最大(小)值 $J[y_0]$,则称 $J[y_0]$是极大(小)值,y_0 是极大(小)函数。变分法的核心问题是求泛函的极值函数和相应的极值。变分法与力学有密切的关系。

变更文件/變更檔案

biàngēng wénjiàn/ㄅㄧㄢˋ ㄍㄥ ㄉㄤˇ ㄢˋ

change file

【信息】记录数据库中发生的事务性变更情况,为更新主文件和建立审核踪迹提供基础的文件。

变轨/軌道操縱

biànguǐ/ㄍㄨㄟˇ ㄉㄠˋ ㄘㄠ ㄗㄨㄥˋ

orbit maneuver, orbit changing

【航】航天器在太空中从一个轨道进入另一个轨道的过程。

变换器 biànhuànqì/ㄅㄧㄢˋ ㄏㄨㄢˋ ㄑㄧˋ

【电】"电能变换器"的简称。

变晶结构/變晶組織

biànjīng jiégòu/ㄅㄧㄢˋ ㄐㄧㄥ ㄗㄨˇ ㄓ

crystalloblastic texture

【地】原有岩石经变质作用在固态下重结晶形成的晶质结构。指岩石中矿物变晶粒度的相对大小、自形程度、矿物变晶的形态以及彼此关系等特征。其标志为:(1)比周围矿物具较完好的结晶形态;(2)往往沿裂隙分布,具链状展布的特征;(3)新生成的晶体中,常有周围矿物的残余物。

变量/變量 biànliàng/ㄅㄧㄢˋ ㄌㄧㄤˋ

variable

【数】在讨论某问题的过程中发生变化的量。表示变量的数叫作变数。例如,自由落体运动中的下落距离和下落速度都是随下落时间变化而变化的变量。两数的和一定时,一个加数是随另一加数的变化而变化的变数。

变频器/變頻器 biànpínqì/ㄅㄧㄢˋ ㄆㄧㄣˊ ㄑㄧˋ

frequency converter

【电】改变与电能相关的频率(不包括零频率)的电能变换器。

变频调速

biànpín tiáosù/ㄅㄧㄢˋ ㄆㄧㄣˊ ㄊㄧㄠˊ ㄙㄨˋ

【电】"交流电动机变频调速"的简称。

变曲点 biànqūdiǎn/ㄅㄧㄢˋ ㄑㄩ ㄉㄧㄢˇ

【数】即"拐点"(434 页)。

变色玻璃/變色玻璃

biànsè bōli/ㄅㄧㄢˋ ㄙㄜˋ ㄅㄛ·ㄌㄧ

photochromic glass

【材】通常指光致变色玻璃。在适当波长的光照下能产生光吸收而改变颜色,光照移除后又可恢复其原来颜色。通常在玻璃基质中掺入稀土离子或金属卤化物制成。可用来制作太阳镜片或建筑物门窗等。光致变色玻璃是一种采用液态氧化还原材料的新型功能玻璃,在建筑、运输及电子等工业中有广泛的应用。

变色龙/變色龍

biànsèlóng/ㄅㄧㄢˋ ㄙㄜˋ ㄌㄨㄥˊ

chameleon

【动】又称"避役",台湾又称"變色蜥"。爬行动物名。有鳞目避役科。体长 15~25 厘米,躯干稍扁,表皮粗糙,鳞呈颗粒状,皮下有多种色素块,能随环境条件变成不同的保护色。舌长,能伸出口外,四肢较长,运动极慢,尾长,能缠绕树枝。生活在热带雨林和草原上,

变色龙

以昆虫等为食。主要分布于非洲。

变色效应/變色效應
biànsè xiàoyìng/ㄅㄧㄢˋ ㄙㄜˋ ㄒㄧㄠˋ ㄧㄥˋ
colour changing
【地】宝石在白炽灯光照射下呈现与日光照射下不同颜色的现象。如金绿宝石在日光照射下呈绿色,在白炽灯光照射下呈紫红色。具变色效应的宝石有泰国绿色蓝宝石、石榴子石、萤石等。

变石/變石 biànshí/ㄅㄧㄢˋ ㄕˊ
alexandrite
【地】具有变色效应的金绿宝石。日光下为绿色,白炽灯下为紫红色,与含微量的铬元素有关。
📖 变石古称"紫翠玉"。含有微量的铬,对绿光透射最强,对红光透射次之,对其他光线强烈吸收。白天日光照射,其透过的绿光最多,故呈绿色;用近似白光的日光灯照明,透过的蓝光最多,故呈蓝色;晚上用富含红光的烛光或白炽灯照明时,透过的红光最多,故呈红色。

变速器/變速器 biànsùqì/ㄅㄧㄢˋ ㄙㄨˋ ㄑㄧˋ
transmission
【机】又称"变速箱"。传动系的组成部分。是变更传动比和运动方向的装置。可按不同工作条件改变由主动轴传递到从动轴上的扭矩、转速和运动方向。常用于汽车、拖拉机、机床等机器上。

变速箱 biànsùxiāng/ㄅㄧㄢˋ ㄙㄨˋ ㄒㄧㄤ
【机】即"变速器"(62页)。

变态/變態 biàntài/ㄅㄧㄢˋ ㄊㄞˋ
metamorphosis
【生】❶某些动物在个体发育过程中形态结构和生活习性发生的显著变化。如卵变为幼虫,蚕变为蛹,蛹变为蛾,蝌蚪变为蛙等。❷某些植物因长期受环境影响,根、茎、叶的构造、形态和生理功能发生特殊变化。如甘薯的根变为块根、马铃薯的地下茎变为块茎、仙人掌的叶变为针状叶等。

变态反应
biàntài fǎnyìng/ㄅㄧㄢˋ ㄊㄞˋ ㄈㄢˇ ㄧㄥˋ
【生】即"超敏反应"(116页)。

变温动物/變溫動物
biànwēn dòngwù/ㄅㄧㄢˋ ㄨㄣ ㄉㄨㄥˋ ㄨˋ
poikilotherm, ectotherm
【动】又称"冷血动物",台湾又称"外温動物"。没有固定体温,体温随外界温度变化而改变的动物。如蛇、蛙、鱼等。

变相器/變相器
biànxiàngqì/ㄅㄧㄢˋ ㄒㄧㄤˋ ㄑㄧˋ
phase converter
【电】改变与电能相关的相数的电能变换器。

变星/變星 biànxīng/ㄅㄧㄢˋ ㄒㄧㄥ
variable star
【天】亮度常有变化的恒星。

变形虫/變形蟲
biànxíngchóng/ㄅㄧㄢˋ ㄒㄧㄥˊ ㄔㄨㄥˊ
Amoeba
【动】*Amoeba* 又称"阿米巴"。原生动物名。肉鞭动物亚门变形目。单细胞动物,身体形状不固定。多生活在水中,靠伪足运动和捕食。也有寄生的,如痢疾变形虫。种类很多。

变形缝/變形縫
biànxíngfèng/ㄅㄧㄢˋ ㄒㄧㄥˊ ㄈㄥˋ
deformation joint
【建】为防止建筑物在外界因素作用下,结构内部产生附加变形和应力,导致建筑物开裂、碰撞甚至破坏而预留的构造缝。可分为伸缩缝、沉降缝和防震缝三种。

变形器/變形器
biànxíngqì/ㄅㄧㄢˋ ㄒㄧㄥˊ ㄑㄧˋ
disrupter
【军】能迅速展开和收拢,用于改变目标外形特征的遮障伪装装备。通常由支撑骨架结构和装饰面料组成。按展开后的形状不同,可分为伪装伞、扇形变形器和簇叶变形器。

变形椭圆/變形橢圓
biànxíng tuǒyuán/ㄅㄧㄢˋ ㄒㄧㄥˊ ㄊㄨㄛˇ ㄩㄢˊ
indicatrix ellipse
【测绘】地球球面上一个数学意义的微分圆形,经地图投影后,映射在地图平面坐标系上成为圆或椭圆的图形。是代表地图投影变形特点的标志性的几何图形。

变形纤维/變形纖維
biànxíng xiānwéi/ㄅㄧㄢˋ ㄒㄧㄥˊ ㄒㄧㄢ ㄨㄟˊ
deformation of fiber

【纺】在机械和热的作用下变形而卷曲的纤维。由其组成的纱线具有膨松性和弹性，可分为以膨松性为主的松纱和以弹性为主的弹力丝。

变性淀粉/改質澱粉 biànxìng diànfěn/ㄍㄞˇ ㄓˊ ㄉㄧㄢˋ ㄈㄣˇ

modified starch

【化】淀粉的衍生物，即天然原淀粉经化学或物理处理，分子结构发生了变化的产物。其性能与淀粉有显著差别。常见有糊精、非离子淀粉、阴离子淀粉、阳离子淀粉等。广泛应用于造纸、食品、纺织、建筑、医药等方面。

变压器/變壓器 biànyāqì/ㄅㄧㄢˋ ㄧㄚ ㄑㄧˋ

transformer

【物】利用电磁感应原理制成的改变交流电的电压、电流、阻抗等的器件。通常由线圈和铁芯组成。按用途不同，可分为电力变压器、专用变压器、特种变压器等；也可分为升压、降压、配电、矿用等变压器。

变异/變異 biànyì/ㄅㄧㄢˋ ㄧˋ

variation

【生】❶同一起源的生物体之间在形态特征或生理特征等方面所表现的差异。环境相同而遗传不同产生的变异称遗传变异，遗传相同而环境不同产生的变异称非遗传变异或环境变异。❷泛指跟以前的情况相比发生变化。

变应性鼻炎/過敏性鼻炎

biànyìngxìng bíyán/

ㄍㄨㄛˋ ㄇㄧㄣˇ ㄒㄧㄥˋ ㄅㄧˊ ㄧㄢˊ

allergic rhinitis

【医】又称"过敏性鼻炎"。发生于鼻黏膜的Ⅰ型变态反应性疾病。常见症状是鼻痒，打喷嚏，鼻分泌物增多和鼻黏膜肿胀等。

变应原/過敏原

biànyìngyuán/ㄍㄨㄛˋ ㄇㄧㄣˇ ㄩㄢˊ

allergen

【医】又称"过敏原"。能引起变态反应的抗原。包括完全抗原和半抗原两类。完全抗原有异种动物血清、异体组织细胞、病原微生物及其代谢产物、植物花粉和动物皮毛等，半抗原有抗生素、磺胺等药物以及一些化学物质(如生漆)。

变址寄存器/索引暫存器

biànzhǐ jìcúnqì/ㄙㄨㄛˇ ㄧㄣˇ ㄓㄢˋ ㄘㄨㄣˊ ㄑㄧˋ

index register

【信息】所含内容在指令执行期间可修改某一操作数地址的寄存器。也用作计数器来控制循环的执行，控制对数组的使用，以及用于查表，用作开关或指针。

变质处理/改質 biànzhì chǔlǐ/ㄍㄞˇ ㄓˊ

modification

【机】铸造中，临浇注前在液态金属或合金中加入某些微量元素(或其合金、化合物)以改善其组织和性能的处理方法。

变质岩/變質岩 biànzhìyán/ㄅㄧㄢˋ ㄓˊ ㄧㄢˊ

metamorphic rock

【地】受地球内部力量(温度、压力、应力的变化、化学成分等)改造，原先形成的岩石发生物质成分迁移和重结晶而形成的新岩石。例如石灰岩因重结晶变成大理岩。按岩石变质前的类型不同，可分为正变质岩和副变质岩两类，原先是火成岩的称正变质岩，原先是沉积岩的称副变质岩；按变质程度不同，可分为低级变质岩、中级变质岩和高级变质岩，例如黏土质岩石随着变质程度的加深，可依次变为板岩、千枚岩、片岩和片麻岩。

变质作用/變質作用

biànzhì zuòyòng/ㄅㄧㄢˋ ㄓˊ ㄗㄨㄛˋ ㄩㄥˋ

metamorphism

【地】已存在的岩石受物理条件和化学条件变化的影响，改变其结构、构造和矿物成分，成为一种新岩石的转变过程。绝大多数与地壳演化进程中地球内部的热流变化、构造应力或负荷压力等密切相关，少数是由陨石冲击地球和月球的表面岩石所致。在岩石基本保持固体状态下进行(有时可出现部分熔融)。按变质因素(温度、压力、岩浆热液等)不同，可分为接触变质、气成热液变质、动力变质和区域变质等类型。

变种/變種 biànzhǒng/ㄅㄧㄢˋ ㄓㄨㄥˇ

variety

【生】生物分类系统中种以下的分类单位。是种内的一些群体，在自然选择和人工选择下，某些遗传特性已有变化，但仍保留着原种的特有属性，有一定的地理分布。与亚种无本质区别。多用于植物分类。

变阻器/變阻器 biànzǔqì/ㄅㄧㄢˋ ㄗㄨˇ ㄑㄧˋ

rheostat

【电】可不中断电流而调节其电阻值的电阻器。

便秘/便祕 biànmì/ㄅㄧㄢˋ ㄇㄧˋ
constipation
【医】粪便干燥坚硬,排出困难,排便量、排便次数减少的症状。

便携式计算机/可攜電腦
biànxiéshì jìsuànjī/ㄎㄜˇ ㄒㄧ ㄉㄧㄢˋ ㄋㄠˇ
portable computer
【信息】可手提携带、移动使用的微型计算机。

便携式探雷器/可攜式探雷器
biànxiéshì tànléiqì/ㄎㄜˇ ㄒㄧ ㄕˋ ㄊㄢˋ ㄌㄟˊ ㄑㄧˋ
portable mine detector
【军】又称"单兵探雷器"。由单兵携带及使用,以非接触方式探测单个地雷的探雷装备。通常由探头、探杆、信号处理装置、电池和显示报警装置组成。主要分为低频电磁感应探雷器、微波探雷器、复合探雷器及成像探雷器等。

便血/便血 biànxiě/ㄅㄧㄢˋ ㄒㄧㄝˇ
hematochezia
【医】消化道出血,血经肛门排出的症状。包括单纯便血、先便后血、先血后便、便血杂下或便中挟血。便出的血颜色可呈鲜红、暗红或黑色。便血伴有皮肤、黏膜或其他器官出血的,多见于血液系统疾病及其他全身性疾病;少量出血须经隐血试验才能发现的,称为隐血。

遍在蛋白
biànzài dànbái/ㄅㄧㄢˋ ㄗㄞˋ ㄉㄢˋ ㄅㄞˊ
【生】即"泛素"(319 页)。

辨病论治/辨病論治
biànbìng lùnzhì/ㄅㄧㄢˋ ㄅㄧㄥˋ ㄌㄨㄣˋ ㄓˋ
treatment based on disease differentiation, * disease identification as the basis for determining treatment
【中医】中医诊疗思维方法之一。以中医理论为指导,对症状表现、疾病原因、性质、部位、患者的体质,以及各种检查的结果等进行全面分析与辨别,做出疾病种类的诊断,以此为依据来决定治疗措施。

辨证/辨證 biànzhèng/ㄅㄧㄢˋ ㄓㄥˋ
syndrome differentiation, pattern identification
【中医】以中医学理论为指导,对望、闻、问、切四诊所得的资料进行综合分析,辨别确定证候的思维方法。是中医临床认识与诊断病证的重要方法。

辨证论治/辨證論治
biànzhèng lùnzhì/ㄅㄧㄢˋ ㄓㄥˋ ㄌㄨㄣˋ ㄓˋ
treatment based on syndrome differentiation, * pattern identification as the basis for determining treatment
【中医】中医诊疗思维方法之一。中医临床诊断治疗疾病的思维方法和过程。通过望、闻、问、切四诊收集患者的病史、症状等临床资料,根据中医理论进行综合分析,分辨证候,拟订治法,制定方药。现已推广运用于预防与养生。

辩证逻辑/辯證邏輯
biànzhèng luójí/ㄅㄧㄢˋ ㄓㄥˋ ㄌㄨㄛˊ ㄐㄧˊ
dialectical logic
【总】逻辑学的一个分支。研究人类辩证思维形式及其规律。内容包括思维辩证、概念辩证、现实辩证、发展辩证等。要求人们用全面的发展的观点观察事物,对具体事物做具体分析,用实践检验人的思想的正确性。

變分學 ㄅㄧㄢˋ ㄈㄣ ㄒㄩㄝˊ/biànfēnxué
calculus of variations
【数】台湾名。即"变分法"(61 页)。

變更檔案
ㄅㄧㄢˋ ㄍㄥ ㄉㄤˇ ㄢˋ/biàngēng dàng'àn
change file
【信息】台湾名。即"变更文件"(61 页)。

變換式和差乘積
ㄅㄧㄢˋ ㄏㄨㄢˋ ㄕˋ ㄏㄜˊ ㄔㄚ ㄔㄥˊ ㄐㄧ/
biànhuànshì héchā chéngjī
transform sum or difference into product
【数】台湾名。即"和差化积"(485 页)。

變晶組織
ㄅㄧㄢˋ ㄐㄧㄥ ㄗㄨˇ ㄓ/biànjīng zǔzhī
crystalloblastic texture
【地】台湾名。即"变晶结构"(61 页)。

變韌鐵 ㄅㄧㄢˋ ㄖㄣˋ ㄊㄧㄝˇ/biànrèntiě
bainite

【材】台湾名。即“贝氏体”(46 页)。

變色蜥 ㄅㄧㄢˋ ㄙㄜˋ ㄒㄧ/biànsèxī

chameleon

【动】台湾名。即“变色龙”(61 页)。

變形 ㄅㄧㄢˋ ㄒㄧㄥˊ/biànxíng

deformity

【医】台湾名。即“畸形”(569 页)。

變異數 ㄅㄧㄢˋ ㄧˋ ㄕㄨˋ/biànyìshù

variance

【数】台湾名。即“方差”(319 页)。

biao （ㄅㄧㄠ）

标本/標本 biāoběn/ㄅㄧㄠ ㄅㄣˇ

specimen

【生】经过加工或保持实物原形,以供展览、学习或研究用的动物、植物、矿物等的样本。通常分为兽类标本、鸟类标本、鱼类标本、昆虫标本、植物标本、骨骼标本、化石标本等。

标尺/標杆 biāochǐ/ㄅㄧㄠ ㄍㄢ

staff, rod

【测绘】测量高度或深度的带有刻度的尺子。常用木、合金等制成。为配合各类测量仪器使用,标尺上的各种刻度式样均经过专门设计安排。例如,水准尺是水准测量中常用的标尺。

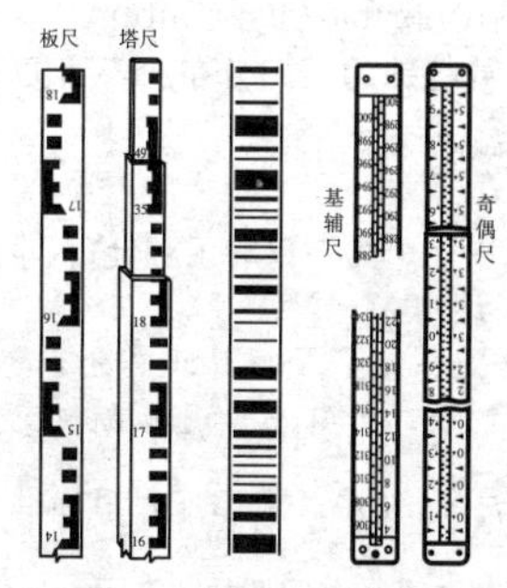

普通水准尺　条形码水准尺　精密水准尺

标杆/標杆 biāogān/ㄅㄧㄠ ㄍㄢ

❶measuring bar, ❷staff, rod

【测绘】❶即“测杆”(99 页)。❷在台湾,标杆也指“标尺”(65 页)。

标高/標高 biāogāo/ㄅㄧㄠ ㄍㄠ

elevation

【建】地面或建筑物上的一点和作为基准的水平面之间的垂直距离。可分为相对标高和绝对标高。相对标高通常是以建筑物首层地面为起始面而形成的高度差,高于起始面的为正,低于起始面的为负,表示建筑物各楼层及主要构件的完成表面与首层室内地面的高度差。中国绝对标高是以黄海的平均海平面高度为起始面而形成的高度差,如某地区建筑用地的一点的绝对标高标注为 80.10 米,表示该点比黄海的平均海平面高 80.10 米。

标号/標號 biāohào/ㄅㄧㄠ ㄏㄠˋ

label

【信息】编程语言中对程序某一部位的标识符。多用来引用语句。BASIC 语言中可把行号用作标号。Fortran 语言中标号最多由 5 位数字组成,置于语句之前用来引用该语句。其他程序设计语言中标号大多采用以字母开始的字母数字串。

标量/純量 biāoliàng/ㄔㄨㄣˊ ㄌㄧㄤˋ

scalar

【数】又称“纯量”。只有大小而不考虑方向的量。例如物理中的质量、温度、时间等。

标量积/内積

biāoliàngjī/ㄋㄟˋ ㄐㄧ

inner product

【数】❶又称“内积”,俗称“点乘积”。设 $\boldsymbol{a},\boldsymbol{b}$ 都是非零向量,它们所成的角为 θ,定义 $\boldsymbol{a}\cdot\boldsymbol{b}=|\boldsymbol{a}|\cdot|\boldsymbol{b}|\cos\theta$ 为 $\boldsymbol{a},\boldsymbol{b}$ 的标量积,也简记作 $\boldsymbol{ab}$。当 $\boldsymbol{a},\boldsymbol{b}$ 中有零向量时,定义数 $\boldsymbol{a}\cdot\boldsymbol{b}=0$。标量积是一个数。若 $\boldsymbol{a}=(a_1,a_2,a_3)$,$\boldsymbol{b}=(b_1,b_2,b_3)$,则 $\boldsymbol{a}\cdot\boldsymbol{b}=a_1b_1+a_2b_2+a_3b_3$。数量积满足:交换律 $\boldsymbol{a}\cdot\boldsymbol{b}=\boldsymbol{b}\cdot\boldsymbol{a}$;分配律 $(\boldsymbol{a}+\boldsymbol{b})\cdot\boldsymbol{c}=\boldsymbol{a}\cdot\boldsymbol{c}+\boldsymbol{b}\cdot\boldsymbol{c}$;数乘结合律 $\lambda(\boldsymbol{a}\cdot\boldsymbol{b})=(\lambda\boldsymbol{a})\cdot\boldsymbol{b}$。两个向量 $\boldsymbol{a},\boldsymbol{b}$ 互相垂直的充要条件为 $\boldsymbol{a}\cdot\boldsymbol{b}=0$。❷设 V 为实数域 $\mathbf{R}$ 上的向量空间,若对于任意的 $\boldsymbol{\alpha},\boldsymbol{\beta}\in V$,存在唯一确定的实数(记作 $\boldsymbol{\alpha\beta}$),并且 $\boldsymbol{\alpha\beta}=\boldsymbol{\beta\alpha}$,$(k\boldsymbol{\alpha})\boldsymbol{\beta}=\boldsymbol{\alpha}(k\boldsymbol{\beta})=k(\boldsymbol{\alpha\beta})$,$(\boldsymbol{\alpha}+\boldsymbol{\beta})\boldsymbol{\gamma}=\boldsymbol{\alpha\gamma}+\boldsymbol{\beta\gamma}$,$\boldsymbol{\alpha\alpha}\geqslant 0$(当且仅当 $\boldsymbol{\alpha}=\boldsymbol{0}$ 时,$\boldsymbol{\alpha\alpha}=0$),则称 $\boldsymbol{\alpha\beta}$ 为 $\boldsymbol{\alpha},\boldsymbol{\beta}$ 的内积。

标石/標石 biāoshí/ㄅㄧㄠ ㄕˊ

markstone

【测绘】测量工作中用以表明控制点位置的永久性标志物体。常用混凝土、花岗石等坚硬石料制成，埋于地下或部分露出地面，顶部嵌有表示精确的平面点位或高程点位的具体标记。

B

标识符/識別符
biāoshífú/ㄕˊ ㄅㄧㄝˊ ㄈㄨˊ
identifier
【信息】数据组织中，用来对数据元素进行标识或命名，有时还指明其某些性质的字符。

标题条/標題條 biāotítiáo/ㄅㄧㄠ ㄊㄧˊ ㄊㄧㄠˊ
title bar
【信息】图形用户界面中，位于窗口顶部，包含该窗口名称的横条状区域。多带有关闭该窗口或对其重定大小的框或按钮。用户点击时能移动整个窗口。

标准层/標準氣壓層
biāozhǔncéng/ㄅㄧㄠ ㄓㄨㄣˇ ㄑㄧˋ ㄧㄚ ㄘㄥˊ
standard pressure level
【气】由国际协议确定的标准等压面。如1000百帕、850百帕、700百帕等。

标准差/標準差
biāozhǔnchā/ㄅㄧㄠ ㄓㄨㄣˇ ㄔㄚ
standard deviation
【数】表示随机变量取值的离中程度的数字特征。若随机变量 X 的方差 DX 存在，则称方差 DX 的算术平方根为 X 的标准差，记为 $\sqrt{DX}$。

标准船模/標準船模
biāozhǔn chuánmó/ㄅㄧㄠ ㄓㄨㄣˇ ㄔㄨㄢˊ ㄇㄛˊ
standard ship model
【船】用以校核船模试验结果和比较不同的船模试验水池性能的船模。通常用对温度、湿度变化反应较小的材料加工制成，能长期保持形状和表面粗糙度不变。

标准大气/標準大氣
biāozhǔn dàqì/ㄅㄧㄠ ㄓㄨㄣˇ ㄉㄚˋ ㄑㄧˋ
standard atmosphere
【气】又称"参考大气"。模式大气的一种。能够反映某地区(如中纬度)垂直方向上气温、气压、湿度等的近似平均分布，并得到一国或国际组织承认。

标准大气压/標準大氣壓
biāozhǔn dàqìyā/ㄅㄧㄠ ㄓㄨㄣˇ ㄉㄚˋ ㄑㄧˋ ㄧㄚ
standard atmospheric pressure
【计量】大气压强的非国际单位制单位。符号atm。1 标准大气压＝101.325 千帕，或等于760毫米汞柱产生的压强。

标准时/標準時
biāozhǔnshí/ㄅㄧㄠ ㄓㄨㄣˇ ㄕˊ
standard time
【地】❶按经线将地球分为24个时区，每一时区跨经度15°，同一时区中以中间那条子午线的时刻作为这一时区的标准时。❷一个国家或地区使用的标准时间。中国的标准时采用东八时区的标准时刻，大陆地区称"北京时间"，台湾地区称"台北时间"(旧称"中原标准时间")。

标准纬线/標準緯線
biāozhǔn wěixiàn/ㄅㄧㄠ ㄓㄨㄣˇ ㄨㄟˇ ㄒㄧㄢˋ
standard parallel
【测绘】在地图正轴投影中，圆锥或圆柱与地球表面相切或相割的纬线。通常把标准纬线上的长度比例尺作为地图投影后的比例尺。投影后，地图上不同地点在角度、面积、距离上的变形程度会有变化，标准纬线上的变形较小。

标准正态分布/標準常態分布
biāozhǔn zhèngtài fēnbù/
ㄅㄧㄠ ㄓㄨㄣˇ ㄔㄤˊ ㄊㄞˋ ㄈㄣ ㄅㄨˋ
standard normal distribution
【数】一种特殊的正态分布。若随机变量 X 的概率密度函数为 $p(x)=\frac{1}{\sqrt{2\pi}}e^{-\frac{t^2}{2}}$，则称 X 服从以0,1为参数的正态分布，即标准正态分布，记作 $X\sim N(0,1)$。

📖 若随机变量 X 服从正态分布，即 $X\sim N(\mu,\sigma^2)$，但 $\mu\neq0,\sigma^2\neq1$，则随机变量 $Y=\frac{X-\mu}{\sigma}\sim N(0,1)$。由此可利用标准正态分布分析和解决更多的问题。

标准状况/標準狀況
biāozhǔn zhuàngkuàng/
ㄅㄧㄠ ㄓㄨㄣˇ ㄓㄨㄤˋ ㄎㄨㄤˋ
standard condition
【化】通常指温度为0 ℃(273.15 K)和压力为101.325千帕(1标准大气压)的状况。气体的体积、密度受温度和压力影响较大，常在标准状况下比较。

飑/颮 biāo/ㄅㄧㄠ

squall

【气】指强冷锋前或积雨云前沿所出现的狭窄的强风带。过境时，风速突增，风向突变，气象要素急骤变化，并常伴有阵性降水。

標示語言 ㄅㄧㄠ ㄕˋ ㄩˇ ㄧㄢˊ/biāoshì yǔyán

markup language

【信息】台湾名。即“置标语言”(1456 页)。

標題 ㄅㄧㄠ ㄊㄧˊ/biāotí

banner

【信息】台湾名。即“页旗”(1326 页)。

標頭 ㄅㄧㄠ ㄊㄡˊ/biāotóu

header

【信息】台湾名。即“首部”(1043 页)。

標準常態分布

ㄅㄧㄠ ㄓㄨㄣˇ ㄔㄤˊ ㄊㄞˋ ㄈㄣ ㄅㄨˋ/

biāozhǔn chángtài fēnbù

standard normal distribution

【数】台湾名。即“标准正态分布”(66 页)。

標準氣候平均值

ㄅㄧㄠ ㄓㄨㄣˇ ㄑㄧˋ ㄏㄡˋ ㄆㄧㄥˊ ㄐㄩㄣ ㄓˊ/

biāozhǔn qìhòu píngjūnzhí

climatological standard normals

【气】台湾名。即“气候标准平均值”(891 页)。

標準氣壓層

ㄅㄧㄠ ㄓㄨㄣˇ ㄑㄧˋ ㄧㄚ ㄘㄥˊ/biāozhǔn qìyācéng

standard pressure level

【气】台湾名。即“标准层”(66 页)。

表观导纳

biǎoguān dǎonà/ㄅㄧㄠˇ ㄍㄨㄢ ㄉㄠˇ ㄋㄚˋ

【电】即“视在导纳”(1038 页)。

表观功率

biǎoguān gōnglǜ/ㄅㄧㄠˇ ㄍㄨㄢ ㄍㄨㄥ ㄌㄩˋ

【电】即“视在功率”(1038 页)。

表观阻抗

biǎoguān zǔkàng/ㄅㄧㄠˇ ㄍㄨㄢ ㄗㄨˇ ㄎㄤˋ

【电】即“视在阻抗”(1038 页)。

表面/表面 biǎomiàn/ㄅㄧㄠˇ ㄇㄧㄢˋ

surface

【物】广义上将相与相之间的接触面称为界面，可分为固—固、固—液、液—液、固—气、液—气五种类型。狭义上多将前三种类型称为界面，后两种类型界面称为表面。

表面保護

ㄅㄧㄠˇ ㄇㄧㄢˋ ㄅㄠˇ ㄏㄨˋ/biǎomiàn bǎohù

surface protection

【材】台湾名。即“表面防护”(67 页)。

表面粗糙度/表面粗糙度

biǎomiàn cūcāodù/

ㄅㄧㄠˇ ㄇㄧㄢˋ ㄘㄨ ㄘㄠ ㄉㄨˋ

surface roughness

【机】加工表面具有的极小间距和微小峰谷不平度。波距(两波峰或两波谷之间的距离)在 1 毫米以下，属微观几何形状误差。表面粗糙度越小，表面越光滑。

📖 表面粗糙度的旧标准是表面光洁度。

表面粗糙度测量仪/表面粗糙度量測儀

biǎomiàn cūcāodù cèliángyí/

ㄅㄧㄠˇ ㄇㄧㄢˋ ㄘㄨ ㄘㄠ ㄉㄨˋ ㄌㄧㄤˊ ㄘㄜˋ ㄧˊ

surface roughness measuring instrument

【机】又称“粗糙度计”。测量并显示物体表面粗糙度的仪器。可对平面、斜面、外圆柱面、内孔表面、深槽表面、圆弧面和球面等各种零件表面的粗糙度进行测试。广泛应用于汽车、模具等行业。

表面粗糙度量測儀

ㄅㄧㄠˇ ㄇㄧㄢˋ ㄘㄨ ㄘㄠ ㄉㄨˋ ㄌㄧㄤˊ ㄘㄜˋ ㄧˊ/

biǎomiàn cūcāodù liángcèyí

surface roughness measuring instrument

【机】台湾名。即“表面粗糙度测量仪”(67 页)。

表面防护/表面保護

biǎomiàn fánghù/ㄅㄧㄠˇ ㄇㄧㄢˋ ㄅㄠˇ ㄏㄨˋ

surface protection

【材】表面技术的一种应用。可减缓材料的老化过程，延长制件的使用寿命。通常在制件表面采取防护措施，如在制件表面施加一层具有保护功能的涂层，起到防热、防湿、防雷电、防腐和耐磨等作用。

表面改性/表面改質

biǎomiàn gǎixìng/ㄅㄧㄠˇ ㄇㄧㄢˋ ㄍㄞˇ ㄓˊ

surface modification

B

【材】又称"表面优化"。表面技术的一种。借助各种技术手段,改变材料表面及近表面的组分结构与性质,获得新薄层材料或赋予基体材料新的功能。主要包括表面处理、离子注入和离子束沉积、物理气相沉积、化学气相沉积、等离子体化学气相沉积、激光表面改性等。

表面改質

ㄅㄧㄠˇ ㄇㄧㄢˋ ㄍㄞˇ ㄓˋ/biǎomiàn gǎizhì

surface modification

【材】台湾名。即"表面改性"(67 页)。

表面工程/表面工程

biǎomiàn gōngchéng/ㄅㄧㄠˇ ㄇㄧㄢˋ ㄍㄨㄥ ㄔㄥˊ

surface engineering

【机】经表面预处理后,通过表面涂覆、表面改性或表面复合处理,改变固体表面的化学成分、组织结构、形态和应力状态,以获得所需要表面性能的系统工程。

表面活性剂/表面活性劑

biǎomiàn huóxìngjì/ㄅㄧㄠˇ ㄇㄧㄢˋ ㄏㄨㄛˊ ㄒㄧㄥˋ ㄐㄧˋ

surface active agent, surfactant

【化】能显著改变液体表面张力或两相间界面张力的物质。结构通常含亲水和憎水两部分,在溶液表面形成薄分子膜,以降低表面张力的形式来改变表面性质。常用作洗涤剂、乳化剂、分散剂、润湿剂、发泡剂等。

表面技术/表面加工

biǎomiàn jìshù/ㄅㄧㄠˇ ㄇㄧㄢˋ ㄐㄧㄚ ㄍㄨㄥ

surface technology, surfacing

【材】通过施加覆盖层或改变表面形貌、化学组分、相组成、微观结构、缺陷状态等对材料表面进行的加工和处理。可提高材料抵御环境作用能力或赋予材料表面某种功能特性。可分为表面沉积、表面整体覆盖、表面改性等。

表面加工

ㄅㄧㄠˇ ㄇㄧㄢˋ ㄐㄧㄚ ㄍㄨㄥ/biǎomiàn jiāgōng

surface technology, surfacing

【材】台湾名。即"表面技术"(68 页)。

表面麻醉/塗布麻醉法

biǎomiàn mázuì/ㄊㄨˊ ㄅㄨˋ ㄇㄚˊ ㄗㄨㄟˋ ㄈㄚˇ

topical anesthesia

【医】局部麻醉方法的一种。将穿透力强的局麻药施用于黏膜表面,使其透过黏膜而阻滞位于黏膜下的神经末梢,使黏膜产生麻醉的现象。常用于眼、鼻、咽喉、气管、尿道等处的浅表手术或内镜检查。

表面强化/表面強化

biǎomiàn qiánghuà/ㄅㄧㄠˇ ㄇㄧㄢˋ ㄑㄧㄤˊ ㄏㄨㄚˋ

surface strengthening

【机】通过改变工件表面组织结构,以提高工件表面力学性能的工艺过程。可改善机械零件和构件表面性能,提高抗疲劳强度、耐磨性能、耐腐蚀性能等。

表面热处理/表面熱處理

biǎomiàn rèchǔlǐ/ㄅㄧㄠˇ ㄇㄧㄢˋ ㄖㄜˋ ㄔㄨˇ ㄌㄧˇ

surface heat treatment

【机】热处理的一种。仅对工件表层进行加热、冷却,改变其组织和性能。用于要求表层具有较高的耐磨性、抗疲劳强度和较大的冲击载荷,又要求整体具有良好的塑性和韧性的零件,如曲轴、凸轮轴、传动齿轮等。按加热方法不同,可分为感应加热表面淬火、火焰加热表面淬火、电解液加热表面淬火等。

表面温度计/表面溫度計

biǎomiàn wēndùjì/ㄅㄧㄠˇ ㄇㄧㄢˋ ㄨㄣ ㄉㄨˋ ㄐㄧˋ

surface thermometer

【机】温度计的一种。由表面温度传感器和显示仪表构成。用于测量各种状态(静态、动态或带电物体等)固体表面的温度。

表面污染等级

ㄅㄧㄠˇ ㄇㄧㄢˋ ㄨ ㄖㄢˇ ㄉㄥˇ ㄐㄧˊ/biǎomiàn wūrǎn děngjí

gradation for surface pollution

【电】台湾名。即"污秽等级"(1199 页)。

表面效应船/表面效應船

biǎomiàn xiàoyìngchuán/ㄅㄧㄠˇ ㄇㄧㄢˋ ㄒㄧㄠˋ ㄧㄥˋ ㄔㄨㄢˊ

surface effect ship

【船】向船底注入压缩空气,在船底和水之间形成气垫,使船体能够全部或部分脱离水面航行的船。

表面优化

biǎomiàn yōuhuà/ㄅㄧㄠˇ ㄇㄧㄢˋ ㄧㄡ ㄏㄨㄚˋ

【材】即“表面改性”(67 页)。

表面预处理/表面預處理

biǎomiàn yùchǔlǐ/ㄅㄧㄠˇ ㄇㄧㄢˋ ㄩˋ ㄔㄨˇ ㄌㄧˇ

surface pretreatment

【机】又称“表面制备”。表面加工前,对材料及其制品进行机械、化学或电化学处理,使表面呈净化、粗化或钝化状,以便进行后续表面处理的工艺过程。

表面展开图/表面展開圖

biǎomiàn zhǎnkāitú/ㄅㄧㄠˇ ㄇㄧㄢˋ ㄓㄢˇ ㄎㄞ ㄊㄨˊ

unrolled diagram

【数】将由可展面围成的立体图形的表面适当剪开,平铺到一个平面上得到的图形。例如,将圆柱沿一条母线及底面与侧面的交线剪开,得到的表面展开图为一个矩形和两个圆。

表面张力/表面張力

biǎomiàn zhānglì/ㄅㄧㄠˇ ㄇㄧㄢˋ ㄓㄤ ㄌㄧˋ

surface tension

【物】液体表面任意相邻的两部分之间存在的相互作用的拉力。因液体表面层分子之间的相互作用不同于液体内部而产生,使液面具有收缩的趋势。

表面制备

biǎomiàn zhìbèi/ㄅㄧㄠˇ ㄇㄧㄢˋ ㄓˋ ㄅㄟˋ

【机】即“表面预处理”(69 页)。

表皮/表皮 biǎopí/ㄅㄧㄠˇ ㄆㄧˊ

epidermis

㊀【生】动植物体表面的一层组织,即人和动物皮肤的外层,植物初生组织表面的细胞层。㊁【医】人体皮肤最外层具有保护作用的复层鳞状上皮。主要由角质形成细胞、黑素细胞、朗格汉斯细胞和梅克尔细胞等构成。来源于外胚层。

表皮生长因子/表皮生長因子

biǎopí shēngzhǎng yīnzǐ/ㄅㄧㄠˇ ㄆㄧˊ ㄕㄥ ㄓㄤˇ ㄧㄣ ㄗˇ

epidermal growth factor, EGF

【生】多肽的一种。分子量较低,对热稳定,不可透析。能直接刺激表皮的生长和角化。对细胞增殖、物质的转运等有促进作用。

表示层/表示層

biǎoshìcéng/ㄅㄧㄠˇ ㄕˋ ㄘㄥˊ

presentation layer

【信息】开放系统互连参考模型中的第六层。为应用进程提供信息表示方式,以使采用不同表示方式的系统之间能进行通信。

表象/影像 biǎoxiàng/ㄧㄥˇ ㄒㄧㄤˋ

image

【心】当事物不在面前时,在头脑中出现的关于该事物的形象。分为记忆表象和想象表象。前者指人在知觉客观事物后,在人脑中所保存的形象;后者不是对过去感知过事物的简单再现,而是对已有的旧表象加工、改造,重新组合转化为新事物的新映像。

表型/表型 biǎoxíng/ㄅㄧㄠˇ ㄒㄧㄥˊ

phenotype

【生】一个生物体(或细胞)可以观察到的性状或特征。是特定的基因型和环境相互作用的结果。

表证/表證 biǎozhèng/ㄅㄧㄠˇ ㄓㄥˋ

superficies syndrome, * exterior pattern, * exterior syndrome

【中医】中医证候之一。外感病的初期,起病较急,病位较浅,病情较轻,病程较短,以发热恶寒或恶风、头身痛、舌苔薄白、脉浮为常见症。

bie (ㄅㄧㄝ)

鳖/鱉 biē/ㄅㄧㄝ

soft-shelled turtle

【动】*Pelodiscus sinensis* 又称“甲鱼”“鼋鱼”“团鱼”,俗称“王八”。爬行动物名。龟鳖目鳖科鳖属。外形像龟,吻尖长,背有甲壳,椭圆形,上有软皮,边缘有厚实的裙边,腹面乳白色,趾间有蹼。生活在水中,以水生生物为食,如鱼、虾、田螺、蝌蚪等,也吃植物、谷物。寿命长。甲壳可供药用。

鳖甲/鱉甲 biējiǎ/ㄅㄧㄝ ㄐㄧㄚˇ

Carapax Trionycis(拉), turtle carapace, * turtle shell

【中医】中药名。鳖科动物鳖 *Trionyx sinensis* Wiegmann 的背甲。味咸,性微寒。归肝、肾经。滋阴潜阳,软坚散结,退热除蒸。用于阴虚发热,劳热骨蒸,虚风内动,经闭,癥瘕,久疟疟母。

B

别墅/别墅
biéshù/ㄅㄧㄝˊ ㄕㄨˋ
villa
【建】在郊区或风景区建造的,供休养或居住的园林住宅。现多指带有私家花园的低层独立式住宅。

bin (ㄅㄧㄣ)

濒危物种/瀕危物種
bīnwēi wùzhǒng/ㄅㄧㄣ ㄨㄟˊ ㄨˋ ㄓㄨㄥˇ
endangered species
【生】由于自身原因或外界影响,生存和繁衍受到严重威胁,濒于灭绝的物种。包括濒危动物和濒危植物。现存数量稀少,如中国的滇金丝猴、白鱀豚、台湾苏铁等。

髌骨/髕骨 bìngǔ/ㄅㄧㄣˋ ㄍㄨˇ
patella
【医】俗称"膝盖骨"。膝关节的组成骨之一。位于股骨下端前面,股四头肌肌腱内。呈板栗状,上宽下尖,前面粗糙,有股四头肌肌腱通过,后面光滑覆有软骨,与股骨髌面构成股髌关节。是人体最大的籽骨,其存在可加大股四头肌的力臂,为伸膝动作创造良好的力学条件。

髌韧带/髕韌帶 bìnrèndài/ㄅㄧㄣˋ ㄖㄣˋ ㄉㄞˋ
patellar ligament
【医】位于膝关节囊的前面的韧带,厚而坚韧,为股四头肌肌腱的延续部分。上方起自髌尖和髌关节面的下方,向下止于胫骨粗隆及胫骨前嵴的上部。有加固膝关节囊的作用。

bing (ㄅㄧㄥ)

冰/冰 bīng/ㄅㄧㄥ
ice
【化】水在0℃或0℃以下凝结成的固体,即固态的水。

冰雹 bīngbáo/ㄅㄧㄥ ㄅㄠˊ
【气】即"雹"(37 页)。

冰雹预警信号/冰雹預警信號
bīngbáo yùjǐng xìnhào/
ㄅㄧㄥ ㄅㄠˊ ㄩˋ ㄐㄧㄥˇ ㄒㄧㄣˋ ㄏㄠˋ
hail warning signal
【气】气象灾害预警信号的一种。分为二级,分别以橙色、红色标识。参见"气象灾害预警信号"(895 页)。

冰川/冰川 bīngchuān/ㄅㄧㄥ ㄔㄨㄢ
glacier
【地】两极或高寒地区具有一定形状,在重力作用下能自行沿地面缓慢运动,长期存在的天然冰体。由多年降雪积聚,经过变质而成。可分为大陆性冰川和海洋性冰川。

冰島石 ㄅㄧㄥ ㄉㄠˇ ㄕˊ/bīngdǎoshí
iceland spar
【地】台湾名。即"冰洲石"(71 页)。

冰堆石 ㄅㄧㄥ ㄉㄨㄟ ㄕˊ/bīngduīshí
moraine
【地】台湾名。即"冰碛"(71 页)。

冰盖/冰蓋 bīnggài/ㄅㄧㄥ ㄍㄞˋ
ice cover
【水利】横跨水体两岸覆盖水面的固定冰层。

冰柜 bīngguì/ㄅㄧㄥ ㄍㄨㄟˋ
【轻】"电冰柜"的简称。

冰架/冰棚 bīngjià/ㄅㄧㄥ ㄆㄥˊ
ice shelf
【地】又称"陆缘冰"。大陆冰盖向大陆架延伸的浮动大冰体。部分可能接地。

冰晶/冰晶 bīngjīng/ㄅㄧㄥ ㄐㄧㄥ
ice crystal
【气】温度低于0℃时,水汽在冰核上凝华增长而形成的固态水成物。

冰晶石/冰晶石
bīngjīngshí/ㄅㄧㄥ ㄐㄧㄥ ㄕˊ
cryolite
【地】矿物。成分为 Na_3AlF_6。单斜晶系。晶体为白色细小的结晶体,常呈粒状或致密块状。无色、灰白或灰黄色,无气味,玻璃光泽,莫氏硬度 2～3,密度 3 克/厘米^3。熔点 1000℃,易吸水受潮,微溶于水。用于炼铝工业及玻璃和搪瓷工业。

冰粒 bīnglì/ㄅㄧㄥ ㄌㄧˋ
【气】即"冰丸"(71 页)。

冰棚 ㄅㄧㄥ ㄆㄥˊ/bīngpéng
ice shelf
【地】台湾名。即"冰架"(70 页)。

B

冰硼散/冰硼散 bīngpéngsǎn/ㄅㄧㄥ ㄆㄥˊ ㄙㄢˇ

bingpeng powder, bingpeng san

【中医】中成药名。主要成分:冰片、硼砂、朱砂、玄明粉。吹敷患处。清热解毒,消肿止痛。用于热毒蕴结所致的咽喉疼痛,牙龈肿痛,口舌生疮等。

冰片/冰片 bīngpiàn/ㄅㄧㄥ ㄆㄧㄢˋ

㊀ borneol, ㊁ Borneolum Syntheticum (拉), borneol

㊀【化】有机化学品。化学式$C_{10}H_{18}O$。无色透明或白色半透明的片状松脆结晶,有类似樟脑的气味,极易升华,氧化时生成樟脑。广泛用于配制香精,并用于中药和中国墨中。㊁【中医】中药名。龙脑香料植物龙脑香 *Dryobalanops aromatica* Gaertn. f. 的树脂加工品,或龙脑香树的树干树枝加工品,现多为人工合成品。味辛、苦,性微寒。归心、脾、肺经。开窍醒神,清热止痛。用于热病神昏、惊厥,中风痰厥,气郁暴厥,中恶昏迷,目赤,口疮,咽喉肿痛,耳道流脓。

龙脑香树

📖 冰片,孕妇慎用。

冰碛/冰磧 bīngqì/ㄅㄧㄥ ㄑㄧˋ

moraine

【地】台湾又称“冰堆石”。由冰川携带并在冰川冰融化时直接堆积下来的堆积物。具有分选差、未经磨圆、有擦痕等特点。

冰山/冰山 bīngshān/ㄅㄧㄥ ㄕㄢ

iceberg

【地】❶海洋中漂浮的巨大冰块。是冰川或冰盖末端断裂形成的。自由漂浮的冰山绝大部分体积沉在海水表面以下,对航运造成威胁。❷泛指长年冰冻覆盖的大山。

冰丸/冰珠 bīngwán/ㄅㄧㄥ ㄓㄨ

ice pellet

【气】又称“冰粒”。固态降水的一种。由透明的球状或不规则形状的粒子组成,其粒径小于5毫米,较硬,落到硬地面上反跳。有时内部有未冻结的水,如碰碎,只剩下冰壳。

冰箱 bīngxiāng/ㄅㄧㄥ ㄒㄧㄤ

【轻】“电冰箱”的简称。

冰针/冰針 bīngzhēn/ㄅㄧㄥ ㄓㄣ

ice needle

【气】天气现象的一种。空中水汽在低于−5℃的条件下,经凝华增长所形成的薄片或针状冰晶体。在阳光照耀下闪烁可辨,有时经其折射或散射,天空中可形成日柱或晕等。多出现在高纬度或高原地区的严冬季节。

冰洲石/冰島石 bīngzhōushí/ㄅㄧㄥ ㄉㄠˇ ㄕˊ

iceland spar

【地】无色透明的方解石。具有高双折射率和偏光性能,是重要的光学材料,主要用于国防工业和制造高精度光学仪器。

冰珠 ㄅㄧㄥ ㄓㄨ/bīngzhū

ice pellet

【气】台湾名。即“冰丸”(71页)。

槟榔/檳榔 bīngláng/ㄅㄧㄥ ㄌㄤˊ

㊀ areca, ㊁ Semen Arecae(拉), areca seed

㊀【植】*Areca catechu* 棕榈科槟榔属。常绿乔木状。茎直立,不分枝,有明显的叶柄脱落的环纹。叶簇生于茎顶,羽状全裂,裂片条形或线状披针形。花果期3—4月份。雌雄同株。果实长圆形或卵球形,橙黄色,果皮中度厚,纤维质,种子(即槟榔子)卵形。在中国,分布于云南、海南和台湾。果实药食兼用。㊁【中医】中药名。棕榈科植物槟榔 *Areca catechu* L.的干燥成熟种子。味苦、辛,性温。归胃、大肠经。杀虫消积,降气,行水,截疟。用于绦虫、蛔虫、姜片虫病,虫积腹痛,积滞泻痢,里急后重,水肿脚气,疟疾。

丙氨酸/丙胺酸 bǐng'ānsuān/ㄅㄧㄥˇ ㄢ ㄙㄨㄢ

alanine, Ala

【生】20种蛋白质氨基酸之一。为非必需氨基酸。构成蛋白质的是左旋构型物,在生物体内借甘氨酸的氨基转移至丙酮酸而成。在葡萄糖—丙氨酸循环中,保持低血氨水平,是血中氮的优良运输工具。在丝绸、明胶、酪蛋白等蛋白质中含量丰富。

B

丙胺酸 ㄅㄧㄥˇ ㄢˋ ㄙㄨㄢ/bǐng'ànsuān
alanine, Ala
【生】台湾名。即"丙氨酸"(71 页)。

丙肝 bǐnggān/ㄅㄧㄥˇ ㄍㄢ
【医】"丙型肝炎"的简称。

丙纶 bǐnglún/ㄅㄧㄥˇ ㄌㄨㄣˊ
【纺】即"聚丙烯纤维"(656 页)。

丙三醇 bǐngsānchún/ㄅㄧㄥˇ ㄙㄢ ㄔㄨㄣˊ
【化】"甘油"的学名。

丙酸/丙酸 bǐngsuān/ㄅㄧㄥˇ ㄙㄨㄢ
propionic acid
【化】有机化合物。化学式CH_3CH_2COOH。无色液体,有刺激性气味。可用于制农药、香料,并用作硝酸纤维素溶剂和增塑剂等。

丙酮/丙酮 bǐngtóng/ㄅㄧㄥˇ ㄊㄨㄥˊ
acetone, propanone
【化】有机化合物。化学式CH_3COCH_3。是最简单的饱和酮,无色易挥发和易燃液体,有微香气味,其蒸气与空气形成爆炸性混合物,爆炸极限 2.55%～12.80%(体积分数)。是重要的化工原料,也用作溶剂,可溶解油、脂肪、树脂和橡胶。

丙酮酸/丙酮酸
bǐngtóngsuān/ㄅㄧㄥˇ ㄊㄨㄥˊ ㄙㄨㄢ
pyruvic acid
【化】又称"乙酰甲酸"。有机化合物。化学式$CH_3COCOOH$。甲酸碳上的氢被乙酰基取代而成,浅黄色透明液体,有腐蚀性,有酸味,在空气中颜色变暗,加热时缓慢聚合。是糖类和大多数氨基酸分解代谢过程中的重要中间产物。

丙烯/丙烯 bǐngxī/ㄅㄧㄥˇ ㄒㄧ
propene, propylene
【化】有机化合物。化学式$CH_3CH{=\!=}CH_2$。无色可燃气体,有芳香气味,与空气形成爆炸性混合物,爆炸极限为 2%～11.1%(体积分数)。是重要的化工原料。

丙烯腈/丙烯腈 bǐngxījīng/ㄅㄧㄥˇ ㄒㄧ ㄐㄧㄥ
acrylonitrile
【化】有机化合物。化学式$CH_2{=\!=}CHCN$。无色液体,其蒸气与空气形成爆炸性混合物,爆炸极限为 3.05%～17.0%(体积分数),高毒性。主要用于合成材料。

丙烯酸/丙烯酸
bǐngxīsuān/ㄅㄧㄥˇ ㄒㄧ ㄙㄨㄢ
propenoic acid, acrylic acid
【化】有机化合物。化学式$CH_2{=\!=}CHCOOH$。无色液体,有刺激性气味,易聚合而成白色粉末。是重要的化工原料,用于生产丙烯酸树脂等。

丙烯酰胺/丙烯醯胺
bǐngxīxiān'àn/ㄅㄧㄥˇ ㄒㄧ ㄒㄧㄢ ㄢˋ
acrylamide
【化】有机化合物。化学式$CH_2{=\!=}CHCONH_2$。无色透明片状晶体,无臭,有毒,在紫外线或在熔点附近可聚合并有着火或爆炸的危险。高热时分解成有毒烟气。
📖 近来发现,淀粉含量高的煎炸烘烤食物,如炸薯条、炸土豆片中含有较多的丙烯酰胺。是潜在致癌物。

丙型病毒性肝炎
bǐngxíng bìngdúxìng gānyán/
ㄅㄧㄥˇ ㄒㄧㄥˊ ㄅㄧㄥˋ ㄉㄨˊ ㄒㄧㄥˋ ㄍㄢ ㄧㄢˊ
【医】"丙型肝炎"的全称。

丙型肝炎/C 型肝炎
bǐngxíng gānyán/C ㄒㄧㄥˊ ㄍㄢ ㄧㄢˊ
hepatitis C
【医】全称"丙型病毒性肝炎",简称"丙肝",台湾简称"C 肝"。由丙型肝炎病毒感染引起的肝炎。主要经血液传播、性传播和母婴传播,病理改变与乙肝极为相似,以肝细胞坏死和淋巴细胞浸润为主。可导致肝脏慢性炎症坏死和纤维化,有些可发展为肝硬化甚至肝癌。

禀赋不足/禀賦不足
bǐngfù bùzú/ㄅㄧㄥˇ ㄈㄨˋ ㄅㄨˋ ㄗㄨˊ
insufficiency of natural endowment, * constitutional insufficiency
【中医】先天体质(禀赋)虚弱不足。为发病的内在因素,是正气虚损的主要方面。

并 bìng/ㄅㄧㄥˋ
【数】"并集"的简称。

并串变换/串列化
bìng-chuàn biànhuàn/ㄔㄨㄢˋ ㄌㄧㄝˋ ㄏㄨㄚˋ
parallel-to-serial conversion, serialization
【信息】将并行出现的一组信号单元,转换成表示同样信息的一个接续的信号单元序列的过程。

并集/聯集 bìngjí/ㄅㄧㄥˋ ㄐㄧˊ

union set

【数】简称“并”。由所有属于集合 A 或属于集合 B 的元素所组成的集合,叫作 A 与 B 的并集,记作 $A \cup B$,即 $A \cup B=\{x \mid x \in A$ 或 $x \in B\}$。例如,$A=\{1,2\}$,$B=\{0,1\}$,$A \cup B=\{0,1,2\}$。

并联/並聯 bìnglián/ㄅㄧㄥˋ ㄌㄧㄢˊ

parallel connection

【物】两个或两个以上元件先连接起来,再与电路连接。使电路具有多个结点和两条以上的通路。

并联电路/並聯電路

bìnglián diànlù/ㄅㄧㄥˋ ㄌㄧㄢˊ ㄉㄧㄢˋ ㄌㄨˋ

parallel electric circuits

【物】多个导体的一端连在一起,另一端也连在一起,把这两端分别接入的电路连接方式。该电路中电流有多条通路。各个支路两端的电压相同,即 $U_1=U_2=\cdots=U_n=U$;通过它的总电流等于通过各个支路的电流之和,即 $I=I_1+I_2+\cdots+I_n$;电路的总电阻(等效电阻)的倒数等于各个电阻的倒数之和,即 $1/R=1/R_1+1/R_2+\cdots+1/R_n$。

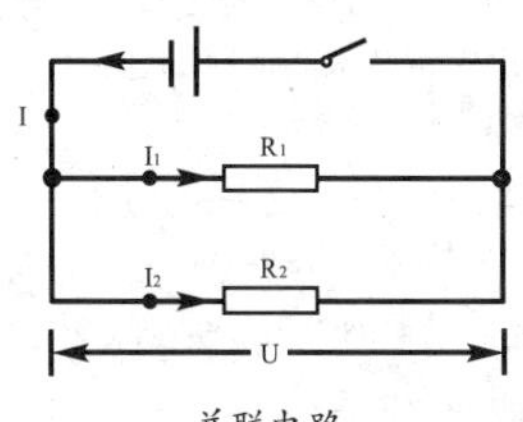

并联电路

并联交流电路/並聯交流電路

bìnglián jiāoliú diànlù/

ㄅㄧㄥˋ ㄌㄧㄢˊ ㄐㄧㄠ ㄌㄧㄡˊ ㄉㄧㄢˋ ㄌㄨˋ

parallel AC circuit

【物】采用并联方式连接的交流电路。电路中各组件两端电压的瞬时值 u 是共同的,总电流的瞬时值 i 等于通过各组件的分电流瞬时值的代数和;总电流 i 的有效值等于通过各组件的分电流有效值的向量和。

并行处理/平行處理

bìngxíng chǔlǐ/ㄆㄧㄥˊ ㄒㄧㄥˊ ㄔㄨˇ ㄌㄧˇ

parallel processing

【信息】多个过程并发或同时执行的操作模式。例如几个程序段同时在不同处理器中运行,或在同一处理器中运行一个程序、输入另一程序同时输出第三个程序。

并行传输/平行傳輸

bìngxíng chuánshū/ㄆㄧㄥˊ ㄒㄧㄥˊ ㄔㄨㄢˊ ㄕㄨ

parallel transmission

【信息】一组信号单元在两点之间的若干并行路径上,分别同时传输的方式。

并行端口/平行埠

bìngxíng duānkǒu/ㄆㄧㄥˊ ㄒㄧㄥˊ ㄅㄨˋ

parallel port

【信息】用来并行传送多个数据单位(例如比特或字节)的功能单元的端口。

并行计算/平行計算

bìngxíng jìsuàn/ㄆㄧㄥˊ ㄒㄧㄥˊ ㄐㄧˋ ㄙㄨㄢˋ

parallel computing

【信息】同时利用多台计算机或处理器求解问题或完成计算任务的技术。

并行接口/平行介面

bìngxíng jiēkǒu/ㄆㄧㄥˊ ㄒㄧㄥˊ ㄐㄧㄝˋ ㄇㄧㄢˋ

parallel interface

【信息】与“串行接口”相对。并联线路上同时传送多个数据或控制位的接口。具有在多条导线上同时传输若干位的能力。传输效率高,但设备较贵且传输距离较近。

病虫害/病蟲害

bìngchónghài/ㄅㄧㄥˋ ㄔㄨㄥˊ ㄏㄞˋ

pest and disease

【农】病害和虫害的合称。

病毒/病毒 bìngdú/ㄅㄧㄥˋ ㄉㄨˊ

virus

㊀【生】体积极小的一类微生物。没有细胞结构,但有遗传、变异等生命特征。只能在活细胞内生长繁殖,能引起人和动植物的病害。如麻疹、鸡瘟等都是由不同的病毒引起的。㊁【信息】以修改其他程序使之纳入其副本的方式自行传播,当启用受感染的程序时即被执行的恶意程序。常造成损害或困扰,并可由某些事件(例如预定日期的出现)触发。多指计算机病毒,手机等其他信息技术产品也会感染病毒。

B

病毒性肺炎/病毒性肺炎
bìngdúxìng fèiyán/ㄅㄧㄥˋ ㄉㄨˊ ㄒㄧㄥˋ ㄈㄟˋ ㄧㄢˊ
viral pneumonia
【医】由病毒感染引起的急性肺部炎症。基本病变为急性间质性肺炎,病变形态多样,常合并其他非典型病原体感染或继发细菌感染,多为上呼吸道病毒感染向下蔓延所致。多发于冬春季节。

病毒性脑膜炎/病毒性腦膜炎
bìngdúxìng nǎomóyán/
ㄅㄧㄥˋ ㄉㄨˊ ㄒㄧㄥˋ ㄋㄠˇ ㄇㄛˊ ㄧㄢˊ
viral meningitis
【医】各种病毒感染所致的软脑膜炎症。可伴有脉络膜炎,脑实质不受累或受损较轻。多发病急,脑脊液压力升高不明显,蛋白和白细胞轻度至中度升高,有时伴有糖和氯化物的变化,出现脑膜刺激征。

病毒性脑炎/病毒性腦炎
bìngdúxìng nǎoyán/ㄅㄧㄥˋ ㄉㄨˊ ㄒㄧㄥˋ ㄋㄠˇ ㄧㄢˊ
viral encephalitis
【医】病毒侵入脑实质引起的脑炎。主要表现为发热、头痛、呕吐、抽搐,严重时出现昏迷。因病毒侵犯的部位和范围不同,病情轻重不一。

病毒学/病毒學
bìngdúxué/ㄅㄧㄥˋ ㄉㄨˊ ㄒㄩㄝˊ
virology
【生】研究病毒的形态、构造、增殖、遗传、变异等生物学特性,以及病毒疾病的发生、发展规律的学科。

病害/病害 bìnghài/ㄅㄧㄥˋ ㄏㄞˋ
plant disease
【农】由细菌、真菌、病毒、藻类或不适宜的气候与土壤等因素对植物造成的危害。造成植物体发育不良、枯萎或死亡。

病机/病機 bìngjī/ㄅㄧㄥˋ ㄐㄧ
pathogenesis, * pathomechanism
【中医】疾病发生、发展、变化的机理。包括病性、病位、病势、脏腑气血虚实变化及其预后等。

病菌/病菌 bìngjūn/ㄅㄧㄥˋ ㄐㄩㄣˋ
bacteria
【生】能使人或其他生物致病的细菌。如伤寒杆菌、炭疽杆菌等。

病理反射/病理反射
bìnglǐ fǎnshè/ㄅㄧㄥˋ ㄌㄧˇ ㄈㄢˇ ㄕㄜˋ
pathologic reflex
【医】锥体束病损时,大脑失去对脑干和脊髓的抑制作用而出现的异常反射。如踝阵挛和巴宾斯基征等,是判断神经系统的功能是否正常的重要指标。

病理性骨折/病理性骨折
bìnglǐxìng gǔzhé/ㄅㄧㄥˋ ㄌㄧˇ ㄒㄧㄥˋ ㄍㄨˇ ㄓㄜˊ
pathological fracture
【医】因骨髓炎、骨结核、骨肿瘤等骨骼本身病变造成骨强度下降,受到轻微外力即可发生的骨折。

病死率/病死率 bìngsǐlǜ/ㄅㄧㄥˋ ㄙˇ ㄌㄩˋ
fatality rate
【医】一定时期内某病死亡病例在该病全部病例中所占的比例。常用百分率(%)表示。

病态窦房结综合征/心房腔失調症候群
bìngtài dòufángjié zōnghézhēng/
ㄒㄧㄣ ㄈㄤˊ ㄑㄧㄤ ㄕ ㄊㄧㄠˊ ㄓㄥˋ ㄏㄡˋ ㄑㄩㄣˊ
sick sinus syndrome, SSS
【医】因窦房结及其邻近组织病变,引起窦房结起搏功能和/或窦房结传导功能障碍,产生多种心律失常和临床症状的综合征。

病态人格
bìngtài réngé/ㄅㄧㄥˋ ㄊㄞˋ ㄖㄣˊ ㄍㄜˊ
【心】即"人格障碍"(944 页)。

病因/病因 bìngyīn/ㄅㄧㄥˋ ㄧㄣ
cause of disease
【医】引起疾病发生的体内外因素。疾病的病因不仅仅是病原因子,只有病原因子而缺少宿主和环境条件,疾病也难以发生。多数疾病的发生是多因素的,特别是病因未明疾病,这些因素可分别起作用、协同起作用或顺序起作用。

病因辨证/病因辨證
bìngyīn biànzhèng/ㄅㄧㄥˋ ㄧㄣ ㄅㄧㄢˋ ㄓㄥˋ
syndrome differentiation of etiology
【中医】辨证论治方法之一。以中医病因、病机理论为指导,分析推求致病原因及机体反应性。

病因学说/病因學説
bìngyīn xuéshuō/ㄅㄧㄥˋ ㄧㄣ ㄒㄩㄝˊ ㄕㄨㄛ
etiology
【中医】研究病因的分类及各种病因的性质、致病特点、致病途径的理论。

病原菌 bìngyuánjūn/ㄅㄧㄥˋ ㄩㄢˊ ㄐㄩㄣ
【医】即“致病菌”(1452 页)。

病原体/病原體 bìngyuántǐ/ㄅㄧㄥˋ ㄩㄢˊ ㄊㄧˇ
pathogen
【医】能引起人或其他动物感染致病的微生物和寄生虫的统称。包括病毒、朊病毒、细菌、立克次体、螺旋体、真菌及寄生虫等。有些病原体在免疫功能正常时并不引起疾病,甚至对人体有益,如肠道菌群(大肠杆菌)可以合成多种维生素。

病原微生物/病原微生物
bìngyuán wēishēngwù/
ㄅㄧㄥˋ ㄩㄢˊ ㄨㄟ ㄕㄥ ㄨˋ
pathogenic microorganism
【医】能够使人或者动物致病的微生物。包括细菌、病毒、螺旋体、支原体、立克次体、衣原体等。以细菌和病毒危害最大。

病原携带者/病原攜帶者
bìngyuán xiédàizhě/
ㄅㄧㄥˋ ㄩㄢˊ ㄒㄧˊ ㄉㄞˋ ㄓㄜˇ
pathogen carrier
【医】旧称“带菌者”。机体受感染后无明显症状与体征,但能排出病原体的人。包括带菌者、带毒者和带虫者。可分为潜伏期病原携带者、恢复期病原携带者和健康病原携带者。

bo (ㄅㄛ)

波/波 bō/ㄅㄛ
wave
【物】振动在空间的传播。是能量传递的形式之一。常见的有机械波(如水波、声波)和电磁波(如光波)等。

波长/波長 bōcháng/ㄅㄛ ㄔㄤˊ
wavelength
【物】描述波传播的物理量。波在一个振动周期内传播的距离,即在波的传播方向上相邻的两个同相位点之间的距离。用 λ 表示,单位米。

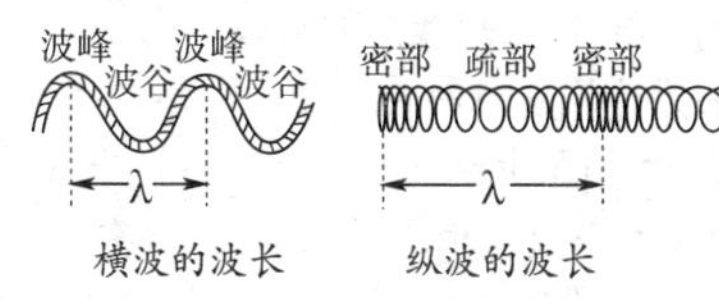

横波的波长　　纵波的波长

波長多工
ㄅㄛ ㄔㄤˊ ㄉㄨㄛ ㄍㄨㄥ/bōcháng duōgōng
wave-division multiplexing, WDM
【信息】台湾名。即“波分复用”(75 页)。

波道/波道 bōdào/ㄅㄛ ㄉㄠˋ
channel
【信息】微波通信系统中用来收发微波信号的单独信道。

波的衍射/波繞射
bō de yǎnshè/ㄅㄛ ㄖㄠˋ ㄕㄜˋ
diffraction of wave
【物】波特有的现象。波在传播过程中遇到障碍物或障碍物中的孔隙时,能绕过障碍物或孔隙的边缘,传播路径弯曲的现象。例如,声音可以绕过不太高的墙或门传播出去。发生条件是,障碍物或孔隙的大小与波长相近。

波段/波段 bōduàn/ㄅㄛ ㄉㄨㄢˋ
band
【信息】在指定的最低波长与最高波长之间的波长范围。电磁波传播特性取决于波长,可分为超长波、长波、中波、短波、超短波等。

波分复用/波長多工
bōfēn fùyòng/ㄅㄛ ㄔㄤˊ ㄉㄨㄛ ㄍㄨㄥ
wave-division multiplexing, WDM
【信息】为使若干独立信号能在一条公共通路上传输,将其分别配置在分立的波长上的处理过程。

波痕/波漣 bōhén/ㄅㄛ ㄌㄧㄢˊ
ripple mark
【地】流水或波浪作用在细粒松散沉积物上形成的波状起伏的痕迹。是典型的沉积构造,有助于进行沉积环境分析。

波擊 ㄅㄛ ㄐㄧˊ/bōjī
slamming
【船】台湾名。即“砰击”(862 页)。

波來鐵 ㄅㄛ ㄌㄞˊ ㄊㄧㄝˇ/bōláitiě

pearlite

【材】台湾名。即“珠光体”(1475 页)。

波浪发电/波浪發電

bōlàng fādiàn/ㄅㄛ ㄌㄤˋ ㄈㄚ ㄉㄧㄢˋ

wave power generation

【电】利用波浪能发电的工程技术。通常分为空气活塞式波浪发电、点头鸭式波浪发电、沿岸固定式波浪发电和沉钟式波浪发电等。

波粒二象論

ㄅㄛ ㄌㄧˋ ㄦˋ ㄒㄧㄤˋ ㄌㄨㄣˋ/bō-lì èrxiànglùn

wave particle dualism

【物】台湾名。即“波粒二象性”(76 页)。

波粒二象性/波粒二象論

bō-lì èrxiàngxìng/ㄅㄛ ㄌㄧˋ ㄦˋ ㄒㄧㄤˋ ㄌㄨㄣˋ

wave particle dualism

【物】微观粒子的属性。光和实物粒子均既有波动性又有粒子性。例如,光电效应使人们把原来看成波的光看成粒子;电子衍射使人们把原来看成粒子的电子看成波。

📖 描述粒子特征的能量和动量,与描述波动特征的频率和波长,由美国物理学家爱因斯坦(A.Einstein, 1879—1955)和法国物理学家德布罗意(L. V. de Broglie, 1892—1987)用公式 $E=h\nu$, $p=h/\lambda$ 联系起来。1924 年由德布罗意提出微观粒子具有波粒二象性的假设,后被他人的实验证实。

波漣

ㄅㄛ ㄌㄧㄢˊ/bōlián

ripple mark

【地】台湾名。即“波痕”(75 页)。

波轮洗衣机/波輪洗衣機

bōlún xǐyījī/ㄅㄛ ㄌㄨㄣˊ ㄒㄧˇ ㄧ ㄐㄧ

impeller type washing machine

【轻】洗衣机的一种。洗衣桶底部装有筋勒凸出的圆盘波轮,电动机通过动力控制系统带动波轮有规律地变换旋转方向,使桶内水流形成时左时右的漩涡流,带动衣物不停旋转、翻滚,使衣物之间、衣物与桶壁之间形成摩擦,加上洗涤剂的化学作用实现清洗去污。洗涤完成后,衣物在离心力作用下实现脱水干燥。

波罗蜜/波羅蜜

bōluómì/ㄅㄛ ㄌㄨㄛˊ ㄇㄧˋ

jack fruit

【植】*Artocarpus heterophyllus* 又称“木波罗”“树波罗”。桑科波罗蜜属。常绿乔木。叶螺旋状排列,长椭圆形或倒卵形,革质,有光泽,侧脉羽状。雌雄同株,头状花序生老茎或短枝上。聚花果椭圆形,幼时浅黄色,成熟时黄褐色,表皮有坚硬的瘤状凸起,果形大,果肉肉质,味香甜。果期 5—9 月份。在中国,分布于广东、海南、广西、云南南部。果实可作水果。

📖 波罗蜜的花生长在树干或粗枝上,这样的植物称为茎花植物。波罗蜜的果实重量多为 5～20 千克,是世界上最重、最大的水果,被誉为“热带水果皇后”。

波面/波面

bōmiàn/ㄅㄛ ㄇㄧㄢˋ

wave surface

【物】在波传播的介质中某一时刻所有同相点所组成的面。按波面形状不同,可分为平面波和球面波等。

波前/波前

bōqián/ㄅㄛ ㄑㄧㄢˊ

wave front

【物】波传播过程中最前面的一个波面。其上各点的振动相位等于波源开始振动时的相位。

波繞射

ㄅㄛ ㄖㄠˋ ㄕㄜˋ/bōràoshè

diffraction of wave

【物】台湾名。即“波的衍射”(75 页)。

波色子

ㄅㄛ ㄙㄜˋ ㄗˇ/bōsèzǐ

boson

【物】台湾名。即“玻色子”(78 页)。

波霎

ㄅㄛ ㄕㄚˋ/bōshà

pulsar

【天】台湾名。即“脉冲星”(782 页)。

波斯菊

bōsījú/ㄅㄛ ㄙ ㄐㄩˊ

【植】“秋英”的通称。

波速/波速

bōsù/ㄅㄛ ㄙㄨˋ

wave speed

【物】描述波传播的物理量。单位时间内某一振动状态在介质中传播的距离。由介质的弹性和惯性决定。用 v 表示,$v=\lambda f$。式中 λ 为波长,f 为频率。

波特/波特

bōtè/ㄅㄛ ㄊㄜˋ

baud

【信息】数据传输速率的度量单位。1 波特等于每秒传输 1 个代码单元。

📖 1877 年，法国工程师波特（J. M. E. Bauot）为法国电报系统开发了编码方案，这个单位最初用于电报设备的传输速率，现多作调制解调器的传输速率。

波以耳定律
ㄅㄛ ㄧˇ ㄦˇ ㄉㄧㄥˋ ㄌㄩˋ/Bōyǐ'ěr dìnglǜ
Boyle law
【物】台湾名。即“玻意耳定律”（78 页）。

玻耳兹曼常量/玻爾兹曼常量
Bō'ěrzīmàn chángliàng/
ㄅㄛ ㄦˇ ㄗ ㄇㄢˋ ㄔㄤˊ ㄌㄧㄤˋ
Boltzmann constant
【物】属于一个分子的常量。具有普遍性和微观性质，用 k 表示。其大小等于普适气体常量与阿伏伽德罗常量之比，其值为 1.380 662 $\times 10^{-23}$ 焦/开。因奥地利物理学家玻耳兹曼（L.E.Boltzmann，1844—1906）在研究熵的统计表示式时引入，故名。

玻璃/玻璃 bōli/ㄅㄛ·ㄌㄧ
glass
【材】无机材料的一类。质地硬而脆的透明物体，没有一定熔点。狭义上仅指无机玻璃，广义上包括单质玻璃、有机玻璃和无机玻璃，工业上大规模生产的是硅酸盐玻璃，由石英砂、石灰石和纯碱制成。

玻璃钢/玻璃纖維強化塑膠
bōligāng/
ㄅㄛ·ㄌㄧ ㄒㄧㄢ ㄨㄟˊ ㄑㄧㄤˊ ㄏㄨㄚˋ ㄙㄨˋ ㄐㄧㄠ
glass fibre reinforced plastic
【材】一种复合材料。即玻璃纤维增强塑料。以不饱和聚酯树脂为胶黏剂，玻璃纤维或玻璃布为增强材料，添加适量助剂制成。质量轻，强度高，耐腐蚀性能好，绝缘，绝热，透波率高且成本低。

玻璃钢船/玻璃纖維強化塑膠船
bōligāngchuán/
ㄅㄛ·ㄌㄧ ㄒㄧㄢ ㄨㄟˊ ㄑㄧㄤˊ ㄏㄨㄚˋ ㄙㄨˋ ㄐㄧㄠ ㄔㄨㄢˊ
fiberglass reinforced plastic ship
【船】船体以玻璃钢为材料建造的船只。比强度高，耐腐蚀，无磁性。多用于制造猎雷艇、扫雷艇、登陆艇、交通艇，以及渔船、游艇、救生艇、工作艇和赛艇等。

玻璃棉/玻璃纖維
bōlimián/ㄅㄛ·ㄌㄧ ㄒㄧㄢ ㄨㄟˊ
fiberglass
【材】用熔融玻璃制成的疏松絮状的短细玻璃纤维。化学性质稳定，不易燃，无毒，能隔热和吸声。按成分不同，可分为有碱棉、无碱棉、高硅氧棉等；按纤维直径不同，可分为玻璃短棉（直径 12 微米）、细玻璃棉（直径 3～6 微米）、超细玻璃棉（直径小于 3 微米）。

玻璃球日照计
bōliqiú rìzhàojì/ㄅㄛ·ㄌㄧ ㄑㄧㄡˊ ㄖˋ ㄓㄠˋ ㄐㄧˋ
【气】即“聚焦式日照计”（656 页）。

玻璃石墨 ㄅㄛ·ㄌㄧ ㄕˊ ㄇㄛˋ/bōli shímò
vitreous carbon
【材】台湾名。即“玻璃碳”（77 页）。

玻璃态/玻璃態 bōlitài/ㄅㄛ·ㄌㄧ ㄊㄞˋ
vitreous state，glassy state
【材】物质的一种力学状态。因玻璃是典型的具有这种状态的物质，故名。该状态下，物质受外力作用时形变极小，外力除去后形变瞬间回复。玻璃态物质是非晶态物质，力学性能类似玻璃，相对较硬较脆。如塑料只有在玻璃态时才能较好地表现出力学性能与电性能，市售的塑料门窗、塑料水管、塑料桶盆等都处于玻璃态。

玻璃碳/玻璃石墨
bōlitàn/ㄅㄛ·ㄌㄧ ㄕˊ ㄇㄛˋ
vitreous carbon
【材】炭素的一类。聚丙烯腈树脂或酚醛树脂等在惰性气体中缓慢加热至 1800 ℃高温处理而成，因外形似玻璃状非晶形，故名。热胀系数小，质地坚硬，气密性优良，导电性和化学稳定性好，电势适用范围宽。可用作电极的电子导体材料。

玻璃陶瓷/玻璃陶瓷
bōli táocí/ㄅㄛ·ㄌㄧ ㄊㄠˊ ㄘˊ
【材】即“微晶玻璃”（1179 页）。

玻璃温度计/玻璃液體溫度計
bōli wēndùjì/ㄅㄛ·ㄌㄧ ㄧㄝˋ ㄊㄧˇ ㄨㄣ ㄉㄨˋ ㄐㄧˋ
liquid-in-glass thermometer
【机】温度计的一种。利用液体与贮液管球温度膨胀系数不同，读取液体在玻璃毛细管中的高度位置示值。按使用方法不同，可分为

B

全浸式和局浸式。

玻璃纤维/纖維玻璃
bōli xiānwéi/ㄒㄧㄢ ㄨㄟˊ ㄅㄛ·ㄌㄧ
❶glass fiber，❷fiberglass
【材】❶由熔融玻璃拉制而成的细丝。不燃，不腐，耐热，拉伸强度高，断裂延伸率较小，绝热性及化学稳定性好，电绝缘性良好。可加工成纱、布、带、毡等，也可作为纺织纤维或复合材料的增强材料。❷在台湾，玻璃纤维也指“玻璃棉”(77 页)。

玻璃纖維強化塑膠
ㄅㄛ·ㄌㄧ ㄒㄧㄢ ㄨㄟˊ ㄑㄧㄤˊ ㄏㄨㄚˋ ㄙㄨˋ ㄐㄧㄠ/
bōli xiānwéi qiánghuà sùjiāo
glass fibre reinforced plastic
【材】台湾名。即“玻璃钢”(77 页)。

玻璃纖維強化塑膠船
ㄅㄛ·ㄌㄧ ㄒㄧㄢ ㄨㄟˊ ㄑㄧㄤˊ ㄏㄨㄚˋ ㄙㄨˋ ㄐㄧㄠ ㄔㄨㄢˊ/
bōli xiānwéi qiánghuà sùjiāochuán
fiberglass reinforced plastic ship
【船】台湾名。即“玻璃钢船”(77 页)。

玻璃液體溫度計
ㄅㄛ·ㄌㄧ ㄧㄝˋ ㄊㄧˇ ㄨㄣ ㄉㄨˋ ㄐㄧˋ/
bōli yètǐ wēndùjì
liquid-in-glass thermometer
【机】台湾名。即“玻璃温度计”(77 页)。

玻璃纸/玻璃紙 bōlizhǐ/ㄅㄛ·ㄌㄧ ㄓˇ
cellophane
【材】又称“赛璐玢”，台湾又称“賽珞凡”。一种再生纤维素薄膜。纸质柔软，透明光滑，无孔眼，不透气，不透油，不透水，有适度的挺度，具有较好的印刷适性。主要用于商品包装。

玻璃质 bōlizhì/ㄅㄛ·ㄌㄧ ㄓˋ
【地】即“非晶质”(332 页)。

玻璃砖/玻璃磚
bōlizhuān/ㄅㄛ·ㄌㄧ ㄓㄨㄢ
glass block
【材】用熔融玻璃浇制而成的砖。主要有玻璃空心砖、玻璃饰面砖及玻璃钟砖等。其中，玻璃空心砖用两块模压成凹形玻璃件熔接或胶接成整体，空腔内充以干燥的稀薄空气或填入玻璃纤维等隔热材料而成。外表美观，坚固耐磨，能透光，并能隔热隔声。用于砌筑需要透明的墙壁和楼地面等。

玻色子/波色子 bōsèzǐ/ㄅㄛ ㄙㄜˋ ㄗˇ
boson
【物】微观粒子的一大类。所有角动量的自旋量子数是整数的粒子。如光子、介子等。

玻意耳定律/波以耳定律
Bōyì'ěr dìnglǜ/ㄅㄛ ㄧˋ ㄦˇ ㄉㄧㄥˋ ㄌㄩˋ
Boyle law
【物】又称“玻意耳—马略特定律”。关于理想气体在等温变化中体积与压强关系的定律。温度不变时，一定质量气体的压强 p 与体积 V 成反比，且乘积是常数。数学表达式为 pV ＝恒量。实际气体在压强不太高、温度不太低的情况下近似遵从。因英国科学家玻意耳(Robert Boyle，1627—1691)和法国物理学家马略特(Edme Mariotte，1620—1684)分别于 1662 年和 1676 年独立发现，故名。

玻意耳—马略特定律
Bōyì'ěr-Mǎlüètè dìnglǜ/
ㄅㄛ ㄧˋ ㄦˇ ㄇㄚˇ ㄌㄩㄝˋ ㄊㄜˋ ㄉㄧㄥˋ ㄌㄩˋ
【物】即“玻意耳定律”(78 页)。

剥蚀作用/剝蝕作用
bōshí zuòyòng/ㄅㄛ ㄕˊ ㄗㄨㄛˋ ㄩㄥˋ
denudation
【地】❶将岩体上的覆盖物去掉而使岩体暴露出来的过程。❷广义上指地表物质受风力、流水、重力、冰川、生物等引起的外力作用的影响，使地面高度逐渐降低的过程。

剥线钳/剝線鉗
bōxiànqián/ㄅㄛ ㄒㄧㄢˋ ㄑㄧㄢˊ
wire stripper
【轻】电工专用工具。由刃口、压线口和钳柄构成，钳柄上装有绝缘套管。用于剥离各种电缆芯线的外皮。

菠菜/菠菜 bōcài/ㄅㄛ ㄘㄞˋ
spinach
【植】*Spinacia oleracea* 藜科菠菜属。一年生草本植物。根圆锥状，带红色。茎直立，中空。叶戟形至卵形，多汁，全缘。花单性，雌雄异株，雄花团伞花序，再排列成穗状圆锥花序，花被 4～5 深裂，雌花生于叶腋，无花被。中国各地均有栽培。嫩茎叶可作蔬菜。

菠萝 bōluó/ㄅㄛ ㄌㄨㄛˊ

【植】“凤梨”的通称。

播客/播客 bōkè/ㄅㄛ ㄎㄜˋ

podcasting

【信息】将网上的广播节目下载到自己的便携式数字声讯播放器中随身收听的数字广播技术。

播种/播種 bōzhǒng/ㄅㄛ ㄓㄨㄥˇ

sowing seeding

【农】把作物种子播撒入土壤表层。可分为撒播、条播、点播和飞播等方式。

播种机/播種機 bōzhǒngjī/ㄅㄛ ㄓㄨㄥˇ ㄐㄧ

seeder

【机】种植机械的一种。可按农艺要求将作物种子播入农田种床。按播种方法不同，可分为条播机、点播机和撒播机；按适用的作物不同，又可分为谷物播种机、棉花播种机、蔬菜播种机等。

播种式分拣

bōzhǒngshì fēnjiǎn/ㄅㄛ ㄓㄨㄥˇ ㄕˋ ㄈㄣ ㄐㄧㄢˇ

【物流】即“批量分拣”(863 页)。

播种/播種 bōzhòng/ㄅㄛ ㄓㄨㄥˋ

sowing

【农】用播撒种子的方式种植。

铍/鈹 bō/ㄅㄛ

bohrium

【化】金属元素。属周期表第ⅦB族。符号Bh，原子序数107。原子量264.12。有放射性，由人工核反应获取。

📖 1976 年，苏联的弗廖罗夫(Г. Н. Фиёров)首先获得这一元素；1981 年，德国的明岑贝克(G. Münzenberg)也完成人工合成。拉丁文定名为 bohrium，源自 N. Bohr，是丹麦物理学家玻尔的姓，用以纪念他在原子结构理论方面的贡献。中文定名为“铍”，是形声字，1998 年由两岸化学界人士共同商议确定。

撥號卡鉗

ㄅㄛ ㄏㄠˋ ㄎㄚˇ ㄑㄧㄢˊ/bōhào kǎqián

dail calliper

【机】台湾名。即“带表卡尺”(193 页)。

伯劳/伯勞

bóláo/ㄅㄛˊ ㄌㄠˊ

shrikes

【动】鸟名。雀形目伯劳科伯劳属(*Lanius*)各种的统称。中国常见的棕背伯劳，体长达 28 厘米，额部和头部的两旁黑色，颈部蓝灰色，背部棕红色，有黑色波状横纹。喙弯曲而锐利，尾长。栖息于山野、平原上，捕食昆虫和小鸟。

伯 劳

驳岸/護岸 bó'àn/ㄏㄨˋ ㄢˋ

bulkhead

【建】建于水体岸边的工程设施。其作用是使岸稳固，以免遭受破坏。必须在符合技术要求的条件下具有造型美，并同周围景色协调。

驳船/駁船 bóchuán/ㄅㄛˊ ㄔㄨㄢˊ

barge

【船】本身无动力装置或只设简单的推进装置，依靠拖船拖动或推船推动的平底船。通常船型肥宽，外形近似长方形箱子。吃水浅。按船型不同，可分为普通驳、推驳、分节驳、开底驳等；按结构形式不同，可分为甲板驳、舱口驳、敞舱驳等；按用途不同，可分为客驳、货驳、油驳、泥驳、集装箱驳等。

泊松分布/Poisson 分布

Bósōng fēnbù/Poisson ㄈㄣ ㄅㄨˋ

Poisson distribution

【数】台湾又称“Poisson 分配”。离散型随机变量的一种概率分布。若随机变量 X 取值为 k 的概率 $P(X=k)=\frac{\lambda^k e^{-\lambda}}{k!}(k=0,1,\cdots)$，式中 $\lambda>0$ 是参数，则称 X 服从泊松分布，简记作 $X\sim P(\lambda)$。

📖 泊松分布是法国数学家泊松(Poisson，1781—1840)研究二项分布的近似公式时提出的，故名。在管理科学、运筹学和自然科学的某些问题中有重要作用。

泊位/泊位 bówèi/ㄅㄛˊ ㄨㄟˋ

berth

【水利】港区内能够安全停泊并进行装卸作业所需要的水域和相应设施。一艘船舶所需要的为一个泊位。

B

柏拉圖原理
ㄅㄛˊ ㄌㄚ ㄊㄨˊ ㄩㄢˊ ㄌㄧˇ/Bólātú yuánlǐ
Pareto's law, Pareto principle
【物流】台湾名。即"帕累托定律"(851 页)。

勃起/勃起 bóqǐ/ㄅㄛˊ ㄑㄧˇ
erection
【医】男性的阴茎或女性的阴蒂、乳头膨胀变硬的状态和过程。通常指男性阴茎海绵体充血而将阴茎撑起,阴茎变粗、变硬、变长的生理过程。

勃起功能障碍/勃起功能障礙
bóqǐ gōngnéng zhàng'ài/
ㄅㄛˊ ㄑㄧˇ ㄍㄨㄥ ㄋㄥˊ ㄓㄤˋ ㄞˋ
erectile dysfunction, ED
【医】阴茎不能勃起,或不能维持足够的勃起以获得满意性生活的症状。见于老年性功能减退及疲劳、焦虑、不安、醉酒等。服用某些药物、脊髓损伤、盆腔会阴部手术后也会出现这种情况。

铂/鉑 bó/ㄅㄛˊ
platinum
【化】俗称"白金"。金属元素。属周期表第Ⅷ B 族。符号 Pt,原子序数 78。原子量 195.078。自然界多以自然铂存在,也常与其他铂系金属共生。单质为银白色金属,质软,延展性好,灰色的海绵铂及铂黑粉均有吸收气体的能力,尤其能吸收大量氢气。化学性质稳定,耐腐蚀。铂黑、披铂石棉等可作催化剂。极薄的铂片(厚度约 100 个原子)作为保护层用于导弹头和喷气发动机燃料喷嘴上,铂和铂铑合金用于制热电偶,铱铂合金用于制钢笔尖。

📖 1735 年,西班牙的德乌罗阿(D.de Ulloa)在南美洲平托河畔废弃的金矿石中发现铂,当时称为平托河畔的银;1752 年,瑞典的谢费尔(T.Scheffer)才确认其为一种独立的新金属,他称之为白金。拉丁文定名为 platinum,源自西班牙语 platinadel pinto,意思是"平托河畔的银"。中文定名为"铂",是形声字。

博风板/博風板
bófēngbǎn/ㄅㄛˊ ㄈㄥ ㄅㄢˇ
gable eave board
【建】又称"博缝板"。在悬山或歇山式屋顶,为保护檩头,沿着屋面坡度,钉在桁头上面的人字形木板。

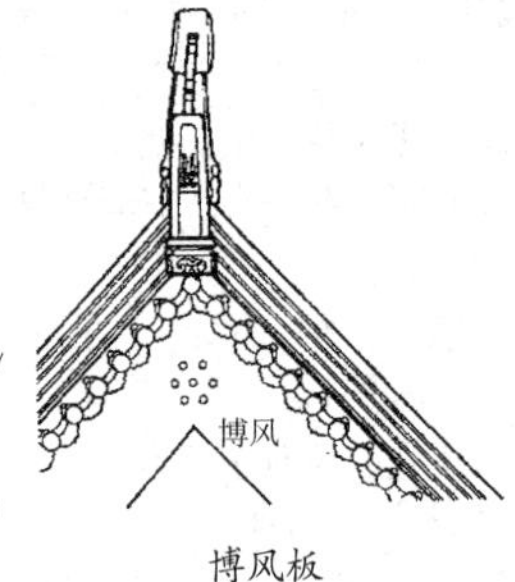

博风板

博缝板
bófèngbǎn/
ㄅㄛˊ ㄈㄥˋ ㄅㄢˇ
【建】即"博风板"(80 页)。

博客/部落格
bókè/ㄅㄨˋ ㄌㄨㄛˋ ㄍㄜˊ
blog
【信息】个人在万维网上以不相关联的帖子形式公布的日记。多以日期倒序排列,即最近的帖子首先出现。

📖 英文 blog 是 web log(万维网日志)的缩合语。

渤海/渤海 Bó Hǎi/ㄅㄛˊ ㄏㄞˇ
Bohai Sea
【地】海名。位于辽宁、河北、天津和山东之间。基本被陆地所环抱,仅东部以渤海海峡与黄海相通,是中国的内海,面积 7.72 万平方千米,平均水深 18 米,最深达 70 米。盛产对虾、黄鱼。沿岸盐田较多。

渤海海峡/渤海海峽
Bóhǎi Hǎixiá/ㄅㄛˊ ㄏㄞˇ ㄏㄞˇ ㄒㄧㄚˊ
Bohai Strait
【地】海峡名。位于辽东半岛与山东半岛之间,是连通渤海与黄海的唯一通道。海峡南北相距约 105 千米,水深最深达 78 米。

渤海湾/渤海灣
Bóhǎi Wān/ㄅㄛˊ ㄏㄞˇ ㄨㄢ
Bohai Bay
【地】海湾名。渤海三大海湾之一。位于渤海西部,在黄河口与大清河口一线以西。面积 1.59 万平方千米。有海河、蓟运河等注入。水深 12.5 米,最深达 25 米。沿岸有中国最大的盐场——长芦盐区。海底石油、天然气蕴藏丰富。

鲌/鮊 bó/ㄅㄛˊ

culter

【动】鱼名。硬骨鱼纲鲤科。身体侧扁,口大,上翘,腹面有肉棱,臀鳍延长。生活在淡水中,以鱼虾和水中昆虫等为食。种类很多,中国江河湖泊均有分布,是重要的经济鱼类。

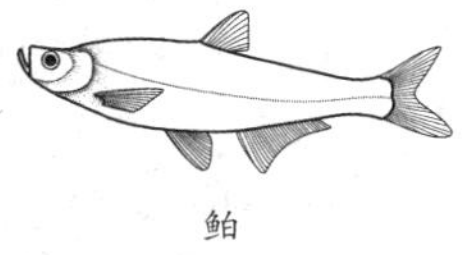
鲌

箔 ㄅㄛˊ/bó

foil

【材】台湾名。即“箔材”(81 页)。

箔材/箔 bócái/ㄅㄛˊ

foil

【材】又称“超薄带”。厚度小于 0.1 毫米的金属板带材。

薄壳结构建筑/薄殼結構建築

bóké jiégòu jiànzhù/

ㄅㄛˊ ㄎㄜˊ ㄐㄧㄝˊ ㄍㄡˋ ㄐㄧㄢˋ ㄓㄨˋ

shell construction

【建】屋盖为曲面壳体的刚性空间结构的建筑。常用的壳体有球壳、筒(柱面)壳、圆锥壳、旋转壳、抛物面壳、双曲扁壳和双曲抛物面壳等。壳体的厚度薄,自重轻,强度大,材料消耗少,但施工复杂,某些壳体(如球壳)易产生回声现象,壳体的内部空间较大,容易造成空间的浪费。

薄膜分離

ㄅㄛˊ ㄇㄛˋ ㄈㄣ ㄌㄧˊ/bómó fēnlí

membrane separation

【环】台湾名。即“膜分离”(807 页)。

薄膜建筑/薄膜建築

bómó jiànzhù/ㄅㄛˊ ㄇㄛˋ ㄐㄧㄢˋ ㄓㄨˋ

membrane structure

【建】用薄膜材料做围护结构的建筑。薄膜多为纤维织物,如合成纤维、玻璃纤维、金属纤维的织物,表面敷加聚酯薄膜、金属薄膜等涂层。建筑重量轻,建造快,可折叠,易携带,适用于临时和流动性建筑。薄膜材料强度高,透明度好,耐温,具有防水、防火、防尘、防紫外线等功能。按空间承托方式不同,可分为充气薄膜建筑和篷帐薄膜建筑两类。

薄型梳毛呢

ㄅㄛˊ ㄒㄧㄥˊ ㄕㄨ ㄇㄠˊ ㄋㄧˊ/bóxíng shūmáoní

tropical suiting

【纺】台湾名。即“凡立丁”(310 页)。

薄荷/薄荷

bòhe/ㄅㄛˋ・ㄏㄜ

㊀ mint, ㊁ Herba Menthae(拉), peppermint

㊀【植】*Mentha haplocalyx* 唇形科薄荷属。多年生草本植物。全株芳香。茎直立,有四棱,被毛。叶长圆状披针形,边缘有齿,沿脉生毛。轮伞花序腋生,花萼管状钟形,花冠漏斗形,淡紫色,冠檐四裂,上裂片稍大,先端二裂。花期 7—9 月份。在中国,分布于各地。全草入药。㊁【中医】中药名。唇形科植物薄荷 *Mentha haplocalyx* Briq.的干燥地上部分。味辛,性凉。归肺、肝经。宣散风热,清头目,透疹。用于风热感冒,风温初起,头痛,目赤,喉痹,口疮,风疹,麻疹,胸胁胀闷。

薄 荷

薄荷醇/薄荷腦

bòhechún/ㄅㄛˋ・ㄏㄜ ㄋㄠˇ

mentha-camphor, menthol

【化】又称“薄荷脑”。有机化学品。通常为无色针状晶体,有薄荷香气,分为左旋、右旋和消旋三个旋光异构体。由天然薄荷油分离所得的是左旋薄荷醇,合成薄荷醇是各种异构体的混合物。有杀菌和防腐作用,可用于食品加香或医药。

薄荷脑/薄荷腦

bòhenǎo/ㄅㄛˋ・ㄏㄜ ㄋㄠˇ

【化】即“薄荷醇”(81 页)。

薄荷油/薄荷油

bòheyóu/ㄅㄛˋ・ㄏㄜ ㄧㄡˊ

peppermint oil

【化】又称“薄荷原油”。薄荷的叶和茎经水蒸气蒸馏而得的精油。

薄荷原油

bòhe yuányóu/ㄅㄛˋ・ㄏㄜ ㄩㄢˊ ㄧㄡˊ

【化】即“薄荷油”(81 页)。

B

bu （ㄅㄨ）

卟吩/卟吩 bǔfēn/ㄅㄨˇ ㄈㄣ

porphine

【化】有机化合物。化学式$C_{20}H_{14}N_4$。片状晶体，深红色，加热至360℃变黑。是叶绿素、血红素的重要组成部分。

卟啉/卟啉 bǔlín/ㄅㄨˇ ㄌㄧㄣˊ

porphyrin

【化】有机化合物。通常是卟吩环与金属连在一起构成一个更大的环状结构，是血红蛋白、细胞色素和叶绿素分子等的基本组成部分。

补充观测/輔助觀測

bǔchōng guāncè/ㄈㄨˇ ㄓㄨˋ ㄍㄨㄢ ㄘㄜˋ

supplementary observation

【气】天气观测的一类。在基本天气观测和辅助天气观测时次之间，为满足某些特殊需要而进行的观测。具体观测时次及观测项目按需而定。

补丁/修補 bǔdīng/ㄒㄧㄡ ㄅㄨˇ

patch

【信息】计算机技术中，无须再从源程序重新汇编或编译，而对某一对象模块或已装载程序所做的直接修改。

补法/補法 bǔfǎ/ㄅㄨˇ ㄈㄚˇ

invigoration method, tonifying method

【中医】又称"补益法"。内治法之一。用具有益气、补血、滋阴、温阳作用的方药，治疗各种虚证。

补骨脂/補骨脂 bǔgǔzhī/ㄅㄨˇ ㄍㄨˇ ㄓ

Fructus Psoraleae(拉), malaytea scurf-pea fruit, * psoralea fruit

【中医】中药名。豆科植物补骨脂 *Psoralea corylifolia* L.的干燥成熟果实。味辛、苦，性温。归肾、脾经。温肾助阳，纳气，止泻。用于阳痿遗精，遗尿尿频，腰膝冷痛，肾虚作喘，五更泄泻；外用治白癜风、斑秃。

📖 补骨脂从海外传到中国，原译为"婆固脂"，后称为"破故纸"，最终演化为现名"补骨脂"。

补货/補貨 bǔhuò/ㄅㄨˇ ㄏㄨㄛˋ

replenishment

【物流】拣货区的存货量低于设定标准时，将货物从仓库保管区搬运到拣货区的作业。也指按照商品各自既定的陈列位置，定时或不定时地将商品补充到货架上去的作业。

补集/餘集 bǔjí/ㄩˊ ㄐㄧˊ

complementary set

【数】又称"余集"。由全集 U 中所有不属于集合 A 的元素所组成的集合，叫作 A 相对于 U 的补集，记作 $\complement_U A$，即 $\complement_U A = U - A = \{x \mid x \in U 且 x \notin A\}$。例如，有理数集相对于实数集的补集是无理数集。

补给舰/補給艦 bǔjǐjiàn/ㄅㄨˇ ㄐㄧˇ ㄐㄧㄢˋ

replenishing ship

【军】又称"航行补给舰""海上补给舰"。为海上航行舰艇实施直接补给的勤务舰船。通常伴随舰艇编队航行，在航行中对舰艇进行燃料、滑油、淡水、食品、武器弹药、军需物资补给和人员输送，以扩大舰艇作战海区范围，提高持续作战能力。

补角/補角 bǔjiǎo/ㄅㄨˇ ㄐㄧㄠˇ

supplementary angle

【数】若两角的和等于180°，则这两个角互为补角（简称"互补"）。

补码/補數 bǔmǎ/ㄅㄨˇ ㄕㄨˋ

complement

【信息】从规定的数减去给定的数所得的数。数的负数多以其补码表示。在固定基数记法中，规定的数大多是基数的幂或基数的给定幂减1。

补苗/補苗 bǔmiáo/ㄅㄨˇ ㄇㄧㄠˊ

filling up seedling

【农】作物幼苗出土后，发现有缺苗断垄现象时，采取移苗或补种的方法把苗补足。

补气 bǔqì/ㄅㄨˇ ㄑㄧˋ

【中医】即"益气"（1341页）。

补强/強化 bǔqiáng/ㄑㄧㄤˊ ㄏㄨㄚˋ

reinforcing

【材】材料改性技术的一种。如陶瓷中加入纤维、晶须、颗粒等组分，获得增韧和提高强度；橡胶中加入炭黑、二氧化硅（白炭黑）、纤维及织物等提高橡胶制品的力学性能，或提高硫化胶的耐磨、抗撕裂性能、拉伸强度。

补体/補體 bǔtǐ/ㄅㄨˇ ㄊㄧˇ

complement

【医】存在于血清与组织液中的一组经活化后具有酶活性的蛋白质。是一个具有精密调控机制的蛋白质反应系统,具有调理吞噬、裂解细胞、介导炎症、免疫调节和清除免疫复合物等多种生物学效应。

补血/補血 bǔxuè/ㄅㄨˇ ㄒㄧㄝˋ

replenishing blood, * supplement the blood

【中医】补法的一种。用具有补养血液作用的方药治疗血虚证。

补阳/補陽 bǔyáng/ㄅㄨˇ ㄧㄤˊ

tonifying yang, * supplement yang

【中医】补法的一种。用具有温补阳气作用的方药治疗阳虚证。

补益法 bǔyìfǎ/ㄅㄨˇ ㄧˋ ㄈㄚˇ

【中医】即“补法”(82 页)。

补中益气汤/補中益氣湯

bǔzhōng-yìqìtāng/ㄅㄨˇ ㄓㄨㄥ ㄧˋ ㄑㄧˋ ㄊㄤ

buzhong yiqi decoction, buzhong-yiqi tang, * Center-Supplementing Qi-Boosting Decoction

【中医】中医方剂名。组成:黄芪 18 克,炙甘草 9 克,人参 6 克,当归 3 克,陈皮 6 克,升麻 6 克,柴胡 6 克,白术 9 克。水煎服。补中益气,升阳举陷。治疗脾胃气虚证,食少便溏,体倦肢软,少气懒言,面色㿠白,或气虚下陷证,脱肛,子宫脱垂,久泻,久痢,崩漏等,或气虚发热证,身热,自汗,渴喜热饮,气短乏力等。

哺乳动物/哺乳動物

bǔrǔ dòngwù/ㄅㄨˇ ㄖㄨˇ ㄉㄨㄥˋ ㄨˋ

mammal

【动】脊椎动物亚门哺乳纲(Mammalia)动物的统称。身体通常分为头、颈、躯干、尾和四肢,体表被毛,体温恒定。体腔内有膈,脑高度发展。雌体有乳腺,用乳汁哺育幼体。可分为卵生哺乳动物(如鸭嘴兽、针鼹)和胎生哺乳动物(如鼠、猪、猴、熊、鲸、蝙蝠)。绝大多数为胎生,有胎盘。

哺乳期/哺乳期

bǔrǔqī/ㄅㄨˇ ㄖㄨˇ ㄑㄧ

lactation

【医】产妇用自己的乳汁喂养婴儿的一段时期,通常 10 个月至 1 年。

補給船 ㄅㄨˇ ㄐㄧˇ ㄔㄨㄢˊ/bǔjǐchuán

tender, supply ship

【船】台湾名。即“供应船”(415 页)。

補數 ㄅㄨˇ ㄕㄨˋ/bǔshù

complement

【信息】台湾名。即“补码”(82 页)。

不饱和脂肪酸/不飽和脂肪酸

bùbǎohé zhīfángsuān/ㄅㄨˋ ㄅㄠˇ ㄏㄜˊ ㄓ ㄈㄤˊ ㄙㄨㄢ

unsaturated fatty acid

【化】含有不饱和烃基的脂肪酸。按双键个数的不同,可分为单不饱和脂肪酸ω-9 和多不饱和脂肪酸ω-3,ω-6。

📖 ω指长链脂肪酸分子中倒数的双键位置。ω-9 主要指油酸,人体摄入ω-9 只会降低低密度脂蛋白胆固醇,而把高密度脂蛋白胆固醇留下来,有利于胆固醇的代谢。ω-6 和ω-3 存在竞争抑制,理想的ω-6/ω-3 比值应为 2∶1 至 10∶1,比例失衡对人体会造成危害。特别是ω-6 过多将干扰人体对ω-3 的利用,易诱发肿瘤。

不沉性/不沈性

bùchénxìng/ㄅㄨˋ ㄔㄣˊ ㄒㄧㄥˋ

insubmersibility

【船】又称“抗沉性”。船舶在一舱或数舱破损进水后,仍保持一定浮性和稳性而不至于沉没和倾覆的能力。通常利用水密舱壁将船体分隔成许多水密的舱室,一旦某舱室破损浸水后,水不致浸入邻舱,从而减小浮力和稳性的损失,保证船舶安全。

不等边三角形/不規則三角形

bùděngbiān sānjiǎoxíng/ㄅㄨˋ ㄍㄨㄟ ㄗㄜˊ ㄙㄢ ㄐㄧㄠˇ ㄒㄧㄥˊ

scalene triangle

【数】三边都不相等的三角形。不等边三角形的三个角都不相等,较大的边所对的角也较大。

不等号/不等號

bùděnghào/ㄅㄨˋ ㄉㄥˇ ㄏㄠˋ

sign of inequality

【数】表示不等关系的符号“≠”。也包括表示大小关系的符号“<”(小于号)、“>”(大于号)及“$\leqslant$”(小于等于号)、“$\geqslant$”(大于等于号)。

不等式/不等式 bùděngshì/ㄅㄨˋ ㄉㄥˇ ㄕˋ

inequality

【数】用不等号连接数或式而成的式子。例如 $1<2, x-y\geqslant 5, a^2\neq(a+1)(a-1)$ 等。若不等式 $a<b$ 成立,则有 $a+c<b+c, a\times c<b\times c(c>0)$, $a\times c>b\times c(c<0)$成立。

不等式的解集/不等式的解集

bùděngshì de jiějí/

ㄅㄨˋ ㄉㄥˇ ㄕˋ·ㄉㄜ ㄐㄧㄝˇ ㄐㄧˊ

solution set of inequality

【数】由一个不等式的所有解所组成的集合,叫作这个不等式的解集。例如,不等式 $5x+4>4x+10$ 的解集是$\{x\mid x>6, x\in \mathbf{R}\}$,不等式 $x^2+1>0$ 的解集是实数集 $\mathbf{R}$。

不定方程/不定方程

bùdìng fāngchéng/ㄅㄨˋ ㄉㄧㄥˋ ㄈㄤ ㄔㄥˊ

indeterminate equation

【数】存在无穷多个解的方程。例如,方程 $x+y=1$存在无穷多个解$\begin{cases}x=1\\y=0\end{cases}$, $\begin{cases}x=0\\y=1\end{cases}$, $\begin{cases}x=-1\\y=2\end{cases}$, $\begin{cases}x=2\\y=-1\end{cases}$, $\cdots$, $x+y=1$ 是不定方程。通常讨论不定方程问题,多指在某种条件下求整系数代数方程的整数解问题。这样的方程也称为丢番图方程。例如,方程 $ax+by=1$(其中 a,b 为整数)有整数解的充要条件为$(a,b)=1$。

不定根/不定根

bùdìnggēn/ㄅㄨˋ ㄉㄧㄥˋ ㄍㄣ

adventitious root

【植】除主根和侧根以外的,在植物体上生成的根。

不定积分/不定積分

bùdìng jīfēn/ㄅㄨˋ ㄉㄧㄥˋ ㄐㄧ ㄈㄣ

indefinite integral

【数】函数 $f(x)$ 的全体原函数叫作 $f(x)$ 的不定积分,记作 $\int f(x)\,\mathrm{d}x$。设 $F(x)$ 是 $f(x)$ 的一个原函数,则 $\int f(x)\,\mathrm{d}x=F(x)+C$,其中 C 是任意常数。例如,x^2 是 $2x$ 的一个原函数,$\int 2x\mathrm{d}x=x^2+C$。求函数 $f(x)$ 的不定积分的运算叫作积分 $f(x)$。

不发酵茶

bùfājiàochá/ㄅㄨˋ ㄈㄚ ㄐㄧㄠˋ ㄔㄚˊ

【轻】即“绿茶”(83 页)。

不规则三角形

ㄅㄨˋ ㄍㄨㄟ ㄗㄜˊ ㄙㄢ ㄐㄧㄠˇ ㄒㄧㄥˊ/

bùguīzé sānjiǎoxíng

scalene triangle

【数】台湾名。即“不等边三角形”(83 页)。

不活化疫苗

ㄅㄨˋ ㄏㄨㄛˊ ㄏㄨㄚˋ ㄧˋ ㄇㄧㄠˊ/bùhuóhuà yìmiáo

inactivated vaccine

【医】台湾名。即“灭活疫苗”(802 页)。

不间断供电系统/不中斷電力系統

bùjiànduàn gōngdiàn xìtǒng/

ㄅㄨˋ ㄓㄨㄥ ㄉㄨㄢˋ ㄉㄧㄢˋ ㄌㄧˋ ㄒㄧˋ ㄊㄨㄥˇ

uninterruptible power system

【信息】可保证不受外部干扰,不中断地供给稳压、稳频交流电的电源系统。由整流器、逆变器、蓄电池组及静态开关等组成。

不均匀層

ㄅㄨˋ ㄐㄩㄣ ㄩㄣˊ ㄘㄥˊ/bùjūnyúncéng

heterosphere

【气】台湾名。即“非均质层”(332 页)。

不可能事件/不可能事件

bùkěnéng shìjiàn/ㄅㄨˋ ㄎㄜˇ ㄋㄥˊ ㄕˋ ㄐㄧㄢˋ

impossible event

【数】在一定条件下一定不会发生的事件,叫作相对于这种条件的不可能事件。不可能事件的概率为 0。例如,“水结成冰”是相对于“标准大气压下温度达到 10℃”这个条件的不可能事件。在此条件下,“水结成冰”的概率为 0。

📖 必然事件和不可能事件都是试验之前已知结果的事件,为区别于随机事件,也称它们为确定性事件。

不可约分式

bùkěyuē fēnshì/ㄅㄨˋ ㄎㄜˇ ㄩㄝ ㄈㄣ ㄕˋ

【数】即“最简分式”(1518 页)。

不可约分数/不可約分數

bùkěyuē fēnshù/ㄅㄨˋ ㄎㄜˇ ㄩㄝ ㄈㄣ ㄕㄨˋ

irreducible fraction

【数】又称“既约分数”。不可约分的分数。即分子和分母没有 1 以外的公约数的分数，例如$\frac{1}{3}$，$\frac{2}{5}$。

不可約根 ㄅㄨˋ ㄎㄜˇ ㄩㄝ ㄍㄣ/bùkěyuēgēn
irreducible radical
【数】台湾名。即“最简根式”(1518 页)。

不連續點
ㄅㄨˋ ㄌㄧㄢˊ ㄒㄩˋ ㄉㄧㄢˇ/bùliánxùdiǎn
discontinuous point
【数】台湾名。即“间断点”(601 页)。

不寐/不寐 bùmèi/ㄅㄨˋ ㄇㄟˋ
insomnia
【中医】❶中医内科疾病之一。因情志、饮食、内伤或病后及年迈、禀赋不足、心虚胆怯等，引起心神失养或心神不安所致，症见不易入睡或睡眠短浅易醒，甚至整夜不能入睡等。治宜补虚泻实，调整阴阳。肝郁化火证，宜疏肝泻热，佐以安神，可用龙胆泻肝汤加味；痰热内扰证，宜化痰清热，和中安神，可用温胆汤加味；阴虚火旺证，宜滋阴降火，养心安神，可分别选用黄连阿胶汤、朱砂安神丸等；心脾两虚证，宜补养心脾，以生气血，可用归脾汤；心胆气虚证，宜益气镇惊，安神定志，可用安神定志丸。❷这种疾病的症状。

不确定关系/不確定關係
bùquèdìng guānxi/
ㄅㄨˋ ㄑㄩㄝˋ ㄉㄧㄥˋ ㄍㄨㄢ·ㄒㄧ
【物】“不确定度关系”的简称。

不确定度关系/不確定關係
bùquèdìngdù guānxi/
ㄅㄨˋ ㄑㄩㄝˋ ㄉㄧㄥˋ ㄍㄨㄢ·ㄒㄧ
uncertainty relation
【物】简称“不确定关系”。量子力学的一个基本原理。在微观物理学中，如果准确地确定粒子的位置(即$\triangle X$ 更小)，则动量的测量一定会不准确(即$\triangle p$ 更大)。数学表达式是$\triangle X \triangle p \geqslant h/4\pi$，式中的 h 是普朗克常量。德国物理学家海森伯(Werner Karl Heisenberg，1901—1976)在 1927 年首先提出。

不随意识记
bùsuíyì shíjì/ㄅㄨˋ ㄙㄨㄟˊ ㄧˋ ㄕˊ ㄐㄧˋ
【心】即“无意识记”(1208 页)。

不随意注意
bùsuíyì zhùyì/ㄅㄨˋ ㄙㄨㄟˊ ㄧˋ ㄓㄨˋ ㄧˋ
【心】即“无意注意”(1209 页)。

不透水层/不透水層
bùtòushuǐcéng/ㄅㄨˋ ㄊㄡˋ ㄕㄨㄟˇ ㄘㄥˊ
aquifuge
【地】见“透水层”(1147 页)。

不完全变态/不完全變態
bùwánquán biàntài/
ㄅㄨˋ ㄨㄢˊ ㄑㄩㄢˊ ㄅㄧㄢˋ ㄊㄞˋ
incomplete metamorphosis
【动】昆虫变态的一个类型。昆虫在个体发育过程中，只经过卵、若虫和成虫三个时期。如蝗虫、蝼蛄等即为不完全变态昆虫。

不完全蛋白质/不完全蛋白質
bùwánquán dànbáizhì/
ㄅㄨˋ ㄨㄢˊ ㄑㄩㄢˊ ㄉㄢˋ ㄅㄞˊ ㄓˋ
incomplete protein
【医】所含必需氨基酸种类不全，不能维持生命，也不能促进生长发育的蛋白质。如肉皮中的胶原蛋白。
📖 各种食物中蛋白质的营养价值并不相同，因为在不同蛋白质中，氨基酸尤其是必需氨基酸的组成是不同的。不同食物混合食用提高了蛋白质的营养价值，这种现象称为蛋白质互补作用。动物性食物与植物性食物混合食用的效果也很好。

不完全花/不完全花
bùwánquánhuā/ㄅㄨˋ ㄨㄢˊ ㄑㄩㄢˊ ㄏㄨㄚ
incomplete flower
【植】缺少萼片、花瓣、雄蕊、雌蕊中的 1～3 部分花器官的花。

不稳定流/非穩定流
bùwěndìngliú/ㄈㄟ ㄨㄣˇ ㄉㄧㄥˋ ㄌㄧㄡˊ
unsteady flow
【物】又称“非定常流”。速度、压力、密度和温度中的一个或多个参数随时间波动的流动。

不稳定平衡/不穩平衡
bùwěndìng pínghéng/ㄅㄨˋ ㄨㄣˇ ㄆㄧㄥˊ ㄏㄥˊ
unstable equilibrium
【物】又称“不稳平衡”。平衡的一种。处于平衡状态的力学系统在受到外力的微小作用后，趋向于越来越远离平衡位置的平衡。

B

不稳平衡/不穩平衡

bùwěn pínghéng/ㄅㄨˋ ㄨㄣˇ ㄆㄧㄥˊ ㄏㄥˊ

【物】即“不稳定平衡”(85 页)。

不相容事件/互斥事件

bùxiāngróng shìjiàn/ㄏㄨˋ ㄔˋ ㄕˋ ㄐㄧㄢˋ

mutually exclusive events

【数】若一次试验中,事件 A,B 不会同时发生,则称 A,B 为不相容事件。例如,掷一枚骰子,A=“出现 1 点”,B=“出现 2 点”,A,B 不相容。

📖 若事件 A,B 不相容,则(1)A,B 同时发生的概率为 0,即 $P(AB)=0$;(2)A 或 B 发生的概率等于 A,B 各自发生的概率之和,即 $P(A\cup B)=P(A)+P(B)$。

不锈钢/不銹鋼

bùxiùgāng/ㄅㄨˋ ㄒㄧㄡˋ ㄍㄤ

stainless steel

【材】具有抵抗大气、酸、碱、盐等腐蚀作用的合金钢。按组织不同,可分为奥氏体不锈钢、马氏体不锈钢、铁素体不锈钢和沉淀硬化不锈钢等。常用的有铬不锈钢和铬镍不锈钢,抗腐蚀,具有良好的力学和工艺性能。多用于制造化工机件、耐热的机械零件、餐具等。

不育/不育 bùyù/ㄅㄨˋ ㄩˋ

sterility

【中医】中医男科疾病之一。以育龄男子婚后女方健康,有正常性生活,未采取避孕措施而两年内不能生育为主要表现。

不孕/不孕 bùyùn/ㄅㄨˋ ㄩㄣˋ

infertility

【医】有正常性生活,未采取避孕措施而两年内未妊娠的状况。

不孕性花/不孕性花

bùyùnxìnghuā/ㄅㄨˋ ㄩㄣˋ ㄒㄧㄥˋ ㄏㄨㄚ

infertility flower

【植】不结种子的花。

不孕症/不孕症

bùyùnzhèng/ㄅㄨˋ ㄩㄣˋ ㄓㄥˋ

infertility

【中医】中医妇科疾病之一。症见育龄期女子婚后或末次妊娠后,夫妇同居两年以上,男方生殖功能正常,未避孕而不受孕。主要治则温养肾气,调理气血。肾气虚证,宜补肾益气,填精益髓,可用毓麟珠;肾阳虚证,宜温肾助阳,化湿固精,用温胞饮;肾阴虚证,宜滋肾养血,调补冲任,用养精种玉汤;肝郁证,治宜疏肝解郁,理血调经,可用百灵调肝汤;痰湿证,治宜燥湿化痰,理气调经,可用启宫丸;血瘀证,治宜活血化瘀,温经通络,可用少腹逐瘀汤等。

不整合/不整合

bùzhěnghé/ㄅㄨˋ ㄓㄥˇ ㄏㄜˊ

unconformity

【地】同一地区新老两套地层间有明显沉积间断面的接触关系。包括角度不整合和假整合。

📖 岩层接触关系反映新老地层沉积时期的沉积环境变化。上下两套地层形成期间,该区如果一直处于水下连续接受沉积,未露出水面遭受剥蚀,没有明显的沉积间断,则上下地层间为整合关系。下部地层沉积后,该区上升为陆,遭受剥蚀,后期该区重新下降,沉积上部地层,上下地层间沉积作用中断,为不整合关系。如果上部地层沉积前,下部地层未受过明显构造影响,上下地层产状基本一致,则上下地层间为假整合关系。如果上部地层沉积前,下部地层受构造运动影响发生褶皱或倾斜,上下地层产状明显不一致,则为角度不整合关系。

不織布 ㄅㄨˋ ㄓ ㄅㄨˋ/bùzhībù

nonwoven fabric

【纺】台湾名。即“非织造布”(334 页)。

不中斷電力系統

ㄅㄨˋ ㄓㄨㄥ ㄉㄨㄢˋ ㄉㄧㄢˋ ㄌㄧˋ ㄒㄧˋ ㄊㄨㄥˇ/bùzhōngduàn diànlì xìtǒng

uninterruptible power system

【信息】台湾名。即“不间断供电系统”(84 页)。

不自主注意

ㄅㄨˋ ㄗˋ ㄓㄨˇ ㄓㄨˋ ㄧˋ/bùzìzhǔ zhùyì

involuntary attention

【心】台湾名。即“无意注意”(1209 页)。

不足近似值/偏小近似值

bùzú jìnsìzhí/ㄆㄧㄢ ㄒㄧㄠˇ ㄐㄧㄣˋ ㄙˋ ㄓˊ

lower approximate value

【数】近似值的一种。小于准确值的近似值。例如，3.1415 是圆周率 π 的不足近似值。

布/布 bù/ㄅㄨˋ

cloth，fabric

【纺】纺织品短纤维片状材料的统称。多指棉类和麻类机织物或针织物。棉的机织物称为棉布，麻的机织物称为麻布，某些针织品的坯布（如汗衫的坯布）旧称为汗布，非织造布旧称无纺布。

布达拉宫/布達拉宫

Bùdálā Gōng/ㄅㄨˋ ㄉㄚˊ ㄌㄚ ㄍㄨㄥ

Potala Palace

【建】中国古代建筑。在西藏拉萨市西北的玛布日山上，相传始建于公元 7 世纪吐蕃松赞干布王朝时期，是一座规模宏大的宫堡式建筑群。后屡次修筑，现存建筑是清顺治二年（公元 1645 年）由五世达赖重建，成为历代达赖喇嘛办公和居住的地方。宫堡群依山而立，十三层，最高点距地面 117.19 米，东西长 400 余米，石木结构，平面方形，建筑面积 16 万多平方米。内有宫殿、经堂、佛殿以及历代达赖的灵塔殿等，周围有回廊联系。墙身由花岗石砌成，整体建筑雄伟壮观。是藏族建筑艺术的精华。

布尔代数/Boole 代數

Bù'ěr dàishù/Boole ㄉㄞˋ ㄕㄨˋ

Boolean algebra

【数】又称"逻辑代数"。英国数理逻辑学家布尔（G.Boole）为把逻辑运算形式化而提出的代数系统。它是一个有序四元组 $\langle B, \vee, \wedge, * \rangle$，其中 B 是非空集合，$\vee$ 与 $\wedge$ 是定义在 B 上的两个二元运算，$*$ 是定义在 B 上的一个一元运算，它们满足（1）$a \vee b = b \vee a$，$a \wedge b = b \wedge a$；（2）$(a \vee b) \vee c = a \vee (b \vee c)$，$(a \wedge b) \wedge c = a \wedge (b \wedge c)$；（3）$(a \wedge b) \vee b = b$，$(a \vee b) \wedge b = b$；（4）$a \wedge (b \vee c) = (a \wedge b) \vee (a \wedge c)$，$a \vee (b \wedge c) = (a \vee b) \wedge (a \vee c)$；（5）$(a \wedge a^{*}) \vee b = b$，$(a \vee a^{*}) \wedge b = b$。运算 $\vee$，$\wedge$，$*$ 与命题演算的"或""且""非"对应，从而实现了逻辑运算代数化。布尔代数在自动化技术和计算机技术的逻辑设计方面有重要应用。

布谷 bùgǔ/ㄅㄨˋ ㄍㄨˇ

【动】即"杜鹃"（281 页）。

布管船

ㄅㄨˋ ㄍㄨㄢˇ ㄔㄨㄢˊ/bùguǎnchuán

pipelaying vessel

【船】台湾名。即"铺管船"（879 页）。

布朗运动/布朗運動

Bùlǎng yùndòng/ㄅㄨˋ ㄌㄤˇ ㄩㄣˋ ㄉㄨㄥˋ

Brownian motion

【物】悬浮在液体中的微粒的无规则运动。由于受到周围液体分子的不平衡碰撞而引起。因英国植物学家布朗（R. Brown，1773—1858）在 1827 年首先发现，故名。

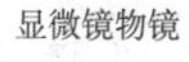
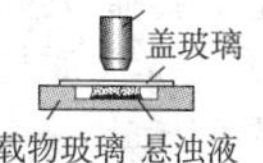

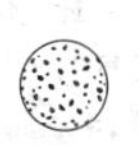
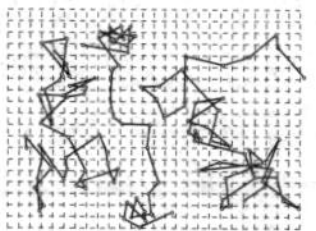

甲 实验装置　乙 显微镜下看到的微粒　丙 显微镜下看到的三颗微粒运动位置的连线

布朗运动

布雷舰/布雷艦 bùléijiàn/ㄅㄨˋ ㄌㄟˊ ㄐㄧㄢˋ

mine-laying ship

【军】用于在基地、港口附近、航道、近岸海区及江河湖泊布设水雷障碍的水面战斗舰艇。装载水雷较多，布雷定位精度较高，但隐蔽性较差，防御能力较弱，适于在己方兵力掩护下进行防御布雷。满载排水量 600～6000 吨，航速 12～30 节。可分为远程布雷舰和基地布雷舰。战时布雷，平时兼作扫雷母舰、训练舰、潜艇母舰、快艇母舰、指挥舰和供应舰等。

布雷直升机/布雷直升機

bùléi zhíshēngjī/ㄅㄨˋ ㄌㄟˊ ㄓˊ ㄕㄥ ㄐㄧ

mine -laying helicopter

【军】用于布设地雷、水雷和空飘雷的军用直升机。机动性好，布雷速度快，机动半径大，不受地形限制，适用于远距离或大面积快速布雷。有布雷槽布设、直接抛撒和空投布雷弹等布雷方式。

布里丹毛驴效应/布里丹毛驢效應

Bùlǐdān máolǘ xiàoyìng/ㄅㄨˋ ㄌㄧˇ ㄉㄢ ㄇㄠˊ ㄌㄩˊ ㄒㄧㄠˋ ㄧㄥˋ

Buridan's ass

【心】一种社会心理效应。由法国哲学家布里丹（J. Buridan，约 1295—约 1358）提出，他举例：一头毛驴在两捆完全相同的草之间，始终无法决定吃其中哪一捆，最后只得饿死。这个效应说明，在两个条件几乎相等的机遇面前，决策者犹豫不定、迟疑不决，终将会失去所有的机遇。

B

布氏桿菌症
ㄅㄨˋ ㄕˋ ㄍㄢˇ ㄐㄩㄣˋ ㄓㄥˋ/bùshì gǎnjūnzhèng
brucellosis
【化】台湾名。即“布氏菌病”(88 页)。

布氏菌病/布氏桿菌症
bùshìjūnbìng/ㄅㄨˋ ㄕˋ ㄍㄢˇ ㄐㄩㄣˋ ㄓㄥˋ
brucellosis
【医】由布氏菌引起的人畜共患传染病。主要通过皮肤黏膜和带有病菌的食物传播，人群普遍易感。表现为长期发热、多汗、关节痛及肝脾肿大等。病后可获较强免疫力。

布置總圖 ㄅㄨˋ ㄓˋ ㄗㄨㄥˇ ㄊㄨˊ/bùzhì zǒngtú
general arrangement
【船】台湾名。即“船舶总布置”(149 页)。

步兵战车/裝甲步兵戰防車
bùbīng zhànchē/
ㄓㄨㄤ ㄐㄧㄚˇ ㄅㄨˋ ㄅㄧㄥ ㄓㄢˋ ㄈㄤˊ ㄔㄜ
infantry fighting vehicle
【军】供步兵机动作战用的装甲战斗车辆。车上设有射击孔，步兵能乘车射击。主要用于协同坦克作战，其任务是快速机动步兵分队，消灭敌方轻型装甲车辆、步兵反坦克火力点、有生力量和低空飞行目标。有履带式和轮式两种。前者越野性能好，生存能力较强；后者造价低，耗油少，使用维修简便，公路行驶速度高。

步級電壓
ㄅㄨˋ ㄐㄧˊ ㄉㄧㄢˋ ㄧㄚ/bùjí diànyā
step voltage
【电】台湾名。即“跨步电压”(699 页)。

步进电动机/步進電動機
bùjìn diàndòngjī/ㄅㄨˋ ㄐㄧㄣˋ ㄉㄧㄢˋ ㄉㄨㄥˋ ㄐㄧ
stepping motor
【电】多相同步电动机的一种。定子绕组按一定程序励磁时，其转子按一定角位移(或直线位移)做增量运动。

步枪/來福槍 bùqiāng/ㄌㄞˊ ㄈㄨˊ ㄑㄧㄤ
rifle
【军】单兵肩射的长管枪械。主要用于发射枪弹，杀伤暴露的有生目标，有效射程为 300～400 米；也可用刺刀、枪托格斗；有的还可发射枪榴弹，具有点面杀伤和反装甲能力。按有无膛线不同，可分为线膛枪和滑膛枪；按装弹的自动化程度不同，可分为单发步枪、手动步枪、半自动步枪和自动步枪；按使用性能不同，可分为普通步枪、卡宾枪(骑枪)、突击步枪、狙击步枪、反坦克枪和反器材步枪。

步枪弹/步槍彈
bùqiāngdàn/ㄅㄨˋ ㄑㄧㄤ ㄉㄢˋ
rifle cartridge
【军】供步枪发射的枪弹。兼供机枪使用。主要用于杀伤较远距离的有生目标，有效射程通常为 200 米，要求有足够的侵彻杀伤威力。分为普通弹和特种弹两类。普通弹是步枪的主要弹种，特种弹包括穿甲弹、燃烧弹、曳光弹、爆炸弹、空包弹和橡皮弹等。

步槍來復線
ㄅㄨˋ ㄑㄧㄤ ㄌㄞˊ ㄈㄨˋ ㄒㄧㄢˋ/bùqiāng láifùxiàn
rifle
【军】台湾名。即“膛线”(1110 页)。

步石 bùshí/ㄅㄨˋ ㄕˊ
【建】即“汀步”(1136 页)。

步行蟲 ㄅㄨˋ ㄒㄧㄥˊ ㄔㄨㄥˊ/bùxíngchóng
ground beetle
【动】台湾名。即“地鳖”(219 页)。

步行街/步行街 bùxíngjiē/ㄅㄨˋ ㄒㄧㄥˊ ㄐㄧㄝ
pedestrian street
【建】城市中专供步行，禁止通行车辆或只准通行特种车辆的街道。大多是商业繁华地段。

钚/鈽 bù/ㄅㄨˋ
plutonium
【化】金属元素。属元素周期表第ⅢB 族(锕系)，符号 Pu，原子序数 94。原子量 244.0642。有放射性，由人工核反应获取。单质极毒，化学性质活泼。是重要的核燃料和核武器装料。

📖 1941 年，美国的西博格(G.Seaborg)等在用氘核轰击铀后的产物中发现这一新元素。拉丁文定名为 plutonium，源自 pluto，意思是“冥王星”(因“钚”在周期表中紧排在用“海王星”命名的“镎”之后)。中文定名原为“鈽”(1944 年)，后大陆改为“钚”(1951 年)，现台湾、港澳仍用“鈽”，都是形声字。

部分分式/部分分式
bùfen fēnshì/ㄅㄨˋ ㄈㄣˋ ㄈㄣ ㄕˋ
partial fraction
【数】将一个真分式化成几个真分式的代数和,这几个真分式叫作原来分式的部分分式。例如,$\frac{2x^2+2x-1}{x^3-1}=\frac{x+2}{x^2+x+1}+\frac{1}{x-1}$,分式$\frac{x+2}{x^2+x+1}$,$\frac{1}{x-1}$是分式$\frac{2x^2+2x-1}{x^3-1}$的部分分式。

部分切屑加工
ㄅㄨˋ ㄈㄣˋ ㄑㄧㄝ ㄒㄧㄝˋ ㄐㄧㄚ ㄍㄨㄥ/
bùfen qiēxiè jiāgōng
partial chipless machining
【机】台湾名。即“少切屑加工”(990 页)。

部件/次組合件 bùjiàn/ㄘˋ ㄗㄨˇ ㄏㄜˊ ㄐㄧㄢˋ
assembly unit, subassembly
【机】机械中由若干装配在一起的零件组成的部分。装配过程中,零件被装配成部件,再进入总装配。某些部件(称为分部件)在总装配前,先与另外的部件和零件装配成更大的部件。由若干分部件组装而成,且有独立功能的更大部件,称为总成。

部落格 ㄅㄨˋ ㄌㄨㄛˋ ㄍㄜˊ/bùluògé
blog
【信息】台湾名。即“博客”(80 页)。

埠 ㄅㄨˋ/bù
port
【信息】台湾名。即“端口”(282 页)。

鈈 ㄅㄨˋ/bù
plutonium
【化】台湾名。即“钚”(88 页)。

C

ca （ㄘㄚ）

擦除/擦除 cāchú/ㄘㄚ ㄔㄨˊ

erase

【信息】从数据媒体上除去数据。其操作不仅将数据删除,而且将其盖写,使以后不能再对其检索。

擦劑 ㄘㄚ ㄐㄧˋ/cājì

liniment

【医】台湾名。即"搽剂"(105 页)。

cai （ㄘㄞ）

才能/才能 cáinéng/ㄘㄞˊ ㄋㄥˊ

talent

【心】多种能力的有机结合。通常在解决实际问题和应对现实事件的过程中得以体现。完成任何活动,都需要多种能力的合理结合,即需要有一定的才能。

材份/材份 cáifèn/ㄘㄞˊ ㄈㄣˋ

Cai-Fen

【建】中国古代建筑设计使用的一种模数单位。宋《营造法式》中规定 1 材=15 份;又有"栔"和"足材"两种辅助单位,1 栔=2/5 足材=6 份,1 足材=1 材+1 栔=21 份。房屋的长宽高和各种构件的截面,以至外形轮廓、艺术加工等等,都用"份"数定出标准。《营造法式》中载有"以材为祖"的设计方法和按材份制定的标准规范。

材料/材料 cáiliào/ㄘㄞˊ ㄌㄧㄠˋ

materials

【材】用于制造各种物品、器件、构件或其他产品的物质。角度不同,分类方法不同。如按理化属性不同,可分为无机材料、有机材料和复合材料;按用途不同,可分为建筑材料、能源材料、电子材料、生物材料、航空航天材料等。

📖 20 世纪 70 年代,将信息、材料和能源称为当代文明的三大支柱,80 年代又将新材料技术、信息技术和生物技术列为新技术革命的重要标志。

材料科学/材料科學

cáiliào kēxué/ㄘㄞˊ ㄌㄧㄠˋ ㄎㄜ ㄒㄩㄝˊ

materials science

【材】关于物体各个尺寸层次上材料行为的应用科学。研究材料成分、组织与合成及其对材料性质、用途的影响规律。研究对象包括材料的组织(成分和结构)、合成(工艺流程)、性质(性能)与效能(功能和应用)及相互关系。

📖 材料兼有自然属性与社会属性,其科学研究与应用密不可分,有关的分支早为人们熟知,如金属学、高分子科学、陶瓷学等。研究目的是综合材料本质性的内涵,在明确各种材料的结构、性能特点基础上,创造所需材料,满足更高要求。

材料试验机/材料試驗機

cáiliào shìyànjī/ㄘㄞˊ ㄌㄧㄠˋ ㄕˋ ㄧㄢˋ ㄐㄧ

material testing machine

【机】试验机的一种。用于对材料、零件、构件进行力学性能和工艺性能试验。通常可分为金属材料试验机、非金属材料试验机等。按加载负荷方法不同,还可分为静负荷试验机和动负荷试验机。

采购/採購 cǎigòu/ㄘㄞˇ ㄍㄡˋ

purchasing

【物流】企业、个人在一定的条件下从供应市场选择并获取产品或服务,以作为自己的资源而满足自身需要的过程。

采购管理/採購管理

cǎigòu guǎnlǐ/ㄘㄞˇ ㄍㄡˋ ㄍㄨㄢˇ ㄌㄧˇ

procurement management

【物流】对采购过程中的单证、员工、流程及供应商关系等进行的管理活动。包括采购申请、采购计划下达、采购单生成与执行、到货接收、检验入库、采购发票的收集、采购结算。

采水器/採水器 cǎishuǐqì/ㄘㄞˇ ㄕㄨㄟˇ ㄑㄧˋ

water sampler

【机】海洋仪器的一种。在预定水层采取分析用水样,根据要求尽量减少金属元素及其化合物、烃类或微生物等的污染。可分为表层海水采集器和深层海水采集器。

彩瓷 ㄘㄞˇ ㄘˊ/cǎicí

faience, decorative porcelain

【轻】台湾名。即“五彩瓷”(1211 页)。

彩画/彩畫 cǎihuà/ㄘㄞˇ ㄏㄨㄚˋ

colored pattern

【建】中国古代木构建筑为保护木材和增加美观,在梁枋、斗栱、天花等构件上所涂绘的装饰图案。是中国古代建筑的重要组成部分。传统彩画使用的材料有各色天然颜料、胶粉等,色泽经久不衰,并有一定的杀虫作用。有和玺彩画、旋子彩画、苏式彩画等。

彩铃/彩鈴 cǎilíng/ㄘㄞˇ ㄌㄧㄥˊ

color ring

【交】全称“手机个性化多彩回铃音”。是一项由被叫客户为呼叫自己移动电话的主叫客户设定特殊音效(音乐、歌曲、故事情节、人物对话)的回铃音的业务。

彩色打印机/彩色列印機

cǎisè dǎyìnjī/ㄘㄞˇ ㄙㄜˋ ㄌㄧㄝˋ ㄧㄣˋ ㄐㄧ

color printer

【信息】具有全彩色输出功能的计算机打印机。多数也能兼作黑白打印机。

彩色列印機

ㄘㄞˇ ㄙㄜˋ ㄌㄧㄝˋ ㄧㄣˋ ㄐㄧ/cǎisè lièyìnjī

color printer

【信息】台湾名。即“彩色打印机”(91 页)。

彩石/彩石 cǎishí/ㄘㄞˇ ㄕˊ

ornamental stone

【地】贵美石料。具有瑰丽的色彩或花纹,在耐久和稀罕程度上不及宝石和玉石。以隐晶、微晶或细晶矿物集合体的形态产出,透明度通常较差,韧性不足,硬度偏低。可用作印章和普通装饰用石料。

彩陶/彩陶 cǎitáo/ㄘㄞˇ ㄊㄠˊ

ancient painted pottery, faience ware

【轻】陶器的一种。在打磨光滑的陶坯上,用赭石和氧化锰等矿物质颜料描绘图形后,入窑烧制而成。陶器上呈现彩色纹样图案,具有装饰美化效果。多为日常生活用品,常见的有盆、瓶、罐、瓮、釜、鼎等。

彩信/多媒體訊息處理服務

cǎixìn/ㄉㄨㄛ ㄇㄟˊ ㄊㄧˇ ㄒㄩㄣˋ ㄒㄧˊ ㄔㄨˇ ㄌㄧˇ ㄈㄨˊ ㄨˋ

multimedia messaging service

【信息】又称“手机多媒体信息服务”。通过移动通信数据网络向手机传送图片、声音、数据和文字等各种多媒体格式信息。

踩墒/踩墒 cǎishāng/ㄘㄞˇ ㄕㄤ

stepped moisture

【农】在刚播过种的地方把土壤踩实,以达到保墒目的。

菜單 ㄘㄞˋ ㄉㄢ/càidān

menu

【信息】台湾名。即“选单”(1293 页)。

菜豆/菜豆 càidòu/ㄘㄞˋ ㄉㄡˋ

kidney bean

【植】*Phaseolus vulgaris* 又称“四季豆”,通称“豆角”。豆科菜豆属。一年生缠绕草本植物。羽状复叶,小叶三枚,宽卵形或卵状菱形,侧生小叶两边不等大,先端长渐尖。总状花序短,花萼杯状,花冠蝶形,白色、黄色、紫堇色或红色。荚果带形,稍弯曲,顶端有喙;种子长椭圆形,白色、褐色、蓝色或有花斑。花果期在春夏季。中国各地均有栽培。嫩荚可作蔬菜。

菜枯/菜籽餅 càikū/ㄘㄞˋ ㄗˇ ㄅㄧㄥˇ

rape-seed cake

【农】又称“菜籽饼”。油菜籽榨油后呈饼状的渣滓。常用作肥料。

菜畦/菜畦 càiqí/ㄘㄞˋ ㄑㄧˊ

vegetable garden

【农】有土埂围着的一块块整齐排列的菜田,即用来种植蔬菜的畦田。

菜油 càiyóu/ㄘㄞˋ ㄧㄡˊ

【农】即“菜籽油”(91 页)。

菜籽饼/菜籽餅 càizǐbǐng/ㄘㄞˋ ㄗˇ ㄅㄧㄥˇ

【农】即“菜枯”(91 页)。

菜籽油/菜籽油 càizǐyóu/ㄘㄞˋ ㄗˇ ㄧㄡˊ

rapeseed oil, colza oil

【农】又称“菜油”。用油菜籽榨取的食用油。透明或半透明,呈金黄或棕黄色,有一定的刺激气味。

蔡加尼克效应/蔡氏現象

Càijiāníkè xiàoyìng/ㄘㄞˋ ㄕˋ ㄒㄧㄢˋ ㄒㄧㄤˋ

Zeigarnik effect

【心】一种社会心理效应。1927 年,苏联心理学家蔡加尼克(Б. В. Зейгарник, 1901—

1988)做实验:将受试者分为甲、乙两组,同时演算相同的数学题。其间让甲组顺利演算完毕,让乙组演算中途突然停止。然后让两组分别回忆演算的题目,结果乙组表现明显优于甲组。这个效应说明,人们有一种做事要有始有终的驱动力,对尚未处理完的事情,比对已处理完事情的记忆更为深刻。

C

蔡氏現象
ㄘㄞˋ ㄕˋ ㄒㄧㄢˋ ㄒㄧㄤˋ/Càishì xiànxiàng
Zeigarnik effect
【心】台湾名。即“蔡加尼克效应”(91 页)。

can (ㄘㄢ)

参变量/參數 cānbiànliàng/ㄘㄢ ㄕㄨˋ
parameter
【数】设 $x=f(t)$, $y=g(t)$都是 t 的函数,且有相同的定义域。若通过 t 为中介可以确定 y 是 x 的函数,则称 t 为 y 与 x 的函数关系中的参变量。

参考大气 cānkǎo dàqì/ㄘㄢ ㄎㄠˇ ㄉㄚˋ ㄑㄧˋ
【气】即“标准大气”(66 页)。

参考椭球/基準橢球體
cānkǎo tuǒqiú/ㄐㄧ ㄓㄨㄣˇ ㄊㄨㄛˇ ㄑㄧㄡˊ ㄊㄧˇ
reference ellipsoid
【测绘】用于大地测量计算并代表地球形状和大小的数学椭球。由具有指定的长、短半径和偏心率等参数的椭圆绕短半轴旋转而成,并用大地原点等参数固定其与地球的三维空间位置。

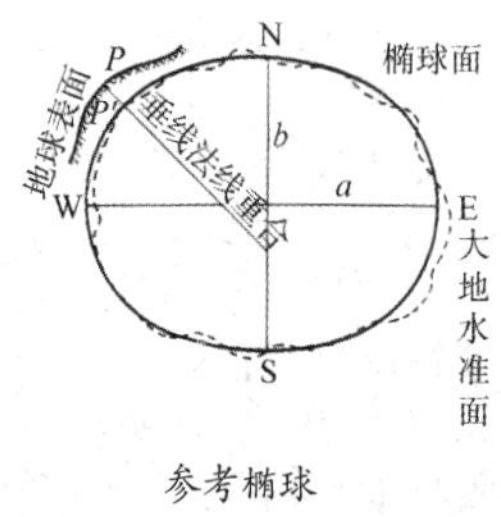

参考椭球

参考系/參考系 cānkǎoxì/ㄘㄢ ㄎㄠˇ ㄒㄧˋ
reference frame, reference system
【物】俗称“参照物”。为确定物体的位置或描述物体的运动,被选作标准的另一个物体或一组物体。可任意选取。有惯性参考系和非惯性参考系两种。

📖 为了定量描述物体的位置及其变化,常需要在参考系上建立适当的坐标系。

参数/參數 cānshù/ㄘㄢ ㄕㄨˋ
parameter
【数】❶概率分布函数 $F(x, \theta)$中的常数(或向量)θ,例如,正态分布 $N(\mu,\sigma^2)$中的 μ,σ^2。❷在台湾,参数也指“参变量”(92 页)。

参数方程/參數方程
cānshù fāngchéng/ㄘㄢ ㄕㄨˋ ㄈㄤ ㄔㄥˊ
parametric equation
【数】平面曲线 C 上动点 $P(x,y)$的参数表示式 $x=f(t)$, $y=g(t)$,叫作 C 的参数方程。例如,$x=\cos t$, $y=\sin t$ $(0\leqslant t<2\pi)$是单位圆的参数方程。类似地,空间曲线 C 上动点 $P(x,y,z)$的参数表示式 $x=f(t)$, $y=g(t)$, $z=h(t)$,叫作 C 的参数方程。

参照线 cānzhàoxiàn/ㄘㄢ ㄓㄠˋ ㄒㄧㄢˋ
【信息】即“基线”(567 页)。

餐车/餐車 cānchē/ㄘㄢ ㄔㄜ
dining car
【交】铁路客车车种之一。编挂在旅客列车中,供应旅客膳食并提供进餐场所的车厢。设有厨房和餐室两部分,厨房内设有炉灶、冰箱、水池、储藏柜等设备;餐室内设有餐桌和椅子,有的还设小卖部。

餐具洗涤剂/餐具洗滌劑
cānjù xǐdíjì/ㄘㄢ ㄐㄩˋ ㄒㄧˇ ㄉㄧˊ ㄐㄧˋ
dishwashing detergent
【化】俗称“洗涤灵”。一种洗涤剂。要求选用对皮肤刺激性小的化学物质作组分,并达到去油污、很少产生泡沫、杀菌消毒、不使各种材料表面腐蚀或变晦暗的效果。尤其要求易冲洗、残留少、食入后对人体无害。

残毒/殘毒性 cándú/ㄘㄢˊ ㄉㄨˊ ㄒㄧㄥˋ
residual hazard, residual toxicity
【农】❶残留或积累于植物的植株、果实、种子里的有毒农药或其他污染物质。❷动物因食用含毒植物后残存在肉、乳、蛋等里的有毒农药或其他污染物质。

残积物/殘積物 cánjīwù/ㄘㄢˊ ㄐㄧ ㄨˋ
eluvium
【地】地表岩石风化后残留在原地的堆积物。通常保存于不易受外力剥蚀的比较平坦的地形部位,且常被后期的其他成因沉积物所覆盖。不具层理,颗粒无磨圆,无分选性。按风化作用的性质，可分为机械风化残积物和化学风化残积物两类。其发育具有明显的地带性。高纬度地区、中纬度荒漠与半荒漠地区和高山地区，以机械风化残积物为主；热带和亚热带湿润地区以化学风化残积物为主。常含丰富矿产，如贵金属、稀有与稀土元素以及铝土矿、黏土矿等。对古气候、古地形的变迁也有指示意义。

残疾/身心障礙 cánjí/ㄕㄣ ㄒㄧㄣ ㄓㄤˋ ㄞˋ

disability

【医】因躯体、精神疾病或损伤，以及先天性异常所致的解剖结构、生理功能的异常和/或丧失，造成机体长期、持续或永久性的功能障碍状态。不同程度地影响身体活动、日常生活、工作、学习和社会交往活动能力。因病致残称为“病残”，因伤致残称为“伤残”。

残气量/殘餘量 cánqìliàng/ㄘㄢˊ ㄩˊ ㄌㄧㄤˋ

residual volume

【医】尽力呼气末，仍存留在肺内而不能再呼出的气量。正常成人为1000～1500毫升。

残效/殘餘效應 cánxiào/ㄘㄢˊ ㄩˊ ㄒㄧㄠˋ ㄧㄥˋ

residual effect

【农】农药使用后，残留在植株或果实上的药效。

蚕/蠶 cán/ㄘㄢˊ

silkworm

【动】昆虫名。鳞翅目蚕蛾科。桑蚕、柞蚕等的统称。通常专指桑蚕。蚕吐丝结成的壳，椭圆形，称“蚕茧”，蚕在其中变成蛹，是缫丝的原料；刚孵化的幼蚕，身体小，颜色黑，像蚂蚁，称“蚕蚁”或“蚁蚕”。

蚕豆/蠶豆 cándòu/ㄘㄢˊ ㄉㄡˋ

horsebean

【植】*Vicia faba* 豆科野豌豆属。一年生草本植物。茎直立，四棱形，中空。偶数羽状复叶，小叶椭圆形，全缘。总状花序腋生，近无梗，花冠蝶形，白色，有紫色脉纹及黑色斑晕。荚果肥厚，被毛，剥开后皮内侧有白色海绵状物质，种子2～6粒，扁平，略呈矩圆形，中间内凹，种皮革质，青绿色，种脐黑色线形，位于种子一端。花期4—5月份，果期5—6月份。在中国，分布于各地。种子可作蔬菜。

📖 蚕豆名称来源有两种说法，一说，元代《农书》中曰：“蚕时始熟，故名”；二说，明代《食物本草》中曰：“豆荚状如老蚕，故名”。

蚕丝/蠶絲 cánsī/ㄘㄢˊ ㄙ

silk, natural silk

【纺】蚕结茧时分泌的丝液凝固而成的连续长纤维。是一种天然纤维，质轻而细长，所织织物的光泽好，穿着舒适，手感滑爽，吸湿透气，适用于织制各种绸缎和针织品。

📖 据考古发现，大约4700年前，中国已出现利用蚕丝制丝线和简单的丝织品。商周时期用蚕丝织制罗、绫、纨、纱、绉、绮、锦、绣等丝织品。

殘毒性 ㄘㄢˊ ㄉㄨˊ ㄒㄧㄥˋ/cándúxìng

residual hazard, residual toxicity

【农】台湾名。即“残毒”(92页)。

殘餘電流動作保護裝置

ㄘㄢˊ ㄩˊ ㄉㄧㄢˋ ㄌㄧㄡˊ ㄉㄨㄥˋ ㄗㄨㄛˋ ㄅㄠˇ ㄏㄨˋ ㄓㄨㄤ ㄓˋ/cányú diànliú dòngzuò bǎohù zhuāngzhì

residual current operated device

【电】台湾名。即“剩余电流动作保护装置”(1018页)。

殘餘量 ㄘㄢˊ ㄩˊ ㄌㄧㄤˋ/cányúliàng

residual volume

【医】台湾名。即“残气量”(93页)。

殘餘效應

ㄘㄢˊ ㄩˊ ㄒㄧㄠˋ ㄧㄥˋ/cányú xiàoyìng

residual effect

【农】台湾名。即“残效”(93页)。

殘株

ㄘㄢˊ ㄓㄨ/cánzhū

stubble

【农】台湾名。即“茬”(103页)。

cang （ㄘㄤ）

仓储/倉儲 cāngchǔ/ㄘㄤ ㄔㄨˇ

warehousing

【物流】利用仓库及相关设施设备进行物品入库、存储、出库的活动。是物流的主要功能要素，整个物流活动的必要环节，具有存储功能、保管功能、分类和转运功能以及提供信用保证功能。

仓储管理/倉儲管理
cāngchǔ guǎnlǐ/ㄘㄤ ㄔㄨˇ ㄍㄨㄢˇ ㄌㄧˇ
warehouse management
【物流】为充分利用仓储资源，提供高效仓储服务而对仓库及储存物品进行的计划、组织、控制和协调等活动。包括仓储作业管理和库存管理。遵循的原则有效率原则、经济效益原则、服务原则、降低成本原则和维护品质原则。

C

仓储合理化/倉儲合理化
cāngchǔ hélǐhuà/ㄘㄤ ㄔㄨˇ ㄏㄜˊ ㄌㄧˇ ㄏㄨㄚˋ
storage rationalization
【物流】在保证实现仓储功能的前提下，采用适当方法实现商品储存经济性的过程。主要内容有商品储存量合理化、商品储存结构合理化、商品储存时间合理化和商品储存空间合理化。主要判断标志有质量标志、数量标志、时间标志、结构标志、分布标志和费用标志。

仓储型物流企业/倉儲型物流企業
cāngchǔxíng wùliú qǐyè/ㄘㄤ ㄔㄨˇ ㄒㄧㄥˊ ㄨˋ ㄌㄧㄡˊ ㄑㄧˇ ㄧㄝˋ
warehouse-service logistics enterprise
【物流】物流企业的一类。具备一定规模，提供货物储存、保管、中转等仓储业务，以仓储费及其他费用为主要收入。

仓库/倉庫 cāngkù/ㄘㄤ ㄎㄨˋ
warehouse
【物流】用来保管、储存物品的建筑物和场所。主要作用有储存与保管、调节供需、物品集散、配送、流通加工、信息传递。按使用范围不同，可分为自有仓库、营业仓库、公共仓库、出口监管仓库和保税仓库；按功能不同，可分为储备仓库、中转仓库和加工仓库；按建筑结构不同，可分为单层仓库、多层仓库、立体仓库、罐式仓库和露天仓库；按所在地不同，可分为产地仓库、集散地仓库、流通中心仓库和消费地仓库。

苍耳/蒼耳 cāng'ěr/ㄘㄤ ㄦˇ
siberia cocklebur
【植】*Xanthium sibiricum* 菊科苍耳属。一年生草本植物。茎上部有纵沟，被毛。叶三角状卵形，边缘浅裂，有齿，三基脉，两面被毛。头状花序，雄花序球形，雌花序椭圆形；总苞囊状，绿、黄或红褐色，在果实成熟时，总苞变坚硬，外有许多钩状刺。花期 7—8 月份，果期 9—10 月份。在中国，分布于各地。野生杂草。种子可榨油，也可入药。

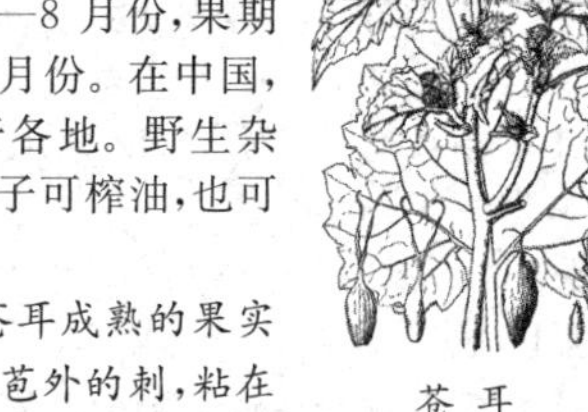
苍耳

📖 苍耳成熟的果实借着总苞外的刺，粘在动物毛上散布各处。只要条件适宜就生根发芽，长成新的植株。

苍鹰/蒼鷹
cāngyīng/ㄘㄤ ㄧㄥ
northern goshawk
【动】*Accipiter gentilis* 鸟名。隼形目鹰科。雄鸟体长可达 60 厘米，除头部黑色外，上体其余部分呈苍灰色，下体灰白，并密布暗灰色横斑，喙弯曲，爪尖锐。栖息于山林间，性凶猛，捕食鼠、小鸟、野兔等。分布广泛。

苍蝇/蠅 cāngying/ㄧㄥˊ
fly
【动】昆虫名。双翅目蝇科。灰褐色，头部有一对复眼，暗红色，有舔吸式口器，前翅膜质，后翅退化成平衡棒。幼虫俗称"蛆"，成虫能传播霍乱、伤寒等疾病。种类很多，通常指家蝇(*Musca domestica*)。

苍术/蒼术 cāngzhú/ㄘㄤ ㄓㄨˊ
Rhizoma Atractylodis（拉），atractylodes rhizome
【中医】中药名。菊科植物茅苍术 *Atractylodes lancea*（Thunb.）DC. 或北苍术 *A. chinensis*（DC.）Koidz. 的干燥根茎。味辛、苦，性温。归脾、胃、肝经。燥湿健脾，祛风散寒，明目。用于脘腹胀满，泄泻，水肿，脚气痿躄，风湿痹痛，风寒感冒，夜盲。

北苍术

鸧鹒 cānggēng/ㄘㄤ ㄍㄥ

【动】即“黄鹂”(537页)。

舱/艙 cāng/ㄘㄤ

compartment

【船】主船体内部由舱壁和其他构件分隔成的空间的统称。供船上人员生活、工作,或存放和装载各种物品。按在船体内部的位置不同,可分为艏尖舱、艉尖舱、顶边舱、底边舱、双层底舱、底舱和甲板间舱等;按用途不同,可分为货舱、液舱、生活舱、工作舱、设备舱、弹药舱及各种贮存舱等。

舱面属具/甲板装具

cāngmiàn shǔjù/ㄐㄧㄚˇ ㄅㄢˇ ㄓㄨㄤ ㄐㄩˋ

deck equipment and fittings

【船】船舶舱面上各种辅助设备的统称。包括:门、窗、盖等各种关闭设备;供乘员在船内上、下和登离船舶用的各种梯子;为安全防护和提高舒适性而设置的各种栏杆、天幕和扶手;供吊卸和系固物件用的各种缆索、链、滑车及其配件等索具;为帆缆、消防、堵漏、木工等作业配备的各种器材和备品等。

舱外活动/太空載具外活動

cāngwài huódòng/

ㄊㄞˋ ㄎㄨㄥ ㄗㄞˋ ㄐㄩˋ ㄨㄞˋ ㄏㄨㄛˊ ㄉㄨㄥˋ

extravehicular activity

【航】航天员离开航天器舱,在空间运行轨道或其他天体表面的舱外环境中所进行的探索、试验、观测、研究、维修等活动。

📖 1965年苏联航天员阿·阿·列昂诺夫(А.А.Леонов)系绳走出“上升”2号飞船,在5米外进行太空拍照,首次实现人类舱外活动;1969年美国航天员阿姆斯特朗(N.A.Armstrong)和奥尔德林(B.Aldrin)走出“阿波罗”11号宇宙飞船,首次实现人类登月舱外活动;2008年9月27日,中国航天员翟志刚也成功完成“神舟”7号空间出舱,进入太空活动。

艙面機械

ㄘㄤ ㄇㄧㄢˋ ㄐㄧ ㄒㄧㄝˋ/cāngmiàn jīxiè

deck machinery

【船】台湾名。即“甲板机械”(590页)。

藏经楼/藏經樓

cángjīnglóu/ㄘㄤˊ ㄐㄧㄥ ㄌㄡˊ

Sutra library

【建】用于储藏佛教经典的楼阁式建筑。唐宋时期常由藏经楼(阁、殿)和看经堂两部分组成,前者用于收藏,后者用于阅览。至元代时,看经堂取消,仅留藏经楼。初期多设于寺院西北或南端。明清之际建于寺院中轴线末端,以示尊崇。

📖 一说,“藏”为佛教经典,读zàng。

藏书楼/藏書樓

cángshūlóu/ㄘㄤˊ ㄕㄨ ㄌㄡˊ

library

【建】中国古代供收藏和阅览图书用的建筑。

📖 中国最早的藏书楼见于宫廷,如汉代的天禄阁、石渠阁。石渠阁四周石渠环绕,以防火灾。隋代的观文殿将书库列于殿前两庑。北宋初年的崇文院将东、西、南三面廊庑作为书库使用。宋代宫廷中的藏书楼有龙图阁、天章阁、宝文阁等。龙图阁按类分藏图书,方便查阅。宋以后书籍增多,民间开始出现藏书楼。浙江宁波天一阁保存最为完好。书楼为二层、六开间硬山造建筑,取“天一生水,地六成之”之义。建筑构件上,多有水波纹饰,以水制火。书楼两旁有独立封火山墙,御外来火种。

cao (ㄘㄠ)

操舵機 ㄘㄠ ㄉㄨㄛˋ ㄐㄧ/cāoduòjī

steering gear

【船】台湾名。即“舵机”(295页)。

操舟机/船外機

cāozhōujī/ㄔㄨㄢˊ ㄨㄞˋ ㄐㄧ

outboard motor

【军】又称“舷外机”。通常悬挂在舟、艇尾板上,能推动舟、艇航行的可卸式动力装置。由发动机和传动、操纵、悬挂装置及推进器等组成。结构紧凑,重量轻,装卸方便,操作简单,噪声小。适于在内河及近海使用。常用在执行侦察、登陆、渡河、巡逻、救生等任务的舟艇和门桥上。

操纵离合器/控制離合器

cāozòng líhéqì/ㄎㄨㄥˋ ㄓˋ ㄌㄧˊ ㄏㄜˊ ㄑㄧˋ

controlled clutch

【机】离合器的一类。必须通过操纵接合元件才具有接合或分离功能。按操纵方式不同,可分为机械离合器、电磁离合器、气动离合器、液压离合器等。

C

操作冲击绝缘水平/基本切换脈衝絕緣等級
cāozuò chōngjī juéyuán shuǐpíng/ ㄐㄧ ㄅㄣˇ ㄑㄧㄝ ㄏㄨㄢˋ ㄇㄞˋ ㄔㄨㄥ ㄐㄩㄝˊ ㄩㄢˊ ㄉㄥˇ ㄐㄧˊ
basic switching impulse insulation level
【电】又称"基准操作冲击绝缘水平"。以规定操作冲击电压波的峰值表示的电力设备绝缘水平。

操作码/操作碼 cāozuòmǎ/ ㄘㄠ ㄗㄨㄛˋ ㄇㄚˇ
operation code
【信息】机器指令中规定操作部分的代码。对指令必不可少,是区别于其他指令的关键部分。与地址码构成机器指令中的两大部分。汇编语言中,多用 BNZ 指定"branch if not zero"(若不为零则转移)操作,最终以机器代码表示成特定的比特模式。

操作條件化學習
ㄘㄠ ㄗㄨㄛˋ ㄊㄧㄠˊ ㄐㄧㄢˋ ㄏㄨㄚˋ ㄒㄩㄝˊ ㄒㄧˊ/
cāozuò tiáojiànhuà xuéxí
operant conditioning
【心】台湾名。即"操作性条件反射"(96 页)。

操作系统/作業系統
cāozuò xìtǒng/ ㄗㄨㄛˋ ㄧㄝˋ ㄒㄧˋ ㄊㄨㄥˇ
operating system, OS
【信息】管理硬件资源,控制程序运行,改善人机界面并为应用软件提供支持的系统软件。从发展阶段大致可分为单用户、批处理、分时、实时、网络、分布式、并行 7 种操作系统。

操作性条件反射/操作條件化學習
cāozuòxìng tiáojiàn fǎnshè/
ㄘㄠ ㄗㄨㄛˋ ㄊㄧㄠˊ ㄐㄧㄢˋ ㄏㄨㄚˋ ㄒㄩㄝˊ ㄒㄧˊ
operant conditioning
【心】又称"工具性条件反射"。条件反射的一种。在一定刺激情境中,如动物因某种反应的后果能满足其某种需要,则以后它这种反应的概率就会提高。是有机体经后天学习而形成的一种反应形式。因其学习的反应过程即为学会某种操作的过程,故名。

糙皮侧耳/木牡蠣
cāopí cè'ěr/ ㄇㄨˋ ㄇㄨˇ ㄌㄧˋ
oyster mushroom
【植】*Pleurotus ostreatus* 又称"平菇"。菌类。侧耳科侧耳属。子实体通常数个群生或覆瓦状叠生,有侧生柄。菌盖幼时匙形至半球形,成熟时近圆形或扇形,平展或稍凹,新鲜时肉质,污白色至深褐色,干后碎质。菌褶表面乳白色,稍密,不等长,脆质。中国各地均有栽培。多生在阔叶树活立木、倒木和腐朽木上。药食兼用。

曹白鱼 cáobáiyú/ ㄘㄠˊ ㄅㄞˊ ㄩˊ
【动】即"鳓"(714 页)。

槽钢/槽鋼 cáogāng/ ㄘㄠˊ ㄍㄤ
channel steel
【材】截面形状为槽形的型钢。

槽轮/間歇工作輪
cáolún/ ㄐㄧㄢ ㄒㄧㄝ ㄍㄨㄥ ㄗㄨㄛˋ ㄌㄨㄣˊ
geneva wheel
【机】具有多条工作槽面的轮子。在装有圆销的曲柄推动下实现间歇运动。

槽轮机构/日内瓦機構
cáolún jīgòu/ ㄖˋ ㄋㄟˋ ㄨㄚˇ ㄐㄧ ㄍㄡˋ
geneva mechanism, maltese mechanism
【机】又称"马耳他机构"。由槽轮和圆柱销组成的单向间歇运动机构。用来将主动件的连续转动转换为从动件的带有停歇的单向周期性转动。多应用于转速不高且要求间歇地转过一定角度的分度装置中,如转塔车床上的刀具转位机构。

📖 槽轮机构最早应用于瑞士日内瓦(最著名的制表中心)的机械手表上,故英文名称为 geneva mechanism。

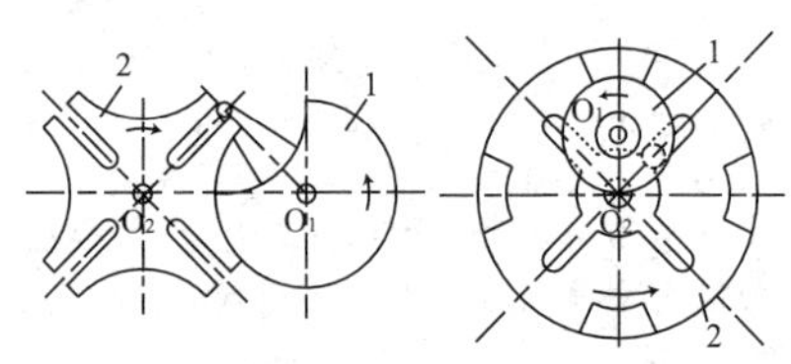

槽轮机构示意图
1.拨盘,2.槽轮

草本植物/草本植物
cǎoběn zhíwù/ ㄘㄠˇ ㄅㄣˇ ㄓˊ ㄨˋ
herbaceous plant
【植】茎的木质化很低,柔软且细,开花结果后地上部分即凋零的植物。按生活史周期不同,可分为一年生草本植物、二年生草本植物和多年生草本植物。

草地 ㄘㄠˇ ㄉㄧˋ/cǎodì

meadow

【地】台湾名。即“草甸”(97 页)。

草甸/草地 cǎodiàn/ㄘㄠˇ ㄉㄧˋ

meadow

【地】生长在中度湿润条件下,以多年生中生草本为主体的植被群落。可用于放牧和收获牧草。

草豆蔻/草豆蔻

cǎodòukòu/ㄘㄠˇ ㄉㄡˋ ㄎㄡˋ

Semen Alpiniae Katsumadai(拉), katsumada galangal seed

【中医】中药名。姜科植物草豆蔻 *Alpinia katsunadia* Hayata 的干燥近成熟种子。味辛,性温。归脾、胃经。燥湿健脾,温胃止呕。用于寒湿内阻,脘腹胀满冷痛,嗳气呕逆,不思饮食。

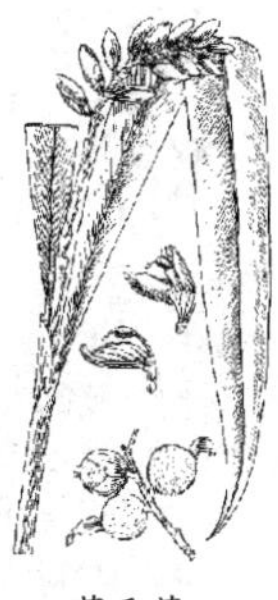
草豆蔻

草栿/草栿 cǎofú/ㄘㄠˇ ㄈㄨˊ

rough beam

【建】一种宋式梁栿(即梁)。梁身隐藏在天花板以上,不露明在外。未经艺术处理,表面比较粗糙。负荷屋盖重量。

草龟 cǎoguī/ㄘㄠˇ ㄍㄨㄟ

【动】即“乌龟”(1198 页)。

草果/草果 cǎoguǒ/ㄘㄠˇ ㄍㄨㄛˇ

Fructus Tsaoko(拉), fruit of caoguo, * tsaoko fruit

【中医】中药名。姜科植物草果 *Amomum tsao-ko* Crevost et Lemaire 的干燥成熟果实。味辛,性温。归脾、胃经。燥湿温中,除痰截疟。用于寒湿内阻,脘腹胀痛,痞满呕吐,疟疾寒热。

草花/草花 cǎohuā/ㄘㄠˇ ㄏㄨㄚ

herb flower

【建】专指具有观赏价值的草本花卉。主要有一二年生花卉、多年生花卉和球根类花卉。

草履虫/草履蟲

cǎolǚchóng/ㄘㄠˇ ㄌㄩˇ ㄔㄨㄥˊ

Paramecium

【动】原生动物名。纤毛纲草履虫科。单细胞动物,形状像草鞋底,全身布满纤毛,靠纤毛运动。生活在淡水中,从细菌和其他有机物中摄取营养等。

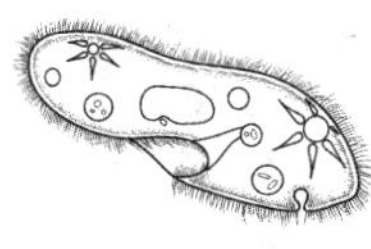
草履虫

草莓/草莓 cǎoméi/ㄘㄠˇ ㄇㄟˊ

strawberry

【植】*Fragaria* × *ananassa* 蔷薇科草莓属。多年生草本植物。茎与叶近等长,被毛。三出复叶,小叶倒卵形或椭圆形,先端圆钝,边缘有齿。聚伞花序,花瓣五枚,圆形,白色。聚合果,呈心形,鲜红色,宿存萼片紧贴果实,果肉多汁,味甜,富含维生素 C。花期 4—5 月份,果期 6—7 月份。在中国,分布于各地。

草面温度/草面溫度

cǎomiàn wēndù/ㄘㄠˇ ㄇㄧㄢˋ ㄨㄣ ㄉㄨˋ

grass surface temperature

【气】地面气象观测项目之一。指浅草(一般不超过 10 厘米)表面(距地面 6 厘米)的气温。

草木犀 cǎomùxī/ㄘㄠˇ ㄇㄨˋ ㄒㄧ

【植】即“草木樨”(97 页)。

草木樨/草木樨 cǎomùxī/ㄘㄠˇ ㄇㄨˋ ㄒㄧ

yellow sweetclover

【植】*Melilotus officinalis* 又作“草木犀”。豆科草木樨属。二年生草本植物。茎直立,粗壮,有纵棱。三出羽状复叶,小叶倒卵形至条形,边缘有齿,顶生小叶稍大,且有较长的小叶柄。总状花序腋生,小花多,花冠蝶形,黄色。花期 5—9 月份。在中国,分布于东北、华南、西南。常见牧草。秸秆可作燃料。

草坪/草坪 cǎopíng/ㄘㄠˇ ㄆㄧㄥˊ

lawn

【建】在地面种植草本植物,经人工修剪、养护而成的坪状草地。具有观赏功能,并能供人适度活动。

草上飞 cǎoshàngfēi/ㄘㄠˇ ㄕㄤˋ ㄈㄟ

【动】即“蝮蛇”(374 页)。

C

草酸/草酸 cǎosuān/ㄘㄠˇ ㄙㄨㄢ

oxalic acid

【化】学名“乙二酸”。有机化合物。化学式HOOCCOOH。以钙盐或钾盐形式广泛存在于植物中,合成品通常为二水合物,无色透明单斜片状晶体,有毒,对皮肤、黏膜有刺激和腐蚀作用。是重要的还原剂、漂白剂等。

草药/草藥 cǎoyào/ㄘㄠˇ ㄧㄠˋ

herb

【中医】一般经典本草无记载,正规医疗机构应用不多,多为民间医生按经验使用,加工炮制欠规范的中药。

草鱼/草魚 cǎoyú/ㄘㄠˇ ㄩˊ

grass carp

【动】*Ctenopharyngodon idella* 又称“鲩”。鱼名。硬骨鱼纲鲤科。身体延长,近圆筒形,长可达1米多,背和鳍青黄色,无须。生活在淡水中,以水草等为食,生长快。中国江河湖泊均有分布,是重要的淡水养殖鱼。

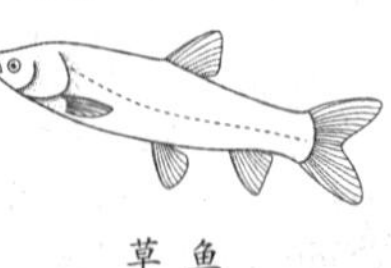
草 鱼

草原/貧草原 cǎoyuán/ㄆㄧㄣˊ ㄘㄠˇ ㄩㄢˊ

steppe

【地】生长在温带半干旱条件下,以旱生或半旱生草本为主体的植物群落。可用于放牧。

草原气候/草原氣候

cǎoyuán qìhòu/ㄘㄠˇ ㄩㄢˊ ㄑㄧˋ ㄏㄡˋ

prairie climate

【气】荒漠气候与湿润气候之间的过渡性气候类型。具有半干旱至干旱的大陆性气候特点。

ce (ㄘㄜ)

侧柏/側柏 cèbǎi/ㄘㄜˋ ㄅㄞˇ

Chinese arborvitae

【植】*Platycladus orientalis* 柏科侧柏属。常绿乔木。树皮薄,浅灰褐色,纵裂成条片。幼树树冠尖塔形,老树广圆形。小枝扁平,排成一平面。叶鳞形,中央叶倒卵状菱形,两侧叶船形。雌雄同株异花,单生短枝顶。球果卵圆形,蓝绿色被白粉,当年成熟后,呈木质,红褐色。花期3—4月份,球果10月份成熟。在中国,分布于除新疆、青海以外各地。观赏树木,造林树种。枝叶入药,种子榨油。

侧扁/扁平的

cèbiǎn/ㄅㄧㄢˇ ㄆㄧㄥˊ·ㄉㄜ

compressed

【动】某些动物(如鲫鱼)的身体从背部到腹部的距离大于左右两侧之间的距离。

侧飞/側飛 cèfēi/ㄘㄜˋ ㄈㄟ

side flight

【航】侧向水平分速飞行。是直升机的一种重要飞行状态。

侧根/側根 cègēn/ㄘㄜˋ ㄍㄣ

lateral root

【植】主根垂直向下生长到一定长度后,在一定部位侧向生出的许多分支。

侧脚/側腳 cèjiǎo/ㄘㄜˋ ㄐㄧㄠˇ

inclination of the corner column, cejiao

【建】为使建筑外观有较好的稳定感,建筑外檐柱向内倾斜一定幅度的处理方法。宋《营造法式》规定,前后外檐柱向内倾斜柱高的千分之十,两山面者向内倾斜千分之八,角柱在两个方向均有倾斜。可大大加强建筑物的自身刚度和耐久性,有效地防止屋身柱头各横向连接构件间开卯拔榫等情况的发生。

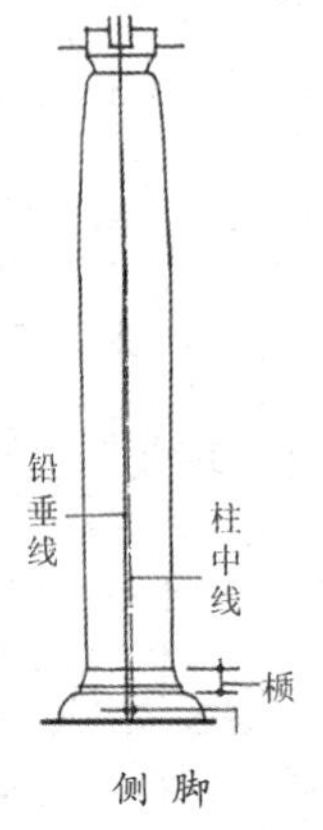

侧 脚

侧链/側鏈 cèliàn/ㄘㄜˋ ㄌㄧㄢˋ

side chain

【化】❶连接在较长主链侧面的短链。❷连接在环上的链。

侧脑室/側腦室 cènǎoshì/ㄘㄜˋ ㄋㄠˇ ㄕˋ

lateral ventricle

【医】位于两侧大脑半球内的腔隙。内含脑脊液。可分为前角、中央部、后角和下角四部分,分别位于额叶、顶叶、枕叶和颞叶内。两侧侧脑室借室间孔与第三脑室相通,室腔内有侧脑室脉络丛,可产生脑脊液。

侧现蜃景/側現蜃景

cèxiàn shènjǐng/ㄘㄜˋ ㄒㄧㄢˋ ㄕㄣˋ ㄐㄧㄥˇ

lateral mirage

【气】蜃景的一种。多见于地貌不均匀的地区。不均匀地貌使其上的空气层的温度沿水平方向上有很大的梯度变化,从而使空气在水平方向上产生很大的梯度变化,形成位于实际景物一侧的正立的物像。

📖 侧现蜃景最早发现于瑞士日内瓦湖。日内瓦湖南部群山环抱,上午阳光照射到湖的北部,导致湖面上的空气密度自北向南有明显的梯度变化,从而在湖面上形成蜃景。由于湖面空气的这种密度梯度在其他方向上未必如此,所以形成本来一只游艇行驶却变成多只游艇结队而行的幻景。

测波仪/測波儀 cèbōyí/ㄘㄜˋ ㄅㄛ ㄧˊ

wave gauge

【机】海洋仪器的一种。用于观测波浪时空分布特性。按工作原理不同,可分为视距测波仪、压力测波仪、声学测波仪、遥感测波仪等。

测度/測度 cèdù/ㄘㄜˋ ㄉㄨˋ

measure

【数】定义在由非空集的子集构成的集类上的广义非负函数,满足:(1)可列个互不交的集合的并集的函数值,等于各集合的函数值之和(可列可加性);(2)空集的函数值为0。例如,线段的长度、矩形的面积和长方体的体积等都符合测度的定义,它们是三种测度。

测杆/量測棒 cègān/ㄌㄧㄤˊ ㄘㄜˋ ㄅㄤˋ

measuring bar

【测绘】又称"标杆""测量花杆"。测量时标示目标的一种工具。是用木头、金属或塑料等制成的杆子,表面大都涂以醒目的红白相间色,底部装有金属的尖脚,便于扎稳地面。

测厚规/測厚規 cèhòuguī/ㄘㄜˋ ㄏㄡˋ ㄍㄨㄟ

thickness gauge

【机】又称"厚度表"。用于测量固定于表架上的百分表测头测量面相对于表架测砧测量面的直线位移量(厚度),并由百分表进行读数的一种测量仪器。

测绘/測繪 cèhuì/ㄘㄜˋ ㄏㄨㄟˋ

surveying and mapping

【测绘】测量和绘图的合称。用各种测量手段进行采集、处理和图形化记录,其成果多以数据表格和地图等方式存储和显示。

📖 传统测绘多用机械和光学仪器测量,很多测绘活动是以绘制地图为最终目的。现代测绘广泛利用电磁波、声波、地震波和数字化、信息化技术,从地下、地面到低空、高空和宇宙空间,对自然界的各种地理要素或人工设施的形状、大小、空间位置及其属性等进行测定,实施变化监控,对获取的数据和信息进行各类处理分析、数字化存储管理,除地图之外,还以文字、数字、图表、图像、数据模型、信息系统等各种成果方式提供使用,为人类了解自然环境,开展工业、农业、交通、城市、国防、防灾等各类工程建设、资源调查和科学研究等提供与空间位置有关的技术和数据服务。

测绘学/測量製圖

cèhuìxué/ㄘㄜˋ ㄌㄧㄤˊ ㄓˋ ㄊㄨˊ

surveying and mapping

【测绘】研究地理空间信息的采集、处理、显示、分析和利用的学科。包括大地测量、卫星定位导航、摄影测量、测绘遥感、地图、地理信息、工程测量、海洋测绘、测绘仪器等分支学科。在研究对象与利用领域方面,传统测绘学多与地球上地理空间的位置信息有关,现代测绘学已扩展到太阳系的空间探索活动。

测绘仪器/測繪儀器

cèhuì yíqì/ㄘㄜˋ ㄏㄨㄟˋ ㄧˊ ㄑㄧˋ

instrument of surveying and mapping

【机】用于测绘作业数据采集、处理和输出的仪器与装置。常用的有经纬仪、水准仪、平板仪、罗盘仪等。

测交/試交 cèjiāo/ㄕˋ ㄐㄧㄠ

test cross

【生】杂交产生的子一代个体再与其隐性(或双隐性)亲本的交配方式,用以测验子代个体基因型的一种回交。

测距仪/測距儀 cèjùyí/ㄘㄜˋ ㄐㄩˋ ㄧˊ

distance meter, range finder

【机】测绘仪器的一种。用于测量目标距离,进行航迹推算。通常是一个长形圆筒,由物镜、目镜、测距转钮组成。按原理不同,可分为激光测距仪、超声波测距仪、红外测距仪。

测量/量測 cèliáng/ㄌㄧㄤˊ ㄘㄜˋ

survey, measurement

【测绘】用各种量具、仪表、仪器等设备测定距离、角度、时间等各类物理量,以获取物体的空间位置、形态和其他相关属性信息的活动。是通过实验获得并可合理赋予某量一个或多个量值的过程。

测量标志/測量標
cèliáng biāozhì/ㄘㄜˋ ㄌㄧㄤˊ ㄅㄧㄠ
survey mark
【测绘】标定各种测量控制点位置的标石、测量觇标以及用于测量的其他标记性物体的总称。根据需要分布在地上、地下或建筑物上,有的还在海底。按使用时间不同,可分为永久性测量标志和临时性测量标志。永久性测量标志属于国家所有,是国家经济建设和科学研究的基础设施,受法律保护。

测量觇标/觀測覘標
cèliáng chānbiāo/ㄍㄨㄢ ㄘㄜˋ ㄓㄢ ㄅㄧㄠ
observation target
【测绘】一种测量标志。在地面测量控制点上方建造的塔架,作为测量观测时被瞄准的目标。有的设有测量仪器观测台,以便抬高观测位置瞄准其他测量目标。高度从几米到几十米不等,用木、钢或其他材料制成。

测量花杆
cèliáng huāgān/ㄘㄜˋ ㄌㄧㄤˊ ㄏㄨㄚ ㄍㄢ
【测绘】即"测杆"(99 页)。

测量控制网/測量控制網
cèliáng kòngzhìwǎng/
ㄘㄜˋ ㄌㄧㄤˊ ㄎㄨㄥˋ ㄓˋ ㄨㄤˇ
survey control network
【测绘】按一定测量规范布设,由若干相互联系的测量控制点所构成的网状的几何图形。利用几何图形的边角条件进行冗余观测和平差计算,以保证测量精度。不同的几何图形网有不同的特点和用途,例如地形测量使用的三角网,水准测量使用的环形闭合网,基线网使用的菱形网等。

测量平差/測量值平差
cèliáng píngchā/ㄘㄜˋ ㄌㄧㄤˊ ㄓˊ ㄆㄧㄥˊ ㄔㄚ
survey adjustment, adjustment of observations
【测绘】为求出最可靠的测量结果而处理含有误差的测量数据的理论及其计算方法。用以消除因误差产生的数据矛盾,评价测量结果的精度。

测量误差/量測誤差
cèliáng wùchā/ㄌㄧㄤˊ ㄘㄜˋ ㄨˋ ㄔㄚ
measurement error
【测绘】测量过程中产生的误差。具体表现为测量所得的观测值与真值的差。由观测值计算得到近似值,近似值与真值的差称为绝对误差,绝对误差与真值的比称为相对误差。按数据处理的表现性质不同,可分为有固定大小和方向规律的系统误差,服从统计分布规律的偶然误差和可靠度太低、超出限值的粗差。

测量心理学
cèliáng xīnlǐxué/ㄘㄜˋ ㄌㄧㄤˊ ㄒㄧㄣ ㄌㄧˇ ㄒㄩㄝˊ
【心】即"心理测量学"(1266 页)。

测深仪/測深儀 cèshēnyí/ㄘㄜˋ ㄕㄣ ㄧˊ
sounder
【测绘】用于测量水深的仪器。按测量原理可分为机械、声学、激光、压力、电磁式等不同类型。较常用的是超声波回声测深仪,由于不同深度的水的密度、温度、含盐量有不同,导致水中声速有不均匀变化,因此测得的水深数据需要进行修正计算才能得到准确的水深。

测速仪/測速儀 cèsùyí/ㄘㄜˋ ㄙㄨˋ ㄧˊ
speed measuring instrument
【交】用于检测车辆行驶速度的仪器。通常有电感式、雷达式和激光式。

测验法/試驗法 cèyànfǎ/ㄕˋ ㄧㄢˋ ㄈㄚˇ
test method
【心】通过心理或教育测验来测定、研究心理与教育现象及其规律的研究方法。其优点在于测验工具的科学性和有效性,使用的方便性和实用性;缺点在于测验功能的单一性,测验实施的误差性。

测站/測站 cèzhàn/ㄘㄜˋ ㄓㄢˋ
station
【测绘】测量时摆放测量仪器以施行具体测量工作的点位。常分为有人值守和无人值守两类。为提高工作效率和测量质量,在设计方案中常要求在一个测站测量足够多的目标数据。

测定工具
ㄘㄜˋ ㄉㄧㄥˋ ㄍㄨㄥ ㄐㄩˋ/cèdìng gōngjù

measuring tool, measuring implement
【机】台湾名。即“量具”(735 页)。

測經器 ㄘㄜˋ ㄐㄧㄥ ㄑㄧˋ/cèjīngqì
caliper
【机】台湾名。即“卡尺”(666 页)。

測量標 ㄘㄜˋ ㄌㄧㄤˊ ㄅㄧㄠ/cèliángbiāo
survey mark
【测绘】台湾名。即“测量标志”(100 页)。

測量儀器 ㄘㄜˋ ㄌㄧㄤˊ ㄧˊ ㄑㄧˋ/cèliáng yíqì
measuring instrument
【机】台湾名。即“量仪”(735 页)。

測量值平差
ㄘㄜˋ ㄌㄧㄤˊ ㄓˊ ㄆㄧㄥˊ ㄔㄚ/cèliángzhí píngchā
survey adjustment, adjustment of observations
【测绘】台湾名。即“测量平差”(100 页)。

測量製圖 ㄘㄜˋ ㄌㄧㄤˊ ㄓˋ ㄊㄨˊ/cèliáng zhìtú
surveying and mapping
【测绘】台湾名。即“测绘学”(99 页)。

測微計 ㄘㄜˋ ㄨㄟ ㄐㄧˋ/cèwēijì
micrometer
【机】台湾名。即“千分尺”(900 页)。

測隙規 ㄘㄜˋ ㄒㄧˋ ㄍㄨㄟ/cèxìguī
feeler
【机】台湾名。即“塞尺”(966 页)。

測站氣壓 ㄘㄜˋ ㄓㄢˋ ㄑㄧˋ ㄧㄚ/cèzhàn qìyā
station pressure
【气】台湾名。即“本站气压”(49 页)。

ceng (ㄘㄥ)

层高/層高 cénggāo/ㄘㄥˊ ㄍㄠ
story height
【建】建筑物包括结构层、抹面层在内的层间高度。即室内楼面、地面至上层楼面之间的距离。对于平屋顶,层高为该层的楼面、地面至屋面结构层表面的距离;对于坡屋顶,层高为楼面、地面至屋顶结构支撑点的距离。

层合板/❶合板,❷層板
cénghébǎn/❶ㄏㄜˊ ㄅㄢˇ,❷ㄘㄥˊ ㄅㄢˇ
❶plywood, ❷laminate
【材】❶由两层或两层以上铺层经铺贴、固化而成的复合材料板。由木材构成的又称胶合板。❷又称“层压板”。一种树脂基复合材料。以树脂为基体,与片状增强体通过模压等工艺复合而成。

层理/層理 cénglǐ/ㄘㄥˊ ㄌㄧˇ
bedding
【地】岩层中物质的成分、颗粒大小、形状和颜色在垂直方向发生改变时产生的层状构造。常见于大多数沉积岩和一些喷出岩中,是研究地质构造变形及其历史的重要依据。按层理面形态及与层系界面不同,可分为水平层理、波状层理及交错层理。交错层理的特点是层间细层理与主层理呈斜交关系,下部与主层理相切,上部与主层理截交,斜层理的倾向指示沉积物的来源方向。

层流/層流 céngliú/ㄘㄥˊ ㄌㄧㄡˊ
laminar flow
【物】流体的一种流动状态。流体质点不相互混杂,迹线平行、层次分明的流动。

层面/層面 céngmiàn/ㄘㄥˊ ㄇㄧㄢˋ
bedding plane, bedding surface
【地】有较明显差异的事物组成和结构形式的上下关系。

层位/層位 céngwèi/ㄘㄥˊ ㄨㄟˋ
horizon
【地】地层层序中的某一特定位置。可以是地层单位的界线,也可以是有利于对比的独特地层。例如具有特殊岩性特征的岩性层位,具有特殊化石的化石层位,具有特定时代的年代层位等。

层压板 céngyābǎn/ㄘㄥˊ ㄧㄚ ㄅㄢˇ
【材】即“层合板”(101 页)。

层子/層子 céngzǐ/ㄘㄥˊ ㄗˇ
straton
【物】夸克的同义粒子。1965 年由中国科学家(北京基本粒子组)提出。

層板 ㄘㄥˊ ㄅㄢˇ/céngbǎn
laminate
【材】台湾名。即“层合板”(101 页)。

層析術 ㄘㄥˊ ㄒㄧ ㄕㄨˋ/céngxīshù
chromatography
【化】台湾名。即“色谱法”(975 页)。

C

cha (ㄔㄚ)

叉车/堆高車 chāchē/ㄔㄚ ㄔㄜ

fork-lift truck, forklift

【机】又称"铲车"。采用货叉装载、起升、搬运载荷的工业车辆。按动力装置不同,可分为内燃叉车、电动叉车和仓储叉车;按结构功能不同,可分为平衡重式叉车、前移式叉车、插腿式叉车等。

叉手/叉手 chāshǒu/ㄔㄚ ㄕㄡˇ

chashou, inverted V-shaped brace

【建】中国古建筑平梁之上到脊槫之间的斜置构件,作用是固定脊槫,防止滑动。

📖 叉手最早见于南北朝时期,唐以前有叉手无蜀柱,叉手用材较大。宋代两者兼用,蜀柱承托脊槫,两侧挟以叉手,叉手规格开始变小。元代叉手断面已经变小,明清多不用叉手。

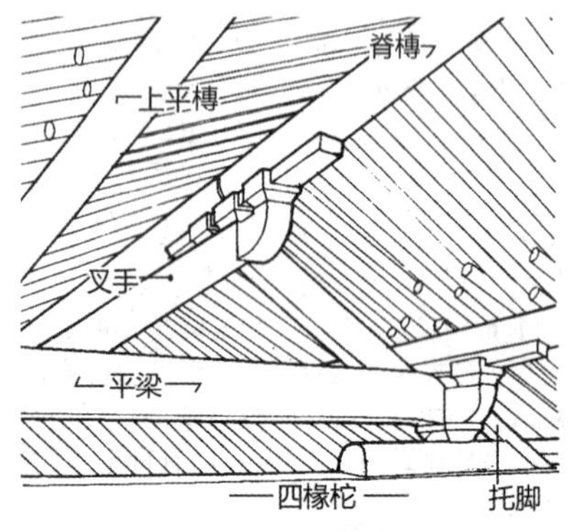

中国古建筑中的叉手

差/差 chā/ㄔㄚ

difference

【数】减法运算的结果。a 与 b 的差通常指 $a-b$的结果。例如,$3-2=1$,1 叫作 3 与 2 的差;$4a-a=3a$,$3a$ 叫作 $4a$ 与 a 的差。

差动机构/差動機構

chādòng jīgòu/ㄔㄚ ㄉㄨㄥˋ ㄐㄧ ㄍㄡˋ

differential mechanism

【机】具有多个自由度的机构。接受与自由度数相应的多个独立的输入运动,以产生确定的输出运动。由齿轮、螺旋、链条或钢索等构成,起增力、微动、运动分解或合成、误差补偿等作用。常用于汽车、拖拉机、起重机、测微器和天文仪器等。

差分定位/差分定位

chāfēn dìngwèi/ㄔㄚ ㄈㄣ ㄉㄧㄥˋ ㄨㄟˋ

differential positioning

【测绘】将已知位置上的接收机测得的定位数据与已知值比较所得的误差,实时传递或事后加入到待测点位的接收机所测数据中,用以提高定位数据精度。

差集/差集 chājí/ㄔㄚ ㄐㄧˊ

difference set

【数】由所有属于集合 A 而不属于集合 B 的元素所组成的集合,叫作 A 与 B 的差集,记作 $A-B$ 或 $A\backslash B$,即 $A-B=\{x|x\in A$ 且 $x\notin B\}$。例如,$A=\{1,2,3\}$,$B=\{1,2\}$,$A-B=\{3\}$。

差速器/差速器 chāsùqì/ㄔㄚ ㄙㄨˋ ㄑㄧˋ

differential

【机】一种差动机构。能使旋转运动自一根轴传至另两根轴,并使后者相互间以不同转速旋转。通常由齿轮组成。汽车上的差速器(位于后桥内)可使左右车轮以不同的转速旋转,满足汽车转弯时两轮在相同时间内滚过距离不同的要求。

差速锁/差速鎖 chāsùsuǒ/ㄔㄚ ㄙㄨˋ ㄙㄨㄛˇ

differential lock

【机】汽车上的一种机构。能把左右半轴刚性连接起来,消除左右两轮转速差。当汽车一只后轮由于路面泥泞而打滑,驱动力矩不能充分发挥作用时,使用差速锁可使另一个附着较好的车轮充分发挥作用,提高汽车在泥泞湿滑路面的通过能力。有差速锁的差速器称强制锁止式差速器。

差压式流量计/壓差式流量計

chāyāshì liúliàngjì/

ㄧㄚ ㄔㄚ ㄕˋ ㄌㄧㄡˊ ㄌㄧㄤˋ ㄐㄧˋ

differential pressure flowmeter

【机】流量计的一种。根据安装于管道中流量检测件与流体相互作用产生的差压、已知的流体条件和检测件与管道的几何尺寸来计算流量。由一次检测件及二次仪表组成。按检测件不同,可分为孔板流量计、文丘里流量计和均速管流量计等。

差异心理学/差異心理學
chāyì xīnlǐxué/ㄔㄚ ㄧˋ ㄒㄧㄣ ㄌㄧˇ ㄒㄩㄝˊ
differential psychology
【心】心理学的一个分支。研究个体和群体的行为、心理差异的特征及其发生、发展的规律。内容包括个性差异、智力差异、性别差异、正常人群与异常人群差异等。

插 chā/ㄔㄚ
【机】“插削”的简称。

插齿/插齒 chāchǐ/ㄔㄚ ㄔˇ
gear shaping
【机】台湾又称“刨齒”。插削的一种。用插齿刀按展成法或成形法加工内、外齿轮或齿条等的齿面。

插齿刀/插齒刀 chāchǐdāo/ㄔㄚ ㄔˇ ㄉㄠ
shaper cutter, gear shaper cutter
【机】台湾又称“刨齒刀”。刀具的一种。外形为齿轮形或齿条形。用于按展成法加工内、外啮合的直齿和斜齿圆柱齿轮。可加工带台肩齿轮、多联齿轮和无空刀槽人字齿轮等。特形插齿刀还可加工各种其他廓形的工件，如凸轮和内花键等。

插齿机/插齒機
chāchǐjī/ㄔㄚ ㄔˇ ㄐㄧ
gear shaping machine
【机】台湾又称“齒輪刨製機”。齿轮加工机床的一种。以形似齿轮的插齿刀做上下往复运动，并在与工件相对滚动的过程中，加工出齿轮或齿条上的齿形。用于加工内、外直齿和斜齿圆柱齿轮等。

插床/插床 chāchuáng/ㄔㄚ ㄔㄨㄤˊ
slotting machine, vertical shaping machine
【机】金属切削机床的一种。以插刀对工件进行切削加工。加工时插刀上下往复做主运动，工件在水平面内作纵向、横向进给或分度运动。用于加工键槽、多边形孔等，特别是加工盲孔或有障碍台肩的内表面。可分为普通插床、键槽插床、龙门插床和移动式插床等。

插件/插入板 chājiàn/ㄔㄚ ㄖㄨˋ ㄅㄢˇ
plug-in board
【信息】❶在互联网中能使浏览器处理专用数据类型(例如音频、视频和动画)的软件扩展部件。❷插进较大的应用系统，提供附加功能的小程序。例如网页浏览器插件、媒体播放器插件、游戏插件。

插件板/插頭板
chājiànbǎn/ㄔㄚ ㄊㄡˊ ㄅㄢˇ
plugboard
【信息】❶用户将线缆插进插座即能控制其操作的电路板。❷具有一种或某些功能的电路板。

插入板 ㄔㄚ ㄖㄨˋ ㄅㄢˇ/chārùbǎn
plug-in board
【信息】台湾名。即“插件”(103 页)。

插头/插頭 chātóu/ㄔㄚ ㄊㄡˊ
plug
【电】与插座配套使用的器件。用于移动式低电压小容量电气设备、仪器、家用电器等引接电源。

插頭板 ㄔㄚ ㄊㄡˊ ㄅㄢˇ/chātóubǎn
plugboard
【信息】台湾名。即“插件板”(103 页)。

插削/插削 chāxiāo/ㄔㄚ ㄒㄧㄠ
slotting
【机】简称“插”。金属切削加工的一种方法。用插刀对工件作上下相对直线往复运动。效率和精度均不高，适用于在单件或小批生产中加工内孔键槽、花键孔、方孔和多边形孔，大批量生产中常用铣削或拉削代替插削。

插秧/插秧 chāyāng/ㄔㄚ ㄧㄤ
transplanting rice
【农】把水稻秧苗从秧田移植到稻田里。

插座/插座 chāzuò/ㄔㄚ ㄗㄨㄛˋ
socket
【电】与插头连接，装在出线盒上供插接电源用的元器件。

茬/殘株 chá/ㄘㄢˊ ㄓㄨ
stubble
【农】❶在同一块土地上作物种植或生长的次数。一次为一茬。❷农作物收割后留在地里的茎和根。

茬口/茬口 chákǒu/ㄔㄚˊ ㄎㄡˇ
crops for rotation
【农】轮作作物的种类和轮作的次序。前季作物称前茬，后季作物称后茬。如种小麦的田称麦茬田，小麦收后种大豆称麦茬豆。小麦为大豆的前茬（前作），大豆为小麦的后茬（后作）。不同作物轮作时称换茬或倒茬，同一作物连种时称重茬。安排作物轮换次序称茬口安排。

茶/茶 chá/ㄔㄚˊ

tea

㊀【植】*Camellia sinensis* 山茶科山茶属。灌木或小乔木。叶革质，长圆形或椭圆形。栽培种的叶型变化很大，边缘有齿。花1～3朵腋生，白色，花瓣5～6枚，阔卵形。蒴果球形。花期10月份至翌年2月份。在中国，分布于长江以南各地。经济作物，叶可制茶，为中国人的主要饮品。㊁【轻】❶茶叶，茶树芽叶制成的干品。按加工方法不同，可分为基本茶类和再加工茶类两大类。❷用茶水、茶叶泡制成的饮料。

📖 传说以茶为饮料始于神农时代，兴于唐，盛于宋，历经从药用、食用到饮用几个阶段。茶在历史上名称很多：《说文解字》称为“茗”，中唐之前称为“荼”，后“荼”字衍生为“茶”。唐代陆羽(733—约804)《茶经》：“其名一曰茶，二曰槚(jiǎ)，三曰蔎(shè)，四曰茗，五曰荈(chuǎn)。”中国茶唐代传往日本、朝鲜等地，后又传往印度、锡兰(今斯里兰卡)和欧洲、美洲。世界各国语言中“茶”一词的读音，大多源于中国闽粤方言的译音。

茶花 cháhuā/ㄔㄚˊ ㄏㄨㄚ

【植】即“山茶”(980页)。

茶经/茶經 Chá Jīng/ㄔㄚˊ ㄐㄧㄥ

Classic of Tea

【轻】茶叶专著名。唐代陆羽(733—约804)撰。唐建中元年(780)刻印问世。三卷十章，七千余字。章目依次为：一之源，二之具，三之造，四之器，五之煮，六之饮，七之事，八之出，九之略，十之图。全面总结了唐代及以前的茶学理论及实践，是世界第一部茶叶专著，是中国茶学理论的奠基之作。

茶晶/煙水晶 chájīng/ㄧㄢ ㄕㄨㄟˇ ㄐㄧㄥ

smoky quartz

【地】见“水晶”(1064页)。

茶枯/茶枯 chákū/ㄔㄚˊ ㄎㄨ

tea seed oil cake

【农】又称“茶籽饼”。油茶籽榨油后呈饼状的渣滓。常用作肥料。

茶旗/茶旗 cháqí/ㄔㄚˊ ㄑㄧˊ

Cha Qi

【轻】茶树嫩叶初展叶的别称。指茶树芽叶萌出初展时的嫩叶。品质细嫩，是优质茶的原料。与“茶枪”合称“旗枪”。

茶枪/茶槍 cháqiāng/ㄔㄚˊ ㄑㄧㄤ

Cha Qiang

【轻】茶芽的别称。指茶树芽叶萌出未展时的嫩芽。品质细嫩，是优质茶的原料。与“茶旗”合称“旗枪”。

茶艺/茶藝 cháyì/ㄔㄚˊ ㄧˋ

tea artistry

【轻】泡茶与饮茶技艺。按饮茶群体的不同，可分为工夫茶艺、文人茶艺、禅师茶艺、平民茶艺、儿童茶艺等。各类茶艺对茶叶要求、茶具选择、环境布置、茶点选用各具特色。各类茶艺的风格和表现形式，均代表该群体的文化理念。

茶油 cháyóu/ㄔㄚˊ ㄧㄡˊ

【农】即“茶籽油”(104页)。

茶砖/茶磚 cházhuān/ㄔㄚˊ ㄓㄨㄢ

brick tea

【轻】❶砖状的紧压茶。❷在台湾，茶砖也指“紧压茶”(635页)。

茶子油 cházǐyóu/ㄔㄚˊ ㄗˇ ㄧㄡˊ

【农】即“茶籽油”(104页)。

茶籽饼 cházǐbǐng/ㄔㄚˊ ㄗˇ ㄅㄧㄥˇ

【农】即“茶枯”(104页)。

茶籽油/茶籽油 cházǐyóu/ㄔㄚˊ ㄗˇ ㄧㄡˊ

tea-seed oil

【农】又作“茶子油”，又称“茶油”。用油茶树果实榨取的食用油。澄清透明，呈浅黄色。

查爾斯定律

ㄔㄚˊ ㄦˇ ㄙ ㄉㄧㄥˋ ㄌㄩˋ/Chá'ěrsī dìnglǜ

Charles law

【物】台湾名。即“查理定律”(104页)。

查理定律/查爾斯定律

Chálǐ dìnglǜ/ㄔㄚˊ ㄦˇ ㄙ ㄉㄧㄥˋ ㄌㄩˋ

Charles law

【物】关于理想气体在等容变化中压强与温度关系的定律。一定质量的理想气体，在体积不变的情况下，压强(p)与热力学温度(T)成正比。数学表达式为 $p/T=$恒量。实际气体在压强不太高、温度不太低的情况下近似遵从。因法国科学家查理(J. A. César Charles，1746—1823)1787 年首先发现，故名。

搽剂/搽劑　chájì/ㄔㄚˊ ㄐㄧˋ
liniment
【医】专供揉搽皮肤表面使用的液体制剂。

岔脊　chàjǐ/ㄔㄚˋ ㄐㄧˇ
【建】即"戗脊"(906 页)。

chai　(ㄔㄞ)

柴达木盆地/柴達木盆地
Cháidámù Péndì/ㄔㄞˊ ㄉㄚˊ ㄇㄨˋ ㄆㄣˊ ㄉㄧˋ
Qaidam Basin
【地】盆地名。位于青海西北部，阿尔金山、祁连山、昆仑山、日月山环绕周围。面积 25.5 万平方千米。海拔 2600～3000 米，是中国第三大内陆盆地。盆地中央的察尔汗盐湖是中国最大的盐湖，还有丰富的油气、煤、铅、锌和石棉等多种矿藏。东部和东南部为农业区，以生产粮食和油料作物为主。

柴胡/柴胡　cháihú/ㄔㄞˊ ㄏㄨˊ
㊀Chinese thorowax，㊁Radix Bupleuri(拉)，Chinese thorowax root
㊀【植】"北柴胡"的通称。㊁【中医】中药名。伞形科植物柴胡 *Bupleurum chinense* DC. 或狭叶柴胡 *B. scorzonerifolium* Willd. 的干燥根。味苦，性微寒。归肝、胆经。和解表里，疏肝，升阳。用于感冒发热，寒热往来，胸胁胀痛，月经不调；子宫脱垂，脱肛。

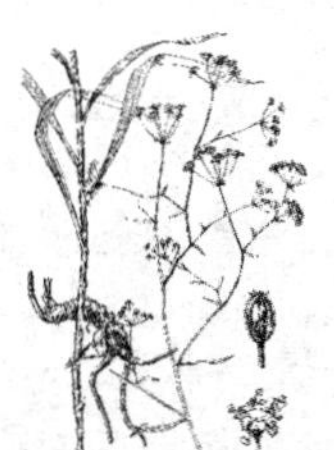
柴胡

狭叶柴胡

柴聯車　ㄔㄞˊ ㄌㄧㄢˊ ㄔㄜ/cháiliánchē
diesel multiple unit
【交】台湾名。即"内燃动车组"(828 页)。因内燃机以柴油为燃料，故名。

柴油/柴油　cháiyóu/ㄔㄞˊ ㄧㄡˊ
diesel fuel，diesel oil
【化】油品的一类。沸程为 232～426 ℃的轻质石油馏分。无色透明液体，含杂质呈淡紫褐色，主要成分为含 10～22 个碳的烃类。可分为重柴油和轻柴油两种。用作柴油机的燃料或化工原料。主要指标是十六烷值、黏度、凝固点等。柴油的标号以其凝固点命名，如 0 号柴油的凝固点为 0℃。

柴油机/柴油機　cháiyóujī/ㄔㄞˊ ㄧㄡˊ ㄐㄧ
diesel engine
【机】内燃机的一种。以柴油等为燃料，气缸中压缩后形成的高温高压空气使喷入的雾状燃料燃烧、膨胀做功。比汽油机效率高，费用低。广泛用于拖拉机、船舶、内燃机车、载重汽车、工程机械和其他机器设备上。

柴油機車
ㄔㄞˊ ㄧㄡˊ ㄐㄧ ㄔㄜ/cháiyóu jīchē
diesel locomotive
【交】台湾名。即"内燃机车"(828 页)。

豺/豺　chái/ㄔㄞˊ
red dog
【动】*Cuon alpinus* 又称"豺狗"。哺乳动物名。食肉目犬科。身体像狼而小，较瘦，长 1 米左右，吻短，耳短而圆，毛大部棕红色，尾末端黑色，腹部浅色。性凶猛，常成群围攻捕食鹿、羊、牛等。生活在山地草原、疏林或草甸中。在中国分布广泛。

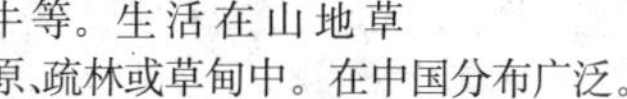
豺

豺狗　cháigǒu/ㄔㄞˊ ㄍㄡˇ
【动】即"豺"(105 页)。

chan　(ㄔㄢ)

禅堂/禪堂　chántáng/ㄔㄢˊ ㄊㄤˊ
meditation room
【建】僧人修习禅定的殿堂。早期僧人选择幽静的山岩石窟修行，石窟约 1 立方米，平顶或穹顶，窟内素平无造像，称为禅窟。唐代禅宗兴起，建立新的禅堂形式，既用于禅定，又用于斋食。明代禅堂制度改变,规定禅堂只用于修习,斋堂另建。禅堂位置多设于寺院西侧。

缠腰火丹 chányāo huǒdān/ ㄔㄢˊ ㄧㄠ ㄏㄨㄛˇ ㄉㄢ

【中医】即"蛇串疮"(991 页)。

缠腰龙 chányāolóng/ ㄔㄢˊ ㄧㄠ ㄌㄨㄥˊ

【中医】即"蛇串疮"(991 页)。

蝉/蟬 chán/ ㄔㄢˊ

Cicadida

【动】昆虫名。同翅目蝉科(Cicadidae)昆虫的统称。体粗大,头部有 3 个单眼,触角短小,翅膜质,前足开掘式。雄的腹部有发音器,发音连续而响亮。幼虫钻入土中生活,吸食植物根部的汁液;成虫生活在植物上,刺吸汁液,危害嫩枝。常见的有蚱蝉、蟪蛄、红蝉等。蝉的若虫蜕下的壳称"蝉蜕",可入药。

蝉蜕/蟬蜕 chántuì/ ㄔㄢˊ ㄊㄨㄟˋ

Periostracum Cicadae (拉), cicada slough

【中医】中药名。蝉科昆虫黑蚱 *Cryptotympana pustulata* Fabricius 的若虫羽化时脱落的皮壳。味甘,性寒。归肺、肝经。散风除热,利咽,透疹,退翳,解痉。用于风热感冒,咽痛,音哑,麻疹不透,风疹瘙痒,目赤翳障,惊风抽搐,破伤风。

蝉 蜕

蟾蜍/蟾蜍 chánchú/ ㄔㄢˊ ㄔㄨˊ

ture toad

【动】两栖动物名。无尾目蟾蜍科蟾蜍属各种的统称。常见的中华蟾蜍(*Bufo gargarizans*),俗称为癞蛤蟆或疥蛤蟆。体长约 10 厘米,背部黑绿色,身体表面有许多疙瘩,内有毒腺,腹部乳黄色。生活在泥穴、草丛、石下等,夜能捕食昆虫和其他小动物。其耳后腺与皮肤分泌物可制成蟾酥,供药用。分布广泛。

镵针/鑱針 chánzhēn/ ㄔㄢˊ ㄓㄣ

shear needle

【中医】九针之一。针头大,针尖锐利如箭头,用于浅刺泄热。

产后抑郁/產後抑鬱 chǎnhòu yìyù/ ㄔㄢˇ ㄏㄡˋ ㄧˋ ㄩˋ

postpartum depression

【医】产后出现的以抑郁为主的短暂情感紊乱。表现为从短暂的心境低落到伴有焦虑和恐惧的严重抑郁,对婴儿及其周围的人和事物丧失兴趣、自责自贬,疲劳乏力,以及睡眠紊乱等。

产品生命周期/產品生命周期 chǎnpǐn shēngmìng zhōuqī/ ㄔㄢˇ ㄆㄧㄣˇ ㄕㄥ ㄇㄧㄥˋ ㄓㄡ ㄑㄧ

product life cycle

【环】❶产品开发及其市场运作的周期性。由美国哈佛大学教授雷蒙德·弗农(R. Vernon)于 1966 年在其《产品周期中的国际投资和国际贸易》一文中首次提出。典型的产品生命周期可分为引入期、成长期、成熟期和衰退期。❷清洁生产中指产品从自然界中获取资源和能源,经过生产过程形成产品,又经过消费和使用,直至产品报废或处理处置的全过程。

产品质量控制/產品品質控制 chǎnpǐn zhìliàng kòngzhì/ ㄔㄢˇ ㄆㄧㄣˇ ㄆㄧㄣˇ ㄓˋ ㄎㄨㄥˋ ㄓˋ

product quality control

【自】在一定的技术经济条件下保证为用户提供所要求的产品质量而进行的一系列经营、管理和控制活动。

产前检查/產前檢查 chǎnqián jiǎnchá/ ㄔㄢˇ ㄑㄧㄢˊ ㄐㄧㄢˇ ㄔㄚˊ

prenatal examination

【医】妊娠期对孕妇和胎儿所做的临床检查。通常孕 28 周前每月一次,孕 28～36 周每 2 周一次,末一个月每周一次。是产前保健中重要的措施。

产褥期/產後期 chǎnrùqī/ ㄔㄢˇ ㄖㄨˋ ㄑㄧ

puerperium

【医】从胎盘娩出至生殖器官完全恢复的一段时间。通常为 6～8 周。

产褥期中暑/產褥期中暑 chǎnrùqī zhòngshǔ/ ㄔㄢˇ ㄖㄨˋ ㄑㄧ ㄓㄨㄥˋ ㄕㄨˇ

puerperal heat stroke

【医】产褥期因在高温环境中,体内热量不能及时散发引起的中暑。

产业链/產業鏈 chǎnyèliàn/ ㄔㄢˇ ㄧㄝˋ ㄌㄧㄢˋ

industry chain

【物流】各个产业部门之间基于一定的技术经济关联,并依据特定的逻辑关系和时空布局关系客观形成的链条。是围绕某一产业上游到下游各相关环节的企业,通过提供一系列特定产品或服务,最终形成的互为基础的产业集合。

产状/位態 chǎnzhuàng/ㄨㄟˋ ㄊㄞˋ

attitude

【地】地质构造面(岩层层面、断层面、片理面、节理面等)的空间几何状态(产状要素包括走向、倾向和倾角)或构造线的空间取向(产状要素包括方位和倾角)。

铲车 chǎnchē/ㄔㄢˇ ㄔㄜ

【机】❶即"装载机"(1489 页)。❷即"叉车"(102 页)。

铲斗车 chǎndǒuchē/ㄔㄢˇ ㄉㄡˇ ㄔㄜ

【机】即"装载机"(1489 页)。

铲斗挖泥船/戽斗挖泥船

chǎndǒu wāníchuán/

ㄏㄨˋ ㄉㄡˇ ㄨㄚ ㄋㄧˊ ㄔㄨㄢˊ

dipper dredger

【船】又称"铲石船"。用铲斗机挖掘硬质水底被覆层和碎石的挖泥船。按铲斗机挖掘方向,通常船首两舷和尾部中央各设一根定位桩。铲斗机装在船首甲板上,铲斗斗容多为1～4立方米。

铲石船 chǎnshíchuán/ㄔㄢˇ ㄕˊ ㄔㄨㄢˊ

【船】即"铲斗挖泥船"(107 页)。

铲蹚/鏟蹚 chǎntāng/ㄔㄢˇ ㄊㄤ

soil scarification

【农】在作物行间铲除杂草,疏松土壤,并给作物培土。

铲运机/刮土機 chǎnyùnjī/ㄍㄨㄚ ㄊㄨˇ ㄐㄧ

scraper

【机】土方机械的一种。利用装在前、后轮轴和左右履带之间的铲斗,在行驶中顺序进行铲削、装载、运输和铺卸土壤等作业。操作灵活,不受地形限制,不需特设道路,生产效率高。

産婦死亡率

ㄔㄢˇ ㄈㄨˋ ㄙˇ ㄨㄤˊ ㄌㄩˋ/chǎnfù sǐwánglǜ

maternal mortality rate

【医】台湾名。即"孕产妇死亡率"(1402 页)。

産後期 ㄔㄢˇ ㄏㄡˋ ㄑㄧˊ/chǎnhòuqī

puerperium

【医】台湾名。即"产褥期"(106 页)。

產品品質控制

ㄔㄢˇ ㄆㄧㄣˇ ㄆㄧㄣˇ ㄓˋ ㄎㄨㄥˋ ㄓˋ/

chǎnpǐn pǐnzhì kòngzhì

product quality control

【自】台湾名。即"产品质量控制"(106 页)。

產生器 ㄔㄢˇ ㄕㄥ ㄑㄧˋ/chǎnshēngqì

generator

【信息】台湾名。即"生成器"(1005 页)。

顫抖 ㄓㄢˋ ㄉㄡˇ/chàndǒu

shivering

【医】台湾名。即"寒战"(472 页)。

chang (ㄔㄤ)

菖蒲/菖蒲 chāngpú/ㄔㄤ ㄆㄨˊ

drug sweetflag rhizome

【植】*Acorus calamus* 天南星科菖蒲属。多年生水生草本植物。有香气,根茎横走,稍扁,有多数不定根。叶基生,草质,绿色,剑状条形,很长,基部宽且对折,中肋脉明显,平行脉。花序柄基生,扁三棱形,肉穗花序直立,狭锥状圆柱形,花黄绿色。花期 6—9 月份。在中国,分布于各地。观赏植物。根茎叶可入药。

鲳鱼/鯧魚 chāngyú/ㄔㄤ ㄩˊ

pomfret, butterfish

【动】又称"镜鱼""平鱼"。鱼名。硬骨鱼纲鲳科。身体短而侧扁,椭圆形,长可达 40 厘米,银灰色。头小,吻圆钝,成鱼没有腹鳍。生活在海洋中。以甲壳类动物为食。中国沿海均有分布。

长白山/長白山

Chángbái Shān/ㄔㄤˊ ㄅㄞˊ ㄕㄢ

Changbai Mountain Range

【地】山脉名。广义上指位于黑龙江东部、吉林东部和辽宁东北部,由完达山、老爷岭、张广才岭等组成的山脉;狭义上指吉林东南部与朝鲜交界的山地。白云峰海拔 2691 米,为东北第一高峰。

长臂猿/長臂猿 chángbìyuán/ㄔㄤˊ ㄅㄧˋ ㄩㄢˊ
gibbon
【动】哺乳动物名。灵长目长臂猿科。身体比猩猩小，前臂特别长，直立下垂时可达地面，无尾，无颊囊。能直立行走，善于在树上活动，叫声响亮，群居。生活在亚洲热带森林中，以果实、嫩芽、昆虫、鸟卵等为食。在中国，主要分布于云南和海南。

长波/長波 chángbō/ㄔㄤˊ ㄅㄛ
long wave，LW
【信息】波长10 000～1000米(频率 30～300千赫)的无线电波。

长波辐射 chángbō fúshè/ㄔㄤˊ ㄅㄛ ㄈㄨˊ ㄕㄜˋ
【气】即“大气辐射”(183 页)。

长春花/長春花 chángchūnhuā/ㄔㄤˊ ㄔㄨㄣ ㄏㄨㄚ
madagascar periwinkle
【植】*Catharanthus roseus* 夹竹桃科长春花属。半灌木。茎近方形，有条纹。叶膜质，倒卵状长圆形，先端圆，基部渐狭成叶柄。聚伞花序，花冠筒圆筒状。花冠红色，高脚碟状，裂片宽倒卵形，蓇葖果。花果期全年。在中国，西南、中南及华东等地有栽培。观赏花卉。植株可药用。

长春碱/長春鹼 chángchūnjiǎn/ㄔㄤˊ ㄔㄨㄣ ㄐㄧㄢˇ
vinblastine，VLB
【化】天然有机物。吲哚并大杂环类生物碱。从夹竹桃科植物长春花的叶或根中提取分离出来。是目前国际上应用最多的一个植物来源的抗癌药物。

长度/長度 chángdù/ㄔㄤˊ ㄉㄨˋ
length
【计量】国际单位制七个基本物理量之一。指两点之间的距离，常用 L 或 l 表示。基本单位米(m)。其他常用单位有千米(km)、分米(dm)、厘米(cm)、毫米(mm)、微米(μm)、纳米(nm)等。

长吨 chángdūn/ㄔㄤˊ ㄉㄨㄣ
【计量】即“英吨”(1353 页)。符号 ltn。这个名称在美国使用。

长方体/長方體 chángfāngtǐ/ㄔㄤˊ ㄈㄤ ㄊㄧˇ
rectangular parallelopiped
【数】各面都是矩形的平行六面体。长方体中同一顶点处的 3 条棱为长方体的三度，即长、宽和高。

长方形 chángfāngxíng/ㄔㄤˊ ㄈㄤ ㄒㄧㄥˊ
【数】即“矩形”(653 页)。

长庚星/長庚星 chánggēngxīng/ㄔㄤˊ ㄍㄥ ㄒㄧㄥ
Hesperus
【天】日落后见于西方的金星。

长轨线路/長軌線路 chángguǐ xiànlù/ㄔㄤˊ ㄍㄨㄟˇ ㄒㄧㄢˋ ㄌㄨˋ
long welded rail track
【交】又称“无缝线路”。用若干根标准长度的钢轨焊接而成的长轨铺设的铁路线路。因线路减少了钢轨接头，也就减少了车轮对钢轨接头的冲击，使得列车运行平稳，提高了乘坐舒适度，延长了线路设备和机车车辆的使用寿命，并能适应高速行车和重载的要求，是现代化轨道的发展方向。

长江/長江 Cháng Jiāng/ㄔㄤˊ ㄐㄧㄤ
Changjiang River
【地】水名。发源于青藏高原唐古拉山脉主峰各拉丹冬雪山。源头段称“沱沱河”，与当曲汇合后称“通天河”；青海玉树以下至四川宜宾段称“金沙江”，宜宾以下开始称“长江”。宜宾至宜昌段又称“川江”，湖北枝城至湖南城陵矶段称“荆江”；扬州以下旧称“扬子江”。流经青海、西藏、四川、云南、重庆、湖北、湖南、江西、安徽、江苏、上海等省市自治区，在上海入东海。全长约 6300 千米，流域面积 180.85 万平方千米，是中国第一大河。主要支流有雅砻江、岷江、嘉陵江、乌江、湘江、汉江、赣江和黄浦江等。湖北宜昌以上为上游，水急滩多；宜昌至江西湖口为中游，曲流发达，多湖泊；湖口以下为下游，江宽水深。长江水量和水力资源丰富，是世界第三大河流。

长江三角洲/長江三角洲 Cháng Jiāng Sānjiǎozhōu/ㄔㄤˊ ㄐㄧㄤ ㄙㄢ ㄐㄧㄠˇ ㄓㄡ
Changjiang Delta
【地】长江和钱塘江在入海处冲积而成的三角

洲。位于上海、江苏东南部和浙江东北部。是长江中下游平原的一部分,面积约 5 万平方千米。地势低平,海拔多在 10 米以下,零星散布着一些山丘;气候温暖湿润,雨量充沛;水道纵横,河湖密布。盛产稻、棉花、小麦、油菜籽、花生、鱼虾等。人口稠密,城市众多,在中国国民经济中占有重要地位。

长江三峡/長江三峽
Cháng Jiāng Sān Xiá/ㄔㄤˊ ㄐㄧㄤ ㄙㄢ ㄒㄧㄚˊ
Three Gorges of Changjiang River
【地】又称“三峡”。峡谷名。长江上游瞿塘峡、巫峡、西陵峡三个峡谷的合称。西起重庆奉节的白帝城,东至湖北宜昌的南津关,全长 193 千米。水力资源丰富。

长江中下游平原/長江中下游平原
Cháng Jiāng Zhōng-xiàyóu Píngyuán/ㄔㄤˊ ㄐㄧㄤ ㄓㄨㄥ ㄒㄧㄚˋ ㄧㄡˊ ㄆㄧㄥˊ ㄩㄢˊ
Middle and Lower Reaches Plain of Changjiang River
【地】平原名。中国三大平原之一,位于湖北宜昌以东的长江中下游沿岸,西起长江三峡,东至上海。由长江及其支流冲积而成,面积约 20 万平方千米。地势低平,海拔大都在 50 米以下。河湖密布,气候温和,无霜期 240～280天。是重要的粮、棉、油生产基地,盛产稻、小麦、棉花、油菜籽、蚕茧、麻类等。

长颈鹿/長頸鹿
chángjǐnglù/ㄔㄤˊ ㄐㄧㄥˇ ㄌㄨˋ
giraffe
【动】*Giraffa camelopardalis* 哺乳动物名。偶蹄目长颈鹿科。雄的身高约 6 米,雌的稍矮,是陆地上最高的动物,颈很长,雌雄均有一对小角,终生不会脱掉,眼大而突出,位于头顶上,全身有棕黄色网状斑纹,腿长。生活在热带、亚热带广阔的草原上,奔跑快,以树叶为食。分布于非洲。

长毛绒/長毛絨
chángmáoróng/ㄔㄤˊ ㄇㄠˊ ㄖㄨㄥˊ
plush
【纺】又称“海虎绒”,俗称“人造毛皮”。毛织物名。正面有平整竖立的绒毛。可分为衣面绒、衣里绒、椅面绒三类。衣面绒适于做冬季女式大衣,也可做衣领或帽料;衣里绒主要供做大衣衬里用,毛丛密度比衣面绒松,价格比较低廉;椅面绒又称为沙发绒,要求要有良好的耐磨及绒毛耸立性能。

长期预报/長期預報
chángqī yùbào/ㄔㄤˊ ㄑㄧ ㄩˋ ㄅㄠˋ
long-range [weather] forecast
【气】按时效划分的一种天气预报。未来 30 天以上的天气预报。

长日照植物/長日照植物
chángrìzhào zhíwù/ㄔㄤˊ ㄖˋ ㄓㄠˋ ㄓˊ ㄨˋ
long-day plant
【植】一天中的日长等于或长于临界日长条件下才开花或促进开花的植物。

长石/長石 chángshí/ㄔㄤˊ ㄕˊ
feldspar
【地】长石族矿物的统称,是钾、钠、钙以及钡的无水架状结构铝硅酸盐,包括正长石、透长石、微斜长石、歪长石、斜长石以及钡长石等。是最重要的造岩矿物,分布很广,在火成岩、变质岩、沉积岩中都可出现,是几乎所有火成岩的主要矿物成分。富含钾或钠的长石主要用于陶瓷、玻璃和搪瓷工业,含铷和铯等稀有元素的长石可作为提取这些元素的矿物原料。

长时记忆/長期記憶
chángshí jìyì/ㄔㄤˊ ㄑㄧˊ ㄐㄧˋ ㄧˋ
long-term memory, LTM
【心】信息在头脑中长时间保留的记忆。保留信息的时间在 1 分钟以上,甚至终生。保持终生的长时记忆,又称为永久记忆。长时记忆的容量是无限的,所储存的信息通常分类处理后加以储存。

长丝/長絲 chángsī/ㄔㄤˊ ㄙ
filament
【纺】化学纤维的一类。连续长度很长的丝条。将纺丝熔体连续从喷丝孔挤出后凝固成形,再经卷绕、拉伸等工序制成长丝。长度可达几万米至几十万米,分为单丝和复丝,可直接用于机织、针织和编结等。

长丝纱/長絲紗線
chángsīshā/ㄔㄤˊ ㄙ ㄕㄚ ㄒㄧㄢˋ
filament yarn
【纺】由单根或多根长丝组成的纱线。可分为单丝纱和复丝纱。细度均匀,纱身光洁,光泽好。能够织制轻薄透明、光泽明亮、手感光滑的丝型织物，手感爽利的麻型织物和手感厚实、挺括的毛型织物。

长尾雉/長尾雉
chángwěizhì/ ㄔㄤˊ ㄨㄟˇ ㄓˋ
long-tailed pheasants
【动】鸟名。雉科长尾雉属(*Syrmaticus*)各种的统称。雄鸟羽色艳丽，尾羽特别长。中国有黑长尾雉、白冠长尾雉(*S. reevesii*)、黑颈长尾雉和白颈长尾雉四种，均为珍稀动物。

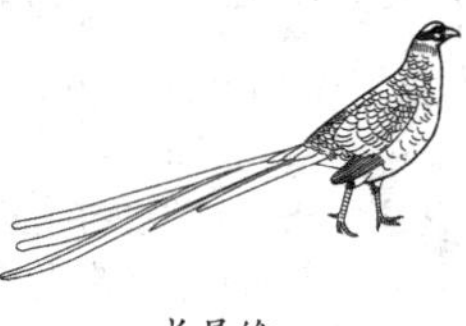
长尾雉

长须鲸/長鬚鯨
chángxūjīng/ ㄔㄤˊ ㄒㄩ ㄐㄧㄥ
fin whale
【动】哺乳动物名。鲸目须鲸科。体形呈纺锤形，长可达 25 米，重可达 70 吨，通常背部青灰色，腹部白色，没有牙齿，上颌有许多角质的薄片，即鲸须。生活在海洋中，以甲壳动物和小鱼等为食。在世界上分布广泛。

长须鲸

长针/長針 chángzhēn/ ㄔㄤˊ ㄓㄣ
long needle
【中医】九针之一。针身较大，针锋锐利，用于部位较深的痹病。

长征系列运载火箭/長征系列運載火箭
Chángzhēng xìliè yùnzài huǒjiàn/ ㄔㄤˊ ㄓㄥ ㄒㄧˋ ㄌㄧㄝˋ ㄩㄣˋ ㄗㄞˋ ㄏㄨㄛˇ ㄐㄧㄢˋ
Long March series launch vehicle
【航】中国以"长征"命名的液体系列运载火箭。按其运载能力和功能用途，由长征 1 号、长征 2 号、长征 3 号、长征 4 号四个子系列组成。长征 1 号主要用于发射近地轨道小型航天器，长征 2 号主要用于发射近地轨道的中、大型航天器，长征 3 号主要用于发射地球同步转移轨道航天器，长征 4 号主要用于发射太阳同步轨道的航天器。

肠穿孔/腸穿孔
chángchuānkǒng/ ㄔㄤˊ ㄔㄨㄢ ㄎㄨㄥˇ
perforation of intestine
【医】肠管病变、损伤而穿透肠管壁，导致肠内容物溢出至腹腔的过程。消化性溃疡、肠道憩室、外伤等可造成穿孔。主要表现为剧烈腹痛、腹胀等腹膜炎症状，严重可致休克和死亡。

肠梗阻/腸阻塞
chánggěngzǔ/ ㄔㄤˊ ㄗㄨˇ ㄙㄜˋ
intestinal obstruction
【医】各种原因引起肠内容物阻塞，不能顺利通过肠道的急腹症。常出现腹胀、腹痛、呕吐、排便障碍等症状，严重的可并发水电解质紊乱和感染。

肠结核/腸結核
chángjiéhé/ ㄔㄤˊ ㄐㄧㄝˊ ㄏㄜˊ
intestinal tuberculosis
【医】结核分枝杆菌侵犯肠道引起的肠道慢性特异性感染。主要表现为腹痛、排便习惯改变及发热、盗汗、消瘦等。

肠溶片剂/腸溶錠
chángróng piànjì/ ㄔㄤˊ ㄖㄨㄥˊ ㄉㄧㄥˋ
enteric coated tablet
【医】用肠溶性包衣材料进行包裹的片剂。药物进入肠道才溶解，目的是避免胃受到刺激，或防止药物在胃内受到破坏。

肠炎/腸炎 chángyán/ ㄔㄤˊ ㄧㄢˊ
enteritis
【医】各种病因引起的小肠和结肠炎症。主要表现为腹痛、腹泻、腹部胀气、肠鸣音改变等。

肠痈/腸癰 chángyōng/ ㄔㄤˊ ㄩㄥ
acute appendicitis, * intestinal welling-abscess
【中医】中医外科疾病之一。因热毒内聚，蕴结肠中而生痈成脓，症见发热，右少腹疼痛拘急，或触及包块等。按发生部位的不同，可分为大肠痈、小肠痈、直肠痈。

長程飛彈
ㄔㄤˊ ㄔㄥˊ ㄈㄟ ㄉㄢˋ/chángchéng fēidàn
long-range missile
【军】台湾名。即"远程导弹"(1394 页)。

長鰳 ㄔㄤˊ ㄌㄜˋ/chánglè
Chinese herring
【动】台湾名。即"鳓"(714 页)。

長期記憶 ㄔㄤˊ ㄑㄧˊ ㄐㄧˋ ㄧˋ/chángqī jìyì
long-term memory, LTM
【心】台湾名。即“长时记忆”(109 页)。

長絲紗線
ㄔㄤˊ ㄙ ㄕㄚ ㄒㄧㄢˋ/chángsīshāxiàn
filament yarn
【纺】台湾名。即“长丝纱”(109 页)。

尝试错误/嘗試錯誤
chángshì cuòwù/ㄔㄤˊ ㄕˋ ㄘㄨㄛˋ ㄨˋ
trial and error
【心】以尝试错误反应为特点的学习。这种学习的过程是逐步去除无效反应而成功反应不断增强。美国行为主义心理学家爱德华·桑代克(E.L.Thorndike 1874—1949)提出该学说,并进行了一系列动物实验,认为这种学习是包括人在内有机体获得所有复杂动作的主要方式。这一观念现已被完全摒弃。

常春藤/常春藤
chángchūnténg/ㄔㄤˊ ㄔㄨㄣ ㄊㄥˊ
Nepal ivy
【植】*Hedera nepalensis* var. *sinensis* 五加科常春藤属。常绿灌木。攀缘茎有气生根。叶革质,深绿色,有长柄;分两种形态:营养枝上的叶通常三角状卵形,全缘或三浅裂;花枝上的叶通常椭圆状卵形至菱形,先端长尖,全缘或 1～3 浅裂。伞形花序单生,花小,淡黄白色或淡绿白色,有香气。花期 9—11 月份。在中国,分布于甘肃东南部以南各地。观赏植物。

常规导弹/常規飛彈
chángguī dǎodàn/ㄔㄤˊ ㄍㄨㄟ ㄈㄟ ㄉㄢˋ
conventional missile
【军】携带常规装药战斗部的导弹。主要用于打击各类战役战术目标。按杀伤破坏效应不同,可分为杀伤、穿甲、破甲、碎甲、杀伤穿甲、爆破、杀伤爆破、杀伤子母、燃料空气炸药等类型。

常规动力攻击潜艇/常規動力攻擊潛艇
chángguī dònglì gōngjī qiántǐng/
ㄔㄤˊ ㄍㄨㄟ ㄉㄨㄥˋ ㄌㄧˋ ㄍㄨㄥ ㄐㄧ ㄑㄧㄢˊ ㄊㄧㄥˇ
conventionally powered attack submarine
【军】以柴油机、电动机为推进动力的攻击潜艇。主要任务是攻击敌水面舰船和反潜。排水量较小,适宜浅水海区活动;水下靠电动机航行,航速低,需经常上浮充电,隐蔽性较差。按使用武器不同,可分为常规动力鱼雷攻击潜艇和常规动力巡航导弹攻击潜艇。

常规观测/傳統觀測
chángguī guāncè/ㄔㄨㄢˊ ㄊㄨㄥˇ ㄍㄨㄢ ㄘㄜˋ
conventional observation
【气】列入测站日常观测业务的,对云、风、能见度、降水、太阳辐射等项目的气象观测。

常规潜艇/常規潛艇
chángguī qiántǐng/ㄔㄤˊ ㄍㄨㄟ ㄑㄧㄢˊ ㄊㄧㄥˇ
conventional submarine
【军】以柴油机和柴油发电机组、蓄电池或不依靠外来空气的动力装置等为推进动力的潜艇。主要用于攻击运输舰船、大中型水面舰艇和潜艇,以及执行布雷、侦察、水下运输、输送特种作战人员等任务。尺度较小、机动灵活、噪声低、隐蔽性好,造价较低,适于在浅海水域作战使用。可分为大型潜艇(排水量 2000 吨以上)、中型潜艇(排水量600～2000 吨)、小型潜艇(排水量 100～600 吨)和袖珍潜艇(排水量 100 吨以下)。

常规性思维
chángguīxìng sīwéi/
ㄔㄤˊ ㄍㄨㄟ ㄒㄧㄥˋ ㄙ ㄨㄟˊ
【心】即“再造思维”(1407 页)。

常規飛彈
ㄔㄤˊ ㄍㄨㄟ ㄈㄟ ㄉㄢˋ/chángguī fēidàn
conventional missile
【军】台湾名。即“常规导弹”(111 页)。

常化 chánghuà/ㄔㄤˊ ㄏㄨㄚˋ
【机】即“正火”(1434 页)。

常量/常量 chángliàng/ㄔㄤˊ ㄌㄧㄤˋ
constant
【数】在讨论某问题的过程中始终保持不变的量。表示常量的数叫作常数。例如,圆周率 π,自然对数的底 e,同一地点的重力加速度 g 等都是常数或常量。

常量元素
chángliàng yuánsù/ㄔㄤˊ ㄌㄧㄤˋ ㄩㄢˊ ㄙㄨˋ
【生】即“大量元素”(179 页)。

常流河/常流河
chángliúhé/ㄔㄤˊ ㄌㄧㄡˊ ㄏㄜˊ
perennial river

【地】常年有水的河流。通常处在气候比较湿润、降水丰富、蒸发量较小、离海较近的大陆边缘地区。

常绿阔叶林/常綠闊葉林
chánglǜ kuòyèlín/ㄔㄤˊ ㄌㄩˋ ㄎㄨㄛˋ ㄧㄝˋ ㄌㄧㄣˊ
evergreen broadleaved forest
【植】又称"照叶林"。分布在亚热带大陆东岸湿润地区，以常绿植物为主形成的森林群落。

常绿植物/常綠植物
chánglǜ zhíwù/ㄔㄤˊ ㄌㄩˋ ㄓˊ ㄨˋ
evergreen plant
【植】无明显落叶期和休眠期，终年保持常绿的一类植物。如松树和柏树等。

常染色体/體染色體
chángrǎnsètǐ/ㄊㄧˇ ㄖㄢˇ ㄙㄜˋ ㄊㄧˇ
autosome
【生】细胞内除性染色体以外的所有染色体。人体细胞内有 23 对染色体，其中一对是与性别决定有直接关系的性染色体，其余 22 对染色体称为常染色体。

常式 ㄔㄤˊ ㄕˋ/chángshì
routine
【信息】台湾名。即"例程"(727 页)。

常数项/常數項
chángshùxiàng/ㄔㄤˊ ㄕㄨˋ ㄒㄧㄤˋ
constant term
【数】多项式中不含表示变元的字母的项。例如，$2x^2+3x-4$ 中的 -4 是常数项，$f(x)=a_0x^n+a_1x^{n-1}+\cdots+a_{n-1}x+a_n$ 中的 a_n 是常数项。

常數函數
ㄔㄤˊ ㄕㄨˋ ㄏㄢˊ ㄕㄨˋ/chángshù hánshù
constant function
【数】台湾名。即"常值函数"(112 页)。

常態分布
ㄔㄤˊ ㄊㄞˋ ㄈㄣ ㄅㄨˋ/chángtài fēnbù
normal distribution, Gaussian distribution
【数】台湾名。即"正态分布"(1436 页)。

常温壓焊
ㄔㄤˊ ㄨㄣ ㄧㄚ ㄏㄢˋ/chángwēnyāhàn
cold pressure welding
【机】台湾名。即"冷压焊"(719 页)。

常用对数/常用對數
chángyòng duìshù/ㄔㄤˊ ㄩㄥˋ ㄉㄨㄟˋ ㄕㄨˋ
common logarithm
【数】以 10 为底的对数。常用对数 $\log_{10}x$ 简记作 $\lg x$。例如 $\lg 1000=3$。

常值函数/常數函數
chángzhí hánshù/ㄔㄤˊ ㄕㄨˋ ㄏㄢˊ ㄕㄨˋ
constant function
【数】函数 $y=f(x)$ 中，若对定义域中 x 的一切取值，y 恒为一个固定的值，则称 $y=f(x)$ 为常值函数。例如 $y=x^0(x\neq0)$ 的函数值恒为 1，它是一个常值函数。常值函数常表示为 $f(x)=c$（c 为常数），它的图像是平行于 x 轴的直线 $y=c$。

腸溶錠 ㄔㄤˊ ㄖㄨㄥˊ ㄉㄧㄥˋ/chángróngdìng
enteric coated tablet
【医】台湾名。即"肠溶片剂"(110 页)。

腸阻塞 ㄔㄤˊ ㄗㄨˇ ㄙㄜˋ/chángzǔsè
intestinal obstruction
【医】台湾名。即"肠梗阻"(110 页)。

嫦娥工程/嫦娥工程
Cháng'é gōngchéng/ㄔㄤˊ ㄜˊ ㄍㄨㄥ ㄔㄥˊ
Chang'e Project
【航】中国大陆从 2004 年开始，以"嫦娥"命名的月球探测工程。
📖 嫦娥工程是通过"嫦娥"1 号、2 号、3 号、4 号、5 号卫星及其"玉兔"月球车的"绕、落、回"三步和"无人月球探测""载人登月"和"建立月球基地"三个阶段，实现月球表面三维影像获取，月球表面有用元素含量和物质类型分布特点分析，月壤特性分析和地月空间环境探测。

厂区利用系数
chǎngqū lìyòng xìshù/
ㄔㄤˇ ㄑㄩ ㄌㄧˋ ㄩㄥˋ ㄒㄧˋ ㄕㄨˋ
【建】即"场地利用系数"(112 页)。

场/場 chǎng/ㄔㄤˇ
field
【物】物质存在的两种基本形式之一。存在于空间区域，例如电磁场、引力场等。

场地利用系数/場地利用係數
chǎngdì lìyòng xìshù/

ㄔㄤˇ ㄉㄧˋ ㄌㄧˋ ㄩㄥˋ ㄒㄧˋ ㄕㄨˋ
land utilization factor
【建】又称“厂区利用系数”。场地内建筑物、构筑物、绿化、堆场、作业场、管线、铁路、道路、散水坡等的占地面积总和与场地占地面积之比。用百分数(%)表示。主要反映场地利用是否经济合理。

场论/場論 chǎnglùn/ㄔㄤˇ ㄌㄨㄣˋ
field theory
【物】研究各种物理场的运动规律及其相互作用的理论。

场效应半导体器件/場效應半導體器件 chǎngxiàoyìng bàndǎotǐ qìjiàn/ ㄔㄤˇ ㄒㄧㄠˋ ㄧㄥˋ ㄅㄢˋ ㄉㄠˇ ㄊㄧˇ ㄑㄧˋ ㄐㄧㄢˋ
field-effect semiconductor device
【电】利用电场效应以控制电流的半导体电子器件。

場深 ㄔㄤˇ ㄕㄣ/chǎngshēn
depth of field
【建】台湾名。即“景深”(646页)。

敞车/敞車 chǎngchē/ㄔㄤˇ ㄔㄜ
open goods wagon
【交】铁路货车车种之一。只有车墙没有车顶的车辆。车墙高度超过0.8米,两侧有门。主要用来装运煤炭、矿石等大宗散粒货物以及木材、钢材等不怕雨淋的货物。

敞篷车/敞篷車 chǎngpéngchē/ㄔㄤˇ ㄆㄥˊ ㄔㄜ
convertible
【机】乘用车的一种。车顶可卷收或拆除,车身为可开启式。分为硬顶车和软顶车两类。软顶车较为常见,多采用帆布、乙烯或塑料为车顶材料,配以可折叠的支架。

chao (ㄔㄠ)

钞票纸/鈔票紙 chāopiàozhǐ/ㄔㄠ ㄆㄧㄠˋ ㄓˇ
banknote paper
【轻】具有高耐折度、耐久性和防伪性能的专门用于印制钞票的纸。

超薄带 chāobáodài/ㄔㄠ ㄅㄠˊ ㄉㄞˋ
【材】即“箔材”(81页)。

超常儿童/資賦優異兒童 chāocháng értóng/ㄗ ㄈㄨˋ ㄧㄡ ㄧˋ ㄦˊ ㄊㄨㄥˊ
supernormal child
【心】又称“天才儿童”。具有优异智力、创造力及良好的非智力个性特征的儿童。其超常智能在教育和环境影响下发展,也是自身努力的结果;既是稳定的,也是发展变化的,甚至可能出现停滞或后退。

超大城市/超大城市 chāodà chéngshì/ㄔㄠ ㄉㄚˋ ㄔㄥˊ ㄕˋ
megacity
【建】城区常住人口1000万以上的城市。

超大型飞机/超大型飛機 chāodàxíng fēijī/ㄔㄠ ㄉㄚˋ ㄒㄧㄥˊ ㄈㄟ ㄐㄧ
ultralarge airplane, super-jumbo aircraft
【航】体积较大、载客较多、航程较远的大型民航客运飞机。通常指与空客A380和波音747系列相类似,载客500人左右,航程近20 000千米的飞机。

超导/超導 chāodǎo/ㄔㄠ ㄉㄠˇ
superconductance
【物】在温度低于一定数值的条件下,导电材料的电阻突然趋于零的现象。发生超导时晶体中电子间为无摩擦状态,低功率消耗。具有超导性的物体称为超导体。
📖 1911年,荷兰物理学家翁内斯(K. Onnes)发现了超导现象。现在已知有二十多种元素(如铅、锡)及数千种合金和化合物具有超导性。

超导材料/超導材料 chāodǎo cáiliào/ㄔㄠ ㄉㄠˇ ㄘㄞˊ ㄌㄧㄠˋ
superconducting material
【电】在一定的条件下能呈现超导态的物质。可分为超导元素、超导化合物和超导陶瓷三类。临界温度和临界电磁场是超导材料主要特性参数。

超导电性/超導性 chāodǎodiànxìng/ㄔㄠ ㄉㄠˇ ㄒㄧㄥˋ
superconductivity
【物】简称“超导性”。某些物质在冷却到一定温度时电阻突然消失的性质。一些金属、合金和化合物具有超导电性。电阻为零的状态为超导态,由正常态转变为超导态的温度称为临界温度。不同物质临界温度不同,例如,铊为 9.3 开,铌三锗为 23.2 开。

超导体/超導體
chāodǎotǐ/ㄔㄠ ㄉㄠˇ ㄊㄧˇ
superconductor
【物】具有超导电性的物体。具有抗磁性,在超导态时排斥外加磁场,内部的磁感应强度为零。在外加磁场强度超过一定值时超导电性被破坏。广泛用于医用磁共振成像、高能加速器和实验室,以及磁悬浮列车、磁流体发电等方面。

超导性/超導性
chāodǎoxìng/ㄔㄠ ㄉㄠˇ ㄒㄧㄥˋ
【物】“超导电性”的简称。

超低空飞行/超低空飛行
chāodīkōng fēixíng/
ㄔㄠ ㄉㄧ ㄎㄨㄥ ㄈㄟ ㄒㄧㄥˊ
super low flight
【航】飞行器在距地面或水面 100 米高度以下的飞行。难度很高,常用于军事安全规避、目标袭击、特技飞行表演以及农林业的空中播种防护等。

超短波/超短波
chāoduǎnbō/ㄔㄠ ㄉㄨㄢˇ ㄅㄛ
ultrashort wave, USW
【信息】波长 10～1 米(频率 30～300 兆赫)的无线电波。

超分子/超分子 chāofēnzǐ/ㄔㄠ ㄈㄣ ㄗˇ
supermolecular
【化】泛分子的一种。由两种或两种以上的分子通过分子间的作用力结合而成的有组织的集合体。与自然形成的无法操控的分子、原子不同,超分子可以选择、设计,使其具有特定的相行为和比较明确的微观结构和宏观特征,具有识别记忆、变换和传输等基本功能。

超高层建筑/超高層建築
chāogāocéng jiànzhù/
ㄔㄠ ㄍㄠ ㄘㄥˊ ㄐㄧㄢˋ ㄓㄨˋ
skyscraper
【建】高度超过 100 米的高层建筑。

超高電壓
ㄔㄠ ㄍㄠ ㄉㄧㄢˋ ㄧㄚ/chāogāo diànyā
extra-high voltage, EHV
【电】台湾名。即“超高压”(114 页)。

超高频/極高頻
chāogāopín/ㄐㄧˊ ㄍㄠ ㄆㄧㄣˊ
❶superhigh frequency, SHF, ❷ultra-high frequency, UHF
【信息】❶无线电波中 3～30 吉赫的频率。❷在台湾,超高频也指“特高频”(1115 页)。

超高温瞬时灭菌/超高温暫態滅菌
chāogāowēn shùnshí mièjūn/
ㄔㄠ ㄍㄠ ㄨㄣ ㄓㄢˋ ㄊㄞˋ ㄇㄧㄝˋ ㄐㄩㄣˋ
ultra high temperature short time sterilization
【轻】又称“UHT 灭菌法”。采用短时间高温加热,使液体食品中的有害微生物致死的灭菌方法。该法不仅能保持食品风味,还能将病原菌和具有耐热芽孢的形成菌等有害微生物杀死。灭菌温度一般为 130～150℃,灭菌时间一般为数秒。

超高温暫態滅菌
ㄔㄠ ㄍㄠ ㄨㄣ ㄓㄢˋ ㄊㄞˋ ㄇㄧㄝˋ ㄐㄩㄣˋ/
chāogāowēn zàntài mièjūn
ultra high temperature short time sterilization
【轻】台湾名。即“超高温瞬时灭菌”(114 页)。

超高压/超高電壓
chāogāoyā/ㄔㄠ ㄍㄠ ㄉㄧㄢˋ ㄧㄚ
extra-high voltage, EHV
【电】电力系统中 330 千伏及以上,并低于 1000 千伏的交流电压等级。目前,国际上没有统一的超高压等级划分标准。不同国家对电力系统超高压交流电压等级的划分不尽相同。

超固态 /超固態
chāogùtài/ㄔㄠ ㄍㄨˋ ㄊㄞˋ
supersolid
【物】物质的高密度状态。在极大的压力之下固体物质的原子核和电子紧紧挤在一起,原子内部不再有空隙。

超基性岩/超基性岩
chāojīxìngyán/ㄔㄠ ㄐㄧ ㄒㄧㄥˋ ㄧㄢˊ
ultrabasic rock
【地】火成岩的一类。二氧化硅含量小于 45%,同时氧化镁、氧化亚铁等基性组分含量高。以暗色矿物为主。代表性岩石有橄榄岩、金伯利岩和苦橄岩等，在地球上的分布有限，常沿深大断裂带分布。岩体常呈透镜状、脉状或不规则状。相关的矿产有铬、镍、钴、铂族金属，金刚石、石棉等。

超级电容器/超級電容
chāojí diànróngqì/ㄔㄠ ㄐㄧˊ ㄉㄧㄢˋ ㄖㄨㄥˊ
super capacitor, ultracapacitor
【化】电化学电容器的一类。在储能过程中不发生化学反应并可逆，故可反复充放电数十万次。由于紧密的电荷层间距比普通电容器小，且极板多孔，表面积大，电容量比普通电容器数量级更大，甚至达 1000 法拉以上。功率密度大，容量大，使用寿命长，减免维护，在某种意义上可代替电池作为直流电源使用。

超級電容
ㄔㄠ ㄐㄧˊ ㄉㄧㄢˋ ㄖㄨㄥˊ/chāojí diànróng
super capacitor, ultracapacitor
【化】台湾名。即“超级电容器”(115 页)。

超級颱風
ㄔㄠ ㄐㄧˊ ㄊㄞˊ ㄈㄥ/chāojí táifēng
super typhoon
【气】台湾名。即“超强台风”(116 页)。

超几何分布/超幾何分布
chāojǐhé fēnbù/ㄔㄠ ㄐㄧˇ ㄏㄜˊ ㄈㄣ ㄅㄨˋ
hypergeometric distribution
【数】离散型随机变量的一种概率分布。若随机变量 X 取值为 k 的概率 $P(X=k)=\frac{C_M^k \cdot C_{N-M}^{n-k}}{C_N^n}(k=p, p+1, \cdots, m)$，式中 M，N，n 为正整数，$M \leqslant N$，$n \leqslant N$，$p=\max(0, n+M-N)$，$m=\min(M, n)$，则称 X 服从超几何分布。例如，N 个除颜色之外其他完全相同的球中，有 M 个红球，从中随机摸出 n 个球，X 表示“摸出红球的个数”，则 X 服从超几何分布。

超精加工/超精加工
chāojīng jiāgōng/ㄔㄠ ㄐㄧㄥ ㄐㄧㄚ ㄍㄨㄥ
superfinishing
【机】光整加工方法的一种。利用装在振动头上的细磨粒油石对工件进行微量切削的过程。通常安排在精磨工序后，其加工余量仅几微米。常用于加工曲轴、轧辊、轴承环和某些精密零件的内外表面等。

超巨星/超巨星
chāojùxīng/ㄔㄠ ㄐㄩˋ ㄒㄧㄥ
supergiant
【天】一类光度最强的恒星。光度级用罗马数字Ⅰ表示。绝对星等亮于 -2 等，在赫罗图上位于最上方。其表面辐射效率接近普通恒星，但因表面积极大，故具有很高的光度。肉眼所见的最亮的蓝超巨星是参宿七和天津四，最亮的红超巨星是参宿二和心宿二。

超空泡鱼雷/超空泡魚雷
chāokōngpào yúléi/ㄔㄠ ㄎㄨㄥ ㄆㄠˋ ㄩˊ ㄌㄟˊ
super-cavitating torpedo
【军】利用超空泡技术降低航行阻力的鱼雷。航速极高，使目标舰船难以规避，无自导系统，能对抗各种干扰。可供舰艇或岸基平台发射，攻击大型水面舰船及岸基设施。

超链接/超鏈結
chāoliànjiē/ㄔㄠ ㄌㄧㄢˋ ㄐㄧㄝ
hyperlink
【信息】超媒体应用中单个数据单元(单词、词组、符号、图像等)之间的有取向的逻辑连接。用户可通过点击被链接的单元来激活这些链接；不管链接点信息属何种类型及分布在全球网哪台主机或服务器，查询都可从当前位置跳到指定位置，迅即获得所需信息。

超鏈結 ㄔㄠ ㄌㄧㄢˋ ㄐㄧㄝˊ/chāoliànjié
hyperlink
【信息】台湾名。即“超链接”(115 页)。

超滤/超濾 chāolǜ/ㄔㄠ ㄌㄩˋ
hyperfiltration, ultrafiltration
【化】胶体溶液与纯溶剂被半透膜隔开，胶体溶液所受压强大于半透膜的平衡渗透压，溶剂透过半透膜从胶体溶液流向纯溶剂，导致胶体溶液浓缩的过程。

超媒体/超媒體 chāoméitǐ/ㄔㄠ ㄇㄟˊ ㄊㄧˇ
hypermedia
【信息】对于数据的组织、存储和显现，允许用户不经线性搜索即可从一个数据移至另一数据的媒体。把文本、声音、图片、影像等集成为基本信息系统。用户以网络浏览器对其搜索时，不仅可阅读超文本，还可听到声音，看到影像。

超敏反应/過敏性
chāomǐn fǎnyìng/ㄍㄨㄛˋ ㄇㄧㄣˇ ㄒㄧㄥˋ
hypersensitivity, allergy
【医】又称“变态反应”。机体接受特定抗原持续刺激或同一抗原再次刺激所致的功能紊乱和/或组织损伤等病理性免疫反应。

超强台风/超級颱風
chāoqiáng táifēng/ㄔㄠ ㄐㄧˊ ㄊㄞˊ ㄈㄥ
super typhoon
【气】中心附近风力达16级或以上的台风。

超轻型飞机/超輕型飛機
chāoqīngxíng fēijī/ㄔㄠ ㄑㄧㄥ ㄒㄧㄥˊ ㄈㄟ ㄐㄧ
ultralight airplane
【航】空重不超过150千克的小型飞机。与轻型飞机无严格区分,按重量分类是最轻的飞机,属民用航空类。通常要求螺旋桨产生拉力或推力,乘员不超过2人,最大起飞重量不得超过285千克(单座)、480千克(双座)(水上型可增加50千克),最大起飞重时失速速度不超过72千米/小时。只限于非特技飞行。

超熱液體
ㄔㄠ ㄖㄜˋ ㄧㄝˋ ㄊㄧˇ/chāorè yètǐ
superheated liquid
【物】台湾名。即“过热液体”(457页)。

超深钻/超深鑽
chāoshēnzuàn/ㄔㄠ ㄕㄣ ㄗㄨㄢˋ
ultra-deep drilling
【地】又称“科学钻探”。为研究地壳深部和上地幔地质情况而进行的深部钻探工程,钻井深度常在数千米甚至万米以上。

超声波/超音波
chāoshēngbō/ㄔㄠ ㄧㄣ ㄅㄛ
supersonic wave
【物】声波的一种。频率高于人可以听到的声波,频率2×10^4~5×10^8赫。自然界中许多动物(如蝙蝠、蟋蟀、老鼠、座头鲸、白鳖豚等)发出和接收超声波,用以定位,以躲避障碍物和捕食等。

超声波加工/超音波切削
chāoshēngbō jiāgōng/
ㄔㄠ ㄧㄣ ㄅㄛ ㄑㄧㄝ ㄒㄧㄠ
ultrasonic machining
【机】特种加工的一种。利用超声振动的工具,带动工件和工具间的磨料悬浮液,冲击和抛磨工件的被加工部位,使其局部材料被蚀除而成粉末,以进行穿孔、切割和研磨等,以及利用超声波振动使工件相互结合。

超声流量计/超音流量計
chāoshēng liúliàngjì/
ㄔㄠ ㄧㄣ ㄌㄧㄡˊ ㄌㄧㄤˋ ㄐㄧˋ
ultrasonic flowmeter
【机】速度式流量计的一种。通过检测流体流动对超声束(或超声脉冲)的作用来测量流量。按测量原理不同,可分为时差法超声流量计、频差法超声流量计、相差法超声流量计和多普勒超声流量计。

超声速飞机/超音速飛機
chāoshēngsù fēijī/ㄔㄠ ㄧㄣ ㄙㄨˋ ㄈㄟ ㄐㄧ
supersonic aircraft
【航】飞行速度超过声音传播速度的飞机。通常指飞机飞行状态的最大平飞马赫数超过1.2($Ma>1.2$),但低于5($Ma<5$)的飞机。主要是军用飞机。

超声诊断/超音診斷
chāoshēng zhěnduàn/ㄔㄠ ㄧㄣ ㄓㄣˇ ㄉㄨㄢˋ
ultrasonic diagnosis
【医】根据超声反射、折射、衰减及多普勒效应等物理特性,通过测量了解生理或组织结构的数据和形态的诊断方法。无创、无痛、方便、直观。用于医学诊断的超声波,包括A型、B型、D型、M型、V型等,并已向彩色及三维立体显示进展。

超声治疗/超音治療
chāoshēng zhìliáo/ㄔㄠ ㄧㄣ ㄓˋ ㄌㄧㄠˊ
ultrasonic therapy
【医】利用超声的物理特性和温热作用进行治疗的方法。主要用于镇痛解痉、软化瘢痕、松解粘连、减轻或消除血肿、促进组织再生、促进骨痂生长、加速骨折修复等。

超文本/超文件
chāowénběn/ㄔㄠ ㄨㄣˊ ㄐㄧㄢˋ
hypertext
【信息】采用以导航链路连接的节点,以非线性方式读出或访问的文本。不仅可以像常规文本那样顺序地阅读,而且可以使用非顺序链接,按主题要求选择阅读路径,提供自然有效的信息导航。

超文本传送协议/超文件傳送協定
chāowénběn chuánsòng xiéyì/
ㄔㄠ ㄨㄣˊ ㄐㄧㄢˋ ㄔㄨㄢˊ ㄙㄨㄥˋ ㄒㄧㄝˊ ㄉㄧㄥˋ
hypertext transfer protocol, HTTP
【信息】通过因特网传送万维网文件时,浏览器与万维网服务器相互通信应遵守的规则。其中的文件属于超文本,即链接在一起的非顺序文件。

超文本置标语言/超文件標示語言
chāowénběn zhìbiāo yǔyán/
ㄔㄠ ㄨㄣˊ ㄐㄧㄢˋ ㄅㄧㄠ ㄕˋ ㄩˇ ㄧㄢˊ
hypertext markup language, HTML
【信息】基于通用置标语言,用来创建可在平台间移植超文本文档的置标语言。
📖 超文本中不仅包含文字信息,还包含超链接信息。超链接用来表达文档内不同信息元素间的相关性。当两个信息元素相关时,虽处于文档内不同位置,仍能通过超链接相互参照。

超文件 ㄔㄠ ㄨㄣˊ ㄐㄧㄢˋ/chāowénjiàn
hypertext
【信息】台湾名。即"超文本"(116 页)。

超文件標示語言
ㄔㄠ ㄨㄣˊ ㄐㄧㄢˋ ㄅㄧㄠ ㄕˋ ㄩˇ ㄧㄢˊ/
chāowénjiàn biāoshì yǔyán
hypertext markup language, HTML
【信息】台湾名。即"超文本置标语言"(117 页)。

超文件傳送協定
ㄔㄠ ㄨㄣˊ ㄐㄧㄢˋ ㄔㄨㄢˊ ㄙㄨㄥˋ ㄒㄧㄝˊ ㄉㄧㄥˋ/
chāowénjiàn chuánsòng xiédìng
hypertext transfer protocol, HTTP
【信息】台湾名。即"超文本传送协议"(117 页)。

超细纤维/超細纖維
chāoxì xiānwéi/ㄔㄠ ㄒㄧˋ ㄒㄧㄢ ㄨㄟˊ
superfine fibre, micro denier fibre
【纺】通常指单丝线密度(纤度)在0.55分特(0.5 旦)以下的化学纤维,也指用单螺杆纺丝法生产线密度(纤度)在 0.55~0.88 分特(0.5~0.8 旦)的纤维。

超限/超限 chāoxiàn/ㄔㄠ ㄒㄧㄢˋ
overrun
【物流】公路运输中,车辆载货长度、高度、宽度以及载货总质量或轴载质量超过相关规定的限制。是一种公路运输违规行为。

超限效应/超限效應
chāoxiàn xiàoyìng/ㄔㄠ ㄒㄧㄢˋ ㄒㄧㄠˋ ㄧㄥˋ
transfinite effect
【心】一种社会心理效应。指过多、过强和持续时间过久的刺激,超出了所能承受的心理极限,会引起极不耐烦甚至逆反。在家庭教育中时常发生。

超新星/超新星
chāoxīnxīng/ㄔㄠ ㄒㄧㄣ ㄒㄧㄥ
supernova, SN
【天】爆发变星的一种。是恒星中已知的最激烈的爆发现象。爆发时光度相当于整个星系,即增亮千万倍至上亿倍,爆发结果或将恒星物质完全抛散,成为星云,从而结束恒星的演化史;或抛射大部分质量,遗留的物质坍缩为白矮星、中子星或黑洞,进入恒星演化的晚期和最终阶段。宇宙中的重元素均在恒星核心处形成,而后通过超新星爆发散布到宇宙空间中。

超音波
ㄔㄠ ㄧㄣ ㄅㄛ/chāoyīnbō
supersonic wave
【物】台湾名。即"超声波"(116 页)。

超音波切削
ㄔㄠ ㄧㄣ ㄅㄛ ㄑㄧㄝ ㄒㄧㄠ/chāoyīnbō qiēxiāo
ultrasonic machining
【机】台湾名。即"超声波加工"(116 页)。

超音流量計
ㄔㄠ ㄧㄣ ㄌㄧㄡˊ ㄌㄧㄤˋ ㄐㄧˋ/chāoyīn liúliàngjì
ultrasonic flowmeter
【机】台湾名。即"超声流量计"(116 页)。

超音診斷
ㄔㄠ ㄧㄣ ㄓㄣˇ ㄉㄨㄢˋ/chāoyīn zhěnduàn
ultrasound diagnosis
【医】台湾名。即"超声诊断"(116 页)。

超音治療
ㄔㄠ ㄧㄣ ㄓˋ ㄌㄧㄠˊ/chāoyīn zhìliáo
ultrasound therapy
【医】台湾名。即"超声治疗"(116 页)。

超音速飛機
ㄔㄠ ㄧㄣ ㄙㄨˋ ㄈㄟ ㄐㄧ/chāoyīnsù fēijī
supersonic aircraft
【航】台湾名。即"超声速飞机"(116页)。

超越方程/超越方程
chāoyuè fāngchéng/ㄔㄠ ㄩㄝˋ ㄈㄤ ㄔㄥˊ
transcendental equation
【数】含有关于未知数的超越式的方程。例如,$2^x=16$,$\log_3 x=3$,$2\sin 3x=1$ 等。超越方程中未知数参与指数、对数、三角、反三角等超越运算。可分为指数方程、对数方程、三角方程等。

超越函数/超越函數
chāoyuè hánshù/ㄔㄠ ㄩㄝˋ ㄏㄢˊ ㄕㄨˋ
transcendental function
【数】不是代数函数的函数。例如指数函数、对数函数、三角函数和反三角函数。通常称以上四种函数为初等超越函数。

超越式/超越式 chāoyuèshì/ㄔㄠ ㄩㄝˋ ㄕˋ
transcendental expression
【数】解析式的一类。含有超越运算(指数、对数、三角、反三角等)的式子。例如,$2^x+\ln x$,$\cos^2\theta$,$\arcsin x-1$ 等。

超越数/超越數
chāoyuèshù/ㄔㄠ ㄩㄝˋ ㄕㄨˋ
transcendental number
【数】不是代数数的数。复数中存在超越数,例如自然对数的底 e,圆周率 π 等。

超载/超載 chāozài/ㄔㄠ ㄗㄞˋ
overload
【物流】公路运输中,载货总质量超过规定行驶装载的限度。是一种公路运输违规行为。

超重/超重 chāozhòng/ㄔㄠ ㄓㄨㄥˋ
overweight
【物】物体的视重大于本身重力大小的状态。物体所在的参考系相对于地面做加速运动而造成。

📖 物体做加速运动时受到的一个跟重力方向相同的惯性力作用。它相对于地面的加速度方向与 g 相同,与重力之和使物体的视重大于重力,处于超重状态。例如,加速上升的火箭和飞机,正在返回地面的卫星以及电梯向上加速运行时,都会出现超重现象。

超重氢 chāozhòngqīng/ㄔㄠ ㄓㄨㄥˋ ㄑㄧㄥ
【化】即"氚"(143页)。

巢居/巢居 cháojū/ㄔㄠˊ ㄐㄩ
nest dwelling
【建】在河流沼泽密布,地下水位较高的地区,借助树木支持,建造架空的居住窝棚。是建筑萌芽期的居住形式之一,主要分布在长江流域一带。

📖 追溯建筑起源,认为"有巢氏"教人"构木为巢"。《韩非子·五蠹》:"上古之世,人民少而禽兽众,人民不胜禽兽虫蛇,有圣人作,构木为巢,以避群害。而民悦之,使王天下,号之曰有巢氏。"《孟子·滕文公》:"下者为巢,上者为营窟。"即地势低洼潮湿处做巢居,地势高亢燥爽处做穴居。巢居不仅远离湿地,还可远离虫蛇野兽侵袭。巢居发展大致经历三个环节:独木筑巢→多木筑巢→干阑式建筑。

潮虫 cháochóng/ㄔㄠˊ ㄔㄨㄥˊ
【动】即"鼠妇"(1049页)。

潮解/潮解 cháojiě/ㄔㄠˊ ㄐㄧㄝˇ
deliquescence
【化】某些物质暴露在大气中而部分发生改变或潮湿溶解的现象。主要由易溶于水的物质的晶体逐渐吸收水分或增多结晶水而引起。大气中相对湿度大,水蒸气压高于晶体饱和溶液的平衡蒸气压则发生潮解。潮解的相反过程是风化。

潮埔 ㄔㄠˊ ㄆㄨˇ/cháopǔ
tidal flat
【地】台湾名。即"海涂"(466页)。

潮位/潮位 cháowèi/ㄔㄠˊ ㄨㄟˋ
tidal level
【水利】受潮汐影响周期性涨落的水位,即自水位基面起算的受潮汐影响周期性涨落的海面高度。

潮汐/潮汐 cháoxī/ㄔㄠˊ ㄒㄧ
tide
【水利】海水受月球和太阳引力作用而产生的周期性定时涨落的现象。发生在早晨的称"潮",发生在晚上的称"汐"。

潮汐发电/潮汐發電
cháoxī fādiàn/ㄔㄠˊ ㄒㄧ ㄈㄚ ㄉㄧㄢˋ

tidal power generation

【电】利用潮差和潮流量进行发电的工程技术。

潮汛/潮汛 cháoxùn/ㄔㄠˊ ㄒㄩㄣˋ

tide flood

【水利】滨海地区的海水受月球和太阳引力作用而产生的周期性或有规律的水势上涨。

炒制/炒製 chǎozhì/ㄔㄠˇ ㄓˋ

stir-frying

【中医】炮制方法的一种。包括清炒和加辅料炒。清炒可分为炒黄、炒焦、炒炭等,加辅料炒可分为土炒、麸炒、米炒等。

che (ㄔㄜ)

车 chē/ㄔㄜ

【机】"车削"的简称。

车场/碼 chēchǎng/ㄇㄚˇ

yard

【交】在编组站、区段站和其他较大的车站,根据线路的配置及用途而划分的线路群。目的是提高车站能力,便于管理和实行平行作业。通常分为到达场、出发场、到发场、通过场和调车场。

车床/車床 chēchuáng/ㄔㄜ ㄔㄨㄤˊ

lathe, turning machine

【机】金属切削机床的一种。主要用车刀在工件上加工旋转表面(包括内外圆柱面、圆锥面和端面等)。工作时,工件作旋转的切削运动,车刀作进给运动。也可用其他刀具在车床上钻孔、扩孔、铰孔或攻螺纹等。可分为卧式车床、立式车床、转塔车床等。

车次/列車編號 chēcì/ㄌㄧㄝˋ ㄔㄜ ㄅㄧㄢ ㄏㄠˋ

train number

【交】根据列车性质、种类和运行方向编定的代表列车的号码或代号。奇数车次为下行列车,偶数车次为上行列车。正常情况下,同一调度区 24 小时内的车次不得重复。

车刀/車刀 chēdāo/ㄔㄜ ㄉㄠ

turning tool

【机】台湾又称"車削工具"。刀具的一种。用于车削加工,具有一个切削部分。常用有外圆车刀、端面车刀、内孔车刀(镗孔刀)、螺纹车刀、成形车刀等。

车架/車架 chējià/ㄔㄜ ㄐㄧㄚˋ

frame

【机】汽车的基体。通常由两根纵梁和几根横梁组成,具有足够的强度和刚度以承受汽车的载荷和从车轮传来的冲击。用来承载发动机、离合器、变速器、转向器等总成和车身及其附件,并经由悬架、前桥、后桥而支撑在车轮上。

车辆/車輛 chēliàng/ㄔㄜ ㄌㄧㄤˋ

vehicle

【交】各种车的总称。陆地上依靠轮子转动行驶的交通工具。

车辆路径问题/載具選路問題

chēliàng lùjìng wèntí/

ㄗㄞˋ ㄐㄩˋ ㄒㄩㄢˇ ㄌㄨˋ ㄨㄣˋ ㄊㄧˊ

vehicle routing problem, VRP

【物流】配送路线优化的基本问题。根据货物的需求量、发送量、交发货时间、车辆容量限制、行驶里程限制、时间限制等条件,为使车辆有序通过一系列装货点和卸货点而组织适当的行车路线。在满足客户需求的前提下,使路程最短,成本最小,耗时最少,尽量合理使用车辆。

车列/列車 chēliè/ㄌㄧㄝˋ ㄔㄜ

train set

【交】按照编组计划编成并连挂在一起的若干车辆。车列挂上机车、配备列车乘务员和列车标志后,就成为列车。保留运休的列车或到达的列车,在机车摘离、标志摘下、列车乘务人员离开后就称为车列。

车流/車流 chēliú/ㄔㄜ ㄌㄧㄡˊ

vehicle flow

【交】运输线路上一定数量和种类的车辆的流动。其流动量的大小取决于客货流量和车辆的装载能力的大小及利用程度。

车轮草 chēlúncǎo/ㄔㄜ ㄌㄨㄣˊ ㄘㄠˇ

【植】即"车前"(119 页)。

车前/車前草

chēqián/ㄔㄜ ㄑㄧㄢˊ ㄘㄠˇ

asiatic plantain

【植】*Plantago asiatica* 又称"车轮草"。车前科车前属。二至多年生草本植物。叶基生呈莲座状,叶片宽卵形,先端尖,近全缘,有 5~7 条弧形脉。花序数个生于莲座中,直立或弓曲,穗状花序细圆柱状,花冠白色,雄蕊和花柱明显外伸。花期4—8月份。在中国,分布于各地。野生杂草。全草入药。

车前子/車前子

chēqiánzǐ/ㄔㄜ ㄑㄧㄢˊ ㄗˇ

Semen Plantaginis(拉), plantain seed, plantago seed

【中医】中药名。车前科植物车前 *Plantago asiatica* L.或平车前 *P. depressa* Willd.的干燥成熟种子。味甘,性微寒。归肝、肾、肺、小肠经。清热利尿,渗湿通淋,明目,祛痰。用于水肿胀满,热淋涩痛,暑湿泄泻,目赤肿痛,痰热咳嗽。车前或平车前的干燥全草即为"车前草",作用与车前子类似,但寒性较大,有凉血解毒之效。

车 前

📖 相传东汉有一位马武将军被敌围困。时值盛夏,饮水不足,士兵和战马均患血淋(小便尿血,淋漓不尽)。某天,马夫发现一马不再尿血,仔细观察,原来它一直嚼食一种野草。马夫猜想此草或能治疗淋证,试服,果然有效。马夫禀告将军,将军问:"草在何处?"马夫用手一指:"车前就有。"将军命士兵和战马服用该草,数天后人马痊愈。从此,这种草被称为"车前草",其子被称为"车前子"。

车桥/車軸 chēqiáo/ㄔㄜ ㄑㄧㄠˊ

axle

【机】汽车的车轴。通过悬架与车架(或承载式车身)相连接,其两端安装车轮。起着传递车架(或承载式车身)与车轮之间的各种作用力及其力矩的作用。按驱动方式不同,可分为转向桥、驱动桥、转向驱动桥和支持桥四种。

车身/車體 chēshēn/ㄔㄜ ㄊㄧˇ

body

【机】汽车的组成部分。包括外壳、罩和驾驶、乘坐及载货空间。起覆盖、载客、载货等作用。可分为承载式车身和非承载式车身;或一厢式车身、两厢式车身和三厢式车身。

车厢/車厢 chēxiāng/ㄔㄜ ㄒㄧㄤ

compartment

【机】❶火车、汽车等用来载客或装货的部分。❷汽车车身的组成部分。用于载客或载货。载客车厢可分为单厢式、两厢式和三厢式。载货车厢常称为货厢,可分为开式和闭式两种。

车削/車削 chēxiāo/ㄔㄜ ㄒㄧㄠ

turning

【机】简称"车"。金属切削加工的一种方法。工件旋转作主运动,车刀作进给运动。在车床上进行,以加工工件的内外圆柱面、端面、圆锥面、成形面和螺纹等。

车载机枪/車載機槍

chēzài jīqiāng/ㄔㄜ ㄗㄞˋ ㄐㄧ ㄑㄧㄤ

vehicle machine gun

【军】安装在装甲车辆上的机枪。在坦克上是辅助武器,在其他装甲车辆上多为主要武器。用于歼灭和压制中近距离有生目标、火力点,也可用于毁伤轻型装甲目标和低空目标。

车站/站 chēzhàn/ㄓㄢˋ

❶station, ❷railway station

【交】❶陆路交通运输线上设置的停车地点。是上下乘客和装卸货物的建筑设施。❷专指火车站。铁路办理客货运输业务和技术作业的场所。按所担负的任务量及其在国民经济中地位的不同,可分为特等站、一等站、二等站、三等站、四等站、五等站;按设备及其技术作业的不同,可分为编组站、区段站和中间站;按业务性质不同,可分为客运站、货运站和客货运站。

📖 为保证行车安全,提高线路通过能力,铁路每隔一定距离设置一个车站,从而把每一条铁路线路划分成若干长度不同的段落,每个段落称为区间,车站就是相邻区间的分界点。若干区间和分界点组成了不同的区段,区段的长度不等,通常取决于机车的种类或路网状况。

車前草

ㄔㄜ ㄑㄧㄢˊ ㄘㄠˇ/chēqiáncǎo

asiatic plantain

【植】台湾名。即"车前"(119页)。

車體 ㄔㄜ ㄊㄧˇ/chētǐ

body

【机】台湾名。即“车身”(120 页)。

車削工具 ㄔㄜ ㄒㄧㄠ ㄍㄨㄥ ㄐㄩˋ/chēxiāo gōngjù

turning tool

【机】台湾名。即“车刀”(119 页)。

車軸 ㄔㄜ ㄓㄡˊ/chēzhóu

axle

【机】台湾名。即“车桥”(120 页)。

chen (ㄔㄣ)

尘暴 chénbào/ㄔㄣˊ ㄅㄠˋ

【气】即“沙尘暴”(976 页)。

辰砂/辰砂 chénshā/ㄔㄣˊ ㄕㄚ

㊀ cinnabar, ㊁ Cinnabaris(拉), cinnabar

㊀【地】又称“朱砂”。硫化物矿物。主要成分为 HgS。三方晶系。大红色,金刚光泽至金属光泽。有解毒防腐作用,外用能抑制或杀灭皮肤细菌和寄生虫。但汞进入体内,会引起肝肾损害,并可透过血脑屏障,直接损害中枢神经系统,故须慎用。㊁【中医】即“朱砂”(1474 页)。

沉淀/沈澱 chéndiàn/ㄔㄣˊ ㄉㄧㄢˋ

precipitation

【化】溶液在某些条件下发生的固体物析出而与溶液分离的现象。

沉积/沈積 chénjī/ㄔㄣˊ ㄐㄧ

㊀ deposition, ㊁ deposition, sedimentation

㊀【化】主要指悬浮在流体中的固体物质连续沉降而脱离流体的现象。通过沉积得到澄清液和固体沉积层的过程称为澄清;使悬浮的固体颗粒变为稠淤浆的过程称为增稠;使不同大小、形状或密度的固体颗粒分为若干部分的称为分粒或分级。㊁【地】❶指沉积作用。❷指沉积物。

沉积环境/沈積環境

chénjī huánjìng/ㄔㄣˊ ㄐㄧ ㄏㄨㄢˊ ㄐㄧㄥˋ

sedimentary environment

【地】发生沉积作用的具有一定自然地理景观的地貌单元。其物理、化学和生物特征均与相邻地质有明显区别。由于这些特征在形成的沉积物(岩)中会有所显示,故可根据这些显示来推断当时的环境。宏观地可分为大陆环境、海陆过渡环境和海洋环境。

沉积盆地/沈積盆地

chénjī péndì/ㄔㄣˊ ㄐㄧ ㄆㄣˊ ㄉㄧˋ

sedimentary basin, sedimentation basin

【地】地壳中凹陷下沉,并有沉积物在其中堆积的大范围地区,有盆形、槽型等形式。与多种沉积矿产(如煤、石油等)密切相关。

沉积物/沈積物 chénjīwù/ㄔㄣˊ ㄐㄧ ㄨˋ

deposit, sediment

【地】经水、空气和冰川等外力搬运到异地并沉积下来的物质。固结后形成沉积岩。

沉积相/沈積相

chénjīxiàng/ㄔㄣˊ ㄐㄧ ㄒㄧㄤˋ

sedimentary facies

【地】具有一定岩性、结构、构造特征和古生物标志的沉积物组合。反映了当时的沉积环境。主要分为陆相、过渡相和海相。

沉积岩/沈積岩 chénjīyán/ㄔㄣˊ ㄐㄧ ㄧㄢˊ

sedimentary rock

【地】旧称“水成岩”。岩石的一大类。风化作用、生物作用和火山作用的产物经水、空气和冰川等外力的搬运、沉积并固结而形成的岩石。按形成方式不同,可分为:碎屑岩(如砂岩、砾岩等)、化学岩(如石盐岩、石膏岩等)和生物化学岩(如硅藻土岩、生物礁灰岩等)。多数有层理。沉积岩占地球表面岩石的70%,但只占地球岩石圈的5%。其中所含矿产,占全球矿产蕴藏量的80%。

沉积作用/沈積作用

chénjī zuòyòng/ㄔㄣˊ ㄐㄧ ㄗㄨㄛˋ ㄩㄥˋ

deposition, sedimentation

【地】气流或水流携带的物质因流速减缓或物理化学条件变化而堆积在陆地的低洼处或海洋中的过程。可分为机械沉积作用、化学沉积作用、胶体沉积作用和生物沉积作用。

📖 机械沉积作用是气流、水流或冰川携带的化学性稳定的碎屑物形成堆积物的过程。化学沉积作用是溶解在水中的物质直接结晶形成堆积物的过程。胶体沉积作用是水流携带的胶体物质遇到电解质而沉淀的过程。生物沉积作用包括生物遗骸或遗物(如粪便)的堆积或与生物活动有关的物质的堆积过程。

沉降/沈降 chénjiàng/ㄔㄣˊ ㄐㄧㄤˋ

sedimentation, settling

【化】由于分散相和分散介质的密度不同,分散相粒子在重力或离心力场作用下发生的定向运动。沉降的结果使分散体系发生相分离。如气体净化、沉淀或晶体的集积等。

沉脉/沈脈 chénmài/ㄔㄣˊ ㄇㄞˋ

deep pulse

【中医】脉象之一。脉位深,轻按不能应指,重按才有。

沉香/沈香 chénxiāng/ㄔㄣˊ ㄒㄧㄤ

Lignum Aquilariae Resinatum(拉), Chinese eaglewood, aquilaria

【中医】中药名。瑞香科植物白木香 *Aquilaria sinensis* (Lour.) Gilg 含有树脂的木材。味辛、苦,性微温。归脾、胃、肾经。行气止痛,温中止呕,纳气平喘。用于胸腹胀闷疼痛,胃寒呕吐呃逆,肾虚气逆喘急。

沉 香

陈化/老化 chénhuà/ㄌㄠˇ ㄏㄨㄚˋ

aging

【化】沉淀完全后,使生成的沉淀与母液一起自然放置一段时间的过程。其间水分分布趋于均匀,内部化学反应趋于平衡。有利于沉淀晶体粒径增大,去除沉淀中的杂质。

陈皮/陳皮 chénpí/ㄔㄣˊ ㄆㄧˊ

Pericarpium Citri Reticulatae(拉), dried tangerine peel, tangerine peel

【中医】又称"橘皮"。中药名。芸香科植物橘 *Citrus reticulata* Blanco 及其栽培变种的干燥成熟果皮。味苦、辛,性温。归肺、脾经。理气健脾,燥湿化痰。用于胸脘胀满,食少吐泻,咳嗽痰多。

📖 新鲜橘皮味较辛辣,气燥而烈,入药通常以放置陈久,辛辣之味缓和的橘皮为宜,故名"陈皮"。

陳述 ㄔㄣˊ ㄕㄨˋ/chénshù

statement

【信息】台湾名。即"语句"(1380 页)。

晨昏蒙影/曙暮光

chénhūn méngyǐng/ㄕㄨˋ ㄇㄨˋ ㄍㄨㄤ

twilight

【天】日出前和日没后的一段时间内,天空呈现出微弱的光亮的现象。由地球大气散射而引起,与季节、当地经纬度和海拔高度以及气象条件等有关。日出前曙光初露的时刻称为"晨光始",日没后暮色消失的时刻称为"昏影终"。

cheng (ㄔㄥ)

称量/稱重 chēngliáng/ㄔㄥ ㄓㄨㄥˋ

weighing

【计量】又称"衡量",俗称"称重"。对被称物体的质量所进行的测量。

称量装置/稱量裝置

chēngliáng zhuāngzhì/ㄔㄥ ㄌㄧㄤˊ ㄓㄨㄤ ㄓˋ

load weighing devices

【物流】检测起重、运输、装卸、包装、配送以及生产过程中的物料重量的装置。主要有台秤、电子秤、地中衡(地磅)、轨道衡、自动检重秤等。

称雪器/稱雪計

chēngxuěqì/ㄔㄥ ㄒㄩㄝˇ ㄐㄧˋ

weighting snow-gauge

【气】测量降雪量或雪压的一种仪器。由带盖的圆筒、秤和小铲构成。根据圆筒中取得雪样的深度和用秤称的雪重,可计算出雪的密度。

柽柳/檉柳 chēngliǔ/ㄔㄥ ㄌㄧㄡˇ

Chinese tamarisk

【植】*Tamarix chinensis* 柽柳科柽柳属。灌木或小乔木。老枝直立,暗褐红色,光亮;幼枝细弱,开展下垂,红紫色。叶长圆状披针形,先端尖,背面有龙骨

柽 柳

状隆起。总状花序侧生，花点垂，花瓣五枚，卵状椭圆形，粉红色，花盘五裂，雄蕊着生于花盘裂片之间，长于花瓣。花期 4—9 月份。在中国，分布于甘肃、河北、河南、山东、湖北、安徽、江苏、浙江、福建、广东、云南等地。干旱地区绿化树种。枝条可以编筐，嫩枝叶可入药。

稱雪計 ㄔㄥ ㄒㄩㄝˇ ㄐㄧˋ/chēngxuějì
weighting snow-gauge
【气】台湾名。即"称雪器"(122 页)。

稱重 ㄔㄥ ㄓㄨㄥˋ/chēngzhòng
weighing
【计量】台湾名。即"称量"(122 页)。

成本保險費運費在內價
ㄔㄥˊ ㄅㄣˇ ㄅㄠˇ ㄒㄧㄢˇ ㄈㄟˋ ㄩㄣˋ ㄈㄟˋ ㄗㄞˋ ㄋㄟˋ ㄐㄧㄚˋ/
chéngběn bǎoxiǎnfèi yùnfèi zàinèijià
cost, insurance and freight
【物流】台湾名。即"成本加保险费加运费"(123 页)。

成本加保险费加运费/成本保險費運費在內價
chéngběn jiā bǎoxiǎnfèi jiā yùnfèi/
ㄔㄥˊ ㄅㄣˇ ㄅㄠˇ ㄒㄧㄢˇ ㄈㄟˋ ㄩㄣˋ ㄈㄟˋ ㄗㄞˋ ㄋㄟˋ ㄐㄧㄚˋ
cost, insurance and freight
【物流】国际贸易术语之一。卖方在装运港将货物装上船，办理出口清关手续和保险手续，支付将货物运至目的港的运费和费用及保险费用，即完成交货。风险以货物在装运港装上船为分界点。卖方只需投保最低限度的保险险种即可。适用于海运及内河运输。

成本加运费/成本與運費
chéngběn jiā yùnfèi/
ㄔㄥˊ ㄅㄣˇ ㄩˇ ㄩㄣˋ ㄈㄟˋ
cost and freight, CFR
【物流】国际贸易术语之一。卖方在装运港将货物装上船，支付将货物运至目的港的运费和费用，办理出口清关手续，即完成交货。风险以货物在装运港装上船为分界点。适用于海运及内河运输。

成本與運費
ㄔㄥˊ ㄅㄣˇ ㄩˇ ㄩㄣˋ ㄈㄟˋ/chéngběn yǔ yùnfèi
cost and freight, CFR
【物流】台湾名。即"成本加运费"(123 页)。

成本中心说/成本中心説
chéngběn zhōngxīnshuō/
ㄔㄥˊ ㄅㄣˇ ㄓㄨㄥ ㄒㄧㄣ ㄕㄨㄛ
cost-centered theory
【物流】物流领域中的一种理论。认为物流是主要成本的产生点，也是降低成本的关注点。在整个企业的战略中解决物流问题，主要是通过物流管理和物流活动降低成本；但是过分强调物流的成本功能，致使物流在企业发展战略中的主体地位无法得到认可，从而限制了物流本身的进一步发展。

成比例线段/成比例線段
chéngbǐlì xiànduàn/
ㄔㄥˊ ㄅㄧˇ ㄌㄧˋ ㄒㄧㄢˋ ㄉㄨㄢˋ
proportional segments
【数】若线段 a,b,c,d 满足 $\frac{a}{b}=\frac{c}{d}$，则称 a,b,c,d 为成比例线段。

成虫/成蟲 chéngchóng/ㄔㄥˊ ㄔㄨㄥˊ
imago
【动】发育完全成熟，具有繁殖能力的昆虫。如蚕蛾是蚕的成虫，蚊子是孑孓的成虫。

成都平原/成都平原
Chéngdū Píngyuán/ㄔㄥˊ ㄉㄨ ㄆㄧㄥˊ ㄩㄢˊ
Chengdu Plain
【地】平原名。位于四川盆地西部，由涪江冲积平原、岷江和沱江冲积平原及青衣江和大渡河冲积平原组成，面积约 2.3 万平方千米。地形倾斜，易灌易排，气候温和，土质肥沃，历来农田水利发达。是著名的商品粮、油、生猪生产基地，农作物主要有稻、小麦和油菜籽。

成分 chéngfèn/ㄔㄥˊ ㄈㄣˋ
【化】即"组分"(1515 页)。

成见效应
chéngjiàn xiàoyìng/ㄔㄥˊ ㄐㄧㄢˋ ㄒㄧㄠˋ ㄧㄥˋ
【心】即"光环效应"(442 页)。

成就动机/成就動機
chéngjiù dòngjī/ㄔㄥˊ ㄐㄧㄡˋ ㄉㄨㄥˋ ㄐㄧ
achievement motivation
【心】个人在各种活动中力求成功、要求获得优秀成绩的内部动因。是一种社会性动机。

成体干细胞/成體幹細胞
chéngtǐ gànxìbāo/ㄔㄥˊ ㄊㄧˇ ㄍㄢˋ ㄒㄧˋ ㄅㄠ
adult stem cell
【生】存在于一种已经分化组织中的未分化细胞。能够自我更新并特化形成该类型组织。

成像探雷器/成像探雷器
chéngxiàng tànléiqì/
ㄔㄥˊ ㄒㄧㄤˋ ㄊㄢˋ ㄌㄟˊ ㄑㄧˋ
imaging mine detector
【军】便携式探雷器的一种。通过在屏幕上显示地下目标图像发现和识别地雷。主要采用冲击脉冲雷达、调频连续波跳频雷达、红外及X射线后向散射等技术,用于探测埋设的各种地雷。

成形 ㄔㄥˊ ㄒㄧㄥˊ/chéngxíng
forming
【材】台湾名。即"成型"(124页)。

成型/成形 chéngxíng/ㄔㄥˊ ㄒㄧㄥˊ
forming
【材】材料加工技术的一种。借助外力、工具、设备或模具,将材料加工成具有一定形状尺寸、组织结构和力学性能的坯体或制品的过程。金属材料成型的方法有锻造、铸造、轧制、挤压、冲压、粉末冶金和焊接等;高分子材料成型的方法有注射、模压、挤出、缠绕和吹塑等;陶瓷等无机材料成型的方法有模压、注浆成型、胶态成型等。

成岩作用/成岩作用
chéngyán zuòyòng/ㄔㄥˊ ㄧㄢˊ ㄗㄨㄛˋ ㄩㄥˋ
diagenesis
【地】指松散沉积物在经历物理、化学和生物作用固结形成岩石的过程。包括压实、胶结、交代、结晶、淋滤、水合和生物化学作用等。

成帧/定框 chéngzhēn/ㄉㄧㄥˋ ㄎㄨㄤ
framing
【信息】按帧结构把数字信号组织起来的过程。

承露盘 chénglùpán/ㄔㄥˊ ㄌㄨˋ ㄆㄢˊ
【建】即"相轮"(1248页)。

承气汤/承氣湯
chéngqìtāng/ㄔㄥˊ ㄑㄧˋ ㄊㄤ
chengqi decoction, chengqi tang
【中医】中医方剂名。指含大黄具有通腑泻下,承顺胃气的一类方剂,如大承气汤、小承气汤、调胃承气汤、增液承气汤等。

承压水/受壓水
chéngyāshuǐ/ㄕㄡˋ ㄧㄚ ㄕㄨㄟˇ
confined water
【地】充满两个隔水层之间的含水层的地下水。其承受的压力大于大气压,有井或气孔打穿上部隔水层时,其水位会上升到含水层顶面以上并稳定在一定高度,这个水面叫承压水面。在适宜的地形条件下,在天然露头或凿井后,水会喷出或溢出地表。典型的承压含水层可分为补给区、承压区及排泄区三部分。由于顶部有隔水层,其补给区小于分布区,动态变化不大,不易受污染,是生活用水的优质水源。一旦补给区遭受污染,整个承压水即受污染,且难以恢复,因此要保护好补给区。

承壓船殼
ㄔㄥˊ ㄧㄚ ㄔㄨㄢˊ ㄎㄜˊ/chéngyā chuánké
pressure hull
【船】台湾名。即"耐压船体"(820页)。

承重墙/軸承壁
chéngzhòngqiáng/ㄓㄡˋ ㄔㄥˊ ㄅㄧˋ
bearing wall
【建】承受楼面、屋面、起重运输设备等上部结构传来的荷载及自重的墙体。可用砖石砌筑,也可用现浇混凝土或预制钢筋混凝土板材建造。

城壕/城壕 chéngháo/ㄔㄥˊ ㄏㄠˊ
moat
【建】又称"护城河""堑"。城外四周的沟池,起防护和御敌的作用。北京故宫四周仍存有明清城壕。

📖 古时对护城河的具体做法有规定,据《墨子·备城门篇》记载:"去城门五十步大堑之,高地三丈,下地及泉。"意思是距城门五十步外,挖一条深三丈,下及泉水的大沟。大沟就是堑。

城市轨道交通/城市軌道交通
chéngshì guǐdào jiāotōng/
ㄔㄥˊ ㄕˋ ㄍㄨㄟˇ ㄉㄠˋ ㄐㄧㄠ ㄊㄨㄥ
urban rail transit
【交】以电能为动力,采用轮轨运输方式的公共交通的总称。用以在地面、地下或高架路运送乘客。包括有轨电车系统、轻型轨道交通系统和重型轨道交通系统。不包括铁路干线的通勤交通。

📖 城市轨道交通可分为地铁、轻轨两种制式。地铁和轻轨的区分主要有:(1)单向最大高峰每小时客运量的大小。单向运输能力在每小时1万～3万人次的称为轻轨,3万～7万人次的称为地铁。运量的大小决定了编组数,地铁列车编组可达4～10节,轻轨列车编组为2～4节;(2)使用的轨道列车每轴负载能力在13吨以下的称为轻轨,13吨以上的称为地铁;(3)轨道列车采用的轨道每米轨道重量在30千克以下的称为轻轨,30千克以上的为地铁;(4)一般情况下,地铁的平面曲线半径不小于300米,而轻轨一般在100～200米。

城市化/都市化

chéngshìhuà/ㄉㄨ ㄕˋ ㄏㄨㄚˋ

urbanization

【建】又称"城镇化""都市化"。人类生产和生活方式由乡村型向城市型转化的过程。表现为乡村人口向城市人口转化以及城市不断发展和完善。

城市环境/城市環境

chéngshì huánjìng/ㄔㄥˊ ㄕˋ ㄏㄨㄢˊ ㄐㄧㄥˋ

urban environment

【环】聚落环境的一种。人类利用和改造自然环境创造的高度人工化、规模化的环境。包括与城市整体相互关联的人文条件和自然条件。城市环境为居民创造了优越的物质文化生活条件,但人口密集、建筑物密集,资源、能源大量集中消耗,致使环境质量受到不良影响。

城市黄线/城市黄線

chéngshì huángxiàn/ㄔㄥˊ ㄕˋ ㄏㄨㄤˊ ㄒㄧㄢˋ

city yellow line

【建】城市规划确定的城市市政基础设施用地的控制线。在城市规划图上用黄线标出,故名。

城市交通/都市交通

chéngshì jiāotōng/ㄉㄨ ㄕˋ ㄐㄧㄠ ㄊㄨㄥ

urban transport

【交】城市中或城市之间,担负公众出行和货物输送的各种交通运输方式(铁路、公路、水路、航空、管道)的总称。

城市垃圾/城市垃圾

chéngshì lājī/ㄔㄥˊ ㄕˋ ㄌㄜˋ ㄙㄜˋ

municipal solid waste

【环】又称"生活垃圾"。指城市居民生活及为其生活服务中产生的固体废物。包括消费活动垃圾、商业和办公机构产生的垃圾,以及市政设施、市政和房屋修建中产生的垃圾或渣土。随着居民消费水平提高和生活方式改变,城市垃圾数量不断增加,成分日趋复杂。

城市绿线/城市綠線

chéngshì lǜxiàn/ㄔㄥˊ ㄕˋ ㄌㄩˋ ㄒㄧㄢˋ

city green line

【建】城市各类绿地范围的控制线。在城市规划图上用绿线标出,故名。

城市气候/都市氣候

chéngshì qìhòu/ㄉㄨ ㄕˋ ㄑㄧˋ ㄏㄡˋ

urban climate

【气】受城市特殊下垫面条件和人类活动的影响,形成的一种有异于城市周围地区的局地气候。其主要特征包括气温偏高、太阳辐射偏低、风速减小、能见度降低、降水偏多等。

城市热岛

chéngshì rèdǎo/ㄔㄥˊ ㄕˋ ㄖㄜˋ ㄉㄠˇ

【环】即"热岛"(939页)。

城市热岛效应

chéngshì rèdǎo xiàoyìng/

ㄔㄥˊ ㄕˋ ㄖㄜˋ ㄉㄠˇ ㄒㄧㄠˋ ㄧㄥˋ

【环】即"热岛"(939页)。

城市私有房屋/城市私有房屋

chéngshì sīyǒu fángwū/

ㄔㄥˊ ㄕˋ ㄙ ㄧㄡˇ ㄈㄤˊ ㄨ

urban private housing

【建】简称"私房"。直辖市、市、镇和未设镇建制的县城、工矿区内,产权归个人所有或数人共有的自用或出租住宅与非住宅用房。

城市噪声/都市噪音

chéngshì zàoshēng/ㄉㄨ ㄕˋ ㄗㄠˋ ㄧㄣ

urban noise, city noise

【环】妨碍或影响城市居民休息、工作、学习甚至有害健康的声音。主要有交通噪声、工业噪声、施工噪声和社会生活噪声等。

城市紫线/城市紫線
chéngshì zǐxiàn/ㄔㄥˊ ㄕˋ ㄗˇ ㄒㄧㄢˋ
city purple line
【建】各级政府公布的历史文化街区、历史建筑的保护范围界线。在城市规划图上用紫线标出,故名。

城域网/都會區域網路
chéngyùwǎng/ㄉㄨ ㄏㄨㄟˋ ㄑㄩ ㄩˋ ㄨㄤˇ ㄌㄨˋ
metropolitan area network, MAN
【信息】覆盖一座城市,将其中的局域网和其他计算机互连起来的计算机网。范围 5～100 千米,介于局域网与广域网之间。多以光缆为传输介质,以高传输速率支持多媒体数据通信。

城镇化 chéngzhènhuà/ㄔㄥˊ ㄓㄣˋ ㄏㄨㄚˋ
【建】即"城市化"(125 页)。

城镇群/城鎮群
chéngzhènqún/ㄔㄥˊ ㄓㄣˋ ㄑㄩㄣˊ
town and city agglomeration
【建】一定地域内城镇分布较为密集的地区。通常以一个或多个规模较大、辐射带动能力较强的中心城镇为核心,由若干个空间距离彼此靠近、联系较紧密的外围城镇共同组成。

乘法/乘法 chéngfǎ/ㄔㄥˊ ㄈㄚˇ
multiplication
【数】一种运算。两个对象 a,b 相乘,通常记作 $a\times b$ 或 $a\cdot b$ 或 ab,其中 a,b 同为数(式)。各类对象的乘法有其运算法则,其中最简单的是整数的乘法,即几个相同的数相加的简便运算。例如,3×4 表示 3 个 4 相加或 4 个 3 相加,所以 $3\times4=12$。12 是 4 的 3 倍,也是 3 的 4 倍。乘法与除法互为逆运算。

乘法公式/乘法公式
chéngfǎ gōngshì/ㄔㄥˊ ㄈㄚˇ ㄍㄨㄥ ㄕˋ
formulas of multiplication
【数】用于展开整式的乘积的公式。常用的乘法公式有:$(a+b)(a-b)=a^2-b^2$,$(a\pm b)^2=a^2\pm2ab+b^2$,$(a\pm b)^3=a^3\pm3a^2b+3ab^2\pm b^3$,$(a\pm b)(a^2\mp ab+b^2)=a^3\pm b^3$,$(a+b+c)^2=a^2+b^2+c^2+2ab+2bc+2ca$ 等。

乘方/乘冪 chéngfāng/ㄔㄥˊ ㄇㄧˋ
power
【数】❶相同对象相乘的运算。例如,运算 $\underbrace{a\times a\times\cdots\times a}_{n个}$,叫作 a 的 n 次(乘)方,记作 a^n。其中 a 叫作底数,n 叫作指数。❷又称"幂"。相同对象相乘的运算结果。例如 $\underbrace{a\times a\times\cdots\times a}_{n个}=a^n$,运算结果 a^n 叫作 a 的 n 次(乘)方。其中 a 叫作幂底数,n 叫作幂指数。
📖 a^n 中指数的概念可以由正整数扩大到实数。例如,当 $a\neq0$ 时,规定 $a^0=1$。

乘警/乘警 chéngjǐng/ㄔㄥˊ ㄐㄧㄥˇ
train police
【交】旅客列车乘务组成员之一。是在旅客列车上执行勤务的警察。协助客运乘务组维持列车秩序,调节旅客纠纷,负责旅客安全保卫工作。

乘客电梯/載客升降機
chéngkè diàntī/ㄗㄞˋ ㄎㄜˋ ㄕㄥ ㄐㄧㄤˋ ㄐㄧ
passenger lift
【机】电梯的一种。建筑物内为运送乘客设计的垂直交通运输工具。要求有完善的安全设施以及一定的轿内装饰。

乘客運送機
ㄔㄥˊ ㄎㄜˋ ㄩㄣˋ ㄙㄨㄥˋ ㄐㄧ/chéngkè yùnsòngjī
moving sidewalk
【机】台湾名。即"自动人行道"(1500 页)。

乘冪 ㄔㄥˊ ㄇㄧˋ/chéngmì
power
【数】台湾名。即"乘方"(126 页)。

乘用车/客車 chéngyòngchē/ㄎㄜˋ ㄔㄜ
passenger car
【机】汽车的一类。主要用于载运乘客及其随身行李、物品。最多不超过 9 个座位(包括驾驶员座位在内),可以牵引挂车。涵盖了轿车、微型客车以及不超过 9 座的轻型客车。通常可分为普通乘用车(轿车)、多功能车、运动型多用途车、功能乘用车和交叉型乘用车。

程控 chéngkòng/ㄔㄥˊ ㄎㄨㄥˋ
【自】"程序控制"的简称。

程式 ㄔㄥˊ ㄕˋ/chéngshì
program
【信息】台湾名。即"程序"(127 页)。

程式館 ㄔㄥˊ ㄕˋ ㄍㄨㄢˇ/chéngshìguǎn
library
【信息】台湾名。即“文件库”(1194 页)。

程式控制
ㄔㄥˊ ㄕˋ ㄎㄨㄥˋ ㄓˋ/chéngshì kòngzhì
programmed control
【自】台湾名。即“程序控制”(127 页)。

程式控制器
ㄔㄥˊ ㄕˋ ㄎㄨㄥˋ ㄓˋ ㄑㄧˋ/chéngshì kòngzhìqì
program controller
【自】台湾名。即“程序控制器”(127 页)。

程式控制系統
ㄔㄥˊ ㄕˋ ㄎㄨㄥˋ ㄓˋ ㄒㄧˋ ㄊㄨㄥˇ/
chéngshì kòngzhì xìtǒng
programmed control system
【自】台湾名。即“程序控制系统”(127 页)。

程式庫 ㄔㄥˊ ㄕˋ ㄎㄨˋ/chéngshìkù
program library
【信息】台湾名。即“程序库”(127 页)。

程式設計 ㄔㄥˊ ㄕˋ ㄕㄜˋ ㄐㄧˋ/chéngshì shèjì
programming
【信息】台湾名。即“编程”(58 页)。

程式設計語言
ㄔㄥˊ ㄕˋ ㄕㄜˋ ㄐㄧˋ ㄩˇ ㄧㄢˊ/
chéngshì shèjì yǔyán
programming language
【信息】台湾名。即“编程语言”(58 页)。

程式員 ㄔㄥˊ ㄕˋ ㄩㄢˊ/chéngshìyuán
programmer
【信息】台湾名。即“程序员”(128 页)。

程序/程式 chéngxù/ㄔㄥˊ ㄕˋ
program
【信息】全称“计算机程序”。符合编程语言规则,包括解决某一功能、任务或问题所需全部语句或指令的序列。计算机只能直接识别和执行机器指令即机器语言程序。汇编语言程序需要转化成机器语言程序方可由中央处理器执行。高级语言程序必须经过编译或解释方能由中央处理器执行。程序可以由主程序和子程序组成:主程序完成总体控制;子程序被主程序调用,只进行某一特定部分的处理,子程序还可调用其他子程序。

程序控制/程式控制
chéngxù kòngzhì/ㄔㄥˊ ㄕˋ ㄎㄨㄥˋ ㄓˋ
programmed control
【自】简称“程控”。给定环节给出的控制输入是已知的时间函数的自动控制。例如仿模铣床的立体木模就是控制输入(后用纸带或磁带上的脉冲系列,现用模型程序代替木模)。

程序控制器/程式控制器
chéngxù kòngzhìqì/ㄔㄥˊ ㄕˋ ㄎㄨㄥˋ ㄓˋ ㄑㄧˋ
program controller
【自】根据指令脉冲和反馈信号,按一定规律,产生相应的程序控制信号的部件、装置。是程序控制系统的核心部分,包括给定环节和运算控制器,或另有比较环节。

程序控制系统/程式控制系統
chéngxù kòngzhì xìtǒng/
ㄔㄥˊ ㄕˋ ㄎㄨㄥˋ ㄓˋ ㄒㄧˋ ㄊㄨㄥˇ
programmed control system
【自】给定环节给出的控制输入是已知的时间函数的自动控制系统。例如仿模铣床,由模型外形编制成的指令脉冲就是程序控制系统的控制输入。

程序库/程式庫 chéngxùkù/ㄔㄥˊ ㄕˋ ㄎㄨˋ
program library
【信息】程序、程序的各部分及其使用信息的有组织的汇集。多存储在硬盘、光盘等外存中;并按其组成元素的特性命名,例如过程库、源程序库。

程序设计
chéngxù shèjì/ㄔㄥˊ ㄒㄩˋ ㄕㄜˋ ㄐㄧˋ
【信息】即“编程”(58 页)。

程序设计语言
chéngxù shèjì yǔyán/
ㄔㄥˊ ㄒㄩˋ ㄕㄜˋ ㄐㄧˋ ㄩˇ ㄧㄢˊ
【信息】即“编程语言”(58 页)。

程序性细胞死亡
chéngxùxìng xìbāo sǐwáng/
ㄔㄥˊ ㄒㄩˋ ㄒㄧㄥˋ ㄒㄧˋ ㄅㄠ ㄙˇ ㄨㄤˊ
【医】即“细胞凋亡”(1232 页)。

程序語言
ㄔㄥˊ ㄒㄩˋ ㄩˇ ㄧㄢˊ/chéngxù yǔyán
procedural language
【信息】台湾名。即“过程语言”(456 页)。

程序员/程式員 chéngxùyuán/ㄔㄥˊ ㄒㄩˋ ㄩㄢˊ

programmer

【信息】设计、编写并测试计算机程序的个人。任务是根据要解决的问题建立数学模型,选择科学、可行的算法和数据结构,绘制流程图并以某一计算机语言将算法和流程图编为程序,再调试和运行程序,最后完成文件和数据整理。

C

澄江动物群/澂江動物群 Chéngjiāng dòngwùqún/ㄔㄥˊ ㄐㄧㄤ ㄉㄨㄥˋ ㄨˋ ㄑㄩㄣˊ

Chengjiang Fauna

【地】发现于云南澄江帽天山的寒武纪早期的古生物化石群。这些古生物生活于距今约5.3亿年。其中有大量栩栩如生的奇异化石,还有不少保存精美的软躯体化石,是寒武纪生命大爆发的直接证据。化石分属海绵动物、腔肠动物、腕足动物、软体动物、节肢动物,乃至某些脊椎动物等。

澄清/澄清 chéngqīng/ㄔㄥˊ ㄑㄧㄥ

defecation, clarification

【化】见“沉积”(121 页)。

chi (ㄔ)

吃水/吃水 chīshuǐ/ㄔ ㄕㄨㄟˇ

draught, draft

【船】泛指船体在水面以下的深度(平板龙骨厚度和凸出部分不计)。在艏垂线、艉垂线处的吃水分别称艏吃水、艉吃水。艏艉吃水的平均值称平均吃水。通常指平均吃水或船长中点处的吃水。对船舶性能有重要影响。

鸱尾/鴟尾 chīwěi/ㄔ ㄨㄟˇ

owl-tail ridge ornament

【建】古代建筑正脊两端的装饰件。相当于清代的大吻。东汉时出现在屋脊上,半月形、鱼尾,作为消灾的厌胜之物。中晚唐期间,发展为一个带有短尾的动物头,张口吞脊,尾部翘卷,称为鸱吻。宋辽金均采用鸱吻形式。

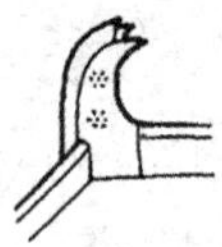
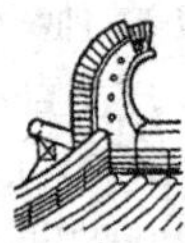

鸱 尾

痴呆/痴呆 chīdāi/ㄔ ㄉㄞ

dementia

【医】由各种有害因素引起大脑器质性损害而导致的智能严重障碍。患者意识一般是清晰的,但其思维活动不很完善。言语中出现病理性赘述,记忆力及计算力均有削弱,理解能力减弱,对周围事物不能正确分析和综合,学习和工作困难,有时生活不能自理。逐渐丧失社会性的情感,原始的情感和本能意向占优势。病变多为进行性的,常不易恢复或不能完全恢复。

螭首/螭首 chīshǒu/ㄔ ㄕㄡˇ

chishou

【建】须弥座台基侧面的一种龙头状石刻构件。具有排水及装饰作用。按安装位置不同,可分为角螭和正身螭首两种。

📖 螭是传说中的一种龙属动物,也称吐水兽。是古代最早用于镇水的动物形象之一。

池式灌溉

ㄔˊ ㄕˋ ㄍㄨㄢˋ ㄍㄞˋ/chíshì guàngài

basin irrigation

【水利】台湾名。即“淹灌”(1309 页)。

迟脉/遲脈 chímài/ㄔˊ ㄇㄞˋ

slow pulse

【中医】脉象之一。脉搏动迟缓,一息(一呼一吸)之间不足 4 次,相当于每分钟 60 次以下。

持久性毒剂/持久戰劑

chíjiǔxìng dújì/ㄔˊ ㄐㄧㄡˇ ㄓㄢˋ ㄐㄧˋ

persistent agent

【军】毒害作用持续时间为数小时以至数天以上的毒剂。通常为沸点高、不易挥发的液态毒剂。主要呈液滴状态,用于地面染毒。如芥子气、维埃克斯、路易氏气、沙林、塔崩、梭曼。

持久性有机污染物/持久性有機污染物

chíjiǔxìng yǒujī wūrǎnwù/

ㄔˊ ㄐㄧㄡˇ ㄒㄧㄥˋ ㄧㄡˇ ㄐㄧ ㄨ ㄖㄢˇ ㄨˋ

persistent organic pollutants, POPs

【环】在环境中难以降解,滞留时间较长的有机污染物。如有机氯农药、多氯联苯类和高分子聚合物等。

持久戰劑 ㄔˊ ㄐㄧㄡˇ ㄓㄢˋ ㄐㄧˋ/chíjiǔ zhànjì

persistent agent

【军】台湾名。即“持久性毒剂”(128 页)。

尺寸公差/尺寸許可差

chǐcùn gōngchā/ㄔˇ ㄘㄨㄣˋ ㄒㄩˇ ㄎㄜˇ ㄔㄚ

tolerance of size

【机】简称“公差”。机械加工中零件尺寸允许的变动量。在基本尺寸相同的情况下，尺寸公差越小，尺寸精度越高。

尺寸許可差

ㄔˇ ㄘㄨㄣˋ ㄒㄩˇ ㄎㄜˇ ㄔㄚ/chǐcùn xǔkěchā

tolerance of size

【机】台湾名。即“尺寸公差”(129 页)。

尺度/尺度 chǐdù/ㄔˇ ㄉㄨˋ

scale

【建】建筑物整体或局部构件与人或人熟悉的物体之间的比例关系，以及这种关系给人的感受。

📖 在建筑设计中，常以人或与人体活动有关的一些不变元素，如门、台阶、栏杆等，作为比较标准，强调人或人所熟悉的元素作为参照标准，通过对比而获得感知。

尺骨/尺骨 chǐgǔ/ㄔˇ ㄍㄨˇ

ulna

【医】前臂小指侧的长骨。分为两端一体。近侧端有滑车切迹，切迹上方称为“鹰嘴”，下方称为“冠突”。冠突外侧的浅凹称为“桡骨切迹”，与桡骨头相关节。尺骨体呈三棱柱形，外侧缘锐利，为骨间缘，与桡骨相对。远侧端细小，呈圆盘状，称为“尺骨头”。

尺规作图/尺規作圖

chǐguī zuòtú/ㄔˇ ㄍㄨㄟ ㄗㄨㄛˋ ㄊㄨˊ

construction with ruler and compasses

【数】只允许使用没有刻度的直尺和圆规进行的几何作图。力求用最少的工具画出各种几何图形，是古希腊遗留下来的作图要求。后来的研究证明，一个作图题可以尺规完成的充要条件是：题中的未知量能由已知量经有限次有理运算或开平方运算得出。

尺蠖/尺蠖

chǐhuò/ㄔˇ ㄏㄨㄛˋ

geometrid moth

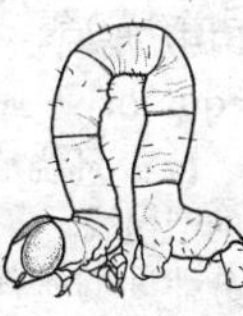

尺 蠖

【动】昆虫名。鳞翅目尺蛾科昆虫幼虫的统称。体细长，行动时身体伸缩，上弯成弧形又展开，像用大拇指和中指量距离一样，故名。危害果树、茶树、桑树、棉花和林木等。种类很多。常见的有枣尺蠖、茶尺蠖、桑尺蠖等。

尺码吨 chǐmǎdūn/ㄔˇ ㄇㄚˇ ㄉㄨㄣ

【物流】即“容积吨”(954 页)。

呎 ㄔˇ/chǐ

foot

【计量】台湾名。即“英尺”(1353 页)。

齿轮/齒輪 chǐlún/ㄔˇ ㄌㄨㄣˊ

gear

【机】轮缘有齿，能连续啮合传递运动和动力的零件。按齿形不同，可分为渐开线齿轮、摆线齿轮和圆弧齿轮；按齿轮外形不同，可分为圆柱齿轮、锥齿轮、非圆齿轮、齿条、蜗杆、蜗轮；按齿线形状不同，可分为直齿轮、斜齿轮、人字齿轮、曲线齿轮；按轮齿所在的表面不同，可分为外齿轮、内齿轮；按制造方法不同，可分为铸造齿轮、切制齿轮、轧制齿轮、烧结齿轮等。

齿轮传动/齒輪驅動

chǐlún chuándòng/ㄔˇ ㄌㄨㄣˊ ㄑㄩ ㄉㄨㄥˋ

gear drive

【机】机械传动的一类。利用两齿轮的轮齿相互啮合传递运动和动力。由一对或几对齿轮组成。按齿轮轴线的相对位置不同，可分为平行轴圆柱齿轮传动、相交轴圆锥齿轮传动和交错轴螺旋齿轮传动等。结构紧凑，效率高，寿命长，应用广。

齿轮机构/齒輪裝置

chǐlún jīgòu/ㄔˇ ㄌㄨㄣˊ ㄓㄨㄤ ㄓˋ

gear unit

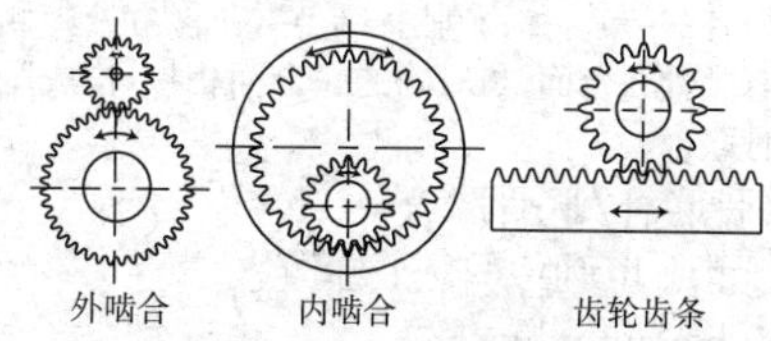

齿轮机构示意图

【机】用来传递空间任意两轴间的运动和动力的机械传动机构。可分为定传动比齿轮机构(又称为圆形齿轮机构)和变传动比齿轮机构(又称为非圆形齿轮机构)。前者又可分为平面齿轮机构和空间齿轮机构两类。

C

常见的外啮合直齿圆柱齿轮机构、内啮合直齿圆柱齿轮机构和齿轮齿条机构都是平面齿轮机构。

齿轮加工机床/齒輪加工機床
chǐlún jiāgōng jīchuáng/
ㄔˇ ㄌㄨㄣˊ ㄐㄧㄚ ㄍㄨㄥ ㄐㄧ ㄔㄨㄤˊ
gear cutting machine
【机】台湾又称“切齒機”。金属切削机床的一种。用齿轮刀具加工各种圆柱齿轮、锥齿轮、蜗轮、花键轴等带齿工件的齿形。用于加工圆柱齿轮的有滚齿机、插齿机、剃齿机、珩齿机等;用于加工锥齿轮的有直齿锥齿轮刨齿机、直齿锥齿轮铣齿机、弧齿锥齿轮拉齿机、锥齿轮研齿机、倒棱机等。

齿轮流量计/齒輪流量計
chǐlún liúliàngjì/ㄔˇ ㄌㄨㄣˊ ㄌㄧㄡˊ ㄌㄧㄤˋ ㄐㄧˋ
gear flowmeter
【机】容积式流量计的一种。用于精密的连续或间断的测量管道中液体的流量或瞬时流量。适用于黏度较高介质(如重油、聚乙烯醇、树脂)的流量测量。

齿条/齒條 chǐtiáo/ㄔˇ ㄊㄧㄠˊ
rack
【机】与齿轮相啮合的条形带齿零件。用于将齿轮的传动转变为齿条的直线移动,或反之。可分为直齿和斜齿两类。

耻骨/恥骨 chǐgǔ/ㄔˇ ㄍㄨˇ
pubis
【医】骨盆的组成部分。位于髋骨的前下部,分为体及上、下两支。耻骨体构成髋臼前下部,自体向前内侧伸出耻骨上支,此支向下弯曲移行于耻骨下支。在上支与下支移行处上缘有一突起,称为“耻骨结节”,在移行处内侧有耻骨联合面,与对侧的联合面相接,构成耻骨联合。

耻骨联合/恥骨聯合
chǐgǔ liánhé/ㄔˇ ㄍㄨˇ ㄌㄧㄢˊ ㄏㄜˊ
pubic symphysis
【医】左右两块耻骨在骨盆前正中由纤维软骨衔接的联合。纤维软骨中有一纵裂隙,妊娠分娩过程中可出现轻度分离,使骨盆发生暂时性扩大,有利于胎儿分娩。有人认为耻骨联合为一个半关节。

齒斑 ㄔˇ ㄅㄢ/chǐbān
dental plaque
【医】台湾名。即“牙菌斑”(1305 页)。

齒冠周圍齦炎
ㄔˇ ㄍㄨㄢ ㄓㄡ ㄨㄟˊ ㄧㄣˊ ㄧㄢˊ/
chǐguān zhōuwéi yínyán
pericoronitis of wisdom tooth
【医】台湾名。即“智齿冠周炎”(1453 页)。

齒結石
ㄔˇ ㄐㄧㄝˊ ㄕˊ/chǐjiéshí
dental calculus
【医】台湾名。即“牙石”(1305 页)。

齒輪刨製機
ㄔˇ ㄌㄨㄣˊ ㄅㄠˋ ㄓˋ ㄐㄧ/chǐlún bàozhìjī
gear shaping machine
【机】台湾名。即“插齿机”(103 页)。

齒輪驅動
ㄔˇ ㄌㄨㄣˊ ㄑㄩ ㄉㄨㄥˋ/chǐlún qūdòng
gear drive
【机】台湾名。即“齿轮传动”(129 页)。

齒輪裝置
ㄔˇ ㄌㄨㄣˊ ㄓㄨㄤ ㄓˋ/chǐlún zhuāngzhì
gear unit
【机】台湾名。即“齿轮机构”(129 页)。

齒髓炎 ㄔˇ ㄙㄨㄟˇ ㄧㄢˊ/chǐsuǐyán
pulpitis
【医】台湾名。即“牙髓炎”(1305 页)。

赤潮/赤潮 chìcháo/ㄔˋ ㄔㄠˊ
red tide
【环】又称“红潮”。海域中一些浮游生物暴发性繁殖引起水色异常和水质恶化的现象。海洋受到含氮、磷、碳等有机物污染,造成海洋富营养化,为浮游生物大量繁殖提供了丰富的营养盐类,是形成赤潮的基本原因。发生赤潮的海区,其生态系统会遭到较大的影响和破坏。江河、湖泊中出现类似现象,称为“藻花”或“水华”。

赤道/赤道 chìdào/ㄔˋ ㄉㄠˋ
equator
㊀【地】环绕地球表面与南北两极距离相等的圆周线。将地球分为南北两个半球,是划分纬度的基线。赤道的纬度是 0°。㊁【天】经过天体中心且与天体自转轴相垂直的平面

与天体表面相交的大圆。

赤道雨林 chìdào yǔlín/ㄔˋ ㄉㄠˋ ㄩˇ ㄌㄧㄣˊ

【植】即"热带雨林"(939 页)。

赤道坐标系/赤道坐標系

chìdào zuòbiāoxì/ㄔˋ ㄉㄠˋ ㄗㄨㄛˋ ㄅㄧㄠ ㄒㄧˋ

equatorial coordinate system, equatorial system of coordinates

【天】一种天球坐标系。以天赤道为基本平面,以南北天极为极点,使用赤经、赤纬来记录坐标。由于地轴自身的运动(岁差、章动)会影响天体的投影位置,故使用时需注明特定的归算时刻(称"历元")。现使用的参考时刻是 2000 年 1 月 1 日 12 时,稍早期使用的是 1950 年 1 月 1 日 12 时。

赤豆/紅豆 chìdòu/ㄏㄨㄥˊ ㄉㄡˋ

red bean

【植】*Vigna angularis* 又称"红豆"。豆科豇豆属。一年生草本植物。直立丛生或缠绕蔓生。植株被毛,羽状复叶,小叶三枚,卵形。花生于叶腋,花冠蝶形,黄色。荚果圆柱状,内有4～18粒长圆形种子,种子多为暗红色,有光泽,两头截平或圆,侧面白色线状,种脐不凹陷。花期夏季,果期 9—10 月份。在中国,分布于各地。种子可作粮食,还可入药。

赤经/赤經 chìjīng/ㄔˋ ㄐㄧㄥ

right ascension, RA

【天】赤道坐标系的经向坐标。是地球经度在天球上的投影,功能与地理坐标中的经度相同,单位为时、分、秒,有时用"度"、角分、角秒,由春分点向东量度。赤经可用来测量天体在天球上的位置,并可计算天体到达天空中某一定点的时间。图见"天赤道"(1121 页)

赤磷 chìlín/ㄔˋ ㄌㄧㄣˊ

【化】即"红磷"(500 页)。

赤鹿 chìlù/ㄔˋ ㄌㄨˋ

【动】即"马鹿"(779 页)。

赤霉素/吉貝素 chìméisù/ㄐㄧˊ ㄅㄟˋ ㄙㄨˋ

gibberellin

【生】一类植物生长调节物质。是从赤霉菌代谢产物中经化学提纯后获得的有效成分,白色晶体,难溶于水,遇碱即中和失效。可刺激植物生长,打破休眠,形成无子果实,以提高某些蔬果(如无核葡萄)的品质和产量。

赤泥/紅泥 chìní/ㄏㄨㄥˊ ㄋㄧˊ

red mud

【环】制铝工业的残渣。由铝土矿提炼氧化铝后产生,是一种复杂混合物,通常多含氧化铁,因外观像红色的泥土,故名。含碱量较高,密度较大,颗粒较粗,含水量大,易于沉降,结硬。可用作生产水泥原料和土壤改良剂。陆地堆存或排入水体会污染环境。

赤芍/赤芍 chìsháo/ㄔˋ ㄕㄠˊ

Radix Paeoniae Rubra(拉), peony root

【中医】中药名。毛茛科植物芍药 *Paeonia lactiflora* Pall. 或川赤芍 *P. veitchii* Lynch 的干燥根。味苦,性微寒。归肝经。清热凉血,散瘀止痛。用于温毒发斑,吐血衄血,目赤肿痛,肝郁胁痛,经闭痛经,癥瘕腹痛,跌扑损伤,痈肿疮疡。

川赤芍

📖 赤芍不宜与藜芦同用。

赤铁矿/赤鐵礦

chìtiěkuàng/ㄔˋ ㄊㄧㄝˇ ㄎㄨㄤˋ

hematite

【地】矿物。成分为 Fe_2O_3。三方晶系。晶体常呈板状,集合体多呈片状、鳞片状、肾状、鲕状、块状或土状等。红褐、钢灰至铁黑等色,条痕樱红色。金属至半金属光泽,莫氏硬度 5.5～6.5,密度 4.9～5.3 克/厘米^3。是炼铁的重要矿物原料。

赤铜矿/赤銅礦

chìtóngkuàng/ㄔˋ ㄊㄨㄥˊ ㄎㄨㄤˋ

cuprite

【地】矿物。成分为 Cu_2O。等轴晶系。呈立方体或八面体晶形,或与菱形十二面体形成聚形,集合体呈致密块状、粒状或土状。洋红色,长时间暴露于空气中呈暗红色,条痕棕红色。金刚光泽或半金属光泽。莫氏硬度 3.5～4.0,密度6.14克/厘米^3。常与自然铜、孔雀石、蓝铜矿、硅孔雀石、褐铁矿共生。含铜量高达88.82%,但分布少,是炼铜的矿物原料。

赤纬/赤緯 chìwěi/ㄔˋ ㄨㄟˇ

declination

【天】赤道坐标系的纬向坐标。是地球纬度在天球上的投影,功能与地球坐标中的纬度相同,其单位是度、角分和角秒。天赤道为赤纬0°,北天极为+90°,南天极为−90°。赤纬数值的正负号必须标明。图见“天赤道”(1121页)

赤小豆/赤小豆 chìxiǎodòu/ㄔˋ ㄒㄧㄠˇ ㄉㄡˋ

Semen Phaseoli(拉), rice bean

【中医】中药名。豆科植物赤小豆 *Vigna umbellata* (Thunb.) Ohwi et Ohashi.或赤豆 *V. angularis* (Willd.) Ohwi et Ohashi.的干燥成熟种子。味甘、酸,性平。归心、小肠经。利水消肿,解毒排脓。用于水肿胀满,脚气肢肿,黄疸尿赤,风湿热痹,痈肿疮毒,肠痈腹痛。可用于食疗。

赤小豆

赤眼蜂/赤眼蜂 chìyǎnfēng/ㄔˋ ㄧㄢˇ ㄈㄥ

minute egg parasite

【动】*Trichogramma* 昆虫名。膜翅目赤眼蜂科。体极小,眼红色,腹部有一产卵管,能刺入蛾子等的卵内产卵,幼虫寄生在卵内,被寄生的卵不能孵化。被广泛利用来防治二化螟、蔗螟和松毛虫等。

赤眼蜂

赤眼鳟/赤眼鱒

chìyǎnzūn/ㄔˋ ㄧㄢˇ ㄗㄨㄣ

redeye carp

【动】*Squaliobarbus curriculus* 鱼名。硬骨鱼纲鲤科。身体前部圆筒形,后部侧扁,长约30厘米,银灰色,眼上缘红色,头锥形,吻钝。生活在淡水中,食性杂。中国江河湖泊均有分布,是常见的经济鱼类。

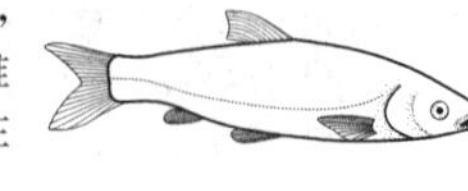

赤眼鳟

赤芝 chìzhī/ㄔˋ ㄓ

【植】即“灵芝”(743页)。

翅 chì/ㄔˋ

【动】“翼”的通称。

翅果/翅果 chìguǒ/ㄔˋ ㄍㄨㄛˇ

samara

【植】果皮向外延伸成翅状,内含一枚种子的果实。翅有利于种子随风传播。如榆树的果实。

翅鞘/翅鞘 chìqiào/ㄔˋ ㄑㄧㄠˋ

elytron

【动】鞘翅目昆虫的前翅。角质化,成为肥厚而较硬的鞘状构造,可保护后翅及柔软的腹部。如金龟子、天牛的前翅。

chong (ㄔㄨㄥ)

充电/充電 chōngdiàn/ㄔㄨㄥ ㄉㄧㄢˋ

charging, charge

【电】将电能储在一个器件中。如给电容器充电,给蓄电池充电,给电感线圈充电。

充电器/充電器

chōngdiànqì/ㄔㄨㄥ ㄉㄧㄢˋ ㄑㄧˋ

battery charger, charger

【轻】小型电器的一种。采用电子半导体器件控制电路,将交流电转换为低压直流电的装置。常见的有铅酸蓄电池充电器、镉镍电池充电器、镍氢电池充电器、锂离子电池充电器、电动车蓄电池充电器等。手机、照相机、便携式电子设备等都配有专用充电器。

充分必要条件

chōngfèn bìyào tiáojiàn/

ㄔㄨㄥ ㄈㄣˋ ㄅㄧˋ ㄧㄠˋ ㄊㄧㄠˊ ㄐㄧㄢˋ

【数】“充要条件”的全称。

充分条件/充分條件

chōngfèn tiáojiàn/ㄔㄨㄥ ㄈㄣˋ ㄊㄧㄠˊ ㄐㄧㄢˋ

sufficient condition

【数】命题“若 p 则 q”为真时,p 叫作 q 的充分条件。例如,“$\angle AOC$ 与 $\angle BOD$ 是对顶角”是“$\angle AOC=\angle BOD$”的充分条件。

充气薄膜建筑/充氣薄膜建築

chōngqì bómó jiànzhù/

ㄔㄨㄥ ㄑㄧˋ ㄅㄛˊ ㄇㄛˊ ㄐㄧㄢˋ ㄓㄨˋ

aerated membrane structure

【建】薄膜建筑的一类。用不透气的薄膜材料做成各种形式的密闭气囊，并往气囊内充气，利用内外的气压差获得稳定的建筑结构。按薄膜充气成型后的受力状态不同，可分为气承式、气被式和气管式三类。用于工业、农业、国防、文化、体育等领域，特别适合防震救灾等临时需要。

充氣艇 ㄔㄨㄥ ㄑㄧˋ ㄊㄧㄥˇ/chōngqìtǐng

pneumatic boat

【军】台湾名。即“橡皮舟”(1254 页)。

充要条件/充要條件

chōngyào tiáojiàn/ㄔㄨㄥ ㄧㄠˋ ㄊㄧㄠˊ ㄐㄧㄢˋ

necessary and sufficient condition

【数】全称“充分必要条件”。命题“若 p 则 q”和“若 q 则 p”都为真时，p 与 q 互为充要条件。例如，两直线都与第三条直线相交时，“同位角相等”与“两直线平行”互为充要条件。

冲/衝 chōng/ㄔㄨㄥ

opposition

【天】❶由地球上看到外行星或小行星与太阳的黄经相差 180°的现象。即太阳与地外行星分列地球两侧，距离 180°。外行星与地球的距离是不断变化的，在发生冲时，离地球最近。在行星轨道近日点附近出现的冲称为大冲，大冲是观测外行星，特别是火星的最好机会。❷“冲”发生的时刻。

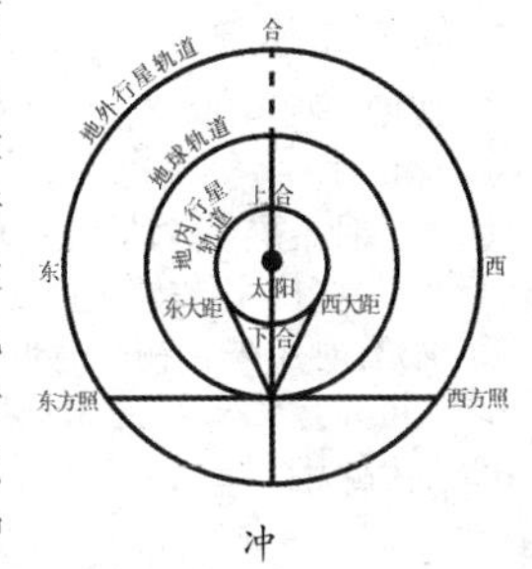

冲

冲锋枪/衝鋒槍

chōngfēngqiāng/ㄔㄨㄥ ㄈㄥ ㄑㄧㄤ

submachine gun

【军】双手握持发射手枪弹或低威力小口径枪弹的轻型全自动枪械。是介于手枪和机枪之间的武器，比步枪短小轻便。主要采用连发射击方式，战斗射速为 100～120 发/分。便于突然开火，弹匣容量较大，火力猛烈，适用于近战或冲锋。

冲锋舟/突擊艇

chōngfēngzhōu/ㄊㄨ ㄐㄧˊ ㄊㄧㄥˇ

assault boat

【军】又称“突击舟”“强击艇”。供步兵分队强渡江河使用的轻便制式舟。属制式渡河桥梁器材。通常长 4～12 米，宽 1.5～3 米，载重量 400～4720 千克(或载人 4～25 名)，满载最大航速可达 40～70 千米/小时。可用于水上通信、侦察、巡逻和救生，有的还可用作浮桥和门桥的桥脚舟。

冲击波/衝擊波

chōngjībō/ㄔㄨㄥ ㄐㄧˊ ㄅㄛ

shock wave, blast wave

【军】又称“爆炸波”。通常指核爆炸时，爆炸中心压力急剧升高，以超声速从爆炸中心向周围冲击，使周围空气猛烈震荡而形成的波动。是一种不连续峰在介质中的传播，这个峰导致介质的压强、温度、密度等物理性质的跳跃式改变。具有很大的破坏力，是核爆炸杀伤破坏重要的因素之一。

冲击波弹

chōngjībōdàn/ㄔㄨㄥ ㄐㄧˊ ㄅㄛ ㄉㄢˋ

【军】即“弱剩余辐射弹”(964 页)。

冲击雷达/脈衝雷達

chōngjī léidá/ㄇㄞˋ ㄔㄨㄥ ㄌㄟˊ ㄉㄚˊ

impulse radar

【军】又称“基带脉冲雷达”“无载波脉冲雷达”。军用雷达的一种。发射脉宽极窄，且无载波的冲击脉冲。距离分辨力高，可达厘米或毫米量级；具有超短距离探测能力，最小探测距离大致等同于分辨距离；能穿透树冠、地面和墙壁，探测伪装掩体、地层结构和地下异物；能对单个目标或多个目标成像；抗干扰能力强。主要用于探测地雷，地下电缆、管道、伪装工事等军事设施。

冲击疗法/洪水法

chōngjī liáofǎ/ㄏㄨㄥˊ ㄕㄨㄟˇ ㄈㄚˇ

flooding

【心】又称“满灌疗法”。一种心理治疗方法。常用于恐怖症的治疗，治疗初将病人置于其最害怕的环境中，如无真正可怕的事情发生，病人的紧张、恐惧感会明显减轻。

冲击式水轮机/衝動式輪機 chōngjīshì shuǐlúnjī/ ㄔㄨㄥ ㄉㄨㄥˋ ㄕˋ ㄌㄨㄣˊ ㄐㄧ
impulse turbine, impulse hydroturbine
【机】水轮机的一类。利用水流的动能做功。高压水流通过喷嘴变成高速自由射流冲击转轮叶片，使转轮产生旋转力矩，带动发电机发电。由喷管、转轮等组成。可分为水斗式、双击式和斜击式。

冲击试验机/衝擊試驗機 chōngjī shìyànjī/ ㄔㄨㄥ ㄐㄧˊ ㄕˋ ㄧㄢˋ ㄐㄧ
impact testing machine
【机】对试样施加冲击试验力，进行冲击试验的材料试验机。能够瞬时测定和记录材料在受冲击过程中的特性曲线。可分为手动摆锤式冲击试验机、半自动冲击试验机和非金属冲击试验机等。

冲积/沖積 chōngjī/ ㄔㄨㄥ ㄐㄧ
alluviation
【地】河流常年向下游夹杂、搬运泥沙和碎屑物，当水流能量降低时泥沙和碎屑物逐渐堆积的现象。

冲积平原/沖積平原 chōngjī píngyuán/ ㄔㄨㄥ ㄐㄧ ㄆㄧㄥˊ ㄩㄢˊ
alluvial plain
【地】因水流能量降低，河流夹杂、搬运的泥沙和碎屑物逐渐堆积而成的平原。通常地势平缓，面积大，土壤肥沃。如亚马孙平原、长江中下游平原。

冲决/沖決 chōngjué/ ㄔㄨㄥ ㄐㄩㄝˊ
levee breach due to scouring
【水利】堤防因水流、潮波冲击而导致的决口。

冲量/衝量 chōngliàng/ ㄔㄨㄥ ㄌㄧㄤˋ
impulse
【物】描述力与力的作用时间的积累效应的物理量。用 $\boldsymbol{I}$ 表示。为矢量，方向由力的方向决定，单位牛秒(N·s)。作用于一个质点的力与其作用时间的乘积。如力用 $\boldsymbol{F}$ 表示，时间用 t 表示，有 $\boldsymbol{I}=\boldsymbol{F}\cdot t$。如力作用时间较长，不再把它看作恒力，可用冲量来表示力 $\boldsymbol{F}_{平均}$ 与时间 t 的乘积，即 $\boldsymbol{I}=\boldsymbol{F}_{平均}\cdot t$；如力是恒力，作用时间在 t_2-t_1 时间内，其冲量可表示为 $\boldsymbol{I}=\boldsymbol{F}(t_2-t_1)$。

冲脉/衝脈 chōngmài/ ㄔㄨㄥ ㄇㄞˋ
Chong Channel, Chong Vessel
【中医】奇经八脉之一。起于胞中，下出会阴后，从气街部起与足少阴经相并，夹脐上行，散入胸中，上达咽喉，环绕口唇。具有调节十二经气血、主生殖功能和调节气机升降的作用。

冲任不调证/衝任不調證 chōng-rèn bùtiáozhèng/ ㄔㄨㄥ ㄖㄣˋ ㄅㄨˋ ㄊㄧㄠˊ ㄓㄥˋ
syndrome of disharmony of Chong and Conception Channels
【中医】中医证候之一。泛指冲任二脉功能失调所致，以月经不调，小腹胀痛等为常见症。

冲滩/船上灘 chōngtān/ ㄔㄨㄢˊ ㄕㄤˋ ㄊㄢ
beaching
【船】又称“抢滩”“搁滩”。船舶破损时，有意把船驶向浅滩，造成搁浅，以免倾覆沉没的应急措施。拆船前常用冲滩方法将待拆船移至岸边。

冲天炉/熔鐵爐 chōngtiānlú/ ㄖㄨㄥˊ ㄊㄧㄝˇ ㄌㄨˊ
cupola
【机】一种熔炼铸铁的铸造设备。竖式，圆筒形。主要用于铸铁件生产，也用以配合转炉炼钢，有时用来化铜。因炉顶开口向上，故名。可分为水冷冲天炉和热风冲天炉等。

衝動式輪機
ㄔㄨㄥ ㄉㄨㄥˋ ㄕˋ ㄌㄨㄣˊ ㄐㄧ/ chōngdòngshì lúnjī
impulse turbine, impulse hydroturbine
【机】台湾名。即“冲击式水轮机”(134 页)。

虫草 chóngcǎo/ ㄔㄨㄥˊ ㄘㄠˇ
【生】即“冬虫夏草”(272 页)。

虫害/蟲害 chónghài/ ㄔㄨㄥˊ ㄏㄞˋ
insect pest
【农】由某些昆虫或蜘蛛纲、腹足纲等动物对植物造成的危害。如植物体发育不良、枯萎或死亡。

虫胶/蟲膠 chóngjiāo/ㄔㄨㄥˊ ㄐㄧㄠ
❶lac, ❷shellac
【化】❶紫胶的加工产品。粗品呈紫红色,精制后成黄色或棕色的虫胶片或白虫胶。主要成分是光桐酸(9,10,16-三羟基软脂酸)、紫胶酸及其酯类的混合物。其乙醇(酒精)溶液常用作木器底漆(虫胶清漆),还用于医药、造纸、绝缘材料、黏结剂、油漆和油墨等。❷在台湾,虫胶也指"紫胶"(1496页)。

虫情/蟲情 chóngqíng/ㄔㄨㄥˊ ㄑㄧㄥˊ
insect situation
【农】农业害虫潜伏、发生、活动和趋势的情况。

重瓣胃 ㄔㄨㄥˊ ㄅㄢˋ ㄨㄟˋ/chóngbànwèi
omasum
【动】台湾名。即"瓣胃"(34页)。

重复排列/重複排列
chóngfù páiliè/ㄔㄨㄥˊ ㄈㄨˋ ㄆㄞˊ ㄌㄧㄝˋ
repeated permutation
【数】从 n 个不同元素中,可重复地取 m 个元素(即同一元素可以取多次)排成的一列,叫作从 n 个元素中可重复地取 m 个元素的一个排列。这样的排列总数为 n^m。例如,从 a,b,c 中取2个元素的重复排列有9个:aa, ab, ac, ba, bb, bc, ca, cb, cc。

重复组合/重複組合
chóngfù zǔhé/ㄔㄨㄥˊ ㄈㄨˋ ㄗㄨˇ ㄏㄜˊ
repeated combination
【数】从 n 个不同元素中,可重复地取 m(这里 m 可以大于 n)个元素,不考虑顺序地组成的一组,叫作从 n 个不同元素中可重复地取 m 个元素的一个组合。这样的组合的总数为 C_{n+m-1}^{m}。例如,从 a,b,c 中取2个元素的重复组合有6个:aa, ab, ac, bb, bc, cc。

重複傳染
ㄔㄨㄥˊ ㄈㄨˋ ㄔㄨㄢˊ ㄖㄢˇ/chóngfù chuánrǎn
superinfection
【医】台湾名。即"二重感染"(299页)。

蟲幼 ㄔㄨㄥˊ ㄧㄡˋ/chóngyòu
larva
【动】台湾名。即"蚴"(1374页)。

冲裁/遮没 chòngcái/ㄓㄜ ㄇㄛˋ
blanking
【机】冲压工艺的一种。利用冲模并借助压力机的作用,将板料以封闭的轮廓与坯料分离,从而得到所需形状和尺寸的工件。

冲模/鍛模 chòngmú/ㄉㄨㄢˋ ㄇㄨˊ
stamping die
【机】又称"冲压模"。模具的一种。用于冲压加工,将板材或型材分离、成形或接合而得到制件。主要由凸模、凹模组成。按工作性质不同,可分为冲裁模(落料模、冲孔模、修边模等)和成形模(弯曲模、拉深模、卷边模等);按模具结构和工序数,分单工序模和多工序模(连续模、复合模等)。

冲压/衝鍛 chòngyā/ㄔㄨㄥ ㄉㄨㄢˋ
stamping, pressing
【机】又称"板料冲压"。金属塑性加工方法的一种。利用冲模并借助压力机的作用,使放在凹模和凸模间的板料分离或成形而得到制件。按工艺不同,可分为冲裁、剪切、拉深、胀形、旋压、矫直等。

冲压模 chòngyāmú/ㄔㄨㄥˋ ㄧㄚ ㄇㄨˊ
【机】即"冲模"(135页)。

衝鍛 ㄔㄨㄥ ㄉㄨㄢˋ/chòngduàn
stamping, pressing, sheet forming
【机】台湾名。即"冲压"(135页)。

chou (ㄔㄡ)

抽搐/抽搐 chōuchù/ㄔㄡ ㄔㄨˋ
❶ convulsion, hyperspasmia, ❷ convulsion
【医】❶患者局部或全身骨骼肌不自主抽动、强直、痉挛的综合征。是中枢神经系统病变的重要症状之一,引发抽搐的病因很多,常见于脑系疾病、中毒、狂犬病等。❷在台湾,抽搐也指"惊厥"(641页)。

抽風機 ㄔㄡ ㄈㄥ ㄐㄧ/chōufēngjī
exhaust fan
【机】台湾名。即"排风扇"(853页)。

抽取式硬碟
ㄔㄡ ㄑㄩˇ ㄕˋ ㄧㄥˋ ㄉㄧㄝˊ/chōuqǔshì yìngdié
mobile hard disk
【信息】台湾名。即"移动硬盘"(1334页)。

抽纱/抽紗 chōushā/ㄔㄡ ㄕㄚ

drawnwork

【纺】又称"花边"。刺绣的一种。在亚麻布或棉布等材料上，根据图案设计，抽去花纹部分的经线或纬线，形成透空的花纹，做成窗帘、台布、手帕等工艺品。花色品种多，制作精细，美观实用。

📖 欧洲的抽纱是在14世纪民间刺绣的基础上发展起来的，源于意大利。19世纪末由欧洲传教士传到中国。1894年，英国传教士马梦兰在烟台设立教会手工学校，传授抽纱技艺。

C

抽湿机 chōushījī/ㄔㄡ ㄕ ㄐㄧ

【机】即"除湿机"(140页)。

抽水井 ㄔㄡ ㄕㄨㄟˇ ㄐㄧㄥˇ/chōushuǐjǐng

pumping well

【水利】台湾名。即"机井"(559页)。

抽水蓄能电站/抽水蓄能電廠

chōushuǐ xùnéng diànzhàn/

ㄔㄡ ㄕㄨㄟˇ ㄒㄩˋ ㄋㄥˊ ㄉㄧㄢˋ ㄔㄤˇ

pumped-storage power station

【电】水电站的一种。利用电力系统中的多余电能，把下池(高程低的水库)的水抽到上池(高程高的水库)内，以位能方式蓄存。需要电力时，从上池向下池放水，以水能做动力而发电。

抽水蓄能電廠

ㄔㄡ ㄕㄨㄟˇ ㄒㄩˋ ㄋㄥˊ ㄉㄧㄢˋ ㄔㄤˇ/

chōushuǐ xùnéng diànchǎng

pumped-storage power station

【电】台湾名。即"抽水蓄能电站"(136页)。

抽水站/抽水站

chōushuǐzhàn/ㄔㄡ ㄕㄨㄟˇ ㄓㄢˋ

【水利】即"泵站"(51页)。

抽穗/抽穗 chōusuì/ㄔㄡ ㄙㄨㄟˋ

heading, earing

【农】水稻、小麦、高粱、谷子等作物发育完全的穗，随茎秆的伸长而由叶鞘中长出。

抽屉原理/抽屜原理

chōuti yuánlǐ/ㄔㄡ ·ㄊㄧ ㄩㄢˊ ㄌㄧˇ

box principle

【数】组合数学中的一个基本原理。其内容为：若把 $na+1$(a 是正整数)件东西放入 n 个抽屉，则至少有一个抽屉中要放入 $a+1$ 件或更多的东西。更进一步，若把 $a_1+a_2+\cdots a_n+1$($a_1, a_2, \cdots, a_n$ 都是正整数)件东西放入 n 个抽屉，则至少有一个号码 i($1 \leqslant i \leqslant n$)，使第 i 个抽屉中要放入 a_i+1 件或更多的东西。这个原理的证明可用反证法完成。

抽象代数/抽象代數

chōuxiàng dàishù/ㄔㄡ ㄒㄧㄤˋ ㄉㄞˋ ㄕㄨˋ

abstract algebra

【数】又称"近世代数"。代数学的一个分支。使用抽象化、公理化的方法，研究各种代数结构(例如群、环、域等)的性质等，是20世纪逐步形成的现代代数学领域。

📖 抽象代数萌发于18世纪与19世纪之交，挪威数学家阿贝尔(N.H.Abel)和法国数学家伽罗瓦(E.Galois)的研究成果为它的发展奠定了重要基础。

抽样/抽樣 chōuyàng/ㄔㄡ ㄧㄤˋ

sampling

【数】从总体中抽取样本进行考察。例如，电视台向某市100名市民进行问卷调查，看其是否收视某电视节目，由此估计此节目在该市的收视率，这种做法即抽样调查。

抽油烟机/排油煙機

chōuyóuyānjī/ㄆㄞˊ ㄧㄡˊ ㄧㄢ ㄐㄧ

kitchen ventilator, smoke exhaust ventilator

【轻】简称"油烟机"。家用电器的一种。能将烹饪中产生的油烟、蒸汽、气味等迅速排出室外。由机壳、风道、风轮、电动机、止回阀、集气罩、滤油网、集油杯、照明装置、电源开关等构成。通常安装在炉灶上方，通电后，电动机带动风轮高速旋转，在炉灶上方一定空间范围内形成负压区，将油烟吸入机内，经过滤油网、旋转叶轮和风柜壁的多次阻挡，实现油气分离，油烟中的油雾受到离心力作用，在风柜壁和滤油网上凝成油滴，沿油路流入集油杯；分离后的烟气沿风道排出室外。可净化室内空气，减少污染。

绸/絲綢 chóu/ㄙ ㄔㄡˊ

silk fabric

【纺】丝织物类名。地纹采用平纹和各种变化组织，或同时混用几种基本组织和变化组织，无突出特征的丝织物。按织造工艺不同，可分为生织和熟织；按厚度和重量不同，可分为轻薄型和中厚型。轻薄型的绸质地柔软、富有弹性，常用作衬衫、连衣裙等的面料；中厚型的绸层次丰富，平挺厚实，适于做西服、礼服等的面料。

筹 chóu/ㄔㄡˊ

【数】“算筹”的简称。

筹算/籌算 chóusuàn/ㄔㄡˊ ㄙㄨㄢˋ

computation with calculating rod

【数】中国古代用算筹来记数、列式和进行加、减、乘、除等运算的方法。表现为算法的形式，具有模式化和程序化的特征。筹算在春秋战国时期已趋于成熟。可以进行正负数与分数的四则运算和开平方、开立方，可以列式描述实际中常见的比例关系和线性关系等。筹算中解方程组的方法与现代代数学中的矩阵解法实质是一致的。筹算是珠算的先导。

臭虫/臭蟲 chòuchóng/ㄔㄡˋ ㄔㄨㄥˊ

bed bug

【动】昆虫名。半翅目臭虫科。身体扁平，椭圆形，红棕色。有刺吸式口器。腹大，体内有臭腺。夜晚活动，刺吸人和鸡、兔等动物的血液。

臭椿/臭椿 chòuchūn/ㄔㄡˋ ㄔㄨㄣ

ailanthus

【植】*Ailanthus altissima* 苦木科臭椿属。落叶乔木。树皮平滑，有直纹。奇数羽状复叶，小叶对生，纸质，卵状披针形，先端长渐尖，基部偏斜，两侧各有一或两个粗齿，有臭味。圆锥花序顶生，花淡绿色。花期4—5月份。在中国，分布于除黑龙江、吉林、新疆、青海、宁夏、甘肃和海南以外各地。行道树。皮和果可入药。

📖 臭椿古称为樗，“樗”字与“椿”字读音相近，叶片又有臭味，所以后来“臭樗”就成了“臭椿”。

臭葱石/臭葱石 chòucōngshí/ㄔㄡˋ ㄘㄨㄥ ㄕˊ

scorodite

【地】矿物。成分为 $FeAsO_4 \cdot 2H_2O$，常含铝。斜方晶系。晶体细小，呈近于八面体的菱方双锥状，集合体呈致密块状。淡绿、浅蓝或褐灰色，玻璃光泽，莫氏硬度3.5，密度3.28克/厘米^3。性脆，是含砷矿物的风化产物。

臭腺 chòuxiàn/ㄔㄡˋ ㄒㄧㄢˋ

【动】“气味腺”的通称。

臭氧/臭氧 chòuyǎng/ㄔㄡˋ ㄧㄤˇ

ozone

【化】氧元素单质的一种。氧气的同素异形体，化学式 O_3。为不稳定的淡蓝色气体，因有臭味，故名。具有强氧化作用。在太阳高能紫外线作用下，大气中氧分子转化成臭氧，在大气平流层中浓度最高。近地面空气中浓度过高时，对植被和人类有伤害作用。可用于消毒。

臭氧层/臭氧層

chòuyǎngcéng/ㄔㄡˋ ㄧㄤˇ ㄘㄥˊ

ozonosphere

【气】按光化学特性划分的大气中的一层。距地面高度20～25千米的大气层。是平流层中臭氧浓度最高的一层，层内臭氧在太阳紫外线辐射作用下形成，吸收了大部分的紫外线，从而保护地球生物免受紫外线伤害。

臭氧层空洞/臭氧洞

chòuyǎngcéng kōngdòng/ㄔㄡˋ ㄧㄤˇ ㄉㄨㄥˋ

ozone hole

【气】简称“臭氧洞”。南北两极上空出现的臭氧稀薄的区域。近年发现在中国青藏高原上空区域也有臭氧层变薄的趋势。其形成有自然原因，臭氧层厚度、臭氧浓度随纬度的升高而变薄、变低，也与人类活动有关，如向大气排放氟利昂等破坏臭氧层的物质。

臭氧洞/臭氧洞

chòuyǎngdòng/ㄔㄡˋ ㄧㄤˇ ㄉㄨㄥˋ

【气】“臭氧层空洞”的简称。

chu （ㄔㄨ）

出口地船上交貨

ㄔㄨ ㄎㄡˇ ㄉㄧˋ ㄔㄨㄢˊ ㄕㄤˋ ㄐㄧㄠ ㄏㄨㄛˋ/

chūkǒudì chuánshàng jiāohuò

free on board, FOB

【物流】台湾名。即“装运港船上交货”(1488页)。

出生率/出生率

chūshēnglǜ/ㄔㄨ ㄕㄥ ㄌㄩˋ

birth rate

【医】一定时期内，某人口群体新出生的个体数在该人口群体总数中所占的比例。常用千分率(‰)表示。

出租车/計程車 chūzūchē/ㄐㄧˋ ㄔㄥˊ ㄔㄜ

taxi, cab

【交】又称“计程车”。供人临时租用的汽车。通常只有4个乘客座位。多按里程或时间收费。

初潮/初經期 chūcháo/ㄔㄨ ㄐㄧㄥ ㄑㄧˊ

menarche

【医】女性经血初次来潮。是女性进入青春期的重要标志，通常在乳腺开始发育后两年出现。初潮的平均年龄在12～16岁，不同的地域、民族略有差异。

初等变换/基本變換

chūděng biànhuàn/ㄐㄧ ㄅㄣˇ ㄅㄧㄢˋ ㄏㄨㄢˋ

elementary transformation

【数】对行列式和矩阵所做的下列三种变换：(1)交换两行(或列)；(2)把某行(或列)的 k 倍加到另一行(或列)上；(3)用非零常数 k 乘某一行(或列)。行列式 D 在变换(1)下值变为 $-D$，在变换(2)下值不变，在变换(3)下值变为 kD。初等变换不改变矩阵的秩。

初等代数/初等代數

chūděng dàishù/ㄔㄨ ㄉㄥˇ ㄉㄞˋ ㄕㄨˋ

elementary algebra

【数】代数学的基础部分。主要研究数(实数、复数等)和代数式(整式、分式、无理式等)的代数运算(加、减、乘、除、乘方和开方)的运算性质和运算律。讨论代数方程和方程组的解法、根的分布等问题的内容称为方程论，是初等代数的中心内容。

初等函数/初等函數

chūděng hánshù/ㄔㄨ ㄉㄥˇ ㄏㄢˊ ㄕㄨˋ

elementary function

【数】由基本初等函数(即常值函数、幂函数、指数函数、对数函数、三角函数和反三角函数)经过有限次的加、减、乘、除运算或复合而成的函数。

初等矩阵/初等矩陣

chūděng jǔzhèn/ㄔㄨ ㄉㄥˇ ㄐㄩˇ ㄓㄣˋ

elementary matrix

【数】对单位矩阵实行一次初等变换得到的矩阵。例如，(1)交换第 i,j 两行(或列)；(2)用非零常数 c 乘第 i 行(或列)；(3)把第 j 行(或第 i 列)的 k 倍加到第 i 行(或第 j 列)上，得到下面三个初等矩阵。其中，主对角线上未写出的元素都是1，其他位置上未写出的元素

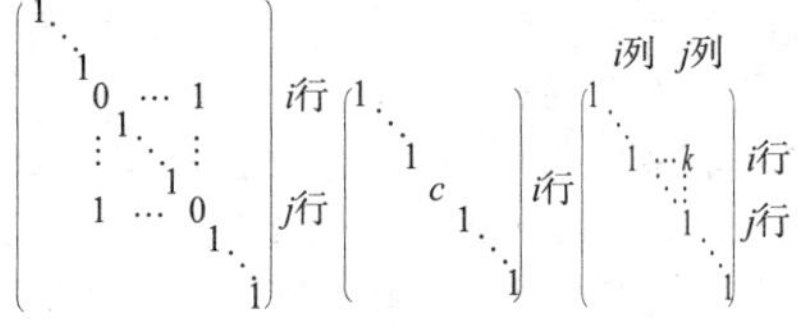

初等矩阵

都是0。对矩阵 A 实行一次行(或列)的初等变换的结果，等于用这个初等变换所对应的初等矩阵左(或右)乘 A 的结果。

初等数论/初等數論

chūděng shùlùn/ㄔㄨ ㄉㄥˇ ㄕㄨˋ ㄌㄨㄣˋ

elementary number theory

【数】数论中用算术方法研究整数性质的一个分支。古希腊时期已有很多研究成果。例如，素数无限多、整数素因子分解的算术基本定理、欧几里得算法(辗转相除法)、筛法求素数和不定方程求解等。中国古代也有成果，例如中国剩余定理等。17—19世纪，费马(P.Fermat)、欧拉(L.Euler)、拉格朗日(J.Lagrange)、勒让德(A.Legendre)和高斯(G.Gauss)等人的工作，丰富和发展了初等数论的内容。20世纪中期以后，初等数论在计算机科学、组合数学、密码学、计算方法、信号数字处理等领域得到广泛应用。

初轨 chūguǐ/ㄔㄨ ㄍㄨㄟˇ

【航】“初始轨道”的简称。

初级宇宙线/原宇宙線

chūjí yǔzhòuxiàn/ㄩㄢˊ ㄩˇ ㄓㄡˋ ㄒㄧㄢˋ

primary cosmic ray

【物】在地球大气层外，与大气作用前的宇宙线粒子流。目前从中发现了元素周期表上直到锕系的几乎所有的元素。它携带着有关产生源、银河、日地空间的物质特征和物理过程信息，其中的带电粒子各向同性地从各个方向射到地球表面。

初經期 ㄔㄨ ㄐㄧㄥ ㄑㄧˊ/chūjīngqī

menarche

【医】台湾名。即“初潮”(138页)。

初乳/初乳 chūrǔ/ㄔㄨ ㄖㄨˇ

colostrum

【医】产后第一周分泌的乳汁。质稠呈浅黄色，富含大量的免疫蛋白和乳铁蛋白等，易消化，是新生儿早期理想的食物。

初生态/初生態

chūshēngtài/ㄔㄨ ㄕㄥ ㄊㄞˋ

nascent state

【化】又称“新生态”。物质在化学变化中最初生成的状态。活泼性较高，经过一定时间后，由于结构变化而活泼性减弱。例如初生态的气体是原子态，以后变为分子态。

初始轨道/初始軌道

chūshǐ guǐdào/ㄔㄨ ㄕˇ ㄍㄨㄟˇ ㄉㄠˋ

preliminary orbit

【航】简称“初轨”，又称“航天器入轨轨道”。在正常发射状态和发射情况下，航天器在与运载火箭分离后，按预定要求所应进入的轨道。

初始化/初始化　chūshǐhuà/ㄔㄨ ㄕˇ ㄏㄨㄚˋ

initialization

【信息】将某一功能单元或数据设置到启动状态的操作。例如对媒体的格式化，对程序中变量的初始值设置。

初始效應

ㄔㄨ ㄕˇ ㄒㄧㄠˋ ㄧㄥˋ/chūshǐ xiàoyìng

primacy effect

【心】台湾名。即“首因效应”(1044 页)。

初霜/初霜　chūshuāng/ㄔㄨ ㄕㄨㄤ

first frost

【农】每年秋末冬初第一次出现的霜。

初稳性/初穩度

chūwěnxìng/ㄔㄨ ㄨㄣˇ ㄉㄨˋ

initial stability

【船】又称“小倾角稳性”。船舶在外力作用下产生小角度倾斜时的稳性。通常指横向初稳性。小角度倾斜多指横倾角不大于 10°～15°，或横倾角不大于上甲板边缘浸入水中及舭部不露出水面的状态。

初穩度　ㄔㄨ ㄨㄣˇ ㄉㄨˋ/chūwěndù

initial stability

【船】台湾名。即“初稳性”(139 页)。

初相位/初相位

chūxiàngwèi/ㄔㄨ ㄒㄧㄤˋ ㄨㄟˋ

initial phase

【电】独立变量值为零时正弦量相位的值。

初轧机/初軋機　chūzhájī/ㄔㄨ ㄓㄚˊ ㄐㄧ

blooming mill

【机】轧机的一种。将金属或合金的大型铸锭或铸坯轧成方坯和板坯。可分为方坯初轧机和板坯初轧机。

初装饰房

chūzhuāngshìfáng/ㄔㄨ ㄓㄨㄤ ㄕˋ ㄈㄤˊ

【建】即“毛坯房”(787 页)。

除草剂/除草劑　chúcǎojì/ㄔㄨˊ ㄘㄠˇ ㄐㄧˋ

herbicide

【化】农药的一类。用作消除杂草的药剂。能破坏目标植物的生理和生化活动，导致该植物死亡。

除尘/除塵　chúchén/ㄔㄨˊ ㄔㄣˊ

dust removal

【环】从废气中将颗粒物分离出来并加以捕集、回收的过程。主要是改进燃烧技术和采用除尘设备，去除生产过程产生的粉尘或烟尘。

除尘器/集塵器　chúchénqì/ㄐㄧˊ ㄔㄣˊ ㄑㄧˋ

dust precipitator

【环】又称“集尘器”。依靠重力、惯性力、离心力、黏附力、电场力以及扩散作用，将含尘气体中的固体或液体颗粒物分离出来并加以捕集的装置。按其捕集作用原理不同，可分为机械除尘器、洗涤除尘器、过滤式除尘器、声波除尘器、静电除尘器等。

除虫菊酯/除蟲菊酯

chúchóngjúzhǐ/ㄔㄨˊ ㄔㄨㄥˊ ㄐㄩˊ ㄓˇ

pyrethrin

【化】天然有机物。存在于菊科植物除虫菊的根、茎、叶、花中的一种具有杀虫活性的成分。系多种除虫菊素混合物。其中包括除虫菊素Ⅰ、Ⅱ，瓜菊素Ⅰ、Ⅱ和茉莉菊素Ⅰ、Ⅱ共 6 种。除虫菊素Ⅰ药效最强。具有麻痹昆虫中枢神经作用，属神经毒剂，为触杀性杀虫剂。用后无残留，对人、家禽毒性低，不污染环境，无抗药性，被国际公认为最安全的无公害的天然杀虫剂。

除法/除法　chúfǎ/ㄔㄨˊ ㄈㄚˇ

division

【数】一种运算。a 除以 b 通常记作 $a \div b$ 或 $\frac{a}{b}$，其中 a 叫作被除数(式)，b 叫作除数(式)，$b \neq 0$。$a \div b$ 的意义是从 a 和 b 求满足 $bc=a$ 的 c，例如，因为 $4 \times 3=12$，所以 $12 \div 4=3$。除法与乘法互为逆运算。

除湿机/減濕器 chúshījī/ㄐㄧㄢˇ ㄕ ㄑㄧˋ

dehumidifier

【机】又称“抽湿机”。空调设备的一种。由风扇将潮湿空气抽入机内，通过热交换器变成干燥空气排出机外，如此循环使室内湿度降低。通常分为家用除湿机和工业除湿机两类。

雏菊/雛菊 chújú/ㄔㄨˊ ㄐㄩˊ

English daisy

【植】*Bellis perennis* 又称“延命菊”。菊科雏菊属。多年生草本植物。叶基部簇生，匙形，顶端圆，基部狭成柄，上部边缘有齿。头状花序单生，花莛被毛，总苞半球形，被毛；舌状花为雌性，条形，开展，全缘，白中带粉，管状花为两性。花期 3—6 月份。中国各地均有栽培。观赏花卉。

📖 雏菊是意大利的国花。因其和菊花很像，只是与菊花纤长卷曲的花瓣相比，雏菊花瓣短小笔直，就像是未成形的菊花，故名。

处方药/處方藥 chǔfāngyào/ㄔㄨˇ ㄈㄤ ㄧㄠˋ

prescription drug

【医】法律规定必须凭有处方权的医生处方才能在医院药房或公共药房购买到的药品。通常规定，可形成依赖性的药物、无注册医药从业人员指导不能安全使用的药物和作为处方药进行新药申请的药物，必须作为处方药。

处理器/處理器 chǔlǐqì/ㄔㄨˇ ㄌㄧˇ ㄑㄧˋ

processor

【信息】计算机中解释并执行指令的功能单元。一个处理器至少包括一个指令控制器和一个算术逻辑部件，即单核处理器。现在已发展到双核、多核与众核处理器。

杵状指(趾)/杵狀指(趾)

chǔzhuàngzhǐ(zhǐ)/ㄔㄨˇ ㄓㄨㄤˋ ㄓˇ(ㄓˇ)

acropachy

【医】指(趾)端甲床增生、膨大，隆起像鼓槌的手指或脚趾。多见于发绀型先天性心脏病、缺氧性慢性肺部疾病患者。

處女地 ㄔㄨˇ ㄋㄩˇ ㄉㄧˋ/chǔnǚdì

virgin land

【农】台湾名。即“生荒地”(1005 页)。

储备/儲備 chǔbèi/ㄔㄨˇ ㄅㄟˋ

reserve

【物流】为保持生产正常进行，维持消费或国家宏观调控的需要，在生产、消费和流通领域中储存若干物资、人员或货币等，准备必要时使用。通常指物资准备。按在社会再生产中作用不同，可分为生产储备、消费储备、流通储备和国家储备。

储备浮力/預留浮力

chǔbèi fúlì/ㄩˋ ㄌㄧㄡˊ ㄈㄨˊ ㄌㄧˋ

reserve buoyancy

【船】船舶设计水线以上船体水密部分可提供的浮力。船舶的漂浮能力由储备浮力来保证。船舶破损后，水进入舱室而增加吃水，如果船舶具有足够的储备浮力，则仍能浮于水面而不致沉没。

储备航速/儲備航速

chǔbèi hángsù/ㄔㄨˇ ㄅㄟˋ ㄏㄤˊ ㄙㄨˋ

reserve speed

【船】为保持船舶达到应有航速而预留的一部分航速。由于船舶污底、在风浪中航行增加阻力、螺旋桨叶面粗糙化及长期运行后主机性能降低等原因，航速会降低，故要求船舶设计时给予储备的航速，用以补偿航行中速度损失。

储备排水量/排水量餘裕

chǔbèi páishuǐliàng/
ㄆㄞˊ ㄕㄨㄟˇ ㄌㄧㄤˋ ㄩˊ ㄩˋ

displacement margin

【船】保持船舶处于预定吃水状况所需的排水量裕度。由于船舶重量计算误差或某些设备和材料更换等原因，设计不同阶段要预留排水量储备。

储存/儲存 chǔcún/ㄔㄨˇ ㄘㄨㄣˊ

storage

【物流】❶利用仓库及相关设施设备对物品进行暂时保管、储藏的活动。是整个物流活动的一个环节，在物品生产、加工、消费、运输等活动之前或之后，作用是克服产需之间的时间差异，提高效用。可分为静态储存和动态储存两种。广义上的储存包括库存和储备。

❷在台湾，储存也指“保管”(38 页)。

储存策略/儲存策略
chǔcún cèlüè/ㄔㄨˊ ㄘㄨㄣˊ ㄘㄜˋ ㄌㄩㄝˋ
storage strategy
【物流】为缩短物品出入库移动距离、减少作业时间及充分利用储存空间，划分与管理物品储存位置的方法。包括定位储存、随机储存、分类储存、分类随机储存和共同储存。

储量/儲藏量
chǔliàng/ㄔㄨˊ ㄘㄤˊ ㄌㄧㄤˋ
reserves
【地】指矿产的蕴藏量。通常指矿产中有用组分(基础储量)中的经济可采部分。通常以质量计(吨)，有的以体积计(立方米)。

储氢材料/儲氫材料
chǔqīng cáiliào/ㄔㄨˊ ㄑㄧㄥ ㄘㄞˊ ㄌㄧㄠˋ
hydrogen storage materials
【材】又称“贮氢材料”。在一定的温度和氢气压力下能可逆地吸收、存储和释放大量氢气的材料。其原理是氢在金属表面分解，氢原子渗入金属晶格的间隙中，并与金属形成可逆氢化物。

储区管理/儲區管理
chǔqū guǎnlǐ/ㄔㄨˊ ㄑㄩ ㄍㄨㄢˇ ㄌㄧˇ
storage area management
【物流】根据物品的理化性质或使用方向，结合仓库结构(包括建筑面积、建筑形式、楼层、通道分布及设施设备条件等)，将仓库划分类别，对入库物品进行合理的保管和存储。包括提供准确存储位置，方便入库、出库、查询等，以合理使用空间，便于商品养护和检查盘点等。管理时可以将物品按其理化性质划分，按使用方向划分或混合划分。遵循的原则有物品性能一致、商品养护措施一致、消防方法一致。储区包括预备储区、保管储区、移动储区和动管储区。

储位管理/儲位管理
chǔwèi guǎnlǐ/ㄔㄨˊ ㄨㄟˋ ㄍㄨㄢˇ ㄌㄧˇ
bin location management
【物流】在既定的货区内选择适当储存位置，对入库物品进行合理的保管和存储。包括提供准确存储位置，方便入库、出库、查询等，以合理使用空间，提高工作效率，便于商品养护和检查盘点等。管理时可以将物品按其理化性质划分，按使用方向划分或混合划分。

儲藏量 ㄔㄨˊ ㄘㄤˊ ㄌㄧㄤˋ/chǔcángliàng
reserves
【地】台湾名。即“储量”(141 页)。

儲存壽命
ㄔㄨˊ ㄘㄨㄣˊ ㄕㄡˋ ㄇㄧㄥˋ/chǔcún shòumìng
quality guarantee period, shelf life
【轻】台湾名。即“保质期”(40 页)。

触电 chùdiàn/ㄔㄨˋ ㄉㄧㄢˋ
【电】即“电击”(246 页)。

触礁/觸礁
chùjiāo/ㄔㄨˋ ㄐㄧㄠ
stranding, reef striking, rock stricking
【船】❶船舶在航行中碰撞礁石、冰山等，造成船舶受损、进水或沉没的事故。❷在台湾，触礁也指“搁浅”(398 页)。

触角/觸角 chùjiǎo/ㄔㄨˋ ㄐㄧㄠˇ
antenna
【动】又称“触须”。节肢动物和软体动物的感觉器官。节肢动物的触角通常呈丝状，由附肢变成，甲壳类有两对，多足类昆虫有一对。有触觉和嗅觉功能，有的兼有听觉功能。

触摸屏/觸控螢幕
chùmōpíng/ㄔㄨˋ ㄎㄨㄥˋ ㄧㄥˊ ㄇㄨˋ
touch screen
【信息】用户通过触摸其表面上某一区域即能与计算机系统交互的屏幕。屏上装有传感器组件；用户以手指或笔状物接触此屏时，屏可以检测到该触摸位置并转换成数字信号输入计算机，实现人机交互。操作简便直观，可使系统不必配置键盘、鼠标等较为复杂的输入设备，因而广泛用于图书馆、展馆、银行、交通枢纽等公共场所的信息查询系统。按所用技术可分为电阻式、电容式、红外式等多种。

触手/觸手
chùshǒu/ㄔㄨˋ ㄕㄡˇ
tentacule
【动】水螅、海参等低等动物的触角，多生在口旁，形状像丝或手指，还可以用来捕食。

触须/觸鬚 chùxū/ㄔㄨˋ ㄒㄩ

❶antenna, ❷palp

【动】❶即“触角”(141 页)。❷哺乳动物口旁的硬毛。

觸控螢幕

ㄔㄨˋ ㄎㄨㄥˋ ㄧㄥˊ ㄇㄨˋ/chùkòng yíngmù

touch screen

【信息】台湾名。即“触摸屏”(141 页)。

觸媒 ㄔㄨˋ ㄇㄟˊ/chùméi

catalyst

【化】台湾名。即“催化剂”(171 页)。

chuan (ㄔㄨㄢ)

川贝母/川貝母

chuānbèimǔ/ㄔㄨㄢ ㄅㄟˋ ㄇㄨˇ

Bulbus Fritillariae Cirrhosae (拉), tendrilleaf fritillary bulb

【中医】中药名。百合科植物川贝母 *Fritillaria cirrhosa* D. Don、暗紫贝母 *F. unibracteata* Hsiao et K. C. Hsia、甘肃贝母 *F. przewalskii* Maxim.、梭砂贝母 *F. delavayi* Franch.的干燥鳞茎。味苦、甘,性微寒。归肺、心经。清热润肺散结,化痰止咳。用于肺热燥咳,干咳少痰,阴虚劳嗽,咯痰带血,痈肿。

📖 川贝母不宜与乌头类药物同用。

川贝母　　暗紫贝母

川贝枇杷糖浆/川貝枇杷糖漿

chuānbèi pípá tángjiāng/

ㄔㄨㄢ ㄅㄟˋ ㄆㄧˊ ㄆㄚˊ ㄊㄤˊ ㄐㄧㄤ

chuanbei pipa syrup, chuanbei pipa tangjiang, * Sichuan Fritillaria and Loquat Syrup

【中医】中成药名。主要成分:川贝母流浸膏、桔梗、枇杷叶、薄荷脑。口服。清热宣肺,化痰止咳。用于风热犯肺,内郁化火所致的咳嗽痰黄或吐痰不爽,咽喉肿痛,胸闷胀痛等。

川楝子/川楝子

chuānliànzǐ/

ㄔㄨㄢ ㄌㄧㄢˋ ㄗˇ

Fructus Toosendan (拉), szechwan chinaberry fruit, * toosendan fruit

川楝

【中医】中药名。楝科植物川楝 *Melia toosendan* Sieb. et Zucc.的干燥成熟果实。味苦,性寒;有小毒。归肝、小肠、膀胱经。疏肝行气,止痛,驱虫。用于胸胁、脘腹胀痛,疝痛,虫积腹痛。

川牛膝/川牛膝

chuānniúxī/ㄔㄨㄢ ㄋㄧㄡˊ ㄒㄧ

Radix Cyathulae(拉), medicinal cyathula root

【中医】中药名。苋科植物川牛膝 *Cyathula officinalis* Kuan 的干燥根。味甘、微苦,性平。归肝、肾经。逐瘀通经,通利关节,利尿通淋。用于经闭癥瘕,胞衣不下,关节痹痛,足痿筋挛,尿血血淋,跌扑损伤。

川牛膝

📖 川牛膝,孕妇禁用。

川西名园/川西名園

Chuānxī míngyuán/ㄔㄨㄢ ㄒㄧ ㄇㄧㄥˊ ㄩㄢˊ

famous gardens of Western Sichuan

【建】中国四川西部的古典园林。园林特色以“清、奇、幽、秀”为风貌,以“飘逸”为风骨。“清”指园中石山甚少,水岸朴直,建筑密度不大,尺度可人;“奇”指园中常有不拘成法的布局,出人意料的结构,跌宕多姿的奇景,色彩强烈的对比;“幽”指园中植物繁茂,品种丰富,多以常绿阔叶林作为天幕和背景,境域幽深,而以水面取虚放扩,创造空间变化和虚实对比；“秀”指著名园林都与著名文人有关，多小巧秀雅，园林蕴涵着浓郁的文化气质和返璞归真的自然情趣。

川芎/川芎

chuānxiōng/ㄔㄨㄢ ㄒㄩㄥ

㊀ ligusticum wallichii，㊁ Rhizoma Chuanxiong（拉），Sichuan lovage rhizome

㊀【植】*Ligusticum chuanxiong* 又称“芎䓖”。伞形科藁本属。多年生草本植物。根茎呈不规则的结节状拳形团块，有浓香。茎直立，圆柱形，有纵条纹；上部多分枝，下部节膨大成盘状，俗称“苓子”；茎下部叶有柄，基部扩大成鞘，叶片卵状三角形，三至四回三出式羽状全裂，裂片卵状披针形；茎上部叶简化。复伞形花序，花瓣倒卵形至心形，先端尖突内折，白色。花期7—8月份。在中国，四川、云南、贵州、广西、湖北、江西、浙江、江苏、陕西、甘肃、河北、内蒙古均有栽培。根茎可入药。㊁【中医】中药名。伞形科植物川芎 *Ligusticum chuanxiong* Hort. 的干燥根茎。味辛，性温。归肝、胆、心包经。活血行气，祛风止痛。用于月经不调，经闭痛经，癥瘕腹痛，胸胁刺痛，跌扑肿痛，头痛，风湿痹痛。

川　芎

📖 川芎是治疗头痛的重要药物，古人有“头痛不离川芎”之说。

氚/氚　chuān/ㄔㄨㄢ

tritium

【化】又称“超重氢”。氢的放射性同位素。符号T或$^{3}_{1}$H。质量数为3，氚原子核由一个质子和两个中子组成，半衰期为12.33年，放出β粒子。主要用作氢弹装料和受控核聚变反应的燃料，也可作β辐射源和放射性示踪剂。

穿爆燃枪弹/穿爆燃槍彈

chuān-bào-rán qiāngdàn/ㄔㄨㄢ ㄅㄠˋ ㄖㄢˊ ㄑㄧㄤ ㄉㄢˋ

wear deflagration cartridge

【军】具有穿甲、爆炸、燃烧功能的枪弹。主要配用于大口径机枪，用于毁伤集群有生目标，压制轻型武器及火力点，打击轻型装甲目标，也可对近距离的武装直升机和低空目标射击。

穿斗式/穿斗式

chuāndǒushì/ㄔㄨㄢ ㄉㄡˇ ㄕˋ

column-and-tie-beam construction

【建】中国传统建筑的一种主要构架形式。每条檩均用柱承托，柱与柱之间用枋木穿过而使柱身相连。

穿斗式木构架/穿斗式木構架

chuāndǒushì mùgòujià/ㄔㄨㄢ ㄉㄡˇ ㄕˋ ㄇㄨˋ ㄍㄡˋ ㄐㄧㄚˋ

column and tie construction

【建】木构架的一种。以柱直接承檩，不用梁，进深方向按檩数立一排柱，柱间用穿枋组合成排架形式，再用斗枋将每间一组的排架联系起来，形成框架。柱的上端承檩，下端落在础石之上，并用栿相连，以加强其整体性。结构轻盈，用材较省，一般柱径为20～30厘米，穿枋断面可在6厘米×12厘米至10厘米×12厘米之间。能用较小的料建较大的屋，抗震性能较好；但屋内柱多、枋多，不易形成较大空间。主要流行于中国南方地区和西南地区。

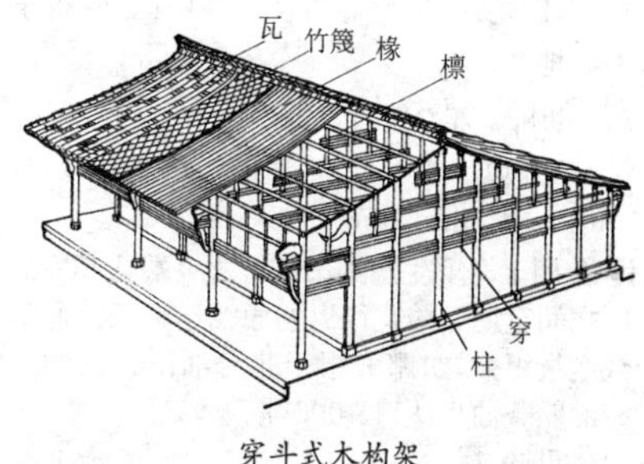

穿斗式木构架

穿甲弹/穿甲彈

chuānjiǎdàn/ㄔㄨㄢ ㄐㄧㄚˇ ㄉㄢˋ

armour-piercing shell

【军】主要依靠弹丸的动能以穿透装甲摧毁目标的炮弹。初速高，直射距离远，射击精度高，穿透能力强，后效好。主要用于对付坦克、装甲车、自行火炮、舰船和飞机等，也可用于破坏坚固防御工事。广泛配用于反坦克炮、坦克炮、航炮、高射炮、舰炮和岸炮，是反坦克炮和坦克炮的主用弹。

穿浪双体船/雙層雙體船

chuānlàng shuāngtǐchuán/ ㄔㄨㄢ ㄘㄥˊ ㄕㄨㄤ ㄊㄧˇ ㄔㄨㄢˊ

wave piercing catamaran

【船】由两侧两个长而瘦削的船体连着中央船体，并通过片状支柱连接和支撑上层建筑的多体船。在静水或小风浪中航行时，全船由两侧船体抬起；在汹涛中航行时，两侧船体出没于波峰波谷做穿浪运动。军用可作为导弹艇、高速巡逻艇等；民用适于沿海高速客船、车客渡船、旅游观光船等。

穿山甲/穿山甲

chuānshānjiǎ/ ㄔㄨㄢ ㄕㄢ ㄐㄧㄚˇ

pangolin

【动】*Manis pentadactyla* 又称"鲮鲤"。哺乳动物名。鳞甲目穿山甲科。全身覆瓦状的角质鳞，头呈圆锥状，眼小，吻尖，无齿，舌细长，能从口中伸出舔取食物，尾扁平而长，四肢短粗，前爪锐利，善于掘土。生活在山麓的草丛或较潮湿的丘陵的灌木丛中，以蚂蚁、白蚁等为食。在中国，分布于南方地区。

穿山甲

穿梭油船/穿梭油輪

chuānsuō yóuchuán/ ㄔㄨㄢ ㄙㄨㄛ ㄧㄡˊ ㄌㄨㄣˊ

shuttle tanker

【船】用于海上生产油田和岸边终端站或炼油厂之间定期穿梭式往返的原油运输船。通常载运量很大，如挪威用于北海油田开采的穿梭油船载油量达118 000吨。

穿梭油輪

ㄔㄨㄢ ㄙㄨㄛ ㄧㄡˊ ㄌㄨㄣˊ/chuānsuō yóulún

shuttle tanker

【船】台湾名。即"穿梭油船"(144 页)。

穿心莲/穿心蓮

chuānxīnlián/ ㄔㄨㄢ ㄒㄧㄣ ㄌㄧㄢˊ

Herba Andrographis (拉), common andrographis herb

【中医】中药名。爵床科植物穿心莲*Andrographis paniculata* (Burm.f.) Nees 的干燥地上部分。味苦，性寒。归心、肺、大肠、膀胱经。清热解毒，凉血，消肿。用于感冒发热，咽喉肿痛，口舌生疮，顿咳劳嗽，泄泻痢疾，热淋涩痛，痈肿疮疡，毒蛇咬伤。

穿心莲

穿音速

ㄔㄨㄢ ㄧㄣ ㄙㄨˋ/chuānyīnsù

transonic

【航】台湾名。即"跨声速"(699 页)。

传播/傳播 chuánbō/ ㄔㄨㄢˊ ㄅㄛˋ

propagation

【信息】通信中某一信号(如因特网包)从信源到至少一个目的地行进的过程。消息传播路径的长短会导致交付到用户计算机的时间不同。

传播途径/傳播途徑

chuánbō tújìng/ ㄔㄨㄢˊ ㄅㄛˋ ㄊㄨˊ ㄐㄧㄥˋ

route of transmission

【医】病原体从传染源排出后，侵入新的易感者前，在外界环境中所经历的路程和方式。可分为空气传播、水传播、接触传播、虫媒传播、垂直传播等。

传出神经元

chuánchū shénjīngyuán/ ㄔㄨㄢˊ ㄔㄨ ㄕㄣˊ ㄐㄧㄥ ㄩㄢˊ

【医】即"运动神经元"(1403 页)。

传导电流/傳導電流

chuándǎo diànliú/ ㄔㄨㄢˊ ㄉㄠˇ ㄉㄧㄢˋ ㄌㄧㄡˊ

conduction current

【物】在电场力作用下，物体内的自由电荷相对于物体做有规则移动而形成的电流。

传递性/遞移性

chuándìxìng/ ㄉㄧˋ ㄧˊ ㄒㄧㄥˋ

transitivity

【数】设 R 是 X 到 Y 的一个关系，若当 xRy 且 yRz 时，必有 xRz，则称 R 有传递性。例如，当实数 x,y,z 满足 $x>y$ 且 $y>z$ 时，必有 $x>z$，实数集内"大于(>)"关系有传递性。

传动系/傳動系統
chuándòngxì/ㄔㄨㄢˊ ㄉㄨㄥˋ ㄒㄧˋ ㄊㄨㄥˇ
transmission system
【机】汽车底盘的一部分。将发动机的转速、转矩经转换与控制传至驱动轮和动力输出轴(带轮)的全套装置。包括离合器、变速器、万向传动装置、主减速器及半轴等。可分为机械传动系、液压传动系、液力传动系等。

传感器/感測器
chuángǎnqì/ㄍㄢˇ ㄘㄜˋ ㄑㄧˋ
sensor, transducer
【自】能感受规定的被测物理量并按照一定的规律(数学函数法则)转换成可用输出信号的器件或装置。通常由敏感元件和转换元件组成。按用途不同,可分为位置传感器、液位传感器、速度传感器、加速度传感器等;按原理不同,可分为振动传感器、磁敏传感器、气敏传感器等;按输出信号不同,可分为模拟传感器和数字传感器等;按被测物理量的不同,可分为流量传感器、温度传感器和压力传感器等。

传染/傳染 chuánrǎn/ㄔㄨㄢˊ ㄖㄢˇ
infection
㊀【医】病原体侵入有机体,使有机体产生病理反应。㊁【中医】疠气相互传播而造成新的感染的发病途径。

传染病/傳染病
chuánrǎnbìng/ㄔㄨㄢˊ ㄖㄢˇ ㄅㄧㄥˋ
communicable diseases
【医】由各种病原体引起,能在人与人、动物与动物,或人与动物之间相互传播的疾病。其传播和流行必须具备传染源、传播途径及易感者三个环节。如能切断一个环节,即可防止传染病的发生和流行。

传染期/傳染期
chuánrǎnqī/ㄔㄨㄢˊ ㄖㄢˇ ㄑㄧ
communicable period
【医】病人排出病原体的整个时期。通常依据病原学检查和流行病学调查加以判断,是决定传染病人隔离期限的重要依据。

传染性/傳染性
chuánrǎnxìng/ㄔㄨㄢˊ ㄖㄢˇ ㄒㄧㄥˋ
infectivity
【医】病原体从宿主排出体外,通过某种途径在动物或人群间传播,引起感染或致病的性能。传染强度与病原体种类、数量、毒力、易感者免疫状态有关。

传染源/傳染源
chuánrǎnyuán/ㄔㄨㄢˊ ㄖㄢˇ ㄩㄢˊ
source of infection
【医】体内有病原体生长繁殖,并可将其排出体外的人或动物。包括患者、隐性感染者、病原携带者和被感染的动物。

传入神经元
chuánrù shénjīngyuán/
ㄔㄨㄢˊ ㄖㄨˋ ㄕㄣˊ ㄐㄧㄥ ㄩㄢˊ
【医】即"感觉神经元"(384 页)。

传声器/麥克風
chuánshēngqì/ㄇㄞˋ ㄎㄜˋ ㄈㄥ
microphone
【机】又称"话筒""麦克风"。把声压信号转变为电压信号的器件。按构造和工作原理不同,可分为压电式、电动式、电容式等。

传输/傳輸 chuánshū/ㄔㄨㄢˊ ㄕㄨ
transmission
【信息】将信号由一点送到另一点或他处不止一点的服务。

传送/傳送 chuánsòng/ㄔㄨㄢˊ ㄙㄨㄥˋ
❶transport, ❷transfer
【信息】❶即"运输"(1404 页)。❷通信中将信号由一点转送到另一点的服务。

传送层/傳送層
chuánsòngcéng/ㄔㄨㄢˊ ㄙㄨㄥˋ ㄘㄥˊ
transport layer
【信息】开放系统互连参考模型中的第四层。实现从始发端到目的地端数据传输的纠错、流量控制、复用管理等功能。

传送率/傳送率
chuánsònglǜ/ㄔㄨㄢˊ ㄙㄨㄥˋ ㄌㄩˋ
transfer rate
【信息】电路或通信信道将信息从源传送到目的地的速率。多以单位时间内的信息单位数来度量,例如"位每秒""字符每秒";也可采用原始速率或平均速率,前者是最大传送速度,后者将数据块之间的间隙计入传输时间。

传统复兴式/傳統復興式
chuántǒng fùxīngshì/
ㄔㄨㄢˊ ㄊㄨㄥˇ ㄈㄨˋ ㄒㄧㄥ ㄕˋ
Chinese revival
【建】20世纪初，教会建筑上以使用中国传统大屋顶及斗拱、彩画作为主要装饰的样式。是中国建筑传统与现代结合的早期探索，广泛应用于各类公共建筑物。代表建筑物有北京协和医学院（1921年）、南京中山陵（1929年）、广州中山纪念堂（1931年）、上海市政府（1933年）、南京中央博物院（1947年）。

传统陶瓷/傳統陶瓷
chuántǒng táocí/ㄔㄨㄢˊ ㄊㄨㄥˇ ㄊㄠˊ ㄘˊ
traditional ceramics
【材】又称“普通陶瓷”。以黏土及其他天然矿物为主要原料，经过粉碎加工、成型、干燥、烧成等传统陶瓷工艺制成的陶瓷产品。包括日用陶瓷、建筑陶瓷、电瓷、化工陶瓷和多孔陶瓷等。

传统物流/傳統物流
chuántǒng wùliú/ㄔㄨㄢˊ ㄊㄨㄥˇ ㄨˋ ㄌㄧㄡˊ
traditional logistics
【物流】“现代物流”的对称。指侧重于商品的运输、保管、包装等功能运作的物流。其物流组织形式较为分散，信息化水平不高，消耗多，效率低，不能较好地满足社会需求。

传真/傳真 chuánzhēn/ㄔㄨㄢˊ ㄓㄣ
fax，facsimile
【信息】利用光电效应和数据信道，在接收端以收到的图文扫描数据制成原发件纸质仿真件的通信方式。

传真机/傳真儀器
chuánzhēnjī/ㄔㄨㄢˊ ㄓㄣ ㄧˊ ㄑㄧˋ
facsimile apparatus
【信息】采用扫描技术把固定图像（文字、图表、照片等）转换成电信号以便收发的设备。

船 chuán/ㄔㄨㄢˊ
【船】即“船舶”（146页）。

船舶/船 chuánbó/ㄔㄨㄢˊ
ship，vessel
【船】又称“船”。能航行或浮于水域内的运载工具。是各类舰、船、艇、舶、舟、排、筏等的总称。用以执行作战、交通运输、工程作业、渔业、游览、水上体育活动以及科学调查等任务。按用途不同，可分为军用舰艇和民用船舶；按推进动力不同，可分为机动船和非机动船；按航行区域不同，可分为远洋船、沿海船、内河船等；按船体材质不同，可分为钢质船、木船、铝合金船、玻璃钢船、钢丝网水泥船等。

船舶操纵/船舶操縱
chuánbó cāozòng/ㄔㄨㄢˊ ㄅㄛˊ ㄘㄠ ㄗㄨㄥˋ
ship handling
【船】控制船舶运动状态，保证船舶航行安全的操纵技艺。通常包括：靠或离码头，抛或起锚，系或离浮筒的系泊操纵；航行中的避碰操纵；风暴中操纵；狭水道、江河、浅水、冰区和极区等复杂水域航行操纵；海上航行补给、拖带和船载直升机起降等海上作业操纵；船舶破损、车舵故障、离礁脱浅和人员落水等应急操纵。

船舶登记簿
chuánbó dēngjìbù/ㄔㄨㄢˊ ㄅㄛˊ ㄉㄥ ㄐㄧˋ ㄅㄨˋ
【船】即“船名录”（150页）。

船舶动力装置/船舶動力裝置
chuánbó dònglì zhuāngzhì/
ㄔㄨㄢˊ ㄅㄛˊ ㄉㄨㄥˋ ㄌㄧˋ ㄓㄨㄤ ㄓˋ
marine power plant
【船】为船舶推进和船上其他需要各种能量的成套装置。按使用能源的不同，可分为船舶常规动力装置和船舶核动力装置。

船舶浮力/船舶浮力
chuánbó fúlì/ㄔㄨㄢˊ ㄅㄛˊ ㄈㄨˊ ㄌㄧˋ
ship buoyant force
【船】使船舶漂浮于水面或潜艇悬浮于水下的浮力。其大小等于水的密度与船的排水体积的乘积（即排水量）。如浮力等于全船重量，则船浮于某一平衡位置；如浮力大于或小于全船重量，则船上浮或下沉，直至浮力与全船重量相等。船舶破损后，因进水而失去的浮力称为“损失浮力”。水线以上船体水密部分的体积，在船舶因事故而下沉时，能提供一定的浮力，称为“储备浮力”。

船舶辅机/船舶輔機
chuánbó fǔjī/ㄔㄨㄢˊ ㄅㄛˊ ㄈㄨˇ ㄐㄧ
marine auxiliary machinery

【船】船舶上主机与主锅炉以外的机械设备的统称。大多由工作机械和原动机两部分联合组成机组形式。原动机包括电动机、汽轮机、蒸汽机和液压马达等。有些小型或应急用的辅机可用人力驱动。

船舶工程/船舶工程
chuánbó gōngchéng/
ㄔㄨㄢˊ ㄅㄛˊ ㄍㄨㄥ ㄔㄥˊ
ship engineering, maritime engineering
【船】船舶与海洋工程结构物的设计、建造、修理的工程和技术及相关理论研究的总称。是在船舶设计与建造的实践及理论基础上,由船舶性能、结构、建造工艺、材料、强度等方面组成的综合性工程。

船舶工业标准/船舶工業標準
chuánbó gōngyè biāozhǔn/
ㄔㄨㄢˊ ㄅㄛˊ ㄍㄨㄥ ㄧㄝˋ ㄅㄧㄠ ㄓㄨㄣˇ
standards for shipbuilding industry
【船】船舶设计、建造、经营、管理等方面国家标准、国家军用标准、行业标准的统称。包括船舶综合、船舶总体、主辅机、船舶电气、观通导航设备、舾装设备、管系附件、舰船武器装备、材料工艺、船舶修理等方面的标准。国际标准化组织发布有一系列相应的船舶标准。

船舶管辖权/船舶管轄權
chuánbó guǎnxiáquán/
ㄔㄨㄢˊ ㄅㄛˊ ㄍㄨㄢˇ ㄒㄧㄚˊ ㄑㄩㄢˊ
jurisdiction over ship
【船】船舶所受的司法管辖权。船舶在公海航行,只要不破坏公海秩序,仅受船旗国的司法管辖;船舶在他国的内海、领海或管辖区域航行,他国对该船拥有司法管辖权。他国船舶在本国海域发生民事或刑事纠纷时,本国有权对其实行司法管辖。

船舶国籍/船舶國籍
chuánbó guójí/ ㄔㄨㄢˊ ㄅㄛˊ ㄍㄨㄛˊ ㄐㄧˊ
ship nationality
【船】船舶法律上的国家隶属关系。船舶按某国法律在该国登记,并取得船舶国籍证书,即取得该登记国的国籍。该船受该国法律管辖和保护,并悬挂该国国旗航行。《联合国海洋法公约》规定,每个国家应确定船舶在其领土内登记而给予国籍及悬挂该国国旗的权利和条件。

船舶航行/航海
chuánbó hángxíng/ㄏㄤˊ ㄏㄞˇ
navigation, sailing, shipping
【船】驾驶船舶在水面或水下运动到达目的地的过程和方法。按船舶性质不同,可分为客运航行、货运航行、水面船舶航行和潜艇航行;按水域和自然条件不同,可分为沿岸航行、近海航行、狭水道航行、风暴中航行、雾中航行、冰区和极区航行、内河航行和潜艇的水下航行等。

船舶环境/船舶環境
chuánbó huánjìng/ ㄔㄨㄢˊ ㄅㄛˊ ㄏㄨㄢˊ ㄐㄧㄥˋ
ship environment
【船】船舶内部环境和周围的自然环境、社会环境、信息环境及诱发环境的统称。内部环境包括船舶结构与性能、船舶系统与设备特性、运载货物特性、船员素质等;自然环境主要包括地理、地质、海洋化学和海洋生物、水文、气象、海洋磁场、海洋声场等;社会环境主要指社会秩序、社会风气、公民素质等;信息环境包括船舶导航信息、交通服务信息、通信信息、海洋预报及灾害预警信息、海洋测绘和图书资料服务信息等;诱发环境是指引起船舶环境改变的环境条件,如海雾引起的船舶碰撞,对船舶油、气处理不当引起的海洋污染。

船舶检验/船舶檢驗
chuánbó jiǎnyàn/ ㄔㄨㄢˊ ㄅㄛˊ ㄐㄧㄢˇ ㄧㄢˋ
ship survey
【船】验船机构对船舶安全航行的技术条件所进行的技术监督、认证检验。通常可分为制造检验、初步检验、特别检验、定期检验、坞内检验、年度检验、临时检验、入级检验、船用产品检验以及其他公证检验等。通过船舶检验,船舶才能取得航行许可证。

船舶建造
chuánbó jiànzào/ ㄔㄨㄢˊ ㄅㄛˊ ㄐㄧㄢˋ ㄗㄠˋ
【船】即“造船”(1411 页)。

船舶課 ㄔㄨㄢˊ ㄅㄛˊ ㄎㄜˋ/chuánbókè
ship section
【船】台湾名。即“船体分段”(151 页)。

船舶碰撞/船舶碰撞
chuánbó pèngzhuàng/
ㄔㄨㄢˊ ㄅㄛˊ ㄆㄥˋ ㄓㄨㄤˋ

ship collision

【船】船与船之间或船与其他物体之间的触碰、挤轧和冲撞，致使船舶或人员、财产遭受损害的事故。可分为航行中双方犯有过失的碰撞、单方犯有过失的碰撞、由不可抗力或意外原因引起的碰撞。

船舶设计/船舶設計

chuánbó shèjì/ㄔㄨㄢˊ ㄅㄛˊ ㄕㄜˋ ㄐㄧˋ

ship design

【船】根据预定的船舶使用要求，通过论证、分析、研究、计算、绘图等，从选择主尺度、线型、动力装置，估算各种性能，选定有关材料、设备，直至绘制出建造船舶所需全部图纸与技术文件的过程。广义上还包括可行性研究、设计任务书的论证与编制，以及船舶建成后的完工图纸与文件的编制工作。设计工作通常分阶段进行，民船设计国际上常采用概念设计、合同设计、详细设计和生产设计四阶段设计法。

船舶涂料/船舶塗料

chuánbó túliào/ㄔㄨㄢˊ ㄅㄛˊ ㄊㄨˊ ㄌㄧㄠˋ

marine paint

【船】涂于船舶各部位，能防止海水、海洋大气腐蚀和海洋生物附着及满足船舶特种要求的涂料。可分为船壳涂料、船底涂料、船舱涂料和甲板涂料等。不同部位的涂料有一些特殊要求，例如船体水下部位的涂料要有较好的耐电位性、耐碱性；机舱内部和上层建筑内部的涂料应不易燃烧，或燃烧时不会放出过量的烟；甲板和舱室活动区的涂料要耐磨，不易脱落。

船舶下水/船舶下水

chuánbó xiàshuǐ/ㄔㄨㄢˊ ㄅㄛˊ ㄒㄧㄚˋ ㄕㄨㄟˇ

ship launching

【船】使船舶从船台、船坞等岸上建造设施移到水域的过程。按下水方式不同，可分为涂油滑道下水、钢珠滑道下水、气囊下水、浮箱下水、船坞下水、漂墩下水、纵向下水、横向下水和起升机械下水等。

船舶性能/船舶性能

chuánbó xìngnéng/ㄔㄨㄢˊ ㄅㄛˊ ㄒㄧㄥˋ ㄋㄥˊ

ship characteristics, ship performance

【船】广义上指船舶各种性能的总和，狭义上指船舶静力性能和动力性能。后者与船舶的主要尺度、形状及装载情况等密切相关。在理论研究中，以流体静力学为基础，研究船舶在不同条件下的浮性、稳性及抗沉性等；以流体动力学为基础，研究船舶的快速性、适航性及操纵性等。

船舶压载/船舶壓載

chuánbó yāzài/ㄔㄨㄢˊ ㄅㄛˊ ㄧㄚ ㄗㄞˋ

ship ballast

【船】又称"压舱"。增加重物使船达到需要的浮态、稳性和操纵性的措施。通常仅在空载航行或载货不足时进行，向压载舱（艏尖舱、艉尖舱、双层底舱或深舱）注入适量的舷外水，或在其他舱内装入适量的压载物（如燃料或淡水、压载铁）。压载时，要注意重量适当分布，以保证船舶具有正常浮态和稳性。

船舶摇摆

chuánbó yáobǎi/ㄔㄨㄢˊ ㄅㄛˊ ㄧㄠˊ ㄅㄞˇ

【船】即"船舶摇荡"（148 页）。

船舶摇荡/船舶搖盪

chuánbó yáodàng/ㄔㄨㄢˊ ㄅㄛˊ ㄧㄠˊ ㄉㄤˋ

ship oscillation

【船】又称"船舶摇摆"。船舶在风浪等外力作用下产生的横摇、纵摇、艏摇、横荡、纵荡、垂荡及其耦合运动的统称。取以船舶重心为原点的直角坐标系，X 轴平行于船体基线指向船首，Z 轴垂直于船体基线向上，Y 轴指向船体左侧，则横摇、纵摇、艏摇分别是绕 X、Y、Z 轴的往复转动，纵荡、横荡、垂荡分别是沿 X、Y、Z 轴的往复平动。船舶的六个自由度摇荡运动相互影响、相伴产生。通过理论分析或模型实验，可以预报船舶的摇荡运动幅值；采用各种减摇装置、选择适当的船体主尺度以及改进船体线型设计，可以减缓摇荡。

船舶原理/船舶原理

chuánbó yuánlǐ/ㄔㄨㄢˊ ㄅㄛˊ ㄩㄢˊ ㄌㄧˇ

principle of naval architecture

【船】船舶在水下及水面受力、平衡和运动的原理。包括浮性、稳性、抗沉性、快速性、耐波性与操纵性等。也指研究船舶原理的学科，通常可分为船舶静力学和船舶动力学。前者以流体静力学为基础，研究船舶在不同条件下的浮性、稳性及抗沉性等问题；后者以流体动力学为基础，研究船舶的阻力、推进、摇荡及操纵等问题。

船舶运动/船身運動
chuánbó yùndòng/ㄔㄨㄢˊ ㄕㄣ ㄩㄣˋ ㄉㄨㄥˋ
ship motion
【船】船舶在动力推进、操舵及其他外力作用下所做的直线平移、回转、摇荡及耦合运动的统称。在快速性范畴内，指在推进器作用下船舶所做的直线航行运动；在操纵性范畴内，指操舵后的船舶执行转向、回转等机动性运动；在耐波性范畴内，指在波浪扰动作用下的摇荡运动。

船舶总布置/布置總圖
chuánbó zǒngbùzhì/ㄅㄨˋ ㄓˋ ㄗㄨㄥˇ ㄊㄨˊ
general arrangement
【船】对全船的空间和各种主要设备、装置、系统等所做的全面、统一的规划和布局。表示船舶总布置的图称为总布置图，通常包括船舶的侧视图、各层甲板平视图、平台及舱底图等。图上绘出船的外形、舱室分布情况、出入口、通道、梯子以及设备和装置的位置，注明主要舱室名称，并注明船舶主要尺度及与总布置有关的一些要素。

船邊交貨
ㄔㄨㄢˊ ㄅㄧㄢ ㄐㄧㄠ ㄏㄨㄛˋ/chuánbiān jiāohuò
free alongside ship，FAS
【物流】台湾名。即“装运港船边交货”(1488页)。

船长/船長 chuáncháng/ㄔㄨㄢˊ ㄔㄤˊ
ship length
【船】船舶首尾间垂直于舯站面方向量度的距离。是船舶主尺度之一，直接影响船舶的容积，舱室和设备的布置，各项水动力性能以及船舶造价等。可分为总长、最大长度、水线长、垂线间长、登记长度、干舷长度以及一些法定长度。

船级社/船級協會
chuánjíshè/ㄔㄨㄢˊ ㄐㄧˊ ㄒㄧㄝˊ ㄏㄨㄟˋ
classification society
【船】主要从事船舶监造、检验以核定船级的民间验船机构。属非营利性技术服务机构。世界上著名的船级社有英国劳氏船级社(LR)、德国劳氏船级社(GL)、挪威船级社(DNV)、美国船级社(ABS)、法国船级社(BV)、日本海事协会(NK)。中国现已有中国船级社(CCS)。其工作主要是根据船东申请，按有关规范和规则，检验与船舶安全航行有关的材料、机电设备和船体制造质量等。对新造船舶的入级检验为初次入级检验，对营运中船舶的入级检验为续级检验；编制和修改船舶建造和入级规范；受权于船旗国政府和运河、航道、港口当局执行法定检验，代签部分或全部法定检验证书等。

船級機構 ㄔㄨㄢˊ ㄐㄧˊ ㄐㄧ ㄍㄡˋ/chuánjí jīgòu
register of shipping
【船】台湾名。即“船检局”(149页)。

船級協會
ㄔㄨㄢˊ ㄐㄧˊ ㄒㄧㄝˊ ㄏㄨㄟˋ/chuánjí xiéhuì
classification society
【船】台湾名。即“船级社”(149页)。

船籍港/船籍港
chuánjígǎng/ㄔㄨㄢˊ ㄐㄧˊ ㄍㄤˇ
port of registry
【船】又称“登记港”。船舶所有者取得船籍、办理船舶所有权登记的港口。船舶所有人可依据其国内经营机构所在地就近自选船籍港，由政府授权的各地港务监督或港航监督机关负责办理船舶登记，发给船舶有关证书。

船检局/船級機構
chuánjiǎnjú/ㄔㄨㄢˊ ㄐㄧˊ ㄐㄧ ㄍㄡˋ
register of shipping
【船】根据船籍国有关法令和法规规定对船舶进行法定检验的政府机构。其职责是对船舶(包括海上平台等)执行监督检验，使之符合船籍国政府的法令法规以及有关的国际公约、规则及其议定书、修正案等技术文件，以保障船舶和船上人身财产安全和防止水域遭受污染。

船宽/船寬 chuánkuān/ㄔㄨㄢˊ ㄎㄨㄢ
ship breadth
【船】船舶左右舷间垂直于中线面方向量度的距离。是船舶主尺度之一，对船舶的稳性、快速性、耐波性，以及舱内布置、甲板利用等都有很大影响，同时受到船坞、船闸、航道等的限制。可分为总宽、最大宽度、型宽、水线宽、登记宽度、量吨宽度等。

船龄/船齡 chuánlíng/ㄔㄨㄢˊ ㄌㄧㄥˊ

vessel age

【船】舰船建造完工交付使用后的年数。计量单位为年。可反映船舶的技术状况和老化程度,对确定船舶是否退役、更新、报废等具有重要的参考意义。

船名/船名 chuánmíng/ㄔㄨㄢˊ ㄇㄧㄥˊ

ship's name

【船】船舶的名字。是使用部门授予在航船舶的名称,用以确定某艘船在使用部门编制序列中的位置,标示某种意义或荣誉,便于实施管理及指挥。某些船艇无船名,只使用编号或代号。

船名录/船名錄

chuánmínglù/ㄔㄨㄢˊ ㄇㄧㄥˊ ㄌㄨˋ

ship's register

【船】又称"船舶登记簿"。船级社或水运企业对所记载和登记的全部船舶名称及主要技术数据汇编而成的表册。内容包括每艘船的船名、登记号、呼号、船旗国、船籍港、主尺度、吨位、主机型号及参数、造船厂、造船日期等。多由船级社定期出版。

船模/船模 chuánmó/ㄔㄨㄢˊ ㄇㄛˊ

ship model

【船】将实船按比例缩小尺度制成的模型。可分为用于试验的和用于展览、陈列或比赛的两类。试验船模由木质、蜡质、玻璃钢和金属等材料严格按图纸加工制成,比例尺度按船模试验池尺度和试验内容而定,其水下部分及水线附近区域和实船形状保持严格相似。

船模試驗槽

ㄔㄨㄢˊ ㄇㄛˊ ㄕˋ ㄧㄢˋ ㄘㄠˊ/chuánmó shìyàncáo

towing tank

【船】台湾名。即"拖曳水池"(1157 页)。

船排/船排 chuánpái/ㄔㄨㄢˊ ㄆㄞˊ

patent slip

【船】供在滑道上承载船舶上墩或下水的金属框架底盘车。有整体船排和分节船排两种。通常宽度为船宽的一半多,高度视荷载大小而异。底盘上铺方木以承托船底,船排在斜向轨道上借助绞车通过钢丝绳和滑轮曳引船舶上岸或下水。

船旗国/船旗國

chuánqíguó/ㄔㄨㄢˊ ㄑㄧˊ ㄍㄨㄛˊ

flag state

【船】船舶悬挂的国旗所代表的国家。船舶应在船尾旗杆上悬挂登记国的国旗。在国际航线上营运的船舶,通常应在本国登记,悬挂本国国旗,按本国有关规章制度从事营运,受本国法律的管辖和保护;在他国登记的船舶,应遵守登记国的法律和法令,并受登记国有关法律的保护。有些国家(如巴拿马、利比里亚、巴哈马、塞浦路斯等)为增加经济收益,对外国船主的船舶取得其国籍的条件较宽,收取的登记费用较低,手续较为简便,以吸引国外航运公司将其船舶前来登记,悬挂其国旗,称为"方便旗"。

船上灘 ㄔㄨㄢˊ ㄕㄤˋ ㄊㄢ/chuánshàngtān

beaching

【船】台湾名。即"冲滩"(134 页)。

船身運動

ㄔㄨㄢˊ ㄕㄣ ㄩㄣˋ ㄉㄨㄥˋ/chuánshēn yùndòng

ship motion

【船】台湾名。即"船舶运动"(149 页)。

船台/造船台 chuántái/ㄗㄠˋ ㄔㄨㄢˊ ㄊㄞˊ

building berth

【船】置有移船下水或曳船上墩设备、专供修造船舶用的岸边造船设施。是船厂的主要生产设施,设有供施工用的装焊设备、起重设备及各种动力供应管线等。室内船台的工作条件好,但基建投资大;露天船台空间宽敞,便于使用大型起重设备,所建的船舶的高度不受限制,适于建造大型船舶;敞开船台设有可移动和展开的遮蔽棚,以改善施工条件;倾斜船台可使所建造的船舶利用本身的重力下水,适于建造大型船舶;水平船台需为船舶下水配备专门的下水机构。

船体/船體 chuántǐ/ㄔㄨㄢˊ ㄊㄧˇ

hull

【船】俗称"船壳"。船舶的壳体结构。不包括船内外任何设备、装置和系统等。

船体尺度比/船體尺度比

chuántǐ chǐdùbǐ/ㄔㄨㄢˊ ㄊㄧˇ ㄔˇ ㄉㄨˋ ㄅㄧˇ

hull scale ratio

【船】船舶各主要尺度间的比值。是表示船体几何特征的重要参数,常用的有:长度比(L/B),与船的快速性相关;宽度吃水比(B/T),与船的稳性、快速性和航向稳定性有关;

型深吃水比(D/T),与船的稳性、抗沉性及船体内部的容积有关;船长吃水比(L/T),与船的回转性有关;船长型深比(L/D),与船体总纵强度有关。

船体分段/船舶課

chuántǐ fēnduàn/ ㄔㄨㄢˊ ㄅㄛˊ ㄎㄜˋ

ship section

【船】由船体的零部件组装成的船体局部结构。是组成船体整体的中间产品,众多分段可并行建造,以缩短造船周期,提高生产效率。

船体刚度/船體剛性

chuántǐ gāngdù/ ㄔㄨㄢˊ ㄊㄧˇ ㄍㄤ ㄒㄧㄥˋ

hull stiffness

【船】船体结构抵抗船舶总体变形的能力。当外荷载、船长等条件不变时,弯曲刚度越大,船体弯曲变形越小;剪切刚度越大,船体剪切变形越小;扭转刚度越大,船体扭转变形越小。

船体建造工艺/船體建造工藝

chuántǐ jiànzào gōngyì/
ㄔㄨㄢˊ ㄊㄧˇ ㄐㄧㄢˋ ㄗㄠˋ ㄍㄨㄥ ㄧˋ

technology of hull construction

【船】与船体建造有关的各种工艺方法和过程。包括钢材预处理、放样、号料、船体加工、船体装配、焊接、船台安装、涂装等。在现代造船中,船体建造工艺、舾装预装工艺和涂装工艺正在向一体化实施的方向发展。

船体模块/船體模組

chuántǐ mókuài/ ㄔㄨㄢˊ ㄊㄧˇ ㄇㄛˊ ㄗㄨˇ

hull module

【船】船体一个或多个系统的部件、设备和设施的组合。造船中按工艺布置要求组装在金属架构内,整体运输和吊装。有功能性小模块,或由小模块组成的综合性大模块,一些有共性的模块常可统一形成标准化模块。采用模块造船能提高船舶的建造速度和质量,有利于船舶的改装和维修。

船体挠度/船體撓度

chuántǐ náodù/ ㄔㄨㄢˊ ㄊㄧˇ ㄋㄠˊ ㄉㄨˋ

hull deflection

【船】船体在总纵弯曲时的垂向变形的量度。包括弯曲产生的挠度和剪切产生的挠度两部分。其大小与所承受的全船性外荷载及船体结构的刚度有关。挠度过大时,可能影响主机、轴系的运转,能导致上层建筑端部应力集中。

船体强度/船體強度

chuántǐ qiángdù/ ㄔㄨㄢˊ ㄊㄧˇ ㄑㄧㄤˊ ㄉㄨˋ

hull strength

【船】船体结构抵抗外力作用的能力。其研究内容包括外力确定、内力分析及强度标准制定三个部分。即确定作用于船体结构上各种可能的荷载;采用适当方法分析结构中的应力与变形;提出强度、刚度及稳定性的衡量标准。将算出的应力与变形和强度标准相比较,即可对船体强度做出评断。

船体振动/船體振動

chuántǐ zhèndòng/ ㄔㄨㄢˊ ㄊㄧˇ ㄓㄣˋ ㄉㄨㄥˋ

ship vibration

【船】船体受到激励而产生的振动。可分为两类,整个船体视为一根两端自由的、变截面梁的振动,称为总振动;船体局部结构(如板架、梁、板等)相对于整个船体所做的附加振动,称为局部振动。二者通常同时存在且互相关联。

船體分段建造法

ㄔㄨㄢˊ ㄊㄧˇ ㄈㄣ ㄉㄨㄢˋ ㄐㄧㄢˋ ㄗㄠˋ ㄈㄚˇ/
chuántǐ fēnduàn jiànzàofǎ

block method of hull construction

【船】台湾名。即“总段建造法”(1509 页)。

船體剛性

ㄔㄨㄢˊ ㄊㄧˇ ㄍㄤ ㄒㄧㄥˋ/chuántǐ gāngxìng

hull stiffness

【船】台湾名。即“船体刚度”(151 页)。

船體模組

ㄔㄨㄢˊ ㄊㄧˇ ㄇㄛˊ ㄗㄨˇ/chuántǐ mózǔ

hull module

【船】台湾名。即“船体模块”(151 页)。

船外機 ㄔㄨㄢˊ ㄨㄞˋ ㄐㄧ/chuánwàijī

outboard motor

【军】台湾名。即“操舟机”(95 页)。

船坞/船塢 chuánwù/ ㄔㄨㄢˊ ㄨˋ

dock

【船】修造船舶的设施。船舶进坞修理时排空坞内水,出坞时向坞内灌水,使船浮起出坞。

船舷/船舷 chuánxián/ ㄔㄨㄢˊ ㄒㄧㄢˊ

side of a ship
【船】船舶两侧连接船底和甲板的侧壁部分。从船尾看船首,右边为右舷,左边为左舷。

船型/船型 chuánxíng/ㄔㄨㄢˊ ㄒㄧㄥˊ
ship type
【船】❶船体体型表面所围成的船体形状。与船体的各种性能,如浮性、稳性、抗沉性、快速性、耐波性和操纵性等有密切关系。❷船舶的类型。

C

船型系数/船型係數
chuánxíng xìshù/ㄔㄨㄢˊ ㄒㄧㄥˊ ㄒㄧˋ ㄕㄨˋ
coefficients of form
【船】表示船体水下部分形状、面积或体积的各种系数的统称。包括水线面系数、中横剖面系数、方形系数和棱形系数等。对船舶的各项性能有重大影响,并随船舶类型而异。通常根据经验公式或参考母型船经综合分析后选定并用以近似地求得若干基本因素。

船艺/船藝 chuányì/ㄔㄨㄢˊ ㄧˋ
seamanship
【船】通常指船舶操纵、舱面作业和船体保养等方面的技艺,有的还包括舱面通用设备的技术管理。是保证船舶航行安全的重要因素和衡量船员技能的主要标志之一。以桨帆为船舶动力的时期,船上各项工作几乎均属船艺范围。

船用螺旋桨/螺槳
chuányòng luóxuánjiǎng/ㄌㄨㄛˊ ㄐㄧㄤˇ
screw propeller
【船】驱动船前进的由若干螺旋面扇形桨叶构成的推进装置。由桨叶及与其连接的桨毂构成,多用铜合金制作。通常安装在船尾水下部位。可分为单体螺旋桨、导管螺旋桨、对转螺旋桨、串列螺旋桨、可调螺距螺旋桨、超空化螺旋桨、大侧斜螺旋桨等。

船闸/船閘 chuánzhá/ㄔㄨㄢˊ ㄓㄚˊ
ship lock
【交】通航建筑物的一种。多建筑在河流和入海的河口处等,利用向两端有闸门控制的闸室内灌水、泄水,以升降水位,使船舶克服航道上的集中水位落差,顺利航行。

椽/椽 chuán/ㄔㄨㄢˊ
rafter
【建】通称"椽子"。排列在檩上,与檩垂直的圆木或方木构件。直接承受望板(或望砖)及其上的屋面重量的构件。图见"抬梁式木构架"(1098页)
📖 椽作为屋面的上层支承构件,断面以圆形为多,也有方形及扁方形。扁方形的板椽在四川一带使用普遍,称为桷子。椽在屋角处的排列有平行及放射两种方式,放射式布椽占主导地位,但在偏远地方普遍使用平行布椽的方式。在椽的排列稀密上,通常椽档与椽径大致相同,每间椽数成双。

傳導係數
ㄔㄨㄢˊ ㄉㄠˇ ㄒㄧˋ ㄕㄨˋ/chuándǎo xìshù
conductivity
【物】台湾名。即"电导率"(242页)。

傳遞 RNA
ㄔㄨㄢˊ ㄉㄧˋ RNA/chuándì RNA
transfer RNA,tRNA
【生】台湾名。即"转运核糖核酸"(1485页)。

傳動系統
ㄔㄨㄢˊ ㄉㄨㄥˋ ㄒㄧˋ ㄊㄨㄥˇ/chuándòng xìtǒng
transmission system
【机】台湾名。即"传动系"(145页)。

傳呼 ㄔㄨㄢˊ ㄏㄨ/chuánhū
paging
【信息】台湾名。即"寻呼"(1299页)。

傳統觀測
ㄔㄨㄢˊ ㄊㄨㄥˇ ㄍㄨㄢ ㄘㄜˋ/chuántǒng guāncè
conventional observation
【气】台湾名。即"常规观测"(111页)。

傳訊 RNA
ㄔㄨㄢˊ ㄒㄩㄣˋ RNA/chuánxùn RNA
messenger RNA, mRNA
【生】台湾名。即"信使核糖核酸"(1274页)。

傳真儀器
ㄔㄨㄢˊ ㄓㄣ ㄧˊ ㄑㄧˋ/chuánzhēn yíqì
facsimile apparatus
【信息】台湾名。即"传真机"(146页)。

喘病/喘病 chuǎnbìng/ㄔㄨㄢˇ ㄅㄧㄥˋ
dyspnea, * panting
【中医】中医内科疾病之一。因久患肺系疾病或他脏病变影响，致肺气上逆，肃降无权，常见气短喘促等主症。发病与肺、肾有密切关系。按病性不同，可分为实喘、虚喘。实喘：症见张口抬肩，摇身滚肚，胸胀气粗，声高息涌，唯呼出为快；虚喘：症见气少而不续，慌张短怯，声低息微，惶惶然若气之欲断，似喘不抬肩，似呻吟而无痛，呼吸虽急而无痰声。治实喘以祛除病邪为主，虚喘以培本摄纳为主。喘久病邪未除，元气已损，症见虚实夹杂者，当扶正与祛邪兼顾，或在发病时祛邪，间歇时扶正。

串并变换/串聯至並聯轉换
chuàn-bìng biànhuàn/
ㄔㄨㄢˋ ㄌㄧㄢˊ ㄓˋ ㄅㄧㄥˋ ㄌㄧㄢˊ ㄓㄨㄢˇ ㄏㄨㄢˋ
serial-to-parallel conversion
【信息】将一个接续的信号单元序列，转换成表示同样信息的一组并行信号单元的过程。

串话 chuànhuà/ㄔㄨㄢˋ ㄏㄨㄚˋ
【信息】即“串扰”(153 页)。

串联/串聯 chuànlián/ㄔㄨㄢˋ ㄌㄧㄢˊ
series connection
【物】两个或两个以上二端网络形成单一路径的连接。

串联电路/串聯電路
chuànlián diànlù/ㄔㄨㄢˋ ㄌㄧㄢˊ ㄉㄧㄢˋ ㄌㄨˋ
series electric circuit
【物】多个导体依次首尾相接接入的电路连接方式。该电路中电流只有一条通路。通过各处的电流相同，即 $I_1=I_2=\cdots=I_n=I$；电路两端的总电压等于各部分的电压之和，即 $U=U_1+U_2+\cdots+U_n$；电路的总电阻(等效电阻)等于各个电阻之和，即 $R=R_1+R_2+\cdots+R_n$。

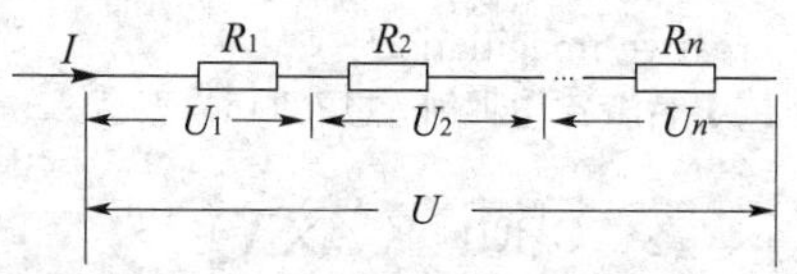

串联电路

串联交流电路/串聯交流電路
chuànlián jiāoliú diànlù/
ㄔㄨㄢˋ ㄌㄧㄢˊ ㄐㄧㄠ ㄌㄧㄡˊ ㄉㄧㄢˋ ㄌㄨˋ
series AC circuit
【物】采用串联方式连接的交流电路。电路中通过各组件的电流 i(瞬时值)同相；电路两端总电压 u 的(瞬时值)等于各组件上分电压的代数和；总电压 u 的有效值等于各组件上分电压的有效值的矢量和。

串聯至並聯轉換
ㄔㄨㄢˋ ㄌㄧㄢˊ ㄓˋ ㄅㄧㄥˋ ㄌㄧㄢˊ ㄓㄨㄢˇ ㄏㄨㄢˋ/
chuànlián zhì bìnglián zhuǎnhuàn
serial-to-parallel conversion
【信息】台湾名。即“串并变换”(153 页)。

串列傳輸
ㄔㄨㄢˋ ㄌㄧㄝˋ ㄔㄨㄢˊ ㄕㄨ/chuànliè chuánshū
serial transmission
【信息】台湾名。即“串行传输”(153 页)。

串列化 ㄔㄨㄢˋ ㄌㄧㄝˋ ㄏㄨㄚˋ/chuànlièhuà
parallel-to-serial conversion，serialization
【信息】台湾名。即“并串变换”(72 页)。

串流媒體
ㄔㄨㄢˋ ㄌㄧㄡˊ ㄇㄟˊ ㄊㄧˇ/chuànliú méitǐ
streaming media
【信息】台湾名。即“流媒体”(747 页)。

串扰/串音 chuànrǎo/ㄔㄨㄢˋ ㄧㄣ
crosstalk
【信息】又称“串话”。对给定话路，由其他话路信号所导致的干扰。

串行传输/串列傳輸
chuànxíng chuánshū/
ㄔㄨㄢˋ ㄌㄧㄝˋ ㄔㄨㄢˊ ㄕㄨ
serial transmission
【信息】在两点之间的单一路径上，按顺序传输信号单元的方式。

串行端口/串行端口
chuànxíng duānkǒu/ㄔㄨㄢˋ ㄒㄧㄥˊ ㄉㄨㄢ ㄎㄡˇ
serial port
【信息】功能单元中一次传送一个比特的端口。用于串行数据通信，并用作与鼠标器、打印机等外设的接口。

串音 ㄔㄨㄢˋ ㄧㄣ/chuànyīn
crosstalk
【信息】台湾名。即“串扰”(153 页)。

chuang （ㄔㄨㄤ）

创伤/創傷 chuāngshāng/ㄔㄨㄤ ㄕㄤ
trauma
【心】医学上指由某种直接的外部力量所造成的身体损伤；临床心理学上指由某种情绪性伤害或强烈刺激所造成的心理损伤。

C

创伤生命支持/創傷生命支援
chuāngshāng shēngmìng zhīchí/
ㄔㄨㄤ ㄕㄤ ㄕㄥ ㄇㄧㄥˋ ㄓ ㄩㄢˊ
trauma life support
【医】针对创伤进行的一系列抢救、复苏、治疗及处理。

疮疡/瘡瘍 chuāngyáng/ㄔㄨㄤ ㄧㄤˊ
sore and ulcer
【中医】中医外科疾病之一。各种致病因素侵袭人体后引起的体表化脓性疾病。内治宜消、托、补。初期宜消，兼用清热解毒（最常用）、和营行瘀、行气、解表、温通、通里、理湿等，消散疮毒；中期宜托（分透托法和补托法），托毒外出；后期宜补，常用益气、养血、滋阴、助阳等。外治：初期宜箍围消肿，阳证用金黄散、红灵丹等；阴证用回阳玉龙散、黑退消等；半阴半阳证用冲和散、冲和膏。中期脓熟时宜切开排脓。后期宜提脓去腐，生肌收口；阳证用八二丹、九一丹，阴证用七三丹、五五丹；若疮口太小或成瘘，宜用白降丹、千金药线；疮口胬肉高突用平胬丹；脓腐干净，用生肌散、八宝丹，并根据具体情况配合使用垫棉法或扩创法，加速疮口愈合。

窗口/窗口 chuāngkǒu/ㄔㄨㄤ ㄎㄡˇ
window
【信息】计算机屏幕上显示区中具有界定边界并在其中显示信息的部分。

創傷生命支援
ㄔㄨㄤ ㄕㄤ ㄕㄥ ㄇㄧㄥˋ ㄓ ㄩㄢˊ/
chuāngshāng shēngmìng zhīyuán
trauma life support
【医】台湾名。即“创伤生命支持”(154 页)。

创新/創新 chuàngxīn/ㄔㄨㄤˋ ㄒㄧㄣ
innovation
【总】以新思维、新发明和新描述为特征的一种实施创造的过程。是人类特有的认识能力和实践能力，是人类主观能动性的高级表现形式。

创造力/創造力
chuàngzàolì/ㄔㄨㄤˋ ㄗㄠˋ ㄌㄧˋ
creativity, creative power, creative ability
【心】产生新思想、发现和创造新事物的能力。为成功完成某种创造性活动所必备，其中创造性思维和创造性想象具有极为重要的作用。

创造想象/創造性想像
chuàngzào xiǎngxiàng/
ㄔㄨㄤˋ ㄗㄠˋ ㄒㄧㄥˋ ㄒㄧㄤˇ ㄒㄧㄤˋ
creative imagination
【心】想象的一种。按照一定目的、任务，在头脑中运用已有表象又不完全依据已有表象而独立创造新形象的心理过程。是创造活动的重要途径。

创造性思维/創意思考
chuàngzàoxìng sīwéi/ㄔㄨㄤˋ ㄧˋ ㄙ ㄎㄠˇ
creative thinking
【心】以新颖、独创的方式解决问题的思维。是人类创造性活动的核心成分，为发散思维和辐合思维的结合，直觉思维和分析思维的结合，抽象思维和形象思维的结合，是多种思维的综合表现。

創意思考
ㄔㄨㄤˋ ㄧˋ ㄙ ㄎㄠˇ/chuàngyì sīkǎo
creative thinking
【心】台湾名。即“创造性思维”(154 页)。

創造性想像
ㄔㄨㄤˋ ㄗㄠˋ ㄒㄧㄥˋ ㄒㄧㄤˇ ㄒㄧㄤˋ/
chuàngzàoxìng xiǎngxiàng
creative imagination
【心】台湾名。即“创造想象”(154 页)。

chui （ㄔㄨㄟ）

吹積雪 ㄔㄨㄟ ㄐㄧ ㄒㄩㄝˇ/chuījīxuě
driven snow
【气】台湾名。即“吹雪”(154 页)。

吹雪/吹積雪 chuīxuě/ㄔㄨㄟ ㄐㄧ ㄒㄩㄝˇ
driven snow

【气】造成视程障碍的天气现象的一种。强风将地面雪片(雪花、雪粒)吹起,使水平能见度小于 10.0 千米的天气现象。

垂脊/垂脊 chuíjǐ/ㄔㄨㄟˊ ㄐㄧˇ

hip, diagonal ridge for hip roof

【建】在建筑屋顶上,与正脊或宝顶相交而沿屋面坡度向下的屋脊。例如庑殿屋顶正面与侧面相交处的屋脊;悬山、硬山、歇山前后两坡从正吻沿博风下垂的屋脊;攒尖屋顶两坡屋面相交处的屋脊等。可分为兽前与兽后两段。兽前一段垂脊又称为角脊,上面安仙人走兽。悬山、硬山、歇山屋顶垂兽位于正心桁(檐檩)的中心线位置,庑殿与攒尖屋顶的垂兽位于角梁端头。垂脊结构与正脊大致相同,规格因建筑等级而异,有定制。图见“抬梁式木构架”(1098 页)

垂柳/垂柳 chuíliǔ/ㄔㄨㄟˊ ㄌㄧㄡˇ

weeping willow

【植】*Salix babylonica* 杨柳科柳属。落叶乔木。树冠开展而疏散。树皮灰黑色,不规则开裂。小枝细长,柔软下垂。叶披针形,先端长渐尖,边缘有齿。花序先叶开放或与叶同时开放,雌雄异体,雄花序比雌花序短。花期 3—4 月份。在中国,分布于各地。绿化树木。

垂球/垂球 chuíqiú/ㄔㄨㄟˊ ㄑㄧㄡˊ

plumb bob

【测绘】一种测量工具。是上端系有细绳的倒圆锥形物体,通常用金属制成。测量时用以确定铅垂线(重力线)方向,便于仪器对准地面点或检验物体是否铅垂。

📖 江西德安陈家墩遗址出土了商代挖井用的木质垂球。

垂线/垂直線 chuíxiàn/ㄔㄨㄟˊ ㄓˊ ㄒㄧㄢˋ

perpendicular

【数】❶若两条直线互相垂直,则称每条直线是另一直线的垂线。❷若一条直线垂直于一个平面,则称这条直线是这个平面的垂线。

垂心/垂心 chuíxīn/ㄔㄨㄟˊ ㄒㄧㄣ

orthocenter

【数】三角形三条高所在直线的交点,叫作三角形的垂心。锐角三角形的垂心在三角形内,直角三角形的垂心是直角的顶点,钝角三角形的垂心在三角形外。

垂鱼/垂魚 chuíyú/ㄔㄨㄟˊ ㄩˊ

fish-shaped board, chuiyu

【建】歇山式、悬山式屋顶两端搏风板合尖之下的鱼形装饰物。长度三尺至一丈不等,随建筑物大小而定。清代称“悬鱼”。

垂直/垂直 chuízhí/ㄔㄨㄟˊ ㄓˊ

perpendicular

【数】❶若两条直线所成的角是直角,则称这两条直线互相垂直。❷若一条直线垂直于一个平面内的所有直线,则称这条直线垂直于这个平面。❸若两个平面相交成直二面角,则称这两个平面互相垂直。垂直的符号为“⊥”。例如,直线 a,b 互相垂直记作 $a \perp b$。

垂直传播/垂直傳播

chuízhí chuánbō/ㄔㄨㄟˊ ㄓˊ ㄔㄨㄢˊ ㄅㄛ

vertical transmission

【医】又称“母婴传播”。病原体的传播途径之一。孕妇分娩前或分娩过程中,其体内的病原体传给子代。可分为经胎盘传播、上行性传播和分娩时传播。

垂直/短距起降飞机//垂直/短距起降飛機

chuízhí/duǎnjù qǐjiàng fēijī//

ㄔㄨㄟˊ ㄓˊ/ㄉㄨㄢˇ ㄐㄩˋ ㄑㄧˇ ㄐㄧㄤˋ ㄈㄟ ㄐㄧ

vertical/short takeoff and landing aircraft

【军】能垂直起飞、降落或能在短距离内滑跑起飞、降落的固定翼飞机的统称。包括垂直起降飞机、短距起降飞机和既能垂直起降又能短距起降的飞机。

垂直角 chuízhíjiǎo/ㄔㄨㄟˊ ㄓˊ ㄐㄧㄠˇ

【测绘】即“高度角”(390 页)。

垂直能见度/垂直能見度

chuízhí néngjiàndù/ㄔㄨㄟˊ ㄓˊ ㄋㄥˊ ㄐㄧㄢˋ ㄉㄨˋ

vertical visibility

【航】沿着垂直于地面的视线对特定物体或灯光的可见清晰程度。通常以可清晰识别的最大距离表示,是飞行气象条件的重要因素之一。

垂直平分线

chuízhí píngfēnxiàn/

ㄔㄨㄟˊ ㄓˊ ㄆㄧㄥˊ ㄈㄣ ㄒㄧㄢˋ

C

【数】即“中垂线”(1457 页)。

垂直起降

ㄔㄨㄟˊ ㄓˊ ㄑㄧˇ ㄐㄧㄤˋ/chuízhí qǐjiàng

vertical take-off and landing, V/STOL

【航】台湾名。即“垂直起落”(156 页)。

垂直起落/垂直起降

chuízhí qǐluò/ㄔㄨㄟˊ ㄓˊ ㄑㄧˇ ㄐㄧㄤˋ

vertical take-off and landing, V/STOL

【航】飞行器在垂直或接近垂直状态下起飞和降落。

📖 美国的 V-22 等飞机可在 15 米距离内起飞并飞越 15 米高度障碍,一般军用机、舰载机和直升机都具备这种功能。

垂直尾翼/垂直尾翼

chuízhí wěiyì/ㄔㄨㄟˊ ㄓˊ ㄨㄟˇ ㄧˋ

vertical tail

【航】见“尾翼”(1185 页)。

垂直線 ㄔㄨㄟˊ ㄓˊ ㄒㄧㄢˋ/chuízhíxiàn

perpendicular

【数】台湾名。即“垂线”(155 页)。

垂直着陆/垂直著陸

chuízhí zhuólù/ㄔㄨㄟˊ ㄓˊ ㄓㄨㄛˊ ㄌㄨˋ

vertical landing

【航】航天返回器或再入器在地球或其他星球表面着陆时,其着陆速度方向与着陆点水平面垂直或接近垂直的着陆方式。通常返回或再入均采用垂直着陆,如着陆星球有大气层,着陆时则采用相应动力缓冲或阻尼伞。

垂足/垂足 chuízú/ㄔㄨㄟˊ ㄗㄨˊ

foot of a perpendicular

【数】❶若两条相交直线互相垂直,则称它们的交点为垂足。❷若一条直线垂直于一个平面,则称这条直线与这个平面的交点为垂足。

锤式屋架/錘式屋架

chuíshì wūjià/ㄔㄨㄟˊ ㄕˋ ㄨ ㄐㄧㄚˋ

Hammer-beam roof

【建】一种富有装饰性的木屋架。主要出现在英国东南部地区,从 14 世纪的三角形人字木屋架的底部演变而来。露明的屋架深色,与白色的天花与墙衬托。每隔一定间隔就有一屋架支撑上面的檩子与椽子,用以将屋顶的重量及侧推力传到承重墙上。每个屋架由两根主要椽子及带有斜撑、弧形撑或系梁的锤式组成,并随斜撑、弧形撑及系梁的数目不同而有不同的设计。本身只有延长底部,挑出部分靠墙的弧形撑支撑,椽子用一根垂直支撑支承着。

锤式屋架

锤子/鎚 chuízi/ㄔㄨㄟˊ

hammer

【机】又称“榔头”。敲打工件或凿用的手工具。由锤头装在手柄上组成。锤头由钢料制成的,用于一般敲击或锻造;锤头由铅、铜、橡皮等制成的,用于敲击精制的工件或敲弯金属薄片等,使工件表面不受损伤。按功能不同,可分为钳工锤、羊角锤、木工锤、起钉锤、电焊锤等。

鎚 ㄔㄨㄟˊ/chuí

hammer

【机】台湾名。即“锤子”(156 页)。

chun (ㄔㄨㄣ)

春播小麦

ㄔㄨㄣ ㄅㄛ ㄒㄧㄠˇ ㄇㄞˋ/chūnbō xiǎomài

spring wheat

【农】台湾名。即“春小麦”(157 页)。

春分点/春分點

chūnfēndiǎn/ㄔㄨㄣ ㄈㄣ ㄉㄧㄢˇ

vernal equinox

【天】二分点之一。黄道对天赤道的升交点,与秋分点相隔 180°。太阳每年 3 月 21 日前后通过春分点。由于岁差的影响,春分点会缓慢移动,目前位于双鱼座天区。

春耕/春耕 chūngēng/ㄔㄨㄣ ㄍㄥ

spring ploughing

【农】春季作物播种之前进行的土壤耕作。翻松土地,以利播种。

春化作用/春化作用

chūnhuà zuòyòng/ㄔㄨㄣ ㄏㄨㄚˋ ㄗㄨㄛˋ ㄩㄥˋ

vernalization

【植】某些植物经过一定时间的低温处理后才能诱导或促进开花的现象。

春节运输/春節運輸

chūnjié yùnshū/ㄔㄨㄣ ㄐㄧㄝˊ ㄩㄣˋ ㄕㄨ

transport during the Spring Festival

【交】简称"春运"。每年春节期间的交通运输。期限通常规定为 40 天(或者节前、节后各 20 天,或者节前 15 天、节后 20 天)。以运送学生、探亲客流为主,具有流量大、流向集中且极不均衡、时间性强的特点,交通运输极其紧张,是中国特有的现象。

春麦 chūnmài/ㄔㄨㄣ ㄇㄞˋ

【农】即"春小麦"(157 页)。

春温/春温 chūnwēn/ㄔㄨㄣ ㄨㄣ

spring warm disorder, spring warmth

【中医】中医温病之一。发生于春季。初起即出现里热症状如发热、口渴、心烦、小便黄赤、舌红等,治用黄芩汤清泄里热。如兼恶寒头痛者,治宜表里两解,用葱豉桔梗汤加黄芩。热入阳明,壮热口渴,汗多,脉洪大,或潮热谵语,腹满便秘者,治宜清气泄热,或攻下泄热,选用白虎汤、调胃承气汤。热入营血,或伤阴动风,可参用风温治法。

春小麦/春播小麥

chūnxiǎomài/ㄔㄨㄣ ㄅㄛˋ ㄒㄧㄠˇ ㄇㄞˋ

spring wheat

【农】又称"春麦"。在寒冷地区,只能在春季播种,随后正常成熟的小麦。通常 3 月下旬 4 月上旬播种,7 月中下旬收获。

春汛/春汛 chūnxùn/ㄔㄨㄣ ㄒㄩㄣˋ

spring flood

【水利】旧称"桃汛"。春季发生的江河涨水现象。

春运 chūnyùn/ㄔㄨㄣ ㄩㄣˋ

【交】"春节运输"的简称。

春作 ㄔㄨㄣ ㄗㄨㄛˋ/chūnzuò

spring crops

【农】台湾名。即"大春作物"(176 页)。

鰆 ㄔㄨㄣ/chūn

Spanish mackerel

【动】台湾名。即"马鲛"(778 页)。

纯度/純度 chúndù/ㄔㄨㄣˊ ㄉㄨˋ

purity

【化】物质的主要组分在该物质中所占的分数。

纯化水/净化水

chúnhuàshuǐ/ㄐㄧㄥˋ ㄏㄨㄚˋ ㄕㄨㄟˇ

purified water

【医】采用蒸馏法、离子交换法、反渗透法或其他适宜的方法制得的,不含其他物质的水。

纯碱/鈉鹼 chúnjiǎn/ㄋㄚˋ ㄐㄧㄢˇ

soda

【化】又称"苏打"。无机化合物。成分为碳酸钠(Na_2CO_3)。

纯量/純量 chúnliàng/ㄔㄨㄣˊ ㄌㄧㄤˋ

【数】即"标量"(65 页)。

纯水/純水 chúnshuǐ/ㄔㄨㄣˊ ㄕㄨㄟˇ

pure water

【化】不含任何杂质的纯净水。在工业和生活中广泛应用。获得纯水的方法很多,有蒸馏水、去离子水等。

纯铁/純鐵 chúntiě/ㄔㄨㄣˊ ㄊㄧㄝˇ

pure iron

【材】杂质含量很低的铁。包括区域熔炼铁、氢处理铁、阿姆科铁、电解铁等。

纯铜/純銅 chúntóng/ㄔㄨㄣˊ ㄊㄨㄥˊ

pure copper, red copper

【材】又称"紫铜"。通常指纯度高于 99.3% 的工业用金属铜。广泛应用于电子、电力、制造业等领域。

纯小数/純小數

chúnxiǎoshù/ㄔㄨㄣˊ ㄒㄧㄠˇ ㄕㄨˋ

pure decimal

【数】整数部分是 0 的小数,即小数点前是 0 的小数。例如 0.01,0.123…。

纯虚数/純虛數

chúnxūshù/ㄔㄨㄣˊ ㄒㄩ ㄕㄨˋ

pure imaginary number

【数】复数 $z=a+bi$ 中,若 $a=0,b\neq0$,则 z 为纯虚数。例如 2i,−5i,1.2i 等。

纯音/純音 chúnyīn/ㄔㄨㄣˊ ㄧㄣ

pure tone, simple tone

【物】只有单一频率的声音。例如音叉发出的声音。

纯育/繁殖純種

chúnyù/ㄈㄢˊ ㄓˊ ㄔㄨㄣˊ ㄓㄨㄥˇ

breeding true

【生】又称"真实遗传"。子代性状永远与亲代性状相同的遗传方式。

纯种/純種 chúnzhǒng/ㄔㄨㄣˊ ㄓㄨㄥˇ

pure breed, purebred

【生】完全由纯育方式繁育的个体或植物的高度自交系。

唇形花/脣形花

chúnxínghuā/ㄔㄨㄣˊ ㄒㄧㄥˊ ㄏㄨㄚ

lip flower

【植】花形的一种。花冠或花萼稍呈唇形,上面两裂片合生为上唇,下面三裂片合为下唇。如紫苏、薄荷、一串红等的花形。

純理性科學

ㄔㄨㄣˊ ㄌㄧˇ ㄒㄧㄥˋ ㄎㄜ ㄒㄩㄝˊ/chúnlǐxìng kēxué

noetic science

【总】台湾名。即"思维科学"(1077 页)。

醇/醇 chún/ㄔㄨㄣˊ

alcohol

【化】一类含氧有机化合物。烷分子中的氢原子被羟基取代的化合物。可分为一元醇(含有一个羟基)、二元醇(含有两个羟基)和多元醇(含有两个以上羟基)。一元醇中的甲醇、乙醇、丙醇有酒味,丁醇至十一醇有不愉快的气味。二元醇和多元醇具有甜味。

醇解/醇解 chúnjiě/ㄔㄨㄣˊ ㄐㄧㄝˇ

alcoholysis

【化】一个化合物与醇作用,并与醇分子中的某一部分相结合,生成两个或两个以上化合物的过程。

cí (ㄘˊ)

祠堂/祠堂 cítáng/ㄘˊ ㄊㄤˊ

ancestral hall

【建】又称"家庙"。祭祀祖宗、先贤的庙堂,兼作宗族成员活动的场所。

📖 家庙改称祠堂始于朱熹的《家礼》。《家礼》制订祠堂制度,位于住房东,堂中供奉高、曾、祖、父四代牌位。明中叶以后,祠堂规模日益扩大,独立于住宅之外的大型祠堂逐渐增多。功能不断社会化,从单纯祭祀祖先之所发展成为家族亲友宴饮团拜的公共活动空间,又是教化执法的公庭。型制丰富多样,建筑处理灵活变通,具有明显的地方特色,通常由大门、享堂、寝堂、廊庑、神厨和其他附属用房组成。

瓷/瓷 cí/ㄘˊ

porcelain

【材】见"陶瓷"(1113 页)。

瓷漆 cíqī/ㄘˊ ㄑㄧ

【化】即"磁漆"(163 页)。

瓷器/瓷器 cíqì/ㄘˊ ㄑㄧˋ

porcelain

【轻】瓷质的器具。以高岭土、石英石、莫来石为原料做坯,坯胎成型后表面施釉质,在窑内烧制而成。烧成温度 1280～1400℃,质硬而脆,不透气,不吸湿,釉面光洁。传统上分为青瓷、青花瓷、彩瓷、白瓷四类。常见的瓷器有餐具、茶具、酒具、花瓶、佛像及摆件等。

📖 瓷器从陶器发展演变而来。中国是瓷器的故乡,原始瓷器起源于 3000 多年前。宋代是瓷器发展最为繁荣的时期,当时的汝窑、官窑、哥窑、钧窑和定窑并称为"五大名窑"。江西景德镇的瓷器最著名,景德镇也因此称为"瓷都",其"四大传统名瓷"有青花瓷、玲珑瓷、粉彩瓷和颜色釉瓷。

瓷石/陶石 císhí/ㄊㄠˊ ㄕˊ

china stone

【材】以绢云母和石英为主,或含有少量长石、高岭石和碳酸盐矿物的混合体。属于绢云母类黏土。是一种可供制瓷的石质原料。

瓷牙/瓷牙 cíyá/ㄘˊ ㄧㄚˊ

ceramic tooth

【医】由陶瓷材料制成的人工牙。

瓷釉/釉 cíyòu/ㄧㄡˋ

glaze

【轻】一种硼硅酸盐复合材料。由基体剂、助熔剂、乳浊剂、密着剂、着色剂组成。将含有上述成分的矿物和化工原料按比例混合，经1200℃高温熔融，冷却后凝结成玻璃状瓷釉质。硬度高、耐高温、耐腐蚀、耐磨和装饰性强。多用于金属坯体表面搪瓷。

慈姑　cígū/ㄘˊ ㄍㄨ

【植】"野慈姑"的通称。

磁饱和/磁飽和　cíbǎohé/ㄘˊ ㄅㄠˇ ㄏㄜˊ

magnetic saturation

【电】铁磁性物质或亚铁磁性物质处于磁极化强度或磁化强度不随磁场强度增加而显著增大的状态。

磁标位/磁純量勢

cíbiāowèi/ㄘˊ ㄔㄨㄣˊ ㄌㄧㄤˋ ㄕˋ

magnetic scalar potential

【电】无电流分布的单连通区域中，描述恒定磁场的辅助标量位函数。其负梯度等于磁场强度：$\boldsymbol{H}=-\nabla\varphi_m$，式中，$\boldsymbol{H}$ 是磁场强度，φ_m 是磁标位。

磁层/磁層　cícéng/ㄘˊ ㄘㄥˊ

magnetosphere

【气】按电磁特性划分的大气中的一层。距地面高度500（或1000）千米至大气顶界的大气层。层内电子和离子的运动受地球磁场支配，厚度受太阳风影响很大。

磁场/磁場　cíchǎng/ㄘˊ ㄔㄤˇ

magnetic field

【物】存在于电流、运动电荷、磁体或变化的电场周围空间的特殊形态的物质。对其中的运动电荷、电流、磁体存在力的作用，与电场相互依存、相互制约，共同构成统一的电磁场。

磁场强度/磁場強度

cíchǎng qiángdù/ㄘˊ ㄔㄤˇ ㄑㄧㄤˊ ㄉㄨˋ

magnetic field strength, magnetic field intensity

【物】描述磁场的一个辅助物理量。用 $\boldsymbol{H}$ 表示。单位安/米。与磁感应强度 $\boldsymbol{B}$ 的关系为 $\boldsymbol{H}=\boldsymbol{B}/\mu_0-\boldsymbol{M}$，式中，$\boldsymbol{M}$ 为磁化强度，μ_0 为真空磁导率。

磁畴/磁域　cíchóu/ㄘˊ ㄔㄡˊ

magnetic domain

【物】铁磁性物质在磁中性状态下所分为的若干已经自发磁化的小区域。大小 $10^{-3}\sim10^{-6}$ 米。其中原子整齐排列，具有很强的磁性（自发磁化）。当物质中所有磁畴的磁化方向都与外磁场的方向一致时，磁化达到饱和。磁化前，各个磁畴的作用在宏观上相互抵消，物质对外不显磁性。

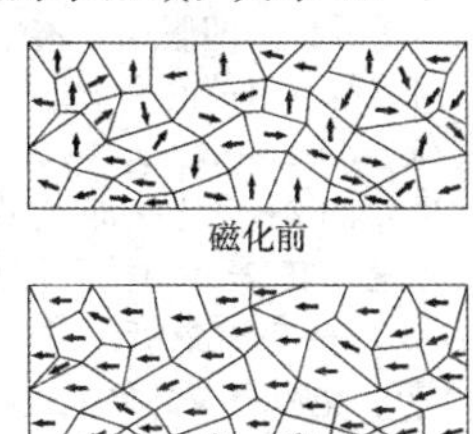

磁　畴

磁純量勢

ㄘˊ ㄔㄨㄣˊ ㄌㄧㄤˋ ㄕˋ/cíchúnliàngshì

magnetic scalar potential

【电】台湾名。即"磁标位"（159页）。

磁存储材料/磁存儲材料

cícúnchǔ cáiliào/ㄘˊ ㄘㄨㄣˊ ㄔㄨˇ ㄘㄞˊ ㄌㄧㄠˋ

magnetic memory materials

【材】一类磁功能材料。用于制造存储元件的磁性材料。按组分不同，可分为金属和铁氧体；按磁性不同，可分为矩磁材料和非矩磁材料。矩磁铁氧体的应用最广泛，要求有矩形的磁滞回线、较小的矫顽力、较小的温度系数和较高的居里温度。

磁带/磁帶　cídài/ㄘˊ ㄉㄞˋ

magnetic tape

【信息】❶覆有磁性材料，可记录数据的柔性聚酯薄膜带。边存储边卷绕，必须顺序读写，而不能像在软盘或硬盘上那样随机读写。❷在台湾，磁带也指"音带"（1347页）。

磁帶録影機

ㄘˊ ㄉㄞˋ ㄌㄨˋ ㄧㄥˇ ㄐㄧ/cídài lùyǐngjī

video tape recorder, VTR

【轻】台湾名。即"录像机"（758页）。

磁单极/磁單極　cídānjí/ㄘˊ ㄉㄢ ㄐㄧˊ

【物】即"磁单极子"（159页）。

磁单极子/磁單極　cídānjízǐ/ㄘˊ ㄉㄢ ㄐㄧˊ

magnetic monopole

【物】又称"磁单极"，即只有磁南极或磁北极的粒子。1931年英国物理学家狄拉克（P.A.M. Dirac，1902—1984）把量子力学与宏观电磁理论结合起来进行理论研究时，提出的一个假说。即假如宇宙中存在磁单极子，将可以解释电荷的量子化。设磁单极子具有磁荷 g，则 $e=n(\hbar c/2g)$。式中$\hbar$ 是普朗克常量 h 的 2π 分之一即 $h/(2\pi)$，c 是真空中的光速。它表示电荷 e 是一个最小单位 $\hbar/(2g)$的整数倍。

C

📖 磁单极子的假说提出后，不断有物理学家寻找它，但是经过几十年的时间还没有找到。美国斯坦福大学的物理学家们，从 1981 年开始，利用一个直径为 5 厘米共 4 匝的超导铌线圈作为探测器，寻找磁单极子；假如磁单极穿过铌线圈，线圈中将产生感应电流，在相连的仪器上会记录下来。在 1982 年 2 月 14 日他们发现了线圈中产生了感应电流，很可能是磁单极引起的。但是因为只有这一个事例，还不能做出结论。

磁导/磁導 cídǎo/ㄘˊ ㄉㄠˇ

permeance

【电】磁阻元件的磁通 Φ 除以磁压 V_m 的商：$\Lambda=\Phi/V_m$。磁导是磁阻的倒数。

磁导率/磁導率 cídǎolǜ/ㄘˊ ㄉㄠˇ ㄌㄩˋ

magnetic permeability

【物】表征磁介质磁化性能的物理量。用 μ 表示。单位亨/米。

磁道/磁軌 cídào/ㄘˊ ㄍㄨㄟˇ

magnetic track

【信息】数据媒体上一条与信号或数据的顺序存取关联的路径。对给定的数据媒体，格式化时可采用多条并行磁道(例如磁盘上的一组同心圆)；也可采用单道(例如光盘上常见的一条连续螺旋线)。对某些媒体(例如磁带)，则用多条磁道并行读入，以便把数据的初级单位(例如位)装配成较大单位(例如字节)。

磁碟 ㄘˊ ㄉㄧㄝˊ/cídié

magnetic disk, disk

【信息】台湾名。即“磁盘”(162 页)。

磁动势/磁動勢 cídòngshì/ㄘˊ ㄉㄨㄥˋ ㄕˋ

magnetomotive force

【电】又称“磁通势”。磁场强度沿闭合路径的线积分。

磁轭/軛鐵 cí'è/ㄜˋ ㄊㄧㄝˇ

yoke

【电】由磁性材料构成并用以形成完整磁路的器件的一部分。通常磁轭上没有绕组。

磁法勘探/磁力探礦

cífǎ kāntàn/ㄘˊ ㄌㄧˋ ㄊㄢˋ ㄎㄨㄤˋ

magnetic prospecting

【地】一种地球物理勘探方法。通过观测和分析由岩石、矿石等的磁性差异所引起的磁异常，进而研究地质构造和矿产资源分布规律。主要用于探测铁矿区、某些多金属矿区及油气田，以及进行大范围的地质构造研究。

磁浮列车/磁浮列車

cífú lièchē/ㄘˊ ㄈㄨˊ ㄌㄧㄝˋ ㄔㄜ

【交】即“磁悬浮列车”(164 页)。

磁感线 cígǎnxiàn/ㄘˊ ㄍㄢˇ ㄒㄧㄢˋ

【物】“磁感应线”的简称。

磁感应强度/磁通量密度

cígǎnyìng qiángdù/ㄘˊ ㄊㄨㄥ ㄌㄧㄤˋ ㄇㄧˋ ㄉㄨˋ

magnetic flux density

【物】又称“磁通密度”。描述磁场强弱、方向的物理量。为矢量。用 **B** 表示。单位特[斯拉](T)。磁场中某点的磁感应强度的方向(即磁场方向)，都与放在该点的小磁针北极所指的方向一致。

各种场所的磁感应强度

(单位：特[斯拉])

场所	磁感应强度
人体器官内的磁场	10^{-13}～10^{-9}
地磁场在地面附近的平均值	5×10^{-5}
电动机或变压器铁芯中的磁场	0.8～1.7
电视机偏转线圈内的磁场	约0.1
实验室使用的最强磁场	瞬时10^3 恒定37
中子星表面的磁场	10^6～10^8
原子核表面的磁场	约10^{12}

磁感应线/磁感應線

cígǎnyìngxiàn/ㄘˊ ㄍㄢˇ ㄧㄥˋ ㄒㄧㄢˋ

magnetic induction line

【物】简称“磁感线”，又称“磁力线”。描述磁场 B 分布的曲线，其上每一点的切线方向与该点磁感应强度的方向一致。用以形象地表示各种磁场磁感应强度的分布，描述磁体间的相互作用。各种磁体的磁感应线因磁场形状不同而各异。通电直导线的是在垂直于导线的平面上以导线为圆心的同心圆；永磁体的在磁体外部从它的北极出来回到南极，在磁体内部从它的南极到北极。英国物理学家法拉第(Michael Faraday，1791—1867)在1831年前后首先提出。

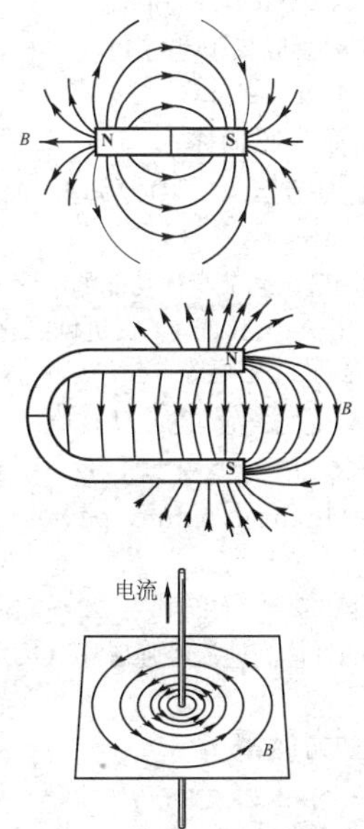

几种磁场的磁感应线

磁共振/磁共振
cígòngzhèn/ㄘˊ ㄍㄨㄥˋ ㄓㄣˋ
magnetic resonance
【物】固体受到恒定磁场和高频磁场共同作用，在恒定磁场强度与高频磁场的频率满足一定条件下，该固体对高频磁场所表现出的共振吸收现象。

磁共振成像/核磁共振造影
cígòngzhèn chéngxiàng/ㄏㄜˊ ㄘˊ ㄍㄨㄥˋ ㄓㄣˋ ㄗㄠˋ ㄧㄥˇ
magnetic resonance imaging，MRI
【医】利用人体中的H质子在强磁场内受到脉冲激发，产生磁共振现象，经过空间编码技术，把以电磁波形式放出的共振信号接收转换，通过计算机，最后形成图像，用于进行疾病诊断的技术。其优越性在于没有放射线损害，能从任何方向截面显示解剖病变，除了可以得到反映组织解剖信息的质子密度图像外，还可以得到反映组织生理生化信息的图像。

磁軌 ㄘˊ ㄍㄨㄟˇ/cíguǐ
magnetic track
【信息】台湾名。即“磁道”(160页)。

磁化/磁化 cíhuà/ㄘˊ ㄏㄨㄚˋ
magnetization
㊀【物】使原来不具有磁性的物体获得磁性的过程。钢铁制成的缝衣针、螺丝刀等放在磁场中或与磁铁接触后，即被磁化。㊁【电】在台湾，磁化也指“磁介质磁化”(162页)。

磁化率/磁化率 cíhuàlǜ/ㄘˊ ㄏㄨㄚˋ ㄌㄩˋ
magnetic susceptibility
【物】描述介质磁特性的一个参数，表示介质对外磁场的反应。为介质内某点的磁化强度M与其磁场强度H之比。用X_m表示，$X_m=M/H$。对各向同性介质，X_m为一纯数；对各向异性介质，X_m为一张量。铁磁质的磁化率一般都很大。对于同一种铁磁质，磁化率不是定值。

磁化曲线/磁化曲線
cíhuà qūxiàn/ㄘˊ ㄏㄨㄚˋ ㄑㄩ ㄒㄧㄢˋ
magnetization curve
【电】表示物质的磁感应密度、磁极化强度或磁化强度作为磁场强度的函数的曲线。

磁黄铁矿/磁黄鐵礦
cíhuángtiěkuàng/ㄘˊ ㄏㄨㄤˊ ㄊㄧㄝˇ ㄎㄨㄤˋ
pyrrhotite
【地】矿物。成分为$Fe_{1-x}S$。晶形呈六方板状、柱状或桶状，常见为致密块状集合体。六方晶系或单斜晶系。暗黑铜黄色，条痕灰黑色，金属光泽，莫氏硬度4，密度4.6～4.7克/厘米^3。常与黄铁矿等共生。用于制取硫酸。在地表容易风化成褐铁矿。

磁极/磁極 cíjí/ㄘˊ ㄐㄧˊ
magnetic pole
【物】磁体上磁性最强的部分。有两个，分别为南极(S)和北极(N)。磁针、条形磁体、蹄形磁体的磁极都在接近两端处。同名磁极相斥，异名磁极相吸。

磁记录介质/磁記録媒體
cíjìlù jièzhì/ㄘˊ ㄐㄧˋ ㄌㄨˋ ㄇㄟˊ ㄊㄧˇ

magnetic recording medium

【材】一类磁功能材料。利用磁性原理输入、记录、存储和输出声音、图像、数字等信息的材料。利用磁头气隙中随信息变化的磁场将经过气隙的磁记录介质磁化，使磁记录介质按空间变化的磁化强度分布，反之则可读出信息。记录方式有水平、垂直和杂化磁记录三种。

C

磁記錄媒體
ㄘˊ ㄐㄧˋ ㄌㄨˋ ㄇㄟˊ ㄊㄧˇ/cíjìlù méitǐ
magnetic recording medium
【材】台湾名。即“磁记录介质”(161 页)。

磁介质/磁介質 cíjièzhì/ㄘˊ ㄐㄧㄝˋ ㄓˋ
magnetic medium
【物】放在磁场中能被磁化，产生附加磁场，从而影响原有磁场的物质。按附加磁场方向和强度不同，可分为顺磁质、抗磁质、铁磁质。顺磁质和抗磁质的相对磁导率与 1 相差甚微，又统称弱磁质；铁磁质相对磁导率远大于 1，又称强磁质。

磁介质磁化/磁化
cíjièzhì cíhuà/ㄘˊ ㄏㄨㄚˋ
magnetization
【电】磁介质中磁矩的矢量和不等于零的现象。

磁矩/磁矩 cíjǔ/ㄘˊ ㄐㄩˇ
magnetic moment
【物】描述磁体和电流回路以及微观粒子的磁性质的物理量。❶对于磁偶极子，为电流、回路面积与垂直回路平面的单位矢量(其方向对应于回路转向)三者之积。❷对于某一区域内的物质，为包含在该区域内所有基本磁偶极子磁矩的矢量和。

磁聚焦/磁聚焦 cíjùjiāo/ㄘˊ ㄐㄩˋ ㄐㄧㄠ
magnetic focusing
【物】由通电线圈产生的磁场使电子束会聚成点(聚焦)或成像。是通过磁场对运动电子的洛伦兹力实现的。

磁卡/磁卡 cíkǎ/ㄘˊ ㄎㄚˇ
magnetic card
【材】一种卡片状的磁记录介质。与各种读卡设备配合作用。按使用基材不同，可分为 PET 卡、PVC 卡和纸卡；按磁层构造不同，可分为磁条卡和全涂磁卡。使用方便，造价便宜，可制作信用卡、银行卡、门票卡、电话卡、电子游戏卡，以及各种交通收费卡等。

磁力療法 ㄘˊ ㄌㄧˋ ㄌㄧㄠˊ ㄈㄚˇ/cílì liáofǎ
magnetotherapy
【医】台湾名。即“磁疗”(162 页)。

磁力探礦 ㄘˊ ㄌㄧˋ ㄊㄢˋ ㄎㄨㄤˋ/cílì tànkuàng
magnetic prospecting
【地】台湾名。即“磁法勘探”(160 页)。

磁力线 cílìxiàn/ㄘˊ ㄌㄧˋ ㄒㄧㄢˋ
【物】即“磁感应线”(160 页)。

磁链 cíliàn/ㄘˊ ㄌㄧㄢˋ
【电】“磁通链”的简称。

磁疗/磁力療法 cíliáo/ㄘˊ ㄌㄧˋ ㄌㄧㄠˊ ㄈㄚˇ
magnetotherapy
【医】利用磁场调节身体功能的治疗方法。用于止痛、消炎、消肿、镇静、促进创面愈合、促进骨折愈合、软化瘢痕等。

磁流体发电/磁流體動力發電
cíliútǐ fādiàn/ㄘˊ ㄌㄧㄡˊ ㄊㄧˇ ㄉㄨㄥˋ ㄌㄧˋ ㄈㄚ ㄉㄧㄢˋ
magnetohydrodynamic power generation
【电】又称“等离子体发电”。将极高温度并高度电离的气体高速流经强磁场直接发电的工程技术。

磁流體動力發電
ㄘˊ ㄌㄧㄡˊ ㄊㄧˇ ㄉㄨㄥˋ ㄌㄧˋ ㄈㄚ ㄉㄧㄢˋ/
cíliútǐ dònglì fādiàn
magnetohydrodynamic power generation
【电】台湾名。即“磁流体发电”(162 页)。

磁路/磁路 cílù/ㄘˊ ㄌㄨˋ
magnetic circuit
【电】❶电磁学指媒质的组合，磁通在给定区域中通过它形成通路。❷电路理论指仅由磁路元件组成的路。

磁路元件/磁路元件
cílù yuánjiàn/ㄘˊ ㄌㄨˋ ㄩㄢˊ ㄐㄧㄢˋ
magnetic circuit element
【电】只涉及磁积分量之间的关系的路元件。磁积分量包括磁压、磁通等。

磁盘/磁碟 cípán/ㄘˊ ㄉㄧㄝˊ
magnetic disk, disk
【信息】简称“盘”。表面带有磁性物质的圆盘形存储器。以旋转方式在其一面或两面读写二进制数据。按材质刚柔不同,可分为硬磁盘和软磁盘两种。

📖 软磁盘(floppy disk, flexible disk, diskette)简称"软盘"。以柔性圆盘制成,封装在方形塑料保护套中,避免污损。盛行于1975—2005年;现已逐渐被外接硬盘、光盘等容量更大的外存所取代,仅在小量遗留设备上继续使用。

磁偏角/磁偏角 cípiānjiǎo/ㄘˊ ㄆㄧㄢ ㄐㄧㄠˇ
magnetic declination
【测绘】地图上的磁力北方向线与地球自转轴的北方向线之间的夹角。地球的南北磁极与地球自转轴的南北极点不重合,地面不同地点的磁偏角有差别;南北磁极的位置随时间变化,同一地点的磁偏角随时间有周期性微小变化。

磁屏 ㄘˊ ㄆㄧㄥˊ/cípíng
magnetic shielding
【物】台湾名。即"磁屏蔽"(163页)。

磁屏蔽/磁屏 cípíngbì/ㄘˊ ㄆㄧㄥˊ
magnetic shielding
【物】排除或抑制静磁干扰的措施。高磁导率的铁磁材料制成的空腔可以产生屏蔽静磁干涉的效果。

磁漆/瓷漆 cíqī/ㄘˊ ㄑㄧ
enamel
【化】又作"瓷漆"。色漆的一种。因其涂膜坚硬细腻,平整光滑,外观类似瓷器表面的釉,故名。可用作涂刷机器、车辆、家具、农具和建筑物等的面漆。

磁矢势 císhǐshì/ㄘˊ ㄕˇ ㄕˋ
【电】即"磁矢位"(163页)。

磁矢位/磁向量位
císhǐwèi/ㄘˊ ㄒㄧㄤˋ ㄌㄧㄤˋ ㄨㄟˋ
magnetic vector potential
【电】又称"磁矢势"。描述磁场的辅助矢量位函数。其旋度等于磁场密度。

磁损耗/磁損耗 císǔnhào/ㄘˊ ㄙㄨㄣˇ ㄏㄠˋ
magnetic loss
【物】磁性材料在磁化和反磁化过程中所损失的能量。以热的形式流失。

磁体/磁體 cítǐ/ㄘˊ ㄊㄧˇ
magnet
【物】具有磁性的物体。能产生磁场。分为天然磁体和人造磁体两种。天然磁体通常称磁石,是一种以四氧化三铁为主要成分的铁矿石。常见的人造磁体用永磁材料或电磁体制成。每一磁体的两端显示的磁性最强,称为磁极。如把磁体分成两块,则每一块的两端仍是磁极。

磁铁/磁鐵 cítiě/ㄘˊ ㄊㄧㄝˇ
magnet
【电】磁体的一种。

磁铁矿/磁鐵礦
cítiěkuàng/ㄘˊ ㄊㄧㄝˇ ㄎㄨㄤˋ
magnetite
【地】矿物。成分为Fe_3O_4。等轴晶系。晶面有条纹,晶体呈八面体、十二面体,多为块状集合体。铁黑色,或具暗蓝靛色,条痕黑色,半金属光泽。莫氏硬度5.5~6.5,密度5.16~5.18克/厘米^3。具强磁性。是制造生铁、钢、纯铁、铁合金等的矿物原料。

磁铁芯/磁心 cítiěxīn/ㄘˊ ㄒㄧㄣ
magnetic core
【电】简称"磁芯"。由高磁导率磁性材料构成的用以引导磁通的器件。

磁通 cítōng/ㄘˊ ㄊㄨㄥ
【物】"磁通量"的简称。

磁通计/磁通計
cítōngjì/ㄘˊ ㄊㄨㄥ ㄐㄧˋ
fluxmeter
【电】又称"韦伯计""特斯拉计"。用于测量磁通量的仪器。

磁通链/磁通鏈
cítōngliàn/ㄘˊ ㄊㄨㄥ ㄌㄧㄢˋ
linked flux
【电】简称"磁链"。❶电磁学指一个通有电流的线圈(或回路),其各线匝或邻近另一个线圈各线匝交链的该电流产生的磁通量的总和。可分为自感磁链和互感磁链。通有电流的线圈的各线匝交链的磁通量的总和为自感磁链,邻近另一个线圈各线匝交链的磁通量的总和为互感磁链。❷电路理论指二端或n端元件的两个端子A和B之间的电压的时间积分:$\Psi(t)=\int_{t_0}^{t}u_{AB}(\tau)\mathrm{d}\tau$。式中,$t_0$是第一次输入电能之前的任一时刻。

磁通量/磁通量
cítōngliàng/ㄘˊ ㄊㄨㄥ ㄌㄧㄤˋ
magnetic flux
【物】简称"磁通"。描述磁介质(或真空)中磁场分布情况的物理量。用 Φ 表示，单位韦[伯]。

C

磁通量密度
ㄘˊ ㄊㄨㄥ ㄌㄧㄤˋ ㄇㄧˋ ㄉㄨˋ/cítōngliàng mìdù
magnetic flux density
【物】台湾名。即"磁感应强度"(160 页)。

磁通密度
cítōng mìdù/ㄘˊ ㄊㄨㄥ ㄇㄧˋ ㄉㄨˋ
【物】即"磁感应强度"(160 页)。

磁通势 cítōngshì/ㄘˊ ㄊㄨㄥ ㄕˋ
【电】即"磁动势"(160 页)。

磁头/磁頭 cítóu/ㄘˊ ㄊㄡˊ
magnetic head, head
【信息】磁盘或磁带驱动器上的读写机构。硬盘磁头由线圈缠绕在磁心上制成。通过感应盘片旋转时的磁场变化来读取数据,通过改变盘片上的磁场来写入数据。

磁位差/磁位差
cíwèichā/ㄘˊ ㄨㄟˋ ㄔㄚ
magnetic potential difference
【电】一段磁路内磁场强度的线积分。

磁向量位
ㄘˊ ㄒㄧㄤˋ ㄌㄧㄤˋ ㄨㄟˋ/cíxiàngliàngwèi
magnetic vector potential
【电】台湾名。即"磁矢位"(163 页)。

磁心 ㄘˊ ㄒㄧㄣ/cíxīn
magnetic core
【电】台湾名。即"磁铁芯"(163 页)。

磁芯 cíxīn/ㄘˊ ㄒㄧㄣ
【电】"磁铁芯"的简称。

磁性/磁性 cíxìng/ㄘˊ ㄒㄧㄥˋ
magnetism
【物】由物质内部电子、核子运动引起的物体相互吸引或排斥现象的性质。通常表现为磁体能吸引铁、镍、钴等的现象。按照相互作用不同,可分为顺磁性、抗磁性、铁磁性等类型。任何物质或弱或强都有磁性,磁性与物质的电子结构、有无不成对电子、磁子间相互作用、晶体结构等有关。

磁性材料/磁性材料
cíxìng cáiliào/ㄘˊ ㄒㄧㄥˋ ㄘㄞˊ ㄌㄧㄠˋ
magnetic materials
【材】具有磁功能的材料。主要指应用铁磁性能的材料以及应用磁性和磁效应的弱磁性(抗磁性和顺磁性)、反铁磁性材料。

磁性瓷 cíxìngcí/ㄘˊ ㄒㄧㄥˋ ㄘˊ
【材】即"铁氧体"(1135 页)。

磁性流體 ㄘˊ ㄒㄧㄥˋ ㄌㄧㄡˊ ㄊㄧˇ/cíxìng liútǐ
magnetic liquid
【化】台湾名。即"磁性液体"(164 页)。

磁性陶瓷
cíxìng táocí/ㄘˊ ㄒㄧㄥˋ ㄊㄠˊ ㄘˊ
【材】即"铁氧体"(1135 页)。

磁性液体/磁性流體
cíxìng yètǐ/ㄘˊ ㄒㄧㄥˋ ㄌㄧㄡˊ ㄊㄧˇ
magnetic liquid
【化】简称"磁液"。一种磁功能材料。内含粒径约 10 纳米的超微磁粒的液体。具有磁性、流动性和吸附性。可充当药物载体负载抗癌药,经外磁场控制下导引到特定的肿瘤靶区,逐渐释放抗癌药物,起到高效、低毒、杀伤癌细胞的作用。

磁悬浮列车/磁浮列車
cíxuánfú lièchē/ㄘˊ ㄈㄨˊ ㄌㄧㄝˋ ㄔㄜ
magnetic suspension train
【交】又称"磁浮列车"。利用电磁感应,使车体悬浮或吸浮于导轨上,以直线电动机作为驱动力的列车。由于没有轮轨间的摩擦,行驶阻力小,列车速度高;由于采用导轨结构,列车运行平稳,安全性好;具有能耗低、无噪声、无污染的特点。

磁液 cíyè/ㄘˊ ㄧㄝˋ
【化】"磁性液体"的简称。

磁泳/磁泳 cíyǒng/ㄘˊ ㄩㄥˇ
magnetophoresis
【化】在磁场诱导下颗粒微量定向移动的技术。是一种高效、高通量的生物分离方法。用于细胞分选、RNA 和 DNA 分离、制备、纯化和测序等。

磁域 ㄘˊ ㄩˋ/cíyù

magnetic domain

【物】台湾名。即“磁畴”(159 页)。

磁滞/磁滯 cízhì/ㄘˊ ㄓˋ

magnetic hysteresis

【电】在铁磁性或亚铁磁性物质中，磁感应密度或磁化强度随磁场强度的变化而发生的，且与其变化率无关的不完全可逆的变化。

磁滞回线/磁滯回線

cízhì huíxiàn/ㄘˊ ㄓˋ ㄏㄨㄟˊ ㄒㄧㄢˋ

magnetic hysteresis loop

【电】表示磁场强度周期性变化时强磁性物质磁滞现象的闭合磁化曲线。

磁阻/磁阻 cízǔ/ㄘˊ ㄗㄨˇ

reluctance

【电】❶电磁学指一段磁路的磁位差与磁通量的比值。由磁路的几何形状、尺寸和材料的磁特性等因素决定。❷电路理论指磁阻元件的磁压 V_m 与磁通 Φ 的比值：$R_m=\frac{V_m}{\Phi}$。磁阻是磁导的倒数。

磁阻电动机/磁阻電動機

cízǔ diàndòngjī/ㄘˊ ㄗㄨˇ ㄉㄧㄢˋ ㄉㄨㄥˋ ㄐㄧ

reluctance motor

【电】同步电动机的一种。转子无励磁，具有若干形状规则的凸出部分，上面装有起动用的笼型绕组或不装笼型绕组。

磁阻电机/磁阻電機

cízǔ diànjī/ㄘˊ ㄗㄨˇ ㄉㄧㄢˋ ㄐㄧ

reluctance machine

【电】同步电机的一种。通常其静止部件上装有相互间适当排列的电枢绕组和励磁绕组或永久磁铁，旋转部件上没有绕组，只具有若干规则的凸出部分。

雌花/雌花 cíhuā/ㄘˊ ㄏㄨㄚ

pistillate flower

【植】缺少雄蕊，仅有雌蕊的花。也指雄蕊不育，雌蕊能育的花。如葫芦、黄瓜的花。

雌黄/雌黄 cíhuáng/ㄘˊ ㄏㄨㄤˊ

orpiment

【地】矿物。成分为 As_2S_3。单斜晶系。晶体常呈柱状、杆状、块状、鸡冠状集合体。柠檬黄色，条痕鲜黄色，有时微带浅褐色，光泽随方向变化，由金刚光泽至油脂光泽，新鲜断面呈强烈的珍珠光泽，半透明，莫氏硬度 1.5～2。密度 3.4～3.5 克/厘米^3。常与雄黄共生。含砷量 61%，是提取砷的矿物原料。

📖 中药雌黄为高品位的雌黄矿石，呈不规则块状，深红色或橙红色，条痕淡橘红色，质脆，易碎，微有特异的臭气，味淡，有毒。

雌激素/雌激素 cíjīsù/ㄘˊ ㄐㄧ ㄙㄨˋ

estrogen

【医】由卵巢、睾丸、胎盘或肾上腺皮质所产生的十八碳类固醇激素。女性进入青春期开始分泌，促进阴道、子宫、输卵管和卵巢本身的发育，还促使皮下脂肪富集，乳腺增生，乳头、乳晕颜色变深，并产生性欲。对中枢神经系统、机体代谢和精子发生也有重要的调节作用。

雌激素类/動情素

cíjīsùlèi/ㄉㄨㄥˋ ㄑㄧㄥˊ ㄙㄨˋ

estrogens

【医】天然雌激素和人工合成雌激素类药物的统称。天然雌激素包括雌二醇、雌酮及雌三醇，合成雌激素包括甾体激素和非甾体激素。

雌蕊/雌蕊 círuǐ/ㄘˊ ㄖㄨㄟˇ

pistil

【植】被子植物花中的雌性生殖器官。着生在花托中央，由柱头、花柱、子房三部分组成。果实由此生成。

雌雄同体/雌雄同體

cí-xióng tóngtǐ/ㄘˊ ㄒㄩㄥˊ ㄊㄨㄥˊ ㄊㄧˇ

hermaphroditism

㊀【动】同一动物体内生有雌、雄两种生殖器官的现象。分为两种情况，一种是同时生有精巢和卵巢，一种是生有两性腺体。如蚯蚓、蜗牛、蛞蝓等。㊁【医】在台湾，雌雄同体也指“两性畸形”(736 页)。

雌雄同株/雌雄同株

cí-xióng tóngzhū/ㄘˊ ㄒㄩㄥˊ ㄊㄨㄥˊ ㄓㄨ

monoecism

【植】花单性，同一植株上既有雌花又有雄花的现象。如水青冈就是雌雄同株的植物。

雌雄异体/雌雄異體

cí-xióng yìtǐ/ㄘˊ ㄒㄩㄥˊ ㄧˋ ㄊㄧˇ

dioecism, gonochorism, bisexualism

【动】同种动物的雌、雄两种生殖器官分别生在不同个体内的现象。脊椎动物通常都是雌雄异体动物，如鱼类、鸟类等。

雌雄异株/雌雄異株

cí-xióng yìzhū/ㄘˊ ㄒㄩㄥˊ ㄧˋ ㄓㄨ

dioecism

【植】花单性，雌花与雄花生于不同植株的现象。如银杏、杨、柳等就是雌雄异株的植物。

次大陆/次大陸 cìdàlù/ㄘˋ ㄉㄚˋ ㄌㄨˋ

sub continent

【地】地理上或政治上有某种程度独立性、小于大陆的较大陆地或较大岛屿。如南亚次大陆。

次级宇宙线/衍生宇宙線

cìjí yǔzhòuxiàn/ㄧㄢˇ ㄕㄥ ㄩˇ ㄓㄡˋ ㄒㄧㄢˋ

secondary cosmic ray

【物】初级宇宙线与大气作用后的宇宙线粒子流。除中微子外，在地面上探测到的粒子几乎都属于次级宇宙线。按穿透物质能力不同，可分为硬成分和软成分。硬成分有 μ 子，还有质子、中子、π 介子等；软成分包括电子、正电子和光子。其中的带电粒子受星际磁场的影响，在银河系空间中传播时路径发生弯曲沿螺旋线运动，到达地球时的方向已不是宇宙线源的方向。

次间/次間 cìjiān/ㄘˋ ㄐㄧㄢ

side bay

【建】明间左右两侧的开间。图见“面阔”(801页)

次氯酸/次氯酸 cìlǜsuān/ㄘˋ ㄌㄩˋ ㄙㄨㄢ

hypochloric acid

【化】无机化合物。化学式 HClO。只能以水溶液形式存在，淡黄色，是极弱酸。极不稳定，具有强氧化性，能将硫、磷等氧化为含氧酸。可用作消毒剂、漂白剂。

次生环境/次生環境

cìshēng huánjìng/ㄘˋ ㄕㄥ ㄏㄨㄢˊ ㄐㄧㄥˋ

secondary environment

【环】受人类活动干扰和影响较多的自然环境。其物质交换、能量和信息传递、结构形态和物种演化等都发生变化，如农场、工矿区等环境。但其发展和演变仍受自然规律的制约。

次生林/次生林 cìshēnglín/ㄘˋ ㄕㄥ ㄌㄧㄣˊ

secondary forest

【农】原始林经过采伐或经人力、自然力破坏后又自然恢复起来的森林。

次生污染物/二次污染物

cìshēng wūrǎnwù/ㄦˋ ㄘˋ ㄨ ㄖㄢˇ ㄨˋ

secondary pollutant

【环】又称“继发性污染物”。排入环境的一次污染物，受自然因素影响或与其他物质发生反应，形成物理化学性状与一次污染物不同的新污染物。如污染源排出的二氧化硫在大气中氧化形成的三氧化硫和硫酸盐气溶胶。二次污染物造成的环境污染称为二次污染。

次声波/次聲波 cìshēngbō/ㄘˋ ㄕㄥ ㄅㄛ

infrasonic wave

【物】声波的一种。频率低于人可以听到的声波，频率 10^{-4}～20 赫。地震、火山喷发、喷气式飞机和火箭高速飞行都能产生次声波。

📖 由于次声波传播时衰减小，故可用于探测地震及探矿。它会影响人体健康。

次數分布

ㄘˋ ㄕㄨˋ ㄈㄣ ㄅㄨˋ/cìshù fēnbù

frequency distribution

【数】台湾名。即“频率分布”(869 页)。

次天气尺度系统/次天氣尺度系統

cì tiānqì chǐdù xìtǒng/

ㄘˋ ㄊㄧㄢ ㄑㄧˋ ㄔˇ ㄉㄨˋ ㄒㄧˋ ㄊㄨㄥˇ

subsynoptic scale system

【气】天气系统的一类。小于天气尺度系统，水平尺度为 200～2000 千米，时间尺度为 10 小时～1 天。

次音速 ㄘˋ ㄧㄣ ㄙㄨˋ/cìyīnsù

subsonic speed

【航】台湾名。即“亚声速”(1307 页)。

次組合件 ㄘˋ ㄗㄨˇ ㄏㄜˊ ㄐㄧㄢˋ/cìzǔhéjiàn

assembly unit, subassembly

【机】台湾名。即“部件”(89 页)。

伺服控制/伺服控制

cìfú kòngzhì/ㄘˋ ㄈㄨˊ ㄎㄨㄥˋ ㄓˋ

servo control

【自】又称“随动控制”。控制的目的使控制对象的被控量按预先未知规律的控制输入的变化而自动跟随变化。多用于对机械运动的位置进行控制。具有这样功能的系统称为伺服系统。

伺服器 ㄘˋ ㄈㄨˊ ㄑㄧˋ/cìfúqì

server

【信息】台湾名。即“服务器”(359 页)。

伺服器—客户機

ㄘˋ ㄈㄨˊ ㄑㄧˋ-ㄎㄜˋ ㄏㄨˋ ㄐㄧ/cìfúqì-kèhùjī

server/client

【信息】台湾名。即“服务器—客户机”(360 页)。

伺服系统/伺服系統

cìfú xìtǒng/ㄘˋ ㄈㄨˊ ㄒㄧˋ ㄊㄨㄥˇ

servo-mechanism, servo system

【自】又称“随动系统”。自动控制系统的一种。具有随动控制的功能,如炮火跟踪系统、天文望远镜的跟踪系统等。参见“伺服控制”(166 页)。

刺柏/刺柏 cìbǎi/ㄘˋ ㄅㄛˊ

Taiwan juniper

【植】*Juniperus formosana* 又称“台湾柏”。柏科刺柏属。常绿小乔木。树皮灰褐色,纵裂成长条薄片脱落。树冠塔形或圆柱形,大枝斜展,小枝下垂。三叶轮生,先端尖,中脉两侧各有一条气孔带,背面有纵脊。雄球花圆球形或椭圆形,球果近圆球形;肉质,熟时淡红褐色,顶稍开裂。在中国,分布于长江以南各地。中国特有种。观赏树木,造林树种。

📖 刺柏树姿优美。小枝细弱下垂,树干苍劲,针叶细密油绿,红棕色或橙褐色的球果经久不落。是制作盆景的好素材。

刺胞动物/刺胞動物

cìbāo dòngwù/ㄘˋ ㄅㄠ ㄉㄨㄥˋ ㄨˋ

cnidarian

【动】Coelenterata 通称“腔肠动物”。无脊椎动物的一门。身体呈辐射对称或两辐射对称,体壁由内外两胚层构成,两层之间为胶质,体内的空腔是消化器官,称“腔肠”(消化循环腔),残渣由口排出。有无性生殖和有性生殖两种。体形有的为伞形,如水母,有的为圆筒形,如水螅、珊瑚。多分布于海洋中。

刺儿菜/刺兒菜 cìrcài/ㄘˋ ㄦˊ ㄘㄞˋ

field thistle

【植】*Cirsium setosum* 又称“小蓟”。菊科蓟属。多年生草本植物。茎直立,上部分枝。叶无柄,基生叶和中部茎叶椭圆形至椭圆状倒披针形,顶端钝圆,上部茎叶渐小;茎叶或不分裂且边缘有刺,或羽状浅裂且边缘有大齿,齿顶有针刺。头状花序单生茎端,总苞片覆瓦状排列;小花紫红色或白色。花果期 5—9 月份。在中国,分布于各地。野生植物。

刺儿菜

刺法/刺法 cìfǎ/ㄘˋ ㄈㄚˇ

acupuncture technique, * needling

【中医】又称“针刺法”。应用特制的针具,刺激穴位或身体的某些部位以防治疾病的方法。

刺激/刺激 cìjī/ㄘˋ ㄐㄧ

㊀ irritation, ㊁ stimulus

㊀【化】机体受一定程度的多次接触而产生的变化(如疼痛、瘙痒等)。生物材料可能引起的刺激通常为局部组织反应。可以通过刺激试验检测。㊁【心】能让机体或组织细胞做出相应应答的环境改变。对特定的刺激,即适宜刺激才能引起有机体的感觉器官的反应,因其与适宜刺激的强度和性质、持续时间、有机体本身的特点等密切相关,故不是所有的适宜刺激一定能引起反应。

刺激剂/刺激劑 cìjījì/ㄘˋ ㄐㄧ ㄐㄧˋ

irritant agent

【军】对眼和上呼吸道有强烈刺激,人员接触后出现剧烈眼疼、流泪、咳嗽、胸痛而暂时失去战斗力的化学物质。如苯氯乙酮、亚当氏剂、西埃斯。按其对刺激作用部位不同,可分为催泪剂和喷嚏剂。催泪剂以眼刺激为主,极低浓度即能引起眼强烈疼痛、大量流泪、怕光和睑痉挛。高浓度对上呼吸道和皮肤也有刺激作用。喷嚏剂是以上呼吸道强烈刺激作用为主,引起剧烈和难以控制的喷嚏、咳嗽、流涕和流涎,并有恶心、呕吐和全身不适。对眼也有刺激作用,因能致呕吐,故又称为呕吐剂。

刺田菁/田菁 cìtiánjīng/ㄊㄧㄢˊ ㄐㄧㄥ

sesbania

【植】*Sesbania bispinosa* 豆科田菁属。一年生草本植物。茎绿色带褐红色,折断有白色黏液。偶数羽状复叶，小叶线状长圆形，两侧不对称，有紫点。总状花序，疏松下垂，花冠蝶形，黄色。花果期 7—12 月份。在中国，海南、江苏、浙江、江西、福建、广西、云南等地均有栽培。茎叶可作绿肥。

刺猬/刺蝟 cìwei/ㄘˋ ·ㄨㄟ

hedgehog

【动】哺乳动物名。食虫目猬科。身体肥短，长约 20 厘米，头小，四肢短，爪弯而锐利，眼和耳都小，身上有短而密的棕色硬刺，遇到刺激时能蜷曲成球，以刺保护身体。生活在山林、平原、草丛、灌木丛中，夜间活动，以昆虫和蠕虫等为食。分布于亚洲、欧洲。在中国，分布于东北、华北和长江中下游地区。

刺猬效应/刺蝟效應

cìwei xiàoyìng/ㄘˋ ·ㄨㄟ ㄒㄧㄠˋ ㄧㄥˋ

hedgehog effect

【心】一种社会心理效应。西方寓言说，寒冷的冬天里两只刺猬相依取暖，开始由于距离太近，它们身上的刺都将对方的身体扎得流血，后来彼此稍离开些，既可相互取暖，又相安无事。这个效应说明，在人际交往中保持适当的距离（包括心理距离、空间距离），才能更好地和谐相处。

刺五加/刺五加 cìwǔjiā/ㄘˋ ㄨˇ ㄐㄧㄚ

㊀manyprickle acanthopanax, ㊁Radix et Caulis Acanthopanacis Senticosi（拉）, root and vine of manyprickle acanthopanax

㊀【植】*Eleutherococcus senticosus* 五加科五加属。落叶灌木。茎多分枝，密生针刺。掌状复叶，小叶五枚，椭圆状倒卵形，先端尖，边缘有齿。伞形花序单个顶生，再组成圆锥花序，花多而密，花瓣五枚，卵形，紫黄色。果实球形或卵球形，黑色。花期 6—7 月份，果期 8—10 月份。在中国，分布于东北地区和河北、北京、山西等地。根皮可入药。中国珍稀濒危植物。㊁【中医】中药名。五加科植物刺五加 *Acanthopanax senticosus*（Rupr. et Maxim.）Harms 的干燥根及根茎或茎。味辛、微苦，性温。归脾、肾、心经。益气健脾，补肾安神。用于脾肾阳虚，体虚乏力，食欲不振，腰膝酸痛，失眠多梦。

刺五加

刺细胞/刺細胞

cìxìbāo/ㄘˋ ㄒㄧˋ ㄅㄠ

cnidoblast

【动】刺胞动物身体表面的一种特殊细胞。内有刺丝，外有刺针，当刺针碰到其他生物，刺丝可翻出刺中对方，并释放毒素，以帮助捕食和自卫。

刺绣/刺繡 cìxiù/ㄘˋ ㄒㄧㄡˋ

embroidery

【纺】中国民间传统手工艺。用针将彩色丝线、纱线等在织物上穿刺，绣制成各种装饰花纹、图案。主要分为苏绣、湘绣、蜀绣和粤绣四大门类。

cong （ㄘㄨㄥ）

葱/蔥 cōng/ㄘㄨㄥ

green onion

【植】*Allium fistulosum* 百合科葱属。多年生草本植物。全株含有挥发性辛辣气味。鳞茎圆柱状，外皮白色，膜质，有纵纹，不破裂。叶圆筒状，中空，先端尖，绿色，与花莛等长。花莛圆柱状，中空，伞形花序球形，多花，花冠白色。花果期 4—7 月份。在中国，分布于各地。全草可作蔬菜和调味品，茎和种子可入药。

📖 葱的栽培地遍及中国，最著名的是山东章丘，山东小吃“煎饼卷大葱”使用的就是章丘葱。台湾地区则以宜兰县三星乡所产的三星葱著称。

葱头 cōngtóu/ㄘㄨㄥ ㄊㄡˊ

【植】“洋葱”的通称。

从众/從衆 cóngzhòng/ㄘㄨㄥˊ ㄓㄨㄥˋ

conformity

【心】一种心理倾向。个体受到群体的影响时，会怀疑并改变自己原有的观点、判断和行为，朝着与群体大多数人一致的方向行动。通常具有盲从性。

丛林斑疹伤寒

cónglín bānzhěn shānghán/

ㄘㄨㄥˊ ㄌㄧㄣˊ ㄅㄢ ㄓㄣˇ ㄕㄤˋ ㄏㄢˊ
【医】即“恙虫病”(1319页)。

丛生真藓/叢生真蘚
cóngshēng zhēnxiǎn/ㄘㄨㄥˊ ㄕㄥ ㄓㄣ ㄒㄧㄢˇ
cluster moss
【植】*Bryum caespiticium* 藓类。真藓科真藓属。丛生，植株细小，淡黄色。茎直立，顶部叶大而密集，基部具假根。雌雄异株。蒴柄暗褐色，顶端弯曲；孢蒴长圆形，下垂；蒴苔红褐色；蒴盖圆锥体形，具短尖；蒴齿两层；蒴帽兜形。在中国，分布于各地。生于林下、草丛、路边土地等。

叢林雞 ㄘㄨㄥˊ ㄌㄧㄣˊ ㄐㄧ/cónglínjī
red jungle fowl
【动】台湾名。即“原鸡”(1387页)。

叢生葉 ㄘㄨㄥˊ ㄕㄥ ㄧㄝˋ/cóngshēngyè
fascicled leaf
【植】台湾名。即“簇生叶”(170页)。

COU (ㄘㄡ)

腠理/腠理 còulǐ/ㄘㄡˋ ㄌㄧˇ
striae and interstitial space, * interstices
【中医】皮肤、肌肉、脏腑的纹理及皮肤、肌肉间隙交接处的组织。具有渗泄体液，流通气血，抵御外邪等功能。

CU (ㄘㄨ)

粗糙度计
cūcāodùjì/ㄘㄨ ㄘㄠ ㄉㄨˋ ㄐㄧˋ
【机】即“表面粗糙度测量仪”(67页)。

粗纺/紡毛紡 cūfǎng/ㄈㄤˇ ㄇㄠˊ ㄈㄤˇ
woolen spinning
【纺】全称“粗梳毛纺”。一种毛纺工艺系统。把适宜的原料开松、除杂、梳理、分割成窄条，搓捻成光、圆、紧的细条后纺成纱。包括羊毛初加工；配毛、和毛油；梳理、分条、搓捻；纺成较粗的纱，供后道工序使用。

粗纺花呢
cūfǎnghuāní/ㄘㄨ ㄈㄤˇ ㄏㄨㄚ ㄋㄧˊ
【纺】“粗花呢”的全称。

粗纺毛织物/粗紡毛織物
cūfǎng máozhīwù/ㄘㄨ ㄈㄤˇ ㄇㄠˊ ㄓ ㄨˋ
woollen fabric
【纺】又称“粗纺呢绒”“粗梳毛织物”。粗梳毛纱织成的机织物的统称。所用纱线较粗，纱线的纤维弯曲，排列不齐，结构蓬松，表面绒毛多，质地较软而手感厚实，富于弹性，保暖性好。所用原料有绵羊毛、山羊绒、兔毛、骆驼毛、马海毛等，混纺时还可用腈纶、涤纶、锦纶等化学纤维。代表产品有麦尔登呢、大衣呢、法兰绒、粗花呢、女式呢、钢花呢等，主要用作秋冬服装面料。

粗纺呢绒
cūfǎng níróng/ㄘㄨ ㄈㄤˇ ㄋㄧˊ ㄖㄨㄥˊ
【纺】即“粗纺毛织物”(169页)。

粗花呢/粗花呢
cūhuāní/ㄘㄨ ㄏㄨㄚ ㄋㄧˊ
tweed
【纺】全称“粗纺花呢”。利用粗纺的单色毛纱、混色毛纱及花式毛纱等以各种织物组织及经纬纱排列方式织成的粗纺毛织物。分为呢面型、绒面型和纹面型三类。呢面型表面有毡化状短绒覆盖，呢面平整均匀，质地紧密厚实。绒面型表面有绒毛覆盖，绒面丰满，绒毛整齐，手感丰厚柔软，稍有弹性。纹面型表面花纹清晰，纹面匀净，光泽鲜明，硬挺而有弹性。主要用于女装，如两用衫、西装、风衣等面料，有的也适于作男式西服上装和两用衫面料。

粗粒土/粗粒土 cūlìtǔ/ㄘㄨ ㄌㄧˋ ㄊㄨˇ
coarse grained soil
【水利】粒径大于0.075毫米的颗粒含量在总质量中超过50%的土。

粗纱/粗紗 cūshā/ㄘㄨ ㄕㄚ
roving
【纺】❶粗纺纱。❷纺织的一道工序。可把熟条加工成不同支数和不同捻度的粗纱，以供细纱工序使用。

粗梳毛纺
cūshū máofǎng/ㄘㄨ ㄕㄨ ㄇㄠˊ ㄈㄤˇ
【纺】“粗纺”的全称。

粗梳毛织物
cūshū máozhīwù/ㄘㄨ ㄕㄨ ㄇㄠˊ ㄓ ㄨˋ

【纺】即“粗纺毛织物”(169页)。

促凝血药

cùníngxuèyào/ㄘㄨˋ ㄋㄧㄥˊ ㄒㄧㄝˇ ㄧㄠˋ

【医】即“止血药”(1446页)。

促皮质素/皮質促素

cùpízhìsù/ㄆㄧˊ ㄓˋ ㄘㄨˋ ㄙㄨˋ

corticotrophin, ACTH

【医】垂体前叶分泌的一种激素。主要作用是促进体内储存的胆固醇在肾上腺皮质中转化为肾上腺皮质酮,并刺激肾上腺皮质分泌激素。

促生长素/生長激素

cùshēngzhǎngsù/ㄕㄥ ㄓㄤˇ ㄐㄧ ㄙㄨˋ

somatotropin, growth hormone

【医】又称“生长激素”。由垂体前叶分泌的一种蛋白质类激素。主要作用是刺激肝脏产生生长调节素,进而促进肌肉与骨骼的生长,脂肪细胞、肌肉及软骨细胞的分化。

促效物 ㄘㄨˋ ㄒㄧㄠˋ ㄨˋ/cùxiàowù

agonist

【医】台湾名。即“激动药”(570页)。

促织 cùzhī/ㄘㄨˋ ㄓ

【动】即“蟋蟀”(1228页)。

猝灭/淬滅 cùmiè/ㄘㄨㄟˋ ㄇㄧㄝˋ

quenching

【化】分子在光照射下被激发后,其与体系中另一组分作用而失活,没有发生激发态分子的辐射或化学反应,这一过程称为猝灭。是一种双分子能量衰变过程。

猝死/猝死 cùsǐ/ㄘㄨㄟˋ ㄙˇ

sudden death

【医】因潜在疾病突然发作或恶化,平时貌似健康的人发生的意外、急骤死亡。

酢浆草/酢漿草

cùjiāngcǎo/ㄘㄨˋ ㄐㄧㄤ ㄘㄠˇ

wood sorrel

【植】*Oxalis corniculata* 俗称“明开夜合”。酢浆草科酢浆草属。多年生草本植物。全株被毛。茎细弱,多分枝。叶柄长,小叶三枚,倒心形,先端凹,边缘被毛。花单生或集成伞形花序,总花梗淡红色,花瓣五枚,倒卵形,基部合生,黄色。花果期2—9月份。在中国,分布于各地。全草可作饲料,也可入药。

📖 酢浆草是爱尔兰的国花。突变成四片小叶的个体,称为幸运草,一直被当作幸运的象征。小叶无光照时会闭合,故俗称明开夜合。

醋酐 cùgān/ㄘㄨˋ ㄍㄢ

【化】“醋酸酐”的简称。

醋酸 cùsuān/ㄘㄨˋ ㄙㄨㄢ

【化】“乙酸”的通称。

醋酸酐/乙酐 cùsuāngān/ㄧˇ ㄍㄢ

acetic anhydride

【化】学名“乙酸酐”,简称“醋酐”。有机化合物。化学式$(CH_3CO)_2O$。无色透明液体,有高折射性,醋酸味,刺激性和腐蚀性强,易燃。可用于制乙酸纤维、染料和药物等。

醋蒸/醋蒸 cùzhēng/ㄘㄨˋ ㄓㄥ

steaming with vinegar

【中医】醋制法的一种。将净药材或切制品加醋拌匀,置适宜容器内蒸制。例如,五味子可用醋蒸,醋蒸后收敛作用加强。

醋制/醋製 cùzhì/ㄘㄨˋ ㄓˋ

processing with vinegar

【中医】中药炮制方法的一种。包括醋炙、醋煮、醋蒸等。如醋柴胡、醋香附等,即以醋制法炮制。

醋炙/醋炙 cùzhì/ㄘㄨˋ ㄓˋ

stir-frying with vinegar

【中医】醋制法的一种。将净药材或切制品加醋拌匀、闷透,置锅内,炒至规定程度,或边炒边喷醋,至醋被吸尽时,取出放凉。例如,香附可用醋炙,醋香附疏肝作用增强。

醋煮/醋煮 cùzhǔ/ㄘㄨˋ ㄓㄨˇ

boiling with vinegar

【中医】醋制法的一种。将净药材或切制品加定量的醋与水,共置适宜容器内煮制。例如,延胡索可用醋煮,醋延胡止痛作用增强。

簇生花序/簇生花序

cùshēng huāxù/ㄘㄨˋ ㄕㄥ ㄏㄨㄚ ㄒㄩˋ

fascicled inflorescence

【植】花序的一种。花无柄或有柄而密集,小花呈簇生状。如榆叶梅、紫荆的花序。

簇生叶/叢生葉

cùshēngyè/ㄘㄨㄥˊ ㄕㄥ ㄧㄝˋ

fascicled leaf

【植】茎的节间极度缩短,使叶成簇生于短枝上的叶序方式。如芦荟、雏菊的叶。

cuan (ㄘㄨㄢ)

攒尖 cuánjiān/ㄘㄨㄢˊ ㄐㄧㄢ
【建】"攒尖顶"的简称。

攒尖顶/攒尖頂
cuánjiāndǐng/ㄘㄨㄢˊ ㄐㄧㄢ ㄉㄧㄥˇ
pyramidal roof
【建】简称"攒尖"。屋顶向上呈尖锥状,无正脊,数条垂脊交合于顶部,上覆以宝顶的屋面形式。有圆攒尖、方攒尖、三角攒尖、多角攒尖等。在汉代已经出现,多用于亭阁类建筑,也用于宫殿,如北京天坛的祈年殿。

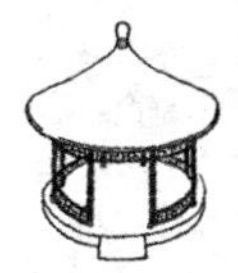
圆攒尖

三角攒尖

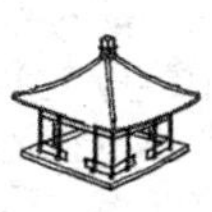
四角攒尖

攒尖顶

cui (ㄘㄨㄟ)

催化/催化 cuīhuà/ㄘㄨㄟ ㄏㄨㄚˋ
catalysis
【化】某些物质促使化学反应加快或降低的作用。是一种化学循环,可以改变反应历程,不会改变反应产物。

催化剂/觸媒 cuīhuàjì/ㄔㄨˋ ㄇㄟˊ
catalyst
【化】旧称"触媒"。能改变化学反应速率,而在反应起始和结束时其数量和化学性质基本不变的物质。可提供新的反应途径,以降低决定反应速度步骤的活化能,加快反应速度,只对特定的反应起作用且对少量杂质十分敏感,有时添加少量杂质可使催化作用骤增或猛减。

催泪弹/催淚彈 cuīlèidàn/ㄘㄨㄟ ㄌㄟˋ ㄉㄢˋ
tear gas projectile
【军】又称"催泪瓦斯"。装有催泪性刺激剂的防暴装备。主要包括装填刺激剂的手榴弹、枪榴弹等。刺激剂有催泪剂和喷嚏剂之分,通常将装填刺激剂的炸弹称为催泪弹。用作催泪剂的化合物主要是苯氯乙酮,还有卤代脂肪酮、卤代芳香酮、卤代苄和辣椒油树脂等。

催泪瓦斯 cuīlèi wǎsī/ㄘㄨㄟ ㄌㄟˋ ㄨㄚˇ ㄙ
【军】即"催泪弹"(171页)。

催眠/催眠 cuīmián/ㄘㄨㄟ ㄇㄧㄢˊ
hypnosis
【心】一种心理治疗的方法。以一定的技术使人的意识处于恍惚状态,意识范围变窄,暗示性增高,判断能力减弱。要求达到的结果并非睡眠,而是注意力的高度集中。

催眠疗法/催眠治療法
cuīmián liáofǎ/ㄘㄨㄟ ㄇㄧㄢˊ ㄓˋ ㄌㄧㄠˊ ㄈㄚˇ
hypnotherapy
【心】在暗示语言诱发的半睡眠状态中对一定对象进行心理调节或心理治疗的方法。可用于舒缓失眠、疼痛、焦虑、恐怖、紧张,戒除烟酒等。

催眠治療法
ㄘㄨㄟ ㄇㄧㄢˊ ㄓˋ ㄌㄧㄠˊ ㄈㄚˇ/cuīmián zhìliáofǎ
hypnotherapy
【心】台湾名。即"催眠疗法"(171页)。

催乳素/催乳素 cuīrǔsù/ㄘㄨㄟ ㄖㄨˇ ㄙㄨˋ
prolactin
【医】腺垂体分泌的一种蛋白质激素。主要作用是促进乳腺发育生长,引起并维持泌乳。

催熟/催熟 cuīshú/ㄘㄨㄟ ㄕㄨˊ
ripening
【农】用人工方法促使植物果实加快成熟。当植物果实在自然条件下不能正常成熟,或需要提早成熟,或使已收获而未成熟的果实在短期内达到成熟时采用。

催芽/催芽 cuīyá/ㄘㄨㄟ ㄧㄚˊ
accelerating germination
【农】在播种前促使种子发芽和芽生长的措施。在人工控制的条件下,根据不同种子生长发育的条件,给予适当的水分、温度、空气或有利的刺激,加速胚芽的萌动和营养物质转化,使其播种后出苗快速、整齐,幼苗生长健壮。

脆性/脆性 cuìxìng/ㄘㄨㄟˋ ㄒㄧㄥˋ
brittleness

C

【材】材料在外力作用下(如拉伸、冲击等)仅产生很小的变形即断裂破坏的性质。

萃取/萃取 cuìqǔ/ㄘㄨㄟˋ ㄑㄩˇ

extraction

【化】利用不同物质在选定溶剂中的溶解度不同,以分离混合物中组分的过程。通常发生在液-液系统,可使物质分离富集或提纯。

淬火/淬火 cuìhuǒ/ㄘㄨㄟˋ ㄏㄨㄛˇ

quench hardening, quenching

【机】热处理的基本工艺之一。将工件加热到适宜的温度,保温,随即快速在冷却介质(水、油或空气等)中冷却,以提高其硬度和强度、改变其物理或化学性能(如电性、磁性、抗蚀性等)。玻璃淬火也称"钢化"。

淬火回火鋼

ㄘㄨㄟˋ ㄏㄨㄛˇ ㄏㄨㄟˊ ㄏㄨㄛˇ ㄍㄤ/

cuìhuǒ-huíhuǒgāng

quenched and tempered steel

【材】台湾名。即"调质钢"(1133 页)。

淬滅 ㄘㄨㄟˋ ㄇㄧㄝˋ/cuìmiè

quenching

【化】台湾名。即"猝灭"(170 页)。

瘁死 ㄘㄨㄟˋ ㄙˇ/cuìsǐ

sudden death

【医】台湾名。即"猝死"(170 页)。

cun (ㄘㄨㄣ)

村落环境/村落環境

cūnluò huánjìng/ㄘㄨㄣ ㄌㄨㄛˋ ㄏㄨㄢˊ ㄐㄧㄥˋ

village environment

【环】聚落环境的一种。人类利用和改造自然环境创造的农业人口聚居的环境。因其结构、形态、功能和规模不同,形成不同类型村落,如山村、渔村等。村落环境通常具有广阔的田野和植被,环境容量较大,自净能力较强,其污染问题主要是农业养殖业生产和生活的废弃物,以及施用的农药、化肥等造成的。

存储单元/記憶格

cúnchǔ dānyuán/ㄐㄧˋ ㄧˋ ㄍㄜˊ

memory cell

【信息】存储一位数据的电子电路或存储介质。

存储管理/記憶體管理

cúnchǔ guǎnlǐ/ㄐㄧˋ ㄧˋ ㄊㄧˇ ㄍㄨㄢˇ ㄌㄧˇ

memory management

【信息】个人计算机操作系统中,用于对随机存储器使用效率进行优化的过程。包括有选择地存储数据、严密监视数据,以及当不再需要数据时释放内存。

存储器/記憶體 cúnchǔqì/ㄐㄧˋ ㄧˋ ㄊㄧˇ

storage device, storage

【信息】既能将数据保存其中,又能从中取出的功能单元。计算机系统往往具有不同功能和容量的多种存储器;包括由随机存储器和只读存储器组成的主存(即内存),以及由软盘、硬盘、光盘、U 盘等组成的辅存(即外存)。

存储体/記憶庫 cúnchǔtǐ/ㄐㄧˋ ㄧˋ ㄎㄨˋ

memory bank

【信息】在主存或缓存中,由若干个存储单元组成的独立存储实体。

存活率 cúnhuólǜ/ㄘㄨㄣˊ ㄏㄨㄛˊ ㄌㄩˋ

【医】即"生存率"(1005 页)。

存货/庫存 cúnhuò/ㄎㄨˋ ㄘㄨㄣˊ

stock

【物流】储存的原材料、产成品、半成品等货物。

存貨管理

ㄘㄨㄣˊ ㄏㄨㄛˋ ㄍㄨㄢˇ ㄌㄧˇ/cúnhuò guǎnlǐ

inventory management, IM

【物流】台湾名。即"库存管理"(698 页)。

存取 cúnqǔ/ㄘㄨㄣˊ ㄑㄩˇ

【信息】即"访问" (325 页)。

存取路徑

ㄘㄨㄣˊ ㄑㄩˇ ㄌㄨˋ ㄐㄧㄥˋ/cúnqǔ lùjìng

access path

【信息】台湾名。即"访问路径"(325 页)。

存取網路

ㄘㄨㄣˊ ㄑㄩˇ ㄨㄤˇ ㄌㄨˋ/cúnqǔ wǎnglù

access network, AN

【信息】台湾名。即"接入网"(621 页)。

存在量词/存在量詞

cúnzài liàngcí/ㄘㄨㄣˊ ㄗㄞˋ ㄌㄧㄤˋ ㄘˊ

existential quantifier

【数】存在命题"$\exists x, F(x)$"中的$\exists x$。表示

"存在一个 x"的意思。∃是特称符号。

存在命题/存在命題

cúnzài mìngtí/ㄘㄨㄣˊ ㄗㄞˋ ㄇㄧㄥˋ ㄊㄧˊ

existential proposition

【数】又称"特称命题"。形式为"存在某个 x，$F(x)$成立"的命题。其符号表示为"$\exists x$，$F(x)$"。这里的 $F(x)$是关于 x 的命题。例如，"存在某个实数 x，使 $x^2=2$"是一个特称命题，其符号表示为"$\exists x \in \mathbf{R}, x^2=2$"。

寸白蛇 cùnbáishé/ㄘㄨㄣˋ ㄅㄞˊ ㄕㄜˊ

【动】即"银环蛇"(1349 页)。

寸关尺/寸關尺

cùn-guān-chǐ/ㄘㄨㄣˋ ㄍㄨㄢ ㄔˇ

cun-guan-chi, inch, bar and cubit

【中医】寸口脉诊法中的三个诊脉部位。桡骨茎突内侧处为关；关之前(腕端)为寸；关之后(肘端)为尺。三个部位的脉搏分别称为寸脉、关脉、尺脉。

寸口/寸口 cùnkǒu/ㄘㄨㄣˋ ㄎㄡˇ

cunkou, site for taking wrist pulse, * inch opening, * cun opening

【中医】两手腕部腕横纹下方，桡骨茎突内侧，桡动脉搏动明显之处。是进行脉诊的部位，包括寸、关、尺三部。

吋 ㄘㄨㄣˋ/cùn

inch

【计量】台湾名。即"英寸"(1353 页)。

cuo (ㄘㄨㄛ)

挫伤/挫傷 cuòshāng/ㄘㄨㄛˋ ㄕㄤ

contusion

【中医】骨伤科疾病之一。因直接暴力、跌扑撞击、重物挤压等作用于人体软组织，引起的闭合性损伤，以外力直接作用于局部皮下或深部组织损伤为主，轻者患处疼痛、肿胀、青紫、压之痛剧，重者肌肉、肌腱断裂，关节错缝或血管神经严重损伤，甚者伤及脏腑经脉和气血而造成内伤。治宜活血化瘀，消肿止痛，方用复元活血汤。外敷栀乳散或五加皮汤熏洗。

挫折/挫折 cuòzhé/ㄘㄨㄛˋ ㄓㄜˊ

frustration

【心】个体动机性行为遇到障碍或干扰，致使个体动机不能获得满足时的情绪状态。其可能来自人或物，也可能来自社会环境或自然环境。诸多挫折感的交织，将形成心理压力。

锉 cuò/ㄘㄨㄛˋ

【机】即"锉刀"(173 页)。

锉刀/銼刀 cuòdāo/ㄘㄨㄛˋ ㄉㄠ

file

【机】又称"锉"。手工具的一种。表面上有许多细密刀齿，条形。用于对金属、木料、皮革等表层做微量加工。按用途不同，可分为普通钳工锉刀和专用锉刀；按剖面形状不同，可分为扁锉(平锉)、方锉、半圆锉、圆锉、三角锉、菱形锉和刀形锉等；按锉纹形式不同，可分为单纹锉和双纹锉。

错觉/錯覺 cuòjué/ㄘㄨㄛˋ ㄐㄩㄝˊ

illusion

【心】特定条件下对事物所产生的某种固有倾向的歪曲知觉。按主客观条件的变化，可分为视错觉、形重错觉、时间错觉、运动错觉、对比错觉、方位错觉、颜色错觉、似动错觉等。在一定条件下，错觉很难避免，完全正常。只要具备一定的条件，任何人都可能会产生同样的错觉。

错位交叉/錯位交叉

cuòwèi jiāochā/ㄘㄨㄛˋ ㄨㄟˋ ㄐㄧㄠ ㄔㄚ

staggered intersection

【交】平面交叉的一种。一条道路与另一条道路垂直相交于两个距离很近的交点上。

錯合物 ㄘㄨㄛˋ ㄏㄜˊ ㄨˋ/cuòhéwù

complex, complex compound

【化】台湾名。即"络合物"(775 页)。

錯誤 ㄘㄨㄛˋ ㄨˋ/cuòwù

bug

【信息】台湾名。即"隐错"(1351 页)。

錯誤檢測

ㄘㄨㄛˋ ㄨˋ ㄐㄧㄢˇ ㄘㄜˋ/cuòwù jiǎncè

error detection

【信息】台湾名。即"检错"(598 页)。

錯誤校正

ㄘㄨㄛˋ ㄨˋ ㄐㄧㄠˋ ㄓㄥˋ/cuòwù jiàozhèng

error correcting

【信息】台湾名。即"纠错"(648 页)。

D

da （ㄉㄚ）

达氏鲟/達氏鱘 dáshìxún/ㄉㄚˊ ㄕˋ ㄒㄩㄣˊ

Dabry's sturgeon

【动】*Acipenser dabryanus* 鱼名。硬骨鱼纲鲟科。身体近圆筒形，通常体长 1 米左右，头像木楔，吻尖，稍上翘，有须两对，背灰褐色，体上覆有五纵行骨板，无鳞，尾鳍歪形。生活在淡水中，以无脊椎动物和小鱼等为食，生长较快。

达氏鲟

𫟼/鐽 dá/ㄉㄚˊ

darmstadtium

【化】金属元素。属周期表第Ⅷ B 族，符号 Ds，原子序数 110。原子量 269。有放射性，由人工核反应获取。

📖 1994 年，在德国重离子研究中心的国际研究组使用重离子加速器合成的新核素。拉丁文定名为 darmstadtium，源自 Darmstadt，用以纪念合成它的所在城市达姆斯塔特。中文定名为“𫟼”，是形声字。2003 年由两岸化学界人士共同商议确定。

打场/打場 dǎcháng/ㄉㄚˇ ㄔㄤˊ

thresh grain

【农】把收割后的大田作物谷物摊开在场院上晾晒后脱粒。

打捞救生船

dǎlāo jiùshēngchuán/

ㄉㄚˇ ㄌㄠ ㄐㄧㄡˋ ㄕㄥ ㄔㄨㄢˊ

【船】即“海难救助船”(463 页)。

打碗花/旋花 dǎwǎnhuā/ㄒㄩㄢˊ ㄏㄨㄚ

ivy glorybind

【植】*Calystegia hederacea* 又称“兔耳草”，俗称“喇叭花”。旋花科打碗花属。一年生草本植物。茎细，匍匐或攀缘，有细棱。茎基部叶长圆形，先端圆，基部戟形；茎上部叶三裂，基部心形。花单生，花梗长，花冠淡紫、淡红或白色，钟状，冠檐近似五角形，喉部色淡。在中国，分布于各地。野生杂草。根可入药。

打印/列印 dǎyìn/ㄌㄧㄝˋ ㄧㄣˋ

print

【信息】把编辑好的文档输出到纸张等物理介质上的操作。需要在安装打印机和相应驱动软件后进行。先在常用工具栏单击“打印”按钮，再根据需要选择页码范围、份数等，然后单击“确定”。

打印机/印表機 dǎyìnjī/ㄧㄣˋ ㄅㄧㄠˇ ㄐㄧ

printer

【信息】计算机的一种输出设备。主要由机身、打印元件、墨盒、输纸装置等构成，用于将计算机处理结果打印在相关介质上。按所采用的技术不同，可分为柱形、球形、喷墨式、热敏式、激光式、静电式、磁式、发光二极管式等；按打印字符结构的不同，可分为全形字式和点阵字符式。

📖 近二三十年出现的三维(或立体)打印机是一种快速成型设备：以数字化模型文件为基础，利用粉末状金属、塑料等可黏合材料，通过逐层打印的方式来构造物体。即通过打印出二维(或平面)平行立体剖面图(2D parallel stereograms)来堆砌出三维实体；从机械加工来说，传统技术是通过切削、铣削、钻孔、磨光等多次“去除”的减性工艺，而三维打印属于逐层堆叠的加性工艺。

打印预览/列印預視

dǎyìn yùlǎn/ㄌㄧㄝˋ ㄧㄣˋ ㄩˋ ㄕˋ

print preview

【信息】以接近于打印时页面应有的外观显示文档整页或其一部分的操作。对文档作打印设置后，必须由用户提出“打印预览”请求；而“所见即所得”(WYSIWYG)能力则提供打印时将出现的各页面的连续显示。

打印纸/打印紙 dǎyìnzhǐ/ㄉㄚˇ ㄧㄣˋ ㄓˇ

printer paper

【轻】打印机专用纸。多用漂白化学木浆为原料，经半游离状打浆，加入填料和抗静电剂等，在长网造纸机上抄造，经压光处理制成。按打印原理不同，可分为静电打印纸和压敏打印纸。前者为单层结构，采用国际标准裁切，长方形，按幅面大小不同，由小到大分为

A、B、C 三个系列，裁切成多种规格，常用的有 A3、A4、A5、B4、B5、B6 等。后者为多层结构，中间通常夹有显色层，通过打印针头施压而显色。

打桩船/打樁駁船
dǎzhuāngchuán/ㄉㄚˇ ㄓㄨㄤ ㄅㄛˊ ㄔㄨㄢˊ
pile driving barge
【船】专供水上打桩作业用的工程船。主要用于修建码头和桥梁的打桩作业。船体为钢质箱形，设有多个压载水舱，以保证打桩时有良好的稳性。主甲板的端部或舷侧竖有打桩机。打桩机把桩打入水底，直至所要求的深度。

打桩机/打樁機
dǎzhuāngjī/ㄉㄚˇ ㄓㄨㄤ ㄐㄧ
pile driver
【机】工程机械的一种。由桩锤、桩架及附属设备等组成，桩锤冲击桩头，使桩下沉，桩架引导桩和桩锤的运动方向，把桩打入地层。可分为冲击打桩机和振动打桩机。

打樁駁船
ㄉㄚˇ ㄓㄨㄤ ㄅㄛˊ ㄔㄨㄢˊ/dǎzhuāng bóchuán
pile driving barge
【船】台湾名。即“打桩船”(175 页)。

打字机/打字機　dǎzìjī/ㄉㄚˇ ㄗˋ ㄐㄧ
typewriter, typer
【信息】办公设备的一种。代替手工书写的设备，通过按键或把手将文字或符号打印在纸上。可分为整字文字打字机和拼音文字打字机两类。前者通常由机身、机架、字盘、拖板、横格器、直格器、色带、辊筒架、辊筒等构成；后者由机身、机头(皮辊)、键盘、色带和打字装置等构成。其功能现已被电子计算机所取代。
📖 1808 年，意大利人图里(P. Turri)发明了打字机；丹麦人马林-汉森(R. Malling-Hansen)设计了第一台可投入商品化生产的英文打字机；19 世纪 60 年代，美国人肖尔斯(C.L.Sholes)设计并制作出第一台实用型木制打字机模型。

大白菜　dàbáicài/ㄉㄚˋ ㄅㄞˊ ㄘㄞˋ
【植】“白菜”的通称。

大鸨/大鴇　dàbǎo/ㄉㄚˋ ㄅㄠˇ
great bustard
【动】*Otis tarda* 又称“地鹔”。鸟名。鹤形目鸨科。背部有黄褐色和黑色的斑纹，腹部灰白色，两翅覆羽白色，在翅上形成大的白斑，飞翔时白斑明显。栖息于草原、半荒漠地带及农田草地，通常成群活动。善奔跑，以野草为食，也吃蛙、小鱼、昆虫等。广泛分布于欧洲和亚洲。

大暴雨/大暴雨　dàbàoyǔ/ㄉㄚˋ ㄅㄠˋ ㄩˇ
heavy torrential rain
【气】指 12 小时降水量 70.0～140.0 毫米，或 24 小时降水量 100.0～250.0 毫米的雨。是灾害性天气。参见“雨量等级”(1379 页)。

大爆炸宇宙论/大爆炸宇宙論
dàbàozhà yǔzhòulùn/
ㄉㄚˋ ㄅㄠˋ ㄓㄚˋ ㄩˇ ㄓㄡˋ ㄌㄨㄣˋ
big bang cosmology
【天】关于宇宙起源与演化的现代主流理论。主要认为宇宙曾有一段从热到冷的演化史。在这个过程中，宇宙时空在不断膨胀，使物质的平均密度由大到小，与此同时，在引力作用下各级天体逐渐形成。这个膨胀冷却过程的开端被比拟为一次规模无与伦比的爆发，称为大爆炸。

大鼻羚　ㄉㄚˋ ㄅㄧˊ ㄌㄧㄥˊ/dàbílíng
saigalsaige antelope
【动】台湾名。即“高鼻羚羊”(389 页)。

大别山/大别山　Dàbié Shān/ㄉㄚˋ ㄅㄧㄝˊ ㄕㄢ
Dabie Mountain
【地】山脉名。位于安徽、河南、湖北交界处。西接桐柏山，东延为霍山(也称皖山)和张八岭，东西长约 380 千米，南北宽约 175 千米。西段为西北—东南走向，东段为东北—西南走向，长约 270 千米，通常海拔 500～800 米，山地主要部分海拔 1500 米左右。是长江与淮河的分水岭。

大不列颠岛/大不列顛島
Dàbùlièdiān Dǎo/ㄉㄚˋ ㄅㄨˋ ㄌㄧㄝˋ ㄉㄧㄢ ㄉㄠˇ
Great Britain Island
【地】岛名。位于欧洲西部的大西洋中，隔北海、英吉利海峡与欧洲大陆相望。面积 21.98 万平方千米，是欧洲最大的岛屿。英国本土的主要部分，包括英格兰、苏格兰和威尔士，称为“英伦三岛”。地形北高南低，起伏平缓。海洋性温带气候，冬暖夏凉，秋冬多雾。煤、铁等矿藏丰富。

大肠/大腸 dàcháng/ㄉㄚˋ ㄔㄤˊ
large intestine
【中医】六腑之一。位于腹中,上口在阑门与小肠相连;下端出口为肛门。中医认为其主要功能是主传导(接受小肠下注的浊物,再吸收其中多余的水分,使食物残渣成为粪便,经肛门排出体外)。

大肠癌/大腸癌
dàcháng'ái/ㄉㄚˋ ㄔㄤˊ ㄧㄢˊ(又读ㄞˊ)
large intestine cancer
【医】发生在肠黏膜上皮的恶性肿瘤。包括结肠癌和直肠癌,以腹痛、便血等为主要症状。

大肠杆菌/大腸桿菌
dàcháng gǎnjūn/ㄉㄚˋ ㄔㄤˊ ㄍㄢˇ ㄐㄩㄣˋ
Escherichia coli
【生】人和动物肠道内的一种细菌。主要寄生于大肠内。有的能引起腹泻,有的在肠内不致病,且对人和动物有益。进入其他器官时可能引起疾病,如腹膜炎、膀胱炎等。大肠杆菌的数量常作为检验水源受污染程度的一种指标。

大潮/大潮 dàcháo/ㄉㄚˋ ㄔㄠˊ
spring tide
【水利】又称"朔望潮"。朔日(农历初一)或望日(农历十五)出现的涨落幅度较大的潮汐。因月球、太阳、地球三者位置几乎处于一条直线上,太阴潮和太阳潮相叠加而引起。受其他因素影响,有时不一定出现在朔日或望日,也可能推迟二三日。

大承气汤/大承氣湯
dàchéngqìtāng/ㄉㄚˋ ㄔㄥˊ ㄑㄧˋ ㄊㄤ
dachengqi decoction, dachengqi tang
【中医】中医方剂名。组成:大黄 12 克(后下),厚朴 15 克,枳实 12 克,芒硝 9 克(兑服)。水煎服。大便排下停药。峻下热结。用于阳明腑实证,大便不通,矢气多,腹胀满,腹痛拒按,甚或潮热谵语,手足汗出等。还能用于热结旁流,下利清水,腹痛,大便不下;或里热实证之热厥、痉病及发狂等。

📖 中医理论认为,胃气以下降为顺。本方泻下作用大,承顺胃气之下行,故名"大承气汤"。

大城市/大城市 dàchéngshì/ㄉㄚˋ ㄔㄥˊ ㄕˋ
large city
【建】城区常住人口 100 万以上 500 万以下的城市。其中 300 万以上 500 万以下的为 Ⅰ 型大城市,100 万以上 300 万以下的为 Ⅱ 型大城市。

大尺度天气过程/大尺度天氣過程
dàchǐdù tiānqì guòchéng/
ㄉㄚˋ ㄔˇ ㄉㄨˋ ㄊㄧㄢ ㄑㄧˋ ㄍㄨㄛˋ ㄔㄥˊ
large scale weather process
【气】水平尺度1000千米以上的天气系统及相伴天气的发生、发展和消亡的全部历程。

大春作物/春作
dàchūn zuòwù/ㄔㄨㄣ ㄗㄨㄛˋ
spring crops
【农】春季播种的大田作物。如春小麦、水稻、玉米等。

大地测量学/大地測量學
dàdì cèliángxué/ㄉㄚˋ ㄉㄧˋ ㄘㄜˋ ㄌㄧㄤˊ ㄒㄩㄝˊ
geodesy
【测绘】测绘学的一个分支。主要研究和确定地球的形状、大小、重力场、整体与局部随时间的运动、变化,以及精密测定地面和地外空间点的几何位置。又可分为空间大地测量学、物理大地测量学、动力大地测量学、大地天文学、几何大地测量学、椭球大地测量学以及测量误差与数据处理技术、卫星定位技术等分支。

大地高/椭球面高
dàdìgāo/ㄊㄨㄛˇ ㄑㄧㄡˊ ㄇㄧㄢˋ ㄍㄠ
geodetic height, ellipsoidal height
【测绘】地面一点沿参考椭球面的法线到参考椭球面的距离。规定从参考椭球面量起,向球面外量为正值,向球面内量为负值。

大地构造学
dàdì gòuzàoxué/ㄉㄚˋ ㄉㄧˋ ㄍㄡˋ ㄗㄠˋ ㄒㄩㄝˊ
【地】即"构造学"(421 页)。

大地構造作用
ㄉㄚˋ ㄉㄧˋ ㄍㄡˋ ㄗㄠˋ ㄗㄨㄛˋ ㄩㄥˋ/
dàdì gòuzào zuòyòng
tectonism
【地】台湾名。即"构造作用"(422 页)。

大地基准/大地基準
dàdì jīzhǔn/ㄉㄚˋ ㄉㄧˋ ㄐㄧ ㄓㄨㄣˇ
geodetic datum

【测绘】用于大地坐标计算的起算数据。包括参考椭球的大小、形状及其定位、定向等参数。是建立国家大地坐标系的最基础性的数据。目前中国使用的 2000 国家大地坐标系和西安大地原点等，确立了适合中国国情的大地基准的数据。

大地基准点
dàdì jīzhǔndiǎn/ㄉㄚˋ ㄉㄧˋ ㄐㄧ ㄓㄨㄣˇ ㄉㄧㄢˇ
【测绘】即"大地原点"(177 页)。

大地经度/大地經度
dàdì jīngdù/ㄉㄚˋ ㄉㄧˋ ㄐㄧㄥ ㄉㄨˋ
geodetic longitude
【测绘】参考椭球的起始大地子午面与另一大地子午面间的夹角。位于同一子午面上的点的大地经度相同。从起始大地子午面向东、西方向环绕半周度量经线，分别称为东经 0°～180°、西经 0°～180°。有时也用时间(0～±12 h)度量。

大地水准面/大地水準面
dàdì shuǐzhǔnmiàn/
ㄉㄚˋ ㄉㄧˋ ㄕㄨㄟˇ ㄓㄨㄣˇ ㄇㄧㄢˋ
geoid
【测绘】一个假想的完全静止的全球平均海水面延伸到大陆内部并包围整个地球而成的封闭曲面，是代表地球形状的标准曲面。真实的全球平均海水面，相对大地水准面有微小起伏。图见"参考椭球"(92 页)

大地纬度/大地緯度
dàdì wěidù/ㄉㄚˋ ㄉㄧˋ ㄨㄟˇ ㄉㄨˋ
geodetic latitude
【测绘】参考椭球的赤道面与参考椭球面上过某点的法线间的夹角。位于同一个平行圈(参考椭球面上平行赤道面的纬线圈)上各点的大地纬度相同。从赤道面向南、北两极度量纬线，分别称为南纬0°～90°、北纬0°～90°。

大地原点/大地原點
dàdì yuándiǎn/ㄉㄚˋ ㄉㄧˋ ㄩㄢˊ ㄉㄧㄢˇ
geodetic origin
【测绘】又称"大地基准点"。国家大地坐标测量控制网中推算大地坐标的起算点。在几何大地测量学和大地天文学理论与技术的基础上建立。中国的大地原点设在陕西西安附近的咸阳永乐镇，根据该原点起算而得的坐标系称为"1980 西安坐标系"。

大地坐标/大地座標
dàdì zuòbiāo/ㄉㄚˋ ㄉㄧˋ ㄗㄨㄛˋ ㄅㄧㄠ
geodetic coordinate
【测绘】大地坐标系中的坐标分量。包括大地纬度、大地经度、大地高。

大地坐标系/大地座標系
dàdì zuòbiāoxì/ㄉㄚˋ ㄉㄧˋ ㄗㄨㄛˋ ㄅㄧㄠ ㄒㄧˋ
geodetic coordinate system
【测绘】以参考椭球中心为原点，以起始子午面和赤道面为基准面，度量大地经度、大地纬度和大地高的地球坐标系。

大都市带 dàdūshìdài/ㄉㄚˋ ㄉㄨ ㄕˋ ㄉㄞˋ
【建】即"都市连绵区"(278 页)。

大豆/黄豆 dàdòu/ㄏㄨㄤˊ ㄉㄡˋ
soybean
【植】*Glycine max* 通称"黄豆"。豆科大豆属。一年生草本植物。茎直立，上部近缠绕状。羽状复叶，小叶三枚，纸质，宽卵形。总状花序，花冠蝶形，紫、淡紫或白色。荚果肥大，长圆形，稍弯，黄绿色，种子 2～5 颗，卵圆形，种皮光滑，有黄、绿、褐、黑等颜色。花期 6—7 月份，果期 7—9 月份。在中国，分布于各地。嫩荚可作蔬菜，种子可食，也可榨油或入药。

大分子化合物/巨分子化合物
dàfēnzǐ huàhéwù/
ㄐㄩˋ ㄈㄣ ㄗˇ ㄏㄨㄚˋ ㄏㄜˊ ㄨˋ
macromolecular compound
【化】通常指分子量大于 5000 的化合物。是物质存在的重要形式，也是材料的基础。如淀粉、蛋白质、核酸、树脂、纤维、橡胶、纸张、涂料、胶黏剂、油墨、高分子液晶等。

大风/大風 dàfēng/ㄉㄚˋ ㄈㄥ
gale
【气】由冷锋、热带风暴等天气过程引起的，近地面层风力达 8 级或 8 级以上的风。是灾害性天气的一种。见"蒲福风级"(880 页)。

大风预警信号/大風預警信號
dàfēng yùjǐng xìnhào/
ㄉㄚˋ ㄈㄥ ㄩˋ ㄐㄧㄥˇ ㄒㄧㄣˋ ㄏㄠˋ
gale warning signal
【气】气象灾害预警信号的一种。分为四级，分别以蓝色、黄色、橙色、红色标识。参见"气象灾害预警信号”(895 页)。

大凤尾藓/大鳳尾蘚 dàfèngwěixiǎn/ㄉㄚˋ ㄈㄥˋ ㄨㄟˇ ㄒㄧㄢˇ

large fissidens moss

【植】*Fissidens nobilis* 藓类。凤尾藓科凤尾藓属。稀疏片状丛生,植物体细小,绿色带褐色。茎直立,单一。叶二列,羽状扁平列。雌雄异株。蒴柄侧生,平滑。孢蒴不对称圆柱形。蒴盖圆锥形,具长喙。蒴齿单层,蒴帽兜形。生于林下溪谷旁湿石或土上。在中国,分布于长江流域中下游及以南各地。

D

大骨节病/大骨節病 dàgǔjiébìng/ㄉㄚˋ ㄍㄨˇ ㄐㄧㄝˊ ㄅㄧㄥˋ

Kaschin-Beck disease

【医】一种地方性、变形性骨关节病。中国主要发生于黑龙江、吉林、辽宁、陕西、山西等地,多分布于山区和半山区。发病多为儿童和青少年。主要表现为关节透明,软骨变性、坏死及继发的骨关节炎,严重的可导致矮小畸形。

大观茶论/大觀茶論 Dàguān Chálùn/ㄉㄚˋ ㄍㄨㄢ ㄔㄚˊ ㄌㄨㄣˋ

Grand Sight on Tea

【轻】茶叶专著名。宋徽宗赵佶(1082—1135)撰。原名《茶论》,因成书于宋大观元年(1107),故名。全书 2800 余字,首为绪言,次为地产、天时、采摘、蒸压、制造、鉴别、白茶、罗碾、盏、筅、瓶、杓、水、点、味、香、色、藏焙、品名、外焙 20 目。论述精辟,反映出宋代茶业的发达。

大豪雨 ㄉㄚˋ ㄏㄠˊ ㄩˇ/dàháoyǔ

torrential rain

【气】台湾名。即“暴雨”(42 页)。

大豪雨預警信號

ㄉㄚˋ ㄏㄠˊ ㄩˇ ㄩˋ ㄐㄧㄥˇ ㄒㄧㄣˋ ㄏㄠˋ/

dàhǎoyǔ yùjǐng xìnhào

torrential rain warning signal

【气】台湾名。即“暴雨预警信号”(42 页)。

大黄/大黄 dàhuáng/ㄉㄞˋ ㄏㄨㄤˊ

Radix et Rhizoma Rhei(拉), rhubarb root and rhizome, * Rhei Radix et Rhizoma

【中医】中药名。蓼科植物掌叶大黄 *Rheum palmatum* L.、唐古特大黄 *R. tanguticum* Maxim. ex Balf.或药用大黄 *R. officinale* Baill.的干燥根及根茎。味苦,性寒。归脾、胃、大肠、肝、心包经。能泻热通肠,凉血解毒,逐瘀通经。用于实热便秘,积滞腹痛,泻痢不爽,湿热黄疸,血热吐衄,目赤,咽肿,肠痈腹痛,痈肿疔疮,瘀血经闭,跌扑损伤,外治水火烫伤。

📖 大黄是常用的攻下药,其攻下之力峻猛,效专力捷,有“将军”的美誉。

唐古特大黄

药用大黄

大黄花 dàhuánghuā/ㄉㄚˋ ㄏㄨㄤˊ ㄏㄨㄚ

【动】即“大黄鱼”(178 页)。

大黄鱼/大黃魚 dàhuángyú/ㄉㄚˋ ㄏㄨㄤˊ ㄩˊ

large yellow croaker

【动】*Larimichthys crocea* 又称“大黄花”。鱼名。硬骨鱼纲石首鱼科。身体延长,侧扁,长约 50 厘米,背部灰黄色,鳍黄色,腹面金黄色,唇橘红色,尾柄细长,鳔能发音。生活在海洋中,以鱼虾等为食。中国南海、东海、黄海南部均有分布,是重要的经济鱼类。

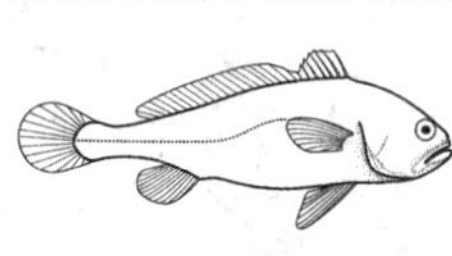

大黄鱼

大活络丹/大活絡丹 dàhuóluòdān/ㄉㄚˋ ㄏㄨㄛˊ ㄌㄨㄛˋ ㄉㄢ

dahuoluo pills, dahuoluo wan, * Major Network-Quickening Elixir

【中医】又称“大活络丸”。中成药名。主要成分:蕲蛇、乌梢蛇、威灵仙、两头尖、麻黄、贯众、甘草、羌活、肉桂、广藿香、乌药、黄连、熟地黄、大黄、沉香、细辛、赤芍、木香、没药、丁香、乳香、僵蚕、天南星、青皮、骨碎补、豆蔻、安息香、黄芩、香附、玄参、白术、防风、龟甲、葛根、虎骨(用代用品)、当归、血竭、地龙、犀角(用代用品)、麝香、松香、牛黄、冰片、红参、制草乌、天麻、全蝎、何首乌。口服。祛风,舒筋,活络,除湿。用于风寒湿痹引起的肢体疼痛,手足麻木,筋脉拘挛,中风瘫痪,口眼㖞斜,半身不遂,言语不清。

大活络丸 dàhuóluòwán/ㄉㄚˋ ㄏㄨㄛˊ ㄌㄨㄛˋ ㄨㄢˊ

【中医】即"大活络丹"(178 页)。

大金门/大金門 Dàjīn Mén/ㄉㄚˋ ㄐㄧㄣ ㄇㄣˊ

Fore gate of mausoleum

【建】明孝陵外郭城的入口正门。是进入陵区的第一道大门,南向,券门三洞,中门较高,上覆黄色琉璃瓦单檐歇山顶。明十三陵称为大红门,型制类似。帝后灵柩入葬时从中门入,送葬的随行人员从左右门入。谒陵时文武大臣至大金门前都要下马,步行入内。

大距/大距 dàjù/ㄉㄚˋ ㄐㄩˋ

greatest elongation, GE

【天】内行星或卫星距角达到极大的时刻和位置。参见"距角"(655 页)。图见"冲"(133 页)

大科学/大科學 dàkēxué/ㄉㄚˋ ㄎㄜ ㄒㄩㄝˊ

big science

【总】又称"大科研"。以国家或国际规模研究为特征的现代科学研究方式。研究目标高远,投资强度巨大,多学科交叉协作,科学、技术、生产一体化。例如国际空间站计划、欧洲核子研究中心的大型强子对撞机计划等均属于大科学研究项目。

📖 美国科学学家普莱斯(D. Price)于 1962 年 6 月发表以"小科学、大科学"为题的演讲。他认为第二次世界大战前的科学都属于小科学,从二战时期起进入大科学时代。

大科研 dàkēyán/ㄉㄚˋ ㄎㄜ ㄧㄢˊ

【总】即"大科学"(179 页)。

大口井/掘井 dàkǒujǐng/ㄐㄩㄝˊ ㄐㄧㄥˇ

dug well, large opening well

【水利】多呈圆筒形,井径大于 2 米的浅井。深度通常不超过 20 米,以开采浅层地下水为主。

大跨度建筑/大跨度建築

dàkuàdù jiànzhù/ㄉㄚˋ ㄎㄨㄚˋ ㄉㄨˋ ㄐㄧㄢˋ ㄓㄨˋ

long-span construction

【建】横向跨越 30 米以上空间的各类结构形式的建筑。采用的结构类型有折板结构、壳体结构、网架结构、悬索结构、充气结构、篷帐张力结构等。多用于民用建筑中的影剧院、体育馆、展览馆、大会堂、航空港候机大厅等大型公共建筑,以及工业建筑中的大跨度厂房、飞机装配车间和大型仓库等。

大理菊 dàlǐjú/ㄉㄚˋ ㄌㄧˇ ㄐㄩˊ

【植】即"大丽花"(179 页)。

大理石/大理石 dàlǐshí/ㄉㄚˋ ㄌㄧˇ ㄕˊ

marble

【建】以大理岩为代表的一类石材。包括结晶的碳酸盐类岩石和质地较软的其他变质岩类石材。汉白玉是大理石的一种。

大理岩/大理岩 dàlǐyán/ㄉㄚˋ ㄌㄧˇ ㄧㄢˊ

marble

【地】一种变质岩。主要由方解石和白云石组成。块状(有时为条带状)构造,通常呈白色和灰色。由石灰岩、白云岩经变质作用而形成。因云南大理所产质量最好,故名。是重要的建筑材料。

大丽花/大理菊 dàlìhuā/ㄉㄚˋ ㄌㄧˇ ㄐㄩˊ

dahlia

【植】*Dahlia pinnata* 又称"天竺牡丹""大理菊"。菊科大丽花属。多年生草本植物。茎高大,直立,粗壮,多分枝。叶 1～3 回羽状分裂,裂片长圆状卵形。头状花序大,下垂,花序梗长,总苞两层;舌状花卵形,一至多层,有红、黄、橙、紫、白等颜色,管状花黄色,上部狭钟状,在栽培品种中有时无管状花。花期 6—12 月份。中国各地均有栽培。观赏花卉。

📖 大丽花是墨西哥的国花。

大量儲存

ㄉㄚˋ ㄌㄧㄤˋ ㄔㄨˇ ㄘㄨㄣˊ/dàliàng chǔcún

mass storage

【信息】台湾名。即"海量存储器"(462 页)。

大量元素/主要元素

dàliàng yuánsù/ㄓㄨˇ ㄧㄠˋ ㄩㄢˊ ㄙㄨˋ

major element, macroelement

【生】又称"常量元素"。机体内含量占总质量 0.01%以上的元素。即碳、氢、氧、氮、钠、钾、钙、镁、磷、氯、硫 11 种元素。

大料 dàliào/ㄉㄚˋ ㄌㄧㄠˋ

【植】"八角"的通称。

大陆/大陸 dàlù/ㄉㄚˋ ㄌㄨˋ
continent
【地】❶地球上面积较大而完整的陆地。地球上共有亚欧大陆、非洲大陆、南美大陆、北美大陆、南极大陆、澳大利亚大陆六块大陆，其中最大的是亚欧大陆，最小的是澳大利亚大陆。❷特指中国的大陆地区（相对于台湾地区而言）。

大陆沉积 dàlù chénjī/ㄉㄚˋ ㄌㄨˋ ㄔㄣˊ ㄐㄧ
【地】即“陆相沉积”（758 页）。

大陆岛/大陸島 dàlùdǎo/ㄉㄚˋ ㄌㄨˋ ㄉㄠˇ
continental island
【地】又称“陆岛”。原来和大陆相连的岛屿。多在靠近大陆的地方，地质构造与邻近的大陆有联系。如中国的海南岛、澳大利亚的塔斯马尼亚岛。

大陆架/大陸棚 dàlùjià/ㄉㄚˋ ㄌㄨˋ ㄆㄥˊ
continental shelf
【地】简称“陆架”，又称“大陆浅滩”“陆棚”。大陆周围被海水淹没的浅水地带。是大陆向海洋底的自然延伸，其范围从低潮线起，以极其平缓的坡度延伸到坡度突然变大的地方为止。坡度较大的部分称“大陆坡”。

大陆漂移说/大陸漂移
dàlù piāoyíshuō/ㄉㄚˋ ㄌㄨˋ ㄆㄧㄠ ㄧˊ
continental drift hypothesis
【地】关于地壳运动及大陆、大洋分布的假说。1912 年，德国地球物理学家魏格纳（A. L. Wegener）正式提出，他发现大西洋两岸的海岸线可以拟合，而且两岸的地层和古生物也很相似，故认为地球上原来只有一个漂浮在硅镁层之上的单一大陆（称为“泛大陆”），中生代开始分裂成几块。这一假说在 20 世纪 60 年代获得了大量新资料后取得新的进展，并为板块构造学奠定了基础。

大陆坡/大陸坡 dàlùpō/ㄉㄚˋ ㄌㄨˋ ㄆㄛ
continent slope
【地】见“大陆架”（180 页）。

大陆气团/大陸氣團
dàlù qìtuán/ㄉㄚˋ ㄌㄨˋ ㄑㄧˋ ㄊㄨㄢˊ
continental air mass
【气】按发源地划分的一种空气团。形成于大面积的陆地。

大陆浅滩
dàlù qiǎntān/ㄉㄚˋ ㄌㄨˋ ㄑㄧㄢˇ ㄊㄢ
【地】即“大陆架”（180 页）。

大陆桥/陸橋 dàlùqiáo/ㄌㄨˋ ㄑㄧㄠˊ
transcontinental railway
【交】又称“洲际铁路”。两个海洋之间以铁路为骨干的、横贯大陆的陆上通道。便于开展海陆联运，缩短运输里程。

📖 世界有四大“大陆桥”：北美大陆桥——东起纽约，西止圣弗朗西斯科（旧金山），全长 4500 千米，东接大西洋，西连太平洋；南美大陆桥——东起阿根廷首都布宜诺斯艾利斯，西止智利首都圣地亚哥，全长 1000 千米，连接大西洋和太平洋两水域；亚欧大陆桥——东起中国江苏连云港市，西止荷兰的鹿特丹，地跨亚欧两大洲，全长 10 800 千米；南亚大陆桥——在亚洲南部的印度半岛上，从东岸的加尔各答港到西岸的孟买港，全长约 2000 千米。

大陆性气候/大陸氣候
dàlùxìng qìhòu/ㄉㄚˋ ㄌㄨˋ ㄑㄧˋ ㄏㄡˋ
continental climate
【气】地处中纬度大陆腹地，受海洋影响较小的气候。年降水量较少，温度年变化和日变化大，即冬季寒冷、夏季炎热。

大陸地殻 ㄉㄚˋ ㄌㄨˋ ㄉㄧˋ ㄎㄜˊ/dàlù dìqiào
continental crust
【地】台湾名。即“陆壳”（757 页）。

大陸核心 ㄉㄚˋ ㄌㄨˋ ㄏㄜˊ ㄒㄧㄣ/dàlù héxīn
craton
【地】台湾名。即“克拉通”（684 页）。

大陸棚 ㄉㄚˋ ㄌㄨˋ ㄆㄥˊ/dàlùpéng
continental shelf
【地】台湾名。即“大陆架”（180 页）。

大陸漂移 ㄉㄚˋ ㄌㄨˋ ㄆㄧㄠ ㄧˊ/dàlù piāoyí
continental drift
【地】台湾名。即“大陆漂移说”（180 页）。

大陸氣候 ㄉㄚˋ ㄌㄨˋ ㄑㄧˋ ㄏㄡˋ/dàlù qìhòu
continental climate
【气】台湾名。即“大陆性气候”（180 页）。

大麻哈鱼/大麻哈魚
dàmáhǎyú/ㄉㄚˋ ㄇㄚˊ ㄏㄚ ㄩˊ
salmon

【动】*Oncorhynchus keta* 又称“大马哈鱼”。鱼名。硬骨鱼纲鲑科。身体延长，稍侧扁，略呈纺锤形，银灰色，多有绯色宽斑，嘴大，鳞细。生活在太平洋北部海洋中，夏初或秋末进入江河产卵。性凶猛，以小鱼等为食。中国黑龙江流域有分布，是名贵的冷水性经济鱼类。

大麻哈鱼

大马哈鱼 dàmǎhǎyú/ㄉㄚˋ ㄇㄚˇ ㄏㄚ ㄩˊ

【动】即“大麻哈鱼”(180 页)。

大麦/大麥 dàmài/ㄉㄚˋ ㄇㄞˋ

barley

【植】*Hordeum vulgare* 禾本科大麦属。一年生草本植物。秆粗壮，直立。叶鞘松弛抱茎，两侧有两披针形叶耳；叶片长披针形，扁平。穗状花序，小穗稠密，颖线状披针形，先端延伸为芒，外稃先端也延伸成芒。颖果熟时黏着于稃内，不脱出。在中国，分布于各地。果实可作粮食，麦秆可作粗饲料。

大猫熊/大貓熊

dàmāoxióng/ㄉㄚˋ ㄇㄠ ㄒㄩㄥˊ

【动】即“大熊猫”(189 页)。

大明宫遗址/大明宮遺址

Dàmíng Gōng Yízhǐ/ㄉㄚˋ ㄇㄧㄥˊ ㄍㄨㄥ ㄧˊ ㄓˇ

the ruins of Daming Palace

【建】唐代宫廷建筑大明宫的遗址。位于陕西西安市北郊龙首原上，始建于唐贞观八年(公元 634 年)，后又扩建。宫内十一门，正门为丹凤门，以含元殿、宣政殿、紫宸殿为主体建筑，正殿含元殿，位于龙首原的冈丘之上，推测其为面阔十一间，进深四间的副阶重檐建筑，含元殿两侧建翔鸾殿、栖凤阁，以廊道与殿连通，殿前起龙尾道，居高临下。宫中还有太液池、麟德殿、中书省、门下省、弘文馆、史馆等殿阁亭台楼观三十余所，自咸亨元年(公元 670 年)，大明宫成为朝政活动的中心。经考古发掘，宫城西墙 2256 米，东墙 2614 米，平面南宽北窄略呈梯形，面积约 3.2 平方千米，已探明的殿、台、楼、亭等基址有 40 余处。

大木作/大木作 dàmùzuò/ㄉㄚˋ ㄇㄨˋ ㄗㄨㄛˋ

carpentry work

【建】宋《营造法式》中的 13 个工种之一。指木架构建筑中起结构作用的各构件，如梁、柱、斗栱、欂、椽等部分的设计、制作、组合和安装工作。

大脑/大腦 dànǎo/ㄉㄚˋ ㄋㄠˇ

cerebrum

【医】脑的主要部分。由左、右大脑半球组成，中间以胼胝体相连，是控制运动、产生感觉及实现脑功能(如语言、思维、记忆、情感、想象、逻辑推理等)的高级神经中枢。大脑半球表面凹凸不平，布满深浅不同的沟和裂，其表层为灰质，称为大脑皮质，主要由神经细胞体组成。大脑皮质以内为白质，称为髓质，由皮质的神经细胞胞体发出的神经纤维构成。白质中还存在一些灰质，由功能相同的神经细胞胞体集合而成，称为神经核。大脑两半球内部存在各种神经纤维，通过这些神经纤维的联系来完成大脑的功能。

大脑镰/大腦鐮 dànǎolián /ㄉㄚˋ ㄋㄠˇ ㄌㄧㄢˊ

cerebral falx

【医】位于大脑半球间裂，硬脑膜形成的结缔组织。

大脑皮质/大腦皮質

dànǎo pízhì/ㄉㄚˋ ㄋㄠˇ ㄆㄧˊ ㄓˋ

cerebral cortex

【医】旧称“大脑皮层”。见“大脑”(181 页)。

大腦局部缺血

ㄉㄚˋ ㄋㄠˇ ㄐㄩˊ ㄅㄨˋ ㄑㄩㄝ ㄒㄧㄝˋ/

dànǎo júbù quēxuè

cerebral ischemia

【医】台湾名。即“脑缺血”(825 页)。

大鲵/大鯢 dàní/ㄉㄚˋ ㄋㄧˊ

giant salamander

【动】*Andrias davidianus* 又称“娃娃鱼”。两栖动物名。有尾目隐鳃鲵科大鲵属。体较大，长可达 1 米。头宽而扁，眼小，口大，躯干粗壮，背面棕褐色，有大黑斑，腹面颜色淡，尾侧扁，四肢短，鸣声似小孩啼哭。生活在山谷溪水中，以鱼、虾、蛙等为食。是世界上现存最大的两栖动物。中国特有的珍稀动物。

大 鲵

大农业/大農業 dànóngyè/ㄉㄚˋ ㄋㄨㄥˊ ㄧㄝˋ
large-scale agriculture
【农】指广义的农业。包括农、林、牧、副、渔五业,也包括与农业生产相关联的生产资料供应和农技服务,以及农产品加工、物流、经营管理等业务。是广泛应用现代科学技术、现代工业提供的生产资料和科学管理方法进行的现代化农业。

大薸/大萍 dàpiáo/ㄉㄚˋ ㄆㄧㄠˊ
water lettuce
【植】*Pistia stratiotes* 天南星科大薸属。漂浮草本植物。有多数长而悬垂的根和白色成束的须根。叶簇生,呈莲座状;叶片在不同的发育阶段形状不同:倒三角形、倒卵形、扇形、倒卵状长楔形;先端钝圆,呈微波状,叶脉扇状伸展。花序生于叶腋,佛焰苞白色。花期5—11月份。在中国,分布于长江以南各地。水田杂草。全草可作饲料。

大萍 ㄉㄚˋ ㄆㄧㄥˊ/dàpíng
water lettuce
【植】台湾名。即“大薸”(182页)。

大漆 dàqī/ㄉㄚˋ ㄑㄧ
【化】即“生漆”(1007页)。

大气 dàqì/ㄉㄚˋ ㄑㄧˋ
【化】“空气”的通称。

大气本底值/大氣背景值
dàqì běndǐzhí/ㄉㄚˋ ㄑㄧˋ ㄅㄣˇ ㄉㄧˇ ㄓˊ
atmospheric background
【气】又称“本底浓度”。在未受到人类活动影响的条件下,大气各成分的自然含量。

大气边界层/大氣邊界層
dàqì biānjiècéng/ㄉㄚˋ ㄑㄧˋ ㄅㄧㄢ ㄐㄧㄝˋ ㄘㄥˊ
atmospheric boundary layer
【气】又称“行星边界层”“摩擦层”。距地面高度几百米至1.5(或2.0)千米以下,受地面摩擦阻力影响的大气最低层。厚度随气象条件、地形、地面粗糙度而变化,平均约为1.0千米。

大气波动/大氣波
dàqì bōdòng/ㄉㄚˋ ㄑㄧˋ ㄅㄛ
atmospheric wave
【气】大气在重力、惯性力、科里奥利力或层结等因素的作用下发生的,具有时空二重周期性的各种振动。主要包括声波、重力波、惯性重力波、声重力波、行星波等。

大气层结 dàqì céngjié/ㄉㄚˋ ㄑㄧˋ ㄘㄥˊ ㄐㄧㄝˊ
【气】即“热力层结”(940页)。

大气沉降/大氣沈降
dàqì chénjiàng/ㄉㄚˋ ㄑㄧˋ ㄔㄣˊ ㄐㄧㄤˋ
atmospheric deposition
【环】大气中的颗粒物和微量气体被转移到地表、水面或覆盖物的过程,是大气自洁过程,也是沉降物对土壤、水体及植被和建筑物产生影响的过程。可分为干沉降和湿沉降。

大气成分/大氣成分
dàqì chéngfèn/ㄉㄚˋ ㄑㄧˋ ㄔㄥˊ ㄈㄣˋ
atmospheric composition
【气】组成大气的各种气体和微粒。其中,基本不变的成分有氮(78.084%)、氧(20.946%)、氩(0.934%)等,比例变化较大的有水汽、碳氧化物、氮氧化物、硫氧化物和臭氧等,还悬浮有各种固态和液态的气溶胶粒子。

大气窗/大氣窗
dàqìchuāng/ㄉㄚˋ ㄑㄧˋ ㄔㄨㄤ
atmospheric window
【气】指电磁波辐射能够较好地穿透大气的一些波段。按波段不同,可分为可见光窗区、红外窗区和射电窗区等。

大气电场/大氣電場
dàqì diànchǎng/ㄉㄚˋ ㄑㄧˋ ㄉㄧㄢˋ ㄔㄤˇ
atmospheric electric field
【气】存在于大气中而与带电物质产生力的相互作用的物理场。其方向指向地面,强度随时间、地点、天气状况和离地面的高度而变。按天气状况不同,可分为晴天电场和扰动天气电场。

大气电学/大氣電學
dàqì diànxué/ㄉㄚˋ ㄑㄧˋ ㄉㄧㄢˋ ㄒㄩㄝˊ
atmospheric electricity
【气】大气物理学的一个分支。研究电离层以下的大气中所发生的各种电象及其生成和相互作用的物理过程,包括大气电场及其维持机制、雷电发生机制、粒子电离过程等。

大气动力学/大氣動力學
dàqì dònglìxué/ㄉㄚˋ ㄑㄧˋ ㄉㄨㄥˋ ㄌㄧˋ ㄒㄩㄝˊ

atmospheric dynamics

【气】动力气象学的一个分支。根据地球大气的受力分析，研究大气的运动机制和基本规律。

大气放射性/大氣放射性

dàqì fàngshèxìng/ㄉㄚˋ ㄑㄧˋ ㄈㄤˋ ㄕㄜˋ ㄒㄧㄥˋ

atmospheric radioactivity

【气】因宇宙射线、地面天然放射性矿物及大气中氡等放射性气体的存在，而使大气具有自发地放射 α,β 或 γ 射线的特性。

大气分层/大氣分層

dàqì fēncéng/ㄉㄚˋ ㄑㄧˋ ㄈㄣ ㄘㄥˊ

atmospheric subdivision

【气】按地球大气沿铅直方向的属性变化，将整个大气划分为不同层次。按高度不同，可分为低层大气、中层大气、高层大气；按热力性质不同，可分为对流层、平流层、中间层、热层、外逸层；按电磁特性不同，可分为中性层、电离层、磁层；按光化学特性分为臭氧层、光化层；按大气组成混合状态不同，可分为均质层、非均质层。此外，还有特性层、标准层、过渡层、大气边界层等。

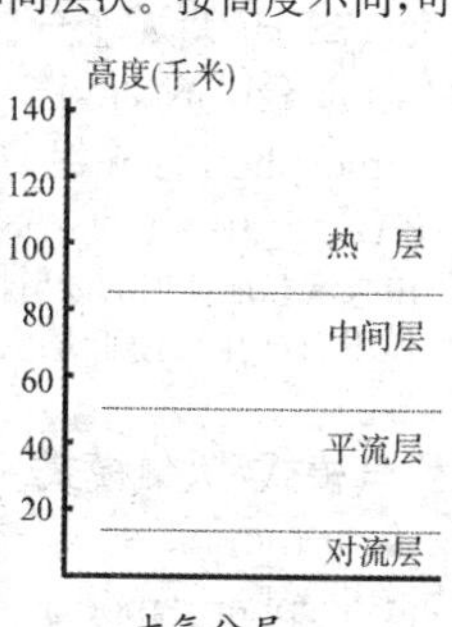

大气分层

大气辐射/大氣輻射

dàqì fúshè/ㄉㄚˋ ㄑㄧˋ ㄈㄨˊ ㄕㄜˋ

atmospheric radiation

【气】又称"长波辐射"。大气吸收来自太阳和地面辐射的同时，又以辐射的方式向外放射能量的过程。由于大气本身的温度较低，辐射能量的波长主要集中在 4～120 微米。

大气光化学/大氣光化學

dàqì guānghuàxué/ㄉㄚˋ ㄑㄧˋ ㄍㄨㄤ ㄏㄨㄚˋ ㄒㄩㄝˊ

atmospheric photochemistry

【气】大气化学的一个分支。研究大气成分在太阳光照射下，吸收可见光和紫外线后所发生的化学反应过程及其生成物。

大气光学/大氣光學

dàqì guāngxué/ㄉㄚˋ ㄑㄧˋ ㄍㄨㄤ ㄒㄩㄝˊ

atmospheric optics

【气】大气物理学的一个分支。研究光在大气中的传播规律、与大气的相互作用以及由此产生的各种大气光象。

大气光学厚度/大氣光學厚度

dàqì guāngxué hòudù/ㄉㄚˋ ㄑㄧˋ ㄍㄨㄤ ㄒㄩㄝˊ ㄏㄡˋ ㄉㄨˋ

atmospheric optical thickness, atmospheric optical depth

【气】简称"光学厚度"。表征大气介质对辐射光衰减程度的量。

大气光学现象/大氣光學現象

dàqì guāngxué xiànxiàng/ㄉㄚˋ ㄑㄧˋ ㄍㄨㄤ ㄒㄩㄝˊ ㄒㄧㄢˋ ㄒㄧㄤˋ

atmospheric optical phenomena

【气】在日、月等自然光源照射下，因大气分子、气溶胶、云、雾、降水粒子等对光有反射、折射、衍射和散射等作用而产生的虹、晕、华等一系列自然现象。

大气光学质量/大氣光電

dàqì guāngxué zhìliàng/ㄉㄚˋ ㄑㄧˋ ㄍㄨㄤ ㄉㄧㄢˋ

atmospheric optical mass

【气】简称"光学质量"。来自天体的单位横截面的光到达地面，其经历空间所含大气物质的总质量。

大气痕量气体/大氣微量氣體

dàqì hénliàng qìtǐ/ㄉㄚˋ ㄑㄧˋ ㄨㄟˊ ㄌㄧㄤˋ ㄑㄧˋ ㄊㄧˇ

atmospheric trace gas

【气】大气中含量很少的气体组成成分。如氮氧化物、碳氢化合物、硫化物和氯化物。在大气中的滞留期为几天至几十年，参与大气化学循环。对全球大气环境及生态有重大影响，光化学烟雾、酸雨、温室效应、臭氧层变薄等都与之相关。

大气候/大氣候

dàqìhòu/ㄉㄚˋ ㄑㄧˋ ㄏㄡˋ

macroclimate

【气】按空间尺度划分的一类气候。水平范围为几百千米以上的大区域、大洲甚至更大。主要受大气环流控制，如季风气候。

D

大气化学/大氣化學
dàqì huàxué/ㄉㄚˋ ㄑㄧˋ ㄏㄨㄚˋ ㄒㄩㄝˊ
atmospheric chemistry
【气】大气科学的一个分支。研究空气组成成分及其化学变化过程。研究范围包括整个对流层和平流层大气。主要研究对象包括大气痕量气体、气溶胶、大气放射性物质和降水化学过程等。

大气环境/大氣環境
dàqì huánjìng/ㄉㄚˋ ㄑㄧˋ ㄏㄨㄢˊ ㄐㄧㄥˋ
air environment
【环】又称"空气环境"。通常指包围地球的气体所形成的环境。是按自然环境组成要素来划分而产生的概念。有人认为空气环境和大气环境不是等义概念,二者分别指人类居住地内部的气体和居住地外部空间的气体所形成的环境。

大气环流/大氣環流
dàqì huánliú/ㄉㄚˋ ㄑㄧˋ ㄏㄨㄢˊ ㄌㄧㄡˊ
atmospheric circulation
【气】通常指大范围内大气运动的长时期平均状态,其水平尺度在数千千米、垂直尺度在10千米、时间尺度在数天以上。是全球能量、水分的输送和交换,并使之维持平衡的重要机制。动力气象学研究的主要内容之一。

大气环流型/大氣環流型
dàqì huánliúxíng/ㄉㄚˋ ㄑㄧˋ ㄏㄨㄢˊ ㄌㄧㄡˊ ㄒㄧㄥˊ
atmospheric circulation pattern
【气】简称"环流型"。在固定的地理范围内(如北半球或其中一部分)大气环流的分布特征。可作为研究气候形成的天气条件和长期天气预报的基本资料。

大气浑浊度/大氣濁度
dàqì húnzhuódù/ㄉㄚˋ ㄑㄧˋ ㄓㄨㄛˊ ㄉㄨˋ
atmospheric turbidity
【气】表征大气气溶胶对光线削弱程度的物理量。指光线穿越无云铅直大气柱时,因气溶胶散射或吸收造成的光线削弱程度。铅直气柱中气溶胶含量越大,大气浑浊度也越大。

大气活动中心/大氣活動中心
dàqì huódòng zhōngxīn/
ㄉㄚˋ ㄑㄧˋ ㄏㄨㄛˊ ㄉㄨㄥˋ ㄓㄨㄥ ㄒㄧㄣ
atmospheric center of action
【气】月平均海平面气压分布图上,一年四季都存在的支配大气运动的大型高、低气压系统。是大气环流的重要组成部分。其强弱变化决定着冷暖气流和天气、气候的特点。如亚速尔高压、西伯利亚高压、太平洋高压等。

大气科学/大氣科學
dàqì kēxué/ㄉㄚˋ ㄑㄧˋ ㄎㄜ ㄒㄩㄝˊ
atmospheric science
【气】以大气为研究对象的学科。是地球科学的分支,20世纪60年代由气象学发展而来,研究大气圈的特性、结构、组成、物理现象、化学变化、运动规律,以及与生物圈、水圈、岩石圈、冰雪圈等之间的相互关系。主要包括大气探测、大气物理学、大气化学、动力气象学、天气学、气候学、应用气象学等分支。

大气离子/大氣離子
dàqì lízǐ/ㄉㄚˋ ㄑㄧˋ ㄌㄧˊ ㄗˇ
atmospheric ion
【气】大气中荷电的分子和气溶胶粒子。主要由大气和地球内的放射性物质及宇宙射线的作用而产生。使低层大气具有微弱的导电性。

大气模式/大氣模式
dàqì móshì/ㄉㄚˋ ㄑㄧˋ ㄇㄛˊ ㄕˋ
atmospheric model
【气】描述模式大气的闭合方程组。能够根据气象要素场的初始状态确定未来的状态。按假设条件不同,可分为准地转模式、能量平衡模式、原始方程模式等;按用途不同,可分为数值预报模式、大气环流模式等;按大气运动铅直方向特征不同,可分为一个层次的正压模式、多层次的斜压模式等;按预报的水平范围不同,可分为全球模式、有限区域模式等;按计算方法不同,可分为差分模式、谱模式等。

大气圈/大氣圈 dàqìquān/ㄉㄚˋ ㄑㄧˋ ㄑㄩㄢ
atmosphere
【地】地球圈层之一。地理学上将大气层称为大气圈。

大气热力学/大氣熱力學
dàqì rèlìxué/ㄉㄚˋ ㄑㄧˋ ㄖㄜˋ ㄌㄧˋ ㄒㄩㄝˊ
atmospheric thermodynamics
【气】大气物理学的一个分支。应用热力学原理,研究大气热状态、热力过程及其演变规律。如水相平衡与转变、大气中的可逆绝热和不可逆绝热、气层的静力稳定度的转变等。

大气散射/大氣散射

dàqì sǎnshè/ㄉㄚˋ ㄑㄧˋ ㄙㄢˇ ㄕㄜˋ

atmospheric scattering

【气】电磁波与大气分子或气溶胶等粒子发生相互作用,使部分或全部入射能量以一定规律沿入射点各方向重新分布的现象。散射后的能量分布与入射波的波长、强度有关,还与所遇粒子的大小、形状有关。

大气生物污染/大氣生物污染

dàqì shēngwù wūrǎn/ㄉㄚˋ ㄑㄧˋ ㄕㄥ ㄨˋ ㄨ ㄖㄢˇ

biological pollution of atmosphere

【环】生物污染的一种。大气中有害微生物、病原体、变应原和生物性尘埃使大气环境质量下降,对人类和其他生物造成不良影响和危害的现象。

大气声学/大氣聲學

dàqì shēngxué/ㄉㄚˋ ㄑㄧˋ ㄕㄥ ㄒㄩㄝˊ

atmospheric acoustics

【气】大气物理学的一个分支。研究大气中声波产生的机制、传播规律及其引发的现象。

大气探测/大氣探測

dàqì tàncè/ㄉㄚˋ ㄑㄧˋ ㄊㄢˋ ㄘㄜˋ

atmospheric sounding and observing

【气】大气科学的一个分支。借助仪器和装备,测量和观察大气的物理、化学特性及大气现象,并研究观测方法和手段。包括地面气象观测和高空气象探测。

大气湍流/大氣亂流

dàqì tuānliú/ㄉㄚˋ ㄑㄧˋ ㄌㄨㄢˋ ㄌㄧㄡˊ

atmospheric turbulence

【气】动力气象学研究的主要内容之一。发生在大气边界层中的空气质点的不规则运动。是空气的一种重要运动形式,它的存在使大气中的动量、热量、水汽和气溶胶等在垂直和水平方向上的交换明显增强,对电磁波的传播有干扰作用。

大气稳定度/大氣穩度

dàqì wěndìngdù/ㄉㄚˋ ㄑㄧˋ ㄨㄣˇ ㄉㄨˋ

atmospheric stability

【气】整层空气受扰动后的稳定程度。即一气块受浮力扰动后,偏离原来位置而上升或下降的程度。是大气层结稳定与否的判据。

大气污染/空氣污染

dàqì wūrǎn/ㄎㄨㄥ ㄑㄧˋ ㄨ ㄖㄢˇ

air pollution, atmospheric pollution

【环】人类活动或自然过程排放的污染物质导致大气环境质量下降的现象。通常指大气中污染物质,对人体舒适和健康,以及对生态环境、自然资源等产生不良影响和危害的现象。多由煤、石油燃烧或加工过程中造成的,形成煤炭烟雾、光化学烟雾、酸雨、温室气体污染等。"大气污染"与"空气污染"可视为同义词。但也有人认为前者指外环境的污染;后者指室内、车间内等内环境的污染。

大气污染防治工程/大氣污染防治工程

dàqì wūrǎn fángzhì gōngchéng/ㄉㄚˋ ㄑㄧˋ ㄨ ㄖㄢˇ ㄈㄤˊ ㄓˋ ㄍㄨㄥ ㄔㄥˊ

air pollution control engineering

【环】环境工程学的一个技术领域。任务是采取工程技术措施防治和减轻人类生产和消费活动引起的大气污染,改善大气环境质量。包括实施大气环境质量管理,综合运用各种防治技术措施,减少或防止污染物产生;治理已产生的污染物;充分利用环境自净能力和扩大绿地面积等。

大气污染化学/空氣污染化學

dàqì wūrǎn huàxué/ㄎㄨㄥ ㄑㄧˋ ㄨ ㄖㄢˇ ㄏㄨㄚˋ ㄒㄩㄝˊ

air pollution chemistry

【环】污染化学的一个分支。研究污染物在对流层中的化学现象和迁移转化规律及其归宿。内容包括化学污染物在大气中的形态、扩散、分布、积累、转化过程及其反应机制和污染效应,并探讨大气污染防治理论和方法。

大气污染监测/大氣污染監測

dàqì wūrǎn jiāncè/ㄉㄚˋ ㄑㄧˋ ㄨ ㄖㄢˇ ㄐㄧㄢ ㄘㄜˋ

air pollution monitoring

【环】环境监测的一种。对大气污染物的排放特征、种类和浓度、时空分布和变化规律进行分析测定的过程。包括对大气污染源的监测,以及对大气环境状况进行的定点监测,为防治大气污染和进行大气环境质量预报提供依据。一般监测的项目主要有二氧化碳、二

D

氧化硫、碳氢化合物、总悬浮颗粒物、可吸入颗粒物等。特定情况下，监测项目会有变化，还对影响污染状况的气象条件进行观测。

大气污染指示生物/大氣污染指示生物
dàqì wūrǎn zhǐshì shēngwù/ ㄉㄚˋ ㄑㄧˋ ㄨ ㄖㄢˇ ㄓˇ ㄕˋ ㄕㄥ ㄨˋ
indicator organism of atmospheric pollution
【环】对大气污染反应灵敏而被用来监测和评价大气污染状况的生物。如紫花苜蓿、芝麻、向日葵等是二氧化硫污染指示植物，金丝雀、鸽子等是一氧化碳污染的指示动物。

大气物理学/大氣物理學
dàqì wùlǐxué/ ㄉㄚˋ ㄑㄧˋ ㄨˋ ㄌㄧˇ ㄒㄩㄝˊ
atmospheric physics
【气】大气科学的一个分支。研究大气的物理现象、物理过程及其演变规律，主要包括大气中的声象、光象、电象、辐射过程、云和降水物理、近地面层大气物理、平流层和中层大气物理等。是大气科学的基础理论部分，也是环境科学的一个部分。

大气悬浮物
dàqì xuánfúwù/ ㄉㄚˋ ㄑㄧˋ ㄒㄩㄢˊ ㄈㄨˊ ㄨˋ
【气】即“气溶胶”(893 页)。

大气压/大氣壓
dàqìyā/ ㄉㄚˋ ㄑㄧˋ ㄧㄚ
atmosphere pressure
【物】由包围在地球周围的大气产生的压强。随着距地球海平面高度的增加而减小。

大气遥感/大氣遥測
dàqì yáogǎn/ ㄉㄚˋ ㄑㄧˋ ㄧㄠˊ ㄍㄢˇ
atmospheric remote sensing
【气】利用大气自身的辐射特性或对声和电磁波等吸收、发射、散射等特性，从远处对大气的化学组成、物理状态和运动等情况进行间接测量的方法和技术。其中，通过被动接受来自大气电磁波或其他波束的方式称被动遥感；通过主动发射再接收返回的电磁波或其他波束的方式称主动遥感。

大气杂质/大氣雜質
dàqì zázhì/ ㄉㄚˋ ㄑㄧˋ ㄗㄚˊ ㄓˋ
atmospheric impurity
【气】大气正常组分之外的成分。多集中于大气的底层，其数量变动较大。如来源于火山爆发、沙尘暴、物质燃烧、流星、海水飞溅等过程进入大气的粒子等。

大气折射/大氣折射
dàqì zhéshè/ ㄉㄚˋ ㄑㄧˋ ㄓㄜˊ ㄕㄜˋ
atmospheric refraction
【气】电磁波在大气中传播时，由于大气密度不均匀，其路径偏离原来传播方向而发生曲折的现象。大气密度的变化梯度越大，曲折现象越明显。

大气质量/大氣質量
dàqì zhìliàng/ ㄉㄚˋ ㄑㄧˋ ㄓˋ ㄌㄧㄤˋ
atmospheric mass
【气】❶地球大气的总质量。其值约为 5.14×10^{15} 吨。❷空气的品质。

大气质量评价/大氣品質評價
dàqì zhìliàng píngjià/ ㄉㄚˋ ㄑㄧˋ ㄆㄧㄣˇ ㄓˊ ㄆㄧㄥˊ ㄐㄧㄚˋ
atmospheric quality evaluation
【环】又称“空气质量评价”。对大气环境质量优劣进行的定性或定量的评定。是一种单要素评价，多在大气污染严重地区或城市地区进行，并用空气污染指数描述大气污染程度，进行大气污染预报。

大气自净/大氣自净
dàqì zìjìng/ ㄉㄚˋ ㄑㄧˋ ㄗˋ ㄐㄧㄥˋ
atmospheric self-purification
【环】又称“大气自净作用”。污染物进入大气后经物理、化学和生物等自然作用而逐渐被清除的过程。其物理作用有稀释、扩散、淋洗、沉降等，化学作用有氧化还原、化合、分解等，生物作用有生物吸收和降解等。影响大气自净的主要因素是当地的气象状况和条件，以及污染物的性质和浓度等。

大气自净作用
dàqì zìjìng zuòyòng/ ㄉㄚˋ ㄑㄧˋ ㄗˋ ㄐㄧㄥˋ ㄗㄨㄛˋ ㄩㄥˋ
【环】即“大气自净”(186 页)。

大氣背景值
ㄉㄚˋ ㄑㄧˋ ㄅㄟˋ ㄐㄧㄥˇ ㄓˊ/dàqì bèijǐngzhí
atmospheric background
【气】台湾名。即“大气本底值”(182 页)。

大氣波 ㄉㄚˋ ㄑㄧˋ ㄅㄛ/dàqìbō

atmospheric wave
【气】台湾名。即“大气波动”(182 页)。

大氣成層
ㄉㄚˋ ㄑㄧˋ ㄔㄥˊ ㄘㄥˊ/dàqì chéngcéng
thermal stratification, atmospheric stratification
【气】台湾名。即“热力层结”(940 页)。

大氣光電
ㄉㄚˋ ㄑㄧˋ ㄍㄨㄤ ㄉㄧㄢˋ/dàqì guāngdiàn
atmospheric optical mass
【气】台湾名。即“大气光学质量”(183 页)。

大氣亂流 ㄉㄚˋ ㄑㄧˋ ㄌㄨㄢˋ ㄌㄧㄡˊ/dìqì luànliú
atmospheric turbulence
【气】台湾名。即“大气湍流”(185 页)。

大氣品質評價
ㄉㄚˋ ㄑㄧˋ ㄆㄧㄣˇ ㄓˋ ㄆㄧㄥˊ ㄐㄧㄚˋ/
dàqì pǐnzhì píngjià
atmospheric quality evaluation
【环】台湾名。即“大气质量评价”(186 页)。

大氣微量氣體
ㄉㄚˋ ㄑㄧˋ ㄨㄟ ㄌㄧㄤˋ ㄑㄧˋ ㄊㄧˇ/dàqì wēiliàng qìtǐ
atmospheric trace gas
【气】台湾名。即“大气痕量气体”(183 页)。

大氣穩度 ㄉㄚˋ ㄑㄧˋ ㄨㄣˇ ㄉㄨˋ/dàqì wěndù
atmospheric stability
【气】台湾名。即“大气稳定度”(185 页)。

大氣遙測 ㄉㄚˋ ㄑㄧˋ ㄧㄠˊ ㄘㄜˋ/dàqì yáocè
atmospheric remote sensing
【气】台湾名。即“大气遥感”(186 页)。

大氣濁度 ㄉㄚˋ ㄑㄧˋ ㄓㄨㄛˊ ㄉㄨˋ/dàqì zhuódù
atmospheric turbidity
【气】台湾名。即“大气浑浊度”(184 页)。

大青叶/大青葉 dàqīngyè/ㄉㄚˋ ㄑㄧㄥ ㄧㄝˋ
Folium Isatidis(拉), dyers woad leaf
【中医】中药名。十字花科植物菘蓝 *Isatis indigotica* Fort. 的干燥叶。味苦,性寒。归心、胃经。能清热解毒,凉血消斑。用于温邪入营,高热神昏,发斑发疹,黄疸,热痢,痄腮,喉痹,丹毒,痈肿。

菘 蓝

大秋作物/秋作物
dàqiū zuòwù/ㄑㄧㄡ ㄗㄨㄛˋ ㄨˋ
autumn crops
【农】秋季收获的大田作物。如高粱、玉米、谷子、豆类和薯类等。

大山楂丸/大山楂丸
dàshānzhāwán/ㄉㄚˋ ㄕㄢ ㄓㄚ ㄨㄢˊ
dashanzha bolus, dashanzha wan, * Major Crataegus Pill
【中医】中成药名。主要成分:山楂、六神曲、麦芽。口服。开胃消食。用于食积内停所致的食欲不振,消化不良,脘腹胀闷。

大数律/大數法則
dàshùlǜ/ㄉㄚˋ ㄕㄨˋ ㄈㄚˇ ㄗㄜˊ
law of large numbers
【数】概率论和数理统计中的基本定律之一。关于随机变量序列的算术平均值收敛于常数的一系列定理的统称。主要结论有:(1)n 次独立重复试验中,事件 A 出现的频率$\frac{\mu_n}{n}$,当 n 充分大时收敛于 A 出现的概率 p。(2)n 次独立观测同一随机变量 X,各次观测值的算术平均值 $\frac{1}{n}\sum_{i=1}^{n}X_i$,当 n 充分大时收敛于 X 的数学期望 EX。(3)设$\{X_n\}$为两两独立的随机变量序列,其方差有界,则前 n 个随机变量的算术平均值 $\frac{1}{n}\sum_{i=1}^{n}X_i$,当 n 充分大时收敛于前 n 个随机变量的数学期望的算术平均值 $\frac{1}{n}\sum_{i=1}^{n}EX_i$。

📖 大数律所说的随机变量序列的算术平均值“收敛”于常数,是“依概率收敛”,即 $\lim_{n\to+\infty}P\left(\left|\frac{1}{n}\sum_{i=1}^{n}X_i-\mu\right|<\varepsilon\right)=1$。其中 μ 是收敛到的常数,ε 是任意正数。这说明当 n 充分大时,$\frac{1}{n}\sum_{i=1}^{n}X_i$ 偏离 μ 的可能性极小,也即$\frac{1}{n}\sum_{i=1}^{n}X_i$ 稳定于 μ。

大數法則
ㄉㄚˋ ㄕㄨˋ ㄈㄚˇ ㄗㄜˊ/dàshù fǎzé
law of large numbers

【数】台湾名。即"大数律"(187 页)。

大蒜 ㄉㄚˋ ㄙㄨㄢˋ/dàsuàn

garlic

【植】台湾名。即"蒜"(1088 页)。

大蒜素/大蒜素

dàsuànsù/ㄉㄚˋ ㄙㄨㄢˋ ㄙㄨˋ

allicin, garlicin

【化】天然有机物。黄色液体。常压下蒸馏时分解。将大蒜切成片或压碎,放置在空气中至少 15 分钟,就能与空气中的氧结合形成大蒜素。研究证实:大蒜本身不抗癌,大蒜素才有抗癌作用。

D

大堂/大廳 dàtáng/ㄉㄚˋ ㄊㄧㄥ

lobby

【建】公共建筑物内与出入口连接、用于接待宾客的宽敞空间。是门厅的一种特殊形式。

大田作物/田間作物

dàtián zuòwù/ㄊㄧㄢˊ ㄐㄧㄢ ㄗㄨㄛˋ ㄨˋ

field crop

【农】在大片田地上种植的作物。如小麦、水稻、玉米、大豆、高粱、棉花等。

大廳 ㄉㄚˋ ㄊㄧㄥ/dàtīng

❶lobby, ❷entrance hall, anteroom, lobby

【建】❶台湾名。即"大堂"(188 页)。❷台湾名。即"门厅"(793 页)。

大秃马勃/大禿馬勃

dàtū mǎbó/ㄉㄚˋ ㄊㄨ ㄇㄚˇ ㄅㄛˊ

giant puffball

【植】*Calvatia gigantean* 又称"马粪包"。菌类。马勃科秃马勃属。子实体大型,近球形,无柄,单生或群生,具特殊气味。外包被由白色变成橄榄褐色,光滑,易块状剥落,内包被较厚。生长于草地或沙地上。在中国,分布于东北、华北、西北、西南、中南、华东等地区。药食兼用。

大王椰子 ㄉㄚˋ ㄨㄤˊ ㄧㄝ·ㄗ/dàwáng yēzi

royal palm

【植】台湾名。即"王棕"(1170 页)。

大吻 dàwěn/ㄉㄚˋ ㄨㄣˇ

【建】即"正吻"(1436 页)。

大雾/濃霧 dàwù/ㄋㄨㄥˊ ㄨˋ

heavy fog

【气】能见度低于 500 米的雾。是灾害性天气的一种。

大雾预警信号/濃霧預警信號

dàwù yùjǐng xìnhào/

ㄋㄨㄥˊ ㄨˋ ㄩˋ ㄐㄧㄥˇ ㄒㄧㄣˋ ㄏㄠˋ

heavy fog warning signal

【气】气象灾害预警信号的一种。分为三级,分别以黄色、橙色、红色标识。参见"气象灾害预警信号"(895 页)。

大西洋/大西洋

Dàxī Yáng/ㄉㄚˋ ㄒㄧ ㄧㄤˊ

Atlantic Ocean

【地】世界四大洋之一。位于欧洲、非洲与北美、南美之间,北接北冰洋,南接南极洲。通常以赤道为界,分为北大西洋和南大西洋。南北长约 1.45 万千米,东西宽约 0.88 万千米,轮廓略呈 S 形。面积约 9165 万平方千米。是地球上第二大洋,约占世界海洋总面积的 25.4%、地球总面积的 17%;平均深度 3627 米,其中波多黎各海沟深 9219 米。

大系统/大系統 dàxìtǒng/ㄉㄚˋ ㄒㄧˋ ㄊㄨㄥˇ

large-scale system

【自】由相互关联的若干子系统组成的、具有不同于各子系统功能总和的某种整体功能的有机整体。大型电力网及大型计算机网络均属于大系统。

大象 dàxiàng/ㄉㄚˋ ㄒㄧㄤˋ

【动】即"象"(1253 页)。

大兴安岭/大興安嶺

Dàxīng'ān Lǐng/ㄉㄚˋ ㄒㄧㄥ ㄢ ㄌㄧㄥˇ

Da Hinggan Range

【地】山脉名。位于黑龙江和内蒙古境内。东北—西南走向,南北长约 800 千米,东西宽 200～300 千米,海拔 1000～1400 米。是内蒙古高原与东北平原的分界线,中国重要的林业基地之一。

大猩猩/大猩猩

dàxīngxing/ㄉㄚˋ ㄒㄧㄥ·ㄒㄧㄥ

gorilla

【动】*Gorilla gorilla* 哺乳动物名。灵长目猩猩科。雄性高1.5米以上,雌性略小,毛黑褐色,略发灰,前肢比后肢长,犬齿发达,毛黑褐色。能直立行走,性凶暴。生活在密林中,以野果、竹笋等为食。分布于非洲赤道地区。

大雄宝殿/大雄寶殿

Dàxióng bǎodiàn/ㄉㄚˋ ㄒㄩㄥˊ ㄅㄠˇ ㄉㄧㄢˋ

Main Hall

【建】又称"佛殿"。供奉佛祖释迦牟尼的殿堂。是佛寺的核心建筑。

📖 大雄是释迦牟尼佛的德号。大殿本为释迦牟尼的居室,称为香室、香殿,日本人称为金堂,表尊敬之意,进入中国后称佛殿。南北朝至唐代,寺院布局从以塔为中心转变为以殿为中心,殿内供奉佛像的数目,有一尊、三尊、五尊、七尊不等。

大熊猫/大貓熊

dàxióngmāo/ㄉㄚˋ ㄒㄩㄥˊ ㄇㄠ

giant panda

【动】*Ailuropoda melanoleuca* 又称"熊猫""猫熊""大猫熊"。哺乳动物名。食肉目大熊猫科。外形像熊略小,体长约1.5米,圆胖,尾短,通常头、胸、腹、背、臀白色,四肢、肩背、两耳、眼圈黑褐色,毛粗而厚,能游泳,会上树,性孤独。生活在高山有竹丛的树林中,以竹叶、竹笋为食,也吃小动物。分布于中国的四川西部、北部和甘肃南部、陕西西南部。是中国特有的珍稀动物。

大熊猫

大熊座/大熊座

dàxióngzuò/ㄉㄚˋ ㄒㄩㄥˊ ㄗㄨㄛˋ

Ursa Major, UMa

【天】星座之一。靠近北天极,在北半球的大部分地区全年可见。其中的北斗七星形似水勺,非常明亮。由勺口的两颗星——大熊座β(天璇)向大熊座α(天枢)方向延伸5倍可找到北极星。顺着斗柄三颗星的圆弧方向往外延伸,可找到牧夫座的大角星。

大雪 ㄉㄚˋ ㄒㄩㄝˇ/dàxuě

heavy snow

【气】台湾名。即"暴雪"(42页)。

大循环 dàxúnhuán/ㄉㄚˋ ㄒㄩㄣˊ ㄏㄨㄢˊ

【医】即"体循环"(1120页)。

大亚湾/大亞灣

Dàyà Wān/ㄉㄚˋ ㄧㄚˋ ㄨㄢ

Daya Gulf

【地】海湾名。位于广东惠州南部,濒临南海。有淡澳河、金竹江等季节性河流注入,面积516平方千米。海底地势平坦,常年风平浪静,是天然良港。水产资源丰富。

大衍求一术/大衍求一術

dàyǎn qiúyīshù/ㄉㄚˋ ㄧㄢˇ ㄑㄧㄡˊ ㄧ ㄕㄨˋ

dayan qiuyishu

【数】南宋数学家秦九韶在《数书九章》中给出的求孙子剩余定理中的 $k_1, k_2, \cdots, k_n$ 的方法。用这种方法对互素的两数 a, b(设$a>b$)求 k,使 $ka \equiv 1 (\mathrm{mod}\, b)$,先对 a, b 作辗转相除法,得 $a=bq_0+r_0, b=r_0q_1+r_1, r_0=r_1q_2+r_2, \cdots$,直至 $r_n=1$ 且 n 为偶数时为止。若 $r_{n-1}=1$,则以1除 r_{n-2},取商 $q_n=r_{n-2}-1$,仍使余数为1。再由各步计算结果递归地计算 $c_1=q_1, c_2=q_2c_1+1, c_3=q_3c_2+c_1, \cdots$,最后求出 $k=c_n=q_nc_{n-1}+c_{n-2}$。这种运用中国剩余定理的具体计算方法称为大衍求一术,它比欧洲的同类方法早约500年。

大雁 dàyàn/ㄉㄚˋ ㄧㄢˋ

【动】即"鸿雁"(503页)。

大雁塔/大雁塔

Dàyàn Tǎ/ㄉㄚˋ ㄧㄢˋ ㄊㄚˇ

Big Wild Goose Pagoda

【建】唐代佛塔。位于陕西西安南郊慈恩寺内。唐永徽三年(公元652年)玄奘为安置从印度带回的佛经而建,初建时为五层,后重建高为十层,后遭兵火,余七层。是楼阁式砖塔,塔通高64.5米,塔体呈方形锥体,由仿木结构形成开间,由下而上按比例递减。建筑气魄宏大,造型简洁稳重,比例协调适度,格调庄严古朴。因比荐福寺的小雁塔大,故名。

大洋航行

ㄉㄚˋ ㄧㄤˊ ㄏㄤˊ ㄒㄧㄥˊ/dàyáng hángxíng

ocean navigation

【船】台湾名。即"远洋航行"(1394页)。

大洋洲/大洋洲

Dàyángzhōu/ㄉㄚˋ ㄧㄤˊ ㄓㄡ

Oceania

【地】世界七大洲之一。位于太平洋西南部和南部的赤道南北广大海域中,在亚洲和南极洲之间,西邻印度洋,东临太平洋,与南北美洲遥遥相对。地形通常分为大陆和岛屿两部分,除少数山地海拔超过 2000 米以上,其他都在 600 米以下,地势低缓。总面积约 897 万平方千米,是面积最小的一个洲。现有 24 个国家和地区,其中有 14 个独立国家,其余分别是美、英、法、智(利)等国的属地。人口总数约 0.35 亿(2010 年),是人数最少的一个洲。居民主要由原住民(约占 20%)和移民两部分组成,英语为通用语言。

大叶桉 dàyè'ān/ㄉㄚˋ ㄧㄝˋ ㄢ

【植】即“桉”(7 页)。

大叶性肺炎/大葉性肺炎

dàyèxìng fèiyán/ㄉㄚˋ ㄧㄝˋ ㄒㄧㄥˋ ㄈㄟˋ ㄧㄢˊ

lobar pneumonia

【医】肺炎的一种。主要由肺炎链球菌引起。病变起始于局部肺泡,并迅速蔓延至一个肺段或整个大叶。典型表现为肺实质炎症,通常不累及支气管,主要症状是发热、咳嗽、咳铁锈色痰、呼吸困难等。

大雨/大雨 dàyǔ/ㄉㄚˋ ㄩˇ

heavy rain

【气】指 1 小时降水量为 8.1～16.0 毫米,或日(24 小时)降水量为 25.0～49.9 毫米的雨。参见“雨量等级”(1379 页)。

大芸 dàyún/ㄉㄚˋ ㄩㄣˊ

【植】即“肉苁蓉”(957 页)。

大枣/大棗 dàzǎo/ㄉㄚˋ ㄗㄠˇ

㊀jujube, ㊁Fructus Jujubae(拉), Chinese date

㊀【植】“枣”的通称。㊁【中医】中药名。鼠李科植物枣 *Ziziphus jujuba* Mill.的干燥成熟果实。味甘,性温。归脾、胃经。能补中益气,养血安神。用于脾虚食少,乏力便溏,妇人脏躁。

大针/大針 dàzhēn/ㄉㄚˋ ㄓㄣ

big needle, * large needle

【中医】九针之一。针身粗而长,其锋微圆,用于泄水。

大震/大震 dàzhèn/ㄉㄚˋ ㄓㄣˋ

major earthquake

【地】震级大于等于 7 级的地震。

大衆捷運系統 ㄉㄚˋ ㄓㄨㄥˋ ㄐㄧㄝˊ ㄩㄣˋ ㄒㄧˋ ㄊㄨㄥˇ/ dàzhòng jiéyùn xìtǒng

rapid transportation

【交】台湾名。“捷運”的全称。

大衆運輸

ㄉㄚˋ ㄓㄨㄥˋ ㄩㄣˋ ㄕㄨ/dàzhòng yùnshū

public transport

【交】台湾名。即“公共交通”(410 页)。

大洲 dàzhōu/ㄉㄚˋ ㄓㄡ

【地】即“洲”(1472 页)。

大鱑鯊 ㄉㄚˋ ㄓㄨㄤˋ ㄕㄚ/dàzhuàngshā

whale shark

【动】台湾名。即“鲸鲨”(645 页)。

大椎/大椎 dàzhuī/ㄉㄚˋ ㄓㄨㄟ

GV14, DU14, * Great Hammer

【中医】督脉穴之一。在后正中线上,第七颈椎椎棘下凹陷中。该穴主治热病、疟疾、咳嗽、气喘、骨蒸盗汗、癫痫、头痛项强、肩背痛、腰脊强痛、风疹等病证。

dai (ㄉㄞ)

呆小症/呆小症

dāixiǎozhèng/ㄉㄞ ㄒㄧㄠˇ ㄓㄥˋ

cretinism

【医】先天甲状腺发育不全或功能低下,造成幼儿发育障碍的代谢性疾病。主要表现为身材矮小、表情淡漠、智力低下等。

代/代 dài/ㄉㄞˋ

era

【地】地质年代分期的第二级。在宙之下,纪之上。如显生宙分为古生代、中生代、新生代。代所对应的年代地层单位是界。

代偿性甲状腺肿/代償性甲狀腺腫

dàichángxìng jiǎzhuàngxiànzhǒng/ㄉㄞˋ ㄔㄤˊ ㄒㄧㄥˋ ㄐㄧㄚˇ ㄓㄨㄤˋ ㄒㄧㄢˋ ㄓㄨㄥˇ

compensatory goiter

【医】甲状腺激素合成不能满足生理需要而引起的甲状腺肿大。多见于青春期、妊娠期。

代偿性肺过度充气/代償性肺過度充氣

dàichángxìng fèi guòdù chōngqì/ㄉㄞˋ ㄔㄤˊ ㄒㄧㄥˋ ㄈㄟˋ ㄍㄨㄛˋ ㄉㄨˋ ㄔㄨㄥ ㄑㄧˋ

compensating pulmonary hyperinflation

【医】部分肺组织失去呼吸功能,如肺萎陷时,致使健康肺组织呼气末容积代偿性增大。

代码/碼 dàimǎ/ㄇㄚˇ

code

【信息】简称“码”。有明确规则，用来表示信息的字符、符号或信号元的体系。

代数 dàishù/ㄉㄞˋ ㄕㄨˋ

【数】“代数学”的简称。

代数方程/代數方程

dàishù fāngchéng/ㄉㄞˋ ㄕㄨˋ ㄈㄤ ㄔㄥˊ

algebraic equation

【数】由关于未知数的代数式构成的方程。例如，$x^2+3x+2=0$，$\frac{2}{x^3}-1=5$，$\sqrt{2x-y}=x+y$ 等。代数方程中未知数参与加、减、乘、除、乘方、开方等代数运算。可分为有理方程(整式方程和分式方程)和无理方程。

代数函数/代數函數

dàishù hánshù/ㄉㄞˋ ㄕㄨˋ ㄏㄢˊ ㄕㄨˋ

algebraic function

【数】设 $a_0(x),a_1(x),\cdots,a_n(x)$ 是关于 x 的整式，且它们不全为0，由方程 $a_0(x)y^n+a_1(x)y^{n-1}+\cdots+a_{n-1}(x)y+a_n(x)=0$ 定义的 x 的函数 y，叫作 x 的代数函数。根据代数基本定理，这个方程中，对 x 的一个值可以定义 y 的 n 个值，一般说 y 是 x 的多值函数。当 $n=1$ 时，y 是 x 的单值函数。代数函数包括有理函数、无理函数和一些其他函数。代数函数的代数函数及反函数，仍是代数函数。

代数和/代數和 dàishùhé/ㄉㄞˋ ㄕㄨˋ ㄏㄜˊ

algebraic sum

【数】用加号或减号连接各项(数或式)所成的式子，其中的“减去某些项”可看作“加上这些项的相反项”，于是此式为若干项之和，即这些项的代数和。例如，$1+2-3+4-5$ 是 $1,2,-3,4,-5$ 的代数和，$2a+3b-5c$ 是 $2a,3b,-5c$ 的代数和。

代数基本定理/代數基本定理

dàishù jīběn dìnglǐ/ㄉㄞˋ ㄕㄨˋ ㄐㄧ ㄅㄣˇ ㄉㄧㄥˋ ㄌㄧˇ

fundamental theorem of algebra

【数】代数学中一个重要定理。其内容为：任一复系数的一元 $n(n>0)$ 次多项式在复数集中至少有一个根。由它可以得出一个重要的推论：任一复系数的一元 $n(n>0)$ 次多项式在复数集中恰有 n 个根(k 重根算作 k 个根)。从而可知，复系数的一元不可约多项式都是一次的。

📖 代数基本定理的第一个严格证明是德国数学家高斯(C.F.Gauss)1799 年给出的。高斯对根的存在性的证法开创了一种新途径，对数学方法论有重要意义。

代数几何/代數幾何

dàishù jǐhé/ㄉㄞˋ ㄕㄨˋ ㄐㄧˇ ㄏㄜˊ

algebraic geometry

【数】现代数学的一个分支。研究对象为任意维空间中由若干个代数方程的公共零点所组成的集合——代数簇。代数簇的几何特性与代数学关系密切，代数几何的研究，也可看作是用几何的语言和观点对抽象代数中关于某类域的研究。

代数式/代數式

dàishùshì/ㄉㄞˋ ㄕㄨˋ ㄕˋ

algebraic expression

【数】解析式的一类。由有限个数或字母，经过有限次代数运算(加、减、乘、除、乘方、开方等)而得到的式子。例如，a^3+2b^4，$\frac{1}{2}(x-1)(x+2)$，$\sqrt{5}+\frac{u}{v}$ 等。单独一个数字或字母也可看作代数式。例如，$2,x,-0.5$ 等都是代数式中的单项式。根据其中是否含有带字母的被开方式可分为有理式和无理式。

代数数/代數數

dàishùshù/ㄉㄞˋ ㄕㄨˋ ㄕㄨˋ

algebraic number

【数】以有理数为系数的 $n(n>0)$ 次代数方程 $f(x)=x^n+q_1x^{n-1}+q_2x^{n-2}+\cdots+q_n=0$ 的根，叫作代数数。有理数都是代数数。特别地，若 $f(x)$ 是不可约 n 次多项式，则它的根叫作 n 次代数数。例如，$x^2+x+1=0$ 的根 $\frac{-1\pm\sqrt{3}\mathrm{i}}{2}$ 是 2 次代数数。

代数数论/代數數論

dàishù shùlùn/ㄉㄞˋ ㄕㄨˋ ㄕㄨˋ ㄌㄨㄣˋ

algebraic number theory

【数】数论中研究代数整数的一个分支。起源于对费马大定理的研究，研究方法与抽象代数有密切的关系。

代数学/代數學

D

dàishùxué/ㄉㄞˋ ㄕㄨˋ ㄒㄩㄝˊ

algebra

【数】简称"代数"。数学的一个分支。主要从运算的角度研究一定对象的结构、性质和运算律。初等代数最初研究数与代表数的字母的代数运算（加、减、乘、除、乘方和开方）的理论和方法，代数方程和方程组在其中占中心地位。随着研究的深入，其研究对象由数扩大到多项式、行列式、向量、矩阵等。在初等代数基础上产生的抽象代数，使用公理化方法，研究满足一定条件的代数结构（例如群、环、域等）。

D

📖 algebra 一词源于 9 世纪阿拉伯数学家花拉子米的一部代数著作的书名，原意为"还原"与"对消"，即解方程中的"移项"与"合并同类项"。清代李善兰翻译西方数学时首创"代数学"一词。古代中国、巴比伦、埃及、印度、希腊和阿拉伯等在代数学的发展上都有贡献。16—17 世纪，法国数学家韦达(F. Viete)和笛卡儿(R. Descartes)分别引入和改善了用文字符号表示数，对代数学的发展起了重要作用。以挪威数学家阿贝尔(N. H. Abel)和法国数学家伽罗瓦(E. Galois)的工作为起点的抽象代数在 20 世纪逐步形成。

代数余子式/代數餘因子

dàishù yúzǐshì/ㄉㄞˋ ㄕㄨˋ ㄩˊ ㄗˇ ㄕˋ

algebraic cofactor

【数】设有 n 阶行列式 $D=|a_{ij}|$，M 为 D 的一个 $k(1\leqslant k\leqslant n)$ 阶子式，它的元素在 D 的第 $i_1, i_2, \cdots, i_k$ 行，第 $j_1, j_2, \cdots, j_k$ 列，M' 为 M 的余子式，则 $(-1)^{(i_1+i_2+\cdots+i_k)+(j_1+j_2+\cdots+j_k)}M'$ 叫作 M 的代数余子式。例如，在 5 阶行列式 $D=|a_{ij}|$ 中，二阶子式 $M=\begin{vmatrix} a_{22} & a_{24} \\ a_{32} & a_{34} \end{vmatrix}$ 的代数余子式是行列式 $(-1)^{(2+3)+(2+4)}M'=-\begin{vmatrix} a_{11} & a_{13} & a_{15} \\ a_{41} & a_{43} & a_{45} \\ a_{51} & a_{53} & a_{55} \end{vmatrix}$。当 $k=1$ 时，若取第 i 行第 j 列，则一阶子式为 a_{ij}，它的代数余子式记作 A_{ij}。例如，5 阶行列式 $D=|a_{ij}|$ 有一阶子式 $M=a_{12}$，它的代数余子式是 $A_{12}=(-1)^{1+2}M'=-\begin{vmatrix} a_{21} & a_{23} & a_{24} & a_{25} \\ a_{31} & a_{33} & a_{34} & a_{35} \\ a_{41} & a_{43} & a_{44} & a_{45} \\ a_{51} & a_{53} & a_{54} & a_{55} \end{vmatrix}$。$n$ 阶行列式 $D=|a_{ij}|$ 等于它的任一行（或列）的元素与其代数余子式的乘积之和，即 $D=|a_{ij}|=\sum_{j=1}^{n}a_{kj}A_{kj}=\sum_{i=1}^{n}a_{ik}A_{ik}, k\in\{1, 2, \cdots, n\}$。

代数整数/代數整數

dàishù zhěngshù/ㄉㄞˋ ㄕㄨˋ ㄓㄥˇ ㄕㄨˋ

algebraic integer

【数】首项系数为 1 的整系数 n 次代数方程 $f(x)=x^n+a_1x^{n-1}+\cdots+a_n=0$ 的根。例如，普通整数，$\sqrt{2}$（$x^2-2=0$ 的一个根），i（$x^2+1=0$ 的一个根），$\frac{1-\sqrt{5}}{2}$（$x^2-x-1=0$ 的一个根）等都是代数整数。代数整数集合是比普通整数集合更大的集合。

代數餘因子

ㄉㄞˋ ㄕㄨˋ ㄩˊ ㄧㄣ ㄗˇ/dàishù yúyīnzǐ

algebraic cofactor

【数】台湾名。即"代数余子式"（192 页）。

代谢/代謝 ㄉㄞˋ ㄒㄧㄝˋ/dàixiè

【生】"新陈代谢"的简称。

代谢综合征/代謝症候群

dàixiè zōnghézhēng/ㄉㄞˋ ㄒㄧㄝˋ ㄗㄨㄥ ㄏㄜˊ ㄓㄥ

metabolic syndrome

【医】与代谢异常相关的多种心脑血管疾病危险因素（如肥胖、糖调节受损或Ⅱ型糖尿病、高血压、脂代谢异常等）出现在同一个体的综合征。

代謝症候群

ㄉㄞˋ ㄒㄧㄝˋ ㄓㄥˋ ㄏㄡˋ ㄑㄩㄣˊ/dàixiè zhènghòuqún

metabolic syndrome

【医】台湾名。即"代谢综合征"（192 页）。

岱宗 Dàizōng/ㄉㄞˋ ㄗㄨㄥ

【地】即"泰山"（1105 页）。

玳瑁/玳瑁 dàimào/ㄉㄞˋ ㄇㄠˋ

hawksbill

【动】*Eretmochelys imbricata* 爬行动物名。龟鳖目海龟科玳瑁属。外形像龟，体长 0.6～1.6 米，头顶有两对前额鳞，吻部侧扁，甲壳黄褐色，有黑斑，很光润，四肢呈桨状，前肢稍长，尾短小。生活在热带和亚热带海中，性暴烈，以鱼类、软体动物、海藻等为食。

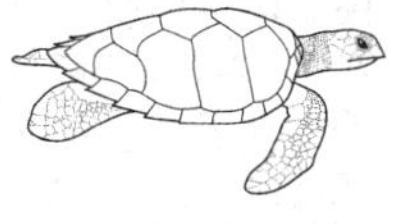
玳 瑁

带表卡尺/撥號卡鉗

dàibiǎo kǎchǐ/ㄅㄛ ㄏㄠˋ ㄎㄚˇ ㄑㄧㄢˊ

dail calliper

【机】又称“附表卡尺”。卡尺的一种。通过机械传动系统，将两测量爪相对移动转变为指示表指针的回转运动，并借助尺身刻度和指示表，对两测量爪相对移动所分隔的距离进行读数。用于测量长度，比游标卡尺读数更为快捷准确。

带材/條料 dàicái/ㄊㄧㄠˊ ㄌㄧㄠˋ

strip

【材】台湾又称“板條”。长宽比（长度与宽度的比）很大，厚度在 10 毫米以下的金属板材。带钢即属于带材。

带传动/皮帶驅動

dàichuándòng/ㄆㄧˊ ㄉㄞˋ ㄑㄩ ㄉㄨㄥˋ

belt drive

【机】机械传动的一类。利用张紧在带轮上的柔性带（皮革带、尼龙带等）传递运动和动力。按传动原理不同，可分为摩擦传动（利用带与带轮间的摩擦力传动）和啮合传动（利用带与带轮上的齿相互啮合传动）。

带电作业/帶電作業

dàidiàn zuòyè/ㄉㄞˋ ㄉㄧㄢˋ ㄗㄨㄛˋ ㄧㄝˋ

live working

【电】工作人员接触带电部分的作业或工作人员用操作工具、设备或装置在带电区域的作业。

带分数/帶分數 dàifēnshù/ㄉㄞˋ ㄈㄣ ㄕㄨˋ

mixed fraction

【数】把一个整数写在一个分数的左边，两数合为一个数表示它们的和，这种形式的数叫作带分数。其中左边的整数叫作带分数的整数部分，右边的分数叫作带分数的分数部分。例如，带分数 $2\frac{1}{3}$（即 $2+\frac{1}{3}$）中，2 叫作 $2\frac{1}{3}$ 的整数部分，$\frac{1}{3}$ 叫作 $2\frac{1}{3}$ 的分数部分。

带钢/帶鋼 dàigāng/ㄉㄞˋ ㄍㄤ

strip steel

【材】又称“钢带”。连续成卷、厚度在 10 毫米以下的带（板）形钢材。

带宽/頻寬 dàikuān/ㄆㄧㄣˊ ㄎㄨㄢ

bandwidth, BW

【信息】频带的宽度。❶通信频带的两个端频率之间的差值。❷计算机网络上数据传输能力的大小。

带脉/帶脈 dàimài/ㄉㄞˋ ㄇㄞˋ

Belt Channel, Belt Vessel

【中医】奇经八脉之一。起于季胁，斜向下行到带脉穴、五枢穴、维道穴，横行腰腹，绕身一周。具有约束纵行之脉、固护胎儿和主司妇女带下的作用。

带式输送机/帶式運送機

dàishì shūsòngjī/ㄉㄞˋ ㄕˋ ㄩㄣˋ ㄙㄨㄥˋ ㄐㄧ

belt conveyer

【机】又称“皮带机”。输送机械的一类。由支撑在若干托辊上的连续输送带运送散料或成件物品。物料直接置于输送带上，可水平运输或倾斜运输。使用方便，运量大，结构简单，噪声小。应用广泛。

带式舟桥/帶式舟橋

dàishì zhōuqiáo/ㄉㄞˋ ㄕˋ ㄓㄡ ㄑㄧㄠˊ

belt pontoon bridge

【军】舟桥的一种。通常由河中舟、岸边舟、架桥汽艇和操舟机、运载车辆等组成，舟体相互紧密连接成带状。上部结构与桥脚舟合为一体，浮桥以岸边舟连接河岸，不需构筑栈桥。舟上带有跳板，在进行门桥漕渡时，通常不用构筑码头。

带通滤波器/帶通濾波器

dàitōng lǜbōqì/ㄉㄞˋ ㄊㄨㄥ ㄌㄩˋ ㄅㄛ ㄑㄧˋ

band pass filter

【电】具有特定截止频率不是零或无限大的单一通频带的滤波器。

带隙/帶隙 dàixì/ㄉㄞˋ ㄒㄧˋ

band gap

【物】晶体能带结构中填充电子的最高能带和最低能带之间的能量间隔。半导体中带隙宽度即禁带宽度。

带下病/帶下病
dàixiàbìng/ㄉㄞˋ ㄒㄧㄚˋ ㄅㄧㄥˋ
morbid vaginal discharge, leukorrheal diseases, * women's diseases
【中医】中医妇科疾病之一。湿邪致病,常见带下量明显增多,色、质、气味发生异常,或伴全身、局部症状。如带下量多色白或淡黄,质清稀,多属脾阳虚,宜健脾益气,升阳除湿,用完带汤;色白质清稀如水,有冷感者属肾阳虚,当温肾助阳,涩精止带,可选用内补丸;量不多,色黄或赤白相兼,质稠或有臭气为阴虚挟湿,宜滋阴益肾,清热祛湿,可用知柏地黄丸加芡实、金樱子;带下量多色黄,质黏稠,有臭气,或如泡沫状,或色白,状如豆渣状,为湿热下注,宜清热利湿止带,可选用止带方、龙胆泻肝汤、萆薢渗湿汤等;带下量多,色黄绿如脓,或浑浊如米泔,质稠,恶臭难闻,属湿毒重证,治宜清热解毒除湿,可选五味消毒饮加土茯苓薏苡仁等。"带下"首见于《内经》。

带小数/帶小數
dàixiǎoshù/ㄉㄞˋ ㄒㄧㄠˇ ㄕㄨˋ
mixed decimal
【数】整数部分不是 0 的小数,即小数点前不是 0 的小数。例如 1.01, 20.002, 9.123…。带小数是正整数与纯小数之和。

带余除法/帶餘除法
dàiyú chúfǎ/ㄉㄞˋ ㄩˊ ㄔㄨˊ ㄈㄚˇ
division with remainder
【数】对于任一整数 a 和任一正整数 b,都存在唯一的一对整数 q 和 r,使得 $a=bq+r$,其中 $0\leqslant r<b$。q 叫作 b 除 a 的商,r 叫作余数。当 $r\neq 0$ 时,由 a 和 b 求 q 和 r 的计算叫作带余除法。

带鱼/白帶魚 dàiyú/ㄉㄞˋ ㄩˊ
hairtail
【动】又称"刀鱼"。鱼名。硬骨鱼纲带鱼科。身体侧扁,形状像带子,长可达 1 米多,全身光滑无鳞,银白色,尾细长如鞭,牙齿发达且尖利,背鳍很长,胸鳍小,鳞片退化。生活在海洋中,性凶猛,以其他鱼类、毛虾、乌贼等为食。中国沿海均有分布,是重要的海产鱼类。

带状疱疹/帶狀泡疹
dàizhuàng pàozhěn/ㄉㄞˋ ㄓㄨㄤˋ ㄆㄠˋ ㄓㄣˇ
herpes zoster
【医】疱疹的一种。由水痘-带状疱疹病毒感染而引起。以沿单侧周围神经分布的簇集性小水疱为特征,呈带状分布,常伴有明显的神经痛。

带状谱/帶光譜
dàizhuàngpǔ/ㄉㄞˋ ㄍㄨㄤˋ ㄆㄨˇ
band spectrum
【物】见"频谱"(869 页)。

带阻滤波器/帶阻濾波器
dàizǔ lǜbōqì/ㄉㄞˋ ㄗㄨˇ ㄌㄩˋ ㄅㄛ ㄑㄧˋ
band stop filter
【电】具有特定截止频率不是零或无限大的单一阻频带的滤波器。

帶光譜
ㄉㄞˋ ㄍㄨㄤ ㄆㄨˇ/dàiguāngpǔ
band spectrum
【物】台湾名。见"带状谱"(194 页)。

帶式運送機
ㄉㄞˋ ㄕˋ ㄩㄣˋ ㄙㄨㄥˋ ㄐㄧ/dàishì yùnsòngjī
belt conveyer
【机】台湾名。即"带式输送机"(193 页)。

帶狀泡疹
ㄉㄞˋ ㄓㄨㄤˋ ㄆㄠˋ ㄓㄣˇ/dàizhuàng pàozhěn
herpes zoster
【医】台湾名。即"带状疱疹"(194 页)。

袋鼠/袋鼠 dàishǔ/ㄉㄞˋ ㄕㄨˇ
kangaroo
【动】哺乳动物名。有袋目袋鼠科。前肢短小,后肢粗大,善于跳跃,尾巴粗大,能支持身体。雌兽腹部有皮质育儿袋,胎儿发育未完全即生产,在育儿袋内哺育。以青草、野菜和菌类等为食。种类很多,有灰大袋鼠(*Macropus giganteus*)、树袋鼠(*Dendrolagus bennetti*)等。主要分布于澳大利亚。

戴奥辛 ㄉㄞˋ ㄠˋ ㄒㄧㄣ/dài'àoxīn
dioxin
【化】台湾名。即"二噁英"(301 页)。

戴胜/戴勝 dàishèng/ㄉㄞˋ ㄕㄥˋ
Eurasian hoopoe

【动】*Upupa epops* 俗称"呼哱哱"。鸟名。佛法僧目戴胜科。羽毛大部棕色,有羽冠呈扇形,颜色略深而羽端黑色,喙细长而稍弯,尾羽黑色。栖身于山地、平原、农田等开阔地方,多单独或成对活动,以昆虫等为食。

戴胜

戴维南定理/戴維寧定理
Dàiwéinán dìnglǐ/ㄉㄞˋ ㄨㄟˊ ㄋㄢˊ ㄉㄧㄥˋ ㄌㄧˇ
Thevenin theorem
【电】正弦状态下的电路理论定理。内容为:无源线性二端网络接到线性网络任意二端时的电流,等于接之前的二端点间电压,除以两个阻抗之和,其中一个是二端网络的阻抗,另一个是连接之前从两端点看进去的网络阻抗。

戴維寧定理
ㄉㄞˋ ㄨㄟˊ ㄋㄧㄥˊ ㄉㄧㄥˋ ㄌㄧˇ/Dàiwéiníng dìnglǐ
Thevenin theorem
【电】台湾名。即"戴维南定理"(195 页)。

dan (ㄉㄢ)

丹顶鹤/丹頂鶴
dāndǐnghè/ㄉㄢ ㄉㄧㄥˇ ㄏㄜˋ
red-crowned crane
【动】*Grus japonensis* 又称"仙鹤"。鸟名。鹤形目鹤科。成鸟除颈部和飞羽后端为黑色外,全身洁白,头顶皮肤裸露,朱红色。喙长,颈长,腿长,翅膀大,喉、颊、颈部暗褐色,鸣声响亮,飞翔力强。栖息于平原、沼泽、湖边、河岸地带,以鱼虾、昆虫、软体动物和植物的茎叶、果实等为食。分布于东北亚地区,在中国,主要分布于黑龙江等地。

丹顶鹤

丹毒/丹毒 dāndú/ㄉㄢ ㄉㄨˊ
erysipelas
㊀【医】由细菌感染引起的急性真皮炎症。起病急,局部出现,界限清楚的片状红疹,稍隆起,压之褪色,皮肤表面紧张炽热,有烧灼样痛。可伴有高热、畏寒及头痛等全身症状。好发于下肢和面部。㊁【中医】中医外科疾病之一。发于上者多为风热化火,发于下者多为湿热化火,也有外伤感染所致,症见患部突然皮肤鲜红成片,色如涂丹,灼热肿胀,迅速蔓延等。发无定处者称赤游丹,发于头部者称抱头火丹,发于小腿者称流火。治宜清热解毒,凉血化瘀。抱头火丹服普济消毒饮,流火可服龙胆泻肝汤加味等。外治可用复方黄连膏或四色散敷贴等法。下肢复发性丹毒可用砭镰法放血,以泄热毒。

丹寧布 ㄉㄢ ㄋㄧㄥˊ ㄅㄨˋ/dānníngbù
denim
【纺】台湾名。即"牛仔布"(843 页)。

丹痧/丹痧 dānshā/ㄉㄢ ㄕㄚ
scarlatina, * cinnabar sand
【中医】中医儿科疾病之一。因感受痧毒疫疠之邪所致,症见发热、咽喉肿痛或伴腐烂、猩红色皮疹 杨莓舌、疹后脱皮等。一年四季均可发生,但以冬春两季为多。任何年龄都可发病,尤以 2～8 岁儿童居多。清热解毒,清利咽喉为治疗基本法则。

丹参/丹參 dānshēn/ㄉㄢ ㄕㄣ
㊀danshen, ㊁Radixet Rhizoma Salviae Miltiorrhizae(拉), danshen root
㊀【植】*Salvia miltiorrhiza* 唇形科鼠尾草属。多年生草本植物。根肥厚,肉质,朱红色。茎多分枝,四棱形,被毛。奇数羽状复叶,小叶卵圆形,边缘有齿。轮伞花序,花萼钟状,先端二唇形,带有紫色;花冠二唇形,蓝紫色,冠筒外伸。花期 4—8 月份。在中国,分布于安徽、河南、山西、陕西、江苏、湖南、江西、河北、山东、浙江。根可入药。㊁【中医】中药名。唇形科植物丹参 *Salvia miltiorrhiza* Bge. 的干燥根及根茎。味苦,性微寒。归心、肝经。祛瘀止痛,活血通经,清心除烦。用于月经不调,经闭痛经,癥瘕积聚,胸腹刺痛,热痹疼痛,疮疡肿痛,心烦不眠;肝脾肿大,心绞痛。

丹参

📖 丹参专入血分,作用显著,古有"一味丹参,功同四物(汤)"之说。又,丹参不宜与藜芦同用。

丹霞地貌/丹霞地貌
Dānxiá dìmào/ㄉㄢ ㄒㄧㄚˊ ㄉㄧˋ ㄇㄠˋ
Danxia landform
【地】由陆相红色砂砾岩构成的具有陡峭坡面的各种地貌形态。主要分布在中国、美国西部、中欧和澳大利亚等地，以中国分布最广。因在中国广东北部仁化丹霞山有典型发育，故名。

单摆/單擺 dānbǎi/ㄉㄢ ㄅㄞˇ
simple pendulum
【物】又称"数学摆"。由小球和轻细线组成的振动系统。取一根不可伸长、质量可忽略的细线(l)，上端固定，下端悬挂一个体积很小、可看成质点的小球，使小球稍微偏离平衡位置(角度θ很小)后放开，在重力作用下小球在竖直平面内往复运动。在所受阻力很小、摆幅也很小的情况下做简谐运动。

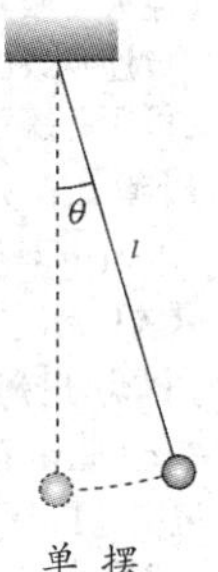

单 摆

单板计算机/單板計算機
dānbǎn jìsuànjī/ㄉㄢ ㄅㄢˇ ㄐㄧˋ ㄙㄨㄢˋ ㄐㄧ
single-board computer
【信息】把微处理器、存储器和接口部件组装在一块印制电路板上的计算机。

单倍体/單倍體 dānbèitǐ/ㄉㄢ ㄅㄟˋ ㄊㄧˇ
haploid
【生】细胞内仅含有一组染色体的个体。植物的配子体或少数动物(如蜜蜂的雄体)都是单倍体。单倍体不能进行正常的减数分裂，通常不育。

单兵探雷器
dānbīng tànléiqì/ㄉㄢ ㄅㄧㄥ ㄊㄢˋ ㄌㄟˊ ㄑㄧˋ
【军】即"便携式探雷器"(64 页)。

单兵携行具/單兵攜行具
dānbīng xiéxíngjù/ㄉㄢ ㄅㄧㄥ ㄒㄧㄝˊ ㄒㄧㄥˊ ㄐㄩˋ
individual load-carrying equipment
【军】单兵在作战、训练、执勤时携行个人装备品的制式用具。

单层建筑/單層建築
dāncéng jiànzhù/ㄉㄢ ㄘㄥˊ ㄐㄧㄢˋ ㄓㄨˋ
single storey building
【建】只有一层空间的地面上建筑。如工厂的单层厂房、民居的平房。

单层塔/單層塔
dāncéngtǎ/ㄉㄢ ㄘㄥˊ ㄊㄚˇ
single storey pagoda
【建】又称"亭阁式塔"。是中式亭阁与印度窣堵坡相结合的产物。砖石砌筑，规模较小，多为高僧墓塔。

📖 早期单层塔平面为正方形，唐宋以后出现八角形、六角形、圆形等。塔底部是简单的台子，以后有较高的须弥座；塔身是四方亭子，内部供奉佛像；塔顶安置窣堵坡式塔刹。建于隋大业七年(611 年)的山东济南神通寺四门塔是中国现存最早、最重要的单层塔。

山东历城神通寺四门塔
单层塔

单雌系/單雌系 dāncíxì/ㄉㄢ ㄘˊ ㄒㄧˋ
isofemale line
【生】由一个受孕的雌性个体所产生的后代。

单调递减函数/單調遞減函數
dāndiào dìjiǎn hánshù/
ㄉㄢ ㄉㄧㄠˋ ㄉㄧˋ ㄐㄧㄢˇ ㄏㄢˊ ㄕㄨˋ
monotone decreasing function
【数】简称"减函数"。设有函数$y=f(x)$，若对定义域内任意的$a,b(a<b)$都有$f(a)\geqslant f(b)$，则称$y=f(x)$为单调递减函数。例如，$y=-2x$，$y=1-\sqrt{x}$都是单调递减函数。

单调递增函数/單調漸增函數
dāndiào dìzēng hánshù/
ㄉㄢ ㄉㄧㄠˋ ㄉㄧˋ ㄗㄥ ㄏㄢˊ ㄕㄨˋ
monotone increasing function
【数】简称"增函数"。设有函数$y=f(x)$，若对定义域内任意的$a,b(a<b)$都有$f(a)\leqslant f(b)$，则称$y=f(x)$为单调递增函数。例如，$y=2x$，$y=\sqrt{x}$都是单调递增函数。

单调函数/單調函數
dāndiào hánshù/ㄉㄢ ㄉㄧㄠˋ ㄏㄢˊ ㄕㄨˋ
monotone function
【数】单调递增函数和单调递减函数的统称。

“单调”指随自变量增减时函数的增减性不变。

单飞/單飛 dānfēi/ㄉㄢ ㄈㄟ

solo flight

【航】驾驶员在航空器上单独驾驶操纵训练或单独驾驶执行任务的飞行。是飞行员考核飞行训练技术熟练程度,表现飞行驾驶能力水平的标志,通常以单飞架次来衡量。相对于教练带飞和伴飞而言。

单工/單工 dāngōng/ㄉㄢ ㄍㄨㄥ

simplex

【信息】双向通信中,信息在两点之间只能单向发送的工作方式。

单关节/單關節

dānguānjié/ㄉㄢ ㄍㄨㄢ ㄐㄧㄝˊ

simple joint

【医】一个关节囊内只由两块骨组成的关节。如肩关节、髋关节、胸锁关节。

单轨交通/單軌交通

dānguǐ jiāotōng/ㄉㄢ ㄍㄨㄟˇ ㄐㄧㄠ ㄊㄨㄥ

monorail transit

【交】城市轨道交通的一种。车厢骑跨或悬吊在架空的单轨上,以电力驱动,沿导轨行驶。

单击/按 dānjī/ㄢˋ

click

【信息】按下鼠标键左键迅即松开。是选择确定所指明的区域或显示元素的操作。按一下鼠标器右键迅即松开称为右单击。

单键/單鍵 dānjiàn/ㄉㄢ ㄐㄧㄢˋ

single bond

【化】化合物中两原子间共用一对电子的共价键。通常用一条短线“—”表示。如碳氢键、碳卤素键等。

单晶 dānjīng/ㄉㄢ ㄐㄧㄥ

【物】“单晶体”的简称。

单晶体/單晶體

dānjīngtǐ/ㄉㄢ ㄐㄧㄥ ㄊㄧˇ

monocrystal

【物】简称“单晶”。单个的晶体。尤指有晶形(晶体形成时自然形成的几何多面体外形)的晶体。例如雪花、单晶冰糖等。

单宁/單寧 dānníng/ㄉㄢ ㄋㄧㄥˊ

tannin

【化】又称“鞣质”。植物中含有的酚类衍生物,存在于某些植物的干、皮、根、叶或果实中。因能将生皮鞣成熟革故名。工业上用于鞣革、制造墨水,医药上用作收敛剂等。

单宁酸 dānníngsuān/ㄉㄢ ㄋㄧㄥˊ ㄙㄨㄢ

【化】即“鞣酸”(957 页)。

单歧聚伞花序/單歧聚傘花序

dānqí jùsǎn huāxù/

ㄉㄢ ㄑㄧˊ ㄐㄩˋ ㄙㄢˇ ㄏㄨㄚ ㄒㄩˋ

monochasium

【植】花序的一种。花轴顶端发育成小花后,在这朵小花下方形成一个侧枝,侧枝顶端发育成小花后,在该侧枝顶端小花下方又形成一个侧枝,如此反复。按分枝排列方向的不同,可分为螺旋聚伞花序和蝎尾状聚伞花序。

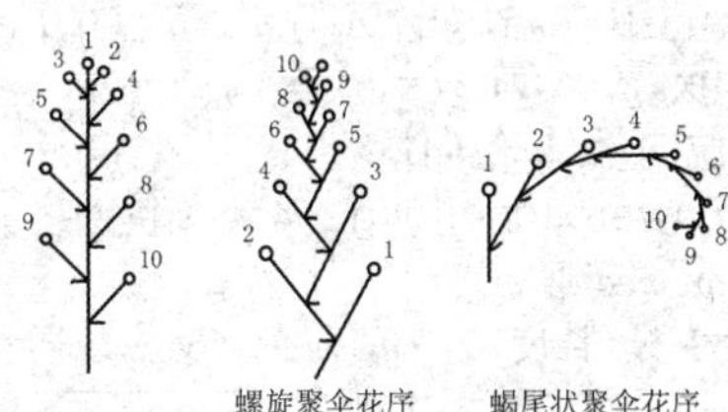

单歧聚伞花序示意图

(1～10 表示开花顺序)

单色光/單色光

dānsèguāng/ㄉㄢ ㄙㄜˋ ㄍㄨㄤ

monochromatic light

【物】具有单一频率或波长的光,即通过棱镜后不再分解为其他色光的光。例如,氦氖激光器发出波长 632.8 纳米的红光,氪-86 发出的波长 605.8 纳米的橙光。

单射/單射 dānshè/ㄉㄢ ㄕㄜˋ

injection

【数】若集合 A 中的任二元素 x_1,$x_2(x_1 \neq x_2)$在映射 $f:A \to B$ 下的像 y_1,y_2 满足 $y_1 \neq y_2$,则称映射 $f:A \to B$ 为单射。例如,$f(x)=2x$ 是整数集 $\mathbf{Z}$ 到 $\mathbf{Z}$ 的一个单射。

单糖/單醣 dāntáng/ㄉㄢ ㄊㄤˊ

monosaccharide

【医】只含一个有羰基的,不能水解成更简单的多羟基醛或多羟基酮的糖类。根据其羰基所在位置分为醛糖和酮糖。又可根据所含碳原子的数目分为丙糖、丁糖、戊糖、己糖和庚糖。

单体/單體 dāntǐ/ㄉㄢ ㄊㄧˇ

monomer

【化】能聚合或缩聚成高分子化合物的简单化合物。如乙烯聚合成聚乙烯,乙烯是单体。

单位矩阵/單位矩陣

dānwèi jǔzhèn/ㄉㄢ ㄨㄟˋ ㄐㄩˇ ㄓㄣˋ

identity matrix

【数】台湾又称"單位方陣"。$a_{ii}=1(i=1,2,\cdots,n)$,$a_{ij}=0(i\neq j)$的 n 阶矩阵 $\begin{bmatrix}1&0&\cdots&0\\0&1&\cdots&0\\\vdots&\vdots&\ddots&\vdots\\0&0&\cdots&1\end{bmatrix}$ 叫作 n 阶单位阵,记作 I_n 或 I。任一 n 阶矩阵 A 与 n 阶单位阵 I 的乘积仍是 A,即 $AI=IA=A$。

单位向量/單位向量

dānwèi xiàngliàng/ㄉㄢ ㄨㄟˋ ㄒㄧㄤˋ ㄌㄧㄤˋ

unit vector

【数】模(长度)为 1 的向量。设 n 维向量 $\boldsymbol{a}=(a_1,a_2,\cdots,a_n)$,若 $\sqrt{a_1^2+a_2^2+\cdots+a_n^2}=1$,则 $\boldsymbol{a}$ 是单位向量。例如,$\boldsymbol{e}_1=(1,0)$,$\boldsymbol{e}_2=(0,-1)$,$\boldsymbol{a}=\left(\frac{1}{2},\frac{\sqrt{3}}{2}\right)$ 都是单位向量。

单位圆/單位圓

dānwèiyuán/ㄉㄢ ㄨㄟˋ ㄩㄢˊ

unit circle

【数】圆心在坐标原点,半径为 1 的圆。

单位制/單位制

dānwèizhì/ㄉㄢ ㄨㄟˋ ㄓˋ

system of units, system of measurement units

【计量】又称"计量单位制"。对于给定量制的一组基本单位、导出单位、其倍数单位和分数单位及使用这些单位的规则。

单线铁路/單線鐵路

dānxiàn tiělù/ㄉㄢ ㄒㄧㄢˋ ㄊㄧㄝˇ ㄌㄨˋ

single track railway

【交】在同一区间内只设一条正线,在同一时间内只允许一列列车运行的铁路。可双向运行,但对向列车的交会和同向列车的越行只能在车站内进行。

单向阀 dānxiàngfá/ㄉㄢ ㄒㄧㄤˋ ㄈㄚˊ

【机】即"止回阀"(1446 页)。

单项式/單項式

dānxiàngshì/ㄉㄢ ㄒㄧㄤˋ ㄕˋ

monomial

【数】由数或字母组成的只有乘法或除法(除数中不含字母)运算的式子。例如,$2x$,$3a^2b^3c$,$-0.6m$,$\frac{2}{3}pq$ 等。单独的数或字母也是单项式。例如,$\frac{2}{7}$,y 等。单项式中所有字母的指数之和,叫作单项式的次数。例如,$2x$ 是一次式,$\frac{2}{3}pq$ 是二次式,$-3a^2b^3c$ 是六次式。单独一个数是 0 次单项式。

单相电机/單相電機

dānxiàng diànjī/ㄉㄢ ㄒㄧㄤˋ ㄉㄧㄢˋ ㄐㄧ

single-phase machine

【电】产生或应用单相交流电的电机。

单斜/單斜 dānxié/ㄉㄢ ㄒㄧㄝˊ

monocline

【地】地层向同一方向倾斜的现象。

单性花/單性花

dānxìnghuā/ㄉㄢ ㄒㄧㄥˋ ㄏㄨㄚ

unisexual flower

【植】一朵花中只有雌蕊或只有雄蕊的花。

单性生殖

dānxìng shēngzhí/ㄉㄢ ㄒㄧㄥˋ ㄕㄥ ㄓˊ

【生】即"孤雌生殖"(422 页)。

单选按钮/無線電鈕

dānxuǎn ànniǔ/ㄨˊ ㄒㄧㄢˋ ㄉㄧㄢˋ ㄋㄧㄡˇ

radio button

【信息】图形用户接口中通过单击若干对象之一来表示选中的对象。通常放在对话框中,由空心小圈表示,选中后圈内变为实点或实钩。

单眼/單眼 dānyǎn/ㄉㄢ ㄧㄢˇ

ocellus

【动】某些无脊椎动物的视觉器官。由单一晶体和视网膜组成，位于头顶中央或两侧，只能感受光的强弱，不能分辨颜色。单眼的数目因动物种类不同而不同，如蜜蜂有 3 只，蜘蛛类有 2～8 只。

单要素环境质量评价
dānyàosù huánjìng zhìliàng píngjià/ㄉㄢ ㄧㄠˋ ㄙㄨˋ ㄏㄨㄢˊ ㄐㄧㄥˋ ㄓˋ ㄌㄧㄤˋ ㄆㄧㄥˊ ㄐㄧㄚˋ
【环】"单要素评价"的全称。

单要素评价/單一因素評估
dānyàosù píngjià/ㄉㄢ ㄧ ㄧㄣ ㄙㄨˋ ㄆㄧㄥˊ ㄍㄨ
environmental assessment of single element
【环】全称"单要素环境质量评价"。对区域环境的某一环境要素的质量进行的评定。如大气质量评价、水质评价、土壤质量评价等。

单叶/單葉 dānyè/ㄉㄢ ㄧㄝˋ
simple leaf
【植】一个叶柄上只生一枚叶片的叶。

单元/單元 dānyuán/ㄉㄢ ㄩㄢˊ
cell
【信息】计算机系统中具有地址的内部硬件部位。

单元式住宅/單元式住宅
dānyuánshì zhùzhái/ㄉㄢ ㄩㄢˊ ㄕˋ ㄓㄨˋ ㄓㄞˊ
apartment building
【建】由几个住宅单元组合而成，每一单元均设楼梯或并设楼梯、电梯的住宅。

单质/元素態物質
dānzhì/ㄩㄢˊ ㄙㄨˋ ㄊㄞˋ ㄨˋ ㄓˊ
elementary substance
【化】由同一种元素的原子组成的物质。元素在单质中存在时称为元素的游离态，一种元素可能有几种单质，例如氧元素有氧气（O_2）和臭氧（O_3）两种单质。

单作/單作 dānzuò/ㄉㄢ ㄗㄨㄛˋ
sole cropping
【农】在同一块土地上，一茬只种一种作物的种植方式。

單變數函數
ㄉㄢ ㄅㄧㄢˋ ㄕㄨˋ ㄏㄢˊ ㄕㄨˋ/
dānbiànshù hánshù
function of one variable
【数】台湾名。即"一元函数"（1330 页）。

單調漸增函數
ㄉㄢ ㄉㄧㄠˋ ㄐㄧㄢˋ ㄗㄥ ㄏㄢˊ ㄕㄨˋ/
dāndiào jiànzēng hánshù
monotone increasing function
【数】台湾名。即"单调递增函数"（196 页）。

單流鍋爐
ㄉㄢ ㄌㄧㄡˊ ㄍㄨㄛ ㄌㄨˊ/dānliú guōlú
once-through boiler, mono-tube boiler
【机】台湾名。即"直流锅炉"（1444 页）。

單醣 ㄉㄢ ㄊㄤˊ/dāntáng
monosaccharide
【医】台湾名。即"单糖"（197 页）。

單位方陣
ㄉㄢ ㄨㄟˋ ㄈㄤ ㄓㄣˋ/dānwèi fāngzhèn
identity matrix
【数】台湾名。即"单位矩阵"（198 页）。

單元函數
ㄉㄢ ㄩㄢˊ ㄏㄢˊ ㄕㄨˋ/dānyuán hánshù
function of one variable
【数】台湾名。即"一元函数"（1330 页）。

單一因素評估
ㄉㄢ ㄧ ㄧㄣ ㄙㄨˋ ㄆㄧㄥˊ ㄍㄨ/
dānyī yīnsù pínggū
environmental assessment of single element
【环】台湾名。即"单要素评价"（199 页）。

胆/膽 dǎn/ㄉㄢˇ
gallbladder
【中医】六腑之一。胆附于肝，居肝之短叶间。中医认为其主要生理功能是贮存、排泄胆汁，并助肝气之疏泄。

胆道/膽道 dǎndào/ㄉㄢˇ ㄉㄠˋ
bile duct
【医】又称"胆管"。将肝细胞分泌的胆汁运送入十二指肠的管道。分为肝内胆道和肝外胆道两部分。

胆矾/膽礬 dǎnfán/ㄉㄢˇ ㄈㄢˊ
chalcanthite, blue vitriol
【化】又称"蓝矾"。无机化合物。即五水合硫酸铜（$CuSO_4 \cdot 5H_2O$）。蓝色晶体，加热逐步失去结晶水，650℃分解为氧化铜和三氧

D

化硫。可用作农药杀虫剂、杀真菌剂、纺织品媒染剂或电镀铜的电解质溶液。

胆固醇/膽固醇
dǎngùchún/ㄉㄢˇ ㄍㄨˋ ㄔㄨㄣˊ
cholesterol
【医】旧称"胆甾醇"。一类环戊烷多氢菲的衍生物。是动物组织细胞中不可缺少的重要物质,参与形成细胞膜,是合成胆汁酸、维生素 D 以及甾体激素的原料。胆固醇过多会引起疾病,血清中总胆固醇含量正常范围为 3.30～6.20 毫摩/升。

D

胆管 dǎnguǎn/ㄉㄢˇ ㄍㄨㄢˇ
【医】即"胆道"(199 页)。

胆红素/膽紅素
dǎnhóngsù/ㄉㄢˇ ㄏㄨㄥˊ ㄙㄨˋ
bilirubin
【医】胆汁的主要色素之一。是血红素在体内降解后的产物。血清中胆红素过高时,会对大脑和神经系统引起不可逆的损害,也有抗氧化剂功能,可抑制亚油酸和磷脂的氧化。是临床上判定黄疸的重要依据,也是肝功能测定的重要指标。

胆碱/膽鹼 dǎnjiǎn/ㄉㄢˇ ㄐㄧㄢˇ
choline
【医】一种有机碱,是生物体组织中乙酰胆碱、卵磷脂和神经磷脂的组成部分。

胆碱酯酶抑制药/膽鹼酯酶抑制劑
dǎnjiǎnzhǐméi yìzhìyào/
ㄉㄢˇ ㄐㄧㄢˇ ㄓˇ ㄇㄟˊ ㄧˋ ㄓˋ ㄧㄠˋ
cholinesterase inhibitor
【医】又称"抗胆碱酯酶药"。能抑制胆碱酯酶活性的药物。使乙酰胆碱在突触处积累,延长并且增加乙酰胆碱的作用。属于间接拟胆碱类药物。主要用于治疗重症肌无力和青光眼,以及抗阿尔茨海默病。

胆囊/膽囊 dǎnnáng/ㄉㄢˇ ㄋㄤˊ
gall bladder
【医】储存和浓缩胆汁的梨形囊状器官。其壁由黏膜、肌层和外膜组成。位于肝脏后方的胆囊窝内,颈部连接胆囊管。成人胆囊容量为 40～60 毫升。

胆囊炎/膽囊炎
dǎnnángyán/ㄉㄢˇ ㄋㄤˊ ㄧㄢˊ
cholecystitis
【医】胆囊的炎症。因细菌性感染或胆汁成分改变而引起。可分为急性胆囊炎和慢性胆囊炎。

胆石症/膽石症
dǎnshízhèng/ㄉㄢˇ ㄕˊ ㄓㄥˋ
cholelithiasis
【医】胆道系统(胆囊及胆管)发生结石的病症。结石多因胆汁代谢及排泄异常、感染以及胆道蛔虫所致。因发生的部位及发病的急缓程度不同,主要表现有胆绞痛或上腹痛、恶心、呕吐、消化不良、发热、黄疸等。

胆汁质/膽汁質 dǎnzhīzhì/ㄉㄢˇ ㄓ ㄓˋ
choleric temperament
【心】人的气质类型之一。按巴甫洛夫高级神经活动类型学说,强而不平衡的神经活动类型为胆汁质的生理基础。外部表现为精力充沛,反应迅速,情绪发生快而强,易冲动,但平息也快。直率爽快,开朗热情,外向,但急躁易怒,往往缺乏自制力,有顽强拼劲和果敢性,但缺乏耐心。

膽鹼酯酶抑制劑
ㄉㄢˇ ㄐㄧㄢˇ ㄓˇ ㄇㄟˊ ㄧˋ ㄓˋ ㄐㄧˋ/
dǎnjiǎnzhǐméi yìzhìjì
cholinesterase inhibitor
【医】台湾名。即"胆碱酯酶抑制药"(200 页)。

担子果 dànziguǒ/ㄉㄢˋ·ㄗ ㄍㄨㄛˇ
【植】即"子实体"(1495 页)。

淡/淡 dàn/ㄉㄢˋ
tasteless, bland
【中医】中药五味之一。能利,能渗。大部分淡味药滋味清淡。例如,茯苓、猪苓、泽泻都能利水渗湿,均为淡味药。

淡豆豉/淡豆豉
dàndòuchǐ/ㄉㄢˋ ㄉㄡˋ ㄔˇ
Sojae Semen Praeparatum(拉), fermented soybean
【中医】中药名。豆科植物大豆 *Glycine max* (L.) Merr. 的成熟种子的发酵加工品。味苦、辛,性凉。归肺、胃经。解表,除烦,宣发郁热。用于感冒、寒热头痛,烦躁胸闷,虚烦不眠。

大 豆　　淡豆豉(种子加工品)外形

淡水湖/淡水湖
dànshuǐhú/ㄉㄢˋ ㄕㄨㄟˇ ㄏㄨˊ
freshwater lake
【地】湖水的矿化度小于1克/升的湖泊。

弹道导弹/彈道飛彈
dàndào dǎodàn/ㄉㄢˋ ㄉㄠˋ ㄈㄟ ㄉㄢˋ
ballistic missile
【军】在火箭发动机推力作用下按预定程序飞行,关机后按自由抛物体轨迹飞行的导弹。可分为战略导弹和战役战术导弹。

弹道导弹核潜艇
dàndào dǎodàn héqiántǐng/
ㄉㄢˋ ㄉㄠˋ ㄉㄠˇ ㄉㄢˋ ㄏㄜˊ ㄑㄧㄢˊ ㄊㄧㄥˇ
【军】即"战略导弹核潜艇"(1418页)。

弹道导弹预警雷达/彈道飛彈預警雷達
dàndào dǎodàn yùjǐng léidá/
ㄉㄢˋ ㄉㄠˋ ㄈㄟ ㄉㄢˋ ㄩˋ ㄐㄧㄥˇ ㄌㄟˊ ㄉㄚˊ
ballistic missile early-warning radar
【军】军用雷达的一种。用于发现洲际、中程和潜地弹道导弹,测定其瞬时位置、速度及发射点和弹着点等参数。主要为统帅部提供弹道导弹来袭的情报,也可兼负空间目标监视任务。可分为机电扫描弹道导弹预警雷达和电扫描弹道导弹预警雷达。

弹道修正弹/彈道修正彈
dàndào xiūzhèngdàn/
ㄉㄢˋ ㄉㄠˋ ㄒㄧㄡ ㄓㄥˋ ㄉㄢˋ
trajectory correction projectile
【军】又称"简易控制弹"。利用弹道修正系统对炮弹、火箭弹等的飞行弹道进行简易控制的炮弹。由弹道修正系统、战斗部、稳定部和投射部等组成。用于对弹丸的飞行弹道实施有目的的修正,使弹丸接近或命中目标。

弹头威力/彈頭威力
dàntóu wēilì/ㄉㄢˋ ㄊㄡˊ ㄨㄟ ㄌㄧˋ
warhead yield
【军】导弹弹头对目标毁伤或施加其他效应的能力。因弹头战斗部装药类型不同而威力悬殊。战役战术导弹通常配备常规弹头,威力较小;战略导弹通常配备核弹头,威力甚大。核弹头的威力用梯恩梯当量表示;普通炸药常规弹头的威力,常用威力半径或毁伤半径表示;穿甲类弹头的威力则用穿甲或破甲厚度表示。

弹载计算机/彈載電腦
dànzài jìsuànjī/ㄉㄢˋ ㄗㄞˋ ㄉㄧㄢˋ ㄋㄠˇ
missile-mounted computer
【军】安装在导弹上对导弹的飞行参数进行实时计算、实时控制和数字信号处理等的专用嵌入式计算机。是导弹制导和控制系统的重要组成部分。

蛋氨酸 dàn'ānsuān/ㄉㄢˋ ㄢ ㄙㄨㄢ
【生】即"甲硫氨酸"(591页)。

蛋白 dànbái/ㄉㄢˋ ㄅㄞˊ
【生】"蛋白质"的简称。

蛋白酶/蛋白酶
dànbáiméi/ㄉㄢˋ ㄅㄞˊ ㄇㄟˊ
protease
【生】催化蛋白质中肽键水解的酶。种类很多,分布很广,例如有胃蛋白酶、胰蛋白酶、组织蛋白酶、木瓜蛋白酶、菠萝蛋白酶等。一种蛋白酶只能水解蛋白质中一定的肽键。对机体的新陈代谢及生物调控起重要作用。

蛋白尿/蛋白尿
dànbáiniào/ㄉㄢˋ ㄅㄞˊ ㄋㄧㄠˋ
proteinuria
【医】当尿内蛋白质含量增多,用常规定性试验检查呈阳性,或定量检查超过150毫克/日的尿。

蛋白石/蛋白石
dànbáishí/ㄉㄢˋ ㄅㄞˊ ㄕˊ
opal
【地】❶非晶质而呈胶体状的含水二氧化硅。成分为$SiO_2 \cdot mH_2O$。无一定外形。蛋白色,含杂质时可呈现各种颜色。莫氏硬度5～6.5,密度1.9～2.5克/厘米^3。具变彩效应的称为贵蛋白石(欧泊)。❷在台湾,蛋白石也指"欧泊"(848 页)。

蛋白质/蛋白質 dànbáizhì/ㄉㄢˋ ㄅㄞˊ ㄓˋ

protein

【生】简称"蛋白",旧称"朊"。一类重要的生物大分子物质。通常指 50 个以上氨基酸分子结合而成的肽,分子量在 1 万以上。其基本结构为 20 种基本氨基酸及其衍生物。蛋白质是生命现象的物质基础,一切生物体活细胞的基本成分,生物体生命活动必不可少的物质。食物提供的蛋白质既是人体生长发育、新陈代谢的重要物质,也是热量的来源。

📖 protein 源出自希腊文 proteose(最重要的东西)。

蛋白质生物价/生物學值

dànbáizhì shēngwùjià/ㄕㄥ ㄨˋ ㄒㄩㄝˊ ㄓˊ

biological value

【医】简称"生物价"。食物蛋白质消化吸收后被有机体利用的比率。通常用百分数(%)表示。是衡量蛋白质营养价值的重要指标。

氮/氮 dàn/ㄉㄢˋ

nitrogen

【化】非金属元素。属周期表第ⅤA 族,符号 N,原子序数 7。原子量14.00。是大气中含量最多的元素,也是动植物体内蛋白质的组成元素。大气中的氮在雷电发生时与氧化合生成氧化物,豆科植物的根瘤菌能将土壤中的氮直接转变成化合物。单质氮气也简称氮。

📖 1772 年,瑞典的舍勒(C.W.Scheele)、英国的卡文迪什(H.Cavendish),1774 年,英国的普利斯特利(J.Priestley)各自独立地发现了氮,分别称为"无效素的空气""窒息的空气""浊气"等;1775 年,法国的拉瓦锡(A.L.Lavoisier)再经实验,确认是一种新元素。拉丁文定名为 nitrogenium,源自英文 nitrogen,意思是"硝石之源"。中文定名为"氮",是形声字。

氮固定 ㄉㄢˋ ㄍㄨˋ ㄉㄧㄥˋ/dàngùdìng

nitrogen fixation

【化】台湾名。即"固氮"(429 页)。

氮化 dànhuà/ㄉㄢˋ ㄏㄨㄚˋ

【机】即"渗氮"(1002 页)。

氮化硅陶瓷/氮化矽陶瓷

dànhuàguī táocí/ㄉㄢˋ ㄏㄨㄚˋ ㄒㄧˋ ㄊㄠˊ ㄘˊ

silicon nitride ceramics

【材】以氮化硅为主要成分的陶瓷材料。强度和弹性模量高,高温蠕变小,热震稳定性好,耐磨、抗侵蚀性强,高温强度则受晶界玻璃相的影响。可用来制造汽轮机叶片、发动机轴承以及高温密封件等,在冶金、机械、电子工业中也有广泛应用。

氮化矽陶瓷

ㄉㄢˋ ㄏㄨㄚˋ ㄒㄧˋ ㄊㄠˊ ㄘˊ/dànhuàxī táocí

silicon nitride ceramics

【材】台湾名。即"氮化硅陶瓷"(202 页)。

氮平衡/氮平衡

dànpínghéng/ㄉㄢˋ ㄆㄧㄥˊ ㄏㄥˊ

nitrogen balance

【医】机体从食物中摄入氮量与排泄氮量相等的状态。正常成人食入的蛋白质等含氮物质可以补偿含氮排泄物质,即达到氮平衡。儿童、少年、孕妇摄入氮大于排出氮,体内蛋白质的合成大于分解,称为"正氮平衡";慢性消耗性患者摄入氮小于排出氮,体内蛋白质的合成小于分解,称为"负氮平衡"。

氮气/氮氣 dànqì/ㄉㄢˋ ㄑㄧˋ

nitrogen

【化】氮的单质。双原子分子,无色无臭气体。室温下化学性质很不活泼,加热可与一些金属化合,高温下可直接与氧和氢化合。氮气约占空气体积的 4/5。由空气分离获得,可作为深度冷冻的冷冻剂。

氮氧化物/氮氧化物

dànyǎnghuàwù/ㄉㄢˋ ㄧㄤˇ ㄏㄨㄚˋ ㄨˋ

nitrogen oxides

【化】一类环境有害物。通式 NO_x。大气中主要的含氮污染物,包括所有价态氮的氧化物。N_2O 是低层大气中含量最高的氮氧化物,可由土壤中硝酸盐经细菌的脱氮产生,是一种温室气体,由于 N_2O 在大气中较稳定、寿命长,能被输送至平流层,在平流层受紫外线光解产生 NO,进而引起臭氧层的破坏。其一半来源于自然过程,另一半来源于人为排放,主要是燃料燃烧。

彈道飛彈

ㄉㄢˋ ㄉㄠˋ ㄈㄟ ㄉㄢˋ/dàndào fēidàn

ballistic missile

【军】台湾名。即"弹道导弹"(201 页)。

彈道飛彈預警雷達

ㄉㄢˋ ㄉㄠˋ ㄈㄟ ㄉㄢˋ ㄩˋ ㄐㄧㄥˇ ㄌㄟˊ ㄉㄚˊ/
dàndào fēidàn yùjǐng léidá
ballistic missile early-warning radar

【军】台湾名。即“弹道导弹预警雷达”(201页)。

彈載電腦

ㄉㄢˋ ㄗㄞˋ ㄉㄧㄢˋ ㄋㄠˇ/dànzài diànnǎo
missile-mounted computer

【军】台湾名。即“弹载计算机”(201 页)。

膻中/膻中 dànzhōng/ㄉㄢˋ ㄓㄨㄥ

CV17，RN17，* chest center

【中】任脉穴之一。在胸部，当前正中线上，平第4肋间，两乳头连线的中点。心包募穴，八会穴之气会。该穴主治咳嗽、气喘、胸痛、心悸、乳少、呕吐、噎膈等病证。

dang （ㄉㄤ）

当归/當歸 dāngguī/ㄉㄤ ㄍㄨㄟ

㊀Chinese angelica，㊁Radix Angelicae Sinensis(拉)，Chinese angelica

㊀【植】*Angelica sinensis* 伞形科当归属。多年生草本植物。根圆柱状，有分枝，有须根，黄棕色，有浓香。茎直立，绿白色带紫色，有纵沟纹，光滑。叶羽状分裂，三出式二至三回。复伞形花序，花白色。花果期6—9月份。在中国，分布于甘肃、云南、四川、陕西、湖北。根可入药。

当 归

㊁【中医】中药名。伞形科植物当归 *Angelica sinensis* (Oliv.) Diels 的干燥根。味甘、辛，性温。归肝、心、脾经。补血活血，调经止痛，润肠通便。用于血虚萎黄，眩晕心悸，月经不调，经闭痛经，虚寒腹痛，肠燥便秘，风湿痹痛，跌扑损伤，痈疽疮疡。酒当归活血通经。用于经闭痛经，风湿痹痛，跌扑损伤。

📖 当归名称的来源有两种说法。一说若发生气血逆乱，服用当归之后即可降逆定乱，使气血各有所归，故名；二说当归的主产地在甘肃岷县，唐代称“当州”，故名。

当量/當量 dāngliàng/ㄉㄤ ㄌㄧㄤˋ

equivalent

【化】❶泛指与某基准量相对应的某个量。如化学当量、热功当量、梯恩梯当量、电化当量等。❷“化学当量”的简称。

挡车/擋車 dǎngchē/ㄉㄤˇ ㄔㄜ

operate a number of looms

【纺】纺织业指看管一定数量机器的运转情况并负责其产品的数量与质量的工作。

挡浪板/擋浪板

dǎnglàngbǎn/ㄉㄤˇ ㄌㄤˋ ㄅㄢˇ

breakwater

【船】又称“防浪板”。沿船宽斜后方向设置在露天甲板上，用于阻挡上浪海水并将其排出舷外的人字形挡板结构。通常设置在航速较高的船上或干舷较低的船甲板上，能减少海浪对甲板上的舱口、货物、武器装置及上层建筑和舱面设备的冲击，改善船员的工作条件。

党参/黨參 dǎngshēn/ㄉㄤˇ ㄕㄣ

㊀pilose asiabell，㊁Radix Codonopsis（拉），tangshen

㊀【植】*Codonopsis pilosula* 桔梗科党参属。多年生草本植物。根纺锤状，肉质，茎基有多数茎痕，表面灰黄色，有横长皮孔。茎缠绕，多分枝。叶片卵形，边缘有齿。花单生枝顶，萼筒半球形；花冠阔钟形，黄绿色，内面有紫斑，浅裂。花果期7—10月份。在中国，分布于各地。根可入药。㊁【中医】中药名。桔梗科植物党参 *Codonopsis pilosula* (Franch.) Nannf.、素花党参 *C. pilosula* Nannf. var. *modesta* (Nannf.) L. T. Shen 或川党参 *C. tangshen* Oliv. 的干燥根。味甘，性平。归脾、肺经。

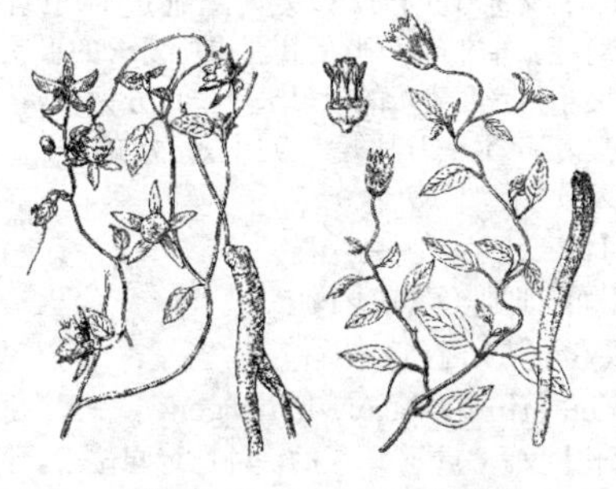

党 参　　川党参

D

补中益气，健脾益肺。用于脾肺虚弱，气短心悸，食少便溏，虚喘咳嗽，闷热消渴。

📖 不宜与藜芦同用。

宕機 ㄉㄤˋ ㄐㄧ/dàngjī

hang

【信息】台湾名。同"當機"(204 页)。

當機 ㄉㄤˋ ㄐㄧ/dàngjī

hang

【信息】又作"宕機"。台湾名。即"死机"(1078 页)。

檔案 ㄉㄤˇ ㄢˋ/dàng'àn

file

【信息】台湾名。即"文件"(1194 页)。

檔案傳送協定

ㄉㄤˇ ㄢˋ ㄔㄨㄢˊ ㄙㄨㄥˋ ㄒㄧㄝˊ ㄉㄧㄥˋ/

dàng'àn chuánsòng xiédìng

file transfer protocol，FTP

【信息】台湾名。即"文件传送协议"(1194 页)。

檔案夾 ㄉㄤˇ ㄢˋ ㄐㄧㄚˊ/dàng'ànjiā

folder

【信息】台湾名。即"文件夹"(1194 页)。

檔案配置表

ㄉㄤˇ ㄢˋ ㄆㄟˋ ㄓˋ ㄅㄧㄠˇ/dàng'àn pèizhìbiǎo

file allocation table

【信息】台湾名。即"文件分配表"(1194 页)。

dao （ㄉㄠ）

刀具/切削工具

dāojù/ㄑㄧㄝ ㄒㄧㄠ ㄍㄨㄥ ㄐㄩˋ

cutting tool

【机】又称"切削刀具""刃具"。通过手动或机动对工件进行切削，使其获得所要求的形状、尺寸和表面质量的带刃工具。可分为金属切削刀具、木工刀具等。应用较广泛的是涂层刀具。

刀鱼 dāoyú/ㄉㄠ ㄩˊ

【动】即"带鱼"(194 页)。

氘/氘 dāo/ㄉㄠ

deuterium，heavy hydrogen

【化】又称"重氢"。氢的一种稳定同位素。符号 D 或 $^2_1$H。质量数 2，氘原子核由一个质子和一个中子组成。化学性质不及氕活泼。占氢元素总量约 0.015%。主要用作核聚变反应的核燃料和氢弹弹头装料。

导带/導帶 dǎodài/ㄉㄠˇ ㄉㄞˋ

conduction band

【物】金属中被部分电子占据的宽能带。因其中的电子能导电，故名。半导体的价带是满带，但如受热激发、光照或掺入杂质等原因，有电子从价带跃迁至空带，价带中出现空穴，空带成为导带。半导体由导带中电子移动引起的导电性，称为电子导电；由价带中空穴移动引起的导电性，称为空穴导电。

导弹/飛彈 dǎodàn/ㄈㄟ ㄉㄢˋ

guided missile

【军】依靠自身动力装置推进，由制导系统控制飞行、导向目标，以其战斗部毁伤目标的武器。由战斗部、弹体、推进系统、制导系统等组成。

导弹快艇

dǎodàn kuàitǐng/ㄉㄠˇ ㄉㄢˋ ㄎㄨㄞˋ ㄊㄧㄥˇ

【军】即"导弹艇"(205 页)。

导弹潜艇/導彈潛艇

dǎodàn qiántǐng/ㄉㄠˇ ㄉㄢˋ ㄑㄧㄢˊ ㄊㄧㄥˇ

guided missile submarine

【船】以导弹为主要武器的潜艇。按导弹类型不同，可分为战略导弹潜艇和巡航导弹潜艇。战略导弹潜艇可携带潜地弹道导弹多至 24 枚，垂直发射，用以攻击陆上战略目标；巡航导弹潜艇可携载战术型或战略型巡航导弹，主要用于攻击大、中型水面舰船和陆上重要战略目标。通常还装有一定数量的鱼雷发射管，用于发射反潜导弹、反舰导弹、鱼雷和水雷等。

导弹射程/飛彈射程

dǎodàn shèchéng/ㄈㄟ ㄉㄢˋ ㄕㄜˋ ㄔㄥˊ

missile scope

【军】从导弹发射点到弹着点(爆炸点)之间的直线距离或大地线距离。是导弹的主要战术技术性能指标之一。地空导弹、空地导弹等的射程指发射点至目标或爆炸点之间的直线距离；地地导弹的射程指从发射点至弹着点或爆炸投影点之间的大地线距离。影响导弹射程的自身因素主要有战斗部质量、弹上仪器设备质量、弹体结构质量、导弹的动力性能和飞行弹道的选择等。

导弹艇/飛彈快艇

dǎodàntǐng/ㄈㄟ ㄉㄢˋ ㄎㄨㄞˋ ㄊㄧㄥˇ

missile boat

【军】又称“导弹快艇”。以舰舰导弹为主要武器的小型水面战斗舰艇。主要用于近岸、近海海区单艇或与其他兵力协同对敌方水面舰艇实施导弹攻击,也可用于巡逻、警戒、反潜等。目标小,航速高,机动灵活,攻击威力大,易于隐蔽突击。可分为滑行型导弹艇、半滑行导弹艇、排水型导弹艇、水翼型导弹艇、地效翼型导弹艇、双体型导弹艇和气垫型导弹艇等。

导弹卫星跟踪测量船/飛彈衛星跟蹤測量船

dǎodàn wèixīng gēnzōng cèliángchuán/

ㄈㄟ ㄉㄢˋ ㄨㄟˋ ㄒㄧㄥ ㄍㄣ ㄗㄨㄥ ㄘㄜˋ ㄌㄧㄤˊ ㄔㄨㄢˊ

missile range instrumentation ship, instrumented tracking and telemetry ship

【船】又称“航天综合测量船”。专用于在海洋上对航天器实施跟踪、遥测、通信等保障和指挥控制的试验船。具有良好的操纵性、适航性、耐波性和稳性,有较大的自持力。船上测量设备有导航定位、雷达跟踪、遥测、数据处理、通信、时统、气象、船体变形测量、指挥控制中心等分系统。

导弹预警卫星/飛彈預警衛星

dǎodàn yùjǐng wèixīng/

ㄈㄟ ㄉㄢˋ ㄩˋ ㄐㄧㄥˇ ㄨㄟˋ ㄒㄧㄥ

missile early-warning satellite

【军】用于监视和发现弹道导弹并发出警报的预警卫星。通常被发射到地球静止卫星轨道,由几颗卫星组成预警网。利用卫星上的红外探测器探测导弹在飞出大气层后发动机尾焰的红外辐射,并配合使用电视摄像机跟踪导弹,及时准确判明导弹并发出警报。

导弹制导雷达/飛彈制導雷達

dǎodàn zhìdǎo léidá/

ㄈㄟ ㄉㄢˋ ㄓˋ ㄉㄠˇ ㄌㄟˊ ㄉㄚˊ

missile guidance radar

【军】简称“制导雷达”。军用雷达的一种。跟踪目标并控制和导引导弹飞向目标。按装载平台不同,可分为车载制导雷达、舰载制导雷达、机载制导雷达和弹载制导雷达;按导弹类型不同,可分为地(舰)空导弹制导雷达、舰(岸)舰导弹制导雷达、空空导弹制导雷达和空地(舰)导弹制导雷达等。

导电材料/導電材料

dǎodiàn cáiliào/ㄉㄠˇ ㄉㄧㄢˋ ㄘㄞˊ ㄌㄧㄠˋ

electric conducting material

【电】在电场作用下能传导电流的材料。可分为良导体、不良导体和超导体。

导轨/導軌 dǎoguǐ/ㄉㄠˇ ㄍㄨㄟˇ

guide rail

【机】能引导部件沿一定方向运动,形状像轨道的槽或脊。可承受、固定、引导移动装置或设备,并减少其摩擦。

导函数/導來函數

dǎohánshù/ㄉㄠˇ ㄌㄞˊ ㄏㄢˊ ㄕㄨˋ

derived function

【数】又称“微商”。若函数 $f(x)$ 在某一区间 I 内的每一点处都可导,即 $f(x)$ 是 I 内的可微函数,则对于 I 内的每一个 x 值,都有唯一确定的导数值与 x 对应,这就定义了一个以 I 为定义域的函数 $f'(x)$,称 $f'(x)$ 为 $f(x)$ 的导函数。$f'(x_0)$ 是导函数 $f'(x)$ 在 $x=x_0$ 处的函数值。函数 $y=f(x)$ 的导函数 $f'(x)$ 也称函数 $f(x)$ 的导数,并可表示为 y' 或 $\frac{dy}{dx}$ 或 $\frac{df(x)}{dx}$。

导航/導航 dǎoháng/ㄉㄠˇ ㄏㄤˊ

navigation

【航】利用专用仪表或设备以确定飞行器位置姿态,并导引其按预定航线或轨迹飞行,使达到预定目标的过程及其技术。通常分为天文导航、航位推算导航、利用地标和无线电信标导航。现主要用自主惯性导航和多信息(惯性、天文、卫星、无线电、地磁、景象等信息)复合导航,可给出飞行器相对参考坐标系位置、速度、姿态(航向角、俯仰角和滚转角)引导飞行器达到预定目标。

导航定位卫星/導航定位衛星

dǎoháng dìngwèi wèixīng/

ㄉㄠˇ ㄏㄤˊ ㄉㄧㄥˋ ㄨㄟˋ ㄨㄟˋ ㄒㄧㄥ

navigation positioning satellite

【航】为地面、空中、海洋和空间用户提供导航定位无线电信息的人造地球卫星。由卫星发射导航定位信息，需求用户通过接收解算即可确定自己所在位置。按导航方法的不同，可分为多普勒测速导航卫星（通过测量导航信号的多普勒频移，求距离变化率进行导航定位）和时差测距导航卫星（通过测量导航信号时差，求距离进行导航）。

📖 目前，世界上有美国的“全球定位系统”(GPS)、俄罗斯的“全球导航卫星系统”(GLONASS)、欧洲（伽利略）系统和中国“北斗导航卫星系统”(Beidou COMPASS)。通常由分布在不同运行轨道的多颗导航卫星组成导航系统星座。

D

导航台/導航臺 dǎohángtái/ㄉㄠˇ ㄏㄤˊ ㄊㄞˊ

navigation station

【航】用于向飞行器导航仪表或设备发送导航指令和信息，同时接收飞行器导航仪表或设备相关信息的地面无线电台。通常设在飞机场区域内或对应飞行器飞行航线上。

导缆器/導索器 dǎolǎnqì/ㄉㄠˇ ㄙㄨㄛˇ ㄑㄧˋ

fairlead

【船】引导缆绳通过并变换方向或限制其导出位置，同时保护缆绳不致磨损的各种导向器。包括带缆钳、滚轮导缆器、滚柱导缆器、导向滚轮、导向滚柱、导缆孔及转动导缆孔等。通常安装在甲板舷侧或舷墙顶面上。

导纳/導納 dǎonà/ㄉㄠˇ ㄋㄚˋ

admittance

【物】描述具有电阻、电感、电容的电路对交流电所起的引导和容纳作用的物理量。常用 Y 表示。单位西[门子]。数值上等于电路两端的电压 U 与电路中电流的有效值 I 的比值，即 $Z=U/I$。以复数形式表示时称为复导纳，其实部称为电导，虚部称为电纳。

导数/導數 dǎoshù/ㄉㄠˇ ㄕㄨˋ

derivative

【数】微分学的核心概念之一。设函数 $y=f(x)$ 在 x_0 的一个邻域内有定义，若 $\lim\limits_{\Delta x\to 0}\frac{f(x_0+\Delta x)-f(x_0)}{\Delta x}=\lim\limits_{\Delta x\to 0}\frac{\Delta y}{\Delta x}$ 是确定的有限值，则称这个值为 $f(x)$ 在 x_0 处的导数，记作 $f'(x_0)$。此时称 $f(x)$ 在 x_0 处可导（或可微）。Δx 为自变量 x 的增量，$\Delta y=f(x_0+\Delta x)-f(x_0)$ 为函数的增量，$\frac{\Delta y}{\Delta x}$ 为增量比，导数就是增量比的极限。$f'(x_0)$ 的几何意义是曲线 $y=f(x)$ 在点 $(x_0, f(x_0))$ 的切线的斜率。

导体/導體 dǎotǐ/ㄉㄠˇ ㄊㄧˇ

conductor

【物】能够导电的物体。其内部存有大量可自由移动的带电粒子，能使电荷从某处迅速转移或传导到其他部分或其他物体上。包括金属导体、非金属导体和超导体。

导线/導線 dǎoxiàn/ㄉㄠˇ ㄒㄧㄢˋ

㊀ traverse，㊁ electic wire

㊀【测绘】平面测量中将一系列选定的测量点位按相邻次序连成的折线。其第一个点或最后一个点应有已知坐标数据以作为起算数据。通过测定各折线边的边长和转折角，再根据起算数据可推算导线上各点的平面坐标。㊁【电】即“电线”(255 页)。

导线测量/導線測量 dǎoxiàn cèliáng/ㄉㄠˇ ㄒㄧㄢˋ ㄘㄜˋ ㄌㄧㄤˊ

traverse survey

【测绘】测量的一种方法。按照一定的测量规范，选择一系列测点（导线点），依相邻次序连成折线（导线）形式，并测定各折线边（导线边）的长度和转折角（导线角），再根据起算点数据推算各测点的平面坐标。按测点布设形式不同，可分为附合导线、闭合导线和支导线。

导引/導引 dǎoyǐn/ㄉㄠˇ ㄧㄣˇ

daoyin，physical and breathing exercise，* conduction exercise

【中医】按照一定规律和方法进行肢体运动及呼吸吐纳，以防病保健的养生方法。

📖 1974 年，湖南长沙马王堆三号汉墓出土现存最早的彩色帛画——《导引图》，据考证为西汉早期作品。《导引图》从上到下分四层排列，每层各有 11 幅小图。每图式为一人像，平均高 9～12 厘米。男、女、老、幼均有，或着衣，或裸背。图中除个别做器械运动外，多为徒手操练。图旁注有术式名，部分文字可辨。其中涉及动物的有鸟、鹞、鹤、鹯、猿、猴、龙、熊等八式，与五禽戏相近而缺鹿戏与虎戏。《导引图》为研究导引的发展、变化提供了可贵的线索。

岛/島 dǎo/ㄉㄠˇ

【地】即“岛屿”(207 页)。

岛屿/島 dǎoyǔ/ㄉㄠˇ

island

【地】又称"岛"。被水环绕、面积比大陆小的陆地。位于海洋、河流和湖泊中。通常把较大的称为"岛",如格陵兰岛;较小的称为"屿",如鼓浪屿。全球岛屿总面积约970万平方千米,占陆地总面积的7%。

倒伏/倒伏 dǎofú/ㄉㄠˇ ㄈㄨˊ

lodging

【农】直立生长的作物因根茎细弱或外力(如大风)等原因,造成大面积歪斜,甚至伏倒在地的现象。多发生在作物生育的中后期,可造成作物产量和质量降低,收获困难。

導航設備

ㄉㄠˇ ㄏㄤˊ ㄕㄜˋ ㄅㄟˋ/dǎoháng shèbèi

navigation aids, aids to navigation

【船】台湾名。即"航标"(474页)。

導來函數

ㄉㄠˇ ㄌㄞˊ ㄏㄢˊ ㄕㄨˋ/dǎolái hánshù

derived function

【数】台湾名。即"导函数"(205页)。

導索器 ㄉㄠˇ ㄙㄨㄛˇ ㄑㄧˋ/dǎosuǒqì

fairlead

【船】台湾名。即"导缆器"(206页)。

導引 ㄉㄠˇ ㄧㄣˇ/dǎoyǐn

guidance

【航】台湾名。即"制导"(1449页)。

到期日 ㄉㄠˋ ㄑㄧ ㄖˋ/dàoqīrì

date of expiration

【医】台湾名。即"药品有效期"(1321页)。

倒春寒/倒春寒

dàochūnhán/ㄉㄠˋ ㄔㄨㄣ ㄏㄢˊ

late spring cold

【气】初春(北半球通常指3月)天气回暖较快,而春季后期(通常指4月或5月)出现气温比正常年份偏低的现象。

倒挂金钟/吊鐘花

dàoguà jīnzhōng/ㄉㄧㄠˋ ㄓㄨㄥ ㄏㄨㄚ

fuchsia

【植】*Fuchsia hybrida* 又称"吊钟海棠"。柳叶菜科倒挂金钟属。半灌木。茎直立,多分枝,幼枝带红色。叶柄带红色,叶对生,卵形,边缘有齿。花单生于枝端叶腋处,花梗细长下垂,淡绿或带红色。花冠管筒状,红色,萼片四裂,红色,质厚,开放时反卷;花瓣排成覆瓦状,有紫红、红、粉、白等颜色;雄蕊红色,伸出花管之外;花柱红色,基部围以绿色的浅杯状花盘。花期4—12月份。中国各地均有栽培。观赏花卉。

倒睫/倒睫 dàojié/ㄉㄠˋ ㄐㄧㄝˊ

trichiasis

【医】睫毛向眼球方向生长,可致睫毛触及眼球的疾病。睫毛倾斜角的异常,可由于睫毛生长角度变化或眼睑疾病引起,是较常见的外眼病。生长方向倒向角膜的睫毛,经常摩擦角膜上皮,引起异物感,还可引起眼球充血、结膜炎、角膜上皮脱落、角膜炎、角膜血管翳、角膜溃疡、角膜白斑,进而影响视力。

倒数/倒數 dàoshù/ㄉㄠˋ ㄕㄨˋ

reciprocal

【数】$\frac{1}{a}(a\neq 0)$叫作a的倒数。

倒座/倒座 dàozuò/ㄉㄠˋ ㄗㄨㄛˋ

opposite house, daozuo

【建】❶合院式建筑群中与正房相对而立的建筑物。通常位于外院,坐南朝北。住宅中用作客房、书塾、杂用间或男仆的住处,公共建筑中也可作为戏台等。❷位于路南,大门开在北院墙上,坐南朝北的合院式建筑。

盗汗/盜汗 dàohàn/ㄉㄠˋ ㄏㄢˋ

night sweating

【医】睡眠中出汗的一种症状。有生理性盗汗和病理性盗汗之分,病理性盗汗常见于结核病和低钙血症等。

道岔/道岔 dàochà/ㄉㄠˋ ㄔㄚˋ

switches and crossings

【交】铁路轨道上,使机车、车辆从一股轨道转入或越过另一轨道的线路连接设备。大量铺设在车站两端,以满足调车、会让等各种作业需要。最常见的是普通单开道岔。

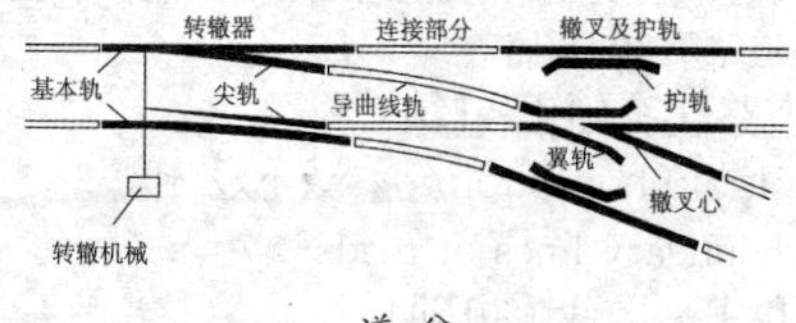

道 岔

D

道床/道碴床 dàochuáng/ㄉㄠˋ ㄔㄚˊ ㄔㄨㄤˊ

ballast bed

【交】铺设在路基面上的石渣(道砟)垫层。主要作用是支承和固定轨枕,将其压力均匀地传递给路基,并固定轨枕的位置,阻止轨枕纵向或横向移动,缓解列车车轮对钢轨的冲击,调整线路的平面和纵断面。常用的材料有碎石、卵石、矿渣等。

道德感/道德感

dàodégǎn/ㄉㄠˋ ㄉㄜˊ ㄍㄢˇ

moral sense

【心】人们运用一定的道德标准评价自身或他人行为时所产生的情感体验。是人所特有的一种高级情感。表现形式可以是反映对社会环境的(如爱国主义、国际主义等)、对他人或物的(如友谊感、责任心等)、对自己的(如荣誉感、自尊心等)。因人所处的环境、标准、道德观、世界观等不同,道德感也难有统一的标准。

道地药材/道地藥材

dàodì yàocái/ㄉㄠˋ ㄉㄧˋ ㄧㄠˋ ㄘㄞˊ

genuine regional drug

【中医】某一特定产区出产的质量优秀、疗效显著、历史悠久的药材。例如产于四川的"川贝母""川黄连",产于河南怀庆府(今焦作)的"怀山药""怀牛膝",产于浙江的"浙贝母""浙麦冬"等。

道口/平交口 dàokǒu/ㄆㄧㄥˊ ㄐㄧㄠ ㄎㄡˇ

grade crossing

【交】铁路上直接与其他道路贯通的平面相交处。通常设置铁路道口标志(如三角形的"小心火车"牌)、道口信号机、司机鸣笛标志或安全防护设施。无人看守的铁路道口,应在距道口一定距离处设置警示标志。

道路/道路 dàolù/ㄉㄠˋ ㄌㄨˋ

road

【交】供各种无轨车辆和行人通行的工程设施。可分为城市道路、公路、厂矿道路、林区道路及乡村道路等。

道路红线/道路紅線

dàolù hóngxiàn/ㄉㄠˋ ㄌㄨˋ ㄏㄨㄥˊ ㄒㄧㄢˋ

boundary lines of roads

【建】见"红线"(501 页)。

道路交通/道路交通

dàolù jiāotōng/ㄉㄠˋ ㄌㄨˋ ㄐㄧㄠ ㄊㄨㄥ

road traffic

【交】简称"交通"。车辆和行人在道路上的流动和滞留。

道路结冰/道路結冰

dàolù jiébīng/ㄉㄠˋ ㄌㄨˋ ㄐㄧㄝˊ ㄅㄧㄥ

road icing

【气】道路表面温度低于 0℃时遇有降水,路面出现冰层的现象。是灾害性天气的一种。

道路结冰预警信号/道路結冰預警信號

dàolù jiébīng yùjǐng xìnhào/

ㄉㄠˋ ㄌㄨˋ ㄐㄧㄝˊ ㄅㄧㄥ ㄩˋ ㄐㄧㄥˇ ㄒㄧㄣˋ ㄏㄠˋ

road icing warning signal

【气】气象灾害预警信号的一种。分为三级,分别以黄色、橙色、红色标识。参见"气象灾害预警信号"(895 页)。

道砟/碎石 dàozhǎ/ㄙㄨㄟˋ ㄕˊ

ballast

【交】又作"道碴"。用作承托路轨枕木的碎石。是较早出现并常见的轨道道床结构。在铺设路轨之前,先在路基铺上一层道砟,压实后铺枕木及路轨。

📖 使用道砟有利于排水,也容易调校路轨位置,而且道砟把列车及路轨重量分散在路基上,减少列车震动及噪声,令乘坐舒适度增加。道砟轨道多在露天区段使用,隧道、桥梁区段的空间有限,铺设道砟会比较困难,维修成本高,适于使用无砟路轨。如果用作运行高速铁路,车辆经过时对道砟也会有较大的损耗,因此出现了针对高铁而设的无砟路轨。

道碴 dàozhǎ/ㄉㄠˋ ㄔㄚˊ

ballast

【交】即"道砟"(208 页)。

道碴床 ㄉㄠˋ ㄔㄚˊ ㄔㄨㄤˊ/dàozhǎchuáng

ballast bed

【交】台湾名。即"道床"(208 页)。

稻/稻 dào/ㄉㄠˋ

rice

【植】*Oryza sativa* 禾本科稻属。一年生水生草本植物。秆直立。叶鞘松弛,叶舌披针形；叶片线状披针形，粗糙。圆锥花序（即稻穗），大型疏展，成熟期下垂，由许多小穗组成，每小穗含一朵成熟花，颖仅留痕迹，外稃针刺状。颖果，脱壳后称大米。中国各地均有栽培。果实可作粮食。

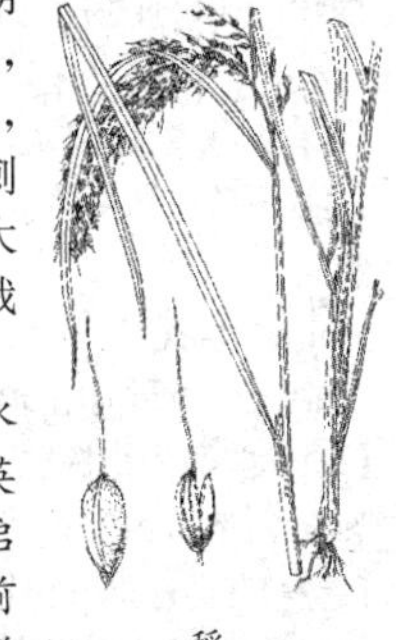

稻

1998 年，国际水稻基因组定序计划（英文缩写 IRGSP）正式启动，2002 年结束。目前水稻的整个基因图谱都已被解读，并公开在基因图谱资料库中，供各国的水稻专家研究用。

稻热病/稻熱病

dàorèbìng/ㄉㄠˋ ㄖㄜˋ ㄅㄧㄥˋ

【农】即“稻瘟病”（209 页）。

稻瘟病/稻熱病

dàowēnbìng/ㄉㄠˋ ㄖㄜˋ ㄅㄧㄥˋ

rice blast

【农】又称“稻热病”。水稻病害的一种。由稻梨孢菌而引起。主要为害叶片、茎秆和穗部。初发时嫩叶上生暗绿色小斑点，后变为褐色棱形病斑，严重时稻田呈火烧状，造成白穗以致绝产。

de（ㄉㄜ）

锝/鎝 dé/ㄊㄚˊ

technetium

【化】金属元素。属元素周期表第ⅦB 族。符号 Tc，原子序数 43。原子量97.907。是第一个人工合成的放射性元素，于 1937 年用氘核轰击钼核获得，后在自然界发现。单质为银灰色金属，化学性质稳定。锝-99 具有较理想的核性质，释放的软 γ 射线（1.4×10^5 电子伏）适合器官显像，广泛用于医学上。

1925 年，德国的诺达克（W. Noddack）、塔克（I. Tacke）与伯格（O. Berg）称在铌铁矿中发现了新元素，命名为 masurium，但未得到证实；1937 年，意大利的佩里埃（C. Perrier）和塞格雷（E. G. Segre）利用回旋加速器，分别用氘核与中子轰击钼核，人造成功；1940 年，塞格雷和美籍中国女科学家吴健雄在铀的核裂变产物中发现了它。拉丁文命名为 technetium，源自希腊文 technetos，意思是“人工制造才得到的”。中文定名为“锝”，是形声字。

德布罗意波/德布羅意波

débùluóyìbō/ㄉㄜˊ ㄅㄨˋ ㄌㄨㄛˊ ㄧˋ ㄅㄛ

de Broglie wave

【物】体现微观粒子波粒二象性中的波动性的波。参见“波粒二象性”（76 页）。

德士 ㄉㄜˊ ㄕˋ/déshì

tex

【计量】台湾名。即“特克斯”（1115 页）。

德意志制造联盟/德意志製造聯盟

Déyìzhì Zhìzào Liánméng/ ㄉㄜˊ ㄧˋ ㄓˋ ㄓˋ ㄗㄠˋ ㄌㄧㄢˊ ㄇㄥˊ

Deutscher Werkbund

【建】1907 年，德国企业家、社会学家、艺术家、建筑师，以及各行业的技术人员在慕尼黑组成的全国性设计组织和学术团体。目的是通过艺术、工业和手工艺的结合，提高德国的设计水平和产品质量，以适应工业化生产方式和国际市场竞争。强调设计的出发点是为人而不是物，设计师不以自我表现为目的，接受以机械化生产、批量生产和产品标准化作为设计的前提，并希望通过宣传教育，促进团结协作，提高全民素质，发展经济，振兴国家。

deng（ㄉㄥ）

灯标船 dēngbiāochuán/ㄉㄥ ㄅㄧㄠ ㄔㄨㄢˊ

【船】即“灯船”（209 页）。

灯船/燈船 dēngchuán/ㄉㄥ ㄔㄨㄢˊ

light vessel

【船】又称“灯标船”。设有航标灯、旗杆和信标架等设备的导航专用船。常锚泊在浅滩、沙洲和难以设置固定灯标的重要航道上，如主船道的转弯处，作为浮动式灯标。

灯塔/燈塔 dēngtǎ/ㄉㄥ ㄊㄚˇ

lighthouse

【交】固定航标的一种。建于航道关键部位，多为塔形，塔身涂有易于白天识别的颜色，晚上塔顶发光，引导船舶航行或指示危险区域。

灯心草/燈心草

dēngxīncǎo/ㄉㄥ ㄒㄧㄣ ㄘㄠˇ

rush

【植】*Juncus effusus* 灯心草科灯心草属。多年生草本植物。茎丛生，直立，圆柱形，内部充满乳白色髓。叶生于茎基部，鞘状包茎，叶片退化呈刺芒状。聚伞花序，多花，淡绿色，花被片六枚，条状披针形。花期 4—7 月份。在中国，分布于除新疆、青海以外的各地。野生。茎髓可供点灯用，还可入药。

灯芯绒/燈芯絨

dēngxīnróng/ㄉㄥ ㄒㄧㄣ ㄖㄨㄥˊ

corduroy

【纺】俗称“条绒”。割纬起绒、表面形成纵向绒条的棉织物。因绒条像一条条灯草芯，故名。质地厚实，坚牢耐磨，吸湿性、保暖性好。适于用作秋冬季外衣、鞋帽面料和幕布、窗帘、沙发面料等。可分为粗条灯芯绒、中条灯芯绒、细条灯芯绒和特细条灯芯绒。

登革热/登革熱 dēnggérè/ㄉㄥ ㄍㄜˊ ㄖㄜˋ

dengue fever

【医】由登革病毒引起的急性传染病。经伊蚊传播，临床表现为发热，皮疹，全身肌肉和骨关节疼痛，极度疲乏，淋巴结肿大，白细胞减少等。

登机口 dēngjīkǒu/ㄉㄥ ㄐㄧ ㄎㄡˇ

【航】即“登机门”(210 页)。

登机门/登機門 dēngjīmén/ㄉㄥ ㄐㄧ ㄇㄣˊ

boarding gate

【航】又称“登机口”。旅客由候机厅出入廊桥或停机坪的门口。

登机桥/空橋 dēngjīqiáo/ㄎㄨㄥ ㄑㄧㄠˊ

passenger boarding bridge

【航】连接飞机舱门和候机厅登机口的廊式通道。为方便乘客登机而建造，可以直接出入登机口，连接高度、连接方向均可调节。

登机梯/登機梯 dēngjītī/ㄉㄥ ㄐㄧ ㄊㄧ

boarding ladder

【航】供乘客登机用的车载扶梯。连接停机坪地面与登机门，高度可以调节。通常用于无登机桥的情况下，旅客需直接从地面登机或需直接从机舱下到地面。

登记港 dēngjìgǎng/ㄉㄥ ㄐㄧˋ ㄍㄤˇ

【船】即“船籍港”(149 页)。

登陆舰/登陸艦

dēnglùjiàn/ㄉㄥ ㄌㄨˋ ㄐㄧㄢˋ

landing ship

【军】运送登陆部队，以及坦克、车辆、火炮等武器装备在敌岸滩头直接登陆的水面战斗舰艇。

登陆指挥舰

dēnglù zhǐhuījiàn/ㄉㄥ ㄌㄨˋ ㄓˇ ㄏㄨㄟ ㄐㄧㄢˋ

【军】即“两栖指挥舰”(736 页)。

登录 dēnglù/ㄉㄥ ㄌㄨˋ

【信息】即“注册”(1479 页)。

登门槛效应/登門檻效應

dēngménkǎn xiàoyìng/

ㄉㄥ ㄇㄣˊ ㄎㄢˇ ㄒㄧㄠˋ ㄧㄥˋ

skips threshold effect

【心】一种社会心理效应。有位美国社会心理学家的助手登门访问一些家庭主妇，请求允许将一个小招牌挂在其窗户上，她们答应了。不久再次登门，又要求允许将一个大招牌放在其庭院内，她们中的大部分人也答应了。这个效应说明，要让人接受一个大的要求，最好先让他接受一个小的要求，接受了小的要求，大的要求就易于接受。

登入 ㄉㄥ ㄖㄨˋ/dēngrù

logon，login

【信息】台湾名。即“注册”(1479 页)。

登山車 ㄉㄥ ㄕㄢ ㄔㄜ/dēngshānchē

mountain bike

【轻】台湾名。即“山地车”(981 页)。

等比级数/等比級數

děngbǐ jíshù/ㄉㄥˇ ㄅㄧˇ ㄐㄧˊ ㄕㄨˋ

geometric series

【数】又称“几何级数”。等比数列$\{a_n\}$的各项的和。等比级数中$\frac{a_{n+1}}{a_n}=q$叫作公比，a_1 叫作首项。例如，$1+3+9+27+81+243+729$ 为有限等比级数，$1+3+9+27+81+\cdots+3^{n-1}+3^n+\cdots$为无穷等比级数。它们的首项为 1，公比为 3。若无穷等比级数 $\sum\limits_{k=1}^{\infty}a_k$ 的公比 q 满足$|q|<1$，则 $\sum\limits_{k=1}^{\infty}a_k=\frac{a_1}{1-q}$；否则 $\sum\limits_{k=1}^{\infty}a_k$ 是发散的。

等比数列/等比數列

dĕngbǐ shùliè/ㄉㄥˇ ㄅㄧˇ ㄕㄨˋ ㄌㄧㄝˋ

geometric progression

【数】台湾又称“幾何數列”。若数列$\{a_n\}$满足$\frac{a_n}{a_{n-1}}=q(n>1,q$是与$n$无关的常值),则称$\{a_n\}$为等比数列,$q$为公比。例如,数列3,9,27,81,…,$3^n$,…是公比为3的等比数列。等比数列$\{a_n\}$的通项公式为$a_n=a_1q^{n-1}$,前$n$项和公式为$S_n=\frac{a_1(1-q^n)}{1-q}$ $(q\neq1)$。

等比中项/等比中項

dĕngbǐ zhōngxiàng/ㄉㄥˇ ㄅㄧˇ ㄓㄨㄥ ㄒㄧㄤˋ

geometric mean

【数】若a,b,c成等比数列,即$\frac{b}{a}=\frac{c}{b}$,则$b=\pm\sqrt{ac}$叫作a和c的等比中项。例如,±10是2和50的等比中项。

等边三角形/等邊三角形

dĕngbiān sānjiǎoxíng/ㄉㄥˇ ㄅㄧㄢ ㄙㄢ ㄐㄧㄠˇ ㄒㄧㄥˊ

equilateral triangle

【数】又称“正三角形”。三条边都相等的三角形。等边三角形中,(1)三个角都等于60°;(2)内心、外心、垂心和重心是同一点,它是三角形的对称中心;(3)三边上的中线所在直线是三角形的三条对称轴。

等差级数/算術級數

dĕngchā jíshù/ㄙㄨㄢˋ ㄕㄨˋ ㄐㄧˊ ㄕㄨˋ

arithmetic series

【数】又称“算术级数”。等差数列$\{a_n\}$的各项的和。等差级数中$a_{n+1}-a_n=d$,d叫作级数的公差,a_1叫作级数的首项。例如,1+3+5+7+9+11+13为有限等差级数,其值为49。1+3+5+7+9+11+13+…+(2n−1)+…为无穷等差级数,其值为正无穷大,这个级数是发散的。

等差数列/等差數列

dĕngchā shùliè/ㄉㄥˇ ㄔㄚ ㄕㄨˋ ㄌㄧㄝˋ

arithmetic progression

【数】若数列$\{a_n\}$满足$a_n-a_{n-1}=d(n>1$,d是与n无关的常值),则称$\{a_n\}$为等差数列,d为公差。例如,数列1,3,5,7,…,2n−1,…是公差为2的等差数列。等差数列$\{a_n\}$的通项公式为$a_n=a_1+(n-1)d$,前n项和公式为$S_n=\frac{n(a_1+a_n)}{2}=na_1+\frac{n(n-1)d}{2}$。

等差中项/等差中項

dĕngchā zhōngxiàng/ㄉㄥˇ ㄔㄚ ㄓㄨㄥ ㄒㄧㄤˋ

arithmetic mean

【数】若a,b,c成等差数列,即$b-a=c-b$,则$b=\frac{a+c}{2}$叫作a和c的等差中项。例如,10是5和15的等差中项。

等长收缩/等長收縮

dĕngcháng shōusuō/ㄉㄥˇ ㄔㄤˊ ㄕㄡ ㄙㄨㄛ

isometric contraction

【医】肌肉收缩时仅张力增加而长度保持不变的状态。

等高距/等高距

dĕnggāojù/ㄉㄥˇ ㄍㄠ ㄐㄩˋ

contour interval

【测绘】地图上相邻等高线的高程差。可根据地图比例尺、地面坡度及用图目的而选择其大小。国家基本比例尺地形图对其有具体的严格规定。

等高线/等高線

dĕnggāoxiàn/ㄉㄥˇ ㄍㄠ ㄒㄧㄢˋ

contour

【测绘】地图上高程相等的相邻点连接而成的曲线。用以表现地形的起伏、高差、坡度,其密度和分布特征可反映地貌特征。地形图上的等高线按其作用和高程间距不同,可分为首曲线(按固定的等高距绘制)、计曲线(每隔三四条等高线加粗绘制)、间曲线(按固定等高距的一半高差绘制)和助曲线(按固定等高距的1/4高差绘制)等。

等号/等號 dĕnghào/ㄉㄥˇ ㄏㄠˋ

sign of equality

【数】表示相等关系的符号“=”。两个数量a与b相等记作$a=b$。这个符号是英国数学家雷科德(R. Recorde,约1510—1558)于1557年首次引入的。

等积变换/等價的變換

dĕngjī biànhuàn/ㄉㄥˇ ㄐㄧㄚˋ·ㄉㄜ ㄅㄧㄢˋ ㄏㄨㄢˋ

equivalent transformation

【数】使图形的面积或体积保持不变的变换。例如,平面上的点变换$(x,y)\to(f(x,y),g(x,y))$,在$\begin{vmatrix} \frac{\partial f}{\partial x} & \frac{\partial f}{\partial y} \\ \frac{\partial g}{\partial x} & \frac{\partial g}{\partial y} \end{vmatrix}=1$时,保持面积不变,是等积变换。

等积变形/等積變形

děngjī biànxíng/ㄉㄥˇ ㄐㄧ ㄅㄧㄢˋ ㄒㄧㄥˊ

equivalent deformation

【数】不改变图形的面积或体积而改变图形形状的变形。如图,将$\triangle ABC$变为$\triangle ABD$是等积变形。

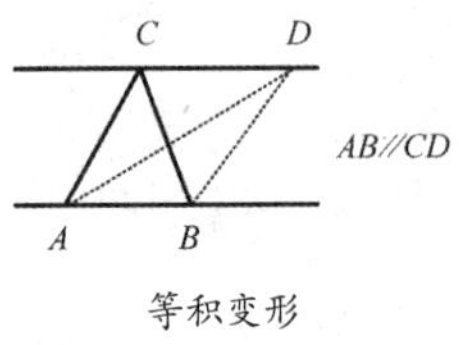

等积变形

等积投影/等積投影

děngjī tóuyǐng/ㄉㄥˇ ㄐㄧ ㄊㄡˊ ㄧㄥˇ

equivalent projection

【测绘】地图投影的一种。地图上任何图形面积乘以比例尺分母的平方后,与投影前相应图形的面积保持相等。等积投影常引起角度变形而改变图形的相似性,多用于便于面积比较的经济地图和政区地图。

等积形/等積形 děngjīxíng/ㄉㄥˇ ㄐㄧ ㄒㄧㄥˊ

equivalent figures

【数】面积相等的平面图形或体积相等的立体图形。例如,长、宽分别等于a,b的矩形和两直角边分别等于$2a$,b的直角三角形,是等积形。

等价/等價 děngjià/ㄉㄥˇ ㄐㄧㄚˋ

equivalence

【数】逻辑联结词的一种。符号"↔"。逻辑式$p\leftrightarrow q$表示两个命题p,q的"等价"关系,读作"p与q等价"或"p当且仅当q"。当p,q同真假时,$p\leftrightarrow q$为真;当p,q不同真假时,$p\leftrightarrow q$为假。

等价关系/等價關係

děngjià guānxi/ㄉㄥˇ ㄐㄧㄚˋ ㄍㄨㄢ ˙ㄒㄧ

equivalence relation

【数】具有自反性、对称性和传递性的关系。若a,b满足等价关系R,则称a,b关于R等价。例如,在一个群体中,每个人自己与自己同岁(满足自反性);若甲与乙同岁,则乙与甲同岁(满足对称性);若甲与乙同岁,乙与丙同岁,则甲与丙同岁(满足传递性)。因此,"同岁"是一个等价关系。这个群体中,同岁的人关于这个关系等价。

等价类/等價類 děngjiàlèi/ㄉㄥˇ ㄐㄧㄚˋ ㄌㄟˋ

equivalence class

【数】设R是X到Y的一个等价关系,$x\in X$,由X中所有与x关于R等价的元素构成的集合,叫作R确定的以x为代表元的等价类。例如,"奇偶性相同"是整数集中的一个等价关系,所有与1奇偶性相同的整数,构成奇数集;所有与2奇偶性相同的整数,构成偶数集。奇数集和偶数集,是"奇偶性相同"这个关系确定的分别以1和2为代表元的两个等价类。

📖 按照一个等价关系R,可把一个集合分为若干个互不相交的等价类,每一等价类中的元素关于R等价。研究某些问题时,考虑等价类即可。例如,讨论"除以整数n的余数"时,按"模n同余"这个等价关系,将整数集$\mathbf{Z}$分为分别以$0,1,2,\cdots,n-1$为代表元的n个等价类$[0],[1],\cdots,[n-1]$。

"等价"门/等效閘

"děngjià"mén/ㄉㄥˇ ㄒㄧㄠˋ ㄓㄚˊ

EQUIVALENCE gate, IF-AND-ONLY-IF gate

【信息】台湾又称"若且唯若闸"。进行"等价"逻辑运算的门。当且仅当两个输入值相同时输出值为"真",否则输出值为"假"。

等價不等式

ㄉㄥˇ ㄐㄧㄚˋ ㄅㄨˋ ㄉㄥˇ ㄕˋ/děngjià bùděngshì

equivalent inequality

【数】台湾名。即"同解不等式"(1141页)。

等價的變換

ㄉㄥˇ ㄐㄧㄚˋ ˙ㄉㄜ ㄅㄧㄢˋ ㄏㄨㄢˋ/

děngjià de biànhuàn

equivalent transformation

【数】台湾名。即"等积变换"(211页)。

等價方程

ㄉㄥˇ ㄐㄧㄚˋ ㄈㄤ ㄔㄥˊ/děngjià fāngchéng

equivalent equation

【数】台湾名。即"同解方程"(1142页)。

等角投影/等角投影
děngjiǎo tóuyǐng/ㄉㄥˇ ㄐㄧㄠˇ ㄊㄡˊ ㄧㄥˇ
conformal projection
【测绘】又称“正形投影”“相似投影”。地图投影的一种。在一定的范围内，每个点上任意两个方向线的夹角角度在地图投影前后保持相等。等角投影的经纬线是正交的，在保持角度不变时面积必有变形，多用于航海图和航空图。

等距投影/等距投影
děngjù tóuyǐng/ㄉㄥˇ ㄐㄩˋ ㄊㄡˊ ㄧㄥˇ
equidistant projection
【测绘】地图投影的一种。地图上沿经线或纬线方向的距离乘以比例尺分母后，与投影前实际长度保持相等。等距投影在地图上角度与面积的变形介于等角投影和等积投影之间，常用于交通地图。

等离子弧切割/電漿電弧切割
děnglízǐhú qiēgē/
ㄉㄧㄢˋ ㄐㄧㄤ ㄉㄧㄢˋ ㄏㄨˊ ㄑㄧㄝ ㄍㄜ
plasma arc cutting
【机】切割方法的一种。利用高温高冲力的等离子弧作为热源，将被切割工件局部熔化，并立即吹除，随着割炬向前移动而形成狭窄切口来完成切割过程。切口细窄、光洁而平直，与精密气割质量相似。可用于切割金属材料（不锈钢、高合金钢、铸铁等）及非金属材料（矿石、水泥板和陶瓷等）。

等离子喷涂/電漿噴塗
děnglízǐ pēntú/ㄉㄧㄢˋ ㄐㄧㄤ ㄆㄣ ㄊㄨˊ
plasma spraying
【机】喷涂的一种。以直流电驱动的等离子电弧为热源，将陶瓷、合金、金属等加热到熔融或半熔融状态，高速喷向经过预处理的基体而形成涂层。可使基体表面具有耐磨、耐蚀、耐高温氧化、电绝缘、隔热、防辐射、减磨和密封等性能。

等离子态/電漿態
děnglízǐtài/ㄉㄧㄢˋ ㄐㄧㄤ ㄊㄞˋ
plasma state
【物】物质的等离子体状态。是气体完全电离后，形成的大量正离子和等量负离子所组成的一种物态。辉光放电、电弧放电高温部分的气体以及太阳和其他恒星表层的气体都是等离子态。

等离子体/電漿
děnglízǐtǐ/ㄉㄧㄢˋ ㄐㄧㄤ
plasma
【物】由大量的接近于自由运动的带电粒子所组成的体系。由于其中正负离子所携带的电荷总量基本相等，故整体上是准中性的。参见“等离子态”(213 页)。

等离子体发电
děnglízǐtǐ fādiàn/
ㄉㄥˇ ㄌㄧˊ ㄗˇ ㄊㄧˇ ㄈㄚ ㄉㄧㄢˋ
【电】即“磁流体发电”(162 页)。

等容过程/等容過程
děngróng guòchéng/ㄉㄥˇ ㄖㄨㄥˊ ㄍㄨㄛˋ ㄔㄥˊ
【物】即“等体积过程”(214 页)。

等容收缩期/等容收縮期
děngróng shōusuōqī/
ㄉㄥˇ ㄖㄨㄥˊ ㄕㄡ ㄙㄨㄛ ㄑㄧˊ
isovolumetric contraction period, period of isovolumic contraction
【医】在每个心动周期中心室容积不改变的时期。心房进入舒张期后不久，心室开始收缩，当室内压超过房内压时，房室瓣关闭。这时，室内压尚低于主动脉压，半月瓣仍处于关闭状态，心室成为一个封闭腔。因血液是不可压缩液体，心室肌的强烈收缩，导致室内压急剧升高，而心室容积并不改变。

等渗溶液/等滲透壓溶液
děngshèn róngyè/
ㄉㄥˇ ㄕㄣˋ ㄊㄡˋ ㄧㄚ ㄖㄨㄥˊ ㄧㄝˋ
isoosmotic solution
【医】渗透压与血浆渗透压相等的溶液。为使药液与体液渗透压保持平衡，常将药液制成等渗溶液。

等滲透壓溶液
ㄉㄥˇ ㄕㄣˋ ㄊㄡˋ ㄧㄚ ㄖㄨㄥˊ ㄧㄝˋ/
děngshèntòuyā róngyè
isoosmotic solution
【医】台湾名。即“等渗溶液”(213 页)。

等式/等式 děngshì/ㄉㄥˇ ㄕˋ
equality
【数】用等号连接数或式而成的式子。例如，$1+1=2$，$x-y=5$，$a^2-1=(a+1)(a-1)$

等。

等体过程
děngtǐ guòchéng/ㄉㄥˇ ㄊㄧˇ ㄍㄨㄛˋ ㄔㄥˊ
【物】"等体积过程"的简称。

等体积过程/等容過程
děngtǐjī guòchéng/ㄉㄥˇ ㄖㄨㄥˊ ㄍㄨㄛˋ ㄔㄥˊ
isochoric process
【物】简称"等体过程",又称"等容过程"。系统体积保持不变的变化过程。

等温大气/等温大氣
děngwēn dàqì/ㄉㄥˇ ㄨㄣ ㄉㄚˋ ㄑㄧˋ
isothermal atmosphere
【气】模式大气的一种。假设气温(或虚温)不随高度变化。

D

等温过程/等溫過程
děngwēn guòchéng/ㄉㄥˇ ㄨㄣ ㄍㄨㄛˋ ㄔㄥˊ
isothermal process
【物】系统温度始终保持不变的变化过程。如果过程进行得很慢,使热力学系统能充分地与周围的恒温热源交换热量,其过程在恒温下进行。

等效原理/等效原理
děngxiào yuánlǐ/ㄉㄥˇ ㄒㄧㄠˋ ㄩㄢˊ ㄌㄧˇ
equivalence principle
【物】广义相对论的两个基本假设之一。即一个均匀的引力场与一个做匀加速运动的参考系等价。

等效閘 ㄉㄥˇ ㄒㄧㄠˋ ㄓㄚˊ/děngxiào zhá
EQUIVALENCE gate, IF-AND-ONLY-IF gate
【信息】台湾名。即"'等价'门"(212 页)。

等压过程/等壓過程
děngyā guòchéng/ㄉㄥˇ ㄧㄚ ㄍㄨㄛˋ ㄔㄥˊ
isobaric process
【物】系统压强保持不变的变化过程。例如,物质三态间的转变,大气中进行的化学反应过程。

等腰三角形/等腰三角形
děngyāo sānjiǎoxíng/ㄉㄥˇ ㄧㄠ ㄙㄢ ㄐㄧㄠˇ ㄒㄧㄥˊ
isosceles triangle
【数】有两边相等的三角形。等腰三角形中,相等的两边叫作腰,另一边叫作底;两腰的夹角叫作顶角,腰与底的夹角叫作底角。等腰三角形中,(1)两个底角相等。(2)顶角平分线、底边的中线和底边上的高是同一线段,它所在直线是三角形的对称轴。

等张收缩/等張力性收縮
děngzhāng shōusuō/ㄉㄥˇ ㄓㄤ ㄌㄧˋ ㄒㄧㄥˋ ㄕㄡ ㄙㄨㄛ
isotonic contraction
【医】肌肉收缩时仅长度缩短而张力保持不变的状态。

等張力性收縮
ㄉㄥˇ ㄓㄤ ㄌㄧˋ ㄒㄧㄥˋ ㄕㄡ ㄙㄨㄛ/děngzhānglìxìng shōusuō
isotonic contraction
【医】台湾名。即"等张收缩"(214 页)。

等值线法/等值線法
děngzhíxiànfǎ/ㄉㄥˇ ㄓˊ ㄒㄧㄢˋ ㄈㄚˇ
isoline method
【测绘】制图方法的一种。在地图上将若干相邻的某种数据的等值点连接成曲线,用以表示连续分布的制图对象的空间分布特征。

等周问题/等周問題
děngzhōu wèntí/ㄉㄥˇ ㄓㄡ ㄨㄣˋ ㄊㄧˊ
isoperimetric problem
【数】指"给定周长,求一平面图形使其面积最大"或"给定表面积,求一立体图形使其体积最大"这类问题。平面图形中的圆和立体图形中的球是问题的解答。周长相等的平面图形或表面积相等的立体图形,叫作等周形。

dī (ㄉㄧ)

低层大气/低層大氣
dīcéng dàqì/ㄉㄧ ㄘㄥˊ ㄉㄚˋ ㄑㄧˋ
lower atmosphere
【气】按高度划分的大气中的一层。距地面高度 10(或 15) 千米以下的大气层。

低层住宅/低層住宅
dīcéng zhùzhái/ㄉㄧ ㄘㄥˊ ㄓㄨˋ ㄓㄞˊ
low-rise house
【建】地面以上一至三层的住宅。多建于城市郊区和小城镇。平面组合灵活,建筑结构简单,住户接近自然。但住宅占地面积大,道路管网及其他市政设施投资较多。

低等动物/低等動物
dīděng dòngwù/ㄉㄧ ㄉㄥˇ ㄉㄨㄥˋ ㄨˋ
lower animal
【动】通常指身体结构简单、组织及器官分化不显著的无脊椎动物。脊椎动物中，对四足类而言，称鱼类为低等动物；对爬行类以上的有羊膜动物而言，称两栖类以下的无羊膜动物为低等动物；对鸟类和哺乳类恒温动物而言，称爬行类以下的变温动物为低等动物；广义上指鸟类以下各类动物为低等动物。

低等植物/低等植物
dīděng zhíwù/ㄉㄧ ㄉㄥˇ ㄓˊ ㄨˋ
lower plant
【植】植物体没有根、茎、叶的分化，雌雄配子融合后不发育为胚的植物。包括真核藻类。

低電壓 ㄉㄧ ㄉㄧㄢˋ ㄧㄚ/dīdiànyā
low voltage，LV
【电】台湾名。即"低压"(216 页)。

低钙血症/低血鈣症
dīgàixuèzhèng/ㄉㄧ ㄒㄧㄝˇ ㄍㄞˋ ㄓㄥˋ
hypocalcemia
【医】血清钙<1.85毫摩/升时的体征。常突出表现为神经肌肉兴奋性增高，可出现精神异常，如烦躁、易怒、焦虑、失眠、抑郁以至精神错乱，也可发生锥体外系的表现，如震颤麻痹、舞蹈病。儿童有低钙血症可影响发育。

低级语言/低階語言
dījí yǔyán/ㄉㄧ ㄐㄧㄝ ㄩˇ ㄧㄢˊ
low-level language
【信息】依赖于机器语言的语言，或提供控制指令或数据类型很少的语言。例如汇编语言。

低钾血症/缺鉀症
dījiǎxuèzhèng/ㄑㄩㄝ ㄐㄧㄚˇ ㄓㄥˋ
hypopotassemia
【医】血清钾<3.5毫摩/升时的体征。表现为精神萎靡，肌张力减低，腱反射减弱或消失，腹胀，肠鸣音减少或消失，心音低钝，心律失常，心电图异常等症状。

低階語言 ㄉㄧ ㄐㄧㄝ ㄩˇ ㄧㄢˊ/dījiē yǔyán
low-level language
【信息】台湾名。即"低级语言"(215 页)。

低聚合物 ㄉㄧ ㄐㄩˋ ㄏㄜˊ ㄨˋ/dījùhéwù
oligomer
【化】台湾名。即"低聚物"(215 页)。

低聚糖 dījùtáng/ㄉㄧ ㄐㄩˋ ㄊㄤˊ
【医】即"寡糖"(433 页)。

低聚物/低聚合物 dījùwù/ㄉㄧ ㄐㄩˋ ㄏㄜˊ ㄨˋ
oligomer
【化】聚合物的一类。分子量在几百到几千，有的是未完全聚合的聚合物。

低空飞行/低空飛行
dīkōng fēixíng/ㄉㄧ ㄎㄨㄥ ㄈㄟ ㄒㄧㄥˊ
low-altitude flight
【航】飞行器在距离地面或水面 100～1000 米高度间的飞行。常用于军事安全规避、目标袭击和特技飞行表演以及农林业的空中防护播种。

低空雷达/低空雷達
dīkōng léidá/ㄉㄧ ㄎㄨㄥ ㄌㄟˊ ㄉㄚˊ
low-altitude radar
【军】军用雷达的一种。用于探测低空和超低空飞行目标。按运载平台不同，可分为地面、升空(机载、气球载)和舰载低空雷达；按测量目标的坐标数不同，可分为两坐标和三坐标低空雷达；按技术体制不同，可分为常规动目标显示、动目标检测、脉冲多普勒、相控阵和连续波低空雷达。

低镁血症/低鎂血症
dīměixuèzhèng/ㄉㄧ ㄇㄟˇ ㄒㄧㄝˇ ㄓㄥˋ
hypomagnesemia
【医】血清镁<0.58毫摩/升时的体征。可出现肌肉软弱无力、痉挛、抽搦、肌纤维震颤、眩晕、共济失调和表情冷漠等症状。

低密度脂蛋白/低密度脂蛋白
dīmìdù zhīdànbái/ㄉㄧ ㄇㄧˋ ㄉㄨˋ ㄓ ㄉㄢˋ ㄅㄞˊ
low density lipoprotein，LDL
【医】一种密度较低的血浆脂蛋白。约含25%蛋白质和49%胆固醇及胆固醇酯。在血浆中起转运内源性胆固醇及胆固醇酯的作用。其浓度升高与动脉粥样硬化的发病率增加有关。

低钠血症/低血鈉症
dīnàxuèzhèng/ㄉㄧ ㄒㄧㄝˇ ㄋㄚˋ ㄓㄥˋ
hyponatremia

【医】血清钠<135 毫摩/升时的体征。可出现软弱乏力、恶心呕吐、头痛思睡、肌肉痛性痉挛、神经精神等症状。

低钠盐/低鈉鹽 dīnàyán/ㄉㄧ ㄋㄚˋ ㄧㄢˊ
low sodium salt
【轻】按一定比例添加碘酸钾、氯化钾和硫酸镁的食盐。食用低钠盐可改善体内的钠、钾、镁离子的平衡状态,降低患高血压、心血管疾病的风险。适合中老年人和高血压、心脏病患者食用。

低能量激光治疗/低能量雷射治療
dīnéngliàng jīguāng zhìliáo/
ㄉㄧ ㄋㄥˊ ㄌㄧㄤˋ ㄌㄟˊ ㄕㄜˋ ㄓˋ ㄌㄧㄠˊ
low energy laser therapy
【医】利用低能量激光对组织产生激活作用的治疗方法。可改善组织血液循环,加速组织修复,提高痛阈,减少炎性渗出。
📖 适合低能量激光治疗的疾病有高血脂、高血压、冠心病、心肌梗死、痛风、糖尿病等。

低能量雷射治療
ㄉㄧ ㄋㄥˊ ㄌㄧㄤˋ ㄌㄟˊ ㄕㄜˋ ㄓˋ ㄌㄧㄠˊ/
dīnéngliàng léishè zhìliáo
low energy laser therapy
【医】台湾名。即“低能量激光治疗”(216 页)。

低碳钢/低碳鋼 dītàngāng/ㄉㄧ ㄊㄢˋ ㄍㄤ
low carbon steel
【材】碳含量小于 0.25%的非合金钢。

低碳经济/低碳經濟
dītàn jīngjì/ㄉㄧ ㄊㄢˋ ㄐㄧㄥ ㄐㄧˋ
low carbon economy
【环】一种新的经济发展形态。在生产和消费中能够节约能源,减少碳化物排放,同时保持社会经济增长。其核心是在不影响经济发展的前提下,通过技术创新和制度创新,降低能源和资源消耗,最大限度地减少温室气体和污染物的排放,实现减缓全球气候变化的目标,促进人类社会经济的可持续发展。

低糖血症
ㄉㄧ ㄊㄤˊ ㄒㄩㄝˇ ㄓㄥˋ/dītángxuèzhèng
hypoglycemia
【医】台湾名。即“低血糖症”(216 页)。

低通滤波器/低通濾波器
dītōng lǜbōqì/ㄉㄧ ㄊㄨㄥ ㄌㄩˋ ㄅㄛ ㄑㄧˋ
low-pass filter
【电】具有从零频率到一个特定截止频率的单一通频带的滤波器。

低溫處理
ㄉㄧ ㄨㄣ ㄔㄨˇ ㄌㄧˇ/dīwēn chǔlǐ
cryogenic treatment, subzero treatment
【机】台湾名。即“冷处理”(718 页)。

低溫殺菌法
ㄉㄧ ㄨㄣ ㄕㄚ ㄐㄩㄣˋ ㄈㄚˇ/dīwēn shājūnfǎ
pasteurization
【轻】台湾名。即“巴氏灭菌法”(14 页)。

低温试验机/低溫試驗機
dīwēn shìyànjī/ㄉㄧ ㄨㄣ ㄕˋ ㄧㄢˋ ㄐㄧ
low temperature testing machine
【机】试验机的一种。用于在低温环境中对材料进行力学性能试验。不包括带有低温装置的常温试验机。

低温消毒法
dīwēn xiāodúfǎ/ㄉㄧ ㄨㄣ ㄒㄧㄠ ㄉㄨˊ ㄈㄚˇ
【轻】即“巴氏灭菌法”(14 页)。

低血鈣症
ㄉㄧ ㄒㄩㄝˇ ㄍㄞˋ ㄓㄥˋ/dīxuègàizhèng
hypocalcemia
【医】台湾名。即“低钙血症”(215 页)。

低血鈉症
ㄉㄧ ㄒㄩㄝˇ ㄋㄚˋ ㄓㄥˋ/dīxuènàzhèng
hyponatremia
【医】台湾名。即“低钠血症”(215 页)。

低血糖症/低血糖症
dīxuètángzhèng/ㄉㄧ ㄒㄩㄝˇ ㄊㄤˊ ㄓㄥˋ
hypoglycemia
【医】台湾又称“低糖血症”。血葡萄糖浓度低于 2.8 毫摩/升时的体征。可出现饥饿、心悸、出冷汗、面色苍白、乏力等症状,严重的可导致昏迷、死亡。进食或口服或静脉注入葡萄糖后可缓解。

低压/低電壓 dīyā/ㄉㄧ ㄉㄧㄢˋ ㄧㄚ
low voltage, LV
【电】配电系统中 1 千伏及以下的交流电压等级。

低压舱/低壓艙 dīyācāng/ㄉㄧ ㄧㄚ ㄘㄤ
altitude hypobaric chamber
【航】模拟高空或低气压环境的大型舱式试验设备。通常用于高空低压生理学、个体防护装置和低气压缺氧影响防护研究,以及航天员的高空缺氧耐力训练和医学鉴定。

低压槽/低壓槽 dīyācáo/ㄉㄧ ㄧㄚ ㄘㄠˊ
trough
【气】天气系统的一类。水平气压场上,从低压区向外延伸,等压线向气压较高的一侧凸出的槽状部分。槽线上任意一点,三面气压较高而一面气压较低。常带来坏天气。图见“高压脊”(396 页)

低压电器/低壓電器
dīyā diànqì/ㄉㄧ ㄧㄚ ㄉㄧㄢˋ ㄑㄧˋ
low voltage apparatus
【电】用于低压电路中起通断、保护、控制和调节作用的电器。国际电工委员会(IEC)20 世纪 70 年代制定的标准规定:交直流电压为 1 千伏及以下的电器属低压电器。中国国家标准规定:交流电压 1.2 千伏、直流电压 1.5 千伏及以下的电器属低压电器。

低压线路/配電線
dīyā xiànlù/ㄆㄟˋ ㄉㄧㄢˋ ㄒㄧㄢˋ
distribution line
【电】配电网的线路。主要指到用户设备的 380/220V 低压配电网线路。

低压铸造/低壓鑄造
dīyā zhùzào/ㄉㄧ ㄧㄚ ㄓㄨˋ ㄗㄠˋ
low-pressure die casting
【机】特种铸造的一种。在低压下进行充型和凝固。铸型通常安置在密封的坩埚上方,坩埚中通入压缩空气,在熔融金属的表面造成低压力,使金属液由升液管上升填充铸型和控制凝固。铸件组织较致密,适于生产大型薄壁复杂铸件。

堤/堤 dī/ㄉㄧ
dike, levee
【水利】又称“堤防”。在河岸、湖岸、海岸和行洪区、分洪区边缘修建的水工建筑物。用以约束水流,防御洪水泛滥。

堤防 dīfáng/ㄉㄧ ㄈㄤˊ
【水利】即“堤”(217 页)。

堤礁 dījiāo/ㄉㄧ ㄐㄧㄠ
【地】即“堡礁”(40 页)。

滴灌/滴灌 dīguàn/ㄉㄧ ㄍㄨㄢˋ
drip irrigation
【水利】微灌的一种。利用低压管道系统和设备将水送到灌溉地段并缓慢地滴到植物根部土壤中。

滴水/滴水 dīshuǐ/ㄉㄧ ㄕㄨㄟˇ
drip tile
【建】安放在屋面板瓦瓦垄沟最下端出檐处的排水构件。横断面与板瓦相同,较宽的一头向下。大式的滴水做成下垂的如意形舌片,雨水顺着如意尖头滴到地面,防止回流。小式的滴水做成略有卷边的花边滴水,又称为花边瓦,宋代称作重唇板瓦,宋元时常见,明清时逐渐为滴水代替。

滴 水

滴丸剂/滴丸劑 dīwánjì/ㄉㄧ ㄨㄢˊ ㄐㄧˋ
dripping pill
【医】固体或液体药物与基质用适宜的方法混匀后,滴入互不相溶、互不作用的冷凝液中,收缩冷凝而制成的制剂。

镝/鏑 dī/ㄉㄧ
dysprosium
【化】金属元素。属周期表第ⅢB 族(镧系),符号 Dy,原子序数 66。原子量 162.5。自然界存在于独居石和氟碳铈矿中。单质为有银灰色光泽的金属,质软,有延展性,化学性质比较活泼,与水能缓慢作用。可用作核反应堆的中子吸收剂,荧光体的激活剂等,也是良好的永磁材料。
📖 1886 年,法国的布瓦博德朗(P.E.L.de Biosbaudran)用分集沉淀法将不纯的钬土一分为二,经光谱分析,证明其中有一种新元素。拉丁文定名为 dysprosium,源自希腊文 dysprositos,意思是“难以取得”。中文定名为“镝”,是形声字。

狄克石 ㄉㄧˊ ㄎㄜˋ ㄕˊ/díkèshí
dickite
【地】台湾名。即“迪开石”(217 页)。

迪开石/狄克石 díkāishí/ㄉㄧˊ ㄎㄜˋ ㄕˊ
dickite

【地】矿物。成分为$Al_4[Si_4O_{10}](OH)_8$。是含羟基的铝硅酸盐矿物,与高岭石为同质多象。单斜晶系。晶体为片状,集合体通常很细小,常见土状块体。无色,有时带淡黄色,珍珠光泽,莫氏硬度约1,密度2.6克/厘米^3。是寿山石、鸡血石等贵重石材的主要组成物质。耐高温,可作制陶瓷和耐火坩埚的原料。

涤纶 dílún/ㄉㄧˊ ㄌㄨㄣˊ

【纺】“聚酯纤维”的商品名。

笛卡儿积 díkǎ'érjī/ㄉㄧˊ ㄎㄚˇ ㄦˊ ㄐㄧ

【数】即“直积”(1442页)。因$A\times B=\{(a,b)\mid a\in A,b\in B\}$的元素与笛卡儿坐标系中坐标的形式相同而得名。

笛卡儿坐标系/笛卡兒座標系 Díkǎ'ér zuòbiāoxì/ㄉㄧˊ ㄎㄚˇ ㄦˊ ㄗㄨㄛˋ ㄅㄧㄠ ㄒㄧˋ

Cartesian coordinate system

【数】以有共同的原点但不一定互相垂直的数轴为坐标轴的坐标系。因法国数学家笛卡儿(R. Descartes,1596—1650)最先建立这种坐标系而得名。坐标轴的夹角是直角的笛卡儿坐标系即直角坐标系。坐标轴的夹角不是直角的笛卡儿坐标系叫作斜角坐标系。

鍉针/鍉針 dízhēn/ㄉㄧˊ ㄓㄣ

spoon needle

【中医】九针之一。针身大而尖圆,用于按脉候气。

芪/芪 dǐ/ㄉㄧˇ

stilbene

【化】芳香族化合物。化学名为1,2-二苯乙烯。无色晶体。可用于制染料等。

底肥 dǐféi/ㄉㄧˇ ㄈㄟˊ

【农】即“基肥”(567页)。

底肋板 ㄉㄧˇ ㄌㄜˋ ㄅㄢˇ/dǐlèibǎn

floor

【船】台湾名。即“肋板”(716页)。

底栖生物/底棲生物 dǐqī shēngwù/ㄉㄧˇ ㄑㄧ ㄕㄥ ㄨˋ

benthic organism

【生】主要栖息于水体底部的生物。淡水中主要是水草、软体动物、环节动物等;海洋中包括无脊椎动物的绝大部分门类、大型藻类和少数高等植物,以及微生物等。

底丘脑/丘腦底部 dǐqiūnǎo/ㄑㄧㄡ ㄋㄠˇ ㄉㄧˇ ㄅㄨˋ

subthalamus

【医】位于间脑基部与中脑移行处的脑组织。内含底丘脑核,与黑质、红核、苍白球有密切联系,属锥体外系的重要结构。

底土/底土 dǐtǔ/ㄉㄧˇ ㄊㄨˇ

subsoil, ocean floor, bottom soil

【地】地理学上指位于海床或深海洋底最下层的土层或岩石。国家对其领陆和领水所属的底土资源拥有主权,对在底土上进行的开发和利用事业行使完全的管辖权。

底土层/基層 dǐtǔcéng/ㄐㄧ ㄘㄥˊ

substratum

【农】耕作土壤中位于耕作层以下的土层。因所处位置较深,受耕作、施肥等影响较小,土层紧实,营养物质含量少。

骶骨/薦骨 dǐgǔ/ㄐㄧㄢˋ ㄍㄨˇ

sacrum

【医】位于腰椎下方,由五块骶椎合成,略呈三角形的扁骨。底朝上,尖朝下,前面凹,背面隆凸。是骨盆的后壁,上与第5腰椎相连,下与尾骨相连。

骶管阻滞/骶管阻滯 dǐguǎn zǔzhì/ㄉㄧˇ ㄍㄨㄢˇ ㄗㄨˇ ㄓˋ

caudal block

【医】经骶裂孔穿刺,注局麻药于骶管腔以阻滞骶神经的麻醉方法。适用于直肠、肛门、会阴部手术,也可用于婴幼儿及学龄前儿童的腹部手术。

地表水/地表水 dìbiǎoshuǐ/ㄉㄧˋ ㄅㄧㄠˇ ㄕㄨㄟˇ

surface water

【水利】存在于地壳表面的河流、湖泊、沼泽、冰川和冰盖等水体中的水的总称。

地表水污染/地表水污染 dìbiǎoshuǐ wūrǎn/ㄉㄧˋ ㄅㄧㄠˇ ㄕㄨㄟˇ ㄨ ㄖㄢˇ

surface water pollution

【环】又称“地面水污染”。废水和其他污染物质进入地表水体,使其物理、化学性质或生物群落组成发生变化,造成地表水的使用价值和功能降低的现象。地表水广义上指地球陆地表面储藏和流动的水的总称,包括江河、湖泊、沼泽、冰川、海洋等；狭义上则不包括海洋。地表水污染通常指狭义的地表水。

地表温度
dìbiǎo wēndù/ㄉㄧˋ ㄅㄧㄠˇ ㄨㄣ ㄉㄨˋ
【气】即“地面温度”(224 页)。

地鳖/步行蟲 dìbiē/ㄅㄨˋ ㄒㄧㄥˊ ㄔㄨㄥˊ
ground beetle
【动】又称“䗪虫”“土鳖”。昆虫名。蜚蠊目鳖蠊科。身体扁，椭圆形。头较小，有丝状触角。背部紫褐色，有光泽，腹部有横环节，腹面红棕色，足有细毛和刺。生活于阴暗、潮湿处。气腥臭，味微咸。可入药。

地波/地面電波 dìbō/ㄉㄧˋ ㄇㄧㄢˋ ㄉㄧㄢˋ ㄅㄛ
ground wave
【物】由天线发出沿地球表面传播的无线电波。其传播不受气候影响，但因能量损失而传播不远(通常只有几十千米)，波长越短衰减越快。主要用于长波及较长波段的中波无线电通信和广播。

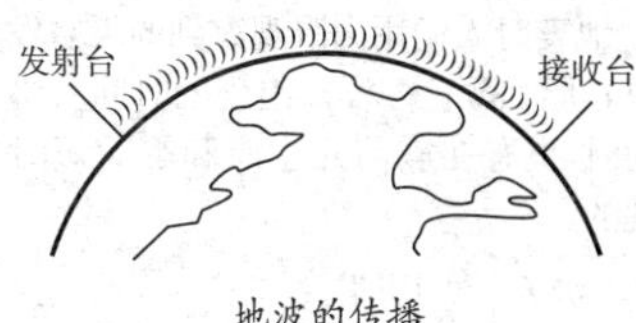

地波的传播

地鵏 dìbǔ/ㄉㄧˋ ㄅㄨˇ
【动】即“大鸨”(175 页)。

地槽/地槽 dìcáo/ㄉㄧˋ ㄘㄠˊ
geosyncline
【地】地壳上的槽形拗陷。呈长条状分布于大陆边缘或二大陆之间，具有岩浆活动广泛发育、构造变形强烈、区域变质作用发育等特征，是强烈构造活动的不稳定地带。

地层/地層 dìcéng/ㄉㄧˋ ㄘㄥˊ
stratum
【地】地质时代形成的层状岩石。主要包括沉积岩、火山岩和由沉积岩及火山岩变质而成的变质岩。

地层剖面/地層剖面
dìcéng pōumiàn/ㄉㄧˋ ㄘㄥˊ ㄆㄡˇ ㄇㄧㄢˋ
stratigraphic section
【地】地表或地下(钻井、矿坑中)具有科学意义的地层纵剖面。其上记录着地层顺序、岩石性质、岩层厚度、化石内容和接触关系等。

地层学/地層學
dìcéngxué/ㄉㄧˋ ㄘㄥˊ ㄒㄩㄝˊ
stratigraphy
【地】研究地层之间的空间关系和形成时间顺序，并进行地层划分与对比，从而建立地层系统的学科。主要分支学科有生物地层学、岩石地层学、年代地层学和层序地层学。

地潮 ㄉㄧˋ ㄔㄠˊ/dìcháo
Earth tide
【地】台湾名。即“固体潮”(430 页)。

地磁场/地磁場 dìcíchǎng/ㄉㄧˋ ㄘˊ ㄔㄤˇ
geomagnetic field
【物】存在于地核至磁层顶之间的磁场。地球本身相当于一个大磁体。地磁轴(即穿过地磁南北两极的连线)与地球的自转轴不重合，有 11.5°的交角。地面任一点的磁感应强度 $\boldsymbol{B}$ 可以分解为竖直(地球径向)分量 $\boldsymbol{B}_r$ 和水平分量 $\boldsymbol{B}_\theta$。$\boldsymbol{B}_\theta$ 与地理子午线之间的夹角称磁偏角；地磁场的磁感应强度 $\boldsymbol{B}$ 与水平面之间的夹角称磁倾角。磁偏角、磁倾角、磁感应强度的水平分量，合称地磁三要素。

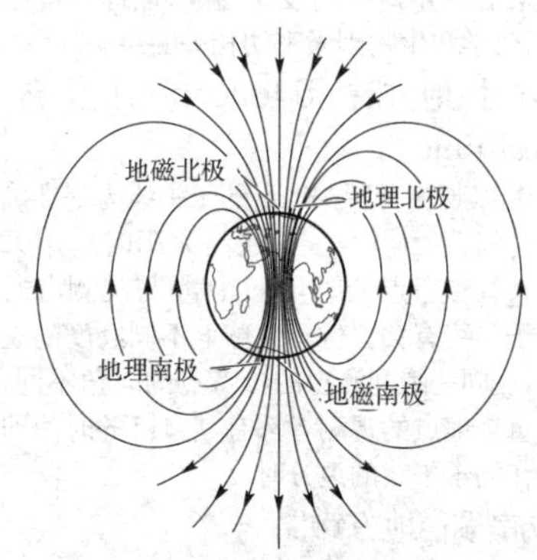

地磁场

地磁导航/地磁導航
dìcí dǎoháng/ㄉㄧˋ ㄘˊ ㄉㄠˇ ㄏㄤˊ
earth-magnetism navigation
【航】利用地球地磁场分布参数进行导航的技术。通常通过目标航迹上的预存地磁图和实际实时测定的航迹地磁参量图的比对匹配，确定飞行参数而实现导航。按实际实时测定的航迹地磁参量图解算方法不同，可分为地磁向量导航法和地磁标量导航法。

地磁极/地磁極 dìcíjí/ㄉㄧˋ ㄘˊ ㄐㄧˊ

geomagnetic pole

【地】分别位于地球南北两极附近，地磁水平分量等于零(即磁倾角等于90°)的两个点。其位置不固定，经常缓慢地移动。根据2010年地磁场数据，磁北极位于北纬85.1°、西经133.0°，磁南极位于南纬64.4°、东经137.4°。

地点效用

dìdiǎn xiàoyòng/ㄉㄧˋ ㄉㄧㄢˇ ㄒㄧㄠˋ ㄩㄥˋ

【物流】即“空间效用”(689页)。

地電探勘

ㄉㄧˋ ㄉㄧㄢˋ ㄊㄢˋ ㄎㄢ/dìdiàn tànkān

electrical prospecting

【地】台湾名。即“电法勘探”(244页)。

地對空飛彈

ㄉㄧˋ ㄉㄨㄟˋ ㄎㄨㄥ ㄈㄟ ㄉㄢˋ/dì duì kōng fēidàn

ground to air missile

【军】台湾名。即“地空导弹”(221页)。

地方病/地方病 dìfāngbìng/ㄉㄧˋ ㄈㄤ ㄅㄧㄥˋ

endemic disease

【医】在特定地域内发生，并与地理环境中物理、化学和生物因素密切相关的疾病。

地方时/地方時 dìfāngshí/ㄉㄧˋ ㄈㄤ ㄕˊ

local time

【天】以观测者所在地点的子午线为基准确定的时间。无论恒星时、还是太阳时均用天球上某些参考点的时角来计量，与观测者所在的子午线有关。位于地球上不同经度的观测者，在同一瞬间测得的参考点的时角不同，因此每个地点的观测者都有其自己的时间即其所在的子午线的地方时。

地方铁路/地方鐵路

dìfāng tiělù/ㄉㄧˋ ㄈㄤ ㄊㄧㄝˇ ㄌㄨˋ

local railway

【交】由地方自行投资修建或与其他铁路部门联合投资修建，担负地方公共旅客、货物短途运输任务的铁路。

📖 地方铁路的经营管理方式可分为三种类型：一种是自营性质，即在省、自治区、直辖市政府直接管辖下，设置专门机构；一种是自建联营，以标准轨距为主，地方铁路和国家铁路联合经营；一种是地方建路，委托国家铁路邻近的铁路局代管。

地方性甲状腺肿/地方性甲狀腺腫

dìfāngxìng jiǎzhuàngxiànzhǒng/ㄉㄧˋ ㄈㄤ ㄒㄧㄥˋ ㄐㄧㄚˇ ㄓㄨㄤˋ ㄒㄧㄢˋ ㄓㄨㄥˇ

endemic goiter

【医】与地理环境中碘丰度有密切关系的地方病。主要症状为甲状腺肿大，包括机体缺碘引发的缺碘性地方性甲状腺肿和摄碘过量引起的高碘性地方性甲状腺肿。

地宫/地宮 dìgōng/ㄉㄧˋ ㄍㄨㄥ

tomb chamber

【建】又称“玄宫”“幽宫”。陵墓中安放棺椁的地下墓室，用木、砖、石三种材料构建，通常由多个墓室组成，通过甬道相连。地下、地上建筑均仿照人间。

地瓜 dìguā/ㄉㄧˋ ㄍㄨㄚ

【植】即“番薯”(310页)。

地光/地光 dìguāng/ㄉㄧˋ ㄍㄨㄤ

earthquake light

【地】地震时人们用肉眼观察到的天空发光的现象。形状颜色多样。出现的时间大多与地震同时，也有在震前几小时和震后短时间内出现的。

地函 ㄉㄧˋ ㄏㄢˊ/dìhán

mantle

【地】台湾名。即“地幔”(223页)。

地核/地核 dìhé/ㄉㄧˋ ㄏㄜˊ

earth core

【地】地球的核心部分，即自古登堡面至地球中心的部分。推测主要由高压下的铁、镍成分组成。又可分为外地核和内地核两部分。外地核约为从地表计2900～5100千米，推测为液态；内地核约为5100千米至地心，推测为固态。

地黄/地黃 dìhuáng/ㄉㄧˋ ㄏㄨㄤˊ

㊀adhesive rehmannia，㊁Radix Rehmanniae(拉)，unprocessed rehmannia root

㊀【植】*Rehmannia glutinosa* 又称“生地”。玄参科地黄属。多年生草本植物。全株被毛。茎紫红色，基部叶集成莲座状，茎上部叶缩小互生，叶片卵形至长椭圆形，边缘有齿。总状花序生于茎顶，花梗细，弯曲后上升；花

冠筒外面紫红色,被毛,冠檐五裂,先端钝或微凹,内面黄紫色,外面紫红色,被毛。花果期4—7月份。在中国,分布于辽宁、河北、河南、山东、山西、陕西、甘肃、内蒙古、江苏、湖北。野生花草。根茎可入药。㊁【中医】中药名。玄参科植物地黄 *Rehmannia glutinosa* Libosch.的块根。有鲜、生、熟地黄之分。鲜地黄:地黄新鲜根块,味甘、苦,性寒。归心、肝、肾经。清热生津,凉血,止血。用于热病伤阴,舌绛烦渴,发斑发疹,吐血,衄血,咽喉肿痛。生地黄:将鲜地黄缓缓烘焙至八成干即成。味甘,性寒。归心、肝、肾经。清热凉血,养阴,生津。用于热病舌绛烦渴,阴虚内热,骨蒸劳热,内热消渴,吐血,衄血,发斑发疹。熟地黄:将生地黄蒸制而成。味甘,性微温。归肝、肾经。滋阴补血,益精填髓。用于肝肾阴虚,腰膝酸软,骨蒸潮热,盗汗遗精,内热消渴,血虚萎黄,心悸怔忡,月经不调,崩漏下血,眩晕,耳鸣,须发早白。

地 黄

📖 因地黄地下块根为黄白色,故名。

地基/地基 dìjī/ㄉㄧˋ ㄐㄧ

foundation, foundation soil

【建】指建筑物下面支承基础的土体或岩体。为保证建筑物的安全正常使用,地基在荷载作用下不应产生破坏或产生过大变形。可分为天然地基和人工地基两类。天然地基是不需人工加固,可以直接放置基础的天然土层;人工地基需要人工加固处理,如用混合灰土回填再夯实等。

地极/地極 dìjí/ㄉㄧˋ ㄐㄧˊ

terrestrial pole

【地】地球自转轴与地球表面相交的两个点。在南半球的为南极,在北半球的为北极。

地籍/地籍 dìjí/ㄉㄧˋ ㄐㄧˊ

cadastre

【地】以文字和平面图记载的土地基本状况。主要包括土地的位置、界址、面积、质量、权属和用途等。也指以文字和平面图记载土地基本状况的簿册。

地籍测绘 dìjí cèhuì/ㄉㄧˋ ㄐㄧˊ ㄘㄜˋ ㄏㄨㄟˋ

【测绘】即“地籍测量”(221页)。

地籍测量/地籍測量

dìjí cèliáng/ㄉㄧˋ ㄐㄧˊ ㄘㄜˋ ㄌㄧㄤˊ

cadastral survey

【测绘】又称“地籍测绘”。调查和测定地籍要素及相关的地形要素,编制地籍图,建立和管理地籍信息系统。能够为确定土地权属、利用土地资源提供基础性数据。

地籍图/地籍圖 dìjítú/ㄉㄧˋ ㄐㄧˊ ㄊㄨˊ

cadastral map

【地】地籍管理的专用图。主要标明土地权属界线、面积和利用状况等。

地锦/地錦 dìjǐn/ㄉㄧˋ ㄐㄧㄣˇ

Japanese creeper

【植】*Parthenocissus tricuspidata* 通称“爬山虎”。葡萄科地锦属。落叶木质藤本。卷须短,多分枝,顶端嫩时膨大呈圆珠形,遇附着物扩大成吸盘并吸附其上。单叶互生,倒卵圆形,三浅裂,顶端尖,基部心形,边缘有齿。多歧聚伞花序,花黄绿色。浆果紫黑色。花期5—8月份。在中国,分布于各地。观叶植物。根、茎可入药。

📖 地锦的茎叶密集,常覆盖在房屋墙面上,起到遮挡阳光,降低室内温度,调节墙体湿度的作用,此外还能吸收噪声和尘土。

地空导弹/地對空飛彈

dì-kōng dǎodàn/ㄉㄧˋ ㄉㄨㄟˋ ㄎㄨㄥ ㄈㄟ ㄉㄢˋ

ground to air missile

【军】又称“防空导弹”。从地面发射,攻击敌来袭飞机、导弹等空中目标的导弹。与高炮相比,射程远,射高大,单发命中率高;与截击机相比,反应速度快,火力猛,威力大,不受目标速度和高度限制,可组成严密的防空火力网。按射高不同,可分为高空、中空和低空导弹;按射程不同,可分为远程、中程、近程和短程导弹。射程在40千米以上,射高在20千米以上的地空导弹,称中高空、中远程导弹。

地蜡/地蠟 dìlà/ㄉㄧˋ ㄌㄚˋ

ceresin, native paraffin, ozocerite

【化】台湾又称“自然石蠟”。石油蜡的一种。主要成分是16～40个碳的烃类混合物。固体至半固体,外观似蜂蜡。可用作凡士林、润滑油脂、蜡烛、蜡纸等的原料,还用于绝热、绝缘、隔水、工业涂料及医药或化妆品等。

地雷/地雷 dìléi/ㄉㄧˋ ㄌㄟˊ
landmine
【军】埋入地表下或布设于地面,用以构成障碍物的爆炸性武器。由雷体和引信组成,受目标作用自行发火或由人操纵起爆。主要用于设置地雷场,杀伤敌方有生力量、毁坏其技术装备,阻滞其行动。

地垒/地壘 dìlěi/ㄉㄧˋ ㄌㄟˇ
horst
【地】两侧为两条大致平行、断层面相背的高角度正断层,中间为一个共同的上升盘的构造组合。常与地堑伴生,地貌上常表现为长条状的断块山。图见“地堑”(225 页)

地理/地理 dìlǐ/ㄉㄧˋ ㄌㄧˇ
geographical feature
【地】❶全世界或一个地区的山川、水系、气候等自然环境及物产、交通、居民点等社会经济要素的总的情况。❷指地理学。

地理环境/地理環境
dìlǐ huánjìng/ㄉㄧˋ ㄌㄧˇ ㄏㄨㄢˊ ㄐㄧㄥˋ
geographical environment
【环】生物特别是人类赖以生存发展的地球表层环境。包括自然地理环境和人文地理环境,前者是各种自然因素构成的自然综合体,后者是人类的社会、文化和生产活动的地域组合体。

地理空间信息/地理空間信息
dìlǐ kōngjiān xìnxī/
ㄉㄧˋ ㄌㄧˇ ㄎㄨㄥ ㄐㄧㄢ ㄒㄧㄣˋ ㄒㄧ
geo-spatial information
【测绘】与地理位置、空间分布等有关的信息及其属性信息。是现代测绘学研究的主要对象,具有基础性、共享性、广泛性和分布性的特征。

地理信息系统/地理資訊系統
dìlǐ xìnxī xìtǒng/ㄉㄧˋ ㄌㄧˇ ㄗ ㄒㄩㄣˋ ㄒㄧˋ ㄊㄨㄥˇ
geographic information system, GIS
【测绘】以地图为基本信息载体和主要显示界面的计算机信息管理系统。按照空间分布及属性,将各种地理空间信息以一定的格式和测量规范,进行输入、处理、存储、检索、更新、分析、显示、制图、输出和综合应用。

地理学/地理學 dìlǐxué/ㄉㄧˋ ㄌㄧˇ ㄒㄩㄝˊ
geography
【地】研究地球表层自然要素与人文要素相互作用及其形成演化规律与人地关系等的学科。通常分为自然地理学和人文地理学。

地理資訊系統
ㄉㄧˋ ㄌㄧˇ ㄗ ㄒㄩㄣˋ ㄒㄧˋ ㄊㄨㄥˇ/dìlǐ zīxùn xìtǒng
geographic information system, GIS
【测绘】台湾名。即“地理信息系统”(222 页)。

地理坐标/地理座標
dìlǐ zuòbiāo/ㄉㄧˋ ㄌㄧˇ ㄗㄨㄛˋ ㄅㄧㄠ
geographic coordinate
【测绘】将地球视为球体,用经线、纬线划分球面建立球面格网坐标系,用经度、纬度表示地面上某一点位置的坐标。对地面同一地点,用天文测量方法确定的经纬度(天文经纬度),与用大地测量方法在参考椭球上确定的经纬度(大地经纬度),以及其他大地坐标系中该点的经纬度,均有微小差别。
📖 处于同一经线上的南北两地,纬度相差1°时地面距离大约有 110 千米,相差 1′时大约距离 1800 米,相差 1″时大约距离 30 米。由于地球椭球呈南北略扁的形状,因此同一纬度差值对应的经线弧长度略有变化,越靠近北极越长。日常生活中大都使用地理坐标的粗略值。用经纬度表示地理坐标时,常使用到度(°)和分(′)一级,很少使用秒(″)一级数字。这是因为不同大地坐标系以及各类定位误差等因素经常导致同一地点的地理坐标在秒一级数字上有很大不同。

地理坐标系/地理座標系
dìlǐ zuòbiāoxì/ㄉㄧˋ ㄌㄧˇ ㄗㄨㄛˋ ㄅㄧㄠ ㄒㄧˋ
geographic coordinate system
㊀【航】以地理经度、地理纬度和高度为三维坐标的坐标系。㊁【地】在台湾,地理坐标系也指“地理坐标系统”(222 页)。

地理坐标系统/地理座標系
dìlǐ zuòbiāo xìtǒng/ㄉㄧˋ ㄌㄧˇ ㄗㄨㄛˋ ㄅㄧㄠ ㄒㄧˋ
geographic coordinate system
【地】地球表面以经度为横坐标、以纬度为纵坐标的坐标系统。能够标示地球上的任何一个位置。用天文测量方法测定的称“天文经纬度”,用大地测量方法测定的称“大地经纬度”。

地龙/地龍 dìlóng/ㄉㄧˋ ㄌㄨㄥˊ

㊀ earthworm, angleworm, ㊁ Pheretima(拉), earthworm

㊀【动】即"蚯蚓"(922 页)。㊁【中医】中药名。钜蚓科动物参环毛蚓 *Pheretima aspergillum* (E. Perrier)、通俗环毛蚓 *P. vulgaris* Chen、威廉环毛蚓 *P. guillelmi* (Michaelsen)或栉盲环毛蚓 *P. pectinifera* Michaelsen 的干燥体。味咸,性寒。归肝、脾、膀胱经。清热定惊,通络,平喘,利尿。用于高热神昏狂躁,惊痫抽搐,关节痹痛,肢体麻木,半身不遂,肺热喘咳,尿少水肿;鼻衄,高血压。

地幔/地函 dìmàn/ㄉㄧˋ ㄏㄢˊ

mantle

【地】地球的中间层,即自莫霍界面至古登堡面的圈层。在地核以上、地壳以下,厚度约为 2865 千米。又可分为上地幔和下地幔两部分。

地貌/地貌 dìmào/ㄉㄧˋ ㄇㄠˋ

landform

【地】地球表面(包括海底)的各种形态。如山地、丘陵、高原、平原、盆地、海洋、江河、湖泊等。地理学上又称为地形。

地貌图/地貌圖 dìmàotú/ㄉㄧˋ ㄇㄠˋ ㄊㄨˊ

geomorphological map

【测绘】地图的一种。表现陆地和海底的地貌分布状况及其成因与形态类型。

地面沉降/地面沈降

dìmiàn chénjiàng/ㄉㄧˋ ㄇㄧㄢˋ ㄔㄣˊ ㄐㄧㄤˋ

land subsidence

【地】又称"地面下沉""地陷"。大面积地面下沉的现象。会导致地质环境变化,从而影响城市建设、工农业生产及人民生活。可分为自然地面沉降和人为地面沉降。前者由地壳运动、地下洞穴塌陷及地震等引发;后者由人类经济活动(如大量抽取地下水,大型工程建设,采矿或地下工程开挖)引发。

地面電波

ㄉㄧˋ ㄇㄧㄢˋ ㄉㄧㄢˋ ㄅㄛ/dìmiàn diànbō

ground wave

【物】台湾名。即"地波"(219 页)。

地面观测

dìmiàn guāncè/ㄉㄧˋ ㄇㄧㄢˋ ㄍㄨㄢ ㄘㄜˋ

【气】"地面气象观测"的简称。

地面接收站/地面接收站

dìmiàn jiēshōuzhàn/ㄉㄧˋ ㄇㄧㄢˋ ㄐㄧㄝ ㄕㄡ ㄓㄢˋ

ground receiving station

【测绘】设置在地球上,跟踪卫星运转,接收卫星传送的各种数据,并进行数据分析处理、储存和分发的地面设施。地面接收站是保证遥感、导航定位等卫星系统正常服务的必备设施,其在全球的分布地点影响卫星系统的服务质量。

地面控制截击雷达

dìmiàn kòngzhì jiéjī léidá/

ㄉㄧˋ ㄇㄧㄢˋ ㄎㄨㄥˋ ㄓˋ ㄐㄧㄝˊ ㄐㄧˊ ㄌㄟˊ ㄉㄚˊ

【军】即"引导雷达"(1350 页)。

地面气象观测/地面觀測

dìmiàn qìxiàng guāncè/

ㄉㄧˋ ㄇㄧㄢˋ ㄍㄨㄢ ㄘㄜˋ

surface observation

【气】简称"地面观测"。气象观测内容的一部分。在各种地面观测平台上,用仪器及目力对气象要素和天气现象进行定时或连续的系统性测量和观察。按观测内容和用途不同,可分为天气观测、气候观测,以及满足相关行业或研究需求开展的专业观测和专项观测等。

地面气象站/地面氣象站

dìmiàn qìxiàngzhàn/ㄉㄧˋ ㄇㄧㄢˋ ㄑㄧˋ ㄒㄧㄤˋ ㄓㄢˋ

surface meteorological station

【气】简称"地面站"。设在陆地上的气象站。有专门的观测场地和气象观测所需的仪器设备,按规定的时次获取、记录、传输和报告气象资料。按任务不同,可分为天气站、气候站、专业气象站和专项气象站。

地面气压 dìmiàn qìyā/ㄉㄧˋ ㄇㄧㄢˋ ㄑㄧˋ ㄧㄚ

【气】即"本站气压"(49 页)。

地面水污染

dìmiànshuǐ wūrǎn/ㄉㄧˋ ㄇㄧㄢˋ ㄕㄨㄟˇ ㄨ ㄖㄢˇ

【环】即"地表水污染"(218 页)。

地面天气图/地面天氣圖

dìmiàn tiānqìtú/ㄉㄧˋ ㄇㄧㄢˋ ㄊㄧㄢ ㄑㄧˋ ㄊㄨˊ

surface chart

【气】天气图的一种。填绘有同一时刻各地地面观测到的气象状况、订正到海平面的气象要素及其等值线分布等。

地面通訊站
ㄉㄧˋ ㄇㄧㄢˋ ㄊㄨㄥ ㄒㄩㄣˋ ㄓㄢˋ/
dìmiàn tōngxùnzhàn
earth station
【信息】台湾名。即“地球站”(227 页)。

地面温度/地面溫度
dìmiàn wēndù/ㄉㄧˋ ㄇㄧㄢˋ ㄨㄣ ㄉㄨˋ
surface temperature
【气】又称“地表温度”。地面气象观测项目之一。指土壤与大气界面的温度。通过将地面温度表的感应部分半土埋半裸露获得读数。

地面下沉
dìmiàn xiàchén/ㄉㄧˋ ㄇㄧㄢˋ ㄒㄧㄚˋ ㄔㄣˊ
【地】即“地面沉降”(223 页)。

地面效应飞行器/地面效應飛行器
dìmiàn xiàoyìng fēixíngqì/
ㄉㄧˋ ㄇㄧㄢˋ ㄒㄧㄠˋ ㄧㄥˋ ㄈㄟ ㄒㄧㄥˊ ㄑㄧˋ
surface effect flight vehicle
【军】简称“地效飞行器”,又称“气垫飞行器”。利用地面效应提供主要支承力而贴近水(冰)面或平坦地面飞行的航空器。是飞行高度最低的航空器,可用于执行侦察、巡逻、反潜、布雷、救生等任务;担负沿海、岛屿和舰队之间的快速机动和补给;装上导弹等武器可作为大型攻击机或导弹艇使用;在登陆作战中执行输送登陆部队或担负进攻任务等。可分为空气静力地效飞行器和空气动力地效飞行器。

地面站 dìmiànzhàn/ㄉㄧˋ ㄇㄧㄢˋ ㄓㄢˋ
【气】❶“地面气象站”的简称。❷“气象卫星地面站”的简称。

地面状态/地面狀態
dìmiàn zhuàngtài/ㄉㄧˋ ㄇㄧㄢˋ ㄓㄨㄤˋ ㄊㄞˋ
state of ground
【气】地面气象观测项目之一。未经翻耕、保持自然状态的地表状况,经雨、雪、低温等天气过程所具有的地面特征。

地名辭典 ㄉㄧˋ ㄇㄧㄥˊ ㄘˊ ㄉㄧㄢˇ/dìmíng cídiǎn
gazetteer
【测绘】台湾名。即“地名录”(224 页)。

地名录/地名辭典
dìmínglù/ㄉㄧˋ ㄇㄧㄥˊ ㄘˊ ㄉㄧㄢˇ
gazetteer
【测绘】汇集一定区域内地理要素的名称及其政区位置、地理位置、地理坐标、类别和其他有关内容的目录性资料,多以列表或词条的形式出现。汇编成书的纸质印刷品有时被称为地名手册,附在书中时多以地名索引列表形式出现,在计算机信息管理系统中多表现为地名数据库。

地平 ㄉㄧˋ ㄆㄧㄥˊ/dìpíng
horizon
【天】台湾名。即“地平圈”(224 页)。

地平经度
dìpíng jīngdù/ㄉㄧˋ ㄆㄧㄥˊ ㄐㄧㄥ ㄉㄨˋ
【天】即“方位角”(321 页)。

地平圈/地平 dìpíngquān/ㄉㄧˋ ㄆㄧㄥˊ
horizon
【天】过天球中心且与铅垂线相垂直的平面与天球所交的大圆。

地平纬度/地平緯度
dìpíng wěidù/ㄉㄧˋ ㄆㄧㄥˊ ㄨㄟˇ ㄉㄨˋ
altitude
【天】地平坐标系的纬向坐标。是观测者的地平线和目标天体之间的夹角。地平纬度 0°表示目标正好处于地平线上。

地平坐标系/地平座標系
dìpíng zuòbiāoxì/ㄉㄧˋ ㄆㄧㄥˊ ㄗㄨㄛˋ ㄅㄧㄠ ㄒㄧˋ
horizontal coordinate system
【天】一种天球坐标系。以观测者所在地为天球中心,过所在地并与当地的铅垂线垂直的平面为基本平面的坐标系,可据以确定地平经度和地平纬度。

地平座標
ㄉㄧˋ ㄆㄧㄥˊ ㄗㄨㄛˋ ㄅㄧㄠ/dìpíng zuòbiāo
horizontal coordinate, plane coordinate
【测绘】台湾名。即“平面坐标”(875 页)。

地钱/地錢 dìqián/ㄉㄧˋ ㄑㄧㄢˊ
liverwort
【植】*Marchantia polymorpha* 藓类。地钱科地钱属。叶状体扁平,宽带状,绿色,边缘波状,背面整齐排列着气室分隔,且前端具杯状的无性胞芽杯,腹面有紫色鳞片和假根。雌雄异株。雄托圆盘状,托柄短;雌托扁平,托柄长。孢蒴着生于托的腹面。在中国,分布于各地。生于阴湿土地和岩石上。

地堑/地塹 dìqiàn/ㄉㄧˋ ㄑㄧㄢˋ

graben

【地】两侧为两条大致平行、断层面相向的高角度正断层，中间为一个共同的下降盘的构造组合。常与地垒伴生，地貌上常表现为长条状的低凹地区。

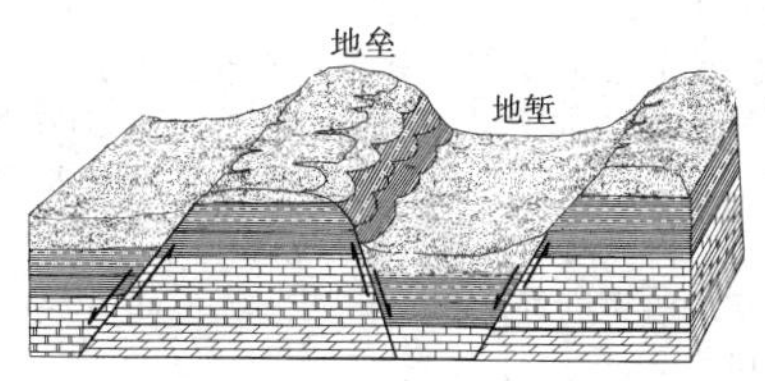

地 堑

地壳/地殼 dìqiào/ㄉㄧˋ ㄑㄧㄠˋ

earth crust, crust

【地】地球的外壳，即固体地球的最外层，从地表至莫霍界面，由各种岩石组成。以康拉德界面隔开，分为上下两层。上层为硅铝层，下层为硅镁层。

地壳运动/地殼運動

dìqiào yùndòng/ㄉㄧˋ ㄑㄧㄠˋ ㄩㄣˋ ㄉㄨㄥˋ

crustal movement

【地】由内营力引起地壳结构改变、地壳内部物质变位的运动。主要表现为升降运动和水平运动。后者又包括挤压、引张、扭动等。

地勤/地勤 dìqín/ㄉㄧˋ ㄑㄧㄣˊ

ground service

【航】在地面直接从事飞机及其设备(机载发动机、电气仪表设备、电子设备等)维修、保养、服务。

地球/地球 dìqiú/ㄉㄧˋ ㄑㄧㄡˊ

earth

【地】太阳系八大行星之一。按离太阳由近及远的次序为第三颗。形状呈球形而略扁，周围有大气层包围，表面是陆地和海洋。有一颗卫星，即月球。地球以近24小时的周期自转并且以一年的周期绕太阳公转，自转与公转产生了地球上的昼夜交替和四季变化。地球的年龄在45亿～47亿年。是人类和各种动植物生存的星球。

地球动力学/地球動力學

dìqiú dònglìxué/ㄉㄧˋ ㄑㄧㄡˊ ㄉㄨㄥˋ ㄌㄧˋ ㄒㄩㄝˊ

geodynamics

【地】研究地球大尺度运动或整体性运动的各种力学过程、力源和介质的力学性质的学科。

地球辐射/地球輻射

dìqiú fúshè/ㄉㄧˋ ㄑㄧㄡˊ ㄈㄨˊ ㄕㄜˋ

terrestrial radiation

【气】又称"向外长波辐射""射出长波辐射"。地球及地球大气系统所发出的辐射。辐射能波长主要集中在4～120微米范围内。

地球觀測衛星

ㄉㄧˋ ㄑㄧㄡˊ ㄍㄨㄢ ㄘㄜˋ ㄨㄟˋ ㄒㄧㄥ/

dìqiú guāncè wèixīng

earth observation satellite

【航】台湾名。即"对地观测卫星"(286页)。

地球化学/地球化學

dìqiú huàxué/ㄉㄧˋ ㄑㄧㄡˊ ㄏㄨㄚˋ ㄒㄩㄝˊ

geochemistry

【地】研究地球的化学组成、化学作用和化学演化的学科。是地质学与化学相结合的边缘学科。20世纪70年代中期以来，地球化学已成为固体地球科学的重要内容。研究范围也从地球扩展到月球和太阳系的其他天体。

地球化学勘查/地球化學勘察

dìqiú huàxué kānchá/

ㄉㄧˋ ㄑㄧㄡˊ ㄏㄨㄚˋ ㄒㄩㄝˊ ㄎㄢ ㄔㄚˊ

geochemical exploration

【地】地球化学的一个分支。在不同尺度的范围内系统地研究地壳中化学元素、同位素的化学特征、空间分布及化学变化规律，以便为基础地质、找矿、矿产勘探、环境地质、农业、畜牧业、地方病等的研究提供基础资料。

地球化學勘察

ㄉㄧˋ ㄑㄧㄡˊ ㄏㄨㄚˋ ㄒㄩㄝˊ ㄎㄢ ㄔㄚˊ/

dìqiú huàxué kānchá

geochemical exploration

【地】㊀台湾名。即"地球化学勘查"(225页)。㊁台湾名。即"地球化学探矿"(225页)。

地球化学探矿/地球化學勘察

dìqiú huàxué tànkuàng/

ㄉㄧˋ ㄑㄧㄡˊ ㄏㄨㄚˋ ㄒㄩㄝˊ ㄎㄢ ㄔㄚˊ

geochemical prospecting
【地】简称"化探"。以地球化学理论为指导进行的找矿和勘探工作。通过对天然物质(岩石、疏松沉积物、水、生物及空气等)中成矿元素及指示元素的含量及分布特征的系统探查,研究其分散及变化规律,来寻找能够指导矿床存在的地球化学异常。

地球环境
dìqiú huánjìng/ㄉㄧˋ ㄑㄧㄡˊ ㄏㄨㄢˊ ㄐㄧㄥˋ
【环】即"全球环境"(930 页)。

D

地球环绕速度
dìqiú huánrào sùdù/
ㄉㄧˋ ㄑㄧㄡˊ ㄏㄨㄢˊ ㄖㄠˋ ㄙㄨˋ ㄉㄨˋ
【航】即"第一宇宙速度"(236 页)。

地球静止轨道/同步軌道
dìqiú jìngzhǐ guǐdào/ㄊㄨㄥˊ ㄅㄨˋ ㄍㄨㄟˇ ㄉㄠˋ
geostationary orbit
【航】一条特殊的地球同步轨道。即倾角为0°的圆形地球同步轨道(即与地球赤道面重合的同步轨道)。此轨道在距地心 6.6 个地球半径左右的近赤道区。在此轨道上运行的卫星运行方向与地球自转方向相同,绕地球一周时间正好与地球自转一周时间相等,卫星相对地球上某点(星下点轨迹是赤道上一点)是静止不变的,从地面看,卫星是不动的,故此轨道称为地球静止轨道。

地球静止卫星/同步衛星
dìqiú jìngzhǐ wèixīng/ㄊㄨㄥˊ ㄅㄨˋ ㄨㄟˋ ㄒㄧㄥ
geo-stationary satellite
【航】地球同步卫星的一种。是在地球静止轨道上运行的卫星。卫星运行在地球赤道上空 35 860千米高度的圆形轨道上,且卫星运行方向与地球自转方向相同,卫星绕地球一周的时间正好与地球自转一周的时间相等,卫星相对地球上某点(星下点轨迹是赤道上一点)是静止不动的,从地面看,卫星是不动的,故名。

地球科学/地球科學
dìqiú kēxué/ㄉㄧˋ ㄑㄧㄡˊ ㄎㄜ ㄒㄩㄝˊ
earth science
【地】简称"地学"。研究地球系统(包括大气圈、水圈、岩石圈、生物圈和日地空间)的过程与变化及其相互作用的科学。主要包括地理学、地质学、地球物理学、地球化学、大气科学、海洋科学等,以及地球系统科学等交叉学科。

地球逃逸速度
dìqiú táoyì sùdù/ㄉㄧˋ ㄑㄧㄡˊ ㄊㄠˊ ㄧˋ ㄙㄨˋ ㄉㄨˋ
【航】即"第二宇宙速度"(234 页)。

地球同步轨道/地球同步軌道
dìqiú tóngbù guǐdào/
ㄉㄧˋ ㄑㄧㄡˊ ㄊㄨㄥˊ ㄅㄨˋ ㄍㄨㄟˇ ㄉㄠˋ
geosynchronous orbit
【航】轨道周期与地球自转周期(23 小时 56 分 4 秒)相同的人造地球卫星轨道。因在其上运行的人造卫星与地球自转运行同步,故每天同一时刻,都出现在地球同一方向的上空。此轨道有无限多条,可与赤道面重合,也可相交。

地球同步轨道卫星运载火箭/地球同步軌道衛星運載火箭
dìqiú tóngbù guǐdào wèixīng yùnzài huǒjiàn/
ㄉㄧˋ ㄑㄧㄡˊ ㄊㄨㄥˊ ㄅㄨˋ ㄍㄨㄟˇ ㄉㄠˋ ㄨㄟˋ ㄒㄧㄥ ㄩㄣˋ ㄗㄞˋ ㄏㄨㄛˇ ㄐㄧㄢˋ
geosynchronous-orbit satellite launch-vehicle
【航】将卫星送入地球同步轨道的运载火箭。
📖 一般运载火箭不直接将卫星送入地球同步轨道,而是先将卫星送入地球同步转移轨道,在地球同步转移轨道的远地点由星上变轨发动机实现变轨,使卫星进入最终的地球同步轨道。

地球同步卫星/地球同步衛星
dìqiú tóngbù wèixīng/
ㄉㄧˋ ㄑㄧㄡˊ ㄊㄨㄥˊ ㄅㄨˋ ㄨㄟˋ ㄒㄧㄥ
geosynchronous satellite
【航】在地球同步轨道上运行的卫星。其运行周期与地球自转周期(23 小时 56 分 4 秒)相同并顺行,对地面人来说,在每天相同时刻出现的空间方向也基本相同,故名。

地球同步转移轨道/地球同步轉移軌道
dìqiú tóngbù zhuǎnyí guǐdào/
ㄉㄧˋ ㄑㄧㄡˊ ㄊㄨㄥˊ ㄅㄨˋ ㄓㄨㄢˇ ㄧˊ ㄍㄨㄟˇ ㄉㄠˋ
geosynchronous orbit satellite
【航】近地点高度在 1000 千米以下、远地点为地球同步轨道高度(36 000千米左右)的椭圆轨道。是地球同步轨道或地球静止轨道的转移轨道。为了充分利用地球的旋转能量,先将地球同步卫星或地球静止卫星发射到转移轨道，当运行到转移轨道远地点时，点燃星上变轨发动机，即可使卫星进入预定目标同步轨道。

地球物理勘探/地球物理探勘

dìqiú wùlǐ kāntàn/ㄉㄧˋ ㄑㄧㄡˊ ㄨˋ ㄌㄧˇ ㄊㄢˋ ㄎㄢ

geophysical prospecting, geophysical exploration

【地】简称“物探”，台湾简称“地物勘探”。以各种物理方法和仪器研究土壤、岩石、矿体等的物理性质（密度、电性、磁性、弹性、放射性等）及其变化引起的物理现象，据以推断地质构造、矿藏分布赋存情况，以及人为因素引起的情况（古墓、管线、污染等）。主要方法有磁法勘探、电法勘探、重力勘探、放射性勘探、地震勘探等。按工作空间还可分为地面物探、航空物探、海洋物探、地下物探等。

地球物理探勘

ㄉㄧˋ ㄑㄧㄡˊ ㄨˋ ㄌㄧˇ ㄊㄢˋ ㄎㄢ/dìqiú wùlǐ tànkān

geophysical prospecting, geophysical exploration

【地】台湾名。即“地球物理勘探”（227 页）。

地球物理学/地球物理學

dìqiú wùlǐxué/ㄉㄧˋ ㄑㄧㄡˊ ㄨˋ ㄌㄧˇ ㄒㄩㄝˊ

geophysics

【地】地球科学的一个分支。用物理学的原理与方法研究地球大气圈、水圈、固体地球的物理性质和变化。

地球系统科学/地球系統科學

dìqiú xìtǒng kēxué/
ㄉㄧˋ ㄑㄧㄡˊ ㄒㄧˋ ㄊㄨㄥˇ ㄎㄜ ㄒㄩㄝˊ

earth system science

【地】从系统学角度研究地球的科学。主要研究大气圈、水圈、生物圈、岩石圈，以及岩石圈以下的地幔、地核之间的相互联系、相互作用，变化规律和控制这些变化的机理，为全球环境变化的预测、管理提供科学依据。

地球仪/地球儀 dìqiúyí/ㄉㄧˋ ㄑㄧㄡˊ ㄧˊ

globe

【地】模拟地球形状和地表特征的球形演示仪。是地球的缩小模型。装在支架上，可以转动，球体表面标有海洋、陆地、河川、山脉和经纬线等。

地球站/地面通訊站

dìqiúzhàn/ㄉㄧˋ ㄇㄧㄢˋ ㄊㄨㄥ ㄒㄩㄣˋ ㄓㄢˋ

earth station

【信息】设置在地球表面或地球大气层主要部分之内，与一个或不止一个空间电台通信的电台。

地球资源卫星/地球資源衛星

dìqiú zīyuán wèixīng/
ㄉㄧˋ ㄑㄧㄡˊ ㄗ ㄩㄢˊ ㄨㄟˋ ㄒㄧㄥ

earth resource satellite

【航】勘探和研究地球自然资源的人造地球卫星。通过星上可见光、红外和微波遥感传感设备，对地球自然资源进行探测的卫星。按探测对象不同，可分为陆地资源卫星和海洋资源卫星。

地热/地熱 dìrè/ㄉㄧˋ ㄖㄜˋ

geoheat

【地】地球内部的热能。主要是地球岩浆传递的热能和放射性元素衰变释放的热能。高温地热可用于发电，中低温地热（温泉）可直接用于采暖、工农业加温、水产养殖、医疗和洗浴等。

地热发电/地熱發電

dìrè fādiàn/ㄉㄧˋ ㄖㄜˋ ㄈㄚ ㄉㄧㄢˋ

geothermal power generation

【电】利用地下蒸汽或热水等地热资源发电。按照载热体的类型可分为蒸汽型和热水型两类发电方式。

地上河/懸河 dìshànghé/ㄒㄩㄢˊ ㄏㄜˊ

perched river

【地】又称“悬河”。河床高出两岸地面的河。如中国的黄河下游河南段，水势平缓，泥沙不断堆积，使河床平均高出两岸地面 4～5 米，最高处高出 10 米以上。美国的密西西比河下游也有这种现象。

地声/震聲 dìshēng /ㄓㄣˋ ㄕㄥ

earthquake sound

【地】地震发生时，部分地震波能量传入空气变成声波而形成的声音。是受应力作用，岩体内部结构产生微破裂并以声发射的方式释放。多在临震前出现，可能对临震预报和自救有意义。

地史学/地史學 dìshǐxué/ㄉㄧˋ ㄕˇ ㄒㄩㄝˊ

historical geology

【地】又称“历史地质学”。地质学的一个分支。在建立地层系统、确立地质时代的基础上,研究地球(主要是地壳)发展历史及其规律。包括沉积发育史、生物演化史、构造运动史、岩浆活动史和变质作用历史等。

地台/地臺 dìtái/ㄉㄧˋ ㄊㄞˊ

platform

【地】地壳上的台形隆起。稳定的、形成后未再经历强烈的褶皱变形的地区。具双层结构,下部为古老的变质岩基底,上部为较平缓的沉积盖层。岩浆活动微弱。

地坛/地壇 dìtán/ㄉㄧˋ ㄊㄢˊ

Temple of Earth

【建】古代帝王祭地的场所。现存的北京地坛,始建于明嘉靖九年(1530 年),为明清两代皇帝每年夏至日祭祀皇地祇(后土之神)的地方。

地铁 dìtiě/ㄉㄧˋ ㄊㄧㄝˇ

【交】“地下铁道”的简称。

地图/地圖 dìtú/ㄉㄧˋ ㄊㄨˊ

map

【测绘】按照一定的数学方法,运用颜色、图形、文字等各类符号,将自然、人文、社会、经济等各类现象的空间位置、形状、大小、名称以及其他信息表现出来的图形和影像。常见的有纸质地图、电子地图,还有附着在各种产品上的形式多样的地图。

地图集/地圖集 dìtújí/ㄉㄧˋ ㄊㄨˊ ㄐㄧˊ

atlas

【测绘】具有统一设计原则和编制体例的多幅地图,在内容上相互协调,按一定顺序和结构汇编在一起的作品。按表现主题不同,可分为普通地图集、专题地图集、专用地图集、综合地图集等;按覆盖地域不同,可分为世界地图集、国家地图集、区域地图集等;按载体不同,可分为纸质地图集、电子地图集等。

地图数字化/地圖數值化

dìtú shùzìhuà/ㄉㄧˋ ㄊㄨˊ ㄕㄨˋ ㄓˋ ㄏㄨㄚˋ

map digitizing

【测绘】把纸质地图信息转化为数字地图信息的转换过程。常见的有栅格化和矢量化两种方式,对应转换为数字栅格地图和数字线划图。

地图投影/地圖投影

dìtú tóuyǐng/ㄉㄧˋ ㄊㄨˊ ㄊㄡˊ ㄧㄥˇ

map projection

【测绘】为在平面上准确绘制地图,把用经纬度表示的球面坐标映射为平面直角坐标的技术。理论上由于球面点集与平面点集之间不存在一一映射的函数关系,因此任何地图投影都会产生图形变形和信息损失。但按照一定的约束条件,可以设计出局部地域内球面点集与平面点集互相转换坐标的函数关系,并可把变形限制在可接受和有益于利用的范围内。按变形性质,可分为等积投影、等角投影和任意投影(含等距投影)等。

地图学/地圖學 dìtúxué/ㄉㄧˋ ㄊㄨˊ ㄒㄩㄝˊ

cartography

【测绘】研究地图及其有关问题的理论、技术以及应用的学科。可分为理论地图学、数学地图学、地图制图学、地图应用学等分支。

地图注记/地圖注記

dìtú zhùjì/ㄉㄧˋ ㄊㄨˊ ㄓㄨˋ ㄐㄧˋ

map lettering

【测绘】地图上文字与数字的通称。可分为名称性注记(如山名)、说明性注记(如树种)、数字性注记(如高程)等。常对不同种类的地图注记采用不同的字体、大小、间隔和排列方向。

地圖數值化

ㄉㄧˋ ㄊㄨˊ ㄕㄨˋ ㄓˊ ㄏㄨㄚˋ/dìtú shùzhíhuà

map digitizing

【测绘】台湾名。即“地图数字化”(228 页)。

地温/地溫 dìwēn/ㄉㄧˋ ㄨㄣ

ground temperature,geotemperature

【地】地面温度和地下不同深度土层温度的统称。

地文航海/地文航海

dìwén hánghǎi/ㄉㄧˋ ㄨㄣˊ ㄏㄤˊ ㄏㄞˇ

geo-navigation

【船】研究航海基础理论与船舶航行方法,以及利用陆标定位和导航技术的学科。是航海学中各学科的基础。主要内容有航海基础知识,陆标定位原理和航迹推算方法,航线设计、制订航海计划和执行航海计划的保证措施,船舶在各种自然条件下的航行方法及航路资料、助航标志的识别与应用，船舶运动性能和航海仪器修正量的测定方法等。

地物勘探 ㄉㄧˋ ㄨˋ ㄎㄢ ㄊㄢˋ/dìwù kāntàn
geophysical prospecting, geophysical exploration
【地】台湾名。“地球物理探勘”的简称。

地峡/地峽 dìxiá/ㄉㄧˋ ㄒㄧㄚˊ
isthmus
【地】两端连接两块较大陆地，或一端连接大陆、另一端连接较大半岛，两侧临海的狭窄地带。如苏伊士地峡、巴拿马地峡。

地下道 ㄉㄧˋ ㄒㄧㄚˋ ㄉㄠˋ/dìxiàdào
under-crossing
【交】台湾名。即“地下通道”(230 页)。

地下电缆/地下電纜
dìxià diànlǎn/ㄉㄧˋ ㄒㄧㄚˋ ㄉㄧㄢˋ ㄌㄢˇ
underground cable
【电】直接埋在地下或敷设在地下电缆沟、槽或管道内的电缆。

地下電車道
ㄉㄧˋ ㄒㄧㄚˋ ㄉㄧㄢˋ ㄔㄜ ㄉㄠˋ/dìxià diànchēdào
subway
【交】台湾名。即“地下铁道”(230 页)。

地下发射井/地下發射筒倉
dìxià fāshèjǐng/ㄉㄧˋ ㄒㄧㄚˋ ㄈㄚ ㄕㄜˋ ㄊㄨㄥˇ ㄘㄤ
underground launching silo
【航】用于发射航天器的井型地下发射设施。利用地下发射井的井下发射，可分为井口垂直发射和井内冷发射、井内热发射。

地下發射筒倉
ㄉㄧˋ ㄒㄧㄚˋ ㄈㄚ ㄕㄜˋ ㄊㄨㄥˇ ㄘㄤ/
dìxià fāshè tǒngcāng
underground launching silo
【航】台湾名。即“地下发射井”(229 页)。

地下灌溉
ㄉㄧˋ ㄒㄧㄚˋ ㄍㄨㄢˋ ㄍㄞˋ/dìxià guàngài
subirrigation
【水利】台湾名。即“渗灌”(1002 页)。

地下河 dìxiàhé/ㄉㄧˋ ㄒㄧㄚˋ ㄏㄜˊ
【地】即“暗河”(9 页)。

地下構造物
ㄉㄧˋ ㄒㄧㄚˋ ㄍㄡˋ ㄗㄠˋ ㄨˋ/dìxià gòuzàowù
underground building
【建】台湾名。即“地下建筑”(229 页)。

地下建筑/地下構造物
dìxià jiànzhù/ㄉㄧˋ ㄒㄧㄚˋ ㄍㄡˋ ㄗㄠˋ ㄨˋ
underground building
【建】建造在岩层或土层中的建筑。处在一定厚度的岩层或土层中，能较有效地抵御地震、飓风等自然灾害以及核战争破坏，有利于节约能源。存在着的比较稳定的温度场，合理开发和综合利用天然形成和人工挖掘的地下空间，有助于缓和现代城市发展中的各种矛盾，改善生活环境，开拓新的生活领域。缺点是建筑成本高，施工复杂。

地下室/地下室 dìxiàshì/ㄉㄧˋ ㄒㄧㄚˋ ㄕˋ
basement
【建】房间的地面低于室外设计地面的平均高度，且高度差超过该房间平均净高 1/2 的房间。即全部或多半部分建筑在地下的房间。

地下水/地下水
dìxiàshuǐ/ㄉㄧˋ ㄒㄧㄚˋ ㄕㄨㄟˇ
ground water
【地】存在于地下含水层的水的统称。分布广泛，水量稳定，受气候影响小，污染程度低。按埋藏条件不同，可分为包气带水、潜水和承压水；按含水介质类型不同，可分为孔隙水、裂隙水和喀斯特水。

地下水漏斗/地下水洩降錐
dìxiàshuǐ lòudǒu/
ㄉㄧˋ ㄒㄧㄚˋ ㄕㄨㄟˇ ㄒㄧㄝˋ ㄐㄧㄤˋ ㄓㄨㄟ
groundwater depression, cone of groundwater, groundwater funnel
【环】一些地区过度开采地下水，地下水位不断下降，与周边地区的地下水位相比形成漏斗状低谷的现象。当继续超量开采地下水，降落漏斗面积和中心水位埋深会不断增加，严重时引起地面沉降、塌陷、海水入侵等。

地下水污染/地下水污染
dìxiàshuǐ wūrǎn/ㄉㄧˋ ㄒㄧㄚˋ ㄕㄨㄟˇ ㄨ ㄖㄢˇ
groundwater pollution
【环】主要指人类活动引起地下水物理、化学性质和生物学特性发生变化，使其质量下降的现象。由于矿体、矿化地层及其他自然因素引起的地下水某些组分富集或贫化，通常不视为污染现象。

地下水泄降錐
ㄉㄧˋ ㄒㄧㄚˋ ㄕㄨㄟˇ ㄒㄧㄝˋ ㄐㄧㄤˋ ㄓㄨㄟ/
dìxiàshuǐ xièjiàngzhuī
groundwater depression, cone of groundwater, groundwater funnel
【环】台湾名。即“地下水漏斗”(229 页)。

地下铁道/地下鐵道
dìxià tiědào/ㄉㄧˋ ㄒㄧㄚˋ ㄊㄧㄝˇ ㄉㄠˋ
subway
【交】简称“地铁”,台湾又称“地下電車道”。城市轨道交通的一种。主要在地下运行的城市铁路系统。采用大载客量车辆,编组在每列 4 辆以上,运行线路多样化,根据城市环境条件,地下、地面、高架三者兼有。

地下通道/地下道
dìxià tōngdào/ㄉㄧˋ ㄒㄧㄚˋ ㄉㄠˋ
under-crossing
【交】在地面以下贯通的人行通道。多建在城市中商场、车站、码头等处,行人从这里穿越道路,能够与路面上的车辆完全分离,以保证行人安全和道路畅通。

地陷 dìxiàn/ㄉㄧˋ ㄒㄧㄢˋ
【地】即“地面沉降”(223 页)。

地效飞行器
dìxiào fēixíngqì/ㄉㄧˋ ㄒㄧㄠˋ ㄈㄟ ㄒㄧㄥˊ ㄑㄧˋ
【军】“地面效应飞行器”的简称。

地效翼船/地效翼船
dìxiào yìchuán/ㄉㄧˋ ㄒㄧㄠˋ ㄧˋ ㄔㄨㄢˊ
wing-in-ground effect craft
【船】又称“地效应船”“掠海地效翼船”。利用机翼型船身的表面效应所产生的气动升力支持船重并贴近水面高速航行的船。船体完全离开水面以一定高度稳定航行,外形类似飞机。大型地效翼船的速度与直升机相当,有效负载率高于常规飞机,具有低空安全性好的特点,并可应用于军事,有望成为未来跨越海洋的超高速运载工具。

地效应船
dìxiàoyìngchuán/ㄉㄧˋ ㄒㄧㄠˋ ㄧㄥˋ ㄔㄨㄢˊ
【船】即“地效翼船”(230 页)。

地形/地形 dìxíng/ㄉㄧˋ ㄒㄧㄥˊ
㊀landform, ㊁topography
㊀【地】地理学上指地貌。㊁【测绘】对地球表面各种起伏形态和所有固定性物体的总称。通常包括水系、交通、居民地、地貌、植被、境界等基本要素。现在也常借用来表述其他星球表面的起伏形态。

地形测量/地形測量
dìxíng cèliáng/ㄉㄧˋ ㄒㄧㄥˊ ㄘㄜˋ ㄌㄧㄤˊ
topographic survey
【测绘】根据测量规范,量测地形和其他相关地理要素的大小、形状、位置、高程等信息,经记录、整理,形成测绘成果。其主要成果是按项目设计书要求绘制的指定比例尺的地形图,目前多用数字方式成图。

地形降水/地形降水
dìxíng jiàngshuǐ/ㄉㄧˋ ㄒㄧㄥˊ ㄐㄧㄤˋ ㄕㄨㄟˇ
orographic precipitation
【气】前进中的暖湿气团,遇到山脉等地形被迫抬升而形成的降水。其降水量在迎风坡比背风坡大。

地形图/地形圖 dìxíngtú/ㄉㄧˋ ㄒㄧㄥˊ ㄊㄨˊ
topographic map
【测绘】按照测量规范,表示地物、地貌等地形要素的平面位置、高程及有关信息的地图。中国规定有 11 种比例尺(从1∶500到1∶100万)构成的基本比例尺系列的地形图,多数采用高斯—克吕格投影,并采用中国法定的大地坐标系和高程系统,按规定进行统一分幅和编号。

地学 dìxué/ㄉㄧˋ ㄒㄩㄝˊ
【地】“地球科学”的简称。

地羊 dìyáng/ㄉㄧˋ ㄧㄤˊ
【动】即“鼢鼠”(348 页)。

地震/地震 dìzhèn/ㄉㄧˋ ㄓㄣˋ
earthquake, seism, tremor
【地】俗称“地动”。地壳能量快速释放过程中造成的地面的震动。经常造成严重的人员伤亡,能引起火灾、水灾、海啸、滑坡、崩塌等。按震源深度不同,可分为浅源地震(深度小于 70 千米)、中源地震(深度 70～300 千米)、深源地震(深度大于 300 千米)。按成因不同,可分为构造地震、火山地震、诱发地震、人工地震。按地震强度不同,可分为弱震、有感地震、中强地震和强震。

地震波/震波 dìzhènbō/ㄓㄣˋ ㄅㄛ
seismic wave, earthquake wave

【地】从震源产生向外辐射的弹性波。按传播方式不同,可分为纵波、横波和面波。纵波(又称P波)在地壳中传播速度为5.5～7千米/时,最先到达震中,使地面发生上下振动,破坏性较弱;横波(又称S波)在地壳中传播速度为3.2～4.0千米/时,使地面发生前后、左右抖动,破坏性较强;面波(又称L波)是纵波与横波在地表相遇后产生的混合波,波长大、振幅强,只沿地表面传播,破坏性最强。

地震带/地震帶 dìzhèndài/ㄉㄧˋ ㄓㄣˋ ㄉㄞˋ

seismic belt

【地】地震集中分布的地带。都是活动很强的地质构造带。地球上有两个主要地震带,基本处于板块交界处,即大致环绕太平洋的环太平洋地震带和横贯欧亚大陆的喜马拉雅—地中海地震带。地震带内震中密集,地震带外震中零散分布。中国是多地震的国家,有多个次一级的地震带。

地震規模

ㄉㄧˋ ㄓㄣˋ ㄍㄨㄟ ㄇㄛˊ/dìzhèn guīmó

earthquake magnitude, magnitude

【地】台湾名。即“震级”(1429页)。

地震勘探/震測

dìzhèn kāntàn/ㄓㄣˋ ㄘㄜˋ

seismic prospecting

【地】一种地球物理勘探方法。利用仪器检测、记录人工激发地震的反射波、折射波的传播时间、振幅、波形等,分析判断地层界面、岩土性质、地质构造等。是探测石油与天然气资源的重要手段,在煤田勘查、工程地质勘查、区域地质研究和地壳研究等方面应用广泛。

地震烈度/震動強度

dìzhèn lièdù/ㄓㄣˋ ㄉㄨㄥˋ ㄑㄧㄤˊ ㄉㄨˋ

earthquake intensity, seismic intensity

【地】地震中某地受地震影响破坏的程度。是根据地震对地面造成的破坏程度划分的等级。通常将地震烈度分为12度。参见附录“地震烈度表”(1539页)。

地震前兆/地震前兆

dìzhèn qiánzhào/ㄉㄧˋ ㄓㄣˋ ㄑㄧㄢˊ ㄓㄠˋ

earthquake precursor

【地】地震发生前出现的异常现象。主要有地下水位、水化学异常变化,动物的异常行为和地磁、地电、地光、地声、重力等地球物理异常等。

地震台/地震站 dìzhèntái/ㄉㄧˋ ㄓㄣˋ ㄓㄢˋ

seismic station

【地】利用各种地震仪器进行地震观测和地震科学研究的机构。1930年建成的北京西山鹫峰地震台是中国自建的第一个地震台。

地震学/地震學 dìzhènxué/ㄉㄧˋ ㄓㄣˋ ㄒㄩㄝˊ

seismology

【地】固体地球物理学的一个分支,也是地质学和物理学之间的边缘学科。研究固体地球介质中地震的发生规律、地震波的传播规律以及地震的宏观后果等内容。研究内容既包括天然地震,也包括研究人类活动诱发的地震。

地震仪/地震儀 dìzhènyí/ㄉㄧˋ ㄓㄣˋ ㄧˊ

seismograph

【地】记录地震的仪器。主要由拾震器、放大器和记录器三部分组成。能记录振动的频率和振幅。除用于记录天然地震外,还可用于记录人工地震,应用于地球物理勘探工作。

📖 候风地动仪是世界上最早的拾震仪,是世界上第一台测验地震的仪器,由中国东汉科学家张衡于阳嘉元年(公元132年)制成。仪器用精铜铸造,直径2.7米,形似酒樽。樽体外部周围有八个龙头,按东、南、西、北、东南、东北、西南、西北八个方向布列。龙头和内部通道中的机关相连,每个龙头嘴里都衔有一个铜球。对着龙头,八个昂头张嘴的蟾蜍蹲在地上。当某地发生地震时,樽体晃动,触动机关,使发生地震方向的龙头张开嘴,吐出铜球,落到铜蟾蜍的嘴里,发生很大的声响。由此知道地震发生的方向。

地震预报/地震預報

dìzhèn yùbào/ㄉㄧˋ ㄓㄣˋ ㄩˋ ㄅㄠˋ

earthquake forecasting

【地】对未来破坏性地震发生的时间、地点、震级及地震影响的预测。通过对地震地质、地震活动性、地震前兆异常、环境因素等进行研究和前兆信息监测而做出。但由于目前科学技术水平所限及地震发生机制的复杂性,目前国内外地震预报的水平还不同。

地震站 ㄉㄧˋ ㄓㄣˋ ㄓㄢˋ/dìzhènzhàn

seismic station

【地】台湾名。即“地震台”(231 页)。

地址/位址 dìzhǐ/ㄨㄟˋ ㄓˇ

address

【信息】计算机系统中标识存储某一部位的值,或作为计算这一部位的起点的值。例如寄存器编号、存储器特定部分的地址、设备地址、网络地址。

地质/地質 dìzhì/ㄉㄧˋ ㄓˊ

geology

【地】❶地球的物质组成、性质、内部结构及其形成演化的历史。❷地质学。

地质调查船/地質調查船

dìzhì diàocháchuán/

ㄉㄧˋ ㄓˊ ㄉㄧㄠˋ ㄔㄚˊ ㄔㄨㄢˊ

geological survey vessel

【船】用于对海洋地形地貌、地质构造、矿藏资源进行调查研究的船舶。设有地质地貌、地震、重力、磁力等实验室和泥样储藏室等,备有重力仪、测探仪、地貌仪、拖曳式磁力仪、浅地层剖面仪以及表层采泥器、重力采泥器等,甲板上安置各种不同深度的地质绞车。通常采用激发弹性波的方法获取海底地质资料。

地质构造/地質構造

dìzhì gòuzào/ㄉㄧˋ ㄓˊ ㄍㄡˋ ㄗㄠˋ

geological struction

【地】简称“构造”。地壳或岩石圈各个组成部分的形态及其相互结合的方式和面貌特征的总称。是岩石或岩层受内力或外力作用而产生的原始面貌(如层理、纹理层、波痕等),以及各种原始位置、状态或面貌的改变(如褶皱、节理、断层、韧性剪切带、裂谷、俯冲带、转换断层等)。地质构造的规模,大的上千千米,如岩石圈板块构造;小的以毫米甚至微米计,如矿物晶粒的变形、晶格位错等。

地质环境/地質環境

dìzhì huánjìng/ㄉㄧˋ ㄓˊ ㄏㄨㄢˊ ㄐㄧㄥˋ

geologic environment

【环】岩石及其风化产物浮土,以及水和大气组成的环境体系。也有人认为是指地球表面以下的地壳层,还有人认为是由岩石和浮土组成的体系。现今的地质环境是在地球最近一次造山运动和最近一次冰期后形成的。

地质雷达 dìzhì léidá/ㄉㄧˋ ㄓˊ ㄌㄟˊ ㄉㄚˊ

【军】即“探地雷达”(1107 页)。

地质力学/地質力學

dìzhì lìxué/ㄉㄧˋ ㄓˊ ㄌㄧˋ ㄒㄩㄝˊ

geomechanics

【地】地质学的一个分支。运用力学原理研究地壳构造和地壳运动规律及其起因。是中国地质学家李四光(1889—1971)创立的。

地质年代/地質年代

dìzhì niándài/ㄉㄧˋ ㄓˊ ㄋㄧㄢˊ ㄉㄞˋ

geological age

【地】地质历史时期的先后顺序及其相互关系的地质时间系统。包括相对地质年代(各地质事件发生的先后顺序)和绝对地质年龄(运用同位素技术测定的各地质事件发生的距今年龄)。是研究地壳地质发展历史的基础,也是研究区域地质构造和编制地质图的基础。按时间尺度由大至小的顺序,依次划分为宙、代、纪、世、期,所对应的地层单位依次为宇、界、系、统、阶。

地质年代表/地質年代表尺

dìzhì niándàibiǎo/ㄉㄧˋ ㄓˊ ㄋㄧㄢˊ ㄉㄞˋ ㄅㄧㄠˇ ㄔˇ

geological time scale

【地】按时代早晚顺序表示地质历史时期的相对地质年代和同位素年龄值的表格。

地質年代表尺

ㄉㄧˋ ㄓˊ ㄋㄧㄢˊ ㄉㄞˋ ㄅㄧㄠˇ ㄔˇ/

dìzhì niándài biǎochǐ

geological time scale

【地】台湾名。即“地质年代表”(232 页)。

地质气候 dìzhì qìhòu/ㄉㄧˋ ㄓˊ ㄑㄧˋ ㄏㄡˋ

【气】即“古气候”(424 页)。

地质学/地質學 dìzhìxué/ㄉㄧˋ ㄓˊ ㄒㄩㄝˊ

geology

【地】地球科学的一个分支。研究地球物质组成、性质、内部结构、形成演化的历史及其在国民经济中的应用。主要以岩石圈为研究对象,也涉及水圈、大气圈和生物圈等。可分为矿物学、岩石学、矿床学等。

地质灾害/地質災害

dìzhì zāihài/ㄉㄧˋ ㄓˊ ㄗㄞ ㄏㄞˋ

geologic hazard

【地】以地质动力活动或地质环境变化为主要成因的自然灾害。主要有地震、火山、滑坡、泥石流、崩塌、地面沉降、地面塌陷、地裂缝、冻胀融沉等。与人类生活及工程建设关系密切,必须注意采取预防措施。

地中海/地中海
Dìzhōng Hǎi/ㄉㄧˋ ㄓㄨㄥ ㄏㄞˇ
❶inland sea, ❷Mediterranean Sea
【地】❶即"内海"(827页)。❷海名。位于欧、亚、非三大洲之间,是陆间海。东西长4000千米,南北宽1800千米,面积251万平方千米,平均水深1500米,最深达5121米。西经直布罗陀海峡连通大西洋,东北经爱琴海、恰纳卡莱海峡和伊斯坦布尔海峡连接黑海,东南经苏伊士运河、红海连通印度洋。是沟通大西洋、印度洋间的重要通道。沿岸国家和地区有西班牙、法国、摩纳哥、意大利、马耳他、斯洛文尼亚、克罗地亚、波黑、黑山、阿尔巴尼亚、希腊、土耳其、叙利亚、塞浦路斯、黎巴嫩、以色列、巴勒斯坦、埃及、利比亚、突尼斯、阿尔及利亚、摩洛哥。

地轴/地軸 dìzhóu/ㄉㄧˋ ㄓㄡˊ
earth's axis
【地】地球自转所围绕的一条轴线。地球始终不停地绕着这个轴线运转。其与地球表面的交点分别是南极和北极。

地转风/地轉風
dìzhuǎnfēng/ㄉㄧˋ ㄓㄨㄢˇ ㄈㄥ
geostrophic wind
【气】自由大气中,空气受水平气压梯度力和科里奥利力相平衡的影响而产生的水平运动。在北半球,人背风而立,高压区在右侧,低压区在左侧;在南半球则相反。

地转偏向力
dìzhuǎn piānxiànglì/
ㄉㄧˋ ㄓㄨㄢˇ ㄆㄧㄢ ㄒㄧㄤˋ ㄌㄧˋ
【气】即"科里奥利力"(677页)。

地转运动/地轉運動
dìzhuǎn yùndòng/
ㄉㄧˋ ㄓㄨㄢˇ ㄩㄣˋ ㄉㄨㄥˋ
geostrophic motion
【气】大气在气压梯度力和科里奥利力相平衡时所出现的水平直线运动。

递归/遞迴 dìguī/ㄉㄧˋ ㄍㄨㄟ
recursion
【信息】过程或子程序直接或间接调用自身的情况。在执行中遇到与原计算步骤相同的步骤时,可通过一批新参数调用自身来完成。递归可以多层,但最大层数受系统限制。

递归数列/遞迴數列
dìguī shùliè/ㄉㄧˋ ㄏㄨㄟˊ ㄕㄨˋ ㄌㄧㄝˋ
recurrent progression
【数】若数列$\{a_n\}$中从某一项a_m开始,每一项$a_k(k\geqslant m)$都可以由它前面的若干项推出,则称$\{a_n\}$为递归数列,表示如何推出a_k的式子为$\{a_n\}$的递归公式。例如,设$a_1=a$, $a_2=b$, $a_{k+2}=a_k+a_{k+1}(k\geqslant1)$,则$a_3=a+b$, $a_4=a+2b$, $a_5=2a+3b$, …, $\{a_n\}$为递归数列,$a_{k+2}=a_k+a_{k+1}(k\geqslant1)$为$\{a_n\}$的递归公式,$a_1=a$, $a_2=b$为初始条件。

递减数列/遞減數列
dìjiǎn shùliè/
ㄉㄧˋ ㄐㄧㄢˇ ㄕㄨˋ ㄌㄧㄝˋ
decreasing sequence of number
【数】若数列$\{a_n\}$满足$a_1\geqslant a_2\geqslant\cdots\geqslant a_n\geqslant\cdots$,则称$\{a_n\}$为递减数列。例如数列$1,\frac{1}{2},\frac{1}{4},\frac{1}{8},\cdots,\frac{1}{2^n},\cdots$的后项都小于前项,它是递减数列。

递增数列/遞增數列
dìzēng shùliè/ㄉㄧˋ ㄗㄥ ㄕㄨˋ ㄌㄧㄝˋ
increasing sequence of number
【数】若数列$\{a_n\}$满足$a_1\leqslant a_2\leqslant\cdots\leqslant a_n\leqslant\cdots$,则称$\{a_n\}$为递增数列。例如,数列$1,2,4,8,\cdots,2^n,\cdots$的后项都大于前项,它是递增数列。

第二次数学危机/第二次數學危機
dì-èr cì shùxué wēijī/
ㄉㄧˋ ㄦˋ ㄘˋ ㄕㄨˋ ㄒㄩㄝˊ ㄨㄟˊ ㄐㄧ
second crisis in mathematics
【数】由无穷小量缺乏正确解释导致对微积分产生质疑,继而引发的数学危机。17世纪英国的牛顿(I. Newton)和德国的莱布尼茨(G. Leibniz)分别独立地创立了微积分,标志着数学的主要研究对象由常量转向变量。由于理论基础不严密,牛顿和莱布尼茨都将微积分中的无穷小量,有时看成非零的量,有时看成零。这种自相矛盾,使人对微积分的可靠性产生怀疑,史称第二次数学危机。为解决危机，人们下功夫解决微积分的严密性问题。直到19世纪20年代法国数学家柯西(A.Cauchy)等用极限理论揭示了无穷小量与零的关系，即无穷小量的极限为零，才消除了两者之间的矛盾。至此，第二次数学危机基本解决。后来德国数学家魏尔斯特拉斯(K.Weierstrass)等对极限概念给出“ε-δ”的刻画方式，使得危机得到彻底解决。

第二代语言/第二代語言
dì-èr dài yǔyán/ㄉㄧˋ ㄦˋ ㄉㄞˋ ㄩˇ ㄧㄢˊ
second-generation language，2GL
【信息】将第一代语言扩展至包括高级语言构造(宏指令等)的程序设计语言。

第二颈椎 dì-èr jǐngzhuī/ㄉㄧˋ ㄦˋ ㄐㄧㄥˇ ㄓㄨㄟ
【医】即“枢椎”(1046页)。

第二数学归纳法/第二數學歸納法
dì-èr shùxué guīnàfǎ/
ㄉㄧˋ ㄦˋ ㄕㄨˋ ㄒㄩㄝˊ ㄍㄨㄟ ㄋㄚˋ ㄈㄚˇ
second mathematical induction
【数】数学归纳法的另一种形式。用第二数学归纳法证明命题 $P(n)$ 对于任一自然数 n 都为真时，基本步骤有两步，即证明：(1)当 $n=1$ 时命题 $P(n)$ 为真；(2)由 $1\leqslant n\leqslant k$ 时命题 $P(n)$ 为真，可推出 $n=k+1$ 时命题 $P(n)$ 为真。若(1)(2)都成立，则 n 为任一自然数时命题 $P(n)$ 都为真。

第二性征/第二性徵
dì-èr xìngzhēng/ㄉㄧˋ ㄦˋ ㄒㄧㄥˋ ㄓㄥ
secondary sexual characteristic
【医】除生殖器官外，区别男女两性特异性的外部体征。如男性身材高大，肌肉结实，喉结突出，声调较低，唇部有须；女性乳房丰满而隆起，骨盆横径的发育大于前后径，声调较高。

第二宇宙速度/第二宇宙速度
dì-èr yǔzhòu sùdù/ㄉㄧˋ ㄦˋ ㄩˇ ㄓㄡˋ ㄙㄨˋ ㄉㄨˋ
second cosmic velocity，escape velocity
【航】又称“地球逃逸速度”。理想条件下，能使物体脱离地球引力成为环绕太阳运动人造卫星所需的最小速度。即脱离地球引力束缚所需的最小速度。其值约为11.2千米/秒。

第二子代 dì-èr zǐdài/ㄉㄧˋ ㄦˋ ㄗˇ ㄉㄞˋ
second filial generation，F2
【生】台湾名。即“子二代”(1494页)。

第三次数学危机/第三次數學危機
dì-sān cì shùxué wēijī/
ㄉㄧˋ ㄙㄢ ㄘˋ ㄕㄨˋ ㄒㄩㄝˊ ㄨㄟ ㄐㄧ
third crisis in mathematics
【数】由罗素悖论产生对集合论的质疑，继而引发数学理论基础的危机。19世纪后期，德国数学家康托尔(G.Cantor)创立了集合论，成为数学中重要的基本概念。1901年，英国哲学家、数学家罗素(B.Russell)发现：集合论中允许有“集合作为本身的元素”，会导致某集合不论属于两个互补集合中的哪个，都能推出它也属于另一个。人们称此矛盾现象为罗素悖论，并继而发现集合论中存在有逻辑错误的其他悖论。由此认为集合论的严谨性出现漏洞，从而对数学理论基础产生困惑，史称第三次数学危机。为解决集合论中的逻辑矛盾，数学家积极寻找各种方法，其中之一是把集合论建立在一组公理之上，避免出现上述矛盾，这促使原有的朴素集合论演变为公理集合论。随着各种解决办法的提出，矛盾缓和下来。

第三代语言/第三代語言
dì-sān dài yǔyán/ㄉㄧˋ ㄙㄢ ㄉㄞˋ ㄩˇ ㄧㄢˊ
third-generation language，3GL
【信息】对简单语句的机器指令率很高，并将程序员的抽象水平提升的高级语言。例如Ada、C++、Java和Pascal四种语言。

第三方物流/第三方物流
dìsānfāng wùliú/ㄉㄧˋ ㄙㄢ ㄈㄤ ㄨˋ ㄌㄧㄡˊ
third party logistics，TPL，3PL
【物流】又称“委外物流”“外包物流”。物流模式的一种。供方、需方为集中精力做好核心业务，把原属于自己处理的物流活动，以合同方式委托给专业物流服务企业(第三方)进行。专业物流服务企业接受客户的委托，为其提供物流系统设计以及系统运营服务。

第三纪/第三紀 dìsānjì/ㄉㄧˋ ㄙㄢ ㄐㄧˋ
Tertiary Period
【地】原为新生代的第一个纪。分为老第三纪和新第三纪。现国际上已不再使用，而将老第三纪改为古近纪，新第三纪改为新近纪。

第三利润源说/第三利潤源説
dì-sān lìrùnyuánshuō/
ㄉㄧˋ ㄙㄢ ㄌㄧˋ ㄖㄨㄣˋ ㄩㄢˊ ㄕㄨㄛ

third profit source theory

【物流】又称“利润中心说”。物流领域中的一种理论。认为物流为企业提供大量直接或间接的利润，是形成企业经营利润的主要活动。1950—1955 年，降低制造成本是日本企业经营的第一利润源；1955—1965 年，增加销售额是其经营的第二利润源；1965 年后，物流领域的潜力逐渐受到重视；1970 年，早稻田大学教授西泽修在《物流——降低成本的关键》一书中提出：“企业的利润源泉随着时代的发展和企业经营重点的转移而变化，物流费用降低成为企业的第三利润源。”

第三系/第三系 dìsānxì/ㄉㄧˋ ㄙㄢ ㄒㄧˋ

Tertiary System

【地】原为新生界的第一个系。是第三纪时期形成的地层。现国际上已不再使用，而将原来的老第三系改为古近系，新第三系改为新近系。

第三宇宙速度/第三宇宙速度

dì-sān yǔzhòu sùdù/
ㄉㄧˋ ㄙㄢ ㄩˇ ㄓㄡˋ ㄙㄨˋ ㄉㄨˋ

third cosmic velocity, solar escape velocity

【航】理想条件下，能使物体飞出太阳系相对地心所需的最小速度，即脱离太阳引力束缚的最小速度。其值约为 16.7 千米/秒。

第四代语言/第四代語言

dì-sì dài yǔyán/ㄉㄧˋ ㄙˋ ㄉㄞˋ ㄩˇ ㄧㄢˊ

fourth-generation language, 4GL

【信息】让用户能以准自然语言编写语句的高级语言。与第三代语言相比，机器指令与简单语句之比高出很多，并进一步提升了抽象水平，用户可在超出先前各代程序设计语言的水平上工作。例如对某一顾客表排序可表达为“按顾客名升序将顾客表排序”，用户不必知道任何排序算法。

第四纪/第四紀 dìsìjì/ㄉㄧˋ ㄙˋ ㄐㄧˋ

Quaternary Period

【地】新生代的第三个纪。从距今约 181 万年至今。是地球历史上最新的一个纪，按时间早晚的顺序，分为更新世和全新世。被子植物和哺乳动物高度发展，人类出现。

第四系/第四系 dìsìxì/ㄉㄧˋ ㄙˋ ㄒㄧˋ

Quaternary System

【地】新生界的第三个系。是第四纪时期形成的地层。

第五公设/第五公設

dì-wǔ gōngshè/ㄉㄧˋ ㄨˇ ㄍㄨㄥ ㄕㄜˋ

fifth postulate

【数】欧几里得所著《几何原本》中第五个公设（涉及几何图形的公理）。与通常的欧氏几何平行公理等价，原文为“二直线与第三条直线相交，若在第三条直线的一侧的两内角之和小于二直角，则二直线必在这一侧相交。”这个公设不如其他公设那样简明，历史上有很多人试图证明，都未成功。后来认识到它是不可证明的命题，并由构造与它不同的假设而产生了非欧几何。

第一次数学危机/第一次數學危機

dì-yī cì shùxué wēijī/
ㄉㄧˋ ㄧ ㄘˋ ㄕㄨˋ ㄒㄩㄝˊ ㄨㄟˊ ㄐㄧ

first crisis in mathematics

【数】由无理数的发现导致对传统数学观点产生质疑，继而引发数学理论基础的危机。公元前 6 世纪古希腊的毕达哥拉斯学派对数极为崇拜，认为“万物皆数”，即一切事物都可用正整数或它们的比来解释。发现直角三角形的两条直角边的平方和等于斜边的平方，因此边长为 a 的正方形的对角线长为$\sqrt{2}a$。后来这个学派中有人发现，正方形的对角线长与边长的比不能用正整数的比来表示，即$\sqrt{2}$既不是正整数，也不是正整数的比。这说明除了正整数以及它们的比之外，还存在按照传统观点认为是不合理的其他的数。人们开始怀疑长期以来确信无疑的基本信条，由此引起极大的震动，史称第一次数学危机。为解决危机，人们开始研究几何量（例如线段长）的不可公度问题，得出表示不可公度量之比的无理数的概念。随着无理数逐渐被人们接受，第一次数学危机得到解决。

第一代语言/第一代語言

dì-yī dài yǔyán/ㄉㄧˋ ㄧ ㄉㄞˋ ㄩˇ ㄧㄢˊ

first-generation language, 1GL

【信息】对计算机机器语言的依赖性很高，与汇编语言极为相似的程序设计语言。

第一度燒傷

ㄉㄧˋ ㄧ ㄉㄨˋ ㄕㄠ ㄕㄤ/dì-yī dù shāoshāng

first degree burn

【医】台湾名。即“一度烧伤”(1329 页)。

第一颈椎 dì-yī jǐngzhuī/ㄉㄧˋ ㄧ ㄐㄧㄥˇ ㄓㄨㄟ

【医】即“寰椎”(532 页)。

第一印象/第一印象

dì-yī yìnxiàng/ㄉㄧˋ ㄧ ㄧㄣˋ ㄒㄧㄤˋ

primary impression

【心】第一次接触不熟悉的社会知觉对象后,所获得的信息及由此对其所形成的印象。第一印象对总的印象形成有较大的影响力,即先入为主,但第一印象并不完全可信和可靠,需对以后获得的信息进行全面分析和理解,印象才可能趋于正确。

D

第一宇宙速度/第一宇宙速度

dì-yī yǔzhòu sùdù/ㄉㄧˋ ㄧ ㄩˇ ㄓㄡˋ ㄙㄨˋ ㄉㄨˋ

first cosmic velocity, elliptic velocity

【航】又称“地球环绕速度”。理想条件下,能使物体在半径与地球半径相同的圆形轨道上环绕地球飞行所需的最小速度。即理想条件下,无动力物体能环绕地球飞行的最低轨道(轨道半径与地球半径相等)速度。其值约为 7.9 千米/秒。

📖 通常把航天器达到环绕地球、脱离地球和飞出太阳系所需要的最小速度,分别称为第一宇宙速度、第二宇宙速度和第三宇宙速度。

第一子代 ㄉㄧˋ ㄧ ㄗˇ ㄉㄞˋ/dì-yī zǐdài

first filial generation, F1

【生】台湾名。即“子一代”(1495 页)。

棣美弗公式

ㄉㄧˋ ㄇㄟˇ ㄈㄨˊ ㄍㄨㄥ ㄕˋ/Dìměifú gōngshì

de Moivre formula

【数】台湾名。即“棣莫弗公式”(236 页)。

棣莫弗公式/棣美弗公式

Dìmòfú gōngshì/ㄉㄧˋ ㄇㄟˇ ㄈㄨˊ ㄍㄨㄥ ㄕˋ

de Moivre formula

【数】复数计算的一个重要公式。

设 $z=r(\cos\theta+\mathrm{i}\sin\theta)$,

则 $z^n=r^n(\cos n\theta+\mathrm{i}\sin n\theta)$,

$$\sqrt[n]{z}=\sqrt[n]{r}\left(\cos\frac{\theta+2k\pi}{n}+\mathrm{i}\sin\frac{\theta+2k\pi}{n}\right),$$

$k=0,1,\cdots,n-1$。因它是法国数学家棣莫弗(De Moivre, 1667—1754)创立的而得名。

棣棠花/棣棠花 dìtánghuā/ㄉㄧˋ ㄊㄤˊ ㄏㄨㄚ

kerria

【植】*Kerria japonica* 又称“黄榆梅”。蔷薇科棣棠花属。落叶灌木。小枝绿色,圆柱形,常拱垂,嫩枝有棱角。叶互生,三角状卵形或卵圆形,先端长渐尖,边缘有齿。花单生于枝端,黄色,花瓣五枚,宽椭圆形,先端下凹。花期 4—6 月份。在中国,分布于甘肃、陕西,以及华东、华中和西南。观赏花卉。

遞迴 ㄉㄧˋ ㄏㄨㄟˊ/dìhuí

recursion

【信息】台湾名。即“递归”(233 页)。

遞迴數列 ㄉㄧˋ ㄏㄨㄟˊ ㄕㄨˋ ㄌㄧㄝˋ/dìhuí shùliè

recurrent progression

【数】台湾名。即“递归数列”(233 页)。

遞移性 ㄉㄧˋ ㄧˊ ㄒㄧㄥˋ/dìyíxìng

transitivity

【数】台湾名。即“传递性”(144 页)。

碲/碲 dì/ㄉㄧˋ

tellurium

【化】非金属元素。属周期表第ⅥA 族,符号 Te,原子序数 52。原子量 127.6。自然界分散于金、银、铋、铅、汞的碲化物矿石中。单质为银白色带金属光泽晶体或浅灰色粉末,性脆,有金属性质。能传热、导电,有光导性,化学性质比较活泼。可用来制合金,是重要的半导体材料。

📖 1782 年,奥地利的米勒(F.J.Müller)从含有其他金属的金矿中发现了一种类似锑的新元素;1798 年,德国的克拉普罗特(M.H.Klaproth)从金矿中分离出这种元素,但他仍将发现权让给了米勒。拉丁文定名为 tellurium,源自 tellus,意思是“地球”。中文定名为“碲”,是形声字。

dian (ㄉㄧㄢ)

颠茄/顛茄 diānqié/ㄉㄧㄢ ㄑㄧㄝˊ

belladonna

【植】*Atropa belladonna* 茄科颠茄属。多年生草本植物。茎扁圆柱形,下部带紫色,上部叉状分枝。叶互生,卵形或卵状椭圆形,先端尖。花单生于叶腋,被毛,花冠俯垂,筒状钟形,上部淡紫色,下部黄绿色,五浅裂。浆果球形,成熟时黑紫色,光滑,汁液紫色。花果期6—9月份。中国各地均有栽培。全草入药。

癫病/癲病 diānbìng/ㄉㄧㄢ ㄅㄧㄥˋ

depressive psychosis

【中医】中医内科疾病之一。因情志所伤，或先天遗传，引起痰气郁结，蒙蔽心窍，或阴阳失调，精神失常所致，症见神志错乱，精神抑郁，表情淡漠，沉默呆滞，语无伦次，静而少动等。理气解郁，畅达神机为其治疗大法。同时，移情易性不但是防病治病的需要，也是防止反复或意外发生的措施。肝郁气滞证，宜疏肝解郁，行气导滞，可用柴胡疏肝散加味；痰气郁结证，宜理气解郁，化痰醒神，可用加味导痰汤；心脾两虚证，宜健脾养心，调畅气机，可用养心汤送服越鞠丸；气阴两虚证，宜益气养阴，可用四君子汤送服大补阴丸等。

癫狂病/癲狂病

diānkuángbìng/ㄉㄧㄢ ㄎㄨㄤˊ ㄅㄧㄥˋ

manic-depressive psychosis, * mania and withdrawal disease

【中医】中医内科疾病之一。多因情志不舒，气郁生痰、化火，扰乱神明所致，症见情感高潮与低落、躁狂与抑郁交替出现等。癫多表现为静而抑郁，情感淡漠，偏于虚证；狂多表现为动而躁扰，喧闹不宁，偏于实证。

癫痫 diānjiān/ㄉㄧㄢ ㄐㄧㄢ

【医】即"癫痫"(237页)。

癫痫/癲癇 diānxián/ㄉㄧㄢ ㄒㄧㄢˊ

epilepsy

【医】又称"癫痫"。多种原因引起的脑部神经元突然异常过度放电所致的脑功能失调。特征是突然和一过性症状，可表现为单一意识、精神、运动、感觉或自主神经的功能紊乱，也可表现为两种或多种症状发作。有的仅表现为失神，有的表现为意识障碍和全身抽搐等。发作通常持续数秒、数分钟或数十分钟后自行缓解。

📖 癫痫，医学界常写作"癫痫"，读作diānjiān。

点/點 diǎn/ㄉㄧㄢˇ

point

【数】只有位置、没有大小、不可分割的图形。例如线段的两端、圆的中心等。几何学中，点是只做描述而不加定义的原始概念，是构成图形的最基本的元素，图形可看作点的集合。

点波束/點波束

diǎnbōshù/ㄉㄧㄢˇ ㄅㄛ ㄕㄨˋ

spot beam

【信息】半功率宽度在几度以内的波束。

点到点连接/點對點連接

diǎndàodiǎn liánjiē/

ㄉㄧㄢˇ ㄉㄠˋ ㄉㄧㄢˇ ㄌㄧㄢˊ ㄐㄧㄝ

point-to-point connection

【信息】通信系统中单个始发终端与单个目的地终端之间建立的连接。

点到点协议/點對點協定

diǎndàodiǎn xiéyì/

ㄉㄧㄢˇ ㄉㄠˋ ㄉㄧㄢˇ ㄒㄧㄝˊ ㄧˋ

Point-to-Point Protocol, PPP

【信息】又称"点对点协议"。为在点到点的串行线路上发送IP数据而制定的数据链路协议。点到点指从单个始发终端到单个目的地终端。

点地梅/點地梅 diǎndìméi/ㄉㄧㄢˇ ㄉㄧˋ ㄇㄟˊ

umbellate rockjasmine herb

【植】*Androsace umbellata* 报春花科点地梅属。一至二年生草本植物。全株被毛。叶基生，近圆形，基部浅心形，边缘有齿。花莛数条由叶丛中抽出，直立，伞形花序，花萼杯状，五深裂达基部，呈星状水平展开，花冠白色，喉部黄色，裂片倒卵状长圆形。花期2—4月份。在中国，分布于东北、华北和秦岭以南各地。野生花草。全草入药。

点电荷/點電荷 diǎndiànhè/ㄉㄧㄢˇ ㄉㄧㄢˋ ㄏㄜˋ

point charge

【物】视为集中于一点的电荷。即带电的点，是理想化模型。当带电体的大小比到其他带电体的距离小得多的情况下，在研究与其他带电体的作用时，可不考虑其形状、大小和电荷的分布情况，视其为点电荷。

点对点协议

diǎnduìdiǎn xiéyì/ㄉㄧㄢˇ ㄉㄨㄟˋ ㄉㄧㄢˇ ㄒㄧㄝˊ ㄧˋ

【信息】即"点到点协议"(237页)。

点焊/點焊 diǎnhàn/ㄉㄧㄢˇ ㄏㄢˋ

spot welding

【机】电阻焊的一种。将两金属件装配成搭接接头,并压紧在两电极之间,电流通过接触点使其迅速加热,在电极压力作用下实现连接。主要用于薄板结构及钢筋等的焊接。

点击/點選 diǎnjī/ㄉㄧㄢˇ ㄒㄩㄢˇ

click

【信息】进行计算机操作时,移动鼠标,把鼠标指针指向所要操作之处并用手指按动鼠标键。

点击次数/命中計數

diǎnjī cìshù/ㄇㄧㄥˋ ㄓㄨㄥˋ ㄐㄧˋ ㄕㄨˋ

hit count

【信息】在一段时间内,各用户访问计算机网络站点上特定资源的累计次数。

点击率/鍵擊率 diǎnjīlǜ/ㄐㄧㄢˋ ㄐㄧˊ ㄌㄩˋ

click rate

【信息】网站页面上某一内容被用户点击的次数与其被显示次数之比。反映这一内容受关注的程度。

点浇 diǎnjiāo/ㄉㄧㄢˇ ㄐㄧㄠ

【水利】即"穴灌"(1293 页)。

点式住宅/點式住宅

diǎnshì zhùzhái/ㄉㄧㄢˇ ㄕˋ ㄓㄨˋ ㄓㄞˊ

point block

【建】建筑的宽度和进深相近的住宅。各居室均有较好的采光,在居住区中布置灵活,节约用地,视野开阔。但建筑的外墙面较长,热损耗较大,造价较高,并且户型的均好性差(每个楼层中都有通风朝向不佳的户型)。

点水雀 diǎnshuǐquè/ㄉㄧㄢˇ ㄕㄨㄟˇ ㄑㄩㄝˋ

【动】即"白鹡鸰"(19 页)。

点突变 diǎntūbiàn/ㄉㄧㄢˇ ㄊㄨ ㄅㄧㄢˋ

【生】即"基因突变"(568 页)。

碘/碘 diǎn/ㄉㄧㄢˇ

iodine

【化】非金属元素。属周期表第ⅦA族,符号I,原子序数53。原子量126.9。自然界存在于海藻、智利硝石、地下咸水以及石油产区的矿井水中。是人体必需的微量元素,大部分集中在甲状腺中,缺碘可导致甲状腺肿。单质为正交晶系黑紫色晶体,有金属光泽,在高压下变为金属导体,性脆,易升华,蒸气呈紫色,化学性质活泼。有毒性和腐蚀性。放射性碘-131广泛用于医疗。

📖 1811年,法国的库尔图瓦(J.B.Courtois)偶然发现含有海草灰和酒精的液体与硫酸混在一起时出现一缕紫色气体。经重做实验,认真分析,确认这是一种新元素。拉丁文定名为iodium,源自希腊文iode,意思是"紫色"。中文定名为"碘",是形声字。

碘化食鹽

ㄉㄧㄢˇ ㄏㄨㄚˋ ㄕˊ ㄧㄢˊ/diǎnhuà shíyán

iodized salt

【轻】台湾名。即"碘盐"(238 页)。

碘缺乏病/碘缺乏病

diǎnquēfábìng/ㄉㄧㄢˇ ㄑㄩㄝ ㄈㄚˊ ㄅㄧㄥˋ

iodine deficient disorder, IDD

【医】因碘缺乏(环境缺碘、人体摄取碘不足)造成机体碘营养不良的疾病。包括地方性甲状腺肿、地方性克汀病,地方性亚临床型克汀病及影响生育而出现的流产、早产、死产、先天畸形等。

碘盐/碘化食鹽

diǎnyán/ㄉㄧㄢˇ ㄏㄨㄚˋ ㄕˊ ㄧㄢˊ

iodized salt

【轻】添加碘酸钾的食盐。由于中国大部分地区缺碘,所以国家强制在食盐中加入少量碘酸钾,以降低患碘缺乏病的风险。

點對點連接

ㄉㄧㄢˇ ㄉㄨㄟˋ ㄉㄧㄢˇ ㄌㄧㄢˊ ㄐㄧㄝ/

diǎnduìdiǎn liánjiē

point-to-point connection

【信息】台湾名。即"点到点连接"(237 页)。

點對點協定

ㄉㄧㄢˇ ㄉㄨㄟˋ ㄉㄧㄢˇ ㄒㄧㄝˊ ㄉㄧㄥˋ/

diǎnduìdiǎn xiédìng

Point-to-Point Protocol, PPP

【信息】台湾名。即"点到点协议"(237 页)。

點選 ㄉㄧㄢˇ ㄒㄩㄢˇ/diǎnxuǎn

click

【信息】台湾名。即"点击"(238 页)。

點選連結

ㄉㄧㄢˇ ㄒㄩㄢˇ ㄌㄧㄢˊ ㄐㄧㄝˊ/diǎnxuǎn liánjié

click through

【信息】台湾名。即"击通量"(558 页)。

电/電 diàn/ㄉㄧㄢˋ

electricity

【物】物质的一种属性。有电荷存在和电荷变化的现象。

📖 公元16世纪英国御医吉尔伯特(William Gilbert，1544—1603)创造了这个词。

电表/電錶 diànbiǎo/ㄉㄧㄢˋ ㄅㄧㄠˇ

electricity meter

【物】测量各种电学量仪表的统称。有电流表、电压表、电阻表、电能表等。

电冰柜/冰櫃 diànbīngguì/ㄅㄧㄥ ㄍㄨㄟˋ

electric refrigerator，ice chest

【轻】简称"冰柜"。电器的一种。具有保持低温冷藏功能的制冷设备。其主要构造和工作原理与电冰箱基本相同，冷藏温度通常在－18℃以下。可分为家用和商用两大类，常用于保存需要在冰点以下冻藏的食品等。

电冰箱/電冰箱

diànbīngxiāng/ㄉㄧㄢˋ ㄅㄧㄥ ㄒㄧㄤ

refrigerator

【轻】简称"冰箱"。家用电器的一种。具有保持恒定低温功能的制冷设备。由电动机、压缩机、冷凝剂循环系统和带有制冷装置的冷藏室及冷冻室构成。冷藏室温度在5℃左右，冷冻室温度在－18℃以下。常用于冷藏常温下易变质的食品等。

电场/電場 diànchǎng/ㄉㄧㄢˋ ㄔㄤˇ

electric field

【物】存在于电荷或变化磁场周围空间的物质。传递电荷间的相互作用，具有能量，并能和带电体交换能量。静止电荷周围空间的电场为静电场；变化磁场周围的电场为感应电场，又称涡旋电场。通常情形下的电场是上述两者的叠加，并与磁场有紧密联系，即电场、磁场为统一的电磁场，相互依存和相互制约。

电场强度/電場強度

diànchǎng qiángdù/ㄉㄧㄢˋ ㄔㄤˇ ㄑㄧㄤˊ ㄉㄨˋ

electric field strength

【物】描述电场对电荷作用力的物理量。为矢量。位于电场中某一点的试探正电荷所受到的电场力 F 与其电荷量 q 的比值。用 E 表示，数学表达式为 $E=F/q$。单位伏/米。

电场强度叠加原理/電場強度疊加原理

diànchǎng qiángdù diéjiā yuánlǐ/ㄉㄧㄢˋ ㄔㄤˇ ㄑㄧㄤˊ ㄉㄨˋ ㄉㄧㄝˊ ㄐㄧㄚ ㄩㄢˊ ㄌㄧˇ

superposition principle of electric field strengths

【物】一组点电荷在某点所产生的电场强度，等于各点电荷单独存在时在该点产生的电场强度的矢量和。

电场线/電場線

diànchǎngxiàn/ㄉㄧㄢˋ ㄔㄤˇ ㄒㄧㄢˋ

electric field line

【物】用以形象地描述电场分布的假想曲线。在电场中画出一系列曲线，其上每一点的切线方向均与该点电场强度方向一致。从正电荷或无限远出发，终止于无限远或负电荷；在电场中不相交。在同一幅图中，电场强度较大的地方电场线较密，电场强度较小的地方电场线较疏。静电场的电场线不会形成闭合曲线，也不会在没有电荷的地方中断；感应电场的电场线是闭合曲线。

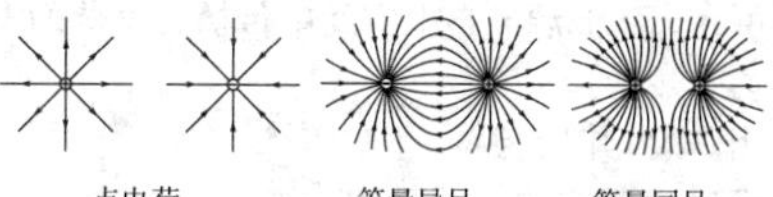

几种电场的电场线

电池/電池 diànchí/ㄉㄧㄢˋ ㄔˊ

cell，battery

【化】把化学能或光能等转变成电能的装置。能够自主产生直流电流。可分为干电池、充电电池、蓄电池、太阳能电池等。

📖 英语中cell的原义是格子状的单元，如蜂窝、囚室、细胞等，在此指单体电池。由于单体电池的电压有一定值，应用时常常将多个cell组合成battery，即电池组。

电冲剪/電動囓切機

diànchòngjiǎn/ㄉㄧㄢˋ ㄉㄨㄥˋ ㄋㄧㄝˋ ㄑㄧㄝ ㄐㄧ

electric nibbler

【机】电动工具的一种。利用上下冲头的冲切来切割板材。适用于冲剪各种几何形状的内孔。

电除颤/電除顫
diànchúchàn/ㄉㄧㄢˋ ㄔㄨˊ ㄔㄢˋ
electric defibrillation
【医】又称"电复律"。用一定强度的电流作用于心脏,使全部或部分心肌除极,然后心脏在自律性最高的起搏点重新主导心脏节律(通常是窦性心律)的过程和方法。

电传感器/電感測器
diànchuángǎnqì/ㄉㄧㄢˋ ㄍㄢˇ ㄘㄜˋ ㄑㄧˋ
electric sensor
【电】被某一物理现象激发后产生一个电信号来表征这一物理现象的器件。

电磁泵/電磁泵 diàncíbèng/ㄉㄧㄢˋ ㄘˊ ㄅㄥˋ
electromagnetic pump
【机】一种特殊的泵。利用电动机原理,使处于磁场中的通电流体在电磁力作用下向一定方向流动。结构简单,密封性好,运转可靠。多用于泵送液态金属,特别是有毒、有腐蚀性的液态金属。

电磁波/電磁波 diàncíbō/ㄉㄧㄢˋ ㄘˊ ㄅㄛ
electromagnetic wave
【物】在空间传播着的交变电磁场。是横波,可在远离波源的自由空间中传播。振荡的电场 E、磁场 B 互相垂直,并均与传播方向垂直。具有能量和动量。在真空中的传播速度与光速相同。包括无线电波、红外线、可见光、紫外线、X 射线、γ 射线及宇宙射线。

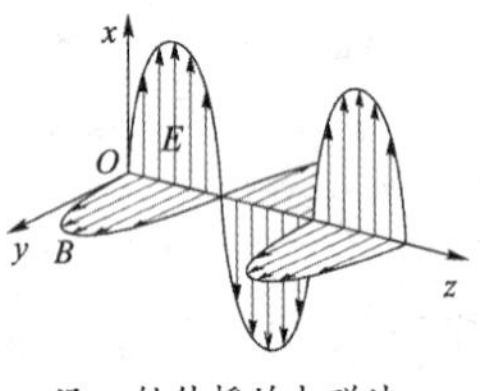

沿 z 轴传播的电磁波

📖 1832 年,英国物理学家法拉第(M. Faraday, 1791—1867)预言了电磁波的存在。1865 年,英国物理学家麦克斯韦(J.C. Maxwell, 1831—1879)从理论论证了变化的电磁场必然以波的形式在空间传播,在真空中传播的速度等于光速。1887 年,德国物理学家赫兹(H. R. Hertz, 1857—1894)用实验证实了这一点。

电磁波谱/電磁波譜
diàncíbōpǔ/ㄉㄧㄢˋ ㄘˊ ㄅㄛ ㄆㄨˇ
electromagnetic wave spectrum
【物】频谱中的一大类。按波长(或频率)把无线电波、微波、红外线、可见光、紫外线、X 射线等排列起来构成的图谱。

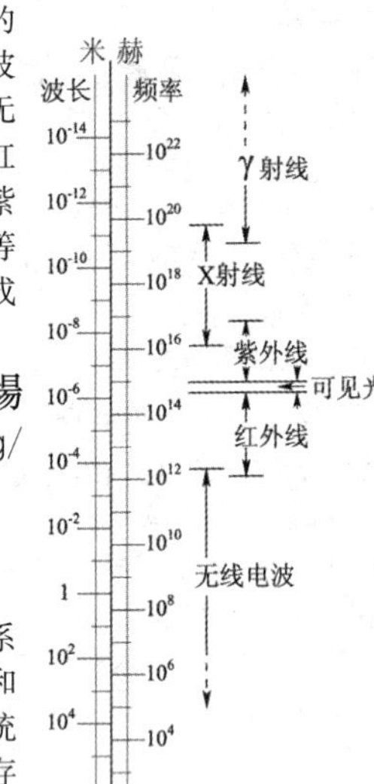

电磁波谱

电磁场/電磁場
diàncíchǎng/ㄉㄧㄢˋ ㄘˊ ㄔㄤˇ
electromagnetic field
【物】相互联系的变化电场和变化磁场的统称。是物质存在的一种形式。磁场的任何变化会产生电场,电场的任何变化又会产生磁场,两者互相依存、互为因果。存在于电荷或电流周围,并能脱离电荷和电流,不依靠其他物质在空间传播而形成电磁波。

📖 1860 年,英国物理学家麦克斯韦(J. C. Maxwell, 1831—1879)系统地总结了前人电磁理论的研究成果,创造性地建立了经典电磁场理论。

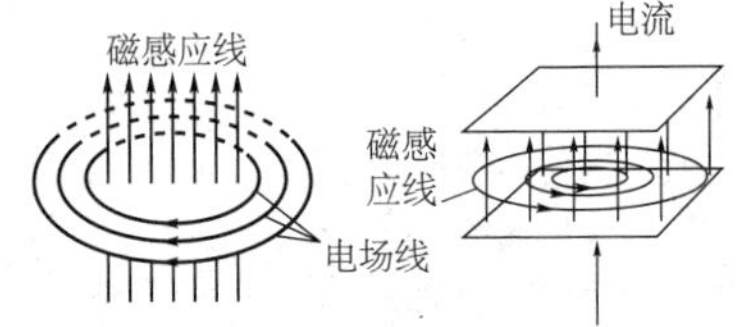

变化的磁场产生电场　变化的电场产生磁场

电磁场数值计算/電磁場數值計算
diàncíchǎng shùzhí jìsuàn/ㄉㄧㄢˋ ㄘˊ ㄔㄤˇ ㄕㄨˋ ㄓˊ ㄐㄧˋ ㄙㄨㄢˋ
numerical computation of electromagnetic field
【电】用数值分析方法求解电磁场定解问题。常用的数值分析方法包括有限元法、有限差分法、边界元法以及模拟电荷法、矩量法等。

电磁辐射/電磁輻射
diàncí fúshè/ㄉㄧㄢˋ ㄘˊ ㄈㄨˊ ㄕㄜˋ
electromagnetic radiation
【电】电磁场能量以波的形式向周围空间发射电磁波的现象。按电磁波的频率由低到高的顺序,可分为无线电辐射、红外辐射、可见光辐射、紫外线辐射、X射线辐射、γ射线辐射及宇宙射线辐射等。

电磁辐射监测/電磁輻射監測
diàncí fúshè jiāncè/
ㄉㄧㄢˋ ㄘˊ ㄈㄨˊ ㄕㄜˋ ㄐㄧㄢ ㄘㄜˋ
electromagnetic radiation monitoring
【环】对环境中电磁波强度进行的监测。用专门仪器对不同频率、不同功率和不同辐射类型的射频装置辐射进行监测,为观测和研究电磁辐射对人体和其他生命体可能造成的影响提供依据。

电磁干扰/電磁干擾
diàncí gānrǎo/ㄉㄧㄢˋ ㄘˊ ㄍㄢ ㄖㄠˇ
electromagnetic interference, EMI
【物】导致设备、信道和系统的性能产生不良影响的电磁辐射。其源头通常分为自然干扰源和人为干扰源两类。前者如雷电、太阳或宇宙电磁辐射等;后者如高频微波设备、电动机、继电器、氖灯、荧光灯、静电放电及核电磁脉冲等。

电磁感应/電磁感應
diàncí gǎnyìng/ㄉㄧㄢˋ ㄘˊ ㄍㄢˇ ㄧㄥˋ
electromagnetic induction
【物】穿过导体回路的磁通量发生变化时,闭合电路中产生电流的现象。

电磁感应定律/電磁感應定律
diàncí gǎnyìng dìnglǜ/
ㄉㄧㄢˋ ㄘˊ ㄍㄢˇ ㄧㄥˋ ㄉㄧㄥˋ ㄌㄩˋ
law of electromagnetic induction
【电】表征导体线圈中磁通量变化与所产生的感应电动势间关系的定律。导体线圈中产生的感应电动势,其大小正比于单位时间内线圈所切割的磁通量。数学表达式为:$e=-\frac{d\phi}{dt}$。式中,e 为线圈感应电动势,ϕ 为线圈所切割的磁通量。如果该线圈有 w 匝,且各匝交链的磁通量都等于 ϕ,则电磁感应定律表示为:$e=-w\frac{d\phi}{dt}$。

电磁环境/電磁環境
diàncí huánjìng/ㄉㄧㄢˋ ㄘˊ ㄏㄨㄢˊ ㄐㄧㄥˋ
electromagnetic environment
【环】电磁场能量以波的形式向外发射所形成的环境。包括天然电磁环境和人工电磁环境,前者由自然环境固有的电磁特性所形成,后者是人类活动产生的电磁辐射空间。

电磁力/電磁力 diàncílì/ㄉㄧㄢˋ ㄘˊ ㄌㄧˋ
electromagnetic force
【电】电荷、电流在电磁场中所受力的总称。

电磁流量计/電磁流量計
diàncí liúliàngjì/ㄉㄧㄢˋ ㄘˊ ㄌㄧㄡˊ ㄌㄧㄤˋ ㄐㄧˋ
electromagnetic flowmeter
【机】速度式流量计的一种。根据法拉第电磁感应定律,在非磁性管道中利用测量导电流体平均速度而显示流量。适用于导电性液体的流量测量。

电磁炉/電磁爐 diàncílú/ㄉㄧㄢˋ ㄘˊ ㄌㄨˊ
induction cooker, electromagnetic oven
【轻】小型家用电器的一种。利用电磁感应加热原理制成的烹饪器具。主要由高频感应加热线圈(即励磁线圈)、高频电流转换装置、电子控制电路及铁磁材料锅具等构成。整流装置和控制电路将普通交流电转换成高频电流,在螺旋状磁感应加热线圈中形成高频交变磁场,磁力线通过铁磁材料锅具底部时被切割,在锅体内产生高频交变涡流,使其内部的铁分子高速无规则运动,分子互相碰撞、摩擦而使锅具发热,将锅内食物加热。特点是加热过程无明火,安全卫生。

电磁脉冲弹/電磁脈衝彈
diàncí màichōngdàn/
ㄉㄧㄢˋ ㄘˊ ㄇㄞˋ ㄔㄨㄥ ㄉㄢˋ
electromagnetic pulse bomb
【军】能产生强电磁脉冲以毁坏敌方电子信息设备或破坏其正常工作的弹药的统称。包括电磁脉冲炸弹、电磁脉冲炮弹、电磁脉冲导弹等。主要用来破坏雷达、无线电通信设备、电子对抗设备、计算机及光电、射频制导武器等。

电磁炮/電磁炮 diàncípào/ㄉㄧㄢˋ ㄘˊ ㄆㄠˋ
electromagnetic gun

【军】利用电磁发射技术使弹丸高速发射的武器。主要分为电磁轨道炮和电磁线圈炮。简单的电磁轨道炮由一对平行金属导轨、一个电枢、弹丸、高功率脉冲电源和开关组成。电枢是可滑动的导电物质(等离子体或固态金属)。当开关接通时,电流通过导轨→电枢→导轨→电源形成回路,产生磁场,载流电枢在磁场中受到电磁力作用被加速,推动弹丸高速射出炮口。

电磁屏蔽/電磁遮蔽
diàncí píngbì/ㄉㄧㄢˋ ㄘˊ ㄓㄜ ㄅㄧˋ
electromagnetic screen, electromagnetic shield
【物】防止或减少电磁场侵入某些空间的措施。隔离静电场和电磁波可用接地的金属网等,隔离静磁场通常可用高磁导率的材料制成的空腔壳体。

电磁体/電磁體 diàncítǐ/ㄉㄧㄢˋ ㄘˊ ㄊㄧˇ
electromagnet
【物】又称"电磁铁"。利用电流的磁效应使铁芯磁化而产生吸力的装置。通常由软磁材料制成的铁芯和激磁线圈组成。线圈中有电流时,铁芯被磁化,对铁磁体产生吸力;电流越强,吸力越大。线圈中没有电流时,铁芯去磁,吸力消失。广泛应用在工程技术上。

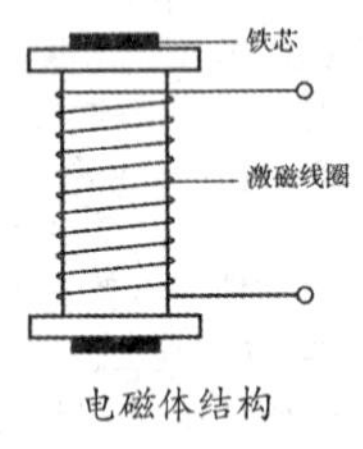

电磁体结构

电磁铁 diàncítiě/ㄉㄧㄢˋ ㄘˊ ㄊㄧㄝˇ
【物】即"电磁体"(242 页)。

电磁污染/電磁污染
diàncí wūrǎn/ㄉㄧㄢˋ ㄘˊ ㄨ ㄖㄢˇ
electromagnetic pollution
【环】电磁辐射强度超过人体所能承受或仪器设备所能容许限度的现象。有自然过程产生的,如太阳黑子活动引起的磁暴和雷电产生的电磁干扰。通常指人类活动造成的,如生产过程中的脉冲放电、工频交变电磁场和射频电磁辐射等,是造成电磁污染的主要原因。

电磁相互作用/電磁交互作用
diàncí xiānghù zuòyòng/ㄉㄧㄢˋ ㄘˊ ㄐㄧㄠ ㄏㄨˋ ㄗㄨㄛˋ ㄩㄥˋ
electromagnetic interaction
【物】基本相互作用的一种。作用于电荷之间或电荷与磁体之间。是作用范围可从原子核外到一切宏观尺度的长程力。光子参与传递,通过交换光子实现。

电磁学/電磁學
diàncíxué/ㄉㄧㄢˋ ㄘˊ ㄒㄩㄝˊ
electromagnetic, electromagnetism
【物】物理的分支。研究电磁现象的规律和应用。重点研究电荷、电流与电场、磁场的相互作用和联系及其规律与产生的效应,交直流电路的基本规律和计算方法等。由于电磁现象普遍存在于自然界,与日常生活及各领域密切相关,故是自然科学及工程技术的重要基础。

电磁振荡/電磁振盪
diàncí zhèndàng/ㄉㄧㄢˋ ㄘˊ ㄓㄣˋ ㄉㄤˋ
electromagnetic oscillation
【物】电路中储能组件内电能与磁能不断周期性相互转化的过程。

电导/電導 diàndǎo/ㄉㄧㄢˋ ㄉㄠˇ
conductance
【物】❶描述导体导电性能的物理量,数值上等于电阻的倒数,常用 G 表示,$G=1/R$。单位西[门子][S]。1 西=1/欧。❷复导纳的实部,参见"导纳"(206 页)。

电导率/傳導係數
diàndǎolǜ/ㄔㄨㄢˊ ㄉㄠˇ ㄒㄧˋ ㄕㄨˋ
conductivity
【物】电阻率的倒数。常用 γ 表示,单位西/米。$\gamma=1/\rho$。

电动扳手/電動扳手
diàndòng bānshou/ㄉㄧㄢˋ ㄉㄨㄥˋ ㄅㄢ ㄕㄡˇ
electric wrench
【机】电动工具的一种。由电动机提供动力,用于拧紧和旋松螺栓及螺母。可分为冲击扳手、扭剪扳手、定扭矩扳手、转角扳手等。

电动车组/電聯車
diàndòngchēzǔ/ㄉㄧㄢˋ ㄌㄧㄢˊ ㄔㄜ
electric railcar train
【交】以电力为动力的动车组。

电动扶梯
diàndòng fútī/ㄉㄧㄢˋ ㄉㄨㄥˋ ㄈㄨˊ ㄊㄧ
【机】即"自动扶梯"(1499 页)。

电动工具/電動工具

diàndòng gōngjù/ㄉㄧㄢˋ ㄉㄨㄥˋ ㄍㄨㄥ ㄐㄩˋ

electric tool

【机】用电动机作动力的手工具。便于携带，适用于装配线或室外工作。有电钻、电锤、电锉等。

电动攻丝机/電動攻螺絲機

diàndòng gōngsījī/

ㄉㄧㄢˋ ㄉㄨㄥˋ ㄍㄨㄥ ㄌㄨㄛˊ ㄙ ㄐㄧ

electric tapper

【机】电动工具的一种。设有反转装置，用于加工内螺纹。由伺服电机、控制器、显示屏、丝锥扭力保护夹头、支架等部分组成。

电动刮刀/電動刮刀

diàndòng guādāo/ㄉㄧㄢˋ ㄉㄨㄥˋ ㄍㄨㄚ ㄉㄠ

electric scraper

【机】电动工具的一种。用于对已加工的金属表面进行刮削。

电动机/電動機

diàndòngjī/ㄉㄧㄢˋ ㄉㄨㄥˋ ㄐㄧ

motor

【电】将电能转化为机械能的电机。

电动螺丝刀/電動螺絲起子

diàndòng luósīdāo/

ㄉㄧㄢˋ ㄉㄨㄥˋ ㄌㄨㄛˊ ㄙ ㄑㄧˇ ·ㄗ

electric screw driver

【机】电动工具的一种。用于拧紧和旋松螺钉。

电动抛光机/電動抛光機

diàndòng pāoguāngjī/

ㄉㄧㄢˋ ㄉㄨㄥˋ ㄆㄠ ㄍㄨㄤ ㄐㄧ

electric polisher

【机】电动工具的一种。用布、毡等抛轮对各种材料的工作表面进行抛光。

电动汽车/電動汽車

diàndòng qìchē/ㄉㄧㄢˋ ㄉㄨㄥˋ ㄑㄧˋ ㄔㄜ

electric vehicle

【机】汽车的一类。从车载储能装置中获得电能，以电动机驱动，并能满足在正规道路上行驶的各种法规要求。

电动驱动器

diàndòng qūdòngqì/

ㄉㄧㄢˋ ㄉㄨㄥˋ ㄑㄩ ㄉㄨㄥˋ ㄑㄧˋ

【自】即“电动执行机构”(243 页)。

电动砂轮机/電動磨機

diàndòng shālúnjī/ㄉㄧㄢˋ ㄉㄨㄥˋ ㄇㄛˊ ㄐㄧ

electric grinder

【机】电动工具的一种。用砂轮或磨盘来磨削各种刀具、工具。

电动势/電動勢

diàndòngshì/ㄉㄧㄢˋ ㄉㄨㄥˋ ㄕˋ

electromotive force，EMF

【物】描述电源做功本领的物理量。将单位正电荷从负极通过电源内部移动到正极时非静电力做的功。用 E 表示，单位伏[特]。如果移送电荷 q 时非静电力做的功为 W，电动势 $E=W/q$。物理学规定，自电源负极经电源内部到电源正极的方向为电动势的方向。电源开路时两极间的电势差(即端电压)大体等于电源的电动势。

电动套丝机/電動套絲機

diàndòng tàosījī/ㄉㄧㄢˋ ㄉㄨㄥˋ ㄊㄠˋ ㄙ ㄐㄧ

electric threading machine

【机】电动工具的一种。设有正反转装置，用于加工外螺纹。多用于水暖、建筑等行业流动性大的管道现场施工中。

电动往复锯/電動往復鋸

diàndòng wǎngfùjù/

ㄉㄧㄢˋ ㄉㄨㄥˋ ㄨㄤˇ ㄈㄨˋ ㄐㄩˋ

electric reciprocating saw

【机】电动工具的一种。以往复运动的锯条进行锯切。可分为电动曲线锯、电动刀锯、电动锯管机等。

电动型材切割机/電動切割機

diàndòng xíngcái qiēgējī/

ㄉㄧㄢˋ ㄉㄨㄥˋ ㄑㄧㄝ ㄍㄜ ㄐㄧ

electric cut-off machine

【机】电动工具的一种。用薄片砂轮来切割各种金属型材。

电动执行机构/電力傳動裝置

diàndòng zhíxíng jīgòu/

ㄉㄧㄢˋ ㄌㄧˋ ㄔㄨㄢˊ ㄉㄨㄥˋ ㄓㄨㄤ ㄓˋ

electric actuator

【自】又称“电动驱动器”。将控制信号进行功率放大，并促使控制对象的被控制量发生变化的电动操纵机构。

D

D

电动转向系/電動轉向系
diàndòng zhuǎnxiàngxì/ ㄉㄧㄢˋ ㄉㄨㄥˋ ㄓㄨㄢˇ ㄒㄧㄤˋ ㄒㄧˋ
electric power steering system
【机】汽车动力转向系的一种。以电动机作为动力源,由控制器、转向盘转矩传感器、车速传感器、助力电动机、减速机构、离合器、蓄电池等组成。

电动自行车/電動自行車
diàndòng zìxíngchē/ ㄉㄧㄢˋ ㄉㄨㄥˋ ㄗˋ ㄒㄧㄥˊ ㄔㄜ
electric bicycle
【轻】俗称"电动脚踏车"。自行车的一种。在普通自行车的基础上,安装有直流电动机、蓄电池、控制器、转把车闸等操纵部件和显示系统。蓄电池为辅助能源;设计车速不大于 20 千米/时,整车质量不大于 40 千克,轮胎宽度(胎内)不大于 54 毫米。既可人力骑行,又具有电动或电助动功能。

电镀/電鍍 diàndù/ ㄉㄧㄢˋ ㄉㄨˋ
electroplating
【机】金属电沉积的一种。通过电解在某些金属表面镀上一薄层其他金属或合金,以防止腐蚀,提高耐磨性、导电性、反光性及增进美观。塑料等非金属制品经过适当处理,其表面形成导电层后,也可进行电镀。工业上应用的镀层金属有锌、铜、锡、铬、银、金等。

电法勘探/地電探勘
diànfǎ kāntàn/ ㄉㄧˋ ㄉㄧㄢˋ ㄊㄢˋ ㄎㄢ
electrical prospecting
【地】一种地球物理勘探方法。根据地壳中各类岩石或矿体的电磁学性质和电化学特性的差异,利用仪器探测人工产生的或自然界本身存在的电场与电磁场,分析其特点和变化规律。主要用于寻找金属矿床、非金属矿床,勘查地下水资源和能源,解决某些工程地质及深部地质问题。

电饭煲/電鍋 diànfànbāo/ ㄉㄧㄢˋ ㄍㄨㄛ
electric cooker
【轻】俗称"电锅""电饭锅"。小型家用电器的一种。用电能加热的自动煮饭设备。由锅体、内热元件、控温和定时装置等组成。按锅体结构形式不同,可分为组合式和整体式;按使用时锅内压力不同,分为低压式(0.04MPa)、中压式(0.1MPa)和高压式(0.15M～0.2MPa);按加热食物的方式不同,可分为直接加热式和间接加热式。具有蒸、煮、炖、煨多种功能,可自动保温。

电风扇/電風扇
diànfēngshàn/ ㄉㄧㄢˋ ㄈㄥ ㄕㄢˋ
electric fan
【轻】简称"电扇"。小型家用电器的一种。用电动机带动扇叶旋转以加速空气流动的设备。主要由电动机、摇头送风机构、扇叶、网罩和控制装置等构成。

电负性/電負度
diànfùxìng/ ㄉㄧㄢˋ ㄈㄨˋ ㄉㄨˋ
electronegativity
【化】台湾又称"陰電性"。衡量原子在化合物中吸引电子能力大小的量度。原子吸引电子能力越强,电负性越大。

电复律 diànfùlǜ/ ㄉㄧㄢˋ ㄈㄨˋ ㄌㄩˋ
【医】即"电除颤"(240 页)。

电感/電感 diàngǎn/ ㄉㄧㄢˋ ㄍㄢˇ
❶inductor, ❷inductance
【物】❶"电感器"的简称。❷自感和互感的统称。与电容和电阻共同决定交流电路的性质。符号 L,单位亨[利]。

电感器/電感器 diàngǎnqì/ ㄉㄧㄢˋ ㄍㄢˇ ㄑㄧˋ
inductor
【物】简称"电感"。具有储存电场、磁场能量功能的电学元件。在电路中用 L 表示。通常为线圈。有产生磁力、磁场、感应电动势、限制高频交流电流、延迟信号传递及产生谐振等作用。广泛用于电磁体、变压器、仪表、电视机、收音机等家用电器、电工器材乃至大型电气设备中。

电感性耦合/電感性耦合
diàngǎnxìng ǒuhé/ ㄉㄧㄢˋ ㄍㄢˇ ㄒㄧㄥˋ ㄡˇ ㄏㄜˊ
inductive coupling
【电】一元件的电流引起另一元件的端子间磁通链的、电路元件间的耦合。电磁学指由一闭合路径中电流链引起的、穿过另一闭合路径所限定的任意面的磁通的磁相互作用。

电工学/電工學
diàngōngxué/ ㄉㄧㄢˋ ㄍㄨㄥ ㄒㄩㄝˊ
electrotechnology

【电】研究电磁现象的基本规律及其在工程技术上应用的学科。理论基础主要是电磁场理论、电磁感应理论、电路理论、放电理论和电能转换理论等。内容包括电路和磁路理论、电磁测量、电机与继电接触控制,安全用电、模拟电子电路、数字电路、自动控制系统等。

电功率/電功率

diàngōnglǜ/ㄉㄧㄢˋ ㄍㄨㄥ ㄌㄩˋ

electric power

【物】表征电场驱动电流做功快慢的物理量。单位时间内电路中电场驱动电流所做的功,或单位时间所消耗的电能。用 P 表示,单位瓦[特]。

电光源/電光源

diànguāngyuán/ㄉㄧㄢˋ ㄍㄨㄤ ㄩㄢˊ

electric light source

【电】将电能转换为光的器件。

电焊机/電焊機 diànhànjī/ㄉㄧㄢˋ ㄏㄢˋ ㄐㄧ

electric welding machine

【电】利用电能进行材料焊接的设备。

电荷/電荷 diànhè/ㄉㄧㄢˋ ㄏㄜˋ

electric charge

【物】物质的电组成。自然界有正电荷和负电荷两种。质子带的是正电荷,电子带的是负电荷。同种电荷互相排斥,异种电荷互相吸引。习惯上把带电体本身也称电荷。例如运动电荷、自由电荷等。

📖 美国物理学家富兰克林(B. Franklin,1706—1790)把用丝绸摩擦过的玻璃棒上的电荷称为正电荷;用毛皮摩擦的硬橡胶棒上的电荷称为负电荷。

电荷守恒定律/電荷守恆定律

diànhè shǒuhéng dìnglǜ/ㄉㄧㄢˋ ㄏㄜˋ ㄕㄡˇ ㄏㄥˊ ㄉㄧㄥˋ ㄌㄩˋ

law of conservation of charge

【物】物理学的基本定律。电荷既不能被创造,也不能被消灭,只能从一个物体转移到另一个物体,或从物体的一部分转移到另一部分。在一个孤立系统中正、负电荷的代数和保持为恒值。适用于一切宏观过程,微观过程(如核反应和粒子转化过程)也普遍遵守。

电弧焊/電弧熔接

diànhúhàn/ㄉㄧㄢˋ ㄏㄨˊ ㄖㄨㄥˊ ㄐㄧㄝ

arc welding

【机】简称"弧焊"。熔焊方法的一种。利用电弧作为热源,将两金属的连接处熔合。以焊条或焊丝为电极的称为熔化电弧焊;以钨、碳或石墨为电极的称为非熔化极电弧焊。按自动化程度不同,可分为手工电弧焊、半自动(电弧)焊、自动(电弧)焊;按焊接时用以保护熔化金属的物质不同,可分为埋弧焊和气体保护电弧焊等。

电弧炉/電弧爐 diànhúlú/ㄉㄧㄢˋ ㄏㄨˊ ㄌㄨˊ

arc furnace

【机】通过电极与炉料间产生电弧来熔炼金属的炉子。用于冶炼合金钢、优质钢和熔化各种金属,也用于冶炼铁和铁合金。可分为直接作用电弧炉、间接作用电弧炉和埋弧式电弧炉。

电弧喷涂/電弧噴敷法

diànhú pēntú/ㄉㄧㄢˋ ㄏㄨˊ ㄆㄣ ㄈㄨ ㄈㄚˇ

arc spraying

【机】喷涂的一种。利用燃烧于两根连续送进的金属丝之间的电弧来熔化金属,用高速气流将熔化的金属雾化,并对雾化的金属粒子加速,使其喷向基体而形成涂层。广泛用于钢结构的防腐蚀、耐磨损和机械零件维修等领域。

电弧切割/電弧切割

diànhú qiēgē/ㄉㄧㄢˋ ㄏㄨˊ ㄑㄧㄝ ㄍㄜ

arc cutting

【机】切割方法的一种。以炭(或石墨)棒或金属焊条作电极,利用与被切割金属间产生的电弧将切割处的金属熔化,并使熔化的金属流出以实现割开。用于切割各种金属。

电化学/電化學

diànhuàxué/ㄉㄧㄢˋ ㄏㄨㄚˋ ㄒㄩㄝˊ

electrochemistry

【化】化学的一个分支。研究电流与化学反应的直接相互作用以及电能与化学能的直接相互转变。因其效应是通过电池实现的,故有人称电化学为关于电池的化学,研究的是电池的电极、电解质及其界面行为。

电化学电池/電化電池

diànhuàxué diànchí/ㄉㄧㄢˋ ㄏㄨㄚˋ ㄉㄧㄢˋ ㄔˊ

electrochemical cell

【化】简称"化学电池"。电化学反应器的一种。能够通过化学反应自主产生并向外部输送电子，输出电子的电极为负极，另一电极为正极。电池与电解池的工作原理相同，但电流方向相反，可将化学能转化为电能。

电化学电容器/電化學電容器
diànhuàxué diànróngqì/
ㄉㄧㄢˋ ㄏㄨㄚˋ ㄒㄩㄝˊ ㄉㄧㄢˋ ㄖㄨㄥˊ ㄑㄧˋ
electrochemcial capacitor, EC
【化】利用电极存在着双电层的原理制造的电容器。双电层的厚度在0.1纳米数量级，其电容值较传统的电介质电容器高很多倍。可分为双电层电容器和超级电容器两类。

电化学反应器/電化學反應器
diànhuàxué fǎnyìngqì/
ㄉㄧㄢˋ ㄏㄨㄚˋ ㄒㄩㄝˊ ㄈㄢˇ ㄧㄥˋ ㄑㄧˋ
electrochemical reactor
【化】化学反应器的一种。指电解池和电池，其核心为两个电极及其电解质。

电化学加工
diànhuàxué jiāgōng/
ㄉㄧㄢˋ ㄏㄨㄚˋ ㄒㄩㄝˊ ㄐㄧㄚ ㄍㄨㄥ
【机】即“电解加工”(247 页)。

电化学式分析仪器/電化學分析儀
diànhuàxuéshì fēnxī yíqì/
ㄉㄧㄢˋ ㄏㄨㄚˋ ㄒㄩㄝˊ ㄈㄣ ㄒㄧ ㄧˊ
electrochemical analyzer
【机】运用电化学原理设计的分析仪器。通常有电导式分析器、电量式分析器、电位式分析器、伏安式分析器和极谱仪、滴定仪、电泳仪等。

电话充值卡/預付電話卡
diànhuà chōngzhíkǎ/
ㄩˋ ㄈㄨˋ ㄉㄧㄢˋ ㄏㄨㄚˋ ㄎㄚˇ
phone rechargeable card
【信息】用于电话付费的电子充值卡。预先储蓄的电话费因付费而减少或用完时，可以补充电话费。

电话会议/利用電傳會議
diànhuà huìyì/ ㄌㄧˋ ㄩㄥˋ ㄉㄧㄢˋ ㄔㄨㄢˊ ㄏㄨㄟˋ ㄧˋ
teleconference
【信息】不在一个地方的几方通过电话网交流的会议方式。

电话机/電話機 diànhuàjī/ ㄉㄧㄢˋ ㄏㄨㄚˋ ㄐㄧ
telephone set
【信息】传送与接收声音信号的远程通信设备。通过电线连接，可使两地的人互相交谈。主要由主机、话筒和连接线三部分构成，包括送话器、受话器、拨号器、振铃器、连接器等。按话筒与主机的联通方式不同，可分为固定电话机和无绳电话机。

电话通信/電話通訊
diànhuà tōngxìn/ ㄉㄧㄢˋ ㄏㄨㄚˋ ㄊㄨㄥ ㄒㄩㄣˋ
telephone communication
【信息】以话音来交换信息的通信方式。

电话网/電話網路
diànhuàwǎng/ ㄉㄧㄢˋ ㄏㄨㄚˋ ㄨㄤˇ ㄌㄨˋ
telephone network
【信息】通过电话提供话音信息交流业务的网络。可分为国内电话网和国际电话网。国内电话网又分为本地电话网和长途电话网；国际电话网由国内电话网路与国际电话网路两部分组成。

电火花加工/電火花加工
diànhuǒhuā jiāgōng/
ㄉㄧㄢˋ ㄏㄨㄛˇ ㄏㄨㄚ ㄐㄧㄚ ㄍㄨㄥ
spark-erosion machining, electro-discharge machining, EDM
【机】又称“放电加工”“电蚀加工”。特种加工的一种。利用浸在工作液中的两极间脉冲放电来去除工件多余材料，以及使材料改变性能或被镀覆等。加工时无切削力，不产生毛刺和刀痕沟纹等缺陷。主要用于加工具有复杂形状的型腔(孔)的模具和零件，以及各种成形刀具、螺纹环规等工具和量具。

电击/電擊 diànjī/ ㄉㄧㄢˋ ㄐㄧˊ
electric shock
【电】又称“触电”。电流通过人体或动物体而引起的病理、生理效应。

电机/電機 diànjī/ ㄉㄧㄢˋ ㄐㄧ
electric machine
【电】将电能转换成机械能，或将机械能转换成电能的能量转换器。

电极/電極 diànjí/ ㄉㄧㄢˋ ㄐㄧˊ
electrode
【化】电化学反应器的核心部分。由电子导体及与其紧密接触的离子导体构成。如电子导

体为金属,离子导体即为电解质,可表示为金属/电解质(有时用"|")。电极界面上发生电极反应,伴随电子的得失,电流由此产生,并通过电极的电子导体输出或输入,或与外界进行电流交换。通常将电极的电子导体部分称为电极,如铂电极、石墨电极、半导体电极等,也将金属/电解质体系称为半电池。

电极反应/電極反應

diànjí fǎnyìng/ㄉㄧㄢˋ ㄐㄧˊ ㄈㄢˇ ㄧㄥˋ

electrode reaction

【化】电极界面上发生的化学反应。反应中伴随电子的得失。获得电子的电极发生还原反应,称正极反应;失去电子的电极发生氧化反应,称负极反应。

电加热/電加熱 diànjiārè/ㄉㄧㄢˋ ㄐㄧㄚ ㄖㄜˋ

electric heating

【电】利用由电能产生的热能进行加热。

电剪刀/電剪刀

diànjiǎndāo/ㄉㄧㄢˋ ㄐㄧㄢˇ ㄉㄠ

electric shears

【机】电动工具的一种。用于剪切薄细板、金属板等板材。尤其适宜修剪工件边角,切边平整。

电接式风向风速计/電接式風向風速計

diànjiēshì fēngxiàng-fēngsùjì/

ㄉㄧㄢˋ ㄐㄧㄝ ㄕˋ ㄈㄥ ㄒㄧㄤˋ ㄈㄥ ㄙㄨˋ ㄐㄧˋ

contact anemoclinograph

【气】能够同时测量空气的流动速度和流动方向,并具有自动记录功能的仪器。由感应器、指示器和记录器三部分构成。感应器安装在室外 10 米高的细杆上,通过电缆与室内的指示器和记录器连接。

📖 中国古代很早就对测风的场地和仪器的架设高度提出要求,如北周时期庾季才(516—603)所著的《灵台秘苑》中,就说测风要在"平坦之地立五丈竿"。唐代李淳风(602—670)所著《乙巳占》也有同样的记载。根据古今长度单位的换算,"五丈"接近现在的 10 米。据此可以认为,现在气象观测规范要求的测风场地和仪器架设高度(10 米)有文献依据。

电解/電解 diànjiě/ㄉㄧㄢˋ ㄐㄧㄝˇ

electrolysis

【化】直流电通过电解池时,在两极发生的氧化还原反应(阳极氧化,阴极还原)。是一种强有力的氧化还原手段,电能直接转变为化学能。广泛应用于电化学合成、电化学冶金、电镀、电抛光、电泳涂装等方面。

电解槽/電解槽

diànjiěcáo/ㄉㄧㄢˋ ㄐㄧㄝˇ ㄘㄠˊ

【化】即"电解池"(247 页)。

电解池/電解槽

diànjiěchí/ㄉㄧㄢˋ ㄐㄧㄝˇ ㄘㄠˊ

electrolytic cell

【化】又称"电解槽"。电化学反应器的一种。其实现电化学反应所需能量由外部直流电源供给,与电源正极相连的电极称为阳极,另一电极为阴极。电解池与电池的工作原理相同,但电流方向相反,可将电能转化为化学能。用于电解化合物。

电解加工/電解加工法

diànjiě jiāgōng/ㄉㄧㄢˋ ㄐㄧㄝˇ ㄐㄧㄚ ㄍㄨㄥ ㄈㄚˇ

electrolytic machining

【机】又称"电化学加工"。特种加工的一种。利用金属在电解液中产生阳极溶解的原理去除工件材料。可用于加工叶片、整体叶轮、模具、异型孔及异型零件。对于难加工材料、形状复杂或薄壁零件的加工具有明显优势。

电解精炼/電解精煉

diànjiě jīngliàn/ㄉㄧㄢˋ ㄐㄧㄝˇ ㄐㄧㄥ ㄌㄧㄢˋ

electrorefining

【机】金属电沉积的一种。利用不同元素的阳极溶解或阴极析出难易程度的差异而提取纯金属。以粗金属为阳极,纯金属为阴极,含有该金属离子的溶液做电解液,金属从阳极溶解,在阴极沉淀。粗金属中的杂质,不活泼的不溶解,成为阳极泥沉落于电解槽底部,活泼的在阳极溶解,但不能在阴极沉淀。故沉积在阴极的金属纯度较高。常用于有色金属的精炼,如粗铜、粗银、粗镍等的精炼。

电解液 diànjiěyè/ㄉㄧㄢˋ ㄐㄧㄝˇ ㄧㄝˋ

【化】即"电解质"(247 页)。

电解质/電解質 diànjiězhì/ㄉㄧㄢˋ ㄐㄧㄝˇ ㄓˊ

electrolyte

【化】又称"电解液"。含有正负离子的溶液。具有离子导电性,或在一定条件下能够呈现离子导电性。在电池中与电子导体形成界面,构成电极;同时参与导电,形成电池内部的电流回路，使电池得以工作。主要分为固体电解质（如锂离子导体）、电解质溶液（如硫酸）和熔盐（如氟化物熔盐）。

电解质溶液/電解質溶液
diànjiězhì róngyè/ㄉㄧㄢˋ ㄐㄧㄝˇ ㄓˋ ㄖㄨㄥˊ ㄧㄝˋ
electrolyte solution
【化】溶剂化的电解质，即具有离子导电性的溶液。主要由电解质直接溶剂化（如溶于水）形成，一些非电解质与水或其他溶剂发生化学反应也可形成电解质溶液。

电解质紊乱/電解質紊亂
diànjiězhì wěnluàn/ㄉㄧㄢˋ ㄐㄧㄝˇ ㄓˊ ㄨㄣˇ ㄌㄨㄢˋ
electrolyte disturbance, electrolyte disorder
【医】当机体无能力调节体液中的电解质或超过了机体可代偿程度时，电解质浓度、渗透压不能维持在正常范围内的现象。

电介质 diànjièzhì/ㄉㄧㄢˋ ㄐㄧㄝˋ ㄓˊ
【物】即"介电体"（626 页）。

电介质电导/電介質電導
diànjièzhì diàndǎo/ㄉㄧㄢˋ ㄐㄧㄝˋ ㄓˊ ㄉㄧㄢˋ ㄉㄠˇ
dielectric conduction
【电】反映电场作用下电介质中出现微小漏电流的一种性能。

电介质击穿/介質擊穿
diànjièzhì jīchuān/ㄐㄧㄝˋ ㄓˊ ㄐㄧˊ ㄔㄨㄢ
dielectric breakdown
【电】简称"介质击穿"。加在电介质上的电场强度超过某一临界值时，电介质的绝缘性能完全丧失的现象。固体电介质击穿时，击穿通道的高密度电流常使材料发生不可逆的破坏；气体电介质击穿和液体电介质击穿时，往往出现电火花，甚至电弧，但外电压去除后，绝缘性能仍可恢复。

电介质老化/電介質老化
diànjièzhì lǎohuà/ㄉㄧㄢˋ ㄐㄧㄝˋ ㄓˊ ㄌㄠˇ ㄏㄨㄚˋ
ageing of dielectric
【电】电介质受各种老化因素长期作用后发生的性能不可逆劣化现象。

电镜 diànjìng/ㄉㄧㄢˋ ㄐㄧㄥˋ
【机】"电子显微镜"的简称。

电抗/電抗 diànkàng/ㄉㄧㄢˋ ㄎㄤˋ
reactance
【物】复阻抗的虚部。见"阻抗"（1514 页）。

电抗器/電抗器
diànkàngqì/ㄉㄧㄢˋ ㄎㄤˋ ㄑㄧˋ
reactor
【电】依靠线圈的感抗起阻碍电流变化作用的电器。

电缆/電纜 diànlǎn/ㄉㄧㄢˋ ㄌㄢˇ
cable
【电】具有外保护层且可能有填充绝缘和保护材料的一个或多个导体的组合体。

电离/游離 diànlí/ㄧㄡˊ ㄌㄧˊ
ionization
【化】台湾又称"離子化"。原子、分子变成离子的现象。如一些物质的分子在水溶液中以离子状态存在，气态原子、分子在光或高能射线辐射下，失去电子变成离子等。

电离层/電離層 diànlícéng/ㄉㄧㄢˋ ㄌㄧˊ ㄘㄥˊ
ionosphere
【气】按电磁特性划分的大气中的一层。距地面高度 60～500（或 1000）千米高度的大气层。层内有大量离子和自由电子，足以反射无线电波，扰动时对电波通信有影响。

电离辐射/游離輻射
diànlí fúshè/ㄧㄡˊ ㄌㄧˊ ㄈㄨˊ ㄕㄜˋ
ionizing radiation
【物】粒子流或电磁波（如 X 射线、α 粒子、β 粒子、γ 射线、中子和质子）穿过物质时，导致原子或分子电离和激发的现象。

电力/電力 diànlì/ㄉㄧㄢˋ ㄌㄧˋ
electric power
【电】通常指用来做功的电能。工业上是发电、输电、变电、配电、用电及其设备等的统称。

电力电子技术/電力電子技術
diànlì diànzǐ jìshù/ㄉㄧㄢˋ ㄌㄧˋ ㄉㄧㄢˋ ㄗˇ ㄐㄧˋ ㄕㄨˋ
power electronic technology
【电】研究在对电力控制或不控制下进行的功率变换或切换的技术。

电力电子器件/電力電子器件
diànlì diànzǐ qìjiàn/
ㄉㄧㄢˋ ㄌㄧˋ ㄉㄧㄢˋ ㄗˇ ㄑㄧˋ ㄐㄧㄢˋ
power electronic device
【电】应用于电力电子学领域进行电能开关、

控制和转换的功率半导体电子器件。

电力纺/電力紡 diànlìfǎng/ㄉㄧㄢˋ ㄌㄧˋ ㄈㄤˇ
habutae
【纺】桑蚕丝生织纺类丝织物。以平纹组织制织,因采用厂丝和电动丝织机取代土丝和木机制织,故名。质地紧密细洁,手感柔挺,光泽柔和,穿着滑爽舒适。按织物原料不同,可分为真丝电力纺、黏胶丝电力纺和真丝黏胶丝交织电力纺等;按织物每平方米重量不同,可分为重磅(40 克/米² 以上)、中等和轻磅(20 克/米² 以下),重磅的主要用作夏令衬衫、裙子面料及儿童服装面料,中等的可用作服装里料,轻磅的可用作衬裙、头巾等;按染整加工工艺不同,可分为练白、增白、染色、印花等。常见的有杭纺(产于杭州)、绍纺(产于绍兴)、湖纺(产于湖州)等。

电力负荷/動力負載
diànlì fùhè/ㄉㄨㄥˋ ㄌㄧˋ ㄈㄨˋ ㄗㄞˋ
power load
【电】地区工业、农业、商业和市政等所需要的电功率/电量。

电力干扰弹/電力干擾彈
diànlì gānrǎodàn/ㄉㄧㄢˋ ㄌㄧˋ ㄍㄢ ㄖㄠˇ ㄉㄢˋ
power line shortcut munitions
【军】装有导电纤维,专用于破坏敌方电力设施的弹药。

电力机车/電力機車
diànlì jīchē/ㄉㄧㄢˋ ㄌㄧˋ ㄐㄧ ㄔㄜ
electric locomotive
【交】非自给式机车的一种。利用电能,由电动机通过传动装置驱动运行的机车或动车。所需电能由电气化铁路供电系统的接触网或第三轨供给。牵引力大,速度快,环保能效高。

电力客户 diànlì kèhù/ㄉㄧㄢˋ ㄌㄧˋ ㄎㄜˋ ㄏㄨˋ
【电】即“电力用户”(250 页)。

电力牵引/電力牽引
diànlì qiānyǐn/ㄉㄧㄢˋ ㄌㄧˋ ㄑㄧㄢ ㄧㄣˇ
electric traction
【电】一种牵引动力形式。以电能为动力驱动电力机车或电动车组运行。

电力市场/電力市場
diànlì shìchǎng/ㄉㄧㄢˋ ㄌㄧˋ ㄕˋ ㄔㄤˇ
electricity market
【电】广义上指电力生产、传输、使用和销售关系的总和。狭义上指电能生产者和使用者通过协商、竞价等方式就电能及其相关产品进行交易,确定价格的机制。

电力推进船/電力推進船
diànlì tuījìnchuán/
ㄉㄧㄢˋ ㄌㄧˋ ㄊㄨㄟ ㄐㄧㄣˋ ㄔㄨㄢˊ
electrically propelled ship, electric propulsion ship
【船】利用电力推进动力装置航行的船舶。电力推进动力装置由发动机(原动机)、发电机、推进电动机、螺旋桨和控制设备等组成。其特点是轴系短、调速方便、振动较小,机动性和低速航行性能好,且可使船的总布置等得到改善。常用于破冰船、起重船、挖泥船、列车渡船、港作拖船、拖网渔船、海洋调查船和潜艇等。

电力拖动
diànlì tuōdòng/ㄉㄧㄢˋ ㄌㄧˋ ㄊㄨㄛ ㄉㄨㄥˋ
【电】即“电气传动”(252 页)。

电力网/電力網
diànlìwǎng/ㄉㄧㄢˋ ㄌㄧˋ ㄨㄤˇ
【电】即“电网”(255 页)。

电力系统/電力系統
diànlì xìtǒng/ㄉㄧㄢˋ ㄌㄧˋ ㄒㄧˋ ㄊㄨㄥˇ
electric power system, power system
【电】由发电、变电、输电、配电和用电等环节组成的电能生产、传输、分配和消费的系统。由发电厂、变电站、输电线路、配电线路和电力用户构成。

电力系统安全自动装置/電力系統安全自動裝置
diànlì xìtǒng ānquán zìdòng zhuāngzhì/
ㄉㄧㄢˋ ㄌㄧˋ ㄒㄧˋ ㄊㄨㄥˇ ㄢ ㄑㄩㄢˊ ㄗˋ ㄉㄨㄥˋ ㄓㄨㄤ ㄓˋ
power system automatic safety control device, special protection system
【电】防止电力系统失去稳定性、防止事故扩大、防止电网崩溃、恢复电力系统正常运行的各种自动装置总称。

📖 电力系统安全自动装置有稳定控制装置、稳定控制系统、失步解列装置、低频减负荷装置、低压减负荷装置、过频切机装置、备用电源自投装置、自动重合闸、水电厂低频自启动装置等。

电力系统故障/電力系統故障
diànlì xìtǒng gùzhàng/
ㄉㄧㄢˋ ㄌㄧˋ ㄒㄧˋ ㄊㄨㄥˇ ㄍㄨˋ ㄓㄤˋ
power system fault
【电】由于偶然事件的发生或电力元件缺陷，引起电力元件本身或其他相关设备的功能失效或危情发生。

电力系统继电保护/電力系統繼電保護
diànlì xìtǒng jìdiàn bǎohù/
ㄉㄧㄢˋ ㄌㄧˋ ㄒㄧˋ ㄊㄨㄥˇ ㄐㄧˋ ㄉㄧㄢˋ ㄅㄠˇ ㄏㄨˋ
power system relay protection
【电】在电力系统事故或异常运行情况下动作，保证电力系统和电气设备安全运行的自动装置。

电力系统可靠性/電力系統可靠性
diànlì xìtǒng kěkàoxìng/
ㄉㄧㄢˋ ㄌㄧˋ ㄒㄧˋ ㄊㄨㄥˇ ㄎㄜˇ ㄎㄠˋ ㄒㄧㄥˋ
electric power system reliability
【电】电力系统按可接受的质量标准和所需数量，不间断地向电力用户提供电力和电量的能力的量度。包括充裕性和安全性两个方面。

电力系统自动化/電力系統自動化
diànlì xìtǒng zìdònghuà/
ㄉㄧㄢˋ ㄌㄧˋ ㄒㄧˋ ㄊㄨㄥˇ ㄗˋ ㄉㄨㄥˋ ㄏㄨㄚˋ
power system automation
【自】对地域分布辽阔的发电厂、变电站、输配电网络和用户实行统一调度和运行，包括对电能生产、传输和管理实现远距离测量及监测、自动控制、自动调度和自动化管理。

电力线路/電線
diànlì xiànlù/ㄉㄧㄢˋ ㄒㄧㄢˋ
electric line
【电】电力系统用来输电的导线、绝缘材料和各种附件组成的设施。按用途和结构的不同，可分为输电线路、架空线路、气体绝缘线路、电缆线路等。

电力用户/電力用户
diànlì yònghù/ㄉㄧㄢˋ ㄌㄧˋ ㄩㄥˋ ㄏㄨˋ
power consumer
【电】又称“电力客户”。从供电企业接受电力供应的一方。

电量/電量 diànliàng/ㄉㄧㄢˋ ㄌㄧㄤˋ
electric quantity
【物】度量电荷多少的物理量。单位是库[仑]。一个电子带的电量是-1.602×10^{-19}库，一个质子带的电量是$+1.602\times10^{-19}$库。

电量电价/電量電價
diànliàng diànjià/ㄉㄧㄢˋ ㄌㄧㄤˋ ㄉㄧㄢˋ ㄐㄧㄚˋ
energy price
【电】电价的一种。按照实际发生的交易电量计费。

电疗/電療法 diànliáo/ㄉㄧㄢˋ ㄌㄧㄠˊ ㄈㄚˇ
electrotherapy
【医】利用各种电刺激和电场进行治疗的方法。包括直流电、低频、中频和高频电疗等，用于疼痛、软组织损伤、神经瘫痪、肌肉痉挛等。

电流/電流 diànliú/ㄉㄧㄢˋ ㄌㄧㄡˊ
electric current
【物】❶电荷的定向移动。可分为交流和直流两种。❷全称“电流强度”。国际单位制七个基本物理量之一。单位时间内通过导体任一横截面电荷量的多少。用I表示。单位安培(A)。规定正电荷移动的方向为电流方向，即在导体中电流总是沿着电场的方向从高电势处流向低电势处。如果在时间t内通过导体任一横截面的电荷量为q，导体中的电流$I=q/t$。

📖 常用家庭电器中的电流：电子手表约2微安，收音机约40毫安，电视机约50毫安，个人计算机约1安，洗衣机1～2安。

电流表/安培計 diànliúbiǎo/ㄢ ㄆㄟˊ ㄐㄧˋ
ammeter
【电】测量直流、交流电流量值的电表。可分为直流电流表和交流电流表两类。读数以安(或毫安、微安)为单位。不同量程的电流表通常是在转动线圈的两端并联适当的小电阻而成。模拟电流表可分为磁电系、电磁系、整流式、热电式等。此外，还使用数字式电流表。

电流磁效应/電流磁效應
diànliú cíxiàoyìng/ㄉㄧㄢˋ ㄌㄧㄡˊ ㄘˊ ㄒㄧㄠˋ ㄧㄥˋ
magnetic effect of electric current
【物】通电导线的周围存在磁场的现象。丹

麦科学家奥斯特(H. C. Oersted, 1777—1851)在1820年发现,首次揭示了电与磁的联系。

电流互感器/比流器

diànliú hùgǎnqì/ㄉㄧˇ ㄌㄧㄡˊ ㄑㄧˋ

current transformer

【电】互感器的一种。用于将大电流变换成小电流。

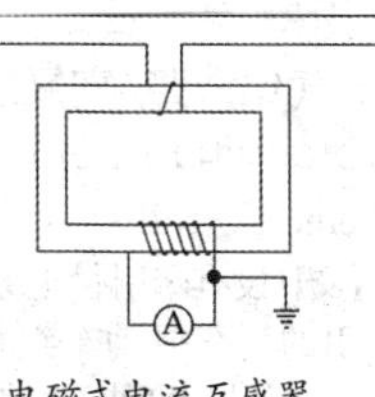

电磁式电流互感器

电流强度

diànliú qiángdù/ㄉㄧㄢˋ ㄌㄧㄡˊ ㄑㄧㄤˊ ㄉㄨˋ

【物】"电流"的全称。

电流热效应/電流熱效應

diànliú rèxiàoyìng/ㄉㄧㄢˋ ㄌㄧㄡˊ ㄖㄜˋ ㄒㄧㄠˋ ㄧㄥˋ

heat effect of electric current

【物】指通电导体产生热的现象。

电路/電路 diànlù/ㄉㄧㄢˋ ㄌㄨˋ

electric circuit

【物】由电源、负载及中间环节三部分组成的电流回路。电源是供应电路电能的装置,电路接直流电源时,为直流电路;电路接交流电源时,为交流电路。负载是用电设备,例如电灯、电动机或某些电路元件。中间环节是传递、分配和控制电能的部分,由导线、开关和熔断器等组成,也可以是较复杂的网络或系统。

电路板/電路板 diànlùbǎn/ㄉㄧㄢˋ ㄌㄨˋ ㄅㄢˇ

circuit board

【信息】在绝缘材料(例如环氧树脂、酚醛树脂)上布设导线并安装电子元器件形成电路的平板。大多采用铜箔布线,箔层可敷在板的一面或两面,或采用一块多层技术。

电路变换/電路變換

diànlù biànhuàn/ㄉㄧㄢˋ ㄌㄨˋ ㄅㄧㄢˋ ㄏㄨㄢˋ

circuit transformation

【电】简化电路计算的一种手段。是在满足某种条件下,把一个给定的电路中一部分改变成一个不但连接方式(拓扑结构)不同,且所含元件的参数数值也不同的新电路。常见的电路变换是等效变换,即保证电路的非变换部分中的电压、电流在变换中维持不变。

电路理论/電路理論

diànlù lǐlùn/ㄉㄧㄢˋ ㄌㄨˋ ㄌㄧˇ ㄌㄨㄣˋ

circuit theory

【电】又称"电网络理论"。研究电路或网络的基本规律及其计算方法的理论。与电磁场理论同属电工技术的重要理论基础。其研究对象是电路中发生的以电磁场相关的量的积分量来描述的电磁现象和过程。电磁场相关的量有电场强度、电通密度、磁场强度、磁通密度、体电荷密度、电流密度、磁矢位等。电磁场相关的量的积分量有电压、电流、电荷、磁通、磁压、磁链等。电路理论是基于场量的更具普遍性理论的简化。

电路元件/電路元件

diànlù yuánjiàn/ㄉㄧㄢˋ ㄌㄨˋ ㄩㄢˊ ㄐㄧㄢˋ

circuit element

【电】电路上不能从物理上进一步分割,否则就失去其特性的一个组成部分。

电鳗/電鰻 diànmán/ㄉㄧㄢˋ ㄇㄢˊ

electric eel

【动】*Electrophorus electricus* 鱼名。硬骨鱼纲电鳗科。身体呈圆筒状,长可达2米多,体表光滑无鳞,背部黑色,腹部橙黄色,没有背鳍和腹鳍,臀鳍很长,身体两侧有发电器官,尾端为正极,头部为负极。受到刺激时,能发出强烈电流捕食或保护自己。产于南美洲。

电纳/電納 diànnà/ㄉㄧㄢˋ ㄋㄚˋ

susceptance

【物】复导纳的虚部。参见"导纳"(206页)。

电脑/電腦 diànnǎo/ㄉㄧㄢˋ ㄋㄠˇ

【信息】即"微型计算机"(1180页)。

电能/電能 diànnéng/ㄉㄧㄢˋ ㄋㄥˊ

electric energy

㊀【物】电所具有的做功的能力。单位焦[耳]或千瓦时。广泛应用于动力、照明、冶炼、通信等方面。㊁【电】在台湾,电能也指"电量"(250页)。

电能变换器/電能變換器

diànnéng biànhuànqì/

ㄉㄧㄢˋ ㄋㄥˊ ㄅㄧㄢˋ ㄏㄨㄢˋ ㄑㄧˋ

electric energy converter

【电】简称"变换器"。改变与电能相关的一个或几个特性的器件。与电能相关的特性有电压、相数、频率(包括零频率)等。

电能损耗/能量損失
diànnéng sǔnhào/ㄋㄥˊ ㄌㄧㄤˋ ㄙㄨㄣˇ ㄕ
energy loss
【电】功率损耗对时间的积分。

电暖器/電熱器
diànnuǎnqì/ㄉㄧㄢˋ ㄖㄜˋ ㄑㄧˋ
electric heater
【轻】家用电器的一种。以远红外辐射和对流方式传热的移动式供暖设备。主要由电热膜发热材料、铝合金散热翼板等构成,按构造的不同,可分为反射式远红外线型、暖风机型、油汀型、欧式快热炉型等类型。底部有轮子,方便移动。

电平表/水平計
diànpíngbiǎo/ㄕㄨㄟˇ ㄆㄧㄥˊ ㄐㄧˋ
level meter
【机】一种特殊的电子电压表。通常用整流式电压表制成。常用于测量信号电平和部件的增益或衰减等,刻度有电压电平和功率电平两种。

电瓶/電瓶 diànpíng/ㄉㄧㄢˋ ㄆㄧㄥˊ
battery
【化】指铅酸蓄电池。

电气安全/電氣安全
diànqì ānquán/ㄉㄧㄢˋ ㄑㄧˋ ㄢ ㄑㄩㄢˊ
electrical safety
【电】未引起人员伤亡、设备损坏、财产损失或环境损害的电气状态。

电气传动/電力傳動
diànqì chuándòng/ㄉㄧㄢˋ ㄌㄧˋ ㄔㄨㄢˊ ㄉㄨㄥˋ
electric drive
【电】又称"电力拖动"。用电动机把电能转换成机械能带动生产机械、交通车辆等,并按所给定的规律运动的传动方式。电气传动系统主要由电动机、电源装置和控制装置组成。

电气防火/電氣防火
diànqì fánghuǒ/ㄉㄧㄢˋ ㄑㄧˋ ㄈㄤˊ ㄏㄨㄛˇ
electrical fire prevention
【电】防止电气设备或线路因本身缺陷导致温度升高或产生电弧将周围物体点燃。

电气工程/電氣工程
diànqì gōngchéng/ㄉㄧㄢˋ ㄑㄧˋ ㄍㄨㄥ ㄔㄥˊ
electrical engineering, electrotechnics
【电】研究电、磁和电磁现象在工程中应用的技术学科。

电气化铁路/電氣鐵路
diànqìhuà tiělù/ㄉㄧㄢˋ ㄑㄧˋ ㄊㄧㄝˇ ㄌㄨˋ
electric railway
【交】设有牵引供电系统,主要以电力机车牵引的列车或动车组行驶的铁路。运输能力大、行驶速度快、爬坡能力强、消耗能源少、运营成本低、工作条件好。使用电力机车,本身不带能源,所需能源由电力牵引供电系统提供。

📖 牵引供电系统主要是指牵引变电所和接触网两大部分。变电所设在铁道附近,它将从发电厂经高压输电线送来的电流,送到铁路上空的接触网上。接触网是向电力机车直接输送电能的设备。沿着铁路线的两旁,架设着一排支柱,上面悬挂着金属线,即为接触网,它也可以被看作是电气化铁路的动脉。电力机车利用车顶的受电弓从接触网获得电能,牵引列车运行。

电气紧急事故处理/電氣緊急事故處理
diànqì jǐnjí shìgù chǔlǐ/
ㄉㄧㄢˋ ㄑㄧˋ ㄐㄧㄣˇ ㄐㄧˊ ㄕˋ ㄍㄨˋ ㄔㄨˇ ㄌㄧˇ
electrical manipulating emergency
【电】对可能造成人身电击、电气火灾、设备严重损坏及引发系统重特大事故和大面积停电的紧急情况进行的处理。

电气绝缘材料/電氣絶緣材料
diànqì juéyuán cáiliào/
ㄉㄧㄢˋ ㄑㄧˋ ㄐㄩㄝˊ ㄩㄢˊ ㄘㄞˊ ㄌㄧㄠˋ
electrical insulating material
【电】简称"绝缘材料"。用于阻止导电元件之间电传导的材料。

电气设施/電氣裝置
diànqì shèshī/ㄉㄧㄢˋ ㄑㄧˋ ㄓㄨㄤ ㄓˋ
electric installation
【电】简称"设施"。安装在一个给定地点以实现特定目的的一个电器,或相互关联的一组器件和/或电器,包括使它们运行良好的所有器具。

电气石/電氣石 diànqìshí/ㄉㄧㄢˋ ㄑㄧˋ ㄕˊ

tourmaline

【地】电气石族矿物的统称。是以含硼为特征的铝、钠、铁、镁、锂的环状结构硅酸盐矿物。类质同象发育。三方晶系。晶体呈柱状，柱面具纵纹，集合体呈放射状、针状、柱状。颜色自无色至黑色，红、黄、蓝、绿、褐等各种颜色都有。玻璃光泽，透明至不透明，莫氏硬度7～7.5，密度3～3.2克/厘米^3。性脆，受热或受压时都会产生电流，故名。可用作电磁屏蔽材料，也用于制声呐及无线电元件。透明色美的可做宝石，称碧玺。

电气误操作/電氣誤操作

diànqì wùcāozuò/ㄉㄧㄢˋ ㄑㄧˋ ㄨˋ ㄘㄠ ㄗㄨㄛˋ

electrical miss operation

【电】违反电气操作规程和操作票(操作人填写的倒闸操作的内容、顺序的票据)要求的内容和程序进行的操作。

电气消防通道/電氣消防通道

diànqì xiāofáng tōngdào/ ㄉㄧㄢˋ ㄑㄧˋ ㄒㄧㄠ ㄈㄤˊ ㄊㄨㄥ ㄉㄠˋ

electrical fire fighting passageway

【电】为扑救电气火灾，保证运送消防器材、提供消防水源、通行消防车辆而设置的专用通道。

电气主接线/電氣主接線

diànqì zhǔjiēxiàn/ㄉㄧㄢˋ ㄑㄧˋ ㄓㄨˇ ㄐㄧㄝ ㄒㄧㄢˋ

main electrical connection scheme

【电】表示主要电气设备相互之间的连接关系，以及本发电厂或变电站与电力系统的电气连接关系，通常以单线图表示的电气接线图。

电器/電器 diànqì/ㄉㄧㄢˋ ㄑㄧˋ

electrical apparatus

【电】器件或器件组装的电工装置。能作为实现特定的功能的独立单元使用。

电热合金/電熱合金

diànrè héjīn/ㄉㄧㄢˋ ㄖㄜˋ ㄏㄜˊ ㄐㄧㄣ

electrical heating alloy

【材】用于制造电发热体的合金。电阻率大，耐热疲劳，抗氧化和高温形状稳定性好。主要分为铬铝合金和镍铬合金。电热合金产品通常制成丝材、圆线材、扁带材、管材或铸件。

电热化学炮/電熱化學炮

diànrè huàxuépào/ ㄉㄧㄢˋ ㄖㄜˋ ㄏㄨㄚˋ ㄒㄩㄝˊ ㄆㄠˋ

electrothermal chemical gun

【军】将电能转变为热能使推进剂燃烧，产生高温高压气体推动弹丸高速发射的武器。由电源、脉冲形成网络、炮身、炮架等部分组成。其炮弹由等离子体喷管、推进剂和弹丸等组成。弹丸的初速度大，射程远，炮口动能比传统火炮提高约25%～55%，推进剂的化学反应速率可由输入的电流脉冲调节控制，射程改变灵活，除发射电热化学炮弹外，也可发射普通炮弹。电热化学炮综合使用电能和化学能，可使电能需要量减少80%，有利于实现小型化，易于实战使用。

电热毯/電毯

diànrètǎn/ㄉㄧㄢˋ ㄊㄢˇ

electric blanket

【轻】俗称"电褥子"。家用电器的一种。接触式电热取暖床垫。由软索式电热元件、控制电路、保险装置和温控装置等构成。呈盘蛇状的电热元件被织入耐高温的绝缘编织物或毛毯里，铺在床上，通电即可发热，使被窝升温并为被褥除潮。

电容/電容 diànróng/ㄉㄧㄢˋ ㄖㄨㄥˊ

❶capacitance，❷capacitor

【物】❶描述导体或导体系容纳电荷性能的物理量。用字母C表示。单位法[拉]。孤立导体的电容反映其容纳电荷的能力，等于其所带的电量Q与电势U的比值，即$C=Q/U$。❷"电容器"的简称。

电容率/電容率

diànrónglǜ/ㄉㄧㄢˋ ㄖㄨㄥˊ ㄌㄩˋ

permittivity

【电】又称"介电常数""绝对电容率""绝对介电常数"。表征电介质极化性质的宏观物理量。标量或张量，在介质中该量与电场强度$\boldsymbol{E}$之积等于电通密度$\boldsymbol{D}$：$\boldsymbol{D}=\varepsilon\boldsymbol{E}$。对于各向同性介质，是标量；对于各向异性介质，是张量。常用符号ε表示。

电容耦合

diànróng ǒuhé/ㄉㄧㄢˋ ㄖㄨㄥˊ ㄡˇ ㄏㄜˊ

【电】"电容性耦合"的简称。

电容器/電容器 diànróngqì/ㄉㄧㄢˋ ㄖㄨㄥˊ ㄑㄧˋ
capacitor
【物】简称“电容”。具有储存电荷功能的电学组件。电路中用C表示。在电路上其通交流,阻直流。其上的交流电压相位滞后于电流π/2。有可变电容器、空气电容器等。

电容性耦合/電容性耦合 diànróngxìng ǒuhé/ㄉㄧㄢˋ ㄖㄨㄥˊ ㄒㄧㄥˋ ㄡˇ ㄏㄜˊ
capacitive coupling
【电】简称“电容耦合”。一元件的端子间电压引起另一元件的电荷的、电路元件间的耦合。

电扇 diànshàn/ㄉㄧㄢˋ ㄕㄢˋ
【轻】“电风扇”的简称。

电生物学/電生物學 diànshēngwùxué/ㄉㄧㄢˋ ㄕㄥ ㄨˋ ㄒㄩㄝˊ
electrobiology
【电】研究生物系统和电现象之间关系的学科。

电石/乙炔鈣 diànshí/ㄧˇ ㄑㄩㄝ ㄍㄞˋ
calcium acetylide, carbide
【化】碳化钙的工业品。

电石渣/電石渣 diànshízhā/ㄉㄧㄢˋ ㄕˊ ㄓㄚ
carbide slag
【环】用电石和水反应制取乙炔过程中排出的废渣。浅灰色,细粒状,主要成分是氢氧化钙,以及少量的镁、铝、铁、硅的氧化物,主要来自聚氯乙烯和醋酸乙烯工业。排入环境会造成碱污染。

电蚀加工 diànshí jiāgōng/ㄉㄧㄢˋ ㄕˊ ㄐㄧㄚ ㄍㄨㄥ
【机】即“电火花加工”(246页)。

电势/電勢 diànshì/ㄉㄧㄢˋ ㄕˋ
electric potential
【物】又称“电位”。描述电场性质的物理量。电荷在电场中某一点的电势能与其电量的比值。用φ表示。单位伏[特]。用E_p表示电荷的电势能,数学表达式为$\varphi = E_p/q$。

电势差/電勢差 diànshìchā/ㄉㄧㄢˋ ㄕˋ ㄔㄚ
electric potential difference
【物】又称“电位差”。❶通称“电压”。电场中两点间电势的差值。A、B两点间的电势差$U_{AB} = U_A - U_B$。单位伏[特]。❷把电荷q由A移到B的过程中,电场力所做的功W_{AB}与电荷[量]q的比值,即$U_{AB} = W_{AB}/q$。❸在匀强电场中,电场强度E与这两点沿电场方向的距离d的乘积,即$U_{AB} = E \cdot d$。

电视机/電視機 diànshìjī/ㄉㄧㄢˋ ㄕˋ ㄐㄧ
television set
【轻】全称“电视信号接收机”。家用电器的一种。接收和还原电视信号的设备。由显示器、扬声器和电子线路等构成,电子线路将接收到的高频电视信号还原为视频图像信号和低频伴音信号,通过显示器件和扬声器还原成图像和声音。按所显示的图像颜色不同,有黑白、彩色之分;按显示屏不同,可分为球面、平面直角、超平、纯平电视机等;按所采用的技术不同,可分为二维(2D)电视机和立体(3D)电视机;按显示器的构造不同,可分为电子管、背投、液晶、等离子电视机等;按网络功能不同,可分为普通电视机和互联网电视机等。

电视信号接收机 diànshì xìnhào jiēshōujī/ㄉㄧㄢˋ ㄕˋ ㄒㄧㄣˋ ㄏㄠˋ ㄐㄧㄝ ㄕㄡ ㄐㄧ
【轻】“电视机”的全称。

电视侦察弹/電視偵察彈 diànshì zhēnchádàn/ㄉㄧㄢˋ ㄕˋ ㄓㄣ ㄔㄚˊ ㄉㄢˋ
TV reconnaissance shell
【军】装有电视摄像机和图像发射装置的特种炮弹。由定时抛射装置、减速减旋装置、弹载摄像机、图像发射装置、弹载供电系统、弹体及药筒组成。与地面接收设备组成电视传输系统。通过摄取图像对战地进行侦察、监视和观测。

📖 地面接收设备包括图像接收设备、图像显示处理设备、图像存储设备及电源。发射后,电视摄像机及图像发射装置由定时引信作用在目标区域上空经二次抛射抛出,减速消旋后,由降落伞悬挂电视摄像机和图像发射装置徐徐降落,摄取敌方阵地图像,经视频放大送入图像发射装置,由天线发出。地面接收设备接收到信号后,通过图像接收设备解调出视频信号,送入图像显示处理设备进行显示、存储和处理,从而获得敌方阵地和军事行动的直观图像。

电视侦察装备/電視偵察裝備
diànshì zhēnchá zhuāngbèi/
ㄉㄧㄢˋ ㄕˋ ㄓㄣ ㄔㄚˊ ㄓㄨㄤ ㄅㄟˋ
TV reconnaissance equipment
【军】利用电视设备获取动态图像情报的光电侦察装备。主要由摄像、传输和终端等设备组成。可用于单兵、弹体、车辆、舰艇、飞机和航天器等侦察平台,对目标进行监视、跟踪和定位,实时将观察到的目标图像传输到后方,为指挥员提供清晰、直观的图像信息。

电台 diàntái/ㄉㄧㄢˋ ㄊㄞˊ
【军】"无线电台"的简称。

电梯/電梯 diàntī/ㄉㄧㄢˋ ㄊㄧ
lift, elevator
【机】一种固定式升降设备。由电力拖动运行于两列垂直的或倾斜角通常在 15°和 75°之间的刚性导轨之间,用于各类高层建筑规定楼层载人或者载物。按运送对象不同,可分为乘客电梯、载货电梯。

电通量/電通量
diàntōngliàng/ㄉㄧㄢˋ ㄊㄨㄥ ㄌㄧㄤˋ
electric flux
【物】表征电场分布情况的物理量。通过电场中任一面积元的电通量等于电位移矢量在该面积元法线方向上的分量与面积的乘积。通过任一闭合面的电通量总值,正比于该闭合面所包围电荷的代数和。

电通密度/電通密度
diàntōng mìdù/
ㄉㄧㄢˋ ㄊㄨㄥ ㄇㄧˋ ㄉㄨˋ
electric flux density
【电】又称"电位移"。电介质中,由电场强度 $\boldsymbol{E}$ 和极化强度 $\boldsymbol{P}$ 线性组合成的物理量,其数学表达式为:$\boldsymbol{D}=\varepsilon_0\boldsymbol{E}+\boldsymbol{P}$。式中 $\boldsymbol{D}$ 为电通密度,ε_0 是真空中的电容率。在线性各向同性电介质中,电通密度数学表达式简化为 $\boldsymbol{D}=\varepsilon_r\varepsilon_0\boldsymbol{E}=\varepsilon\boldsymbol{E}$,其中 ε 为电介质的相对电容率。

电网/電力網 diànwǎng/ㄉㄧㄢˋ ㄌㄧˋ ㄨㄤˇ
power grid, electric network
【电】又称"电力网"。由输电、变电和配电三部分网络组成的整体。广义上的电网泛指电力系统。

电网解列/電網分裂
diànwǎng jiěliè/ㄉㄧㄢˋ ㄨㄤˇ ㄈㄣ ㄌㄧㄝˋ
islanding, network splitting
【电】一个电力系统分裂为两个或多个孤立运行系统的过程或操作。既可能是一种周密计划的紧急措施,也可能是自动保护或调节作用的结果,或是人为错误造成的。

电网络/電網路
diànwǎngluò/ㄉㄧㄢˋ ㄨㄤˇ ㄌㄨˋ
electric network
【电】一个电路或若干电路的组合。其中各电路相互连接或彼此间存在电容性或电感性的耦合。

电网络理论
diànwǎngluò lǐlùn/
ㄉㄧㄢˋ ㄨㄤˇ ㄌㄨㄛˋ ㄌㄧˇ ㄌㄨㄣˋ
【电】即"电路理论"(251 页)。

电位 diànwèi/ㄉㄧㄢˋ ㄨㄟˋ
【物】即"电势"(254 页)。

电位差
diànwèichā/ㄉㄧㄢˋ ㄨㄟˋ ㄔㄚ
【物】即"电势差"(254 页)。

电位差计/電位計
diànwèichājì/ㄉㄧㄢˋ ㄨㄟˋ ㄐㄧˋ
potentiometer
【机】一种高精度测量仪器。根据被测电压和已知电压(利用标准电池的电动势)相互补偿(即平衡,用检流计指示)的原理制成。可分为交流、直流两种。用于测量电压、电流和电阻。后者还可用于磁性测量。

电位移 diànwèiyí/ㄉㄧㄢˋ ㄨㄟˋ ㄧˊ
【电】即"电通密度"(255 页)。

电文 diànwén/ㄉㄧㄢˋ ㄨㄣˊ
【信息】即"消息"(1256 页)。

电线/電線 diànxiàn/ㄉㄧㄢˋ ㄒㄧㄢˋ
electric wire
【电】❶又称"导线"。柔性圆柱形导体。其长度远大于其截面尺寸,有的有外包绝缘物。❷在台湾,电线也指"电力线路"(250 页)。

电线积冰/電線積冰
diànxiàn jībīng/ㄉㄧㄢˋ ㄒㄧㄢˋ ㄐㄧ ㄅㄧㄥ
wire icing

【气】地面气象观测项目之一。雨凇、雾凇凝附在导线上，或湿雪冻结在导线上的天气现象。

电谐振/電共振
diànxiézhèn/ㄉㄧㄢˋ ㄍㄨㄥˋ ㄓㄣˋ
electric resonance
【物】振荡电路的外加信号频率等于电路的固有频率时，振荡电流达到最大值的现象。

电信/電信 diànxìn/ㄉㄧㄢˋ ㄒㄧㄣˋ
telecommunication
【信息】旧称“电讯”。通过电线、光缆和大气等，利用电信号或光信号转送信息的通信方式。

电信网/電信網路
diànxìnwǎng/ㄉㄧㄢˋ ㄒㄧㄣˋ ㄨㄤˇ ㄌㄨˋ
telecommunication network
【信息】又称“远程通信网”。采用有线、无线或有线与无线相结合技术的电磁或光电网络。传递的内容有文字、声音、数据、图像或多媒体信息。

电学/電學 diànxué/ㄉㄧㄢˋ ㄒㄩㄝˊ
electricity
【电】研究电现象的学科。

电压 diànyā/ㄉㄧㄢˋ ㄧㄚ
【物】“电势差”的通称。

电压表/電壓計 diànyābiǎo/ㄉㄧㄢˋ ㄧㄚ ㄐㄧˋ
voltmeter
【电】又称“伏特表”“伏特计”。用于测量电压的仪表。读数以伏(或毫伏、千伏)为单位。不同量程的电压表通常是在转动线圈的一端串联适当的大电阻而成。可分为磁电式、电磁式、热电式和热效式等。

电压等级/電壓位準
diànyā děngjí/ㄉㄧㄢˋ ㄧㄚ ㄨㄟˋ ㄓㄨㄣˇ
voltage level
【电】在电力系统中使用的标称电压值的系列。一般交流三相电力系统标称电压(单位千伏)为:0.38、3、6、10、(20)、35、66、110、220、330、500、750、1000。交流三相电力系统设备最高电压(单位千伏)为:0.40、3.6、7.2、12、(24)、40.5、72.5、126、252、363、550、800、1100。

电压互感器/電壓互感器
diànyā hùgǎnqì/ㄉㄧㄢˋ ㄧㄚ ㄏㄨˋ ㄍㄢˇ ㄑㄧˋ
voltage transformer, potential transformer
【电】互感器的一种。用于将高电压变换成低电压。

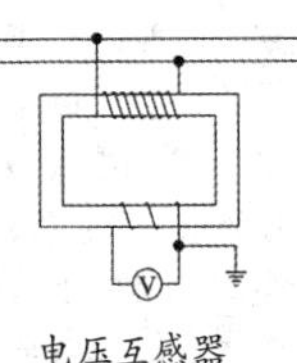
电压互感器

电泳/電泳
diànyǒng/ㄉㄧㄢˋ ㄩㄥˇ
electrophoresis, EP
【化】在外加直流电场作用下，溶液(或气体)中悬浮的固体(或液体)带电粒子向着与其电性相反的电极移动甚至在电极上沉积的现象。应用于医学、工业分析等方面。如电泳涂漆，可在较低浓度的水性涂料中，将被涂物作为电极，通入直流电流后，使电极上沉积出均匀漆膜。

电邮 diànyóu/ㄉㄧㄢˋ ㄧㄡˊ
【信息】❶“电子邮箱”的简称。❷“电子邮件”的简称。

电源/電源 diànyuán/ㄉㄧㄢˋ ㄩㄢˊ
power source, power supply
【电】把其他形式的能量转变为电能，供给电气设备使用的装置。通过非静电力做功，如发电机、电网、电池等。可分为交流电源、直流电源两类。

电渣焊/電熱熔碴焊接
diànzhāhàn/ㄉㄧㄢˋ ㄖㄜˋ ㄖㄨㄥˊ ㄔㄚˊ ㄏㄢˋ ㄐㄧㄝ
electro-slag welding
【机】熔焊方法的一种。利用电流通过液态熔渣(熔化的焊剂)所产生的电阻热，将金属的连接处熔化，同时将送入连接处空隙中的金属丝(或板条)熔化，以填满空隙而实现连接。焊接过程多在垂直位置自下而上进行。可以焊接厚件金属，且焊接生产率高。

电站锅炉/發電廠鍋爐
diànzhàn guōlú/ㄈㄚ ㄉㄧㄢˋ ㄔㄤˇ ㄍㄨㄛ ㄌㄨˊ
utility boiler
【机】锅炉的一类。产生的蒸汽主要用于发电。通常分为煤粉炉和循环流化床锅炉。

电致伸缩/電致伸縮
diàn zhì shēnsuō/ㄉㄧㄢˋ ㄓˋ ㄕㄣ ㄙㄨㄛ

electrostriction

【物】介电体在电场中发生弹性形变的现象。是压电效应的逆效应。利用该效应把电振荡还原为晶体的机械振动;还可以产生超声波等。

电铸/電鑄 diànzhù/ㄉㄧㄢˋ ㄓㄨˋ

electroforming

【机】金属电沉积的一种。通过电解使金属沉积在铸模上,再将沉积物与铸模脱开而铸出金属构件。适用于几何形状复杂、精度高的制品。广泛用于计算机、家电、手机制造等领域。

电子/電子 diànzǐ/ㄉㄧㄢˋ ㄗˇ

electron

【物】原子的组成部分之一。是带负电荷的粒子,电荷量 e 为1.602×10^{-19}库,质量m_e为9.109×10^{-31}千克。质子质量与电子质量的比值为$m_p/m_e=1836$。电子的运动具有波动性。

📖 1897 年,英国科学家汤姆孙(J. J. Thomson, 1856—1940)首先发现电子。1906—1917 年美国物理学家密立根(R. A. Milikan, 1868—1953)利用实验测得电子的电荷量。

电子表格/工作單

diànzǐ biǎogé/ㄍㄨㄥ ㄗㄨㄛˋ ㄉㄢ

worksheet

【信息】包含空白表元供用户填充信息,并能通过网络提交给需要这种信息的组织的联机文档。

📖 表元是电子表格上的单个部位。

电子出版/電子出版

diànzǐ chūbǎn/ㄉㄧㄢˋ ㄗˇ ㄔㄨ ㄅㄢˇ

electronic publishing

【信息】通过电子手段而非物理介质(例如纸张)制作、发行出版物的技术。例如利用电子邮件分发业务周报,还可将周报制成万维网页,订户通过浏览器访问。

电子出版物/電子出版品

diànzǐ chūbǎnwù/ㄉㄧㄢˋ ㄗˇ ㄔㄨ ㄅㄢˇ ㄆㄧㄣˇ

electronic publication

【信息】以数字代码方式,将编辑加工后的图、文、声、像等信息,存储在电、光、磁介质上,通过计算机或具备类似功能的设备进行播放使用的交互性出版物。

电子导航

diànzǐ dǎoháng/ㄉㄧㄢˋ ㄗˇ ㄉㄠˇ ㄏㄤˊ

【船】即"电子航海"(258 页)。

电子地图/電子地圖

diànzǐ dìtú/ㄉㄧㄢˋ ㄗˇ ㄉㄧˋ ㄊㄨˊ

electronic map

【测绘】将数字地图经过计算机系统的可视化处理,显示在电子屏幕上的地图。常见的有车载导航地图、手机地图、互联网地图和电子海图等。电子地图的数据存储技术与显示电子地图的软硬件环境有紧密的关系。

电子对抗飞机/電子對抗飛機

diànzǐ duìkàng fēijī/

ㄉㄧㄢˋ ㄗˇ ㄉㄨㄟˋ ㄎㄤˋ ㄈㄟ ㄐㄧ

electronic countermeasure aircraft

【军】又称"电子战飞机"。作战飞机的一种。通过对电磁信号的侦收、识别、定位、分析和记录,以获取有关情报,从而对敌方雷达、电子制导系统和无线电通信设备等实施电子侦察、电子干扰或攻击。可分为电子对抗侦察飞机、电子干扰飞机和反辐射攻击飞机。

电子发射/電子發射

diànzǐ fāshè/ㄉㄧㄢˋ ㄗˇ ㄈㄚ ㄕㄜˋ

electron emission

【物】金属中的自由电子从金属表面逸出的现象。电子具备一定的能量,才能从金属表面逸出,以克服金属边界的势垒(在材料边界较高的电势差阻碍载流子运动,犹如壁垒)。按使电子获得能量的方法不同,可分为热电子发射、电子轰击发射、正离子轰击发射、中性原子轰击发射、场致发射和光电发射等。

电子伏/電子伏特

diànzǐfú/ㄉㄧㄢˋ ㄗˇ ㄈㄨˊ ㄊㄜˋ

electronvolt

【计量】能量的单位,可与国际单位制单位并用。符号eV。用于核物理学中。1 电子伏$=1.60\times10^{-19}$焦。

电子干扰船/電子干擾船

diànzǐ gānrǎochuán/

ㄉㄧㄢˋ ㄗˇ ㄍㄢ ㄖㄠˇ ㄔㄨㄢˊ

electronic jamming ship

【船】专门用于干扰对方电子设备和信息的勤

务船。设有功率强大的各种电子设备，发射无线电波，对敌方雷达、通信和武器制导等电子设备和系统进行压制、干扰或欺骗，以削弱或破坏其使用效能，保障和掩护己方海上编队的作战行动。

电子公告板
diànzǐ gōnggàobǎn/ ㄉㄧㄢˋ ㄗˇ ㄍㄨㄥ ㄍㄠˋ ㄅㄢˇ
【信息】即“公告板系统”(410 页)。

电子海图/電子海圖
diànzǐ hǎitú/ ㄉㄧㄢˋ ㄗˇ ㄏㄞˇ ㄊㄨˊ
electronic chart
【测绘】电子地图的一种。以海洋为主要制图区域，(有时含通航的河、湖)承载港口、航道海洋和近海陆地等与海洋地理、海洋资源和航行安全有关的信息。有关国际组织和国家海洋管理部门制定和颁布对应的技术标准和测量规范。

电子航海/電子航海
diànzǐ hánghǎi/ ㄉㄧㄢˋ ㄗˇ ㄏㄤˊ ㄏㄞˇ
electronic navigation
【船】又称“电子导航”。利用电子技术与设备实现船舶定位和导航的技术。是继地文航海、天文航海后出现的重要导航技术。按作用原理的不同，可分为船舶无线电导航、船舶雷达导航、船舶卫星导航、船舶惯性导航、水声导航、船舶激光导航和船舶综合导航等。新型船舶的电子导航设备，除定位功能外，还具有航路计算、导航报警、避让、测速、计时等功能，可连续显示各种导航数据。

电子目标探测雷达
diànzǐ mùbiāo tàncè léidá/ ㄉㄧㄢˋ ㄗˇ ㄇㄨˋ ㄅㄧㄠ ㄊㄢˋ ㄘㄜˋ ㄌㄟˊ ㄉㄚˊ
【军】即“谐波雷达”(1264 页)。

电子能谱仪/電子能譜儀
diànzǐ néngpǔyí/ ㄉㄧㄢˋ ㄗˇ ㄋㄥˊ ㄆㄨˇ ㄧˊ
electron spectrometer
【机】利用光电效应测出光电子的动能及其数量的关系，判断样品表面各种元素含量的仪器。可分析固体、液体、气体样品中除氢以外的一切元素，还可研究原子的状态、原子周围的状况及分子结构。应用于表面化学分析、分子结构、催化剂、新材料等研究领域。

电子签名
diànzǐ qiānmíng/ ㄉㄧㄢˋ ㄗˇ ㄑㄧㄢ ㄇㄧㄥˊ
【信息】即“数字签名”(1055 页)。

电子商务/電子商務
diànzǐ shāngwù/ ㄉㄧㄢˋ ㄗˇ ㄕㄤ ㄨˋ
e-commerce, electronic commerce
【信息】大量使用电子商业模式处理其交易的商务活动。

电子商业/電子化企業
diànzǐ shāngyè/ ㄉㄧㄢˋ ㄗˇ ㄏㄨㄚˋ ㄑㄧˋ ㄧㄝˋ
e-business
【信息】经由计算机网络以实时方式进行交易的商务。例如网上购物。

电子束焊/電子束熔接
diànzǐshùhàn/ ㄉㄧㄢˋ ㄗˇ ㄕㄨˋ ㄖㄨㄥˊ ㄐㄧㄝ
electron beam welding
【机】熔焊方法的一种。利用真空室中高度集中的电子流轰击金属件的连接处，使之熔合。焊接变形小，速度快，易实现程序控制。可分为真空电子束焊和非真空电子束焊。

电子束加工/電子束加工
diànzǐshù jiāgōng/ ㄉㄧㄢˋ ㄗˇ ㄕㄨˋ ㄐㄧㄚ ㄍㄨㄥ
electron beam machining
【机】特种加工的一种。在真空条件下，利用高能量、大密度的电子束轰击工件，使被轰击部分的材料熔化、气化而形成所需的形状和尺寸。可用于对材料进行表面热处理、焊接、刻蚀、钻孔、熔炼，或直接使材料升华。

电子数据交换/電子資料交換
diànzǐ shùjù jiāohuàn/ ㄉㄧㄢˋ ㄗˇ ㄗ ㄌㄧㄠˋ ㄐㄧㄠ ㄏㄨㄢˋ
electronic data interchange, EDI
【信息】将商业上或行政上的事务处理，按公认的标准形成报文数据格式，在计算机之间进行传送的处理方式。
📖 这种事务处理以电子数据交换替代传统的纸质文件，用在贸易上又称“无纸贸易”。

电子速测仪/電子全站儀
diànzǐ sùcèyí/ ㄉㄧㄢˋ ㄗˇ ㄑㄩㄢˊ ㄓㄢˋ ㄧˊ
【测绘】“全站型电子速测仪”的简称。

电子锁/電子鎖 diànzǐsuǒ/ ㄉㄧㄢˋ ㄗˇ ㄙㄨㄛˇ
digital electronic lock

【轻】锁的一种。由集成电路形成的核心单片机、密码输入存储识别系统、电磁执行机构、传感器、报警器等构成，具有安全防盗报警功能，以电子密码方式开启。按开锁方式不同，可分为按键式、按盘式、电子锁匙式、触摸式、生物特征式等。多用于安全门、保险柜等。

电子文档交换/電子文件交换

diànzǐ wéndàng jiāohuàn/
ㄉㄧㄢˋ ㄗˇ ㄨㄣˊ ㄉㄤˋ ㄐㄧㄠ ㄏㄨㄢˋ

electronic document interchange, EDI

【信息】计算机系统之间按适用标准进行的数据和文档交换。

电子显微镜/電子顯微鏡

diànzǐ xiǎnwēijìng/ㄉㄧㄢˋ ㄗˇ ㄒㄧㄢˇ ㄨㄟ ㄐㄧㄥˋ

electron microscope

【机】简称"电镜"。显微镜的一种。根据电子光学原理，用电子束和电子透镜代替光束和光学透镜，使物质的细微结构在非常高的放大倍数下成像。由镜筒、真空装置和电源柜构成。按成像原理不同，可分为透射式电子显微镜、扫描式电子显微镜、发射式电子显微镜、反射式电子显微镜。

电子信箱

diànzǐ xìnxiāng/ㄉㄧㄢˋ ㄗˇ ㄒㄧㄣˋ ㄒㄧㄤ

【信息】即"电子邮箱"(259 页)。

电子衍射/電子繞射

diànzǐ yǎnshè/ㄉㄧㄢˋ ㄗˇ ㄖㄠˋ ㄕㄜˋ

electron diffraction

【物】电子束在经过障碍物边缘或孔隙时不沿直线前进的现象。是电子具有波动性的实例。可用于研究物质结构。

📖 美国物理学家戴维森(C. Davisson, 1881—1958)和英国物理学家汤姆孙(G.P. Thomson, 1892—1975)在 1927 年分别利用晶体做了电子束衍射实验，其衍射图样证实了电子的波动性。

电子邮件/電子郵件

diànzǐ yóujiàn/ㄉㄧㄢˋ ㄗˇ ㄧㄡˊ ㄐㄧㄢˋ

E-mail, electronic mail

【信息】简称"电邮"。通过互联网传递的邮件，即用户之间通过电子信箱收发的消息。

电子邮件地址/電子郵件位址

diànzǐ yóujiàn dìzhǐ/
ㄉㄧㄢˋ ㄗˇ ㄧㄡˊ ㄐㄧㄢˋ ㄨㄟˋ ㄓˇ

e-mail address

【信息】用来标志某一用户，使其能接收电子邮件的字符串。

电子邮箱/電子信箱

diànzǐ yóuxiāng/ㄉㄧㄢˋ ㄗˇ ㄒㄧㄣˋ ㄒㄧㄤ

electronic mailbox

【信息】简称"电邮""邮箱"，又称"电子信箱"。为某一特定用户存储消息而设的功能单元。可存放收进的或发出的电子邮件，或同时存放收发两种电子邮件。

电子战飞机

diànzǐzhàn fēijī/ㄉㄧㄢˋ ㄗˇ ㄓㄢˋ ㄈㄟ ㄐㄧ

【军】即"电子对抗飞机"(257 页)。

电子战直升机/電子戰直升機

diànzǐzhàn zhíshēngjī/
ㄉㄧㄢˋ ㄗˇ ㄓㄢˋ ㄓˊ ㄕㄥ ㄐㄧ

electronic warfare helicopter

【军】用于对雷达、武器制导系统和无线电通信设备等实施电子侦察、电子干扰或反辐射攻击的军用直升机。能够悬停空中，利用障碍物隐蔽，对深远纵深或某一局部地区的电子目标实施电子战。但飞行高度低，视距近，覆盖区域小。按任务不同，可分为电子侦察直升机、电子干扰直升机、反雷达直升机。

电子侦察船/電子偵察船

diànzǐ zhēncháchuán/
ㄉㄧㄢˋ ㄗˇ ㄓㄣ ㄔㄚˊ ㄔㄨㄢˊ

electronic reconnaissance ship

【军】以电子技术获取对方军事情报的勤务舰船。装有各种频段的无线电接收机、雷达接收机、终端解调和记录设备、信号分析仪器及接收天线等，有的还有电子干扰设备。主要接收对方舰载、机载和岸上雷达、通信、武器控制系统等电子设备发出的电磁信号，查明其战术技术性能参数；查明雷达站和无线电台的位置、配系与指挥关系；侦收无线电话、电报并破译其密码，以获取军事情报；监视、跟踪舰艇编队活动，通过观察、照相、录像等手段，获取海上、空中、岸上实像情报等。

电子政务/電子化政府

diànzǐ zhèngwù/ㄉㄧㄢˋ ㄗˇ ㄏㄨㄚˋ ㄓㄥˋ ㄈㄨˇ

electronic government

【信息】政府机关采用信息技术为公众提供

的优质、规范、透明的管理和服务形式。需建立与之相适应的组织模式、管理模式和工作流程，以此全面推动政府管理现代化建设。

电子纸/電子紙 diànzǐzhǐ/ㄉㄧㄢˋ ㄗˇ ㄓˇ
electronic paper
【信息】以电子显示方式模拟传统纸张的外观和质感的器件。由柔韧塑胶薄片组成，包含数百万颗称为"微囊"的小珠。每一微囊都包含黑白两种色素，响应电荷而显示真色。只要不请求显示新的文本或图像，就一直保持所处状态。

D

电阻/電阻 diànzǔ/ㄉㄧㄢˋ ㄗㄨˇ
❶❷resistance，❸resistor
【物】❶描述导体阻碍电流通过性质的物理量。用 R 表示。单位欧[姆](Ω)。一段横截面积均匀的金属导体上的电阻随长度 L、横截面积 S、导体成分和温度的不同而不同。数学表达式为$R=\rho L/S$，式中 ρ 是材料的电阻率。❷复阻抗的实部，见"阻抗"(1514 页)。❸"电阻器"的简称。

电阻表/歐姆錶 diànzǔbiǎo/ㄡ ㄇㄨˇ ㄅㄧㄠˇ
ohmmeter
【电】旧称"欧姆表"。测量电阻的仪表。

电阻电路/電阻電路
diànzǔ diànlù/ㄉㄧㄢˋ ㄗㄨˇ ㄉㄧㄢˋ ㄌㄨˋ
resistive circuit
【电】又称"无记忆电路"。由电阻元件、受控源等元件及电压源和(或)电流源组成的电路。

电阻焊/電阻熔接
diànzǔhàn/ㄉㄧㄢˋ ㄗㄨˇ ㄖㄨㄥˊ ㄐㄧㄝ
resistance welding
【机】又称"接触焊"。压焊的一种。利用强大的电流通过金属件的连接处，金属迅速加热到塑性或熔化状态，并加压使连接。主要分为点焊、对焊和缝焊三种。

电阻率/電阻率 diànzǔlǜ/ㄉㄧㄢˋ ㄗㄨˇ ㄌㄩˋ
resistivity
【物】台湾又称"阻力係數"。描述材料导电性能的物理量。用 ρ 表示，单位欧米。不同材料的电阻率不同。导电性能好的导体电阻率小，绝缘体的电阻率大。

电阻器/電阻器 diànzǔqì/ㄉㄧㄢˋ ㄗㄨˇ ㄑㄧˋ
resistor
【物】简称"电阻"。电路中限制电流或将电能转变成热能等的电器。

电阻温度计/電阻溫度計
diànzǔ wēndùjì/ㄉㄧㄢˋ ㄗㄨˇ ㄨㄣ ㄉㄨˋ ㄐㄧˋ
resistance thermometer
【机】温度计的一种。利用金属或半导体的电阻随温度改变的性质制成。常用的有铂电阻温度计、镍电阻温度计、铜电阻温度计和半导体温度计。多用作温度测量的标准。

电钻/電鑽 diànzuàn/ㄉㄧㄢˋ ㄗㄨㄢˋ
electric drill
【机】电动工具的一种。用于在金属及其他非坚硬质脆的材料上钻孔。可分为手电钻、冲击钻、锤钻。

垫底库容
diàndǐ kùróng/ㄉㄧㄢˋ ㄉㄧˇ ㄎㄨˋ ㄖㄨㄥˊ
【水利】即"死库容"(1078 页)。

淀粉/澱粉 diànfěn/ㄉㄧㄢˋ ㄈㄣˇ
starch
【化】以葡萄糖为单位构成的多糖。白色粉末，无臭无味，有吸湿性。和水加温至 55～60℃膨胀而成为有黏性的半透明凝胶或胶体溶液。可溶于热水的为直链淀粉，约占10％～20％，由 200～300 个葡萄糖分子缩合而成，遇碘呈紫蓝色；不溶于热水的为支链淀粉，约占 80％～90％，由 6000 个或更多的葡萄糖分子组成，遇碘呈紫红色。淀粉水解或在淀粉酶或酸作用下逐步分解至糊精、麦芽糖最后成葡萄糖。除供食用外，常用于纺织等工业。

淀粉糖/澱粉糖
diànfěntáng/ㄉㄧㄢˋ ㄈㄣˇ ㄊㄤˊ
starch sugar
【化】淀粉经酸或酶水解糖化制取的糖的统称。完全糖化的产物是葡萄糖，不完全糖化的产物包括麦芽糖、葡萄糖、低聚糖、果葡糖浆等。甜度比蔗糖低，在食品、医药、造纸等行业中应用广泛。

電波天文學
ㄉㄧㄢˋ ㄅㄛ ㄊㄧㄢ ㄨㄣˊ ㄒㄩㄝˊ/
diànbō tiānwénxué
radio astronomy

【天】台湾名。即“射电天文学”(994 页)。

電波望遠鏡
ㄉㄧㄢˋ ㄅㄛ ㄨㄤˋ ㄩㄢˇ ㄐㄧㄥˋ/
diànbō wàngyuǎnjìng
radio telescope
【天】台湾名。即“射电望远镜”(994 页)。

電傳視訊
ㄉㄧㄢˋ ㄔㄨㄢˊ ㄕˋ ㄒㄩㄣˋ/diànchuán shìxùn
❶videotext，videography，❷teletext
【信息】❶台湾名。即“可视图文”(682 页)。❷台湾名。即“图文电视”(1149 页)。

電磁交互作用
ㄉㄧㄢˋ ㄘˊ ㄐㄧㄠ ㄏㄨˋ ㄗㄨㄛˋ ㄩㄥˋ/
diàncí jiāohù zuòyòng
electromagnetic interaction
【物】台湾名。即“电磁相互作用”(242 页)。

電磁遮蔽 ㄉㄧㄢˋ ㄘˊ ㄓㄜ ㄅㄧˋ/diàncí zhēbì
electromagnetic screen，electromagnetic shield
【物】台湾名。即“电磁屏蔽”(242 页)。

電洞 ㄉㄧㄢˋ ㄉㄨㄥˋ/diàndòng
hole，electron hole
【物】台湾名。即“空穴”(692 页)。

電動攻螺絲機
ㄉㄧㄢˋ ㄉㄨㄥˋ ㄍㄨㄥ ㄌㄨㄛˊ ㄙ ㄐㄧ/
diàndòng gōngluósījī
electric tapper
【机】台湾名。即“电动攻丝机”(243 页)。

電動螺絲起子
ㄉㄧㄢˋ ㄉㄨㄥˋ ㄌㄨㄛˊ ㄙ ㄑㄧˇ ·ㄗ/
diàndòng luósī qǐzi
electric screw driver
【机】台湾名。即“电动螺丝刀”(243 页)。

電動磨機
ㄉㄧㄢˋ ㄉㄨㄥˋ ㄇㄛˊ ㄐㄧ/diàndòng mójī
electric grinder
【机】台湾名。即“电动砂轮机”(243 页)。

電動囓切機
ㄉㄧㄢˋ ㄉㄨㄥˋ ㄋㄧㄝˋ ㄑㄧㄝ ㄐㄧ/diàndòng nièqiējī
electric nibbler
【机】台湾名。即“电冲剪”(239 页)。

電動切割機
ㄉㄧㄢˋ ㄉㄨㄥˋ ㄑㄧㄝ ㄍㄜ ㄐㄧ/diàndòng qiēgējī
electric cut-off machine
【机】台湾名。即“电动型材切割机”(243 页)。

電扶梯 ㄉㄧㄢˋ ㄈㄨˊ ㄊㄧ/diànfútī
escalator
【机】台湾名。即“自动扶梯”(1499 页)。

電負度 ㄉㄧㄢˋ ㄈㄨˋ ㄉㄨˋ/diànfùdù
electronegativity
【化】台湾名。即“电负性”(244 页)。

電感測器 ㄉㄧㄢˋ ㄍㄢˇ ㄘㄜˋ ㄑㄧˋ/diàngǎncèqì
electric sensor
【电】台湾名。即“电传感器”(240 页)。

電感應電爐
ㄉㄧㄢˋ ㄍㄢˇ ㄧㄥˋ ㄉㄧㄢˋ ㄌㄨˊ/
diàngǎnyìng diànlú
electric induction furnace
【机】台湾名。即“感应电炉”(385 页)。

電共振
ㄉㄧㄢˋ ㄍㄨㄥˋ ㄓㄣˋ/diàngòngzhèn
electric resonance
【物】台湾名。即“电谐振”(256 页)。

電鍋 ㄉㄧㄢˋ ㄍㄨㄛ/diànguō
electric cooker
【轻】台湾名。即“电饭煲”(244 页)。

電弧放電
ㄉㄧㄢˋ ㄏㄨˊ ㄈㄤˋ ㄉㄧㄢˋ/diànhú fàngdiàn
arc discharge
【物】台湾名。即“弧光放电”(506 页)。

電弧噴敷法
ㄉㄧㄢˋ ㄏㄨˊ ㄆㄣ ㄈㄨ ㄈㄚˇ/diànhú pēnfūfǎ
arc spraying
【机】台湾名。即“电弧喷涂”(245 页)。

電弧熔接
ㄉㄧㄢˋ ㄏㄨˊ ㄖㄨㄥˊ ㄐㄧㄝ/diànhú róngjiē
arc welding
【机】台湾名。即“电弧焊”(245 页)。

電化電池
ㄉㄧㄢˋ ㄏㄨㄚˋ ㄉㄧㄢˋ ㄔˊ/
diànhuà diànchí
electrochemical cell

D

【材】台湾名。即“电化学电池”(245 页)。

電化學分析儀
ㄉㄧㄢˋ ㄏㄨㄚˋ ㄒㄩㄝˊ ㄈㄣ ㄒㄧ ㄧˊ/
diànhuàxué fēnxīyí
electrochemical analyzer
【机】台湾名。即“电化学式分析仪器”(246 页)。

電話通訊
ㄉㄧㄢˋ ㄏㄨㄚˋ ㄊㄨㄥ ㄒㄩㄣˋ/diànhuà tōngxùn
telephone communication
【信息】台湾名。即“电话通信”(246 页)。

電話網路
ㄉㄧㄢˋ ㄏㄨㄚˋ ㄨㄤˇ ㄌㄨˋ/diànhuà wǎnglù
telephone network
【信息】台湾名。即“电话网”(246 页)。

電漿 ㄉㄧㄢˋ ㄐㄧㄤ/diànjiāng
plasma
【物】台湾名。即“等离子体”(213 页)。

電漿電弧切割
ㄉㄧㄢˋ ㄐㄧㄤ ㄉㄧㄢˋ ㄏㄨˊ ㄑㄧㄝ ㄍㄜ/
diànjiāng diànhú qiēgē
plasma arc cutting
【机】台湾名。即“等离子弧切割”(213 页)。

電漿噴塗
ㄉㄧㄢˋ ㄐㄧㄤ ㄆㄣ ㄊㄨˊ/diànjiāng pēntú
plasma spraying
【机】台湾名。即“等离子喷涂”(213 页)。

電漿態 ㄉㄧㄢˋ ㄐㄧㄤ ㄊㄞˋ/diànjiāngtài
plasma state
【物】台湾名。即“等离子态”(213 页)。

電解加工法
ㄉㄧㄢˋ ㄐㄧㄝˇ ㄐㄧㄚ ㄍㄨㄥ ㄈㄚˇ/
diànjiě jiāgōngfǎ
electrolytic machining
【机】台湾名。即“电解加工”(247 页)。

電介質的極化
ㄉㄧㄢˋ ㄐㄧㄝˋ ㄓˋ ·ㄉㄜ ㄐㄧˊ ㄏㄨㄚˋ/
diànjièzhì de jíhuà
dielectric polarization
【物】台湾名。即“介电极化”(626 页)。

電晶體 ㄉㄧㄢˋ ㄐㄧㄥ ㄊㄧˇ/diànjīngtǐ
transistor
【物】台湾名。即“晶体管”(642 页)。

電力傳動
ㄉㄧㄢˋ ㄌㄧˋ ㄔㄨㄢˊ ㄉㄨㄥˋ/diànlì chuándòng
electric drive
【电】台湾名。即“电气传动”(252 页)。

電力傳動裝置
ㄉㄧㄢˋ ㄌㄧˋ ㄔㄨㄢˊ ㄉㄨㄥˋ ㄓㄨㄤ ㄓˋ/
diànlì chuándòng zhuāngzhì
electric actuator
【自】台湾名。即“电动执行机构”(243 页)。

電力頻率磁場
ㄉㄧㄢˋ ㄌㄧˋ ㄆㄧㄣˊ ㄌㄩˋ ㄘˊ ㄔㄤˇ/
diànlì pínlǜ cíchǎng
power frequency magnetic field
【电】台湾名。即“工频磁场”(407 页)。

電力頻率電場
ㄉㄧㄢˋ ㄌㄧˋ ㄆㄧㄣˊ ㄌㄩˋ ㄉㄧㄢˋ ㄔㄤˇ/
diànlì pínlǜ diànchǎng
power frequency electric field
【电】台湾名。即“工频电场”(407 页)。

電力頻率接地電阻
ㄉㄧㄢˋ ㄌㄧˋ ㄆㄧㄣˊ ㄌㄩˋ ㄐㄧㄝ ㄉㄧˋ ㄉㄧㄢˋ ㄗㄨˇ/
diànlì pínlǜ jiēdì diànzǔ
power frequency earthing resistance
【电】台湾名。即“工频接地电阻”(407 页)。

電聯車 ㄉㄧㄢˋ ㄌㄧㄢˊ ㄔㄜ/diànliánchē
electric railcar train
【交】台湾名。即“电动车组”(242 页)。

電療法 ㄉㄧㄢˋ ㄌㄧㄠˊ ㄈㄚˇ/diànliáofǎ
electrotherapy
【医】台湾名。即“电疗”(250 页)。

電路網 ㄉㄧㄢˋ ㄌㄨˋ ㄨㄤˇ/diànlùwǎng
electric network
【电】台湾名。即“电网络”(255 页)。

電腦病毒武器
ㄉㄧㄢˋ ㄋㄠˇ ㄅㄧㄥˋ ㄉㄨˊ ㄨˇ ㄑㄧˋ/
diànnǎo bìngdú wǔqì
computer virus weapon
【军】台湾名。即“计算机病毒武器”(581 页)。

電腦通信網路
ㄉㄧㄢˋ ㄋㄠˇ ㄊㄨㄥ ㄒㄧㄣˋ ㄨㄤˇ ㄌㄨˋ/

diànnǎo tōngxìn wǎnglù
computer communication network
【信息】台湾名。即"计算机通信网"(581 页)。

電腦圖形技術
ㄉㄧㄢˋ ㄋㄠˇ ㄊㄨˊ ㄒㄧㄥˊ ㄐㄧˋ ㄕㄨˋ/
diànnǎo túxíng jìshù
computer graphics technology
【信息】台湾名。即"计算机图形技术"(581 页)。

電腦遊戲 ㄉㄧㄢˋ ㄋㄠˇ ㄧㄡˊ ㄒㄧˋ/diànnǎo yóuxì
computer game
【信息】台湾名。即"计算机游戏"(582 页)。

電腦語言
ㄉㄧㄢˋ ㄋㄠˇ ㄩˇ ㄧㄢˊ/diànnǎo yǔyán
computer language
【信息】台湾名。即"计算机语言"(582 页)。

電腦整合製造系統
ㄉㄧㄢˋ ㄋㄠˇ ㄓㄥˇ ㄏㄜˊ ㄓˋ ㄗㄠˋ ㄒㄧˋ ㄊㄨㄥˇ/
diànnǎo zhěnghé zhìzào xìtǒng
computer integrated manufacturing system, CIMS
【自】台湾名。即"计算机集成制造系统"(581 页)。

電腦指令
ㄉㄧㄢˋ ㄋㄠˇ ㄓˇ ㄌㄧㄥˋ/diànnǎo zhǐlìng
computer instruction
【信息】台湾名。即"计算机指令"(582 页)。

電氣鐵路 ㄉㄧㄢˋ ㄑㄧˋ ㄊㄧㄝˇ ㄌㄨˋ/diànqì tiělù
electric railway
【交】台湾名。即"电气化铁路"(252 页)。

電氣裝置
ㄉㄧㄢˋ ㄑㄧˋ ㄓㄨㄤ ㄓˋ/diànqì zhuāngzhì
electric installation
【电】台湾名。即"电气设施"(252 页)。

電熱器 ㄉㄧㄢˋ ㄖㄜˋ ㄑㄧˋ/diànrèqì
electric heater
【轻】台湾名。即"电暖器"(252 页)。

電熱熔碴焊接
ㄉㄧㄢˋ ㄖㄜˋ ㄖㄨㄥˊ ㄔㄚˊ ㄏㄢˋ ㄐㄧㄝ/
diànrè róngchá hànjiē
electro-slag welding
【机】台湾名。即"电渣焊"(256 页)。

電毯 ㄉㄧㄢˋ ㄊㄢˇ/diàntǎn
electric blanket
【轻】台湾名。即"电热毯"(253 页)。

電網分裂
ㄉㄧㄢˋ ㄨㄤˇ ㄈㄣ ㄌㄧㄝˋ/diànwǎng fēnliè
islanding, network splitting
【电】台湾名。即"电网解列"(255 页)。

電網路
ㄉㄧㄢˋ ㄨㄤˇ ㄌㄨˋ/diànwǎnglù
electric network
【电】台湾名。即"电网络"(255 页)。

電位計 ㄉㄧㄢˋ ㄨㄟˋ ㄐㄧˋ/diànwèijì
potentiometer
【机】台湾名。即"电位差计"(255 页)。

電信網路
ㄉㄧㄢˋ ㄒㄧㄣˋ ㄨㄤˇ ㄌㄨˋ/diànxìn wǎnglù
telecommunication network
【信息】台湾名。即"电信网"(256 页)。

電壓計 ㄉㄧㄢˋ ㄧㄚ ㄐㄧˋ/diànyājì
voltmeter
【电】台湾名。即"电压表"(256 页)。

電壓位準
ㄉㄧㄢˋ ㄧㄚ ㄨㄟˋ ㄓㄨㄣˇ/diànyā wèizhǔn
voltage level
【电】台湾名。即"电压等级"(256 页)。

電子布告欄系統
ㄉㄧㄢˋ ㄗˇ ㄅㄨˋ ㄍㄠˋ ㄌㄢˊ ㄒㄧˋ ㄊㄨㄥˇ/
diànzǐ bùgàolán xìtǒng
bulletin board system, BBS
【信息】台湾名。即"公告板系统"(410 页)。

電子出版品
ㄉㄧㄢˋ ㄗˇ ㄔㄨ ㄅㄢˇ ㄆㄧㄣˇ/diànzǐ chūbǎnpǐn
electronic publication
【信息】台湾名。即"电子出版物"(257 页)。

電子伏特
ㄉㄧㄢˋ ㄗˇ ㄈㄨˊ ㄊㄜˋ/diànzǐ fútè
【计量】台湾名。即"电子伏"(257 页)。

電子化企業
ㄉㄧㄢˋ ㄗˇ ㄏㄨㄚˋ ㄑㄧˇ ㄧㄝˋ/diànzǐhuà qǐyè
e-commerce, electronic commerce
【信息】台湾名。即"电子商业"(258 页)。

D

D

電子化政府

ㄉㄧㄢˋ ㄗˇ ㄏㄨㄚˋ ㄓㄥˋ ㄈㄨˇ/

diànzǐhuà zhèngfǔ

electronic government

【信息】台湾名。即“电子政务”(259 页)。

電子繞射

ㄉㄧㄢˋ ㄗˇ ㄖㄠˋ ㄕㄜˋ/diànzǐ ràoshè

electron diffraction

【物】台湾名。即“电子衍射”(259 页)。

電子束熔接

ㄉㄧㄢˋ ㄗˇ ㄕㄨˋ ㄖㄨㄥˊ ㄐㄧㄝ/

diànzǐshù róngjiē

electron beam welding

【机】台湾名。即“电子束焊”(258 页)。

電子文件交換

ㄉㄧㄢˋ ㄗˇ ㄨㄣˊ ㄐㄧㄢˋ ㄐㄧㄠ ㄏㄨㄢˋ/

diànzǐ wénjiàn jiāohuàn

electronic document interchange, EDI

【信息】台湾名。即“电子文档交换”(259 页)。

電子信箱

ㄉㄧㄢˋ ㄗˇ ㄒㄧㄣˋ ㄒㄧㄤ/diànzǐ xìnxiāng

electronic mailbox

【信息】台湾名。即“电子邮箱”(259 页)。

電子郵件位址

ㄉㄧㄢˋ ㄗˇ ㄧㄡˊ ㄐㄧㄢˋ ㄨㄟˋ ㄓˇ/

diànzǐ yóujiàn wèizhǐ

e-mail address

【信息】台湾名。即“电子邮件地址”(259 页)。

電子郵件炸彈

ㄉㄧㄢˋ ㄗˇ ㄧㄡˊ ㄐㄧㄢˋ ㄓㄚˋ ㄉㄢˋ/

diànzǐ yóujiàn zhàdàn

e-mail bomb

【信息】台湾名。即“邮件炸弹”(1364 页)。

電子資料交換

ㄉㄧㄢˋ ㄗˇ ㄗ ㄌㄧㄠˋ ㄐㄧㄠ ㄏㄨㄢˋ/

diànzǐ zīliào jiāohuàn

electronic data interchange, EDI

【信息】台湾名。即“电子数据交换”(258 页)。

電阻熔接

ㄉㄧㄢˋ ㄗㄨˇ ㄖㄨㄥˊ ㄐㄧㄝ/

diànzǔ róngjiē

resistance welding

【机】台湾名。即“电阻焊”(260 页)。

靛蓝/靛藍 diànlán/ㄉㄧㄢˋ ㄌㄢˊ

indigo

【化】天然有机染料。具金属光泽的深蓝色粉末。从前由靛蓝植物制取,现在多用人工合成。

diao (ㄉㄧㄠ)

刁绣 diāoxiù/ㄉㄧㄠ ㄒㄧㄡˋ

【纺】同“雕绣”(265 页)。

貂/貂 diāo/ㄉㄧㄠ

mink

貂

【动】哺乳动物名。食肉目鼬科貂属动物的统称。身体细长,四肢短,尾粗,耳朵三角形,听觉敏锐,毛黄色或紫黑色。有肛袋腺,可产生特殊气味的分泌物。种类较多,如水貂、紫貂等。

貂熊/狼獾 diāoxióng/ㄉㄧㄠ ㄒㄩㄥˊ

wolverine

【动】*Gulo gulo* 又称“狼獾”。哺乳动物名。食肉目鼬科。体形介于熊和獾之间,体长可达 1 米,尾长,尾毛蓬松,全身棕黑色,喉部有白色斑纹。能爬树,会游泳,性凶暴。生活在寒带的林区,以兔、鹿、松鼠等为食,夏天还捕食鱼类。分布于北极圈附近,在中国,内蒙古、大兴安岭北部和新疆北部也有分布。

貂 熊

碉房/碉房 diāofáng/ㄉㄧㄠ ㄈㄤˊ

blockhouse

【建】中国西南地区藏族、羌族等土筑石砌的住房。因形状像碉堡,故名。高约十米至数十米,两层至五六层,平顶,局部出挑木结构。外观朴实浑厚,具有居住和防御双重功能。

雕/鵰 diāo/ㄉㄧㄠ

eagle

雕

【动】鸟名。隼形目鹰科雕属(*Aquila*)、鹰雕属(*Spizaetus*)、林雕属(*Ictinaetus*)和海雕属(*Haliaeetus*)动物的统称。嘴和爪呈钩状,腿部有羽毛,翼强大,视力发达,性凶猛,善于捕食鼠、兔等。常见的有金雕、草原雕等。

雕绣/鏤空花繡 diāoxiù/ㄌㄡˋ ㄎㄨㄥ ㄏㄨㄚ ㄒㄧㄡˋ

cutwork

【纺】又称"刁绣""镂空绣"。抽纱的一种。用布底绣花,以扣针为主,有的花纹绣出轮廓后,将轮廓内挖空,把布剪掉,有如雕镂,故名。所用的布和线都较淡雅,江苏、山东、浙江、广东和北京等地区的雕绣各有特色,适于做台布、床罩、枕套等。

鲷/異黑鯛 diāo/ㄧˋ ㄏㄟ ㄉㄧㄠ

porgy

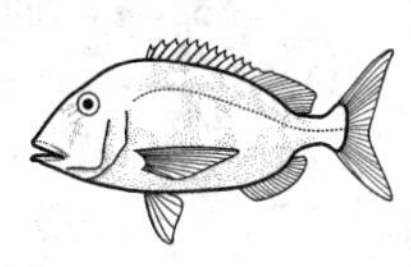
鲷

【动】鱼名。硬骨鱼纲鲷科鱼类的统称。身体侧扁,背部稍微凸起,头大,口小,侧线发达。生活在海洋中。种类很多,常见的有真鲷、黄鲷、黑鲷等。中国沿海均有分布。

吊顶搁栅

diàodǐng gēzhà/ㄉㄧㄠˋ ㄉㄧㄥˇ ㄍㄜˊ ㄓㄚˋ

【建】即"龙骨"(752 页)。

吊桿式起重機

ㄉㄧㄠˋ ㄍㄢˇ ㄕˋ ㄑㄧˇ ㄓㄨㄥˋ ㄐㄧ/

diàogānshì qǐzhòngjī

derrick crane

【机】台湾名。即"桅杆起重机"(1181 页)。

吊脚架空层

diàojiǎo jiàkōngcéng/

ㄉㄧㄠˋ ㄐㄧㄠˇ ㄐㄧㄚˋ ㄎㄨㄥ ㄘㄥˊ

【建】即"架空层"(595 页)。

吊脚楼/吊腳樓

diàojiǎolóu/ㄉㄧㄠˋ ㄐㄧㄠˇ ㄌㄡˊ

stilted building

【建】中国西南山地一种建在陡坡上的民居建筑。脚柱随山坡高低架空设立,以利用山崖边的空间,扩大建筑面积。建造时有竹木捆绑、穿斗式、砖柱木梁等方法,省工省料,因地制宜,设计巧妙。

吊兰/吊蘭 diàolán/ㄉㄧㄠˋ ㄌㄢˊ

tufted-bracketplant

【植】*Chlorophytum comosum* 百合科吊兰属。多年生草本植物。宿根。根状茎短,叶基生,抱茎,剑形,绿色或有黄色条纹。花莛长于叶,常成为匍匐枝且顶部会长出叶簇或小植株,花白色,2～4 朵簇生成花序,花梗有关节。花期 5 月份。原产非洲南部,中国各地均有栽培。观赏植物。全草入药。

吊桥/吊橋 diàoqiáo/ㄉㄧㄠˋ ㄑㄧㄠˊ

❶drawbridge, ❷suspension bridge

【交】❶即"悬索桥"(1291 页)。❷设于城壕上的可吊起可放下的桥。

吊钟海棠

diàozhōng hǎitáng/ㄉㄧㄠˋ ㄓㄨㄥ ㄏㄞˇ ㄊㄤˊ

【植】即"倒挂金钟"(207 页)。

吊鐘花 ㄉㄧㄠˋ ㄓㄨㄥ ㄏㄨㄚ/diàozhōnghuā

fuchsia

【植】台湾名。即"倒挂金钟"(207 页)。

吊重直升機

ㄉㄧㄠˋ ㄓㄨㄥˋ ㄓˊ ㄕㄥ ㄐㄧ/

diàozhòng zhíshēngjī

lifting helicopter, crane helicopter

【航】台湾名。即"起重直升机"(889 页)。

吊装设备/吊裝設備

diàozhuāng shèbèi/ㄉㄧㄠˋ ㄓㄨㄤ ㄕㄜˋ ㄅㄟˋ

lift on/lift off equipment

【船】将货物吊进和吊离船舶的装卸设备。常用的吊装设备有吊杆装置和起重机。

调车场/調車場

diàochēchǎng/ㄉㄧㄠˋ ㄔㄜ ㄔㄤˇ

【交】即"编组场"(59 页)。

die (ㄉㄧㄝ)

跌坡/陡槽 diēpō/ㄉㄡˇ ㄘㄠˊ

chute

【水利】用以连接两段高程不同的渠道的陡槽。

跌水/跌水 diēshuǐ/ㄉㄧㄝ ㄕㄨㄟˇ

drop

【水利】❶连接两段高程不同的渠道的阶梯式建筑物。❷沟槽底部为阶梯形，呈瀑布跌落式的水流。

迭代/疊代 diédài/ㄉㄧㄝˊ ㄉㄞˋ

iteration

【信息】重复执行某一序列步骤的过程。

叠层石/疊藻層

diécéngshí/ㄉㄧㄝˊ ㄘㄥˊ ㄕˊ

stromatolite

【地】碳酸盐岩的一种。是前寒武纪未变质的碳酸盐沉积。由蓝藻等低等微生物的生命活动引起生物化学沉积。常见于石灰岩及白云岩中。因纵剖面呈向上凸起的弧形或锥形叠层状，故名。是很好的雕刻材料。

叠加定理/疊加定理

diéjiā dìnglǐ/ㄉㄧㄝˊ ㄐㄧㄚ ㄉㄧㄥˋ ㄌㄧˇ

superposition theorem

【电】表征线性系统或线性电路中响应和激励呈线性关系的定理。其内容为：设有两个或两个以上的激励同时作用于线性系统或线性电路，则响应等于诸激励单独分别作用下的诸响应之代数和。

叠片磁铁芯/疊片磁芯

diépiàn cítiěxīn/ㄉㄧㄝˊ ㄆㄧㄢˋ ㄘˊ ㄒㄧㄣ

laminated magnetic core

【电】简称"叠片磁芯"。由彼此绝缘的片状软磁材料平行堆叠而成的铁芯。

叠片磁芯

diépiàn cíxīn/ㄉㄧㄝˊ ㄆㄧㄢˋ ㄘˊ ㄒㄧㄣ

【电】"叠片磁铁芯"的简称。

叠涩/疊澀

diésè/ㄉㄧㄝˊ ㄙㄜˋ

corbel

【建】用砖石逐层相叠出挑或缩进的一种砌筑方式。常用于建筑物檐下、砖塔及须弥座等。

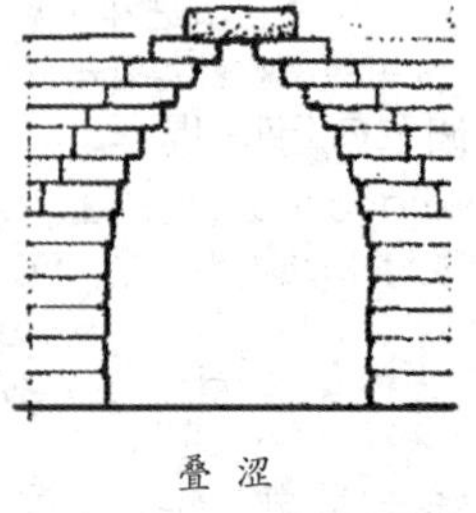

叠 涩

碟机 diéjī/ㄉㄧㄝˊ ㄐㄧ

【信息】"影碟机"的简称。

蝶 dié/ㄉㄧㄝˊ

【动】"蝴蝶"的简称。

蝶阀/蝶形閥 diéfá/ㄉㄧㄝˊ ㄒㄧㄥˊ ㄈㄚˊ

butterfly valve

【机】又称"翻板阀"。阀的一种。用于调节和截断介质的流动。启闭件(蝶板)由阀杆带动，并绕阀杆的轴线作旋转运动。阀门开闭度取决于蝶板旋角大小。多安装于输送流体介质(煤气、天然气和液化石油气等)的管道上。

蝶形閥 ㄉㄧㄝˊ ㄒㄧㄥˊ ㄈㄚˊ/diéxíngfá

butterfly valve

【机】台湾名。即"蝶阀"(266 页)。

蝶形花/蝶形花

diéxínghuā/ㄉㄧㄝˊ ㄒㄧㄥˊ ㄏㄨㄚ

papilionaceous flower

【植】花形的一种。花冠上面最大的一片花瓣称旗瓣，侧面较小且形状不同的两片花瓣称翼瓣，最下两片的下缘稍合生，状如龙骨的称龙骨瓣。豆科植物多为蝶形花。

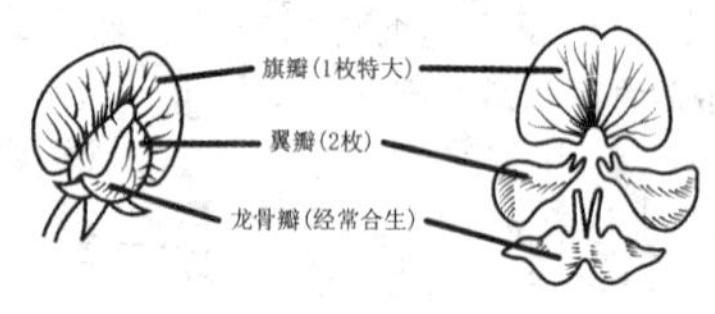

蝶形花

鲽/鰈 dié/ㄉㄧㄝˊ

plaice

【动】鱼名。硬骨鱼纲鲽形目。比目鱼的一类。身体侧扁，像薄片，长椭圆形，有细鳞，两眼都在右侧，左侧向下卧在沙底。生活在浅海中。种类很多，常见的有高眼鲽(*Cleisthenes herzensteini*)、木叶鲽(*Pleuronichthys cornutus*)等。中国沿海均有分布。

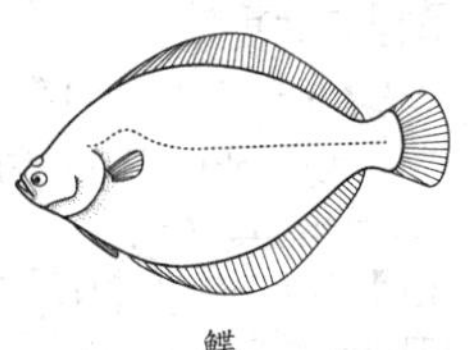

鲽

疊藻層 ㄉㄧㄝˊ ㄗㄠˇ ㄘㄥˊ/diézǎocéng

stomatolite

【地】台湾名。即"叠层石"(266 页)。

dīng（ㄉㄧㄥ）

丁坝/丁壩 dīngbà/ㄉㄧㄥ ㄅㄚˋ
spur dike
【水利】从河道岸边伸向河床,从平面上看与岸线构成丁字形的水工建筑物。主要功能是保护河岸不受水流直接冲蚀而产生掏刷破坏,同时也用以整治河道、调整流向、改变流速和导引泥沙等。

丁二酸 dīng'èrsuān/ㄉㄧㄥ ㄦˋ ㄙㄨㄢ
【化】"琥珀酸"的学名。

丁肝 dīnggān/ㄉㄧㄥ ㄍㄢ
【医】"丁型肝炎"的简称。

丁型病毒性肝炎
dīngxíng bìngdúxìng gānyán/ㄉㄧㄥ ㄒㄧㄥˊ ㄅㄧㄥˋ ㄉㄨˊ ㄒㄧㄥˋ ㄍㄢ ㄧㄢˊ
【医】"丁型肝炎"的全称。

丁型肝炎/D型肝炎
dīngxíng gānyán/D ㄒㄧㄥˊ ㄍㄢ ㄧㄢˊ
hepatitis D
【医】全称"丁型病毒性肝炎",简称"丁肝",台湾简称"D肝"。由丁型肝炎病毒感染引起的肝炎。主要经血液途径传染。丁型肝炎病毒是一种缺陷病毒,需在乙肝病毒辅助下才能复制,故丁型肝炎要在感染乙型肝炎的基础上才能感染。易于慢性化或发展成重型肝炎。

丁字交叉
ㄉㄧㄥ ㄗˋ ㄐㄧㄠ ㄔㄚ/dīngzì jiāochā
T intersection
【交】台湾名。即"丁字形交叉"(267页)。

丁字形交叉/丁字交叉
dīngzìxíng jiāochā/ㄉㄧㄥ ㄗˋ ㄐㄧㄠ ㄔㄚ
T intersection
【交】又称"T形交叉"。平面交叉的一种。两条道路呈丁字形的相交。即一条道路在尽头处与另一条道路直角交会。

疔疮/疔瘡 dīngchuāng/ㄉㄧㄥ ㄔㄨㄤ
hard furuncle, * clove sore
【中医】中医外科疾病之一。好发于颜面、四肢,症见形小根深,坚硬如钉,肿痛灼热,易于走黄、损筋伤骨。发生部位不同而名称各异。治疗原则以清热解毒为主,常用五味消毒饮、黄连解毒汤加减。

耵耳/耵耳 dīng'ěr/ㄉㄧㄥ ㄦˇ
ceruminal ear, otitis media
【中医】中医耳病之一。症见耵聍堵塞耳道,耳闷、听力下降。宜直接取出,或滴耳油润后取出。

酊 ㄉㄧㄥ/dīng
tincture
【医】台湾名。即"酊剂"(267页)。

酊剂/酊 dīngjì/ㄉㄧㄥ
tincture
【医】将药材用规定浓度的乙醇提取或溶解而成的药剂。如颠茄酊、碘酊等。

顶级域名/頂層領域名稱
dǐngjí yùmíng/ㄉㄧㄥˇ ㄘㄥˊ ㄌㄧㄥˇ ㄩˋ ㄇㄧㄥˊ ㄔㄥ
top-level domain name
【信息】因特网寻址系统中层次最高的域名。由双字母的国际标准化组织国家(地区)代码或三字母的英语缩略语组成,例如cn(中国)、us(美国),又如com(公司)、edu(教育)、gov(政府)、mil(军事)、net(网络)或org(组织)。

顶尖/頂尖 dǐngjiān/ㄉㄧㄥˇ ㄐㄧㄢ
center
【机】机床附件的一种。尾部带有锥柄,安装在机床主轴锥孔或尾座顶尖轴锥孔中,用其头部锥体顶住工件。

顶交/頂交 dǐngjiāo/ㄉㄧㄥˇ ㄐㄧㄠ
top cross
【生】一个自交系与一个天然授粉品系间的杂交。

顶棚/頂棚 dǐngpéng/ㄉㄧㄥˇ ㄆㄥˊ
ceiling
【建】又称"天花""天棚"。为满足室内顶部整洁美观,隐藏电线管道,以及隔声、隔热、保温要求而加设的平顶层。具有一定的光线反射和装饰作用。

顶棚楞木
dǐngpéng léngmù/ㄉㄧㄥˇ ㄆㄥˊ ㄌㄥˊ ㄇㄨˋ
【建】即"龙骨"(752页)。

頂層領域名稱
ㄉㄧㄥˇ ㄘㄥˊ ㄌㄧㄥˇ ㄩˋ ㄇㄧㄥˊ ㄔㄥ/

dǐngcéng lǐngyù míngchēng
top-level domain name
【信息】台湾名。即“顶级域名”(267 页)。

定比分点/定比分點
dìngbǐ fēndiǎn/ㄉㄧㄥˋ ㄅㄧˇ ㄈㄣ ㄉㄧㄢˇ
definite proportion and division point
【数】设点 P 在有向线段 AB 所在直线上，若有向线段 AP 和 PB 的数量之比 $\frac{AP}{PB}=\lambda$ 为定值，则称点 P 为分有向线段 AB 的比为 λ 的定比分点。设点 A,B 的坐标分别为 $(x_1,y_1),(x_2,y_2)$，则点 P 的坐标为 $\left(\frac{x_1+\lambda x_2}{1+\lambda},\frac{y_1+\lambda y_2}{1+\lambda}\right)$。

📖 设点 P 为有向线段 AB 的定比分点，$\frac{AP}{PB}=\lambda$，则当点 P 在点 A,B 之间时，$\lambda>0$；当点 P 在有向线段 AB 的延长线上时，$\lambda<-1$；当点 P 在有向线段 BA 的延长线上时，$-1<\lambda<0$；当点 P 与点 A 重合时，$\lambda=0$；当点 P 与点 B 重合时，λ 不存在。

定槽式气压表
dìngcáoshì qìyābiǎo/ㄉㄧㄥˋ ㄘㄠˊ ㄕˋ ㄑㄧˋ ㄧㄚ ㄅㄧㄠˇ
【气】即“寇乌气压表”(696 页)。

定常流/稳流
dìngchángliú/ㄨㄣˇ ㄌㄧㄡˊ
steady flow
【物】全称“定常流动”。流体中的速度、压强、密度等不随时间改变的流动。

定常流动
dìngcháng liúdòng/ㄉㄧㄥˋ ㄔㄤˊ ㄌㄧㄡˊ ㄉㄨㄥˋ
【物】“定常流”的全称。

定积分/定積分 dìngjīfēn/ㄉㄧㄥˋ ㄐㄧ ㄈㄣ
definite integral
【数】又称“黎曼积分”。积分学中的重要概念，用微积分解决问题时的重要工具。设 $f(x)$ 是区间 $[a,b]$ 上的一个有界函数，用分点 $a=x_0<x_1<x_2<\cdots<x_n=b$ 把区间 $[a,b]$ 分成 n 个子区间，子区间 $[x_{i-1},x_i]$ 的长度为 $\Delta x_i=x_i-x_{i-1}(i=1,2,\cdots,n)$，在每个子区间 $[x_{i-1},x_i]$ 内任取点 ξ_i，作和式 $S=\sum_{i=1}^{n}f(\xi_i)\Delta x_i$。若不论 x_i 和 $\xi_i(i=1,2,\cdots,n)$ 如何选取，只要 $\lambda=\max_{1\leqslant i\leqslant n}\Delta_i\to 0$ 时，和式 S 的极限都是某数 I，即 $\lim_{\lambda\to 0}\sum_{i=1}^{n}f(\xi_i)\Delta x_i=I$，则称数 I 为 $f(x)$ 在区间 $[a,b]$ 上的定积分，记作 $\int_a^b f(x)\mathrm{d}x$。这时称 $f(x)$ 在区间 $[a,b]$ 上(黎曼)可积，a,b 分别称为积分的下限和上限。当在区间 $[a,b]$ 上 $f(x)\geqslant 0$ 时，$\int_a^b f(x)\mathrm{d}x$ 表示由曲线 $y=f(x)$ 和 x 轴及直线 $x=a,x=b$ 所围成的图形的面积。

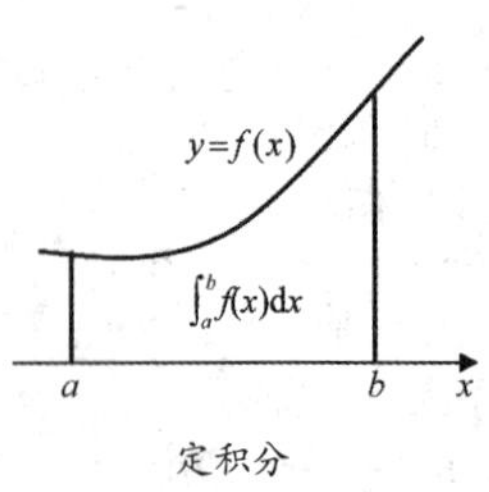

定积分

📖 德国数学家黎曼(G.Riemann)在 19 世纪中期定义了黎曼积分，使它成为积分学中的重要概念。在区间 $[a,b]$ 上有界的所有函数不都在区间 $[a,b]$ 上黎曼可积，对函数可积条件的研究经历了约 50 年。20 世纪初期，法国数学家勒贝格(H.Lebesgue)证明了有界函数黎曼可积的充要条件为：函数的不连续点构成一个零测度集。勒贝格在黎曼积分的基础上，建立了突破黎曼积分的局限性的勒贝格积分，为现代积分学奠定了基础。有时为区别两种不同的积分，用“R 积分”表示黎曼积分，用“L 积分”表示勒贝格积分。

定框 ㄉㄧㄥˋ ㄎㄨㄤˋ/dìngkuàng
framing
【信息】台湾名。即“成帧”(124 页)。

定理/定理 dìnglǐ/ㄉㄧㄥˋ ㄌㄧˇ
theorem
【数】根据给定的假设(定义、公理、已有定理、题设条件等)能证明其正确并具有一般性的命题。例如，“直角三角形中，两直角边的平方和等于斜边的平方”是一个定理，即勾股定理。

定量泵 dìngliàngbèng/ㄉㄧㄥˋ ㄌㄧㄤˋ ㄅㄥˋ
【机】即“计量泵”(580 页)。

定量订货制/定量訂貨制
dìngliàng dìnghuòzhì/
ㄉㄧㄥˋ ㄌㄧㄤˋ ㄉㄧㄥˋ ㄏㄨㄛˋ ㄓˋ
fixed-quantity system，FQS

【物流】一种库存管理方式。当物品库存量下降到预定库存量(订货点)时,立即按照经济订货批量订货。

定苗/疏苗 dìngmiáo/ㄕㄨ ㄇㄧㄠˊ

establishing

【农】为确保作物有足够的出苗数量,播种时播下较多数量的种子。完全出苗后,按株距留下壮苗,去除其他,使农田中幼苗数量达到理想苗数。

定排量流量计

dìngpáiliàng liúliàngjì/

ㄉㄧㄥˋ ㄆㄞˊ ㄌㄧㄤˋ ㄌㄧㄡˊ ㄌㄧㄤˋ ㄐㄧˋ

【机】即“容积式流量计”(954 页)。

定期订货制/定期訂貨制

dìngqī dìnghuòzhì/ㄉㄧㄥˋ ㄑㄧ ㄉㄧㄥˋ ㄏㄨㄛˋ ㄓˋ

fixed-interval system, FIS

【物流】一种库存管理方式。按预先确定的订货间隔期进行订货。

定傾中心

ㄉㄧㄥˋ ㄑㄧㄥ ㄓㄨㄥ ㄒㄧㄣ /dìngqīng zhōngxīn

metacenter

【船】台湾名。即“稳心”(1196 页)。

定时测距导航系统

dìngshí cèjù dǎoháng xìtǒng/

ㄉㄧㄥˋ ㄕˊ ㄘㄜˋ ㄐㄩˋ ㄉㄠˇ ㄏㄤˊ ㄒㄧˋ ㄊㄨㄥˇ

【信息】即“全球定位系统”(930 页)。

定时测距导航系统制导

dìngshí cèjù dǎoháng xìtǒng zhìdǎo/ㄉㄧㄥˋ ㄕˊ ㄘㄜˋ ㄐㄩˋ ㄉㄠˇ ㄏㄤˊ ㄒㄧˋ ㄊㄨㄥˇ ㄓˋ ㄉㄠˇ

【航】即“全球定位系统制导”(930 页)。

定时炸弹/定時炸彈

dìngshí zhàdàn/ㄉㄧㄥˋ ㄕˊ ㄓㄚˋ ㄉㄢˋ

time bomb

㊀【军】装有计时器、导线和引爆器的炸弹。由计时器控制,能按预定时间自动引爆,以对攻击目标造成破坏。㊁【信息】擅自植入他人计算机系统,设置在预定时刻激活的逻辑炸弹。

定势/調整 dìngshì/ㄊㄧㄠˊ ㄓㄥˇ

set

【心】准备好以某种特定的方式对某种刺激进行知觉或反映。包括运动定势、心理定势、知觉定势等。

定态/穩態 dìngtài/ㄨㄣˇ ㄊㄞˋ

steady state

【化】体系内各部分的宏观性质不随时间改变,但存在宏观流的状态。即动态平衡态。如金属棒两端连接两个不同温度的热源,经相当时间后,棒中各部分温度不随时间而变,棒中存在由高温端流向低温端的热流的状态。

定位精度/定位精度

dìngwèi jīngdù/ㄉㄧㄥˋ ㄨㄟˋ ㄐㄧㄥ ㄉㄨˋ

positional accuracy

【机】指零件或刀具等实际位置与标准位置(理论位置、理想位置)之间的差距。差距越小,精度越高。

定位盤 ㄉㄧㄥˋ ㄨㄟˋ ㄆㄢˊ/dìngwèipán

puck

【信息】台湾名。即“手持游标器”(1041 页)。

定向地雷/定向地雷

dìngxiàng dìléi/ㄉㄧㄥˋ ㄒㄧㄤˋ ㄉㄧˋ ㄌㄟˊ

directional mine

【军】爆炸后雷体内的钢珠或破片向预定方向,在一定范围内飞散的地雷。通常布设在防御阵地前沿及翼侧,用于大面积杀伤人员和在较远距离上毁伤轻型装甲车辆等目标。可分为防步兵定向地雷和防车辆定向地雷。有受操纵起爆和受目标作用起爆两种方式。

定向干细胞/定向幹細胞

dìngxiàng gànxìbāo/

ㄉㄧㄥˋ ㄒㄧㄤˋ ㄍㄢˋ ㄒㄧˋ ㄅㄠ

committed stem cell, CSC

【生】多能干细胞在某些因素作用下分化为不同造血祖细胞,继而分化为形态和功能不同的髓样干细胞和淋巴干细胞,后者称为定向干细胞。

定向能武器/定向能武器

dìngxiàngnéng wǔqì/ㄉㄧㄥˋ ㄒㄧㄤˋ ㄋㄥˊ ㄨˇ ㄑㄧˋ

directed energy weapon

【军】新概念武器的一类。利用定向反射的电磁波束、高能激光束、高能粒子束直接攻击目标。包括激光武器、高功率微波武器和粒子束武器。

定窑/定窯 dìngyáo/ㄉㄧㄥˋ ㄧㄠˊ

Ding Kiln

【轻】中国宋代五大名窑之一。窑址位于定州(今河北曲阳)境内,故名。创烧于唐,极盛于北宋及金。原为民窑,北宋中后期开始烧制宫廷用瓷。其产品称为“定瓷”,为中国“五大名瓷”之一。以产白瓷著称,兼烧黑釉、紫釉、红釉和绿釉等品种,分别称为“黑定”“紫定”“红定”和“绿定”,均为在白瓷胎上覆上一层高温色釉烧制而成。

定义/定義 dìngyì/ㄉㄧㄥˋ ㄧˋ

definition

【总】旧称“界说”。对概念的内涵或语词的意义所做的简要而准确的描述。最常用的定义方法是属加种差。定义的规则有:(1)定义概念和被定义概念的外延相等;(2)定义概念中不能直接或间接包含被定义概念;(3)通常不应是否定命题;(4)定义概念中不能包括含混的概念和词语。

定义域/定義域

dìngyìyù/ㄉㄧㄥˋ ㄧˋ ㄩˋ

domain

【数】自变量 x 的取值范围叫作函数 $y=f(x)$ 的定义域。通常地,若无特殊说明,则函数的定义域为所有使函数有意义的自变量的值的集合。例如,在实数集 **R** 讨论函数时,$y=\sqrt{x+1}$ 的定义域为 $x\geqslant -1$,$y=\dfrac{2x}{x-1}$ 的定义域为 $x\neq 1$。

定员/定員 dìngyuán/ㄉㄧㄥˋ ㄩㄢˊ

seating capacity

【交】按设备规定一节客车车厢可容纳的旅客人数。座车按座位数计算,卧车按铺位数计算,餐车按坐席数计算。

定址 ㄉㄧㄥˋ ㄓˇ/dìngzhǐ

addressing

【信息】台湾名。即“寻址”(1299 页)。

定子/定子 dìngzǐ/ㄉㄧㄥˋ ㄗˇ

stator

【电】电机的静止部分。

锭 dìng/ㄉㄧㄥˋ

【纺】“纱锭”的简称。

锭子/錠子 dìngzi/ㄉㄧㄥˋ ·ㄗ

【纺】即“纱锭”(978 页)。

diu (ㄉㄧㄡ)

铥/銩 diū/ㄉㄧㄡ

thulium

【化】金属元素。属周期表第ⅢB 族(镧系),符号 Tm,原子序数 69。原子量168.9。自然界存在于独居石等矿物中。是稀土元素中含量最少的元素。单质为银白色金属,质软,有延展性,化学性质比较活泼,在干燥空气中耐腐蚀性较强,氧化物淡绿色。可用来制不需电源的手提式 X 射线机,或用作荧光体的激活剂等。

📖 1879 年,瑞典的克莱夫(P.Cleve)从含有不少杂质的铒土中分离出两种新元素的氧化物,其中新元素之一即为铥(另一为钬)。拉丁文定名为 thulium,源自 Thule(传说中的世界边缘之国杜尔),意思是分离出单质铥,有如到达杜尔国一样艰难。中文定名为“铥”,是形声字。元素符号中国开始用 Tu(1932 年),后改为 Tm(1951 年)。

dong (ㄉㄨㄥ)

东半球/東半球

dōngbànqiú/ㄉㄨㄥ ㄅㄢˋ ㄑㄧㄡˊ

eastern hemisphere

【地】地球的东半部。地理学上指欧洲、亚洲、非洲等所在的半球,制图学上指从西经 20°起向东到东经 160°止的半球。后者的陆地包括欧洲、非洲的全部,亚洲和大洋洲的绝大部分,以及南极洲的大部分;海洋包括太平洋西部、大西洋东部、印度洋的全部以及北冰洋的一部分。

东北平原/東北平原

Dōngběi Píngyuán/

ㄉㄨㄥ ㄅㄟˇ ㄆㄧㄥˊ ㄩㄢˊ

Northeast China Plain

【地】又称“松辽平原”。平原名。中国三大平原之一,位于大小兴安岭和长白山之间。由松嫩平原、辽河平原和三江平原组成。长约 1000 千米,海拔大多低于 200 米,相对高度 20～50 米。面积 35 万平方千米,地势平坦广阔,夏季温暖多雨,冬季寒冷漫长。土壤肥沃,物产丰富,是中国重要的农业基地。石油等矿藏丰富。

东北亚/東北亞
Dōngběiyà/ㄉㄨㄥ ㄅㄟˇ ㄧㄚˋ
Northeast Asia
【地】亚洲的东北部地区。大致包括俄罗斯的东部地区,中国的东北、华北地区,日本、韩国、朝鲜和蒙古国。

东方鲎
dōngfānghòu/ㄉㄨㄥ ㄈㄤ ㄏㄡˋ
【动】即"鲎"(505 页)。

东非/東非
Dōngfēi/ㄉㄨㄥ ㄈㄟ
East Africa
【地】非洲东部地区。指红海、亚丁湾以南,鲁伍马河以北;东临印度洋,西至坦噶尼喀湖。地形以高原为主,海拔大都在 1000 米以上,是非洲地势最高部分,东非大裂谷纵贯南北,谷底深陷,两边陡崖壁立。面积约 370 万平方千米,包括索马里、吉布提、厄立特里亚、埃塞俄比亚、肯尼亚、乌干达、卢旺达、布隆迪、坦桑尼亚和塞舌尔等。以热带草原气候为主,垂直地带性明显;高山地区凉爽湿润;沿海低地南部湿热,北部干热。经济以农业为主,主产玉米、高粱、薯类,盛产咖啡、剑麻、茶叶、棉花等经济作物。牲畜数量多,牛与骆驼在非洲居重要地位。采矿业有少量金刚石、黄金、天然碱、盐等。

东非大裂谷/東非裂谷
Dōngfēi Dàliègǔ/ㄉㄨㄥ ㄈㄟ ㄉㄚˋ ㄌㄧㄝˋ ㄍㄨˇ
East African Rift Valley
【地】位于非洲东部的裂谷带。南起赞比西河河口,向北纵贯东非地区,直至西亚的约旦河谷地。全长 6400 千米。北部分为东西两支。北宽南窄,最宽达 200 千米,两侧为陡崖,最深达 2000 米。形成一系列狭长深陷的谷地和湖泊,是地球大陆上最大的裂谷带。

东海/東海 Dōng Hǎi/ㄉㄨㄥ ㄏㄞˇ
East China Sea
【地】海名。中国三大边缘海之一。南接台湾海峡,北临黄海,东临太平洋,以琉球群岛为界。面积 79.48 万平方千米,平均水深 350 米,最深达 2719 米。沿岸港湾岛屿众多。是中国最主要渔场之一,盛产大小黄鱼、带鱼等。海底油气资源丰富。

东经/東經 dōngjīng/ㄉㄨㄥ ㄐㄧㄥ
east longitude
【地】本初子午线以东的(0°~180°)经度或经线。

东陵石/耀石英 dōnglíngshí/ㄌㄧㄥˊ ㄕˊ ㄧㄥ
aventurine quartz
【化】又称"东陵玉""砂金石英"。含大量的片状云母或铁矿物而显砂金效应的石英岩。

东陵玉 dōnglíngyù/ㄉㄨㄥ ㄌㄧㄥˊ ㄩˋ
【化】即"东陵石"(271 页)。

东南丘陵/東南丘陵
Dōngnán Qiūlíng/ㄉㄨㄥ ㄋㄢˊ ㄑㄧㄡ ㄌㄧㄥˊ
Southeast Hills
【地】丘陵名。指中国东南部北至长江,南到两广,东临大海,西达云贵高原的大片低山和丘陵。南岭以北的称"江南丘陵";南岭以南的称两广丘陵;浙江、福建境内的称"浙闽丘陵"。大部分地区海拔 500 米左右,其中一些山峰超过 1500 米,多呈东北—西南走向。低山与丘陵之间多有河谷盆地,有万峰林立,千姿百态的丹霞地貌。

东南亚/東南亞
Dōngnányà/ㄉㄨㄥ ㄋㄢˊ ㄧㄚˋ
Southeast Asia
【地】亚洲的东南部地区。面积约 449 万平方千米,可分为中南半岛和马来群岛两个区域,包括越南、柬埔寨、老挝、泰国、缅甸、马来西亚、新加坡、菲律宾、印度尼西亚、东帝汶和文莱。平原广阔、土壤肥沃、水源充足,湄公河是重要的国际河流。气候高温多雨,具有热带雨林和热带季风两种类型。水稻、橡胶、椰子、蕉麻、油棕、金鸡纳树是重要的农作物。

东欧/東歐 Dōng'ōu/ㄉㄨㄥ ㄡ
East Europe
【地】❶欧洲东部地区,即东起乌拉尔山脉,西至波罗的海一带。面积 521.58 万平方千米,包括爱沙尼亚、拉脱维亚、立陶宛、白俄罗斯、乌克兰、摩尔多瓦等国和俄罗斯的欧洲部分。多为300~400米的丘陵,有低于海平面的低地,还有苔原、森林、草原和荒漠等。主要河流有伏尔加河、顿河、第聂伯河。气候复杂多样,以温带大陆性气候为主。矿藏丰富,有煤田、铁矿、锰矿和油田。人口稠密,工农业和水陆交通发达。❷指第二次世界大战后欧洲的苏联等社会主义阵营的国家。包括苏联、波兰、捷克、斯洛伐克、匈牙利、罗马尼亚、保加利亚、阿尔巴尼亚等。

东欧平原/東歐平原

Dōng'ōu Píngyuán/ㄉㄨㄥ ㄡ ㄆㄧㄥˊ ㄩㄢˊ

East European Plain

【地】平原名。位于欧洲东部,北起北冰洋,南至黑海、里海之滨,东起乌拉尔山脉,西至波罗的海,面积400万平方千米,平均海拔170米。主要河流有伏尔加河、顿河、第聂伯河。煤、铁、锰、石油等矿藏丰富。

东沙群岛/東沙群島

Dōngshā Qúndǎo/ㄉㄨㄥ ㄕㄚ ㄑㄩㄣˊ ㄉㄠˇ

Dongsha Archipelago

【地】群岛名。中国南海四大群岛之一。位于广东汕头以南约260千米,属广东陆丰管辖。主要由东沙岛、东沙礁(环礁)、南卫滩(暗礁)和北卫滩(暗礁)组成,是中国南海诸岛中位置最北的一组群岛,终年高温。产海龟、海参和乌贼等。

东亚/東亞 Dōngyà/ㄉㄨㄥ ㄧㄚˋ

East Asia

【地】亚洲的东部地区。面积约1170万平方千米,包括中国、蒙古、朝鲜、韩国、日本五国。地形西高东低,地质构造复杂。东部临海,海岸线曲折,多岛屿和半岛,陆地多平原和丘陵;西部远离海洋,多高原和山地。大河有长江、黄河、鸭绿江、图们江等,多自西向东,流入太平洋。属典型的季风气候,夏秋常受台风侵袭。矿产种类很多,森林和水力资源丰富,沿海地区是世界著名渔场。

东亚季风/東亞季風

Dōngyà jìfēng/ㄉㄨㄥ ㄧㄚˋ ㄐㄧˋ ㄈㄥ

East Asian monsoon

【气】东亚地区季风的统称。夏季风从副热带海洋吹向陆地(偏南风);冬季风从高纬度大陆吹向海洋(偏北风)。对中国的天气、气候有重大影响。

冬虫夏草/冬蟲夏草

dōngchóng-xiàcǎo/ㄉㄨㄥ ㄔㄨㄥˊ ㄒㄧㄚˋ ㄘㄠˇ

㊀ plantworms, ㊁ Cordyceps(拉), Chinese caterpillar fungus

㊀【生】又称“夏草冬虫”“虫草”。真菌的一种。夏秋,它的子囊孢子萌发成菌丝体,侵入鳞翅目昆虫幼虫体内,并以虫体组织为营养,在虫体内发展,最终使虫体变成充满菌丝的僵壳,菌丝体形成菌核。被害昆虫通常在土内潜伏越冬。第二年夏季,从虫体内的菌核长出有柄的棒形子座,伸出僵虫体外,故名。主要寄主是冬虫夏草蛾的幼虫。多生于高山草原上。干燥的子座和虫体可入药。㊁【中医】中药名。麦角菌科真菌冬虫夏草菌 *Cordyceps sinensis* (Berk.) Sacc.寄生在蝙蝠蛾科昆虫幼虫上的子座及幼虫尸体的复合体。味甘,性平。归肺、肾经。补肺益肾,止血,化痰。用于久咳虚喘,劳嗽咯血,阳痿遗精,腰膝酸痛。

📖 冬虫夏草是真菌和昆虫幼虫尸体的复合体。冬季,真菌寄生到幼虫体内,到了夏季,菌体从死亡虫体的一端长出,看起来如同一株小草。故名曰“冬虫夏草”。冬虫夏草本是藏医用药,传统中医很少使用,近年民间对其功效有所夸大。

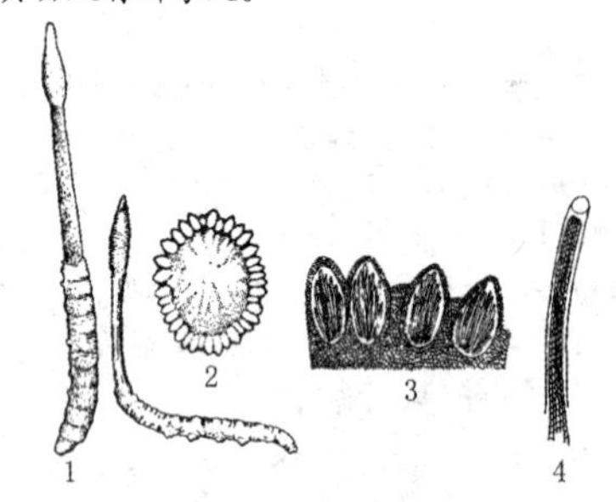

冬虫夏草

1. 全形,上部为子座,下部为已毙幼虫
2. 子座横切面,示子囊壳
3. 子囊壳放大,示子囊
4. 子囊放大,示子囊孢子

冬瓜/冬瓜 dōngguā/ㄉㄨㄥ ㄍㄨㄚ

wax gourd

【植】*Benincasa hispida* 葫芦科冬瓜属。一年生草本植物。蔓生或架生。全株被毛,茎有棱沟。叶柄粗壮,叶片肾状近圆形,5~7裂,先端急尖,边缘有齿,基部深心形。雌雄同株,花单生,花冠辐状,黄色,裂片宽倒卵形。果实长圆柱状或近球状,大型,有硬毛和白霜。中国各地均有栽培。果实可作蔬菜。

📖 冬瓜熟时,表面上有一层白粉状的东西,就好像是冬天所结的白霜,故名。

冬瓜皮/冬瓜皮

dōngguāpí/ㄉㄨㄥ ㄍㄨㄚ ㄆㄧˊ

Exocarpium Benincasae(拉), Chinese waxgourd peel, * winter melon rind

【中医】中药名。葫芦科植物冬瓜 *Benincasa hispida* (Thunb.) Cogn. 的干燥外层果皮。味甘,性凉。归脾、小肠经。利尿消肿。用于水肿胀满,小便不利,暑热口渴,小便短赤。每日用量 9～30 克。冬瓜的种子称为冬瓜子,又称冬瓜仁。味甘,性寒。清肺化痰,排脓。用于肺热咳嗽、肺痈、肠痈。

冬麦/冬麥 dōngmài/ㄉㄨㄥ ㄇㄞˋ

【农】即"冬小麦"(273 页)。

冬眠/冬眠 dōngmián/ㄉㄨㄥ ㄇㄧㄢˊ

hibernation

【动】又称"冬蛰"。休眠的一种。是某些动物对冬季寒冷、食物不足等不利环境条件的适应性反应。主要表现为不活动、体温下降和进入昏睡状态。冬眠的动物常见于温带和寒带地区的无脊椎动物、两栖动物、爬行动物和一些哺乳动物,如熊、蛇、蛙、龟、刺猬等。

冬青/冬青 dōngqīng/ㄉㄨㄥ ㄑㄧㄥ

holly

【植】*Ilex chinensis* 冬青科冬青属。常绿乔木。树皮灰色,小枝圆柱形,有细棱。叶薄革质,椭圆形或披针形,先端尖,边缘有齿。聚伞花序,花序分枝,花冠辐状,开放时反卷,淡紫色或紫红色。花期 4—6 月份。在中国,分布于华东、华中和华南。观赏树木。树皮、根、种子入药。

冬 青

冬小麦/冬小麥

dōngxiǎomài/ㄉㄨㄥ ㄒㄧㄠˇ ㄇㄞˋ

winter wheat

【农】又称"冬麦"。种植后在田地里越冬的小麦。通常 9 月中下旬至 10 月上旬播种,第二年 5 月底至 6 月中下旬收获。

冬蛰 dōngzhé/ㄉㄨㄥ ㄓㄜˊ

【动】即"冬眠"(273 页)。

東非裂谷

ㄉㄨㄥ ㄈㄟ ㄌㄧㄝˋ ㄍㄨˇ/Dōngfēi liègǔ

East African Rift Valley

【地】台湾名。即"东非大裂谷"(271 页)。

氡/氡 dōng/ㄉㄨㄥ

radon

【化】非金属元素。属周期表第ⅧA 族,符号 Rn,原子序数 86。原子量222.0176。有放射性,是镭、钍等的衰变产物。自然界存在于低空大气和铀矿等的矿井里。单质常温为无色无臭气体,固态呈天蓝色,有光泽,化学性质不活泼。可用于放射性治疗。

📖 1899 年,英国的欧文斯(R.Owens)在研究钍的放射性时,发现了一种质量很大的惰性气体。随后分别多次在放射性衰变产物中发现,曾称钍射气、镭射气和锕射气。1908 年,确认它们是同一种新元素的不同放射性的同位素。拉丁文定名为 radon,源自 radon,意思是"镭射气"。中文定名为"氡",是形声字。

动槽式气压表

dòngcáoshì qìyābiǎo/ㄉㄨㄥˋ ㄘㄠˊ ㄕˋ ㄑㄧˋ ㄧㄚ ㄅㄧㄠˇ

【气】即"福丁气压表"(363 页)。

动车组/動車組

dòngchēzǔ/ㄉㄨㄥˋ ㄔㄜ ㄗㄨˇ

motor train unit, motor train set

【交】由动车(带动力的铁路车辆)和拖车(不带动力的铁路车辆)或全部由若干动车长期固定连挂在一起的车组。动车在列车中的位置和数量可以选择,可分为动力集中式和动力分散式。

📖 动力集中式是将列车的动力集中在列车两端的动力车上,动力车之间为数量不等的拖车,形成推挽式牵引。动力分散式是列车的动力分散置于各节车辆或大部分车辆上,由若干动车和拖车组成一个单元,再由若干单元组成列车。中国和谐号动车组普遍采用动力分散式。

动画/動畫 dònghuà/ㄉㄨㄥˋ ㄏㄨㄚˋ

animation

【信息】计算机图形技术中,以一幅接一幅的静态图像来创建运动画面的过程。人眼所见的画面,消失后仍能在大脑中保留 0.1～0.4

秒(即视觉暂留现象),故每秒播放 25 幅左右的静态过渡图像,就能在视觉上形成连续运动画面。

动机/動機 dòngjī/ㄉㄨㄥˋ ㄐㄧ

motivation

【心】激发和维持有机体的行动,并使该行动朝向一定目标的心理倾向或内部驱力。由人的内部需要和外部诱因相结合而产生。前者是个体因对某物的缺乏而引起的内部不适,使人产生欲望和趋力;后者是因主体之外的各种物质刺激,即环境因素而引起,其中既有自然因素,也有社会因素。

D

动力定位装置/動力定位裝置

dònglì dìngwèi zhuāngzhì/

ㄉㄨㄥˋ ㄌㄧˋ ㄉㄧㄥˋ ㄨㄟˋ ㄓㄨㄤ ㄓˋ

dynamic positioning unit

【船】船舶或钻井平台在风、浪、流等外力作用下,利用自身动力自动保持所要求的位置和方向角的装置。主要由传感系统、控制系统和推力器三部分组成。最常用的是声学传感系统。定位方法有声学定位、张紧绳定位和无线电定位等。

动力黏度/動力黏度

dònglì niándù/ㄉㄨㄥˋ ㄌㄧˋ ㄋㄧㄢˊ ㄉㄨˋ

dynamic viscosity

【计量】简称"黏度"。流体流动阻力的一种量度。即稳定流动中的剪切应力与剪切速率之比。单位是帕斯卡秒(Pa·s)。流体以层流形式流动时,其不同的薄层以不同的速度移动,从而产生内摩擦。内摩擦力大的难于流动,黏度则大;内摩擦力小的易于流动,黏度则小。

动力气象学/動力氣象學

dònglì qìxiàngxué/ㄉㄨㄥˋ ㄌㄧˋ ㄑㄧˋ ㄒㄧㄤˋ ㄒㄩㄝˊ

dynamic meteorology

【气】大气科学的一个分支。应用物理学定律研究旋转地球上大气运动的动力和热力过程及其相互关系,从理论上探讨大气环流、天气系统和其他大气运动、演变规律。主要内容有大气环流、大气湍流、数值天气预报、大气数值实验、大气运动模型实验等。

动力性/功率特性

dònglìxìng/ㄍㄨㄥ ㄌㄩˋ ㄊㄜˋ ㄒㄧㄥˋ

power performance

【机】车辆在良好路面上直线行驶时,能达到较高平均车速的能力。由最高车速、加速时间、最大爬坡度等参数作为评价指标。

动力转向系/動力轉向系統

dònglì zhuǎnxiàngxì/

ㄉㄨㄥˋ ㄌㄧˋ ㄓㄨㄢˇ ㄒㄧㄤˋ ㄒㄧˋ ㄊㄨㄥˇ

power steering system

【机】汽车转向系的一类。在机械转向系的基础上加设一套转向加力装置而成。转向能源来自驾驶员的体力和发动机(或电动机),其中发动机(或电动机)占主要部分。可分为液压动力转向系和电动转向系。

动量/動量 dòngliàng/ㄉㄨㄥˋ ㄌㄧㄤˋ

momentum

【物】描述运动物体运动特性的物理量。用 $\boldsymbol{p}$ 表示,为矢量。单位千克米/秒(kg·m/s)。是质点的质量与其速度的乘积,数学表达式为 $\boldsymbol{p}=m\boldsymbol{v}$。方向与速度方向相同。质点系的总动量是所有各个质点动量的矢量和。即 $\boldsymbol{p}=m_1\boldsymbol{v}_1+m_2\boldsymbol{v}_2+m_3\boldsymbol{v}_3+\cdots$ 或 $\boldsymbol{p}=M\boldsymbol{v}$,式中 M 为质点系的总质量,$\boldsymbol{v}$ 为质心速度。

动量定理/動量定理

dòngliàng dìnglǐ/ㄉㄨㄥˋ ㄌㄧㄤˋ ㄉㄧㄥˋ ㄌㄧˇ

theorem of momentum

【物】动力学定理之一。对于单个质点,其表述是,作用于质点上的力 $\boldsymbol{F}$ 在时间 $t=t_2-t_1$ 内的冲量 $\boldsymbol{I}$,等于受力质点在这段时间内动量的增量 $\Delta\boldsymbol{p}$。用 m 表示受力质点的质量,用 v_1 和 v_2 表示在这段时间内质点的初速度和末速度,有 $\boldsymbol{I}=\boldsymbol{F}(t_2-t_1)=m\boldsymbol{v}_2-m\boldsymbol{v}_1$。对于由 n 个质点组成的质点系,其表述是,作用在质点系所有外力在时间 $t=t_2-t_1$ 内的冲量 $\boldsymbol{I}$ 的矢量和,等于质点系在这段时间内动量的增量。

动量守恒定律/動量守恆律

dòngliàng shǒuhéng dìnglǜ/

ㄉㄨㄥˋ ㄌㄧㄤˋ ㄕㄡˇ ㄏㄥˊ ㄌㄩˋ

law of conservation of momentum

【物】自然界的普遍定律之一。如果质点不受外力作用,或作用在质点上的合力始终为零,则质点的动量保持不变。对于质点系,如果不受外力作用,或作用在质点系的外力的矢量和始终为零,则质点系的总动量保持不变。

动脉/動脈 dòngmài/ㄉㄨㄥˋ ㄇㄞˋ

artery

【医】从心室向外运出血液的血管。管壁较厚,管腔断面呈圆形,具有弹性,随心脏的收缩而搏动。心室射血时管壁扩张,心室舒张时管壁收缩,促使血液向前流动。

动脉粥样硬化/動脈粥狀硬化
dòngmài zhōuyàng yìnghuà/
ㄉㄨㄥˋ ㄇㄞˋ ㄓㄡ ㄧㄤˋ ㄧㄥˋ ㄏㄨㄚˋ
atherosclerosis
【医】富含脂类的炎性斑块沉积于动脉壁,造成动脉壁增厚,管腔狭窄的动脉硬化性血管病。通常病变先从内膜下开始,发生脂质和复合糖类积聚、出血及血栓形成,纤维组织增生及钙质沉着,伴有动脉中层的逐渐退变和钙化,病变常累及大、中动脉。

动能/動能 dòngnéng/ㄉㄨㄥˋ ㄋㄥˊ
kinetic energy
【物】物体由于运动而具有的能量。质量为 m 的质点以速度 v 运动时,其动能为 $E_k = mv^2/2$。质点系的动能是其所有各个质点动能之和。通过做功可转变为其他形式的能量。

📖 具有动能的物体对外界做功,可转变其他物体的运动状态,或使其他物体变形、发光、发声、发热、电磁效应等。当质点的速率足够大,以至于可以和光速相比时,要考虑相对论效应,动能的表达式 $E_k = mv^2/2$ 不再适用。

动能定理/動能定理
dòngnéng dìnglǐ/ㄉㄨㄥˋ ㄋㄥˊ ㄉㄧㄥˋ ㄌㄧˇ
theorem of kinetic energy
【物】动力学的普遍规律。描述动能的变化和做功的定量关系,即质点的动能增量等于作用于质点合力所做的功。数学表达式为 $(mv_2^2 - mv_1^2)/2 = W$。质点系的动能定理可表述为:质点系动能的增量等于作用在质点系中各个质点的所有内力、外力做功的代数和。

动能拦截器/動能攔截飛彈
dòngnéng lánjiéqì/
ㄉㄨㄥˋ ㄋㄥˊ ㄌㄢˊ ㄐㄧㄝˊ ㄈㄟ ㄉㄢˋ
kinetic energy interceptor
【军】动能武器的一种。依靠助推火箭发射,利用高速飞行的自动寻的动能拦截器摧毁目标。

动能武器/動能武器
dòngnéng wǔqì/ㄉㄨㄥˋ ㄋㄥˊ ㄨˇ ㄑㄧˋ
kinetic energy weapon
【军】新概念武器的一类。利用具有巨大动能的非爆炸性战斗部,直接碰撞并摧毁目标。包括动能拦截弹和电炮等。

动生电动势/動生電動勢
dòngshēng diàndòngshì/
ㄉㄨㄥˋ ㄕㄥ ㄉㄧㄢˋ ㄉㄨㄥˋ ㄕˋ
motional electromotive force
【物】在恒定磁场中运动着的导体内产生的电动势。由磁场作用于导体中带电粒子的洛伦兹力引起。

动态电路/動態電路
dòngtài diànlù/ㄉㄨㄥˋ ㄊㄞˋ ㄉㄧㄢˋ ㄌㄨˋ
dynamic circuit
【电】至少含有一个动态电路元件的电路。

动态电路分析/動態電路分析
dòngtài diànlù fēnxī/
ㄉㄨㄥˋ ㄊㄞˋ ㄉㄧㄢˋ ㄌㄨˋ ㄈㄣ ㄒㄧ
analysis of dynamic circuit
【电】对动态电路的分析和计算。

动态电路复频域分析/動態電路復頻域分析
dòngtài diànlù fùpínyù fēnxī/
ㄉㄨㄥˋ ㄊㄞˋ ㄉㄧㄢˋ ㄌㄨˋ ㄈㄨˋ ㄆㄧㄣˊ ㄩˋ ㄈㄣ ㄒㄧ
complex frequency-domain analysis of dynamic circuits
【电】用拉普拉斯变换方法分析线性动态电路。

动态电路频域分析/動態電路頻域分析
dòngtài diànlù pínyù fēnxī/
ㄉㄨㄥˋ ㄊㄞˋ ㄉㄧㄢˋ ㄌㄨˋ ㄆㄧㄣˊ ㄩˋ ㄈㄣ ㄒㄧ
frequency domain analysis of dynamic circuit
【电】用傅里叶变换方法分析线性动态电路。

动态电路时域分析/動態電路時域分析
dòngtài diànlù shíyù fēnxī/
ㄉㄨㄥˋ ㄊㄞˋ ㄉㄧㄢˋ ㄌㄨˋ ㄕˊ ㄩˋ ㄈㄣ ㄒㄧ
time domain analysis of dynamic circuit
【电】在时间域内进行动态电路分析。以时间

t 的函数表示电路中的变量,用微分方程描述电路的动态规律及其特性,研究电路变量在某时段内随时间变化的规律。

动态分配/動態分配
dòngtài fēnpèi/ㄉㄨㄥˋ ㄊㄞˋ ㄈㄣ ㄆㄟˋ
dynamic allocation
【信息】程序执行期间对内存的按需分配。多伴随着动态解除分配,即能按要求创建和撤销数据结构。

动物/動物 dòngwù/ㄉㄨㄥˋ ㄨˋ
animal
【动】生物分类学中的一界。多不能将无机物合成有机物,而以有机物为食,通常都有神经,有感觉,能自由行动。已知的种类有 150 多万种。

动物淀粉
dòngwù diànfěn/ㄉㄨㄥˋ ㄨˋ ㄉㄧㄢˋ ㄈㄣˇ
【生】即“糖原”(1112 页)。

动物学/動物學
dòngwùxué/ㄉㄨㄥˋ ㄨˋ ㄒㄩㄝˊ
zoology
【动】生物学的一个分支。研究动物的形态、生理、生态、分类、分布、进化及其与人类关系等的特征和规律。按研究类群不同,可分为无脊椎动物学、原生动物学、寄生虫学、软体动物学、昆虫学、甲壳动物学、鱼类学、鸟类学、哺乳动物学等;按研究重点和服务范畴不同,可分为理论动物学、应用动物学、资源动物学、仿生学等。传统的主要分支为:动物形态学、动物生理学、动物分类学、动物生态学、动物地理学、动物遗传学。

动眼神经/動眼神經
dòngyǎn shénjīng/ㄉㄨㄥˋ ㄧㄢˇ ㄕㄣˊ ㄐㄧㄥ
oculomotor nerve
【医】发自中脑的动眼神经核和动眼神经副核,支配眼内肌和眼外肌的运动神经。是第三对脑神经,含躯体传出神经纤维和内脏传出神经纤维。躯体传出神经纤维直接支配大部分眼外肌,如内直肌、上直肌、下直肌、下斜肌;内脏传出神经纤维主要支配瞳孔括约肌和睫状肌。动眼神经受损时,上睑下垂,眼球外斜位,复视,瞳孔扩大,对光反射消失。

动作记忆 dòngzuò jìyì/ㄉㄨㄥˋ ㄗㄨㄛˋ ㄐㄧˋ ㄧˋ
【心】即“运动记忆”(1403 页)。

动作思维/動作思維
dòngzuò sīwéi/ㄉㄨㄥˋ ㄗㄨㄛˋ ㄙ ㄨㄟˊ
action thinking
【心】又称“直觉动作思维”。伴随实际动作进行的思维活动。动作是这类思维的支柱,是在个体发展的早期所出现的,在抽象逻辑思维产生之前的思维形式,在儿童早期思维活动中占主要地位。

冻疮/凍瘡 dòngchuāng/ㄉㄨㄥˋ ㄔㄨㄤ
chilblain, * frostbite
【中医】中医外科疾病之一。因寒邪侵袭过久而致,症见手背、足背、耳郭、面颊等部位出现红肿发凉、瘙痒疼痛,甚至皮肤紫暗、溃烂等。全身性冻伤者病情较重,以体温下降,四肢僵硬,甚则阳气亡绝而死亡为特征。寒凝血瘀证,治宜温阳散寒、调和营卫,方用当归四逆汤加味;寒盛阳衰证,治宜回阳救逆、温通血脉,方用四逆加人参汤;瘀滞化热证,治宜清热解毒、理气活血,方用四妙勇安汤加味等。局部性冻疮宜配合外治疗法,全身性冻疮宜采取全身救治。

冻害/凍害 dònghài/ㄉㄨㄥˋ ㄏㄞˋ
freezing injury
【农】农业气象灾害的一种。0℃以下的低温使植物体内结冰而造成的伤害。常见的有早春或越冬作物冻害、果树冻害和经济林木冻害等。

冻结/凍結 dòngjié/ㄉㄨㄥˋ ㄐㄧㄝˊ
freezing
【气】又称“结冰”。天气现象的一种,也是地面气象观测项目之一。指露天水面冻结成冰。气象上包括蒸发皿的水冻结成冰。

冻绿/鼠李 dònglǜ/ㄕㄨˇ ㄌㄧˇ
buckthorn
【植】*Rhamnus utilis* 又称“鼠李”。鼠李科鼠李属。落叶灌木或小乔木。小枝对生,褐色。叶纸质,宽椭圆形,边缘有齿,齿端有红色腺体,网脉明显。花单性,雌雄异株。核果球形,黑色,种子卵圆形,黄褐色。花期 5—6 月份,果期 7—10 月份。在中国,分布于东北、河北、山西。果实可作水果,木材可用。

冻伤/凍傷 dòngshāng/ㄉㄨㄥˋ ㄕㄤ
frostbite
【医】因寒冷而引起的末梢部局限性炎症性皮

肤病。主要特征是暴露部位出现充血性水肿、红斑，温度高时皮肤瘙痒，严重的可能出现患处皮肤糜烂、溃疡等。

冻土/凍土 dòngtǔ/ㄉㄨㄥˋ ㄊㄨˇ

frozen soil

【地】温度在0℃或0℃以下，含有冰的岩石和土壤。可分为季节冻土和多年冻土。

冻土器/凍土器 dòngtǔqì/ㄉㄨㄥˋ ㄊㄨˇ ㄑㄧˋ

frozen soil apparatus

【气】用于测量土壤冻结深度的仪器。由内管和外管构成。埋入土层的外管标有与地面平齐的0 cm刻度线，内管为一根底端封闭、管外有刻度的橡胶管。将内管灌注水到与外管0 cm刻度线平齐，观测时取出内管，根据管内水柱的冻结长度，可得到冻土深度。

動力負載 ㄉㄨㄥˋ ㄌㄧˋ ㄈㄨˋ ㄗㄞˋ/dònglì fùzài

power load

【电】台湾名。即"电力负荷"(249页)。

動力轉向系統

ㄉㄨㄥˋ ㄌㄧˋ ㄓㄨㄢˇ ㄒㄧㄤˋ ㄒㄧˋ ㄊㄨㄥˇ/

dònglì zhuǎnxiàng xìtǒng

power steering system

【机】台湾名。即"动力转向系"(274页)。

動量守恆律

ㄉㄨㄥˋ ㄌㄧㄤˋ ㄕㄡˇ ㄏㄥˊ ㄌㄩˋ/

dòngliàng shǒuhénglǜ

law of conservation of momentum

【物】台湾名。即"动量守恒定律"(274页)。

動脈粥狀硬化

ㄉㄨㄥˋ ㄇㄞˋ ㄓㄡ ㄓㄨㄤˋ ㄧㄥˋ ㄏㄨㄚˋ/

dòngmài zhōuzhuàng yìnghuà

atherosclerosis

【医】台湾名。即"动脉粥样硬化"(275页)。

動情素 ㄉㄨㄥˋ ㄑㄧㄥˊ ㄙㄨˋ/dòngqíngsù

estrogens

【医】台湾名。即"雌激素类"(165页)。

動能攔截飛彈

ㄉㄨㄥˋ ㄋㄥˊ ㄌㄢˊ ㄐㄧㄝˊ ㄈㄟ ㄉㄢˋ/

dòngnéng lánjié fēidàn

kinetic energy interceptor

【军】台湾名。即"动能拦截器"(275页)。

動作記憶 ㄉㄨㄥˋ ㄗㄨㄛˋ ㄐㄧˋ ㄧˋ/dòngzuò jìyì

motor memory

【心】台湾名。即"运动记忆"(1403页)。

dou (ㄉㄡ)

斗栱/斗栱 dǒugǒng/ㄉㄡˇ ㄍㄨㄥˇ

dougong, bracket set

【建】斗形木垫块和弓形短木，榫卯结合，逐层向外伸展，交错叠置而成的一组建筑构件。主要位于柱顶、额枋、屋檐或构架之间，有传递荷载、加大出檐深度、保持整体稳定以及装饰美化等作用，是中国传统木构架建筑体系中独有的构件。

📖 斗栱的演变是中国传统木构架建筑形制演变的重要标志，也是鉴别中国古代木构架建筑年代的重要依据。大体分为三个阶段：第一阶段为西周至南北朝，斗栱尚未定型；第二阶段为唐代至元代，斗栱和梁架拉结在一起，形成由若干个井字格组成的水平框架层，对木构架整体性起着关键作用；第三阶段为明代至清代，斗栱的用料和尺度大为缩小，维持构架整体性和增加出檐的作用大为减弱，装饰美化作用加强。

斗口/斗口 dǒukǒu/ㄉㄡˇ ㄎㄡˇ

doukou, timber module

【建】中国清代官式建筑设计中的基本模数单位。类似宋代的材、栔、分。平身科斗栱的坐斗上，有一个十字形的卯口，用以承托昂或翘，卯口的宽度通常就是栱材枋料的宽度，即为斗口。清代以斗口作为设计的基本模数。按照清《工部工程做法则例》规定，斗口从六寸至一寸共分十一个等级，级差为半寸。常用的斗口为六等至八等(三寸半至二寸半斗口)。

斗渠/斗渠 dǒuqú/ㄉㄡˇ ㄑㄩˊ

distributary, distribution canal

【水利】从支渠引水到农渠的渠道。

斗式提升机/箕斗升運機

dǒushì tíshēngjī/ㄐㄧ ㄉㄡˇ ㄕㄥ ㄩㄣˋ ㄐㄧ

bucket elevator

【机】输送机械的一种。将一系列料斗固接于牵引件上，在垂直方向或接近于垂直方向内使用料斗向上连续输送散料。用于提升粉状、颗粒状及小块物料。

陡槽 ㄉㄡˇ ㄘㄠˊ/dǒucáo

chute

【水利】台湾名。即“跌坡”(265 页)。

斗彩瓷/鬥彩瓷 dòucǎicí/ㄉㄡˋ ㄘㄞˇ ㄘˊ

polychrome porcelain, buclet porcelain

【轻】瓷器的一种。将釉下青花和釉上五彩装饰于同一瓷器面上,形成争奇斗艳的艺术效果。最初于明代成化年间(1465—1487 年)由江西景德镇窑创烧,纹饰新颖,色彩淡雅。

豆角 dòujiǎo/ㄉㄡˋ ㄐㄧㄠˇ

【植】“菜豆”的通称。

豆蔻/豆蔻 dòukòu/ㄉㄡˋ ㄎㄡˋ

cardamom

【植】*Amomum* 姜科豆蔻属。多年生草本植物。根茎匍匐状,基部成球。叶片长圆形至条形,有叶舌和长鞘。穗状花序由根茎抽出,密生鳞片,花冠管圆筒状,白色,裂片三枚。蒴果近圆形,有三棱和三沟,外被粗毛,熟时黄色,一端有种脐,腹面有一纵沟,有香气,味辛辣。花果期 4—8 月份。在中国,分布于海南、云南和广西。种子入药。

📖 古代用“豆蔻”一词指女孩的年龄段,约为十三四岁。如杜牧《赠别》(其一)中描述的“娉娉袅袅十三余,豆蔻梢头二月初”。

窦房结/竇房結 dòufángjié/ㄉㄡˋ ㄈㄤˊ ㄐㄧㄝˊ

sinoatrial node

【医】心脏的正常起搏点。位于上腔静脉与右心房交界处心外膜的深面,长椭圆形。

窦性节律/竇性節律

dòuxìng jiélǜ/ㄉㄡˋ ㄒㄧㄥˋ ㄐㄧㄝˊ ㄌㄩˋ

sinus rhythm

【医】由窦房结控制的心跳节律。

竇炎 ㄉㄡˋ ㄧㄢˊ/dòuyán

sinusitis

【医】台湾名。即“鼻窦炎”(51 页)。

du (ㄉㄨ)

都卜勒導航系統

ㄉㄨ ㄅㄨˇ ㄌㄜˋ ㄉㄠˇ ㄏㄤˊ ㄒㄧˋ ㄊㄨㄥˇ/

dūbǔlè dǎoháng xìtǒng

Doppler navigation system

【航】台湾名。即“多普勒导航系统”(292 页)。

都卜勒效應

ㄉㄨ ㄅㄨˇ ㄌㄜˋ ㄒㄧㄠˋ ㄧㄥˋ/Dūbǔlè xiàoyìng

Doppler effect

【物】台湾名。即“多普勒效应”(293 页)。

都铎风格/都鐸風格

Dūduó fēnggé/ㄉㄨ ㄉㄨㄛˊ ㄈㄥ ㄍㄜˊ

Tudor style

【建】1495—1558 年,由中世纪向文艺复兴过渡时期英国庄园府邸的建筑风格。因当时正值英国都铎王朝,故名。在中世纪建筑基础上增加文艺复兴建筑细部,早期形体凹凸起伏,结构、门、壁炉、装饰等常用的四圆心券,墙体较多用红砖建造,砌体的灰缝很厚,腰线、券脚、过梁、压顶、窗台等用灰白色石头,很简洁。柱式的处理随意自由。重要的大厅用华丽的锤式屋架。教堂建筑的拱顶用骨架式,骨架券错综复杂,组成华丽的图案,用扇形拱顶,甚至形成跌落券形式的悬挂装饰。晚期受意大利文艺复兴影响,府邸即使平面是不对称的,外形也追求对称,加强了水平线条,窗子开大,采用壁柱,外立面开朗明快。室内装饰增加,更加富丽。

都會區 ㄉㄨ ㄏㄨㄟˋ ㄑㄩ/dūhuìqū

metropolitan area

【建】台湾名。即“都市区”(279 页)。

都會區域網路

ㄉㄨ ㄏㄨㄟˋ ㄑㄩ ㄩˋ ㄨㄤˇ ㄌㄨˋ/

dūhuì qūyù wǎnglù

metropolitan area network, MAN

【信息】台湾名。即“城域网”(126 页)。

都市化 dūshìhuà/ㄉㄨ ㄕˋ ㄏㄨㄚˋ

【建】即“城市化”(125 页)。

都市交通

ㄉㄨ ㄕˋ ㄐㄧㄠ ㄊㄨㄥ/dūshì jiāotōng

urban transport

【交】台湾名。即“城市交通”(125 页)。

都市连绵区/巨型都會

dūshì liánmiánqū/ㄐㄩˋ ㄒㄧㄥˊ ㄉㄨ ㄏㄨㄟˋ

megalopolis

【建】又称“大都市带”“都市密集区”。由若干都市区沿综合交通走廊连绵分布而成的巨型城乡一体化区域。其内部存在着经济、社会、文化等方面的密切联系。

都市密集区

dūshì mìjíqū/ㄉㄨ ㄕˋ ㄇㄧˋ ㄐㄧˊ ㄑㄩ

【建】即"都市连绵区"(278 页)。

都市氣候 ㄉㄨ ㄕˋ ㄑㄧˋ ㄏㄡˋ/dū shì qìhòu

urban climate

【气】台湾名。即"城市气候"(125 页)。

都市区/都會區 dūshìqū/ㄉㄨ ㄏㄨㄟˋ ㄑㄩ

metropolitan area

【建】由大城市及其周围受其直接影响,相互间人员联系密切,参与共同的经济与社会活动的城镇和郊区组成的地域范围。

都市噪音 ㄉㄨ ㄕˋ ㄗㄠˋ ㄧㄣ

urban noise, city noise

【环】台湾名。即"城市噪声"(125 页)。

督脉/督脈 dūmài/ㄉㄨ ㄇㄞˋ

Governor Channel, Governor Vessel

【中医】奇经八脉之一。起于胞中,下出会阴,沿脊柱里边直向上行,至项后风府穴处进入颅内,络脑,并由项沿头部正中线,上行颠顶,沿前额正中,鼻柱正中,至上唇系带处。本经腧穴主治神志病、热病和腰骶、背、头项局部病证以及相应的内脏疾病如脊柱强痛、角弓反张等。

毒剂/毒劑 dújì/ㄉㄨˊ ㄐㄧˋ

toxic agent, chemical agent

【军】以毒害作用杀伤人、畜的化学物质。按毒理作用不同,可分为六类:神经性毒剂,如沙林、梭曼、维埃克斯;糜烂性毒剂,如芥子气、路易氏气;窒息性毒剂,如光气;全身中毒性毒剂,如氢氰酸、氯化氰;刺激性毒剂,如苯氯乙酮、亚当氏气、西埃斯、西阿尔;失能性毒剂,如毕兹。按杀伤作用持续时间不同,可分为持久性毒剂和暂时性毒剂。前者通常是高沸点、挥发度小的液体毒剂,主要呈液滴状态,用于地面染毒,其杀伤作用可持续数小时、数天,甚至数十天,如芥子气、维埃克斯等。后者通常是低沸点、易挥发的毒剂或常温时的固体毒剂,主要呈蒸气、气溶胶等状态,用于空气染毒,产生随风移动和迅速扩散的云团,其杀伤作用可持续数分钟到数十分钟,如沙林、氢氰酸、西埃斯、苯氯乙酮等。

毒剂报警器/毒劑報警器

dújì bàojǐngqì/ㄉㄨˊ ㄐㄧˋ ㄅㄠˋ ㄐㄧㄥˇ ㄑㄧˋ

chemical agent alarm

【军】用于监测空气染毒情况,自动发现并发出光、声报警信号的化学侦察装备。由检测系统,电放大系统,自控、自诊断系统,光、声信号报警系统,电源和电缆等组成。可分为点测式毒剂报警器和遥测式毒剂报警器。前者用于监测报警器所在点的染毒情况,后者可监测报警器所在点及其周围一定区域的染毒情况。

毒剂云团/毒劑雲團

dújì yúntuán/ㄉㄨˊ ㄐㄧˋ ㄩㄣˊ ㄊㄨㄢˊ

chemical agent cloud

【军】化学袭击后形成的染毒云团。可分为毒剂初生云团和毒剂再生云团。

毒砂/毒砂 dúshā/ㄉㄨˊ ㄕㄚ

arsenopyrite

【地】硫化物矿物。成分为FeAsS,单斜或三斜晶系。常呈柱状晶体或成粒状和致密块状集合体。锡白色,金属光泽,莫氏硬度5.5～6。产于高温或中温热液矿床中。含砷量46%,是制取砷和砷化物的主要矿物原料。

毒素/毒素 dúsù/ㄉㄨˊ ㄙㄨˋ

toxin

【生】某些生物产生的有毒的物质。例如毒蛇头部毒腺中含的毒素、白喉杆菌的致病毒素、蓖麻种子中含的毒素等。细菌毒素可以分为内毒素和外毒素两类,通常指外毒素。

毒物/毒物 dúwù/ㄉㄨˊ ㄨˋ

poison

【化】在一定条件下,较小剂量就能引起机体功能性损害或器质性损害、致病甚至致死的物质。对生物体有急性或慢性毒性,可致癌、致畸、致突变等,且易挥发、难降解、高残留,有的能在食物链中蓄积。

毒腺/毒腺 dúxiàn/ㄉㄨˊ ㄒㄧㄢˋ

poison gland

【动】动物体内分泌毒素的腺体。如蜜蜂、蝎子、蜈蚣、毒蛇等都有毒腺。分泌的毒液有捕食或防御敌害的作用。

独活/獨活 dúhuó/ㄉㄨˊ ㄏㄨㄛˊ

㊀hemsley cowparsnip, ㊁Radix Angelicae Pubescentis(拉), doubleteeth pubescent angelica root

㊀【植】*Heracleum hemsleyanum* 伞形科独活属。多年生草本植物。根圆锥形,有分枝,淡黄色。茎单生,圆筒形,有沟,中空。茎下

部叶羽状分裂，边缘有齿；茎上部叶卵形，有裂和齿。复伞形花序，花瓣五枚，小花白色。花期5—7月份。在中国，分布于四川和湖北。根可入药。㊂【中医】中药名。伞形科植物重齿毛当归 *Angelica pubescens* Maxim. f. *biserrata* Shan et Yuan 的干燥根。味辛、苦，性微温。归肾、膀胱经。祛风除湿，通痹止痛。用于风寒湿痹，腰膝疼痛，少阴伏风头痛。

重齿毛当归

独居石/獨居石 dújūshí/ㄉㄨˊ ㄐㄩ ㄕˊ

monazite

【地】矿物。成分为(Ce,La,Nd,Th)[PO_4]。单斜晶系，晶体为板状或柱状。因常呈单晶体，故名。棕红色、黄色，有时褐黄色，在紫外光照射下发鲜绿色荧光，油脂光泽，莫氏硬度5～5.5，密度4.9～5.5克/厘米^3。常含铀、钍、镭，故具有放射性。化学性质较稳定、密度较大，故常形成滨海砂矿和冲积砂矿。是提取铈、镧等稀土元素的重要矿物原料。

独乐寺观音阁/獨樂寺觀音閣

Dúlè Sì Guānyīn Gé/
ㄉㄨˊ ㄌㄜˋ ㄙˋ ㄍㄨㄢ ㄧㄣ ㄍㄜˊ

kwanyin pavilion in dole temple

【建】中国古代佛寺独乐寺的主体建筑。独乐寺在今天津蓟县城内，相传建于唐代，辽统和二年(公元984年)重建。观音阁为当时遗构，为中国现存最早的木构楼阁建筑。平面呈矩形，面阔五间，进深八椽，外观两层，上下两层之间设暗层，总高约23米。阁中央是一直通三层的空井。屋顶坡度1∶3.66，瓦件系明代重修时更换。

独立分配定律

dúlì fēnpèi dìnglǜ/
ㄉㄨˊ ㄌㄧˋ ㄈㄣ ㄆㄟˋ ㄉㄧㄥˋ ㄌㄩˋ

【生】即“自由组合定律”(1506页)。

独立式住宅/獨建住宅

dúlìshì zhùzhái/ㄉㄨˊ ㄐㄧㄢˋ ㄓㄨˋ ㄓㄞˊ

single family house

【建】一户不与其他建筑相连建造，并有独立的院子的住宅。

独立性检验/獨立性測驗

dúlìxìng jiǎnyàn/ㄉㄨˊ ㄌㄧˋ ㄒㄧㄥˋ ㄘㄜˋ ㄧㄢˋ

test of independence

【数】针对判断“两个分类变量有关系”的假设检验。通常先做原假设 H_0：两个分类变量无关，构造出 H_0 成立时取值应小于某界定数值的随机变量 X。若由样本数据得到的 X 的观测值大于界定数值，则可断言 H_0 不成立，即认为两个分类变量有关系；否则无理由拒绝 H_0，即认为两个分类变量是独立的。

独立源/獨立電源

dúlìyuán/ㄉㄨˊ ㄌㄧˋ ㄉㄧㄢˋ ㄩㄢˊ

independent source

【电】输出量和任何外部电压或电流无关的理想电压源或理想电流源。

独山玉/獨山玉

dúshānyù/ㄉㄨˊ ㄕㄢ ㄩˋ

Dushan jade

【地】又称“南阳玉”。玉石。是主要由斜长石和斜黝帘石组成的矿物集合体。因产于河南南阳的独山，故名。常见的有白、绿、紫、黄、红、黑等颜色，透明至半透明，玻璃或油脂光泽，莫氏硬度6～6.5，密度为2.7～3.2克/厘米^3。质地坚韧，细腻柔润。是工艺美术雕件的重要玉石原料。

独一味/獨一味 dúyīwèi/ㄉㄨˊ ㄧ ㄨㄟˋ

common lamiophlomis

【植】*Lamiophlomis rotata* 唇形科独一味属。多年生草本植物。根茎伸长。叶片四枚，多形，边缘有齿，上面有皱。轮伞花序密集排列成有葶的头状或短穗状花序，花冠筒管状，被毛，冠檐二唇形，紫色。花期6—7月份。在中国，分布于西藏、青海、甘肃、四川西部及云南西北部。全草入药。

读/讀 dú/ㄉㄨˊ

read

【信息】从输入设备、存储器或数据媒体获取数据。读数据时，先由控制器指明要读出数据的地址，再把此地址中的数据送到数据总线上传出。

读头/讀出頭 dútóu/ㄉㄨˊ ㄔㄨ ㄊㄡˊ

read head

【信息】只能读取数据的磁头或光头。

读写头/讀寫頭 dúxiětóu/ㄉㄨˊ ㄒㄧㄝˇ ㄊㄡˊ
read/write head
【信息】计算机系统中既能读出(感测)又能写入(记录)的磁头或光头。

獨建住宅
ㄉㄨˊ ㄐㄧㄢˋ ㄓㄨˋ ㄓㄞˊ/dújiàn zhùzhái
single family house
【建】台湾名。即“独立式住宅”(280 页)。

獨立電源
ㄉㄨˊ ㄌㄧˋ ㄉㄧㄢˋ ㄩㄢˊ/dúlì diànyuán
independent source
【电】台湾名。即“独立源”(280 页)。

獨立分配律
ㄉㄨˊ ㄌㄧˋ ㄈㄣ ㄆㄟˋ ㄌㄩˋ/dúlì fēnpèilǜ
law of independent assortment, Mendel's second law
【生】台湾名。即“自由组合定律”(1506 页)。

獨立性測驗
ㄉㄨˊ ㄌㄧˋ ㄒㄧㄥˋ ㄘㄜˋ ㄧㄢˋ/dúlìxìng cèyàn
test of independence
【数】台湾名。即“独立性检验”(280 页)。

讀出頭 ㄉㄨˊ ㄔㄨ ㄊㄡˊ/dúchūtóu
read head
【信息】台湾名。即“读头”(280 页)。

讀寫型 DVD
ㄉㄨˊ ㄒㄧㄝˇ ㄒㄧㄥˊ DVD/dúxiěxíng DVD
digital versatile disc-rewritable, DVD-RW
【信息】台湾名。即“可擦写多用途数字光盘”(680 页)。

杜鹃/杜鵑 dùjuān/ㄉㄨˋ ㄐㄩㄢ
㊀azalea, ㊁cuckoo
㊀【植】*Rhododendron simsii* 杜鹃花科杜鹃花属。落叶灌木。叶革质,卵形至倒披针形,集生于枝端。花冠阔漏斗状,常五裂,以红色为主。花期 4—5 月份。在中国,分布于安徽以南各地。观赏花木。㊁【动】又称“杜宇”“布谷”“子规”。鸟名。鹃形目杜鹃科各种的统称。有时专指杜鹃属(*Cuculus*)各种。身体黑灰色,尾有白色斑点,腹部有黑色横纹。初夏时常昼夜不停地鸣叫。多数把卵产在别的鸟的巢中,以昆虫为食,尤其喜吃毛虫。分布广泛。

📖㊀ 中国是杜鹃花自然分布中种类和数量最多的国家,是世界杜鹃花资源的宝库。

杜宇 dùyǔ/ㄉㄨˋ ㄩˇ
【动】即“杜鹃”(281 页)。

杜仲/杜仲 dùzhòng/ㄉㄨˋ ㄓㄨㄥˋ
㊀ eucommia, ㊁ Cortex Eucommiae (拉), eucommia bark
㊀【植】*Eucommia ulmoides* 杜仲科杜仲属。落叶乔木。树皮深灰色,内含胶质,折断后有细丝。叶互生,椭圆形至卵形,先端尖,边缘有齿。花生幼枝基部,单性,雌雄异株,无花被,与叶同放或先叶开放。花期早春。在中国,分布于中部及西南各地。树皮入药。中国特有种。㊁【中医】中药名。杜仲科植物杜仲*Eucommia ulmoides* Oliv.的干燥树皮。味甘,性温。归肝、肾经。补肝肾,强筋骨,安胎。用于肾虚腰痛,筋骨无力,妊娠漏血,胎动不安;高血压。

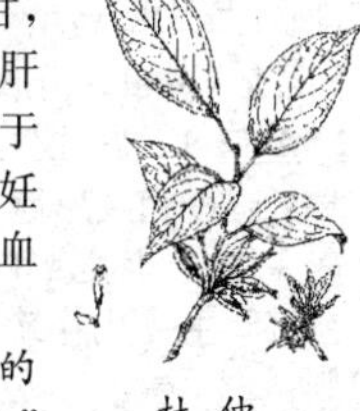
杜 仲

📖 古代有个叫杜仲的人,经常用一种“鬼仙木”树皮给人治病。他自己也长期服用鬼仙木,并且最终得道成仙。后来人们就把这种树皮称为“杜仲”。

度/度 dù/ㄉㄨˋ
degree
【总】事物保持自己质的数量界限,或一定的质所能容纳的量的活动范围。是质与量的统一。在这个限度和范围内,事物的质保持不变;突破了这个限度和范围,事物的质就要发生变化。

度量衡學
ㄉㄨˋ ㄌㄧㄤˋ ㄏㄥˊ ㄒㄩㄝˊ/dùliànghéngxué
metrology
【计量】台湾名。即“计量学”(580 页)。

度盤指示器
ㄉㄨˋ ㄆㄢˊ ㄓˇ ㄕˋ ㄑㄧˋ/dùpán zhǐshìqì
dial indicator
【计量】台湾名。即“指示表”(1448 页)。

渡槽/渡槽 dùcáo/ㄉㄨˋ ㄘㄠˊ
flume
【水利】跨越河渠、溪谷、洼地和道路的架空水

D

槽。

渡船/渡船 dùchuán/ㄉㄨˋ ㄔㄨㄢˊ

ferry

【船】专用于往返内河两岸、水库对岸及海峡两岸或岛屿间，从事短途渡运旅客、货物、列车和车辆的船。可分为普通渡船和车辆渡船。普通渡船又分为海峡渡船、江河渡船、对江渡船等；车辆渡船又分为列车渡船和汽车渡船。

镀/鍍 dù/ㄉㄨˋ

plating，deposition

【材】表面处理技术的一类。在制件表面沉积一金属薄层，以达到表面改性的目的，也有美观作用。可分为电镀、化学镀、离子镀等。

镀锡薄板/馬口鐵

dùxī bóbǎn/ㄇㄚˇ ㄎㄡˇ ㄊㄧㄝˇ

black sheet，tinplate

【材】俗称"马口铁"。两面镀锡的薄钢板。将钢的强度和成形性与锡的耐蚀性、易焊性融于一体，外表美观，耐腐蚀，无毒，强度高，延展性好。主要用作罐头食品的容器和建筑材料。

镀锌钢板/鍍鋅鋼板

dùxīn gāngbǎn/ㄉㄨˋ ㄒㄧㄣ ㄍㄤ ㄅㄢˇ

zinc-plated steel sheet，galvanized sheet

【材】俗称"白铁皮""镀锌铁皮"。表面镀锌的薄钢板。

𨧀/𨧀 dù/ㄉㄨˋ

dubnium

【化】金属元素。属周期表第ⅤB族，符号Db，原子序数105。原子量262.11。有放射性，由人工核反应获取。

📖 1968年，苏联杜布纳联合核子研究所合成的新元素。1970年，美国伯克利劳伦斯实验室也合成这一元素。拉丁文定名为dubnium，源自Dubua，用以纪念首先合成它的所在地杜布纳。中文定名为"𨧀"，是形声字，1998年由两岸化学界人士共同商议确定。

duan （ㄉㄨㄢ）

端电压/端電壓

duāndiànyā/ㄉㄨㄢ ㄉㄧㄢˋ ㄧㄚ

terminal voltage

【物】简称"端压"。闭合电路电源两极间的电压。当电路接通时，端电压为电源电动势与电源内电势降之差；当外电路断开时，端电压等于电源电动势；当电源充电时，端电压等于电源电动势与电源内的电势降之和。

端口/埠 duānkǒu/ㄅㄨˋ

port

【信息】❶信号进出网络的终结点。❷网络中供数据进出的功能单元。❸数据进出的物理或逻辑接入点。例如连接到计算机或数据网络的物理点，内联网中宿主机处的逻辑接入点。

端压 duānyā/ㄉㄨㄢ ㄧㄚ

【物】"端电压"的简称。

端子/終站 duānzǐ/ㄓㄨㄥ ㄓㄢˋ

terminal

【电】器件、电路或电网络的导电部分。用以使该器件、电路或电网络与一个或多个外部导体连接。在电路理论中，端子指电路元件、电路或电网络与其他电路元件、电路或电网络相互连接的点。

短板效应

duǎnbǎn xiàoyìng/ㄉㄨㄢˇ ㄅㄢˇ ㄒㄧㄠˋ ㄧㄥˋ

【心】即"木桶效应"(815页)。

短波/短波 duǎnbō/ㄉㄨㄢˇ ㄅㄛ

short wave，SW

【信息】波长100～10米(频率3～30兆赫)的无线电波。

短波辐射

duǎnbō fúshè/ㄉㄨㄢˇ ㄅㄛ ㄈㄨˊ ㄕㄜˋ

【气】即"太阳辐射"(1102页)。

短場起降

ㄉㄨㄢˇ ㄔㄤˇ ㄑㄧˇ ㄐㄧㄤˋ/duǎnchǎng qǐjiàng

short take-off and landing，STOL

【航】台湾名。即"短距起落"(283页)。

短程飛彈

ㄉㄨㄢˇ ㄔㄥˊ ㄈㄟ ㄉㄢˋ/duǎnchéng fēidàn

short-range missile

【军】台湾名。即"近程导弹"(636页)。

短吨 duǎndūn/ㄉㄨㄢˇ ㄉㄨㄣ

【计量】即"美吨"(792页)。符号sh ton。这个名称在美国使用。

短距起落/短場起降
duǎnjù qǐluò/ㄉㄨㄢˇ ㄔㄤˇ ㄑㄧˇ ㄐㄧㄤˋ
short take-off and landing, STOL
【航】飞行器能在很短距离内起飞和降落。

短路/短路 duǎnlù/ㄉㄨㄢˇ ㄌㄨˋ
short circuit
【电】两个或更多的导电部分形成的偶然或有意的导电通路。此通路使这些导电部分之间的电位差等于或接近于零。

短期記憶 ㄉㄨㄢˇ ㄑㄧˊ ㄐㄧˋ ㄧˋ/duǎnqī jìyì
short-term memory
【心】台湾名。即“短时记忆”(283 页)。

短期预报/短期預報
duǎnqī yùbào/ㄉㄨㄢˇ ㄑㄧˊ ㄩˋ ㄅㄠˋ
short-range forecast
【气】按时效划分的一种天气预报。未来24～72 小时之内的天气预报。

短日照植物/短日照植物
duǎnrìzhào zhíwù/ㄉㄨㄢˇ ㄖˋ ㄓㄠˋ ㄓˊ ㄨˋ
short-day plant
【植】一天中的日长等于或短于临界日长条件下才开花或促进开花的植物。

短时记忆/短期記憶
duǎnshí jìyì/ㄉㄨㄢˇ ㄑㄧˊ ㄐㄧˋ ㄧˋ
short-term memory
【心】信息在头脑中短时间保留的记忆。保留信息的时间一般在 1 分钟以内。是从感觉记忆到长时记忆的过渡环节。一般人短时记忆的容量有限,平均值为 7±2 个组块。短时记忆的内容如经复习、练习,就进入长时记忆。

短时预报/短時預報
duǎnshí yùbào/ㄉㄨㄢˇ ㄕˊ ㄩˋ ㄅㄠˋ
very short-range weather forecast
【气】又称“甚短期预报”。按时效划分的一种天气预报。未来 2～6 小时之内的天气预报。

短尾鲵 duǎnwěiní/ㄉㄨㄢˇ ㄨㄟˇ ㄋㄧˊ
【动】即“小鲵”(1259 页)。

短纤维/短纖維
duǎnxiānwéi/ㄉㄨㄢˇ ㄒㄧㄢ ㄨㄟˊ
staple fiber
【纺】较短的纤维。用熔体纺丝或溶液纺丝制得的丝条,经集束、拉伸、卷曲、定形等工序后切断而成。长度不等,线密度多为0.6～56分特,长度为 25～150 毫米。棉型短纤维的线密度较小,多为 1.65 分特,长度为25～38毫米;毛型短纤维的线密度较大,多为 3.3 分特或更大,长度多为 75～150 毫米,此外还有中长短纤维,长度和线密度介于棉型和毛型短纤维之间,线密度多为2.8～3.3分特,长度为 51～65 毫米。用于纯纺,也可与不同比例的天然纤维或其他化纤短纤维混纺成细纱。

短消息/短訊息
duǎnxiāoxi/ㄉㄨㄢˇ ㄒㄩㄣˋ ㄒㄧˊ
short message
【信息】又称“短信”,俗称“短信息”。利用手机或其他电信设备直接收发的数字、文字、图片等简短信件。

短信 duǎnxìn/ㄉㄨㄢˇ ㄒㄧㄣˋ
【信息】即“短消息”(283 页)。

短訊息 ㄉㄨㄢˇ ㄒㄩㄣˋ ㄒㄧˊ/duǎnxùnxī
short message
【信息】台湾名。即“短消息”(283 页)。

短叶松 duǎnyèsōng/ㄉㄨㄢˇ ㄧㄝˋ ㄙㄨㄥ
【植】即“油松”(1366 页)。

断层/斷層 duàncéng/ㄉㄨㄢˋ ㄘㄥˊ
fault
【地】岩层因受力发生断裂且断裂面两侧有相对位移的构造。断裂面叫作断层面,其两侧的岩体叫断盘。位于断层面之上的称为上盘,断层面之下的称为下盘,如断层面直立,则按岩块相对于断层走向的方位来描述,如东南盘、西北盘等。断层两侧错开的距离统称位移。大的断层在地貌上常常形成裂谷和陡崖。

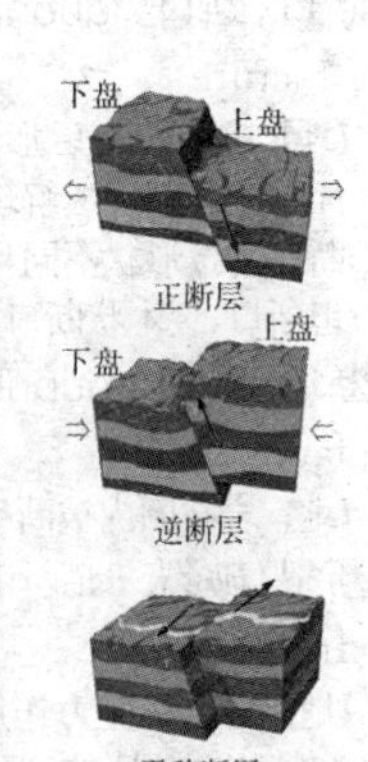

断 层

📖 断层按断裂面两侧岩层的相对运动不同,分为正断层、逆断层、平移断层。正断层表现为上盘下降，下盘上升，代表张力作用；逆断层表现为上盘上升，下盘下降，代表挤压作用；平移断层表现为两侧岩层水平相对移动，代表扭力作用。

断层角砾岩/斷層角礫岩 duàncéng jiǎolìyán/ㄉㄨㄢˋ ㄘㄥˊ ㄐㄧㄠˇ ㄌㄧˋ ㄧㄢˊ

fault breccia

【地】断层两盘相对移动时，两盘的岩石发生脆性破碎，形成角砾状、半角砾状的碎块，被破碎细屑或外来物质充填胶结而成的岩石。是断层的重要判断标志。

D

断层泥/斷層泥 duàncéngní/ㄉㄨㄢˋ ㄘㄥˊ ㄋㄧˊ

fault gouge

【地】断层两盘之间未固结或弱固结的泥状岩石。主要成分是黏土矿物及泥状物质，可含少量矿物及岩石的细小颗粒。是断层的重要判断标志。

断距/斷層移距 duànjù/ㄉㄨㄢˋ ㄘㄥˊ ㄧˊ ㄐㄩˋ

fault displacement

【地】断层两盘相对错开的距离。可分为总断距、走向断距、倾向断距、水平断距和铅直断距。总断距指断层两侧相当点错开的距离；走向断距指断层两盘对应层在走向上的距离；倾向断距指断层两盘对应层在倾向上的距离；水平断距指断层两盘对应层之间的水平距离；铅直断距指断层两盘对应层之间的铅直距离。

断口/斷口 duànkǒu/ㄉㄨㄢˋ ㄎㄡˇ

fracture

【地】矿物受力后形成各种凹凸不平的破裂面。没有解理或解理不完全的矿物容易形成断口。按形状不同，可分为贝壳状断口、不平坦断口、裂木状断口、梯状破裂断口等。

断块/斷塊 duànkuài/ㄉㄨㄢˋ ㄎㄨㄞˋ

fault block

【地】岩石圈内被断裂构造包围的构造块体。

断裂/破裂 duànliè/ㄆㄛˋ ㄌㄧㄝˋ

fracture

【地】岩体在应力作用下断开，导致其连续性和完整性破坏的现象。包括裂隙、节理和断层等。

断路器/斷路器 duànlùqì/ㄉㄨㄢˋ ㄌㄨˋ ㄑㄧˋ

circuit breaker

【电】能接通、分断承载线路正常电流，也能在规定的异常电路条件下（如短路）和一定时间内接通、分断承载电流的机械开关电器。

断砌造/斷砌造 duànqìzào/ㄉㄨㄢˋ ㄑㄧˋ ㄗㄠˋ

duanqizao

【建】为利于车马出入将大门心间的门砧垂直切断的做法。通常在切断处加设“立柣”（即门档）。宋《营造法式》有：“若阶断砌，即卧柣长二尺，广一尺，厚六寸。凿卯口与立柣合角造。其立柣长三尺，广厚同上。”多用于通行车马或临街的外门中。

缎/緞 duàn/ㄉㄨㄢˋ

satin

【纺】丝织物类名。全部或大部采用缎纹组织织制。质地紧密，表面平滑光泽，手感细腻柔软，在光线的照射下能产生丰富的光影效果，是高档的服装面料。薄型的可做衬衣、连衣裙、披肩、头巾、舞台服装等的面料；厚型的可做外衣、旗袍、棉袄等的面料。按织造方法和外观不同，可分为锦缎、花缎和素缎等。

椴树/椴樹 duànshù/ㄉㄨㄢˋ ㄕㄨˋ

linden

【植】*Tilia tuan* 椴树科椴树属。落叶乔木。树皮灰色，直裂。叶互生，卵圆形，先端尖，基部偏斜，边缘有齿。聚伞花序，花瓣五枚，白色或黄色，有蜜腺，有香气。果实球形，被毛。花期7月份。在中国，分布于黑龙江、吉林、辽宁、湖北、四川、云南、贵州、广西、湖南、江西等地。蜜源植物。

📖 椴树是捷克的国树。

煅烧/煅燒 duànshāo/ㄉㄨㄢˋ ㄕㄠ

【化】即“焙烧”（48页）。

煅制/煅製 duànzhì/ㄉㄨㄢˋ ㄓˋ

calcining

【中医】炮制方法的一种。将净药材置耐火的容器内或直接安置无烟炉火（或煅药炉）上高温烧煅，使其烈性降低、质地酥脆、易于粉碎。如煅瓦楞子、煅龙骨等，即以煅制法炮制。

锻锤/鍛鎚 duànchuí/ㄉㄨㄢˋ ㄔㄨㄟˊ

forging hammer

【机】锻压机械的一种。利用锤头等工作部分在气压或液压等传动机构作用下快速下落,冲击锻件使之产生塑性变形而完成锻压工艺。

锻焊/鍛接 duànhàn/ㄉㄨㄢˋ ㄏㄢˋ

forge welding

【机】压焊的一种。将金属件加热到焊接温度并予打击,使接合面足以造成永久变形。

锻模/鍛模 duànmú/ㄉㄨㄢˋ ㄇㄨˊ

❶forging die, ❷stamping die

【机】❶又称"锻造模"。模具的一种。用于模锻加工,使坯料成形而获得锻件。通常由上下两个模块组成。按照锻件的变形温度不同,可分为冷锻模具和热锻模具。❷在台湾,锻模也指"冲模"(135 页)。

锻铁 duàntiě/ㄉㄨㄢˋ ㄊㄧㄝˇ

【材】即"熟铁"(1048 页)。

锻压/鍛壓 duànyā/ㄉㄨㄢˋ ㄧㄚ

forging and stamping

【机】金属加工成形方法。锻造与冲压的合称。利用锻压机械的锤头、砧块、冲头或通过模具对坯料施加外力,使其产生塑性变形,改变尺寸、形状及性能。用于制造毛坯、机械零件等。

锻造/鍛造 duànzào/ㄉㄨㄢˋ ㄗㄠˋ

forging

【机】金属塑性加工方法的一种。通过锤击、加压等使坯料或铸锭产生塑性变形,以得到一定形状、尺寸和性能的工件(锻件)。常用来制造承受较大动载荷的零件。按变形温度不同,可分为热锻、温锻和冷锻;按坯料移动方式不同,可分为自由锻、镦锻、挤压、模锻等。

锻造模 duànzàomú/ㄉㄨㄢˋ ㄗㄠˋ ㄇㄨˊ

【机】即"锻模"(285 页)。

鍛粗 ㄉㄨㄢˋ ㄘㄨ/duàncū

heading, upsetting

【机】台湾名。即"镦锻"(288 页)。

斷層移距

ㄉㄨㄢˋ ㄘㄥˊ ㄧˊ ㄐㄩˋ/duàncéng yíjù

fault displacement

【地】台湾名。即"断距"(284 页)。

斷路 ㄉㄨㄢˋ ㄌㄨˋ/duànlù

open circuit

【物】台湾名。即"开路"(668 页)。

duì (ㄉㄨㄟ)

堆疊起重機

ㄉㄨㄟ ㄉㄧㄝˊ ㄑㄧˇ ㄓㄨㄥˋ ㄐㄧ/duīdié qǐzhòngjī

stacking crane

【机】台湾名。即"堆垛起重机"(285 页)。

堆垛起重机/堆疊起重機

duīduò qǐzhòngjī/ㄉㄨㄟ ㄉㄧㄝˊ ㄑㄧˇ ㄓㄨㄥˋ ㄐㄧ

stacking crane

【机】起重机的一种。通常采用货叉作为取物装置,在仓库或车间堆取成件物品。可分为桥式堆垛起重机和巷道式堆垛起重机。

堆肥/堆肥 duīféi/ㄉㄨㄟ ㄈㄟˊ

compost

【农】有机肥料的一种。利用各种植物茎叶、生活垃圾、杂草等掺入人畜粪尿,加上泥土和草木灰或石灰混合堆积,在高温、高湿的条件下,经过发酵腐熟制成。通常用作底肥。

堆高車 ㄉㄨㄟ ㄍㄠ ㄔㄜ/duīgāochē

fork-lift truck, forklift

【机】台湾名。即"叉车"(102 页)。

堆积作用/堆積作用

duījī zuòyòng/ㄉㄨㄟ ㄐㄧ ㄗㄨㄛˋ ㄩㄥˋ

deposition

【地】碎屑物质经水力、风力、重力作用搬运后沉积的过程。

堆積 ㄉㄨㄟ ㄐㄧ/duījī

stowage

【物流】台湾名。即"堆码"(285 页)。

堆码/堆積 duīmǎ/ㄉㄨㄟ ㄐㄧ

stowage

【物流】根据物品的特性、形状、规格、重量及包装等因素,结合地面负荷和仓库库位空间的条件,将物品整齐、规则地叠堆成各种货垛的作业。可分为散堆和码堆两类。

对比/對比 duìbǐ/ㄉㄨㄟˋ ㄅㄧˇ

contrast

【心】同一感受器在不同刺激作用下,感受性在强度和性质上发生变化的现象。感觉对比分为同时对比和继时对比(先后对比)两类。前者指几个刺激物同时作用于同一感受器产生的感受性变化；后者指刺激物先后作用于同一感受器时产生的感受性变化。

对称多项式/對稱多項式
duìchèn duōxiàngshì/
ㄉㄨㄟˋ ㄔㄣˋ ㄉㄨㄛ ㄒㄧㄤˋ ㄕˋ
symmetric polynomial
【数】设多项式中有 n 个字母，若把其中任何两个字母对换，所得多项式与原式都相等，则称这个多项式为对称多项式。例如，$x^2+2xy+y^2$，$a^3+b^3+c^3+2abc-1$，都是对称多项式。

对称分量法/對稱分量法
duìchèn fēnliàngfǎ/
ㄉㄨㄟˋ ㄔㄣˋ ㄈㄣ ㄌㄧㄤˋ ㄈㄚˇ
method of symmetrical component
【电】将不对称的三个相量分解为正序、负序、零序对称分量组，用来计算线性对称三相电路不对称运行状态的一种方法。

对称三相电路/對稱三相電路
duìchèn sānxiàng diànlù/
ㄉㄨㄟˋ ㄔㄣˋ ㄙㄢ ㄒㄧㄤˋ ㄉㄧㄢˋ ㄌㄨˋ
symmetrical three phase circuit
【电】由对称三相电源和对称三相负载组成的电路。

对称性/對稱性
duìchènxìng/ㄉㄨㄟˋ ㄔㄣˋ ㄒㄧㄥˋ
symmetry
【数】设 R 是 X 到 Y 的一个关系，若当 xRy 时，必有 yRx，则称 R 有对称性。例如，当直线 a 平行于直线 b 时，必有直线 b 平行于直线 a，由所有直线组成的集合中"平行于(//)"关系有对称性。

对地观测卫星/地球觀測衛星
duìdì guāncè wèixīng/
ㄉㄨㄟˋ ㄉㄧˋ ㄍㄨㄢ ㄘㄜˋ ㄨㄟˋ ㄒㄧㄥ
earth observation satellite
【航】用于观测地球及地球大气层的人造地球卫星。通常分为军用遥感观测卫星(成像侦察、导弹预警、海洋监视、军用气象卫星)和民用遥感观测卫星(气象、地质资源、环境监测卫星和海洋观测卫星)。

对顶角/對頂角
duìdǐngjiǎo/ㄉㄨㄟˋ ㄉㄧㄥˇ ㄐㄧㄠˇ
vertical angle, opposite angle
【数】若一个角的两条边反向延长后是另一个角的两条边，则这两个角互为对顶角。对顶角相等。如图，α，β 互为对顶角，$\alpha=\beta$。

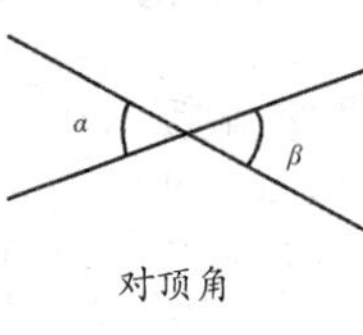

对顶角

对话/對話 duìhuà/ㄉㄨㄟˋ ㄏㄨㄚˋ
dialog
【信息】计算机系统中用户手动输入与机器响应之间形成的交互方式。

对话框/對話框
duìhuàkuàng/ㄉㄨㄟˋ ㄏㄨㄚˋ ㄎㄨㄤˋ
dialog box
【信息】计算机屏幕上可在其中录入数据的弹出式窗口。含有边框和标题栏；但没有命令选单、工具栏和状态栏。

对角式水轮机
duìjiǎoshì shuǐlúnjī/
ㄉㄨㄟˋ ㄐㄧㄠˇ ㄕˋ ㄕㄨㄟˇ ㄌㄨㄣˊ ㄐㄧ
【机】即"斜流式水轮机"(1263 页)。

对角线/對角線
duìjiǎoxiàn/ㄉㄨㄟˋ ㄐㄧㄠˇ ㄒㄧㄢˋ
diagonal
【数】连接多边形的不相邻的两个顶点的线段，叫作多边形的对角线。凸 n 边形有 $\frac{1}{2}n(n-3)$ 条对角线。

对接装置/對接裝配
duìjiē zhuāngzhì/ㄉㄨㄟˋ ㄐㄧㄝ ㄓㄨㄤ ㄓˋ
docking assembly
【航】能使两个航天器或舱段结构在空间轨道对接并实现刚性固连与分离的专用机构。通常分为机电式、气液式和数控式三类。

对空警戒雷达/對空警戒雷達
duìkōng jǐngjiè léidá/
ㄉㄨㄟˋ ㄎㄨㄥ ㄐㄧㄥˇ ㄐㄧㄝˋ ㄌㄟˊ ㄉㄚˊ
air warning radar
【军】军用雷达的一种。用于搜索、监视规定的空域，及早发现空中目标，确定其坐标并上报其航迹。是对空情报雷达网中的哨兵雷达或值班雷达。按探测距离不同，可分为远程、中程和近程对空警戒雷达；按同时测定目标坐标的维数不同，可分为两坐标和三坐标对空警戒雷达；按安装平台不同，可分为地面(固定、机动)、舰载和升空(机载、气球载、飞艇载)对空警戒雷达。

对立事件/對立事件
duìlì shìjiàn/ㄉㄨㄟˋ ㄌㄧˋ ㄕˋ ㄐㄧㄢˋ
complementary events
【数】若一次试验中，事件 A，B 不会同时发生，且 A，B 中总有一个发生，则称 A，B 为对立事件。事件 A 的对立事件记为 $\overline{A}$。例如，掷一枚硬币，A＝“正面向上”，B＝“反面向上”，A，B 对立，$\overline{A}=B$，$\overline{B}=A$。

📖 ❶A，$\overline{A}$ 同时发生的概率为 0，即 $P(A\overline{A})=0$；❷A 或 $\overline{A}$ 发生的概率等于 1，即 $P(A\cup\overline{A})=P(A)+P(\overline{A})=1$。由此得出的 $P(\overline{A})=1-P(A)$ 在概率计算中很重要。

对流/對流 duìliú/ㄉㄨㄟˋ ㄌㄧㄡˊ
convection
【物】依靠流体的宏观运动进行的热量传递。

对流层/對流層
duìliúcéng/ㄉㄨㄟˋ ㄌㄧㄡˊ ㄘㄥˊ
troposphere
【气】按热力性质划分的大气中的一层。紧贴地面，厚度(8～17 千米)随季节和纬度而变化，随高度平均气温直减率为 6.5℃/千米，有对流和湍流。天气现象和天气过程主要发生在该层。

对流层顶/對流層頂
duìliúcéngdǐng/ㄉㄨㄟˋ ㄌㄧㄡˊ ㄘㄥˊ ㄉㄧㄥˇ
tropopause
【气】对流层和平流层之间的层面。该层面出现小于 2℃/千米的气温直减率突变。

对流性降水/對流降水
duìliúxìng jiàngshuǐ/
ㄉㄨㄟˋ ㄌㄧㄡˊ ㄐㄧㄤˋ ㄕㄨㄟˇ
convective precipitation
【气】具有明显的地域性、季节性和日变化，来自对流云中的降水。因对流云具有水平范围小、分布不均匀、云内上升气流强、变化快等特征，产生的降水常呈阵性。按降水形态不同，可分为阵雨、阵雪、阵性雨夹雪、霰、冰雹等。

对生/對生 duìshēng/ㄉㄨㄟˋ ㄕㄥ
opposite
【植】叶序方式的一种。茎的每一节上生有两片叶，且二者相对排列。如倒挂金钟和凌霄花的叶序。

对数/對數 duìshù/ㄉㄨㄟˋ ㄕㄨˋ
logarithm
【数】设 a 是不等于 1 的正数，若 $x=a^y$，则 y 叫作以 a 为底的 x 的对数，记作 $y=\log_a x$。例如，$8=2^3$，$\log_2 8=3$。对数式 $\log_a x$ 中，x 叫作真数，它是正数；a 叫作底数，它是不等于 1 的正数。

📖 对数的概念是苏格兰数学家内皮尔(J.Napier)于 1614 年提出的。$x=a^y$ 和 $y=\log_a x$ 从不同角度描述同一数量关系。对数的出现对于简化计算发挥了重要作用。

对数方程/對數方程
duìshù fāngchéng/ㄉㄨㄟˋ ㄕㄨˋ ㄈㄤ ㄔㄥˊ
logarithmic equation
【数】含有关于未知数的对数式的方程。例如，$2\lg x=1$，$\lg(x+9)=1-\lg x$ 等。

📖 解对数方程时，常将 $\log_a f(x)=b$ 变形为普通方程 $f(x)=a^b$，普通方程的解若满足原方程，则为原方程的解；否则为增根。例如，解方程 $\lg(x+9)+\lg x=1$，得 $\lg x(x+9)=1$，$x^2+9x=10$，$x=1$ 或 $x=-10$。其中 1 是原方程的解，-10 是增根。

对数函数/對數函數
duìshù hánshù/ㄉㄨㄟˋ ㄕㄨˋ ㄏㄢˊ ㄕㄨˋ
logarithmic function
【数】形如 $y=\log_a x\ (a>0, a\neq 1)$ 的函数。定义域是 $(0,+\infty)$，值域是 $\mathbf{R}$，图像为过点 $(1,0)$ 的一条曲线(如图)。$a>1$ 时，$y=\log_a x$ 为增函数；$0<a<1$ 时，$y=\log_a x$ 为减函数。

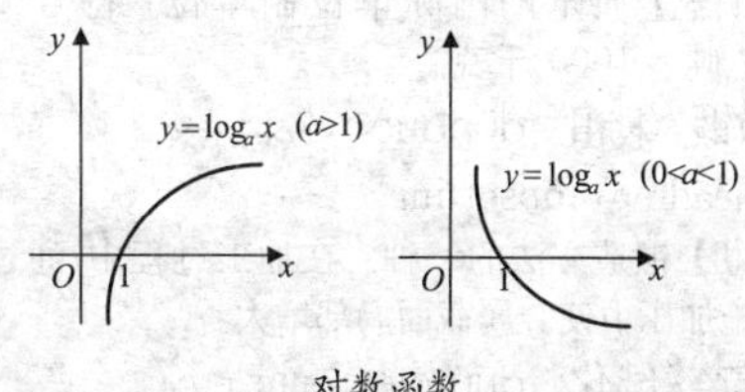

对数函数

对应/對應 duìyìng/ㄉㄨㄟˋ ㄧㄥˋ

correspondence

【数】设 A,B 是两个集合,若按规则 f,对于 A 中的任一元素 x,在 B 中都有元素与之对应,则称 f 是 A 到 B 的一种对应关系。若按对应关系 f,A 中的任一元素在 B 中只有一个对应元素,则 f 是映射。

对撞机/對撞機

duìzhuàngjī/ㄉㄨㄟˋ ㄓㄨㄤˋ ㄐㄧ

collider

【物】实现相对运动粒子对头碰撞的装置。能进行质子与质子、反质子、电子以及电子与正电子之间的对撞。粒子先在同步加速器中加速,然后射入对撞机。在对撞机里,两束粒子沿相反的方向回旋并进一步加速,在轨道交叉处相互碰撞。用于对原子核及更深层次结构的研究。

對接裝配

ㄉㄨㄟˋ ㄐㄧㄝ ㄓㄨㄤ ㄆㄟˋ/duìjiē zhuāngpèi

docking assembly

【航】台湾名。即"对接装置"(286 页)。

對流降水

ㄉㄨㄟˋ ㄌㄧㄡˊ ㄐㄧㄤˋ ㄕㄨㄟˇ/duìliú jiàngshuǐ

convective precipitation

【气】台湾名。即"对流性降水"(287 页)。

對射 ㄉㄨㄟˋ ㄕㄜˋ/duìshè

bijection

【数】台湾名。即"一一映射"(1330 页)。

對象圖 ㄉㄨㄟˋ ㄒㄧㄤˋ ㄊㄨˊ/duìxiàngtú

object diagram

【数】台湾名。即"直观图"(1442 页)。

dun (ㄉㄨㄣ)

吨/噸 dūn/ㄉㄨㄣˋ

ton

【计量】质量的国际单位制单位。符号 t。1 吨=1000 千克。

镦锻/鍛粗 dūnduàn/ㄉㄨㄢˋ ㄘㄨ

heading, upsetting

【机】锻造方法的一种。在加工过程中,通过施加压力使金属截面局部增大。

蹲苗/健化 dūnmiáo/ㄐㄧㄢˋ ㄏㄨㄚˋ

hardening of seedling

【农】作物栽培中,采取控制苗期肥水、进行中耕和镇压等措施,抑制幼苗茎叶徒长、促进根系发达。

趸船/躉船 dǔnchuán/ㄉㄨㄣˇ ㄔㄨㄢˊ

pontoon

【水利】无动力装置的匣形平底船。固定在浮码头或斜坡码头前部,以供船舶停靠,装卸货物,上下旅客。

囤顶/囤頂 dùndǐng/ㄉㄨㄣˋ ㄉㄧㄥˇ

shallow-vaulted roof

【建】房顶略微拱起,呈微曲面形式的屋顶。华北、东北民居常用,曲面有利于屋顶排水,减轻屋顶重量。

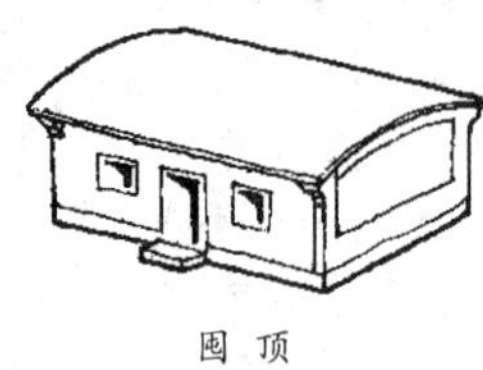
囤 顶

钝化/鈍化 dùnhuà/ㄉㄨㄣˋ ㄏㄨㄚˋ

passivation

【材】金属表面因生成氧化物膜而导致腐蚀减缓的现象。如氧化物膜致密,金属维持钝态,则不易腐蚀。

钝角/鈍角 dùnjiǎo/ㄉㄨㄣˋ ㄐㄧㄠˇ

obtuse angle

【数】大于直角而小于平角的角。

钝角三角形/鈍角三角形

dùnjiǎo sānjiǎoxíng/

ㄉㄨㄣˋ ㄐㄧㄠˇ ㄙㄢ ㄐㄧㄠˇ ㄒㄧㄥˊ

obtuse triangle

【数】有一个角是钝角的三角形。

盾构机/盾構掘進機

dùngòujī/ㄉㄨㄣˋ ㄍㄡˋ ㄐㄩㄝˊ ㄐㄧㄣˋ ㄐㄧ

shield tunneling machine

【机】土方机械的一种。专用于在软岩和土体中暗挖施工隧道,进行开挖、支护、衬砌等多种作业的一体化施工。具有可移动的钢结构外壳(盾壳),内装有开挖、排土、拼装和推进等机械装置。广泛用于地铁、铁路、公路、市政、水电等隧道工程。

盾構掘進機

ㄉㄨㄣˋ ㄍㄡˋ ㄐㄩㄝˊ ㄐㄧㄣˋ ㄐㄧ/dùngòu juéjìnjī

shield tunneling machine

【机】台湾名。即“盾构机”(288 页)。

盾皮鱼类/盾皮魚類

dùnpíyúlèi/ㄉㄨㄣˋ ㄆㄧˊ ㄩˊ ㄌㄟˋ

placoderms

【地】古鱼类。是介于无颌纲和真正鱼类之间的一个庞杂类群，可能是最原始的颌口类。始见于晚志留世，繁盛于泥盆纪，大部分灭亡于泥盆纪末。盾皮鱼与同期的无颌类主要区别在于：(1)具有由鳃弓演变而来的上颌和下颌；(2)有不同形式的鳃盖，具备共同的鳃室；(3)有比较发育的偶鳍等。

顿咳/頓咳 dùnké/ㄉㄨㄣˋ ㄎㄜˊ

whooping cough

【中医】中医儿科疾病之一。因感染顿咳时邪所致，以阵发性痉挛性咳嗽，咳后有特殊的吸气性吼声，咯出痰涎而暂停为特征。好发于冬春季节，以 5 岁以下小儿最易发病。相当于百日咳。化痰清火、泻肺降逆为主要治则。初咳期邪在肺卫，治宜疏风祛邪，宣肺止咳，可用三拗汤加味；痉咳期邪郁肺经，治宜泻肺清热，涤痰镇咳，可用桑白皮汤合葶苈大枣泻肺汤加减；恢复期邪去正伤，治宜养阴润肺，益气健脾，可用沙参麦冬汤、人参五味子汤加减。

顿悟/頓悟 dùnwù/ㄉㄨㄣˋ ㄨˋ

insight

【心】又称“领悟”。突然觉悟、顿时明白、豁然开朗。指对事件的模式或意义做出突发性的重组或重建，使人一下子抓住与答案有关的那些关系，泛指直觉上领悟或感知事物内在性质的活动。

鈍視 ㄉㄨㄣˋ ㄕˋ/dùnshì

amblyopia

【医】台湾名。即“弱视”(965 页)。

duo （ㄉㄨㄛ）

多巴胺/多巴胺 duōbā'àn/ㄉㄨㄛ ㄅㄚ ㄢˋ

dopamine, DA

【医】脑内重要的神经递质。有传递兴奋情绪的功能，让人感到愉悦。医学上常用来治疗抑郁症。但多巴胺分泌过量可使人过度消耗体力和热量。

多倍体/多倍體 duōbèitǐ/ㄉㄨㄛ ㄅㄟˋ ㄊㄧˇ

polyploid

【生】细胞中含有三组或三组以上染色体的个体。常见于高等植物中。可用人工诱变、远缘杂交等方法获得，应用于育种和生产。

多边形/多邊形

duōbiānxíng/ㄉㄨㄛ ㄅㄧㄢ ㄒㄧㄥˊ

polygon

【数】顺次经过在同一平面内的点 $A_1, A_2, \cdots, A_n, A_1$ ($n \geqslant 3$，其中相邻三点不在同一直线上)，连接线段 $A_1A_2, A_2A_3, \cdots, A_{n-1}A_n, A_nA_1$ 所产生的图形。点 $A_1, A_2, \cdots, A_n$ 叫作多边形的顶点，线段 $A_1A_2, A_2A_3, \cdots, A_{n-1}A_n, A_nA_1$ 叫作多边形的边。多边形按其边数分为三角形(三边形)、四边形、五边形……

多變數函數

ㄉㄨㄛ ㄅㄧㄢˋ ㄕㄨˋ ㄏㄢˊ ㄕㄨˋ/

duōbiànshù hánshù

function of several variables

【数】台湾名。即“多元函数”(294 页)。

多层建筑/多層建築

duōcéng jiànzhù/ㄉㄨㄛ ㄘㄥˊ ㄐㄧㄢˋ ㄓㄨˋ

multistory building

【建】建筑高度不超过 24 米的非单层建筑。

多层住宅/多層住宅

duōcéng zhùzhái/ㄉㄨㄛ ㄘㄥˊ ㄓㄨˋ ㄓㄞˊ

multistory residential building

【建】地面以上四至六层的住宅。需设公共楼梯解决垂直交通(中国通常不设电梯)，有时还设公共走道解决水平交通。多层住宅是历年大量建造的住宅类型。

多岔交叉/多岔交叉

duōchà jiāochā/ㄉㄨㄛ ㄔㄚˋ ㄐㄧㄠ ㄔㄚ

multiple-leg intersection

【交】平面交叉的一种。五条(或五条)以上道路在同一平面、同一点交会。

多重积分/多重積分

duōchóng jīfēn/ㄉㄨㄛ ㄔㄨㄥˊ ㄐㄧ ㄈㄣ

multiple integral

【数】n($n \geqslant 2$)重积分的总称。设 D 是 n 维欧几里得空间中的一个有界且可求 n 维体积的区域，$f(x_1, x_2, \cdots, x_n)$ 是定义在 D 上的一个有界函数。把 D 划分成 m 个可求体积

的子区域 $D_1,D_2,\cdots,D_m$,各子区域的直径(子区域中任意两点的最大距离)记作 r_i,体积记作 $\Delta V_i(i=1,2,\cdots,m)$,在每个子区域 D_i 内任取点 $(x_{i1},x_{i2},\cdots,x_{in})(i=1,2,\cdots,m)$,作和式 $S=\sum_{i=1}^{m}f(x_{i1},x_{i2},\cdots,x_{in})\Delta V_i$。若不论划分方法和点 $(x_{i1},x_{i2},\cdots,x_{in})$ 的取法如何具体选择,只要 $\lambda=\max_{1\leqslant i\leqslant m} r_i\to 0$ 时,和式 S 的极限都是某数 I,则称数 I 为 $f(x_1,x_2,\cdots,x_n)$ 在区域 D 上的 n 重积分,记作:
$\iint\cdots\int_D f(x_1,x_2,\cdots,x_n)\mathrm{d}V$ 或
$\iint\cdots\int_D f(x_1,x_2,\cdots,x_n)\mathrm{d}x_1\mathrm{d}x_2\cdots\mathrm{d}x_n$。这时称 $f(x_1,x_2,\cdots,x_n)$ 在区域 D 上可积,D 叫作积分区域。

多重進接

ㄉㄨㄛ ㄔㄨㄥˊ ㄐㄧㄣˋ ㄐㄧㄝ/duōchóng jìnjiē
multiple access
【信息】台湾名。即“多址接入”(295 页)。

多重人格/多重人格

duōchóng réngé/ㄉㄨㄛ ㄔㄨㄥˊ ㄖㄣˊ ㄍㄜˊ
multiple personality
【心】一种心因性身份障碍。完整的人格变得破裂,同一个人出现两种或两种以上各自独立的人格身份,分别出现在不同的时间和场合。平时表现出来的人格身份,称为主体人格,在其他时间、场合中表现出来的称为子人格。表现为两种身份的称为双重人格,表现为三种或三种以上身份的称为多重人格。

多工 ㄉㄨㄛ ㄍㄨㄥ/duōgōng

multiplexing
【信息】台湾名。即“复用”(370 页)。

多工解多工器

ㄉㄨㄛ ㄍㄨㄥ ㄐㄧㄝˇ ㄉㄨㄛ ㄍㄨㄥ ㄑㄧˋ/
duōgōng jiěduōgōngqì
muldex
【信息】台湾名。即“复用分用器”(370 页)。

多工器 ㄉㄨㄛ ㄍㄨㄥ ㄑㄧˋ/duōgōngqì

multiplexer
【信息】台湾名。即“复用器”(370 页)。

多功能雷达/多功能雷達

duōgōngnéng léidá/
ㄉㄨㄛ ㄍㄨㄥ ㄋㄥˊ ㄌㄟˊ ㄉㄚˊ
multifunction radar
【军】军用雷达的一种。用于同时搜索、跟踪、识别多批目标并控制和导引多种武器作战。能对指定的空域、地域或海域进行自动搜索、跟踪或边搜索边跟踪,掌握数百批以至上千批目标,并同时跟踪上百批目标;能同时引导多架飞机、制导多枚导弹拦截多批来袭的目标;能根据目标环境自适应地调整雷达工作方式,如改变发射信号形式和能量、天线波束指向和扫描速度;具有较强的反干扰能力和防反辐射武器攻击的能力,以及对非合作目标的识别能力等。有的还具有作战效能评估等其他战术功能。

多功能外设/多功周邊

duōgōngnéng wàishè/
ㄉㄨㄛ ㄍㄨㄥ ㄓㄡ ㄅㄧㄢ
multifunction peripheral, MFP
【信息】兼具打印、传真、扫描和复印等数种功能的设备。

多功周邊

ㄉㄨㄛ ㄍㄨㄥ ㄓㄡ ㄅㄧㄢ/duōgōng zhōubiān
multifunction peripheral, MFP
【信息】台湾名。即“多功能外设”(290 页)。

多管火箭炮

duōguǎn huǒjiànpào/
ㄉㄨㄛ ㄍㄨㄢˇ ㄏㄨㄛˇ ㄐㄧㄢˋ ㄆㄠˋ
【军】即“火箭炮”(552 页)。

多花蓼 duōhuāliǎo/ㄉㄨㄛ ㄏㄨㄚ ㄌㄧㄠˇ

【植】即“何首乌”(485 页)。

多环芳烃/多環芳香烴

duōhuánfāngtīng/
ㄉㄨㄛ ㄏㄨㄢˊ ㄈㄤ ㄒㄧㄤ ㄊㄧㄥ
polycyclic aromatic hydrocarbons, PAHs
【化】一类环境有害物。分子中含有一个以上芳环的多环烃类化合物的统称。其中十多种因有较强的致癌毒性而受到高度关注。苯并芘是多环芳烃中致癌物的代表。主要来源是煤等有机物不完全燃烧、废弃物焚烧、有机物热解、汽车尾气排放等。可通过吸入污染空气、烟草烟雾及某些熏烤食物的烟气和被污染的水体而进入人体,导致肺癌、皮肤癌、阴囊癌的发生。

多環芳香烴 ㄉㄨㄛ ㄏㄨㄢˊ ㄈㄤ ㄒㄧㄤ ㄊㄧㄥ/
duōhuán fāngxiāngtīng
polycyclic aromatic hydrocarbons, PAHs
【化】台湾名。即“多环芳烃”(290 页)。

多级火箭
duōjí huǒjiàn/ㄉㄨㄛ ㄐㄧˊ ㄏㄨㄛˇ ㄐㄧㄢˋ
【航】“多级运载火箭”的简称。

多级运载火箭/多級運載火箭
duōjí yùnzài huǒjiàn/
ㄉㄨㄛ ㄐㄧˊ ㄩㄣˋ ㄗㄞˋ ㄏㄨㄛˇ ㄐㄧㄢˋ
multistage launch vehicle
【航】简称“多级火箭”。将载荷运送到预定目标区域的多级或由多级、多组火箭组成的运载火箭。目标区域可以是预定轨道,也可是预定地球或星球的区域。载荷可以是人造卫星,也可以是探测器等。每级工作结束就可以抛掉,减少工作质量,逐步实现预定目标飞行速度,进而可以获取较好的飞行运载加速性能,通常为 2 级或 3 级,也可采用分组对称捆绑式。

多甲板船/多甲板船
duōjiǎbǎnchuán/ㄉㄨㄛ ㄐㄧㄚˇ ㄅㄢˇ ㄔㄨㄢˊ
multidecked ship
【船】具有两层以上(不含两层)艏艉纵向贯通甲板的船。对于干货船,多层甲板可避免货物堆积过高,不至于使下层货物被压坏;对于客船,多层甲板可在满载水线以上的舱内较多设置客舱;对于滚装船,多层甲板可多载运汽车和货物等。

多晶体/多晶體 duōjīngtǐ/ㄉㄨㄛ ㄐㄧㄥ ㄊㄧˇ
polycrystal
【物】许多晶粒无规则排列而成的固体。每个晶粒本身原子排列是有规律的。保留了单晶体的基本性质,但各晶粒取向各异,排列无规则。总体上呈各向同性。例如金属、多晶硅等。

多孔动物/多孔動物
duōkǒng dòngwù/ㄉㄨㄛ ㄎㄨㄥˇ ㄉㄨㄥˋ ㄨˋ
sponge
【动】Porifera 旧称“海绵动物”。无脊椎动物的一门。是低等多细胞动物,有的体内有柔软的骨骼。体壁由内、外两层细胞构成。体形多样。骨骼柔软富弹性,多生在海底岩石间,单体或群体附在其他物体上,从水中吸取有机物质为食。种类很多,如毛壶、马海绵等。

多立克柱式/多立克柱式
Duōlìkè zhùshì/
ㄉㄨㄛ ㄌㄧˋ ㄎㄜˋ ㄓㄨˋ ㄕˋ
Doric Order
【建】欧洲古典建筑基本柱式之一。从木结构演变而来,是希腊的国柱(National Order),用于重要建筑。无柱础,直接立于台基之上,柱身有 16～20 条凹槽,柱高是柱底径的 4～6.5 倍。带有简洁粗犷的力量美,是男性、智慧、力量、坚实、稳健的象征。罗马多立克柱式有柱础。

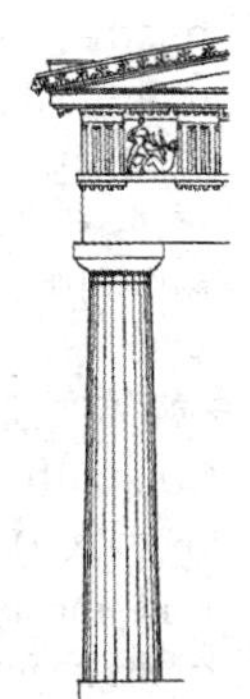
多立克柱式

多路分解
ㄉㄨㄛ ㄌㄨˋ ㄈㄣ ㄐㄧㄝˇ/duōlù fēnjiě
demultiplexing
【信息】台湾名。即“分用”(347 页)。

多氯联苯/多氯聯苯
duōlǜ liánběn/ㄉㄨㄛ ㄌㄩˋ ㄌㄧㄢˊ ㄅㄣˇ
polychlorinated biphenyls, PCBs
【化】一类环境有害物。联苯分子中的氢不同程度被氯取代后的化合物总称。目前已确定有 200 多种。商品多氯联苯多数是其混合物。多氯联苯产品有很好的化学稳定性、脂溶性、不燃性、高绝缘性、导热性而被广泛应用。然而,多氯联苯也正在给环境、生态和人类健康带来严重问题。

📖 多氯联苯的高稳定性、高脂溶性使其在环境中长期残留,并可通过食物链富集,经消化道、皮肤及呼吸系统进入人体内蓄积在脂肪和肝脏中,产生免疫抑制作用及生殖毒性。1968 年日本的米糠油事件就是因多氯联苯混入米糠油中而造成大量人、鸡中毒和死亡的事件。多氯联苯已在 2001 年 5 月被斯德哥尔摩国际公约定为严格禁用和限用的持久性有机污染物之一。美国饮用水允许残留上限为 0.5 微克/升。

多媒体/多媒體
duōméitǐ/ㄉㄨㄛ ㄇㄟˊ ㄊㄧˇ

multimedia

【信息】综合运用至少两种媒体的信息载体。可将音频、文本、图形、图像等组合在一起。

多媒体地图/多媒體地圖

duōméitǐ dìtú/ㄉㄨㄛ ㄇㄟˊ ㄊㄧˇ ㄉㄧˋ ㄊㄨˊ

multimedia map

【测绘】电子地图的一种。用图形、影像、文字、声音、视频、动画、虚拟现实等多媒体技术制作,可听、可看,具备选择、漫游、缩放等交互功能。

D

多媒体通信/多媒體通訊

duōméitǐ tōngxìn/

ㄉㄨㄛ ㄇㄟˊ ㄊㄧˇ ㄊㄨㄥ ㄒㄩㄣˋ

multimedia communication

【信息】对包括声音、图形、图像、数据等的多媒体信息,在系统或网络中同步传输的通信方式。多媒体信息数据量极大,往往还有实时或限时处理的要求。

多媒體通訊

ㄉㄨㄛ ㄇㄟˊ ㄊㄧˇ ㄊㄨㄥ ㄒㄩㄣˋ/

duōméitǐ tōngxùn

multimedia communication

【信息】台湾名。即“多媒体通信”(292 页)。

多媒體訊息處理服務

ㄉㄨㄛ ㄇㄟˊ ㄊㄧˇ ㄒㄩㄣˋ ㄒㄧ ㄔㄨˇ ㄌㄧˇ ㄈㄨˊ ㄨˋ/

duōméitǐ xùnxī chǔlǐ fúwù

multimedia messaging service

【信息】台湾名。即“彩信”(91 页)。

多面角/多面角

duōmiànjiǎo/ㄉㄨㄛ ㄇㄧㄢˋ ㄐㄧㄠˇ

polyhedral angle

【数】由不在同一平面内的、有同一顶点的、每条边都也是另一个角的边的几个平面角组成的立体图形。各平面角的公共顶点叫作多面角的顶点,各平面角两边之间的平面部分叫作多面角的面。面数为 n 的多面角叫作 n 面角。例如,长方体的每个顶点处有一个三面角。若组成多面角的各平面角都相等,并且相邻平面角形成的二面角也都相等,则称这样的多面角为正多面角。

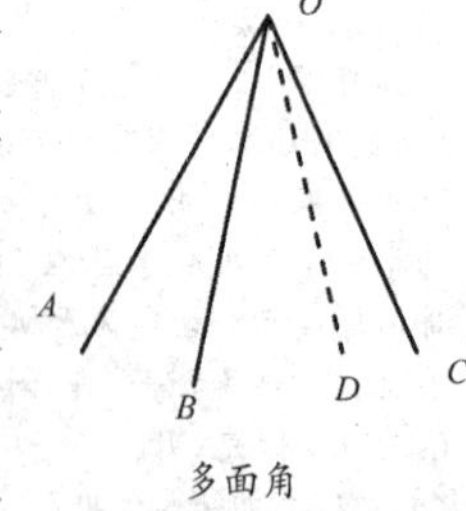

多面角

多面体/多面體

duōmiàntǐ/ㄉㄨㄛ ㄇㄧㄢˋ ㄊㄧˇ

polyhedron

【数】由平面多边形作为面而围成的立体图形。有立方体、长方体、四面体等。多面体中的面与面的交线叫作多面体的棱,棱与棱的交点叫作多面体的顶点。

多模手机/多模終端機

duōmó shǒujī/ㄉㄨㄛ ㄇㄛˊ ㄓㄨㄥ ㄉㄨㄢ ㄐㄧ

multimode terminal

【信息】可以在不同制式的移动电话网中使用的手机。

多模終端機

ㄉㄨㄛ ㄇㄛˊ ㄓㄨㄥ ㄉㄨㄢ ㄐㄧ/

duōmó zhōngduānjī

multimode terminal

【信息】台湾名。即“多模手机”(292 页)。

多瑙河/多瑙河

Duōnǎo Hé/ㄉㄨㄛ ㄋㄠˇ ㄏㄜˊ

Danube River

【地】水名。发源于德国西南部的黑林山,自西向东流经奥地利、斯洛伐克、匈牙利、克罗地亚、塞尔维亚、保加利亚、罗马尼亚、乌克兰,在罗马尼亚的苏利纳附近注入黑海。全长 2850 千米,流域面积 81.7 万平方千米。是欧洲第二长河,也是世界上流经国家最多的河流。通航里程 2600 千米,是重要的国际航道。主要支流有瓦赫河、蒂萨河、奥尔特河、因河、德拉瓦河、萨瓦河和摩拉瓦河等。河口形成三角洲,面积约 4300 平方千米。

多频电话机

duōpín diànhuàjī/ㄉㄨㄛ ㄆㄧㄣˊ ㄉㄧㄢˋ ㄏㄨㄚˋ ㄐㄧ

【信息】即“多频终端”(292 页)。

多频终端/多頻終端

duōpín zhōngduān/ㄉㄨㄛ ㄆㄧㄣˊ ㄓㄨㄥ ㄉㄨㄢ

multi-band terminal

【信息】又称“多频电话机”。能在不同频段使用的手机。

多普勒导航系统/都卜勒導航系統

Duōpǔlè dǎoháng xìtǒng/

ㄉㄨ ㄅㄨˇ ㄌㄜˋ ㄌㄟˊ ㄏㄤˊ ㄒㄧˋ ㄊㄨㄥˇ
Doppler navigation system
【航】利用多普勒雷达，实时测量飞行器与地面相对速度，确定飞行器位置而实现导航的系统。属无线电导航系统。

多普勒效应/都卜勒效應
Duōpǔlè xiàoyìng/ㄉㄨ ㄅㄨˇ ㄌㄜˋ ㄒㄧㄠˋ ㄧㄥˋ
Doppler effect
【物】当观测者与波源之间有相对运动时，所观测到的波的频率与波源发出的频率不同的现象。例如救护车鸣笛而来时，听到的笛声音调变高；鸣笛而去时，听到的笛声音调变低。因奥地利物理学家多普勒(J.C.Doppler，1803—1853)在1842年首先发现，故名。

□ 利用电磁波的多普勒效应可以测定星球相对于地球的运动速度、人造卫星的运动速度等。天文观测中发现，从遥远的星系发来的光的特征谱线比静止光源发出的同一谱线的波长发生了变化，有的星系谱线向红光端移动、波长变长，称为红移。这就是由于星系相对于地球的退行运动所产生的多普勒效应。

多歧聚伞花序/多歧聚傘花序
duōqí jùsǎn huāxù/
ㄉㄨㄛ ㄑㄧˊ ㄐㄩˋ ㄙㄢˇ ㄏㄨㄚ ㄒㄩˋ
pleiochasium
【植】花序的一种。花轴顶端发育成小花后，在顶端小花下方分出多个侧轴，并都形成小的聚伞花序。

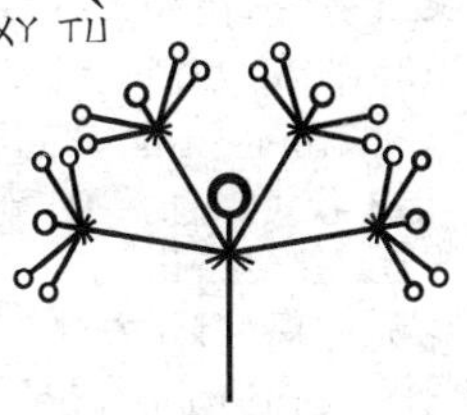
多歧聚伞花序示意图

多绕组变压器/多繞組變壓器
duōràozǔ biànyāqì/
ㄉㄨㄛ ㄖㄠˋ ㄗㄨˇ ㄅㄧㄢˋ ㄧㄚ ㄑㄧˋ
multi-winding transformer
【电】铁芯上绕有一个原绕组(一次绕组)和几个副绕组(二次绕组)的变压器。

多時多重進接
ㄉㄨㄛ ㄕˊ ㄉㄨㄛ ㄔㄨㄥˊ ㄐㄧㄣˋ ㄐㄧㄝ/
duōshí duōchóng jìnjiē
time-division multiple access，TDMA
【信息】台湾名。即“时分多址”(1027页)。

多式联运/多式聯運
duōshì liányùn/ㄉㄨㄛ ㄕˋ ㄌㄧㄢˊ ㄩㄣˋ
multimodal transportation
【物流】一种联合运输方式。由两种或两种以上的交通工具相互衔接、转运而共同完成运输过程。

多数载流子/多數載子
duōshù zàiliúzǐ/ㄉㄨㄛ ㄕㄨˋ ㄗㄞˋ ㄗˇ
majority carrier
【物】简称“多子”。非本征半导体中，对导电起支配作用的居于多数的载流子。n型半导体中为电子，p型半导体中为空穴。

多數載子 ㄉㄨㄛ ㄕㄨˋ ㄗㄞˋ ㄗˇ/duōshù zàizǐ
majority carrier
【物】台湾名。即“多数载流子”(293页)。

多水高岭石 duōshuǐ gāolǐngshí/
ㄉㄨㄛ ㄕㄨㄟˇ ㄍㄠ ㄌㄧㄥˇ ㄕˊ
【地】即“埃洛石”(3页)。

多肽/多肽 duōtài/ㄉㄨㄛ ㄊㄞˋ
polypeptide
【生】由三个或三个以上氨基酸分子组成的肽。蛋白质是具有一定立体构型的较大的多肽。

多糖/多醣 duōtáng/ㄉㄨㄛ ㄊㄤˊ
polysaccharide
【医】由多个单糖分子脱水聚合而成，至少要超过10个单糖组成的聚合糖高分子糖类，是一种分子结构复杂且庞大的糖类物质。广义上可分为：由一种单糖分子缩合而成的均一性多糖，包括常见的淀粉、糖原、纤维素；由不同的单糖分子缩合而成的不均一性多糖，常见的有透明质酸、硫酸软骨素。

多醣 ㄉㄨㄛ ㄊㄤˊ/duōtáng
polysaccharide
【医】台湾名。即“多糖”(293页)。

多体船/多體船
duōtǐchuán/ㄉㄨㄛ ㄊㄧˇ ㄔㄨㄢˊ
multi-hulled ship
【船】两个或两个以上船体，以一定的间距通过上部的强力构架连成一体的船。具有兴波阻力小、稳性和操纵性好、甲板面积宽敞等优点。通常分为双体船、三体船等。

多项式/多項式
duōxiàngshì/ㄉㄨㄛ ㄒㄧㄤˋ ㄕˋ

polynomial

【数】单项式的代数和。构成多项式的各单项式叫作多项式的项，含有 m 项的多项式叫作 m 项式。多项式中次数最高的项的次数，叫作多项式的次数。例如，$2x^2+3x-4$ 是二次三项式，$2x^2$，$3x$，-4 是它的三项。

多项式函数/多項式函數

duōxiàngshì hánshù/ ㄉㄨㄛ ㄒㄧㄤˋ ㄕˋ ㄏㄢˊ ㄕㄨˋ

polynomial function

【数】形如 $f(x)=a_0x^n+a_1x^{n-1}+\cdots+a_{n-1}x+a_n(a_0\neq0)$ 的函数。其定义域为 **R**，值域根据多项式的系数和指数确定。当 $n=1,2$ 时，多项式函数 $f(x)$ 分别叫作一次函数和二次函数。

多相电机/多相電機

duōxiàng diànjī/ ㄉㄨㄛ ㄒㄧㄤˋ ㄉㄧㄢˋ ㄐㄧ

polyphase machine

【电】产生或应用多相交流电的电机。

多相系统/多相系統

duōxiàng xìtǒng/ ㄉㄨㄛ ㄒㄧㄤˋ ㄒㄧˋ ㄊㄨㄥˇ

polyphase system

【电】多个同类、同周期但通常有不同相位、相互关联的正弦积分量的集合。

多血质/多血質

duōxuèzhì/ ㄉㄨㄛ ㄒㄧㄝˇ ㄓˊ

sanguine temperament

【心】人的气质类型之一。按巴甫洛夫高级神经活动类型学说，强而平衡、灵活的神经活动类型为多血质的生理基础。其外部表现为活泼好动，反应迅速，行动敏捷、灵活。易动感情，富于生气，情绪发生快而多变，表情丰富，外向，但情感体验不深。容易适应新环境。兴趣广泛但易变化，注意力易转移。

多用户系统/多用户系統

duōyònghù xìtǒng/ ㄉㄨㄛ ㄩㄥˋ ㄏㄨˋ ㄒㄧˋ ㄊㄨㄥˇ

multiuser system

【信息】有多个终端联向主机，可供多个用户同时使用的计算机系统。与只能供一个用户使用的单用户系统相对。

多用途車輛

ㄉㄨㄛ ㄩㄥˋ ㄊㄨˊ ㄔㄜ ㄌㄧㄤˋ/

duōyòngtú chēliàng

multi-purpose vehicle

【交】台湾名。即“商务车”(987 页)。

多用途航空母舰/多用途航空母艦

duōyòngtú hángkōngmǔjiàn/ ㄉㄨㄛ ㄩㄥˋ ㄊㄨˊ ㄏㄤˊ ㄎㄨㄥ ㄇㄨˇ ㄐㄧㄢˋ

multipurpose aircraft carrier

【船】以舰载攻击机、战斗机、反潜机为主要武器的航空母舰。负有攻击、反潜两种使命，具有对水面、空中、陆上和水下目标进行攻击的多种作战能力。

多用途货船/多用途貨船

duōyòngtú huòchuán/ ㄉㄨㄛ ㄩㄥˋ ㄊㄨˊ ㄏㄨㄛˋ ㄔㄨㄢˊ

multipurpose cargo ship

【船】可运载集装箱、散货或杂货等多种类型货物的干货船。通常为双甲板、艉机型，货舱口较大，可方便装卸，也可在上甲板顶盖上堆装两层集装箱和木材。船上有回转起重机，以自行装卸部分货物。

多用途汽车

duōyòngtú qìchē/ ㄉㄨㄛ ㄩㄥˋ ㄊㄨˊ ㄑㄧˋ ㄔㄜ

【交】即“商务车”(987 页)。

多元大气/複變大氣

duōyuán dàqì/ ㄈㄨˋ ㄅㄧㄢˋ ㄉㄚˋ ㄑㄧˋ

polytropic atmosphere

【气】模式大气的一种。假设气温(或虚温)随高度呈线性变化。

多元方程/多元方程

duōyuán fāngchéng/ ㄉㄨㄛ ㄩㄢˊ ㄈㄤ ㄔㄥˊ

multi unknown equation

【数】有两个或两个以上未知数的方程。例如，$x^2-3xy+4y^2=0$，$x+5y=3z$ 等。以 $x_1,x_2,\cdots,x_n$ 为未知数的多元方程常表示为 $f(x_1,x_2,\cdots,x_n)=0$。

多元函数/多變數函數

duōyuán hánshù/ ㄉㄨㄛ ㄅㄧㄢˋ ㄕㄨˋ ㄏㄢˊ ㄕㄨˋ

function of several variables

【数】函数 $y=f(x)$ 中，若自变量表示多元有序数组 $(x_1,x_2,\cdots,x_n)$，即定义域是数集的直积 $D=A_1\times A_2\times\cdots\times A_n$，则 $y=f(x)$ 叫作多元函数，记作 $y=f(x_1,x_2,\cdots,x_n)$。

例如，$y=f(u,v)=u+v$的自变量$(u,v)\in$ $\mathbf{R}\times\mathbf{R}$ 是二元有序数对，$y=f(u,v)$是二元函数。对于(u,v)所取的每一个值，y 有唯一的对应值。

多云/多雲 duōyún/ㄉㄨㄛ ㄩㄣˊ

cloudy

【气】天空状况的一种。中、低云遮蔽天空4～7成(40%～70%)，或高云遮蔽天空6成(60%)以上。

多址 duōzhǐ/ㄉㄨㄛ ㄓˇ

【信息】“多址接入”的简称。

多址接入/多重進接

duōzhǐ jiērù/ㄉㄨㄛ ㄔㄨㄥˊ ㄐㄧㄣˋ ㄐㄧㄝ

multiple access

【信息】简称“多址”。不同地点的不同用户均接入一个公共传输介质，以实现各用户间通信的工作模式。

多子 duōzǐ/ㄉㄨㄛ ㄗˇ

【物】“多数载流子”的简称。

舵/舵 duò/ㄉㄨㄛˋ

rudder

【船】设置在船体外，利用其与流体的相对运动所产生的作用力，控制船的航向的设备。通常由舵叶和舵杆组成。按舵叶剖面形状不同，可分为有平板舵和复板舵(多为流线型舵)；按支承型式不同，可分为双支承舵、多支承舵、悬挂舵和半悬挂舵；按舵杆轴线位置不同，可分为平衡舵、半平衡舵和不平衡舵；按整流作用不同，可分为整流舵和非整流舵。

舵机/操舵機 duòjī/ㄘㄠ ㄉㄨㄛˋ ㄐㄧ

steering gear

【船】能够转舵并保持舵位的装置。由转舵机构、动力设备、液压管路阀件与附件、随动机构及其他附件组成。按结构特征不同，可分为柱塞式、活塞式和转叶式。

惰性/非活性的

duòxìng/ㄈㄟ ㄏㄨㄛˊ ㄒㄧㄥˋ·ㄉㄜ

inactive

【化】指物质难于发生化学变化的性质。

惰性气体/惰性氣體

duòxìng qìtǐ/ㄉㄨㄛˋ ㄒㄧㄥˋ ㄑㄧˋ ㄊㄧˇ

inert gas

【化】见“稀有气体”(1227页)。

D

e (ㄜ)

阿胶/阿膠 ējiāo/ㄜ ㄐㄧㄠ

Colla Corii Asini (拉), ass hide glue

【中医】俗称“驴皮胶”。中药名。马科动物驴 *Equus asinus* L.的干燥皮或鲜皮经煎煮、浓缩制成的固体胶。味甘,性平。归肺、肝、肾经。补血滋阴,润燥,止血。用于血虚萎黄,眩晕心悸,肌痿无力,心烦不眠,虚风内动,肺燥咳嗽,劳嗽咯血,吐血尿血,便血崩漏,妊娠胎漏。

📖 阿胶烊化兑服。古时以山东东阿县阿城镇阿井水所煮之胶最佳,故名。

锇/鋨 é/ㄜˊ

osmium

【化】金属元素。属周期表第ⅧB族,符号Os,原子序数76。原子量190.2。自然界主要存在于硫锇铱矿、锇铱矿中。单质为浅蓝色金属,质硬而脆,无可塑性,是密度最大的金属,化学性质稳定。可用作催化剂,也用于制耐磨和耐腐蚀硬质合金,铱锇合金用于制钢笔尖以及钟表和精密仪器。

📖 1804年,英国的坦南特(S. Tennant)等将提炼铂后的残渣溶解在稀王水中,经处理得到两种新元素,其中之一即为“锇”(另一为铱)。拉丁文定名为osmium,源自希腊文osme,意思是“臭味”(因四氧化锇有烂萝卜的臭味);中文定名为“锇”,是形声字。

鹅/鵝 é/ㄜˊ

goose

【动】鸟名。雁形目鸭科雁属。家禽。头大,额部有橙黄色或黑褐色肉质突起,颈长,喙扁而阔,腿长,尾短,脚有蹼,羽毛白色或灰色。能游泳,耐寒,以青草、谷物、蔬菜、鱼虾等为食。

鹅耳枥/鵝耳櫪 é'ěrlì/ㄜˊ ㄦˇ ㄌㄧˋ

hornbeam

【植】*Carpinus turczaninowii* 桦木科鹅耳枥属。落叶乔木。树皮暗灰褐色,浅纵裂。叶卵形,顶端尖,边缘有齿,被毛。花单性,雌雄同株,雄花序短于雌花序。果序长,果序柄被毛,小坚果宽卵形。在中国,分布于辽宁南部、山西、河北、河南、山东、陕西、甘肃。木材可用,种子可榨油。

📖 本属中的普陀鹅耳枥为中国特有种,只产于舟山群岛普陀岛。现仅存一株。

鹅颈椅 éjǐngyǐ/ㄜˊ ㄐㄧㄥˇ ㄧˇ

【建】即“美人靠”(792页)。因靠背弯曲,向外探出像鹅颈,故名。

鹅口疮/鵝口瘡

ékǒuchuāng/ㄜˊ ㄎㄡˇ ㄔㄨㄤ

thrush, * goose-mouth sore

【中医】中医儿科疾病之一。症见小儿口腔黏膜、舌上布生白屑状物,状如鹅口等。常见于体质虚弱,营养不良,久病、久泻的小儿,尤以早产儿、新生儿多见。心脾积热证,治宜清热泻火解毒,可用清热泻脾散加减;虚火上浮证,治宜滋阴潜阳降火,可用知柏地黄丸加减。均应配合外治疗法。

鹅掌风/鵝掌風 ézhǎngfēng/ㄜˊ ㄓㄤˇ ㄈㄥ

goose-web wind, tinea manuum

【中医】皮肤病之一。多因感受风毒,凝结皮肤,气血失养,或由接触传染所致。初起手掌及手指皮下生小水疱、瘙痒,继而疱破,迭起白皮,脱屑,日久手掌皮肤粗糙变厚,甚则皲裂疼痛,入冬加重,自掌心可遍及全手;进而可染及指甲并使之变厚,色灰黑而脆,病程缠绵,经久不愈。多数单侧发病,也可染及双手。反复发作,可致手掌皮肤肥厚,枯槁干裂,疼痛,屈伸不利,宛如鹅掌。相当于手癣。可用鹅掌风浸泡方(大风子肉、烟膏等)浸泡患手,或用二矾汤熏洗,外搽疯油膏或红油膏。重者可配合内服祛风地黄丸。

鹅掌楸/鵝掌楸 ézhǎngqiū/ㄜˊ ㄓㄤˇ ㄑㄧㄡ

China tulip tree

【植】*Liriodendron chinense* 又称“马褂木”。木兰科鹅掌楸属。落叶乔木。树干通直光滑。叶两侧近基部各有一侧裂片,先端二浅裂,老时密生白粉状突起。花单生枝端,杯状,花被片九枚,外轮三片萼片状,绿色,外弯,内两轮六片,花瓣状,直立,绿色带黄色纵条纹。花期5月份。在中国,分布于华东、华中、西南等地区。第四纪冰川孑遗植物。

📖 鹅掌楸是古老的孑遗植物，对古植物系统学研究有重要的科研价值。其叶形如马褂，花似郁金香，故又被分别称为“马褂木”和“中国的郁金香树”。

蛾/蛾 é/ㄜˊ

moth

【动】Heterocera 通称“蛾子”。昆虫名。鳞翅目异角亚目昆虫的统称。触角有鞭状、丝状、羽状、纺锤状等。腹部短而粗，有带鳞片的翅膀两对，静止时翅覆盖在身体上。多在夜间活动，常飞向灯光。幼虫主要以植物为食。种类很多，如麦蛾、菜蛾、螟蛾等。

额定剩余动作电流/額定剩餘動作電流

édìng shèngyú dòngzuò diànliú/

ㄜˊ ㄉㄧㄥˋ ㄕㄥˋ ㄩˊ ㄉㄨㄥˋ ㄗㄨㄛˋ ㄉㄧㄢˋ ㄌㄧㄡˊ

rated residual operating current

【电】制造厂对剩余电流动作保护装置规定的最小剩余动作电流值。在达到或超过该电流值时，剩余电流保护装置应启动可靠动作。

额窦/額竇 édòu/ㄜˊ ㄉㄡˋ

frontal sinus

【医】鼻旁窦之一。位于额骨眉弓深面，额骨两层骨板之间，窦口向下后开口于中鼻道前部。

额骨/額骨 égǔ/ㄜˊ ㄍㄨˇ

frontal bone

【医】位于颅前上方的骨。由垂直位的额鳞和水平位的眶部及两侧眶部之间的鼻部组成。为颅顶盖的前部、眶顶的大部和颅前窝的底。额鳞前外侧有圆形突起，左右各一，称为“额结节”。额结节下有眉弓，眉弓之间为眉间。

鵝觀草 ㄜˊ ㄍㄨㄢ ㄘㄠˇ/éguāncǎo

common goosecomb

【植】台湾名。即“柯孟披碱草”(676 页)。

額定容量

ㄜˊ ㄉㄧㄥˋ ㄖㄨㄥˊ ㄌㄧㄤˋ/édìng róngliàng

rated capacity

【电】台湾名。即“发电机额定容量”(304 页)。

恶心/噁心 ěxīn/ㄜˇ ㄒㄧㄣ

nausea

【医】一种上腹部不适、紧迫欲吐的感觉。常为呕吐的前奏，也可单独出现。

厄尔尼诺现象/尼諾現象

è'ěrnínuò xiànxiàng/

ㄋㄧˊ ㄋㄨㄛˋ ㄒㄧㄢˋ ㄒㄧㄤˋ

El-Niño phenomenon

【环】台湾又称“聖嬰現象”。原指某些年份圣诞节前后，沿厄瓜多尔海岸出现的一股向南流的暖洋流。现指热带太平洋东部、中部表层海水温度大范围持续异常升高现象。出现这一现象海域，其表层海水温度较常年增加1～2℃，强烈时增加2～5℃，持续时间可达一年以上。这一现象出现时，会引起全球气候异常，造成严重的洪涝、干旱等灾害。其成因至今尚无定论。

苊/苊 è/ㄜˋ

acenaphthene

【化】芳香族化合物。分子式 $C_{12}H_{10}$。无色针状晶体，从煤焦油分离获得。可用于制媒染剂。

砨 ㄜˋ/è

astatine

【化】台湾名。即“砹”(4 页)。

恶臭/惡臭 èchòu/ㄜˋ ㄔㄡˋ

offensive odor, odor, malodor

【环】难闻的气味。迄今凭人的嗅觉能感觉到的恶臭物质有 4000 多种，主要来源于人类生产和生活活动。对人体危害较大的有硫醇类、氨、硫化氢、甲基硫、三甲胺、甲醛、苯乙烯、酪酸、酚类等。

恶臭等级

èchòu děngjí/ㄜˋ ㄔㄡˋ ㄉㄥˇ ㄐㄧˊ

【环】即“恶臭监测”(297 页)。

恶臭监测/惡臭監測

èchòu jiāncè/ㄜˋ ㄔㄡˋ ㄐㄧㄢ ㄘㄜˋ

odor monitoring

恶臭监测等级

0 级	无气味
1 级	勉强感觉到有气味
2 级	能够确定气味性质的较弱气味
3 级	很容易闻到明显气味
4 级	较强的气味
5 级	很强的气味，无法忍受

E

【环】又称“恶臭等级”。对环境中气味难闻的气态物质进行的监测。主要是对其种类、性质、浓度等进行监测。恶臭等级按强度划分为六级。

軛鐵 ㄜˋ ㄊㄧㄝˇ/ètiě

yoke

【电】台湾名。即“磁轭”(160 页)。

鹗/魚鷹 è/ㄩˊ ㄧㄥ

osprey

【动】又称“鱼鹰”。鸟名。隼形目鹗科。体长50～60 厘米,头顶、后颈和腹部白色,背部褐色。栖息于湖泊、河流、海岸等地,在树上或岩石上筑巢,常在水面上飞翔,性凶猛,捕食鱼类。分布广泛。

颚足/顎足 èzú/ㄜˋ ㄗㄨˊ

maxilliped

【动】某些甲壳动物胸部的前一对、两对或三对附肢。生在口旁,是摄食的辅助器官。

鳄/美洲鱷 è/ㄇㄟˇ ㄓㄡ ㄜˋ

alligator

【动】俗称“鳄鱼”。爬行动物名。鳄形动物鳄科各种的统称。身体大,长可达 6～7 米,头部扁平,吻和尾很长,四肢短,皮肤革质,覆有角质鳞,鳞下有真皮形成的骨板,趾有爪,趾间有蹼,多生活在热带、亚热带河流池沼中,性凶猛,善游泳。捕食鱼、蛙、鸟类等。种类较多,其中扬子鳄是中国特有的珍稀动物。

鳄蜥/鱷蜥 èxī/ㄜˋ ㄒㄧ

crocodile lizard

【动】*Shinisaurus crocodilurus* 又称“雷公蜥”。爬行动物名。蜥蜴目鳄蜥科鳄蜥属。体长 15～30 厘米,尾长 20 厘米左右,背面黑褐色,腹面带红色及黄色,有黑斑。生活在山涧水边的丛林里,以昆虫等为食。分布于中国广西。是中国特有的珍稀动物。

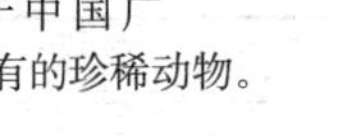

鳄 蜥

en (ㄣ)

蒽/蒽 ēn/ㄣ

anthracene

【化】芳香族化合物。分子式 $C_{14}H_{10}$。无色晶体。有蓝色荧光。从煤焦油分离获得。可用于制染料等。

er (ㄦ)

儿茶/兒茶 érchá/ㄦˊ ㄔㄚˊ

Catechu(拉), black catechu cutch

【中医】中药名。豆科植物儿茶 *Acacia catechu* (L.f.) Willd. 的去皮枝、干的干燥煎膏。味苦、涩,性微寒。归肺经。收湿生肌敛疮。用于溃疡不敛,湿疹,口疮,跌扑伤痛,外伤出血等。

儿 茶

儿童孤独症/兒童孤獨症

értóng gūdúzhèng/ㄦˊ ㄊㄨㄥˊ ㄍㄨ ㄉㄨˊ ㄓㄥˋ

childhood autism

【医】一种多基因遗传病。在 3 岁前出现发育异常或损害,以及特有的三联症(社会交往功能异常、沟通异常和局限性、刻板性、重复性行为)。还常见到一些其他非特异性问题,如恐惧症,睡眠和进食紊乱,发怒,以及指向自己的攻击。

儿童心理学/兒童心理學

értóng xīnlǐxué/ㄦˊ ㄊㄨㄥˊ ㄒㄧㄣ ㄌㄧˇ ㄒㄩㄝˊ

child psychology

【心】发展心理学的一个分支。研究儿童心理发展的基本理论和发展过程中的各种心理特点及其规律。其研究领域是由各年龄界限的连接来划定的,儿童通常指未成年人,中国法律规定为 0～18 岁。

鸸鹋/鴯鶓 érmiáo/ㄦˊ ㄇㄧㄠˊ

emu

【动】鸟名。鹤鸵目鸸鹋科。外形像鸵鸟而稍小,体长1.5米左右,喙短而扁,羽毛灰色褐色或黑色,翅膀退化,腿长,有三趾,善走。栖息于草原和半沙漠地区,主要以植物的叶子、种子、果实为食,也吃昆虫、蜥蜴等。分布于澳大利亚大陆。

鸸 鹋

耳疮/耳瘡 ěrchuāng/ㄦˇ ㄔㄨㄤ

sore of external auditory meatus, * ear sore

【中医】中医耳病之一。因实热内炽,毒火上炎耳窍,或挖耳损伤耳道等所致,症见外耳道弥漫性红肿疼痛,或破流脓水等。治宜泻火、解毒、止痛,用龙胆泻肝汤、五味消毒饮等加减。

耳房/耳房 ěrfáng/ㄦˇ ㄈㄤˊ

side room

【建】位居正房左右,紧贴正房两端而体量较小的侧房。通常一间或两间。因形似双耳,故名。

耳疖/耳癤 ěrjiē/ㄦˇ ㄐㄧㄝ

ear furuncle, * ear boil

【中医】中医耳病之一。因肝胆经火毒上炎所致,症见耳痛、外耳道局限性红肿等。治宜泻火解毒,凉血止痛,可选用黄连解毒汤、仙方活命饮等加减。外用蟾酥丸。

耳聋/聾 ěrlóng/ㄌㄨㄥˊ

deafness

【医】听觉系统的传音、感音功能异常而引起听觉障碍或听力减退的现象。可分为传音性耳聋和感音神经性耳聋。

耳鸣/耳鳴 ěrmíng/ㄦˇ ㄇㄧㄥˊ

tinnitus

【医】无外界声源刺激下产生的异常声音感觉。由听觉感受器和传导路径的病理性刺激而引起,可为蝉鸣声、嗡嗡声、嘤嘤声等。见于内耳疾病、听神经瘤早期、药物中毒、神经衰弱和职业病等。

耳压疗法/耳壓療法

ěryā liáofǎ/ㄦˇ ㄧㄚ ㄌㄧㄠˊ ㄈㄚˇ

ear-pressure therapy

【中医】用胶布将王不留行籽等物贴压于耳穴表面以治疗疾病的方法。

耳针疗法/耳針療法

ěrzhēn liáofǎ/ㄦˇ ㄓㄣ ㄌㄧㄠˊ ㄈㄚˇ

ear acupuncture therapy, * auricular acupuncture

【中医】针刺耳郭特定穴位以治疗疾病的方法。

铒/鉺 ěr/ㄦˇ

erbium

【化】金属元素。属周期表第ⅢB族(镧系),符号Ho,原子序数68。原子量167.3。自然界存在于多种稀土矿物中。单质为深灰色金属,质软,有延展性,化学性质比较活泼,盐类和氧化物呈粉红至红色。可用于制造特种合金、磁性材料、彩色玻璃及瓷釉等。

📖 1843年,瑞典的莫桑德(C.G.Mosander)发现钇土中还包括两种新元素的氧化物,其中新元素之一即为铒(另一为铽)。拉丁文定名为erbium,源自Ytterby,意思是"乙特尔比小镇",用以纪念最早发现含钇矿石的地方。中文定名为"铒",是形声字。

二倍体/二倍體 èrbèitǐ/ㄦˋ ㄅㄟˋ ㄊㄧˇ

diploid

【生】细胞内含有两组染色体的个体。几乎所有的高等动物和大多数高等植物都是二倍体。

二埠 ㄦˋ ㄅㄨˋ/èrbù

two-port

【电】台湾名。即"二端口"(300页)。

二陈汤/二陳湯 èrchéntāng/ㄦˋ ㄔㄣˊ ㄊㄤ

erchen decoction, erchen tang

【中医】中医方剂名。组成:半夏、橘红各15克,白茯苓9克,炙甘草5克。加生姜七片,乌梅一个,水煎服。燥湿化痰,理气和中。用于湿痰咳嗽。痰多色白易咯,胸膈痞闷,恶心呕吐,肢体困倦,或头眩心悸,舌苔白润,脉滑。半夏、橘红存放时间越久,效果越好,故称。

二重感染/重複傳染

èrchóng gǎnrǎn/ㄔㄨㄥˊ ㄈㄨˋ ㄔㄨㄢˊ ㄖㄢˇ

superinfection

【医】长期应用广谱抗生素后,敏感菌群受到抑制,不敏感菌趁机在体内大量繁殖而引起的感染。

二重积分/二重積分

èrchóng jīfēn/ㄦˋ ㄔㄨㄥˊ ㄐㄧ ㄈㄣ

double integral

【数】设D是平面上的一个有界且可求面积的区域,$f(x,y)$是定义在D上的一个有界函数。把D划分成n个可求面积的子区域$D_1,D_2,\cdots,D_n$,各子区域的直径(子区域中任意两点的最大距离)记作r_i,面积记作

$\Delta A_i (i=1,2,\cdots,n)$，在每个子区域 D_i 内任取点 $(x_i,y_i)(i=1,2,\cdots,n)$，作和式 $S=\sum_{i=1}^{n} f(x_i,y_i)\Delta A_i$。若不论划分方法和点 (x_i,y_i) 的取法如何具体选择，只要 $\lambda=\max_{1\leqslant i\leqslant n} r_i \to 0$ 时，和式 S 的极限都是某数 I，即 $\lim_{\lambda\to 0}\sum_{i=1}^{n} f(x_i,y_i)\Delta A_i = I$，则称数 I 为 $f(x,y)$ 在区域 D 上的二重积分，记作 $\iint_D f(x,y)\,dA$ 或 $\iint_D f(x,y)\,dxdy$。这时称 $f(x,y)$ 在区域 D 上可积，D 叫作积分区域。

二重人格

ㄦˋ ㄔㄨㄥˊ ㄖㄣˊ ㄍㄜˊ/èrchóng réngé

double personality

【心】台湾名。即“双重人格”(1059 页)。

二次互反律/二次互反律

èrcì hùfǎnlǜ/ㄦˋ ㄘˋ ㄏㄨˋ ㄈㄢˇ ㄌㄩˋ

quadratic reciprocity law

【数】又称“高斯互反律”。数论中的一个重要定理。若 p,q 是互异的奇素数，则 $\left(\frac{p}{q}\right)\left(\frac{q}{p}\right) = (-1)^{\frac{p-1}{2}\cdot\frac{q-1}{2}}$。其中 $\left(\frac{p}{q}\right)$ 和 $\left(\frac{q}{p}\right)$ 是勒让德符号，当 $x^2\equiv p \pmod q$ 有解时，$\left(\frac{p}{q}\right)=1$；否则 $\left(\frac{p}{q}\right)=-1$。当 $x^2\equiv q \pmod p$ 有解时，$\left(\frac{q}{p}\right)=1$；否则 $\left(\frac{q}{p}\right)=-1$。

📖 二次互反律最先由欧拉(L. Euler)于1783 年提出。

二次曲面/二次曲面

èrcì qūmiàn/ㄦˋ ㄘˋ ㄑㄩ ㄇㄧㄢˋ

quadric surface

【数】由二次方程 $ax^2+by^2+cz^2+2fyz+2gzx+2hxy+2lx+2my+2nz+d=0$ 表示的空间图形。由于二次方程中系数的取法有多种情形，所以有 17 类二次曲面，包括椭球面、双曲面、抛物面等。

二次曲线/二次曲線

èrcì qūxiàn/ㄦˋ ㄘˋ ㄑㄩ ㄒㄧㄢˋ

curve of second order, point conic

【数】又称“圆锥曲线”。用不过圆锥顶点的平面去截圆锥面时，所得截痕的统称。因截的方法不同所得截痕也不同，截痕有椭圆、双曲线和抛物线等，它们的方程都是二次方程。二次曲线也可定义为：到定点和定直线的距离之比是常数 e 的曲线。$0<e<1$ 时，曲线是椭圆；$e=1$ 时，曲线是抛物线；$e>1$ 时，曲线是双曲线。

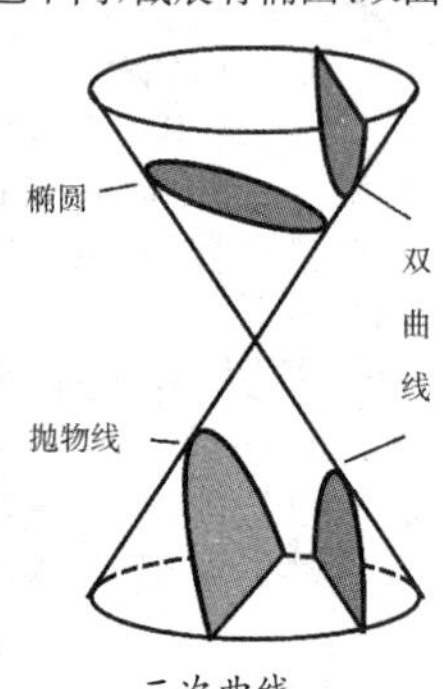

二次曲线

二次污染物

ㄦˋ ㄘˋ ㄨ ㄖㄢˇ ㄨˋ/èrcì wūrǎnwù

secondary pollutant

【环】台湾名。即“次生污染物”(166 页)。

二點分布

ㄦˋ ㄉㄧㄢˇ ㄈㄣ ㄅㄨˋ/èr diǎn fēnbù

two-point distribution

【数】台湾名。即“两点分布”(735 页)。

二叠纪/二疊紀

èrdiéjì/ㄦˋ ㄉㄧㄝˊ ㄐㄧˋ

Permian Period

【地】古生代最后一个纪。从距今 2.99 亿年开始，至距今 2.51 亿年结束。二叠纪时植物繁盛，是重要的成煤期。海生无脊椎动物中，除蜓类(纺锤虫)、珊瑚、腕足类和菊石外，海百合和苔藓虫繁盛。脊椎动物中，两栖类繁盛，出现了原始的爬行类。二叠纪末发生的地壳(海西)运动，绝大多数地槽回返上升，陆地占更大范围，地壳发展趋于稳定。

二叠系/二疊系

èrdiéxì/ㄦˋ ㄉㄧㄝˊ ㄒㄧˋ

Permian System

【地】古生界的最上部的一个系。是二叠纪时期形成的地层。

二度烧伤/二度燒傷

èr dù shāoshāng/ㄦˋ ㄉㄨˋ ㄕㄠ ㄕㄤ

second degree burn

【医】伤及整个表皮和部分真皮的烧伤。按伤及皮肤的深浅不同，可分为浅Ⅱ度烧伤和深Ⅱ度烧伤。

二端口/二埠

èrduānkǒu/ㄦˋ ㄅㄨˋ

two-port

【电】有两个端子对的电网络。每个端子对

(即一对端子)称为"端口",从端口的一个端子进入网络的电流等于从另一个端子出来的电流。

二端元件/二端元件
èrduān yuánjiàn/ㄦˋ ㄉㄨㄢ ㄩㄢˊ ㄐㄧㄢˋ
two-terminal element
【电】具有两个端子的路元件。

二噁英/戴奥辛
èr'èyīng/ㄉㄞˋ ㄠˋ ㄒㄧㄣ
dioxin
【化】一类环境有害物。多氯代氧杂三环芳烃。包括多氯代二苯并二噁英(PCDDs)75种和多氯代二苯并呋喃(PCDFs)135种。有17种被认为对人类健康危害极大,地球上最强毒物2,3,7,8-四氯二苯二噁英的毒性比氰化钾大1000倍。二噁英700 ℃不分解,很难生物降解,残留超过10年,能在脂肪中蓄积,显著增加癌症发生率、降低人体免疫力、影响正常激素分泌及生殖机能。二噁英的主要来源是化学制造过程和垃圾焚烧等。

二分点/二分點
èrfēndiǎn/ㄦˋ ㄈㄣ ㄉㄧㄢˇ
equinoxes
【天】黄道和天赤道的两个交点,即春分点和秋分点。二者彼此相隔180°。在天球上通过天极和二分点的大圆称为二分圈。

二分法/二分性 èrfēnfǎ/ㄦˋ ㄈㄣ ㄒㄧㄥˋ
dichotomy
【数】数学计算或证明中的一种方法。对一个集合不断地一分为二,逐步逼近目标,最终解决问题。例如,设函数 $y=f(x)$ 连续,且 $f(a)f(b)<0$,用二分法求 $y=f(x)$ 在区间$[a,b]$上的一个零点的计算方法为:先求区间中点 c 的函数值 $f(c)$,若 $f(c)=0$ 则点 c 为零点;否则当 $f(a)f(c)<0$(或 $f(b)f(c)<0$)时求区间$[a,c]$(或$[c,b]$)的中点 d 的函数值 $f(d)$。若 $f(d)=0$ 则点 d 为零点;否则按前面做法继续做下去。如此不断把越来越小的区间一分为二,最终求得一个零点。

二分性 ㄦˋ ㄈㄣ ㄒㄧㄥˋ/èrfēnxìng
dichotomy
【数】台湾名。即"二分法"(301页)。

二尖瓣 èrjiānbàn/ㄦˋ ㄐㄧㄢ ㄅㄢˋ
【医】即"左房室瓣"(1520页)。

二尖瓣关闭不全/二尖瓣關閉不全
èrjiānbàn guānbì bùquán/ㄦˋ ㄐㄧㄢ ㄅㄢˋ ㄍㄨㄢ ㄅㄧˋ ㄅㄨˋ ㄑㄩㄢˊ
mitral incompetence
【医】一种心瓣膜病。因二尖瓣结构损伤或功能不全,左心室收缩时二尖瓣无法完全闭合。导致部分血液反流回左心房,引起一系列心脏功能的改变。

二尖瓣狭窄/二尖瓣狹窄
èrjiānbàn xiázhǎi/ㄦˋ ㄐㄧㄢ ㄅㄢˋ ㄒㄧㄚˊ ㄓㄞˇ
mitral stenosis
【医】一种心瓣膜病。因炎症、黏液样变性、退行性改变、先天性畸形、缺血性坏死、创伤等引起瓣膜结构和功能异常,心室舒张时二尖瓣开放受限。产生左房压升高所致的肺静脉压升高,顺应性减低,出现劳力性呼吸困难。严重的可致肺血管床的器质性闭塞性改变。

二进制/二進位制
èrjìnzhì/ㄦˋ ㄐㄧㄣˋ ㄨㄟˋ ㄓˋ
binary system
【数】一种位值记数制。只用0和1这两个数字,逢二进位。例如,十进制数0,1,2,3,4,5,用二进制表示则是 $0_{(2)}$,$1_{(2)}$,$10_{(2)}$,$11_{(2)}$,$100_{(2)}$,$101_{(2)}$。二进制数 $101011_{(2)}$ 改用十进制数表示是 $2^5+2^3+2+1=43$。二进制只用的两个数字0和1,可与电路的"开"和"关"分别对应,适于电子计算机运算。

二进制码/二進位碼
èrjìnzhìmǎ/ㄦˋ ㄐㄧㄣˋ ㄨㄟˋ ㄇㄚˇ
binary code
【信息】只采用两种不同字符(多为"0"与"1")的代码。

二进制位 èrjìnzhìwèi/ㄦˋ ㄐㄧㄣˋ ㄓˋ ㄨㄟˋ
【信息】即"比特"(53页)。

二進位碼 ㄦˋ ㄐㄧㄣˋ ㄨㄟˋ ㄇㄚˇ/èrjìnwèimǎ
binary code
【信息】台湾名。即"二进制码"(301页)。

二進位制 ㄦˋ ㄐㄧㄣˋ ㄨㄟˋ ㄓˋ/èrjìnwèizhì
binary system
【数】台湾名。即"二进制"(301页)。

二律背反说
èrlǜ bèifǎnshuō/ㄦˋ ㄌㄩˋ ㄅㄟˋ ㄈㄢˇ ㄕㄨㄛ

【物流】即"效益背反说"(1262 页)。

二面角/二面角 èrmiànjiǎo/ㄦˋ ㄇㄧㄢˋ ㄐㄧㄠˇ

dihedral angel

【数】从一条直线出发的两个半平面所组成的图形。这条直线叫作二面角的棱,两个半平面叫作二面角的面。以 l 为棱,α,β 为面的二面角,记作 $\angle\alpha\text{-}l\text{-}\beta$。过棱上一点,在二面角的两个面内分别作棱的垂线,这两条垂线所成的角叫作二面角的平面角。

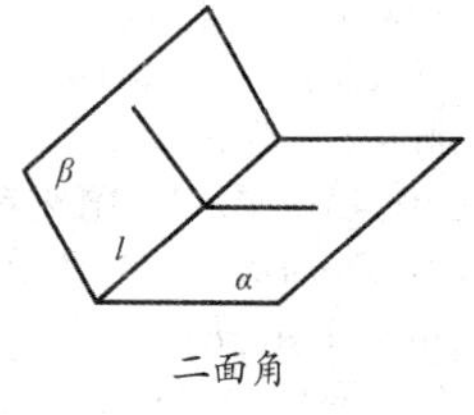

二面角

E

二棲攻擊艦

ㄦˋ ㄑㄧ ㄍㄨㄥ ㄐㄧˊ ㄐㄧㄢˋ/èrqī gōngjījiàn

amphibious assault ship

【船】台湾名。即"两栖攻击舰"(736 页)。

二歧聚伞花序/二歧聚傘花序

èrqí jùsǎn huāxù/ㄦˋ ㄑㄧˊ ㄐㄩˋ ㄙㄢˇ ㄏㄨㄚ ㄒㄩˋ

dichasium

【植】又称"歧伞花序"。花序的一种。花轴顶端发育成小花后,在花轴顶端小花下方分出一对侧枝,侧枝顶端发育成小花后,在该侧枝顶端小花下方再各自生一对侧枝,如此反复。

二歧聚伞花序示意图

二色性/二色性 èrsèxìng/ㄦˋ ㄙㄜˋ ㄒㄧㄥˋ

dichroism

【地】只有一个光轴的彩色宝石在两个主振动方向上呈现出两种不同颜色的现象。

二十四节气/二十四節氣

èrshísì jiéqì/ㄦˋ ㄕˊ ㄙˋ ㄐㄧㄝˊ ㄑㄧˋ

twenty-four solar terms

【气】依据中国一定地区(以黄河中下游地区为代表)的气候、物候特征而建立的一年中气候变化与农事活动之间的关系。与太阳在黄道上的周年视运动位置相对应,每隔 15°对应一个节气日期,共包括 12 个中气和 12 个节气。

📖 二十四节气是中国古代的独特创造。春秋时期,就定出仲春、仲夏、仲秋和仲冬四个节气。以后不断改进与完善,秦汉时二十四节气完全确立。公元前 104 年,邓平等制定的太初历,将二十四节气订于历法,明确了二十四节气对应于太阳的天文位置。二十四节气起源于黄河流域,几千年来成为中国各地农事活动的主要依据。

二糖/雙醣 èrtáng/ㄕㄨㄤ ㄊㄤˊ

disaccharide

【生】又称"双糖"。由两个单糖分子结合而成的糖类。已知的二糖有 140 种以上,与日常生活密切相关的有蔗糖、麦芽糖和乳糖等。大多数二糖由不同种的单糖组成,如蔗糖由葡萄糖与果糖组成,乳糖由半乳糖和葡萄糖组成。

二维码 èrwéimǎ/ㄦˋ ㄨㄟˊ ㄇㄚˇ

【物流】"二维条码"的简称。

二维条码/二維條碼

èrwéi tiáomǎ/ㄦˋ ㄨㄟˊ ㄊㄧㄠˊ ㄇㄚˇ

two dimension bar code

【物流】简称"二维码"。在水平方向和垂直方向的二维方向存储信息的条码。信息容量大,容错力强,可加密,印刷多样。常用的有 Aztec 码、QR 码、417 码、Data Matrix 码等。

二项分布/二項分布

èrxiàng fēnbù/ㄦˋ ㄒㄧㄤˋ ㄈㄣ ㄅㄨˋ

binomial distribution

【数】离散型随机变量的一种概率分布。若随机变量 X 取值为 k 的概率 $P(X=k)=C_n^k p^k(1-p)^{n-k}(k=0,1,\cdots,n)$,则称 X 服从二项分布,简记作 $X\sim B(n,p)$。例如,掷一枚硬币 10 次,X 表示"正面向上的次数",则 $X\sim B(10,0.5)$。一般地,由 n 个相同的伯努利试验组成的试验,叫作 n 重伯努利试验。表示 n 重伯努利试验的结果的随机变量都服从二项分布。

📖 二项分布的命名源于 $P(X=k)=C_n^k p^k(1-p)^{n-k}$ 为二项式 $(q+p)^n$ 中的第 $k+1$ 项,其中 $q=1-p$。

二项式定理/二項式定理

èrxiàngshì dìnglǐ/ㄦˋ ㄒㄧㄤˋ ㄕˋ ㄉㄧㄥˋ ㄌㄧˇ

binomial theorem

【数】关于二项式的 n 次幂展开式的结论,即

$(a+b)^n=\sum_{k=0}^{n} C_n^k a^{n-k} b^k$。$C_n^k$ 叫作二项式系数。当 n 为正整数时，是狭义的二项式定理。广义的二项式定理是，当 α 为任一实数时，$(a+b)^\alpha=\sum_{k=0}^{\infty}\binom{\alpha}{k}a^k b^{\alpha-k}$，其中 $\binom{\alpha}{k}=\frac{\alpha(\alpha-1)\cdots(\alpha-k+1)}{k!}$。

📖 13 世纪以前中国和阿拉伯都有人发现狭义的二项式定理。17 世纪时法国数学家帕斯卡(B.Pascal)用组合公式证明了这个定理，并进一步推出了关于这个规律的一些结论和应用。

二项展开式/二項展開式

èrxiàng zhǎnkāishì/ㄦˋ ㄒㄧㄤˋ ㄓㄢˇ ㄎㄞ ㄕˋ

binomial expansion

【数】$(a+b)^n=\sum_{k=0}^{n} C_n^k a^{n-k} b^k=a^n+C_n^1 a^{n-1}b+\cdots+C_n^k a^{n-k}b^k+\cdots+C_n^{n-1}ab^{n-1}+b^n$，叫作二项展开式。共 $n+1$ 项，每一项中 a，b 的指数和都为 n，由 $C_n^k=C_n^{n-k}$ 可知各项系数的分布左右对称，第 $k+1$ 项为 $T_{k+1}=C_n^k a^{n-k}b^k$ ($k=0,1,2,\cdots,n$)。

二型叶/二型葉 èrxíngyè/ㄦˋ ㄒㄧㄥˊ ㄧㄝˋ

type two leaves

【植】在同一植株上生长的两种不同类型的叶子。一种是能产生孢子的能育叶；一种是不产生孢子的不育叶，即普通的营养叶，某些蕨类植物有二型叶。如海金沙的叶。

二氧化硅/二氧化矽

èryǎnghuàguī/ㄦˋ ㄧㄤˇ ㄏㄨㄚˋ ㄒㄧˋ

silica，silicon dioxide

【化】无机化合物。化学式 SiO_2。无色晶体或白色无定形粉末，是水晶、石英、硅石、石英砂等的主要成分。硬度、熔点、沸点很高，化学性质不活泼。自然界常以石英、鳞石英和方石英三种变体出现。是重要的工业原料，用于制造光学仪器、化学器皿、玻璃、陶瓷等。

二氧化硫控制区/二氧化硫控制區

èryǎnghuàliú kòngzhìqū/

ㄦˋ ㄧㄤˇ ㄏㄨㄚˋ ㄌㄧㄡˊ ㄎㄨㄥˋ ㄓˋ ㄑㄩ

sulfur dioxide control region

【环】为防治二氧化硫污染，改善大气环境质量，中国划定的二氧化硫污染严重而须严格控制其排放量的地区。

二氧化矽 ㄦˋ ㄧㄤˇ ㄏㄨㄚˋ ㄒㄧˋ/èryǎnghuàxī

silica，silicon dioxide

【化】台湾名。即“二氧化硅”(303 页)。

二址指令 ㄦˋ ㄓˇ ㄓˇ ㄌㄧㄥˋ/èrzhǐ zhǐlìng

two-address instruction

【信息】台湾名。即“双地址指令”(1059 页)。

F

fa （ㄈㄚ）

发病率/發病率 fābìnglǜ/ㄈㄚ ㄅㄧㄥˋ ㄌㄩˋ
incidence
【医】一定时期内，一定人群中某病新发病例出现的频率。

发电厂/發電廠
fādiànchǎng/ㄈㄚ ㄉㄧㄢˋ ㄔㄤˇ
power plant，power station
【电】专用以生产电能的工厂。由建筑物、能量转换设备和辅助设备组成。按被转换能源的不同，可分为火力发电厂、水力发电站、核电厂等。

发电厂容量/發電廠容量
fādiànchǎng róngliàng/
ㄈㄚ ㄉㄧㄢˋ ㄔㄤˇ ㄖㄨㄥˊ ㄌㄧㄤˋ
power plant capacity
【电】发电厂中各发电机组的额定有功容量之和。

发电船/發電船
fādiànchuán/ㄈㄚ ㄉㄧㄢˋ ㄔㄨㄢˊ
floating power barge，generating ship
【船】又称"供电船"。装有成套发电、输电设备的工作船。为可移动的水上电站。用于为近水域工业区或其他船舶提供电源，也可用作江湖沿岸中小城市的应急电源。通常非自航，由拖船拖带。

发电机/發電機 fādiànjī/ㄈㄚ ㄉㄧㄢˋ ㄐㄧ
generator
【电】将机械能转化为电能的电机。

发电机额定容量/額定容量
fādiànjī édìng róngliàng/
ㄜˊ ㄉㄧㄥˋ ㄖㄨㄥˊ ㄌㄧㄤˋ
rated capacity
【电】发电机在制造厂规定的额定转速、电压、功率因数以及额定的冷却条件下运行时，在出线端以千伏安（kVA）表示的连续输出容量。

发电量/發電量
fādiànliàng/ㄈㄚ ㄉㄧㄢˋ ㄌㄧㄤˋ
electricity production
【电】在确定的时段内，电站从发电机母线送出的总电量。

发动机/發動機 fādòngjī/ㄈㄚ ㄉㄨㄥˋ ㄐㄧ
engine
【机】利用热能、水力、风力等产生动力的各种机械。习惯上多指热力发动机。

发绀/發紺 fāgàn/ㄈㄚ ㄍㄢˋ
cyanosis
【医】又称"紫绀"。血液中还原血红蛋白增多，使皮肤和黏膜呈青紫色的现象。以口唇、鼻尖、颊部与甲床等处较为明显。

发光/發光 fāguāng/ㄈㄚ ㄍㄨㄤ
luminescence
【物】物体以某种方式吸收能量后转化为光辐射的过程。光辐射可分为平衡辐射和非平衡辐射。任何物体，只要具有一定的温度，则该物体必定具有在此温度下处于热平衡状态的热辐射。平衡辐射指伴随温度升高的热辐射产生的光辐射，多用 light；非平衡辐射是叠加在热辐射背景上，除热辐射外由其他原因获得能量导致的光辐射，多用 luminescence，所发射的为荧光、磷光等冷光。可分为生物发光、化学发光、电致化学发光等。

发光二极管/發光二極體
fāguāng èrjíguǎn/ㄈㄚ ㄍㄨㄤ ㄦˋ ㄐㄧˊ ㄊㄧˇ
light emitting diode
【物】半导体二极管的一种。由一个 pn 结构成。具有单向导电性。能把电能转换为光能。不同半导体材料发不同色光，常见的有绿色、红色或黄色。耗能小，工作电压很低（仅一点几伏），工作电流很小（有的仅零点几毫安），抗冲击、抗震性能好，可靠性好，寿命长。

📖 其英文简称 LED。应用广泛。可在一些光电设备中作光源、显示信号。在日常生活中作照明光源，或排列成阵，作电视机或仪器的显示器屏。当给发光二极管加上正向电压时，从 p 区注入到 n 区的空穴和由 n 区注入到 p 区的电子，在 pn 结附近数微米内分别与 n 区的电子和 p 区的空穴复合，产生自发辐射的荧光。不同半导体材料中电子和空穴所处的能量状态不同,电子和空穴复合时释放的能量多少也不同。释放的能量越多,发光的波长越短。不同材料的发光二极管的发光颜色不同。

LED 色光与材料及主要性质

材料	发光颜色	最大工作电流 I/mA	一般工作电流 I/mA	正向压降 U/V
磷化镓(绿色)	红	50	10	2.3
磷砷化镓	红	50	10	1.5
碳化硅	黄	50	10	6
磷化镓(红色)	绿	50	10	2.3

发光强度/發光強度
fāguāng qiángdù/ㄈㄚ ㄍㄨㄤ ㄑㄧㄤˊ ㄉㄨˋ
luminous intensity
【物】国际单位制七个基本物理量之一。描述光源在某一方向上发光的强弱,即通过单位立体角的光通量。用 I 表示。单位坎[德拉](cd)。

发货符号 fāhuò fúhào/ㄈㄚ ㄏㄨㄛˋ ㄈㄨˊ ㄏㄠˋ
【物流】即"唛头"(782 页)。

发件箱/送信匣
fājiànxiāng/ㄙㄨㄥˋ ㄒㄧㄣˋ ㄒㄧㄚˊ
out-basket
【信息】电子邮箱中,存放要发出的或已经发出的电子邮件备查的部分。

发酵/發酵 fājiào/ㄈㄚ ㄒㄧㄠˋ
fermentation
【化】因微生物(如细菌、酵母)的代谢作用使物质发生变化的过程。经常伴随能量产生。是生物化工的基本工艺过程,如酿酒、制醋等。抗生素、有机酸、氨基酸、酶制剂等均由发酵获得。

发酵酒/釀造酒 fājiàojiǔ/ㄋㄧㄤˋ ㄗㄠˋ ㄐㄧㄡˇ
fermented alcoholic beverages
【轻】又称"酿造酒"。酿造后不经蒸馏可直接饮用的酒。以粮谷、水果、乳类等为原料,经酵母发酵工艺酿制而成。酒精浓度低,通常小于 24%(体积分数)。常见的有米酒、啤酒、葡萄酒、果酒和黄酒等。

发明权/發明權
fāmíngquán/ㄈㄚ ㄇㄧㄥˊ ㄑㄩㄢˊ
right of invention
【总】发明人对其发明成果依法享有的权利。发明,指对现有生产技术进行变革所取得的科学技术成就。

发热/發熱 fārè/ㄈㄚ ㄖㄜˋ
fever
【医】各种原因导致体温升高,超出正常范围的情况。

发散思维/發散式思考
fāsàn sīwéi/ㄈㄚ ㄙㄢˋ ㄕˋ ㄙ ㄎㄠˇ
divergent thinking
【心】又称"求异思维""辐射思维"。从一个目标出发,沿着各种不同途径寻求准确答案或各种可能的答案的思维。是创造性思维的重要组成部分,具有流畅性、变通性、独创性、灵活性、新颖性、精细性等特点。

发散透镜
fāsàn tòujìng/ㄈㄚ ㄙㄢˋ ㄊㄡˋ ㄐㄧㄥˋ
【物】即"凹透镜"(10 页)。

发射/發射 fāshè/ㄈㄚ ㄕㄜˋ
emission
【信息】以波或粒子的形式将能量从源中发出的现象。

发射窗口/發射窗
fāshè chuāngkǒu/ㄈㄚ ㄕㄜˋ ㄔㄨㄤ
launch window
【航】航天器发射最佳希望时间范围。通常指允许发射时段。根据发射任务目标要求,综合节能目标轨道要求、发射场地气象条件等综合因素确定,分为日计发射窗口、月计发射窗口和年计发射窗口。

发射光谱/發射光譜
fāshè guāngpǔ/ㄈㄚ ㄕㄜˋ ㄍㄨㄤ ㄆㄨˇ
emission spectrum
【物】光谱的一类。物质由于高温或受到带电粒子撞击等原因而发光所形成的光谱。可分为线状谱、带状谱和连续谱。广泛用于物质成分的分析等方面。

发射架/發射架 fāshèjià/ㄈㄚ ㄕㄜˋ ㄐㄧㄚˋ
launching rack
【航】支承运载器(导弹运载器、卫星运载器等)完成发射瞄准、发射准备和实施发射的专用塔架形装置。可分为可移动发射架和固定发射架，或分为垂直发射架和可倾斜发射架。

发射区/發射區 fāshèqū/ㄈㄚ ㄕㄜˋ ㄑㄩ

launch area

【航】最后完成火箭、航天器和导弹武器发射瞄准、发射准备和实施发射技术准备，最终点火起飞升空的特定区域。

发射塔/發射塔 fāshètǎ/ㄈㄚ ㄕㄜˋ ㄊㄚˇ

launch tower

【航】建于固定发射场，用于支承运载器(导弹运载器、卫星运载器等)完成发射瞄准、发射准备和实施发射的专用固定式塔形装置。通常用于完成重型和远程发射任务。

发送/發送 fāsòng/ㄈㄚ ㄙㄨㄥˋ

send, transmit

【信息】通信中送出信号、消息或数据供系统中他处接收。

发送机/發射機 fāsòngjī/ㄈㄚ ㄕㄜˋ ㄐㄧ

transmitter

【信息】通信系统中产生并发出信号、消息或数据供他处接收的设备。

发现权/發現權

fāxiànquán/ㄈㄚ ㄒㄧㄢˋ ㄑㄩㄢˊ

right of scientific discovery

【总】发现人对其重大科学发现依法享有的权利。发现，指对自然界或其客观规律的新认识。

发芽率/發芽率 fāyálǜ/ㄈㄚ ㄧㄚˊ ㄌㄩˋ

germination rate

【农】发芽的种子数占测试种子总数的百分比。是衡量种子优劣的重要指标。如100粒测试种子有95粒发芽，则发芽率为95%。

发芽势/發芽勢 fāyáshì/ㄈㄚ ㄧㄚˊ ㄕˋ

germination vigor

【农】发芽过程中最初几天发芽的种子数占供测样品种子数的百分比。是鉴别种子发芽整齐度的主要指标。

发烟车/發煙車 fāyānchē/ㄈㄚ ㄧㄢ ㄔㄜ

smoke vehicle

【军】装有发烟器，能施放烟幕的特种车辆。机动性好，发烟量大，可长时间发烟，有些还有防护装置，适于协同部队作战。有利用机械分散法直接喷洒液体发烟剂(如三氧化硫)产生烟幕的喷洒车，以及利用燃气蒸发雾油发烟剂产生烟幕的雾油发烟车。

发烟弹/發煙彈 fāyāndàn/ㄈㄚ ㄧㄢ ㄉㄢˋ

smoke projectile, smoke shell

【军】又称"烟幕弹"。装有发烟剂的航空炸弹、火箭弹、炮弹、手榴弹和枪榴弹的统称。通常由弹体、发烟剂、爆管(传火管)、炸药(抛射药)和引信等组成。能直接在敌方阵地内形成烟幕，有效地迷盲敌方的观察所、指挥所、发射点和有生力量；掩护己方坦克和步兵冲击，以及用来指示目标、发出信号、进行试射和测定目标地域的风速和风向。

发烟罐/發煙罐

fāyānguàn/ㄈㄚ ㄧㄢ ㄍㄨㄢˋ

smoke pot

【军】装有固体或液体发烟剂的罐(筒)状发烟装置。通常由发烟剂、点火具及罐体组成。结构简单，造价低廉，发烟量大，持续时间长，使用方便。可分为遮蔽发烟罐、伪装发烟罐和信号发烟罐。

发烟剂/發煙劑 fāyānjì/ㄈㄚ ㄧㄢ ㄐㄧˋ

smoke agent

【军】用于遮蔽、迷盲、干扰和施放信号等目的的化学成烟物质。用发烟装备将其导入大气中组成烟幕。可分为固体发烟剂和液体发烟剂。固体发烟剂主要有六氯乙烷—氧化锌混合物、粗蒽—氯化铵混合物和黄磷、红磷等；液体发烟剂主要有高沸点石油、煤焦油、含金属的高分子聚合物、三氧化硫—氯磺酸混合物和四氯化钛等。另有有色发烟剂，产生鲜明的彩色烟幕。

发烟装备/發煙裝備

fāyān zhuāngbèi/ㄈㄚ ㄧㄢ ㄓㄨㄤ ㄅㄟˋ

smoke equipment

【军】用发烟剂生成烟幕的装备。包括各种发烟弹、发烟器、发烟车、发烟罐等。在作战进攻与防御中用来组成遮蔽、迷盲和干扰的烟幕。按烟幕形成原理不同，可分为升华、蒸发、爆炸、喷洒等类型。

发颐/發頤 fāyí/ㄈㄚ ㄧˊ

acute suppurative parotitis, * jowl effusion

【中医】中医外科疾病之一。因热性病后余毒结聚于颐颌之间所致，症见颐颌肿胀疼痛，张口受限,伴发热等。相当于化脓性腮腺炎。热毒蕴结证,治宜清热解毒,方用普济消毒饮加减;热毒内陷证,治宜清营解毒、养阴生津,方用清营汤合安宫牛黄丸加减。外治法:初起用金黄膏或玉露膏外敷;脓成及早切开排脓,八二丹药线引流,外盖太乙膏;口腔黏膜出脓者,先用等渗盐水漱口,次用青吹口散,每日4~5次。

发育/發育 fāyù/ㄈㄚ ㄩˋ

development

【生】生物体在生命周期中,结构和功能从简单到复杂的变化过程。如动物从受精卵形成胚胎并长成为性成熟个体的过程。

发育年龄/發育年齡

fāyù niánlíng/ㄈㄚ ㄩˋ ㄋㄧㄢˊ ㄌㄧㄥˊ

developmental age

【医】根据实际发育状况所确定的年龄。是用身体某些发育指标,制成标准年龄,来评价儿童少年生长发育的方法。常用的有形态年龄、性征年龄、牙齿年龄、骨骼年龄。

发展观/發展觀

fāzhǎnguān/ㄈㄚ ㄓㄢˇ ㄍㄨㄢ

views of development

【总】关于事物运动、变化的认识的根本态度。在社会历史领域,指关于发展的本质、目的、内涵和要求的总的看法和根本观点,是一定时期经济与社会发展的需求在思想观念层面的聚焦和反映。

发展心理学/發展心理學

fāzhǎn xīnlǐxué/ㄈㄚ ㄓㄢˇ ㄒㄧㄣ ㄌㄧˇ ㄒㄩㄝˊ

developmental psychology

【心】心理学的一个分支。广义上研究整个人类在进化过程中的心理、意识的发生和发展的过程。狭义上研究个体由新生儿到青年期到老年期各不同年龄阶段的心理特点的发展变化规律。

發電廠鍋爐

ㄈㄚ ㄉㄧㄢˋ ㄔㄤˇ ㄍㄨㄛ ㄌㄨˊ/

fādiànchǎng guōlú

utility boiler

【机】台湾名。即“电站锅炉”(256页)。

發端 ㄈㄚ ㄉㄨㄢ/fāduān

originating

【信息】台湾名。即“始发”(1033页)。

發光二極體

ㄈㄚ ㄍㄨㄤ ㄦˋ ㄐㄧˊ ㄊㄧˇ/fāguāng èrjítǐ

light emitting diode

【物】台湾名。即“发光二极管”(304页)。

發散式思考

ㄈㄚ ㄙㄢˋ ㄕˋ ㄙ ㄎㄠˇ/fāsànshì sīkǎo

divergent thinking

【心】台湾名。即“发散思维”(305页)。

發射窗 ㄈㄚ ㄕㄜˋ ㄔㄨㄤ/fāshèchuāng

launch window

【航】台湾名。即“发射窗口”(305页)。

發射機 ㄈㄚ ㄕㄜˋ ㄐㄧ/fāshèjī

transmitter

【信息】台湾名。即“发送机”(306页)。

發射載具 ㄈㄚ ㄕㄜˋ ㄗㄞˋ ㄐㄩˋ/fāshè zàijù

launch vehicle

【航】台湾名。即“运载火箭”(1404页)。

發炎 ㄈㄚ ㄧㄢˊ/fāyán

inflammation

【生】台湾名。即“炎症”(1311页)。

乏/乏 fá/ㄈㄚˊ

var

【计量】无功功率的单位,符号var。1乏=1瓦。

乏汽/排氣 fáqì/ㄆㄞˊ ㄑㄧˋ

exhaust

【机】从蒸汽机、汽轮机等排出的已经做过功的蒸汽。

阀/閥 fá/ㄈㄚˊ

valve

【机】又称“阀门”。管道中用来控制液体或气体的流量,减低它们的压力或改变流路方向的部件的通称(如截止阀、单向阀、减压阀、安全阀等);也有作为机器组成部分的特殊阀(如进气阀、排气阀和滑阀、旋塞阀等)。

阀门 fámén/ㄈㄚˊ ㄇㄣˊ

【机】即“阀”(307页)。

筏/筏 fá/ㄈㄚˊ

raft

【军】用竹木、皮革、橡胶或塑料等为材料,经简单连接或充气而成的水面运载、作业工具。

简易轻便。

法 fǎ/ㄈㄚˇ

【计量】“法拉”的简称。

法定计量单位/法定量測單位
fǎdìng jìliàng dānwèi/
ㄈㄚˇ ㄉㄧㄥˋ ㄌㄧㄤˊ ㄘㄜˋ ㄉㄢ ㄨㄟˋ
legal unit of measurement

【计量】由国家以法令性文件规定强制或允许使用的计量单位。

法定量測單位
ㄈㄚˇ ㄉㄧㄥˋ ㄌㄧㄤˊ ㄘㄜˋ ㄉㄢ ㄨㄟˋ/
fǎdìng liángcè dānwèi
legal unit of measurement

【计量】台湾名。即“法定计量单位”(308 页)。

法拉/法拉 fǎlā/ㄈㄚˇ ㄌㄚ
farad

【计量】简称“法”。电容的国际单位制单位。符号 F。一个电容器,充以 1 库电荷[量]时,电势升高 1 伏,电容就是 1 法。为纪念英国物理学家法拉第(M. Faraday,1791—1867)而命名。

法拉第电磁感应定律/法拉第電磁感應定律
Fǎlādì diàncí gǎnyìng dìnglǜ/
ㄈㄚˇ ㄌㄚ ㄉㄧˋ ㄉㄧㄢˋ ㄘˊ ㄍㄢˇ ㄧㄥˋ ㄉㄧㄥˋ ㄌㄩˋ
Faraday law of electromagnetic induction

【物】确定感应电动势大小的实验定律。导体回路中感应电动势 E 的大小,与穿过回路所围面积的磁通量 Φ 随时间 t 的变化率Φ/t成正比。数学表达式为 $E=-\mathrm{d}\Phi/\mathrm{d}t$。因英国物理学家法拉第(M. Faraday,1791—1867)首先用实验发现,故名。

法兰绒/法蘭絨
fǎlánróng/ㄈㄚˇ ㄌㄢˊ ㄖㄨㄥˊ
flannel

【纺】粗纺毛织物名。采用 64 支精梳短毛,掺入 5%～15%粗绒棉或 30%以下的黏胶纤维,用平纹或斜纹(1/2、2/1、2/2)等组织织制,经缩绒加工而成。表面细洁平整,手感柔软有弹性,混色均匀,黑白夹花,薄型的稍露地,厚型的质地紧密,有呢面风格。可用作春秋大衣、风衣、西服套装、西裤、便装等面料。

法隆寺/法隆寺 Fǎlóng Sì/ㄈㄚˇ ㄌㄨㄥˊ ㄙˋ
Horyu-ji

【建】日本佛教建筑群。是世界上最古老的木构建筑。位于日本奈良县斑鸠町,分为西院伽蓝和东院伽蓝两部分。公元 587—607 年建造,670 年毁于雷火。不久将基址向西北移动后重建,即现存的西院伽蓝,是以金堂、五重塔、回廊、中门楼为主的建筑群,完整反映出飞鸟时代的建筑式样。

法律心理学/法制心理學
fǎlǜ xīnlǐxué/ㄈㄚˇ ㄓˋ ㄒㄧㄣ ㄌㄧˇ ㄒㄩㄝˊ
legal psychology

【心】应用心理学的一个分支。研究人们在法律活动中与法律直接相关联的心理活动及其规律。

法堂/法堂 fǎtáng/ㄈㄚˇ ㄊㄤˊ
fatang, hall for preaching the Buddhist doctrine

【建】佛教寺院演讲佛法经教的殿堂。印度佛寺已有法堂制度。魏晋时期寺院专设讲堂,禅宗兴起后,改称法堂,几乎成为寺院必备的建筑。讲堂位置多设于大殿后,堂中设演说者的法座,法座前置讲台,两侧为听众席。

法线/法線 fǎxiàn/ㄈㄚˇ ㄒㄧㄢˋ
normal line

【数】❶过曲线上一点并垂直于曲线在这点的切线的直线,叫作曲线在这点的法线。❷过曲面上一点并垂直于曲面在这点的切平面的直线,叫作曲面在这点的法线。

法则 fǎzé/ㄈㄚˇ ㄗㄜˊ

【总】即“规律”(449 页)。

砝码/砝碼 fǎmǎ/ㄈㄚˇ ㄇㄚˇ
weights

【计量】复现给定质量值的实物量具。

鍅 ㄈㄚˇ/fǎ
francium

【化】台湾名。即“钫”(322 页)。

珐琅/琺瑯 fàláng/ㄈㄚˇ ㄌㄤˊ
enamel

【轻】一种艺术搪瓷。用长石、硼砂、石英、碳酸钠、氟化物等细粉,与铅、锡的氧化物细粉加水调匀,涂在铜器或银器外表面,烧制后形成不同颜色的光滑釉质,可用于制造景泰蓝、证章、纪念章等。

fan （ㄈㄢ）

帆布/帆布 fānbù/ㄈㄢ ㄅㄨˋ

canvas

【纺】以多股线织成的单层或多层产业用织物。可分为传统帆布、亚麻帆布和涤纶帆布。传统帆布以棉为原料，所用组织为平纹、斜纹和多层（复杂）组织等。按重量不同，又可分为重磅帆布（700 克/米^{2}以上）和轻磅帆布（700 克/米^{2}以下）；按应用不同，又可分为帐篷、遮盖、橡胶帆布和船帆、滤布等。亚麻帆布以粗特纱或股线织成，吸湿、散热性能良好，并有吸油污性能，多用来制作机器罩布、枪炮衣、飞机覆盖罩等。涤纶帆布以涤纶丝织成，经阻燃整理或用阻燃纤维织造，强度高而重量轻，主要用来制作运输车篷、帐篷、箱包等。

帆拱/帆拱 fāngǒng/ㄈㄢ ㄍㄨㄥˇ

pendentive

【建】以方形平面四边为直径发四个圆券，再以方形平面对角线为直径做一个穹顶，穹顶被四个圆券切割后的剩余部分即为帆拱。这是拜占庭建筑的创造，彻底解决了方形平面上覆盖圆顶的技术问题和形式问题。

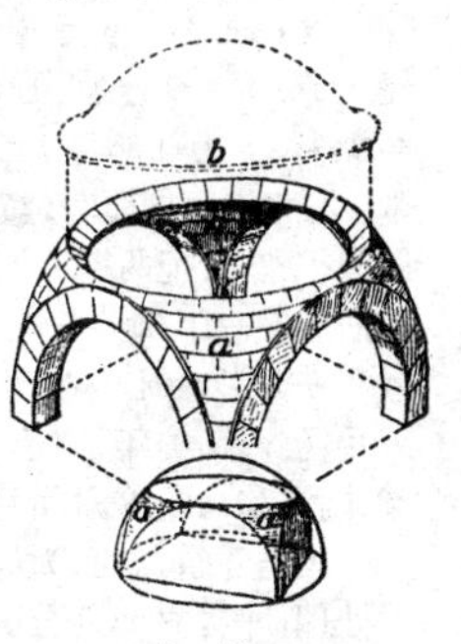

帆 拱

番红花/番紅花 fānhónghuā/ㄈㄢ ㄏㄨㄥˊ ㄏㄨㄚ

saffron

【植】*Crocus sativus* 又称“藏红花”。鸢尾科番红花属。多年生草本植物。球茎扁，有黄褐色的膜质包被。叶基生，条形，边缘反卷。花茎短，不伸出地面；花 1～2 朵，花被六裂，两轮排列；花瓣倒卵形，淡蓝色、红紫色或白色，有香味；花药黄色，花柱橙红色，三分枝。中国各地均有栽培。花柱及柱头（即藏红花）供药用。也作香料。

番荔枝/番荔枝 fānlìzhī/ㄈㄢ ㄌㄧˋ ㄓ

sugar-apple

【植】*Annona squamosa* 又称“释迦果”。番荔枝科番荔枝属。落叶小乔木。树皮薄，灰白色，多分枝。叶纸质，排成两列，椭圆状披针形或长圆形。花单生或 2～4 朵聚生于枝顶，青黄色，下垂；外轮花瓣狭而厚，肉质，长圆形，内轮花瓣退化成鳞片状。果实为圆球状或心状圆锥形，外形酷似荔枝，黄绿色，被粉霜。花期 5—6 月份，果期 6—11 月份。原生长于美洲热带地区，在中国，浙江、台湾、福建、广东、广西和云南等地均有栽培。树皮纤维可造纸，果实可食，根可入药。

番木瓜/木瓜

fānmùguā/ㄇㄨˋ ㄍㄨㄚ

papaya

【植】*Carica papaya* 通称“木瓜”。番木瓜科番木瓜属。常绿小乔木。茎不分枝，有乳汁。叶聚生于茎顶端，近盾形，通常 5～9 深裂。植株分雄株、雌株和两性株，花黄色。浆果肉质，成熟时橙黄色，长圆球形，果肉多汁，味香甜。花果期全年。在中国，广东、广西、台湾、福建和云南南部有栽培。果实可作水果。

番茄/番茄 fānqié/ㄈㄢ ㄑㄧㄝˊ

tomato

【植】*Lycopersicon esculentum* 通称“西红柿”。茄科番茄属。一至多年生草本植物。全株被毛，有强烈气味。茎易倒伏。奇数羽状复叶或羽状深裂，小叶大小不等，卵形或长圆形，先端渐尖，边缘有齿。复伞状花序，花黄色。球状浆果，肉质多汁，橘黄色或鲜红色，光滑，味酸甜。花果期夏秋季。中国各地均有栽培。果实可作蔬菜和水果。

📖 番茄由于是从西方传入中国的，形状似中国的茄子，故名。

番茄夜蛾 ㄈㄢ ㄑㄧㄝˊ ㄧㄝˋ ㄜˊ/fānqié yè'é

cotton bollworm

【动】台湾名。即“棉铃虫”（800 页）。

番石榴/番石榴 fānshíliu/ㄈㄢ ㄕˊ ㄌㄧㄡ˙

guava

【植】*Psidium guajava* 又称“芭乐”“鸡矢果”。桃金娘科番石榴属。乔木。树皮平滑，灰色，片状剥落。叶片革质，长圆形至椭圆形。花单生或 2～3 朵排成聚伞花序，萼管钟形，花瓣白色。浆果球形、卵圆形或梨形，果肉白色、黄色或淡红色。原生长于南美洲，在中国，分布于台湾、海南、广东、广西、福建等地区。果实可食，叶可入药。

番薯/番薯 fānshǔ/ㄈㄢ ㄕㄨˇ

sweet potato

【植】*Ipomoea batatas* 又称“红薯”“白薯”“地瓜”“红苕”。旋花科番薯属。一年生草本植物。地下有圆形、椭圆形或纺锤形的块根，形状和颜色因土壤不同而异。茎平卧或上升，多分枝，绿带紫色，茎节生不定根。叶片形状、颜色因品种不同而异，多宽卵形，有裂，顶端尖，基部心形。聚伞花序腋生，花冠粉红色、白色、淡紫色或紫色，钟状或漏斗状。中国各地均有栽培。块根可作粮食，根、茎、叶可作饲料。

番泻叶/番瀉葉 fānxièyè/ㄈㄢ ㄒㄧㄝˋ ㄧㄝˋ

Folium Sennae(拉)，senna leaf

【中医】中药名。豆科植物狭叶番泻 *Cassia angustifolia* Vahl 或尖叶番泻 *C. acutifolia* Delile 的干燥小叶。味甘、苦，性寒。归大肠经。泻热行滞，通便，利水。用于热结积滞，便秘腹痛，水肿胀满。

📖 番泻叶原产于国外，有泻下之功，故名。孕妇慎用。

狭叶番泻

尖叶番泻

翻板阀 fānbǎnfá/ㄈㄢ ㄅㄢˇ ㄈㄚˊ

【机】即“蝶阀”(266 页)。

翻车机/貨車傾卸機

fānchējī/ㄏㄨㄛˋ ㄔㄜ ㄑㄧㄥ ㄒㄧㄝˋ ㄐㄧ

car tippler

【机】又称“翻车器”。一种能使有轨车辆翻转，从而卸载整车散料的机械设备。适用于运输量大的港口和冶金、煤炭、热电等行业。矿井下的矿车也大多用小型翻车机卸车。

翻车器 fānchēqì/ㄈㄢ ㄔㄜ ㄑㄧˋ

【机】即“翻车机”(310 页)。

翻斗车 fāndǒuchē/ㄈㄢ ㄉㄡˇ ㄔㄜ

【机】即“自卸车”(1505 页)。

翻斗式雨量计/傾斗雨量計

fāndǒushì yǔliàngjì/ㄑㄧㄥ ㄉㄡˇ ㄩˇ ㄌㄧㄤˋ ㄐㄧˋ

tilting bucket raingauge

【气】雨量计的一种。由感应器、记录器构成。感应器主要包括起承接降水作用的筒状的承水器(常用口径为 20 厘米)、上翻斗、计量翻斗、计数翻斗、干簧开关等部分；记录器包括计数器、记录笔、自记钟、控制线路板等部分。侧倾于一方的翻斗，注满水后会向另一方向翻转并倒出斗中的水，记录翻斗的翻转次数，可换算出注水量。

凡尔赛宫/凡爾賽宫

Fán'ěrsài Gōng/ㄈㄢˊ ㄦˇ ㄙㄞˋ ㄍㄨㄥ

Palais de Versailles

【建】法国王宫。位于巴黎西南郊凡尔赛镇，建于1661 年。全宫占地 111 万平方米，建筑面积为 11 万平方米，园林面积 100 万平方米。1661 年，把原有建筑物的外周南、西、北三面扩建，又把两端延长和后退，在大理石院前面形成一个御苑。在御苑前面，由辅助房屋和铁栅形成凡尔赛宫前院，再前面有扇形练兵场。1674 年，增建宫殿的南北两翼、教堂、橘园和马厩等附属建筑。其宫殿为古典主义风格建筑，立面为标准的古典主义三段式处理，即将立面划分为纵、横三段，建筑左右对称，造型轮廓整齐、庄重雄伟，被称为是理性美的代表。其内部装潢以巴洛克风格为主，少数为洛可可风格。宫筑气势磅礴，布局严密协调。正宫东西走向，两端与南宫和北宫衔接，形成对称的几何图案。宫顶建筑采用了平顶形式，端正而雄浑。宫殿外壁上端，大理石人物雕像林立，造型优美，栩栩如生。

凡立丁/薄型梳毛呢

fánlìdīng/ㄅㄛˊ ㄒㄧㄥˊ ㄕㄨ ㄇㄠˊ ㄋㄧˊ

tropical suiting

【纺】精纺毛织物名。原料以全毛为主，也有毛涤、纯化纤等品种。呢面条干均匀，织纹清晰，光洁平整，手感柔软滑爽，有弹性，轻薄透气,不板不皱。以中浅色为主,如中灰、浅米等,也有少量黑色、藏青、漂白以及其他杂色。适宜用作夏季上衣、西裤、裙子等的面料。

凡士林 fánshìlín/ㄈㄢˊ ㄕˋ ㄌㄧㄣˊ

【化】"石油脂"的通称。

矾土/鋁礬土 fántǔ/ㄌㄩˇ ㄈㄢˊ ㄊㄨˇ

bauxite rock

【化】矿物原料的一种。煅烧后含氧化铝在48%以上。主要成分为一水硬铝石、一水软铝石和三水铝石,常含高岭石和赤铁矿等杂质。常用的高铝矾土主要为一水硬铝石,主要矿物成分为刚玉、莫来石和玻璃相。用作高铝质耐火制品、高铝水泥、刚玉系磨料及氧化铝陶瓷的原料。

钒/釩 fán/ㄈㄢˊ

vanadium

【化】金属元素。属周期表第ⅤB族,符号V,原子序数23。原子量50.94。自然界主要存在于绿硫钒矿、钒钾铀矿、褐铅矿等中。单质为浅灰色金属,质硬,有延展性,耐腐蚀,无磁性。可用于制合金钢等,也用作催化剂。

📖 1801年,墨西哥的德里(A.M.Deirio)首先在钒铅矿石中发现了钒的氧化物;1869年,英国的罗斯科(H.E.Roscoe)制出纯正的单质钒。拉丁文定名为vanadium,源自Vanadis,是美丽女神"凡娜迪斯"的名字(因钒化物的颜色美丽)。中文定名"钒",是形声字。

繁分式/繁分式 fánfēnshì/ㄈㄢˊ ㄈㄣ ㄕˋ

complex fractional expression

【数】用$\frac{a}{b}$表示a除以b的商时,若其中a或b是分式,则$\frac{a}{b}$叫作繁分式。例如,$\frac{\frac{1}{2x}}{y}$,$\frac{12}{\frac{3}{4a+1}}$,$\frac{\frac{1}{2m}}{\frac{3}{4n^2}}$都是繁分式。繁分式中有多条分数线,其中分开繁分式的分子和分母的一条是主分数线,通常主分数线写得最长。

繁分数/繁分數 fánfēnshù/ㄈㄢˊ ㄈㄣ ㄕㄨˋ

complex fraction

【数】用$\frac{a}{b}$表示a除以b的商时,若其中a或b是分数,则$\frac{a}{b}$叫作繁分数。例如,$\frac{\frac{1}{2}}{13}$,$\frac{12}{\frac{3}{4}}$,$\frac{\frac{1}{2}}{\frac{3}{4}}$都是繁分数。繁分数中有多条分数线,其中分开繁分数的分子和分母的一条是主分数线,通常主分数线写得最长。

繁缕/卷耳 fánlǚ/ㄐㄩㄢˇ ㄦˇ

chickweed

【植】*Stellaria media* 石竹科繁缕属。一至二年生草本植物。茎常带淡紫红色。基生叶具长柄,叶片宽卵形,顶端尖,全缘。聚伞花序顶生,花瓣白色,长椭圆形,深二裂达基部,裂片近条形。蒴果卵形,种子卵圆形,红褐色。花期6—7月份,果期7—8月份。在中国,分布于除新疆、黑龙江外各地。田间杂草,茎、叶及种子供药用,嫩苗可食。

繁殖純種

ㄈㄢˊ ㄓˊ ㄔㄨㄣˊ ㄓㄨㄥˇ/fánzhí chúnzhǒng

breeding true

【生】台湾名。即"纯育"(158页)。

反比例/反比例 fǎnbǐlì/ㄈㄢˇ ㄅㄧˇ ㄌㄧˋ

inverse proportion

【数】❶若a与b的比等于c与d的反比,即$\frac{a}{b}=\frac{d}{c}$,则称a,b,c,d成反比例。例如,$1:2=3:6$,其中$3:6$是$6:3$的反比,1,2,6,3成反比例。❷若两个变量x,y满足$xy=k$(非零常数),则称x和y成反比例。

反比例函数/反比例函數

fǎnbǐlì hánshù/ㄈㄢˇ ㄅㄧˇ ㄌㄧˋ ㄏㄢˊ ㄕㄨˋ

inverse proportional function

【数】形如$y=\frac{k}{x}(k\neq0)$的函数。其定义域和值域都为$\{x|x\neq0,x\in\mathbf{R}\}$,图像为以坐标轴为渐近线的双曲线(如图)。$k>0$时,图像在一、三象限,在$(-\infty,0)$和$(0,+\infty)$内$y=\frac{k}{x}$为减函数;$k<0$时,图像在二、四象限,在$(-\infty,0)$和$(0,+\infty)$内$y=\frac{k}{x}$为增函数。

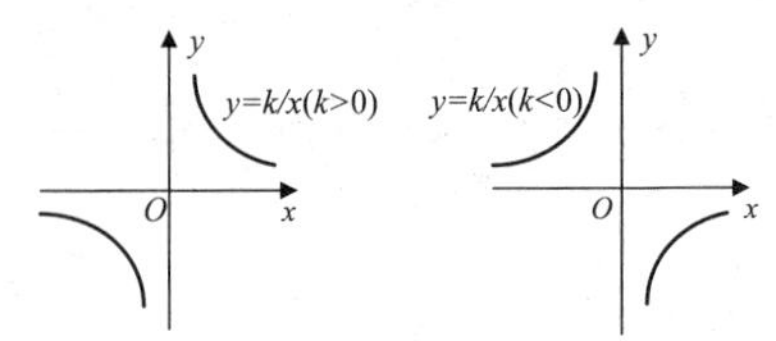

反比例函数

反常积分/瑕積分 fǎncháng jīfēn/ㄒㄧㄚˊ ㄐㄧ ㄈㄣ
improper integral
【数】又称“广义积分”。无穷积分(即积分区间无穷的积分)或无界函数的积分。是定积分概念的推广。

反刍/反芻 fǎnchú/ㄈㄢˇ ㄔㄨˊ
rumination
【动】俗称“倒嚼”。偶蹄类的某些动物(如牛、羊、鹿、骆驼)吃进食物,未经充分咀嚼进入胃内,浸泡软化一段时间后返回嘴里咀嚼,再咽下消化的过程。

反磁性物質 ㄈㄢˇ ㄘˊ ㄒㄧㄥˋ ㄨˋ ㄓˋ/fǎncíxìng wùzhì
diamagnetic substance
【物】台湾名。即“抗磁质”(671 页)。

反弹道导弹导弹/反彈道飛彈飛彈 fǎn dàndào dǎodàn dǎodàn/ㄈㄢˇ ㄉㄢˋ ㄉㄠˋ ㄈㄟ ㄉㄢˋ ㄈㄟ ㄉㄢˋ
anti-ballistic-missile missile
【军】又称“反导弹导弹”。用于拦截敌方来袭弹道导弹的导弹。主要由战斗部、推进系统、制导系统、电源系统和弹体等组成。与预警系统,作战管理/指挥、控制、通信、情报系统,空间防御指挥中心等组成弹道导弹防御系统。是国家战略防御系统的重要组成部分。

反彈道飛彈飛彈 ㄈㄢˇ ㄉㄢˋ ㄉㄠˋ ㄈㄟ ㄉㄢˋ ㄈㄟ ㄉㄢˋ/fǎn dàndào fēidàn fēidàn
anti-ballistic-missile missile
【军】台湾名。即“反弹道导弹导弹”(312 页)。

反导弹导弹 fǎndǎodàn dǎodàn/ㄈㄢˇ ㄉㄠˇ ㄉㄢˋ ㄉㄠˇ ㄉㄢˋ
【军】即“反弹道导弹导弹”(312 页)。

反動渦輪機 ㄈㄢˇ ㄉㄨㄥˋ ㄨㄛ ㄌㄨㄣˊ ㄐㄧ/fǎndòng wōlúnjī
reaction turbine
【机】台湾名。即“反击式水轮机”(313 页)。

反对称性/反對稱性 fǎnduìchènxìng/ㄈㄢˇ ㄉㄨㄟˋ ㄔㄣˋ ㄒㄧㄥˋ
antisymmetry
【数】设 R 是 X 到 Y 的一个关系,若当 xRy 且 yRx 时,必有 $x=y$,则称 R 有反对称性。例如,当实数 x,y 满足 $x\geqslant y$ 且 $y\geqslant x$ 时,必有 $x=y$,实数集内“大于或等于($\geqslant$)”关系有反对称性。

反对数/反對數 fǎnduìshù/ㄈㄢˇ ㄉㄨㄟˋ ㄕㄨˋ
anti-logarithm
【数】若 b 是 N 的以 a 为底的对数,即 $b=\log_a N(a>0,a\neq1,N>0)$,则真数 N 叫作 b 的以 a 为底的反对数。由对数的值反过来求真数时,可利用反对数表。

反厄尔尼诺现象 fǎn'è'ěrnínuò xiànxiàng/ㄈㄢˇ ㄜˋ ㄦˇ ㄋㄧˊ ㄋㄨㄛˋ ㄒㄧㄢˋ ㄒㄧㄤˋ
【环】即“拉尼娜现象”(707 页)。

反函数/反函數 fǎnhánshù/ㄈㄢˇ ㄏㄢˊ ㄕㄨˋ
inverse function
【数】若由函数 $y=f(x)$ 能得出唯一的函数 $x=g(y)$,则把 $x=g(y)$ 中的 x 和 y 互换,称函数 $y=g(x)$ 为函数 $y=f(x)$ 的反函数。通常把 $y=f(x)$ 的反函数记作 $y=f^{-1}(x)$。例如,$y=f(x)=2x+1$ 的反函数是 $y=f^{-1}(x)=\dfrac{x-1}{2}$。不是所有的函数都有反函数,当且仅当 f 是集合 A 到 B 的一一映射时,$y=f(x)$ 有反函数 $y=f^{-1}(x)$,f^{-1} 是集合 B 到 A 的一一映射。函数 $y=f(x)$ 的定义域和值域,分别是它的反函数 $y=f^{-1}(x)$ 的值域和定义域。
📖 若函数 $y=f(x)$ 有反函数 $y=f^{-1}(x)$,则 $y=f^{-1}(x)$ 的反函数是 $y=f(x)$。$y=f(x)$ 与 $y=f^{-1}(x)$ 的图像关于直线 $y=x$ 对称。$f^{-1}\circ f(x)=x$,x 属于 $y=f(x)$ 的定义域;$f\circ f^{-1}(y)=y$,y 属于 $y=f(x)$ 的值域。

反击式水轮机/反動渦輪機
fǎnjīshì shuǐlúnjī/ㄈㄢˇ ㄉㄨㄥˋ ㄨㄛ ㄌㄨㄣˊ ㄐㄧ
reaction turbine
【机】水轮机的一类。利用水流的势能和动能做功。水流通过转轮叶片时,动量发生改变,产生反作用力作用于叶片,使转轮产生旋转力矩,带动发电机发电。由进水室、导水机构、转轮、尾水管等组成。可分为轴流式、混流式、斜流式、贯流式等。

反及閘 ㄈㄢˇ ㄐㄧˊ ㄓㄚˊ/fǎn jí zhá
NAND gate
【信息】台湾名。即"'与非'门"(1377 页)。

反舰导弹/反艦飛彈
fǎnjiàn dǎodàn/ㄈㄢˇ ㄐㄧㄢˋ ㄈㄟ ㄉㄢˋ
antiship missile
【军】从舰艇、岸上或飞机上发射,攻击水面舰船的导弹。包括舰舰导弹、潜舰导弹、岸舰导弹和空舰导弹等。常采用半穿甲爆破型战斗部,固体火箭发动机为动力装置,采用自主式制导、自控飞行,当导弹进入目标区,导引头自动搜索、捕捉和攻击目标。

反舰鱼雷/反艦魚雷
fǎnjiàn yúléi/ㄈㄢˇ ㄐㄧㄢˋ ㄩˊ ㄌㄟˊ
antiship torpedo
【军】用于攻击水面舰船和其他水面目标的鱼雷。航行深度小,装药量大,通常装有单平面自导系统,可在水平面内搜索和攻击目标。主要由潜艇携载使用,水面舰艇和飞机也可携载使用。制导方式可分为程序控制、被动(或主动)声自导、尾流自导和线导加末自导。

反舰直升机/反艦直升機
fǎnjiàn zhíshēngjī/ㄈㄢˇ ㄐㄧㄢˋ ㄓˊ ㄕㄥ ㄐㄧ
antiship helicopter
【军】使用反舰武器,用于打击水面舰船等目标的海军直升机。通常为舰载型。主要攻击中小型水面舰艇,还可提供空中监视,为舰载反舰导弹提供超视距目标指示和中继制导。使用灵活机动,是大中型水面舰艇重要的战斗装备。

反艦飛彈
ㄈㄢˇ ㄐㄧㄢˋ ㄈㄟ ㄉㄢˋ/fǎnjiàn fēidàn
antiship missile
【军】台湾名。即"反舰导弹"(313 页)。

反矩陣 ㄈㄢˇ ㄐㄩˇ ㄓㄣˋ/fǎnjǔzhèn
inverse matrix
【数】台湾名。即"逆矩阵"(834 页)。

反馈/回饋 fǎnkuì/ㄏㄨㄟˊ ㄎㄨㄟˋ
feedback
㊀【心】工程学上指用信号发出某一系统中正在进行运作的该系统状态的信息,并将信息返回传入的过程。后在控制论中得到扩展。心理学上用于描绘后端信息影响前端调节的过程,如在感觉—运动过程中,指来自肌肉骨骼的信息以指导和调节定向运动。反馈分为正反馈和负反馈。前者对活动起到增强的作用,后者则起到减弱的作用。㊁【医】在人体生理功能自动控制系统中,受控部分不断将信息回输到控制部分,以纠正或调整控制部分对受控部分的影响,从而实现调节的过程。㊂【信息】通信中将部分信号从输出端向输入端回传,或从传输通道上的一点向已经过的一点回传的控制和修正方式。

反馈控制
fǎnkuì kòngzhì/ㄈㄢˇ ㄎㄨㄟˋ ㄎㄨㄥˋ ㄓˋ
【自】即"自动控制"(1500 页)。

反馈控制系统
fǎnkuì kòngzhì xìtǒng /
ㄈㄢˇ ㄎㄨㄟˋ ㄎㄨㄥˋ ㄓˋ ㄒㄧˋ ㄊㄨㄥˇ
【自】即"自动控制系统"(1500 页)。

反馈制动
fǎnkuì zhìdòng/ㄈㄢˇ ㄎㄨㄟˋ ㄓˋ ㄉㄨㄥˋ
【机】即"再生制动"(1407 页)。

反粒子/反粒子 fǎnlìzǐ/ㄈㄢˇ ㄌㄧˋ ㄗˇ
antiparticle
【物】与某微观粒子具有的质量、寿命、自旋相同,而电荷、奇异数等量异号的微观粒子。例如电子的反粒子是正电子,质子的反粒子是反质子,中子的反粒子是反中子。当一种粒子与其反粒子相遇时就会湮没(两个粒子一起消失而转化为其他粒子)。

反流性食管炎/反流性食管炎
fǎnliúxìng shíguǎnyán/
ㄈㄢˇ ㄌㄧㄡˊ ㄒㄧㄥˋ ㄕˊ ㄍㄨㄢˇ ㄧㄢˊ
reflux esophagitis
【医】胃液及胆汁等反流至食管而引起的食管

黏膜的炎症、糜烂、溃疡和纤维化等病变。

反气旋/反氣旋 fǎnqìxuán/ㄈㄢˇ ㄑㄧˋ ㄒㄩㄢˊ

anticyclone

【气】天气系统的一类。北(南)半球,大气水平气流呈顺(逆)时针旋转的涡旋。水平尺度为几百千米到几千千米,同一高度上中心气压比四周高。图见“气旋”(896 页)

反气旋环流/反旋式環流

fǎnqìxuán huánliú/

ㄈㄢˇ ㄒㄩㄢˊ ㄕˋ ㄏㄨㄢˊ ㄌㄧㄡˊ

anticyclonic circulation

【气】在北半球,大气流场中呈环形顺时针方向流动的气流。在南半球则相反。

反潜导弹

fǎnqián dǎodàn/ㄈㄢˇ ㄑㄧㄢˊ ㄉㄠˇ ㄉㄢˋ

【军】即“火箭助飞鱼雷”(553 页)。

反潜机/反潛機 fǎnqiánjī/ㄈㄢˇ ㄑㄧㄢˊ ㄐㄧ

antisubmarine warfare aircraft

【军】载有搜索和攻击潜艇的设备、武器的军用飞机或其他航空器。如直升机、飞艇等。具有快速、机动的特点,能在短时间内居高临下地进行大面积搜索,并可十分方便地向海中发射或投掷反潜炸弹,甚至最新型的核鱼雷。分为水上反潜飞机、反潜直升机、岸基反潜飞机、舰载反潜机。

反潜鱼雷/反潛魚雷

fǎnqián yúléi/ㄈㄢˇ ㄑㄧㄢˊ ㄩˊ ㄌㄟˊ

antisubmarine torpedo

【军】以舰艇、飞机、直升机为发射平台,专用来攻击潜艇的自导鱼雷。可分为舰潜鱼雷、潜潜鱼雷和空潜鱼雷。

反潜直升机/反潛直升機

fǎnqián zhíshēngjī/ㄈㄢˇ ㄑㄧㄢˊ ㄓˊ ㄕㄥ ㄐㄧ

antisubmarine helicopter

【军】用于搜索和攻击敌潜艇的海军直升机。飞行速度通常 200～300 千米/时,作战半径 100～250 千米,起飞重量 4～13 吨。多装有两台航空发动机。能携载航空反潜鱼雷、深水炸弹等,有的能携载空舰导弹。装有雷达、吊放式声呐或声呐浮标、磁力探测仪等设备,能在短时间内搜索较大面积海域,准确测定潜艇位置。主要进行岸基近距离反潜和海上编队外围反潜。可分为舰载反潜直升机和岸基反潜直升机。舰载反潜直升机的旋翼和尾梁多可折叠,便于在载舰机库内停放。

反三角函数/反三角函數

fǎnsānjiǎo hánshù/ㄈㄢˇ ㄙㄢ ㄐㄧㄠˇ ㄏㄢˊ ㄕㄨˋ

inverse trigonometric function

【数】反正弦函数 $\arcsin x$,反余弦函数 $\arccos x$,反正切函数 $\arctan x$,反余切函数 $\operatorname{arccot} x$,反正割函数 $\operatorname{arcsec} x$ 和反余割函数 $\operatorname{arccsc} x$ 的统称。它们都是多值函数。

反射/反射 fǎnshè/ㄈㄢˇ ㄕㄜˋ

㊀㊁ reflection,㊂ reflex

㊀【物】波在一种介质的传播过程中到达另一种介质的界面时返回原介质的现象。例如光照射在镜面上的情况。也指由于介质的不均质性而使波的传播方向发生很大改变,乃至反向的情况,例如电磁波在电离层中传播时发生的反向传播的情况。㊁【数】在台湾,反射也指“反射变换”(314 页)。㊂【医】在中枢神经系统的参与下,机体对内外环境的刺激产生的规律性应答反应。可分为非条件反射和条件反射。

反射变换/反射

fǎnshè biànhuàn/ㄈㄢˇ ㄕㄜˋ

reflection

【数】全等变换的一种。有直线反射变换和平面反射变换。❶轴对称变换即直线反射变换,对称轴也称反射轴。❷空间中,过点 P 作定平面 α 的垂线 PO,垂足为 O,延长 PO 至点 P' 使 $OP'=PO$,称点 P' 为点 P 关于平面 α 的对称点。将图形中的每一点都变为其关于平面 α 的对称点的变换,叫作关于平面 α 的反射变换,α 叫作反射面。

反射定律/反射定律

fǎnshè dìnglǜ/ㄈㄢˇ ㄕㄜˋ ㄉㄧㄥˋ ㄌㄩˋ

reflection law

【物】几何光学的基本规律。光在两种介质的平滑界面上反射时,反射光线 OR 位于由入射光线 IO 与界面在入射点 O 的法线 ON 决定的平面内;反射光线和入射光线位于法线两侧;反射角 i' 与入射角 i 大小相等,即 $i'=i$。由于界面不同和入射光角度不同,发生反射时,可能是全反射,也可能是部分反射。声波、电线电波的反射也遵循此规律。

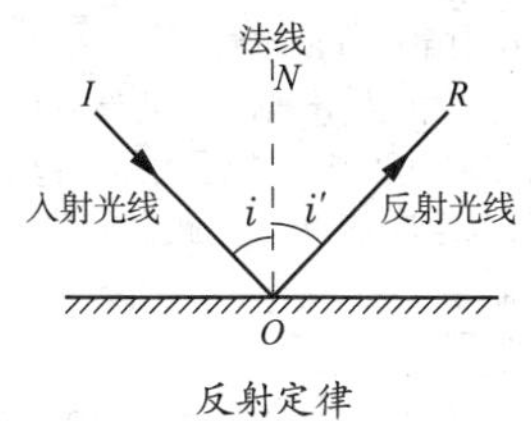

反射定律

反射弧/反射弧 fǎnshèhú/ㄈㄢˇ ㄕㄜˋ ㄏㄨˊ
reflex arc
【医】机体从接受刺激到发生反应的过程。由感受器、传入神经、神经中枢、传出神经和效应器五个部分组成。感受器将内外环境的刺激,通过传入神经传到神经中枢,神经中枢将发生神经冲动,通过传出神经传到效应器,发生应答反应。

反射镜/反射鏡
fǎnshèjìng/ㄈㄢˇ ㄕㄜˋ ㄐㄧㄥˋ
reflector, mirror
【物】利用反射定律工作的光学元件。按形状不同,可分为平面镜、球面镜和非球面镜三种。平面镜为反射面是平面的反射镜,例如日常生活中的镜子。球面镜为反射面是球面的反射镜,有凸面镜和凹面镜。例如,汽车的后视镜是凸面镜,电影放映机中用于聚光的是凹面镜。非球面镜为反射面为非平面与非球面的反射镜,例如探照灯反射镜的镜面是抛物面。

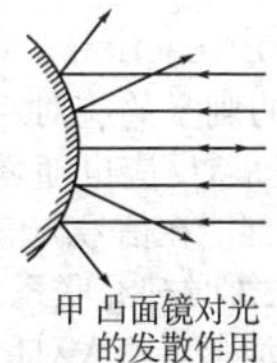
甲 凸面镜对光的发散作用

乙 凹面镜对光的会聚作用

球面镜对光的作用

反射炉/反射爐 fǎnshèlú/ㄈㄢˇ ㄕㄜˋ ㄌㄨˊ
reverberating furnace
【机】燃料在燃烧室燃烧,生成的火焰靠炉顶反射到加热室加热坯料的炉子。用于冶炼金属。

反声 fǎnshēng/ㄈㄢˇ ㄕㄥ
【环】即“有源降噪”(1372 页)。

反聖嬰現象
ㄈㄢˇ ㄕㄥˋ ㄧㄥ ㄒㄧㄢˋ ㄒㄧㄤˋ/
fǎnshèngyīng xiànxiàng
La Niña phenomenon
【环】台湾名。即“拉尼娜现象”(707 页)。

反式脂肪酸/反式脂肪酸
fǎnshì zhīfángsuān/ㄈㄢˇ ㄕˋ ㄓ ㄈㄤˊ ㄙㄨㄢ
trans-fatty acid
【化】含有一个以上独立非共轭反式双键的不饱和脂肪酸。性质与饱和脂肪酸接近,熔点、沸点提高,氧化稳定性好。天然的脂肪酸大多是顺式,只有反油酸少量存在。过多摄入反式脂肪酸,体内高密度脂蛋白胆固醇降低,低密度脂蛋白胆固醇提高,心血管疾病风险提高。

反水雷直升机/反水雷直升機
fǎnshuǐléi zhíshēngjī/
ㄈㄢˇ ㄕㄨㄟˇ ㄌㄟˊ ㄓˊ ㄕㄥ ㄐㄧ
anti-mine helicopter
【军】使用扫雷、猎雷和灭雷手段用于排除水雷的海军直升机。多用拖曳、吊运能力强的运输直升机改装,装有探雷设备、扫雷或猎雷器械及灭雷装置,最大起飞重量和拖曳力大,续航时间长,能根据水雷引爆方式拖曳各种反水雷器具。反应时间短,反水雷速度快,安全性好,浅滩作业能力强。主要在基地、港口和航道搜索并排除水雷障碍,开辟雷区航道,为舰艇导航,通常配合反水雷指挥舰一起工作。

反坦克导弹/反坦克飛彈
fǎntǎnkè dǎodàn/ㄈㄢˇ ㄊㄢˇ ㄎㄜˋ ㄈㄟ ㄉㄢˋ
antitank missile
【军】用于击毁坦克和其他装甲目标的导弹。是反坦克导弹武器系统的主要组成部分。主要由战斗部、动力装置、弹上制导装置和弹体组成。战斗部通常采用空心装药聚能破甲型,有的采用高能炸药和双锥锻压成形药型罩,以提高金属射流的侵彻效率,有的采用自锻破片战斗部攻击目标顶装甲。与反坦克炮相比重量轻,机动性能好,能从地面、车上、直升机上和舰艇上发射,命中精度高,威力大,射程远。

反坦克飛彈
ㄈㄢˇ ㄊㄢˇ ㄎㄜˋ ㄈㄟ ㄉㄢˋ/fǎntǎnkè fēidàn
antitank missile
【军】台湾名。即“反坦克导弹”(315 页)。

F

反坦克火箭/反坦克火箭
fǎntǎnkè huǒjiàn/ㄈㄢˇ ㄊㄢˇ ㄎㄜˋ ㄏㄨㄛˇ ㄐㄧㄢˋ
antitank rocket
【军】又称“反坦克火箭筒”“防坦克火箭”。发射火箭弹的便携式反坦克武器。通常由火箭筒和火箭弹组成，采用筒式发射。发射筒由单兵肩扛，进行立、跪或卧姿射击。火箭弹通常由引信、战斗部、火箭发动机等组成。结构简单，操作使用方便，易于携行，不易暴露。用于击毁坦克及其他装甲目标，摧毁野战工事及火力点，歼灭和压制有生力量。

反坦克火箭筒
fǎntǎnkè huǒjiàntǒng/
ㄈㄢˇ ㄊㄢˇ ㄎㄜˋ ㄏㄨㄛˇ ㄐㄧㄢˋ ㄊㄨㄥˇ
【军】即“反坦克火箭”(316 页)。

反坦克炮/反坦克炮
fǎntǎnkèpào/ㄈㄢˇ ㄊㄢˇ ㄎㄜˋ ㄆㄠˋ
antitank gun
【军】旧称“战防炮”“防坦克炮”。初速高、直射距离远、射速快、射角范围小、火线高度低，用于毁伤坦克及其他装甲目标的火炮。是重要的地面直瞄反坦克武器。配用的弹种有破甲弹、穿甲弹和碎甲弹等。按炮膛结构不同，可分为线膛式反坦克炮和滑膛式反坦克炮；按机动方式不同，可分为牵引式反坦克炮和自行式反坦克炮。

反跳痛/反跳痛
fǎntiàotòng/ㄈㄢˇ ㄊㄧㄠˋ ㄊㄨㄥˋ
rebound tenderness
【医】用手按压腹部出现压痛后，迅速将手抬起，患者感觉腹部骤然加重的疼痛。常伴有痛苦表情或呻吟，是腹膜受到炎症等刺激的表现。

反卫星导弹/反衛星飛彈
fǎnwèixīng dǎodàn/
ㄈㄢˇ ㄨㄟˋ ㄒㄧㄥ ㄈㄟ ㄉㄢˋ
anti-satellite missile
【军】用于摧毁卫星及其他航天器的导弹。可从地面、空中或太空发射，能自动发现和跟踪目标，通过引爆导弹核弹头或导弹常规弹头将目标击毁，也可利用导弹弹头直接碰撞目标。

反卫星武器/反衛星武器
fǎnwèixīng wǔqì/ㄈㄢˇ ㄨㄟˋ ㄒㄧㄥ ㄨˇ ㄑㄧˋ
anti-satellite weapon
【军】用于攻击人造地球卫星等在轨航天器，摧毁或损坏其正常功能的武器。包括动能反卫星武器、定向能反卫星武器和高空核爆反卫星武器等。

反衛星飛彈
ㄈㄢˇ ㄨㄟˋ ㄒㄧㄥ ㄈㄟ ㄉㄢˋ/fǎnwèixīng fēidàn
anti-satellite missile
【军】台湾名。即“反卫星导弹”(316 页)。

反向器 ㄈㄢˇ ㄒㄧㄤˋ ㄑㄧˋ/fǎnxiàngqì
inverter
【电】台湾名。即“逆变器”(834 页)。

反向通道
ㄈㄢˇ ㄒㄧㄤˋ ㄊㄨㄥ ㄉㄠˋ/fǎnxiàng tōngdào
backward channel
【信息】台湾名。即“反向信道”(316 页)。

反向信道/反向通道
fǎnxiàng xìndào/ㄈㄢˇ ㄒㄧㄤˋ ㄊㄨㄥ ㄉㄠˋ
backward channel
【信息】允许在正向信道相反方向传递确认信号和其他功能控制信号的信道。

反旋式環流
ㄈㄢˇ ㄒㄩㄢˊ ㄕˋ ㄏㄨㄢˊ ㄌㄧㄡˊ/
fǎnxuánshì huánliú
anticyclonic circulation
【气】台湾名。即“反气旋环流”(314 页)。

反应/反應 fǎnyìng/ㄈㄢˇ ㄧㄥˋ
㊀ response，㊁ chemical reaction
㊀【心】对作用于有机体的刺激的应对。随着有机体由低级向高级发展，反应也随之发展。当动物神经系统发展到能在信号与信号所代表的刺激物之间建立暂时神经联系时，动物就具有了更高级的反应形式。人对信号刺激的应答属于心理这一反应形式。㊁【化】“化学反应”的简称。

反应堆 fǎnyìngduī/ㄈㄢˇ ㄧㄥˋ ㄉㄨㄟ
【电】“核反应堆”的简称。

反应堆临界/反應器臨界狀態
fǎnyìngduī línjiè/
ㄈㄢˇ ㄧㄥˋ ㄑㄧˋ ㄌㄧㄣˊ ㄐㄧㄝˋ ㄓㄨㄤˋ ㄊㄞˋ
reactor criticality
【军】反应堆内中子的产生率和消失率保持严格平衡，使链式裂变反应将以恒定速率持续不断地进行下去的工作状态。临界状态下的中子有效增殖因数正好等于1。

反应能/反應能 fǎnyìngnéng/ㄈㄢˇ ㄧㄥˋ ㄋㄥˊ

reaction energy

【物】核反应所释放或吸收的能量。用 Q 表示。当 $Q>0$ 时是放能反应，$Q<0$ 时是吸能反应，$Q=0$ 时是弹性散射。

反映/反映 fǎnyìng/ㄈㄢˇ ㄧㄥˋ

reflection

【心】物质相互作用时留下痕迹的过程。包括物理的、化学的、生物的等不同形式。生物的反映形式具有不同的水平，人的心理（意识）是其中最高级的反映形式，是人所特有的。

反映射 ㄈㄢˇ ㄧㄥˋ ㄕㄜˋ/fǎnyìngshè

inverse mapping

【数】台湾名。即“逆映射”（835页）。

反應器臨界狀態

ㄈㄢˇ ㄧㄥˋ ㄑㄧˋ ㄌㄧㄣˊ ㄐㄧㄝˋ ㄓㄨㄤˋ ㄊㄞˋ/

fǎnyìngqì línjiè zhuàngtài

reactor criticality

【军】台湾名。即“反应堆临界”（316页）。

反余割/反餘割 fǎnyúgē/ㄈㄢˇ ㄩˊ ㄍㄜ

inverse cosecant

【数】反三角函数之一。对于满足 $|x|\geqslant 1$ 的实数 x，使它对应于满足 $x=\csc y$ 的 y，这样的函数 $y=f(x)$ 叫作反余割，记作 $y=\operatorname{arccsc} x$。反余割是多值函数，对 x 的一个值 y 有无数个对应值，其中满足 $-\frac{\pi}{2}\leqslant y\leqslant\frac{\pi}{2}$ 的 y 值叫作反余割主值，记作 $y=\operatorname{Arccsc} x$。例如 $\operatorname{Arccsc}(-2)=-\frac{\pi}{6}$，$\operatorname{Arccsc} 2=\frac{\pi}{6}$，$\operatorname{Arccsc} 1=\frac{\pi}{2}$等。

反余切/反餘切 fǎnyúqiē/ㄈㄢˇ ㄩˊ ㄑㄧㄝ

inverse cotangent

【数】反三角函数之一。对于实数 x，使它对应于满足 $x=\cot y$ 的 y，这样的函数 $y=f(x)$ 叫作反余切，记作 $y=\operatorname{arccot} x$。反余切是多值函数，对 x 的一个值 y 有无数个对应值，其中满足 $0<y<\pi$ 的 y 值叫作反余切主值，记作 $y=\operatorname{Arccot} x$。例如 $\operatorname{Arccot}(-1)=\frac{3\pi}{4}$，$\operatorname{Arccot} 0=\frac{\pi}{2}$，$\operatorname{Arccot}\sqrt{3}=\frac{\pi}{6}$等。

反余弦/反餘弦 fǎnyúxián/ㄈㄢˇ ㄩˊ ㄒㄧㄢˊ

inverse cosine

【数】反三角函数之一。对于满足 $|x|\leqslant 1$ 的实数 x，使它对应于满足 $x=\cos y$ 的 y，这样的函数 $y=f(x)$ 叫作反余弦，记作 $y=\arccos x$。反余弦是多值函数，对 x 的一个值 y 有无数个对应值，其中满足 $0\leqslant y\leqslant\pi$ 的 y 值叫作反余弦主值，记作 $y=\operatorname{Arccos} x$。例如 $\operatorname{Arccos}(-1)=\pi$，$\operatorname{Arccos}\frac{1}{2}=\frac{\pi}{3}$，$\operatorname{Arccos} 1=0$等。

反運算 ㄈㄢˇ ㄩㄣˋ ㄙㄨㄢˋ/fǎnyùnsuàn

inverse operation

【数】台湾名。即“逆运算”（835页）。

反閘 ㄈㄢˇ ㄓㄚˊ/fǎnzhá

NOT gate

【信息】台湾名。即“‘非’门”（332页）。

反照率/反照率

fǎnzhàolǜ/ㄈㄢˇ ㄓㄠˋ ㄌㄩˋ

albedo

【天】天体物理中表征不发光天体反射本领的物理量。数值上等于表面反射的电磁辐射量和入射的电磁辐射总量之比。例如，地球表面的反照率约为0.4，即照到地球上的太阳辐射有约40%反射回宇宙空间。

反正割/反正割

fǎnzhènggē/ㄈㄢˇ ㄓㄥˋ ㄍㄜ

inverse secant

【数】反三角函数之一。对于满足 $|x|\geqslant 1$ 的实数 x，使它对应于满足 $x=\sec y$ 的 y，这样的函数 $y=f(x)$ 叫作反正割，记作 $y=\operatorname{arcsec} x$。反正割是多值函数，对 x 的一个值 y 有无数个对应值，其中满足 $0\leqslant y\leqslant\pi$ 的 y 值叫作反正割主值，记作 $y=\operatorname{Arcsec} x$。例如 $\operatorname{Arcsec}(-2)=\frac{2\pi}{3}$，$\operatorname{Arcsec} 2=\frac{\pi}{3}$，$\operatorname{Arcsec} 1=0$等。

反正切/反正切

fǎnzhèngqiē/ㄈㄢˇ ㄓㄥˋ ㄑㄧㄝ

inverse tangent

【数】反三角函数之一。对于实数 x，使它对应于满足 $x=\tan y$ 的 y，这样的函数 $y=$

$f(x)$叫作反正切，记作 $y=\arctan x$。反正切是多值函数，对 x 的一个值 y 有无数个对应值，其中满足$-\frac{\pi}{2}<y<\frac{\pi}{2}$的 y 值叫作反正切主值，记作 $y=\mathrm{Arctan}\,x$。例如 $\mathrm{Arctan}\,(-1)=-\frac{\pi}{4}$，$\mathrm{Arctan}\,0=0$，$\mathrm{Arctan}\sqrt{3}=\frac{\pi}{3}$等。

反正弦/反正弦 fǎnzhèngxián/ㄈㄢˇ ㄓㄥˋ ㄒㄧㄢˊ

inverse sine

【数】反三角函数之一。对于满足$|x|\leqslant 1$ 的实数 x，使它对应于满足 $x=\sin y$ 的 y，这样的函数 $y=f(x)$ 叫作反正弦，记作 $y=\arcsin x$。反正弦是多值函数，对 x 的一个值 y 有无数个对应值，其中满足$-\frac{\pi}{2}\leqslant y\leqslant\frac{\pi}{2}$的 y 值叫作反正弦主值，记作 $y=\mathrm{Arcsin}\,x$。例如 $\mathrm{Arcsin}(-1)=-\frac{\pi}{2}$，$\mathrm{Arcsin}\,\frac{1}{2}=\frac{\pi}{6}$，$\mathrm{Arcsin}\,1=\frac{\pi}{2}$等。

反证法/反證法 fǎnzhèngfǎ/ㄈㄢˇ ㄓㄥˋ ㄈㄚˇ

reduction to absurdity

【数】一种证明方法。要证命题“若 A 则 B”为真，先假设命题不真，即有“A 且非 B”，由此推出矛盾，从而得出假设不成立，即“若 A 则 B”为真。例如，要证“同一平面内，若直线 a，b 都平行于直线 c，则 a 平行于 b”。假设在题设下有 a，b 不平行，则 a，b 相交于直线 c 外的一点 P，这与平行公理“过直线 c 外一点有且仅有一条直线与直线 c 平行”矛盾。因此，假设不成立，即要证的命题为真。

返航/返航 fǎnháng/ㄈㄢˇ ㄏㄤˊ

return flight

【航】航空器完成任务，或飞行中遇特殊情况，无法继续飞往目的地或备降机场，而返回起飞或备降机场的飞行过程。返航前必须向地面指挥员报告，征得同意后方可按照指定的航线返航。

返回式卫星/可回收衛星 fǎnhuíshì wèixīng/ㄎㄜˇ ㄏㄨㄟˊ ㄕㄡ ㄨㄟˋ ㄒㄧㄥ

recoverable satellite

【航】完成轨道飞行目标任务，按指令再入地球大气层，安全返回地面的人造地球卫星。卫星返回地面，要完成空间离轨、过渡、再入大气层和返回着陆四个阶段。

返青/回青 fǎnqīng/ㄏㄨㄟˊ ㄑㄧㄥ

turning green

【农】植物的幼苗移栽或越冬后，由黄色变为绿色，并恢复生长。

泛大陆/盤古大陸 Fàndàlù/ㄆㄢˊ ㄍㄨˇ ㄉㄚˋ ㄌㄨˋ

Pangea

【地】又称“联合大陆”。一个设想的古生代时期全球所有大陆连成一体的超级大陆。中生代开始逐步解体，形成现今的大陆、大洋。

泛大洋/泛古洋 Fàndàyáng/ㄈㄢˋ ㄍㄨˇ ㄧㄤˊ

Panthalassa

【地】古生代晚期和中生代早期围绕泛大陆的原始大洋。

泛分子/泛分子 fànfēnzǐ/ㄈㄢˋ ㄈㄣ ㄗˇ

pan-molecule

【化】泛指在化学中有一定作用和功能的物质单元。包括原子、分子片、结构单元、分子、高分子、超分子，直至分子器件和分子机器等。是分子概念的扩展，是 21 世纪化学的研究对象。

泛古洋 ㄈㄢˋ ㄍㄨˇ ㄧㄤˊ/Fàngǔyáng

Panthalassa

【地】台湾名。即“泛大洋”(318 页)。

泛函/泛函 fànhán/ㄈㄢˋ ㄏㄢˊ

functional

【数】❶函数的实值函数。其定义域为函数的集合，值域为实数集合。例如，曲线 $y=y(x)$ 的长度 $\int_a^b\sqrt{1+y'(x)^2}\,\mathrm{d}x$ 是函数 $y=y(x)$的实值函数，曲面 $z=z(x,y)$ 的面积 $S(z)=\iint\limits_D\sqrt{1+\left(\frac{\partial z}{\partial x}\right)^2+\left(\frac{\partial z}{\partial y}\right)^2}\,\mathrm{d}x\,\mathrm{d}y$ 是函数 $z=z(x,y)$ 的实值函数等。泛函是定义在实数集的取实数值的函数的推广。❷现代抽象空间理论中，泛指抽象空间或其子集上的实值函数，定义域不一定是函数的集合。

泛函分析/泛函分析
fànhán fēnxī/ㄈㄢˋ ㄏㄢˊ ㄈㄣ ㄒㄧ
functional analysis
【数】分析学的一个分支。20 世纪 30 年代形成。综合运用函数论、几何学、代数学等的思想方法，研究无限维向量空间上的泛函、算子和极限理论。对现代纯粹与应用数学、理论物理以及工程技术理论有重要影响。

泛水/泛水 fànshuǐ/ㄈㄢˋ ㄕㄨㄟˇ
flashing
【建】为防止水平楼面或水平屋面与垂直墙面接缝处渗漏，由水平面沿垂直面向上翻起的防水构造。可分为铁皮泛水和水泥砂浆泛水两种。

泛素/泛素 fànsù/ㄈㄢˋ ㄙㄨˋ
ubiquitin
【生】又称“遍在蛋白”。蛋白质的一种。由 76 个氨基酸组成的高度保留性多肽链，人类与酵母的泛素有 96% 的相似性。最早于 1974 年从小牛的胰脏中分离出来，后发现其广泛分布于各类细胞中。参与蛋白质水解，在很多基本的细胞过程中都有重要作用。

泛酸 fànsuān/ㄈㄢˋ ㄙㄨㄢ
【医】即“维生素 B_5”(1182 页)。

泛音/泛音 fànyīn/ㄈㄢˋ ㄧㄣ
overtone
【物】乐音(物体有规律地振动发出的比较悦耳的声音)中振幅比基音小、频率比基音高的音。

范畴/範疇 fànchóu/ㄈㄢˋ ㄔㄡˊ
category
【总】反映事物本质属性和普遍联系的基本概念。已经过无数次实践证明，并已经积淀为人类思维成果，高度概括，结构稳定。各门科学都有各自的范畴，如语言学中的语音、语法、词汇、语用等，生物学中的植物、动物、微生物、原核生物、真核生物等。哲学范畴反映各门科学共同规律的最普遍、最基本的概念，如时间、空间、数量、质量、关系等。

fang (ㄈㄤ)

方材/方材 fāngcái/ㄈㄤ ㄘㄞˊ
㊀ square，㊁ square timber
㊀【材】断面为方形的木材。按断面宽厚尺寸的乘积分小方、中方、大方和特大方四种。
㊁【建】在台湾，方材也指“方木”(320 页)。

方差/變異數 fāngchā/ㄅㄧㄢˋ ㄧˋ ㄕㄨˋ
variance
【数】表示随机变量取值与它的数学期望之间的偏离程度(简称为离中程度)的数字特征。若随机变量 X 的数学期望 EX 存在，则 $E(X-EX)^2$ 叫作 X 的方差，记为 DX 或 $\mathrm{Var}X$。

方城明楼/方城明樓
fāngchéng mínglóu/ㄈㄤ ㄔㄥˊ ㄇㄧㄥˊ ㄌㄡˊ
square-walled bastion and memorial shrine
【建】明清帝陵坟丘前的一组建筑。高大的方形城台称方城，用砖砌筑，上有雉堞，形似城堡，南面正中设门。城台上通常为重檐歇山顶建筑，称明楼，方形平面，四面辟券门，正中立碑，内部为十字形拱顶结构。

方程/方程式 fāngchéng/ㄈㄤ ㄔㄥˊ ㄕˋ
equation
【数】又称“方程式”。含有未知数的等式。例如，$2x+1=3x-1$，$x-y=5$，$\sin x=\frac{1}{2}$ 等。方程中的未知数叫作元，含 n 个未知数的方程叫作 n 元方程。例如$2x+1=3x-1$，$\sin x=\frac{1}{2}$都是一元方程；$x-y=5$ 是二元方程。初等数学中，按未知数参与的运算的不同，方程可分为代数方程和超越方程。例如 $2x+1=3x-1$，$x-y=5$ 都是代数方程；$\sin x=\frac{1}{2}$是超越方程。

方程的解/方程的解
fāngchéng de jiě/ㄈㄤ ㄔㄥˊ ·ㄉㄜ ㄐㄧㄝˇ
solution of an equation
【数】使方程中等号左右两边相等的未知数的值。例如 $x=5$ 是方程 $5x+7=32$ 的解，$\begin{cases}x=1\\y=2\end{cases}\begin{cases}x=2\\y=1\end{cases}\begin{cases}x=2.5\\y=0.5\end{cases}$等是方程 $x+y=3$ 的解。一元代数方程的解也叫作方程的根。

方程式/方程式
fāngchéngshì/ㄈㄤ ㄔㄥˊ ㄕˋ

【数】即“方程”(319 页)。

方程组/方程組
fāngchéngzǔ/ㄈㄤ ㄔㄥˊ ㄗㄨˇ
system of equations
【数】由两个或更多的方程联立而构成的一组方程。例如，$\begin{cases}x+y=3\\x-y=1\end{cases}$，$\begin{cases}2x+3y+z=6\\3x-2y-2z=-1\\5x+4y-8z=1\end{cases}$等。

方程组的解/方程組的解
fāngchéngzǔ de jiě/ㄈㄤ ㄔㄥˊ ㄗㄨˇ ·ㄉㄜ ㄐㄧㄝˇ
solution of equations
【数】方程组中所有方程的公共解叫作方程组的解。例如，二元一次方程组$\begin{cases}x+y=3\\x-y=1\end{cases}$的解是$\begin{cases}x=2\\y=1\end{cases}$，三元一次方程组$\begin{cases}2x+3y+z=6\\3x-2y-2z=-1\\5x+4y-8z=1\end{cases}$的解是$\begin{cases}x=1\\y=1\\z=1\end{cases}$。

方法论/方法論
fāngfǎlùn/ㄈㄤ ㄈㄚˇ ㄌㄨㄣˋ
methodology
【总】关于认识世界和改造世界的方法的理论。是普遍适用于各门具体科学并起指导作用的范畴、原则、理论、方法和手段的总和。在不同层次上有具体科学方法论、一般科学方法论和哲学方法论的区别。

方根/方根 fānggēn/ㄈㄤ ㄍㄣ
radical root
【数】当 $x^n=a$ 时，x 叫作 a 的 n 次方根。a 的 n 次方根记作$\sqrt[n]{a}$，其中 a 叫作被开方数或根底数，n 叫作根指数。例如，$\sqrt[3]{18}$是 18 的 3 次方根，18 是被开方数，3 是根指数。

方剂/方劑 fāngjì/ㄈㄤ ㄐㄧˋ
prescription, * formula
【中医】在辨证、辨病，确定立法的基础上，根据组方原则和结构，选择适宜药物组合而成的药方和制剂。例如麻黄汤、六味地黄丸、逍遥散等。

方剂学/方劑學 fāngjìxué/ㄈㄤ ㄐㄧˋ ㄒㄩㄝˊ
prescriptions of Chinese materia medica
【中医】中医学的一个分支。研究治法与方剂配伍规律及其临床运用。又有临床方剂学、实验方剂学等分支。

方尖碑/方尖碑
fāngjiānbēi/ㄈㄤ ㄐㄧㄢ ㄅㄟ
obelisk
【建】古埃及崇拜太阳的纪念碑。常成对地竖立在神庙的入口处。断面为正方形，上小下大，顶部为金字塔形，常镀合金。通常长细比为 9∶1 或 10∶1，用整块花岗岩制成，最高可达 50 多米。碑身阴刻象形文字和图案。

方解石/方解石 fāngjiěshí/ㄈㄤ ㄐㄧㄝˇ ㄕˊ
calcite
【地】矿物。成分为 $CaCO_3$，常含镁、铁、锰、锌等。三方晶系。晶体常呈复三方偏三角面体及菱面体，集合体呈晶簇、粒状、钟乳状、鲕状、致密块状等。无色或白色，因含其他杂质而呈各种颜色，玻璃光泽，莫氏硬度 3，密度 2.6～2.8 克/厘米^3。遇冷稀盐酸剧烈起泡。自然界分布很广，为石灰岩的主要成分。也入中药。纯净无色透明的称为冰洲石。

方塊圖 ㄈㄤ ㄎㄨㄞˋ ㄊㄨˊ/fāngkuàitú
block diagram
【信息】台湾名。即“框图”(703 页)。

方里网/方里網 fānglǐwǎng/ㄈㄤ ㄌㄧˇ ㄨㄤˇ
kilometer grid
【测绘】在地形图的平面直角坐标系内，按一定固定间距画出的平行坐标轴的网格线。通常以千米为单位，按整数坐标绘出。生活、交通、旅游类地图也使用类似的格线，以辅助判读定位。

方镁石/方鎂石 fāngměishí/ㄈㄤ ㄇㄟˇ ㄕˊ
periclase
【地】矿物。成分为 MgO。轴晶系。晶体呈立方体或八面体，集合体为不规则粒状。灰白、浅黄、褐至黑色，莫氏硬度5.5，密度 3.56 克/厘米^3。是制造耐火材料和绝缘材料的原料。

方木/方材 fāngmù/ㄈㄤ ㄇㄨˋ
squared timber
【建】由原木锯解成四角垂直或带有缺棱的截面，宽度和高度之比小于规定值的木材。

方钠石/方鈉石 fāngnàshí/ㄈㄤ ㄋㄚˋ ㄕˊ

sodalite

【地】矿物。成分为 $Na_8[AlSiO_4]_6Cl_2$，有时含钾。等轴晶系。晶体呈菱形十二面体，集合体通常呈粒状或块状。无色或灰、蓝、浅黄等色，玻璃光泽，莫氏硬度 5.5～6.0，密度 2.13～2.29克/厘米³。常与霞石、白榴石、长石、锆石等矿物共生。

方铅矿/方鉛礦

fāngqiānkuàng/ㄈㄤ ㄑㄧㄢ ㄎㄨㄤˋ

galena, galenite

【地】矿物。成分为 PbS。等轴晶系。晶体多呈完美的立方体的晶体，聚在一起形成粒状或块状。铅灰色，金属光泽，莫氏硬度 2.5，密度 7.4～7.6 克/厘米³。常与闪锌矿共生，常含银。是提取铅、银的矿物原料。

方上/方上 fāngshàng/ㄈㄤ ㄕㄤˋ

Square tumulus

【建】早期帝陵地面以上的封土坟头。多为覆斗形方丘，在地宫之上，用黄土层层夯筑，成为四方形覆斗，好像方锥体截去顶部，体量巨大，例如汉武帝茂陵的方上，底部面积 231 米×234 米，顶部面积 39.5 米×35.5 米，残高 46.5 米。唐代诸陵依山为陵，方上极少，故称山陵。北宋承袭汉制，类似汉陵方上，体量较小，称为陵台。

方位角/方位角

fāngwèijiǎo/ㄈㄤ ㄨㄟˋ ㄐㄧㄠˇ

azimuth

【天】又称“地平经度”。地平坐标系的经向坐标，经过天球上一点的地平经圈（天球上过天顶和天底的大圆）与子午圈所交的球面角。

方向舵/方向舵

fāngxiàngduò/ㄈㄤ ㄒㄧㄤˋ ㄉㄨㄛˋ

rudder

【航】可通过操纵舵面状态，保持飞机飞行航向平衡、稳定的翼面。安装在飞机尾部上方。通过驾驶员操作可左右偏转，以改变和控制飞机航向。超声速飞机通常采取整体全动式舵面装置。

方向机 fāngxiàngjī/ㄈㄤ ㄒㄧㄤˋ ㄐㄧ

【机】即“转向器”（1485 页）。

方向角/方向角

fāngxiàngjiǎo/ㄈㄤ ㄒㄧㄤˋ ㄐㄧㄠˇ

direction angle

【数】❶平面上一条直线向上的方向与 x 轴的正方向所成的最小非负角 α，叫作这条直线的方向角。❷空间中一条直线的一个方向与 x 轴、y 轴和 z 轴的正方向所成的最小非负角 α,β,γ 叫作这条直线的方向角。若空间直线没指定方向，则它有两组方向角，分别针对直线的两个相反的方向。

方向盘 fāngxiàngpán/ㄈㄤ ㄒㄧㄤˋ ㄆㄢˊ

【机】即“转向盘”（1485 页）。

方向数/方向數

fāngxiàngshù/ㄈㄤ ㄒㄧㄤˋ ㄕㄨˋ

direction number

【数】与空间中的直线 l 平行的任一非零向量的坐标 (a,b,c) 叫作 l 的一组方向数。由方向数可以确定直线的方向。若空间中的直线 l 的方向余弦 $\cos\alpha=m, \cos\beta=n, \cos\gamma=p$，则 $km, kn, kp\ (k\neq0)$ 为 l 的一组方向数。

方向向量/方向向量

fāngxiàng xiàngliàng/ㄈㄤ ㄒㄧㄤˋ ㄒㄧㄤˋ ㄌㄧㄤˋ

direction vector

【数】表示直线的方向的向量。在直线 l 上任取两点 A,B，向量 $\overrightarrow{AB}$ 或 $\overrightarrow{BA}$ 可以作为与 l 平行的任一直线的方向向量。

方向余弦/方向餘弦

fāngxiàng yúxián/ㄈㄤ ㄒㄧㄤˋ ㄩˊ ㄒㄧㄢˊ

direction cosine

【数】若空间中一条直线 l 的方向角为 α,β,γ，则 $\cos\alpha, \cos\beta, \cos\gamma$ 叫作 l 的方向余弦。方向余弦满足 $\cos^2\alpha+\cos^2\beta+\cos^2\gamma=1$。

方照潮 fāngzhàocháo/ㄈㄤ ㄓㄠˋ ㄔㄠˊ

【水利】即“小潮”（1258 页）。

芳香油 fāngxiāngyóu/ㄈㄤ ㄒㄧㄤ ㄧㄡˊ

【化】即“精油”（645 页）。

芳香族化合物/芳香族化合物

fāngxiāngzú huàhéwù/ㄈㄤ ㄒㄧㄤ ㄗㄨˊ ㄏㄨㄚˋ ㄏㄜˊ ㄨˋ

aromatic compound

【化】具有芳香性的一类碳环化合物。主要指具有一个或多个苯环的烃及其衍生物。苯是最简单的典型代表物。主要来源于石油和煤焦油。

F

枋/枋 fāng/ㄈㄤ

tiebeam

【建】中国古建筑大木结构中，水平方向起拉结、联系作用的构件。安装在柱身之间、斗拱之间，处于不同位置有不同的名称。明清建筑有檐枋、额枋、脊枋、金枋等；宋式建筑有阑额、柱头枋、平棊枋等。图见“抬梁式木构架”(1098 页)

钫/鍅 fāng/ㄈㄚˇ

francium

【化】金属元素。属周期表第ⅠA 族(碱金属)，符号 Fr，原子序数 87。原子量 223.0197。有放射性，自然界极少量存在于铀矿和钍矿中。化学性质十分活泼。

📖 1914 年，德国有研究所明确指出：89 号元素锕可进行 α 衰变，它应该能生成 87 号元素；1939 年法国的佩里(M.Perey)在处理铀的衰变产物时发现了这一种新元素，并成功地把它从锕-227的衰变产物中分离出来。拉丁文定名为 francium，源自 France，意思是“法兰西”，用以纪念发现者的祖国。中文定名原为“鍅”(1944 年)，后大陆改为“钫”，台湾地区改为“鍅”。

防雹/抑雹 fángbáo/ㄧˋ ㄅㄠˊ

hail suppression

【气】通过播撒催化剂或爆炸等方法，改变云中有利于冰雹生长的热力、动力或水汽等条件，抑制或削弱冰雹继续生长，以减轻或消除冰雹的危害。

防步兵地雷/防步兵地雷

fángbùbīng dìléi/ㄈㄤˊ ㄅㄨˋ ㄅㄧㄥ ㄉㄧˋ ㄌㄟˊ

antipersonnel mine

【军】又称“杀伤人员地雷”。用于杀伤徒步人员的地雷。通常由雷壳、装药、引信组成。组成防步兵地雷场或地雷群后，可阻滞步兵行动，杀伤有生力量，造成心理恐惧。也可与防坦克地雷一起组成混合地雷场。可分为爆破型防步兵地雷和破片型防步兵地雷。

防弹衣/防彈衣 fángdànyī/ㄈㄤˊ ㄉㄢˋ ㄧ

bulletproof clothing

【军】又称“避弹衣”“避弹服”。用于防护弹头或弹片对人体伤害的单兵护体装具。主要由衣套和防弹层两部分组成。多为背心式。包括步兵防弹衣、飞行人员防弹衣和炮兵防弹衣等。

防毒斗篷/防毒斗篷

fángdú dǒupeng/ㄈㄤˊ ㄉㄨˊ ㄉㄡˇ ㄆㄥˊ

protective cape

【军】用于防止毒剂和生物战剂液滴、粉剂及放射性灰尘对人员造成伤害的个人防护装备。通常由聚乙烯薄膜或橡胶薄膜制成，与防毒面具、防毒手套、防毒靴套配套，供防护时一次性使用。

防毒服/防護衣 fángdúfú/ㄈㄤˊ ㄏㄨˋ ㄧ

protective suit

【军】又称“透气式防毒服”。由含有透气防毒材料制成的个人防护装备。与防毒面具、防毒手套、防毒靴等配套使用，用于防止毒剂接触皮肤而造成伤害，具有防毒、透气散热等基本功能，有些防毒服还有伪装、防水、阻燃等功能。适于在受染程度不十分严重的环境中使用。

防毒面具/防毒面具

fángdú miànjù/ㄈㄤˊ ㄉㄨˊ ㄇㄧㄢˋ ㄐㄩˋ

gas mask

【军】佩戴于头部，用于保护呼吸器官、眼睛和面部，防止毒剂、生物战剂、放射性灰尘等有毒有害物质对人员造成伤害的个人防护装备。按防护原理不同，可分为过滤式防毒面具和隔绝式防毒面具。

防毒衣/防護衣 fángdúyī/ㄈㄤˊ ㄏㄨˋ ㄧ

protective clothing

【军】防止毒剂、生物战剂、放射性灰尘等直接接触皮肤而伤害人体的个人防护装备。以不透气材料为主制成，主要在严重受染区域使用。可分为隔绝式防毒衣和部分透气式防毒衣。

防风/防風

fángfēng/ㄈㄤˊ ㄈㄥ

㊀ fangfeng，㊁ Radix Saposhnikoviae (拉)， divaricate saposhnikovia root

㊀【植】*Saposhnikovia divaricata* 伞形科防风属。多年生草本植物。根粗壮，圆柱形，淡黄棕色，根头处有叶残基和环纹。茎单生，叶二至三回羽状分裂。复伞形

防风

花序,花瓣五枚,白色。花期 8—9 月份。在中国,分布于东北、内蒙古、河北、山东、宁夏、甘肃、陕西、山西等地。根可入药。㊁【中医】中药名。伞形科植物防风 *Saposhnikovia divaricata*(Turcz.)Schischk. 的干燥根。味辛、甘,性温。归膀胱、肝、脾经。解表祛风,胜湿,止痉。用于感冒头痛,风湿痹痛,风疹瘙痒,破伤风。

防风林/防風林
fángfēnglín/ㄈㄤˊ ㄈㄥ ㄌㄧㄣˊ
windbreak
【农】以防御风沙为主要目的的森林或林带。可以降低风速,增加空气温度,调节水源,改善环境和维持生态平衡。多选用根系发达、抗风性能强的树种。

防风通圣丸/防風通聖丸
fángfēng-tōngshèngwán/ㄈㄤˊ ㄈㄥ ㄊㄨㄥ ㄕㄥˋ ㄨㄢˊ
fangfeng tongsheng pills, fangfeng tongsheng wan, * saposhnikovia sage-inspired pill
【中医】中成药名。主要成分:防风、荆芥、薄荷、麻黄、大黄、芒硝、栀子、滑石、桔梗、石膏、川芎、当归、白芍、黄芩、连翘、甘草、白术。口服。解表通里,清热解毒。用于外寒内热,表里俱实,恶寒壮热,头痛咽干,小便短赤,大便秘结,瘰疬初起,风疹湿疮。

防洪/防洪 fánghóng/ㄈㄤˊ ㄏㄨㄥˊ
flood control
【水利】根据洪水规律和洪灾危害状况,采取各种对策、措施和方法,以防止或减缓洪水灾害,保障社会安全的水利工作。

防护林/保護林 fánghùlín/ㄅㄠˇ ㄏㄨˋ ㄌㄧㄣˊ
shelter forest
【农】以防护为主要目的的森林或林带。按其防护目的和效能不同,可分为水源涵养林、水土保持林、防风固沙林、农田牧场防护林、护路林、护岸林等。

防護衣 ㄈㄤˊ ㄏㄨˋ ㄧ/fánghùyī
❶protective suit, ❷protective clothing
【军】❶ 台湾名。即“防毒服”(322 页)。❷ 台湾名。即“防毒衣”(322 页)。

防化作业箱/防化作業箱
fánghuà zuòyèxiāng/ㄈㄤˊ ㄏㄨㄚˋ ㄗㄨㄛˋ ㄧㄝˋ ㄒㄧㄤ
chemical operation box
【军】一种便携式防化作业工具。用于估算核化武器袭击杀伤破坏情况与核化事故应急救援。主要由便携式计算机、打印机等硬件系统,以及核估算、化学估算、烟幕估算、洗消作业力计算和防化参谋作业等应用软件系统组成,配有通信数传用调制解调器。

防火墙/防火牆
fánghuǒqiáng/ㄈㄤˊ ㄏㄨㄛˇ ㄑㄧㄤˊ
firewall
㊀【建】为减少或避免建筑物、结构、设备遭受火灾蔓延或热辐射危害而设置的竖向分隔墙。㊁【信息】互联网上用以加强网络间访问控制的一种特殊互连设备。防止外部用户以非法手段进入并访问内部网络资源,以保护内部网络的正常运行。

防空导弹
fángkōng dǎodàn/ㄈㄤˊ ㄎㄨㄥ ㄉㄠˇ ㄉㄢˋ
【军】即“地空导弹”(221 页)。

防浪板 fánglàngbǎn/ㄈㄤˊ ㄌㄤˋ ㄅㄢˇ
【船】即“挡浪板”(203 页)。

防浪林/防浪林
fánglànglín/ㄈㄤˊ ㄌㄤˋ ㄌㄧㄣˊ
forest against wave wash
【水利】防护林的一种。为防御波浪冲刷堤坡而种植在近堤迎水面滩地的多排耐水林木。

防雷/防雷 fángléi/ㄈㄤˊ ㄌㄟˊ
lightning prevention
【气】雷电的防护技术。通过对电荷的拦截、疏导最后泄放入地的工程设施,形成人工电荷通道,有效防止电荷通过自由放电建立通道而直击建筑物本身或其内部设备。

防雷装置/防雷裝置
fángléi zhuāngzhì/ㄈㄤˊ ㄌㄟˊ ㄓㄨㄤ ㄓˋ
lightning protection device
【气】防雷电设施的统称。包括避雷针、避雷线、避雷带、避雷网等。通常由接闪器、引下线、接地装置、电涌保护器及其他连接导体构成。

防鼠板/防鼠板
fángshǔbǎn/ㄈㄤˊ ㄕㄨˇ ㄅㄢˇ
rat guard

【船】船靠泊时，为阻拦老鼠沿缆索在船岸之间流窜而套设在缆索上的特殊金属板。各国政府或船级社都要求船舶装设防鼠板，凡装设不符合要求的船舶不准靠泊，并可处以高额罚款。

防霜/防霜 fángshuāng/ㄈㄤˊ ㄕㄨㄤ

frost prevention

【气】运用物理化学方法或农业技术方法防御霜冻对农作物产生危害。通过施放烟幕、喷施雾剂、灌水、覆盖、建造大棚、种植防护林等措施，使近地层空气、土壤或植被表面维持在某一温度以上，以保护作物免受低温伤害。

防坦克地雷/防坦克地雷

fángtǎnkè dìléi/ㄈㄤˊ ㄊㄢˇ ㄎㄜˋ ㄉㄧˋ ㄌㄟˊ

antitank mine

【军】用以毁伤坦克和其他车辆的地雷。通常由雷壳、装药、引信及辅助机构组成。用于布设防坦克地雷场或地雷群，阻滞机械化部队的行动。按其破坏目标部位的不同，可分为反坦克履带地雷(简称为反履带雷)、反坦克车底地雷(简称为反车底雷)、反坦克履带车底两用地雷(简称为两用雷)、反坦克侧甲地雷(简称为反侧甲雷，也称为路旁地雷)和反坦克顶甲地雷(简称为反顶甲雷)。

防坦克火箭

fángtǎnkè huǒjiàn/

ㄈㄤˊ ㄊㄢˇ ㄎㄜˋ ㄏㄨㄛˇ ㄐㄧㄢˋ

【军】即“反坦克火箭”(316 页)。

防险救生船/救難船

fángxiǎn jiùshēngchuán/

ㄐㄧㄡˋ ㄋㄢˋ ㄔㄨㄢˊ

salvage ship

【军】用于援救打捞失事舰艇、飞机、落水人员的辅助舰船。作业内容包括为失事潜艇艇员提供生存保障，援救其脱险，并打捞沉没潜艇；对失事水面舰艇实施脱浅离礁、堵漏、排水和拖带，打捞沉没水面舰艇；营救遇难舰艇、飞机的落水人员；进行水下施工，清除航道、港湾水下障碍物及其他沉没物体等潜水勤务；担负海上科学实验的防险救生保障等。

防汛/防汛 fángxùn/ㄈㄤˊ ㄒㄩㄣˋ

flood defense

【水利】根据江河汛期规律和危害状况，采取各种对策、措施和方法，防止洪水泛滥成灾，保障社会安全的水利工作。

防疫服/防疫服 fángyìfú/ㄈㄤˊ ㄧˋ ㄈㄨˊ

antiepidemic suit

【军】防止病原微生物污染或传染病媒介物叮咬的服装。通常由浸碳的纤维材料制成，在疫区或生物战剂、病原微生物载体等存留的污染区穿着，防止人员的皮肤、黏膜和伤口被污染。

房车/房車 fángchē/ㄈㄤˊ ㄔㄜ

recreational vehicle

【交】一种可以移动、具有居家必备的基本设施的汽车。分为自行和牵引两类。通常要有房车宿营地与其配套。

房山石/房山石

fángshānshí/ㄈㄤˊ ㄕㄢ ㄕˊ

Fangshan stone

【建】又称“北太湖石”。产于北京房山区的一种石头。属砾岩，石质坚固，耐风化，白中透青，青中含白，外貌类似太湖石，具有雄浑、厚重、敦实的特性。是北方皇家园林中大量运用的园林景观石。

房室传导阻滞/房室傳導阻斷

fángshì chuándǎo zǔzhì/

ㄈㄤˊ ㄕˋ ㄔㄨㄢˊ ㄉㄠˇ ㄗㄨˇ ㄉㄨㄢˋ

atrioventricular block

【医】电活动从心房向心室传导延迟或完全不能传到心室的症状。多见于心肌炎、心肌病、冠心病等。

房室傳導阻斷

ㄈㄤˊ ㄕˋ ㄔㄨㄢˊ ㄉㄠˇ ㄗㄨˇ ㄉㄨㄢˋ/

fángshì chuándǎo zǔduàn

atrioventricular block

【医】台湾名。即“房室传导阻滞”(324 页)。

房屋 fángwū/ㄈㄤˊ ㄨ

【建】即“建筑物”(605 页)。

房屋间距/房屋間距

fángwū jiānjù/ㄈㄤˊ ㄨ ㄐㄧㄢ ㄐㄩˋ

space between building

【建】通常指前后两列居住建筑之间的水平距离。主要根据所在地区的日照、通风、防止噪声和视线干扰、防火、防震、绿化、管线埋设、建筑布局形式以及节约用地等要求而确定。中国大部分地区的住宅布置，通常把日照要求

(或具体为日照间距)作为确定房屋间距的主要因素。

鲂鮄/魴鮄 fángfú/ㄈㄤˊ ㄈㄨˊ

sea robin

【动】*Megalobrama skolkovii* 鱼名。硬骨鱼纲鲂鮄科。身体较长,略呈圆筒形,头部有骨质板,背鳍两个,胸鳍扇形,下部几根鳍条分离,各自形成指状触器,能在海底爬行,以软体动物和小鱼等为食。生活在温带和亚热带海洋中。种类很多,常见的有绿鳍鱼(*Chelidonichtys spinosus*)、红娘鱼(*Lepidotrigla microptera*)等。中国沿海均有分布。

鲂 鮄

仿生材料/仿生材料

fǎngshēng cáiliào/ㄈㄤˇ ㄕㄥ ㄘㄞˊ ㄌㄧㄠˋ

biomimetic materials

【材】仿制天然生物、模拟生物结构或功能的材料。如有自愈合功能的仿生智能材料、基于生物膜的功能材料等。按应用目标不同,可分为应用于工程学的仿生材料及应用于医学的组织工程材料。

仿生学/仿生學

fǎngshēngxué/ㄈㄤˇ ㄕㄥ ㄒㄩㄝˊ

bionics

【生】生物学的一个分支。模仿生物系统的结构、功能和机理,为设计和建造人造技术系统提供新原理、新方法和新途径,使技术系统具有类似生物系统的特征。例如模拟人脑的结构和功能原理,改善计算机的性能。

仿形机床/複製機床

fǎngxíng jīchuáng/ㄈㄨˋ ㄓˋ ㄐㄧ ㄔㄨㄤˊ

copying machine tool

【机】按照样板或靠模控制刀具或工件的运动轨迹对工件进行仿形加工的半自动机床。如配以机床上下料装置,可实现单机自动化或纳入自动生产线中。某些通用机床附装仿形装置后也可实现仿形加工。

访问/進接

fǎngwèn/ㄐㄧㄣˋ ㄐㄧㄝ

access

【信息】又称"存取"。将数据放入存储器或从中取出的过程。

访问路径/存取路徑

fǎngwèn lùjìng/ㄘㄨㄣˊ ㄑㄩˇ ㄌㄨˋ ㄐㄧㄥˋ

❶access path,❷search path

【信息】❶引向所要的数据的地址链。对给定的数据项,可以同时有不止一个访问路径。❷即"搜索路径"(1083 页)。

纺/紡 fǎng/ㄈㄤˇ

habutai

【纺】经丝、纬丝不加捻或加弱捻,以平纹组织织制的非紧密结构丝织物。外观细洁平滑,平整缜密,手感柔软,光泽柔和明亮。可分为色织、漂白、染色和印花等种类。主要用作妇女夏季衬衫、裙子等的面料。

纺绸/紡綢 fǎngchóu/ㄈㄤˇ ㄔㄡˊ

soft plain-weave silk fabric

【纺】丝织物。旧时以浙江杭州所产的最佳,称为杭纺;江苏吴江之盛泽镇所产的,称为盛纺。用素地,作衣料。其质薄而轻,又称素绸,常作衣里,适于做夏季服装。

纺织/紡織 fǎngzhī/ㄈㄤˇ ㄓ

textile

【纺】纺纱与织布的合称。

纺织品/紡織品 fǎngzhīpǐn/ㄈㄤˇ ㄓ ㄆㄧㄣˇ

textile

【纺】通过纺织及其后加工整理、缝制的产品的统称。主要分为服装用、家居用、产业用等类别。早期多为手工制作,后主要用机械生产。

纺织纤维/紡織纖維

fǎngzhī xiānwéi/ㄈㄤˇ ㄓ ㄒㄧㄢ ㄨㄟˊ

textile fiber

【纺】简称"纤维"。用于制造纱线或织物等的纤维。直径或宽度多在数微米至数十微米之间,长度数厘米或更长,具有一定的强度、柔韧度和耐热性能、可染色性能等。可分为天然纤维和化学纤维两类。

舫/舫 fǎng/ㄈㄤˇ

boat house

【建】在园林水面上仿照船的造型建造的建筑。供游玩宴饮、观赏水景用。因其像船而不能动,故又名"不系舟"。如颐和园昆明湖中的石舫。

紡毛紡 ㄈㄤˇ ㄇㄠˊ ㄈㄤˇ/fǎngmáofǎng
woolen spinning
【纺】台湾名。即“粗纺”(169 页)。

紡毛織物 ㄈㄤˇ ㄇㄠˊ ㄓ ㄨˋ/fǎngmáo zhīwù
woolen fabric
【纺】台湾名。即“呢绒”(832 页)。

放大镜/放大鏡
fàngdàjìng/ㄈㄤˋ ㄉㄚˋ ㄐㄧㄥˋ
magnifier
【物】焦距小于明视距离的凸透镜。其作用是放大视角。单个放大镜的放大倍数通常为2～3倍。

放大器/放大器 fàngdàqì/ㄈㄤˋ ㄉㄚˋ ㄑㄧˋ
amplifier
【电】用于增大信号功率的器件。

放电/放電 fàngdiàn/ㄈㄤˋ ㄉㄧㄢˋ
electric discharge, discharge
【物】❶带电体的电荷消失的现象。可通过导线或气体实现。雷电就是自然界中的放电现象。❷将储存在一个器件中的一部分或全部的能量以电能的形式取出。例如电容器放电或电池放电。

放电加工
fàngdiàn jiāgōng/ㄈㄤˋ ㄉㄧㄢˋ ㄐㄧㄚ ㄍㄨㄥ
【机】即“电火花加工”(246 页)。

放疗 fàngliáo/ㄈㄤˋ ㄌㄧㄠˊ
【医】“放射治疗”的简称。

放射化学/放射化學
fàngshè huàxué/ㄈㄤˋ ㄕㄜˋ ㄏㄨㄚˋ ㄒㄩㄝˊ
radiochemistry
【化】化学的一个分支。研究放射性物质及原子核转变过程相关的化学问题。注重放射性核素的制备、分离、纯化、鉴定、低浓化学状态、核转变产物性质及其应用。

放射生态学/放射生態學
fàngshè shēngtàixué/
ㄈㄤˋ ㄕㄜˋ ㄕㄥ ㄊㄞˋ ㄒㄩㄝˊ
radioecology
【环】环境生态学的一个分支。研究生物与受放射性污染环境间的相互作用及其影响。主要包括:研究放射性污染引起的生物形态、生殖和生化变化,以及对生态系统结构和功能的影响;探讨生物对放射性污染物的吸收和富集机理及其规律等。

放射現象
ㄈㄤˋ ㄕㄜˋ ㄒㄧㄢˋ ㄒㄧㄤˋ/fàngshè xiànxiàng
radioactivity
【物】台湾名。即“放射性”(326 页)。

放射性/放射性
fàngshèxìng/ㄈㄤˋ ㄕㄜˋ ㄒㄧㄥˋ
radioactivity
【物】台湾又称“放射現象”。不稳定的原子核自发地放出粒子和射线或产生自发裂变的性质。有天然放射性和人工放射性两种。
📖 1896 年,法国物理学家贝可勒尔(A. H. Becquerel,1852—1908)发现含铀物质能够发射出穿透力很强的不可见的射线,使照相底片感光。后经研究知道,这种射线由 α 射线、β 射线、γ 射线组成。

放射性測年
ㄈㄤˋ ㄕㄜˋ ㄒㄧㄥˋ ㄘㄜˋ ㄋㄧㄢˊ/
fàngshèxìng cènián
radioactive dating, radioactive age determination
【物】台湾名。即“放射性鉴年法”(327 页)。

放射性尘埃/放射性塵埃
fàngshèxìng chén'āi/
ㄈㄤˋ ㄕㄜˋ ㄒㄧㄥˋ ㄔㄣˊ ㄞ
radioactive dust
【环】又称“放射性微尘”。悬浮在大气中的放射性固态或液态微粒。其粒径大多在 0.035～0.05 微米,一般呈云雾状。在原子弹和氢弹爆炸、反应堆事故或放射性核素生产和处理等过程中,易产生放射性尘埃。

放射性沉降物/放射性沈降物
fàngshèxìng chénjiàngwù/
ㄈㄤˋ ㄕㄜˋ ㄒㄧㄥˋ ㄔㄣˊ ㄐㄧㄤˋ ㄨˋ
radioactive fallout
【环】又称“核试验沉降物”。指核爆炸产生的放射性核素在大气中扩散,最终降落到地面和水面的颗粒状人工放射性物质。

放射性废水/放射性廢水
fàngshèxìng fèishuǐ/
ㄈㄤˋ ㄕㄜˋ ㄒㄧㄥˋ ㄈㄟˋ ㄕㄨㄟˇ
radioactive wastewater
【环】核工业和放射性同位素应用部门在生产

活动中产生的废水。按废水所含放射性浓度不同，大致可分为高水平放射性废液和低水平放射性废水。前者主要是核燃料后处理第一循环产生的废液；后者主要是核燃料前处理（包括核燃料开采制取）和后处理的其他工序，以及核电站和应用放射性同位素的研究机构、医院等产生的废水。

放射性废物/放射性廢物

fàngshèxìng fèiwù/ㄈㄤˋ ㄕㄜˋ ㄒㄧㄥˋ ㄈㄟˋ ㄨˋ

radioactive waste

【环】含有放射性核素或被放射性核素污染，其浓度或活度超过国家规定限值的废弃物。主要是在核能开发和利用的生产活动中产生的。包括放射性废水、废气和固体废物。

放射性核素/放射性核種

fàngshèxìng hésù/ㄈㄤˋ ㄕㄜˋ ㄒㄧㄥˋ ㄏㄜˊ ㄓㄨㄥˇ

radioactive nuclide

【物】能发生放射性衰变的核素。天然核素中，原子序数大于或等于 84 的均为放射性的；原子序数小于或等于 83 的，也有一些是放射性的。在反应堆和粒子加速器中通过核反应产生的，为人工放射性核素。

放射性核種

ㄈㄤˋ ㄕㄜˋ ㄒㄧㄥˋ ㄏㄜˊ ㄓㄨㄥˇ/

fàngshèxìng hézhǒng

radioactive nuclide

【物】台湾名。即“放射性核素”(327 页)。

放射性监测/放射性監測

fàngshèxìng jiāncè/

ㄈㄤˋ ㄕㄜˋ ㄒㄧㄥˋ ㄐㄧㄢ ㄘㄜˋ

radioactivity monitoring

【环】对环境中放射性核素的射线强度和污染状况进行测量，并对测量结果进行分析研究的过程。能够为判断和评估放射性污染对人体和其他生命体可能造成的危害提供依据。

放射性鉴年法/放射性年代測定

fàngshèxìng jiànniánfǎ/

ㄈㄤˋ ㄕㄜˋ ㄒㄧㄥˋ ㄋㄧㄢˊ ㄉㄞˋ ㄘㄜˋ ㄉㄧㄥˋ

radioactive dating, radioactive age determination

【物】台湾又称“放射性测年”。应用放射性核素的衰变规律，测定矿石、地层的生成年代以及某些古文物的年代和古生物遗骸的死亡年代。有铀—铅计时、铀系计时、放射性碳计时等。

放射性勘探/放射性探勘

fàngshèxìng kāntàn/

ㄈㄤˋ ㄕㄜˋ ㄒㄧㄥˋ ㄊㄢˋ ㄎㄢ

radioactivity prospecting

【地】一种地球物理勘探方法。利用专门仪器测量放射性元素的射线强度或射气浓度，也可以利用人工放射源，以寻找放射性矿床或解决有关地质问题，也是寻找与放射性元素共生的稀有元素、稀土元素以及多金属元素矿床的辅助手段。主要方法有放射性调查、γ 测井、射气测量、α 径迹测量等。

放射性年代測定

ㄈㄤˋ ㄕㄜˋ ㄒㄧㄥˋ ㄋㄧㄢˊ ㄉㄞˋ ㄘㄜˋ ㄉㄧㄥˋ/

fàngshèxìng niándài cèdìng

radioactive dating, radioactive age determination

【物】台湾名。即“放射性鉴年法”(327 页)。

放射性示踪法/放射性示蹤法

fàngshèxìng shìzōngfǎ/

ㄈㄤˋ ㄕㄜˋ ㄒㄧㄥˋ ㄕˋ ㄗㄨㄥ ㄈㄚˇ

radioactive tracer method

【物】使放射性核素不断发出辐射，用探测器探知其下落，作为示踪物来辨别其他物质的运动情况和变化规律的方法。广泛应用于工农业生产、医疗卫生和科学研究等领域。

放射性探勘

ㄈㄤˋ ㄕㄜˋ ㄒㄧㄥˋ ㄊㄢˋ ㄎㄢ/

fàngshèxìng tànkān

radioactivity prospecting

【地】台湾名。即“放射性勘探”(327 页)。

放射性同位素/放射性同位素

fàngshèxìng tóngwèisù/

ㄈㄤˋ ㄕㄜˋ ㄒㄧㄥˋ ㄊㄨㄥˊ ㄨㄟˋ ㄙㄨˋ

radioisotope

【化】具有放射性的同位素。其原子核不稳定，能自发地放出 α 射线、β 射线或通过 K 电子俘获等方式进行蜕变。

放射性微尘

fàngshèxìng wēichén/

ㄈㄤˋ ㄕㄜˋ ㄒㄧㄥˋ ㄨㄟ ㄔㄣˊ

【环】即“放射性尘埃”(326 页)。

放射性污染/放射性污染
fàngshèxìng wūrǎn/ㄈㄤˋ ㄕㄜˋ ㄒㄧㄥˋ ㄨ ㄖㄢˇ
radioactive contamination
【环】人类活动排放的放射性污染物使环境的放射性水平高于天然本底或超过国家规定的标准,对人和生物及其他物质产生有害效应的现象。放射性污染物有半衰期,能放射具有能量的射线,射线在环境中广泛扩散,通过多种途径进入人体,使人体受到放射性伤害。

放射治疗/放射治療
fàngshè zhìliáo/ㄈㄤˋ ㄕㄜˋ ㄓˋ ㄌㄧㄠˊ
radiotherapy
【医】简称"放疗",台湾又称"射線治療"。利用电离辐射治疗肿瘤的方法。通过对瘤体进行一定放射剂量的照射,杀伤破坏肿瘤细胞组织。治疗恶性肿瘤的主要方法之一。

F

放线菌/放線菌
fàngxiànjūn/ㄈㄤˋ ㄒㄧㄢˋ ㄐㄩㄣ
actinomycetes
【生】有菌丝或分枝丝状体的一类微生物。菌丝纤细,常从一个中心向四周辐射生长。大部分抗生素是由放线菌产生的。

放行/放行 fàngxíng/ㄈㄤˋ ㄒㄧㄥˊ
let pass
【交】货物、行李物品、船舶等进出境海关时,经所有人或代理人向海关办理手续后,海关准予进出国境。

放血疗法/放血療法
fàngxuè liáofǎ/ㄈㄤˋ ㄒㄧㄝˋ ㄌㄧㄠˊ ㄈㄚˇ
blood letting therapy
【中医】外治法之一。用针具或刀具刺破或划破人体特定穴位或一定部位,放出少量血液,以治疗高热、神昏、中暑、感冒、各种疼痛、风眩、急惊风、中毒、毒蛇咬伤等病证。

fei (ㄈㄟ)

飞/飛 fēi/ㄈㄟ
【计量】"飞母托"的简称。

飞播 fēibō/ㄈㄟ ㄅㄛ
【农】"飞机播种"的简称。

飞船/飛船 fēichuán/ㄈㄟ ㄔㄨㄢˊ
airship
【航】又称"飞艇"。有推进装置,可控制飞行姿态的流线型航空航天器。
📖 按用途不同,可分为宇宙飞船和空中飞船。宇宙飞船是空间飞行器的一种;空中飞船是过去的称谓,通常称之为飞艇,结构可分为软式、硬式和半硬式,内充轻于空气的氢气、氦气以提升飞艇浮力。通常由艇体、尾面、吊舱和动力装置组成,并且有载人飞船和不载人飞船。最早在1852年吉法尔(H. Giffard)制造装有蒸汽机的飞船,1900年德国人齐柏林(F. Zeppelin)制造大型硬式飞船,中国1986年"天舟一号"充热空气的飞艇由北京航空学院(现北京航空航天大学)制造成功。

飞扶壁/飛扶壁 fēifúbì/ㄈㄟ ㄈㄨˊ ㄅㄧˋ
flying buttress
【建】从外墙的扶壁或支柱上越过侧廊屋顶,抵住中厅的骨架券脚的拱或平拱。是哥特式建筑在结构上的重要创造,把原本实心的、被屋顶遮盖起的扶壁露在外面。哥特盛期的飞扶壁轻巧、美观,有时分上下两层,分别抵住券脚和屋面底部,上部有为增加飞扶壁稳定性的尖塔。

飞扶壁

飞灰 fēihuī/ㄈㄟ ㄏㄨㄟ
【环】即"粉煤灰"(348页)。

飞机/飛機 fēijī/ㄈㄟ ㄐㄧ
aeroplane, airplane
【航】根据空气动力学原理设计的由固定翼产生升力,推进装置产生推(拉)力,能在大气层中飞行的航空器。按其功能不同,可分为军用机、民用机、试验飞机;按机种不同,可分为有人机、无人机、水陆两栖飞机;按机型不同,又可分为大飞机、支线小飞机等。以旋翼为主要升力面的直升机、无动力滑翔机和在大气层外飞行的航天飞机均不属飞机范畴。

飞机播种/航空播種

fēijī bōzhǒng/ㄈㄤˊ ㄎㄨㄥ ㄅㄛˋ ㄓㄨㄥˇ

aerial seeding

【农】简称“飞播”。播种的一种方法。利用飞机作业把种子均匀地撒在荒山或土地上。适用于大面积造林、种草。

飞机尾迹/飛機尾跡

fēijī wěijì/ㄈㄟ ㄐㄧ ㄨㄟˇ ㄐㄧ

aircraft trail

【航】俗称“飞机拉烟”。空中飞行的飞机在一定温度、湿度和气压条件的大气环境里,由飞机的发动机排出的废气而引起的水汽凝结或冻结所形成的痕迹。

飞来峰/飛來峰 fēiláifēng/ㄈㄟ ㄌㄞˊ ㄈㄥ

klippe

【地】上盘的老岩层被角度平缓的逆断层堆到下盘新岩层之上,遭受强烈剥蚀后的残留部分。其四周是下盘的新岩层,形成好像是从他处飞来,故名。

飞母托/飛 fēimǔtuō/ㄈㄟ

femto

【计量】简称“飞”,台湾又称“毫微微”。用于构成十进分数单位的词头,相当于 10^{-15},符号f。例如:1 飞米=10^{-15} 米。

飞石 fēishí/ㄈㄟ ㄕˊ

【建】即“汀步”(1136 页)。

飞鼠 fēishǔ/ㄈㄟ ㄕㄨˇ

【动】即“鼯鼠”(1210 页)。

飞艇/飛艇 fēitǐng/ㄈㄟ ㄊㄧㄥˇ

airship

【航】❶有推进装置,以流线型气囊提供浮力支持其重量,且轻于空气的航空器。由巨大的流线型艇体、位于艇体下面的吊舱、起稳定控制作用的尾面和推进装置组成。艇体的气囊内充以密度比空气小的浮升气体(氢气或氦气),借以产生浮力使飞艇升空。❷即“飞船”(328 页)。

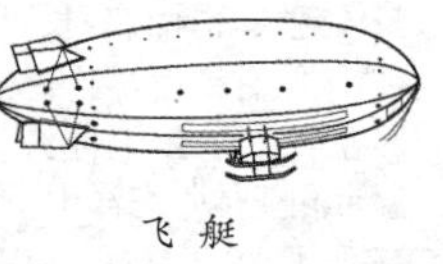

飞 艇

飞行/飛行 fēixíng/ㄈㄟ ㄒㄧㄥˊ

flight

【航】物体在地球表面一定距离空间的运动。按动力、任务、高度、速度等不同,可分为有动力和无动力飞行,有控和无控飞行;训练、战斗、商务和特种(科研、试飞、表演)飞行;带飞、单飞和编队飞行;空中、超低空(<100 米)、低空(100~1000 米)、中空(1000~7000 米)、高空(7000~15 000米)、超高空(>15 000米)和空间(大气层外)飞行;低速(马赫数 Ma<0.3)、亚声速(马赫数 Ma=0.3~0.8)、跨声速(马赫数 Ma=0.8~1.2)、超声速(马赫数 Ma=1.2~5.0)、高超声速(马赫数 Ma>5.0)飞行。

飞行半径

fēixíng bànjìng/ㄈㄟ ㄒㄧㄥˊ ㄅㄢˋ ㄐㄧㄥˋ

【航】即“活动半径”(549 页)。

飞行表演/飛行表演

fēixíng biǎoyǎn/ㄈㄟ ㄒㄧㄥˊ ㄅㄧㄠˇ ㄧㄢˇ

flying display

【航】供人观赏的飞行演示。是用各种特技飞行和带有各色拉烟筒的多机编队轨迹图案飞行,或钻越山洞、桥洞等惊险滚转、盘旋、跃升、转弯、俯冲等特技飞行。通常为低空或超低空飞行,对飞机的机动性和飞行员要求很高。

飞行参数记录器/飛行資料記録器

fēixíng cānshù jìlùqì/

ㄈㄟ ㄒㄧㄥˊ ㄗ ㄌㄧㄠˋ ㄐㄧˋ ㄌㄨˋ ㄑㄧˋ

flight data recorder

【航】又称“飞行数据记录器”,通称“黑匣子”。用于记录飞行器飞行全过程飞行参数数据的机载数字式数据记录装置。具有坠毁幸存能力,记录参数真实准确、实时完整、可靠安全,可根据所记录的数据进行事故分析、视情维修、飞行试验评估等。

飞行高度/飛行高度

fēixíng gāodù/ㄈㄟ ㄒㄧㄥˊ ㄍㄠ ㄉㄨˋ

flight altitude

【航】飞行航空器与平均海平面间的垂直距离。按用途需求不同,可分为绝对高度、相对高度、几何高度、仪表高度、场压高度等;飞行试验中常用的有气压高度、密度高度、温度高度、能量高度等。飞行任务不同,对高度值的要求也不同,在飞行管制规定中,还规定了飞行航空器彼此间高度层的垂直间隔。

飞行管制/飛行管制

fēixíng guǎnzhì/ㄈㄟ ㄒㄧㄥˊ ㄍㄨㄢˇ ㄓˋ

flight control

【航】根据国家相关空天飞行法律法规，对领空境内飞行器和飞行活动进行的管理控制。是飞行秩序维护、飞行安全保障和国家尊严保证的基础。对飞行器飞行航线、航路、高度、间隔、导航、通信、气象、雷达等方面都有明确的规定。航空器飞行和组织飞行活动必须遵守。

飞行模拟器/飛行模擬器

fēixíng mónǐqì/ㄈㄟ ㄒㄧㄥˊ ㄇㄛˊ ㄋㄧˇ ㄑㄧˋ

flight simulator

【航】模拟飞行器在各种空域飞行状态和飞行环境条件的器件和设备。可分为研究仿真试验模拟器、地面飞行模拟器、空中飞行仿真模拟器。

飞行能见度

fēixíng néngjiàndù/

ㄈㄟ ㄒㄧㄥˊ ㄋㄥˊ ㄐㄧㄢˋ ㄉㄨˋ

【气】即“空中能见度”(693 页)。

飞行器/飛行器 fēixíngqì/ㄈㄟ ㄒㄧㄥˊ ㄑㄧˋ

flight vehicle

【航】在地球大气层内和太空(外空间)飞行的器械系统。可分为在大气层内靠空气动力飞行的航空器，用火箭运载进入大气层外空间，通过引力作用进行一定轨道飞行的航天器(人造地球卫星、空间探测器、载人飞船等)，以及可分别在大气层内、外空间飞行的火箭、导弹、航天飞机等。

飞行事故/飛行事故

fēixíng shìgù/ㄈㄟ ㄒㄧㄥˊ ㄕˋ ㄍㄨˋ

aircraft accident and incident

【航】飞行器在飞行整个过程中所发生的影响飞行安全的机械损伤和人员伤亡事件。

飞行试验/飛行試驗

fēixíng shìyàn/ㄈㄟ ㄒㄧㄥˊ ㄕˋ ㄧㄢˋ

flight test

【航】又称“试飞”。航空器、发动机、机载设备及机上各系统在真实的飞行环境条件下进行的各种试验。通常由试飞员在特定的区域进行。按试验科目的大小及种类不同，可分为复杂科目和风险科目试飞。

飞行数据记录器

fēixíng shùjù jìlùqì/

ㄈㄟ ㄒㄧㄥˊ ㄕㄨˋ ㄐㄩˋ ㄐㄧˋ ㄌㄨˋ ㄑㄧˋ

【航】即“飞行参数记录器”(329 页)。

飞行速度/飛行速度

fēixíng sùdù/ㄈㄟ ㄒㄧㄥˊ ㄙㄨˋ ㄉㄨˋ

flight velocity

【航】航空器单位时间内所飞行的距离。是气流坐标轴系的原点相对于未受航空器流场影响的无风的大气的速度，有表速、空速、地速之分，通常指空速。按速度大小，可分为低速、亚声速、跨声速、超声速、高超声速飞行；按水平面飞行，可分为最小速度、最大速度和巡航速度；按垂直平面飞行，可分为离地速度、上升速度、下降速度和接地速度等。

📖 表速，指空速表上显示的速度；空速，指表速经过修正得出的速度，又称真速；地速，指航空器相对于地面坐标系的运动速度，是空速与风速的向量和。

飞行员/飛行員

fēixíngyuán/ㄈㄟ ㄒㄧㄥˊ ㄩㄢˊ

pilot

【航】直接操纵控制飞行器飞行的人员。因飞行运动速度大，状态变化快，无外靠险情救助，故飞行员必须具有很高的空间认知能力、肢体协调运动能力、记忆能力、思维判断决策能力和情绪顽强稳定能力以及现代信息高技术能力等。

飞檐/飛簷 fēiyán/ㄈㄟ ㄧㄢˊ

upturned eaves

【建】中国传统建筑的一种檐部形式。檐部上翘，在屋角处更为突出，状如飞翼。常用在亭、台、楼、阁、宫殿、庙宇等建筑上。

飞鱼/飛魚 fēiyú/ㄈㄟ ㄩˊ

fly-fish

【动】鱼名。硬骨鱼纲飞鱼科(Exocoetidae)。身体延长，稍侧扁，长可达 40 多厘米。吻短钝，两颌有细齿，胸鳍发达，像翅膀，能跃出水面在空中滑翔，以浮游生物等为食。生活在温带和亚热带海洋中。种类很多。

飞跃/飛躍 fēiyuè/ㄈㄟ ㄩㄝˋ

leap

【总】事物从一种质态到另一种质态的转化过程。是旧事物灭亡和新事物产生的决定性环节。有爆发式和非爆发式两种基本形式。

非/非 fēi/ㄈㄟ

not

【数】逻辑联结词的一种。符号"$\neg$"。逻辑式 $\neg p$ 表示命题 p 的"否定",读作"非 p"。当 p 为真时,$\neg p$ 为假;当 p 为假时,$\neg p$ 为真。 📖 对于命题 $p \vee q$ 和 $p \wedge q$ 的否定分别为 $\neg(p \vee q)=(\neg p) \wedge (\neg q)$,$\neg(p \wedge q)=(\neg p) \vee (\neg q)$。这称为命题演算的德·摩根定律。

非本征半导体/雜質半導體

fēiběnzhēng bàndǎotǐ/

ㄗㄚˊ ㄓˊ ㄅㄢˋ ㄉㄠˇ ㄊㄧˇ

extrinsic semiconductor

【物】又称"杂质半导体"。不纯的半导体。其导电性能取决于杂质的类型和含量。又分为 n 型半导体和 p 型半导体。

非必需氨基酸/非必需胺基酸

fēibìxū ānjīsuān/

ㄈㄟ ㄅㄧˋ ㄒㄩ ㄢ ㄐㄧ ㄙㄨㄢ

nonessential amino acid

【生】机体自身能合成的氨基酸。动物蛋白质氨基酸中有谷氨酸、谷氨酰胺、脯氨酸、天冬氨酸、天冬酰胺、丙氨酸、丝氨酸、甘氨酸、半胱氨酸、酪氨酸 10 种。

非必需胺基酸

ㄈㄟ ㄅㄧˋ ㄒㄩ ㄢˋ ㄐㄧ ㄙㄨㄢ/fēibìxū ànjīsuān

nonessential amino acid

【生】台湾名。即"非必需氨基酸"(331 页)。

非必需脂肪酸/非必需脂肪酸

fēibìxū zhīfángsuān/

ㄈㄟ ㄅㄧˋ ㄒㄩ ㄓ ㄈㄤˊ ㄙㄨㄢ

nonessential fatty acid

【生】机体维持正常生长和功能所必需而自身能够合成的脂肪酸。例如哺乳动物自身能够合成的软脂酸、硬脂酸、油酸、亚麻酸等。

非承重墙/非承重牆

fēichéngzhòngqiáng/ㄈㄟ ㄔㄥˊ ㄓㄨㄥˋ ㄑㄧㄤˊ

nonbearing wall

【建】不承受外来荷载的墙体。包括只承受自重的自承重墙;不承受自重的填充墙、悬挂墙和隔墙等。构造上需要满足保温、隔热、隔声等围护构件的要求,以及自身的稳定性。

非持久性毒剂

fēichíjiǔxìng dújì/ㄈㄟ ㄔˊ ㄐㄧㄡˇ ㄒㄧㄥˋ ㄉㄨˊ ㄐㄧˋ

【军】即"暂时性毒剂"(1409 页)。

非传统加工

fēichuántǒng jiāgōng/

ㄈㄟ ㄔㄨㄢˊ ㄊㄨㄥˇ ㄐㄧㄚ ㄍㄨㄥ

【机】即"特种加工"(1117 页)。

非电解质/非電解質

fēidiànjiězhì/ㄈㄟ ㄉㄧㄢˋ ㄐㄧㄝˇ ㄓˋ

nonelectrolyte

【化】不导电的物质。通常以共价键结合,在溶液中或熔融态、固态下通电时不导电。大多数有机化合物都是非电解质。

非定常流

fēidìngchángliú/ㄈㄟ ㄉㄧㄥˋ ㄔㄤˊ ㄌㄧㄡˊ

【物】即"不稳定流"(85 页)。

非动力装卸搬运机械设备/非動力裝卸搬運機械設備

fēidònglì zhuāngxiè bānyùn jīxiè shèbèi/

ㄈㄟ ㄉㄨㄥˋ ㄌㄧˋ ㄓㄨㄤ ㄒㄧㄝˋ ㄅㄢ ㄩㄣˋ ㄐㄧ ㄒㄧㄝˋ ㄕㄜˋ ㄅㄟˋ

nonpowered material handling equipment

【物流】无动力装置的装卸搬运机械设备。如手推车、笼车和物流台车等。

非惯性参考系/非慣性系統

fēiguànxìng cānkǎoxì/

ㄈㄟ ㄍㄨㄢˋ ㄒㄧㄥˋ ㄒㄧˋ ㄊㄨㄥˇ

noninertial reference frame, noninertial system

【物】简称"非惯性系"。相对于惯性参考系做非等速直线运动的参考系。

非惯性系

fēiguànxìngxì/ㄈㄟ ㄍㄨㄢˋ ㄒㄧㄥˋ ㄒㄧˋ

【物】"非惯性参考系"的简称。

非慣性系統 ㄈㄟ ㄍㄨㄢˋ ㄒㄧㄥˋ ㄒㄧˋ ㄊㄨㄥˇ/

fēiguànxìng xìtǒng

noninertial reference frame, noninertial system

【物】台湾名。即"非惯性参考系"(331 页)。

非合金钢/非合金鋼

fēihéjīngāng/ㄈㄟ ㄏㄜˊ ㄐㄧㄣ ㄍㄤ

unalloyed steel

【材】以铁为主要元素,碳含量一般在 2.0%

以下，并不含有合金元素规定含量界限值的金属材料。包括碳素钢、电工纯铁及其他专用铁碳合金。

非活性的

ㄈㄟ ㄏㄨㄛˊ ㄒㄧㄥˋ ·ㄉㄜ/fēihuóxìngde

inactive

【化】台湾名。即“惰性”(295 页)。

非或閘 ㄈㄟ ㄏㄨㄛˋ ㄓㄚˊ/fēi huò zhá

NOR gate

【信息】台湾名。即“‘或非’门”(555 页)。

非金属/非金屬 fēijīnshǔ/ㄈㄟ ㄐㄧㄣ ㄕㄨˇ

nonmetal

【化】没有金属光泽，没有延展性，不易导电和传热的一类单质。通常条件下为气体或没有金属特性的脆性固体或液体。

非金属材料/非金屬材料

fēijīnshǔ cáiliào/ㄈㄟ ㄐㄧㄣ ㄕㄨˇ ㄘㄞˊ ㄌㄧㄠˋ

nonmetallic materials, nonmetals

【材】具有非金属特性的材料。通常包括以无机物为主体的玻璃、陶瓷、石墨、岩石以及以有机物为主体的木材、塑料、橡胶等。由晶体或非晶体组成，无金属光泽，是热和电的不良导体(碳除外)。力学性能较差(玻璃钢除外)，但有些可代替金属材料。

非金属元素/非金屬元素

fēijīnshǔ yuánsù/ㄈㄟ ㄐㄧㄣ ㄕㄨˇ ㄩㄢˊ ㄙㄨˋ

nonmetal element

【化】具有非金属性质的元素。单质不易导电、导热，缺乏延展性等。包括氢、碳、硅、氮、磷、砷、氧、硫、硒、碲、氟、氯、溴、碘和稀有气体。其原子在化学反应中倾向获取电子，氧化物呈酸性。

📖 虽然非金属元素为数不多，但地壳主要是由非金属元素组成的。地壳中丰度最高的非金属元素是氧，其次为硅。

非晶态/非晶態 fēijīngtài/ㄈㄟ ㄐㄧㄥ ㄊㄞˋ

amorphous state

【物】分子或原子呈无规则排列的固体状态。这种状态的固体不具有规则的几何外形，没有确定的熔点，宏观性质呈各向同性。例如玻璃、橡胶、沥青、松香等。

非晶质/非晶質

fēijīngzhì/ㄈㄟ ㄐㄧㄥ ㄓˋ

amorphous, noncrystalline

【地】又称“玻璃质”。组成物质的原子或离子在三维空间呈无规则排列的固体。

非静电力/非靜電力

fēijìngdiànlì/ㄈㄟ ㄐㄧㄥˋ ㄉㄧㄢˋ ㄌㄧˋ

nonelectrostatic force

【物】描述直流电源能量来源所有作用的统称。它推动正电荷移至电源正极，负电荷移至负极，与电路内推动正电荷由正极移向负极的静电力相对应，方向相反。例如化学电池中的非静电力为化学作用。

非均质层/不均勻層

fēijūnzhìcéng/ㄅㄨˋ ㄐㄩㄣ ㄩㄣˊ ㄘㄥˊ

heterosphere

【气】按大气组成混合状态划分的大气中的一层。距地面高度 110 千米以上的大气层。层内大气成分随高度而变化，某些气体成分在光解或扩散分离的作用下变化不定。

“非”门/反閘 “fēi”mén/ㄈㄢˇ ㄓㄚˊ

NOT gate

【信息】执行逻辑运算求“反”的门。输入值为“假”时输出为“真”，输入值为“真”时输出为“假”。

非欧几何/非歐幾何

fēi’ōu jǐhé/ㄈㄟ ㄡ ㄐㄧˇ ㄏㄜˊ

non-Euclidean geometry

【数】全称“非欧几里得几何”。与欧氏几何有相悖的平行公理的几何学。欧氏几何中的平行公理为“过已知直线外一点，有且仅有一条直线与已知直线平行。”它独立于欧氏几何的其他公理。用与它相悖的公理替代它，而保留其他公理，可以构建无矛盾的新几何体系。非欧几何主要有两种：(1)双曲几何。它的平行公理为：过直线 a 外一点 A，有无数条与 a 平行的直线。(2)椭圆几何。它的平行公理为：过直线 a 外一点 A，没有与 a 平行的直线。

📖 非欧几何起源于很多人认为欧氏几何的平行公理可被证明，但长期的研究都无结果。后有人认识到平行公理独立于其他公理，因而不可证明，但可被替换。双曲几何的创始者是俄国数学家罗巴切夫斯基(Лобачевский)和匈牙利数学家鲍耶(J. Bolyai)。椭圆几何的创始者是德国数学家黎曼(B.Riemman)。非欧几何中,凡与平行公理相关的命题都与欧氏几何不同。例如,双曲几何中,三角形内角和小于二直角。椭圆几何中,三角形内角和大于二直角。

非欧几里得几何
fēi'ōujǐlǐdé jǐhé/ㄈㄟ ㄡ ㄐㄧˇ ㄌㄧˇ ㄉㄜˊ ㄐㄧˇ ㄏㄜˊ
【数】"非欧几何"的全称。

非平衡态/非平衡態
fēipínghéngtài/ㄈㄟ ㄆㄧㄥˊ ㄏㄥˊ ㄊㄞˋ
nonequilibrium state
【化】体系内各部分的宏观性质随时间改变,且存在外界或内部相互影响的状态。几乎所有的自然状态都是非平衡态,发生的过程为不可逆过程。平衡态只是非平衡态的一种极限状态,仅在特定的情况下才能达到。

非时变的/依時獨立性
fēishíbiànde/ㄧ ㄕˊ ㄉㄨˊ ㄌㄧˋ ㄒㄧㄥˋ
time-independent
【电】描述一个路元件或路,其电磁场相关量的积分量之间的关系与时间无关。

非弹性碰撞/非彈性碰撞
fēitánxìng pèngzhuàng/
ㄈㄟ ㄊㄢˊ ㄒㄧㄥˋ ㄆㄥˋ ㄓㄨㄤˋ
inelastic collision
【物】碰撞的一种。发生碰撞后,碰撞体的内部状态发生变化,其动能转化为热能或其他形式的能量,如变形、发热、破裂原子受到激发、粒子的种类或性质发生变化等。如果碰撞后相碰的物体不再分离,则称为"完全非弹性碰撞"。

非特异性免疫
fēitèyìxìng miǎnyì/ㄈㄟ ㄊㄜˋ ㄧˋ ㄒㄧㄥˋ ㄇㄧㄢˇ ㄧˋ
【生】即"固有免疫"(431 页)。

非条件反射/非制約反射
fēitiáojiàn fǎnshè/ㄈㄟ ㄓˋ ㄩㄝ ㄈㄢˇ ㄕㄜˋ
unconditioned reflex
【医】又称"无条件反射"。动物生来就有的,无需后天训练的反射。是动物在种系进化过程中建立和巩固起来的,可再遗传给后代。如吸吮反射、吞咽反射、排尿反射、排便反射、瞳孔对光反射等。

非鐵金屬 ㄈㄟ ㄊㄧㄝˇ ㄐㄧㄣ ㄕㄨˇ/fēitiě jīnshǔ
nonferrous metal, coloured metal
【材】台湾名。即"有色金属"(1370 页)。

非同步傳遞方式
ㄈㄟ ㄊㄨㄥˊ ㄅㄨˋ ㄔㄨㄢˊ ㄉㄧˋ ㄈㄤ ㄕˋ/
fēitóngbù chuándì fāngshì
asynchronous transfer mode, ATM
【信息】台湾名。即"异步转移模式"(1338 页)。

非同步電機
ㄈㄟ ㄊㄨㄥˊ ㄅㄨˋ ㄉㄧㄢˋ ㄐㄧ/fēitóngbù diànjī
asynchronous machine
【电】台湾名。即"异步电机"(1338 页)。

非同步网/非同步網路
fēitóngbùwǎng/ㄈㄟ ㄊㄨㄥˊ ㄅㄨˋ ㄨㄤˇ ㄌㄨˋ
nonsynchronized network, nonsynchronous network
【信息】各信号不必同步的网络。

非同步網路
ㄈㄟ ㄊㄨㄥˊ ㄅㄨˋ ㄨㄤˇ ㄌㄨˋ/fēitóngbù wǎnglù
nonsynchronized network, nonsynchronous network
【信息】台湾名。即"非同步网"(333 页)。

非完全弹性碰撞/非完全彈性碰撞
fēiwánquán tánxìng pèngzhuàng/
ㄈㄟ ㄨㄢˊ ㄑㄩㄢˊ ㄊㄢˊ ㄒㄧㄥˋ ㄆㄥˋ ㄓㄨㄤˋ
imperfect elastic collision
【物】碰撞的一种。两个物体碰撞后其形变部分恢复,碰撞时因形变而储存的势能,在分离时仅一部分转换为内能。故动量守恒,而机械能不守恒。

非稳态噪声
fēiwěntài zàoshēng/
ㄈㄟ ㄨㄣˇ ㄊㄞˋ ㄗㄠˋ ㄕㄥ
【环】即"瞬态噪声"(1076 页)。

非穩定流
ㄈㄟ ㄨㄣˇ ㄉㄧㄥˋ ㄌㄧㄡˊ/fēiwěndìngliú
unsteady flow
【物】台湾名。即"不稳定流"(85 页)。

非物质化/質降 fēiwùzhìhuà/ㄓˊ ㄐㄧㄤˋ
dematerialization
【环】又称"物质减量化"。以最小量的资源投入获得最大量的产出并产生最小量废弃物的活动过程。影响因素有产品质量和新技术水平；产品尺寸、复杂程度和加工修配的难易程度；废物产生和循环利用的程度，以及生产成本；信息和服务要求等。

非物质文化遗产/非物質文化遺産
fēiwùzhì wénhuà yíchǎn/
ㄈㄟ ㄨˋ ㄓˋ ㄨㄣˊ ㄏㄨㄚˋ ㄧˊ ㄔㄢˇ
nonphysical cultural heritage
【建】又称“无形文化遗产”。被各群体、团体（有时为个人）视为其文化遗产的各种实践、表演、表现形式、知识和技能，及其有关的工具、实物、工艺品和文化场所。包括口头传说和表述及其作为媒介的语言，表演艺术，社会风俗、礼仪、节庆，有关自然界和宇宙的知识和实践，传统的手工艺技能等。

非线性的/非線性的
fēixiànxìngde/ㄈㄟ ㄒㄧㄢˋ ㄒㄧㄥˋ ·ㄉㄜ
nonlinear
【电】描述一个路元件或路，其电磁场相关量的积分量之间的关系不全是线性的。

非线性电路/非線性電路
fēixiànxìng diànlù/ㄈㄟ ㄒㄧㄢˋ ㄒㄧㄥˋ ㄉㄧㄢˋ ㄌㄨˋ
nonlinear electric circuit
【电】除独立电源外，至少含有一个非线性电路元件的电路。

非小细胞肺癌/非小細胞肺癌
fēixiǎoxìbāo fèiái/
ㄈㄟ ㄒㄧㄠˇ ㄒㄧˋ ㄅㄠ ㄈㄟˋ ㄧㄢˊ（又读ㄞˊ）
non-small cell lung carcinoma
【医】小细胞肺癌以外的所有肺癌类型。包括鳞状细胞癌、腺癌、大细胞癌、腺鳞癌（或鳞腺癌）等。

非胰岛素依赖型糖尿病
fēiyídǎosù yīlàixíng tángniàobìng/
ㄈㄟ ㄧˊ ㄉㄠˇ ㄙㄨˋ ㄧ ㄌㄞˋ ㄒㄧㄥˊ ㄊㄤˊ ㄋㄧㄠˋ ㄅㄧㄥˋ
【医】即“2 型糖尿病”（1527 页）。

非易失性存储器/非易失性記憶體
fēiyìshīxìng cúnchǔqì/
ㄈㄟ ㄧˋ ㄕ ㄒㄧㄥˋ ㄐㄧˋ ㄧˋ ㄊㄧˇ
nonvolatile storage
【信息】所存数据断电不丢失的存储器。例如只读存储器、闪存。

非易失性記憶體
ㄈㄟ ㄧˋ ㄕ ㄒㄧㄥˋ ㄐㄧˋ ㄧˋ ㄊㄧˇ/
fēiyìshīxìng jìyìtǐ
nonvolatile storage
【信息】台湾名。即“非易失性存储器”（334 页）。

非甾体抗炎药/非甾體抗炎藥
fēizāitǐ kàngyányào/
ㄈㄟ ㄗㄞ ㄊㄧˇ ㄎㄤˋ ㄧㄢˊ ㄧㄠˋ
nonsteroidal anti-inflammatory drug
【医】一类不含甾体结构的抗炎药。抗炎作用较强，对炎症性疼痛有较好效果。常用药物有：吲哚类，如吲哚美辛、苄达明、阿西美辛等；芬那酸类，如氯芬那酸、双氯芬酸、氟芬那酸等；吡咯酸类，如酮咯酸、托美丁等；其他类，如布洛芬、芬布芬、吡洛芬、酮洛芬等。

非正弦周期电流电路/非正弦周期電流電路
fēizhèngxián zhōuqī diànliú diànlù/
ㄈㄟ ㄓㄥˋ ㄒㄧㄢˊ ㄓㄡ ㄑㄧˊ ㄉㄧㄢˋ ㄌㄧㄡˊ ㄉㄧㄢˋ ㄌㄨˋ
unsinusoidal periodic current circuit
【电】简称“非正弦周期电路”。稳态电流和（或）电压随时间做周期性变化但偏离正弦变化的电路。

非正弦周期电路
fēizhèngxián zhōuqī diànlù/
ㄈㄟ ㄓㄥˋ ㄒㄧㄢˊ ㄓㄡ ㄑㄧˊ ㄉㄧㄢˋ ㄌㄨˋ
【电】“非正弦周期电流电路”的简称。

非织造布/不織布
fēizhīzàobù/ㄅㄨˋ ㄓ ㄅㄨˋ
nonwoven fabric
【纺】旧称“无纺布”。不采用纺制纱线和织造方法，而将短纤维或长丝纤维按一定方向或随机方向形成纤维网，通过纤维间缠结、抱合、黏合等形成的具有一定强度的纤维材料制品。在传统纺织技术基础上，融入化工、塑料、造纸等工业技术，原料适用性强，产品品种发展迅速。

非职务发明/非職務發明
fēizhíwù fāmíng/ㄈㄟ ㄓˊ ㄨˋ ㄈㄚ ㄇㄧㄥˊ
nonservice invention
【总】发明人不是执行本单位的任务，且没有利用本单位的物质技术条件所完成的发明创造。

非酯化脂肪酸/非酯化脂肪酸
fēizhǐhuà zhīfángsuān/
ㄈㄟ ㄓˇ ㄏㄨㄚˋ ㄓ ㄈㄤˊ ㄙㄨㄢ
nonesterified fatty acid, free fatty acid
【医】又称"游离脂肪酸"。中性脂肪分解后的物质。是热量的直接来源。血浆中含量甚少，仅占总脂肪酸含量的5%～10%。在血浆中的半衰期为2～3分钟，主要与血清蛋白结合转运到全身组织利用。非酯化脂肪酸的浓度与脂类代谢、糖代谢、内分泌功能有关。

非制約反射
ㄈㄟ ㄓˋ ㄩㄝ ㄈㄢˇ ㄕㄜˋ/fēizhìyuē fǎnshè
unconditioned reflex
【医】台湾名。即"非条件反射"(333页)。

非致死性毒剂/非致死性毒劑
fēizhìsǐxìng dújì/ㄈㄟ ㄓˋ ㄙˇ ㄒㄧㄥˋ ㄉㄨˊ ㄐㄧˋ
nonlethal agent
【军】能造成阻碍、迟滞和扰乱作用，使人员丧失战斗力而不造成死亡的毒剂。以降低对方战斗功能，造成对方医疗、心理负担过重为目的。如毕兹等失能性毒剂和苯氯乙酮、西埃斯等刺激性毒剂。

非智力因素/非智力因素
fēizhìlì yīnsù/ㄈㄟ ㄓˋ ㄌㄧˋ ㄧㄣ ㄙㄨˋ
nonintellective factor
【心】除能力以外，与智力活动效益发生相互作用的一切心理因素。广义上指智力以外的一切心理因素。狭义上指不直接参与认识过程，但对认识过程起直接制约作用的心理因素，包括动机、兴趣、情感、意志、性格等，对人的认识活动起动力作用、定向和影响作用、维持和调节作用以及弥补作用。心理学研究中多指狭义的非智力因素。

非洲/非洲 Fēizhōu/ㄈㄟ ㄓㄡ
Africa
【地】全称"阿非利加洲"。世界七大洲之一。位于东半球西南部，地跨赤道南北。北隔地中海和直布罗陀海峡与欧洲相望，东北以红海和苏伊士运河与亚洲相邻，东临印度洋。地势较为平坦，为高原大陆，平均海拔750米。有世界上最大的沙漠撒哈拉沙漠，世界上最长的山谷东非大裂谷。总面积3034万平方千米，为世界第二大洲。现有60个国家和地区。人口总数9.68亿(2010年)。居民绝大部分是尼格罗人种。语言分属于闪含语系、苏丹语系和班图语系。

非洲鲫鱼/吳郭魚
Fēizhōu jìyú/ㄨˊ ㄍㄨㄛ ㄩˊ
tilapia
【动】*Tilapia mossambica* 又称"罗非鱼"。鱼名。硬骨鱼纲丽鱼科。外形跟鲫鱼相似，体小，长可达20厘米，灰褐色或暗褐色，背鳍棘部发达。生活在海水或淡水中，耐低氧环境，不耐低温和高温，食性杂，生长快。种类很多。原产非洲。

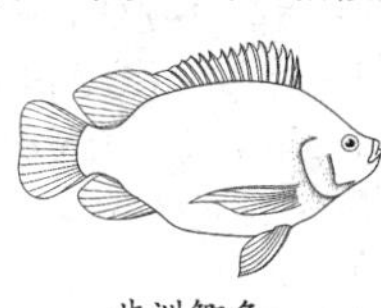
非洲鲫鱼

飛彈 ㄈㄟ ㄉㄢˋ/fēidàn
guided missile
【军】台湾名。即"导弹"(204页)。

飛彈快艇
ㄈㄟ ㄉㄢˋ ㄎㄨㄞˋ ㄊㄧㄥˇ/fēidàn kuàitǐng
missile boat
【军】台湾名。即"导弹艇"(205页)。

飛彈射程
ㄈㄟ ㄉㄢˋ ㄕㄜˋ ㄔㄥˊ/fēidàn shèchéng
missile scope
【军】台湾名。即"导弹射程"(204页)。

飛彈衛星跟蹤測量船
ㄈㄟ ㄉㄢˋ ㄨㄟˋ ㄒㄧㄥ ㄍㄣ ㄗㄨㄥ ㄘㄜˋ ㄌㄧㄤˊ ㄔㄨㄢˊ/
fēidàn wèixīng gēnzōng cèliáng chuán
missile range instrumentation ship, instrumented tracking and telemetry ship
【船】台湾名。即"导弹卫星跟踪测量船"(205页)。

飛彈預警衛星
ㄈㄟ ㄉㄢˋ ㄩˋ ㄐㄧㄥˇ ㄨㄟˋ ㄒㄧㄥ/
fēidàn yùjǐng wèixīng
missile early-warning satellite
【军】台湾名。即"导弹预警卫星"(205页)。

飛彈制導雷達
ㄈㄟ ㄉㄢˋ ㄓˋ ㄉㄠˇ ㄌㄟˊ ㄉㄚˊ/

fēidàn zhìdǎo léidá
missile guidance radar
【军】台湾名。即"导弹制导雷达"(205 页)。

飛機庫 ㄈㄟ ㄐㄧ ㄎㄨˋ/fēijīkù
hangar
【航】台湾名。即"机库"(559 页)。

飛行資料記録器
ㄈㄟ ㄒㄧㄥˊ ㄗ ㄌㄧㄠˋ ㄐㄧˋ ㄌㄨˋ ㄑㄧˋ/
fēixíng zīliào jìlùqì
flight data recorder
【航】台湾名。即"飞行参数记录器"(329 页)。

菲/菲 fēi/ㄈㄟ
phenanthrene
【化】芳香族化合物。分子式$C_{14}H_{10}$。无色晶体,有蓝色荧光。可由煤焦油分离获得,或合成制取。可用于制染料等。

鲱鱼/鯡魚 fēiyú/ㄈㄟ ㄩˊ
pallas herring
【动】鱼名。硬骨鱼纲鲱科。身体侧扁而长,长可达 20 多厘米。背青黑色,腹银白色。适应低温环境,生活在海洋中。以浮游生物为食。中国渤海、黄海北部有分布。

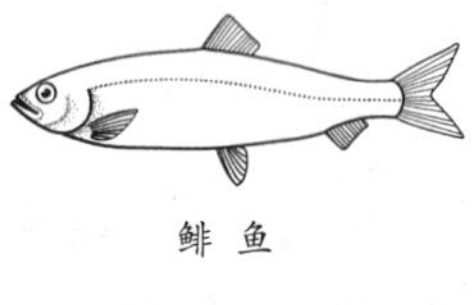
鲱 鱼

肥料/肥料 féiliào/ㄈㄟˊ ㄌㄧㄠˋ
fertilizer
【农】供给作物所需养分,为植物生长创造适宜的发育环境,用以提高作物产量和质量的物质。通常分为有机肥料、无机肥料和微生物肥料三类。

肥料汚染 ㄈㄟˊ ㄌㄧㄠˋ ㄨ ㄖㄢˇ/féiliào wūrǎn
fertilizer pollution
【环】台湾名。即"化肥污染"(517 页)。

肥胖/肥胖 féipàng/ㄈㄟˊ ㄆㄤˋ
obesity
【医】体内脂肪堆积过多和/或分布异常的现象。正常男性成人脂肪组织占体重的 15%～18%,女性占 20%～25%。因体脂增加使体重超过标准体重 20%,称为肥胖症。

腓肠肌/腓腸肌 féichángjī/ㄈㄟˊ ㄔㄤˊ ㄐㄧ
gastrocnemius
【医】小腿胫骨和腓骨后面的一块骨骼肌。位于小腿后面皮下,比目鱼肌表面有内外两个头,外侧头起于股骨外上髁,内侧头较高,起于股骨内上髁,由两个头起始的肌束向下,止于跟骨结节。近固定时,使膝关节屈和足跖屈;远固定时,拉股骨下端及小腿向后,从而使膝关节伸直。站立时可固定踝关节和膝关节,防止身体前倾。

腓骨/腓骨 féigǔ/ㄈㄟˊ ㄍㄨˇ
fibula
【医】小腿的长骨之一。位于小腿的外侧部,胫骨外后方,细而长。分为一体两端。上端的膨大部位称为腓骨头,其内上面有关节面与胫骨上端外面的关节面构成关节;下端的膨大部位称为外踝,与胫骨下端的关节面构成关节窝,与距骨构成关节。

斐波那契数列/斐波那契數列
Fěibōnàqì shùliè/
ㄈㄟˇ ㄅㄛ ㄋㄚˋ ㄑㄧˋ ㄕㄨˋ ㄌㄧㄝˋ
Fibonacci progression
【数】由 $a_1=1, a_2=1, a_{k+2}=a_k+a_{k+1}\,(k\geqslant1)$ 确定的数列,即 1,1,2,3,5,8,13,21,…。其中 $a_n=\frac{1}{\sqrt{5}}\left[\left(\frac{1+\sqrt{5}}{2}\right)^n-\left(\frac{1-\sqrt{5}}{2}\right)^n\right]$。

📖 这个数列最早由意大利数学家斐波那契(L.Fibonacci)给出,故名。

蜚蠊/蟑螂 fěilián/ㄓㄤ ㄌㄤˊ
cockroach
【动】又称"蟑螂"。昆虫名。是昆虫纲的一目(Blattaria)。身体扁平,黑色或褐色,多有光泽。触角长丝状,复眼发达。前翅为革质,后翅为膜质,有的种类无翅。不善飞,能疾走。分泌恶臭。常咬坏衣物,污染食物,能传播伤寒、霍乱等疾病。种类很多。

翡翠/翡翠 fěicuì/ㄈㄟˇ ㄘㄨㄟˋ
jadeite
【地】台湾又称"輝玉"。名贵玉石。是以辉石类矿物为主,有少量闪石、长石组成的集合体。常含钙、铬、镍、锰、镁、铁等微量元素。颜色呈翠绿色(称之翠)或红色(称之翡),以绿色为上品。半透明至不透明。油脂光泽至玻璃光泽。莫氏硬度 6.5～7,密度 3.25～3.35 克/厘米^3。用于制作工艺品。

📖 翡翠按人工处理程度不同，可分为A货、B货、C货和B+C货。A货为未经任何后期酸洗或染色等人工处理的天然翡翠；B货为天然的、质量较差的翡翠经酸洗、充胶加工而成；C货为人工染色的翡翠，多直接浸入染料长时间加热染色；B+C货为既经过酸洗、充胶，又进行人工染色的翡翠。

肺/肺 fèi/ㄈㄟˋ

lung

㊀【医】呼吸器官。位于胸腔内，纵隔两侧，左右各一（右肺分三叶，左肺分两叶）。由肺泡、肺内支气管及与之伴行的血管、神经、淋巴组织构成，肺的表面有浆膜，光滑、湿润，柔软而有弹性，肺内含有空气，呈海绵状。功能是进行气体交换，摄取氧气，排出二氧化碳，并具一定的免疫功能。㊁【中医】五脏之一。位于胸腔之内，膈之上，左右各一。与西医肺脏不完全一致。中医认为其主要生理功能是主（全身、呼吸）气、司呼吸、主宣发（通过肺气推动，使卫气和津液布散全身，以温润肌肤）、肃降（肺内清净，气、津布散全身）、通调水道（对水液代谢有疏通和调节作用），主治节（对其他内脏及营卫气血有一定的调节作用）、朝百脉（在呼吸过程中，全身血液均流经肺脏而通过心脉输布于全身），并与鼻窍、皮肤密切相关。

肺癌/肺癌 fèi'ái/ㄈㄟˋ ㄧㄢˊ（又读ㄞˊ）

lung cancer

【医】发生于肺内组织的恶性肿瘤。绝大多数起源于各级支气管黏膜上皮，起源于支气管腺体或肺泡上皮细胞的较少。可分为鳞状细胞癌、腺癌、小细胞癌和大细胞癌等。主要表现为咳嗽、胸部不适、偶有咯血，但早期患者很多无症状。

肺动脉/肺動脈

fèidòngmài/ㄈㄟˋ ㄉㄨㄥˋ ㄇㄞˋ

pulmonary artery

【医】将静脉血由心脏导向肺部的动脉。起于右心室，在主动脉弓下方分为左、右两支，经肺门入肺。入肺后分两支为大量毛细血管网包围肺泡，将含氧量低的静脉血送入肺，经气体交换成为含氧量高的动脉血。

肺动脉瓣/肺動脈瓣

fèidòngmàibàn/ㄈㄟˋ ㄉㄨㄥˋ ㄇㄞˋ ㄅㄢˋ

pulmonary valve

【医】位于右心室肺动脉口处的三片半月形瓣膜。右心室收缩时，此瓣开放，血液进入肺动脉；心室舒张时，此瓣关闭，阻止血液流回右心室。

肺合大肠/肺合大腸

fèi hé dàcháng/ㄈㄟˋ ㄏㄜˊ ㄉㄚˋ ㄔㄤˊ

lung being connected with large intestine

【中医】脏腑相合之一。肺与大肠相表里，手太阴肺经与手阳明大肠经相互络属，构成肺与大肠的阴阳表里相合关系。二者生理上相互配合，肺气肃降，有助于大肠的传导；大肠传导功能正常，有利于肺气肃降功能的发挥。病理上二者互相影响。

肺活量/肺活量

fèihuóliàng/ㄈㄟˋ ㄏㄨㄛˊ ㄌㄧㄤˋ

vital capacity

【医】尽力吸气后，从肺内所能呼出的最大气量。为深吸气量与补呼气量之和。正常成人的肺活量男性约3500毫升，女性约2500毫升。

肺结核/肺結核 fèijiéhé/ㄈㄟˋ ㄐㄧㄝˊ ㄏㄜˊ

pulmonary tuberculosis

【医】肺部发生的结核病。由结核分枝杆菌感染肺部引起。主要通过飞沫传染，症状有咳嗽、咳痰、低热、盗汗、乏力等。

肺痨/肺癆 fèiláo/ㄈㄟˋ ㄌㄠˊ

pulmonary tuberculosis

【中医】中医内科疾病之一。感受痨虫，发生于肺脏的结核病。因劳损伤肺所致。症见短气面肿，鼻不闻香臭，胸中结滞，气乏声嘶，咳嗽呀呷，咯唾稠黏，或唾脓血，或咽喉干痛，不能唾，上气喘满，渐至衰瘁，寒热时作，饮食减耗等。治宜益气补肺，选用补气黄芪汤、桑白皮散、人参丸等方。

肺门/肺門 fèimén/ㄈㄟˋ ㄇㄣˊ

hilum of lung

【医】肺内侧面（即纵隔面）中央的一处椭圆形的凹陷。是主支气管、肺动脉、肺静脉以及支气管的动脉、静脉、淋巴管和神经通过的部位。

肺泡/肺泡 fèipào/ㄈㄟˋ ㄆㄠˋ

pulmonary alveolus

F

【医】由单层上皮细胞构成的半球状囊泡状结构。是肺部进行气体交换的主要场所。支气管经多次反复分支,形成若干呼吸性细支气管,其末端膨大成囊,囊的四周有很多突出的小囊泡,即为肺泡。成人有 3 亿～4 亿个肺泡。

肺泡换氣量
ㄈㄟˋ ㄆㄠˋ ㄏㄨㄢˋ ㄑㄧˋ ㄌㄧㄤˋ/
fèipào huànqìliàng
alveolar ventilation volume
【医】台湾名。即"肺泡通气量"(338 页)。

肺泡通气量/肺泡换氣量
fèipào tōngqìliàng/
ㄈㄟˋ ㄆㄠˋ ㄏㄨㄢˋ ㄑㄧˋ ㄌㄧㄤˋ
alveolar ventilation volume
【医】又称"有效通气量"。安静状态下单位时间内进入肺泡的气体量。正常呼吸中,呼吸性细支气管以上的气道仅起气体传导作用,不参与肺泡气体交换,称为解剖无效腔。肺泡通气量为通气量减去解剖无效腔中气体量后的通气量,代表有效通气量。是反映肺通气功能的基本指标。

肺气肿/肺氣腫
fèiqìzhǒng/ㄈㄟˋ ㄑㄧˋ ㄓㄨㄥˇ
emphysema
【医】终末细支气管以远的末梢肺组织因残气量增多而呈持久性扩张,并伴有肺泡间隔破坏,以致肺组织弹性减弱,容积增大的病理状态。随着病情发展,呼吸困难逐渐加重。

肺通气量/肺通氣量
fèitōngqìliàng/ㄈㄟˋ ㄊㄨㄥ ㄑㄧˋ ㄌㄧㄤˋ
pulmonary ventilation volume
【医】单位时间内入肺或出肺的气体总量。反映肺的通气功能。可分为每分通气量、最大通气量、无效腔气量和肺泡通气量等。正常成人安静时的肺通气量为 6～8 升/分,运动时最大的肺通气量可达 80～110 升/分。

肺小叶/肺小葉 fèixiǎoyè/ㄈㄟˋ ㄒㄧㄠˇ ㄧㄝˋ
pulmonary lobule
【医】肺内每一细支气管连同它的分支和肺泡组成的部分。呈多角形的小区,包括细支气管、终末细支气管、呼吸性细支气管、肺泡管、肺泡囊和肺泡。

肺循环/肺循環
fèixúnhuán/ㄈㄟˋ ㄒㄩㄣˊ ㄏㄨㄢˊ
pulmonary circulation, lesser circulation
【医】又称"小循环"。由肺动脉及其分支、毛细血管和肺静脉组成的血液循环系统。右心室射出的静脉血经肺动脉流向肺部的毛细血管,血液到达肺泡壁,在此进行气体交换后,静脉血变成了动脉血,再经肺静脉流回左心房。

肺炎/肺炎 fèiyán/ㄈㄟˋ ㄧㄢˊ
pneumonia
【医】肺部的终末气道、肺泡和肺间质发生的炎症。由病原微生物、理化因素等原因而引起。主要表现为发热、咳嗽、气促、呼吸困难及肺部湿啰音。

肺叶/肺葉 fèiyè/ㄈㄟˋ ㄧㄝˋ
pulmonary lobe
【医】肺内由一个肺叶支气管及其所属的肺组织构成的部分。左肺由斜裂分为上、下两个肺叶;右肺除斜裂外,还有一水平裂将其分为上、中、下三个肺叶。

肺源性心脏病/肺源性心臟病
fèiyuánxìng xīnzàngbìng/
ㄈㄟˋ ㄩㄢˊ ㄒㄧㄥˋ ㄒㄧㄣ ㄗㄤˋ ㄅㄧㄥˋ
cor pulmonale
【医】肺组织或肺动脉及其分支的病变,引起肺循环阻力增加,从而发生肺动脉高压,导致右心室增大伴有或不伴有充血性心力衰竭的一组疾病。

肺总量/肺總量
fèizǒngliàng/ㄈㄟˋ ㄗㄨㄥˇ ㄌㄧㄤˋ
total lung capacity
【医】肺所能容纳的最大气体量。正常成人的肺总容量为 5500～6000 毫升。因年龄、体型、锻炼程度等不同,个体存在着一定的差异。

狒狒/狒狒
fèifèi/ㄈㄟˋ ㄈㄟˋ
savanna baboons
【动】*papio hamadryas* 哺乳动物名。灵长目猴科。外形像猴,口吻突出

狒狒

像狗，毛粗，多灰褐色，面部肉色，光滑无毛，手脚黑色，四肢粗壮，尾细长。生活在热带雨林、稀树草原、半沙漠地带和高原山地，群居，以植物果实、嫩叶、昆虫等为食。分布于非洲东北部和亚洲的阿拉伯半岛。

废电池/廢電池 fèidiànchí/ㄈㄟˋ ㄉㄧㄢˋ ㄔˊ
waste battery
【环】不具供电能力而废弃的电池。通常指废弃的化学电池（包括干电池和蓄电池）。废电池含有酸、碱及铅、锰、镉、镍、汞等重金属，如不妥善收集处理，会对环境造成严重污染。

废金属/廢金屬 fèijīnshǔ/ㄈㄟˋ ㄐㄧㄣ ㄕㄨˇ
metallic scraps
【环】冶金工业、金属加工工业丢弃的金属碎片、碎屑，以及报废的金属器物等。包括消费活动中废弃的金属包装容器和报废的车辆等。废金属可回收利用，如回炉冶炼成为再生金属。

废弃物物流/廢棄物物流
fèiqìwù wùliú/ㄈㄟˋ ㄑㄧˋ ㄨˋ ㄨˋ ㄌㄧㄡˊ
waste material logistics
【物流】回收物流的一部分。是根据实际需要，收集无使用价值的物品，将其分类并分送到专门处理场所的物流活动。

废热/廢熱 fèirè/ㄈㄟˋ ㄖㄜˋ
waste heat
【环】通常指人类活动和能源消费过程中直接向环境释放的热量。主要是热力装置及设备的散热、排放的热气和热水，以及温度高的废物释放的热量等。

废水/廢水 fèishuǐ/ㄈㄟˋ ㄕㄨㄟˇ
waste water
【环】见“污水”(1201 页)。

废水化学处理/廢水化學處理
fèishuǐ huàxué chǔlǐ/
ㄈㄟˋ ㄕㄨㄟˇ ㄏㄨㄚˋ ㄒㄩㄝˊ ㄔㄨˇ ㄌㄧˇ
chemical treatment of wastewater
【环】采用中和、混凝、化学沉淀、氧化、电解等方法去除废水中污染物质的过程。通常是通过化学反应改变废水中污染物质的性质，使其从溶解、胶体或悬浮状态变为沉淀或漂浮状态，或从固态变为气态，进而从水中去除。

废水生化处理
fèishuǐ shēnghuà chǔlǐ/
ㄈㄟˋ ㄕㄨㄟˇ ㄕㄥ ㄏㄨㄚˋ ㄔㄨˇ ㄌㄧˇ
【环】即“废水生物处理”(339 页)。

废水生物处理/廢水生物處理
fèishuǐ shēngwù chǔlǐ/
ㄈㄟˋ ㄕㄨㄟˇ ㄕㄥ ㄨˋ ㄔㄨˇ ㄌㄧˇ
biological treatment of wastewater
【环】又称“废水生化处理”。利用微生物（细菌、霉菌或原生动物等）的代谢作用分解水中有机污染物的过程。按作用微生物的类型不同，可分为需氧生物处理和厌氧生物处理。主要方法有活性污泥法、生物膜法、氧化塘法、土地处理系统等。

废水物化处理/廢水物化處理
fèishuǐ wùhuà chǔlǐ/
ㄈㄟˋ ㄕㄨㄟˇ ㄨˋ ㄏㄨㄚˋ ㄔㄨˇ ㄌㄧˇ
physico-chemical treatment of wastewater
【环】通常指由物理方法和化学方法组成的废水处理系统。主要采用离子交换、吸附、萃取、膜分离技术等进行废水净化处理。

废水物理处理/廢水物理處理
fèishuǐ wùlǐ chǔlǐ/ㄈㄟˋ ㄕㄨㄟˇ ㄨˋ ㄌㄧˇ ㄔㄨˇ ㄌㄧˇ
physical treatment of wastewater
【环】采用沉淀、浮选、过滤、离心分离等方法分离和去除废水中不溶解的悬浮固体（包括油膜、油品）的过程。

废物包装/廢物包裝
fèiwù bāozhuāng/ㄈㄟˋ ㄨˋ ㄅㄠ ㄓㄨㄤ
waste packaging
【环】利用容器或包装材料盛装废物及其技术。主要目的是便于废物的运输、处理和处置。各种不同性质的废物，其包装要求不同，如反应性废物必须进行防潮包装。

废物固化/廢料固化
fèiwù gùhuà/ㄈㄟˋ ㄌㄧㄠˋ ㄍㄨˋ ㄏㄨㄚˋ
waste solidification
【环】将废物掺和并包容转变在惰性的、密实的固体基材中的处理方法。按固化基材不同，可分为水泥固化、沥青固化、玻璃固化、陶瓷固化、合成剂固化等。主要用于放射性废物及危险固体废物处理。

F

废物回收/廢物回收
fèiwù huíshōu/ㄈㄟˋ ㄨˋ ㄏㄨㄟˊ ㄕㄡ
waste recycle, waste recovery
【环】将废弃物品回用或将其转化为再生品和原料的收集及预处理活动。是废物资源化的前期过程。我国各大中城市都设有较完备的废物回收系统,回收废金属、废纸、破布、废塑料、废旧设备等。

废物交换/廢棄物交換
fèiwù jiāohuàn/ㄈㄟˋ ㄑㄧˋ ㄨˋ ㄐㄧㄠ ㄏㄨㄢˋ
waste exchange
【环】一个企业产生的废弃物作为另一个企业的原材料,实现物质闭路循环和能量多级利用的过程。通常由废物交换中心在废物产生者和可能的使用者之间进行组织协调,将废物纳入流通领域,以实现废物交换和资源化。

废物热解/廢物熱解
fèiwù rèjiě/ㄈㄟˋ ㄨˋ ㄖㄜˋ ㄐㄧㄝˇ
thermal decomposition of waste
【环】无氧或缺氧条件下高温处理废物的过程。多用于有机固体废物处理。通过有机物受热发生分解反应,达到废物减量化和转变为干净的、惰性的、便于处置的固体废物。

废物预防/廢物預防
fèiwù yùfáng/ㄈㄟˋ ㄨˋ ㄩˋ ㄈㄤˊ
waste prevention
【环】采用清洁生产工艺,消除或控制废弃物的产生和排放。参见“清洁生产”(918 页)。

废物资源化/廢物資源化
fèiwù zīyuánhuà/ㄈㄟˋ ㄨˋ ㄗ ㄩㄢˊ ㄏㄨㄚˋ
reclamation of wastes
【环】采用废物回收、交换、再加工或技术处理,使已经产生的废弃物重新变成可用物质或能量的活动。是物质资源和能量资源在人类生活和生产活动中实现循环利用的过程,也是防治环境污染的根本途径。

废物最小化/減廢
fèiwù zuìxiǎohuà/ㄐㄧㄢˇ ㄈㄟˋ
waste minimization
【环】又称“废物最小量化”。采用清洁生产工艺,通过优化产品设计、合理使用原材料和能源、改进生产工艺、加强生产管理等综合措施,对生产全过程进行控制,使资源消耗、污染物产生和处理处置量减到最低限度的过程。参见“清洁生产”(918 页)。

废物最小量化
fèiwù zuìxiǎoliànghuà/
ㄈㄟˋ ㄨˋ ㄗㄨㄟˋ ㄒㄧㄠˇ ㄌㄧㄤˋ ㄏㄨㄚˋ
【环】即“废物最小化”(340 页)。

沸点/沸點 fèidiǎn/ㄈㄟˋ ㄉㄧㄢˇ
boiling point
【物】在一定压强下,液体沸腾时的温度。在相同压强下,不同液体的沸点通常不同。同一种液体在不同压强下沸点也不相同,压强越大,沸点越高。

沸泉/沸泉 fèiquán/ㄈㄟˋ ㄑㄩㄢˊ
boiling spring
【地】温度约相当于当地地表水沸点的泉。

沸石/沸石 fèishí/ㄈㄟˋ ㄕˊ
zeolite
【地】铝硅酸盐矿物的一类。通常无色、白色或浅色,有玻璃光泽。较常见的有钠沸石、片沸石、菱沸石、丝光沸石等。是天然的分子筛,用于吸附、离子交换及催化等。

沸腾/沸騰 fèiténg/ㄈㄟˋ ㄊㄥˊ
boiling
【物】在液体表面和内部同时发生剧烈汽化的过程。在液体温度达到沸点时发生。沸腾过程中液体大量吸收热量,但温度不变。

沸腾钢/未静鋼
fèiténggāng/ㄨㄟˋ ㄐㄧㄥˋ ㄍㄤ
rimming steel, rimmed steel
【材】脱氧不完全,连铸坯组织内有分散的小气泡,但无缩孔,浇注时钢液中碳和氧会发生反应产生气体而发生沸腾现象的钢。

费马大定理/費馬最後定理
Fèimǎ dàdìnglǐ/ㄈㄟˋ ㄇㄚˇ ㄗㄨㄟˋ ㄏㄡˋ ㄉㄧㄥˋ ㄌㄧˇ
Fermat last theorem
【数】1637 年法国数学家费马(P. Fermat)提出的一个数论中的命题:当整数 $n>2$ 时,方程 $x^n+y^n=z^n$ 没有整数解。费马说他已能证明这个命题,但未写出。故人们称其为费马大定理或费马猜想。1993 年英国数学家威尔斯(A. Wiles)给出证明,解决了这个数学难题。

费米子/費米子 fèimǐzǐ/ㄈㄟˋ ㄇㄧˇ ㄗˇ

fermion

【物】微观粒子的一大类。所有角动量的自旋量子数为半整数(1/2,3/2,5/2,…)的粒子。如电子、质子、中子、^{13}C 核、^{17}O 等。

費馬最後定理

ㄈㄟˋ ㄇㄚˇ ㄗㄨㄟˋ ㄏㄡˋ ㄉㄧㄥˋ ㄌㄧˇ/

Fèimǎ zuìhòu dìnglǐ

Fermat last theorem

【数】台湾名。即“费马大定理”(340 页)。

痱子/痱子 fèizi/ㄈㄟˋ ·ㄗ

miliaria, * prickly heat

【中医】皮肤病之一。因暑湿蕴蒸,汗出不畅所致,症见皮肤出现针头大小红疹或小疱,灼热瘙痒等。治宜清暑解毒利尿,可内服清暑汤或绿豆汤代茶饮,外扑六一散或痱子粉。

镄/鐨 fèi/ㄈㄟˋ

fermium

【化】金属元素。属周期表第ⅢB 族(锕系),符号 Fm,原子序数 100,原子量 257.0951。有放射性,由人工核反应获取。

📖 1952 年,世界上第一颗氢弹首次爆炸时,美国人从放射性污染物中发现了新元素。拉丁文定名为 fermium,源自 E.Fermi,这是美籍意大利科学家费米的姓,用以纪念他在核物理学上的贡献。中文定名为“镄”,是形声字。

廢料固化

ㄈㄟˋ ㄌㄧㄠˋ ㄍㄨˋ ㄏㄨㄚˋ/fèiliào gùhuà

waste solidification

【环】台湾名。即“废物固化”(339 页)。

廢棄物交換

ㄈㄟˋ ㄑㄧˋ ㄨˋ ㄐㄧㄠ ㄏㄨㄢˋ/fèiqìwù jiāohuàn

waste exchange

【环】台湾名。即“废物交换”(340 页)。

廢水處理廠

ㄈㄟˋ ㄕㄨㄟˇ ㄔㄨˇ ㄌㄧˇ ㄔㄤˇ/fèishuǐ chǔlǐ chǎng

wastewater treatment plant, sewage treatment plant

【环】台湾名。即“污水处理厂”(1201 页)。

廢水灌溉

ㄈㄟˋ ㄕㄨㄟˇ ㄍㄨㄢˋ ㄍㄞˋ/fèishuǐ guàngài

sewage irrigation, wastewater irrigation

【环】台湾名。即“污水灌溉”(1201 页)。

fen (ㄈㄣ)

分/分 fēn/ㄈㄣ

❶deci,❷❸minute

【计量】❶用于构成十进分数单位的词头,相当于 10^{-1},符号 d。例如:1 分米=0.1 米。❷时间单位,符号 min。1 分=60 秒。❸全称“角分”。平面角单位,符号(′)。1 分=60 秒=1/60 度=(π/10 800)弧度。

分贝/分貝 fēnbèi/ㄈㄣ ㄅㄟˋ

bel

【计量】见“贝尔”(46 页)。

分辨率/解像力 fēnbiànlǜ/ㄐㄧㄝˇ ㄒㄧㄤˋ ㄌㄧˋ

resolving power

【测绘】对彩色、幅度、距离、时间等属性,在对其能做有意义区分的测度指示值之间的最小间距。屏幕分辨率指单位长度内的像素数;打印机分辨率指每英寸的点数。分辨率越高,数据越精细;反之则越粗糙。

分布参数电路/分布參數電路

fēnbù cānshù diànlù/

ㄈㄣ ㄅㄨˋ ㄘㄢ ㄕㄨˋ ㄉㄧㄢˋ ㄌㄨˋ

distributed circuit

【电】由分布参数元件组成的电路。分布参数电路中的电压和电流除是时间的函数外,还是空间坐标的函数。

分布的/分布的 fēnbùde/ㄈㄣ ㄅㄨˋ ·ㄉㄜ

distributed

【电】描述一个路元件,其电磁场相关的量的积分量之间的关系包含对空间坐标的导数。

分布函数

fēnbù hánshù/ㄈㄣ ㄅㄨˋ ㄏㄢˊ ㄕㄨˋ

【数】“概率分布函数”的简称。

分布控制系统

fēnbù kòngzhì xìtǒng/

ㄈㄣ ㄅㄨˋ ㄎㄨㄥˋ ㄓˋ ㄒㄧˋ ㄊㄨㄥˇ

【自】即“分布式计算机控制系统”(342 页)。

分布列 fēnbùliè/ㄈㄣ ㄅㄨˋ ㄌㄧㄝˋ

【数】“概率分布列”的简称。

分布式处理/分散式處理

fēnbùshì chǔlǐ/ㄈㄣ ㄙㄢˋ ㄕˋ ㄔㄨˇ ㄌㄧˇ

distributed processing

【信息】通过通信网络将物理上分散的各计算机链接起来完成任务的信息处理形式。按技术档次可分为普通的和真正的两种。前者在彼此通信的计算机之间分担负荷;后者让各计算机完成不同任务,组合起来实现大目标,但要求环境高度结构化,以使硬件软件互相通信、共享资源和自由交换信息。

分布式计算机控制系统/分散式運算機控制系統

fēnbùshì jìsuànjī kòngzhì xìtǒng/ㄈㄣ ㄙㄢˋ ㄕˋ ㄩㄣˋ ㄙㄨㄢˋ ㄐㄧ ㄎㄨㄥˋ ㄓˋ ㄒㄧˋ ㄊㄨㄥˇ

distributed computer control system

【自】又称"集散控制系统""分布控制系统"。以微处理器为基础将现代生产过程的控制环路硬件上加以分散,数据显示、操作、监视、管理、优化控制功能则集中于上位计算机,而将测量和控制集中于多个下位计算机,并实现了功能、负荷和危险性的分散的计算机控制系统。广泛用于大型工业过程的自动控制。

分布式数据库/分散式資料庫

fēnbùshì shùjùkù/ㄈㄣ ㄙㄢˋ ㄕˋ ㄗ ㄌㄧㄠˋ ㄎㄨˋ

distributed database

【信息】物理上分散开来,而由数据库管理系统向用户提供逻辑上集中的信息的数据库。在集中式数据库和网络技术的基础上发展起来,可供分散在各地的用户共享数据。

分步计数乘法定理/分步計數乘法定理

fēnbù jìshù chéngfǎ dìnglǐ/ㄈㄣ ㄅㄨˋ ㄐㄧˋ ㄕㄨˋ ㄔㄥˊ ㄈㄚˇ ㄉㄧㄥˋ ㄌㄧˇ

multiplication theorem of steps counting

【数】计数基本原理之一。若某件事需要分 n 个阶段才能做完,第一阶段有 m_1 种不同的做事方式,第二阶段有 m_2 种不同的做事方式,……,第 n 阶段有 m_n 种不同的做事方式,则做这件事共有 $m_1m_2\cdots m_n$ 种不同的方式。

分层抽样/分層抽樣

fēncéng chōuyàng/ㄈㄣ ㄘㄥˊ ㄔㄡ ㄧㄤˋ

stratified sampling

【数】抽样的一种方法。将总体分为互不交叉的层,按一定比例从各层独立地抽取一定数量的个体,再将各层取出的个体合为一个样本。例如,要抽样调查某校学生的近视眼发病率,按各年级人数比例,从各年级独立地随机抽取一定数量的学生的视力检查结果,再将这些结果合为一个样本进行分析,由此估计全校学生的近视率。

分档电价/區段費率

fēndàng diànjià/ㄑㄩ ㄉㄨㄢˋ ㄈㄟˋ ㄌㄩˋ

block tariff

【电】电价的一种。在规定的供电时期内,按给定的千瓦时(kW·h)用电量的多少逐级分档,并分别按不同的千瓦时电费率计费。

分度機 ㄈㄣ ㄉㄨˋ ㄐㄧ/fēndùjī

dividing machine

【机】台湾名。即"刻线机"(685 页)。

分度头/分度頭 fēndùtóu/ㄈㄣ ㄉㄨˋ ㄊㄡˊ

dividing head

【机】机床附件的一种。用卡盘或两顶尖夹持工件,并使之回转和分度定位。主要用于铣床,也用于钻床和平面磨床等。按功能不同,可分为万能分度头、半万能分度头、等分分度头。常用的还有光学分度头、数控分度头等。

分段建造法/分段建造法

fēnduàn jiànzàofǎ/ㄈㄣ ㄉㄨㄢˋ ㄐㄧㄢˋ ㄗㄠˋ ㄈㄚˇ

sectional method of hull construction

【船】在船台上或船坞内,以船体分段为主,组装成完整船体的船舶建造方法。主要有水平建造法、塔式建造法和岛式建造法三种。水平建造法是先将全船的底部分段全部组装完毕,再以同样的顺序向上逐层组装成完整船体;塔式建造法是当基准分段定位后,向前后左右自下而上将分段进行安装形成"塔"形,并逐步向前后左右进行展开,组装成完整船体;岛式建造法是将船体分成两个或两个以上的建造区,以每个建造区的中心底部分段为基准,各自向前后左右自下而上进行建造形成"岛",最后在"岛"与"岛"之间以嵌补分段连接成完整船体。

分封交換資料網路

ㄈㄣ ㄈㄥ ㄐㄧㄠ ㄏㄨㄢˋ ㄗ ㄌㄧㄠˋ ㄨㄤˇ ㄌㄨˋ/

fēnfēng jiāohuàn zīliào wǎnglù

packet-switched data network, PSDN

【信息】台湾名。即"分组交换数据网"(347 页)。

分割螢幕 ㄈㄣ ㄍㄜ ㄧㄥˊ ㄇㄨˋ/fēngē yíngmù
split screen
【信息】台湾名。即"分屏"(344 页)。

分光光度计/分光光度計
fēnguāng guāngdùjì/
ㄈㄣ ㄍㄨㄤ ㄍㄨㄤ ㄉㄨˋ ㄐㄧˋ
spectrophotometer
【机】光度计的一种。利用单色仪或特殊光源提供的特定波长的单色光,对标准样品和被分析样品的光强度进行比较,通过比较来分析物质成分。可分为紫外分光光度计、红外分光光度计、荧光分光光度计等。

分光仪 fēnguāngyí/ㄈㄣ ㄍㄨㄤ ㄧˊ
【机】即"光谱仪"(443 页)。

分洪/分洪 fēnhóng/ㄈㄣ ㄏㄨㄥˊ
flood diversion
【水利】防洪措施的一种。把会危及河道的洪水引入湖、海或蓄洪区,以减轻洪水对下游及河道两岸防洪区的威胁。

分洪区/分洪區
fēnhóngqū/ㄈㄣ ㄏㄨㄥˊ ㄑㄩ
flood diversion area
【水利】利用平原区的湖泊、洼地修筑围堤或利用原有低洼地带滞蓄、调节洪水的区域。

分级机/分級機 fēnjíjī/ㄈㄣ ㄐㄧˊ ㄐㄧ
grader, screener, classifier
【机】利用颗粒在介质中沉降速度的差异,把矿物颗粒分成两种或两种以上等级的机械。可分为耙式分级机、螺旋分级机和水力旋流器等。广泛用于选矿作业中。

分級 ㄈㄣ ㄐㄧˊ/fēnjí
stage separation
【航】台湾名。即"级间分离"(571 页)。

分集/分集 fēnjí/ㄈㄣ ㄐㄧˊ
diversity
【信息】通过接收多个信道、媒体等承载的相同信息,经比较、判别、合并来提高原发信号传送质量的技术。可分为空间分集、极化分集、频率分集、时间分集、协作分集、多用户分集等。

分拣/撿料 fēnjiǎn/ㄐㄧㄢˇ ㄌㄧㄠˋ
picking
【物流】从储存保管处取出指定货物,并按一定方式分类、处理和放置的作业过程。是配送特有的环节。按订单组合不同,可分为按单分拣、批量分拣和以上两种方式并用的复合分拣。

分拣技术设备/分揀技術設備
fēnjiǎn jìshù shèbèi/
ㄈㄣ ㄐㄧㄢˇ ㄐㄧˋ ㄕㄨˋ ㄕㄜˋ ㄅㄟˋ
sorting equipment
【物流】根据订单或出货单将货物从仓库拣出,并分配到指定场所的设备。自动分拣设备可分为挡板型、浮出型、倾斜型和滑块型等。

分解/分解 fēnjiě/ㄈㄣ ㄐㄧㄝˇ
decomposition
【化】化学反应类型之一。一种物质发生化学反应转变成两种或两种以上结构较简单的物质。

分解协调法/分解協調法
fēnjiě xiétiáofǎ/ㄈㄣ ㄐㄧㄝˇ ㄒㄧㄝˊ ㄊㄧㄠˊ ㄈㄚˇ
decomposition-coordination approach
【自】大系统或复杂系统的一种研究方法。分解就是将原系统(原问题)分成若干有着相互关联(耦合)的子系统(子问题)。然后单独地在放宽关联约束的情况下处理(计算、求解)各子系统。再设法协调各子系统的处理结果,使子系统间的关联仍被保持,则子系统得到的处理结果的合成就是原大系统的处理结果。例如大型各类规划的求解、大工业过程的优化控制等。可分为模型协调法和目标协调法。

分空間多重進接
ㄈㄣ ㄎㄨㄥ ㄐㄧㄢ ㄉㄨㄛ ㄔㄨㄥˊ ㄐㄧㄣˋ ㄐㄧㄝ/
fēnkōngjiān duōchóng jìnjiē
space-division multiple access, SDMA
【信息】台湾名。即"空分多址"(686 页)。

分类计数加法定理/分類計數加法定理
fēnlèi jìshù jiāfǎ dìnglǐ/
ㄈㄣ ㄌㄟˋ ㄐㄧˋ ㄕㄨˋ ㄐㄧㄚ ㄈㄚˇ ㄉㄧㄥˋ ㄌㄧˇ
addition theorem of classified counting
【数】计数基本原理之一。若某件事可以在 n 类互相独立的情况下去做,第一类情况下有 m_1 种不同的做事方式,第二类情况下有 m_2 种不同的做事方式,……,第 n 类情况下有 m_n 种不同的做事方式,则做这件事共有

$m_1+m_2+\cdots+m_n$种不同的方式。

分离定律/分離律
fēnlí dìnglǜ/ㄈㄣ ㄌㄧˊ ㄌㄩˋ
law of segregation, Mendel's first law
【生】又称"孟德尔第一定律"。一对基因在杂合状态下各自保持其独立性,在配子形成时,彼此分离到不同的配子中去,在通常情况下,F_1 配子分离比是 1∶1,F_2 表型分离比是 3∶1,F_2 基因型分离比是 1∶2∶1。

分离机械/分離機械
fēnlí jīxiè/ㄈㄣ ㄌㄧˊ ㄐㄧ ㄒㄧㄝˋ
separating machinery
【机】将混合物中不同物理、化学等属性的物质,按其颗粒大小、相、密度、溶解性、沸点等的不同特点而分开的机械设备。按分离过程不同可分为机械分离与传质分离两类。机械分离用于简单地将混合物各相的分离过程;传质分离用于各种均相混合物的分离过程。主要应用于化工、制药、轻工、石油、冶金、煤炭、染料、食品、酿造、造纸和环保等行业。

分離律 ㄈㄣ ㄌㄧˊ ㄌㄩˋ/fēnlílǜ
law of segregation, Mendel's first law
【生】台湾名。即"分离定律"(344 页)。

分離器 ㄈㄣ ㄌㄧˊ ㄑㄧˋ/fēnlíqì
splitter
【信息】台湾名。即"分路器"(344 页)。

分離字元 ㄈㄣ ㄌㄧˊ ㄗˋ ㄩㄢˊ/fēnlí zìyuán
escape character, ESC
【信息】台湾名。即"转义字符"(1485 页)。

分裂导线/束導體
fēnliè dǎoxiàn/ㄕㄨˋ ㄉㄠˇ ㄊㄧˇ
conductor bundle
【电】一组平行导线按一定的几何排列连接的导线束。为线路的一相或一极。

分流/分流 fēnliú/ㄈㄣ ㄌㄧㄡˊ
distributary
【地】从江、河等干流中自然或人为地分出一支水流,流入另一河道或单独流入海洋的现象。也指这样分出的水流。

分路器/分離器 fēnlùqì/ㄈㄣ ㄌㄧˊ ㄑㄧˋ
splitter
【信息】有线电视网中,将信号由主干电缆引入配线电缆的无源器件。

分碼多重進接
ㄈㄣ ㄇㄚˇ ㄉㄨㄛ ㄔㄨㄥˊ ㄐㄧㄣˋ ㄐㄧㄝ/
fēnmǎ duōchóng jìnjiē
code-division multiple access, CDMA
【信息】台湾名。即"码分多址"(780 页)。

分碼多工
ㄈㄣ ㄇㄚˇ ㄉㄨㄛ ㄍㄨㄥ/fēnmǎ duōgōng
code-division multiplexing, CDM
【信息】台湾名。即"码分复用"(780 页)。

分泌/分泌 fēnmì/ㄈㄣ ㄇㄧˋ
secretion
【生】❶人和动物的某些细胞、组织或器官,合成和释放某种或某些特殊化学物质的过程。有分泌功能的组织称腺体,如唾液腺分泌唾液。❷植物排出代谢产物的过程。如花分泌糖类和芳香物质。

分配律/分配律
fēnpèilǜ/ㄈㄣ ㄆㄟˋ ㄌㄩˋ
distributive law
【数】运算定律之一。设⊕,⊗是集合 S 上的两种二元运算,a,b,c 是 S 中的任意三个元素,若 $a\otimes(b\oplus c)=a\otimes b\oplus a\otimes c$,$(a\oplus b)\otimes c=a\otimes c\oplus b\otimes c$,则称⊗对⊕满足分配律。例如,实数集 **R** 上的乘法(×)对加法(+)满足分配律。

分频器/分頻器 fēnpínqì/ㄈㄣ ㄆㄧㄣˊ ㄑㄧˋ
frequency divider
【信息】所产生的振荡频率为其输入频率的整约数的非线性器件。

分頻多重進接
ㄈㄣ ㄆㄧㄣˊ ㄉㄨㄛ ㄔㄨㄥˊ ㄐㄧㄣˋ ㄐㄧㄝ/
fēnpín duōchóng jìnjiē
frequency-division multiple access, FDMA
【信息】台湾名。即"频分多址"(869 页)。

分頻多工
ㄈㄣ ㄆㄧㄣˊ ㄉㄨㄛ ㄍㄨㄥ/fēnpín duōgōng
frequency-division multiplexing, FDM
【信息】台湾名。即"频分复用"(869 页)。

分屏/分割螢幕 fēnpíng/ㄈㄣ ㄍㄜ ㄧㄥˊ ㄇㄨˋ
split screen
【信息】能由程序将屏幕显示区划分成几个小

区，以便显示不同的文件或同一文件的不同部分的显示方法。

分散介质/分散媒
fēnsàn jièzhì/ㄈㄣ ㄙㄢˋ ㄇㄟˊ
disperse medium
【化】见“分散体系”(345 页)。

分散控制/分散控制
fēnsàn kòngzhì/ㄈㄣ ㄙㄢˋ ㄎㄨㄥˋ ㄓˋ
decentralized control
【自】大系统按某个特征分解为若干简单的子系统，并分别设置各自的控制器进行的控制。

分散控制系统/分散控制系統
fēnsàn kòngzhì xìtǒng/
ㄈㄣ ㄙㄢˋ ㄎㄨㄥˋ ㄓˋ ㄒㄧˋ ㄊㄨㄥˇ
decentralized control system
【自】每个子系统分别采用独立做出决策的控制器进行子系统控制的大系统。

分散媒　ㄈㄣ ㄙㄢˋ ㄇㄟˊ/fēnsànméi
disperse medium
【化】台湾名。即“分散介质”(345 页)。

分散式處理
ㄈㄣ ㄙㄢˋ ㄕˋ ㄔㄨˇ ㄌㄧˇ/fēnsànshì chǔlǐ
distributed processing
【信息】台湾名。即“分布式处理”(341 页)。

分散式運算機控制系統
ㄈㄣ ㄙㄢˋ ㄕˋ ㄩㄣˋ ㄙㄨㄢˋ ㄐㄧ ㄎㄨㄥˋ ㄓˋ ㄒㄧˋ ㄊㄨㄥˇ/
fēnsànshì yùnsuànjī kòngzhì xìtǒng
distributed computer control system
【自】台湾名。即“分布式计算机控制系统”(342 页)。

分散式資料庫
ㄈㄣ ㄙㄢˋ ㄕˋ ㄗ ㄌㄧㄠˋ ㄎㄨˋ/
fēnsànshì zīliàokù
distributed database
【信息】台湾名。即“分布式数据库”(342 页)。

分散体系/分散系統
fēnsàn tǐxì/ㄈㄣ ㄙㄢˋ ㄒㄧˋ ㄊㄨㄥˇ
disperse system
【化】一种物质(分散相)的粒子分散到另一种物质(分散介质)中所形成的体系。按分散程度不同，可分为粗分散体系(悬浮体、泡沫等)、胶体分散体系(凝胶、溶胶等)和分子分散体系(水溶液等)。

分散系統
ㄈㄣ ㄙㄢˋ ㄒㄧˋ ㄊㄨㄥˇ/fēnsàn xìtǒng
disperse system
【化】台湾名。即“分散体系”(345 页)。

分散相/分散相
fēnsànxiàng/ㄈㄣ ㄙㄢˋ ㄒㄧㄤˋ
disperse phase
【化】见“分散体系”(345 页)。

分时/分時　fēnshí/ㄈㄣ ㄕˊ
time sharing
【信息】数据处理系统中，处理器内至少两个进程在时间上交错执行的操作模式。将处理器的时间分成若干时间片，按时间片轮流将处理器分派给各联机进程。如果一个进程在分得的时间片内不能完成计算，就暂时中断，将处理器让给另一个进程使用，等待下一轮再继续运行。

分时电价/分時電價
fēnshí diànjià/ㄈㄣ ㄕˊ ㄉㄧㄢˋ ㄐㄧㄚˋ
time-of-day tariff
【电】电价的一种。一天 24 小时内因时段不同而计费电价不同。用电高峰时段电价高，用电低谷时段电价低。

分時多工
ㄈㄣ ㄕˊ ㄉㄨㄛ ㄍㄨㄥ/fēnshí duōgōng
time-division multiplexing, TDM
【信息】台湾名。即“时分复用”(1027 页)。

分時分碼多重進接
ㄈㄣ ㄕˊ ㄈㄣ ㄇㄚˇ ㄉㄨㄛ ㄔㄨㄥˊ ㄐㄧㄣˋ ㄐㄧㄝ/
fēnshí fēnmǎ duōchóng jìnjiē
time-division CDMA, TD-CDMA
【信息】台湾名。即“时分码分多址”(1027 页)。

分式/分式　fēnshì/ㄈㄣ ㄕˋ
fraction
【数】含带字母的分母的有理式。例如，$\frac{1}{x}$，$\frac{2a-3b}{4a+7b}$等。

分式方程/分式方程
fēnshì fāngchéng/ㄈㄣ ㄕˋ ㄈㄤ ㄔㄥˊ

fractional equation

【数】含有关于未知数的分式的有理方程。例如，$\frac{1}{x}+2x=3$，$\frac{2xy+3y}{x+1}-2y=15$ 等。

📖 解分式方程时，可将方程去分母化为整式方程，整式方程的解若使原方程的分母不为0，则为原方程的解；否则为增根。

分数/分數 fēnshù/ㄈㄣ ㄕㄨˋ

fraction

【数】整数 a 除以非零整数 b 的商，记作 $\frac{a}{b}$，这种形式的数叫作分数。分数中间的横线叫作分数线，分数线上面的整数 a 叫作分子，分数线下面的非零整数 b 叫作分母。整数可以看作分母是1的分数，即 $a=\frac{a}{1}$。

分数指数/分數指數

fēnshù zhǐshù/ㄈㄣ ㄕㄨˋ ㄓˇ ㄕㄨˋ

fractional exponent

【数】正分数指数和负分数指数的统称。当 $a>0$，α 是分数时，a^{α} 总有意义。

分水尖/分水尖

fēnshuǐjiān/ㄈㄣ ㄕㄨㄟˇ ㄐㄧㄢ

cutwater

【建】一种水工建筑。位于桥墩的迎水方向，呈三角形，作用是将急流一分为二，迅速从桥孔通过，减少水流对桥体的冲击。有些石拱桥的分水尖前部还装有三角形铁柱，俗称斩龙剑，目的是减少漂浮冰块对桥墩的撞击。

📖 分水尖在唐代已经出现，其设计根据河流的具体情况。如卢沟桥横跨永定河，水流湍急，春暖花开、冰雪消融时，河水陡涨，并携带大量浮冰奔腾而下，冲撞桥墩。故卢沟桥分水尖较长(5.9米)，每个分水尖上安装三角形铁柱，及时斩碎冰块，防止冰块堵塞桥洞，影响桥梁安全。

分水岭/分水嶺

fēnshuǐlǐng/ㄈㄣ ㄕㄨㄟˇ ㄌㄧㄥˇ

watershed，divide

【地】分隔相邻两个流域的山岭或高地。降落在山岭或高地两边的降水沿着两侧的斜坡分别汇入不同的河流和流域。如大分水岭将澳大利亚大陆的河流分为太平洋水系和印度洋水系。

分水线/分水線

fēnshuǐxiàn/ㄈㄣ ㄕㄨㄟˇ ㄒㄧㄢˋ

divide line

【水利】相邻两个流域的分界线。通常是分水岭山峰、山脊和鞍部的连线，连线两侧的河流分属不同的流域。

分析化学/分析化學

fēnxī huàxué/ㄈㄣ ㄒㄧ ㄏㄨㄚˋ ㄒㄩㄝˊ

analytical chemistry

【化】化学的一个分支。根据化学与物理学的原理，鉴别和测定物质的化学成分、化学结构、存在形式及有关组分的含量等。按分析要求不同，可分为组分分析(包括定量分析和定性分析)和结构分析；按分析方法不同，可分为化学分析和仪器分析。

分析天平/化學天平

fēnxī tiānpíng/ㄏㄨㄚˋ ㄒㄩㄝˊ ㄊㄧㄢ ㄆㄧㄥˊ

analytical balance

【机】天平的一类。称量范围与读数能力适用于多种分析。按称量范围不同，可分为常量分析天平、微量分析天平、半微量分析天平、超微量分析天平等。

分析学/分析學 fēnxīxué/ㄈㄣ ㄒㄧ ㄒㄩㄝˊ

analysis

【数】数学中以微积分为基础、以函数为主要研究对象的学科。包括微积分、微分方程、积分方程、变分法、实变函数论、复变函数论、泛函分析等以及由它们延伸发展的分支。

分析仪器/分析儀器

fēnxī yíqì/ㄈㄣ ㄒㄧ ㄧˊ ㄑㄧˋ

analytical instrument

【机】用于测定物质成分、化学结构及某些物理特性的仪器。可分为电化学式分析仪器、光学式分析仪器、热学式分析仪器、质谱仪器、波谱仪器、能谱和射线分析仪器等。

分销企业/分銷企業

fēnxiāo qǐyè/ㄈㄣ ㄒㄧㄠ ㄑㄧˇ ㄧㄝˋ

distribution enterprise

【物流】通过分销渠道将产品从生产商转移到最终消费者或其他中间商的流通型企业或个人。位于供应链的中间环节，通常拥有跨地域的、多层级的营销网络。

分用/多路分解
fēnyòng/ㄉㄨㄛ ㄌㄨˋ ㄈㄣ ㄐㄧㄝˇ
demultiplexing
【信息】将经复用所形成的合成信号恢复为原来独立的多个信号的处理过程。

分用器/解多工器
fēnyòngqì/ㄐㄧㄝˇ ㄉㄨㄛ ㄍㄨㄥ ㄑㄧˋ
demultiplexer, deMUX
【信息】恢复复用信号中的合成信号,并将其在各自独立的信道中还原的器件。

分子/分子 fēnzǐ/ㄈㄣ ㄗˇ
molecule
【物】组成物质并保持原有化学性质的最小微粒。由原子通过一定的作用力以一定次序和排列方式构成。呈电中性。可分为单原子分子(如石墨分子)、双原子分子(如氧分子)和多原子分子(如水分子)。

分子电流/分子電流
fēnzǐ diànliú/ㄈㄣ ㄗˇ ㄉㄧㄢˋ ㄌㄧㄡˊ
molecular current
【物】分子或原子内电子的绕核运动和自旋运动形成的电流。可用于解释物质的磁性。由法国物理学家安培(André-Marie Ampère, 1775—1836)于1822年提出。

分子间力/分子間力
fēnzǐjiānlì/ㄈㄣ ㄗˇ ㄐㄧㄢ ㄌㄧˋ
intermolecular force
【物】分子间的相互作用力。是形成物质各种基本特性的主要原因,在分子间距≤1纳米时才显现出来。分子间距≤r_0时,表现为斥力(故物体不能无限压缩);分子间距>r_0时,表现为引力(故物质能聚集成为固体或液体),r_0称为平衡位置,与分子的直径在同一数量级。

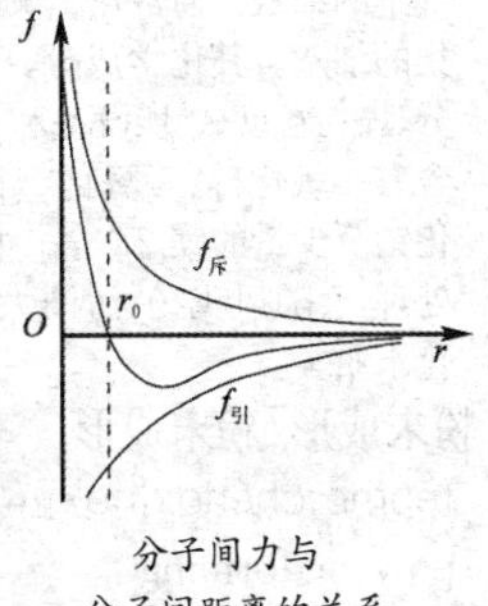

分子间力与
分子间距离的关系

分子链/分子鏈 fēnzǐliàn/ㄈㄣ ㄗˇ ㄌㄧㄢˋ
molecular chain
【化】简称"链"。分子中各原子以化学键结合构成的链状结构。许多分子,尤其是大分子多为链状结构。

分子量/分子量 fēnzǐliàng/ㄈㄣ ㄗˇ ㄌㄧㄤˋ
molecular weight
【化】相对分子质量。由分子中每个原子的相对原子质量相加而成。

分子筛/分子篩 fēnzǐshāi/ㄈㄣ ㄗˇ ㄕㄞ
molecular sieve
【化】狭义上指硅酸盐、硅铝酸盐或过渡金属含氧酸盐化合物。有三维多面体骨架,形成分子尺寸大小的孔道和孔穴,能够利用自身结构特点选择性地吸附分子。泛指具有均一微孔而能选择性地吸附直径小于孔径的分子的吸附剂。

分子式/分子式 fēnzǐshì/ㄈㄣ ㄗˇ ㄕˋ
molecular formula
【化】化学式的一种。用元素符号表示物质分子组成的式子。主要表示分子中的原子及其数量关系,其中原子的元素符号按特定顺序排列,如有机物分子式往往C排在第一,H排在第二。

分组/封包 fēnzǔ/ㄈㄥ ㄅㄠ
packet
【信息】在因特网或其他交换网的始发点与终接点之间,作为一个单元传送的数据。

分组交换/封包交换
fēnzǔ jiāohuàn/ㄈㄥ ㄅㄠ ㄐㄧㄠ ㄏㄨㄢˋ
packet switching
【信息】又称"包交换"。以标有地址的分组数据为单位进行选路、传送、占用信道的交换方式。采用国际电报电话咨询委员会(CCITT)制定的X.25协议。

分组交换数据网/分封交換資料網路
fēnzǔ jiāohuàn shùjùwǎng/
ㄈㄣ ㄈㄥ ㄐㄧㄠ ㄏㄨㄢˋ ㄗ ㄌㄧㄠˋ ㄨㄤˇ ㄌㄨˋ
packet-switched data network, PSDN
【信息】以分组交换方式提供数据传输业务的网络。

分组装拆器/封包組合拆卸器
fēnzǔ zhuāngchāiqì/
ㄈㄥ ㄅㄠ ㄗㄨˇ ㄏㄜˊ ㄔㄞ ㄒㄧㄝˋ ㄑㄧˋ
packet assembler/disassembler, PAD

F

【信息】又称"包装拆器"。通信中完成分组装配与拆卸的器件。

酚/酚 fēn/ㄈㄣ

phenol

【化】一类含氧有机化合物。羟基与芳香环直接相连而成。大多为低熔点无色固体和高沸点的液体，具特殊气味，显酸性，易溶于乙醇。如苯酚等。

酚酞/酚酞 fēntài/ㄈㄣ ㄊㄞˋ

phenolphthalein

【化】有机化合物。分子式$C_{20}H_{14}O_4$。无色或浅黄色三斜晶体，是一种有机弱酸。可用作酸碱滴定指示剂，在 pH 值 8.2～10.0（碱性）范围内，由无色变为红色。也可用作泻药。

坟墓/墳墓 fénmù/ㄈㄣˊ ㄇㄨˋ

grave

【建】埋葬死人的地方。高出地面的部分为坟（筑土为坟），地面以下的部分为墓（穴地为墓）。

📖 东汉《释名·释葬制》有："墓，慕也，孝子思慕之处也。"古代"墓"与"没"同义，意思是埋在地下就没有了。《礼记·檀弓》记载："古也，墓而不坟。"注曰："凡墓而无坟，不封不树者，谓之墓。"坟是高出地面的土堆，郑玄注曰："土之高者曰坟。"

焚风/焚風 fénfēng/ㄈㄣˊ ㄈㄥ

foehn

【气】过山气流在背风坡下沉而变得干热的一种地方性风。

鼢鼠/鼢鼠 fénshǔ/ㄈㄣˊ ㄕㄨˇ

mole rat

【动】又称"地羊"。哺乳动物名。啮齿目仓鼠科。体粗而圆，毛灰色或略带赭色，尾短，眼小，视觉极不发达，善掘土，前爪长而大，生活在田野里。以植物的根、地下茎和嫩芽等为食。在中国，分布于中部、北部及西北地区。

粉彩瓷/粉彩瓷 fěncǎicí/ㄈㄣˇ ㄘㄞˇ ㄘˊ

power doped color decorated porcelain

【轻】瓷器的一种。采用釉上彩方法，在已烧成的瓷胎上彩绘图形，再入窑经低温烧制而成。粉彩的绘制，通常需经打图、升图、做图、拍图、画线、彩料、填色、洗染等工序。

📖 粉彩瓷是清代康熙晚期在五彩瓷基础上，受珐琅彩瓷制作工艺的影响而创造的新品种。采取点染与套色的手法，使描绘的人物、山水、花卉、鸟虫明暗清晰，层次分明，栩栩如生，具有很强的装饰性。

粉尘/粉塵 fěnchén/ㄈㄣˇ ㄔㄣˊ

dust

【环】在空气中呈悬浮状态的固体颗粒物。主要是工业生产（如粉碎、燃烧过程等）和自然过程（如火山喷发、森林火灾、岩石风化等）产生的。粒径一般小于 75 微米。按其沉降特性的不同，可分为降尘和飘尘。

粉红噪声/粉紅噪音

fěnhóng zàoshēng/ㄈㄣˇ ㄏㄨㄥˊ ㄗㄠˋ ㄕㄥ

pink noise

【环】用恒定百分率带宽的分析器测量时，频谱连续而均匀的噪声。"粉红"是从光学名词中借用的，光学中表示低频长波的光含量占优势时呈粉红色。在噪声描述上，粉红色噪声的谱密度（带宽为 1 赫的单位频带中的能量）是均匀下降的。

粉紅噪音

ㄈㄣˇ ㄏㄨㄥˊ ㄗㄠˋ ㄧㄣ/fěnhóng zàoyīn

pink noise

【环】台湾名。即"粉红噪声"（348 页）。

粉桦 fěnhuà/ㄈㄣˇ ㄏㄨㄚˋ

【植】即"白桦"（19 页）。

粉煤灰/飛灰 fěnméihuī/ㄈㄟ ㄏㄨㄟ

fly ash

【环】又称"飞灰""烟灰"。煤燃烧所产生的烟气中的细灰。通常指燃煤电厂从烟道气中收集的细灰。其化学成分、矿物组成与燃煤成分、煤粉粒度、燃煤设备和条件等有关。大多含有二氧化硅、三氧化二铝、三氧化二铁、氧化钙及少量的镁、碳等。大量粉煤灰如不加处理，会随风飞扬，污染大气，进入水体会恶化水质。

粉末成形/粉末成形

fěnmò chéngxíng/ㄈㄣˇ ㄇㄛˋ ㄔㄥˊ ㄒㄧㄥˊ

powder forming

【材】将粉末制成具有预定形状、尺寸的物体的过程。

粉末锻造/金屬粉末鍛造

fěnmò duànzào/

ㄐㄧㄣ ㄕㄨˇ ㄈㄣˇ ㄇㄛˋ ㄉㄨㄢˋ ㄗㄠˋ

powder metal forging, powder forging

【材】一种模锻工艺。用粉末冶金法制成接近于工件形状的坯料,加热后放在闭式模中进行模锻。可简化制坯工艺,提高材料利用率,并可制造形状复杂、尺寸精确、表面光洁、组织均匀的零件。

粉末烧结/粉末燒結

fěnmò shāojié/ㄈㄣˇ ㄇㄛˋ ㄕㄠ ㄐㄧㄝˊ

powder sintering

【材】粉末冶金工艺过程之一。粉末或压坯在低于主要组分熔点温度下加热,使颗粒间产生黏结,以提高制品性能的过程。

粉末涂料/粉末塗料

fěnmò túliào/ㄈㄣˇ ㄇㄛˋ ㄊㄨˊ ㄌㄧㄠˋ

powder coating

【化】一种成膜树脂为粉末状的无溶剂涂料。涂布于物体表面,随后加热熔融形成漆膜,或熔融喷涂于金属表面直接成膜。工艺简便,无污染,节能高效。主要用于涂饰金属表面。

粉末压制/粉末壓製

fěnmò yāzhì/ㄈㄣˇ ㄇㄛˋ ㄧㄚ ㄓˋ

powder pressing

【材】粉末冶金工艺过程之一。将型腔内粉末加压,制成具有预定形状、尺寸的压坯的过程。

粉末冶金/粉末冶金

fěnmò yějīn/ㄈㄣˇ ㄇㄛˋ ㄧㄝˇ ㄐㄧㄣ

powder metallurgy

【材】冶金方法的一种。由金属或金属化合物制取金属粉末,压制成型后经烧结而成制品。可用于生产为熔炼或电解方法所不能获得的某些产品。特别适于生产高熔点金属、纯度很高的金属,以及硬而不能切削加工的合金(如硬质合金)制品、不互溶的金属制成的合金产品等。

粉砂/粉砂 fěnshā/ㄈㄣˇ ㄕㄚ

silt

【地】粒径 0.0039～0.0625 毫米的矿物或岩石颗粒。主要成分是石英、长石和云母,但岩石碎屑很少。粉砂级颗粒的沉积物不具可塑性,但有透水性。

粉碎机/粉碎機 fěnsuìjī/ㄈㄣˇ ㄙㄨㄟˋ ㄐㄧ

pulverizer

【机】将大尺寸的固体原料粉碎至要求尺寸的机械。由粗碎、细碎、风力输送等装置组成。按粉碎物料的大小不同,可分为粗碎机、中碎机、细磨机和超细磨机。

粉雾剂/粉霧劑 fěnwùjì/ㄈㄣˇ ㄨˋ ㄐㄧˋ

inhalation powder

【医】粉末药物经特殊的给药装置喷出,以气溶胶形式进入呼吸道的制剂。按用药途径不同,可分为吸入粉雾剂、非吸入粉雾剂和外用粉雾剂。

粉壓坯 ㄈㄣˇ ㄧㄚ ㄆㄧ/fěnyāpī

compact

【材】台湾名。即“压坯”(1303 页)。

粉质土/微砂土壤

fěnzhìtǔ/ㄨㄟˊ ㄕㄚ ㄊㄨˇ ㄖㄤˇ

silty soil

【水利】细粒土中,粉粒(0.005～0.075 毫米)含量在总质量中超过 50%,且塑性指数小于 10 的土。如砂质粉土、黏质粉土等。

糞金龜 ㄈㄣˋ ㄐㄧㄣ ㄍㄨㄟ/fènjīnguī

dung beetle

【动】台湾名。即“蜣螂”(907 页)。

feng (ㄈㄥ)

丰度/豐度 fēngdù/ㄈㄥ ㄉㄨˋ

abundance

【化】指元素在一定自然系统中的平均含量。

丰水年/豐水年

fēngshuǐnián/ㄈㄥ ㄕㄨㄟˇ ㄋㄧㄢˊ

high flow year

【水利】年径流量超过多年平均年径流量的年份。

风/風 fēng/ㄈㄥ

wind

【气】空气流动的现象。按照地面气象观测规范测量的风,是空气相对于地面的水平运动,用风速和风向来描述。

风暴潮/暴潮

fēngbàocháo/ㄅㄠˋ ㄔㄠˊ

storm surge

【水利】由强烈的大气扰动(大风和气压骤变)

引起海面异常升高的现象。

风池/風池 fēngchí/ㄈㄥ ㄔˊ
G20，GB20，* wind pool
【中医】足少阳胆经穴之一。在项部，当枕骨之下，与风府相平，胸锁乳突肌与斜方肌上端之间的凹陷处。该穴主治头痛、眩晕、目赤肿痛、鼻渊、鼻衄、耳鸣、耳聋、颈项强痛、感冒、癫痫、中风、热病、疟疾、瘿气等病证。

风电 fēngdiàn/ㄈㄥ ㄉㄧㄢˋ
【电】“风力发电”的简称。

风电机组 fēngdiàn jīzǔ/ㄈㄥ ㄉㄧㄢˋ ㄐㄧ ㄗㄨˇ
【电】“风力发电机组”的简称。

风动工具
fēngdòng gōngjù/ㄈㄥ ㄉㄨㄥˋ ㄍㄨㄥ ㄐㄩˋ
【机】即“气动工具”(889 页)。

风洞/風洞 fēngdòng/ㄈㄥ ㄉㄨㄥˋ
wind tunnel
【航】供空气动力学研究实验用的，可产生流动参数可控气流，实现空气动力学基本规律的特定要求的洞状设备。航空航天上用于飞行器在风洞中的风洞测压、抖震、风载、能量比测定、风洞投放、风洞嗡鸣等试验研究。通过试验了解掌握飞行器气动布局，确定评估飞行器结构的空气动力学性能参数的科学合理性。

风荷载/風荷載 fēnghèzài/ㄈㄥ ㄏㄜˋ ㄗㄞˋ
wind load
【气】风力的一种。风直接作用在建筑物或其他物体表面上的法向分力。

风化/風化 fēnghuà/ㄈㄥ ㄏㄨㄚˋ
㊀ efflorescene，㊁ weathering
㊀【化】结晶水合物中的结晶水逐渐消失的现象。主要发生在结晶水合物体系，其平衡水蒸气压大于环境水蒸气压，水合物失去结晶水成为无水物或减少结晶水，导致物质外部结构改变。风化的相反作用是潮解。㊁【地】又称“风化作用”。地球表面岩石因长期风吹日晒、雨水冲刷、生物破坏等作用而发生的变化或破坏。可分为物理风化、化学风化和生物风化三种。

风化壳/風化殼
fēnghuàqiào/ㄈㄥ ㄏㄨㄚˋ ㄑㄧㄠˋ
weathering crust
【地】地球表面岩石风化后形成的仍残留在原地覆盖于母岩表面的风化产物。是形成土壤的物质基础。

风化作用
fēnghuà zuòyòng/ㄈㄥ ㄏㄨㄚˋ ㄗㄨㄛˋ ㄩㄥˋ
【地】即“风化”(350 页)。

风机/風機 fēngjī/ㄈㄥ ㄐㄧ
fan，air blower
【机】气体压缩和气体输送机械的统称。流体机械的一类。通常指通风机、鼓风机等。依靠输入的机械能，提高气体压力并排送气体。广泛应用于隧道、地下车库、高级民用建筑、冶金厂矿等场所的通风换气及消防高温排烟。按用途不同，可分为通用风机、排尘风机、工业通风换气风机、锅炉引风机、矿用风机等。

风浪失速/風浪失速
fēnglàng shīsù/ㄈㄥ ㄌㄤˋ ㄕ ㄙㄨˋ
wind and wave stall
【船】船舶在风浪区航行过程中，船体摇荡运动阻力增加及螺旋桨效率下降等引起的船舶速度损失。与船型、船舶上层建筑、船速、风速、波浪方向和大小等有关，对舰艇海上活动和船舶航运有不利的影响。

风冷发动机/氣冷式引擎
fēnglěng fādòngjī/ㄑㄧˋ ㄌㄥˇ ㄕˋ ㄧㄣˇ ㄑㄧㄥˊ
air-cooled engine
【机】发动机的一种。以空气作为冷却介质。在气缸及缸盖的外壁铸造出一些散热片，并用冷却风扇使空气高速吹过散热片表面，带走发动机散出的热量，使发动机冷却。结构简单，维修容易，对地区、气候适应性较好。但缸体和缸盖刚度差，振动大，噪声大，容易过热。

风力/風力 fēnglì/ㄈㄥ ㄌㄧˋ
wind force
【气】❶风的强度。气象上用蒲福风级表示。❷风作用在建筑物或其他物体上的力。按风与物体表面的相对方向不同，分为风应力和风荷载。

风力发电/風力發電
fēnglì fādiàn/ㄈㄥ ㄌㄧˋ ㄈㄚ ㄉㄧㄢˋ
wind power generation，wind power
【电】简称“风电”。将风所蕴含的动能转换成电能的工程技术。

风力发电机/風力發電機
fēnglì fādiànjī/ㄈㄥ ㄌㄧˋ ㄈㄚ ㄉㄧㄢˋ ㄐㄧ
wind-generator set
【机】用风轮拖动的发电机。按工作原理不同,可分为小型直流发电机、双馈异步发电机和永磁同步发电机等。

风力发电机组/風力發電機組
fēnglì fādiàn jīzǔ/
ㄈㄥ ㄌㄧˋ ㄈㄚ ㄉㄧㄢˋ ㄐㄧ ㄗㄨˇ
wind turbine generator system,WTGS
【电】简称"风电机组"。将风的动能转换为电能的系统。

风力发动机
fēnglì fādòngjī/ㄈㄥ ㄌㄧˋ ㄈㄚ ㄉㄨㄥˋ ㄐㄧ
【机】即"风力机"(351 页)。

风力机/風力機
fēnglìjī/ㄈㄥ ㄌㄧˋ ㄐㄧ
wind turbine
【机】又称"风力发动机",俗称"风车"。可将风能转换成机械能输出的动力机械。由带风叶的风轮、机头、尾翼、传动、动力输出、调速、制动和塔架等装置组成。风轮受风力作用转动,经传动机构从动力输出装置输出动力,把风能转变为机械能。

风毛菊/風毛菊
fēngmáojú/ㄈㄥ ㄇㄠˊ ㄐㄩˊ
windhair daisy
【植】*Saussurea japonica* 菊科风毛菊属。二年生草本植物。茎直立,被毛。基生叶长椭圆形或披针形,羽状深裂,裂片顶端钝,边缘有齿,茎生叶由下自上渐小,羽状分裂或全缘。头状花序多数,排成伞房状,总苞筒状,多层,紫红色,外被白毛;花紫色。瘦果有冠毛。花果期 6—11 月份。在中国,分布于各地。野生花草。

风能/風能 fēngnéng/ㄈㄥ ㄋㄥˊ
wind energy
【气】指地球表面空气流动所形成的动能。是太阳能的一种转化形式。

风能密度/風能密度
fēngnéng mìdù/ㄈㄥ ㄋㄥˊ ㄇㄧˋ ㄉㄨˋ
wind energy density
【气】单位时间内,通过与风向垂直的单位截面积的风能。

风能潜力/風能潛力
fēngnéng qiánlì/ㄈㄥ ㄋㄥˊ ㄑㄧㄢˊ ㄌㄧˋ
wind energy potential
【气】风能密度与能够推动风能转化设备的有效风速的积累时数的乘积。

风能区划/風能區劃
fēngnéng qūhuà/ㄈㄥ ㄋㄥˊ ㄑㄩ ㄏㄨㄚˋ
wind energy demarcation
【气】根据风能资源的分布和利用特点,以及一定的区划指标等级,对全球或一个区域进行的区域划分。

风能资源/風能資源
fēngnéng zīyuán/ㄈㄥ ㄋㄥˊ ㄗ ㄩㄢˊ
wind energy resources
【气】气候资源的一种。自然界可供人类利用的风能。风速越大,资源越丰富。

风鸟 fēngniǎo/ㄈㄥ ㄋㄧㄠˇ
【动】即"极乐鸟"(572 页)。

风湿热/風濕熱 fēngshīrè/ㄈㄥ ㄕ ㄖㄜˋ
rheumatic fever
【医】一种自身免疫性疾病。由甲族乙型溶血性链球菌感染而引起。主要侵犯心脏、关节中枢神经系统及皮肤等,可伴有发热,出现皮疹、皮下小结等。

风湿性心脏病/風濕性心臟病
fēngshīxìng xīnzàngbìng/
ㄈㄥ ㄕ ㄒㄧㄥˋ ㄒㄧㄣ ㄗㄤˋ ㄅㄧㄥˋ
rheumatic heart disease
【医】急性风湿热引起心脏炎后遗留的以瓣膜病变为主的心脏病。多表现为二尖瓣、三尖瓣或主动脉瓣瓣膜狭窄和/或关闭不全,导致血液循环障碍,引起心功能不全。患病初期可无明显症状,病情加重后出现心慌、气短、乏力、咳嗽、肢体水肿、咳粉红色泡沫痰及心力衰竭等。

风水/風水 fēngshuǐ/ㄈㄥ ㄕㄨㄟˇ
geomancy
【建】通过对天地山川的考察,辨正方位,相土尝水,指导人们如何确定建筑、城市、墓葬的选址、朝向、布局、营建等的一种术数和技巧。
📖 "风水"始见于晋郭璞(276—324)《葬书》:"葬者,乘生气也。《经》曰:气乘风则散,

F

界水则止。古人聚之使不散,行之使有止,故谓之风水。"风水溯源可认为发端于殷商的卜宅、卜地活动,经历代发展形成形法和理法两大流派。形法关注山川地势的整体关系,归纳为"地理五诀"——龙、穴、砂、水、向;理法考虑细节问题,例如建筑自身的立面、平面布置等。风水是中国特有的文化现象,体现中国古代"天人合一"的传统思想、文化精神和建筑智慧。

风水学/風水學

fēngshuǐxué/ㄈㄥ ㄕㄨㄟˇ ㄒㄩㄝˊ

fengshui

【建】通过以山水地貌的形态、走向为基础的自然环境考察,指导如何确定城市、村镇、建筑、墓葬等的位置朝向、布局、营建等的理论和方法。有时也引申到内部空间布局以及人工环境。是中国特有的传统文化现象,其中有迷信和巫术的特征,也凝聚着古代哲学、科学、美学的智慧。

F

风速/風速 fēngsù/ㄈㄥ ㄙㄨˋ

wind speed

【气】表征空气水平运动快慢的物理量。是单位时间内空气移动的水平距离,多以米/秒为单位。

风速计/風速計 fēngsùjì/ㄈㄥ ㄙㄨˋ ㄐㄧˋ

anemograph, anemometer

【机】测定风速的气象仪器。可分为风杯风速计、旋桨式风速计等。前者较为常用。

风温/風温 fēngwēn/ㄈㄥ ㄨㄣ

wind-warm disorder

【中医】中医温病之一。感受冬春季节风热病邪所致。初起病在肺卫,症见发热、微恶风寒、咳嗽、口微渴等,治用银翘散辛凉透表;及热壅于肺(气分),常见身热汗出,烦渴咳喘等,治用麻杏石甘汤清热宣肺。如见高热神志昏迷,手足瘛疭,脉疾数者,为热盛劫津,逆传心包,营血受灼,肝风内动,治用羚角钩藤汤、清营汤、至宝丹、紫雪丹、安宫牛黄丸等,清营泄热,平肝息风。如突然面色苍白,四肢厥冷等,为正气大伤,阳气虚脱,急用参附龙牡合生脉散回阳固脱。

风向/風向 fēngxiàng/ㄈㄥ ㄒㄧㄤˋ

wind direction

【气】表征空气水平运动方向的物理量,即风的来向。常以顺风、逆风、侧风来描述与观察者之间的相对关系。气象观测中以0°为北风的中心角方向,按顺时针22.5°间隔依次分为16个方位,并用符号记录风向,静风时不记录风向。

风向表

方位	记录符号	中心角度(°)	角度范围(°)
北	N	0	348.76~11.25
北东北	NNE	22.5	11.26~33.75
东北	NE	45.0	33.76~56.25
东东北	ENE	67.5	56.26~78.75
东	E	90.0	7.76~101.25
东东南	ESE	112.5	101.26~123.75
东南	SE	135.0	123.76~146.25
南东南	SSE	157.5	146.26~168.75
南	S	180.0	168.76~191.25
南西南	SSW	202.5	191.26~213.75
西南	SW	225.0	213.76~236.25
西西南	WSW	247.5	236.26~258.75
西	W	270.0	258.76~281.25
西西北	WNW	292.5	281.26~303.75
西北	NW	315.0	303.76~326.25
北西北	NNW	337.5	326.26~348.75
静风	C	角度不定,其风速≤0.2米/秒	

中国古代将风向按八个方位命名,统称八风,但名称不一。

古代文献	东北	东	东南	南	西南	西	西北	北
《吕氏春秋》	炎风	滔风	熏风	巨风	凄风	飂风	厉风	寒风
《淮南子》	炎风	条风	景风	巨风	凉风	飂风	丽风	寒风
《说文解字》	融风	明庶	清明	景风	凉风	阊阖	不周	广莫

风向风速表/風向風速計

fēngxiàng fēngsùbiǎo/ㄈㄥ ㄒㄧㄤˋ ㄈㄥ ㄙㄨˋ ㄐㄧˋ

anemorumbometer

【气】能够同时测量空气的流动方向和流动速度的仪器。通常由风向部分(包括风向标、方位盘、制动套)、风速部分(包括十字护架、风杯、主体器件)和手柄三部分构成。多为便携式,用于野外观测。

📖 中国出现测风的专用器具不晚于汉代，称为铎、伣、綄、测风乌等。铎即现代的风铃，由金属或玉片制成，根据铎声可以判断风的大小，但不能判断风向。伣和綄是能够同时反映风速和风向的工具，用羽毛制成，悬挂于高杆之上，按当时的重量单位计为五两，故也称"五两"。有风时，迎风飘起，与高杆形成夹角，根据其飘起的方向和夹角的大小，判断风速和风向。测风乌用金属或木头制成鸡形，脚下有转轴与高杆连接。鸡头小尾大，因此鸡头总是迎着风的来向，故能观察风向。

风邪/風邪 fēngxié/ㄈㄥ ㄒㄧㄝˊ

wind pathogen, * wind evil

【中医】六淫之一。风为阳邪，具有轻扬开泄、善动不居、升发、向上、向外的特性。致病易侵袭人体上部、肌表，病情变化快，病位游走不定。风为百病之长，其他邪气常依附于风而侵犯人体，如寒邪、湿邪、热邪依附风邪而成风寒、风湿、风热等。

📖 风为春季主气，但当其太过、不及之时，四季均可使人患病。中医认为风邪实为外感病征之先导，故《素问·骨空论》中有"风者，百病之始也"等理论概括。

风邪外袭证

fēngxié wàixízhèng/

ㄈㄥ ㄒㄧㄝˊ ㄨㄞˋ ㄒㄧˊ ㄓㄥˋ

【中医】即"外风证"(1163 页)。

风应力/風應力 fēngyìnglì/ㄈㄥ ㄧㄥˋ ㄌㄧˋ

wind stress

【气】风力的一种。建筑物或其他物体表面受到临近运动空气施加的曳力或切向力。

风油精/風油精

fēngyóujīng/ㄈㄥ ㄧㄡˊ ㄐㄧㄥ

wind medicated oil, * wind oil essence

【中医】中成药名。主要成分：薄荷脑、水杨酸甲脂、樟脑、桉油、丁香酚。外用，涂擦于患处或穴位。清凉、止痛、祛风、止痒。用于蚊虫叮咬，晕车不适，伤风感冒引起的头痛、头晕。

风疹/風疹 fēngzhěn/ㄈㄥ ㄓㄣˇ

rubella, * wind papules

【中医】中医儿科疾病之一。因感染风疹病毒所致，症见轻度发热，咳嗽，全身皮肤出现细沙样玫瑰色斑丘疹，耳后及枕部淋巴结肿大等。可用银翘散或加味消毒饮等医治。

风振/風振 fēngzhèn/ㄈㄥ ㄓㄣˋ

wind induced oscillation

【气】脉动风对建筑结构产生振动的动力效应。

风证/風證 fēngzhèng/ㄈㄥ ㄓㄥˋ

wind syndrome

【中医】中医证候之一。外感风邪或脏腑阴阳气血失调所致，分为外风证和内风证。

风钻 fēngzuàn/ㄈㄥ ㄗㄨㄢˋ

【机】即"凿岩机"(1410 页)。

枫树 fēngshù/ㄈㄥ ㄕㄨˋ

【植】❶"鸡爪槭"的通称。❷"元宝槭"的通称。

📖 枫树是对槭属树木的通称，本属的树木很多都有观赏价值。枫树是加拿大国树，加拿大素有"枫叶之国"的美誉。

枫杨/楓楊 fēngyáng/ㄈㄥ ㄧㄤˊ

China wingnut

【植】*Pterocarya stenoptera* 胡桃科枫杨属。高大乔木。树皮深纵裂。小枝有皮孔。偶数羽状复叶，叶轴具翅，无小叶柄，小叶长椭圆形至长椭圆状披针形，顶端钝圆，基部歪斜，边缘有齿。雄性葇荑花序，单生于叶腋；雌性葇荑花序顶生，花序轴密被毛。果序较长，果实长椭圆形，果翅条形。花期4—5月份。在中国，分布于陕西以东、山东以南各地。观赏树木或行道树。

枫杨

封包 ㄈㄥ ㄅㄠ/fēngbāo

packet

【信息】台湾名。即"分组"(347 页)。

封包交换

ㄈㄥ ㄅㄠ ㄐㄧㄠ ㄏㄨㄢˋ/fēngbāo jiāohuàn

packet switching

【信息】台湾名。即"分组交换"(347 页)。

封包組合拆卸器

ㄈㄥ ㄅㄠ ㄗㄨˇ ㄏㄜˊ ㄔㄞ ㄒㄧㄝˋ ㄑㄧˋ/

fēngbāo zǔhé chāixièqì

packet assembler/disassember, PAD

【信息】台湾名。即"分组装拆器"(347 页)。

封冻/封凍 fēngdòng/ㄈㄥ ㄉㄨㄥˋ
freeze up
【水利】江河、湖泊内水面结冰,出现冰盖,且敞露水面的面积不足其总面积 20%时的冰情现象。也指土地上冻。

封山育林/保留林地 fēngshān yùlín/ㄅㄠˇ ㄌㄧㄡˊ ㄌㄧㄣˊ ㄉㄧˋ
forest reservation
【农】一种育林方式。利用森林的更新能力,在自然条件适宜的山区,实行定期封山,禁止垦荒、放牧、砍柴等人为活动,以达到恢复森林植被的目的。

封装/包裝 fēngzhuāng/ㄅㄠ ㄓㄨㄤ
encapsulation
【信息】为实现数据传送的多样性,将被传送的数据结构对应到另一数据结构的处理方式。

封裝技術
ㄈㄥ ㄓㄨㄤ ㄐㄧˋ ㄕㄨˋ/fēngzhuāng jìshù
packaging technology
【物流】台湾名。即“包装技术”(36 页)。

砜/碸 fēng/ㄈㄥ
sulfone
【化】一类含硫有机化合物。两个烃基与硫酰基结合而成。用于合成医药、塑料,或用作溶剂。

疯牛病
fēngniúbìng/ㄈㄥ ㄋㄧㄡˊ ㄅㄧㄥˋ
【医】“牛海绵状脑病”的通称。

風機 ㄈㄥ ㄐㄧ/fēngjī
fan
【机】台湾名。即“通风机”(1137 页)。

風向風速計
ㄈㄥ ㄒㄧㄤˋ ㄈㄥ ㄙㄨˋ ㄐㄧˋ/fēngxiàng fēngsùjì
anemorumbometer
【气】台湾名。即“风向风速表”(352 页)。

峰谷电价/峰谷電價
fēng-gǔ diànjià/ㄈㄥ ㄍㄨˇ ㄉㄧㄢˋ ㄐㄧㄚˋ
peak-valley price
【电】电价的一种。根据电力系统负荷曲线的变化将一天分成多个时间段,对不同时间段的负荷或电量,按不同的价格计费。

锋/鋒 fēng/ㄈㄥ
front
【气】又称“锋区”。天气系统的一类。冷气团和暖气团相遇所形成的一条狭窄的倒梯形过渡区域。长度从几百米至几千千米,在近地面宽几十千米,至高空层宽几百千米。是风切变最强,温度、湿度等气象要素梯度变化最大的区域。

锋钢 fēnggāng/ㄈㄥ ㄍㄤ
【材】即“高速钢”(395 页)。

锋面/鋒面 fēngmiàn/ㄈㄥ ㄇㄧㄢˋ
frontal surface
【气】相遇的冷气团和暖气团之间的倾斜交界面。

锋面雾/鋒面霧
fēngmiànwù/ㄈㄥ ㄇㄧㄢˋ ㄨˋ
frontal fog
【气】锋面过境时,上面云层降下的雨滴在空气中蒸发,使下层空气达到饱和而成的雾。常发生在紧靠地面暖锋的前方和紧靠地面冷锋的后方,前者称“锋前雾”,后者称“锋后雾”。

锋区 fēngqū/ㄈㄥ ㄑㄩ
【气】即“锋”(354 页)。

锋针 fēngzhēn /ㄈㄥ ㄓㄣ
【中医】即“三棱针”(970 页)。

蜂/蜂 fēng/ㄈㄥ
bee
【动】Apoidea 昆虫名。膜翅目蜜蜂总科昆虫的统称。种类很多。有的成群生活,有毒刺,如蜜蜂、胡蜂;有的单独或成对生活,捕食小虫,如蜾蠃;有的营寄生生活,如寄生蜂;有的危害植物,如叶蜂。

蜂巢胃
fēngcháowèi/ㄈㄥ ㄔㄠˊ ㄨㄟˋ
【动】即“网胃”(1172 页)。

蜂猴 fēnghóu/ㄈㄥ ㄏㄡˊ
【动】即“懒猴”(711 页)。

蜂胶/蜂膠 fēngjiāo/ㄈㄥ ㄐㄧㄠ
propolis
【化】蜜蜂从植物芽孢和树干上采集的黏胶,混入其上腭腺、蜡腺的分泌物而成的胶状物。是一种复杂混合物,黄色或棕褐色固体,含树脂、多酚黄酮、蜂蜡、多糖等,有芳香。粗蜂胶在水中溶解性很差,但能部分溶于酒精中。有药用价值,可加速人体皮肤伤口愈合,并具有滋润、止痒、除臭、防晒等功能。

蜂蜜/蜂蜜 fēngmì/ㄈㄥ ㄇㄧˋ

Mel(拉),honey

【中医】中药名。蜜蜂科昆虫中华蜜蜂 Apis cerana Fabricius 或意大利蜜蜂 Apis mellifera Linnaeus 所酿的蜜。味甘,性平。归肺、脾、大肠经。补中,润燥,止痛,解毒。用于脘腹虚痛,肺燥干咳,肠燥便秘;外治疮疡不敛,水火烫伤。常用于蜜制药物和食疗。

蜂鸟/蜂鳥 fēngniǎo/ㄈㄥ ㄋㄧㄠˇ

hummingbird

【动】鸟名。雨燕目蜂鸟科各种的统称。身体大的像燕子,小的比黄蜂还小,是世界上已知最小的鸟,羽毛艳丽,喙细长,呈管状,舌能自由伸缩,以花蜜和花上的小昆虫等为食,有传粉作用。种类很多,主要分布于南美洲。

蜂王/蜂王 fēngwáng/ㄈㄥ ㄨㄤˊ

queen bee

【动】蜜蜂中生殖器官发育完全的雌蜂。身体在蜂群中最大,腹部很长,翅短小,足比工蜂长,后足上无花粉篮。专司产卵。通常每个蜂群只有一只。

蜂窝式饰 fēngwōshìshì/ㄈㄥ ㄨㄛ ㄕˋ ㄕˋ

【建】即“钟乳拱”(1466 页)。

豐富媒體 ㄈㄥ ㄈㄨˋ ㄇㄟˊ ㄊㄧˇ/fēngfù méitǐ

rich media

【信息】台湾名。即“富媒体”(372 页)。

豐富文字 ㄈㄥ ㄈㄨˋ ㄨㄣˊ ㄗˋ/fēngfù wénzì

rich text

【信息】台湾名。即“富文本”(372 页)。

缝合线/縫合線

fénghéxiàn/ㄈㄥˊ ㄏㄜˊ ㄒㄧㄢˋ

㊀suture,㊁stylolite,suture line

㊀【医】外科手术中缝合伤口或结扎血管的专用线。可分为可吸收缝合线和不可吸收缝合线。可吸收缝合线根据材质及吸收程度不同又分为羊肠线、化学合成线、纯天然胶原蛋白缝合线,在体内可逐渐被降解吸收或排出体外,其强度有的可维持两个月以上;不可吸收缝合线在体内不可吸收或经数年后才能被降解,缝合后需要拆线。㊁【地】碳酸盐岩中一种由压溶作用(在上覆地层负荷的压力下,使某些颗粒的溶解度增大而发生溶解的作用)形成的锯齿状裂缝构造。可成为油、气、水运移的通道。

缝纫机/縫紉機 féngrènjī/ㄈㄥˊ ㄖㄣˋ ㄐㄧ

sewing machine, sartorius

【轻】台湾又称“縫衣機”。用缝纫线缝合缝料的机器。通常由机头、机座、机架、手摇器、脚踏板或电动机和附件等构成。可分为家用和工业用两类。家用缝纫机多用单根缝纫线,有脚踩和电动之分。工业用缝纫机有平缝机、链缝机、包缝机及绷缝机等,均由电动机提供动力,缝纫速度快,能缝制各种纤维织物和皮革、塑料、纸张等制品。

縫衣機 ㄈㄥˊ ㄧ ㄐㄧ/féngyījī

sewing machine, sartorius

【轻】台湾名。即“缝纫机”(355 页)。

凤梨/鳳梨 fènglí/ㄈㄥˋ ㄌㄧˊ

pineapple

【植】*Ananas comosus* 通称“菠萝”。凤梨科凤梨属。多年生常绿草本植物。茎短粗,肉质。叶呈莲座状,剑形,顶端和边缘常褐红色,花序顶部的叶红色。穗状花序,松球状,带红色。聚花果肉质,圆筒形,果肉黄色,味甘甜。花期夏季至冬季。在中国,分布于广东、海南、广西、福建、云南、台湾。果实可作水果。

凤纹/鳳紋 fèngwén/ㄈㄥˋ ㄨㄣˊ

phoenix pattern

【纺】中国传统祥瑞神异动物装饰纹样。为多种鸟禽集合而成的意象化神鸟造型图案。以长冠飞羽,卷尾曲爪,翅膀灵动飘逸的形象用于宫廷、民间的服饰图案中。造型细腻华美,可分为团凤、盘凤、对凤、双凤、飞凤等。

凤仙花/鳳仙花

fèngxiānhuā/ㄈㄥˋ ㄒㄧㄢ ㄏㄨㄚ

garden balsam

【植】*Impatiens balsamina* 又称“指甲花”“凤仙透骨草”。凤仙花科凤仙花属。一年生草本植物。茎肉质,粗壮,直立。叶互生,披针形,先端尖,边缘有齿。花生于叶腋,色多,善变异,唇瓣深舟状,基部急尖成内弯的距,旗瓣圆形,兜状,先端微凹,背面中肋具狭龙骨状突起。花期 7—10 月份。中国各地均有栽培。观赏花卉。种子入药,称急性子;茎入药,称凤仙透骨草。花瓣捣碎后可染指甲。

📖 因凤仙花的头、翅、尾、足俱翘,如

凤状，故名。

凤仙透骨草

fèngxiān tòugǔcǎo/ㄈㄥˋ ㄒㄧㄢ ㄊㄡˋ ㄍㄨˇ ㄘㄠˇ

【植】即“凤仙花”(355 页)。

凤眼蓝/鳳眼藍

fèngyǎnlán/ㄈㄥˋ ㄧㄢˇ ㄌㄢˊ

common waterhyacinth

【植】*Eichhornia crassipes* 通称“水葫芦”，又称“凤眼莲”。雨久花科凤眼蓝属。浮水草本植物。须根系发达。茎极短，生有长匍匐枝，分离后可长成新植物。叶基生，呈莲座状，叶柄中部膨大成囊状，内有气室，黄绿色，光滑。穗状花序，小花紫蓝色。花期 7—10 月份。在中国，分布于长江和黄河流域，以及华南各地。外来入侵植物。全草可作饲料。

📖 凤眼蓝的花被片有六枚，上方的一枚较大，具三色，即外周淡紫红色，中间蓝色，中央则是一黄色圆斑，状如凤眼。故名。

凤眼莲/鳳眼蓮

fèngyǎnlián/ㄈㄥˋ ㄧㄢˇ ㄌㄧㄢˊ

【植】即“凤眼蓝”(356 页)。

fo（ㄈㄛ）

佛殿 fódiàn/ㄈㄛˊ ㄉㄧㄢˋ

【建】即“大雄宝殿”(189 页)。

佛宫寺释迦塔/佛宮寺釋迦塔

Fógōng Sì Shìjiā Tǎ/

ㄈㄛˊ ㄍㄨㄥ ㄙˋ ㄕˋ ㄐㄧㄚ ㄊㄚˇ

Sakyamuni Pagoda of Fogong Temple

【建】又称“应县木塔”。佛宫寺内的木结构佛塔。位于中国山西应县城西北，是世界现存最古老、最高大的全木结构高层塔式建筑。建于辽清宁二年(公元 1056 年)，后金明昌二至六年（公元 1191—1195 年)曾进行加固性补修。塔为平面八角形五层六檐楼阁式，总高 67.31 米。塔身矗立在大型砖石基座之上，基座分两层，下层方形，上层八角形，高4.4米。每层之间平座内设一级暗层，致使塔身实为 9 层。附阶周匝，门在正南，塔底层直径 30 米。两层以上设斗口挑出平座栏杆。每层柱间装隔子门。各层柱头上施斗口悬挑塔檐，檐上覆盖布筒板瓦，顶层为八角攒尖屋面。每层墙外有平座栏杆，可循栏观览四周景色。塔出檐深远，端庄稳重，表现了粗犷宏伟的辽代建筑风格。

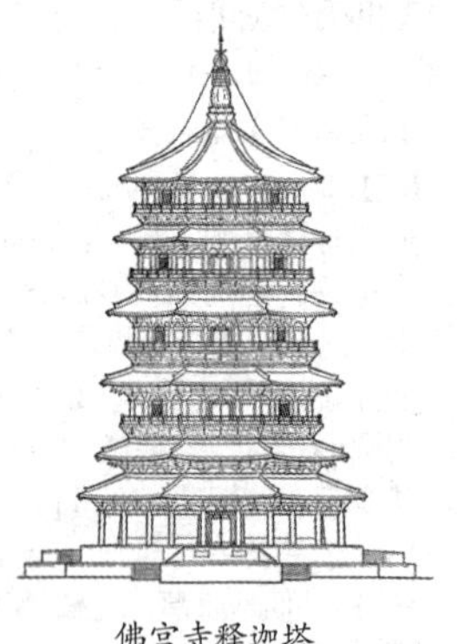

佛宫寺释迦塔

佛光寺大殿/佛光寺大殿

Fóguāng Sì Dàdiàn/

ㄈㄛˊ ㄍㄨㄤ ㄙˋ ㄉㄚˋ ㄉㄧㄢˋ

Great Hall of Foguang Temple

【建】中国现存规模最大的唐代木构建筑。位于山西五台县豆村东北的严家庄，相传始建于北魏孝文帝时(公元 471—499 年)，后毁。大殿位于寺西第三层平台上，唐大中十一年(公元 857 年)重建。单檐庑殿顶，面阔七间(34 米)，进深四间(17.66 米)。有一巨大佛坛，对着开间正中置三座主佛及胁侍菩萨，坛上还散置菩萨、力神等二十余尊。殿前面中央五间设有板门，二尽端开窗，其余三面围以厚墙，仅山墙后部开小窗。

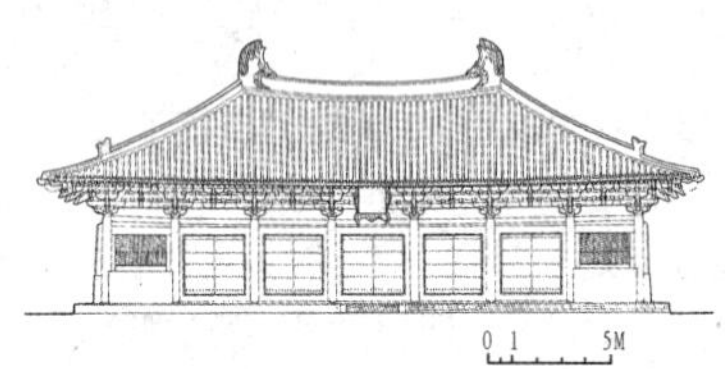

佛光寺大殿

佛罗伦萨圣玛利亚大教堂/佛羅倫斯聖瑪利亞大教堂

Fóluólúnsà Shèngmǎlìyà Dàjiàotáng/

ㄈㄛˊ ㄌㄨㄛˊ ㄌㄨㄣˊ ㄙㄚˋ ㄕㄥˋ ㄇㄚˇ ㄌㄧˋ ㄧㄚˋ ㄉㄚˋ ㄐㄧㄠˋ ㄊㄤˊ

Florence Santa Maria del Fiore

【建】意大利的一座文艺复兴式教堂。位于佛罗伦萨。1296 年始建，1420 年又修建大穹顶，1434 年完成，1462 年穹顶上加建八角采光亭。教堂平面呈拉丁十字形，本堂宽阔，长 82.3 米，由 4 个 18.3 米见方的间跨组成，型制特殊。教堂的南、北、东三面各出半八角形巨室，巨室外围包容有 5 个成放射状布置的小礼拜堂。教堂外墙面整齐,没有小尖塔和飞扶壁。八角形平面的大穹顶在 10 多米高的鼓座上,穹顶有内外两层壳体,内径 42 米,高 30 余米。穹顶采用古典建筑的形式和手法,被誉为文艺复兴建筑的第一朵报春花。

佛羅倫斯聖馬利亞大教堂

ㄈㄛˊ ㄌㄨㄛˊ ㄌㄨㄣˊ ㄙ ㄕㄥˋ ㄇㄚˇ ㄌㄧˋ ㄧㄚˋ ㄉㄚˋ ㄐㄧㄠˋ ㄊㄤˊ/Fóluólúnsī Shèngmǎlìyà Dàjiàotáng

Florence Santa Maria del Fiore

【建】台湾名。即“佛罗伦萨圣玛利亚大教堂”(356 页)。

佛手/佛手柑 fóshǒu/ㄈㄛˊ ㄕㄡˇ ㄍㄢ

㊀finger citron,㊁Fructus Citri Sarcodactylis(拉),finger citron

㊀【植】*Citrus medica* var. *sarcodactylis* 又称“佛手柑”。芸香科柑橘属。常绿灌木或小乔木。茎不规则分枝且多刺。单叶,无翼叶,无关节,革质,椭圆形,先端钝,边缘有齿。总状花序,花瓣五枚,内面白色,外面紫色。柑果椭圆形或纺锤形,先端分裂为手指状条形,果皮橙黄色,厚而粗糙,难剥离,果肉淡黄色,棉质松软,味酸略甜,有浓香。花期 4—5 月份,果期 10—12 月份。在中国,分布于长江以南各地。观赏植物。果实可食,也可入药。㊁【中医】中药名。芸香科植物佛手 *Citrus medica* L. var. *sarcodactylis* Swingle 的干燥果实。味辛、苦、酸,性温。归肝、脾、肺经。疏肝理气,和胃止痛。用于肝胃气滞,胸胁胀痛,胃脘痞满,食少呕吐。

佛 手

📖 佛手的果实顶端分裂,犹如半握的掌指,故名。指条挺直或斜展的称开佛手,闭合如拳的称闭佛手或合拳。

佛手柑/佛手柑 fóshǒugān/ㄈㄛˊ ㄕㄡˇ ㄍㄢ

【植】即“佛手”(357 页)。

佛寺 fósì/ㄈㄛˊ ㄙˋ

【建】即“寺院”(1081 页)。

佛塔/佛塔 fótǎ/ㄈㄛˊ ㄊㄚˇ

pagoda

【建】简称“塔”,又称“宝塔”“浮屠”。供奉保存佛舍利、佛像、佛经、僧人遗体的建筑物。中国塔起源于印度窣堵坡(梵文 stupa,是埋葬释迦牟尼遗骨的坟墓,也是佛教徒诵经礼拜的对象)。佛教传入中国后,印度塔与中国楼阁式建筑相结合,演变为中国式佛塔。初期佛塔是佛教徒崇拜的主体,置于佛寺中心位置。以后佛像的重要性加强,塔的地位减弱,多置于大殿两侧或另建旁院。早期的塔多为木构,方形,唐宋以后砖石成为建塔主要材料,平面多为八边形或六边形。有楼阁式塔、密檐塔、单层塔、金刚宝座塔、喇嘛塔、花塔等。层数为奇数。

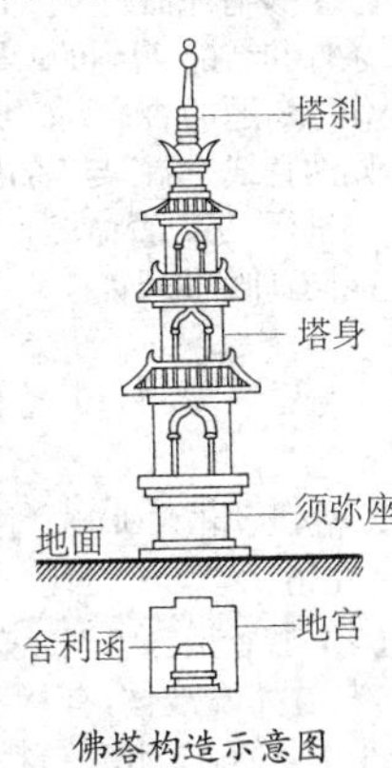

佛塔构造示意图

佛塔地宫/佛塔地宫

fótǎ dìgōng/ㄈㄛˊ ㄊㄚˇ ㄉㄧˋ ㄍㄨㄥ

underground palace

【建】塔基之下,用于埋葬安放舍利遗骨、陪葬圣物的地下墓室。图见“佛塔”(357 页)

📖 印度佛塔将舍利安放在地面上的宝匣之中。佛塔汉化之后,借鉴中国陵墓地宫做法,在塔基下用砖石砌筑佛塔地宫。

佛焰苞/佛焰苞

fóyànbāo/ㄈㄛˊ ㄧㄢˋ ㄅㄠ

spathe

【植】包住肉穗花序的有鞘大苞片。是天南星科和某些单子叶植物花序特有的器官。

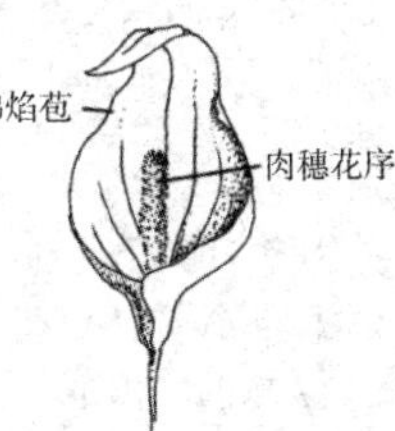

佛焰苞示意图

fou (ㄈㄡ)

否定命题

ㄈㄡˇ ㄉㄧㄥˋ ㄇㄧㄥˋ ㄊㄧˊ/fǒudìng mìngtí

negative proposition

【数】台湾名。即“否命题”(358 页)。

否命题/否定命题

fǒumìngtí/ㄈㄡˇ ㄇㄧㄥˋ ㄊㄧˊ

negative proposition

【数】设有原命题“若 A 则 B”,同时否定它的条件和结论,得到的命题“若非 A 则非 B”,叫作原命题的否命题。例如,“若内错角相等,则两直线平行”与“若内错角不等,则两直线不平行”互为否命题。原命题与其否命题可能同真假,也可能一真一假。

fu (ㄈㄨ)

呋喃/呋喃 fūnán/ㄈㄨ ㄋㄢˊ

furan

【化】芳香型含氧五元杂环化合物。无色、易燃、易挥发液体,有特殊气味。390℃自燃。是重要的有机化工材料。

呋喃甲醛

fūnán jiǎquán/ㄈㄨ ㄋㄢˊ ㄐㄧㄚˇ ㄑㄩㄢˊ

【化】“糠醛”的学名。

𫓧/鈇 fū/ㄈㄨ

flerovium

【化】金属元素。属周期表第ⅣA族,符号Fl,原子序数114。原子量289。有放射性,由人工核反应获取。

📖 1998年,俄罗斯和美国科学家合作合成的新核素。拉丁文定名为flerovium,源自G. N.Flerov,用以纪念俄罗斯核物理学家弗廖罗夫(Г.Н.Флёров)。中文定名为“𫓧”,𫓧是形声字。2013年由两岸化学界人士共同商议确定。

麸氨酸 fū'ānsuān/ㄈㄨ ㄢ ㄙㄨㄢ

【生】即“谷氨酸”(425 页)。

跗骨/跗骨 fūgǔ/ㄈㄨ ㄍㄨˇ

tarsal bones

【医】位于胫骨、腓骨和跖骨之间的骨。共7块,即跟骨、距骨、足舟骨、骰骨和3块楔骨。其中距骨与小腿骨联结成踝关节。距骨下方与跟骨相关节,跟骨是最大的跗骨。

孵化/孵化 fūhuà/ㄈㄨ ㄏㄨㄚˋ

hatching

【动】卵生动物的受精卵在一定条件下发育成胚胎,突破卵膜或卵壳而出,变成幼体的过程。

孵化器/孵卵器 fūhuàqì/ㄈㄨ ㄌㄨㄢˇ ㄑㄧˋ

incubator

【建】专为技术创新型的企业优化外部环境,培育技术密集和创新的一种以提供基础设施、管理、服务和咨询为主要任务的新型企业的模式。

孵卵器 ㄈㄨ ㄌㄨㄢˇ ㄑㄧˋ/fūluǎnqì

incubator

【建】台湾名。即“孵化器”(358 页)。

麸胺酸 ㄈㄨ ㄢ ㄙㄨㄢ/fū'ànsuān

glutamic acid, Glu

【生】台湾名。即“谷氨酸”(425 页)。

麸胱甘肽

ㄈㄨ ㄍㄨㄤ ㄍㄢ ㄊㄞˋ/fūguānggāntài

glutathion(e), GSH, GSSG

【生】台湾名。即“谷胱甘肽”(425 页)。

麸醯胺酸 ㄈㄨ ㄒㄧ ㄢ ㄙㄨㄢ/fūxī'ànsuān

glutamine, Gln

【生】台湾名。即“谷氨酰胺”(425 页)。

敷料/敷料 fūliào/ㄈㄨ ㄌㄧㄠˋ

dressing

【医】用于覆盖创面,且能对创面进行保护的材料。

敷贴疗法/敷貼療法

fūtiē liáofǎ/ㄈㄨ ㄊㄧㄝ ㄌㄧㄠˊ ㄈㄚˇ

plastering therapy

【中医】外治法之一。将药物调成糊状,敷于体表的特定部位,以治疗头痛、呕泻、自汗盗汗、脱肛、眩晕、面瘫、风湿痹病、疮痈癣疹、扭挫伤、口腔糜烂、烫伤等。

弗晰数学 fúxī shùxué/ㄈㄨˊ ㄒㄧ ㄕㄨˋ ㄒㄩㄝˊ

【数】即“模糊数学”(805 页)。“弗晰”既是fuzzy的音译,又有“不清晰”的含义。

伏 fú/ㄈㄨˊ

【计量】“伏特”的简称。

伏安/伏特安培 fú'ān/ㄈㄨˊ ㄊㄜˋ ㄢ ㄆㄟˊ

volt ampere

【计量】视在功率的单位。符号V·A或VA。

伏尔加河/伏爾加河

Fú'ěrjiā Hé/ㄈㄨˊ ㄦˇ ㄐㄧㄚ ㄏㄜˊ

Volga River

【地】水名。发源于俄罗斯莫斯科西北的瓦尔代高地,曲折流经东欧平原,在阿斯特拉罕注入里海。全长3530千米,流域面积136万平方千米。是欧洲最长的河流,也是世界最长的内流河。主要支流有奥卡河和卡马河。

伏流 ㄈㄨˊ ㄌㄧㄡˊ/fúliú

underground river

【地】台湾名。即“暗河”(9页)。

伏特/伏特 fútè/ㄈㄨˊ ㄊㄜˋ

volt

【计量】简称“伏”。电动势、电势、电压的国际单位制单位。符号V。通过1安恒定电流的导线内两点间所消耗的电功率为1瓦时,其电位差为1伏。1伏=1瓦/安。为纪念意大利物理学家伏打(Alessandro Giuseppe Antonio Anastasio Volta,1745—1827)而命名。

伏特安培 ㄈㄨˊ ㄊㄜˋ ㄢ ㄆㄟˊ/fútè ānpéi

volt ampere

【计量】台湾名。即“伏安”(358页)。

伏特表 fútèbiǎo/ㄈㄨˊ ㄊㄜˋ ㄅㄧㄠˇ

【电】即“电压表”(256页)。

伏特计 fútèjì/ㄈㄨˊ ㄊㄜˋ ㄐㄧˋ

【电】即“电压表”(256页)。

伏天灸/伏天灸 fútiānjiǔ/ㄈㄨˊ ㄊㄧㄢ ㄐㄧㄡˇ

moxibustion in dog days

【中医】保健灸法。在三伏天,将具有温经散寒、补虚助阳的中药制成药饼,选择适当的时间和相应的穴位贴敷以达到祛病强身的作用。

伏邪/伏邪 fúxié/ㄈㄨˊ ㄒㄧㄝˊ

hidden pathogen

【中医】感而不随即发病,伏藏于体内的病邪。

伏汛/伏汛 fúxùn/ㄈㄨˊ ㄒㄩㄣˋ

summer flood

【水利】夏秋季伏天前后,因流域内暴雨形成的江河涨水现象。

扶壁/扶壁 fúbì/ㄈㄨˊ ㄅㄧˋ

buttress

【建】又称“拱垛”。外墙凸出的墙垛。是一种用来分担主墙压力的辅助设施,可有效抵抗券或拱的推力增强墙体稳定性。通常与墙同时施工,断面为方形、矩形等,常为下大上小,其间距、高度及断面尺寸由设计计算而定。在罗马风建筑中得到广泛应用。

扶桑花 fúsānghuā/ㄈㄨˊ ㄙㄤ ㄏㄨㄚ

【植】即“朱槿”(1474页)。

📖 扶桑花是马来西亚、苏丹和斐济群岛共和国的国花。

扶梯 fútī/ㄈㄨˊ ㄊㄧ

【建】即“楼梯”(754页)。

扶正祛邪/扶正祛邪

fúzhèng qūxié/ㄈㄨˊ ㄓㄥˋ ㄑㄩ ㄒㄧㄝˊ

strengthening vital qi to eliminate pathogenic factor

【中医】治则之一。对于正虚为主、因虚致实的病证,采取扶助正气为主,使正气加强,以达到祛除病邪的目的。

芙蓉花 fúrónghuā/ㄈㄨˊ ㄖㄨㄥˊ ㄏㄨㄚ

【植】即“木芙蓉”(813页)。

芙蓉鸟 fúróngniǎo/ㄈㄨˊ ㄖㄨㄥˊ ㄋㄧㄠˇ

【动】即“金丝雀”(633页)。

芙蓉石/玫瑰石英

fúróngshí/ㄇㄟˊ·ㄍㄨㄟ ㄕˊ ㄧㄥ

rose quartz

【地】又称“蔷薇石英”。石英的一个亚种,是淡红至蔷薇红色、没有一定结晶外形的块状石英。主要用于做玉器原料,少数也可用于首饰镶嵌。

茀 ㄈㄨˊ/fú

fluorene

【化】台湾名。即“芴”(1214页)。

服务船速/營運船速

fúwù chuánsù/ㄧㄥˊ ㄩㄣˋ ㄔㄨㄢˊ ㄙㄨˋ

service speed

【船】又称“营运航速”。民用船舶在一般海况下保持的航速。主机在持久功率之下(额定功率的85%~90%)工作,并考虑风浪、潮流或水流流速以及船舶污底等因素影响而确定的航速。是船舶常年营运的航速,为衡量船舶技术经济性能的重要指标之一。

服务器/伺服器 fúwùqì/ㄙˋ ㄈㄨˊ ㄑㄧˋ

server

【信息】计算机网络中,为工作站、个人计算机等提供服务的功能单元。可分为文件服务器、打印服务器、邮件服务器等。主要特点是:仅在客户请求时(而不主动)提供服务;对客户完全透明;高速度、大容量、高可靠性和可伸缩性。本身可以是工作站,或是微型、小型、大型甚至大规模并行处理的计算机。

服务器—客户机/伺服器—客户機 fúwùqì-kèhùjī/ㄈㄨˊ ㄨˋ ㄑㄧˋ-ㄎㄜˋ ㄏㄨˋ ㄐㄧ

server/client

【信息】由服务器和客户机(因特网上访问其他用户信息的设备)组成的技术模式。通过通信来共享位于不同地域的服务器软硬件资源。起源于20世纪80年代,不同于小型计算机与大中型计算机组成的宿主模式,也不同于计算机网络的点对点模式。

服务区/服務區 fúwùqū/ㄈㄨˊ ㄨˋ ㄑㄩ

service area

【信息】固定用户无须知道移动用户的实际位置而可与之通信的区域。

F

服务中心说/服務中心説 fúwù zhōngxīnshuō/ㄈㄨˊ ㄨˋ ㄓㄨㄥ ㄒㄧㄣ ㄕㄨㄛ

service-centered theory

【物流】物流领域中的一种理论。认为物流的服务保障功能重于其成本节约功能。物流活动的最大作用,在于提高企业对用户的服务水平,进而提高企业的竞争能力,使企业在竞争中得以生存并且取得发展。

服務桌 ㄈㄨˊ ㄨˋ ㄓㄨㄛ/fúwùzhuō

help desk

【信息】台湾名。即“帮助台”(34页)。

茯苓/茯苓 fúlíng/ㄈㄨˊ ㄌㄧㄥˊ

Poria(拉), Indian bread, * tuckahoe

【中医】中药名。多孔菌科真菌茯苓 *Poria cocos* (Schw.) Wolf 的干燥菌核。味甘、淡,性平。归心、肺、脾、肾经。利水渗湿,健脾宁心。用于水肿尿少,痰饮眩悸,脾虚食少,便溏泄泻,心神不安,惊悸失眠。

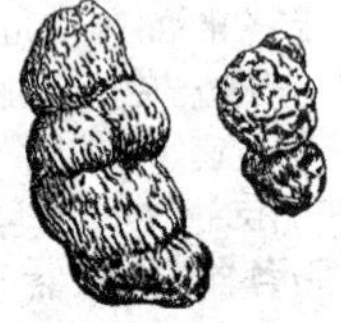

茯苓(菌核)外形

📖 古人认为,茯苓由松树神灵之气伏结而成。《史记》中称之为“伏灵”,后又作“茯零”“茯苓”。

氟/氟 fú/ㄈㄨˊ

fluorine

【化】非金属元素。属周期表第ⅦA族,符号F,原子序数9。原子量19.00。自然界以化合物形式存在。在非金属元素中电负性最高、化学性质最活泼。单质为浅黄色单原子气体,有刺激性霉味,极毒,沸点很低,不易液化。可用作火箭燃料,也用于冶金、陶瓷、玻璃等工业。

📖 1886年,法国的穆瓦桑(H.Moissan)用电解氟氢化钾与无水氟化氢混合物的方法分离出氟的单质。拉丁文定名为fluorine,源自fluor,意思是“萤石”。中文定名为“氟”,是形声字。

氟利昂 fúlì'áng/ㄈㄨˊ ㄌㄧˋ ㄤˊ

【化】即“氟氯烃”(360页)。

氟氯烃/氟氯烴 fúlùtīng/ㄈㄨˊ ㄌㄩˋ ㄊㄧㄥ

fluorochlorohydrocarbon

【化】又称“氟利昂”。一类含卤素的低碳烃类化学品。常温下都是无色气体或易挥发液体,略有香气。具有不燃性、耐热性、化学稳定性、低毒性,可与空气以任何比例混合而不爆炸。主要用于冷冻剂、分散剂、发泡剂。自1974年提出氟氯烃对大气臭氧层有破坏作用以来,已逐渐限制使用。

氟石 fúshí/ㄈㄨˊ ㄕˊ

【地】即“萤石”(1354页)。

浮标/浮標 fúbiāo/ㄈㄨˊ ㄅㄧㄠ

buoy

【交】浮动航标的一种。锚定在指定水域,用以标示航道界限,指示浅滩和危险物位置或表示专门用途。

浮尘/浮塵 fúchén/ㄈㄨˊ ㄔㄣˊ

suspended dust

【气】沙尘天气的一种。多发生在扬沙或沙尘暴之后,在无风或平均风速≤3米/秒的天气条件下,大量沙尘飘浮在空气中,使水平能见度小于10千米。

浮船坞/浮塢 fúchuánwù/ㄈㄨˊ ㄨˋ

floating dock

【船】在一定水域中沉浮和移动,能够抬起船舶进行修理或引渡过浅水区,以及修造船时供船舶下水、上墩等作业用的水上金属结构物。其下部为浮体，由纵横舱壁分隔成许多压载水舱；顶部为抬船甲板，两舷的升高结构为坞墙。坞墙内设有通道和舱室，供安装各种机电设备、修理设备和作为生活舱室使用。坞墙顶部设有起重机、引船小车、操纵室等。施行船舶进坞工作时，依次打开各压载水舱的阀门进行注水，使坞逐渐下沉并淹没抬船甲板一定高度，将船经坞门引进坞，再利用水泵或压缩空气排水，使坞逐渐上浮，使被抬船舶坐落于坞墩上，坞继续上浮到正常吃水时抬船过程结束。

浮吊 fúdiào/ㄈㄨˊ ㄉㄧㄠˋ

【船】即“起重船”(888 页)。

浮力/浮力 fúlì/ㄈㄨˊ ㄌㄧˋ

㊀ buoyancy force，㊁ buoyancy

㊀【物】全部或部分浸没在静止流体中的物体所受流体从各个方向对它施加压力的合力。方向竖直向上，作用线通过浮心(即浮力中心，位于与物体同形的流体的质心)。其大小由阿基米德原理确定。㊁【船】在台湾，浮力也指“浮性”(361 页)。

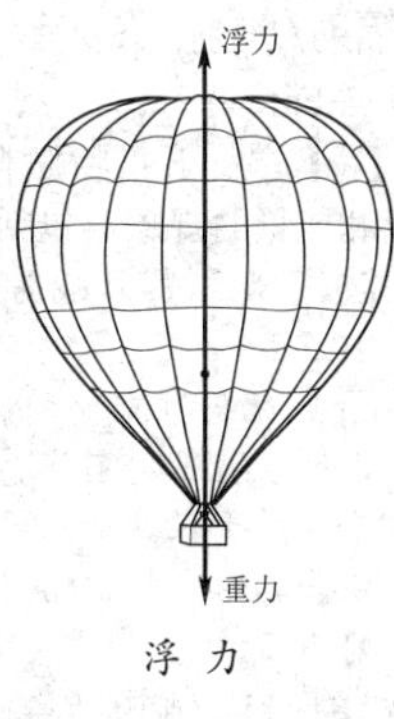

浮 力

浮脉/浮脈 fúmài/ㄈㄨˊ ㄇㄞˋ

floating pulse

【中医】脉象之一。脉位表浅，轻按应指明显，重按则脉力稍减而不空虚。

浮面中心

ㄈㄨˊ ㄇㄧㄢˋ ㄓㄨㄥ ㄒㄧㄣ/fúmiàn zhōngxīn

center of floatation

【船】台湾名。即“漂心”(868 页)。

浮萍/浮萍 fúpíng/ㄈㄨˊ ㄆㄧㄥˊ

common duckweed

【植】*Lemna minor* 又称“青萍”“田萍”。浮萍科浮萍属。漂浮草本植物。叶状体对称，近圆形至倒卵状椭圆形，全缘，上面绿色，背面常为紫、浅黄或绿白等颜色。叶状体背面垂生一条白色丝状根，且一侧有囊，囊内形成新叶状体。花单性，雌雄同株，生于叶状体边缘开裂处。在中国，分布于各地的水域。全草可作饲料。

浮桥/浮橋 fúqiáo/ㄈㄨˊ ㄑㄧㄠˊ

floating bridge

【军】河中部分架设在水面上的桥梁。用几十或几百只船艇(或木筏、竹筏、皮筏)代替桥墩，横排于河中，以船身作桥墩，上铺梁板作桥面。舟船或系固于缆索上，或用锚固定于江底及两岸，或索、锚兼用。

浮石 ㄈㄨˊ ㄕˊ/fúshí

pumice

【地】台湾名。即“浮岩”(362 页)。

浮式起重机

fúshì qǐzhòngjī/ㄈㄨˊ ㄕˋ ㄑㄧˇ ㄓㄨㄥˋ ㄐㄧ

【船】即“起重船”(888 页)。

浮态/浮揚狀況

fútài/ㄈㄨˊ ㄧㄤˊ ㄓㄨㄤˋ ㄎㄨㄤˋ

floating condition

【船】船舶漂浮在静水中的平衡状态。包括正浮、横倾、纵倾和任意状态。主要以船的吃水、横倾角和纵倾角等参数表示。船舶的性能随不同浮态而异。通常情况下处于正浮状态；空载或压载状态时，因机舱在艉部或有艉倾状态。

浮屠 fútú/ㄈㄨˊ ㄊㄨˊ

【建】即“佛塔”(357 页)。

浮塢 ㄈㄨˊ ㄨˋ/fúwù

floating dock

【船】台湾名。即“浮船坞”(360 页)。

浮心/浮心 fúxīn/ㄈㄨˊ ㄒㄧㄣ

center of buoyancy

【船】船舶排水体积的几何中心，即船舶所受浮力的合力的作用点。浮心位置由纵向、垂向、横向坐标来确定。通常船体的水下部分左右对称，浮心横向坐标为零，浮心在中纵剖面内。吃水不同时浮心的垂向和纵向坐标不同。

浮性/浮力 fúxìng/ㄈㄨˊ ㄌㄧˋ

buoyancy

【船】船舶在一定装载情况下漂浮于水面(或浸没水中)保持平衡的能力。在一定装载情况下，保持平衡位置需满足的平衡条件为：重力与浮力的大小相等而方向相反，且重心与浮心在同一铅垂线上。

浮岩/浮石 fúyán/ㄈㄨˊ ㄕˊ

pumice

【地】台湾又称“泡沫岩”。玻璃质喷出岩。多孔状，密度小（0.3～0.4克/厘米^3），能浮于水面，状似炉渣，成分可自近于酸性喷出岩（流纹岩）到近于基性喷出岩（玄武岩），但以酸性的最多。常与火山岩伴生。颜色多为白色、灰白色，硬度中等。玻璃质结构，气孔状构造。有保温、隔热、隔离等性能，可用作轻质混凝土材料等。

浮揚狀況

ㄈㄨˊ ㄧㄤˊ ㄓㄨㄤˋ ㄎㄨㄤˋ/fúyáng zhuàngkuàng

floating condition

【船】台湾名。即“浮态”（361 页）。

浮游生物/浮游生物

fúyóu shēngwù/ㄈㄨˊ ㄧㄡˊ ㄕㄥ ㄨˋ

plankton

【生】身体很小，缺乏或仅有微弱游动能力，受水流支配而移动的水生生物。可分为浮游动物和浮游植物两类。前者如单细胞动植物、细菌、小型无脊椎动物和某些动物的幼体等，后者通常为藻类。

浮子流量计/浮子流量計

fúzǐ liúliàngjì/ㄈㄨˊ ㄗˇ ㄌㄧㄡˊ ㄌㄧㄤˋ ㄐㄧˋ

float flowmeter

【机】又称“转子流量计”。一种流量计。在由下向上扩大的圆锥形内孔的垂直管子中，浮子的重量由自下而上的流体所产生的力承受，并由管子中浮子的位置来表示流量示值。多用于微小流量监测。

符号逻辑 fúhào luójí/ㄈㄨˊ ㄏㄠˋ ㄌㄨㄛˊ ㄐㄧˊ

【数】即“数理逻辑”（1052 页）。

符号语言/符號語言

fúhào yǔyán/ㄈㄨˊ ㄏㄠˋ ㄩˇ ㄧㄢˊ

symbolic language

【信息】以符号形式来命名操作、地址、操作数和结果的程序设计语言。例如汇编语言、高级语言。

符記傳遞 ㄈㄨˊ ㄐㄧˋ ㄔㄨㄢˊ ㄉㄧˋ/fújì chuándì

token passing

【信息】台湾名。即“权标传递”（928 页）。

辐合思维/聚斂性思考

fúhé sīwéi/ㄐㄩˋ ㄌㄧㄢˇ ㄒㄧㄥˋ ㄙ ㄎㄠˇ

convergent thinking

【心】又称“求同思维”“聚合思维”。把问题所提供的各种信息聚合起来得出正确答案或最优答案的思维。是创造性思维的重要组成成分，是一种有方向、有范围、有条理的收敛性思维方式。

辐角/輻角 fújiǎo/ㄈㄨˊ ㄐㄧㄠˇ

argument

【数】复平面上，以横轴的正半轴为始边，以表示复数 $z=a+bi$ 的向量 $\overrightarrow{OZ}$ 为终边的角，叫作复数 $z=a+bi$ 的辐角。不等于 0 的复数 z 有无数个辐角，它们是终边相同的角。复数 z 的满足 $-\pi\leqslant\theta<\pi$（或 $0\leqslant\theta<2\pi$）的辐角 θ 叫作 z 的辐角主值，记作 $\arg z$。

辐射/輻射 fúshè/ㄈㄨˊ ㄕㄜˋ

radiation

【物】广义上指物质自发释放出粒子、射线和能量的现象。包括电离辐射、热辐射、微波、激光和紫外线等。狭义上专指电离辐射。

📖 辐射有重要的工业用途，但电离辐射出的 α 射线、β 射线、γ 射线，中子流，电子束等作用于人体时，会造成器官或组织的损伤。其他非电离辐射危害程度不如电离辐射明显。

辐射对称/輻射對稱

fúshè duìchèn/ㄈㄨˊ ㄕㄜˋ ㄉㄨㄟˋ ㄔㄣˋ

actinomorphy

【植】又称“辐状”。通过花的中心能分出多个对称面的花形。这种花称为整齐花，如茄和冬瓜的花。

辐射思维 fúshè sīwéi/ㄈㄨˊ ㄕㄜˋ ㄙ ㄨㄟˊ

【心】即“发散思维”（305 页）。

辐射通量/輻射通量

fúshè tōngliàng/ㄈㄨˊ ㄕㄜˋ ㄊㄨㄥ ㄌㄧㄤˋ

radiation flux

【物】单位时间内由辐射体表面一定面积上发出的或通过接收截面的辐射能。单位瓦[特]。

辐射温度计/輻射溫度計

fúshè wēndùjì/ㄈㄨˊ ㄕㄜˋ ㄨㄣ ㄉㄨˋ ㄐㄧˋ

radiation thermometer

【机】温度计的一种。根据辐射测温法的原理，通过检测被测目标的辐射亮度，并直接转换成电信号，非接触地实现温度测量。

辐射雾/輻射霧　fúshèwù/ㄈㄨˊ ㄕㄜˋ ㄨˋ

radiation fog

【气】在下垫面夜间的辐射冷却作用下，空气中的水汽达到饱和状态后凝结而成的雾。常发生在晴朗无风或小风的夜间，日出前最浓，日出后逐渐消散。其厚度通常不超过100米，薄的只有贴地面2～3米。

辐射仪/輻射儀　fúshèyí/ㄈㄨˊ ㄕㄜˋ ㄧˊ

radiometer

【军】探测电离辐射并具有识别、计量等功能的核生化侦察装备。用于发现放射性沾染，测量沾染区的γ剂量率，测量人体、装备和各种物体的表面放射性活度。兼具表面沾污监测仪和X、γ剂量率仪两种仪器的功能，可用来测量α、β引起的表面沾污，也可测量X、γ辐射剂量率。灵敏度高，操作方便，自动显示，携带方便，节能环保，数据存储高阈历史值，能实时给出测量结果，同时给出个人所受的累计剂量。可分为便携式辐射仪、多功能辐射仪、一体式辐射仪、分体式辐射仪、长杆式辐射仪等。

辐状　fúzhuàng/ㄈㄨˊ ㄓㄨㄤˋ

【植】即“辐射对称”(362页)。

蜉蝣/蜉蝣　fúyóu/ㄈㄨˊ ㄧㄡˊ

mayfly

【动】昆虫名。昆虫纲蜉蝣目。体细长纤弱，触角短，复眼发达，中胸较大，前翅发达，后翅退化，有长尾。成虫不取食，在水面飞行，交配产卵后即死，寿命极短，只有几小时到一天。稚虫生活在水里可达几年。是许多淡水鱼的食料，主要分布在热带至温带的广大地区。种类很多。

蜉蝣

福丁气压表/福丁氣壓計

Fúdīng qìyābiǎo/ㄈㄨˊ ㄉㄧㄥ ㄑㄧˋ ㄧㄚ ㄐㄧˋ

Fortin barometer

【气】又称“动槽式气压表”。水银气压表的一种。由内管、外套和水银槽三部分构成。水银槽的上部有一固定的象牙针作为零点。读数前，需将水银槽中水银面调整到与标尺零点(象牙针)相符的位置。1810年由法国物理学家福丁(J.Fortin)发明，故名。

福丁氣壓計

ㄈㄨˊ ㄉㄧㄥ ㄑㄧˋ ㄧㄚ ㄐㄧˋ/Fúdīng qìyājì

Fortin barometer

【气】台湾名。即“福丁气压表”(363页)。

蝠鲼/蝠鱝　fúfèn/ㄈㄨˊ ㄈㄣˋ

devil ray

【动】鱼名。软骨鱼纲蝠鲼科。身体扁平，略呈菱形，宽大于长，可达6米以上，口大，胸鳍呈三角形，类似翅膀，头部两侧有一对鳍向前突出，可向口中收集食物，齿细小，尾细长如鞭。生活在近海，以浮游甲壳类和小鱼为食。

蝠鲼

府绸/府綢　fǔchóu/ㄈㄨˇ ㄔㄡˊ

poplin

【纺】棉织物名。经向平纹组织或平纹地小提花组织，表面有经纱构成的菱形颗粒纹，布身挺括，质地细密，织纹清晰，细腻柔软，有丝绸感，吸湿性好。可用作衬衫、连衣裙、裤子、夹克、外衣等的面料。按纺纱工艺不同，可分为普梳府绸、半精梳府绸和精梳府绸；按纱线结构不同，可分为纱府绸、半线府绸和全线府绸。

俯冲/俯衝　fǔchōng/ㄈㄨˇ ㄔㄨㄥ

dive

【航】飞机在铅垂面内以很陡的航迹，急剧下降的机动飞行。是军用飞机空中作战常用飞行特技。通常用以迅速下降高度和增速，为随后的特技飞行做准备，如急跃升和急转弯等。

俯角/俯角　fǔjiǎo/ㄈㄨˇ ㄐㄧㄠˇ

angle of depression

【数】一边为水平线，另一边在水平线下方且小于90°的视角。

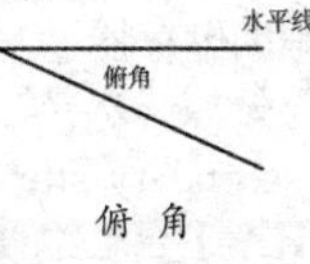

俯角

辅存/輔助儲存器

fǔcún/ㄈㄨˇ ㄓㄨˋ ㄔㄨˇ ㄘㄨㄣˊ ㄑㄧˋ

secondary storage
【信息】计算机系统中除随机存储器外的任何数据存储媒体(磁带、磁盘等)。

辅路/輔路 fǔlù/ㄈㄨˇ ㄌㄨˋ
auxiliary road，relief road
【交】修建在主路旁边的辅助性道路。供不允许在主路上行驶的非机动车、拖拉机等以及由出入口驶入或驶出主路的汽车行驶。

辅助保护/輔助保護
fǔzhù bǎohù/ㄈㄨˇ ㄓㄨˋ ㄅㄠˇ ㄏㄨˋ
auxiliary protection
【电】为补充主保护和后备保护的性能或当主保护和后备保护退出运行而增设的简单保护。

辅助存储器/輔助記憶體
fǔzhù cúnchǔqì/ㄈㄨˇ ㄓㄨˋ ㄐㄧˋ ㄧˋ ㄊㄧˇ
auxiliary memory
【信息】又称"外存"。处理器只有通过输入输出通道才可对其存取的存储器。

辅助炮弹/輔助炮彈
fǔzhù pàodàn/ㄈㄨˇ ㄓㄨˋ ㄆㄠˋ ㄉㄢˋ
auxiliary round
【军】用于部队训练、教学和靶场试验等非作战使用的炮弹。包括训练弹、教练弹、试验弹等。通常在弹体内装惰性物质或无装填物，有些射击用的辅助弹内装少量烟火药或炸药，零部件可全部或局部多次使用。有些辅助炮弹的重量、外形、结构和装填物可模拟实弹。

辅助天气观测/間綜觀觀測
fǔzhù tiānqì guāncè/
ㄐㄧㄢ ㄗㄨㄥ ㄍㄨㄢ ㄍㄨㄢ ㄘㄜˋ
intermediate synoptic observation
【气】天气观测的一类。为绘制辅助天气图，在基本天气观测时间以外进行的观测。观测时次为世界协调时 03 时、09 时、15 时、21 时(北京时间 11 时、17 时、23 时、05 时)。

輔助儲存器
ㄈㄨˇ ㄓㄨˋ ㄔㄨˇ ㄘㄨㄣˊ ㄑㄧˋ/fǔzhù chǔcúnqì
secondary storage
【信息】台湾名。即"辅存"(363 页)。

輔助觀測
ㄈㄨˇ ㄓㄨˋ ㄍㄨㄢ ㄘㄜˋ/fǔzhù guāncè
supplementary observation
【气】台湾名。即"补充观测"(82 页)。

輔助記憶體 ㄈㄨˇ ㄓㄨˋ ㄐㄧˋ ㄧˋ ㄊㄧˇ/fǔzhù jìyìtǐ
auxiliary memory
【信息】台湾名。即"辅助存储器"(364 页)。

腐败/腐敗 fǔbài/ㄈㄨˇ ㄅㄞˋ
spoilage
【轻】食品中的蛋白质、糖类、脂肪被微生物分解，导致食品变质而不可食用的现象。

腐泥/腐植泥 fǔní/ㄈㄨˇ ㄓˊ ㄋㄧˊ
sapropel
【地】低等植物遗体在水体(湖泊、沼泽、潟湖、海湾等)底部缺氧还原环境中经生物化学作用和压实、去水等形成的黑褐色富含有机质的软泥。

腐泥煤/腐泥煤 fǔníméi/ㄈㄨˇ ㄋㄧˊ ㄇㄟˊ
sapropelic coal，sapropelite
【地】煤的一类。埋藏在沉积物中的腐泥，在漫长的地质年代中和一定的温度、压力条件下，经煤化作用形成。

腐生/腐生 fǔshēng/ㄈㄨˇ ㄕㄥ
saprophytic
【生】生物分解已死的生物体或其他有机物，并摄取养分用以维持自身正常生活的生活方式。大多数霉菌、酵母菌、细菌和放线菌，以及少数高等植物等均营腐生生活。

腐蚀/腐蝕 fǔshí/ㄈㄨˇ ㄕˊ
corrosion
【材】材料在环境介质中逐渐耗损的现象。通常由材料与介质发生化学反应引起。大多是金属发生电化学反应产生的腐蚀。除贵金属外，绝大部分金属在自然条件下都有丢失电子成为正极的自发倾向，如附近环境内有氧气、氢离子、硫化氢等氧化剂存在，它们将成为负极获取电子，遇到空气、水等介质，稍有离子导电性就构成负极金属/空气、自然水体等电解质/氧化剂正极的"腐蚀电池"，金属因此不断被氧化成化合物(如铁锈)，逐渐耗损。

腐蚀试验机/腐蝕試驗機
fǔshí shìyànjī/ㄈㄨˇ ㄕˊ ㄕˋ ㄧㄢˋ ㄐㄧ
corrosion testing machine
【机】试验机的一种。用于在腐蚀介质中对材料进行力学性能试验。不包括带有腐蚀装置的一般材料试验机。

腐植煤/腐植煤 fǔzhí méi/ㄈㄨˇ ㄓˊ ㄇㄟˊ

humulite

【地】又称“腐殖煤”。煤的一类。由高等植物遗体埋在地下，经煤化作用形成。按煤化程度由低到高的顺序，依次分为泥炭、褐炭、烟煤和无烟煤。

腐植泥 ㄈㄨˇ ㄓˊ ㄋㄧˊ/fǔzhíní

sapropel

【地】台湾名。即“腐泥”(364 页)。

腐植質 ㄈㄨˇ ㄓˊ ㄓˊ/fǔzhízhì

humus

【农】台湾名。即“腐殖质”(365 页)。

腐殖煤 fǔzhí méi/ㄈㄨˇ ㄓˊ ㄇㄟˊ

【地】即“腐植煤”(365 页)。

腐殖质/腐植質 fǔzhízhì/ㄈㄨˇ ㄓˊ ㄓˊ

humus

【农】动植物残体在微生物作用下分解转化又重新合成的有机物质。是土壤有机质的主要组成部分，黑褐色，含有植物生长发育所需要的一些元素，能改善土壤，增加土壤保水、保肥性能，提高作物产量。

父本/父本 fùběn/ㄈㄨˋ ㄅㄣˇ

male parent

【生】参与杂交的亲本之一。在动植物中是参与杂交的雄性个体或产生雄性生殖细胞的个体。常用符号♂表示。

负分数/負的分數

fùfēnshù/ㄈㄨˋ ˙ㄉㄜ ㄈㄣ ㄕㄨˋ

negative fraction

【数】小于 0 的分数。前面加“－”号，例如 $-\frac{1}{2}, -\frac{2}{3}, -\frac{7}{4}, -2\frac{2}{9}$ 等。

负分数指数/負分數指數

fùfēnshù zhǐshù/ㄈㄨˋ ㄈㄣ ㄕㄨˋ ㄓˇ ㄕㄨˋ

negative fractional exponent

【数】乘方中是负分数的指数。$a^{-\frac{m}{n}}=\frac{1}{\sqrt[n]{a^m}}$，其中 m，n 为正整数，当 m 为奇数，n 为偶数时，$a>0$；其他情形 a 可为任意非零实数。

负荷/負荷 fùhè/ㄈㄨˋ ㄏㄜˋ

load

㊀【电】又称“负载”。❶吸收功率的器件。❷器件吸收的功率。㊁【信息】网络或信道所承载的业务量。

负极/負電極 fùjí/ㄈㄨˋ ㄉㄧㄢˋ ㄐㄧˊ

negative electrode

【化】见“电化学电池”(245 页)。

负离子 fùlízǐ/ㄈㄨˋ ㄌㄧˊ ㄗˇ

【化】即“阴离子”(1345 页)。

负数/負數 fùshù/ㄈㄨˋ ㄕㄨˋ

negative number

【数】小于 0 的数。在前面加负号“－”，例如 －1，－2，－3.05。

负序分量/逆序部分

fùxù fēnliàng/ㄋㄧˋ ㄒㄩˋ ㄅㄨˋ ㄈㄣˋ

negative sequence component

【电】三个幅值大小相等的相量 $\underline{U}_A^-$、$\underline{U}_B^-$、$\underline{U}_C^-$，且在相位上 $\underline{U}_B^-$ 领先 $\underline{U}_A^-$ 120°，$\underline{U}_C^-$ 领先 $\underline{U}_B^-$ 120°。

负载 fùzài/ㄈㄨˋ ㄗㄞˋ

【电】即“负荷”㊀(365 页)。

负整数/負整數

fùzhěngshù/ㄈㄨˋ ㄓㄥˇ ㄕㄨˋ

negative integer

【数】正整数的相反数，即小于 0 的整数。前面加“－”号，例如－1，－2，－3 等。

负整指数/負整數指數

fùzhěng zhǐshù/ㄈㄨˋ ㄓㄥˇ ㄕㄨˋ ㄓˇ ㄕㄨˋ

negative integral exponent

【数】乘方中是负整数的指数。$a^{-n}=\frac{1}{a^n}$($a\neq0$，n 为正整数)，即非零数 a 的 $-n$ 次幂为 a 的 n 次幂的倒数。

附壁效应/附壁效應

fùbì xiàoyìng/ㄈㄨˋ ㄅㄧˋ ㄒㄧㄠˋ ㄧㄥˋ

wall attachment effect, Coanda effect

【物】流体与它流过的物体表面之间存在表面摩擦时，流体的流速减缓，导致流体被吸附在物体表面上流动的效应。

附表卡尺 fùbiǎo kǎchǐ/ㄈㄨˋ ㄅㄧㄠˇ ㄎㄚˇ ㄔˇ

【机】即“带表卡尺”(193 页)。

附睾/附睾 fùgāo/ㄈㄨˋ ㄍㄠ

epididymis

【医】男性生殖器官的一部分。位于睾丸后外侧,分为头、体、尾三部,由输出小管与附睾管组成。可暂时储存精子、分泌附睾液,供精子营养。

附睾炎/副睾炎 fùgāoyán/ㄈㄨˋ ㄍㄠ ㄧㄢˊ

epididymitis

【医】附睾的炎性病变。可由多种致病因素引起,病原体多从感染的尿液、前列腺、后尿道、精囊沿输精管蔓延至附睾。临床表现为阴囊部位疼痛,附睾肿胀,触痛明显等,可伴有发热,附睾硬结等。

附骨疽/附骨疽 fùgǔjū/ㄈㄨˋ ㄍㄨˇ ㄐㄩ

suppurative asteomyelitis, * bone flat-abscess

【中医】无头疽的一种。因毒邪深沉、附着于骨所致,多发于四肢长骨,局部肿胀,附筋着骨,推之不移,疼痛彻骨,溃后脓水淋漓,不易收口,可成窦道,损伤筋骨。湿热邪滞证,治宜清热利湿、化瘀通络,方用仙方活命饮合五神汤加减;热毒炽盛证,治宜清热利湿、和营托毒,方用黄连解毒汤合五神汤加减;脓毒留恋证,治宜调补气血、解毒化湿,方用托里消毒散。外治法:初期用金黄膏或玉露膏外敷;中期宜切开排脓;溃后期用八二丹、九一丹药线引流。

附合导线/附合導線

fùhé dǎoxiàn/ㄈㄨˋ ㄏㄜˊ ㄉㄠˇ ㄒㄧㄢˋ

connecting traverse

【测绘】起点和终点是已知坐标的控制点,但又不是同一个点的导线。

附件/附件 fùjiàn/ㄈㄨˋ ㄐㄧㄢˋ

attachment

【信息】伴随电子邮件主件发送的附加文件。

附生植物/附生植物

fùshēng zhíwù/ㄈㄨˋ ㄕㄥ ㄓˊ ㄨˋ

epiphyte

【植】附着在另一种植物体上生长,但又不依赖被附着植物供给养料的植物。如附着在叶面上的地衣、苔藓,悬垂在松枝上的松萝等。

附体/附屬物 fùtǐ/ㄈㄨˋ ㄕㄨˇ ㄨˋ

appendage

【船】水线下凸出于主船体型表面以外的附加结构物。包括艉轴架、轴包套、舭龙骨、方龙骨、艉鳍、导流罩等固定的结构物。其常导致主船体的光顺表面不连续,增加船舶航行时的水阻力。

附属虹/複虹 fùshǔhóng/ㄈㄨˋ ㄕㄨˇ ㄏㄨㄥˊ

supernumerary rainbow

【气】出现在虹的内侧或霓的外侧,色彩和亮度比较弱的彩色环。

附屬物 ㄈㄨˋ ㄕㄨˇ ㄨˋ/fùshǔwù

appendage

【船】台湾名。即"附体"(366 页)。

附子/附子 fùzǐ/ㄈㄨˋ ㄗˇ

Radix Aconiti Lateralis Praeparata (拉), prepared common monkshood branched root, * aconite accessory root

【中医】中药名。毛茛科植物乌头 *Aconitum carmichaeli* Debx. 的块根。味辛、甘,性大热。有毒。归心、肾、脾经。回阳救逆,补火助阳,逐风寒湿邪。用于亡阳虚脱,肢冷脉微,阳痿,宫冷,心腹冷痛,虚寒吐泻,阴寒水肿,阳虚外感,寒湿痹痛。

乌 头

附子,孕妇禁用,不宜与半夏、瓜蒌、天花粉、贝母、白蔹、白及同用。

复摆/複擺 fùbǎi/ㄈㄨˋ ㄅㄞˇ

compound pendulum

【物】又称"物理摆"。在重力作用下绕固定水平轴(轴线不通过重心,例图中 ZZ')做自由摆动的刚体。在摆角很小的情况下做简谐运动。

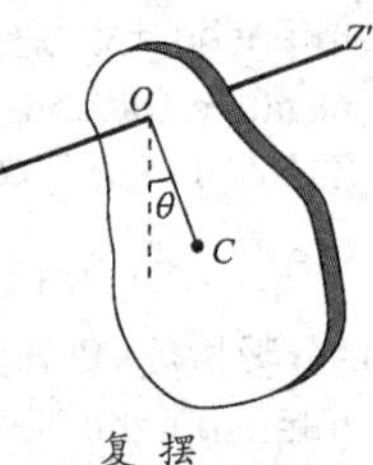

复 摆

复变函数/複變函數

fùbiàn hánshù/ㄈㄨˋ ㄅㄧㄢˋ ㄏㄢˊ ㄕㄨˋ

function of complex variable

【数】自变量是复数的函数。含一个自变量的复变函数 $f(z)$ 叫作一元复变函数,简称单复变函数，其定义域和值域都是复数集 **C** 或其子集。含多个自变量的复变函数 $f(z_1, z_2, \cdots, z_n)$ 叫作多元复变函数，简称多复变函数，其定义域是复数集 **C** 的直积或其子集，值域是复数集 **C** 或其子集。

复变函数论/複變函數論
fùbiàn hánshùlùn/ㄈㄨˋ ㄅㄧㄢˋ ㄏㄢˊ ㄕㄨˋ ㄌㄨㄣˋ
theory of function of complex variable
【数】分析学的一个分支。主要研究关于复变函数的理论和应用。19 世纪中叶，法国数学家柯西(A. Cauchy)对复变函数理论的系统研究奠定了基础。

复表观功率
fùbiǎoguān gōnglǜ/
ㄈㄨˋ ㄅㄧㄠˇ ㄍㄨㄢ ㄍㄨㄥ ㄌㄩˋ
【电】即“复功率”(367 页)。

复导纳/複數導納
fùdǎonà/ㄈㄨˋ ㄕㄨˋ ㄉㄠˇ ㄋㄚˋ
complex admittance
【物】见“导纳”(206 页)。

复发/復發 fùfā/ㄈㄨˋ ㄈㄚ
relapse, recurrence
【医】进入恢复期后，已稳定一段时间，由于体内残存的病原体再度繁殖，而使疾病症状再度出现。

复方丹参滴丸/複方丹参滴丸
fùfāng dānshēn dīwán/
ㄈㄨˋ ㄈㄤ ㄉㄢ ㄕㄣ ㄉㄧ ㄨㄢˊ
compound danshen dripping pills, fufang danshen diwan, * compound formula salvia droplet
【中医】中成药名。主要成分：丹参、三七、冰片。口服或舌下含服。活血化瘀，理气止痛。用于胸中憋闷、心绞痛等。

复方丹参片/複方丹参片
fùfāng dānshēnpiàn/
ㄈㄨˋ ㄈㄤ ㄉㄢ ㄕㄣ ㄆㄧㄢˋ
compound danshen tablets, fufang danshen pian, * compound formula salvia tablet
【中医】中成药名。主要成分：丹参、三七、冰片。口服。活血化瘀，理气止痛。用于气滞血瘀所致的胸痹，胸闷，心前区刺痛；冠心病心绞痛见上述证候者。

复方丹参注射液/複方丹参注射液
fùfāng dānshēn zhùshèyè/
ㄈㄨˋ ㄈㄤ ㄉㄢ ㄕㄣ ㄓㄨˋ ㄕㄜˋ ㄧㄝˋ
compound danshen injections
【中医】中成药名。主要成分：丹参、降香。注射给药。活血祛瘀，理气止痛，能扩张血管与增进冠脉血流量。主要用于胸痹证，冠心病、冠状动脉供血不足、心肌梗死、心绞痛等。

复方药/複合劑 fùfāngyào/ㄈㄨˋ ㄏㄜˊ ㄐㄧˋ
compound medicines
【医】含两种或两种以上药物的制剂。包括中药复方制剂、天然药物复方制剂、化学药品复方制剂，以及中药、天然药物和化学药品复方制剂。

复功率/複功率 fùgōnglǜ/ㄈㄨˋ ㄍㄨㄥ ㄌㄩˋ
complex power
【电】又称“复视在功率”“复表观功率”。正弦状态下，代表线性二端元件或二端电路端子间电压的相量与代表该元件或电路中电流的相量的共轭复数的乘积$\underline{S}=\underline{U}\dot{\underline{I}}$。

复关节/複關節
fùguānjié/ㄈㄨˋ ㄍㄨㄢ ㄐㄧㄝˊ
compound joint
【医】由两个以上关节构成，包在一个关节囊内的关节。如肘关节，由肱骨下端和尺骨、桡骨上端构成，包括三个关节，即肱尺关节、肱桡关节和桡尺近侧关节。

复合材料/複合材料
fùhé cáiliào/ㄈㄨˋ ㄏㄜˊ ㄘㄞˊ ㄌㄧㄠˋ
composite materials, composite
【材】由两种或两种以上不同性质的材料通过复合工艺制成的新型多相固体材料。既有组分材料固有性能，又有组分材料间协同增强效果，综合性能优于单独组分材料，可以通过人为设计获得。复合材料中，起黏结或传递应力的材料为基体，起增强作用的材料为增强体。常用的金属基体有铝、镁、铜、钛及其合金，非金属基体有橡胶、陶瓷、石墨、碳、合成树脂等；常用的增强材料有玻璃纤维、碳纤维、石棉纤维、金属丝和硬质细粒等。

复合肥料/複合肥料
fùhé féiliào/ㄈㄨˋ ㄏㄜˊ ㄈㄟˊ ㄌㄧㄠˋ

complex fertilizer

【农】通常指含有氮、磷、钾三种或其中两种的化肥。如硝磷钾和硝酸钾。前者含氮、磷、钾,后者含氮和钾。

复合函数/複合函數

fùhé hánshù/ㄈㄨˋ ㄏㄜˊ ㄏㄢˊ ㄕㄨˋ

composite function

【数】又称"合成函数"。若有函数 $y=f(u)$ 和 $u=g(x)$,且 $u=g(x)$ 的值域在 $y=f(u)$ 的定义域内,则称 $y=f(g(x))$ 为两个函数 $y=f(u)$ 和 $u=g(x)$ 的复合函数。$f(g(x))$ 也记作 $f\circ g(x)$。例如,$y=\sin(2x+1)$ 为 $y=\sin u$ 和 $u=2x+1$ 的复合函数。类似地,可定义三个或更多个函数的复合函数。

复合麻醉/合併麻醉

fùhé mázuì/ㄏㄜˊ ㄅㄧㄥˋ ㄇㄚˊ ㄗㄨㄟˋ

combined anesthesia

【医】麻醉方法的一种。将一种以上的麻醉药物或/和麻醉方法配合,以期药物或/和方法之间彼此取长补短而取得较好的临床效果。

复合模/複式模

fùhémú/ㄈㄨˋ ㄕˋ ㄇㄨˊ

compound die

【机】冲模的一种。将不同的冲压工序合并在同一模具的送进位置上,一次完成落料、冲孔等多工序。

复合探雷器/複合探雷器

fùhé tànléiqì/ㄈㄨˋ ㄏㄜˊ ㄊㄢˋ ㄌㄟˊ ㄑㄧˋ

composite mine detector

【军】便携式探雷器的一种。将两种或两种以上探测装置结合在一起,由探头、探杆、控制盒、耳机和电池组成。主要用于探测埋设的地雷。在复合探雷作业时,低频电磁感应探测装置和微波探测装置同时对地下目标进行探测。同时检测到金属和非金属物特征信号时,探雷器发出报警信号;仅检测到一种特征信号时,不报警。

复合映射/合成映射

fùhé yìngshè/ㄏㄜˊ ㄔㄥˊ ㄧㄥˋ ㄕㄜˋ

composite mapping

【数】设有映射 $f:A\to B$,映射 $g:B\to C$,则称映射 $g(f(x))$ 为 $f:A\to B$ 和 $g:B\to C$ 的复合映射,记作 $g\circ f:A\to C$。例如,对于 $f:\mathbf{R}\to[0,+\infty)$,$f(x)=x^2$,$g:[0,+\infty)\to[1,+\infty)$,$g(y)=y+1$,有复合映射 $g\circ f:\mathbf{R}\to[1,+\infty)$,$g(f(x))=x^2+1$。

复廊/複廊

fùláng/ㄈㄨˋ ㄌㄤˊ

double corridor

【建】廊的一种。两廊并为一体而成,中间隔一道墙,墙上设漏窗,两面都可通行,既分隔景区,又可通过漏窗看到廊的另一边的景色,使两个景区相互联系,增加景深,产生步移景异的效果。

复理石/複理層

fùlǐshí/ㄈㄨˋ ㄌㄧˇ ㄘㄥˊ

flysch

【地】一种半深海、深海相浊流沉积。单个韵律层厚度不大但总厚度巨大,由频繁互层的、侧向上稳定的海相泥灰岩、页岩、泥岩、砂岩乃至砾岩组成,并多次重复的韵律层系。

复名数/複名數

fùmíngshù/ㄈㄨˋ ㄇㄧㄥˊ ㄕㄨˋ

compound number

【数】由几个单位组合起来表示的名数。例如3分45秒,2昼3夜。

复平面/複數平面

fùpíngmiàn/ㄈㄨˋ ㄕㄨˋ ㄆㄧㄥˊ ㄇㄧㄢˋ

complex plane

【数】又称"高斯平面"。表示复数集的平面坐标系。在平面上取定直角坐标系,并使其上的点 $P(a,b)$ 对应于复数 $z=a+bi$,这样全体复数就与平面上所有的点一一对应。表示复数 $z=a+bi$ 的点记作点 $Z(a,b)$。复平面的横轴上的点与实数一一对应,纵轴上除原点以外的点与纯虚数一一对应。

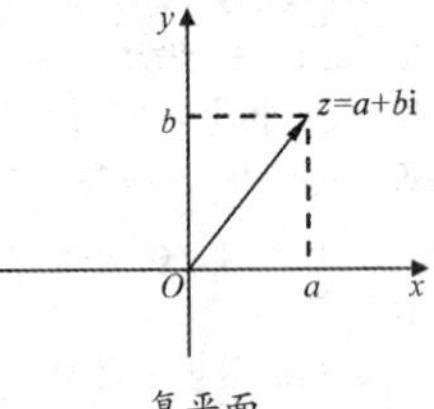

复平面

📖 复平面上,若使以原点 O 为起点、点 $Z(a,b)$ 为终点的向量 $\overrightarrow{OZ}$ 对应于复数 $z=a+bi$,则可使以原点 O 为起点的全体向量与全体复数一一对应。

复色光/複色光

fùsèguāng/ㄈㄨˋ ㄙㄜˋ ㄍㄨㄤ

polychromatic light

【物】包含多种频率(或波长)的光。例如太阳光。

复视在功率

fùshìzài gōnglǜ/ㄈㄨˋ ㄕˋ ㄗㄞˋ ㄍㄨㄥ ㄌㄩˋ

【电】即"复功率"(367 页)。

复数/複數 fùshù/ㄈㄨˋ ㄕㄨˋ

complex number

【数】形如 $a+bi$ 的数,其中 a,b 为实数,i 称为虚数单位,$i^2=-1$。设复数 $z=a+bi$,则 a 称为 z 的实部,记作 Rez;b 称为 z 的虚部,记作 Imz。复数 $z=a+bi$ 中,若 $b=0$,则 z 为实数;若 $b\neq 0$,则 z 为虚数。$z=a+bi$ 是复数 z 的代数式,它可以转换为 z 的三角式 $z=r(\cos\theta+i\sin\theta)$,或 z 的指数式 $z=re^{i\theta}$,其中 $r=\sqrt{a^2+b^2}$ 是 z 的模,θ 是 z 的幅角,$\cos\theta=\frac{a}{\sqrt{a^2+b^2}}$,$\sin\theta=\frac{b}{\sqrt{a^2+b^2}}$。复数集用 **C** 表示,实数集 **R** 是 **C** 的真子集。复数集 **C** 对加法和乘法构成一个域。

复胃/複胃 fùwèi/ㄈㄨˋ ㄨㄟˋ

ruminant stomach

【动】哺乳动物中反刍动物的胃。通常由瘤胃、网胃、瓣胃、皱胃四个胃室构成。

复线铁路

fùxiàn tiělù/ㄈㄨˋ ㄒㄧㄢˋ ㄊㄧㄝˇ ㄌㄨˋ

【交】即"双线铁路"(1061 页)。

复写纸/複寫紙 fùxiězhǐ/ㄈㄨˋ ㄒㄧㄝˇ ㄓˇ

❶carbon paper, ❷copy paper

【轻】❶将颜料和石蜡加热调和后,均匀涂布在原纸表面而成的纸。在压力和敲击的作用下可转移颜料涂布层,供手工复写或打字复写用。❷在台湾,复写纸也指"复印纸"(369 页)。

复眼/複眼 fùyǎn/ㄈㄨˋ ㄧㄢˇ

ommateum, compound eye

【动】甲壳类、昆虫类及其他少数节肢动物的视觉器官。通常只有一对。每一复眼由若干小眼组成。复眼能感受物体的形状、大小,并可辨别颜色。

复叶/複葉 fùyè/ㄈㄨˋ ㄧㄝˋ

compound leaf

【植】一个叶柄上生有两枚或两枚以上叶片的叶。由总叶柄、叶轴和小叶组成。按小叶的数量和排列方式不同,可分为三出复叶、掌状复叶和羽状复叶。(1)每个叶轴上只生三枚小叶的是三出复叶,如迎春花的叶;三个小叶柄等长的是三出掌状复叶(也称三出指状复叶),三出掌状复叶的二回重复就是二回三出复叶,如牡丹的叶;顶端小叶柄较长的是三出羽状复叶,如葫芦巴的叶;两侧小叶退化,其小叶柄与叶轴连接处有一个明显关节的是单身复叶,如柑橘的叶。(2)四片以上小叶集中生于叶轴的顶端,排列如手掌的是掌状复叶,如三七的叶。(3)四片以上小叶生于叶轴的两侧,呈羽毛状排列的叶是羽状复叶,如槐树的叶。小叶总数为单数者称奇数羽状复叶,如玫瑰的叶;双数者称偶数羽状复叶,如香椿、蚕豆的叶;叶轴不分枝的称一回羽状复叶;分支一次的称二回羽状复叶,如合欢的叶;分支二次的称三回羽状复叶。

复叶示意图

复音 fùyīn/ㄈㄨˋ ㄧㄣ

polyphone

【物】由多个纯音合成的声音。乐器发出的声音一般是复音。

复印机/複印機 fùyìnjī/ㄈㄨˋ ㄧㄣˋ ㄐㄧ

copier, duplicator

【信息】办公设备的一种。利用某些导体对光有敏感反应的特性和静电特性,将文字和图表等照原样重印在纸上,并具有放大或缩小复印功能。按工作原理不同,可分为光化学复印、热敏复印、静电复印和数字复印四类。数字复印机通过激光扫描、数字化图像处理技术成像,不仅用于复印,还可作为输入/输出设备与计算机等设备联机使用。

复印纸/複寫紙 fùyìnzhǐ/ㄈㄨˋ ㄒㄧㄝˇ ㄓˇ

copy paper

【轻】一般未经涂布,用于静电复印机、喷墨打印机,以及其他类型复印和打印设备上的纸。

复用/多工 fùyòng/ㄉㄨㄛ ㄍㄨㄥ

multiplexing

【信息】将多个独立信号综合为一个多路信号的处理过程。

📖 复用是将许多低速线路上各自所需的传输容量组合一起后,在一条速度较高的线路上传输,而不是在每一发送端与每一接收端之间都连接着许多低速线路。

复用分用器/多工解多工器 fùyòng fēnyòngqì/ㄉㄨㄛ ㄍㄨㄥ ㄐㄧㄝˇ ㄉㄨㄛ ㄍㄨㄥ ㄑㄧˋ

muldex

【信息】由一个复用器与一个在相反传输方向上工作的分用器构成的组合器件。

复用器/多工器 fùyòngqì/ㄉㄨㄛ ㄍㄨㄥ ㄑㄧˋ

multiplexer

【信息】数据通信中,将来自不同源的不止一个信号组装成单一复合信号的功能单元。

复杂蜃景/複雜蜃景 fùzá shènjǐng/ㄈㄨˋ ㄗㄚˊ ㄕㄣˋ ㄐㄧㄥˇ

Fata Morgana

【气】蜃景的一种。由于低层空气温度梯度具有不同分布和变化,以及空气湍流的作用,形成形状和强度变幻莫测的物像。

📖 复杂蜃景曾是出现在意大利西西里岛墨西拿海峡上空蜃景的专用名称,被认为是仙女摩根娜(Fata Morgana)的杰作。后用于称呼任何不定型的复杂蜃景。

复制/複製 fùzhì/ㄈㄨˋ ㄓˋ

copy

【信息】❶又称"拷贝"。从源数据媒体读出数据(保留源数据不变),并在目的地数据媒体(与源媒体同类或不同类)上写入同样数据。例如将文件从磁带拷贝到磁盘。❷在台湾,复制也指"克隆"(684 页)。

复种/複作 fùzhòng/ㄈㄨˋ ㄗㄨㄛˋ

multiple cropping

【农】一年内在同一田地上种植两次或两次以上作物的种植方式。可以充分利用土地资源,提高土地生产力和光能利用率。

复种指数/複種指數 fùzhòng zhǐshù/ㄈㄨˋ ㄓㄨㄥˋ ㄓˇ ㄕㄨˋ

cropping index

【农】一年内在同一田地上各种农作物的总播种面积与耕地面积之比。用百分数表示,是反映耕地利用程度的指标。

复阻抗/複數阻抗 fùzǔkàng/ㄈㄨˋ ㄕㄨˋ ㄗㄨˇ ㄎㄤˋ

complex impedance

【物】见"阻抗"(1514 页)。

負的分數 ㄈㄨˋ·ㄉㄜ ㄈㄣ ㄕㄨˋ/fù de fēnshù

negative fraction

【数】台湾名。即"负分数"(365 页)。

負電極 ㄈㄨˋ ㄉㄧㄢˋ ㄐㄧˊ/fù diànjí

negative electrode

【化】台湾名。即"负极"(365 页)。

負整數指數 ㄈㄨˋ ㄓㄥˇ ㄕㄨˋ ㄓˇ ㄕㄨˋ/fùzhěngshù zhǐshù

negative integral exponent

【数】台湾名。即"负整指数"(365 页)。

副鼻竇 fùbídòu/ㄈㄨˋ ㄅㄧˊ ㄉㄡˋ

【医】即"鼻旁窦"(52 页)。

副檔名 ㄈㄨˋ ㄉㄤˋ ㄇㄧㄥˊ/fùdàngmíng

extension

【信息】台湾名。即"扩展名"(705 页)。

副高 fùgāo/ㄈㄨˋ ㄍㄠ

【气】"副热带高压"的简称。

副睾炎 ㄈㄨˋ ㄍㄠ ㄧㄢˊ/fùgāoyán

epididymitis

【医】台湾名。即"附睾炎"(366 页)。

副果 ㄈㄨˋ ㄍㄨㄛˇ/fùguǒ

pseudocarp, accessory fruit

【植】台湾名。即"假果"(594 页)。

副虹 fùhóng/ㄈㄨˋ ㄏㄨㄥˊ

【气】即"霓"(833 页)。

副花冠/副花冠 fùhuāguān/ㄈㄨˋ ㄏㄨㄚ ㄍㄨㄢ

corona

【植】在花冠和雄蕊之间的环状附属物。如夹竹桃的花就有副花冠。

副甲状腺/副甲狀腺 fùjiǎzhuàngxiàn/ㄈㄨˋ ㄐㄧㄚˇ ㄓㄨㄤˋ ㄒㄧㄢˋ

【医】即"甲状旁腺"(592 页)。

副甲狀腺激素
ㄈㄨˋ ㄐㄧㄚˇ ㄓㄨㄤˋ ㄒㄧㄢˋ ㄐㄧ ㄙㄨˋ/
fùjiǎzhuàngxiàn jīsù
parathyroid hormone
【医】台湾名。即"甲状旁腺激素"(592 页)。

副交感神经/副交感神經
fùjiāogǎn shénjīng/ㄈㄨˋ ㄐㄧㄠ ㄍㄢˇ ㄕㄣˊ ㄐㄧㄥ
parasympathetic nerves
【医】植物性神经的一部分。作用主要是保持身体安静时的生理平衡。如增进胃肠活动,促进大小便排出;缩小瞳孔以减少刺激;促进肝糖原的生成,以储蓄能量;减慢心跳,降低血压,缩小支气管;协助生殖活动,使生殖血管扩张,性器官分泌液增加。

副阶周匝/副階周匝
fùjiē zhōuzā/ㄈㄨˋ ㄐㄧㄝ ㄓㄡ ㄗㄚ
covered corridor around the hall
【建】古代殿堂建筑殿身外侧加设的柱廊。唐宋时称为副阶,围绕一周的建筑型制称为副阶周匝。多用于大殿、宝塔等。明清时称为廊或周围廊。

副热带 fùrèdài/ㄈㄨˋ ㄖㄜˋ ㄉㄞˋ
【地】即"亚热带"(1307 页)。主要用于气象方面。

副热带反气旋
fùrèdài fǎnqìxuán/
ㄈㄨˋ ㄖㄜˋ ㄉㄞˋ ㄈㄢˇ ㄑㄧˋ ㄒㄩㄢˊ
【气】即"副热带高压"(371 页)。

副热带高压/副熱帶高壓
fùrèdài gāoyā/ㄈㄨˋ ㄖㄜˋ ㄉㄞˋ ㄍㄠ ㄧㄚ
subtropical high, subtropical anticyclone
【气】简称"副高",又称"副热带反气旋"。位于副热带地区的暖性高压系统。是夏季影响中国大陆天气的主要天气系统,对中、高纬度地区和低纬度地区之间的水汽、热量、能量的输送和平衡起着重要的作用。

副伤寒/副傷寒 fùshānghán/ㄈㄨˋ ㄕㄤ ㄏㄢˊ
paratyphoid fever
【医】由副伤寒(甲、乙、丙)沙门氏菌经肠道感染引起的急性消化道传染病。临床特征基本上与伤寒相同。包括副伤寒甲、副伤寒乙和副伤寒丙三种。

副神经/副神經
fùshénjīng/ㄈㄨˋ ㄕㄣˊ ㄐㄧㄥ
accessory nerve
【医】发自延髓和脊髓的副神经核,经颈静脉孔出颅,支配斜方肌、胸锁乳突肌的运动神经。是第十一对脑神经,为特殊内脏传出纤维。副神经受损后,头不能向健侧旋转及患侧肩部不能上耸。

副油箱/可拋油箱
fùyóuxiāng/ㄎㄜˇ ㄆㄠ ㄧㄡˊ ㄒㄧㄤ
auxiliary fuel tank, drop tank
【航】挂于飞机机翼或机身外部的附加油箱,即为增加飞机的飞行航程,并在必要时可抛掉的油箱(现又发展有可不抛弃的)。如挂有副油箱,通常飞机起飞后先用副油箱的燃油。

副作用/副作用
fùzuòyòng/ㄈㄨˋ ㄗㄨㄛˋ ㄩㄥˋ
side effect
【医】与主要作用同时产生的继发效应。如药理效应涉及多个效应器官,当某一效应用作治疗目的时,其他效应就成为继发效应。泛指任何类型的药物不良反应。

復健醫學 ㄈㄨˋ ㄐㄧㄢˋ ㄧ ㄒㄩㄝˊ/fùjiàn yīxué
rehabilitation medicine
【医】台湾名。即"康复医学"(670 页)。

復元 ㄈㄨˋ ㄩㄢˊ/fùyuán
recovery, rehabilitation
【医】台湾名。即"康复"(670 页)。

富集/濃化 fùjí/ㄋㄨㄥˊ ㄏㄨㄚˋ
enrichment
【化】使某种物质逐渐积累增加,形成较高含量的过程。与浓集不同,主要强调从外界获取物质。

富集系数 fùjí xìshù/ㄈㄨˋ ㄐㄧˊ ㄒㄧˋ ㄕㄨˋ
【环】即"浓缩系数"(845 页)。

富集铀/濃化鈾 fùjíyóu/ㄋㄨㄥˊ ㄏㄨㄚˋ ㄧㄡˊ
enriched uranium
【化】又称"浓缩铀"。通过同位素分离法处理,同位素铀-235 含量高于天然丰度 0.714%的铀或铀化合物。

富勒烯/富勒烯 fùlèxī/ㄈㄨˋ ㄌㄜˋ ㄒㄧ
fullerene

【化】碳的同素异形体。仅由碳原子组成的具有封闭笼形结构的碳原子簇的统称。有 C_{60} 和 C_{70} 富勒烯等。

📖 因其呈封闭的多面体球形或椭球形结构，颇似美国建筑师富勒(R.B.Fuller)用五边形和六边形设计建造的圆屋顶，故名。

富禄纹/富祿紋 fùlùwén/ㄈㄨˋ ㄌㄨˋ ㄨㄣˊ

bats-sika pattern

【纺】中国传统文字装饰纹样。用“福”与“禄”字构成字花的一种；也有以象征“福”的蝙蝠，象征“禄”的梅花鹿构成图案，谐音为“富禄”，寓意幸福吉祥。图案以四方连续形式，多用于年长者的服饰中，并以锦缎与刺绣工艺烘托富贵而华丽的衣饰。也有称“福禄纹”的。

富媒体/豐富媒體 fùméitǐ/ㄈㄥ ㄈㄨˋ ㄇㄟˊ ㄊㄧˇ

rich media

【信息】为易于从一种媒体转移到另一种媒体，而将文本、图形、视频或语音链接在一起的数据。

富文本/豐富文字 fùwénběn/ㄈㄥ ㄈㄨˋ ㄨㄣˊ ㄗˋ

rich text

【信息】采用嵌入式字型、彩色、图形和音频等内容加以充实装饰的 ASCII 文本。

富营养化/富營養化 fùyíngyǎnghuà/ㄈㄨˋ ㄧㄥˊ ㄧㄤˇ ㄏㄨㄚˋ

eutrophication

【环】植物生长繁殖所需要的营养物质含量过多引起的水体污染现象。主要是人类活动排放的含氮、磷等污染物大量进入湖泊、河口、水库、海湾等缓流水体，致使水生生物特别是藻类大量繁殖，造成水体溶解氧量下降，水质恶化，以致影响鱼类等生物生存。在自然条件下，水体由贫营养状态发展到富营养状态，沉积物不断增加，湖泊先变为沼泽，后变为陆地，其过程非常缓慢，往往需几千年甚至上万年。

腹白线/腹白線 fùbáixiàn/ㄈㄨˋ ㄅㄞˊ ㄒㄧㄢˋ

linea alba abdominis

【医】位于腹前壁正中线的白色纤维索。介于左、右腹直肌鞘之间，由两侧的腹直肌鞘纤维于中线处彼此交织而成。上宽下窄，上方起自剑突，下方止于耻骨联合上缘。白线的中部有圆形的脐环，胎儿时为脐血管的通过处。

腹部压痛/腹部壓痛

fùbù yātòng/ㄈㄨˋ ㄅㄨˋ ㄧㄚ ㄊㄨㄥˋ

abdominal tenderness

【医】用一定的压力按压腹部时出现的腹部疼痛感。可由腹壁或腹腔内疾病引起。

腹地/腹地 fùdì/ㄈㄨˋ ㄉㄧˋ

hinterland

【交】运输部门指某个港口的物资、客流的集散地区。原意是港口的背后陆地，为港口城市提供进出口货物的来源和销售及客流的地域。例如上海港的腹地包括四川、重庆、湖北、湖南、江西、安徽、江苏、浙江和上海等地。

腹股沟管/腹股溝管

fùgǔgōuguǎn/ㄈㄨˋ ㄍㄨˇ ㄍㄡ ㄍㄨㄢˇ

inguinal canal

【医】位于腹股沟韧带内侧半上方，由外向内下斜行的肌肉筋膜间的管状裂隙。长 4～5 厘米，内口为腹股沟管深环，外口为腹股沟管浅环。腹股沟管的前壁为腹外斜肌腱膜和腹内斜肌的起始部；后壁为腹股沟镰和腹横筋膜；上壁为腹内斜肌和腹横肌的弓状下缘；下壁为腹股沟韧带。男性腹股沟管内有精索通过，女性腹股沟管内有子宫圆韧带通过。

腹股沟疝/腹股溝疝氣

fùgǔgōushàn/ㄈㄨˋ ㄍㄨˇ ㄍㄡ ㄕㄢˋ ㄑㄧˋ

inguinal hernia

【医】发生在腹股沟部位的疝。腹腔内容物通过腹壁薄弱点或孔隙向体表突出。按部位不同，可分为直疝和斜疝。

腹股溝疝氣

ㄈㄨˋ ㄍㄨˇ ㄍㄡ ㄕㄢˋ ㄑㄧˋ/fùgǔgōu shànqì

inguinal hernia

【医】台湾名。即“腹股沟疝”(372 页)。

腹膜/腹膜 fùmó/ㄈㄨˋ ㄇㄛˊ

peritoneum

【医】覆盖腹腔和盆腔壁内表面及其脏器表面的半透明浆膜，由间皮及少量结缔组织构成。分为壁腹膜和脏腹膜两部分。壁腹膜覆盖膈与腹盆腔壁的内表面，脏腹膜覆盖腹盆腔脏器的表面。

腹膜腔/腹腔 fùmóqiāng/ㄈㄨˋ ㄑㄧㄤ

peritoneal cavity

【医】脏腹膜与壁腹膜围成的不规则潜在腔

隙。内含少量浆液,有润滑作用。男性腹膜腔密闭,女性腹膜腔通过输卵管、子宫腔和阴道与外界相通。

腹膜炎/腹膜炎 fùmóyán/ㄈㄨˋ ㄇㄛˊ ㄧㄢˊ

peritonitis

【医】细菌感染、化学刺激或损伤所引起的腹膜炎症性病变。主要表现为腹痛、腹部压痛、腹肌紧张,以及恶心、呕吐、发热、白细胞升高,严重时可导致血压下降和全身中毒性反应。可分为原发性腹膜炎和继发性腹膜炎。

腹式呼吸/腹式呼吸

fùshì hūxī/ㄈㄨˋ ㄕˋ ㄏㄨ ㄒㄧ

abdominal breathing, diaphragmatic breathing

【医】又称"膈式呼吸"。以膈肌舒缩活动为主的呼吸运动。

腹腔 ㄈㄨˋ ㄑㄧㄤ/fùqiāng

peritoneal cavity

【医】台湾名。即"腹膜腔"(372 页)。

腹水/腹水 fùshuǐ/ㄈㄨˋ ㄕㄨㄟˇ

ascites

【医】腹腔内游离液体聚积过多,超出正常腹腔内游离液体的症状。产生腹水的原因有心血管病、肝脏病、腹膜病、肾脏病、营养障碍病、恶性肿瘤等。

腹痛/腹痛 fùtòng/ㄈㄨˋ ㄊㄨㄥˋ

abdominal pain

【医】腹腔内外的器质性或功能性疾病所表现的疼痛。多因腹内组织或器官受到某种刺激、病变或损伤所致,也可由胸部疾病、泌尿系统疾病、妇产科疾病及全身性疾病引起。

腹泻/腹瀉 fùxiè/ㄈㄨˋ ㄒㄧㄝˋ

diarrhea

【医】排便频率增加,粪质稀薄或带有黏液、脓血或未消化的食物等症状的统称。

腹诊/腹診 fùzhěn/ㄈㄨˋ ㄓㄣˇ

abdominal examination

【中医】切诊之一。医生以按诊、触诊为主,结合望诊、闻诊、问诊来诊察患者胸腹部位,以了解病情,诊察疾病。

腹直肌/腹直肌 fùzhíjī/ㄈㄨˋ ㄓˊ ㄐㄧ

rectus abdominis

【医】腹部肌肉之一。位于腹前壁正中线两侧,上宽下窄,起自第 5～7 肋软骨前面和胸骨剑突,止于耻骨联合和耻骨嵴。全长被 3～4条横行的腱划分为多个肌腹,能保护腹腔脏器,参与完成排便、呕吐、咳嗽或分娩等功能。

腹足类/腹足類 fùzúlèi/ㄈㄨˋ ㄗㄨˊ ㄌㄟˋ

gastropods

【动】Gastropoda 软体动物的一纲。头部有眼和触角,腹部有发达的足,扁平肉质。通常有螺旋形的壳。种类繁多,占软体动物的 80%以上,如海螺、蜗牛等。

複變大氣 ㄈㄨˋ ㄅㄧㄢˋ ㄉㄚˋ ㄑㄧˋ/fùbiàn dàqì

polytropic atmosphere

【气】台湾名。即"多元大气"(294 页)。

複合保護與中性導管

ㄈㄨˋ ㄏㄜˊ ㄅㄠˇ ㄏㄨˋ ㄩˇ ㄓㄨㄥ ㄒㄧㄥˋ ㄉㄠˇ ㄍㄨㄢˇ/

fùhé bǎohù yǔ zhōngxìng dǎoguǎn

combined protective and neutral conduct

【电】台湾名。即"保护中性导体"(39 页)。

複合劑 ㄈㄨˋ ㄏㄜˊ ㄐㄧˋ/fùhéjì

compound medicines

【医】台湾名。即"复方药"(367 页)。

複合物 ㄈㄨˋ ㄏㄜˊ ㄨˋ/fùhéwù

complex, complex compound

【化】台湾名。即"络合物"(775 页)。

複虹 ㄈㄨˋ ㄏㄨㄥˊ/fùhóng

supernumerary rainbow

【气】台湾名。即"附属虹"(366 页)。

複理層 ㄈㄨˋ ㄌㄧˇ ㄘㄥˊ/fùlǐcéng

flysch

【地】台湾名。即"复理石"(368 页)。

複式模 ㄈㄨˋ ㄕˋ ㄇㄨˊ/fùshìmú

compound die

【机】台湾名。即"复合模"(368 页)。

複數導納 ㄈㄨˋ ㄕㄨˋ ㄉㄠˇ ㄋㄚˋ/fùshù dǎonà

complex admittance

【物】台湾名。即"复导纳"(367 页)。

複數平面

ㄈㄨˋ ㄕㄨˋ ㄆㄧㄥˊ ㄇㄧㄢˋ/fùshù píngmiàn

complex plane

【数】台湾名。即"复平面"(368 页)。

F

複數阻抗
ㄈㄨˋ ㄕㄨˋ ㄗㄨˇ ㄎㄤˋ/fùshù zǔkàng
complex impedance
【物】台湾名。即“复阻抗”(370 页)。

複製機床
ㄈㄨˋ ㄓˋ ㄐㄧ ㄔㄨㄤˊ/fùzhì jīchuáng
copying machine tool
【机】台湾名。即“仿形机床”(325 页)。

複製性思考
ㄈㄨˋ ㄓˋ ㄒㄧㄥˋ ㄙ ㄎㄠˇ/fùzhìxìng sīkǎo
reproductive thinking
【心】台湾名。即“再造思维”(1407 页)。

複作 ㄈㄨˋ ㄗㄨㄛˋ/fùzuò
multiple cropping
【农】台湾名。即“复种”(370 页)。

蝮蛇/凹紋頭毒蛇
fùshé/ㄠ ㄨㄣˊ ㄊㄡˊ ㄉㄨˊ ㄕㄜˊ
pit viper
【动】*Gloydius brevicaudus* 又称“土公蛇”“草上飞”。爬行动物名。有鳞目蝰蛇科蝮蛇属。体长 60～70 厘米,头部呈三角形,背部灰褐至褐色,两侧各有一行黑褐色圆斑,腹部灰白至褐色,有毒牙。多生活在平原、丘陵地带的荒野、田边和路旁,弯曲成盘状或波状,捕食鼠、蛙、鸟、昆虫等,也伤害人畜。是中国分布最广、数量最多的毒蛇。

覆钵式塔
fùbōshìtǎ/ㄈㄨˋ ㄅㄛ ㄕˋ ㄊㄚˇ
【建】即“喇嘛塔”(707 页)。

覆盆/覆盆 fùpén/ㄈㄨˋ ㄆㄣˊ
fupen
【建】柱础的露明部分。加工为枭线线脚,呈盘状隆起,有如盆的覆置,故名。唐至元多采用这种形式。柱础表面没有装饰的称为“素覆盆”,是较为古朴的一种。

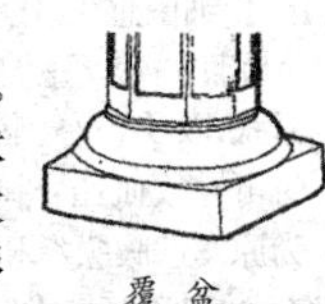
覆 盆

覆盆子/覆盆子 fùpénzǐ/ㄈㄨˋ ㄆㄣˊ ㄗˇ
red raspberry
【植】*Rubus idaeus* 又称“悬钩子”。蔷薇科悬钩子属。落叶灌木。单叶互生,叶片长卵形,浅裂,先端尖,基部近心形,边缘有齿。花生于侧枝端,被毛和刺,花瓣五枚,匙形,基部有爪,白色。聚合果球形,红色或橙黄色,多汁液,味酸甜。花期 5—6 月份,果期 8—9 月份。在中国,分布于吉林、辽宁、河北、山西和新疆。果实可作水果,又可入药。

覆雪 ㄈㄨˋ ㄒㄩㄝˇ/fùxuě
snow cover
【气】台湾名。即“积雪”(564 页)。

G

ga (ㄍㄚ)

伽罗瓦理论/Galois 理論
Gāluówǎ lǐlùn/Galois ㄌㄧˇ ㄌㄨㄣˋ
Galois theory
【数】由法国数学家伽罗瓦(E.Galois，1811—1832)创立的用群论方法研究代数方程的解的理论。伽罗瓦发现了关于方程的解的某种群与数域之间的联系，给出了代数方程可以用有限次四则运算和开方求解(即代数可解)的充分必要条件，由此可以得出代数方程有代数解(或称根式解)的判别方法，使长期困扰人们的代数方程的代数解的存在性问题得到彻底的解决。是代数学中最重要的成果之一。

📖 根据伽罗瓦理论可以证明5次以上的一般n次方程$f(x)=0$没有代数解，并能证明古老的三大作图问题(三等分角、化圆为方、倍立方)不能尺规做出。

伽马射线/伽馬射線
gāmǎ shèxiàn/ㄐㄧㄚ ㄇㄚˇ ㄕㄜˋ ㄒㄧㄢˋ
γ-ray
【化】又作"γ射线"。波长短于0.2纳米的电磁波。由原子核内能级发生跃迁时产生，贯穿力很强，能量很高，能破坏生命物质。医学上用于摧毁病变细胞，工业上用于探测金属零件内部的缺陷。

钆/釓 gá/ㄍㄚˊ
gadolinium
【化】金属元素。属周期表第ⅢB族(镧系)，符号Gd，原子序数64。原子量157.3。自然界存在于独居石等矿物中。可用作核反应堆的中子吸收剂，也用于微波技术等。单质为银白色或浅黄色金属，延展性好，具有超导性，对所有元素的天然同位素放出的热中子吸收截面最高，化学性质比较活泼。

📖 1880年，瑞士的学者马利纳克(C.G.Marignac)从褐钇铌矿中分离出不纯的钆土(主要成分为氧化钆)。1886年，法国的学者布瓦博德朗(P.E.L.de Biosbaudran)又从不纯的钐土中分离出纯氧化钆，并确定其中含有一种新元素。拉丁文定名为gadolinium，源自Gadolin，这是芬兰矿物学家伽多林的姓，用以纪念他对发现稀土元素的贡献。中文定名原为"錷"(1932年)，后改为"钆"(1944年)。

軋别丁 ㄍㄚˊ ㄅㄧㄝˊ ㄉㄧㄥ/gábiédīng
gabardine
【纺】台湾名。即"华达呢"(514页)。

gai (ㄍㄞ)

改航/改航 gǎiháng/ㄍㄞˇ ㄏㄤˊ
diversion
【航】航空器的实际飞行路线(航迹线)改变预定航线的现象。

改質 ㄍㄞˇ ㄓˋ/gǎizhì
modification
【机】台湾名。即"变质处理"(63页)。

改質澱粉
ㄍㄞˇ ㄓˋ ㄉㄧㄢˋ ㄈㄣˇ/gǎizhì diànfěn
modified starch
【化】台湾名。即"变性淀粉"(63页)。

钙/鈣 gài/ㄍㄞˋ
calcium
【化】金属元素。属周期表第ⅡA族，符号Ca，原子序数20。原子量40.08。自然界主要存在于石灰石、白垩、大理石、石膏、磷灰石等中，是生物体的重要组成元素。单质为银白色金属，质软，新切断处呈明亮的结晶面。化学性质活泼。工业上用途广泛。

📖 1807年，英国的戴维(H.Davy)电解碳酸钾、石灰与氧化汞的混合物获得钙汞齐。拉丁文定名为calcium，源自拉丁文calx，意思是"生石灰"。中文定名为"钙"，是形声字。

钙长石/鈣長石
gàichángshí/ㄍㄞˋ ㄔㄤˊ ㄕˊ
anorthite
【化】化学式为$Ca(Al_2Si_2O_8)$，晶体属三斜晶系的架状硅酸盐矿物。是组成斜长石类质同象系列的端员矿物之一。

G

钙华/石灰華 gàihuá/ㄕˊ ㄏㄨㄟ ㄏㄨㄚˊ
travertine
【地】又称“石灰华”。地表水或地下水经蒸发而形成的碳酸钙沉积物。是含碳酸氢钙的水由于物理化学条件变化，使二氧化碳逸出而形成碳酸钙沉淀，常见于泉水附近。矿物成分主要为方解石和文石。形状有树枝状、块状，空心或实心球状，厚板或薄层，具纤维或同心圆状结构。

钙化/鈣化 gàihuà/ㄍㄞˋ ㄏㄨㄚˋ
calcification
【医】细胞或组织内钙盐的沉积现象。分为生理性钙化和病理性钙化。前者如骨骼或牙齿中的钙盐沉积；后者如结核病干酪样坏死病灶中的钙化。

钙塑/鈣塑 gàisù/ㄍㄞˋ ㄙㄨˋ
calp, calcium-plastic materials
【材】俗称“人造木材”。一种复合材料。用聚乙烯或聚氯乙烯和碳酸钙或亚硫酸钙，加入适量发泡剂、交联剂和润滑剂加工制成。主要用作装饰材料，也可代替木材制成包装箱等。

G

钙钛矿/鈣鈦礦
gàitàikuàng/ㄍㄞˋ ㄊㄞˋ ㄎㄨㄤˋ
perovskite
【地】矿物。成分为 $CaTiO_3$。等轴晶系。晶体呈立方体或八面体。褐至灰黑色，条痕白至灰黄色，金刚光泽，不透明，莫氏硬度 5.5～6，密度 3.97～4.04 克/厘米^3。含二氧化钛量为 58.76%，氧化钙量为41.24%，富集时可用于提炼钛、铌和稀土元素。

钙钨矿 gàiwūkuàng/ㄍㄞˋ ㄨ ㄎㄨㄤˋ
【地】即“白钨矿”（22 页）。

盖·吕萨克定律/給·吕薩克體積定律
Gài Lǚsàkè dìnglǜ/
ㄍㄟˇ ㄌㄩˇ ㄙㄚˋ ㄎㄜˋ ㄊㄧˇ ㄐㄧ ㄉㄧㄥˋ ㄌㄩˋ
Gay-Lussac law
【物】关于理想气体在等压变化中体积与温度关系的定律。压强不变时，一定质量理想气体的体积(V)与热力学温度(T)成正比。数学表达式为 $V/T=$恒量。实际气体在压强不太高、温度不太低的情况下近似遵从。因法国物理学家盖·吕萨克(Joseph Louis Gay-Lussac，1778—1850)于 1801 年首先发现，故名。

鈣化三醇
ㄍㄞˋ ㄏㄨㄚˋ ㄙㄢ ㄔㄨㄣˊ/gàihuàsānchún
calcitriol
【医】台湾名。即“骨化三醇”(427 页)。

概率/機率 gàilǜ/ㄐㄧ ㄌㄩˋ
probability
【数】旧称“或然率”。表示随机事件发生的可能性大小的量。事件 A 发生的概率通常记作 $P(A)$，$0\leqslant P(A)\leqslant 1$。例如，掷一枚均匀硬币，$A=$“正面向上”，$P(A)=\frac{1}{2}$。

📖 概率定义经历了古典定义、几何定义、统计定义和公理化定义四个发展阶段。随着定义的演变，研究问题的范围由最初的古典概型逐步扩大到一般随机现象。

概率波/概率波 gàilǜbō/ㄍㄞˋ ㄌㄩˋ ㄅㄛ
probability wave
【物】具有波粒二象性的微观粒子的波动。单个粒子的位置是不确定的，而在某点附近出现的概率大小可由波动的规律确定。大量粒子的概率分布导致确定的宏观结果，如衍射条纹的分布等。

概率分布函数/機率分布函數
gàilǜ fēnbù hánshù/
ㄐㄧ ㄌㄩˋ ㄈㄣ ㄅㄨˋ ㄏㄢˊ ㄕㄨˋ
probability distribution function
【数】简称“分布函数”。设 X 是一个随机变量，则概率 $P(X\leqslant x)$ 是定义在 $(-\infty,+\infty)$ 上的实数 x 的函数，记作 $F(x)=P(X\leqslant x)$，称为随机变量 X 的概率分布函数。

概率分布列/概率分布列
gàilǜ fēnbùliè/ㄍㄞˋ ㄌㄩˋ ㄈㄣ ㄅㄨˋ ㄌㄧㄝˋ
probability distribution series
【数】简称“分布列”。设 X 是一个离散型随机变量，取值为 $x_i(i=1,2,\cdots,n,\cdots)$，概率 $P(X=x_i)=p_i(i=1,2,\cdots,n,\cdots)$，则下表叫作 X 的概率分布列。

X	$x_1\ \ x_2\cdots\ x_n\cdots$
P	$p_1\ \ p_2\cdots\ p_n\cdots$

概率论/機率論 gàilǜlùn/ㄐㄧ ㄌㄩˋ ㄌㄨㄣˋ
probability theory

【数】数学的一个分支。研究随机现象中的数量规律，是数理统计学的理论基础。应用于自然科学、社会科学、工程技术等领域。

📖 概率论起源于对赌博、航海风险、测量误差等问题的研究，在17—19世纪得到很大发展，取得了大数定律和中心极限定理等重要成果。20世纪30年代，苏联数学家柯尔莫哥洛夫（А.Н. Колмогоров，1903—1987）等在测度论和积分理论的基础上，提出了概率的公理化定义，建立了概率论的公理化体系。

概率密度函数/機率密度函數

gàilǜ mìdù hánshù/ㄍㄞˋ ㄌㄩˋ ㄇㄧˋ ㄉㄨˋ ㄏㄢˊ ㄕㄨˋ

probability density function

【数】若 X 为连续型随机变量，则存在一个非负实函数 $p(x)$，使随机变量 X 的分布函数 $F(x)=P(X<x)=\int_{-\infty}^{x} p(t)\mathrm{d}t\,(x\in\mathbf{R})$，称 $p(x)$ 为 X 的概率密度函数。例如，在长度为 l 的线段上随机地选一点，X 的表示所选点到线段左端点的距离，X 的概率密度函数为 $p(x)=\begin{cases}\frac{1}{l}(0\leqslant x\leqslant l)\\0(\text{其他})\end{cases}$。

概率预报/機率預報

gàilǜ yùbào/ㄍㄞˋ ㄌㄩˋ ㄩˋ ㄅㄠˋ

probability forecast

【气】天气预报的一种。对未来某气候或天气要素出现的概率做出的预报。

概念/概念 gàiniàn/ㄍㄞˋ ㄋㄧㄢˋ

concept

【总】反映事物本质属性的思维形式。是将所感觉到的事物的共同特点，从感性认识上升到理性认识，抽出本质属性概括而成。分为内涵(含义)和外延(适用范围)两个部分，二者相互联系、相互制约。表达概念的语言形式是词或短语。概念随着社会历史和人类认识的发展而变化。

概念车/概念車

gàiniànchē/ㄍㄞˋ ㄋㄧㄢˋ ㄔㄜ

concept car

【交】具有丰富的想象力，表现汽车厂商的设计思想和理念，展示最新科技成果和未来发展方向的汽车。

gan（ㄍㄢ）

干沉降/乾沈降

gānchénjiàng/ㄍㄢ ㄔㄣˊ ㄐㄧㄤˋ

dry deposition，dry precipitation

【环】台湾又称“乾沈積”。大气沉降的一种。大气中的颗粒物和微量气体不经降水作用从大气向地表的质量转移的过程。颗粒物主要通过重力作用、碰撞和扩散等物理过程而沉降，如粒径大于10微米的颗粒物在重力作用下沉降；微量气体主要通过下垫面的吸收、吸附和化学反应过程而沉降，如二氧化碳气体能被植物通过光合作用而转化为有机物。

干船坞/乾船塢

gānchuánwù/ㄍㄢ ㄔㄨㄢˊ ㄨˋ

dry dock

【船】构建于岸边水面以下的敞开式船舶修造设施。设有坞门启闭装置、注排水泵房和供电、供氧、供燃气、供压缩空气装置以及起重设备等设备。有开口和水域相通，开口处设坞门。坞门开启，船舶可进出；坞门关闭，用泵抽干坞内水，即可修造船。

干电池/乾電池 gāndiànchí/ㄍㄢ ㄉㄧㄢˋ ㄔˊ

dry cell

【化】一种一次性电池。属于化学电源中的原电池，因其电解质是一种不能流动的糊状物，故名。常用作手电筒、收音机、电子钟及电动玩具等的电源。

干果/乾果 gānguǒ/ㄍㄢ ㄍㄨㄛˇ

dry fruit

【植】有硬壳而水分少的果实。如栗、核桃。

干旱/乾旱 gānhàn/ㄍㄢ ㄏㄢˋ

drought

【气】长期无雨或少雨，使土壤水分不足、空气干燥、作物水分平衡遭到破坏的过程。可分为土壤干旱、大气干旱和作物生理干旱三种类型。是灾害性天气的一种。

干旱气候/乾燥氣候

gānhàn qìhòu/ㄍㄢ ㄗㄠˋ ㄑㄧˋ ㄏㄡˋ

arid climate

【气】降水量很少，不足以供一般植物正常生长的气候。在中国指年降水量小于200毫米的气候。

干旱预警信号/乾旱預警信號
gānhàn yùjǐng xìnhào/
ㄍㄢ ㄏㄢˋ ㄩˋ ㄐㄧㄥˇ ㄒㄧㄣˋ ㄏㄠˋ
drought warning signal
【气】气象灾害预警信号的一种。分为二级，分别以橙色、红色标识。参见“气象灾害预警信号”(895 页)。

干货船/乾貨船
gānhuòchuán/ㄍㄢ ㄏㄨㄛˋ ㄔㄨㄢˊ
dry cargo ship
【船】专门运送干杂货和散货的船舶。可分为杂货船和散货船两类。杂货船又称“普通货船”，主要用来运送包装、桶装(包括桶装液货)和成箱、成捆的杂货物资，货舱容积较大，并有适当的分舱及分层，以利于分隔货物，货舱口备有吊杆或起重机，可自行完成货物装卸作业。有些还有专用舱室，装运冷藏货、油料和特殊货物。散货船用来装运散粮、煤炭、矿砂、散装水泥等散装货物，多为单甲板、艉机型。设有较大的货舱口，以便装卸机械伸入舱内作业。

干姜/乾薑 gānjiāng/ㄍㄢ ㄐㄧㄤ
Rhizoma Zingiberis（拉），zingiber，* dried ginger
【中医】中药名。姜科植物姜 *Zingiber officinale* Rosc. 的干燥根茎。味辛，性热。归脾、胃、肾、心、肺经。能温中散寒，回阳通脉，燥湿化痰。用于脘腹冷痛，呕吐泄泻，肢冷脉微，痰饮喘咳。

📖 干姜与生姜同源，秋冬季节采集生姜，进行干燥则成干姜。干姜常与附子配伍，可以增强附子的温阳作用，有“附子无姜不热”的说法。

干胶/乾凝膠 gānjiāo/ㄍㄢ ㄐㄧㄠ
xerogel
【化】见“凝胶”(840 页)。

干阑式木构架/干闌式木構架
gānlánshì mùgòujià/
ㄍㄢ ㄌㄢˊ ㄕˋ ㄇㄨˋ ㄍㄡˋ ㄐㄧㄚˋ
pile supported construction
【建】木构架的一种。由上古巢居演变而成，下部架空。结构特点是：先架空立柱设梁铺板，建造一个坚固的底层高台，在这个平台上建房。上层住人，下层多储藏柴草，或做猪圈、牛栏。广泛分布于西南少数民族地区，特别是云南西双版纳傣族民居最为典型。干阑式木结构与阁楼建筑形式有渊源关系。

干阑式木构架

干酪素 gānlàosù/ㄍㄢ ㄌㄠˋ ㄙㄨˋ
【生】即“酪蛋白”(713 页)。

干馏/乾餾 gānliú/ㄍㄢ ㄌㄧㄡˊ
dry distillation
【化】将固体物质煤、油页岩或木材等在隔绝空气条件下加热分解，以获得气体(煤气)、液体(焦油)和固体(焦炭)产物的过程。

干扰/干擾 gānrǎo/ㄍㄢ ㄖㄠˇ
㊀㊁interference，㊂disturbance
㊀【信息】噪声或人为骚扰信号对有用信号的收发造成的负面效果。㊁【机】在台湾，干扰也指“过盈”(457 页)。㊂【自】在台湾，干扰也指“扰动”(937 页)。

干扰弹/干擾彈
gānrǎodàn/ㄍㄢ ㄖㄠˇ ㄉㄢˋ
jamming projectile
【军】又称“红外干扰弹”。能释放干扰物形成干扰源的特种炮弹。利用某些干扰物反射、吸收或产生电磁波的特性，对雷达、无线电通信设备、制导武器制导系统等电子设备实施干扰，使之失效。可用火炮、火箭炮发射，也可用飞机、舰艇、战斗车辆上的专用发射装置发射。由引信、弹体、干扰物或小型干扰机、开舱机构和抛射机构等组成。干扰物包括箔条、悬浮微粒、产生红外辐射的物质等。开舱机构和抛射机构主要由火工品(雷管、延期管、抛射药盒或药包等)及其相应的机构组成。

干扰素/干擾素 gānrǎosù/ㄍㄢ ㄖㄠˇ ㄙㄨˋ
interferon，IFN
【医】一类多功能活性蛋白质，主要是糖蛋白。

具有抑制细胞分裂、调节免疫、抗病毒、抗肿瘤等作用。按其产生的来源和结构不同,可分为 α、β、γ、ω 等类型,分别主要由淋巴细胞、成纤维细胞、单核巨噬细胞和活化 T 细胞产生。

干擾補償

ㄍㄢ ㄖㄠˇ ㄅㄨˇ ㄔㄤˊ/gānrǎo bǔcháng

disturbance compensation

【自】台湾名。即"扰动补偿"(937 页)。

干热风/乾熱風 gānrèfēng/ㄍㄢ ㄖㄜˋ ㄈㄥ

dry hot wind

【气】高温低湿的风。往往影响作物生长发育,造成减产。是灾害性天气的一种。

干涉/干涉 gānshè/ㄍㄢ ㄕㄜˋ

interference

【物】波动性的特征之一。满足相干条件的两束(或多束)波,在交叠区的不同地点产生加强或减弱的现象。水波干涉时出现高低相间的干涉图样,单色光干涉时出现明暗相间的条纹,复色光干涉时则出现彩色条纹。

干涉仪/干涉儀 gānshèyí/ㄍㄢ ㄕㄜˋ ㄧˊ

interferometer

【机】利用干涉原理测量光程差,从而测定有关物理量的光学仪器。将来自一个光源的两个光束完全分开,各自经过不同的光程,然后再经过合并,可显出干涉条纹。常用的有迈克尔逊干涉仪、法布里—珀罗干涉仪。

干湿表/乾濕計 gānshī biǎo/ㄍㄢ ㄕ ㄐㄧˋ

psychrometer

【气】全称"干湿球温度表"。用于测定气温与空气湿度的一组温度表。由两支型号相同的温度表构成,其中一支表的感应球裸露,称干球温度表,测量到的温度值为气温;另一支表的感应球包裹浸透纯水(或已结冰)的纱布,称湿球温度表,因包裹纱布上水分蒸发耗热,测量到的温度值低于气温。根据两者的差值,用气象专用查算表可查出空气的湿度。

干湿球温度表

gānshīqiú wēndùbiǎo/

ㄍㄢ ㄕ ㄑㄧㄡˊ ㄨㄣ ㄉㄨˋ ㄅㄧㄠˇ

【气】"干湿表"的全称。

干舷/乾舷 gānxián/ㄍㄢ ㄒㄧㄢˊ

freeboard

【船】船舶浮于静止水面时,自水面至露天甲板上表面舷边处的垂直距离。民用船舶须按有关规范要求勘定干舷,并用载重线标志标明最小干舷。装载过重或船体损伤进水而使干舷不足,是引发海难事故的重要原因之一。

干性皮肤/乾性皮膚

gānxìng pífū/ㄍㄢ ㄒㄧㄥˋ ㄆㄧˊ ㄈㄨ

dry skin

【医】角质层含水量低于 10%,皮脂腺分泌量少的皮肤。其表面缺少油脂,干燥,缺乏光泽,弹性较差,毛孔不明显。

干性油/乾性油

gānxìngyóu/ㄍㄢ ㄒㄧㄥˋ ㄧㄡˊ

drying oil

【化】具有高不饱和度和共轭结构脂肪酸的三酰甘油。在空气中能较快交联,如桐油、亚麻油等。

干燥机/乾燥機 gānzàojī/ㄍㄢ ㄗㄠˋ ㄐㄧ

dryer

【机】利用热能降低物料水分的机械设备。通过加热使物料中的湿分(通常指水分或其他可挥发性液体成分)气化逸出而干燥,以获得规定湿含量的固体物料。

干枝梅 gānzhīméi/ㄍㄢ ㄓ ㄇㄟˊ

【植】即"梅"(789 页)。

甘/甘 gān/ㄍㄢ

sweet

【中医】中药五味之一。能补,能缓,能和。大部分甘味药口尝有甘味。例如,人参、黄芪、熟地、沙参能补益,蜂蜜、饴糖能缓急,甘草、大枣能调和药性,均为甘味药。

甘氨酸/甘胺酸

gān'ānsuān/ㄍㄢ ㄢ ㄙㄨㄢ

glycine, Gly

【生】学名"氨基乙酸"。20 种蛋白质氨基酸之一。为非必需氨基酸。白色晶体或粉末,有甜味,无旋光。在体内能转变成多种重要生理活性物质,如嘌呤碱、肌酸、卟啉、结合胆汁酸,也可在体内通过氨基化或转氨基变为其他非必需氨基酸。具有缓冲、制酸作用。

甘胺酸 ㄍㄢ ㄢ ㄙㄨㄢ/gān'àn suān

glycine, Gly

【生】台湾名。即"甘氨酸"(379 页)。

G

甘草/甘草 gāncǎo/ㄍㄢ ㄘㄠˇ

㊀ ural licorice, ㊁ Radix et Rhizoma Glycyrrhizae(拉), liquorice root

㊀【植】*Glycyrrhiza uralensis* 豆科甘草属。多年生草本植物。根和根状茎粗壮,外皮褐色,切面淡黄色,气微,味甜。奇数羽状复叶,小叶椭圆状卵形,被腺点和毛。总状花序腋生,花冠蝶形,紫、白和黄色。长圆形荚果,有时呈镰刀状或环状弯曲。花期 6—8 月份,果期 7—10 月份。在中国,分布于东北、华北和西北,以及山东。根和根状茎可入药。㊁【中医】中药名。豆科植物甘草 *Glycyrrhiza uralensis* Fisch.、胀果甘草 *Glycyrrhiza inflata* Bat. 或光果甘草 *Glycyrrhiza glabra* L. 的干燥根及根茎。味甘,性平。归心、肺、脾、胃经。补脾益气,清热解毒,祛痰止咳,缓急止痛,调和诸药。用于脾胃虚弱,倦怠乏力,心悸气短,咳嗽痰多,脘腹、四肢挛急疼痛,痈肿疮毒,缓解药物毒性、烈性。

📖 甘草能调和诸药,善解百药之毒,在处方中仿佛有定国安邦之功,故有"国老"的美称。经蜜炙法炮制后称为"炙甘草",偏重于补脾和胃,益气复脉。用于脾胃虚弱,倦怠乏力,心动悸,脉结代。不宜与京大戟、芫花、甘遂同用。

甘 草　　光果甘草

甘蓝/甘藍 gānlán/ㄍㄢ ㄌㄢˊ

cabbage

【植】*Brassica oleracea* var. *capitata* 又称"圆白菜""卷心菜""包菜"。十字花科芸薹属。二年生草本植物。全株被粉霜。茎矮粗,肉质。基生叶大,肉质而厚,层层包裹成球体,淡绿色;茎下部叶长倒卵形或圆形,先端圆形,边缘波状;茎上部叶卵形,抱茎。总状花序,十字花冠,淡黄色。花果期 4—5 月份。在中国,分布于各地。球形茎叶可作蔬菜,也作饲料。

📖 甘蓝的类型很多,按食用部位不同,可分为:叶型的,如羽衣甘蓝和普通甘蓝;花型的,如花茎甘蓝和花椰菜;茎型的,如球茎甘蓝。其中普通甘蓝是温带大多数国家的主要蔬菜之一,而羽衣甘蓝则是观叶植物的佳品。

甘露醇/甘露醇

gānlùchún/ㄍㄢ ㄌㄨˋ ㄔㄨㄣˊ

mannite

【化】台湾又称"甘露糖醇"。天然有机物。白色针状结晶或粉末,可从海带、海藻中提取,或用微生物发酵法制取。是良好的利尿药,也是食糖的代用品,或用作药物辅料及食品添加剂。

甘温除热/甘溫除熱

gānwēn chúrè/ㄍㄢ ㄨㄣ ㄔㄨˊ ㄖㄜˋ

relieving fever with sweet and warm-natured drugs, * eliminate heat with warmth and sweetness

【中医】补法的一种。用味甘性温、具有健脾益气养血作用的方药,治疗气虚发热或血虚发热。

甘油/甘油 gānyóu/ㄍㄢ ㄧㄡˊ

glycerol, glycerin, propanetriol

【化】学名"丙三醇"。有机化合物。化学式 $C_3H_8O_3$。无色透明黏稠液体,易吸潮。制皂工业的副产品,是重要的化工原料和化学品。

甘油三酯

gānyóu sānzhǐ/ㄍㄢ ㄧㄡˊ ㄙㄢ ㄓˇ

【医】即"三酰甘油"(970 页)。

甘蔗/甘蔗 gānzhe/ㄍㄢ ㄓㄜˋ

sugarcane

【植】*Saccharum officinarum* 禾本科甘蔗属。多年生高大草本植物。秆直立,有节,下部节间短而粗壮,被白粉。叶鞘长于节间,叶片长,边缘有齿,中脉粗壮。大型总状花序。在中国,分布于台湾、福建、广西、广东、海南、四川、云南。茎秆可食用,也可制糖。

甘紫菜/紫菜 gānzǐcài/ㄗˇ ㄘㄞˋ

laver

【植】*Porphyra tenera* 藻类。红藻门红毛菜科紫菜属。藻体形态变化较大,呈卵形、竹叶形或不规则的圆形,很薄,紫红色,基部楔形或心脏形。精子囊区从叶缘向内长出。在中国，分布于各沿海海域。生长在潮间带岩石上。可食用。

肝/肝 gān/ㄍㄢ

liver

㊀【医】人体内最大的实质性脏器和消化腺。位于腹腔的右上部，分为两叶。主要功能是分泌胆汁，分解糖和储存糖原，调节新陈代谢等，还有解毒和凝血的作用。㊁【中医】五脏之一。位于腹部，膈之下，右胁之内。与西医肝脏不完全一致。中医认为其主要生理功能是主藏血(贮藏和调节血液)，主疏泄(疏通气机和畅达气血运行)，并与筋、目密切相关。

肝癌/肝癌 gān'ái/ㄍㄢ ㄧㄞˊ(又读 ㄞˊ)

liver cancer

【医】发生于肝脏的恶性肿瘤。初期症状不明显，晚期主要表现为肝痛、乏力、消瘦、黄疸、腹水等。恶性程度高，病情发展快，病程短促，治疗效果差。可分为原发性肝癌和继发性肝癌两种。

肝胆湿热证/肝膽濕熱證

gāndǎn shīrèzhèng/ㄍㄢ ㄉㄢˇ ㄕ ㄖㄜˋ ㄓㄥˋ

syndrome of dampness-heat of liver and gallbladder, * pattern of liver-gallbladder damp-heat, * syndrome of liver-gallbladder damp-heat

【中医】中医证候之一。湿热内蕴，肝胆疏泄失常所致，以身目发黄，发热，口苦，胁肋胀痛，或胁下有痞块，纳呆厌油，恶心呕吐，尿黄，舌红苔黄腻，脉滑数(shuò)等为常见症。

肝风内动证/肝風内動證

gānfēng nèidòngzhèng/

ㄍㄢ ㄈㄥ ㄋㄟˋ ㄉㄨㄥˋ ㄓㄥˋ

syndrome of liver wind stirring up internally, * pattern of liver wind stirring internally, * syndrome of liver wind stirring internally

【中医】中医证候之一。因风阳、邪热、阴血亏虚等而肝阳升动无制所致，以抽搐、眩晕、震颤、痉挛为常见症。

肝功能/肝功能

gāngōngnéng/ㄍㄢ ㄍㄨㄥ ㄋㄥˊ

liver function

【医】广义上指肝脏的生理功能。包括代谢、分泌、合成、解毒和免疫功能等。能将肠道摄入吸收的蛋白质、脂肪、糖类、维生素和矿物质等分解，再根据身体需要合成新的蛋白质、脂肪、糖类等，同时合成并分泌胆汁帮助食物在肠道的消化吸收；体内吸收的有毒物质大部分也在肝脏被清除；有储血和调节循环血量及免疫防御功能，新生儿时期还有造血功能。狭义上指肝脏生化功能指标。包括胆红素、白蛋白、球蛋白、转氨酶等。

肝合胆/肝合膽

gān hé dǎn/ㄍㄢ ㄏㄜˊ ㄉㄢˇ

liver being connected with gallbladder, * liver is connected with the gallbladder

【中医】脏腑相合之一。肝与胆相表里，胆附于肝，足厥阴肝经与足少阳胆经相互络属，构成肝与胆的阴阳表里相合关系。二者生理上相互配合，肝之余气泄于胆，聚而成精，即胆汁，储存于胆中，其分泌与排泄也依赖肝的疏泄作用调节。在病理上二者互相影响。

肝火上炎证/肝火上炎證

gānhuǒ shàngyánzhèng/

ㄍㄢ ㄏㄨㄛˇ ㄕㄤˋ ㄧㄢˊ ㄓㄥˋ

syndrome of liver fire flaring up, * pattern of liver fire flaming upward, * syndrome of liver fire flaming upward

【中医】中医证候之一。肝火炽盛而上炎所致，以发热口渴，烦躁失眠，头痛，或目赤肿痛，或耳暴鸣暴聋，或吐血、衄血，面赤，舌红苔黄，脉弦数(shuò)为常见症。

肝经湿热证/肝經濕熱證

gānjīng shīrèzhèng/ㄍㄢ ㄐㄧㄥ ㄕ ㄖㄜˋ ㄓㄥˋ

syndrome of dampness-heat of liver channel, * pattern of liver channel damp-heat, * syndrome of liver channel damp-heat

【中医】中医证候之一。湿热蕴聚肝经所致，以胁肋胀痛，阴部潮湿、瘙痒，阴器肿胀疼痛，或耳胀痛流脓水，舌红苔黄腻，脉滑数(shuò)为常见症。

肝门/肝門 gānmén/ㄍㄢ ㄇㄣˊ

porta hepatis

G

【医】肝的血管、神经和淋巴管等出入的地方。位于肝脏底部中心位置，由肝左、右肝管，肝固有动脉左、右支，肝门静脉左、右支和肝的神经、淋巴管等组成。

肝气虚证/肝氣虛證
gānqìxūzhèng/ㄍㄢ ㄑㄧˋ ㄒㄩ ㄓㄥˋ
syndrome of deficiency of liver qi, * liver qi vacuity pattern, * liver qi deficiency syndrome
【中医】中医证候之一。气虚肝失疏泄所致，以两胁胀闷，情绪低沉，疲乏气短，头晕眼花，舌淡，脉弱等为常见症。

肝气郁结证/肝氣鬱結證
gānqì yùjiézhèng/ㄍㄢ ㄑㄧˋ ㄩˋ ㄐㄧㄝˊ ㄓㄥˋ
syndrome of stagnation of liver qi, * pattern of binding depression of liver qi, * syndrome of binding depression of liver qi
【中医】中医证候之一。肝失疏泄，气机郁滞所致，以情志抑郁，喜叹息，胸胁或少腹胀闷窜痛，妇女乳房胀痛，月经不调，苔白脉弦等为常见症。

肝素/肝素 gānsù/ㄍㄢ ㄙㄨˋ
heparin
【医】一种杂多糖类聚合物。因最初从肝脏中发现，故名。也存在于肺、血管壁、肠黏膜等组织中，是天然抗凝血物质。主要用于血栓性疾病的治疗与预防。

肝醣 ㄍㄢ ㄊㄤˊ/gāntáng
glycogen
【生】台湾名。即"糖原"(1112 页)。

肝胃不和证/肝胃不和證
gānwèi bùhézhèng/ㄍㄢ ㄨㄟˋ ㄅㄨˋ ㄏㄜˊ ㄓㄥˋ
syndrome of incoordination between liver and stomach, * pattern of liver-stomach disharmony, * syndrome of liver-stomach disharmony
【中医】中医证候之一。肝气郁结，横逆犯胃，胃失和降所致，以胃脘、胁肋胀满疼痛，嗳气，呃逆，吞酸，精神抑郁，纳呆，苔薄黄，脉弦等为常见症。

肝细胞/肝細胞 gānxìbāo/ㄍㄢ ㄒㄧˋ ㄅㄠ
hepatocyte
【生】肝内数量最多的细胞。极小，内含许多细微结构，如肝细胞核、肝细胞质、线粒体、内质网、溶酶体、高尔基体、微粒体及饮液泡等。每种细微结构都有相应的功能，如合成、降解、转化和贮存多种物质，分泌胆汁等。

肝血虚证/肝血虛證
gānxuèxūzhèng/ㄍㄢ ㄒㄧㄝˇ ㄒㄩ ㄓㄥˋ
syndrome of deficiency of liver blood, * liver blood vacuity pattern, * liver blood deficiency syndrome
【中医】中医证候之一。血液亏虚，肝失濡养所致，以头晕眼花，视力减退，或夜盲，或肢体麻木，妇女月经量少、色淡，甚至闭经，面色、睑色无华，爪甲不荣，舌淡，脉细等为常见症。

肝炎/肝炎 gānyán/ㄍㄢ ㄧㄢˊ
hepatitis
【医】肝部发生的炎症。由多种致病因素(如病毒、细菌、寄生虫、毒物、酒精、自身免疫等)引起，肝细胞和功能受到破坏和损害，引起身体一系列不适症状，肝功能指标异常。按病因不同，可分为病毒性肝炎、药物性肝炎、酒精性肝炎和中毒性肝炎；按病程及临床表现不同，可分为慢性肝炎和急性肝炎。

肝阳上亢证/肝陽上亢證
gānyáng shàngkàngzhèng/
ㄍㄢ ㄧㄤˊ ㄕㄤˋ ㄎㄤˋ ㄓㄥˋ
syndrome of upper hyperactivity of liver yang, * pattern of ascendant hyperactivity of liver yang, * syndrome of ascendant hyperactivity of liver yang
【中医】中医证候之一。肝阳亢扰于上所致，以眩晕耳鸣，头目胀痛，头重脚轻，面红目赤，急躁易怒，失眠多梦，腰膝酸软，口苦，舌红脉弦为常见症。

肝阳虚证/肝陽虛證
gānyángxūzhèng/ㄍㄢ ㄧㄤˊ ㄒㄩ ㄓㄥˋ
syndrome of deficiency of liver yang, * liver yang vacuity pattern, * liver yang deficiency syndrome
【中医】中医证候之一。阳气虚弱，肝失条达所致，以两胁胀闷，畏冷肢凉，头晕眼花，抑郁善恐，舌苔白润，脉沉迟无力等为常见症。

肝阴虚证/肝陰虛證 gānyīnxūzhèng/ㄍㄢ ㄧㄣ ㄒㄩ ㄓㄥˋ
syndrome of deficiency of liver yin, * liver yin vacuity pattern, * liver yin deficiency syndrome
【中医】中医证候之一。阴液亏虚,肝失濡润所致,以头晕眼花,两目干涩,视力减退,颧红,或胁肋灼痛,五心烦热,舌红少苔,脉弦细数(shuò)等为常见症。

肝硬化/肝硬化 gānyìnghuà/ㄍㄢ ㄧㄥˋ ㄏㄨㄚˋ
cirrhosis of liver, liver cirrhosis
【医】由不同病因引起的慢性、进行性、弥漫性肝病。在肝细胞广泛变性和坏死基础上产生肝脏纤维组织弥漫性增生,并形成再生结节和假小叶,肝脏逐渐变形、变硬。随着病变进展,主要表现为肝功能损害和门脉高压,晚期常出现上消化道出血、肝性脑病、脾功能亢进、腹水等并发症。

肝掌/肝掌 gānzhǎng/ㄍㄢ ㄓㄤˇ
㊀liver palm,㊁cinnabar palm, * cinnabar hand
㊀【医】手掌的鱼际、小鱼际处皮肤发红,加压后褪色的现象。多见于慢性肝病患者。㊁【中医】即"朱砂掌"(1474 页)。因患肝病后易出现这种手掌,故名。

肝著/肝著 gānzhuó/ㄍㄢ ㄓㄨㄛˊ
stagnancy of liver-qi and blood, liver fixity
【中医】中医内科疾病之一。因肝脏气血郁滞,着而不行所致,症见胸胁痞闷不舒,右胁痛,捶击稍舒,右胁下肿块,喜热饮等。治宜行血散郁,通阳活血,方用旋覆花汤加味。

坩埚炉/坩堝爐 gānguōlú/ㄍㄢ ㄍㄨㄛ ㄌㄨˊ
crucible furnace
【机】在坩埚内熔化金属的炉子。主要由坩埚和带有炉栅的炉膛、灰坑及烟囱组成。是应用最早的熔炉。产量低,耗热量大,用料要求严格,成本高。

苷 gān/ㄍㄢ
【生】"糖苷"的简称。

柑果/柑果 gānguǒ/ㄍㄢ ㄍㄨㄛˇ
hesperidium
【植】柑橘类植物特有的果实。外果皮厚革质,含挥发油;中果皮疏松,白色海绵状;内果皮膜质,分成若干室,内生肉质多汁的囊胞。

柑橘/柑橘 gānjú/ㄍㄢ ㄐㄩˊ
citrus
【植】*Citrus reticulata* 通称"橘子"。芸香科柑橘属。常绿小乔木。分枝多。单身复叶,翼叶狭小,叶片披针形至阔卵形,先端凹,边缘有齿。花很小,白色。果实形状多样,近球形,有香气,果皮淡黄、朱红或深红色,易剥离,内有白色的网状橘络,中心柱大而空,瓤囊7～14瓣,囊壁薄,汁胞纺锤形,味酸、甜或苦。花期 4—5 月份,果期 10—12 月份。在中国,分布于秦岭以南各地。果实可作水果。

疳病/疳病 gānbìng/ㄍㄢ ㄅㄧㄥˋ
infantile malnutrition, * gan disease
【中医】中医儿科疾病之一。因喂养不当,或多种疾病继发所致,症见形体虚弱羸瘦,面黄发枯,精神萎靡或烦躁,饮食异常,大便不调等。治疗总以顾护脾胃为本。

乾沈積 ㄍㄢ ㄔㄣˊ ㄐㄧ/gānchénjī
dry deposition, dry precipitation
【环】台湾名。即"干沉降"(377 页)。

乾凝膠 ㄍㄢ ㄋㄧㄥˊ ㄐㄧㄠ/gānníngjiāo
xerogel
【化】台湾名。即"干胶"(378 页)。

乾濕計 ㄍㄢ ㄕ ㄐㄧˋ/gānshījì
psychrometer
【气】台湾名。即"干湿表"(379 页)。

杆菌/桿菌 gǎnjūn/ㄍㄢˇ ㄐㄩㄣ
rod
【生】杆状或类似杆状的细菌。广泛分布于自然界。腐生或寄生。如大肠杆菌、枯草杆菌等。

桿菌性痢疾
ㄍㄢˇ ㄐㄩㄣ ㄒㄧㄥˋ ㄌㄧˋ ㄐㄧˊ/gǎnjūnxìng lìji
bacillary dysentery
【医】台湾名。即"细菌性痢疾"(1233 页)。

感測器 ㄍㄢˇ ㄘㄜˋ ㄑㄧˋ/gǎncèqì
sensor, transducer
【自】台湾名。即"传感器"(145 页)。

感觉/感覺 gǎnjué/ㄍㄢˇ ㄐㄩㄝˊ

sensation

【心】人脑对当前直接作用于感觉器官的客观事物的个别属性的反映。如视觉由光线引起,听觉由声音引起,感觉和知觉通常同时发生,故合称为感知觉。人是以知觉形式来反映客观世界的,单纯的感觉通常只有新生婴儿或实验室实验才发生。感觉是认识客观事物的开端,一切较高级和较复杂的心理活动都在感觉基础上产生和进行。

感觉记忆 gǎnjué jìyì/ㄍㄢˇ ㄐㄩㄝˊ ㄐㄧˋ ㄧˋ

【心】即"瞬时记忆"(1075 页)。

感觉神经末梢/感覺神經末梢

gǎnjué shénjīng mòshāo/

ㄍㄢˇ ㄐㄩㄝˊ ㄕㄣˊ ㄐㄧㄥ ㄇㄛˋ ㄕㄠ

sensory nerve ending

【医】感觉神经元周围突的终末部分。可分为游离神经末梢和有被囊神经末梢。游离神经末梢主要感受冷、热、轻触和痛的刺激;有被囊神经末梢主要感受触觉、压觉、振动觉以及肌纤维的伸缩变化。

感觉神经元/感覺神經元

gǎnjué shénjīngyuán/

ㄍㄢˇ ㄐㄩㄝˊ ㄕㄣˊ ㄐㄧㄥ ㄩㄢˊ

sensory neuron

【医】又称"传入神经元"。接受体内外的化学性或物理性刺激,并将信息传向中枢的神经元。

感觉温度/感覺溫度

gǎnjué wēndù/ㄍㄢˇ ㄐㄩㄝˊ ㄨㄣ ㄉㄨˋ

【气】即"体感温度"(1119 页)。

感抗/有感電抗

gǎnkàng/ㄧㄡˇ ㄍㄢˇ ㄉㄧㄢˋ ㄎㄤˋ

inductive reactance

【物】描述由于电感而对交变电流起阻碍作用的物理量。用 X_L 表示。单位欧[姆]。数值上等于电感 L 与交流频率 f 乘积的 2π 倍,即 $X_L=2\pi fL=\omega L$,式中 ω 为角频率。频率越高、电感越大,感抗越大。纯电感电路的 X_L 等于电压有效值 U 与电流有效值 I 的比值,即 $X_L=U/I$。

感冒/感冒 gǎnmào/ㄍㄢˇ ㄇㄠˋ

common cold

㊀【医】"普通感冒"和"流行性感冒"的统称。㊁【中医】中医外感热病之一。感受外邪所致,症见发热恶寒,头身疼痛,鼻塞流涕,喉痒咳嗽等。治宜辛散。风寒感冒者,宜辛温解表,如荆防败毒散等;风热感冒者,宜辛凉解表,如银翘散等;体虚感冒者,宜兼扶正,如参苏饮等。感冒为流行性者,称时行感冒,病情较一般感冒重。

感情移入 gǎnqíng yírù/ㄍㄢˇ ㄑㄧㄥˊ ㄧˊ ㄖㄨˋ

【心】即"移情"(1334 页)。

感染/感染 gǎnrǎn/ㄍㄢˇ ㄖㄢˇ

infection

【医】细菌、病毒、真菌、寄生虫等病原体侵入机体,引起局部组织或全身炎症反应的过程。按病情进展不同,可分为急性感染和慢性感染;按致病菌不同,可分为化脓性感染、特异性感染。特异性感染由特异性细菌,如结核杆菌、破伤风杆菌等引起。

感染率/感染率 gǎnrǎnlǜ/ㄍㄢˇ ㄖㄢˇ ㄌㄩˋ

prevalence of infection

【医】一定时期内,某病现有感染人数在接受检查的人群样本中所占的比例。常用百分率(%)表示。

感染性腹泻/感染性腹瀉

gǎnrǎnxìng fùxiè/ㄍㄢˇ ㄖㄢˇ ㄒㄧㄥˋ ㄈㄨˋ ㄒㄧㄝˋ

infectious diarrhea

【医】由病原生物引起的,以腹泻为主要临床特征的肠道感染病。

感生电动势/感應電動勢

gǎnshēng diàndòngshì/

ㄍㄢˇ ㄧㄥˋ ㄉㄧㄢˋ ㄉㄨㄥˋ ㄕˋ

induced electromotive force

【物】处于变化磁场中的导体上产生的电动势。由变化磁场激发出的涡旋电场引起。

感应电动机

gǎnyìng diàndòngjī/ㄍㄢˇ ㄧㄥˋ ㄉㄧㄢˋ ㄉㄨㄥˋ ㄐㄧ

【电】即"异步电动机"(1338 页)。

感应电动势/感應電動勢

gǎnyìng diàndòngshì/

ㄍㄢˇ ㄧㄥˋ ㄉㄧㄢˋ ㄉㄨㄥˋ ㄕˋ

❶induction electromotive force, ❷induced electromotive force

【物】❶因穿过导体回路的磁通量发生变化而在导体内产生的电动势。可分为动生电动势和感生电动势。❷在台湾,感应电动势也指"感生电动势"(384 页)。

G

感应电机/感應電機
gǎnyìng diànjī/ㄍㄢˇ ㄧㄥˋ ㄉㄧㄢˋ ㄐㄧ
induction machine
【电】异步电机的一种。仅一套绕组连接电源。

感应电炉/電感應電爐
gǎnyìng diànlú/ㄉㄧㄢˋ ㄍㄢˇ ㄧㄥˋ ㄉㄧㄢˋ ㄌㄨˊ
electric induction furnace
【机】利用感应电流发热来熔化金属或保温的炉子。用于熔炼特殊钢、合金和有色金属。加热效率高,速度快。

感应发电机
gǎnyìng fādiànjī/ㄍㄢˇ ㄧㄥˋ ㄈㄚ ㄉㄧㄢˋ ㄐㄧ
【电】即“异步发电机”(1338 页)。

感应加热/感應加熱
gǎnyìng jiārè/ㄍㄢˇ ㄧㄥˋ ㄐㄧㄚ ㄖㄜˋ
induction heating
【电】利用电磁感应原理在物料中由感应电流产生的热能对物料进行的电加热。

感应起电/感應起電
gǎnyìng qǐdiàn/ㄍㄢˇ ㄧㄥˋ ㄑㄧˇ ㄉㄧㄢˋ
electrification by induction
【物】利用静电感应使物体带电的方法。发生静电感应时,导体两端出现电荷量相等的感生电荷。如果是由两部分组合而成的导体,移动分开时就分别带上等量的异种电荷。

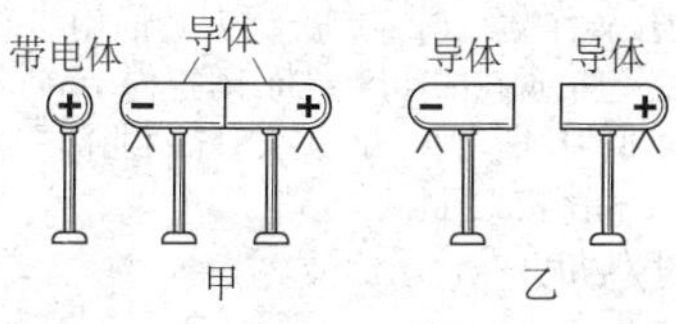

感应起电

感应圈/感應線圈
gǎnyìngquān/ㄍㄢˇ ㄧㄥˋ ㄒㄧㄢˋ ㄑㄩㄢ
induction coil
【物】一种应用电磁感应原理获得高电压的实验室电源设备。由直流电源、开关 S、带铁芯的线圈 P、电磁式自动断续器 Z、电容器 C 等组成。输入电压为直流 0～12 伏,电流为 1.5～2.2 安。输出脉动直流电。

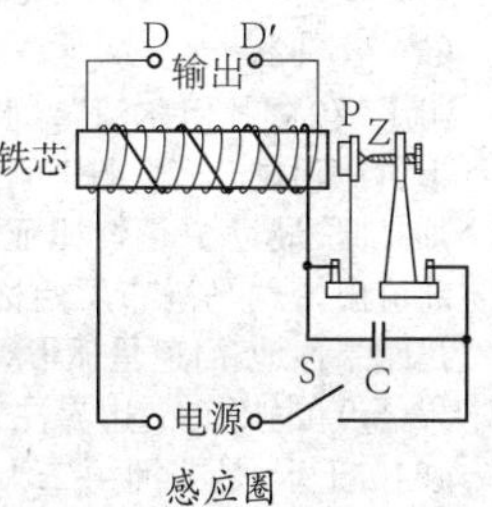

感应圈

感應線圈
ㄍㄢˇ ㄧㄥˋ ㄒㄧㄢˋ ㄑㄩㄢ/gǎnyìng xiànquān
induction coil
【物】台湾名。即“感应圈”(385 页)。

橄榄/橄欖 gǎnlǎn/ㄍㄢˇ ㄌㄢˇ
olive
【植】*Canarium album* 橄榄科橄榄属。常绿乔木。羽状复叶,小叶纸质至革质,披针形,全缘,中脉发达。花序腋生,雌雄异株,花白色,有香气。核果卵圆形或纺锤形,两端锐尖,成熟时黄绿色,外果皮厚,干时有皱纹,味酸甜涩。花期 4—5 月份,果期 10—12 月份。在中国,分布于福建、台湾、广东、广西和云南。行道树。果实可作水果。

橄 榄

橄榄石/橄欖石 gǎnlǎnshí/ㄍㄢˇ ㄌㄢˇ ㄕˊ
olivine
【地】橄榄石族矿物的总称。成分为 $(Mg,Fe)_2SiO_4$。斜方晶系。晶体呈厚板状,集合体常呈粒状。橄榄绿至黄绿色,玻璃光泽,莫氏硬度 6.5～7,密度 3.2～3.5 克/厘米^3。易蚀变为蛇纹石,也是许多陨石的主要组分。含铁低的可用作耐火材料。颜色美丽的可做宝石。

橄榄岩/橄欖岩 gǎnlǎnyán/ㄍㄢˇ ㄌㄢˇ ㄧㄢˊ
peridotite
【地】超基性深成岩。铁镁矿物(橄榄石、辉石)含量达 90%以上。深绿或绿黑色,粗粒,密度较大。相关的矿产有铂、铬、镍、钴、石棉、滑石、菱镁矿等。

橄榄油/橄欖油 gǎnlǎnyóu/ㄍㄢˇ ㄌㄢˇ ㄧㄡˊ
olive oil
【农】用油橄榄鲜果经物理冷压榨工艺提取的食用油。呈浅绿色。

干堤/幹堤 gàndī/ㄍㄢˋ ㄉㄧ
stem dike
【水利】在大江大河的干流两岸修建的堤。

干流/主流 gànliú/ㄓㄨˇ ㄌㄧㄡˊ

main stream, stem stream
【地】同一水系中汇集所有流域径流,直接流入海洋或内陆湖泊的主干河流。

干渠/幹渠 gànqú/ㄍㄢˋ ㄑㄩˊ
main canal
【水利】从灌溉水源引水或从总干渠分水到支渠的渠道。

干细胞/幹細胞 gànxìbāo/ㄍㄢˋ ㄒㄧˋ ㄅㄠ
stem cell
【生】分化程度相对较低,具有不断自我更新和分化潜能的细胞。通常分为胚胎干细胞和成体干细胞两大类。

干线/幹線 gànxiàn/ㄍㄢˋ ㄒㄧㄢˋ
trunk
【信息】通信技术中连接两个交换站的信道。干线大多可承载同时发生的大量呼叫。

干线客机/幹線客機
gànxiàn kèjī/ㄍㄢˋ ㄒㄧㄢˋ ㄎㄜˋ ㄐㄧ
trunk liner
【航】用于国际航线或国内大城市间航线上的旅客机。

干线铁路/幹線鐵路
gànxiàn tiělù/ㄍㄢˋ ㄒㄧㄢˋ ㄊㄧㄝˇ ㄌㄨˋ
main line railway
【交】连接大中城市,在铁路网中起骨干作用,客货行车量达到规定标准,具有重要政治、经济和国防意义的铁路线路。
📖 铁路网是由相互连接的铁路干线、支线、联络线和铁路枢纽构成的网络系统。中国已形成以北京为中心,以省会城市及大中城市为主要枢纽的铁路网架构。到2020年,中国将建成以“四纵四横”客运专线为骨架的快速客运网。“四纵”客运专线是:(1)北京—南京—上海客运专线,贯通京津至长江三角洲东部沿海经济发达地区;(2)北京—武汉—广州—深圳客运专线,连接华北和华南地区;(3)北京—沈阳—哈尔滨(大连)客运专线,连接华北和东北地区;(4)杭州—宁波—福州—深圳客运专线,连接长江三角洲、珠江三角洲和东南沿海地区。“四横”客运专线是:(1)徐州—郑州—西安—兰州客运专线,连接华东和西北地区;(2)上海—杭州—南昌—长沙—贵阳—昆明客运专线,连接华东、华中和西南地区;(3)青岛—石家庄—太原客运专线,连接华东和华北地区;(4)上海—武汉—重庆—成都客运专线,连接西南和华东地区。“四横四纵”客运专线与京哈、京沪、京九、京广、陇海—兰新、沪昆、焦柳、宝成—成昆、京包—包兰、哈大、京沈等既有铁路干线一起构成中国铁路网的骨架。

幹線網路
ㄍㄢˋ ㄒㄧㄢˋ ㄨㄤˇ ㄌㄨˋ/gànxiàn wǎnglù
trunk network
【信息】台湾名。即“中继网”(1460页)。

gang (ㄍㄤ)

冈底斯山/岡底斯山
Gāngdǐsī Shān/ㄍㄤ ㄉㄧˇ ㄙ ㄕㄢ
Gangdise Mountain
【地】山脉名。位于西藏西南部,东接念青唐古拉山,南邻喜马拉雅山,北连喀喇昆仑山。东西长约900千米,平均海拔约6000米,主峰冈仁波齐峰,海拔6638米,位于阿里地区南部。是著名的佛教圣地。“冈底斯”是藏语音译,意为“众水之源”或“众山之根”。

冈瓦纳古大陆/岡瓦納古大陸
Gāngwǎnà Gǔdàlù/
ㄍㄤ ㄨㄚˇ ㄋㄚˋ ㄍㄨˇ ㄉㄚˋ ㄌㄨˋ
Gondwanaland
【地】又称“南方古陆”。泛大陆的南半球部分。包括现在的印度半岛、阿拉伯半岛、非洲(除阿特拉斯山脉)、南美洲(除西北部)、澳大利亚和南极大陆。

刚度/勁度 gāngdù/ㄐㄧㄣˋ ㄉㄨˋ
rigidity, stiffness
【机】结构或构件抵抗弹性变形的能力。用产生单位应变所需的力或力矩来量度。

刚果河/剛果河
Gāngguǒ Hé/ㄍㄤ ㄍㄨㄛˇ ㄏㄜˊ
Congo River
【地】又称“扎伊尔河”。水名。位于中西非。上游卢阿拉巴河发源于刚果(金)南部的加丹加高原,最远源是赞比亚境内的谦比西河。北流出博约马瀑布后始称“刚果河”,干流流贯刚果盆地,河道呈弧形穿越刚果(金),沿刚果(金)和刚果(布)边界注入大西洋。全长约4640千米,是非洲第二大河。流经赞比亚、坦桑尼亚、刚果(金)、中非、刚果(布)、喀麦隆和安哥拉等国,流域面积约 376 万平方千米。水量丰沛,水力资源丰富。

刚果盆地/剛果盆地

Gāngguǒ Péndì/ㄍㄤ ㄍㄨㄛˇ ㄆㄣˊ ㄉㄧˋ

Congo Basin

【地】又称"扎伊尔盆地"。盆地名。位于非洲中西部,赤道横贯中央。呈方形,面积约 337 万平方千米,是世界上最大的盆地。大部为刚果河流域,属热带气候,有非洲最大的热带原始森林。盛产油棕、咖啡、橡胶等,金刚石、铜、钴、锗、锡、铀、锰等的储量居世界前列。

刚毛/剛毛 gāngmáo/ㄍㄤ ㄇㄠˊ

seta, setae, macrotrichia

【动】某些动物体表长的硬毛,如猪的体毛,环节动物和昆虫类腹部的毛等。

刚体/剛體 gāngtǐ/ㄍㄤ ㄊㄧˇ

rigid body

【物】在外力作用下,各部分的相对位置保持不变的物体。是一种理想化模型。如果把其看作是无数质点组成的,则其是一个不变的质点系。

刚性联轴器/剛性聯結器

gāngxìng liánzhóuqì/

ㄍㄤ ㄒㄧㄥˋ ㄌㄧㄢˊ ㄐㄧㄝˊ ㄑㄧˋ

rigid coupling

【机】联轴器的一类。由刚性传力件组成。只能传递运动和转矩,不具有补偿被连两轴轴线相对偏移的能力,也不具有缓冲减震性能。用于被联两轴轴线相对偏移极小的场合。

刚玉/剛玉 gāngyù/ㄍㄤ ㄩˋ

corundum

【地】矿物。成分为 Al_2O_3。纯净无色,含不同的微量元素时呈不同颜色,玻璃光泽,透明至不透明,莫氏硬度 9,仅次于金刚石。主要用于高级研磨材料,手表和精密机械的轴承材料。半透明至透明且色彩鲜艳的刚玉可作宝石。主要有红宝石和蓝宝石。蓝宝石中只有蓝色的称为蓝宝石,其他颜色的称为艳色蓝宝石。

肛裂/肛裂 gāngliè/ㄍㄤ ㄌㄧㄝˋ

anal fissure

【中医】又称"裂痔""钩肠痔"。肛肠病之一。多因热结肠燥或血虚肠燥所致,症见肛门周期性疼痛,即排便时阵发性刀割样疼痛,便后数分钟缓解,随后又持续剧烈疼痛可达数小时,伴有习惯性便秘,便时出血等。血热肠燥证,治宜清热润肠通便,方用凉血地黄汤合麻仁丸加减;阴虚肠燥证,治宜养阴清热润肠,方用润肠汤加减。手术是肛裂的重要疗法,包括扩肛法、切除疗法等。

肛瘘/肛瘻 gānglòu/ㄍㄤ ㄌㄡˋ

anal fistula

【中医】又称"肛漏"。肛肠病之一。多因肛痈溃后脓出不畅,余毒未尽所致,症见直肠、肛管与周围皮肤相通形成瘘管,肛周反复流脓水、瘙痒、疼痛等。常以挂线、手术或插药线等外治为主,内治为辅。

肛漏 gānglòu/ㄍㄤ ㄌㄡˋ

【中医】即"肛瘘"(387 页)。

纲/綱 gāng/ㄍㄤ

class

【生】生物学分类的一级。在门之下,目之上。同一门的生物按照彼此相似的特征分为若干群,每一群称为一纲。如苔藓植物门分为苔纲和藓纲等,脊椎动物亚门中有圆口纲、盾皮鱼纲、软骨鱼纲、硬骨鱼纲、两栖纲、爬行纲、鸟纲和哺乳纲等。

G

钢/鋼 gāng/ㄍㄤ

steel

【材】以铁为主要元素、含碳量通常在 2% 以下(铬钢中含碳量可能大于 2%,但 2% 通常是钢和铸铁的分界线),并含有其他元素的材料。按化学成分不同,可分为非合金钢、低合金钢和合金钢;按冶炼工艺、设备不同,可分为转炉钢、电炉钢等;按用途不同,还可分结构钢、工具钢、特殊性能钢等。

钢板/鋼板 gāngbǎn/ㄍㄤ ㄅㄢˇ

steel plate

【材】厚度与宽度、长度比相差较大的平板钢材。

钢材/鋼品 gāngcái/ㄍㄤ ㄆㄧㄣˇ

steel product

【材】钢厂提供的具有一定的形状、尺寸和力学、物理、化学性能的钢产品。

钢尺/鋼尺 gāngchǐ/ㄍㄤ ㄔˇ

steel rule

【机】不可卷的钢质板状量尺。按零点位置不同，可分为端点尺和刻线尺两种。

钢带 gāngdài/ㄍㄤ ㄉㄞˋ

【材】即“带钢”(193 页)。

钢轨/鋼軌 gāngguǐ/ㄍㄤ ㄍㄨㄟˇ

rail

【交】直接支承车轮的压力并引导车轮运行方向的轨道部件，是轨道的主要组成部分，具有足够的强度、稳定性和耐磨性。在电气化铁路和自动闭塞区段，还兼供轨道电路之用。

钢盒尺 gānghéchǐ/ㄍㄤ ㄏㄜˊ ㄔˇ

【机】即“钢卷尺”(388 页)。

钢化玻璃/回火玻璃

gānghuà bōli/ㄏㄨㄟˊ ㄏㄨㄛˇ ㄅㄛ ·ㄌㄧ

tempered glass, chilled glass

【材】又称“强化玻璃”。安全玻璃的一种。普通退火玻璃经热处理而成的机械强度高、热冲击性能强的玻璃。特指风钢化玻璃。破碎时整块玻璃碎成细小的颗粒，无尖角，不会对人体造成伤害。但其存在自爆的可能性，且不能进行任何冷加工。

钢结构建筑/鋼構

gāngjiégòu jiànzhù/ㄍㄤ ㄍㄡˋ

steel structure

【建】以建筑钢材构成承重结构的建筑。通常由型钢和钢板制成的梁、柱、桁架等构件构成承重结构，再与屋面、楼面和墙面等围护结构共同组成整栋的建筑物。由小型钢材构件所形成的，通常称为轻型钢结构建筑。采用钢索的悬索结构建筑等，也属钢结构建筑。钢结构的强度和韧性好，精确度高，安装方便，工业化程度高，施工较快。但耐锈蚀性和耐火性差。

钢筋混凝土建筑/鋼筋混凝土建築

gāngjīn hùnníngtǔ jiànzhù/

ㄍㄤ ㄐㄧㄣ ㄏㄨㄣˋ ㄋㄧㄥˊ ㄊㄨˇ ㄐㄧㄢˋ ㄓㄨˊ

reinforced concrete structure

【建】以钢筋混凝土为承重结构的建筑。由于混凝土的可塑性和钢筋弯曲和绑扎的任意性，使钢筋混凝土结构物有可能根据力学要求和施工条件建造出许多结构形式和体系。为避免受力后混凝土开裂和减小裂缝的宽度，可采取预加应力的方法以加强其构件或结构的应变能力。

钢筋加工机械/鋼筋加工機械

gāngjīn jiāgōng jīxiè/

ㄍㄤ ㄐㄧㄣ ㄐㄧㄚ ㄍㄨㄥ ㄐㄧ ㄒㄧㄝˋ

reinforcing steel machinery and equipment

【机】工程机械的一种。用于加工钢筋。可分为钢筋强化机械、钢筋冷拉机、钢筋(丝)冷拔机和钢筋成型机。

钢卷尺/鋼捲尺

gāngjuǎnchǐ/ㄍㄤ ㄐㄩㄢˇ ㄔˇ

steel tape

【机】又称“钢盒尺”。可卷钢质带状量尺。用于测量较长尺寸的工件或丈量距离。可分为自卷式卷尺、制动式卷尺、摇卷式卷尺等。

钢梁 gāngliáng/ㄍㄤ ㄌㄧㄤˊ

【材】即“工字钢”(409 页)。

钢丝/鋼絲 gāngsī/ㄍㄤ ㄙ

wire

【材】由线材经冷拉加工而得的直径小于 8 毫米(大多数情况下小于 4 毫米)的钢材产品。

钢渣/鋼渣 gāngzhā/ㄍㄤ ㄓㄚ

steel slag

【环】炼钢过程中排出的固体废物。按炼钢炉型不同，可分为转炉渣、平炉渣、电炉渣。其主要成分是钙、铁、硅、镁等的氧化物。可用作筑路和建筑材料，也可作为渣肥施于酸性土壤。

钢纸/剛紙 gāngzhǐ/ㄍㄤ ㄓˇ

vulcanized paper

【轻】由钢纸原纸经氯化锌($ZnCl_2$)溶液处理后，再经黏合、脱盐老化、清洗干燥、热压整形等工序加工而成的纸。具有质轻、坚实、弹性好、电绝缘性高的特点。分为硬钢纸和软钢纸。

缸器 gāngqì/ㄍㄤ ㄑㄧˋ

【材】即“炻器”(1032 页)。

剛性聯結器

ㄍㄤ ㄒㄧㄥˋ ㄌㄧㄢˊ ㄐㄧㄝˊ ㄑㄧˋ/gāngxìng liánjiéqì

rigid coupling

【机】台湾名。即“刚性联轴器”(387 页)。

剛紙 ㄍㄤ ㄓˇ/gāngzhǐ

vulcanized paper

【轻】台湾名。即“钢纸”(388 页)。

鋼構 ㄍㄤ ㄍㄡˋ/gānggòu

steel structure

【建】台湾名。即“钢结构建筑”(388 页)。

鋼卷 ㄍㄤ ㄐㄩㄢˇ/gāngjuǎn

steel coil

【材】台湾名。即“卷材”(657 页)。

鋼品 ㄍㄤ ㄆㄧㄣˇ/gāngpǐn

steel product

【材】台湾名。即“钢材”(387 页)。

港 gǎng/ㄍㄤˇ

【船】“港口”的简称。

港界/港界 gǎngjiè/ㄍㄤˇ ㄐㄧㄝˋ

port boundary, port limits

【水利】港口范围的边界线,即港口管理机构管辖的水域、陆域的边界线。

港口/港口 gǎngkǒu/ㄍㄤˇ ㄎㄡˇ

port

【船】简称“港”。位于海洋、江河、湖泊或水库沿岸,具有相应的设备、设施和条件,供船舶出入停靠、客货运输或从事其他相关业务的场所。是水陆交通运输的枢纽、对外贸易的门户。其范围包括港口区域和毗连的陆域。按用途不同,可分为商港、军港、渔港、工业港和避风港。

港勤拖船

ㄍㄤˇ ㄑㄧㄣˊ ㄊㄨㄛ ㄔㄨㄢˊ/gǎngqín tuōchuán

harbor tug

【船】台湾名。即“港作拖船”(389 页)。

港区/港區 gǎngqū/ㄍㄤˇ ㄑㄩ

port area

【水利】港界以内的区域。包括陆域部分和水域部分。

港湾式车站/公車停車灣

gǎngwānshì chēzhàn/

ㄍㄨㄥ ㄔㄜ ㄊㄧㄥˊ ㄔㄜ ㄨㄢ

bus bay

【交】公交车站的一种。多以弧形向非机动车道或人行道内凹,拓宽局部路面,以减小对机动车道上车辆的影响。

港作拖船/港勤拖船

gǎngzuò tuōchuán/ㄍㄤˇ ㄑㄧㄣˊ ㄊㄨㄛ ㄔㄨㄢˊ

harbor tug

【船】在港口范围内执行拖带作业的拖船。主要用于协助大型船舶进出港口、出入船坞、靠离码头、调头转向、移动泊位,以及拖曳驳船等。要求其操纵性高,回转半径小,能低速进退,紧急停车,能推能拖,或做较长距离的倒拖,甚至横移等。

杠杆/槓桿 gànggǎn/ㄍㄤˋ ㄍㄢˇ

lever

【物】简单机械的一种。是在外力的作用下能绕固定点转动的直杆或曲杆。例如撬棍、剪刀、天平、筷子、镊子等。其受力点为力点 A,固定点为支点 O,支点到动力 A 的作用线的垂直距离为动力臂 l_1,支点 O 到阻力点 B 作用线的垂直距离为阻力臂 l_2。当动力臂 l_1 和动力 F_1 的乘积等于阻力臂 l_2 和阻力 F_2 的乘积时,杠杆处于平衡状态。

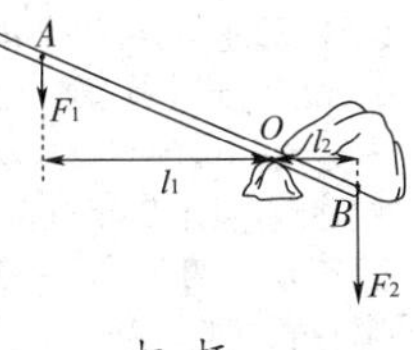

杠 杆

gao (ㄍㄠ)

高/高 gāo/ㄍㄠ

height

【数】❶从三角形的顶点向对边所在直线做垂线,顶点和垂足之间的线段,叫作三角形(这边上)的高。三角形的三条高所在直线交于一点。三角形的面积等于一边与它上的高的乘积的一半。❷平行四边形的两条对边所在直线之间的距离,叫作平行四边形的高。❸柱体的两底面之间的距离叫作柱体的高。❹椎体的顶点到底面的距离叫作椎体的高。

高爆炸性殼

ㄍㄠ ㄅㄠˋ ㄓㄚˋ ㄒㄧㄥˋ ㄎㄜˊ/gāobàozhàxìngké

high explosive shell

【军】台湾名。即“榴弹”(750 页)。

高鼻羚羊/大鼻羚

gāobí língyáng/ㄉㄚˋ ㄅㄧˊ ㄌㄧㄥˊ

saiga, saiga antelope

【动】*Saiga tatarica* 哺乳动物名。偶蹄目牛科。外形像黄羊,体长 1 米以上,鼻部大而膨起,向下弯,毛棕黄色,腹部和四肢内侧带白色。生活在荒漠和半荒漠地带,群居,跑得快,耐力强,以植物为食。分布于中亚北部和西伯利亚南部。中国原产新疆准噶尔盆地。

G

高层大气/高層大氣
gāocéng dàqì/ㄍㄠ ㄘㄥˊ ㄉㄚˋ ㄑㄧˋ
upper atmosphere
【气】按高度划分的大气中的一层。距地面高度85千米以上。

高层建筑/高層建築
gāocéng jiànzhù/ㄍㄠ ㄘㄥˊ ㄐㄧㄢˋ ㄓㄨˋ
high-rise building
【建】超过一定高度和层数的多层建筑。中国1982年规定10层及10层以上的住宅建筑和建筑高度超过24米的其他民用建筑为高层建筑。1972年国际高层建筑会议将高层建筑分为四类:第一类,9～16层(最高50米);第二类,17～25层(最高75米);第三类,26～40层(最高100米);第四类,40层以上(高于100米)。

高层住宅/高層住宅
gāocéng zhùzhái/ㄍㄠ ㄘㄥˊ ㄓㄨˋ ㄓㄞˊ
high-rise housing
【建】10层及10层以上的住宅。

G

高差 gāochā/ㄍㄠ ㄔㄚ
【测绘】即“相对高程”(1246页)。

高程/高程 gāochéng/ㄍㄠ ㄔㄥˊ
height
【测绘】地面点到高度起算面的垂直距离。测量工作中存在不同的高度起算面(高程基准面),因此同一地点往往有多个不同的高程数值。现代测量大都选用大地水准面、似大地水准面和参考椭球面等作为高程基准起算面。

高程系统/高程系統
gāochéng xìtǒng/ㄍㄠ ㄔㄥˊ ㄒㄧˋ ㄊㄨㄥˇ
height system
【测绘】具有固定的高程起算面(高程基准面)、水准测量起算点(水准原点)和高程控制网的高程坐标体系。如“1985黄海高程系”。

高吹沙 ㄍㄠ ㄔㄨㄟ ㄕㄚ/gāochuīshā
blowing sand
【气】台湾名。即“扬沙”(1314页)。

高次方程/高次方程
gāocì fāngchéng/ㄍㄠ ㄘˋ ㄈㄤ ㄔㄥˊ
equation of higher degree
【数】通常当$n\geqslant 3$时,称一元n次方程$f(x)=a_0x^n+a_1x^{n-1}+\cdots+a_{n-1}x+a_n=0(a_0\neq 0)$为关于未知数$x$的高次整式方程。

高等动物/高等動物
gāoděng dòngwù/ㄍㄠ ㄉㄥˇ ㄉㄨㄥˋ ㄨˋ
higher animal
【动】通常指身体结构复杂、组织及器官分化显著的脊椎动物。脊椎动物中,对鱼类而言,称四足类为高等动物;对两栖类以下的无羊膜动物而言,称爬行类以上的羊膜动物为高等动物;对爬行类以下的变温动物而言,称鸟类和哺乳类恒温动物为高等动物;狭义上专指哺乳类为高等动物。

高等植物/高等植物
gāoděng zhíwù/ㄍㄠ ㄉㄥˇ ㄓˊ ㄨˋ
higher plant
【植】植物体有根、茎、叶的分化,雌雄配子融合后发育为胚的植物。包括苔藓、蕨类、裸子植物和被子植物。

高電壓 ㄍㄠ ㄉㄧㄢˋ ㄧㄚ/gāodiànyā
high voltage, HV
【电】台湾名。即“高压”(396页)。

高度角/高度角 gāodùjiǎo/ㄍㄠ ㄉㄨˋ ㄐㄧㄠˇ
elevation angle
【测绘】又称“垂直角”。测站至观测目标的方向线与水平面间的夹角。目标在测站所在水平面上方的高度角称为仰角,表示为正数;目标在测站所在水平面下方的高度角称为俯角,表示为负数。

高對 ㄍㄠ ㄉㄨㄟˋ/gāoduì
higher pair
【机】台湾名。即“高副”(391页)。

高尔夫球肘
gāo'ěrfūqiúzhǒu/ㄍㄠ ㄦˇ ㄈㄨ ㄑㄧㄡˊ ㄓㄡˇ
【医】“肱骨内上髁炎”的通称。

高分子/高分子 gāofēnzǐ/ㄍㄠ ㄈㄣ ㄗˇ
macromolecule
【化】又称“高分子化合物”“高聚物”。由许多原子以共价键连接而成,通常分子量在1万以上的分子。具有重复结构单位。可分为天然有机高分子(如蛋白质、淀粉、纤维素)、合成有机高分子(如合成树脂、合成橡胶)、天然无机高分子(如石棉、金刚石、云母)、合成无机高分子(如聚氯化磷腈)。

高分子材料/高分子材料
gāofēnzǐ cáiliào/ㄍㄠ ㄈㄣ ㄗˇ ㄘㄞˊ ㄌㄧㄠˋ
polymer materials
【材】以高分子为基础构成的材料。

高分子合金/高分子合金
gāofēnzǐ héjīn/ㄍㄠ ㄈㄣ ㄗˇ ㄏㄜˊ ㄐㄧㄣ
polymer alloy
【材】两种或两种以上的高分子化合物经机械混合而成的材料。性能优于混合前的单一高分子。

高分子化合物
gāofēnzǐ huàhéwù/
ㄍㄠ ㄈㄣ ㄗˇ ㄏㄨㄚˋ ㄏㄜˊ ㄨˋ
【化】即“高分子”(390 页)。

高分子化学/聚合物化學
gāofēnzǐ huàxué/ㄐㄩˋ ㄏㄜˊ ㄨˋ ㄏㄨㄚˋ ㄒㄩㄝˊ
polymer chemistry
【化】化学的一个分支。研究高分子化合物(聚合物)的分离、提取、结构、性能、合成方法、反应机理及溶液性质等。

高分子绝缘材料/高分子絶緣材料
gāofēnzǐ juéyuán cáiliào/
ㄍㄠ ㄈㄣ ㄗˇ ㄐㄩㄝˊ ㄩㄢˊ ㄘㄞˊ ㄌㄧㄠˋ
polymeric insulating materials
【电】以有机高分子化合物为基料的绝缘材料。可大致分为热塑性塑料、热固性塑料、橡胶、纤维材料、层压材料、绝缘涂料和薄层材料等。

高副/高對 gāofù/ㄍㄠ ㄉㄨㄟˋ
higher pair
【机】两构件通过点接触或线接触构成的运动副。组成平面高副两构件间的相对运动是沿接触线处切线方向的相对移动和在平面内的相对转动,如滚动副、齿轮副、凸轮副。

高钙血症/高鈣血症
gāogàixuèzhèng/ㄍㄠ ㄍㄞˋ ㄒㄧㄝˇ ㄓㄥˋ
hypercalcemia
【医】血清钙>2.75毫摩/升时的体征。常见病因为恶性肿瘤及原发性甲状旁腺功能亢进。血清钙>4.5 毫摩/升可出现严重脱水、高热、心律失常、意识不清等,易因心搏骤停、坏死性胰腺炎和肾衰竭而死亡。

高级生命支持/高級生命支持
gāojí shēngmìng zhīchí/
ㄍㄠ ㄐㄧˊ ㄕㄥ ㄇㄧㄥˋ ㄓ ㄔˊ
advanced life support
【医】在基础生命支持的基础上,应用辅助设备和特殊技术(如心电监护、除颤器、人工呼吸器和药物等)建立与维持更有效的通气和血液循环。

高级语言/高階語言
gāojí yǔyán/ㄍㄠ ㄐㄧㄝ ㄩˇ ㄧㄢˊ
high-level language
【信息】面向特殊类别的问题,采用更接近自然语言的语法和词汇的程序设计语言。本质上独立于特定计算机的结构;大多只有数据、运算、控制和传输四种基本成分。例如 Ada、COBOL、Fortran 或 Pascal 四种语言。人易理解,但机器无法辨识;必须经翻译程序译成机器语言,机器方能理解执行。翻译程序按翻译方式分为编译程序和解释程序两种。

高級炸藥
ㄍㄠ ㄐㄧˊ ㄓㄚˋ ㄧㄠˋ/gāojí zhàyào
high explosive, secondary explosive
【化】台湾名。即“猛炸药”(794 页)。

高技术/高技術 gāojìshù/ㄍㄠ ㄐㄧˋ ㄕㄨˋ
high technology, high-tech
【总】又称“高新技术”“高科技”。处于当代科学技术前沿,以最新科学成就为基础的知识密集、技术密集的新技术群。基本特征是高效益、高智能、高投入、高驱动、高竞争、高风险和高速度,对经济和社会发展具有重大意义。如信息技术、新材料技术、新能源技术、生物技术、航天技术、海洋技术、激光技术、自动化技术等。

高技术园区/高科技園區
gāojìshù yuánqū/ㄍㄠ ㄎㄜ ㄐㄧˋ ㄩㄢˊ ㄑㄩ
high-tech park
【建】有效地将电子、机器制造和其他最先进技术在内的工业部门与科学研究结合在一起,并能提供宜居生活条件的新兴城区。是政府为促进高技术产业发展而专门设立的特别区域,进入该区域的企业可以享受某种程度的优惠政策。

高钾血症/高鉀血症
gāojiǎxuèzhèng/ㄍㄠ ㄐㄧㄚˇ ㄒㄧㄝˇ ㄓㄥˋ

G

hyperkalemia, hyperpotassemia
【医】血清钾>5.5 毫摩/升时的体征。因病情不同可出现神志模糊或淡漠、手足及口唇麻木感和感觉异常、四肢软弱等，严重时可出现皮肤苍白、青紫，发冷，血压下降，心搏慢而无力、心律失常甚至心搏骤停而死亡。

高架路/高架路 gāojiàlù/ㄍㄠ ㄐㄧㄚˋ ㄌㄨˋ
overhead highway
【交】架空建设的道路。受地面因素影响，无法在原地面建设道路，因而由连续设置的高架桥梁构成道路。一般出现在城市道路建设中。

高架起重機
ㄍㄠ ㄐㄧㄚˋ ㄑㄧˇ ㄓㄨㄥˋ ㄐㄧ/gāojià qǐzhòngjī
gantry crane
【船】台湾名。即“门式起重机”(793 页)。

高架桥/高架橋
gāojiàqiáo/ㄍㄠ ㄐㄧㄚˋ ㄑㄧㄠˊ
flyover
【交】具有高支撑的塔或支柱，跨越山谷、河流、道路或其他低处障碍物的桥梁。修筑在城市地面或道路上空的，形状像桥，供机动车行驶的路段也叫高架桥。

高脚碟状花/高腳碟狀花
gāojiǎo diézhuànghuā/
ㄍㄠ ㄐㄧㄠˇ ㄉㄧㄝˊ ㄓㄨㄤˋ ㄏㄨㄚ
salverform flower
【植】花形的一种。花冠下部的筒狭圆，上部忽然成水平状扩大。如夜来香和紫茉莉的花。

高阶导数/高階導數
gāojiē dǎoshù/ㄍㄠ ㄐㄧㄝ ㄉㄠˇ ㄕㄨˋ
derivative of higher order
【数】$n(n\geqslant 2)$阶导数的总称。设 $y=f(x)$ 为可微函数，若 $f'(x)$可微，则 $f'(x)$的导数叫作 $f(x)$的二阶导数，记作 $f''(x)$。若 $f''(x)$可微，则 $f''(x)$的导数叫作 $f(x)$的三阶导数，记作 $f'''(x)$。类似地可以定义$f(x)$的 n 阶导数，记作 $f^{(n)}(x)$。

高阶微分/高階微分
gāojiē wēifēn/ㄍㄠ ㄐㄧㄝ ㄨㄟ ㄈㄣ
differential of higher order
【数】$n(n\geqslant 2)$阶微分的总称。若函数 $y=f(x)$有 n 阶导数 $f^{(n)}(x)$，则 $f^{(n)}(x)$与 $(\mathrm{d}(x))^n=\mathrm{d}x^n$ 的乘积叫作 $y=f(x)$的 n 阶微分，记作 $\mathrm{d}^n y$，即 $\mathrm{d}^n y=f^{(n)}(x)\mathrm{d}x^n$。

高阶无穷大/高階無窮大
gāojiē wúqióngdà/ㄍㄠ ㄐㄧㄝ ㄨˊ ㄑㄩㄥˊ ㄉㄚˋ
infinity of higher order
【数】若当 $x\to a$ 时 $f(x)\to\infty$，$g(x)\to\infty$，并且$\lim\limits_{x\to a}\frac{g(x)}{f(x)}=\infty$，则称 $g(x)$为比 $f(x)$高阶的无穷大。此处的条件“$x\to a$”，也可改为 $x\to a+0$，$x\to a-0$，$x\to\infty$，$x\to+\infty$，$x\to-\infty$。

高阶无穷小/高階無窮小
gāojiē wúqióngxiǎo/
ㄍㄠ ㄐㄧㄝ ㄨˊ ㄑㄩㄥˊ ㄒㄧㄠˇ
infinitesimal of higher order
【数】若当 $x\to a$ 时 $f(x)\to 0$，$g(x)\to 0$，并且$\lim\limits_{x\to a}\frac{g(x)}{f(x)}=0$，则称 $g(x)$为比 $f(x)$高阶的无穷小。此处的条件“$x\to a$”，也可改为 $x\to a+0$，$x\to a-0$，$x\to\infty$，$x\to+\infty$，$x\to-\infty$。

高階語言 ㄍㄠ ㄐㄧㄝ ㄩˇ ㄧㄢˊ/gāojiē yǔyán
high-level language
【信息】台湾名。即“高级语言”(391 页)。

高聚物 gāojùwù/ㄍㄠ ㄐㄩˋ ㄨˋ
high polymer
【化】即“高分子”(390 页)。

高科技 gāokējì/ㄍㄠ ㄎㄜ ㄐㄧˋ
【总】即“高技术”(391 页)。

高空飞行/高空飛行
gāokōng fēixíng/ㄍㄠ ㄎㄨㄥ ㄈㄟ ㄒㄧㄥˊ
upper airway flight
【航】在 7000～15 000 米高度空间的飞行。随着飞行高度的增加，飞机的操作性、稳定性等飞行性能通常都会降低。

高空觀測
ㄍㄠ ㄎㄨㄥ ㄍㄨㄢ ㄘㄜˋ/gāokōng guāncè
upper air observation
【气】台湾名。即“高空气象观测”(393 页)。

高空急流/高空噴流
gāokōng jíliú/ㄍㄠ ㄎㄨㄥ ㄐㄧˊ ㄌㄧㄡˊ

upper-level jet stream
【气】在对流层上部或平流层中,速度在 30 米/秒以上的强而窄的气流。

高空噴流
ㄍㄠ ㄎㄨㄥ ㄆㄣ ㄌㄧㄡˊ/gāokōng pēnliú
upper-level jet stream
【气】台湾名。即"高空急流"(392 页)。

高空气象观测/高空觀測
gāokōng qìxiàng guāncè/
ㄍㄠ ㄎㄨㄥ ㄍㄨㄢ ㄘㄜˋ
upper air observation
【气】借助探空仪、飞机、火箭、雷达和气象卫星等装备,对近地面层以上大气的气象要素进行观察和测量。
📖 按观测平台所在位置不同,高空观测可分为地基观测、空基观测和天基观测。利用大气层外的卫星等航天器,结合地面接收系统进行的观测称天基观测;利用在大气层内的飞机等航空器和探空气球等,结合地面接收系统进行的观测称空基观测;在地表观测平台上进行的气象观测称地基观测。

高空天气图/高空圖
gāokōng tiānqìtú/ㄍㄠ ㄎㄨㄥ ㄊㄨˊ
upper air chart
【气】天气图的一种。填绘有同一时刻各地高空气象要素及其分布。可分为等压面图和等高面图。

高空圖 ㄍㄠ ㄎㄨㄥ ㄊㄨˊ/gāokōngtú
upper air chart
【气】台湾名。即"高空天气图"(393 页)。

高粱/高粱 gāoliang/ㄍㄠ ㄌㄧㄤˊ
broomcorn
【植】*Sorghum bicolor* 禾本科高粱属。一年生草本植物。秆较粗壮,直立,基部节上有支撑根。叶舌硬膜质,先端圆;叶片条形至条状披针形,先端渐尖,白色中脉较宽。圆锥花序疏松,主轴裸露;无柄小穗倒卵形或倒卵状椭圆形,淡红色至暗棕色。颖果两面平凸,淡红色至红棕色。花果期 6—9 月份。在中国,分布于各地。果实可作粮食,花序帚用,颖能入药。

高岭石/高嶺石 gāolǐngshí/ㄍㄠ ㄌㄧㄥˇ ㄕˊ
kaolinite
【地】矿物。成分为 $Al_4[Si_4O_{10}](OH)_8$。与迪开石呈同质多象。单斜晶系。通常呈土状块体。纯净的白色,因含有各种杂质而呈不同颜色。光泽暗淡。莫氏硬度近于 1,密度 2.6克/厘米^3。潮湿时具有可塑性。因首先发现于江西景德镇的高岭,故名。是制造陶瓷和电瓷的主要原料,也用作搪瓷的釉料,或纸张、橡胶等的填料。

高岭土/高嶺土 gāolǐngtǔ/ㄍㄠ ㄌㄧㄥˇ ㄊㄨˇ
kaolin
【地】俗称"瓷土"。以高岭石为主要成分的黏土。有白、灰、粉红等色,质软,可塑性好,黏结性高,电绝缘性能优良,抗酸溶性良好,耐火性较好。是重要的陶瓷原料和耐火材料。

高炉渣/高爐渣 gāolúzhā/ㄍㄠ ㄌㄨˊ ㄓㄚ
blast furnace slag
【环】高炉炼铁过程中排出的废渣。含有钙、硅、铝、镁、锰、铁等的氧化物。可用于制造水泥和建筑材料。堆存不用则占用土地,污染环境。

高镁血症/高鎂血症
gāoměixuèzhèng/ㄍㄠ ㄇㄟˇ ㄒㄧㄝˇ ㄓㄥˋ
hypermagnesemia
【医】血清镁>1.25 毫摩/升时的体征。病因主要是机体镁摄入过多或排出减少,常出现肌无力、心律失常和尿潴留等。

高锰酸钾/過錳酸鉀
gāoměngsuānjiǎ/ㄍㄨㄛˋ ㄇㄥˇ ㄙㄨㄢ ㄐㄧㄚˇ
potassium permanganate
【化】无机化合物。化学式 $KMnO_4$。粒状或针状晶体,红紫色,有金属光泽,溶于水成深紫红色溶液。遇乙醇、过氧化氢分解,强氧化性,在酸性介质中还原成一氧化锰,碱性或中性介质中还原为二氧化锰,反应过程中均放出氧。与有机物接触,因受热放出氧会引起燃烧。广泛用作氧化剂。医药上用作防腐剂、消毒剂、除臭剂及解毒剂。也用于水处理、采矿冶金、漂白,木材及铜着色等方面。

高密度脂蛋白/高密度脂蛋白
gāomìdù zhīdànbái/
ㄍㄠ ㄇㄧˋ ㄉㄨˋ ㄓ ㄉㄢˋ ㄅㄞˊ
high density lipoprotein, HDL
【医】一种颗粒最小、密度最高的脂蛋白。主要由肝和小肠合成。主要功能是将周围组织的胆固醇转运到肝脏进行代谢,具有抗动脉粥样硬化的作用。

高钠血症/高血鈉症

gāonàxuèzhèng/ㄍㄠ ㄒㄧㄝˋ ㄋㄚˋ ㄓㄥˋ

hypernatremia

【医】血清钠>145 毫摩/升时的体征。病因有:摄水过少;失水超过失盐,表现为高渗性脱水;摄盐过多;严重感染等。由于细胞内水外渗,引起细胞内脱水,主要表现为烦渴、发热、口腔黏膜干燥,严重时可表现有意识障碍、烦躁、抽搐。

高尿酸血症/高尿酸血症

gāoniàosuānxuèzhèng/

ㄍㄠ ㄋㄧㄠˋ ㄙㄨㄢ ㄒㄧㄝˋ ㄓㄥˋ

hyperuricemia

【医】体内尿酸产生过多或肾脏排泄尿酸减少而引起血中尿酸升高的病症。是嘌呤代谢紊乱导致的慢性代谢紊乱性疾病。

高炮 gāopào/ㄍㄠ ㄆㄠˋ

【军】"高射炮"的简称。

高山兀鹫

ㄍㄠ ㄕㄢ ㄨˋ ㄐㄧㄡˋ/gāoshān wùjiù

condor, griffon vulture

【动】台湾名。即"兀鹫"(1214 页)。

高射机枪/高射機槍

gāoshè jīqiāng/ㄍㄠ ㄕㄜˋ ㄐㄧ ㄑㄧㄤ

antiaircraft machine gun

【军】主要用于射击低空目标的机枪。能歼灭斜距离在 2000 米以内的敌低空目标;还可用于摧毁、压制地(水)面的敌火力点,以及轻型装甲目标、舰船,封锁交通要道等。常见的有 14.5 毫米二联或四联高射机枪和 12.7 毫米高射机枪。按结构不同,可分为单枪身、多枪身联装、转管式或转膛式。按机动方式不同,可分为携行式、牵引式和车装式。携行式由单管枪身和三脚枪架组成,全枪质量为 40~200 千克,可分解携行;牵引式通常是多个枪身联装在牵引枪架上,共用高低机、方向机、瞄具和发射机构;车装式通常安装在坦克或舰艇等载体的枪座上使用。

高射炮/高射炮

gāoshèpào/ㄍㄠ ㄕㄜˋ ㄆㄠˋ

antiaircraft gun

【军】简称"高炮"。从地面对空中目标射击的火炮。炮身长,初速大,射界大,射速快,射击精度高,多数配有火控系统,能自动跟踪和瞄准目标。主要用于射击飞机、直升机和飞行器等空中目标,也可用于对地面或水上目标射击。是现代防空武器系统的重要组成部分。按运动方式不同,可分为牵引高炮和自行高炮;按口径不同,可分为小口径(小于 60 毫米)高炮、中口径(60~100 毫米)高炮和大口径(大于 100 毫米)高炮。小口径高炮有的弹丸配用触发引信,靠直接命中毁伤目标;有的配用近炸引信,靠弹丸破片毁伤目标。大、中口径高炮的弹丸配用时间引信和近炸引信,靠弹丸破片毁伤目标。

高斯分布 Gāosī fēnbù/ㄍㄠ ㄙ ㄈㄣ ㄅㄨˋ

【数】即"正态分布"(1436 页)。

高斯互反律

Gāosī hùfǎnlǜ/ㄍㄠ ㄙ ㄏㄨˋ ㄈㄢˇ ㄌㄩˋ

【数】即"二次互反律"(300 页)。因高斯(C.F. Gauss, 1777—1855)于 1796 年完成其证明而得名。

高斯—克吕格投影/高斯—克呂格投影

Gāosī-Kèlǚgé tóuyǐng/

ㄍㄠ ㄙ-ㄎㄜˋ ㄌㄩˇ ㄍㄜˊ ㄊㄡˊ ㄧㄥˇ

Gauss-Krüger projection

【测绘】又称"高斯投影""横轴墨卡托投影"。地图等角投影的一种。用一个椭圆柱面切于地球经线后建立球面地理坐标与地图平面坐标之间的数学变换函数。由德国数学家高斯(C.F.Gauss,1777—1855)提出,后经德国测量专家克吕格(J.Krüger,1857—1923)改进而成。中国地形图和测量工作中常用这种投影。

高斯平面

Gāosī píngmiàn/ㄍㄠ ㄙ ㄆㄧㄥˊ ㄇㄧㄢˋ

【数】即"复平面"(368 页)。1831 年,德国数学家高斯(C.F.Gauss,1777—1855)在《哥廷根学报》上详细说明了复数 $a+bi$ 表示成平面上的一个点(a,b),从而确定了复平面的概念,故将复平面又称高斯平面。

高斯通量定理/高斯通量定理

Gāosī tōngliàng dìnglǐ/

ㄍㄠ ㄙ ㄊㄨㄥ ㄌㄧㄤˋ ㄉㄧㄥˋ ㄌㄧˇ

Gauss flux theorem

【电】表征电场中电通量与电荷之间的基本关系之一的定理。其内容为:由任意闭合面S穿出的电位移 ***D***(电通密度)的通量(电通量)应等于该面内所有电荷的代数和。

高斯投影 Gāosī tóuyǐng/ㄍㄠ ㄙ ㄊㄡˊ ㄧㄥˇ

【测绘】即"高斯—克吕格投影"(394页)。

高速钢/高速鋼

gāosùgāng/ㄍㄠ ㄙㄨˋ ㄍㄤ

high speed steel

【材】全称"高速工具钢",又称"锋钢"。含有钨、钼、铬、钒、钴等的高合金工具钢。经淬火及多次回火处理后,在高温(约600℃)下仍能保持高的硬度。用于制造高速切削金属的刀具,如车刀、钻头、滚刀、机用锯条及要求高的模具等。

高速工具钢

gāosù gōngjùgāng/

ㄍㄠ ㄙㄨˋ ㄍㄨㄥ ㄐㄩˋ ㄍㄤ

【材】"高速钢"的全称。

高速公路/高速公路

gāosù gōnglù/ㄍㄠ ㄙㄨˋ ㄍㄨㄥ ㄌㄨˋ

freeway

【交】简称"高速路"。具有双向4车道以上、双向分隔行驶、设有中央隔离带,完全控制出入口、全部采用立体交叉、专供汽车高速行驶的公路。

高速缓存/快取記憶體

gāosù huǎncún/ㄎㄨㄞˋ ㄑㄩˇ ㄐㄧˋ ㄧˋ ㄊㄧˇ

cache

【信息】一种比主存储器容量小速度快的专用缓冲器。用来保存从主存得到、处理器下一步很可能需要的一组指令和数据。

高速路 gāosùlù/ㄍㄠ ㄙㄨˋ ㄌㄨˋ

【交】"高速公路"的简称。

高速铁路/高速鐵路

gāosù tiělù/ㄍㄠ ㄙㄨˋ ㄊㄧㄝˇ ㄌㄨˋ

high speed railway

【交】新建铁路运营速度达到250千米/时及以上,或通过改造既有线路,使基础设施适应运营速度200千米/时及以上的铁路系统。这是一个具有国际性和时代性的概念,随着科学技术的发展和客观条件的变化,其定义也会不断更新。

📖 目前客运铁路时速100~120千米称为常速,120~160千米称为中速或准高速,160~200千米称为快速,200~400千米称为高速,400千米以上称为特高速。

高速艇 ㄍㄠ ㄙㄨˋ ㄊㄧㄥˇ/gāosùtǐng

speed boat

【船】台湾名。即"快艇"(700页)。

高速通道/高速通道

gāosù tōngdào/ㄍㄠ ㄙㄨˋ ㄊㄨㄥ ㄉㄠˋ

highway

【信息】能让来自不止一条信道的信号通过的一条公共通路或一组平行通路。

高碳钢/高碳鋼

gāotàngāng/ㄍㄠ ㄊㄢˋ ㄍㄤ

high carbon steel

【材】碳含量大于0.6%的非合金钢。常用的高碳钢含碳量为0.6%~1.2%。

高通滤波器/高通濾波器

gāotōng lǜbōqì/ㄍㄠ ㄊㄨㄥ ㄌㄩˋ ㄅㄛ ㄑㄧˋ

high pass filter

【电】具有从一个特定截止频率向上展延的单一通频带的滤波器。

高温合金/耐高温合金

gāowēn héjīn/ㄋㄞˋ ㄍㄠ ㄨㄣ ㄏㄜˊ ㄐㄧㄣ

high temperature alloy

【材】以铁、镍、钴为基体,在高温下(600℃以上)抗氧化,耐腐蚀,有很高的持久、蠕变和疲劳强度,能在一定应力作用下长期工作的一类合金。是制造航空和航天发动机热端部件的关键材料。

高温试验机/高溫試驗機

gāowēn shìyànjī/ㄍㄠ ㄨㄣ ㄕˋ ㄧㄢˋ ㄐㄧ

high temperature testing machine

【机】试验机的一种。用于在高温环境中对材料进行力学性能试验。不包括带有高温装置的常温试验机。

高温预警信号/高溫預警信號

gāowēn yùjǐng xìnhào/

ㄍㄠ ㄨㄣ ㄩˋ ㄐㄧㄥˇ ㄒㄧㄣˋ ㄏㄠˋ

heat wave warning signal

【气】气象灾害预警信号的一种。分为三级,分别以黄色、橙色、红色标识。参见"气象灾害预警信号”(895 页)。

高新技术 gāoxīn jìshù/ㄍㄠ ㄒㄧㄣ ㄐㄧˋ ㄕㄨˋ

【总】即“高技术”(391 页)。

高性能船/高性能船

gāoxìngnéngchuán/ㄍㄠ ㄒㄧㄥˋ ㄋㄥˊ ㄔㄨㄢˊ

high performance craft

【船】具有航速高、耐波性好或其他优异高性能的新型船舶的统称。可分为水浮力型、水动升力型、空气静升力型、空气动升力型和复合型。包括滑行艇、水翼艇、地效翼船、全垫升气垫船、侧壁式气垫船、小水线面双体船、穿浪双体船等。

高血鈉症

ㄍㄠ ㄒㄧㄝˇ ㄋㄚˋ ㄓㄥˋ/gāoxuènàzhèng

hypernatremia

【医】台湾名。即“高钠血症”(394 页)。

高血压/高血壓 gāoxuèyā/ㄍㄠ ㄒㄧㄝˇ ㄧㄚ

hypertension

【医】以动脉血压持续升高为主要表现的病症。静息状态下,动脉收缩压≥140 毫米汞柱和/或舒张压≥90 毫米汞柱,常伴有脂肪和糖代谢紊乱,以及心、脑、肾和视网膜等器官功能性或器质性改变。按发病原因不同,可分为原发性高血压和继发性高血压两类。

高压/高電壓 gāoyā/ㄍㄠ ㄉㄧㄢˋ ㄧㄚ

high voltage, HV

【电】电力系统中高于 1 千伏并低于 330 千伏的交流电压等级。

高压脊/高壓脊 gāoyājǐ/ㄍㄠ ㄧㄚ ㄐㄧˇ

ridge

【气】天气系统的一类。水平气压场上,从高压区向外延伸,等压线向气压较低的一侧凸出的脊状部分。脊线上任意一点,三面气压较低而一面气压较高。常带来好天气。

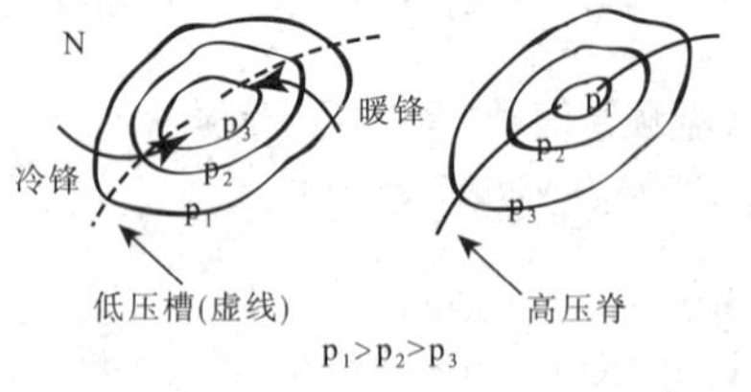

高压脊

高压直流/高壓直流

gāoyā zhíliú/ㄍㄠ ㄧㄚ ㄓˊ ㄌㄧㄡˊ

high voltage direct current, HVDC

【电】电力系统中±800 千伏以下的直流电压等级。目前,国际上没有统一的高压直流电压等级划分标准。

高烟囱排放/高煙囪排放

gāoyāncōng páifàng/

ㄍㄠ ㄧㄢ ㄘㄨㄥ ㄆㄞˊ ㄈㄤˋ

high stack emission

【环】用高烟囱(高度为 200 米以上)将烟气排入高空,以充分利用大气的扩散、稀释作用,防治局部地区大气污染的措施。在一个地区内烟气排放量不变的情况下,近地面的烟气浓度大致与烟囱有效高度的平方成反比,增加烟囱高度,可以减轻该地区大气污染程度。

高原/高原 gāoyuán/ㄍㄠ ㄩㄢˊ

plateau

【地】面积广大,地形开阔,周边以明显的陡坡为界,大面积隆起的高地。海拔高度通常 600 米以上,是陆地表面的一种基本地貌。如中国的青藏高原、南极冰雪高原。

高原现象/高原現象

gāoyuán xiànxiàng/ㄍㄠ ㄩㄢˊ ㄒㄧㄢˋ ㄒㄧㄤˋ

plateau phenomenon

【心】在复杂技能形成过程中出现的练习成绩暂时停顿现象。在练习曲线上表现为有一段呈现一定水平的暂时停顿而不再上升,甚至下降,但在高原期之后,又可看到曲线继续上升。练习成绩达到极限则曲线也不再上升,高原现象与成绩极限有着质的区别,但对两者的判别则较为困难。

高油 ㄍㄠ ㄧㄡˊ/gāoyóu

tall oil

【化】台湾名。即“妥尔油”(1158 页)。

高真空/高真空

gāozhēnkōng/ㄍㄠ ㄓㄣ ㄎㄨㄥ

high vacuum

【航】压力在 $1.333\times10^{-1}\sim1.333\times10^{-6}$ 帕稀薄气体状态的空间区域。地球表面 85 千米以上高层大气、宇宙深空空间或人造真空密闭容器内,可存在和实现高真空度的区域。

高阻表/高阻計 gāozǔbiǎo/ㄍㄠ ㄗㄨˇ ㄐㄧˋ

insulation resistance meter, megger

【电】又称“兆欧表”“摇表”。用于测量绝缘电阻的仪表。其测量机构是磁电系流比计,标尺刻度以“兆欧”为单位。

高阻計 ㄍㄠ ㄗㄨˇ ㄐㄧˋ/gāozǔjì

insulation resistance meter, megger

【电】台湾名。即“高阻表”(397页)。

睾丸/睪丸 gāowán/ㄍㄠ ㄨㄢˊ

testis

【医】男性的内生殖器官。位于阴囊内,左右各一,卵圆形,其内的精曲小管产生精子,间质细胞分泌雄激素。成人的睾丸重10~15克。

睾丸炎/睪丸炎

gāowányán/ㄍㄠ ㄨㄢˊ ㄧㄢˊ

orchitis

【医】睾丸的炎性病变。患侧阴囊坠胀不适,局部疼痛,甚至影响行动,疼痛可向同侧腹股沟区及下腹部放射,可伴有全身不适或高热。

膏肓/膏肓 gāohuāng/ㄍㄠ ㄏㄨㄤ

gao huang, inter cardiodiaphragmatic part

【中医】人体心之下、膈之上的部位。

膏药/膏藥 gāoyào/ㄍㄠ ㄧㄠˋ

plaster, medicinal paste

【中医】中药剂型之一。将药材、食用植物油与红丹炼制成膏料,摊涂于裱背材料上制成,供外用。古代称其为“薄贴”。

锆/鋯 gào/ㄍㄠˋ

zirconium

【化】金属元素。属周期表第ⅣB族,符号Zr,原子序数40。原子量91.22。自然界主要存在于锆石中。单质为浅灰色金属,外观似钢,有α锆和β锆两种晶形。化学性质不活泼,比钛软,抗腐蚀性优于钛而接近铌和铌。可用于核反应堆的结构材料,或冶炼高强度合金的添加元素等。

📖 1789年,德国的克拉普罗特(M.H. Klaproth)从锡兰(今斯里兰卡)产的一种矿石中发现了新的氧化物,他称之为锆土;1824年,瑞典的贝齐里乌斯(J.J.Berzelius)制得不纯的金属锆;1914年,荷兰的列里(D.Lely)与汉保格(L.Hamburger)制得纯金属锆。拉丁文定名为zirconium,源自希腊文zircon,意思是“风信子石”。中文定名为“锆”,是形声字。

锆石/鋯石 gàoshí/ㄍㄠˋ ㄕˊ

zircon

【地】矿物。成分为$ZrSiO_4$,常含铪、稀土、铌、钽、钍和铀等。四方晶系。晶体呈四方柱状或四方双锥状,集合体呈粒状。褐黄色、灰色或无色,金刚光泽,莫氏硬度7~8,密度4.7克/厘米³。耐高温(熔点高达2750℃),耐腐蚀。主要用于铸造工业,也用于制造耐酸、耐火玻璃器皿,是提取锆和铪的主要矿物原料。透明色美的可作宝石。

ge (ㄍㄜ)

戈 gē/ㄍㄜ

【计量】“戈瑞”的简称。

戈壁/戈壁 gēbì/ㄍㄜ ㄅㄧˋ

gobi

【地】地表被粗砂、砾石覆盖,地面缺水,植被稀疏的荒漠。戈壁为蒙古语的音译,意为“难生草木的土地”。

戈瑞/格列 gēruì/ㄍㄜˊ ㄌㄧㄝˋ

gray

【计量】简称“戈”,台湾简称“格”。吸收剂量的国际单位制单位。符号Gy。1戈表示1千克物质吸收1焦的能量。为纪念英国物理学家(L. H. Gray)而得名。

哥白尼太陽系

ㄍㄜ ㄅㄞˊ ㄋㄧˊ ㄊㄞˋ ㄧㄤˊ ㄒㄧˋ/Gēbáiní tàiyángxì

Copernican system

【物】台湾名。即“哥白尼体系”(397页)。

哥白尼体系/哥白尼太陽系

Gēbáiní tǐxì/ㄍㄜ ㄅㄞˊ ㄋㄧˊ ㄊㄞˋ ㄧㄤˊ ㄒㄧˋ

Copernican system

【天】波兰天文学家哥白尼(N. Copernicus, 1473—1543)在1543年所著的《天体运行论》中提出的日心体系宇宙图景。主要内容是太阳为宇宙的中心,所有行星都围绕太阳做匀速圆周运动;地球是一颗普通行星;月球是绕地球旋转的卫星，同时与地球一起绕太阳旋转；天穹实际上不转动。

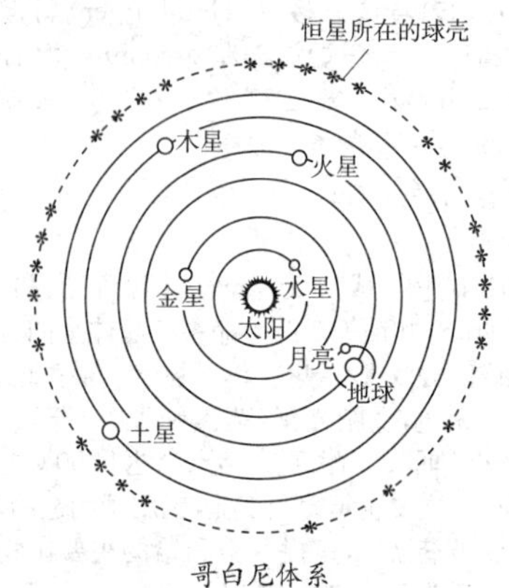

哥白尼体系

哥德巴赫猜想/哥德巴赫猜想
Gēdébāhè cāixiǎng/
ㄍㄜ ㄉㄜˊ ㄅㄚ ㄏㄜˋ ㄘㄞ ㄒㄧㄤˇ
Goldbach's conjecture
【数】1742 年德国数学家哥德巴赫（C.Goldbach）提出的一个数论中的命题：每一个大于 4 的偶数，都可表示为两个素数的和。例如，6＝3＋3，8＝3＋5，10＝3＋7 等。这个命题的证明迄今尚未得出，故人们称其为哥德巴赫猜想。1966 年中国数学家陈景润（1933—1996）证明了目前最接近目标的结论：每一充分大的偶数，或者可以表示为两个奇素数的和，或者可以表示为一个奇素数和两个奇素数乘积的和。

哥德建築
ㄍㄜ ㄉㄜˊ ㄐㄧㄢˋ ㄓㄨˋ/Gēdé jiànzhù
Gothic architecture
【建】台湾名。即“哥特建筑”（398 页）。

哥特建筑/哥德建築
Gētè jiànzhù/ㄍㄜ ㄉㄜˊ ㄐㄧㄢˋ ㄓㄨˋ
Gothic architecture
【建】12 世纪下半叶起源于法国，13—15 世纪流行于欧洲的建筑风格。典型建筑是平面为拉丁十字的教堂，建筑结构采用尖拱券、肋骨拱和飞扶壁，形成石造的框架结构。墙壁不承重，柱墩之间布满彩色玻璃窗，描述圣经故事。教堂外是钟楼和尖塔，内部为束柱，强调垂直线条，凸显向上的动感。

哥窑/哥窯 Gēyáo/ㄍㄜ ㄧㄠˊ
Ge Kiln
【轻】中国宋代五大名窑之一。窑址不详。其胎色黑褐，釉层冰裂，釉色多为粉青或灰青。因胎色较黑及高温下器物口沿釉汁流泻而隐显胎色，故有紫口铁足之说；釉层开片有粗有细，较细者称为“百圾碎”。哥窑瓷器，存世的仅百余件，非常珍贵。
📖 根据文献提供的线索，人们在浙江龙泉的大窑和溪口找到了生产类似哥窑器物的窑址。其产品为黑胎开片，釉色以粉青和灰青为主，单色纹线，应为入土所致，用垫饼垫烧。其烧制年代为南宋中晚期。故哥窑可能位于今浙江龙泉境内。

鸽/鴿 gē/ㄍㄜ
pigeon
【动】通称“鸽子”。鸟名。鸽形目鸠鸽科各种的统称。品类很多，羽毛有白色、灰色、酱紫色等，善于飞行，以谷类植物的种子等为食。常见的是家鸽，有的家鸽经训练可用来传递书信。

鸽子树 gēzishù/ㄍㄜ ·ㄗ ㄕㄨˋ
【植】即“珙桐”（417 页）。
📖 珙桐的头状花序宛如一个长着“眼睛”和“嘴巴”的鸽子头。两片大而洁白的总苞像是白鸽的一对翅膀，绿黄色的柱头像鸽子的喙。当珙桐花开放时，张张白色的总苞在绿叶中浮动，犹如千万只白鸽栖息在树梢枝头，振翅欲飞，故又称“鸽子树”，有象征和平的寓意。

搁浅/觸礁 gēqiǎn/ㄔㄨˋ ㄐㄧㄠ
stranding, grounding
【船】船舶停滞于水深小于船舶吃水之处，船底部或船体其他部位搁到水底或水下物体上，不能进退和浮动的现象。多发生在浅滩、礁区或狭窄水道。航行中推算和测定船位错误，未正确利用导航设备而偏离航线，对潮汐、风压、流压估计错误，大风浪影响及走锚等，都可导致搁浅。有时出于某种需要，也有故意使船舶搁浅的。

搁滩 gētān/ㄍㄜ ㄊㄢ
【船】即“冲滩”（134 页）。

割草机/割草機 gēcǎojī/ㄍㄜ ㄘㄠˇ ㄐㄧ
mower

【机】农业机械的一种。收割牧草的机械设备。由切割、起落、安全、传动等装置组成。可分为往复式和旋转式两类。可配备压扁装置，在收割时即把牧草压扁成条铺放地面，以利均匀干燥和减少养分损失。

割集/切集 gējí/ㄍㄜ ㄐㄧˊ

cutset

【电】具有下述性质的图的支路集：割断此集中所有支路后，图的不连通部分的数目增加，但恢复该集中的任一支路，该图的不连通部分的数目不增加。

割炬/割炬 gējù/ㄍㄜ ㄐㄩˋ

oxygen gas cutting torch

【机】又称"割枪"。❶气割操作的主要工具。形状略像枪，前端有喷嘴，以气体火焰作为热源，用氧气切割金属。❷用其他热源切割金属的工具，如等离子割炬。

割枪 gēqiāng/ㄍㄜ ㄑㄧㄤ

【机】即"割炬"(399 页)。

割线/割線 gēxiàn/ㄍㄜ ㄒㄧㄢˋ

secant

【数】❶和圆有两个公共点的直线，叫作圆的割线。圆心到割线的距离小于半径。❷过平面曲线上临近的两点的直线，叫作这条曲线的过这两点的割线。

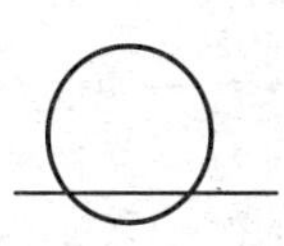

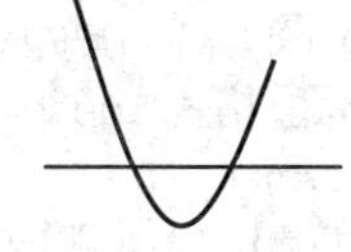

割 线

割圆术/割圓術

gēyuánshù/ㄍㄜ ㄩㄢˊ ㄕㄨˋ

method for determing segment areas

【数】运用极限思想证明圆面积公式及计算圆周率的方法。由魏晋时期数学家刘徽创造。他指出圆内接正多边形的边数逐渐加倍时，正多边形逐渐接近于圆。如此无限地继续下去，则正多边形变为圆。由此可以通过计算正多边形的面积，得出圆的面积。将与圆周合体的正 n 边形分割成 n 个以圆心为顶点的等腰三角形，则可得出这个多边形的面积，由此得到圆面积公式"半周乘半径而为圆幂"（即 $S=\pi r^2$）。刘徽推出不等式 $S_{2n}<S<2S_{2n}-S_n$，其中 S 为圆面积，S_n 为圆内接正 n 边形的面积。他从圆内接正六边形出发，逐步算出边数为 12，24，48，96，192 的圆内接正多边形的面积，从而得出圆周率的近似值为 $\frac{157}{50}$（=3.14）。又计算出圆内接正 3072 边形的面积，由上述不等式证出圆周率的近似值为 $\frac{3927}{1250}$（=3.1416）。割圆术奠定了此后千余年中国圆周率计算在世界的领先地位。南北朝时期祖冲之进一步得到更为精确的圆周率，使有效数字达到 8 位。

割治法/割治法 gēzhìfǎ/ㄍㄜ ㄓˋ ㄈㄚˇ

cutting method, * excision therapy

【中医】外治法之一。手术切开某部皮肤，并割取少量皮下组织以治疗疾病。

镉/鎶 gē/ㄍㄜ

copernicium

【化】金属元素。属周期表第 II B 族，符号 Cn，原子序数 112。原子量 277。有放射性，由人工核反应获取。

📖 1996 年，在德国重离子研究中心的国际科研组使用重离子加速器合成的新核素。拉丁文定名为 copernicium，源自 N.Copernicus，用以纪念波兰天文学家、日心说创始人哥白尼。中文定名为"镉"，是形声字。2007 年由两岸化学界人士共同商议确定。

革 gé/ㄍㄜˊ

【轻】"皮革"的简称。

革兰氏阳性菌/革蘭氏陽性菌

Gélánshì yángxìngjūn/

ㄍㄜˊ ㄌㄢˊ ㄕˋ ㄧㄤˊ ㄒㄧㄥˋ ㄐㄩㄣ

Gram-positive bacteria

【医】通过革兰氏染色后呈现紫色的细菌。大多数化脓性球菌属于革兰氏阳性菌，常见的有：葡萄球菌、链球菌、肺炎双球菌、炭疽杆菌、白喉杆菌、破伤风杆菌等。

📖 1884 年丹麦医师革兰（H. C. Gram，1853—1938）创立染色法，通过结晶紫初染和碘液媒染后，用乙醇或丙酮脱色处理后呈紫色的细菌，称为革兰氏阳性菌。

革兰氏阴性菌/革蘭氏陰性菌

Gélánshì yīnxìngjūn/

ㄍㄜˊ ㄌㄢˊ ㄕˋ ㄧㄣ ㄒㄧㄥˋ ㄐㄩㄣˋ

Gram-negative bacterium

【医】通过革兰氏染色后呈现红色的细菌。大多数肠道菌属于革兰氏阴性菌，常见的有痢疾杆菌、伤寒杆菌、大肠杆菌、变形杆菌、铜绿假单胞菌、百日咳杆菌及霍乱弧菌等。

📖 1884年丹麦医师革兰(H. C. Gram，1853—1938)创立染色法，通过结晶紫初染和碘液媒染后，用乙醇或丙酮脱色处理后呈红色的细菌，称为革兰氏阴性菌。

革制品/革製品 gézhìpǐn/ㄍㄜˊ ㄓˋ ㄆㄧㄣˇ

leather product

【轻】全部或主要部分以皮革为原料制成的物品。通常由面料、里料、衬料、骨架及五金连接件或装饰件等组成。常见的有传动带、车马挽具、手枪套、油封、垫圈、皮鞋、皮革服装、皮箱、皮制球等。

革质/皮革態 gézhì/ㄆㄧˊ ㄍㄜˊ ㄊㄞˋ

leathery

【植】植物器官的质地近似皮革的性质。如桉树叶就属于革质。

G

阁/閣 gé/ㄍㄜˊ

pavilion

【建】下部架空、底层高悬的建筑。平面通常近似方形，两层，有平坐，四周多设置隔扇或栏杆回廊，供远眺、游憩、藏书和供佛用。在建筑组群中可居于主要位置。佛寺中有以阁为主体的，如天津独乐寺观音阁。

阁楼/閣樓 gélóu/ㄍㄜˊ ㄌㄡˊ

attic

【建】在坡屋面建筑的顶层，坡屋面下与顶层楼板之间的空间。也指在空间较高的房间，中间加一层楼板而形成的上层空间。用于居住或进行其他活动。

格 ㄍㄜˊ/gé

gray

【计量】台湾名。"格列"的简称。

格里历/格里曆 gélǐlì/ㄍㄜˊ ㄌㄧˇ ㄌㄧˋ

Gregorian calendar

【天】又称"公历"。1582年由罗马教皇格里高利十三世颁行，故名。

格列 ㄍㄜˊ ㄌㄧㄝˋ/gélìè

gray

【计量】台湾名。即"戈瑞"(397页)。

格林尼治/格林威治

Gélínnízhì/ㄍㄜˊ ㄌㄧㄣˊ ㄨㄟ ㄓˋ

Greenwich

【地】英国皇家天文台原所在地。位于伦敦东南8千米的泰晤士河畔。1884年的国际经度会议上决定以经过格林尼治的经线为本初子午线，以此作为计算经度的起点，为0°，向东、向西各分为180°。又决定此地为世界时区的起点。后天文台迁址，但先前的决定不变。

📖 "格林尼治"曾译为"格林威治"，是因Greenwich的译音造成的。Greenwich中间的-nwi-连读则译为"威"，实际上w不发音，应译为"尼"。

格林威治 ㄍㄜˊ ㄌㄧㄣˊ ㄨㄟ ㄓˋ/Gélínwēizhì

Greenwich

【地】台湾名。即"格林尼治"(400页)。

格陵兰岛/格陵蘭島

Gélínglán Dǎo/ㄍㄜˊ ㄌㄧㄥˊ ㄌㄢˊ ㄉㄠˇ

Greenland

【地】岛名。位于北美洲东北，北冰洋和大西洋之间。面积217.56万平方千米。是世界上最大的岛屿。全岛4/5面积在北极圈内，85%的地面被冰层覆盖，冰层厚达1500米以上。全年气温0℃以下，最冷可达到零下70℃。除西南部地区外，自然条件极为恶劣。矿产以冰晶石最负盛名。

格式/格式 géshì/ㄍㄜˊ ㄕˋ

format

【信息】文本处理中对文件打印/显示形式或对数据媒体上文件所规定的安排或布局。例如超文本置标语言(HTML)文件格式，能由因特网浏览器解释并显示。

格式化/格式化 géshìhuà/ㄍㄜˊ ㄕˋ ㄏㄨㄚˋ

formatting

【信息】❶使所用计算机系统能将数据存入数据媒体，之后又能检索出来的准备性操作。在媒体特定区域写入一定数据，将媒体分区，并清除原有的所有数据。❷对文本编辑器或其他文本处理软件，按用户规定准则对文本布局进行的准备。包括对文档版口(页边空白)、字型、字号、粗细等的规定。

格式控號

ㄍㄜˊ ㄕˋ ㄎㄨㄥˋ ㄏㄠˋ/géshì kònghào

format effector

【信息】台湾名。即“格式控制符”(401 页)。

格式控制符/格式控號

géshì kòngzhìfú/ㄍㄜˊ ㄕˋ ㄎㄨㄥˋ ㄏㄠˋ

format effector

【信息】用来对打印、显示或记录的数据进行定位的控制字符。例如用于保持间隔、水平制表、回车、换行或换页的字符。

格田灌溉

gétián guàngài/ㄍㄜˊ ㄊㄧㄢˊ ㄍㄨㄢˋ ㄍㄞˋ

【水利】即“淹灌”(1309 页)。

葛/葛 gé/ㄍㄜˊ

grosgrain

【纺】丝织物类名。以长丝为主,细经、粗纬纯织或交织,采用平纹、斜纹及变化组织的机织物。质地厚实坚牢,表面横向呈现明显的粗纬凸纹。可分为素葛和花葛,用作秋冬季服装面料和沙发等装饰用料。

葛麻姆/葛藤 gémámǔ/ㄍㄜˊ ㄊㄥˊ

kudzu vine

【植】*Pueraria montana* var. *lobata* 豆科葛属。粗壮藤本植物。块状根粗壮,茎基部木质。羽状复叶,小叶三枚,卵形,又三裂。总状花序,花萼钟形,花冠蝶形,紫色。花期 9—10 月份。在中国,除新疆、青海、西藏外均有分布。根可入药。

葛根/葛根 gégēn/ㄍㄜˊ ㄍㄣ

Radix Puerariae Lobatae(拉), kudzu-vine root, * pueraria root

【中医】中药名。豆科植物野葛 *Pueraria lobata* (Willd.) Ohwi 的干燥根。味甘、辛,性凉。归脾、胃经。解肌退热,生津,透疹,升阳止泻。用于外感发热头痛、项背强痛,口渴,消渴,麻疹不透,热痢,泄泻;高血压颈项强痛。葛根的花也能入药,名葛花,可解酒。

野葛

葛藤 ㄍㄜˊ ㄊㄥˊ/géténg

kudzu vine

【植】台湾名。即“葛麻姆”(401 页)。

蛤蚧/蛤蚧 géjiè/ㄍㄜˊ ㄐㄧㄝˋ

Gecko(拉), tokay gecko

【中医】中药名。壁虎科动物蛤蚧 *Gekko gecko* Linnaeus 的干燥全体。味咸,性平。归肺、肾经。补肺益肾,纳气定喘,助阳益精。用于虚喘气促,劳嗽咳血,阳痿遗精。

蛤蚧

隔板 ㄍㄜˊ ㄅㄢˇ/gébǎn

partition

【建】台湾名。即“隔断”(401 页)。

隔断/隔板 géduàn/ㄍㄜˊ ㄅㄢˇ

partition

【建】垂直分割室内空间的装修构件。是专门作为分隔室内空间的立面,主要起遮挡作用,通常不做到板下,有的可以移动。其与隔墙最大的区别在于隔墙是做到板下的,即立面的高度不同。

隔绝式防毒面具/隔絕式防毒面具

géjuéshì fángdú miànjù/

ㄍㄜˊ ㄐㄩㄝˊ ㄕˋ ㄈㄤˊ ㄉㄨˊ ㄇㄧㄢˋ ㄐㄩˋ

isolation type protective gas mask

【军】采用隔绝方式使人员与外界受染环境隔离,依靠自身气源保障呼吸的防毒面具。主要由面罩和供气系统两部分组成。可使人员的呼吸器官、眼睛和面部皮肤与外界受染空气隔绝,依靠自身气源或通过长导气管送入受染环境以外的洁净空气保障呼吸的个人防护装备。通常为 4～16 千克,结构、使用和维护均较复杂,但安全性好,主要适用于缺氧、染毒物质种类未知、毒物浓度不明或过高(含量超过 1%)及染毒物质不能为过滤式防毒面具滤除的恶劣环境。常见的有贮氧式防毒面具、贮气式防毒面具、生氧式防毒面具和长管呼吸器。

隔离/隔離 gélí/ㄍㄜˊ ㄌㄧˊ

isolation

【医】将处于传染期的患者、可疑患者或病原携带者与易感人群分开,避免接触以防止传染的措施。

隔离开关/隔離開關

gélí kāiguān/ㄍㄜˊ ㄌㄧˊ ㄎㄞ ㄍㄨㄢ

isolating switch，disconnector

【电】又称“隔离器”。没有设置专门灭弧装置的开关电器。

隔离期/隔離期 gélíqī/ㄍㄜˊ ㄌㄧˊ ㄑㄧˊ

isolation period

【医】自隔离起至解除隔离止的一段时间。某种传染病的隔离期，通常不得短于该病的平均潜伏期，例如甲型肝炎的隔离期最短为4周。

隔离器 gélíqì/ㄍㄜˊ ㄌㄧˊ ㄑㄧˋ

【电】即“隔离开关”(401页)。

隔膜泵/膜片泵

gémóbèng/ㄇㄜˋ ㄆㄧㄢˋ ㄅㄥˋ

diaphragm pump

【机】又称“控制泵”。往复泵的一种。借助于隔膜片(膜状弹性元件)在工作腔内来回鼓动而吸入和排出液体。通常按所配执行机构使用的动力不同，可分为气动、电动、液动三类。

隔膜阀/膜片閥 gémófá/ㄇㄜˋ ㄆㄧㄢˋ ㄈㄚˊ

diaphragm valve

【机】阀的一种。启闭件(隔膜)在阀内沿阀杆轴线作升降运动，通过启闭件(隔膜)的变形将动作机构与介质隔开。隔膜由软质材料(橡胶、塑料等)制成。按结构形式不同，可分为屋式、直流式、截止式、直通式、闸板式和直角式六种；按驱动方式不同，可分为手动、电动和气动三种。

隔声/隔音 géshēng/ㄍㄜˊ ㄧㄣ

sound insulation

【环】利用构件将声源与接受者分开，控制声源的声传播，以降低噪声污染的措施。常用构件有隔声墙、隔声罩、隔声幕和隔声屏障等。

隔音 ㄍㄜˊ ㄧㄣ/géyīn

sound insulation

【环】台湾名。即“隔声”(402页)。

隔振/隔振 gézhèn/ㄍㄜˊ ㄓㄣˋ

vibration isolation

【环】在振动源和待隔振系统之间的振动传输通道上加装弹性元件，以降低振动源传输到待隔振系统的能量的措施。通常采用隔振器，连接设备和基础，以减少设备和基础之间的振动。

膈/横膈膜 gé/ㄏㄥˊ ㄍㄜˊ ㄇㄛˊ

diaphragm

【医】位于胸腔和腹腔之间的扁平肌性结构。参与机体呼吸活动。其周边为薄层横纹肌组织，外端附着于胸廓下口周围骨或软骨，中央汇聚成腱膜；后腰部位膈肌附着于上段腰椎处，称为膈脚；膈上有三个裂孔供主动脉、腔静脉和食管下行进入腹腔。

膈式呼吸 géshì hūxī/ㄍㄜˊ ㄕˋ ㄏㄨ ㄒㄧ

【医】即“腹式呼吸”(373页)。

镉/鎘 gé/ㄍㄜˊ

cadmium

【化】金属元素。属周期表第ⅡB族，符号Cd，原子序数48。原子量112.4。自然界主要存在于硫镉矿中，少量在闪锌矿中与锌共生。单质为银白色微带蓝色光泽的金属，质软，延展性好，在空气中迅速失去光泽。可用于制合金或作核反应堆材料，也用于电镀等。

📖 1817年，德国的施特罗迈尔(F. Stromeyer)在不纯的碳酸锌中发现了新的金属元素。拉丁文定名为cadmium，源自calamine，意思是“菱锌矿”(因为其在菱锌矿中被发现)。中文定名为“镉”，是形声字。

个案研究/個案研究

gè'àn yánjiū/ㄍㄜˋ ㄢˋ ㄧㄢˊ ㄐㄧㄡ

case study

【心】对一个或一批客观对象，包括人和社会现象的某一方面或多方面的特点进行较长时期的全面、系统的研究及其方法。

个别差异/個別差異

gèbié chāyì/ㄍㄜˋ ㄅㄧㄝˊ ㄔㄚ ㄧˋ

【心】即“个体差异”(403页)。

个人标志号

gèrén biāozhìhào/ㄍㄜˋ ㄖㄣˊ ㄅㄧㄠ ㄓˋ ㄏㄠˋ

【信息】即“个人识别号码”(402页)。

个人计算机/個人電腦

gèrén jìsuànjī/ㄍㄜˋ ㄖㄣˊ ㄉㄧㄢˋ ㄋㄠˇ

personal computer，PC

【信息】一类主要供个人使用的微型计算机。主要有台式、笔记本式、便携式等几种。

个人识别号码/個人識別號碼

gèrén shíbié hàomǎ/

ㄍㄜˋ ㄖㄣˊ ㄕˊ ㄅㄧㄝˊ ㄏㄠˋ ㄇㄚˇ

personal identification number，PIN

【信息】又称“个人标志号”。个人用户在某个电子服务系统(如自动提款机、因特网站点或无线电话服务)中的唯一性代码编号。

个人数字助理/個人數位助理

gèrén shùzì zhùlǐ/ㄍㄜˋ ㄖㄣˊ ㄕㄨˋ ㄗˋ ㄓㄨˋ ㄌㄧˇ

personal digital assistant，PDA

【信息】又称“掌上电脑”。用来提供个人数据组织(例如日历、记事、数据库、计算器)以及通信等特定功能的轻便型掌上计算机。有的还提供多媒体功能。以笔型输入器或其他指点器代替键盘或鼠标输入；存储数据以闪存取代磁盘驱动器。主要包括电子词典、电子记事本、手持计算机等。

个人通信/個人通信

gèrén tōngxìn/ㄍㄜˋ ㄖㄣˊ ㄊㄨㄥ ㄒㄧㄣˋ

personal communication

【信息】用户在任何时间、地点均可与任何人联络交流的通信方式。主要特征是面向个人而非终端，并以个人电信号码为唯一性专用通信识别符。

个人域网/個人區域網路

gèrén yùwǎng/ㄍㄜˋ ㄖㄣˊ ㄑㄩ ㄩˋ ㄨㄤˇ ㄌㄨˋ

personal area network

【信息】能在便携式消费电器与通信设备之间进行短距离通信的网络。覆盖半径多在10米以内。

个体/個體 gètǐ/ㄍㄜˋ ㄊㄧˇ

individual

【数】统计问题中，总体中的每个成员。例如，要调查某班50名学生的身高，则其中每一学生的身高数值是一个个体。

个体差异/個別差異

gètǐ chāyì/ㄍㄜˋ ㄅㄧㄝˊ ㄔㄚ ㄧˋ

individual difference

【心】又称“个别差异”“个性差异”。个人在心理活动过程中表现出来的相对稳定的、不同于他人的心理生理特点。差异表现在质和量两个方面：质的差异是不同个体之间在品质和属性上存在的任何差别；量的差异是不同个体之间发展速度、发展水平等存在的任何差别。

个性 gèxìng/ㄍㄜˋ ㄒㄧㄥˋ

【心】即“人格”(944页)。

个性测验

gèxìng cèyàn/ㄍㄜˋ ㄒㄧㄥˋ ㄘㄜˋ ㄧㄢˋ

【心】即“人格测验”(944页)。

个性差异 gèxìng chāyì/ㄍㄜˋ ㄒㄧㄥˋ ㄔㄚ ㄧˋ

【心】即“个体差异”(403页)。

个性倾向性/個性傾向性

gèxìng qīngxiàngxìng/

ㄍㄜˋ ㄒㄧㄥˋ ㄑㄧㄥ ㄒㄧㄤˋ ㄒㄧㄥˋ

individual inclination

【心】决定个人对事物的态度和行为的内部动力系统。使人的行为表现出积极性，是推动人进行活动的基本动力。为个性心理中的最活跃的因素，反映了人对周围世界的趋向和追求。主要包括需要、动机、兴趣、理想、信念、价值观、世界观等。

个性特征

gèxìng tèzhēng/ㄍㄜˋ ㄒㄧㄥˋ ㄊㄜˋ ㄓㄥ

【心】即“个性心理特征”(403页)。

个性心理特征/個性心理特徵

gèxìng xīnlǐ tèzhēng/

ㄍㄜˋ ㄒㄧㄥˋ ㄒㄧㄣ ㄌㄧˇ ㄊㄜˋ ㄓㄥ

individual mental characteristics

【心】又称“个性特征”。个人身上经常表现出来的本质的、稳定的心理特征。集中体现了人的心理活动的独特性，反映出一个人的基本精神面貌和意识倾向。主要包括性格、气质、能力等，其中性格是其核心。

个性心理学

gèxìng xīnlǐxué/ㄍㄜˋ ㄒㄧㄥˋ ㄒㄧㄣ ㄌㄧˇ ㄒㄩㄝˊ

【心】即“人格心理学”(944页)。

各向同性/各向同性

gèxiàngtóngxìng/ㄍㄜˋ ㄒㄧㄤˋ ㄊㄨㄥˊ ㄒㄧㄥˋ

isotropy

【物】物体的力学性质(硬度、弹性模量)、热学性质(热胀系数、导热系数)、电学性质(介电常数、电阻率)、光学性质(折射率、吸收系数)等，沿各个不同方向都相同的特性。

各向异性/異向性

gèxiàngyìxìng/ㄧˋ ㄒㄧㄤˋ ㄒㄧㄥˋ

anisotropy

【物】物体的力学性质(硬度、弹性模量)、热学性质(热胀系数、导热系数)、电学性质(介电常数、电阻率)、光学性质(折射率、吸收系数)等，

G

沿固体的不同方向各不相同的特性。

虼螂 gèláng/ㄍㄜˋ ㄌㄤˊ

【动】即“蜣螂”(907 页)。

虼蚤 gèzao/ㄍㄜˋ ·ㄗㄠ

【动】即“跳蚤”(1133 页)。

個人電腦

ㄍㄜˋ ㄖㄣˊ ㄉㄧㄢˋ ㄋㄠˇ/gèrén diànnǎo

personal computer, PC

【信息】台湾名。即“个人计算机”(402 页)。

個人區域網路

ㄍㄜˋ ㄖㄣˊ ㄑㄩ ㄩˋ ㄨㄤˇ ㄌㄨˋ/

gèrén qūyù wǎnglù

personal area network

【信息】台湾名。即“个人域网”(403 页)。

個人數位助理

ㄍㄜˋ ㄖㄣˊ ㄕㄨˋ ㄨㄟˋ ㄓㄨˋ ㄌㄧˇ/

gèrén shùwèi zhùlǐ

personal digital assistant, PDA

【信息】台湾名。即“个人数字助理”(403 页)。

铬/鉻 gè/ㄍㄜˋ

chromium, chrome

【化】金属元素。属周期表第ⅥB族,符号Cr,原子序数24。原子量52.00。自然界主要存在于铬铁矿、铬铅矿中。单质为钢灰色有光泽金属,有延展性,含杂质变硬而脆。耐腐蚀性很强,不易氧化。可用于电镀和制造耐腐蚀合金钢等。

📖 1797年,法国的沃克兰(L.N.Vauquelin)发现色彩鲜艳的实验物种有一种未知元素,两年后才制得纯净的金属铬。拉丁文定名为chromium,源自希腊文chroma,意思是“彩色”。中文定名为“铬”,是形声字。

铬铁矿/鉻鐵礦

gètiěkuàng/ㄍㄜˋ ㄊㄧㄝˇ ㄎㄨㄤˋ

chromite

【地】矿物。成分为$(Mg,Fe)Cr_2O_4$,等轴晶系,常呈块状或粒状的集合体。黑色,条痕深棕色,不透明,金属光泽,莫氏硬度5.5～6.5,密度4.3～4.8克/厘米^3。弱磁性,含铁量高者磁性较强。常与橄榄石共生。主要用来生产铬铁合金和金属铬,也可用于高温耐火材料。

铬渣/鉻渣 gèzhā/ㄍㄜˋ ㄓㄚ

chromic slag

【环】金属铬及重铬酸钠和铬酸酐等铬盐生产过程中排出的废渣。主要成分是铝、镁、硅、钙和铬等的氧化物。铬渣含有剧毒的六价铬离子,堆存时需防雨雪淋浸和防渗。高温处理可消除其毒性。

gei (ㄍㄟ)

给料机械/給料器

gěiliào jīxiè/ㄍㄟˇ ㄌㄧㄠˋ ㄐㄧ ㄒㄧㄝˋ

feeder

【机】台湾又称“進給器”。一种机械设备。用于将物料由储料装置输送至受料装置中,可以控制物料输送速度和流量。可分为带式给料机、板式给料机、螺旋给料机、圆盘给料机等。

給料器 ㄍㄟˇ ㄌㄧㄠˋ ㄑㄧˋ/gěiliàoqì

feeder

【机】台湾名。即“给料机械”(404 页)。

給·呂薩克體積定律

ㄍㄟˇ ㄌㄩˇ ㄙㄚˋ ㄎㄜˋ ㄊㄧˇ ㄐㄧ ㄉㄧㄥˋ ㄌㄩˋ/

Gěi Lǚsàkè tǐjī dìnglǜ

Gay-Lussac law

【物】台湾名。即“盖·吕萨克定律”(376 页)。

gen (ㄍㄣ)

根/根 gēn/ㄍㄣ

㊀㊁root, ㊂rad, radical

㊀【植】种子植物的营养器官。通常是植物体生长在土壤中的部分,具有吸收、固着、输导、合成、储藏和繁殖等功能。㊁【数】若$f(a)=0$,则a叫作以x为未知数的方程$f(x)=0$的根,也叫作式子$f(x)$的根。例如,1和2是方程$x^2-3x+2=0$的两个根,也可以说1和2是多项式x^2-3x+2的两个根。㊂【化】原子团的一种。通常指带电荷的原子团。如酸根即为酸脱去氢离子的带负电的原子团。

根茎/根莖 gēnjīng/ㄍㄣ ㄐㄧㄥ

【植】即“根状茎”(405 页)。

根式/根式 gēnshì/ㄍㄣ ㄕˋ

radical

【数】式子$\sqrt[n]{a}$($n>1$,n为整数)叫作a的n次

根式。其中 a 叫作被开方式，n 叫作根指数。特别地，$\sqrt[2]{a}$ 简记作 $\sqrt{a}$。

根指数/根指數　gēnzhǐshù/ㄍㄣ ㄓˇ ㄕㄨˋ
radical exponent
【数】表示方根次数的数。例如，$\sqrt[n]{a}$ 中的 n（大于 1 的自然数）是根指数。

根状茎/根莖　gēnzhuàngjīng/ㄍㄣ ㄐㄧㄥ
rhizome
【植】又称“根茎”。植物的一种向地下延伸的，直立或匍匐的多年生地下茎。有的细长，如芦苇；也有的粗肥、肉质，如藕。

跟骨/跟骨　gēngǔ/ㄍㄣ ㄍㄨˇ
calcaneus
【医】跗骨中最大的一块骨，位于距骨下方，近似长方形，分为体和跟结节两部分，构成踵，即脚后跟骨。

跟腱/跟腱　gēnjiàn/ㄍㄣ ㄐㄧㄢˋ
tendo calcaneus
【医】腓肠肌和比目鱼肌共同构成的肌腱。是人体中最强大的肌腱，主要功能是屈小腿和足跖屈，也是直立、行走、跳跃的主要肌腱。

geng （ㄍㄥ）

更年期/更年期
gēngniánqī/ㄍㄥ ㄋㄧㄢˊ ㄑㄧˊ
climacteric period
【医】人体内分泌功能，特别是性腺功能逐渐衰老，引起人体发生一系列变化的特殊时期。女性多发生在 45～55 岁，男性多发生在 55～65岁。女性通常在绝经过渡时期，出现失眠、盗汗、潮热、烦躁、精力体力下降、骨质疏松等症状，可持续 2～3 年。

更年期综合征/更年期综合徵
gēngniánqī zōnghézhēng/
ㄍㄥ ㄋㄧㄢˊ ㄑㄧˊ ㄗㄨㄥ ㄏㄜˊ ㄓㄥ
climacteric syndrome
【医】又称“围绝经期综合征”。妇女绝经前后因卵巢功能衰退而出现的以自主神经功能紊乱为主的综合征。临床表现为月经周期紊乱、潮热、潮红、出汗、心悸、情绪改变等。

更新世/更新世　gēngxīnshì/ㄍㄥ ㄒㄧㄣ ㄕˋ
Pleistocene Epoch
【地】第四纪的第一个世。从距今约 181 万年开始，至距今约 1 万年结束。

更新统/更新統
gēngxīntǒng/ㄍㄥ ㄒㄧㄣ ㄊㄨㄥˇ
Plistocene Series
【地】第四系的第一个统。是更新世时期形成的地层。

耕耘設備
ㄍㄥ ㄩㄣˊ ㄕㄜˋ ㄅㄟˋ/gēngyún shèbèi
inter-row cultivator
【机】台湾名。即“中耕机械”（1458 页）。

耕作地　ㄍㄥ ㄗㄨㄛˋ ㄉㄧˋ/gēngzuòdì
cultivated land
【农】台湾名。即“熟地”（1048 页）。

gong （ㄍㄨㄥ）

工厂交货/工廠交貨
gōngchǎng jiāohuò/ㄍㄨㄥ ㄔㄤˇ ㄐㄧㄠ ㄏㄨㄛˋ
ex works，EXW
【物流】国际贸易术语之一。当卖方在其所在地或其他指定地点（如工场、工厂或仓库）将货物交给买方，即完成交货。买方需要承担在指定地接收货物的全部费用和风险；卖方不负责将货物装上运输工具，不办理出口清关手续，卖方承担责任最小。适用于任何运输方式，包括多式联运。

工程/工程　gōngchéng/ㄍㄨㄥ ㄔㄥˊ
engineering
【总】将自然科学的基本原理及知识体系应用于工农业生产部门中形成的各学科的总称。如水利工程、化学工程、土木建筑工程、遗传工程、系统工程等。

工程测量/工程測量
gōngchéng cèliáng/ㄍㄨㄥ ㄔㄥˊ ㄘㄜˋ ㄌㄧㄤˊ
engineering surveying
【测绘】在工程建设的勘测设计、施工、质量评定、管理维护等阶段进行的各种测量工作。包括勘探测量、控制测量、地形测量、施工放样测量、设备安装测量和变形观测等。常按工程对象称呼各类工程测量，例如矿山测量、城市测量、公路测量、铁路测量、建筑测量、管

G

道测量等。

工程车/工程車

gōngchéngchē/ㄍㄨㄥ ㄔㄥˊ ㄔㄜ

mobile work shop

【交】汽车底盘装有不同的专用设备，用于工程的运载、挖掘、焊接、检测、抢修等作业的汽车。常见的有推土机、装载机、压路机等。

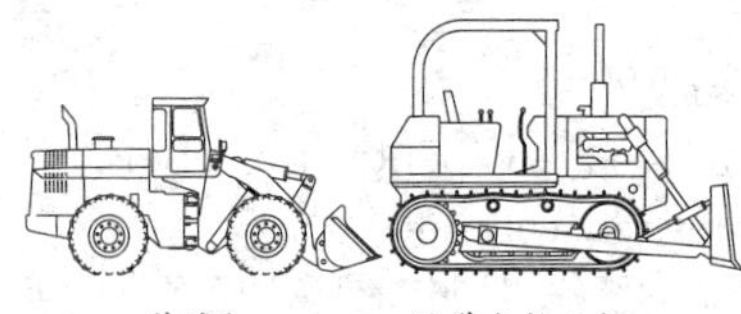

装载机　　履带式推土机

工程船/作業船

gōngchéngchuán/ㄗㄨㄛˋ ㄧㄝˋ ㄔㄨㄢˊ

working ship，work ship

【船】从事水上、水下工程作业和工程技术保障的专用船舶。可用于修建港口、船坞、防波堤、水上机场、疏浚港池、航道和锚地，排除水中障碍物等。包括起重船、打桩船、打夯船、混凝土搅拌船、钻探船、钻孔爆破船、水下基床整平船、抛石船、多用途水上平台以及疏浚工程船。

工程地质学/工程地質學

gōngchéng dìzhìxué/
ㄍㄨㄥ ㄔㄥˊ ㄉㄧˋ ㄓˋ ㄒㄩㄝˊ

engineering geology

【地】地质学的一个分支。研究与人类工程建筑等活动有关的地质问题。用于查明建设地区或建筑场地的工程地质条件，分析、预测和评价可能存在和发生的工程地质问题及其对建筑物和地质环境的影响和危害，提出防治不良地质现象的措施，为保证工程建设的合理规划以及建筑物的正确设计、顺利施工和正常使用，提供可靠的科学依据。

工程机械/工程機械

gōngchéng jīxiè/ㄍㄨㄥ ㄔㄥˊ ㄐㄧ ㄒㄧㄝˋ

engineering machinery

【机】用于工程建设的施工机械的总称。包括土方机械、路面建设与养护机械、桩工机械、起重机械、凿岩机械与气动工具等。广泛用于建筑、水利、电力、道路、矿山、港口和国防等工程领域。

工程控制论/工程模控學

gōngchéng kòngzhìlùn/
ㄍㄨㄥ ㄔㄥˊ ㄇㄛˊ ㄎㄨㄥˋ ㄒㄩㄝˊ

engineering cybernetics

【自】控制论的一个分支。研究被控制的工程系统的分析、设计和运行理论。通常认为即自动控制理论。

工程模控學

ㄍㄨㄥ ㄔㄥˊ ㄇㄛˊ ㄎㄨㄥˋ ㄒㄩㄝˊ/
gōngchéng mókòngxué

engineering cybernetics

【自】台湾名。即“工程控制论”(406 页)。

工程塑膠

ㄍㄨㄥ ㄔㄥˊ ㄙㄨˋ ㄐㄧㄠ/gōngchéng sùjiāo

engineering plastic

【材】台湾名。即“工程塑料”(406 页)。

工程塑料/工程塑膠

gōngchéng sùliào/ㄍㄨㄥ ㄔㄥˊ ㄙㄨˋ ㄐㄧㄠ

engineering plastic

【材】能代替金属作为结构材料使用的塑料。长期耐热性高于 100℃ 的通用工程塑料包括聚甲醛、聚碳酸酯、聚酰胺、聚苯醚、聚酯等，应用广泛；长期耐热性高于 150℃ 的特种工程塑料包括聚醚酮类、液晶聚酯、聚醚砜、聚砜、聚苯硫醚、聚芳酯、聚酰亚胺等，可用于航天等领域。

工程侦察车/工程偵察車

gōngchéng zhēnchácHē/
ㄍㄨㄥ ㄔㄥˊ ㄓㄣ ㄔㄚˊ ㄔㄜ

engineering reconnaissance vehicle

【军】专门用于侦察勘测道路、江河、桥梁和障碍物等的车辆。主要由基础车和侦察、勘测仪器组成。新型工程侦察车还装有计算机数据处理与传输系统，可将侦察、勘测资料处理后传输给指挥部门。

工程做法/工程做法

Gōngchéng Zuòfǎ/ㄍㄨㄥ ㄔㄥˊ ㄗㄨㄛˋ ㄈㄚˇ

Standards of Architecture

【建】中国古代建筑著作。清代官式建筑的设计规范，是雍正十二年(1734 年)由工部刊行。全书 74 卷。分为房屋营造范例和应用工料估算额限两部分。列举 27 种不同型制的建筑，自土木瓦石、搭材起重、油画裱糊、铜铁件安装等均分门别类，各有详尽的规程，大木作并附有屋架侧样（横剖面图）简图20余幅。总结了前代传统建筑经验的成果，特别是以斗口为模数的设计方法和工料的估算，是工匠营造房屋的标准，又是主管部门验收工程、核定经费的依据。

工蜂/工蜂 gōngfēng/ㄍㄨㄥ ㄈㄥ

worker bee

【动】蜜蜂中生殖器官发育不完全的雌蜂。身体小，深黄灰色，翅膀长，善飞行，有毒刺，腹部有分泌蜡质的蜡腺，后足有花粉篮。专司修筑蜂巢、采集花粉和花蜜、哺养幼蜂和蜂王，不能传种。

📖 花粉篮是工蜂后足上由硬毛围成的器官，用来携带花粉。

工具/工具 gōngjù/ㄍㄨㄥ ㄐㄩˋ

tool

【轻】人在生产过程中所使用器具的统称。

工具钢/工具鋼

gōngjùgāng/ㄍㄨㄥ ㄐㄩˋ ㄍㄤ

tool steel

【材】用于制造切削刀具、量具、模具和耐磨工具的钢的统称。具有较高的硬度和在高温下能保持高硬度和红硬性，以及高的耐磨性和适当的韧性。可分为碳素工具钢、合金工具钢和高速工具钢。

工具列 ㄍㄨㄥ ㄐㄩˋ ㄌㄧㄝˋ/gōngjùliè

toolbar

【信息】台湾名。即“工具条”(407页)。

工具条/工具列

gōngjùtiáo/ㄍㄨㄥ ㄐㄩˋ ㄌㄧㄝˋ

toolbar

【信息】图形用户界面的应用程序中的一行、一列或一块在屏按钮或图标。当以鼠标点击这些按钮或图标之一时，便将应用程序的宏指令或操作命令激活。字处理程序大多提供带有按钮的工具条，用来把文本改成斜体、粗体或其他字体等。工具条可由用户定制，并可根据用户的喜好在屏幕上移动。

工具性条件反射

gōngjùxìng tiáojiàn fǎnshè/

ㄍㄨㄥ ㄐㄩˋ ㄒㄧㄥˋ ㄊㄧㄠˊ ㄐㄧㄢˋ ㄈㄢˇ ㄕㄜˋ

【心】即“操作性条件反射”(96页)。这种反应过程中，有机体的行为是获得奖赏或逃避惩罚的手段和工具，故名。

工频/商頻 gōngpín/ㄕㄤ ㄆㄧㄣˊ

power frequency

【电】交流电力系统的标称频率值。中国电力系统采用的频率为50赫。有些国家(或地区)采用的频率为60赫。

工频磁场/電力頻率磁場

gōngpín cíchǎng/ㄉㄧㄢˋ ㄌㄧˋ ㄆㄧㄣˊ ㄌㄩˋ ㄘˊ ㄔㄤˇ

power frequency magnetic field

【电】随时间做工频周期变化的磁场。表示工频磁场的物理量为磁感应强度，单位为特[斯拉](T)，工程上常用微特(μT)。

工频电场/電力頻率電場

gōngpín diànchǎng/

ㄉㄧㄢˋ ㄌㄧˋ ㄆㄧㄣˊ ㄌㄩˋ ㄉㄧㄢˋ ㄔㄤˇ

power frequency electric field

【电】电荷量随时间作工频周期变化产生的电场。表示工频电场强度的物理量为电场强度，单位为伏/米(V/m)，工程上常用千伏/米(kV/m)。

工频接地电阻/電力頻率接地電阻

gōngpín jiēdì diànzǔ/

ㄉㄧㄢˋ ㄌㄧˋ ㄆㄧㄣˊ ㄌㄩˋ ㄐㄧㄝ ㄉㄧˋ ㄉㄧㄢˋ ㄗㄨˇ

power frequency earthing resistance

【电】工频电流流过接地装置时，接地装置与远方大地之间的电阻。其数值假定等于接地装置对地电位最大值与通过接地装置流入地电流最大值的比值。

工效学/人因工程學

gōngxiàoxué/ㄖㄣˊ ㄧㄣ ㄍㄨㄥ ㄔㄥˊ ㄒㄩㄝˊ

ergonomics

【自】又称“人机工程学”。一门新兴的边缘学科。把人—机—环境系统作为研究的基本对象，运用生理学、心理学、医学和其他有关学科知识，研究组成人—机系统的人、机器和环境的相互关系，合理分配人和机器承担的功能，并使之相互适应以及与环境适应，以提高整个系统的工效。

工业废水/工業廢水

gōngyè fèishuǐ/ㄍㄨㄥ ㄧㄝˋ ㄈㄟˋ ㄕㄨㄟˇ

industrial wastewater

【水利】工业企业生产过程中产生的生产废水、生产污水和生产废液。其中含有随水流失的工业生产用料、中间产物、副产品以及生产过程中产生的污染物。

工业港/工業港

gōngyègǎng/ㄍㄨㄥ ㄧㄝˋ ㄍㄤˇ

industrial port

【水利】为工矿企业生产服务的港口。主要用于装卸原料、燃料和产品等。

工业固体废物/工業固體廢物

gōngyè gùtǐ fèiwù/ㄍㄨㄥ ㄧㄝˋ ㄍㄨˋ ㄊㄧˇ ㄈㄟˋ ㄨˋ

industrial solid waste

【环】工业生产和加工过程中排入环境的废渣、粉尘、废屑等废弃物。常见的有高炉渣、钢渣、有色金属渣、粉煤灰、煤渣、赤泥、硼泥、硫酸渣、废石膏、盐泥,以及具有危险特性(易燃性、腐蚀性、有毒性、反应性等)的固体废物。

工业锅炉/工業鍋爐

gōngyè guōlú/ㄍㄨㄥ ㄧㄝˋ ㄍㄨㄛ ㄌㄨˊ

industrial boiler

【机】锅炉的一类。提供蒸汽或热水,以满足工业生产或民用采暖等需要的锅炉。按结构形式不同,可分为火筒式、火管式和水管式。

工业机器人/工業機器人

gōngyè jīqìrén/ㄍㄨㄥ ㄧㄝˋ ㄐㄧ ㄑㄧˋ ㄖㄣˊ

industrial robot

【自】面向工业领域的多关节机械手或多自由度的机器人。由主体、驱动系统和控制系统三个基本部分组成。能代替人从事单调、频繁和重复的长时间作业,或是危险、恶劣环境下的作业。

工业污染源/工業污染源

gōngyè wūrǎnyuán/ㄍㄨㄥ ㄧㄝˋ ㄨ ㄖㄢˇ ㄩㄢˊ

industrial pollution sources

【环】工业生产过程中的污染源。如原料生产、加工、成品整理过程中使用的设备和生产场所。

工业心理学/工業心理學

gōngyè xīnlǐxué/ㄍㄨㄥ ㄧㄝˋ ㄒㄧㄣ ㄌㄧˇ ㄒㄩㄝˊ

industrial psychology

【心】应用心理学的一个分支。研究工业劳动生产过程中人的心理活动和行为方式的特点及其规律,以提高劳动生产效率。现应用范围扩大,研究涉及工业之外的社会结构,如学校、社团、文化体育单位、政府部门等,故有用"组织心理学"替代的趋向。

工业用水/工業用水

gōngyè yòngshuǐ/ㄍㄨㄥ ㄧㄝˋ ㄩㄥˋ ㄕㄨㄟˇ

industrial water

【水利】工业生产过程所用的水的统称。主要包括原料用水、动力用水、冲洗用水和冷却用水等。

工业园/工業園

gōngyèyuán/ㄍㄨㄥ ㄧㄝˋ ㄩㄢˊ

industrial park

【建】为适应生产专业化发展要求和为在城市建立以彼此的副产品或废料进行生产、实施零排放而建设的共生工业建筑群体。

工业原料作物

gōngyè yuánliào zuòwù/ㄍㄨㄥ ㄧㄝˋ ㄩㄢˊ ㄌㄧㄠˋ ㄗㄨㄛˋ ㄨˋ

【农】即"经济作物"(639 页)。

工业噪声/工業噪音

gōngyè zàoshēng/ㄍㄨㄥ ㄧㄝˋ ㄗㄠˋ ㄕㄥ

industrial noise

【环】工厂的机器和设备运转或工业生产过程中产生的人们不需要的声音。国家对工业噪声颁布有相应的技术标准,以保障工人和工厂周围居民免受噪声污染的影响和危害。

工业自动化/工業自動化

gōngyè zìdònghuà/ㄍㄨㄥ ㄧㄝˋ ㄗˋ ㄉㄨㄥˋ ㄏㄨㄚˋ

industrial automation

【自】是将自动化的理论、方法和技术,包括自动化仪表、控制器等工具及计算机,应用于工业,使生产中各工艺参数实行自动监测、调节和控制,并对整个生产实行计算机管理。

工业自动化仪表/工業程序測量及控制儀錶

gōngyè zìdònghuà yíbiǎo/ㄍㄨㄥ ㄧㄝˋ ㄔㄥˊ ㄒㄩˋ ㄘㄜˋ ㄌㄧㄤˊ ㄐㄧˊ ㄎㄨㄥˋ ㄓˋ ㄧˊ ㄅㄧㄠˇ

industrial process measurement and control instrument

【机】为了实现工业过程自动化而进行检测、显示、控制、执行等操作的仪表。按测量参数不同,可分为温度测量仪表、压力测量仪表、流量测量仪表、物位测量仪表、机械量测量仪表、流程分析仪器等；按仪表功能不同，可分为检测仪表、显示仪表、转换和传输仪表、调节控制仪表等。工业自动化仪表能在无人操作的情况下自动地完成测量、记录和控制的工作，还可以实现信息远距离传送和数据处理。

工業程序測量及控制儀錶
ㄍㄨㄥ ㄧㄝˋ ㄔㄥˊ ㄒㄩˋ ㄘㄜˋ ㄌㄧㄤˊ ㄐㄧˊ ㄎㄨㄥˋ ㄓˋ ㄧˊ ㄅㄧㄠˇ/
gōngyè chéngxù cèliáng jí kòngzhì yíbiǎo
industrial process measurement and control instrument
【机】台湾名。即“工业自动化仪表”(408 页)。

工業噪音
ㄍㄨㄥ ㄧㄝˋ ㄗㄠˋ ㄧㄣ/gōngyè zàoyīn
industrial noise
【环】台湾名。即“工业噪声”(408 页)。

工艺/工藝 gōngyì/ㄍㄨㄥ ㄧˋ
craft, process, technology
【化】将原材料或半成品加工成产品的具有一定规范标准的程序、方法、条件、技术等。

工质/工質 gōngzhì/ㄍㄨㄥ ㄓˋ
working substance
【机】全称“工作介质”。在机器设备中借以实现热能和机械能相互转化的媒介物质。如汽轮机中的蒸汽，制冷机中的氨等。

工字殿/工字殿
gōngzìdiàn/ㄍㄨㄥ ㄗˋ ㄉㄧㄢˋ
I-shaped hall
【建】依中轴线前堂后室之间用廊子联结呈工字形的特殊建筑。是广泛使用的建筑形制之一。
📖 陕西岐山凤雏村西周建筑遗址中有工字殿型制。唐代官署普遍应用工字殿，称为轴心舍。宋代汴梁宫殿由州署子城改建而成，故保留原来工字殿形式。元大都宫城内的宫殿继承宋、金遗制，多采用前后殿宇中间连以穿廊的工字殿。

工字钢/I 型鋼 gōngzìgāng/I ㄒㄧㄥˊ ㄍㄤ
steel I-beam, I-beam steel
【材】又称“钢梁”。断面形状为工字形的型钢。

工作舱 gōngzuòcāng/ㄍㄨㄥ ㄗㄨㄛˋ ㄘㄤ
【航】即“试验舱”(1036 页)。

工作單 ㄍㄨㄥ ㄗㄨㄛˋ ㄉㄢ/gōngzuòdān
worksheet
【信息】台湾名。即“电子表格”(257 页)。

工作机/工作機
gōngzuòjī/ㄍㄨㄥ ㄗㄨㄛˋ ㄐㄧ
working machine
【机】利用机械能来改变材料或工件的性质、形态或位置，以进行生产或达到其他预定目的的机器，如压缩机、水泵、金属切削机床、起重机、汽车等。

工作介质
gōngzuò jièzhì/ㄍㄨㄥ ㄗㄨㄛˋ ㄐㄧㄝˋ ㄓˊ
【机】“工质”的全称。

工作列
ㄍㄨㄥ ㄗㄨㄛˋ ㄌㄧㄝˋ/gōngzuòliè
taskbar
【信息】台湾名。即“任务栏”(950 页)。

工作母机
gōngzuò mǔjī/ㄍㄨㄥ ㄗㄨㄛˋ ㄇㄨˇ ㄐㄧ
【机】即“金属切削机床”(632 页)。

工作站/工作站
gōngzuòzhàn/ㄍㄨㄥ ㄗㄨㄛˋ ㄓㄢˋ
workstation
【信息】大多具有专用计算能力，并包括面向用户的输入输出设备的功能单元。以个人计算环境和分布式网络计算环境为基础，性能高于微型计算机。例如可编程终端、单立微机。

弓形/弓形 gōngxíng/ㄍㄨㄥ ㄒㄧㄥˊ
segment of a circle
【数】一条弧和它所对的弦所组成的图形。弓形中弧的中点到弦的距离叫作弓形的高。

弓形湖 gōngxínghú/ㄍㄨㄥ ㄒㄧㄥˊ ㄏㄨˊ
【地】即“牛轭湖”(842 页)。因其形状像弓，故名。

公倍式/公倍式
gōngbèishì/ㄍㄨㄥ ㄅㄟˋ ㄕˋ
common multiple
【数】两个或更多的整式的共同的倍式，叫作这些整式的公倍式。例如，$2x+2$ 与 x^2-1 的公倍式有 $2(x^2-1)$，$2(x^3-x)$，…。

G

公倍数/公倍數
gōngbèishù/ㄍㄨㄥ ㄅㄟˋ ㄕㄨˋ
common multiple
【数】两个或更多的整数的共同的倍数，叫作这些整数的公倍数。例如，6 与 8 的公倍数有 24，48，72，96，…。

公比/公比 gōngbǐ/ㄍㄨㄥ ㄅㄧˇ
common ratio
【数】等比数列$\{a_n\}$中$\frac{a_n}{a_{n-1}}=q(n>1,q$是与$n$无关的常值)，$q$叫作公比。例如，数列 2，－10，50，－250，…的公比是－5。

公差/公差 gōngchā/ㄍㄨㄥ ㄔㄚ
㊀tolerance，tolerance of size，㊁common difference
㊀【机】❶机械加工中根据精度要求规定的，产品最大极限尺寸与最小极限尺寸的差，即实际参数值的允许变动量。公差在一定范围之内的产品，能够满足互换或配合的要求。❷"尺寸公差"的简称。㊁【数】等差数列$\{a_n\}$中$a_n-a_{n-1}=d(d$是与n无关的常值)，d叫作公差。例如，等差数列 0，5，10，15，20，…的公差是 5。

公差带/公差區
gōngchādài/ㄍㄨㄥ ㄔㄚ ㄑㄩ
tolerance zone，tolerance band
【机】公差变动量的允许范围。是代表上偏差和下偏差(或最大极限尺寸和最小极限尺寸)的两条直线所限定的带状区域。由公差大小和其相对零线的位置，如基本偏差来确定。

公差區 ㄍㄨㄥ ㄔㄚ ㄑㄩ/gōngchāqū
tolerance zone，tolerance band
【机】台湾名。即"公差带"(410 页)。

公車 ㄍㄨㄥ ㄔㄜ/gōngchē
bus
【交】台湾名。即"公交车"(411 页)。

公車停車灣
ㄍㄨㄥ ㄔㄜ ㄊㄧㄥˊ ㄔㄜ ㄨㄢ/
gōngchē tíngchēwān
bus bay
【交】台湾名。即"港湾式车站"(389 页)。

公車站 ㄍㄨㄥ ㄔㄜ ㄓㄢˋ/gōngchēzhàn
bus station
【交】台湾名。即"公交站"(411 页)。

公尺 ㄍㄨㄥ ㄔˇ/gōngchǐ
meter
【计量】台湾名。即"米"(797 页)。

公分母/公分母
gōngfēnmǔ/ㄍㄨㄥ ㄈㄣ ㄇㄨˇ
common denominator
【数】对两个或更多的分数(式)进行通分后的共同分母，叫作这些分数(式)的公分母。例如$\frac{1}{3}=\frac{1\times4}{3\times4}=\frac{4}{12}$，$\frac{3}{4}=\frac{3\times3}{4\times3}=\frac{9}{12}$，12 是$\frac{1}{3}$和$\frac{3}{4}$的公分母。

公告板系统/電子布告欄系統
gōnggàobǎn xìtǒng/
ㄉㄧㄢˋ ㄗˇ ㄅㄨˋ ㄍㄠˋ ㄌㄢˊ ㄒㄧˋ ㄊㄨㄥˇ
bulletin board system，BBS
【信息】又称"电子公告板"。支持电子公告板的计算机系统。可由匿名读者访问，阅读消息不需要用户标识；但只有得到授权的个人才可向公告板系统发送消息。也可用来上载下载文件，以及得到联机数据和服务。

公共建筑/公共建築
gōnggòng jiànzhù/ㄍㄨㄥ ㄍㄨㄥˋ ㄐㄧㄢˋ ㄓㄨˊ
public building
【建】主要指供人们进行各种社会活动用的建筑物。可分为办公建筑(如写字楼、政府部门办公室)，商业建筑(如商场、金融建筑)，旅游建筑(如酒店、娱乐场所)，科教文卫建筑(如文化馆、学校、医院、体育场馆)，通信建筑(如邮电局、电视发射塔、广播电台)以及交通运输类建筑(如机场、高铁站、火车站、汽车站)。

公共交通/大衆運輸
gōnggòng jiāotōng/ㄉㄚˋ ㄓㄨㄥˋ ㄩㄣˋ ㄕㄨ
public transport
【交】简称"公交"。在城市范围内，供社会大众日常出行共同使用的各种客运方式的总称。包括公共汽车、无轨电车及轨道交通、渡轮、索道等交通方式。通常都有固定的线路和运营时间。

公共租赁住房
gōnggòng zūlìn zhùfáng/
ㄍㄨㄥ ㄍㄨㄥˋ ㄗㄨ ㄌㄧㄣˋ ㄓㄨˋ ㄈㄤˊ

【建】即"公租房"(413 页)。

公海/公海 gōnghǎi/ㄍㄨㄥ ㄏㄞˇ

high sea

【船】不受任何国家管辖的海域。1982 年《联合国海洋法公约》规定,公海指不包括在各国专属经济区、领海、内海或群岛水域内的全部海域。通常将公海自由原则视为公海的基本法律地位。有关国际公约规定公海对所有国家开放,任何国家不得有效地声称将公海的任何部分置于其主权之下。并规定:沿海国和内陆国在公海享有航行自由、飞越自由、铺设海底电缆和管道自由、捕鱼自由、科学研究自由、建造国际法允许的人工岛屿和其他设施的自由;同时规定,所有国家在行使这些自由权利时,须遵循个别条款中附加的特别规定的限制。

公害/公害 gōnghài/ㄍㄨㄥ ㄏㄞˋ

public nuisance

【环】环境污染和破坏对公众的安全、健康、生命、财产和正常生活造成的危害。"公害"一词 1896 年首先出现在日本的《河川法》中,与"公益"相对。中国 1978 年颁布的《中华人民共和国宪法》中正式使用"公害"一词,并规定"国家保护环境和自然资源、防治污染和其他公害"。

公害病/公害病

gōnghàibìng/ㄍㄨㄥ ㄏㄞˋ ㄅㄧㄥˋ

public nuisance disease

【环】由环境污染引起的地区性疾病。如发生在日本的水俣病、痛痛病、四日市哮喘等。公害病与公害有较明显的因果关系,并须经过严格鉴定和国家法律正式认定。

公開金鑰

ㄍㄨㄥ ㄎㄞ ㄐㄧㄣ ㄧㄠˋ/gōngkāi jīnyào

public key

【信息】台湾名。即"公钥"(412 页)。

公交 gōngjiāo/ㄍㄨㄥ ㄐㄧㄠ

【交】"公共交通"的简称。

公交车/公車 gōngjiāochē/ㄍㄨㄥ ㄔㄜ

bus

【交】公共交通运输车辆。通常指公共汽车和电车。在城市道路上有固定的线路和运营时间,承载社会大众日常出行。

公交站/公車站

gōngjiāozhàn/ㄍㄨㄥ ㄔㄜ ㄓㄢˋ

bus station

【交】公共汽车和电车运营过程中,在路边停靠以供乘客上下车的站点。设有标示站名、运营线路和时间的站牌,有些还有遮雨棚和简易座具。

公理/公理 gōnglǐ/ㄍㄨㄥ ㄌㄧˇ

axiom

【数】作为数学理论的重要基础,不加以证明而直接承认的基本事实或命题。例如,"过已知直线外一点,有且仅有一条直线与已知直线平行"这一命题,是欧氏几何的平行公理。

公历 gōnglì/ㄍㄨㄥ ㄌㄧˋ

【天】即"格里历"(400 页)。

公連接器

ㄍㄨㄥ ㄌㄧㄢˊ ㄐㄧㄝ ㄑㄧˋ/gōngliánjiēqì

male connector

【信息】台湾名。即"阳连接器"(1315 页)。

公路/公路 gōnglù/ㄍㄨㄥ ㄌㄨˋ

highway

【交】连接城市之间、城乡之间、乡村与乡村之间和工矿之间,主要供汽车行驶,按照一定技术标准修建的道路。按任务和性质分为高速公路和一、二、三、四级公路;按管理体制分为国道、省道、县道和乡道。

公路运输/公路運輸

gōnglù yùnshū/ㄍㄨㄥ ㄌㄨˋ ㄩㄣˋ ㄕㄨ

highway transport

【交】陆上运输方式之一。以公路作为运输线路,用汽车等在道路上运送人员、货物。具有机动灵活、覆盖面广和方便直达等特点。

公设/公設 gōngshè/ㄍㄨㄥ ㄕㄜˋ

postulate

【数】欧几里得所著《几何原本》中涉及几何图形有 5 个公理,叫作第一至五公设。

公升 ㄍㄨㄥ ㄕㄥ/gōngshēng

litre

【计量】台湾名。即"升"(1003 页)。

公摊面积/公攤面積

gōngtān miànjī/ㄍㄨㄥ ㄊㄢ ㄇㄧㄢˋ ㄐㄧ

residential pool area

【建】建筑物中公用分摊的建筑面积。指每

套(单元)商品房依法应当分摊的公用建筑面积。包括:⑴各产权户的电梯井、管道井、楼梯间、垃圾道、配电室、设备间、公共门厅、过道、地下室、值班警卫室,以及为整幢建筑服务的共有房屋和管理房屋。⑵每套(单元)商品房与公共建筑空间之间的分隔墙,以及外墙(包括山墙)墙体水平投影面积的一半。

公务舱 gōngwùcāng/ㄍㄨㄥ ㄨˋ ㄘㄤ
【航】即"商务舱"(987 页)。

公务机/公務機 gōngwùjī/ㄍㄨㄥ ㄨˋ ㄐㄧ
business airplane, executive airplane
【航】在商务活动或行政事务活动中用作交通工具的专用飞机。具备通用办公装置条件和可供乘机旅客工作通信的豪华公务舱,为确保安全装有两台发动机。

公务线 gōngwùxiàn/ㄍㄨㄥ ㄨˋ ㄒㄧㄢˋ
【信息】即"联络线"(731 页)。

公钥/公開金鑰
gōngyào/ㄍㄨㄥ ㄎㄞ ㄐㄧㄣ ㄧㄠˋ
public key
【信息】供任何实体与对应的私钥拥有方进行加密通信的密钥。可由多方(例如发送方和接收方)知晓使用。

公钥加密/公鑰加密
gōngyào jiāmì/ㄍㄨㄥ ㄧㄠˋ ㄐㄧㄚ ㄇㄧˋ
public key encryption
【信息】由对应的一对唯一性密钥(即公用密钥和私用密钥)组成的加密方法。通信中各方在加密时都采用两种密钥,其中公用密钥的计算复杂度高,常用来对少量关键性数据进行加密。

公因式/公因式 gōngyīnshì/ㄍㄨㄥ ㄧㄣ ㄕˋ
common factor
【数】两个或更多的整式的共同的因式,叫作这些整式的公因式。例如,x^2-1 与 x^4-1 的公因式有 $x+1$,$x-1$,x^2-1。

公用程式
ㄍㄨㄥ ㄩㄥˋ ㄔㄥˊ ㄕˋ/gōngyòng chéngshì
utility program
【信息】台湾名。即"实用程序"(1029 页)。

公用建筑面积/公用建築面積
gōngyòng jiànzhù miànjī/
ㄍㄨㄥ ㄩㄥˋ ㄐㄧㄢˋ ㄓㄨˊ ㄇㄧㄢˋ ㄐㄧ
common-floorage
【建】整栋建筑物的建筑面积扣除整栋建筑物各"套"或"单元"内建筑面积之和,并扣除已作为独立使用空间销售或出租的地下室、车棚及人防工程等建筑面积。

公用数据网/公用數據網路
gōngyòng shùjùwǎng/
ㄍㄨㄥ ㄩㄥˋ ㄕㄨˋ ㄐㄩˋ ㄨㄤˇ ㄌㄨˋ
public data network, PDN
【信息】台湾又称"公衆數據網路"。一种为公众提供数据通信业务的网络。属于国家或地区的通信基础设施,大多统一建设、统一管理和运营。

公用數據網路
ㄍㄨㄥ ㄩㄥˋ ㄕㄨˋ ㄐㄩˋ ㄨㄤˇ ㄌㄨˋ/
gōngyòng shùjù wǎnglù
public data network, PDN
【信息】台湾名。即"公用数据网"(412 页)。

公用网/公用網路
gōngyòngwǎng/ㄍㄨㄥ ㄩㄥˋ ㄨㄤˇ ㄌㄨˋ
public network
【信息】由获得授权的电信运营机构建立,向公众提供电信服务的网络。

公用網路
ㄍㄨㄥ ㄩㄥˋ ㄨㄤˇ ㄌㄨˋ/gōngyòng wǎnglù
public network
【信息】台湾名。即"公用网"(412 页)。

公有住房/國民住宅
gōngyǒu zhùfáng/ㄍㄨㄛˊ ㄇㄧㄣˊ ㄓㄨˋ ㄓㄞˊ
public housing
【建】由国家机关和国有企业、事业单位投资建设或购买的,产权归国家机关和国有企业、事业单位所有的住宅。

公寓/公寓 gōngyù/ㄍㄨㄥ ㄩˋ
apartment
【建】有完整的居住和厨卫设施布置,由专人统一管理,以家庭使用为主的住宅。

公园/公園 gōngyuán/ㄍㄨㄥ ㄩㄢˊ
park
【建】由政府或公共团体建设经营,供公众游玩、观赏、娱乐的园林。有改善城市生态、防火、避难等作用。资本主义初期,欧洲一些皇家贵族的园林逐渐向公众开放，形成最初的公园。19 世纪中叶，欧美出现经设计，专供公众游览的近代公园。中国第一座公园建于 1905 年，位于无锡城中心，由名流士绅倡议集资，在原有几个私家花园的基础上兴建，被无锡市民昵称为"公花园"。

公约数/公約數
gōngyuēshù/ㄍㄨㄥ ㄩㄝ ㄕㄨˋ
common divisor
【数】两个或更多的整数的共同的约数，叫作这些整数的公约数。例如，6 与 12 的公约数有 1，2，3，6。1 是任何整数的约数，通常所说的公约数指 1 以外的公约数。

公证/公證 gōngzhèng/ㄍㄨㄥ ㄓㄥˋ
notarization
【信息】为保证数据特征（内容、起源、时间、交付等）的准确性，而将数据向可信的第三方注册的过程。

公众气象服务/公衆氣象服務
gōngzhòng qìxiàng fúwù/
ㄍㄨㄥ ㄓㄨㄥˋ ㄑㄧˋ ㄒㄧㄤˋ ㄈㄨˊ ㄨˋ
meteorological service for public welfare
【气】一项气象预报服务工作。为日常生活安排、社会组织生产、防灾减灾，以及在气候资源合理开发利用和环境保护等方面进行科学决策提供气象信息。如日常天气预报、灾害性天气预警预报、森林火险预报、天气热点、天气周报、节假日预报等。

公衆數據網路
ㄍㄨㄥ ㄓㄨㄥˋ ㄕㄨˋ ㄐㄩˋ ㄨㄤˇ ㄌㄨˋ/
gōngzhòng shùjù wǎnglù
public data network，PDN
【信息】台湾名。即"公用数据网"(412 页)。

公转/公轉 gōngzhuàn/ㄍㄨㄥ ㄓㄨㄢˋ
revolution
【天】天体绕天体系统的主天体或质心的轨道运动。例如，地球绕太阳的运动，月球绕地球的运动均为公转。

公租房/公租房
gōngzūfáng/ㄍㄨㄥ ㄗㄨ ㄈㄤˊ
public rental housing
【建】又称"公共租赁住房"。政府提供政策支持，限定户型面积、供应对象和租金水平，以低于市场价或承租者能承受的价格面向城市中低收入住房困难家庭等群体出租的住房。

功/功 gōng/ㄍㄨㄥ
work
【物】能量转换的一种量度。用 W 表示，单位焦[耳]。一个恒力作用在物体上，且物体做直线运动，在力 $\boldsymbol{F}$ 的作用下有一段位移 $\boldsymbol{s}$，则力与位移的乘积即为力在这段位移上所做的功。数学表达式为 $W=\boldsymbol{F}\cdot\boldsymbol{s}$。功的大小为 $W=Fs\cos\theta$，式中 θ 为力 $\boldsymbol{F}$ 与位移 $\boldsymbol{s}$ 的夹角。如果功为正值，称力对物体做功；功为负值，称物体克服阻力做功。

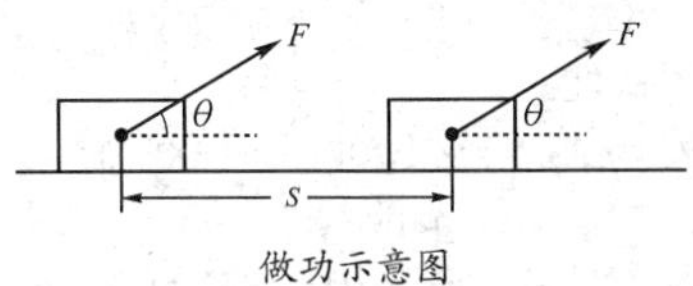

做功示意图

功率/功率 gōnglǜ/ㄍㄨㄥ ㄌㄩˋ
power
【物】描述物体做功快慢的物理量。用 P 表示，单位瓦[特]。即物体单位时间内所做的功，或功对时间的变化率。1 瓦表示在 1 秒内完成 1 焦功所需的功率。

功率表/瓦特計 gōnglǜbiǎo/ㄨㄚˇ ㄊㄜˋ ㄐㄧˋ
wattmeter
【电】又称"瓦特表"。测量有功功率值的仪表。电功率的单位为瓦[特]。

功率電晶體
ㄍㄨㄥ ㄌㄩˋ ㄉㄧㄢˋ ㄐㄧㄥ ㄊㄧˇ/gōnglǜ diànjīngtǐ
power transistor
【电】台湾名。即"功率晶体管"(414 页)。

功率二极管/功率二極體
gōnglǜ èrjíguǎn/ㄍㄨㄥ ㄌㄩˋ ㄦˋ ㄐㄧˊ ㄊㄧˇ
power diode
【电】由一个 pn 结或一个半导体一金属结构形成的电力半导体器件，属于不可控器件。

功率二極體
ㄍㄨㄥ ㄌㄩˋ ㄦˋ ㄐㄧˊ ㄊㄧˇ/gōnglǜ èrjítǐ
power diode
【电】台湾名。即"功率二极管"(413 页)。

G

功率晶体管/功率電晶體

gōnglǜ jīngtǐguǎn/ㄍㄨㄥ ㄌㄩˋ ㄉㄧㄢˋ ㄐㄧㄥ ㄊㄧˇ

power transistor

【电】集电极具有一定耗散功率的双极型半导体器件。

功率损耗/功率損失

gōnglǜ sǔnhào/ㄍㄨㄥ ㄌㄩˋ ㄙㄨㄣˇ ㄕ

power loss

【电】某一时刻电路元件或网络有功输入总功率与有功输出总功率的差值。

功率損失

ㄍㄨㄥ ㄌㄩˋ ㄙㄨㄣˇ ㄕ/gōnglǜ sǔnshī

power loss

【电】台湾名。即"功率损耗"(414 页)。

功率特性

ㄍㄨㄥ ㄌㄩˋ ㄊㄜˋ ㄒㄧㄥˋ/gōnglǜ tèxìng

power performance

【机】台湾名。即"动力性"(274 页)。

功率因数/功率因數

gōnglǜ yīnshù/ㄍㄨㄥ ㄌㄩˋ ㄧㄣ ㄕㄨˋ

power factor

【电】周期状态下,有功功率 P 的绝对值与视在功率 S 之比值:$\lambda=\frac{|P|}{S}$。

功率因数表/功率因數計

gōnglǜ yīnshùbiǎo/ㄍㄨㄥ ㄌㄩˋ ㄧㄣ ㄕㄨˋ ㄐㄧˋ

power factor meter

【电】用于测量交流电路中有功功率与视在功率的比值,或测量电压、电流间相位移角余弦的电表。常见的有电动系、铁磁电动系、电磁系和变换器式功率因数表。

功率因數計

ㄍㄨㄥ ㄌㄩˋ ㄧㄣ ㄕㄨˋ ㄐㄧˋ/gōnglǜ yīnshùjì

power factor meter

【电】台湾名。即"功率因数表"(414 页)。

功能不良性子宮出血

ㄍㄨㄥ ㄋㄥˊ ㄅㄨˋ ㄌㄧㄤˊ ㄒㄧㄥˋ ㄗˇ ㄍㄨㄥ ㄔㄨ ㄒㄧㄝˇ/gōngnéng bùliángxìng zǐgōng chūxiě

dysfunctional uterine bleeding

【医】台湾名。即"功能失调性子宫出血"(414 页)。

功能材料/功能材料

gōngnéng cáiliào/ㄍㄨㄥ ㄋㄥˊ ㄘㄞˊ ㄌㄧㄠˋ

functional materials

【材】主要利用力学性能以外的其他特殊的物理、化学或生物医学等功能的材料。在电、磁、声、光、热等方面具有特殊性质,或在其作用下表现出特殊功能。可分为功能金属材料(如形状记忆合金)、功能无机非金属材料(如功能陶瓷材料)、功能高分子材料(如生物降解塑料)、功能晶体材料(如人造宝石)、功能复合材料和具有特殊结构的功能材料(如纳米材料、储氢材料)等。

功能单元/功能單元

gōngnéng dānyuán/ㄍㄨㄥ ㄋㄥˊ ㄉㄢ ㄩㄢˊ

functional unit

【信息】能完成规定任务的任何实体。可由硬件、软件或硬件加软件构成。

功能失调性子宫出血/功能不良性子宮出血

gōngnéng shītiáoxìng zǐgōng chūxiě/

ㄍㄨㄥ ㄋㄥˊ ㄅㄨˋ ㄌㄧㄤˊ ㄒㄧㄥˋ ㄗˇ ㄍㄨㄥ ㄔㄨ ㄒㄧㄝˇ

dysfunctional uterine bleeding

【医】又称"功能障碍性子宫出血"。因调节生殖功能的神经内分泌机制失常而引起的异常子宫出血。

功能位/功能位

gōngnéngwèi/ㄍㄨㄥ ㄋㄥˊ ㄨㄟˋ

functional position

【医】躯体关节所处的最佳、最常用状态的位置。当肢体骨折固定时,或关节运动不能恢复时,多固定于功能位。

功能障碍性子宫出血

gōngnéng zhàng'àixìng zǐgōng chūxiě/

ㄍㄨㄥ ㄋㄥˊ ㄓㄤˋ ㄞˋ ㄒㄧㄥˋ ㄗˇ ㄍㄨㄥ ㄔㄨ ㄒㄧㄝˇ

【医】即"功能失调性子宫出血"(414 页)。

功能主义/功能主義

gōngnéng zhǔyì/ㄍㄨㄥ ㄋㄥˊ ㄓㄨˇ ㄧˋ

【心】即"机能主义"(559 页)。

攻击型核潜艇/攻擊型核潛艇

gōngjīxíng héqiántǐng/

ㄍㄨㄥ ㄐㄧˊ ㄒㄧㄥˊ ㄏㄜˊ ㄑㄧㄢˊ ㄊㄧㄥˇ

nuclear attack submarine

【军】以鱼雷、反潜导弹、反舰导弹、巡航导弹为主要武器的核潜艇。主要用于攻击潜艇、大中型水面战斗舰艇、勤务舰船及陆上重要目标，为弹道导弹核潜艇及航母等大型水面舰艇编队护航，以及执行侦察、运输、布雷、收放无人水下航行器、输送特种作战人员等任务。隐蔽性好，下潜深度大，水下航速高，续航力大，机动范围广，攻击力强。可分为鱼雷攻击核潜艇、飞航导弹核潜艇和多用途核潜艇。

攻击直升机/攻擊直升機

gōngjī zhíshēngjī/ㄍㄨㄥ ㄐㄧ ㄓˊ ㄕㄥ ㄐㄧ

attack helicopter

【军】用于执行低空或超低空作战任务的武装直升机。机上装有航空机关炮和机枪、火箭及精密制导导弹。火力强，速度快，底部装甲厚，战斗、突防及生存能力很强，可全天候搜寻并摧毁坦克或为地面部队提供近距离火力支援。动力装置多采用涡轮轴发动机，升力系统的主旋翼采用柔性结构，并普遍采用新材料、新工艺，使飞行性能和生存能力提高，装有先进的航空电子设备，前后座舱和发动机均有装甲防护。

攻下法 gōngxiàfǎ/ㄍㄨㄥ ㄒㄧㄚˋ ㄈㄚˇ

【中医】即“下法”(1235 页)。

供电/供電 gōngdiàn/ㄍㄨㄥ ㄉㄧㄢˋ

power supply

【电】按照一定的技术标准和商业规则，不间断地向供电区用户提供电力服务，以满足城市、乡镇、农村的生产、生活用电需求。

供电船 gōngdiànchuán/ㄍㄨㄥ ㄉㄧㄢˋ ㄔㄨㄢˊ

【船】即“发电船”(304 页)。

供电方式/供電方式

gōngdiàn fāngshì/ㄍㄨㄥ ㄉㄧㄢˋ ㄈㄤ ㄕˋ

scheme of electric power supply

【电】供电部门向用户提供的电源特性和类型。包括电源的频率、额定电压、电源相数和电源容量等。

供电可靠性/供電可靠性

gōngdiàn kěkàoxìng/

ㄍㄨㄥ ㄉㄧㄢˋ ㄎㄜˇ ㄎㄠˋ ㄒㄧㄥˋ

power supply reliability

【电】供电系统对用户持续提供充足电力的能力。

供电质量/供電品質

gōngdiàn zhìliàng/ㄍㄨㄥ ㄉㄧㄢˋ ㄆㄧㄣˇ ㄓˊ

quality of supply

【电】供电电源的电压质量和供电可靠性。专指用电方与供电方相互作用和影响过程中供电方的责任。

供電品質

ㄍㄨㄥ ㄉㄧㄢˋ ㄆㄧㄣˇ ㄓˊ/gōngdiàn pǐnzhì

quality of supply

【电】台湾名。即“供电质量”(415 页)。

供应船/勤務船

gōngyìngchuán/ㄑㄧㄣˊ ㄨˋ ㄔㄨㄢˊ

tender, supply ship

【船】台湾又称“補給船”。为本身以外船舶、海上平台、海岛、灯塔等提供物资器材补给的专用船舶。设有储藏物资的货舱，以及相应的供油、供水的补给装置。主要有供油船、供水船、钻井平台供应船以及综合供应船。

供应链/供應鏈

gōngyìngliàn/ㄍㄨㄥ ㄧㄥˋ ㄌㄧㄢˋ

supply chain, SC

【物流】由生产流通过程中的上游与下游企业形成的网链结构。一般由供应商、制造商、分销商、零售商和最终消费者构成。按涉及范围不同，可分为内部供应链和外部供应链；按容量与用户需求关系不同，可分为平衡供应链和倾斜供应链；按运作导向不同，可分为推动式供应链和拉动式供应链。

供应链管理/供應鏈管理

gōngyìngliàn guǎnlǐ/

ㄍㄨㄥ ㄧㄥˋ ㄌㄧㄢˋ ㄍㄨㄢˇ ㄌㄧˇ

supply chain management, SCM

【物流】利用计算机技术对供应链中的商流、物流、信息流、资金流等进行计划、组织、协调与控制，并对所有环节进行优化的整体管理活动。本质是同时优化服务水平与运作成本。涉及需求、计划、物流、供应和回流领域。其方法主要有准时采购、快速响应、有效用户响应、信息技术在供应链管理中的应用和延迟技术等。

供应商/供應商

gōngyìngshāng/ㄍㄨㄥ ㄧㄥˋ ㄕㄤ

supplier

【物流】向零售商或下级厂商提供商品及相应服务的企业或个人。包括生产商(制造商)、经销商和其他中间商。

供应商管理/供應商管理
gōngyìngshāng guǎnlǐ/
ㄍㄨㄥ ㄧㄥˋ ㄕㄤ ㄍㄨㄢˇ ㄌㄧˇ
supplier management
【物流】针对供应商的选择、开发、使用、评估、控制等进行的管理工作。主要包括供应商开发、供应商选择、供应商评估、供应商联盟和供应商绩效管理等。

供应商管理库存/供應商管理庫存
gōngyìngshāng guǎnlǐ kùcún/
ㄍㄨㄥ ㄧㄥˋ ㄕㄤ ㄍㄨㄢˇ ㄌㄧˇ ㄎㄨˋ ㄘㄨㄣˊ
vendor managed inventory, VMI
【物流】供应商(上游企业)以下游客户的生产经营、库存信息为基础,对下游客户的库存进行管控的管理策略。是一种供应链集成化运作的决策代理模式,以使上下游企业的成本达到最小。

肱二头肌/肱二頭肌
gōng'èrtóujī/ㄍㄨㄥ ㄦˋ ㄊㄡˊ ㄐㄧ
biceps brachii
【医】上臂的一块骨骼肌。位于上臂前面,肌腹呈梭形,有长、短二头。长头起于肩胛骨盂上结节,短头起于肩胛骨喙突,止于桡骨粗隆。近固定时,可使前臂在肘关节处屈和旋外,使上臂在肩关节处屈;远固定时,使上臂向前臂靠拢。

肱骨/肱骨 gōnggǔ/ㄍㄨㄥ ㄍㄨˇ
humerus
【医】上肢骨中最长、最大的管状长骨。位于上臂,上端有半球形的肱骨头与肩胛骨的关节盂组成肩关节,下端与尺、桡骨的上端构成肘关节。

肱骨内上髁炎/肱骨内上髁炎
gōnggǔnèi shàngkēyán/
ㄍㄨㄥ ㄍㄨˇ ㄋㄟˋ ㄕㄤˋ ㄎㄜ ㄧㄢˊ
internal humeral epicondylitis, Golfer's elbow
【医】通称"高尔夫球肘"。因前臂屈肌起点肱骨内上髁处反复牵拉、累积性损伤所致的慢性损伤性炎症。主要症状为肘关节内侧局限性疼痛、压痛,屈腕无力,肘活动正常。从事高尔夫球运动的人易患此病,故名。

肱骨外上髁炎/肱骨外上髁炎
gōnggǔwài shàngkēyán/
ㄍㄨㄥ ㄍㄨˇ ㄨㄞˋ ㄕㄤˋ ㄎㄜ ㄧㄢˊ
external humeral epicondylitis, tennis elbow
【医】通称"网球肘"。附着于肱骨内、外上髁肌腱的慢性损伤性肌筋膜炎。包括肱骨外上髁炎(反手网球肘)和肱骨内上髁炎(正手网球肘或高尔夫球肘),是一种运动或职业损伤性疾病。从事网球运动的人易患此病,故名。

肱三头肌/肱三頭肌
gōngsāntóujī/ㄍㄨㄥ ㄙㄢ ㄊㄡˊ ㄐㄧ
triceps brachii
【医】上臂的一块骨骼肌。位于上臂后面,有三个头,长头起于肩胛骨盂下结节,外侧头起于股骨后面桡神经沟外上方,内侧头起于肱骨后面桡神经沟内下方。三个头合成一个肌腹,其腱止于尺骨鹰嘴。是肘关节伸直的主要肌肉。

宫殿/宮殿 gōngdiàn/ㄍㄨㄥ ㄉㄧㄢˋ
palace
【建】古代帝王居住的高大华丽的房屋。通常生活起居部分称为宫,举行仪式、办公的地方称为殿。
📖 "宫"在先秦时期是房屋的通称,秦汉以后成了帝王居所的专称,如秦阿房宫、汉未央宫等。宗庙、神庙也称宫。古代称宏伟高大的堂屋为殿,后专指宫廷、寺院里的主要建筑物,如北京故宫的太和殿,寺院的大雄宝殿。

宫颈 gōngjǐng/ㄍㄨㄥ ㄐㄧㄥˇ
【医】即"子宫颈"(1494页)。

宫颈癌/宮頸癌
gōngjǐng'ái/ㄍㄨㄥ ㄐㄧㄥˇ ㄧㄢˊ(又读 ㄞˊ)
uterine cervical carcinoma, UCC
【医】发生于子宫颈的恶性肿瘤。初期没有任何症状,后期可出现异常阴道出血,阴道分泌物增多。是女性发病率较高的恶性肿瘤。

宫纱/宮紗 gōngshā/ㄍㄨㄥ ㄕㄚ
palace mesh
【纺】用天然纤维长丝或化学纤维长丝织制的

平纹织物。轻薄透明，染色后用于制作宫灯，或用作装饰用料。

宫体癌 gōngtǐ'ái/ㄍㄨㄥ ㄊㄧˇ ㄧㄞˊ（又读 ㄞˊ）

【医】即"子宫内膜癌"(1494 页)。

宫外孕 gōngwàiyùn/ㄍㄨㄥ ㄨㄞˋ ㄩㄣˋ

【医】"异位妊娠"的通称。

宫苑 gōngyuàn/ㄍㄨㄥ ㄩㄢˋ

【建】即"苑"(1395 页)。

汞/汞 gǒng/ㄍㄨㄥˇ

mercury

【化】通称"水银"。金属元素。属周期表第ⅡB族，符号 Hg，原子序数 80。原子量200.6。自然界有少量自然汞存在，主要存在于辰砂中。单质是常温下唯一呈液态的金属，银白色，易流动，表面张力极大，蒸气有剧毒，化学性质稳定。可用来制汞灯、温度计、气压计及合金等。

📖 自然界中的汞矿石，遇火时易从中熔化出汞。人类史前时代的先民很早就发现了它，公元 1 世纪，古希腊的迪奥斯科里季斯(Dioscorides)曾称之为"水银"，中国也有"水银"之名。近代欧洲人为其拉丁文定名为 hydrargyrum，源自希腊文 hydor(水)合 argyros(银)，意思是"水银"。中文定名最初为"録"，后改为"汞"，是形声字。

汞合金 gǒnghéjīn/ㄍㄨㄥˇ ㄏㄜˊ ㄐㄧㄣ

【化】即"汞齐"(417 页)。

汞齐/汞齊 gǒngjì/ㄍㄨㄥˇ ㄐㄧˋ

amalgam

【化】又称"汞合金"。汞溶解其他金属而成的合金。含汞少时为固体，含汞多时为液体。某些汞齐具有确定的组成，可认为是化合物。有金汞齐、银汞齐、钠汞齐、锌汞齐、锡汞齐、钛汞齐等。在工业上用途很广。

拱/拱 gǒng/ㄍㄨㄥˇ

❶vault，❷arch

【建】❶用土坯、砖、石等块状材料建造的系列券，沿着固定轨迹构成的弧形屋顶或天花。形式多样，如筒拱、交叉拱、十字拱、肋骨拱等。❷在台湾，拱也指"券"(1293 页)。

拱垛 gǒngduǒ/ㄍㄨㄥˇ ㄉㄨㄛˇ

【建】即"扶壁"(359 页)。

拱桥/拱橋 gǒngqiáo/ㄍㄨㄥˇ ㄑㄧㄠˊ

arch bridge

【交】在竖直平面内以拱作为上部结构主要承重构件的桥梁。按照结构形式可分为板拱桥、肋拱桥、双曲拱桥、箱形拱桥和桁架拱桥。

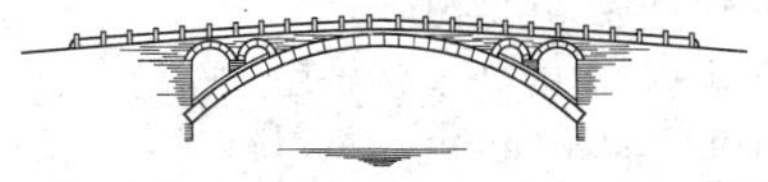

拱 桥

拱券式城门/拱券式城門

gǒngxuànshì chéngmén/

ㄍㄨㄥˇ ㄒㄩㄢˋ ㄕˋ ㄔㄥˊ ㄇㄣˊ

arch-type gate

【建】城门洞口采用砖石砌筑的拱券，元代开始大量使用。

📖 唐以前都是排叉柱式城门洞，后因战争中火药的使用，木构城门防火性能差。因此南宋以后，拱券技术逐渐用于地面之上的城门洞口。最早的实物是元上都城门和正定阳和楼。

珙桐/珙桐 gǒngtóng/ㄍㄨㄥˇ ㄊㄨㄥˊ

dove tree

【植】*Davidia involucrata* 又称"鸽子树"。蓝果树科珙桐属。落叶乔木。树皮深灰色或深褐色，呈不规则薄片脱落；当年生枝紫绿色。单叶互生，纸质，宽卵形或近圆形，顶端尖，基部心形，边缘有齿，脉显著。两性花与雄花同株，组成头状花序，花序下有两枚似花瓣的矩圆状卵形白色苞片。花期 4 月份。在中国，分布于湖北西部、湖南西部、四川以及贵州和云南的北部。中国特有种，第四纪冰川孑遗植物。

珙 桐

共變異數

ㄍㄨㄥˋ ㄅㄧㄢˋ ㄧˋ ㄕㄨˋ/gòngbiàn yìshù

covariance

【数】台湾名。即"协方差"(1262 页)。

共点力/共點力

gòngdiǎnlì/ㄍㄨㄥˋ ㄉㄧㄢˇ ㄌㄧˋ

concurrent force

【物】作用在某一物体上的有共同作用点，或

G

其作用线相交于一点的几个力。共点力的合成,即求共点力的合力;力的分解,通常把一个力分解为几个共点力。

共轭复数/共軛複數
gòng'è fùshù/ㄍㄨㄥˋ ㄜˋ ㄈㄨˋ ㄕㄨˋ
conjugate complex number
【数】复数 $a+bi$ 与 $a-bi$ 互为共轭复数。复数 z 的共轭复数记作 $\bar{z}$。z 与 $\bar{z}$ 的实部相同,虚部互为相反数。z 与 $\bar{z}$ 的模相等,即 $|z|=|\bar{z}|$;幅角主值相反,即 $\arg z=-\arg \bar{z}$。

共轭根式/共軛根式
gòng'è gēnshì/ㄍㄨㄥˋ ㄜˋ ㄍㄣ ㄕˋ
conjugate radical
【数】若两个含根式的式子的乘积不含根号,则这两个式子互为共轭根式。例如,$\sqrt[n]{a}$ 与 $\sqrt[n]{a^{n-1}}$ 互为共轭根式,$\sqrt{a}+\sqrt{b}$ 与 $\sqrt{a}-\sqrt{b}$ 互为共轭根式。

共轭亚油酸/共軛亞油酸
gòng'è yàyóusuān/ㄍㄨㄥˋ ㄜˋ ㄧㄚˋ ㄧㄡˊ ㄙㄨㄢ
conjugated linoleic acid
【医】主要存在于牛羊肉及其乳制品中的多种亚油酸的异构体。具有抗氧化和抗肿瘤的特性。

共济失调/失調症
gòngjì shītiáo/ㄕ ㄊㄧㄠˊ ㄓㄥˋ
ataxia
【医】因小脑、本体感觉及前庭功能障碍而并非肌无力所导致的运动笨拙和不协调。可累及四肢、躯干及咽喉肌,主要表现在姿势、步态和语言等方面。

共价键/共價鍵
gòngjiàjiàn/ㄍㄨㄥˋ ㄐㄧㄚˋ ㄐㄧㄢˋ
covalent bond
【化】化学键的一种。两个或两个以上原子通过公用电子对形成的相互作用。可分为极性键和非极性键。

共聚物/共聚物 gòngjùwù/ㄍㄨㄥˋ ㄐㄩˋ ㄨˋ
copolymer
【化】聚合物的一类。不同单体发生聚合反应获得的聚合物。

共面向量/共面向量
gòngmiàn xiàngliàng/
ㄍㄨㄥˋ ㄇㄧㄢˋ ㄒㄧㄤˋ ㄌㄧㄤˋ
coplanar vectors
【数】平移到一个公共起点时在一个平面上的一组向量。共线向量一定是共面向量。能被两个不共线的非零向量 $\boldsymbol{a}, \boldsymbol{b}$ 线性表出的向量,叫作与 $\boldsymbol{a}, \boldsymbol{b}$ 共面的向量。若向量 $\boldsymbol{a}, \boldsymbol{b}, \boldsymbol{c}$ 的混合积为 0,则这三个向量共面。

共栖/共棲 gòngqī/ㄍㄨㄥˋ ㄑㄧ
commensalism
【生】又称"偏利共生",台湾又称"片利共生"。两种能够独立生存的生物以一定的关系生活在一起,对一方有利,对一方无害;或对双方均有利。例如海葵与寄居虾为共栖关系,海葵有时附着在寄居虾的贝壳壳口周围,可利用它作为运动工具,并以它吃剩的残屑为食,而寄居虾可受到海葵刺细胞的保护。

共生/共生 gòngshēng/ㄍㄨㄥˋ ㄕㄥ
㊀ symbiosis, commensalism ㊁ intergrowth, paragenesis
㊀【生】两种不同的生物共同生活在一起,互为利用,相依生存。例如根瘤菌与豆科植物为共生关系,根瘤菌将空气中的氮转化为植物能吸收的含氮物质,而植物为根瘤菌提供有机物。又如白蚁肠道内的鞭毛虫帮助白蚁消化木材纤维,白蚁给鞭毛虫提供养料,分离后,二者均不能独立生存。㊁【地】两种或两种以上的矿物或其他物质一起存在的现象。发现的某种矿物可作为寻找其共生矿物的标志。

共线向量/共線向量
gòngxiàn xiàngliàng/ㄍㄨㄥˋ ㄒㄧㄢˋ ㄒㄧㄤˋ ㄌㄧㄤˋ
collinear vectors
【数】平移到一个公共起点时在一条直线上的一组向量。也可以认为是一组互相平行的向量。两个非零向量 $\boldsymbol{a}, \boldsymbol{b}$ 共线充要条件是:存在实数 k 使 $\boldsymbol{a}=k\boldsymbol{b}$。零向量 $\boldsymbol{0}$ 与任一向量共线。

共振/共振 gòngzhèn/ㄍㄨㄥˋ ㄓㄣˋ
resonance
【物】物体受到频率与其固有频率相同的外力时产生剧烈振动的现象。
📖 利用共振可激发强烈的振动。例如,提高测量振动仪器灵敏度的一种方法是使振动系统的固有频率与待测振动的频率相同,以放大微弱的振动,使其在仪器上显示出来。桥梁受到与它固有频率相近的周期性作用力,也会发生共振,引起激烈的振动,甚至被破坏。

贡院/貢院 gòngyuàn/ㄍㄨㄥˋ ㄩㄢˋ
examination hall
【建】古代乡试、会试的考场。始于唐代,通常建于城内东南方。大门内有龙门,再进为至公堂。龙门与公堂之间有明远楼。至公堂之东西侧为外帘,至公堂后进有门,入门为内帘。贡院两旁建号舍,以供应试者居住,以数十间至百间为一列,形如长卷,每列用《千字文》编列号数(如天字第几号)。应试者入内即封号栅,待交卷日方开。

gou (ㄍㄡ)

勾缝/勾縫 gōufèng/ㄍㄡ ㄈㄥˋ
pointing
【建】为防止雨水侵入清水墙墙体,保持美观,砖(或其他材料)缝间以1∶1或1∶2水泥细砂、砂浆勾成平缝、凹缝、斜缝或弧缝的做法。为节省工料,也可以用砌墙砂浆随砌随勾,称为原浆勾缝。

勾股定理/畢氏定理
gōugǔ dìnglǐ/ㄍㄡ ㄍㄨˇ ㄉㄧㄥˋ ㄌㄧˇ
Pythagoras theorem
【数】又称“毕达哥拉斯定理”。关于直角三角形三边之间的数量关系的定理。内容为:直角三角形中,两条直角边的平方和等于斜边的平方。

📖 中国古人称直角三角形较短的直角边为“勾”,较长的直角边为“股”,斜边为“弦”。《周髀算经》等对勾、股、弦之间的数量规律已有记载,其中提及周代人商高曾解释它,故也称“商高定理”。汉代人赵爽对勾股定理给出证明。在西方,古希腊人毕达哥拉斯最早证明了这个定理,故也称“毕达哥拉斯定理”。

勾股数/畢氏三元數組
gōugǔshù/ㄍㄡ ㄕˋ ㄙㄢ ㄩㄢˊ ㄕㄨˋ ㄗㄨˇ
Pythagorean triplet
【数】满足 $x^2+y^2=z^2$ 的正整数 x,y,z,叫作一组勾股数。例如,3,4,5 是一组勾股数。以一组勾股数为边长可做出直角三角形。若 x,y 互素,则满足 $x^2+y^2=z^2$ 的一切正整数解可表示为 $x=2ab, y=a^2-b^2, z=a^2+b^2$ 的形式,其中 a,b 为奇偶不同的正整数,且 $a>b$, a,b 互素。

勾阑 gōulán/ㄍㄡ ㄌㄢˊ
【建】即“栏杆”(709页)。

勾连搭/勾連搭 gōuliándā/ㄍㄡ ㄌㄧㄢˊ ㄉㄚ
goulianda
【建】两栋或多栋房屋的屋面按进深方向前后相连接,在连接处做一水平天沟向两端排水的屋面做法。目的是扩大室内空间。常用于大型宅第和庙宇大殿等建筑中。

勾连搭

勾头/勾頭 gōutóu/ㄍㄡ ㄊㄡˊ
eave tile
【建】屋面筒瓦瓦垄的最下端,位于檐口的瓦。在普通筒瓦前端加做圆形或半圆形端头而成,具有防水及装饰作用。其端部表面纹样变化丰富,具有鲜明的时代特色,常成为判断其年代的重要标志。元以前称为“瓦当”。

佝偻病/佝僂病
gōulóubìng/ㄍㄡ ㄌㄡˊ ㄅㄧㄥˋ
rickets
【中医】中医儿科疾病之一。多因体内维生素D不足所致,症见多汗,夜啼,烦躁,枕秃,肌肉松弛,囟门迟闭,甚至鸡胸肋翻,下肢弯曲等。多见于2岁以内婴幼儿。治宜健脾益气,补肾填精。

沟灌/溝灌 gōuguàn/ㄍㄡ ㄍㄨㄢˋ
furrow irrigation
【水利】灌溉方法的一种。在作物行间开挖水沟,水在沟中流动,通过毛细现象浸润沟两侧土壤。

G

钩肠痔 gōuchángzhì/ㄍㄡ ㄔㄤˊ ㄓˋ

【中医】即“肛裂”(387 页)。

钩虫/鉤蟲 gōuchóng/ㄍㄡ ㄔㄨㄥˊ

hookworm, ancylostome

【动】寄生虫名。线虫纲钩口科各种的统称。成虫线形,很小,乳白色或淡红色,口部有钩。寄生在人的小肠内,虫卵随粪便排出体外。幼虫丝状,钻入人的皮肤,最后进入小肠,吸食血液,能引起丘疹、贫血等疾病。

钩藤/鉤藤 gōuténg/ㄍㄡ ㄊㄥˊ

Ramulus Uncariae Cum Uncis(拉), gambir plant nod, * uncaria stem and thorn

【中医】中药名。茜草科植物钩藤 *Uncaria rhynchophylla* (Miq.) Jacks.、大叶钩藤 *U. macrophylla* Wall.、毛钩藤 *U. hirsuta* Havil.、华钩藤 *U. sinensis* (Oliv.) Havil. 或无柄果钩藤 *U. sessilifructus* Roxb. 的干燥带钩茎枝。味甘,性凉。归肝、心包经。清热平肝,息风定惊。用于头痛眩晕,感冒夹惊,惊痫抽搐,妊娠子痫;高血压,小儿惊风夜啼。

📖 钩藤为藤本植物,其藤茎节上生有曲钩,故名。

钩藤　　　华钩藤

狗 gǒu/ㄍㄡˇ

【动】即“犬”(933 页)。

狗獾 gǒuhuān/ㄍㄡˇ ㄏㄨㄢ

【动】即“獾”(522 页)。

狗溺台 gǒuniàotái/ㄍㄡˇ ㄋㄧㄠˋ ㄊㄞˊ

【植】即“红鬼笔”(499 页)。

狗皮膏/狗皮膏 gǒupígāo/ㄍㄡˇ ㄆㄧˊ ㄍㄠ

goupi plaster, goupi gao, * Dog Skin Plaster

【中医】中成药名。主要成分:生川乌、生草乌、羌活、独活、青风藤、香加皮、防风、铁丝威灵仙、苍术、蛇床子、麻黄、高良姜、小茴香、官桂、当归、赤芍、木瓜、苏木、大黄、油松节、续断、川芎、白芷、乳香、没药、冰片、樟脑、丁香、肉桂。用生姜擦净患处皮肤,将膏药加温软化,贴于患处或穴位。舒筋活血,散寒止痛。用于筋骨痛,急性挫伤,扭伤,风湿痛,关节痛,胁痛,肌肉酸痛等症。

📖 古代使用外用膏剂时,先将熬制好的药膏摊在狗皮上,再贴敷于患处,所以外用膏剂统称狗皮膏药,简称狗皮膏。后来狗皮膏药引申为其他含义,指江湖骗术等。

狗尾草/狗尾草 gǒuwěicǎo/ㄍㄡˇ ㄨㄟˇ ㄘㄠˇ

green bristlegrass

【植】*Setaria viridis* 禾本科狗尾草属。一年生草本植物。秆直立,叶鞘松弛,边缘具长毛;叶片扁平,长三角状狭披针形,先端长尖,基部钝圆,边缘粗糙。圆锥花序紧密呈圆柱状,直立或稍弯曲,主轴被长毛,绿、褐黄色至紫红或紫色。花果期 5—10 月份。在中国,分布于各地。野生杂草。可作饲料,也可入药。

狗尾草

狗熊 gǒuxióng/ㄍㄡˇ ㄒㄩㄥˊ

【动】即“黑熊”(495 页)。

枸杞/枸杞 gǒuqǐ/ㄍㄡˇ ㄑㄧˇ

Chinese wolfberry

【植】*Lycium chinense* 茄科枸杞属。多分枝灌木植物。枝条细弱弯曲,有棘刺。单叶互生,叶纸质,卵形至卵状披针形,顶端尖,基部楔形。花冠漏斗状,冠筒向上骤然扩大,檐部五深裂。淡紫色,浆果红色,卵状。花果期 6—11 月份。在中国,分布于各地。果实可食用,也可入药,叶可代茶饮。

枸杞子/枸杞子 gǒuqǐzǐ/ㄍㄡˇ ㄑㄧˇ ㄗˇ

Fructus Lycii(拉), barbary wolfberry fruit, * lycium berry, * goji

【中医】中药名。茄科植物宁夏枸杞 *Lycium barbarum* L. 的干燥成熟果实。味甘,性平。

归肝、肾经。滋补肝肾,益精明目。用于虚劳精亏,腰膝酸痛,眩晕耳鸣,内热消渴,血虚萎黄,目昏不明。枸杞口味甘美,可用于食疗,久服有却老延年的功效。

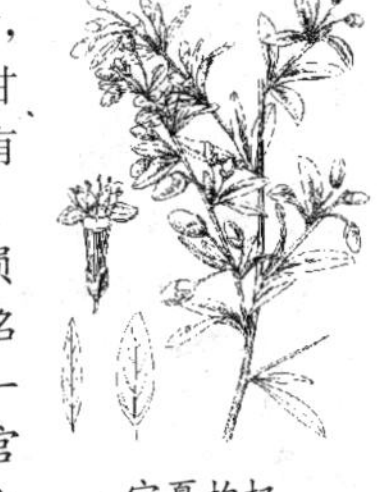
宁夏枸杞

📖 传说古时有官员去外地赴任,路遇一名十五六岁的少女殴打一位八十多岁的老人。官员感到很奇怪,问少女为何打人。少女说:"他是我曾孙,我让他吃药,他不肯吃,结果现在年纪大了,路都走不动。"官员更奇怪了,接着问:"您今年贵庚啊?"少女答:"我今年三百七十二岁。"官员大惊,又问:"服食何药?"少女告知:"即枸杞一味而已。"

构件/構件 gòujiàn/ㄍㄡˋ ㄐㄧㄢˋ

link

【机】机构中的运动单元体。如曲柄滑块机构中的曲柄、连杆、滑块和机架。

构树/構樹 gòushù/ㄍㄡˋ ㄕㄨˋ

paper mulberry

【植】*Broussonetia papyrifera* 桑科构属。落叶乔木。树皮暗灰色,全株含乳汁。叶螺旋状排列,广卵形,先端尖,基部心形,边缘有齿,3～5 深裂或不分裂,两面被毛。雌雄异株,雄花序为葇荑花序,雌花序为球形头状花序。聚花果球形,熟时橙红色或鲜红色,肉质。花期 4—5 月份,果期 6—7 月份。在中国,分布于各地。树皮可造纸,根和种子可入药。

构象/構形 gòuxiàng/ㄍㄡˋ ㄒㄧㄥˊ

conformation

【化】有机化合物分子中,原子或基团围绕单键旋转,在一定条件下形成的特定的几何形状。基团围绕单键可旋转 360°,会产生无限个中间式构象。

构型/組態 gòuxíng/ㄗㄨˇ ㄊㄞˋ

configuration

【化】有机化合物分子中,原子或基团因受化学键的制约在空间的排列次序和排布形式。

构造/構造 gòuzào/ㄍㄡˋ ㄗㄠˋ

㊀constitution, ㊁structure, construction

㊀【化】有机化合物分子中原子和基团的组成情况。相同化学组成的分子,可因化学键不同或原子在空间的排列位置不同而有不同的构造。㊁【地】❶"地质构造"的简称。❷岩石的构造,指组成岩石的矿物集合体的大小、形状、排列和空间分布等,反映岩石构成的特征。

📖 化学上"构造"一词常与"结构"(structure)通用,使用"结构"一词更为普遍,所包含的内容也更多。

构造窗/構造窗

gòuzàochuāng/ㄍㄡˋ ㄗㄠˋ ㄔㄨㄤ

window

【地】一圈老岩层覆在新岩层之上的现象。逆断层的上盘老岩层被推到下盘新岩层之上,当上面的老岩层中间遭受强烈剥蚀,露出了下面的新岩层,周围残留部分老岩层。形似中间开一窗,故名。

构造地震/構造地震

gòuzào dìzhèn/ㄍㄡˋ ㄗㄠˋ ㄉㄧˋ ㄓㄣˋ

tectonic earthquake

【地】地震类型之一。地下深处岩石破裂、错动将积累的能量急剧释放而引起。约占全球地震总数的 90%以上。

构造地质学/構造地質學

gòuzào dìzhìxué/ㄍㄡˋ ㄗㄠˋ ㄉㄧˋ ㄓˋ ㄒㄩㄝˊ

❶structural geology and tectonics, ❷structural geology

【地】❶地质学的一个分支。包括狭义的构造地质学和构造学。❷专指狭义的构造地质学。主要研究中小尺度地质体的构造形迹、成因、空间分布和发展规律,内容包括节理、劈理、褶皱、断层等的分布、形成和发展规律。与工程建设、矿床分布等有密切关系。

构造湖/構造湖 gòuzàohú/ㄍㄡˋ ㄗㄠˋ ㄏㄨˊ

tectonic lake

【地】湖泊的一种。陆地表面的构造凹地汇集地表水和地下水而成。湖岸陡峭,比较平直;呈长条形。云南昆明的滇池、内蒙古的呼伦湖均为典型的构造湖。

构造学/構造學

gòuzàoxué/ㄍㄡˋ ㄗㄠˋ ㄒㄩㄝˊ

tectonics

G

【地】又称"大地构造学"。广义的构造地质学的一部分。研究地壳的全球构造或大型构造的形态、区域分布、组合关系，及其发生、发展演化。因学派不同，有大陆漂移说、海底扩张说、板块构造学说、地槽地台学说等。

构造作用/大地構造作用

gòuzào zuòyòng/
ㄉㄚˋ ㄉㄧˋ ㄍㄡˋ ㄗㄠˋ ㄗㄨㄛˋ ㄩㄥˋ

tectonism

【地】地球内部能量引起地壳或岩石圈物质机械运动的作用。其使岩石产生劈理、褶皱、断裂等构造形迹，并可导致岩石发生水平运动或升降运动。

构筑物/構築物 gòuzhùwù/ㄍㄡˋ ㄓㄨˊ ㄨˋ

construction

【建】不具备、不包含或不提供人类居住功能的人工建造物。如水塔、水池、烟囱等。

構形 ㄍㄡˋ ㄒㄧㄥˊ/gòuxíng

conformation

【化】台湾名。即"构象"(421 页)。

構造用鋼

ㄍㄡˋ ㄗㄠˋ ㄩㄥˋ ㄍㄤ/gòuzào yònggāng

constructional steel, structural steel

【材】台湾名。即"结构钢"(622 页)。

gu (ㄍㄨ)

姑息性手术/姑息性手術

gūxīxìng shǒushù/ㄍㄨ ㄒㄧ ㄒㄧㄥˋ ㄕㄡˇ ㄕㄨˋ

palliative surgery

【医】仅切除部分病灶的手术。例如肿瘤已转移和扩散，原发肿瘤尚可以切除时，用手术切除原发肿瘤，可减轻全身症状，提高机体免疫功能，并有利于其他治疗(如化疗、放疗等)作用的发挥。

孤雌生殖/孤雌生殖

gūcí shēngzhí/ㄍㄨ ㄘˊ ㄕㄥ ㄓˊ

parthenogenesis

【生】又称"单性生殖"。在有性生殖的动植物中，卵子不经受精而发育成子代的生殖方式。有些后代全属雄性，如雄蜂；有些后代全属雌性，如蚜虫。

孤置 gūzhì/ㄍㄨ ㄓˋ

【建】即"特置"(1116 页)。

菰/菰 gū/ㄍㄨ

jiaobai wildrice

【植】*Zizania latifolia* 通称"茭白"。禾本科菰属。多年生水生植物。宿根。秆高大直立，有节。叶鞘肥厚，叶舌膜质；叶片扁平宽大。圆锥花序，雄小穗带紫色，雌小穗圆筒形。在中国，分布于东北，以及河北、内蒙古、陕西、甘肃、四川、湖南、湖北、江西、福建、广东、台湾。嫩茎可作蔬菜。

📖 菰在古代被当作粮食作物栽培，它的种子称为菰米或雕胡米，是"六谷"之一。后来由于秆基嫩茎被真菌寄生，茎膨大成肥嫩的肉质茎，而作为蔬菜食用，就再也不能开花结实了。

菇 ㄍㄨ/gū

mushroom

【植】台湾名。即"蘑菇"(809 页)。

蓇葖果/蓇葖果 gūtūguǒ/ㄍㄨ ㄊㄨ ㄍㄨㄛˇ

follicle

【植】果实的一种。由单心皮或离生心皮雌蕊发育而成，成熟后沿心皮背缝或腹缝一面开裂。如八角的其中一角就是蓇葖果。

古登堡界面/古氏不連續面

Gǔdēngbǎo jièmiàn/
ㄍㄨˇ ㄕˋ ㄅㄨˋ ㄌㄧㄢˊ ㄒㄩˋ ㄇㄧㄢˋ

Gutenberg discontinuity

【地】地核与地幔的分界面。1914 年，德国地球物理学家古登堡(B. Gutenberg)发现地下 2900 千米处地震波的传播速度有明显变化(地震波横波不能穿过这个面，纵波穿过此面后速度也急剧减低)。推断这个面是地核与地幔的分界面。

古地理学/古地理學

gǔdìlǐxué/ㄍㄨˇ ㄉㄧˋ ㄌㄧˇ ㄒㄩㄝˊ

palaeogeography

【地】地质学的一个分支。研究地质历史时期自然地理环境的形成与发展。通过分析岩石的颜色、粒度、磨圆度、分选程度、矿物成分、化学成分、古地磁和地层所含的生物化石，可复原当时当地的沉积环境，重建古地理环境的演变过程，包括海陆变迁、气候变化、生物演替及自然环境的变化等。

古地中海
Gǔ Dìzhōng Hǎi/ㄍㄨˇ ㄉㄧˋ ㄓㄨㄥ ㄏㄞˇ
【地】即“特提斯海”(1116 页)。

古第三紀 ㄍㄨˇ ㄉㄧˋ ㄙㄢ ㄐㄧˋ/gǔdìsānjì
Palaeogene Period
【地】台湾名。即“古近纪”(423 页)。

古第三系 ㄍㄨˇ ㄉㄧˋ ㄙㄢ ㄒㄧˋ/gǔdìsānxì
Palaeogene System
【地】台湾名。即“古近系”(423 页)。

古典的機率模型
ㄍㄨˇ ㄉㄧㄢˇ ·ㄉㄜ ㄐㄧ ㄌㄩˋ ㄇㄛˊ ㄒㄧㄥˊ/
gǔdiǎn de jīlǜ móxíng
classical models of probability
【数】台湾名。即“古典概型”(423 页)。

古典复兴建筑/古典復興建築
gǔdiǎn fùxīng jiànzhù/
ㄍㄨˇ ㄉㄧㄢˇ ㄈㄨˋ ㄒㄧㄥ ㄐㄧㄢˋ ㄓㄨˊ
classical revival architecture
【建】18 世纪 60 年代至 19 世纪末盛行欧美的古典建筑形式。当时受到启蒙运动和考古发现的影响,崇尚古代希腊、罗马文化,故采用古代希腊、罗马时期建筑形式。法国的雄狮凯旋门、马德兰教堂等是古罗马建筑式样的翻版。英国的爱丁堡中学、伦敦不列颠博物馆、德国柏林的勃兰登堡门、柏林宫廷剧院和阿尔塔斯博物馆是复兴希腊建筑形式的;勃兰登堡门以雅典卫城的山门为蓝本。美国独立以前,建筑造型多采用欧洲式样,独立后借助希腊、罗马的古典建筑来表现民主、自由、光荣和独立,因而古典复兴建筑盛极一时。

古典概型/古典的機率模型
gǔdiǎn gàixíng/
ㄍㄨˇ ㄉㄧㄢˇ ·ㄉㄜ ㄐㄧ ㄌㄩˋ ㄇㄛˊ ㄒㄧㄥˊ
classical models of probability
【数】最早的概率模型。特点是:(1)试验中可能出现的基本事件只有有限多个;(2)每个基本事件出现的可能性大小相等。古典概型中,事件 A 发生的概率 $P(A)=\frac{m}{n}$,其中 n 是基本事件总数,m 是事件 A 包含的基本事件数。例如,掷一枚质地均匀的骰子,可能出现的点数只有 1,2,3,4,5,6,共六种,它们出现的机会均等,这个试验属于古典概型。事件 A=“点数是偶数”,$P(A)=\frac{3}{6}=\frac{1}{2}$。

古典力学
ㄍㄨˇ ㄉㄧㄢˇ ㄌㄧˋ ㄒㄩㄝˊ/gǔdiǎn lìxué
classical mechanics
【物】台湾名。即“经典力学”(638 页)。

古典制約
ㄍㄨˇ ㄉㄧㄢˇ ㄓˋ ㄩㄝ/gǔdiǎn zhìyuē
classical conditioning
【心】台湾名。即“经典性条件反射”(639 页)。

古典主义建筑/古典主義建築
gǔdiǎn zhǔyì jiànzhù/
ㄍㄨˇ ㄉㄧㄢˇ ㄓㄨˇ ㄧˋ ㄐㄧㄢˋ ㄓㄨˊ
classical architecture
【建】17 世纪法国绝对君权时期的宫廷建筑风格,注重理性,讲究节制,结构清晰,脉络严谨。其哲学基础反映自然科学初期的重大成就的唯理论,政治任务是颂扬法国的专制政体。在建筑中主要运用“纯正”的古希腊、古罗马和意大利文艺复兴建筑样式,尤其是古典柱式。在平面布局和立面构图上,强调轴线主从关系,强调对称。

古动物学/古動物學
gǔdòngwùxué/ㄍㄨˇ ㄉㄨㄥˋ ㄨˋ ㄒㄩㄝˊ
paleozoology
【地】古生物学的一个分支。研究地质历史时期动物的形态、构造、分类、生态、分布及进化关系。可分为古无脊椎动物学和古脊椎动物学。

古近纪/古第三紀 gǔjìnjì/ㄍㄨˇ ㄉㄧˋ ㄙㄢ ㄐㄧˋ
Palaeogene Period
【地】新生代的第一个纪。从距今约 6550 万年开始,至距今 2303 万年结束。按时间早晚的顺序,分为古新世、始新世和渐新世。被子植物繁盛,淡水介形类和海生有孔虫、软体动物、珊瑚繁盛。哺乳动物迅速演化。

古近系/古第三系 gǔjìnxì/ㄍㄨˇ ㄉㄧˋ ㄙㄢ ㄒㄧˋ
Palaeogene System
【地】新生界的第一个系。是古近纪时期形成的地层。

古镜 gǔjìng/ㄍㄨˇ ㄐㄧㄥˋ
【建】即“鼓镜”(429 页)。

古柯/古柯 gǔkē/ㄍㄨˇ ㄎㄜ

coca

【植】*Erythroxylum novogranatense* 古柯科古柯属。灌木。树皮褐色。叶互生,倒卵形,顶部圆钝,微凹,中有小凸尖,全缘。花小,黄白色,簇生于叶腋。成熟核果红色,长圆形,有五条纵棱。全年开花,果期5—12月份。在中国,海南、云南、台湾有栽培。叶可入药。

古罗马建筑/古羅馬建築

Gǔluómǎ jiànzhù/ㄍㄨˇ ㄌㄨㄛˊ ㄇㄚˇ ㄐㄧㄢˋ ㄓㄨˋ

ancient Roman architecture

【建】古罗马人发展亚平宁半岛上伊特鲁里亚人的拱券技术,在古希腊建筑成就的基础上,创造出规模宏大、类型丰富、型制成熟的建筑风格,公元1—3世纪到达鼎盛时期。古罗马建筑主要采用拱券结构,筒拱覆盖长方形空间,十字拱覆盖正方形空间,穹窿覆盖圆形空间,三者相互组合,覆盖复杂的内部空间。罗马人将希腊的三种柱式变成五种,并结合拱券结构的需要,将柱式演化为装饰语汇,发展出券柱式。罗马有丰富的火山灰,一种强度高、价格便宜的天然混凝土,它使宏伟的罗马建筑向帝国各地广泛传播。

古气候/古氣候 gǔqìhòu/ㄍㄨˇ ㄑㄧˋ ㄏㄡˋ

paleoclimate

【气】又称"地质气候"。史前的气候。气候特征主要根据地质学和古生物学等取得的证据推知。

古气候学/古氣候學

gǔqìhòuxué/ㄍㄨˇ ㄑㄧˋ ㄏㄡˋ ㄒㄩㄝˊ

palaeoclimatology

【地】古地理学的一个分支。研究地质历史时期气候形成、分布特征及变化。主要根据地层的物质成分、沉积岩结构特点和生物化石等,推断地质历史时期的气候。

古人类学/古人類學

gǔrénlèixué/ㄍㄨˇ ㄖㄣˊ ㄌㄟˋ ㄒㄩㄝˊ

palaeoanthropology

【地】古脊椎动物学和人类学的一个分支。通过研究古人类化石和古人类生活遗物、遗迹,研究人类的起源及其发展。

📖 人类从人猿主干上分离,发生在哪一地区?从人猿到前人、真人,以至现代人,每一阶段是什么时候发生的?这些都是古人类学探索的课题,都需要古人类化石提供依据。古人类学与考古学相似,区别在于考古学研究的是具有历史记录的人类,而古人类学研究的是史前人类。

古生代/古生代

gǔshēngdài/ㄍㄨˇ ㄕㄥ ㄉㄞˋ

Palaeozoic Era

【地】显生宙的第一个代。从距今约5.42亿年开始,至距今约2.51亿年结束。按时间早晚的顺序,分为寒武纪、奥陶纪、志留纪、泥盆纪、石炭纪、二叠纪。

📖 古生代早期是海生无脊椎动物的发展时代,如寒武纪的三叶虫、奥陶纪的笔石和头足类、泥盆纪的珊瑚类和腕足类等。最早的脊椎动物无颌类(昆明鱼、海口鱼等)已在寒武纪出现。植物以水生菌藻类为主,志留纪末期出现裸蕨植物。古生代晚期,脊椎动物开始在陆地生活。鱼类在泥盆纪大量繁衍,并向原始两栖类演化。石炭纪和二叠纪时,两栖类和爬行类已占主要地位。植物进入依靠孢子繁殖的蕨类大发展时期,石炭纪和二叠纪因有蕨类森林而成为地质历史上的重要成煤期。

古生界/古生界

gǔshēngjiè/ㄍㄨˇ ㄕㄥ ㄐㄧㄝˋ

Palaeozoic Erathem

【地】显生宇的第一个界。是古生代时期形成的地层。

古生态学/古生態學

gǔshēngtàixué/ㄍㄨˇ ㄕㄥ ㄊㄞˋ ㄒㄩㄝˊ

palaeoecology

【地】古生物学的一个分支。研究地质历史时期生物与其生活环境之间相互关系。

古生物/古生物 gǔshēngwù/ㄍㄨˇ ㄕㄥ ㄨˋ

ancient organism

【地】生存在地质历史时期的生物。现已大部分绝灭。包括古植物、古无脊椎动物和古脊椎动物。

古生物学/古生物學

gǔshēngwùxué/ㄍㄨˇ ㄕㄥ ㄨˋ ㄒㄩㄝˊ

palaeontology

【地】地质学的一个分支。研究地质历史时期的生物及其演化,可确定地层层序和时代,推断古地理、古气候的演变。按研究对象不同,可分为古植物学和古动物学。

古氏不連續面
ㄍㄨˇ ㄕˋ ㄅㄨˋ ㄌㄧㄢˊ ㄒㄩˋ ㄇㄧㄢˋ/
Gǔshì bùliánxùmiàn
Gutenberg discontinuity
【地】台湾名。即"古登堡界面"(422 页)。

古希腊建筑/古希臘建築
Gǔxīlà jiànzhù/ㄍㄨˇ ㄒㄧ ㄌㄚˋ ㄐㄧㄢˋ ㄓㄨˊ
Greek architecture
【建】古希腊风格的建筑。覆盖巴尔干半岛、伯罗奔尼撒半岛、爱琴海诸岛、小亚细亚海岸和意大利广阔地区,持续时间从公元前 900 年—前 146 年,开欧洲建筑之先河。其建筑结构为柱梁体系。希腊人在埃及人追求永恒的基础上,注入形式上的完美。古希腊历史大致分为两个阶段,即希腊时期和希腊化时期。希腊时期(Hellenic Period, 公元前 900—前 323 年,亚历山大大帝去世),建筑类型以神庙为主,逐步形成两种风格:体现雄健有力的多立克建筑,以及代表端庄秀美的爱奥尼建筑。希腊化时期(Hellenistic Period,公元前 323—前 146 年,希腊成为罗马行省),伴随着亚历山大大帝东征,希腊建筑向东方传播,建筑结合当地传统,形成不同的地域特点。

古香缎/古香緞
gǔxiāngduàn/ㄍㄨˇ ㄒㄧㄤ ㄉㄨㄢˋ
soochow brocade
【纺】中国传统丝织物。熟织,采用纬三重组织。与织锦缎相似而手感较单薄,色彩风格淳朴。按使用原料不同,可分为桑蚕丝与黏胶丝交织古香缎及全黏胶丝古香缎两种;按纹样不同,可分为花卉古香缎和风景古香缎两种,由于组织结构和密度较织锦缎稍稀,地纹隐约露底,故常以满地花纹为多。

古新世/古新世 gǔxīnshì/ㄍㄨˇ ㄒㄧㄣ ㄕˋ
Paleocene Epoch
【地】古近纪的第一个世。从距今约 6550 万年开始,至距今 5580 万年结束。

古新统/古新統
gǔxīntǒng/ㄍㄨˇ ㄒㄧㄣ ㄊㄨㄥˇ
Paleocene Series
【地】古近系的第一个统。是古新世时期形成的地层。

古猿/類人猿 gǔyuán/ㄌㄟˋ ㄖㄣˊ ㄩㄢˊ
fossil ape
【地】人类的早期祖先。在亚、非、欧洲等地发现的腊玛古猿、森林古猿和南方古猿被认为是人类和现代类人猿的共同祖先。南非发现 200 万年前新类人物种对此提供了最新证据。

古植物学/古植物學
gǔzhíwùxué/ㄍㄨˇ ㄓˊ ㄨˋ ㄒㄩㄝˊ
palaeobotany
【地】古生物学的一个分支。研究地质历史时期植物的形态、分类、生态、起源、分布、进化及各地质时代的植被及其演替。其中还包括古孢粉学和古藻类学。

谷氨酸/麩胺酸 gǔ'ānsuān/ㄈㄨ ㄢ ㄙㄨㄢ
glutamic acid, Glu
【生】又称"麸氨酸",学名"α-氨基戊二酸"。20 种蛋白质氨基酸之一。为非必需氨基酸。白色或无色鳞片状结晶,有鲜味。体内在谷氨酰胺合成酶催化下,能与氨反应生成谷氨酰胺由尿排出,有解除氨毒作用。还参与脑内蛋白质和糖代谢,促进氧化,改善中枢神经系统功能。在体内能转化为丙酮或葡萄糖,因而升高血糖,减少糖原异生,减少脂肪分解,减少酮体。

谷氨酰胺/麩醯胺酸
gǔ'ānxiān'àn/ㄈㄨ ㄒㄧ ㄢ ㄙㄨㄢ
glutamine, Gln
【生】20 种蛋白质氨基酸之一。为非必需氨基酸。白色结晶或粉末。在体内参与消化道黏膜黏蛋白构成成分氨基葡萄糖的生物合成,从而促进黏膜上皮组织的修复,有助于溃疡病灶的消除。能通过血脑屏障促进脑代谢,提高脑机能,是脑代谢的重要营养剂。

谷胱甘肽/麩胱甘肽
gǔguānggāntài/ㄈㄨ ㄍㄨㄤ ㄍㄢ ㄊㄞˋ
glutathion(e), GSH, GSSG
【生】三肽的一种。由谷氨酸、半胱氨酸和甘氨酸通过肽键结合而成。无色透明杆状晶体。广泛分布于动植物细胞。在体内有保护含巯基酶、抗氧化和清除自由基作用。能促使糖类、脂肪及蛋白质的代谢,控制细胞的代谢过程,使人体获得高能量,也能排除重金属、致癌物、放射性物质等毒素,抑制黑色素沉着。

谷类作物/穀類作物

gǔlèi zuòwù/ㄍㄨˇ ㄌㄟˋ ㄗㄨㄛˋ ㄨˋ

cereal, grain crop

【农】简称"谷物"。禾本科植物中收获成熟籽粒作为粮食的一类作物。如小麦、水稻、玉米、高粱、谷子、燕麦、黑麦等,是最主要的粮食作物。蓼科的荞麦通常也被列入谷类作物。

谷神星/穀神星

gǔshénxīng/ㄍㄨˇ ㄕㄣˊ ㄒㄧㄥ

Ceres

【天】最早被发现的小行星。也是小行星中最大的一颗,直径 940 千米。1801 年由意大利天文学家皮亚齐(G.Piazzi)发现。2006 年国际天文学联合会确认它是矮行星。

谷维素/米糠醇 gǔwéisù/ㄇㄧˇ ㄎㄤ ㄔㄨㄣˊ

oryzanol

【医】以三萜(烯)醇为主体的阿魏酸酯的混合物。可从米糠油、胚芽油等谷物油脂提取。白色或微黄色粉末,无臭。能够调节自主神经功能,减少内分泌平衡障碍,改善精神神经失调症状。

谷物 gǔwù/ㄍㄨˇ ㄨˋ

【农】"谷类作物"的简称。

谷物联合收割机/穀物聯合收割機

gǔwù liánhé shōugējī/

ㄍㄨˇ ㄨˋ ㄌㄧㄢˊ ㄏㄜˊ ㄕㄡ ㄍㄜ ㄐㄧ

grain combine harvester

【机】简称"联合收割机"。农业机械的一种。收割农作物的联合机械。能够一次完成谷类作物的收割、脱粒、分离茎秆、清除杂余物等工序,从田间直接获取谷粒。

谷芽/穀芽 gǔyá/ㄍㄨˇ ㄧㄚˊ

Fructus Setariae Germinatus(拉), millet sprout

【中医】中药名。禾本科植物粟 *Setaria italica* (L.) Beauv.的成熟果实经发芽干燥的炮制加工品。味甘,性温。归脾、胃经。消食和中,健脾开胃。用于食积不消,腹胀口臭,脾胃虚弱,不饥食少。炒谷芽偏于消食,用于不饥食少。焦谷芽善化积滞,用于积滞不消。

谷子 gǔzi/ㄍㄨˇ ·ㄗ

【植】即"粱"(735 页)。

股骨/股骨 gǔgǔ/ㄍㄨˇ ㄍㄨˇ

femur

【医】人体最长、最结实的管状骨。位于大腿,分为一体两端,上端朝向内上方,末端膨大呈球形,称为"股骨头",与髋臼构成关节;下端为两个膨大的隆起,与胫骨上端及髌骨构成膝关节。

股四头肌/股四頭肌

gǔsìtóujī/ㄍㄨˇ ㄙˋ ㄊㄡˊ ㄐㄧ

quadriceps femoris

【医】大腿的一块骨骼肌。位于大腿前侧,由股直肌、股外侧肌、股内侧肌和股中间肌组成,是人体最有力的肌肉之一。收缩时,可屈髋关节和伸膝关节,并维持人体直立姿势。

骨/骨 gǔ/ㄍㄨˇ

bone

【医】由骨膜、骨质和骨髓构成,还分布有丰富的血管和神经。具有支撑形体、保护内脏、造血和储存矿物质的功能。按其形状不同,可分为长骨、短骨、扁平骨、不规则骨和种子骨。

骨傳導 ㄍㄨˇ ㄔㄨㄢˊ ㄉㄠˇ/gǔchuándǎo

bone conduction

【医】台湾名。即"骨导"(426 页)。

骨导/骨傳導 gǔdǎo/ㄍㄨˇ ㄔㄨㄢˊ ㄉㄠˇ

bone conduction

【医】声波直接经颅骨和耳蜗骨壁传入内耳,引起耳蜗淋巴液振动的过程。主要在强音传导中起作用,正常情况下,骨导效能远低于气导。

骨钉 gǔdīng/ㄍㄨˇ ㄉㄧㄥ

【医】即"骨针"(429 页)。

骨粉/骨粉 gǔfěn/ㄍㄨˇ ㄈㄣˇ

bone dust, bone meal

【化】由动物的骨骼加工制成的粉末。是一种复杂混合物。主要成分是磷酸三钙、骨胶和脂肪。通常灰白色,不溶于水。可用作肥料,在酸性土壤中肥效较快,也可用作动物饲料。

骨干网 gǔgànwǎng/ㄍㄨˇ ㄍㄢˋ ㄨㄤˇ

【信息】即"主干网"(1477 页)。

骨骼肌/骨骼肌 gǔgéjī/ㄍㄨˇ ㄍㄜˊ ㄐㄧ

skeletal muscle

【医】又称"随意肌""横纹肌"。肌组织的一种。通常依靠肌腱附着在骨骼上,每一块肌肉都有一定的形态、结构和功能，有丰富的血管、淋巴，在躯体神经支配下收缩，进行随意运动。人体有 600 多块骨骼肌。

骨骼年龄

gǔgé niánlíng/ㄍㄨˇ ㄍㄜˊ ㄋㄧㄢˊ ㄌㄧㄥˊ

【医】“骨龄”的全称。

骨关节炎/骨關節炎

gǔguānjiéyán/ㄍㄨˇ ㄍㄨㄢ ㄐㄧㄝˊ ㄧㄢˊ

osteoarthritis

【医】因关节退变或创伤、关节先天性异常、关节畸形等引起的关节软骨的退行性病变。病理特征为关节软骨变性、破坏、软骨下骨硬化、关节边缘与软骨下骨反应性增生、骨赘形成。主要症状为关节疼痛、活动受限和关节畸形等。

骨骺/骨骺 gǔhóu/ㄍㄨˇ ㄏㄡˊ

osteoepiphysis

【医】通过骺软骨与骨主体相连的骨块。位于长骨、扁骨及不规则骨端缘部。骨骺大部分骨化后，在与骨干相邻部位留有一层软骨板，即骺板。骨骺和骺板都是未成熟的四肢长骨的生长区域，通过软骨细胞的分裂增殖、骨化，使骨不断加长。全身骨骺依一定的年龄次序，停止增殖而骨化。

骨骺板 ㄍㄨˇ ㄏㄡˊ ㄅㄢˇ/gǔhóubǎn

epiphyseal plate

【医】台湾名。即“骺板”(503 页)。

骨化醇 gǔhuàchún/ㄍㄨˇ ㄏㄨㄚˋ ㄔㄨㄣˊ

【医】即“维生素 D”(1183 页)。

骨化三醇/鈣化三醇

gǔhuàsānchún/ㄍㄞˋ ㄏㄨㄚˋ ㄙㄢ ㄔㄨㄣˊ

calcitriol

【医】维生素 D_3 在体内的活性代谢物。维生素 D_3 进入体内先后在肝脏、肾脏中羟基化转为骨化三醇才能起作用。骨化三醇能促进小肠对钙的吸收，改善骨骼对钙的利用。

骨化性肌炎/骨化性肌炎

gǔhuàxìng jīyán/ㄍㄨˇ ㄏㄨㄚˋ ㄒㄧㄥˋ ㄐㄧ ㄧㄢˊ

myositis ossifican

【医】为进行性骨质结构于肌肉、结缔组织内沉积所引起的肌肉硬化的一种疾病。由于关节扭伤、脱位或关节附近骨折，骨膜剥离形成骨膜下血肿，处理不当使血肿扩大，机化并在关节附近软组织内广泛骨化，造成严重关节活动功能障碍。

骨架结构建筑/骨架結構建築

gǔjià jiégòu jiànzhù/

ㄍㄨˇ ㄐㄧㄚˋ ㄐㄧㄝˊ ㄍㄡˋ ㄐㄧㄢˋ ㄓㄨˋ

skeleton construction

【建】用杆件组成骨架的结构体系，承受来自屋面、楼面和墙体等荷载的建筑。骨架结构的部件分工明确，可根据需要选用材料，如受力的骨架可选用力学性能好的钢或钢筋混凝土，不承重的墙选用隔声、隔热好的轻质材料。有框架、排架和门架等结构形式。

📖 中国传统的木构架建筑、欧洲民间的密肋式构架建筑是用木材制成的骨架结构建筑。现代大型骨架结构建筑主要是钢筋混凝土结构和钢结构。钢筋混凝土骨架结构刚度大、耐久、防火、节约钢材；钢骨架结构自重轻，柔性大，施工方便，但用钢量大，造价高。

骨架券 gǔjiàxuàn/ㄍㄨˇ ㄐㄧㄚˋ ㄒㄩㄢˋ

【建】即“肋骨拱”(716 页)。

骨胶/骨膠 gǔjiāo/ㄍㄨˇ ㄐㄧㄠ

bone glue

【化】天然黏合剂的一种。由破碎动物骨块或骨粒经净化处理后，用蒸汽和热水交替蒸煮和提取，为骨胶原发生热变性和水解获得的黏胶状物质。半圆珠形，金黄至红棕色，透明度差，腥臭味重。除含有胶原蛋白质外，还伴生多种非胶原蛋白及其降解物等。

骨料 gǔliào/ㄍㄨˇ ㄌㄧㄠˋ

【材】即“集料”(576 页)。

骨龄/骨齡 gǔlíng/ㄍㄨˇ ㄌㄧㄥˊ

bone age

【医】全称“骨骼年龄”。借助于骨骼在 X 光摄像中的特定图像来确定的骨骼生理年龄。骨的发育过程中，骨化中心、骨骺与骨骺端的形态变化，能较准确地反映个体的生长发育水平和成熟程度，还可预测儿童的成年身高。

骨膜/骨膜 gǔmó/ㄍㄨˇ ㄇㄛˋ

periosteum

【医】骨外膜的通称。除关节面部分外，骨表面被覆的一层纤维结缔组织膜，内含丰富的成骨细胞、血管和神经，对骨的营养、再生和

G

感觉起重要作用。

骨囊肿/骨囊腫
gǔnángzhǒng/ㄍㄨˇ ㄋㄤˊ ㄓㄨㄥˇ
bone cyst
【医】一种骨的囊肿样局限性瘤样病损。常发于长管状骨干骺端,囊肿腔内含有液体。常见于儿童和青少年。特别是肱骨和股骨近端。

骨盆/骨盆 gǔpén/ㄍㄨˇ ㄆㄣˊ
pelvis
【医】人体的盆形骨架。具有保护盆腔器官及传递重力的作用。由骶骨、尾骨和两块髋骨组成,后面为骶尾骨,侧前面为髋骨,前端为耻骨联合。男性骨盆上口呈心形,下口较狭窄,骨盆腔较窄长;女性骨盆上口近似圆形,下口较宽大,骨盆腔短而宽,呈圆桶形。

骨盆腔發炎性疾病
ㄍㄨˇ ㄆㄣˊ ㄑㄧㄤ ㄈㄚ ㄧㄢˊ ㄒㄧㄥˋ ㄐㄧˊ ㄅㄧㄥˋ/
gǔpénqiāng fāyánxìng jíbìng
pelvic inflammatory disease
【医】台湾名。即“盆腔炎”(861 页)。

骨软骨瘤/骨軟骨瘤
gǔruǎngǔliú/ㄍㄨˇ ㄖㄨㄢˇ ㄍㄨˇ ㄌㄧㄡˊ
osteochondroma
【医】一种良性骨肿瘤。常发于长骨干骺端,特别是股骨远端和胫骨近端。因骨生长方向异常,病损骨向偏离最近骨骺方向生长形成,有恶变的可能。多见于青少年,在骨发育生长结束时,病变也停止发展。

骨软化症/骨軟化病
gǔruǎnhuàzhèng/ㄍㄨˇ ㄖㄨㄢˇ ㄏㄨㄚˋ ㄅㄧㄥˋ
osteomalacia
【医】因钙、磷或维生素 D 缺乏或代谢障碍而引起的骨病。骨骼密度降低,腰部、腿部疼痛,加重后不能行走,下肢弯曲,可发生自发性骨折。

骨軟化病
ㄍㄨˇ ㄖㄨㄢˇ ㄏㄨㄚˋ ㄅㄧㄥˋ/gǔruǎnhuàbìng
osteomalacia
【医】台湾名。即“骨软化症”(428 页)。

骨松质/海綿質骨
gǔsōngzhì/ㄏㄞˇ ㄇㄧㄢˊ ㄓˊ ㄍㄨˇ
spongy bone
【医】由交织的骨小梁排列而成,呈海绵状的组织。位于骨的内部。主要分布于长骨骺、短骨和扁骨内部。

骨髓/骨髓 gǔsuǐ/ㄍㄨˇ ㄙㄨㄟˇ
bone marrow
【医】位于长骨的骨髓腔和骨松质内的结缔组织。幼年骨髓腔的骨髓是红骨髓,具有造血功能,成年后转变为黄骨髓。骨松质中的红骨髓则一直具有造血功能。

骨髓炎/骨髓炎 gǔsuǐyán/ㄍㄨˇ ㄙㄨㄟˇ ㄧㄢˊ
osteomyelitis
【医】整个骨组织(包括骨膜、骨皮质、骨髓)均受细菌感染而引起的炎症性疾病。可分为外源性和血源性感染两大类。血源性骨髓炎是常见的感染类型。

骨髓移植/骨髓移植
gǔsuǐ yízhí/ㄍㄨˇ ㄙㄨㄟˇ ㄧˊ ㄓˊ
bone marrow transplantation
【医】将正常骨髓细胞移植到患者体内,使其生长繁殖,重建免疫和造血功能的治疗方法。可分为自体移植和异体移植,异体移植又分为血缘关系移植和非血缘关系移植。

骨油/骨油 gǔyóu/ㄍㄨˇ ㄧㄡˊ
bone oil
【化】从动物的骨内提取的油。深黄色油状液体,主要成分为油酸、棕榈酸和硬脂酸的甘油三酯。是制备骨胶的副产品,可用于制肥皂和脂肪酸等。

骨折/骨折 gǔzhé/ㄍㄨˇ ㄓㄜˊ
fracture
㊀【医】骨的完整性或连续性受到破坏,以疼痛、肿胀、青紫、瘀斑、功能障碍或骨擦音等为主要表现的疾病。㊁【中医】骨伤科疾病之一。外力、肌肉拉力或骨病所致,骨及骨小梁的连续性和完整性遭到破坏,症见患部疼痛、肿胀、青紫、功能障碍、畸形及骨擦音等。治宜视伤情采用手法整复或切开复位,夹缚固定。初期宜活血化瘀、消肿止痛,服七厘散、复元活血汤、云南白药等;外敷栀乳散。肿消痛减后,宜接骨续筋,服正骨紫金丹、接骨丸、跌打丸等;外贴接骨膏。后期恢复时宜培补肝肾,舒筋通络,内服补肾壮筋汤、舒筋活血汤、小活络丹等;外用海桐皮汤、五加皮汤或损伤洗方外洗,并配合功能锻炼。病理性骨

折应同时治疗原发病。

骨针/骨針 gǔzhēn/ㄍㄨˇ ㄓㄣ

bone needle

【医】又称"骨钉"。一种骨折内固定器件。主要由医用不锈钢或钛合金制成;也有用镍钛形状记忆合金或医用复合材料制造的。断面可设计成多种形态,用于不同部位骨折连接。临床多用髓内针以及三翼骨针、可屈针等。

骨质疏松症/骨質疏鬆症 gǔzhì shūsōngzhèng/ㄍㄨˇ ㄓˋ ㄕㄨ ㄙㄨㄥ ㄓㄥˋ

osteoporosis

【医】因缺钙或钙代谢障碍造成骨量减少和骨组织微结构破坏为特征,导致骨脆性增加和易于骨折的代谢性骨病。

钴/鈷 gǔ/ㄍㄨˇ

cobalt

【化】金属元素。属周期表第ⅧB族,符号Co,原子序数27。原子量58.93。自然界主要存在于辉砷钴矿和砷钴矿中。单质为银灰色金属,质硬,延展性好,可磁化。钴-60能放射高能射线,用于治疗癌症及工业探伤。

📖 16世纪,欧洲人发现了一种蓝色矿石(后确认为辉钴矿),因用它能将无色玻璃变为蓝色,被人称之为"妖魔";1735年,瑞典的布兰特(G.Brandt)经多次实验,从辉钴矿中发现了一种新元素,命名为cobalt;1780年,瑞典的伯格曼(T.Bergman)制得纯金属钴,才得到社会公认。拉丁文定名为cobaltum,源自德文Kobold,意思是"妖魔"。中文定名为"钴",是形声字。

钴胺素 gǔ'ànsù/ㄍㄨˇ ㄢˋ ㄙㄨˋ

【医】即"维生素 B_{12}"(1182页)。

鼓风机/鼓風機 gǔfēngjī/ㄍㄨˇ ㄈㄥ ㄐㄧ

blower

【机】风机的一类。在设计条件下,风压为30~200千帕或压缩比为1.3~3。输送介质以清洁空气、清洁煤气、二氧化硫及其他惰性气体为主,也可按需生产输送其他易燃、易爆、易蚀、有毒及特殊气体。可分为离心式、轴流式、容积回转式等。广泛适用于冶金、化工、建材、石油、矿井、纺织等行业。

鼓镜/鼓鏡 gǔjìng/ㄍㄨˇ ㄐㄧㄥˋ

Drum mirror

【建】又作"古镜"。柱础凸出于地面的露明部分。四周加工成混线线脚,圆形平面,方便与柱子衔接。明以后的北方建筑多采用这种形式。

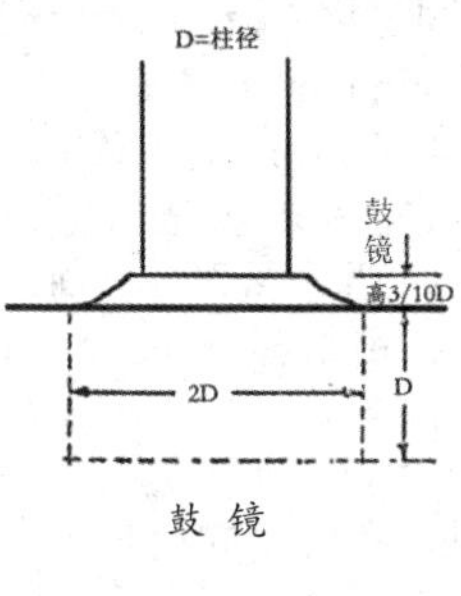

鼓 镜

臌胀/臌脹 gǔzhàng/ㄍㄨˇ ㄓㄤˋ

tympanites

【中医】❶中医内科疾病之一。因酒食不节,情志所伤,血吸虫感染及其他疾病转变所致,症见腹胀如鼓,腹皮青筋显露,肤色苍黄等。多本虚标实,虚实夹杂,治宜攻补兼施。气滞湿阻证,宜疏肝理气,行湿散满,用柴胡疏肝汤或胃苓汤加减;寒湿困脾证,宜温中健脾,行气利水,可用实脾饮;湿热蕴结证,宜清热利湿,攻下逐水,用中满分消丸合茵陈蒿汤、舟车丸;肝脾血瘀证,宜活血化瘀,行气利水,用调营饮加减;脾肾阳虚证,宜温补脾肾,化气行水,用附子理中丸合五苓散、济生肾气丸等;肝肾阴虚证,宜滋养肝肾,凉血化瘀,用六味地黄丸或一贯煎合膈下逐瘀汤加减。本病属危急重症,若失于治疗,后期易出现吐血、便血或神志昏迷等危候,要及时抢救。❷臌胀,另作症状解。

固醇/固醇 gùchún/ㄍㄨˋ ㄔㄨㄣˊ

sterol

【生】又称"甾醇"。有机化合物的一类。以游离状态或同脂肪酸结合成酯存在于生物体内。最重要的有动物体内的胆固醇、植物体内的豆固醇、麦角中的麦角固醇。

固氮/氮固定 gùdàn/ㄉㄢˋ ㄍㄨˋ ㄉㄧㄥˋ

nitrogen fixation

【化】将大气中的游离氮气转变成含氮化合物的过程。特指土壤中的某些微生物把空气中的氮转变为植物可吸收利用的氨或其他含氮有机物。

固定/固定化 gùdìng/ㄍㄨˋ ㄉㄧㄥˋ ㄏㄨㄚˋ

immobilization

【医】采取措施限制受伤部位或患肢运动,以

G

阻止损伤进一步加重和减轻疼痛的方法。

固定化 ㄍㄨˋ ㄉㄧㄥˋ ㄏㄨㄚˋ/gùdìnghuà
immobilization
【医】台湾名。即“固定”(429 页)。

固定污染源/固定污染源
gùdìng wūrǎnyuán/ㄍㄨˋ ㄉㄧㄥˋ ㄨ ㄖㄢˇ ㄩㄢˊ
stationary pollution source
【环】位置固定的污染源。如排放污染物的工厂、矿山、炉灶等。

固定义齿/固定義齒
gùdìng yìchǐ/ㄍㄨˋ ㄉㄧㄥˋ ㄧˋ ㄔˇ
fixed partial denture, FPD
【医】用人造冠或人造冠、桥体、连接体制成的固定桥修复牙体、牙列缺损的修复体。

固化 ㄍㄨˋ ㄏㄨㄚˋ/gùhuà
solidification
【物】台湾名。即“凝固”(840 页)。

固化點 ㄍㄨˋ ㄏㄨㄚˋ ㄉㄧㄢˇ/gùhuàdiǎn
solidifying point
【物】台湾名。即“凝固点”(840 页)。

固化熱 ㄍㄨˋ ㄏㄨㄚˋ ㄖㄜˋ/gùhuàrè
freezing heat, heat of solidification
【物】台湾名。即“凝固热”(840 页)。

固件/韌體 gùjiàn/ㄖㄣˋ ㄊㄧˇ
firmware
【信息】作为硬件配置的组成部分而存储的有序指令和关联数据。是固化在硬件中的软件,作为内存地址空间的组成部分寻址。可由硬件逻辑实现,或将软件录制在只读存储器中。

固结磨具/黏合磨擦物
gùjié mójù/ㄋㄧㄢˊ ㄏㄜˊ ㄇㄛˊ ㄘㄚ ㄨˋ
bonded abrasive
【机】人造磨具的一类。用磨料与结合剂固结而成。按所用磨料不同,可分为普通磨料固结磨具和超硬磨料固结磨具。前者用刚玉和碳化硅等普通磨料,后者用金刚石和立方氮化硼等超硬磨料。常用的有砂轮、磨头、砂瓦等。

固溶胶/固溶膠
gùróngjiāo/ㄍㄨˋ ㄖㄨㄥˊ ㄐㄧㄠ
solid sol
【化】溶胶的一种。以气体、液体或固体微粒为被分散物质,以固体为介质所形成的溶胶。如人造红宝石、着色玻璃、合金等,珍珠是一种含有微小液滴的固溶胶。

固溶体/固溶體 gùróngtǐ/ㄍㄨˋ ㄖㄨㄥˊ ㄊㄧˇ
solid solution
【材】❶一种由基体金属(溶剂)在固态下溶有其他元素(溶质)原子而组成的晶体。可分为置换固溶体(如铜镍合金)和间隙固溶体(如铁素体)两类。❷由一种固体粒子弥散在另一种固体内而形成的体系。❸由几种不同化学物质组成的均匀晶相。这些化学物质无规则地占据着阵点并存在于某一浓度范围内。

固涩法/固澀法 gùsèfǎ/ㄍㄨˋ ㄙㄜˋ ㄈㄚˇ
astringing method, * securing and astriction
【中医】内治法之一。用药味酸涩,具有收敛作用的方药,治疗气血精液滑脱不禁等病证。

固态/固態 gùtài/ㄍㄨˋ ㄊㄞˋ
solid state
【物】物质的固体状态。在这种状态下,物质有固定的形状和体积。

固态卫星
gùtài wèixīng/ㄍㄨˋ ㄊㄞˋ ㄨㄟˋ ㄒㄧㄥ
【航】即“纳米卫星”(818 页)。

固体潮/地潮 gùtǐcháo/ㄉㄧˋ ㄔㄠˊ
Earth tide
【地】在日、月等天体引力作用下,固体地球的某些部位产生的周期性起落的现象。

固体地球 gùtǐ dìqiú/ㄍㄨˋ ㄊㄧˇ ㄉㄧˋ ㄑㄧㄡˊ
【地】即“岩石圈”(1310 页)。

固体地球物理学/固體地球物理學
gùtǐ dìqiú wùlǐxué/
ㄍㄨˋ ㄊㄧˇ ㄉㄧˋ ㄑㄧㄡˊ ㄨˋ ㄌㄧˇ ㄒㄩㄝˊ
solid geophysics
【地】地球科学的一个分支。应用物理学的理论和方法研究地球的性质、结构、形态及其中发生的各种物理过程。主要包括火山学、地震学、地电学、地磁学、重力学、地热学、大地构造物理学和应用地球物理学等。

固体电解质/固體電解質
gùtǐ diànjiězhì/ㄍㄨˋ ㄊㄧˇ ㄉㄧㄢˋ ㄐㄧㄝˇ ㄓˋ
solid electrolyte
【化】见“离子导体”(720 页)。

固体废物/固體廢物
gùtǐ fèiwù/ㄍㄨˋ ㄊㄧˇ ㄈㄟˋ ㄨˋ
solid waste
【环】人类生产和生活过程中产生的固态、半固态废弃物的统称。按其化学性质不同，可分为有机固体废物、无机固体废物；按其来源不同，可分为工业固体废物、矿业固体废物、农业固体废物、城市垃圾等。固体废物进入环境，主要危害是占用土地，污染水体和大气，破坏环境卫生和美观等。

固体废物控制工程/固體廢物控制工程
gùtǐ fèiwù kòngzhì gōngchéng/
ㄍㄨˋ ㄊㄧˇ ㄈㄟˋ ㄨˋ ㄎㄨㄥˋ ㄓˋ ㄍㄨㄥ ㄔㄥˊ
solid waste control engineering
【环】环境工程学的一个技术领域。任务是运用工程技术措施对固体、半固体废物和废料进行处理、处置和回收利用，以保护和合理利用自然资源，防止环境污染和危害。其工程技术主要有废物综合利用和资源化系统，以及减量化、焚烧、稳定化技术和最终处置技术。

固体火箭/固體火箭
gùtǐ huǒjiàn/ㄍㄨˋ ㄊㄧˇ ㄏㄨㄛˇ ㄐㄧㄢˋ
solid propellant rocket
【航】利用固体推进剂推进飞行的火箭，即采用固体火箭发动机作为推动力的火箭。固体推进剂由氧化剂、黏合剂和轻金属混合而成，通过化学燃烧、汽化，形成热能，高速喷射，成为推动火箭飞行的动力。

固体可燃矿产/固體可燃礦產
gùtǐ kěrán kuàngchǎn/
ㄍㄨˋ ㄊㄧˇ ㄎㄜˇ ㄖㄢˊ ㄎㄨㄤˋ ㄔㄢˇ
solid combustible minerals
【地】可以直接燃烧或可提炼出可燃物质的固态矿产的总称，包括煤、泥炭、油页岩等。

固有免疫/先天性免疫
gùyǒu miǎnyì/ㄒㄧㄢ ㄊㄧㄢ ㄒㄧㄥˋ ㄇㄧㄢˇ ㄓㄥˋ
innate immunity, natural immunity, non-specific immunity
【生】又称"先天免疫""天然免疫""非特异性免疫"。个体在长期进化中所形成，与生俱有而并非由特定抗原诱导的抵抗病原体侵袭、消除体内异物的防御能力，由固有免疫分子和固有免疫细胞所执行，是机体抵御病原体感染的第一道防线。

固有频率/固有频率
gùyǒu pínlǜ/ㄍㄨˋ ㄧㄡˇ ㄆㄧㄣˊ ㄌㄩˋ
natural frequency
【物】物质系统作本征振动时的频率。

固有振荡
gùyǒu zhèndàng/ㄍㄨˋ ㄧㄡˇ ㄓㄣˋ ㄉㄤˋ
【物】即"本征振荡"(49 页)。

固有振动
gùyǒu zhèndòng/ㄍㄨˋ ㄧㄡˇ ㄓㄣˋ ㄉㄨㄥˋ
【物】即"本征振动"(49 页)。

故宫/故宫 gùgōng/ㄍㄨˋ ㄍㄨㄥ
Imperial Palace
【建】泛指封建王朝遗存的宫殿。通常指明清两代的皇宫，即"北京故宫"，又称"紫禁城"。明代永乐十八年(公元 1420 年)建成。宫殿形制基本遵循明初所建的南京宫殿，有楼宇 8000 余间，建筑面积约 15 万平方米。明清两代多次重修和扩建，仍然保持原布局。南北长约 961 米，东西宽约 753 米，面积约 72.5 万平方米。宫城内建筑由前朝与内廷两部分组成，四面由筒子河环抱。城四角有角楼。四面各有一门，正南是午门，为正门。前部外朝以太和、中和、保和三大殿为中心，文华殿、武英殿为两翼。后部内廷则以乾清门一线为界，其北属帝王生活区，其中，中轴线上由南至北的乾清宫、交泰殿和坤宁宫为内廷的主要部分，乾清宫和坤宁宫分别为皇帝和皇后的寝宫，坤宁宫后为御花园。内廷两侧是妃嫔的住所，称东西六宫，其后又有皇子居住的东西五所。是我国现存最大最完整的古建筑群。

故障容限/故障容許度
gùzhàng róngxiàn/ㄍㄨˋ ㄓㄤˋ ㄖㄨㄥˊ ㄒㄩˇ ㄉㄨˋ
fault tolerance
【信息】功能单元中有组件出现故障时，仍能在规定的执行水平继续运行的范围。

故障容許度
ㄍㄨˋ ㄓㄤˋ ㄖㄨㄥˊ ㄒㄩˇ ㄉㄨˋ/
gùzhàng róngxǔdù
fault tolerance
【信息】台湾名。即"故障容限"(431 页)。

G

故障诊断/故障診斷

gùzhàng zhěnduàn/ㄍㄨˋ ㄓㄤˋ ㄓㄣˇ ㄉㄨㄢˋ

fault diagnosis

【自】利用各种检查和测试方法，检视系统和设备在运行过程中的状态信息，结合其已知的结构特性和参数，以及环境条件和该设备的历史记录，确定其整体或局部存在或预报故障及其性质的过程。包括故障检测和故障定位两部分。两者合在一起是一门能早期发现故障及其原因、预报故障发展趋势的、涉及多个技术门类的边缘学科。对保证系统和设备的安全可靠运行，消除事故，节约维修费用有重要的意义。

锢窑/錮窯 gùyáo/ㄍㄨˋ ㄧㄠˊ

cave dwelling

【建】中国西北地区在地面上仿窑洞形态建造的拱券式房屋。以砖、石、土坯等为材料，一层或两层。多建于靠崖窑前的空地上，有数座，与围墙共同组成院落。

鲴/鯝 gù/ㄍㄨˋ

xenocyprid carps

【动】*Xenocypris argentea* 鱼名。硬骨鱼纲鲤科。身体延长，侧扁，长约 30 厘米，银白色，口小，下颌铲形，背鳍有硬棘。生活在淡水中，以藻类和其他水生植物为食，也吃腐泥、有机碎屑等，生长较快。中国各地均有分布。

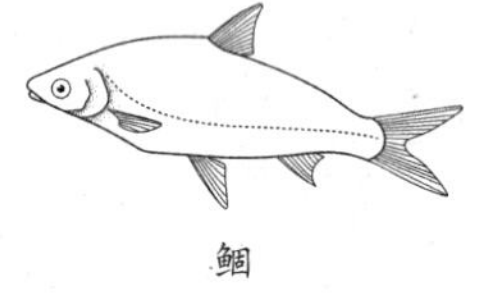

鲴

gua （ㄍㄨㄚ）

瓜氨酸/瓜胺酸

guā'ānsuān/ㄍㄨㄚ ㄢ ㄙㄨㄢ

citrulline

【生】非蛋白质氨基酸的一种。是尿素循环中间产物。白色结晶或结晶状粉末，有酸味。可从西瓜和柿子中提取。体内仅存在于肝脏中，有清除自由基，与氨生成精氨酸和一氧化氮，增进肝脏尿素生成，有利于肝脏清除废物、解毒等作用。

瓜胺酸 ㄍㄨㄚ ㄢ ㄙㄨㄢ/guā'ànsuān

citrulline

【生】台湾名。即“瓜氨酸”(432 页)。

瓜蒌/瓜蔞 guālóu/ㄍㄨㄚ ㄌㄡˊ

㊀ snakegourd，㊁ Fructus Trichosanthis(拉)，snakegourd fruit

㊀【植】即“栝楼”(433 页)。㊁【中医】中药名。葫芦科植物瓜蒌 *Trichosanthes kirilowii* Maxim. 或双边瓜蒌 *T. rosthorinii* Harms 的干燥成熟果实。味甘、微苦，性寒。归肺、胃、大肠经。清热涤痰，宽胸散结，润燥滑肠。用于肺热咳嗽，痰浊黄稠，胸痹心痛，结胸痞满，乳痈，肺痈，肠痈，大便秘结。其干燥成熟种子为瓜蒌子，又称瓜蒌仁。味甘，性寒。归肺、胃、大肠经。润肺化痰，滑肠通便。用于燥咳痰黏，肠燥便秘，痈痤肿毒。其干燥成熟果皮称瓜蒌皮。味甘，性寒。归肺、胃经。清化热痰，利气宽胸。用于痰热咳嗽，胸闷胁痛。

📖 瓜蒌及其子、皮均不宜与乌头类药物同用。

瓜 蒌

双边瓜蒌

刮 guā/ㄍㄨㄚ

【机】“刮削”的简称。

刮板流量计/滑葉旋轉流量計

guābǎn liúliàngjì/ㄏㄨㄚˊ ㄧㄝˋ ㄒㄩㄢˊ ㄓㄨㄢˇ ㄌㄧㄡˊ ㄌㄧㄤˋ ㄐㄧˋ

sliding vane rotary flowmeter

【机】容积式流量计的一种。由测量室中带动刮板(滑动叶片)的转子的旋转次数来测量流经圆筒形容室的液体体积总量。计量精确度高，流量范围大。适用于无腐蚀性液体(如原油、汽油、柴油)的流量测量。

刮板输送机/刮板輸送機

guābǎn shūsòngjī/ㄍㄨㄚ ㄅㄢˇ ㄕㄨ ㄙㄨㄥˋ ㄐㄧ

scraper conveyor，flight conveyor

【机】链式输送机的一种。用刮板链牵引，在槽内运送散料。可水平运输或倾斜运输。广泛用于煤矿、化学矿山、金属矿山及电厂等处。

刮齒刀 ㄍㄨㄚ ㄔˇ ㄉㄠ/guāchǐdāo

gear shaving cutter, shaving cutter

【机】台湾名。即"剃齿刀"(1120 页)。

刮痧疗法/刮痧療法

guāshā liáofǎ/ㄍㄨㄚ ㄕㄚ ㄌㄧㄠˊ ㄈㄚˇ

scrapping therapy, * guasha therapy

【中医】外治法之一。用边缘光滑的羊角片、牛角片,或嫩竹板、瓷器片、小汤匙、铜钱、硬币、纽扣等工具,蘸润滑油,或清水,或药液、药油在体表部位反复刮动,以治疗"痧证"及中暑、感冒、喉痛、腹痛、吐泻、头昏脑胀等病证。

刮土機 ㄍㄨㄚ ㄊㄨˇ ㄐㄧ/guātǔjī

scraper

【机】台湾名。即"铲运机"(107 页)。

刮削/刮削 guāxiāo/ㄍㄨㄚ ㄒㄧㄠ

scraping

【机】简称"刮"。金属切削加工的一种方法。用刮刀从工件表面刮去薄层金属。切削量小,切削力小,能获得较高的平面度和配合精度。常以手工操作。可分为平面刮削和曲面刮削。

胍/胍 guā/ㄍㄨㄚ

carbamamidine

【化】学名"亚胺脲",台湾又称"胺甲脒"。一类含氮有机化合物。尿素中的氧被亚氨基置换而成。无色晶体,有潮解性,呈强碱性。

栝楼/栝樓 guālóu/ㄍㄨㄚ ㄌㄡˊ

snakegourd

【植】*Trichosanthes kirilowii* 又称"瓜蒌""药瓜"。葫芦科栝楼属。多年生攀缘藤本植物。茎多分枝,有棱槽,被毛。卷须细长,顶端 3~7 分歧。叶纸质,近圆形,3~7 裂,裂片长圆形,边缘浅裂,叶基心形。雌雄异株,雄花为总状花序,花冠白色,裂片倒卵形,顶端有丝状流苏,雌花单生。果实近椭圆形,熟时橙黄色,光滑。花期 5—8 月份,果期 8—10 月份。在中国,分布于华北至长江流域。果实可入药。

寡糖/寡糖 guǎtáng/ㄍㄨㄚˇ ㄊㄤˊ

oligosaccharide

【医】又称"低聚糖"。两个或两个以上(通常指 2~9 个)单糖单位以糖苷键相连形成的糖分子。含有两个单糖单位的寡糖称双糖,含有三个单糖单位的寡糖称三糖。

卦限/八分體 guàxiàn/ㄅㄚ ㄈㄣ ㄊㄧˇ

octant

【数】空间直角坐标系中,被三条坐标轴两两相交形成的三个平面分开的 8 个区域。三面角 O-xyz 的内部,三面角 O-$x'yz$的内部,三面角 O-$x'y'z$ 的内部,三面角 O-$xy'z$ 的内部,三面角 O-xyz' 的内部,三面角 O-$x'yz'$的内部,三面角 O-$x'y'z'$的内部和三面角 O-$xy'z'$的内部,分别叫作第一、第二、第三、第四、第五、第六、第七和第八卦限。

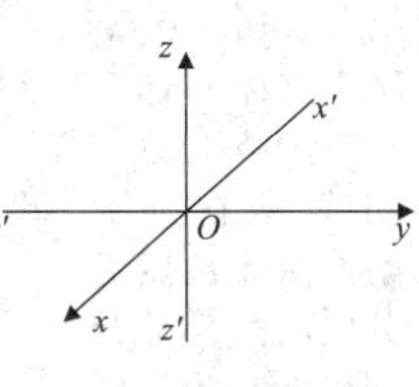

卦 限

挂车/拖車 guàchē/ㄊㄨㄛ ㄔㄜ

trailer

【交】本身无动力和驱动装置,依靠其他车辆牵引行驶的车辆。通常分为全挂车、半挂车和特种挂车等。

挂号邮件/掛號郵件

guàhào yóujiàn/ㄍㄨㄚˋ ㄏㄠˋ ㄧㄡˊ ㄐㄧㄢˋ

registered mail

【交】给据邮件的一种。邮局在收寄时出具收据,处理时进行登记,投递时需收件人签收的邮件。交寄时除了按照相关种类的邮件资费标准交付邮费外,还需另加付挂号费。

挂桨机 guàjiǎngjī/ㄍㄨㄚˋ ㄐㄧㄤˇ ㄐㄧ

【船】即"舷外发动机"(1240 页)。

挂镜线/掛鏡線

guàjìngxiàn/ㄍㄨㄚˋ ㄐㄧㄥˋ ㄒㄧㄢˋ

picture molding

【建】在室内墙面上部,为悬挂镜框、画幅而设置的水平线脚。

挂线疗法/掛線療法

guàxiàn liáofǎ/ㄍㄨㄚˋ ㄒㄧㄢˋ ㄌㄧㄠˊ ㄈㄚˇ

therapy of cutting with thread ligation, * threaded ligation

【中医】外治法之一。用药制丝线、医用丝

线、橡皮筋等材料，缠扎患病组织，利用“挂线”的紧箍力，阻滞气血、经络，使局部组织坏死，以剖开瘘管或窦道，治疗肛瘘及各种窦道。

guai （ㄍㄨㄞ）

拐点/拐點 guǎidiǎn/ㄍㄨㄞˇ ㄉㄧㄢˇ

inflection point

【数】又称“变曲点”。设曲线 $y=f(x)$ 在点 $P(a,f(a))$ 处有切线，若在点 P 附近曲线被点 P 分成的两部分分别在切线两侧，则点 P 叫作曲线的拐点。曲线经过点 P 时由向上凸(或向下凹)变为向下凹(或向上凸)。

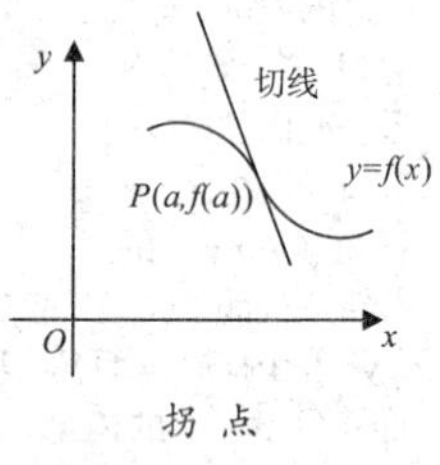

拐点

📖 若 $f(x)$ 有二阶导数 $f''(x)$，并且 $f''(a)=0$，当 $y=f(x)$ 经过点 $P(a,f(a))$ 时 $f''(x)$ 由负变正(或由正变负)，则点 $P(a,f(a))$ 是曲线 $y=f(x)$ 的拐点。

guan （ㄍㄨㄢ）

关帝庙 guāndìmiào/ㄍㄨㄢ ㄉㄧˋ ㄇㄧㄠˋ

【建】即“武庙”(1213 页)。

关键期/關鍵期

guānjiànqī/ㄍㄨㄢ ㄐㄧㄢˋ ㄑㄧ

critical period

【心】个体发展过程中对特定环境影响特别敏感，并容易获得某种行为或技能的发展时期。个体行为的发生受到不同发育阶段生理、心理的制约，个体早期生命中的某个时期对某种适当的特殊刺激特别敏感，就会产生相应的敏感的反应，过了这一时期，同样的刺激对之影响很小或者没有影响。

关节/關節 guānjié/ㄍㄨㄢ ㄐㄧㄝˊ

articulation, joint

【医】骨与骨之间的间接联结。由关节面、关节软骨、关节囊和关节腔组成。有的关节还有韧带、关节盘、半月板、关节盂缘等。能伸屈旋转活动的称为活动关节，不能伸屈旋转活动的称为不动关节。

关节面/關節面

guānjiémiàn/ㄍㄨㄢ ㄐㄧㄝˊ ㄇㄧㄢˋ

articular surface

【医】构成关节的各相关骨的接触面。由关节软骨覆盖，多为一凸一凹，凸的称为关节头，凹的称为关节窝。除胸锁关节、下颌关节等的关节软骨是纤维软骨外，其余均为透明软骨。关节软骨表面光滑，面间有滑液，具有弹性，可承受负荷和减缓震荡。

关节囊/關節囊

guānjiénáng/ㄍㄨㄢ ㄐㄧㄝˊ ㄋㄤˊ

articular capsule

【医】关节骨面四周由结缔组织包裹构成的膜囊。囊壁分为两层，外侧为纤维层，内层为滑膜层。纤维层厚而坚韧，含有丰富的血管和神经；滑膜层薄而柔润，衬在纤维层内面，向关节腔分泌滑液，润滑关节。

关节腔/關節腔

guānjiéqiāng/ㄍㄨㄢ ㄐㄧㄝˊ ㄑㄧㄤ

articular cavity

【医】滑膜层与关节软骨围成的腔隙。腔内有透明滑液，润滑和营养关节软骨。关节腔内为负压，对维持关节稳固性有重要作用。

关节炎/關節炎

guānjiéyán/ㄍㄨㄢ ㄐㄧㄝˊ ㄧㄢˊ

arthritis

【医】泛指关节腔及其组成部分的炎症病变。病因主要与感染、自身免疫反应、代谢紊乱、创伤、退行性病变等因素有关。临床症状各有不同，多表现为关节红、肿、热、痛和功能障碍，严重的可导致关节畸形，形成残疾。

关税/關税 guānshuì/ㄍㄨㄢ ㄕㄨㄟˋ

tariff, customs duties

【物流】由海关对准许进出关境的货物和物品向货物收发货人或物品的所有人征收的一种进出口流转税。征收依据为税法、进出口税则及国家关税政策。

关系/關係 guānxi/ㄍㄨㄢ ㄒㄧ˙

relation

【数】直积 $A\times B$ 的子集 R，叫作 A 到 B 的一个关系 R。若 $(a,b)\in R$，则称 a,b 满足关系 R，记作 aRb。例如，$A=\{1,3\}$，

$B=\{2,6\}$，$A\times B=\{(1,2),(1,6),(3,2),(3,6)\}$，$R=\{(1,2),(3,6)\}\subseteq A\times B$，$R$ 是 A 到 B 的一个关系，$1R2$，$3R6$，这里的 R 为“2 倍”关系，即 $aRb\Leftrightarrow b=2a$。

关系模型/關連式模型
guānxi móxíng/ㄍㄨㄢ ㄌㄧㄢˊ ㄕˋ ㄇㄛˊ ㄒㄧㄥˊ
relational model
【信息】将数据组织在关系表中的数据模型。其中关系表由表示属性(例如名称、地址)的列和表示实体(例如客户)的行组成。

关系数据库/關連式資料庫
guānxi shùjùkù/ㄍㄨㄢ ㄌㄧㄢˊ ㄕˋ ㄗ ㄌㄧㄠˋ ㄎㄨˋ
relational database
【信息】按关系模型组织数据的数据库。简单、高效，成为数据库的主流。关系模型以行列组成的二维表结构来表示各类实体及其间的联系。

关元/關元 guānyuán/ㄍㄨㄢ ㄩㄢˊ
CV4，RN4，*Pass Head
【中医】任脉穴之一。在下腹部，前正中线上，当脐中下 3 寸。小肠的募穴。该穴主治遗尿、小便频数(shuò)、尿闭、泄泻、腹痛、遗精、阳痿、疝气、月经不调、带下、不孕、中风脱证、虚劳羸瘦等病证，且具有强壮保健作用。

关中平原
Guānzhōng Píngyuán/
ㄍㄨㄢ ㄓㄨㄥ ㄆㄧㄥˊ ㄩㄢˊ
【地】即“渭河平原”(1190 页)。

观察/觀察 guānchá/ㄍㄨㄢ ㄔㄚˊ
observation
【心】为感知特定对象而组织的，有目的、有计划，必要时需采用一定方法的高水平感知觉过程。不是消极的“看”，而是主动积极的自觉的感知觉过程，往往与有意注意(随意注意)及思维相联系。故也称为“思维的知觉”。通常认为观察力是智力的重要组成部分。

观察法/觀察法
guāncháfǎ/ㄍㄨㄢ ㄔㄚˊ ㄈㄚˇ
observational method
【心】心理学研究的一种方法。在自然条件下，研究者以自身感觉器官和辅助工具(如音像器材等)，不加控制条件，但有目的、有计划地对客观对象(包括人和自然现象、社会现象)进行直接的、系统的考察和记录，以获得经验事实。

观光电梯/觀光電梯
guānguāng diàntī/ㄍㄨㄢ ㄍㄨㄤ ㄉㄧㄢˋ ㄊㄧ
observation lift，panoramic lift
【机】电梯的一种。井道和轿厢壁至少有同一侧透明，乘客可观看轿厢外景物的电梯。多安装于宾馆、商场、高层办公楼等。

官瓷/官瓷 guāncí/ㄍㄨㄢ ㄘˊ
mandarin porcelain
【轻】官窑瓷的一种。专指宋代大观及政和年间于汴梁所设的官窑烧制的青瓷器，其釉色似开裂或呈冰片状，晶莹剔透，有粉青紫口铁定是其特色。

官能基 ㄍㄨㄢ ㄋㄥˊ ㄐㄧ/guānnéngjī
functional group
【化】台湾名。即“官能团”(435 页)。

官能团/官能基
guānnéngtuán/ㄍㄨㄢ ㄋㄥˊ ㄐㄧ
functional group
【化】各类有机化合物拥有的决定其化学特性的原子或原子团。如醇的官能团是羟基，羧酸的官能团是羧基。

官式/官式 guānshì/ㄍㄨㄢ ㄕˋ
official style
【建】中国古代建筑工程中，严格按照当朝官方所定的规范、准则营造，经一定时间积累所形成的统一样式。按照宋《营造法式》的称为“宋式”，按照清工部《工程做法》的称为“清式”。

官窑/官窯 guānyáo/ㄍㄨㄢ ㄧㄠˊ
Royal kiln，official kiln
【轻】广义上指有别于民窑的官办瓷窑，其产品为宫廷所垄断。狭义上指北宋在京城汴京(汴梁，今开封)和南宋在临安(今杭州)由宫廷专设的瓷窑。有“旧官”和“新官”之分。前者为北宋官窑，是中国宋代“五大名窑”之一；后者为南宋官窑。

官窑瓷/官窯瓷 guānyáocí/ㄍㄨㄢ ㄧㄠˊ ㄘˊ
royal kiln porcelain
【轻】古代官窑烧制的瓷器。分为官窑瓷、御窑瓷两类。官窑瓷器多为官员、富商使用，饰纹多限于花、鸟、虫、鱼、神话等“礼制”之外的题材；御窑瓷器专供皇家使用，在器型、纹饰上均有严格的礼仪规定，等级森严，错用或擅用均为重罪。

📖 在中国陶瓷史上，"官窑瓷"和"官瓷"是两个不同的概念，二者是一种交叉而非重合的关系。官窑瓷狭义指朝廷垄断，专窑专烧的瓷器；广义指由朝廷设定标准，官窑、民窑均可烧制的瓷器，由朝廷派人按统一标准验收，合格者统一采办。

冠毛/冠毛 guānmáo/ㄍㄨㄢ ㄇㄠˊ

pappus

【植】大多数菊科植物瘦果上的成簇的毛、刚毛或鳞片状结构。

冠心病 guānxīnbìng/ㄍㄨㄢ ㄒㄧㄣ ㄅㄧㄥˋ

【医】"冠状动脉粥样硬化性心脏病"的简称。

冠羽/羽冠 guānyǔ/ㄩˇ ㄍㄨㄢ

crest，crista

【动】又称"羽冠"。某些鸟类头顶上竖立的长羽毛。

冠状动脉/冠狀動脈

guānzhuàng dòngmài/
ㄍㄨㄢ ㄓㄨㄤˋ ㄉㄨㄥˋ ㄇㄞˋ

coronary artery

【医】位于心脏顶部的心脏供血动脉。从主动脉窦发出，分左右两支，主干横行，分支下行，行于心脏表面，几乎环绕心脏，形状像王冠，故名。

冠状动脉粥样硬化性心脏病/冠狀動脈粥樣硬化性心臟病

guānzhuàng dòngmài zhōuyàng yìnghuàxìng xīnzàngbìng/
ㄍㄨㄢ ㄓㄨㄤˋ ㄉㄨㄥˋ ㄇㄞˋ ㄓㄡ ㄧㄤˋ ㄧㄥˋ ㄏㄨㄚˋ ㄒㄧㄥˋ ㄒㄧㄣ ㄗㄤˋ ㄅㄧㄥˋ

coronary atherosclerotic heart disease, CHD

【医】简称"冠心病"。因冠状动脉粥样硬化造成心脏供血动脉狭窄，供血不足，引起的心肌功能障碍和/或器质性改变。

棺椁/棺槨 guānguǒ/ㄍㄨㄢ ㄍㄨㄛˇ

inner and outer coffins

【建】古代墓葬中的组合葬具。分内外两重，里面的称为棺，外面的称为椁。

📖 《周礼》规定棺椁的等级"天子七重，诸侯五重，大夫三重，士再重"，一直影响到汉代。魏晋以后墓室设棺床，棺椁置于床上，椁的体积变小，不再有椁室之意。清代帝后的棺椁用金装饰外表，称为金棺、金椁。

關節黏連性脊椎炎

ㄍㄨㄢ ㄐㄧㄝˊ ㄋㄧㄢˊ ㄌㄧㄢˊ ㄒㄧㄥˋ ㄐㄧˇ ㄓㄨㄟ ㄧㄢˊ/
guānjié niánliánxìng jǐzhuīyán

ankylosing spondylitis

【医】台湾名。即"强直性脊柱炎"(908 页)。

關連式模型

ㄍㄨㄢ ㄌㄧㄢˊ ㄕˋ ㄇㄛˊ ㄒㄧㄥˊ/
guānliánshì móxíng

relational model

【信息】台湾名。即"关系模型"(435 页)。

關連式資料庫

ㄍㄨㄢ ㄌㄧㄢˊ ㄕˋ ㄗ ㄌㄧㄠˋ ㄎㄨˋ/
guānliánshì zīliàokù

relational database

【信息】台湾名。即"关系数据库"(435 页)。

觀測覘標

ㄍㄨㄢ ㄘㄜˋ ㄓㄢ ㄅㄧㄠ/guāncè chānbiāo

observation target

【测绘】台湾名。即"测量觇标"(100 页)。

馆/館 guǎn/ㄍㄨㄢˇ

Guan，Accommodation for guests

【建】招待宾客供应食宿的建筑。

📖 《说文》："馆，客舍也"。"馆"字由官和食字构成，意即供官员们吃饭的地方。《周礼》有"五十里有市，市有候馆，候馆有积，以待朝聘之官也。"所以，馆的基本含义就是为来客使用的建筑物，以后演变成对这类公共建筑物的称呼。

管材/管材 guǎncái/ㄍㄨㄢˇ ㄘㄞˊ

tube，pipe

【材】纵向形状相同而中空的材料。通常指截面为圆或方形的材料，也有截面为梯形、椭圆和各类非对称形状的异形管。采用拉拔法、轧制法、挤压法、穿孔法生产的管材称为无缝管，采用焊接法生产的称为焊接管。

管道/管道 guǎndào/ㄍㄨㄢˇ ㄉㄠˋ

pipe

【水利】用金属或其他材料制成的管子或由管子、管子连接件和阀门等构成的通道。是用于输送气体、液体或固体颗粒等的装置。

管道运输/管道運輸
guǎndào yùnshū/ㄍㄨㄢˇ ㄉㄠˋ ㄩㄣˋ ㄕㄨ
pipeline transport
【交】以管道作为运输工具,单向运送液体、气体和煤、矿砂等物资的运输方式。具有占用土地少、运量大、损耗小、安全可靠等特点。

管井/管井　guǎnjǐng/ㄍㄨㄢˇ ㄐㄧㄥˇ
tube well
【水利】机井的一种。井径较小,井较深,井壁用金属或其他管材加固。

管理科学/管理科學
guǎnlǐ kēxué/ㄍㄨㄢˇ ㄌㄧˇ ㄎㄜ ㄒㄩㄝˊ
management science
【总】研究管理理论、方法和管理实践活动的一般规律的科学。运用运筹学、系统工程、计算机技术、通信技术等,对企业中的各项管理问题进行系统的定量分析,以做出最优方案。

管理心理学/管理心理學
guǎnlǐ xīnlǐxué/ㄍㄨㄢˇ ㄌㄧˇ ㄒㄧㄣ ㄌㄧˇ ㄒㄩㄝˊ
managerial psychology
【心】又称"组织行为学"。应用心理学的一个分支。研究组织管理中的人的心理活动及其规律,控制和预测人的行为,调动人的积极性,充分发挥人的潜能,达到提高工作效率的目的。

管涌/管湧　guǎnyǒng/ㄍㄨㄢˇ ㄩㄥˇ
piping
【水利】指坝体或坝基的土粒在水的渗透压力下,从孔隙中不断流失,最后形成穿过坝体或坝基的管状渗流通道的险情。其发展将使孔道扩大,基土淘空,引起坝体塌陷,造成溃决等事故。

管状花/管狀花
guǎnzhuànghuā/ㄍㄨㄢˇ ㄓㄨㄤˋ ㄏㄨㄚ
【植】即"筒状花"(1145 页)。

贯流泵/貫流泵
guànliúbèng/ㄍㄨㄢˋ ㄌㄧㄡˊ ㄅㄥˋ
tubular pump, tubular through-flow pump
【机】轴流泵的一种。泵轴全部装在呈直管状的泵壳内,进出水流道顺直。由电动机、减速装置和水泵组成。水力损失少,提水效率高,结构紧凑,安装、检修方便。常用在低扬程、大流量泵站上。

贯流式水轮机/貫流式水輪機
guànliúshì shuǐlúnjī/
ㄍㄨㄢˋ ㄌㄧㄡˊ ㄕˋ ㄕㄨㄟˇ ㄌㄨㄣˊ ㄐㄧ
tubular turbine, straight-flow turbine
【机】反击式水轮机的一种。主轴装置成水平或倾斜。引水部件、转轮、排水部件都在一条轴线上,水流一贯平直通过。常用于低水头的水电站(如小型河床电站)。

贯通测量/貫通測量
guàntōng cèliáng/ㄍㄨㄢˋ ㄊㄨㄥ ㄘㄜˋ ㄌㄧㄤˊ
holing through survey, breakthrough survey
【测绘】在地下工程测量中,为保证地下通道挖掘方向而进行的测量工作。用于保证单向、多个对向或同向挖掘工作按地下通道预定的线路设计要求实施。

惯流锅炉
guànliú guōlú/ㄍㄨㄢˋ ㄌㄧㄡˊ ㄍㄨㄛ ㄌㄨˊ
【机】即"直流锅炉"(1444 页)。

惯性/慣性　guànxìng/ㄍㄨㄢˋ ㄒㄧㄥˋ
inertia
【物】物体具有的保持其原有运动状态的性质。在经典力学中,物体惯性的大小用质量来量度,质量大的物体惯性大,质量小的物体惯性小。

惯性参考系/慣性參考系
guànxìng cānkǎoxì/
ㄍㄨㄢˋ ㄒㄧㄥˋ ㄘㄢ ㄎㄠˇ ㄒㄧˋ
inertial reference frame
【物】简称"惯性系"。牛顿第一定律在其中成立的参考系。其中的物体不受力的作用时,会保持静止或匀速直线运动状态。

惯性定律
guànxìng dìnglǜ/ㄍㄨㄢˋ ㄒㄧㄥˋ ㄉㄧㄥˋ ㄌㄩˋ
【物】即"牛顿第一定律"(841 页)。

惯性力/慣性力
guànxìnglì/ㄍㄨㄢˋ ㄒㄧㄥˋ ㄌㄧˋ
inertial force
【物】因非惯性系相对于惯性系运动的加速度而引起的作用在非惯性系物体上的力。它不满足牛顿第三定律,没有施力物体,也没有相应的反作用力,故又称为虚拟力或赝力。在非惯性系中,它起着与真实力相同的作用,而且可以观测和测量。在平动非惯性系内，质点所受的惯性力 $F=-ma_0$，a_0为非惯性系相对于惯性系运动的加速度。

惯性系 guànxìngxì/ㄍㄨㄢˋ ㄒㄧㄥˋ ㄒㄧˋ

【物】“惯性参考系”的简称。

灌溉/灌溉 guàngài/ㄍㄨㄢˋ ㄍㄞˋ

irrigation

【水利】引水浇地，补充土壤水分以改善植物生长条件，获得理想的产量和质量。按方法不同，可分为漫灌、畦灌、沟灌、喷灌、微灌、渗灌等。

灌溉區域

ㄍㄨㄢˋ ㄍㄞˋ ㄑㄩ ㄩˋ/guàngài qūyù

irrigation district, irrigation area

【水利】台湾名。即“灌区”(438 页)。

灌浆/灌漿 guànjiāng/ㄍㄨㄢˋ ㄐㄧㄤ

grain filling

【农】禾本科作物抽穗、开花、受精后，营养物质通过导管灌到籽粒中去，并在籽粒内积存的过程。灌浆期可分为乳熟期、黄熟期和完熟期三个阶段。是籽粒饱满的基本条件。

灌木/灌木 guànmù/ㄍㄨㄢˋ ㄇㄨˋ

shrub

【植】树身较低矮，没有明显主干、呈丛生状态的树木。如玫瑰、杜鹃、牡丹、黄杨、连翘、迎春等。

灌区/灌溉區域

guànqū/ㄍㄨㄢˋ ㄍㄞˋ ㄑㄩ ㄩˋ

irrigation district, irrigation area

【水利】灌溉工程所控制的农田区域。通常有可靠的水源和引水、输水、配水渠道系统、灌溉设备和相应的排水系统等。

鹳/鸛 guàn/ㄍㄨㄢˋ

stork

【动】鸟名。鹳形目鹳科各种的统称。身体大，外形像鹤也像鹭，喙长而直，翅膀大，尾圆短，头和颈的全部或部分无羽毛，体毛灰色、白色或黑色。栖息于水边，以鱼、蛙、蛇和甲壳动物等为食。分布较广，在中国有东方白鹳(*Ciconia boyciana*)、白鹳(*Ciconia ciconia boyciana*)、黑鹳(*C. nigra*)和白头鹮鹳(*Mycteria leucocephala*)。

鹳

罐车/罐車 guànchē/ㄍㄨㄢˋ ㄔㄜ

tank car

【交】铁路货车车种之一。车体外形多为一卧放的圆筒，专门用来装运液体、液化气体或粉末状货物。一种罐车往往只适宜装运一种货物，如轻油罐车用来装运汽油、煤油；黏油罐车用来装运原油、润滑油；化工产品罐车用来装运硫酸、氨水等化工产品；液化气罐车用来运送液氨、丙烷等；粉状货物罐车用来运送水泥、氧化铝等。

guang (ㄍㄨㄤ)

光/光 guāng/ㄍㄨㄤ

light

【物】通常指可见光。即能够使人眼看见物体的物质，如太阳光、灯光、月光等。广义上包括各种波长的电磁波，除可见光外，还有不能引起视觉的红外线和紫外线，以及无线电波、微波、X 射线、γ 射线等。由光子组成，具有波粒二象性。可被发射、吸收，可发生反射、折射、衍射、干涉现象。

光瓣堇菜

guāngbàn jǐncài/ㄍㄨㄤ ㄅㄢˋ ㄐㄧㄣˇ ㄘㄞˋ

【植】即“紫花地丁”(1496 页)。

光笔/光筆 guāngbǐ/ㄍㄨㄤ ㄅㄧˇ

lightpen

【信息】装有按钮，以无线或有线方式与主机相连，与显示面配合使用的光敏输入设备。在屏幕上轻轻一点，相应部位的选单、选项或按钮即做出响应。还可用以在屏幕上写字画画，在计算机辅助下让字画变得光顺精确。因外形像圆珠笔，故名。

光标/游標 guāngbiāo/ㄧㄡˊ ㄅㄧㄠ

cursor

【信息】计算机显示器屏幕上指示当前操作位置或状态的符号。由若干光点拼成，常见形状有竖线、工字线、十字、箭头、手指、沙漏等。同一屏幕上可同时呈现数个，有的还以闪烁方式凸显指示位置。

光波導纖維
ㄍㄨㄤ ㄅㄛ ㄉㄠˇ ㄒㄧㄢ ㄨㄟˊ/
guāngbōdǎo xiānwéi
optical fiber, photoconductive fiber
【材】台湾名。即"光导纤维"(439 页)。

光程/光程 guāngchéng/ㄍㄨㄤ ㄔㄥˊ
optical path
【计量】光在介质中传播的几何路程与该介质折射率之乘积。

光磁碟儲存
ㄍㄨㄤ ㄘˊ ㄉㄧㄝˊ ㄔㄨˇ ㄘㄨㄣˊ/
guāngcídié chǔcún
optical disc storage
【信息】台湾名。即"光盘存储器"(443 页)。

光导纤维/光波導纖維
guāngdǎo xiānwéi/
ㄍㄨㄤ ㄅㄛ ㄉㄠˇ ㄒㄧㄢ ㄨㄟˊ
optical fiber, photoconductive fiber
【材】简称"光纤"。利用全反射使光以波导方式传输的纤维介质。由纤维芯和纤维包层两部分组成。损耗低,信息传输容量大,抗干扰,保密性强,重量轻,选光性好,光吸收少,可挠性好,加工容易,耐热耐辐射。应用于传输光能、图像和信息等。可分为石英系、多成分系及塑料系三类。

光的电磁理论/光之電磁理論
guāng de diàncí lǐlùn/
ㄍㄨㄤ ㄓ ㄉㄧㄢˋ ㄘˊ ㄌㄧˇ ㄌㄨㄣˋ
electromagnetic theory of light
【物】阐述光的本质是电磁波的理论。
📖 由麦克斯韦(J. C. Maxwell, 1831—1879)首先提出。在麦克斯韦之前,科学家已经认识到光是横波,并且对光的速度进行了测量。1864—1865 年,麦克斯韦在论文《电磁场的动力学理论》中提出,电磁场以波的形式传播形成电磁波,在真空中的传播速度为 3×10^8 米/秒,是横波。麦克斯韦认为,光是一种电磁波。1888 年,赫兹(H. R. Hertz, 1857—1894)用实验证实了电磁波的存在,并测量了电磁波速,还证实电磁波与光波一样,有衍射、折射、偏振等性质,最终确立了光的电磁理论。

光的量子理论/光的量子理論
guāng de liàngzǐ lǐlùn/
ㄍㄨㄤ ·ㄉㄜ ㄌㄧㄤˋ ㄗˇ ㄌㄧˇ ㄌㄨㄣˋ
quantum theory of light
【物】阐述光由光子组成的理论。
📖 普朗克(M. Planck, 1858—1947)在 1900 年提出的基本思想,爱因斯坦(A. Einstein, 1879—1955)在 1905 年发展为完善的理论。为了能解释黑体辐射的能量分布,普朗克在 1900 年假设处于热平衡的赫兹振子的能量只能是 $h\nu$(h 为普朗克常量,ν 为振子的频率)的整数倍的分立值,发射与吸收的光只能是一份一份的,每一份的能量为 $h\nu$,分布于整个空间。1905 年爱因斯坦进一步假设,频率为 ν 的光束是由光子组成的。物体发射、吸收的光是一个个光子。1916 年美国的密立根(R. A. Milliken, 1868—1953)用实验定量地证实爱因斯坦对光电效应的解释;1923 年美国的康普顿(A. H. Compton, 1892—1962)观察了 X 射线与电子的碰撞,解释了散射光波长的改变,进一步证实光子的能量、动量公式是正确的。

光的直线传播定律/光的直線傳播定律
guāng de zhíxiàn chuánbō dìnglǜ/
ㄍㄨㄤ ·ㄉㄜ ㄓˊ ㄒㄧㄢˋ ㄔㄨㄢˊ ㄅㄛ ㄉㄧㄥˋ ㄌㄩˋ
law of rectilinear propagation of light
【物】几何光学的基本规律。在同一种各向同性的介质中,光在两点之间总是沿着连接这两点的直线传播。

光电池 guāngdiànchí/ㄍㄨㄤ ㄉㄧㄢˋ ㄔˊ
【材】"光伏电池"的简称。

光电导效应/内光電效應
guāngdiàndǎo xiàoyìng/
ㄋㄟˋ ㄍㄨㄤ ㄉㄧㄢˋ ㄒㄧㄠˋ ㄧㄥˋ
photoconductive effect
【物】又称"内光电效应"。没有光电发射的光电效应。用某种波长的光照射半导体,把光子的能量传给其中的电子。电子的能量增加,没有逸出物体表面而使物体的电阻值改变或产生一定的电动势,可用于制作光敏电阻器、硅光二极管和硅光电池等。

光电器件/光電器件
guāngdiàn qìjiàn/ㄍㄨㄤ ㄉㄧㄢˋ ㄑㄧˋ ㄐㄧㄢˋ
photoelectric device

【电】基本电特性归因于光子的吸收的器件。

光电式传感器/光電式感測器

guāngdiànshì chuángǎnqì/
ㄍㄨㄤ ㄉㄧㄢˋ ㄕˋ ㄍㄢˇ ㄘㄜˋ ㄑㄧˋ
photoelectric transducer

【机】传感器的一种。基于光电效应的传感器,受到可见光照射时即产生光电效应,将光信号转换成电信号输出。除用于测量光强,还可利用光线的透射、遮挡、反射、干涉等测量多种物理量(如尺寸、位移、速度、温度等)。

光电式互感器/光電式互感器

guāngdiànshì hùgǎnqì/
ㄍㄨㄤ ㄉㄧㄢˋ ㄕˋ ㄏㄨˋ ㄍㄢˇ ㄑㄧˋ
electronic instrument transformer

【电】应用光电技术通过光纤传送信息来测量大电流或高电压的互感器。

光电温度计/光電溫度計

guāngdiàn wēndùjì/
ㄍㄨㄤ ㄉㄧㄢˋ ㄨㄣ ㄉㄨˋ ㄐㄧˋ
photoelectric thermometer

【机】温度计的一种。利用光电检测元件将接收到的辐射亮度转换成为电信号,实现温度测量。

光电效应/光電效應

guāngdiàn xiàoyìng/ㄍㄨㄤ ㄉㄧㄢˋ ㄒㄧㄠˋ ㄧㄥˋ
photoelectric effect

【物】在光的照射下,金属及化合物发射电子(光电子)的现象。是光的量子性的实验事实,表明光子具有能量。

📖 光电效应实验规律如下。(1)对于每一种金属,当入射光频率 ν 大于频率 ν_0 时,才能得到光电效应。ν_0 为截止频率或极限频率。(2)光电子的动能满足关系为 $E_k=h(\nu-\nu_0)$,式中,h 为普朗克常量。(3)单位时间单位面积上发射的光电子数与入射光强成正比,与入射光频率无关。(4)光电效应是瞬时的。发射电子与光照射的时间差小于 3×10^{-9} 秒。

光电侦察装备/光電偵察裝備

guāngdiàn zhēnchá zhuāngbèi/
ㄍㄨㄤ ㄉㄧㄢˋ ㄓㄣ ㄔㄚˊ ㄓㄨㄤ ㄅㄟˋ
optical-electro reconnaissance equipment

【军】探测目标与背景的光反射或自身光辐射差异,通过光电转换与信号处理的方法获取情报信息的侦察装备。具有较高的角分辨率、距离分辨率和光谱分辨率。获取信息丰富,图像清晰直观,适合视觉观察。广泛用于航天侦察、航空侦察、海上侦察和地面侦察等领域。可分为电视侦察装备、数码照相侦察装备、微光侦察装备、红外侦察装备、激光侦察装备,光电对抗侦察装备。

光电子材料/光電子材料

guāngdiànzǐ cáiliào/
ㄍㄨㄤ ㄉㄧㄢˋ ㄗˇ ㄘㄞˊ ㄌㄧㄠˋ
optoelectronic materials

【材】应用于光电子技术,主要是用于光子和电子的产生、转换和传输的材料。包括光学功能材料、光电探测材料、激光材料、光电信息传输材料、光电存储材料、光电显示材料、光电转换材料(又称光伏材料)。

光电子器件/光電子器件

guāngdiànzǐ qìjiàn/ㄍㄨㄤ ㄉㄧㄢˋ ㄗˇ ㄑㄧˋ ㄐㄧㄢˋ
optoelectronic device

【物】利用半导体光子—电子,或电子—光子转换效应制成的各种功能器件。包括发光二极管(LED)、激光二极管(LD)、光电探测器、太阳能电池、光波导、光开关、光调制器等。广泛应用于家用摄像机、手机、相机、夜视眼镜、微光摄像机、透视机、光电瞄具、红外探测、红外制导、红外遥感、指纹探测、导弹探测、医学检测等设备。

光電式感測器

ㄍㄨㄤ ㄉㄧㄢˋ ㄕˋ ㄍㄢˇ ㄘㄜˋ ㄑㄧˋ/
guāngdiànshì gǎncèqì
photoelectric transducer

【机】台湾名。即“光电式传感器”(440 页)。

光碟/光碟 guāngdié/ㄍㄨㄤ ㄉㄧㄝˊ
optical disc

【信息】又称“光盘”。利用光电原理记录并用光学方法读取信息的圆盘状信息载体。

光碟機

ㄍㄨㄤ ㄉㄧㄝˊ ㄐㄧ/guāngdiéjī
video disc

【信息】台湾名。即“视盘机”(1037 页)。

光碟驅動機

ㄍㄨㄤ ㄉㄧㄝˊ ㄑㄩ ㄉㄨㄥˋ ㄐㄧ/

guāngdié qūdòngjī
optical disc drive
【信息】台湾名。即“光驱”(444 页)。

光碟—数位聲訊
ㄍㄨㄤ ㄉㄧㄝˊ-ㄕㄨˋ ㄨㄟˋ ㄕㄥ ㄒㄩㄣˋ/
guāngdié-shùwèi shēngxùn
compact disc-digital audio, CD-DA
【信息】台湾名。即“数字音频光盘”(1056 页)。

光度/光度 guāngdù/ㄍㄨㄤ ㄉㄨˋ
luminosity
【天】天体表面单位时间辐射的总能量。表征天体真正的发光能力。以太阳光度为单位。

光度级/光度級 guāngdùjí/ㄍㄨㄤ ㄉㄨˋ ㄐㄧˊ
luminosity class
【天】恒星按光度的强弱划分的七个等级。由强至弱依次为超巨星、亮巨星、巨星、亚巨星、主序星、亚矮星、白矮星。分别用罗马数字Ⅰ—Ⅶ表示。

光度计/光度計 guāngdùjì/ㄍㄨㄤ ㄉㄨˋ ㄐㄧˋ
photometer
【机】用于测定光度量或辐射量的光学仪器。可分为分光光度计、火焰光度计、积分光度计等。

光伏电池
guāngfú diànchí/ㄍㄨㄤ ㄈㄨˊ ㄉㄧㄢˋ ㄔˊ
【材】简称“光电池”。即“太阳能电池”(1103 页)。

光伏发电系统/光伏系統
guāngfú fādiàn xìtǒng/
ㄍㄨㄤ ㄈㄨˊ ㄒㄧˋ ㄊㄨㄥˇ
photovoltaic system, PV system
【电】利用太阳能电池直接将太阳能转换成电能的发电系统。其特点是可靠性高、使用寿命长、不污染环境,能独立发电又能并网运行,具有广阔发展前景。

光伏系統
ㄍㄨㄤ ㄈㄨˊ ㄒㄧˋ ㄊㄨㄥˇ/guāngfú xìtǒng
photovoltaic system, PV system
【电】台湾名。即“光伏发电系统”(441 页)。

光伏效应/光伏效應
guāngfú xiàoyìng/
ㄍㄨㄤ ㄈㄨˊ ㄒㄧㄠˋ ㄧㄥˋ
【物】即“光生伏打效应”(444 页)。

光辐射/光輻射
guāngfúshè/ㄍㄨㄤ ㄈㄨˊ ㄕㄜˋ
thermal radiation, light radiation
【军】以电磁波形式或粒子(光子)形式传播的能量及其通过光学元件反射、成像或色散传播的过程。通常按辐射波长及人眼的生理视觉效应不同,分为紫外辐射、可见光和红外辐射。

光合作用/光合作用
guānghé zuòyòng/ㄍㄨㄤ ㄏㄜˊ ㄗㄨㄛˋ ㄩㄥˋ
photosynthesis
【植】绿色植物的叶绿素在光的照射下将吸收的水和二氧化碳合成葡萄糖并释放氧气的过程。是一个十分复杂的酶催化过程,既有光反应,又有暗反应。

光呼吸/光呼吸
guānghūxī/ㄍㄨㄤ ㄏㄨ ㄒㄧ
photorespiration
【植】在光照条件下,绿色细胞除进行光合作用外,还存在着一个吸收氧气和释放二氧化碳的生物化学过程。

光化层/光化層
guānghuàcéng/ㄍㄨㄤ ㄏㄨㄚˋ ㄘㄥˊ
chemosphere
【气】按光化学特性划分的大气中的一层。距地面高度 20～110 千米的大气层。在太阳紫外线辐射的影响下,层内大气分子会产生光化反应。

光化反应
guānghuà fǎnyìng/ㄍㄨㄤ ㄏㄨㄚˋ ㄈㄢˇ ㄧㄥˋ
【气】“光化学反应”的简称。

光化学反应/光化作用
guānghuàxué fǎnyìng/
ㄍㄨㄤ ㄏㄨㄚˋ ㄗㄨㄛˋ ㄩㄥˋ
photochemical reaction
【气】简称“光化反应”。大气中的物质因吸收光辐射而引起的化学反应。这一过程对于保证大气平流层中臭氧层的存在和对流层中某些大气成分的动态平衡有重要意义。

光化学烟雾/光化學煙霧
guānghuàxué yānwù/
ㄍㄨㄤ ㄏㄨㄚˋ ㄒㄩㄝˊ ㄧㄢ ㄨˋ

photochemical smog

【环】又称"洛杉矶型烟雾"。汽车、工厂等排入大气中的氮氧化物、碳氢化合物等,在阳光(紫外线)的作用下发生一系列光化学反应所形成的烟雾污染现象。1944 年首次出现在美国洛杉矶。其成分主要是臭氧、过氧酰基硝酸酯类等,化学氧化性较强,对人、动植物和材料等均会造成危害。

光化作用
ㄍㄨㄤ ㄏㄨㄚˋ ㄗㄨㄛˋ ㄩㄥˋ/guānghuà zuòyòng
photochemical reaction

【气】台湾名。即"光化学反应"(441 页)。

光环境/光環境
guānghuánjìng/ㄍㄨㄤ ㄏㄨㄢˊ ㄐㄧㄥˋ
optical environment

【环】通常指可见光以及不可见光(红外线、紫外线)辐射所形成的环境。包括天然光环境和人工光环境,前者光源是太阳,后者光源是人造发光器件。

光环效应/月暈效果
guānghuán xiàoyìng/ㄩㄝˋ ㄩㄣˋ ㄒㄧㄠˋ ㄍㄨㄛˇ
halo effect

【心】又称"成见效应""晕轮效应"。在人际交往过程中,了解到对方有某种突出特点,就想当然推断对方在其他方面也有与此相似突出特点的现象。有时因见好而夸大为更好,称为"光环效应";见不好而夸大为更不好,称为"魔鬼效应"。

光環 ㄍㄨㄤ ㄏㄨㄢˊ/guānghuán
glory

【气】台湾名。即"宝光环"(37 页)。

光焦度/焦度 guāngjiāodù/ㄐㄧㄠ ㄉㄨˋ
focal power, power

【物】简称"焦度"。光学系统会聚或发散光束本领的量度。符号为 φ,单位 1/米。定义为 $\varphi=n/f=n'/f'$,式中 n、n' 为系统的物方和像方的折射率,f、f' 为系统的物方和像方的焦距。薄透镜的焦度等于 $1/f$,当焦距的单位为米时,光焦度的单位为屈光度,或米的倒数。1 屈光度=1/米

光刻胶 guāngkèjiāo/ㄍㄨㄤ ㄎㄜˋ ㄐㄧㄠ

【化】即"光致抗蚀剂"(446 页)。

光缆/光纜 guānglǎn/ㄍㄨㄤ ㄌㄢˇ
optical fiber cable, optical cable

【信息】全称"光纤电缆"。由外护套包着光导纤维制成,满足光学、机械特性以及环境性能指标的线缆。

光亮漆 ㄍㄨㄤ ㄌㄧㄤˋ ㄑㄧ/guāngliàngqī
gloss paint

【化】台湾名。即"有光漆"(1368 页)。

光量子 guāngliàngzǐ/ㄍㄨㄤ ㄌㄧㄤˋ ㄗˇ

【物】即"光子"(446 页)。

光疗/光照療法
guāngliáo/ㄍㄨㄤ ㄓㄠˋ ㄌㄧㄠˊ ㄈㄚˇ
phototherapy

【医】利用光线的辐射作用进行治疗的方法。红外线主要通过热效应改善局部血液循环和组织代谢,缓解疼痛和痉挛;紫外线通过光化学作用和直接作用,改善组织代谢,促进伤口愈合等。

光卤石/光鹵石
guānglǔshí/ㄍㄨㄤ ㄌㄨˇ ㄕˊ
carnallite

【地】矿物。成分为 $KMgCl_3 \cdot 6H_2O$。斜方正交晶系。晶体少见,常呈颗粒状或致密块状物集合体。纯净体无色至白色,透明至不透明,含杂质后呈粉红色,具油脂光泽,具强荧光性,莫氏硬度 2~3,性脆,无解理,密度 1.6 克/厘米^3。味苦咸,在空气中极易潮解,易溶于水。是含镁、钾盐湖中蒸发作用的最后产物,常与石盐、钾石盐(可溶性钾盐矿物)共生。是提取金属钾、镁的矿物原料。

光路可逆性/光路可逆性
guānglù kěnìxìng/
ㄍㄨㄤ ㄌㄨˋ ㄎㄜˇ ㄋㄧˋ ㄒㄧㄥˋ
reversibility of optical path

【物】光的传播方向反转逆着同一路径传播时,会沿着原路径返回的性质。

光密介质/光密介質
guāngmì jièzhì/ㄍㄨㄤ ㄇㄧˋ ㄐㄧㄝˋ ㄓˊ
optically denser medium

【物】见"相对折射率"(1247 页)。

光敏/光敏化作用
guāngmǐn/ㄍㄨㄤ ㄇㄧㄣˇ ㄏㄨㄚˋ ㄗㄨㄛˋ ㄩㄥˋ
photosensitization

【化】分子在光照射下被激发后,借助光敏

剂发生激发态分子的辐射或化学反应的过程。

光敏电阻/光敏電阻

guāngmǐn diànzǔ/ㄍㄨㄤ ㄇㄧㄣˇ ㄉㄧㄢˋ ㄗㄨˇ

photoresistance

【物】电阻值对光敏感的电阻。利用半导体的光电效应制成,电阻值随入射光的强弱而改变。用不同的半导体材料可制成适用于不同频率的电磁波(如可见光、紫外线、红外线、X射线等)的光敏电阻。通常用于光的测量、光电控制和光电转换。

光敏化作用

ㄍㄨㄤ ㄇㄧㄣˇ ㄏㄨㄚˋ ㄗㄨㄛˋ ㄩㄥˋ/

guāngmǐnhuà zuòyòng

photosensitization

【化】台湾名。即“光敏”(442 页)。

光能手机/光能手機

guāngnéng shǒujī/ㄍㄨㄤ ㄋㄥˊ ㄕㄡˇ ㄐㄧ

sunlight energy phone

【信息】利用太阳光等光源充电的手机。将太阳能电池板安装在手机的表面用来吸收光能,然后将光能转化成电能充入手机的电池中。

光年/光年 guāngnián/ㄍㄨㄤ ㄋㄧㄢˊ

light year

【计量】天文学长度单位。符号 l.y.。光在 1 年中所通过的距离为 1 光年,约为 9.4605×10^{15} 米。

光盘 guāngpán/ㄍㄨㄤ ㄆㄢˊ

【信息】即“光碟”(440 页)。

📖 一种能以光信息作为储存物的圆盘状信息载体,故名。光盘由基板、记录层、反射层、保护层、印刷层等构成。常见的有只读光盘(如 CD-ROM、DVD-ROM)、可记录光盘(如 CD-RW、DVD-RAM)等,利用 CD 刻录机或 DVD 刻录机可将所需的影音内容刻在光盘上。

光盘存储器/光磁碟儲存

guāngpán cúnchǔqì/

ㄍㄨㄤ ㄘˊ ㄉㄧㄝˊ ㄔㄨˊ ㄘㄨㄣˊ

optical disc storage

【信息】采用光盘的光学存储器。例如盒式光盘、光盘驱动器。

光盘刻录机/CD 燒錄器

guāngpán kèlùjī/CD ㄕㄠ ㄌㄨˋ ㄑㄧˋ

compact disc recorder

【信息】简称“刻录机”。利用激光技术,能够在可读写光盘上写入数据的设备。多用于保存大量的不再更改的文件和数据,也可制作母盘,以供大批量生产只读光盘。

光盘驱动器

guāngpán qūdòngqì/

ㄍㄨㄤ ㄆㄢˊ ㄑㄩ ㄉㄨㄥˋ ㄑㄧˋ

【信息】“光驱”的全称。

光谱/光譜 guāngpǔ/ㄍㄨㄤ ㄆㄨˇ

optical spectrum

【物】复色光经过色散系统(如棱镜、光栅)分光后按波长大小(或频率高低)排列而成的图谱。是电磁波谱的一部分。广义的光谱,不限于可见光。按波长区域可分为红外光谱、可见光光谱和紫外光谱;按产生的本质可分为原子光谱和分子光谱;按产生方式可分为发射光谱、吸收光谱和散射光谱;按光谱的表现形态可分为线状谱、带状谱和连续谱。

光谱仪/光譜計

guāngpǔyí/ㄍㄨㄤ ㄆㄨˇ ㄐㄧˋ

optical spectrometer

【机】又称“分光仪”。将成分复杂的光分解为光谱线的光学仪器。由棱镜或衍射光栅等构成。用于测量物体表面反射的光线。可分为摄谱仪、单色仪和分光光度计等。

光譜計 ㄍㄨㄤ ㄆㄨˇ ㄐㄧˋ/guāngpǔjì

optical spectrometer

【机】台湾名。即“光谱仪”(443 页)。

光气/光氣 guāngqì/ㄍㄨㄤ ㄑㄧˋ

carbonyl chloride, phosgene

【化】学名“碳酰氯”。有机化合物。碳酸分子中两个氢氧根被两个氯原子取代而成。纯品为无色气体,有特殊气味,低温时为黄绿色液体,剧毒。是有机合成的重要原料,可用于合成药物、染料、人造树脂等。军事上曾用作毒气,现已禁用。

光球/光球層 guāngqiú/ㄍㄨㄤ ㄑㄧㄡˊ ㄘㄥˊ

photosphere

【天】太阳大气最内层。即通常在可见光波段观测到的太阳表面(厚度为 500 千米左右)。

地球上接收到的太阳能量基本是光球发出的，太阳的光谱实际就是光球的光谱。

光球層 ㄍㄨㄤ ㄑㄧㄡˊ ㄘㄥˊ/guāngqiúcéng

photosphere

【天】台湾名。即“光球”(443 页)。

光驱/光碟驅動機

guāngqū/ㄍㄨㄤ ㄉㄧㄝˊ ㄑㄩ ㄉㄨㄥˋ ㄐㄧ

optical disc drive

【信息】全称“光盘驱动器”。能读出光盘上的数据并/或能将数据写入的驱动器。由光(学读写)头、移动机构、旋转机构、读写电路、存储检验电路、数据传输通路等部件构成。根据读写方式可分为只读光盘(CD-ROM)驱动器、一次写多次读光盘(WORM)驱动器、刻录机(CD-R)等。

光散射/光散射

guāngsǎnshè/ㄍㄨㄤ ㄙㄢˇ ㄕㄜˋ

light scattering

【物】光通过不均匀介质时，由于与物质微粒相互作用，使传播的方向发生改变的现象。例如，在清水中加几滴牛奶，用强光照射，除透射光外可在其他方向看到光。英国物理学家丁铎尔(J. Tyndall，1820—1893)在 1869 年发现。

光栅/光柵 guāngshān/ㄍㄨㄤ ㄓㄚˋ

grating

【信息】制有大量按一定规律排列的刻槽(或线条)的透光和不透光(或反射)的光学部件。

光生伏打效应/光伏效應

guāngshēng fúdǎ xiàoyìng/

ㄍㄨㄤ ㄈㄨˊ ㄒㄧㄠˋ ㄧㄥˋ

photovoltaic effect

【物】又称“光伏效应”。某些半导体材料的 pn 结在光照射下形成光生电动势的现象，即以出现电动势为特征的光电效应。是太阳能发电的基本原理。

光適應 ㄍㄨㄤ ㄕˋ ㄧㄥˋ/guāngshìyìng

light adaptation

【医】台湾名。即“明适应”(804 页)。

光疏介质/光疏介質

guāngshū jièzhì/ㄍㄨㄤ ㄕㄨ ㄐㄧㄝˋ ㄓˊ

optically thinner medium

【物】见“相对折射率”(1247 页)。

光束/光束 guāngshù/ㄍㄨㄤ ㄕㄨˋ

light beam

【物】呈束状的光。可分为单心光束(由点光源的光构成)和像散光束(由不相交于一点、有一定关系的光构成)。

光速/光速 guāngsù/ㄍㄨㄤ ㄙㄨˋ

velocity of light

【物】物理学的基本常量。通常指光在真空中的传播速度，用 c 表示，$c = 299\ 792\ 458$ 米/秒，可近似地表示为 $c = 3.00 \times 10^8$ 米/秒。各种频率的光在真空中的传播速度均相同。在真空中传播的速度最快，在任何惯性系中光速均不变。

光塔/光塔 guāngtǎ/ㄍㄨㄤ ㄊㄚˇ

minaret

【建】又称“呼礼塔”“邦克楼”。伊斯兰教清真寺中高耸的塔楼。最初一寺只限一塔，后来随着其象征、装饰作用的增强，增加到三塔、四塔乃至六塔。现通常在寺外成群布置，引人注目，具有实用性和象征性两种功能。

光通量/光通量

guāngtōngliàng/ㄍㄨㄤ ㄊㄨㄥ ㄌㄧㄤˋ

luminous flux

【物】单位时间内通过某一面积的光能(以引起人眼明暗感觉的强弱为标准进行测量)。用符号 Φ 表示。单位流[明]。如果点光源的发光强度为 1 坎[德拉]，以点光源为中心作半径为 1 米的球面，通过球面上 1 平方米面积的光通量为 1 流。1 流=1 坎球面度。

光污染/光污染

guāngwūrǎn/ㄍㄨㄤ ㄨ ㄖㄢˇ

light pollution

【环】人类活动造成光环境变化对人的视觉和健康产生不良影响的现象。如大气污染，造成天然光照度和能见度下降，削弱大气臭氧层对紫外线的吸收能力，影响大气对阳光的吸收、反射和散射作用等，均对人类生存环境和光环境造成危害。大功率人工光源造成强烈眩光和气体放电光源发射的过量紫外线，以及玻璃幕墙的反射光等也是常见的光污染现象。

光纤 guāngxiān/ㄍㄨㄤ ㄒㄧㄢ

【材】“光导纤维”的简称。

光纤传感器/光纖轉換器
guāngxiān chuángǎnqì/
ㄍㄨㄤ ㄒㄧㄢ ㄓㄨㄢˇ ㄏㄨㄢˋ ㄑㄧˋ
optical fiber transducer
【机】传感器的一种。利用光纤技术和光学原理,将感受到的被测量转换成可用输出信号。抗电磁干扰能力强,灵敏度高,耐腐蚀,防爆,结构简单,体积小,重量轻,耗电少。广泛应用于军事、航空、医学、环境监测、土木工程等领域,在危险、恶劣环境以及远距离传输测试等特殊环境下优势明显。

光纤电缆
guāngxiān diànlǎn/ㄍㄨㄤ ㄒㄧㄢ ㄉㄧㄢˋ ㄌㄢˇ
【电】"光缆"的全称。

光纤通信/光纖通訊
guāngxiān tōngxìn/
ㄍㄨㄤ ㄒㄧㄢ ㄊㄨㄥ ㄒㄩㄣˋ
optic-fiber communication
【信息】以光纤作为信号传输介质的通信方式。

光纖通訊
ㄍㄨㄤ ㄒㄧㄢ ㄊㄨㄥ ㄒㄩㄣˋ/
guāngxiān tōngxùn
optic-fiber communication
【信息】台湾名。即"光纤通信"(445 页)。

光纖轉換器
ㄍㄨㄤ ㄒㄧㄢ ㄓㄨㄢˇ ㄏㄨㄢˋ ㄑㄧˋ/
guāngxiān zhuǎnhuànqì
optical fiber transducer
【机】台湾名。即"光纤传感器"(445 页)。

光线/光線 guāngxiàn/ㄍㄨㄤ ㄒㄧㄢˋ
light ray
【物】表示光传播路径的有方向的线。在均匀各向同性介质中,是垂直于波阵面的直线。例如点光源发出的光,其各条光线就是以光源为中心的球的径线;在远离光源的地方,各条光线近似相互平行。

光心/光心 guāngxīn/ㄍㄨㄤ ㄒㄧㄣ
optical center
【物】透镜上的一个特殊点,所有通过它的光线都不改变传播方向。

光学/光學 guāngxué/ㄍㄨㄤ ㄒㄩㄝˊ
optics
【物】物理学的一个分支。研究光的性质,光的发射、传播、接收,及其与物质的相互作用。通常分为几何光学、物理光学等。几何光学以光线为基础,研究光的传播和成像规律方面的知识。物理光学研究光的本性,包括光的电磁本性、光的波动性和光的粒子性及其相关知识。

光学玻璃/光學玻璃
guāngxué bōli/ㄍㄨㄤ ㄒㄩㄝˊ ㄅㄛ·ㄌㄧ
optical glass
【材】用于制造光学仪器或机械系统的透镜、棱镜、反射镜、窗口等的玻璃。通过折射、反射、透过方式传递光线或通过吸收改变光的强度或光谱分布,透明性高,物理及化学上的均匀性高,具有特定和精确的光学常数。

光学材料/光學材料
guāngxué cáiliào/ㄍㄨㄤ ㄒㄩㄝˊ ㄘㄞˊ ㄌㄧㄠˋ
optical materials
【材】用来制作光学零件的材料。可分为体材料(如玻璃、晶体)、薄膜材料(如光学薄膜)和纤维材料(如光学纤维)。

光学分度头/光學分度頭
guāngxué fēndùtóu/
ㄍㄨㄤ ㄒㄩㄝˊ ㄈㄣ ㄉㄨˋ ㄊㄡˊ
optical dividing head
【机】分度头的一种。具有光学分度装置并用光学系统显示分度数值。多用于精密加工和角度计量。

光学厚度
guāngxué hòudù/ㄍㄨㄤ ㄒㄩㄝˊ ㄏㄡˋ ㄉㄨˋ
【气】"大气光学厚度"的简称。

光学活性
guāngxué huóxìng/ㄍㄨㄤ ㄒㄩㄝˊ ㄏㄨㄛˊ ㄒㄧㄥˋ
【化】即"旋光性"(1291 页)。

光学双星/光學雙星
guāngxué shuāngxīng/
ㄍㄨㄤ ㄒㄩㄝˊ ㄕㄨㄤ ㄒㄧㄥ
optical double star
【天】见"视双星"(1037 页)。

光学望远镜/光學望遠鏡
guāngxué wàngyuǎnjìng/
ㄍㄨㄤ ㄒㄩㄝˊ ㄨㄤˋ ㄩㄢˇ ㄐㄧㄥˋ
optical telescope
【天】使用在可见光区并包括近紫外和近红外

波段(波长 300～1000 纳米)的望远镜。

光学显微镜/光學顯微鏡

guāngxué xiǎnwēijìng/
ㄍㄨㄤ ㄒㄩㄝˊ ㄒㄧㄢˇ ㄨㄟˊ ㄐㄧㄥˋ

optical microscope

【机】显微镜的一种。利用光学原理,把人眼所不能分辨的微小物体放大成像以供人们提取微细结构的信息。通常由载物台、聚光照明系统、物镜、目镜和调焦机构组成。按目镜数目不同,可分为三目、双目和单目显微镜;按光学原理不同,可分为偏光、相衬和微分干涉对比显微镜等;按光源类型不同,可分为普通光、荧光、红外光和激光显微镜等。

光学仪器/光學儀器

guāngxué yíqì/ㄍㄨㄤ ㄒㄩㄝˊ ㄧˊ ㄑㄧˋ

optical instrument

【机】能够产生光波并显示图像,或接收光波并分析、确定其若干性质的一类仪器。由单个或多个光学器件组合构成。主要分为两大类,一类是成实像的光学仪器,如幻灯机、照相机等;另一类是成虚像的光学仪器,如望远镜、显微镜、放大镜等。

光学侦察仪器/光學偵察儀器

guāngxué zhēnchá yíqì/
ㄍㄨㄤ ㄒㄩㄝˊ ㄓㄣ ㄔㄚˊ ㄧˊ ㄑㄧˋ

optical reconnaissance instrument

【军】采用光学原理,在可见光波段使用的侦察仪器。用于昼间搜索地面、海上和空中目标,侦察地形,观察对方的行动,指示目标和校正射击等。结构简单,使用方便,观测直观,抗干扰能力强。

光学质量

guāngxué zhìliàng/ㄍㄨㄤ ㄒㄩㄝˊ ㄓˋ ㄌㄧㄤˋ

【气】“大气光学质量”的简称。

光源/光源 guāngyuán/ㄍㄨㄤ ㄩㄢˊ

light source

【物】能够发光的物体。通常分为天然光源(如恒星等)和人工光源(如电灯)。

光泽/光澤 guāngzé/ㄍㄨㄤ ㄗㄜˊ

lustre

【地】光在物体表面的反射所发生的现象。矿物的光泽指矿物表面对可见光的反射能力,按反光能力的强弱和性质不同,可分为金属光泽和非金属光泽两大类。非金属光泽又可分为金刚光泽、玻璃光泽、油脂光泽、珍珠光泽、丝绢光泽、树脂光泽、乌光泽和土光泽等。

光照療法

ㄍㄨㄤ ㄓㄠˋ ㄌㄧㄠˊ ㄈㄚˇ/guāngzhào liáofǎ

phototherapy

【医】台湾名。即“光疗”(442 页)。

光整加工/精切削

guāngzhěng jiāgōng/ㄐㄧㄥ ㄑㄧㄝ ㄒㄧㄠ

finishing cut

【机】金属切削加工的一种方法。精加工后从工件上不切除或仅切除极薄金属层,以改善工件表面粗糙度或强化其表面的加工过程。主要加工方法有抛光、研磨、珩磨、超精加工等。

光之電磁理論

ㄍㄨㄤ ㄓ ㄉㄧㄢˋ ㄘˊ ㄌㄧˇ ㄌㄨㄣˋ/
guāng zhī diàncí lǐlùn

electromagnetic theory of light

【物】台湾名。即“光的电磁理论”(439 页)。

光致抗蚀剂/光阻劑

guāngzhì kàngshíjì/ㄍㄨㄤ ㄗㄨˇ ㄐㄧˋ

photoresist, lithographic resist

【化】又称“光刻胶”。光敏性树脂的一类。在光照射下能造成聚合物的溶解性或亲和性明显改变。通常可分为负性光刻胶(曝光区成分不溶)和正性光刻胶(曝光区成分可溶)。多以涂层的形式使用。广泛用于印刷版、集成电路和印刷电路的制备。

光资源/光資源

guāngzīyuán/ㄍㄨㄤ ㄗ ㄩㄢˊ

light resources

【气】气候资源的一种。人类生活和生产活动中可能利用的太阳辐射能。取决于日照时数和辐照强度。

光子/光子 guāngzǐ/ㄍㄨㄤ ㄗˇ

photon

【物】又称“光量子”。组成光的粒子。是光和电磁波能量、动量携带者。在真空中以光速 c 运动。静止质量为零,运动质量 $m = h\nu/c^2$,能量 $E = h\nu$,动量 $p = h\nu/c$(h 为普朗克常量,ν 为频率)。频率越大,其动量、能量越高。

是传递电磁相互作用的粒子。

光子器件/光子元件

guāngzǐ qìjiàn/ㄍㄨㄤ ㄗˇ ㄩㄢˊ ㄐㄧㄢˋ

photonic device

【物】以光子为信息载体的功能器件。包括发光器件(发光管、激光器等)、探测器件、光波导器件、光开关、太阳能电池等。

光子元件

ㄍㄨㄤ ㄗˇ ㄩㄢˊ ㄐㄧㄢˋ/guāngzǐ yuánjiàn

photonic device

【物】台湾名。即“光子器件”(447 页)。

光阻劑 ㄍㄨㄤ ㄗㄨˇ ㄐㄧˋ/guāngzǔjì

photoresist, lithographic resist

【化】台湾名。即“光致抗蚀剂”(446 页)。

胱氨酸/胱胺酸

guāng'ānsuān/ㄍㄨㄤ ㄢ ㄙㄨㄢ

cystine

【生】又称“双巯丙氨酸”。非蛋白质氨基酸的一种。白色六角形片状结晶,由两个半胱氨酸氧化而成。比半胱氨酸稳定,在体内转变为半胱氨酸后参与蛋白质合成和各种代谢过程,有促进毛发生长和防止皮肤老化等作用。医药上用于治疗肝病和放射病。

胱胺酸 ㄍㄨㄤ ㄢ ㄙㄨㄢ/guāng'ànsuān

cystine

【生】台湾名。即“胱氨酸”(447 页)。

广播卫星/廣播衛星

guǎngbō wèixīng/ㄍㄨㄤˇ ㄅㄛ ㄨㄟˋ ㄒㄧㄥ

broadcasting satellite

【航】直接向用户转播电视视频和音频的通信卫星。

广豆根 guǎngdòugēn/ㄍㄨㄤˇ ㄉㄡˋ ㄍㄣ

【中医】即“山豆根”(981 页)。

广泛性焦虑/廣泛性焦慮

guǎngfànxìng jiāolǜ/

ㄍㄨㄤˇ ㄈㄢˋ ㄒㄧㄥˋ ㄐㄧㄠ ㄌㄩˋ

generalized anxiety

【心】焦虑性神经症的一种。没有特定的焦虑对象,表情紧张,姿势僵硬,伴有震颤,有运动性不安。

广藿香/廣藿香

guǎnghuòxiāng/ㄍㄨㄤˇ ㄏㄨㄛˋ ㄒㄧㄤ

Herba Pogostemonis(拉), cablin patchouli herb, * patchouli

【中医】中药名。唇形科植物广藿香 *Pogostemon cablin* (Blanco) Benth. 的干燥地上部分。味辛,性微温。归脾、胃、肺经。芳香化浊,开胃止呕,发表解暑。用于湿浊中阻,脘痞呕吐,暑湿倦怠,胸闷不舒,寒湿闭暑,腹痛吐泻,鼻渊头痛。

广藿香

广谱抗生素/廣效抗生素

guǎngpǔ kàngshēngsù/

ㄍㄨㄤˇ ㄒㄧㄠˋ ㄎㄤˋ ㄕㄥ ㄙㄨˋ

broad spectrum antibiotic

【医】对革兰氏阳性菌、革兰氏阴性菌、支原体、衣原体、立克次氏体、螺旋体、阿米巴等具有广泛抑制和杀灭作用的抗生素。

广温植物/廣溫性植物

guǎngwēn zhíwù/ㄍㄨㄤˇ ㄨㄣ ㄒㄧㄥˋ ㄓˊ ㄨˋ

eurytherm

【植】能在较宽的温度范围内生活的植物。通常是分布广泛的种。

广义积分 guǎngyì jīfēn/ㄍㄨㄤˇ ㄧˋ ㄐㄧ ㄈㄣ

【数】即“反常积分”(312 页)。

广义相对性原理/廣義相對性原理

guǎngyì xiāngduìxìng yuánlǐ/

ㄍㄨㄤˇ ㄧˋ ㄒㄧㄤ ㄉㄨㄟˋ ㄒㄧㄥˋ ㄩㄢˊ ㄌㄧˇ

principle of general relativity

【物】广义相对论的两个基本假设之一。即在任何参考系中,物理规律都是相同的。

广义坐标/廣義座標

guǎngyì zuòbiāo/ㄍㄨㄤˇ ㄧˋ ㄗㄨㄛˋ ㄅㄧㄠ

generalized coordinate

【物】用来描述系统位形所需要的独立参数或最少参数的坐标。

广域网/廣域網路

guǎngyùwǎng/ㄍㄨㄤˇ ㄩˋ ㄨㄤˇ ㄌㄨˋ

wide area network, WAN

【信息】覆盖不同的地区、城市和国家,实现若干局域网、城域网和其他计算机互连的计算机网。范围多在数十至数千千米。因特网是世界上最大的广域网。

廣溫性植物
ㄍㄨㄤˇ ㄨㄣ ㄒㄧㄥˋ ㄓˊ ㄨˋ/
guǎngwēnxìng zhíwù
eurytherm
【植】台湾名。即"广温植物"(447 页)。

廣效抗生素
ㄍㄨㄤˇ ㄒㄧㄠˋ ㄎㄤˋ ㄕㄥ ㄙㄨˋ/
guǎngxiào kàngshēngsù
broad spectrum antibiotic
【医】台湾名。即"广谱抗生素"(447 页)。

廣域網路
ㄍㄨㄤˇ ㄩˋ ㄨㄤˇ ㄌㄨˋ/guǎngyù wǎnglù
wide area network, WAN
【信息】台湾名。即"广域网"(447 页)。

gui (ㄍㄨㄟ)

归航/歸航 guīháng/ㄍㄨㄟ ㄏㄤˊ
homing
【航】航空器连续利用自动定向仪对准导航台的飞行。

归经/歸經 guījīng/ㄍㄨㄟ ㄐㄧㄥ
channel tropism
【中医】药物对机体某部分的选择性作用。即某药物对某些脏腑、经络有特殊的亲和作用,对这些部位的病变起着主要或特殊的治疗作用。例如,杏仁归肺经,主治咳嗽、气喘等肺脏病症;大黄归大肠经,可泻热通便,治疗大肠热盛便结。

归纳法公理/歸納法公理
guīnàfǎ gōnglǐ/ㄍㄨㄟ ㄋㄚˋ ㄈㄚˇ ㄍㄨㄥ ㄌㄧˇ
axiom of induction
【数】皮亚诺公理中的第 5 个公理。是数学归纳法的依据。内容为:设 S 是自然数集的子集,若⑴ 1 属于 S;⑵由 k 属于 S 可推出 k 的后继数($k+1$)也属于 S,则 S 就是自然数集。

归脾汤/歸脾湯 guīpítāng/ㄍㄨㄟ ㄆㄧˊ ㄊㄤ
guipi decoction, guipi tang, * Spleen-Returning Decoction
【中医】中医方剂名。组成:白术 30 克,茯神 30 克,黄芪 30 克,龙眼肉 30 克,酸枣仁 30 克,人参 15 克,木香 15 克,炙甘草 8 克,当归 3 克,远志 3 克。加生姜 6 克,红枣 3～5 枚,水煎服。现常按比例做成蜜丸。益气补血,健脾养心。用于心脾两虚,心悸怔忡,健忘失眠,虚热盗汗,食少体倦,面色萎黄,舌淡苔薄白,脉细缓等症,以及脾不统血导致的便血、崩漏、带下等。

归因/歸因 guīyīn/ㄍㄨㄟ ㄧㄣ
attribution
【心】个体根据相关信息、自身经验、观念等对行为原因进行推测判断的过程。探讨人们行为的原因,分析其因果关系的理论和方法称为"归因理论"。

龟/龜 guī/ㄍㄨㄟ
turtle, tortoise
【动】爬行动物名。龟鳖目(Testudinata)龟科。身体长圆而扁,背部隆起,有坚硬的甲壳,四肢短,趾有蹼,头、尾和四肢都能缩入甲壳内。在水中或陆上都能生活,以植物或小动物为食。种类很多,常见的有乌龟。寿命长。有的龟甲可供药用。

龟背竹/蓬萊蕉 guībèizhú/ㄆㄥˊ ㄌㄞˊ ㄐㄧㄠ
monstera ceriman
【植】*Monstera deliciosa* 天南星科龟背竹属。攀缘灌木。茎绿色,粗壮,有气生根。叶柄绿色,很长,腹面扁平,背面钝圆,边缘锐尖,基部宽,对折抱茎,覆瓦状排列;叶片大,心状卵形,厚革质,边缘羽状分裂,脉间及靠近中肋处有空洞。花序柄长,佛焰苞厚革质,舟状,先端具喙,白带黄色;肉穗花序近圆柱形,淡黄色。花期 8—9 月份。中国各地均有栽培。观赏花木。

龟甲/龜甲 guījiǎ/ㄍㄨㄟ ㄐㄧㄚˇ
Carapax et Plastrum Testudinis(拉), tortoise carapace and plastron, * tortoise shell
【中医】中药名。龟科动物乌龟 *Chinemys reevesii* (Gray) 的背甲及腹甲。味咸、甘,性微寒。归肝、肾、心经。滋阴潜阳,益肾强骨,养血补心。用于阴虚潮热,骨蒸盗汗,头晕目眩,虚风内动,筋骨痿软,心虚健忘。

龟龄集/龜齡集 guīlíngjí/ㄍㄨㄟ ㄌㄧㄥˊ ㄐㄧˊ
guilingji capsules, guilingji

【中医】中成药名。主要成分:人参、鹿茸、海马、枸杞子、丁香、穿山甲(用代用品)、雀脑、牛膝、锁阳、熟地黄、补骨脂、菟丝子、杜仲、石燕、肉苁蓉、甘草、天冬、淫羊藿、大青盐、砂仁等。口服。强身补脑,固肾补气,增进食欲。用于肾亏阳弱,记忆减退,夜梦精遗,腰酸腿软,气虚咳嗽,五更溏泻,食欲不振。

龟头屋 guītóuwū/ㄍㄨㄟ ㄊㄡˊ ㄨ

【建】即"抱厦"(41 页)。

龟足/石蜐 guīzú/ㄕˊ ㄐㄧㄝˊ

turtles

【动】*Pollicipes mitella* 又称"石蜐"。节肢动物名。铠茗荷科龟足属。身体外形像龟的脚,分为头状部和柄部,有石灰质的壳,足能从壳口伸出捕取食物。生活在海边的岩石缝里。在中国,分布于东海和南海沿岸。

规律/規律 guīlǜ/ㄍㄨㄟ ㄌㄩˋ

law

【总】又称"法则"。客观事物发展过程中的本质联系和必然趋势。具有普遍性、重复性和稳定性。规律是客观的,是事物本身固有的,人们既不能创造,也不能改变或消灭它,但是能认识它,运用它。可分为自然规律、社会规律和思维规律。

规约语言/規格語言

guīyuē yǔyán/ㄍㄨㄟ ㄍㄜˊ ㄩˇ ㄧㄢˊ

specification language

【信息】一种面向问题的语言。多由计算机可处理的自然语言与人工语言组合而成,用来表达某一系统或部件的要求、设计、行为或其他特征,并提供专用语言构造,以便对规定的实体进行开发、分析并编制文档。

規格語言 ㄍㄨㄟ ㄍㄜˊ ㄩˇ ㄧㄢˊ/guīgé yǔyán

specification language

【信息】台湾名。即"规约语言"(449 页)。

規塊 ㄍㄨㄟ ㄎㄨㄞˋ/guīkuài

gauge block

【信息】台湾名。即"量块"(737 页)。

硅/矽 guī/ㄒㄧˋ

silicon

【化】旧称"矽"。非金属元素。属周期表第ⅣA 族,符号 Si,原子序数 14。原子量28.08。自然界分布极广,地壳中约占27.72%,主要以二氧化硅和硅酸盐形态存在。单质有晶体和无定形两种同素异形体。晶体硅硬而脆且有光泽,有半导体性质。无定形硅为灰黑色粉末,实际是微晶体。无定形硅的化学性质比晶体硅活泼。硅及其化合物如硅酸盐、有机硅是重要的工业原料和材料。

📖 1811 年,法国的盖吕萨克(J.L.Gay-Lussac)与泰纳尔(L.J.Thénard)用钾还原四氟化硅制得无定形硅;1823 年,瑞典的贝尔塞柳斯(J.J.Berzelius)通过新的实验确定这是一种新元素。拉丁文定名为 silicium,源自拉丁文 siliex,意思是"石头"。

硅沉着病

guīchénzhuóbìng/ㄍㄨㄟ ㄔㄣˊ ㄓㄨㄛˊ ㄅㄧㄥˋ

【医】即"硅肺病"(449 页)。

硅肺病/矽土沈著病

guīfèibìng/ㄒㄧˋ ㄊㄨˇ ㄔㄣˊ ㄓㄨㄛˊ ㄅㄧㄥˋ

silicosis

【医】又称"硅沉着病"。旧称"矽肺"。尘肺病的一类。因长期吸入大量游离二氧化硅粉尘而引起,以肺部广泛的结节性纤维化为主要症状。可分为慢性硅肺、急性硅肺和介于两者之间的加速性硅肺,临床表现形式与接触粉尘浓度、硅含量与接尘年限有显著关系,以慢性硅肺最为常见。通常早期无症状或症状不明显,随着病情的进展出现多种症状。

硅华/矽華 guīhuá/ㄒㄧˋ ㄏㄨㄚˊ

siliceous sinter, silica sinter

【地】泉华之一。为地下水或地表水形成的二氧化硅沉积物。多出现在富含硅酸的温泉口(包括喷泉口),有时也见于某些洞穴裂隙中,主要矿物成分为各种蛋白石和玉髓,有时可见细小的石英晶粒。外形呈水草状、瘤状、钟乳状及致密块状。因混入微细的氢氧化铁或氧化镁、氧化钙、氧化铝、硫等杂质,蛋白石形成各种变体并呈现不同颜色。

硅化木/矽化木 guīhuàmù/ㄒㄧˋ ㄏㄨㄚˋ ㄇㄨˋ

silicified wood

【地】木化石的一种。植物木质部被氧化硅交代后形成,保存着木材的内部结构,年轮大多清晰可见。

硅胶/矽凝膠 guījiāo/ㄒㄧˋ ㄋㄧㄥˊ ㄐㄧㄠ

silica gel

【材】硅酸的干凝胶。孔结构丰富,常用硅胶的比表面积为几十至几百平方米每克,孔半径为

1～10纳米。化学稳定性好,耐酸,不耐碱,耐热性好,是典型的极性吸附剂。主要应用于气体干燥、蒸气回收、有机液体脱水、石油精制、色谱分析等方面,也可用作催化剂载体。

硅铝层/矽鋁層 guīlǚcéng/ㄍㄨㄟ ㄌㄩˇ ㄘㄥˊ
sial
【地】康拉德界面以上的地壳圈层。主要由铝硅酸盐类构成,化学组成与花岗岩相近。高山区域最厚,在海洋区较薄,在大洋底部缺失,是不连续的圈层。

硅镁层/矽鎂層 guīměicéng/ㄍㄨㄟ ㄇㄟˇ ㄘㄥˊ
sima
【地】康拉德界面与莫霍界面之间的地壳圈层。富含硅和镁,化学组成与玄武岩相近。在大陆和海洋都有分布,在大陆地区较厚,洋区则较薄。是连续的圈层。

硅树脂/矽樹脂 guīshùzhī/ㄍㄨㄟ ㄕㄨˋ ㄓ
silicone resin
【材】学名"聚硅氧烷树脂"。有机硅材料的一类。高度交联网状结构的支链聚硅氧烷,属热固性树脂。具有优异热氧化稳定性和电绝缘性,耐潮,耐寒,耐臭氧,防水,防锈。用途广泛。

硅酸钠/矽酸鈉 guīsuānnà/ㄍㄨㄟ ㄙㄨㄢ ㄋㄚˋ
sodium silicate
【化】俗称"水玻璃"。硅酸盐的一种。化学式 $Na_2O \cdot nSiO_2$。固体硅酸钠为无色透明的玻璃体。没有固定熔点。软化点高于100℃,在空气中易吸潮。主要用作黏结剂、洗涤剂、纺织助剂和矿物浮选剂等。

硅酸盐材料/矽酸鹽材料 guīsuānyán cáiliào/ㄍㄨㄟ ㄙㄨㄢ ㄧㄢˊ ㄘㄞˊ ㄌㄧㄠˋ
silicate materials
【材】通常指以天然硅酸盐矿物(黏土、石英、长石等)为主要原料,经高温烧制而成的材料。包括传统陶瓷、砖瓦、玻璃、水泥、保温材料、耐火材料、耐酸材料等,在建筑业、化学工业、冶金工业、轻工业等领域有着广泛的用途。

硅橡胶/矽橡膠 guīxiàngjiāo/ㄍㄨㄟ ㄒㄧㄤˋ ㄐㄧㄠ
silicone rubber
【材】有机硅材料的一类。分子主链由硅和氧原子交替构成,硅原子上通常连有两个有机基团的橡胶。无臭,无味,无毒,物理机械性能对温度依赖性小,耐热稳定性好,耐低温(－60℃),电绝缘性能优异,具有生理惰性,气体透过性优异,耐臭氧和耐气候老化性优异,表面性能低,与有机物不粘连,耐化学侵蚀,耐油,耐辐射。通常分为高温硫化硅橡胶和室温硫化硅橡胶。可用于制造人体器官代用品,以及制造需耐受高温或低温的橡胶制品。

硅油/矽油 guīyóu/ㄍㄨㄟ ㄧㄡˊ
silicone oil
【化】有机硅材料的一类。具有线型结构的硅氧烷聚合物。常温下通常为惰性油状液体,无色,无味,无毒,不易挥发,可具有不同的黏度。耐热、耐水、耐氧化、电绝缘性较高,表面张力较小,黏度温度系数较低。可分为甲基硅油、乙基硅油、甲基苯基硅油和腈基硅油等。

硅藻土/矽藻土 guīzǎotǔ/ㄍㄨㄟ ㄗㄠˇ ㄊㄨˇ
kieselguhr
【化】主要由硅藻的细胞壁沉积而成的多孔性硅质岩石。化学组成为无定形二氧化硅及少量金属氧化物。孔隙度高,隔声、隔热性能好,是优良的建筑材料。硅藻土经加工可作多种化工产品填料和载体。硅藻土表面有丰富的羟基,是其对一些含羟基、氨基、酮基、羟基的有机物有吸附能力的原因。

硅质岩/矽質岩 guīzhìyán/ㄍㄨㄟ ㄓˋ ㄧㄢˊ
siliceous rock
【地】一种以二氧化硅为主要化学成分的沉积岩。主要矿物成分是自生石英、玉髓和蛋白石。致密,坚硬,由化学作用、生物化学作用或火山作用沉积而成。如硅藻土、硅华、碧玉岩、燧石等。

鲑/鮭 guī/ㄍㄨㄟ
salmon
【动】Saimonidae 鱼名。硬骨鱼纲鲑科鱼类的统称。身体大,略呈纺锤形,口大而斜,鳞细而圆,尾鳍稍凹入或叉形。有些生活在海洋中,生殖季节洄游,进入江河产卵;有些生活

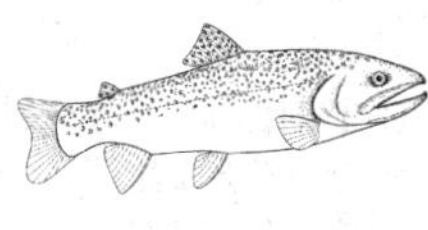
鲑

在淡水中。常见的有大麻哈鱼(*Oncorhynchus keta*)、高白鲑(*Coregonus peled*)等。

轨道/軌道 guǐdào/ㄍㄨㄟˇ ㄉㄠˋ

track, rail

【交】❶引导铁路列车的运行方向,支承其载重并传到路基或桥面的线路上部建筑物。是由钢轨、轨枕、道床、连接零件、防爬设备和道岔等组成的整体工程结构。❷在台湾,轨道也指"路轨"(759 页)。

轨道保持/軌道維持

guǐdào bǎochí/ㄍㄨㄟˇ ㄉㄠˋ ㄨㄟˊ ㄔˊ

orbital maintenance

【航】又称"位置保持"。利用航天器动力调整执行机构,调整航天器飞行姿态和速度,实时修正飞行轨道参数,保证飞行轨道和标称轨道偏差不大于允许误差值,以保证航天器正常飞行的技术。

轨道倾角/軌道傾角

guǐdào qīngjiǎo/ㄍㄨㄟˇ ㄉㄠˋ ㄑㄧㄥ ㄐㄧㄠˇ

orbital inclination

【航】轨道平面与地球赤道平面间夹角。用地球地轴北极方向与轨道平面的正法线方向间的夹角来度量,范围为 0～180°,倾角小于 90°时为顺行轨道,卫星从西向东运行;倾角大于 90°时为逆行轨道,卫星从东向西运行。

轨道摄动/軌道攝動

guǐdào shèdòng/ㄍㄨㄟˇ ㄉㄠˋ ㄕㄜˋ ㄉㄨㄥˋ

orbit perturbation

【航】因航天器运行中还受到地球非球形摄动力、太阳月球引力、大气阻力、太阳辐射压力和地球潮汐力等作用而引起的航天器实际运行轨道偏离预期轨道(开普勒轨道)的现象。

轨道站 guǐdàozhàn/ㄍㄨㄟˇ ㄉㄠˋ ㄓㄢˋ

【航】即"空间站"(689 页)。

轨道周期/軌道周期

guǐdào zhōuqī/ㄍㄨㄟˇ ㄉㄠˋ ㄓㄡ ㄑㄧ

orbit period

【航】航天器在轨运行一周的时间。因计算方法不同,有近点周期、交点周期、节点周期和恒星周期等。

轨迹/軌跡 guǐjì/ㄍㄨㄟˇ ㄐㄧˋ

locus

【数】若⑴图形 F 上的点都满足条件 C;⑵满足条件 C 的点都在图形 F 上,则称图形 F 为满足条件 C 的动点的轨迹。例如,平面上到定点 O 的距离为定长 R 的动点的轨迹,是以点 O 为圆心,R 为半径的圆。

轨距/軌距 guǐjù/ㄍㄨㄟˇ ㄐㄩˋ

rail gauge, rail gage

【交】钢轨头部踏面下 16 毫米范围内两股钢轨工作边之间的最小距离。中国习惯称 1435 毫米为标准轨距,大于 1435 毫米的为宽轨,小于 1435 毫米的为窄轨。

📖 世界各国铁路采用的轨距有多种。中国铁路轨距绝大多数为标准轨距。云南省境内昆明至河口尚保留有 1000 毫米轨距;台湾铁路采用 1067 毫米轨距;少数地方铁路和企业铁路采用窄轨距。印度、巴基斯坦、阿根廷、智利等国主要采用 1676 毫米宽轨距;俄罗斯采用1520毫米宽轨距;日本一般铁路采用 1067毫米的窄轨,东海道、山阳等新干线则采用 1435 毫米的标准轨距;美国、加拿大及欧洲大部分国家都采用 1435 毫米标准轨距;非洲加纳、刚果、坦桑尼亚、赞比亚等国采用 1067 毫米窄轨距,几内亚、埃塞俄比亚、喀麦隆等国采用 1000 毫米窄轨距。

轨枕/軌枕 guǐzhěn/ㄍㄨㄟˇ ㄓㄣˇ

cross tie, tie, sleeper

【交】支承钢轨、保持轨距并将荷载传布于道床的部件。按制作材料不同,可分为木枕、钢筋混凝土枕两种。每千米线路上铺设轨枕的数量,需根据运量及行车速度等运营条件确定,轨枕根数越多,轨道强度越大。

诡雷/詭雷 guǐléi/ㄍㄨㄟˇ ㄌㄟˊ

booby mine

【军】设有诡计装置或利用诱惑物及其他欺诈手段制作和设置的地雷。通常设置在有计划撤离的地区和敌方可能接近的地点,也可设置在地雷场内。能使敌方在触动自认为安全的物体时遭到杀伤,从而产生恐惧心理,起到扰乱、迟滞敌方行动的作用。可分为制式诡雷和应用诡雷。

軌道操縱

ㄍㄨㄟˇ ㄉㄠˋ ㄘㄠ ㄗㄨㄥˋ/guǐdào cāozòng

orbit maneuver, orbit changing

【航】台湾名。即"变轨"(61 页)。

G

軌道維持
ㄍㄨㄟˇ ㄉㄠˋ ㄨㄟˊ ㄔˊ/guǐdào wéichí
orbital maintenance
【航】台湾名。即"轨道保持"(451 页)。

贵蛋白石
guìdànbáishí/ㄍㄨㄟˋ ㄉㄢˋ ㄅㄞˊ ㄕˊ
opal
【地】即"欧泊"(848 页)。

贵金属/貴金屬 guìjīnshǔ/ㄍㄨㄟˋ ㄐㄧㄣ ㄕㄨˇ
noble metal
【材】金、银、铂、钯、铑、铱、钌、锇等金属的统称。因其在地壳中含量稀少,价格昂贵,化学性质稳定,具有保值价值,故名。

桂 guì/ㄍㄨㄟˋ
【植】即"肉桂"(957 页)。

桂花/桂花 guìhuā/ㄍㄨㄟˋ ㄏㄨㄚ
【植】"木樨"的通称。

桂圆 guìyuán/ㄍㄨㄟˋ ㄩㄢˊ
【植】"龙眼"的通称。

桂圆肉 guìyuánròu/ㄍㄨㄟˋ ㄩㄢˊ ㄖㄡˋ
【中医】即"龙眼肉"(753 页)。

桂枝/桂枝 guìzhī/ㄍㄨㄟˋ ㄓ
Ramulus Cinnamomi(拉), cassia twig, * cinnamon twig
【中医】中药名。樟科植物肉桂 *Cinnamomum cassia* Presl 的干燥嫩枝。味辛、甘,性温。归心、肺、膀胱经。发汗解肌,温通经脉,助阳化气,平冲降气。用于风寒感冒,脘腹冷痛,血寒经闭,关节痹痛,痰饮,水肿,心悸,奔豚。

桂枝汤/桂枝湯
guìzhītāng/ㄍㄨㄟˋ ㄓ ㄊㄤ
guizhi decoction, guizhi tang, * Cinnamon Twig Decoction
【中医】中医方剂名。组成:桂枝 9 克,白芍 9 克,甘草 6 克,生姜 9 克,大枣 3 枚。水煎服,服后喝稀粥,增加衣被。解肌发表,调和营卫。治疗外感风寒表虚证。见有头痛发热,汗出恶风,鼻鸣干呕,苔白不渴,脉浮缓或浮弱。

鳜鱼/鱖魚
guìyú/ㄍㄨㄟˋ ㄩˊ
Chinese perch
【动】 *Siniperca chuatsi* 又称"花鲫鱼"。鱼名。硬骨鱼纲鮨科。身体侧扁,背部隆起,长约 60 厘米,口大,下颌突出。鳞细小,圆形。体黄绿色,有鲜明的黑斑。生活在淡水中,性凶猛,以鱼虾等为食。是中国特有的名贵淡水鱼。

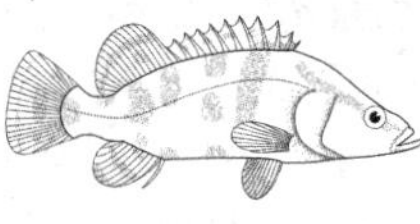
鳜 鱼

gun (ㄍㄨㄣ)

辊道输送机
gǔndào shūsòngjī/ㄍㄨㄣˇ ㄉㄠˋ ㄕㄨ ㄙㄨㄥˋ ㄐㄧ
【机】即"辊子输送机"(452 页)。

辊筒输送机
gǔntǒng shūsòngjī/
ㄍㄨㄣˇ ㄊㄨㄥˇ ㄕㄨ ㄙㄨㄥˋ ㄐㄧ
【机】即"辊子输送机"(452 页)。

辊子输送机/滚輪運送機
gǔnzi shūsòngjī/ㄍㄨㄣˇ ㄌㄨㄣˊ ㄩㄣˋ ㄙㄨㄥˋ ㄐㄧ
roller conveyor
【机】又称"辊筒输送机""辊道输送机"。输送机的一种。利用按一定间距架设在固定支架上的若干个辊子来输送成件物品。可以单独使用,也可在流水线上与其他输送机或工作机械配合使用。结构简单、工作可靠、线路布置灵活。

滚刀/滚刀 gǔndāo/ㄍㄨㄣˇ ㄉㄠ
hob
【机】刀具的一种。刀齿沿圆柱或圆锥作螺旋线排列。用于按展成法加工圆柱齿轮、蜗轮和其他圆柱形带齿的工件。按用途不同,可分为齿轮滚刀、蜗轮滚刀、非渐开线展成滚刀和定装滚刀等。

滚动轮/捲輪 gǔndònglún/ㄐㄩㄢˇ ㄌㄨㄣˊ
scroll wheel
【信息】鼠标器上能使用户以转动方式进行滚动或变焦操作的指轮。此时可替代单击滚动条或使用键盘。有些鼠标器上也可用作第三按钮对其进行双击操作。

滚动摩擦/滚動摩擦
gǔndòng mócā/ㄍㄨㄣˇ ㄉㄨㄥˋ ㄇㄛˊ ㄘㄚ
rolling friction
【物】一个物体在另一个物体表面上滚动或有滚动趋势时,接触面上产生阻碍滚动的作用。

滚动轴承/滚動軸承

gǔndòng zhóuchéng/ㄍㄨㄣˇ ㄉㄨㄥˋ ㄓㄡˊ ㄔㄥˊ

rolling bearing

【机】轴承的一类。在承受载荷和彼此相对运动的零件间作滚动运动,将滑动摩擦变为滚动摩擦,从而减少摩擦损失。通常由外圈、内圈、滚动体和保持架组成。内、外圈分别与轴、轴承座相配合。按滚动体形状不同,可分为滚珠轴承(球轴承)、滚柱轴承(滚子轴承)。

滚屏/捲軸 gǔnpíng/ㄐㄩㄢˇ ㄓㄡˊ

scrolling

【信息】滚动播放信息的电视屏幕。

滚装船/滚裝船

gǔnzhuāngchuán/ㄍㄨㄣˇ ㄓㄨㄤ ㄔㄨㄢˊ

roll on/roll off ship

【船】俗称"滚上滚下船",台湾又称"轆轆船"。运载装货车辆的或车辆直接进出货舱装卸集装箱等的货船。船上无起货设备,上甲板不设货舱口;首尾设有尖舱,机舱位于尾部并近于封闭;船的尾部或首部或舷侧设跳板,以连接码头;载货区内通常不设横舱壁;上下货舱间的交通联系借助于设在甲板间的斜坡道或升降平台;所有的分舱甲板均不用脊弧和梁拱。因滚装船将传统的垂直装卸改为水平装卸,提高了装卸效率,特别适合于短途、码头无装卸设备和一些特大件货物的运输。

滚擺 ㄍㄨㄣˇ ㄅㄞˇ/gǔnbǎi

roll

【航】台湾名。即"横滚"(498 页)。

滚輪運送機

ㄍㄨㄣˇ ㄌㄨㄣˊ ㄩㄣˋ ㄙㄨㄥˋ ㄐㄧ/

gǔnlún yùnsòngjī

roller conveyor

【机】台湾名。即"辊子输送机"(452 页)。

輥軋 ㄍㄨㄣˇ ㄓㄚˊ/gǔnzhá

rolling

【机】台湾名。即"轧制"(1416 页)。

輥軋機 ㄍㄨㄣˇ ㄓㄚˊ ㄐㄧ/gǔnzhájī

rolling mill

【材】台湾名。即"轧机"(1416 页)。

guo (ㄍㄨㄛ)

锅壳式锅炉

guōkéshì guōlú/ㄍㄨㄛ ㄎㄜˊ ㄕˋ ㄍㄨㄛ ㄌㄨˊ

【机】即"火管锅炉"(551 页)。

锅炉/鍋爐 guōlú/ㄍㄨㄛ ㄌㄨˊ

boiler

【机】一种动力设备。利用燃料燃烧的热能或其他热能将水加热,生产规定参数(温度、压力)和品质的水或蒸汽。由锅和炉两大部件组成。按所用燃料不同,可分为燃煤、燃油、燃气锅炉。按用途不同,可分为电站锅炉和工业锅炉。常用的有热水锅炉、蒸汽锅炉、火管锅炉、水管锅炉等。

国道/國道 guódào/ㄍㄨㄛˊ ㄉㄠˋ

national trunk highway

【交】又称"国家干线公路"。连通国家重要地区,具有全国性的政治、经济、国防意义,在公路网中起骨架作用的公路交通干线。由交通部批准的专门机构负责修建、养护和管理。

国际船舶代理/國際船舶代理

guójì chuánbó dàilǐ/

ㄍㄨㄛˊ ㄐㄧˋ ㄔㄨㄢˊ ㄅㄛˊ ㄉㄞˋ ㄌㄧˇ

❶international shipping agency, ❷international shipping agent

【物流】❶船舶代理方在授权范围内代表委托人办理船舶进出境相应业务,并提供相关服务的国际海运关系代理行为。❷进行国际船舶代理行为并收取报酬的国际海运关系代理人。

国际单位制/國際單位制

guójì dānwèizhì/ㄍㄨㄛˊ ㄐㄧˋ ㄉㄢ ㄨㄟˋ ㄓˋ

International System of Units, SI

【计量】以米制为基础的计量单位制。1960 年第 11 届国际计量大会通过,国际代号 SI。由 SI 单位及 SI 单位的倍数单位构成。SI 单位包括 SI 基本单位及 SI 导出单位。SI 基本单位共有 7 个,即米、千克(公斤)、秒、安倍、开尔文、摩尔、坎德拉。导出单位是用基本单位以代数形式表示的单位。某些导出单位有国际计量大会通过的专门名称和符号。SI 单位的倍数单位包括 SI 单位的十进倍数和分数单位。

国际货运代理/國際貨運代理
guójì huòyùn dàilǐ/
ㄍㄨㄛˊ ㄐㄧˋ ㄏㄨㄛˋ ㄩㄣˋ ㄉㄞˋ ㄌㄧˇ
international freight forwarding agent
【物流】接受进出口货物收、发货人的委托，利用各种自有资源为其办理国际货物运输相关业务，并收取报酬的经济活动组织。也可以指这种代理活动。

国际空间站/國際太空站
Guójì Kōngjiānzhàn/
ㄍㄨㄛˊ ㄐㄧˋ ㄊㄞˋ ㄎㄨㄥ ㄓㄢˋ
international space station
【航】由美国、俄罗斯等16国联合建造的特大型空间站。
📖 该特大型空间站于1984年由美国总统里根(R.W.Reagan)提议建造。最初命名"自由号"，后更名为"阿尔法"，最后定名为"国际空间站"。16个参加国分别是美国、俄罗斯、比利时、丹麦、法国、德国、意大利、荷兰、挪威、西班牙、英国、瑞典、瑞士、日本、加拿大、巴西。

国际贸易术语/國際貿易術語
guójì màoyì shùyǔ/ㄍㄨㄛˊ ㄐㄧˋ ㄇㄠˋ ㄧˋ ㄕㄨˋ ㄩˇ
international trade terms
【物流】用英文缩写字母或简短的文字表示商品的价格构成，确定交易地点和买卖双方的责任、费用、风险划分等内容的国际贸易专门用语。术语分为适用于各种运输方式类和适用于水运方式类两类。前者包括工厂交货、货交承运人、运费付至目的地、运费加保险费付至目的地、完税后交货、目的地或目的港的集散站交货、目的地交货；后者包括装运港船边交货、装运港船上交货、成本加运费、成本加保险费加运费。

国际千克原器/國際千克原器
guójì qiānkè yuánqì/
ㄍㄨㄛˊ ㄐㄧˋ ㄑㄧㄢ ㄎㄜˋ ㄩㄢˊ ㄑㄧˋ
international prototype kilogram
【计量】保存在国际计量局(BIPM)的质量单位的实物基准。国际千克原器为圆柱形，由90%的铂和10%的铱合金制成，密度为21.475克/厘米^3，其直径与高均为39毫米。

国际日期变更线
guójì rìqī biàngēngxiàn/
ㄍㄨㄛˊ ㄐㄧˋ ㄖˋ ㄑㄧ ㄅㄧㄢˋ ㄍㄥ ㄒㄧㄢˋ
【地】即"日界线"(952页)。

国际铁路联运/國際鐵路聯運
guójì tiělù liányùn/
ㄍㄨㄛˊ ㄐㄧˋ ㄊㄧㄝˇ ㄌㄨˋ ㄌㄧㄢˊ ㄩㄣˋ
international railway through traffic
【交】在两个或两个以上的国家铁路全程运送中，使用一份运送票据，并以连带责任办理的运送。通常分为国际旅客运输、国际货物运输两大类。

国际通信卫星/國際電信通訊衛星
guójì tōngxìn wèixīng/
ㄍㄨㄛˊ ㄐㄧˋ ㄉㄧㄢˋ ㄒㄧㄣˋ ㄊㄨㄥ ㄒㄩㄣˋ ㄨㄟˋ ㄒㄧㄥ
Intelsat
【航】由国际通信卫星组织经营的商业用通信卫星系列。
📖 国际通信卫星组织建于1964年，现有140多个国家和地区为其成员。为世界各国和地区提供电话、电报、传真、电视和数据传输等通信业务。

国际物流/國際物流
guójì wùliú/ㄍㄨㄛˊ ㄐㄧˋ ㄨˋ ㄌㄧㄡˊ
international logistics
【物流】在两个或两个以上的国家(或关税区域)之间所进行的物流活动。受国家或地区政府的控制。狭义上指一国（地区）与另一国（地区）进出口贸易相关的物流活动；广义上指各种形式的物资在国（地区）与国（地区）之间的流入与流出。

国际信号旗/國際信號旗
guójì xìnhàoqí/ㄍㄨㄛˊ ㄐㄧˋ ㄒㄧㄣˋ ㄏㄠˋ ㄑㄧˊ
international signal flag
【船】在船舶之间和船岸之间，以国际码作为通信联络信号的号旗。共有40面，其中包括26面代表从A至Z的字母旗、10面代表从0至9的数字旗、3面代用旗和1面回答旗。旗的形状、图案、颜色及其代码均须符合《国际信号规则》的规定。使用时依次选择其中一面或数面逐一串成信号码语，达到通信联络的目的。

国际原子时/國際原子時
guójì yuánzǐshí/ㄍㄨㄛˊ ㄐㄧˋ ㄩㄢˊ ㄗˇ ㄕˊ
International Atomic Time, TAI
【测绘】以原子秒为单位的时标。由国际计量局利用分布在世界各地的各守时实验室连续工作的原子钟的读数加权计算得到自由原子时，再用秒定义的直接复现器进行校准，得到高度稳定和高度准确的国际原子时。

国家干线公路
guójiā gànxiàn gōnglù/
ㄍㄨㄛˊ ㄐㄧㄚ ㄍㄢˋ ㄒㄧㄢˋ ㄍㄨㄥ ㄌㄨˋ
【交】即“国道”(453 页)。

国家公园/國家公園
guójiā gōngyuán/ㄍㄨㄛˊ ㄐㄧㄚ ㄍㄨㄥ ㄩㄢˊ
national park
【环】自然保护区的一种。是为保护自然生态系统和自然景观的原始状态，同时为开展科学研究、教育和旅游娱乐等活动而划定的地域。包括原野区、自然环境区、特殊保护区、娱乐区和服务区等。

国家千克原器/國家千克原器
guójiā qiānkè yuánqì/
ㄍㄨㄛˊ ㄐㄧㄚ ㄑㄧㄢ ㄎㄜˋ ㄩㄢˊ ㄑㄧˋ
national measurement standard of kilogram
【计量】经国家批准，作为国内质量单位的计量基准。

国境站/國境車站
guójìngzhàn/ㄍㄨㄛˊ ㄐㄧㄥˋ ㄔㄜ ㄓㄢˋ
frontier station
【交】设置在国境线上的铁路车站。主要办理国际旅客、货物的直通联运。轨距相同的铁路，客货车可以直接过轨；轨距不同的铁路，客货车可更换轮对过轨，或将客货换乘列车载运。

國際電信通訊衛星
ㄍㄨㄛˊ ㄐㄧˋ ㄉㄧㄢˋ ㄒㄧㄣˋ ㄊㄨㄥ ㄒㄩㄣˋ ㄨㄟˋ ㄒㄧㄥ/
guójì diànxìn tōngxùn wèixīng
Intelsat
【航】台湾名。即“国际通信卫星”(454 页)。

國際太空站
ㄍㄨㄛˊ ㄐㄧˋ ㄊㄞˋ ㄎㄨㄥ ㄓㄢˋ/
guójì tàikōngzhàn
international space station
【航】台湾名。即“国际空间站”(454 页)。

國境車站
ㄍㄨㄛˊ ㄐㄧㄥˋ ㄔㄜ ㄓㄢˋ/guójìng chēzhàn
frontier station
【交】台湾名。即“国境站”(455 页)。

腘窝/膕窩 guówō/ㄍㄨㄛˊ ㄨㄛ
popliteal fossa
【医】膝关节后面呈菱形的间隙。由上、下两个三角组成。上三角位于膝关节平面上方，其内侧界为半腱肌和半膜肌，外侧界为股二头肌；下三角位于膝关节平面下方，其内侧头为腓肠肌内侧头，外侧界为腓肠肌外侧头及跖肌。内有重要的血管、神经和淋巴结。

果胶/果膠 guǒjiāo/ㄍㄨㄛˇ ㄐㄧㄠ
pectin
【化】天然有机物。主要成分是多缩半乳糖醛酸甲酯，分子量通常为25 000～50 000。主要存在于植物的初生细胞壁和细胞之间。白色至淡黄色粉末，稍带酸味。1 份果胶溶于20 份水中，形成黏稠的无味溶液，带负电。具有形成果胶冻和凝胶的特性。广泛用于食品、医药、日用化工及纺织行业。

果皮/果皮 guǒpí/ㄍㄨㄛˇ ㄆㄧˊ
pericarp
【植】包围果实的壁。可分为三层，最外的一层为外果皮，内边一层为中果皮，最内一层为内果皮。

果实/果實 guǒshí/ㄍㄨㄛˇ ㄕˊ
fruit
【植】植物开花受精后由子房或子房附近的其他部分参与发育形成的器官。由果皮和种子组成。

果糖/果糖 guǒtáng/ㄍㄨㄛˇ ㄊㄤˊ
fructose
【生】单糖的一种。是含酮基的己糖(六碳糖)。无色棱柱状晶体，具有左旋光性，水果和蜂蜜中含量丰富。是蔗糖的组成部分，甜度为蔗糖的 2 倍。可用作食品工业原料，也可供糖尿病患者食用。

果蝇/果蠅 guǒyíng/ㄍㄨㄛˇ ㄧㄥˊ
fruit fly
【动】*Drosophila melanogaster* 昆虫名。双翅目果蝇科。小型蝇类，常在腐烂水果和发酵物周围飞舞。由于容易饲养，生活周期短，突变性状多，适宜作遗传学等学科的实验材料。

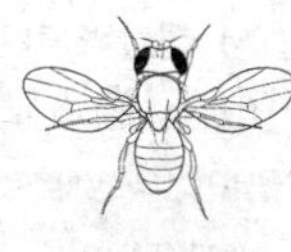
果蝇

G

果子狸/白鼻心 guǒzilí/ ㄅㄞˊ ㄅㄧˊ ㄒㄧㄣ

masked civet

【动】*Paguma larvata* 又称“花面狸”。哺乳动物名。食肉目灵猫科。外形像家猫而长,四肢较短,体背棕灰色,头部、四肢和尾尖棕黑色,从鼻端到头后部以及眼上下各有一条白纹,耳部有白色环纹。生活在山林中,善攀缘,在夜间活动,以谷物、果实、小鸟、昆虫等为食。分布于东南亚,在中国,分布于长江流域及以南地区。

果子狸

蜾蠃/蜾蠃 guǒluǒ/ ㄍㄨㄛˇ ㄌㄨㄛˇ

eumenid poher wasp

【动】昆虫名。膜翅目蜾蠃科。腰细。用泥土在墙上或树枝上做窝。捕螟蛉产卵其体内,以作为幼虫的食物。

蜾 蠃

过程语言/程序語言

guòchéng yǔyán/ ㄔㄥˊ ㄒㄩˋ ㄩˇ ㄧㄢˊ

procedural language

【信息】通过语句或指令,来陈述数据处理系统的动作要达到目的的程序设计语言。例如Ada、C++、Pascal 三种语言。

过程自动化/過程自動化

guòchéng zìdònghuà/ ㄍㄨㄛˋ ㄔㄥˊ ㄗˋ ㄉㄨㄥˋ ㄏㄨㄚˋ

process automation

【自】将自动化的理论、方法和技术,包括自动化仪表、控制器等工具及计算机应用于过程(流程)工业,将过程的参数作为被监测和/或被控制量并进行自动监测、调节和控制,甚至对整个过程实行计算机管理。广泛应用于化工、石油、电力、冶金等行业。

过电流/過電流

guòdiànliú/ ㄍㄨㄛˋ ㄉㄧㄢˋ ㄌㄧㄡˊ

over current

【电】超过限值的电流。

过电压/過電壓

guòdiànyā/ ㄍㄨㄛˋ ㄉㄧㄢˋ ㄧㄚ

overvoltage

【电】超过限值的电压。

过渡层/過渡層

guòdùcéng/ ㄍㄨㄛˋ ㄉㄨˋ ㄘㄥˊ

transition layer

【气】大气中不同特征的两个厚层之间的大气薄层。起分隔作用。如对流层顶、平流层顶、中间层顶、热层顶等。

过渡相/過渡相

guòdùxiàng/ ㄍㄨㄛˋ ㄉㄨˋ ㄒㄧㄤˋ

transition facies

【地】又称“海陆过渡相”。沉积相的一类。是在大陆与海洋之间的过渡环境中形成的沉积,盐度变化大,含有大量适合在不同盐度中生活的藻类、有孔虫、软体动物等,其沉积作用受海陆二者的影响。如三角洲相。

过继免疫/授受免疫性

guòjì miǎnyì/ ㄕㄡˋ ㄕㄡˋ ㄇㄧㄢˇ ㄧˋ ㄒㄧㄥˋ

adoptive immunity

【生】一种被动免疫策略。即采集已被免疫个体的致敏淋巴细胞,将其输入另一个体而使之被动获得相应的特异性细胞免疫功能。

过街楼/過街樓

guòjiēlóu/ ㄍㄨㄛˋ ㄐㄧㄝ ㄌㄡˊ

overpass

【建】跨越街道上空,与两旁房屋相连的建筑。传统城镇中常见,使其街道两侧房屋连成一个整体,形成独特的街景。

过街天桥

guòjiē tiānqiáo/ ㄍㄨㄛˋ ㄐㄧㄝ ㄊㄧㄢ ㄑㄧㄠˊ

【交】“天桥”的全称。

过冷液体/過冷液體

guòlěng yètǐ/ ㄍㄨㄛˋ ㄌㄥˇ ㄧㄝˋ ㄊㄧˇ

supercooling liquid

【物】温度降低到凝固点以下仍不发生凝固或结晶的液态物质。状态不稳定,只要投入少许该物质的晶体,即能诱发结晶,并使其温度回升到凝固点。

过梁/過梁 guòliáng/ ㄍㄨㄛˋ ㄌㄧㄤˊ

lintel

【建】放在门、窗或预留洞口等洞口上,承受上部墙体部分或全部荷载,并将其传给两侧的墙或柱的一根横梁。可分为钢筋砖过梁、砌砖平拱、砖砌弧拱和钢筋混凝土过梁、砖砌楔拱过梁、砖砌半圆拱过梁、木过梁等。

过滤机/過濾機 guòlǜjī/ㄍㄨㄛˋ ㄌㄩˋ ㄐㄧ

filter

【机】利用多孔性过滤介质(滤布、金属网、砂层等),截留液体与固体颗粒混合物中的固体颗粒,实现固、液分离的设备。按操作方式法不同,可分为间歇式和连续式。广泛用于化工、石油、制药、轻工、食品、选矿、煤炭和水处理等行业。

过滤器/過濾器 guòlǜqì/ㄍㄨㄛˋ ㄌㄩˋ ㄑㄧˋ

filter

【信息】计算机技术中依特定准则可把数据或信号分隔开来的器件或程序。

过滤式防毒面具/過濾式防毒面具

guòlǜshì fángdú miànjù/

ㄍㄨㄛˋ ㄌㄩˋ ㄕˋ ㄈㄤˊ ㄉㄨˊ ㄇㄧㄢˋ ㄐㄩˋ

filter type protective gas mask

【军】将外界受染空气净化后供人体呼吸的防毒面具。由面罩主体和滤毒件两部分组成,通过滤毒件内部填充的活性炭及铜、银、铬金属氧化物等化学药剂,以达到吸附毒气后与其反应,使毒气丧失毒性的作用,有效保护佩戴人员的面部、眼睛和呼吸道免受毒剂、生物战剂和放射性灰尘等伤害。面罩起到密封并隔绝外部空气和保护口鼻、面部的作用。

过敏性鼻炎/過敏性鼻炎

guòmǐnxìng bíyán/ㄍㄨㄛˋ ㄇㄧㄣˇ ㄒㄧㄥˋ ㄅㄧˊ ㄧㄢˊ

【医】即“变应性鼻炎”(63 页)。

过敏原/過敏原

guòmǐnyuán/ㄍㄨㄛˋ ㄇㄧㄣˇ ㄩㄢˊ

【医】即“变应原”(63 页)。

过期妊娠/過期妊娠

guòqī rènshēn/ㄍㄨㄛˋ ㄑㄧˊ ㄖㄣˋ ㄕㄣ

postterm pregnancy

【医】妊娠达到或超过 42 周的情况。

过热液体/超熱液體

guòrè yètǐ/ㄔㄠ ㄖㄜˋ ㄧㄝˋ ㄊㄧˇ

superheated liquid

【物】温度升高到相变温度仍不发生汽化的液态物质。状态不稳定,只要投入少许汽化核,即能诱发剧烈的汽化。

📖 加热锅炉水前,要加进一些溶有空气的新水,或放进一些附有空气的细玻璃管的碎片或无釉陶瓷块等,以防止发生急剧的沸腾(暴沸)而炸破容器的事故。

过剩近似值/偏大近似值

guòshèng jìnsìzhí/ㄆㄧㄢ ㄉㄚˋ ㄐㄧㄣˋ ㄙˋ ㄓˊ

upper approximate value

【数】近似值的一种。大于准确值的近似值。例如,3.1416 是圆周率 π 的过剩近似值。

过厅/過廳 guòtīng/ㄍㄨㄛˋ ㄊㄧㄥ

hall

【建】建筑物交通系统中用于分配、缓冲人流的过渡性空间。

过氧化氢/過氧化氫

guòyǎnghuàqīng/ㄍㄨㄛˋ ㄧㄤˇ ㄏㄨㄚˋ ㄑㄧㄥ

hydrogen peroxide

【化】无机化合物。化学式 H_2O_2。无色黏稠液体。化学性质不稳定,遇光、热、重金属及其他杂质会催化分解,有爆炸性。呈弱酸性,有强氧化性,也有还原性。有漂白、杀菌消毒等作用,并可生产火箭燃料、过氧化物、泡沫塑料等多孔物质。其水溶液称为双氧水。

过氧乙酰硝酸酯/過氧乙醯硝酸酯

guòyǎng yǐxiān xiāosuānzhǐ/

ㄍㄨㄛˋ ㄧㄤˇ ㄧˇ ㄒㄧㄢ ㄒㄧㄠ ㄙㄨㄢ ㄓˇ

peroxyacetyl nitrate, PAN

【化】一种环境有害物。被视为光化学烟雾的特征物质之一。对眼睛、咽喉有强刺激作用,并伴有头痛,使呼吸道病情恶化。由大气中碳氢化合物及氮氧化物等污染排放物在光的作用下结合生成。

📖 20 世纪 50 年代在美国洛杉矶光化学烟雾事件的大气中发现。没有天然来源。类似的还有过氧丙酰硝酸酯(PPN)、过氧丁酰硝酸酯(PBN)、过氧异丁酰硝酸酯(PISOBN)等系列化合物。

过盈/干擾 guòyíng/ㄍㄢ ㄖㄠˇ

interference

【机】孔的内径尺寸减去相配合的轴的外径尺寸所得的差为负值时(即孔比轴的尺寸小)的状态,也指这个差值。

过载/過載 guòzài/ㄍㄨㄛˋ ㄗㄞˋ

overload, load factor

㊀【电】电设备运行负荷过大,超过其额定负

载。表现为电流过大,设备及线路发热量大,出现异常声响等。㊂【航】作用在航空器上的,除重力以外所有力的合力与航空器重力之间的比值。

过早搏动
guòzǎo bódòng/ㄍㄨㄛˋ ㄗㄠˇ ㄅㄛˊ ㄉㄨㄥˋ
【医】即"期前收缩"(885 页)。

過錳酸鉀
ㄍㄨㄛˋ ㄇㄥˇ ㄙㄨㄢ ㄐㄧㄚˇ/guòměngsuānjiǎ
potassium permanganate
【化】台湾名。即"高锰酸钾"(393 页)。

過敏性 ㄍㄨㄛˋ ㄇㄧㄣˇ ㄒㄧㄥˋ/guòmǐnxìng
hypersensitivity, allergy
【医】台湾名。即"超敏反应"(116 页)。

H

ha （ㄏㄚ）

哈柏太空望遠鏡
ㄏㄚ ㄅㄛˊ ㄊㄞˋ ㄎㄨㄥ ㄨㄤˋ ㄩㄢˇ ㄐㄧㄥˋ/
Hābó tàikōng wàngyuǎnjìng
Hubble space telescope, HST
【天】台湾名。即“哈勃空间望远镜”(459页)。

哈勃空间望远镜/哈柏太空望遠鏡
Hābó kōngjiān wàngyuǎnjìng/
ㄏㄚ ㄅㄛˊ ㄊㄞˋ ㄎㄨㄥ ㄨㄤˋ ㄩㄢˇ ㄐㄧㄥˋ
Hubble space telescope, HST
【天】1990年发射升空,在环地轨道上运行的光学天文望远镜。口径2.4米,观测距离可超过100亿光年。以美国天文学家哈勃(E. P. Hubble)的姓氏命名。至今仍在运行。

哈雷彗星/哈雷彗星
Hāléi huìxīng/ㄏㄚ ㄌㄟˊ ㄏㄨㄟˋ ㄒㄧㄥ
Halley's comet
【天】第一颗被预言的周期大彗星。因英国天文学家哈雷(E. Halley)首先发现,故名。1682年这颗彗星出现时,哈雷注意到它的轨道与1607年和1531年出现的彗星轨道相似,认为是同一颗彗星的第三次出现,并预言这颗彗星将在1758年底或1759年初再度出现,1759年果然得以证实。其公转周期为76年。中国古代史书《春秋》中记载:鲁文公十四年(公元前613年)“秋七月,有星孛入于北斗”。这是哈雷彗星最早的确凿记录。

铪/鉿 hā/ㄏㄚ
hafnium
【化】金属元素。属周期表第ⅣB族,符号Hf,原子序数72。原子量178.5。自然界中常与锆共生。单质为明亮的银白色金属,外观似钢,延展性好,化学性质不活泼,在常温下对水和空气都稳定,抗腐蚀性极强。可用作核反应堆的中子吸收剂,也用作X射线管的阴极。
📖 1922年,丹麦的玻尔(N. Bohr)根据核外电子排布理论指出,72号元素应该到钛矿或锆矿中去寻找;1923年,瑞典籍匈牙利的海韦西(G. Hevesy)与荷兰的科斯特(D. Coster)利用光谱分析法在锆石中发现了它的特征X射线;1926年又从不纯的锆土中分离出金属铪。拉丁文定名为hafnium,源自Hafnia,意思是“哈夫尼亚”(丹麦首都哥本哈根的古称)。中文定名为“铪”,是形声字。

蛤蟆 háma/ㄏㄚˊ·ㄇㄚ
【动】即“青蛙”(914页)。

哈士蟆 hàshimǎ/ㄏㄚˋ·ㄕ ㄇㄚˇ
【动】即“中国林蛙”(1458页)。

hai （ㄏㄞ）

海/海 hǎi/ㄏㄞˇ
sea
【地】大洋边缘部分及被陆地包围面积较大的咸水水域(如南海、地中海、黑海),深度通常在3000米以内。有时泛指海洋。

海岸警戒雷达/海岸警戒雷達
hǎi'àn jǐngjiè léidá/
ㄏㄞˇ ㄢˋ ㄐㄧㄥˇ ㄐㄧㄝˋ ㄌㄟˊ ㄉㄚˊ
coast warning radar
【军】设置在海岸,用于搜索、监视海面和低空目标,并测定其坐标和运动参数的雷达。主要对海上目标,并兼顾对低空飞行器的警戒,为岸炮和岸舰导弹系统提供目标指示,与敌我识别系统协同工作,以判定目标敌我属性。

海岸山 Hǎi'àn Shān/ㄏㄞˇ ㄢˋ ㄕㄢ
【地】即“台东山”(1097页)。

海岸声呐
hǎi'àn shēngnà/ㄏㄞˇ ㄢˋ ㄕㄥ ㄋㄚˋ
【军】即“岸基声呐”(8页)。

海拔/海拔 hǎibá/ㄏㄞˇ ㄅㄚˊ
altitude, height above mean sea level
【地】又称“绝对高度”。从平均海平面起算的垂直高度。中国以黄海平均海平面为海拔起算面。

海白菜 hǎibáicài/ㄏㄞˇ ㄅㄞˊ ㄘㄞˋ
【植】即“孔石莼”(694页)。

海百合/海百合 hǎibǎihé/ㄏㄞˇ ㄅㄞˇ ㄏㄜˊ
crinoid
【地】古老的海洋棘皮动物。始见于石炭纪，大多数在二叠纪末绝灭。其身体有一个像植物茎的石灰质的柄，柄上端具多条像蕨类叶子的触手(腕足)。因形状像植物，故名称似植物。

海豹/海豹 hǎibào/ㄏㄞˇ ㄅㄠˋ
seal
【动】*Phoca largha* 哺乳动物名。鳍足目海豹科。身体粗圆，长约1.5米，头圆，眼大，无耳壳，吻短而宽，尾短，毛灰黄色，带棕黑色斑点。四肢扁平呈鳍状，趾间有蹼，游速快，善潜水。生活在温带和寒带沿海地区，以鱼类和贝类等为食。分布很广，遍布于南北各个海域。

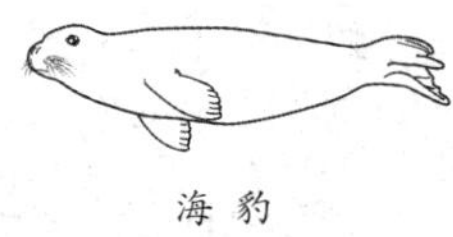
海豹

海船/海船 hǎichuán/ㄏㄞˇ ㄔㄨㄢˊ
sea-going ship
【船】又称"海轮"。适于在海洋航行的船舶的统称。按航行海域不同，通常分为远洋船、近海船和沿海船。远洋船可在无限航区，即远洋航线航行；近海船的航区介于远洋航区与沿海航区之间；沿海船限国内沿海各港口间航行。

海带/海帶 hǎidài/ㄏㄞˇ ㄉㄞˋ
kelp
【植】*Laminaria japonica* 藻类。褐藻门海带科海带属。藻体橄榄褐色，干燥时变为黑褐色，革质，分为固着器、柄和叶片三部分。固着器数轮叉状分枝；柄短粗，由基部圆柱状向上过渡到扁平状；叶片狭长形，全缘，中上部最宽，中带部最厚，边缘有波状褶皱；柄和叶片上有黏液腔分布。在中国，分布于黄海、渤海及以南海域。生活于大干潮线下的岩石上，因长而柔软，似带子，故称。药食兼用。入药称昆布。

海堤/海堤 hǎidī/ㄏㄞˇ ㄉㄧ
【水利】即"海塘"(466页)。

海底扩张说/海底擴張説
hǎidǐ kuòzhāngshuō/
ㄏㄞˇ ㄉㄧˇ ㄎㄨㄛˋ ㄓㄤ ㄕㄨㄛ
sea-floor spreading
【地】解释洋壳形成的一种学说。软流圈的玄武岩浆由洋中脊涌出、冷却，形成新的洋壳，推动早期形成的洋壳向两侧移动，老的洋壳则在海沟处俯冲并返回软流圈，构成洋壳物质循环的过程。

海底纜線
ㄏㄞˇ ㄉㄧˇ ㄌㄢˇ ㄒㄧㄢˋ/hǎidǐ lǎnxiàn
submarine cable
【信息】台湾名。即"海缆"(462页)。

海防/海防 hǎifáng/ㄏㄞˇ ㄈㄤˊ
coast defence
【船】为捍卫国家在海洋方面的安全与利益所进行的海上防卫。是国防的重要组成部分。海防的主要任务是抵御外部武装力量从海上方向的威胁、入侵和挑衅活动，保卫国家领海和海岛主权不受侵犯；维护国家对毗连区、大陆架和专属经济区的海洋专属权益；对国家规定的海峡、船道和海上禁区等实施管制；打击海上走私、贩毒、内潜外逃等非法活动。由于来自海洋方面的威胁的纵深在加大，现代海防已超出传统的海岸防御范围，要求平时和战时能控制和夺取相关海域制海权和海上制空权，把海洋纵深作为国防屏障。

海港/海港 hǎigǎng/ㄏㄞˇ ㄍㄤˇ
sea port，sea harbor
【水利】位于海洋沿岸的港口。广义上也包括河口港。

海港停留檢疫
ㄏㄞˇ ㄍㄤˇ ㄊㄧㄥˊ ㄌㄧㄡˊ ㄐㄧㄢˇ ㄧˋ/
hǎigǎng tíngliú jiǎnyì
quarantine
【医】台湾名。即"检疫"(598页)。

海沟/海溝 hǎigōu/ㄏㄞˇ ㄍㄡ
trench
【地】海底的洼地。处于深海盆地上或深海盆地边缘，呈狭窄的长条状，边缘陡峻，深度通常超过6000米。如西太平洋的马里亚纳海沟，深度大部分超过8000米，最深处约为11 034米。

海狗/膃肭獸
hǎigǒu/ㄨㄚˋ ㄋㄚˋ ㄕㄡˋ
fur seal

海狗

【动】又称"膃肭兽"。哺乳动物名。鳍足目海狮科。身体圆长,体长约 2 米,头圆,额骨高,有耳壳,四肢短而呈鳍状,趾间有蹼,尾短,毛紫褐色或深黑色,腹部白色,雌的毛色淡。生活在海洋中,能在陆地上爬行,以乌贼、鱼类等为食。主要分布于太平洋北部寒带海域,中国黄海和东海也有分布。

海关/海關 hǎiguān/ㄏㄞˇ ㄍㄨㄢ

customs

【物流】对物品进出关境活动实施监督管理及其他相关管理活动的国家行政管理机关。主要职责包括对运输工具、货物、行李物品、邮递物品和其他物品进行监督管理、征收关税和其他税费、查缉走私、编制海关统计和办理其他相关业务。在进出境口岸和海关监管业务集中的地点按不同级别设置。

海关监督船/海關監督船 hǎiguān jiāndūchuán/ㄏㄞˇ ㄍㄨㄢ ㄐㄧㄢ ㄉㄨ ㄔㄨㄢˊ

customs supervision and control craft

【船】海关用于海上监管的船艇。适用于江河口外海域及沿海,能在较差的海况条件下正常执行海上监管任务。现代多采用高性能的快速船型。

海龟/海龜 hǎiguī/ㄏㄞˇ ㄍㄨㄟ

green turtle

【动】*Chelonia mydas* 爬行动物名。龟鳖目海龟科。身体大,外形与普通龟相似,黑褐色,头大,上颌平出,下颌略向上钩曲,颚缘有锯齿状缺刻,背甲橄榄色或棕褐色,腹甲黄色。生活在海洋中。

📖 海龟广泛分布于大西洋、太平洋和印度洋近海。中国的沿海分布有绿海龟、玳瑁、蠵龟、丽龟和棱皮龟,均被列为国家Ⅱ级重点保护动物和濒危野生动植物种国际贸易公约(CITES)名录。海龟以鱼类、头足纲动物、甲壳动物以及海藻等为食。海龟头顶有一对前额鳞,四肢如桨,前肢长于后肢,内侧各有一爪,头、颈和四肢不能缩入甲内。海龟适应在海水中生活,四肢变成鳍状,利于游泳。雌海龟一般仅在繁殖季节离水上岸,在沙滩上掘洞产卵,孵出幼体。海龟可长达 1 米以上,寿命最大为 150 岁左右。

海虎绒 hǎihǔróng/ㄏㄞˇ ㄏㄨˇ ㄖㄨㄥˊ

【纺】即"长毛绒"(109 页)。

海监船/海監船 hǎijiānchuán/ㄏㄞˇ ㄐㄧㄢ ㄔㄨㄢˊ

marine patrol ship

【船】为维护海洋权益和保护海洋环境,进行巡逻、监督、测量、取证、处理违法事件的海洋管理执法船舶。主要在领海和 200 海里专属经济区巡航监视,执法管理。包括对非法作业的船只、飞机、平台进行监视和驱逐,以保护海洋权益;对所属海洋和重点污染海域进行定期监测,对海洋倾废和海洋石油勘探开发按章管理,以保护海洋环境;查清所属海域的气象、水文、地质构造、海底地形地貌、海洋生物等,进行海洋基础调查研究工作。

海金沙/海金沙 hǎijīnshā/ㄏㄞˇ ㄐㄧㄣ ㄕㄚ

spora lygodii

【植】*Lygodium japonicum* 蕨类。海金沙科海金沙属。攀缘植物。叶密,对生,纸质,被毛;叶二型:不育叶尖三角形,二回羽状,小羽片掌状或三裂,边缘有齿,能育叶卵状三角形,小羽片边缘生流苏状孢子囊穗,暗褐色。在中国,分布于陕西以南各地。全草入药。

海进/海進 hǎijìn/ㄏㄞˇ ㄐㄧㄣˋ

【地】即"海侵"(464 页)。

海军呢/海軍呢 hǎijūnní/ㄏㄞˇ ㄐㄩㄣ ㄋㄧˊ

navy cloth

【纺】又称"细制服呢"。粗纺毛织物名。用一、二级改良毛或混入 30%左右的黏胶纤维为原料,用 2/2 斜纹组织织制,经缩绒整理而成,有呢面风格,素色。质量为 360～490 克/米²,表面有细密绒毛覆盖,手感丰满平整,不露织纹,耐磨不起球,厚实有弹性。品质比制服呢好,比麦尔登稍差。主要用作海军服、大衣等的面料。

海军炮/艦炮 hǎijūnpào/ㄐㄧㄢˋ ㄆㄠˋ

naval gun

【军】用于射击海上、空中和岸上目标的海军专用火炮。包括舰炮和海岸炮。身管长,自动化程度高,射击准备时间短,瞄准快速和发射率高,持续作战能力强。装备在舰船和岸防阵地上。

海况/海況 hǎikuàng/ㄏㄞˇ ㄎㄨㄤˋ

sea state

【船】又称"海情"。在风力直接作用下海面的外貌状况。根据视野内的海面状况、波浪外形、波峰破碎及浪花、飞沫多少等,共分10级。参见附录。

海葵/海葵 hǎikuí/ㄏㄞˇ ㄎㄨㄟˊ

sea anemone

【动】*Actiniaria* 腔肠动物名。珊瑚纲海葵目。身体圆筒形,外表很像植物,无骨骼,触手数目为6的倍数,在口周围排成数轮,在海水中伸展形如葵花,故名。生活在海洋中,固着于海中岩石或贝壳上。种类很多,分布广泛。

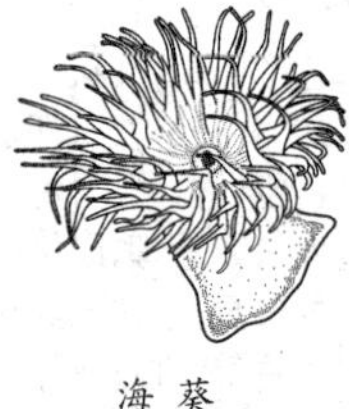

海葵

海蓝宝石/海藍寶石 hǎilán bǎoshí/ㄏㄞˇ ㄌㄢˊ ㄅㄠˇ ㄕˊ

aquamarine

【地】绿柱石的变种。宝石呈天蓝、浅蓝至蓝绿色。有的有猫眼效应。

海缆/海底纜線 hǎilǎn/ㄏㄞˇ ㄉㄧˇ ㄌㄢˇ ㄒㄧㄢˋ

submarine cable

【信息】敷设在海洋里的电缆或光缆。

海貍 ㄏㄞˇ ㄌㄧˊ/hǎilí

beaver

【动】台湾名。即"河狸"(486页)。

海里/海里 hǎilǐ/ㄏㄞˇ ㄌㄧˇ

nautical mile

【计量】国际航海业通用的长度单位。符号n mile。1海里=1852米。

海力蒙/人字呢 hǎilìméng/ㄖㄣˊ ㄗˋ ㄋㄧˊ

herringbone

【纺】精纺毛织物品。外观呈人字破斜纹花型的中厚花呢。多用2/2斜纹作基础组织,相邻的两条斜纹条子宽窄相同,方向相反,在倒顺斜纹的换向处,组织点相反,形成纤细的沟纹。呢面光洁或有轻绒面,结构紧密,手感丰满,光泽柔和,弹性良好,有休闲风格。适于作西装、西裤的面料。

海力斯/海力斯 hǎilìsī/ㄏㄞˇ ㄌㄧˋ ㄙ

harris

【纺】粗纺毛织物名。用二、三级羊毛,拼用部分48~50支精梳短毛或混入30%左右的黏胶纤维作原料,用2/2斜纹或破斜纹组织织制而成,纹面风格的结构较松,表面常呈现白色戗毛。风格粗犷,厚实挺括,富有弹性。主要用作休闲西装和风衣等的面料。

海量存储器/大量儲存 hǎiliàng cúnchǔqì/ㄉㄚˋ ㄌㄧㄤˋ ㄔㄨˊ ㄘㄨㄣˊ

mass storage

【信息】超大容量外存储器或存储系统的统称。因其与计算机内存相比,能存储大量计算机数据,故名。

海岭/洋底脊 hǎilǐng/ㄧㄤˊ ㄉㄧˇ ㄐㄧˇ

oceanic ridge

【地】海底的山脉。是海底一种规模巨大的隆起的地形,有的绵延上万千米,耸立在深海盆地和大陆坡上。海岭有的峰顶露出水面即成岛屿,如亚速尔群岛、夏威夷群岛。

海流计/海流儀 hǎiliújì/ㄏㄞˇ ㄌㄧㄡˊ ㄧˊ

current meter

【机】海洋仪器的一种。用于测量海流流速和流向。按测量方法不同,可分为机械海流计、电磁海流计、多普勒海流计等。

海流儀 ㄏㄞˇ ㄌㄧㄡˊ ㄧˊ/hǎiliúyí

current meter

【机】台湾名。即"海流计"(462页)。

海龍公式

ㄏㄞˇ ㄌㄨㄥˊ ㄍㄨㄥ ㄕˋ/Hǎilóng gōngshì

Heron formula

【数】台湾名。即"海伦公式"(463页)。

海陆风/海陸風 hǎilùfēng/ㄏㄞˇ ㄌㄨˋ ㄈㄥ

sea-land breeze

【气】由海面和陆地之间的昼夜热力性质差异而引起的风。白天由海面吹向陆地的称为海风;夜间由陆地吹向海面的称为陆风。

海陆过渡相

hǎilù guòdùxiàng/ㄏㄞˇ ㄌㄨˋ ㄍㄨㄛˋ ㄉㄨˋ ㄒㄧㄤˋ

【地】即"过渡相"(456页)。

海绿石/海綠石 hǎilǜshí/ㄏㄞˇ ㄌㄩˋ ㄕˊ

glauconite

【地】矿物。成分为$(K,Na)(Fe^{3+},Fe^{2+},Al,Mg)_2[(Si,Al)Si_3O_{10}](OH)_2\cdot nH_2O$,各组分含量变化大。单斜晶系。常呈细小球粒或鲕状体,或呈细粒状集合体。暗绿至绿黑色，无光泽，莫氏硬度 2～3，密度 2.2～2.8 克/厘米^3。可用作制钾肥的原料。

海轮 hǎilún/ㄏㄞˇ ㄌㄨㄣˊ

sea-going ship

【船】即“海船”(460 页)。

海伦公式/海龍公式

Hǎilún gōngshì/ㄏㄞˇ ㄌㄨㄥˊ ㄍㄨㄥ ㄕˋ

Heron formula

【数】希腊亚历山大时期的数学家海伦(Heron)证明的三角形面积公式 $\Delta=\sqrt{s(s-a)(s-b)(s-c)}$。其中 Δ 是三角形的面积，s 是三角形周长的一半，a，b，c 是三边长。

📖 据说阿基米德提出过这个公式，但后人一般称它“海伦公式”。中国南宋数学家秦九韶在《数书九章》(1247 年)中给出一个与海伦公式等价的公式，但未写出推导过程。

海马/海馬 hǎimǎ/ㄏㄞˇ ㄇㄚˇ

sea horse

【动】鱼名。硬骨鱼纲鱼龙科。身体侧扁而弯曲，长约 10 厘米，淡褐色，头与躯干成直角，直立游动头部像马，胸腹部凸出，由数个环状骨板组成，尾部细长，具四棱，常呈卷曲状，全身由膜骨片包裹，有一无刺的背鳍，无腹鳍和尾鳍。生活在热带海洋中，以小型甲壳动物为食。是名贵药材。种类较多，有克氏海马(*Hippocampus kelloggi*)、日本海马(*H. japonicus*)等。中国沿海均有分布。

海绵金属/海綿金屬

hǎimián jīnshǔ/ㄏㄞˇ ㄇㄧㄢˊ ㄐㄧㄣ ㄕㄨˇ

metal sponge

【材】内部疏松，含有海绵状孔隙的金属。常见的有海绵钛、海绵铁、海绵铅等。多用于生产金属合金。有些可直接应用，如铅酸蓄电池的正极即使用海绵铅。

海綿質骨 ㄏㄞˇ ㄇㄧㄢˊ ㄓˊ ㄍㄨˇ

spongy bone

【医】台湾名。即“骨松质”(428 页)。

海面能见度/海面能見度

hǎimiàn néngjiàndù/
ㄏㄞˇ ㄇㄧㄢˋ ㄋㄥˊ ㄐㄧㄢˋ ㄉㄨˋ

sea surface visibility

【船】又称“海上能见度”。在海上，正常人在当时条件下所能观察到目标物的最大水平距离。单位为米或海里。按能见距离不同分为 10 级。船舶在开阔海面，主要依水天线清晰程度来判定，能将目标物轮廓从船朝向的天空背景上分辨出来即为能见；有目标可利用时，先找出最远的能见目标，再从海图上量出船舶与该目标的距离即求得能见度。

海面能见度等级

等级	能见度距离	能见的特征	可能的天气现象及水天线情况
0	0~1/4 链	能见度低劣	雾、雨、雪、轻雾、水天线完全看不清
1	1/4~1 链		
2	1~3 链		
3	3~5 链	能见度不良	
4	0.5~1 海里		
5	1~2 海里	能见度中等	
6	2~5 海里		水天线模糊不清
7	5~11 海里	能见度良好	水天线可以看出
8	11~27 海里	能见度优良	水天线比较清楚
9	>27 海里	能见度异常优良	水天线异常清楚

注：1链≈1/10海里=185.2米

海南岛/海南島

Hǎinán Dǎo/ㄏㄞˇ ㄋㄢˊ ㄉㄠˇ

Hainan Island

【地】岛名。北隔琼州海峡与广东相望。陆地面积 3.4 万平方千米，是中国第二大岛。地形以山地、丘陵和滨海平原为主。全岛中间高耸，四周低平，最高峰五指山，海拔 1867 米。主要河流有万泉河、南渡江等。气候终年炎热，盛产热带、亚热带经济作物和热带水果。铁、锡矿产丰富；渔业、盐业发达。

海难/海難 hǎinàn/ㄏㄞˇ ㄋㄢˋ

maritime distress

【船】船舶及其所载人员、货物因遭自然灾害或其他意外事故而造成的海上灾难。如遭遇暴风、雷电、海啸、浮冰、船体设备故障及其他因素，致使船舶失火、搁浅、触礁、碰撞、沉没等事故发生。

海难救助船/救難船

hǎinàn jiùzhùchuán/ㄐㄧㄡˋ ㄋㄢˋ ㄔㄨㄢˊ

salvage and rescue ship

【船】又称“打捞救生船”。专用于打捞失事船舶和沉没物体，救助遇难船舶、飞机和人员的船只。具有良好的稳性、耐波性和操纵性以及相适应的续航力、自持力和抗风浪性能，装有大型起吊设备、抛锚定位设备、高中低压空

H

气系统、高压水泵冲吸泥设备、水下切割和电焊设备，供潜水员呼吸用的空气、氦氧混合气系统及潜水装具，供潜水员水面加压和治疗潜水疾病的加压舱，并设有较大功率的电动绞盘、水下电视设备和救生直升机等。其主要打捞方式为浮筒打捞式。使用船上的援潜救生设备系统实施救生。

海牛/海牛 hǎiniú/ㄏㄞˇ ㄋㄧㄡˊ

sea cow

【动】*Trichechus manatus* 哺乳动物名。海牛目海牛科。身体纺锤形，略像鲸，体长可达4米。前肢呈鳍状，后肢已退化，尾巴圆形，全身光滑无毛，皮厚，灰黑色，有很深的皱纹。生活在热带海洋或江河、湖泊中，以海藻和其他水生植物为食。中国广东、广西、台湾等地区沿海有分布。

海 牛

海鸥/海鷗 hǎi'ōu/ㄏㄞˇ ㄡ

seagull

【动】鸟名。鸥形目鸥科的统称。头和颈部褐色斑点，翅膀外缘白色，内缘灰色，身体白色，爪黑色。常成群在海上或内陆河流附近飞翔，以鱼、螺、昆虫等为食，也吃谷物和植物嫩叶。分布广泛。常见的有红嘴鸥(*Larus ridibundus*)、黑尾鸥(*Larus crassirostris*)、海鸥(*Larus canus*)等。

海盆/海盆 hǎipén/ㄏㄞˇ ㄆㄣˊ

sea basin

【地】又称"洋盆"。广义上指地球上承载全部海洋水体的洼地；狭义上指洋底大范围的盆地。它底部低平，周围是相对高一些的海底山脉，是大洋底的主体部分。

海平面气压/海平面氣壓

hǎipíngmiàn qìyā/ㄏㄞˇ ㄆㄧㄥˊ ㄇㄧㄢˋ ㄑㄧˋ ㄧㄚ

sea-level pressure, SLP

【气】为分析和比较在不同海拔高度上观测得到的气压，由本站气压推算到平均海平面高度上的气压值。其高低与本站气压、海拔高度、空气柱的平均温度、气温的垂直变化梯度、观测时刻和前12小时的气温有关。

海气交换/海氣交換

hǎi-qì jiāohuàn/ㄏㄞˇ ㄑㄧˋ ㄐㄧㄠ ㄏㄨㄢˋ

air-sea exchange

【气】海洋和大气之间能量、热量、动量和物质的交换。

海气相互作用/海氣相互作用

hǎi-qì xiānghù zuòyòng/ㄏㄞˇ ㄑㄧˋ ㄒㄧㄤ ㄏㄨˋ ㄗㄨㄛˋ ㄩㄥˋ

air-sea interaction

【气】海洋与大气之间互相影响、互相制约、彼此适应的物理过程。如海洋环流与大气环流之间的联系、海面风场对海洋施加的外力、海洋对大气的加热作用和海气交换等过程。

海侵/海進 hǎiqīn/ㄏㄞˇ ㄐㄧㄣˋ

transgression

【地】又称"海进"。因海面上升或陆地下降，海岸线向陆地内部推进的现象。构造运动或气候变化是海侵的主要原因。

海青菜 hǎiqīngcài/ㄏㄞˇ ㄑㄧㄥ ㄘㄞˋ

【植】即"浒苔"(509页)。

海情 hǎiqíng/ㄏㄞˇ ㄑㄧㄥˊ

【船】即"海况"(461页)。

海上补给舰

hǎishàng bǔjǐjiàn/ㄏㄞˇ ㄕㄤˋ ㄅㄨˇ ㄐㄧˇ ㄐㄧㄢˋ

【军】即"补给舰"(82页)。

海上采油平台/外海採油平臺

hǎishàng cǎiyóu píngtái/ㄨㄞˋ ㄏㄞˇ ㄘㄞˇ ㄧㄡˊ ㄆㄧㄥˊ ㄊㄞˊ

offshore oil production platform

【船】用于开采海洋石油的生产平台。基本类型有固定式、座底式、自升式、浮动式(船式和半潜式)、可拆移式(牵索塔式、张力腿式)等多种。固定式、座底式和自升式适用于浅水作业；浮动式和可拆移式适用于深水作业。

海上禁区/海上禁區

hǎishàng jìnqū/ㄏㄞˇ ㄕㄤˋ ㄐㄧㄣˋ ㄑㄩ

restricted sea area

【船】沿海国在其主权管辖的海区内划定的禁止或限制舰艇、船舶活动的区域。包括禁航区、禁锚区和禁渔区等。禁航区是禁止舰艇、船舶航行的海区，主要用于海上武器试验、实弹射击等；禁锚区是禁止舰艇、船舶抛锚，但仍可航行的海区，主要用于保护海底电缆、管道及其他水下设备；禁渔区是在鱼类或其他水生经济动物繁殖及其幼体成长期内，禁止船只进入捕捞的海区，以保护水产生物资源。

海上救生/海上救助

hǎishàng jiùshēng/ㄏㄞˇ ㄕㄤˋ ㄐㄧㄡˋ ㄓㄨˋ

salvage at sea

【船】营救海上遇险船舶人员及落水飞行人员的活动。是沿海国家海上救生组织的基本任务，也是海军海上防险救生勤务的组成部分。按《国际海上搜寻救助公约》和国家海上安全法规规定：平时，海岸电台、救助机构和海上航行的舰船都应在国际通用的无线电呼救频率上守听；海上救生组织收到海上船舶或飞机遇险呼救信号时，应立即派遣救助舰船、飞机前往搜寻救助；在遇险海域附近航行的舰船，收到遇险呼救信号时应迅速前往救助。营救海上遇险人员，不考虑其国籍和身份，不计报酬。

海上救助

ㄏㄞˇ ㄕㄤˋ ㄐㄧㄡˋ ㄓㄨˋ/hǎishàng jiùzhù

salvage at sea

【船】台湾名。即“海上救生”(465 页)。

海上能见度

hǎishàng néngjiàndù/ㄏㄞˇ ㄕㄤˋ ㄋㄥˊ ㄐㄧㄢˋ ㄉㄨˋ

【船】即“海面能见度”(463 页)。

海参/海參 hǎishēn/ㄏㄞˇ ㄕㄣ

sea cucumber

【动】棘皮动物名。海参纲各种的统称。身体略呈圆柱形，柔软，体表常有肉质突起，黑色或褐色，口和肛门在两端，口的周围有触手。生活在海底，以海底藻类和浮游生物等为食。种类很多，常见的有刺参(*Stichopus japonica*)、乌参(*Actinopyga miliaris*)、梅花参(*Thelenota ananas*)等。

海狮/海獅 hǎishī/ㄏㄞˇ ㄕ

sea lion

【动】哺乳动物名。鳍足目海狮科。四肢呈鳍状，后肢能转向前方支持身体，尾短，体毛粗硬。雄兽颈部有长毛，略像狮子，长可达 3.5 米。生活在海洋中，群栖，以鱼、乌贼、贝类等为食。分布于北太平洋、美洲及澳大利亚沿海。

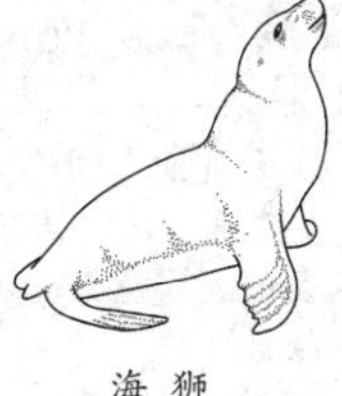

海 狮

海事卫星/海事衛星

hǎishì wèixīng/ㄏㄞˇ ㄕˋ ㄨㄟˋ ㄒㄧㄥ

maritime satellite

【航】用于海上船只与陆地台站、海上目标间，海上目标与陆地台站、空中飞机间进行无线电联络和信息传递的卫星。属地球静止轨道移动通信卫星。

📖 1982 年国际海事卫星组织建立了国际海事卫星系统，改名为“国际海事卫星”，后更名为“国际移动卫星”。

海事业/海事業 hǎishìyè/ㄏㄞˇ ㄕˋ ㄧㄝˋ

maritime industry

【船】造船业、航运业以及派生出的与海洋相关行业或产业的统称。包括造船、航运、海事保险、造船融资、海上打捞与救生、海域资源开发、港口、海洋渔业及有关的法律事务等。

海水/海水 hǎishuǐ/ㄏㄞˇ ㄕㄨㄟˇ

seawater

【化】海洋中的水。是复杂组分的溶液，其中构成海水中盐分的无机离子主要有 Na^+、K^+、Ca^{2+}、Mg^{2+}、Sr^{2+}、Cl^-、SO_4^{2-}、F^-、Br^-、CO_3^{2-} 等。海水中还含有气体，主要是氮气、氧气等，有机物主要是与动植物活动及海底有关的腐殖质、氨基酸等。海水占地球水量的 97%以上。

海水入侵/海水入侵

hǎishuǐ rùqīn/ㄏㄞˇ ㄕㄨㄟˇ ㄖㄨˋ ㄑㄧㄣ

seawater intrusion

【环】指沿海地区地下水位下降，引起海水向陆地推进并直接侵染淡水层的现象。发生海水入侵有人为因素，主要是超量开发地下水、河流上游蓄水等，造成地下水原有的平衡破坏，致使海水沿透水层向内陆推进；也有地质、地理和气候因素，如滨海低地面积大、气候干旱等。海洋科学有时将风暴潮或大涌潮覆盖沿海陆地称为“海水入侵”。

海损/海損 hǎisǔn/ㄏㄞˇ ㄙㄨㄣˇ

sea damage

【船】船舶或货物在航运过程中，因海难或其他意外事故所造成的直接或间接的损失。按损失形态不同，可分为物资损失和费用损失。前者指船舶或货物的具体损失；后者指救助费用、拖船费用等支出造成的损失。按损失的程度不同，可分为全部灭失和部分灭失。

海獭/海獺 hǎitǎ/ㄏㄞˇ ㄊㄚˇ

sea otter

【动】*Enhydra lutris* 哺乳动物名。食肉目鼬科。身体圆筒形，雄兽长 1 米多，前肢比后肢短，趾间有蹼，呈鳍状，尾短而扁，毛深褐色。生活在近岸的海洋中，以鱼和软体动物等为食。分布于阿拉斯加、堪察加半岛、千岛群岛沿岸。

海 獭

海滩/海灘 hǎitān/ㄏㄞˇ ㄊㄢ

beach

【地】沿海岸分布，由松散泥沙或砾石堆积而成的平缓滩地。

海棠 hǎitáng/ㄏㄞˇ ㄊㄤˊ

【植】"海棠花"的通称。

海棠花/海棠花

hǎitánghuā/ㄏㄞˇ ㄊㄤˊ ㄏㄨㄚ

Chinese flowering crab-apple

【植】*Malus spectabilis* 通称"海棠"。蔷薇科苹果属。落叶乔木。小枝粗壮，圆柱形，红褐色。叶片椭圆形，先端短尖，基部宽楔形，边缘有齿。近伞形花序，花瓣卵形，基部具爪，白色。果实球形，黄色，萼片宿存，基部不下陷，梗洼隆起。花期 4—5 月份，果期 8—9 月份。在中国，分布于河北、山东、陕西、江苏、浙江、云南。观赏花木。

海塘/海堤 hǎitáng/ㄏㄞˇ ㄉㄧ

sea wall

【水利】又称"海堤"。在海岸或河口海滨修建的挡潮堤坝。

海图/海圖 hǎitú/ㄏㄞˇ ㄊㄨˊ

chart

【船】以海洋为主要对象，测绘海洋水域及沿岸地物，供航海、作战使用的专门地图。通常绘有航线、港口、岛屿、暗礁、浅滩、海岸、海底地貌、水流等。

海图作业/海圖作業

hǎitú zuòyè/ㄏㄞˇ ㄊㄨˊ ㄗㄨㄛˋ ㄧㄝˋ

【船】即"航迹绘算"(475 页)。

海涂/潮埔 hǎitú/ㄔㄠˊ ㄆㄨˇ

tidal flat

【地】河流入海处或海岸附近因泥沙沉积而形成的，随潮汐涨落或淹没或露出的滩地。

海退/海退 hǎituì/ㄏㄞˇ ㄊㄨㄟˋ

regression

【地】因海面下降或陆地上升，海岸线向海洋退缩的现象。构造运动或气候变化是海退的主要原因。

海豚/海豚 hǎitún/ㄏㄞˇ ㄊㄨㄣˊ

dolphin

【动】*Delphinus delphis* 哺乳动物名。鲸目海豚科。身体纺锤形，长可达 2 米，鼻孔长在头顶上，喙细长，前肢呈鳍状，背鳍三角形，背部青黑色，腹部白色。生活在海洋中，以鱼、乌贼、虾蟹等为食。在世界各地分布广泛。

海 豚

海湾/海灣 hǎiwān/ㄏㄞˇ ㄨㄢ

gulf

【地】❶被海岸部分环绕，通过海峡与海洋相连接的较大水域。如北大西洋的墨西哥湾。❷特指波斯湾。

海王星/海王星

hǎiwángxīng/ㄏㄞˇ ㄨㄤˊ ㄒㄧㄥ

Neptune

【天】太阳系八大行星之一。按离太阳由近及远的次序为第八颗。是类木行星，绕太阳一周的时间为 164.79 年。有 14 颗卫星以及光环系统。19 世纪 40 年代，英国天文学家亚当斯(J. C. Adams, 1819—1892)和法国天文学家勒威耶(U. J. J. Le Verrier, 1811—1877)根据天王星轨道所受扰动计算出其位置。1846 年由德国科学家伽勒(J. G. Golle)用望远镜发现。其名称来自罗马神话中的海神尼普顿。

海峡/海峽 hǎixiá/ㄏㄞˇ ㄒㄧㄚˊ

strait

【地】陆地之间连接两个海或大洋的狭窄水道。通常水深流急，是交通要道，且具有重要的战略意义。如英吉利海峡、直布罗陀海峡。

海相/海相 hǎixiàng/ㄏㄞˇ ㄒㄧㄤˋ

marine facies

【地】沉积相的一类。是海洋环境所形成的沉积。沉积物以化学岩、生物化学岩和黏土岩为主。离海岸越远,碎屑沉积颗粒越细。在水平方向上岩相变化小,沉积物中含海生生物化石和矿物。可分为滨海相、浅海相、半深海相和深海相。

海象/海象 hǎixiàng/ㄏㄞˇ ㄒㄧㄤˋ

walrus

【动】*Odobenus rosmarus* 哺乳动物名。鳍足目海象科。身体粗壮,雄兽长可达3米,头圆,眼小,嘴短而阔,上颌有两个长牙,像象牙,四肢呈鳍状,后肢能转向前方支持身体。生活在海洋中,也能在陆地上行动,用牙掘食,以贝类等为食。分布于北极圈内。

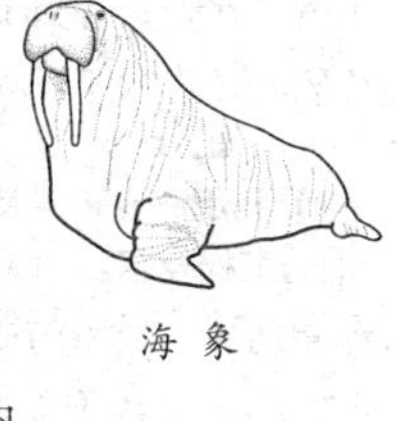
海 象

海啸/海嘯 hǎixiào/ㄏㄞˇ ㄒㄧㄠˋ

tsunami

【地】由海底地震、火山爆发或水下塌陷和滑坡等大地活动引起的海水剧烈波动。巨大的波浪冲上陆地,破坏力极大,往往造成灾害。

海星/海星 hǎixīng/ㄏㄞˇ ㄒㄧㄥ

sea-star

【动】棘皮动物名。海星纲(Asteroidea)各种的统称。身体扁平,通常有放射形的五个角,像五角星,表面有一层石灰质的小刺,背部颜色鲜明,口在身体下部中央。生活在浅海石缝中,以贝类、鱼类等为食。种类很多,分布广泛。

海 星

海盐苦卤/苦滷

hǎiyán kǔlǔ/ㄎㄨˇ ㄌㄨˇ

bittern

【化】海水晒盐后剩下的盐卤。是复杂混合物,因含有镁盐而带苦味。主要成分是氯化钾、硫酸镁、氯化镁、氯化钠、溴化物等。可作为化工原料,可提取氯化钾、溴、无水芒硝、硫酸镁、金属镁和镁的各种化合物。

海燕/海燕 hǎiyàn/ㄏㄞˇ ㄧㄢˋ

❶storm petrel,❷asterinidae

【动】❶鸟名。海燕科(Hydrobatidae)。常见的黑叉尾海燕(*Oceanodroma monorhis*)体形像燕子,喙端钩状,羽毛青灰近黑色,下体颜色淡,腰部白,尾羽呈叉状,趾有蹼,爪黑色。常在海面上游泳或掠飞,以鱼、虾等水生生物为食。❷*Patiria pectinifera* 棘皮动物名。海星纲海燕科。身体扁平,腕短,通常五枚。全身呈五角星形。腹面平,橘黄色,背面稍隆起,密布颗粒状短棘,有朱红与深蓝色斑纹交错排列。多生活在沿岸浅海,隐藏在石缝中。中国黄海、渤海沿海一带常见。

海 燕

海洋/海洋 hǎiyáng/ㄏㄞˇ ㄧㄤˊ

ocean

【地】海和洋的合称。地球表面广阔浩大的连续水域,平均深度3795米。总面积约3.6亿平方千米,占地球表面积的71%。海洋中有13.5亿立方千米的水,约占地球上总水量的97%,各地海水含盐度不尽相同。

海洋调查船/海洋調查船

hǎiyáng diàocháchuán/ㄏㄞˇ ㄧㄤˊ ㄉㄧㄠˋ ㄔㄚˊ ㄔㄨㄢˊ

oceanographic research ship

【船】又称“海洋研究船”。用于海洋科学考察研究的船只。调查的主要内容包括海洋水文、海洋气象、海洋化学、海洋地质、海洋生物和海洋物理等。目的是为海上作战、训练与海军武器装备的研制、使用,国家海洋研究与资源开发,海洋工程技术与环境保护等提供各种海洋参数和环境预报。按航区不同,可分为近海海洋调查船、远洋海洋调查船和极地海洋调查船;按功能不同,可分为综合海洋调查船和专业海洋调查船。

海洋观测卫星/海洋觀測衛星

hǎiyáng guāncè wèixīng/ㄏㄞˇ ㄧㄤˊ ㄍㄨㄢ ㄘㄜˋ ㄨㄟˋ ㄒㄧㄥ

ocean observation satellite

【航】用于观测和研究海洋的卫星。通过微波遥感感知海洋表面辐射和反射信息,进而获取海洋表面目标特性的信息。

海洋国土/海洋國土
hǎiyáng guótǔ/ㄏㄞˇ ㄧㄤˊ ㄍㄨㄛˊ ㄊㄨˇ
national marine territory
【船】沿海国家拥有主权(主权权利与管辖权)的海洋区域。是国家版图不可分割的组成部分。包括内海和领海。1982 年《联合国海洋法公约》规定,内海和领海是沿海国领土在海中的延伸,沿海国享有排他的管辖权;沿海国对毗连区、专属经济区、大陆架和历史性海疆水域,行使主权权利和管辖权。

海洋环境/海洋環境
hǎiyáng huánjìng/ㄏㄞˇ ㄧㄤˊ ㄏㄨㄢˊ ㄐㄧㄥˋ
marine environment
【环】地球上连成一片的海洋组成的环境体系。包括海洋的水、溶于或悬浮于水中的物质、海底沉积物及海洋生物等。海洋总面积约 3.6 亿平方千米,约占地球总面积的 71%。海洋水量约 13.7 亿立方千米,约占地球水总量的 97%,是组成地球水圈的主体。

海洋监视船/海洋監視船
hǎiyáng jiānshìchuán/
ㄏㄞˇ ㄧㄤˊ ㄐㄧㄢ ㄕˋ ㄔㄨㄢˊ
ocean surveillance ship
【军】又称"海洋侦听船"。在海洋上监视对方潜艇配置和运动情况的勤务舰。主要用于对战略导弹核潜艇的预警,发现并掌握在海洋水下、水面和空中活动的目标,判明目标的型号、性质和企图,测定其运动要素,为己方兵力实施引导和攻击。

海洋气团/海洋氣團
hǎiyáng qìtuán/ㄏㄞˇ ㄧㄤˊ ㄑㄧˋ ㄊㄨㄢˊ
maritime air mass
【气】按发源地划分的一种气团。形成于广阔的洋面。

海洋氣候
ㄏㄞˇ ㄧㄤˊ ㄑㄧˋ ㄏㄡˋ/hǎiyáng qìhòu
marine climate
【气】台湾名。即"海洋性气候"(468 页)。

海洋权益/海洋權益
hǎiyáng quányì/ㄏㄞˇ ㄧㄤˊ ㄑㄩㄢˊ ㄧˋ
maritime rights and interests
【船】主权国家在海洋各个领域(包括内海、领海、大陆架、专属经济区、具有历史性权利水域,以及公海等)应享有的主权、主权权利、管辖权和其他权益的统称。是国家权益的组成部分。

海洋卫星/海洋衛星
hǎiyáng wèixīng/ㄏㄞˇ ㄧㄤˊ ㄨㄟˋ ㄒㄧㄥ
ocean satellite
【航】用于观测研究海洋的人造地球卫星的简称。是海事卫星、海洋观测卫星、海洋遥感卫星的统称。美国发射了世界第一颗专用海洋观测卫星"海洋卫星"1 号。

海洋温差发电/海洋溫差發電
hǎiyáng wēnchā fādiàn/
ㄏㄞˇ ㄧㄤˊ ㄨㄣ ㄔㄚ ㄈㄚ ㄉㄧㄢˋ
ocean thermal power generation
【电】利用海水表层及深层间的温度差进行发电的工程技术。

海洋污染/海洋污染
hǎiyáng wūrǎn/ㄏㄞˇ ㄧㄤˊ ㄨ ㄖㄢˇ
marine pollution
【环】主要指人类活动排放的废弃物质或能量进入海洋,引起海洋环境质量下降的现象。海洋具有巨大的自净能力,是各地区排放的污染物的最后归宿。但石油及形成赤潮的营养盐类污染,其危害范围越来越大,对人类及海洋生态系统构成了潜在的威胁。

海洋性气候/海洋氣候
hǎiyángxìng qìhòu/ㄏㄞˇ ㄧㄤˊ ㄑㄧˋ ㄏㄡˋ
marine climate
【气】受海洋影响显著的岛屿和近海地区的气候。气温的年变化和日变化小,年降水量多且季节分布较均匀,云雾日数多,空气湿度大。

海洋研究船
hǎiyáng yánjiūchuán/
ㄏㄞˇ ㄧㄤˊ ㄧㄢˊ ㄐㄧㄡˋ ㄔㄨㄢˊ
【船】即"海洋调查船"(467 页)。

海洋遥測衛星
ㄏㄞˇ ㄧㄤˊ ㄧㄠˊ ㄘㄜˋ ㄨㄟˋ ㄒㄧㄥ/
hǎiyáng yáocè wèixīng
ocean remote sencing satellite
【航】台湾名。即"海洋遥感卫星"(468 页)。

海洋遥感卫星/海洋遥測衛星
hǎiyáng yáogǎn wèixīng/
ㄏㄞˇ ㄧㄤˊ ㄧㄠˊ ㄘㄜˋ ㄨㄟˋ ㄒㄧㄥ

ocean remote sensing satellite

【航】海洋卫星的一种。主要用于海洋矿产资源或海洋生态环境变化的研究与观测。

海洋侦听船

hǎiyáng zhēntīngchuán/ㄏㄞˇ ㄧㄤˊ ㄓㄣ ㄊㄧㄥ ㄔㄨㄢˊ

【军】即“海洋监视船”(468 页)。

海洋自净/海洋自淨

hǎiyáng zìjìng/ㄏㄞˇ ㄧㄤˊ ㄗˋ ㄐㄧㄥˋ

marine self-purification

【环】又称“海洋自净作用”。污染物进入海洋后经物理、化学和生物等自然作用而逐渐被清除的过程。海洋具有巨大的自净能力，污染物在海洋中经过稀释、扩散、迁移和转化，可使污染物浓度降低乃至消失。但其自净能力也不是无限的，局部海域也有水质恶化现象。

海洋自净作用

hǎiyáng zìjìng zuòyòng/ㄏㄞˇ ㄧㄤˊ ㄗˋ ㄐㄧㄥˋ ㄗㄨㄛˋ ㄩㄥˋ

【环】即“海洋自净”(469 页)。

海芋/海芋

hǎiyù/ㄏㄞˇ ㄩˋ

【植】即“尖尾芋”(596 页)。

海运提单/海運提單

hǎiyùn tídān/ㄏㄞˇ ㄩㄣˋ ㄊㄧˊ ㄉㄢ

ocean bill of lading

【物流】海运承运人收到货物后出具的货物收据。是货物所有权凭证，持有人可据以提取货物，凭此向银行押汇，也可在载货船舶到达目的港交货前进行转让。按提单上有无妨碍结汇的批注，可分为清洁提单和不清洁提单；按提单收货人记名与否，可分为记名提单和不记名提单。

海藻/海藻

hǎizǎo/ㄏㄞˇ ㄗㄠˇ

Sargassum(拉)，seaweed

海蒿子　　羊栖菜

【中医】中药名。马尾藻科植物海蒿子 *Sargassum pallidum* (Turn.) C. Ag. 或羊栖菜 *Sargassum fusiforme* (Harv.) Setch. 的干燥藻体。味苦、咸，性寒。归肝、胃、肾经。软坚散结，消痰，利水。用于瘿瘤，瘰疬，睾丸肿痛，痰饮水肿。不宜与甘草同用。

海蜇/海蜇

hǎizhé/ㄏㄞˇ ㄓㄜˊ

jelley-fish

【动】*Rhopilema esculentum* 腔肠动物名。钵水母纲根口水母科海蜇属。身体半球形，青蓝色，半透明，上面有伞状部分(海蜇皮)，直径达几十厘米，下面有 8 条口腕(海蜇头)，口腕下端有丝状器官。生活在海洋中，靠伞状部分的伸缩而运动，以小型浮游生物为食。中国沿海各地均有分布。

胲

ㄏㄞˇ/ hǎi

hydroxylamine

【化】台湾名。即“羟胺”(908 页)。

氦/氦

hài/ㄏㄞˋ

helium

【化】非金属元素。属周期表第ⅧA 族，符号 He，原子序数 2。原子量4.003。稳定同位素有氦 3、氦 4 两种，大部分为氦 4。空气中氦 3 含量仅占亿万分之一，月球上含量相对可观。单质氦气也简称氦。

📖 1868 年，法国的简森(P.Janssen)和英国的洛克耶(J.N.Lockyer)通过太阳光谱发现了太阳中的新元素；1895 年，苏格兰的拉姆齐(W.Ramsay)在地球的沥青铀矿中分离出氦。helium 来源于希腊文 helios，原意是“太阳”。中文定名为“氦”，是形声字。

氦气/氦氣

hàiqì/ㄏㄞˋ ㄑㄧˋ

helium

【化】氦的单质，单原子分子。惰性气体，无色无臭无味，空气中含量极低(百万分之五左右)，是最难液化的气体(液氦沸点近 −269 ℃)。化学性质极不活泼，不形成任何化合物，不能燃烧，也不助燃。可从天然气(含氦 0.3%～2%)中获得。用来填充电子管、气球、潜水服等，也用作核反应堆和加速器的保护气体。液氦是接近绝对零度的低温技术中的重要制冷介质。

害虫/害蟲

hàichóng/ㄏㄞˋ ㄔㄨㄥˊ

pest

H

【农】为害农林作物，并造成作物大量损失的昆虫。通常分为食叶类害虫(如螟蛾、叶蜂)、刺吸式害虫(如蚜虫、椿象)、蛀食性害虫(如天牛、白蚁)和地下害虫(如蝼蛄、蛴螬)。一些非昆虫类生物，如蜗牛、蛞蝓、蜈蚣、螨等，也列入害虫。

駭客 ㄏㄞˋ ㄎㄜˋ/hàikè
hacker
【信息】台湾名。即"黑客"(494 页)。

han (ㄏㄢ)

犴 hān/ㄏㄢˋ(又读ㄢˋ)
【动】即"驼鹿"(1158 页)。

蚶/血蚶 hān/ㄒㄧㄝˇ ㄏㄢ
blood clam
【动】通称"蚶子"。软体动物名。双壳纲蚶目。壳厚而坚硬，外表淡褐色，有瓦垄状的纵线，内壁白色，边缘有锯齿。生活在海底泥沙和岩石缝隙中。壳供药用。种类很多，常见的有泥蚶、毛蚶等。

含量/含量 hánliàng/ㄏㄢˊ ㄌㄧㄤˋ
content
【计量】物质中所含组分的质量、摩尔或体积分数。

含磷毒剂 hánlín dújì/ㄏㄢˊ ㄌㄧㄣˊ ㄉㄨˊ ㄐㄧˋ
【军】即"神经性毒剂"(998 页)。

含氣層 ㄏㄢˊ ㄑㄧˋ ㄘㄥˊ/hánqìcéng
aeration zone
【水利】台湾名。即"包气带"(35 页)。

含水层/含水層
hánshuǐcéng/ㄏㄢˊ ㄕㄨㄟˇ ㄘㄥˊ
aquifer
【地】储有地下水的透水层。通常指土壤通气层以下，介质孔隙完全充满水的地层。透水性好而富空隙的岩石，卵石、粗砂、疏松的沉积物，富有裂隙的岩石，喀斯特发育的岩石均可成为含水层。含水层下面通常有不透水层或弱透水层，有的含水层上面可以有不透水层。

含笑 hánxiào/ㄏㄢˊ ㄒㄧㄠˋ
【植】"含笑花"的通称。

含笑花/含笑花
hánxiàohuā/ㄏㄢˊ ㄒㄧㄠˋ ㄏㄨㄚ
banana shrub
【植】*Michelia figo* 通称"含笑"。木兰科含笑属。常绿灌木。树皮灰褐色，分枝极多。嫩枝、叶柄、花梗上都被毛。叶革质，狭椭圆形，全缘。花单生于叶腋，直立，花瓣六枚，肉质肥厚，长椭圆形，淡黄色且边缘带紫色，有浓香。花期 3—5 月份。在中国，分布于华南。观赏花卉。

含笑花

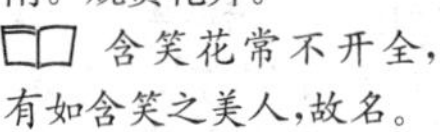
📖 含笑花常不开全，有如含笑之美人，故名。

含羞草/含羞草
hánxiūcǎo/ㄏㄢˊ ㄒㄧㄡ ㄘㄠˇ
sensitive plant
【植】*Mimosa pudica* 豆科含羞草属。多年生草本植物。茎分枝，有倒刺。羽片两对，指状排列在总叶柄顶端，小叶长椭圆形，边缘有毛，头状花序生于叶腋，花序形状似绒球。花冠钟状，花瓣四裂，淡红色，雄蕊伸出花冠之外。花期 3—10 月份。中国各地均有栽培。全草入药。
📖 含羞草羽片和小叶被碰触后闭合下垂，似少女的娇羞态，故名。

函式程式館
ㄏㄢˊ ㄕˋ ㄔㄥˊ ㄕˋ ㄍㄨㄢˇ/
hánshì chéngshìguǎn
function library
【信息】台湾名。即"函数库"(471 页)。

函数/函數 hánshù/ㄏㄢˊ ㄕㄨˋ
function
【数】❶在一个变化过程中，若对于变量 x 所取的每一个值，另一变量 y 都有唯一确定的值与它对应，则称 x 为自变量，y 为 x 的函数，记作 $y=f(x)$。自变量 x 的取值范围叫作定义域。❷设 $f:A\to B$，$x\mapsto y$ 为数集 A 到数集 B 的一个映射，则称 $y=f(x)$ 为一个函数，x 为自变量，定义域为 A。例如，$y=2x$ 为一个函数，x 为自变量，定义域为 $\mathbf{R}$。
📖 通常说的函数 $y=f(x)$，对自变量 x 的每一取值，y 只有一个对应值，也称这样的函数为单值函数。若对变量 x 的每一取值，变量 y 有多个对应值，则称变量 y 是变量 x

的多值函数。一般地,若不特别声明,则指单值函数。

函数的图像/函數的圖形
hánshù de túxiàng/
ㄏㄢˊ ㄕㄨˋ ·ㄉㄜ ㄊㄨˊ ㄒㄧㄤˋ
graph of function
【数】平面直角坐标系 xOy 中的点集 $\{(x,y)|x\in D, y=f(x)\}$ 叫作函数 $y=f(x)(x\in D)$ 的图像。有些函数的图像是连续的或存在有限个间断点的曲线。例如,$y=x^2$ 的图像是一条抛物线,$y=\frac{1}{x}$ 的图像是双曲线。有些函数的图像是一些孤立的点。例如 $y=x(x\in \mathbf{N})$ 的图像是分布在一条直线上的整数点。类似地,空间直角坐标系 $O-xyz$ 中的点集 $\{(x,y,z)|(x,y)\in D, z=f(x,y)\}$ 叫作二元函数 $z=f(x,y)$ $((x,y)\in D)$ 的图像。

函数库/函式程式館
hánshùkù/ㄏㄢˊ ㄕˋ ㄔㄥˊ ㄕˋ ㄍㄨㄢˇ
function library
【信息】编译在一起的例程的汇集。

函數的圖形
ㄏㄢˊ ㄕㄨˋ·ㄉㄜ ㄊㄨˊ ㄒㄧㄥˊ/
hánshù de túxíng
graph of function
【数】台湾名。即“函数的图像”(471 页)。

焓/焓 hán/ㄏㄢˊ
enthalpy
【化】又称“热焓”。物质系统状态的一个参数。多用符号 H 表示,与体系内能 U、压强 p、体积 V 的关系为:$H=U+pV$。

涵洞/涵洞 hándòng/ㄏㄢˊ ㄉㄨㄥˋ
culvert
【水利】埋设在道路、堤防以及填方渠道下的过水通道。有管形、箱形及拱形等形状,用于输水或排水。常见的有公路涵洞和铁路涵洞。

寒/寒 hán/ㄏㄢˊ
cold
【中医】中药四气之一。具有清热、泻火、解毒、凉血等作用,能治疗热证。例如,石膏性寒,有清热泻火的作用。

寒潮/寒潮 háncháo/ㄏㄢˊ ㄔㄠˊ
cold wave
【气】冬半年从极地或寒带大规模地向中低纬度地区侵袭的冷空气。使所经过的地区 24 小时气温下降 10 ℃以上,最低气温低于 5 ℃,并有大风,常伴有雨雪。是灾害性天气的一种。

寒潮预警信号/寒潮預警信號
háncháo yùjǐng xìnhào/
ㄏㄢˊ ㄔㄠˊ ㄩˋ ㄐㄧㄥˇ ㄒㄧㄣˋ ㄏㄠˋ
cold wave warning signal
【气】气象灾害预警信号的一种。分为四级,分别以蓝色、黄色、橙色、红色标识。参见“气象灾害预警信号”(895 页)。

寒带/寒帶 hándài/ㄏㄢˊ ㄉㄞˋ
cold zone
【地】天文上的高纬地带。南、北半球极圈以内的地带。气候终年寒冷,有极昼和极夜现象。近两极的地方,半年是白天,半年是黑夜。在南半球的称“南寒带”,在北半球的称“北寒带”。

寒露风/寒露風 hánlùfēng/ㄏㄢˊ ㄌㄨˋ ㄈㄥ
low temperature damage in autumn
【气】秋季冷空气入侵后,引起显著降温,造成水稻减产的一种冷害。在中国南方,多发生在“寒露”节气,故名。

寒漠/寒漠 hánmò/ㄏㄢˊ ㄇㄛˋ
cold desert
【地】两极、高山或高原等寒冷气候下的荒漠地区。地表多为大量岩屑。因长期冷冻和强烈风化作用而形成。

寒凝胞宫证/寒凝胞宫證
hánníng bāogōng zhèng/
ㄏㄢˊ ㄋㄧㄥˊ ㄅㄠ ㄍㄨㄥ ㄓㄥˋ
syndrome of coagulated cold in uterus, * pattern of cold congealing in the uterus, * syndrome of cold congealing in the uterus
【中医】中医证候之一。寒邪凝滞胞宫所致,以小腹冷痛,喜温,或痛经,或月经后期,经色紫暗,或带下清稀,苔白,脉沉紧等为常见症。

寒武纪/寒武紀 hánwǔjì/ㄏㄢˊ ㄨˇ ㄐㄧˋ
Cambrian Period

H

【地】古生代的第一个纪。从距今约 5.41 亿年开始,至距今约 4.85 亿年结束。植物以藻类为主。海生无脊椎动物大量出现,因寒武纪地层中保存有丰富的三叶虫化石,故又称为三叶虫时代。云南澄江动物群的发现表明,现在地球上生活的许多动物门类(包括无颌类脊椎动物)在寒武纪开始不久就已出现。

寒武系/寒武系 hánwǔxì/ㄏㄢˊ ㄨˇ ㄒㄧˋ

Cambrian System

【地】古生界的第一个系。是寒武纪时期形成的地层。

寒邪/寒邪 hánxié/ㄏㄢˊ ㄒㄧㄝˊ

cold pathogen

【中医】六淫之一。寒为阴邪,易伤阳气,具有寒冷、凝滞、收引主痛等特性。寒邪袭表可见恶寒,发热,无汗,头身疼痛;寒邪入里可见脘腹冷痛,呕吐,泄泻等。

寒战/颤抖 hánzhàn/ㄓㄢˋ ㄉㄡˇ

shivering

【医】在高热开始时全身发冷和颤抖的症状。多见于急性高热性疾病、急性全身性感染、药物热、输液反应等。

寒证/寒證 hánzhèng/ㄏㄢˊ ㄓㄥˋ

cold syndrome

【中医】中医证候之一。寒邪侵袭,或阳虚阴盛所致,以恶寒,或畏寒,肢冷喜暖,口淡不渴,面白踡卧,分泌物、排泄物清稀,舌淡苔白,脉紧或迟等为常见症。

汉白玉/漢白玉 hànbáiyù/ㄏㄢˋ ㄅㄞˊ ㄩˋ

white marble

【地】白色或灰白色的大理岩。主要成分为方解石和白云石。基本不溶于水。是名贵的建筑材料和雕刻用材。

汗布/汗布 hànbù/ㄏㄢˋ ㄅㄨˋ

undershirt cloth

【纺】一种薄型针织物。通常用纯棉或混纺纱线织成。布面光洁,纹路清晰,质地细密,手感滑爽,具有较好的延伸性,且横向比纵向延伸性大,吸湿性与透气性较好。适用于裁缝各种款式的汗衫和背心。

汗孔 hànkǒng/ㄏㄢˋ ㄎㄨㄥˇ

【中医】即"玄府"(1289 页)。

汗证/汗證 hànzhèng/ㄏㄢˋ ㄓㄥˋ

sweating disease, * sweating pattern

【中医】中医内科疾病之一。症见全身或局部非正常出汗。不因外界环境因素的影响而白昼时时汗出,动则益甚者,为"自汗";寐中汗出,醒来自止者,为"盗汗";发于病危时,大汗淋漓或汗出如油,伴肢冷息微者,为"脱汗";汗出色黄染衣着色者,为"黄汗";发生于急性热病过程中突然全身恶寒战栗,继而汗出,为"战汗"。以自汗、盗汗为多见。汗证以虚者居多,自汗多属气虚不固,盗汗多属阴虚内热。而因肝火、湿热等邪热郁蒸所致者,则属实证。虚证治宜益气、养阴、补血、调和营卫;实证治宜清肝泄热,化湿和营。

旱荷花 hànhéhuā/ㄏㄢˋ ㄏㄜˊ ㄏㄨㄚ

【植】即"旱金莲"(472 页)。

旱金莲/旱金蓮 hànjīnlián/ㄏㄢˋ ㄐㄧㄣ ㄌㄧㄢˊ

garden nasturtium

【植】*Tropaeolum majus* 又称"旱荷花"。旱金莲科旱金莲属。一年生肉质草本植物。叶互生,有长柄,叶片圆形,盾状,形似荷叶,边缘波浪形。花腋生,花梗长,花瓣五枚,圆形,边缘有缺刻,有黄、红、橙、紫、乳白等颜色或杂色。花期 6—10 月份。在中国,河北、江苏、福建、江西、广东、广西、云南、贵州、四川、西藏等地有栽培。观赏花卉。

旱芹/芹菜 hànqín/ㄑㄧㄣˊ ㄘㄞˋ

celery

【植】*Apium graveolens* 又称"芹菜"。伞形科芹属。二至多年生草本植物。有浓香。茎直立,光滑,有棱和槽。基生叶叶柄长,基部扩大成叶鞘,叶片长圆形,深三裂,裂片近菱形,边缘有齿,叶脉隆起;上部茎生叶叶柄短,叶片阔三角形,分裂成三小叶。复伞形花序顶生,花白色或黄绿色。花期 4—7 月份。在中国,分布于各地。可作蔬菜。

旱生植物/旱生植物

hànshēng zhíwù/ㄏㄢˋ ㄕㄥ ㄓˊ ㄨˋ

xerophyte

【植】在干旱的环境中生长,能忍受较长时间干旱的植物。主要分布在干热草原和荒漠地区。

旱獭/土撥鼠 hàntǎ/ㄊㄨˇ ㄅㄛ ㄕㄨˇ

marmot

【动】*Marmota bobak* 又称"土拨鼠"。哺乳动

物名。啮齿目松鼠科。体粗壮,体长约50厘米,头阔而短,耳小而圆,四肢短而强,前肢的爪特别发达,尾短。体背通常土黄色,杂以褐色,腹面黄褐色。生活在草原、旷野、岩石和高原地带,穴居、群栖,有冬眠的习性。以植物为食。是鼠疫、布氏杆菌病和兔热病的传播者。

旱 獭

焊机/焊機

hànjī/ㄏㄢˋ ㄐㄧ

welding machine

【机】能为完成焊接过程提供所需能源和运动(包括焊丝、焊炬运动及控制系统)的设备。常用的有电焊机(弧焊机、电渣焊机、电阻焊机等)和激光焊机、等离子弧焊机等。

焊剂/焊劑 hànjì/ㄏㄢˋ ㄐㄧˋ

flux

【机】又称"焊药"。焊接时用的粒状、粉状或糊状的物质。能清除金属工件焊接部分表面的杂质,避免氧化和氮、氢侵入,并改善焊缝金属的化学成分和力学性能。可分为埋弧焊剂、硬钎焊钎剂和软钎焊钎剂等。

焊接/焊接 hànjiē/ㄏㄢˋ ㄐㄧㄝ

welding

【机】通过加热或加压,或两者并用,也可能用填充材料,使工件实现连接的方法。通常按实现金属原子间结合方式不同,分为熔焊、压焊和钎焊三类;按所用电源不同,也可分为电弧焊、电渣焊、气焊、等离子焊、电子束焊、激光焊等。

📖 焊接与铆接、螺纹连接等金属连接方法相比,节约金属材料,生产率高,能保持水密和气密等。广泛用于船舶、锅炉、车辆、飞机和其他金属结构或机器零件的制造。非金属材料(如塑料、玻璃等)也可用焊接方法连接。

焊接变形/焊接變形

hànjiē biànxíng/ㄏㄢˋ ㄐㄧㄝ ㄅㄧㄢˋ ㄒㄧㄥˊ

welding distortion, welding deformation

【机】构件焊接后相对于焊接前的尺寸形状变化。通常指焊后的残留变形。主要由焊接时不均匀加热膨胀及随后冷却收缩造成。可分为纵向及横向收缩变形、错边变形、角变形、挠曲变形、螺旋变形、波浪变形等。

焊接机器人/焊接機器人

hànjiē jīqìrén/ㄏㄢˋ ㄐㄧㄝ ㄐㄧ ㄑㄧˋ ㄖㄣˊ

welding robot

【机】工业机器人的一种。具有三个或三个以上可自由编程的轴,能将焊接工具按要求送到预定空间位置,按要求轨迹及速度移动。由机器人和焊接装备组成。可分为弧焊机器人、激光焊接机器人、点焊机器人等。

焊接夹具/焊接夾具

hànjiē jiājù/ㄏㄢˋ ㄐㄧㄝ ㄐㄧㄚˊ ㄐㄩˋ

welding fixture

【机】夹具的一种。在焊接过程中用以保证焊件尺寸,提高装配精度和效率,防止焊接变形。

焊接坡口/焊接坡口

hànjiē pōkǒu/ㄏㄢˋ ㄐㄧㄝ ㄆㄛ ㄎㄡˇ

welding groove

【机】根据设计或工艺需要,在焊件的待焊部位,用机械加工或气割等方法加工出具有一定几何形状的沟槽。其作用主要是保证工件焊透。

焊接缺陷/焊接缺陷

hànjiē quēxiàn/ㄏㄢˋ ㄐㄧㄝ ㄑㄩㄝ ㄒㄧㄢˋ

weld defects

【机】焊接过程中,焊接接头出现的各种影响焊接质量的缺陷。常见的有裂纹、气孔、夹渣、未焊透、咬边、焊瘤、烧穿等。

焊炬/焊炬 hànjù/ㄏㄢˋ ㄐㄩˋ

welding torch

【机】又称"焊枪",台湾又称"氣焊炬"。❶气焊操作的主要工具。形状略像枪。以氧气和中低压乙炔作为热源,焊接或预热金属件。❷用其他热源焊接金属时直接发生焊接热能的工具。如等离子焊炬、氩弧焊炬、二氧化碳焊炬等。

焊枪 hànqiāng/ㄏㄢˋ ㄑㄧㄤ

【机】即"焊炬"(473页)。

焊丝/熔接金屬線

hànsī/ㄖㄨㄥˊ ㄐㄧㄝ ㄐㄧㄣ ㄕㄨˇ ㄒㄧㄢˋ

welding wire

【机】焊接时被电弧、气体火焰或其他焊接热源所熔化，用以填满金属连接处的金属丝。自动电弧焊、半自动电弧焊及电渣焊常用成盘的长焊丝，手工焊接（如气焊、碳弧焊等）常用截成一定长度的焊丝。还用作焊条的金属芯。

焊条/包覆電熔接條

hàntiáo/ㄅㄠ ㄈㄨˋ ㄉㄧㄢˋ ㄖㄨㄥˊ ㄐㄧㄝ ㄊㄧㄠˊ

covered electrode

【机】手工电弧焊接时，用来导电并产生电弧的金属电极。用经过矫直后切断的金属焊丝作芯子，外涂一层药皮制成。药皮的作用是稳定电焊，并在电弧高温下造成保护性气体和熔渣，以保护连接处的高温金属免受空气的有害作用，改善焊缝的化学成分和力学性能等。

焊药 hànyào/ㄏㄢˋ ㄧㄠˋ

【机】即“焊剂”（473 页）。

hang （ㄏㄤ）

行列式/行列式 hánglièshì/ㄏㄤˊ ㄌㄧㄝˋ ㄕˋ

determinant

【数】由 n^2 个数 a_{ij}（$i=1,2,\cdots,n$；$j=1,2,\cdots,n$）排成的 n 行 n 列的式子

$$D=\begin{vmatrix} a_{11} & a_{12} & \cdots & a_{1n} \\ a_{21} & a_{22} & \cdots & a_{2n} \\ \cdots & \cdots & \cdots & \cdots \\ a_{n1} & a_{n2} & \cdots & a_{nn} \end{vmatrix}$$

，叫作 n 阶行列式，简记为 $|a_{ij}|$ 或 $\det(a_{ij})$。组成 D 的数叫作 D 的元素。D 中从左上角的 a_{11} 到右下角的 a_{nn} 的对角线，叫作主对角线；从右上角的 a_{1n} 到左下角的 a_{n1} 的对角线，叫作副对角线。D 的值等于每行每列各取一个元素相乘得到的所有 $n!$ 个乘积的代数和，即 $D=\sum\tau(j_1 j_2\cdots j_n)\cdot a_{1j_1}a_{2j_2}\cdots a_{nj_n}$，其中 $j_1 j_2\cdots j_n$ 为 $1,2,\cdots,n$ 的一个排列，当 $j_1 j_2\cdots j_n$ 中前面的数大于后面的数的情形有奇数个时，$\tau(j_1 j_2\cdots j_n)=-1$；当 $j_1 j_2\cdots j_n$ 中前面的数大于后面的数的情形有偶数个时，$\tau(j_1 j_2\cdots j_n)=1$。例如，二阶行列式

$$\begin{vmatrix} a_{11} & a_{12} \\ a_{21} & a_{22} \end{vmatrix}=a_{11}a_{22}-a_{12}a_{21}$$

，三阶行列式

$$\begin{vmatrix} a_{11} & a_{12} & a_{13} \\ a_{21} & a_{22} & a_{23} \\ a_{31} & a_{32} & a_{33} \end{vmatrix}=a_{11}a_{22}a_{33}+a_{12}a_{23}a_{31}+a_{13}a_{21}a_{32}-a_{13}a_{22}a_{31}-a_{11}a_{23}a_{32}-a_{12}a_{21}a_{33}$$

。

杭州湾/杭州灣

Hángzhōu Wān/ㄏㄤˊ ㄓㄡ ㄨㄢ

Hangzhou Gulf

【地】海湾名。位于浙江东北部及上海东南。有钱塘江注入，湾口宽约 100 千米，自口外向口内渐狭窄，呈喇叭形。海湾北侧金山卫至乍浦一带沿岸海底有一巨大的冲刷槽，最深达 40 米。潮汐能丰富，以钱塘潮著名。

航标/導航設備

hángbiāo/ㄉㄠˇ ㄏㄤˊ ㄕㄜˋ ㄅㄟˋ

navigation aids, aids to navigation

【船】全称“航行标志”“人为的助航标志”。用以提供船舶定位、导航，指示碍航物，表示警告和其他专门用途而设置的人工标志。通常设置在通航水域及其附近水上或陆上，标示航道、锚地、浅滩、碍航物等，或作为定位、转向、测速及校正罗经等标志。也用于传送信号，标示水深，预告风情，指引狭窄水道交通和标示定线通航制等。

航弹 hángdàn/ㄏㄤˊ ㄉㄢˋ

【军】“航空炸弹”的简称。

航弹探测器/航彈探測器

hángdàn tàncèqì/ㄏㄤˊ ㄉㄢˋ ㄊㄢˋ ㄘㄜˋ ㄑㄧˋ

aerial bomb detector

【军】用于探测侵彻地下（水中）较深的未爆航空炸弹和其他弹药的工程侦察装备。由探棒（头）、探杆、控制盒、显示装置（表头和耳机）、连接电缆和电源盒等组成。通常为单兵使用，使用时的总重多不大于 8 千克。

航道/航道 hángdào/ㄏㄤˊ ㄉㄠˋ

channel

【船】在江河、湖泊、海湾等水域内，具有一定水深、宽度、净空高度，能供船舶安全航行的通道。通常设有助航标志等导航设备。可分为海上航道、内河船道、岛礁区航道等。

航海 ㄏㄤˊ ㄏㄞˇ/hánghǎi

navigation, sailing, shipping

【船】台湾名。即“船舶航行”（147 页）。

航海曆 ㄏㄤˊ ㄏㄞˇ ㄌㄧˋ/hánghǎilì

nautical almanac

【船】台湾名。即“航海天文历”（475 页）。

航海模型/航海模型
hánghǎi móxíng/ㄏㄤˊ ㄏㄞˇ ㄇㄛˊ ㄒㄧㄥˊ
model for nautical sports
【船】用于航海体育活动的各种模型的统称。包括船舶模型、船用动力装置模型、海军武器模型、港口模型、船坞模型、船厂模型等。应用最多的是船舶模型。

航海气象学/航海氣象學
hánghǎi qìxiàngxué/ㄏㄤˊ ㄏㄞˇ ㄑㄧˋ ㄒㄧㄤˋ ㄒㄩㄝˊ
navigational meteorology
【气】应用气象学的一个分支。研究影响船舶航行的气象条件的形成、变化规律,以及与气象关系密切的海洋水文条件对航海和船舶驾驶的影响和应用等。

航海區域
ㄏㄤˊ ㄏㄞˇ ㄑㄩ ㄩˋ/hánghǎi qūyù
navigation area
【船】台湾名。即“航区”(478 页)。

航海日志/航海日誌
hánghǎi rìzhì/ㄏㄤˊ ㄏㄞˇ ㄖˋ ㄓˋ
log book
【船】又称“航行日记”。船舶上记载航行过程和有关情况的主要文书。供分析航行经历,积累航海资料及总结航海经验用。在发生海事时,可作为法律上审理案件的有效原始记录。

航海天文历/航海曆
hánghǎi tiānwénlì/ㄏㄤˊ ㄏㄞˇ ㄌㄧˋ
nautical almanac
【船】供航海人员对船舶进行天体定位和计算日月出没时间的专用历书。

航海学/航海學
hánghǎixué/ㄏㄤˊ ㄏㄞˇ ㄒㄩㄝˊ
marine navigation
【船】研究船舶在海上安全、准确、迅速、经济地航行的学科。研究内容主要包括航线设计、船位确定和航行方法。按应用范畴不同,可分为运输航海学、渔业航海学、海洋科学考察航海学和军事航海学等;按其定位、导航方法不同,可分为地文航海学、天文航海学和电子航海学。

航海仪器/航海儀器
hánghǎi yíqì/ㄏㄤˊ ㄏㄞˇ ㄧˊ ㄑㄧˋ
nautical instrument, navigational instrument
【机】海洋仪器的一类。用于确定船位和保证船舶安全航行。多指航行定位仪器,包括航迹推算仪器、陆标定位仪器、天文定位仪器和无线电定位仪器等。

航徽/航徽 hánghuī/ㄏㄤˊ ㄏㄨㄟ
emblem of an airline
【航】又称“机徽”。从事航空运营活动企业的文化标识、符号和代码。标识通常以鸟类的变形图腾绘制于机身或机尾,寓意运营企业文化精神和期望,如中国航空公司的标识为凤凰等;符号、代码表示机组的所属及序列编号。

航迹/航跡 hángjì/ㄏㄤˊ ㄐㄧ
track
㊀【航】航空器航行中在地面投影点的移动轨迹。㊁【航】船舶航行时在水平面内的投影。

航迹绘算/海圖作業
hángjì huìsuàn/ㄏㄞˇ ㄊㄨˊ ㄗㄨㄛˋ ㄧㄝˋ
chart work, track plotting
【船】又称“海图作业”。广义上指在海图上所进行的一切绘画、计算和分析工作。狭义上指通过图解方法在海上所进行的航迹推算工作,即航迹绘算。

航空/航空 hángkōng/ㄏㄤˊ ㄎㄨㄥ
aviation
【航】利用载人或不载人的飞行器在地球大气层内进行的飞行,以及与空中飞行相关的活动。

航空播種
ㄏㄤˊ ㄎㄨㄥ ㄅㄛ ㄓㄨㄥˇ/hángkōng bōzhǒng
aerial seeding
【农】台湾名。即“飞播”(328 页)。

航空测控装备/航空測控裝備
hángkōng cèkòng zhuāngbèi/ㄏㄤˊ ㄎㄨㄥ ㄘㄜˋ ㄎㄨㄥˋ ㄓㄨㄤ ㄅㄟˋ
aviation measurement and control equipment
【军】对航空器进行跟踪、测量、控制和信息传输的飞行器测控装备。用于对航空器的飞行状态和设备状态的监视和操纵,以及任务载荷传感器信息的传输和处理。主要包括无人机测控系统、多目标无人机测控系统、无人机中继测控系统、气球测控系统、航空器任务载荷测控系统、航空飞行试验测量系统等。

航空地图/航空地圖

hángkōng dìtú/ㄏㄤˊ ㄎㄨㄥ ㄉㄧˋ ㄊㄨˊ

aeronautical chart

【航】简称"航图"。专供航空器领航及飞行有关人员使用的专用地图,即以飞行需求标准和规定、限制以及相关数据,按照一定比例绘制成的地球表面的地形、地物图。是飞行领航识别方向、地标,确定飞机位置,保障安全准确飞行的重要工具。分为航空地形图和特种航图两大类。

航空港/航空站

hángkōnggǎng/ㄏㄤˊ ㄎㄨㄥ ㄓㄢˋ

airport

【航】又称"空港"。规模较大,设施比较完善的民航运输机场。通常由飞行区、客货运输服务区和后勤保障区三部分组成,接纳和转运航空旅客和货物,提供航空器的停场周转、燃料加注补给和维护、修理,并可及时通报飞行气象保障。

航空航天/航空太空

hángkōng hángtiān/ㄏㄤˊ ㄎㄨㄥ ㄊㄞˋ ㄎㄨㄥ

aerospace

【航】利用飞行器在地球大气层和外层空间(太空)进行的飞行,以及与空间观测探测、试验研究、开发利用相关的活动。

航空航天飞机

hángkōng hángtiān fēijī/

ㄏㄤˊ ㄎㄨㄥ ㄏㄤˊ ㄊㄧㄢ ㄈㄟ ㄐㄧ

【航】即"空天飞机"(692 页)。

航空机关炮/航空機關炮

hángkōng jīguānpào/

ㄏㄤˊ ㄎㄨㄥ ㄐㄧ ㄍㄨㄢ ㄆㄠˋ

aircraft gun

【军】简称"航炮"。装在飞机或直升机上的口径在 20 毫米及以上的自动射击武器。口径多为 20～30 毫米,最大射程约2000米。同地面火炮相比,射速高,结构紧凑,重量轻。可分为气退式航炮、管退式航炮、转管式航炮和转膛式航炮。

航空机关枪/航空機關槍

hángkōng jīguānqiāng/

ㄏㄤˊ ㄎㄨㄥ ㄐㄧ ㄍㄨㄢ ㄑㄧㄤ

aerial machine gun

【军】装在飞机或直升机上的口径小于 20 毫米的机枪。多用于武装直升机,可击毁空中目标,也可用于杀伤地面集群有生目标和攻击轻型装甲车辆等。按结构不同,可分为单管式航空机关枪、转膛式航空机关枪和转管式航空机关枪;按安装方式不同,可分为固定安装于机身内和安装在机体外吊舱内两种。

航空救生设备/航空救生設備

hángkōng jiùshēng shèbèi/

ㄏㄤˊ ㄎㄨㄥ ㄐㄧㄡˋ ㄕㄥ ㄕㄜˋ ㄅㄟˋ

aviation rescure system, escape system

【军】又称"逃生系统""应急离机设备"。航空器飞行中发生紧急情况时,乘员用以离开航空器并安全救生的保障系统。包括降落伞、弹射座椅、密闭救生装置和牵引救生装置等。

航空模型/航空模型

hángkōng móxíng/ㄏㄤˊ ㄎㄨㄥ ㄇㄛˊ ㄒㄧㄥˊ

aeromodel

【航】简称"航模"。供教学训练、运动娱乐用的小型不载人航空器。按种类不同,可分为模型飞机、模型直升机和像真模型飞机(按真实飞机比例缩小而制作的航空器);按控制方式不同,可分自由飞行、线操纵圆周飞行和无线电遥控模型飞机。

航空母舰/航空母艦

hángkōng mǔjiàn/ㄏㄤˊ ㄎㄨㄥ ㄇㄨˇ ㄐㄧㄢˋ

aircraft carrier

【军】简称"航母"。以舰载机为主要战斗装备,并为其提供海上活动基地的大型水面战斗舰艇。主要用于攻击水面舰船和潜艇,打击陆上目标、沿海基地和港口设施,夺取作战海区的制空权、制海权、制电磁权,支援登陆作战等。通常以一艘或多艘航母为核心,与水面战斗舰艇、攻击型核潜艇和补给舰船等组成航母编队(航母战斗群)执行任务。综合作战能力强,攻防兼备,航海性能和适航性好,续航力大。按排水量不同,可分为大型、中型和小型航空母舰;按动力来源不同,可分为常规蒸汽动力、燃气动力和核动力航空母舰。是国家综合国力的象征，国家海上力量的核心之一。

航空炮弹/航空炮彈
hángkōng pàodàn/ㄏㄤˊ ㄎㄨㄥ ㄆㄠˋ ㄉㄢˋ
aerial shell
【军】航空机关炮所使用的弹药。由弹丸(含引信)、发射药、弹壳(药筒)及底火等组成。发射时，底火点燃发射药，产生高压火药气体，推弹丸沿炮膛向前运动，在炮口处得到很高的初速后飞向目标。在一定条件下(触发，定时、定距等)引信引爆弹丸内的炸药，毁伤目标。

航空气球/航空氣球
hángkōng qìqiú/ㄏㄤˊ ㄎㄨㄥ ㄑㄧˋ ㄑㄧㄡˊ
aviation balloon
【军】无推进装置，主要靠空气浮力升空的航空器。由气囊、载吊装置和飞行操纵设备等组成。用于侦察、通信、科研和航空体育等。可分为热航空气球、氢航空气球和氦航空气球。

航空气象保障/航空氣象保障
hángkōng qìxiàng bǎozhàng/
ㄏㄤˊ ㄎㄨㄥ ㄑㄧˋ ㄒㄧㄤˋ ㄅㄠˇ ㄓㄤˋ
aviation meteorological support
【气】为航空活动提供所需要的气象信息及提出趋利避害等综合措施的过程。

航空气象学/航空氣象學
hángkōng qìxiàngxué/
ㄏㄤˊ ㄎㄨㄥ ㄑㄧˋ ㄒㄧㄤˋ ㄒㄩㄝˊ
aeronautical meteorology
【气】应用气象学的一个分支。研究气象条件对航空活动和航空技术装备的影响、如何实施航空气象保障及航天飞行器在地球大气层中飞行时的气象问题等。

航空器/航空器
hángkōngqì/ㄏㄤˊ ㄎㄨㄥ ㄑㄧˋ
aerial vehicle, aircraft
【军】主要依靠空气浮力或气动升力升空，仅能在大气层中飞行的飞行器。分为空气浮力航空器(如气球、飞艇)和气动升力航空器(如飞机、滑翔机、直升机等)。前者轻于同体积空气重量，靠空气静浮力升空；后者重于同体积空气重量，靠空气动力平衡飞行器自身重力升空。

航空摄影/航空攝影
hángkōng shèyǐng/ㄏㄤˊ ㄎㄨㄥ ㄕㄜˋ ㄧㄥˇ
aerial photography
【测绘】简称“航摄”。按照测量规范或其他拍摄工作计划，利用专用飞机安装专业拍摄照片的装置，从空中对地球表面进行拍摄的工作。主要工作成果是地面的数字图像或传统的胶片照片。受天气、空中管制的影响较大。

航空摄影测量/航空攝影測量學
hángkōng shèyǐng cèliáng/
ㄏㄤˊ ㄎㄨㄥ ㄕㄜˋ ㄧㄥˇ ㄘㄜˋ ㄌㄧㄤˊ ㄒㄩㄝˊ
aerial photogrammetry, aerophotogrammetry
【测绘】利用航空摄影的成果，结合地面测量控制点、野外调查、空中三角测量、卫星定位数据等测量资料进行测绘。是大范围获取地形图的重要手段。

航空攝影測量學
ㄏㄤˊ ㄎㄨㄥ ㄕㄜˋ ㄧㄥˇ ㄘㄜˋ ㄌㄧㄤˊ ㄒㄩㄝˊ/
hángkōng shèyǐng cèliángxué
aerial photogrammetry, aerophotogrammetry
【测绘】台湾名。即“航空摄影测量”(477页)。

航空声呐/空載聲納
hángkōng shēngnà/ㄎㄨㄥ ㄗㄞˋ ㄕㄥ ㄋㄚˋ
airborne sonar
【军】又称“机载声呐”。反潜直升机和反潜巡逻机的主要反潜探测设备。用于搜索、识别和跟踪潜艇，保障机载反潜武器的使用或引导其他反潜兵力实施对潜攻击。可分为吊放式声呐、拖曳式声呐和声呐浮标系统。

航空食品/航空食品
hángkōng shípǐn/ㄏㄤˊ ㄎㄨㄥ ㄕˊ ㄆㄧㄣˇ
inflight meal
【轻】由航空公司提供的旅客在飞行途中食用的食品。通常由定点食品厂专门生产，包括即食型方便饭菜、汉堡包、三明治、饮料、糕点、小吃食品和调味品等。

航空太空
ㄏㄤˊ ㄎㄨㄥ ㄊㄞˋ ㄎㄨㄥ/hángkōng tàikōng
aerospace
【航】台湾名。即“航空航天”(476页)。

H

航空遥感/空載遥感探測
hángkōng yáogǎn/ㄎㄨㄥ ㄗㄞˋ ㄧㄠˊ ㄍㄢˇ ㄊㄢˋ ㄘㄜˋ
airborne remote sensing
【测绘】用航空器(飞机、气球、飞艇等)装载对地遥感器材进行观测。获取遥感资料后,还需数据分析处理,结合其他测绘资料才能得到正式的测绘成果。

航空运输/空中運輸
hángkōng yùnshū/ㄎㄨㄥ ㄓㄨㄥ ㄩㄣˋ ㄕㄨ
air transport
【交】以飞机等航空器为运输工具,运送人员、货物的运输方式。具有快速、机动、安全等特点。

航空炸弹/空用炸彈
hángkōng zhàdàn/ㄎㄨㄥ ㄩㄥˋ ㄓㄚˋ ㄉㄢˋ
aerial bomb
【军】简称"航弹"。由飞机或其他航空器投掷的无航行动力的爆炸性弹药。是轰炸机和歼击轰炸机的主要弹药。毁伤威力大。用于消灭敌方有生力量,摧毁技术兵器、军事设施、交通枢纽和其他军事、非军事目标。

航空站
hángkōngzhàn/ㄏㄤˊ ㄎㄨㄥ ㄓㄢˋ
❶terminal area,❷airport
【航】❶即"航站区"(482 页)。❷在台湾,航空站也指"航空港"(476 页)。

航空侦察吊舱/航空偵察吊艙
hángkōng zhēnchá diàocāng/ㄏㄤˊ ㄎㄨㄥ ㄓㄣ ㄔㄚˊ ㄉㄧㄠˋ ㄘㄤ
aerial reconnaissance pod
【军】悬挂在航空器外部,内装侦察设备,用以执行航空侦察任务的装置。舱体外形通常近圆柱体,前后端有圆锥形整流罩,具有良好的气动外形。通用性强,适配于多种航空器;可根据不同的侦察任务,采用不同的设备组合方案。分为可见光成像侦察吊舱、红外成像侦察吊舱、微波成像侦察吊舱、电子侦察吊舱和组合式侦察吊舱。

航模 hángmó/ㄏㄤˊ ㄇㄛˊ
【航】"航空模型"的简称。

航母 ㄏㄤˊ ㄇㄨˇ/hángmǔ
【军】"航空母舰"的简称。

航炮 hángpào/ㄏㄤˊ ㄆㄠˋ
【军】"航空机关炮"的简称。

航区/航海區域
hángqū/ㄏㄤˊ ㄏㄞˇ ㄑㄩ ㄩˋ
navigation area
【船】"船舶航行水域"的统称。为保障安全航行,验船机构根据水文、气象、遮蔽条件,将航行的水域划分若干类航区。中国验船部门将海上航区分为三个等级(三类):Ⅰ类航区,指无限航区;Ⅱ类航区,通常指离海岸不超过200 海里的航区;Ⅲ类航区,通常指离岸不超过 20 海里的航区。中国内河航区也分为三个等级;A 级航区,指大河流的下游;B 级航区,指较大湖泊,大河流的中游及某些中等河流的下游;C 级航区,指大河流的上游及其支流,以及其他小河流和小型湖泊。

航摄 hángshè/ㄏㄤˊ ㄕㄜˋ
【测绘】"航空摄影"的简称。

航摄像片/航攝像片
hángshè xiàngpiàn/ㄏㄤˊ ㄕㄜˋ ㄒㄧㄤˋ ㄆㄧㄢˋ
aerial photograph
【测绘】航空摄影所获取的图像。过去常用光学感光胶片拍摄,现在多用数字成像设备直接取得数字图像,按数字成像的电磁波波段不同,可分为可见光像片、红外像片和多光谱像片等。

📖 测绘专业技术中不使用生活中的"相片"一词,而用"像片",表示物体成像的意思。

航速/航速 hángsù/ㄏㄤˊ ㄙㄨˋ
ship speed
【船】船舶航行的速度,即船舶在风、浪、流等影响下单位时间内实际航行的距离,或相对于周围水或地的速度。通常指对周围水的速度。航速与船速不同,船舶顺流或逆流航行时,尽管船速相同,但顺流时航速等于船速加流速,逆流时航速等于船速减流速。

航太測控裝備
ㄏㄤˊ ㄊㄞˋ ㄘㄜˋ ㄎㄨㄥˋ ㄓㄨㄤ ㄅㄟˋ/
hángtài cèkòng zhuāngbèi
space tracking, telemetry and command equipment
【军】台湾名。即"航天测控装备"(479 页)。

航太發射場
ㄏㄤˊ ㄊㄞˋ ㄈㄚ ㄕㄜˋ ㄔㄤˇ/
hángtài fāshèchǎng
space launching site
【航】台湾名。即“航天发射场”(479 页)。

航太雷達
ㄏㄤˊ ㄊㄞˋ ㄌㄟˊ ㄉㄚˊ/
hángtài léidá
space-based radar
【军】台湾名。即“航天雷达”(479 页)。

航太學 ㄏㄤˊ ㄊㄞˋ ㄒㄩㄝˊ/hángtàixué
astronautics
【航】台湾名。即“航天学”(480 页)。

航天/太空飛行
hángtiān/ㄊㄞˋ ㄎㄨㄥ ㄈㄟ ㄒㄧㄥˊ
space flight
【航】指人类在太阳系内的航行活动。通常指人类以宇宙速度为基础所开展的空间研究探索、开发和利用地球以外天体的一切活动。

航天测控装备/航太測控裝備
hángtiān cèkòng zhuāngbèi/
ㄏㄤˊ ㄊㄞˋ ㄘㄜˋ ㄎㄨㄥˋ ㄓㄨㄤ ㄅㄟˋ
space tracking, telemetry and command equipment
【军】对航天器的运行轨道、姿态、工作状态、工作参数进行跟踪、测量、控制,以及进行天地间话音、电视和数据传输的飞行器测控装备。是航天系统的重要组成部分,任务是保障航天器能按预定的轨道和计划运行,并完成规定的任务。

航天发射场/航太發射場
hángtiān fāshèchǎng/
ㄏㄤˊ ㄊㄞˋ ㄈㄚ ㄕㄜˋ ㄔㄤˇ
space launching site
【航】运载火箭及航天飞机的发射区域。是能完成航天运载器、航天器、航天有效载荷和航天员系统的测试、组装和发射全部工作的特定场区,具有装配、储存、检测航天器与航天运载器、飞行轨道测量、控制指令发送、接受和遥测信息处理的整套设施和设备。

航天飞机/太空梭
hángtiān fēijī/ㄊㄞˋ ㄎㄨㄥ ㄙㄨㄛ
space shuttle
【航】可垂直起飞、水平降落、部分或完全可重复使用的近地轨道有翼航天飞行器。美国有“哥伦比亚号”“挑战者”“发现号”和“亚特兰蒂斯号”等;苏联有“暴风雪号”。

航天服/太空衣
hángtiānfú/ㄊㄞˋ ㄎㄨㄥ ㄧ
space suit
【航】又称“宇航服”。航天员在航天活动中穿着的个体防护救生服。分为服装本体、头盔、手套及靴四部分,各部分通过金属紧固器连接。主要功能是进行必要的加压、补氧,防止高真空、低压对身体的危害,同时有防止高低温、速压、微流星和多种辐射的作用。

航天机器人/太空機器人
hángtiān jīqìrén/ㄊㄞˋ ㄎㄨㄥ ㄐㄧ ㄑㄧˋ ㄖㄣˊ
space robot
【航】又称“空间机器人”。能适应空间环境以及其他星球表面进行作业的智能化装置。是能在航天器上或出舱进入空间,乃至其他星球从事空间行走维护、取样作业、研究试验的智能机电系统;空间机器人涉及空间环境、空间机械、空间电子、空间光学、空间计算机、空间动力学、空间控制学、空间信息采集、空间环境下的通信等,是跨学科高技术装置。

航天雷达/航太雷達
hángtiān léidá/ㄏㄤˊ ㄊㄞˋ ㄌㄟˊ ㄉㄚˊ
space-based radar
【军】又称“天基雷达”“星载雷达”。装载在航天器上的雷达。主要用于对地球和其他星体的探测,航天器之间的交会对接,对空中、海上和外层空间活动目标的监视等。

航天器/太空船
hángtiānqì/ㄊㄞˋ ㄎㄨㄥ ㄔㄨㄢˊ
spacecraft
【航】又称“空间飞行器”“太空飞行器”。按照天体力学规律,在地球大气层外按指令运行,执行探索、开发、利用太空和天体等特定任务的各类飞行器。有载人航天器(载人飞船、航天飞机和空间站)和无人航天器(飞船、航天飞机、人造卫星和空间探测器)。

H

航天器变轨飞行/太空船變軌飛行
hángtiānqì biànguǐ fēixíng/
ㄊㄞˋ ㄎㄨㄥ ㄔㄨㄢˊ ㄅㄧㄢˋ ㄍㄨㄟˇ ㄈㄟ ㄒㄧㄥˊ
spacecraft orbit transfer flight
【航】航天器有目的地改变原来轨道或保持轨道位置的飞行过程。按任务要求不同,可分为轨道转移、轨道交会和轨道拦截、轨道保持和轨道修正、离开轨道返回地球或在其他星球着陆、卫星的重新定位和改变轨道。

航天器轨道控制/太空船軌道控制
hángtiānqì guǐdào kòngzhì/
ㄊㄞˋ ㄎㄨㄥ ㄔㄨㄢˊ ㄍㄨㄟˇ ㄉㄠˋ ㄎㄨㄥˋ ㄓˋ
spacecraft orbit control
【航】根据空间飞行指令,对航天器施以外力,有目的地改变航天器质心运动轨迹的技术。可分为变轨控制、轨道机动、轨道保持、轨道交会和离轨返回控制。

航天器回收/太空船回收
hángtiānqì huíshōu/
ㄊㄞˋ ㄎㄨㄥ ㄔㄨㄢˊ ㄏㄨㄟˊ ㄕㄡ
spacecraft recovery
【航】航天器返回过程的最后着陆阶段,即航天返回器安全进入要求回收区,准确降落在预期回收着陆点的过程。
📖 为保证航天器回收,首先要进入回收轨道(通常高度约 10 千米),然后,航天返回器要离轨过渡,顺利通过大气层,安全进入要求回收区,展开回收装置,使航天返回舱以正确姿态准确降落在预期回收着陆点,成功实现回收。

航天器入轨轨道
hángtiānqì rùguǐ guǐdào/
ㄏㄤˊ ㄊㄧㄢ ㄑㄧˋ ㄖㄨˋ ㄍㄨㄟˇ ㄍㄨㄟˇ ㄉㄠˋ
【航】即"初始轨道"(139 页)。

航天器姿态确定/太空船姿態確定
hángtiānqì zītài quèdìng/
ㄊㄞˋ ㄎㄨㄥ ㄔㄨㄢˊ ㄗ ㄊㄞˋ ㄑㄩㄝˋ ㄉㄧㄥˋ
spacecraft attitude determination
【航】测量并确定航天器与预设基准参考坐标系方向关系的技术。通常分为确定航天器自旋轴在空间的方向、航天器本体坐标系在空间预设基准参考坐标系中的方向两种。

航天摄影/太空攝影
hángtiān shèyǐng/ㄊㄞˋ ㄎㄨㄥ ㄕㄜˋ ㄧㄥˇ
space photography
【航】利用航天器上的摄影或遥感设备,获取地球或其他星球的图像资料和有关数据的过程及技术。可分为光电成像和雷达成像两种。

航天摄影测量/太空航測術
hángtiān shèyǐng cèliáng/
ㄊㄞˋ ㄎㄨㄥ ㄏㄤˊ ㄘㄜˋ ㄕㄨˋ
space photogrammetry
【航】利用航天摄影图像和相关数据信息,经过图像处理、像片量测、地形测绘、地物测绘、地物判读、解析计算、数字处理等确定地面(或其他星球)点坐标所进行的测绘工作。

航天食品/太空食品
hángtiān shípǐn/ㄊㄞˋ ㄎㄨㄥ ㄕˊ ㄆㄧㄣˇ
space food
【轻】专供航天员在空间飞行中食用的食品。根据航天员在太空舱中生活的特殊环境,结合航天员的口味和消化吸收能力,以及特殊进食方式研制而成。食品符合卫生要求,富含优质蛋白质、钙和维生素 D,钙磷比例适宜。能为航天员提供充足的营养,保证其身体健康。方便进食,易于长期储存,包装在航天环境中不破碎。

航天睡袋/太空睡袋
hángtiān shuìdài/ㄊㄞˋ ㄎㄨㄥ ㄕㄨㄟˋ ㄉㄞˋ
space sleeping bag
【航】供航天员在空间航天器内睡眠休息使用的袋状卧具。

航天学/宇宙航行學
hángtiānxué/ㄩˇ ㄓㄡˋ ㄏㄤˊ ㄒㄧㄥˊ ㄒㄩㄝˊ
astronautics
【航】又称"宇宙航行学"。研究航天技术理论的学科。内容包括航天系统,特别是航天器和航天运输系统的设计、制造、试验、发射、运行、返回、测控、管理和使用等。

航天遥感/太空遥測
hángtiān yáogǎn/ㄊㄞˋ ㄎㄨㄥ ㄧㄠˊ ㄘㄜˋ
space remote sensing
【测绘】在地球大气层中间层以外的宇宙空间,以人造卫星、宇宙飞船、航天飞机等各类航天飞行器为运载工具,安置传感仪器获取遥感数据成果的测绘工作。为观测地球,探索月球、火星等太阳系星球,人类已经发射了众多的航天飞行器,搭载的航天遥感设备发回了大量的有用数据。遥感仪器的工作位置一般距离地面在100千米以上,运载工具的飞行不再依赖空气动力学原理。

航天医学/太空醫學
hángtiān yīxué/ㄊㄞˋ ㄎㄨㄥ ㄧ ㄒㄩㄝˊ
space medicine
【航】医学的一个分支。主要研究如何保证航天员在空间执行航天任务时的身心健康和工作效率。可分为航天实施医学、航天基础医学、航天心理学、航天员运动学、航天救生学、航天营养学和航天工效学等分支学科。

航天员/太空人
hángtiānyuán/ㄊㄞˋ ㄎㄨㄥ ㄖㄣˊ
astronaut
【航】个人的生理身心、智能素质、精神意志和工程技术综合能力,经过一定特殊训练,能适应航天各种特殊生存环境,具备航天相关知识技能,具有熟练航天特定飞行操作和特种航天试验任务执行资格,满足执行载人航天要求的专业人员。

航天员个人救生装备/太空人個人求生設備
hángtiānyuán gèrén jiùshēng zhuāngbèi/
ㄊㄞˋ ㄎㄨㄥ ㄖㄣˊ ㄍㄜˋ ㄖㄣˊ ㄑㄧㄡˊ ㄕㄥ ㄕㄜˋ ㄅㄟˋ
personal survival equipment for astronauts
【航】航天员个人自我救助用的器材、物品等装备。特指为保障航天员返回后,在特殊恶劣环境下自我救助用的器材、物品等装备,如信号联络器材(烟火管、海水染色剂、太阳反光镜、信号弹、闪光标位装置、救生电台、卫星定位仪、全球通电话等)、个人救生物品(救生艇、抗侵防寒服、驱鲨剂、生存刀、指北针、防风火柴、救生食品、饮用水、急救药箱等)和其他救生装备。

航天运载器/太空發射載具
hángtiān yùnzàiqì/
ㄊㄞˋ ㄎㄨㄥ ㄈㄚ ㄕㄜˋ ㄗㄞˋ ㄐㄩˋ
space launch vehicle
【航】把航天有效载荷从地面运送到空间预定轨道,或把有效载荷从空间轨道送到特定轨道、天体、带回地面的运载工具。包括一次性使用运载火箭、部分重复使用运载器和完全重复使用运载器等。

航天站 hángtiānzhàn/ㄏㄤˊ ㄊㄧㄢ ㄓㄢˋ
【航】即"空间站"(689页)。

航天助推器
hángtiān zhùtuīqì/ㄏㄤˊ ㄊㄧㄢ ㄓㄨˋ ㄊㄨㄟ ㄑㄧˋ
【航】即"助推器"(1478页)。

航天综合测量船
hángtiān zōnghé cèliángchuán/
ㄏㄤˊ ㄊㄧㄢ ㄗㄨㄥ ㄏㄜˊ ㄘㄜˋ ㄌㄧㄤˊ ㄔㄨㄢˊ
【船】即"导弹卫星跟踪测量船"(205页)。

航图 hángtú/ㄏㄤˊ ㄊㄨˊ
【航】"航空地图"的简称。

航线/航線 hángxiàn/ㄏㄤˊ ㄒㄧㄢˋ
㊀ route, ㊁ route, course
㊀【船】船舶由起航点至预定到达点的航行路线。按运输对象不同,可分为客运航线、货运航线和客货运输航线;按所经水域不同,可分为内河航线和海上航线;按运行组织方法不同,可分为直达航线和非直达航线等;按航行有效时间不同,可分为临时航线、季节性航线、固定航线、定期航线等。㊁【航】供航空器两地间飞行的特定高度空域,或从地球表面一点(起点)飞到另一点(终点)的预定的飞行路线。航线的开通、运行和保持,必须按照并服从国家和国际航空法的规定进行。有固定航线和临时航线、国际航线和国内航线、高空航线和中低空航线之分。

航向/航向 hángxiàng/ㄏㄤˊ ㄒㄧㄤˋ
㊀ course,㊁ heading
㊀【船】船舶航行的方向。以北为基准,顺时针量得的船首尾线与基准方向线之间的夹角。㊁【航】航空器纵轴在水平面内的指向。即航空器纵轴在水平面的投影相对于地理基准(经线)之间的夹角。用相对参考方向的顺时针夹角(航向角)表示。以真北、磁北、罗盘北和格网北为参考方向时,分别称为真航向、磁航向、罗航向、格网航向。

航向稳定性/航向穩定性
hángxiàng wěndìngxìng/
ㄏㄤˊ ㄒㄧㄤˋ ㄨㄣˇ ㄉㄧㄥˋ ㄒㄧㄥˋ
course stability
【船】"直线稳定性"的俗称。船舶在航行中受到轻微扰动作用而偏离其原始直线运动状

H

态，当扰动作用消失后，仍能沿直线运动的性能。如果仍能沿直线运动的称直线运动稳定；反之，则称直线运动不稳定。通常长而瘦、窄而深的船直线稳定性好，易于保持航向。

航行标志
hángxíng biāozhì/ㄏㄤˊ ㄒㄧㄥˊ ㄅㄧㄠ ㄓˋ
【船】“航标”的全称。

航行补给舰
hángxíng bǔjǐjiàn/ㄏㄤˊ ㄒㄧㄥˊ ㄅㄨˇ ㄐㄧˇ ㄐㄧㄢˋ
【军】即“补给舰”(82 页)。

航行日记 hángxíng rìjì/ㄏㄤˊ ㄒㄧㄥˊ ㄖˋ ㄐㄧˋ
【船】即“航海日志”(475 页)。

航站区/航站區
hángzhànqū/ㄏㄤˊ ㄓㄢˋ ㄑㄩ
terminal area
【航】又称“航空站”。规模较小的民航运输机场。是等级较低、设施较简单的办理航空客货运输业务和供旅客、货物地面运转的机场区。

颃颡/頏顙 hángsǎng/ㄏㄤˊ ㄙㄤˇ
nasopharynx
【中医】鼻咽部。咽的上部与鼻腔相通的部分，是人体与外界进行气体交换的必经通路。

hao (ㄏㄠ)

蒿/洋艾草 hāo/ㄧㄤˊ ㄞˋ ㄘㄠˇ
wormwood
【植】*Artemisia* 菊科蒿属。一至二年生草本植物。全株有浓香。茎直立，圆柱形，多分枝，质硬，易折断。叶互生，一至三回羽状分裂，边缘有齿，卷缩易碎。头状花序，数朵再排列成穗状花序、总状花序或复头状花序。花异型：边缘花雌性；中央花为盘花，两性，花柱先端二分叉，伸出花冠外并弯曲。在中国，分布于各地。野生植物。防风固沙先锋植物，有些种类可入药。
📖 蒿是蒿属植物的统称。中国有 186 种蒿属植物，分布于各地。

蒿子秆/蒿子稈 hāozigǎn/ㄏㄠ·ㄗ ㄍㄢˇ
annual oxeyedaisy
【植】*Chrysanthemum carinatum* 菊科茼蒿属。一至二年生草本植物。全株光滑，有香气。茎中下部叶倒圆形，二回羽状分裂。头状花序数个生于茎端，花黄色。花果期 6—8 月份。中国各地均有栽培。嫩茎叶可作蔬菜。

蚝 háo/ㄏㄠˊ
【动】即“牡蛎”(813 页)。

毫/毫 háo/ㄏㄠˊ
milli
【计量】用于构成十进分数单位的词头，相当于10^{-3}，符号 m。例如，1 毫克＝0.001 克。

毫米汞柱/毫米汞柱
háomǐ gǒngzhù/ㄏㄠˊ ㄇㄧˇ ㄍㄨㄥˇ ㄓㄨˋ
millimetre of mercury
【计量】压力单位。生活中多用于血压。符号 mmHg。1 毫米汞柱＝133.322 帕。

毫针/毫針 háozhēn/ㄏㄠˊ ㄓㄣ
filiform needle
【中医】九针之一。针身较细，针尖锋利。用治寒热痹证。

豪華織物
ㄏㄠˊ ㄏㄨㄚˊ ㄓ ㄨˋ/háohuá zhīwù
palace
【纺】台湾名。即“派力司”(854 页)。

豪猪/豪豬 háozhū/ㄏㄠˊ ㄓㄨ
porcupine
【动】*Hystrix hodgsoni* 又称“箭猪”。哺乳动物名。啮齿目豪猪科。身体粗壮，棕褐色，自肩部以后有许多长而硬的刺，遇敌害时竖起。生活在低山森林里，穴居，昼伏夜出，以植物等为食。在中国，多分布于长江以南地区。

号码携带/號碼可攜性
hàomǎ xiédài/ㄏㄠˋ ㄇㄚˇ ㄎㄜˇ ㄒㄧ ㄒㄧㄥˋ
number portability, NP
【信息】通信中用户更换运营者时，可保留原有电话号码的功能。

好奇心/好奇心 hàoqíxīn/ㄏㄠˋ ㄑㄧˊ ㄒㄧㄣ
curiosity
【心】寻求新奇的倾向。与人和动物的惊奇情绪相联系，是由新奇刺激所引起的一系列朝向、注视、接近、好奇、探索心理及行为活动。人的好奇、探索心理是先天本能和后天学习相结合的产物。

耗乏鈾 ㄏㄠˋ ㄈㄚˊ ㄧㄡˊ/hàofáyóu

depleted uranium

【化】台湾名。即“贫化铀”(869 页)。

耗散力/耗散力 hàosànlì/ㄏㄠˋ ㄙㄢˋ ㄌㄧˋ

dissipative force, non-conservative force

【物】使质点在运动时所做的功不仅由初位置和末位置决定,而且与质点的运动路径有关的作用力。例如汽车牵引力、滑动摩擦力、流体的阻力等。其对物体做负功,使系统的机械能不断减少,路径越长,减少越多。如果物体受到耗散力作用,机械能不守恒。

皓矾 hàofán/ㄏㄠˋ ㄈㄢˊ

【化】即“硫酸锌”(750 页)。

號碼可攜性

ㄏㄠˋ ㄇㄚˇ ㄎㄜˇ ㄒㄧ ㄒㄧㄥˋ/hàomǎ kěxiéxìng

number portability, NP

【信息】台湾名。即“号码携带”(482 页)。

he (ㄏㄜ)

诃子/訶子 hēzǐ/ㄏㄜ ㄗˇ

Fructus Chebulae(拉), medicine terminalia fruit, * chebule

【中医】中药名。使君子科植物诃子 *Terminalia chebula* Retz.或绒毛诃子 *T. chebula* Retz. var. *tomentella* Kurt.的干燥成熟果实。味苦、酸、涩,性平。归肺、大肠经。涩肠敛肺,降火利咽。用于久泻久痢,便血脱肛,肺虚喘咳,久嗽不止,咽痛音哑。

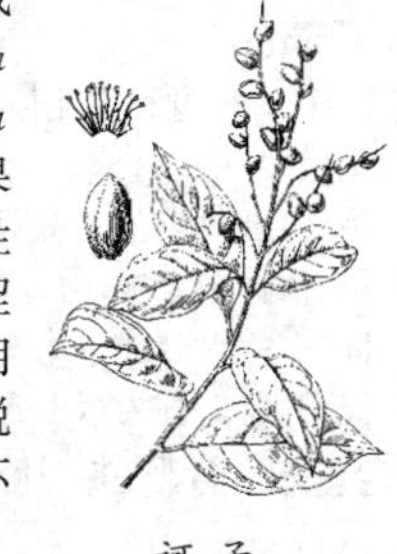

诃 子

合/合 hé/ㄏㄜˊ

conjunction

【天】从地球上看到太阳系里两个天体(通常指太阳、月亮和行星)的黄经相等的现象。内行星和地球位于太阳两侧时,称为“上合”或“外合”;位于太阳同侧时,称为“下合”或“内合”。图见“冲”(133 页)

合板 ㄏㄜˊ ㄅㄢˇ/hébǎn

❶polywood, polyboard, ❷polywood, ❸ply, plywood

【材】❶台湾名。即“宝丽板”(37 页)。❷台湾名。即“层合板”(101 页)。❸台湾名。即“胶合板”(613 页)。

合併麻醉

ㄏㄜˊ ㄅㄧㄥˋ ㄇㄚˊ ㄗㄨㄟˋ/hébìng mázuì

combined anesthesia

【医】台湾名。即“复合麻醉”(368 页)。

合成氨/合成氨 héchéng'ān/ㄏㄜˊ ㄔㄥˊ ㄢ

synthetic ammonia

【化】氢和氮在高温高压和催化剂的作用下转化为氨的过程。工业上用氮和氢两种组分按 1∶3 比例组成的合成气,在 400～450℃,15～30 兆帕下经催化反应生成氨。氮来源于空气分离,氢来源于水或含有碳氢化合物的各种原料。

合成宝石/合成寶石

héchéng bǎoshí/ㄏㄜˊ ㄔㄥˊ ㄅㄠˇ ㄕˊ

synthetic stone

【材】完全或部分由人工制造且自然界有已知对应物的晶质或非晶质体。其物理性质、化学成分和晶体结构与所对应的天然珠宝玉石基本相同。

合成材料/合成材料

héchéng cáiliào/ㄏㄜˊ ㄔㄥˊ ㄘㄞˊ ㄌㄧㄠˋ

synthetic materials

【材】由人工方法经化学合成获得的材料。本指合成高分子材料,合成树脂、合成橡胶、合成纤维并称三大合成材料。现部分无机非金属材料(如人造金刚石、精细陶瓷等)也由合成获得。

合成革 héchénggé/ㄏㄜˊ ㄔㄥˊ ㄍㄜˊ

【轻】即“人造革”(949 页)。

合成函数

héchéng hánshù/ㄏㄜˊ ㄔㄥˊ ㄏㄢˊ ㄕㄨˋ

【数】即“复合函数”(368 页)。

合成树脂/合成樹脂

héchéng shùzhī/ㄏㄜˊ ㄔㄥˊ ㄕㄨˋ ㄓ

synthetic resin

【材】人工合成的树脂。

合成数 héchéngshù/ㄏㄜˊ ㄔㄥˊ ㄕㄨˋ

【数】即“合数”(484 页)。

H

合成纤维/合成纖維
héchéng xiānwéi/ㄏㄜˊ ㄔㄥˊ ㄒㄧㄢ ㄨㄟˊ
synthetic fibre
【材】化学纤维的一类。以聚合物、树脂为原料，用化学方法制成。强度高，质轻，弹性好，不怕霉蛀。广泛用于纺织工业、渔业等。

合成映射
ㄏㄜˊ ㄔㄥˊ ㄧㄥˋ ㄕㄜˋ/héchéng yìngshè
composite mapping
【数】台湾名。即“复合映射”(368 页)。

合谷/合谷 hégǔ/ㄏㄜˊ ㄍㄨˇ
LI4
【中医】手阳明大肠经穴之一。在手背，第一和第二掌骨间，当第二掌骨桡侧的中点处。手阳明大肠经的原穴。该穴主治头痛、齿痛、目赤肿痛、咽喉肿痛、失音、口眼㖞斜、半身不遂、痄腮、疔疮、经闭、腹痛、牙关紧闭、小儿惊风、鼻衄、耳鸣耳聋、发热恶寒、多汗、瘾疹、疟疾等病证。

合欢/合歡 héhuān/ㄏㄜˊ ㄏㄨㄢ
silk tree
【植】*Albizia julibrissin* 又称“绒花树”。豆科合欢属。落叶乔木。二回羽状复叶，小叶长圆形至条形，两侧极偏斜，先端有小尖头。数个头状花序再排列成圆锥花序，花冠长，粉红色，裂片三角形，花萼和花冠外均被短柔毛。花期 6—7 月份。在中国，分布于东北至华南及西南各地。观赏树木。树皮及花可入药。

合 欢

合金/合金 héjīn/ㄏㄜˊ ㄐㄧㄣ
alloy
【材】由两种或多种金属，金属与硼、碳、氮、氢等非金属形成的具有金属特性的物质。除汞基合金外，其他合金在常温下为固态。可分为金属固溶体、金属化合物和金属间隙化合物。合金在表达时列于前面的是基体材料，后面的是合金元素(按含量由多至少依次排列)。例如钢是铁碳合金，表示铁为基体，碳是合金元素。
📖 合金一词来源于金属材料，但高分子材料也使用这个词，表示以非化学形式结合成的多组分高分子材料。

合金钢/合金鋼 héjīngāng/ㄏㄜˊ ㄐㄧㄣ ㄍㄤ
alloy steel
【材】添加有一种或一种以上的合金元素的钢。按合金元素含量不同，可分为低合金钢、中合金钢、高合金钢；按质量等级不同，可分为优质合金钢、特质合金钢；按特性和用途不同，可分为合金结构钢、不锈钢、耐酸钢、耐磨钢、耐热钢、合金工具钢等。

合金鐵 ㄏㄜˊ ㄐㄧㄣ ㄊㄧㄝˇ/héjīntiě
ferroalloy
【材】台湾名。即“铁合金”(1134 页)。

合金铸铁/合金鑄鐵
héjīn zhùtiě/ㄏㄜˊ ㄐㄧㄣ ㄓㄨˋ ㄊㄧㄝˇ
alloy cast iron
【材】在普通铸铁中加入一种或多种合金元素后具有某种特殊性能的铸铁。常用的合金元素有铬、镍、钼、锰、硅、铜、铝、钒、钛、稀土等。常见的合金铸铁有耐热铸铁、耐蚀铸铁、耐磨铸铁和非磁性铸铁等。

合龙/合龍 hélóng/ㄏㄜˊ ㄌㄨㄥˊ
closure of dike
【水利】截堵龙口时从两端施工，最后在中间接合而拦断水流的过程。

合拢/接合 hélǒng/ㄐㄧㄝ ㄏㄜˊ
joining
【船】造船过程中船体装配工作的统称。把数量较少的板材或型材组合成部件，俗称小合拢；由部件与板材、型材等组合成分段或总段，俗称中合拢；由分段与总段组合成整艘船体，俗称大合拢。大型分段在水面上组合成完整船体，称为水上合拢。

合蕊柱/合蕊柱 héruǐzhù/ㄏㄜˊ ㄖㄨㄟˇ ㄓㄨˋ
gynostemium
【植】又称“蕊柱”。雄蕊和雌蕊的花柱的合生体。位于花的最中央，是兰科花卉的一种特殊结构。

合数/合數 héshù/ㄏㄜˊ ㄕㄨˋ
composite number
【数】又称“合成数”。具有 1 和本身以外的正因数的正整数。例如 4，6，8，9，10，12，14，15，16，18 都是合数。每一合数的素因数分解式中至少有两个因数。例如,4=2×2,6=2×3,8=2×2×2。正整数分为素数、合数和1。1不是素数也不是合数。

合闐玉 ㄏㄜˊ ㄊㄧㄢˊ ㄩˋ/hétiányù
Hetian jade
【地】台湾名。即"和田玉"(485 页)。

合叶/合葉 héyè/ㄏㄜˊ ㄧㄝˋ
【轻】即"合页"(485 页)。

合页/合葉 héyè/ㄏㄜˊ ㄧㄝˋ
hinge
【轻】又作"合叶"。由两个金属片构成的铰链。用于连接门、窗、箱、柜的主体与门、盖等活动部分,便于开启和关闭。

合子/合子 hézǐ/ㄏㄜˊ ㄗˇ
zygote
【生】两性配子融合后所形成的新细胞。例如卵和精子融合后所形成的受精卵。合子逐渐发育,形成新的生物体。

何首乌/何首烏 héshǒuwū/ㄏㄜˊ ㄕㄡˇ ㄨ
㊀fleece flower root,㊁Radix Polygoni Multiflori(拉), fleeceflower root
㊀【植】*Fallopia multiflora* 又称"多花蓼"。蓼科何首乌属。多年生草本植物。块根肥厚,长椭圆形,黑褐色。茎缠绕,多分枝,下部木质化。叶卵形,顶端尖,基部心形,全缘。圆锥状花序,分枝开展,花梗细弱,下部有关节,花被五深裂,白色或淡绿色。花期8—9月份。在中国,分布于陕西和甘肃南部、台湾,以及华东、华中、华南和华西。块根入药。㊁【中医】中药名。蓼科植物何首乌 *Polygonum multiflorum* Thunb.的干燥块根。味苦、甘、涩,性温。归肝、心、肾经。解毒,消痈,润肠通便。用于瘰疬疮痈,风疹瘙痒,肠燥便秘。制熟后,称制何首乌。味苦、甘、涩、性温。归肝、心、肾经。补肝肾,益精血,乌须发,强筋骨。用于血虚萎黄,眩晕耳鸣,须发早白,腰膝酸软,肢体麻木,崩漏带下,久疟体虚。

何首乌

📖 传说唐代有个叫何首乌的人,他的爷爷和父亲都因服用一个秘方活到160多岁,何首乌本人也活了130岁。这个秘方就是用一种植物的根捣成末,以酒冲服。于是,这种神奇的植物被人们称作何首乌。

和/和 hé/ㄏㄜˊ
sum
【数】加法运算的结果。例如,1+2=3,3叫作1与2的和;$a+3a=4a$,$4a$ 叫作 a 与 $3a$ 的和。

和差乘積變換式
ㄏㄜˊ ㄔㄚ ㄔㄥˊ ㄐㄧ ㄅㄧㄢˋ ㄏㄨㄢˋ ㄕˋ/
héchā chéngjī biànhuànshì
transform product into sum or difference
【数】台湾名。即"积化和差"(564 页)。

和差化积/變換式和差乘積
héchā huà jī/
ㄅㄧㄢˋ ㄏㄨㄢˋ ㄕˋ ㄏㄜˊ ㄔㄚ ㄔㄥˊ ㄐㄧ
transform sum or difference into product
【数】把三角函数的和差形式化为乘积形式。主要转化公式有:

$$\sin\alpha+\sin\beta=2\sin\frac{\alpha+\beta}{2}\cos\frac{\alpha-\beta}{2},$$

$$\sin\alpha-\sin\beta=2\cos\frac{\alpha+\beta}{2}\sin\frac{\alpha-\beta}{2},$$

$$\cos\alpha+\cos\beta=2\cos\frac{\alpha+\beta}{2}\cos\frac{\alpha-\beta}{2},$$

$$\cos\alpha-\cos\beta=-2\sin\frac{\alpha+\beta}{2}\sin\frac{\alpha-\beta}{2}。$$

和法/和法 héfǎ/ㄏㄜˊ ㄈㄚˇ
harmonizing method
【中医】又称"和解法"。内治法之一。用具有疏通表里、和解寒热、调和脏腑作用的方药治疗疾病。

和解法 héjiěfǎ/ㄏㄜˊ ㄐㄧㄝˇ ㄈㄚˇ
【中医】即"和法"(485 页)。

和田玉/合闐玉 hétiányù/ㄏㄜˊ ㄊㄧㄢˊ ㄩˋ
Hetian jade
【地】产于新疆和田的软玉。有白、黄、青、碧、黑等颜色,以纯白色且有油脂光泽的羊脂玉最为珍贵。按产状不同,可分为三类:(1)山料玉,指从山上开采出来的软玉矿石,块状;(2)山流水玉,指自然风化,被流水或泥石流冲离原地的玉料,表面通常较光滑,质量比山料玉

H

好;(3)籽玉,指已冲到河床中被冲刷成卵石的玉料,质量最好。

和玺彩画/和璽彩畫
héxǐ cǎihuà/ㄏㄜˊ ㄒㄧˇ ㄘㄞˇ ㄏㄨㄚˋ
dragons pattern
【建】以龙凤为主题的清代建筑彩画。用连续的人字形曲线划分,内绘龙凤花饰,主要线条沥粉贴金,金线一侧衬托白粉线或同时加晕,并以青、绿、红等颜色衬托金色图案,十分华丽,是彩画中的最高等级。

河蚌 hébàng/ㄏㄜˊ ㄅㄤˋ
【动】即“蚌”(34 页)。

河槽/河槽 hécáo/ㄏㄜˊ ㄘㄠˊ
stream bed, channel
【水利】又称“河床”。河谷中经常性被水所淹没的部分。

河川 héchuān/ㄏㄜˊ ㄔㄨㄢ
【水利】即“河流”(486 页)。

河川流域
ㄏㄜˊ ㄔㄨㄢ ㄌㄧㄡˊ ㄩˋ/héchuān liúyù
river basin
【水利】台湾名。即“流域”(749 页)。

河床 héchuáng/ㄏㄜˊ ㄔㄨㄤˊ
【水利】即“河槽”(486 页)。

河港/河港 hégǎng/ㄏㄜˊ ㄍㄤˇ
river port
【水利】位于江河沿岸的港口。广义上也包括湖港。

河谷/河谷 hégǔ/ㄏㄜˊ ㄍㄨˇ
river valley
【地】河流流经的介于山丘间的长条形倾斜的凹地。包括谷底(河床、河漫滩)和谷坡(岸坡)。

河麂 héjǐ/ㄏㄜˊ ㄐㄧˇ
【动】即“獐”(1420 页)。

河口港/河口港
hékǒugǎng/ㄏㄜˊ ㄎㄡˇ ㄍㄤˇ
estuary port, estuary harbor
【水利】位于江河入海段,受潮汐影响的港口。

河狸/海狸 hélí/ㄏㄞˊ ㄌㄧˊ
beaver
【动】*Castor fiber* 旧称“海狸”。哺乳动物名。啮齿目河狸科。身体肥胖,长不足 1 米。毛长而密,背赤褐色,腹部灰色。牙齿锐利,后肢发达,且有蹼。背部有针毛,亮而粗,尾扁阔,覆盖鳞片,基部有两个腺囊,能分泌河狸香。穴居在森林地区的河边,洞口开于水中,善游泳,以植物的嫩枝、树皮、树根为食,也吃水生植物。在中国,分布于新疆及内蒙古。

河流/河流 héliú/ㄏㄜˊ ㄌㄧㄡˊ
river
【水利】又称“河川”。经常或间歇地沿着天然狭长凹地流动的水流。是溪、川、江、河等的总称。河水来源通常可分为降水补给、冰雪融水补给、地下水补给和混合补给。

河马/河馬 hémǎ/ㄏㄜˊ ㄇㄚˇ
hippo
【动】*Hippopotamus amphibius* 哺乳动物名。偶蹄目河马科。身体肥而重,体长 3～4 米,体重可达 2 吨以上。头大,长方形,嘴阔,耳小,尾短,皮厚,裸露无毛,黑褐色带赤紫色,前后肢短。生活在河流和湖沼地带,大部分时间在水中,头部露出水面,群居,性温顺,以草类和水生植物等为食。分布于非洲热带地区。

河马

河漫滩/河漫灘 hémàntān/ㄏㄜˊ ㄇㄢˋ ㄊㄢ
floodplain
【地】河两岸大汛时常被洪水淹没的平坦低地。由河流自身带来的泥沙堆积而成。

河姆渡遗址/河姆渡遺址
Hémǔdù Yízhǐ/ㄏㄜˊ ㄇㄨˇ ㄉㄨˋ ㄧˊ ㄓˇ
Hemudu Site
【建】中国新石器时代河姆渡文化的重要遗址。位于距宁波市区约 20 千米的余姚市河姆渡镇,距今约 7000 年。面积约 4 万平方米,1973 年开始发掘。反映了南方干阑式住宅文化特色,其木结构架空而立,梁柱间已用榫卯结合,地板用企口拼缝。生产工具有石斧、石凿、骨镞等,陶器为黑陶。同时发现大量的稻谷遗迹,表明农耕在当时已成为主要的经济活动。

河豚/河豚 hétún/ㄏㄜˊ ㄊㄨㄣˊ
swellfish, globefish
【动】又称“鲀”。鱼名。硬骨鱼纲鲀科。身体圆筒形,头圆形,口小,背部黑褐色,腹部白色,鳍多黄色或紫红色。肉味鲜美,卵巢、血液和肝脏有剧毒。生活在海洋中,有些也进入江河。种类很多。中国沿海和某些内河均有分布。

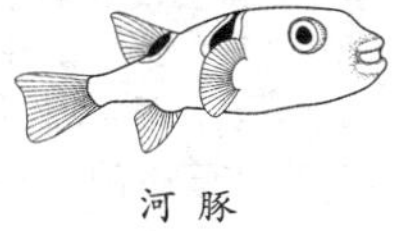
河 豚

河豚毒素

ㄏㄜˊ ㄊㄨㄣˊ ㄉㄨˊ ㄙㄨˋ/hétún dúsù

tetrodotoxin

【医】台湾名。即“河鲀毒素”(487 页)。

河鲀毒素/河豚毒素

hétún dúsù/ㄏㄜˊ ㄊㄨㄣˊ ㄉㄨˊ ㄙㄨˋ

tetrodotoxin

【医】天然有机物。白色结晶性粉末,在 220 ℃以上颜色发暗,不分解。从河豚血液、脏器等中提取而得。对人体极毒,在强酸性和强碱性溶液中可破坏其毒性。医疗上用于止痛、助阳和治疗顽固性哮喘等。

荷花 héhuā/ㄏㄜˊ ㄏㄨㄚ

【植】“莲”的通称。

荷兰猪 hélánzhū/ㄏㄜˊ ㄌㄢˊ ㄓㄨ

【动】即“豚鼠”(1155 页)。

荷叶/荷葉 héyè/ㄏㄜˊ ㄧㄝˋ

Folium Nelumbinis(拉), lotus leaf

【中医】中药名。睡莲科植物莲 *Nelumbo nucifera* Gaertn.的干燥叶。味苦,性平。归肝、脾、胃经。清热解暑,升发清阳,凉血止血。用于暑热烦渴,暑湿泄泻,脾虚泄泻,血热吐衄,便血崩漏。荷叶可炮制成“荷叶炭”,可收涩、化瘀止血,用于多种血证及产后血晕。

核安全/核安全 hé'ānquán/ㄏㄜˊ ㄢ ㄑㄩㄢˊ

nuclear safety

【环】在核技术研究、开发和应用,以及在核设施设计、建造、运行和退役的各个阶段,为防止核污染事件和事故,保证核设施正常运行,保护从业人员、公众和生态环境免受放射性影响和伤害所遵循的理论、原则和采取的技术措施及管理办法。国际原子能机构将核安全、辐射安全、放射性废物安全和放射性物质运输安全统称为核安全。

核爆炸/核爆炸 hébàozhà/ㄏㄜˊ ㄅㄠˋ ㄓㄚˋ

nuclear explosion

【物】瞬间在有限空间内急剧释放大量核能,引起温度和压力剧升,形成爆震波和冲击波的现象。其产生的瞬时辐射有 X 射线、中子、γ 辐射和热辐射,爆炸后的产物在相当长时间内会产生核辐射,造成放射性污染。

核爆炸地球物理效应/核爆炸地球物理效應

hébàozhà dìqiú wùlǐ xiàoyìng/ㄏㄜˊ ㄅㄠˋ ㄓㄚˋ ㄉㄧˋ ㄑㄧㄡˊ ㄨˋ ㄌㄧˇ ㄒㄧㄠˋ ㄧㄥˋ

geophysical effect of nuclear explosion

【军】核爆炸引起的地球物理现象及其异常变化的效果。如人工极光、辐射带效应、电离层效应、地磁扰动、次声波扰动和地震等。利用核爆炸地球物理效应可侦察核爆炸。

核爆炸 X 射线效应/核爆炸 X 射線效應

hébàozhà X shèxiàn xiàoyìng/ㄏㄜˊ ㄅㄠˋ ㄓㄚˋ X ㄕㄜˋ ㄒㄧㄢˋ ㄒㄧㄠˋ ㄧㄥˋ

X ray effect of nuclear explosion

【军】高空核爆炸产生的 X 射线作用于目标产生破坏的效果。主要会对弹道导弹、航天器等的壳体内外层及结构造成破坏,以及对其内部的电子系统造成干扰或损坏。

核爆炸装置/核爆炸裝置

hébàozhà zhuāngzhì/ㄏㄜˊ ㄅㄠˋ ㄓㄚˋ ㄓㄨㄤ ㄓˋ

nuclear explosion device

【军】简称“核装置”。依靠核材料中原子核内的裂变或聚变反应,瞬时释放巨大能量并产生核爆炸的装置。可分为裂变装置和热核装置。是核武器的核心部分。

核磁共振/核磁共振

hécí gòngzhèn/ㄏㄜˊ ㄘˊ ㄍㄨㄥˋ ㄓㄣˋ

nuclear magnetic resonance, NMR

【化】依据物质原子核自旋运动的磁矩在磁场中有多种磁能级,当外加电磁波的频率和物质某个核磁能级间隔相当时,电磁波被吸收,发生核磁共振。利用核磁共振可以对物质进行分析测试。

核磁共振仪/核磁共振儀

hécí gòngzhènyí/ㄏㄜˊ ㄘˊ ㄍㄨㄥˋ ㄓㄣˋ ㄧˊ

nuclear magnetic resonance spectrometer, NMR spectrometer

【机】利用核磁共振原理测量试样的某种核磁共振信息或精密测量磁场的装置。广泛应用

H

于化学、医学、生物学以及物理学等领域。

核磁共振造影
ㄏㄜˊ ㄘˊ ㄍㄨㄥˋ ㄓㄣˋ ㄗㄠˋ ㄧㄥˇ/
hécí gòngzhèn zàoyǐng
magnetic resonance imaging, MRI
【医】台湾名。即“磁共振成像”(161 页)。

核弹/核彈 hédàn/ㄏㄜˊ ㄉㄢˋ
nuclear bomb
【军】❶原子弹、氢弹、中子弹等核武器的统称。❷在台湾,核弹也指“核炸弹”(491 页)。

核弹头/核彈頭 hédàntóu/ㄏㄜˊ ㄉㄢˋ ㄊㄡˊ
nuclear warhead
【军】装有核战斗部的导弹弹头。通常由核战斗部、姿态控制系统和弹头壳体等组成。可分为原子弹头、氢弹头和特殊性能核弹头等。

核蛋白/核蛋白 hédànbái/ㄏㄜˊ ㄉㄢˋ ㄅㄞˊ
nuclear protein, nucleoprotein
【生】由蛋白质和核酸结合而成的复合蛋白。存在于细胞中,是构成生物体的主要物质。可分为核糖核酸核蛋白和脱氧核糖核酸核蛋白两类。

核导弹/核子飛彈
hédǎodàn/ㄏㄜˊ ㄗˇ ㄈㄟ ㄉㄢˋ
nuclear missile
【军】具有携带核弹头的能力,并能达成远距离核弹投送任务的导弹。投掷重量大,射程远,命中精度高,反应时间短,戒备率高,指挥、控制和通信较为可靠。可分为战略核导弹和战术核导弹。战略核导弹的发射方式有固定发射井、车载、潜射、机载等;战术核导弹可从战舰、潜艇、飞机等平台上发射。

核地雷/核地雷 hédìléi/ㄏㄜˊ ㄉㄧˋ ㄌㄟˊ
nuclear land mine
【军】装有核战斗部的地雷。主要对付地面集群目标,尤其是装甲集群目标。用于核爆炸时组成的地形障碍和放射性污染来阻滞敌军行动,迟滞敌坦克群的开进,有时也用来破坏敌后方的潜在军事目标,如机场、指挥所等。

核电厂/核能電廠
hédiànchǎng/ㄏㄜˊ ㄋㄥˊ ㄉㄧㄢˋ ㄔㄤˇ
nuclear power station
【电】又称“核电站”。发电厂的一种。以铀、钚等为燃料,将其在裂变反应中释放出的能量通过核电机组生产电能。由核岛、常规岛和电厂配套设施等组成。核燃料的裂变能主要以热能的形式出现,经过冷却剂的载带和转换,最后用蒸汽驱动汽轮发电机组发电。

核电池/核電池 hédiànchí/ㄏㄜˊ ㄉㄧㄢˋ ㄔˊ
nuclear battery
【化】把放射性核素辐射的核能转变成电能的装置。结构紧凑、运行可靠,能长期无人值守工作。适用于宇宙航行、空间考察、海上灯塔、海底电缆等。可分为恒流充电型、温差电偶型、接触电势差型、pn 结型等不同类型。

核电荷数/核電荷數
hédiànhèshù/ㄏㄜˊ ㄉㄧㄢˋ ㄏㄜˋ ㄕㄨˋ
nuclear charge number
【物】原子核所携带的正电荷的数目,与原子核中的质子数或原子核外电子数相等。

核电站 hédiànzhàn/ㄏㄜˊ ㄉㄧㄢˋ ㄓㄢˋ
【电】即“核电厂”(488 页)。

核动力潜艇
hédònglì qiántǐng/ㄏㄜˊ ㄉㄨㄥˋ ㄌㄧˋ ㄑㄧㄢˊ ㄊㄧㄥˇ
【军】“核潜艇”的全称。

核反应/核反應 héfǎnyìng/ㄏㄜˊ ㄈㄢˇ ㄧㄥˋ
nuclear reaction
【物】由具一定能量的粒子轰击靶原子核,使形成另一种核或不同能量状态的过程。用于轰击的粒子有 α 粒子、电子、质子、中子、光子、氘核或重离子。
📖 自 1919 年英国物理学家卢瑟福(E. Rutherford)首次实现轻离子核反应以来,已完成上万种核反应,发现了中子、介子、超子和反粒子,合成了许多人工放射性核素,丰富了对核结构与核性质的知识。

核反应堆/核反應器
héfǎnyìngduī/ㄏㄜˊ ㄈㄢˇ ㄧㄥˋ ㄑㄧˋ
nuclear reactor
【电】简称“反应堆”,又称“原子反应堆”。用铀、钚作核燃料,产生可控的核裂变链式反应,并获得核能的装置。其核心部分是活性区(又称堆芯),由核燃料、控制棒、中子慢化剂(也叫减速剂)组成。活性区外面包有中子反射层。还有冷却系统和控制系统。工作时放出大量对人体有害的中子和 γ 射线,需有防护层进行屏蔽。使用石墨、重水、轻水做中子慢化剂的,相应的反应堆即为石墨堆、重水堆、轻水堆。

核反應器 ㄏㄜˊ ㄈㄢˇ ㄧㄥˋ ㄑㄧˋ/héfǎnyìngqì
nuclear reactor
【物】台湾名。即“核反应堆”(488 页)。

核废物/核廢料 héfèiwù/ㄏㄜˊ ㄈㄟˋ ㄌㄧㄠˋ
nuclear waste
【环】含放射性核素超过国家规定限值的废水、废气、固体废物的统称。主要是在核能开发和利用的生产活动中产生的。

核廢料 ㄏㄜˊ ㄈㄟˋ ㄌㄧㄠˋ/héfèiliào
nuclear waste
【环】台湾名。即“核废物”(489 页)。

核分裂 ㄏㄜˊ ㄈㄣ ㄌㄧㄝˋ/héfēnliè
nuclear fission
【物】台湾名。即“核裂变”(489 页)。

核苷/核苷 hégān/ㄏㄜˊ ㄍㄢ
nucleoside
【生】由碱基(嘧啶或嘌呤)与戊糖(核糖或脱氧核糖)结合而成的糖苷化合物。按含碱基不同,可分为嘧啶核苷和嘌呤核苷;按含糖不同,可分为核糖核苷和脱氧核糖核苷。

核苷酸/核苷酸
hégānsuān/ㄏㄜˊ ㄍㄢ ㄙㄨㄢ
nucleotide
【生】由碱基(嘌呤或嘧啶)和戊糖(核糖或脱氧核糖)与磷酸组成的化合物。通常为白色粉末或结晶状物,具旋光性。按含碱基不同,可分为嘧啶核苷酸和嘌呤核苷酸;按含糖不同,可分为核糖核苷酸和脱氧核糖核苷酸。

核果/核果 héguǒ/ㄏㄜˊ ㄍㄨㄛˇ
drupe
【植】果实的一种。外果皮薄,中果皮肉质,内果皮形成木质坚硬的果核,核内含一枚种子。如桃、杏、李的果实。

核黄素 héhuángsù/ㄏㄜˊ ㄏㄨㄤˊ ㄙㄨˋ
【医】即“维生素 B_2”(1182 页)。

核黄素缺乏
ㄏㄜˊ ㄏㄨㄤˊ ㄙㄨˋ ㄑㄩㄝ ㄈㄚˊ/
héhuángsù quēfá
riboflavin deficiency
【医】台湾名。即“核黄素缺乏症”(489 页)。

核黄素缺乏症/核黄素缺乏
héhuángsù quēfázhèng/
ㄏㄜˊ ㄏㄨㄤˊ ㄙㄨˋ ㄑㄩㄝ ㄈㄚˊ
riboflavin deficiency
【医】缺乏核黄素(即维生素 B_2)而引起的一类疾病。包括舌炎、口角炎、阴囊炎等。

核毁伤半径/核毀傷半徑
héhuǐshāng bànjìng/
ㄏㄜˊ ㄏㄨㄟˇ ㄕㄤ ㄅㄢˋ ㄐㄧㄥˋ
nuclear damage radius
【军】又称“核杀伤破坏半径”。核武器爆炸后,爆心或爆心投影点到有效毁伤区域边缘的距离。衡量核武器杀伤破坏能力的重要指标之一。

核聚变/核熔合 héjùbiàn/ㄏㄜˊ ㄖㄨㄥˊ ㄏㄜˊ
nuclear fusion
【物】轻原子核聚合变成较重的原子核,同时释放大量核能的反应。由于原子核都带正电,所以是相斥的,只有在加速器中高速相撞、氢弹爆炸或在太阳等恒星内部的极高温度和密度的条件下才会发生聚变。和平利用核聚变尚在研究中。

核力/核力 hélì/ㄏㄜˊ ㄌㄧˋ
nuclear force
【物】核子之间的相互作用力。即核子组成原子核的力。其力程约为$(0.5-2)\times10^{-15}$米。两个核子之间的距离大于2×10^{-15}米时,核力趋于零,大于0.5×10^{-15}米时,变为很强的斥力。

核裂变/核分裂 hélièbiàn/ㄏㄜˊ ㄈㄣ ㄌㄧㄝˋ
nuclear fission
【物】重原子核分裂成两个或两个以上中等质量原子核,同时释放大量核能的反应。1 千克铀-235 裂变释放的能量相当于 2500 吨煤燃烧放出的热量。中子、质子、氘核、γ 射线等轰击重核可使其裂变,某些重核可自发裂变。

核酶/RNA 酵素 héméi/RNA ㄐㄧㄠˋ ㄙㄨˋ
ribozyme
【生】又称“酶性核酸”,台湾又称“核糖核酸酵素”。具有催化活性的核糖核酸。

核能/核能 hénéng/ㄏㄜˊ ㄋㄥˊ
nuclear energy
【化】又称“原子能”。原子核发生裂变反应或聚变反应时产生的能量。广泛用于工业、军事等方面。

H

核能電廠
ㄏㄜˊ ㄋㄥˊ ㄉㄧㄢˋ ㄔㄤˇ/hénéng diànchǎng
nuclear power station
【电】台湾名。即“核电厂”(488 页)。

核能火箭/核能火箭
hénéng huǒjiàn/ㄏㄜˊ ㄋㄥˊ ㄏㄨㄛˇ ㄐㄧㄢˋ
nuclear rocket
【航】以核火箭发动机作为推进动力的火箭。动力利用核反应释放热能,加热推进剂,形成高温燃流高速喷射产生推力,推动火箭飞行。比冲高且只有一种推进剂,结构简化,适合长时间运行。

核炮弹/核炮彈 hépàodàn/ㄏㄜˊ ㄆㄠˋ ㄉㄢˋ
nuclear artillery projectile
【军】用火炮发射的装有核装料的炮弹。可分为裂变型核炮弹和增强辐射型核炮弹。

核潜艇/核子潛艇
héqiántǐng/ㄏㄜˊ ㄗˇ ㄑㄧㄢˊ ㄊㄧㄥˇ
nuclear submarine
【军】全称“核动力潜艇”。以核能为推进动力的潜艇。可分为攻击型核潜艇、弹道导弹核潜艇和巡航导弹核潜艇。

核燃料/核燃料 héránliào/ㄏㄜˊ ㄖㄢˊ ㄌㄧㄠˋ
nuclear fuel
【物】供核反应堆进行裂变反应或聚变反应而释放大量核能的材料。裂变核燃料主要是铀-235、钚-239,聚变核燃料有氘和氚。

核熔合 ㄏㄜˊ ㄖㄨㄥˊ ㄏㄜˊ/hérónghé
nuclear fusion
【物】台湾名。即“核聚变”(489 页)。

核杀伤破坏半径
héshāshāng pòhuài bànjìng/
ㄏㄜˊ ㄕㄚ ㄕㄤ ㄆㄛˋ ㄏㄨㄞˋ ㄅㄢˋ ㄐㄧㄥˋ
【军】即“核毁伤半径”(489 页)。

核深水炸弹/核深水炸彈
hé shēnshuǐ zhàdàn/
ㄏㄜˊ ㄕㄣ ㄕㄨㄟˇ ㄓㄚˋ ㄉㄢˋ
nuclear depth bomb
【军】装有核战斗部的深水炸弹。由飞机或反潜直升机作为投放工具,也可由舰载反潜火箭发射。主要用于攻击敌方潜艇及其他水下目标。杀伤威力为千吨至万吨级梯恩梯当量。

核生化侦察车/核生化偵察車
héshēnghuà zhēnchháchē/
ㄏㄜˊ ㄕㄥ ㄏㄨㄚˋ ㄓㄣ ㄔㄚˊ ㄔㄜ
NBC reconnaissance vehicle
【军】专用于遂行辐射侦察、生物侦察、化学侦察任务的车辆。装有辐射侦察、生物侦察、化学侦察、气象观测、采样和标志等设备器材,用于发现放射性沾染和测量地面 γ 剂量率,初步查明生物战剂种类和采集生物战剂标本,查明毒剂种类、概略浓度和染毒范围,标志受染道路或地域范围。

核事故/核子事故
héshìgù/ㄏㄜˊ ㄗˇ ㄕˋ ㄍㄨˋ
nuclear accident, nuclear incident
【环】核反应堆在短时间由于链式核反应的失控,功率急剧变化,核燃料元件熔化,放射性物质泄漏所造成的意外事故。人类开发利用核能以来,曾先后发生美国三里岛核电站(1979 年)、苏联切尔诺贝利核电站(1986 年)和日本福岛第一核电站(2011 年)核事故。

核试验/核子試爆
héshìyàn/ㄏㄜˊ ㄗˇ ㄕˋ ㄅㄠˋ
nuclear test
【军】为核武器的研制、检验、效应研究和其他科学目的进行的核爆炸试验。可分为大气层核试验、地下核试验、水面核试验、水下核试验和高空核试验等。是研究发展核武器的重要手段。

核试验沉降物
héshìyàn chénjiàngwù/
ㄏㄜˊ ㄕˋ ㄧㄢˋ ㄔㄣˊ ㄐㄧㄤˋ ㄨˋ
【环】即“放射性沉降物”(326 页)。

核素/核種 hésù/ㄏㄜˊ ㄓㄨㄥˇ
nuclide
【物】具有特定质量数、原子序数和核能态,而且平均寿命长到可以观测到的一类原子。已发现的核素已超过 3100 种,其中 276 多种是稳定的。不稳定核素大部分都是人工合成的。常见的表示方法是在元素符号的左上角标质量数,左下角标原子序数,如 ${}^{1}_{1}H$, ${}^{16}_{8}O$ 等。

核酸/核酸 hésuān/ㄏㄜˊ ㄙㄨㄢ
nucleic acid
【生】生物体内大分子化合物的一类。核苷酸的多聚物,与蛋白质同是生命现象的物质基础,分为核糖核酸(RNA)和脱氧核糖核酸(DNA)两类。所有的生物细胞都含这两类核酸,只有 DNA 病毒和 RNA 病毒分别只含 DNA 和 RNA。在细胞内,核酸可与蛋白质组成核蛋白。核酸对生物体的生长、发育、繁殖及突变起决定性作用,与肿瘤发生、病毒感染、放射损伤等密切相关。

核糖核苷/核糖核苷
hétáng hégān/ㄏㄜˊ ㄊㄤˊ ㄏㄜˊ ㄍㄢ
ribonucleoside
【生】由除胸腺嘧啶(T)外的嘌呤或嘧啶与核糖分子共价结合而成的化合物。

核糖核酸/核糖核酸
hétáng hésuān/ㄏㄜˊ ㄊㄤˊ ㄏㄜˊ ㄙㄨㄢ
rebonucleic acid, RNA
【生】核酸的一类。由许多核苷酸连接而成,因分子中含有核糖,故名。存在于一切细胞的细胞质和细胞核中,也存在于大多数已知的植物病毒、部分动物病毒和一些噬菌体中。可分为核糖体核糖核酸、转运核糖核酸和信使核糖核酸等。

核糖核酸酵素
ㄏㄜˊ ㄊㄤˊ ㄏㄜˊ ㄙㄨㄢ ㄐㄧㄠˋ ㄙㄨˋ/
hétáng hésuān jiàosù
ribozyme
【生】台湾名。即“核酶”(489 页)。

核糖体/核糖體 hétángtǐ/ㄏㄜˊ ㄊㄤˊ ㄊㄧˇ
ribosome
【生】细胞质内无包膜的颗粒状结构。由核糖核酸和蛋白质组成,是细胞合成蛋白质的场所。

核糖体核糖核酸/核糖體 RNA
hétángtǐ hétáng hésuān/
ㄏㄜˊ ㄊㄤˊ ㄊㄧˇ RNA
ribosomal RNA, rRNA
【生】核糖核酸的一种。是核糖体的核糖核酸部分,约占核糖核酸总量的 80%,它构成核糖体骨架,为合成蛋白质的场所。

核糖體 RNA
ㄏㄜˊ ㄊㄤˊ ㄊㄧˇ RNA/hétángtǐ RNA
ribosomal RNA, rRNA
【生】台湾名。即“核糖体核糖核酸”(491 页)。

核桃 hétao/ㄏㄜˊ ·ㄊㄠ
【植】即“胡桃”(507 页)。

核桃仁/核桃仁
hétaorén/ㄏㄜˊ ·ㄊㄠ ㄖㄣˊ
Semen Juglandis(拉), walnut kernel
【中医】又称“胡桃仁”。中药名。胡桃科植物胡桃 *Junglans regia* L.的干燥成熟种子。味甘,性温。归肾、肺、大肠经。补肾,温肺,润肠。用于腰膝酸软,阳痿遗精,虚寒喘嗽,大便秘结。

核武器/核武器 héwǔqì/ㄏㄜˊ ㄨˇ ㄑㄧˋ
nuclear weapon
【军】又称“原子武器”“核子武器”。利用核反应所放出的能量造成杀伤和破坏作用的武器。按结构原理不同,可分为原子弹和氢弹等;按投掷发射方式不同,可分为核导弹、核炸弹、核炮弹、核地雷、核鱼雷等。

核心技术/核心技術
héxīn jìshù/ㄏㄜˊ ㄒㄧㄣ ㄐㄧˋ ㄕㄨˋ
core technology
【总】具有基础性、带动性和高附加值的,能带来独特优势和市场价值的技术。包括专利、研发成果、专有技术、诀窍等。

核炸弹/核彈 hézhàdàn/ㄏㄜˊ ㄉㄢˋ
nuclear bomb
【军】用航空器携载投放的装有核战斗部的炸弹。主要由核爆炸装置、引爆控制系统及带稳定翼的弹体组成。大致可分为头部、中段、后体和尾部四部分。根据战略战术要求和载机特性,通过结构上不同的设计、组合和连接,可产生多种规格尺寸、威力和各种爆炸特性的核炸弹。

核種 ㄏㄜˊ ㄓㄨㄥˇ/hézhǒng
nuclide
【物】台湾名。即“核素”(490 页)。

核装置 hézhuāngzhì/ㄏㄜˊ ㄓㄨㄤ ㄓˋ
【军】“核爆炸装置”的简称。

核子/核子 hézǐ/ㄏㄜˊ ㄗˇ
nucleon
【物】组成原子核的质子和中子的统称。

核子飛彈 ㄏㄜˊ ㄗˇ ㄈㄟ ㄉㄢˋ/hézǐ fēidàn
nuclear missile
【军】台湾名。即“核导弹”(488 页)。

H

核子潛艇 ㄏㄜˊ ㄗˇ ㄑㄧㄢˊ ㄊㄧㄥˇ/hézǐ qiántǐng
nuclear submarine
【军】台湾名。即“核潜艇”(490 页)。

核子事故 ㄏㄜˊ ㄗˇ ㄕˋ ㄍㄨˋ/hézǐ shìgù
nuclear accident, nuclear incident
【环】台湾名。即“核事故”(490 页)。

核子試爆 ㄏㄜˊ ㄗˇ ㄕˋ ㄅㄠˋ/hézǐ shìbào
nuclear test
【军】台湾名。即“核试验”(490 页)。

核子武器 hézǐ wǔqì/ㄏㄜˊ ㄗˇ ㄨˇ ㄑㄧˋ
【军】即“核武器”(491 页)。

核钻地弹/核鑽地彈
hézuāndìdàn/ㄏㄜˊ ㄗㄨㄢ ㄉㄧˋ ㄉㄢˋ
nuclear earth penetrator
【军】俗称“核鼹鼠”。能钻入地下一定深度后爆炸的核弹。主要利用爆炸产生的地震波和成坑作用,毁坏敌方导弹发射井、地下指挥中心等地下军事目标。

颌下腺 héxiàxiàn/ㄍㄜˊ ㄒㄧㄚˋ ㄒㄧㄢˋ
【医】即“下颌下腺”(1235 页)。

貉/貉 hé/ㄏㄜˊ
raccoon dog
【动】*Nyctereutes procyonoides* 俗称“貉子”(háozi)。哺乳动物名。食肉目犬科。外形像狐,但体较胖,吻尖,耳短圆,面颊生有长毛,四肢和尾较短。尾毛长而蓬松,体背和体侧的毛浅黄褐色或棕黄色,两颊和眼周的毛黑褐色。生活在河谷、山边和田野间,穴居,以鼠类、鱼类、昆虫等为食。在中国分布广泛,朝鲜半岛、俄罗斯、日本也有分布。

貉

荷质比/荷質比 hèzhìbǐ/ㄏㄜˋ ㄓˋ ㄅㄧˇ
【物】即“比荷”(52 页)。

赫 hè/ㄏㄜˋ
【计量】“赫兹”的简称。

赫罗图/赫羅圖 hèluótú/ㄏㄜˋ ㄌㄨㄛˊ ㄊㄨˊ
Hertzsprung-Russell diagram, diagram HR
【天】恒星光谱型和光度的关系图。1911 年由丹麦天文学家赫茨普龙(E. Hertzsprung)和 1913 年美国天文学家罗素(H. N. Russell)分别独立采用,故名。因光谱型观测较困难,后逐渐用能够代表恒星表面温度的色指数来代替。恒星的光度与表面温度之间有内在的关系,它们在赫罗图上的分布呈现出特定的序列。可据此研究恒星的状态和演化。

赫兹/赫兹 hèzī/ㄏㄜˋ ㄗ
Hertz
【计量】简称“赫”。频率的国际单位制单位。符号 Hz。1 秒振动 1 次为 1 赫。为纪念德国物理学家赫兹(H. R. Hertz,1857—1894)而命名。

赫兹实验/赫兹實驗
Hèzī shíyàn/ㄏㄜˋ ㄗ ㄕˊ ㄧㄢˋ
Hertz experiment
【物】德国物理学家赫兹(H. R. Hertz,1857—1894)在 1886 年第一次用实验证实了电磁波的存在,证明了电磁波与光波的同一性。

📖 1886 年赫兹制作的一套仪器中有一对抛光的金属小球。两小球之间有很小的空气间隙,连接到能够产生高电压的感应圈的两端。仪器的另一部分是弯成环状的导线,导线两端也安装两个金属小球,小球之间也有空隙。试验发现:当这个金属环放在距感应圈不太远的位置时,如果感应圈的两个金属球间有火花跳过,导线环的两个小球间也跳过电火花。赫兹捕捉到了电磁波。后来他又观察到了电磁波的反射、折射、干涉、衍射、偏振现象,证实了电磁波在真空中与光的速度相同。光的电磁学理论,为无线电技术的发展开拓了道路。

褐马鸡/褐馬雞 hèmǎjī/ㄏㄜˋ ㄇㄚˇ ㄐㄧ
brown eared-pheasant
【动】*Crossoptilon mantchuricum* 鸟名。鸡形目雉科。体长约 1 米,羽毛大部乌褐色,头颈转黑。眼周裸出,呈红色。耳羽白色,向后延长成角状,突出于头后。尾羽基部白色,末端黑而有紫蓝色光泽。喙粉红色,翅膀短,不善飞,

褐马鸡

善走。栖息于高山深林中，主要以植物的茎叶、果实、种子和昆虫等为食。仅存于山西、河北一带。是中国特有的珍稀鸟类。

褐煤/褐煤 hèméi/ㄏㄜˋ ㄇㄟˊ

lignite, brown coal

【地】煤化作用程度较低的煤。通常呈褐色或褐黑色，光泽暗淡。含一定量水分，富含挥发分及腐殖酸。可用作化工原料。

褐铁矿/褐鐵礦

hètiěkuàng/ㄏㄜˋ ㄊㄧㄝˇ ㄎㄨㄤˋ

limonite

【地】以针铁矿和水针铁矿（针铁矿继续氧化形成的矿物）为主的混合物。主要成分为 $Fe_2O_3 \cdot nH_2O$，混有赤铁矿、石英、黏土等。块状、钟乳状、葡萄状、疏松多孔状或粉末状，也常呈结核状或黄铁矿晶形的假象出现。通常呈黄褐至褐黑色，条痕为黄褐色，半金属光泽，莫氏硬度变化大。无磁性。在硫化矿床氧化带中常构成红色的"铁帽"，可作为找矿的标志。是炼铁的原料之一。

褐猿 hèyuán/ㄏㄜˋ ㄩㄢˊ

【动】即"猩猩"(1278 页)。

鹤/鶴 hè/ㄏㄜˋ

crane

【动】鸟名。鹤形目鹤科各种的统称。体形大，头小，颈长，喙长而直，脚细长，后趾小，高于前三趾，羽毛多白色或灰色。栖息于河边或沼泽地带，捕食鱼和昆虫，也吃植物的茎叶、种子等。种类很多，有丹顶鹤、白鹤、灰鹤、黑颈鹤等。分布广泛。

鹤顶兰/鶴頂蘭 hèdǐnglán/ㄏㄜˋ ㄉㄧㄥˇ ㄌㄢˊ

phaius

【植】*Phaius tankervilleae* 兰科鹤顶兰属。多年生草本植物。假鳞茎圆锥形，被鞘。叶互生，长圆状披针形，先端尖，表面有不规则的黄色斑点或条斑。花梗从假鳞茎的基部生出，直立，圆柱形，有鞘；总状花序，花瓣长圆形，背面白色，内面棕色，唇瓣管状，茄紫色，有香气。花期 3—6 月份。在中国，分布于台湾、福建、广东、香港、海南、广西、云南和西藏。观赏花卉。鳞茎有毒。

📖 鹤顶兰的常见种类有大花鹤顶兰、斑叶鹤顶兰和黄花鹤顶兰等。

鹤望兰/極樂鳥 hèwànglán/ㄐㄧˊ ㄌㄜˋ ㄋㄧㄠˇ

bird of paradise

【植】*Strelitzia reginae* 又称"极乐鸟"。芭蕉科鹤望兰属。多年生草本植物。无茎。叶柄细长。叶片长圆状披针形，顶端急尖，下部边缘波状；花数朵生于总花梗上，总花梗下有一枚舟状佛焰苞，绿色带紫红边；萼片披针形，橙黄色；花瓣箭头状，基部具耳状裂片，暗蓝色。花期冬季。在中国，南北方均有栽培。观赏花卉。

hei （ㄏㄟ）

黑茶/黑茶 hēichá/ㄏㄟ ㄔㄚˊ

dark tea

【轻】基本茶类之一。因成品茶呈黑褐色，故名。原料粗老，滋味浓酽，通常用来做茶砖。制造工序为杀青、揉捻、渥堆（把茶坯堆成堆，利用湿热作用促使茶叶内质优化）、干燥，属重发酵茶。按产地不同，可分为湖南黑茶、湖北黑茶、四川黑茶、滇桂黑茶等。名品有普洱茶、六堡茶、老青茶等。

黑大陆学说/黑大陸學説

hēidàlù xuéshuō/ㄏㄟ ㄉㄚˋ ㄌㄨˋ ㄒㄩㄝˊ ㄕㄨㄛ

theory of dark continent

【物流】物流领域中的一种理论。1962 年由美国管理学家彼得·德鲁克(Peter F. Drucker)在《经济的黑大陆》一文中提出。认为"流通是经济领域的黑大陆"，指出当时的经济界对此认识模糊，尚未认识到物流管理存在的问题及有效流通管理对企业发展的重要作用。

黑貂 hēidiāo/ㄏㄟ ㄉㄧㄠ

【动】即"紫貂"(1495 页)。

黑洞/黑洞 hēidòng/ㄏㄟ ㄉㄨㄥˋ

black hole

【天】广义相对论预言的一种极端致密的天体。由大质量天体在自身引力作用下坍缩而成。其引力场极强，包括光在内的任何物质都无法从中逃脱，故无法被直接探测，只能通过其与其他天体和物质的相互作用来间接证实。目前已获公认的黑洞候选体包括 X 射线源天鹅座 X-1、椭圆星系 M87 的核心等。在形成黑洞前的天体可能有各种状态，形成黑洞后只有质量、角动量和电荷三个属性得以保留。

黑粉病/黑穗病 hēifěnbìng/ㄏㄟ ㄈㄣˇ ㄅㄧㄥˋ

smut disease

【农】植物病害的一种。因黑粉菌寄生而引起,病害部位产生黑粉状病菌孢子堆,故名。禾本科作物受害最多,尤其是高粱、玉米发病较为普遍。穗部受害时称"黑穗病"。

黑鹳/黑鸛 hēiguàn/ㄏㄟ ㄍㄨㄢˋ

black stork

【动】*Ciconia nigra* 鸟名。鹳形目鹳科,身体比白鹳稍小,体长约 1 米,头顶、背部和羽翼呈黑褐色,有金属紫绿色光泽,胸腹部白色,嘴和腿红色,能长时间在高空飞翔,栖息于河岸、沼泽、山间溪流附近,以鱼、蛙等为食。分布广泛。

黑 鹳

黑海/黑海 Hēi Hǎi/ㄏㄟ ㄏㄞˇ

Black Sea

【地】海名。位于欧洲东南部与小亚细亚半岛之间,是陆内海。因循环不畅,海水颜色深暗,故名。东西长 1150 千米,南北宽 265～611 千米,面积 42 万平方千米,平均水深 1315 米,最深达 2212 米。西南端经伊斯坦布尔海峡、马尔马拉海和恰纳卡莱海峡连接地中海。沿岸国家有乌克兰、俄罗斯、格鲁吉亚、罗马尼亚、保加利亚和土耳其等。

黑鹮/黑䴉 hēihuán/ㄏㄟ ㄏㄨㄢˊ

black ibis

【动】*Pseudibis papillosa* 鸟名。鹳形目鹮科。身体长约 60 厘米,羽毛黑色,翅膀和背部带蓝绿色光泽。头部裸露,黑色。喙长而直,红色。腿红色。生活在平原、河谷、水边或沼泽地带,以鱼、蛙、蛇、昆虫等为食。分布广泛。

黑 鹮

黑火药/黑火藥 hēihuǒyào/ㄏㄟ ㄏㄨㄛˇ ㄧㄠˋ

black powder

【化】火药的一种。硝酸钾、硫黄和木炭的混合物。燃烧时硝酸钾为氧化剂,不需要空气中氧的助燃,有黑烟,在水下、惰性气体中均可使用。现常用于采石、导火索、猎枪和焰火。

📖 黑火药于唐代(公元 9 世纪)由中国人发明,即中国古代四大发明之一的火药。

黑麂/黑麂 hēijǐ/ㄏㄟ ㄐㄧˇ

black muntjak

【动】*Muntiacus crinifrons* 哺乳动物名。偶蹄目鹿科。体形较大,体长可达 1 米以上,毛棕黑色,额部有簇生的浅色长毛,雄兽有短角。生活在高山密林中,以种子、青草、野果等为食。数量较少,仅见于浙江、重庆、福建和陕西等地。

黑颈鹤/黑頸鶴 hēijǐnghè/ㄏㄟ ㄐㄧㄥˇ ㄏㄜˋ

black-necked crane

【动】*Grus nigricollis* 鸟名。鹤形目鹤科。体形较大,长 1 米以上,头顶裸露有红色肉冠,头和颈部黑色,身体羽毛灰白色,翅膀和尾部黑色。主要生活在高原湖泊和沼泽地带,吃鱼、蛙、螺和昆虫等,也吃植物的茎叶、种子。分布在青藏高原和云贵高原。是中国特有的珍稀鸟类。

黑颈鹤

黑客/駭客 hēikè/ㄏㄞ ㄎㄜˋ

hacker

【信息】利用互联网的安全缺陷或漏洞,非法侵入他人的计算机系统,并加以攻击、破坏或窃取资料的人。

黑磷/黑磷 hēilín/ㄏㄟ ㄌㄧㄣˊ

black phosphorus

【化】磷的一种同素异形体。褐色晶体,蒸气压低,不能自燃,难溶于水。化学性质稳定。具有类似石墨的片状结构,略显金属性,能导电。

黑鹿 hēilù/ㄏㄟ ㄌㄨˋ

【动】即"水鹿"(1066 页)。

黑锰矿/黑錳礦

hēiměngkuàng/ㄏㄟ ㄇㄥˇ ㄎㄨㄤˋ

hausmannite

【地】矿物。成分为$Mn^{2+}2Mn^{4+}O_4$。四方晶

系。晶体呈四方双锥，常呈粒状集合体。黑色，条痕棕橙或红褐色，半金属光泽，莫氏硬度 5.5，密度 4.84 克/厘米³。与褐锰矿等共生。是炼锰的矿物原料。

黑木耳 hēimù'ěr/ㄏㄟ ㄇㄨˋ ㄦˇ

【植】即"木耳"(813 页)。

黑热病/黑熱病 hēirèbìng/ㄏㄟ ㄖㄜˋ ㄅㄧㄥˋ

kala-azar, visceral leishmaniasis

【医】又称"内脏利什曼病"。由杜氏利什曼原虫引起的传染病。经白蛉叮咬传播。主要表现为长期不规则发热、肝脾肿大、贫血、消瘦、白细胞及血小板减少和血浆球蛋白增加等。

黑色金属/鐵類金屬

hēisè jīnshǔ/ㄊㄧㄝˇ ㄌㄟˋ ㄐㄧㄣ ㄕㄨˇ

ferrous metal

【材】铁、铬、锰三种金属及其合金的统称，也有仅指铁及铁基合金的。应用最多的是钢与铸铁。

黑色人种

hēisè rénzhǒng/ㄏㄟ ㄙㄜˋ ㄖㄣˊ ㄓㄨㄥˇ

【地】即"尼格罗人种"(831 页)。

黑水晶 ㄏㄟ ㄕㄨㄟˇ ㄐㄧㄥ/hēishuǐjīng

black quartz

【地】台湾名。即"墨晶"(811 页)。

黑穗病 ㄏㄟ ㄙㄨㄟˋ ㄅㄧㄥˋ/hēisuìbìng

smut disease

【农】台湾名。即"黑粉病"(494 页)。

黑碳气溶胶/黑碳氣溶膠

hēitàn qìróngjiāo/

ㄏㄟ ㄊㄢˋ ㄑㄧˋ ㄖㄨㄥˊ ㄐㄧㄠ

carbon aerosol

【气】气溶胶的重要组成部分。主要由富含碳的物质不完全燃烧，如化石原料和生物质燃料燃烧等产生的粒子，粒径通常为 0.01～1 微米。对可见光和部分红外光谱有很强的吸收能力。在大气中发生的各种化学过程中，如光化学反应、非均相反应、气体转化粒子等起重要作用。

黑陶/黑陶 hēitáo/ㄏㄟ ㄊㄠˊ

black pottery

【轻】陶器的一种。器表呈黑色。陶土有细泥、泥质和夹砂三种，经过淘洗，轮制成型，烧成温度达 1000℃。多用于制作陶瓷艺术品，器形浑圆，造型优美，装饰精巧，具有"黑、薄、光"的艺术特点。

黑体/黑體 hēitǐ/ㄏㄟ ㄊㄧˇ

black body

【物】能把入射的电磁辐射全部吸收而无反射或透射的理想物体。最接近黑体的物体是开有一个小孔的空腔。从小孔进入腔内的辐射，在被腔壁吸收以前，很少有机会反射出来。

黑体辐射/黑體輻射

hēitǐ fúshè/ㄏㄟ ㄊㄧˇ ㄈㄨˊ ㄕㄜˋ

black body radiation

【物】与周围环境处于热平衡的黑体，在吸收辐射的同时以同样速率发出的辐射。能量及波长分布与黑体的热力学温度有关。

黑蛙素 hēiwāsù/ㄏㄟ ㄨㄚ ㄙㄨˋ

【生】即"蓝肽"(710 页)。因从澳大利亚黑雨蛙皮肤中提取而得，故名。

黑钨矿/黑鎢礦

hēiwūkuàng/ㄏㄟ ㄨ ㄎㄨㄤˋ

wolframite

【地】又称"钨锰铁矿"。矿物。成分为 $(Mn,Fe)WO_4$。单斜晶系。晶体呈板状或柱状。褐红色至黑色，条痕黄褐色至黑褐色，金属光泽至半金属光泽，莫氏硬度 4～4.5，密度 7.2～7.5 克/厘米³。是钨铁矿($FeWO_4$)和钨锰矿($MnWO_4$)类质同像系列的中间矿物。是提炼钨的最主要的矿物原料。

黑匣子 hēixiázi/ㄏㄟ ㄒㄧㄚˊ ·ㄗ

【航】"飞行参数记录器"的通称。

黑猩猩/黑猩猩

hēixīngxing/ㄏㄟ ㄒㄧㄥ· ㄒㄧㄥ

chimpanzee

【动】*Pan troglodytes* 哺乳动物名。灵长目猩猩科。直立时高可达 1.5 米，毛黑色，头较圆，耳大，面部灰褐色，无毛，眉骨高，鼻小，唇长，前肢过膝。生活在热带森林中，群居树上，有筑巢习性，能直立行走，以野果、小鸟和昆虫等为食。是与人类最相似的高等动物。

黑熊/黑熊 hēixióng/ㄏㄟ ㄒㄩㄥˊ

black bear

【动】*Ursus thibetanus* 又称"狗熊"。哺乳动物名。食肉目熊科。身体肥壮，体长约 1.8

米。全身大部黑色,胸部有明显的月牙形白斑,颈部和肩部毛较长,耳小而圆,尾短,脚掌大,爪有钩,性孤独,会游泳,能爬树,也能直立行走。多生活在树林中。食性广泛,以植物为主,喜吃蚁类和蜂蜜。在中国分布广泛。

黑曜岩/黑曜岩 hēiyàoyán/ㄏㄟ ㄧㄠˋ ㄧㄢˊ

obsidian

【地】酸性玻璃质喷出岩。成分与流纹岩相当。除含少量斑晶和雏晶外,其余部分全为玻璃质。黑色或黑褐色,块状,玻璃光泽,贝壳状断口。可用作装饰品和工艺品的原料。

黑叶猴/黑葉猴 hēiyèhóu/ㄏㄟ ㄧㄝˋ ㄏㄡˊ

tonkin langur

【动】*Trachypithecus francoisi* 哺乳动物名。灵长目猴科。身体长约 50 厘米,头小,头顶有毛冠,耳基至两颊有白毛,全身黑色,有光泽,体背的毛长而密,臀疣较大,尾比身体长,四肢细长。生活在热带、亚热带阔叶林中,群居,以植物的花、叶、果实等为食。在中国,分布于云南、贵州、广西等地。

黑鱼 hēiyú/ㄏㄟ ㄩˊ

【动】即"鳢"(724 页)。

黑云母/黑雲母 hēiyúnmǔ/ㄏㄟ ㄩㄣˊ ㄇㄨˇ

biotite

【地】云母的一种。成分为 $K(Mg,Fe)_3[AlSi_3O_{10}](OH,F)_2$。单斜晶系。晶体呈假六方片状。黑色或深褐色,玻璃光泽,莫氏硬度 2.5～3,密度 3.02～3.12 克/厘米^3。片状极完全解理,薄片具弹性。广泛用于工业中,超细粉末可作塑料、涂料、油漆、橡胶等的填料。

黑枣 hēizǎo/ㄏㄟ ㄗㄠˇ

【植】"君迁子"的通称。

📖 黑枣不是枣,而是一种野生小柿子。其树木是甜柿的最好砧木。

黑障/黑障 hēizhàng/ㄏㄟ ㄓㄤˋ

ionization blackout

【航】空间飞行器高速返回大气层时,通常在距地球 35～80 千米大气层中发生的通信中断现象。与空间飞行器的外形、材料、再入速度及发射信号的频率、功率有关。

黑障区/無訊號區

hēizhàngqū/ㄨˊ ㄒㄩㄣˋ ㄏㄠˋ ㄑㄩ

blackout range

【航】又称"通信中断区"。航天器再入大气层飞行时航天器通信中断的飞行高度区段。是空间等离子鞘套和航天器天线窗(罩)盖板液态层对无线电波衰减作用所造成的。

黑芝麻/黑芝麻 hēizhīma/ㄏㄟ ㄓ ·ㄇㄚ

Semen Sesami Nigruni(拉), black sesame, * black sesame seed

【中医】中药名。芝麻科植物芝麻 *Sesamum indicum* L.的干燥成熟种子。味甘,性平。归肝、肾、大肠经。补肝肾,益精血,润肠燥。用于头晕眼花,耳鸣耳聋,须发早白,病后脱发,肠燥便秘。

黑肢猴 hēizhīhóu/ㄏㄟ ㄓ ㄏㄡˊ

【动】即"台湾猴"(1097 页)。

黑子 hēizǐ/ㄏㄟ ㄗˇ

【天】"太阳黑子"的简称。

䥺/鏍 hēi/ㄏㄟ

hassium

【化】金属元素。属周期表第ⅧB 族,符号 Hs,原子序数 108。原子量 265.13。有放射性,由人工核反应获取。

📖 1984 年,德国的明岑贝克(G.Münzenberg)等在黑森州重离子研究所首次合成了这一元素;几乎与此同时,苏联的奥格涅斯扬(Oganessiam)等也在杜布纳城核子研究所完成人工合成。拉丁文定名为 hassium,源自 Hasson,意思是德国的"黑森州",用以纪念这种元素的最早合成地。中文定名为"䥺",是形声字,1998 年由两岸化学界人士共同商议确定。

heng (ㄏㄥ)

亨 hēng/ㄏㄥ

【计量】"亨利"的简称。

亨利/亨利 hēnglì/ㄏㄥ ㄌㄧˋ

henry

【计量】简称"亨"。自感、互感、磁导等量的国际单位制单位。符号 H。为纪念美国物理学家亨利(J. Henry,1797—1878)而命名。

恒等式/恆等式

héngděngshì/ㄏㄥˊ ㄉㄥˇ ㄕˋ

identity

【数】用任何使式子有意义的数值代替式中的

字母,总能成立的等式。例如,$a+a=2a$,$\frac{ac}{bc}=\frac{a}{b}$,$a^2-1=(a+1)(a-1)$等。

恒定磁场/恆定磁場
héngdìng cíchǎng/ㄏㄥˊ ㄉㄧㄥˋ ㄘˊ ㄔㄤˇ
steady magnetic field
【电】恒定电流周围空间中存在的一种特殊形态的物质。

恒定电场/駐立電場
héngdìng diànchǎng/ㄓㄨˋ ㄌㄧˋ ㄉㄧㄢˋ ㄔㄤˇ
stationary electric field
【电】伴随恒定电流而存在的电场。

恒定电流/穩定電流
héngdìng diànliú/ㄨㄣˇ ㄉㄧㄥˋ ㄉㄧㄢˋ ㄌㄧㄡˊ
steady current
【物】大小和方向均不随时间变化的电流。

恒河/恆河 Héng Hé/ㄏㄥˊ ㄏㄜˊ
Ganges River
【地】水名。发源于喜马拉雅山南坡,流经印度和孟加拉国,最后注入孟加拉湾。全长2580千米,流域面积90.5万平方千米。下游的恒河三角洲,是世界上最大的三角洲。

恒河猴 hénghéhóu/ㄏㄥˊ ㄏㄜˊ ㄏㄡˊ
【动】即"猕猴"(797页)。

恒河三角洲/恆河三角洲
Héng Hé Sānjiǎozhōu/ㄏㄥˊ ㄏㄜˊ ㄙㄢ ㄐㄧㄠˇ ㄓㄡ
Ganges River Delta
【地】由恒河和布拉马普特拉河冲积而成的三角洲。位于南亚东部,分属孟加拉国和印度。面积51.6万平方千米,平均海拔不足10米,是世界最大的三角洲。地势平坦开阔,形成恒河大平原。属热带湿润气候,土地肥沃,水网密布,盛产稻、黄麻、玉米和甘蔗等。

恒山/恆山 Héng Shān/ㄏㄥˊ ㄕㄢ
Heng Mountain, Hengshan Mountain
【地】五岳之一。位于山西东北部。东北—西南走向,东西长约150千米,有108峰,主峰天峰岭,海拔2016.1米。文物古迹众多,悬空寺为其第一奇观。是五岳中的北岳,中国著名的风景名胜区。

恒温动物/恆溫動物
héngwēn dòngwù/ㄏㄥˊ ㄨㄣ ㄉㄨㄥˋ ㄨˋ
homeotherm
【动】能自动调节体温,在外界温度变化时,能保持体温相对稳定的动物。如鸟类和哺乳类等。

恒星/恆星 héngxīng/ㄏㄥˊ ㄒㄧㄥ
star
【天】由炽热气体组成的、能自己发光的球状或类球状天体。离地球最近的恒星是太阳。太阳系以外的恒星中离地球最近的是半人马座比邻星,它发出的光到达地球需4.22年。因为离地球实在太远,短期内不易发现其在天球上的位置变化,古人认为其位置是不变的,故名。

恒星年/恆星年
héngxīngnián/ㄏㄥˊ ㄒㄧㄥ ㄋㄧㄢˊ
sidereal year
【天】平太阳连续两次过同一恒星黄经圈的时间间隔,即地球绕太阳公转的平均周期。1恒星年=365.256 36平太阳日。恒星年只在天文学上使用。

恆等閘 ㄏㄥˊ ㄉㄥˇ ㄓㄚˊ/héngděngzhá
IDENTITY gate
【信息】台湾名。即"'全同'门"(931页)。

珩磨/搪光 héngmó/ㄊㄤˊ ㄍㄨㄤ
honing
【机】光整加工的一种。用镶嵌在珩磨头上的油石对工件表面施加一定压力,珩磨工具或工件同时做相对旋转和轴向直线往复运动,切除工件上的极小余量。主要加工各种圆柱孔,如缸筒、阀孔、连杆孔和箱体孔等。一定条件下也可加工平面、外圆面、球面、齿面等。

珩磨机/搪光機 héngmójī/ㄊㄤˊ ㄍㄨㄤ ㄐㄧ
honing machine
【机】磨床的一种。利用珩磨头(装有条状油石)等工具加工工件表面。工作时工件通常不动,珩磨头兼做旋转和往复的综合运动,并加入适量润滑油,以磨去极薄的金属层而获得高的加工精度和表面质量。可分为内圆珩磨机、外圆珩磨机、平面珩磨机、球面珩

H

磨机等。

桁架/桁架 héngjià/ㄏㄥˊ ㄐㄧㄚˋ

truss

【建】一种大跨度结构。由各种形式的小三角形组成,具有刚性不变的特点,能够把构件原来整体受弯转化为局部轴向受压或受拉。可以充分利用材料的强度,以较小的杆件拼合在一起,跨越较大空间。适于做屋顶结构和桥梁等。

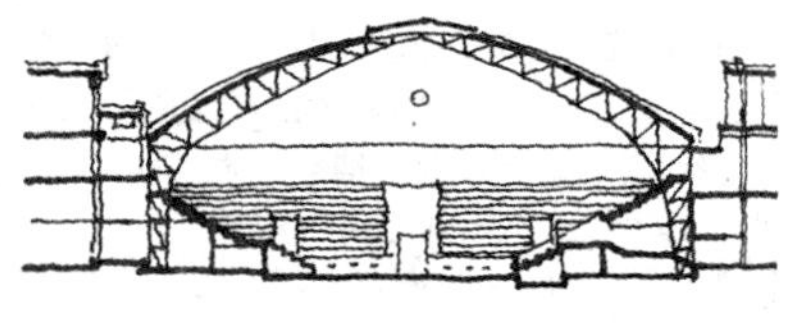

桁 架

桁橋 ㄏㄥˊ ㄑㄧㄠˊ/héngqiáo

beam bridge

【交】台湾名。即"梁桥"(734 页)。

横波/横波 héngbō/ㄏㄥˊ ㄅㄛ

transverse wave

【物】机械波的一种。其质点的振动方向与波传播方向垂直。例如弦上的波。在横波中,凸起的最高处称为波峰,凹下的最低处称为波谷。

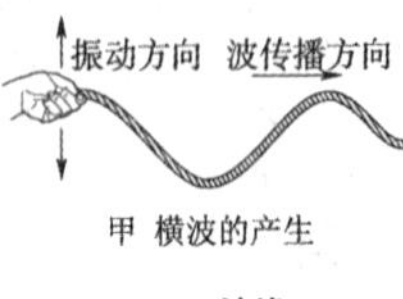

甲 横波的产生

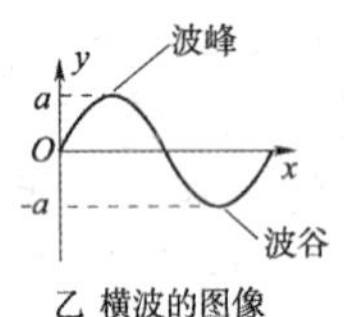

乙 横波的图像

横 波

横断山/横斷山 Héngduàn Shān/ㄏㄥˊ ㄉㄨㄢˋ ㄕㄢ

Hengduan Mountain

【地】山脉名。位于青藏高原东南部,通常指云南和四川西部及西藏东部的南北向山脉。平均海拔约 4000 米,最高峰为贡嘎山,海拔 7556 米。是中国最长、最宽、最典型的南北向山脉。因横断东西交通,故名。

横幅 héngfú/ㄏㄥˊ ㄈㄨˊ

【信息】即"页旗"(1326 页)。

横膈膜 ㄏㄥˊ ㄍㄜˊ ㄇㄛˊ/hénggémó

diaphragm

【医】台湾名。即"膈"(402 页)。

横贡缎/棉緞

hénggòngduàn/ㄇㄧㄢˊ ㄉㄨㄢˋ

sateen

【纺】棉织物名。用较细的棉纱,以纬面缎纹组织织成的织物。纬线密度大于经线密度,呈不明显的斜纹效应。可分为纱横贡和半线横贡等。

横贡呢 hénggòngní/ㄏㄥˊ ㄍㄨㄥˋ ㄋㄧˊ

【纺】即"礼服呢"(722 页)。

横滚/滚擺 hénggǔn/ㄍㄨㄣˇ ㄅㄞˇ

roll

【航】飞机特技飞行之一。航空器绕机体纵轴滚转 360°的飞行模式。按滚转速度不同,可分为快滚和慢滚;按滚转高度变化不同,可分为上升横滚、下滑横滚和水平横滚;按滚转圈数不同,可分为一次横滚和多次横滚。

横流扇 ㄏㄥˊ ㄌㄧㄡˊ ㄕㄢˋ/héngliúshàn

cross-flow fan

【机】台湾名。即"横流式通风机"(498 页)。

横流式通风机/横流扇

héngliúshì tōngfēngjī/ㄏㄥˊ ㄌㄧㄡˊ ㄕㄢˋ

cross-flow fan

【机】通风机的一种。气体沿着垂直于叶轮轴线的方向进入和流出。

横倾/傾側 héngqīng/ㄑㄧㄥ ㄘㄜˋ

heel

【船】船舶自正浮位置向右舷或左舷倾斜的浮态(船在静水中的平衡状态)变化。外力或船上重物横向移动等都会引起横倾。

横纹肌 héngwénjī/ㄏㄥˊ ㄨㄣˊ ㄐㄧ

【医】即"骨骼肌"(427 页)。

横轴墨卡托投影

héngzhóu Mòkǎtuō tóuyǐng/ㄏㄥˊ ㄓㄡˊ ㄇㄛˋ ㄎㄚˇ ㄊㄨㄛ ㄊㄡˊ ㄧㄥˇ

【测绘】即"高斯一克吕格投影"(394 页)。

衡量 héngliáng/ㄏㄥˊ ㄌㄧㄤˊ

【计量】即"称量"(122 页)。

衡器/衡器 héngqì/ㄏㄥˊ ㄑㄧˋ

weighing instrument

【机】利用作用于物体上的重力等各种称量原理,确定物体的质量或作为质量函数的其他量值、数值、参数或特性的一种计量仪器。按衡器的特征或功能等不同，可分为不同的种类。如按衡器准确度等级不同，可分为秤和天平；按其操作方式不同，可分为自动衡器和非自动衡器。

衡山/衡山 Héng Shān/ㄏㄥˊ ㄕㄢ

Hengshan Mountain

【地】又称“南山”。五岳之一。位于湖南衡阳。有七十二群峰，总面积 183 平方千米。主峰祝融峰，海拔 1300.2 米。层峦叠嶂，茂林修竹，终年翠绿，四季芳香，自然景色秀丽。是五岳中的南岳，中国著名的风景名胜区。

hong （ㄏㄨㄥ）

轰炸机/轟炸機 hōngzhàjī/ㄏㄨㄥ ㄓㄚˋ ㄐㄧ

bomber

【军】作战飞机的一种。以空地导弹、航空炸弹、航空鱼雷为基本武器，具有轰炸能力。分为战略轰炸机和战术轰炸机。

红斑性烧伤

hóngbānxìng shāoshāng/ㄏㄨㄥˊ ㄅㄢ ㄒㄧㄥˋ ㄕㄠ ㄕㄤ

【医】即“一度烧伤”(1329 页)。

红宝石/紅寶石

hóngbǎoshí/ㄏㄨㄥˊ ㄅㄠˇ ㄕˊ

ruby

【地】一种刚玉。因含铬而呈浅红至深红色，铬含量越高，颜色越鲜艳。产于亚洲、非洲、澳大利亚和美国。天然红宝石少见，工业上主要用人造红宝石。

红茶/紅茶 hóngchá/ㄏㄨㄥˊ ㄔㄚˊ

black tea

【轻】又称“全发酵茶”。基本茶类之一。红叶红汤为其品质特征，故名。滋味醇厚。制造工序为萎凋、揉捻、发酵、干燥，属全发酵茶。按制造方法不同，可分为小种红茶、工夫红茶和红碎茶。主要产于云南、海南、广东、广西、安徽等地。名品有滇红、祁红等。

红潮 hóngcháo/ㄏㄨㄥˊ ㄔㄠˊ

【环】即“赤潮”(130 页)。

红豆 hóngdòu/ㄏㄨㄥˊ ㄉㄡˋ

【植】即“赤豆”(131 页)。

红豆杉/紅豆杉

hóngdòushān/ㄏㄨㄥˊ ㄉㄡˋ ㄕㄢ

Chinese yew

【植】*Taxus wallichiana* var. *chinensis* 红豆杉科红豆杉属。常绿乔木。树皮褐色，条片状脱落。大枝开展，小枝互生。叶螺旋状着生，排成两列，条形，先端尖，下面有两条气孔带。雌雄异株，雄球花单生叶腋，淡黄色。种子生于红色杯状的假种皮内，卵圆形，上部渐窄，先端尖。在中国，分布于四川，以及甘肃、陕西的南部，湖北、湖南、贵州、云南、广西的局部地区。中国特有种。

红豆杉

📖 红豆杉是第四纪冰川遗留下来的古老树种，享有植物王国里的“天然活化石”之誉。

红鹳/紅鸛 hóngguàn/ㄏㄨㄥˊ ㄍㄨㄢˋ

flamingo

【动】*Phoenicopterus ruber* 通称“火烈鸟”。鸟名。鹳形目红鹳科。外形像鹳，喙短而向下弯曲，颈部很长，常呈 S 形弯曲，羽毛白色微红，趾间有蹼。栖息于咸水湖沼泽、浅滩，以鱼、甲壳类、昆虫和水草等为食。多分布于北美洲、南美洲。

红 鹳

红菇娘 hónggūniáng/ㄏㄨㄥˊ ㄍㄨ ㄋㄧㄤˊ

【植】即“酸浆”(1087 页)。

红鬼笔/紅鬼筆

hóngguǐbǐ/ㄏㄨㄥˊ ㄍㄨㄟˇ ㄅㄧˇ

red phalloidin

【植】*Phallus rubicundus* 又称“狗溺台”。菌类。鬼笔科鬼笔属。子实体中等或较大，有红色圆柱形菌柄，柄中空，下部渐粗，色淡，菌托白色，靠近顶部橘红至深红色。菌盖近钟形，有网纹格，浅红至橘红色，上面有灰黑色恶臭的黏液，顶端有孔口。在中国，分布于各地。多生长在腐殖质多的地方。

可入药。

红海/紅海 Hóng Hǎi/ㄏㄨㄥˊ ㄏㄞˇ

Red Sea

【地】海名。位于印度洋的西北部,非洲东北部与阿拉伯半岛之间。因海藻生长茂盛,海水呈红色,故名。从西北到东南长2100千米,最宽处306千米,面积45万平方千米。西北端经苏伊士运河连接地中海,东南端经曼德海峡与亚丁湾相连。是贯通欧亚的重要海上通道。

红花/紅花 hónghuā/ㄏㄨㄥˊ ㄏㄨㄚ

Flos Carthami(拉), safflower, * carthamus flower

【中医】中药名。菊科植物红花 *Carthamus tinctorius* L.的干燥花。味辛,性温。归心、肝经。活血通经,散瘀止痛。用于经闭,痛经,恶露不行,癥瘕痞块,跌扑损伤,疮疡肿痛。

红 花

📖 藏红花是鸢尾科植物番红花的干燥花柱头,功效与红花近似,但力量较强,兼有凉血解毒之功。藏红花的产地不是西藏,而是欧洲和中亚地区,因经过西藏转运入中原,故名,又称"西红花"。又,孕妇慎用。

红花羊蹄甲/紅花羊蹄甲 hónghuā yángtíjiǎ/ㄏㄨㄥˊ ㄏㄨㄚ ㄧㄤˊ ㄊㄧˊ ㄐㄧㄚˇ

red bauhinia

【植】*Bauhinia blakeana* 又称"洋紫荆"。豆科羊蹄甲属。落叶乔木。树皮光滑,枝伸展,呈之字形曲折。叶革质,广卵形,基部心形,先端二裂,似羊蹄甲。总状花序极短缩,花蕾纺锤形,花大,花萼佛焰苞状,花瓣倒卵形或倒披针形,淡红色杂有黄绿色或暗紫色斑纹。花期全年,春季最盛。在中国,分布于南方各地。观赏花木。

红化/紅化 hónghuà/ㄏㄨㄥˊ ㄏㄨㄚˋ

reddening

【天】恒星光线通过星际空间时,因星际尘埃的选择消光效应而造成星光变红的现象。星际空间中存在大量由石墨、硅酸盐、碳化硅等尘粒组成的消光物质,它们对长波散射小,对短波散射大,产生选择消光效应。由于可见光中红光的波长最长,较少被散射,所以从地球上看,远处恒星的颜色会比没有散射时红。

红景天/紅景天 hóngjǐngtiān/ㄏㄨㄥˊ ㄐㄧㄥˇ ㄊㄧㄢ

㊀ rhodiola, ㊁ Herbaet Rhizoma Rhodiolae Crenulatae(拉), rose-boot

㊀【植】*Rhodiola rosea* 景天科红景天属。多年生草本植物。根粗壮,圆锥形,肉质。根茎短,粗壮,被覆瓦状排列的鳞片。叶疏生,长圆形至长圆状宽卵形,肉质,全缘。伞房状花序生于叶腋,密集多花,雌雄异株,花瓣四枚,黄绿色。花期4—6月份。在中国,分布于吉林、新疆、西藏、山西、河北的高寒地带。野生植物。根和根茎入药。㊁【中医】中药名。景天科植物大花红景天 *Rhodiola crenulata*(Hook.f.et Thoms.)H.Ohba 的干燥根及根茎。味甘、苦,性平。归肺、心经。益气活血,通脉平喘。用于气虚血瘀,胸痹心痛,中风偏瘫,倦怠气喘。

红巨星/紅巨星 hóngjùxīng/ㄏㄨㄥˊ ㄐㄩˋ ㄒㄧㄥ

red giant

【天】红色或橙色的巨星。是恒星的晚期状态,存在时间较短。表面有效温度下降,使恒星颜色偏向红色,金牛座的毕宿五、牧夫座的大角星等均为红巨星。

红磷/紅磷 hónglín/ㄏㄨㄥˊ ㄌㄧㄣˊ

red phosphorus

【化】又称"赤磷"。磷的一种同素异形体。红褐色固体,蒸气压低,不能自燃,难溶于水,无毒。可用于制磷肥、烟火、火柴、杀虫剂等。

红龙果 hónglóngguǒ/ㄏㄨㄥˊ ㄌㄨㄥˊ ㄍㄨㄛˇ

【植】即"火龙果"(553页)。

红绿灯 hónglǜdēng/ㄏㄨㄥˊ ㄌㄩˋ ㄉㄥ

【交】"交通信号灯"的通称。

红皮松 hóngpísōng/ㄏㄨㄥˊ ㄆㄧˊ ㄙㄨㄥ

【植】即"油松"(1366页)。

红萍 hóngpíng/ㄏㄨㄥˊ ㄆㄧㄥˊ

【植】即"满江红"(783页)。

红苕 hóngsháo/ㄏㄨㄥˊ ㄕㄠˊ

【植】即“番薯”(310 页)。

红薯 hóngshǔ/ㄏㄨㄥˊ ㄕㄨˇ

【植】即“番薯”(310 页)。

红丝疔/紅絲疔

hóngsīdīng/ㄏㄨㄥˊ ㄙ ㄉㄧㄥ

acute lymphangitis, * red-thread clove sore

【中医】中医外科疾病之一。因火毒凝聚或损伤感染所致,发于四肢,症见皮肤呈红丝显露,迅速向上走窜,疼痛发热等。相当于急性淋巴管炎。治宜清热解毒,内服五味消毒饮加减,配合外治法。

红髓/紅髓 hóngsuǐ/ㄏㄨㄥˊ ㄙㄨㄟˇ

red pulp

【生】脾脏白髓周围的区域。包括脾索和脾窦,脾索含大量 B 细胞、浆细胞、巨噬细胞和树突状细胞。由脾索围成的脾窦内充满血液,脾索和脾窦壁上的巨噬细胞能吞噬和清除血液中的衰老红细胞和病原体。

红陶/紅土陶

hóngtáo/ㄏㄨㄥˊ ㄊㄨˇ ㄊㄠˊ

red pottery, terra-cotta

【轻】陶器的一种。器表呈红色。主要以黏土为原料制坯,陶坯入窑后用氧化焰焙烧,烧成温度为 800～1100 ℃,陶胎中的铁氧化为三价铁而呈红色。按陶胎粗细及含砂与否,可分为泥质红陶和夹砂红陶。

红外干扰弹

hóngwài gānrǎodàn/

ㄏㄨㄥˊ ㄨㄞˋ ㄍㄢ ㄖㄠˇ ㄉㄢˋ

【军】即“干扰弹”(378 页)。

红外干扰机/紅外干擾機

hóngwài gānrǎojī/ㄏㄨㄥˊ ㄨㄞˋ ㄍㄢ ㄖㄠˇ ㄐㄧ

infrared jammer

【军】使用载体上专门的红外辐射源,发射红外干扰信号以破坏红外制导导弹的跟踪,保护载体免遭攻击的光电有源干扰设备。能欺骗、致盲敌方空空、地空、反舰或反坦克红外(点源、成像)制导武器,使跟踪误差加大或最终丢失目标。广泛用于飞机、直升机、舰船和战车等的自卫,主要性能指标有连续工作时间、干扰功率、有效作用范围和调制样式等。可分为非定向红外干扰机和定向红外干扰机。

红外跟踪技术/紅外追蹤技術

hóngwài gēnzōng jìshù/

ㄏㄨㄥˊ ㄨㄞˋ ㄓㄨㄟ ㄗㄨㄥ ㄐㄧˋ ㄕㄨˋ

infrared tracking technique

【航】通过感知目标红外辐射,实现目标跟踪的技术。运用红外探测敏感装置实时探测,形成目标二维空间角坐标,产生识别误差信号,由跟踪回路使光轴实时、自动瞄准辐射源或给出源在视场内的位置坐标,实现跟踪。

红外热像仪

hóngwài rèxiàngyí/ㄏㄨㄥˊ ㄨㄞˋ ㄖㄜˋ ㄒㄧㄤˋ ㄧˊ

【机】即“热像仪”(942 页)。

红外通信/紅外線通信

hóngwài tōngxìn/

ㄏㄨㄥˊ ㄨㄞˋ ㄒㄧㄢˋ ㄊㄨㄥ ㄒㄧㄣˋ

infrared communication

【信息】利用红外线传输信息的通信方式。可用于室内通信、近距离遥控、沿海岛屿之间辅助通信、飞机内广播、载人航天器内航天员间的通信等。

红外线/紅外線

hóngwàixiàn/ㄏㄨㄥˊ ㄨㄞˋ ㄒㄧㄢˋ

infrared ray

【物】波长范围 770 纳米～1 毫米的电磁波。比红光波长更短,不能引起视觉,具有显著的热效应,易于被物体吸收。广泛应用于通信、探测、医疗等领域。

红细胞/紅血球

hóngxìbāo/ㄏㄨㄥˊ ㄒㄧㄝˇ ㄑㄧㄡˊ

erythrocyte

【生】血液中的一类细胞。含有血红蛋白,双凹圆盘状,成熟的无细胞核,也无高尔基体和线粒体等,具有弹性和可塑性,可通过毛细血管。主要功能是运输氧、二氧化碳、电解质、葡萄糖及氨基酸等,在酸碱平衡中有一定的缓冲作用。

红线/紅線 hóngxiàn/ㄏㄨㄥˊ ㄒㄧㄢˋ

boundary line, property line

【建】各类建筑工程用地的使用权属范围的边界线。可分为用地红线、道路红线和建筑红线。建筑总体规划图上,在路幅外缘用红笔画出的道路和其他用地的界限。

红叶/紅葉 hóngyè/ㄏㄨㄥˊ ㄧㄝˋ

red leaf, ash-colored smoketree

【植】*Cotinus coggygris* var. *cinerea* 黄栌的变种。叶卵圆至近圆形,两面有毛。入秋变为红色。在中国,分布于河北、北京、山东、河南等地。欧洲东南部也有分布。

红移/紅移 hóngyí/ㄏㄨㄥˊ ㄧˊ

redshift

【天】天体谱线的观测波长相对于实验室中的谱线向长波方向发生的移动。天文学上观测到的红移通常有三类起源,即相对于观测者的径向运动引起的多普勒红移、宇宙膨胀引起的宇宙学红移,以及强引力场造成的引力红移。

红柱石/紅柱石

hóngzhùshí/ㄏㄨㄥˊ ㄓㄨˋ ㄕˊ

andalusite

【地】矿物。成分为 $Al_2[SiO_4]O$。与蓝晶石、夕线石为同质多象,常含锰和铁。斜方晶系。晶体呈柱状,横断面近正方形,集合体呈放射状,形似菊花。灰白、褐色或红色,玻璃光泽,莫氏硬度 7,密度3.1~3.2 克/厘米^3。可用作耐火材料,透明色美的可作宝石。

宏量营养素/巨量養分

hóngliàng yíngyǎngsù/ㄐㄩˋ ㄌㄧㄤˋ ㄧㄤˇ ㄈㄣˋ

macronutrient

【医】需要量相对较多的营养素。主要包括糖类、脂肪、蛋白质,以及钙、钠、镁和钾。

虹/虹 hóng/ㄏㄨㄥˊ

rainbow

【气】阳光射入细小水滴(雨滴、毛毛雨滴或雾滴)经折射和反射而在雨幕或雾幕上形成视角半径约 42°的彩色(内紫外红)或白色光环。

虹吸式雨量计/虹吸雨量儀

hóngxīshì yǔliàngjì/ㄏㄨㄥˊ ㄒㄧ ㄩˇ ㄌㄧㄤˋ ㄧˊ

siphon rainfall recorder

【气】雨量计的一种。由承水器、浮子室、自记钟和外壳构成。浮子室中的浮子随水位浮动,带动与之相连的记录笔,将水量记录到跟随自记钟旋转的记录纸上。浮子室中水满时,通过设置的虹吸管自动排空,开始下一时段的测量。

虹吸雨量儀

ㄏㄨㄥˊ ㄒㄧ ㄩˇ ㄌㄧㄤˋ ㄧˊ/hóngxī yǔliàngyí

siphon rainfall recorder

【气】台湾名。即“虹吸式雨量计”(502 页)。

洪泛区/洪水平原

hóngfànqū/ㄏㄨㄥˊ ㄕㄨㄟˇ ㄆㄧㄥˊ ㄩㄢˊ

flood plain

【水利】江河中下游沿岸、湖泊周围、海滨一带易受洪水淹没的区域,即经过长期洪水泛滥冲积而成的平原。其中已经修筑堤圩保护的称防洪保护区,没有修筑堤圩保护的称自然泛区。

洪水/洪水 hóngshuǐ/ㄏㄨㄥˊ ㄕㄨㄟˇ

flood

【水利】流域内面积大、强度高、时间长的暴雨、融雪等汇入江河,形成特大水流,使水位急剧上涨的现象。

洪水法 ㄏㄨㄥˊ ㄕㄨㄟˇ ㄈㄚˇ/hóngshuǐfǎ

flooding

【心】台湾名。即“冲击疗法”(133 页)。

洪水平原

ㄏㄨㄥˊ ㄕㄨㄟˇ ㄆㄧㄥˊ ㄩㄢˊ/hóngshuǐ píngyuán

flood plain

【水利】台湾名。即“洪泛区”(502 页)。

紅鹿 ㄏㄨㄥˊ ㄌㄨˋ/hónglù

red deer, wapiti

【动】台湾名。即“马鹿”(779 页)。

紅脈熊蟬

ㄏㄨㄥˊ ㄇㄞˋ ㄒㄩㄥˊ ㄔㄢˊ/hóngmài xióngchán

cicada

【动】台湾名。即“蚱蝉”(1416 页)。

紅泥 ㄏㄨㄥˊ ㄋㄧˊ/hóngní

red mud

【环】台湾名。即“赤泥”(131 页)。

紅土陶 ㄏㄨㄥˊ ㄊㄨˇ ㄊㄠˊ/hóngtǔtáo

red pottery, terra-cotta

【轻】台湾名。即“红陶”(501 页)。

紅外線通信

ㄏㄨㄥˊ ㄨㄞˋ ㄒㄧㄢˋ ㄊㄨㄥ ㄒㄧㄣˋ/

hóngwàixiàn tōngxìn

infrared communication

【信息】台湾名。即“红外通信”(501 页)。

紅外追蹤技術
ㄏㄨㄥˊ ㄨㄞˋ ㄓㄨㄟ ㄗㄨㄥ ㄐㄧˋ ㄕㄨˋ/
hóngwài zhuīzōng jìshù
infrared tracking technique
【航】台湾名。即“红外跟踪技术”(501 页)。

紅血球 ㄏㄨㄥˊ ㄒㄩㄝˋ ㄑㄧㄡˊ/hóngxuèqiú
erythrocyte
【医】台湾名。即“红细胞”(501 页)。

鸿雁/鴻雁 hóngyàn/ㄏㄨㄥˊ ㄧㄢˋ
swan goose
【动】*Anser cygnoides* 又称“大雁”。鸟类名。雁形目鸭科。雄鸟体长可达 1 米,雌鸟较小,喙扁平,黑色,雄鸟喙基有一膨大的瘤。腿短,趾间有蹼,羽毛紫褐色或棕灰色,腹部白色,有黑色条状横纹。栖息于水边或沼泽地带,以植物的叶、芽、种子为食,也吃鱼、甲壳类和昆虫等。飞行时成一字形或人字形有序队列,鸣声响亮。主要分布于东亚地区。

鸿 雁

hou (ㄏㄡ)

喉/喉 hóu/ㄏㄡˊ
larynx
【医】呼吸道的组成部分和发声器官。由甲状软骨、环状软骨和会厌软骨及韧带、肌肉等构成。位于颈前部正中,上界为会厌上缘,下界为环状软骨下缘。

喉痹/喉痹 hóubì/ㄏㄡˊ ㄅㄧˋ
throat obstruction, pharyngitis,
* throat impediment
【中医】中医喉病之一。因外邪犯咽,或邪滞于咽日久,或脏腑虚损,咽喉失养,或虚火上灼,咽部气血不畅所致,症见咽部红肿疼痛,或干燥、异物感、咽痒不适、吞咽不利等。“喉痹”首见帛书《五十二病方》。

喉形管流量计
hóuxíngguǎn liúliàngjì/
ㄏㄡˊ ㄒㄧㄥˊ ㄍㄨㄢˇ ㄌㄧㄡˊ ㄌㄧㄤˋ ㄐㄧˋ
【机】即“文丘里流量计”(1195 页)。

喉炎/喉炎 hóuyán/ㄏㄡˊ ㄧㄢˊ
laryngitis
【医】因喉部黏膜感染引起的炎症。常见症状为喉部不适,如喉部干燥、刺痛、烧灼感、异物感、声音嘶哑、分泌物增加等。

猴/猴 hóu/ㄏㄡˊ
monkey
【动】通称“猴子”。哺乳动物名。灵长目猴科。外形略像人,颜面和耳裸出,身上有毛,灰褐色,尾长,臀部皮厚、红色,口腔有储存食物的颊囊。行动灵活,群居,生活在山林中,以果实、野菜、鸟卵和昆虫等为食。种类很多,分布广泛。

猴头菇/猴頭菇 hóutóugū/ㄏㄡˊ ㄊㄡˊ ㄍㄨ
【植】即“猴头菌”(503 页)。

猴头菌/猴頭菇 hóutóujūn/ㄏㄡˊ ㄊㄡˊ ㄍㄨ
hericium
【植】*Hericium erinaceus* 又称“猴头菇”。菌类。猴头菌科猴头菌属。子实体多单生,扁半球形或头状,生有无数肉质软刺;新鲜时肉质,无臭无味,干后奶酪质或软木栓质,略有馊味。菌齿圆柱形,新鲜时白色,肉质,干后黄褐色,硬纤维质。中国各地均有栽培。生于栎树上。药食兼用。

📖 猴头菌的子实体扁半球形或头状,有无数细长下垂的肉质软刺,形似猴头,故名。

骺板/骨骺板 hóubǎn/ㄍㄨˇ ㄏㄡˊ ㄅㄢˇ
epiphyseal plate
【医】又称“生长板”。位于骨骺与干骺端之间的一层软骨板。是生长期骨骼的生长发育部位。骺板发育至成熟阶段,其软骨增殖与成骨活动相继结束,自身完全骨化。骨骺与干骺端融合,骺板被骺线取代。

后备保护/後備保護
hòubèi bǎohù/ㄏㄡˋ ㄅㄟˋ ㄅㄠˇ ㄏㄨˋ
backup protection
【电】主保护设备或断路器拒动时,用于切除故障或结束异常情况的保护。

后掠翼/後掠翼 hòulüèyì/ㄏㄡˋ ㄌㄩㄝˋ ㄧˋ
swept back wing
【航】机翼后掠角等于或大于 20°的机翼,即机翼前、后缘都向后伸展的飞机机翼。相对于后掠角较小的平直机翼,可有效降低超声速飞行下的阻力,提高飞行速度;同时,还可增加机翼厚度容积,提升燃油装载量,增加飞行距离。

后现代主义建筑/後現代主義建築 hòuxiàndài zhǔyì jiànzhù/ㄏㄡˋ ㄒㄧㄢˋ ㄉㄞˋ ㄓㄨˇ ㄧˋ ㄐㄧㄢˋ ㄓㄨˊ

Post-Modernism Architecture

【建】20 世纪 60 年代起源于美国,70 年代活跃在欧美、日本的一种建筑风格。抨击现代主义单纯以功能为中心,致使现代建筑千篇一律,现代城市单调乏味。主张利用装饰来丰富建筑形式,满足心理要求。装饰元素源于历史符号和通俗文化,运用折中、戏谑和轻松的组合方式。

后像/後像 hòuxiàng/ㄏㄡˋ ㄒㄧㄤˋ

afterimage

【心】当刺激停止作用以后,感觉并不立刻消失的现象。分为正后像和负后像。正后像是保持刺激物具有的同一品质,负后像是保持刺激物具有的相反品质。如红色正后像是红色,负后像是其补色(蓝色)。

后遗症/後遺症 hòuyízhèng/ㄏㄡˋ ㄧˊ ㄓㄥˋ

sequela

【医】某些疾病在恢复期结束后,遗留下来的某些组织或器官仍有不能消失的症状、体征或功能障碍。

后肢/後肢 hòuzhī/ㄏㄡˋ ㄓ

hind leg, posterior limb

【动】昆虫或有四肢的脊椎动物身体后部的两肢。

厚度表 hòudùbiǎo/ㄏㄡˋ ㄉㄨˋ ㄅㄧㄠˇ

【机】即“测厚规”(99 页)。

厚度计/厚度計 hòudùjì/ㄏㄡˋ ㄉㄨˋ ㄐㄧˋ

thickness meter

【机】测量并显示物体厚度的仪表。可分为电涡流厚度计、超声波厚度计、微波厚度计、β 射线厚度计、γ 射线厚度计、X 射线厚度计等。

厚朴/厚朴 hòupò/ㄏㄡˋ ㄆㄛˋ

㊀houpu,㊁Cortex Magnoliae Officinalis(拉), officinal magnolia bark

㊀【植】*Houpoëa officinalis* 木兰科厚朴属。落叶乔木。树皮厚,褐色,不开裂。叶近革质,聚生于枝端,长圆状倒卵形,基部楔形,边缘微波状。花梗粗短,花白色,有香气;花被片厚肉质,外轮三片淡绿色,长圆状倒卵形,盛开时向外反卷;内两轮白色,倒卵状匙形。花期 5—6 月份。在中国,分布于陕西南部、甘肃东南部、河南东南部、湖北西部、湖南西南部、四川(中部、东部)、贵州东北部。观赏树木。树皮可入药。㊁【中医】中药名。木兰科植物厚朴 *Magnolia officinalis* Rehd. et Wils.或凹叶厚朴 *M. officinalis* Rehd. et Wils. var. *biloba* Rehd. et Wils. 的干燥干皮、根皮及枝皮。味苦、辛,性温。归脾、胃、肺、大肠经。燥湿消痰,下气除满。用于湿滞伤中,脘痞吐泻,食积气滞,腹胀便秘,痰饮喘咳。

厚 朴

後備飛機 ㄏㄡˋ ㄅㄟˋ ㄈㄟ ㄐㄧ/hòubèi fēijī

supporting aircraft

【军】台湾名。即“保障飞机”(40 页)。

候车室/候車室 hòuchēshì/ㄏㄡˋ ㄔㄜ ㄕˋ

waiting room

【交】供旅客候车,等待检票进站的场所。通常具有通风、采光、采暖、防暑、座椅、饮水等设备。大中型车站除按旅客去向、列车性质或种类不同分别设置普通候车室外,还单独设置母婴候车室、贵宾室、软席候车室及军人候车室等。

候机厅/候機室 hòujītīng/ㄏㄡˋ ㄐㄧ ㄕˋ

airport lounge

【航】机场内供旅客等候乘机的大厅。通常隔离成内外两部分。外隔离区域供购票、办理登机手续、行李托运和等候登机,内隔离区域与候机坪相接。内外区域由安检通道相连,通过安检进入内隔离区域就可等候并通过登机口登机。

候機室 ㄏㄡˋ ㄐㄧ ㄕˋ/hòujīshì

airport lounge

【航】台湾名。即“候机厅”(504 页)。

候鸟/候鳥 hòuniǎo/ㄏㄡˋ ㄋㄧㄠˇ

migratory bird

【动】台湾又称“遷鳥”。随季节不同而定时迁徙的鸟类。春夏季在某个地区繁殖,秋季飞到较暖的地区越冬,第二年春季再飞回原地的鸟,称夏候鸟,如黄鹂、杜鹃等;冬季在某个地区生活,春季飞到较远且较冷的地区繁殖,秋季又飞回原地的鸟,称冬候鸟,如野鸭、鸿雁等。

鲎/鱟 hòu/ㄏㄡˋ

horseshoe crab

【动】*Tachypleus tridentatus* 又称"东方鲎",俗称"鲎鱼"。节肢动物名。肢口纲剑尾目鲎科。身体分头胸部、腹部和尾部。头胸部的甲壳略呈马蹄形,腹部略呈六角形,两侧有锐棘,尾部呈剑状。生活在浅海中。以贝类和海中动物尸体为食。分布于太平洋,常见于中国浙江以南沿海。

鲎虫/鱟蟲 hòuchóng/ㄏㄡˋ ㄔㄨㄥˊ

triops

【动】又称"水鳖子"。甲壳动物名。背甲目鲎虫科。身体扁平,长约 10 厘米,头胸部有椭圆形甲壳,腹部细长,尾部呈叉状。生活在水田或池沼中,以有机体的碎屑或水生生物为食。生命力极强,已生存了两亿多年。

hu (ㄏㄨ)

呼叫/呼叫 hūjiào/ㄏㄨ ㄐㄧㄠˋ

call

【信息】通信中将用户请求接通并得到响应。

呼叫方 ㄏㄨ ㄐㄧㄠˋ ㄈㄤ/hūjiàofāng

calling party

【信息】台湾名。即"主叫方"(1477 页)。

呼叫器 ㄏㄨ ㄐㄧㄠˋ ㄑㄧˋ/hūjiàoqì

pager, beeper

【信息】台湾名。即"寻呼机"(1299 页)。

呼救信号/呼救信號

hūjiù xìnhào/ㄏㄨ ㄐㄧㄡˋ ㄒㄧㄣˋ ㄏㄠˋ

calling help signal

【交】人员、船舶、飞机在遇到事故等危险时发出的要求救助的信号。一般以无线电报等通信方式发出莫尔斯电码 SOS 进行呼救。自 1999 年 2 月起,全球海上遇险与安全系统投入使用,在世界各国全面启用。

呼礼塔 hūlǐtǎ/ㄏㄨ ㄌㄧˇ ㄊㄚˇ

【建】即"光塔"(444 页)。

呼吸/呼吸 hūxī/ㄏㄨ ㄒㄧ

respiration

【医】人体依靠呼吸系统与外界进行气体交换的活动。包括三个相互联系的环节,即外呼吸(肺呼吸)、内呼吸(组织呼吸)和血液的气体运输。

呼吸道感染/呼吸道感染

hūxīdào gǎnrǎn/ㄏㄨ ㄒㄧ ㄉㄠˋ ㄍㄢˇ ㄖㄢˇ

respiratory tract infection

【医】致病微生物侵入呼吸道并进行繁殖导致的急性炎症。按其部位不同,可分为上呼吸道感染和下呼吸道感染。前者包括鼻炎、咽炎和喉炎,后者包括气管炎、支气管炎和肺炎。

呼吸困难/呼吸困難

hūxī kùnnan/ㄏㄨ ㄒㄧ ㄎㄨㄣˋ ·ㄋㄢ

dyspnea

【医】呼吸功能不全的重要症状。患者有空气不足或呼吸费力的感觉,表现呼吸肌和辅助呼吸肌均参与呼吸运动,通气增加,呼吸频率、深度与节律发生改变,严重时出现鼻翼扇动,发绀,端坐呼吸。

呼吸商/呼吸商

hūxīshāng/ㄏㄨ ㄒㄧ ㄕㄤ

respiratory quotient

【医】又称"气体交换率"。生物体在同一时间内,释放二氧化碳与吸入氧气的体积之比。即在一定时间内,机体呼吸作用所释放的二氧化碳和吸入的氧气的分子之比。

呼吸衰竭/呼吸衰竭

hūxī shuāijié/ㄏㄨ ㄒㄧ ㄕㄨㄞ ㄐㄧㄝˊ

respiratory failure

【医】由于肺内外各种原因引起的肺通气和/或换气功能严重障碍,以致不能进行有效的气体交换,产生严重的缺氧和/或高碳酸血症,从而引起一系列生理功能和代谢紊乱的临床综合征。

呼吸中枢/呼吸中樞

hūxī zhōngshū/ㄏㄨ ㄒㄧ ㄓㄨㄥ ㄕㄨ

respiratory center

【医】中枢神经系统中产生和调节呼吸运动的神经元群。分布于脊髓、脑干、间脑、大脑皮质等各级部位,参与呼吸节律的产生和调节,共同实现机体的正常呼吸运动。

狐/狐 hú/ㄏㄨˊ

fox

【动】*Vulpes vulpes* 通称“狐狸”。哺乳动物名。食肉目犬科。外形略像狼，面部较长，耳朵三角形，尾长，毛通常赤黄色。尾基部有分泌腺，受刺激能放出恶臭。生活在森林、草原、半沙漠、丘陵地带，性狡猾，昼伏夜出，以野鼠、鸟类、家禽和其他小动物为食。在中国分布广泛。

狐狸 húli/ㄏㄨˊ·ㄌㄧ

【动】“狐”的通称。

弧/弧 hú/ㄏㄨˊ

arc

【数】❶圆上任意两点间的部分。大于半圆的弧叫作优弧，小于半圆的弧叫作劣弧。以 A,B 为端点的弧记作 $\overset{\frown}{AB}$。弧的弯曲程度用弧的度数表示，整个圆是 360° 的弧，1°的圆心角对的是 1°的弧。弧的长度 $l=\frac{n\pi R}{180}$，其中 R 为圆的半径，n 为弧所对的圆心角的度数。❷平面曲线上的一段叫作曲线弧。设平面曲线的方程为 $y=f(x)$，$y=f(x)$ 连续且有连续的导数，曲线弧的端点 A,B 分别对应于 x 的值 $a,b(a<b)$，则弧长为 $l=\int_a^b \sqrt{1+(f'(x))^2}\,dx$。

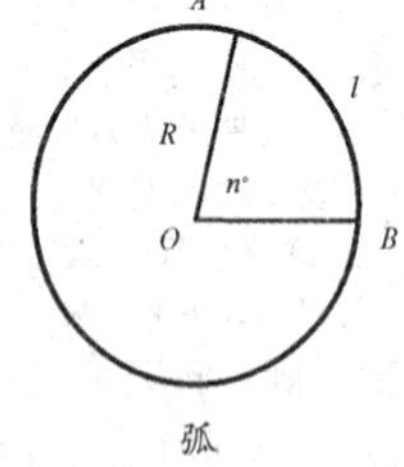

弧

弧度/弧度 húdù/ㄏㄨˊ ㄉㄨˋ

radian

【计量】平面角的国际单位制单位。符号 rad。当一个圆内两条半径在圆周上截取的弧长与半径相等时，这两条半径之间的平面角为 1 弧度。

弧度量 ㄏㄨˊ ㄉㄨˋ ㄌㄧㄤˋ/húdùliàng

radian measure

【数】台湾名。即“弧度制”(506 页)。

弧度制/弧度量 húdùzhì/ㄏㄨˊ ㄉㄨˋ ㄌㄧㄤˋ

radian measure

【数】台湾又称“弪度量”。一种度量制。度量单位为“弧度”。弧长等于半径的圆弧是 1 弧度的弧，它所对的圆心角是 1 弧度的角。1 周角 $=2\pi$ 弧度，简记作 1 周角 $=2\pi$。1 平角 $=\pi$，1 直角 $=\frac{\pi}{2}$。弧度制和角度制之间可以互换，$180°=\pi$ 弧度，$1°=\frac{\pi}{180}$ 弧度 $\approx 0.017\ 453$ 弧度，1 弧度 $=\frac{180°}{\pi}\approx 57°17'44.8''$。

弧光放电/電弧放電

húguāng fàngdiàn/ㄌㄧㄢˋ ㄏㄨˊ ㄈㄤˋ ㄉㄧㄢˋ

arc discharge

【物】产生弧形白色强光的气体放电现象。通常在大气压强下发生，所需的电压不高（几十伏），但通过的电流较强（几安到几十安），发出的弧形白光就是电弧，并产生几千到上万摄氏度高温。主要用作强光源、紫外线光源，也用于冶炼、熔化、焊接和切割高熔点金属。

弧焊 húhàn/ㄏㄨˊ ㄏㄢˋ

【机】“电弧焊”的简称。

胡蜂/胡蜂 húfēng/ㄏㄨˊ ㄈㄥ

wasp, hornet

【动】通称“马蜂”。昆虫名。膜翅目胡蜂科。头胸部褐色，有黄色斑纹，腹部深黄色，中间有黑褐色横纹。尾部有毒刺，能蜇人。以花蜜和其他昆虫等为食。

胡蜂

胡瓜 húguā/ㄏㄨˊ ㄍㄨㄚ

【植】即“黄瓜”(536 页)。

胡椒/胡椒 hújiāo/ㄏㄨˊ ㄐㄧㄠ

㊀black pepper，㊁Fructus Piperis (拉)，pepper fruit

㊀【植】*Piper nigrum* 胡椒科胡椒属。多年生常绿攀缘藤本植物。茎枝的节显著膨大。叶厚，近革质，阔卵形至卵状长圆形，先端尖，基部偏斜，网状脉明显。雌雄同株，花穗与叶对生，短于叶。浆果球形，无柄，成熟时红色。花期 6—10 月份。在中国，分布于广西、广东、福建、云南、海南、台湾。果实可作调味品。㊁【中医】中药名。胡椒科植物胡椒 *Piper nigrum* L.的干燥近成熟或成熟果实。味辛，性热。归胃、大肠经。温中散寒，下气，消痰。用

胡椒

于胃寒呕吐，腹痛泄泻，食欲不振，癫痫痰多。

📖 胡椒是利比里亚的国花。

胡椒油樹脂

ㄏㄨˊ ㄐㄧㄠ ㄧㄡˊ ㄕㄨˋ ㄓ/hújiāoyóu shùzhī

pepper oil resin

【化】台湾名。即“辣椒油树脂”(708 页)。

胡克定律/虎克定律

Húkè dìnglǜ/ㄏㄨˇ ㄎㄜˋ ㄉㄧㄥˋ ㄌㄩˋ

Hooke law

【物】力学定律之一。描述弹簧的弹力与形变之间的定量关系。即弹簧发生弹性形变时，产生的弹力大小与弹簧形变(伸长或缩短)大小成正比。数学表达式$F=k\Delta L$，其中 F 为弹力，k 为劲度系数(由材料性质决定)，ΔL 为弹簧长度的形变量。因英国物理学家胡克(R. Hooke)1678 年首先提出，故名。

胡卢巴/胡盧巴 húlubā/ㄏㄨˊ ·ㄌㄨ ㄅㄚ

fenugreek

【植】*Trigonella foenum-graecum* 豆科胡卢巴属。一年生草本植物。全株有香气。茎直立，多分枝，被毛。三出羽状复叶，小叶长倒卵形或长圆状披针形，先端钝，上部边缘有齿。花无梗，腋生，花萼筒状，花冠蝶形，黄白色或淡黄色，基部微带紫色。荚果扁圆筒状，先端有长喙，种子 10～20 粒，长圆状卵形，棕色。花期 4—6 月份，果期 7—9 月份。中国各地均有栽培。种子入药，茎叶可作蔬菜。

胡萝卜/胡蘿蔔 húluóbo/ㄏㄨˊ ㄌㄨㄛˊ ·ㄅㄛ

carrot

【植】*Daucus carota* 伞形科胡萝卜属。一至二年生草本植物。肉质根呈锥状，橘黄色、黄色、红色或紫色。茎单生，被毛。叶长圆形，二至三回羽状全裂，最后的裂片线状或披针形。复伞形花序顶生，花白色，有时带淡红色。花期 5—7 月份。在中国，分布于各地。根可作蔬菜。

胡麻 húmá/ㄏㄨˊ ㄇㄚˊ

【植】即“芝麻”(1439 页)。

胡桃/胡桃 hútáo/ㄏㄨˊ ㄊㄠˊ

walnut

【植】*Juglans regia* 又称“核桃”。胡桃科胡桃属。落叶乔木。树皮灰白色，浅纵裂。奇数羽状复叶，小叶椭圆状卵形，基部歪斜，全缘。雄性柔荑花序下垂，雌性穗状花序。果实近球形，外果皮光滑，绿色；中果皮肉质，较厚；内果皮坚硬，具皱褶，有两条纵棱，顶端具短尖头，内果皮壁内具不规则的空隙，果仁生长在空隙中。花期 5 月份，果期 10 月份。在中国，分布于华北、西北、西南、华中、华南和华东。果实可作干果，木材可用。

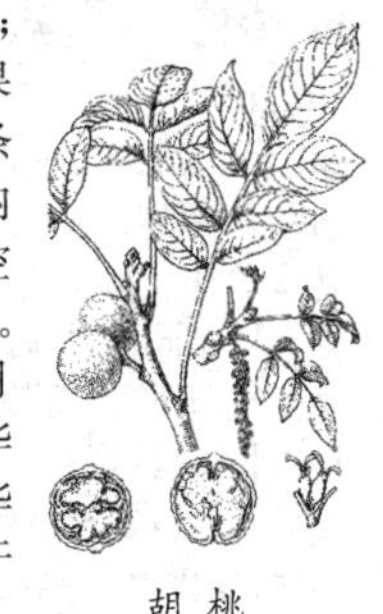

胡 桃

胡桃仁 hútáorén/ㄏㄨˊ ㄊㄠˊ ㄖㄣˊ

【中医】即“核桃仁”(491 页)。

胡杨/胡楊 húyáng/ㄏㄨˊ ㄧㄤˊ

Populus diversifolia

【植】*Populus euphratica* 杨柳科杨属。落叶乔木。树皮灰褐色，下部呈不规则纵裂沟纹，幼苗和萌枝的叶披针形，全缘或齿牙缘。小枝泥黄色，枝内富含盐量，嘴咬有咸味。叶形多变，先端有粗齿牙；雌雄异株。花期 5 月份。在中国，分布于内蒙古西部、甘肃、青海、新疆。荒漠地区特有的森林树种。

📖 全世界 90% 以上的胡杨生长在中国的塔里木盆地——极旱荒漠区域。为适应干旱，胡杨的叶革质化，有的细如柳叶，以减少水分的蒸发，因而有“异叶杨”之称。它是生活在沙漠中的唯一的乔木，对于稳定荒漠河流地带的生态平衡和农牧业发展都有十分重要的作用。

葫芦/葫蘆 húlu/ㄏㄨˊ ·ㄌㄨ

㊀calabash，㊁pulley block

㊀【植】*Lagenaria siceraria* 葫芦科葫芦属。一年生攀缘草本植物。茎枝有沟纹，被毛。叶卵状心形至肾状卵形，先端尖，边缘有齿，基部心形，两面被毛。卷须纤细，二分歧。雌雄同株，萼筒漏斗状，花冠黄色，裂片边缘皱曲。果实光滑，初绿色，后变白色或黄色，中间缢细，下部大于上部。花期夏季，果期秋季。在中国，分布于各地。嫩果实可作蔬菜，成熟后可作用具。㊁【机】即“滑车”(515 页)。

📖 因栽培的原因，葫芦果实的大小形状各不相同，有棒状、瓢状、海豚状、壶状等，具有观赏性。

H

葫芦藓/葫蘆蘚
húluxiǎn/ㄏㄨˊ·ㄌㄨ ㄒㄧㄢˇ
funaria
【植】*Funaria hygrometrica* 藓类。葫芦藓科葫芦藓属。从集或散生，黄绿色带红色。茎多单生。叶簇生茎顶，干时皱缩，湿时倾立。雌雄同株异苞。雄苞顶生，花蕾状，雌苞生于雄苞下方，待雄枝萎缩后转成主枝。蒴柄细长，淡黄褐色，先端弯曲。孢蒴梨形，不对称，下垂，具明显台部。蒴齿两层。蒴盖圆盘状，顶微凸。蒴帽兜形，有长喙。在中国，分布于各地。常生于有机质丰富含氮肥较多的湿土上。

鹄 hú/ㄏㄨˊ
【动】即“天鹅”(1122 页)。

湖 hú/ㄏㄨˊ
【地】“湖泊”的简称。

湖泊/湖泊 húpō/ㄏㄨˊ ㄆㄛ
lake
【地】简称“湖”。陆地表面低洼地积水形成的大片水域。按形成原因不同，可分为构造湖、火山口湖、堰塞湖、潟湖、人工湖等；按湖水的矿化度不同，可分为淡水湖和咸水湖。

📖 ❶世界上最大的湖泊是里海(面积 36.8 万平方千米)；最深的湖泊是贝加尔湖(湖深 1620 米)；海拔最高的湖泊是纳木错(海拔 4718 米)；海拔最低的湖泊是死海(海拔 −398米)；最大的淡水湖是苏必利尔湖(面积 8.21 万平方千米)；最大的咸水湖是里海(面积 36.8 万平方千米)。❷中国的湖泊有湖、泊、池、荡、淀、漾、泡、海、错、氿、淖尔、淖、茶卡、洼、潭、海子、库勒、浣等 30 多种不同名称。

湖泊酸化/湖泊酸化
húpō suānhuà/ㄏㄨˊ ㄆㄛ ㄙㄨㄢ ㄏㄨㄚˋ
lake acidification
【环】见“水体酸化”(1069 页)。

湖港/湖港 húgǎng/ㄏㄨˊ ㄍㄤˇ
lake port
【水利】位于湖泊沿岸的港口。

湖绉/湖縐 húzhòu/ㄏㄨˊ ㄓㄡˋ
Huzhou, crepe
【纺】丝织物名。产于浙江湖州一带的绉类织物。经纬均采用生丝强捻线织制，经练染后，强捻线收缩大，织物表面有明显的绉纹效应。质地坚牢，多用作服装面料。

槲栎/槲櫟
húlì/ㄏㄨˊ ㄌㄧˋ
oriental white oak
【植】*Quercus aliena* 又称“细皮青冈”。壳斗科栎属。落叶乔木。树皮暗灰色，深纵裂，小枝有皮孔。叶片长椭圆状倒卵形，边缘有齿。雄花序为葇荑花序，下垂，有毛，花被六裂；雌花序生于新枝叶腋。壳斗杯形，包着约 1/2 坚果，坚果椭圆形至卵形，果脐微凸起。花期常为 4—5 月份，果期 9—10 月份。在中国，分布于陕西、山东、河南以南各地(除福建、台湾外)。木材可用，种子可作干果。

槲 栎

蝴蝶/蝴蝶 húdié/ㄏㄨˊ ㄉㄧㄝˊ
butterfly
【动】简称“蝶”。昆虫名。鳞翅目锤角亚目(Rhopalocera)昆虫的统称。成虫体细长，翅膀阔大，颜色美丽，静止时四翅竖立，腹部瘦长。吸花蜜。种类很多。幼虫咬食植物，多为农业害虫。

蝴蝶效应/蝴蝶效應
húdié xiàoyìng/ㄏㄨˊ ㄉㄧㄝˊ ㄒㄧㄠˋ ㄧㄥˋ
butterfly effect
【心】一种社会心理效应。美国气象学家洛伦茨(E.N.Lorenz，1917—2007)1963 年提出，南美洲热带雨林的一只蝴蝶偶尔扇动翅膀，可能两周后在美国引起一场龙卷风。原因是蝴蝶翅膀运动所产生的微弱气流，会引起连锁反应，最终导致气象的极大变化。这个效应说明，事物开始时微不足道的细节，经过一定时间及其他因素的参与，可能形成巨大的力量，产生意想不到的严重后果。

糊精/糊精 hújīng/ㄏㄨˊ ㄐㄧㄥ
amylin，dextrin
【化】淀粉的不完全水解物。没有固定的组成，通常为黄色或白色无定形粉末，稍溶于冷水，较易溶于热水，不溶于乙醇和乙醚。可用作黏合剂和药物的赋形剂。广泛应用于造纸、纺织、印染、医药等工业。

糊熟期 ㄏㄨˊ ㄕㄨˊ ㄑㄧˊ/húshúqī

dough stage

【农】台湾名。即“黄熟期”(539 页)。

虎/虎 hǔ/ㄏㄨˇ

tiger

【动】*Panthera tigris* 通称“老虎”。哺乳动物名。食肉目猫科。体长可达 2 米以上,头大而圆,毛黄色,有黑色横纹,腹侧和四肢内侧白色。性凶猛,力气大,善游泳,不善爬树。生活在森林、山地,夜间出来活动,捕食野猪、鹿、羚羊等,有时伤害人。分布于亚洲。中国有东北虎(*P. t. altaica*)和华南虎(*P. t. amoyensis*)。

虎耳草/虎耳草 hǔ'ěrcǎo/ㄏㄨˇ ㄦˇ ㄘㄠˇ

creeping rockfoil

【植】*Saxifraga stolonifera* 又称“金丝荷叶”。虎耳草科虎耳草属。多年生草本植物。匍匐茎细长,紫红色。基生叶有长柄,叶片肉质,扁圆形或肾形,表面绿色,背面红紫色,有斑点;茎生叶披针形。聚伞花序圆锥状,花两侧对称,白色,五枚花瓣中三枚卵形的短,有紫红色和黄色斑点,另两枚披针形的长。花果期 4—11 月份。在中国,分布于河北、陕西、甘肃东南部,以及河南以南各地。全草入药。

虎耳海棠 hǔ'ěr hǎitáng/ㄏㄨˇ ㄦˇ ㄏㄞˇ ㄊㄤˊ

【植】即“四季海棠”(1079 页)。

虎鲸/虎鯨

hǔjīng/ㄏㄨˇ ㄐㄧㄥ

killer whale

【动】*Orcinus orca* 哺乳动物名。鲸目海豚科。身体纺锤形,雄鲸长可达 10 米,雌鲸略小。头圆,无喙,齿粗大,背鳍高大,形状像倒竖的戟,背黑色,腹白色。生活在海洋中,性凶猛,常成群活动,捕食鱼类、海豚、海豹等。

虎鲸

虎克定律 ㄏㄨˇ ㄎㄜˋ ㄉㄧㄥˋ ㄌㄩˋ/Hǔkè dìnglǜ

Hooke law

【物】台湾名。即“胡克定律”(507 页)。

虎皮百合 hǔpí bǎihé/ㄏㄨˇ ㄆㄧˊ ㄅㄞˇ ㄏㄜˊ

【植】即“卷丹”(657 页)。

虎钳/老虎鉗 hǔqián/ㄌㄠˇ ㄏㄨˇ ㄑㄧㄢˊ

vice

【机】夹具的一种。利用螺杆或其他机构使两钳口作相对移动而夹紧工件。可分为台虎钳(钳工用)、机床虎钳和木工虎钳等。

浒苔/滸苔 hǔtái/ㄏㄨˇ ㄊㄞˊ

enteromorpha

【植】*Enteromorpha prolifera* 又称“海青菜”。藻类。绿藻门石莼科浒苔属。藻体绿色,呈薄管状,分枝较多,以盘状固着器附着在岩石上。在中国,分布于各沿海海域。生长在港湾的平静水中,大干潮线附近的滩涂和岩石上。药食兼用,还可作饲料。

琥珀/琥珀 hǔpò/ㄏㄨˇ ㄆㄛˋ

amber

【地】石化的植物树脂。主要成分为 $C_{10}H_{16}O$。非晶质体,内部常含植物碎屑、昆虫遗体等,多具流线构造。黄棕色或暗棕色,透明,树脂光泽,质轻而松脆,易熔,可燃烧。可用来制作工艺品或饰品,也可入药。

琥珀酸/琥珀酸

hǔpòsuān/ㄏㄨˇ ㄆㄛˋ ㄙㄨㄢ

butanedioic acid, ethylene dicarboxylic acid, succinic acid

【化】学名“丁二酸”。有机化合物。因存在于琥珀内,故名。无色晶体,无臭,味酸,可燃,低毒。主要用于制备五元杂环化合物及醇酸树脂、喷漆和染料等。医药上用作抗痉挛剂、祛痰剂和利尿剂。

互斥或閘

ㄏㄨˋ ㄔˋ ㄏㄨㄛˋ ㄓㄚˊ/hùchì huò zhá

EXCLUSIVE-OR gate, XOR gate

【信息】台湾名。即“‘异或’门”(1339 页)。

互斥事件 ㄏㄨˋ ㄔˋ ㄕˋ ㄐㄧㄢˋ/hùchì shìjiàn

mutually exclusive events

【数】台湾名。即“不相容事件”(86 页)。

互動式光碟

ㄏㄨˋ ㄉㄨㄥˋ ㄕˋ ㄍㄨㄤ ㄉㄧㄝˊ/

hùdòngshì guāngdié

compact disc interactive, CD-I

【信息】台湾名。即“交互式光盘”(611 页)。

H

互感/互感 hùgǎn/ㄏㄨˋ ㄍㄢˇ

mutual inductance

【物】❶由于一个线圈中电流发生变化,与它邻近的其他线圈中产生感应电动势的现象。❷全称“互感系数”。用 M 表示。单位亨利(H)。其大小与线圈的几何形状、大小、两线圈的相对位置以及周围磁介质的性质有关。

互感器/儀器用互感器

hùgǎnqì/ㄧˊ ㄑㄧˋ ㄩㄥˋ ㄏㄨˋ ㄍㄢˇ ㄑㄧˋ

instrument transformer

【电】按比例变换电压或电流的电器。可分为电压互感器和电流互感器。

互感系数 hùgǎn xìshù/ㄏㄨˋ ㄍㄢˇ ㄒㄧˋ ㄕㄨˋ

【物】“互感❷”的全称。

互换性/互换性

hùhuànxìng/ㄏㄨˋ ㄏㄨㄢˋ ㄒㄧㄥˋ

interchangeability

【机】机械和仪器制造工业中,在同一规格的一批零件或部件中任取其一,不需任何挑选调整或附加修配(如钳工修理)就能进行装配,并能保证满足机械产品的使用性能要求的特性。通常包括几何参数(如尺寸)和力学性能(如硬度、强度)的互换。

H

互交 ㄏㄨˋ ㄐㄧㄠ/hùjiāo

reciprocal cross

【生】台湾名。即“正反交”(1434 页)。

互接 ㄏㄨˋ ㄐㄧㄝ/hùjiē

interconnection

【信息】台湾名。即“互连”(510 页)。

互连/互連

hùlián/ㄏㄨˋ ㄌㄧㄢˊ

interconnection

【信息】台湾又称“互接”。不同物理实体在器件上的互相连接。

互連及互作

ㄏㄨˋ ㄌㄧㄢˊ ㄐㄧˊ ㄏㄨˋ ㄗㄨㄛˋ/hùlián jí hùzuò

interconnection and interworking

【信息】台湾名。即“互联互通”(510 页)。

互联/互聯 hùlián/ㄏㄨˋ ㄌㄧㄢˊ

interconnection

【信息】不同物理实体在逻辑上的互相连接。可以发生在网络间、媒体间或其他设备间。

互联互通/互連及互作

hùlián hùtōng/ㄏㄨˋ ㄌㄧㄢˊ ㄐㄧˊ ㄏㄨˋ ㄗㄨㄛˋ

interconnection and interworking

【信息】为使不同网络的用户可以通信,或使一个网络的用户可享用另一网络的服务而在各网络间建立的有效连接。

互联网/網際網路

hùliánwǎng/ㄨㄤˇ ㄐㄧˋ ㄨㄤˇ ㄌㄨˋ

internet

【信息】由至少两个计算机网互相连接而成的网络。

📖 互联网与因特网不是同一个概念:互联网为泛称,英文是 internet;因特网为专称,专指利用 TCP/IP 协议进行通信的网络系统,英文是 Internet。

互生/互生 hùshēng/ㄏㄨˋ ㄕㄥ

alternate

【植】叶序方式的一种。茎上的每一节只生一枚叶,且所有叶呈螺旋状排列。

互素/互質 hùsù/ㄏㄨˋ ㄓˊ

coprime

【数】❶又称“互质”。若两个不相等的正整数 a,b 除 1 以外没有其他的公约数,则称 a,b 是互素的,记作$(a,b)=1$。例如,5 和 8 是互素的,即$(5,8)=1$;而 5 和 10 不是互素的,即$(5,10)\neq1$。互素的两个数的公约数只有 1,这两数的最小公倍数是它们的乘积。a,b 两数互素的充要条件为:存在整数 m,n,使得 $am+bn=1$。❷若两个整式 $F(x)$ 和 $G(x)$ 没有一次或一次以上的公约式,则称 $F(x)$ 和 $G(x)$ 是互素的,记作$(F(x),G(x))=1$,例如$(x+1,x^2-4)=1$。

互通/互作

hùtōng/ㄏㄨˋ ㄗㄨㄛˋ

interworking

【信息】把不同网络、设备或业务互连后,使信息透明传输,性能满足规定要求,各功能单元协调工作的能力。

互通协议/互作協定

hùtōng xiéyì/ㄏㄨˋ ㄗㄨㄛˋ ㄒㄧㄝˊ ㄉㄧㄥˋ

interworking protocol, IP

【信息】在不同网络或系统的实体之间,支持通信交互作用的协议。

互易定理/互易定理
hùyì dìnglǐ/ㄏㄨˋ ㄧˋ ㄉㄧㄥˋ ㄌㄧˇ
reciprocity theorem
【电】电路理论定理。内容为:如果网络中一支路的电压源电压在第二个支路中引起电流,则作用于第二个支路中的相同电压源电压在第一个支路中引起相同电流。在电流源作用下,有相似的互易定理。

互质/互質 hùzhì/ㄏㄨˋ ㄓˋ
【数】即“互素”(510 页)。

互作 ㄏㄨˋ ㄗㄨㄛˋ/hùzuò
interworking
【信息】台湾名。即“互通❶”(510 页)。

互作協定
ㄏㄨˋ ㄗㄨㄛˋ ㄒㄧㄝˊ ㄉㄧㄥˋ/hùzuò xiédìng
interworking protocol, IP
【信息】台湾名。即“互通协议”(510 页)。

护城河 hùchénghé/ㄏㄨˋ ㄔㄥˊ ㄏㄜˊ
【建】即“城壕”(124 页)。

护耳器/護耳器 hù'ěrqì/ㄏㄨˋ ㄦˇ ㄑㄧˋ
ear protector
【环】保护人的听觉器官免受强声损伤的个人防护用品。包括耳塞、耳罩和防噪声头盔等。佩戴方便,适用不同声环境,具有较好的声衰减性能,一般能使噪声衰减 10～45 分贝。

护航/護航 hùháng/ㄏㄨˋ ㄏㄤˊ
escort, convoy
㊀【航】为确保航空器飞行任务完成,相应飞机进行全程或分段,混合编队或保持距离的保护、护卫、护送航行。有时也是一种最高礼节性行为。㊁【军】海军兵力护道或掩护舰船或舰船编队的航行。

护雷具/護雷具 hùléijù/ㄏㄨˋ ㄌㄟˊ ㄐㄩˋ
mine obstructor
【军】用于保护锚雷,破坏接触扫雷具的反扫雷器具。由反扫装置、浮体、钢索和锚组成。

护理院/老人安養院
hùlǐyuàn/ㄌㄠˇ ㄖㄣˊ ㄢ ㄧㄤˇ ㄩㄢˋ
nursing home
【医】为失去生活自理能力及需要给予照料的慢性病患者提供的,具有入住设施,以康复护理及生活照顾为主兼有初级和姑息医疗的机构。

护牧林/護牧林 hùmùlín/ㄏㄨˋ ㄇㄨˋ ㄌㄧㄣˊ
pasture protection forest
【水利】防护林的一种。在牧场营造的防护林。有利于恢复草原植被,使牧场免于水土流失或土地沙化,不断提高载畜量。

护卫舰/巡防艦
hùwèijiàn/ㄒㄩㄣˊ ㄈㄤˊ ㄐㄧㄢˋ
frigate
【军】装有导弹、舰炮、鱼雷、深水炸弹和直升机等武器系统,能在近、中海机动作战的中小型水面战斗舰艇。通常满载排水量 600～5000吨。主要用于舰船编队护航,担负反潜、防空,以及巡逻、警戒、侦察、支援登陆和抗登陆作战等任务。分为防空型护卫舰、对海型护卫舰、反潜型护卫舰和多用途护卫舰等。

护舷材/護舷材
hùxiáncái/ㄏㄨˋ ㄒㄧㄢˊ ㄘㄞˊ
fender
【船】为保护舷侧结构而装设在舷边的构件。由木质和钢质材料构成。装在满载水线以上沿甲板从首至尾或在部分船长范围内。常装于经常停靠码头,舷侧结构易碰损的内河船及各种工作船上。

戽斗挖泥船
ㄏㄨˋ ㄉㄡˇ ㄨㄚ ㄋㄧˊ ㄔㄨㄢˊ/hùdǒu wāníchuán
dipper dredger
【船】台湾名。即“铲斗挖泥船”(107 页)。

瓠果/瓠果 hùguǒ/ㄏㄨˋ ㄍㄨㄛˇ
pepo
【植】果实的一种。葫芦科植物特有的果实。外果皮坚韧、中果皮和内果皮肉质。如黄瓜、西瓜、冬瓜、栝楼、罗汉果等的果实。

護岸 ㄏㄨˋ ㄢˋ/hù'àn
bulkhead
【建】台湾名。即“驳岸”(79 页)。

hua (ㄏㄨㄚ)

花/花 huā/ㄏㄨㄚ
flower
【植】被子植物特有的生殖器官。由花柄、花托、萼片、花瓣、雄蕊和雌蕊组成。以上部分齐全的花称为完全花,缺少任何一部分的花称为不完全花；雌蕊和雄蕊在一朵花中的称为两性花，仅有其中之一的称为单性花。

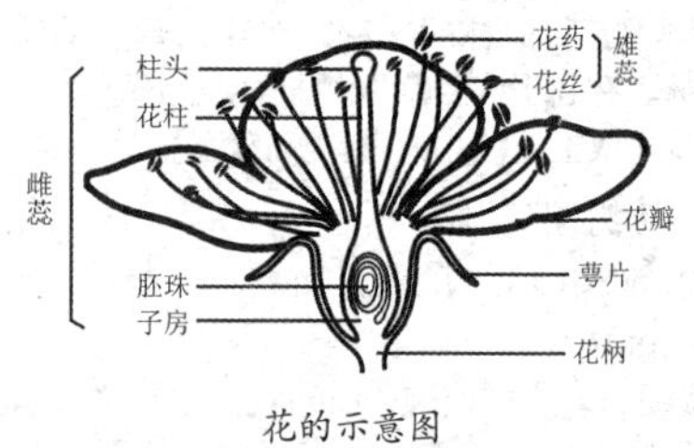

花的示意图

花被/花被 huābèi/ㄏㄨㄚ ㄅㄟˋ

perianth

【植】着生在花托边缘或外围的起保护作用的结构。通常分为内外两轮，外轮为花萼，内轮为花冠。花被未分化成两轮的，称同被花；花被中有一轮退化的，称单被花；没有花被的，称无被花。

花边 huābiān/ㄏㄨㄚ ㄅㄧㄢ

【纺】即"抽纱"(135页)。

花茶/加味茶 huāchá/ㄐㄧㄚ ㄨㄟˋ ㄔㄚˊ

scented tea

【轻】又称"窨花茶""熏花茶"。再加工茶品种之一。因用茶叶和香花拼和窨制，使茶叶吸收花香而成，故名。按窨制的香花不同，可分为茉莉花茶、玫瑰花茶、白兰花茶、珠兰花茶、桂花茶等。主产于福建、江苏、浙江、四川、广西、广东、湖南等地。名品有大白毫茉莉花茶等。

花窗/花窗 huāchuāng/ㄏㄨㄚ ㄔㄨㄤ

lattice window

【建】园林建筑中在壁洞内堆塑成花草、树木、鸟兽及其他图案的窗户。

花萼/花萼 huā'è/ㄏㄨㄚ ㄜˋ

calyx

【植】着生在花托边缘的最外轮花被。由萼片组成，多为绿色。有些植物的花萼有颜色，形状像花瓣一样，称瓣状萼；萼片分离的，称分离花萼；萼片合生的，称合萼花萼，合萼花萼基部联合部分称萼筒。

花岗闪长岩/花崗閃長岩

huāgǎng shǎnchángyán/ㄏㄨㄚ ㄍㄤˇ ㄕㄢˇ ㄔㄤˊ ㄧㄢˊ

granodiorite

【地】酸性深成岩。是花岗岩类向闪长岩类过渡的中间类型岩石。主要成分是斜长石和石英，有少量碱性长石、闪石和黑云母。二氧化硅含量56%左右，石英含量20%以上。粗粒状。灰绿色或暗灰色。分布很广，常形成较大的侵入体。伴生矿产有铜、铁等。

花岗石/花崗岩

huāgǎngshí/ㄏㄨㄚ ㄍㄤˇ ㄧㄢˊ

granite

【地】建筑石材商品名。指以硅酸盐为主要成分的火成岩(如花岗岩、花岗闪长岩、辉长岩、闪长岩、玄武岩等)及变质岩(如片麻岩等)，硬度较高，耐磨性及耐腐蚀性好，既可用作装饰材料、雕刻工艺品，也可用作结构材料。

花岗岩/花崗岩

huāgǎngyán/ㄏㄨㄚ ㄍㄤˇ ㄧㄢˊ

granite

【地】❶酸性深成岩。主要成分为石英和长石，还有云母等少量深色矿物。具等粒状结构和块状构造。分布广泛，是地壳上层(硅铝层)主要岩石，常呈巨大岩体(岩基)形式产出。与许多重要金属矿床有密切关系，如铜、铅、锌、钨、锡、铋、钼、金、银和稀有金属元素和放射性元素等。结构均匀，质地坚硬，颜色美观，为优质建筑石料。❷在台湾，花岗岩也指"花岗石"(512页)。

📖 作为石材商品名称的"花岗石"与花岗岩不是同义词。凡花纹美的可加工的块状火成岩及硅酸盐矿物为主的变质岩及火山岩的石材均统称为"花岗石"。常见的岩石类型有花岗岩、辉长岩、闪长岩、花岗闪长岩、玄武岩、片麻岩等。

花梗/花梗 huāgěng/ㄏㄨㄚ ㄍㄥˇ

pedicel

【植】着生花的小枝。结构与茎类似。

花冠/花冠 huāguān/ㄏㄨㄚ ㄍㄨㄢ

corolla

【植】着生在花托上的内轮花被。由花瓣组成，花瓣通常质地薄，颜色鲜艳。花瓣分离的，称离瓣花；花瓣联合的，称合瓣花，联合的部分称花冠筒，筒上部延伸的部分称冠檐。有些植物的花瓣分化为檐部和瓣爪两部分，檐部即花瓣扩大的上部，瓣爪即花瓣狭缩的基部。

花鲫鱼 huājìyú/ㄏㄨㄚ ㄐㄧˋ ㄩˊ

【动】即"鳜鱼"(452页)。

花键/花鍵 huājiàn/ㄏㄨㄚ ㄐㄧㄢˋ
spline
【机】键的一种。由多个键齿与键槽在轴或轮毂孔的周向均布而成。通常分为内花键和外花键。按截面形状不同,还可分为矩形花键、渐开线花键和三角形花键。可用作固定联结,也可作滑动联结。

花椒/花椒 huājiāo/ㄏㄨㄚ ㄐㄧㄠ
㊀ bunge prickleyash, ㊁ Pericarpium Zanthoxyli(拉), pricklyash peel
㊀【植】*Zanthoxylum bungeanum* 芸香科花椒属。落叶小乔木。枝有皮刺。奇数羽状复叶,小叶对生,卵形或椭圆形,边缘有齿,散生油点。聚伞圆锥花序顶生,花黄绿色。果实球形,熟时紫红色或者紫黑色,散生微凸起的油点。花期4—5月份。在中国,分布于除台湾、海南和广东以外的各地。果实可作调味料,还可入药。㊁【中医】中药名。芸香科植物青椒 *Zanthoxylum schinifolium* Sieb. et Zucc.或花椒 *Z. bungeanum* Maxim.的干燥成熟果实。味辛,性温。归脾、胃、肾经。温中止痛,杀虫止痒。用于脘腹冷痛,呕吐泄泻,虫积腹痛,蛔虫症;外治湿疹瘙痒。

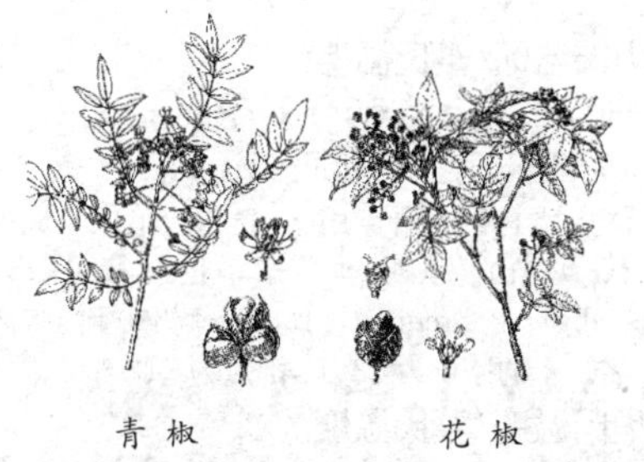
青 椒　　花 椒

花径/花徑 huājìng/ㄏㄨㄚ ㄐㄧㄥˋ
flower diameter
【建】用较自然的方式栽植的呈长带状的观赏花木。主要供从一侧观赏。

花篱/花籬 huālí/ㄏㄨㄚ ㄌㄧˊ
flower hedge
【建】栽植开花植物而成的一种绿篱。

花鲢 huālián/ㄏㄨㄚ ㄌㄧㄢˊ
【动】即"鳙"(1361页)。

花鲈 huālú/ㄏㄨㄚ ㄌㄨˊ
【动】即"鲈"(756页)。

花面狸 huāmiànlí/ㄏㄨㄚ ㄇㄧㄢˋ ㄌㄧˊ
【动】即"果子狸"(456页)。

花呢/花式套裝料
huāní/ㄏㄨㄚ ㄕˋ ㄊㄠˋ ㄓㄨㄤ ㄌㄧㄠˋ
tweed, fancy suiting
【纺】采用起花方式织制的一类毛织物。纱线起花是利用不同色彩、不同捻向的纬纱以及不同的嵌条线,织成条子、格子、隐条、隐格花呢等;组织起花是利用平纹、斜纹、联合组织等构成花样,将其与色纱组合排列,或构成几何图形;染整起花是通过印、染、整理等加工手段在织物表面做成花样。适用于作套装、上衣、西裤等的面料。

花盘/花盤 huāpán/ㄏㄨㄚ ㄆㄢˊ
flower disc
【植】花托在花被和雄蕊之间的圆形膨大部分。通常呈杯状、环状、扁平状或垫状。如菊科植物的头状花序。

花青素/花青素
huāqīngsù/ㄏㄨㄚ ㄑㄧㄥ ㄙㄨˋ
cyanidin
【生】水溶性的植物色素。存在于植物的细胞液中。其颜色随细胞液酸碱度的变化而改变。细胞液为碱性时呈蓝或紫色,为酸性时呈红色。通常花、叶、果实的不同颜色,主要由花青素决定。

花生 huāshēng/ㄏㄨㄚ ㄕㄥ
【植】"落花生"的通称。

花式套裝料
ㄏㄨㄚ ㄕˋ ㄊㄠˋ ㄓㄨㄤ ㄌㄧㄠˋ/
huāshì tàozhuāngliào
tweed, fancy suiting
【纺】台湾名。即"花呢"(513页)。

花塔/花塔 huātǎ/ㄏㄨㄚ ㄊㄚˇ
Flowery Pagoda
【建】一种突破常规的佛塔。塔身密布莲瓣、狮、象、佛龛、天王、力士等形象,整体造型如一朵巨大花束。受印度佛教的寺塔影响深刻。

花坛/花壇 huātán/ㄏㄨㄚ ㄊㄢˊ
flower bed
【建】在一定范围的畦地上,按照图案栽植观赏植物,以表现花卉群体美的园林设施。

H

花莛/花葶 huātíng/ㄏㄨㄚ ㄊㄧㄥˊ
scape
【植】无叶的总花梗或总花轴。如水仙花有花莛。

花葶 ㄏㄨㄚ ㄊㄧㄥˊ/huātíng
scape
【植】台湾名。即“花莛”(514 页)。

花托/花托 huātuō/ㄏㄨㄚ ㄊㄨㄛ
receptacle
【植】花柄的顶端特化成的结构。花的其他部分按一定方式着生在其上。

花序/花序 huāxù/ㄏㄨㄚ ㄒㄩˋ
inflorescence
【植】多朵花在一总花轴上按一定规律排列的方式。

花枝 huāzhī/ㄏㄨㄚ ㄓ
【动】即“乌贼”(1199 页)。

花柱/花柱 huāzhù/ㄏㄨㄚ ㄓㄨˋ
stylet
【植】雌蕊中连接柱头与子房的部分。分为空心和实心两种。

华/華 huá/ㄏㄨㄚˊ
corona
【气】天空有薄云存在,日光或月光透过云层时,因云中水滴或冰晶衍射而在太阳或月亮周围形成的彩色(内紫外红)光环。

华北平原/華北平原
Huáběi Píngyuán/ㄏㄨㄚˊ ㄅㄟˇ ㄆㄧㄥˊ ㄩㄢˊ
North China Plain
【地】又称“黄淮海平原”。平原名。中国三大平原之一,位于黄河下游,西起太行山脉和豫西山地,东到黄海、渤海和山东丘陵,北起燕山山脉,西南到桐柏山和大别山,东南至江苏、安徽北部,与长江中下游平原相连。主要由黄河、淮河、海河和滦河等冲积而成,面积约 30 万平方千米。地势低平,自西向东倾斜,西部海拔 50 米以下,东部沿海平原海拔 10 米以下。冬季寒冷,夏季炎热。农作物主要有小麦、棉花、花生、芝麻等,也是苹果、梨、柿、核桃、板栗、红枣等的主要产区。石油、煤等蕴藏丰富。

华达呢/軋別丁
huádání/ㄍㄚˊ ㄅㄧㄝˊ ㄉㄧㄥ
gabardine
【纺】用精梳毛纱织制的紧密斜纹毛织物。表面平整光洁,正面斜纹清晰挺直,微凸,有一定的防水性,手感滑糯挺括,富有弹性。可分为单面华达呢、双面华达呢和缎背华达呢。适于用作男女套装、风衣等的面料。

华清宫/華清宫
Huáqīng Gōng/ㄏㄨㄚˊ ㄑㄧㄥ ㄍㄨㄥ
Hua Qing Palace
【建】隋唐离宫。以温泉汤池著称。在今陕西西安临潼区骊山北麓。传周幽王曾在此建“骊宫”;据文献记载,秦始皇曾在此“砌石起宇”;西汉、北魏、北周、隋代也建汤池。唐贞观十八年(公元 644 年)唐太宗诏令在此造殿,赐名汤泉宫。天宝六载(公元 747 年)改名华清宫。当时这里台殿环列,盛况空前,但安史之乱后皇帝很少游幸。至唐末废圮,五代成为道观。

华氏度/華氏度 huáshìdù/ㄏㄨㄚˊ ㄕˋ ㄉㄨˋ
Fahrenheit degree
【计量】温度的非国际单位制单位。符号℉。为纪念德国物理学家华伦海特(Daniel Gabriel Fahrenheit, 1686—1736)而命名。华氏温度(t_F)与摄氏温度(t_C)之间的关系为:$t_F = 32+(9/5)t_C$。

华氏温标/華氏温標
Huáshì wēnbiāo/ㄏㄨㄚˊ ㄕˋ ㄨㄣ ㄅㄧㄠ
Fahrenheit thermometric scale
【物】温标的一种。用 t_F 表示。单位华氏度(℉)。由德国物理学家华伦海特(Daniel Gabriel Fahrenheit, 1686—1736)建立,故名。水的冰点为 32 ℉,沸点为 212 ℉。

华氏温度/華氏温度
Huáshì wēndù/ㄏㄨㄚˊ ㄕˋ ㄨㄣ ㄉㄨˋ
Fahrenheit temperature
【物】华氏温标的标度。用 t_F 表示。单位华氏度(℉)。华氏温度与摄氏温度(t)的换算关系 $t_F = 32+(9/5)t$。

华夏古大陆/華夏古陸
Huáxià Gǔdàlù/ㄏㄨㄚˊ ㄒㄧㄚˋ ㄍㄨˇ ㄌㄨˋ
Cathaysia
【地】中国东南沿海前寒武纪变质基底的分布范围。1924 年由美国地质学家葛利普(A. W.Grabau)提出。

华夏鸟/華夏鳥
huáxiànniǎo/ㄏㄨㄚˊ ㄒㄧㄚˋ ㄋㄧㄠˇ
Cathayornis
【地】*Cathayornis* 古鸟名。个体小,头较大,吻较长而低,有牙齿。生活于白垩纪早期,是在中国辽宁朝阳市最早发现的中生代鸟类之一。

華夏古陸
ㄏㄨㄚˊ ㄒㄧㄚˋ ㄍㄨˇ ㄌㄨˋ/Huáxià Gǔlù
Cathaysia
【地】台湾名。即“华夏古大陆”(514 页)。

滑车/滑車組 huáchē/ㄏㄨㄚˊ ㄔㄜ ㄗㄨˇ
pulley block
【机】又称“葫芦”。一种轻小型起重设备。由定滑轮组、动滑轮组及依次绕过定滑轮和动滑轮的起重绳组成。按驱动方式不同,可分为手动式和电动式。多用于临时性吊装作业。

滑车神经/滑車神經
huáchē shénjīng/ㄏㄨㄚˊ ㄔㄜ ㄕㄣˊ ㄐㄧㄥ
trochlear nerve
【医】发自中脑的滑车神经核,支配眼上斜肌的运动神经。是第四对脑神经,为躯体传出神经纤维。滑车神经受损时眼球不能转向外下方,俯视时出现轻度内斜视和复视,患者自高处下行时感到困难。

滑車組 ㄏㄨㄚˊ ㄔㄜ ㄗㄨˇ/huáchēzǔ
pulley block
【机】台湾名。即“滑车”(515 页)。

滑道/滑軌 huádào/ㄏㄨㄚˊ ㄍㄨㄟˇ
slipway, launching way
【船】在倾斜船台上,专供船舶下水或上墩用的滑轨构筑。用木材或金属制成。可分为纵向滑道和横向滑道两类。

滑动摩擦/滑動摩擦
huádòng mócā/ㄏㄨㄚˊ ㄉㄨㄥˋ ㄇㄛˊ ㄘㄚ
sliding friction
【物】一个物体在另一个物体表面上滑动或有滑动趋势时,接触面上产生阻碍相对滑动的现象。在滑动中产生的摩擦力称为滑动摩擦力。
📖 滑动摩擦力总是成对出现,作用在两物体接触面上,方向与相对滑动方向相反。其大小与两个物体间的压力成正比,还与两个物体的构成材料及其表面的物理条件,例如温度、湿度、表面粗糙程度有关。

滑动轴承/滑動軸承
huádòng zhóuchéng/ㄏㄨㄚˊ ㄉㄨㄥˋ ㄓㄡˊ ㄔㄥˊ
plain bearing, sliding-contact bearing
【机】轴承的一类。在承受载荷和彼此相对运动的零件间做滑动运动,产生滑动摩擦。按承受载荷方向不同,可分为径向(向心)滑动轴承和推力(轴向)滑动轴承;按润滑剂种类不同,可分为油润滑轴承、脂润滑轴承、水润滑轴承、气体轴承、固体润滑轴承等。

滑阀/線軸閥 huáfá/ㄒㄧㄢˋ ㄓㄡˊ ㄈㄚˊ
spool valve
【机】阀的一种。利用阀芯(柱塞、阀瓣)在密封面上做轴向移动来关闭或打开流体通道以控制流体流向。多用于蒸汽机配汽机构中,控制新汽进入汽缸和乏汽排出汽缸。

滑軌 ㄏㄨㄚˊ ㄍㄨㄟˇ/huáguǐ
slipway, launching way
【船】台湾名。即“滑道”(515 页)。

滑航船體 ㄏㄨㄚˊ ㄏㄤˊ ㄔㄨㄢˊ ㄊㄧˇ/
huáháng chuántǐ
planing hull
【船】台湾名。即“滑行式船体”(516 页)。

滑轮/滑輪 huálún/ㄏㄨㄚˊ ㄌㄨㄣˊ
pulley
【物】简单机械的一种。由可绕水平中心轴转动、周边有槽的圆轮和跨在轮槽上的绳子组成。通常分为定滑轮和动滑轮。定滑轮的轴不动,可改变力的方向;动滑轮的轴与重物一起升降,可省力。

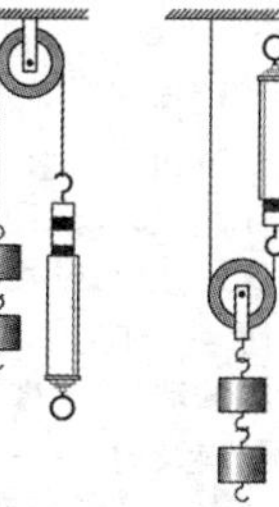
定滑轮　动滑轮

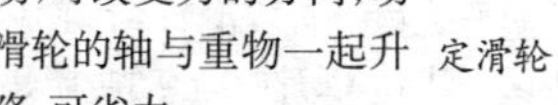

滑轮组/滑輪組
huálúnzǔ/
ㄏㄨㄚˊ ㄌㄨㄣˊ ㄗㄨˇ
pulley blocks
【物】用动滑轮和定滑轮组成的装置。工作时,既可改变力的方向,又可省力。

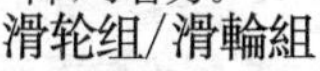

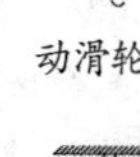

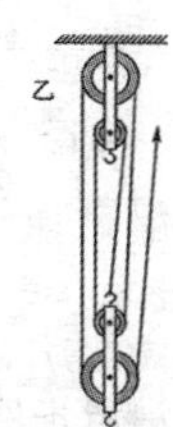

滑轮组

滑脉/滑脈 huámài/ㄏㄨㄚˊ ㄇㄞˋ

slippery pulse

【中医】脉象之一。脉搏动流利,应指圆滑,如珠走盘。

滑膜囊/滑液囊

huámónáng/ㄏㄨㄚˊ ㄇㄛˊ ㄋㄤˊ

synovial bursa

【医】又称"滑液囊"。关节囊的滑膜层穿过纤维层向外形成的囊状膨出。囊内含滑液,可减少摩擦,促进运动的灵活性。

滑膜炎/滑膜炎

huámóyán/ㄏㄨㄚˊ ㄇㄛˊ ㄧㄢˊ

synovitis

【医】滑膜受到刺激产生的炎症病变。症状是关节滑囊局部肿胀、疼痛,功能受障碍。以膝部关节较为多见。

滑跑 huápǎo/ㄏㄨㄚˊ ㄆㄠˇ

【航】即"滑行"(516 页)。

滑坡/山崩 huápō/ㄕㄢ ㄅㄥ

landslide

【地】在重力作用下,斜坡上的部分岩体、土体沿着斜坡内的一个或多个软弱面产生整体向下滑移的现象。暴雨和地震是滑坡的主要诱因。

滑石/滑石 huáshí/ㄏㄨㄚˊ ㄕˊ

㊀ talc,㊁ Talcum(拉), talc

㊀【地】矿物。成分为 $Mg_3[Si_4O_{10}](OH)_2$。单斜晶系。通常呈叶片状或致密块状集合体。淡绿或白色,微带浅黄、浅褐、浅绿色,莫氏硬度 1,密度2.7~2.8克/厘米^3。有滑腻感。用作造纸、医药、橡胶、油漆、化妆品、纺织品的填料,电瓷、日用陶瓷及水泥原料,润滑材料及耐火材料,也可入中药。㊁【中医】中药名。硅酸盐类矿物滑石族滑石,主要成分是含水硅酸镁。味甘、淡,性寒。归膀胱、肺、胃经。利尿通淋,清热解暑,祛湿敛疮。用于热淋,石淋,尿热涩痛,暑湿烦渴,湿热水泻;外治湿疹,湿疮,痱子。

滑鼠 ㄏㄨㄚˊ ㄕㄨˇ/huáshǔ

mouse

【信息】台湾名。即"鼠标器"(1049 页)。

滑鼠指標

ㄏㄨㄚˊ ㄕㄨˇ ㄓˇ ㄅㄧㄠ/huáshǔ zhǐbiāo

mouse pointer

【信息】台湾名。即"鼠标指针"(1049 页)。

滑膛炮/滑膛炮

huátángpào/ㄏㄨㄚˊ ㄊㄤˊ ㄆㄠˋ

smoothbore gun

【军】身管内壁无膛线的火炮。发射后靠炮弹尾翼保持弹丸的稳定飞行。发射尾翼稳定脱壳穿甲弹,可充分发挥穿甲弹比动能,有效地击毁坦克;发射尾翼稳定碎甲弹,可提高对直射距离内目标的命中率和碎甲效果。

滑翔/滑翔 huáxiáng/ㄏㄨㄚˊ ㄒㄧㄤˊ

glide

【航】又称"空滑"。航空器利用重力及风力在空中做无动力(或关闭发动机)滑行或其他飞行运动。取决于飞行器的无动力情况下滑行距离和下降高度之比,即高度每下降 1 米时飞机可滑行前进的水平距离。

滑翔机/滑翔機

huáxiángjī/ㄏㄨㄚˊ ㄒㄧㄤˊ ㄐㄧ

glider

【军】无动力装置或仅有一台小型辅助动力装置、重于空气的固定翼航空器。机翼狭长,机身细长,呈流线体。可借助于飞机(绞盘车、汽车等)牵引或依靠自身辅助动力装置起飞,也可利用地形从高坡直接下滑到空中。基本飞行方式为滑翔和翱翔。

滑行/滑行 huáxíng/ㄏㄨㄚˊ ㄒㄧㄥˊ

taxiing

【航】又称"滑跑"。飞机起飞时离开陆地、水面或着陆后在跑道上的加速或减速运动过程。

📖 滑跑和滑行实际上是有区别的,滑跑通常指飞机进入跑道起飞线后的起跑提速增压起飞和着陆在跑道上后的加阻减速停止,而滑行是指飞机起飞进入跑道前和着陆离开跑道后的转移过程。

滑行道/滑行道

huáxíngdào/ㄏㄨㄚˊ ㄒㄧㄥˊ ㄉㄠˋ

taxiway

【航】机场供飞机起飞前和着陆后滑行用的特种通道。分为主滑行道(平行滑行道)、联络道(联络滑行道)和拖机道(辅助滑行道)。

滑行式船体/滑航船體

huáxíngshì chuántǐ/ㄏㄨㄚˊ ㄏㄤˊ ㄔㄨㄢˊ ㄊㄧˇ

planing hull

【船】重量主要由水动力升力支承的船体。常指轻便小艇的船体，航速较高，滑行时船身抬起，排水量和湿面积减小。其升力全由艇底受到的正压产生，体型常为方尾和尖舭。

滑液囊/滑液囊

huáyènáng/ㄏㄨㄚˊ ㄧㄝˋ ㄋㄤˊ

【医】即“滑膜囊”(516 页)。

滑葉旋轉流量計

ㄏㄨㄚˊ ㄧㄝˋ ㄒㄩㄢˊ ㄓㄨㄢˇ ㄌㄧㄡˊ ㄌㄧㄤˋ ㄐㄧˋ/

huáyè xuánzhuǎn liúliàngjì

sliding vane rotary flowmeter

【机】台湾名。即“刮板流量计”(432 页)。

化肥 huàféi/ㄏㄨㄚˋ ㄈㄟˊ

【农】“化学肥料”的简称。

化肥污染/肥料污染

huàféi wūrǎn/ㄈㄟˊ ㄌㄧㄠˋ ㄨ ㄖㄢˇ

fertilizer pollution

【环】农田施用大量化肥(主要是氮肥和磷肥)对环境造成不良影响和危害的现象。化肥在环境中流失较大，可引起水体富营养化、土壤性质恶化和酸化、大气中氮氧化物含量增加，以及生产的食品、饲料中硝酸盐含量较高等。

化工/化學工業

huàgōng/ㄏㄨㄚˋ ㄒㄩㄝˊ ㄍㄨㄥ ㄧㄝˋ

chemical industry, chemical engineering, chemical technology

【化】“化学工业”“化学工程”和“化学工艺”的简称。又为以上三者的统称。

化工原料/化工原料

huàgōng yuánliào/ㄏㄨㄚˋ ㄍㄨㄥ ㄩㄢˊ ㄌㄧㄠˋ

chemical material

【化】生产过程中用作原料的化学品。

化工自动化/化工自動化

huàgōng zìdònghuà/

ㄏㄨㄚˋ ㄍㄨㄥ ㄗˋ ㄉㄨㄥˋ ㄏㄨㄚˋ

chemical process automation

【自】将自动化的理论、方法和技术，包括自动化仪表、控制器等工具及计算机，应用于化学工业，使生产中各工艺参数作为被监测和/或控制量并进行自动监测、调节和控制，甚至对整个生产实行计算机管理。

化合/化合 huàhé/ㄏㄨㄚˋ ㄏㄜˊ

chemical combination

【化】化学反应类型之一。两种或两种以上的物质通过化学反应转变成一种结构较复杂的物质。

化合价/化合價 huàhéjià/ㄐㄧㄚˋ

valence

【化】简称“价”，又称“原子价”。表示一个原子(或原子团)能与其他原子(或原子团)相结合的数目。以氢元素的化合价为+1 作为标准。

📖 在离子化合物中，一种元素的化合价等于该元素一个离子所带的电荷数；在共价化合物中，原子的化合价等于该原子形成键的数目，通常以 H 的化合价为+1，O 的化合价为−2进行计算；其他原子或原子团的化合价为能与氢原子结合或替代氢原子的数目。大多数元素在不同化合物中具有不止一种的化合价。

化合态/化合態

huàhétài/ㄏㄨㄚˋ ㄏㄜˊ ㄊㄞˋ

combined form

【化】物质、粒子或基团以化合物形式存在的状态。化合态物质或基团的化学性质较游离态相对稳定。

化合物/化合物 huàhéwù/ㄏㄨㄚˋ ㄏㄜˊ ㄨˋ

chemical compound

【化】两种或两种以上元素的原子或离子所组成的物质。主要分为有机化合物和无机化合物。

📖 迄今为止人类已经发现和合成了 2000 多万种化合物。

化生/化生 huàshēng/ㄏㄨㄚˋ ㄕㄥ

metaplasia

【医】正常细胞中的储备细胞转变为另一种分化成熟细胞的过程。是机体的一种组织因细胞生活环境改变或理化因素刺激，在形态和机能上变为另一种组织的过程。如支气管黏膜的柱状上皮组织长期受刺激变为鳞状上皮组织。

化石/化石 huàshí/ㄏㄨㄚˋ ㄕˊ

fossil

【地】保存在岩石中的古生物遗体、遗物或遗迹。地层中的化石可分为实体化石、模铸化石、遗迹化石和化学化石。

化石能源
huàshí néngyuán/ㄏㄨㄚˋ ㄕˊ ㄋㄥˊ ㄩㄢˊ
【地】即“化石燃料”(518 页)。

化石燃料/化石燃料
huàshí ránliào/ㄏㄨㄚˋ ㄕˊ ㄖㄢˊ ㄌㄧㄠˋ
fossil fuel
【地】又称“化石能源”。指生物成因的各类可燃矿产,如煤、石油、油页岩等。

化探 huàtàn/ㄏㄨㄚˋ ㄊㄢˋ
【地】“地球化学探矿”的简称。

化纤 huàxiān/ㄏㄨㄚˋ ㄒㄧㄢ
【纺】“化学纤维”的简称。

化学/化學 huàxué/ㄏㄨㄚˋ ㄒㄩㄝˊ
chemistry
【化】研究物质及其变化的学科。建立在原子和分子水平上,揭示物质的组成、性质、结构、制备、应用和互相转化的规律以获取新物质或新功能、新性能。其源于生产实践,是基础科学,又是应用科学。既用于探寻自然现象的本质,又可为人类所用,生产各种新物质。

化学变化/化學變化
huàxué biànhuà/ㄏㄨㄚˋ ㄒㄩㄝˊ ㄅㄧㄢˋ ㄏㄨㄚˋ
chemical change
【化】物质变化中产生新物质的变化。物质的原子核组成不变,分子内原化学键断裂并形成新的化学键。变化过程经常伴随出现热、声、光和电等现象,产生能量的吸收或释放。如铁在潮湿空气中生锈等。

化学沉积岩
huàxué chénjīyán/ㄏㄨㄚˋ ㄒㄩㄝˊ ㄔㄣˊ ㄐㄧ ㄧㄢˊ
【地】即“化学岩”(520 页)。

化学当量/化學當量
huàxué dāngliàng/ㄏㄨㄚˋ ㄒㄩㄝˊ ㄉㄤ ㄌㄧㄤˋ
chemical equivalent, equivalent weight
【化】简称“当量”。在没有建立物质的量概念之前,表示化学反应时使用的一种无量纲物理量。以比例计量物质之间的量的关系。

化学电池
huàxué diànchí/ㄏㄨㄚˋ ㄒㄩㄝˊ ㄉㄧㄢˋ ㄔˊ
【化】“电化学电池”的简称。

化学电源/化學電源
huàxué diànyuán/ㄏㄨㄚˋ ㄒㄩㄝˊ ㄉㄧㄢˋ ㄩㄢˊ
chemical power source
【化】能直接将化学能转变为电能,产生直流电的能源装置,即通常所指的电池。可分为原电池(一次电池)、蓄电池、燃料电池等。

化学镀/化學浸鍍
huàxuédù/ㄏㄨㄚˋ ㄒㄩㄝˊ ㄐㄧㄣˋ ㄉㄨˋ
chemical plating, electroless plating
【材】又称“无电解镀”。表面处理技术的一种。将金属离子有选择地在制件表面上还原,析出成金属镀层的过程。镀层厚度均匀,针孔少,不需直流电源设备,能在各种不同基材的任何复杂外形上获得均匀镀层。化学镀镍、铜、银、金、钴、钯、铂、金、锡,以及化学镀合金和化学复合镀层等应用于工业生产中。

化学发光/化學發光
huàxué fāguāng/ㄏㄨㄚˋ ㄒㄩㄝˊ ㄈㄚ ㄍㄨㄤ
chemiluminescence
【化】常温下,由化学反应使化学能转变为光能,发射电磁辐射的现象。最常见的是因氧化反应而产生紫外线、可见光或红外线的辐射。化学发光物质多为有机化合物。
📖 自然界中有些生物发光实质上即为化学发光,如萤火虫和深海鱼类的发光。

化学反应/化學反應
huàxué fǎnyìng/ㄏㄨㄚˋ ㄒㄩㄝˊ ㄈㄢˇ ㄧㄥˋ
chemical reaction
【化】简称“反应”。物质发生化学变化而产生性质、组成、结构与原来不同的新物质的过程。

化学反应式
huàxué fǎnyìngshì/ㄏㄨㄚˋ ㄒㄩㄝˊ ㄈㄢˇ ㄧㄥˋ ㄕˋ
【化】即“化学方程式”(518 页)。

化学方程式/化學方程式
huàxué fāngchéngshì/ㄏㄨㄚˋ ㄒㄩㄝˊ ㄈㄤ ㄔㄥˊ ㄕˋ
chemical equation
【化】又称“化学反应式”。用反应物和生成物的化学式表明化学反应始态和终态的式子。表示反应物和生成物的种类、分子数目、气态物质的体积关系。按质量守恒定律配平的化学方程式,反应前后各种原子数目相等;氧化还原反应中,氧化剂与还原剂电子得失数目相等。根据化学方程式可以进行相关计算。反应条件写在方程式等号或箭头之上,生成气体或沉淀分别用“↑”或“↓”表示。离子反应用离子方程式表示，注明热量变化和物质状态的为热化学方程式。

化学肥料/化學肥料

huàxué féiliào/ㄏㄨㄚˋ ㄒㄩㄝˊ ㄈㄟˊ ㄌㄧㄠˋ

chemical fertilizer

【农】简称“化肥”。以矿物、空气和水为原料，用化学或物理方法人工制成的，含有农作物生长需要的营养元素的肥料。主要有氮肥、磷肥、钾肥和微量元素肥料等。可分为固体、液体和气体三种，以固体为主，大多属无机肥料。

化学耗氧量

huàxué hàoyǎngliàng/ㄏㄨㄚˋ ㄒㄩㄝˊ ㄏㄠˋ ㄧㄤˇ ㄌㄧㄤˋ

【环】即“化学需氧量”(520 页)。

化学火箭/化學火箭

huàxué huǒjiàn/ㄏㄨㄚˋ ㄒㄩㄝˊ ㄏㄨㄛˇ ㄐㄧㄢˋ

chemical rocket

【航】以化学火箭发动机作为推进动力的火箭。利用推进剂的化学能进行化学反应，产生高温、高压、高速气流向后喷出，形成反作用力推动火箭飞行。化学火箭发动机可分为固体火箭发动机、液体火箭发动机和混合推进剂火箭发动机。

化学加工/化學加工

huàxué jiāgōng/ㄏㄨㄚˋ ㄒㄩㄝˊ ㄐㄧㄚ ㄍㄨㄥ

chemical machining

【机】特种加工的一种。利用酸、碱或盐的溶液对工件材料的腐蚀溶解作用，以获得所需形状、尺寸或表面状态的工件。常用的腐蚀液有氢氧化钠溶液，硫酸、磷酸、硝酸和三氯化铁等的水溶液。主要分为化学铣削、光化学加工和化学表面处理三种。

化学键/化學鍵

huàxuéjiàn/ㄏㄨㄚˋ ㄒㄩㄝˊ ㄐㄧㄢˋ

chemical bond

【化】简称“键”。分子和原子团中两个或两个以上原子(离子)之间的强相互作用。原子通过化学键形成相对稳定的分子和晶体。通常分为离子键、共价键和金属键。

化学量传感器/化學量傳感器

huàxuéliàng chuángǎnqì/ㄏㄨㄚˋ ㄒㄩㄝˊ ㄌㄧㄤˋ ㄔㄨㄢˊ ㄍㄢˇ ㄑㄧˋ

chemical quantity transducer

【机】传感器的一种。能感受规定的化学量并转换成可用输出信号。按传感方式不同，可分为接触式化学传感器与非接触式化学传感器；按检测对象不同，可分为气体传感器、湿度传感器、离子传感器和生物传感器。

化学品/化學品

huàxuépǐn/ㄏㄨㄚˋ ㄒㄩㄝˊ ㄆㄧㄣˇ

chemicals

【化】化学药品与化学物品的统称。多指生产、应用、科研用的化学原料和产品。可分为有机化学品、无机化学品、精细化学品、专用化学品等。

化学平衡/化學平衡

huàxué pínghéng/ㄏㄨㄚˋ ㄒㄩㄝˊ ㄆㄧㄥˊ ㄏㄥˊ

chemical equilibrium

【化】在可逆反应中，化学反应正向和逆向速率相等时，体系的组成趋于定值，不随时间变化的状态。

化学气相沉积/化學氣相沈積

huàxué qìxiàng chénjī/ㄏㄨㄚˋ ㄒㄩㄝˊ ㄑㄧˋ ㄒㄧㄤˋ ㄔㄣˊ ㄐㄧ

chemical vapor deposition, CVD

【机】气相沉积的一种。用化学方法使气体在基体材料表面发生化学反应并形成覆盖层。广泛用于半导体生产中。

化学热处理/化學熱處理

huàxué rèchǔlǐ/ㄏㄨㄚˋ ㄒㄩㄝˊ ㄖㄜˋ ㄔㄨˇ ㄌㄧˇ

thermo-chemical treatment

【机】热处理的一种。将工件放在含有一种或几种化学元素或其化合物的介质中加热到适当温度，保温较长时间，使其中一部分活性元素逐步渗入工件表面，并向内部扩散，其表层的化学成分和组织结构发生改变，以提高表面硬度、耐磨性和抗蚀性等。常用的有渗碳、渗氮、渗硼、渗铝、渗硅、渗硫、碳氮共渗、铬铝共渗、硫氮共渗等。

化学式/化學式

huàxuéshì/ㄏㄨㄚˋ ㄒㄩㄝˊ ㄕˋ

chemical formula

【化】实验式、分子式、结构式、示性式等的统称。以化学元素符号表示物质化学组成、数量关系和组合形式。

化学试剂/化學試劑

huàxué shìjì/ㄏㄨㄚˋ ㄒㄩㄝˊ ㄕˋ ㄐㄧˋ

chemical reagent

【化】为实现化学反应、化验、实验使用的纯化学物质。可分为标准试剂、通用试剂、特效试剂、指示剂、溶剂、仪器分析专用试剂、高纯试剂、有机合成基础试剂、生化试剂、临床试剂、电子工业专用试剂、教学用实验试剂等。

📖 中国对实验室普遍使用的通用试剂制定有4种规格:(1)优级纯或一级品,符号GR,绿色标签,用于精密分析实验;(2)分析纯或二级品,符号AR,金光红色标签,用于一般分析实验;(3)化学纯或三级品,符号CP,蓝色标签,用于一般化学实验;(4)生化试剂,符号BR,咖啡色或玫红色标签,用于生物化学实验。

化学危险品/危險化學品

huàxué wēixiǎnpǐn/

ㄨㄟˊ ㄒㄧㄢˇ ㄏㄨㄚˋ ㄒㄩㄝˊ ㄆㄧㄣˇ

hazardous chemicals

【化】又称"易燃易爆物"。以爆炸、燃烧、毒害、腐蚀、放射性为主要特性的化学物品。在运输、装卸、生产、使用、储存、保管过程中,于一定条件下能引起燃烧、爆炸,导致人身伤亡和财产损失等事故。包括压缩气体和液化气体,易燃液体、易燃固体、自燃物品和遇湿易燃品,氧化剂和有机过氧化物,毒害品和感染性物品,放射性物品,腐蚀品等。

化学纤维/化學纖維

huàxué xiānwéi/ㄏㄨㄚˋ ㄒㄩㄝˊ ㄒㄧㄢ ㄨㄟˊ

chemical fiber

【纺】简称"化纤"。以天然的或合成的高分子物质为原料,通过化学加工制成的纤维。通常分为再生纤维和合成纤维两类。

化学性污染/化學污染

huàxuéxìng wūrǎn/ㄏㄨㄚˋ ㄒㄩㄝˊ ㄨ ㄖㄢˇ

chemical contamination, chemical pollution

【环】化学物质及其在环境中发生化学变化所造成的污染。食品化学性污染由各种有害金属、非金属、有机化合物、无机化合物引起。

化学性质/化學性質

huàxué xìngzhì/ㄏㄨㄚˋ ㄒㄩㄝˊ ㄒㄧㄥˋ ㄓˋ

chemical property

【化】物质在化学反应中表现出来的性质。如可燃性、酸性、碱性、氧化性、还原性、络合性等。与物质本身组成和结构密切相关。

化学需氧量/化學需氧量

huàxué xūyǎngliàng/

ㄏㄨㄚˋ ㄒㄩㄝˊ ㄒㄩ ㄧㄤˇ ㄌㄧㄤˋ

chemical oxygen demand, COD

【环】又称"化学耗氧量"。水体中物质在规定条件下氧化所消耗氧化剂的量。以每升水消耗氧的毫克数表示,通常记为COD。水体中物质进行氧化反应的难易程度不同,COD只表示在规定条件下水体中可被氧化物质需氧量的总和。是反映水体有机物污染程度的指标。

化学岩/化學岩

huàxuéyán/ㄏㄨㄚˋ ㄒㄩㄝˊ ㄧㄢˊ

chemical rock

【地】又称"化学沉积岩"。沉积岩的一大类。是风化物中的溶解物质搬运到湖泊或海洋盆地,以化学方式沉积下来,经成岩作用而成的岩石。主要有铝质岩、铁质岩、锰质岩、磷质岩、盐岩和某些硅质岩及碳酸岩等。这类岩石往往是有重要意义的沉积矿床,如岩盐矿、钾盐矿、石膏矿、芒硝矿、石灰石矿、白云石矿、铁矿、锰矿、铝土矿等。

化學工業

ㄏㄨㄚˋ ㄒㄩㄝˊ ㄍㄨㄥ ㄧㄝˋ/huàxué gōngyè

chemical industry, chemical engineering, chemical technology

【化】台湾名。即"化工"(517页)。

化學浸鍍

ㄏㄨㄚˋ ㄒㄩㄝˊ ㄐㄧㄣˋ ㄉㄨˋ/huàxué jìndù

chemical plating, electroless plating

【材】台湾名。即"化学镀"(518页)。

化學天平

ㄏㄨㄚˋ ㄒㄩㄝˊ ㄊㄧㄢ ㄆㄧㄥˊ/huàxué tiānpíng

analytical balance

【机】台湾名。即"分析天平"(346页)。

化學污染

ㄏㄨㄚˋ ㄒㄩㄝˊ ㄨ ㄖㄢˇ/huàxué wūrǎn

chemical contamination, chemical pollution

【轻】台湾名。即"化学性污染"(520页)。

化妆品/化妝品
huàzhuāngpǐn/ㄏㄨㄚˋ ㄓㄨㄤ ㄆㄧㄣˇ
cosmetics
【化】施用于人体表面,如皮肤、面部、五官、头发及身体其他部位,起到护肤、美容、滋养、保健及消除人体不良气味或其他特殊作用的物品。有时将个人清洁用品如洗发、洗面、沐浴等用品也归于化妆品行列。

划规/劃線規 huàguī/ㄏㄨㄚˋ ㄒㄧㄢˋ ㄍㄨㄟ
scribing compass
【机】手工具的一种。用于在工件上划圆、圆弧、等分线、等分角度、量取尺寸等。由中碳钢或工具钢制成,两脚尖端部位经过淬硬等处理。通常可分为普通划规、长划规和扇形划规等。

划线方箱/劃線方箱
huàxiàn fāngxiāng/ㄏㄨㄚˋ ㄒㄧㄢˋ ㄈㄤ ㄒㄧㄤ
scribing hander
【机】又称“铸铁方箱”“检验方箱”。手工具的一种。用于检验零部件的平行度、垂直度和划线。可夹持工件,并根据需要转换位置。由铸铁或钢材制成。外形通常为一空腔正方体,一个工作面上有V型槽。

划针/劃線針 huàzhēn/ㄏㄨㄚˋ ㄒㄧㄢˋ ㄓㄣ
scriber
【机】用以在工件上划线的工具。常与钢直尺、划线样板等导向工具配合使用。由弹簧钢丝或高速钢制成,直径3~6毫米,尖端成15°~20°,经淬硬不易磨损和变钝。

华山/華山 Huà Shān/ㄏㄨㄚˋ ㄕㄢ
Hua Mountain, Huashan Mountain
【地】五岳之一。位于陕西华阴。东西长约15千米,南北宽约10千米,主峰南峰,海拔2154.9米。山势陡峭,断崖千尺,群峰挺秀,素以奇、险闻名于世。是五岳中的西岳,中国著名的风景名胜区。

华佗再造丸/華佗再造丸
Huà Tuó zàizàowán/
ㄏㄨㄚˋ ㄊㄨㄛˊ ㄗㄞˋ ㄗㄠˋ ㄨㄢˊ
huatuo zaizao pills, huatuo zaizao wan, * Hua Tuo's Renewal Pill
【中医】中成药名。主要成分:川芎、吴茱萸、冰片等药味经加工制成的浓缩水蜜丸。每次8克,早晚各服1次。活血化瘀,化痰通络,行气止痛。用于痰瘀阻络之中风恢复期和后遗症,半身不遂,拘挛麻木,口眼㖞斜,言语不清。

画眉/畫眉鳥 huàméi/ㄏㄨㄚˋ ㄇㄟˊ ㄋㄧㄠˇ
babbler
【动】*Garrulax canorus* 鸟名。雀形目画眉科。身体长约20厘米,上体绿褐色,下体棕黄色,腹部灰白色,头、后颈和背部有黑褐色斑纹,眼圈白色,向后延伸像蛾眉。栖息于山林地区,以昆虫和植物种子、野果等为食。鸣声婉转动听,雄鸟好斗。

画眉

画像砖/畫像磚
huàxiàngzhuān/ㄏㄨㄚˋ ㄒㄧㄤˋ ㄓㄨㄢ
portrait brick
【建】表面通过拍印或模印方法,带有彩绘或雕刻图像的建筑用砖。起源于战国,盛行于两汉,多在墓室中构成壁画,也有用在宫室建筑上。主要用木模压印,后经火烧制而成,也有在砖上刻出纹饰的做法。形制有两种,一为边长40厘米左右的方形,一为长约45厘米、宽约25厘米的长方形。图案精美、题材丰富,有阙楼桥梁、车骑仪仗、舞乐百戏、祥瑞异兽、神话典故、奇葩异卉等。

话路/音頻通道
huàlù/ㄧㄣ ㄆㄧㄣˊ ㄊㄨㄥ ㄉㄠˋ
voice channel
【信息】适宜于传送话音的信道。

话题组/主題群組
huàtízǔ/ㄓㄨˇ ㄊㄧˊ ㄑㄩㄣˊ ㄗㄨˇ
topic group
【信息】对特定主题有共同兴趣的参与者所设的联机讨论领域。

话筒 huàtǒng/ㄏㄨㄚˋ ㄊㄨㄥˇ
【机】即“传声器”(145页)。

话音信箱/語音信箱
huàyīn xìnxiāng/ㄩˇ ㄧㄣ ㄒㄧㄣˋ ㄒㄧㄤ
voice mailbox
【信息】把语音信息转为数字信息存入服务器,供用户通过电话随时随地提取的服务。

畫眉鳥 ㄏㄨㄚˋ ㄇㄟˊ ㄋㄧㄠˇ/huàméiniǎo

babbler
【动】台湾名。即“画眉”(521 页)。

畫素 ㄏㄨㄚˋ ㄙㄨˋ/huàsù
pixel, picture element
【信息】台湾名。即“像素”(1253 页)。

話音辨識
ㄏㄨㄚˋ ㄧㄣ ㄅㄧㄢˋ ㄕˊ/huàyīn biànshí
speech recognition
【信息】台湾名。即“语音识别”(1380 页)。

劃線規 ㄏㄨㄚˋ ㄒㄧㄢˋ ㄍㄨㄟ/huàxiànguī
scribing compass
【机】台湾名。即“划规”(521 页)。

劃線針 ㄏㄨㄚˋ ㄒㄧㄢˋ ㄓㄣ/huàxiànzhēn
scriber
【机】台湾名。即“划针”(521 页)。

huai （ㄏㄨㄞ）

槐/槐 huái/ㄏㄨㄞˊ
Japanese pagodatree
【植】*Sophora japonica* 通称“槐树”。豆科槐属。落叶乔木。树皮灰褐色,有纵裂。奇数羽状复叶,小叶卵状长圆形,先端有小尖头。圆锥花序顶生,花萼浅钟状,花冠蝶形,白色或淡黄色。荚果肉质,串珠状。花果期5—10 月份。在中国,分布于各地。行道树。木材可用,花果可入药。

槐花/槐花 huáihuā/ㄏㄨㄞˊ ㄏㄨㄚ
Flos Sophorae(拉), pagodatree flower, * sophora flower
【中医】中药名。豆科植物槐 *Sophora japonica* L.的干燥花及花蕾。味苦,性微寒。归肝、大肠经。凉血止血,清肝泻火。用于便血,痔血,血痢,崩漏,吐血,衄血,肝热目赤,头痛眩晕。

槐 花

槐角/槐角 huáijiǎo/ㄏㄨㄞˊ ㄐㄧㄠˇ
Fructus Sophorae(拉), Japanese pagodatree pod, * sophora fruit
【中医】中药名。豆科植物槐 *Sophora japonica* L.的干燥成熟果实。味苦,性寒。归肝、大肠经。清热泻火,凉血止血。用于肠热便血,痔肿出血,肝热头痛,眩晕目赤。

槐树 huáishù/ㄏㄨㄞˊ ㄕㄨˋ
【植】“槐”的通称。

踝关节扭伤/踝關節扭傷
huáiguānjié niǔshāng/
ㄏㄨㄞˊ ㄍㄨㄢ ㄐㄧㄝˊ ㄋㄧㄡˇ ㄕㄤ
sprain of ankle joint, * sprained ankle
【中医】骨伤科疾病之一。外力致踝部扭转的急性软组织损伤,症见踝部肿胀、疼痛、足着地或被动外翻时疼痛加剧及活动障碍等。局部推拿、针灸治疗,配合内服活血化瘀药。

坏疽/壞疽 huàijū/ㄏㄨㄞˋ ㄐㄩ
gangrene
【医】大块组织坏死后,因继发腐败细菌感染及其他因素的影响而呈黑色、污绿色等特殊形态的坏死。通常分为干性坏疽、湿性坏疽和气性坏疽。

坏死/壞死 huàisǐ/ㄏㄨㄞˋ ㄙˇ
necrosis
【医】组织细胞的代谢停止,功能丧失,细胞逐步溶解消失的过程。

坏血病 huàixuèbìng/ㄏㄨㄞˋ ㄒㄩㄝˇ ㄅㄧㄥˋ
【医】即“抗坏血酸缺乏病”(672 页)。

huan （ㄏㄨㄢ）

獾/獾 huān/ㄏㄨㄢ
badger
【动】*Meles meles* 又称“狗獾”。哺乳动物名。食肉目鼬科。体长可达 65 厘米,头长而圆,有三条白色纵纹,耳短,毛棕灰色,腹部和四肢黑色,前爪长而锐利,善掘土。生活在山野,穴居,昼伏夜出,以植物的根、茎、果实和小动物为食。种类很多,有狗獾、猪獾、狼獾、鼬獾等。

獾

还原/還原 huányuán/ㄏㄨㄢˊ ㄩㄢˊ
reduction
【化】见“氧化还原”(1318 页)。

还原性烟雾/還原性煙霧
huányuánxìng yānwù/
ㄏㄨㄢˊ ㄩㄢˊ ㄒㄧㄥˋ ㄧㄢ ㄨˋ
reductive smog
【环】又称“煤炭型烟雾”“伦敦型烟雾”。燃煤排放的烟尘所形成的烟雾。多发生在气温低、湿度大、无风、日光弱、上空有一逆温层、烟尘积聚在大气底层难以扩散的气象条件下。因烟尘中含有二氧化硫、一氧化碳和颗粒物，具有还原性，故名。

环/環 huán/ㄏㄨㄢˊ
ring
【数】抽象代数中的一种基本的代数结构。设 R 是一个非空的集合，用“＋”“∘”表示两种运算，分别称为加法和乘法(不一定是通常的加法和乘法)。对 R 中的任意元素 $a,b,a+b\in R,a\circ b\in R$。若 R 对于加法构成一个交换群，并且满足⑴乘法结合律，即设 a,b,c 是 R 中的任意元素，$(a\circ b)\circ c=a\circ(b\circ c)$；⑵乘法对加法的分配律，即设 a,b,c 是 R 中的任意元素，$(a+b)\circ c=a\circ c+b\circ c,a\circ(b+c)=a\circ b+a\circ c$，则称 R 对于运算“＋”“∘”构成一个环。例如，整数集 **Z** 上有通常的加法和乘法，**Z** 对于加法构成一个交换群，且满足乘法结合律和乘法对加法的分配律，**Z** 对于通常的加法和乘法构成一个环，称为整数环。对一般的环，不要求必须满足乘法交换律和乘法要有单位元。满足乘法交换律的环叫作交换环。有乘法单位元的环叫作具有单位元的环。

环节动物/環節動物
huánjié dòngwù/ㄏㄨㄢˊ ㄐㄧㄝˊ ㄉㄨㄥˋ ㄨˋ
ringed worm
【动】Annelida 无脊椎动物的一门。身体长圆柱形或长而扁平，两侧对称，由许多环状结构连接构成，能伸缩。表面有像玻璃的薄膜，头、胸、腹不分明，肠子长而直，前端为口，后端为肛门，分布于海洋、淡水和土壤中，少数营寄生生活。如沙蚕、水蛭、蚯蚓等。

环境/環境 huánjìng/ㄏㄨㄢˊ ㄐㄧㄥˋ
environment
【环】相对于中心事物的背景。在环境科学中，指以人类为主体的外部世界，是围绕着人群的空间及与人类相互作用的自然因素和社会因素的总体。

环境保护/環境保護
huánjìng bǎohù/ㄏㄨㄢˊ ㄐㄧㄥˋ ㄅㄠˇ ㄏㄨˋ
environmental protection
【环】为合理开发利用自然资源，防治环境污染和破坏，维持生态平衡，协调人类与环境的关系和保障社会经济可持续发展所采取的各项措施的总称。初期主要用工程技术手段治理污染，逐步向发展到实施社会经济可持续发展战略和推行清洁生产及生态文明。

环境暴露/環境暴露
huánjìng bàolù/ㄏㄨㄢˊ ㄐㄧㄥˋ ㄅㄠˋ ㄌㄨˋ
environmental exposure
【环】人群接触环境中某种因素的过程。调查和监测环境中有害因素和人群健康之间的相关关系和因果关系，即阐明暴露—效应关系，是环境流行病学研究的重要方法。

环境背景值/環境背景值
huánjìng bèijǐngzhí/
ㄏㄨㄢˊ ㄐㄧㄥˋ ㄅㄟˋ ㄐㄧㄥˇ ㄓˊ
environmental background value
【环】又称“环境本底值”。在环境要素演化过程中，其化学元素组分在未受人类活动影响情况下的正常含量，以及能量分布的正常值。按环境要素不同，可分为土壤、水体、大气、生物等单项环境背景值。

环境本底值
huánjìng běndǐzhí/
ㄏㄨㄢˊ ㄐㄧㄥˋ ㄅㄣˇ ㄉㄧˇ ㄓˊ
【环】即“环境背景值”(523 页)。

环境标志/環保標章
huánjìng biāozhì/ㄏㄨㄢˊ ㄅㄠˇ ㄅㄧㄠ ㄓㄤ
environmental label
【环】又称“绿色标志”“生态标志”。是证明产品符合环境保护要求的标签。由国家指定的机构依据有关环境标准、指标、规定确认和颁发。它表明产品在生产、流通、使用以及废弃处理和处置过程中对生态环境无害或危害小，且节约资源和能源。

环境材料/生態材料
huánjìng cáiliào/ㄕㄥ ㄊㄞˋ ㄘㄞˊ ㄌㄧㄠˋ

ecomaterial

【环】又称“生态材料”“生态环境材料”。同时具有良好的使用性和优良的环境协调性，或者是能够改善环境的材料。对资源和能源消耗最小，生态影响最小，再生循环利用率最高，具有优异的使用性能。主要包括环境相容材料(如纯天然材料、仿生物材料)、环境可降解材料和环境工程材料(如环境净化材料、环境替代材料)等。

环境承受力

huánjìng chéngshòulì/

ㄏㄨㄢˊ ㄐㄧㄥˋ ㄔㄥˊ ㄕㄡˋ ㄌㄧˋ

【环】即“环境承载力”(524 页)。

环境承载力/環境承載力

huánjìng chéngzàilì/

ㄏㄨㄢˊ ㄐㄧㄥˋ ㄔㄥˊ ㄗㄞˋ ㄌㄧˋ

environmental carrying capacity

【环】又称“环境承受力”。在维持环境系统结构和功能不变的前提下，环境系统所能承受人类作用的规模、强度和速度的限值。是环境具有自我调节能力有限性的量度。

环境承载容量

huánjìng chéngzài róngliàng/

ㄏㄨㄢˊ ㄐㄧㄥˋ ㄔㄥˊ ㄗㄞˋ ㄖㄨㄥˊ ㄌㄧㄤˋ

【环】即“环境容量”(527 页)。

环境雌激素/環境雌激素

huánjìng cíjīsù/ㄏㄨㄢˊ ㄐㄧㄥˋ ㄘˊ ㄐㄧ ㄙㄨˋ

environmental estrogen

【环】进入机体后，能激活或抑制人和生物机体内分泌系统的功能，产生雌性化效应的化学物质。主要是多氯联苯类、二噁英类、有机氯农药类、双酚类、邻苯二甲酸脂类，可引起生殖和发育紊乱，生殖器官畸变、性别和性行为改变等。

环境地理学/環境地理學

huánjìng dìlǐxué/ㄏㄨㄢˊ ㄐㄧㄥˋ ㄉㄧˋ ㄌㄧˇ ㄒㄩㄝˊ

environmental geography

【环】环境地学的一个分支。研究人类与地理环境相互作用及其影响。主要包括研究地理环境结构、功能和演化及其对人类生存发展的作用；探讨人类活动及产生的环境问题对地理环境整体和各要素的影响，以及地理环境及其各要素的质量评价和地理环境优化规划和区划等。

环境地球化学/環境地球化學

huánjìng dìqiú huàxué/

ㄏㄨㄢˊ ㄐㄧㄥˋ ㄉㄧˋ ㄑㄧㄡˊ ㄏㄨㄚˋ ㄒㄩㄝˊ

environmental geochemistry

【环】环境地学的一个分支。研究环境中人为和天然释放的化学物质的迁移转化及其与环境质量和人体健康的关系。主要包括研究人类环境各个系统的地球化学性质，以及污染物质在环境中的迁移转化规律；探讨环境化学组成、性质及其变化，以及对人体及生物体的影响等。

环境地学/環境地球科學

huánjìng dìxué/

ㄏㄨㄢˊ ㄐㄧㄥˋ ㄉㄧˋ ㄑㄧㄡˊ ㄎㄜ ㄒㄩㄝˊ

environmental geoscience

【环】环境科学的一个分支。研究人类与地质环境、地理环境等相互作用及其影响。主要包括研究地质环境和地理环境等的组成及性质、结构和演化；进行环境质量调查、评价和预测；探讨人类活动与地质环境、地理环境的相互作用机理和规律，以及进行优化调控和利用的途径等。发展较成熟的下一层分支有环境地质学、环境地理学、环境土壤学、环境海洋学、环境水文学、环境地球化学、环境气候学、污染气象学等分支。

环境地质学/環境地質學

huánjìng dìzhìxué/ㄏㄨㄢˊ ㄐㄧㄥˋ ㄉㄧˋ ㄓˋ ㄒㄩㄝˊ

environmental geology

【环】环境地学的一个分支。研究人类与地质环境相互作用及其影响的学科。主要包括研究地壳化学元素分布及对人类和生态系统的影响；预测和防治地质因素造成的环境危害；探讨人类活动排放的化学污染物在地质环境中的变化和运动规律；预测大型工程和资源开发活动所产生的环境影响，以及防治城市建设发展所产生的地下水污染、地面沉降等。

环境电磁学/環境電磁學

huánjìng diàncíxué/

ㄏㄨㄢˊ ㄐㄧㄥˋ ㄉㄧㄢˋ ㄘˊ ㄒㄩㄝˊ

environmental electromagnetism

【环】环境物理学的一个分支。研究电磁辐射环境及其与人类的相互作用。内容包括研究电磁辐射环境的特性及其变化规律；高强度电磁辐射产生的物理、化学、生物效应和对人体的作用与危害，电磁污染的来源及其防护、防治技术和管理措施等。

环境毒理学/環境毒理學
huánjìng dúlǐxué/ㄏㄨㄢˊ ㄐㄧㄥˋ ㄉㄨˊ ㄌㄧˇ ㄒㄩㄝˊ
environmental toxicology
【环】环境医学的一个分支。研究环境污染物对人体健康的影响及其机理。主要包括研究环境污染物及其在环境中降解、转化产物在人体内的吸收、分布、排泄等生物转化和代谢转化过程，以及对人体毒作用的发生、发展、消除的条件和作用机理；探讨环境污染对人体健康损害的早期观察指标，以及有毒环境污染物对机体的毒作用和剂量—反应关系等。

环境分析化学/環境分析化學
huánjìng fēnxī huàxué/
ㄏㄨㄢˊ ㄐㄧㄥˋ ㄈㄣ ㄒㄧ ㄏㄨㄚˋ ㄒㄩㄝˊ
environmental analytical chemistry
【环】环境化学的一个分支。研究环境中污染物的种类、组分、状态、性质、含量及其分析测定原理和方法。内容包括对大气、水体、土壤、底泥(水底沉积物)、矿物、废弃物，以及动物、植物、微生物、人体组织和食物等进行化学分析。揭示环境质量变化的性质和原因等。

环境风险/環境風險
huánjìng fēngxiǎn/ㄏㄨㄢˊ ㄐㄧㄥˋ ㄈㄥ ㄒㄧㄢˇ
environmental risk
【环】人类活动或自然过程或二者共同作用可能造成的环境潜在损害。环境风险有渐进型的(臭氧层损耗、全球变暖等)，有突发型的(如有毒烟云、有毒水团等)。环境风险事件发生具有不确定性，通常采用事故发生概率描述。

环境风险评价/環境風險評價
huánjìng fēngxiǎn píngjià/
ㄏㄨㄢˊ ㄐㄧㄥˋ ㄈㄥ ㄒㄧㄢˇ ㄆㄧㄥˊ ㄐㄧㄚˋ
environmental risk assessment
【环】广义上指对人类活动引起的或面临的环境潜在损害以及各种自然灾害引起的风险进行评估。狭义上指对有毒化学物质危害人体健康的程度进行的评估。评价目的是提出降低环境风险的方案和对策，强化环境管理。

环境负荷量
huánjìng fùhèliàng/
ㄏㄨㄢˊ ㄐㄧㄥˋ ㄈㄨˋ ㄏㄜˋ ㄌㄧㄤˋ
【环】即“环境容量”(527 页)。

环境工程学/環境工程學
huánjìng gōngchéngxué/
ㄏㄨㄢˊ ㄐㄧㄥˋ ㄍㄨㄥ ㄔㄥˊ ㄒㄩㄝˊ
environmental engineering
【环】环境科学的一个分支。应用环境科学和有关工程技术学科的基本原理和方法，研究合理利用和保护自然资源、防治环境污染、修复生态环境、改善环境质量。主要包括：大气污染防治工程、水污染防治工程、固体废弃物的处理和利用，以及噪声、光、热、电磁辐射、放射性等污染的控制工程。此外，研究环境污染综合防治、无污染能源开发、清洁生产工艺和设备，以及从区域环境的整体上寻求社会经济与环境协调发展的最佳方案和途径。

环境功能/環境功能
huánjìng gōngnéng/ㄏㄨㄢˊ ㄐㄧㄥˋ ㄍㄨㄥ ㄋㄥˊ
environmental function
【环】环境对人类及其他生物的生存发展所具有的作用和价值。如森林生态系统构成的环境单元，其绿色植物通过光合作用，吸收二氧化碳和释放氧气，具有净化环境和实现大气中氧含量平衡等功能。

环境功能区划/環境功能區劃
huánjìng gōngnéng qūhuà/
ㄏㄨㄢˊ ㄐㄧㄥˋ ㄍㄨㄥ ㄋㄥˊ ㄑㄩ ㄏㄨㄚˋ
environmental function division
【环】根据不同区域社会经济发展的需要，以及环境特征和使用功能的差异所做的环境单元划分。通常指环境保护部门为了实施环境分类管理和分期实现环境目标，按环境区域保护的重点和环境质量要求，确定区域环境单元的主导功能所进行的划分。按环境特性不同可分为水环境功能区划、大气环境功能区划和声学环境功能区划。

环境光学/環境光學
huánjìng guāngxué/
ㄏㄨㄢˊ ㄐㄧㄥˋ ㄍㄨㄤ ㄒㄩㄝˊ
environmental optics
【环】环境物理学的一个分支。研究光环境及其与人类的相互作用。主要包括：研究天然光环境特性及其变化规律；研究光环境控制方法和人工光环境的构成及合理利用；探讨光对人的生理和心理影响及评价方法；揭示光污染危害及防治方法和途径。

环境海洋学/環境海洋學

huánjìng hǎiyángxué/ㄏㄨㄢˊ ㄐㄧㄥˋ ㄏㄞˇ ㄧㄤˊ ㄒㄩㄝˊ

environmental oceanography

【环】环境地学的一个分支。研究人类与海洋环境的相互作用及其影响。主要包括研究海洋对全球环境变化的调控作用和机制；探讨人类活动与海洋环境的相互影响和规律；研究污染物进入海洋的途径及其迁移转化过程和海洋自净作用；揭示海洋环境变化对人类及生态系统的影响和效应，以及海洋环境保护的理论和措施等。

环境化学/環境化學

huánjìng huàxué/ㄏㄨㄢˊ ㄐㄧㄥˋ ㄏㄨㄚˋ ㄒㄩㄝˊ

environmental chemistry

【环】环境科学的一个分支。研究化学物质在环境中发生的化学现象及其迁移转化规律，探讨化学污染物对环境的影响及生态效应，以及化学污染物回收利用和进行无害化处理的技术途径。按研究对象不同，可分为大气污染化学、水污染化学、土壤污染化学、污染生态化学；按研究内容不同，可分为环境污染化学、环境分析化学和环境污染控制化学等。

环境回顾评价/環境回顧評估

huánjìng huígù píngjià/ㄏㄨㄢˊ ㄐㄧㄥˋ ㄏㄨㄟˊ ㄍㄨˋ ㄆㄧㄥˊ ㄍㄨ

assessment of the previous environment

【环】对区域环境内人类活动曾经造成的环境质量变化进行的评定。是研究环境和污染物变化规律，以及进行环境治理和管理效果的事后评价。

环境基质 huánjìng jīzhì/ㄏㄨㄢˊ ㄐㄧㄥˋ ㄐㄧ ㄓˊ

【环】即“环境要素”(530 页)。

环境激素/環境激素

huánjìng jīsù/ㄏㄨㄢˊ ㄐㄧㄥˋ ㄐㄧ ㄙㄨˋ

environmental hormone

【环】旧称“环境荷尔蒙”。指存在于自然环境中，使人类和生物机体内分泌功能发生变化，对个体及其后代产生有害影响的外因性化学物质。一些环境激素不合理地用于农业生产和日常生活中，会引起人体生殖系统、免疫系统、神经系统等出现异常，对生存和健康造成不良影响和危害。以环境雌激素多见。

环境监测/環境監測

huánjìng jiāncè/ㄏㄨㄢˊ ㄐㄧㄥˋ ㄐㄧㄢ ㄘㄜˋ

environmental monitoring

【环】对环境质量状况进行监视性测定的活动。通常指用化学、物理、生物的方法测定污染因子的强度或浓度，观测和研究污染因子的变化趋势和规律及其环境影响的过程。按监测对象不同，可分为大气监测、水质监测、土壤监测、生物监测等；按污染物性质不同，可分为化学性污染监测、物理性污染(噪声、热、电磁辐射)监测、生物性污染监测和放射性污染监测等；按监测目的不同，可分为研究性监测、监视性监测、事故性监测和仲裁性监测等。

环境碱化/環境鹼化

huánjìng jiǎnhuà/ㄏㄨㄢˊ ㄐㄧㄥˋ ㄐㄧㄢˇ ㄏㄨㄚˋ

environmental alkalization

【环】碱性物质进入环境，致使自然环境系统的碱度升高或酸度降低的作用或过程。主要是人类活动排放的可溶性盐类、碱类物质在环境中积累，或受到海水入侵影响，或利用含碱性物质的废水灌溉等，造成水体、土壤碱化。环境碱化对自然环境和生态系统结构和功能造成严重危害，如引起土壤盐碱化等。

环境结构/環境結構

huánjìng jiégòu/ㄏㄨㄢˊ ㄐㄧㄥˋ ㄐㄧㄝˊ ㄍㄡˋ

environmental structure

【环】环境要素的配置关系。是反映环境的各个独立组分在数量上的配比、空间位置上的配置及其相互关系，以及描述其有序性和基本格局的宏观概念。环境结构的不同和变化，直接制约着环境的特征和功能。

环境科学/環境科學

huánjìng kēxué/ㄏㄨㄢˊ ㄐㄧㄥˋ ㄎㄜ ㄒㄩㄝˊ

environmental sciences

【环】研究人类与环境相互关系，寻求人类与环境协同演化，探讨防治环境污染和实施社会经济可持续发展的途径及方法的科学。是一个横跨自然科学、工程技术及社会科学的综合性学科体系。

环境疗法/環境治療法

huánjìng liáofǎ/ㄏㄨㄢˊ ㄐㄧㄥˋ ㄓˋ ㄌㄧㄠˊ ㄈㄚˇ

environmental therapy

【环】根据人与自然环境的辩证关系，预防治疗疾病、健身强体的方法。如空气离子疗法、日光浴疗法、矿泉和温泉疗法、森林浴疗法等。

环境流行病学/環境流行病學

huánjìng liúxíngbìngxué/
ㄏㄨㄢˊ ㄐㄧㄥˋ ㄌㄧㄡˊ ㄒㄧㄥˊ ㄅㄧㄥˋ ㄒㄩㄝˊ

environmental epidemiology

【环】环境医学的一个分支。研究环境中自然因素和环境污染因素危害人群健康的流行规律。主要包括研究有害因素在环境中的分布变化规律及人群暴露水平和暴露条件；暴露人群健康状况的构成及在时间、地区和人群中的分布规律，以及环境有害因素与人群健康状况的相关关系和因果关系等。

环境难民/環境難民

huánjìng nànmín/ㄏㄨㄢˊ ㄐㄧㄥˋ ㄋㄢˋ ㄇㄧㄣˊ

environmental refugees

【环】因原住地自然环境异常而迁徙他乡谋生的人群。区域或局部地区的水源、土壤和生态等自然环境恶化，或人类释放的有害物质（如放射性废物）造成环境污染等，都是形成环境难民的重要原因。

环境气候学/環境氣候學

huánjìng qìhòuxué/
ㄏㄨㄢˊ ㄐㄧㄥˋ ㄑㄧˋ ㄏㄡˋ ㄒㄩㄝˊ

environmental climatology

【环】环境地学的一个分支。研究人类活动与气候及其变化之间的相互作用和相互影响。主要包括研究大气运动引起的污染物扩散、迁移、转化等过程及对天气和气候的影响；揭示气候和气象同环境各要素的相互作用的机制及大气污染与气象条件的关系；研究污染物引起的局地、区域乃至全球气候异常现象和规律，以及进行气候资源评价等。

环境区划/環境區劃

huánjìng qūhuà/ㄏㄨㄢˊ ㄐㄧㄥˋ ㄑㄩ ㄏㄨㄚˋ

environmental regionalization, environmental zoning, environmental division

【环】根据区域自然和社会环境组成、结构、功能及其空间分异规律所做的环境单元划分。其目的是为合理开发和保护区域环境，制定区域环境规划和可持续发展战略等提供科学依据。

环境热学/環境熱學

huánjìng rèxué/ㄏㄨㄢˊ ㄐㄧㄥˋ ㄖㄜˋ ㄒㄩㄝˊ

environmental heat

【环】环境物理学的一个分支。研究热环境及其与人类的相互作用。主要包括研究自然环境、城市环境和建筑环境的热特性；探讨人类活动对环境热平衡的影响和产生的环境效应，研究热污染对人体的影响及危害；揭示热污染防治和创造人类舒适热环境的途径和方法。

环境容量/環境容量

huánjìng róngliàng/ㄏㄨㄢˊ ㄐㄧㄥˋ ㄖㄨㄥˊ ㄌㄧㄤˋ

environmental capacity

【环】又称“环境负荷量”“环境承载容量”。在人类生存和生态系统不受损害的前提下，某一区域或某一环境要素对某种污染物的最大容纳量。有人认为是生物圈或某一区域环境对人口增长和经济发展的承载能力，包括可供开发利用自然资源的数量和环境消纳废弃物的最大负荷量。也有人认为是在污染物量不超过环境标准或基准前提下，某一区域环境所能允许的污染物最大排放量。

环境设计/環境設計

huánjìng shèjì/ㄏㄨㄢˊ ㄐㄧㄥˋ ㄕㄜˋ ㄐㄧˋ

environmental design

【环】环境科学中指对构筑物、道路、绿地及工厂等布局，根据环境特征和社会经济发展规划提出的总体实施方案。建筑学多指对建筑物的内容、外形、布局与其周围环境状态相协调或者增强其环境气氛所进行的设计。

环境生产/環境生産

huánjìng shēngchǎn/ㄏㄨㄢˊ ㄐㄧㄥˋ ㄕㄥ ㄔㄢˇ

environmental reproduction

【环】自然生态系统通过再生产提供产品与服务的过程。包括为人类生产和生活提供所需资源、消纳废弃物及提供舒适和审美上的服务等。环境生产是在自然力的作用下进行的，外加人力作用可影响其生产功能。

环境生态学/環境生態學

huánjìng shēngtàixué/
ㄏㄨㄢˊ ㄐㄧㄥˋ ㄕㄥ ㄊㄞˋ ㄒㄩㄝˊ

environmental ecology

【环】环境科学的一个分支。研究人类活动与生态系统的相互作用及其影响。主要包括:研究在人类干扰的条件下生态系统内在的变化机理和规律;探讨受损生态系统恢复、重建和保护的对策,以及揭示人类对生态系统的影响及解决环境问题的生态途径等。下一个分支有污染生态学、保护生态学、放射生态学、生态毒理学等。

环境生物学/環境生物學
huánjìng shēngwùxué/
ㄏㄨㄢˊ ㄐㄧㄥˋ ㄕㄥ ㄨˋ ㄒㄩㄝˊ
environmental biology
【环】环境科学的一个分支。研究生物与受人类干扰的环境之间的相互作用及其影响。主要包括:研究环境污染引起的生物效应和生态效应及其机理;探讨生物及生态系统对污染净化的功能及其利用;揭示环境生物监测、评价的原理和方法,以及生物资源的合理开发利用及保护的理论和技术。研究较多的有污水生物学和环境微生物学等。因研究对象是受人类干扰的生态系统,所以有人认为环境生物学即环境生态学。

环境声学/環境聲學
huánjìng shēngxué/
ㄏㄨㄢˊ ㄐㄧㄥˋ ㄕㄥ ㄒㄩㄝˊ
environmental acoustics
【环】环境物理学的一个分支。研究声学环境及其与人类的相互作用。主要包括:研究声音(主要是噪声)的产生、传播、接受及其对人体产生的生理、心理效应;探讨人类生活和工作适宜的声学环境及改善、控制声环境质量的技术和管理措施等。

环境水文学/環境水文學
huánjìng shuǐwénxué/
ㄏㄨㄢˊ ㄐㄧㄥˋ ㄕㄨㄟˇ ㄨㄣˊ ㄒㄩㄝˊ
environmental hydrology
【环】环境地学的一个分支。研究人类活动与自然界各种水体的相互作用及其影响。主要包括研究水中化学物质来源、组成、浓度、状态、转化及归宿,以及水中各种物质的沉淀、扩散、迁移的过程和规律;探讨水体的水质、水量变化规律以及评价的原理和方法;揭示水体污染对人类和水生生态系统的影响和危害,以及防治水体污染的水文条件等。

环境酸化/環境酸化
huánjìng suānhuà/ㄏㄨㄢˊ ㄐㄧㄥˋ ㄙㄨㄢ ㄏㄨㄚˋ
environmental acidification
【环】酸性物质进入环境,致使自然环境系统的酸度升高或碱度降低的作用或过程。主要是人类活动排放的硫氧化物、氮氧化物沉降到地表,造成土壤和水体酸化。环境酸化对自然环境结构和功能造成严重危害,如降低土壤肥力,使生态系统失调等。

环境土壤学/環境土壤學
huánjìng tǔrǎngxué/
ㄏㄨㄢˊ ㄐㄧㄥˋ ㄊㄨˇ ㄖㄤˇ ㄒㄩㄝˊ
environmental soil science
【环】环境地学的一个分支。研究人类与土壤环境的相互作用及其影响。主要包括研究土壤环境特性及其功能,探讨土壤—植物系统污染与净化的作用过程和机理;研究土壤环境中污染物的运动规律,以及确定土壤背景值、土壤环境容量等;对土壤环境质量进行综合评价和预测,以揭示改善土壤环境质量和防治土壤退化的理论、方法和途径等。

环境退化/環境退化
huánjìng tuìhuà/ㄏㄨㄢˊ ㄐㄧㄥˋ ㄊㄨㄟˋ ㄏㄨㄚˋ
environmental degradation
【环】由自然或人为原因引起的环境结构异常改变和环境质量下降,导致环境变得不利于人类生活和社会经济发展的过程和结果。

环境危机/環境危機
huánjìng wēijī/ㄏㄨㄢˊ ㄐㄧㄥˋ ㄨㄟˊ ㄐㄧ
environmental crisis
【环】生态环境的严重污染和破坏,日益加剧的人口压力和资源能源面临枯竭等对人类生存和发展所造成的威胁和风险。

环境微生物学/環境微生物學
huánjìng wēishēngwùxué/
ㄏㄨㄢˊ ㄐㄧㄥˋ ㄨㄟˊ ㄕㄥ ㄨˋ ㄒㄩㄝˊ
environmental microbiology
【环】环境生物学的一个分支。研究人类生存环境与微生物的相互关系和作用规律。主要包括:研究环境中微生物种群结构和功能,以及对环境物质转化的作用和机理;探讨环境污染对微生物种群的影响,以及微生物活动及其种群变化对人类和环境的影响;研究微生物净化功能的应用,以及进行环境监测的理论和方法等。

环境卫星/環境衛星

huánjìng wèixīng/ㄏㄨㄢˊ ㄐㄧㄥˋ ㄨㄟˋ ㄒㄧㄥ

environmental satellite

【环】装有遥感仪器对地球环境和资源进行监测及探测的人造卫星。其运行轨道主要有近极地太阳同步圆形轨道和地球同步圆形轨道,以实现较大范围的监测和探测。

环境污染/環境污染

huánjìng wūrǎn/ㄏㄨㄢˊ ㄐㄧㄥˋ ㄨ ㄖㄢˇ

environmental pollution

【环】有害物质和因子进入环境,并在环境中扩散、迁移和转化,使环境系统结构和功能发生变化,对人类或生物的正常生存和发展产生不良影响的现象。是人类活动或自然活动或两者共同作用的结果,通常指人类活动引起的环境质量下降现象。按环境要素不同,可分为大气污染、水体污染、土壤污染等;按污染范围不同,可分为局部性污染、区域性污染、全球性污染等;按污染物性质不同,可分为化学性污染、物理性污染、生物性污染等。

环境污染化学

huánjìng wūrǎn huàxué/

ㄏㄨㄢˊ ㄐㄧㄥˋ ㄨ ㄖㄢˇ ㄏㄨㄚˋ ㄒㄩㄝˊ

【环】即“污染化学”(1200 页)。

环境污染弹性系数/環境污染彈性係數

huánjìng wūrǎn tánxìng xìshù/

ㄏㄨㄢˊ ㄐㄧㄥˋ ㄨ ㄖㄢˇ ㄊㄢˊ ㄒㄧㄥˋ ㄒㄧˋ ㄕㄨˋ

environmental pollution elasticity index

【环】环境污染程度增长速度与工业生产增长速度的比值。反映环境污染随着工业生产增长的变化趋势,是研究经济发展与环境保护关系的一个重要指标。

环境物理学/環境物理學

huánjìng wùlǐxué/

ㄏㄨㄢˊ ㄐㄧㄥˋ ㄨˋ ㄌㄧˇ ㄒㄩㄝˊ

environmental physics

【环】环境科学的一个分支。研究物质能量交换和变化与人类的相互作用。主要包括:研究声、光、热、加速度、振动、电磁场和射线等环境特性及其评价;探讨物理性污染和异常对人类产生的各种物理效应和生理效应;研究消除物理性污染的技术途径和控制措施。可分为环境声学、环境光学、环境热学、环境电磁学、环境空气动力学等。

环境系统/環境系統

huánjìng xìtǒng/ㄏㄨㄢˊ ㄐㄧㄥˋ ㄒㄧˋ ㄊㄨㄥˇ

environmental system

【环】地球表面各种环境因素及其相互关系的总体。是围绕人群的生物和非生物因素所构成的动态平衡系统,具有一定自我调节能力,以维持其相对稳定和处于相对平衡状态。

环境现状评价/環境現狀評估

huánjìng xiànzhuàng píngjià/

ㄏㄨㄢˊ ㄐㄧㄥˋ ㄒㄧㄢˋ ㄓㄨㄤˋ ㄆㄧㄥˊ ㄍㄨ

assessment for present environment

【环】对区域环境内人类活动造成的环境质量变化进行的评定。是以国家颁布的环境质量标准或环境背景值为依据,着眼于当前环境状况进行的评价。

环境效应/環境效應

huánjìng xiàoyìng/ㄏㄨㄢˊ ㄐㄧㄥˋ ㄒㄧㄠˋ ㄧㄥˋ

environmental effect

【环】自然过程或人类活动造成环境系统结构和功能的变化。按成因不同,可分为自然环境效应和人为环境效应;按性质不同,可分为环境生物效应(如生态失调)、环境化学效应(如环境酸化或碱化)和环境物理效应(如热岛效应)等。

环境信息/環境資訊

huánjìng xìnxī/ㄏㄨㄢˊ ㄐㄧㄥˋ ㄗ ㄒㄩㄣˋ

environmental information

【环】反映环境状况及其变化的情报、数据、指令和信号。包括人类活动对环境产生影响和后果的反馈性识别信号。

环境演化/環境演化

huánjìng yǎnhuà/ㄏㄨㄢˊ ㄐㄧㄥˋ ㄧㄢˇ ㄏㄨㄚˋ

environmental evolution

【环】地球环境的大气圈、水圈、土壤—岩石圈、生物圈在地质史上相继发生、发展、形成和变化的过程。按其结构、功能的演化特征不同,可分为物理演化、化学演化和生态演化渐次叠加的三个阶段。通常认为地球形成于46 亿年前,其原始状态主要是一系列高能量物理变化过程,而后逐渐出现化学演化以至形成还原性大气圈和水圈;约 34 亿年前地球上出现单细胞生命,预示着生态演化阶段的到来,并逐步进化为各种生物,构成了生物圈。地球演化史上，人类的出现使环境发生了重大飞跃。现今地球环境是自然环境要素与人类物质生产和文明发展共同演化的综合体。

环境遥感/環境遥測

huánjìng yáogǎn/ㄏㄨㄢˊ ㄐㄧㄥˋ ㄧㄠˊ ㄍㄢˇ

environmental remote sensing

【环】利用光学、电子学遥感仪器从高空或远距离处接收被测物体反射或辐射的电磁波信息，加工处理成为能识别的图像或计算机用的记录磁带，以揭示环境（如大气、陆地、海洋等）的形态、种类、性质及其变化等的过程。

环境要素/環境要素

huánjìng yàosù/ㄏㄨㄢˊ ㄐㄧㄥˋ ㄧㄠˋ ㄙㄨˋ

environmental element，environmental factor

【环】又称“环境基质”“环境因子”。构成人类环境整体的各个独立的、性质不同的而服从整体演化规律的基本物质组分。通常指水、大气、生物、土壤、岩石和阳光。它们之间通过物质交换和能量传递相互联系，组成环境结构和环境系统的基本单元。

环境医学/環境醫學

huánjìng yīxué/ㄏㄨㄢˊ ㄐㄧㄥˋ ㄧ ㄒㄩㄝˊ

environmental medicine

【环】环境科学的一个分支。研究环境与人群健康的关系，特别是环境污染对人群健康影响及其预防。主要包括研究环境污染物在人体内作用过程和机制，查明其致病因素和条件；阐明有关环境的疾病发生、发展和控制的规律，以及污染物对人体的毒性及其致畸、致突变和致癌作用的控制措施；研究环境质量的医学评价理论和方法，以及为防治公害和制定环境卫生标准提供依据等。可分为环境流行病学、环境毒理学、环境医学监测等分支。

环境医学监测/環境醫學監測

huánjìng yīxué jiāncè/ㄏㄨㄢˊ ㄐㄧㄥˋ ㄧ ㄒㄩㄝˊ ㄐㄧㄢ ㄘㄜˋ

environmental medicine monitoring

【环】用医学方法了解环境污染对人类健康的影响，观察人群健康水平和人体对环境污染物的生物学效应的过程。常用的方法有临床医学检查、流行病学调查和毒理学实验。

环境因子

huánjìng yīnzǐ/ㄏㄨㄢˊ ㄐㄧㄥˋ ㄧㄣ ㄗˇ

【环】即“环境要素”（530 页）。

环境影响评价/環境影響評價

huánjìng yǐngxiǎng píngjià/ㄏㄨㄢˊ ㄐㄧㄥˋ ㄧㄥˇ ㄒㄧㄤˇ ㄆㄧㄥˊ ㄐㄧㄚˋ

environmental impact assessment

【环】对开发建设活动和重要决策可能对环境产生的物理性、化学性和生物性作用，以及造成的环境变化和对人群健康及福利产生的影响进行的预测和评估，并从经济、技术、管理、社会等方面提出相应的对策和措施。是强化环境管理的一项重要制度。

环境应急/環境緊急應變

huánjìng yìngjí/ㄏㄨㄢˊ ㄐㄧㄥˋ ㄐㄧㄣˇ ㄐㄧˊ ㄧㄥˋ ㄅㄧㄢˋ

environmental emergency response

【环】对突发的环境污染事故所采取的各种措施的统称。《中华人民共和国环境保护法》规定，因发生事故或其他突发性事件，造成或者可能造成污染事故的单位，必须立即采取必要的处理措施。人民政府应采取有效的强制性措施，以排除或者减轻污染危害。

环境友好产品/環境友好產品

huánjìng yǒuhǎo chǎnpǐn/ㄏㄨㄢˊ ㄐㄧㄥˋ ㄧㄡˇ ㄏㄠˇ ㄔㄢˇ ㄆㄧㄣˇ

environmentally friendly product

【环】同时具有良好的使用性能和优良的环境协调性，或者是能够改善环境的产品。产品符合质量要求，符合环境标准，其生产、使用和处置过程中有利于节约资源和能源，有利于保护生态环境。

环境预测/環境預測

huánjìng yùcè/ㄏㄨㄢˊ ㄐㄧㄥˋ ㄩˋ ㄘㄜˋ

environmental forecasting

【环】对人类社会经济活动可能产生的环境影响和环境质量变化情况进行的推测。是在环境状况调查研究的基础上，运用未来学的理论和方法，对环境发展趋势做出的判断或量值推算。其可信度往往同预测方法和所建立的数学模型、掌握的信息量及其可靠性、预测对象的复杂程度和研究状况等因素有关。

环境灾害/環境災害

huánjìng zāihài/ㄏㄨㄢˊ ㄐㄧㄥˋ ㄗㄞ ㄏㄞˋ

environmental disaster, environmental hazards

【环】自然环境系统结构及功能遭到破坏,以致丧失其服务于人类的功能,甚至对人类生命财产造成严重威胁和损害的现象。主要指人类过度开发自然资源和大量排放废弃物,超过自然环境的承载能力所造成的灾害。

环境制图/環境製圖

huánjìng zhìtú/ㄏㄨㄢˊ ㄐㄧㄥˋ ㄓˋ ㄊㄨˊ

environmental mapping

【环】根据环境调查和监测分析结果编制的专题地图。主要有环境质量图及环境保护图、自然资源及其保护和更新图、环境疾病图等,是环境科学研究的一种基本工具和手段。

环境质量/環境品質

huánjìng zhìliàng/ㄏㄨㄢˊ ㄐㄧㄥˋ ㄆㄧㄣˇ ㄓˊ

environmental quality

【环】通常指环境状态品质的优劣程度。是环境本质属性的表示。按环境要素不同,可分为水环境质量、大气环境质量、土壤环境质量、生物环境质量等。依据"熵"理论,环境质量是环境状态变化的难易程度的表示。

环境质量评价/環境品質評估

huánjìng zhìliàng píngjià/
ㄏㄨㄢˊ ㄐㄧㄥˋ ㄆㄧㄣˇ ㄓˊ ㄆㄧㄥˊ ㄍㄨ

environmental quality assessment

【环】对一定区域范围内的环境质量做出的评定和估价。按环境要素不同,可分为大气环境质量评价、水环境质量评价、土壤环境质量评价等;按时间因素不同,可分为环境现状评价、环境影响评价和环境回顾评价;按区域特征不同,可分为城市、水域、海洋等环境质量评价。环境质量评价是根据环境调查和监测资料,按照一定的评价标准、方法和原则做出的,是进行环境规划和管理的重要依据。

环境质量综合评价/環境品質綜合評估

huánjìng zhìliàng zōnghé píngjià/
ㄏㄨㄢˊ ㄐㄧㄥˋ ㄆㄧㄣˇ ㄓˊ ㄗㄨㄥ ㄏㄜˊ ㄆㄧㄥˊ ㄍㄨ

environmental quality comprehensive evaluation

【环】在各种环境单要素评价的基础上,对某一区域环境质量进行的总体评定。包括对区域环境质量状态和可能发生的变化进行的预测,以及对其与社会经济发展的协调性进行的评估。

环境自净/環境自净

huánjìng zìjìng/ㄏㄨㄢˊ ㄐㄧㄥˋ ㄗˋ ㄐㄧㄥˋ

environmental self-purification

【环】环境中的污染物浓度或总量随时间变化而逐渐降低的现象。是环境通过物理、化学和生物作用所具有的自我调节功能。进入环境的污染物超出环境自净能力就会形成环境污染和危害。

环流圈/環流胞

huánliúquān/ㄏㄨㄢˊ ㄌㄧㄡˊ ㄅㄠ

circulation cell

【气】较大范围大气运动的流线所形成的闭合圈。

环流型 huánliúxíng/ㄏㄨㄢˊ ㄌㄧㄡˊ ㄒㄧㄥˊ

【气】"大气环流型"的简称。

环绕速度/環繞速度

huánrào sùdù/ㄏㄨㄢˊ ㄖㄠˋ ㄙㄨˋ ㄉㄨˋ

circular velocity

【航】航天器在中心引力场中沿着圆轨道飞行的速度。与中心天体质量、航天器与天体中心距离有关,随航天器离开天体距离的增大而减小。航天器绕地球飞行的速度就是第一宇宙速度(7.9 千米/秒)。在一定高度飞行的航天器,只有以环绕速度飞行时,其飞行轨道才是一个圆。

H

环烃 huántīng/ㄏㄨㄢˊ ㄊㄧㄥ

【化】即"闭链烃"(55 页)。

环形交叉/圓環

huánxíng jiāochā/ㄩㄢˊ ㄏㄨㄢˊ

rotary intersection

【交】平面交叉的一种。多条道路交会在环岛,通过交叉路口的车辆一律绕环岛单向环形行驶,再转入所去的道路。

环形山/環形山

huánxíngshān/ㄏㄨㄢˊ ㄒㄧㄥˊ ㄕㄢ

crater

【天】行星或卫星表面有着陡峭斜坡的碗状地形凹陷。一种是小行星、彗星、流星体撞击所造成的陨击坑,另一种是火山爆发所形成的环形火山口。太阳系中目前已知的最大的环形山位于火星的北极盆地,直径超过 8500 千米。

环氧树脂/環氧樹脂

huányǎng shùzhī/ㄏㄨㄢˊ ㄧㄤˇ ㄕㄨˋ ㄓ

epoxy resin

【材】树脂的一类。分子中含有两个或两个以上环氧基,并能在固化剂存在下形成三维网状结构固化物。具有优良的黏结性、耐热性、耐化学药品性及优良的机械性能和电性能。广泛应用于电子、电气、航空航天、汽车、土木建筑等领域。

环状网/環狀網路

huánzhuàngwǎng/ㄏㄨㄢˊ ㄓㄨㄤˋ ㄨㄤˇ ㄌㄨˋ

ring network

【信息】每一节点都是中间节点(即恰有两条分支与之相连)的网络。

寰枢关节/寰樞關節

huánshū guānjié/ㄏㄨㄢˊ ㄕㄨ ㄍㄨㄢ ㄐㄧㄝˊ

atlantoaxial joint

【医】第一颈椎和第二颈椎之间联结的统称。包括三个关节,即两个寰枢外侧关节和一个寰枢正中关节。

寰枕关节/寰枕關節

huánzhěn guānjié/ㄏㄨㄢˊ ㄓㄣˇ ㄍㄨㄢ ㄐㄧㄝˊ

atlantooccipital joint

【医】由枕骨髁与寰椎的上关节凹构成的关节。关节囊松弛,周围有寰枕前膜、寰枕后膜和寰枕外侧韧带加强。寰枕关节是两个关节合成的,属椭圆关节。

寰椎/寰椎 huánzhuī/ㄏㄨㄢˊ ㄓㄨㄟ

atlas

【医】又称"第一颈椎"。位于脊柱的最上端,与枕骨相连,呈不规则环形,无椎体、棘突和关节突,由前弓、后弓和侧块构成。前弓短,前面凸隆,中央有小节结,称为"前节结";后弓较长,后面中部有粗糙的隆起,称"后节结",为棘突的遗迹,后弓与侧块连接处上面有椎动脉沟。

環保標章

ㄏㄨㄢˊ ㄅㄠˇ ㄅㄧㄠ ㄓㄤ/huánbǎo biāozhāng

environmental label

【环】台湾名。即"环境标志"(523 页)。

環境地球科學

ㄏㄨㄢˊ ㄐㄧㄥˋ ㄉㄧˋ ㄑㄧㄡˊ ㄎㄜ ㄒㄩㄝˊ/

huánjìng dìqiú kēxué

environmental geoscience

【环】台湾名。即"环境地学"(524 页)。

環境回顧評估

ㄏㄨㄢˊ ㄐㄧㄥˋ ㄏㄨㄟˊ ㄍㄨˋ ㄆㄧㄥˊ ㄍㄨ/

huánjìng huígù pínggū

assessment of the previous environment

【环】台湾名。即"环境回顾评价"(526 页)。

環境緊急應變

ㄏㄨㄢˊ ㄐㄧㄥˋ ㄐㄧㄣˇ ㄐㄧˊ ㄧㄥˋ ㄅㄧㄢˋ/

huánjìng jǐnjí yìngbiàn

environmental emergency response

【环】台湾名。即"环境应急"(530 页)。

環境品質

ㄏㄨㄢˊ ㄐㄧㄥˋ ㄆㄧㄣˇ ㄓˋ/huánjìng pǐnzhì

environmental quality

【环】台湾名。即"环境质量"(531 页)。

環境品質評估

ㄏㄨㄢˊ ㄐㄧㄥˋ ㄆㄧㄣˇ ㄓˋ ㄆㄧㄥˊ ㄍㄨ/

huánjìng pǐnzhì pínggū

environmental quality assessment

【环】台湾名。即"环境质量评价"(531 页)。

環境品質綜合評估

ㄏㄨㄢˊ ㄐㄧㄥˋ ㄆㄧㄣˇ ㄓˋ ㄗㄨㄥ ㄏㄜˊ ㄆㄧㄥˊ ㄍㄨ/

huánjìng pǐnzhì zōnghé pínggū

environmental quality comprehensive evaluation

【环】台湾名。即"环境质量综合评价"(531 页)。

環境污染預防和控制

ㄏㄨㄢˊ ㄐㄧㄥˋ ㄨ ㄖㄢˇ ㄩˋ ㄈㄤˊ ㄏㄜˊ ㄎㄨㄥˋ ㄓˋ/

huánjìng wūrǎn yùfáng hé kòngzhì

pollution prevention and control

【环】台湾名。即"污染防治"(1200 页)。

環境現狀評估

ㄏㄨㄢˊ ㄐㄧㄥˋ ㄒㄧㄢˋ ㄓㄨㄤˋ ㄆㄧㄥˊ ㄍㄨ/

huánjìng xiànzhuàng pínggū

assessment for the present environ-

ment
【环】台湾名。即“环境现状评价”(529 页)。

環境遥測
ㄏㄨㄢˊ ㄐㄧㄥˋ ㄧㄠˊ ㄘㄜˋ/huánjìng yáocè
environmental remote sensing
【环】台湾名。即“环境遥感”(530 页)。

環境治療法
ㄏㄨㄢˊ ㄐㄧㄥˋ ㄓˋ ㄌㄧㄠˊ ㄈㄚˇ/huánjìng zhìliáofǎ
environmental therapy
【环】台湾名。即“环境疗法”(526 页)。

環境資訊
ㄏㄨㄢˊ ㄐㄧㄥˋ ㄗ ㄒㄩㄣˋ/huánjìng zīxùn
environmental information
【环】台湾名。即“环境信息”(529 页)。

環流胞 ㄏㄨㄢˊ ㄌㄧㄡˊ ㄅㄠ/huánliúbāo
circulation cell
【气】台湾名。即“环流圈”(531 页)。

環狀排列
ㄏㄨㄢˊ ㄓㄨㄤˋ ㄆㄞˊ ㄌㄧㄝˋ/huánzhuàng páiliè
circular permutation
【数】台湾名。即“循环排列”(1300 页)。

環狀網路
ㄏㄨㄢˊ ㄓㄨㄤˋ ㄨㄤˇ ㄌㄨˋ/huánzhuàng wǎnglù
ring network
【信息】台湾名。即“环状网”(532 页)。

缓冲器/緩衝器
huǎnchōngqì/ㄏㄨㄢˇ ㄔㄨㄥ ㄑㄧˋ
buffer
【信息】把数据从一个设备传送至另一设备时,用来匹配数据流速率差或事件出现时间差的例程或存储器。例如输出缓冲器,用来暂时存放处理器送往外设的输出数据,在高速工作的中央处理器与慢速工作的外设之间起协调作用,实现数据传送的同步。

缓效性毒剂/緩效性毒劑
huǎnxiàoxìng dújì/ㄏㄨㄢˇ ㄒㄧㄠˋ ㄒㄧㄥˋ ㄉㄨˊ ㄐㄧˋ
slow acting agent
【军】人员染毒后经过较长的潜伏期(1 至数小时)才能出现中毒症状而丧失战斗力的毒剂。如芥子气等糜烂性毒剂和光气等窒息性毒剂。

缓泻药 huǎnxièyào/ㄏㄨㄢˇ ㄒㄧㄝˋ ㄧㄠˋ
【医】即“轻泻药”(916 页)。

緩瀉劑 ㄏㄨㄢˇ ㄒㄧㄝˋ ㄐㄧˋ/huǎnxièjì
laxative
【医】台湾名。即“轻泻药”(916 页)。

幻方/幻方 huànfāng/ㄏㄨㄢˋ ㄈㄤ
magic square
【数】又称“纵横图”。把 n^2 个不同的正整数排成 $n\times n$ 的方阵,使每一行、每一列、同一对角线上的 n 个数的和都相等,这样的排列称为 n 阶的幻方。当这 n^2 个数是整数 $1\sim n^2$ 时,构成的幻方称为正规幻方。例如,右图是一种 3 阶正规幻方。

4	9	2
3	5	7
8	1	6

幻 方

📖 最早的 3 阶幻方出现在中国的《黄帝内经》中,当时称为洛书,后也称九宫图。南宋数学家杨辉在《续古摘奇算法》中列有 3,4,…,10 阶的幻方,并总结出求幻方中每行(列)数字和的公式。

幻觉/幻覺 huànjué/ㄏㄨㄢˋ ㄐㄩㄝˊ
hallucination
【医】在视觉、听觉、触觉等方面没有外在刺激而出现的虚幻感觉。客观现实中并不存在某事物感知其存在。可分为真性幻觉和假性幻觉。前者指病人所感知的幻觉形象与真实的事物完全相同,幻觉位于外在空间,而且是直接通过本人的感官获得;后者指病人所感知的幻觉形象与真实事物相比,不够鲜明生动,幻觉位于病人的主观空间之内,且不通过病人的感官获得的。

换流站/換流站
huànliúzhàn/ㄏㄨㄢˋ ㄌㄧㄡˊ ㄓㄢˋ
converter station
【电】直流输电系统中,实现交流、直流电力变换的电力设施。是电力系统的一个组成部分。

换气扇 huànqìshàn/ㄏㄨㄢˋ ㄑㄧˋ ㄕㄢˋ
【机】即“排风扇”(853 页)。

換日線 ㄏㄨㄢˋ ㄖˋ ㄒㄧㄢˋ/huànrìxiàn
date line
【地】台湾名。即“日界线”(952 页)。

唤醒/激發 huànxǐng/ㄐㄧ ㄈㄚ
arousal

H

【心】机体总的生理性激活的不同状态或不同程度。可以在很低水平(如睡觉)到很高水平(如特别激动)这一连续体的任何一点发生。对维持与改变大脑皮质的兴奋性,保持觉醒状态起着主要作用,为注意状态的保持与集中以及意识状态提供能量。

浣熊/浣熊 huànxióng/ㄏㄨㄢˋ ㄒㄩㄥˊ

raccoon

【动】*Procyon lotor* 哺乳动物名。食肉目浣熊科。体形较小,略像貉,体长65～75厘米,毛大部灰色,也有棕色和黑色的,眼睛周围黑色,尾毛密,有深浅相间的圆环,生活在池塘和小溪旁树木繁茂的地方,昼伏夜出,以浆果、昆虫、鸟卵和其他小动物等为食。分布在美洲。

浣 熊

患病率/傷病率

huànbìnglǜ/ㄕㄤ ㄅㄧㄥˋ ㄌㄩˋ

morbidity rate

【医】一定时期内某个人群中某病新旧病例所占的比例。常用百分率(%)表示。

鲩 huàn/ㄏㄨㄢˋ

【动】即"草鱼"(98页)。

huang (ㄏㄨㄤ)

荒料/片石 huāngliào/ㄆㄧㄢˋ ㄕˊ

rubble

【建】由矿山采得的形状不规则的,经加工而具有一定规格,能用来加工饰面板材的石料。

荒漠/沙漠 huāngmò/ㄕㄚ ㄇㄛˋ

desert

【地】因长期干旱、水土流失和人类活动等形成的植被稀疏的地区。按组成物质不同,可分为岩漠、砾漠、沙漠、泥漠和盐漠等。

荒漠化/沙漠化

huāngmòhuà/ㄕㄚ ㄇㄛˋ ㄏㄨㄚˋ

desertification

【环】在干旱、半干旱和部分半湿润地区,由于气候变化和人类活动因素造成土地退化的过程。荒漠化使原非沙漠地区出现类似沙漠的景观。狭义荒漠化即沙漠化。广义荒漠化包括草场退化、水土流失、土地盐渍化等自然环境退化过程。

荒漠气候/荒漠氣候

huāngmò qìhòu/ㄏㄨㄤ ㄇㄛˋ ㄑㄧˋ ㄏㄡˋ

desert climate

【气】降水稀少的极端干燥地区的气候。温度和湿度日较差大,在中国指年降水量少于250毫米,甚至多年无降水,地面以沙漠、戈壁为主,植被贫乏。

黄柏/黄柏 huángbò/ㄏㄨㄤˊ ㄅㄛˋ

Cortex Phellodendri Chinensis(拉),amur cork-tree

【中医】中药名。芸香科植物黄皮树 *Phellodendron chinense* Schneid.的干燥树皮。味苦,性寒。归肾、膀胱经。清热燥湿,泻火除蒸,解毒疗疮。用于湿热泻痢,黄疸,带下,热淋,脚气,痿躄,骨蒸劳热,盗汗,遗精,疮疡肿毒,湿疹瘙痒。盐制后称为"盐黄柏",偏重于滋阴降火,用于阴虚火旺,盗汗骨蒸。

黄 柏

黄茶/黄茶 huángchá/ㄏㄨㄤˊ ㄔㄚˊ

yellow tea

【轻】基本茶类之一。因干叶、汤色、叶底均为黄色,故名。制作工艺与绿茶相似,但增加闷黄工序(把鲜叶堆起来闷发,经过湿热作用使茶叶内质优化、颜色变黄)。按所用鲜叶的嫩度和大小,可分为黄芽茶、黄小茶和黄大茶。主要产于四川、安徽、湖南、浙江、广东、湖北等地。名品有君山银针等。

黄肠题凑/黄腸題湊

huángcháng tícòu/ㄏㄨㄤˊ ㄔㄤˊ ㄊㄧˊ ㄘㄡˋ

Huangchangticou

【建】西汉时期帝王使用的葬具。是在陵寝椁室四周用柏木枋堆垒成的框形结构。用剥去树皮的黄心柏木枋,平铺叠垒构成大型墓室。枋木端头垂直椁室壁板,指向室内。西汉早期不用榫卯,晚期普遍用榫卯嵌合。东汉以后,大型砖室墓、石室墓出现,从而取代了黄肠题凑。

黄赤交角/黄赤交角
huáng-chì jiāojiǎo/ㄏㄨㄤˊ ㄔˋ ㄐㄧㄠ ㄐㄧㄠˇ
obliquity of the ecliptic
【天】黄道平面与天赤道平面的交角。地球的黄赤交角为23°26′。因黄赤交角的存在,地球在环绕太阳公转过程中,太阳直射点在南北回归线之间周期性地移动,从而产生四季变化。

黄刺玫/黄刺玫
huángcìméi/ㄏㄨㄤˊ ㄘˋ ㄇㄟˊ
yellow rose
【植】*Rosa xanthina* 蔷薇科蔷薇属。直立灌木。枝粗壮,密集,披散,小枝有皮刺。小叶宽卵形或近圆形,边缘有齿。花单生于叶腋,黄色,宽倒卵形,先端微凹,基部宽楔形。花期4—6月份。在中国,分布于各地。观赏花木。

黄疸/黄疸 huángdǎn/ㄏㄨㄤˊ ㄉㄢˇ
jaundice
【医】血清中胆红素含量增高,致使皮肤、巩膜、黏膜发黄的现象。肝病、胆囊病和血液病常会出现黄疸。

黄道/黄道 huángdào/ㄏㄨㄤˊ ㄉㄠˋ
ecliptic
【天】地球围绕太阳公转的轨道面与天球相交的大圆。与赤道平面相交于春分点和秋分点。

黄道带/黄道帶
huángdàodài/ㄏㄨㄤˊ ㄉㄠˋ ㄉㄞˋ
zodiac
【天】天球上以黄道为中心线的一条宽约18°的环带状区域。太阳、月球以及所有大行星的视运动轨迹都位于这条带内。

黄道十二宫/黄道十二宫
huángdào shí'èr gōng/
ㄏㄨㄤˊ ㄉㄠˋ ㄕˊ ㄦˋ ㄍㄨㄥ
zodiacal signs, signs of zodiac
【天】古代巴比伦人把整个黄道从春分点开始均匀分为12段,每段30°,称为"宫",分别以其所含的黄道带星座命名,合称黄道十二宫。因当时的春分点位于白羊座,故以白羊座作为第一宫。由于岁差的影响,目前春分点已经移至双鱼座。

黄道坐标系/黄道座標系
huángdào zuòbiāoxì/
ㄏㄨㄤˊ ㄉㄠˋ ㄗㄨㄛˋ ㄅㄧㄠ ㄒㄧˋ
ecliptic coordinate system, ecliptic system of coordinates
【天】以黄道为基本平面的天球坐标系。其经向坐标为黄经,纬向坐标为黄纬。因行星与许多小行星轨道平面与黄道的夹角都不大,故黄道坐标系常用于研究太阳系天体的运动情况。

黄帝/黄帝 Huángdì/ㄏㄨㄤˊ ㄉㄧˋ
Huangdi, Yellow Emperor
【中医】相传为中国人文始祖。发明兵器、舟车、弓箭、衣服、医药等。据记载,黄帝与臣子岐伯、伯高、少俞、桐君等医家讨论医药,而有中医经典《黄帝内经》。此外,《黄帝外经》《黄帝八十一难经》《黄帝针经》《黄帝明堂经》和《黄帝甲乙经》等,皆托名黄帝所撰。
📖《黄帝内经素问·上古天真论》:"黄帝,生而神灵,弱而能言,幼而徇齐,长而敦敏,成而登天。"黄帝姓公孙,居轩辕之丘,故号轩辕氏。又居姬水,后改为姬姓。建国于有熊(河南新郑),又称为有熊氏。是《史记》中的五帝之首,被尊为中原各族的共同祖先。古时以五行相生相克附会王朝命运,谓土胜者为得土德,土与黄色相对应。《史记·五帝本纪》:"[轩辕]有土德之瑞,故号黄帝。"

黄帝内经/黄帝内經
Huángdì Nèijīng/ㄏㄨㄤˊ ㄉㄧˋ ㄋㄟˋ ㄐㄧㄥ
Inner Canon of Huangdi, * The Yellow Emperor's Inner Canon
【中医】简称"内经"。现存最早的中医理论经典著作。包括《素问》和《灵枢》两部分,各9卷。成书年代大约在战国至秦汉,非一人一时之作。以黄帝、岐伯等问答的形式写成,主要阐述中医基础理论、辨证论治规律、病证等多方面内容,兼论针灸、方药和治疗。奠定了中医学的理论基础。

黄帝内经素问
Huángdì Nèijīng Sùwèn/
ㄏㄨㄤˊ ㄉㄧˋ ㄋㄟˋ ㄐㄧㄥ ㄙㄨˋ ㄨㄣˋ
【中医】"素问"的全称。

黄豆/黄豆 huángdòu/ㄏㄨㄤˊ ㄉㄡˋ

【植】"大豆"的通称。

黄瓜/黃瓜 huángguā/ㄏㄨㄤˊ ㄍㄨㄚ

cucumber

【植】*Cucumis sativus* 又称"胡瓜"。葫芦科黄瓜属。一年生草本植物。茎枝长，有棱沟，被毛。卷须细，不分歧。叶片膜质，两面粗糙，宽卵状心形，3～5 浅裂，裂片三角形，有齿，先端尖。雌雄同株，雄花簇生，雌花单生，花冠黄白色，裂片长圆状披针形，先端急尖。果实长圆形或圆柱形，嫩时青绿色，过熟后黄色，果面粗糙，有棱和刺状瘤。花果期夏季。在中国，分布于各地。果实可作蔬菜。

📖 黄瓜是由西汉时期张骞出使西域带回中原的。当时称为胡瓜，五胡十六国时后赵皇帝忌讳"胡"字，于是将其改为"黄瓜"。

黄海/黃海 Huáng Hǎi/ㄏㄨㄤˊ ㄏㄞˇ

Yellow Sea, Huanghai Sea

【地】海名。中国三大边缘海之一。位于山东半岛、苏北平原与朝鲜半岛之间的西太平洋边缘。北起鸭绿江口，南以长江口北岸到韩国济州岛一线与东海分界，西以渤海海峡与渤海相连。面积37.86万平方千米，平均水深 40 米，最深达 140 米。水产、盐业资源丰富。

黄蒿素

huánghāosù/ㄏㄨㄤˊ ㄏㄠ ㄙㄨˋ

【医】即"青蒿素"(913 页)。

黄河/黃河 Huáng Hé/ㄏㄨㄤˊ ㄏㄜˊ

Yellow River

【地】水名。发源于青藏高原青海境内的巴颜喀拉山脉北麓，流经青海、四川、甘肃、宁夏、内蒙古、陕西、山西、河南和山东，在山东东营垦利入渤海。全长 5464 千米，流域面积约75.24万平方千米，是中国第二大河。内蒙古托克托县河口以上为上游，水流较清；河口至河南郑州桃花峪为中游，因流经黄土高原，含沙量增多；桃花峪以下为下游，因进入平原，水势缓，泥沙淤积，成为悬河。是世界上含沙量最高的河流。主要支流有洮河、湟水、无定河、汾河、渭河、泾河、北洛河、伊洛河、沁河、大汶河等。

黄河三角洲/黃河三角洲

Huáng Hé Sānjiǎozhōu/

ㄏㄨㄤˊ ㄏㄜˊ ㄙㄢ ㄐㄧㄠˇ ㄓㄡ

Yellow River Delta

【地】黄河入海处泥沙沉积而成的三角洲。位于渤海湾南岸和莱州湾西岸，主要分布于山东东营和滨州境内，面积 0.55 万平方千米。海拔低于 15 米，主要为高地、坡地和滩涂湿地。气候四季分明，光照充足，自然资源丰富。油气、卤水、土地资源丰富，蕴藏有丰富的生物资源和海洋资源。

黄喉貂 huánghóudiāo/ㄏㄨㄤˊ ㄏㄡˊ ㄉㄧㄠ

【动】即"青鼬"(914 页)。

黄花菜/黃花菜

huánghuācài/ㄏㄨㄤˊ ㄏㄨㄚ ㄘㄞˋ

citron daylily, tawny daylily

【植】*Hemerocallis citrina* 又称"金针菜"。百合科萱草属。多年生草本植物。根肉质，中下部纺锤形。叶基生，狭长带状，下端重叠。花茎顶分枝，花数朵，淡黄色，漏斗形，花被片六裂。花果期 5—9 月份。在中国，分布于秦岭以南各地以及河北、山西和山东。可作蔬菜。

📖 黄花菜是百合科萱草属植物花蕾干制品的统称，鲜花不宜食，会引起中毒现象。

黄花鱼 huánghuāyú/ㄏㄨㄤˊ ㄏㄨㄚ ㄩˊ

【动】即"小黄鱼"(1258 页)。

黄淮海平原

Huáng-Huái-Hǎi Píngyuán/

ㄏㄨㄤˊ ㄏㄨㄞˊ ㄏㄞˇ ㄆㄧㄥˊ ㄩㄢˊ

【地】即"华北平原"(514 页)。

黄节蛇 huángjiéshé/ㄏㄨㄤˊ ㄐㄧㄝˊ ㄕㄜˊ

【动】即"金环蛇"(630 页)。

黄金分割/黃金分割

huángjīn fēngē/ㄏㄨㄤˊ ㄐㄧㄣ ㄈㄣ ㄍㄜ

golden section

【数】将一条线段分为两部分，使其中一部分是全线段和另一部分的比例中项。设线段长为 a，$x^2=a(a-x)$，则 $x=\frac{\sqrt{5}-1}{2}a$。其中 $\frac{\sqrt{5}-1}{2}$ 叫作黄金分割数，通常用 G 表示。因自古希腊以来一直有人认为这种比例在造型艺术中有美学价值，非常宝贵，故称。

📖 古希腊数学家欧多克索斯(Eudoxus，约公元前 400—前 347)最早从比例的角度研究黄金分割。黄金分割与正十边形、正五边形和五角星等的作图有密切的关系。黄金

H

分割数是无理数,优选法中的0.618法用了它的近似值。

黄金葛 ㄏㄨㄤˊ ㄐㄧㄣ ㄍㄜˊ/huángjīngé
scindapsus aureus
【植】台湾名。即"绿萝"(762 页)。

黄经/黄經 huángjīng/ㄏㄨㄤˊ ㄐㄧㄥ
ecliptic longitude, celestial longitude
【天】黄道坐标系的经向坐标。因在黄道上没有可作为黄经 0°的点,故规定春分点为黄经的起算点。

黄晶/黄晶 huángjīng/ㄏㄨㄤˊ ㄐㄧㄥ
citrine
【化】又称"黄水晶"。透明的黄色石英。颜色变化范围可从淡金黄色到浅橙黄色,含痕量的铁离子是其致色原因。

黄精/黄精 huángjīng/ㄏㄨㄤˊ ㄐㄧㄥ
Rhizoma Polygonati(拉), solomonseal rhizome
【中医】中药名。百合科植物滇黄精 *Polygonatum kingianum* Coll. et Hemsl.、黄精 *P. sibiricum* Red.或多花黄精 *P. cyrtonema* Hua 的干燥根茎。味甘,性平。归脾、肺、肾经。补气养阴,健脾,润肺,益肾。用于脾胃虚弱,体倦乏力,口干食少,肺虚燥咳,精血不足,内热消渴。

📖 黄精是药食两用植物,古代养生家常以服食黄精为养生手段。传说古代有一人家虐待婢女,婢女逃入深山,以草根充饥。不想草根鲜美可口,于是每日食用,她竟然活了下来,而且身体健壮。有一天,忽然刮起一阵风,婢女以为野兽来袭,情急之下用力一跳,轻松跃上树梢。后来与家人相见,家人问她所食何物,她就去挖了几株草根,原来就是黄精。

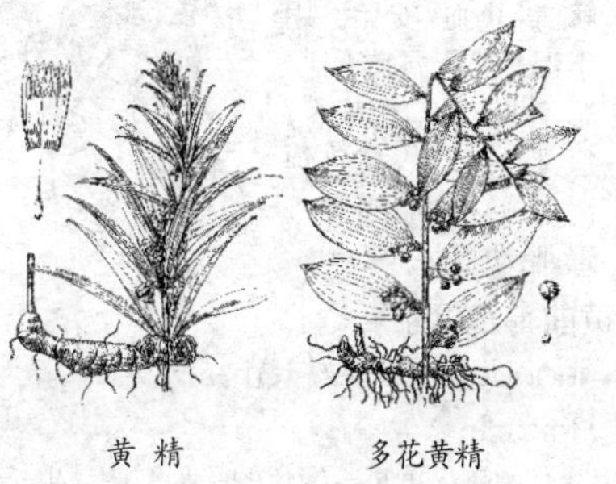

黄精　　多花黄精

黄鹂/黄鸝 huánglí/ㄏㄨㄤˊ ㄌㄧˊ
oriole
【动】又称"鸧鹒""黄莺""黄鸟"。鸟名。雀形目黄鹂科各种的统称。通常指黑枕黄鹂(*Oriolus chinensis*)。体长约 20 厘米,羽毛黄色,眼至头后部黑色,翅和尾的中央黑色,喙较粗壮,红色或黄色。栖息于阔叶林中,捕食昆虫,也吃植物浆果等。鸣叫婉转动听。

黄鹂

黄连/黄連 huánglián/ㄏㄨㄤˊ ㄌㄧㄢˊ
㊀Chinese goldthread,㊁Rhizoma Coptidis(拉), golden thread
㊀【植】*Coptis chinensis* 毛茛科黄连属。多年生草本植物。根状茎黄色,有分枝,密生须根。叶柄长,叶片卵状三角形,三全裂,中央裂片再羽状深裂,边缘有齿。聚伞花序,花瓣条形,中央有蜜槽。花果期 2—6 月份。在中国,分布于四川、贵州、湖南、湖北、陕西南部等地。根状茎可入药。㊁【中医】中药名。毛茛科植物黄连 *Coptis chinensis* Franch.、三角叶黄连 *C. deltoidea* C. Y. Cheng et Hsiao 或云南黄连 *C. teeta* Wall.的干燥根茎。味苦,性寒。归心、脾、胃、肝、胆、大肠经。清热燥湿,泻火解毒。用于湿热痞满,呕吐吞酸,泻痢,黄疸,高热神昏,心火亢盛,心烦不寐,血热吐衄,目赤,牙痛,消渴,痈肿疔疮;外治湿疹,湿疮,耳道流脓。因炮制方法不同,还有酒黄连、姜黄连、萸黄连等。酒黄连善清上焦火热,用于目赤,口疮。姜黄连清胃和胃止呕,用于寒热互结,湿热中阻,痞满呕吐。萸黄连舒肝和胃止呕,用于肝胃不和,呕吐吞酸。

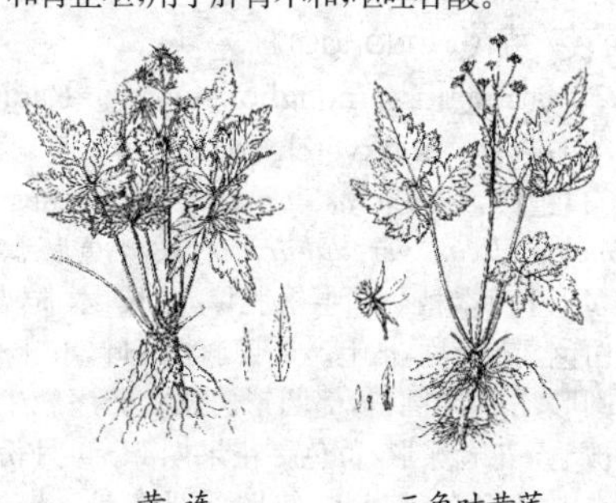

黄连　　三角叶黄莲

H

📖 黄连的根茎呈连珠状且色黄，故名。其味入口极苦，故有“哑巴吃黄连，有苦说不出”的俗语，表明了其中的滋味。

黄磷 huánglín/ㄏㄨㄤˊ ㄌㄧㄣˊ

【化】即“白磷”(20 页)。

黄栌/黃櫨 huánglú/ㄏㄨㄤˊ ㄌㄨˊ

common smoketree

【植】*Cotinus coggygria* 漆树科黄栌属。落叶灌木或小乔木。树汁有臭味。单叶互生，叶柄纤细，叶倒卵形或卵圆形，先端圆，全缘，侧脉先端叉开，秋季转红，色泽鲜艳。圆锥花序被毛，花杂性。在中国，分布于河北、山东、河南、湖北、四川。观叶树木。木材可用，枝叶入药。

📖 著名的北京香山红叶即为黄栌的叶子。黄栌除叶子具有很高的观赏价值外，其花后久留不落的花梗呈粉红色羽毛状，在枝头形成似云似雾的景观，也非常漂亮，故有“烟树”的美誉。

黄梅花 huángméihuā/ㄏㄨㄤˊ ㄇㄟˊ ㄏㄨㄚ

【植】即“蜡梅”(707 页)。

黄鸟 huángniǎo/ㄏㄨㄤˊ ㄋㄧㄠˇ

【动】即“黄鹂”(537 页)。

黄牛/黃牛 huángniú/ㄏㄨㄤˊ ㄋㄧㄡˊ

cattle

【动】*Bos taurus* 哺乳动物名。偶蹄目牛科。反刍类家畜，角短，毛黄褐色或黑色，也有杂色的，因中国的多为黄色，故名。以役用为主，用来耕地或拉车等。在中国，主要分布在北方地区。

黄 牛

黄芪/黃芪 huángqí/ㄏㄨㄤˊ ㄑㄧˊ

㊀ astragalus mongholicus，㊁ Radix Astragali，milkvetch root

㊀【植】*Astragalus penduliflorus* subsp. *mongholicus* var. *dahuricus* 豆科黄芪属。多年生草本植物。主根肥厚，分枝，木质，灰白色。茎直立，被毛。奇数羽状复叶，小叶椭圆形，先端钝圆，基部圆形。总状花序腋生，被毛，花冠蝶形，黄色。花果期 6—9 月份。在中国，分布于华北、东北、西北各地。根可入药。㊁【中医】中药名。豆科植物蒙古黄芪 *Astragalus membranaceus* (Fisch.) Bge. var. *mongolicus* (Bge.) Hsiao 或膜荚黄芪 *A. membranaceus* (Fisch.) Bge. 的干燥根。味甘，性温。归肺、脾经。补气固表，利尿托毒，排脓，敛疮生肌。用于气虚乏力，食少便溏，中气下陷，久泻脱肛，便血崩漏，表虚自汗，气虚水肿，痈疽难溃，久溃不敛，血虚痿黄，内热消渴。

蒙古黄芪　　膜荚黄芪

📖 据说，著名学者胡适 28 岁得了糖尿病。西医诊治效果不佳，遂请著名中医陆仲安治疗。陆仲安号称“陆大黄芪”，他以黄芪为主药，为胡适调理一个多月，病竟然痊愈了。当时这件事引起了轰动。胡适中年以后，也经常泡服黄芪保健防病。

黄芩/黃芩 huángqín/ㄏㄨㄤˊ ㄑㄧㄣˊ

Radix Scutellariae(拉)，baical skullcap root

【中医】中药名。唇形科植物黄芩 *Scutellaria baicalensis* Georgi 的干燥根。味苦，性寒。归肺、胆、脾、大肠、小肠经。清热燥湿，泻火解毒，止血，安胎。用于湿温、暑温胸闷呕恶，湿热痞满，泻痢，黄疸，肺热咳嗽，高热烦渴，血热吐衄，痈肿疮毒，胎动不安。

黄 芩

黄曲霉/黃麴毒素 huángqūméi/ㄏㄨㄤˊ ㄑㄩ ㄉㄨˊ ㄙㄨˋ

aflatoxin

【生】菌落呈黄至黄绿色的一种霉菌。生长在玉米、花生及土壤中。其代谢物有剧毒，人误食可出现发热、呕吐、黄疸、肝肿大等症状，并有致癌作用。

黄麴毒素

ㄏㄨㄤˊ ㄑㄩ ㄉㄨˊ ㄙㄨˋ/huángqū dúsù

aflatoxin

【生】台湾名。即“黄曲霉”(538 页)。

黄色人种

huángsè rénzhǒng/ㄏㄨㄤˊ ㄙㄜˋ ㄖㄣˊ ㄓㄨㄥˇ

【地】即“蒙古人种”(795 页)。

黄山松/黄山松

huángshānsōng/ㄏㄨㄤˊ ㄕㄢ ㄙㄨㄥ

huangshan pine

【植】*Pinus taiwanensis* 松科松属。常绿乔木。树皮深灰褐色，成不规则裂片；老树树冠平顶，枝平展。叶两针一束，稍硬直，两面有气孔线，叶鞘宿存。雄球花圆柱形，淡红褐色，聚生于新枝下部成短穗状；球果卵圆形，向下弯垂，成熟前绿色，熟时褐色；种子倒卵状椭圆形，具不规则的红褐色斑纹。花期 4—5 月份，球果翌年 10 月份成熟。中国特有树种，分布于台湾中央山脉、福建、浙江、安徽、江西、湖南南部、湖北东部、河南南部。造林树种，木材可用。

黄鳝/黄鱔 huángshàn/ㄏㄨㄤˊ ㄕㄢˋ

mud eel

【动】*Monopterus albus* 又称“鳝”。鱼名。硬骨鱼纲合鳃科。身体像蛇，长约 50 厘米，黄褐色，有暗色斑点，头大，眼小，无鳞。生活在池塘、小河等处，常潜伏在泥洞或石缝中，以小动物为食。

黄熟期/糊熟期

huángshúqī/ㄏㄨˊ ㄕㄨˊ ㄑㄧ

dough stage

【农】又称“蜡熟期”。禾本科作物成熟过程的一个阶段。籽粒已经变硬，含水量在 20%左右，籽粒颜色开始由绿变黄。因籽粒内容物由糊状转为蜡状，故称。

黄蜀葵/黄蜀葵

huángshǔkuí/ㄏㄨㄤˊ ㄕㄨˇ ㄎㄨㄟˊ

sunset abelmoschus

【植】*Abelmoschus manihot* 通称“秋葵”。锦葵科秋葵属。一至多年生高大草本植物。茎直立粗壮，有紫红色斑点，全株被毛。叶柄长，叶片掌状 5～9 深裂，裂片长圆状披针形，边缘有齿。花单生于叶腋，萼佛焰苞状，五裂；花瓣五枚，淡黄色，内面基部紫色。花期 8—10 月份。在中国，分布于河北、山东、陕西、河南、湖北、湖南、四川、贵州、云南、广西、广东和福建等地。观赏花卉。可入药。

黄鼠狼 huángshǔláng/ㄏㄨㄤˊ ㄕㄨˇ ㄌㄤˊ

【动】“黄鼬”的通称。

黄水晶 huángshuǐjīng/ㄏㄨㄤˊ ㄕㄨㄟˇ ㄐㄧㄥ

【化】即“黄晶”(537 页)。

黄铁矿/黄鐵礦

huángtiěkuàng/ㄏㄨㄤˊ ㄊㄧㄝˇ ㄎㄨㄤˋ

pyrite

【地】矿物。成分为 FeS_2。等轴晶系。常呈完好的立方体、八面体、五角十二面体等晶形或聚合体。浅黄色，条痕绿黑色或褐黑色，强金属光泽，不透明，莫氏硬度 6～6.5，密度 4.9～5.2 克/厘米^3。因呈浅黄铜的颜色和明亮的金属光泽，俗称愚人金。含铁量46.67%，含硫量 53.33%，是生产硫黄和硫酸的原料。常与磁黄铁矿等共生，在地表易风化成褐铁矿。

黄铁矿烧渣

huángtiěkuàng shāozhā/ㄏㄨㄤˊ ㄊㄧㄝˇ ㄎㄨㄤˋ ㄕㄠ ㄓㄚ

【环】“烧渣”的全称。

黄铜/黄銅 huángtóng/ㄏㄨㄤˊ ㄊㄨㄥˊ

brass

【材】铜锌合金的总称。导电性和耐腐性不如纯铜，但力学性能和塑性加工性能良好。普通黄铜仅由铜锌组成，含铜 57%～70%。具有特殊性能的特种黄铜是在铜锌基础上加入少量其他金属而成，如铅黄铜、铝黄铜、锡黄铜、锰黄铜、镍黄铜等。

黄铜矿/黄銅礦

huángtóngkuàng/ㄏㄨㄤˊ ㄊㄨㄥˊ ㄎㄨㄤˋ

chalcopyrite

【地】矿物。主要成分为 $CuFeS_2$，常含微量的金、银等。四方晶系，晶体相对少见，为四面体状。金属光泽，不透明，莫氏硬度3～4。性脆。多呈不规则粒状及致密块状集合体，也有肾状、葡萄状集合体。黄铜黄色，表面常有斑状锖色。绿黑色条痕。在次生富集带转变

H

为斑铜矿和辉铜矿。是炼铜的主要矿物原料。

黄土/黄土 huángtǔ/ㄏㄨㄤˊ ㄊㄨˇ

loess

【地】浅黄色或黄色。以粉砂粒级为主(超过50%)的土壤,是第四纪时,在干燥气候条件下形成的黄色粉性土。含钙质或黄土结核,多孔隙,垂直节理明显,无层理。干燥时较坚硬,被水浸湿后,容易剥落和遭受侵蚀,甚至发生塌陷。广泛分布于北半球中纬度干旱和半干旱地区。

黄土高原/黄土高原

Huángtǔ Gāoyuán/ㄏㄨㄤˊ ㄊㄨˇ ㄍㄠ ㄩㄢˊ

Loess Plateau

【地】高原名。中国四大高原之一,位于中国中部偏北。在太行山以西、青海日月山以东,秦岭以北、长城以南。包括山西、陕西及甘肃、青海、宁夏、河南等部分地区。面积约50万平方千米。海拔1000~2000米。占世界黄土分布的70%,为世界最大的黄土堆积区。由于缺乏植被保护,夏雨集中,且多暴雨,在长期流水侵蚀下,地面被分割成沟壑交错的塬、墚、峁等地貌。

黄土墚/黄土墚

huángtǔliáng/ㄏㄨㄤˊ ㄊㄨˇ ㄌㄧㄤˊ

loess ridge

【地】中国西北黄土高原地区特有的地貌类型。是平行于沟谷,顶部为黄土覆盖的长条状高地。顶面平坦的称为平顶墚,由黄土塬被沟谷切割而成;顶面倾斜的为斜墚,是黄土在缓倾斜地面上的堆积。

黄土峁/黄土丘

huángtǔmǎo/ㄏㄨㄤˊ ㄊㄨˇ ㄇㄠˇ

loess hill

【地】中国西北黄土高原地区特有的地貌类型。是形呈穹隆状或馒头状的黄土丘陵。四周多为凸形坡,坡面向四周倾斜。由黄土墚进一步侵蚀切割形成。

黄土平台

huángtǔ píngtái/ㄏㄨㄤˊ ㄊㄨˇ ㄆㄧㄥˊ ㄊㄞˊ

【地】即“黄土塬”(540页)。

黄土丘 ㄏㄨㄤˊ ㄊㄨˇ ㄑㄧㄡ/huángtǔqiū

loess hill

【地】台湾名。即“黄土峁”(540页)。

黄土塬/黄土塬

huángtǔyuán/ㄏㄨㄤˊ ㄊㄨˇ ㄩㄢˊ

loess tableland

【地】又称“黄土平台”。中国西北黄土高原地区特有的地貌类型。是顶面平坦宽阔、周边为沟谷切割的黄土堆积高地。因流水冲刷形成,是黄土高原地区的主要农耕地域。

黄纬/黃緯 huángwěi/ㄏㄨㄤˊ ㄨㄟˇ

ecliptic latitude, celestial latitude

【天】黄道坐标系的纬向坐标。是天体在黄道南边或北边的角度。大多数行星与许多小行星轨道平面与黄道的夹角都很小,故其黄纬都不大。

黄羊/黃羊 huángyáng/ㄏㄨㄤˊ ㄧㄤˊ

Mongolian gazelle

【动】*Procapra gutturosa* 又称“蒙古羚”。哺乳动物名。偶蹄目牛科。体长可达1米以上,角短而稍弯,颈细长,尾短,四肢细,毛以棕黄色为主,有光泽,腹部白色。生活在丘陵、草原和半沙漠地带,主要以草和灌木等为食。分布于中国的北方地区。

黄杨/黃楊 huángyáng/ㄏㄨㄤˊ ㄧㄤˊ

Chinese littleleaf box

【植】*Buxus microphylla* subsp. *sinica* 黄杨科黄杨属。灌木或小乔木。枝圆柱形,有纵棱,灰白色。叶革质,阔椭圆形或阔倒卵形,先端圆钝,且凹。雌雄同株,头状花序腋生,浅黄色。花期3月份。在中国,分布于陕西、甘肃、湖北、四川、贵州、广西、广东、江西、浙江、安徽、江苏、山东。观赏植物。

黄页/黃頁 huángyè/ㄏㄨㄤˊ ㄧㄝˋ

yellow pages

【信息】按产品或服务来组织的电子商务地址目录。

黄莺 huángyīng/ㄏㄨㄤˊ ㄧㄥ

【动】即“黄鹂”(537页)。

黄鼬/黃鼬 huángyòu/ㄏㄨㄤˊ ㄧㄡˋ

yellow weasel

【动】*Mustela sibirica* 通称“黄鼠狼”。哺乳动物名。食肉目鼬科。周身棕黄或橙黄。外形像家猫,身体细长,28~40厘米。头细、颈长、耳短宽。鼻垫基部及上、下唇为白色,喉部及颈下常有斑。生活在山地和平原,常出没村庄口，以啮齿类动物为食，偶尔也吃其他小型哺乳动物。分布于中国、俄罗斯、泰国等。

黄鼬

黄鱼/黄魚 huángyú/ㄏㄨㄤˊ ㄩˊ
yellow croaker
【动】鱼名。大黄鱼（*Larimichthys crocea*）和小黄鱼（*L. polyactis*）的统称。

黄榆梅 huángyúméi/ㄏㄨㄤˊ ㄩˊ ㄇㄟˊ
【植】即“棣棠花”（236 页）。

黄玉/黄玉 huángyù/ㄏㄨㄤˊ ㄩˋ
❶❸topaz，❷yellow jade
【地】❶矿物。成分为 $Al_2(F,OH)_2(SiO_4)$。斜方晶系。晶体呈斜方柱状，柱面常具纵纹，集合体呈柱状或不规则的粒状或块状。无色或蓝色、黄色、红色等，玻璃光泽，透明至半透明，莫氏硬度 8，密度 3.5 克/厘米^3。可用作研磨材料，也用来制仪表轴承，透明色美的可作宝石。❷黄色的软玉。按色彩不同，有栗色黄、蜜蜡黄、秋葵黄、鸡蛋黄等品种。颜色越黄的越珍贵。❸在台湾，黄玉也指“托帕石”（1156 页）。

蝗虫/蝗蟲 huángchóng/ㄏㄨㄤˊ ㄔㄨㄥˊ
locust，grasshopper
【动】又称“蚂蚱”。昆虫名。直翅目蝗科。口器坚硬，前翅狭窄而坚韧，后翅宽大而柔软，后肢发达，善于跳跃，多数善于飞行。分布很广，种类很多，能成群远飞的称为飞蝗，不能远飞的称为土蝗。主要危害禾本科植物。

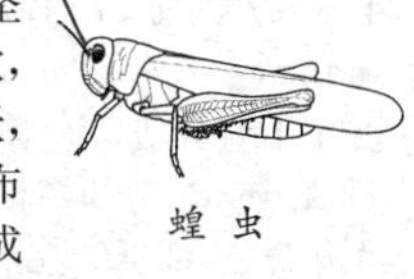
蝗虫

蝗灾/蝗災 huángzāi/ㄏㄨㄤˊ ㄗㄞ
plague of locust，locust plague
【农】蝗虫引起的灾害。大量蝗虫吞食庄稼和牧草，使农牧业遭到破坏。因蝗虫喜温暖干燥，故蝗灾往往和严重的旱灾相伴而生。

磺酸/磺酸 huángsuān/ㄏㄨㄤˊ ㄙㄨㄢ
sulfonic acid，sulfoacid
【化】一类含硫有机化合物。烃基与磺基结合而成。

鳇/鰉 huáng/ㄏㄨㄤˊ
siberian huso sturgeon
【动】*Huso dauricus* 鱼名。硬骨鱼纲鲟科。身体大，与鲟相似，长可达 5 米，重可达 1 吨，背部灰绿色。有五行硬鳞，吻突出，半月形，两旁有扁平的须。生活在海洋中，夏季洄游，进入江河中产卵，以甲壳类动物和其他鱼类等为食。中国黑龙江流域有分布。肉鲜味美，鱼卵制成的鱼子酱为名贵食品。

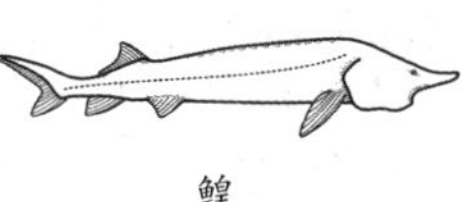
鳇

hui （ㄏㄨㄟ）

灰菜 huīcài/ㄏㄨㄟ ㄘㄞˋ
【植】即“藜”（721 页）。

灰度尺 ㄏㄨㄟ ㄉㄨˋ ㄔˇ/huīdùchǐ
gray scale
【测绘】台湾名。即“灰阶”（541 页）。

灰度等级
huīdù děngjí/ㄏㄨㄟ ㄉㄨˋ ㄉㄥˇ ㄐㄧˊ
【测绘】即“灰阶”（541 页）。

灰度级 huīdùjí/ㄏㄨㄟ ㄉㄨˋ ㄐㄧˊ
【测绘】即“灰阶”（541 页）。

灰鹤/灰鶴 huīhè/ㄏㄨㄟ ㄏㄜˋ
gray crane
【动】*Grus grus* 鸟名。鹤形目鹤科。体长 1 米，羽毛灰色，颈下黑色，头顶有红色斑点，脚黑色。生活在沼泽或河岸等地，以植物的茎叶、根、果实、种子和昆虫、蛙、蛇、鼠类等为食。分布广泛。

灰鹤

灰阶/灰度尺 huījiē/ㄏㄨㄟ ㄉㄨˋ ㄔˇ
gray scale
【测绘】又称“灰度级”“灰度等级”。黑白灰度图像中由白色到黑色浓度逐渐过渡的一系列灰色的等级。生成此类黑白灰度图像时，在图像信息信号强度的最小值和最大值之间按一定规则划分为 n 段间距，对应成离散的 n 个等级的不同强度信号，对应为 n 个不同浓度的灰色,在数字图像中用0～($n-1$)的n个数字记录,称此图像有n个灰阶。

灰陶/灰陶 huītáo/ㄏㄨㄟ ㄊㄠˊ

grey pottery

【轻】陶器的一种。器表呈灰色。以黏土为原料制坯,陶坯入窑后用还原焰焙烧,烧成温度为840～1100℃,陶胎中的铁氧化物还原为二价铁而呈灰色。按胎质的粗细及含砂与否,可分为泥质灰陶和夹砂灰陶。用于蒸煮的器皿多为夹砂灰陶。

灰藓/灰蘚 huīxiǎn/ㄏㄨㄟ ㄒㄧㄢˇ

hypnum moss

【植】*Hypnum cupressiforme* 藓类。灰藓科灰藓属。片状平展生长,植物体中等大小,绿、黄绿、褐或黑绿色。茎细长,多匍匐,羽状分枝,分枝末端呈钩状。叶密生,假两行排列,镰刀形弯曲。雌雄异株。蒴柄红色,孢蒴圆柱形,蒴齿正常,蒴盖圆锥形,具短喙。在中国,分布于各地。生于林内树干、腐木、树枝、岩面和土壤上。在南方可用作秧田覆盖物。

灰岩 huīyán/ㄏㄨㄟ ㄧㄢˊ

【地】"石灰岩"的简称。

灰指(趾)甲/灰指(趾)甲

huīzhǐ(zhǐ)jiǎ/ㄏㄨㄟ ㄓˇ(ㄓˇ) ㄐㄧㄚˇ

tinea unguium

【中医】皮肤病之一。症见指(趾)甲增厚色灰,或出现中空碎屑,失去光泽等。相当于甲癣。

灰铸铁/灰鑄鐵 huīzhùtiě/ㄏㄨㄟ ㄓㄨˋ ㄊㄧㄝˇ

gray cast iron

【材】含有石墨的铸铁。全部或大部分碳以片状石墨形态存在,断口灰暗色。铸造、切削加工、耐磨、润滑、消振等性能优良。使石墨细化或改变石墨形状,可得到孕育铸铁、球墨铸铁或蠕墨铸铁。

挥发/揮發 huīfā/ㄏㄨㄟ ㄈㄚ

volatilization

【化】液体或固体物质在低于沸点的温度下转变为气态的现象。是物质气化难易程度的特性。与分子间吸引力种类、分子质量和本性有关。

挥发性有机物/揮發性有機物

huīfāxìng yǒujīwù/

ㄏㄨㄟ ㄈㄚ ㄒㄧㄥˋ ㄧㄡˇ ㄐㄧ ㄨˋ

volatile organic compounds, VOCs

【环】参加气相化学反应的各种有机化合物的统称。通常指常压下熔点低于室温而沸点在50～250℃的各种挥发性有机化合物。主要来自各种溶剂、黏合剂等化工产品,是常见的室内污染物。

辉铋矿/輝鉍礦

huībìkuàng/ㄏㄨㄟ ㄅㄧˋ ㄎㄨㄤˋ

bismuthinite

【地】矿物。成分为 Bi_2S_3。斜方晶系。晶体呈柱状或针状,集合体呈放射柱状或致密粒状。灰白色,金属光泽。莫氏硬度2～2.5,密度6.8克/厘米^3。是提取铋、制造铋合金的矿物原料。

辉长岩/輝長岩

huīchángyán/ㄏㄨㄟ ㄔㄤˊ ㄧㄢˊ

gabbro

【地】基性深成岩。主要由辉石和斜长石组成,还有角闪石、橄榄石、黑云母等成分。灰黑色,常形成中小型侵入体。中粒至粗粒。颜色美丽并有花纹,常用作高档饰面石材。相关的矿产有铁、钛、铜、镍、磷等。

辉光放电/輝光放電

huīguāng fàngdiàn/ㄏㄨㄟ ㄍㄨㄤ ㄈㄤˋ ㄉㄧㄢˋ

glow discharge

【物】低压气体(或蒸气)放电管两电极间加上足够高的电压后放电时出现辉光的气体放电现象。辉光的颜色因气体不同而异。荧光灯、霓虹灯即按此原理制作。

辉绿岩/輝綠岩 huīlǜyán/ㄏㄨㄟ ㄌㄩˋ ㄧㄢˊ

diabase

【地】基性浅成岩。主要由基性斜长石和普通辉石组成,成分与辉长岩相当。显晶质,暗灰至灰黑色,细至中粒,具辉绿结构(细粒基质中嵌有较粗大的辉石及斜长石晶粒)。多呈岩脉、岩床产出。相关矿产有铜、镍、铁等。

辉钼矿/輝鉬礦

huīmùkuàng/ㄏㄨㄟ ㄇㄨˋ ㄎㄨㄤˋ

molybdenite

【地】矿物。成分为 MoS_2。六方晶系或三方晶系。晶体常呈叶片状、鳞片状集合体。铅灰色,强金属光泽,很软,莫氏硬度1～1.5,密度5克/厘米^3。含钼量59.94%,常含铼,是提取钼和铼,制造耐腐蚀、抗高热钼合金的矿物原料。

辉砷钴矿/輝鈷礦
huīshēngǔkuàng/ㄏㄨㄟ ㄍㄨˇ ㄎㄨㄤˋ
cobaltite
【地】矿物。成分为 CoAsS。等轴晶系。集合体呈粒状或致密块状。微带玫瑰红的白色,条痕灰黑色,金属光泽,莫氏硬度5～6,密度6.0～6.5 克/厘米^3。含钴量 25%～35%,是提炼钴的重要矿物原料。

辉石/輝石 huīshí/ㄏㄨㄟ ㄕˊ
pyroxene
【地】辉石族矿物的统称。属链状结构硅酸盐矿物,成分中类质同象现象普遍。晶体多呈短柱状。除成分中不含铁的辉石以外,颜色均较深,从绿色、棕色、褐色至黑色,玻璃光泽,莫氏硬度 5～7,平行斜方柱中等解理。密度3.1～3.6 克/厘米^3。按所属晶系不同,可分为斜方辉石(正辉石)和单斜辉石(斜辉石)两个亚族。斜方辉石属斜方晶系,是由顽辉石与铁辉石组成的类质同象系列;单斜辉石属单斜晶系,主要有透辉石、钙铁辉石、普通辉石、霓石、锂辉石、硬玉等。

辉石岩/輝石岩 huīshíyán/ㄏㄨㄟ ㄕˊ ㄧㄢˊ
pyroxenite
【地】基性岩的一种。二氧化硅含量在 55%～60%,几乎全由铁镁矿物组成的超镁铁质岩。辉石岩中的顽火辉石可做陶瓷原料,透明美丽的透辉石晶体可做宝石。

辉锑矿/輝銻礦
huītīkuàng/ㄏㄨㄟ ㄊㄧ ㄎㄨㄤˋ
stibnite
【地】矿物。成分为 Sb_2S_3。斜方晶系。晶体长柱状,柱面具纵条纹。颜色及条纹均为铅灰色,金属光泽,莫氏硬度 2,密度4.6 克/厘米^3,性脆,易熔。常与辰砂、雄黄、雌黄共生。含锑量 71.69%,是提取锑的最重要的矿石矿物。中国是世界上最主要的产锑国。

辉铜矿/輝銅礦
huītóngkuàng/ㄏㄨㄟ ㄊㄨㄥˊ ㄎㄨㄤˋ
chalcocite
【地】矿物。主要成分为 Cu_2S,常含少量银。斜方晶系。暗铅灰色,不透明,金属光泽,莫氏硬度 2～3,延展性差。常见于热液成因的铜矿床中。含铜量高,是炼铜的最重要的矿物原料。

辉银矿/輝銀礦
huīyínkuàng/ㄏㄨㄟ ㄧㄣˊ ㄎㄨㄤˋ
argentite
【地】矿物。成分为 Ag_2S。等轴晶系。暗铅灰至铁黑色,金属光泽,莫氏硬度 2～2.5,密度 7.2～7.4 克/厘米^3。成分相同而属单斜晶系的称螺硫银矿,产于相对低温条件。含银量均为 87.06%,是提炼银的重要矿物原料。

輝鈷礦 ㄏㄨㄟ ㄍㄨˇ ㄎㄨㄤˋ/huīgǔkuàng
cobaltite
【地】台湾名。即“辉砷钴矿”(543 页)。

輝玉 ㄏㄨㄟ ㄩˋ/huīyù
jadeite
【地】台湾名。即“翡翠”(336 页)。

回波/回波 huíbō/ㄏㄨㄟˊ ㄅㄛ
echo
【信息】通信中通过不同于正常路径的其他途径到达给定点的信号。此信号在该点有足够的大小和时延,可觉察到它不同于由正常路径传送的信号。

回车/回車 huíchē/ㄏㄨㄟˊ ㄔㄜ
carriage return
【信息】将打印位置或显示位置移至同一行或下一行的第一个位置的操作。键盘上的回车键,按一下即发出回车命令。

回车键/return 鍵
huíchējiàn/return ㄐㄧㄢˋ
return key
【信息】又称“录入键”。键盘上用来终止某一字段或记录的输入,或用来执行对话框中系统设定动作的键。因打字机上相应的键使承纸托架返回到新行起始位置,故名。

回复力/回復力
huífùlì/
ㄏㄨㄟˊ ㄈㄨˋ ㄌㄧˋ
restoring force
【物】与质点偏离平衡位置的位移大小成正比,总是指向平衡位置,且与位移方向相反的力。是

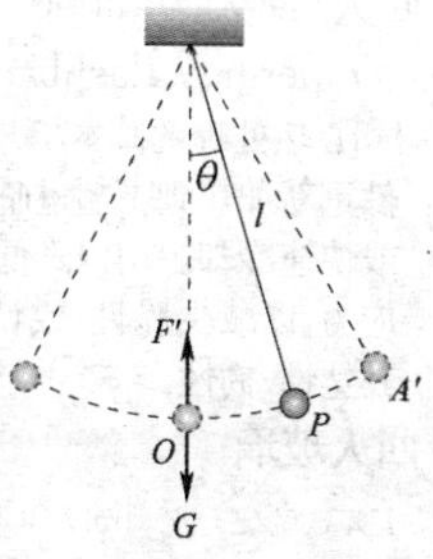

单摆的回复力

质点产生振动的原因。

回归分析/回歸分析

huíguī fēnxī/ㄏㄨㄟˊ ㄍㄨㄟ ㄈㄣ ㄒㄧ

regression analysis

【数】研究随机变量 $Y_1, Y_2, \cdots, Y_t$ 与另一些变量 $X_1, X_2, \cdots, X_s$(普通变量或随机变量)关系的统计方法。研究的最简单的情况是 $t=s=1$,且 Y_1 与 X_1 大体有线性关系 $Y=a+bX+\varepsilon$, a, b 是常数, ε 是一个随机变量,这叫作一元线性回归。回归分析要解决的主要问题:(1)选定回归函数,表示 $Y_1, Y_2, \cdots, Y_t$ 与另一些变量之间的关系;(2)研究与回归函数有关的参数;(3)估计误差。

回归年/回歸年

huíguīnián/ㄏㄨㄟˊ ㄍㄨㄟ ㄋㄧㄢˊ

tropical year

【天】太阳在天球上相继两次经过春分点经历的时间。

回归热/回歸熱 huíguīrè/ㄏㄨㄟˊ ㄍㄨㄟ ㄖㄜˋ

relapsing fever

【医】由回归热螺旋体引起的传染病。经虫媒传播,主要表现为周期性高热伴全身疼痛,肝脾肿大和出血倾向,严重的可有黄疸。因发热期与间歇期交替,寒热往来回归,故名。可分为虱传回归热和蜱传回归热两种。

回归线/回歸線

huíguīxiàn/ㄏㄨㄟˊ ㄍㄨㄟ ㄒㄧㄢˋ

regression line

【地】地球上 23°26′的纬线。有两条,赤道以北的称"北回归线",以南的称"南回归线"。太阳夏至直射在北回归线上,冬至直射在南回归线上。太阳直射的范围在这两条纬线之间来回移动,故名。

回火/回火 huíhuǒ/ㄏㄨㄟˊ ㄏㄨㄛˇ

tempering, flashback

【机】热处理的基本工艺之一。将淬火后的钢件重新加热到不超过临界温度,保温,再缓慢或快速冷却。用以降低或消除淬火钢件的内应力,以减少脆性;或调整强度和硬度,提高其塑性、韧性。

回火玻璃

ㄏㄨㄟˊ ㄏㄨㄛˇ ㄅㄛ ·ㄌㄧ/huíhuǒ bōli

tempered glass, chilled glass

【材】台湾名。即"钢化玻璃"(388 页)。

回交/回交 huíjiāo/ㄏㄨㄟˊ ㄐㄧㄠ

backcross

【生】杂种子一代与其两个亲本中任何一个进行杂交的方法。在动植物育种中,常采用回交来加强杂种个体中某一亲本性状的表现。

回饋 ㄏㄨㄟˊ ㄎㄨㄟˋ/huíkuì

feedback

【心,医,信息】台湾名。即"反馈"(313 页)。

回廊/迴廊 huíláng/ㄏㄨㄟˊ ㄌㄤˊ

cloister, loggia

【建】回形的走廊。是环绕中庭或庭院的走廊。

回路/迴路 huílù/ㄏㄨㄟˊ ㄌㄨˋ

loop

【电】其中每一个节点只经过一次的闭合路径。

回青 ㄏㄨㄟˊ ㄑㄧㄥ/huíqīng

turning green

【农】台湾名。即"返青"(318 页)。

回收降落伞

huíshōu jiàngluòsǎn/

ㄏㄨㄟˊ ㄕㄡ ㄐㄧㄤˋ ㄌㄨㄛˋ ㄙㄢˇ

【航】"回收伞"的全称。

回收伞/回收傘

huíshōusǎn/ㄏㄨㄟˊ ㄕㄡ ㄙㄢˇ

recovery parachute

【航】全称"回收降落伞"。保证被回收飞行器及回收设备安全返回着陆的一种特制降落伞。

回收水 ㄏㄨㄟˊ ㄕㄡ ㄕㄨㄟˇ/huíshōushuǐ

intermediate water, reclaimed water

【环】台湾名。即"中水"(1462 页)。

回收物流/回收物流

huíshōu wùliú/ㄏㄨㄟˊ ㄕㄡ ㄨˋ ㄌㄧㄡˊ

returned logistics

【物流】逆向物流的一部分。是返修的不合格物品、退货及周转使用的包装容器、集装器具从需方返回供方所形成的物流活动。

回纹/迴紋 huíwén/ㄏㄨㄟˊ ㄨㄣˊ

rectangular spirals pattern

【纺】中国传统几何装饰纹样。以直线折绕或曲线螺旋而成，由商代陶器和青铜器的雷纹演化而来。多重复排列，表现出井井有条、严谨划一的视觉效果。寓意吉利深长、富贵不断。用作传统服装领口、袖边等的边饰，或作服装面料图案设计的辅助底纹。

回旋加速器/迴旋加速器
huíxuán jiāsùqì/ㄏㄨㄟˊ ㄒㄩㄢˊ ㄐㄧㄚ ㄙㄨˋ ㄑㄧˋ
cyclotron
【物】一种使带电粒子沿圆弧轨道运动，以获得高能的加速器。适用于加速质子、氘核或氦核之类的带电粒子。

回忆/回憶　huíyì/ㄏㄨㄟˊ ㄧˋ
recall
【心】记忆过程的最后环节。是对头脑中保持事物的提取过程。根据不同条件，恢复过去的经验，主要表现为再现和再认两种形式。

回應時間　ㄏㄨㄟˊ ㄧㄥˋ ㄕˊ ㄐㄧㄢ/huíyìng shíjiān
response time
【信息】台湾名。即"响应时间"(1250 页)。

回转半径/迴轉半徑
huízhuǎn bànjìng/ㄏㄨㄟˊ ㄓㄨㄢˇ ㄅㄢˋ ㄐㄧㄥˋ
radius of gyration
【船】船舶做稳定的回转运动时，由航迹形成的圆半径。是最常用的回转特征参数。影响回转半径的因素有船型、船舶纵倾、舵的形状、船的船速以及回转中的横倾角等。

回转泵/旋轉泵
huízhuǎnbèng/ㄒㄩㄢˊ ㄓㄨㄢˇ ㄅㄥˋ
rotary pump
【机】容积式泵的一种。主要由回转部件(齿轮、螺杆、叶形转子或滑片等)和泵壳组成。依靠回转部件的运动使泵体内若干个工作腔的容积交替增大和缩小来输送液体或使之增压。容积增大，液体被吸入泵内；容积减少，液体被排出。可分为齿轮泵、螺杆泵、滑片泵等。

回转动力式泵/轉子動力泵
huízhuǎn-dònglìshìbèng/
ㄓㄨㄢˋ ㄗˇ ㄉㄨㄥˋ ㄌㄧˋ ㄅㄥˋ
rotodynamic pump
【机】又称"叶轮泵""叶片泵"。泵的一类。靠叶轮带动液体高速回转把机械能传递给所输送的液体。按叶轮和流道结构特点的不同，可分为离心泵、轴流泵、混流泵、旋涡泵。

回转起重机/轉動起重機
huízhuǎn qǐzhòngjī/
ㄓㄨㄢˇ ㄉㄨㄥˋ ㄑㄧˇ ㄓㄨㄥˋ ㄐㄧ
slewing crane
【机】起重机的一类。回转平台能带着重物相对于底架或基座在平面内进行转动。可分为塔式起重机、汽车起重机、履带起重机和桅杆起重机等。

回转式压缩机/旋轉式壓縮機
huízhuǎnshì yāsuōjī/
ㄒㄩㄢˊ ㄓㄨㄢˇ ㄕˋ ㄧㄚ ㄙㄨㄛ ㄐㄧ
rotary compressor
【机】容积式压缩机的一种。通过一个或几个部件的旋转运动使压缩腔内部容积变化。可分为滑片式、滚动活塞式、螺杆式、涡旋式等。

回转性/迴轉性
huízhuǎnxìng/ㄏㄨㄟˊ ㄓㄨㄢˇ ㄒㄧㄥˋ
turning quality
【船】船在舵或其他操纵器的作用下做回转运动的性能。是船舶操纵性的内容之一。与船舶避让、避碰、靠离码头、灵活调头等密切相关。

茴香/茴香　huíxiāng/ㄏㄨㄟˊ ㄒㄧㄤ
fennel
【植】*Foeniculum vulgare* 又称"小茴香"。伞形科茴香属。多年生草本植物。全株有香辛味。茎直立，光滑，多分枝。叶四至五回羽状全裂，裂片条形。复伞形花序，小花黄色，花梗细而不等长。花期 5—6 月份。原产地中海地区，中国各地均有栽培。嫩叶可作蔬菜，果实可作调味料，还可入药。

洄游/洄游　huíyóu/ㄏㄨㄟˊ ㄧㄡˊ
migration
【动】鱼类等由于生活环境影响和生理习性要求，形成定期的沿一定线路规律性的往返迁移。可分为生殖洄游、索饵洄游和越冬洄游。

蛔虫/蛔蟲　huíchóng/ㄏㄨㄟˊ ㄔㄨㄥˊ
ascarid
【动】*Ascaris lumbricoides* 寄生虫名。线虫纲蛔虫科。外形像蚯蚓，白色或米黄色，成虫长约 20 厘米，雌虫较大。能附着在人的肠壁上，进入肝脏、胆道等引起蛔虫病。

蛔厥/蛔厥　huíjué/ㄏㄨㄟˊ ㄐㄩㄝˊ

cold limbs syndrome due to ascariasis, syncope due to ascariasis, *roundworm reversal

【中医】中医内科疾病之一。因蛔虫窜入胆道,使肝气闭郁、胆气不行,症见脘腹剧痛,四肢发冷等。

汇/匯 huì/ㄏㄨㄟˋ

sink

【环】❶即汇合、聚集。❷从大气中清除温室气体、气溶胶或它们前体的过程、活动和机制的总称。

汇编程序/組合程式

huìbiān chéngxù/ㄗㄨˇ ㄏㄜˊ ㄔㄥˊ ㄕˋ

assembler

【信息】又称"汇编器"。进行汇编的翻译器。即把以汇编语言编写的程序翻译成等效的机器语言程序的处理系统。

汇编器 huìbiānqì/ㄏㄨㄟˋ ㄅㄧㄢ ㄑㄧˋ

【信息】即"汇编程序"(546 页)。

汇接局/匯接局 huìjiējú/ㄏㄨㄟˋ ㄐㄧㄝ ㄐㄩˊ

tandem office

【信息】本地电话网中主要用来集散当地业务的交换局或交换中心。

会话层/交談層

huìhuàcéng/ㄐㄧㄠ ㄊㄢˊ ㄘㄥˊ

session layer

【信息】开放系统互连参考模型中的第五层。提供面向用户的功能,例如通信方式的选择、用户间对话的建立与拆除。

会聚透镜

huìjù tòujìng/ㄏㄨㄟˋ ㄐㄩˋ ㄊㄡˋ ㄐㄧㄥˋ

【物】即"凸透镜"(1148 页)。

会让/會讓 huìràng/ㄏㄨㄟˋ ㄖㄤˋ

passing

【交】在单线铁路上,对向开行的两列车相会时要错开通过,其中一列需先在车站到发线路停靠,使另一列能够通过。

会厌/會厭 huìyàn/ㄏㄨㄟˋ ㄧㄢˋ

epiglottis

【医】舌根后方、喉室前部帽舌状的结构。以软骨为基础,覆盖一层黏膜。功能是吞咽时覆盖喉室,封闭气道,防止误吸。

会阴/會陰 huìyīn/ㄏㄨㄟˋ ㄧㄣ

perineum

【医】广义上指封闭骨盆下口的所有软组织。狭义上指肛门和外生殖器之间的软组织。

会诊 huìzhěn/ㄏㄨㄟˋ ㄓㄣˇ

【医】即"联合应诊"(731 页)。

绘图机/繪圖器 huìtújī/ㄏㄨㄟˋ ㄊㄨˊ ㄑㄧˋ

plotter

【信息】由计算机控制,可在硬拷贝上自动绘出二维图形的输出设备。按绘制元素形制不同,可分为向量式与点阵式两种,分别以有向线段与像素作为基本构图元素。

彗星/彗星 huìxīng/ㄏㄨㄟˋ ㄒㄧㄥ

comet

【天】俗称"扫帚星"。在扁长轨道上围绕太阳运行的一种天体。质量较小,外貌独特,呈云雾状。形态和亮度随其到太阳距离的远近而显著变化。彗星远离太阳时为朦胧的小暗斑,其中心部分较亮,称为彗核,彗核外围的雾状包层称为"彗发",由在太阳辐射作用下彗核中蒸发的气体和微小尘粒组成,彗核与彗发合称彗头。彗星距太阳相当近时,彗发变大,太阳风和太阳的辐射压把彗发的气体和微尘推开生成彗尾。

惠更斯-菲涅耳原理/惠更斯-菲涅耳原理

Huìgēngsī-Fēiniè'ěr yuánlǐ/

ㄏㄨㄟˋ ㄍㄥ ㄙ-ㄈㄟ ㄋㄧㄝˋ ㄦˇ ㄩㄢˊ ㄌㄧˇ

Huygens-Fresnel principle

【物】说明波在介质中传播规律的基本原理。是解释波动产生干涉、衍射、拍等现象的基础。介质中的扰动在传递过程中,最前面的一个波面,其上所有点都可以认为是发射子波的波源。在其后的任意时刻,这些子波波面的位置是新的波面。即波的形状不变地传播,遇到其他波时,它们的位移叠加而形成另一波形。新波形的位移为各波位移的矢量和。在波传播过程中,任何一点波的扰动,可视为到达该点所有次波干涉的结果。因荷兰物理学家惠更斯(Christiaan Huygens, 1629—1695)在1690年首先提出,后法国物理学家菲涅耳(Augustin-Jean Fresnel, 1788—1827)1815年引入波相干性做了补充,故名。

惠斯登電橋
ㄏㄨㄟˋ ㄙ ㄉㄥ ㄉㄧㄢˋ ㄑㄧㄠˊ/Huìsīdēng diànqiáo
Wheatstone bridge
【电】台湾名。即“直流单比电桥”(1443 页)。

惠斯通电桥
Huìsītōng diànqiáo/
ㄏㄨㄟˋ ㄙ ㄊㄨㄥ ㄉㄧㄢˋ ㄑㄧㄠˊ
【电】即“直流单比电桥”(1443 页)。

匯電條 ㄏㄨㄟˋ ㄉㄧㄢˋ ㄊㄧㄠˊ/huìdiàntiáo
busbar
【电】台湾名。即“母线汇流排”(812 页)。

匯流排 ㄏㄨㄟˋ ㄌㄧㄡˊ ㄆㄞˊ/huìliúpái
bus
【信息】台湾名。即“总线”(1510 页)。

會合對接
ㄏㄨㄟˋ ㄏㄜˊ ㄉㄨㄟˋ ㄐㄧㄝ/huìhé duìjiē
rendezvous and docking
【航】台湾名。即“交会对接”(611 页)。

蟪蛄/蟪蛄 huìgū/ㄏㄨㄟˋ ㄍㄨ
cicada
【动】*Platypleura kaempferi* 俗称“伏天儿”“知了”。昆虫名。蝉的一种。体长 2 厘米左右,紫青色,有黑纹。雄虫能发出“哧—哧—”的鸣声。分布广泛。

蟪蛄

繪圖器 ㄏㄨㄟˋ ㄊㄨˊ ㄑㄧˋ/huìtúqì
plotter
【信息】台湾名。即“绘图机”(546 页)。

hun (ㄏㄨㄣ)

昏厥/昏厥 hūnjué/ㄏㄨㄣ ㄐㄩㄝˊ
syncope
【中医】又称“晕厥”。突然昏倒而不省人事,四肢厥冷,过些时候苏醒,醒后没有失语偏瘫等后遗症的表现。

昏迷/昏迷 hūnmí/ㄏㄨㄣ ㄇㄧˊ
coma
【医】患者处于对外界刺激无反应,不能被唤醒的状态。是最严重的意识障碍。由脑部受到严重损害或多种原因引起缺血、缺氧而引起,许多疾病在死亡前均可出现昏迷。

婚前医学检查/婚前醫學檢查
hūnqián yīxué jiǎnchá/
ㄏㄨㄣ ㄑㄧㄢˊ ㄧ ㄒㄩㄝˊ ㄐㄧㄢˇ ㄔㄚˊ
premarital medical examination
【医】以检查影响婚育的疾病为主要目的,针对准备结婚的人进行的有关遗传性疾病、传染病、精神病等方面的检查。

混纺/混合紡絲 hùnfǎng/ㄏㄨㄣˋ ㄏㄜˊ ㄈㄤˇ ㄙ
blended spinning
【纺】两种或两种以上不同种类纤维混和纺纱的工艺。有天然纤维混纺(如棉麻混纺)、天然纤维与化学纤维混纺(如涤棉混纺)、化学纤维混纺(如涤黏混纺)。兼有混和的各种纤维的特性。

混合電動汽車
ㄏㄨㄣˋ ㄏㄜˊ ㄉㄧㄢˋ ㄉㄨㄥˋ ㄑㄧˋ ㄔㄜ/
hùnhé diàndòng qìchē
hybrid electric vehicle, HEV
【机】台湾名。即“混合动力汽车”(547 页)。

混合动力汽车/混合電動汽車
hùnhé dònglì qìchē/
ㄏㄨㄣˋ ㄏㄜˊ ㄉㄧㄢˋ ㄉㄨㄥˋ ㄑㄧˋ ㄔㄜ
hybrid electric vehicle, HEV
【机】汽车的一类。含两种或两种以上动力源并能协调工作。多采用传统的内燃机和电动机作为动力源,通过混合使用热能和电力两套系统开动汽车。两套动力系统既可单独使用,也可同时使用。靠控制系统自动切换,以适应各种汽车使用工况,达到降低油耗和减少污染排放的目的。

混合紡絲 ㄏㄨㄣˋ ㄏㄜˊ ㄈㄤˇ ㄙ/hùnhé fǎngsī
blended spinning
【纺】台湾名。即“混纺”(547 页)。

混合机/混合機 hùnhéjī/ㄏㄨㄣˋ ㄏㄜˊ ㄐㄧ
mixer
【机】在机械力或重力作用下,将两种或两种以上物料均匀混合起来的机械。如将水泥、砂、碎石和水混合成混凝土湿料等。按操作方式不同,可分为间歇式和连续式;按工作原理不同,可分为重力式和强制式。

混合积/混合積 hùnhéjī/ㄏㄨㄣˋ ㄏㄜˊ ㄐㄧ
mixed product
【数】向量的数量积和向量积相结合的一种运

算结果。对于向量 $\boldsymbol{a},\boldsymbol{b},\boldsymbol{c}$,定义$(\boldsymbol{a}\times\boldsymbol{b})\cdot\boldsymbol{c}$ 为 $\boldsymbol{a},\boldsymbol{b},\boldsymbol{c}$ 的混合积,也记作$(\boldsymbol{a},\boldsymbol{b},\boldsymbol{c})$。混合积是一个数,若 $\boldsymbol{a}=(a_1,a_2,a_3)$,$\boldsymbol{b}=(b_1,b_2,b_3)$,$\boldsymbol{c}=(c_1,c_2,c_3)$,则 $(\boldsymbol{a}\times\boldsymbol{b})\cdot\boldsymbol{c}=\begin{vmatrix} a_1 & a_2 & a_3 \\ b_1 & b_2 & b_3 \\ c_1 & c_2 & c_3 \end{vmatrix}$。将 $\boldsymbol{a},\boldsymbol{b},\boldsymbol{c}$ 移到同一起点并以它们为三条棱的平行六面体的体积的值,等于混合积$(\boldsymbol{a}\times\boldsymbol{b})\cdot\boldsymbol{c}$ 的绝对值。若 $\boldsymbol{a},\boldsymbol{b},\boldsymbol{c}$ 的混合积为 0,则这三个向量共面。

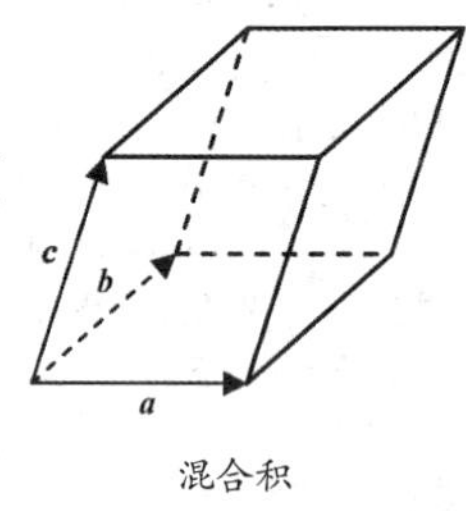

混合积

混合物/混合物 hùnhéwù/ㄏㄨㄣˋ ㄏㄜˊ ㄨˋ
mixture
【化】由两种或两种以上的单质或化合物混合而成的物质。往往没有固定组成,各组分仍保持原有的化学性质,可分为均匀混合物(如糖水、空气)和不均匀混合物(如黑火药、花岗岩)。

混合痔/混合痔 hùnhézhì/ㄏㄨㄣˋ ㄏㄜˊ ㄓˋ
mixed hemorrhoid
【中医】痔的一种。以同一方位的内、外痔静脉丛曲张,通过齿线相互沟通吻合,形成一整体。具有内痔和外痔共有的临床特征,如发于肛门 3、7、11 点处,以 11 点处尤为多见。混合痔可手术治疗,也可用硬化剂、枯痔法等。

混合柱式/混合柱式 hùnhé zhùshì/ㄏㄨㄣˋ ㄏㄜˊ ㄓㄨˋ ㄕˋ
composite order
【建】罗马柱式的一种。华丽繁复,主要特点是将一对爱奥尼式涡卷置于科林斯柱头之上,形成爱奥尼与科林斯柱式的组合。比例关系与罗马科林斯柱式相同,不同之处主要在于强化装饰细节,丰富装饰线脚,用于装饰性强烈的建筑类型(如凯旋门)。

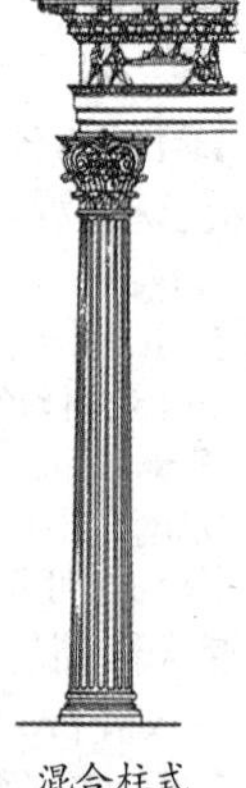
混合柱式

混流泵/混流泵 hùnliúbèng/ㄏㄨㄣˋ ㄌㄧㄡˊ ㄅㄥˋ
mixed-flow pump
【机】泵的一种。构造和工作原理同时具有离心泵与轴流泵特点。叶轮中的液体沿着与泵轴同心的锥面内排出,在叶轮的推力和离心力的双重作用下液体产生流动和提高压力。常用于输送排量较大而压头(液体或液柱的两点之间的高度差)中等的液体。

混流式風扇 ㄏㄨㄣˋ ㄌㄧㄡˊ ㄕˋ ㄈㄥ ㄕㄢˋ/hùnliúshì fēngshàn
mixed-flow fan
【机】台湾名。即“斜流通风机”(1263 页)。

混流通风机 hùnliú tōngfēngjī/ㄏㄨㄣˋ ㄌㄧㄡˊ ㄊㄨㄥ ㄈㄥ ㄐㄧ
【机】即“斜流通风机”(1263 页)。

混凝土/混凝土 hùnníngtǔ/ㄏㄨㄣˋ ㄋㄧㄥˊ ㄊㄨˇ
concrete
【材】又称“砼”。一种复合材料。由胶凝材料、颗粒状集料及外加剂、掺和料,加水拌和,经硬化而形成,具有堆聚结构。常见的混凝土由水泥、砂、石等和水按一定比例而成。是重要的建筑结构材料。

混凝土泵车/混凝土泵車 hùnníngtǔ bèngchē/ㄏㄨㄣˋ ㄋㄧㄥˊ ㄊㄨˇ ㄅㄥˋ ㄔㄜ
concrete pump truck
【机】工程机械的一种。装备有混凝土输送泵和布料装置,利用压力通过管道输送或浇灌混凝土。机动性好,使用方便。多用于基础工程、高层建筑的混凝土施工。

混凝土混合澆注機 ㄏㄨㄣˋ ㄋㄧㄥˊ ㄊㄨˇ ㄏㄨㄣˋ ㄏㄜˊ ㄐㄧㄠ ㄓㄨˋ ㄐㄧ/hùnníngtǔ hùnhé jiāozhùjī
concrete placer
【机】台湾名。即“混凝土浇筑机”(548 页)。

混凝土浇筑机/混凝土混合澆築機 hùnníngtǔ jiāozhùjī/ㄏㄨㄣˋ ㄋㄧㄥˊ ㄊㄨˇ ㄏㄨㄣˋ ㄏㄜˊ ㄐㄧㄠ ㄓㄨˋ ㄐㄧ
concrete placer
【机】工程机械的一种。用于道路施工,可接收自卸车等运载的混凝土混合料,将其输送到路基处，并在摊铺机前预铺设指定厚度混凝土混合料。

混凝土搅拌机/混凝土攪拌機
hùnníngtǔ jiǎobànjī/
ㄏㄨㄣˋ ㄋㄧㄥˊ ㄊㄨˇ ㄐㄧㄠˇ ㄅㄢˋ ㄐㄧ
concrete mixer
【机】工程机械的一种。拌制混凝土的机械。由搅拌桶、进料机构、出料机构、原动机和传动系统、配水系统、底盘等部分组成。可分为自落式和强制式两种。广泛用于建筑施工现场和混凝土厂。

混凝土摊铺机/混凝土攤鋪機
hùnníngtǔ tānpūjī/
ㄏㄨㄣˋ ㄋㄧㄥˊ ㄊㄨˇ ㄊㄢ ㄆㄨ ㄐㄧ
concrete paver
【机】工程机械的一种。用于道路施工时，可将混凝土拌和料按规定的断面形状，均匀地摊铺在路基上，并进行捣实、整平成型等工作。

混水墙/混水牆
hùnshuǐqiáng/ㄏㄨㄣˋ ㄕㄨㄟˇ ㄑㄧㄤˊ
furred wall
【建】表面加以粉刷或贴面的砖墙。砌筑要求不如清水墙严格，粉刷层或贴面层对墙体有保护和美化作用。

huo （ㄏㄨㄛ）

锪 huō/ㄏㄨㄛ
【机】“锪削”的简称。

锪孔 huōkǒng/ㄏㄨㄛ ㄎㄨㄥˇ
【机】即“锪削”(549 页)。

锪削/鑽錐坑 huōxiāo/ㄗㄨㄢˋ ㄓㄨㄟ ㄎㄥ
countersinking
【机】简称“锪”，又称“锪孔”。金属切削加工的一种方法。在车床、钻床等机床上，用锪钻或锪刀对工件上已加工的孔刮平其端面，或切出锥形、圆柱形沉孔。

锪钻/錐坑 huōzuàn/ㄓㄨㄟ ㄎㄥ
counterbore，countersink
【机】钻头的一种。钻尖呈圆锥面或平面。可对孔的端面进行平面、柱面、锥面及其他型面加工。多用于加工沉头孔、锥孔和端面凸台。可分为锥面锪钻、平底锪钻等。

活动半径/活動半徑
huódòng bànjìng/ㄏㄨㄛˊ ㄉㄨㄥˋ ㄅㄢˋ ㄐㄧㄥˋ
mission radius
【航】又称“飞行半径”。当航空器在无风大气中，以特定构型及起飞重量，从定点沿预定飞行剖面到达某一空域，用尽规定燃油完成任务返回机场，则称定点机场至该空域的水平距离为该航空器的活动半径。

活动目标侦察雷达
huódòng mùbiāo zhēnchá léidá/
ㄏㄨㄛˊ ㄉㄨㄥˋ ㄇㄨˋ ㄅㄧㄠ ㄓㄣ ㄔㄚˊ ㄌㄟˊ ㄉㄚˊ
【军】即“活动目标侦察校射雷达”(549 页)。

活动目标侦察校射雷达/活動目標偵察校射雷達
huódòng mùbiāo zhēnchá jiàoshè léidá/
ㄏㄨㄛˊ ㄉㄨㄥˋ ㄇㄨˋ ㄅㄧㄠ ㄓㄣ ㄔㄚˊ ㄐㄧㄠˋ ㄕㄜˋ ㄌㄟˊ ㄉㄚˊ
moving target locating and fire adjusting radar
【军】又称“活动目标侦察雷达”。军用雷达的一种。炮兵用于测定地面活动目标坐标和炸点坐标的雷达。侦察距离远，定位速度快，能全天候工作。多装载于装甲车或汽车上，对车辆或坦克的侦察距离可达 40 千米。也可便携或直升机载，其中直升机载的侦察距离可达 100 千米以上。又可分为高分辨率脉冲雷达、动目标显示雷达、脉冲多普勒雷达等。

活动星系核/活躍星系核
huódòng xīngxìhé/ㄏㄨㄛˊ ㄩㄝˋ ㄒㄧㄥ ㄒㄧˋ ㄏㄜˊ
active galactic nucleus
【天】见“星系”(1277 页)。

活度/活度 huódù/ㄏㄨㄛˊ ㄉㄨˋ
activity
【化】实际溶液理想化的浓度，即溶液中特定组分在给定状态下的逸度与同温度下标准状态逸度的比值。

建立“活度”概念为了能按理想溶液方式来处理化学平衡、相平衡的计算问题。只有理想溶液化学势表示式或由此而推得的公式使用时才能用活度代替浓度。

活化/活化 huóhuà/ㄏㄨㄛˊ ㄏㄨㄚˋ
activation
【化】又称“激活”。从外界获得足够能量后，物质由无法发生化学反应变为可发生化学反应的状态和过程。常用的方式有加热、辐照电磁波和高能射线、超声波等。催化剂可通过降低反应活化能途径使分子活化。无活性物质变为有活性物质也称活化。

活化能/活化能
huóhuànéng/ㄏㄨㄛˊ ㄏㄨㄚˋ ㄋㄥˊ
activation energy
【化】又称"激活能"。广义上指化学反应中活化分子与普通分子之间的能量之差。是决定反应速率的一个重要因素,其大小与反应历程密切相关。在一定温度下,活化能愈大,反应愈慢;活化能愈小,反应愈快。催化剂能加快反应速率就在于它能通过改变反应历程来降低反应的活化能。
📖 活化能物理意义随化学反应理论不同而解释不同。碰撞理论认为,反应物分子要能发生反应,必须发生有效碰撞而达活化状态,由普通分子变为活化分子所需的最低能量称为活化能。过渡态理论认为,反应物分子经过渡状态而转变为产物分子,过渡态较反应物分子所高出的能量称为活化能。

活化石/活化石 huóhuàshí/ㄏㄨㄛˊ ㄏㄨㄚˋ ㄕˊ
living fossil
【地】❶指孑遗。因其作用与化石相似,故名。❷广义上指出现于地史时期而至今仍存在的任何生物。

活件/活體 huójiàn/ㄏㄨㄛˊ ㄊㄧˇ
liveware
【信息】又称"湿件"。对计算机系统中有关"人员"的戏称。区别于硬件、软件或固件。

活塞泵/活塞泵
huósāibèng/ㄏㄨㄛˊ ㄙㄞ ㄅㄥˋ
piston pump
【机】往复泵的一种。依靠活塞往复运动,使得泵腔工作容积周期变化,实现吸入和排出液体。适用于高压、小流量的场合。

活塞式压力计/活塞式壓力計
huósāishì yālìjì/ㄏㄨㄛˊ ㄙㄞ ㄕˋ ㄧㄚ ㄌㄧˋ ㄐㄧˋ
piston gauge
【机】又称"压力天平"。利用压力作用在活塞上的力与砝码的重力相平衡的原理测量压力。多作为压力基准器用于计量室、实验室以及生产或科学实验环节。

活體 ㄏㄨㄛˊ ㄊㄧˇ/huótǐ
liveware
【信息】台湾名。即"活件"(550 页)。

活性/活性 huóxìng/ㄏㄨㄛˊ ㄒㄧㄥˋ
activity
【化】某种物质发挥某些作用的能力。如酶活性等。

活性炭/活性炭
huóxìngtàn/ㄏㄨㄛˊ ㄒㄧㄥˋ ㄊㄢˋ
activated carbon
【材】炭的一种。黑色无定形颗粒,无臭无味,多孔结构,微孔半径小于 2.0 纳米,大孔有效半径 100～10 000 纳米。不溶于任何溶剂,pH 值 7～9,比表面积达 500～1700 米^2/克。有良好的化学稳定性、热稳定性和机械强度。是非极性吸附剂和最常用的碳质吸附剂。

活性污泥/活性污泥
huóxìng wūní/ㄏㄨㄛˊ ㄒㄧㄥˋ ㄨ ㄋㄧˊ
activated sludge
【环】污泥状的絮凝物。是一种复杂混合物,由具有活性的微生物,微生物自身氧化的残留物及其所依附的有机物质和无机物质组成,具有较强的吸附、氧化能力。有很强的净化废水的作用。

活血调经/活血調經
huóxuè tiáojīng/ㄏㄨㄛˊ ㄒㄧㄝˋ ㄊㄧㄠˊ ㄐㄧㄥ
promoting blood circulation for regulating menstruation
【中医】理血法的一种。用具有活血理气、调理月经作用的方药,治疗气血不和所致月经不调病症。

活血化瘀/活血化瘀
huóxuè huàyū/ㄏㄨㄛˊ ㄒㄧㄝˋ ㄏㄨㄚˋ ㄩ
promoting blood circulation for removing blood stasis, * quicken the blood and transform stasis, * improve blood circulation and transform stasis
【中医】理血法的一种。用具有活血化瘀作用的方药治疗血瘀证。

活血通络/活血通絡
huóxuè tōngluò/ㄏㄨㄛˊ ㄒㄧㄝˋ ㄊㄨㄥ ㄌㄨㄛˋ
promoting blood circulation for removing obstruction in collaterals, * im-

prove blood circulation to free the network vessels

【中医】又称"祛瘀通络"。理血法的一种。用具有活血化瘀、疏通经络作用的方药，治疗瘀血凝滞、经络受阻所致病证。

活躍星系核

ㄏㄨㄛˊ ㄩㄝˋ ㄒㄧㄥ ㄒㄧˋ ㄏㄜˊ/huóyuè xīngxìhé

active galactic nucleus

【天】台湾名。即"活动星系核"(549 页)。

火彩/火彩 huǒcǎi/ㄏㄨㄛˇ ㄘㄞˇ

fire

【地】刻面宝石内部反射出的彩色光芒，即白光射入刻面宝石后，经反射或透射出宝石时呈不同的色彩。

火成岩/火成岩

huǒchéngyán/ㄏㄨㄛˇ ㄔㄥˊ ㄧㄢˊ

igneous rock，magmatic rock

【地】又称"岩浆岩"。岩石的一大类。是岩浆凝结形成的岩石，约占地壳总体积的 65%。根据形成的位置可分为侵入岩和火山岩两大类。常见的种类有花岗岩、安山岩、玄武岩等。

火电厂 huǒdiànchǎng/ㄏㄨㄛˇ ㄉㄧㄢˋ ㄔㄤˇ

【电】"火力发电厂"的简称。

火电厂供水系统/火電廠供水系統

huǒdiànchǎng gōngshuǐ xìtǒng/ㄏㄨㄛˇ ㄉㄧㄢˋ ㄔㄤˇ ㄍㄨㄥ ㄕㄨㄟˇ ㄒㄧˋ ㄊㄨㄥˇ

water supply system

【电】根据水源条件和电厂规划容量，为保证火电厂安全经济运行，能持续稳定地供给数量、质量和温度符合需要的用水的系统。

📖 火电厂供水系统由水源取水口或冷却塔、水泵和管道系统组成。

火管锅炉/火管鍋爐

huǒguǎn guōlú/ㄏㄨㄛˇ ㄍㄨㄢˇ ㄍㄨㄛ ㄌㄨˊ

fire-tube boiler

【机】又称"锅壳式锅炉"。锅炉的一种。燃料燃烧后产生的烟气在火筒或烟管中流过，对火筒或烟管外水、汽或汽水混合物加热。按受热管件的形式和数量不同，可分为单火筒锅炉、双火筒锅炉、烟管锅炉和火筒—烟管锅炉。还可分为内燃锅炉和外燃锅炉。

火花放电/火花放電

huǒhuā fàngdiàn/ㄏㄨㄛˇ ㄏㄨㄚ ㄈㄤˋ ㄉㄧㄢˋ

spark discharge

【物】在电势差很大的正负带电区域之间的气体被击穿，出现明亮、曲折的火花，并伴有爆裂音的短时间的气体放电现象。雷电是自然界的大规模火花放电现象。

火花塞/火星塞

huǒhuāsāi/ㄏㄨㄛˇ ㄒㄧㄥ ㄙㄞ

spark plug

【机】内燃机上的点火装置。由壳体、绝缘体、接线螺杆和电极组成，外形略像塞子，固定在气缸盖上。其功用是将高压电引入燃烧室，并产生电火花点燃混合气，与点火系统和供油系统配合，使发动机做功。

火鸡/火雞 huǒjī/ㄏㄨㄛˇ ㄐㄧ

turkey

【动】*Meleagris gallopavo* 又称"吐绶鸡"。鸟名。鸡形目雉科。身体大，体长 1 米左右，喙大而稍曲，头、颈几乎裸出，头上有珊瑚状皮瘤，喉下有肉垂，羽毛有黑、白、深黄等颜色。栖息于水边林地，以植物的茎叶、果实、种子和昆虫等为食，偶尔也吃蛙和蜥蜴。原分布于北美洲，现多饲养作家禽。

火 鸡

火碱 huǒjiǎn/ㄏㄨㄛˇ ㄐㄧㄢˇ

【化】即"苛性钠"(676 页)。

火箭/火箭 huǒjiàn/ㄏㄨㄛˇ ㄐㄧㄢˋ

rocket

【航】利用推进剂的化学反应或利用电能、核能、太阳能等加热推进剂，形成持续高温高速射流，由高速喷射产生反作用力推进的飞行器。

📖 火箭于公元 970 年由中国宋代的冯继升发明，11—12 世纪传入欧洲，从 20 世

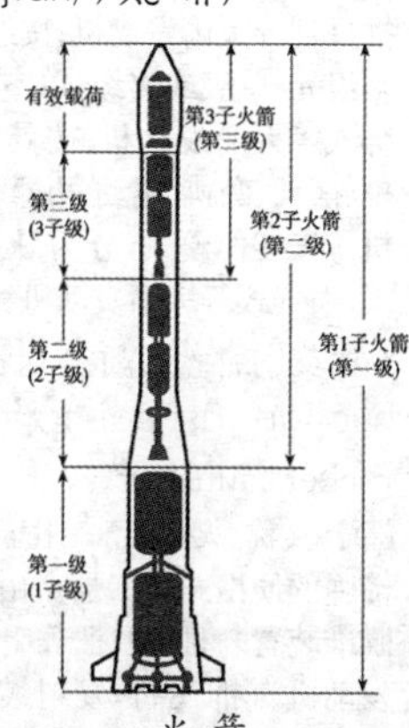

火 箭

H

纪中叶起，进入迅速发展时期，随着科技发展，火箭种类已很多。

火箭布雷车/火箭布雷車

huǒjiàn bùléichē/ㄏㄨㄛˇ ㄐㄧㄢˋ ㄅㄨˋ ㄌㄟˊ ㄔㄜ

rocket mine laying vehicle

【军】以车辆为运载平台，利用火箭布雷弹实施远距离布雷的装备。由基础车、发射装置和火箭布雷弹组成。主要用于快速、机动撒布地雷。

火箭弹/火箭彈

huǒjiàndàn/ㄏㄨㄛˇ ㄐㄧㄢˋ ㄉㄢˋ

rocket projectile

【军】靠火箭发动机推进的非制导弹药。自身带有动力装置，发射装置受力小，可多管或多轨联装齐射。通常用于杀伤和压制敌方有生力量，破坏敌方工事及武器装备。按对目标的毁伤作用不同，可分为杀伤火箭弹、爆破火箭弹、破甲火箭弹、碎甲火箭弹、燃烧火箭弹等；按飞行稳定方式不同，可分为尾翼式火箭弹和涡轮式火箭弹；按作战使用和所配属军兵种不同，可分为地面炮兵(野战)火箭弹、防空火箭弹、单兵反坦克火箭弹、航空火箭弹、海军火箭弹等。

火箭发动机/火箭發動機

huǒjiàn fādòngjī/ㄏㄨㄛˇ ㄐㄧㄢˋ ㄈㄚ ㄉㄨㄥˋ ㄐㄧ

rocket motor

【航】推动火箭飞行的动力装置。按动力能源产生的不同，分为化学、空气喷气、核能、太阳能、电能、离子、光子、电磁等火箭发动机；按发动机推进剂状态不同，分为液体、固体和混合推进剂等火箭发动机；按结构，分为单组元或多组元、单级或多级、单室多推力、串联式、捆绑式等火箭发动机；按其用途，分为助推、反推、摆动、变轨、机动、可重复使用等火箭发动机。按工作模式，分为脉冲式、变推力、挤压式、喷气式等火箭发动机。

火箭发射器/火箭發射器

huǒjiàn fāshèqì/ㄏㄨㄛˇ ㄐㄧㄢˋ ㄈㄚ ㄕㄜˋ ㄑㄧˋ

rocket launcher

【军】又称"火箭筒"。用于载机携带和发射火箭弹的便携式轻武器。由发射筒、发火系统、瞄准装置、肩托、握把等组成。火箭弹靠火箭发动机自推飞行，发射装置只起向导作用。主要用于打击近距离上的坦克、装甲车和轻型野战工事，也可用于杀伤有生目标。

火箭飞行姿态/火箭飛行姿態

huǒjiàn fēixíng zītài/
ㄏㄨㄛˇ ㄐㄧㄢˋ ㄈㄟ ㄒㄧㄥˊ ㄗ ㄊㄞˋ

rocket in flight

【航】火箭在飞行过程中相对地面的实时状态。通常通过火箭坐标系 OX，OY，OZ 和地面坐标系 AX，AY，AZ 的相互关系以俯仰 φ、偏航 ψ 和滚动 γ 三个欧拉角描述。

火箭炮/火箭炮

huǒjiànpào/ㄏㄨㄛˇ ㄐㄧㄢˋ ㄆㄠˋ

rocket gun，multiple rocket launcher

【军】又称"多管火箭炮"。引燃火箭弹的点火具，赋予火箭弹初始飞行方向的火炮。发射速度快、火力猛、威力大，机动性能好。是炮兵装备的火箭发射装置。

火箭扫雷车/火箭掃雷車

huǒjiàn sǎoléichē/ㄏㄨㄛˇ ㄐㄧㄢˋ ㄙㄠˇ ㄌㄟˊ ㄔㄜ

rocket mine sweeping vehicle

【军】以车辆为平台，发射扫雷火箭弹的扫雷装备。主要用于在地雷场中开辟通路。由基础车、扫雷火箭弹、发射装置、点火装置和瞄准装置组成。基础车分为轮式和履带式两种。

火箭上浮水雷

huǒjiàn shàngfú shuǐléi/
ㄏㄨㄛˇ ㄐㄧㄢˋ ㄕㄤˋ ㄈㄨˊ ㄕㄨㄟˇ ㄌㄟˊ

【军】"上浮水雷"的全称。

火箭筒 huǒjiàntǒng/ㄏㄨㄛˇ ㄐㄧㄢˋ ㄊㄨㄥˇ

【军】即"火箭发射器"(552 页)。

火箭有效载荷/火箭有效載荷

huǒjiàn yǒuxiào zàihè/
ㄏㄨㄛˇ ㄐㄧㄢˋ ㄧㄡˇ ㄒㄧㄠˋ ㄗㄞˋ ㄏㄜˋ

payload on rocket

【航】火箭运载对象，即被火箭送载的航天器。包括人造地球卫星、载人(无人)飞船、空间站、航天飞机和各种空间探测器。

火箭增程弹/火箭增程彈

huǒjiàn zēngchéngdàn/
ㄏㄨㄛˇ ㄐㄧㄢˋ ㄗㄥ ㄔㄥˊ ㄉㄢˋ

rocket-assisted shell

【军】弹丸尾部装有火箭发动机，用以增加弹丸射程的炮弹。其通常由战斗部、火箭发动机、稳定装置和发射药等组成。发射时，弹丸在膛内受力情况、运动规律与普通炮弹的弹丸相同,火箭发动机延期点火装置开始工作。当弹丸飞离炮口一定距离时,火箭发动机点燃推进剂,开始提供推力,使炮弹增速,从而增大射程。

火箭助飞鱼雷/火箭助飛魚雷
huǒjiàn zhùfēi yúléi/
ㄏㄨㄛˇ ㄐㄧㄢˋ ㄓㄨˋ ㄈㄟ ㄩˊ ㄌㄟˊ
rocket-assisted torpedo
【军】又称“反潜导弹”。用火箭运载飞行到达预定点入水,自动搜索、跟踪和攻击潜艇的鱼雷。由火箭飞行器和声自导鱼雷组成,由舰艇在水中或水面发射。

火控電腦
ㄏㄨㄛˇ ㄎㄨㄥˋ ㄉㄧㄢˋ ㄋㄠˇ/huǒkòng diànnǎo
fire control computer
【军】台湾名。即“火控计算机”(553 页)。

火控计算机/火控電腦
huǒkòng jìsuànjī/ㄏㄨㄛˇ ㄎㄨㄥˋ ㄉㄧㄢˋ ㄋㄠˇ
fire control computer
【军】武器系统中用于实施火力控制的嵌入式计算机。是火力控制系统的核心设备。主要任务是根据目标探测器(如光学仪器、雷达、红外电视及激光跟踪器等)提供的目标坐标(如目标的方位角、高低角、斜距等),计算目标运动参数,修正自然因素(如风速、风向、空气密度、重力等)对射击诸元的影响。

火口湖 ㄏㄨㄛˇ ㄎㄡˇ ㄏㄨˊ/huǒkǒuhú
crater lake
【地】台湾名。即“火山口湖”(554 页)。

火力发电厂/火力發電廠
huǒlì fādiànchǎng/ㄏㄨㄛˇ ㄌㄧˋ ㄈㄚ ㄉㄧㄢˋ ㄔㄤˇ
thermal power plant, fossil-fired power plant
【电】简称“火电厂”。发电厂的一种。装备火力发电机组生产电能。由燃烧系统、供水系统、锅炉、汽轮发电机组、变电站等组成。将燃料燃烧产生的热能做动力而发电。按使用燃料的不同,可分为燃煤发电厂、燃气发电厂、燃油发电厂等。

火力发电厂热工自动化/火力發電廠熱處理自動化
huǒlì fādiànchǎng règōng zìdònghuà/
ㄏㄨㄛˇ ㄌㄧˋ ㄈㄚ ㄉㄧㄢˋ ㄔㄤˇ ㄖㄜˋ ㄔㄨˇ ㄌㄧˇ ㄗˋ ㄉㄨㄥˋ ㄏㄨㄚˋ
thermal process automation of thermal power plant
【电】采用并通过各种自动化仪表和装置(包括计算机系统)对电厂的热力生产过程进行监视和控制,使之安全、经济、高效运行的技术措施。

火力发电机组/火力發電機組
huǒlì fādiànjīzǔ/ㄏㄨㄛˇ ㄌㄧˋ ㄈㄚ ㄉㄧㄢˋ ㄐㄧ ㄗㄨˇ
thermal power generating units
【电】燃烧煤、油、气或其他碳氢化合物等燃料,将所得到的热能转换成机械能驱动发电机产生电能的设备。

火力發電廠熱處理自動化
ㄏㄨㄛˇ ㄌㄧˋ ㄈㄚ ㄉㄧㄢˋ ㄔㄤˇ ㄖㄜˋ ㄔㄨˇ ㄌㄧˇ ㄗˋ ㄉㄨㄥˋ ㄏㄨㄚˋ/
huǒlì fādiànchǎng rèchǔlǐ zìdònghuà
thermal process automation of thermal power plant
【电】台湾名。即“火力发电厂热工自动化”(553 页)。

火烈鸟 huǒlièniǎo/ㄏㄨㄛˇ ㄌㄧㄝˋ ㄋㄧㄠˇ
【动】“红鹳”的通称。

火流星/火流星
huǒliúxīng/ㄏㄨㄛˇ ㄌㄧㄡˊ ㄒㄧㄥ
bolide, fireball
【天】流星的一类。是较大的流星体在高层大气中未烧完而进入低层大气中继续燃烧时产生的发光现象。特别明亮,有时还伴有声响。

火龙果/火龍果
huǒlóngguǒ/ㄏㄨㄛˇ ㄌㄨㄥˊ ㄍㄨㄛˇ
pitaya
【植】又称“红龙果”。量天尺果实的商品名。参见“量天尺”(735 页)。

火炮/火炮 huǒpào/ㄏㄨㄛˇ ㄆㄠˋ
artillery
【军】利用火药燃气压力等能量抛射弹丸,口径等于或大于 20 毫米的身管射击武器。通常由炮身和炮架两部分组成。炮身包括身管、炮尾、炮闩等。按炮膛结构不同,可分为线膛炮和滑膛炮;按机动方式不同,可分为牵引火炮和自行火炮;按装填方式不同,可分为后装炮和前装炮。

📖 火炮身管用来赋予弹丸初速和飞行方向;炮尾用来装填炮弹;炮闩用以关闭炮膛,击发炮弹。炮架由反后坐装置、方向机、高低机、瞄准装置、大架和运动体等组成。反后坐装置用以保证火炮发射炮弹后的复位;方向机和高低机用来操纵炮身变换方向和高低;瞄准装置由瞄准具和瞄准镜组成,用以装定火炮射击数据,实施瞄准射击;大架和运动体用于射击时支撑火炮,行军时作为炮车。

火山地震/火山地震

huǒshān dìzhèn/ㄏㄨㄛˇ ㄕㄢ ㄉㄧˋ ㄓㄣˋ

volcanic earthquake

【地】地震类型之一。因火山爆发,岩浆喷出而引起。约占全球地震总数的7%。

火山灰/火山灰

huǒshānhuī/ㄏㄨㄛˇ ㄕㄢ ㄏㄨㄟ

volcanic ash

【地】火山喷出的直径小于2毫米的岩石和矿物碎屑,常呈深灰、黄、白等颜色。坚硬,不溶于水。可用作水泥的混合材料及混凝土的掺合料。是构成凝灰岩的主要成分。

火山口湖/火口湖

hǔoshānkǒuhú/ㄏㄨㄛˇ ㄎㄡˇ ㄏㄨˊ

crater lake

【地】湖泊的一种。火山停止喷发后,火山口内积水而成。面积小,湖水较深。吉林长白山天池和内蒙古阿尔山的火山口湖群均为典型的火山口湖。

火山岩/火山岩

huǒshānyán/ㄏㄨㄛˇ ㄕㄢ ㄧㄢˊ

volcanic rock

【地】又称"喷出岩"。火成岩的一类。岩浆喷出或溢出地表快速冷凝形成的岩石。包括熔岩和火山碎屑岩。质地疏松,多具气孔、杏仁和流纹等构造,多呈玻璃质、隐晶质或斑状结构。按成分不同,可分为玄武岩(基性岩),安山岩(中性岩),流纹岩(酸性岩)和响岩(碱性岩)。还有酸性的玻璃质火山岩(黑曜岩、珍珠岩、松脂岩、浮岩等)。火山碎屑岩由火山作用而形成的碎屑物堆积而成,往往混有一定量的正常沉积物或熔岩物质。

火邪/火邪 huǒxié/ㄏㄨㄛˇ ㄒㄧㄝˊ

fire pathogen

【中医】六淫之一。火为阳邪,其性炎上,易耗气伤津,生风动血,腐肉成脓。致病多见高热恶热,面红目赤,汗出烦渴,脉洪数(shuò),甚至神昏谵语,四肢抽搐,以及各种出血,痈肿疮疡。

火星/火星 huǒxīng/ㄏㄨㄛˇ ㄒㄧㄥ

Mars

【天】太阳系八大行星之一。按离太阳由近及远的次序为第四颗。是类地行星。肉眼看呈红色,因此古罗马人用战神马尔斯(Mars)命名。由于其位置和亮度变化显著,所以中国古代叫"荧惑"。

火星车/火星車

huǒxīngchē/ㄏㄨㄛˇ ㄒㄧㄥ ㄔㄜ

Mars roving vehicle

【航】由人类在地球上发射的,在火星表面自动行驶并进行考察的专用车辆。是能对火星表面土壤的物理/力学性质和化学成分、地质、地貌、地形形态、环境辐射等进行取样,通过数据、图形、信息等加以分析、研究的装置。

📖 1996年12月4日,美国宇航局发射航天器"火星探路者",其上所载的"索杰纳"火星车于1997年7月4日在火星表面阿雷斯·瓦利思岩石区着陆。"索杰纳"火星车是一个有6个轮子的机器人,大小如一台微波炉,重10.4千克。于2003年、2004年、2012年英国"猎兔号"、美国"机遇号"、"好奇号"火星车又相继登上火星。

火星塞 ㄏㄨㄛˇ ㄒㄧㄥ ㄙㄞ/huǒxīngsāi

spark plug

【机】台湾名。即"火花塞"(551页)。

火焰喷涂/火焰噴射

huǒyàn pēntú/ㄏㄨㄛˇ ㄧㄢˋ ㄆㄣ ㄕㄜˋ

flame spraying

【机】喷涂的一种。以火焰为热源,将喷涂材料加热到熔融状态,在高速气流的推动下形成雾流,喷射到基体上而形成涂层,以补偿零件表面的磨损和改善其性能。

火焰噴射

ㄏㄨㄛˇ ㄧㄢˋ ㄆㄣ ㄕㄜˋ/huǒyàn pēnshè

flame spraying

【机】台湾名。即"火焰喷涂"(554页)。

火药/火藥 huǒyào/ㄏㄨㄛˇ ㄧㄠˋ

powder, propellant

【化】炸药的一种。可由火花、火焰等引起燃烧,燃烧时产生大量气体,具有爆破作用或推动作用,使物体(如弹丸)以一定速度发射出去。主要用作引燃药或发射药。火药作为中国古代四大发明之一,指最早应用的黑火药。

火郁/火鬱 huǒyù/ㄏㄨㄛˇ ㄩˋ

fire stagnation, * fire depression

【中医】火邪郁阻于内,不能透泄发越于外的病理变化。

火证/火證 huǒzhèng/ㄏㄨㄛˇ ㄓㄥˋ

fire syndrome

【中医】中医证候之一。火热之邪为病,或情绪过激,身体功能亢盛所致,以发热,津伤,面目红赤,局部红肿溃烂为常见症。

钬/鈥 huǒ/ㄏㄨㄛˇ

holmium

【化】金属元素。属周期表第ⅢB族(镧系),符号 Ho,原子序数 67。原子量164.9。自然界存在于独居石中,含量极少。单质为银白色金属,质软,有延展性,化学性质比较活泼,在干燥空气中耐腐蚀性较强,潮湿空气中因表面形成淡黄色氧化物而失去光泽,与水缓缓起作用。钬化合物可作新型铁磁材料的添加剂。

📖 1879 年,瑞典的克莱夫(P.Cleve)从含有杂质的铒土中分离出两种新元素的氧化物,其中新元素之一即为钬(另一为铥)。拉丁文定名为 holmium,源自 Holmia(瑞典首都斯德哥尔摩的古称)。中文定名为"钬",是形声字。

或/或 huò/ㄏㄨㄛˋ

or

【数】逻辑联结词的一种。符号"∨"。逻辑式 $p \vee q$ 表示两个命题 p,q 的"和",也称为 p,q 的析取,读作"p 或 q"。当 p,q 中至少有一个为真时,$p \vee q$ 为真;当 p,q 都为假时,$p \vee q$为假。

"或非"门/非或閘

"huòfēi" mén/ㄈㄟ ㄏㄨㄛˋ ㄓㄚˊ

NOR gate

【信息】执行"或非"逻辑运算的门。当输入值有一个或几个为"真"时输出值"假";当所有输入值都为"假"时输出值为"真"。

"或"门/兼或閘

"huò" mén/ㄐㄧㄢ ㄏㄨㄛˋ ㄓㄚˊ

INCLUSIVE-OR gate, OR gate

【信息】进行"析取"(disjunction)逻辑运算的门。当且仅当输入值至少一个为"真"时输出值为"真",否则输出值为"假"。

货仓/貨倉 huòcāng/ㄏㄨㄛˋ ㄘㄤ

cargo compartment, freight compartment

【航】货机或客货两用飞机上装载货物的舱段。通常在机身的腹部和机身尾部。

货车/貨車 huòchē/ㄏㄨㄛˋ ㄔㄜ

goods vehicle, truck

【机】又称"载重汽车""卡车"。商用车辆的一种。主要用于载运货物。可以牵引或不牵引挂车。按最大总质量不同,可分为轻型、中型和重型。驾驶室可分为长头式、短头式和平头式。

货船/貨船

huòchuán/ㄏㄨㄛˋ ㄔㄨㄢˊ

cargo ship

【船】专门用于运输货物的船舶。按运载货物的种类不同,可分为干货船、液货船、冷藏船、集装箱船、滚装船和载驳货船等。

货垛/貨垛 huòduò/ㄏㄨㄛˋ ㄉㄨㄛˋ

stack of freight

【物流】按一定要求分类堆放的一堆物品。便于物品储存保管,提高装卸运输效率,节约土地空间等。

货架/貨架 huòjià/ㄏㄨㄛˋ ㄐㄧㄚˋ

shelf

【物流】储存货物的立体设施。多是由立柱、隔板或横梁等组成的架子。按运动状态不同,可分为固定式货架、移动式货架和旋转式货架;按高度不同,可分为高层立体货架、中层立体货架和低层立体货架;按承重量不同,可分为轻型货架、中型货架和重型货架。

货交承运人/貨交承運人

huò jiāo chéngyùnrén/

ㄏㄨㄛˋ ㄐㄧㄠ ㄔㄥˊ ㄩㄣˋ ㄖㄣˊ

free carrier, FCA

【物流】国际贸易术语之一。卖方将货物在指定地点交给买方指定的承运人,办理出口清关手续,即完成交货。如卖方在其所在地交货,则负责将货物装上运输工具。费用与风险以货交承运人为分界点。适用于任何运输方式,包括多式联运。

货客电梯

huòkè diàntī/ㄏㄨㄛˋ ㄎㄜˋ ㄉㄧㄢˋ ㄊㄧ

【机】即“载货电梯”(1408 页)。

货流/貨流 huòliú/ㄏㄨㄛˋ ㄌㄧㄡˊ

freight flow

【交】一定时间内某一运输线路上的货物流动。

货物/貨物

huòwù/ㄏㄨㄛˋ ㄨˋ

cargo

【物流】通常指供出售的物品。是有形动产。运输部门指所承运的各种物品。

获得性免疫

huòdéxìng miǎnyì/ㄏㄨㄛˋ ㄉㄜˊ ㄒㄧㄥˋ ㄇㄧㄢˇ ㄧˋ

【生】即“适应性免疫”(1039 页)。

获得性免疫缺陷综合征/愛滋病

huòdéxìng miǎnyì quēxiàn zōnghézhēng/ㄞˋ ㄗ ㄅㄧㄥˋ

acquired immunodeficiency syndrome, AIDS

【医】通称“艾滋病”。由人类免疫缺陷病毒(HIV)感染所致的继发性免疫缺陷病。HIV 侵入表达 CD4 分子的 Th 细胞和单核/巨噬细胞等,引发以细胞免疫功能严重受损为主的免疫缺陷病。

📖 1981 年 6 月,美国疾病预防控制中心在相关刊物上登载了 5 个艾滋病病人的病例报告,是世界上第一次有关艾滋病的正式记载。艾滋病被我国列入乙类法定传染病。

貨車傾卸機

ㄏㄨㄛˋ ㄔㄜ ㄑㄧㄥ ㄒㄧㄝˋ ㄐㄧ/huòchē qīngxièjī

car tippler

【机】台湾名。即“翻车机”(310 页)。

貨櫃 ㄏㄨㄛˋ ㄍㄨㄟˋ/huòguì

container

【物流】台湾名。即“集装箱”(577 页)。

貨櫃船

ㄏㄨㄛˋ ㄍㄨㄟˋ ㄔㄨㄢˊ/huòguìchuán

container ship

【船】台湾名。即“集装箱船”(577 页)。

貨物升降機

ㄏㄨㄛˋ ㄨˋ ㄕㄥ ㄐㄧㄤˋ ㄐㄧ/huòwù shēngjiàngjī

freight elevator

【机】台湾名。即“载货电梯”(1408 页)。

霍尔效应/霍爾效應

Huò'ěr xiàoyìng/ㄏㄨㄛˋ ㄦˇ ㄒㄧㄠˋ ㄧㄥˋ

Hall effect

【物】通有电流的导体或半导体置于与电流方向垂直的磁场中,在垂直于电流和磁场方向的物体两侧产生电势差的现象。因美国物理学家霍尔(E. H. Hall,1855—1938)在 1879 年用铜箔做实验时发现,故名。

霍乱/霍亂

huòluàn/ㄏㄨㄛˋ ㄌㄨㄢˋ

cholera

【医】由霍乱弧菌引起的烈性肠道传染病。主要通过污染的水源和未煮熟的食物经口感染,流行夏秋季。临床主要表现为剧烈腹泻、呕吐,严重的可在数小时内因腹泻导致脱水,甚至死亡。

霍曼轨道/霍曼軌跡

Huòmàn guǐdào/ㄏㄨㄛˋ ㄇㄢˋ ㄍㄨㄟˇ ㄐㄧ

Hohmann trajectory

【航】在空间同一平面内与两个同心圆相切的椭圆过渡轨道。1925 年,由德国科学家霍曼(W. Hohmann, 1880—1945)提出。是最节省能量,但飞行路程和飞行时间较长的轨道。

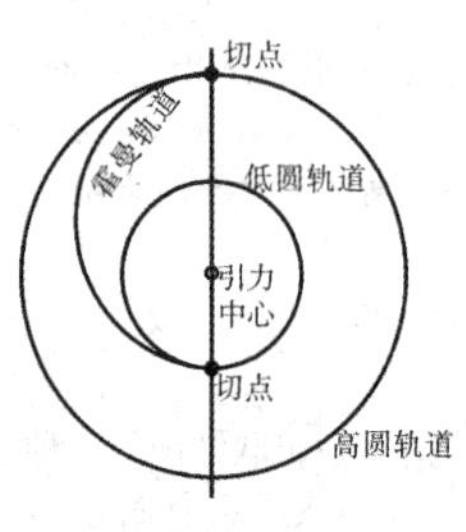

霍曼轨道

霍曼軌跡

ㄏㄨㄛˋ ㄇㄢˋ ㄍㄨㄟˇ ㄐㄧ/Huòmàn guǐjì

Hohmann trajectory

【航】台湾名。即“霍曼轨道”(556 页)。

霍桑效应/霍桑效應

Huòsāng xiàoyìng/ㄏㄨㄛˋ ㄙㄤ ㄒㄧㄠˋ ㄧㄥˋ

Hawthorne effect

【心】一种社会心理效应。美国的霍桑工厂具有良好的工作环境,医疗保障等也较为完善,但员工仍有很多不满,生产效率受到影响。美国心理学家梅奥(George Elton Mayo,1880—1949)教授的研究发现,倾听员工的各种意见、抱怨及建议,让他们尽情宣泄,可使员工的心情舒畅,使生产效率大为提高。这个效应说明,在发挥人的能动性方面,情绪、需要等心理因素比物质条件更为重要。

藿香/藿香

huòxiāng/ㄏㄨㄛˋ ㄒㄧㄤ

wrinkled gianthyssop

藿香

【植】*Agastache rugosa* 唇形科藿香属。多年生草本植物。茎直立,四棱形。叶纸质,心状卵形至长圆状披针形,先端尾状尖,边缘有齿。轮伞花序多花,有短梗,花萼管状倒圆锥形,浅紫色或紫红色;花冠淡紫蓝色,冠筒微超出于萼,冠檐二唇形。花期6—9月份。在中国,分布于各地。全草入药。

藿香正气散/藿香正氣散

huòxiāng zhèngqìsǎn/ㄏㄨㄛˋ ㄒㄧㄤ ㄓㄥˋ ㄑㄧˋ ㄙㄢˇ

huoxiang zhengqi powder, huoxiang zhengqi san, * Agastache Qi-Righting Powder

【中医】中医方剂名。组成:大腹皮、白芷、紫苏叶、茯苓各5克,半夏曲、白术、陈皮、厚朴、桔梗各10克,藿香15克,炙甘草12克。水煎服,或研末吞服。解表化湿,理气和中。治疗外感风寒,内伤湿滞证。霍乱吐泻,恶寒发热,头痛,脘腹疼痛,舌苔白腻,以及山岚瘴疟等。现有口服液、软胶囊等制剂。

H

J

jī (ㄐㄧ)

击通量/點選連結 jītōngliàng/ㄉㄧㄢˇ ㄒㄩㄢˇ ㄌㄧㄢˊ ㄐㄧㄝˊ

click through

【信息】在规定时段内,万维网站用户点击某广告页旗的次数。万维网站点开发商用作制定向登广告方收费数额的依据之一。

芨芨草/芨芨草 jījīcǎo/ㄐㄧ ㄐㄧ ㄘㄠˇ

jijigrass

【植】*Achnatherum splendens* 禾本科芨芨草属。多年生草本植物。须根粗而坚韧,外被沙套。秆形成密丛,直立,坚硬。叶鞘宿存;叶片纵卷,质坚韧,上面脉纹突起。圆锥花序,开花时呈金字塔形开展,小穗灰绿色,基部带紫色,成熟后变成草黄色。花果期6—9月份。在中国,分布于西北、东北,以及内蒙古、山西和河北。嫩草可作饲料,纤维可造纸。

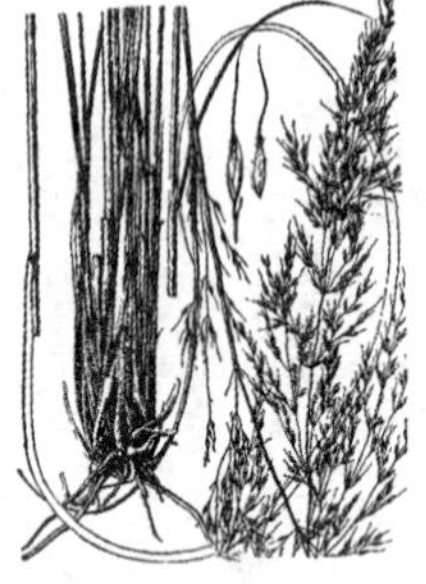

芨芨草

机舱/機艙 jīcāng/ㄐㄧ ㄘㄤ

engine room

【船】安置主机、辅机及其附属设备的舱室。安置主机及其附属设备的舱称为"主机舱";安置辅机的舱称为"辅机舱"。

机场/機場 jīchǎng/ㄐㄧ ㄔㄤˇ

aerodrome

【航】可供航空器着落、起飞、停放、维修,并有专门建筑物和设施保障飞行活动所需要的陆地或水面区域。按使用用途不同,可分为军用机场、民用机场和专用机场;按着落地点不同,可分为陆地机场和水面机场。机场的别称是"航空港"。小型民用机场也叫航站或民航站。

机场净空/機場净空 jīchǎng jìngkōng/ㄐㄧ ㄔㄤˇ ㄐㄧㄥˋ ㄎㄨㄥ

obstacle free airspace

【航】为保证飞行安全,在机场内和周围一定范围内,规定不得对航空器运行构成障碍的空间。

机车/機車 jīchē/ㄐㄧ ㄔㄜ

❶locomotive, ❷motor cycle

【交】❶俗称"火车头"。牵引(或推送)其他铁路车辆在铁路上运行,本身没有营业载荷的自推进车辆。按有无原动机装置,可分为自给式机车(蒸汽机车、内燃机车、燃气轮机车)和非自给式机车(电力机车)两类。❷在台湾,机车也指"摩托车"(808页)。

机床/機床 jīchuáng/ㄐㄧ ㄔㄨㄤˊ

machine tool

【机】用切削或变形等方法使金属或其他材料的工件获得所要求的形状、尺寸和表面质量的机器。通常分为金属切削机床、锻压机床和木工机床等。

机床夹具/機床夾具 jīchuáng jiājù/ㄐㄧ ㄔㄨㄤˊ ㄐㄧㄚˊ ㄐㄩˋ

machine tool fixture

【机】夹具的一种。用于机床上装夹工件或引导刀具的装置。按使用机床不同,可分为铣床夹具、镗床夹具、钻床夹具、刨床夹具、插床夹具、磨床夹具等。

机顶盒/轉頻器 jīdǐnghé/ㄓㄨㄢˇ ㄆㄧㄣˊ ㄑㄧˋ

set-top box, STB

【信息】"数字视频解码接收器"的通称。可增强电视终端的功能,以提供综合信息业务。电视机加装机顶盒后,可收看数字电视节目,并可通过网络进行交互式数字化教育、娱乐和电子商务活动。因其最初多放置在电视机顶盖上,故名。

机动车/機動車輛 jīdòngchē/ㄐㄧ ㄉㄨㄥˋ ㄔㄜ ㄌㄧㄤˋ

motor vehicle

【交】由动力装置驱动或牵引,在道路上行驶、供人员乘用或用于运送物品以及进行工程专项作业的轮式车辆。

机动船/内燃機船
jīdòngchuán/ㄋㄟˋ ㄖㄢˊ ㄐㄧ ㄔㄨㄢˊ
power-driven ship, motor ship
【船】又称"自航船"。依靠船上主机的动力来推进的船。按主机类型不同,可分为蒸汽机船、柴油机船、燃气轮机船、电力推进船、核动力船等。

机构/機構 jīgòu/ㄐㄧ ㄍㄡˋ
mechanism
【机】由两个或两个以上构件通过活动连接组成的构件系统。按各构件间相对运动的不同,可分为平面机构和空间机构;按运动副类别不同,可分为低副机构和高副机构;按结构特征不同,可分为连杆机构、齿轮机构、斜面机构和棘轮机构等;按所转换的运动或力的特征不同,可分为匀速和非匀速转动机构、直线运动机构、换向机构和间歇运动机构等;按功用不同,可分为安全保险机构、联锁机构、擒纵机构等。

机徽 jīhuī/ㄐㄧ ㄏㄨㄟ
【航】即"航徽"(475 页)。

机井/抽水井 jījǐng/ㄔㄡ ㄕㄨㄟˇ ㄐㄧㄥˇ
pumping well
【水利】利用机泵汲取地下水的水井。按用途不同,可分为农用井、自来水水源井和工业自备井等;按井径大小不同,可分为管井、筒井等。

机库/飛機庫 jīkù/ㄈㄟ ㄐㄧ ㄎㄨˋ
hangar
【航】又称"机窝"。供航空器进驻,用于停放、维修的建筑物。

机敏材料/智慧型材料
jīmǐn cáiliào/ㄓˋ ㄏㄨㄟˋ ㄒㄧㄥˊ ㄘㄞˊ ㄌㄧㄠˋ
smart materials
【材】功能材料的一种。能检知环境刺激因素(如压力、温度、电磁场、pH 值等)变化,并通过自身改变对环境做出响应,与其相适应。形状记忆合金即属于机敏材料。

机能主义/功能主義
jīnéng zhǔyì/ㄍㄨㄥ ㄋㄥˊ ㄓㄨˇ ㄧˋ
functionalism
【心】又称"功能主义"。心理学流派之一。19 世纪末 20 世纪初在美国产生,主要代表人物是美国心理学家詹姆斯(W. James,1842—1910)、杜威(J.Dewey,1859—1952)、安杰尔(J.Angell,1869—1949)等。主张研究心理活动和心理功能,认为意识是一个不停顿的过程,作用是使有机体适应环境,强调意识在人类适应环境中的功能和重要作用。重视心理学的应用,主张同时采用内省法、观察法、实验法、文化产品分析法等,使研究从单纯的主观意识研究扩大到外部客观研究,方法多元,更加面向实际生活。

机器/機器 jīqì/ㄐㄧ ㄑㄧˋ
machine
【机】由零件组成的执行机械运动的装置。用来完成所赋予的功能,如转换或传递能量、转换和传递运动和力及传递物料与信息。通常由动力部分、工作部分、传动部分和控制部分组成。

机器翻译/機器翻譯
jīqì fānyì/ㄐㄧ ㄑㄧˋ ㄈㄢ ㄧˋ
machine translation
【信息】利用计算机专用软件将大量文本从一种自然语言翻译成另一种自然语言的技术。

机器人/機器人 jīqìrén/ㄐㄧ ㄑㄧˋ ㄖㄣˊ
robot
【机】一种可编程的多功能操作机,或为执行不同任务而可用计算机改变和可编程动作的专门系统。依靠自身动力和控制能力来实现各种功能,可协助或部分取代人类的工作。在工业、医学、农业、建筑业、军事等领域有重要用途。

机器证明/機器證明
jīqì zhèngmíng/ㄐㄧ ㄑㄧˋ ㄓㄥˋ ㄇㄧㄥˊ
machine proving
【数】编制证明过程的运算程序,利用计算机完成的推理证明。例如,1976 年美国大学生用计算机完成了"四色定理"的证明。机器证明开辟了运用现代信息技术进行数学证明的新途径,发挥了计算机运算速度快、精度高等优势,提高了证明的效率,但是机器所做的工作最终还需人来设计,人的创新思维不可取代。

机器智能 jīqì zhìnéng/ㄐㄧ ㄑㄧˋ ㄓˋ ㄋㄥˊ
【信息】即"人工智能"(946 页)。

J

机枪/機關槍 jīqiāng/ ㄐㄧ ㄍㄨㄢ ㄑㄧㄤ
machine gun
【军】旧称"机关枪"。配有枪架、枪座或两角架,能实施连发射击的自动枪械。主要发射步枪或更大口径(12.7 毫米/14.5 毫米)的子弹,以扫射为主要攻击方式,透过密集火网压制对方火力点或掩护己方进攻。除攻击有生目标之外,也可射击其他无装甲防护或薄装甲防护的目标。通常分为轻机枪、重机枪等,口径 20 毫米以上的称机炮。是步兵分队的主要装备,也可配备于坦克、步兵战车、装甲输送车及作战飞机和舰船上。

机身/機身 jīshēn/ ㄐㄧ ㄕㄣ
fuselage
【航】用来装载人员、货物、机载设备并将机翼、尾翼、起落架等连成一个整体的飞机部件。分为机头、机尾和机腹三部分,通常成纺锤体流线型结构。

机体 jītǐ/ ㄐㄧ ㄊㄧˇ
【生】"有机体"的简称。

机头/機頭 jītóu/ ㄐㄧ ㄊㄡˊ
nose (of an aircraft)
【航】飞机的头部,即安装驾驶员座舱、航空电子设备、飞行控制系统及机载火炮等的部位。

机尾/機尾 jīwěi/ ㄐㄧ ㄨㄟˇ
tail (of an aircraft)
【航】飞机的尾部,即安装飞机尾翼的部位。

机窝 jīwō/ ㄐㄧ ㄨㄛ
【航】即"机库"(559 页)。

机械/機械 jīxiè/ ㄐㄧ ㄒㄧㄝˋ
machinery
【机】机器与机构的统称。按功能不同,可分为动力机械、物料搬运机械、粉碎机械等;按服务的产业不同,可分为农业机械、矿山机械、纺织机械等;按工作原理不同,可分为热力机械、流体机械、仿生机械等。

机械波/力學波 jīxièbō/ ㄌㄧˋ ㄒㄩㄝˊ ㄅㄛ
mechanical wave
【物】机械振动在介质中传播形成的波。常见的有水波、声波、地震波等。产生机械波需有做机械振动的波源,以及传播这种机械振动的介质。按照波的振动方向与传播方向是互相垂直还是互相平行分为横波和纵波。

机械布雷车/機械布雷車
jīxiè bùléichē/ ㄐㄧ ㄒㄧㄝˋ ㄅㄨˋ ㄌㄟˊ ㄔㄜ
mechanical mine laying vehicle
【军】利用机械装置埋设或放置地雷的装备。通常由底盘车、储雷架(舱)、布雷槽、输送机构、雷距控制机构、犁刀及覆土机构等组成。主要用于预先布雷,构筑防坦克地雷场。按行驶方式不同,可分为拖式机械布雷车和自行式机械布雷车;按供雷方式不同,可分为自动式机械布雷车和半自动式机械布雷车;按布雷方式不同,可分为放置式机械布雷车和埋设式机械布雷车。

机械传动/機械驅動
jīxiè chuándòng/ ㄐㄧ ㄒㄧㄝˋ ㄑㄩ ㄉㄨㄥˋ
mechanical drive, mechanical transmission
【机】利用各种机构来传递运动和动力的传动方式。按工作原理不同,可分为利用两构件间的摩擦传动(带传动、摩擦轮传动等),利用两构件相啮合传动(齿轮传动、蜗杆传动、螺旋传动、链传动等)以及利用凸轮机构、棘轮机构、平面槽轮机构、连杆机构传动的推压传动。

机械工程材料/機械工程材料
jīxiè gōngchéng cáiliào/
ㄐㄧ ㄒㄧㄝˋ ㄍㄨㄥ ㄔㄥˊ ㄘㄞˊ ㄌㄧㄠˋ
mechanical engineering materials
【机】用于制造各类机械零件、构件的材料以及机械制造过程中所应用的工艺材料。按属性不同,可分为金属材料(如钢、铁)和非金属材料(如玻璃、陶瓷);按用途不同,可分为结构材料(如结构钢)、模具材料(如工具钢)、耐蚀材料(如不锈钢)、耐热材料(如耐热钢)、耐磨材料(如耐磨钢)和减磨材料等。结合工艺特点还可分为铸造合金材料、超塑性材料和粉末冶金材料等。

机械功原理/機械功原理
jīxiègōng yuánlǐ/ ㄐㄧ ㄒㄧㄝˋ ㄍㄨㄥ ㄩㄢˊ ㄌㄧˇ
principle of machinical work
【物】描述理想情况下机械功关系的原理。不考虑摩擦等消耗时,动力对机械所做的功,等于机械克服所有阻力所做的功,即输入功等于输出功。根据该原理,使用任何机械都不省功。

机械化桥/機械化橋

jīxièhuàqiáo/ㄐㄧ ㄒㄧㄝˋ ㄏㄨㄚˋ ㄑㄧㄠˊ

mechanized bridge

【军】由车辆载运、架设和撤收,并带有固定桥脚的成套制式渡河桥梁器材。可架成水面下桥,或与木质低水桥及舟桥器材结合使用,架成混合式桥梁,有的可同坦克架桥车所架桥梁连接使用。主要用于在敌直瞄火力威胁不到的小河或沟渠上架设低水桥,以保障技术兵器和车辆机动。按所架桥梁的载重量不同,可分为轻型机械化桥和重型机械化桥;按基础车辆的形式不同,可分为轮胎式机械化桥和履带式机械化桥;按架设方式不同,可分为翻转式机械化桥、剪刀式机械化桥和平推式机械化桥。

机械能/力學能

jīxiènéng/ㄌㄧˋ ㄒㄩㄝˊ ㄋㄥˊ

mechanical energy

【物】物体或物体系因机械运动而具有的能量。通常指物体动能和势能的总和。

机械能守恒定律/機械能守恆律

jīxiènéng shǒuhéng dìnglǜ/ㄐㄧ ㄒㄧㄝˋ ㄋㄥˊ ㄕㄡˇ ㄏㄥˊ ㄌㄩˋ

law of conservation of mechanical energy

【物】能量守恒定律在机械运动中的体现,即如果只有保守力对物体(质点)做功,其机械能保持不变。

机械扫雷车/機械掃雷車

jīxiè sǎoléichē/ㄐㄧ ㄒㄧㄝˋ ㄙㄠˇ ㄌㄟˊ ㄔㄜ

mechanical mine sweeping vehicle

【军】在基础车上装有机械扫雷装置的扫雷装备。主要用于伴随进攻部队行动,在地雷场中开辟通路。由基础车和机械扫雷装置组成。

机械识记/機械識記

jīxiè shíjì/ㄐㄧ ㄒㄧㄝˋ ㄕˋ ㄐㄧˋ

rote memorization

【心】在不理解材料意义的情况下,根据识记材料的外部联系或表面形式,采用多次机械的简单重复的方法进行的识记。即所谓的死记硬背。特点是基本上按照材料呈现的时空顺序逐字逐句地识记。效果虽不及意义识记,但仍是必不可少的识记方法。

机械式变速器/機械式變速器

jīxièshì biànsùqì/ㄐㄧ ㄒㄧㄝˋ ㄕˋ ㄅㄧㄢˋ ㄙㄨˋ ㄑㄧˋ

mechanical transmission

【机】变速器的一种。通常由箱壳和若干齿轮对组成,有固定级数(挡位数),若干挡(包括倒挡)。驾驶员操作装有该类变速器的车辆时,需用手操纵变速杆选换挡位,同时交替踩离合器踏板和油门踏板。

机械手/機器手 jīxièshǒu/ㄐㄧ ㄑㄧˋ ㄕㄡˇ

manipulator, mechanical hand

【机】能模仿手、臂的特定功能的自动机械。利用电器、机械、气动、液动等自动装置按固定程序抓取、搬运物件或操作工具。用以代替人的繁重劳动或在有害环境下进行操作、遥控。广泛应用于机械制造、冶金、电子、轻工和原子能等领域。

机械效率/機械效率

jīxiè xiàolǜ/ㄐㄧ ㄒㄧㄝˋ ㄒㄧㄠˋ ㄌㄩˋ

mechanical efficiency

【物】描述输入功(即总功或动力功)被有效利用程度的物理量。通常用百分数表示。数值上等于机械的有用功(输出功)与总功(输入功)的比值。

机械运动/機械運動

jīxiè yùndòng/ㄐㄧ ㄒㄧㄝˋ ㄩㄣˋ ㄉㄨㄥˋ

mechanical motion

【物】又称"力学运动"。物体之间相对位置发生改变的现象。是最简单、最基本的运动形式。包括移动、转动、流动、振动、波动、扩散、变形等。

机械噪声/機械噪音

jīxiè zàoshēng/ㄐㄧ ㄒㄧㄝˋ ㄗㄠˋ ㄧㄣ

machinery noise

【环】机械设备及其部件在运转和动力传递过程中振动而产生的人们不需要的声音。主要有机械回转运动平衡失调、往复运动惯性力冲击、撞击和接触摩擦,以及基础和附属设施的振动等产生的声音。

机械振动/力學振動

jīxiè zhèndòng/ㄌㄧˋ ㄒㄩㄝˊ ㄓㄣˋ ㄉㄨㄥˋ

mechanical vibration

【物】简称"振动"。物体或质点,在其平衡位置附近做往复运动的形式。可分为周期振动和随机振动两种。

机械转向系/手動轉向系統

jīxiè zhuǎnxiàngxì/ㄐㄧ ㄒㄧㄝˋ ㄓㄨㄢˇ ㄒㄧㄤˋ ㄒㄧˋ

ㄕㄡˇ ㄉㄨㄥˋ ㄓㄨㄢˇ ㄒㄧㄤˋ ㄒㄧˋ ㄊㄨㄥˇ

manual steering system

【机】汽车转向系的一类。完全靠驾驶员手力操纵。转向能源来自驾驶员的体力,其中所有传力部件均为机械的。

机翼/機翼 jīyì/ㄐㄧ ㄧˋ

wing, aerofoil

【航】飞机用来产生升力的主要部件。通常左右两翼分别对称装置于机身两侧,上面装置有活动可操纵翼片、扰流片和减速板,以改变飞机飞行姿态。机翼内可存注燃油。按俯视形状不同,可分为平直翼、后掠/前掠翼和三角翼;按结构不同,可分为梁式机翼和单块式机翼,其中又有单梁、双梁或多梁翼。

机翼可折叠飞机

jīyì kězhédié fēijī/

ㄐㄧ ㄧˋ ㄎㄜˇ ㄓㄜˊ ㄉㄧㄝˊ ㄈㄟ ㄐㄧ

【航】即“可折叠机翼飞机”(684 页)。

机翼展长

jīyì zhǎncháng/ㄐㄧ ㄧˋ ㄓㄢˇ ㄔㄤˊ

【航】即“翼展”(1343 页)。

机油 jīyóu/ㄐㄧ ㄧㄡˊ

【化】即“润滑油”(964 页)。

机载电子设备/機載電子設備

jīzài diànzǐ shèbèi/

ㄐㄧ ㄗㄞˋ ㄉㄧㄢˋ ㄗˇ ㄕㄜˋ ㄅㄟˋ

airborne electronic equipment

【军】装在飞机或直升机上的目标探测、信息综合处理、通信、导航、电子对抗等电子设备的统称。主要用于目标探测、火控、通信、导航、空中交通管制、引导与识别、电子对抗、信息综合与处理、座舱显示与控制、飞行控制与管理、发动机控制,以及飞行状态监控、检测、记录和告警等。是衡量飞机战术技术性能、先进性和整体作战效能的重要因素。体积小,重量轻,功耗低,耐振动,抗冲击,电磁兼容性好。

机载计算机/機載電腦

jīzài jìsuànjī/ㄐㄧ ㄗㄞˋ ㄉㄧㄢˋ ㄋㄠˇ

airborne computer, on-board computer

【军】安装在飞机、直升机等航空器上,适应航空环境使用的计算机。主要用于导航计算、大气数据处理、飞行控制、发动机控制、信号处理、火力控制、电子侦察、电子干扰、地形跟随、地物回避、敌我识别、加密通信、综合显示和系统性能管理等。

机载雷达/機載雷達

jīzài léidá/ㄐㄧ ㄗㄞˋ ㄌㄟˊ ㄉㄚˊ

airborne radar

【航】装在飞机或直升机上的各种雷达的统称。主要用于控制和制导武器,实施空中警戒、侦察,保障准确航行和飞行安全。通常有天线平台稳定系统或数据稳定装置,采用 3 厘米以下的波段,体积小,重量轻,防震性能良好。

机载声呐

jīzài shēngnà/ㄐㄧ ㄗㄞˋ ㄕㄥ ㄋㄚˋ

【军】即“航空声呐”(477 页)。

机组 jīzǔ/ㄐㄧ ㄗㄨˇ

【航】即“空勤组”(691 页)。

肌红蛋白尿/肌球蛋白尿

jīhóng dànbáiniào/ㄐㄧ ㄑㄧㄡˊ ㄉㄢˋ ㄅㄞˊ ㄋㄧㄠˋ

myoglobinuria

【医】含有大量肌红蛋白(肌肉中运载氧的蛋白质含有血红素)的尿液。肌肉组织受到广泛损伤,肌红蛋白释放入血,因肌红蛋白不与结合珠蛋白结合而直接分泌到尿液中,尿液呈暗红色。见于急性心肌梗死、大面积烧伤等。

肌腱/肌腱 jījiàn/ㄐㄧ ㄐㄧㄢˋ

【医】即“腱”(608 页)。

肌球蛋白尿

ㄐㄧ ㄑㄧㄡˊ ㄉㄢˋ ㄅㄞˊ ㄋㄧㄠˋ/jīqiú dànbáiniào

myoglobinuria

【医】台湾名。即“肌红蛋白尿”(562 页)。

肌肉松弛药/肌肉鬆弛藥

jīròu sōngchíyào/ㄐㄧ ㄖㄡˋ ㄙㄨㄥ ㄔˊ ㄧㄠˋ

muscle relaxant

【医】阻滞神经肌肉后膜的乙酰胆碱受体,产生神经肌肉阻滞,使骨骼肌麻痹松弛的药物。按作用机制不同,可分为去极化型肌松药(如琥珀胆碱)、非去极化型肌松药(如筒箭毒碱)。

肌肉组织 jīròu zǔzhī/ㄐㄧ ㄖㄡˋ ㄗㄨˇ ㄓ

【医】即“肌组织”(563 页)。

肌胃 jīwèi/ㄐㄧ ㄨㄟˋ

【动】即“砂囊”(979 页)。

肌组织/肌組織 jīzǔzhī/ㄐㄧ ㄗㄨˇ ㄓ

muscular tissue

【医】又称“肌肉组织”。人体的基本组织之一。由具有收缩功能的肌细胞和少量结缔组织构成。可分为平滑肌、骨骼肌和心肌三种。肌组织是躯体和四肢运动及体内消化、呼吸、循环、排泄等生理过程的动力来源。

📖 肌细胞是一种特殊分化的细胞,含有大量的肌原纤维,其化学成分主要是肌球蛋白和肌动蛋白等。

鸡/雞 jī/ㄐㄧ

chicken

鸡

【动】*Gallus gallus* 又称“家鸡”。鸟名。喙短,上喙稍弯曲,头部有红色肉冠和肉髯。翅膀短,不能高飞。足健壮。雄鸡羽毛艳丽,好斗,善鸣,能报晓。可分为蛋用、肉用和兼用三类。

鸡冠花/雞冠花 jīguānhuā/ㄐㄧ ㄍㄨㄢ ㄏㄨㄚ

㊀common cockscomb,㊁Flos Celosiae Cristatae(拉), cockcomb inflorescence

鸡冠花

㊀【植】*Celosia cristata* 苋科青葙属。一年生草本植物。茎直立粗壮,红色或青白色。叶互生,卵状披针形,有深红、翠绿、黄绿、红绿等颜色。穗状花序顶生,扁平肉质,鸡冠状、卷冠状或羽毛状,有白、淡黄、金黄、淡红、火红、紫红、棕红、橙红等颜色。花果期7—9月份。中国各地均有栽培。观赏花卉。花和种子可入药。㊁【中医】中药名。苋科植物鸡冠花 *Celosia cristata* L.的干燥花序。味甘、涩,性凉。归肝、大肠经。收敛止血,止带,止痢。用于吐血,崩漏,便血,痔血,赤白带下,久痢不止。

📖 因鸡冠花的穗状花序顶生且扁平肉质,形状像鸡冠子,故名。

鸡毛菜 jīmáocài/ㄐㄧ ㄇㄠˊ ㄘㄞˋ

【植】即“石花菜”(1024 页)。

鸡母珠 jīmǔzhū/ㄐㄧ ㄇㄨˇ ㄓㄨ

【植】即“相思子”(1248 页)。

鸡内金/雞內金 jīnèijīn/ㄐㄧ ㄋㄟˋ ㄐㄧㄣ

Endothelium Corneum Gigeriae Galli (拉), inner membrane of chicken gizzard, * gizzard lining

【中医】中药名。雉科动物家鸡 *Gallus gallus domesticus* Brisson 的干燥砂囊内壁。味甘,性平。归脾、胃、小肠、膀胱经。健胃消食,涩精止遗。用于食积不消,呕吐泻痢,小儿疳积,遗尿,遗精。

鸡矢果 jīshǐguǒ/ㄐㄧ ㄕˇ ㄍㄨㄛˇ

【植】即“番石榴”(309 页)。

鸡头米 jītóumǐ/ㄐㄧ ㄊㄡˊ ㄇㄧˇ

【植】即“芡实”(905 页)。

鸡腿菇 jītuǐgū/ㄐㄧ ㄊㄨㄟˇ ㄍㄨ

【植】即“毛头鬼伞”(787 页)。

鸡血石/血滴石 jīxuèshí/ㄒㄧㄝˋ ㄉㄧ ㄕˊ

bloodstone

【地】印章石的一种。含辰砂而呈红色斑块的石料,以迪开石、高岭石和辰砂为主要组分。因其中辰砂色泽艳丽,红如鸡血,故名。红色部分称为“血”,红色以外半透明至微透明的部分称为“地”。“血”以量多、块状或具象形的鲜红色为上,“地”以色泽明净、致密细腻为佳。以产于浙江临安昌化玉岩山的昌化石和内蒙古赤峰巴林右旗的巴林石最著名。

鸡血藤/雞血藤 jīxuèténg/ㄐㄧ ㄒㄧㄝˋ ㄊㄥˊ

Caulis Spatholobi (拉), suberect spatholobus stem

鸡血藤

【中医】中药名。豆科植物密花豆 *Spatholobus suberectus* Dunn 的干燥藤茎。味苦、甘,性温。归肝、肾经。补血,活血,通络。用于月经不调,血虚萎黄,麻木瘫痪,风湿痹痛。

鸡眼/雞眼 jīyǎn/ㄐㄧ ㄧㄢˇ

clavus，* corn

【中医】皮肤病之一。足部(偶见于手部)长期受挤压、摩擦所致,症见患处皮厚增生,其根深嵌入肉里,顶起硬结,形似鸡眼,行走挤压时非常痛等。治宜外敷鸡眼散或千金散,或采用修脚术治疗。

鸡爪枫

jīzhǎofēng/ㄐㄧ ㄓㄠˇ ㄈㄥ

【植】即“鸡爪槭”(564 页)。

鸡爪槭/鷄爪槭 jīzhǎoqì/ㄐㄧ ㄓㄠˇ ㄑㄧˋ

Japanese maple

【植】*Acer palmatum* 通称“枫树”,又称“鸡爪枫”。槭树科槭属。落叶小乔木。小枝细,紫色。叶纸质,掌状七深裂,裂片先端尖,基部心形,边缘有齿,秋季转为黄、橙或红色。伞房花序,花杂性,紫色。花期 5 月份。在中国,分布于山东、河南、江苏、浙江、安徽、江西、湖北、湖南、贵州。观叶树木。

奇函数/奇函數 jīhánshù/ㄐㄧ ㄏㄢˊ ㄕㄨˋ

odd function

【数】若函数 $y=f(x)$ 的定义域关于原点对称,且对定义域内任意的 x 都有 $f(-x)=-f(x)$,则称 $y=f(x)$ 为奇函数。例如,$y=2x$,$y=x^3+x^5$,$y=\sin x$ 都是奇函数。奇函数的图像关于原点对称。

奇数/奇數 jīshù/ㄐㄧ ㄕㄨˋ

odd integer

【数】不能被 2 整除的整数,即$\pm1,\pm3,\pm5,\pm7,\cdots$。奇数集可表示$\{2n+1|n\in\mathbf{Z}\}$。

积/積 jī/ㄐㄧ

product

【数】乘法运算的结果。例如,$3\times4=12$,12 叫作 3 与 4 的积;$4a\cdot3a=12a^2$,$12a^2$ 叫作 $4a$ 与 $3a$ 的积。

积分/積分 jīfēn/ㄐㄧ ㄈㄣ

integral

【数】积分学的核心概念。通常指原函数,或指求原函数的运算(即不定积分)。求定积分 $\int_a^b f(x)\mathrm{d}x$,也称为把函数 $f(x)$ 从 a 到 b 积分。微积分基本定理反映了微分与积分的互逆关系:若函数 $f(x)$ 在区间$[a,b]$可积,$F(x)$是 $f(x)$ 的一个原函数,则 $\int_a^b f(x)\mathrm{d}x=F(b)-F(a)$。

积分学/積分學 jīfēnxué/ㄐㄧ ㄈㄣ ㄒㄩㄝˊ

integral calculus

【数】微积分的一部分。研究积分法的理论及应用。积分法起源于计算图形的面积、体积和匀变速运动中物体的位移等问题,是研究事物整体性质的重要数学工具。积分是积分学的核心概念。在将无穷小量积零为整的过程中,利用极限研究变化规律是积分学的基本方法。

积化和差/和差乘積變換式

jī huà héchā/ㄏㄜˊ ㄔㄚ ㄔㄥˊ ㄐㄧ ㄅㄧㄢˋ ㄏㄨㄢˋ ㄕˋ

transform product into sum or difference

【数】把三角函数的乘积形式化为和差形式。主要转化公式有:$\sin\alpha\cos\beta=\frac{1}{2}[\sin(\alpha+\beta)+\sin(\alpha-\beta)]$, $\cos\alpha\sin\beta=\frac{1}{2}[\sin(\alpha+\beta)-\sin(\alpha-\beta)]$,$\sin\alpha\sin\beta=-\frac{1}{2}[\cos(\alpha+\beta)-\cos(\alpha-\beta)]$,$\cos\alpha\cos\beta=\frac{1}{2}[\cos(\alpha+\beta)+\cos(\alpha-\beta)]$。

积集 jījí/ㄐㄧ ㄐㄧˊ

【数】即“直积”(1442 页)。

积聚/積聚 jījù/ㄐㄧ ㄐㄩˋ

abdominal mass, amassment and accumulation

【中医】中医内科疾病之一。因正气亏虚、脏腑失和,气滞、血瘀、痰浊蕴结腹内所致,症见腹内结块,或痛或胀等。腹内结块,固定不移,并伴胀痛或刺痛为特征者称为“积”,病在血分,治以活血化瘀、软坚散结,重在活血。腹中气聚,攻窜胀痛,时作时止为特征者称为“聚”,病在气分,治以疏肝理气、行气消聚,重在调气。

积雪/覆雪 jīxuě/ㄈㄨˋ ㄒㄩㄝˇ

snow cover

【气】天气现象的一种,也是地面气象观测项目之一。由降雪形成的覆盖在地球表面的雪层。

积载/積載 jīzài/ㄐㄧ ㄗㄞˋ

stowage

【物流】一项运输前的布置工作。工作人员根据货物清单，合理确定运输工具上的货物的品种、数量、堆码位置及堆装方法等。内容有轻重搭配、大小搭配、货物性质搭配和确定堆码层数及方法等。

积滞/積滯 jīzhì/ㄐㄧ ㄓˋ

indigestion

【中医】又称"食积"。中医儿科疾病之一。因乳食内积，脾胃受损所致，症见小儿不思乳食，腹胀、腹痛，嗳腐，大便酸臭或便秘腹泻等。脘腹胀痛拒按，或伴低热，哭闹不安，多属实证，治宜消食导滞，可用消乳丸或保和丸加减；病程较长，脘腹胀满喜按，神疲形瘦，多属虚中夹实证，治宜健脾助运，消补兼施，可用健脾丸加减。

基/㊀基底，㊁基 jī/㊀ㄐㄧ ㄉㄧˇ，㊁ㄐㄧ

㊀ basis，㊁ group

㊀【数】设向量空间 V 的元素 $\boldsymbol{e}_1$，$\boldsymbol{e}_2$，…，$\boldsymbol{e}_n$ 是线性无关的，并且 V 中任何元素 $\boldsymbol{a}$ 都可以写成这些元素的线性组合，即 $\boldsymbol{a}=a_1\boldsymbol{e}_1+a_2\boldsymbol{e}_2+\cdots+a_n\boldsymbol{e}_n$，则称 $\boldsymbol{e}_1$，$\boldsymbol{e}_2$，…，$\boldsymbol{e}_n$ 是 V 的一组基。㊁【化】全称"基团"。化合物中以共价键与其他组分相结合的原子团。如羟基(HO^-)、甲基($CH_3{}^-$)。

基本變換

ㄐㄧ ㄅㄣˇ ㄅㄧㄢˋ ㄏㄨㄢˋ/jīběn biànhuàn

elementary transformation

【数】台湾名。即"初等变换"(138 页)。

基本茶类/基本茶類

jīběn chálèi/ㄐㄧ ㄅㄣˇ ㄔㄚˊ ㄌㄟˋ

basic types of tea

【轻】茶叶所划分的大类。相对"再加工茶"而言。按鲜叶在加工工艺中的发酵程度不同，可分为绿茶、红茶、乌龙茶、白茶、黄茶和黑茶六类。

基本冲击绝缘水平/基準衝擊絕緣水平

jīběn chōngjī juéyuán shuǐpíng/

ㄐㄧ ㄓㄨㄥˇ ㄔㄨㄥ ㄐㄧˊ ㄐㄩㄝˊ ㄩㄢˊ ㄕㄨㄟˇ ㄆㄧㄥˊ

basic impulse insulation level

【电】又称"基准冲击绝缘水平"。以规定雷电冲击电压波的峰值来表示的电力设备绝缘水平。

基本初等函数/基本初等函數

jīběn chūděng hánshù/

ㄐㄧ ㄅㄣˇ ㄔㄨ ㄉㄥˇ ㄏㄢˊ ㄕㄨˋ

basic elementary functions

【数】常值函数、幂函数、指数函数、对数函数、三角函数和反三角函数的统称。

基本電荷

ㄐㄧ ㄅㄣˇ ㄉㄧㄢˋ ㄏㄜˋ/jīběn diànhè

elementary charge

【物】台湾名。即"元电荷"(1384 页)。

基本切換脈衝絕緣等級

ㄐㄧ ㄅㄣˇ ㄑㄧㄝ ㄏㄨㄢˋ ㄇㄞˋ ㄔㄨㄥ ㄐㄩㄝˊ ㄩㄢˊ ㄉㄥˇ ㄐㄧˊ/

jīběn qiēhuàn màichōng juéyuán děngjí

basic switching impulse insulation level

【电】台湾名。即"操作冲击绝缘水平"(96 页)。

基本事件/基本事件

jīběn shìjiàn/ㄐㄧ ㄅㄣˇ ㄕˋ ㄐㄧㄢˋ

elementary event

【数】随机试验中每个可能出现的结果叫作基本事件。基本事件之间是互斥关系，两个基本事件不能同时出现。任何事件(不一定是基本事件)都由若干基本事件组成。例如，从一副扑克牌中任取一张牌，有 54 种可能的结果，它们各是一个基本事件。事件 A ="抽到的花色是黑桃"由 13 个基本事件组成，抽到 13 张黑桃牌中任一张，事件 A 都发生。

📖 从集合观点看，随机试验的样本空间 Ω 中的每一个样本点都表示一个基本事件。Ω 的任一非空子集 A 中的样本点表示若干个基本事件，A 表示由这些基本事件组成的一个事件。

基本事件空间

jīběn shìjiàn kōngjiān/

ㄐㄧ ㄅㄣˇ ㄕˋ ㄐㄧㄢˋ ㄎㄨㄥ ㄐㄧㄢ

【数】即"样本空间"(1319 页)。

基本天气观测/基本綜觀觀測

jīběn tiānqì guāncè/

ㄐㄧ ㄅㄣˇ ㄗㄨㄥ ㄍㄨㄢ ㄍㄨㄢ ㄘㄜˋ

principal synoptic observation

【气】天气观测的一类。为日常天气预报绘制地面天气图提供气象资料，由指定的测站组成的观测网按世界气象组织统一规定的观测时次和项目进行观测。观测时间为世界协调时 00 时、06 时、12 时、18 时(北京时间 08

时、14 时、20 时、02 时)。

基本相互作用/基本相互作用

jīběn xiānghù zuòyòng/

ㄐㄧ ㄅㄣˇ ㄒㄧㄤ ㄏㄨˋ ㄗㄨㄛˋ ㄩㄥˋ

fundamental interaction

【物】决定物质的结构和变化过程的相互作用。可分为四种,即强相互作用、电磁相互作用、弱相互作用和引力相互作用。通过交换媒介粒子来实现。不同相互作用的媒介粒子不同。

基本綜觀觀測

ㄐㄧ ㄅㄣˇ ㄗㄨㄥˋ ㄍㄨㄢ ㄍㄨㄢ ㄘㄜˋ/

jīběn zōngguān guāncè

principal synoptic observation

【气】台湾名。即“基本天气观测”(565 页)。

基層 ㄐㄧ ㄘㄥˊ/jīcéng

substratum

【农】台湾名。即“底土层”(218 页)。

基础/基礎 jīchǔ/ㄐㄧ ㄔㄨˇ

foundation

【建】建筑物的地下结构部分。承受房屋上部荷载,并传递到地基,保持建筑物的平稳。

基础代谢/基礎代謝

jīchǔ dàixiè/ㄐㄧ ㄔㄨˇ ㄉㄞˋ ㄒㄧㄝˋ

basal metabolism

【医】人体维持生命所需要的基本能量代谢。通常以清晨、清醒、静卧、无精神紧张,禁食 12 小时,室温保持在 23℃ 左右作为基础状态,来测定基础代谢率。

基础代谢率/基礎代謝率

jīchǔ dàixièlǜ/ㄐㄧ ㄔㄨˇ ㄉㄞˋ ㄒㄧㄝˋ ㄌㄩˋ

basal metabolic rate

【医】表征基础代谢的指标。指人体在基础状态下、单位时间内和单位体表面积的能量代谢水平。单位是kJ/(m^2 · h),即每小时每平方米体表所散发的热量千焦数。测定基础代谢率和在不同强度下的能量代谢率,是合理制定营养标准的依据,也是诊断甲状腺功能亢进等疾病的一种方法。

基础科学/基礎科學

jīchǔ kēxué/ㄐㄧ ㄔㄨˇ ㄎㄜ ㄒㄩㄝˊ

basic science

【总】又称“基础自然科学”。研究自然界各个层次的物质结构、特性、存在方式,探索自然界物质运动、发展规律的科学。是整个科学技术的理论基础,对工程与技术科学起指导作用。通常分为数学、物理学、化学、生物学、地学、天文学六大类,以及由上述六大类相互交叉形成的边缘学科。

📖 联合国教科文组织公布的学科分类目录将基础科学分为数学、逻辑学、物理学、天文学和天体物理学、地学和空间科学、化学、生命科学七大类。

基础生命支持/基礎生命支持

jīchǔ shēngmìng zhīchí/

ㄐㄧ ㄔㄨˇ ㄕㄥ ㄇㄧㄥˋ ㄓ ㄔˊ

basic life support

【医】急救现场由专业或非专业人员进行的初期心肺复苏处理。包括开放气道、人工呼吸及胸外心脏按压。主要目的是向心、脑及全身重要脏器供氧,延长机体耐受临床死亡的时间。

基础研究/基礎研究

jīchǔ yánjiū/ㄐㄧ ㄔㄨˇ ㄧㄢˊ ㄐㄧㄡˋ

basic research

【总】为认识自然现象,揭示自然规律,获取新知识、新原理、新方法的研究活动。

基础自然科学

jīchǔ zìrán kēxué/

ㄐㄧ ㄔㄨˇ ㄗˋ ㄖㄢˊ ㄎㄜ ㄒㄩㄝˊ

【总】即“基础科学”(566 页)。

基带/基帶 jīdài/ㄐㄧ ㄉㄞˋ

baseband

【信息】在通信传输系统的特定输入点和输出点,由一个信号或已复用信号所占有的频带。

基带脉冲雷达

jīdài màichōng léidá/

ㄐㄧ ㄉㄞˋ ㄇㄞˋ ㄔㄨㄥ ㄌㄟˊ ㄉㄚˊ

【军】即“冲击雷达”(133 页)。

基底 ㄐㄧ ㄉㄧˇ/jīdǐ

basis

【数】台湾名。即“基”(565 页)。

基尔霍夫电流定律/克希何夫電流定律

Jī'ěrhuòfū diànliú dìnglǜ/

ㄎㄜˋ ㄒㄧ ㄏㄜˊ ㄈㄨ ㄉㄧㄢˋ ㄌㄧㄡˊ ㄉㄧㄥˋ ㄌㄩˋ

Kirchhoff current law

【电】电路理论的定律。其内容为:指向电网络任一节点的诸支路电流的代数和为零。

基尔霍夫电压定律/克希何夫電壓定律

Jī'ěrhuòfū diànyā dìnglǜ/

ㄎㄜˋ ㄒㄧ ㄏㄜˊ ㄈㄨ ㄉㄧㄢˋ ㄧㄚ ㄉㄧㄥˋ ㄌㄩˋ

Kirchhoff voltage law

【电】电路理论的定律。其内容为:沿电网络的任一闭合路径,无源电路元件的端电压和电源电压的代数和为零。

基肥/基肥 jīféi/ㄐㄧ ㄈㄟˊ

base manure

【农】又称"底肥"。作物种植前,结合土壤耕翻整地施用的肥料。有供给作物养分和改良土壤的作用。

基幹網路

ㄐㄧ ㄍㄢˋ ㄨㄤˇ ㄌㄨˋ/jīgàn wǎnglù

backbone network

【信息】台湾名。即"主干网"(1477 页)。

基酒/基酒 jījiǔ/ㄐㄧ ㄐㄧㄡˇ

base liquor

【轻】又称"酒基"。蒸馏酒勾兑或鸡尾酒等配制酒调制中所用的主要酒种。能容纳各种加香、呈味、调色的材料,能与各种成分充分混合,达到色、香、味、形俱佳的效果。通常选用品质优良的酒作为基酒,以保证调制酒品的质量。

基孔制/基孔制 jīkǒngzhì/ㄐㄧ ㄎㄨㄥˇ ㄓˋ

hole-basic system of fits

【机】基本偏差为一定的孔的公差带,与不同基本偏差的轴的公差带形成各种配合的制度。基准孔的下偏差为零,用代号 H 表示。通常应优先选用基孔制。

基数/基數 jīshù/ㄐㄧ ㄕㄨˋ

cardinal number

【数】集合论中的基本概念之一,集合中元素个数的概念的推广,集合 A 的基数记作$\overline{\overline{A}}$或$|A|$。若 A 是有限集,则用 A 中元素的个数表示$\overline{\overline{A}}$。例如,$A=\{1,2,3,4\}$ 中有 4 个元素,$\overline{\overline{A}}=4$。若 A 是无限集,则称$\overline{\overline{A}}$是超限的,并用特定的符号表示它。例如,自然数集 $\mathbf{N}$ 的基数记作$\aleph_0$(读作阿列夫零,称为可数集的基数),实数集 $\mathbf{R}$ 的基数记作$\aleph_1$(读作阿列夫1,称为连续统的基数)。任何集合的基数是唯一确定的。

📖 若集合 A、B 在元素之间能一一对应,则$\overline{\overline{A}}=\overline{\overline{B}}$,称 A,B 对等或等势,记作 $A\sim B$。例如,$\{1,2,3\}$和$\{2,4,6\}$对等,它们的基数都是 3;自然数集 $\mathbf{N}$ 和整数集 $\mathbf{Z}$ 对等,它们的基数都是$\aleph_0$。若 A 是 B 的子集,并且 A 与 B 在元素之间不能一一对应,则$\overline{\overline{A}}<\overline{\overline{B}}$。例如,整数集 $\mathbf{Z}$ 是实数集 $\mathbf{R}$ 的子集,并且它们的元素之间不能一一对应,所以$\overline{\overline{\mathbf{Z}}}<\overline{\overline{\mathbf{R}}}$,即 $\aleph_0<\aleph_1$。

基团 jītuán/ㄐㄧ ㄊㄨㄢˊ

【化】"基"的全称。

基线/基線 jīxiàn/ㄐㄧ ㄒㄧㄢˋ

㊀ datum base line, ㊁ baseline

㊀【测绘】在三角测量中利用三角形边角关系测量边长时所依据的首个已知长度的基本线段。其长度必须是已知的或能高精度测量的。限于观测精度条件,通常基线长度较短,三角测量的起算边较长,需要用基线和起算边组成三角网、菱形网,用基线长度推算三角测量起算边的长度。㊁【信息】又称"参照线"。文本处理中用来将字符对齐并度量行间垂直距离的主水平参照线。

基向量/基向量

jīxiàngliàng/ㄐㄧ ㄒㄧㄤˋ ㄌㄧㄤˋ

base vector

【数】向量空间 V 的一组基中的每个向量都叫作 V 的基向量。一个向量空间可以有不同的基,但每组基中的基向量的个数相同。若向量空间 V 的一组基中有 n 个向量,则称 V 为 n 维向量空间。例如,二维向量空间可取 $\boldsymbol{e}_1=(1,0)$,$\boldsymbol{e}_2=(0,1)$为一组基,$\boldsymbol{e}_1$,$\boldsymbol{e}_2$ 是基向量。

基性岩/基性岩 jīxìngyán/ㄐㄧ ㄒㄧㄥˋ ㄧㄢˊ

basic rock

【地】火成岩的一类。二氧化硅含量为45%~52%,铁、镁含量高。深灰黑色,密度较大。主要由橄榄石、辉石及其蚀变产物,如蛇纹石、滑石、绿泥石等组成。代表性岩石有辉长岩、辉绿岩和玄武岩等。相关的矿产有铁、铜、镍、钒等。

基岩/基岩 jīyán/ㄐㄧ ㄧㄢˊ

bedrock

【地】出露于地表或被松散沉积层覆盖的未经

搬运的岩石。

基因/基因 jīyīn/ㄐㄧ ㄧㄣ

gene

【生】生物体携带和传递遗传信息的基本单元。是脱氧核糖核酸或核糖核酸分子上具有遗传信息的特定核苷酸序列。主要存在于细胞核内的染色体上。多数生物的基因由脱氧核糖核酸构成,只有某些病毒基因由核糖核酸构成。

基因改造食品 ㄐㄧ ㄧㄣ ㄍㄞˇ ㄗㄠˋ ㄕˊ ㄆㄧㄣˇ/jīyīn gǎizào shípǐn

genetically modified food, transgenic food

【轻】台湾名。即"转基因食品"(1484 页)。

基因工程/基因工程 jīyīn gōngchéng/ㄐㄧ ㄧㄣ ㄍㄨㄥ ㄔㄥˊ

genetic engineering

【生】又称"遗传工程"。指利用高新技术,将细胞中带有遗传功能的基因加以剪切和连接,构成重组脱氧核糖核酸分子,然后将其转入受体细胞,使外源基因在受体细胞中表达,培育出符合人类需要的动植物或生物制品。

基因库/基因庫 jīyīnkù/ㄐㄧ ㄧㄣ ㄎㄨˋ

gene bank

【生】一个生物群体中全部个体所有的全部基因,叫作这个群体的基因库。其中包含了整个基因组信息。

J

基因树/基因樹 jīyīnshù/ㄐㄧ ㄧㄣ ㄕㄨˋ

gene tree

【生】表示一组基因或一组 DNA 顺序进化关系的系统发生树。

基因體 ㄐㄧ ㄧㄣ ㄊㄧˇ/jīyīntǐ

genome

【生】台湾名。即"基因组"(568 页)。

基因突变/基因突變 jīyīn tūbiàn/ㄐㄧ ㄧㄣ ㄊㄨˊ ㄅㄧㄢˋ

gene mutation

【生】又称"点突变"。基因内部由脱氧核糖核酸碱基对的置换、增添或缺失而引起基因结构的变化。既可自发产生,也可诱发产生。

基因武器/基因武器 jīyīn wǔqì/ㄐㄧ ㄧㄣ ㄨˇ ㄑㄧˋ

gene weapon

【军】又称"遗传武器"。利用基因工程研制的,能对人员或其他生物致病、致害的生物武器。

基因型/基因型 jīyīnxíng/ㄐㄧ ㄧㄣ ㄒㄧㄥˊ

genotype

【生】又称"遗传型"。生物体的遗传信息组成,包括染色体和染色体外所包含的基因信息。具有同样基因型的生物体的基因结构相同。

基因增强治疗/基因增強治療 jīyīn zēngqiáng zhìliáo/ㄐㄧ ㄧㄣ ㄗㄥ ㄑㄧㄤˊ ㄓˋ ㄌㄧㄠˊ

gene augmentation therapy

【医】对于基因功能丧失所引起的疾病,通过导入正常基因以增加正常基因产物的表达,使表型恢复正常的方法。

基因诊断/基因診斷 jīyīn zhěnduàn/ㄐㄧ ㄧㄣ ㄓㄣˇ ㄉㄨㄢˋ

gene diagnosis

【医】检测致病基因或疾病相关基因的改变,或患者体内病原体所特有的核苷酸序列,并据此进行疾病诊断的方法。

基因治疗/基因治療 jīyīn zhìliáo/ㄐㄧ ㄧㄣ ㄓˋ ㄌㄧㄠˊ

gene therapy

【医】将外源正常基因导入靶细胞,通过纠正或补偿基因缺陷和异常治疗疾病的方法。广义上包括 DNA 水平上进行的治疗。

基因轉殖 ㄐㄧ ㄧㄣ ㄓㄨㄢˇ ㄓˊ/jīyīn zhuǎnzhí

transgenic technology

【生】台湾名。即"转基因技术"(1484 页)。

基因轉殖生物 ㄐㄧ ㄧㄣ ㄓㄨㄢˇ ㄓˊ ㄕㄥ ㄨˋ/jīyīn zhuǎnzhí shēngwù

transgenic organism

【生】台湾名。即"转基因生物"(1484 页)。

基因資訊 ㄐㄧ ㄧㄣ ㄗ ㄒㄩㄣˋ/jīyīn zīxùn

genetic information

【生】台湾名。即"遗传信息"(1335 页)。

基因组/基因體 jīyīnzǔ/ㄐㄧ ㄧㄣ ㄊㄧˇ

genome

【生】一种生物体具有的所有遗传信息的总和。

基音/基音 jīyīn/ㄐㄧ ㄧㄣ
fundamental tone
【物】乐音中频率最低的音。

基站/基站 jīzhàn/ㄐㄧ ㄓㄢˋ
base station，BS
【信息】移动通信系统中的无线电台。设有发射机和接收机，以无线方式与移动台相连并传输信息。

基轴制/基軸制 jīzhóuzhì/ㄐㄧ ㄓㄡˊ ㄓˋ
shaft-basic system of fits
【机】基本偏差为一定的轴的公差带，与不同基本偏差的孔的公差带形成各种配合的制度。基准轴的上偏差为零，用代号 h 表示。

基准操作冲击绝缘水平
jīzhǔn cāozuò chōngjī juéyuán shuǐpíng/
ㄐㄧ ㄓㄨㄣˇ ㄘㄠ ㄗㄨㄛˋ ㄔㄨㄥ ㄐㄧ ㄐㄩㄝˊ ㄩㄢˊ ㄕㄨㄟˇ ㄆㄧㄥˊ
【电】即"操作冲击绝缘水平"(96 页)。

基准冲击绝缘水平/基準衝擊絕緣水平
jīzhǔn chōngjī juéyuán shuǐpíng/
ㄐㄧ ㄓㄨㄣˇ ㄔㄨㄥ ㄐㄧ ㄐㄩㄝˊ ㄩㄢˊ ㄕㄨㄟˇ ㄆㄧㄥˊ
【电】即"基本冲击绝缘水平"(565 页)。

基准气候站/基準站
jīzhǔn qìhòuzhàn/ㄐㄧ ㄓㄨㄣˇ ㄓㄢˋ
benchmark station
【气】气候站的一种。根据气候区划而设置，需要拥有足够代表性的长期、连续的观测资料(不少于 30 年)，观测环境变化极小，观测精度要求高。是监测气候变化的主要依据，也是其他气象台站用以观测序列订正的标准。

基準橢球體
ㄐㄧ ㄓㄨㄣˇ ㄊㄨㄛˇ ㄑㄧㄡˊ ㄊㄧˇ/jīzhǔn tuǒqiútǐ
reference ellipsoid
【测绘】台湾名。即"参考椭球"(92 页)。

基準站 ㄐㄧ ㄓㄨㄣˇ ㄓㄢˋ/jīzhǔnzhàn
benchmark station
【气】台湾名。即"基准气候站"(569 页)。

畸形/變形 jīxíng/ㄅㄧㄢˋ ㄒㄧㄥˊ
deformity
【医】器官或组织的形态、大小、部位、结构异常或有缺陷的病理状态。分为先天性畸形和后天性畸形两类。先天性畸形在胎儿发育过程中出现，出生时已存在，如唇裂、腭裂、脑积水等；后天性畸形与疾病、创伤等有关，如脊柱结核后的驼背，因某种原因而截肢等。

箕斗升運機
ㄐㄧ ㄉㄡˇ ㄕㄥ ㄩㄣˋ ㄐㄧ/jīdǒu shēngyùnjī
bucket elevator
【机】台湾名。即"斗式提升机"(277 页)。

機動車輛
ㄐㄧ ㄉㄨㄥˋ ㄔㄜ ㄌㄧㄤˋ/jīdòng chēliàng
motor vehicle
【交】台湾名。即"机动车"(558 页)。

機關槍
ㄐㄧ ㄍㄨㄢ ㄑㄧㄤ/jīguānqiāng
machine gun
【军】台湾名。即"机枪"(560 页)。

機率 ㄐㄧ ㄌㄩˋ/jīlǜ
probability
【数】台湾名。即"概率"(376 页)。

機率分布函數
ㄐㄧ ㄌㄩˋ ㄈㄣ ㄅㄨˋ ㄏㄢˊ ㄕㄨˋ/jīlǜ fēnbù hánshù
probability distribution function
【数】台湾名。即"概率分布函数"(376 页)。

機率論 ㄐㄧ ㄌㄩˋ ㄌㄨㄣˋ/jīlǜlùn
probability theory
【数】台湾名。即"概率论"(376 页)。

機率密度函數
ㄐㄧ ㄌㄩˋ ㄇㄧˋ ㄉㄨˋ ㄏㄢˊ ㄕㄨˋ/jīlǜ mìdù hánshù
probability density function
【数】台湾名。即"概率密度函数"(377 页)。

機率預報 ㄐㄧ ㄌㄩˋ ㄩˋ ㄅㄠˋ/jīlǜ yùbào
probability forecast
【气】台湾名。即"概率预报"(377 页)。

機器手 ㄐㄧ ㄑㄧˋ ㄕㄡˇ/jīqìshǒu
manipulator，mechanical hand
【机】台湾名。即"机械手"(561 页)。

機械零件
ㄐㄧ ㄒㄧㄝˋ ㄌㄧㄥˊ ㄐㄧㄢˋ/jīxiè língjiàn
machine part
【机】台湾名。即"零件"(745 页)。

機械能守恆律
ㄐㄧ ㄒㄧㄝˋ ㄋㄥˊ ㄕㄡˇ ㄏㄥˊ ㄌㄩˋ/

J

jīxiènéng shǒuhénglǜ
law of conservation of mechanical energy
【物】台湾名。即“机械能守恒定律”(561 页)。

機械驅動
ㄐㄧ ㄒㄧㄝˋ ㄑㄩ ㄉㄨㄥˋ/jīxiè qūdòng
mechanical drive, mechanical transmission
【机】台湾名。即“机械传动”(560 页)。

機械噪音 ㄐㄧ ㄒㄧㄝˋ ㄗㄠˋ ㄧㄣ/jīxiè zàoyīn
machinery noise
【环】台湾名。即“机械噪声”(561 页)。

機載電腦
ㄐㄧ ㄗㄞˋ ㄉㄧㄢˋ ㄋㄠˇ/jīzài diànnǎo
airborne computer, on-board computer
【军】台湾名。即“机载计算机”(562 页)。

積體電路 ㄐㄧ ㄊㄧˇ ㄉㄧㄢˋ ㄌㄨˋ/jītǐ diànlù
integrated circuit, IC
【信息】台湾名。即“集成电路”(575 页)。

積體電路卡
ㄐㄧ ㄊㄧˇ ㄉㄧㄢˋ ㄌㄨˋ ㄎㄚˇ/jītǐ diànlùkǎ
integrated circuit card
【信息】台湾名。即“集成电路卡”(576 页)。

積體度 ㄐㄧ ㄊㄧˇ ㄉㄨˋ/jītǐdù
integration level
【物】台湾名。即“集成度”(576 页)。

J

激动药/促效劑
jīdòngyào/ㄘㄨˋ ㄒㄧㄠˋ ㄐㄧˋ
agonist
【医】既有强亲和力又有内在活性的药物。

激发/激發 jīfā/ㄐㄧ ㄈㄚ
㊀ excitation, ㊁ arousal
㊀【化】原子、分子或基团中的电子从外界获得足够光、热等能量后,其电子由基态能级跃迁到较高能级的过程。㊁【心】在台湾,激发也指“唤醒”(533 页)。
📖 电子在正常状态下,处于最低能级,即基态;吸收一定能量后被激发到较高能级但尚未电离,称为激发态。

激光/雷射 jīguāng/ㄌㄟˊ ㄕㄜˋ
light amplification by stimulated emission of radiation, laser
【物】受激辐射而放大的光。用电、光等对工作物质进行激励,使其中的一部分粒子达到能量较高的状态,当这部分粒子的数目多于能量较低的粒子时,就会发生受激辐射作用,发射出与激励光同频率、同相位、同方向和同偏振的光,即激光,具有强度大,单色性、方向性和相干性好的特点。
📖 “激光”最初的中文名为“雷射”或“莱塞”,是英文 laser 的音译。英文的意思是“通过受激发射光扩大”。1964 年根据中国物理学家钱学森的建议定名为“激光”。

激光传感器/雷射感測器
jīguāng chuángǎnqì/
ㄌㄟˊ ㄕㄜˋ ㄍㄢˇ ㄘㄜˋ ㄑㄧˋ
laser sensor
【机】传感器的一种。利用激光检测原理,将感受的被测量转换成可输出信号。速度快,精度高,量程大,抗光、电干扰能力强,能实现无接触远距离测量。广泛应用于国防、生产、医学和非电测量等领域。

激光干扰机/雷射干擾機
jīguāng gānrǎojī/ㄌㄟˊ ㄕㄜˋ ㄍㄢ ㄖㄠˇ ㄐㄧ
laser jammer
【军】利用激光干扰敌方光电设备的光电有源干扰设备。可分为欺骗式激光干扰机和压制式激光干扰机。

激光加工/雷射機械加工
jīguāng jiāgōng/
ㄌㄟˊ ㄕㄜˋ ㄐㄧ ㄒㄧㄝˋ ㄐㄧㄚ ㄍㄨㄥ
laser beam machining, LBM
【机】特种加工的一种。利用激光束能量高度集中、方向性好、聚集点微小等特点对工件进行加工。不需真空条件,操作较简单,加工速度快。主要用于微孔加工、微型切割、微型焊接等。可分为激光热加工和光化学反应加工两类。

激光流量计/雷射流量計
jīguāng liúliàngjì/ㄌㄟˊ ㄕㄜˋ ㄌㄧㄡˊ ㄌㄧㄤˋ ㄐㄧˋ
laser flowmeter
【机】利用激光的多普勒效应制成的测速式流量计。为非接触式测量,速度快,精度高,测量范围广,抗光、电干扰能力强。可分为非自动对准式和自动对准式两种。

激光器/雷射器 jīguāngqì/ㄌㄟˊ ㄕㄜˋ ㄑㄧˋ

laser

【物】用于发射激光的装置。由工作物质、抽运系统和光学谐振腔三部分组成。可分为固体激光器、气体激光器、液体激光器、半导体激光器等。

📖 1960年美国物理学家梅曼(Theodore Harold Maiman,1927—2007)制成了世界上第一台激光器(红宝石激光器)。

激光切割/雷射切割

jīguāng qiēgē/ㄌㄟˊ ㄕㄜˋ ㄑㄧㄝ ㄍㄜ

laser beam cutting, laser cutting

【机】切割方法的一种。利用聚焦后的激光束(通常使用二氧化碳激光束)作为主要热源,准确切割复杂形状的坯料。

激光视盘/雷射磁碟

jīguāng shìpán/ㄌㄟˊ ㄕㄜˋ ㄘˊ ㄉㄧㄝˊ

laser disc, LD

【信息】用模拟方式记录视频信号,用模拟或数字方式记录音频信号的光盘。有直径300毫米的和200毫米的两种。

激光通信/雷射通信

jīguāng tōngxìn/ㄌㄟˊ ㄕㄜˋ ㄊㄨㄥ ㄒㄧㄣˋ

laser communication

【信息】利用激光传输信息的通信方式。按传输介质性质的不同,可分为大气激光通信和光纤通信。

激光武器/雷射武器

jīguāng wǔqì/ㄌㄟˊ ㄕㄜˋ ㄨˇ ㄑㄧˋ

laser weapon

【军】定向能武器的一种。利用激光束直接毁伤目标或使目标失效的定向能武器。可分为战略激光武器和战术激光武器。

激活 jīhuó/ㄐㄧ ㄏㄨㄛˊ

【化】即"活化"(549页)。

激活能

jīhuónéng/ㄐㄧ ㄏㄨㄛˊ ㄋㄥˊ

【化】即"活化能"(550页)。

激素/激素 jīsù/ㄐㄧ ㄙㄨˋ

hormone

【医】旧称"荷尔蒙"。人和动物的内分泌腺分泌的物质,起调节控制各种物质代谢或生理功能的作用。如肾上腺皮质激素、甲状腺素、下丘脑激素、性激素、胰岛素等。

及时制 jíshízhì/ㄐㄧˊ ㄕˊ ㄓˋ

【物流】即"准时制"(1490页)。

及時法 ㄐㄧˊ ㄕˊ ㄈㄚˇ/jíshífǎ

just in time, JIT

【物流】台湾名。即"准时制"(1490页)。

及閘 ㄐㄧˊ ㄓㄚˊ/jízhá

AND gate

【信息】台湾名。即"'与'门"(1377页)。

吉/吉 jí/ㄐㄧˊ

【计量】"吉咖"的简称。

吉貝素 ㄐㄧˊ ㄅㄟˋ ㄙㄨˋ/jíbèisù

gibberellin

【生】台湾名。即"赤霉素"(131页)。

吉咖/吉 jíkā/ㄐㄧˊ

giga

【计量】简称"吉"。用于构成十进倍数单位的词头。相当于10^9,符号G。例如,1吉赫=10^9赫。

吉力馬札羅山

ㄐㄧˊ ㄌㄧˋ ㄇㄚˇ ㄓㄚˊ ㄌㄨㄛˊ ㄕㄢ/

Jílìmǎzhāluó Shān

Kilimanjaro Mount

【地】台湾名。即"乞力马扎罗山"(887页)。

级间分离/分級 jíjiān fēnlí/ㄈㄣ ㄐㄧˊ

stage separation

【航】为减轻运载重量,在多级火箭相邻的两级火箭间,及时将推进剂耗尽的一级分离抛弃。通常分为热分离和冷分离两种。

级进模 jíjìnmú/ㄐㄧˊ ㄐㄧㄣˋ ㄇㄨˊ

【机】即"连续模"(730页)。

级数/級數 jíshù/ㄐㄧˊ ㄕㄨˋ

series

【数】设有数列$\{a_n\}$,则称式子$a_1+a_2+\cdots+a_n+\cdots$(也可以只有有限项)为级数。若$\{a_n\}$只有有限多项,则称$\sum_{k=1}^{n}a_k$为有限级数。若$\{a_n\}$有无限多项,则称$\sum_{k=1}^{\infty}a_k$为无穷级数。若$\lim\limits_{n\to+\infty}\sum_{k=1}^{\infty}a_k=s$,则称无穷级数$\sum_{k=1}^{\infty}a_k$收敛,其和为$s$;否则称无穷级数$\sum_{k=1}^{\infty}a_k$发散。

极差/極差 jíchā/ㄐㄧˊ ㄔㄚ

J

range

【数】统计量的一种。一组数据中的最大值与最小值的差叫作这组数据的极差。例如,2,7,5,9,1,6 的极差是 8。

极大风速/極大風速

jídà fēngsù/ㄐㄧˊ ㄉㄚˋ ㄈㄥ ㄙㄨˋ

extreme wind speed

【气】在给定时段内,最大的瞬时风速值。

极大值/極大值 jídàzhí/ㄐㄧˊ ㄉㄚˋ ㄓˊ

maximum

【数】设函数 $f(x)$在点 $x=a$ 的一个邻域内有定义,若存在正数 δ 使得对于一切满足 $a-\delta<x<a+\delta$的 x,都有 $f(a)\geqslant f(x)$,则称 $f(a)$为 $f(x)$的一个极大值,$x=a$ 为 $f(x)$的一个极大值点。例如,$\sin\frac{\pi}{2}=1$ 是 $y=\sin x$ 的极大值,$x=\frac{\pi}{2}$是 $y=\sin x$ 的一个极大值点。

极地/極區 jídì/ㄐㄧˊ ㄑㄩ

polar region

【地】纬度高于南北极圈的地区。包括南极和北极两个地区。

极地轨道

jídì guǐdào/ㄐㄧˊ ㄉㄧˋ ㄍㄨㄟˇ ㄉㄠˋ

【航】即“极轨道”(572 页)。

极地科考船/極地科考船

jídì kēkǎochuán/ㄐㄧˊ ㄉㄧˋ ㄎㄜ ㄎㄠˇ ㄔㄨㄢˊ

polar research ship

【船】用于地球极区海域科学考察的船舶。除科考任务外,兼顾极地科考人员轮换和物资装备补给,并有一定破冰能力。要求可靠性高,抗风浪能力强。船上设有海洋气象、冰象、水文化学、生物、地质等实验室和低温及超低温样品保存库,并有直升机库和直升机平台,备有特制的机动雪车和雪橇等。

极光/極光 jíguāng/ㄐㄧˊ ㄍㄨㄤ

aurora

【气】来自太阳的带电粒子(太阳风)进入地球磁场,通过地球南北两极附近地区的高层大气时发生碰撞,并激发大气原子而在高空形成的绚烂光辉。出现在南极的称南极光,出现在北极的称北极光。

极轨道/極軌道 jíguǐdào/ㄐㄧˊ ㄍㄨㄟˇ ㄉㄠˋ

polar orbit

【航】又称“极地轨道”。相对地球赤道平面倾角为 90°的人造地球卫星轨道。在极轨道上运行的卫星,每一圈都要经过地球两极的上空,因此极轨卫星可以俯瞰包括地球两极在内的整个地球表面。

极化/極化 jíhuà/ㄐㄧˊ ㄏㄨㄚˋ

polarization

㊀【化】事物在一定条件下发生两极分化,使其性质相对于原来状态有所偏离的现象。有分子极化(偶极矩增大)、电极极化等。㊁【物】在外电场作用下,介电体表面或内部出现电荷的现象。

极乐鸟/天堂鳥 jílèniǎo/ㄊㄧㄢ ㄊㄤˊ ㄋㄧㄠˇ

㊀paradise bird, ㊁bird of paradise

㊀【动】又称“风鸟”。鸟名。雀形目极乐鸟科各种的统称。体形大小各异,如大极乐鸟(*Paradisaea apoda*)体长约 20 厘米,体态和羽毛华美,雄鸟翼下两侧有很长的绒毛,尾部中央有一对长羽。鸣声悦耳。栖息于山谷林中。分布在新几内亚及其附近岛屿。是著名的观赏鸟。㊁【植】即“鹤望兰”(493 页)。

极乐鸟

极谱仪/極譜儀 jípǔyí/ㄐㄧˊ ㄆㄨˇ ㄧˊ

polarograph

【机】一种电化学分析仪器。根据物质电解时所得到的电流—电压曲线,对电解质溶液中不同离子的含量进行定性分析与定量分析。可分为示波极谱仪、交流极谱仪、方波极谱仪、脉冲极谱仪等。

极圈/極圈 jíquān/ㄐㄧˊ ㄑㄩㄢ

polar circle

【地】地球上 66°34′的纬线所形成的圈。在北半球的称北极圈,在南半球的称南极圈。

极微震/極微震 jíwēizhèn/ㄐㄧˊ ㄨㄟ ㄓㄣˋ

ultra microseism

【地】震级小于 1 级的地震。

极限/極限 jíxiàn/ㄐㄧˊ ㄒㄧㄢˋ

limit

【数】分析学的重要概念之一。是描述事物在一个变化过程中终极状态的数学工具。公元3世纪中国数学家刘徽的“割圆术”就蕴含极限思想。微积分问世后，其中的极限内容很长时间未得清晰揭示，理论上有失严密。19世纪初，法国数学家柯西(A.Cauchy)给出极限的概念：若一个变量的取值无限趋向一个定值，最终能使变量与定值的差要多小有多小，则这个定值就称为变量的极限。德国数学家魏尔斯特拉斯(K.Weierstrass)对函数的极限概念给出“ε—δ”的刻画方式：若对于任意给定的 $\varepsilon>0$，存在 $\delta>0$，使得当 $0<|x-a|<\delta$ 时，$|f(x)-A|<\varepsilon$ 成立，则称 A 为函数 $f(x)$ 在 x 趋向 a 时的极限，记作 $\lim\limits_{x\to a}f(x)=A$。类似地，可以定义多元函数 $f(x_1,x_2,\cdots,x_n)$ 的极限：若对于任意给定的 $\varepsilon>0$，存在 $\delta>0$，使得当 $0<\sqrt{\sum\limits_{i=1}^{n}(x_i-a_i)^2}<\delta$ 时，$|f(x_1,x_2,\cdots,x_n)-A|<\varepsilon$ 成立，则称 A 为函数 $f(x_1,x_2,\cdots,x_n)$ 在点 $P(x_1,x_2,\cdots,x_n)$ 趋向 $P_0(a_1,a_2,\cdots,a_n)$ 时的极限，记作 $\lim\limits_{P\to P_0}f(x)=A$。极限概念及其“ε—δ”刻画方式的产生，使微积分理论得到严格的阐述。

极限量规
jíxiàn liángguī/ㄐㄧˊ ㄒㄧㄢˋ ㄌㄧㄤˊ ㄍㄨㄟ

【机】即“量规”(735 页)。

极小值/極小值 jíxiǎozhí/ㄐㄧˊ ㄒㄧㄠˇ ㄓˊ

minimum

【数】设函数 $f(x)$ 在点 $x=a$ 的一个邻域内有定义，若存在正数 δ 使得对于一切满足 $a-\delta<x<a+\delta$ 的 x，都有 $f(a)\leqslant f(x)$，则称 $f(a)$ 为 $f(x)$ 的一个极小值，$x=a$ 为 $f(x)$ 的一个极小值点。例如，$\sin\frac{3\pi}{2}=-1$ 是 $y=\sin x$ 的极小值，$x=\frac{3\pi}{2}$ 是 $y=\sin x$ 的一个极小值点。

极夜/極夜 jíyè/ㄐㄧˊ ㄧㄝˋ

polar night

【地】地球的两极地区，太阳终日在地平线以下，一天24小时都是黑夜的现象。出现在北半球为冬季时的北极圈、北半球为夏季时的南极圈内，纬度越高，出现极夜的时间越长。

极震区/強震區 jízhènqū/ㄐㄧˊ ㄓㄣˋ ㄑㄩ

meizoseismal area

【地】破坏性地震的地面振动最强烈的地区。是震中所在的地区。

极值/極值 jízhí/ㄐㄧˊ ㄓˊ

extremum

【数】极大值和极小值的统称。不是所有函数都有极值。例如，函数 $y=2x(x\in\mathbf{R})$ 既无极大值，也无极小值。

极值点/極值點 jízhídiǎn/ㄐㄧˊ ㄓˊ ㄉㄧㄢˇ

extreme point

【数】极大值点和极小值点的统称。函数在极值点取得极值。

极昼/極晝 jízhòu/ㄐㄧˊ ㄓㄡˋ

polar day

【地】地球的两极地区，太阳终日在地平线以上，一天24小时都是白昼的现象。出现在北半球为夏季时的北极圈、北半球为冬季时的南极圈内，纬度越高，出现极昼的时间越长。

极坐标/極座標 jízuòbiāo/ㄐㄧˊ ㄗㄨㄛˋ ㄅㄧㄠ

polar coordinates

【数】在平面上任取一点 O 为极点，一条射线 OX 为极轴，射线方向为极轴的正方向，这样建立的坐标系叫作极坐标系。设点 P 是此平面内任一点，$OP=\rho$，$\angle XOP=\theta$，则有序数对 (ρ,θ) 叫作点 P 的极坐标。θ 叫作点 P 的极角，ρ 叫作点 P 的极径。

极坐标

📖 以极点 O 为原点，极轴所在直线为 x 轴，x 轴与极轴的正方向相同，建立直角坐标系，则点 P 的极坐标 (ρ,θ) 与直角坐标 (x,y) 的关系为 $x=\rho\cos\theta$，$y=\rho\sin\theta$。

即插即用/隨插即用
jíchā jíyòng/ㄙㄨㄟˊ ㄔㄚ ㄐㄧˊ ㄩㄥˋ

plug and play, PnP

【信息】计算机系统能将后加的器件自动配置好的能力。

即时转速 jíshí zhuànsù/ㄐㄧˊ ㄕˊ ㄓㄨㄢˋ ㄙㄨˋ

【机】即“瞬时转速”(1075 页)。

即時動畫 ㄐㄧˊ ㄕˊ ㄉㄨㄥˋ ㄏㄨㄚˋ/jíshí dònghuà
real-time animation
【信息】台湾名。即“实时动画”(1029 页)。

即時預報 ㄐㄧˊ ㄕˊ ㄩˋ ㄅㄠˋ/jíshí yùbào
nowcast
【气】台湾名。即“临近预报”(740 页)。

急惊风/急驚風
jíjīngfēng/ㄐㄧˊ ㄐㄧㄥ ㄈㄥ
acute infantile convulsion, * acute fright wind
【中医】惊风的一种。因外感六淫、疫毒之邪或暴受惊恐所致,症见发病急骤、高热、神昏、抽搐、喉间痰鸣、两眼上翻、凝视或斜视等。可持续数秒至数分钟,严重者可反复发作,甚至呈持续状态而危及生命。治宜清热、豁痰、镇惊、息风。

急救车 jíjiùchē/ㄐㄧˊ ㄐㄧㄡˋ ㄔㄜ
【医】即“救护车”(650 页)。

急救箱/急救箱 jíjiùxiāng/ㄐㄧˊ ㄐㄧㄡˋ ㄒㄧㄤ
first-aid kit
【医】医疗急救用工具箱。可用于多种急重症的抢救及外伤处理。

急救中心/急救中心
jíjiù zhōngxīn/ㄐㄧˊ ㄐㄧㄡˋ ㄓㄨㄥ ㄒㄧㄣ
emergency center
【医】承担院前医疗急救工作和重大意外突发事件的应急指挥,主管现场急救、伤员转送以及大型活动的医疗保障任务的医疗机构。

急流滩 jíliútān/ㄐㄧˊ ㄌㄧㄡˊ ㄊㄢ
【水利】即“急滩”(574 页)。

急滩/急灘 jítān/ㄐㄧˊ ㄊㄢ
torrent rapids
【水利】又称“急流滩”。滩险的一种。河床中比降大、水流急的河段。

急性胆囊炎/急性膽囊炎
jíxìng dǎnnángyán/ㄐㄧˊ ㄒㄧㄥˋ ㄉㄢˇ ㄋㄤˊ ㄧㄢˊ
acute cholecystitis
【医】胆囊的急性炎症。由细菌感染或化学性刺激而引起,症状有发热、右上腹痛等,可有黄疸。

急性冠脉综合征/急性冠脈綜合徵
jíxìng guānmài zōnghézhēng/
ㄐㄧˊ ㄒㄧㄥˋ ㄍㄨㄢ ㄇㄞˋ ㄗㄨㄥˋ ㄏㄜˊ ㄓㄥ
acute coronary syndrome
【医】一类急性心肌缺血引起的临床综合征。常表现为时间较长的心绞痛,包括不稳定型心绞痛、心肌梗死及由此引发的猝死。

急性上呼吸道感染/急性上呼吸道感染
jíxìng shànghūxīdào gǎnrǎn/
ㄐㄧˊ ㄒㄧㄥˋ ㄕㄤˋ ㄏㄨ ㄒㄧ ㄉㄠˋ ㄍㄢˇ ㄖㄢˇ
acute upper respiratory tract infection
【医】鼻腔、咽或喉部急性炎症的统称。病原体主要为病毒,少数由细菌引起。

急性胃炎/急性胃炎
jíxìng wèiyán/ㄐㄧˊ ㄒㄧㄥˋ ㄨㄟˋ ㄧㄢˊ
acute gastritis
【医】多种病因引起的胃黏膜急性炎症。症状是上腹部疼痛明显、呕吐,严重的出现呕血、黑便及全身中毒。

急性心肌梗塞
ㄐㄧˊ ㄒㄧㄥˋ ㄒㄧㄣ ㄐㄧ ㄍㄥˇ ㄙㄜˋ/
jíxìng xīnjī gěngsè
acute myocardial infarction
【医】台湾名。即“急性心肌梗死”(574 页)。

急性心肌梗死/急性心肌梗塞
jíxìng xīnjī gěngsǐ/
ㄐㄧˊ ㄒㄧㄥˋ ㄒㄧㄣ ㄐㄧ ㄍㄥˇ ㄙㄜˋ
acute myocardial infarction
【医】突然发生的心肌梗死。由冠状动脉急性闭塞,血流中断,心肌严重、持久缺血而坏死。症状是胸骨后疼痛剧烈而持久,特征性心电图改变及血清心肌酶增高,可出现心律失常、心力衰竭、休克等并发症,常可危及生命。

急性腰扭伤/急性腰扭傷
jíxìng yāoniǔshāng/ㄐㄧˊ ㄒㄧㄥˋ ㄧㄠ ㄋㄧㄡˇ ㄕㄤ
acute lumbar muscle sprain
【中医】骨伤科疾病之一。因间接暴力引起腰部的急性软组织损伤所致,症见腰部不适或腰部持续性剧痛,不能行走和翻身,咳嗽、呼吸等活动时疼痛加重。治宜舒筋通络,活血散瘀,滑利关节,整复错缝。

急性胰腺炎/急性胰臟炎
jíxìng yíxiànyán/ㄐㄧˊ ㄒㄧㄥˋ ㄧˊ ㄗㄤˋ ㄧㄢˊ

acute pancreatitis

【医】胰腺的急性炎症。因胰蛋白酶原被激活，导致胰腺组织自我消化引起。主要表现为突发的持续性腹痛，常伴恶心、呕吐、发热等。上腹有明显压痛及肌紧张。包括急性水肿性胰腺炎和急性坏死性胰腺炎。

急性胰臟炎

ㄐㄧˊ ㄒㄧㄥˋ ㄧˊ ㄗㄤˋ ㄧㄢˊ/jíxìng yízàngyán

acute pancreatitis

【医】台湾名。即“急性胰腺炎”(574 页)。

急性支气管炎/急性支氣管炎

jíxìng zhīqìguǎnyán/

ㄐㄧˊ ㄒㄧㄥˋ ㄓ ㄑㄧˋ ㄍㄨㄢˇ ㄧㄢˊ

acute bronchitis

【医】气管、支气管黏膜及其周围组织的急性炎症。多由病毒、细菌、支原体等引起，临床主要表现为发热、咳嗽、咳痰。

極超高壓 ㄐㄧˊ ㄔㄠ ㄍㄠ ㄧㄚ/jíchāogāoyā

ultra-high voltage, UHV

【电】台湾名。即“特高压”(1115 页)。

極超高壓直流

ㄐㄧˊ ㄔㄠ ㄍㄠ ㄧㄚ ㄓˊ ㄌㄧㄡˊ/jíchāogāoyā zhíliú

ultra-high voltage direct current, UH-VDC

【电】台湾名。即“特高压直流”(1115 页)。

極高頻 ㄐㄧˊ ㄍㄠ ㄆㄧㄣˊ/jígāopín

superhigh frequency, SHF

【信息】台湾名。即“超高频”(114 页)。

極區 ㄐㄧˊ ㄑㄩ/jíqū

polar region

【地】台湾名。即“极地”(572 页)。

棘 jí/ㄐㄧˊ

【植】即“酸枣”(1088 页)。

棘轮/棘輪

jílún/ㄐㄧˊ ㄌㄨㄣˊ

ratchet

【机】具有齿形表面或摩擦表面，由棘爪推动做间歇运动的轮子。

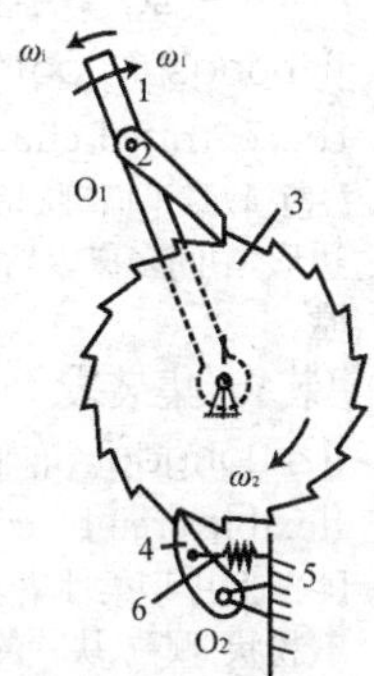

棘轮机构示意图

1.摆杆，2.主动棘爪，3.棘轮，4.止回棘爪，5.机架，6.弹簧

棘轮机构/棘輪機構

jílún jīgòu/

ㄐㄧˊ ㄌㄨㄣˊ ㄐㄧ ㄍㄡˋ

ratchet mechanism

【机】由棘轮和棘爪组成的一种单向间歇运动机构。用来将带有棘爪的杆的往复摆动转换为棘轮的单向间歇转动。常用在各种机床和千斤顶上。棘轮和具有固定轴心的棘爪有时也用作防止反转的装置，如在手动绞车中防止逆转。

棘皮动物/棘皮動物

jípí dòngwù/ㄐㄧˊ ㄆㄧˊ ㄉㄨㄥˋ ㄨˋ

echinoderm

【动】Echinodermata 无脊椎动物的一门。成体呈辐射对称，有内骨骼。外皮通常具有石灰质的刺状突起，身体球形、星形或圆柱形，分布于海底，运动缓慢或不运动。如海星、海胆、海参、海百合等。

棘球蚴病/包蟲囊病

jíqiúyòubìng/ㄅㄠ ㄔㄨㄥˊ ㄋㄤˊ ㄅㄧㄥˋ

hydatid disease, echinococcosis

【医】又称“包虫病”。一种人兽共患寄生虫病。由棘球绦虫幼虫寄生于人体组织器官等而引起，可在人体内数年至数十年不等。临床表现视其寄生部位、囊肿大小以及有无并发症而异。可分为泡型包虫病(多房棘球蚴病)和囊型包虫病(细粒棘球蚴病)。

棘爪/棘爪 jízhuǎ/ㄐㄧˊ ㄓㄨㄚˇ

pawl

【机】用以卡住棘轮，使棘轮进行单向间歇运动的爪形构件。

集 jí/ㄐㄧˊ

【数】“集合”的简称。

集板電極

ㄐㄧˊ ㄅㄢˇ ㄉㄧㄢˋ ㄐㄧˊ/jíbǎn diànjí

collector electrode

【物】台湾名。即“集电极”(576 页)。

集尘器/集塵器 jíchénqì/ㄐㄧˊ ㄔㄣˊ ㄑㄧˋ

【环】即“除尘器”(139 页)。

集成电路/積體電路

jíchéng diànlù/ㄐㄧ ㄊㄧˇ ㄉㄧㄢˋ ㄌㄨˋ

integrated circuit, IC

【信息】在一个半导体基片上制作多个电子元件及相互连线，以执行特定功能的电路。广泛用于计算机、雷达、人造地球卫星以及工业

J

自动化控制、通信和家用电器等方面。按制作工艺不同,可分为半导体集成电路、薄膜集成电路、厚膜集成电路。

集成电路卡/積體電路卡
jíchéng diànlùkǎ/ ㄐㄧˊ ㄊㄧˇ ㄉㄧㄢˋ ㄌㄨˋ ㄎㄚˇ
integrated circuit card
【信息】又称"智能卡",台湾又称"智慧卡"。把智能化集成电路芯片嵌在塑料基片中封装而成的卡片。外形跟磁卡相像,能够写入数据和存储数据,可以有条件地供外部读取。

集成度/積體度 jíchéngdù/ ㄐㄧˊ ㄊㄧˇ ㄉㄨˋ
integration level
【物】在单块芯片上或单个封装中所构成的集成电路中包含的最大组件数。其数量可自不足 100 个到超过 10^7 个。

集成软件/整合軟體
jíchéng ruǎnjiàn/ ㄓㄥˇ ㄏㄜˊ ㄖㄨㄢˇ ㄊㄧˇ
integrated software
【信息】把若干程序分别完成的功能组合在一起的软件包。例如组合了电子表格程序、文本处理程序、数据库管理系统和商务图形系统的软件包。

集电极/集板電極
jídiànjí/ ㄐㄧˊ ㄅㄢˇ ㄉㄧㄢˋ ㄐㄧˊ
collector electrode
【物】三极管上集电区和基区之间的 pn 结。

集仿主义建筑
jífǎng zhǔyì jiànzhù/
ㄐㄧˊ ㄈㄤˇ ㄓㄨˇ ㄧˋ ㄐㄧㄢˋ ㄓㄨˋ
【建】即"折中主义建筑"(1422 页)。

集合/集合 jíhé/ ㄐㄧˊ ㄏㄜˊ
set
【数】简称"集"。一定范围的、确定的不同事物的总体。通常用大写字母表示。例如,全体自然数的总体是自然数集合,记为 **N**。
📖 集合是数学中只做描述而不加定义的基本概念。19 世纪末,德国数学家康托尔(G. Cantor)创立了研究一般集合的数学分支——集合论,后来它的基本概念几乎渗透到整个数学领域。

集料/集料 jíliào/ ㄐㄧˊ ㄌㄧㄠˋ
aggregate
【材】又称"骨料"。一种复杂混合物。是混凝土的主要组成材料之一,主要起骨架作用,并减少胶凝材料干缩湿胀所引起的体积变化,同时作为胶凝材料的廉价填充料。分为天然集料(如碎石、卵石、浮石、天然砂等)和人造集料(如煤渣、矿渣、陶粒、膨胀珍珠岩等)。

集散控制系统
jísàn kòngzhì xìtǒng/
ㄐㄧˊ ㄙㄢˋ ㄎㄨㄥˋ ㄓˋ ㄒㄧˋ ㄊㄨㄥˇ
【自】即"分布式计算机控制系统"(342 页)。

集體運送機
ㄐㄧˊ ㄊㄧˇ ㄩㄣˋ ㄙㄨㄥˋ ㄐㄧ/jítǐ yùnsòngjī
en masse conveyor
【机】台湾名。即"埋刮板输送机"(780 页)。

集线器/集線器 jíxiànqì/ ㄐㄧˊ ㄒㄧㄢˋ ㄑㄧˋ
hub
【信息】作为网络中枢连接各类节点,形成星状结构的器件。是数据通信系统中的基础设备之一。集线器之间可以互相连接,以扩展节点数目和延伸范围。
📖 20 世纪 90 年代,集线器在基本的连线式基础上,发展成带有中央处理器的智能式,可对整个网络进行管理。

集中器/集中器 jízhōngqì/ ㄐㄧˊ ㄓㄨㄥ ㄑㄧˋ
concentrator
【信息】一侧连接多条入线,另一侧连接少量业务电路的交换设备。能将大量的低速数据汇集送入计算机,以提高线路使用效率,降低传输成本。

集中式教堂/集中式教堂
jízhōngshì jiàotáng/ ㄐㄧˊ ㄓㄨㄥ ㄕˋ ㄐㄧㄠˋ ㄊㄤˊ
concentrated church
【建】教堂平面型制的一种。平面为圆形或多边形,中间多覆以穹顶。最早见于拜占庭教堂。

集装袋/集裝袋
jízhuāngdài/ ㄐㄧˊ ㄓㄨㄤ ㄉㄞˋ
flexible freight container
【物流】中型柔性集装化运输设备。适用于装载粉状、颗粒、块状的散装物料。

集装化技术设备/集裝化技術設備
jízhuānghuà jìshù shèbèi/
ㄐㄧˊ ㄓㄨㄤ ㄏㄨㄚˋ ㄐㄧˋ ㄕㄨˋ ㄕㄜˋ ㄅㄟˋ
containerized equipment

【物流】依托尺寸规格相同、重量相近的专门标准规格单元完成装卸、搬运、储存、运输等物流活动的设备。如集装箱、集装袋等。

集装器/集裝器 jízhuāngqì/ㄐㄧˊ ㄓㄨㄤ ㄑㄧˋ

unit load device, ULD

【物流】按照飞机机身定制的飞机专用集装箱。体积较小,轻便灵活。

集装箱/貨櫃

jízhuāngxiāng/ㄏㄨㄛˋ ㄍㄨㄟˋ

container

【物流】大型集装化运输设备。具有足够的强度、刚度和一定的规格,可长期反复使用;适于一种或多种运输方式运送货物,途中无须倒装;设有供快速装卸的装置,便于从一种运输方式转到另一种运输方式;便于箱内货物装满和卸空;内容积等于或大于1立方米。主要使用类型为通用干货集装箱。

集装箱船/貨櫃船

jízhuāngxiāngchuán/ㄏㄨㄛˋ ㄍㄨㄟˋ ㄔㄨㄢˊ

container ship

【船】载运集装箱的船舶。船型较宽,型深较大,不设中间甲板。货舱设计蜂窝状垂直隔栅,格内堆放集装箱。甲板上设有固定集装箱的专门设备,以便部分集装箱堆放。货舱开口大,便于装卸集装箱。有的集装箱船上设有起重设备。按船型不同,可分为全集装箱船、半集装箱船和多用途集装箱船。

集装箱运输/集裝箱運輸

jízhuāngxiāng yùnshū/

ㄐㄧˊ ㄓㄨㄤ ㄒㄧㄤ ㄩㄣˋ ㄕㄨ

freight container traffic

【交】货物运输的一种。符合集装箱运输条件,使用集装箱装运的货物运输。具有货运安全化、包装简约化、装卸高效化以及便于组织门对门运输等特点。

集总参数电路/集總電路

jízǒng cānshù diànlù/ㄐㄧˊ ㄗㄨㄥˇ ㄉㄧㄢˋ ㄌㄨˋ

lumped circuit

【电】由集总参数元件组成的电路。

集总的/集總的

jízǒngde/ㄐㄧˊ ㄗㄨㄥˇ ·ㄉㄜ

lumped

【电】描述一个路元件,其电磁场相关的量的积分量之间的关系可以用函数,或对时间的导数,或对时间的积分,或它们的组合来表达。

集總電路

ㄐㄧˊ ㄗㄨㄥˇ ㄉㄧㄢˋ ㄌㄨˋ/jízǒng diànlù

lumped circuit

【电】台湾名。即"集总参数电路"(577页)。

蒺藜/三腳虎 jílí/ㄙㄢ ㄐㄧㄠˇ ㄏㄨˇ

caltrop

【植】*Tribulus terrestris* 蒺藜科蒺藜属。一年生草本植物。全株被毛。茎平卧。偶数羽状复叶,小叶长圆形,基部略偏斜,全缘。花生叶腋,花瓣五枚,黄色。果有五瓣,每瓣斧形,有刺。花期5—8月份。在中国,分布于各地。草场有害植物。嫩草可作饲料,果可入药。

蕺菜/蕺菜 jícài/ㄐㄧˊ ㄘㄞˋ

heartleaf houttuynia

【植】*Houttuynia cordata* 又称"鱼腥草"。三白草科蕺菜属。多年生草本植物。有腥臭气。茎下部伏地,上部直立,有节。叶卵形,先端尖,基部心形,背面紫红色。穗状花序,总苞片花瓣状,长圆形,四枚,白色,无花瓣。花期4—7月份。在中国,分布于中部、东南至西南等地。野生。嫩根茎可作野菜,全株入药。

蕺 菜

几丁质/幾丁質 jǐdīngzhì/ㄐㄧˇ ㄉㄧㄥ ㄓˊ

【化】即"壳多糖"(679页)。

几何 jǐhé/ㄐㄧˇ ㄏㄜˊ

【数】"几何学"的简称。

几何分布/幾何分布

jǐhé fēnbù/ㄐㄧˇ ㄏㄜˊ ㄈㄣ ㄅㄨˋ

geometric distribution

【数】台湾又称"幾何分配"。离散型随机变量的一种概率分布。若随机变量 X 取值为 k 的概率 $P(X=k)=p(1-p)^{k-1}$ $(k=1,2,\cdots)$,式中 $0<p<1$,则称 X 服从几何分布。例如,掷一枚骰子,不出现1点时继续掷,出现1点时

停掷,X 表示"停掷时已掷骰子的次数",则 $P(X=k)=p(1-p)^{k-1}=\frac{1}{6}\left(1-\frac{1}{6}\right)^{k-1}$,$X$ 服从几何分布。

📖 几何分布的命名源于 $P(X=k)=p(1-p)^{k-1}$ 等于首项为 p、公比为 $q=1-p$ 的几何级数中的第 k 项。

几何概型/幾何的機率模型

jǐhé gàixíng/ ㄐㄧˇ ㄏㄜˊ ·ㄉㄜ ㄐㄧ ㄌㄩˋ ㄇㄛˊ ㄒㄧㄥˊ

geometric models of probability

【数】能用几何图形的测度(长度、面积或体积等)反映的概率模型。它的全部试验结果对应图形 Ω,事件 A 对应含于 Ω 中的某图形 A,概率 $P(A)$ 等于 A 与 Ω 两图形的测度的比。几何概型中,试验的全部结果可有无限多,但每一结果发生的可能性大小必须相等。例如,在半径为 1 的圆内任取一点,可取的点有无数个,且取到圆中每一点的机会均等。事件 A 表示"所取点与圆心的距离小于0.5",半径为 1 和 0.5 的两圆分别是 Ω 和 A,$P(A)=\frac{0.25\pi}{\pi}=\frac{1}{4}$ 是两图形的面积比。

几何基础/幾何基礎

jǐhé jīchǔ/ ㄐㄧˇ ㄏㄜˊ ㄐㄧ ㄔㄨˇ

foundations of geometry

【数】几何学的一个分支。研究用公理化方法构造几何学,采用公理系统的内容,构造出几何学的逻辑结构,以及不同公理系统下的几何学之间的关系。从古希腊时期到 19 世纪,欧几里得的《几何原本》一直被奉为用公理化方法研究几何学的典范,对平行公理的研究和非欧几何的建立,产生了对几何基础进行严格的逻辑分析的必要性。德国数学家希尔伯特(D. Hilbert,1862—1943)1899 年出版的《几何基础》,对欧氏几何进行了深刻的分析,建立了含有 5 组共 20 个公理的希尔伯特公理体系,为几何基础研究奠定了重要的基础。

几何级数 jǐhé jíshù/ ㄐㄧˇ ㄏㄜˊ ㄐㄧˊ ㄕㄨˋ

【数】即"等比级数"(210 页)。

几何量/幾何量 jǐhéliàng/ ㄐㄧˇ ㄏㄜˊ ㄌㄧㄤˋ

geometrical quantity

【计量】以计量学为基础的,表示几何要素空间位置、形状与大小的量。

几何平均/幾何平均值

jǐhé píngjūn/ ㄐㄧˇ ㄏㄜˊ ㄆㄧㄥˊ ㄐㄩㄣ ㄓˊ

geometric mean

【数】平均值的一种。对于 n 个正数 $x_1,x_2,\cdots,x_n$,数 $\sqrt[n]{x_1x_2\cdots x_n}$ 叫作它们的几何平均。

几何水准测量

jǐhé shuǐzhǔn cèliáng/ ㄐㄧˇ ㄏㄜˊ ㄕㄨㄟˇ ㄓㄨㄣˇ ㄘㄜˋ ㄌㄧㄤˊ

【测绘】即"水准测量"(1074 页)。

几何学/幾何學 jǐhéxué/ ㄐㄧˇ ㄏㄜˊ ㄒㄩㄝˊ

geometry

【数】简称"几何"。数学的一个分支。研究图形的形状、大小和位置关系等。按研究对象和方法的不同,可分为欧氏几何、非欧几何、解析几何、射影几何、微分几何、代数几何等。

📖 几何学起源于测量,古代埃及、中国等都有相关记载。公元前 300 年前后,希腊人欧几里得系统整理了当时的几何知识,编成《几何原本》,开创公理化方法,初步奠定欧氏几何的基础。经两千多年的发展,现代几何学成为内容丰富的数学分支。

几何原本/幾何原本

Jǐhé Yuánběn/ ㄐㄧˇ ㄏㄜˊ ㄩㄢˊ ㄅㄣˇ

Euclid's Elements

【数】简称"原本"。古代数学著作。希腊数学家欧几里得(Euclid)著,约成书于公元前 300 年,是欧几里得用公理化方法对古希腊数学知识所做的系统化总结。全书 13 卷。第 1～4 卷是直线形与圆,第 5 卷是比例论,第 6 卷是相似形,第 7～9 卷是数论,第 10 卷是不可公度量问题,第 11～13 卷是立体几何与穷竭法。每卷开始都列举讨论对象的定义,特别在第 1 卷中给出了 5 个公设(关于图形的基本事实)和 5 个公理(关于数量的基本事实),作为全书逻辑结构的基石。5 个公设是:(1)过任意两点可以作直线;(2)直线可以无限延伸;(3)以任一点为圆心可以画出以任意长为半径的圆;(4)所有直角都相等;(5)若一条直线与两条直线相交,且在这条直线的同侧形成其和小于两直角的两个内角,则这两条直线在这一侧相交。其中第(5)公设后来被称为"平行公设"。5 个公理是:(1)等于同一个量的两个量相等;(2)等量加等量的和相等;(3)等量减等量的差相等;(4)能重合的事物相等;(5)整体大于部分。《几何原本》流传甚广,对数学发展的推动作用极大。意大利人利玛窦和明朝徐光启于1607年将《几何基础》前6卷译为中文,清代数学家李善兰和英国人伟列亚力于1857年完成了其余内容的中译本。

几何作图三大问题/幾何作圖三大問題
jǐhé zuòtú sāndà wèntí/
ㄐㄧˇ ㄏㄜˊ ㄗㄨㄛˋ ㄊㄨˊ ㄙㄢ ㄉㄚˋ ㄨㄣˋ ㄊㄧˊ
three problems for geometric construction
【数】古希腊时期的三个著名的尺规作图问题:(1)三等分角,即作任意角的三等分线;(2)化圆为方,即作一个正方形使它与一个已知圆有相等的面积;(3)倍立方,即作一个正方体使它的体积等于一个已知正方体的体积的2倍。这些问题长期未得解决。后来的研究证明,它们不满足一个作图题可以尺规完成的充要条件,属于尺规作图不可能问题。

挤压/擠壓 jǐyā/ㄐㄧˇ ㄧㄚ
extrusion, extruding
【机】锻造方法的一种。将坯料置于挤压筒中加压,从模具的孔口或缝隙挤出,使其横截面积减小、长度增加。可获得各种复杂截面的型材或零件,适用于加工低碳钢、有色金属等材料。

挤压铸造/擠壓鑄造
jǐyā zhùzào/ㄐㄧˇ ㄧㄚ ㄓㄨˋ ㄗㄠˋ
squeeze casting
【机】特种铸造的一种。将熔融金属以低速、大流量平稳地挤入铸型,在高压下凝固而获得铸件。可分为直接挤压铸造和间接挤压铸造。前者无浇注系统,压力直接来自液压机的凸模;后者压力经浇注系统再传至铸型内。金属利用率高,工序简化,质量稳定。

脊神经/脊神經 jǐshénjīng/ㄐㄧˇ ㄕㄣˊ ㄐㄧㄥ
spinal nerve
【医】自脊髓发出的周围神经。分布于躯干和四肢,主管颈部以下的感觉和运动。共有31对。其中颈神经8对,胸神经12对,腰神经5对,骶神经5对,尾神经1对。

脊髓/脊髓 jǐsuǐ/ㄐㄧˇ ㄙㄨㄟˇ
spinal cord
【医】中枢神经系统的低级反射中枢。位于脊椎管内,呈前后稍扁的圆柱形,分为颈、胸、腰、骶四段。上端连接延髓,下端变细呈圆锥形,两旁发出31对脊神经分布到全身皮肤、肌肉和内脏器官。

脊髓反射/脊髓反射
jǐsuǐ fǎnshè/ㄐㄧˇ ㄙㄨㄟˇ ㄈㄢˇ ㄕㄜˋ
spinal reflex
【医】脊髓固有的反射。反射弧不经过大脑,反射潜伏期短,活动形式固定,只需传入神经元和脊髓内神经元参与。可分为躯体反射和内脏反射。躯体反射主要包括牵张反射和屈肌反射,当骨骼肌受到外力牵拉时,该肌就会产生反射性收缩的是牵张反射;当皮肤或肌肉受到伤害时,肢体快速回撤,表现为屈肌收缩,伸肌舒张的是屈肌反射。内脏反射有膀胱排尿反射、直肠排便反射等。

脊髓灰质炎/脊髓灰質炎
jǐsuǐ huīzhìyán/ㄐㄧˇ ㄙㄨㄟˇ ㄏㄨㄟ ㄓˋ ㄧㄢˊ
poliomyelitis, polio, infantile paralysis
【医】通称"小儿麻痹症"。由脊髓灰质炎病毒引起的急性传染病。多见于小儿。临床表现为发热、咽痛、肢体疼痛,部分病人可发生分布不规则的弛缓性麻痹,留下瘫痪后遗症。

脊索/脊索 jǐsuǒ/ㄐㄧˇ ㄙㄨㄛˇ
notochord, chorda dorsalis
【动】脊索动物身体内部的支柱。在消化管背侧,神经管的腹侧,略呈棒状,有弹性,不分节。高等动物的脊柱是由胚胎时期的脊索变化而成的,低等动物(如文昌鱼)的脊索终生不变。

脊索动物/脊索動物
jǐsuǒ dòngwù/ㄐㄧˇ ㄙㄨㄛˇ ㄉㄨㄥˋ ㄨˋ
chordate
【动】Chordata 动物的一门。是最高等的一门。成体或幼体内有脊索、背神经管和鳃裂。可分为原索动物(包括尾索动物和头索动物)和脊椎动物。

脊柱/脊柱 jǐzhù/ㄐㄧˇ ㄓㄨˋ
vertebral column
【医】人体内的中轴骨骼。由24块椎骨、1块骶骨和1块尾骨以及联结它们的韧带、关节、椎间盘等构成。中央有由椎孔连成的椎管,内有脊髓。两侧各有23个椎间孔,脊神经由此通过。

脊椎 ㄐㄧˇ ㄓㄨㄟ/jǐzhuī

vertebrae

【医】台湾名。即"椎骨"(1489 页)。

脊椎动物/脊椎動物

jǐzhuī dòngwù/ㄐㄧˇ ㄓㄨㄟ ㄉㄨㄥˋ ㄨˋ

vertebrate

【动】脊索动物的一个亚门(Vertebrata)。通常体形左右对称,全身分头、躯干、尾三部分,躯干又被膈分成胸部和腹部,有较完善的感觉器官、运动器官和高度分化的神经系统。体内有一条由许多块脊椎骨连接而成的脊柱,头骨发达。主要包括鱼类、两栖动物、爬行动物、鸟类和哺乳动物。

幾何的機率模型

ㄐㄧˇ ㄏㄜˊ ·ㄉㄜ ㄐㄧ ㄌㄩˋ ㄇㄛˊ ㄒㄧㄥˊ/

jǐhé de jīlǜ móxíng

geometric models of probability

【数】台湾名。即"几何概型"(578 页)。

幾何分配 ㄐㄧˇ ㄏㄜˊ ㄈㄣ ㄆㄟˋ/jǐhé fēnpèi

geometric distribution

【数】台湾名。即"几何分布"(577 页)。

幾何平均值

ㄐㄧˇ ㄏㄜˊ ㄆㄧㄥˊ ㄐㄩㄣ ㄓˊ/jǐhé píngjūnzhí

geometric mean

【数】台湾名。即"几何平均"(578 页)。

幾何數列 ㄐㄧˇ ㄏㄜˊ ㄕㄨˋ ㄌㄧㄝˋ/jǐhé shùliè

geometric progression

【数】台湾名。即"等比数列"(211 页)。

J

麂/麂 jǐ/ㄐㄧˇ

muntiacs

【动】*Muntiacus* 通称"麂子"。哺乳动物名。偶蹄目鹿科。体形较小,雄兽有长牙和短角。腿细而有力,善于跳跃,性机警,通常白天单独活动。生活在密林、草丛、山地丘陵等地,以种子、嫩叶、青草、树枝等为食。种类较多,常见的有黑麂、黄麂、赤麂等。主要分布在东南亚,中国大陆和台湾等地。

麂

计程车/計程車

jìchéngchē/ㄐㄧˋ ㄔㄥˊ ㄔㄜ

【交】即"出租车"(138 页)。因车内装有计价器,按里程收费,故名。

计划免疫/計劃免疫

jìhuà miǎnyì/ㄐㄧˋ ㄏㄨㄚˋ ㄇㄧㄢˇ ㄧˋ

planned immunization

【医】有计划地利用疫苗进行的免疫接种。是提高人群免疫水平,达到预防、控制,乃至最终消灭相应传染病的措施。

计划生育/家庭計劃

jìhuà shēngyù/ㄐㄧㄚ ㄊㄧㄥˊ ㄐㄧˋ ㄏㄨㄚˋ

family planning

【医】为适应自然环境和人类自身发展的客观需要而进行生育调节的行为。多指通过推行有效的节育措施,以达到控制人口数量、提高人口素质的做法。

计划用电/計劃用電

jìhuà yòngdiàn/ㄐㄧˋ ㄏㄨㄚˋ ㄩㄥˋ ㄉㄧㄢˋ

planned power utilization

【电】对电力的生产、分配和使用进行综合平衡后,对用电进行计划管理的方法。

计量/計量 jìliàng/ㄐㄧˋ ㄌㄧㄤˊ

metrology

【计量】实现单位统一、量值准确可靠的活动。

计量泵/計量泵

jìliàngbèng/ㄐㄧˋ ㄌㄧㄤˊ ㄅㄥˋ

metering pump

【机】又称"定量泵""比例泵"。容积泵的一种。结构与往复泵类似,可按工艺要求进行计量和调节控制流量。分为柱塞计量泵和隔膜计量泵两类。后者更适用于输送易燃、易爆、强腐蚀性、剧毒甚至放射性的液体以及悬浮液。

计量单位制

jìliàng dānwèizhì/ㄐㄧˋ ㄌㄧㄤˊ ㄉㄢ ㄨㄟˋ ㄓˋ

【计量】即"单位制"(198 页)。

计量学/計量學

jìliàngxué/ㄐㄧˋ ㄌㄧㄤˊ ㄒㄩㄝˊ

metrology

【计量】台湾又称"度量衡學"。研究测量及其应用的学科。包括测量的理论及其不论测量不确定度大小的所有应用领域。

计数原理/會計原則

jìshù yuánlǐ/ㄎㄨㄞˋ ㄐㄧˋ ㄩㄢˊ ㄗㄜˊ

counting principles

【数】组合数学中的基本原理。用于计算一组对象在某种要求下安排方式的个数,包括分类计数加法定理和分步计数乘法定理等。

计算机/計算機 jìsuànjī/ ㄐㄧˋ ㄙㄨㄢˋ ㄐㄧ
computer
【信息】采用机械、机电、电子等方式实现的自动解算装置。主要指电子计算机。可由单独的单元或若干互连的单元组成。运算速度快、存储容量大、逻辑判断能力强,广泛应用于数值计算、信息处理、过程控制和数字通信,并向模拟人脑的人工智能方向扩展。

计算机安全/計算機安全性
jìsuànjī ānquán/ ㄐㄧˋ ㄙㄨㄢˋ ㄐㄧ ㄢ ㄑㄩㄢˊ ㄒㄧㄥˋ
computer security, COMPUSEC
【信息】对计算机系统及其信息资源,为防止偶然或恶意非授权使用和破坏而采取的各种保护措施。包括实体、软件、数据和运行几方面的安全。

计算机病毒武器/電腦病毒武器
jìsuànjī bìngdú wǔqì/
ㄉㄧㄢˋ ㄋㄠˇ ㄅㄧㄥˋ ㄉㄨˊ ㄨˇ ㄑㄧˋ
computer virus weapon
【军】军事上用于攻击对方计算机系统及其网络,破坏其正常运行的有害程序。

计算机程序
jìsuànjī chéngxù/ ㄐㄧˋ ㄙㄨㄢˋ ㄐㄧ ㄔㄥˊ ㄒㄩˋ
【信息】"程序"的全称。

计算机集成制造系统/電腦整合製造系統
jìsuànjī jíchéng zhìzào xìtǒng/
ㄉㄧㄢˋ ㄋㄠˇ ㄓㄥˇ ㄏㄜˊ ㄓˋ ㄗㄠˋ ㄒㄧˋ ㄊㄨㄥˇ
computer integrated manufacturing system, CIMS
【自】通过计算机及其软件,将制造工厂的全部生产活动(设计、制造及经营管理,包括市场调研、生产决策、生产计划、生产管理、产品开发、产品设计、加工制造以及销售经营等)与整个生产过程有关的物料流与信息流实现高度统一的综合化管理,把各种分散的自动化系统有机集成起来,具有完整性、高效益、高柔性等特点。

计算机控制系统/計算機控制系統
jìsuànjī kòngzhì xìtǒng/
ㄐㄧˋ ㄙㄨㄢˋ ㄐㄧ ㄎㄨㄥˋ ㄓˋ ㄒㄧˋ ㄊㄨㄥˇ
computer control system
【自】用微型计算机来代替控制器,实现复杂的控制性能(如最优控制、自适应控制)的控制系统。其特点是:(1)系统中一处或几处的信号具有数字代码,有离散信号(采样信号)的出现;(2)以计算机程序来实现比例—积分—微分控制或更复杂的控制规律。

计算机通信网/電腦通信網路
jìsuànjī tōngxìnwǎng/
ㄉㄧㄢˋ ㄋㄠˇ ㄊㄨㄥ ㄒㄧㄣˋ ㄨㄤˇ ㄌㄨˋ
computer communication network
【信息】简称"计算机网"。实现计算机之间的互连与通信的网络。计算机互连必须遵守约定的通信协议,并需备有通信设备、传输链路和网络软件。

计算机图形技术/電腦圖形技術
jìsuànjī túxíng jìshù/
ㄉㄧㄢˋ ㄋㄠˇ ㄊㄨˊ ㄒㄧㄥˊ ㄐㄧˋ ㄕㄨˋ
computer graphics technology
【信息】对数据和对象的图形表示,借助计算机来创建、操纵、存储和显示的方法与技术。应用领域主要有:计算机辅助设计与制造,科学可视化,计算机仿真,计算机动画,计算机美术,计算机游戏,办公自动化及电子出版,地理信息系统,影视特技与广告制作。

计算机网
jìsuànjīwǎng/ ㄐㄧˋ ㄙㄨㄢˋ ㄐㄧ ㄨㄤˇ
【信息】"计算机通信网"的简称。

计算机网络/計算機網路
jìsuànjī wǎngluò/ ㄐㄧˋ ㄙㄨㄢˋ ㄐㄧ ㄨㄤˇ ㄌㄨˋ
computer network
【信息】将分处各地的计算机系统以通信线路连在一起,并以网络软件实现资源共享、数据通信的系统。资源共享包括硬件、软件、数据三种资源的互操作;数据通信包括计算机与计算机、计算机与终端、终端与终端之间的数据传送。按幅员大小分为广域网、城域网和局域网。

计算机系统/計算機系統
jìsuànjī xìtǒng/ ㄐㄧˋ ㄙㄨㄢˋ ㄐㄧ ㄒㄧˋ ㄊㄨㄥˇ
computer system
【信息】由至少一台计算机和关联软件组成的功能单元。可由单台计算机或由若干互连的计算机(计算机网络)构成。

计算机游戏/電腦遊戲
jìsuànjī yóuxì/ㄉㄧㄢˋ ㄋㄠˇ ㄧㄡˊ ㄒㄧˋ
computer game
【信息】一个或几个用户以娱乐或竞争为目的与计算机交互的计算机程序。综合了计算机图形图像、人工智能、人机交互等领域的相关技术;具有趣味性、交互性、竞争性等特点。游戏程序放在磁盘、只读光盘、游戏卡或因特网上,通过键盘、游戏杆或其他设备进行控制。

计算机语言/電腦語言
jìsuànjī yǔyán/ㄉㄧㄢˋ ㄋㄠˇ ㄩˇ ㄧㄢˊ
computer language
【信息】用来让人与计算机通信,规定计算机上执行的指令的人工语言。语言涵盖范围很广,包括从二进制代码的机器语言到高级语言。

计算机指令/電腦指令
jìsuànjī zhǐlìng/ㄉㄧㄢˋ ㄋㄠˇ ㄓˇ ㄌㄧㄥˋ
computer instruction
【信息】能由计算机识别并执行的指令。

计算器/計算器 jìsuànqì/ㄐㄧˋ ㄙㄨㄢˋ ㄑㄧˋ
calculator
【信息】适合于进行算术和初等函数运算,但需要人工干预来启动运算或运算序列的袖珍计算装置。

计算数学/計算數學
jìsuàn shùxué/ㄐㄧˋ ㄙㄨㄢˋ ㄕㄨˋ ㄒㄩㄝˊ
computational mathematics
【数】数学的一个分支。研究数值计算方法的设计和分析等问题,包括理论基础和软件实现等。计算机技术的发展,使新算法不断涌现,计算数学的基础性和应用性更为突出。

记事簿/記事平板 jìshìbù/ㄐㄧˋ ㄕˋ ㄆㄧㄥˊ ㄅㄢˇ
memo pad
【信息】某些个人数字助理或其他手持计算设备上提供的记事功能部件。通过键入或手写识别的应用程序录入简短便条,事后可对这些便条分类、组织和编辑。

记数制/數字系統
jìshùzhì/ㄕㄨˋ ㄗˋ ㄒㄧˋ ㄊㄨㄥˇ
numeration system
【数】用数字表示数的方法。古代往往用一个特定的文字或符号表示一个特定的数。现在的记数制利用位值记数的原理,即使用规定的几个符号,用它们的不同排列表示不同的数,排列中不同的位置表示不同的数值。例如,通常使用的阿拉伯数字通过 0,1,2,3,4,5,6,7,8,9 这十个符号的排列,可以表示任一确定的数。例如,1234 表示一千二百三十四,其中 1,2,3,4 分别在千位、百位、十位和个位的位置上。

记忆/記憶 jìyì/ㄐㄧˋ ㄧˋ
memory
【心】曾经经验过的事物在头脑中的反映。记忆的过程有识记、保持、回忆(包括再现和再认)三个基本过程(环节)。记忆过程是对输入信息的编码、储存和提取的过程,信息输入是识记过程,信息储存是保持过程,信息提取是再认或再现过程。

记忆合金 jìyì héjīn/ㄐㄧˋ ㄧˋ ㄏㄜˊ ㄐㄧㄣ
【材】“形状记忆合金”的简称。

记忆合金支架/記憶合金支架
jìyì héjīn zhījià/ㄐㄧˋ ㄧˋ ㄏㄜˊ ㄐㄧㄣ ㄓ ㄐㄧㄚˋ
memonic alloy stent
【材】又称“记忆效应自膨胀支架”。用具有形状记忆功能的镍钛合金制成的支架。输入目标血管内,感受血液温度时即发生形状恢复,对狭窄病变区起支撑作用。

记忆效应自膨胀支架
jìyì xiàoyìng zìpéngzhàng zhījià/ㄐㄧˋ ㄧˋ ㄒㄧㄠˋ ㄧㄥˋ ㄗˋ ㄆㄥˊ ㄓㄤˋ ㄓ ㄐㄧㄚˋ
【材】即“记忆合金支架”(582 页)。

记忆障碍/記憶障礙
jìyì zhàng'ài/ㄐㄧˋ ㄧˋ ㄓㄤˋ ㄞˋ
memory disturbance
【医】记忆出现的缺损。可分为遗忘和记忆错误(错构、虚构、记忆增强等)两类。

纪/紀 jì/ㄐㄧˋ
period
【地】地质年代分期的第三级。在代之下,世之上。如中生代分为三叠纪、侏罗纪、白垩纪。纪所对应的年代地层单位是系。

技能/技能 jìnéng/ㄐㄧˋ ㄋㄥˊ
skill
【心】个体运用已有的知识经验,通过练习而形成的智力动作方式或肢体动作方式的复杂系统。包括在知识经验基础上，按一定的方式进行反复练习或由于模仿而形成的初级水平技能，也包括经练习后达到自动化水平，即熟练的高级水平技能。

技巧 jìqiǎo/ㄐㄧˋ ㄑㄧㄠˇ

【心】即“熟练”(1048 页)。

技术/技術 jìshù/ㄐㄧˋ ㄕㄨˋ

technology

【总】根据科学原理和生产实践经验而发展成的各种工艺、操作方法和技能。

技术改革 jìshù gǎigé/ㄐㄧˋ ㄕㄨˋ ㄍㄞˇ ㄍㄜˊ

【总】即“技术革新”(583 页)。

技术革命/技術革命

jìshù gémìng/ㄐㄧˋ ㄕㄨˋ ㄍㄜˊ ㄇㄧㄥˋ

technological revolution

【总】技术发展中具有飞跃性质变特点的重大技术变革。如 18 世纪的蒸汽动力技术革命、19 世纪的电力技术革命和当前以微电子技术为中心的新技术革命。对大幅度提高社会生产力，推动生产关系变革具有决定性意义。

技术革新/技術創新

jìshù géxīn/ㄐㄧˋ ㄕㄨˋ ㄔㄨㄤˋ ㄒㄧㄣ

technical innovation

【总】又称“技术改革”。生产技术上的改进。是在原有技术基础上发生的局部性的技术变革。如工艺规程、机器部件的改进等。

技术经济学/技術經濟學

jìshù jīngjìxué/ㄐㄧˋ ㄕㄨˋ ㄐㄧㄥ ㄐㄧˋ ㄒㄩㄝˊ

technological economics

【总】研究技术和经济之间关系的学科。从经济角度研究在一定社会条件下的再生产过程中即将采用的各种技术措施和技术方案的经济效果，通过分析、对比、论证和择优过程，选定符合本身资源特点和经济条件的技术，使之更好地应用于社会经济建设。

技术科学/技術科學

jìshù kēxué/ㄐㄧˋ ㄕㄨˋ ㄎㄜ ㄒㄩㄝˊ

technical science

【总】关于技术的基本理论的科学。以基础科学为指导，以技术客体为认识目标，研究和考察不同技术门类的特殊规律，建立技术理论，应用于工程和技术客体。

技术贸易/技術貿易

jìshù màoyì/ㄐㄧˋ ㄕㄨˋ ㄇㄠˋ ㄧˋ

technology transactions, trade in technology

【总】以技术为商品进行的交易活动。包括实物形态和知识形态两方面商品的交易活动。

技术市场/技術市場

jìshù shìchǎng/ㄐㄧˋ ㄕㄨˋ ㄕˋ ㄔㄤˇ

market of technology

【总】狭义上指进行技术商品交换的场所。广义上指技术商品交换关系的总和。技术商品有计算机程序、图纸、数据、技术资料、工艺流程、操作技巧、配方、咨询或培训服务，以及买方需要的某种战略思想、预测分析、规划意见等。其交换关系主要是技术商品的生产者、经营者、消费者之间的关系。技术商品交易的实质是使用权的转让。

技术体系/技術體系

jìshù tǐxì/ㄐㄧˋ ㄕㄨˋ ㄊㄧˇ ㄒㄧˋ

technical system

【总】各种技术之间相互作用、相互联系，按一定的目的和结构方式组成的技术整体。近代以来，经历了机械技术体系、电力技术体系、化工技术体系和以信息技术为中心的技术体系等发展阶段。

技术要素/技術要素

jìshù yàosù/ㄐㄧˋ ㄕㄨˋ ㄧㄠˋ ㄙㄨˋ

technical factor

【总】组成技术或技术系统的要素。分为主体要素和客体要素两部分。前者有主体的经验、技能和科学知识，后者有材料、能源、信息、工具和工艺。

技术转让/技術轉讓

jìshù zhuǎnràng/ㄐㄧˋ ㄕㄨˋ ㄓㄨㄢˇ ㄖㄤˋ

technology assignment

【总】技术商品从一方让渡给另一方的经济行为，即拥有技术的当事人一方将现有技术有偿转让给另一方的行为。所转让的技术包括获得专利权的技术、商标，以及非专利技术，如专有技术、传统技艺、生物品种、管理方法等。

技术转移/技術轉移

jìshù zhuǎnyí/ㄐㄧˋ ㄕㄨˋ ㄓㄨㄢˇ ㄧˊ

technology transfer

【总】技术在国家、地区、行业内部或之间，以及技术自身系统内输入与输出的活动过程。包括国家之间的转移，从技术生成部门（研究机构）向使用部门（企业和商业部门）的转移，以及使用部门之间的转移。

技術創新

ㄐㄧˋ ㄕㄨˋ ㄔㄨㄤˋ ㄒㄧㄣ/jìshù chuàngxīn

technical innovation

【总】台湾名。即“技术革新”（583 页）。

季德胜蛇药片/季德勝蛇藥片

Jì Déshèng shéyàopiàn/

ㄐㄧˋ ㄉㄜˊ ㄕㄥˋ ㄕㄜˊ ㄧㄠˋ ㄆㄧㄢˋ

jidesheng sheyao tablets, ＊Ji De-Sheng Snake Tablet

【中医】中成药名。主要成分：七叶一枝花、蟾蜍皮、蜈蚣、地锦草等。口服。解毒，消肿，止痛，化腐，生肌。用于毒蛇与毒虫咬伤，脑炎，流行性腮腺炎，带状疱疹，乙型肝炎，隐翅虫皮炎，耳郭软骨膜炎，阴茎包皮水肿，蚕豆黄，红斑狼疮等。

📖 季德胜蛇药片由江苏南通著名蛇医季德胜创制，故名。

季风/季風 jìfēng/ㄐㄧˋ ㄈㄥ

monsoon

【气】由于大陆和海洋在一年之中增热和冷却程度不同所形成的大范围区域冬季和夏季盛行风的风向相反或接近相反的现象。

📖 中国是最早发现季风的国家。古代所用的信风、黄雀风、落梅风、舶棹风、舶趠风等名称，多根据季风开始的物候情况命名。如北宋苏东坡（1037—1101）的“三时已断黄梅雨，万里初来舶趠风”的诗句，是说“七月上旬梅雨结束，有利于南洋航船驶来的东南季风就到了”。现代气象学意义上的季风概念由英国人哈雷（E.Halley，1656—1742）于 1686 年提出，即季风是由太阳对海洋和陆地的加热差异导致的大气中的气压差异而形成。

季风环流/季風環流

jìfēng huánliú/ㄐㄧˋ ㄈㄥ ㄏㄨㄢˊ ㄌㄧㄡˊ

monsoon circulation

【气】冬季风或夏季风期间，低层风与高层风组成的环流。

季节河 jìjiéhé/ㄐㄧˋ ㄐㄧㄝˊ ㄏㄜˊ

【地】即“间歇河”（602 页）。

季節相 ㄐㄧˋ ㄐㄧㄝˊ ㄒㄧㄤˋ/jìjiéxiàng

seasonal aspect

【建】台湾名。即“季相”（584 页）。

季相/季節相 jìxiàng/ㄐㄧˋ ㄐㄧㄝˊ ㄒㄧㄤˋ

seasonal aspect

【建】植物在不同季节表现的外貌。植物的生长，叶、花、果的形状和色彩随季节变化，开花时、结果时或叶色转变时，给人以时令的启示，都具有较高的观赏价值，如春季山花烂漫，夏季荷花映日，秋季硕果满园，冬季腊梅飘香。

剂量仪/劑量計 jìliàngyí/ㄐㄧˋ ㄌㄧㄤˋ ㄐㄧˋ

dosemeter

【军】测量核爆炸时人员所受早期核辐射（γ射线与中子）和剩余核辐射（γ 射线）剂量的核生化侦察装备。可分为直读式剂量仪和非直读式剂量仪。直读式剂量仪又称“战术剂量仪”，通常供分队使用。根据其读数可估计邻近范围内人员受辐射剂量，为判断部队战斗力提供依据。非直读式剂量仪又称“卫勤（医疗）剂量仪”，由探测器和读数器组成，根据探测器在读数器上的读数，判断个人的急性放射损伤程度，适时对伤员分类并采取相应措施。

荠/薺 jì/ㄐㄧˋ

shepherd's purse

【植】*Capsella bursa-pastoris* 通称“荠菜”。十字花科荠属。一至二年生草本植物。茎直立，有分枝。基生叶呈莲座状，大头羽状分裂，裂片卵形，顶生裂片较大，侧裂片 3～8 对，较小。总状花序，十字花冠，花瓣卵形，白色。花果期 4—6 月份。在中国，分布于各地。野生植物。可作蔬菜，全草入药。

荠菜 jìcài/ㄐㄧˋ ㄘㄞˋ

【植】“荠”的通称。

計數秤 ㄐㄧˋ ㄕㄨˋ ㄔㄥˋ/jìshùchèng

counter scale

【计量】台湾名。即“案秤”（9 页）。

計算機安全性

ㄐㄧˋ ㄙㄨㄢˋ ㄐㄧ ㄢ ㄑㄩㄢˊ ㄒㄧㄥˋ/

jìsuànjī ānquánxìng

computer security, COMPUSEC

【信息】台湾名。即“计算机安全”(581 页)。

計算機網路

ㄐㄧˋ ㄙㄨㄢˋ ㄐㄧ ㄨㄤˇ ㄌㄨˋ/jìsuànjī wǎnglù

computer network

【信息】台湾名。即“计算机网络”(581 页)。

既约分数

jìyuē fēnshù/ㄐㄧˋ ㄩㄝ ㄈㄣ ㄕㄨˋ

【数】即“不可约分数”(84 页)。

記事平板 ㄐㄧˋ ㄕˋ ㄆㄧㄥˊ ㄅㄢˇ/jìshì píngbǎn

memo pad

【信息】台湾名。即“记事簿”(582 页)。

記誦 ㄐㄧˋ ㄙㄨㄥˋ/jìsòng

memorization

【心】台湾名。即“识记”(1028 页)。

記憶格 ㄐㄧˋ ㄧˋ ㄍㄜˊ/jìyìgé

memory cell

【信息】台湾名。即“存储单元”(172 页)。

記憶庫 ㄐㄧˋ ㄧˋ ㄎㄨˋ/jìyìkù

memory bank

【信息】台湾名。即“存储体”(172 页)。

記憶體 ㄐㄧˋ ㄧˋ ㄊㄧˇ/jìyìtǐ

❶storage device, storage, ❷memory

【信息】❶台湾名。即“存储器”(172 页)。❷台湾名。即“内存”(826 页)。

記憶體管理

ㄐㄧˋ ㄧˋ ㄊㄧˇ ㄍㄨㄢˇ ㄌㄧˇ/jìyìtǐ guǎnlǐ

memory management

【信息】台湾名。即“存储管理”(172 页)。

記憶體晶片

ㄐㄧˋ ㄧˋ ㄊㄧˇ ㄐㄧㄥ ㄆㄧㄢˋ/jìyìtǐ jīngpiàn

memory chip

【信息】台湾名。即“内存芯片”(826 页)。

記憶體傾印

ㄐㄧˋ ㄧˋ ㄊㄧˇ ㄑㄧㄥ ㄧㄣˋ/jìyìtǐ qīngyìn

memory dump

【信息】台湾名。即“内存转储”(826 页)。

继电保护系统/繼電保護系統

jìdiàn bǎohù xìtǒng/

ㄐㄧˋ ㄉㄧㄢˋ ㄅㄠˇ ㄏㄨˋ ㄒㄧˋ ㄊㄨㄥˇ

relay protection system

【电】具有继电保护功能的装置与有关电气设备(如互感器、通信联系设备、跳闸电路等)所组成的整个系统。

继电保护装置/繼電器保護設備

jìdiàn bǎohù zhuāngzhì/

ㄐㄧˋ ㄉㄧㄢˋ ㄑㄧˋ ㄅㄠˇ ㄏㄨˋ ㄕㄜˋ ㄅㄟˋ

relay protection equipment

【电】一个或多个保护元件(如继电器)和逻辑元件按要求组配在一起、并完成电力系统中某项特定保护功能的装置。

继电器/繼電器 jìdiànqì/ㄐㄧˋ ㄉㄧㄢˋ ㄑㄧˋ

relay

【电】当输入量(激励量)的变化达到规定要求时,在电气输出电路中使被控量发生预定的阶跃变化的一种电器。

继发性腹膜炎/繼發性腹膜炎

jìfāxìng fùmóyán/ㄐㄧˋ ㄈㄚ ㄒㄧㄥˋ ㄈㄨˋ ㄇㄛˊ ㄧㄢˊ

secondary peritonitis

【医】继发于腹腔内脏器穿孔、脏器损伤破裂、炎症和手术感染等的腹膜炎。

继发性高血压/繼發性高血壓

jìfāxìng gāoxuèyā/

ㄐㄧˋ ㄈㄚ ㄒㄧㄥˋ ㄍㄠ ㄒㄩㄝˋ ㄧㄚ

secondary hypertension

【医】高血压的一类。继发于其他疾病,有明确的致病原因。血压升高仅是某些疾病的临床表现,约占高血压发病人群的 5%。有些继发性高血压,如原发性醛固酮增多症、嗜铬细胞瘤、肾血管性高血压、肾素分泌瘤等,可通过治愈原发病而得到根治或改善。

继发性污染物

jìfāxìng wūrǎnwù/ㄐㄧˋ ㄈㄚ ㄒㄧㄥˋ ㄨ ㄖㄢˇ ㄨˋ

【环】即“次生污染物”(166 页)。

继有意注意

jìyǒuyì zhùyì/ㄐㄧˋ ㄧㄡˇ ㄧˋ ㄓㄨˋ ㄧˋ

【心】即“有意后注意”(1372 页)。

寄存器/暫存器

jìcúnqì/ㄓㄢˋ ㄘㄨㄣˊ ㄑㄧˋ

register

【信息】处理器中具有规定存储容量的高速存储部件。

寄生/寄生 jìshēng/ㄐㄧˋ ㄕㄥ

parasitism

【生】一种生物生活在另一种生物的体内或体表,并在代谢上依赖于后者以维持生命的生活方式。前者称寄生物，后者称宿主。动物中的蛔虫、植物中的菟丝子等均营寄生生活。

寄生虫/寄生蟲
jìshēngchóng/ㄐㄧˋ ㄕㄥ ㄔㄨㄥˊ
parasite
【动】寄生在别的动物或植物体内或体表的动物。从宿主取得养分，有的能传染疾病，对宿主有害。如跳蚤、虱子、蛔虫、姜片虫、小麦线虫等。

寄生植物/寄生植物
jìshēng zhíwù/ㄐㄧˋ ㄕㄥ ㄓˊ ㄨˋ
parasitic plant
【植】用其特殊的器官从其他植物体上吸收养料而生活的植物。如菟丝子。

寄主 jìzhǔ/ㄐㄧˋ ㄓㄨˇ
【生】即“宿主”(1085 页)。

蓟/薊 jì/ㄐㄧˋ
thistle
【植】*Cirsium japonicum* 菊科蓟属。多年生草本植物。茎直立，有条棱，被毛。基生叶较大，自基部向上的叶渐小，叶片卵形至长椭圆形，羽状深裂或近全裂，边缘有大齿，齿顶有针刺。头状花序直立，总苞钟状，苞片外面有毛和黏腺；花冠红色或紫色。花果期 4—11 月份。在中国，分布于河北以南、陕西以东的各地，以及台湾。

鲚/鱭 jì/ㄐㄧˋ
anchovy
【动】鱼名。硬骨鱼纲鳀科。身体小而侧扁，头小而尖，尾尖而细，银白色，雌鱼体长约 20 厘米，雄鱼略小。生活在西太平洋的海洋中，春季或初夏到江河中产卵。种类较多，常见的有凤鲚(*Coilia mystus*)、刀鲚(*C. nasus*)等。中国沿海各地均有分布。

稷/豬粟 jì/ㄓㄨ ㄙㄨˋ
broomcorn millet
【植】*Panicum milliaceum* 又称“穈”。禾本科黍属。一年生草本植物。秆直立。叶片条形或条状披针形，扁平。圆锥花序顶生，分枝多，成熟时下垂，小穗卵状椭圆形。颖果，有黏与不黏两种。在中国，分布于北方。果实可作粮食或酿酒。

鲫鱼/鯽魚 jìyú/ㄐㄧˋ ㄩˊ
crucian carp
【动】*Carassius auratus* 鱼名。硬骨鱼纲鲤科。身体侧扁，长约 20 厘米，头小、无须。背脊隆起，头部尖，中部高，尾部较窄。生活在淡水中，食性杂，生长较慢。中国各地均有分布，是重要的淡水鱼类。

劑量計 ㄐㄧˋ ㄌㄧㄤˋ ㄐㄧˋ/jìliàngjì
dosemeter
【军】台湾名。即“剂量仪”(584 页)。

繼電器保護設備
ㄐㄧˋ ㄉㄧㄢˋ ㄑㄧˋ ㄅㄠˇ ㄏㄨˋ ㄕㄜˋ ㄅㄟˋ/
jìdiànqì bǎohù shèbèi
relay protection equipment
【电】台湾名。即“继电保护装置”(585 页)。

jia （ㄐㄧㄚ）

加成/加成 jiāchéng/ㄐㄧㄚ ㄔㄥˊ
addition
【化】有机化学中两个分子或两个以上分子通过化学反应成为一个分子的作用。是含有双键、三键等不饱和化合物的典型反应。可分为亲电加成、亲核加成、游离基加成和周环加成，也可分为碳碳双键加成反应和碳氧双键加成反应。

加法/加法 jiāfǎ/ㄐㄧㄚ ㄈㄚˇ
addition
【数】一种运算。两个对象 a,b 相加通常记作 $a+b$，其中 a,b 同为数(式)，叫作加数(式)。各类对象的加法有其运算法则，其中最简单的是数的加法，即两个或更多的数合成一个数的运算。例如，$1+2=3$。加法与减法互为逆运算。

加凡尼電池
ㄐㄧㄚ ㄈㄢˊ ㄋㄧˊ ㄉㄧㄢˋ ㄔˊ/jiāfánní diànchí
primary cell, galvanic cell
【化】台湾名。即“原电池”(1386 页)。

加辅料炒/加輔料炒
jiāfǔliàochǎo/ㄐㄧㄚ ㄈㄨˇ ㄌㄧㄠˋ ㄔㄠˇ
fried with adjuvant material, * stir-frying with adjuvants
【中医】炒制法的一种。把净药材或切制品加麸、米、土、砂、蛤粉、滑石粉等固体辅料，或酒、醋、盐水、姜汁、蜜等液体辅料同炒。例如，炒白术用土炒制成，炙甘草用蜂蜜制成。

加工配送/加工配送

jiāgōng pèisòng/ ㄐㄧㄚ ㄍㄨㄥ ㄆㄟˋ ㄙㄨㄥˋ

processing distribution

【物流】经过流通加工后再进行分拣、配货、送货的配送形式。适用于现有产品不能满足用户需求，或用户提出特殊工艺要求的情况。

加工原纸

jiāgōng yuánzhǐ/ ㄐㄧㄚ ㄍㄨㄥ ㄩㄢˊ ㄓˇ

【轻】即“原纸”(1389 页)。

加工中心/加工中心

jiāgōng zhōngxīn/ ㄐㄧㄚ ㄍㄨㄥ ㄓㄨㄥ ㄒㄧㄣ

machining center

【机】又称“自动换刀数控机床”，台湾又称“切削機”。数控机床的一种。带有放置多种刀具的刀库和自动换刀装置，可按预先选定的次序自动依次进行铣、镗、钻、铰和攻丝等多种工序加工。工件在加工后通常不需再转送到其他机床，免除了搬运和重新安装，并使各加工表面间的位置精度得以提高。适应性强。适用于加工箱体和机座等。

加工助剂/加工助劑

jiāgōng zhùjì/ ㄐㄧㄚ ㄍㄨㄥ ㄓㄨˋ ㄐㄧˋ

processing agent

【轻】加工食品时，为满足工艺规程或达到质量要求而加入的物质。通常不存在于最终产品中，但难免有残留物或衍生物。

加固電腦 ㄐㄧㄚ ㄍㄨˋ ㄉㄧㄢˋ ㄋㄠˇ/jiāgù diànnǎo

hardened computer, ruggedized computer

【军】台湾名。即“加固计算机”(587 页)。

加固计算机/加固電腦

jiāgù jìsuànjī/ ㄐㄧㄚ ㄍㄨˋ ㄉㄧㄢˋ ㄋㄠˇ

hardened computer, ruggedized computer

【军】为适应各种恶劣环境使用要求或特定环境使用安全而设计、制造的计算机。主要用于车载、舰载、机载、弹载、星载及野外作业系统，战略和战术武器系统，以及军事通信、指挥和控制系统等。可根据使用和环境的要求不同而实施不同形式的加固设计措施。常用方法有内加固和外加固两种。内加固是从系统最基本的元件级开始，向上逐级加固的方法；外加固是利用优选的商用产品，采取重新设计机箱及某些能满足恶劣环境或安全使用要求的措施，以达到加固的目的。

加勒比海/加勒比海

Jiālèbǐ Hǎi/ ㄐㄧㄚ ㄌㄜˋ ㄅㄧˇ ㄏㄞˇ

Caribbean Sea

【地】海名。位于南美大陆、大安的列斯群岛、小安的列斯群岛、中美地峡之间，是大西洋的附属海。面积约275.4万平方千米，平均水深2491 米，最深达 7680 米。为世界最大的内海，也是南美洲重要渔场，盛产金枪鱼、海龟、沙丁鱼、龙虾等；南部大陆架石油、天然气蕴藏丰富。

加榴炮 jiāliúpào/ ㄐㄧㄚ ㄌㄧㄡˊ ㄆㄠˋ

【军】“加农榴弹炮”的简称。

加仑/加侖 jiālún/ ㄐㄧㄚ ㄌㄨㄣˊ

gallon

【计量】体积的英制单位。符号 gal。❶英国用于固体和液体，1 加仑(英)＝4.5461 升。❷美国用于各种液体，1 加仑(美)＝3.7854 升。

加密/加密 jiāmì/ ㄐㄧㄚ ㄇㄧˋ

encrypt, encipher

【信息】计算机安全中借助密码系统把明文转换为难以阅读的形式。加密后的数据称为“密文”，只有拥有其密码的用户方可将其解密读懂。

加农榴弹炮/加農榴彈炮

jiānóng-liúdànpào/ ㄐㄧㄚ ㄋㄨㄥˊ ㄌㄧㄡˊ ㄉㄢˋ ㄆㄠˋ

gun-howitzer

【军】简称“加榴炮”。兼有加农炮和榴弹炮弹道特性的火炮。基本结构与加农炮和榴弹炮类同。用于射击远距离目标和破坏坚固的工程设施。用大号装药和小射角射击，弹道低伸，可遂行加农炮的任务；用小号装药和大射角射击，弹道较弯曲，可遂行榴弹炮的任务。口径多为 152 毫米或 155 毫米，身管长多为口径的 30～52 倍，最大射程通常为 17～30 千米。

加农炮/加農炮

jiānóngpào/ ㄐㄧㄚ ㄋㄨㄥˊ ㄆㄠˋ

cannon gun

【军】身管长、初速大、射程远、弹道低伸的火炮。主要由炮身、炮架、瞄准装置等部件组成。身管长与口径之比较大,装药号数较少,适用于低射界射击。主要用于射击垂直目标、装甲目标和远距离目标。配用杀伤弹、爆破弹和杀伤爆破弹,有的还可配用穿甲弹、混凝土破坏弹和火箭增程弹。按机动方式不同,可分为牵引式加农炮和自行式加农炮。

加強文字 ㄐㄧㄚ ㄑㄧㄤˊ ㄨㄣˊ ㄗˋ/jiāqiáng wénzì

rich text

【信息】台湾名。即“富文本”(372 页)。

加权平均值/加權平均值

jiāquán píngjūnzhí/

ㄐㄧㄚ ㄑㄩㄢˊ ㄆㄧㄥˊ ㄐㄩㄣ ㄓˊ

weighted average

【数】一种特殊的算术平均值。设 n 个数中,有 k_1 个数等于 a_1,k_2 个数等于 a_2,…,k_m 个数等于 a_m,则 k_i 叫作 a_i 的权($i=1,2,\cdots,m$),数 $\frac{1}{n}\sum_{i=1}^{m}k_ia_i$ 叫作这 n 个数的加权平均值。

加扰/攪拌 jiārǎo/ㄐㄧㄠˇ ㄅㄢˋ

scrambling

【信息】为使数据信号的传送与存储安全起见,将其转换为具有相同含义和相同比特率的伪随机数字信号的操作。

加湿器/增濕器 jiāshīqì/ㄗㄥ ㄕ ㄑㄧˋ

humidifier

【机】又称“空气加湿器”。空调设备的一种。用于增加空气中水蒸气的含量。可以给指定房间加湿,也可与锅炉或中央空调系统相连给整栋建筑加湿。通常分为工业用加湿器和家用加湿器两大类。

加速度/加速度 jiāsùdù/ㄐㄧㄚ ㄙㄨˋ ㄉㄨˋ

acceleration

【物】全称“瞬时加速度”。描述速度的大小和方向随时间变化快慢的物理量。为矢量,用 $\boldsymbol{a}$ 表示,单位米/秒^2。

加速度计/加速度計

jiāsùdùjì/ㄐㄧㄚ ㄙㄨˋ ㄉㄨˋ ㄐㄧˋ

accelerometer

【机】测量运载体线加速度的仪表。按工作原理不同,可分为振弦式、振梁式和摆式积分陀螺加速度计等;按测量系统的组成形式不同,可分为开环式和闭环式加速度计;按检测质量的位移方式不同,可分为线性加速度计和摆式加速度计。多应用于飞行器的研究与制造等领域。

加速器/加速器 jiāsùqì/ㄐㄧㄚ ㄙㄨˋ ㄑㄧˋ

accelerator

㊀【物】利用电场对电荷的作用力,使带电粒子加速并获得极高速度的装置。按加速电场不同,可分为高压加速器、电子感应加速器、谐振加速器(直线加速器、回旋加速器、同步加速器)等。可用于原子核实验,放射性医学、放射性化学和非破坏性探伤等。㊁【信息】可提高或增强一个或几个子系统的操作速度,以改善程序性能的器件。

加味茶 ㄐㄧㄚ ㄨㄟˋ ㄔㄚˊ/jiāwèichá

scented tea

【轻】台湾名。即“花茶”(512 页)。

加载 jiāzài/ㄐㄧㄚ ㄗㄞˋ

【信息】即“装入”(1488 页)。

加值網路 ㄐㄧㄚ ㄓˊ ㄨㄤˇ ㄌㄨˋ/jiāzhí wǎnglù

value-added network, VAN

【信息】台湾名。即“增值网”(1415 页)。

夹板/夾板 jiābǎn/ㄐㄧㄚˊ ㄅㄢˇ

splint

【医】用于人体各部位骨折、扭伤、关节脱位、复位术后的固定和半固定的板形医用器具。

夹板固定疗法/夾板固定療法

jiābǎn gùdìng liáofǎ/

ㄐㄧㄚˊ ㄅㄢˇ ㄍㄨˋ ㄉㄧㄥˋ ㄌㄧㄠˊ ㄈㄚˇ

splint-fixing therapy

【中医】外治法之一。用扎带或绷带把竹板、木板或塑料制成的夹板固定在骨折已经复位的肢体上,以促进骨折愈合。

夹层/夾層 jiācéng/ㄐㄧㄚˊ ㄘㄥˊ

mezzanine

【建】建筑物中两层主楼面之间的部分楼层。如一栋房屋,从外部看是两层楼房,从内部看局部为三层,这三层中间的一层称为夹层。

夹具/夾具 jiājù/ㄐㄧㄚˊ ㄐㄩˋ

fixture, jig

【机】又称“卡具”。加工、检验或装配时用来正确定位和夹紧工件,或引导刀具的工艺装备。按产生和传递夹紧力的方式不同,可分为手动机械夹具、气动夹具、液压夹具、磁力夹具等。按用途不同，可分为机床夹具、检验夹具、焊接夹具、装配夹具等。

夹竹桃 jiāzhútáo/ ㄐㄧㄚ ㄓㄨˊ ㄊㄠˊ

【植】即“欧洲夹竹桃”(849 页)。

夾頭 ㄐㄧㄚˊ ㄊㄡˊ/jiātóu

chuck

【机】台湾名。即“卡盘”(899 页)。

伽利略卫星导航系统/伽利略衛星導航系統

Jiālìlüè Wèixīng Dǎoháng Xìtǒng/ ㄐㄧㄚ ㄌㄧˋ ㄌㄩㄝˋ ㄨㄟˋ ㄒㄧㄥ ㄉㄠˇ ㄏㄤˊ ㄒㄧˋ ㄊㄨㄥˇ

Galileo Satellite Navigation System

【信息】欧洲计划建设的民用全球卫星导航系统。由 30 颗中轨道地球卫星(27 颗工作星，3 颗备份星)组成，均匀分布在高度约为 2.3 万千米的 3 个轨道面上。系统将导航功能与移动电话功能相结合，可以接受美国全球定位系统和俄罗斯全球导航卫星系统两大系统的信号。

📖 伽利略卫星导航系统 2002 年由欧盟正式批准。按规划耗资约 27 亿美元，2013 年年底前发射 30 颗卫星，提供误差不到 1 米的精确全球定位服务，时间信号精度达到 100 纳秒。将于 2019 年全部建成。

家蚕 jiācán/ ㄐㄧㄚ ㄘㄢˊ

【动】即“桑蚕”(973 页)。

家蚕丝 jiācánsī/ ㄐㄧㄚ ㄘㄢˊ ㄙ

【纺】即“桑蚕丝”(973 页)。

家鸡 jiājī/ ㄐㄧㄚ ㄐㄧ

【动】即“鸡”(563 页)。

家庭計劃

ㄐㄧㄚ ㄊㄧㄥˊ ㄐㄧˋ ㄏㄨㄚˋ/jiātíng jìhuà

family planning

【医】台湾名。即“计划生育”(580 页)。

家庭污水

ㄐㄧㄚ ㄊㄧㄥˊ ㄨ ㄕㄨㄟˇ/jiātíng wūshuǐ

domestic sewage

【水利】台湾名。即“生活污水”(1005 页)。

家庙 jiāmiào/ ㄐㄧㄚ ㄇㄧㄠˋ

【建】即“祠堂”(158 页)。

家谱 jiāpǔ/ ㄐㄧㄚ ㄆㄨˇ

【生】即“系谱”(1230 页)。

家禽/家禽 jiāqín/ ㄐㄧㄚ ㄑㄧㄣˊ

poultry

【农】人类为了经济或其他目的而驯化和饲养的禽类。如鸡、鸭、鹅、肉鸽、火鸡、鹌鹑等。

家雀儿 jiāqiǎor/ ㄐㄧㄚ ㄑㄧㄠˇ ㄦ

【动】即“麻雀”(776 页)。

家庭暴力/家庭暴力

jiātíng bàolì/ ㄐㄧㄚ ㄊㄧㄥˊ ㄅㄠˋ ㄌㄧˋ

family violence

【医】行为人以殴打、捆绑、残害、强行限制人身自由或者其他手段，给其家庭成员的身体、精神等方面造成一定伤害后果的行为。

家庭网/家庭網路

jiātíngwǎng/ ㄐㄧㄚ ㄊㄧㄥˊ ㄨㄤˇ ㄌㄨˋ

home network

【信息】把用户家中各种信息终端和电器设备(如个人计算机、打印机、游戏机、电视机、MP3 播放器)连接在一起的网络。

家庭網路

ㄐㄧㄚ ㄊㄧㄥˊ ㄨㄤˇ ㄌㄨˋ/jiātíng wǎnglù

home network

【信息】台湾名。即“家庭网”(589 页)。

家庭医疗

jiātíng yīliáo/ ㄐㄧㄚ ㄊㄧㄥˊ ㄧ ㄌㄧㄠˊ

【医】即“全科医疗”(929 页)。

家庭医学/家庭醫學

jiātíng yīxué/ ㄐㄧㄚ ㄊㄧㄥˊ ㄧ ㄒㄩㄝˊ

【医】即“全科医学”(929 页)。

家畜/家畜 jiāchù/ ㄐㄧㄚ ㄔㄨˋ

livestock, domestic animal

【农】人类为经济或其他目的而长期驯化饲养的某些兽类。如猪、狗、羊、马、驴、骡、牛、骆驼等。通常所称六畜，指猪、牛、羊、马、鸡、狗，也泛指各种家畜、家禽。

家鸭 jiāyā/ ㄐㄧㄚ ㄧㄚ

【动】即“鸭”(1304 页)。

家用电器/家用電器

jiāyòng diànqì/ ㄐㄧㄚ ㄩㄥˋ ㄉㄧㄢˋ ㄑㄧˋ

household electrical appliance, appliance

【轻】又称“民用电器”。为家用或类似用途而设计的电器。

嘉应子 jiāyìngzǐ/ ㄐㄧㄚ ㄧㄥˋ ㄗˇ

【植】即"李"(722 页)。

镓/鎵 jiā/ㄐㄧㄚ

gallium

【化】金属元素。属周期表第ⅢA族,符号Ga,原子序数31。原子量69.72。自然界常与闪锌矿和赭石矿共生。对人体有毒害,常富集于许多肿瘤和恶性淋巴瘤中。单质为银白色金属,质软,有延展性。高温时能与大多数金属作用,生成特殊性能的合金。三价镓的氧化物和氢氧化物是两性化合物。氮化镓、磷化镓、硒化镓是重要的半导体材料。镓-67可用于肿瘤的放射诊断。

📖 俄国的门捷列夫(Д.И.Менделеев)预言并随后于1875年被法国的布瓦博德朗(L. Boisbaudran)从光谱中发现并制得镓。拉丁文定名为Gallia,源自Gallia,意思是"高卢人"(古代西欧的居民,主要是现在的法国人)。中文定名为"镓",是形声字。

荚果/莢果 jiáguǒ/ㄐㄧㄚˊ ㄍㄨㄛˇ

legume

【植】果实的一种。成熟后多数沿心皮背缝与腹缝两面开裂,少数不开裂或节节脱落。是豆科植物特有的果实,如绿豆、刺槐和含羞草的果实。

荚蒾/莢蒾 jiámí/ㄐㄧㄚˊ ㄇㄧˊ

arrowwood

【植】*Viburnum dilatatum* 忍冬科荚蒾属。落叶灌木。树皮黑灰色,细纵裂。叶纸质,宽倒卵形,边缘有齿,两面被毛。复伞形花序生枝端,五叉分枝;花冠辐状,裂片卵圆形,白色,雄蕊高出花冠。果实红色,椭圆状卵圆形。花期5—6月份,果期9—11月份。在中国,分布于河北和陕西的南部,以及华东、华南、华中、西南部分地区。观赏树木。树皮纤维可用。

颊囊/頰囊 jiánáng/ㄐㄧㄚˊ ㄋㄤˊ

cheek pouch

【动】某些啮齿目动物(如仓鼠、松鼠)和灵长目动物(如猴)的口腔内两侧的囊状构造。有暂时贮存食物的作用。

蛱蝶/蛺蝶 jiádié/ㄐㄧㄚˊ ㄉㄧㄝˊ

brush-footed butterfly

【动】昆虫名。蝴蝶的一类。形体较大。成虫赤黄色,前翅和后翅的边缘多有缺刻,翅的底色为棕色,翅有鲜艳的色斑,站立时四翅常不停扇动。幼虫灰黑色,身上有刺。分布广泛。有的以麻类植物的叶子为食,对农作物有害。

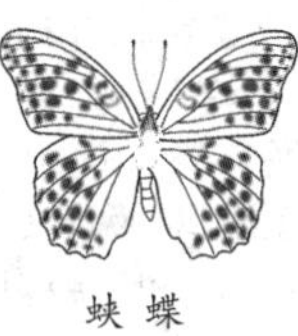
蛱蝶

甲板/甲板 jiǎbǎn/ㄐㄧㄚˇ ㄅㄢˇ

deck

【船】位于船舶内底板以上,封盖船内空间或将其分隔成层的大型板架。按其所在位置不同,可分为上甲板、第二甲板、第三甲板等;按其作用不同,可分为强力甲板、舱壁甲板、干舷甲板等;按其功用不同,可分为主甲板、桥楼甲板、游步甲板、起居甲板、救生甲板、驾驶甲板等。

甲板机械/甲板機械

jiǎbǎn jīxiè/ㄐㄧㄚˇ ㄅㄢˇ ㄐㄧ ㄒㄧㄝˋ

deck machinery

【船】台湾又称"艙面機械"。安装在露天甲板上的机械设备。通常包括舵机、锚机、起货机、绞盘、绞车和起艇机等。

甲板装具

ㄐㄧㄚˇ ㄅㄢˇ ㄓㄨㄤ ㄐㄩˋ/jiǎbǎn zhuāngjù

deck equipment and fittings

【船】台湾名。即"舱面属具"(95 页)。

甲苯/甲苯 jiǎběn/ㄐㄧㄚˇ ㄅㄣˇ

toluene, methylbenzene

【化】有机化合物。苯环上一个氢被甲基取代而成。化学式 $C_6H_5CH_3$。无色液体,易挥发,易燃,有芳香气味。其蒸气与空气形成爆炸性混合物,爆炸极限为1.2%～7%(体积分数)。化学性质较苯活泼。可用作溶剂及化工原料。

甲虫/甲蟲 jiǎchóng/ㄐㄧㄚˇ ㄔㄨㄥˊ

beetle

【动】鞘翅目(Coleoptera)昆虫的统称。身体外部有硬壳,前翅角质,厚而硬,后翅膜质。如金龟子、天牛、象鼻虫等。

甲醇/甲醇 jiǎchún/ㄐㄧㄚˇ ㄔㄨㄣˊ

methanol, carbinol

【化】俗称"木醇""木精"。有机化合物。化学式 CH_3OH。是最简单的饱和一元醇。无色液体,有乙醇气味,易挥发,有毒、易燃,是重要的化工原料。

甲肝 jiǎgān/ ㄐㄧㄚˇ ㄍㄢ

【医】“甲型肝炎”的简称。

甲基汞/甲基汞 jiǎjīgǒng/ ㄐㄧㄚˇ ㄐㄧ ㄍㄨㄥˇ

methyl mercury

【化】有机化合物。化学式 CH_3Hg。水溶性剧毒物质，脂溶性也较强且化学性质稳定，容易被生物体吸收，难以代谢消除，能在生物链中逐级传递富集，通过鱼类和贝类逐步积累，危害水鸟和人类。甲基汞进入人体和蛋白质氨基结合，妨碍细胞正常代谢，引起脑干和神经系统疾病，出现畸变及对细胞遗传物质造成损伤等。日本“水俣病”就是甲基汞中毒症。燃煤释放的汞蒸气及工农、医疗卫生中用到的无机汞，散布在大气中，沉降到水体底泥(水底沉积物)，一些微生物能将其转变为甲基汞。

甲减 jiǎjiǎn/ ㄐㄧㄚˇ ㄐㄧㄢˇ

【医】“甲状腺功能减退”的简称。

甲亢 jiǎkàng/ ㄐㄧㄚˇ ㄎㄤˋ

【医】“甲状腺功能亢进”的简称。

甲硫氨酸/甲硫胺酸

jiǎliú'ānsuān/ ㄐㄧㄚˇ ㄌㄧㄡˊ ㄢ ㄙㄨㄢ

methionine, Met

【生】又称“蛋氨酸”。20 种蛋白质氨基酸之一。为必需氨基酸。白色片状或粉末状结晶，有特殊含硫化合物气味及甜味。具有营养、抗脂肪肝和抗贫血作用，是体内胆碱生物合成的甲基供体，能促进磷脂酰胆碱合成。对砷剂、巴比妥类药物引起的中毒有解毒作用。

甲硫胺酸

ㄐㄧㄚˇ ㄌㄧㄡˊ ㄢ ㄙㄨㄢ/jiǎliú'ànsuān

methionine, Met

【生】台湾名。即“甲硫氨酸”(591 页)。

甲壳/甲殼 jiǎqiào/ ㄐㄧㄚˇ ㄑㄧㄠˋ

crusta

【动】甲壳动物(如虾、蟹)的外骨骼。主要由石灰质及色素构成，质地坚硬，有保护身体的作用。

甲壳动物/甲殼動物

jiǎqiào dòngwù/ ㄐㄧㄚˇ ㄑㄧㄠˋ ㄉㄨㄥˋ ㄨˋ

crustacean

【动】Crustacea 节肢动物的一个亚门。全身有甲壳，头部和胸部结合成头胸部，后面是腹部。头胸部前端有大小两对触角，足的数目不等。主要分布于海洋和淡水中，用鳃呼吸。最常见的有虾、蟹、麦秆虫等。

甲醛/甲醛 jiǎquán/ ㄐㄧㄚˇ ㄑㄩㄢˊ

formaldehyde, methanal

【化】有机化合物。化学式 HCHO。无色气体，有特殊刺激性气味，其蒸气与空气形成爆炸性混合物，着火温度为 300℃。可用于制树脂、药物、染料、炸药等。福尔马林是 40% 甲醛水溶液。

📖 甲醛是可疑致癌物。柴油、汽油发动机的废气在阳光照射下，经复杂化学反应可产生甲醛；居室中的甲醛主要来自于木材胶黏剂等。

甲酸/甲酸 jiǎsuān/ ㄐㄧㄚˇ ㄙㄨㄢ

formic acid

【化】俗称“蚁酸”。有机化合物。化学式 HCOOH。是最简单的脂肪酸。无色液体，有刺激性气味，有腐蚀性。存在于蜂类、蚂蚁类等的分泌物中。是重要的化工原料。

甲胎蛋白/甲型胎兒蛋白

jiǎtāi dànbái/ ㄐㄧㄚˇ ㄒㄧㄥˊ ㄊㄞ ㄦˊ ㄉㄢˋ ㄅㄞˊ

alpha-fetal protein, AFP

【医】存在于胎肝和羊水中的一种糖蛋白。在成人中水平极低，可以作为肝癌的指标，多数肝癌患者血清中此种蛋白质的水平升高，但患者和胎儿的此种蛋白质的糖链结构有所不同。

甲烷/甲烷 jiǎwán/ ㄐㄧㄚˇ ㄨㄢˊ

methane

【化】有机化合物。化学式 CH_4。是最简单的烃类物质。无色无味的易燃气体，与空气形成爆炸性混合物，化学性质稳定。自然界广泛分布，是沼气和天然气的主要成分。主要用作燃料和化工原料。

📖 甲烷是大气中含量仅次于二氧化碳的温室气体。尽管其大气浓度是二氧化碳浓度的 1/20，但引起的增温效应约为人为二氧化碳温室效应的 20%。所以对甲烷人为源的控制和减排是涉及全球气候变化的一个重要问题。

甲型病毒性肝炎

jiǎxíng bìngdúxìng gānyán/

ㄐㄧㄚˇ ㄒㄧㄥˊ ㄅㄧㄥˋ ㄉㄨˊ ㄒㄧㄥˋ ㄍㄢ ㄧㄢˊ

【医】“甲型肝炎”的全称。

甲型肝炎/A型肝炎

jiǎxíng gānyán/A ㄒㄧㄥˊ ㄍㄢ ㄧㄢˊ

hepatitis A

【医】全称“甲型病毒性肝炎”，简称“甲肝”，台湾简称“A肝”，由甲型肝炎病毒感染引起的急性肝炎。主要通过粪—口途径传播。可分为急性黄疸型和急性无黄疸型。临床表现有发热、乏力、恶心、厌油，以及出现肝功能损害等。

📖 甲型肝炎预防措施有养成良好的卫生习惯，食品要高温加热，100℃1分钟可使甲肝病毒失去活性；接种甲肝疫苗，预防甲肝的发生和暴发流行；对密切接触者，可及时给予丙种球蛋白注射；发现甲肝患者应及时报告当地的疾病预防控制中心采取有效措施隔离传染源，切断传播途径，保护易感人群，控制传染病的流行。

甲型胎兒蛋白

ㄐㄧㄚˇ ㄒㄧㄥˊ ㄊㄞ ㄦˊ ㄉㄢˋ ㄅㄞˊ/

jiǎxíng tāi'ér dànbái

alpha fetoprotein, AFP

【医】台湾名。即“甲胎蛋白”(591页)。

甲鱼 jiǎyú/ ㄐㄧㄚˇ ㄩˊ

【动】即“鳖”(69页)。

甲状旁腺/副甲狀腺

jiǎzhuàng pángxiàn/ㄈㄨˋ ㄐㄧㄚˇ ㄓㄨㄤˋ ㄒㄧㄢˋ

parathyroid gland

【医】又称“副甲状腺”。内分泌腺之一。位于甲状腺侧叶后面，扁卵圆形小体，通常分为上下两对，能分泌甲状旁腺素，调节体内钙与磷的代谢。

甲状旁腺激素/副甲狀腺激素

jiǎzhuàng pángxiàn jīsù/

ㄈㄨˋ ㄐㄧㄚˇ ㄓㄨㄤˋ ㄒㄧㄢˋ ㄐㄧ ㄙㄨˋ

parathyroid hormone

【医】甲状旁腺主细胞分泌的碱性单链多肽类激素。主要作用是调节体内钙、磷代谢，促使血钙水平升高，血磷水平下降。

甲状腺/甲狀腺

jiǎzhuàngxiàn/ ㄐㄧㄚˇ ㄓㄨㄤˋ ㄒㄧㄢˋ

thyroid gland, thyroid

【医】内分泌腺之一。位于甲状软骨下，紧贴在气管第三、四软骨环前面，由两个侧叶和峡部组成，略呈H形。能合成、储存和分泌甲状腺激素，调节机体代谢。甲状腺疾病是多种原因造成的甲状腺功能增强、减弱，合成和分泌甲状腺激素过多、过少，所导致的一种常见内分泌疾病。主要有甲状腺功能亢进、甲状腺功能减退、甲状腺瘤、甲状腺癌等。

甲状腺癌/甲狀腺癌

jiǎzhuàngxiàn'ái/

ㄐㄧㄚˇ ㄓㄨㄤˋ ㄒㄧㄢˋ ㄧㄢˊ(又读ㄞˊ)

carcinoma of thyroid

【医】生长于甲状腺内的恶性肿瘤。由多种不同生物学行为和病理类型的癌肿组成。早期多无症状。可分为乳头状癌、滤泡状癌、髓样癌和未分化癌。

甲状腺功能减退/甲狀腺功能低下症

jiǎzhuàngxiàn gōngnéng jiǎntuì/

ㄐㄧㄚˇ ㄓㄨㄤˋ ㄒㄧㄢˋ ㄍㄨㄥ ㄋㄥˊ ㄉㄧ ㄒㄧㄚˋ ㄓㄥˋ

hypothyroidism

【医】简称“甲减”。由于甲状腺激素合成和分泌减少，导致基础代谢降低和交感神经系统兴奋性减弱的一组疾病。

甲状腺功能亢进/甲狀腺高能症

jiǎzhuàngxiàn gōngnéng kàngjìn/

ㄐㄧㄚˇ ㄓㄨㄤˋ ㄒㄧㄢˋ ㄍㄠ ㄋㄥˊ ㄓㄥˋ

hyperthyroidism

【医】简称“甲亢”。由于甲状腺激素合成和分泌增加，导致基础代谢增加和交感神经系统的兴奋性增加，最后甲状腺呈现高功能状态的一组疾病。

甲状腺素/甲狀腺素

jiǎzhuàngxiànsù/ ㄐㄧㄚˇ ㄓㄨㄤˋ ㄒㄧㄢˋ ㄙㄨˋ

thyroid hormone

【医】甲状腺上皮细胞分泌的碘化氨基酸衍生物。主要作用是调节机体的基础代谢和生长发育。

甲状腺素类/甲狀腺素类

jiǎzhuàngxiànsùlèi/

ㄐㄧㄚˇ ㄓㄨㄤˋ ㄒㄧㄢˋ ㄙㄨˋ ㄌㄟˋ

thyroid hormones

【医】用于甲状腺功能减退症治疗的一类药物。如甲状腺粉、碘塞罗宁、左甲状腺素等。

甲状腺腺瘤/甲狀腺腺瘤

jiǎzhuàngxiàn xiànliú/

ㄐㄧㄚˇ ㄓㄨㄤˋ ㄒㄧㄢˋ ㄒㄧㄢˋ ㄌㄧㄡˊ
thyroid adenoma
【医】起源于甲状腺滤泡组织的良性肿瘤。大部分患者无任何症状,少数患者出现甲状腺功能亢进症状,称为高功能腺瘤。

甲狀腺高能症

ㄐㄧㄚˇ ㄓㄨㄤˋ ㄒㄧㄢˋ ㄍㄠ ㄋㄥˊ ㄓㄥˋ/
jiǎzhuàngxiàn gāonéngzhèng
hyperthyroidism
【医】台湾名。即"甲状腺功能亢进"(592 页)。

甲狀腺功能低下症

ㄐㄧㄚˇ ㄓㄨㄤˋ ㄒㄧㄢˋ ㄍㄨㄥ ㄋㄥˊ ㄉㄧ ㄒㄧㄚˋ ㄓㄥˋ/
jiǎzhuàngxiàn gōngnéng dīxiàzhèng
hypothyroidism
【医】台湾名。即"甲状腺功能减退"(592 页)。

岬角/岬角 jiǎjiǎo/ㄐㄧㄚˇ ㄐㄧㄠˇ

headland
【地】突入海中、具有较大高度和陡崖的尖形陆地。如中国山东半岛东端的成山角,非洲的好望角。

贾宪三角/賈憲三角

Jiǎ Xiàn sānjiǎo/ㄐㄧㄚˇ ㄒㄧㄢˋ ㄙㄢ ㄐㄧㄠˇ
Jia Xian Triangle
【数】即"杨辉三角"(1316 页)。中国北宋数学家贾宪曾作"开方作法本源图",这是系

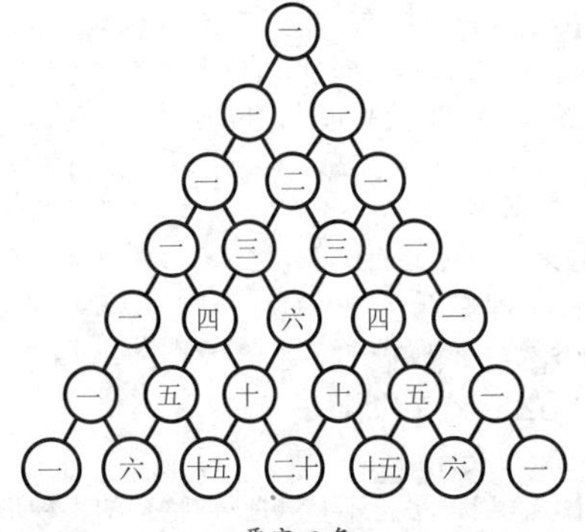

贾宪三角

数为正整数的二项展开式的系数表。南宋数学家杨辉在《详解九章算法》说这种数表引自贾宪所著《释锁算书》(已佚)。

钾/鉀 jiǎ/ㄐㄧㄚˇ

potassium
【化】金属元素。属周期表第IA 族,符号 K,原子序数 19。原子量39.10。自然界主要存在于钾长石、钾硝石、光卤石等及植物细胞中。单质为银白色蜡状金属,质软,化学性质极活泼,易氧化,遇水剧烈反应,燃烧时火焰呈紫色。工业上用途广泛。
📖 1807 年,英国的戴维(H. Davy)电解熔融的氢氧化钾制取钾。拉丁文定名为 kalium,源自阿拉伯文 kali,意思是"草木灰"。中文定名为"钾",是形声字。

钾长石/鉀長石

jiǎchángshí/ㄐㄧㄚˇ ㄔㄤˊ ㄕˊ
potassium feldspar
【化】架状硅酸盐矿物。化学式为 $K(AlSi_3O_8)$。主要分为正长石、透长石和钾微斜长石等晶体类型。正长石属单斜晶系,透长石和钾微斜长石则属三斜晶系。广泛应用于陶瓷坯料、陶瓷釉料、玻璃、电瓷、研磨材料等,也用于制取钾肥,质量较好的钾长石可用于制造电视显像玻壳等。

钾盐/鉀鹽 jiǎyán/ㄐㄧㄚˇ ㄧㄢˊ

sylvite
【地】矿物。成分为 KCl,常含溴、铷和铯。属等轴晶系。晶体呈立方体,常为致密块状集合体。无色透明或乳白色,玻璃光泽,莫氏硬度 1.5～2,密度 1.99 克/厘米^3。易溶于水,味咸而苦涩。是提取钾的矿物原料。

假彩色图像/假色影像

jiǎcǎisè túxiàng/ㄐㄧㄚˇ ㄙㄜˋ ㄧㄥˇ ㄒㄧㄤˋ
false color image
【测绘】用多光谱的三到四个波段的单色图像人工合成的彩色图像,其色彩不同于目视景物的真实色彩,便于判读和提取特定信息。用彩色红外摄影技术拍摄的彩色图像,其景物颜色与原有的天然颜色不同。

假雌雄同體

ㄐㄧㄚˇ ㄘˊ ㄒㄩㄥˊ ㄊㄨㄥˊ ㄊㄧˇ/jiǎ cí-xióng tóngtǐ
false hermaphroditism
【医】台湾名。即"假两性畸形"(594 页)。

假分数/假分數 jiǎfēnshù/ㄐㄧㄚˇ ㄈㄣ ㄕㄨˋ

improper fraction
【数】分子大于分母的分数。例如,$\frac{3}{2}$,$\frac{13}{9}$,

$\frac{29}{25}$等。

假果/假果 jiǎguǒ/ ㄐㄧㄚˇ ㄍㄨㄛˇ

pseudocarp, accessory fruit

【植】台湾又称"副果"。果实的一种。由子房以外的其他结构(如花托、花萼、花序轴等)参与而形成,如苹果、梨、桑葚等。

假化石/偽化石 jiǎhuàshí/ ㄨㄟˋ ㄏㄨㄚˋ ㄕˊ

pseudofossil

【地】形态像化石而实际不是化石的物质。是成因与生物无关而易误认为化石的某些物体或构造。

假两性畸形/假雌雄同體

jiǎ liǎngxìng jīxíng/

ㄐㄧㄚˇ ㄘ ㄒㄩㄥˊ ㄊㄨㄥˊ ㄊㄧˇ

false hermaphroditism

【医】体内只有一种性腺,但外阴形态上男女难分的先天性生殖器官畸形。

假色影像

ㄐㄧㄚˇ ㄙㄜˋ ㄧㄥˇ ㄒㄧㄤˋ/jiǎsè yǐngxiàng

false color image

【测绘】台湾名。即"假彩色图像"(593 页)。

假山/假山 jiǎshān/ ㄐㄧㄚˇ ㄕㄢ

rockery

【建】在一定地段或空间创造的丘壑、山形等人工景物。起初多造土山,逐步发展为叠石成山。其堆砌多以"大山用土,小山用石"为原则,土石兼用,相得益彰。

📖 中国园林造假山始于秦汉。造假山的手艺人称作"山匠""花园子"。明清两代把假山技艺引向"一卷代山,一勺代水"的境界。明代计成的《园冶》、文震亨的《长物志》、清代李渔的《闲情偶寄》中都有关于假山的论述。现存的假山名园有苏州的环秀山庄、上海的豫园、南京的瞻园、扬州的个园和北京北海的静心斋、中南海的静谷等。

假设检验/假設檢定

jiǎshè jiǎnyàn/ ㄐㄧㄚˇ ㄕㄜˋ ㄐㄧㄢˇ ㄉㄧㄥˋ

hypothesis testing

【数】利用小概率原理来检验某种假设是否可靠的方法。人们往往会进行假设,所做的假设是否可靠需要检验。所做的假设叫作原假设,记为 H_0;与原假设对立的假设叫作备择假设,记为 H_1。当 H_0 成立时事件 A 发生的概率很小。若由样本得到的统计量说明 A 发生的可能性确实很小,则 H_0 成立的可能性大;反之,则 H_0 成立的可能性小,而 H_1 成立的可能性大。按这种原理对假设是否可靠进行检验的数理统计方法,叫作假设检验。

假設檢定

ㄐㄧㄚˇ ㄕㄜˋ ㄐㄧㄢˇ ㄉㄧㄥˋ/jiǎshè jiǎndìng

hypothesis testing

【数】台湾名。即"假设检验"(594 页)。

假死/假死 jiǎsǐ/ ㄐㄧㄚˇ ㄙˇ

thanatosis

【动】某些动物受惊动或受袭击时,静伏不动,或跌落地面装死,借以避敌的现象。有些蜘蛛、猿叶虫等有这种习性。

假脱机/排存 jiǎtuōjī/ ㄆㄞˊ ㄘㄨㄣˊ

spooling

【信息】计算机外设与各处理器之间传送数据时,把外存储器用作缓存,以便减少传送延迟的操作模式。

📖 英语词 spooling 源自短语 Simultaneous Peripheral Operation OnLine("外设同时联机操作")。

假性近视/假性近視

jiǎxìng jìnshì/ ㄐㄧㄚˇ ㄒㄧㄥˋ ㄐㄧㄣˋ ㄕˋ

pseudomyopia

【医】又称"调节性近视"。功能性近视。少年儿童由于读写时间过长,致睫状肌发生调节紧张或痉挛,使晶状体凸度增大而呈现的近视状态。适度休息、注意用眼卫生可以消除。

假牙 jiǎyá/ ㄐㄧㄚˇ ㄧㄚˊ

【医】即"义齿"(1338 页)。

假整合/假整合

jiǎzhěnghé/ ㄐㄧㄚˇ ㄓㄥˇ ㄏㄜˊ

disconformity

【地】又称"平行不整合"。不整合的一种形式。同一地区新老两套地层间有沉积间断面但产状基本一致的接触关系。

假肢/人工肢 jiǎzhī/ ㄖㄣˊ ㄍㄨㄥ ㄓ

artificial limb

【医】为弥补截肢者肢体缺损和代偿其肢体功能而制造的人工肢体。

J

价/價 jià/ㄐㄧㄚˋ

【化】"化合价"的简称。

价带/價帶 jiàdài/ㄐㄧㄚˋ ㄉㄞˋ

valence band

【物】价电子所占据的能带。其能量是最高的。价带可以是满带,也可以是导带。参见"能带"(830 页)。

价电子/價電子 jiàdiànzǐ/ㄐㄧㄚˋ ㄉㄧㄢˋ ㄗˇ

valence electron

【物】通常指原子最外层的电子,比较活跃,在化学反应时形成化学键。元素的化合价和其他化学性质由价电子数目决定。

价值链/價值鏈 jiàzhíliàn/ㄐㄧㄚˋ ㄓˊ ㄌㄧㄢˋ

value chain

【物流】企业内外能够使价值增加的一系列活动所构成的链条。包括基本活动(如生产、销售和售后服务等)和支持性活动(如人事、财务、计划、研发、采购等)。由美国哈佛大学教授迈克尔·波特(Michael Porter)于 1985 年在《竞争优势》一书中提出,认为企业之间的竞争是整个价值链的竞争,其综合竞争力决定企业的竞争力。

驾驶舱/駕駛艙 jiàshǐcāng/ㄐㄧㄚˋ ㄕˇ ㄘㄤ

cockpit, flight deck

【航】在机身前部,供驾驶员等机组人员驾驶飞机飞行的工作舱段。装置有驾驶飞行器正常飞行所需的指示仪表、操纵手柄和脚蹬等设备,同时有良好的驾驶视野和满足飞行的操纵空间环境及必要的飞行救生设备。

驾驶室/駕駛室 jiàshǐshì/ㄐㄧㄚˋ ㄕˇ ㄕˋ

cab

【机】汽车车身的组成部分。供货车驾驶员操作及随员乘坐的厢体。包括车窗、车门、驾驶舱等。通常可分为平头驾驶室、短头驾驶室、长头驾驶室等。

架空层/架空層

jiàkōngcéng/ㄐㄧㄚˋ ㄎㄨㄥ ㄘㄥˊ

elevated story

【建】又称"吊脚架空层"。仅有结构支撑而无外围护结构的开敞空间层。即建筑物用柱子架起来的空的那一层。

架空車道

ㄐㄧㄚˋ ㄎㄨㄥ ㄔㄜ ㄉㄠˋ/jiàkōng chēdào

aerial tramway

【机】台湾名。即"架空索道"(595 页)。

架空地线/架空地線

jiàkōng dìxiàn/ㄐㄧㄚˋ ㄎㄨㄥ ㄉㄧˋ ㄒㄧㄢˋ

【电】即"避雷线"(57 页)。

架空索道/架空車道

jiàkōng suǒdào/ㄐㄧㄚˋ ㄎㄨㄥ ㄙㄨㄛˇ ㄉㄠˋ

aerial tramway

【机】索道的一种。以架空的柔性绳索承载,用来输送物料或人员。可分为单线式和复线式。

架空线/架空線

jiàkōngxiàn/ㄐㄧㄚˋ ㄎㄨㄥ ㄒㄧㄢˋ

【电】"架空线路"的简称。

架空线路/架空線

jiàkōng xiànlù/ㄐㄧㄚˋ ㄎㄨㄥ ㄒㄧㄢˋ

overhead line

【电】简称"架空线"。用绝缘子及电力金具将导线架设于杆塔上的电力线路。通常采用导线,也有采用绝缘导线的。

架空线路保护区/架空線路保護區

jiàkōng xiànlù bǎohùqū/

ㄐㄧㄚˋ ㄎㄨㄥ ㄒㄧㄢˋ ㄌㄨˋ ㄅㄠˇ ㄏㄨˋ ㄑㄩ

shelter area of an overhead line, guard area for transmission line

【电】为保证架空线路的安全运行,保障正常供电而设置的安全区域。在居民区内,为两侧边相导线在最大计算风偏时的水平距离和带电导线距建筑物的水平安全距离之和所形成的两平行线内的区域。

架桥汽艇/架橋汽艇

jiàqiáo qìtǐng/ㄐㄧㄚˋ ㄑㄧㄠˊ ㄑㄧˋ ㄊㄧㄥˇ

bridging autoboat

【军】为门桥漕渡或浮桥架设提供水上动力的小型制式机动艇。由艇体、动力及传动装置、推进装置、舾装设备、电气和操纵系统等组成。主要用于牵引、顶推或旁带门桥,也可用于江河侦察、指挥、巡逻、运输和救护等。

架桥坦克

jiàqiáo tǎnkè/ㄐㄧㄚˋ ㄑㄧㄠˊ ㄊㄢˇ ㄎㄜˋ

【军】即"坦克架桥车"(1106 页)。

J

jian （ㄐㄧㄢ）

尖顶地星/尖頂地星
jiāndǐng dìxīng/ㄐㄧㄢ ㄉㄧㄥˇ ㄉㄧˋ ㄒㄧㄥ
earthstar
【植】*Geastrum triplex* 菌类。马勃科地星属。子实体较小。外包被基部袋形，上部呈辐射状分裂，裂片反卷，光滑肉质，干后顶部易脱落。内包被膜质，球形，无柄，嘴部显著。在中国，分布于北部和西部地区。生于林地上。可入药。

尖頂拱 ㄐㄧㄢ ㄉㄧㄥˇ ㄍㄨㄥˇ/jiāndǐnggǒng
pointed arch
【建】台湾名。即“尖券”(596 页)。

尖端放电/尖端放電
jiānduān fàngdiàn/ㄐㄧㄢ ㄉㄨㄢ ㄈㄤˋ ㄉㄧㄢˋ
point discharge
【物】带电导体尖端附近大气中发生的放电现象。发生时，在尖端周围出现光晕(电晕)。是避雷针泄放电荷的原因。

尖端陶瓷
ㄐㄧㄢ ㄉㄨㄢ ㄊㄠˊ ㄘˊ/jiānduān táocí
advanced ceramics
【材】台湾名。即“先进陶瓷”(1238 页)。

尖晶石/尖晶石 jiānjīngshí/ㄐㄧㄢ ㄐㄧㄥ ㄕˊ
spinel
【地】矿物。成分为 $MgAl_2O_4$。等轴晶系。常呈八面体晶形，有时八面体与菱形十二面体、立方体成聚形。因含不同微量元素而呈红、蓝、绿、紫、橙红、橙黄、黑等色，玻璃光泽至亚金刚光泽，透明至不透明，莫氏硬度 8，密度 3.60 克/厘米^3。常与镁橄榄石、透辉石等共生。色泽鲜艳透明的可作为宝石，富铬变种是提取铬的矿物原料。

尖灭/尖滅 jiānmiè/ㄐㄧㄢ ㄇㄧㄝˋ
pinch
【地】地层或层状岩体、矿体厚度逐渐变薄直至消失的现象。

尖劈 jiānpī/ㄐㄧㄢ ㄆㄧ
【物】即“劈”(863 页)。

尖券/尖頂拱 jiānquàn/ㄐㄧㄢ ㄉㄧㄥˇ ㄍㄨㄥˇ
pointed arch
【建】由两段圆心位置不同的圆弧组成的券。在力学上比圆拱更坚固牢靠，侧推力比较小，有利于减轻结构。外形直指天堂，带有灵魂更接近上帝的含义。被哥特式教堂广泛采用。

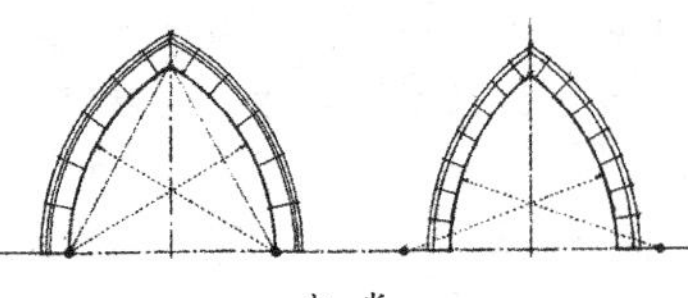
尖 券

尖头并指/尖頭並指
jiāntóu bìngzhǐ/ㄐㄧㄢ ㄊㄡˊ ㄅㄧㄥˋ ㄓˇ
acrocephalosyndactyly
【医】常染色体显性遗传性疾病，以尖头、短头、突眼、面中部发育不良及并指/趾为特征。

尖尾芋/海芋 jiānwěiyù/ㄏㄞˇ ㄩˋ
alocasia
【植】*Alocasia cucullata* 又称“海芋”，俗称“滴水观音”。天南星科海芋属。大型常绿草本植物。根茎匍匐，地上茎直立。叶柄粗壮，叶螺旋排列，箭状卵形，边缘波状。花序柄圆柱形，佛焰苞黄绿色或绿白色，展开呈舟状，先端喙状，肉穗花序，雌性白色，不育雄性绿白色，能育雄性淡黄色。花期全年。中国各地均有栽培。观赏花卉。根茎入药。

📖 尖尾芋作为观赏植物时被称为滴水观音。这是因为如果环境湿度过大，从它阔大的叶片上会往下滴水；另外它的花是肉穗花序，外有一大型绿色佛焰苞，开展成舟状，如同观音坐像，故名。

尖吻蛇/百步蛇 jiānwěnshé/ㄅㄞˇ ㄅㄨˋ ㄕㄜˊ
long-nosed pit viper
【动】*Deinagkistrodon acutus* 又称“五步蛇”。爬行动物名。蛇目蝰科。体长可达 2 米，头部呈三角形，背部黑褐色，头腹及喉部白色，散布有少数黑褐色斑点，吻鳞与鼻间鳞向背方翘起，有剧毒。生活在山地林中，捕食蛙、鼠、鸟类等。在中国，分布于南方地区。

歼击轰炸机/戰鬥轟炸機
jiānjī hōngzhàjī/ㄓㄢˋ ㄉㄡˋ ㄏㄨㄥ ㄓㄚˋ ㄐㄧ
fighter-bomber
【军】作战飞机的一种。以空空导弹、空地导弹、航空炸弹、航空机关炮、航空火箭弹等为基本武器，兼有空战和轰炸能力。

歼击机/戰鬥機 jiānjījī/ ㄐㄧㄢ ㄉㄡˋ ㄐㄧ
fighter
【军】作战飞机的一种。以空空导弹、航空火箭弹和航炮为基本武器，具有空战能力。用于在空中消灭敌机和其他飞航式空袭兵器，也可用于攻击敌方地面、水面目标。

歼击直升机/殲擊直升機
jiānjī zhíshēngjī/ ㄐㄧㄢ ㄐㄧˊ ㄓˊ ㄕㄥ ㄐㄧ
fighter helicopter
【军】装有空战武器，具有空战能力的武装直升机。装有航空机关炮、火箭、空空导弹和炸弹等，以及电子对抗装备和各种自动化控制系统。攻击力较强，多以空中伏击、截击、阻击等方式对敌发起主动、突然的进攻。主要攻击敌直升机、低空飞行的固定翼飞机或其他空中目标，争夺超低空制空权，也可为运输直升机和作战勤务直升机护航。

坚果/堅果 jiānguǒ/ ㄐㄧㄢ ㄍㄨㄛˇ
nut
【植】果实的一种。果皮木质坚硬，含 1 枚种子，且成熟果实多包在由总苞发育成的壳斗中。如榛子、开心果等。

间架/間架 jiānjià/ ㄐㄧㄢ ㄐㄧㄚˋ
frame
【建】说明建筑物大小比例的习惯用词。间是建筑物平面上的衡量单位；架是建筑物断面的衡量单位，简单建筑物的屋顶内部用几根檩就称为几架。

间脑/間腦 jiānnǎo/ ㄐㄧㄢ ㄋㄠˇ
diencephalon
【医】位于双侧大脑半球与脑干之间的脑组织。包括丘脑、上丘脑、下丘脑、后丘脑和底丘脑五个部分，其间的矢状空腔形成第三脑室。

肩带关节/肩帶關節
jiāndài guānjié/ ㄐㄧㄢ ㄉㄞˋ ㄍㄨㄢ ㄐㄧㄝˊ
shoulder girdle joint
【医】人体肩带部位的关节。包括盂肱关节、肩锁关节、胸锁关节、肩胛骨胸壁间关节和肩峰肱骨间关节。

肩带肌/肩帶肌 jiāndàijī/ ㄐㄧㄢ ㄉㄞˋ ㄐㄧ
shoulder girdle muscle
【医】与人体肩部相关的骨骼肌。共分为 4 组：连接肩胛骨与躯干的包括前锯肌、斜方肌、大小菱形肌、胸小肌、提肩胛肌及锁骨下肌；连接肩胛骨与肱骨的包括肩袖肌群、三角肌、大圆肌及喙肱肌；连接躯干与肱骨的包括胸大肌和背阔肌；连接前臂与肩胛骨的肱二头肌。

肩峰/肩峰 jiānfēng/ ㄐㄧㄢ ㄈㄥ
acromion
【医】肩胛骨向前外侧端呈缘状突出的部分。其内缘为锁骨切迹，与锁骨外端构成肩锁关节。是人体测量的一个重要标志。

肩峰鎖骨關節
ㄐㄧㄢ ㄈㄥ ㄙㄨㄛˇ ㄍㄨˇ ㄍㄨㄢ ㄐㄧㄝˊ/
jiānfēng suǒgǔ guānjié
acromioclavicular joint
【医】台湾名。即“肩锁关节”(597 页)。

肩关节/肩關節
jiānguānjié/ ㄐㄧㄢ ㄍㄨㄢ ㄐㄧㄝˊ
shoulder joint
【医】由肩胛骨的关节盂和肱骨头组成的关节。肱骨头面积较大，肩胛骨关节盂小而浅，关节囊薄而松，是人体最灵活的一个关节，可做屈、伸、收、展、旋内、旋外和环转七种运动。也是稳固性较差的关节。

肩胛骨/肩胛骨 jiānjiǎgǔ/ ㄐㄧㄢ ㄐㄧㄚˇ ㄍㄨˇ
scapula
【医】扁薄而不规则的三角形骨板。贴于胸廓后外侧上部。有上角、下角、外侧角三个角，上缘、内侧缘和外侧缘三个缘，腹侧面、背侧面两个面。

肩锁关节/肩鎖關節
jiānsuǒ guānjié/ ㄐㄧㄢ ㄙㄨㄛˇ ㄍㄨㄢ ㄐㄧㄝˊ
acromioclavicular joint
【医】台湾又称“肩峰鎖骨關節”。由锁骨肩峰端的关节面与肩胛骨的肩峰关节面构成的关节。关节面扁平，关节囊周围有韧带加强。属平面关节。

肩袖/肩袖 jiānxiù/ ㄐㄧㄢ ㄒㄧㄡˋ
rotator cuff
【医】由冈上肌、冈下肌、小圆肌和肩胛下肌组成的一组肌腱复合体。肌腱止于肱骨的大小结节，形似袖口，故名。具有稳定肱骨头，内旋、外旋肩关节，及协助三角肌外展肩关节的作用。

监视定时器

jiānshì dìngshíqì/ ㄐㄧㄢ ㄕˋ ㄉㄧㄥˋ ㄕˊ ㄑㄧˋ

【信息】即"把关定时器"(15 页)。

监视器/監視器 jiānshìqì/ ㄐㄧㄢ ㄕˋ ㄑㄧˋ

monitor, invigilator

【轻】显示器的一种。是闭路监控系统的显示终端,能够显示摄像头捕捉到的图像。按图像颜色不同,有彩色、黑白之分;按显示器的材质构造不同,可分为阴极射线管显示器(即CRT)、发光二极管显示器(即 LED)、液晶显示器(即 LCD)、离子监视器(PD)等;按显示屏不同,可分为纯平、普屏、球面监视器等。主要用于金融、商场、医院、地铁、车站、机场、展会、写字楼、休闲娱乐场所及城市道路交通监控等。

兼或閘 ㄐㄧㄢ ㄏㄨㄛˋ ㄓㄚˊ/jiān huò zhá

INCLUSIVE-OR gate, OR gate

【信息】台湾名。即"'或'门"(555 页)。

堅膜 ㄐㄧㄢ ㄇㄛˊ/jiānmó

hardening

【农】台湾名。即"板结"(27 页)。

間綜觀觀測

ㄐㄧㄢ ㄗㄨㄥˋ ㄍㄨㄢ ㄍㄨㄢ ㄘㄜˋ/

jiānzōngguān guāncè

intermediate synoptic observation

【气】台湾名。即"辅助天气观测"(364 页)。

煎剂 jiānjì/ ㄐㄧㄢ ㄐㄧˋ

【中医】即"汤剂"(1109 页)。

監視計時器

ㄐㄧㄢ ㄕˋ ㄐㄧˋ ㄕˊ ㄑㄧˋ/jiānshì jìshíqì

watchdog

【信息】台湾名。即"把关定时器"(15 页)。

鲣鸟/鰹鳥 jiānniǎo/ ㄐㄧㄢ ㄋㄧㄠˇ

booby

【动】鸟名。鹈形目鲣鸟科(Sulidae)各种的统称。通常指褐鲣鸟(*Sula leucogaster*)。外形像鸭,体长不足 1 米,成鸟除胸部纯白色外,其余为深棕褐色,喙强,尖端渐细并稍向下弯,尾较长而呈楔形。栖息于热带海洋的岛屿上,常成群在海面低飞寻食鱼类。分布于太平洋西部,在中国,分布于南部沿海。

鲣 鸟

茧/繭 jiǎn/ ㄐㄧㄢˇ

cocoon

【动】完全变态昆虫的幼虫在变成蛹之前做成的壳。囊状,通常吐丝织成,白色或黄色,有保护作用。蚕茧是缫丝的原料。

检波/檢波 jiǎnbō/ ㄐㄧㄢˇ ㄅㄛ

detection

【物】从加载信号的波中提取调制信号的过程。调幅波是从它的振幅变化提取调制信号;调频波是从它的频率变化提取调制信号;调相波是从它的相位变化提取调制信号。

检车员/檢車員

jiǎnchēyuán/ ㄐㄧㄢˇ ㄔㄜ ㄩㄢˊ

car inspector

【交】负责铁路车辆运行安全的工作人员。职责是巡视和检查车辆走行部分,以及车内通风、给水、取暖、照明、门窗等各项设备的技术状态,并及时处理所发生的故障。通常分为货车检车员和客车检车员。

检错/錯誤檢測

jiǎncuò/ ㄘㄨㄛˋ ㄨˋ ㄐㄧㄢˇ ㄘㄜˋ

error detection

【信息】通信中用来确定经传送后的数据是否出现差错的过程和方法。

检验方箱

jiǎnyàn fāngxiāng/ ㄐㄧㄢˇ ㄧㄢˋ ㄈㄤ ㄒㄧㄤ

【机】即"划线方箱"(521 页)。

检验夹具/檢驗夾具

jiǎnyàn jiājù/ ㄐㄧㄢˇ ㄧㄢˋ ㄐㄧㄚˊ ㄐㄩˋ

fixture for inspection

【机】夹具的一种。在检验过程中用来夹持或安装被检验工件(或装配件),以便于进行尺寸和形状等参数的检测。通常由底座、定位和测量元件等组成。

检疫/海港停留檢疫

jiǎnyì/ ㄏㄞ ㄍㄤˇ ㄊㄧㄥˊ ㄌㄧㄡˊ ㄐㄧㄢˇ ㄧˋ

quarantine

【医】为防止某些传染病在国内蔓延或国际传播而采取的措施。当人、动植物(及其制品)由一个地方进入另一地方,按照规定项目检查其是否携带传染病原。对有可能成为隐性传染源的,实行一定时间的留验或医学观察。

剪贴板/剪貼簿

jiǎntiēbǎn/ ㄐㄧㄢˇ ㄊㄧㄝ ㄅㄢˇ

clipboard

【信息】临时保有文本或图形,供在同一文档或不同文档中再次使用的存储区。

剪貼簿 ㄐㄧㄢˇ ㄊㄧㄝ ㄅㄨˋ/jiǎntiēbù

clipboard

【信息】台湾名。即“剪贴板”(599 页)。

减材制造/減材製造

jiǎncái zhìzào/ ㄐㄧㄢˇ ㄘㄞˊ ㄓˋ ㄗㄠˋ

subtractive manufacturing

【机】机械制造业最常用的成形方法。用刀具从毛坯上逐步切除无用材料来制作工件。包括传统的金属切削加工方法及特种加工方法中的电火花加工与激光加工等。

减地平钑/減地平鈒

jiǎndì píngsà/ ㄐㄧㄢˇ ㄉㄧˋ ㄆㄧㄥˊ ㄙㄜˋ

jiandipingsa

【建】宋代石雕工艺的一种。类似现代平雕,“减地”是将表现主体图案以外的底面凿低铲平并留白,主体部分再用线刻勾勒细节,形成一种图底对比较强的剪影式平雕。特点是凸起的雕刻面和凹入的底都是平的。

减法/減法 jiǎnfǎ/ ㄐㄧㄢˇ ㄈㄚˇ

subtraction

【数】一种运算。从 a 中减去 b 通常记作 $a-b$,其中 a 叫作被减数(式),b 叫作减数(式)。$a-b$的意义是从 a 和 b 求满足 $b+c=a$ 的 c。例如,因为 $2+1=3$,所以 $3-2=1$。减法与加法互为逆运算。

减函数 jiǎnhánshù/ ㄐㄧㄢˇ ㄏㄢˊ ㄕㄨˋ

【数】“单调递减函数”的简称。

减河/減河 jiǎnhé/ ㄐㄧㄢˇ ㄏㄜˊ

distributary

【水利】为分泄河流洪水而人工开挖的河道。可以减缓水势,防止洪水满溢或决口。河水通常直接入海、入湖或在下游重新汇入干流。

减数分裂/減數分裂

jiǎnshù fēnliè/ ㄐㄧㄢˇ ㄕㄨˋ ㄈㄣ ㄌㄧㄝˋ

meiosis

【生】细胞分裂的一种方式。染色体经一次复制,连续分裂两次,形成四个生殖细胞,但其染色体数目只有原来的一半。发生于动物的配子形成时,高等植物产生花粉粒和胚囊时,或世代交替植物形成孢子时。

减速器/減速器 jiǎnsùqì/ ㄐㄧㄢˇ ㄙㄨˋ ㄑㄧˋ

speed reducer

【机】原动机和工作机之间的独立传动装置。主要由传动零件(齿轮或蜗杆)、轴、轴承、箱体及其附件组成。用于降低转速,传递动力,增大转矩。

减速伞 jiǎnsùsǎn/ ㄐㄧㄢˇ ㄙㄨˋ ㄙㄢˇ

【航】即“阻力伞”(1514 页)。

减压阀/減壓閥 jiǎnyāfá/ ㄐㄧㄢˇ ㄧㄚ ㄈㄚˊ

pressure reducing valve

【机】阀的一种。用于降低流体(多为降低蒸汽、压缩空气和液压油等)压力,较高压力的流体通过减压阀时被降低至规定的压力。按结构形式不同,可分为薄膜式、弹簧薄膜式、活塞式、杠杆式和波纹管式。

减摇鳍装置/鰭板穩定器

jiǎnyáoqí zhuāngzhì/ ㄑㄧˊ ㄅㄢˇ ㄨㄣˇ ㄉㄧㄥˋ ㄑㄧˋ

fin stabilizer

【船】可外伸于船体两舷舭部的,用以减轻船舶横摇的鳍状装置。是效果较好的主动式减摇装置。可分为收放式和固定式。前者工作时鳍伸出船体外,不工作时收回船内,需占用船内空间;后者固定伸出船外,不需占用舱位,但较易损坏。

减振/減振 jiǎnzhèn/ ㄐㄧㄢˇ ㄓㄣˋ

vibration reduction

【环】降低机械系统(包括声学系统)振动的措施。通常采用减小动态激励、结构加固、不同振动方式之间的去耦、隔离和吸收、结构阻尼等技术,以减轻振动危害和影响。

减振器/減震器 jiǎnzhènqì/ ㄐㄧㄢˇ ㄓㄣˋ ㄑㄧˋ

shock absorber

【机】车辆悬架装置或飞机起落架上的一个衰减振动的部件。使车辆在道路上、轨道上行驶或飞机在跑道上降落时引起的振动迅速衰减,以提高舒适性,减少零件的疲劳,延长使用寿命。可分为摩擦式和液力式两种。

睑板腺囊肿/瞼板腺囊腫

jiǎnbǎnxiàn nángzhǒng/

ㄐㄧㄢˇ ㄅㄢˇ ㄒㄧㄢˋ ㄋㄤˊ ㄓㄨㄥˇ
chalazion
【医】旧称"霰粒肿"。常为睑板腺及其周围组织发生炎症后，腺管出口阻塞，造成分泌物潴留引起的慢性肉芽肿性腺体增大。

睑腺炎/瞼腺炎 jiǎnxiànyán/ ㄐㄧㄢˇ ㄒㄧㄢˋ ㄧㄢˊ
hordeolum
【医】旧称"麦粒肿"。眼睑腺体因细菌性感染而在局部产生的急性炎症。多由金黄色葡萄球菌感染所致。

減廢 ㄐㄧㄢˇ ㄈㄟˋ/jiǎnfèi
❶waste minimization, ❷source reduction
【环】❶台湾名。即"废物最小化"(340 页)。❷台湾名。即"源削减"(1393 页)。

減濕器 ㄐㄧㄢˇ ㄕ ㄑㄧˋ/jiǎnshīqì
dehumidifier
【机】台湾名。即"除湿机"(140 页)。

減噪 ㄐㄧㄢˇ ㄗㄠˋ/jiǎnzào
noise reduction, noise abatement
【环】台湾名。即"降噪"(610 页)。

減震器 ㄐㄧㄢˇ ㄓㄣˋ ㄑㄧˋ/jiǎnzhènqì
shock absorber
【机】台湾名。即"减振器"(599 页)。

简单多面体/簡單多面體
jiǎndān duōmiàntǐ/
ㄐㄧㄢˇ ㄉㄢ ㄉㄨㄛ ㄇㄧㄢˋ ㄊㄧˇ
simple polyhedron

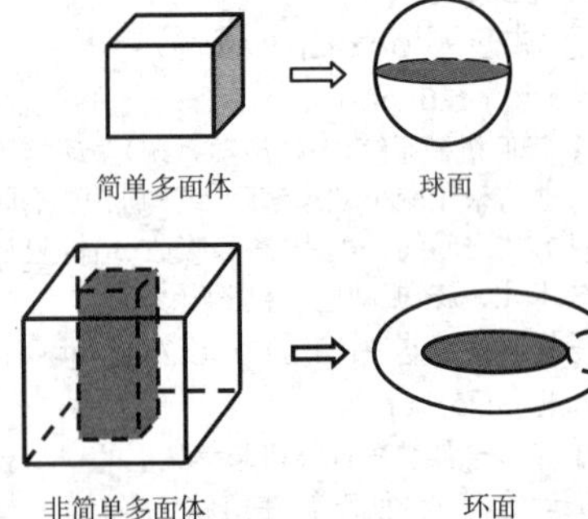

简单多面体

【数】表面连续变形，可变为球面的多面体。例如，向用橡皮膜制作的棱柱、棱锥等内部充气，它们会连续变形，表面最后变为球面。而非简单多面体的表面无论怎样连续变形都不会变为球面。例如，将正方体中间自上而下挖去一个方洞，用橡皮膜制成这种形状的多面体，向它内部充气，表面最后变为环面。

简单机械/簡單機械
jiǎndān jīxiè/ ㄐㄧㄢˇ ㄉㄢ ㄐㄧ ㄒㄧㄝˋ
simple machine
【物】人类在劳动实践中创造出的结构简单的机械。是复杂机械的基础。利用简单机械做功，或可省力，或可缩小力做功的位移，或可使人得到某些方便。常见的简单机械可分为杠杆类(包括杠杆、滑轮、轮轴)和斜面类(包括斜面、螺旋、劈)。

简单随机抽样/簡單隨機抽樣
jiǎndān suíjī chōuyàng/
ㄐㄧㄢˇ ㄉㄢ ㄙㄨㄟˊ ㄐㄧ ㄔㄡ ㄧㄤˋ
simple random sampling
【数】设一个总体含有 N 个个体，从中逐个不放回地抽取 n 个个体作为样本，若每次抽取时总体内的每一个体被抽到的机会都相等，则这种抽样方法叫作简单随机抽样。例如，通常的抽签或抓阄都是这种抽样。

简谐波/簡諧波 jiǎnxiébō/ ㄐㄧㄢˇ ㄒㄧㄝˊ ㄅㄛ
simple harmonic wave
【物】简谐运动在介质中传播形成的波。是最简单、最基本的波。图像是正弦曲线，凸起最高处为波峰，凹下最低处为波谷。任何复杂的波都可看作由若干不同频率、不同振幅的简谐波叠加而成。

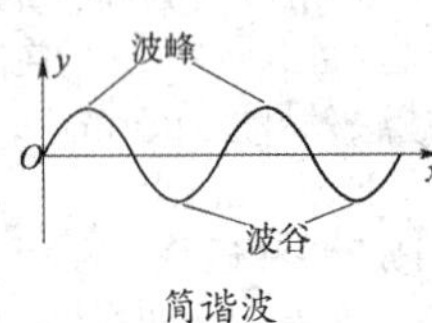

简谐波

简谐运动/簡諧運動
jiǎnxié yùndòng/ ㄐㄧㄢˇ ㄒㄧㄝˊ ㄩㄣˋ ㄉㄨㄥˋ
simple harmonic motion
【物】随时间按正弦或余弦规律变化的振动。例如单摆的振动(不考虑介质阻力的影响)。任何复杂的自由振动可由许多不同频率和振幅的简谐运动合成。

简易控制弹
jiǎnyì kòngzhìdàn/ ㄐㄧㄢˇ ㄧˋ ㄎㄨㄥˋ ㄓˋ ㄉㄢˋ
【军】即"弹道修正弹"(201 页)。

碱/鹼 jiǎn/ ㄐㄧㄢˇ

base

【化】通常指在水溶液中进行电离时生成的阴离子完全是氢氧根离子的化合物。有涩味，能使红色石蕊试纸变蓝，与酸中和生成盐和水。pH 值大于 7。可分为一元碱、二元碱和多元碱；也可分为强碱和弱碱等。质子理论认为，能接受质子的物质称为碱。广义上指能给出电子对形成配位键的物质。

碱基/鹼基 jiǎnjī/ ㄐㄧㄢˇ ㄐㄧ

base

【生】核酸的基本结构单元。分为嘧啶碱和嘌呤碱两类，分别为母体化合物嘧啶和嘌呤的衍生物。

碱基对/鹼基對 jiǎnjīduì/ ㄐㄧㄢˇ ㄐㄧ ㄉㄨㄟˋ

base pair，bp

【生】核酸双链上的成对碱基。由两个互补的碱基通过氢键形成，即一个嘌呤碱基与一个嘧啶碱基通过氢键连接一对核苷酸，或连接两个独立的多核苷酸链。在双螺旋的 DNA 中，含有的碱基对是腺嘌呤—尿嘧啶、腺嘌呤═胸腺嘧啶和鸟嘌呤≡胞嘧啶；RNA 中，含有的碱基对是腺嘌呤—尿嘧啶和鸟嘌呤≡胞嘧啶(横线代表氢键的数目)。常用核酸分子含有的碱基对数目来表示该分子双链的链长。

碱金属/鹼金屬 jiǎnjīnshǔ/ ㄐㄧㄢˇ ㄐㄧㄣ ㄕㄨˇ

alkaline metal

【化】周期表第ⅠA 族元素。包括锂(Li)、钠(Na)、钾(K)、铷(Rb)、铯(Cs)、钫(Fr)。单质银白色。化学性质活泼，是强还原剂，与卤素、氧、水发生剧烈反应。其氢氧化物易溶于水，呈强碱性，故名。

碱土金属/鹼土金屬

jiǎntǔ jīnshǔ/ ㄐㄧㄢˇ ㄊㄨˇ ㄐㄧㄣ ㄕㄨˇ

alkalineearth metal

【化】周期表第ⅡA 族元素。包括铍(Be)、镁(Mg)、钙(Ca)、锶(Sr)、钡(Ba)、镭(Ra)。镭为放射性元素，除镭外均为轻金属，基本呈灰白色，易失去电子成为二价正离子。单质是活泼金属，较强的还原剂，溶于液氨呈蓝色，化合物通常为离子型，生成配合物的能力比碱金属强。中世纪炼金术士把不溶于水并在火中不变的物质称为“土”，ⅡA 主族元素的氧化物又有碱性，故名。

碱性岩/鹼性岩

jiǎnxìngyán/ ㄐㄧㄢˇ ㄒㄧㄥˋ ㄧㄢˊ

alkali rock

【地】火成岩的一类。二氧化硅含量较低，但钾、钠等碱金属元素含量较高。含似长石、碱性长石和碱性暗色矿物。代表性的岩石有碱性正长岩、响岩等。相关矿产有稀土、铌、锆、铁、磷等。

搛料 ㄐㄧㄢˇ ㄌㄧㄠˋ/jiǎnliào

picking

【物流】台湾名。即“分拣”(343 页)。

见血封喉/見血封喉

jiànxuèfēnghóu/ ㄐㄧㄢˋ ㄒㄩㄝˇ ㄈㄥ ㄏㄡˊ

common antiaris

【植】*Antiaris toxicaria* 又称“箭毒木”。桑科见血封喉属。常绿大乔木。全株有汁液。树皮灰色。叶椭圆形至倒卵形，先端尖，基部圆形，两侧不对称，密被毛。雌雄同株，雄花序托盘状，围以舟状苞片，花药有紫色斑点；雌花单生于梨形花序托内，无花被。果肉质，梨形，成熟时鲜红色至紫红色。花期 3—4 月份，果期 5—6 月份。在中国，分布于广东、海南、广西、云南。树液有剧毒，可入药，茎皮纤维可用。珍稀植物。

📖 因见血封喉的乳汁入伤口会引起体内中毒，在 20～30 分钟内死亡，故名。

件货/件貨 jiànhuò/ ㄐㄧㄢˋ ㄏㄨㄛˋ

piece goods

【交】按件托运和承运的货物。在运输中按件计数交接。

件重/件重 jiànzhòng/ ㄐㄧㄢˋ ㄓㄨㄥˋ

piece weight

【交】指按件计数承运的货物中，每一单件货物的毛重。

间断点/間斷點

jiànduàndiǎn/ ㄐㄧㄢˋ ㄉㄨㄢˋ ㄉㄧㄢˇ

discontinuous point

【数】台湾又称“不連續點”。函数 $f(x)$ 在 $x=x_0$ 处不连续是指：或者 $f(x)$ 在 $x=x_0$ 处没有定义；或者 $f(x)$ 在 $x=x_0$ 处没有极限；或者 $\lim\limits_{x\to x_0}f(x)\neq f(x_0)$。这时称 $x=x_0$ 为 $f(x)$ 的间断点。例如，$x=0$ 是 $f(x)=\frac{1}{x}$

J

的间断点。

间接地址/間接位址 jiànjiē dìzhǐ/ ㄐㄧㄢˋ ㄐㄧㄝ ㄨㄟˋ ㄓˇ
indirect address
【信息】标识另一地址的存储部位的地址。该存储部位可包含所希望的操作数的地址或另一间接地址。

间苗/間苗 jiànmiáo/ ㄐㄧㄢˋ ㄇㄧㄠˊ
thinning
【农】又称"疏苗"。为保证幼苗有足够的生长空间和营养面积,按一定株距留下壮苗,去除多余的苗。

间隙/間隙 jiànxì/ ㄐㄧㄢˋ ㄒㄧˋ
clearance
【机】孔的内径尺寸减去相配合的轴的外径尺寸所得的差为正值时(即孔比轴的尺寸大)的状态。也指这个差值。

间歇河/間歇河 jiànxiēhé/ ㄐㄧㄢˋ ㄒㄧㄝ ㄏㄜˊ
intermittent stream
【地】又称"季节河"。仅在雨季、暴雨后或冰雪消融季节才有水流的河流。通常处在干旱和半干旱地区。

间歇性降水/間歇性降水 jiànxiēxìng jiàngshuǐ/ ㄐㄧㄢˋ ㄒㄧㄝ ㄒㄧㄥˋ ㄐㄧㄤˋ ㄕㄨㄟˇ
intermittent precipitation
【气】降水过程比较长,但时有时无、强度时大时小的非阵性降水。

间歇运动机构/暫停機構 jiànxiē yùndòng jīgòu/ ㄓㄢˋ ㄊㄧㄥˊ ㄐㄧ ㄍㄡˋ
intermittent mechanism, dwell mechanism
【机】将主动件的连续转动转为从动件周期性运动和停歇的机构。按运动方式不同,可分为单向运动和往复运动两类。常见的有棘轮机构、槽轮机构等。

间种 jiànzhòng/ ㄐㄧㄢˋ ㄓㄨㄥˋ
【农】即"间作"(602 页)。

间作/間作 jiànzuò/ ㄐㄧㄢˋ ㄗㄨㄛˋ
intercropping
【农】又称"间种"。一茬有两种或两种以上生长期相近的作物,在同一块田地上成行或成带间隔的种植方式。有玉米与豆类作物间作、玉米与花生间作、小麦与蚕豆间作等。

建材 jiàncái/ ㄐㄧㄢˋ ㄘㄞˊ
【材】"建筑材料"的简称。

建地比 ㄐㄧㄢˋ ㄉㄧˋ ㄅㄧˇ/jiàndìbǐ
plot ratio, floor area ratio
【建】台湾名。即"容积率"(954 页)。

建模/模型化 jiànmó/ ㄇㄛˊ ㄒㄧㄥˊ ㄏㄨㄚˋ
modeling
【自】又称"模型化"。建立系统模型的过程和技术。凡是用模型描述系统的因果关系或相互关系的过程和技术都属于建模。

建造/岩石組合 jiànzào/ ㄧㄢˊ ㄕˊ ㄗㄨˇ ㄏㄜˊ
rock association, rock assemblage
【地】岩石在自然界中有规律的共生组合。这些岩石在时间和空间上有密切关系。按岩石组成不同,可分为岩浆建造类型、沉积建造类型等。按建造条件形成不同,可分为地槽建造序列、地台建造序列。

建筑/建築 jiànzhù/ ㄐㄧㄢˋ ㄓㄨˊ
❶ architecture, ❷ building, ❸ construction
【建】❶建筑学。❷建筑物。❸建造,即按照预想的方案修建房屋、道路、桥梁等的过程。

建筑保温/建築保温 jiànzhù bǎowēn/ ㄐㄧㄢˋ ㄓㄨˊ ㄅㄠˇ ㄨㄣ
heat preservation in building
【建】又称"建筑防寒"。通过建筑手段减少室内热量损失的综合技术措施。在总体规划中合理布置房屋位置、朝向,使其在冬季能获得充分的日照而又不受冷风袭击;单体设计时,在满足功能要求的前提下采用体形系数小的方案;有保温要求的房屋的外围护结构具有合乎规定的热阻。重点加强屋顶、外墙、门窗、地面的保温。

建筑材料/建築材料 jiànzhù cáiliào/ ㄐㄧㄢˋ ㄓㄨˊ ㄘㄞˊ ㄌㄧㄠˋ
building materials
【材】简称"建材"。建筑工程中使用的各种材料和制品。水泥、钢材、木材和化学建材及制品合称四大建材,应用最为广泛。

建筑承载系统/建築承載系統 jiànzhù chéngzài xìtǒng/ ㄐㄧㄢˋ ㄓㄨˊ ㄔㄥˊ ㄗㄞˋ ㄒㄧˋ ㄊㄨㄥˇ

load-bearing system in building

【建】建筑上指承受结构上各种分布力或集中力(直接作用)和引起结构产生约束变形或外加变形(间接作用)的受力构件。可分为水平分系统和竖向分系统。水平分系统指楼板、屋顶的结构层、楼体结构层、阳台板、雨篷板、挑檐板等,或称受弯构件。竖向分系统指剪力墙承重墙或柱等,或称受压构件。建筑承载系统的局部和整体需有足够的承载能力、抗变形能力以及抗震能力。

建筑电磁屏蔽/建築電磁遮罩

jiànzhù diàncí píngbì/ ㄐㄧㄢˋ ㄓㄨˊ ㄉㄧㄢˋ ㄘˊ ㄓㄜ ㄓㄠˋ

electro-magnetic shielding in building

【建】建筑设计中采取的隔离电磁波干扰和防止电磁波外泄的技术措施。主要有将高导电率分的金属材料做成各种形式的壳体或网罩同外围护结构结合在一起,使之具有隔离电磁波的性能;可采用金属平板、带孔金属板、单层或双层金属丝网、金属板与金属丝网复合层及蜂巢形金属网等建筑材料制作金属外壳。

建筑防爆/建築防爆

jiànzhù fángbào/ ㄐㄧㄢˋ ㄓㄨˊ ㄈㄤˊ ㄅㄠˋ

blast-proof construction

【建】对有发生爆炸危险的厂房、库房等建筑物采取的防爆、泄爆的构造措施。主要有设置壁柱和圈梁等加固措施;采取遮阳、通风排气等有效措施减少火源的产生;应在建筑中设置不少于两个安全出口,并采用封闭楼梯间;需配备室内外消防给水系统。

建筑防潮/建築防潮

jiànzhù fángcháo/ ㄐㄧㄢˋ ㄓㄨˊ ㄈㄤˊ ㄔㄠˊ

building damp proofing

【建】采用建筑方法防止建筑物受潮的技术措施。主要有设置防潮层;增大维护结构热阻、采用呼吸性内饰面、使用隔蒸汽层、作表面防水层、增设通风排气通道等。

建筑防尘/建築防塵

jiànzhù fángchén/ ㄐㄧㄢˋ ㄓㄨˊ ㄈㄤˊ ㄔㄣˊ

dust-proof in building

【建】一座建筑物或其中的部分房间在防止尘粒污染方面,为达到一定防尘要求而采取的措施。主要有从建筑各项设计中力求杜绝尘粒的进入和产生;注意对粗净化、中等净化、超净化三等空气净化的净化指标。

建筑防腐蚀/建築防腐蝕

jiànzhù fángfǔshí/ ㄐㄧㄢˋ ㄓㄨˊ ㄈㄤˊ ㄈㄨˇ ㄕˊ

corrosion-proof in building

【建】防止工业生产中酸、碱、盐等侵蚀性物质以及大气、地下水、地面水、土壤中所含的侵蚀性介质对建筑物造成腐蚀而影响建筑物的耐久性,在建筑布局、结构造型、构造设计、材料选择等方面采取的防护措施。主要有将散发大量侵蚀性介质的厂房、仓库、贮罐等布置在地区常年主导风向的下风向、水流下游地带;采用提高钢筋混凝土承重构件的混凝土强度等级和密实性,加大保护层并涂刷防腐材料;采用防腐蚀的楼面、地面。

建筑防寒

jiànzhù fánghán/ ㄐㄧㄢˋ ㄓㄨˊ ㄈㄤˊ ㄏㄢˊ

【建】即"建筑保温"(602 页)。

建筑防火/建築防火

jiànzhù fánghuǒ/ ㄐㄧㄢˋ ㄓㄨˊ ㄈㄤˊ ㄏㄨㄛˇ

fire protection in building

【建】在建筑设计中采取防火措施,防止火灾发生和减少火灾对生命财产的危害。建筑防火包括火灾前的预防和火灾时的措施两方面,前者主要为确定耐火等级和耐火构造,控制可燃物数量及分隔易起火部位等;后者主要为进行防火分区,设置疏散设施及排烟、灭火设备等。

📖 中国将建筑物耐火等级分为四级(高层建筑必须为一、二级)。具体措施如下:(1)设计时须保证主体结构的耐火稳定性,使非主体结构(隔墙、装饰)具有耐火能力。(2)建筑物之间应保持一定的防火间距,应设置 2 个至更多的安全出口。(3)建筑物中应设有良好的通风、排烟措施。(4)有爆炸性危险性的房屋应有防爆泄压的措施。

建筑防雷/建築防雷

jiànzhù fángléi/ ㄐㄧㄢˋ ㄓㄨˊ ㄈㄤˊ ㄌㄟˊ

lightning-proof in building

【建】为避免雷击对建筑物造成破坏而设置防雷装置。防雷装置由接闪装置、引下线和接地装置三部分组成。其防雷原理是通过金属制成的接闪装置将雷电吸引到自身并安全导向大地,从而使建筑物免受雷击。接闪装置又分避雷针、避雷线、避雷带等。

建筑防热/建築防熱
jiànzhù fángrè/ㄐㄧㄢˋ ㄓㄨˊ ㄈㄤˊ ㄖㄜˋ
heat insulation in building
【建】抵挡夏季室外热作用,防止室内过热所采取的建筑设计综合措施。在城市规划中,正确选择建筑物的布局形式和建筑物朝向;在建筑设计中,选用适宜的有效的围护结构隔热方案;采用合理的窗户遮阳形式;争取良好的自然通风;注意建筑环境的绿化等以创造舒适的室内生活、工作环境。

建筑防水/建築防水
jiànzhù fángshuǐ/ㄐㄧㄢˋ ㄓㄨˊ ㄈㄤˊ ㄕㄨㄟˇ
water proofing in building
【建】为避免水对建筑物的危害,在外围护结构和地下室等部位采取的防御措施。构造防水是利用构件自身的形状及相互搭接来防水,主要用于构件的自防水屋面、装配式建筑外墙板接缝等;材料防水是利用材料的不透水性来覆盖和密闭构件及缝隙,常用于屋面、外墙、地下室等处。防水材料,主要有沥青、塑料、橡胶及防水混凝土。

建筑辐射防护/建築輻射防護
jiànzhù fúshè fánghù/
ㄐㄧㄢˋ ㄓㄨˊ ㄈㄨˊ ㄕㄜˋ ㄈㄤˊ ㄏㄨˋ
radiation-proof in building
【建】从建筑设计方面对有辐射源的建筑物所做的减免辐射伤人的防护屏蔽措施。主要有对外照射线(X 射线、γ 射线)的防护,通常用重金属和重混凝土等作屏蔽隔离措施和加大防护距离;对内照射线(α 射线、β 射线)的防护,设计时要创造便于消除放射性物质沾染的环境。

建筑高度/建築高度
jiànzhù gāodù/ㄐㄧㄢˋ ㄓㄨˊ ㄍㄠ ㄉㄨˋ
building height
【建】建筑物的竖直高度。对于平屋顶建筑,是从室外地坪至建筑物屋顶女儿墙顶的距离。屋顶局部升起的蓄水池、电梯间、楼梯间、烟囱、天线、避雷针等在城市建设地区不必计入。

建筑隔声/建築隔聲
jiànzhù géshēng/ㄐㄧㄢˋ ㄓㄨˊ ㄍㄜˊ ㄕㄥ
sound insulation of building
【建】为改善建筑物室内声环境,隔离噪声的干扰而采取的措施。主要有采用隔声构件以隔离由空气传播来的噪声,如临室的谈笑声、收音机声、交通运输声;采取隔振措施以减少建筑结构传播振动能量的噪声,如机电设备、车辆以及打桩等的撞击噪声。

建筑红线/建築紅線
jiànzhù hóngxiàn/ㄐㄧㄢˋ ㄓㄨˊ ㄏㄨㄥˊ ㄒㄧㄢˋ
building line
【建】建筑总体规划图上,在建筑物、构筑物外缘,用红笔画出的建筑物、构筑物与其他用地的界限。严格规定建筑物地面或地下部分不允许超越此线,实际建筑外墙外皮可与此线重合,或退后一定距离。

建筑抗震/建築抗震
jiànzhù kàngzhèn/ㄐㄧㄢˋ ㄓㄨˊ ㄎㄤˋ ㄓㄣˋ
building aseismic
【建】为避免或减轻地震对建筑物的危害所采取的措施。主要有建筑体型、平面、立面布置要求规则、对称,建筑质量分布和刚度变化均匀;按抗震设计规范设置防震缝、抗震圈梁、构造柱、芯柱及抗震支撑系统等;选择适宜的楼层形式,加强楼层和楼梯间的整体性;加强各构件间的联结,如纵横墙之间、承重墙与非承重墙之间、板与板之间、板与梁之间、板、梁与墙之间等;处理好非结构构件与主体结构的连接;注意单层空旷房屋,土、木、石结构房屋的特点,有针对性地采取有效的抗震措施。

建筑类型/建築類型
jiànzhù lèixíng/ㄐㄧㄢˋ ㄓㄨˊ ㄌㄟˋ ㄒㄧㄥˊ
category of building
【建】将建筑按使用功能分类的分类体系。通常分为民用建筑、工业建筑、农业建筑。民用建筑又分为居住建筑、公共建筑两类;工业建筑主要是指为工业生产服务的各类建筑,如生产车间、辅助车间、动力用房、仓储建筑等;农业建筑主要指用于农业、牧业生产和加工的建筑,如温室、畜禽饲养场、粮食与饲料加工站、农机修理站等。

建筑密度/建築密度
jiànzhù mìdù/ㄐㄧㄢˋ ㄓㄨˊ ㄇㄧˋ ㄉㄨˋ
building density, building coverage
【建】在一定用地范围内,所有建筑物的基底面积总和与用地面积之比。用百分数(%)表示。根据保证日照、通风等卫生要求，保证消防、防空、地震的要求，满足居民基本休息活动空间，节约土地以及节约投资等因素确定。建筑层数不同，建筑密度指标也不同。

建筑面积/建築面積
jiànzhù miànjī/ ㄐㄧㄢˋ ㄓㄨˊ ㄇㄧㄢˋ ㄐㄧ

floor area, building area

【建】建筑物(包括墙体)所形成的楼面、地面面积的总和。

建筑面积系数/建築面積係數
jiànzhù miànjī xìshù/
ㄐㄧㄢˋ ㄓㄨˊ ㄇㄧㄢˋ ㄐㄧ ㄒㄧˋ ㄕㄨˋ

construction area coefficient

【建】计算建筑面积时所采用的系数。主要包括使用面积系数、结构面积系数和交通面积系数。使用面积系数＝使用面积/建筑面积(%)；结构面积系数＝结构面积/建筑面积(%)；交通面积系数＝交通面积/建筑面积(%)。

建筑模数/建築模組
jiànzhù móshù/ ㄐㄧㄢˋ ㄓㄨˊ ㄇㄛˊ ㄕㄨˋ

building module

【建】建筑设计中选定的标准尺寸单位。是房屋和工程构筑物及其配件、制品、设备尺寸间相互协调配合的共同基础。目前我国和世界上多数国家采用100毫米(或4英寸)为模数。

建筑气象学/建築氣象學
jiànzhù qìxiàngxué/
ㄐㄧㄢˋ ㄓㄨˊ ㄑㄧˋ ㄒㄧㄤˋ ㄒㄩㄝˊ

building meteorology

【气】应用气象学的一个分支。研究气象对建筑的影响及相互产生的效应。如气象在城市规划和房屋的结构设计、通风、采光等中的应用。

建筑室内外高差/建築室内外高差
jiànzhù shìnèiwài gāochā/
ㄐㄧㄢˋ ㄓㄨˊ ㄕˋ ㄋㄟˋ ㄨㄞˋ ㄍㄠ ㄔㄚ

indoor-outdoor elevation difference

【建】自室外地面至室内底层地面的垂直距离。通常由防水、防潮、交通运输和经济等要求综合确定。

建筑围护系统/建築圍護系統
jiànzhù wéihù xìtǒng/
ㄐㄧㄢˋ ㄓㄨˊ ㄨㄟˊ ㄏㄨˋ ㄒㄧˋ ㄊㄨㄥˇ

architectural enclosure structure, building envelope system

【建】建筑上指满足建筑物保温、隔热、防水、防潮、隔声、防火等方面要求的综合系统。

建筑物/建築物
jiànzhùwù/ ㄐㄧㄢˋ ㄓㄨˊ ㄨˋ

building

【建】又称"房屋"。具备、包含或提供人类居住功能的人工建造物。如住宅、厂房、火车站等。

建筑详图/建築詳圖
jiànzhù xiángtú/ ㄐㄧㄢˋ ㄓㄨˊ ㄒㄧㄤˊ ㄊㄨˊ

architectural details

【建】将建筑物的主要部位或房间用较大比例(1∶20)～(1∶50)绘制的详细图样。可视需要选用立面图、平面图或剖面图，注明选用材料、施工做法及翔实准确的尺寸标注。是落实建筑设计方案和满足施工要求的重要图样。

建筑小品/建築小品
jiànzhù xiǎopǐn/ ㄐㄧㄢˋ ㄓㄨˊ ㄒㄧㄠˇ ㄆㄧㄣˇ

accessorial building

【建】结合景观园林设计，在室外场地上建造的具有简单功能，并有点缀、装饰和美化作用的小体量建筑。

建筑学/建築學
jiànzhùxué/ ㄐㄧㄢˋ ㄓㄨˊ ㄒㄩㄝˊ

architecture

【建】研究建筑物及其内外空间与环境的学科。主要内容包括建筑艺术和建筑技术两个方面。涉及建筑设计、建筑材料、建筑施工等。

建筑制品/建築製品
jiànzhù zhìpǐn/ ㄐㄧㄢˋ ㄓㄨˊ ㄓˋ ㄆㄧㄣˇ

building product

【建】供建筑使用的各种构件、配件的制成品。如预制柱、梁、板等结构构件，各类砌块，门、窗及其五金配件，卫生洁具、橱柜、台板等。

建筑综合体
jiànzhù zōnghétǐ/ ㄐㄧㄢˋ ㄓㄨˊ ㄗㄨㄥ ㄏㄜˊ ㄊㄧˇ

【建】❶即"综合楼"(1508页)。❷即"综合体建筑"(1508页)。

建築模組
ㄐㄧㄢˋ ㄓㄨˊ ㄇㄛˊ ㄗㄨˇ/jiànzhù mózǔ

building module

【建】台湾名。即“建筑模数”(605 页)。

建築噪音

ㄐㄧㄢˋ ㄓㄨˋ ㄗㄠˋ ㄧㄣ/jiànzhù zàoyīn

construction noise

【环】台湾名。即“施工噪声”(1020 页)。

剑齿虎/劍齒虎 jiànchǐhǔ/ㄐㄧㄢˋ ㄔˇ ㄏㄨˇ

sabre-toothed cat

【地】*Machairodus* 旧称“短剑剑齿虎”。古哺乳动物的一个亚科。体形巨大,形态、大小跟现代的虎相似,牙齿可达 10 厘米以上(但远小于刃齿虎的牙齿),利如短剑,尾巴较长,生存于中新世—更新世时期。

剑齿象/劍齒象

jiànchǐxiàng/ㄐㄧㄢˋ ㄔˇ ㄒㄧㄤˋ

stegodon

【地】*Stegodon* 古哺乳动物的一属。头骨比真象略长,腿也长,上颌有象牙长而大,向上弯曲;下颌短,没有象牙。最早出现于中新世晚期,最晚生存到晚更新世。

📖 1973 年 11 月在甘肃省合水县板桥境内的马莲河畔发掘出一具剑齿象化石,是目前世界上发现的个体最长、保存最完整的剑齿象化石。

剑龙/劍龍 jiànlóng/ㄐㄧㄢˋ ㄌㄨㄥˊ

stegosaur(Stegosaurus) Stegosaurus

【地】*Stegosaurus* 一种大型恐龙。身长可达十多米。四肢大小相近,背上有一排巨大的骨质板,尾有四根尖刺。以植物为食。生活于侏罗纪晚期。

剑叶龙血树/劍葉龍血樹

jiànyè lóngxuèshù/

ㄐㄧㄢˋ ㄧㄝˋ ㄌㄨㄥˊ ㄒㄩㄝˋ ㄕㄨˋ

swordleaf dragonblood

【植】*Dracaena cochinchinensis* 百合科龙血树属。常绿乔木。树皮灰白色,光滑,老干灰褐色,片状剥落,幼枝有环状叶痕。无叶柄。叶聚生于茎顶,互相套叠,薄革质,剑形,向基部略变窄后扩大抱茎。圆锥花序,花小,乳白色,有香气。花期 3 月份。在中国,分布于云南和广西南部。观赏树木。茎和枝可提取中药“血竭”。

健化 ㄐㄧㄢˋ ㄏㄨㄚˋ/jiànhuà

hardening of seedling

【农】台湾名。即“蹲苗”(288 页)。

健康/健康 jiànkāng/ㄐㄧㄢˋ ㄎㄤ

health

【医】身体、精神和社会适应等方面都处于良好的状态。世界卫生组织提出:健康不仅是身体没有疾病或不虚弱,还要具备心理健康、社会适应良好和有道德。

健忘/健忘 jiànwàng/ㄐㄧㄢˋ ㄨㄤˋ

amnesia

【中医】中医内科疾病之一。多因心脾亏损,年老精气不足,或瘀痰阻痹等所致,症见记忆力减退、遇事易忘等。健忘,另作症状解。

舰炮/艦炮 jiànpào/ㄐㄧㄢˋ ㄆㄠˋ

shipborne artillery

【军】安装在舰艇上,用于射击水面、空中和岸上目标的火炮。现代舰艇的中小口径舰炮,反应快速,发射率高,与导弹武器配合,可遂行对空防御、对水面舰艇作战、拦截掠海导弹和对岸火力支援等任务。

舰艇/艦艇 jiàntǐng/ㄐㄧㄢˋ ㄊㄧㄥˇ

naval ship

【军】配有一定数量的人员,装有武器或专用装备,在海洋进行作战或实施勤务保障的军用舰、艇、船的统称。主要用于海上机动作战,进行战略核突袭,保护己方或破坏敌方的海上交通线,进行封锁或反封锁,参加登陆或抗登陆作战,以及担负海上补给、运输、修理、救生、医疗、侦察、调查、测量、工程和试验等保障勤务。

📖 舰艇主要有战斗舰艇和辅助战斗舰艇两大类。直接执行战斗任务的称战斗舰艇,执行辅助战斗任务的称辅助战斗舰艇。战斗舰艇分为航空母舰、战列舰、巡洋舰、驱逐舰、护卫舰艇、布雷舰艇、扫雷舰艇、登陆舰艇、潜艇、导弹艇、炮艇和鱼雷艇、猎潜舰艇等;辅助战斗舰艇分为修理舰船、运输舰船、补给舰船、测量船、打捞救生船、医院船、拖船等。

舰艇机枪/艦艇機槍

jiàntǐng jīqiāng/ㄐㄧㄢˋ ㄊㄧㄥˇ ㄐㄧ ㄑㄧㄤ

ship machine gun

【军】安装在舰艇及其他水上作战平台上的机枪。主要用于对付低空目标和水面、地面集群有生目标,是战斗舰艇上的辅助武器,也是非战斗舰艇上的自卫武器。口径从7.62毫米到14.5毫米不等,以大口径居多。常设有防盾,通常单人立姿操作,有的还辅以电动机或液压系统。为便于舱内射击,多采用电击发式机构。为了提高战斗射速、增强火力,多采用双联、三联或四联机枪。配弹量多,大口径机枪配弹3000发以上,普通口径机枪配弹3000~8000发。可分为并列机枪、航向机枪和高射机枪。

舰载飞机/艦載飛機
jiànzài fēijī/ ㄐㄧㄢˋ ㄗㄞˋ ㄈㄟ ㄐㄧ
carrier airplane
【航】以航空母舰和舰船为起降基地的飞机。

舰载机/艦載機 jiànzàijī/ ㄐㄧㄢˋ ㄗㄞˋ ㄐㄧ
shipboard aircraft and helicopter
【军】以航空母舰或其他军舰为基地的海军飞机。用于攻击空中、水面、水下和地面目标,并遂行预警、侦察、巡逻、护航、布雷、扫雷、补给、救护和垂直登陆等任务。是在海洋战场上夺取和保持制空权、制海权的重要力量。按使命不同,可分为歼击机、强击机、反潜机、预警机、侦察机和电子对抗飞机等;按起落原理不同,可分为普通舰载机,舰载垂直/短距起落飞机和舰载直升机。

舰载计算机/艦載電腦
jiànzài jìsuànjī/ ㄐㄧㄢˋ ㄗㄞˋ ㄉㄧㄢˋ ㄋㄠˇ
seaborne computer
【军】安装在舰艇上,适应舰船环境使用的计算机。是舰船的作战指挥、控制、通信、导航、火力控制、电子对抗等系统中的核心设备,主要用于完成信息的获取、传输和综合处理。可分为专用机和中心机两种。专用机用于某个装置或系统的状态监视与监控,中心机用于军舰各个装置或系统之间的数据传输、数据综合处理、图像编辑与显示、作战资源的分配与调度、情报通信、操作控制和管理等。

舰载雷达/艦載雷達
jiànzài léidá/ ㄐㄧㄢˋ ㄗㄞˋ ㄌㄟˊ ㄉㄚˊ
shipborne radar
【军】装在船舶上的各种雷达的统称。可探测和跟踪海面、空中目标,为武器系统提供目标数据,引导舰载机飞行和着舰,躲避海上障碍物,保障舰艇安全航行和战术机动等。各种舰艇上装备的雷达种类和数量,取决于舰艇的战斗使命、武器装备和吨位大小。通常小型战斗舰艇装1~2部;大、中型战斗舰艇装10多部,有的多达20余部。

舰载预警直升机/艦載預警直升機
jiànzài yùjǐng zhíshēngjī/
ㄐㄧㄢˋ ㄗㄞˋ ㄩˋ ㄐㄧㄥˇ ㄓˊ ㄕㄥ ㄐㄧ
shipboard early-warning helicopter
【军】主要为舰艇编队提供对空、对海预警和指挥,引导己方飞机和直升机或舰艇遂行战斗任务的舰载直升机。装备于大中型舰船和中小型航母。多为运输直升机改装。机载设备主要有雷达、导航系统、无线电通信系统、战术数据控制系统等。

渐近线/漸近線
jiànjìnxiàn/ ㄐㄧㄢˋ ㄐㄧㄣˋ ㄒㄧㄢˋ
asymptote
【数】若存在一条直线 l,当一连续曲线 C 伸向无穷远处时,它与 l 距离趋近于 0,则 l 叫作 C 的渐近线。例如,直线 $x=0$ 是曲线 $y=\ln x$ 的渐近线。

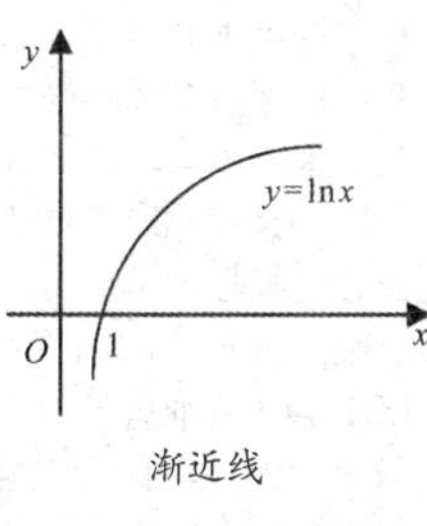

渐近线

渐伸线/漸伸線
jiànshēnxiàn/ ㄐㄧㄢˋ ㄕㄣ ㄒㄧㄢˋ
involute
【数】台湾又称“切展線”。若曲线 C 的切线都是另一曲线 C' 的法线,则 C' 叫作 C 的渐开线或渐伸线,C 叫作 C' 的渐屈线或渐缩线。例如,拉住紧绕着圆盘的细线的端点,拉紧细线将它逐渐从圆上绕开,细线的端点的运动轨迹是圆的渐伸线。

渐新世/漸新世 jiànxīnshì/ ㄐㄧㄢˋ ㄒㄧㄣ ㄕˋ
Oligocene Epoch
【地】古近纪的第三个世。从距今约3390万年开始,至距今2303万年结束。

渐新统/漸新統
jiànxīntǒng/ ㄐㄧㄢˋ ㄒㄧㄣ ㄊㄨㄥˇ
Oligocene Series
【地】古近系的第三个统。是渐新世时期形成的地层。

間接位址 ㄐㄧㄢˋ ㄐㄧㄝ ㄨㄟˋ ㄓˇ/jiànjiē wèizhǐ
indirect address

【信息】台湾名。即"间接地址"(602 页)。

間歇工作輪

ㄐㄧㄢˋ ㄒㄧㄝ ㄍㄨㄥ ㄗㄨㄛˋ ㄌㄨㄣˊ/

jiànxiē gōngzuòlún

geneva wheel

【机】台湾名。即"槽轮"(96 页)。

腱/肌腱 jiàn/ㄐㄧ ㄐㄧㄢˋ

tendon

【医】又称"肌腱"。肌束末端的结缔组织束,由平行排列的胶原纤维构成,肌肉借此附着于骨骼或其他结构。足跟与小腿相连的跟腱,是人体最粗大的肌腱。

腱反射/腱反射 jiànfǎnshè/ㄐㄧㄢˋ ㄈㄢˇ ㄕㄜˋ

tendon reflex

【医】又称"深反射"。刺激肌肉、肌腱和骨膜时引起的肌肉快速收缩反应的一种生理反射。因通过深部感受器传导,故又称为深反射。通常上运动神经元损害时腱反射亢进,下运动神经元损害时腱反射减低或消失。

腱鞘/腱鞘 jiànqiào/ㄐㄧㄢˋ ㄑㄧㄠˋ

tendinous sheath

【医】包围在肌腱外面的鞘管。存在于活动性较大的腕、踝、手指和脚趾等处。由外层的腱纤维鞘和内层的腱滑膜鞘组成。腱鞘内有少量滑液,可减少肌腱运动时产生的摩擦。腱纤维鞘对肌腱起滑车和约束作用。

键/鍵 jiàn/ㄐㄧㄢˋ

㊀ chemical bond, ㊁ key

㊀【化】"化学键"的简称。㊁【机】紧固件的一种。用来联结轴和轴上的零件,使两者一同转动或兼可沿轴向相对滑动。可分为平键、半圆键、花键、楔键和切向键等。

键盘/鍵盤 jiànpán/ㄐㄧㄢˋ ㄆㄢˊ

keyboard

【信息】用户终端、文本处理器或打字机等设备上装有一套按键的外设。通过一条五芯接口线缆与计算机相连。有内置控制器,用以判断击键的位置,保存键的位置代码并将其输入计算机。按键通常上百个,根据操作类型可分为打字键区、功能键区、编辑键区和小键盘区;根据键入内容可分为字母键、数字键、符号键、(预置)功能键和控制键。

箭毒木 jiàndúmù/ㄐㄧㄢˋ ㄉㄨˊ ㄇㄨˋ

【植】即"见血封喉"(601 页)。

箭楼/箭樓 jiànlóu/ㄐㄧㄢˋ ㄌㄡˊ

archery tower, jianlou

【建】建在瓮城上的城楼。

📖 箭楼始于明代,为砖石结构的多层楼房,三面密布箭窗,以高取胜,以坚为本。北京正阳门瓮城上有三座箭楼,墙厚 2 米多,箭窗很小,形成坚固厚重的实体。

箭霰炮弹/箭霰炮彈 jiànxiàn pàodàn/ㄐㄧㄢˋ ㄒㄧㄢˋ ㄆㄠˋ ㄉㄢˋ

APERS-T cartridge

【军】弹体内装有大量小钢箭的炮弹。炮弹飞抵目标上空后,在引信作用下弹体炸裂,小钢箭抛射以杀伤敌有生力量。

箭猪 jiànzhū/ㄐㄧㄢˋ ㄓㄨ

【动】即"豪猪"(482 页)。

箭竹/箭竹 jiànzhú/ㄐㄧㄢˋ ㄓㄨˊ

arrow bamboo

【植】*Fargesia spathacea* 禾本科箭竹属。秆丛生,细长直立,节间长,壁厚,箨环隆起。每节生枝条,斜展,被白粉。箨鞘革质,长圆状三角形;叶条状披针形,先端渐尖,叶缘一侧有齿,另一侧平滑。花枝长,生叶,顶生圆锥花序,较紧密。花期 4 月份。在中国,分布于湖北西部和四川东部。笋可食,嫩株为大熊猫食物,竹材可用。中国特有种。

鍵擊率 ㄐㄧㄢˋ ㄐㄧˊ ㄌㄩˋ/jiànjīlǜ

click rate

【信息】台湾名。即"点击率"(238 页)。

薦骨 ㄐㄧㄢˋ ㄍㄨˇ/jiàngǔ

sacrum

【医】台湾名。即"骶骨"(218 页)。

艦砲 ㄐㄧㄢˋ ㄆㄠˋ/jiànpào

naval gun

【军】台湾名。即"海军炮"(461 页)。

艦載電腦

ㄐㄧㄢˋ ㄗㄞˋ ㄉㄧㄢˋ ㄋㄠˇ/jiànzài diànnǎo

seaborne computer

【军】台湾名。即"舰载计算机"(607 页)。

jiang (ㄐㄧㄤ)

江南丘陵/江南丘陵

Jiāngnán Qiūlíng/ㄐㄧㄤ ㄋㄢˊ ㄑㄧㄡ ㄌㄧㄥˊ

Jiangnan Hills
【地】见“东南丘陵”(271 页)。

江南园林/江南园林
jiāngnán yuánlín/ ㄐㄧㄤ ㄋㄢˊ ㄩㄢˊ ㄌㄧㄣˊ
garden on Yangtze Delta
【建】通常指扬州、无锡、苏州、杭州、南京一带的私家园林。多紧邻住宅,面积有限,故常结合地形,创造出有山有水、有花有木,以少见多,以小见大的园林风景。其布局通常水面迂回、山石玲珑、建筑小巧,给人以清新淡雅、曲折幽静的感受。因营造手法、造园材料、花木品种不同而具有各自独特的风格。

江豚/江豚 jiāngtún/ ㄐㄧㄤ ㄊㄨㄣˊ
finless porpoise
【动】*Neophocaena phocaenoides* 又称“江猪”。哺乳动物名。鲸目鼠海豚科。外形像鱼,体长 1 米以上。全身灰黑色。头圆,眼小,尾扁平,无背鳍。生活在温带和热带港湾淡水中,以小鱼及虾、乌贼等为食。在中国,见于沿海一带,多产于长江口。

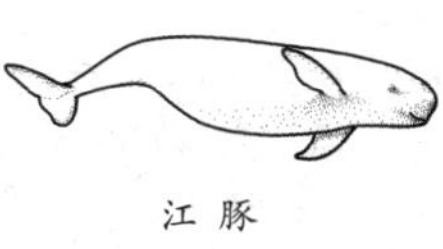
江 豚

江珧/江珧蛤 jiāngyáo/ ㄐㄧㄤ ㄧㄠˊ ㄍㄜˊ
pen shell
【动】*Atrina pectinata* 软体动物名。贻贝目江珧蛤科,壳大而薄,前尖后广,略呈三角形,表面苍黑色,足丝发状,极发达。直立插入泥沙中,终生不再移动。生活在海洋中。分布于印度洋、西太平洋,中国沿海均产。后闭壳肌的干制品称干珧柱或干贝。

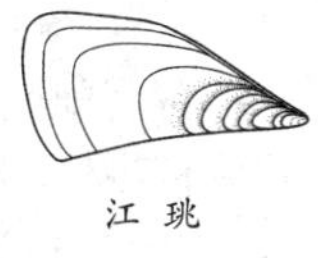
江 珧

江珧蛤 ㄐㄧㄤ ㄧㄠˊ ㄍㄜˊ/jiāngyáogé
pen shell
【动】台湾名。即“江珧”(609 页)。

江猪 jiāngzhū/ ㄐㄧㄤ ㄓㄨ
【动】即“江豚”(609 页)。

姜/薑 jiāng/ ㄐㄧㄤ
ginger
【植】*Zingiber officinale* 姜科姜属。多年生草本植物。宿根。根茎肉质、肥厚、扁平、有香气和辛辣味。叶无柄。叶片披针形,先端尖,有抱茎的叶鞘。穗状花序球果状,花冠黄绿色,裂片披针形,唇瓣中央裂片长圆状倒卵形,短于花冠裂片,有紫色条纹和淡黄色斑点,花柱淡紫色,柱头放射状。花期秋季。在中国,中部、东南部至西南部均有栽培。根茎可作蔬菜,还可入药。

姜黄/薑黄 jiānghuáng/ ㄐㄧㄤ ㄏㄨㄤˊ
Rhizoma Curcumae Longae(拉), turmeric
【中医】中药名。姜科植物姜黄 *Curcuma longa* L.的干燥根茎。味辛、苦,性温。归脾、肝经。破血行气,通经止痛。用于胸胁刺痛,闭经,癥瘕,风湿肩臂疼痛,跌扑肿痛。

姜 黄

豇豆/豇豆 jiāngdòu/ ㄐㄧㄤ ㄉㄡˋ
cowpea
【植】*Vigna unguiculata* 豆科豇豆属。一年生草本植物。茎有矮性、半蔓性和蔓性三种。羽状复叶,小叶三枚,卵状菱形,有时淡紫色。总状花序腋生,有长梗,花冠蝶形,黄白色略带青紫色。荚果条形,很长,肉质,色泽有深绿、淡绿、红紫或赤斑等,种子长椭圆形。花期 5—8 月份。在中国,分布于各地。嫩荚可作蔬菜。

浆果/漿果 jiāngguǒ/ ㄐㄧㄤ ㄍㄨㄛˇ
berry
【植】果实的一种。外果皮薄,中果皮和内果皮都肉质化,内含多枚种子。如葡萄、番茄等。

漿化 ㄐㄧㄤ ㄏㄨㄚˋ/jiānghuà
pulping, slurrying
【轻】台湾名。即“制浆”(1450 页)。

僵蚕/僵蠶 jiāngcán/ ㄐㄧㄤ ㄘㄢˊ
Bombyx Batryticatus(拉), stiff silkworm
【中医】又称“白僵蚕”。中药名。蚕蛾科昆虫家蚕 *Bombyx mori* Linnaeus 4～5 龄的幼虫感染(或人工接种)白僵菌 *Beauveria bassiana* (Bals.) Vuillant 而致死的干燥体。味咸、辛,性平。归肝、肺、胃经。祛风定惊,化痰散结。用于惊风抽搐,咽喉肿痛,皮肤瘙痒;颌下淋巴结炎,面神经麻痹。

降尘/落塵 jiàngchén/ㄌㄨㄛˋ ㄔㄣˊ
dustfall
【环】又称"落尘"。大气中的空气动力学等效直径大于10微米的颗粒物。在大气中滞留时间短,能较快沉降,其自然沉降速率一般在每秒1厘米以上,最快的可达每秒几十厘米。其沉降速率主要取决于颗粒物的粒度和重量。

降解/降解 jiàngjiě/ㄐㄧㄤˋ ㄐㄧㄝˇ
degradation
【化】有机化合物分子中碳原子数目因共价键断裂而减少的过程。随着碳原子数目减少,化合物分子量也降低,逐步分解为二氧化碳、甲烷等简单碳化合物。可分为生物降解、热降解、氧化降解和机械降解等。

降落伞/降落傘
jiàngluòsǎn/ㄐㄧㄤˋ ㄌㄨㄛˋ ㄙㄢˇ
parachute
【航】又称"阻尼伞"。伞状气动减速器。用透气柔性织物制成,工作时相对空气运动,增大运动阻力,使从空中落下的人或物体减速并稳定姿态,缓慢着陆。按伞衣结构不同,可分为密实织物伞、带条伞、旋转伞、滑翔伞;按用途不同,可分为人用伞(救生伞、伞兵伞、运动伞、训练伞)和物用伞(投物伞、航降伞、阻力伞、反尾旋伞、稳定减速伞、回收伞和伞靶伞)。用于空中跳伞运动、航空航天救生、空投空降以及飞行器的回收等。

降水/降水 jiàngshuǐ/ㄐㄧㄤˋ ㄕㄨㄟˇ
❶precipitation, ❷amount of precipitation
【气】❶自云中降落到地面上的水汽凝结物。通常分为液态降水和固态降水两类。液态降水就是雨;固态降水包括雪、米雪、霰、冰雹等。按降水的性质,可分为连续性降水,阵性降水和间歇性降水。按降水形式,可分为对流性降水、地形降水和锋面降水。❷在台湾,降水也指"降水量"(610页)。

降水化学/降水化學
jiàngshuǐ huàxué/ㄐㄧㄤˋ ㄕㄨㄟˇ ㄏㄨㄚˋ ㄒㄩㄝˊ
precipitation chemistry
【气】大气化学的主要研究内容之一。研究降水及地面水汽凝结物的化学组成、成因、过程及其生态作用等所涉及的化学问题。

降水量/降水
jiàngshuǐliàng/ㄐㄧㄤˋ ㄕㄨㄟˇ
amount of precipitation
【气】地面气象观测项目之一。指某一时段内,未经蒸发、渗透、流失的降水在水平面上积累的深度。固态降水需融化后进行折算。

降水强度/降水強度
jiàngshuǐ qiángdù/ㄐㄧㄤˋ ㄕㄨㄟˇ ㄑㄧㄤˊ ㄉㄨˋ
precipitation intensity
【气】单位时间或某一段时间内的降水量。通常以10分钟、1小时或1天为时间单位。

降水酸度/降水酸度
jiàngshuǐ suāndù/ㄐㄧㄤˋ ㄕㄨㄟˇ ㄙㄨㄢ ㄉㄨˋ
precipitation acidity
【气】大气降水所具有的酸性程度,用pH值表示。

降血糖药/抗血糖過高藥
jiàngxuètángyào/
ㄎㄤˋ ㄒㄧㄝˋ ㄊㄤˊ ㄍㄨㄛˋ ㄍㄠ ㄧㄠˋ
hypoglycemic
【医】纠正胰岛素异常而导致高血糖症状的药物。常用药物有:胰岛素类;磺脲类,如格列苯脲;双胍类,如二甲双胍;α葡糖苷酶抑制剂,如阿卡波糖;促进胰岛素分泌剂,如瑞格列奈;胰岛素增敏剂,如罗格列酮等。

降压药 jiàngyāyào/ㄐㄧㄤˋ ㄧㄚ ㄧㄠˋ
【医】即"抗高血压药"(672页)。

降噪/噪音削減
jiàngzào/ㄗㄠˋ ㄧㄣ ㄒㄩㄝ ㄐㄧㄢˇ
noise reduction, noise abatement
【环】减轻噪声污染及其不良影响的措施。主要是控制噪声源及其传输途径,以及采取噪声防护措施和制定相关的管理制度等。

jiao (ㄐㄧㄠ)

交 jiāo/ㄐㄧㄠ
【数】"交集"的简称。

交叉抵抗性
ㄐㄧㄠ ㄔㄚ ㄉㄧˇ ㄎㄤˋ ㄒㄧㄥˋ/jiāochā dǐkàngxìng
cross resistance
【医】台湾名。即"交叉耐药性"(611页)。

交叉耐药性/交叉抵抗性
jiāochā nàiyàoxìng/ ㄐㄧㄠ ㄔㄚ ㄉㄧˇ ㄎㄤˋ ㄒㄧㄥˋ
cross resistance
【医】病原体对某种药物产生耐药性的同时，对其他相关药物也产生耐药性的现象。

交叉学科/交叉學科
jiāochā xuékē/ ㄐㄧㄠ ㄔㄚ ㄒㄩㄝˊ ㄎㄜ
interdisciplinary science
【总】由不同学科互相渗透、交叉而形成的新兴学科。如化学与物理学交叉形成物理化学和化学物理学，化学与生物学交叉形成生物化学和化学生物学，网络技术和语言科学交叉形成网络语言学等。

交点周期/交點周期
jiāodiǎn zhōuqī/ ㄐㄧㄠ ㄉㄧㄢˇ ㄓㄡ ㄑㄧˊ
draconitic period
【航】航天器相邻两次相同方向经过同一纬度圈的时间间隔。当纬度为 0°时，航天器两次相同方向经过赤道，这时的交点周期称为节点周期。

交感神经/交感神經
jiāogǎn shénjīng/ ㄐㄧㄠ ㄍㄢˇ ㄕㄣˊ ㄐㄧㄥ
sympathetic nerve
【医】自主神经的一部分。作用主要是产生兴奋以适应机体应急需要，如引起心跳加快，皮肤和内脏小动脉收缩而引起动脉血压增高，血糖升高，呼吸加深变快，瞳孔散大等。

交媾 ㄐㄧㄠ ㄍㄡˋ/jiāogòu
coitus
【医】台湾名。即“性交”(1281 页)。

交互模式/交談模式
jiāohù móshì/ ㄐㄧㄠ ㄊㄢˊ ㄇㄛˊ ㄕˋ
interactive mode
【信息】用户与计算机系统之间交替进行一系列输入与响应的操作模式。可使用户免去阅读并记着复杂的操作步骤，从一次次的简单输入(命令)与响应(指导)中逐步找到可用的功能和配置，并最终完成计算。

交互式光盘/互動式光碟
jiāohùshì guāngpán/
ㄏㄨˋ ㄉㄨㄥˋ ㄕˋ ㄍㄨㄤ ㄉㄧㄝˊ
compact disc interactive, CD-I
【信息】具有对音频、视频信息交互操作功能的光盘。

交换/交換 jiāohuàn/ ㄐㄧㄠ ㄏㄨㄢˋ
switching
【信息】通信中将功能单元、传输通路或电信电路互连，以运送信号的过程。

交换机/交換機
jiāohuànjī/ ㄐㄧㄠ ㄏㄨㄢˋ ㄐㄧ
switch
【信息】能根据用户的需求将用户线路、电信电路和/或其他需要互连的功能单元连接起来的设备。集成了网络节点上的话务承载装置、交换用控制和信令设备以及其他功能单元。

交换律/交換律
jiāohuànlǜ/ ㄐㄧㄠ ㄏㄨㄢˋ ㄌㄩˋ
commutative law
【数】运算定律之一。设 $*$ 是集合 S 上一种的二元运算，a，b 是 S 中的任意两个元素，若 $a*b=b*a$，则称 $*$ 满足交换律。例如，实数集 $\mathbf{R}$ 上的加法(+)、乘法(×)都满足交换律。

交换网/交換網路
jiāohuànwǎng/ ㄐㄧㄠ ㄏㄨㄢˋ ㄨㄤˇ ㄌㄨˋ
switching network
【信息】由若干交换级通信设备构成的网络。

交換網路
ㄐㄧㄠ ㄏㄨㄢˋ ㄨㄤˇ ㄌㄨˋ/jiāohuàn wǎnglù
switching network
【信息】台湾名。即“交换网”(611 页)。

交会对接/會合對接
jiāohuì duìjiē/ ㄏㄨㄟˋ ㄏㄜˊ ㄉㄨㄟˋ ㄐㄧㄝ
rendezvous and docking
【航】两个航天器在轨道同一位置以相同的速度会合并在结构上实现固连，形成结构整体的过程。交会是两个航天器对接的基础必要条件，对接是两个航天器在空间交会的目的和结果，是实现空间站、空间平台和空间运输系统在空间装配、维修、补给、回收、营救等空间在轨操作的关键。

交集/交集合 jiāojí/ ㄐㄧㄠ ㄐㄧˊ ㄏㄜˊ
intersection set
【数】简称“交”。由所有既属于集合 A 又属于集合 B 的元素所组成的集合，叫作 A 与 B

的交集,记作$A\cap B$,即 $A\cap B=\{x\mid x\in A$ 且 $x\in B\}$。例如,$A=\{1,2,3\}$,$B=\{0,1,2\}$,$A\cap B=\{1,2\}$。

交集合 ㄐㄧㄠ ㄐㄧˊ ㄏㄜˊ/jiāojíhé
intersection set
【数】台湾名。即“交集”(611 页)。

交联/交聯 jiāolián/ㄐㄧㄠ ㄌㄧㄢˊ
crosslinking
【化】线型高分子链之间连接成网状或体形高分子的过程。交联后失去热塑性和溶解性,而力学强度、弹性、尺寸稳定性、耐溶剂性、耐磨性、耐热性、电性能等均有改善。常用于聚合物的改性。

交流/交流 jiāoliú/ㄐㄧㄠ ㄌㄧㄡˊ
alternating current
【物】大小和方向随时间作周期性变化的电流。现代电网提供的交流按正弦规律变化。中国电网交流的周期为0.02秒,频率为 50 赫。

交流电动机变频调速/交流電動機變頻調速
jiāoliú diàndòngjī biànpín tiáosù/ㄐㄧㄠ ㄌㄧㄡˊ ㄉㄧㄢˋ ㄉㄨㄥˋ ㄐㄧ ㄅㄧㄢˋ ㄆㄧㄣˊ ㄊㄧㄠˊ ㄙㄨˋ
variable frequency AC motor speed control
【电】简称“变频调速”。改变交流电动机定子供电电源频率实现调速的技术。

交流电机/交流機
jiāoliú diànjī/ㄐㄧㄠ ㄌㄧㄡˊ ㄐㄧ
alternating current machine
【电】电机的一种。具有与交流系统连接的电枢绕组。

交流电路/交流電路
jiāoliú diànlù/ㄐㄧㄠ ㄌㄧㄡˊ ㄉㄧㄢˋ ㄌㄨˋ
alternating circuit
【电】电压、电流随时间做周期性变化的电路。工程上也常指正弦交流电路。

交流电桥/交流電橋
jiāoliú diànqiáo/ㄐㄧㄠ ㄌㄧㄡˊ ㄉㄧㄢˋ ㄑㄧㄠˊ
alternating current bridge
【电】由电阻、电容、电感等标准元件组成的电桥。用于测量交流电参数,也用于测量电参数的残量(如电阻时间常数、电容损耗因数)以及转化为电参数的一些非电量。

交流电压/交流電壓
jiāoliú diànyā/ㄐㄧㄠ ㄌㄧㄡˊ ㄉㄧㄢˋ ㄧㄚ
alternating voltage
【电】对时间做周期性变化而直流分量为零的电压,或广义上理解为直流分量可以忽略的电压。

交流电源/交流電源
jiāoliú diànyuán/ㄐㄧㄠ ㄌㄧㄡˊ ㄉㄧㄢˋ ㄩㄢˊ
AC power supply
【物】电源的一类。使电路形成交流的装置。其电动势随时间作周期性变化。

交流发电机/交流發電機
jiāoliú fādiànjī/ㄐㄧㄠ ㄌㄧㄡˊ ㄈㄚ ㄉㄧㄢˋ ㄐㄧ
alternating current generator
【电】产生交流电压及电流的发电机。

交流機 ㄐㄧㄠ ㄌㄧㄡˊ ㄐㄧ/jiāoliújī
alternating current machine
【电】台湾名。即“交流电机”(612 页)。

交流数字电压表/交流數字電壓錶
jiāoliú shùzì diànyābiǎo/ㄐㄧㄠ ㄌㄧㄡˊ ㄕㄨˋ ㄗˋ ㄉㄧㄢˋ ㄧㄚ ㄅㄧㄠˇ
AC digital voltmeter
【电】应用模数转换技术,测量交流电压并以数字显示的电表。由直流数字电压表及交—直流转换器构成。

交流系统/交流系統
jiāoliú xìtǒng/ㄐㄧㄠ ㄌㄧㄡˊ ㄒㄧˋ ㄊㄨㄥˇ
alternating current system, AC system
【电】提供交流电力的系统。按电压等级可分为特高压交流系统、超高压交流系统、高压交流系统和低压交流系统。

交配/交配 jiāopèi/ㄐㄧㄠ ㄆㄟˋ
mating
【动】雌雄动物发生性行为的动作和过程。

交談層 ㄐㄧㄠ ㄊㄢˊ ㄘㄥˊ/jiāotáncéng
session layer
【信息】台湾名。即“会话层”(546 页)。

交談模式 ㄐㄧㄠ ㄊㄢˊ ㄇㄛˊ ㄕˋ/jiāotán móshì
interactive mode
【信息】台湾名。即“交互模式”(611 页)。

交通/交通 jiāotōng/ㄐㄧㄠ ㄊㄨㄥ

❶communications,❷road traffic
【交】❶各种运输和通信的总称。即人、物和信息在两地之间的往来、传递和输送。在国民经济中属于第三产业。运输包括铁路、公路、水路、航空和管道五种方式;通信包括邮政和电信两方面内容。❷"道路交通"的简称。

交通面积/交通面積
jiāotōng miànjī/ ㄐㄧㄠ ㄊㄨㄥ ㄇㄧㄢˋ ㄐㄧ
circulation area, traffic area
【建】建筑物中走道、坡道、电梯间、楼梯间等供垂直和水平使用的净面积的总和。

交通信号灯/交通信號燈
jiāotōng xìnhàodēng/
ㄐㄧㄠ ㄊㄨㄥ ㄒㄧㄣˋ ㄏㄠˋ ㄉㄥ
traffic lights
【交】通称"红绿灯"。交通信号设备的一种。安装在交通道口上,疏导控制车辆、行人交通。目前最常用的是红黄绿三色信号灯,绿灯是通行信号,红灯是禁行信号,黄灯是警告信号。

交通运输污染源/交通運輸污染源
jiāotōng yùnshū wūrǎnyuán/
ㄐㄧㄠ ㄊㄨㄥ ㄩㄣˋ ㄕㄨ ㄨ ㄖㄢˇ ㄩㄢˊ
transportation pollution source
【环】交通运输生产中的污染源。如机动车辆、飞机、机车、船舶和车站、码头等。油轮失事漏油也属于交通运输污染源。

交通噪声/交通噪音
jiāotōng zàoshēng/ ㄐㄧㄠ ㄊㄨㄥ ㄗㄠˋ ㄕㄥ
traffic noise
【环】交通运输工具运行过程中产生的人们不需要的声音。包括机动车辆行驶所产生的道路交通噪声,飞机起飞、降落和飞行所产生的航空噪声,火车行驶所产生的铁路交通噪声,机动船舶行驶所产生的船舶噪声等。交通噪声已成为城市的主要噪声。

交通噪音
ㄐㄧㄠ ㄊㄨㄥ ㄗㄠˋ ㄧㄣ/jiāotōng zàoyīn
traffic noise
【环】台湾名。即"交通噪声"(613 页)。

交通中心/交通中心
jiāotōng zhōngxīn/ ㄐㄧㄠ ㄊㄨㄥ ㄓㄨㄥ ㄒㄧㄣ
transport hub
【交】位于一种或多种运输方式的交通干线的交叉地,拥有为办理旅客与货物中转、发送、到达所需各种设施的城镇。

交尾/交尾 jiāowěi/ ㄐㄧㄠ ㄨㄟˇ
copulation
【动】特指昆虫类、鸟类、体内受精的部分鱼类、爬行类、两栖类的雌雄动物交配的动作和过程。

茭白 jiāobái/ ㄐㄧㄠ ㄅㄞˊ
【植】"菰"的通称。

胶版纸/膠印紙 jiāobǎnzhǐ/ ㄐㄧㄠ ㄅㄢˇ ㄓˇ
offset paper
【轻】台湾又称"柯式紙"。纸的一种。适用于胶版印刷。

胶合板/合板 jiāohébǎn/ ㄏㄜˊ ㄅㄢˇ
ply, plywood
【材】由较薄木单板构成的层合板。由三层或更多奇数层的薄片材料胶合而成,如三合板、五合板、大芯板和刨板。

胶接/膠接 jiāojiē/ ㄐㄧㄠ ㄐㄧㄝ
㊀ glued joint, ㊁ bonding
㊀【机】连接物体的一种方法。利用黏合剂在连接面上产生的机械结合力、物理吸附力或化学键合力,使两个胶接件连接起来。工艺简便,接头应力分布均匀,胶接件不易变形。通常接头具有良好的密封性、电绝缘性和耐腐蚀性。广泛应用于机床、汽车、拖拉机、船舶、化工、仪表、航空航天等领域。㊁【化】即"黏接"(836 页)。

胶结料 jiāojiéliào/ ㄐㄧㄠ ㄐㄧㄝˊ ㄌㄧㄠˋ
【材】即"胶凝材料"(614 页)。

胶轮压路机
jiāolún yālùjī/ ㄐㄧㄠ ㄌㄨㄣˊ ㄧㄚ ㄌㄨˋ ㄐㄧ
【机】即"轮胎压路机"(766 页)。

胶囊剂/膠囊劑 jiāonángjì/ ㄐㄧㄠ ㄋㄤˊ ㄐㄧˋ
capsule
【医】药物及辅料填装于空心胶囊或密封于软质囊材中的固体制剂。

胶黏剂 jiāoniánjì/ ㄐㄧㄠ ㄋㄧㄢˊ ㄐㄧˋ
【化】即"黏合剂"(836 页)。

胶凝/膠凝 jiāoníng/ ㄐㄧㄠ ㄋㄧㄥˊ
gelation, jelly
【化】溶胶或溶液在一定条件下转变成凝胶的

J

过程。

胶凝材料/黏結材料

jiāoníng cáiliào/ ㄐㄧㄠ ㄋㄧㄥˊ ㄘㄞˊ ㄌㄧㄠˋ

binding materials, cementing materials

【材】又称“胶结料”。在物理、化学作用下，能从浆体转化成坚固的石状体，并能胶结其他物料，形成有一定机械强度的复合固体材料。可分为水硬性胶凝材料（如水泥）和非水硬性胶凝材料（如石灰）。

胶乳 jiāorǔ/ ㄐㄧㄠ ㄖㄨˇ

【化】即“乳胶”（959 页）。

胶束/微膠粒 jiāoshù/ ㄨㄟ ㄐㄧㄠ ㄌㄧˋ

micelle

【化】又称“胶团”。表面活性剂在溶液中浓度达到一定值后，多个分子或离子的疏水基相互缔合形成的微粒。其大小、形状与表面活性剂浓度有关，浓度由低到高时，形状依次为球形、棒状、棒状六角束、层状、液晶状等。

胶态晶体/膠態晶體

jiāotài jīngtǐ/ ㄐㄧㄠ ㄊㄞˋ ㄐㄧㄥ ㄊㄧˇ

colloidal crystal

【化】由一种或多种单分散胶体粒子组成并规整排列的二维或三维有序结构。天然蛋白石就是由单分散二氧化硅球形粒子密堆积而成的胶体晶体，故胶态晶体也常称为合成蛋白石。

📖 胶态晶体的重复周期与可见光波长相似，对可见光能产生衍射效应而产生彩色。具有折射率的周期性变化，控制光子的传送，在一定方向上阻止一定频率的光波通过，具有光子开关、光子频率变换和光波选频滤波的光子晶体应用前景。若能以光子取代电子，以光子晶体取代半导体，利用光子比电子有更快的传播速度，且不带电荷，信息容量大，频带宽，能耗低等性能，可能制造出新一代光子计算机。

胶团 jiāotuán/ ㄐㄧㄠ ㄊㄨㄢˊ

【化】即“胶束”（614 页）。

胶原蛋白/膠原蛋白

jiāoyuán dànbái/ ㄐㄧㄠ ㄩㄢˊ ㄉㄢˋ ㄅㄞˊ

collagen

【医】胶原纤维经过部分降解而成的纤维状蛋白质。白色，不透明，无支链，水溶性好，占人体全身总蛋白质的 30% 以上。一个成年人身体内约有 3 千克胶原蛋白，广泛存在于皮肤、骨骼、肌肉、软骨、关节、头发组织中，对其形成、修复、保护起着重要作用。

胶州湾/膠州灣

Jiāozhōu Wān/ ㄐㄧㄠ ㄓㄡ ㄨㄢ

Jiaozhou Bay

【地】海湾名。位于山东半岛南岸，为黄海伸入内陆半封闭式海湾。有南胶河、大沽河注入。面积 423 平方千米。水深 7 米，最深达 64 米。湾内港阔水深，终年不冻，是天然优良港湾。

胶子/膠子 jiāozǐ/ ㄐㄧㄠ ㄗˇ

gluon

【物】理论上预言的一种量子。认为是在夸克间传递强相互作用，将夸克连在一起，使形成质子、中子及其他强子，目前在实验中尚未发现自由胶子。

焦 jiāo/ ㄐㄧㄠ

【计量】“焦耳”的简称。

焦点/焦點 jiāodiǎn/ ㄐㄧㄠ ㄉㄧㄢˇ

focus

㊀【数】圆锥曲线是到定点和定直线的距离之比是常数的曲线，定点叫作圆锥曲线的焦点。椭圆有两个焦点，椭圆上任一点到两焦点的距离之和是常数；双曲线有两个焦点，双曲线上任一点到两焦点的距离之差是常数；抛物线有一个焦点，抛物线上任一点与焦点和准线的距离相等。㊁【物】平行光束经过透镜折射或曲面镜反射后的交点。有实焦点和虚焦点之分。位于主光轴（光学元件的对称轴）上的焦点叫主焦点。

📖 射到凸透镜上的与主光轴平行的光通过凸透镜后在主光轴上会聚的点，为实焦点（左图 F）；而射到凹透镜上的与主光轴平行的光通过凹透镜后发散，其反向延长线在主光轴上相交的点，为虚焦点（右图 F'）。对于球面镜，射到凹面镜上与主光轴平行的光在主光轴上会聚的点，为实焦点。而射到凸面镜上的与主光轴平行的光通过凸面镜后发散，其反向延长线在主光轴上相交的点，为虚焦点。

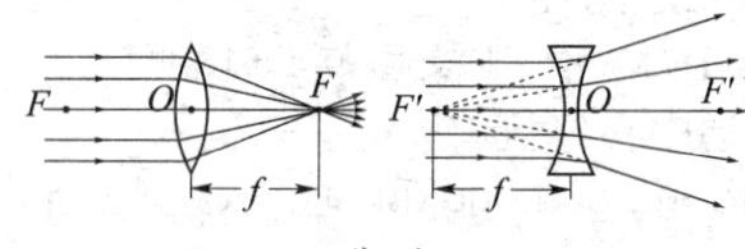

焦 点

焦度/焦度 jiāodù/ ㄐㄧㄠ ㄉㄨˋ

【物】"光焦度"的简称。

焦耳/焦耳 jiāo'ěr/ ㄐㄧㄠ ㄦˇ

joule

【计量】简称"焦"。功、热量和能量的国际单位制单位。符号 J。1 牛的力使物体在力的方向上移动 1 米所做的功,就是 1 焦。为纪念英国物理学家焦耳(J. P. Joule, 1818—1889)而命名。

焦耳定律/焦耳定律

Jiāo'ěr dìnglǜ/ ㄐㄧㄠ ㄦˇ ㄉㄧㄥˋ ㄌㄩˋ

Joule law

【物】描述通电导体产生热的规律。电流通过导体时放出的热量 Q 与电流 I 的平方、导体的电阻 R 和通电的时间 t 成正比,即 $Q=I^2Rt$。因英国物理学家焦耳(J. P. Joule, 1818—1889)通过实验首先得出,故名。

焦化/焦化 jiāohuà/ ㄐㄧㄠ ㄏㄨㄚˋ

coking

【化】❶通常指有机物质炭化变焦的过程。在煤的干馏中指高温干馏,在石油加工中指釜式焦化和延迟焦化。是煤加工、石油加工中重要环节。❷即"炼焦"(733 页)。

焦痂性烧伤

jiāojiāxìng shāoshāng/

ㄐㄧㄠ ㄐㄧㄚ ㄒㄧㄥˋ ㄕㄠ ㄕㄤ

【医】即"三度烧伤"(967 页)。

焦距/焦距 jiāojù/ ㄐㄧㄠ ㄐㄩˋ

focal length

【物】透镜或曲面镜中一个特殊点与主焦点的距离。用 f 表示。对于透镜,为透镜的光心到焦点的距离。对于曲面镜,为球半径 R 的一半,即 $f=R/2$。图见"焦点"(614 页)

焦虑/焦慮 jiāolǜ/ ㄐㄧㄠ ㄌㄩˋ

anxiety

【心】对外部事件或内在想法与感受的一种不愉快的情感体验。涉及程度轻重不等但性质相同,因而相互过渡的一系列情绪,如不安、担心,害怕、惊恐,直至极端恐怖。严重的焦虑状态是一种心理障碍。

焦虑性神经症/焦慮精神官能病

jiāolǜxìng shénjīngzhèng/

ㄐㄧㄠ ㄌㄩˋ ㄐㄧㄥ ㄕㄣˊ ㄍㄨㄢ ㄋㄥˊ ㄅㄧㄥˋ

anxiety neurosis

【医】简称"焦虑症"。一种反复并持续的伴有焦虑、恐惧、担忧、不安等症状和自主神经功能紊乱的精神障碍。

焦虑症 jiāolǜzhèng/ ㄐㄧㄠ ㄌㄩˋ ㄓㄥˋ

【医】"焦虑性神经症"的简称。

焦慮精神官能病

ㄐㄧㄠ ㄌㄩˋ ㄐㄧㄥ ㄕㄣˊ ㄍㄨㄢ ㄋㄥˊ ㄅㄧㄥˋ/

jiāolǜ jīngshén guānnéngbìng

anxiety neurosis

【医】台湾名。即"焦虑性神经症"(615 页)。

焦炭/煤焦 jiāotàn/ ㄇㄟˊ ㄐㄧㄠ

coke

【化】炭的一种。配合煤经高温干馏(即焦化)而成。固体,银灰色,有金属光泽,质坚多孔。有机质中碳含量高于 96%,挥发分 0.8%～1.0%,热值约 29 兆焦/千克。主要用于炼铁和冶炼有色金属,也用于铸造、电石生产等。

焦油/溚 jiāoyóu/ ㄊㄚˇ

tar

【化】煤、油页岩、木材等含碳有机物质经干馏得到的油状产物。褐色至黑色。主要有煤焦油、页岩焦油、木焦油等。可作化工原料。

焦油沥青/煤瀝青

jiāoyóu lìqīng/ ㄇㄟˊ ㄌㄧˋ ㄑㄧㄥ

coal tar pitch

【化】通称"柏油"。人造沥青的一种。焦油蒸馏后的残余物,黑色,有光泽,有臭味。用于木材防腐、铺筑路面等,也用作化工原料。

鲛 jiāo/ ㄐㄧㄠ

【动】即"鲨鱼"(979 页)。

膠印紙 ㄐㄧㄠ ㄧㄣˋ ㄓˇ/jiāoyìnzhǐ

offset paper

【轻】台湾名。即"胶版纸"(613 页)。

礁/礁 jiāo/ ㄐㄧㄠ

【地】即"礁石"(615 页)。

礁石/礁 jiāoshí/ ㄐㄧㄠ

reef

【地】又称"礁"。位于江、河、湖、海水面附近的岩石。有时也指海洋中水面附近的珊瑚礁。是船舶航行最危险的天然障碍物。

角/角 jiǎo/ ㄐㄧㄠˇ

㊀ horn,㊁ angle

㊁【动】有蹄类动物(如牛、羊、鹿、犀牛)头顶或鼻前生长的坚硬突起物。通常细长而弯曲,上端较尖。有防御或攻击等作用。㊂【数】从一点出发的两条射线所组成的图形。这点叫作角的顶点,这两条射线叫作角的两条边。特别地,当两条射线重合时规定它为零角。角也可以看成一条射线绕它的端点在平面内旋转而成的图形。射线的端点叫作角的顶点,旋转开始时的射线叫作角的始边,旋转结束时的射线叫作角的终边。角的符号是"∠"。例如,∠*AOB* 或∠*O* 都表示顶点为 *O* 的角。

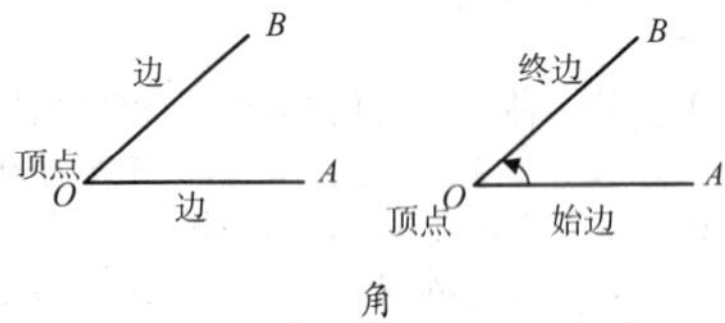

角

角叉菜/角叉菜
jiǎochācài/ㄐㄧㄠˇ ㄔㄚ ㄘㄞˋ
carrageen
【植】*Chondrus ocellatus* 又称"鹿角菜"。藻类。红藻门杉藻科角叉菜属。藻体直立,单生或丛生;平叶状,革质,基部具不规则盘状固着器;数次叉状分枝,边缘全缘或有小育枝,末枝顶端钝形或二裂,暗紫红色,常变绿色,膜质至肉质。在中国,分布于甘肃、辽宁、山东、青海等地。生长在中低潮带岩石上,或水面较平静的堤坝上。药食兼用,也可提制卡拉胶。

角度不整合/角度不整合
jiǎodù bùzhěnghé/ㄐㄧㄠˇ ㄉㄨˋ ㄅㄨˋ ㄓㄥˇ ㄏㄜˊ
angular unconformity
【地】见"不整合"(86 页)。

角度法 ㄐㄧㄠˇ ㄉㄨˋ ㄈㄚˇ/jiǎodùfǎ
degree measure
【数】台湾名。即"角度制"(616 页)。

角度块/角度塊
jiǎodùkuài/ㄐㄧㄠˇ ㄉㄨˋ ㄎㄨㄞˋ
angle block, angular gage block
【计量】形状为三角形或四边形,以两个测量平面间的夹角为标准角的实物量具。

角度制/角度法 jiǎodùzhì/ㄐㄧㄠˇ ㄉㄨˋ ㄈㄚˇ
degree measure
【数】一种度量制。度量单位为"度""分""秒",分别记作符号°,′,″。采用 60 进制,即 1°=60′,1′=60″。把圆周 360 等分,每一等份的弧是 1°的弧,它所对的圆心角是 1°的角。1 周角=360°,1 平角=180°,1 直角=90°。

角分 jiǎofēn/ㄐㄧㄠˇ ㄈㄣ
【计量】"分"❸的全称。

角钢/角鋼 jiǎogāng/ㄐㄧㄠˇ ㄍㄤ
angle steel
【材】截面形状主要为直角形的型钢。可分为等边角钢和不等边角钢。

角果/角果 jiǎoguǒ/ㄐㄧㄠˇ ㄍㄨㄛˇ
silique, silicle
【植】由二心皮的雌蕊发育形成的果实。二心皮边缘愈合,向子房室发育出一个假隔膜,果实成熟后,果皮裂开成二片脱落,只留下假隔膜,种子附于假隔膜上。果实的长度超过宽度一倍的为长角果,如白菜、萝卜;不足一倍的为短角果,如荠菜。

角加速度/角加速度
jiǎojiāsùdù/ㄐㄧㄠˇ ㄐㄧㄚ ㄙㄨˋ ㄉㄨˋ
angular acceleration
【物】描述刚体或做圆周运动质点的角速度的大小和方向随时间变化的物理量。用 α 表示,单位弧度/秒^2(rad/s^2)。

角砾岩/角礫岩 jiǎolìyán/ㄐㄧㄠˇ ㄌㄧˋ ㄧㄢˊ
breccia
【地】碎屑岩的一种。粒径大于 2 毫米的砾石经胶结而成。超过 50%的砾石具棱角状,磨圆度差。

角礫雲橄岩
ㄐㄧㄠˇ ㄌㄧˋ ㄩㄣˊ ㄍㄢˇ ㄧㄢˊ/jiǎolì yúngǎnyán
kimberlite
【地】台湾名。即"金伯利岩"(628 页)。

角楼/角樓 jiǎolóu/ㄐㄧㄠˇ ㄌㄡˊ
corner tower
【建】建于城墙转角处的防御性建筑。城墙角部是城防、筑城的薄弱环节,需要加固处理,常常筑加高加宽的土台,台上建角楼。北京故宫的角楼是典型实例。

角鹿 jiǎolù/ㄐㄧㄠˇ ㄌㄨˋ
【动】即"驯鹿"(1301 页)。

J

角秒 jiǎomiǎo/ ㄐㄧㄠˇ ㄇㄧㄠˇ

【计量】"秒"❷的全称。

角平分线/角平分線

jiǎopíngfēnxiàn/ ㄐㄧㄠˇ ㄆㄧㄥˊ ㄈㄣ ㄒㄧㄢˋ

angular bisector

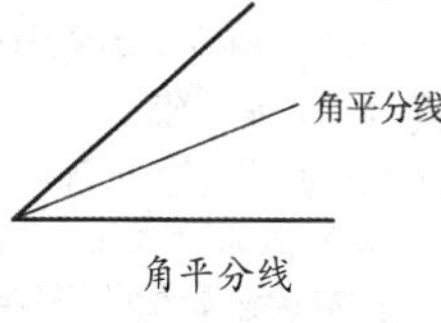

【数】从角的顶点出发把这个角分为相等的两个角的射线。

角闪石/角閃石 jiǎoshǎnshí/ ㄐㄧㄠˇ ㄕㄢˇ ㄕˊ

amphibole

【地】简称"闪石"。角闪石族矿物的统称。属链状结构硅酸盐矿物，成分中类质同象现象普遍。晶体呈长柱状，集合体呈放射状、纤维状或粒状。除成分中基本不含铁的透闪石、阳起石为无色至浅灰等浅色调外，颜色从绿色、褐色至黑色，条痕为灰绿色或灰棕色，玻璃光泽，莫氏硬度 5～6。按所属晶系不同，可分为斜方角闪石和单斜角闪石两个亚族。斜方角闪石属斜方晶系，主要有直闪石；单斜角闪石属单斜晶系，主要有透闪石、阳起石、普通角闪石、蓝闪石、钠闪石等。直闪石、钠闪石、透闪石、阳起石有时呈丝绢光泽的纤维状集合体，统称角闪石石棉。隐晶质致密块状的透闪石、阳起石是软玉的主要成分。

角闪石岩/角閃石岩

jiǎoshǎnshíyán/ ㄐㄧㄠˇ ㄕㄢˇ ㄕˊ ㄧㄢˊ

hornblendite

【化】以普通角闪石为主要矿物的超镁铁质侵入岩。通常为全晶质粒状结构，块状构造，为超镁铁质岩浆侵入作用的产物。

角速度/角速度 jiǎosùdù/ ㄐㄧㄠˇ ㄙㄨˋ ㄉㄨˋ

angular velocity

【物】描述圆周运动的快慢或转动刚体的角位移随时间变化的物理量。用 ω 表示，单位弧度/秒(rad/s)，或 1/秒(1/s)。如果物体在 Δt 时间内由圆弧的 C 点运动到 D 点，半径 OC 在这段时间内转过的角度为 $\Delta\theta$，则 $\omega=\Delta\theta/\Delta t$。

角位移/角移 jiǎowèiyí/ ㄐㄧㄠˇ ㄧˊ

angular displacement

【物】描述定轴转动刚体或做圆周运动质点的转动方向和转角大小的物理量。用 θ 或 φ 表示，单位弧度(rad)。

角岩/角頁岩 jiǎoyán/ ㄐㄧㄠˇ ㄧㄝˋ ㄧㄢˊ

hornfels

【地】旧称"角页岩"。变质岩的一类。块状构造。主要由长石、云母、角闪石、石英、辉石等组成，还含少量夕线石、红柱石、石榴子石等。常为深色，致密坚硬。由黏土岩、粉砂岩、火成岩、火山碎屑岩经中、高温热接触变质作用而形成。变质后全部重结晶。按主要矿物成分不同，可分为云母角岩、长英质角岩、钙硅角岩、基性角岩、镁质角岩等。

角頁岩 ㄐㄧㄠˇ ㄧㄝˋ ㄧㄢˊ/jiǎoyèyán

hornfels

【地】台湾名。即"角岩"(617 页)。

角移 ㄐㄧㄠˇ ㄧˊ/jiǎoyí

angular displacement

【物】台湾名。即"角位移"(617 页)。

角银矿/角銀礦

jiǎoyínkuàng/ ㄐㄧㄠˇ ㄧㄣˊ ㄎㄨㄤˋ

chlorargyrite

【地】矿物。成分为 AgCl。等轴晶系。晶体呈立方体，通常呈块状或被膜状集合体。白色微带各种浅色调，在日光下易变暗成紫褐色，金刚光泽。莫氏硬度 1.5～2，密度 5.55 克/厘米³。具延展性。是含银硫化物氧化后与下渗的含氯地面水反应而成，是提炼银的矿物原料之一。

角质层/角質層

jiǎozhìcéng/ ㄐㄧㄠˇ ㄓˋ ㄘㄥˊ

stratum corneum, horny layer epidermis

【医】表皮最上层的部分。由多层已经死亡的扁平角质细胞组成，细胞正常结构消失，有防渗、抗磨的作用。

绞车/絞車 jiǎochē/ ㄐㄧㄠˇ ㄔㄜ

winch

【机】❶又称"卷扬机"。一种轻小型起重设备。由动力驱动的卷筒通过挠性件(钢丝绳、链条)起升运移重物。按驱动方式不同，可分为手动式、电动式和液压式。多用于建筑、水利工程、林业、矿山、码头等的物料升降或平拖。❷在台湾，绞车也指"牵引车"(901 页)。

绞股蓝/絞股藍 jiǎogǔlán/ ㄐㄧㄠˇ ㄍㄨˇ ㄌㄢˊ

fiveleaf gynostemma herb

【植】*Gynostemma pentaphyllum* 葫芦科绞股蓝属。多年生攀缘草本植物。茎细，有纵沟，被毛。复叶鸟足状，小叶卵状长圆形，中央一枚较大，边缘有齿。雌雄异株，花序圆锥状，花冠五裂，淡绿色或白色。花果期 3—12 月份。在中国，分布于陕西南部和长江以南各地。全草入药。

铰 jiǎo/ ㄐㄧㄠˇ

【机】“铰削”的简称。

铰刀/鉸刀 jiǎodāo/ ㄐㄧㄠˇ ㄉㄠ

reamer

【机】刀具的一种。用于孔的精加工。具有一个或多个刀齿，用以切除已加工孔表面薄金属层，提高孔的精度和降低表面粗糙度。可分为手用绞刀和机用绞刀。

铰孔/鉸孔 jiǎokǒng/ ㄐㄧㄠˇ ㄎㄨㄥˇ

【机】即“铰削”(618 页)。

铰链/鉸鏈 jiǎoliàn/ ㄐㄧㄠˇ ㄌㄧㄢˋ

hinge

【机】用来连接机器、门窗、车辆等的两个部分的装置(或零件)，所连接的两部分或其中的一部分能绕着铰链的轴转动。

铰削/鉸孔 jiǎoxiāo/ ㄐㄧㄠˇ ㄎㄨㄥˇ

reaming

【机】简称“铰”，又称“铰孔”。金属切削加工方法的一种。在机床上(或用手)用铰刀从工件预制的底孔上切除微量金属层，以提高其尺寸精度和降低表面粗糙度。

矫形器/矯形器 jiǎoxíngqì/ ㄐㄧㄠˇ ㄒㄧㄥˊ ㄑㄧˋ

orthosis, orthotic device

【医】用于改变神经、肌肉和骨骼系统结构和功能特性的体外使用装置，以预防或矫正四肢、躯干的畸形或治疗骨关节及神经肌肉疾病并补偿其功能。

脚本/腳本 jiǎoběn/ ㄐㄧㄠˇ ㄅㄣˇ

script

【信息】超媒体与多媒体中，关于如何向用户呈送超对象，对用户输入又如何处置的规格说明。

脚气 jiǎoqì/ ㄐㄧㄠˇ ㄑㄧˋ

【中医】即“脚气病”(618 页)。

脚气病/腳氣病 jiǎoqìbìng/ ㄐㄧㄠˇ ㄑㄧˋ ㄅㄧㄥˋ

weak foot, beriberi

【中医】又称“脚气”。中医内科疾病之一。因外感湿邪风毒，或饮食厚味所伤，积湿生热，流注腿脚所致，症见腿脚麻木、酸痛、软弱，或挛急、肿胀，或枯萎等。治宜宣壅逐湿为主，或兼祛风清热，调血行气等法。

脚湿气/腳濕氣 jiǎoshīqì/ ㄐㄧㄠˇ ㄕ ㄑㄧˋ

tinea pedis, * foot damp qi

【中医】俗称“香港脚”。皮肤病之一。因湿热下注或接触湿毒邪气而致，发生于足跖趾腱，症见趾间浸渍糜烂，渗流滋水，足跖水疱，角化过度，脱屑，瘙痒等。相当于足癣。可分为水疱型、糜烂型、脱屑型。可用癣药水、土槿皮酊等涂抹。

搅拌机/攪拌機

jiǎobànjī/ ㄐㄧㄠˇ ㄅㄢˋ ㄐㄧ

agitator, blending machine, mixer

【机】用于混合搅拌多种原料，使之成为一种混合物或变得稠度适宜的机器。主要组成部分是在圆筒或槽中旋转的带有叶片的轴。可分为强制式搅拌机、单卧轴搅拌机、双卧轴搅拌机等。

絞盤式噴灌機 ㄐㄧㄠˇ ㄆㄢˊ ㄕˋ ㄆㄣ ㄍㄨㄢˋ ㄐㄧ/

jiǎopánshì pēnguànjī

sprinkling machine

【机】台湾名。即“喷灌机”(861 页)。

攪拌 ㄐㄧㄠˇ ㄅㄢˋ/jiǎobàn

scrambling

【信息】台湾名。即“加扰”(588 页)。

轿车/轎車 jiàochē/ ㄐㄧㄠˋ ㄔㄜ

saloon

【交】用于载送人员及其随身物品，且座位布置在两轴之间的汽车。车头有发动机舱，车尾有行李舱，车身为封闭式。包括驾驶者在内，座位数最多不超过 9 个。

教材 ㄐㄧㄠˋ ㄘㄞˊ/jiàocái

courseware

【信息】台湾名。即“课件”(686 页)。

教练机/教練機 jiàoliànjī/ ㄐㄧㄠˋ ㄌㄧㄢˋ ㄐㄧ

trainer

【航】培训空中飞行运动或飞行员用的飞机。通常有两个驾驶座位和两套互为联动的操纵系统，供学员和教员同时乘坐使用。可分为初级、中级、高级和过渡教练机等。

教练舰 jiàoliànjiàn/ ㄐㄧㄠˋ ㄌㄧㄢˋ ㄐㄧㄢˋ

【军】即“训练舰”(1301 页)。

教练直升机/教練直升機

jiàoliàn zhíshēngjī/ ㄐㄧㄠˋ ㄌㄧㄢˋ ㄓˊ ㄕㄥ ㄐㄧ

training helicopter

【军】为训练飞行员而专门研制或改装的直升机。驾驶舱内安装两个并列或串列座椅和两套联动的操纵机构,分别供教员和学员使用。有的驾驶舱内还设置教员控制装置,当直升机在空中发生特殊情况时,教员可独立操纵控制。可分为初级教练直升机和高级教练直升机。

教育心理学/教育心理學

jiàoyù xīnlǐxué/ ㄐㄧㄠˋ ㄩˋ ㄒㄧㄣ ㄌㄧˇ ㄒㄩㄝˊ

educational psychology

【心】应用心理学的一个分支。研究教育过程中所包含的各种心理现象及其规律,揭示教育与心理发展的相互关系。研究内容包括学生的“学习”、教师的“教学”、受教育者的心理、教育者的心理等。

窖肥 jiàoféi/ ㄐㄧㄠˋ ㄈㄟˊ

【农】即“沤肥”(850 页)。

酵母/酵母 jiàomǔ/ ㄒㄧㄠˋ ㄇㄨˇ

yeast

【轻】子囊菌、担子菌等单细胞真菌的统称。目前已知有 1000 多种酵母,可在缺氧环境中生存,常用于酿造生产。按使用目的不同,可分为食用酵母和饲料酵母。前者又可分为面包酵母、食品酵母和药用酵母等。

酵母菌/酵母菌

jiàomǔjūn/ ㄒㄧㄠˋ ㄇㄨˇ ㄐㄩㄣˋ

yeast

【生】真菌的一种。多为圆形或卵形的单细胞生物。是重要的发酵微生物,可用来生产食品、酒精、药物及发酵饲料等。

藠头/藠頭 jiàotou/ ㄐㄧㄠˋ ·ㄊㄡ

China onion

【植】*Allium chinense* 又称“薤”。百合科葱属。多年生草本植物。多个鳞茎聚生,狭卵形,膜质外皮白色带红色。叶 2～5 枚,有棱,圆柱状,中空。花葶侧生,圆柱状,顶生伞形花序,花紫色。花果期 10—11 月份。在中国,分布于长江流域以南各地。鳞茎可作蔬菜。

jie (ㄐㄧㄝ)

阶乘/階乘 jiēchéng/ ㄐㄧㄝ ㄔㄥˊ

factorial

【数】前 n 个正整数的乘积 $1\times2\times\cdots\times n$ 叫作 n 的阶乘,记作 $n!$。特别规定 $0!=1$。

阶梯电价/階梯電價

jiētī diànjià/ ㄐㄧㄝ ㄊㄧ ㄉㄧㄢˋ ㄐㄧㄚˋ

step tariff

【电】电价的一种。在电价表中规定的期间内,电费率随用电量多少而变化。

疖/癤 jiē/ ㄐㄧㄝˊ

furuncle

㊀【医】单个毛囊深部及其周围组织的急性化脓性感染。病原体主要为金黄色葡萄球菌,其次为表皮葡萄球菌。临床表现为局部红肿,有黄白色小脓头,成熟后自行穿破,排出脓液等。好发于头面部、颈和背部。㊁【中医】中医外科疾病之一。多因感受暑毒,或痱子搔抓染毒,或嗜食膏粱厚味、煎煿辛辣之品,引起肠胃积热,或消渴、肾病致阴虚内热,染毒所致,常见肌肤浅表部位肿疼痛为主症。多发于夏秋季节,突起根浅,肿势局限,焮红疼痛,直径多在 3 厘米内,易肿,易溃,易敛。通常症状轻而易治,脓出即愈。

接駁車 ㄐㄧㄝ ㄅㄛˊ ㄔㄜ/jiēbóchē

car ferry

【航】台湾名。即“摆渡车”(26 页)。

接触电现象/接觸電現象

jiēchùdiàn xiànxiàng/

ㄐㄧㄝ ㄔㄨˋ ㄉㄧㄢˋ ㄒㄧㄢˋ ㄒㄧㄤˋ

contact electric phenomenon

【物】两种不同金属紧密接触时,接触面之间出现电势差的现象。由自由电子逸出金属表面所需的功大小不同所引起。逸出功小的金属因失去电子而带正电,逸出功大的金属因接受电子而带负电。

接触电压/接觸電壓

jiēchù diànyā/ ㄐㄧㄝ ㄔㄨˋ ㄉㄧㄢˋ ㄧㄚ

touch voltage

【电】人体同时触及具有不同电位的部位时承

受的电压。

接触焊 jiēchùhàn/ㄐㄧㄝ ㄔㄨˋ ㄏㄢˋ

【机】即“电阻焊”(260 页)。

接触性皮炎/接觸性皮膚炎

jiēchùxìng píyán/ㄐㄧㄝ ㄔㄨˋ ㄒㄧㄥˋ ㄆㄧˊ ㄈㄨ ㄧㄢˊ

contact dermatitis

【医】接触某些外源性物质后在皮肤黏膜接触部位发生的炎症。

接觸性皮膚炎

ㄐㄧㄝ ㄔㄨˋ ㄒㄧㄥˋ ㄆㄧˊ ㄈㄨ ㄧㄢˊ/

jiēchùxìng pífūyán

contact dermatitis

【医】台湾名。即“接触性皮炎”(620 页)。

接地/接地 jiēdì/ㄐㄧㄝ ㄉㄧˋ

earthing

【电】将电力系统或电气设备、设施的某些导电部分或可导电部分经接地线连接至接地体。

📖 接地的种类有工作接地、保护接地、防雷接地和屏蔽接地等。

接地电阻/接地電阻

jiēdì diànzǔ/ㄐㄧㄝ ㄉㄧˋ ㄉㄧㄢˋ ㄗㄨˇ

earth resistance

【电】接地体或自然接地体对地电阻和接地线电阻的总和。其数值等于接地装置对地电压与通过接地体流入地中电流的比值。其值与土壤电导率、接地体形状、尺寸和布置方式、电流频率等因素有关。

接地電極

ㄐㄧㄝ ㄉㄧˋ ㄉㄧㄢˋ ㄐㄧˊ/jiēdì diànjí

earthing electrode

【电】台湾名。即“接地体”(620 页)。

接地体/接地電極 jiēdìtǐ/ㄐㄧㄝ ㄉㄧˋ ㄉㄧㄢˋ ㄐㄧˊ

earthing electrode

【电】由一根或一组与大地土壤密切接触并提供与大地之间电气连接的导体。

接地网/接地柵 jiēdìwǎng/ㄐㄧㄝ ㄉㄧˋ ㄓㄚˋ

earthing grid

【电】埋于地下一定深度,由导体相互连接成网格状的接地体的总称。

接地线/接地線 jiēdìxiàn/ㄐㄧㄝ ㄉㄧˋ ㄒㄧㄢˋ

grounding line

【电】电气设备中用来连接需接地点与接地体或零线的金属导体。在正常情况下不载流。也指电气装置、设施中用来连接接地端子与接地极的金属导电部分。

接地柵 ㄐㄧㄝ ㄉㄧˋ ㄓㄚˋ/jiēdìzhà

earthing grid

【电】台湾名。即“接地网”(620 页)。

接地装置/接地裝置系統

jiēdì zhuāngzhì/ㄐㄧㄝ ㄉㄧˋ ㄓㄨㄤ ㄓˋ ㄒㄧˋ ㄊㄨㄥˇ

earth-termination system

【电】由接地连接线和接地体构成的接地系统的总称。

接地裝置系統

ㄐㄧㄝ ㄉㄧˋ ㄓㄨㄤ ㄓˋ ㄒㄧˋ ㄊㄨㄥˇ/

jiēdì zhuāngzhì xìtǒng

earth-termination system

【电】台湾名。即“接地装置”(620 页)。

接合 ㄐㄧㄝ ㄏㄜˊ/jiēhé

㊀ engagement, ㊁ joining

㊀【机】台湾名。即“啮合”(839 页)。㊁【船】台湾名。即“合拢”(484 页)。

接户幹線

ㄐㄧㄝ ㄏㄨˋ ㄍㄢˋ ㄒㄧㄢˋ/jiēhù gànxiàn

service mains

【电】台湾名。即“接户线”(620 页)。

接户线/接户幹線

jiēhùxiàn/ㄐㄧㄝ ㄏㄨˋ ㄍㄢˋ ㄒㄧㄢˋ

service mains

【电】从配电系统供电到用户装置的分支线路。由供电部门负责运行维护。

接口/介面 jiēkǒu/ㄐㄧㄝˋ ㄇㄧㄢˋ

interface

【信息】两种实体共享的边界。接口可以在物理层、在软件层或作为纯逻辑运算来描述。接口两侧要有相同的规范,以使信息安全顺畅地传递。

接口卡 jiēkǒukǎ/ㄐㄧㄝ ㄎㄡˇ ㄎㄚˇ

【信息】即“适配器” (1038 页)。

接零/中點接地 jiēlíng/ㄓㄨㄥ ㄉㄧㄢˇ ㄐㄧㄝ ㄉㄧˋ

neutral earthing

【电】在中性点直接接地的低压电力网中,电气设备的不带电的金属外壳与零线做可靠的金属连接。

接入点　jiērùdiǎn/ㄐㄧㄝ ㄖㄨˋ ㄉㄧㄢˇ

【信息】即"入网点"(961 页)。

接入网/存取網路

jiērùwǎng/ㄘㄨㄣˊ ㄑㄩˇ ㄨㄤˇ ㄌㄨˋ

access network, AN

【信息】由用户与网络之间的接口以及各业务节点的全部转送设施组成的网络。包括主干网到用户终端之间的所有设备。

接收/接收　jiēshōu/ㄐㄧㄝ ㄕㄡ

receive

【信息】接受、收纳从通信系统发来的信号、消息或数据。

接收机/接收機　jiēshōujī/ㄐㄧㄝ ㄕㄡ ㄐㄧ

receiver

【信息】处于通信链路目的地端,接收信号、消息或数据并加以处理或转换,供本地使用的设备。

接種劑　ㄐㄧㄝ ㄓㄨㄥˋ ㄐㄧˋ/jiēzhòngjì

inoculant

【材】台湾名。即"孕育剂"(1402 页)。

接種鑄鐵

ㄐㄧㄝ ㄓㄨㄥˋ ㄓㄨˋ ㄊㄧㄝˇ/jiēzhòng zhùtiě

inoculated cast iron

【材】台湾名。即"孕育铸铁"(1402 页)。

街道/街道　jiēdào/ㄐㄧㄝ ㄉㄠˋ

street

【交】在城镇范围内,全部或大部分地段两侧建有各式建筑物,设有人行道和各种市政公用设施的道路。

街陌/街陌　jiēmò/ㄐㄧㄝ ㄇㄛˋ

street

【建】通常指中国古代城市南北和东西方向的道路系统。

📖 街指南北方向的道路,陌指东西方向的道路;或街指干道,陌指小道。汉长安城有南北方向的街道八条(八街),东西方向九条(九陌)。随着里坊制逐渐完善,坊间的道路统称为街。宋代以后撤去坊墙,改为街巷制,街指干道,巷指街之间的东西向小道,巷直通干道,交通便利。这样的道路系统和街巷含义沿用至今,只是南方有些城市称巷为弄,北京称巷为胡同。

孑孓/孑孓　jiéjué/ㄐㄧㄝˊ ㄐㄩㄝˊ

wiggler, mosquito larvae

【动】蚊子的幼虫名。由蚊子的卵在水中孵化而成,体细长,游水时身体一屈一伸。

孑遗/孑遺　jiéyí/ㄐㄧㄝˊ ㄧˊ

relict, relic

【地】曾繁盛于地史时期,后几乎灭绝,现仅在个别地区有残留的生物。如现代海洋的鲎,陆上的银杏、水杉、桫椤等。

孑遗生物/孑遺生物

jiéyí shēngwù/ㄐㄧㄝˊ ㄧˊ ㄕㄥ ㄨˋ

relic biological

【动】指某些在地质年代中曾繁盛一时,广泛分布,而现在只限于局部地区,数量不多,有可能灭绝的生物。如仅分布于中国的大熊猫、白鱀豚和台湾杉等。

节/節　jié/ㄐㄧㄝˊ

knot

【计量】速度的非国际单位制单位。符号 kn。1 节=1 海里/时 = 0.5144 米/秒。

节点/節點　jiédiǎn/ㄐㄧㄝˊ ㄉㄧㄢˇ

node

【信息】又作"结点"。通信网络拓扑中任何支路的终端,或至少两条支路的公共连接点。

节节草　jiéjiécǎo/ㄐㄧㄝˊ ㄐㄧㄝˊ ㄘㄠˇ

【植】即"木贼"(815 页)。

节理/節理　jiélǐ/ㄐㄧㄝˊ ㄌㄧˇ

joint

【地】❶岩石中未发生明显位移或潜在的破裂面。可由构造变动或非构造因素(如风化、山崩、陷落等)形成;可在成岩过程中形成,也可在成岩以后形成。❷将岩体切割成具有一定几何形状的岩块的裂隙系统。例如玄武岩中的柱状节理。

节流阀/節流閥　jiéliúfá/ㄐㄧㄝˊ ㄌㄧㄡˊ ㄈㄚˊ

throttle valve

【机】阀的一种。通过改变节流截面面积或节流长度以控制流体流量、压力。与单向阀并联可组合成单向节流阀。按通道方式不同,可分为直通式和角式;按启闭件形状不同,可分为针形、沟形和窗形。

节能减排/節能減排

jiénéng jiǎnpái/ㄐㄧㄝˊ ㄋㄥˊ ㄐㄧㄢˇ ㄆㄞˊ

energy conservation and emission reduction

【环】降低能源消耗、减少污染物排放的简称。

节育/節育 jiéyù/ㄐㄧㄝˊ ㄩˋ

❶birth control, ❷contraception

【医】❶全称“节制生育”,台湾又称“生育控制”。通过阻断妊娠各环节的避孕、绝育措施,达到控制生育的目的。❷在台湾,节育也指“避孕”(57页)。

节育期/節育期 jiéyùqī/ㄐㄧㄝˊ ㄩˋ ㄑㄧ

birth control period

【医】女性从月经初潮到绝经期前,采取节育措施的非生育期,即除妊娠、分娩、产褥以外的整个育龄期。

节约型社会/節約型社會

jiéyuēxíng shèhuì/ㄐㄧㄝˊ ㄩㄝ ㄒㄧㄥˊ ㄕㄜˋ ㄏㄨㄟˋ

conservation-oriented society

【环】又称“资源节约型社会”。以资源节约和高效利用为核心,以节能、节水、节材、节地、资源综合利用和发展循环经济为重点,以科技进步为支撑,在生产、消费和城市建设等方面节约资源的社会发展模式。包括节约型城市、节约型企业、节约型社区、节约型政府等建设模式。

节肢动物/節肢動物

jiézhī dòngwù/ㄐㄧㄝˊ ㄓ ㄉㄨㄥˋ ㄨˋ

arthropod

【动】Arthropoda 无脊椎动物的一门。身体由许多环状结构构成,通常分头、胸、腹三部分,表面有壳质的外骨骼,有成对而分节的腿。种类很多,数量超过已知生物种类的四分之三。可分为螯肢动物(如蝎子、蜘蛛等)、单枝动物(包括昆虫)和甲壳动物(如虾、蟹等)等。

节制生育

jiézhì shēngyù/ㄐㄧㄝˊ ㄓˋ ㄕㄥ ㄩˋ

【医】“节育”❶的全称。

拮抗劑 ㄐㄧㄝˊ ㄎㄤˋ ㄐㄧˋ/jiékàngjì

antagonist

【医】台湾名。即“拮抗药”(622页)。

拮抗药/拮抗劑

jiékàngyào/ㄐㄧㄝˊ ㄎㄤˋ ㄐㄧˋ

antagonist

【医】能与受体结合,具有较强亲和力,而无内在活性的药物。

结冰 jiébīng/ㄐㄧㄝˊ ㄅㄧㄥ

【气】即“冻结”(276页)。

结肠/結腸 jiécháng/ㄐㄧㄝˊ ㄔㄤˊ

colon

【医】介于盲肠和直肠之间的一段大肠。分为升结肠、横结肠、降结肠和乙状结肠四部分。

结肠癌/結腸癌

jiécháng'ái/ㄐㄧㄝˊ ㄔㄤˊ ㄧㄞˊ(又读ㄞˊ)

cancer of colon

【医】起源于结肠黏膜上皮的恶性肿瘤。腺癌多见,好发于乙状结肠,其次为盲肠、升结肠、降结肠和横结肠。临床表现为排便紊乱、便血、肠梗阻等。治疗应以根治性手术切除为主。

结点 jiédiǎn/ㄐㄧㄝˊ ㄉㄧㄢˇ

【信息】即“节点”(621页)。

结构/結構 jiégòu/ㄐㄧㄝˊ ㄍㄡˋ

㊀ texture, ㊁ constitution

㊀【地】指组成岩石的矿物的结晶程度、晶粒大小、晶体形状及矿物之间结合关系等。㊁【化】见“构造”(421页)。

结构材料/結構材料

jiégòu cáiliào/ㄐㄧㄝˊ ㄍㄡˋ ㄘㄞˊ ㄌㄧㄠˋ

structural materials

【材】以起承力作用为主的材料。是以强度、硬度、塑性、韧性等为主要性能指标的工程材料的统称。可分为金属材料、无机非金属材料和高分子合成材料。

结构层/結構層

jiégòucéng/ㄐㄧㄝˊ ㄍㄡˋ ㄘㄥˊ

substrate, deck

【建】在房屋的楼底层和屋顶中,承受室内家具、设备和人的荷载的构造层。其断面尺寸,视荷载和板跨度大小而定。

结构钢/構造用鋼

jiégòugāng/ㄍㄡˋ ㄗㄠˋ ㄩㄥˋ ㄍㄤ

constructional steel, structural steel

【材】用于制作各种工程结构件(如建筑、桥梁、船舶、车辆等的结构件)以及制造各种机械结构件的钢。具有一定强韧性,有时要求焊接性能。按用途不同,可分为建筑用钢和机器用钢;还可细分为合金结构钢、碳素结构钢、低合金结构钢、耐热结构钢等。

结构化设计/結構化程式設計

jiégòuhuà shèjì/ ㄐㄧㄝˊ ㄍㄡˋ ㄏㄨㄚˋ ㄔㄥˊ ㄕˋ ㄕㄜˋ ㄐㄧˋ

structured design

【信息】软件设计中,数据、系统结构及处理步骤均严格遵守模块化、自顶向下、逐步求精等原则的方法。

结构化学/結構化學

jiégòu huàxué/ ㄐㄧㄝˊ ㄍㄡˋ ㄏㄨㄚˋ ㄒㄩㄝˊ

structural chemistry

【化】物理化学的一个分支。在原子、分子水平上研究物质中原子的空间排布、电子运动状态、化学键的本质以及物质结构和性能的关系。

结构面积/結構面積

jiégòu miànjī/ ㄐㄧㄝˊ ㄍㄡˋ ㄇㄧㄢˋ ㄐㄧ

structural area

【建】建筑物中墙体、柱等结构所占的面积的总和。

结构式/結構式 jiégòushì/ ㄐㄧㄝˊ ㄍㄡˋ ㄕˋ

structural formula

【化】化学式的一种。用元素符号与短线表示物质分子中原子的排列及结合方式的式子。主要表示分子结构状况,由原子(或原子团)、连接次序、连接方式、数目、化学键、带电状况等构成。无机物通常正离子在前,负离子在后;有机物为碳和与其相连的原子(或原子团)的数目、结合方式、排列次序构成。有时有些成分(如化学单键、苯环的元素符号等)可忽略不写。

结构主义/結構主義

jiégòu zhǔyì/ ㄐㄧㄝˊ ㄍㄡˋ ㄓㄨˇ ㄧˋ

structuralism

【心】心理学流派之一。20 世纪产生,主要代表人物是英国的铁钦纳(E. B. Titchener, 1867—1927)。主张研究心理和行为的结构,认为人的精神经验都可作为基本成分的联合来理解。有人概括其突出特点是简化论、元素论、心灵主义。

结关/通關 jiéguān/ ㄊㄨㄥ ㄍㄨㄢ

customs clearance

【交】货物、行李物品、船舶等进出境海关时,由所有人或代理人办完海关手续,经海关放行。特指船舶办清海关出口手续,经结关后的国际船舶不再装卸货物和上下旅客。

结合律/聯合律 jiéhélǜ/ ㄌㄧㄢˊ ㄏㄜˊ ㄌㄩˋ

associative law

【数】运算定律之一。设 $*$ 是集合 S 上的一种二元运算,a,b,c 是 S 中的任意三个元素,若$(a*b)*c=a*(b*c)$,则称 $*$ 满足结合律。例如,实数集 **R** 上的加法(+)、乘法(×)都满足结合律。

结合能/結合能

jiéhénéng/ ㄐㄧㄝˊ ㄏㄜˊ ㄋㄥˊ

binding energy

【物】几个自由状态的粒子结合成一个复合粒子(如几个原子结合成一个分子、几个核子结合成原子核)时放出的能量。也就是把一个复合粒子分成几个自由状态的粒子需要的能量。放出的结合能越大,分子或原子核就越稳定。

结核/結核 jiéhé/ ㄐㄧㄝˊ ㄏㄜˊ

concretion

【地】具同心圈层的矿物集合体。形状有球形、椭球形、透镜形或不规则团块状等。成分、结构、颜色等与围岩有显著区别,且与围岩间有明显界面。成分有碳酸盐质、锰质、铁质、硅质、磷酸盐质和硫化铁等。

结核病/結核病

jiéhébìng/ ㄐㄧㄝˊ ㄏㄜˊ ㄅㄧㄥˋ

tuberculosis

【医】结核杆菌引起的以呼吸道传播为主的慢性传染病。可累及多处器官及组织,肺部感染最为常见。

结晶/結晶 jiéjīng/ ㄐㄧㄝˊ ㄐㄧㄥ

crystallization

【化】物质从液态或气态形成晶体的现象、过程及形成的晶体。液体凝结、气体凝华均可结晶,如水低于 0℃ 结晶成冰。溶液条件改变也可析出晶体而结晶。

结晶尿/晶尿症

jiéjīngniào/ ㄐㄧㄥ ㄋㄧㄠˋ ㄓㄥˋ

crystalluria

【医】含有盐类晶体的尿液。常见的晶体有草酸盐、磷酸盐、尿酸盐结晶等。

结晶学/結晶學
jiéjīngxué/ ㄐㄧㄝˊ ㄐㄧㄥ ㄒㄩㄝˊ
crystallography
【地】又称“晶体学”。研究矿物晶体的形成和变化的学科。研究几何形态、化学组成、内部结构、物理性质及其相互关系。

结晶智力 jiéjīng zhìlì/ ㄐㄧㄝˊ ㄐㄧㄥ ㄓˋ ㄌㄧˋ
【心】即“晶体智力”(642 页)。

结膜炎/結膜炎
jiémóyán/ ㄐㄧㄝˊ ㄇㄛˋ ㄧㄢˊ
conjunctivitis
【医】因感染、过敏、外伤引起的眼结膜充血，渗出、乳头肥大和滤泡形成等改变。可分为：(1)外源性结膜炎。由于结膜外露，易受外界各种微生物、风尘、理化毒物等的刺激而产生炎症。(2)内源性结膜炎。致病菌通过血行或淋巴使结膜感染，或对全身他处感染物发生过敏反应。

桔梗/桔梗 jiégěng/ ㄐㄧㄝˊ ㄍㄥˇ
㊀platycodon root，㊁Radix Platycodonis(拉)，platycodon root
㊀【植】*Platycodon grandiflorus* 又称“铃铛花”，俗称“道拉基”。桔梗科桔梗属。多年生草本植物。根肉质，圆锥形。茎不分枝。叶近无柄，叶片卵形至披针形，边缘有齿。花生于茎顶，萼筒球状，花冠钟形，五裂，紫色或蓝色。花期 7—9 月份。在中国，分布于东北、华北、华东、华中，以及广东、广西、贵州、云南、四川、陕西等地。野生花草。根可作蔬菜，也可入药。㊁【中医】中药名。桔梗科植物桔梗 *Platycodon grandiflorus* (jacq.) A. DC.的干燥根。味苦、辛，性平。归肺经。宣肺，利咽，祛痰，排脓。用于咳嗽痰多，胸闷不畅，咽痛，音哑，肺痈吐脓，疮疡脓成不溃。桔梗的新鲜根茎可食用。

桔 梗

捷運 ㄐㄧㄝˊ ㄩㄣˋ/jiéyùn
rapid transportation
【交】台湾名。全称“大衆捷運系統”。指城市轨道交通系统，即使用专用动力车辆，在地面、地下或高架路上行驶的城市铁路运输系统。班次密集，在大城市及邻近地区快速地运送大量乘客。

結構化程式設計
ㄐㄧㄝˊ ㄍㄡˋ ㄏㄨㄚˋ ㄔㄥˊ ㄕˋ ㄕㄜˋ ㄐㄧˋ/
jiégòuhuà chéngshì shèjì
structured design
【信息】台湾名。即“结构化设计”(623 页)。

結晶質 ㄐㄧㄝˊ ㄐㄧㄥ ㄓˊ/jiéjīngzhì
crystalline
【地】台湾名。即“晶质”(642 页)。

睫毛/睫毛 jiémáo/ ㄐㄧㄝˊ ㄇㄠˊ
eyelash
【医】生长于眼睑睑缘前唇的毛。排列成 2～3 排。上睑的睫毛有 100～150 根，长度 8～12 毫米，睁眼平视时倾斜角为 110°～130°，闭眼时为 140°～160°；下睑的睫毛有 50～80 根，长度 6～8 毫米，睁眼平视时为 100°～120°。睫毛有避光、遮尘，保护眼睛及美容的作用。

截断误差/截斷誤差
jiéduàn wùchā/ ㄐㄧㄝˊ ㄉㄨㄢˋ ㄨˋ ㄔㄚ
truncation error
【测绘】数学函数级数展开式中因舍去部分项引起的误差。在计算过程中，对函数展开的级数表达式，仅选取前面若干项而舍去其他项进行计算，将引起计算结果有差别，但在满足一定精度时，可便于简化计算和节省时间。

截距/截距 jiéjù/ ㄐㄧㄝˊ ㄐㄩˋ
intercept
【数】在平面直角坐标系中，若直线 l 与 x 轴相交于点$(a,0)$，与 y 轴相交于点$(0,b)$，则 a,b 分别叫作 l 在 x 轴和 y 轴上的截距。

截门 jiémén/ ㄐㄧㄝˊ ㄇㄣˊ
【机】即“截止阀”(624 页)。

截瘫/截癱 jiétān/ ㄐㄧㄝˊ ㄊㄢ
paraplegia
【医】脊髓损伤后，损伤平面以下双侧肢体瘫痪。常伴有感觉、反射及膀胱、肛门括约肌功能完全或部分丧失的症状。

截止阀/停止閥 jiézhǐfá/ ㄊㄧㄥˊ ㄓˇ ㄈㄚˊ
globe valve，stop valve
【机】又称“截门”。使用最广泛的一种阀。用于切断、调节或节流。启闭件是塞形的阀瓣，密封面呈平面或锥面，阀瓣沿阀座的中心线作直线运动。分为直通式、直流式、角式、柱塞式等。

截止频率/截止頻率
jiézhǐ pínlǜ/ ㄐㄧㄝˊ ㄓˇ ㄆㄧㄣˊ ㄌㄩˋ
cut-off frequency
【电】通频带或阻频带的上、下限频率。

解表法/解表法 jiěbiǎofǎ/ ㄐㄧㄝˇ ㄅㄧㄠˇ ㄈㄚˇ
relieving superficies method,
* exterior resolving method
【中医】古称"汗法"。内治法之一。用发汗、宣肺的方药祛除肌表之邪，治疗表证。

解冻/解凍 jiědòng/ ㄐㄧㄝˇ ㄉㄨㄥˋ
break-up
【水利】封冻的江河、湖泊水面融化，已无冰盖，上下游贯通，且敞露水面的面积超过其总面积20%的冰情现象。也指封冻的土地融化。

解多工器
ㄐㄧㄝˇ ㄉㄨㄛ ㄍㄨㄥ ㄑㄧˋ/jiěduōgōngqì
demultiplexer, deMUX
【信息】台湾名。即"分用器"(347 页)。

解理/解理 jiělǐ/ ㄐㄧㄝˇ ㄌㄧˇ
cleavage
【地】矿物晶体受力后沿一定方向破裂并产生光滑平面的性质。不同的晶质矿物，解理的数目、解理的完善程度和解理的夹角均不同。利用解理特性可区别不同的矿物。

解颅/解顱 jiělú/ ㄐㄧㄝˇ ㄌㄨˊ
metopism, hydrocephalus due to non-closure of fontanel, * ununited skull
【中医】中医儿科疾病之一。因胎禀不足，先天肾气亏虚，不能充养脑髓所致，症见颅囟应合而不合，颅缝开解，头颅增大，叩之呈破壶音，目珠下垂如落日状等。治宜培元、滋肾、充髓为主，可内服调元散，外用封囟散。

解码/解碼 jiěmǎ/ ㄐㄧㄝˇ ㄇㄚˇ
decoding
【信息】❶把信号从已编码的形式恢复到原来形式的过程。❷在台湾，解码也指"译码"(1340 页)

解码器/解碼器 jiěmǎqì/ ㄐㄧㄝˇ ㄇㄚˇ ㄑㄧˋ
decoder
【信息】把信号从编码的形式恢复到原来形式的器件。

解密/解密 jiěmì/ ㄐㄧㄝˇ ㄇㄧˋ
deciphering
【信息】从密文得到其原有数据的过程。对密文可能二次加密，此时单次解密还不能产生原有明文。

解扰/解擾化 jiěrǎo/ ㄐㄧㄝˇ ㄖㄠˇ ㄏㄨㄚˋ
descrambling
【信息】把加扰的数字信号恢复为原有数字信号的操作。

解擾化 ㄐㄧㄝˇ ㄖㄠˇ ㄏㄨㄚˋ/jiěrǎohuà
descrambling
【信息】台湾名。即"解扰"(625 页)。

解三角形/解三角形
jiěsānjiǎoxíng/ ㄐㄧㄝˇ ㄙㄢ ㄐㄧㄠˇ ㄒㄧㄥˊ
solving triangle
【数】根据三角形中一些已知的边角求未知的边或角。三条边和三个内角是构成三角形的6个基本元素。若已知其中3个元素(至少有一条边)，则可以求出其他元素。

解释程序/解譯器
jiěshì chéngxù/ ㄐㄧㄝˇ ㄧˋ ㄑㄧˋ
interpreter
【信息】又称"解释器"。能对高级语言编写的程序进行解释的程序。"解释"指读一句被解释程序语句，翻译一句，让机器执行一句，直至结束。

解释器 jiěshìqì/ ㄐㄧㄝˇ ㄕˋ ㄑㄧˋ
【信息】即"解释程序"(625 页)。

解体调车/解體調車
jiětǐ diàochē/ ㄐㄧㄝˇ ㄊㄧˇ ㄉㄧㄠˋ ㄔㄜ
break-up of trains
【交】根据编组计划和相关规定，将到达车列中各车组解散，按运输性质和去向送入有关线路的一系列调车作业。

解调/解調 jiětiáo/ ㄐㄧㄝˇ ㄊㄧㄠˊ
demodulation
【信息】从已调制信号中恢复原调制信号的过程。

解调器/解調器
jiětiáoqì/ ㄐㄧㄝˇ ㄊㄧㄠˊ ㄑㄧˋ
demodulator

【信息】从调制产生的波或振荡中恢复原调制信号的器件。

解析几何/解析幾何
jiěxī jǐhé/ ㄐㄧㄝˇ ㄒㄧ ㄐㄧˇ ㄏㄜˊ
analytic geometry
【数】几何学的一个分支。它将图形的几何性质表示为点的坐标之间的数量关系,使用代数工具(主要是关于几何图形的方程)研究图形。
📖 17世纪,法国数学家费马(P. Fermat)和笛卡儿(R. Descartes)最早提出引进坐标研究几何的基本思想,特别是笛卡儿对解析几何的诞生做出了奠基性贡献。解析几何促进了以微积分为标志的近代数学的出现。

解析式/解析式
jiěxīshì/ ㄐㄧㄝˇ ㄒㄧ ㄕˋ
analytic expression
【数】用运算符号连接有限个数字或字母而成的式子。例如,5^3,$a+2b$,$\frac{1}{2}(x+1)$,$\sqrt{5}+\frac{u}{v}$,$\cos^2\theta+\log a^2$ 等。单独一个数字或字母也可看作解析式。按运算种类的不同,可分为代数式和超越式。

解析数论/解析數論
jiěxī shùlùn/ ㄐㄧㄝˇ ㄒㄧ ㄕㄨˋ ㄌㄨㄣˋ
analytic number theory
【数】数论中使用分析学方法进行研究的一个分支。起源于瑞士数学家欧拉(L. Euler,1707—1783)用数学分析方法对算术基本定理的等价解析形式的研究。

解像力 ㄐㄧㄝˇ ㄒㄧㄤˋ ㄌㄧˋ/jiěxiànglì
resolving power
【测绘】台湾名。即“分辨率”(341页)。

解译 jiěyì/ ㄐㄧㄝˇ ㄧˋ
【测绘】即“判读”(855页)。

解譯器 ㄐㄧㄝˇ ㄧˋ ㄑㄧˋ/jiěyìqì
interpreter
【信息】台湾名。即“解释程序”(625页)。

介电常数
jièdiàn chángshù/ ㄐㄧㄝˋ ㄉㄧㄢˋ ㄔㄤˊ ㄕㄨˋ
【电】即“电容率”(253页)。

介电极化/電介質的極化
jièdiànjíhuà/ ㄉㄧㄢˋ ㄐㄧㄝˋ ㄓˋ·ㄉㄜ ㄐㄧˊ ㄏㄨㄚˋ
dielectric polarization
【物】介电体在外电场作用下显示电性的现象。

介电体/介電體 jièdiàntǐ/ ㄐㄧㄝˋ ㄉㄧㄢˋ ㄊㄧˇ
dielectric
【物】又称“电介质”。主要以极化方式而不是以传导方式传递电的作用和影响的物质。其中电导率非常低的就是绝缘体。由于外界条件的变化引起极化状态变化而会出现新的性能,目前除用于绝缘、储能外,已广泛运用于电充器材、电热器材、电声器材和传感器等领域中。

介面 ㄐㄧㄝˋ ㄇㄧㄢˋ/jièmiàn
interface
【信息】❶台湾名。即“接口”(620页)。❷台湾名。即“界面”(627页)。

介壳/殼皮層 jièqiào/ ㄎㄜˊ ㄆㄧˊ ㄘㄥˊ
ostracum, carapax
【动】软体动物(如蛤、螺)等的外骨骼。主要由石灰质和色素构成,质地坚硬,有保护身体的作用。某些昆虫也有介壳,是由蜡质分泌物构成,如介壳虫。

介形蟲類
ㄐㄧㄝˋ ㄒㄧㄥˊ ㄔㄨㄥˊ ㄌㄟˋ/jièxíngchónglèi
ostracods
【地】台湾名。即“介形类”(626页)。

介形类/介形蟲類
jièxínglèi/ ㄐㄧㄝˋ ㄒㄧㄥˊ ㄔㄨㄥˊ ㄌㄟˋ
ostracods
【地】属节肢动物门甲壳纲的生物。生存于寒武纪至现代。个体微小,壳长0.5～4.0毫米左右。身体被包在左、右大小不等或相等的两外壳内。壳体的形状多样,侧视有椭圆形、圆形、半圆形、菱形、肾形等。壳面有的光滑,有的有花纹。壳的主要成分为钙质和几丁质。分布很广,海水、淡水中均有,以底栖类群最常见。

介质/介質 jièzhì/ ㄐㄧㄝˋ ㄓˊ
medium
【物】旧称“媒质”。传播某种物理运动的物质。例如水是传播光和声音的介质。

J

介质击穿/介質擊穿
jièzhì jīchuān/ ㄐㄧㄝˋ ㄓˋ ㄐㄧ ㄔㄨㄢ
【电】“电介质击穿”的简称。

介质损耗/介質損失
jièzhì sǔnhào/ ㄐㄧㄝˋ ㄓˋ ㄙㄨㄣˇ ㄕ
dielectric loss
【电】在电场作用下电介质中转换成热能的那部分能量。根据形成的机理,交变电场作用下介质损耗可分为弛豫损耗、共振损耗和电导损耗。直流电场作用下介质损耗只包括电导损耗。

介质损耗角正切
jièzhì sǔnhào jiǎozhèngqiē/
ㄐㄧㄝˋ ㄓˋ ㄙㄨㄣˇ ㄏㄠˋ ㄐㄧㄠˇ ㄓㄥˋ ㄑㄧㄝ
【电】即“介质损耗因数”(627 页)。

介质损耗因数/介質損耗係數
jièzhì sǔnhào yīnshù/
ㄐㄧㄝˋ ㄓˋ ㄙㄨㄣˇ ㄏㄠˋ ㄒㄧˋ ㄕㄨˋ
dielectric loss factor
【电】又称“介质损耗角正切”。电介质损耗与该电介质无功功率之比值。

介質損耗係數
ㄐㄧㄝˋ ㄓˋ ㄙㄨㄣˇ ㄏㄠˋ ㄒㄧˋ ㄕㄨˋ/
jièzhì sǔnhào xìshù
dielectric loss factor
【电】台湾名。即“介质损耗因数”(627 页)。

介質損失 ㄐㄧㄝˋ ㄓˋ ㄙㄨㄣˇ ㄕ/jièzhì sǔnshī
dielectric loss
【电】台湾名。即“介质损耗”(627 页)。

介子/介子 jièzǐ/ ㄐㄧㄝˋ ㄗˇ
meson
【物】强子的一类。由一个夸克和一个反夸克组成。可以在粒子的相互作用中产生和湮没。最初发现时,因其静质量介于重子和轻子之间,故名。

戒断症状/戒斷症狀
jièduàn zhèngzhuàng/
ㄐㄧㄝˋ ㄉㄨㄢˋ ㄓㄥˋ ㄓㄨㄤˋ
withdrawal symptom
【医】机体对某些不良嗜好形成依赖后,戒除时出现的不适症状。

芥菜/芥菜 jiècài/ ㄐㄧㄝˋ ㄘㄞˋ
india mustard
【植】*Brassica juncea* 十字花科芸薹属。一年生草本植物。茎直立,有分枝。基生叶宽卵形至倒卵形,先端圆钝,大头羽裂;茎生叶较小,披针形。总状花序顶生,十字花冠,淡黄色。长角果线形,种子球形,紫褐色。花期 3—5 月份。中国各地均有栽培。可作蔬菜;种子磨粉称芥末,是调味料。
📖 芥菜可分为叶用芥菜(如雪里蕻)、茎用芥菜(如榨菜)和根用芥菜(如大头菜)三类。

芥子/芥子 jièzǐ/ ㄐㄧㄝˋ ㄗˇ
Semen Sinapis Albae (拉), mustard seed
【中医】中药名。十字花科植物白芥 *Sinapis alba* L.(白芥子)或芥 *Brassica juncea* (L.) Czern. et Coss.(黄芥子)的干燥成熟种子。味辛,性温。归肺经。温肺豁痰利气,散结通络止痛。用于寒痰喘咳,胸胁胀痛,痰滞经络,关节麻木、疼痛,痰湿流注,阴疽肿毒。

芥 子

界/界 jiè/ ㄐㄧㄝˋ
㊀kingdom, ㊁erathem
㊀【生】生物分类系统的一级。是最高等级,在门之上。自然界的生物按照彼此相似的特征分为若干群,每一群称为一界。如动物界、植物界、真菌界等。㊁【地】地层系统分类的第二级。在宇之下,系之上。如显生宇分为古生界、中生界、新生界。界所对应的地质年代分期是代。

界面/界面 jièmiàn/ ㄐㄧㄝˋ ㄇㄧㄢˋ
interface
㊀【化】见“表面”(67 页)。㊁【信息】台湾又作“介面”。“人机界面”的简称。

疥虫 jièchóng/ ㄐㄧㄝˋ ㄔㄨㄥˊ
【动】即“疥螨”(627 页)。

疥螨/疥蟎 jièmǎn/ ㄐㄧㄝˋ ㄇㄢˇ
sarcoptic mite
【动】又称“疥虫”。寄生虫名。蛛形纲真螨目疥螨科各种的统称。身体很小,椭圆扁平,身上有毛,有四对足,足上有吸盘。寄生在人或哺乳动物的皮肤下,引起疥疮。种类很多,分布广泛。

借景/借景 jièjǐng/ㄐㄧㄝˋ ㄐㄧㄥˇ

view borrowing

【建】中国园林艺术的传统手法。为扩大景物的深度和广度,丰富观赏内容,有意识地将园外的风景组织到园内视野范围来。可分以下几种:远借,将园外远处的风景组织进来;邻借(近借),将园林近处的景色组织进来;仰借,仰视借取园外景观,如蓝天白云、皓月繁星、飞鸟翔空;俯借,俯视借取园外景物,如江湖原野、湖光倒影;应时借,利用一年四季、一日之时景物的变化,借取天文景观、气象景观、植物季相以及即时的动态景物变化。

jin (ㄐㄧㄣ)

金/金 jīn/ㄐㄧㄣ

gold

【化】金属元素。属周期表第ⅠB族,符号Au,原子序数79。原子量197.0。自然界多以自然金存在,也存在于碲化金矿和碲银金矿等中。单质为深黄色金属,外观明亮,光泽较强,质软(莫氏硬度2.5～3),化学性质不活泼,熔点1064℃,沸点2860℃,密度19.29～19.37克/厘米^3,延展性极佳,是热和电的良导体。主要用作货币,也用于制饰物、合金等。

📖 人类远古时代的先民很早就发现了金,并在石器时代就已经使用。近代欧洲人为其拉丁文定名为aurum,源自aurora,意思是“灿烂”。中文定名为“金”。

金伯利岩/角礫雲橄岩

jīnbólìyán/ㄐㄧㄣ ㄅㄛˊ ㄌㄧˋ ㄧㄢˊ

kimberlite

【地】碱性或偏碱性的超基性浅成岩。具斑状结构和(或)角砾状构造。二氧化硅含量低于35%,主要矿物为蛇纹石及碳酸盐类矿物。常形成岩脉或岩筒(横断面近于圆形的竖直岩体)。1887年发现于南非的金伯利(Kimberley),故名。是原生金刚石的主要母岩。

金雕/金鵰 jīndiāo/ㄐㄧㄣ ㄉㄧㄠ

golden eagle

金雕

【动】鸟名。隼形目鹰科真雕属。体长1米左右,体羽暗褐色,有白色斑纹,头上有金色羽冠,喙大,尾长而圆,基部白色,飞行时腰部可见白色,两翅呈V字形。多生活在山地、干旱平原,性凶猛,捕食雉类、鼠类、野兔等。分布广泛。

金钉子 jīndīngzi/ㄐㄧㄣ ㄉㄧㄥ·ㄗ

【地】“全球界线层型剖面和层型点”的通称。

📖 最初的地层单位是以地质事件作为划分依据的,大的地层单位之间通常都有地层缺失,其间通常是不整合接触。现在要求在一个连续沉积的剖面找出两个地质时代地层的界线,并论证其为全球该层位最有代表性的典型,作为划分全球某一地层界线的标准地点和剖面。全球第一枚“金钉子”是1977年于捷克确立的全球志留系/泥盆系界线层型剖面和点位(GSSP)。中国最著名的“金钉子”是2001年3月批准的浙江湖州长兴煤山剖面二叠系/三叠系界线层型剖面和点位,也是中生界与古生界之间的标志。

金发藓/金髮蘚 jīnfàxiǎn/ㄐㄧㄣ ㄈㄚˋ ㄒㄧㄢˇ

common polytrichum

【植】*Polytrichum commune* 藓类。金发藓科金发藓属。植物体形大,丛生或散生,硬挺,绿色至棕红色,老后发黄。茎单一,基部密生假根。叶干时紧贴茎,湿时倾立,茎上部叶簇生,下部叶鳞片状。雌雄异株。蒴柄硬挺,红棕色。孢蒴四棱柱形,台部明显。蒴盖有短喙,易脱落。蒴帽兜形,被黄毛。在中国,分布于各地。生于林地或山坡路旁上。

金刚宝座塔/金剛寶座塔

jīngāng bǎozuò tǎ/

ㄐㄧㄣ ㄍㄤ ㄅㄠˇ ㄗㄨㄛˋ ㄊㄚˇ

Vajra-Based Pagoda

【建】在方形或矩形高台上,建五座塔,中间塔较大的佛塔。其他四座塔较小,且尺寸相同,建在高台四隅。受印度佛陀伽耶大塔的影响,其形式可用密檐塔,也可是喇嘛塔。此塔属于佛教密宗的塔,按照密宗教义,象征须弥山五形,供奉金刚界五部部主,中塔奉大日如来，东塔奉阿閦佛，南塔奉宝生佛，西塔奉阿弥陀佛，北塔奉不空成就佛。五佛均有宝座，分别是狮子、象、马、孔雀、迦楼罗(金翅大鹏鸟)。五座塔的须弥座上布满五种动物装饰。从现存实物看，建于明以后，最著名有明成化九年(1473 年)北京真觉寺(1761 年改大正觉寺)塔等。

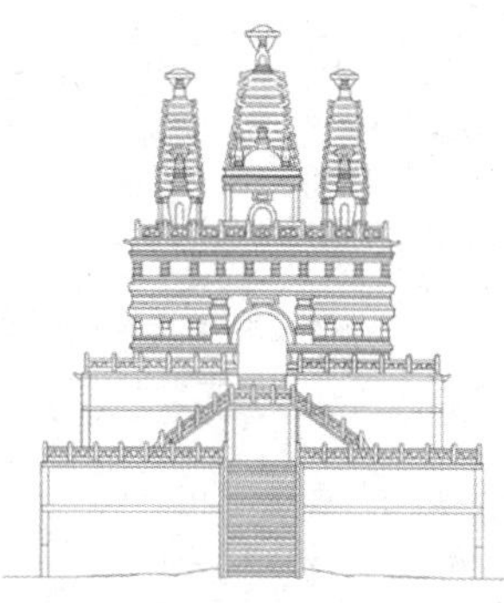

金刚宝座塔

金刚砂/金鋼砂

jīngāngshā/ ㄐㄧㄣ ㄍㄤ ㄕㄚ

emery

【材】用作磨料的金刚砂、石榴石、碳化硅和刚玉的统称。特指碳化硅。无色晶体，莫氏硬度 9。磨碎后可作研磨粉，也用于制砂纸和砂轮等。

金刚石/金鋼鑽

jīngāngshí/ ㄐㄧㄣ ㄍㄤ ㄗㄨㄢˋ

diamond

【地】俗称“金刚钻”。已知最硬的矿物。化学成分是碳，等轴晶系矿物，在高温、高压下结晶而成。莫氏硬度 10。有天然和人造两类。工业上用于制造钻探的探头和磨削工具。大颗粒无色或浅色透明的金刚石称为钻石，是昂贵的装饰品。

金鋼砂

ㄐㄧㄣ ㄍㄤ ㄕㄚ/jīngāngshā

emery

【材】台湾名。即“金刚砂”(629 页)。

金鋼鑽

ㄐㄧㄣ ㄍㄤ ㄗㄨㄢˋ/jīngāngzuàn

diamond

【地】台湾名。即“金刚石”(629 页)。

金龟

jīnguī/ ㄐㄧㄣ ㄍㄨㄟ

【动】即“乌龟”(1198 页)。

金龟子/金龜子

jīnguīzǐ/ ㄐㄧㄣ ㄍㄨㄟ ㄗˇ

scarab beetle

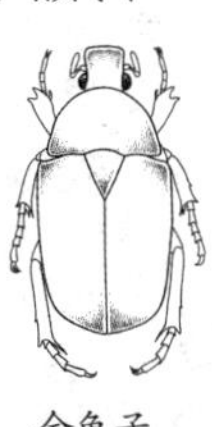

金龟子

【动】昆虫名。鞘翅目金龟子总科。种类很多。成虫体多为卵圆形，多为黑绿色，有光泽，前翅坚硬，后翅呈膜状。幼虫通称蛴螬，乳白色，体常弯曲呈马蹄形，生活在土中。成虫危害植物的叶、花、芽及果实。幼虫啮食植物的根和块茎。

金匮肾气丸

jīnguì shènqìwán/ ㄐㄧㄣ ㄍㄨㄟˋ ㄕㄣˋ ㄑㄧˋ ㄨㄢˊ

【中医】即“肾气丸”(1000 页)。

金匮要略/金匱要略

Jīnguì Yàolüè/ ㄐㄧㄣ ㄍㄨㄟˋ ㄧㄠˋ ㄌㄩㄝˋ

Synopsis of Golden Chamber, * Essential Prescriptions of Golden Coffer

【中医】全称“金匮要略方论”。中医临床名著。《伤寒杂病论》的一部分。张仲景撰。约成书于东汉建安年间(公元 196—220 年)。经晋代王叔和整理，其古传本之一名《金匮玉函要略方》，3 卷。后经北宋校正医书局校订，取杂病为主的内容，略去伤寒部分，仍为 3 卷，改名《金匮要略方论》。全书 25 篇，262 方。论述内科杂病，外科，女科经、带、杂病、妊娠及产后等病证及其治疗，记载急救猝死、脏腑经络病脉及饮食禁忌等，总结了汉代以前的临床经验，提供了辨证论治及方药配伍的基本原则。很多方剂至今仍应用于临床。

金匮要略方论

Jīnguì Yàolüè Fānglùn/ ㄐㄧㄣ ㄍㄨㄟˋ ㄧㄠˋ ㄌㄩㄝˋ ㄈㄤ ㄌㄨㄣˋ

【中医】“金匮要略”的全称。

金果榄/金果欖

jīnguǒlǎn/ ㄐㄧㄣ ㄍㄨㄛˇ ㄌㄢˇ

Radix Tinosporae (拉), tinospora root

金果榄

【中医】中药名。防己科植物青牛胆 *Tinospora sagittata* (Oliv.) Gagnep. 或金

J

果榄 *T. capillipes* Gagnep.的干燥块根。味苦,性寒。归肺、大肠经。清热解毒,利咽,止痛。用于咽喉肿痛,痈疽疔毒,泄泻,痢疾,脘腹热痛。

金合欢/金合歡

jīnhéhuān/ ㄐㄧㄣ ㄏㄜˊ ㄏㄨㄢ

sponge tree

【植】*Acacia farnesiana* 豆科金合欢属。灌木或小乔木。树皮粗糙,小枝呈"之"字形弯曲,有刺。二回羽状复叶,小叶条状长圆形。头状花序腋生,花冠蝶形,黄色,有香气。花期3—6月份。在中国,分布于浙江、福建、台湾、广东、广西、四川、云南。观赏花木。

📖 金合欢是澳大利亚和奥地利的国花。

金红石/金紅石 jīnhóngshí/ ㄐㄧㄣ ㄏㄨㄥˊ ㄕˊ

rutile

【地】矿物。成分为 TiO_2。四方晶系,晶体常呈完好的四方柱状或针状,集合体呈粒状或致密块状。暗红、褐红、黄或橘黄色,富铁的呈黑色,条痕黄色至浅褐色,透明至不透明,金刚光泽至半金属光泽,莫氏硬度 6~6.5,密度 4.2~4.3 克/厘米^3,富含铁、铌、钽的密度增大。是提炼钛的重要矿物原料。

金环蛇/金環蛇

jīnhuánshé/ ㄐㄧㄣ ㄏㄨㄢˊ ㄕㄜˊ

banded krait

【动】*Bungarus fasciatus* 又称"黄节蛇"。爬行动物名。有鳞目眼镜蛇科环蛇属。体长1米以上,身体上有黑黄相间的横纹,黄色部分像金环,有毒。生活在平原或丘陵地带,夜间活动,以鱼、蛙、鼠、蜥蜴和其他蛇类为食。在中国,分布于南方,也见于印度和东南亚地区。

金鸡 jīnjī/ ㄐㄧㄣ ㄐㄧ

【动】即"锦鸡"(635页)。

金鸡纳树/金雞納樹

jīnjīnàshù/ ㄐㄧㄣ ㄐㄧ ㄋㄚˋ ㄕㄨˋ

cinchona

【植】*Cinchona ledgeriana* 茜草科金鸡纳属。常绿灌木或小乔木。树皮灰褐色,薄,多浅裂。叶纸质,长圆状披针形,侧脉明显。圆锥状聚伞花序,被毛,花冠管筒状五角形,裂片披针形。白色或浅黄白色,有香气。花果期6月份至翌年2月份。在中国,分布于云南南部和台湾。茎皮和根皮可提制奎宁。

📖 金鸡纳霜即奎宁,是从金鸡纳树的树皮中提制而成。白色,无臭,味微苦,是结晶性粉末或颗粒,微溶于水,用于治疗疟疾。金鸡纳树是秘鲁的国树。

金井/金井 jīnjǐng/ ㄐㄧㄣ ㄐㄧㄥˇ

jinjing

【建】陵墓地宫棺椁下面,棺床上的洞眼。

📖 金井是在陵墓选址过程中为探明地质情况而挖掘的探井,是所谓的"风水之穴"。《葬书》云:"葬者,乘生气也。"棺椁之下设金井,直达地中,可以通生气。陵寝位置一旦确立,金井还是设计上的标准。平面确定整体的中轴线,竖向设计确定标高基准。南唐二陵和明定陵的金井是长方形小井,清代改为圆形。

金橘/金橘 jīnjú/ ㄐㄧㄣ ㄐㄩˊ

kumquat

【植】*Fortunella margarita* 芸香科金橘属。常绿灌木或小乔木。多分枝,有刺。叶厚,卵状披针形,翼叶很窄。花瓣五枚,白色,有香气。果椭圆形,橙黄或橙红色,果皮味甜,瓢囊4~5瓣,果肉味酸。花期3—5月份,果期10—12月份。在中国,分布于秦岭、长江以南各地,以台湾、福建、广东、广西最多。果实可作水果。

金具/配件 jīnjù/ ㄆㄟˋ ㄐㄧㄢˋ

fitting

【电】连接和组合电力系统中各类装置,以传递机械、电气负荷或起某种防护作用的金属附件。按用途不同,可分为线路金具、连接金具、接续金具、防护金具、拉线金具、接触金具、母线金具等。

金莲花/金蓮花

jīnliánhuā/ ㄐㄧㄣ ㄌㄧㄢˊ ㄏㄨㄚ

Chinese globeflower

【植】*Trollius chinensis* 毛茛科金莲花属。多年生草本植物。基生叶有长柄,叶片五角形,基部心形,三全裂,中央裂片和侧裂片再分裂,裂片边缘有齿。花单生,萼片花瓣状,金黄色,顶生三角形牙齿和小裂片,花瓣与萼片近等长,狭条形,金黄色。花期6—7月份。在中国,分布于山西、河南北部,河北、内蒙古东部、辽宁和吉林的西部。野生花草。花可入药。

金缕梅/金縷梅

jīnlǚméi/ㄐㄧㄣ ㄌㄩˇ ㄇㄟˊ

Chinese witchhazel

【植】*Hamamelis mollis* 金缕梅科金缕梅属。落叶灌木或小乔木。叶粗糙,阔倒卵圆形,基部不对称心形,边缘有齿。头状或短穗状花序腋生,花无梗,花瓣四枚,狭长如带,淡黄色,有香气。花期5月份。在中国,分布于四川、湖北、安徽、浙江、江西、湖南、广西等地。观赏花木。

📖 金缕梅的花先叶开放,花瓣如缕,金黄色,植株形态又似蜡梅,故名。

金绿宝石/金綠寶石

jīnlǜ bǎoshí/ㄐㄧㄣ ㄌㄩˋ ㄅㄠˇ ㄕˊ

chrysoberyl

【地】矿物。成分为 $BeAl_2O_4$。斜方晶系。晶体常呈短柱状或板状。颜色有棕黄、绿黄、黄绿、黄褐色等,透明至不透明,玻璃至油脂光泽,莫氏硬度8.5,密度3.71～3.75 克/厘米^3。化学性质稳定,遇酸不受侵蚀。主要用作科学仪器的轴承材料。具猫眼效应的称为"猫眼",具变色效应的称为"变石",均为高档的宝石原料。

金绿宝石猫眼/金綠貓眼石

jīnlǜ bǎoshí māoyǎn/ㄐㄧㄣ ㄌㄩˋ ㄇㄠ ㄧㄢˇ ㄕˊ

chrysoberyl cat's-eye

【地】简称"猫眼"。具有猫眼效应的宝石级金绿宝石品种。颜色从浅黄色到深黄褐色,以蜜黄色的为最佳。

金綠貓眼石

ㄐㄧㄣ ㄌㄩˋ ㄇㄠ ㄧㄢˇ ㄕˊ/jīnlǜ māoyǎnshí

chrysoberyl cat's-eye

【地】台湾名。即"金绿宝石猫眼"(631 页)。

金牛座/金牛座

jīnniúzuò/ㄐㄧㄣ ㄋㄧㄡˊ ㄗㄨㄛˋ

Taurus, Tau

【天】黄道十二星座之一。位于白羊座和双子座之间,内有两个明亮的疏散星团:昴星团(七姐妹星团)和毕星团。

金盘 jīnpán/ㄐㄧㄣ ㄆㄢˊ

【建】即"相轮"(1248 页)。

金钱豹/金錢豹

jīnqiánbào/ㄐㄧㄣ ㄑㄧㄢˊ ㄅㄠˋ

leopard, onuca

【动】*Panthera pardus* 哺乳动物名。食肉目猫科。身体较虎小,头圆,耳小,尾长,体毛黄色,密布圆形或椭圆形黑褐色斑点或斑环,形状像古钱。常生活在多树的平原,行动敏捷,性凶猛,善攀树,捕食中小型动物。分布于非洲和亚洲,在中国,分布于南北各地。

金钱草/金錢草

jīnqiáncǎo/ㄐㄧㄣ ㄑㄧㄢˊ ㄘㄠˇ

Herba Lysimachiae(拉), christina loosestrife

【中医】中药名。报春花科植物过路黄 *Lysimachia christinae* Hance 的干燥全草。味甘、咸,性微寒。归肝、胆、肾、膀胱经。清利湿热,通淋,消肿。用于热淋,沙淋,尿涩作痛,黄疸尿赤,痈肿疔疮,毒蛇咬伤;肝胆结石,尿路结石。

📖 金钱草叶片近似圆形,衰老时呈金黄色,有如金币,故名。

金钱草

金钱蒲/金錢蒲 jīnqiánpú/ㄐㄧㄣ ㄑㄧㄢˊ ㄆㄨˊ

grassleaf sweetflag rhizome

【植】*Acorus gramineus* 又称"钱蒲"。天南星科菖蒲属。多年生草本植物。根茎短而横卧,外皮黄色,呈丛生状,有香气。叶基部对折,叶片条形,先端渐尖,无中脉,平行脉多数。花序柄长,叶状佛焰苞为肉穗花序的两倍以上,肉穗花序圆柱状,黄绿色。花期5—6月份。在中国,分布于黄河流域以南各地沼泽地中。观赏植物。根茎可入药。

金枪鱼/金槍魚 jīnqiāngyú/ㄐㄧㄣ ㄑㄧㄤ ㄩˊ

tunny, tuna

【动】又称"鲔"。鱼名。硬骨鱼纲金枪鱼科。身体纺锤形,长可达1米以上,青褐色,有黄色斑纹,头尖,肌肉发达,尾

金枪鱼

鳍新月形，小圆鳞。游泳迅速，可以远距离洄游。生活在温带和热带海洋中，以鱼虾和头足类等为食。中国东海和南海均有分布。

金荞麦/金蕎麥

jīnqiáomài/ ㄐㄧㄣ ㄑㄧㄠˊ ㄇㄞˋ

Rhizoma Fagopyri Dibotryis(拉), golden buckwheat rhizome

金荞麦

【中医】中药名。蓼科植物金荞麦 *Fagopyrum dibotrys* (D. Don) Hara 的干燥根茎。味微辛、涩，性凉。归肺经。清热解毒，排脓祛瘀。用于肺痈吐脓，麻疹肺炎，扁桃体周围脓肿。

金属/金屬

jīnshǔ/ ㄐㄧㄣ ㄕㄨˇ

metal

【化】具有特有光泽而不透明，导电、传热性能良好的单质或合金。由金属元素及相互之间以各种形式结合构成。原子以金属键结合在一起并存在自由电子。通常是固体(汞除外)。与非金属相比密度较高，延展性好，有可塑性，可进行机械加工。工业上分为黑色金属和有色金属两类。金属是应用广泛的结构材料，有些金属或合金也是优良的功能材料。

金属玻璃/金屬玻璃

jīnshǔ bōli/ ㄐㄧㄣ ㄕㄨˇ ㄅㄛ·ㄌㄧ

metallic glass, metglass

【材】过渡金属与非金属元素熔体通过骤冷而形成的非晶态金属，即玻璃态金属。具有独特的磁性能、力学性能、电性能和耐腐蚀性能，机械强度高，且有一定的韧性和刚性。

金属材料/金屬材料

jīnshǔ cáiliào/ ㄐㄧㄣ ㄕㄨˇ ㄘㄞˊ ㄌㄧㄠˋ

metal materials

【材】以金属为基，具有金属特性的材料。如钢铁材料、铜材、铝材等。多具有金属光泽，导热和导电性能良好。通常可分为黑色金属材料和有色金属材料。

金属电沉积/金屬電沉積

jīnshǔ diànchénjī/ ㄐㄧㄣ ㄕㄨˇ ㄉㄧㄢˋ ㄔㄣˊ ㄐㄧ

metal electrodeposition

【机】表面处理工艺的一种。通过电解使溶液中金属离子在电极上还原并形成金属相。可分为电镀、电铸、电解精炼等。

金属回转加工/金屬迴轉加工

jīnshǔ huízhuǎn jiāgōng/ ㄐㄧㄣ ㄕㄨˇ ㄏㄨㄟˊ ㄓㄨㄢˇ ㄐㄧㄚ ㄍㄨㄥ

rotary metal working

【机】金属塑性加工方法的一种。坯料回转或工具回转，或二者同时回转。包括纵轧、斜轧、摆辗、楔横轧、辊弯、辊锻、旋压等。

金属键/金屬鍵 jīnshǔjiàn/ ㄐㄧㄣ ㄕㄨˇ ㄐㄧㄢˋ

metallic bond

【化】化学键的一种。使金属原子结合在一起的正离子和自由电子之间的库仑相互作用(静电力)。

金属喷涂/金屬噴敷

jīnshǔ pēntú/ ㄐㄧㄣ ㄕㄨˇ ㄆㄣ ㄈㄨ

metal spraying

【机】喷涂的一种。将熔融金属的高速粒子流喷在基体表面而形成涂层。应用最多的金属材料是锌、铝和铝锌合金。用于机械修复，提高机械零件的耐蚀性、耐磨性等。

金属切削机床/金屬切削機床

jīnshǔ qiēxiāo jīchuáng/ ㄐㄧㄣ ㄕㄨˇ ㄑㄧㄝ ㄒㄧㄠ ㄐㄧ ㄔㄨㄤˊ

metal-cutting machine tool

【机】又称"工作母机"。机床的一类。用切削、磨削或特种加工方法加工各种金属工件，使之获得所要求的几何形状、尺寸精度与表面质量。可分为车床、钻床、刨床、铣床、磨床、螺纹加工机床、齿轮加工机床等。

金属切削加工/金屬切削加工

jīnshǔ qiēxiāo jiāgōng/ ㄐㄧㄣ ㄕㄨˇ ㄑㄧㄝ ㄒㄧㄠ ㄐㄧㄚ ㄍㄨㄥ

metal machining

【机】俗称"冷加工"。利用切削工具在金属切削机床上(或用手工)将工件的多余金属层(加工余量)切去，使满足规定的精度和表面质量要求的加工方法。主要加工方法有车削、铣削、刨削、磨削、钻削、镗削、铰削、刮削、绞孔、攻螺纹、套螺纹等。

金属塑性加工/金屬塑性加工
jīnshǔ sùxìng jiāgōng/
ㄐㄧㄣ ㄕㄨˇ ㄙㄨˋ ㄒㄧㄥˋ ㄐㄧㄚ ㄍㄨㄥ
plastic working of metal, metal technology of plasticity
【机】金属材料加工方法。利用金属的塑性,借助工具或模具,在外力作用下使其改变形状、尺寸和改善性能,以得到制件。按加工工艺不同,可分为锻造、轧制、冲压、挤压、拉拔等。主要用于生产型材、棒材、板材、线材或锻压件。

金属型铸造/金屬模鑄法
jīnshǔxíng zhùzào/ ㄐㄧㄣ ㄕㄨˇ ㄇㄨˊ ㄓㄨˋ ㄈㄚˇ
permanent mold casting
【机】又称"硬模铸造"。特种铸造的一种。用重力浇注方式将熔融金属浇入金属铸型而获得铸件。生产效率高,工序简单,易实现机械化和自动化,适于大批量生产。

金属有机化合物
jīnshǔ yǒujī huàhéwù/
ㄐㄧㄣ ㄕㄨˇ ㄧㄡˇ ㄐㄧ ㄏㄨㄚˋ ㄏㄜˊ ㄨˋ
【化】即"有机金属化合物"(1369 页)。

金属元素/金屬元素
jīnshǔ yuánsù/ ㄐㄧㄣ ㄕㄨˇ ㄩㄢˊ ㄙㄨˋ
metal element
【化】具有金属性质的元素。其原子在化学反应中倾向失去电子,氧化物大多呈碱性。约占全部元素的 75%,如碱金属、碱土金属、过渡金属、锕系金属和稀土金属等。地壳中丰度最高的金属元素是铝、铁、铜、钠、钾、镁等。

金属再辐射雷达
jīnshǔ zàifúshè léidá/
ㄐㄧㄣ ㄕㄨˇ ㄗㄞˋ ㄈㄨˊ ㄕㄜˋ ㄌㄟˊ ㄉㄚˊ
【军】即"谐波雷达"(1264 页)。

金屬粉末鍛造
ㄐㄧㄣ ㄕㄨˇ ㄈㄣˇ ㄇㄛˋ ㄉㄨㄢˋ ㄗㄠˋ/
jīnshǔ fěnmò duànzào
powder metal forging, powder forging
【材】台湾名。即"粉末锻造"(348 页)。

金屬模鑄法
ㄐㄧㄣ ㄕㄨˇ ㄇㄛˊ ㄓㄨˋ ㄈㄚˇ/jīnshǔmó zhùfǎ
permanent mold casting
【机】台湾名。即"金属型铸造"(633 页)。

金屬噴敷
ㄐㄧㄣ ㄕㄨˇ ㄆㄣ ㄈㄨ/jīnshǔ pēnfū
metal spraying
【机】台湾名。即"金属喷涂"(632 页)。

金丝荷叶 jīnsī héyè/ ㄐㄧㄣ ㄙ ㄏㄜˊ ㄧㄝˋ
【植】即"虎耳草"(509 页)。

金丝猴/金絲猴
jīnsīhóu/ ㄐㄧㄣ ㄙ ㄏㄡˊ
golden monkey, snub-nosed monkey
【动】哺乳动物名。灵长目猴科仰鼻猴属部分种类。体长约 70 厘米,尾巴约与体长相等,面孔蓝色,鼻孔向上,毛灰黄色,背部有金色光亮的长毛。生活在高山密林中,群居,以野果、树叶、嫩芽等为食。分布于四川、陕西、甘肃、西藏等地。是中国特有的珍稀动物。

金丝雀/金絲雀 jīnsīquè/ ㄐㄧㄣ ㄙ ㄑㄩㄝˋ
canary
【动】*Serinus canaria* 又称"芙蓉鸟"。鸟名。雀形目燕雀科。体长约 13 厘米,较麻雀瘦。原种羽毛头至胸部多黄色,腰部黄绿色,腹部白色,尾和翅膀黑色,变种很多,羽色变化复杂,鸣声婉转悦耳。原产非洲西北部的岛屿。是著名的观赏鸟。

金丝雀

金丝燕/金絲燕 jīnsīyàn/ ㄐㄧㄣ ㄙ ㄧㄢˋ
cave swiftlet
【动】鸟名。雨燕目雨燕科金丝燕属。身体小,外形似燕,羽毛黑褐色,有时带蓝色光泽,翅膀尖而长,足短,淡红色,四趾朝前。生活在热带岛屿,群栖,捕食小虫。其喉部有发达的黏液腺,所分泌的唾液在空气中凝成固体,以羽毛、苔藓或海藻等混合唾液胶结而成的巢称燕窝。分布于印度、马来群岛一带。

金相学/金相學
jīnxiàngxué/ ㄐㄧㄣ ㄒㄧㄤˋ ㄒㄩㄝˊ
metallography
【材】研究金属材料组织的一门实验学科。主要依靠显微镜技术,研究金属材料组织的形成和变化规律及其与成分和性能之间的关系。

金小蜂/金小蜂
jīnxiǎofēng/ ㄐㄧㄣ ㄒㄧㄠˇ ㄈㄥ
pteromalid
【动】昆虫名。膜翅目金小蜂科。寄生蜂的一类。种类极多,多数是农业害虫的重要天敌。例如棉红铃虫金小蜂,其成虫吸食越冬棉红铃虫体液,并在其中产卵,幼虫寄生在棉红铃虫体内,导致棉红铃虫死亡。

金小蜂

金星/金星 jīnxīng/ ㄐㄧㄣ ㄒㄧㄥ
Venus
【天】太阳系八大行星之一。距太阳由近而远为第二颗。是类地行星。从地球上看是最亮的行星。中国古代称"太白"。西方社会用罗马神话中美神维纳斯(Venus)命名。由于其运行轨道在地球公转轨道内,因此与太阳所成的角度不会太大。有时为晨星(太阳升起前出现在东方天空),有时为昏星(太阳落下后显现在西方天空)。就是《诗经·小雅·大东》中所说的"东有启明,西有长庚"。

金银花/金銀花 jīnyínhuā/ ㄐㄧㄣ ㄧㄣˊ ㄏㄨㄚ
㊀ honeysuckle, ㊁ Flos Lonicerae Japonicae(拉), honey-suckle bud and flower
㊀【植】"忍冬"的通称。㊁【中医】中药名。忍冬科植物忍冬 *Lonicera japonica* Thunb.的干燥花蕾或带初开的花。味甘,性寒。归肺、心、胃经。清热解毒,凉散风热。用于痈肿疔疮,喉痹,丹毒,热毒血痢,风热感冒,温病发热。
📖 金银花的花初开为白色,后转为黄色,故名。

金银花

金鱼/金魚 jīnyú/ ㄐㄧㄣ ㄩˊ
goldfish
【动】鱼名。硬骨鱼纲鲤科。鲫鱼经过人工长期培养选育形成的变种,通常体短而肥,尾鳍四叶。身体的颜色有红、黑、蓝、红白花等,是著名的观赏鱼。起源于中国。

金元四家/金元四家
Jīn-Yuán Sì Jiā/ ㄐㄧㄣ ㄩㄢˊ ㄙˋ ㄐㄧㄚ
four scholastic sects of Jin-Yuan dynasties, * four great physicians of the Jin and Yuan period
【中医】指金代刘完素、张从正、李杲与元代朱震亨四位著名医家及其各自所代表的学派。刘完素(1120—1200),字守真,河北河间人。金元四家之首,火热学说的倡导者,治疗多用寒凉药,世称"寒凉派"。张从正(1156—1228),字子和,号戴人,睢州考城(今河南兰考)人。善用汗、吐、下三法驱邪,世称"攻下派"。李杲(1180—1251),字明之,号东垣,真定(今河北正定)人。脾胃学说的创始人,治疗长于温补脾胃之法,世称"补土派"。朱震亨(1281—1358),字彦修,浙江义乌人。因居所赤岸临丹溪,故尊称丹溪翁。滋阴学说的创导者,治病善用滋阴降火法,世称"养阴派"。金元时期医学出现空前的学术争鸣,金元四家的学术思想,开一代新风,影响很大。

金云母/金雲母 jīnyúnmǔ/ ㄐㄧㄣ ㄩㄣˊ ㄇㄨˇ
phlogopite
【地】云母的一种。成分为 $KMg_3[AlSi_3O_{10}](F,OH)_2$,常含钠。单斜晶系。晶体呈假六方片状。黄褐或红褐色,也有无色或绿色,玻璃光泽,莫氏硬度 2.5～3。密度 2.70～2.85 克/厘米^3。片状极完全解理。薄片具弹性。色浅质纯的用作电气工业上的绝缘材料。

金盏花/金盞花
jīnzhǎnhuā/ ㄐㄧㄣ ㄓㄢˇ ㄏㄨㄚ
pot marigold
【植】*Calendula officinalis* 菊科金盏花属。一年生草本植物。茎基部分枝。基生叶长圆状倒卵形,有柄;茎生叶长圆状披针形,无柄,顶端钝,边缘波状,基部略抱茎。头状花序单生茎端,花黄或橙黄色,管状花檐具三角状披针形裂片。花期 4—9 月份。中国各地广泛栽培。观赏花卉。

金针拨障疗法/金針撥障療法
jīnzhēn bōzhàng liáofǎ/
ㄐㄧㄣ ㄓㄣ ㄅㄛ ㄓㄤˋ ㄌㄧㄠˊ ㄈㄚˇ
cataractopiesis with metal needle therapy
【中医】外治法之一。在圆翳内障成熟期,通过针拨手术将白内障拨离瞳孔,以恢复患者视力。

📖 金针拨障疗法最早见于唐代王焘(约670—755)所著的《外台秘要》中:"当眼中央小珠子里,乃其有障,作青白色,名作脑流青盲眼……""此宜用金篦决,一针之后,豁若开云而见白日。"记载中的"金篦"即治疗白内障最早的手术器械——金针。隋唐以后的医学书籍,有关金针拨障疗法的记载越来越细致,表明我国医家在临床中获得了更为具体的经验。

金针菜 jīnzhēncài/ ㄐㄧㄣ ㄓㄣ ㄘㄞˋ

【植】即"黄花菜"(536 页)。

金针菇 jīnzhēngū/ ㄐㄧㄣ ㄓㄣ ㄍㄨ

【植】即"毛柄金钱菌" (786 页)。

金字塔/金字塔 jīnzìtǎ/ ㄐㄧㄣ ㄗˋ ㄊㄚˇ

pyramid

【建】古埃及陵墓建筑。造型多为正方锥体,整体造型如中文"金"字,故译作"金字塔"。早期陵墓墓室在地下,地面上用土建成底大上小的长方形台子,称为玛斯塔巴(Mastaba,阿拉伯语"长凳"的意思)。之后建造阶梯状金字塔,最后演变成正方锥形金字塔。其设计建造有如下规律:底面正方形,四边正方位,以塔高为半径的圆的周长等于底面正方形的周长(2×塔高(半径)×π=底面正方形周长)。现发现的金字塔主要建于公元前 2650 年前后的一百年间,现存约 80 座。最著名的是胡夫(Cheops)、哈夫拉(Cheohren)和孟卡拉(Menkaura)三座金字塔群。

津/津 jīn/ ㄐㄧㄣ

clear fluid, * liquid

【中医】体液的组成部分。清而稀薄,来源于饮食水谷,存在于血液中,以调和血液;出入于肌肤腠理之间,以温养肌肉,充润皮肤。津出体表则为汗、泪和唾液,下达膀胱即为尿。

筋伤/筋傷 jīnshāng/ ㄐㄧㄣ ㄕㄤ

injury of tendons, * sinew damage

【中医】骨伤科疾病之一。各种暴力或慢性劳损等原因导致筋受损伤。常用的治疗方法有推揉、拿捏、按捺、摩擦、点压、弹拨、屈伸等理筋手法,以及针灸、药物。

襟翼/襟翼 jīnyì/ ㄐㄧㄣ ㄧˋ

flap

【航】机翼上用以改变动力学气流状态,增加飞机升力的活动面。装在机翼后缘或前缘,可向下偏转或(和)向后(前)滑动,用以增加升力的活动翼面形装置。作用是改善飞机起飞、降落和机动飞行性能。

📖 按机翼升力原理不同,可分为气动力增升装置和动力增升装置两类。

紧固件/緊固件 jǐngùjiàn/ ㄐㄧㄣˇ ㄍㄨˋ ㄐㄧㄢˋ

fastener

【机】将两个或两个以上零件(或构件)紧固连接在一起所用的零件的统称。常用的有螺栓、螺钉、螺母、键、销、铆钉等。标准化、系列化、通用化程度高,通常把已有国家标准的紧固件称为标准紧固件,或简称为标准件。

紧压茶/茶磚 jǐnyāchá/ ㄔㄚˊ ㄓㄨㄢ

compressed tea

【轻】又称"压制茶"。将散茶或半成品茶蒸压成一定形状的团块茶。主要产于云南、四川和湖南等地。现代紧压茶以散茶为原料,蒸热变软后趁热压制成饼状或砖状等。色泽乌褐,滋味浓酽,外形规整,便于运输。按原料的不同,可分为绿茶紧压茶、红茶紧压茶、乌龙茶紧压茶和黑茶紧压茶。著名品种有云南下关沱茶、茯砖茶等。

堇青石/堇青石 jǐnqīngshí/ ㄐㄧㄣˇ ㄑㄧㄥ ㄕˊ

cordierite

【材】环状硅酸盐矿物。化学式为 $(Mg,Fe)_2Al_3(AlSi_5O_{18})$,晶体属斜方(正交)晶系。用于制造电绝缘陶瓷、催化剂载体等的矿物原料,有的可用作宝石。

锦/錦緞 jǐn/ ㄐㄧㄣˇ ㄉㄨㄢˋ

brocade

【纺】丝织物类名。以染色长丝为主,纯织或交织,多采用缎纹、斜纹的立体多层大提花的机织物。花纹多为龙、凤、仙鹤、梅、兰、竹、菊、福、禄、寿、喜等传统纹样,色彩缤纷,质地丰满,富丽堂皇。传统名锦有宋锦、云锦、蜀锦、妆花缎等,现代又有织锦缎、古香缎等。是中国传统民族服装的优良面料,也广泛用于服饰和室内装饰。

锦鸡/雉 jǐnjī/ ㄓˋ

pheasant

【动】鸟名。雉科锦鸡属(*Chrysolophus*)各种的统称。通常指红腹锦鸡(*C. pictus*),又称"金鸡"。外形跟雉相似,雄鸟体长约 1 米,头部有金黄色丝状羽冠,散覆颈上,后颈围生金棕色扇状羽，形如披肩，背暗绿色，杂有紫色，尾很长，大半黑褐、桂黄相间成斑状，周身羽色美丽，雌的羽毛暗褐色。常栖息于多岩坡地或矮树、竹林间。分布于中国西南部。

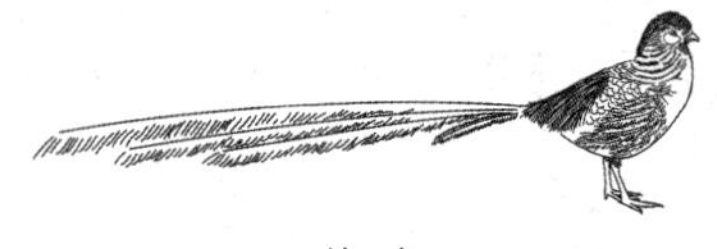

锦 鸡

锦鸡儿/錦雞兒 jǐnjī'ér/ ㄐㄧㄣˇ ㄐㄧ ㄦˊ
China peashrub
【植】*Caragana sinica* 豆科锦鸡儿属。落叶灌木。小枝细长，有棱和刺。羽状复叶，小叶两对，顶端一对常较大，倒卵形，先端有刺。花单生，花冠蝶形，黄色带红色。花期4—5月份。在中国，分布于华北、华中、华东和西南部分地区。观赏花木。根皮入药。

锦葵/錦葵 jǐnkuí/ ㄐㄧㄣˇ ㄎㄨㄟˊ
mallow
【植】*Malva cathayensis* 锦葵科锦葵属。二至多年生草本植物。高大，直立分枝多，被毛。叶柄有槽，槽内被毛，叶圆心形或肾形，5～7裂，基部近心形，边缘有齿。花簇生，紫红色或白色，花瓣五枚，匙形，先端微缺，爪有毛。花期5—10月份。在中国，分布于各地。观赏花卉。

緊急電源供應
ㄐㄧㄣˇ ㄐㄧˊ ㄉㄧㄢˋ ㄩㄢˊ ㄍㄨㄥ ㄧㄥˋ/
jǐnjí diànyuán gōngyìng
emergency power supply
【电】❶台湾名。即“保安电源”(38 页)。❷台湾名。即“事故备用电源”(1035 页)。

緊急監測
ㄐㄧㄣˇ ㄐㄧˊ ㄐㄧㄢ ㄘㄜˋ/jǐnjí jiāncè
emergency monitoring
【环】台湾名。即“应急监测”(1358 页)。

錦緞 ㄐㄧㄣˇ ㄉㄨㄢˋ/jǐnduàn
brocade
【纺】台湾名。即“锦”(635 页)。

进户线/進户線
jìnhùxiàn/ ㄐㄧㄣˋ ㄏㄨˋ ㄒㄧㄢˋ
service tails
【电】向用户设备供电并由用户负责运行维护的线路。

进化/演化 jìnhuà/ ㄧㄢˇ ㄏㄨㄚˋ
evolution
【生】生物逐渐演变，由简单到复杂、由低级到高级、种类由少到多的发展变化过程。

进化论/進化論
jìnhuàlùn/ ㄐㄧㄣˋ ㄏㄨㄚˋ ㄌㄨㄣˋ
theory of evolution
【生】又称“演化论”。关于生物界物种发生和发展的理论。最初由法国生物学家拉马克(Lamarck，1744—1829)提出，英国生物学家达尔文(Charles Robert Darwin，1809—1882)奠立。认为现在的各种生物有共同的祖先，它们在进化过程中，通过遗传、变异和自然选择，从简单到复杂、从低级到高级、从少数类型到多数类型逐渐变化发展。否定了物种不变的形而上学观点和上帝造人的宗教迷信。恩格斯认为达尔文的进化论是19世纪自然科学三大发现(能量守恒和转换定律、细胞学说、进化论)之一。

进化树 jìnhuàshù/ ㄐㄧㄣˋ ㄏㄨㄚˋ ㄕㄨˋ
【生】即“支序图”(1439 页)。

进化系统树/親緣關係樹
jìnhuà xìtǒngshù/
ㄑㄧㄣ ㄩㄢˊ ㄍㄨㄢ ㄒㄧˋ ㄕㄨˋ
phylogenetic tree, family tree, dendrogram
【生】简称“系统树”。用以描绘分类单元之间亲缘关系、由节点分枝构成的树状图。

进深/進深 jìnshēn/ ㄐㄧㄣˋ ㄕㄣ
depth of building
【建】建筑中指平行于梁架方向的一间的深度(距离)。若干间深度的总和称为通进深。图见“面阔”(801 页)

进占/進佔 jìnzhàn/ ㄐㄧㄣˋ ㄓㄢˋ
advance
【水利】围堰、截流等水利工程施工中，戗堤不断向江河中部进发的过程。

近程导弹/短程飛彈
jìnchéng dǎodàn/ ㄉㄨㄢˇ ㄔㄥˊ ㄈㄟ ㄉㄢˋ
short-range missile
【军】通常指射程在1000千米以内的导弹。

近地点/近地點 jìndìdiǎn/ ㄐㄧㄣˋ ㄉㄧˋ ㄉㄧㄢˇ

perigee

【天】环绕地球运动的天体轨道上离地心最近的点。根据开普勒定律,月球或人造地球卫星在椭圆轨道上运行,地球位于椭圆的一个焦点上,椭圆的长轴与轨道相交于两点。其中距离地球近的为近地点,远的为远地点。

近点/近點 jìndiǎn/ㄐㄧㄣˋ ㄉㄧㄢˇ

near point

【物】当眼睛肌肉最紧张时能看清楚的近点。正常眼的近点大约 10 厘米。

近东/近東 Jìndōng/ㄐㄧㄣˋ ㄉㄨㄥ

Near East

【地】见“中东”(1458 页)。

近交/近親繁殖 jìnjiāo/ㄐㄧㄣˋ ㄑㄧㄣ ㄈㄢˊ ㄓˊ

inbreeding

【生】有亲缘关系的个体间的交配。

近空间飞行器/近太空飛行器

jìnkōngjiān fēixíngqì/

ㄐㄧㄣˋ ㄊㄞˋ ㄎㄨㄥ ㄈㄟ ㄒㄧㄥˊ ㄑㄧˋ

near-space vehicle

【军】能够在距地球表面 20～100 千米高度之间的空间范围内飞行,执行特定任务的飞行器。

近親繁殖 ㄐㄧㄣˋ ㄑㄧㄣ ㄈㄢˊ ㄓˊ/jìnqīn fánzhí

inbreeding

【生】台湾名。即“近交”(637 页)。

近日点/近日點 jìnrìdiǎn/ㄐㄧㄣˋ ㄖˋ ㄉㄧㄢˇ

perihelion

【天】环绕太阳运动的天体轨道上离太阳最近的点。见“远日点”(1394 页)。

近身通訊 ㄐㄧㄣˋ ㄕㄣ ㄊㄨㄥ ㄒㄩㄣˋ/

jìnshēn tōngxùn

body area network, BAN

【信息】台湾名。即“人体域网”(948 页)。

近世代数

jìnshì dàishù/ㄐㄧㄣˋ ㄕˋ ㄉㄞˋ ㄕㄨˋ

【数】即“抽象代数”(136 页)。

近视/近視 jìnshì/ㄐㄧㄣˋ ㄕˋ

myopia

【医】视力缺陷的一种。入眼平行光线因屈光不正,不能落在视网膜上,只能在视网膜前聚焦成像。以视近物清楚、视远物模糊为主要表现。

近似数 jìnsìshù/ㄐㄧㄣˋ ㄙˋ ㄕㄨˋ

【数】即“近似值”(637 页)。

近似值/近似值

jìnsìzhí/ㄐㄧㄣˋ ㄙˋ ㄓˊ

approximate value

【数】又称“近似数”。接近但不完全等于某个数 a 的数,叫作 a 的近似值。例如,3.1416 是圆周率 π 的近似值,1.4142 是$\sqrt{2}$的近似值。

📖 有些量是不能准确求出的,例如地球的质量、半径等;有些量是不必准确求出的,例如世界人口数等。计算中一般用精确到一定程度的近似值代替这些量的准确值,取近似值时常用四舍五入法。

近太空飛行器

ㄐㄧㄣˋ ㄊㄞˋ ㄎㄨㄥ ㄈㄟ ㄒㄧㄥˊ ㄑㄧˋ/

jìntàikōng fēixíngqì

near-space vehicle

【军】台湾名。即“近空间飞行器”(637 页)。

近因效应/新近效應

jìnyīn xiàoyìng/ㄒㄧㄣ ㄐㄧㄣˋ ㄒㄧㄠˋ ㄧㄥˋ

recency effect

【心】又称“最近效应”。对于总体印象的形成,新近获得的信息比原来获得的信息影响更大的现象。

劲度 ㄐㄧㄣˋ ㄉㄨˋ/jìndù

rigidity, stiffness

【机】台湾名。即“刚度”(386 页)。

浸润/滲入

jìnrùn/ㄕㄣˋ ㄖㄨˋ

㊀ wettability,㊁ infiltration

㊀【物】液体与固体接触处发生的液体附着在固体表面的现象。由液体、固体分子间相互吸引力(即附着力)而引起。在液体和固体接触处,厚度为分子引力的有效作用距离的液体薄层称为附着层,其内分子既受固体分子作用,又受液体分子作用。当附着力大于内聚力时,附着层尽可能扩展,即浸润;当内聚力大于附着力时,附着层尽可能收缩,即不浸润。㊁【医】机体组织内侵入异常细胞或出现正常情况下不应出现的机体细胞,以及某些病变组织向周围扩展的现象。

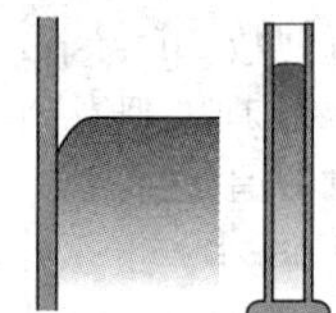

液体浸润固体　　液体不浸润固体

浸种/浸種 jìnzhǒng/ ㄐㄧㄣˋ ㄓㄨㄥˇ

presoaking

【农】播种前用清水或某种药液浸泡种子，用以催芽和杀菌杀虫，并使其吸收足够的水分，促使种子快速、整齐地萌发，幼苗生长时免受病虫害。

浸渍/浸漬 jìnzì/ ㄐㄧㄣˋ ㄗˋ

impregnation

【化】沥取的一种。着重于浸泡过程。

進給器 ㄐㄧㄣˋ ㄍㄟˇ ㄑㄧˋ/jìngěiqì

feeder

【机】台湾名。即“给料机械”(404 页)。

進接 ㄐㄧㄣˋ ㄐㄧㄝ/jìnjiē

access

【信息】台湾名。即“访问”(325 页)。

禁带/禁帶 jìndài/ ㄐㄧㄣˋ ㄉㄞˋ

forbidden band

【物】相邻能带之间的一段不存在能级的区域。参见“能带”(830 页)。

禁飞区/禁飛區 jìnfēiqū/ ㄐㄧㄣˋ ㄈㄟ ㄑㄩ

prohibited area

【航】又称“空中禁区”。在一个国家的陆地或领海上空划定的禁止航空器进入飞行的空域。设立禁飞区是维护国家领空主权和航空权益、保障飞行安全、维护空中秩序、有效使用空域和安全保密的需要。可分为固定空中禁区和临时空中禁区两种。

禁飞天气/禁飛天氣

jìnfēi tiānqì/ ㄐㄧㄣˋ ㄈㄟ ㄊㄧㄢ ㄑㄧˋ

unflyable weather

【气】低于飞行所必需的最低气象条件的天气。

禁忌/禁忌 jìnjì/ ㄐㄧㄣˋ ㄐㄧˋ

contraindications, * contraindicate

【中医】用药中禁止或忌讳的事宜。包括配伍、证候、妊娠禁忌，中西药物联用禁忌，服药食忌等。各有禁忌多种。例如，妊娠禁忌药包括剧毒药、催吐药、破血逐瘀药等数十种。

jing (ㄐㄧㄥ)

茎/莖 jīng/ ㄐㄧㄥ

stem

【植】下部与根相连，上部生长叶、花、果实等器官的轴状结构。通常生于地上，少数生于地下。有输导、支持、储藏和繁殖的作用。按生长习性不同，可分为直立茎、攀缘茎、缠绕茎和匍匐茎。

📖 禾本科植物的茎比较特殊，称为秆，秆上环状隆起且实心的部分称为节，节上生枝、叶、芽。

茎卷须/莖卷鬚

jīngjuǎnxū/ ㄐㄧㄥ ㄐㄩㄢˇ ㄒㄩ

stem tendril

【植】攀缘植物的茎变态而成的细长柔软的卷须。

京杭运河/京杭運河

Jīng-Háng Yùnhé/ ㄐㄧㄥ ㄏㄤˊ ㄩㄣˋ ㄏㄜˊ

Grand Canal

【地】运河名。以北京为起点，经天津、河北、山东、江苏，到浙江杭州为终点，全长约 1800 千米，是世界上最长的人工河。开凿于春秋末期，后经隋代、元代两次大规模扩展，利用天然河道加以疏浚修凿连接而成。

京山梅花

jīngshān méihuā/ ㄐㄧㄥ ㄕㄢ ㄇㄟˊ ㄏㄨㄚ

【植】即“太平花”(1102 页)。

经常库存/周期庫存

jīngcháng kùcún/ ㄓㄡ ㄑㄧˊ ㄎㄨˋ ㄘㄨㄣˊ

cycle stock

【物流】又称“周转库存”。在正常经营环境下为满足日常需要而准备的库存。补充在生产和销售过程中已消耗或待消耗完的物品，保证生产和销售的连续性。通常按照一定的量或时间进行重复补充。

经幢/經幢 jīngchuáng/ ㄐㄧㄥ ㄔㄨㄤˊ

Dharanipillar

【建】又称“经塔”“陀罗尼经幢”。古代宗教石刻的一种。通常为八边形柱子,从下至上由基座、幢身、宝顶三部分组成,幢身各段常用莲瓣、兽头、垂幔等分隔,上刻《陀罗尼经文》。唐代时形体较粗壮,装饰简单;宋金时细长,装饰华丽。河北赵县的北宋经幢最为典型。

南京栖霞寺舍利塔南立面

经幢

经典力学/古典力學 jīngdiǎn lìxué/ㄍㄨˇ ㄉㄧㄢˇ ㄌㄧˋ ㄒㄩㄝˊ

classical mechanics

【物】力学的一个分支。研究宏观物体低速机械运动的现象规律及其应用。宏观是相对于原子级的微观和宇宙尺度而言,低速是相对于光速而言。机械运动指物体位置随时间的变化。此类运动在日常生活中十分广泛,故是力学中最早形成的分支。

经典时空观/經典時空觀 jīngdiǎn shíkōngguān/ㄐㄧㄥ ㄉㄧㄢˇ ㄕˊ ㄎㄨㄥ ㄍㄨㄢ

classical space-time view

【物】又称"绝对时空观"。经典物理学所持的对事件和空间的基本观点。认为空间是物体运动的场所,时间与物质运动无关。空间和时间脱离物质而存在,是绝对的,它们之间没有联系,也不依赖于任何外界事物。

经典性条件反射/古典制約 jīngdiǎnxìng tiáojiàn fǎnshè/ㄍㄨˇ ㄉㄧㄢˇ ㄓˋ ㄩㄝ

classical conditioning

【心】又称"巴甫洛夫条件反射"。条件反射的一种。一个原来并不能引起某种本能反射的中性刺激物,因其总是伴随某个能够引起该本能反射的刺激物出现,多次重复后,这个中性刺激物也能引起该本能反射。苏联生理学家巴甫洛夫(Иван Петрович Павлов,1849—1936)称其为条件反射,后人称其为经典性条件反射。

经度/經度 jīngdù/ㄐㄧㄥ ㄉㄨˋ

longitude

【地】地理坐标之一。地球表面某一点的子午面与本初子午面的夹角。本初子午面以东的称东经,本初子午面以西的称西经。以本初子午线为 0°,向东向西各分为 180°,西经 180°与东经 180°重合为同一条线。

经济舱/經濟艙 jīngjìcāng/ㄐㄧㄥ ㄐㄧˋ ㄘㄤ

economy class

【航】客机中的一个舱段。一般设置在商务舱之后,票价较经济实惠。

经济控制论/經濟模控學 jīngjì kòngzhìlùn/ㄐㄧㄥ ㄐㄧˋ ㄇㄛˊ ㄎㄨㄥˋ ㄒㄩㄝˊ

economic cybernetics

【自】控制论的一个分支。应用控制论,特别是工程控制论研究经济系统的演变规律和管理、控制。

经济昆虫/益蟲 jīngjì kūnchóng/ㄧˋ ㄔㄨㄥˊ

beneficial insect, economic insect

【农】具有重要经济价值的昆虫。如家蚕(可生产蚕丝)、蜜蜂(可生产蜂产品)、白蜡虫(雄虫分泌物可以用于生产白蜡)、五倍子蚜(可以生产五倍子)、紫胶虫(可以产生紫胶)、胭脂虫(可以用于提取染料)等。其中部分昆虫还可用来防治农林业害虫或作为观赏昆虫等。

经济林/經濟林 jīngjìlín/ㄐㄧㄥ ㄐㄧˋ ㄌㄧㄣˊ

nontimber product forest

【农】以生产果品、油料、饮料、调料、工业原料和植物药材为主要目的的森林和林木。

经济适用房/經濟適用房 jīngjì shìyòngfáng/ㄐㄧㄥ ㄐㄧˋ ㄕˋ ㄩㄥˋ ㄈㄤˊ

affordable housing

【建】各级政府和单位提供政策优惠,限定建设标准、供应对象和销售价格,具有保障性质的政策性商品住房。

经济杂交/商業性雜交 jīngjì zájiāo/ㄕㄤ ㄧㄝˋ ㄒㄧㄥˋ ㄗㄚˊ ㄐㄧㄠ

commercial crossbreeding

【农】利用不同遗传类型的亲本杂交所产生的具有杂种优势的 F1 代进行生产的育种方式。

其所产生的 F1 代只可利用一次，F1 代所产生的后代不能再利用作为亲本进行繁殖。

经济作物/經濟作物

jīngjì zuòwù/ ㄐㄧㄥ ㄐㄧˋ ㄗㄨㄛˋ ㄨˋ

economic crop，cash crop

【农】又称“工业原料作物”“特用作物”。收获物的经济价值较高，主要用作工业原料的一类作物。可分为纤维作物、油料作物、糖料作物、嗜好作物、饮料作物、药物作物等，如棉花、芝麻、甘蔗、黄烟、咖啡、人参等。

经络/經絡 jīngluò/ ㄐㄧㄥ ㄌㄨㄛˋ

channel，meridian，* channels and network vessels

【中医】经脉和络脉的合称。人体运行气血、联络脏腑、沟通内外、贯串上下的通路。参见“经脉”(640 页)、“络脉”(775 页)。

经络辨证/經絡辨證

jīngluò biànzhèng/ ㄐㄧㄥ ㄌㄨㄛˋ ㄅㄧㄢˋ ㄓㄥˋ

syndrome differentiation of channel theory，* channel and network pattern identification，* channel and network syndrome differentiation

【中医】辨证论治方法之一。以经络学说为指导，对患者所反映的病史、症状进行综合分析，以判断病位、病性等。

经络学/經絡學

jīngluòxué/ ㄐㄧㄥ ㄌㄨㄛˋ ㄒㄩㄝˊ

subject of channel and collateral，subject of meridian and collateral，* channel theory

【中医】针灸学科的一个分支。以经络现象为依据，研究人体上下内外各部之间联系通路，以讨论中医学的生理、病理、诊断和治疗原则。

经络学说/經絡學説

jīngluò xuéshuō/ ㄐㄧㄥ ㄌㄨㄛˋ ㄒㄩㄝˊ ㄕㄨㄛ

channel theory

【中医】研究并阐述人体经络系统的循行分布、生理功能、病理变化及其与脏腑和体表相互关系的学说。是中医学理论体系的重要组成部分。

经络之气

jīngluò zhī qì/ ㄐㄧㄥ ㄌㄨㄛˋ ㄓ ㄑㄧˋ

【中医】即“经气”(640 页)。

经脉/經脈 jīngmài/ ㄐㄧㄥ ㄇㄞˋ

channel

【中医】人体经络系统的主干。十二经脉、奇经八脉以及附属于十二经脉的十二经别的统称，是全身气血运行的主要通道。

经皮吸收/經皮吸收

jīngpí xīshōu/ ㄐㄧㄥ ㄆㄧˊ ㄒㄧ ㄕㄡ

transdermic absorption

【医】药品或其他物质由皮肤吸收，进入皮下各层组织和血流的过程。

经气/經氣 jīngqì/ ㄐㄧㄥ ㄑㄧˋ

channel qi

【中医】又称“经络之气”。运行于经络中的气。指经脉的运行功能和经脉中的营养物质，是整体生命功能的表现。

经前期紧张综合征/經前緊張症

jīngqiánqī jǐnzhāng zōnghézhēng/ ㄐㄧㄥ ㄑㄧㄢˊ ㄐㄧㄣˇ ㄓㄤ ㄓㄥˋ

premenstrual tension syndrome，PMS

【医】妇女在月经期前 7～14 天出现的头痛、乳房胀痛、全身乏力、紧张、压抑或易怒、烦躁、失眠、腹痛、水肿等一系列症状。月经来潮后症状自然消失。

经塔 jīngtǎ/ ㄐㄧㄥ ㄊㄚˇ

【建】即“经幢”(640 页)。

经纬仪/經緯儀 jīngwěiyí/ ㄐㄧㄥ ㄨㄟˇ ㄧˊ

theodolite，transit

【测绘】测绘仪器的一种。用于测量水平、垂直角度和方位。由望远镜、水平度盘、垂直度盘和基座等组成。按度盘刻度和读数方式的不同，可分为游标经纬仪、光学经纬仪和电子经纬仪。广泛用于控制测量、地形测量、施工放样、工程监理、变形监测等。

经线 jīngxiàn/ ㄐㄧㄥ ㄒㄧㄢˋ

【地】即“子午线”(1495 页)。

经向环流/經向環流

jīngxiàng huánliú/ ㄐㄧㄥ ㄒㄧㄤˋ ㄏㄨㄢˊ ㄌㄧㄡˊ

meridional circulation

【气】经过坐标分解，反映在经圈剖面上的大气环流。是大气环流维持和演变最为重要的机制之一。用于描述大气环流在南北方向上空气的流动和交换情况，其较强时，冷暖空气的南北交换较多，对天气和气候的影响就大。

经穴/經穴 jīngxué/ ㄐㄧㄥ ㄒㄩㄝˋ

channel point, meridian point

【中医】腧穴的一种。归属于十二经脉及奇经中任脉和督脉的腧穴。

经验科学/經驗科學

jīngyàn kēxué/ ㄐㄧㄥ ㄧㄢˋ ㄎㄜ ㄒㄩㄝˊ

empirical science

【总】通常指 19 世纪以前的经典自然科学。以实验方法为基础,偏重于经验事实的描述,有明确具体的实用性,抽象的理论概括较少。

荆芥/荊芥 jīngjiè/ ㄐㄧㄥ ㄐㄧㄝˋ

㊀schizonepeta,㊁Herba Schizonepetae (拉), fineleaf schizonepeta herb

㊀【植】*Nepeta cataria* 唇形科荆芥属。多年生草本植物。茎四棱形,基部木质化,被毛。叶卵状心形,边缘有齿,表面黄绿色。聚伞状花序,花冠白色,冠檐二唇型,有紫点,有香气。花期 7—9 月份。在中国,分布于新疆、甘肃、陕西、河南、山西、山东、湖北、贵州、四川及云南等地。全草入药。㊁【中医】中药名。唇形科植物裂叶荆芥 *Schizonepeta tenuifolia* Briq. 的干燥地上部分。味辛,性微温。归肺、肝经。解表散风,透疹。用于感冒,头痛,麻疹,风疹,疮疡初起。

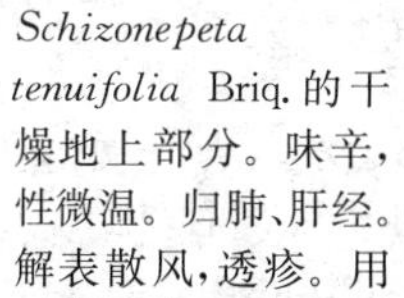

荆 芥

惊风/驚風 jīngfēng/ ㄐㄧㄥ ㄈㄥ

infantile convulsion, * fright wind

【中医】中医儿科疾病之一。症见神昏、抽风、惊厥,以搐、搦、掣、颤、反、引、窜、视八候为特征。凡起病急暴,属阳属实者,为"急惊风";凡病势缓慢,属阴属虚者,为"慢惊风"。

惊厥/抽搐 jīngjué/ ㄔㄡ ㄔㄨˋ

convulsion

【医】大脑皮质功能紊乱引起的一种运动障碍。表现为突然发生全身性或局部肌群的强直性或阵挛性抽动,伴有不同程度的意识改变。

晶簇/晶簇 jīngcù/ ㄐㄧㄥ ㄘㄨˋ

druse

【地】生长在矿石的裂隙或空洞中,由许多矿物单晶体组成的簇状集合体。常见的有石英晶簇、方解石晶簇等。晶簇构造常见于热液充填矿床和伟晶岩矿床中。其中常产出宝石。

晶洞构造/晶洞構造

jīngdòng gòuzào/ ㄐㄧㄥ ㄉㄨㄥˋ ㄍㄡˋ ㄗㄠˋ

miarolitic structure

【地】侵入岩中内壁生长着完好晶体的小型孔洞构造。孔洞多不规则。晶洞在岩浆冷却过程中因体积收缩而成,或是岩浆凝固时析出的气体所形成。

晶格/晶格

jīnggé/ ㄐㄧㄥ ㄍㄜˊ

lattice, crystal lattice

【物】组成晶体的微粒(分子、原子或离子)按照一定规律在空间排列成的整齐行列。每个物质微粒所占据的位置为结点。

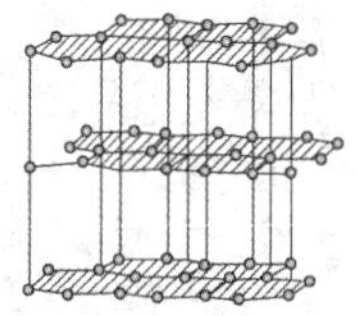

石墨

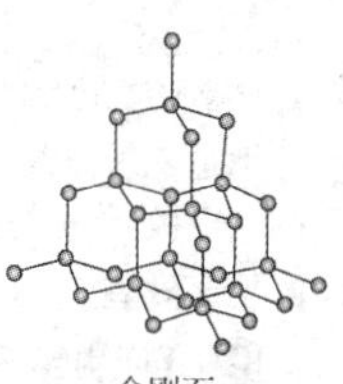

金刚石

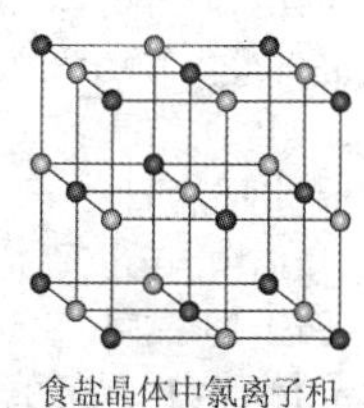

食盐晶体中氯离子和钠离子分布的示意图

晶 格

晶籠化合物

ㄐㄧㄥ ㄌㄨㄥˊ ㄏㄨㄚˋ ㄏㄜˊ ㄨˋ/

jīnglóng huàhéwù

clathrate, inclusion compound

【化】台湾名。即"包合物"(35 页)。

晶面/晶面

jīngmiàn/ ㄐㄧㄥ ㄇㄧㄢˋ

crystal face

【地】晶体的多面体外形中的平面。

晶尿症 ㄐㄧㄥ ㄋㄧㄠˋ ㄓㄥˋ/jīngniàozhèng

crystalluria

【医】台湾名。即"结晶尿"(623 页)。

晶片 ㄐㄧㄥ ㄆㄧㄢˋ/jīngpiàn

chip

【信息】台湾名。即"芯片"(1271 页)。

晶体/晶體 jīngtǐ/ ㄐㄧㄥ ㄊㄧˇ

crystal

【物】由原子、离子或分子按一定方向、有规则、周期性地排列而成的固态物质。具有规则的几何外形和确定的熔点，宏观性质呈各向异性。例如食盐、蔗糖、金属、雪花等。可分为单晶体和多晶体。

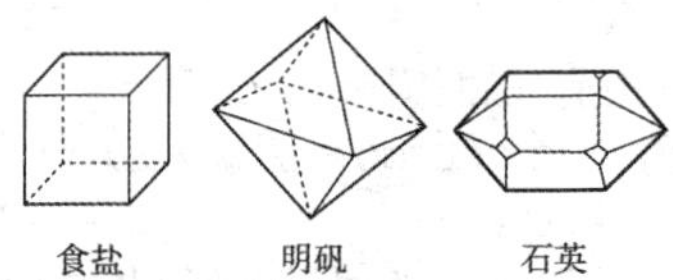

几种晶体的几何形状

晶体二极管

jīngtǐ èrjíguǎn/ ㄐㄧㄥ ㄊㄧˇ ㄦˋ ㄐㄧˊ ㄍㄨㄢˇ

【物】即“半导体二极管”(29 页)。

晶体管/電晶體 jīngtǐguǎn/ ㄉㄧㄢˋ ㄐㄧㄥ ㄊㄧˇ

transistor

【物】一种固体半导体器件。用锗、硅等晶体制成。功用与电子管相同，能够检波、整流、放大、开关、稳压、信号调制等。体积小，耐冲击，抗振动，耗电少。主要分为双极性晶体管和场效应晶体管。双极性晶体管的三个极，分别是发射极、基极和集电极；场效应晶体管的三个极，分别是源极、栅极和漏极。

晶体三极管

jīngtǐ sānjíguǎn/ ㄐㄧㄥ ㄊㄧˇ ㄙㄢ ㄐㄧˊ ㄍㄨㄢˇ

【物】即“半导体三极管”(30 页)。

晶体学 jīngtǐxué/ ㄐㄧㄥ ㄊㄧˇ ㄒㄩㄝˊ

【地】即“结晶学”(624 页)。

晶体闸流管

jīngtǐ zháliúguǎn/ ㄐㄧㄥ ㄊㄧˇ ㄓㄚˊ ㄌㄧㄡˊ ㄍㄨㄢˇ

【电】即“晶闸管”(642 页)。

晶体智力/晶體智力

jīngtǐ zhìlì/ ㄐㄧㄥ ㄊㄧˇ ㄓˋ ㄌㄧˋ

crystallized intelligence

【心】又称“结晶智力”。以习得的经验为基础的认知能力。如人类学会的技能、语言文字能力、判断力、联想力等。

晶系/晶系 jīngxì/ ㄐㄧㄥ ㄒㄧˋ

crystal system

【地】根据晶体的特征对称元素所进行的分类。通常分为等轴晶系、六方晶系、四方晶系、三方晶系、斜方晶系、单斜晶系、三斜晶系等七个晶系。

晶闸管/閘流體

jīngzháguǎn/ ㄓㄚˊ ㄌㄧㄡˊ ㄊㄧˇ

thyristor

【电】又称“晶体闸流管”。具有三个或更多个 pn 结，能从断态转入通态，或从通态转入断态的双稳态电力电子器件。

晶质/晶質

jīngzhì/ ㄐㄧㄥ ㄓˊ

crystalline

【地】台湾又称“結晶質”。组成物质的原子或离子在三维空间呈有规则的平移重复排列的固体。分为显晶质(晶粒较大，肉眼可以分辨)、隐晶质(晶粒细小，肉眼无法分辨)两类。

晶质铀矿/晶質鈾礦

jīngzhì yóukuàng/ ㄐㄧㄥ ㄓˊ ㄧㄡˋ ㄎㄨㄤˋ

uraninite

【地】矿物。成分为$(U^{4+}_{1-x}, U^{6+}_{x})O_{2+x}$，常含镭、钍、稀土元素、铅等。等轴晶系，通常呈细柱状，黑色，条痕黑褐色，半金属光泽，莫氏硬度 5～6，贝壳状断口，密度 8～10 克/厘米^3，有强放射性，主要产在伟晶岩和高温热液岩脉中。是提炼铀、镭的主要矿物原料。

腈/腈 jīng/ ㄑㄧㄥ

nitrile

【化】见“氰”(920 页)。

粳稻/蓬萊米 jīngdào/ ㄆㄥˊ ㄌㄞˊ ㄇㄧˇ

japonica rice

【农】栽培稻中的一个亚种。米粒短圆，出米率较高，做成米饭胀性较小而黏性较强。

經紀人 ㄐㄧㄥ ㄐㄧˋ ㄖㄣˊ/jīngjìrén

broker

【物流】台湾名。即“中间商”(1460 页)。

經濟模控學

ㄐㄧㄥ ㄐㄧˋ ㄇㄛˊ ㄎㄨㄥˋ ㄒㄩㄝˊ/jīngjì mókòngxué

economic cybernetics

【自】台湾名。即“经济控制论”(639 页)。

經前緊張症

ㄐㄧㄥ ㄑㄧㄢˊ ㄐㄧㄣˇ ㄓㄤ ㄓㄥˋ/

jīngqián jǐnzhāngzhèng

premenstrual tension syndrome, PMS

【医】台湾名。即“经前期紧张综合征”(640 页)。

經水洗處理的布
ㄐㄧㄥ ㄕㄨㄟˇ ㄒㄧˇ ㄔㄨˇ ㄌㄧˇ ·ㄉㄜ ㄅㄨˋ/
jīng shuǐxǐ chǔlǐ de bù
washer wrinkle fabric
【纺】台湾名。即“水洗布”(1072 页)。

精/精 jīng/ㄐㄧㄥ
essence, semen
【中医】广义上指人体一切有形精微物质,包括气、血、津液和水谷精微。狭义上指男女生殖之精。

精氨酸/精胺酸
jīng'ānsuān/ㄐㄧㄥ ㄢ ㄙㄨㄢ
arginine, Arg
【生】20 种蛋白质氨基酸之一。为半必需氨基酸。无色晶体。人体内合成能力较低,需部分从食物中补充。在体内是鸟氨酸循环中间代谢产物,可促使尿素生成和排泄,纠正氨中毒而解除肝昏迷。是精子蛋白的主要成分,有促进精子生成,提供精子运动能量的作用。

精胺酸 ㄐㄧㄥ ㄢ ㄙㄨㄢ/jīng'ànsuān
arginine, Arg
【生】台湾名。即“精氨酸”(643 页)。

精度/精度 jīngdù/ㄐㄧㄥ ㄉㄨˋ
precision
【测绘】在一定测量条件下,多次测量同一物理量得到的多个观测值的离散程度。通常利用数学统计公式计算一组数值来衡量数据精度,测量工作中常用中误差来代表测量精度。有时精度也用于描述两种信息比对时的准确程度或近似程度。

精纺毛织物/梳毛織物
jīngfǎng máozhīwù/ㄕㄨ ㄇㄠˊ ㄓ ㄨˋ
worsted cloth
【纺】毛织物类名。用精梳毛纱织制。原料纤维较长而细,梳理平直,纤维在纱线中排列整齐,纱线结构紧密。主要品种有花呢、华达呢、哔叽、啥味呢、凡立丁、派力司、女衣呢、贡呢、马裤呢和巧克丁等。多数产品表面光洁,织纹清晰。一般幅宽为 144 厘米或 149 厘米。织物重量 100～380 克/米^2。抗折性和回挺性良好,耐磨,耐油污,吸湿、保暖和拒水性好。通常作外衣面料。

精靈 ㄐㄧㄥ ㄌㄧㄥˊ/jīnglíng
wizard
【信息】台湾名。即“向导”(1251 页)。

精馏/精餾 jīngliú/ㄐㄧㄥ ㄌㄧㄡˊ
rectification
【化】蒸馏方法的一种。在一个设备内同时进行多次部分气化和部分冷凝以分离液体混合物中的组分,可获得较高的分离程度,易于连续生产。工业上广泛用于分离或提纯等。

精密導引技術
ㄐㄧㄥ ㄇㄧˋ ㄉㄠˇ ㄧㄣˇ ㄐㄧˋ ㄕㄨˋ/
jīngmì dǎoyǐn jìshù
precision guidance technology
【航】台湾名。即“精确制导技术”(643 页)。

精密合金/精密合金
jīngmì héjīn/ㄐㄧㄥ ㄇㄧˋ ㄏㄜˊ ㄐㄧㄣ
precise alloy
【材】要求严格的化学成分范围,特殊的熔炼工艺和热处理工艺,具有一定的物理性能和力学性能的合金。按物理性能不同,可分为磁性合金、弹性合金、膨胀合金、热双金属等。用于制造电子和电工器件、精密仪器仪表以及遥感系统的中枢敏感元件。

精密陶瓷 ㄐㄧㄥ ㄇㄧˋ ㄊㄠˊ ㄘˊ/jīngmì táocí
advanced ceramics
【材】台湾名。即“先进陶瓷”(1238 页)。

精明卡 ㄐㄧㄥ ㄇㄧㄥˊ ㄎㄚˇ/jīngmíngkǎ
smart card
【信息】台湾名。即“灵巧卡”(743 页)。

精切削 ㄐㄧㄥ ㄑㄧㄝ ㄒㄧㄠ/jīngqiēxiāo
finishing cut
【机】台湾名。即“光整加工”(446 页)。

精确度/準確度
jīngquèdù/ㄓㄨㄣˇ ㄑㄩㄝˋ ㄉㄨˋ
accuracy
【数】近似值的精确程度。通常用四舍五入法取近似值时,设近似值的绝对误差界是 a,则近似值精确到 $2a$,即精确度为 $2a$。例如,π 的近似值 3.14 和 3.1416 的绝对误差界分别为 0.005 和 0.000 05,3.14 和 3.1416 分别精确到 0.01 和 0.0001。

精确制导技术/精密導引技術
jīngquè zhìdǎo jìshù/

ㄐㄧㄥ ㄇㄧˋ ㄉㄠˇ ㄧㄣˇ ㄐㄧˋ ㄕㄨˋ
precision guidance technology
【航】在复杂环境下，利用空间及目标多种信息复合，多种技术冗余互补，提高制导精度的技术。除利用惯性、星光、卫星、无线电、地磁等空间信息外，还利用激光、红外、摄影等目标特征信号探测、识别与跟踪，将飞行器直接准确导引至目标。

精舍/精舍 jīngshè/ㄐㄧㄥ ㄕㄜˋ
vihara
【建】印度佛教石窟类型之一。用于僧侣修行。中间是一个方厅，三壁凿出方形小室。精舍常与举行宗教仪式的支提窟相邻存在。

精神病/精神病
jīngshénbìng/ㄐㄧㄥ ㄕㄣˊ ㄅㄧㄥˋ
psychosis
【医】一组严重的精神障碍。出现认知、情感、意志、行为等精神活动的明显异常。临床表现各种幻觉、妄想等症状，同时，现实检验能力和社会功能严重下降，自知力缺乏。

精神创伤/心理創傷
jīngshén chuāngshāng/
ㄒㄧㄣ ㄌㄧˇ ㄔㄨㄤ ㄕㄤ
psychic trauma
【心】指任何痛苦的心理经验。通常意味着这种经验的影响持续长久，将会干扰人的正常功能的作用及其发挥。

精神发育迟滞
jīngshén fāyù chízhì/
ㄐㄧㄥ ㄕㄣˊ ㄈㄚ ㄩˋ ㄔˊ ㄓˋ
mental retardation
【医】多种原因引起的脑发育障碍所导致的综合征。主要特征为起病在18岁以前、智力低下和社会适应困难，可伴有某种精神或躯体疾病，随年龄增长，智力也可稍微有进步。

精神分裂症/精神分裂症
jīngshén fēnlièzhèng/
ㄐㄧㄥ ㄕㄣˊ ㄈㄣ ㄌㄧㄝˋ ㄓㄥˋ
schizophrenia
【医】一组病因不明，以人格改变为突出表现的最严重、最常见的慢性精神病。多起病于青壮年期，主要特征是基本个性改变，思维、情感、行为分裂，精神活动与环境不协调。可反复发作。

精神分析/精神分析
jīngshén fēnxī/ㄐㄧㄥ ㄕㄣˊ ㄈㄣ ㄒㄧ
psychoanalysis
【心】又称“心理分析”。心理学流派之一。奥地利精神病医生弗洛伊德(S.Freud，1856—1939)在19世纪后叶创立。其理论主要来源于治疗精神病的临床经验，重视异常行为的分析，强调心理学应该研究无意识现象。认为人类的一切个体和社会的行为，都根源于心灵深处的某种动机，特别是性欲的冲动，它以无意识的形式支配人，并且表现在人的一切行为中，如过分压抑，会导致精神病。所谓精神分析，就是通过释梦、自由联想的方法，发现病人潜在的动机，使精神得到宣泄，达到治疗的目的。精神分析过分夸大无意识的作用，甚至与意识对立，是极为错误的。

精神官能症
ㄐㄧㄥ ㄕㄣˊ ㄍㄨㄢ ㄋㄥˊ ㄓㄥˋ/
jīngshén guānnéngzhèng
neurosis
【心】台湾名。即“神经症”(999页)。

精神科藥物
ㄐㄧㄥ ㄕㄣˊ ㄎㄜ ㄧㄠˋ ㄨˋ/jīngshékē yàowù
psychotropic drug
【医】台湾名。即“精神药物”(644页)。

精神卫生
jīngshén wèishēng/ㄐㄧㄥ ㄕㄣˊ ㄨㄟˋ ㄕㄥ
【心】即“心理健康”(1267页)。

精神药物/精神科藥物
jīngshén yàowù/ㄐㄧㄥ ㄕㄣˊ ㄎㄜ ㄧㄠˋ ㄨˋ
psychotropic drug
【医】指直接作用于中枢神经系统能使之兴奋或抑制、连续使用能产生依赖性的药物。临床中多用于治疗或改善异常的精神活动，使紊乱的思维、情绪和行为转为常态。分抗精神病药、抗抑郁药、抗焦虑药、抗躁狂药以及精神振奋药等。

精索静脉曲张/精索靜脈曲張
jīngsuǒ jìngmài qūzhāng/
ㄐㄧㄥ ㄙㄨㄛˇ ㄐㄧㄥˋ ㄇㄞˋ ㄑㄩ ㄓㄤ
varicocele of spermatic vein
【医】精索内蔓状静脉丛异常伸长、扩张和迂曲的病变。因静脉回流障碍而引起，多见于青壮年,常发生在左侧。主要表现为阴囊坠胀不适或坠痛,疼痛可向腹股沟区、下腹部放射,站立行走时加重,平卧休息后减轻。

精液/精液 jīngyè/ ㄐㄧㄥ ㄧㄝˋ

semen

【医】性高潮时阴茎射出的液体。由精子和精浆组成。正常成人的精液乳白色,碱性。

精油/精油 jīngyóu/ ㄐㄧㄥ ㄧㄡˊ

essential oil

【化】又称"香精油""芳香油"。天然香料的一类,油状液体,具有香气和挥发性。从植物的花、叶、茎、根或全株经蒸馏、压榨或提取等方法获得。有些精油可以食用。很多精油如薄荷脑、冰片是中药的有效成分。

精子/精子 jīngzǐ/ ㄐㄧㄥ ㄗˇ

spermatozoon

【医】雄性动物的成熟生殖细胞。为单倍体,携带父系的全部遗传信息。人类精子呈蝌蚪形,是人体中最小的细胞。分为头、体、尾三部。其头部的细胞核负责携带亲代遗传基因,中段含有大量线粒体以提供能量,其尾部具有运动功能,使精子能向前游动。

鲸/鯨 jīng/ ㄐㄧㄥ

whale

【动】俗称"鲸鱼"。哺乳动物名。鲸目(Cetacea)。外形像鱼,体长大小随种类而异,最大的长达30米以上,是世界现存最大的动物,头大,眼小,没有耳壳,前肢形成鳍,后肢完全退化,尾变成尾鳍,鼻孔在头的上部,用肺呼吸,胎生。生活在海洋中,以浮游生物、软体动物和鱼类等为食。种类很多,须鲸类有长须鲸、蓝鲸、灰鲸等;齿鲸类有虎鲸。

鲸鲨/大戇鯊 jīngshā/ ㄉㄚˋ ㄓㄨㄤˋ ㄕㄚ

whale shark

【动】*Rhincodon typus* 鱼名。软骨鱼纲鲸鲨科。鲨鱼的一种。身体粗大,长可达20米,是现代最大的一种鱼,灰褐色或青褐色,有许多黄色斑纹或横纹。口宽大,牙细小而多。性温顺,以浮游生物和小鱼为食。生活在热带和温带海洋中。

鲸 鲨

井干式/井干式 jǐnggānshì/ ㄐㄧㄥˇ ㄍㄢ ㄕˋ

log-cabin construction, jinggan

【建】中国传统建筑的一种构架形式。将圆木横置相叠而成木墙,两片木墙垂直交接的地方用榫卯咬合。

井干式木构架/井干式木構架

jǐnggānshì mùgòujià/

ㄐㄧㄥˇ ㄍㄢ ㄕˋ ㄇㄨˋ ㄍㄡˋ ㄐㄧㄚˋ

log cabin construction

井干式木构架

【建】木构架的一种。以整木横置叠垒做承重墙而成。两片木墙交接处的横木端头用卯口咬合,用立柱极少,形如古代木构井壁支架,故名。两侧三角形山墙上可直接承檩布椽,也可在山墙上立短柱以承脊檩。新石器时就有井干式结构,因耗费木材太多,现只在少数林区还有保留。

井灌/井灌 jǐngguàn/ ㄐㄧㄥˇ ㄍㄨㄢˋ

well irrigation

【农】采用打井,利用地下水的方式进行的灌溉。

肼/肼 jǐng/ ㄐㄧㄥˇ

diazane, hydrazine

【化】又称"联氨"。一类含氮有机化合物。化学式 H_2NNH_2。无色油状液体,发烟,有吸湿性,气味类似氨。是强还原剂,有剧毒,工业上用于有机合成。为可疑人类致癌物。

颈肌扭伤/頸肌扭傷

jǐngjī niǔshāng/ ㄐㄧㄥˇ ㄐㄧ ㄋㄧㄡˇ ㄕㄤ

sprain of neck muscle, * sprained neck muscle

【中医】骨伤科疾病之一。因颈部某些肌肉受损所致,症见颈部痉挛疼痛,活动受限等。局部推拿、针灸治疗,配合内服活血化瘀药。

颈静脉充盈/頸靜脈充盈

jǐngjìngmài chōngyíng/

J

ㄐㄧㄥˇ ㄐㄧㄥˋ ㄇㄞˋ ㄔㄨㄥ ㄧㄥˊ
jugular vein engorgement
【医】在坐位或半坐位时，颈静脉因充盈而显露的症状。多见于右心衰竭、上腔静脉阻塞综合征等静脉压增高的情况。

颈椎/頸椎 jǐngzhuī/ㄐㄧㄥˇ ㄓㄨㄟ
cervical vertebrae
【医】位于颈部的椎骨。共7块，在脊柱椎骨中体积最小、灵活性最大、活动频率最高。第一颈椎又称寰椎，第二颈椎又称枢椎，第七颈椎又称隆椎，低头时可看到和摸到颈后下部最高突起的部位，即为第七颈椎的隆突。

颈椎病/頸椎病
jǐngzhuībìng/ㄐㄧㄥˇ ㄓㄨㄟ ㄅㄧㄥˋ
cervical spondylosis
㊀【医】颈椎椎间盘变性、颈椎骨质增生引起的一系列症状和体征。常表现为颈、肩臂、肩胛上背及胸前区疼痛，臂手麻木，肌肉萎缩，甚至瘫痪。㊁【中医】骨伤科疾病之一。因颈椎间盘及其继发性椎间关节退行性变，引起脊髓、神经、血管损害所致，症见颈肩痛，放射至头枕部或上肢，甚者出现双下肢痉挛，行走困难，以至四肢瘫痪等。局部推拿、牵引、针灸等治疗，配合内服补肾强骨、舒筋活络药。

景深/場深 jǐngshēn/ㄔㄤˇ ㄕㄣ
depth of field
【建】园林风景中的深度和层次。可分为前景、中景和背景。中景通常是主景，往往需要前景和背景的烘托来丰富层次感。

景泰蓝/景泰藍 jǐngtàilán/ㄐㄧㄥˇ ㄊㄞˋ ㄌㄢˊ
cloisonne
【轻】俗称“铜胎掐丝珐琅”。一种艺术搪瓷。是中国传统的特种工艺品。用紫铜做成各种造型的器具坯体，以金线或铜丝掐成各种花形焊接于器面，再将珐琅泥搪涂于坯体表面，经高温烧制、磨光、镀金等工序制成。因明代景泰年间开始大量制造，且多呈蓝色，故名。

景象匹配制导/影像比對導引
jǐngxiàng pǐpèi zhìdǎo/
ㄧㄥˇ ㄒㄧㄤˋ ㄅㄧˇ ㄉㄨㄟˋ ㄉㄠˇ ㄧㄣˇ
image matching guidance
【航】利用实时遥感目标及其背景象特征信息与预存参考景象特征信息，进行实时快速比较识别定位的自主制导。需要有超高速、大容量计算机预存参考景象及快速比对识别反馈作为保障。

警戒色/警戒色 jǐngjièsè/ㄐㄧㄥˇ ㄐㄧㄝˋ ㄙㄜˋ
warning coloration, warning color, aposematic coloration
【动】某些有恶臭和毒刺的动物所具有的鲜艳色彩和斑纹。有警告敌害、保护自身的作用。例如毒蛾幼虫的鲜艳色彩。

警戒水位/警戒水位
jǐngjiè shuǐwèi/ㄐㄧㄥˇ ㄐㄧㄝˋ ㄕㄨㄟˇ ㄨㄟˋ
warning water level
【水利】指江河、湖泊、水库等水体水位提高到一定程度，可能发生险情，需要引起高度警惕，加强防守的水位。

径流/徑流 jìngliú/ㄐㄧㄥˋ ㄌㄧㄡˊ
runoff
【水利】降雨及冰雪融水在重力作用下沿地表或地下流动的水流。

径流量/徑流量
jìngliúliàng/ㄐㄧㄥˋ ㄌㄧㄡˊ ㄌㄧㄤˋ
runoff
【水利】单位时间内通过河流某一断面的水量。在某时段内通过的总水量为径流总量。

径流式通风机
jìngliúshì tōngfēngjī/
ㄐㄧㄥˋ ㄌㄧㄡˊ ㄕˋ ㄊㄨㄥ ㄈㄥ ㄐㄧ
【机】即“离心式通风机”(720页)。

净化水
ㄐㄧㄥˋ ㄏㄨㄚˋ ㄕㄨㄟˇ/jìnghuàshuǐ
purified water
【医】台湾名。即“纯化水”(157页)。

净静鋼 ㄐㄧㄥˋ ㄐㄧㄥˋ ㄍㄤ/jìngjìnggāng
killed steel
【材】台湾名。即“镇静钢”(1429页)。

净堂/淨堂 jìngtáng/ㄐㄧㄥˋ ㄊㄤˊ
lavatory in temple
【建】佛寺中的厕所。

📖 厕为不洁之处，向往净洁，故名“净”。印度佛寺均设厕，位于寺院的西南或东北角。中国寺院通常设净堂于西侧。

净重/淨重 jìngzhòng/ㄐㄧㄥˋ ㄓㄨㄥˋ
net weight

【交】指毛重减去包装材料重量后的重量，即货物的重量。

胫骨/脛骨　jìnggǔ/ ㄐㄧㄥˋ ㄍㄨˇ

tibia

【医】呈三棱柱状的长管状骨。位于小腿前内侧，分为一体两端。上端膨大，形成内侧髁和外侧髁，与股骨下端的内、外侧髁以及髌骨构成膝关节；下端膨大，并在内侧有伸向下的骨突，称为"内踝"，形成与距骨相接的关节面，外侧有与腓骨相接的腓骨切迹，与腓骨组成踝关节。

痉病/痙病　jìngbìng/ ㄐㄧㄥˋ ㄅㄧㄥˋ

convulsive disease, * tetany

【中医】中医内科疾病之一。症见项背强急，四肢抽搐，甚至口噤、角弓反张等。男女老幼均可发病，发病多数较急，也有慢性久病者。轻者仅轻微项背强几几(jǐnjǐn，紧固拘挛不柔和貌)，或仅限于某一脏一腑、一经一络出现一定范围的拘挛、强急。治疗急则舒筋解痉以治其标，缓则扶正益损以治其本。邪壅经络，以发热胸闷、龂齿、腹胀便秘为主，可用羌活胜湿汤；热甚致痉以喷射性呕吐、自汗、口渴喜饮、两目上视、昏厥、谵语、牙关紧急为主，可用增液承气汤等；因禀赋素虚或失血失液、病后，引起阴血亏虚所致，伴神疲，气短，自汗等症，可用四物汤合大定风珠加减。

痉挛/痙攣　jìngluán/ ㄐㄧㄥˋ ㄌㄨㄢˊ

spasm

【医】一块或一组肌肉、一个空心器官(如胃肠、输尿管)突然紧张，出现不自主地抽搐的症状。有时会有疼痛感及功能障碍。中枢神经系统的疾病、高热、寒冷、过劳、缺钙等，都是导致肌肉痉挛的原因。

弳度量　ㄐㄧㄥˋ ㄉㄨˋ ㄌㄧㄤˋ/jìngdùliàng

radian measure

【数】台湾名。即"弧度制"(506 页)。

静电场/靜電場

jìngdiànchǎng/ ㄐㄧㄥˋ ㄉㄧㄢˋ ㄔㄤˇ

electrostatic field

【物】观测者与电荷相对静止时所观察到的电场。是电荷周围空间存在的一种以电场强度矢量表征的特殊形态的物质，基本特征是对置于其中的静止电荷具有力的作用。在无限大的真空中，两个静止点电荷之间的作用力，可由库仑定律确定。

静电感应/靜電感應

jìngdiàn gǎnyìng/ ㄐㄧㄥˋ ㄉㄧㄢˋ ㄍㄢˇ ㄧㄥˋ

electrostatic induction

【物】一个带电体移近绝缘导体时，导体离带电体近的一端出现与带电体异种的电荷，远的一端出现同种电荷的现象。因在外电场作用下导体上的电荷重新分布所致。

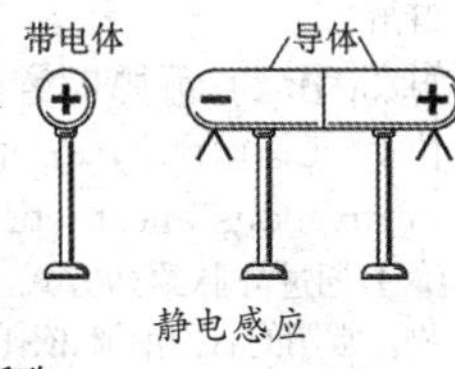

静电感应

静电计/靜電計　jìngdiànjì/ ㄐㄧㄥˋ ㄉㄧㄢˋ ㄐㄧˋ

electrometer

【机】用静电法测量电势差的仪器。根据静电互相排斥和吸引的作用，使仪器中可动部分发生偏转的原理制成。种类很多，最简单的一种是验电器。

静电力　jìngdiànlì/ ㄐㄧㄥˋ ㄉㄧㄢˋ ㄌㄧˋ

【物】即"库仑力"(699 页)。

静电力常量/靜電力常量

jìngdiànlì chángliàng/

ㄐㄧㄥˋ ㄉㄧㄢˋ ㄌㄧˋ ㄔㄤˊ ㄌㄧㄤˋ

electrostatic force constant

【物】物理学的常量。用 k 表示，通常取 $k=9.0\times10^{9}$ 牛米^{2}/库^{2}。

静电屏蔽/靜電屏蔽

jìngdiàn píngbì/ ㄐㄧㄥˋ ㄉㄧㄢˋ ㄆㄧㄥˊ ㄅㄧˋ

electrostatic screening, electrostatic shielding

【物】导体壳的一种特性。带空腔的导体静电平衡时，其壁内的电场强度为零，内表面没有电荷。即电场线只在空腔之外，不进入空腔之内。例如，把一个电学仪器放在封闭的金属壳内便不受外面电场的影响。金属网也能起到屏蔽作用。

静脉/靜脈　jìngmài/ ㄐㄧㄥˋ ㄇㄞˋ

vein

【医】从外周向心房运回血液的血管。管壁较薄，管壁断面呈圆形，弹性小而容积较大。体静脉血液中含有较多的二氧化碳，血色暗红；肺静脉中的血液含有较多的氧，血色鲜红。

J

静脉麻醉/静脈麻醉
jìngmài mázuì/ ㄐㄧㄥˋ ㄇㄞˋ ㄇㄚˊ ㄗㄨㄟˋ
intravenous anesthesia
【医】麻醉方法的一种。药物经静脉注入,通过血液循环作用于中枢神经系统而产生全身麻醉。

静脉麻醉药/静脈麻醉藥
jìngmài mázuìyào/ ㄐㄧㄥˋ ㄇㄞˋ ㄇㄚˊ ㄗㄨㄟˋ ㄧㄠˋ
intravenous anesthetic
【医】通过静脉给药方式,进行全身麻醉的药物。常用的有丙泊酚、依托咪酯、硫喷妥钠等。

静脉炎/静脈炎 jìngmàiyán/ ㄐㄧㄥˋ ㄇㄞˋ ㄧㄢˊ
phlebitis
【医】发生于静脉血管的炎性改变。其病理变化为血管内膜炎性增生,管腔变窄,血流缓慢。临床表现为发热和局部疼痛、肿胀。可分为浅静脉炎和深静脉炎两种。浅静脉炎患者皮肤可呈现充血性红斑、水肿等症状。

静态分配/静態配置
jìngtài fēnpèi/ ㄐㄧㄥˋ ㄊㄞˋ ㄆㄟˋ ㄓˋ
static allocation
【信息】启动程序时对存储器的一次性分配。这种分配在程序执行期间一直保持,直到程序结束时才解除。

静態配置
ㄐㄧㄥˋ ㄊㄞˋ ㄆㄟˋ ㄓˋ/jìngtài pèizhì
static allocation
【信息】台湾名。即"静态分配"(648 页)。

静液壓力
ㄐㄧㄥˋ ㄧㄝˋ ㄧㄚ ㄌㄧˋ/jìngyè yālì
hydrostatic pressure
【物】台湾名。即"流体静压强"(748 页)。

静止卫星/同步静止衛星
jìngzhǐ wèixīng/ ㄊㄨㄥˊ ㄅㄨˋ ㄐㄧㄥˋ ㄓˇ ㄨㄟˋ ㄒㄧㄥ
stationary satellite
【航】轨道面倾角为零,运行周期等于地球自转周期的人造地球卫星。

静坐不能/静坐不能
jìngzuò bùnéng/ ㄐㄧㄥˋ ㄗㄨㄛˋ ㄅㄨˋ ㄋㄥˊ
akathisia
【医】一种内源性紧张和不安感,以及主观有不断动作的需要,以致常不能长时间阅读或进行类似活动。甚至感到被一种外来的力量所驱使。焦虑和不适是常见的合并症状。

镜鱼 jìngyú/ ㄐㄧㄥˋ ㄩˊ
【动】即"鲳鱼"(107 页)。

jiu (ㄐㄧㄡ)

纠错/錯誤校正 jiūcuò/ ㄘㄨㄛˋ ㄨˋ ㄐㄧㄠˋ ㄓㄥˋ
error correcting
【信息】通信中用来纠正数据在传送或存储期间所产生差错的过程和方法。

九节狼 jiǔjiéláng/ ㄐㄧㄡˇ ㄐㄧㄝˊ ㄌㄤˊ
【动】即"小熊猫"(1261 页)。

九章算术/九章算術
Jiǔzhāng Suànshù/ ㄐㄧㄡˇ ㄓㄤ ㄙㄨㄢˋ ㄕㄨˋ
Nine Chapters on Mathematical Procedures
【数】中国古代数学著作。作者和成书时间已不可考,是战国和秦汉时期数学知识的总结,经后人修改补充,现传本约与 1 世纪版本内容大致相同。全书以 246 个应用问题及其解法为素材,按问题的实际背景分为九章。(1)方田:田地面积的计算、分数计算。(2)粟米:粮食交易、比例问题。(3)衰分:按比例分配。(4)少广:开平方、开立方。(5)商功:体积计算。(6)均输:按比例分派赋税和徭役。(7)盈不足:根据盈与亏两种假设求解。(8)方程:一次方程组、正负数。(9)勾股:勾股测量问题。此书记载了当时世界上领先的数学研究成果,包括分数四则运算、比例算法、正负数加减法、方程组解法等。标志着强调应用和重视算法的中国古代数学体系的形成。

九针/九針 jiǔzhēn/ ㄐㄧㄡˇ ㄓㄣ
nine classical needles, * nine needles
【中医】古代镵针、圆针、鍉针、锋针、铍针、圆利针、毫针、长针、大针九种针具的合称。九针名称,最早出现于《黄帝内经·灵枢·九针十二原》中:"九针之名,各不同形。一曰镵针,长一寸六分。二曰员针,长一寸六分。三曰鍉针,长三寸半。四曰锋针,长一寸六分。五曰铍针,长四寸,广二寸半。六曰员利针,长一寸六分。七曰毫针,长三寸六分。八曰长针,长七寸。九曰大针,长四寸。"《黄帝内经》未绘九针图形,至宋代《济生拔萃》方初绘九针图。

久聋/久聾 jiǔlóng/ ㄐㄧㄡˇ ㄌㄨㄥˊ

chronic deafness，* enduring deafness

【中医】中医耳病之一。因脏腑失调，气血阴阳亏虚，耳窍失养，或经脉痹阻，气滞血瘀所致，症见听力逐渐减退、病程较长等。若肾精亏虚，治宜用六味地黄丸加减；若气虚不足，宜用补中益气丸加减。

灸法/灸法 jiǔfǎ/ ㄐㄧㄡˇ ㄈㄚˇ

moxibustion

【中医】用艾绒或其他药物放置在体表的腧穴上烧灼、温熨等，借灸火的热力以及药物的作用，通过经络的传导以温通气血，扶正祛邪，达到治疗疾病和预防保健的方法。

韭/韭菜 jiǔ/ ㄐㄧㄡˇ ㄘㄞˋ

leek

【植】*Allium tuberosum* 通称"韭菜"。百合科葱属。多年生草本植物。宿根。鳞茎簇生，外皮黄褐色，网状纤维质。叶基生，扁平条形，边缘平滑。花莛长于叶，二棱圆柱状，伞形花序近球状，花白色。花果期 7—9 月份。在中国，分布于各地。可作蔬菜，种子和叶可入药。

韭菜/韭菜 jiǔcài/ ㄐㄧㄡˇ ㄘㄞˋ

【植】"韭"的通称。

酒炖/酒燉 jiǔdùn/ ㄐㄧㄡˇ ㄉㄨㄣˋ

stewing with wine

【中医】酒制法的一种。将净药材或切制品加酒拌匀，置于适宜容器内炖制。例如，山萸肉可用酒炖法炮制，酒炖后可增加其补肾作用。

酒后驾车/酒後駕車

jiǔhòu jiàchē/ ㄐㄧㄡˇ ㄏㄡˋ ㄐㄧㄚˋ ㄔㄜ

driving under the influence of alcohol

【交】饮酒后驾驶车辆。各国对酒后驾车的定义及酒精含量的标准不尽相同。中国法律规定饮酒驾车是指车辆驾驶人员血液中的酒精含量大于或者等于 20 毫克/100 毫升，小于 80 毫克/100 毫升的驾驶行为。

酒基 jiǔjī/ ㄐㄧㄡˇ ㄐㄧ

【轻】即"基酒"(567 页)。

酒精 jiǔjīng/ ㄐㄧㄡˇ ㄐㄧㄥ

【化】"乙醇"的通称。因其是酒类的核心成分，故名。

酒精检测仪/酒精檢測儀

jiǔjīng jiǎncèyí/ ㄐㄧㄡˇ ㄐㄧㄥ ㄐㄧㄢˇ ㄘㄜˋ ㄧˊ

alcohol content tester

【交】用于检测机动车驾驶员是否酒后驾车或醉酒驾车的仪器。通过测试被测者呼出气体酒精含量判断是否酒后驾车或醉酒驾车。

酒精依赖/酒精依賴

jiǔjīng yīlài/ ㄐㄧㄡˇ ㄐㄧㄥ ㄧ ㄌㄞˋ

alcohol dependence

【医】俗称"酒瘾"。因长期大量饮酒而产生的对酒的强烈渴望和嗜好，造成对酒精的心理及生理依赖性。饮酒不能自制，一旦停止饮酒则产生精神和躯体的各种症状。

酒母/酒母 jiǔmǔ/ ㄐㄧㄡˇ ㄇㄨˇ

seeding yeast

【轻】能将糖类发酵成酒精的人工酵母培养物。有液态和固态之分，分别适用于液态发酵和固态发酵。

酒曲/釀酒酵母

jiǔqū/ ㄋㄧㄤˋ ㄐㄧㄡˇ ㄒㄧㄠˋ ㄇㄨˇ

distillers' yeast

【化】酿酒用的曲(含有大量活的微生物及酶类的糖化剂或糖化发酵剂)。

酒石/酒石 jiǔshí/ ㄐㄧㄡˇ ㄕˊ

cream of tartar

【化】葡萄汁或其他浆果汁发酵酿酒时落在桶底的固体沉淀。是一种复杂混合物。粗酒石约含 40% 的酒石酸、酒石酸氢钾及酒石酸钙。用硫酸及石灰乳处理可制造光学活性的酒石酸。

酒与污水定律/酒與污水定律

jiǔ yǔ wūshuǐ dìnglǜ/

ㄐㄧㄡˇ ㄩˇ ㄨ ㄕㄨㄟˇ ㄉㄧㄥˋ ㄌㄩˋ

wine and sewage law

【心】一种心理学定律。把一匙酒倒进一桶污水里，得到的是一桶污水；把一匙污水倒进一桶酒里，得到的还是一桶污水。酒和污水的比例并不决定混合物的最终性质，起决定作用的是那一匙污水。这个定律说明，对集体中坏的成员，要及时处理，否则将造成巨大损失。

酒渣鼻/酒渣鼻

jiǔzhābí/ ㄐㄧㄡˇ ㄓㄚ ㄅㄧˊ

rosacea

㊁【医】发生于鼻、额、颊部的，以红斑、毛细血管扩张、丘疹、脓疱为主要特征的慢性炎症性皮肤病。㊂【中医】又作“酒皻鼻”，俗称“酒糟鼻”。皮肤病之一。因脾胃湿热上蒸所致，发生于鼻部，症见鼻色紫赤如酒渣，甚则鼻头增大变厚等。相当于玫瑰痤疮。治宜清热凉血，宣肺散结，可内服凉血四物汤或枇杷清肺饮；形成鼻赘时内服通窍活血汤或用手术切割。早期可外用颠倒散凉水调搽，也可用七星针轻刺患处。

酒皻鼻 jiǔzhābí/ ㄐㄧㄡˇ ㄓㄚ ㄅㄧˊ

【中医】即“酒渣鼻”(649 页)。

酒蒸/酒蒸 jiǔzhēng/ ㄐㄧㄡˇ ㄓㄥ

steaming with wine

【中医】酒制法的一种。将净药材或切制品加酒拌匀，置于适宜容器内蒸制。大黄可用酒蒸法炮制，酒大黄泻下作用较为和缓。

酒制/酒製 jiǔzhì/ ㄐㄧㄡˇ ㄓˋ

processing with wine

【中医】炮制方法的一种。包括酒炙、酒炖、酒蒸等。如酒川芎、酒山萸肉、酒大黄，即以酒制法炮制。

酒炙/酒炙 jiǔzhì/ ㄐㄧㄡˇ ㄓˋ

stir-frying with wine

【中医】酒制法的一种。将净药材或切制品加酒拌匀，闷透，置锅内，用文火炒至规定程度时，取出放凉。例如，川芎可用酒炙法炮制，酒川芎活血之力增强。

J

旧大陆/舊大陸 Jiùdàlù/ ㄐㄧㄡˋ ㄉㄚˋ ㄌㄨˋ

Old World

【地】相对于新大陆而言的东半球。即欧亚大陆和非洲大陆。

厩肥/廄肥 jiùféi/ ㄐㄧㄡˋ ㄈㄟˊ

barnyard manure

【农】又称“圈肥”“栏肥”。有机肥料的一种。用牲畜粪尿和褥草及饲料的残屑混合堆积而成。肥效缓慢而持久，有利于改良土壤，通常用作底肥。

救护车/救護車 jiùhùchē/ ㄐㄧㄡˋ ㄏㄨˋ ㄔㄜ

ambulance

【医】又称“急救车”。运送急重症病人的救护交通工具。车上配置常用急救设施，可至现场或在车上进行急救和生命支持。该车执行救护任务行驶时发出报警声响，以使病员得到快速转运。

救护直升机/救護直升機

jiùhù zhíshēngjī/ ㄐㄧㄡˋ ㄏㄨˋ ㄓˊ ㄕㄥ ㄐㄧ

ambulance helicopter

【军】专用于抢救伤病员的直升机。飞行方式机动灵活，能垂直起落和长时间悬停，不需要固定机场和跑道，可机降于战区、病区或事故突发地实施应急救护。中型或重型救护直升机的机舱达到抢救监护室的要求，可进行部分紧急救治的小型手术。

救撈船 ㄐㄧㄡˋ ㄌㄠ ㄔㄨㄢˊ/ jiùlāochuán

salvage ship

【船】台湾名。即“救助工作船”(651 页)。

救難船

ㄐㄧㄡˋ ㄋㄢˋ ㄔㄨㄢˊ/ jiùnànchuán

salvage and rescue ship

【船】台湾名。即“海难救助船”(463 页)。

救生筏/救生筏

jiùshēngfá/ ㄐㄧㄡˋ ㄕㄥ ㄈㄚˊ

liferaft

【船】船舶失事时救助遇险人员用的一种筏具。具有足够的浮力、强度和稳性，在水中翻覆时便于扶正，筏上配有划动工具和规定的属具，其总重量适于用人力卸放抛投。可分为刚性和气胀式两类。

救生浮/救生浮

jiùshēngfú/ ㄐㄧㄡˋ ㄕㄥ ㄈㄨˊ

lifefloat

【船】具有较大浮力和稳定性，可供多名落水人员攀浮的救生浮具。圆圈状，用金属板、软木、闭孔泡沫塑料等外包帆布或玻璃钢制成。外表涂以醒目的橙色或红白相间色。通常从存放处抛入水中，或船舶沉没时自动释放上浮。浮圈内有绳网或木格栅可供遇险人员站立或坐下，其外围装有垂环状救生索供抓握(垂环数为该浮具的额定乘员数)。还备有缆绳、浮灯、手划桨等简单属具。

救生圈/救生圈

jiùshēngquān/ ㄐㄧㄡˋ ㄕㄥ ㄑㄩㄢ

lifebuoy

【船】供落水者个人使用的环状救生浮体。使用者将其支于腋下垂直浮于水中。多用强度较高的闭孔泡沫塑料制成，外表为醒目的橙黄色(用于海船)或红白相间色(用于内河船)，并标上船名等。圈的外围装设较长的手把绳,有的还配有自亮浮灯、烟幕信号及救生浮索等。

救生伞/救生傘

jiùshēngsǎn/ ㄐㄧㄡˋ ㄕㄥ ㄙㄢˇ

survival parachute

【航】又称"保险伞"。供航空器乘员应急救生使用的降落伞。按系挂和安放位置不同,可分为坐式、背式、胸式和箱式救生伞。

救生艇/救生艇

jiùshēngtǐng/ ㄐㄧㄡˋ ㄕㄥ ㄊㄧㄥˇ

lifeboat

【船】船舶乘员用于自救或援救海上遇险人员的专用小艇。通常用玻璃钢制造。采用桨、帆或机器推进。民用救生艇艇体涂橙黄色,艇首标明所属船名和艇号,艇尾标明船籍港。通常装有淡水、食品、急救药品、救生电台和救生信号等属具。按结构方式不同,可分为开敞式、封闭式和全封闭式三种。

救生衣/救生衣

jiùshēngyī/ ㄐㄧㄡˋ ㄕㄥ ㄧ

lifejacket

【船】能为落水者个人提供稳定浮力,并能使失去知觉者的口、鼻露出水面的背心式救生用品。用纤维织物或薄膜包覆的软木(栓皮)、浮性玻璃纤维及闭孔泡沫塑料等制成。通常为醒目的红色,可迅速穿着,并具有足够的浮力。充气式救生衣仅限于客船、油船外的其他船舶人员使用,有的还备有哨笛、信号灯、防鲨粉、水手刀、定向反光材料以及直升机救援用的救生套环等。

救援飞机

jiùyuán fēijī/ ㄐㄧㄡˋ ㄩㄢˊ ㄈㄟ ㄐㄧ

【军】即"搜索救援飞机"(1083 页)。

救援直升机/救援直升機

jiùyuán zhíshēngjī/ ㄐㄧㄡˋ ㄩㄢˊ ㄓˊ ㄕㄥ ㄐㄧ

rescue helicopter

【军】又称"营救直升机"。用于搜索和援救遇险人员的直升机。主要装有搜索、通信、导航、救援和救生等设备。搜索方法有边界搜索法、网格搜索法、轨迹搜索法和特征痕迹搜索法。执行武装救援任务的直升机通常具有较好的抗无线电干扰能力。

救助驳船

jiùzhù bóchuán/ ㄐㄧㄡˋ ㄓㄨˋ ㄅㄛˊ ㄔㄨㄢˊ

【船】即"救助工作船"(651 页)。

救助工作船/救撈船

jiùzhù gōngzuòchuán/ ㄐㄧㄡˋ ㄌㄠ ㄔㄨㄢˊ

salvage ship

【船】又称"救助驳船"。专用于援救搁浅或触礁船舶的特种工作船舶。其特点是吃水浅,干舷低,底部结构强度高,拖绞动力和起重能力强,甲板工作面大。主要任务是利用潮差靠近遇难船,卸去遇难船的部分载荷,清理障碍后,利用拖绞设备或起重设备使搁浅或触礁的船舶脱离险区。也可担负小型沉船的打捞任务和支援潜水作业。

就便伪装器材/就便偽裝器材

jiùbiàn wěizhuāng qìcái/ ㄐㄧㄡˋ ㄅㄧㄢˋ ㄨㄟˋ ㄓㄨㄤ ㄑㄧˋ ㄘㄞˊ

expedient camouflage materials

【军】为隐蔽自己和欺骗、迷惑敌人而就地顺便取得的伪装器材。包括木材、竹材、编席、树枝、草皮、涂料、染料、煤末、锯末等材料和由此制成的各种器具。

鹫/鷲　jiù/ ㄐㄧㄡˋ

vulture

【动】鸟名。隼形目鹰科部分动物的统称。体形大,性凶猛。如秃鹫、兀鹫等。旧时常混称雕为鹫。

ju （ㄐㄩ）

狙击步枪/狙擊步槍

jūjī bùqiāng/ ㄐㄩ ㄐㄧˊ ㄅㄨˋ ㄑㄧㄤ

sniping rifle

【军】供狙击手使用的远距离、高射击精度步枪。配有光学瞄准镜或夜视瞄准镜,用于对 600～1000 米内的单个重要目标实施精确射击。可分为非自动狙击步枪和半自动狙击步枪。

居群　jūqún/ ㄐㄩ ㄑㄩㄣˊ

【生】即"种群"(1467 页)。

居住建筑/住屋

jūzhù jiànzhù/ ㄓㄨˋ ㄨ

residential building

【建】主要指供人们生活起居用的建筑物。可分为住宅类、宿舍类、旅馆类。居住建筑与人们日常生活密切相关，要创造好的采光、通风条件。

疽/疽 jū/ㄐㄩ

deep-rooted carbuncle，* flat-abscess

【中医】中医外科疾病之一。发生于皮肉筋骨的感染性疾病，有头疽和无头疽的统称。

局部放电/局部放電

júbù fàngdiàn/ㄐㄩˊ ㄅㄨˋ ㄈㄤˋ ㄉㄧㄢˋ

partial discharge

【电】电介质中局部区域的放电现象。这种放电只是绝缘在局部范围被击穿，导体间绝缘并未发生贯穿性击穿，如长期存在，则可能造成固体或液体绝缘电气强度的破坏。

局部化疗/局部化療

júbù huàliáo/ㄐㄩˊ ㄅㄨˋ ㄏㄨㄚˋ ㄌㄧㄠˊ

local chemotherapy

【医】将药物直接注射或灌注到肿瘤病灶区域的化疗方式。能增加药物与肿瘤组织接触时间，也可减少全身毒副反应。。

局部麻醉/局部麻醉

júbù mázuì/ㄐㄩˊ ㄅㄨˋ ㄇㄚˊ ㄗㄨㄟˋ

local anesthesia

【医】麻醉方法的一种。利用阻滞神经传导的药物，使麻醉作用局限于身体的某一局部。感觉神经被阻滞时，产生局部的痛觉及感觉的抑制或消失；运动神经同时被阻滞时，产生肌肉运动减弱或完全松弛。这种阻滞是暂时和完全可逆的。

局部麻醉劑

ㄐㄩˊ ㄅㄨˋ ㄇㄚˊ ㄗㄨㄟˋ ㄐㄧˋ/júbù mázuìjì

local anesthetic

【医】台湾名。即“局部麻醉药”(652 页)。

局部麻醉药/局部麻醉劑

júbù mázuìyào/ㄐㄩˊ ㄅㄨˋ ㄇㄚˊ ㄗㄨㄟˋ ㄐㄧˋ

local anesthetic

【医】能阻断局部神经传导，抑制触觉、压觉、痛觉而减轻或避免疼痛的药物。常用的有普鲁卡因、利多卡因、丁哌卡因等。

局部自动化/局部自動化

júbù zìdònghuà/ㄐㄩˊ ㄅㄨˋ ㄗˋ ㄉㄨㄥˋ ㄏㄨㄚˋ

local automation

【自】还没有做到整个企业或整个系统的全盘自动化程度的一切部分自动化，均称为局部自动化。

局域网/區域網路

júyùwǎng/ㄑㄩ ㄩˋ ㄨㄤˇ ㄌㄨˋ

local area network，LAN

【信息】仅覆盖一座(或几座)建筑物、一个校园、一个厂区等较小区域的计算机网。其内部通信不受外部协议的约束，但跨局域网边界的通信受某种协议的约束。

菊花/菊花 júhuā/ㄐㄩˊ ㄏㄨㄚ

㊀ chrysanthemum，㊁ Flos Chrysanthemi(拉)，chrysanthemum flower

㊀【植】*Chrysanthemum morifolium* 菊科菊属。多年生草本植物。茎直立，被柔毛。单叶互生，叶片卵形至披针形，羽状浅裂。头状花序顶生或腋生，大小不一，总苞片多层，边缘的舌状花颜色各异，中央盘花管状黄色，花柱上端两裂。花期秋季。中国各地均有栽培。观赏花卉。㊁【中医】中药名。菊科植物菊 *Chrysanthemum morifolium* Ramat 的干燥头状花序。味甘、苦，性微寒。归肺、肝经。散风清热，平肝明目。用于风热感冒，头痛眩晕，目赤肿痛，眼目昏花。

📖 菊花是中国十大名花之一，与梅、兰、竹合称“四君子”。

菊石/菊石 júshí/ㄐㄩˊ ㄕˊ

ammonoid

【地】古代海生无脊椎动物。属软体动物门头足纲。生存于泥盆纪至晚白垩世，现已灭绝。壳体是一个以碳酸钙为主要成分的锥形管，壳管的始端细小，通常呈球形或桶形，称为胎壳。绝大多数的壳体以胎壳为中心在一个平面内旋卷，少数壳体呈直壳、螺卷或其他不规则形状。形状与现代海洋中生活的鹦鹉螺类似，因表面通常具有类似菊花的线纹，故名。

菊芋/菊芋

júyù/ㄐㄩˊ ㄩˋ

Jerusalem artichoke

【植】*Helianthus tuberosus* 俗称“鬼子姜”“洋姜”。菊科向日葵属。多年生草本植物。有块状地下茎。地上茎直立，被

菊 芋

毛。基部叶对生，卵形，上部叶互生，长椭圆形。头状花序，总苞片多层，披针形；舌状花特别显著，淡黄色，管状花黄色。花期 8—9 月份。中国各地均有栽培。块茎可作蔬菜，还可入药，全株可作饲料。

锔/鋦　jú/ㄐㄩˊ

curium

【化】金属元素。属周期表第ⅢB 族(锕系)，符号 Cm，原子序数 96。原子量 247.0703。有放射性，由人工核反应获取。单质为银白色金属，有光泽，化学性质活泼。

📖 1944 年，美国的西博格(G.Seaborg)等在回旋加速器中首先合成这一新元素。拉丁文定名为 Curium，源自著名科学家居里夫妇的姓，用以纪念二人在化学研究中的贡献。中文定名为“锔”，是形声字。

橘皮　júpí/ㄐㄩˊ ㄆㄧˊ

【中医】即“陈皮”(122 页)。

橘子　júzi/ㄐㄩˊ·ㄗ

【植】“柑橘”的通称。

咀嚼錠　ㄐㄩˇ ㄐㄩㄝˊ ㄉㄧㄥˋ/jǔjuédìng

chewable tablet

【医】台湾名。即“咀嚼片剂”(653 页)。

咀嚼片剂/咀嚼錠

jǔjué piànjì/ㄐㄩˇ ㄐㄩㄝˊ ㄉㄧㄥˋ

chewable tablet

【医】在口腔中咀嚼服用的片剂。药片嚼碎后表面积增大，可促进药物在体内的溶解和吸收。服用方便，可吞服、咀嚼含吮或用水分散后服用，在缺水状态下也可保证按时服药，尤其适合不能吞服或不会吞服的患者。

枸橼酸　jǔyuánsuān/ㄐㄩˇ ㄩㄢˊ ㄙㄨㄢ

【化】即“柠檬酸”(839 页)。

矩形/矩形　jǔxíng/ㄐㄩˇ ㄒㄧㄥˊ

rectangle

【数】又称“长方形”。有一个角是直角的平行四边形。面积等于相邻两边的乘积。除有平行四边形的性质外，还有以下特殊性质：(1)四个角都是直角；(2)对角线相等；(3)是轴对称图形，对边中点连线所在直线是对称轴。

矩阵/矩陣　jǔzhèn/ㄐㄩˇ ㄓㄣˋ

matrix

【数】由 $m\times n$ 个数排成的 m 行 n 列的表

$$A=\begin{pmatrix} a_{11} & a_{12} & \cdots & a_{1n} \\ a_{21} & a_{22} & \cdots & a_{2n} \\ \vdots & \vdots & \ddots & \vdots \\ a_{m1} & a_{m2} & \cdots & a_{mn} \end{pmatrix}$$，叫作 m 行 n 列(或 $m\times n$ 阶)矩阵，记作 $A=(a_{ij})_{mn}$ 或 A_{mn}。$a_{ij}(i=1,2,\cdots,m;j=1,2,\cdots,n)$叫作矩阵 $A=a_{ij}$ 的元素。当 $m=n$ 时，矩阵 $A=(a_{ij})_{mn}$ 叫作 n 阶矩阵或 n 阶方阵。

📖 矩阵起源于 18 世纪时德国数学家高斯(C.F.Gauss)、艾森斯坦(F.G.M.Eisenstein)等的研究。矩阵理论形成于 19 世纪，英国数学家凯莱(A.Cayley)对矩阵运算等有重要贡献。

举架/舉架　jǔjià/ㄐㄩˇ ㄐㄧㄚˋ

raising-the-roof，jujia

【建】清式建筑求屋面坡度曲线的方法。通过各步架举高的变化，使屋面斜度越往上越陡。从而使屋面呈凹曲面，以利于屋面排水和檐下采光。通常各步架相等，举架自下向上推算，举高以步架为比例逐步增高。官式建筑规定檐步五举(即举高为步架的0.5)，飞檐为三五举(即举高为步架的0.35)，其余各架间的举高为六五举、七五举、九举等。举架的选定，决定了屋面外观曲线的优劣及其自然和缓的程度。

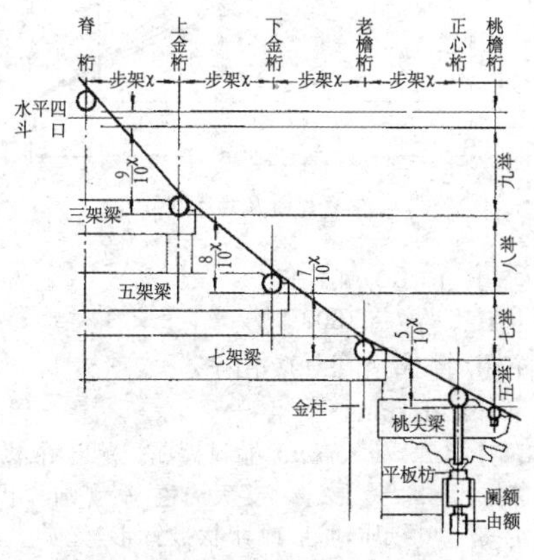

清式建筑屋顶举架

举折/舉折　jǔzhé/ㄐㄩˇ ㄓㄜˊ

raising-the-roof，juzhe

【建】宋式建筑求屋面坡度曲线的方法。按房

J

屋前后橑檐枋心之间的水平距离为总进深(B),在前后橑檐枋上皮的连线中点举起 1/3 至 1/4 总进深作为脊槫上皮的高度,称为举高(R)。由上往下,第一步脊槫上皮与橑檐枋上皮连成一直线,自脊槫而下,第一槫缝折下 R/10,第二槫缝依前法再向下折 R/20,第三槫缝依前法再折 R/40,如此类推。宋《营造法式》对殿阁楼台和厅堂廊屋的举高计算方法有不同规定。

📖 举折与举架的主要差别在于,举折先定脊槫的高度,再自上而下用"折"的办法,依次降低各缝槫的位置,从而定出屋顶曲线。中国古建筑墙体多由板筑或土坯垒砌,为保护墙体不受雨水冲刷,屋顶多采用较大的出檐,出檐过大,会影响室内采光,雨水过大时还会冲毁屋基及地面。采用举折的方法使屋顶产生凹曲面,有利于屋面排水和室内采光,使屋顶产生轻盈活泼的风格,成为中国古建筑突出的特征之一。

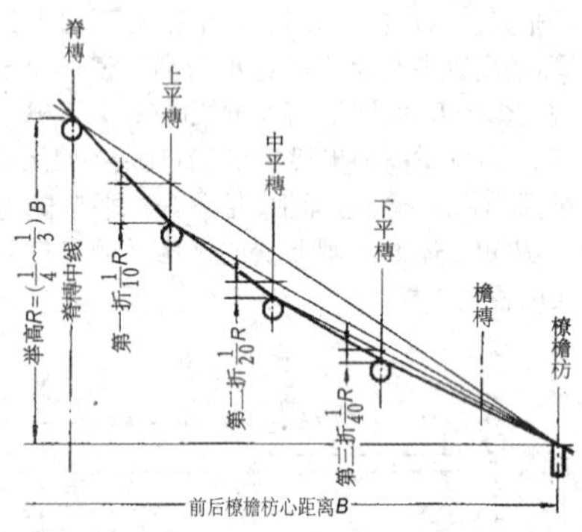

宋式建筑屋顶举折

蒟蒻 jǔruò/ㄐㄩˇ ㄖㄨㄛˋ

【植】即"魔芋"(809 页)。

榉树/櫸樹 jǔshù/ㄐㄩˇ ㄕㄨˋ

schneideriana

【植】*Zelkova serrata* 榆科榉属。落叶乔木。树冠倒卵状伞形。树皮灰褐色,不规则片状脱落。叶纸质,卵形或卵状披针形,先端尖,边缘有齿,秋季变黄或红色。雄花有短梗,雌花无梗。花期 4 月份。在中国,分布于秦岭、淮河以南部分地区,西北、华北有栽培。观赏树木。皮、叶可入药。

📖 榉树是丹麦的国树。

巨變説 ㄐㄩˋ ㄅㄧㄢˋ ㄕㄨㄛ/jùbiànshuō

catastrophism

【地】台湾名。即"灾变论"(1406 页)。

巨分子化合物

ㄐㄩˋ ㄈㄣ ㄗˇ ㄏㄨㄚˋ ㄏㄜˊ ㄨˋ/jùfēnzǐ huàhéwù

macromolecular compound

【化】台湾名。即"大分子化合物"(177 页)。

巨礫 ㄐㄩˋ ㄌㄧˋ/jùlì

boulder

【地】台湾名。即"漂砾"(868 页)。

巨量养分

ㄐㄩˋ ㄌㄧㄤˋ ㄧㄤˇ ㄈㄣˋ/jùliàng yǎngfèn

macronutrient

【医】台湾名。即"宏量营养素"(502 页)。

巨头鲸 jùtóujīng/ㄐㄩˋ ㄊㄡˊ ㄐㄧㄥ

【动】即"抹香鲸"(810 页)。

巨蜥/巨蜥 jùxī/ㄐㄩˋ ㄒㄧ

varanid

【动】又称"五爪金龙"。爬行动物名。有鳞目巨蜥科巨蜥属。体长可达 2 米,背部黑褐色,有不鲜明的黄色点状环纹,腹部黄色,尾侧扁,末端尖细,四肢强壮。生活在热带地区近水的地方,会游泳,能爬树,以蛙、蛇和小鸟等为食。分布于中国南方,东南亚也有分布。

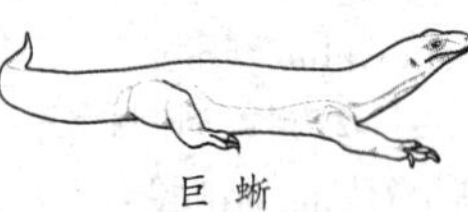

巨 蜥

巨蟹座/巨蟹座 jùxièzuò/ㄐㄩˋ ㄒㄧㄝˋ ㄗㄨㄛˋ

Cancer, Cnc

【天】黄道十二星座之一。位于双子座和狮子座之间。内有两个疏散星团 M44 和 M67,有 4 颗亮于 4 等的星。

巨星/巨星 jùxīng/ㄐㄩˋ ㄒㄧㄥ

giant star

【天】恒星按光度强弱分级中的第三级。光度级用罗马数字Ⅲ表示。在赫罗图上位于超巨星之下。代表性的巨星如五车二(御夫座 α)。

📖 "巨星"在 20 世纪初刚提出时含义较笼统,泛指光度大(即发光能力强)的恒星;与之相对,光度小的恒星称为矮星。恒星的发光能力通常与其表面积大小成正比,故巨星的体积一般较大。20 世纪中期,天文学家将温度相同的恒星再按光度大小分为若干"光度级”，例如亮巨星和巨星分别为Ⅱ级和Ⅲ级。按照现代恒星演化理论，主序星中心部分的氢大量聚变为氦之后，星体外层将会急剧膨胀，致使表面积迅速增大而表面温度下降，于是成为一颗红巨星，在赫罗图上表现为离开主序向右上方移动。全天第四亮星大角（牧夫座α，0 等星）和金牛座第一亮星毕宿五（金牛座α，1 等星）都是著名的巨星。

具体思维/具體思維

jùtǐ sīwéi/ ㄐㄩˋ ㄊㄧˇ ㄙ ㄨㄟˊ

concrete thinking

【心】又称“具体形象思维”。运用已有表象进行的思维活动。是个体思维发展过程中的必经阶段。三岁至七岁的幼儿思维通常以具体思维为主导，即脱离直接刺激物和具体动作而借助于表象进行思维，是形象思维的初级水平。

具体形象思维

jùtǐ xíngxiàng sīwéi/ ㄐㄩˋ ㄊㄧˇ ㄒㄧㄥˊ ㄒㄧㄤˋ ㄙ ㄨㄟˊ

【心】即“具体思维”（655 页）。

距骨/距骨 jùgǔ/ ㄐㄩˋ ㄍㄨˇ

talus

【医】位于胫骨、腓骨和跟骨之间的骨。最靠近小腿，在踝部与胫骨、腓骨相关节。是全身骨骼中唯一没有附着任何肌肉的骨。

距角/距角 jùjiǎo/ ㄐㄩˋ ㄐㄧㄠˇ

elongation

【天】行星与太阳，或卫星与其母行星对地心的张角。即以地球为中心，地球与行星的连线和地球与太阳的连线之间的交角在黄道上的投影。当行星位于合日的位置时，距角为0，方向相反时，距角为 180°。对处于地球轨道内的行星（水星和金星）。距角可能达到的最大值称为大距。

距离/距離 jùlí/ ㄐㄩˋ ㄌㄧˊ

distance

【数】几何学中对于不同对象之间的距离，有不同的定义方式。最基本的定义是：两点之间线段的长度，叫作这两点之间的距离。进而可以定义：一点与过它向一直线所作垂线的垂足的距离，叫作这点到这条直线的距离；一点与过它向一平面所作垂线的垂足的距离，叫作这点到这个平面的距离。更进一步可以定义：一条直线上任一点到与这条直线平行的另一直线的距离，叫作这两条直线之间的距离；一个平面上任一点到与这个平面平行的另一平面的距离，叫作这两个平面之间的距离。拓扑学中，若定义在 $S\times S$ 上的函数 $d(x,y)$ 满足非负性（$d(x,y)\geqslant 0$，当且仅当 $x=y$，$d(x,y)=0$）、对称性（$d(x,y)=d(y,x)$）和三角不等式（$d(x,y)+d(y,z)\geqslant d(x,z)$），则 $d(x,y)$ 为 S 上一种的距离。

飓风/颶風 jùfēng/ ㄐㄩˋ ㄈㄥ

hurricane

【气】❶12 级风。❷发生在大西洋、墨西哥湾、加勒比海和北太平洋东部的中心附近最大风力在 12 级以上的热带气旋。美国国家飓风中心根据飓风中心的移动速度，将飓风分为五级：一级为 119～153 千米/小时；二级为 154～177 千米/小时；三级为 178～209 千米/小时；四级为 210～249 千米/小时；五级为 249 千米/小时以上。是灾害性天气的一种。

锯/鋸 jù/ ㄐㄩˋ

❶saw，❷sawing

【机】❶手工具的一种。用于切断材料或开缝、开槽、切出曲线等。工作部分主要由钢片制成，边缘有尖齿。常见的有木工锯、钢锯、曲线锯等。❷“锯削”的简称。

锯材/鋸材 jùcái/ ㄐㄩˋ ㄘㄞˊ

sawn timber，sawed timber

【材】将原木锯制成各种规格（包括不带钝棱的）的木材。分为板材与方材两大类。

锯床/鋸機 jùchuáng/ ㄐㄩˋ ㄐㄧ

sawing machine

【机】金属切削机床的一种。以弓锯、带锯或圆锯片来割断材料或割出沟槽。工作时弓锯等做往复、循环或旋转的切削运动。可分为弓锯床、带锯床和圆锯床等。

锯削/鋸削 jùxiāo/ ㄐㄩˋ ㄒㄧㄠ

sawing

【机】简称“锯”。金属切削加工的一种方法。锯切工具旋转或往复运动，把工件、半成品切断或把板材加工成所需形状。

聚氨基甲酸酯纤维/聚氨酯纖維

jù'ānjī jiǎsuānzhǐ xiānwéi/

ㄐㄩˋ ㄢ ㄓˇ ㄒㄧㄢ ㄨㄟˊ

polyurethane fiber, spandex

【纺】又称"氨纶"。一种弹力纤维。回弹性高,可分为聚酯链和聚醚链两类。聚酯类弹性纤维抗氧化、抗油性较强;聚醚类弹性纤维防霉性、抗洗涤剂较好。可纯纺或混纺,用于制作弹性编织物或纺织物,如各种内衣、运动衣、泳衣等。

聚氨酯纖維

ㄐㄩˋ ㄢ ㄓˇ ㄒㄧㄢ ㄨㄟˊ/jù'ānzhǐ xiānwéi

polyurethane fiber, spandex

【纺】台湾名。即"聚氨基甲酸酯纤维"(655页)。

聚苯乙烯/聚苯乙烯

jùběnyǐxī/ㄐㄩˋ ㄅㄣˇ ㄧˇ ㄒㄧ

polystyrene, PS

【材】聚合物的一类。无色透明热塑性树脂,由苯乙烯聚合而成。平均分子量约10万,有优良的热性能与电性能。是常用的塑料材料。

聚变弹 jùbiàndàn/ㄐㄩˋ ㄅㄧㄢˋ ㄉㄢˋ

【军】即"氢弹"(916页)。

聚丙烯/聚丙烯 jùbǐngxī/ㄐㄩˋ ㄅㄧㄥˇ ㄒㄧ

polypropylene, PP

【材】聚合物的一类。无色半透明热塑性树脂,由丙烯聚合而成。平均分子量8万以上,强度高,耐热性、耐磨性和化学稳定性好,但容易老化。可用来制塑料、纤维(丙纶)等。

聚丙烯纤维/聚丙烯纖維

jùbǐngxī xiānwéi/ㄐㄩˋ ㄅㄧㄥˇ ㄒㄧ ㄒㄧㄢ ㄨㄟˊ

polypropylene fiber

【纺】又称"丙纶"。强度高,密度小,是常见化学纤维中最轻的,耐磨损、耐腐蚀。生产工艺简单,产品价格低廉。

聚硅氧烷树脂

jùguīyǎngwán shùzhī/

ㄐㄩˋ ㄍㄨㄟ ㄧㄤˇ ㄨㄢˊ ㄕㄨˋ ㄓ

【材】"硅树脂"的学名。

聚合/聚合 jùhé/ㄐㄩˋ ㄏㄜˊ

polymerization

【化】一种或多种小分子化合物经化学反应结合成大分子化合物的过程。聚合的反应物称单体,产物称聚合物。可分为加聚反应和缩聚反应两类。

聚合果/聚合果

jùhéguǒ/ㄐㄩˋ ㄏㄜˊ ㄍㄨㄛˇ

aggregate fruit

【植】果实的一种。离生雌蕊的每一枚雌蕊都形成一个小果,这样一朵花形成的果实就由多枚小果聚合而成。如草莓、八角等的果实。

聚合思维 jùhé sīwéi/ㄐㄩˋ ㄏㄜˊ ㄙ ㄨㄟˊ

【心】即"辐合思维"(362页)。

聚合物/聚合物 jùhéwù/ㄐㄩˋ ㄏㄜˊ ㄨˋ

polymer

【化】聚合的产物。由许多个结构单元以共价键重复连接而成。形态各异,性能多样,是高分子材料的基础。塑料、橡胶、纤维等均为聚合物制成的合成材料。

聚合物化學

ㄐㄩˋ ㄏㄜˊ ㄨˋ ㄏㄨㄚˋ ㄒㄩㄝˊ/jùhéwù huàxué

polymer chemistry

【化】台湾名。即"高分子化学"(391页)。

聚花果/聚花果

jùhuāguǒ/ㄐㄩˋ ㄏㄨㄚ ㄍㄨㄛˇ

collective fruit

【植】果实的一种。由整个花序形成的一个整体。如桑、木波罗的果实。

聚集态 jùjítài/ㄐㄩˋ ㄐㄧˊ ㄊㄞˋ

【物】即"物态"(1220页)。

聚焦式日照计/康司日照計

jùjiāoshì rìzhàojì/ㄎㄤ ㄙ ㄖˋ ㄓㄠˋ ㄐㄧˋ

Campbell-Stokes sunshine recorder

【气】又称"坎贝尔—司托克斯日照计""玻璃球日照计"。日照计的一种。主要由实心玻璃球、弧形日照纸架、纬度支架和底座等构成。阳光经玻璃球聚焦照射到日照纸上,根据日照纸被灼烧的焦痕计算日照时数。

聚斂性思考

ㄐㄩˋ ㄌㄧㄢˇ ㄒㄧㄥˋ ㄙ ㄎㄠˇ/jùliǎnxìng sīkǎo

convergent thinking

【心】台湾名。即"辐合思维"(362页)。

聚氯乙烯/聚氯乙烯

jùlǜyǐxī/ㄐㄩˋ ㄌㄩˋ ㄧˇ ㄒㄧ

polyvinyl chloride, PVC

【材】聚合物的一类。是分子主链由许多以头和尾相连的氯乙烯结构单元连接而成的线型高分子。电性能、阻燃性好,机械强度中等,耐热性一般。是常用的塑料材料。

聚落环境/聚落環境
jùluò huánjìng/ ㄐㄩˋ ㄌㄨㄛˋ ㄏㄨㄢˊ ㄐㄧㄥˋ
settlement environment
【环】人类有意识地利用和改造自然环境而创造的聚居和生活的环境。按其性质、功能和规模不同,可分为院落环境、村落环境和城市环境等。

聚伞花序/聚傘花序
jùsǎn huāxù/ ㄐㄩˋ ㄙㄢˇ ㄏㄨㄚ ㄒㄩˋ
cyme
【植】花序的一种。花序最内或最中央的花先开放,且花序轴不再产生新的小花,然后小花由内向外渐及于两侧开放。可分为单歧聚伞花序、二歧聚伞花序和多歧聚伞花序。

聚四氟乙烯/聚四氟乙烯
jùsìfúyǐxī/ ㄐㄩˋ ㄙˋ ㄈㄨˊ ㄧˇ ㄒㄧ
polytetrafluoroethylene, PTFE
【材】俗称"塑料王"。聚合物的一类。由四氟乙烯聚合而成。分子链由强力的氟碳键构成,具有较高的热稳定性和优异的介电性能与耐化学腐蚀性能,摩擦系数低,不吸水,不粘,不燃,耐热性好,无毒。广泛用作结构材料,经常涂布使用,如飞机发动机、不粘锅的内表面涂层等。

聚碳酸酯/聚碳酸酯
jùtànsuānzhǐ/ ㄐㄩˋ ㄊㄢˋ ㄙㄨㄢ ㄓˇ
polycarbonate, PC
【材】聚合物的一类。热塑性材料。分子主链中含有碳酸酯基团。目前大宗生产的双酚A型聚碳酸酯是无毒、无臭、无色或浅黄色透明固体,具有很高的韧性、硬度和抗冲、抗压、抗弯曲强度和良好电绝缘性、耐电晕性等。是一种工程塑料。

聚酰胺/聚醯胺 jùxiān'àn/ ㄐㄩˋ ㄒㄧㄢ ㄢˋ
polyamide, PA; nylon
【材】俗称"尼龙"。聚合物的一类。分子主链中含有许多重复酰胺基团。有尼龙6、尼龙610等品种,性能各异,都是工程塑料。最著名的是尼龙纤维,其中的锦纶即尼龙6纤维,纺织业用量很大。芳香族聚酰胺纤维能耐高温,可用于航天。

聚星/聚星 jùxīng/ ㄐㄩˋ ㄒㄧㄥ
multiple star
【天】三颗至约十颗恒星组成的,在彼此引力作用下运动的天体系统。

聚乙烯/聚乙烯 jùyǐxī/ ㄐㄩˋ ㄧˇ ㄒㄧ
polyethylene, PE
【材】聚合物的一类。白色热塑性树脂,由乙烯聚合而成。具有良好的电性能、力学性能、耐环境与耐化学药品性能,无毒,加工性能优异。是最常用的塑料材料。

劇烈天氣 ㄐㄩˋ ㄌㄧㄝˋ ㄊㄧㄢ ㄑㄧˋ/jùliè tiānqì
severe weather
【气】台湾名。即"灾害性天气"(1406页)。

鋸機 ㄐㄩˋ ㄐㄧ/jùjī
sawing machine
【机】台湾名。即"锯床"(655页)。

juan (ㄐㄩㄢ)

卷柏/萬年松 juǎnbǎi/ ㄨㄢˋ ㄋㄧㄢˊ ㄙㄨㄥ
selaginella tamariscina
【植】*Selaginella tamariscina* 蕨类。卷柏科卷柏属。主茎直立,顶端丛生小枝,小枝扇形分叉,辐射开展,干时内卷如拳。营养叶二型,背腹各二列。孢子囊穗生于枝顶,四棱形,孢子囊圆肾形。在中国,分布于各地。全草入药。

卷材/鋼卷 juǎncái/ ㄍㄤ ㄐㄩㄢˇ
steel coil
【材】成卷的钢材。分为板卷、盘卷。

卷尺/捲尺 juǎnchǐ/ ㄐㄩㄢˇ ㄔˇ
tape
【计量】具有刻度标记和示值的可卷曲的带状长度量具。如钢卷尺和布卷尺等。

卷丹/卷丹 juǎndān/ ㄐㄩㄢˇ ㄉㄢ
tiger lily
【植】*Lilium tigrinum* 又称"虎皮百合"。百合科百合属。多年生草本植物。鳞茎近宽球形,鳞片宽卵形,白色。茎带紫色条纹,有白毛。叶散生,矩圆状披针形。花梗紫色,有白毛,花下垂,花被片披针形,反卷,橙红色,有紫黑色斑点。花期7—8月份。在中国,分布于东北、西北、华北、华东、华中和西南。观赏花卉。鳞茎可食。

📖 因卷丹的花瓣向外翻卷,花色火红,故名。

卷耳 ㄐㄩㄢˇ ㄦˇ/juǎn'ěr

chickweed

【植】台湾名。即"繁缕"(311页)。

卷帘/捲簾 juǎnlián/ㄐㄩㄢˇ ㄌㄧㄢˊ

rolling

【建】用页片、栅条、金属网或帘幕等材料制成,可向左右或上下卷动的部件。

卷棚/卷棚 juǎnpéng/ㄐㄩㄢˇ ㄆㄥˊ

rolled ridge roof

【建】屋顶前后两坡交界处不用正脊,而做成弧形曲面的屋顶形式。可分为卷棚悬山、卷棚歇山等。屋顶外观卷曲,舒展轻巧,多用于园林建筑。

📖 卷棚有单檩卷棚和双檩卷棚两种。前者脊檩上不安扶脊木,脑椽直接钉在脊檩上;后者多以两根脊瓜柱承托两副脊檩,檩间钉罗锅椽,上铺曲线的折腰板瓦和罗锅筒瓦。卷棚屋顶南方称为回顶,其建筑的室内天花也顺屋面之势做成平滑上曲的弧面,称为轩式天花或卷棚天花。

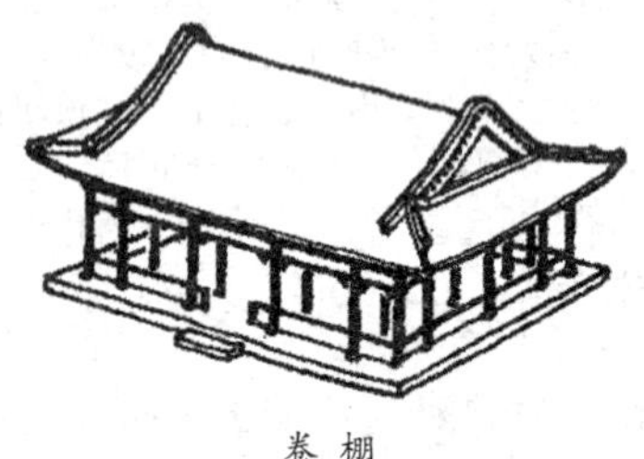

卷 棚

卷杀/捲殺 juǎnshā/ㄐㄩㄢˇ ㄕㄚ

entasis

【建】木构件端部或外轮廓采用转折的弧线处理手法。例如梭柱、栱头、月梁头、阑额等均有此类做法,由若干折线相连形成优美曲线。西方古典柱式中的柱子,外轮廓线不是直线,而是由若干折线连接形成的外凸曲线,从而避免柱子内凹的视错觉。

卷吸现象/捲吸現象

juǎnxī xiànxiàng/ㄐㄩㄢˇ ㄒㄧ ㄒㄧㄢˋ ㄒㄧㄤˋ

entrainment phenomenon

【物】一种流体流入另外一种流体中时,流入的射流流体与原流体之间有动量交换,使原流体的一部分随射流流体运动的现象。

卷心菜 juǎnxīncài/ㄐㄩㄢˇ ㄒㄧㄣ ㄘㄞˋ

【植】即"甘蓝"(380页)。

卷扬机 juǎnyángjī/ㄐㄩㄢˇ ㄧㄤˊ ㄐㄧ

【机】即"绞车"(617页)。

捲輪 ㄐㄩㄢˇ ㄌㄨㄣˊ/juǎnlún

scroll wheel

【信息】台湾名。即"滚动轮"(452页)。

捲軸 ㄐㄩㄢˇ ㄓㄡˊ/juǎnzhóu

scrolling

【信息】台湾名。即"滚屏"(453页)。

绢/絹 juàn/ㄐㄩㄢˋ

yarn-dyed silk fabric

【纺】丝织物类名。采用平纹或重平组织,经纬纱先染色或部分染色后进行色织或半色织套染的经向紧密的丝织物的总称。绢面细密挺爽,光泽柔和。适于做外衣、礼服、滑雪衣等的面料。

绢纺/絹絲紡綢

juànfǎng/ㄐㄩㄢˋ ㄙ ㄈㄤˇ ㄔㄡˊ

spun silk

【纺】把养蚕、制丝、丝织中产生的疵茧、废丝加工成纱线的纺纱工艺过程。

圈肥 juànféi/ㄐㄩㄢˋ ㄈㄟˊ

【农】即"厩肥"(650页)。

絹狨 ㄐㄩㄢˋ ㄖㄨㄥˊ/juànróng

marmoset

【动】台湾名。即"狨"(953页)。

絹絲紡綢

ㄐㄩㄢˋ ㄙ ㄈㄤˇ ㄔㄡˊ/juànsī fǎngchóu

spun silk

【纺】台湾名。即"绢纺"(658页)。

jue (ㄐㄩㄝ)

决策论/決策論

juécèlùn/ㄐㄩㄝˊ ㄘㄜˋ ㄌㄨㄣˋ

decision theory

【自】根据系统的状态信息和评价准则选取最优策略的数学理论。

决策支持系统/決策支援系統
juécè zhīchí xìtǒng/
ㄐㄩㄝˊ ㄘㄜˋ ㄓ ㄩㄢˊ ㄒㄧˋ ㄊㄨㄥˇ
decision support system, DSS
【自】以计算机为工具,帮助决策者利用数据或/和模型来解决结构化或半结构化问题的交互式信息处理和决策制订系统。

决策制订/決策制定
juécè zhìdìng/ㄐㄩㄝˊ ㄘㄜˋ ㄓˋ ㄉㄧㄥˋ
decision making
【自】指通过决策过程制订决策。过程分为觉察问题、收集信息及资料、设计方案、选择方案(即决策分析)。

决口/決口 juékǒu/ㄐㄩㄝˊ ㄎㄡˇ
levee breach
【水利】堤岸被水冲出缺口,大量的河水、湖水或海水外注的险象。

决明子/決明子 juémíngzǐ/ㄐㄩㄝˊ ㄇㄧㄥˊ ㄗˇ
Semen Cassiae(拉), cassia seed, * fetid cassia
【中医】中药名。豆科植物决明 *Cassia obtusifolia* L.或小决明 *C. tora* L.的干燥成熟种子。味甘、苦、咸,性微寒。归肝、大肠经。清热明目,润肠通便。用于目赤涩痛,羞明多泪,头痛眩晕,目暗不明,大便秘结。

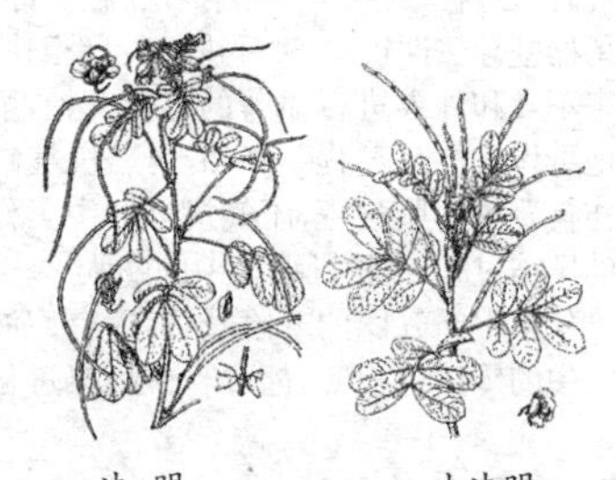

决明　　小决明

角色置换效应/角色置換效應
juésè zhìhuàn xiàoyìng/
ㄐㄩㄝˊ ㄙㄜˋ ㄓˋ ㄏㄨㄢˋ ㄒㄧㄠˋ ㄧㄥˋ
character displacement effect
【心】一种社会心理效应。指人们在思考和处理问题时,把双方的角色互换,即站在对方的角度看问题,以理解对方的感受和思想。这种效应在人际交往中具有一定的积极作用。

決策支援系統 ㄐㄩㄝˊ ㄘㄜˋ ㄓ ㄩㄢˊ ㄒㄧˋ ㄊㄨㄥˇ/
juécè zhīyuán xìtǒng
decision support system, DSS
【自】台湾名。即“决策支持系统”(659 页)。

決策制定
ㄐㄩㄝˊ ㄘㄜˋ ㄓˋ ㄉㄧㄥˋ/juécè zhìdìng
decision making
【自】台湾名。即“决策制订”(659 页)。

绝对不等式/絕對不等式
juéduì bùděngshì/ㄐㄩㄝˊ ㄉㄨㄟˋ ㄅㄨˋ ㄉㄥˇ ㄕˋ
absolute inequality
【数】无条件成立的不等式。例如 $x^2+1>0$, $|x+y|\leqslant|x|+|y|$, $\sqrt{m^2}>m-1$ 等。

绝对磁导率/絕對磁導率
juéduì cídǎolǜ/ㄐㄩㄝˊ ㄉㄨㄟˋ ㄘˊ ㄉㄠˇ ㄌㄩˋ
absolute permeability
【电】表征各向同性磁介质的磁性的参数。是该介质中某观察点的磁感应强度 B 与该点磁场强度 H 之比:$\mu=B/H$。该类介质的磁导率 μ 与真空中磁导率 μ_0 之比,称为“相对磁导率”,记为 μ_r。对于线性介质,μ_r 是一个常数;对于非线性介质,μ_r 是磁通密度的函数。

绝对电容率 juéduì diànrónglǜ/
ㄐㄩㄝˊ ㄉㄨㄟˋ ㄉㄧㄢˋ ㄖㄨㄥˊ ㄌㄩˋ
【电】即“电容率”(253 页)。

绝对高度 juéduì gāodù/
ㄐㄩㄝˊ ㄉㄨㄟˋ ㄍㄠ ㄉㄨˋ
【地】即“海拔”(459 页)。

绝对介电常数
juéduì jièdiàn chángshù/
ㄐㄩㄝˊ ㄉㄨㄟˋ ㄐㄧㄝˋ ㄉㄧㄢˋ ㄔㄤˊ ㄕㄨˋ
【电】即“电容率”(253 页)。

绝对零度/絕對零度
juéduì língdù/ㄐㄩㄝˊ ㄉㄨㄟˋ ㄌㄧㄥˊ ㄉㄨˋ
absolute zero
【物】热力学温标的零度。根据热力学理论及许多实验和事实总结得出,不可能用有限的手段达到这一极限温度。但可通过技术手段逐渐趋近。

绝对湿度/絕對濕度
juéduì shīdù/ㄐㄩㄝˊ ㄉㄨㄟˋ ㄕ ㄉㄨˋ
absolute humidity
【气】单位体积湿空气中所含水汽的量,即所

J

含水汽质量与该湿空气体积之比。单位是g/cm^3 或g/m^3。

绝对时空观

juéduì shíkōngguān/

ㄐㄩㄝˊ ㄉㄨㄟˋ ㄕˊ ㄎㄨㄥ ㄍㄨㄢ

【物】即“经典时空观”(639 页)。

绝对误差/絕對誤差

juéduì wùchā/ㄐㄩㄝˊ ㄉㄨㄟˋ ㄨˋ ㄔㄚ

absolute error

【数】误差的绝对值。例如,某物体实际长100cm,测量所得近似值为99.9cm,误差是$99.9-100=-0.1$(cm),绝对误差是$|-0.1|=0.1$(cm)。

绝对误差界/絕對誤差界

juéduì wùchājiè/ㄐㄩㄝˊ ㄉㄨㄟˋ ㄨˋ ㄔㄚ ㄐㄧㄝˋ

absolute error bound

【数】误差界的一种。近似值的绝对误差的上确界。例如,用四舍五入法取a的精确到0.01的近似数时,近似数在准确数$a\pm0.005$的范围内,即绝对误差界是0.005。

绝对星等/絕對星等

juéduì xīngděng/ㄐㄩㄝˊ ㄉㄨㄟˋ ㄒㄧㄥ ㄉㄥˇ

absolute magnitude

【天】天体光度的一种量度。假定天体距离为10pc(秒差距)时的视星等。

绝对压力表/絕對壓力計

juéduì yālìbiǎo/ㄐㄩㄝˊ ㄉㄨㄟˋ ㄧㄚ ㄌㄧˋ ㄐㄧˋ

absolute pressure gauge

【机】压力表的一种。测量并指示绝对压力值。主要用于监视或测量某些真空设备(如真空包装机械等)中的绝对压力值。

绝对折射率/絕對折射率

juéduì zhéshèlǜ/ㄐㄩㄝˊ ㄉㄨㄟˋ ㄓㄜˊ ㄕㄜˋ ㄌㄩˋ

absolute index of refraction

【物】光在真空中的速度c与光在该介质中的速度v之比。即$n=c/v$。对于两种介质来说,光在其中绝对折射率较大的,其传播速度较小,为光密介质;否则为光疏介质。两者是相对而言的。例如水跟空气相比,水为光密介质,空气为光疏介质。

绝对值/絕對值 juéduìzhí/ㄐㄩㄝˊ ㄉㄨㄟˋ ㄓˊ

absolute value

【数】❶数a是实数时,数轴上表示a的点到原点的距离叫作实数a的绝对值,记作$|a|$。当a是正数或0时,a的绝对值是其本身;当a是负数时,a的绝对值是其相反数。例如,$|5|=5$,$|0|=0$,$|-5|=5$。对于任一实数a,总有$|a|\geqslant0$。❷复数$z=a+bi$的模$|z|=\sqrt{a^2+b^2}$也叫作z的绝对值。$|z|$是复平面上表示z的点到原点的距离。❸向量$\boldsymbol{v}=(x_1,x_2,\cdots,x_n)$的长度$|\boldsymbol{v}|=\sqrt{x_1^2+x_2^2+\cdots+x_n^2}$也叫作$\boldsymbol{v}$的绝对值。

绝经/停經 juéjīng/ㄊㄧㄥˊ ㄐㄧㄥ

menopause

【医】妇女卵巢功能衰退或遭受破坏,致使月经永久性停止的现象。可分为生理性绝经和人工绝经。生理性绝经通常发生于50岁左右。

绝热大气/絕熱大氣

juérè dàqì/ㄐㄩㄝˊ ㄖㄜˋ ㄉㄚˋ ㄑㄧˋ

adiabatic atmosphere

【气】模式大气的一种。沿垂直方向假设气温随高度降低。

绝热过程/絕熱過程

juérè guòchéng/ㄐㄩㄝˊ ㄖㄜˋ ㄍㄨㄛˋ ㄔㄥˊ

adiabatic process

【物】系统与外界无热量交换的变化过程。一种理想化过程,实际中并不存在。在实际中,如果器壁导热性较差,过程进行得又很快,以致来不及和外界进行显著的热量交换,可近似地看作是绝热过程。例如,内燃机气缸中工作物质的膨胀过程,压气机气缸中工作物质的压缩过程,汽轮机喷管中的膨胀过程,以及气象学中空气团的升降过程,还有声波在空气中的传播过程等,都可当作绝热过程处理。

绝育/絕育 juéyù/ㄐㄩㄝˊ ㄩˋ

sterilization

【医】通过手术或非手术途径切断或堵塞输卵管或输精管,以阻止卵子和精子相遇,而达到永久避孕的目的。

绝缘材料

juéyuán cáiliào/ㄐㄩㄝˊ ㄩㄢˊ ㄘㄞˊ ㄌㄧㄠˋ

【电】“电气绝缘材料”的简称。

绝缘电阻/絕緣電阻

juéyuán diànzǔ/ㄐㄩㄝˊ ㄩㄢˊ ㄉㄧㄢˋ ㄗㄨˇ

insulation resistance

【电】在规定的条件下,用绝缘材料隔开的两个导电元件之间的电阻。

绝缘配合/絕緣協調

juéyuán pèihé/ ㄐㄩㄝˊ ㄩㄢˊ ㄒㄧㄝˊ ㄊㄧㄠˊ

insulation coordination

【电】考虑所采用的过电压保护措施,根据可能作用的过电压、设备的绝缘特性以及可能影响绝缘特性的因素,合理选择设备绝缘水平的原则、方法和规定。

绝缘套管/絕緣套管

juéyuán tàoguǎn/ ㄐㄩㄝˊ ㄩㄢˊ ㄊㄠˋ ㄍㄨㄢˇ

insulating bushing

【电】供一个或几个导体穿过墙壁或箱体等隔断,起绝缘和支持作用的器件。有充液套管,液体绝缘套管,充气套管,气体绝缘套管,油浸纸套管,胶粘纸套管,胶浸纸套管,陶瓷、玻璃或类似的无机材料套管,浇注或模压树脂绝缘套管,联合绝缘套管,充胶套管,浸气套管等。

绝缘体/絕緣體 juéyuántǐ/ ㄐㄩㄝˊ ㄩㄢˊ ㄊㄧˇ

insulator

【物】电导率非常低而不能或极不容易导电的物体。例如玻璃、橡胶、丝绸、琥珀、松香、陶瓷、油类、塑料、云母等。

绝缘油/絕緣油

juéyuányóu/ ㄐㄩㄝˊ ㄩㄢˊ ㄧㄡˊ

insulating oil, liquid insulating material

【电】又称"液体绝缘材料"。电气设备中用以阻止传导电流的液体电介质。主要有矿物绝缘油、合成绝缘油和植物绝缘油。

绝缘子/礙子

juéyuánzǐ/ ㄞˋ ㄗˇ

insulator

【电】供承受电位差的导体或电器设备的电气绝缘和机械固定用的器件。

绝缘子串/礙子連

juéyuánzǐchuàn/ ㄞˋ ㄗˇ ㄌㄧㄢˊ

insulator string

【电】两个或多个绝缘子组合在一起,柔性悬挂架空线导线的组件。绝缘子串主要承受张力,并保持导线与杆塔和大地绝缘。

掘溝機 ㄐㄩㄝˊ ㄍㄡ ㄐㄧ/juégōujī

trencher

【机】台湾名。即"挖沟机"(1161 页)。

掘进机/隧道鑽鑿機

juéjìnjī/ ㄙㄨㄟˋ ㄉㄠˋ ㄗㄨㄢˋ ㄗㄠˊ ㄐㄧ

tunnel boring machine

【机】土方机械的一种。用于在岩石或煤层中开凿巷道。能实现破碎岩土、装渣及运输、除尘、衬砌各工序联合作业。按结构不同,可分为滚刀刀盘式、锥形钻头式及截链式;按用途不同,可分为岩巷掘进机和煤巷掘进机。

掘井 ㄐㄩㄝˊ ㄐㄧㄥˇ/juéjǐng

dug well, large opening well

【水利】台湾名。即"大口井"(179 页)。

掘鑿機 ㄐㄩㄝˊ ㄗㄠˊ ㄐㄧ/juézáojī

excavator

【机】台湾名。即"挖掘机"(1161 页)。

厥证/厥證 juézhèng/ ㄐㄩㄝˊ ㄓㄥˋ

syncope, * reversal pattern

【中医】中医内科疾病之一。因气机逆乱,气血运行失常所致,以突然昏倒,不省人事,或伴四肢逆冷为主要表现。轻者昏厥时间较短,自会逐渐苏醒,醒后无偏瘫、失语、口眼㖞斜等后遗症;重者则一厥不醒而死。多有明显的诱发因素,如情绪紧张、恐惧、惊吓、疼痛等,发作前有头晕、恶心、面色苍白、出汗等先期症状。按病因病机的不同,可分为气厥、血厥、痰厥、暑厥、食厥等。醒神回厥为主要治则,实证宜开窍、化痰、辟秽而醒神,虚证宜益气、回阳、救逆而醒神。

絕對頻率

ㄐㄩㄝˊ ㄉㄨㄟˋ ㄆㄧㄣˊ ㄌㄩˋ/juéduì pínlǜ

absolute frequency

【数】台湾名。即"频数"(870 页)。

絕對壓力計

ㄐㄩㄝˊ ㄉㄨㄟˋ ㄧㄚ ㄌㄧˋ ㄐㄧˋ/juéduì yālìjì

absolute pressure gauge

【机】台湾名。即"绝对压力表"(660 页)。

絕緣協調

ㄐㄩㄝˊ ㄩㄢˊ ㄒㄧㄝˊ ㄊㄧㄠˊ/juéyuán xiétiáo

insulation coordination

【电】台湾名。即"绝缘配合"(661 页)。

蕨/蕨 jué/ ㄐㄩㄝˊ

J

fern

【植】*Pteridium aquilinum* 蕨类。凤尾蕨科蕨属。根状茎长而横走,有茸毛。叶近革质,叶片三角形,3～4 回羽裂,裂片矩圆形,全缘或下部有齿。侧脉二叉。孢子囊群沿叶缘分布,群盖条形。在中国,分布于各地。药食兼用。

蕨类植物/蕨類植物

juélèi zhíwù/ ㄐㄩㄝˊ ㄌㄟˋ ㄓˊ ㄨˋ

pteridophyte

【植】不产生种子的陆生维管植物,且孢子体和配子体都可以独立生活的类群。

📖 蕨类繁盛于石炭纪,当时曾是高达 20～30 米的高大植物。绝大多数已在中生代前灭绝。

jun （ㄐㄩㄣ）

军服/軍服 jūnfú/ ㄐㄩㄣ ㄈㄨˊ

military uniform, battledress

【军】又称"军装"。供军人穿着的制式服装。通常分为常服、礼服、作训服、工作服等。普通军服包括军帽(钢盔)、军衣、军鞋、手套、雨衣等。

军舰/軍艦 jūnjiàn/ ㄐㄩㄣ ㄐㄧㄢˋ

naval ship, warship

【船】又称"军用船""军用船舶"。专供军事用途的各种类型舰、船、艇的统称。有时,排水量 500 吨以上的称为"舰",500 吨以下的称为"艇"。潜艇则按习惯不论大小,均称"艇"。是海军武器装备中最基本和最重要的组成部分。包括战斗舰艇和辅助舰船两类。战斗舰艇主要有航空母舰、巡洋舰、驱逐舰、护卫舰、扫雷舰、登陆舰等和潜艇、导弹快艇、鱼雷快艇、护卫艇、扫雷艇、登陆艇等。辅助舰船主要有舰队支援舰船、供应舰、供应船、补给舰、补给船、训练舰、训练船、运输舰、运输船、测量船、修理艇、交通艇等。辅助舰船也统称为军辅船。军船是海军武器装备中最基本和最重要的组成部分。

军事气象学/軍事氣象學

jūnshì qìxiàngxué/ ㄐㄩㄣ ㄕˋ ㄑㄧˋ ㄒㄧㄤˋ ㄒㄩㄝˊ

military meteorology

【气】应用气象学的一个分支。研究气象条件对军事活动和武器装备使用等的影响,以及对部队作战、训练和国防科学试验的实施进行气象保障。

军事物流/軍事物流

jūnshì wùliú/ ㄐㄩㄣ ㄕˋ ㄨˋ ㄌㄧㄡˊ

military logistics

【物流】保障军队平时供应和战时军事供应的物流活动。主要对象是军事物资。按重要性等级不同,可分为战略物流、战役物流和战术物流;按发生的时间不同,可分为平时物流和战时物流。

军事训练模拟/軍事訓練模擬

jūnshì xùnliàn mónǐ/ ㄐㄩㄣ ㄕˋ ㄒㄩㄣˋ ㄌㄧㄢˋ ㄇㄛˊ ㄋㄧˇ

military training simulation

【军】又称"模拟训练"。使用模拟训练系统或器材,模仿武器装备性能、战场环境和作战行动进行的训练。目的是为军事训练提供近似真实的条件,以提高军事训练效益。

军事邮政

jūnshì yóuzhèng/ ㄐㄩㄣ ㄕˋ ㄧㄡˊ ㄓㄥˋ

【交】"军邮"的全称。

军用车载电源系统/軍用車載電源系統

jūnyòng chēzài diànyuán xìtǒng/ ㄐㄩㄣ ㄩㄥˋ ㄔㄜ ㄗㄞˋ ㄉㄧㄢˋ ㄩㄢˊ ㄒㄧˋ ㄊㄨㄥˇ

military vehicle power system

【军】为军事领域各种车载电子信息装备提供电能的系统。主要由发电机组、蓄电池、不间断供电系统(UPS)、配电箱等组成。军用车辆对车载电源系统的要求主要有:环境适应性、电磁兼容性、体积、重量、供电质量、供电时间、负载能力、安装方式等。

军用车载计算机/軍用車載電腦

jūnyòng chēzài jìsuànjī/ ㄐㄩㄣ ㄩㄥˋ ㄔㄜ ㄗㄞˋ ㄐㄧˋ ㄙㄨㄢˋ ㄐㄧ

military vehicular computer

【军】安装在执行地面突击、火力支援、电子信息和工程保障等军用车辆上的计算机。是车载电子系统中的核心设备,主要用于武器控制、通信、指挥、电子对抗、模拟训练和军事技术装备检测等。

军用船

jūnyòngchuán/ ㄐㄩㄣ ㄩㄥˋ ㄔㄨㄢˊ

【船】即"军舰"(662 页)。

J

军用船舶
jūnyòng chuánbó/ ㄐㄩㄣ ㄩㄥˋ ㄔㄨㄢˊ ㄅㄛˊ
【船】即"军舰"(662 页)。

军用教练机/軍用教練機
jūnyòng jiàoliànjī/ ㄐㄩㄣ ㄩㄥˋ ㄐㄧㄠˋ ㄌㄧㄢˋ ㄐㄧ
military trainer
【军】军用飞机的一种。用于训练军队飞行人员从最初级的飞行技术到能够单独飞行与完成指定工作。

军用雷达/軍用雷達
jūnyòng léidá/ ㄐㄩㄣ ㄩㄥˋ ㄌㄟˊ ㄉㄚˊ
military radar
【军】利用电磁波发现目标并测定其位置、速度和其他特性的军用电子装备。发现目标距离远,测定目标坐标速度快,能全天时、全天候使用。广泛用于预警探测、武器控制、侦察监视、地形测绘、航行保障、气象观测和敌我识别等军事领域,是现代战争中重要的电子信息装备。

军用运输机/軍用運輸機
jūnyòng yùnshūjī/ ㄐㄩㄣ ㄩㄥˋ ㄩㄣˋ ㄕㄨ ㄐㄧ
military transport aircraft
【军】军用飞机的一种。用于运输兵员、武器装备和其他军用物资。也可用来空投伞兵等。

军用直升机/軍用直升機
jūnyòng zhíshēngjī/ ㄐㄩㄣ ㄩㄥˋ ㄓˊ ㄕㄥ ㄐㄧ
military helicopter
【军】用于执行军事任务的直升机。在对地攻击、反坦克作战、支援地面部队作战和支援舰艇部队作战,以及提高部队机动性和后勤支援等方面具有重要作用。可分为武装直升机、运输直升机、作战勤务直升机。

军用钻井机/軍用鑽井機
jūnyòng zuànjǐngjī/
ㄐㄩㄣ ㄩㄥˋ ㄗㄨㄢˋ ㄐㄧㄥˇ ㄐㄧ
military well drilling equipment
【军】钻凿井孔的野战给水器材。通常由提升部分、旋转部分、钻具部分和循环洗井部分组成。主要用于在构筑野战给水站时凿水井孔,也可用于工程和水文地质钻探。按组装形式不同,可分为整机车载和部件散装车载;按钻孔方式不同,可分为回转式、冲击式和复合式。

军邮/軍郵 jūnyóu/ ㄐㄩㄣ ㄧㄡˊ
military post
【交】全称"军事邮政"。专门为军队办理通信业务的邮政机构。军邮收寄的邮件实行免费或减费寄送,通常使用特印的军用邮票或军邮戳记。

军装 jūnzhuāng/ ㄐㄩㄣ ㄓㄨㄤ
【军】即"军服"(662 页)。

均变论/均變説
jūnbiànlùn/ ㄐㄩㄣ ㄅㄧㄢˋ ㄕㄨㄛ
uniformitarianism
【地】地质学的一种理论。认为当今正在进行的改变地壳面貌的地质作用也以基本相同的强度作用于整个地质历史时期,主张"现在是解释过去的钥匙"。但并不排斥局部地区的灾变。由英国地质学家莱尔(S. C. Lyell,1797—1875)在《地质学原理》中系统提出。

均變説 ㄐㄩㄣ ㄅㄧㄢˋ ㄕㄨㄛ/jūnbiànshuō
uniformitarianism
【地】台湾名。即"均变论"(663 页)。

均方差 jūnfāngchā/ ㄐㄩㄣ ㄈㄤ ㄔㄚ
【测绘】即"中误差"(1462 页)。

均衡測驗機
ㄐㄩㄣ ㄏㄥˊ ㄘㄜˋ ㄧㄢˋ ㄐㄧ/jūnhéng cèyànjī
balancing machine
【机】台湾名。即"平衡机"(872 页)。

均勻層 ㄐㄩㄣ ㄩㄣˊ ㄘㄥˊ/jūnyúncéng
homosphere
【气】台湾名。即"均质层"(664 页)。

均勻大氣
ㄐㄩㄣ ㄩㄣˊ ㄉㄚˋ ㄑㄧˋ/jūnyún dàqì
homogeneous atmosphere
【气】台湾名。即"均质大气"(664 页)。

均勻電場
ㄐㄩㄣ ㄩㄣˊ ㄉㄧㄢˋ ㄔㄤˇ/jūnyún diànchǎng
uniform electric field
【物】台湾名。即"匀强电场"(1401 页)。

均勻分配
ㄐㄩㄣ ㄩㄣˊ ㄈㄣ ㄆㄟˋ/jūnyún fēnpèi
uniform distribution
【数】台湾名。即"均匀分布"(664 页)。

J

均匀連續
ㄐㄩㄣ ㄩㄣˊ ㄌㄧㄢˊ ㄒㄩˋ/jūnyún liánxù
uniformly continuous
【数】台湾名。即“一致连续”(1330 页)。

均匀分布/均勻分布
jūnyún fēnbù/ㄐㄩㄣ ㄩㄣˊ ㄈㄣ ㄅㄨˋ
uniform distribution
【数】台湾又称“均匀分配”。连续型随机变量的一种概率分布。若随机变量 X 的概率密度函数为 $p(x)=\begin{cases}\frac{1}{b-a}(a\leqslant x\leqslant b)\\0(其他)\end{cases}$，$a<b$ 为常数，则称 X 服从均匀分布，记作 $X\sim U(a,b)$。例如，在长度为 l 的线段上随机地选一点，X 表示所选点到线段左端点的距离，则$X\sim U(0,l)$。

均值 jūnzhí/ㄐㄩㄣ ㄓˊ
【数】“平均值”的简称。

均质/均質 jūnzhì/ㄐㄩㄣ ㄓˋ
isotropic
【轻】用机械方法将料液中的脂肪球或固体小微粒破碎，制成液相或固液相均匀混合物的过程。

均质层/均勻層
jūnzhìcéng/ㄐㄩㄣ ㄩㄣˊ ㄘㄥˊ
homosphere
【气】按大气组成混合状态划分的大气中的一层。地面向上至距地面高度 85 千米的大气层。由于大气垂直混合运动和分子扩散作用，层内除二氧化碳、臭氧和水汽的含量有微小变化外，大气主要成分几乎不变。故可将干洁空气当成一种相对分子质量为 28.966 的“单一成分气体”处理。

均质层顶/均質層頂
jūnzhìcéngdǐng/ㄐㄩㄣ ㄓˋ ㄘㄥˊ ㄉㄧㄥˇ
homopause
【气】均质层与非均质层之间的过渡层，距地面高度 85～110 千米。

均质大气/均勻大氣
jūnzhì dàqì/ㄐㄩㄣ ㄩㄣˊ ㄉㄚˋ ㄑㄧˋ
homogeneous atmosphere
【气】模式大气的一种。假设密度不随高度变化，即所有高度上的空气密度一样，而海平面气压又与真实大气海平面气压相等。

君迁子/君遷子 jūnqiānzǐ/ㄐㄩㄣ ㄑㄧㄢ ㄗˇ
dateplum persimmon
【植】*Diospyros lotus* 通称“黑枣”，又称“野柿子”。柿树科柿属。落叶乔木。树皮灰黑色，深裂成块状剥落。叶近膜质，椭圆形至长圆形，先端尖，基部宽楔形，深绿色，有光泽。花萼钟状，四裂，裂片卵形；雄花簇生，淡黄色或淡红色，雌花单生，绿色或带红色。果实近球形或椭圆形，刚熟时淡黄色，后变为蓝黑色，被有白蜡层。花期 5—6 月份，果期 10—11 月份。在中国，分布于华北、华东、中南、西南等地。果实可作水果，也可入药。

君子兰/君子蘭 jūnzǐlán/ㄐㄩㄣ ㄗˇ ㄌㄢˊ
scarlet kafirlily
【植】*Clivia miniata* 石蒜科君子兰属。多年生草本植物。叶基部形成假鳞茎，基生叶质厚，深绿色，带状，全缘。伞形花序顶生，花多，小花有柄；花冠宽漏斗形，鲜红色，内面略带黄色。浆果紫红色，宽卵形。花期为春夏季。中国各地均有栽培。观赏花卉。
📖 君子兰的拉丁学名本就有富贵、高尚之意，中文名采用“君子”一词也有“有才德的人”之意，故中文以君子兰为此花名，不仅符合其原意，还喻其有着人类君子般的品格和风采之意。

钧窑/鈞窯 Jūnyáo/ㄐㄩㄣ ㄧㄠˊ
Jun Kiln
【轻】中国宋代五大名窑之一。窑址位于钧州(今河南禹州神垕)境内，故名。创始于唐，兴盛于北宋，产品称为“钧瓷”，属北方青瓷系统，胎质细腻，釉色华丽。种类繁多，有玫瑰紫、海棠红、茄子紫、天蓝、胭脂、朱砂、火红，还有窑变。以碗盘为多，但以花盆最为出色。凭借其古朴的造型、精湛的工艺、复杂的配釉和独特的窑变技术，获得“入窑一色，出窑万彩”的神奇艺术效果。

軍用車載電腦
ㄐㄩㄣ ㄩㄥˋ ㄔㄜ ㄗㄞˋ ㄉㄧㄢˋ ㄋㄠˇ/
jūnyòng chēzài diànnǎo
military vehicular computer
【军】台湾名。即“军用车载计算机”(662 页)。

菌柄/菌柄 jūnbǐng/ㄐㄩㄣˋ ㄅㄧㄥˇ
stipe

【植】菌盖下面的柄状结构。有中生、偏生或侧生之分。有的还有菌环和菌托。

菌肥 ㄐㄩㄣˋ ㄈㄟˊ/jūnféi

microbial manure

【农】台湾名。即“微生物肥料”(1179 页)。

菌盖/菌傘 jūngài/ㄐㄩㄣˋ ㄙㄢˇ

pileus

【植】又称“菌帽”。子实体上部的帽状结构。多为钟形、斗笠形、半球形、平展形和漏斗形等,常见有白、黄、灰、红、紫、绿等颜色。

菌环/菌環 jūnhuán/ㄐㄩㄣˋ ㄏㄨㄢˊ

annulus

【植】菌柄上部的环状物。

菌类/菌类 jūnlèi/ㄐㄩㄣˋ ㄌㄟˋ

fungus

【生】低等生物的一大类。种类很多。构造简单,无根、茎、叶分化,不具叶绿素,不能自己制造养料,多营寄生或腐生生活。如细菌、真菌等。

菌痢 jūnlì/ㄐㄩㄣˋ ㄌㄧˋ

【医】“细菌性痢疾”的简称。

菌落/菌落 jūnluò/ㄐㄩㄣˋ ㄌㄨㄛˋ

colony

【生】一般指单个菌体或孢子在固体培养基上生长繁殖后形成的肉眼可见的微生物集团。各种微生物的菌落特征常有不同,鉴定微生物类别时可供参考。

菌帽 jūnmào/ㄐㄩㄣˋ ㄇㄠˋ

【植】即“菌盖”(665 页)。

菌傘 ㄐㄩㄣˋ ㄙㄢˇ/jūnsǎn

pileus

【植】台湾名。即“菌盖”(665 页)。

菌托/菌托 jūntuō/ㄐㄩㄣˋ ㄊㄨㄛ

volva

【植】菌柄基部的环状物。

菌褶/菌褶 jūnzhě/ㄐㄩㄣˋ ㄓㄜˇ

lamella

【植】生长在菌盖下面的一种类似刀片的片状结构。

皲裂疮/皸裂瘡

jūnlièchuāng/ㄐㄩㄣ ㄌㄧㄝˋ ㄔㄨㄤ

rhagades, * chapping sore

【中医】皮肤病之一。肌热骤被寒冷风燥所逼,引起血脉阻滞,肤失濡养所致,也与经常摩擦、压力、浸渍等有关。症见手足皮肤枯槁、增厚发硬,并有长短深浅不一的裂隙,深者可引起出血、疼痛等。相当于手足皲裂症。治宜用地骨皮、白矾各等分煎汤浸洗患处使之皮肤发软,次涂润肌膏或太乙膏。

K

ka （ㄎㄚ）

咖啡/咖啡 kāfēi/ㄎㄚ ㄈㄟ

coffee

【植】*Coffea*茜草科咖啡属。常绿小乔木或灌木。叶对生,椭圆形至披针形。球形或聚伞花序生于叶腋,花冠高脚碟形或漏斗形,白色或浅黄色,顶部有裂,裂片在花蕾时旋转排列,有香气。浆果球形,红色,有两颗种子,种子背部凸起,腹面凹陷或有纵槽,称咖啡豆。中国南部和西南部有栽培。种子磨粉可作饮料原料。

📖 咖啡是咖啡属植物的统称。有小果咖啡、中果咖啡、大果咖啡等。中国引入本属的几个种进行栽培。咖啡是埃塞俄比亚、哥伦比亚和也门的国树。

咖啡碱 kāfēijiǎn/ㄎㄚ ㄈㄟ ㄐㄧㄢˇ

【化】即"咖啡因"(666 页)。

咖啡因/咖啡因 kāfēiyīn/ㄎㄚ ㄈㄟ ㄧㄣ

caffeine, guaranine

【化】又称"咖啡碱"。天然有机物。是嘌呤生物碱。存在于咖啡、可可及茶叶中。白色或带极微黄绿色的针状结晶,有丝光,无臭、味苦,易风化。医学上用作中枢兴奋药和利尿剂等。

喀喇昆仑山/喀喇昆侖山

Kālākūnlún Shān/

ㄎㄚ ㄌㄚ ㄎㄨㄣ ㄌㄨㄣˊ ㄕㄢ

Karakorum Mountain

【地】山脉名。位于中国、塔吉克斯坦、阿富汗、巴基斯坦和印度等国的边境。长约 800 千米,宽约 240 千米,平均海拔超过 5500 米,主峰乔戈里峰,海拔 8611 米,为世界第二高峰。

喀什米爾山羊毛

ㄎㄚ ㄕˊ ㄇㄧˇ ㄦˇ ㄕㄢ ㄧㄤˊ ㄇㄠˊ/

Kāshímǐ'ěr shānyángmáo

cashmere

【纺】台湾名。即"开司米"(668 页)。

喀斯特/喀斯特 kāsītè/ㄎㄚ ㄙ ㄊㄜˋ

karst

【地】又称"岩溶"。石灰岩等可溶性岩石经溶蚀作用、沉积作用而形成的自然景观。具有独特的地貌和水系特征。由亚得里亚海岸的喀斯特高地而得名。中国广西、云南、贵州等地的喀斯特地貌最为典型。

喀斯特湖/喀斯特湖

kāsītè hú/ㄎㄚ ㄙ ㄊㄜˋ ㄏㄨˊ

karst lake

【地】在石灰岩和其他可溶性岩石地区,由溶蚀作用造成洼地后积水形成的湖泊。通常面积不大,湖水较浅,多由泉水或暗河补给,水量稳定,终年有水。可分为地表喀斯特湖(如贵州独山王偶大潭、星朗绿阴潭)和地下喀斯特湖(如云南六朗洞潭、贵州麻尾菜花洞大潭)。

卡 kǎ/ㄎㄚˇ

【计量】"卡路里"的简称。

卡宾枪/卡賓槍

kǎbīnqiāng/ㄎㄚˇ ㄅㄧㄣ ㄑㄧㄤ

carbine

【军】又称"骑枪""马枪"。短而轻的步枪。"卡宾"是英文"carbine"的音译。原为骑兵骑乘作战使用,多为制式步枪的缩短型。

卡车 kǎchē/ㄎㄚˇ ㄔㄜ

【机】即"货车"(555 页)。

卡尺/測徑器 kǎchǐ/ㄘㄜˋ ㄐㄧㄥˋ ㄑㄧˋ

caliper

【机】长度量具的一种。利用机械直尺和滑尺上的两个平行卡爪卡在被测物体的内缘或外缘测量。常用的有游标卡尺、带表卡尺和电子数显卡尺。

卡尔卡松城堡/卡爾卡松城堡

Kǎ'ěrkǎsōng Chéngbǎo/

ㄎㄚˇ ㄦˇ ㄎㄚˇ ㄙㄨㄥ ㄔㄥˊ ㄅㄠˇ

Castle of Carcassonne

【建】法国的一座中世纪城堡。原为古罗马小镇,位于图卢兹到地中海沿岸的途中,奥得河东岸高地的边缘上。13 世纪建造了 3 千米长的双重城墙,每隔几十米建一座塔楼,共 52

座。城内领主的城堡建于 1240—1285 年，具有很强的防卫性，并有护城河及吊桥。

卡规/卡規 kǎguī/ㄎㄚˇ ㄍㄨㄟ

snap gauge

【机】用于轴径检验的光滑极限量规。其测量面为两平行平面。两测量面间距具有被检轴径最大极限尺寸的为“轴用通规”，具有被检轴径最小极限尺寸的为“轴用止规”。

卡路里/卡路里 kǎlùlǐ/ㄎㄚˇ ㄌㄨˋ ㄌㄧˇ

calorie

【计量】简称“卡”。热量的非国际单位制单位。符号 cal。1 卡＝4.1868 焦。

卡普拉别墅

Kǎpǔlā biéshù/ㄎㄚˇ ㄆㄨˇ ㄌㄚ ㄅㄧㄝˊ ㄕㄨˋ

【建】即“圆厅别墅”(1391 页)。

卡普兰式水轮机

Kǎpǔlánshì shuǐlúnjī/

ㄎㄚˇ ㄆㄨˇ ㄌㄢˊ ㄕˋ ㄕㄨㄟˇ ㄌㄨㄣˊ ㄐㄧ

【机】即“轴流式水轮机”(1473 页)。因奥地利教授维克托·卡普兰于 1913 年发明，故名。

卡其布/卡其布 kǎqíbù/ㄎㄚˇ ㄑㄧˊ ㄅㄨˋ

khaki drill

【纺】又称“咔叽布”。一种主要由棉、毛、化学纤维纯纺或混纺而成的斜纹类织品。通常浅色，原料以棉花为主。19 世纪中叶开始使用在英军军服上，以后流行，多用作便装短裤或长裤的面料。

卡钳/卡鉗 kǎqián/ㄎㄚˇ ㄑㄧㄢˊ

calliper

【机】长度量具的一种。有两个可以开合的钢质卡脚，开口的尺寸可用钢尺测量。可分为内卡钳和外卡钳。前者用于测量圆柱孔的内径、槽宽等；后者用于测量圆柱体的外径、物体的长度等。下图分别为外卡钳和内卡钳。

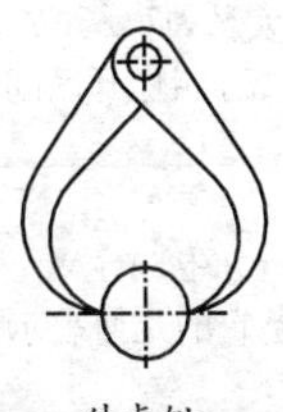

外卡钳

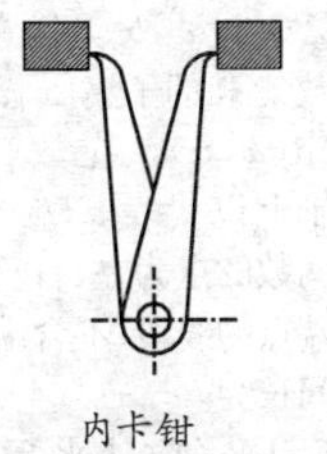

内卡钳

咔叽布 kǎjībù/ㄎㄚˇ ㄐㄧ ㄅㄨˋ

【纺】即“卡其布”(667 页)。

鉲 ㄎㄚˇ/kǎ

californium

【化】台湾名。即“锎”(669 页)。

kai （ㄎㄞ）

开 kāi/ㄎㄞ

【计量】“开尔文”的简称。

开尔文/克耳文

kāi'ěrwén/ㄎㄜˋ ㄦˇ ㄨㄣˊ

kelvin

【计量】简称“开”。热力学温度的国际单位制单位。符号 K。规定水三相点热力学温度的 1/273.16 为 1 开。为纪念英国物理学家威廉·汤姆森(被封为开尔文勋爵，William Thomson，1st Baron Kelvin，1824—1907)而命名。1967 年第 13 届国际计量大会通过。

开尔文电桥

Kāi'ěrwén diànqiáo/

ㄎㄞ ㄦˇ ㄨㄣˊ ㄉㄧㄢˋ ㄑㄧㄠˊ

【电】即“直流双比电桥”(1444 页)。

开发研究/開發研究

kāifā yánjiū/ㄎㄞ ㄈㄚ ㄧㄢˊ ㄐㄧㄡˋ

development and research

【总】运用基础研究、应用研究成果和有关知识，为创造新产品、新方法、新技术、新材料的技术基础的研究活动。主要任务是将实验室成功的小试成果，通过中间试验或扩大试验，为工业生产创造条件。

开方/開方 kāifāng/ㄎㄞ ㄈㄤ

radication

【数】求方根的运算。求 a 的 n 次方根，叫作对 a 开 n 次方。

开放系统/開放系統

kāifàng xìtǒng/ㄎㄞ ㄈㄤˋ ㄒㄧˋ ㄊㄨㄥˇ

open system

【信息】装有公认的接口和协议，以便与其他系统(可以是不同设计或不同制造商的系统)互操作的系统。其应用软件不加修改即可在不同系统之间移植，各种应用之间可互操作和交互作用。

开放系统互连/開放系統互連
kāifàng xìtǒng hùlián/
ㄎㄞ ㄈㄤˋ ㄒㄧˋ ㄊㄨㄥˇ ㄏㄨˋ ㄌㄧㄢˊ
open systems interconnection, OSI
【信息】为给不同厂家计算机的互连提供共同的基础和框架,国际标准化组织(ISO)于1984年专门制定的一项标准。

开放系统互连参考模型/開放系統互連参考模型
kāifàng xìtǒng hùlián cānkǎo móxíng/
ㄎㄞ ㄈㄤˋ ㄒㄧˋ ㄊㄨㄥˇ ㄏㄨˋ ㄌㄧㄢˊ ㄘㄢ ㄎㄠˇ ㄇㄛˊ ㄒㄧㄥˊ
open systems interconnection reference model, OSI-RM
【信息】为实现开放系统互连,建立网络系统概念和功能,协调网络通信而制定的分层基准模型。

开放性损伤/開放性損傷
kāifàngxìng sǔnshāng/
ㄎㄞ ㄈㄤˋ ㄒㄧㄥˋ ㄙㄨㄣˇ ㄕㄤ
open injury
【医】受伤部位皮肤或黏膜破损,与外界相通的损伤。

开关/開關 kāiguān/ㄎㄞ ㄍㄨㄢ
switch
【电】改变其端子间电连接状态的器件。

开集/開集 kāijí/ㄎㄞ ㄐㄧˊ
open set
【数】若集合 A 中的每一元素 x 都有某个邻域包含于 A 中,则 A 叫作开集。例如,开区间(a,b)和集合$\{(x,y)\mid(x-a)^2+(y-b)^2<r^2\}$都是开集。

开间/開間 kāijiān/ㄎㄞ ㄐㄧㄢ
bay width
【建】建筑物纵向两个相邻的墙或柱中心线之间的距离。

开链烃/開鏈煙
kāiliàntīng/ㄎㄞ ㄌㄧㄢˋ ㄊㄧㄥ
open chain hydrocarbon
【化】简称"链烃"。烃的一类。分子中碳原子相连成链而无环状结构的烃,可分为饱和烃和不饱和烃。

开路/斷路 kāilù/ㄉㄨㄢˋ ㄌㄨˋ
open circuit
【物】电路中某一支路断开,电流恒为零、支路两端的电压可为任意值的一种特殊工作状态。

开普勒定律/克卜勒定律
Kāipǔlè dìnglǜ/ㄎㄜˋ ㄅㄨˇ ㄌㄜˋ ㄉㄧㄥˋ ㄌㄩˋ
Kepler law
【天】太阳系行星运动的基本定律。因德国天文学家开普勒(J. Kepler,1571—1630)首先提出,故名。第一定律又称"轨道定律",所有的行星分别在大小不同的椭圆轨道上绕太阳运动,太阳在这些椭圆的一个焦点(S)上。第二定律又称"面积定律",对于每个行星,太阳和行星的连线在相等的时间里扫过相等的面积。第三定律又称"周期定律",所有的行星的椭圆轨道的半长轴的三次方跟公转周期的平方的比值都相等。数学表达式为 $R^3/T^2=k$。

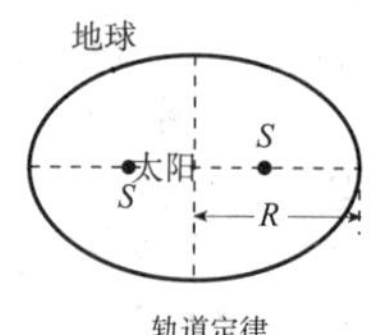

开普勒定律

开窍法/開竅法
kāiqiàofǎ/ㄎㄞ ㄑㄧㄠˋ ㄈㄚˇ
inducing resuscitation method, * orifice-opening (method)
【中医】内治法之一。用具有通窍开闭、促进神志苏醒作用的方药治疗邪气盛实之闭证。

开区间/開區間
kāiqūjiān/ㄎㄞ ㄑㄩ ㄐㄧㄢ
open interval
【数】设 a,b 为任意两个实数,且 $a<b$。实数集 **R** 的子集 $\{x\mid a<x<b\}$ 叫作开区间,记作(a,b)。在数轴上以代表 a,b 两数的点为左、右端点的线段(不含端点),是它的几何表示,区间长为 $b-a$。

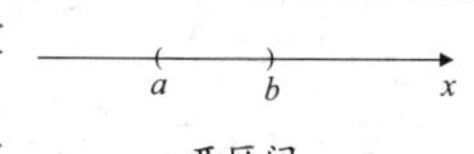

开区间

开司米/喀什米爾山羊毛
kāisīmǐ/ㄎㄚ ㄕˊ ㄇㄧˇ ㄦˇ ㄕㄢ ㄧㄤˊ ㄇㄠˊ

cashmere

【纺】又称“山羊绒”。从山羊身上或山羊毛皮制革过程中取下的细绒毛。具有细、轻、柔、滑、糯、光、暖等优良特性，是制造高档纺织品的名贵原料。中国生产的山羊绒产量最多（占世界总产量 80% 以上），品质最优。按其天然颜色不同，可分为白绒、青绒和紫绒。白绒为白色；青绒呈灰白色、青灰色；紫绒呈红灰色或蓝紫色。

开元寺双塔/開元寺雙塔

Kāiyuán Sì Shuāng Tǎ/
ㄎㄞ ㄩㄢˊ ㄙˋ ㄕㄨㄤ ㄊㄚˇ

twin pagoda of Kaiyuan temple

【建】福建泉州开元寺的东塔和西塔的合称。位于寺外东西广场，相距约 200 米。东塔称镇国塔，始建于唐咸通六年（公元 865 年），为木塔，宋宝庆三年（公元 1227 年）改建为砖塔，重建改为石塔，高 48.24 米。西塔称仁寿塔，始建于后梁贞明二年（公元 916 年），初为木塔，北宋时改建为砖塔，南宋时，改建为石塔，高 44.06 米。双塔均仿楼阁式木塔结构，八角五级，须弥座塔基，形制仿木构楼阁式。外有回廊，护以石栏，可环塔而行。塔心为八角形实心体。

開式模鍛

ㄎㄞ ㄕˋ ㄇㄨˊ ㄉㄨㄢˋ/kāishì múduàn

open die forging

【机】台湾名。即“自由锻”（1506 页）。

锎/鉲 kāi/ㄎㄞ

californium

【化】金属元素。属周期表第ⅢB 族（锕系），符号 Cf，原子序数 98。原子量 251.0796。有放射性，由人工核反应获取。单质为银白色金属，极易挥发。1 毫克锎-252 每秒约放出 2.3 亿个中子。锎-252 是有用的中子源，可用于中子活化分析与治疗癌症。

📖 1950 年，美国的西博格（G.Seaborg）等在回旋加速器中首先合成这一新元素。拉丁文定名为 californium，源自 California，意思是“加利福尼亚州”，用以纪念这一元素的发现地。中文定名为“锎”，是形声字。

kan （ㄎㄢ）

勘探/探勘 kāntàn/ㄊㄢˋ ㄎㄢ

exploration，prospecting

【地】为查明矿藏分布情况，测定矿体的位置、形状、大小、品位、成矿规律、地质构造和开采条件等开展的工作。采取的方式有槽探（地面开槽）、钻探、坑探以及各种地球物理方法等，目的是为了开发的可行性研究或矿山建设设计提供依据。

堪达犴 kāndáhān/ㄎㄢ ㄉㄚˊ ㄏㄢ（又读ㄢˋ）

【动】即“驼鹿”（1158 页）。

坎 kǎn/ㄎㄢˇ

【计量】“坎德拉”的简称。

坎贝尔—斯托克斯日照计

Kǎnbèi'ěr-Sītuōkèsī rìzhàojì/
ㄎㄢˇ ㄅㄟˋ ㄦˇ-ㄙ ㄊㄨㄛ ㄎㄜˋ ㄙ ㄖˋ ㄓㄠˋ ㄐㄧˋ

【气】即“聚焦式日照计”。1853 年由苏格兰人坎贝尔（J. F. Campbell）发明，1878 年由英国物理学家斯托克斯（G. G. Stokes）修改定型，故名。

坎德拉/燭光

kǎndélā/ㄓㄨˊ ㄍㄨㄤ

candela

【计量】简称“坎”。发光强度的国际单位制单位。符号 cd。一光源在给定方向上的发光强度，该光源发出 540×10^{12} 赫的单色辐射，且在此方向上的辐射强度为（1/683）瓦/球面度。1979 年第 16 届国际计量大会上通过。

坎儿井/坎井 kǎnrjǐng/ㄎㄢˇ ㄐㄧㄥˇ

karez，qanat

【农】中国新疆等干旱地区开发利用浅层地下水的一种灌溉工程。从高坡处向低矮处按一定间隔打深浅不等的竖井，在井底修通暗渠，沟通各井，暗渠的出水口与地面渠道相连接，把雪山融化的雪水和地下水引至地面灌溉田地。

坎井 ㄎㄢˇ ㄐㄧㄥˇ/kǎnjǐng

karez，qanat

【农】台湾名。即“坎儿井”（669 页）。

槛墙/檻牆 kǎnqiáng/ㄎㄢˇ ㄑㄧㄤˊ

sill wall

【建】带有窗子的墙面中从地面到窗槛下的矮墙。北方多用砖石砌筑，南方采用木板或木骨泥墙。宫殿、庙宇则用黄绿琉璃砖贴面。

kang （ㄎㄤ）

康复/復元 kāngfù/ㄈㄨˋ ㄩㄢˊ

㊀rehabilitation，㊁recovery

㊀【医】通过综合协调,应用医学的、教育的、社会的各种措施,消除或减轻病、伤、残对患者的身心和社会功能的影响。同时创造有利的环境条件,尽可能地恢复或重建已丧失的功能,提高他们的自理能力,改善他们的生存质量,使之重返社会。㊁【中医】疾病痊愈,完全恢复健康,为疾病转归的最佳结局。

康复医学/復健醫學

kāngfù yīxué/ㄈㄨˋ ㄐㄧㄢˋ ㄧ ㄒㄩㄝˊ

rehabilitation medicine

【医】旨在消除和减轻患者功能障碍,弥补和重建身体功能缺失,设法改善、恢复、提高身体功能的医学学科。

康拉德不連續面

ㄎㄤ ㄌㄚ ㄉㄜˊ ㄅㄨˋ ㄌㄧㄢˊ ㄒㄩˋ ㄇㄧㄢˋ/

Kānglādé bùliánxùmiàn

Conrad discontinuity

【地】台湾名。即“康拉德界面”(670 页)。

康拉德界面/康拉德不連續面

Kānglādé jièmiàn/

ㄎㄤ ㄌㄚ ㄉㄜˊ ㄅㄨˋ ㄌㄧㄢˊ ㄒㄩˋ ㄇㄧㄢˋ

Conrad discontinuity

【地】地壳中硅铝层与硅镁层的分界面。1923 年,由地质学家康拉德(V. Conrad)发现地下平均 20 千米处地震波传播速度加快,表明此面以下的密度增加。推断这个面是硅铝层与硅镁层的分界面。在大陆地区深度变化较大,为 10～40 千米;在大洋地区则较浅或不存在。

康乃馨 kāngnǎixīn/ㄎㄤ ㄋㄞˇ ㄒㄧㄣ

【植】“香石竹”的通称。

📖 康乃馨是常见的鲜切花,粉红色康乃馨作为母亲节的象征,始于 1907 年的美国。

康普顿效应/康普頓效應

Kāngpǔdùn xiàoyìng/

ㄎㄤ ㄆㄨˇ ㄉㄨㄣˋ ㄒㄧㄠˋ ㄧㄥˋ

Compton effect

【物】X 射线、γ 射线等射入物质被散射后,除出现与入射波同样波长的散射外,还出现波长向长波方向移动的散射现象。美国物理学家康普顿(Arthur Holly Compton,1892—1962)在 1918—1922 年发现,故名。

康司日照計

ㄎㄤ ㄙ ㄖˋ ㄓㄠˋ ㄐㄧˋ/kāngsī rìzhàojì

Campbell-Stokes sunshine recorder

【气】台湾名。即“聚焦式日照计”(656 页)。

糠醛/糠醛 kāngquán/ㄎㄤ ㄑㄩㄢˊ

furfural，furfurol

【化】学名“呋喃甲醛”。有机化合物。无色油状液体,有类似苯甲醛的气味,在空气中及光照下颜色由黄变棕,同时发生树脂化。其蒸气与空气混合易爆炸,爆炸极限为 2.1%(体积),自燃温度为 392 ℃。是重要的化工原料和优良溶剂。

糠蚊 ㄎㄤ ㄨㄣˊ /kāngwén

midge

【动】台湾名。即“蠓”(796 页)。

抗阿米巴药/抗阿米巴藥

kàng'āmǐbāyào/ㄎㄤˋ ㄚ ㄇㄧˇ ㄅㄚ ㄧㄠˋ

antiamebic drug

【医】治疗由阿米巴原虫引起的肠道、肝脏感染的药物。如甲硝唑及其同系物。

抗病毒药/抗病毒藥

kàngbìngdúyào/ㄎㄤˋ ㄅㄧㄥˋ ㄉㄨˊ ㄧㄠˋ

antiviral drug

【医】预防和治疗病毒感染的药物。在体外可抑制病毒复制酶,在感染细胞或动物体内抑制病毒复制或繁殖。其中抗疱疹病毒感染的主要有阿昔洛韦及其类似物,抗流感病毒感染的主要有奥司米韦及类似物。抗逆转录病毒药主要用于治疗 HIV/AIDS 感染。

抗超敏反应药/抗過敏藥

kàng chāomǐn fǎnyìng yào/

ㄎㄤˋ ㄍㄨㄛˋ ㄇㄧㄣˇ ㄧㄠˋ

antiallergic agent

【医】防治超敏反应疾病的药物。常用药物有抗组胺药,如苯海拉明;过敏反应介质阻释剂,如赛庚定;其他,如钙盐、脱敏制剂、糖皮质激素等。

抗沉性 kàngchénxìng/ㄎㄤˋ ㄔㄣˊ ㄒㄧㄥˋ

【船】即“不沉性”(83 页)。

抗傳染劑
ㄎㄤˋ ㄔㄨㄢˊ ㄖㄢˇ ㄐㄧˋ/kàngchuánrǎnjì
antiinfective
【医】台湾名。即“抗感染药”(672 页)。

抗磁质/反磁性物質
kàngcízhì/ㄈㄢˇ ㄘˊ ㄒㄧㄥˋ ㄨˋ ㄓˊ
diamagnetic substance
【物】磁介质的一种。例如,铜、锌、铋、硫、汞等。其磁化率和相对磁导率是负值,放入磁场 B_0 中时,由磁化产生的附加磁场 B' 的方向与 B_0 的方向相反,但数值很小(仅为 B_0 的十万分之几),总的磁感应强度略小于原来磁场 B_0。

抗雌激素/抗雌激素
kàngcíjīsù/ㄎㄤˋ ㄘˊ ㄐㄧ ㄙㄨˋ
antiestrogen
【医】具有竞争性阻断雌激素受体,拮抗雌激素活性的药物。

抗代谢药/抗代謝物
kàngdàixièyào/ㄎㄤˋ ㄉㄞˋ ㄒㄧㄝˋ ㄨˋ
antimetabolite
【医】化学结构与代谢物类似,能干扰核酸正常代谢的药物。可分为二氢叶酸还原酶抑制剂、胸苷酸合成酶抑制剂、嘌呤核苷酸互变抑制剂、核苷酸还原酶抑制剂和 DNA 多聚酶抑制剂。

抗代謝物
ㄎㄤˋ ㄉㄞˋ ㄒㄧㄝˋ ㄨˋ/kàngdàixièwù
antimetabolite
【医】台湾名。即“抗代谢药”(671 页)。

抗胆碱药/抗膽鹼劑
kàngdǎnjiǎnyào/ㄎㄤˋ ㄉㄢˇ ㄐㄧㄢˇ ㄐㄧˋ
anticholinergic
【医】能与乙酰胆碱或外源性拟胆碱争夺胆碱受体,产生抗胆碱作用的药物。可分为 M-胆碱受体阻滞药、N-胆碱受体阻滞药和中枢性抗胆碱药。

抗胆碱酯酶药
kàngdǎnjiǎnzhǐméiyào/
ㄎㄤˋ ㄉㄢˇ ㄐㄧㄢˇ ㄓˇ ㄇㄟˊ ㄧㄠˋ
【医】即“胆碱酯酶抑制药”(200 页)。

抗膽鹼劑
ㄎㄤˋ ㄉㄢˇ ㄐㄧㄢˇ ㄐㄧˋ/kàngdǎnjiǎnjì
anticholinergic
【医】台湾名。即“抗胆碱药”(671 页)。

抗滴虫药/抗滴蟲藥
kàngdīchóngyào/ㄎㄤˋ ㄉㄧ ㄔㄨㄥˊ ㄧㄠˋ
antitrichomonal drug
【医】防治由毛滴虫引起的尿道或阴道感染的药物。对阴道滴虫具有直接杀灭作用。

抗癫痫药/抗癲癇藥
kàngdiānxiányào/ㄎㄤˋ ㄉㄧㄢ ㄒㄧㄢˊ ㄧㄠˋ
antiepileptic
【医】抑制由脑细胞异常放电引起的脑功能障碍的药物。可分为钠通道调节剂、γ-氨基丁酸调节剂、兴奋性氨基酸受体拮抗剂、兴奋性氨基酸释放调节剂、与乙琥胺有关的抗失神发作药物及其他药物。

抗动脉粥样硬化药/抗動脈粥樣硬化劑
kàng dòngmài zhōuyàng yìnghuà yào/ㄎㄤˋ ㄉㄨㄥˋ ㄇㄞˋ ㄓㄡ ㄧㄤˋ ㄧㄥˋ ㄏㄨㄚˋ ㄐㄧˋ
antiatherosclerotic
【医】防治动脉粥样硬化的药物。可分为调血脂性抗动脉粥样硬化药、抗氧化性动脉硬化药、多烯脂肪酸类药、黏多糖类和多糖类抗动脉粥样硬化药。

抗動脈粥樣硬化劑
ㄎㄤˋ ㄉㄨㄥˋ ㄇㄞˋ ㄓㄡ ㄧㄤˋ ㄧㄥˋ ㄏㄨㄚˋ ㄐㄧˋ/
kàng dòngmài zhōuyàng yìnghuà jì
antiatherosclerotic
【医】台湾名。即“抗动脉粥样硬化药”(671 页)。

抗恶劣环境计算机/嚴苛環境電腦
kàng èliè huánjìng jìsuànjī/
ㄧㄢˊ ㄎㄜ ㄏㄨㄢˊ ㄐㄧㄥˋ ㄉㄧㄢˋ ㄋㄠˇ
severe environment computer
【军】为满足特定恶劣环境下使用要求而设计、制造的计算机。是加固计算机的一种。恶劣环境通常指计算机作业或存储所处的非普通的周围环境(主要包括气候环境、机械物理环境、电磁环境、生物环境、特种环境等)。

抗惡性腫瘤藥
ㄎㄤˋ ㄜˋ ㄒㄧㄥˋ ㄓㄨㄥˇ ㄌㄧㄡˊ ㄧㄠˋ/
kàng èxìng zhǒngliú yào
antineoplastic
【医】台湾名。即“抗肿瘤药”(675 页)。

K

抗肥胖药/抗肥胖藥
kàngféipàngyào/ㄎㄤˋ ㄈㄟˊ ㄆㄤˋ ㄧㄠˋ
antiadipositas drug
【医】用于减轻肥胖，纠正体重过高的药物。主要分为食欲抑制药和肠道脂肪吸收阻滞药两类。

抗风湿药/治風濕藥
kàngfēngshīyào/ㄓˋ ㄈㄥ ㄕ ㄧㄠˋ
antirheumatic
【医】治疗风湿病的药物。可分为甾体激素类药物、非甾体类药物和免疫抑制药物。

抗感染药/抗傳染劑
kànggǎnrǎnyào/ㄎㄤˋ ㄔㄨㄢˊ ㄖㄢˇ ㄐㄧˋ
antiinfective
【医】治疗或预防各种病原体所致感染的药物。可分为抗生素类药物、合成的抗菌药、抗结核病药、抗麻风病药、抗病毒药、抗真菌药和抗寄生虫病药物。

抗高血压药/抗高血壓藥
kànggāoxuèyāyào/
ㄎㄤˋ ㄍㄠ ㄒㄧㄝˇ ㄧㄚ ㄧㄠˋ
antihypertensive drug
【医】又称“降压药”。抑制血压增高，治疗高血压症的药物。可分为利尿降压药、β肾上腺素受体阻滞剂、血管紧张素转换酶抑制剂、血管紧张素Ⅱ受体拮抗剂、钙通道阻滞剂、选择性α1受体阻滞剂、中枢降压药、血管扩张剂和酶类降压药。

抗骨质疏松药/抗骨質疏鬆劑
kàng gǔzhì shūsōng yào/
ㄎㄤˋ ㄍㄨˇ ㄓˋ ㄕㄨ ㄙㄨㄥ ㄐㄧˋ
anti-osteoporotic
【医】防治骨质疏松症的药物。可分为抗骨吸收药、促骨形成药、钙制剂及其调节剂。

抗骨質疏鬆劑
ㄎㄤˋ ㄍㄨˇ ㄓˋ ㄕㄨ ㄙㄨㄥ ㄐㄧˋ/
kàng gǔzhì shūsōng jì
anti-osteoporotic
【医】台湾名。即“抗骨质疏松药”(672 页)。

抗過敏藥
ㄎㄤˋ ㄍㄨㄛˋ ㄇㄧㄣˇ ㄧㄠˋ/kàngguòmǐnyào
antiallergic agent
【医】台湾名。即“抗超敏反应药”(670 页)。

抗黑热病药/抗黑熱病藥
kànghēirèbìngyào/
ㄎㄤˋ ㄏㄟ ㄖㄜˋ ㄅㄧㄥˋ ㄧㄠˋ
antikala-azar drug
【医】治疗由利什曼原虫引起的黑热病的药物。主要有葡萄糖酸锑钠和喷他脒。

抗红细胞增生药/抗紅血球增生藥
kàng hóngxìbāo zēngshēng yào/
ㄎㄤˋ ㄏㄨㄥˊ ㄒㄧㄝˇ ㄑㄧㄡˊ ㄗㄥ ㄕㄥ ㄧㄠˋ
antipolycythemic
【医】治疗真性红细胞系细胞肿瘤性增生而导致的红细胞增多症的药物。如羟基脲等。

抗紅血球增生藥
ㄎㄤˋ ㄏㄨㄥˊ ㄒㄧㄝˇ ㄑㄧㄡˊ ㄗㄥ ㄕㄥ ㄧㄠˋ/
kàng hóngxuèqiú zēngshēng yào
antipolycythemic
【医】台湾名。即“抗红细胞增生药”(672 页)。

抗坏血酸
kànghuàixuèsuān/
ㄎㄤˋ ㄏㄨㄞˋ ㄒㄧㄝˇ ㄙㄨㄢ
【医】即“维生素 C”(1183 页)。

抗坏血酸缺乏病/抗壞血酸缺乏病
kànghuàixuèsuān quēfábìng/
ㄎㄤˋ ㄏㄨㄞˋ ㄒㄧㄝˇ ㄙㄨㄢ ㄑㄩㄝ ㄈㄚˊ ㄅㄧㄥˋ
ascorbic acid deficiency
【医】又称“坏血病”。长期缺乏维生素C引起的营养缺乏症。最初表现为龈炎、龈出血。常出现激动、倦怠、食欲减退、体重减轻、面色苍白等，也可出现消化功能紊乱。全身任何部位可因毛细血管壁损害产生渗血和出血。晚期，有些患者尿中出现红细胞，但肉眼很少见到血尿。

抗寄生虫药/抗寄生蟲藥
kàngjìshēngchóngyào/
ㄎㄤˋ ㄐㄧˋ ㄕㄥ ㄔㄨㄥˊ ㄧㄠˋ
antiparasitic drug
【医】治疗或预防各种寄生虫感染的药物。可分为抗原虫药和抗蠕虫药两类。

抗甲状腺药/抗甲狀腺藥
kàngjiǎzhuàngxiànyào/
ㄎㄤˋ ㄐㄧㄚˇ ㄓㄨㄤˋ ㄒㄧㄢˋ ㄧㄠˋ
antithyroid drug

【医】能抑制甲状腺激素合成或释放，或破坏甲状腺功能以达到消除或缓解甲亢症状的药物。常用的有硫脲类、碘和碘化物、放射性碘和β受体阻断药。

抗焦虑药/抗焦慮藥

kàngjiāolǜyào/ㄎㄤˋ ㄐㄧㄠ ㄌㄩˋ ㄧㄠˋ

anxiolytic

【医】能消除焦虑和紧张状态而又不明显影响意识的药物。主要分为苯二氮䓬类、氨基酸酯类、二苯甲烷类和其他类(如氯美扎酮、谷维素等)。

抗结核药/抗結核劑

kàngjiéhéyào/ㄎㄤˋ ㄐㄧㄝˊ ㄏㄜˊ ㄐㄧˋ

antituberculotic

【医】防治结核杆菌感染的药物。可分为合成抗结核药和抗结核抗生素。

抗結核劑 ㄎㄤˋ ㄐㄧㄝˊ ㄏㄜˊ ㄐㄧˋ/kàngjiéhéjì

antituberculotic

【医】台湾名。即"抗结核药"(673 页)。

抗惊厥药/抗痙攣劑

kàngjīngjuéyào/ㄎㄤˋ ㄐㄧㄥˇ ㄌㄨㄢˊ ㄐㄧˋ

anticonvulsant

【医】治疗和防止惊厥的药物。能对抗或缓解中枢神经病理性的过度兴奋，消除或缓解全身骨骼不自主强烈收缩。常用的有巴比妥类、水合氯醛、地西泮和镁盐注射剂等。

抗精神病药/抗精神病藥

kàngjīngshénbìngyào/

ㄎㄤˋ ㄐㄧㄥ ㄕㄣˊ ㄅㄧㄥˋ ㄧㄠˋ

antipsychotic

【医】治疗各类精神病及精神障碍的药物。可分为吩噻嗪类、硫杂蒽类、丁酰苯类、苯并二氮䓬类、苯甲酰胺类及其他药物。

抗痙攣劑

ㄎㄤˋ ㄐㄧㄥˇ ㄌㄨㄢˊ ㄐㄧˋ/kàngjìngluánjì

anticonvulsant

【医】台湾名。即"抗惊厥药"(673 页)。

抗菌範圍

ㄎㄤˋ ㄐㄩㄣ ㄈㄢˋ ㄨㄟˊ/kàngjūn fànwéi

antimicrobial spectrum

【医】台湾名。即"抗菌谱"(673 页)。

抗菌谱/抗菌範圍

kàngjūnpǔ/ㄎㄤˋ ㄐㄩㄣ ㄈㄢˋ ㄨㄟˊ

antimicrobial spectrum

【医】某种抗菌药物所能抑制或杀灭的微生物的类、属、种的范围。

抗菌药/抗菌藥

kàngjūnyào/ㄎㄤˋ ㄐㄩㄣ ㄧㄠˋ

antibacterial drug

【医】能抑制或杀灭细菌，用于预防和治疗细菌性感染的药物。包括人工合成抗菌药和抗生素。

抗溃疡药/抗潰瘍藥

kàngkuìyángyào/ㄎㄤˋ ㄎㄨㄟˋ ㄧㄤˊ ㄧㄠˋ

antiulcerative drug

【医】治疗或预防消化性溃疡的药物。主要分为抗酸药、胃酸分泌抑制药和胃黏膜保护药。

抗利尿劑

ㄎㄤˋ ㄌㄧˋ ㄋㄧㄠˋ ㄐㄧˋ/kànglìniàojì

antidiuretic

【医】台湾名。即"抗利尿药"(673 页)。

抗利尿药/抗利尿劑

kànglìniàoyào/ㄎㄤˋ ㄌㄧˋ ㄋㄧㄠˋ ㄐㄧˋ

antidiuretic

【医】能抑制尿液分泌，减少尿量的药物。常用的有垂体后叶素制剂、鞣酸加压素注射液等。

抗麻风药/抗麻瘋劑

kàngmáfēngyào/ㄎㄤˋ ㄇㄚˊ ㄈㄥ ㄐㄧˋ

antileprotic

【医】预防和治疗麻风病的药物。常用的有氨苯砜、利福平和氯法齐明。

抗麻瘋劑

ㄎㄤˋ ㄇㄚˊ ㄈㄥ ㄐㄧˋ/kàngmáfēngjì

antileprotic

【医】台湾名。即"抗麻风药"(673 页)。

抗逆性/抗逆性

kàngnìxìng/ㄎㄤˋ ㄋㄧˋ ㄒㄧㄥˋ

stress resistance

【农】植物具有的抵抗不良环境(如高温、寒冷、旱涝、盐碱、病虫害等)的性能。其强弱主要取决于植物的遗传特性。

抗凝剂/抗凝血劑

kàngníngjì/ㄎㄤˋ ㄋㄧㄥˊ ㄒㄧㄝˇ ㄐㄧˋ

anticoagulant

【医】又称“抗凝血药”。通过影响凝血过程中的某些凝血因子抑制凝血过程的药物。可分为肝素类、香豆素抗凝血剂类和抗血小板凝集药物。

抗凝血劑
ㄎㄤˋ ㄋㄧㄥˊ ㄒㄩㄝˇ ㄐㄧˋ/kàngníngxuèjì
anticoagulant
【医】台湾名。即“抗凝剂”(673 页)。

抗凝血药
kàngníngxuèyào/ㄎㄤˋ ㄋㄧㄥˊ ㄒㄩㄝˇ ㄧㄠˋ
【医】即“抗凝剂”(673 页)。

抗疟药/抗瘧藥
kàngnüèyào/ㄎㄤˋ ㄋㄩㄝˋ ㄧㄠˋ
antimalarial drug
【医】治疗或预防疟疾的药物。可分为控制疟疾症状用药、防止复发用药和预防用药。

抗帕金森病藥
ㄎㄤˋ ㄆㄚˋ ㄐㄧㄣ ㄙㄣ ㄅㄧㄥˋ ㄧㄠˋ/
kàngpàjīnsēnbìngyào
antiparkinsonian drug
【医】台湾名。即“抗震颤麻痹药”(675 页)。

抗贫血药/抗貧血藥
kàngpínxuèyào/ㄎㄤˋ ㄆㄧㄣˊ ㄒㄩㄝˇ ㄧㄠˋ
antianemia drug
【医】纠正各种血细胞低下所致贫血的药物。可分为纠正红细胞低下的,如铁剂、叶酸、维生素或依泊汀类;促进白细胞增生的,如重组人粒细胞巨噬细胞集落因子等。

抗生菌/抗生菌
kàngshēngjūn/ㄎㄤˋ ㄕㄥ ㄐㄩㄣˋ
antibiotic bacteria
【生】能抑制别种微生物的生长发育,或能产生抗生素的微生物。主要有放线菌及若干种真菌、细菌等。如链霉菌产生链霉素,青霉菌产生青霉素。

抗生素/抗生素
kàngshēngsù/ㄎㄤˋ ㄕㄥ ㄙㄨˋ
antibiotic
【医】治疗各种细菌感染或抑制致病微生物感染的药物。可分为β-内酰胺类、氨基糖苷类、四环素类、氯霉素类、大环内酯类、糖肽类抗生素、喹诺酮类、硝基咪唑类、作用于革兰氏阴性细菌的其他抗生素、作用于革兰氏阳性细菌的其他抗生素、抗真菌抗生素、抗肿瘤抗生素、抗结核菌类和具有免疫抑制作用的抗生素。

抗体/抗體 kàngtǐ/ㄎㄤˋ ㄊㄧˇ
antibody
【医】免疫系统在抗原刺激下,由 B 淋巴细胞产生的,可与相应抗原发生特异性结合的免疫球蛋白。

抗痛风药/抗痛風藥
kàngtòngfēngyào/ㄎㄤˋ ㄊㄨㄥˋ ㄈㄥ ㄧㄠˋ
antigout drug
【医】抑制或防止痛风症状发作的药物。主要有别嘌醇、秋水仙碱和苯溴马隆等。

抗微生物药/抗微生物藥
kàngwēishēngwùyào/
ㄎㄤˋ ㄨㄟˊ ㄕㄥ ㄨˋ ㄧㄠˋ
antimicrobial drug
【医】能抑制或杀伤致病微生物,从而使其生长、繁殖受阻碍的药物。包括消毒防腐药和用于抗感染的抗生素、磺胺类、喹诺酮类、呋喃类、抗结核病药、抗麻风病药、抗真菌药和抗病毒药。

抗心绞痛药/抗心絞痛藥
kàngxīnjiǎotòngyào/
ㄎㄤˋ ㄒㄧㄣ ㄐㄧㄠˇ ㄊㄨㄥˋ ㄧㄠˋ
antianginal drug
【医】预防或缓解心绞痛发作症状的药物。可分为硝酸酯、亚硝酸酯类、β 受体阻滞剂、钙拮抗剂及其他抗心绞痛药。

抗心律不整劑
ㄎㄤˋ ㄒㄧㄣ ㄌㄩˋ ㄅㄨˋ ㄓㄥˇ ㄐㄧˋ/
kàng xīnlǜ bùzhěng jì
antiarrhythmic
【医】台湾名。即“抗心律失常药”(674 页)。

抗心律失常药/抗心律不整劑
kàng xīnlǜ shīcháng yào/
ㄎㄤˋ ㄒㄧㄣ ㄌㄩˋ ㄅㄨˋ ㄓㄥˇ ㄐㄧˋ
antiarrhythmic
【医】纠正各种心律失常症状的药物。可分为Ⅰ相治疗药,如普鲁卡因胺、利多卡因、苯妥英钠和普罗帕酮;Ⅱ相治疗药,如普萘洛尔;Ⅲ相延长动作电位时程药,如胺碘酮;Ⅳ相钙通道阻滞剂,如维拉帕米。

抗雄激素类药/抗雄激素劑
kàngxióngjīsùlèiyào/
ㄎㄤˋ ㄒㄩㄥˊ ㄐㄧ ㄙㄨˋ ㄐㄧˋ
antiandrogens
【医】又称“雄激素拮抗药”。对抗体内雄激素合成或作用的药。常用于抑制前列腺增生。可分为甾体类抗雄激素和非甾体类抗雄激素。

抗雄激素劑
ㄎㄤˋ ㄒㄩㄥˊ ㄐㄧ ㄙㄨˋ ㄐㄧˋ/kàngxióngjīsùjì
antiandrogens
【医】台湾名。即“抗雄激素类药”(675 页)。

抗血糖過高藥
ㄎㄤˋ ㄒㄧㄝˇ ㄊㄤˊ ㄍㄨㄛˋ ㄍㄠ ㄧㄠˋ/
kàng xuètáng guògāo yào
hypoglycemic
【医】台湾名。即“降血糖药”(610 页)。

抗血吸虫药/抗血吸蟲劑
kàngxuèxīchóngyào/
ㄎㄤˋ ㄒㄧㄝˇ ㄒㄧ ㄔㄨㄥˊ ㄐㄧˋ
antischistosomal drug
【医】治疗血吸虫病的药物。主要有吡喹酮等。

抗血吸蟲劑
ㄎㄤˋ ㄒㄧㄝˇ ㄒㄧ ㄔㄨㄥˊ ㄐㄧˋ/kàngxuèxīchóngjì
antischistosomal drug
【医】台湾名。即“抗血吸虫药”(675 页)。

抗血小板药/抗血小板藥
kàngxuèxiǎobǎnyào/
ㄎㄤˋ ㄒㄧㄝˇ ㄒㄧㄠˇ ㄅㄢˇ ㄧㄠˋ
antiplatelet drug
【医】防止或解除血小板聚集、用于防治血栓形成的药物。常用的有阿司匹林、前列腺素类药物、抑制二磷酸腺苷药物和银杏叶制剂。

抗氧化营养素/抗氧化營養素
kàngyǎnghuà yíngyǎngsù/
ㄎㄤˋ ㄧㄤˇ ㄏㄨㄚˋ ㄧㄥˊ ㄧㄤˇ ㄙㄨˋ
antioxidant nutrient
【医】具有抗氧化作用的营养素。具有抵消自由基侵害的作用,如维生素 C、维生素 E、β-胡萝卜素和微量元素硒、锌、镁等。大强度运动可引起体内氧化物质增加,摄入含抗氧化营养素丰富的食物有利于清除体内过多的有害氧化物质。

抗藥性 ㄎㄤˋ ㄧㄠˋ ㄒㄧㄥˋ/kàngyàoxìng
drug resistance
【医】台湾名。即“耐药性”(820 页)。

抗抑郁药/抗抑鬱劑
kàngyìyùyào/ㄎㄤˋ ㄧˋ ㄩˋ ㄐㄧˋ
antidepressant
【医】控制和治疗抑郁症发作的药物。典型的有阿米替林、丙米嗪、多塞平等;非典型的有氟西丁、曲唑酮等。

抗抑鬱劑 ㄎㄤˋ ㄧˋ ㄩˋ ㄐㄧˋ/kàngyìyùjì
antidepressant
【医】台湾名。即“抗抑郁药”(675 页)。

抗原/抗原 kàngyuán/ㄎㄤˋ ㄩㄢˊ
antigen
【医】能刺激机体产生(特异性)免疫应答,并与免疫应答产物抗体和致敏淋巴细胞在体内外结合,产生免疫效应(特异性反应)的物质。

抗躁狂药/抗躁狂藥
kàngzàokuángyào/ㄎㄤˋ ㄗㄠˋ ㄎㄨㄤˊ ㄧㄠˋ
antimaniac
【医】控制躁狂发作的药物。常见的有碳酸锂。

抗真菌药/抗真菌藥
kàngzhēnjūnyào/ㄎㄤˋ ㄓㄣ ㄐㄩㄣ ㄧㄠˋ
antifungal drug
【医】治疗或预防真菌感染的药物。适用于浅表真菌感染的,有特比萘芬及一些外用抗真菌药;适用于深部真菌感染的,有两性霉素和氟胞嘧啶;对上述两种感染都适用的有唑类抗真菌药。

抗震颤麻痹药/抗帕金森病藥
kàng zhènchàn mábì yào/
ㄎㄤˋ ㄆㄚˋ ㄐㄧㄣ ㄙㄣ ㄅㄧㄥˋ ㄧㄠˋ
antiparkinsonian drug
【医】治疗帕金森综合征或药物引起的锥体外系反应的药物。主要分为拟多巴胺类药和抗胆碱药两类。

抗肿瘤药/抗惡性腫瘤藥
kàngzhǒngliúyào/
ㄎㄤˋ ㄜˋ ㄒㄧㄥˋ ㄓㄨㄥˇ ㄌㄧㄡˊ ㄧㄠˋ
antineoplastic
【医】对体内肿瘤细胞有抑制或杀灭作用的药

物。通常分为六类，即烷化剂、抗代谢药、抗生素、植物药、激素类和杂类。

抗重症肌无力药/抗重症肌無力藥

kàng zhòngzhèng jīwúlì yào/ㄎㄤˋ ㄓㄨㄥˋ ㄓㄥˋ ㄐㄧ ㄨˊ ㄌㄧˋ ㄧㄠˋ

antimyasthenic

【医】减少体内乙酰胆碱，提高肌肉张力，恢复骨骼肌的收缩功能，治疗重症肌无力的药物。常用的有新斯的明、加兰他敏等。

抗组胺药/抗組織胺藥

kàngzǔ'ànyào/ㄎㄤˋ ㄗㄨˇ ㄓ ㄢ ㄧㄠˋ

antihistaminic

【医】竞争组胺受体，阻断组胺所导致过敏反应的药物。可分为组胺 H_1 受体阻滞剂（如苯海拉明、异丙嗪、西替利嗪等）和 H_2 受体阻滞剂（如西咪替丁）。

抗組織胺藥

ㄎㄤˋ ㄗㄨˇ ㄓ ㄢ ㄧㄠˋ/kàngzǔzhī'ànyào

antihistaminic

【医】台湾名。即“抗组胺药”（676 页）。

钪/鈧 kàng/ㄎㄤˋ

scandium

【化】金属元素。属周期表第ⅢB 族，符号 Sc，原子序数 21。原子量44.955 910。自然界主要存在于钪硅石、硅铍钇矿等中，黑钨矿和锡石中也含微量的钪。单质为银白色金属，质软而轻，化学性质类似铝，在空气中易变暗，难熔、耐腐蚀。可用作航空材料，也用于制造特殊玻璃、镍蓄电池和高光效金属卤素灯等。

📖 1879 年，瑞典的尼尔松（L.F.Nilson）用光谱分析法从硅铍钇矿的混合稀土中发现了钪。拉丁文定名为 scandium，源自 Scandinavian，意思是“斯堪的纳维亚半岛”。中文定名为“钪”，是形声字。

K

kao （ㄎㄠ）

拷贝 kǎobèi/ㄎㄠˇ ㄅㄟˋ

【信息】即“复制”（370 页）。

拷绸 kǎochóu/ㄎㄠˇ ㄔㄡˊ

【纺】即“拷纱”（676 页）。

拷纱/拷紗 kǎoshā/ㄎㄠˇ ㄕㄚ

gambiered gauze

【纺】又称“莨纱”“香云纱”“拷绸”。中国传统丝织物。以平纹地小花纹提花的纱罗作坯绸，在绷架上反复涂覆薯莨液，使绸面呈棕色，再用富含氧化铁的湿河泥覆于其上，经日晒后表面呈黑色。传统拷纱有棕色和黑色两种，具有良好的透气性、吸湿性，遮光性能好，易于洗涤。适于作夏季服装的面料。如以平纹绸作坯绸，制成品称为莨绸，性能、用途与莨纱相同。

烤瓷/烤瓷 kǎocí/ㄎㄠˇ ㄘˊ

porcelain

【医】在口腔修复治疗时，直接采用各种粉状瓷料经过烧结制作烤瓷修复体或金属烤瓷修复体的一种工艺过程。

烤瓷粉/烤瓷粉 kǎocífěn/ㄎㄠˇ ㄘˊ ㄈㄣˇ

ceramic powder

【医】牙科烤瓷工艺中加工制作修复体的粉状瓷料。可分为长石质烤瓷粉和氧化铝质烤瓷粉。所制的烤瓷修复体光学性能好，色泽稳定，生物学性能佳，但机械强度较差。

ke （ㄎㄜ）

苛性钠/苛性鈉

kēxìngnà/ㄎㄜ ㄒㄧㄥˋ ㄋㄚˋ

caustic soda

【化】又称“烧碱”“火碱”。无机化学品。主要成分为氢氧化钠（NaOH），因常含少许氯化钠和碳酸钠而不透明，有块状、片状、粒状和棒状，统称固碱。浓溶液工业上俗称液碱。

柯孟披碱草/鵝觀草

kēmèng pījiǎncǎo/ㄜˊ ㄍㄨㄢ ㄘㄠˇ

common goosecomb

【植】*Elymus kamoji* 禾本科披碱草属。多年生草本植物。茎直立。叶鞘外边缘被毛，叶舌截平；叶片扁平，长披针形。穗状花序，下垂，小穗绿色或带紫色，有 3～10 朵小花，颖卵状披针形，先端有短芒，外稃披针形，内外稃等长。颖果稍扁，黄褐色。在中国，分布于除青海、西藏外各地。全草可作饲料。

柯式紙 ㄎㄜ ㄕˋ ㄓˇ/kēshìzhǐ

offset paper

【轻】台湾名。即“胶版纸”（613 页）。

科/科 kē/ㄎㄜ

family

【生】生物分类系统的一级。在目之下,属之上。同一目或亚目的生物按照彼此相似的特征分为若干群,每一群称为一科。如隼形目中有鹰科、隼科等。

科迪勒拉山系/科迪耶拉斯山脈

Kēdílèlā Shānxì/

ㄎㄜ ㄉㄧˊ ㄌㄜˋ ㄌㄚ ㄕㄢ ㄒㄧˋ

Cordillera

【地】山系名。纵贯北美洲、南美洲大陆西部。北起阿拉斯加,南至南美洲最南端的火地岛,绵延15 000千米。北美部分以落基山脉为主干,海拔1500～3000 米,最高峰麦金利山,海拔6194 米;南美部分以安第斯山脉为主干,海拔大都在 3000 米以上,最高峰阿空加瓜山,海拔6960 米。是世界上最长、最大的山系。矿产资源丰富,铜、铅、锌、铝土、钼、锑、石油、磷酸盐等储量居全美洲或世界前列;部分地段水力和森林资源丰富。

科迪耶拉斯山脈

ㄎㄜ ㄉㄧˊ ㄧㄝ ㄌㄚ ㄙ ㄕㄢ ㄇㄞˋ/

Kēdíyēlāsī Shānmài

Cordillera

【地】台湾名。即“科迪勒拉山系”(677 页)。

科技/科技 kējì/ㄎㄜ ㄐㄧˋ

science and technology

【总】科学与技术的合称。

科技园/科技園 kējìyuán/ㄎㄜ ㄐㄧˋ ㄩㄢˊ

science park

【总】又称“科技园区”。通常指集聚着高新技术企业的产业园区。其中有厂房、写字楼、公寓、学校等,配套有相应的公共服务和商业设施。

科技园区 kējì yuánqū/ㄎㄜ ㄐㄧˋ ㄩㄢˊ ㄑㄩ

【总】即“科技园”(677 页)。

科里奥利力/科氏力

kēlǐ'àolìlì/ㄎㄜ ㄕˋ ㄌㄧˋ

Coriolis force

【气】简称“科氏力”,又称“地转偏向力”。由于地球自转运动而作用于地球上运动质点的偏向力。北半球偏向运动方向的右边,南半球偏向运动方向的左边。

科林斯柱式/科林斯柱式

Kēlínsī zhùshì/

ㄎㄜ ㄌㄧㄣˊ ㄙ ㄓㄨˋ ㄕˋ

Corinthian Order

【建】希腊柱式的一种。出现较晚,主要特点是柱头雕刻毛茛叶,如一个大花篮,装饰华丽,有柱础,柱身有24 条凹槽,柱高是柱底径的 10 倍,细部线脚丰富。纤细优美,趋于繁复,罗马时期盛行。

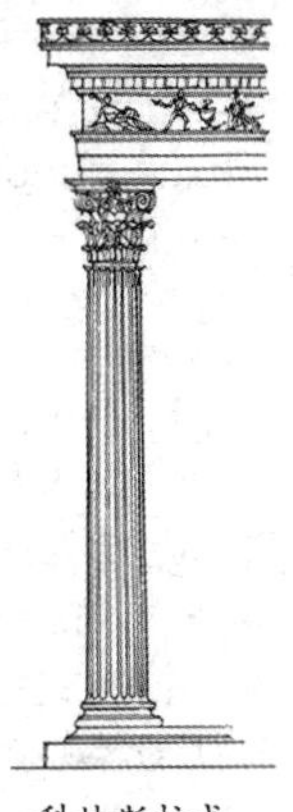

科林斯柱式

科普 kēpǔ/ㄎㄜ ㄆㄨˇ

【总】“科学技术普及”的简称。

科氏力 kēshìlì/ㄎㄜ ㄕˋ ㄌㄧˋ

【气】“科里奥利力”的简称。

科学/科學 kēxué/ㄎㄜ ㄒㄩㄝˊ

science

【总】运用范畴、定理、定律等思维形式反映客观世界各种现象的本质和规律的知识体系。是关于现实本质联系的客观真知的动态体系。来源于社会实践,服务于社会实践,既是历史发展过程中的产物,又是推动人类历史进步的动力。按研究对象不同,可分为自然科学、社会科学和思维科学,以及总括和贯穿三个领域的哲学和数学;按与实践的联系不同,可分为理论科学、技术科学、应用科学等。

科学城/科學城

kēxuéchéng/ㄎㄜ ㄒㄩㄝˊ ㄔㄥˊ

science town

【总】以开展科学研究、发展高新技术产业为主体,将科研、教学、生产、社会管理、社会服务和居住有机结合的新型城市。其中有科研与生产区、居住区、公共商业中心区和大型绿地区等,通常距离中心城市较近。

科学创造/科學創造

kēxué chuàngzào/ㄎㄜ ㄒㄩㄝˊ ㄔㄨㄤˋ ㄗㄠˋ

scientific creation

【总】贯穿于科学发现和发明过程中的创新活动。如设计新的实验,建立新的科学模型,提出新的概念、假说和研制新的产品等。按所创造的产物不同,可分为理论性创造、物质性创造和信息性创造三类。

科学道德/科學道德

kēxué dàodé/ㄎㄜ ㄒㄩㄝˊ ㄉㄠˋ ㄉㄜˊ

scientific morality

【总】科学技术工作者应共同遵守并维护的职业道德。主要有热爱祖国,热爱和平,尊重事实,严谨治学,追求和捍卫科学真理,奉献自己的学识,为人类的进步服务等。

科学发现/科學發現

kēxué fāxiàn/ㄎㄜ ㄒㄩㄝˊ ㄈㄚ ㄒㄧㄢˋ

scientific discovery

【总】对客观存在的自然现象、自然事物及其内在规律性关系的察觉、领悟和认识。可分为自然事实的发现和自然规律的发现两类。前者如超导现象的发现,后者如浮力定律的发现。

科学革命/科學革命

kēxué gémìng/ㄎㄜ ㄒㄩㄝˊ ㄍㄜˊ ㄇㄧㄥˋ

scientific revolution

【总】由科学的新发现和崭新的科学基本概念与理论的确立而导致的科学知识体系的根本变革。是科学发展过程中的间断性的质变状态。特指发生于16—17世纪的欧洲近代科学革命。

科学观/科學觀

kēxuéguān/ㄎㄜ ㄒㄩㄝˊ ㄍㄨㄢ

view of science

【总】对科学基本的、总体的看法。将科学作为探究和反思对象,提出各种看法,从而形成不同的科学观。

K

科学记数法/科學記法

kēxué jìshùfǎ/ㄎㄜ ㄒㄩㄝˊ ㄐㄧˋ ㄈㄚˇ

scientific notation

【数】近似数的一种记数法。将一个正数写成 $a\times10^{k}$ 的形式,其中 $1\leqslant a<10$,k 是整数,且要写出全部有效数字。例如,精确到百位的近似数280 500写成2.805×10^{5},精确到十万分之一的近似数0.002 50写成 2.50×10^{-3}。这种记数法便于表示近似数的有效数字和精确度,也便于计算,在科学技术上应用广泛。

科学技术普及/科學技術普及

kēxué jìshù pǔjí/
ㄎㄜ ㄒㄩㄝˊ ㄐㄧˋ ㄕㄨˋ ㄆㄨˇ ㄐㄧˊ

science popularization

【总】简称"科普"。向社会和公众普及科学技术知识,倡导科学方法,传播科学思想,弘扬科学精神的活动。

科学技术哲学/科學技術哲學

kēxué jìshù zhéxué/
ㄎㄜ ㄒㄩㄝˊ ㄐㄧˋ ㄕㄨˋ ㄓㄜˊ ㄒㄩㄝˊ

【总】即"自然辩证法"(1502页)。

科学假说/科學假說

kēxué jiǎshuō/ㄎㄜ ㄒㄩㄝˊ ㄐㄧㄚˇ ㄕㄨㄛ

scientific hypothesis

【总】根据已有的科学知识和新的科学事实,对所研究的问题做出的推测性说明和尝试性解答。是将认识从已知推向未知,进而变未知为已知的必不可少的思维方法,是人们观察、实验的结果,又是引导人们进一步观察、实验的起点,使科学研究成为能动的自觉的活动。

科学决策/科學決策

kēxué juécè/ㄎㄜ ㄒㄩㄝˊ ㄐㄩㄝˊ ㄘㄜˋ

scientific decision, scientific decision making

【总】决策者为实现某种特定的目标,运用科学的理论和方法,系统分析主客观条件而做出正确决策的过程。是决策领导、专家与实际工作者互动的过程,具有程序性、创造性、择优性、指导性等特点。

科学可视化/科學視覺化

kēxué kěshìhuà/
ㄎㄜ ㄒㄩㄝˊ ㄕˋ ㄐㄩㄝˊ ㄏㄨㄚˋ

scientific visualization

【信息】简称"可视化"。采用计算机图形图像处理方法,表示过程或对象中的模型或特征的技术。例如与磁共振技术结合对肿瘤扫描所生成的显示图,表示湖泊温度数据的立体顶视图与侧视图,以及心电波二维模型。既包括利用复杂的多维数据产生图形图像,又包括帮助理解送入计算机的图形图像数据。

科学素质/科學素質

kēxué sùzhì/ㄎㄜ ㄒㄩㄝˊ ㄙㄨˋ ㄓˋ

scientific quality

【总】公民素质的重要组成部分。了解必要的科学技术知识,掌握基本的科学方法,树立科学思想，崇尚科学精神，并具有一定的应用科学思想来处理实际问题、参与公共事务的能力。表现为学习科学的欲望、尊重科学的态度、探索科学的行为和创新科学的成效。

科学卫星/科學衛星
kēxué wèixīng/ㄎㄜ ㄒㄩㄝˊ ㄨㄟˋ ㄒㄧㄥ
scientific satellite
【航】服务于科学研究的人造卫星。根据空间科学研究目的和研究内容不同，装备有不同的观测测量、分析试验仪器设备，可分为空间物理探测卫星、天文卫星、生物卫星等。

科学文献/科學文獻
kēxué wénxiàn/ㄎㄜ ㄒㄩㄝˊ ㄨㄣˊ ㄒㄧㄢˋ
scientific literature, science literature
【总】科学领域内具有历史价值和学术价值的图书文献资料的总称。

科学学/科學學
kēxuéxué/ㄎㄜ ㄒㄩㄝˊ ㄒㄩㄝˊ
science of science
【总】以科学本身为研究对象的学科。研究科学(主要指自然科学)的性质特点、关系结构、运动规律和社会功能，并在认识的基础上研究促进科学发展的一般原理、原则和方法。

科学研究/科學研究
kēxué yánjiū/ㄎㄜ ㄒㄩㄝˊ ㄧㄢˊ ㄐㄧㄡˋ
scientific research
【总】为认识客观事物的内在本质和运动规律，利用科研手段和装备进行的调查、研究、实验、试制等一系列活动。一项科学研究通常分为选择研究课题、研究设计、搜集资料、整理分析、得出结果五个阶段。其成果为创造发明新产品和新技术提供理论依据。

科学预见/科學預見
kēxué yùjiàn/ㄎㄜ ㄒㄩㄝˊ ㄩˋ ㄐㄧㄢˋ
scientific prediction
【总】对客观事物发展趋势所做的具有科学根据的论断。以客观事物发展的规律性为基础，在实践中得到检验并有可能成为现实，对人们的实践活动起着先导作用。

科学钻探
kēxué zuāntàn/ㄎㄜ ㄒㄩㄝˊ ㄗㄨㄢ ㄊㄢˋ
【地】即"超深钻"(116 页)。

科學記法　ㄎㄜ ㄒㄩㄝˊ ㄐㄧˋ ㄈㄚˇ/kēxué jìfǎ
scientific notation
【数】台湾名。即"科学记数法"(678 页)。

科學視覺化
ㄎㄜ ㄒㄩㄝˊ ㄕˋ ㄐㄩㄝˊ ㄏㄨㄚˋ/kēxué shìjuéhuà
scientific visualization
【信息】台湾名。即"科学可视化"(678 页)。

颗粒物/粒狀物　kēlìwù/ㄌㄧˋ ㄓㄨㄤˋ ㄨˋ
particulate matter
【环】泛指粒状物质。在环境科学领域，大气中的颗粒物指悬浮在大气中的固体或液体颗粒物，如粉尘、烟雾等；水体中的颗粒物指悬浮性固体物质，如不溶于水的黏土粒等；土壤中的颗粒物指土壤的矿物质及有机物的粒状物质，如土壤胶体颗粒等。

蝌蚪/蝌蚪　kēdǒu/ㄎㄜ ㄉㄡˇ
tadpole
【动】蛙、蟾蜍、蝾螈、鲵等两栖动物的幼体。身体椭圆形，有鳃，尾长而扁。生活在水中，以浮游生物等为食。成长中长出四肢，尾巴消失，发育为成体。

顆粒球　ㄎㄜ ㄌㄧˋ ㄑㄧㄡˊ/kēlìqiú
granulocyte
【生】台湾名。即"粒细胞"(728 页)。

壳多糖/幾丁質
kéduōtáng/ㄐㄧˇ ㄉㄧㄥ ㄓˊ
chitin
【化】又称"几丁质"。广泛存在于甲壳动物(如虾、蟹等)壳内的一种物质。是聚乙酰氨基葡萄糖。基本结构单位为壳二糖，结构及功能与纤维素相似。可加工成多种材料。

咳嗽/咳嗽　késou/ㄎㄜˊ ㄙㄡˋ
cough
㊀【医】人体的一种保护性反射动作。可将呼吸道内的病理性分泌物和外界进入呼吸道的异物排出。频繁的、刺激性的咳嗽则失去保护性意义，成为临床病征。㊁【中医】中医内科疾病之一。多因外邪犯肺，或脏腑内伤，累及于肺所致，常见咳嗽、咳痰等主症。外感者，以祛邪宣肺为主；内伤者，以调理脏腑、气血为主。按病邪不同，可分为伤风咳嗽、风寒咳嗽、伤燥咳嗽、燥热咳嗽、痰饮咳嗽、风热嗽、热嗽、时行嗽、寒嗽、湿咳、暑咳、火咳、食咳等；按脏腑、气血不同，可分为肺虚咳、肺咳、心咳、肝咳、脾咳、肾咳、大肠咳、小肠咳、胃咳、膀胱

咳、三焦咳、胆咳、劳嗽、气嗽、瘀血嗽等；按发病时间与特点不同，可分为久咳、五更嗽、夜嗽、干咳嗽、呷嗽、哑嗽、顿嗽等。咳嗽，另作症状解。

殼皮層 ㄎㄜˊ ㄆㄧˊ ㄘㄥˊ/képícéng
ostracum，carapax
【动】台湾名。即“介壳”(626 页)。

可编程终端
kěbiānchéng zhōngduān/
ㄎㄜˇ ㄅㄧㄢ ㄔㄥˊ ㄓㄨㄥ ㄉㄨㄢ
【信息】即“智能终端”(1456 页)。

可擦存储器/可抹除儲存器
kěcā cúnchǔqì/
ㄎㄜˇ ㄇㄛˇ ㄔㄨˊ ㄔㄨˊ ㄘㄨㄣˊ ㄑㄧˋ
erasable storage
【信息】在同一存储部位能相继写入不同数据的存储器。

可擦写多用途数字光盘/讀寫型 DVD
kěcāxiě duōyòngtú shùzì guāngpán/
ㄉㄨˊ ㄒㄧㄝˇ ㄒㄧㄥˊ DVD
digital versatile disc-rewritable，DVD-RW
【信息】可以多次记录、擦除信息的 DVD 格式光盘。

可擦写光盘
kěcāxiě guāngpán/
ㄎㄜˇ ㄘㄚ ㄒㄧㄝˇ ㄍㄨㄤ ㄆㄢˊ
【信息】即“可重写光盘”(680 页)。

可拆卸式油罐車
ㄎㄜˇ ㄔㄞ ㄒㄧㄝˋ ㄕˋ ㄧㄡˊ ㄍㄨㄢˋ ㄔㄜ/
kěchāixièshì yóuguànchē
demountable tanker carrier
【机】台湾名。即“背罐车”(47 页)。

可持续发展/永續發展
kěchíxù fāzhǎn/ㄩㄥˇ ㄒㄩˋ ㄈㄚ ㄓㄢˇ
sustainable development
【总】既满足当代人的需要，又不对后代人满足其需要能力构成危害的社会经济发展思想和发展战略。各国对可持续发展的理解、关注的重点不尽相同。中国政府强调：可持续发展核心是发展；其重要标志是资源的永续利用和良好的生态环境，要求人们既考虑当前发展的需要，又要考虑未来发展的需要；实现可持续发展战略的关键在于综合决策机制和管理机制的改善。

可重写光盘/可重寫光碟
kěchóngxiě guāngpán/
ㄎㄜˇ ㄔㄨㄥˊ ㄒㄧㄝˇ ㄍㄨㄤ ㄉㄧㄝˊ
compact disc-rewritable，CD-RW
【信息】又称“可擦写光盘”。能以光束在其规定区域重写数据的光盘。盘面有银、锑、铟等的化合物镀膜，在激光照射下镀膜的结晶与非结晶两种状态可以转换，以此记录二进制数据。状态转换可重复多次。

可锻铸铁/展性鑄鐵
kěduàn zhùtiě/ㄓㄢˇ ㄒㄧㄥˋ ㄓㄨˋ ㄊㄧㄝˇ
malleable cast iron
【材】又称“马铁”。由白口铸铁经石墨化退火而成的具有一定韧性的铸铁。因具有一定的塑性变形能力，故名。用于铸造形状复杂而壁薄的小零件。按退火方法不同，可分为黑心可锻铸铁和白心可锻铸铁。

可公度量/可公度量
kěgōngdùliàng/ㄎㄜˇ ㄍㄨㄥ ㄉㄨˋ ㄌㄧㄤˋ
commensurable quantities
【数】若两个量 a 和 b 都是一个量 c 的整数倍，则称 a 和 b 是可公度量，c 是它们的公度。a 和 b 是可公度量等价于 $\frac{a}{b}$ 是两个整数之比。

可航半圆/可航半圓
kěháng bànyuán/ㄎㄜˇ ㄏㄤˊ ㄅㄢˋ ㄩㄢˊ
navigable semicircle
【气】热带气旋生成时，在海面上出现近似圆形的大风浪区。相对于航船，在北(南)半球，位于其前进方向的左(右)侧。

可回收衛星
ㄎㄜˇ ㄏㄨㄟˊ ㄕㄡ ㄨㄟˋ ㄒㄧㄥ/
kěhuíshōu wèixīng
recoverable satellite
【航】台湾名。即“返回式卫星”(318 页)。

可见光/可見光
kějiànguāng/ㄎㄜˇ ㄐㄧㄢˋ ㄍㄨㄤ
visible light
【物】电磁波中能使人产生视觉的部分。波长范围 390～770 纳米，即从红光到紫光的光

K

波。其主要天然光源是太阳,所发射的光谱是连续谱。不同波长的光使眼睛引起不同的色觉。

可降水量/可降水量
kějiàngshuǐliàng/ㄎㄜˇ ㄐㄧㄤˋ ㄕㄨㄟˇ ㄌㄧㄤˋ
precipitable water
【气】单位底面积的空气柱体内,所含水汽全部凝结降落的总水量。

可靠性/可靠性
kěkàoxìng/ㄎㄜˇ ㄎㄠˋ ㄒㄧㄥˋ
reliability
【自】指在规定的时间内和规定的条件下元件或系统能有效地实现规定功能的概率。

可可椰子 kěkě yēzi/ㄎㄜˇ ㄎㄜˇ ㄧㄝ ·ㄗ
【植】即"椰子"(1322 页)。

可扩展置标语言/可延伸標示語言
kěkuòzhǎn zhìbiāo yǔyán/
ㄎㄜˇ ㄧㄢˊ ㄕㄣ ㄅㄧㄠ ㄕˋ ㄩˇ ㄧㄢˊ
extensible markup language, XML
【信息】由万维网联盟公布,得到计算机业界支持,使网页开发者和设计者能创建客户化标记的一项语言标准。

可列集 kělièjí/ㄎㄜˇ ㄌㄧㄝˋ ㄐㄧˊ
【数】即"可数集"(682 页)。

可录多用途数字光盘/可録多用途數位光碟
kělù duōyòngtú shùzì guāngpán/
ㄎㄜˇ ㄌㄨˋ ㄉㄨㄛ ㄩㄥˋ ㄊㄨˊ ㄕㄨˋ ㄨㄟˋ ㄍㄨㄤ ㄉㄧㄝˊ
digital versatile disc-recordable, DVD-R
【信息】以激光束刻录的方式将信息一次性写入的数字多功能光盘。

可录光盘/可燒録光碟
kělù guāngpán/ㄎㄜˇ ㄕㄠ ㄌㄨˋ ㄍㄨㄤ ㄉㄧㄝˊ
compact disc-recordable, CD-R
【信息】以激光束刻录的方式将信息一次性写入的光盘。

可録多用途數位光碟
ㄎㄜˇ ㄌㄨˋ ㄉㄨㄛ ㄩㄥˋ ㄊㄨˊ ㄕㄨˋ ㄨㄟˋ ㄍㄨㄤ ㄉㄧㄝˊ/
kělù duōyòngtú shùwèi guāngdié
digital versatile disc-recordable, DVD-R
【信息】台湾名。即"可录多用途数字光盘"(681 页)。

可抹除儲存器
ㄎㄜˇ ㄇㄛˇ ㄔㄨˊ ㄔㄨˇ ㄘㄨㄣˊ ㄑㄧˋ/
kěmǒchú chǔcúnqì
erasable storage
【信息】台湾名。即"可擦存储器"(680 页)。

可撓性聯結器
ㄎㄜˇ ㄋㄠˊ ㄒㄧㄥˋ ㄌㄧㄢˊ ㄐㄧㄝˊ ㄑㄧˋ/
kěnáoxìng liánjiéqì
flexible coupling
【机】台湾名。即"挠性联轴器"(823 页)。

可逆反应/可逆反應
kěnì fǎnyìng/ㄎㄜˇ ㄋㄧˋ ㄈㄢˇ ㄧㄥˋ
reversible reaction
【化】正向(向生成物方向)和逆向(向反应物方向)均可进行的化学反应。在密闭容器中任何一个方向的反应都不能进行到底。未达平衡前,正向、逆向反应速率不等,反应朝速率大的一方进行直至平衡。

可逆方陣
ㄎㄜˇ ㄋㄧˋ ㄈㄤ ㄓㄣˋ/kěnì fāngzhèn
invertible matrix
【数】台湾名。即"可逆矩阵"(681 页)。

可逆矩阵/可逆矩陣
kěnì jǔzhèn/ㄎㄜˇ ㄋㄧˋ ㄐㄩˇ ㄓㄣˋ
invertible matrix
【数】台湾又称"可逆方陣"。有逆矩阵的 n 阶矩阵。n 阶矩阵 $\boldsymbol{A}$ 是可逆矩阵的充要条件有:(1)$\boldsymbol{A}$ 可写成初等矩阵的乘积;(2)$\boldsymbol{A}$ 的秩是 n;(3)$\det \boldsymbol{A} \neq 0$。可逆矩阵 $\boldsymbol{A}$ 的逆矩阵 $\boldsymbol{A}^{-1}$ 是唯一的。$\boldsymbol{A}^{-1}$ 的逆矩阵是 $\boldsymbol{A}$,即 $(\boldsymbol{A}^{-1})^{-1}=\boldsymbol{A}$。若 $\boldsymbol{A}$,$\boldsymbol{B}$ 都是可逆矩阵,则 $\boldsymbol{AB}$ 也可逆,$(\boldsymbol{AB})^{-1}=\boldsymbol{B}^{-1}\boldsymbol{A}^{-1}$。

可逆式水轮机/可逆式水輪機
kěnìshì shuǐlúnjī/
ㄎㄜˇ ㄋㄧˋ ㄕˋ ㄕㄨㄟˇ ㄌㄨㄣˊ ㄐㄧ
reversible turbine, pump-turbine
【电】又称"水泵水轮机"。兼有水轮机和水泵两种功能的水力机械。转轮正向旋转时为水轮机工况,反向旋转时为水泵工况;两种状况下水流流动的方向也相反。可分为混流可逆式水轮机、斜流可逆式水轮机、轴流可逆式水

K

轮机、贯流可逆式水轮机、单级可逆式水轮机、多级可逆式水轮机等。

可抛油箱
ㄎㄜˇ ㄆㄠ ㄧㄡˊ ㄒㄧㄤ/kěpāo yóuxiāng
auxiliary fuel tank, drop tank
【航】台湾名。即“副油箱”(371 页)。

可燃冰 kěránbīng/ㄎㄜˇ ㄖㄢˊ ㄅㄧㄥ
【化】“天然气水合物”的通称。

可撒布地雷/可撒布地雷
kěsǎbù dìléi/ㄎㄜˇ ㄙㄚˇ ㄅㄨˋ ㄉㄧˋ ㄌㄟˊ
scatterable mine
【军】用于以空投、发射、抛掷等方式布设的地雷。通常装填于炮弹、火箭弹和布雷器里,用火炮、火箭、飞机(直升机)和机械将其撒布到预定地区,自动解除保险,进入战斗状态,组成地雷场。撒布距离大于 500 米的可撒布地雷,又称为遥布地雷。可分为可撒布防坦克地雷和可撒布防步兵地雷。

可燒錄光碟
ㄎㄜˇ ㄕㄠ ㄌㄨˋ ㄍㄨㄤ ㄉㄧㄝˊ/
kěshāolù guāngdié
compact disc-recordable, CD-R
【信息】台湾名。即“可录光盘”(681 页)。

可视电话/視訊電話
kěshì diànhuà/ㄕˋ ㄒㄩㄣˋ ㄉㄧㄢˋ ㄏㄨㄚˋ
videophone, visual telephone
【信息】既能通话又能同时传送通话对方形象(或文字、图片等)的电话。主要有两种类型:一类是在个人计算机上配置摄像机或摄像头、传声器、扬声器等输入输出设备;一类是专用的可视电话设备,直接接入家用电话线。

可视电话机/視訊電話機
kěshì diànhuàjī/ㄕˋ ㄒㄩㄣˋ ㄉㄧㄢˋ ㄏㄨㄚˋ ㄐㄧ
viewphone set
【信息】自带视频摄像头和显示单元,使用户在打电话时能看到对方头像和表情的电话机。

可视化 kěshìhuà/ㄎㄜˇ ㄕˋ ㄏㄨㄚˋ
【信息】“科学可视化”的简称。

可视图文/電傳視訊
kěshì túwén/ㄉㄧㄢˋ ㄔㄨㄢˊ ㄕˋ ㄒㄩㄣˋ
videotext, videography
【信息】通过分组交换数据网向电话网用户提供交互式图文信息的业务。

可数集/可數集 kěshǔjí/ㄎㄜˇ ㄕㄨˇ ㄐㄧˊ
countable set
【数】又称“可列集”。能与正整数集{1,2,3,…}在元素之间一一对应的集合。例如,正偶数集{2,4,6,…}能与正整数集在元素之间建立 $2n \leftrightarrow n$(n 为任一正整数)的一一对应,正偶数集是一个可数集。

📖 一个集合 A 是可数集的充要条件是:它可写成 $\{a_1, a_2, a_3, \cdots\}$ 的形式。自然数集 **N**、整数集 **Z**、有理数集 **Q** 都是可数集,而实数集 **R** 不是可数集。任何无限集都有可数的子集。可数集的无限子集仍是可数集。数个可数集的并集仍是可数集。

可塑性 kěsùxìng/ㄎㄜˇ ㄙㄨˋ ㄒㄧㄥˋ
【材】即“塑性”(1086 页)。

可听声/可聽聲音
kětīngshēng/ㄎㄜˇ ㄊㄧㄥ ㄕㄥ ㄧㄣ
audible sound
【物】频率在 20～20 000 赫之间的声波。传入人耳时能使鼓膜产生受迫振动并刺激听觉神经,引起听觉。

可聽聲音
ㄎㄜˇ ㄊㄧㄥ ㄕㄥ ㄧㄣ/kětīng shēngyīn
audible sound
【物】台湾名。即“可听声”(682 页)。

可吸入颗粒物/可吸入粒狀物
kěxīrù kēlìwù/ㄎㄜˇ ㄒㄧ ㄖㄨˋ ㄌㄧˋ ㄓㄨㄤˋ ㄨˋ
inhalable particles, IP
【环】又称“飘尘”。指飘浮于大气中的空气动力学等效直径小于等于 10 微米的颗粒物。包括固体、液体,或固体吸附液体、气体形成的微粒。在大气中滞留时间较长,易被人体吸入,造成危害,是反映大气污染状况的重要监测指标。

📖 什么是空气动力学等效直径? 大气颗粒物的形状各异,大小不一,难以直接测定其颗粒的粒径和密度。因此,在实际测定中,常用空气动力学方法,求得其等效直径进行描述。即在气流中,如果待测的颗粒物与一个已知单位密度的球形颗粒物的空气动力学效应相同,则这个球形颗粒物的直径就被认定为待测颗粒物的空气动力学等效直径。

可吸入粒狀物
ㄎㄜˇ ㄒㄧ ㄖㄨˋ ㄌㄧˋ ㄓㄨㄤˋ ㄨˋ/

K

kěxīrù lìzhuàngwù
inhalable particles，IP
【环】台湾名。即“可吸入颗粒物”(682 页)。

可攜電腦
ㄎㄜˇ ㄒㄧ ㄉㄧㄢˋ ㄋㄠˇ/kěxié diànnǎo
portable computer
【信息】台湾名。即“便携式计算机”(64 页)。

可攜式探雷器
ㄎㄜˇ ㄒㄧ ㄕˋ ㄊㄢˋ ㄌㄟˊ ㄑㄧˋ/kěxiéshì tànléiqì
portable mine detector
【军】台湾名。即“便携式探雷器”(64 页)。

可攜式硬碟
ㄎㄜˇ ㄒㄧ ㄕˋ ㄧㄥˋ ㄉㄧㄝˊ/kěxiéshì yìngdié
mobile hard disk
【信息】台湾名。即“移动硬盘”(1334 页)。

可信计算机系统/可信賴的電腦系統
kěxìn jìsuànjī xìtǒng/
ㄎㄜˇ ㄒㄧㄣˋ ㄌㄞˋ·ㄉㄜ ㄉㄧㄢˋ ㄋㄠˇ ㄒㄧˋ ㄊㄨㄥˇ
trusted computer system
【信息】提供足够的计算机安全措施，让具有不同访问权的用户能并发地访问数据的数据处理系统。

可信賴的電腦系統
ㄎㄜˇ ㄒㄧㄣˋ ㄌㄞˋ·ㄉㄜ ㄉㄧㄢˋ ㄋㄠˇ ㄒㄧˋ ㄊㄨㄥˇ/
kěxìnlài de diànnǎo xìtǒng
trusted computer system
【信息】台湾名。即“可信计算机系统”(683 页)。

可行解/可行解
kěxíngjiě/ㄎㄜˇ ㄒㄧㄥˊ ㄐㄧㄝˇ
feasible solution
【数】满足线性规划的约束条件的每一个点 $x=(x_1,x_2,\cdots,x_n)$ 叫作一个可行解。

可行解區域
ㄎㄜˇ ㄒㄧㄥˊ ㄐㄧㄝˇ ㄑㄩ ㄩˋ/kěxíngjiě qūyù
feasible region
【数】台湾名。即“可行域”(683 页)。

可行性/可行性
kěxíngxìng/ㄎㄜˇ ㄒㄧㄥˊ ㄒㄧㄥˋ
feasibility
【自】指对过程、设计、程序或计划、方案能否在所要求的时间内和从技术经济上成功完成的确定性论证。

可行性分析/可行性分析
kěxíngxìng fēnxī/ㄎㄜˇ ㄒㄧㄥˊ ㄒㄧㄥˋ ㄈㄣ ㄒㄧ
feasibility analysis
【自】一种综合性的系统分析方法。对项目的主要内容和配套条件，从技术、经济、工程、时间等方面进行调查研究和分析比较，并对项目建成以后可能取得的财务、经济效益及社会环境影响进行预测，从而提出该项目是否值得开发(或投资)和如何进行建设的咨询意见。

可行性研究/可行性研究
kěxíngxìng yánjiū/
ㄎㄜˇ ㄒㄧㄥˊ ㄒㄧㄥˋ ㄧㄢˊ ㄐㄧㄡˋ
feasibility study
【自】运用多种科学手段(包括技术科学、社会学、经济学及系统工程学等)对一项工程项目的必要性、可行性、合理性进行技术经济论证。

可行域/可行解區域
kěxíngyù/ㄎㄜˇ ㄒㄧㄥˊ ㄐㄧㄝˇ ㄑㄩ ㄩˋ
feasible region
【数】线性规划的所有可行解的集合，也即满足线性规划的约束条件的所有点构成的区域。

可延伸標示語言
ㄎㄜˇ ㄧㄢˊ ㄕㄣ ㄅㄧㄠ ㄕˋ ㄩˇ ㄧㄢˊ/
kěyánshēn biāoshì yǔyán
extensible markup language，XML
【信息】台湾名。即“可扩展置标语言”(681 页)。

可孕性花
ㄎㄜˇ ㄩㄣˋ ㄒㄧㄥˋ ㄏㄨㄚ/kěyùnxìnghuā
fertile flower
【植】台湾名。即“孕性花”(1402 页)。

可再生能源/再生能源
kězàishēng néngyuán/
ㄗㄞˋ ㄕㄥ ㄋㄥˊ ㄩㄢˊ
renewable energy
【电】具有自我恢复原有特性，并可持续利用的一次能源。包括太阳能、水能、生物质能、氢能、风能、波浪能以及海洋表面与深层之间的热循环等。地热能也可算作可再生能源。

可摘局部义齿/可摘局部義齒

kězhāi júbù yìchǐ/

ㄎㄜˇ ㄓㄞ ㄐㄩˊ ㄅㄨˋ ㄧˋ ㄔˇ

removable partial denture，RPD

【医】由人工牙、基托及固位体等构成，用于修复牙列缺损或装饰，使用者可自行摘戴的修复体。

可照时数/日照時數

kězhào shíshù/ㄖˋ ㄓㄠˋ ㄕˊ ㄕㄨˋ

duration of possible sunshine

【气】太阳一天内最大可能的光照小时数。等于日出与日落之间的时间间隔，其长短只与地理位置和日期有关。

可折叠机翼飞机/可折疊機翼飛機

kězhédié jīyì fēijī/

ㄎㄜˇ ㄓㄜˊ ㄉㄧㄝˊ ㄐㄧ ㄧˋ ㄈㄟ ㄐㄧ

folding wing airplane

【航】又称“机翼可折叠飞机”。机翼可以折叠的飞机。主要用于小型无人军用飞机和小型无人运动、螺旋式直升机等。

克/克 kè/ㄎㄜˋ

gram

【计量】质量单位。符号 g。是国际单位制基本单位千克的分数单位。1 克＝1/1000 千克。

克卜勒定律

ㄎㄜˋ ㄅㄨˇ ㄌㄜˋ ㄉㄧㄥˋ ㄌㄩˋ/Kèbǔlè dìnglǜ

Kepler law

【天】台湾名。即“开普勒定律”(668 页)。

克耳文

ㄎㄜˋ ㄦˇ ㄨㄣˊ/kè'ěrwén

kelvin

【计量】台湾名。即“开尔文”(667 页)。

克耳文電橋

ㄎㄜˋ ㄦˇ ㄨㄣˊ ㄉㄧㄢˋ ㄑㄧㄠˊ/Kè'ěrwén diànqiáo

Kelvin bridge，Thomson bridge

【电】台湾名。即“直流双比电桥”(1444 页)。

克拉/克拉 kèlā/ㄎㄜˋ ㄌㄚ

carat

【计量】❶用于宝石、珍珠和贵金属的质量单位，符号 kt。1 克拉＝0.2 克。❷表示黄金纯度的成分比例单位。

克拉克魔咒

Kèlākè mózhòu/ㄎㄜˋ ㄌㄚ ㄎㄜˋ ㄇㄛˊ ㄓㄡˋ

【心】即“克拉克现象”(684 页)。

克拉克现象/克拉克現象

Kèlākè xiànxiàng/

ㄎㄜˋ ㄌㄚ ㄎㄜˋ ㄒㄧㄢˋ ㄒㄧㄤˋ

Clarke phenomenon

【心】又称“克拉克魔咒”。澳大利亚长跑选手克拉克(R. Clarke，1937—?)是 20 世纪 60 年代世界著名运动员，曾 19 次打破 5000 米和10 000米的世界纪录。然而，在 1964 年、1968 年两届奥运会上，他仅获得过一枚铜牌。因此，克拉克被称为“伟大的失败者”。这个现象说明，优秀运动员在重大比赛中会出现失常，不能完全表现出所具有的竞技能力。

克拉通/大陸核心

kèlātōng/ㄉㄚˋ ㄌㄨˋ ㄏㄜˊ ㄒㄧㄣ

craton

【地】大陆地壳上长期稳定、极少经受构造变形的构造单元。

克莱姆法则/Cramer 法則

Kèláimǔ fǎzé/Cramer ㄈㄚˇ ㄗㄜˊ

Cramer rule

【数】线性方程组

$$\begin{cases} a_{11}x_1+a_{12}x_2+\cdots+a_{1n}x_n=b_1 \\ a_{21}x_1+a_{22}x_2+\cdots+a_{2n}x_n=b_2 \\ \cdots\cdots\cdots\cdots\cdots\cdots\cdots\cdots \\ a_{n1}x_1+a_{n2}x_2+\cdots+a_{nn}x_n=b_n \end{cases} \qquad (*)$$

的解的公式。(*)的系数行列式

$$D=\begin{vmatrix} a_{11} & a_{12} & \cdots & a_{1n} \\ a_{21} & a_{22} & \cdots & a_{2n} \\ \cdots & \cdots & \cdots & \cdots \\ a_{n1} & a_{n2} & \cdots & a_{nn} \end{vmatrix}，设$$

$$D_j=\begin{vmatrix} a_{11} & a_{12} & \cdots & a_{1j-1} & b_1 & a_{1j+1} & \cdots & a_{1n} \\ a_{21} & a_{22} & \cdots & a_{2j-1} & b_2 & a_{2j+1} & \cdots & a_{2n} \\ \cdots & \cdots & \cdots & \cdots & \cdots & \cdots & \cdots & \cdots \\ a_{n1} & a_{n2} & \cdots & a_{nj-1} & b_n & a_{nj+1} & \cdots & a_{nn} \end{vmatrix},$$

$(j=1,2,\cdots,n)$则当 $D\neq0$ 时，(*)有唯一的解 $x_j=\dfrac{D_j}{D}(j=1,2,\cdots,n)$。

克隆/㊀選殖，㊁複製

kèlóng/㊀ㄒㄩㄢˇ ㄓˊ，㊁ㄈㄨˋ ㄓˋ

clone

㈡【生】生物体通过体细胞进行无性繁殖，复制出具有完全相同遗传性状的生命物质或生命体。㈢【信息】通过创建硬盘驱动器的映像来拷贝或复制该硬盘驱动器的全部内容(包括操作系统、配置设置及各种程序)。多用以在其他计算机(尤其在网络计算机)上进行批安装，或用于备份。

克山病/克山病
kèshānbìng/ ㄎㄜˋ ㄕㄢ ㄅㄧㄥˋ
Keshan disease
【医】一种原因不十分清楚的地方性心肌病。因在黑龙江克山首先报道而命名。基本病理改变是心肌实质细胞的变性、坏死和继发性纤维化，心脏呈肌原性扩张，心腔扩大、室壁趋向变薄。主要临床表现为心功能不全和心律失常。

克希何夫電流定律
ㄎㄜˋ ㄒㄧ ㄏㄜˊ ㄈㄨ ㄉㄧㄢˋ ㄌㄧㄡˊ ㄉㄧㄥˋ ㄌㄩˋ/
Kèxīhéfū diànliú dìnglǜ
Kirchhoff current law
【电】台湾名。即“基尔霍夫电流定律”(566页)。

克希何夫電壓定律
ㄎㄜˋ ㄒㄧ ㄏㄜˊ ㄈㄨ ㄉㄧㄢˋ ㄧㄚ ㄉㄧㄥˋ ㄌㄩˋ/
Kèxīhéfū diànyā dìnglǜ
Kirchhoff voltage law
【电】台湾名。即“基尔霍夫电压定律”(567页)。

刻板印象/刻板印象
kèbǎn yìnxiàng/ ㄎㄜˋ ㄅㄢˇ ㄧㄣˋ ㄒㄧㄤˋ
stereotype
【心】一种社会心理现象。人们用刻印在自己头脑中的关于某些人和事物的固定印象，作为判断和评价的依据。用固定刻板的眼光看待人和事物，往往形成偏见，甚至走向错误。只有冲破习惯性思维的影响，才能获得全面的信息和准确的认识。

刻录/燒録 kèlù/ ㄕㄠ ㄌㄨˋ
burn
【信息】通过光盘刻录机，将计算机上的文件和数据刻制到光盘上。

刻录机 kèlùjī/ ㄎㄜˋ ㄌㄨˋ ㄐㄧ
【信息】“光盘刻录机”的简称。

刻丝 kèsī/ ㄎㄜˋ ㄙ
【轻】即“缂丝”(686页)。

刻线机/分度機 kèxiànjī/ ㄈㄣ ㄉㄨˋ ㄐㄧ
dividing machine
【机】金属切削机床的一种。用于在工件表面上刻出精确等分线纹。可分为长刻线机和圆刻线机两类；每类按精度不同，又可分为普通精度和高精度两种。

客舱/客艙 kècāng/ ㄎㄜˋ ㄘㄤ
passenger cabin
【航】飞机中供旅客乘坐的舱段。通常内设随身行李搁架、厨房、卫生间以及音响、电视和灯光等设施，通常分为头等舱、公务舱和经济舱。

客车/客車 kèchē/ ㄎㄜˋ ㄔㄜ
㈠saloon，㈡passenger car
㈠【交】用于运送乘客及其随身行李的汽车。座位数超过9座(包括驾驶员座位在内)。可分为公交客车、旅游客车、公路客车、团体客车、校车、房车等。㈡【机】在台湾，客车也指“乘用车”(126页)。

客船/客船 kèchuán/ ㄎㄜˋ ㄔㄨㄢˊ
passenger ship
【船】专门运送旅客及其行李的船舶。多为定期按规定航线航行。过去远洋高速客船多承运邮件，故又称为邮船。现在远洋客船已为豪华旅游船取代。

客户辦公室網路
ㄎㄜˋ ㄏㄨˋ ㄅㄢˋ ㄍㄨㄥ ㄕˋ ㄨㄤˇ ㄌㄨˋ/
kèhù bàngōngshì wǎnglù
customer premises network，CPN
【信息】台湾名。即“用户驻地网”(1363页)。

客户关系管理/客户關係管理
kèhù guānxi guǎnlǐ/
ㄎㄜˋ ㄏㄨˋ ㄍㄨㄢ ㄒㄧ ㄍㄨㄢˇ ㄌㄧˇ
customer relationship management，CRM
【物流】一种为支持与配合市场营销与服务流程而选择和管理有价值的客户及其关系的企业管理模式。也指配合这种管理模式的具体软件。目标是通过提供优质服务满足不同客户的个性化需求，提高客户忠诚度和保有率，实现客户价值持续贡献，从而全面提升企业赢利能力。

客机/客機 kèjī/ㄎㄜˋ ㄐㄧ

passenger airplane

【航】全称“旅客机”。用于运输旅客的民用航空飞机。可分为远程、中程和短程客机，或干线和支线客机以及大型客机和中、小型客机。

客流/客流 kèliú/ㄎㄜˋ ㄌㄧㄡˊ

passenger flow

【交】为了实现各类出行活动，人们借助各种交通工具在一定时期内形成的有目的流动。

客厅 kètīng/ㄎㄜˋ ㄊㄧㄥ

【建】即“起居室”(888 页)。

课件/教材

kèjiàn/ㄐㄧㄠˋ ㄘㄞˊ

courseware

【信息】用于课堂教学或训练的计算机软件。包括数据(教学信息、教材、参考资料等)、控制(用于引导、处理、诊断、评价等)和人机界面(与学习者互动方式)三部分。

氪/氪 kè/ㄎㄜˋ

krypton

【化】非金属元素。属周期表第ⅧA 族，符号 Kr，原子序数 36。原子量 83.80。氪的化合物可从空气中分离获得。单质在大气中以单原子分子存在，稀有，无色无臭气体，化学性质很不活泼。可用作 X 射线的遮光材料，或在电子管、荧光灯中作保护气体。单质氪气也简称氪。

📖 1898 年，英国的拉姆齐(W.Ramsay)与特拉弗斯(M.W.Travers)合作，将液态空气多次蒸发并一再提取残留的氧和氮，通过光谱分析，在剩余物中发现了氪。拉丁文定名为 kryptonum，源自希腊文 krpros，意思是“隐藏”(因隐藏在空气中许多年后才被发现)。中文定名为“氪”，是形声字。

缂丝/緙絲 kèsī/ㄎㄜˋ ㄙ

K'ossu

【轻】又作“刻丝”。中国传统工艺美术织品。以生桑蚕丝为经，彩色熟桑蚕丝为纬，采用平纹组织构成。织前先将书画稿描绘于经丝片上，再用多把小梭子按图案色彩分别挖织，使织物上花纹与素地、色与色之间呈现色块花纹。

kong (ㄎㄨㄥ)

空侧/空側 kōngcè/ㄎㄨㄥ ㄘㄜˋ

airside

【航】又称“空区”。机场内供飞机活动的区域。主要包括飞行空间、跑道、滑行道、机坪及有关设施。机场内旅客和其他公众不能自由进入的地区。对候机建筑物而言，通常以登机旅客的安全检查口为界。

空带/空帶 kōngdài/ㄎㄨㄥ ㄉㄞˋ

empty band

【物】各能级都没有电子的能带。参见“能带”(830 页)。

空地导弹/空對地飛彈

kōng-dì dǎodàn/

ㄎㄨㄥ ㄉㄨㄟˋ ㄉㄧˋ ㄈㄟ ㄉㄢˋ

air-to-ground missile

【军】从飞机或直升机上发射攻击地(水)面目标的导弹。装备在战略轰炸机、歼击轰炸机、强击机、歼击机、武装直升机及反潜巡逻机等航空器上。目标毁伤概率较高，机动性强，隐蔽性好，能从敌方防空武器射程以外发射，可减少地面防空火力对载机的威胁。

空對地飛彈

ㄎㄨㄥ ㄉㄨㄟˋ ㄉㄧˋ ㄈㄟ ㄉㄢˋ/

kōng duì dì fēidàn

air-to-ground missile

【军】台湾名。即“空地导弹”(686 页)。

空對空飛彈

ㄎㄨㄥ ㄉㄨㄟˋ ㄎㄨㄥ ㄈㄟ ㄉㄢˋ/

kōng duì kōng fēidàn

air-to-air missile

【军】台湾名。即“空空导弹”(690 页)。

空分多址/分空間多重進接

kōngfēn duōzhǐ/

ㄈㄣ ㄎㄨㄥ ㄐㄧㄢ ㄉㄨㄛ ㄔㄨㄥˊ ㄐㄧㄣˋ ㄐㄧㄝ

space-division multiple access, SDMA

【信息】利用不同的空间来分割信道的多址技术。

空分设备

kōngfēn shèbèi/ㄎㄨㄥ ㄈㄣ ㄕㄜˋ ㄅㄟˋ

【机】“空气分离设备”的简称。

K

空港 kōnggǎng/ㄎㄨㄥ ㄍㄤˇ
【航】即“航空港”(476 页)。

空盒气压表/空盒氣壓計
kōnghé qìyābiǎo/ㄎㄨㄥ ㄏㄜˊ ㄑㄧˋ ㄧㄚ ㄐㄧˋ
aneroid barometer
【气】气压表的一类。利用大气作用于金属弹性膜盒上(盒内接近真空)的压力使空盒变形,通过杠杆系统带动指针,指示当时气压的数值。携带轻便,多用于航空、航海和野外等气压观测。

空盒氣壓計
ㄎㄨㄥ ㄏㄜˊ ㄑㄧˋ ㄧㄚ ㄐㄧˋ/kōnghé qìyājì
aneroid barometer
【气】台湾名。即“空盒气压表”(687 页)。

空滑 kōnghuá/ㄎㄨㄥ ㄏㄨㄚˊ
【航】即“滑翔”(516 页)。

空集/空集 kōngjí/ㄎㄨㄥ ㄐㄧˊ
empty set
【数】不含任何元素的集合,记作 $\varnothing$。集合论中规定空集是任何集合的子集,即对任何集合 A 都有 $\varnothing \subseteq A$。

空间波/天空電波
kōngjiānbō/ㄊㄧㄢ ㄎㄨㄥ ㄉㄧㄢˋ ㄆㄛ
space wave
【物】从发射点在空间直线传播到接收点的电磁波。传播距离通常限于视线区域,传播中强度衰减较慢。主要用于微波和超短通信。

空间飞行
kōngjiān fēixíng/ㄎㄨㄥ ㄐㄧㄢ ㄈㄟ ㄒㄧㄥˊ
【航】即“航天”(479 页)。

空间飞行器
kōngjiān fēixíngqì/ㄎㄨㄥ ㄐㄧㄢ ㄈㄟ ㄒㄧㄥˊ ㄑㄧˋ
【航】即“航天器”(479 页)。

空间环境/太空環境
kōngjiān huánjìng/
ㄊㄞˋ ㄎㄨㄥ ㄏㄨㄢˊ ㄐㄧㄥˋ
㊀ space environment, ㊁ cosmic environment
㊀【航】围绕地球,受地球磁场、引力场和电磁辐射等所控制的空间范围环境。是目前人类航天活动主要经受的空间环境。通常分为大气层空域(距离地面 20 千米以下)、大气平流层空域(距离地面 20~100 千米)和电离层空域(距离地面 100 千米以上)。㊁【环】即“宇宙环境”(1378 页)。

空间环境模拟器/太空環境模擬器
kōngjiān huánjìng mónǐqì/
ㄊㄞˋ ㄎㄨㄥ ㄏㄨㄢˊ ㄐㄧㄥˋ ㄇㄛˊ ㄋㄧˇ ㄑㄧˋ
space environment simulator
【航】为使航天器及其航天器分系统能在空间飞行过程中适应空间恶劣环境,在地面特设的可以真实呈现空间环境特征的设备。有空间真空环境模拟设备、空间太阳辐射环境模拟设备、空间冷黑环境模拟设备等。

空间机器人
kōngjiān jīqìrén/ㄎㄨㄥ ㄐㄧㄢ ㄐㄧ ㄑㄧˋ ㄖㄣˊ
【航】即“航天机器人”(479 页)。

空间监视系统/太空監視系統
kōngjiān jiānshì xìtǒng/
ㄊㄞˋ ㄎㄨㄥ ㄐㄧㄢ ㄕˋ ㄒㄧˋ ㄊㄨㄥˇ
space surveillance system
【军】对外空目标进行探测、跟踪、识别、编目和预报等的电子信息系统。主要用于发现和跟踪所有近地和深空的空间飞行体(包括卫星、导弹、飞船和天体等及其残留物),计算其轨道数据,进行短期、中期、长期轨道预报;观测、跟踪即将再进入大气层或陨落的空间飞行体,预报落点;观测、跟踪和预报空间飞行体的相互位置,以防止工作卫星与其他空间飞行体相互碰撞;识别空间飞行体的特性及国别,还可用于空间攻防等。

空间解析几何/空間解析幾何
kōngjiān jiěxī jǐhé/
ㄎㄨㄥ ㄐㄧㄢ ㄐㄧㄝˇ ㄒㄧ ㄐㄧˇ ㄏㄜˊ
analytic geometry of space
【数】解析几何的一部分。利用空间坐标系中点的坐标 (x, y, z),建立与空间图形对应的代数形式,通过 $f(x, y, z)=0$ 形式的曲面方程等研究空间图形的几何性质。

空间垃圾
kōngjiān lājī/ㄎㄨㄥ ㄐㄧㄢ ㄌㄜˋ ㄙㄜˋ
【航】即“太空碎片”(1101 页)。

空间冷黑环境/太空寒冷黑暗環境
kōngjiān lěnghēi huánjìng/
ㄊㄞˋ ㄎㄨㄥ ㄏㄢˊ ㄌㄥˇ ㄏㄟ ㄢˋ ㄏㄨㄢˊ ㄐㄧㄥˋ
space cold and black environment

K

【航】空间环境中存在的一种又“冷”又“黑”的空间环境。航天器表面在空间如不计太阳和附近行星对其辐射，从别的星球、银河系和宇宙射线辐射的总能量为 10^{-3} 瓦/米^2，相当于一个温度为 3～4 开黑体所发出的能量，被称为空间的“冷”；航天器尺寸相对它到其他星球的距离非常小，在外层空间真空环境下，空间吸收了航天器表面发射的所有热辐射和气体分子，没有二次反射，就像一个理想的空间黑体，被称为空间的“黑”。

空间六分仪/空間六分儀

kōngjiān liùfēnyí/ㄎㄨㄥ ㄐㄧㄢ ㄌㄧㄡˋ ㄈㄣ ㄧˊ

space sextant

【航】由两个卡塞格伦望远镜、一个测角装置、两个正交的光学姿态基准、一个捷联速率陀螺组件和计算机装置组成。装在航天器上，用来测量两个远目标(如月球、地球边缘以及其他可见恒星)之间夹角，以自主确定航天器三维轨道位置、速度及三轴姿态。

空间目标监视雷达/太空目標監視雷達

kōngjiān mùbiāo jiānshì léidá/ㄊㄞˋ ㄎㄨㄥ ㄇㄨˋ ㄅㄧㄠ ㄐㄧㄢ ㄕˋ ㄌㄟˊ ㄉㄚˊ

space target surveillance radar

【军】搜索、监视、跟踪和识别空间目标并测定其坐标和轨道参数的雷达。主要用于探测地球人造卫星、空间探测器、航天飞机及各种空间碎片等空间目标，也可兼顾对弹道导弹的预警。空间监视系统的重要组成部分。

空间生命科学/空間生命科學

kōngjiān shēngmìng kēxué/ㄎㄨㄥ ㄐㄧㄢ ㄕㄥ ㄇㄧㄥˋ ㄎㄜ ㄒㄩㄝˊ

space life science

【航】研究宇宙空间特殊环境因素(真空、高温、低温、失重和宇宙辐射等)作用下的生命现象及其生命规律的科学。包括空间生物学、空间生理学和空间生物工程学等分支。

空间生物技术/空間生物技術

kōngjiān shēngwù jìshù/ㄎㄨㄥ ㄐㄧㄢ ㄕㄥ ㄨˋ ㄐㄧˋ ㄕㄨˋ

space biotechnology

【航】利用空间特殊环境条件，研究并改进现代生物工程的技术。空间微重力环境对流体系统的对流、扩散和沉降等过程有明显影响。如通过空间微重力环境可有效改进生物大分子蛋白质结晶工程，获得高质量蛋白质晶体分子等，在医药方面有广阔的应用前景。

空间探测器/太空探測器

kōngjiān tàncèqì/ㄊㄞˋ ㄎㄨㄥ ㄊㄢˋ ㄘㄜˋ ㄑㄧˋ

space probe

【航】又称“深空探测器”“宇宙探测器”。对月球和比月球远的天体和空间进行研究探测的无人航天器。包括月球、金星、火星等行星和行星际探测器。用以研究太阳系起源、现状和演变过程；探测行星及行星表面物理、化学结构；探索空间生命存在及未来空间开发利用的可能性。

空间天文学/太空天文學

kōngjiān tiānwénxué/ㄊㄞˋ ㄎㄨㄥ ㄊㄧㄢ ㄨㄣˊ ㄒㄩㄝˊ

space astronomy

【天】天文学的一个分支。在地球大气的高层、外层或行星际空间进行天文观测研究，其观测避免了地球大气的消光影响，可在整个电磁波段开展，同时也避免了地球大气的湍流抖动对成像质量的影响。

空间通信/太空通訊

kōngjiān tōngxìn/ㄊㄞˋ ㄎㄨㄥ ㄊㄨㄥ ㄒㄩㄣˋ

space communication

【信息】以航天器或天体为对象的无线电通信。通过人造天体转发无线电波进行的传递，称为有源通信。包括航天器之间的通信，航天器与地球站之间的通信，以及通过航天器转发或反射电磁波的地球站之间的通信。

空间图形/空間圖形

kōngjiān túxíng/ㄎㄨㄥ ㄐㄧㄢ ㄊㄨˊ ㄒㄧㄥˊ

space figure

【数】三维空间中的图形。是立体几何研究的对象，包括球面(体)、锥面(体)、柱面(体)和一般二次曲面等。

空间望远镜/太空望遠鏡

kōngjiān wàngyuǎnjìng/ㄊㄞˋ ㄎㄨㄥ ㄨㄤˋ ㄩㄢˇ ㄐㄧㄥˋ

space telescope

【天】为进行空间天文观测而研制的望远镜。它在宇宙空间不受地球大气的干扰和消光的影响，也不存在重力引起的结构变形，观测上有许多优势。由于空间平台负载能力有限，更新维护较为困难，其规模通常不如地面望远镜庞大。

空间武器/太空武器

kōngjiān wǔqì/ㄎㄨㄥ ㄐㄧㄢ ㄨˇ ㄑㄧˋ

space weapon

【军】部署在陆地、海洋、空中或空间，用于攻击空间目标，或部署在空间，用于攻击陆地、海洋、空中目标的各类武器的统称。包括反卫星武器、轨道轰炸武器、天基反导武器等。

空间宪法

kōngjiān xiànfǎ/ㄎㄨㄥ ㄐㄧㄢ ㄒㄧㄢˋ ㄈㄚˇ

【航】即“外空条约”(1164 页)。

空间效用/空間效用

kōngjiān xiàoyòng/ㄎㄨㄥ ㄐㄧㄢ ㄒㄧㄠˋ ㄩㄥˋ

space utility

【物流】又称“地点效用”。物流过程中物品从供应地到接收地有一段空间差，改变这一空间差所创造的效用，称为“空间效用”。其价值体现在物品由供应地运到接收地，在适当的时间提供给市场，以满足特定地区客户的需求。

空间站/太空站

kōngjiānzhàn/ㄊㄞˋ ㄎㄨㄥ ㄓㄢˋ

space station

【航】又称“航天站”“太空站”“轨道站”。供航天员生活和工作，具备空间试验研究和生产条件的长期空间在轨运行航天器。由对接舱、气闸舱、试验舱、生活舱、服务舱、专用设备舱和太阳能装置组成。用于空间环境下医学、生物学、材料科学研究制备，也用于空间探测、对地观测、天文观测、军事侦察、空间开发、空间利用、空间回收和空间防卫等。

📖 1986 年苏联“和平号”升空，在轨工作 15 年，于 2001 年 3 月 23 日在南太平洋焚毁。1984 年美国总统里根提出建造新的空间站，有美国、俄罗斯、比利时、丹麦、法国、德国、意大利、荷兰、挪威、西班牙、英国、瑞典、瑞士、日本、加拿大和巴西 16 个国家参加。起初命名为“自由号”，后更名“阿尔法”，最后定名为“国际空间站”。2011 年 11 月，中国“天宫”1 号空间站顺利升空，并与“神舟”8 号成功交会对接。

空间站服务舱/太空站服務艙

kōngjiānzhàn fúwùcāng/ㄊㄞˋ ㄎㄨㄥ ㄓㄢˋ ㄈㄨˊ ㄨˋ ㄘㄤ

space station service module

【航】为空间站提供推进、姿态控制、生活保障、供电等服务的舱段。通常装有推进系统、气源和电源等设备，具有卫生间、睡袋、冰箱等满足多名航天员居住功能的生活保障设施，是空间站的基本舱段。

空间知觉/空間知覺

kōngjiān zhījué/ㄎㄨㄥ ㄐㄧㄢ ㄓ ㄐㄩㄝˊ

space perception

【心】人脑对客观对象的空间特性(形状、大小、深度、方位等)的反映。是后天习得的一种条件反射。是视觉、触觉、动觉等多种感觉系统协同参与的结果，其中视觉起着重要作用。

空间直角坐标/空間直角座標

kōngjiān zhíjiǎo zuòbiāo/ㄎㄨㄥ ㄐㄧㄢ ㄓˊ ㄐㄧㄠˇ ㄗㄨㄛˋ ㄅㄧㄠ

orthogonal coordinates in the space

【数】以有共同的原点并且两两垂直的三条数轴为坐标轴的坐标系。通常把三条坐标轴分别记作 x 轴，y 轴和 z 轴，它们按右手系定向，即用右手拇指指向 x 轴的正方向，食指指向 y 轴的正方向，中指指向 z 轴的正方向，把坐标系记作 $O\text{-}xyz$。如图，从空间中一点 P 向三条坐标轴引垂线，三垂足在 x 轴，y 轴和 z 轴上对应的数所组成的有序数组(a，b，c)即点 P 的坐标，其中 a 叫作横坐标，b 叫作纵坐标，c 叫作竖坐标。

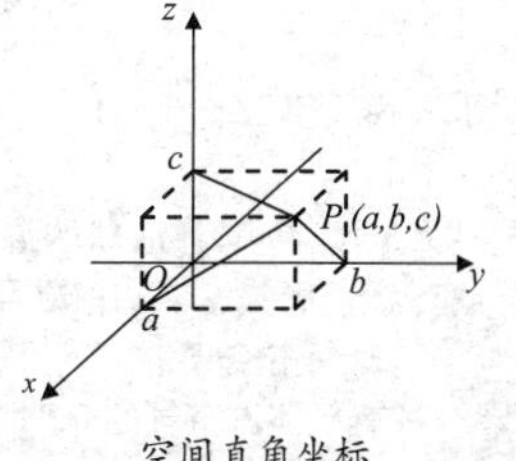

空间直角坐标

空间资源/太空資源

kōngjiān zīyuán/ㄊㄞˋ ㄎㄨㄥ ㄗ ㄩㄢˊ

space resoures

【航】指太空中客观存在，可供人类开发利用的空间环境资源和空间物质资源。包括相对

K

地球高远位置资源、高真空资源、高洁净环境资源、微重力环境资源、太阳能资源、月球资源、行星资源等。

空降战车/空降戰車
kōngjiàng zhànchē/ㄎㄨㄥ ㄐㄧㄤˋ ㄓㄢˋ ㄔㄜ
airborne fighting vehicle
【军】配有专用伞降系统,能空运空投的装甲战斗车辆。由武器系统、推进系统、防护系统、电气设备和通信设备、空降设备等组成。主要装备空降部队,用于执行快速突击任务。通常为履带式。

空晶石/空晶石
kōngjīngshí/ㄎㄨㄥ ㄐㄧㄥ ㄕˊ
chiastolite
【地】红柱石的一种。断面上在柱的四角和中心可见有排列成规则十字形的黑色碳质包裹物。

空空导弹/空對空飛彈
kōng-kōng dǎodàn/
ㄎㄨㄥ ㄉㄨㄟˋ ㄎㄨㄥ ㄈㄟ ㄉㄢˋ
air-to-air missile
【军】由飞机或直升机携带,用于攻击空中目标的导弹。由制导装置、战斗部、引信、动力装置、弹体与弹翼等组成。与机载火力控制、发射装置和测试设备等组成空空导弹武器系统。

空媒体/空媒體
kōngméitǐ/ㄎㄨㄥ ㄇㄟˊ ㄊㄧˇ
empty medium
【信息】仅包含引用标记而没有用户数据的数据媒体。

K

空气/空氣 kōngqì/ㄎㄨㄥ ㄑㄧˋ
air
【化】通称"大气"。包围着地球的混合气体。主要成分有氮气、氧气、二氧化碳、稀有气体及水蒸气等。氮气占空气的78%,氧气占空气的21%,稀有气体占空气的0.94%。

空气动力学/空氣動力學
kōngqì dònglìxué/
ㄎㄨㄥ ㄑㄧˋ ㄉㄨㄥˋ ㄌㄧˋ ㄒㄩㄝˊ
aerodynamics
【物】流体力学的一个分支。主要研究空气运动以及空气与物体相对运动时相互作用的规律,特别是飞行器(包括航空器和航天器)在大气中飞行的原理。

空气动力噪声
kōngqì dònglì zàoshēng/
ㄎㄨㄥ ㄑㄧˋ ㄉㄨㄥˋ ㄌㄧˋ ㄗㄠˋ ㄕㄥ
【环】即"气流噪声"(892页)。

空气分离设备/空氣分離裝置
kōngqì fēnlí shèbèi/
ㄎㄨㄥ ㄑㄧˋ ㄈㄣ ㄌㄧˊ ㄓㄨㄤ ㄓˋ
air separation plant
【机】简称"空分设备"。将空气液化、精馏、最终分离成为氧、氮和其他有用气体的气体分离设备。按空气压力不同,可分为高压、中压和低压三类。

空气呼吸器/空氣呼吸器
kōngqì hūxīqì/ㄎㄨㄥ ㄑㄧˋ ㄏㄨ ㄒㄧ ㄑㄧˋ
air respirator
【军】采用供气方式,防止有毒有害物质进入呼吸道对人员造成伤害的个人防护装备。可分为携气式空气呼吸器和送风式空气呼吸器。

空气环境
kōngqì huánjìng/ㄎㄨㄥ ㄑㄧˋ ㄏㄨㄢˊ ㄐㄧㄥˋ
【环】即"大气环境"(184页)。

空气加湿器
kōngqì jiāshīqì/ㄎㄨㄥ ㄑㄧˋ ㄐㄧㄚ ㄕ ㄑㄧˋ
【机】即"加湿器"(588页)。

空气润滑船
kōngqì rùnhuáchuán/
ㄎㄨㄥ ㄑㄧˋ ㄖㄨㄣˋ ㄏㄨㄚˊ ㄔㄨㄢˊ
【船】即"气泡船"(892页)。

空气调节设备
kōngqì tiáojié shèbèi/
ㄎㄨㄥ ㄑㄧˋ ㄊㄧㄠˊ ㄐㄧㄝˊ ㄕㄜˋ ㄅㄟˋ
【机】"空调设备"的全称。

空气污染预报/空氣污染預報
kōngqì wūrǎn yùbào/
ㄎㄨㄥ ㄑㄧˋ ㄨ ㄖㄢˇ ㄩˋ ㄅㄠˋ
air pollution forecasting
【环】根据大气污染源排放情况以及气象和环境条件,对一个区域未来的污染物浓度及空间分布进行的预报。如将污染物浓度超过某一限值则发出警报,供有关部门采取措施,防止大气污染事件发生。

空气污染指数
kōngqì wūrǎn zhǐshù/
ㄎㄨㄥ ㄑㄧˋ ㄨ ㄖㄢˇ ㄓˇ ㄕㄨˋ
【环】即“空气质量指数”(691 页)。

空气再生装置/空氣再生裝置
kōngqì zàishēng zhuāngzhì/
ㄎㄨㄥ ㄑㄧˋ ㄗㄞˋ ㄕㄥ ㄓㄨㄤ ㄓˋ
air regenerating unit
【军】又称“氧气再生装置”。吸收二氧化碳，再生出氧气供人员正常呼吸的集体防护装备。用于密闭而容积有限的防毒工事、潜艇或某些特殊车辆中。

空气质量评价
kōngqì zhìliàng píngjià/
ㄎㄨㄥ ㄑㄧˋ ㄓˋ ㄌㄧㄤˋ ㄆㄧㄥˊ ㄐㄧㄚˋ
【环】即“大气质量评价”(186 页)。

空气质量预报/空氣品質預報
kōngqì zhìliàng yùbào/
ㄎㄨㄥ ㄑㄧˋ ㄆㄧㄣˇ ㄓˋ ㄩˋ ㄅㄠˋ
air quality forecast
【环】根据大气污染源排放情况以及气象和环境条件，对一个地区的空气质量变化趋势进行分析和评定，按照空气污染指数分级值、首要污染物和空气质量等级等项内容进行的预报。

空气质量指数/空氣品質指數
kōngqì zhìliàng zhǐshù/
ㄎㄨㄥ ㄑㄧˋ ㄆㄧㄣˇ ㄓˊ ㄓˇ ㄕㄨˋ
air quality index
【环】又称“空气污染指数”。综合计算主要空气污染物浓度而得出的空气污染程度的数值。根据中国空气污染的特点和防治重点，计入的污染物有二氧化硫、氮氧化物、可吸入颗粒物或总悬浮颗粒物、臭氧和一氧化碳等。这些污染物监测数值用一定方法处理后，简化成 0～500 的数字表述，数字越大，说明污染程度越高，空气状况越差。

空氣傳導
ㄎㄨㄥ ㄑㄧˋ ㄔㄨㄢˊ ㄉㄠˇ/kōngqì chuándǎo
air conduction
【医】台湾名。即“气导”(889 页)。

空氣分離裝置
ㄎㄨㄥ ㄑㄧˋ ㄈㄣ ㄌㄧˊ ㄓㄨㄤ ㄓˋ/
kōngqì fēnlí zhuāngzhì
air separation plant
【机】台湾名。即“空气分离设备”(690 页)。

空氣品質預報
ㄎㄨㄥ ㄑㄧˋ ㄆㄧㄣˇ ㄓˋ ㄩˋ ㄅㄠˋ/
kōngqì pǐnzhì yùbào
air quality forecast
【环】台湾名。即“空气质量预报”(691 页)。

空氣品質指數
ㄎㄨㄥ ㄑㄧˋ ㄆㄧㄣˇ ㄓˊ ㄓˇ ㄕㄨˋ/
kōngqì pǐnzhì zhǐshù
air quality index
【环】台湾名。即“空气质量指数”(691 页)。

空氣調節機
ㄎㄨㄥ ㄑㄧˋ ㄊㄧㄠˊ ㄐㄧㄝˊ ㄐㄧ/kōngqì tiáojiéjī
air conditioner，room air conditioner
【轻】台湾名。即“空调机”(692 页)。

空氣污染
ㄎㄨㄥ ㄑㄧˋ ㄨ ㄖㄢˇ/kōngqì wūrǎn
air pollution，atmospheric pollution
【环】台湾名。即“大气污染”(185 页)。

空氣污染化學
ㄎㄨㄥ ㄑㄧˋ ㄨ ㄖㄢˇ ㄏㄨㄚˋ ㄒㄩㄝˊ/
kōngqì wūrǎn huàxué
air pollution chemistry
【环】台湾名。即“大气污染化学”(185 页)。

空橋 ㄎㄨㄥ ㄑㄧㄠˊ/kōngqiáo
passenger boarding bridge
【航】台湾名。即“登机桥”(210 页)。

空勤人員
ㄎㄨㄥ ㄑㄧㄣˊ ㄖㄣˊ ㄩㄢˊ/kōngqín rényuán
air crew
【航】台湾名。即“空勤组”(691 页)。

空勤组/空勤人員
kōngqínzǔ/ㄎㄨㄥ ㄑㄧㄣˊ ㄖㄣˊ ㄩㄢˊ
air crew
【航】又称“机组”。航空器上执行飞机飞行驾驶和操作相关任务设备的全体人员的编组。通常包括正负驾驶、领航员、通讯员、雷达员、空中机械师、飞行教员、飞行学员、试飞员、飞行试验工程师等，以及机上任务执行人员。

空区 kōngqū/ㄎㄨㄥ ㄑㄩ

【航】即“空侧”(686 页)。

空驶/空駛 kōngshǐ/ㄎㄨㄥ ㄕˇ

empty-loaded

【物流】运输过程中,因车辆调度不当或组货计划不周等原因,造成车辆在去程或返程行驶中空车无载货的情况。是不合理的运输方式,导致运力闲置,运费增加,运输效率降低,公路负荷加重。

空速管 kōngsùguǎn/ㄎㄨㄥ ㄙㄨˋ ㄍㄨㄢˇ

【机】即“皮托管”(864 页)。

空天飞机/太空飛機

kōngtiān fēijī/ㄊㄞˋ ㄎㄨㄥ ㄈㄟ ㄐㄧ

aerospace plane

【航】又称“航空航天飞机”。兼有高超声速运输飞机和航天运输系统功能,可重复使用的有翼航空航天飞行器。可垂直(水平)起飞、高超声速穿越大气层进入宇宙空间,在近地轨道飞行,完成飞行任务后返回地面,水平降落,是火箭、飞机、飞船等航空、航天技术的融合和集成。

空调机/空氣調節機

kōngtiáojī/ㄎㄨㄥ ㄑㄧˋ ㄊㄧㄠˊ ㄐㄧㄝˊ ㄐㄧ

air conditioner, room air conditioner

【轻】台湾又称“冷氣機”。家用电器的一种。主要由室外机、室内通风装置及连接管路三部分组成。可对某一封闭空间或区域内空气的温度、湿度、洁净度和空气流速等参数进行调节,以满足人体舒适或工艺过程的要求。按运行模式不同,可分为单一制冷式和冷热两用式。

空调设备/空調設備

kōngtiáo shèbèi/ㄎㄨㄥ ㄊㄧㄠˊ ㄕㄜˋ ㄅㄟˋ

air-conditioning equipment

【机】全称“空气调节设备”。用于处理和输配空气以满足被调节空间的空气温度、湿度、洁净度和气流速度等要求的各种设备的总称。

空投/空投 kōngtóu/ㄎㄨㄥ ㄊㄡˊ

airdrop

【航】在时间紧迫和受地理条件限制,难以采用其他输送方式时,用航空器将人员、装备或物质、物品从空中投送到指定地点的行动。通常分为带伞空投和不带伞空投,还有采用翼型空投伞的地面遥控空投和自动寻的空投。

空心菜 kōngxīncài/ㄎㄨㄥ ㄒㄧㄣ ㄘㄞˋ

【植】即“蕹菜”(1197 页)。

空穴/電洞 kōngxué/ㄉㄧㄢˋ ㄉㄨㄥˋ

hole, electron hole

【物】半导体的一种载流子。半导体满带中出现缺电子的空状态,相当于带正电荷的载流子。

📖 在不受热激发或光激发的情况下,本征半导体的价带充满价电子成为满带,导带中没有电子成为空带。在受热激发或光激发的作用下,价电子由满带跃迁至导带,使导带中出现电子,满带中出现缺电子的空状态。满带中的空状态相当于带正电荷的载流子。在本征半导体中,导带中的电子均来自满带,参与导电的电子数和空穴数目相等。

空用炸弹

ㄎㄨㄥ ㄩㄥˋ ㄓㄚˋ ㄉㄢˋ/kōngyòng zhàdàn/

aerial bomb

【军】台湾名。即“航空炸弹”(478 页)。

空域/空域 kōngyù/ㄎㄨㄥ ㄩˋ

airspace

【航】按相关规定划定的,有一定明确地面(水域)范围向上垂直延伸的空间。也指空中有一定明确范围的区域。通常根据飞行需要、飞行管制利用、国家安全和环境保护,分为飞行空域、航路、航线、空中走廊、等待空域、空中禁区、空中限制区、空中危险区、空中放油区等区域,以及分为保留空域、特定空域和临时空域等。

空载排水量/輕載排水量

kōngzài páishuǐliàng/

ㄑㄧㄥ ㄗㄞˋ ㄆㄞˊ ㄕㄨㄟˇ ㄌㄧㄤˋ

light displacement

【船】船舶装备齐全而无载重量时的排水量。即不包括人员、淡水、粮食、燃料、滑油、行李、供应品和民用船舶中的货物或军用船舶中弹药的重量时的排水量,等于空船重量。

空載聲納

ㄎㄨㄥ ㄗㄞˋ ㄕㄥ ㄋㄚˋ/kōngzài shēngnà

airborne sonar

【军】台湾名。即“航空声呐”(477 页)。

空載遥感探測

ㄎㄨㄥ ㄗㄞˋ ㄧㄠˊ ㄍㄢˇ ㄊㄢˋ ㄘㄜˋ/

kōngzài yáogǎn tàncè
airborne remote sensing
【测绘】台湾名。即“航空遥感”(478 页)。

空中加油机/空中加油機
kōngzhōng jiāyóujī/
ㄎㄨㄥ ㄓㄨㄥ ㄐㄧㄚ ㄧㄡˊ ㄐㄧ
refueling aircraft
【军】军用飞机的一种。装有空中加油设备,用于对飞行中的飞机或直升机补充燃料。

空中交通/空中交通
kōngzhōng jiāotōng/
ㄎㄨㄥ ㄓㄨㄥ ㄐㄧㄠ ㄊㄨㄥ
air traffic
【航】为民用航空器有效利用空间、灵活利用空域而设定的空中飞行秩序。空域管理、空中服务、空中管制及空中流量管理等是空中交通正常顺畅的基本保证。

空中交通管制系统/空中交通控制系統
kōngzhōng jiāotōng guǎnzhì xìtǒng/
ㄎㄨㄥ ㄓㄨㄥ ㄐㄧㄠ ㄊㄨㄥ ㄎㄨㄥˋ ㄓˋ ㄒㄧˋ ㄊㄨㄥˇ
air traffic control system, ATC
【军】为保证飞行安全和提高空域使用效率,管制或管理航空器飞行的信息系统。主要配置在管制区域,用于监督航空器严格按照批准的计划飞行,维护飞行秩序,禁止未经批准的航空器擅自飞行,禁止未经批准的航空器飞入空中禁区、临时空中禁区或飞出、飞入国(边)境,防止航空器与航空器、航空器与地面障碍物相撞,防止地面对空兵器或对空装置误射航空器,加速和维持有秩序的空中交通流动。

空中交通控制系統
ㄎㄨㄥ ㄓㄨㄥ ㄐㄧㄠ ㄊㄨㄥ ㄎㄨㄥˋ ㄓˋ ㄒㄧˋ ㄊㄨㄥˇ/
kōngzhōng jiāotōng kòngzhì xìtǒng
air traffic control system, ATC
【军】台湾名。即“空中交通管制系统”(693 页)。

空中禁区
kōngzhōng jìnqū/ㄎㄨㄥ ㄓㄨㄥ ㄐㄧㄣˋ ㄑㄩ
【航】即“禁飞区”(638 页)。

空中能见度/飛行能見度
kōngzhōng néngjiàndù/
ㄈㄟ ㄒㄧㄥˊ ㄋㄥˊ ㄐㄧㄢˋ ㄉㄨˋ
flight visibility
【气】又称“飞行能见度”。在空中观测的能见度。按观测方向的不同,可分为空中水平能见度、空中垂直能见度和空中倾斜能见度。

空中停车/空中停車
kōngzhōng tíngchē/
ㄎㄨㄥ ㄓㄨㄥ ㄊㄧㄥˊ ㄔㄜ
engine-off in flight
【航】航空器在飞行中因某种原因造成发动机停车的故障。通常由发动机自身故障或驾驶员操纵不当造成。航空器发动机意外熄火的停车故障是威胁飞行安全的严重因素之一。

空中通道
kōngzhōng tōngdào/
ㄎㄨㄥ ㄓㄨㄥ ㄊㄨㄥ ㄉㄠˋ
【航】即“空中走廊”(693 页)。

空中预警指挥机
kōngzhōng yùjǐng zhǐhuījī/
ㄎㄨㄥ ㄓㄨㄥ ㄩˋ ㄐㄧㄥˇ ㄓˇ ㄏㄨㄟ ㄐㄧ
【军】即“预警机”(1382 页)。

空中運輸
ㄎㄨㄥ ㄓㄨㄥ ㄩㄣˋ ㄕㄨ/kōngzhōng yùnshū
air transport
【交】台湾名。即“航空运输”(478 页)。

空中指挥机/空中指揮機
kōngzhōng zhǐhuījī/
ㄎㄨㄥ ㄓㄨㄥ ㄓˇ ㄏㄨㄟ ㄐㄧ
air command aircraft
【军】作战飞机的一种。装有通信设备、指挥控制设备等,专用于在空中担负指挥任务。

空中走廊/空中走廊
kōngzhōng zǒuláng/
ㄎㄨㄥ ㄓㄨㄥ ㄗㄡˇ ㄌㄤˊ
air corridor
【航】又称“空中通道”。为保证空中交通安全,在飞行条件受限制地区上空划定的具有一定宽度的空中通道。可分为单向和双向空中通道走廊。

孔/孔 kǒng/ㄎㄨㄥˇ
hole
【机】主要指圆柱形内表面,也包括其他内表面中由单一尺寸确定的部分。

孔庙 kǒngmiào/ㄎㄨㄥˇ ㄇㄧㄠˋ

K

【建】即“文庙”(1194 页)。

孔雀/孔雀 kǒngquè/ㄎㄨㄥˇ ㄑㄩㄝˋ

peafowl

【动】鸟名。鸡形目雉科。身体大,头上有羽冠,雄鸟尾羽很长,颜色绚丽,展开时像扇子,常见的有绿孔雀和白孔雀两种。生活在热带森林中或河岸边,群居,以谷类和果实为食,也吃昆虫等。分布于中国云南以及东南亚、印度等国密林中。绿孔雀(*Pavo muticus*)是中国的珍稀动物。

孔雀石/孔雀石

kǒngquèshí/ㄎㄨㄥˇ ㄑㄩㄝˋ ㄕˊ

malachite

【地】矿物。成分为 $Cu_2[CO_3](OH)_2$。单斜晶系。晶体呈针状,集合体常呈放射状或钟乳状。绿色,玻璃光泽,莫氏硬度 3.5～4,密度 4 克/厘米^3。遇盐酸起泡。产于含铜硫化物矿床氧化带中,常与蓝铜矿共生。可作为寻找原生铜矿床的标志。是工艺雕刻品的材料,粉末可用于制颜料,也可入中药。

孔石莼/孔石蓴

kǒngshíchún/ㄎㄨㄥˇ ㄕˊ ㄔㄨㄣˊ

ulva pertusa

【植】*Ulva pertusa* 又称“海白菜”。藻类。绿藻门石莼科石莼属。藻体单生或 2～3 株丛生,新鲜时稍硬,绿色略带黄色。体形变异大,多不规则,边缘呈波状。体表面常有大小不等的孔,孔增大后可使叶片分裂成不规则裂片。无柄,以盘状固着器固着于岩石上。在中国,分布于各沿海海域。生长在海湾内中、低潮带的岩石上。药食兼用。

K

孔隙度/孔隙率

kǒngxìdù/ㄎㄨㄥˇ ㄒㄧˋ ㄉㄨˋ

porosity

【地】多孔体中所有孔隙的体积与多孔体总体积之比,以百分数表示。根据孔隙的连通情况可分为总孔隙度和有效孔隙度。前者是岩石中所有孔隙空间体积之和与该岩样体积的比值;后者是指那些互相连通的,在普通压力条件下,流体可以在其中流动的孔隙体积之和与岩样总体积的比值。

孔隙率 ㄎㄨㄥˇ ㄒㄧˋ ㄌㄩˋ/kǒngxìlǜ

porosity

【地】台湾名。即“孔隙度”(694 页)。

孔子鸟/孔子鳥

Kǒngzǐniǎo/ㄎㄨㄥˇ ㄗˇ ㄋㄧㄠˇ

Confuciusornis

【地】*Confuciusornis* 古鸟名。生活于距今约 1.25 亿年至距今 1.2 亿年的侏罗纪晚期至白垩纪早期。发现于中国辽宁北票的热河组,是目前已知的最早拥有无齿角质喙部的鸟类。以孔子命名。

恐龙/恐龍 kǒnglóng/ㄎㄨㄥˇ ㄌㄨㄥˊ

dinosaur

【地】古爬行动物蜥龙类和鸟龙类的统称。种类繁多,体形各异,大的身长数十米,体重几十吨,小的不足 1 米。有的生活在陆地,有的能飞翔,有的生活在海洋中。有草食性的,也有肉食性的。生活于距今约 2.35 亿年至 6500 万年前,称霸于中生代,中生代末全部灭绝。

恐水症/恐水症

kǒngshuǐzhèng/ㄎㄨㄥˇ ㄕㄨㄟˇ ㄓㄥˋ

hydrophobia

【医】狂犬病患者的最典型的症状。闻流水声甚至谈到饮水都可诱发严重的咽肌痉挛,不敢饮水,饮后无法下咽。微风、音响、触摸等也可引起咽肌痉挛。痉挛严重的可伴呼吸肌痉挛而发生呼吸困难,甚至全身抽搐。

控件/控件 kòngjiàn/ㄎㄨㄥˋ ㄐㄧㄢˋ

control

【信息】对计算机及其处理能力,为使其任务和活动能按顺序执行的管理程序。对于硬件系统的运行,控件可驻留在称为“控制总线”的数据通道。对于软件,控件指管理数据处理任务的程序指令。

控释胶囊/控釋膠囊

kòngshì jiāonáng/ㄎㄨㄥˋ ㄕˋ ㄐㄧㄠ ㄋㄤˊ

controlled release capsule

【医】在水中或规定的释放介质中缓慢释放药物的胶囊剂。

控制/控制 kòngzhì/ㄎㄨㄥˋ ㄓˋ

control

【自】为了改善系统的性能或达到特定的目的,通过对系统信息的采集和加工而施加到控制对象上的作用和过程。按自动化程度的不同,可以是人工控制、半自动化控制或自动控制。

控制泵 kòngzhìbèng/ㄎㄨㄥˋ ㄓˋ ㄅㄥˋ

【机】即“隔膜泵”(402 页)。

控制廠

ㄎㄨㄥˋ ㄓˋ ㄔㄤˇ/kòngzhìchǎng

controlled plant

【自】台湾名。即“控制对象”(695 页)。

控制点/控制點

kòngzhìdiǎn/ㄎㄨㄥˋ ㄓˋ ㄉㄧㄢˇ

control point

【测绘】为测绘工作提供依据的固定点位。具有符合精度要求的位置坐标和相关数据,如名称、等级、平面坐标、高程、大地坐标等。常以数据精度划分等级。种类很多,按用途不同,可分为天文点、三角点、水准点、重力点、基线点、导线点、卫星定位控制点、图根点、相片控制点等。

控制电机/控制電機

kòngzhì diànjī/ㄎㄨㄥˋ ㄓˋ ㄉㄧㄢˋ ㄐㄧ

electrical machine for automatic control system

【电】机械传动用、信号传感用和能量变换用等三类电机的统称。常在控制系统中完成机电信号和能量的检测、解算、放大、执行、传动或转换等功能,是控制系统的重要元件。

控制对象/控制廠

kòngzhì duìxiàng/ㄎㄨㄥˋ ㄓˋ ㄔㄤˇ

controlled plant

【自】控制系统所要控制的设备或生产过程,它的输出就是被控制量。

控制離合器

ㄎㄨㄥˋ ㄓˋ ㄌㄧˊ ㄏㄜˊ ㄑㄧˋ/kòngzhì líhéqì

controlled clutch

【机】台湾名。即“操纵离合器”(95 页)。

控制理论/控制理論

kòngzhì lǐlùn/ㄎㄨㄥˋ ㄓˋ ㄌㄧˇ ㄌㄨㄣˋ

control theory

【数】关于系统的调节和控制的一般规律的理论。受控系统的数学模型简称控制系统,是研究的直接对象。控制系统又分为线性的、非线性的、随机的和分布参数的等多种。研究方法与微分方程、概率论和数理统计等有密切联系。广泛应用在工程、生物、生态、社会、经济等领域。例如质量控制、自动控制等。

控制论/模控學

kòngzhìlùn/ㄇㄛˊ ㄎㄨㄥˋ ㄒㄩㄝˊ

cybernetics

【自】研究在动物和机器中控制与通信的学科。美国数学家维纳(N. Wiener,1894—1964)1948 年提出,其中动物指生命体,机器指人造的系统。现已形成工程控制论、生物控制论、医学控制论、社会控制论、经济控制论、管理控制论等分支,并着眼于复杂系统的研究,包括智能机器人、大脑、生命体、社会、经济以及环境、生态及资源在内的自然界。

控制论模型/模控學模型

kòngzhìlùn móxíng/

ㄇㄛˊ ㄎㄨㄥˋ ㄒㄩㄝˊ ㄇㄛˊ ㄒㄧㄥˊ

cybernetic model

【自】基于控制论的思想、方法所建立的研究用模型。多用于经济控制论和生物控制论中。

控制器/控制器

kòngzhìqì/ㄎㄨㄥˋ ㄓˋ ㄑㄧˋ

controller

㊀【机】按照预定顺序改变主电路或控制电路的接线和改变电路中电阻值来控制电动机的启动、调速、制动和反向的主令装置。㊁【信息】❶计算机中控制指令执行的核心部件,能生成控制命令,控制运算器、存储器和其他部件运行。❷可引导限制其他设备访问计算机子系统的器件。例如磁盘控制器控制对磁盘驱动器的访问,同时管理对驱动器的物理和逻辑访问。㊂【自】“自动控制器”的简称。

控制系统/控制系統

kòngzhì xìtǒng/ㄎㄨㄥˋ ㄓˋ ㄒㄧˋ ㄊㄨㄥˇ

control system

【自】由一些元件、装置、设备、控制对象组成,为了改善系统的性能或达到特定目的(预定程序)的系统。按自动化程度的不同,可分为人工控制系统、半自动化控制系统和自动控制系统。

控制字符/控制字元

kòngzhì zìfú/ㄎㄨㄥˋ ㄓˋ ㄗˋ ㄩㄢˊ

control character

【信息】用来使格式生效,控制数据传输或完成其他控制功能的字符(非图形字符)。例如回车、换行或退格。

控制字元
ㄎㄨㄥˋ ㄓˋ ㄗˋ ㄩㄢˊ/kòngzhì zìyuán
control character
【信息】台湾名。即“控制字符”(695 页)。

kou (ㄎㄡ)

口鼻部 ㄎㄡˇ ㄅㄧˊ ㄅㄨˋ/kǒubíbù
muzzle, snout
【动】台湾名。即“口吻”(696 页)。

口吃/口吃 kǒuchī/ㄎㄡˇ ㄔ
stuttering
【医】一种涉及遗传基因、神经生理发育、心理压力和语言行为等方面的语言失调症。言语特征是音素、音节或单词频繁重复或拖长声，或频繁犹豫或停顿，以致破坏正常节奏的语流。

口疮/口瘡 kǒuchuāng/ㄎㄡˇ ㄔㄨㄤ
oral ulcer, * mouth sore
【中医】口齿病的一种。因心脾积热，或阴虚火旺所致，症见口腔内的唇、舌、颊及上腭等处肌膜有单个或多个淡黄色或灰白色如豆大的溃烂点，灼热疼痛反复发作等。实证治宜清热解毒，泻心脾之火；虚证治宜滋阴降火，引火归原。可选凉膈散、泻心导赤汤、知柏地黄汤等加减。

口含片剂/口頰錠
kǒuhán piànjì/ㄎㄡˇ ㄏㄢˊ ㄆㄧㄢˋ ㄐㄧˋ
buccal tablet
【医】含于口腔，使药物缓慢溶解而产生持久局部作用的片剂。

K

口頰錠 ㄎㄡˇ ㄐㄧㄚˊ ㄉㄧㄥˋ/kǒujiádìng
buccal tablet
【医】台湾名。即“口含片剂”(696 页)。

口糜/口糜 kǒumí/ㄎㄡˇ ㄇㄧˊ
aphtha
【中医】口齿病的一种。多因湿热内蕴，上蒸口腔所致，症见口腔黏膜充血、水肿，糜烂成片如糜粥样，有特殊气味等。脏腑积热，口疮糜烂，宜清泄内热，用局方凉膈散加减。并配合局部用药。若心热，天花粉末吹；若肺热，宜用黄柏、荜拔末吹等。

口蘑 kǒumó/ㄎㄡˇ ㄇㄛˊ
【植】即“蒙古口蘑”(795 页)。

口器/口器 kǒuqì/ㄎㄡˇ ㄑㄧˋ
trophi, mouthparts
【动】节肢动物口周围的附肢。昆虫的口器通常有咀嚼式、嚼吸式、刺吸式、舐吸式和虹吸式等类型。有摄取食物和感觉等作用。

口腔溃疡/口腔潰瘍
kǒuqiāng kuìyáng/ㄎㄡˇ ㄑㄧㄤ ㄎㄨㄟˋ ㄧㄤˊ
oral ulcer
【医】发生在口腔黏膜上的浅表性溃疡。周期性反复发生的，称为“复发性口腔溃疡”，多与免疫功能异常有关。

口腕/口腕 kǒuwàn/ㄎㄡˇ ㄨㄢˋ
oral arm, epaulette
【动】某些腔肠动物(如水母、海蜇)生在身体边缘的延长物。有捕食和运动的作用。

口吻/口鼻部 kǒuwěn/ㄎㄡˇ ㄅㄧˊ ㄅㄨˋ
muzzle, snout
【动】某些动物(如鱼、狗等)头部向前突出的部分，包括嘴、鼻子等。

叩头虫/叩頭蟲
kòutóuchóng/ㄎㄡˋ ㄊㄡˊ ㄔㄨㄥˊ
click beetle
【动】昆虫名。鞘翅目叩头虫科。体狭长，末端尖削，略扁，头小，体色多呈灰褐或灰棕色，体表有鳞片状毛，组成不同的花斑或条纹。将其放在木板上，用手按住腹部，即以头部打击木板，呈叩头状，故名。幼虫多为黄色，针状，生活在土壤中，以植物的种子、根和块茎为食。种类很多。

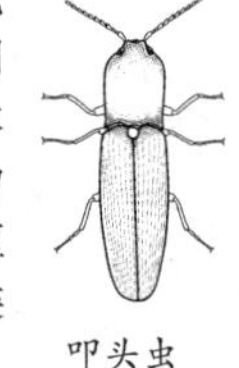
叩头虫

扣式电池/水銀電池
kòushì diànchí/ㄕㄨㄟˇ ㄧㄣˊ ㄉㄧㄢˋ ㄔˊ
button cell
【轻】俗称“纽扣电池”。电池的一种。形似一颗小纽扣，直径大而厚度薄。按储能方式的不同，分为一次性和可充电式两种；按外形不同，可分为柱状、方形和异形电池等。常用作电子表、计算器、电子词典、便携式计算机、记忆卡、电子秤、照相机及电动玩具等的电源。

寇乌气压表/寇烏氣壓計
Kòuwū qìyābiǎo/ㄎㄡˋ ㄨ ㄑㄧˋ ㄧㄚ ㄐㄧˋ

Kew pattern barometer

【气】又称“定槽式气压表”。水银气压表的一种。由内管、外套和水银槽三部分构成。通过对刻度标尺进行补偿,解决零点位置的变化。读数前,不需要调整水银槽中的水银面。系苏格兰人阿迪(P. Adie)于1854年为英国学术协会寇乌委员会(Kew Committee of the British Association)设计的轻便船用气压表,故名。

寇烏氣壓計

ㄎㄡˋ ㄨ ㄑㄧˋ ㄧㄚ ㄐㄧˋ/Kòuwū qìyājì

Kew pattern barometer

【气】台湾名。即“寇乌气压表”(696页)。

ku (ㄎㄨ)

枯饼/油餅 kūbǐng/ㄧㄡˊ ㄅㄧㄥˇ

oil cake

【农】油料作物种子榨油后,呈饼形的渣滓的统称。有大豆饼、油籽饼、棉籽饼、茶籽饼、花生饼等。

枯水年/枯水年 kūshuǐnián/ㄎㄨ ㄕㄨㄟˇ ㄋㄧㄢˊ

low flow year

【水利】年径流量小于多年平均年径流量的年份。

枯叶蛾/枯葉蛾 kūyè'é/ㄎㄨ ㄧㄝˋ ㄜˊ

lappet moth

【动】*Lasiocampidae* 昆虫名。鳞翅目枯叶蛾科。通常体形较大,体粗多厚毛,触角栉齿状,眼周有毛,单眼消失,喙退化,足多毛。翅宽大。静止时像枯叶,故名。多在夜间活动。种类很多。

枯叶蛾

苦/苦 kǔ/ㄎㄨˇ

bitter

【中医】中药五味之一。能燥,能泄,能坚。大部分苦味药口尝有苦味。例如,黄连、厚朴能燥湿,杏仁能降泄平喘,栀子能清泄除烦,大黄能通泄祛滞,黄柏能燥湿坚阴,均为苦味药。

苦瓜/苦瓜 kǔguā/ㄎㄨˇ ㄍㄨㄚ

bitter gourd

【植】*Momordica charantia* 又称“凉瓜”。葫芦科苦瓜属。一年生攀缘草本植物。茎蔓生,五棱形,被毛。卷须纤细,不分歧。叶卵状肾形或近圆形,5～7深裂,边缘有齿或小裂片,被毛。雌雄同株,花单生,花冠五裂,黄色。果实纺锤形或圆柱形,表面有瘤状突,青绿、绿白或白色,成熟后橙黄色。花果期5—10月份。在中国,分布于各地。果实可作蔬菜。

苦苣苔/苦苣苔 kǔjùtái/ㄎㄨˇ ㄐㄩˋ ㄊㄞˊ

common conandron

【植】*Conandron ramondioides* 苦苣苔科苦苣苔属。多年生草本植物。叶柄扁,有翅。叶草质或薄纸质,椭圆形,先端渐尖,基部宽楔形,边缘有齿。聚伞花序伞房状,花冠紫色,冠筒裂片五枚,裂片三角状狭卵形,先端钝。花期6—7月份。在中国,分布于安徽南部、浙江、江西东北部、福建北部和台湾。野生花草。全草入药。

苦楝 kǔliàn/ㄎㄨˇ ㄌㄧㄢˋ

【植】即“楝”(734页)。

苦楝皮/苦楝皮 kǔliànpí/ㄎㄨˇ ㄌㄧㄢˋ ㄆㄧˊ

Cortex Meliae(拉), Sichuan chinaberry bark, chinaberry bark

【中医】中药名。楝科植物川楝 *Melia toosendan* Sieb. et Zucc.或楝 *M. azedarach* L.的干燥树皮及根皮。味苦,性寒;有毒。归肝、脾、胃经。驱虫,清热,躁湿,疗癣。用于蛔蛲虫病,虫积腹痛;外治疥癣瘙痒。

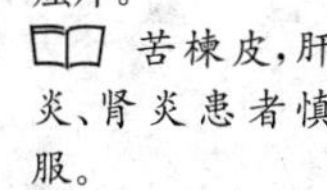 苦楝皮,肝炎、肾炎患者慎服。

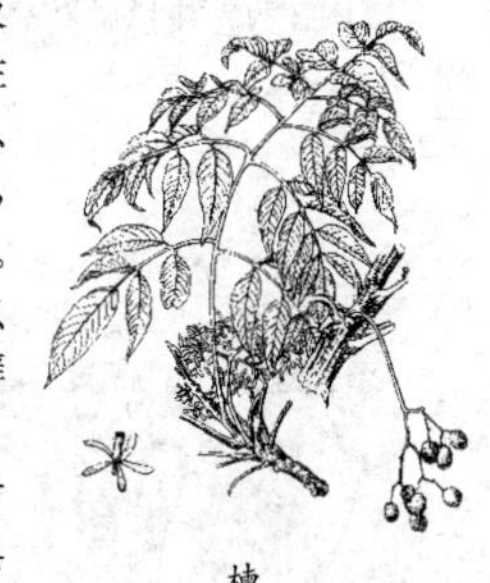

楝

苦滷 ㄎㄨˇ ㄌㄨˇ/kǔlǔ

bittern

【化】台湾名。即“海盐苦卤”(467页)。

苦荬菜/苦蕒菜

kǔmǎicài/ㄎㄨˇ ㄇㄞˇ ㄘㄞˋ

manyhead ixeris

【植】*Ixeris polycephala* 菊科苦荬菜属。一年生草本植物。茎直立，基生叶莲座状，条形，先端尖，基部渐细成柄，中下部叶披针形，基部箭状半抱茎，多全缘。头状花序于茎顶排成伞房状花序，总苞圆柱状，舌状花黄色。花果期3—6月份。在中国，分布于东部、南部、西南部，以及陕西和台湾。野生花草。全草入药。

苦荞麦/苦蕎麥

kǔqiáomài/ㄎㄨˇ ㄑㄧㄠˊ ㄇㄞˋ

bitter buckwheat

【植】*Fagopyrum tataricum* 蓼科荞麦属。一年生草本植物。茎直立，有分枝，有细棱。叶宽三角形，两面有乳状突，下部叶有长叶柄，上部叶较小，有短柄。总状花序，花被五裂，白或淡粉红色。瘦果长卵形，有三棱，黑褐色。花果期6—10月份。在中国，分布于东北、华北、西北、西南山区。果实可作粮食，根可入药。

苦参/苦參 kǔshēn/ㄎㄨˇ ㄕㄣ

Radix Sophorae Flavescentis(拉)，lightyellow sophora root，flavescent sophora [root]

【中医】中药名。豆科植物苦参 *Sophora flavescens* Ait. 的干燥根。味苦，性寒。归心、肝、胃、大肠、膀胱经。清热燥湿，杀虫，利尿。用于热痢，便血，黄疸尿闭，赤白带下，阴肿阴痒，湿疹，湿疮，皮肤瘙痒，疥癣麻风；外治滴虫性阴道炎。

📖 苦参不宜与藜芦同用。

苦参　　　苦参(根)外形

苦味酸/苦味酸

kǔwèisuān/ㄎㄨˇ ㄨㄟˋ ㄙㄨㄢ

picric acid

【化】学名“三硝基苯酚”。有机化合物。黄色晶体，味苦，有毒，干燥时易爆炸。用于制染料、照相药品、临床外科收敛剂等。军事上称为黄色炸药。

苦杏仁

kǔxìngrén/ㄎㄨˇ ㄒㄧㄥˋ ㄖㄣˊ

【中医】即“杏仁”(1281页)。

库 kù/ㄎㄨˋ

【计量】“库仑”的简称。

库存/庫存 kùcún/ㄎㄨˋ ㄘㄨㄣˊ

inventory

【物流】为缓解供需矛盾，平衡生产和维持规模经济等而暂时处于闲置状态的物品。广义上指处于制造加工状态和运输状态的物品，狭义上指在仓库中处于暂时停滞状态的物品。可分为周期库存、在途库存、安全库存、投机库存、季节性库存和呆滞库存。

库存管理/存貨管理

kùcún guǎnlǐ/ㄎㄨˋ ㄘㄨㄣˊ ㄍㄨㄢˇ ㄌㄧˇ

inventory management, IM

【物流】根据市场对物品的需求和企业订购的特点，对库存进行的预测、计划、补充等的管理。也指在满足客户需要或生产需要的前提下，使库存数量和费用最小化的管理。重点在于确定订货的方法、数量和时间，以减少资金的占用量，实现物流成本的最小化，并提高服务水平。

库存周转次数/庫存周轉次數

kùcún zhōuzhuǎn cìshù/ㄎㄨˋ ㄘㄨㄣˊ ㄓㄡ ㄓㄨㄢˇ ㄘˋ ㄕㄨˋ

inventory turns

【物流】又称“库存周转率”。在一定时期内(一季、半年或一年)，物品进出仓库的次数。次数越多，说明库存周转的速度越快。库存周转次数=库存物品总成本÷平均库存余额=(库存物品总成本×2)÷(期初余额+期末余额)=本期总天数÷库存周转天数。

库存周转率

kùcún zhōuzhuǎnlǜ/ㄎㄨˋ ㄘㄨㄣˊ ㄓㄡ ㄓㄨㄢˇ ㄌㄩˋ

【物流】即“库存周转次数”(698页)。

库仑/庫侖 kùlún/ㄎㄨˋ ㄌㄨㄣˊ

coulomb

【计量】简称“库”。电荷量的国际单位制单位。符号 C。规定恒定电流为 1 安时,1 秒内通过导线截面的电荷量为 1 库。为纪念法国物理学家库仑(Charles Augustin de Coulomb,1736—1806)而命名。

库仑定律/庫侖定律
Kùlún dìnglǜ/ㄎㄨˋ ㄌㄨㄣˊ ㄉㄧㄥˋ ㄌㄩˋ
Coulomb law

【物】关于点电荷间相互作用的定律。是静电学的理论基础。两个静止的点电荷 q_1 和 q_2 在真空中相互作用力 F 的大小,与 q_1 和 q_2 的乘积成正比,与它们间的距离 r 的平方成反比,F 的方向在它们的连线上。数学表达式为 $F=kq_1q_2/r^2$,式中正电荷用正值,负电荷用负值;F 为正值表示斥力,负值表示引力;k 为静电力常量,$k=9.0\times10^9$ 牛 米^2/库^2。在距离 10^{-15} 厘米到 10^{-9} 厘米的范围内极其精确。因法国物理学家库仑(Charles Angustin de Coulomb,1736—1806)通过实验首先提出,故名。

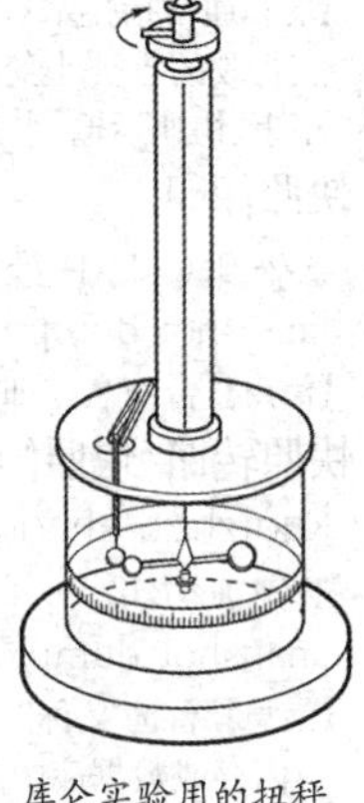
库仑实验用的扭秤

库仑力/庫侖力 kùlúnlì/ㄎㄨˋ ㄌㄨㄣˊ ㄌㄧˋ
Coulomb force

【物】又称“静电力”。两个点电荷间按库仑定律相互作用的力。

庫存 ㄎㄨˋ ㄘㄨㄣˊ/kùcún
stock

【物流】台湾名。即“存货”(172 页)。

kua (ㄎㄨㄚ)

夸克/夸克 kuākè/ㄎㄨㄚ ㄎㄜˋ
quark

【物】微观粒子的一类。比强子更深一个层次,带有 −1/3 或 2/3 个元电荷。共有上、下、粲、奇、顶、底六味,每一味有红、黄、蓝三色。每味夸克还有对应的反夸克,反夸克与夸克的质量相同,而电荷、味和色都相反。故共有 36 种夸克。夸克之间存在强相互作用,由胶子连接构成强子。

夸克模型/夸克模型
kuākè móxíng/ㄎㄨㄚ ㄎㄜˋ ㄇㄛˊ ㄒㄧㄥˊ
quark model

【物】强子结构的一种模型。美国物理学家盖尔-曼(Murry Gell-Marn)等 1964 年提出。认为强子由夸克组成。经不断深入研究,多数物理学家认为,夸克有上夸克(u)、下夸克(d)、奇异夸克(s)、粲夸克(c)、底夸克(b)、顶夸克(t)6 种,它们所带电荷分别为元电荷的 2/3 或 −1/3。每种夸克都有相对应的反夸克。该模型与一系列实验事实相符,人们相信夸克真实存在,但始终没有找到自由夸克。

跨步电压/步級電壓
kuàbù diànyā/ㄅㄨˋ ㄐㄧˊ ㄉㄧㄢˋ ㄧㄚ
step voltage

【电】人在不同电位的大地上,两脚之间承受的电压。

跨度/跨度 kuàdù/ㄎㄨㄚˋ ㄉㄨˋ
span

【建】沿房屋横向两根柱子或两个承重墙轴线之间的距离。厂房建筑同一化基本规则规定:跨度尺寸小于等于 18 米时为 3 米的倍数,大于 18 米时宜采用 6 米的倍数。

跨媒体/交叉媒體
kuàméitǐ/ㄐㄧㄠ ㄔㄚ ㄇㄟˊ ㄊㄧˇ
cross media

【信息】将报纸、广播电台、电视台和因特网等不同媒体的采编作业结合起来,使信息在各媒体之间交叉传播、整合,而形成合作、共生、互动与协调的传播形态。

跨声速/穿音速
kuàshēngsù/ㄔㄨㄢ ㄧㄣ ㄙㄨˋ
transonic

【航】飞行器飞行速度或风洞实验气流速度在马赫数(Ma)1 附近(0.4～1.4)。跨声速易在飞机机翼上的气动力形成剧烈不规则变化,引起操纵失常(激波失速和抖动),称为声障。

kuai (ㄎㄨㄞ)

块/塊 kuài/ㄎㄨㄞˋ
block

【信息】❶数据组织中对给定目的当作一个单位处理的字符、字或记录的串。❷当作一个单位传送的一组二进制位。多采用某种编码步骤以达到出错控制的目的。

块规 kuàiguī/ㄎㄨㄞˋ ㄍㄨㄟ

【机】即"量块"(737 页)。

块茎/塊莖 kuàijīng/ㄎㄨㄞˋ ㄐㄧㄥ

tuber

【植】植物的短而肥厚、有贮藏功能的地下茎。表面有芽眼,眼内生芽。如马铃薯、薯蓣、荸荠。

快按兩次

ㄎㄨㄞˋ ㄢˋ ㄌㄧㄤˇ ㄘˋ/kuài'àn liǎng cì

double-click

【信息】台湾名。即"双击"(1059 页)。

快递服务/快遞服務

kuàidì fúwù/ㄎㄨㄞˋ ㄉㄧˋ ㄈㄨˊ ㄨˋ

express service

【物流】由专业公司提供的商业化快速寄递经营服务。服务内容是收寄物品并按承诺时限递送到收件人或指定地点。可分为同城快递、国内快递、国际快递等。

快捷郵件

ㄎㄨㄞˋ ㄐㄧㄝˊ ㄧㄡˊ ㄐㄧㄢˋ/kuàijié yóujiàn

express mail service

【物流】台湾名。即"特快专递"(1115 页)。

快取記憶體

ㄎㄨㄞˋ ㄑㄩˇ ㄐㄧˋ ㄧˋ ㄊㄧˇ/kuàiqǔ jìyìtǐ

cache

【信息】台湾名。即"高速缓存"(395 页)。

快閃記憶體

ㄎㄨㄞˋ ㄕㄢˇ ㄐㄧˋ ㄧˋ ㄊㄧˇ/kuàishǎn jìyìtǐ

flash memory

【信息】台湾名。即"闪存"(984 页)。

快速道 ㄎㄨㄞˋ ㄙㄨˋ ㄉㄠˋ/kuàisùdào

expressway

【交】台湾名。"快速道路"的简称。

快速道路

ㄎㄨㄞˋ ㄙㄨˋ ㄉㄠˋ ㄌㄨˋ/kuàisù dàolù

expressway

【交】台湾名。即"快速公路"(700 页)。

快速公路/快速道路

kuàisù gōnglù/ㄎㄨㄞˋ ㄙㄨˋ ㄍㄨㄥ ㄌㄨˋ

expressway

【交】简称"快速路",台湾简称"快速道"。城市道路中完全或部分控制出入口,中央分隔双向行驶,与主要道路立体相交、次要道路平面相交,专供汽车以较高速度行驶的公路。

快速路 kuàisùlù/ㄎㄨㄞˋ ㄙㄨˋ ㄌㄨˋ

【交】"快速公路"的简称。

快艇/高速艇 kuàitǐng/ㄍㄠ ㄙㄨˋ ㄊㄧㄥˇ

speed boat

【船】通常指排水量较小,主机功率较大,能高速行驶的各类小艇。机动性能好,广泛用于军事、快速运输、水上体育竞赛、缉私、旅游等。

快照傾印

ㄎㄨㄞˋ ㄓㄠˋ ㄑㄧㄥ ㄧㄣˋ/kuàizhào qīngyìn

snapshot dump

【信息】台湾名。即"快照转储"(700 页)。

快照转储/快照傾印

kuàizhào zhuǎnchǔ/

ㄎㄨㄞˋ ㄓㄠˋ ㄑㄧㄥ ㄧㄣˋ

snapshot dump

【信息】台湾又称"迅速傾印"。在特别时刻,对内存或数据库中的全部或部分数据制备的副本。

會計原則

ㄎㄨㄞˋ ㄐㄧˋ ㄩㄢˊ ㄗㄜˊ/kuàijì yuánzé

counting principles

【信息】台湾名。即"计数原理"(580 页)。

鲙鱼 kuàiyú/ㄎㄨㄞˋ ㄩˊ

【动】即"鳓"(714 页)。

kuan (ㄎㄨㄢ)

宽带/寬頻 kuāndài/ㄎㄨㄢ ㄆㄧㄣˊ

broadband

【信息】数字通信中相对较宽的频带。多指可传送 2 兆比特/秒以上信号的带宽。

宽带网/寬頻網路

kuāndàiwǎng/ㄎㄨㄢ ㄆㄧㄣˊ ㄨㄤˇ ㄌㄨˋ

broadband network

【信息】用来传输宽带信号或超过一定速率的数字信号的网络。可分为有线宽带网和无线宽带网。

宽度计/寬度計
kuāndùjì/ㄎㄨㄢ ㄉㄨˋ ㄐㄧˋ
width meter
【机】测量并显示物体宽度的仪表。可分为光电式宽度计、固体扫描式宽度计和磁栅式宽度计等。

寬度 ㄎㄨㄢ ㄉㄨˋ/kuāndù
width
【建】台湾名。即“面阔”(801 页)。

寬頻 ㄎㄨㄢ ㄆㄧㄣˊ/kuānpín
❶broadband,❷wideband
【信息】❶台湾名。即“宽带”(700 页)。❷台湾名。即“阔带”(705 页)。

寬頻網路
ㄎㄨㄢ ㄆㄧㄣˊ ㄨㄤˇ ㄌㄨˋ/kuānpín wǎnglù
broadband network
【信息】台湾名。即“宽带网”(700 页)。

髋骨/髖骨 kuāngǔ/ㄎㄨㄢ ㄍㄨˇ
hip bone
【医】骨盆的组成部分。由髂骨、耻骨和坐骨组成。成年前这三块骨借软骨联合在一起,成年后三块骨在髋臼处愈合成一块髋骨。髋臼为髋骨中部外侧的一个深凹陷,接纳股骨头形成髋关节。

髋关节/髖關節
kuānguānjié/ㄎㄨㄢ ㄍㄨㄢ ㄐㄧㄝˊ
hip joint
【医】由髋骨的髋臼和股骨头的关节面构成的关节。是典型的球窝关节。髋臼的周缘有纤维软骨构成的髋臼唇,加深髋臼的深度。髋臼切迹为髋臼横韧带所封闭,髋臼窝内填充有股骨头韧带和脂肪组织,以缓冲股骨头冲击。股骨头关节面约为球面的 2/3,几乎全部纳入髋臼内,与髋臼月状面接触。关节囊厚而坚韧,其周围有耻股韧带、坐股韧带和髂股韧带等加固。

kuang (ㄎㄨㄤ)

狂病/狂病 kuángbìng/ㄎㄨㄤˊ ㄅㄧㄥˋ
manic psychosis, mania
【中医】中医内科疾病之一。多因五志过极,或先天遗传所致,症见神志错乱,精神亢奋,打骂呼叫,躁妄不宁,动而多怒,甚则持刀杀人等。降火、豁痰、活血、开窍以治其标,调整阴阳,恢复神机以治其本。同时,移情易性,加强病患保健和护理工作,防止意外,也很必要。痰火扰神证,宜清泄肝火,涤痰醒神,可用程氏生铁落饮;痰结血瘀证,宜豁痰化瘀开窍,可用癫狂梦醒汤;瘀血阻窍,宜活血化瘀,通络开窍,可用通窍活血汤加味;火盛伤阴证,宜滋阴降火,安神定志,可用二阴煎;心肾失调证,宜育阴潜阳,交通心肾,可用黄连阿胶汤合琥珀养心丹。

狂犬病/狂犬病
kuángquǎnbìng/ㄎㄨㄤˊ ㄑㄩㄢˇ ㄅㄧㄥˋ
rabies
【医】狂犬病毒引起的人畜共患的急性中枢神经系统传染病。通过患病动物咬人而传播。临床表现为特有的怕风、恐水、流涎和咽肌痉挛,终至发生呼吸肌麻痹而危及生命。

矿产/礦物 kuàngchǎn/ㄎㄨㄤˋ ㄨˋ
mineral
【地】地壳中有开采价值的物质。如铜、铁、煤、石油、天然气等。

矿产勘查/礦產探勘
kuàngchǎn kānchá/ㄎㄨㄤˋ ㄔㄢˇ ㄊㄢˋ ㄎㄢ
mineral exploration
【地】研究矿产形成与分布的地质条件、矿床赋存规律、矿体变化特征,查明工业矿床的品位和储量,进行地质、技术和经济评价工作。

矿床/礦床 kuàngchuáng/ㄎㄨㄤˋ ㄔㄨㄤˊ
mineral deposit
【地】地壳中由地质作用形成的,其所含有用物质在现有经济和技术条件下具有工业开采和利用价值的地质体。可由一个或多个矿体组成。

矿床地质学/礦床地質學
kuàngchuáng dìzhìxué/
ㄎㄨㄤˋ ㄔㄨㄤˊ ㄉㄧˋ ㄓˋ ㄒㄩㄝˊ
mineral deposit geology
【地】简称“矿床学”。地质学的一个分支。应用地质学及有关学科的理论、技术和方法,研究矿床的品质、储量、产状、形成机制与时空分布和演变规律及其经济价值。是成矿预测、找矿和勘探的理论基础和依据。

K

矿床学
kuàngchuángxué/ㄎㄨㄤˋ ㄔㄨㄤˊ ㄒㄩㄝˊ
【地】“矿床地质学”的简称。

矿化/礦化
kuànghuà/ㄎㄨㄤˋ ㄏㄨㄚˋ
mineralation
【化】复杂的有机物质经微生物酶的作用，分解转化成简单的无机(矿质)化合物，同时释放能量的过程。

矿化作用/礦化作用
kuànghuà zuòyòng/ㄎㄨㄤˋ ㄏㄨㄚˋ ㄗㄨㄛˋ ㄩㄥˋ
mineralization
【地】能使地壳中的某些有用物质(元素或矿物)富集的地质作用。是促使某些矿床形成的重要因素。

矿脉/礦脈 kuàngmài/ㄎㄨㄤˋ ㄇㄞˋ
mineral vein, lode
【地】以板状或其他不规则形状充填在各种岩石裂缝中的矿床。常与地层形成一定角度。金、银、铜、钨、锑等多产于矿脉中。

矿棉 kuàngmián/ㄎㄨㄤˋ ㄇㄧㄢˊ
【材】即“矿渣棉”(703 页)。

矿苗/礦苗 kuàngmiáo/ㄎㄨㄤˋ ㄇㄧㄠˊ
showing of ore
【地】矿产的露头，即矿床露出地面的部分。如油苗、气苗等。也包括可以指示下面有矿床存在的标志，如铁帽(硫化物矿床在地表风化后残留的以铁的氧化物和含水氧化物以及不易风化的石英组成的物质)。是矿床存在的直接标志。

K **矿泉/礦泉** kuàngquán/ㄎㄨㄤˋ ㄑㄩㄢˊ
mineral spring
【地】泉水中含有较多特殊组成的泉。常见的特殊组分有二氧化碳(含量超过 0.25 克/升)、硫化氢(含量超过 1 毫克/升)、氡(含量超过 47 贝可/升)以及某些微量元素。常有某些医疗作用。

矿石/礦石 kuàngshí/ㄎㄨㄤˋ ㄕˊ
ore
【地】岩石中所含的经济上有价值、技术上可利用的元素、化合物或矿物集合体。其中有用成分质量与矿石质量之比称为矿石品位。依据矿石品位不同，可分为富矿石、普通矿石和贫矿石。

矿石品位/礦石品位
kuàngshí pǐnwèi/ㄎㄨㄤˋ ㄕˊ ㄆㄧㄣˇ ㄨㄟˋ
ore grade
【地】见“矿石”(702 页)。

矿体/礦體 kuàngtǐ/ㄎㄨㄤˋ ㄊㄧˇ
orebody
【地】含有足够数量而具有开采价值的矿物或其他有用物质的自然聚集体。具有一定的形状、产状和规模，是构成矿床的基本单位，也是被开采和利用的对象。矿体周围无经济意义的岩石称为矿体的围岩。矿体与围岩之间，有的界限清楚，有的逐渐过渡。

矿物/礦物 kuàngwù/ㄎㄨㄤˋ ㄨˋ
mineral
【地】❶由地质作用所形成的天然单质或化合物。具有相对固定的化学组成和确定的内部结构，在一定的物理化学条件下稳定，是组成岩石和矿石的基本单元。❷在台湾，矿物也指“矿产”(701 页)。

矿物棉/礦物綿
kuàngwùmián/ㄎㄨㄤˋ ㄨˋ ㄇㄧㄢˊ
mineral wool
【材】用天然岩石或工业矿渣制得的絮状物或细粒。绝热和吸声性能好。包括岩石棉和矿渣棉。岩石棉由天然岩石制得，最高使用温度 700℃；矿渣棉用冶金矿渣制得，最高使用温度 600℃，缺点是吸水，弹性小。主要用作隔热、吸声、过滤、防火材料等。

矿物学/礦物學
kuàngwùxué/ㄎㄨㄤˋ ㄨˋ ㄒㄩㄝˊ
mineralogy
【地】地质学的一个分支。研究矿物的化学成分、晶体结构、形态、性质、时间、空间上的分布规律及其形成、演化的历史和用途。

矿物质/礦物質
kuàngwùzhì/ㄎㄨㄤˋ ㄨˋ ㄓˋ
mineral
【化】又称“无机盐”。营养学上指机体内所必需的一些元素。

矿业固体废物/礦業固體廢物
kuàngyè gùtǐ fèiwù/
ㄎㄨㄤˋ ㄧㄝˋ ㄍㄨˋ ㄊㄧˇ ㄈㄟˋ ㄨˋ

solid wastes from mines

【环】开采和选矿、洗矿过程中产生的废弃物。主要是采矿废石和尾矿。大量堆存则占用土地,污染水体和空气,甚至造成滑坡、泥石流等灾害。

矿渣棉/渣棉

kuàngzhāmián/ㄓㄚ ㄇㄧㄢˊ

slag wool

【材】又称"矿棉"。用高炉炉渣、锰铁炉渣等工业废渣,经高温熔融,用离心力、高压载能气体喷吹而成的纤维状材料。

矿质肥料

kuàngzhì féiliào/ㄎㄨㄤˋ ㄓˋ ㄈㄟˊ ㄌㄧㄠˋ

【农】即"无机肥料"(1203 页)。

矿质水/礦水 kuàngzhìshuǐ/ㄎㄨㄤˋ ㄕㄨㄟˇ

mineral water

【化】含有一定数量特殊矿物质的水。矿物质包括微量化学成分、气体组分与放射性元素。天然的称矿泉水,有的可以饮用;有较高温度的温泉水、地热水等,有保健作用,常见有碳酸水、硫化氢水、铁水、碘水、溴水、硅酸水、氯化钠水、碳酸氢钠水等。有些可用于工业(如提炼食盐、碘、硼、溴、锂等或取暖)。人工制造的称矿物质水,主要供饮用。

框 ㄎㄨㄤˋ/kuàng

frame

【信息】台湾名。即"帧"(1425 页)。

框景/框景 kuàngjǐng/ㄎㄨㄤˋ ㄐㄧㄥˇ

enframed scenery

【建】园林风景中以门框、窗框、柱间、廊下挂落、乔木枝干等为边框而选取的景物。作用是取其精华,别具一格。

框率 ㄎㄨㄤˋ ㄌㄩˋ/kuànglǜ

frame rate

【信息】台湾名。即"帧速率"(1425 页)。

框速率 ㄎㄨㄤˋ ㄙㄨˋ ㄌㄩˋ/kuàngsùlǜ

frame rate

【信息】台湾名。即"帧速率"(1425 页)。

框图/方塊圖 kuàngtú/ㄈㄤ ㄎㄨㄞˋ ㄊㄨˊ

block diagram

【信息】以框与连线来表示某一系统的示意图。其中框表示主要部件或功能,连线表示各框之间的联系。

礦産探勘

ㄎㄨㄤˋ ㄔㄢˇ ㄊㄢˋ ㄎㄢ/kuàngchǎn tànkān

mineral exploration

【地】台湾名。即"矿产勘查"(701 页)。

礦水 ㄎㄨㄤˋ ㄕㄨㄟˇ/kuàngshuǐ

mineral water

【化】台湾名。即"矿质水"(703 页)。

礦物綿 ㄎㄨㄤˋ ㄨˋ ㄇㄧㄢˊ/kuàngwùmián

mineral wool

【材】台湾名。即"矿物棉"(702 页)。

礦油精 ㄎㄨㄤˋ ㄧㄡˊ ㄐㄧㄥ/kuàngyóujīng

mineral spirit, white spirit

【化】台湾名。即"松香水"(1082 页)。

kui (ㄎㄨㄟ)

盔顶/盔頂

kuīdǐng/ㄎㄨㄟ ㄉㄧㄥˇ

helmet-shaped roof, helm roof

【建】屋面上下较平缓,中间陡峻,断面如弓,形如武士头盔的屋顶形式。多用于礼仪性建筑,如碑亭等。

盔 顶

窥阴癖/淫窺 kuīyīnpǐ/ㄧㄣˊ ㄎㄨㄟ

voyeurism

【医】又称"窥阴症"。一种性偏好障碍(性变态)。反复发生或持续存在看别人进行性行为或隐私行为(如脱衣、裸体)的倾向。通常引发偷看者的性兴奋和自慰。

窥阴症 kuīyīnzhèng/ㄎㄨㄟ ㄧㄣ ㄓㄥˋ

【医】即"窥阴癖"(703 页)。

奎宁/奎寧 kuíníng/ㄎㄨㄟˊ ㄋㄧㄥˊ

quinine

【医】金鸡纳树皮及其同属植物树皮中的主要生物碱。用于治疗疟疾,主要作用于疟原虫红细胞内期。因其抗疟作用弱而不良反应较多,现已少用。

喹啉/喹啉 kuílín/ㄎㄨㄟˊ ㄌㄧㄣˊ

quinoline

【化】又称"苯并吡啶"。含氮杂环化合物。无色吸湿性油状液体,在空气中放置逐渐变黄,

K

有特殊气味。少量存在于煤焦油中。

蝰蛇/蝰蛇 kuíshé/ㄎㄨㄟˊ ㄕㄜˊ

viper

【动】爬行动物名。有鳞目蝰蛇科。体长 1 米以上,头部呈三角形,背部暗褐色,背脊有黑色的链状条纹,身体两侧有不规则的斑点,腹部黑色,生活在山地和平原,捕食小鸟、蜥蜴、青蛙等。在中国,分布于台湾、福建、广东、广西等地。

蝰 蛇

溃决/潰決 kuìjué/ㄎㄨㄟˋ ㄐㄩㄝˊ

levee breach due to breaking

【水利】堤防因渗水、淘刷、管涌、滑动、坍塌等险情扩大而导致的决口。

溃疡/潰瘍 kuìyáng/ㄎㄨㄟˋ ㄧㄤˊ

ulcer, ulcerating sore

【中医】疮面破溃的疮疡。

kun (ㄎㄨㄥ)

坤草 kūncǎo/ㄎㄨㄣ ㄘㄠˇ

【植】即“益母草”(1341 页)。

昆布/昆布 kūnbù/ㄎㄨㄣ ㄅㄨˋ

Thallus Laminariae (拉), Thallus Eckloniae (拉), kelp, tangle

【中医】中药名。海带科植物海带 *Laminaria japonica* Aresch. 或翅藻科植物昆布 *Ecklonia kurome* Okam. 的干燥叶状体。味咸,性寒。归肝、胃、肾经。软坚散结,消痰,利水。用于瘿瘤,瘰疬,睾丸肿痛,痰饮水肿。

昆 布

📖 昆,意思是“大”;因这种植物的叶形似布,故名。

昆虫/昆蟲 kūnchóng/ㄎㄨㄣ ㄔㄨㄥˊ

insect

【动】Insecta 节肢动物的一纲。成虫身体分头、胸、腹三部分。头部有触角、眼、口器等。胸部有足三对,翅膀两对或一对,或无翅。腹部有节,两侧有气孔,是呼吸器官。多数昆虫都经过卵、幼虫、蛹、成虫等发育阶段。如蜜蜂、蚊、蝇、跳蚤、蝗虫、蚜虫等。

昆仑山/昆侖山 Kūnlún Shān/ㄎㄨㄣ ㄌㄨㄣˊ ㄕㄢ

Kunlun Shan

【地】山脉名。位于青藏高原,东西走向。长约 2500 千米,是中国最长的山脉,宽 130～200 千米。海拔 5000～7000 米,最高峰公格尔峰,海拔 7649 米。

昆山石/昆山石 kūnshānshí/ㄎㄨㄣ ㄕㄢ ㄕˊ

Kunshan stone

【建】产于江苏昆山的一种石头。石质粗糙不平,形状奇突空透,颜色洁白,适宜做盆景或点缀庭园。

醌/醌 kūn/ㄎㄨㄣ

quinone

【化】一类含氧有机化合物。含有两个双键的六元环状二酮结构。如对苯醌、蒽醌等。

捆绑式运载火箭/捆綁式發射載具

kǔnbǎngshì yùnzài huǒjiàn/ ㄎㄨㄣˇ ㄅㄤˇ ㄕˋ ㄈㄚ ㄕㄜˋ ㄗㄞˋ ㄐㄩˋ

strap-on launch vehicle

【航】为有效提高火箭运载能力及其运动力学的稳定性,在火箭第一级芯级发动机外围并联安装助推器的多级运载火箭。捆绑助推器数根据运载能力需求确定,并可分别点火或同时点火。

📖 多级火箭级与级之间连接的并联型,俗称“捆绑式”。

捆绑式助推器/捆綁式助推器

kǔnbǎngshì zhùtuīqì/ ㄎㄨㄣˇ ㄅㄤˇ ㄕˋ ㄓㄨˋ ㄊㄨㄟ ㄑㄧˋ

strap-on booster

【航】在运载火箭第一级芯级发动机并联(纵轴平行或倾斜一个小角度)安装连接的,以提供辅助推力的助推发动机。可有效提升起飞和爬升段的飞行能力,完成辅助助推任务后,可分离抛弃以减轻负载重量。

捆綁式發射載具

ㄎㄨㄣˇ ㄅㄤˇ ㄕˋ ㄈㄚ ㄕㄜˋ ㄗㄞˋ ㄐㄩˋ/ kǔnbǎngshì fāshè zàijù

strap-on launch vehicle

【航】台湾名。即“捆绑式运载火箭”(704 页)。

kuo （ㄎㄨㄛ）

扩 kuò/ㄎㄨㄛˋ

【机】"扩孔"的简称。

扩充板/擴充板

kuòchōngbǎn/ㄎㄨㄛˋ ㄔㄨㄥ ㄅㄢˇ

expansion board

【信息】可插入母版扩充槽或连接器中以增加计算机内存或专用特征的插件板。主要用来提供或扩展母板不具备的功能模块。例如IBM个人计算机原来没有图形与硬盘驱动器功能，插上图形板与硬盘驱动器卡后，即分别具有图形能力与硬驱接口。

扩孔/擴孔 kuòkǒng/ㄎㄨㄛˋ ㄎㄨㄥˇ

counterboring, hole expansion

【机】简称"扩"。金属切削加工的一种方法。在车床、钻床等机床上用扩孔钻扩大工件上已有的孔(在毛坯上铸成、锻成或已钻出的孔)。

扩频/展頻 kuòpín/ㄓㄢˇ ㄆㄧㄣˊ

spread spectrum

【信息】使信号占用的带宽有意增加到或扩展到比常规调频所需频率范围宽得多的传输方式。频带越宽，干扰能量越分散，抗干扰能力就越强。

扩散/擴散 kuòsàn/ㄎㄨㄛˋ ㄙㄢˋ

diffusion

【物】物质分子或微粒由高浓度区向低浓度区迁移的现象。主要由分子热运动引起。是自然界中普遍存在的现象。例如大气成分的均一就是不同气体相互扩散的结果；半导体的掺杂、钢表面渗碳都是扩散的结果。

扩散焊/擴散焊

kuòsànhàn/ㄎㄨㄛˋ ㄙㄢˋ ㄏㄢˋ

diffusion welding

【机】压焊的一种。在真空或保护气氛中，在一定温度和压力下使待焊金属件表面相互接触，通过发生塑性流动及原子间相互扩散实现连接。主要用于精密焊接，如陶瓷—金属焊接及异种材料焊接。

扩瞳药/散瞳藥

kuòtóngyào/ㄙㄢˋ ㄊㄨㄥˊ ㄧㄠˋ

mydriatic

【医】暂时阻断瞳孔肌和调节肌的神经支配，具有扩大瞳孔功能的药物。常用的有阿托品、后马托品、托吡卡胺等，主要用于眼底检查和验光。

扩展名/副檔名

kuòzhǎnmíng/ㄈㄨˋ ㄉㄤˇ ㄇㄧㄥˊ

extension

【信息】计算机系统中标示文件格式的一种形式。跟在文件名后面，用分隔符隔开的部分即为扩展名。

蛞蝼 kuòlóu/ㄎㄨㄛˋ ㄌㄡˊ

【动】即"蝼蛄"(755页)。

蛞蝓/蛞蝓 kuòyú/ㄎㄨㄛˋ ㄩˊ

slug

【动】又称"鼻涕虫""蜒蚰"。软体动物名。腹足纲蛞蝓科。身体圆而长，外形像蜗牛，没有壳，背面淡褐色或黑色，腹面白色，表面多黏液，爬行后留下银白色的条痕，头上有长短触角各一对，眼长在长触角上。昼伏夜出，以植物的叶子为食。

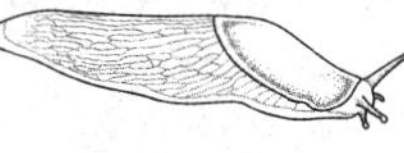

蛞蝓

阔带/寬頻 kuòdài/ㄎㄨㄢ ㄆㄧㄣˊ

wideband

【信息】数字通信中相对较宽的频带。多指可传送64千比特/秒～2兆比特/秒信号的带宽。

阔叶树/闊葉樹

kuòyèshù/ㄎㄨㄛˋ ㄧㄝˋ ㄕㄨˋ

broad leaf tree

【农】植物分类上属于双子叶植物的树木。通常叶面宽阔，叶脉呈网状，常绿或落叶。树干的通直度比针叶树较差，树冠较宽广。如杨、柳、樟、榆等。

闊背肌 ㄎㄨㄛˋ ㄅㄟˋ ㄐㄧ/kuòbèijī

latissimus dorsi

【医】台湾名。即"背阔肌"(47页)。

擴音器 ㄎㄨㄛˋ ㄧㄣ ㄑㄧˋ/kuòyīnqì

loudspeaker

【物】台湾名。即"扬声器"(1314页)。

擴張器 ㄎㄨㄛˋ ㄓㄤ ㄑㄧˋ/kuòzhāngqì

expander

【机】台湾名。即"膨胀机"(863页)。

L

la （ㄌㄚ）

垃圾焚化 ㄌㄜˋ ㄙㄜˋ ㄈㄣˊ ㄏㄨㄚˋ/lājī fénhuà
refuse burning, waste incineration
【环】台湾名。即"垃圾焚烧"(706 页)。

垃圾焚烧/垃圾焚化
lājī fénshāo/ㄌㄜˋ ㄙㄜˋ ㄈㄣˊ ㄏㄨㄚˋ
refuse burning, waste incineration
【环】利用焚烧炉焚化垃圾的过程。垃圾经焚烧处理可减少体积,便于填埋,节约用地,还可杀灭各种病原体,也可转化有毒有害物质的性质和回收热能。垃圾焚烧是传统的垃圾处理方法,会排放烟尘和二噁英等大气污染物,应采取大气污染防治措施。

垃圾邮件/垃圾郵件
lājī yóujiàn/ㄌㄜˋ ㄙㄜˋ ㄧㄡˊ ㄐㄧㄢˋ
spam, junk mail
【信息】未经用户同意即发去的广告、资料等没有使用价值或保存价值的电子邮件。

拉 lā/ㄌㄚ
【机】"拉削"的简称。

拉拔/拉製 lābá/ㄌㄚ ㄓˋ
drawing
【机】金属塑性加工方法的一种。坯料在牵引力作用下通过模孔拉出,产生塑性变形使截面缩小、长度增加。主要用来生产各种细线材、薄壁异形管及特殊截面型材。

拉床/拉床 lāchuáng/ㄌㄚ ㄔㄨㄤˊ
broaching machine
【机】金属切削机床的一种。以拉刀对工件进行切削加工。加工时通常工件不动,拉刀做直线运动切削。用于拉削有预制孔的键槽、圆孔、方孔、花键孔等内表面和各种形状的外表面。生产率高,能够达到较高的精度和较低的表面粗糙度。可分为内拉床和外拉床等。

拉刀/拉刀 lādāo/ㄌㄚ ㄉㄠ
broach
【机】刀具的一种。用于拉削加工。表面上有多排刀齿。工作时刀齿从工件上切下一定厚度的金属,得到所要求的尺寸和形状。按加工表面部位不同,可分为内拉刀和外拉刀。

拉丁美洲/拉丁美洲
Lādīng Měizhōu/ㄌㄚ ㄉㄧㄥ ㄇㄟˇ ㄓㄡ
Latin America
【地】全称"拉丁亚美利加洲"。指美国以南的美洲地区。包括墨西哥、中美洲、西印度群岛和南美洲。因这一地区长期沦为西班牙、葡萄牙的殖民地,通行语言大多属拉丁语族,故名。地形以高原和平原为主,总面积约 2072 万平方千米(包括附近岛屿),目前有 33 个独立国家和 10 余个美、英、法、荷等国的属地。大部分地区气候湿热。矿藏丰富,铜、铁、铝土、锑、锡、钴、铌、硝石、石油等占有重要地位;森林面积广阔,水力和近海渔业资源丰富。

拉丁十字教堂/拉丁十字教堂
Lādīng shízì jiàotáng/
ㄌㄚ ㄉㄧㄥ ㄕˊ ㄗˋ ㄐㄧㄠˋ ㄊㄤˊ
Latin cross church
【建】教堂平面型制的一种。十字形的一臂较长,一臂较短,象征耶稣受难。基督教合法化后,将罗马巴西利卡改为教堂,随着宗教仪式日趋复杂,圣品日益增加,需要在祭坛前增建一道横向空间,形成不等臂的十字形平面。哥特时期,拉丁十字成为唯一正统的天主教堂平面型制。

拉丁亚美利加洲
Lādīng Yàměilìjiāzhōu/
ㄌㄚ ㄉㄧㄥ ㄧㄚˋ ㄇㄟˇ ㄌㄧˋ ㄐㄧㄚ ㄓㄡ
【地】"拉丁美洲"的全称。

拉拉藤/豬秧秧 lālāténg/ㄓㄨ ㄧㄤ ㄧㄤ
lala cane
【植】*Galium aparine* var. *tenerum* 又称"猪秧秧"。茜草科拉拉藤属。蔓生或攀缘状草本植物。茎有四棱,被毛。叶轮生,带状倒披针形,顶端有尖,被毛。聚伞花序,花冠辐状,黄绿色或白色。花期 3—7 月份。在中国,除海南外均有分布。常见野草。全草入药。

拉尼娜现象/妮娜現象
lānínà xiànxiàng/
ㄌㄚ ㄋㄚˋ ㄒㄧㄢˋ ㄒㄧㄤˋ
La Niña phenomenon
【环】又称“反厄尔尼诺现象”,台湾又称“反聖嬰現象”。指热带太平洋东部和中部表层海水温度大范围持续异常降低(连续6个月低于常年温度0.5 ℃以上)的现象。常出现在厄尔尼诺现象之后,出现时对全球天气、气候的变化产生重大影响,但其影响程度较厄尔尼诺现象小。其成因至今尚无定论。

拉削/拉削 lāxiāo/ㄌㄚ ㄒㄧㄠ
broaching
【机】简称“拉”。金属切削加工的一种方法。用拉刀在拉力作用下做轴向运动,加工各种内外成形表面。生产率和加工精度高,操作较简单。可分为内拉削和外拉削。

拉製 ㄌㄚ ㄓˋ/lāzhì
drawing
【机】台湾名。即“拉拔”(706页)。

喇叭花 lǎbahuā/ㄌㄚˇ·ㄅㄚ ㄏㄨㄚ
【植】“牵牛”的通称。

喇嘛塔/喇嘛塔 lǎmatǎ/ㄌㄚˇ·ㄇㄚ ㄊㄚˇ
lama pagoda
【建】又称“覆钵式塔”。高大基座上,建覆钵形塔身,其上安置塔刹的佛塔。由塔座、塔身、塔刹三部分组成,整体造型接近印度窣堵坡。元代开始盛行,从宗教意义上分为供奉佛经佛像和活佛灵塔两种类型。塔座平面多呈方形或亞字形,元明两代多用双层须弥座,清代用单层。元代的塔脖子较粗,明清渐瘦。清代在塔身正面设“眼光门”,内置佛像。北京妙应寺白塔是元代的喇嘛塔,扬州瘦西湖白塔为清代所建。元代以后,藏传佛教常建。

喇嘛塔

腊梅 làméi/ㄌㄚˋ ㄇㄟˊ
【植】即“梅”(789页)。
📖 因梅的花期在腊月前后,故名。

蜡/蠟 là/ㄌㄚˋ
wax
【化】一类半透明的半固体物。常温下为固体,加热后易液化或气化,凝固点为38～90℃。主要成分是高级脂肪酸酯。软而滑润,不溶于水,易燃烧。按其来源不同,可分为动物蜡、植物蜡和矿物蜡。动物蜡有蜂蜡(蜜蜂的分泌物)、虫白蜡(白蜡虫的分泌物);植物蜡有甘蔗蜡、米糠蜡等;矿物蜡有褐煤蜡等。石蜡、聚乙烯蜡等的主要化学成分不是酯,但性质与蜡相似,也习称为“蜡”。

蜡梅/蠟梅 làméi/ㄌㄚˋ ㄇㄟˊ
wax plum
【植】*Chimonanthus praecox* 又称“黄梅花”。蜡梅科蜡梅属。落叶灌木。叶纸质,卵圆形至长圆状披针形,先端尖,全缘。花生于叶腋,先叶开花,有短柄及杯状花托,花被片螺旋状排列,黄色,有浓香。花期11月份至翌年3月份。在中国,分布于华东、华中、西南等地区。观赏花木。根、叶可入药。
📖 据《本草纲目》记载:“此物本非梅类,因其与梅同时,香又相近,色似蜜蜡,故名蜡梅。”此蜡梅非彼腊梅。

蜡染/蠟染 làrǎn/ㄌㄚˋ ㄖㄢˇ
batik
【纺】以蜡为防染剂的防染方法。是一种传统的民间印染工艺。用蜡刀蘸熔蜡在织物上绘图案后再染色,有蜡的地方不吸收染料,染成除蜡后呈现所绘的蓝底白花或白底蓝花图案。可重复多次而获得多色彩花纹。浸染中,作为防染剂的蜡自然龟裂,使织物表面出现“冰纹”,具有特殊的魅力。蜡染织物图案丰富,色调素雅,风格独特,乡土气息浓厚,多用于制作服装服饰和各种生活实用品。今在布依、苗、瑶、仡佬等民族中仍广泛流行。

蜡熟期 làshúqī/ㄌㄚˋ ㄕㄨˊ ㄑㄧ
【农】即“黄熟期”(539页)。

蜡质/蠟狀的
làzhì/ㄌㄚˋ ㄓㄨㄤˋ·ㄉㄜ
waxy
【植】植物器官的质地近似蜡的性质。如蜡梅的花就属于蜡质。

辣椒/辣椒 làjiāo/ㄌㄚˋ ㄐㄧㄠ

hot pepper

【植】*Capsicum annuum* var. *annuum* 又称"牛角椒"。茄科辣椒属。一年生或有限多年生草本植物。枝顶端节不伸长而成双生或簇生状。叶互生,叶片近卵形,顶端尖,基部狭楔形,全缘。花单生,花萼杯状,花冠白色。果梗俯垂,果实长指状,顶端渐尖且常弯曲,未成熟时绿色,成熟后成红色、橙色或紫红色,味辣。花果期5—11月份。中国各地均有栽培。果实可作蔬菜和调味品,还可入药。

📖 辣椒的栽培变种有朝天椒、簇生椒和菜椒。朝天椒的果实直立,圆锥状,味极辣,常作盆景栽培。簇生椒的果实直立,微弓曲,味很辣。菜椒又称灯笼椒,即柿子椒,果实大型,近球状或圆柱状,多纵沟,味不辣,略带甜或椒味,是常见蔬菜。

辣椒油树脂/胡椒油樹脂

làjiāoyóu shùzhī/ㄏㄨˊ ㄐㄧㄠ ㄧㄡˊ ㄕㄨˋ ㄓ

pepper oil resin

【化】从辣椒果实中提取的复杂混合物。主要成分为辣椒色素类物质和辣味类物质。暗红色至橙红色,略黏,有强烈辛辣味,炙热感可及整个口腔至咽喉。可用作食品调味剂、着色剂、增香剂和健身辅助剂等。也可作为制成其他复合物或单一制剂的原料。

蝲蝲蛄 làlàgǔ/ㄌㄚˋ ㄌㄚˋ ㄍㄨˇ

【动】"蝼蛄"的通称。

蠟狀的 ㄌㄚˋ ㄓㄨㄤˋ·ㄉㄜ/làzhuàngde

waxy

【植】台湾名。即"蜡质"(707页)。

lai (ㄌㄞ)

来复线 láifùxiàn/ㄌㄞˊ ㄈㄨˋ ㄒㄧㄢˋ

【军】即"膛线"(1110页)。

來福槍 ㄌㄞˊ ㄈㄨˊ ㄑㄧㄤ/láifúqiāng

rifle

【军】台湾名。即"步枪"(88页)。

莱菔 láifú/ㄌㄞˊ ㄈㄨˊ

【植】即"萝卜"(771页)。

莱菔子/萊菔子 láifúzǐ/ㄌㄞˊ ㄈㄨˊ ㄗˇ

Semen Raphani(拉),

radish seed

萝卜

【中医】中药名。十字花科植物萝卜 *Raphanus sativus* L. 的干燥成熟种子。味辛、甘,性平。归肺、脾、胃经。消食除胀,降气化痰。用于饮食停滞,脘腹胀痛,大便秘结,积滞泻痢,痰壅喘咳。

莱塞尔纤维/萊塞爾纖維

láisài'ěr xiānwéi/ㄌㄞˊ ㄙㄞˋ ㄦˇ ㄒㄧㄢ ㄨㄟˊ

Lyocell fiber

【纺】俗称"天丝"。以天然植物纤维为原料制成的人造纤维。同时具有天然纤维和合成纤维的多种优良性能。所用原料是自然界的纤维素,生产过程无化学反应,所用溶剂无毒,废弃物可生物降解,生产工艺简单,既可节约石油资源,又符合环保要求。

莱州湾/萊州灣

Láizhōu Wān/ㄌㄞˊ ㄓㄡ ㄨㄢ

Laizhou Gulf

【地】海湾名。渤海三大海湾之一。位于渤海南部,在黄河口与屺姆岛一线以南。面积0.8万平方千米。有黄河、小清河、弥河、胶莱河等注入。水深5～10米,最深达15米。海底石油、天然气蕴藏丰富。

铼/錸 lái/ㄌㄞˊ

rhenium

【化】金属元素。属周期表第ⅦB族,符号Re,原子序数75。原子量186.2。自然界主要存在于辉钼矿、软锰矿和钇铌矿中。单质为银白色金属或灰黑色粉末,质硬而密,有延展性,熔点高,耐腐蚀、电阻高且力学性能好。可用作催化剂,其合金可制火箭、人造卫星等的外壳等。

📖 1925年,德国的诺达克(W. Noddack)和塔克(I. Tacke)夫妇等人从铌铁矿的X射线光谱中发现了铼的谱线;1928年,诺达克夫妇又从660千克辉钼矿中分离出1克较纯的金属铼。拉丁文定名为rhenium,源自Rhine,意思是"莱茵河"。中文定名为"铼",是形声字。

赖氨酸/離胺酸

lài'ānsuān/ㄌㄞˋ ㄢ ㄙㄨㄢ

lysine, Lys

【生】20 种蛋白质氨基酸之一。为必需氨基酸。无色针状晶体或结晶粉末。在维持人体氮平衡中特别重要。体内如缺乏赖氨酸则引起蛋白质代谢障碍及功能障碍,导致生长障碍。儿童发育期、患病后恢复期和妊娠授乳期,对赖氨酸的需求更高。

lan (ㄌㄢ)

兰/蘭 lán/ㄌㄢˊ

orchis

【植】*Cymbidium* 兰科兰属。多年地生或附生草本植物。具假鳞茎。叶多枚,二列,带状,先端尖,直立或下垂,基部以鞘围抱假鳞茎。总状花序,三枚萼片花瓣样;唇瓣三裂,基部与蕊柱合生,侧裂片围抱蕊柱,中裂片外弯;唇盘上有两条纵褶片;花粉成团状,有香气。花期因品种而不同。在中国,分布于秦岭以南各地。观赏花卉。

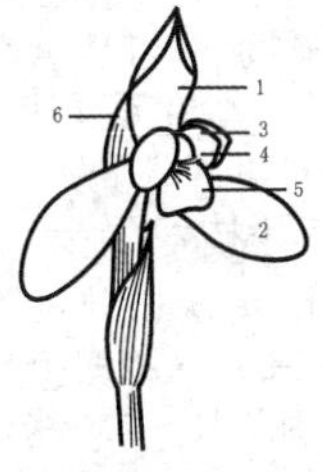

兰花示意图
1.中萼片,2.侧萼片,3.花瓣,4.蕊柱,5.唇瓣,6.苞片

📖 兰是兰属植物的统称。有建兰、墨兰、蕙兰、寒兰、春兰等。是中国十大名花之一,以香著称,具有高洁、清雅的特点,被喻为"花中君子"。南美洲的一些国家把它定为国花。

兰斯教堂/蘭斯教堂

Lánsī Jiàotáng/ㄌㄢˊ ㄙ ㄐㄧㄠˋ ㄊㄤˊ

Reims Cathedral

【建】法国的一座哥特式教堂。位于兰斯,始建于 1211 年,工程延续整个 13 世纪。规模宏大,长 136 米,宽 49 米,为法国国王的加冕教堂。教堂东部加宽,为加冕提供空间。教堂内外的雕刻丰富精美,入口处有 500 多个神像。

栏肥 lánféi/ㄌㄢˊ ㄈㄟˊ

【农】即"厩肥"(650 页)。

栏杆/欄杆 lángān/ㄌㄢˊ ㄍㄢ

railing

【建】中国古作"阑干",又称"勾阑"。建筑物的楼、台、廊、梯等边缘处的围护构件。具有防护功能,兼起装饰作用。形式上有漏空和实体两类。

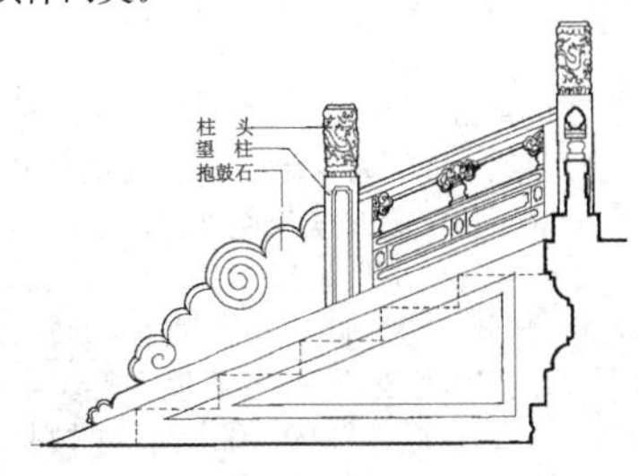

栏 杆

阑额/闌額 lán'é/ㄌㄢˊ ㄜˊ

architrave

【建】檐柱与檐柱之间起联系作用的矩形横木。南北朝以前多置于柱顶,隋唐以后才移至柱间。唐代其断面高宽比约为2∶1,侧面略呈曲线,称为琴面;转角处不出头。辽代与唐相似,但至角柱处出头,并垂直截去。宋、金时,其断面高宽比约为 3∶2,出头处有出锋或近似后代的霸王拳式样。明清时称为额枋,断面近于方形,出头部分多作霸王拳形式。

阑尾炎/闌尾炎

lánwěiyán/ㄌㄢˊ ㄨㄟˇ ㄧㄢˊ

appendicitis

【医】阑尾部由于多种因素而形成的炎性改变。临床主要表现为转移性腹痛及右下腹部压痛、反跳痛,体温升高,中性粒细胞增多等。

蓝宝石/藍寶石

lánbǎoshí/ㄌㄢˊ ㄅㄠˇ ㄕˊ

sapphire

【地】一种刚玉。是除红色以外其他颜色的刚玉质宝石。有无色、蓝色、黄色、绿色、褐色等。蓝色的称为蓝宝石,其他颜色的称为艳色蓝宝石。以鲜艳的天蓝色最名贵。主要产于澳大利亚、缅甸、斯里兰卡、印度等地。

蓝矾 lánfán/ㄌㄢˊ ㄈㄢˊ

【化】即"胆矾"(199 页)。

蓝芙蓉 lánfúróng/ㄌㄢˊ ㄈㄨˊ ㄖㄨㄥˊ

【植】即“矢车菊”(1033 页)。

蓝蝴蝶 lánhúdié/ㄌㄢˊ ㄏㄨˊ ㄉㄧㄝˊ

【植】即“鸢尾”(1384 页)。

蓝晶石/藍晶石

lánjīngshí/ㄌㄢˊ ㄐㄧㄥ ㄕˊ

cyanite, kyanite

【地】矿物。成分为 $Al_2[SiO_4]O$。为红柱石的同质多象变体。常含铁。三斜晶系。晶体常呈扁平柱状。蓝或蓝灰色,玻璃光泽,平行晶体延长方向的莫氏硬度为4.5,垂直晶体延长方向的莫氏硬度为6.5～7(故有二硬石之称),一组解理完全,另一组解理中等。密度3.56～3.68克/厘米^3。可用作耐火材料,透明色美的可作宝石。

蓝鲸/藍鯨 lánjīng/ㄌㄢˊ ㄐㄧㄥ

blue whale

【动】*Balaenoptera musculus* 又称“剃刀鲸”。哺乳动物名。鲸目须鲸科。体长可达 30 多米,是现在世界上体形最大的动物,身体灰蓝色,有白色斑点,背鳍短小,口中每侧有许多鲸须。生活在海洋中,主要以磷虾为食。分布广泛,以南极为数最多。

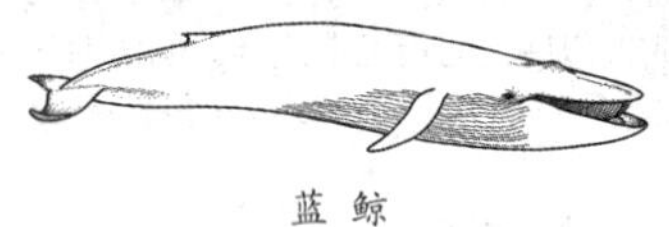

蓝 鲸

蓝闪石/藍閃石

lánshǎnshí/ㄌㄢˊ ㄕㄢˇ ㄕˊ

glaucophane

【地】角闪石的一种。成分为 $Na_2Mg_3Al_2[Si_4O_{11}]_2(OH)_2$。单斜晶系。晶体呈柱状,集合体呈粒状、纤维状和放射状。深蓝至黑色,玻璃光泽或丝绢光泽,莫氏硬度 6～6.5,密度 3.1 克/厘米^3。

蓝肽/藍皮素

lántài/ㄌㄢˊ ㄆㄧˊ ㄙㄨˋ

caerulein

【生】又称“黑蛙素”。多肽的一种。肽链羧基末端五个氨基酸的组成与胰泌素、缩胆囊素完全一致,有缩胆囊素和胰泌素二者的生物活性,促胃液分泌作用相当于四肽胃泌素的 30 倍。

蓝铁矿/藍鐵礦

lántiěkuàng/ㄌㄢˊ ㄊㄧㄝˇ ㄎㄨㄤˋ

vivianite

【地】矿物。成分为 $Fe_3[PO_4]_2 \cdot 8H_2O$。单斜晶系。晶体呈柱状及扁平状,集合体呈肾状、球状及结核状。新鲜为无色,氧化而变成蓝色、靛蓝或蓝黑色,玻璃光泽,莫氏硬度 1.5～2.0,密度 2.68 克/厘米^3。

蓝铜矿/藍銅礦

lántóngkuàng/ㄌㄢˊ ㄊㄨㄥˊ ㄎㄨㄤˋ

azurite

【地】又称“石青”。矿物。主要成分为 $Cu_3[CO_3]_2(OH)_2$。单斜晶系。晶体呈短柱状或板状,集合体呈粒状、块状或放射状、皮壳状。深蓝色、淡蓝色,玻璃光泽,莫氏硬度 3.5～4,密度 3.7～3.9克/厘米^3。遇盐酸起泡。是原生含铜矿物氧化后所形成的次生矿物。产于含铜矿物矿床氧化带中,可作为寻找原生铜矿床的标志。粉末可用来制颜料,也可入中药。

蓝牙技术/藍牙 lányá jìshù/ㄌㄢˊ ㄧㄚˊ

Bluetooth

【信息】一种近距离的无线传输应用技术。范围在 10～100 米,将专用的半导体器件内置,用来在便携式计算机、移动电话和其他移动设备之间建立无线链路,进行数据和语音传输。

📖 英语词 bluetooth 源于商标名,源自 10 世纪丹麦国王哈拉尔德一世(Harald I)的诨号。

藍皮素 ㄌㄢˊ ㄆㄧˊ ㄙㄨˋ/lánpísù

caerulein

【生】台湾名。即“蓝肽”(710 页)。

藍牙 ㄌㄢˊ ㄧㄚˊ/lányá

Bluetooth

【信息】台湾名。即“蓝牙技术”(710 页)。

镧/鑭 lán/ㄌㄢˊ

lanthanum

【化】金属元素。属周期表第ⅢB 族(镧系),符号 La,原子序数 57。原子量 138.9。自然界主要存在于独居石等矿物中。单质为银白色金属,质软,有延展性,在稀土元素中最活泼,碱性也最强。可用来制造合金,或做催化剂等。

L

📖 1839年，瑞典的莫桑德(C.G.Mosander)在不纯的铈土中发现了镧。虽然并非单质镧，而是镧土，但仍按单质命名。拉丁文定名为 lanthanum，源自希腊文 lanthanein，意思是"隐藏"(因镧土混杂在铈土中)。中文定名为"镧"，是形声字。

缆车/纜車 lǎnchē/ㄌㄢˇ ㄔㄜ

cable car

【机】索道的一种。由驱动机带动钢丝绳，牵引车厢沿着铺设在地表并有一定坡度的轨道运行，用以输送物料或人员。多用作工矿区、城市或风景游览区的交通工具。

缆索起重机/纜索起重機

lǎnsuǒ qǐzhòngjī/

ㄌㄢˇ ㄙㄨㄛˇ ㄑㄧˇ ㄓㄨㄥˋ ㄐㄧ

cable crane

【机】一种以承载绳做承重件的起重机。承载绳张紧于两个塔架顶端之间，由牵引绳拉动载重小车在承载绳上移动。跨度大，能跨越山谷、河流或地面障碍物。用于修筑堤坝、桥梁、大型船台、大型建筑工地和宽大堆料场等处。

懒猴/懶猴 lǎnhóu/ㄌㄢˇ ㄏㄡˊ

slender loris

【动】*Nycticebus coucang* 又称"蜂猴"。灵长目懒猴科。身体小，体长约30厘米，头圆，耳小，眼大而圆，四肢粗短，体背毛棕褐色，腹部灰白色。生活在热带和亚热带森林中，夜间活动，行动缓慢，以野果为食，也吃昆虫、鸟卵等。在中国，分布于云南和广西，数量稀少，是濒危物种。

懒蚂蚁效应/懶螞蟻效應

lǎnmǎyǐ xiàoyìng/ㄌㄢˇ ㄇㄚˇ ㄧˇ ㄒㄧㄠˋ ㄧㄥˋ

lazy ant effect

【心】一种社会心理效应。生物学家研究发现：蚁群中的大部分蚂蚁勤劳苦干，忙忙碌碌，少数蚂蚁却懒惰懈怠，东张西望。但当食物断绝或蚁穴遭到破坏时，苦干的蚂蚁无所适从，懒惰蚂蚁却能够带领蚁群转移到新的地方。这个效应说明，在一个集体中，除了需要许许多多扎实肯干的人，也需要一些勤于思索、开拓前进的人。

烂花布/燒花織物

lànhuābù/ㄕㄠ ㄏㄨㄚ ㄓ ㄨˋ

burnt-out fabric

【纺】又称"凸花布"。表面具有半透明花形图案的轻薄型混纺织物。原料以涤棉包芯纱(以涤纶丝为纱芯，表面包覆棉纤维)为主，织制的坯布称烂花坯布。根据花型设计要求，将无机酸印在坯布上，焙烘后，印花部分的棉纤维受酸腐蚀和焙烘而焦化，内芯的涤纶丝因不受酸腐蚀，仍保持原有光泽，呈半透明网状。未印花部分因未接触无机酸，经纬纱保持原状。花纹在布面凸起。织物具有透气、尺寸稳定、挺括坚牢、快干免烫等特点。通常用作装饰布，如枕套、台布、床罩、窗帘、头巾等，也可作夏令服装用料。如经刺绣、抽纱等加工，则更美观。

lang (ㄌㄤ)

狼/狼 láng/ㄌㄤˊ

wolf

【动】*Canis lupus* 哺乳动物名。食肉目犬科。外形像狗，体瘦，面部长，吻尖，口大，耳朵直立，足长，毛通常黄色或灰褐色，尾巴向下垂。性凶暴，昼伏夜出，冬天常聚集成群，生活在山地、平原和森林间，捕食野生动物和家畜、家禽等，有时也伤害人。分布很广。

狼獾/狼獾 lánghuān/ㄌㄤˊ ㄏㄨㄢ

【动】即"貂熊"(264页)。

廊/廊 láng/ㄌㄤˊ

colonnade

【建】通称"廊子"。建筑中屋檐下的过道或独立有顶的通道。有遮阳、防雨和供人小憩的功能。包括回廊和游廊。最初为扩大避雨遮阳面积而设，后作为室内外的过渡空间，成为建筑造型虚实变化的重要手段。在园林中主要起划分景区，增加景深，引导观赏路线等作用。

📖《说文》曰："堂下周屋。"从河南偃师二里头遗址中发现，主殿屋檐下已有廊，四周并用回廊围成庭院。司马相如《上林赋》记述，游廊在西汉武帝时已出现，称为"步櫩"。《清式营造则例》："建筑物内狭而长，上有遮顶不为居处，而通行孔道之部分。"

廊桥/廊橋 lángqiáo/ㄌㄤˊ ㄑㄧㄠˊ

corridor bridge

【建】建造有廊式桥屋的桥。可保护桥梁，兼有遮阳避雨、供人休憩、交流、聚会等作用。

📖 浙江武义熟溪桥始建于南宋开禧三年(1207)，九孔十墩。明代万历四年(1576)扩建加桥屋，成为廊桥。桥长140米，宽4.8米，高4.6米，有桥屋49间，两侧间隔设置条凳，自然形成人车分流：两旁走行人，中间通车马。在多雨的南方，廊屋保护桥面不被腐蚀，廊桥还是定期市集。

廊子 lángzi/ㄌㄤˊ·ㄗ

【建】"廊"的通称。

榔头 lángtou/ㄌㄤˊ·ㄊㄡ

【机】即"锤子"(156页)。

莨纱 làngshā/ㄌㄤˋ ㄕㄚ

【纺】即"拷纱"(676页)。

浪漫主义建筑/浪漫主義建築

làngmàn zhǔyì jiànzhù/ㄌㄤˋ ㄇㄢˋ ㄓㄨˇ ㄧˋ ㄐㄧㄢˋ ㄓㄨˋ

romantic architecture

【建】18世纪下半叶至19世纪下半叶，欧美国家流行的建筑风格。19世纪30年代前出现了中世纪城堡式的府邸，甚至东方式的建筑小品；19世纪30年代后发展成一种建筑创作潮流。主要流行于英国，追求中世纪的哥特建筑风格，其特点为强调个性，提倡自然主义，主张用中世纪艺术的自然形式来反对用机器制造的工艺品，用它与古典主义抗衡，追求超尘脱俗的趣味和异国情调。代表作有英国议会大厦、美国耶鲁大学老校舍等。

lao (ㄌㄠ)

劳动布 láodòngbù/ㄌㄠˊ ㄉㄨㄥˋ ㄅㄨˋ

【纺】即"牛仔布"(843页)。

劳亚古大陆/勞亞古陸

Láoyà Gǔdàlù/ㄌㄠˊ ㄧㄚˋ ㄍㄨˇ ㄌㄨˋ

Laurasia

【地】又称"北方古陆"。泛大陆的北半球部分。包括现在的北美(除西部)和除现在印度半岛、阿拉伯半岛之外的欧亚大陆。

铹/鐒 láo/ㄌㄠˊ

lawrencium

【化】金属元素。属周期表第ⅢB族(锕系)，符号Lr，原子序数103，原子量260.11。有放射性，由人工核反应获取。

📖 1961年，美国的吉奥索(A.Ghiorso)等在回旋加速器中合成这一元素。拉丁文定名为lawrencium，源自E.O.Lawrence，这是美国人劳伦斯的姓，用以纪念他发明回旋加速器的贡献。中文定名为"铹"，是形声字。

勞侖玆力 ㄌㄠˊ ㄌㄨㄣˊ ㄗ ㄌㄧˋ/láolúnzīlì

Lorentz force

【物】台湾名。即"洛伦兹力"(774页)。

勞亞古陸 ㄌㄠˊ ㄧㄚˋ ㄍㄨˇ ㄌㄨˋ/Láoyà Gǔlù

Laurasia

【地】台湾名。即"劳亚古大陆"(712页)。

老鸹 lǎoguā/ㄌㄠˇ ㄍㄨㄚ

【动】即"乌鸦"(1199页)。

老鹳草/老鸛草

lǎoguàncǎo/ㄌㄠˇ ㄍㄨㄢˋ ㄘㄠˇ

wilford cranebill

【植】*Geranium wilfordii* 牻牛儿苗科老鹳草属。多年生草本植物。全株被毛。茎直立，粗壮，多分枝。基生叶柄长，叶片圆肾形，五深裂，茎上部叶柄短，叶片三裂。花序梗长于叶，一梗二花，花瓣五枚，倒卵形，白色或淡红色，有深红色纵脉。花期6—8月份。在中国，分布于东北、华北、华东、华中地区和陕西、甘肃和四川。全草入药。

老虎 lǎohǔ/ㄌㄠˇ ㄏㄨˇ

【动】"虎"的通称。

老虎窗/老虎窗

lǎohǔchuāng/ㄌㄠˇ ㄏㄨˇ ㄔㄨㄤ

dormer

【建】凸出在坡屋顶斜面上，设有垂直窗扇的采光通风窗。也可兼供检修屋面和消防人员出入用。通常在檩条上立柱，柱顶架梁上盖老虎窗小屋面，小屋面有双坡、单坡等不同形式，与屋面相交处用两道阴戗相连，并做泛水。

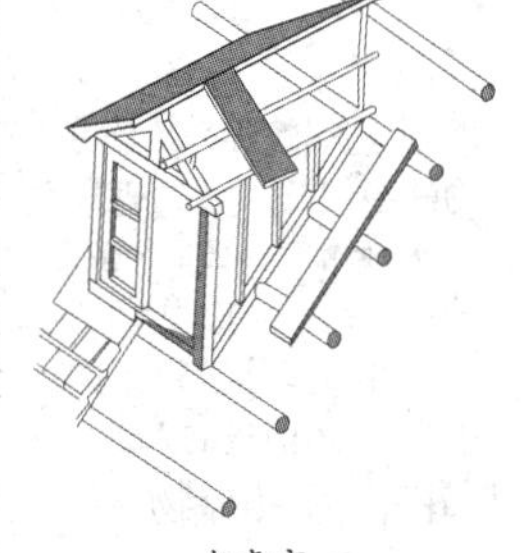
老虎窗

📖 老虎窗中的"老虎"，是英

语 roof 的上海话谐音读法。

老虎鉗 ㄌㄠˇ ㄏㄨˇ ㄑㄧㄢˊ/lǎohǔqián

vice

【机】台湾名。即“虎钳”(509 页)。

老化 ㄌㄠˇ ㄏㄨㄚˋ/lǎohuà

aging

【机】台湾名。即“陈化”(122 页)。

老年人/老年人

lǎoniánrén/ㄌㄠˇ ㄋㄧㄢˊ ㄖㄣˊ

old people

【医】通常情况下,发达国家指 65 岁及以上的人群,发展中国家指 60 岁及以上的人群。

老人安養院

ㄌㄠˇ ㄖㄣˊ ㄢ ㄧㄤˇ ㄩㄢˋ/lǎorén ānyǎngyuàn

nursing home

【医】台湾名。即“护理院”(511 页)。

老鹰/老鷹 lǎoyīng/ㄌㄠˇ ㄧㄥ

【动】即“鸢”(1383 页)。

铑/銠 lǎo/ㄌㄠˇ

rhodium

【化】金属元素。属周期表第ⅧB 族,符号 Rh,原子序数 45。原子量102.9。自然界中铑与铂矿共生。单质为银白色金属,质硬而脆,耐磨,延展性较差,化学性质稳定。可用来制合金,也用于电镀。

📖 1803 年,英国的沃拉斯顿(W. H. Wollaston)在处理天然铂矿时,发现一种由新金属和氯化物形成的复盐,色彩像玫瑰花。这种新金属元素拉丁文定名为 rhodium,源自希腊文 rhodon,意思是“玫瑰”。中文定名为“铑”,是形声字。

潦期 ㄌㄠˇ ㄑㄧˊ/lǎoqī

flood period

【水利】台湾名。即“汛期”(1301 页)。

落枕/落枕 làozhěn/ㄌㄠˋ ㄓㄣˇ

stiff neck, * crick in the neck

【中医】骨伤科疾病之一。多因睡卧姿势不当,或颈部当风受寒,或外伤所致,症见颈部酸痛、活动不利,重者疼痛延及患侧肩背及上肢,头向一侧歪斜,并有患侧颈部压痛等。治宜按摩、针刺为主,并可配合热敷、温熨。外邪所致者,可内服蠲痹汤;外伤所致者,宜复元活血汤;日久不愈者,宜六味地黄丸。

酪氨酸/酪胺酸

lào'ānsuān/ㄌㄠˋ ㄢ ㄙㄨㄢ

tyrosine, Tyr

【生】20 种蛋白质氨基酸之一。为非必需氨基酸。白色晶体或结晶性粉末,无味。在生物体内能促进儿茶酚胺、甲状腺素、黑色素的生物合成,与自主神经、内分泌功能密切相关。白癜风患者吃含有酪氨酸的食物,可促进黑色素的形成,减轻白癜风症状。

酪胺酸 ㄌㄠˋ ㄢ ㄙㄨㄢ/lào'ànsuān

tyrosine, Tyr

【生】台湾名。即“酪氨酸”(713 页)。

酪蛋白/酪蛋白 làodànbái/ㄌㄠˋ ㄉㄢˋ ㄅㄞˊ

casein

【生】又称“干酪素”“酪素”。蛋白质的一种。存在于牛奶和干酪中的约 20 种磷蛋白的混合物。分子量为 2 万～3 万。鲜牛奶中约含 3%,人乳中约含 0.9%。含有全部蛋白质氨基酸,人体必需氨基酸含量尤其丰富,属于营养价值最高的蛋白质。也是一种高分子材料,用于制作纤维、塑料、胶黏剂等。

酪素 làosù/ㄌㄠˋ ㄙㄨˋ

【生】即“酪蛋白”(713 页)。

le (ㄌㄜ)

勒 lè/ㄌㄜˋ

【计量】“勒克斯”的简称。

勒贝格测度/李貝克測度

Lèbèigé cèdù/ㄌㄧˇ ㄅㄟˋ ㄎㄜˋ ㄘㄜˋ ㄉㄨˋ

Lebesgue measure

【数】又称“L 测度”。区间的长度、矩形的面积、长方体的体积的推广。若直线上的点集 E 有以下性质:对任何正整数 n,存在开集 G_n,使得 $G_n \supset E$,并且外侧度 $m^*(G_n - E) < \frac{1}{n}$,则称 E 是勒贝格(L)可测集,E 的勒贝格测度记作 $m(E)$。它的值等于 E 的外侧度,即$m(E)=m^*(E)$。

勒贝格积分/ Lebesgue 積分

Lèbèigé jīfēn/Lebesgue ㄐㄧ ㄈㄣ

Lebesgue integral

【数】又称“L 积分”。法国数学家勒贝格

(H.Lebesgue, 1875—1941)给出的一种积分。是黎曼积分的重要推广,现代分析学中普遍使用。设 M 是 L 可测集,它的 L 测度 $m(M)<\infty$, $f(x)$是 M 上的有界可测函数, $|f(x)|<C$(C 是正常数)。任取一组分点 $-C=y_0<y_1<\cdots<y_n=C$,将$[-C,C]$分为 n 个子区间$[y_{i-1},y_i]$($i=1,2,\cdots,n$)。作和式 $S=\sum_{i=1}^{n}\xi_i m(E_i)$,其中 $\xi_i\in[y_{i-1},y_i]$, $E_i=\{x\mid y_{i-1}\leqslant f(x)<y_i\}$, $m(E_i)$是 E_i 的 L 测度。若不论 y_i 和 ξ_i($i=1,2,\cdots,n$)如何选取,只要 $\lambda=\max\limits_{1\leqslant i\leqslant n}(y_i-y_{i-1})\to 0$时,和式 S 的极限都是某数 I,即 $\lim\limits_{\lambda\to 0}\sum_{i=1}^{n}\xi_i m(E_i)=I$,则称 I 为 $f(x)$在 M 上的勒贝格积分,记作 $\int_M f\mathrm{d}m$。当 M 是区间$[a,b]$时, $\int_M f\mathrm{d}m$ 也记作 $\int_a^b f(x)\mathrm{d}x$。

勒脚/勒腳 lèjiǎo/ㄌㄜˋ ㄐㄧㄠˇ

plinth

【建】外墙接近地面处的表面保护和装饰部分。作用是防止雨水侵蚀墙脚,或使墙脚免受机械性破坏,兼具立面的装饰效果。

勒克斯/勒克司 lèkèsī/ㄌㄜˋ ㄎㄜˋ ㄙ

lux

【计量】简称"勒"。光照度的国际单位制单位。符号 lx。规定 1 流的光通量均匀照射在 1 平方米面积上的光照度为 1 勒。

鳓/長鰳 lè/ㄔㄤˊ ㄌㄜˋ

Chinese herring

【动】*Ilisha elongata* 又称"鲙鱼""白鳞鱼""曹白鱼"。鱼名。硬骨鱼纲鲱科。身体侧扁,长可达 50 厘米,银白色,头小,鳃孔大,腹部有棱鳞。生活在近海,以鱼类和无脊椎动物为食。中国沿海均有分布。

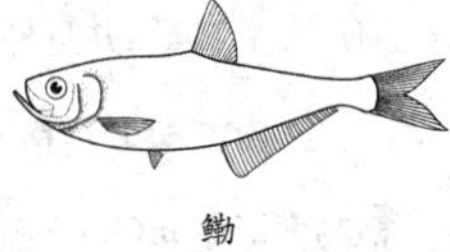

鳓

lei (ㄌㄟ)

雷/雷 léi/ㄌㄟˊ

thunder

【气】聚集在云中的电荷放电时,放电通道急剧膨胀产生的冲击波发出的巨大声音。

雷暴/雷雨 léibào/ㄌㄟˊ ㄩˇ

thunderstorm

【气】发生在发展强烈的积雨云中,伴有雷电的局地对流性天气。通常伴有强烈的阵雨或暴雨,有时伴有冰雹或龙卷。

雷暴日/雷暴日 léibàorì/ㄌㄟˊ ㄅㄠˋ ㄖˋ

thunderstorm day

【气】在某地区一年中听到雷声的天数。

雷达/雷達 léidá/ㄌㄟˊ ㄉㄚˊ

radar

【物】指利用无线电波搜索和测定目标位置以及跟踪移动目标的设备。其工作基于无线电波的反射或散射。具有突出的搜索、探测能力。探测距离可达到几十万千米甚至更远,工作波段宽从几兆赫到 3×10^9 兆赫,进入可见光范围(激光雷达)。用于军事和民用、科学研究中,例如气象、航海、捕鱼、地图测绘、交通管制、宇宙航行等。

雷达导引头/雷達尋標器

léidá dǎoyǐntóu/ㄌㄟˊ ㄉㄚˊ ㄒㄩㄣˊ ㄅㄧㄠ ㄑㄧˋ

radar seeker

【航】用于飞行目标探测、跟踪,并向飞行器控制系统提供飞行器与目标相对位置及运动参数信息,导引飞行器飞向目标的雷达装置。可分为主动雷达导引头、半主动雷达导引头、被动雷达导引头和复合雷达导引头。

雷达遥感/雷達遥測

léidá yáogǎn/ㄌㄟˊ ㄉㄚˊ ㄧㄠˊ ㄘㄜˋ

radar remote sensing

【测绘】发射电磁波以获取地表反射电磁波的信号,经数据处理后形成灰度图像,进而提取地物信息的技术。图像上灰度的浓淡反映地物后向散射电磁波的强度,与发射的电磁波波长、地物表面粗糙度和地形起伏等有关。

雷達尋標器

ㄌㄟˊ ㄉㄚˊ ㄒㄩㄣˊ ㄅㄧㄠ ㄑㄧˋ/léidá xúnbiāoqì

radar seeker

【航】台湾名。即"雷达导引头"(714 页)。

雷達遥測 ㄌㄟˊ ㄉㄚˊ ㄧㄠˊ ㄘㄜˋ/léidá yáocè

radar remote sensing

【测绘】台湾名。即“雷达遥感”(714 页)。

雷电/雷電 léidiàn/ㄌㄟˊ ㄉㄧㄢˋ

thunder and lightning

【气】雷和闪电的合称。灾害性天气的一种。

雷电预警信号/雷電預警信號

léidiàn yùjǐng xìnhào/

ㄌㄟˊ ㄉㄧㄢˋ ㄩˋ ㄐㄧㄥˇ ㄒㄧㄣˋ ㄏㄠˋ

lightning warning signal

【气】气象灾害预警信号的一种。分为三级，分别以黄色、橙色、红色标识。参见“气象灾害预警信号”(895 页)。

雷公蜥 léigōngxī/ㄌㄟˊ ㄍㄨㄥ ㄒㄧ

【动】即“鳄蜥”(298 页)。

雷汞/雷汞 léigǒng/ㄌㄟˊ ㄍㄨㄥˇ

mercuric fulminate

【化】又称“雷酸汞”。无机化合物。化学式 $Hg(CNO)_2$。灰色晶体，有毒。室温下可长期保存，受撞击或摩擦易爆炸，发火点约 190 ℃，受潮后爆炸性能减弱。是高灵敏度的引爆剂。

雷管/雷管 léiguǎn/ㄌㄟˊ ㄍㄨㄢˇ

detonator

【军】弹药、炸药包等的发火装置。是爆破工程的主要起爆材料，通过产生起爆能引爆各种炸药及导爆索、传爆管。可分为火雷管和电雷管。

雷射 ㄌㄟˊ ㄕㄜˋ/léishè

laser

【物】又作“镭射”。台湾名。即“激光”(570 页)。

雷射磁碟 ㄌㄟˊ ㄕㄜˋ ㄘˊ ㄉㄧㄝˊ/léishè cídié

laser disc, LD

【信息】台湾名。即“激光视盘”(571 页)。

雷射干擾機

ㄌㄟˊ ㄕㄜˋ ㄍㄢ ㄖㄠˇ ㄐㄧ/léishè gānrǎojī

laser jammer

【军】台湾名。即“激光干扰机”(570 页)。

雷射感測器

ㄌㄟˊ ㄕㄜˋ ㄍㄢˇ ㄘㄜˋ ㄑㄧˋ/léishè gǎncèqì

laser sensor

【机】台湾名。即“激光传感器”(570 页)。

雷射機械加工

ㄌㄟˊ ㄕㄜˋ ㄐㄧ ㄒㄧㄝˋ ㄐㄧㄚ ㄍㄨㄥ/

léishè jīxiè jiāgōng

laser beam machining, LBM

【机】台湾名。即“激光加工”(570 页)。

雷射流量計

ㄌㄟˊ ㄕㄜˋ ㄌㄧㄡˊ ㄌㄧㄤˋ ㄐㄧˋ/léishè liúliàngjì

laser flowmeter

【机】台湾名。即“激光流量计”(570 页)。

雷射器 ㄌㄟˊ ㄕㄜˋ ㄑㄧˋ/léishèqì

laser

【物】台湾名。即“激光器”(570 页)。

雷射切割 ㄌㄟˊ ㄕㄜˋ ㄑㄧㄝ ㄍㄜ/léishè qiēgē

laser beam cutting, laser cutting

【机】台湾名。即“激光切割”(571 页)。

雷射通信

ㄌㄟˊ ㄕㄜˋ ㄊㄨㄥ ㄒㄧㄣˋ/léishè tōngxìn

laser communication

【信息】台湾名。即“激光通信”(571 页)。

雷射武器 ㄌㄟˊ ㄕㄜˋ ㄨˇ ㄑㄧˋ/léishè wǔqì

laser weapon

【军】台湾名。即“激光武器”(571 页)。

雷酸汞 ㄌㄟˊ ㄙㄨㄢ ㄍㄨㄥˇ/léisuāngǒng

mercuric fulminate

【化】台湾名。即“雷汞”(715 页)。

雷雨 ㄌㄟˊ ㄩˇ/léiyǔ

thunderstorm

【气】台湾名。即“雷暴”(714 页)。

雷阵雨/雷陣雨 léizhènyǔ/ㄌㄟˊ ㄓㄣˋ ㄩˇ

thunder shower

【气】对流性降水的一种。常伴有雷暴发生，故名。参见“对流性降水”(287 页)。

镭/鐳 léi/ㄌㄟˊ

radium

【化】金属元素。属周期表第ⅡA 族(碱金属)，符号 Ra，原子序数 88。原子量 226.0254。有放射性。自然界常与钋、钡、锕、铅等共生于沥青铀矿中。单质为银白色金属，质较软，易挥发，发射 γ 射线，化学性质活泼。医学上用于癌症等的放射治疗，镭盐与铍粉的混合制剂可作为中子源。

📖 1898 年，居里夫妇用分光镜在沥青铀矿中发现了镭的特征谱线；1902 年从 2 吨沥青铀矿的废矿渣中分离出 0.1 克氯化镭。拉丁文定名为 radium，源自 radius，意思是“射

L

线”。中文定名为“镭”,是形声字。

累加作用

ㄌㄟˇ ㄐㄧㄚ ㄗㄨㄛˋ ㄩㄥˋ/lěijiā zuòyòng

cumulative action

【环】台湾名。即“蓄积作用”(1288 页)。

肋板/底肋板 lèibǎn/ㄌㄧˇ ㄌㄜˋ ㄅㄢˇ

floor

【船】船底骨架中设置在肋位上的横向强构件。

肋弓/肋弓 lèigōng/ㄌㄜˋ ㄍㄨㄥ

costal arch

【医】第 8～10 对肋的肋软骨依次与上位肋软骨相连而成的软骨弓。软骨之间可形成软骨间关节。

肋骨/肋骨 lèigǔ/ㄌㄜˋ ㄍㄨˇ

㊀costal bone,㊁frame

㊀【医】胸腔的支架骨。共 12 对。第 1～7 肋,借软骨与胸骨相连接,第 8～10 肋借肋软骨与上一肋的软骨相连,形成肋弓,第 11、12 肋前端游离,称为“浮肋”。㊁【船】支承船侧外板的,上与甲板、下与船底结构相连的竖向骨材。

肋骨拱/肋骨拱

lèigǔgǒng/ㄌㄜˋ ㄍㄨˇ ㄍㄨㄥˇ

ribbed vault

【建】又称“骨架券”。拱顶的承重构件。将拱顶分为承重部分和维护部分,先砌筑作为骨架的券,再填充围护部分,厚度在 25～30 厘米。可使拱顶重量减轻,侧推力减小,便于施工。哥特建筑晚期肋骨拱增加许多“肋”,形成星形拱或扇形拱,装饰性加强,结构作用减弱。图见“飞扶壁”(328 页)

类地行星/類地行星

lèidì xíngxīng/ㄌㄟˋ ㄉㄧˋ ㄒㄧㄥˊ ㄒㄧㄥ

terrestrial planet

【天】体积小、密度大、自转慢、卫星少、类似地球的行星。包括水星、金星、火星。

类毒素/類毒素 lèidúsù/ㄌㄟˋ ㄉㄨˊ ㄙㄨˋ

toxoid

【医】一些经变性或经化学修饰,而失去原有毒性,仍保留其抗原性的毒素。如某些细菌的外毒素,可用甲醛处理脱毒,但抗原性不变,仍能刺激人体产生抗毒素,以起到机体对某疾病免疫的作用。它们广泛地应用于预防某些传染病。如白喉类毒素、破伤风类毒素、葡萄球菌类毒素、霍乱类毒素等。

类风湿关节炎/類風濕關節炎

lèifēngshī guānjiéyán/

ㄌㄟˋ ㄈㄥ ㄕ ㄍㄨㄢ ㄐㄧㄝˊ ㄧㄢˊ

rheumatoid arthritis, RA

【医】以慢性破坏性关节病变为特征的全身性自身免疫疾病。以近端指尖关节、掌指关节、腕和踝的关节炎为主要表现。

类固醇/類固醇

lèigùchún/ㄌㄟˋ ㄍㄨˋ ㄔㄨㄣˊ

steroid

【化】又称“甾族化合物”。有机化合物的一类。是环戊烷并多氢化菲的衍生物。绝大多数分子中含有三个侧链,通常具有重要的生理活性,如胆固醇、麦角醇、胆汁酸、雄性激素、雌性激素、肾上腺皮质激素、皂苷等。

类木行星/類木行星

lèimù xíngxīng/ㄌㄟˋ ㄇㄨˋ ㄒㄧㄥˊ ㄒㄧㄥ

Jovian planet

【天】体积大、密度小、自转快、卫星多、类似木星的行星。包括土星、天王星、海王星。

📖 类木行星主要由氢、氦、冰、甲烷、氨等构成,石质和铁质只占极小的比例,因此密度较低,平均密度仅为≤1.75 克/厘米³。

类人猿/類人猿

lèirényuán/ㄌㄟˋ ㄖㄣˊ ㄩㄢˊ

ape, anthropoid

【动】Anthropoid 哺乳动物名。灵长目猩猩科和长臂猿科动物的统称。是外貌和举动较其他猿类更像人的猿类,如猩猩、黑猩猩、大猩猩、长臂猿等。

类神经症/類神經症

lèishénjīngzhèng/ㄌㄟˋ ㄕㄣˊ ㄐㄧㄥ ㄓㄥˋ

psychoneuroitic

【医】一种自我感觉,并因此引起不适的症状。如感到有气在头部窜动,出现失眠、多梦、头痛、头昏等。

类星体/類星體 lèixīngtǐ/ㄌㄟˋ ㄒㄧㄥ ㄊㄧˇ

quasar; quasi-stellar object, QSO

【天】活动性极强,平均红移很大的一类活动星系核。因视形态类似恒星,故名。星系中心黑洞在吸积周围物质的过程中会形成强大的喷流,如果喷流正对着观测者,就会呈现为类星体。部分类星体中存在着物质运动的表观速度超过光速的现象,称为“视超光速”。实际上这是由于类星体发出的亚光速喷流与观测者视线方向夹角很小而造成的投影效应,并非真正的超光速运动。

类质同象/類質同形

lèizhì tóngxiàng/ㄌㄟˋ ㄓˋ ㄊㄨㄥˊ ㄒㄧㄥˊ

isomorphism

【地】在一种晶体的内部结构中，原来由某种离子或原子完全占据的位置，由性质类似的其他离子或原子部分占据，形成相同晶体形态的现象。

類比—數位轉換

ㄌㄟˋ ㄅㄧˇ-ㄕㄨˋ ㄨㄟˋ ㄓㄨㄢˇ ㄏㄨㄢˋ/

lèibǐ-shùwèi zhuǎnhuàn

analog-to-digital conversion

【信息】台湾名。即“模数转换”(807 页)。

類比通訊

ㄌㄟˋ ㄅㄧˇ ㄊㄨㄥ ㄒㄩㄣˋ/lèibǐ tōngxùn

analog communication

【信息】台湾名。即“模拟通信”(806 页)。

類比信號 ㄌㄟˋ ㄅㄧˇ ㄒㄧㄣˋ ㄏㄠˋ/lèibǐ xìnhào

analog signal

【信息】台湾名。即“模拟信号”(806 页)。

類比資料 ㄌㄟˋ ㄅㄧˇ ㄗ ㄌㄧㄠˋ/lèibǐ zīliào

analog data

【信息】台湾名。即“模拟数据”(806 页)。

類人猿 ㄌㄟˋ ㄖㄣˊ ㄩㄢˊ/lèirényuán

fossil ape

【地】台湾名。即“古猿”(425 页)。

類質同形

ㄌㄟˋ ㄓˋ ㄊㄨㄥˊ ㄒㄧㄥˊ/lèizhì tóngxíng

isomorphism

【地】台湾名。即“类质同象”(717 页)。

leng (ㄌㄥ)

棱镜/稜鏡 léngjìng/ㄌㄥˊ ㄐㄧㄥˋ

prism

【物】由光学材料制成的棱柱体。具有很好的色散功能。常见的有三棱镜(截面呈等边三角形)、直角棱镜(截面呈直角三角形)等。

棱台/稜錐臺 léngtái/ㄌㄥˊ ㄓㄨㄟ ㄊㄞˊ

frustum of a pyramid

【数】平行于棱锥底面且不过棱锥顶点的平面,将棱锥截为两部分,含有棱锥底面的那部分叫作棱台。截痕面和原棱锥底面叫作棱台的底面,其他各面叫作棱台的侧面,侧面的公共边叫作侧棱,两个底面之间的距离叫作棱台的高。棱台体积 $V=\frac{1}{3}h(S_1+\sqrt{S_1S_2}+S_2)$, S_1, S_2 分别为两个底面的面积,h 为高。底面是 n 边形的棱台叫作 n 棱台。

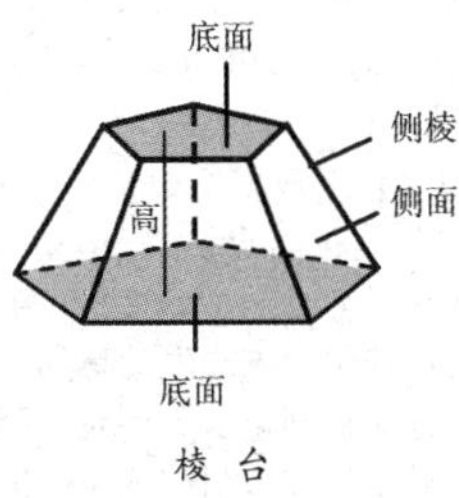

棱 台

棱柱/稜柱 léngzhù/ㄌㄥˊ ㄓㄨˋ

prism

【数】有两个面互相平行,其他面都是四边形,且相邻两面的公共边互相平行的多面体。两个互相平行的面叫作棱柱的底面,其余各面叫作棱柱的侧面,侧面的公共边叫作侧棱,两个底面之间的距离叫作棱柱的高。棱柱体积 $V=Sh$,S 为底面的面积,h 为高。底面是 n 边形的棱柱叫作 n 棱柱。

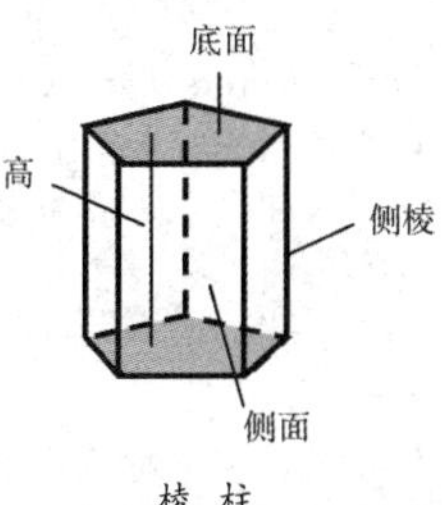

棱 柱

棱锥/稜錐 léngzhuī/ㄌㄥˊ ㄓㄨㄟ

pyramid

【数】有一个面是任意多边形,其他面都是有公共顶点的三角形的多面体。有公共顶点的各三角形面叫作棱锥的侧面,余下的一个面(任意多边形)叫作棱锥

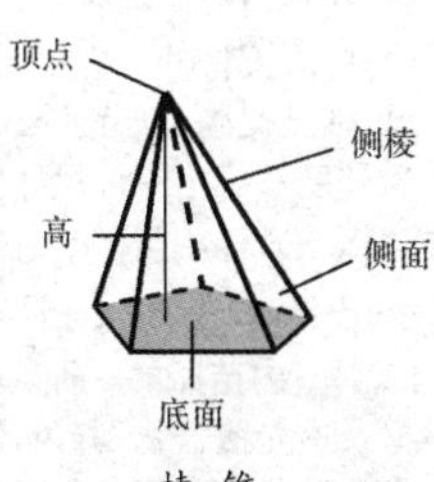

棱 锥

的底面，侧面的公共边叫作侧棱，侧面的公共顶点叫作棱锥的顶点，顶点到底面的距离叫作棱锥的高。棱锥体积$V=\frac{1}{3}Sh$，S 为底面的面积，h 为高。底面是 n 边形的棱锥叫作 n 棱锥。

楞次定律/冷次定律
Léngcì dìnglǜ/ㄌㄥˊ ㄘˋ ㄉㄧㄥˋ ㄌㄩˋ
Lenz law
【物】判定感应电流和感应电动势方向的定律。闭合回路中感应电流的方向，总是使得它所激发的磁场来阻止引起感应电流的磁通量变化。感应电动势的方向通过感应电流的方向来判定。另一种表述是，感应电流的效果总是反抗引起感应电流的原因。因俄国物理学家楞次(Heinrich Lenz，1804—1865)于1833 年在概括了大量的实验结果后发现，故名。

稜錐臺 ㄌㄥˊ ㄓㄨㄟ ㄊㄞˊ/léngzhuītái
frustum of a pyramid
【数】台湾名。即“棱台”(717 页)。

冷藏陈列柜/冷藏陳列櫃
lěngcáng chénlièguì/
ㄌㄥˇ ㄘㄤˊ ㄔㄣˊ ㄌㄧㄝˋ ㄍㄨㄟˋ
refrigerated display cabinet
【机】一种有制冷系统的陈列柜。可存放、陈列冷藏和冷冻食品，并使其温度保持在规定的范围内。

冷次定律 ㄌㄥˇ ㄘˋ ㄉㄧㄥˋ ㄌㄩˋ/Lěngcì dìnglǜ
Lenz law
【物】台湾名。即“楞次定律”(718 页)。

冷处理/低温處理
lěngchǔlǐ/ㄉㄧ ㄨㄣ ㄔㄨˇ ㄌㄧˇ
cryogenic treatment，subzero treatment
【机】一种金属加工工艺。在金属热处理中，钢件淬火冷却到室温后，继续在 0℃ 以下的介质中冷却，使工件稳定性提高，淬火应力降低、强度提高。如钢淬火后进行冷处理，可增加硬度及稳定工件尺寸。

冷床/冷床 lěngchuáng/ㄌㄥˇ ㄔㄨㄤˊ
cold bed，seed bed
【农】室内苗床的一种。在一定范围内设有围框及透光覆盖物，避风，保温，向阳，利用太阳光热源。主要用于冬春季提前育苗或栽种蔬菜。

冷冻机 lěngdòngjī/ㄌㄥˇ ㄉㄨㄥˋ ㄐㄧ
【机】即“制冷机”(1450 页)。

冷锻/冷鍛 lěngduàn/ㄌㄥˇ ㄉㄨㄢˋ
cold forging
【机】锻造方法的一种。在室温下进行精密塑性成形，包括冷模锻、冷挤压、冷镦等。制得的零件强度、精度高，表面质量好。适于大批量生产。

冷风机/氣冷機
lěngfēngjī/ㄑㄧˋ ㄌㄥˇ ㄐㄧ
air cooling machine
【轻】电器的一种。利用冷水吸热和加速空气流动而使室温下降的设备。由蜂窝状纤维湿帘、风扇、水循环系统、浮球阀补水装置、机壳及电器元件等构成。风扇运转时，热空气穿过湿帘，部分热量被水吸收后，空气降温并被送出机外。

冷害/涼害 lěnghài/ㄌㄧㄤˊ ㄏㄞˋ
cool damage
【农】农业气象灾害的一种。是在农作物生长季节，0℃ 以上低温对作物的损害。使作物生理活动受到障碍，包括削弱光合作用，减少养分吸收，影响养分的运转等，严重时某些组织遭到破坏。

冷焊 lěnghàn/ㄌㄥˇ ㄏㄢˋ
【机】即“冷压焊”(719 页)。

冷链物流/冷鏈物流
lěngliàn wùliú/ㄌㄥˇ ㄌㄧㄢˋ ㄨˋ ㄌㄧㄡˊ
cold chain logistics
【物流】供应链中的物品是冷冻品或冷藏品的物流活动。适用范围包括：初级农产品(如蔬菜、水果；肉、禽、蛋；水产品、花卉产品)；加工食品(如速冻食品、包装熟食、冰激凌、奶制品、巧克力)；快餐原料；特殊商品(如药品)。

冷疗/冷療 lěngliáo/ㄌㄥˇ ㄌㄧㄠˊ
cold therapy，cryotherapy
【医】以冷为因子进行治疗的方法。包括冷水敷、冰敷、用冷风吹等，用于促进血管收缩，减少出血和肿胀，减轻疼痛等。

冷气团/冷氣團
lěngqìtuán/ㄌㄥˇ ㄑㄧˋ ㄊㄨㄢˊ
cold air mass

【气】按热力性质划分的一种气团。气温低于下垫面温度或锋面另一侧的气温。

冷氣機 ㄌㄥˇ ㄑㄧˋ ㄐㄧ/lěngqìjī

air conditioner, room air conditioner

【轻】台湾名。即“空调机”(692 页)。

冷热水效应/冷熱水效應

lěngrèshuǐ xiàoyìng/ㄌㄥˇ ㄖㄜˋ ㄕㄨㄟˇ ㄒㄧㄠˋ ㄧㄥˋ

hot and cold water effect

【心】一种社会心理效应。同样的温水,如果手先放入冷水中,再放到温水里,会感到温水热;如果先将手放入热水中,再放到温水里,会感到温水凉。这种效应说明,人们在感知和评价事物时,总会进行比对,对比的标准不同,评价也会不同。

冷杉/冷杉 lěngshān/ㄌㄥˇ ㄕㄢ

fir

【植】*Abies fabri* 松科冷杉属。常绿高大乔木。树皮灰色,列成不规则薄片,不脱落,内皮淡红色。叶多集中在枝条上面,斜上伸展,条形,直或微弯,边缘微反卷,先端有凹缺,下面有两条白粉气孔带。雌雄同株。球果腋生,直立,卵状圆柱形,熟时暗黑色或淡蓝黑色。花期 5 月份。在中国,分布于四川。中国特有种。

冷血动物

lěngxuè dòngwù/ㄌㄥˇ ㄒㄩㄝˋ ㄉㄨㄥˋ ㄨˋ

【动】即“变温动物”(62 页)。

冷压焊/常温壓焊

lěngyāhàn/ㄔㄤˊ ㄨㄣ ㄧㄚ ㄏㄢˋ

cold pressure welding

【机】又称“冷焊”。压焊的一种。室温下借助压力使待焊金属件产生塑性变形实现连接。不会产生热焊接接头常见的软化区、热影响区和脆性金属中间相。主要用于焊接塑性良好的金属(如铝、铜等)。

冷云/冷雲 lěngyún/ㄌㄥˇ ㄩㄣˊ

cold cloud

【气】由温度低于 0℃ 的水滴组成的云。

lí (ㄌㄧˊ)

厘/厘 lí/ㄌㄧˊ

centi

【计量】用于构成十进分数单位的词头。相当于 10^{-2}。符号 c。例如,1 厘米=0.01 米。

狸猫 límāo/ㄌㄧˊ ㄇㄠ

【动】即“豹猫”(41 页)。

离岸礁 lí'ànjiāo/ㄌㄧˊ ㄢˋ ㄐㄧㄠ

【地】即“堡礁”(40 页)。

离岛/離島 lídǎo/ㄌㄧˊ ㄉㄠˇ

offshore island

【地】远离主体的岛屿,如香港特别行政区除香港岛及其附近小岛以外所有的岛屿。

离宫/離宫 lígōng/ㄌㄧˊ ㄍㄨㄥ

Para-Palace

【建】又称“行宫”。皇帝正宫以外的临时宫室,多建于风景名胜之地,供皇帝休憩游乐。

离轨/離軌 líguǐ/ㄌㄧˊ ㄍㄨㄟˇ

deorbit

【航】飞行器返回或飞行返回器脱离原有飞行轨道的过程。可分为自然离轨和强制性离轨。通常以反冲火箭发动机的反推力改变飞行器的飞行速度和姿态,使飞行器脱离原飞行轨道,进入相对平缓的返回轨道。

离合器/離合器 líhéqì/ㄌㄧˊ ㄏㄜˊ ㄑㄧˋ

clutch

【机】机械零件的一种。传动系统中的主要装置。装在主动轴和从动轴的两端间,用来使两者平顺地接合或分离。通常分为两大类,操纵离合器和自控离合器。用于车辆上时可保证车辆顺利换挡、平稳起步,并防止传动系统过载。

离解/離解 líjiě/ㄌㄧˊ ㄐㄧㄝˇ

dissociation

【化】物质在溶剂、热、光或其他能量作用下分解成两个或两个以上部分的过程。如溶剂作用下酸、碱的电离,盐类溶解成水合离子,无机盐及其他化合物热分解,游离基的生成,以及原子中电子的电离等。

离散数据/離散數據

lísàn shùjù/ㄌㄧˊ ㄙㄢˋ ㄕㄨˋ ㄐㄩˋ

discrete data

【信息】❶由互相区别的元素(例如字符)组成的数据。❷由一个或不止一个可清晰辨认的值(例如整数)来表示的数据。与可在一定区间内任意取值(例如人的身高、体重、胸围)的“连续数据”相对。

离散数学/離散數學

lísàn shùxué/ㄌㄧˊ ㄙㄢˋ ㄕㄨˋ ㄒㄩㄝˊ

discrete mathematics

【数】数学的一个分支。研究对象为离散结构,例如自然数、字母表、组合模式等。组合数学、图论等是其下属分支。应用电子计算机处理许多问题时,需要把问题离散化,这促进了离散数学的发展。

离散随机变量/離散隨機變數

lísàn suíjī biànliàng/ㄌㄧˊ ㄙㄢˋ ㄙㄨㄟˊ ㄐㄧ ㄅㄧㄢˋ ㄕㄨˋ

discrete random variable

【数】取值可以一一列出的随机变量。例如,掷一枚硬币,表示试验结果的变量 X 的取值为 0 和 1;又如,随机地选取一个正整数,表示所选结果的变量 Y 的取值为 1,2,… 中的数。因为试验的可能结果可以一一列出,所以 X,Y 都是离散随机变量。

离心泵/離心式泵

líxīnbèng/ㄌㄧˊ ㄒㄧㄣ ㄕˋ ㄅㄥˋ

centrifugal pump

【机】泵的一种。利用离心力的作用增加液体的压力并使之流动。由泵壳、叶轮和转轴等构成。与往复泵相比,结构简单、排出的流量均匀。使用最为广泛。按泵内叶轮的数量不同,可分为单级泵和多级泵。

离心机/離心機 líxīnjī/ㄌㄧˊ ㄒㄧㄣ ㄐㄧ

centrifuge

【机】利用离心力分离液体与固体颗粒,或液体与液体的混合物中各组分的机械。可起分离或过滤作用,其转速愈高,分离效果愈好。广泛应用于化工、石油、食品、制药、选矿、煤炭、水处理和船舶等行业。

离心力/離心力 líxīnlì/ㄌㄧˊ ㄒㄧㄣ ㄌㄧˋ

centrifugal force

【物】由惯性产生的力沿着质点轨迹的主法线方向的分量。是一种惯性的表现,实际并不存在。

离心率/離心率 líxīnlǜ/ㄌㄧˊ ㄒㄧㄣ ㄌㄩˋ

eccentricity

【数】圆锥曲线是到定点(焦点)和定直线(准线)的距离之比是常数 e 的曲线,e 叫作圆锥曲线的离心率。当 $0<e<1$ 时,曲线是椭圆;当 $e=1$ 时,曲线是抛物线;当 $e>1$ 时,曲线是双曲线。

离心式通风机/離心式風扇

líxīnshì tōngfēngjī/ㄌㄧˊ ㄒㄧㄣ ㄕˋ ㄈㄥ ㄕㄢˋ

centrifugal fan

【机】又称“径流式通风机”。通风机的一种。气体沿轴向流入叶轮,并沿垂直于轴向流出叶轮。

离心式压缩机/離心式壓縮機

líxīnshì yāsuōjī/ㄌㄧˊ ㄒㄧㄣ ㄕˋ ㄧㄚ ㄙㄨㄛ ㄐㄧ

centrifugal compressor

【机】透平式压缩机的一种。依靠高速旋转的叶轮对径向流入的气体做功,使其压力和速度增加,经扩压沿轴向排出,将动能转变为压力能。广泛应用于石油化工厂、炼油厂、化肥厂等生产企业。

离心铸造/離心鑄造法

líxīn zhùzào/ㄌㄧˊ ㄒㄧㄣ ㄓㄨˋ ㄗㄠˋ ㄈㄚˇ

centrifugal casting

【机】特种铸造的一种。将熔融金属浇入(绕水平、倾斜或垂直轴)旋转的铸型,在离心力作用下金属液附着于铸型腔的内壁,经冷却凝固成为铸件。铸件多是圆筒形,组织紧密,力学性能好。适于生产金属管、空心圆筒等。

离子/離子 lízǐ/ㄌㄧˊ ㄗˇ

ion

【物】带电荷的原子或原子团。带正电荷的离子称正离子(阳离子),带负电荷的离子称负离子(阴离子)。存在于离子化合物和电解质溶液中,等离子体中含有很多气态离子。离子与相同元素的原子的性质完全不同,用元素符号及右上角的带电荷数和电荷符号表示。正离子的电荷符号为“+”,负离子的电荷符号为“-”。

离子导体/離子導體

lízǐ dǎotǐ/ㄌㄧˊ ㄗˇ ㄉㄠˇ ㄊㄧˇ

ionic conductor

【化】❶载流子为阴、阳离子的导电体。是对电子导体而言的第二类导体,特点是温度升高时电导增大。包括电解质溶液、固体电解质和熔盐等,也包括一些携带带电粒子的分散体系。❷专指固体电解质。其导电性来源于点阵缺陷,这些缺陷在外电场作用下进行长程运动,对离子电导率做出贡献。常用的固体电解质中阳离子有 Na^+,Li^+;阴离子有 O^{2-},F^- 等。

离子镀/離子鍍 lízǐdù/ㄌㄧˊ ㄗˇ ㄉㄨˋ

ion plating

【机】真空镀膜工艺的一种。在真空条件下,利用气体放电使气体或被蒸发物质部分电离,并在气体离子或被蒸发物质离子的轰击下,将蒸发物质或其反应物沉淀在基体上。可分为磁控溅射离子镀、反应离子镀、空心阴极放电离子镀(空心阴极蒸镀法)、多弧离子镀(阴极电弧离子镀)等。

离子化合物/離子化合物 lízǐ huàhéwù/ㄌㄧˊ ㄗˇ ㄏㄨㄚˋ ㄏㄜˊ ㄨˋ

ionic compound

【化】由阳离子和阴离子构成的化合物。活泼金属与活泼非金属化合时,活泼金属失去电子形成阳离子,活泼非金属得到电子形成阴离子,阳离子和阴离子靠静电作用结合成离子化合物。呈电中性,其正电荷总数与负电荷总数相等。是强电解质,熔融时或溶于水可以导电,加热时易分解或氧化。

离子键/離子鍵 lízǐjiàn/ㄌㄧˊ ㄗˇ ㄐㄧㄢˋ

ionic bond

【化】化学键的一种。使正、负离子结合的静电作用。

离子交换树脂/離子交換樹脂 lízǐ jiāohuàn shùzhī/ㄌㄧˊ ㄗˇ ㄐㄧㄠ ㄏㄨㄢˋ ㄕㄨˋ ㄓ

ion exchange resin

【材】分子中有可与溶液中离子进行离子交换功能的树脂。由网状的母体树脂和可进行离子交换的功能基组成。通常为球形颗粒物,不溶,按分子含有酸性或碱性基团不同,可分为阳离子、阴离子和两性离子交换树脂。

离子液体/離子液體 lízǐ yètǐ/ㄌㄧˊ ㄗˇ ㄧㄝˋ ㄊㄧˇ

ionic liquid

【化】室温下以液体状态存在的离子化合物。由半径较大、电荷分布均匀的阴、阳离子组成的盐。密度和黏度通常比水大,液态范围广,蒸气压低,可溶解许多无机物、有机物、有机金属和高分子材料,是一种良好的溶剂和反应介质。不燃烧、不氧化。广泛用于合成化学反应、萃取分离、电化学和材料制备等领域。

骊山陵/驪山陵

Líshān Líng/ㄌㄧˊ ㄕㄢ ㄌㄧㄥˊ

The Mausoleum of the First Emperor of Qin

【建】秦始皇的陵墓。在今陕西临潼骊山北麓,建于公元前 247—前 210 年。陵墓背靠骊山,面临渭水,规模宏大,今存高大封土,呈覆斗形。底边为 485 米×48 米,高约 76 米。沿封土四周发现城垣遗迹,内城垣基址周长 6295 米。1974 年后,在陵东相继发现三个大型兵马俑陪葬坑,兵马俑排布如同军阵,威武森严。

梨/梨 lí/ㄌㄧˊ

pear

【植】*Pyrus* 蔷薇科梨属。落叶乔木或灌木。单叶互生,长卵圆形,叶缘有齿。伞形总状花序,花先叶开放,花瓣五枚,近圆形,有爪,白色,花药深红色。果实有圆、扁圆、椭圆、瓢形等,黄色或褐色,果肉多汁,含石细胞。花期 4 月份,果期 8—9 月份。在中国,分布于各地。果实可作水果。

📖 梨是对梨属 14 种植物的统称。

梨果/梨果 líguǒ/ㄌㄧˊ ㄍㄨㄛˇ

pome

【植】膨大的花托参与形成的假果。外、中果皮界限不明,内果皮坚韧,常分隔成五室,室内含种子。如苹果、梨等。

黎曼积分 Límàn jīfēn/ㄌㄧˊ ㄇㄢˋ ㄐㄧ ㄈㄣ

【数】即"定积分"(268 页)。

藜/藜 lí/ㄌㄧˊ

lambs quarters

【植】*Chenopodium album* 又称"灰菜"。藜科藜属。一年生草本植物。茎直立,粗壮,有条棱和绿色或紫红色条纹,多分枝。叶菱状卵形,边缘有齿,嫩叶上面有紫红色的粉。花簇生于枝上部,排列成圆锥状花序,黄绿色。花果期 5—10 月份。在中国,分布于各

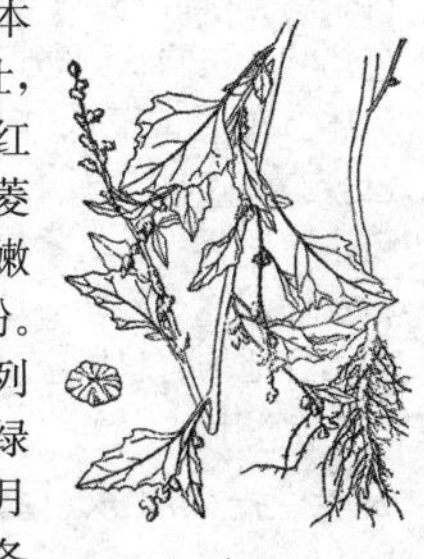

藜

地。幼苗可作蔬菜,全草入药。

離胺酸 ㄌㄧˊ ㄢˋ ㄙㄨㄢ/lí'ànsuān

lysine, Lys

【生】台湾名。即“赖氨酸”(709 页)。

離散隨機變數

ㄌㄧˊ ㄙㄢˋ ㄙㄨㄟˊ ㄐㄧ ㄅㄧㄢˋ ㄕㄨˋ/

lísàn suíjī biànshù

discrete random variable

【数】台湾名。即“离散随机变量”(720 页)。

離心式泵 ㄌㄧˊ ㄒㄧㄣ ㄕˋ ㄅㄥˋ/líxīnshìbèng

centrifugal pump

【机】台湾名。即“离心泵”(720 页)。

離心式風扇

ㄌㄧˊ ㄒㄧㄣ ㄕˋ ㄈㄥ ㄕㄢˋ/líxīnshì fēngshàn

centrifugal fan

【机】台湾名。即“离心式通风机”(720 页)。

離心鑄造法

ㄌㄧˊ ㄒㄧㄣ ㄓㄨˋ ㄗㄠˋ ㄈㄚˇ/líxīn zhùzàofǎ

centrifugal casting

【机】台湾名。即“离心铸造”(720 页)。

離子化 ㄌㄧˊ ㄗˇ ㄏㄨㄚˋ/lízǐhuà

ionizition

【化】台湾名。即“电离”(248 页)。

礼服呢/禮服呢 lǐfúní/ㄌㄧˇ ㄈㄨˊ ㄋㄧˊ

tuxedo worsted

【纺】又称“横贡呢”。呢面细洁,光泽优雅,端庄严肃。通常包括直贡呢和驼丝锦两个品种。适于用作夜小礼服、晚礼服、燕尾服等正式社交场合穿着的礼服的面料。

李/李 lǐ/ㄌㄧˇ

plum

【植】*Prunus salicina* 又称“嘉应子”。蔷薇科李属。落叶乔木。老枝紫褐色,小枝黄红色。叶片长圆状倒卵形,先端尖,边缘有齿和腺体。花通常三朵并生,萼筒钟状,花瓣白色,先端啮蚀状,有明显的紫色脉纹,有短爪。核果球形,黄、红或紫色,基部有纵沟,外被蜡粉,味酸甜。花期 4 月份,果期 7—8 月份。中国各地均有栽培。果实可作水果。

李貝克測度

ㄌㄧˇ ㄅㄟˋ ㄎㄜˋ ㄘㄜˋ ㄉㄨˋ/Lǐbèikè cèdù

Lebesgue measure

【数】台湾名。即“勒贝格测度”(713 页)。

里坊/里坊 lǐfāng/ㄌㄧˇ ㄈㄤ

Neighborhood

【建】又称“闾里”。中国古代居民聚居的单位。基本型制是四周围墙,墙上辟门的方形聚居区。

📖 闾里最迟至春秋战国时期已经形成制度,两汉至唐为鼎盛时期。城市中的闾里通常呈方形或矩形,整齐排列。汉长安有 160 闾里,每个闾里设“里间门”的官吏看管。北魏洛阳有 220 个闾里,每个闾里一里见方。隋唐时里坊成为闾里的习称,隋唐长安有 110 个里坊,每坊设主一人,佐二人,实行宵禁制。宋代商业繁荣,封闭的里坊制成为桎梏,坊墙拆除。元明时期,行政管理上仍保留里坊的称谓,但封闭的闾里(里坊)不复存在。

里海/裡海 Lǐ Hǎi/ㄌㄧˇ ㄏㄞˇ

Caspian Sea

【地】湖名。位于亚欧大陆腹部,亚洲与欧洲之间。为哈萨克斯坦、土库曼斯坦、伊朗、阿塞拜疆和俄罗斯所环绕。湖水为咸水。面积 36.8 万平方千米,湖面低于海平面 28.5 米,平均水深 184 米,北浅南深,最深达 1025 米,是世界第一大湖。盛产鲟鱼、鲑鱼、鲱鱼和银汗鱼。石油、天然气和芒硝等蕴藏丰富。

里氏震级/芮氏規模

Lǐshì zhènjí/ㄖㄨㄟˋ ㄕˋ ㄍㄨㄟ ㄇㄛˊ

Richter magnitude

【地】1935 年由美国地震学家里克特(C.F. Richter)和古滕贝格(Beno Gutenberg)共同制定的表示地震大小的分级。根据离震中一定距离所观测到的地震波幅度和周期,并考虑从震源到观测点的地震波衰减,用一定公式计算出来的震源处地震的大小。共分 10 个等级(0～9 级)。

里证/裡證 lǐzhèng/ㄌㄧˇ ㄓㄥˋ

interior syndrome

【中医】中医证候之一。病邪深入于脏腑、气血、骨髓所致,表现为病位深,病情重,病程长。

哩 ㄌㄧˇ/lǐ

mile

【计量】台湾名。即“英里”(1353 页)。

理解识记 lǐjiě shíjì/ㄌㄧˇ ㄐㄧㄝˇ ㄕˊ ㄐㄧˋ

【心】即“意义识记”(1342 页)。

理疗 lǐliáo/ㄌㄧˇ ㄌㄧㄠˊ
【医】"物理治疗"的简称。

理论/理論 lǐlùn/ㄌㄧˇ ㄌㄨㄣˋ
theory
【总】台湾又称"學説"。概念和原理的体系。即人们从实践中概括出来的关于知识的系统化理性认识。具有全面性、逻辑性和系统性。

理论化学
lǐlùn huàxué/ㄌㄧˇ ㄌㄨㄣˋ ㄏㄨㄚˋ ㄒㄩㄝˊ
【化】即"物理化学"(1215 页)。

理论科学/理論科學
lǐlùn kēxué/ㄌㄧˇ ㄌㄨㄣˋ ㄎㄜ ㄒㄩㄝˊ
theoretical science
【总】❶综合研究科学的基本概念、基本原理和基本规律的科学。❷运用理论研究方法概括经验知识而达到理性认识的科学。❸有时指"基础科学"。

理论心理学/理論心理學
lǐlùn xīnlǐxué/ㄌㄧˇ ㄌㄨㄣˋ ㄒㄧㄣ ㄌㄧˇ ㄒㄩㄝˊ
theoretical psychology
【心】心理学的一个分支。研究心理现象发生、发展的一般规律,是应用心理学和其他学科的理论基础。包括普通心理学、发展心理学、生理心理学、人格心理学、社会心理学、实验心理学、心理测量学、认知心理学等。

理气法/理氣法 lǐqìfǎ/ㄌㄧˇ ㄑㄧˋ ㄈㄚˇ
regulating qi-flowing method, * qi-rectifying (method)
【中医】内治法之一。用具有舒畅气机,调理脏腑作用的方药,治疗气机阻滞或逆乱病证。

理水/理水 lǐshuǐ/ㄌㄧˇ ㄕㄨㄟˇ
layout of waters
【建】中国传统园林中的水景处理。水是流动、不定形的,山是稳重、固定的,园林中的水和山相互依赖,相辅相成,水面有调节气温、浇灌花木、防火等功能,还有排泄雨水、防止土壤冲刷、稳固山体的作用。

理想/理想 lǐxiǎng/ㄌㄧˇ ㄒㄧㄤˇ
ideal
【心】人企求达到的目标。是一种符合现实事物的客观发展规律、经过努力和奋斗有可能实现的目标,属于积极的心理活动。与其相反的是空想,即完全背离现实的发展规律、毫无实现可能的目标,属于消极的心理活动。

理想电感器/理想感應器
lǐxiǎng diàngǎnqì/ㄌㄧˇ ㄒㄧㄤˇ ㄍㄢˇ ㄧㄥˋ ㄑㄧˋ
ideal inductor
【电】线性电感性二端元件。其磁通链除以电流的商是一正值常数。

理想电流源/理想電流源
lǐxiǎng diànliúyuán/
ㄌㄧˇ ㄒㄧㄤˇ ㄉㄧㄢˋ ㄌㄧㄡˊ ㄩㄢˊ
ideal current source
【电】通过的电流与其端电压无关的有源二端元件。

理想电容器/理想電容器
lǐxiǎng diànróngqì/
ㄌㄧˇ ㄒㄧㄤˇ ㄉㄧㄢˋ ㄖㄨㄥˊ ㄑㄧˋ
ideal capacitor
【电】线性电容性二端元件。其电荷除以电压的商是一正值常数。

理想电压源/理想電壓電源
lǐxiǎng diànyāyuán/
ㄌㄧˇ ㄒㄧㄤˇ ㄉㄧㄢˋ ㄧㄚ ㄉㄧㄢˋ ㄩㄢˊ
ideal voltage source
【电】端子间电压与元件中电流无关的有源二端元件。

理想电阻器/理想電阻器
lǐxiǎng diànzǔqì/ㄌㄧˇ ㄒㄧㄤˇ ㄉㄧㄢˋ ㄗㄨˇ ㄑㄧˋ
ideal resistor
【电】线性电阻性二端元件。其电压除以电流的商是一正值常数。

理想電壓電源
ㄌㄧˇ ㄒㄧㄤˇ ㄉㄧㄢˋ ㄧㄚ ㄉㄧㄢˋ ㄩㄢˊ/
lǐxiǎng diànyā diànyuán
ideal voltage source
【电】台湾名。即"理想电压源"(723 页)。

理想二极管/理想二極管
lǐxiǎng èrjíguǎn/ㄌㄧˇ ㄒㄧㄤˇ ㄦˋ ㄐㄧˊ ㄍㄨㄢˇ
ideal diode
【电】非对称电阻性二端元件。其特征是电流方向从端子 A 指向端子 B 时端子间电压为零,端子 A 的电位低于或等于端子 B 的电位时电流为零。

理想感應器
ㄌㄧˇ ㄒㄧㄤˇ ㄍㄢˇ ㄧㄥˋ ㄑㄧˋ/lǐxiǎng gǎnyìngqì

L

ideal inductor

【电】台湾名。即"理想电感器"(723 页)。

理想化模型/理想化模型

lǐxiǎnghuà móxíng/

ㄌㄧˇ ㄒㄧㄤˇ ㄏㄨㄚˋ ㄇㄛˊ ㄒㄧㄥˊ

idealized model

【物】研究某些物理问题时,为方便起见,强调主要因素、忽略次要因素而建立的高度抽象的理想概念。例如质点、刚体、理想气体、光滑的水平面等。

理想流体/理想流體

lǐxiǎng liútǐ/ㄌㄧˇ ㄒㄧㄤˇ ㄌㄧㄡˊ ㄊㄧˇ

ideal fluid

【物】指不可压缩和没有黏性的流体(无黏流体)。是研究流体运动时采用的一种理想化模型。实际流体是可压缩具有黏性的流体。

理想气体/理想氣體

lǐxiǎng qìtǐ/ㄌㄧˇ ㄒㄧㄤˇ ㄑㄧˋ ㄊㄧˇ

ideal gas

【物】气体的一种理想化模型。其具有的分子体积与分子间平均距离相比可以忽略不计;分子间没有相互吸引和排斥,它们之间以及与器壁之间的碰撞是完全弹性碰撞,不造成动能损失。当实际气体的密度足够低时,就接近理想气体。

理血法/理血法 lǐxuèfǎ/ㄌㄧˇ ㄒㄩㄝˋ ㄈㄚˇ

regulating blood method, * blood-rectifying method

【中医】内治法之一。用具有调畅血行、散除瘀血,以及具有止血作用的方药,治疗血瘀或出血证。

理智感/理智感 lǐzhìgǎn/ㄌㄧˇ ㄓˋ ㄍㄢˇ

rational feeling

【心】人对认识活动进行评价时产生的高级情感体验。与人的认识成就的获得,需要、兴趣的满足,对真理的探索追求及思维任务的解决相联系。人的认识活动越深刻,人的理智感也越深厚。

锂/鋰 lǐ/ㄌㄧˇ

lithium

【化】金属元素。属周期表第ⅠA 族,符号 Li,原子序数 3。原子量 6.938。自然界主要存在于锂辉石、锂云母等以及盐湖中。单质为银白色金属,质软,在金属中质量最轻,常温下密度最小而比热最大,化学性质活泼,为强还原剂。可用来制轻合金、锂电池,也用于核工业。

📖 1817 年,瑞典的阿韦德松(J. Arfwedson)从锂长石中发现锂元素。拉丁文定名为 lithium,源自希腊文 lithos,意思是"石头"。中文定名为"锂",是形声字。

锂电池/鋰電池 lǐdiànchí/ㄌㄧˇ ㄉㄧㄢˋ ㄔˊ

lithium battery, lithium cell

【化】❶以金属锂或其合金为负极的化学电源。质量轻,电压高(通常每个电池约 3V),自放电少,低温性能较好,可制各种原电池、蓄电池、热电池等。❷泛指所有含锂元素的电池。常见的是锂离子电池,其以碳为负极材料,含锂过渡金属氧化物为正极材料,有机溶剂锂盐溶液为电解质。体积小,质量轻,比能量高,充放电寿命长,无记忆效应。广泛用作移动电源。

鲤/鯉 lǐ/ㄌㄧˇ

carp

【动】*Cyprinus carpio* 通称"鲤鱼"。鱼名。硬骨鱼纲鲤科。身体延长,稍侧扁,长 40～50 厘米,背部苍黑色,腹部黄白色,有的尾部或全身红色,口边有须两对。生活在淡水中,食性杂,生长快。中国各地均有分布,是重要的养殖鱼类。

鳢/鱧 lǐ/ㄌㄧˇ

snakehead

【动】*Channa argus* 又称"乌鱼""黑鱼""乌鳢"。鱼名。硬骨鱼纲月鳢科。身体延长,近圆筒形,长可达 50 厘米以上,黄褐色,有黑色斑块,头扁,背鳍和臀鳍很长,尾鳍圆形,头部和躯干有鳞片。性凶猛,以其他鱼类及虾类等为食。生活在淡水中,在中国分布广泛。

力/力 lì/ㄌㄧˋ

force

【物】物体之间的相互作用。是物体发生形变和运动状态发生变化的原因。为矢量,用 $\boldsymbol{F}$ 表示,单位牛[顿]。

力畜 lìchù/ㄌㄧˋ ㄔㄨˋ

【农】即"役畜"(1340 页)。

力的三要素/力的三要素
lì de sān yàosù/ㄌㄧˋ ·ㄉㄜ ㄙㄢ ㄧㄠˋ ㄙㄨˋ
three factors of force
【物】指力 $\boldsymbol{F}$ 的大小、方向和作用点。通常用一根带箭头的线段表示力,线段的长短表示力的大小,箭头的指向表示力的方向,箭头或箭尾表示力的作用点。

力的示意图

力矩/力矩 lìjǔ/ㄌㄧˋ ㄐㄩˇ
moment of force
【物】描述力对物体作用产生转动效应的物理量。为矢量,用 $\boldsymbol{M}$ 表示,单位牛[顿]米。力 $\boldsymbol{F}$ 对点 O 的力矩是 O 点到力作用点的矢量 $\boldsymbol{r}$ 与 $\boldsymbol{F}$ 的矢量积。

力偶/力偶 lì'ǒu/ㄌㄧˋ ㄡˇ
couple
【物】大小相等、方向相反且作用线不在同一直线上的两个力。不能合成为一个合力。力偶 $\boldsymbol{F}_1$、$\boldsymbol{F}_2$,有 $F_1 = -F_2$。力偶的两个力所在平面为力偶的作用面,其对作用面上参考点的力矩的矢量和为力偶矩,即 $\boldsymbol{M}=\boldsymbol{F}d$,$d$ 为两个力之间的距离。

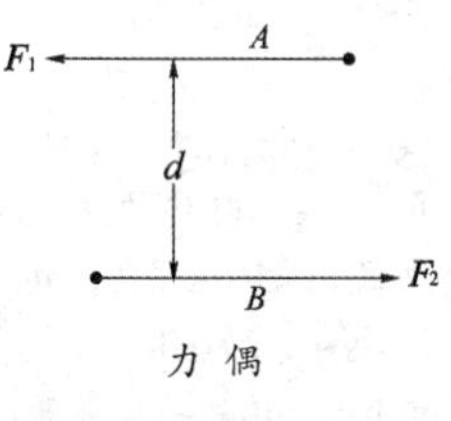

力 偶

力学/力學 lìxué/ㄌㄧˋ ㄒㄩㄝˊ
mechanics
【物】研究物质机械运动规律及其应用的科学。曾经是物理学的分支之一。现已成为与物理学并列的一级学科。兼具基础科学和技术科学的特性。按照研究方法及研究对象的不同,可分为静力学、动力学和运动学;也可分为固体力学、流体力学和一般力学。

力学运动
lìxué yùndòng/ㄌㄧˋ ㄒㄩㄝˊ ㄩㄣˋ ㄉㄨㄥˋ
【物】即“机械运动”(561 页)。

力學波 ㄌㄧˋ ㄒㄩㄝˊ ㄅㄛ/lìxuébō
mechanical wave
【物】台湾名。即“机械波”(560 页)。

力學能 ㄌㄧˋ ㄒㄩㄝˊ ㄋㄥˊ/lìxuénéng
mechanical energy
【物】台湾名。即“机械能”(561 页)。

力學振動
ㄌㄧˋ ㄒㄩㄝˊ ㄓㄣˋ ㄉㄨㄥˋ/lìxué zhèndòng
mechanical vibration
【物】台湾名。即“机械振动”(561 页)。

历表/曆表 lìbiǎo/ㄌㄧˋ ㄅㄧㄠˇ
ephemeris
【天】用于预测天体(包括人造卫星)在未来不同时间的位置的数据集合。

历史地质学
lìshǐ dìzhìxué/ㄌㄧˋ ㄕˇ ㄌㄧˋ ㄓˋ ㄒㄩㄝˊ
【地】即“地史学”(227 页)。

历史气候/歷史氣候
lìshǐ qìhòu/ㄌㄧˋ ㄕˇ ㄑㄧˋ ㄏㄡˋ
historical climate
【气】自人类文明出现以来至有仪器观测前的历史时期的气候。气候特征主要根据对历史资料(考古发掘物和历史文献等)中关于气候的记载或自然物证(树木年轮等)的分析获得。在中国这个时期有 5000 余年。

历元/曆元 lìyuán/ㄌㄧˋ ㄩㄢˊ
epoch
【天】天文学中为确定天球坐标或轨道根数而定为时间参考标准的一个特定瞬时。对于天球坐标,其他时刻天体的位置可依据岁差和天体的自行而计算出。中国古代历法中,历元是历法起算的基准点。

立方/立方 lìfāng/ㄌㄧˋ ㄈㄤ
cube
【数】3 次乘方。例如,$a \times a \times a = a^3$ 叫作 a 的立方。

立方根/立方根 lìfānggēn/ㄌㄧˋ ㄈㄤ ㄍㄣ
cube root
【数】3 次方根。当 $x^3 = a$ 时,x 叫作 a 的立方根。在实数范围内,正数的立方根是一个正数,负数的立方根是一个负数。例如,8 的立方根是 2,−8 的立方根是 −2。0 的立方根是 0。

立方体/立方體 lìfāngtǐ/ㄌㄧˋ ㄈㄤ ㄊㄧˇ
cube
【数】各面都是正方形的平行六面体。

立峰 lìfēng/ㄌㄧˋ ㄈㄥ

【建】即“特置”(1116 页)。

立即性記憶
ㄌㄧˋ ㄐㄧˊ ㄒㄧㄥˋ ㄐㄧˋ ㄧˋ/lìjíxìng jìyì
immediate memory
【心】台湾名。即“瞬时记忆”(1075 页)。

立交桥/立交橋
lìjiāoqiáo/ㄌㄧˋ ㄐㄧㄠ ㄑㄧㄠˊ
grade separation bridge
【交】修筑在城市重要交通交汇点,上下分层、多方向行驶,使道路形成立体交叉的桥梁。

立弳 ㄌㄧˋ ㄐㄧㄥˋ/lìjìng
steradian
【计量】台湾名。即“球面度”(923 页)。

立克次体/立克次體
lìkècìtǐ/ㄌㄧˋ ㄎㄜˋ ㄘˋ ㄊㄧˇ
rickettsia
【生】体积介于细菌和病毒之间的一类微生物。只能在活细胞内生长繁殖,多以虱、蚤等为媒介侵入人体。如斑疹伤寒病原体。为纪念美国病理学家立克次而命名。

立面图/立面圖 lìmiàntú/ㄌㄧˋ ㄇㄧㄢˋ ㄊㄨˊ
elevation
【建】建筑图的基本图样之一。在与建筑物主要外墙面平行的投影面上所做的房屋正投影图。主要表示建筑物的整体外貌形状,屋顶形式,楼层层数,门、窗、雨篷、阳台、台阶的形式和位置,外墙装修及各主要部分的标高等。

立体地图/起伏地圖
lìtǐ dìtú/ㄑㄧˇ ㄈㄨˊ ㄉㄧˋ ㄊㄨˊ
relief map
【测绘】以三维实物模型或三维视觉感知效果来仿真表示地表起伏形态的地图。为突出表示,垂直方向比例尺与平面比例尺往往不同。采用三维实物模型的立体地图,常采用可塑材料制成,如沙盘地图、塑料热压立体地图等;采用三维视觉感知的立体地图,有互补色地图、光栅立体地图和计算机屏幕显示的三维地图等。

立体电影/立體電影
lìtǐ diànyǐng/ㄌㄧˋ ㄊㄧˇ ㄉㄧㄢˋ ㄧㄥˇ
stereoscopic motion picture
【物】利用偏振光原理,使左右两眼看到有立体效果的画面。起源于20世纪30年代。

📖 拍摄时用两部摄像机,两机镜头中心的间距相当于一般人两眼瞳孔的间距,因此可以从两个角度拍摄两套略有差异的影片。放映时也用两部放映机,在它们的镜头上分别装上偏光滤光镜,使透过的偏振光的偏振方向互相垂直,放映出的两套影像都呈现在银幕上。观看时,观众戴上偏振光眼镜,左眼镜片的偏振方向跟左放映机前偏光滤光镜的偏振方向相同,使左眼看到的是左放映机的画面;右眼镜片的偏振方向跟右放映机前偏光滤光镜的偏振方向相同,使右眼看到的是右放映机的画面。它们合成就形成立体感。现利用立体形象的摄影技术的全息拍摄法拍摄的全息电影正在研究过程中。

立体几何/立體幾何
lìtǐ jǐhé/ㄌㄧˋ ㄊㄧˇ ㄐㄧˇ ㄏㄜˊ
solid geometry
【数】欧氏几何的一部分。研究立体图形的形状、大小和位置关系等。

立体交叉/立體交叉
lìtǐ jiāochā/ㄌㄧˋ ㄊㄧˇ ㄐㄧㄠ ㄔㄚ
grade separated
【交】道路与道路、公路与铁路在不同高程上的交叉。利用跨线桥、高架桥、立交桥、地道等使相交的道路在不同的平面上交叉。

立体角/立體角 lìtǐjiǎo/ㄌㄧˋ ㄊㄧˇ ㄐㄧㄠˇ
solid angle
【计量】闭合锥面包围的空间。

立体声/身歷聲音
lìtǐshēng/ㄕㄣ ㄌㄧˋ ㄕㄥ ㄧㄣ
stereophone
【信息】使人对声源有立体分布感觉的声音。通过适当地组合和安排传声器、扬声器等,使声音从所在空间的各个方位发出,能产生立体声的效果。

立体图形/立體形
lìtǐ túxíng/ㄌㄧˋ ㄊㄧˇ ㄒㄧㄥˊ
solid figure
【数】所有的点不都在同一平面内的图形。例如,异面直线、长方体、球等都是立体图形。

立體形 ㄌㄧˋ ㄊㄧˇ ㄒㄧㄥˊ/lìtǐxíng
solid figure
【数】台湾名。即“立体图形”(726 页)。

立體正投影圖
ㄌㄧˋ ㄊㄧˇ ㄓㄥˋ ㄊㄡˊ ㄧㄥˇ ㄊㄨˊ/
lìtǐ zhèngtóuyǐngtú
axonometric drawing
【建】台湾名。即“轴测图”(1472 页)。

利胆药/利膽劑 lìdǎnyào/ㄌㄧˋ ㄉㄢˇ ㄐㄧˋ
choleretic
【医】具有促进胆汁分泌和胆囊排空功能的药物。常用的有去氢胆酸、硫酸镁、桂美酸、茴三硫等。

利膽劑 ㄌㄧˋ ㄉㄢˇ ㄐㄧˋ/lìdǎnjì
【医】台湾名。即“利胆药”(727 页)。

利尿劑 ㄌㄧˋ ㄋㄧㄠˋ ㄐㄧˋ/lìniàojì
diuretic
【医】台湾名。即“利尿药”(727 页)。

利尿药/利尿劑 lìniàoyào/ㄌㄧˋ ㄋㄧㄠˋ ㄐㄧˋ
diuretic
【医】具有促进盐和水排出功能而增加尿量的药物。可分为髓襻利尿药、噻嗪类利尿药、碳酸酐酶利尿药、保钾利尿药和渗透性利尿药。

利润中心说
lìrùn zhōngxīnshuō/
ㄌㄧˋ ㄖㄨㄣˋ ㄓㄨㄥ ㄒㄧㄣ ㄕㄨㄛ
【物流】即“第三利润源说”。

利用電傳會議
ㄌㄧˋ ㄩㄥˋ ㄉㄧㄢˋ ㄔㄨㄢˊ ㄏㄨㄟˋ ㄧˋ/
lìyòng diànchuán huìyì
teleconference
【信息】台湾名。即“电话会议”(246 页)。

沥青/瀝青 lìqīng/ㄌㄧˋ ㄑㄧㄥ
bitumen, asphalt
【化】由不同分子量的碳氢化合物及其非金属衍生物组成的复杂混合物。呈黏稠的液体、半固体或固体状。黑褐色,不溶于水。是有机胶凝材料,用于涂料、塑料、橡胶等工业以及铺筑路面等,也用来防水、防潮和防腐。可分为天然沥青和人造沥青两类。

沥青防腐漆/瀝青防腐漆
lìqīng fángfǔqī/ㄌㄧˋ ㄑㄧㄥ ㄈㄤˊ ㄈㄨˇ ㄑㄧ
bituminous anticorrosive paint
【化】俗称“水罗宋”。以沥青为主要成膜物质的防腐蚀漆。可由沥青溶于有机溶剂中制得。耐潮、耐水性能优异,耐化学腐蚀性能良好,并有一定的绝缘性;缺点是渗色,自干性欠佳,暴露于阳光下时涂膜易开裂。
📖 “水罗宋”是 solution(溶液)的音译。

沥青混凝土摊铺机/瀝青混凝土攤鋪機
lìqīng hùnníngtǔ tānpūjī/
ㄌㄧˋ ㄑㄧㄥ ㄊㄢ ㄆㄨ ㄐㄧ
asphalt paver
【机】工程机械的一种。用于道路施工时,可将沥青混合料均匀摊铺在道路基层上,并进行初步振实和整平。可分为履带式和轮胎式。

沥青铀矿/瀝青鈾礦
lìqīng yóukuàng/ㄌㄧˋ ㄑㄧㄥ ㄧㄡˊ ㄎㄨㄤˋ
pitchblende
【地】沥青状隐晶质铀矿。是晶质铀矿的变种。成分为(U^{4+}_{1-x}, U^{6+}_{x})O_{2+x},常含铅,有时含钍、镭、稀土元素。常呈肾状、钟乳状、葡萄状或致密块状。沥青黑色,条痕黑色,沥青光泽。贝壳状断口。莫氏硬度 3~5,密度 6.5~8.5 克/厘米^3。具强放射性。是提取铀最主要的矿物原料。

沥取/瀝取 lìqǔ/ㄌㄧˋ ㄑㄩˇ
leaching
【化】指固—液萃取分离的过程。用液体溶剂从经过粉碎、压榨等处理的固体物料中提取物质。其操作可分为浸渍、洗提等。

例程/常式 lìchéng/ㄔㄤˊ ㄕˋ
routine
【信息】台湾又称“子程式”。可频繁使用的程序或其一部分。多指低级语言程序。

疠气/癘氣 lìqì/ㄌㄧˋ ㄑㄧˋ
pestilential qi
【中医】各种具有强烈传染性病邪的总称。

荔枝/荔枝 lìzhī/ㄌㄧˋ ㄓ
lychee
【植】*Litchi chinensis* 无患子科荔枝属。常绿乔木。小枝褐红色,密生白色皮孔。叶薄革质,披针形,顶端尖,全缘。花序顶生,花小,无花瓣。果实卵圆形至近球形,熟时红色,果皮有显著突起小瘤体,果肉新鲜时半透明凝脂状,味香甜,不耐储藏。花期春季,果期夏季。在中国,分布于南部各地。果实可作水果,核入药。

栎/橡木 lì/ㄒㄧㄤˋ ㄇㄨˋ

oak

【植】*Quercus* 又称“橡树”“青冈”。壳斗科栎属。常绿或落叶乔木。叶单螺旋状互生,椭圆形,边缘有齿或裂。花单性,雌雄同株,雄花序为葇荑花序,下垂,雌花单生或排成穗状。壳斗包着坚果一部分,壳斗外壁有鳞形、条形、钻形的小苞片,覆瓦状排列,每壳斗内有一个坚果。在中国,分布于各地。构林树种。

栗/栗 lì/ㄌㄧˋ

hairy chestnut

【植】*Castanea mollissima* 又称“板栗”“毛栗”。壳斗科栗属。高大落叶乔木。叶椭圆形,先端尖,基部近截平,两侧不对称。雌雄同株,雄花序轴被毛,花 3～5 朵聚生成簇,雌花单独或数朵生于总苞内。成熟壳斗外表生尖刺,内有坚果,坚果外果皮硬,紫褐色,被黄褐色茸毛,果肉厚,淡黄色,味甘甜。花期 4—6 月份,果期 8—10 月份。在中国,分布于除青海、宁夏、新疆、海南以外各地。果实可作干果,木材优质。

砾/礫 lì/ㄌㄧˋ

gravel

【地】颗粒直径大于 2 毫米的颗粒。主要是各类岩石和矿物的碎块。按粒径大小不同,又可分为细砾(2～4 毫米)、中砾(4～64 毫米)、粗砾(64～256 毫米)、巨砾(>256 毫米)四个粒级。

砾漠/礫漠 lìmò/ㄌㄧˋ ㄇㄛˋ

gravel desert

【地】地表完全被砾石覆盖的荒漠地区。古代堆积物经风力作用吹走较细的物质,留下粗大砾石覆盖地表而形成。多分布在荒漠的山前地带。

L

砾岩/礫岩 lìyán/ㄌㄧˋ ㄧㄢˊ

conglomerate

【地】碎屑岩的一种。由粒径大于 2 毫米的圆形、次圆形砾石经胶结而成。砾石占岩石总量 30％以上,碎屑组分主要是岩屑,还有少量矿物碎屑。填隙物为砂、粉砂、黏土物质和化学沉积物质。

粒细胞/顆粒球 lìxìbāo/ㄎㄜ ㄌㄧˋ ㄑㄧㄡˊ

granulocyte

【生】带有分叶核和丰富的胞质颗粒的细胞。按其颗粒染色特点不同,可分为中性粒细胞、嗜酸性粒细胞和嗜碱性粒细胞。

粒狀物 ㄌㄧˋ ㄓㄨㄤˋ ㄨˋ/lìzhuàngwù

particulate matter

【环】台湾名。即“颗粒物”(679 页)。

粒子/粒子 lìzǐ/ㄌㄧˋ ㄗˇ

particle

【物】旧称“基本粒子”。比原子核小的物质单元。如电子、中子、质子、光子等。已发现的粒子连同共振态(可以通过强相互作用衰变的一类强子的统称)共有 400 多种。按粒子与各种相互作用的关系不同,可分为强子、轻子和媒介子。

粒子加速器/粒子加速器

lìzǐ jiāsùqì/ㄌㄧˋ ㄗˇ ㄐㄧㄚ ㄙㄨˋ ㄑㄧˋ

particle accelerator

【物】将带电粒子(如电子、质子、氚核以及 α 粒子等)加速,使其动能增加(一般指大于0.1 兆电子伏)的装置。

粒子谱 lìzǐpǔ/ㄌㄧˋ ㄗˇ ㄆㄨˇ

【气】“气溶胶粒子谱”的简称。

鉝/鉝 lì/ㄌㄧˋ

livermorium

【化】金属元素。属周期表第ⅥA 族。符号 Lv,原子序数 116。原子量 289。有放射性,由人工核反应获取。

📖 2000 年,俄罗斯和美国科学家合作合成的新核素。拉丁文定名为 livermorium,源自 Livermore,用以纪念美国劳伦斯国家实验室所在地力沃莫尔镇。中文定名为“鉝”,是形声字,2007 年由两岸化学界人士共同商议确定。

瀝青攤鋪機

ㄌㄧˋ ㄑㄧㄥ ㄊㄢ ㄆㄨ ㄐㄧ/lìqīng tānpūjī

asphalt paver

【机】台湾名。即“沥青混凝土摊铺机”(727 页)。

lian (ㄌㄧㄢ)

连分数/連分數

liánfēnshù/ㄌㄧㄢˊ ㄈㄣ ㄕㄨˋ

continued fraction

【数】繁分数 $a_0+\cfrac{1}{a_1+\cfrac{1}{a_2+\ddots+\cfrac{1}{a_n}}}$ 叫作有限连分数,常简记作$[a_0,a_1,\cdots,a_n]$。当a_0是整数,$a_1,\cdots,a_n$是正整数时,$[a_0,a_1,\cdots,a_n]$叫作有限简单连分数。若n无限,a_0是整数,$a_1,\cdots,a_n,\cdots$是正整数,则$[a_0,a_1,\cdots,a_n,\cdots]$,即

$$a_0+\cfrac{1}{a_1+\cfrac{1}{a_2+\ddots+\cfrac{1}{a_n+\ddots}}}$$

叫作无限简单连分数。通常连分数都指简单连分数。对任一有理数$\frac{a}{b}(b>0)$可用辗转相除法转化为有限简单连分数$[a_0,a_1,\cdots,a_n]$,其中$a_0,a_1,\cdots,a_n$是辗转相除法中依次得到的不完全商,规定$a_n>1$,则表法唯一。对任一无理数可用辗转相除法转化为无限简单连分数$[a_0,a_1,\cdots,a_n,\cdots]$,其中$a_0,a_1,\cdots,a_n,\cdots$是辗转相除法中依次得到的不完全商,且表法唯一。连分数的理论是数论的内容之一,在计算数学、不定方程等方面有很多应用。

连杆机构/連桿機構 liángǎn jīgòu/ㄌㄧㄢˊ ㄍㄢˇ ㄐㄧ ㄍㄡˋ

linkage mechanism

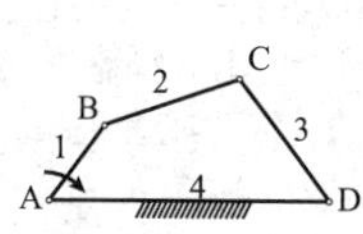

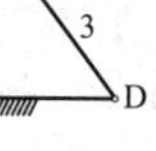

四杆机构

1、3.连杆架,2.连杆,4.机架

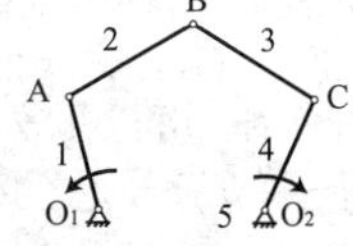

五杆机构

1、4.连杆架,2、3.连杆,5.机架

【机】所有相邻构件均用铰接(两构件仅能相对转动)方式连接或兼用滑接(两构件仅能相对移动)与铰接方式连接的机构。具有结构简单、制造容易、磨损小等优点。按构件数目不同,可分为四杆机构、多杆机构(五杆及五杆以上);还可分为平面连杆机构和空间连杆机构。广泛用于各种机器及仪器中。

连接器/連接器 liánjiēqì/ㄌㄧㄢˊ ㄐㄧㄝ ㄑㄧˋ

connector

【信息】硬件技术中用来将两段线缆连在一起或将线缆连到某一设备,实现电气连通的耦合部件。通常按形制分为插头与插座两类。例如用来将调制解调器线缆连接到计算机的RS-232-C连接器。

连廊/廊道 liánláng/ㄌㄧㄢˊ ㄌㄤˊ

corridor, covered path

【建】在建筑物之间起连接作用的走廊。

连翘/連翹 liánqiáo/ㄌㄧㄢˊ ㄑㄧㄠˊ

㊀ weeping forsythia, ㊁ Fructus Forsythiae(拉), weeping forsythia capsule

㊀【植】*Forsythia suspense* 木樨科连翘属。落叶灌木。枝四棱形,开展为拱形,有皮孔,节间中空。单叶三裂或三出复叶,叶片卵形,先端尖,边缘有齿。花生于叶腋,先叶开放,花萼绿色,花冠黄色,裂片四枚。花期3—4月份。在中国,分布于除华南地区外的其他各地。观赏花卉。叶和果实入药。㊁【中医】中药名。木樨科植物连翘 *Forsythia suspensa* (Thunb.) Vahl 的干燥果实。味苦,性微寒。归肺、心、小肠经。清热解毒,消肿散结。用于痈疽,瘰疬,乳痈,丹毒,风热感冒,温病初起,温热入营,高热烦渴,神昏发斑,热淋尿闭。

连 翘

连续/連續 liánxù/ㄌㄧㄢˊ ㄒㄩˋ

continuous

【数】❶设函数$f(x)$在开区间(a,b)内有定义,$x_0\in(a,b)$,若$\lim\limits_{x\to x_0}f(x)$存在,且$\lim\limits_{x\to x_0}f(x)=f(x_0)$,则称$f(x)$在$x=x_0$处连续。❷若$f(x)$在$(a,b)$内每一点都连续,则称$f(x)$在开区间$(a,b)$内连续,或$f(x)$是开

区间(a,b)内的连续函数。❸设函数 $f(x)$ 在半开区间$[a,c)$(或$(c,b]$)上有定义,若对于任意给定的 $\varepsilon>0$,存在 $\delta>0$,使得当$x-a<\delta$(或$b-x<\delta$)时,$|f(x)-f(a)|<\varepsilon$(或$|f(x)-f(b)|<\varepsilon$)成立,则称 $f(x)$ 在 $x=a$ 处右连续(或在 $x=b$ 处左连续)。❹若 $f(x)$在(a,b)内每一点都连续,在 $x=a$ 处右连续,在 $x=b$ 处左连续,则称 $f(x)$ 在闭区间$[a,b]$上连续,或 $f(x)$ 是闭区间$[a,b]$上的连续函数。类似地可以定义多元函数 $f(x_1,x_2,\cdots,x_n)$的连续。

📖 若函数 $f(x)$ 是某区间 I 上的连续函数,则它在区间 I 上的图像 $y=f(x)$ 是一条连续的曲线。

连续模/連續模

liánxùmú/ㄌㄧㄢˊ ㄒㄩˋ ㄇㄨˊ

progressive die

【机】又称"顺序模""级进模"。冲模的一种。将不同的冲压工序顺序地排在模具的先后送进位置上,依次送入坯料完成多工序冲压的模具。每一次冲压可冲制一个或多个零件。

连续谱/連續光譜

liánxùpǔ/ㄌㄧㄢˊ ㄒㄩˋ ㄍㄨㄤ ㄆㄨˇ

continuous spectrum

【物】见"频谱"(869 页)。

连续随机变量/連續隨機變數

liánxù suíjī biànliàng/ㄌㄧㄢˊ ㄒㄩˋ ㄙㄨㄟˊ ㄐㄧ ㄅㄧㄢˋ ㄕㄨˋ

continuous random variable

【数】若存在一个非负实函数 $p(x)$,使随机变量 X 的分布函数 $F(x)=P(X<x)=\int_{-\infty}^{x}p(t)\mathrm{d}t(x\in\mathbf{R})$,则称 X 为连续随机变量。

连续性降水/連續性降水

liánxùxìng jiàngshuǐ/ㄌㄧㄢˊ ㄒㄩˋ ㄒㄧㄥˋ ㄐㄧㄤˋ ㄕㄨㄟˇ

continuous precipitation

【气】持续时间较长、强度变化较小的降水。通常来自扰动微弱、垂直气流不强的层状云。

连续铸造/連續鑄造

liánxù zhùzào/ㄌㄧㄢˊ ㄒㄩˋ ㄓㄨˋ ㄗㄠˋ

continuous casting

【机】特种铸造的一种。向结晶器(水冷金属型或石墨型等)中连续浇注熔融金属,使之连续凝固成形,并拉出断面形状、尺寸不变的铸坯。铸锭时可实现连铸连轧,生产效率大幅提高。

莲/蓮 lián/ㄌㄧㄢˊ

hindu lotus

【植】*Nelumbo nucifera* 通称"荷花",又称"莲花"。睡莲科莲属。多年生水生草本植物。根状茎(即藕)横生,肥厚,有节。叶柄高出水面,粗壮,中空,有刺;叶圆形,盾状,全缘稍呈波状。花单生于花梗顶端,高出水面;花大,红、粉红和白色,有香气;花托倒圆锥状海绵质,上表面有多数散生蜂窝状孔洞,受精后膨大(即莲蓬),每一孔洞内有一莲子。花期 6—8 月份,果期 8—10 月份。中国各地均有栽培。观赏花卉。全草入药,藕和莲子可食。

莲

📖 莲是中国十大名花之一,清丽脱俗,更寓意"出淤泥而不染,濯清涟而不妖"的气节。莲是印度和埃及的国花,也是澳门特别行政区的区花。

莲花 liánhuā/ㄌㄧㄢˊ ㄏㄨㄚ

【植】即"莲"(730 页)。

莲子/蓮子 liánzǐ/ㄌㄧㄢˊ ㄗˇ

Semen Nelumbinis(拉), lotus seed

【中医】中药名。睡莲科植物莲 *Nelumbo nucifera* Gaertn.的干燥成熟种子。味甘、涩,性平。归脾、肾、心经。补脾止泻,益肾涩精,养心安神。用于脾虚久泻,遗精带下,心悸失眠。

莲子心/蓮子心 liánzǐxīn/ㄌㄧㄢˊ ㄗˇ ㄒㄧㄣ

Plumula Nelumbinis(拉), lotus plumule

【中医】中药名。睡莲科植物莲 *Nelumbo nucifera* Gaertn.的成熟种子中的干燥幼叶及胚根。味苦,性寒。归心、肾经。清心安神,交通心肾,涩精止血。用于热入心包,神昏谵语,心肾不交,失眠遗精,血热吐血。

連接 ㄌㄧㄢˊ ㄐㄧㄝ/liánjiē

terminating
【信息】台湾名。即“终接”(1466 页)。
連結 ㄌㄧㄢˊ ㄐㄧㄝˊ/liánjié
binding
【信息】台湾名。即“绑定”(34 页)。
連鎖反應
ㄌㄧㄢˊ ㄙㄨㄛˇ ㄈㄢˇ ㄧㄥˋ/liánsuǒ fǎnyìng
chain reaction
【物】台湾名。即“链式反应”(733 页)。
連續光譜
ㄌㄧㄢˊ ㄒㄩˋ ㄍㄨㄤ ㄆㄨˇ/liánxù guāngpǔ
continuous spectrum
【物】台湾名。即“连续谱”(730 页)。
連續隨機變數
ㄌㄧㄢˊ ㄒㄩˋ ㄙㄨㄟˊ ㄐㄧ ㄅㄧㄢˋ ㄕㄨˋ/
liánxù suíjī biànshù
continuous random variable
【数】台湾名。即“连续随机变量”(730 页)。
联氨 lián'ān/ㄌㄧㄢˊ ㄢ
【化】即“肼”(645 页)。
联编 liánbiān/ㄌㄧㄢˊ ㄅㄧㄢ
【信息】即“绑定”(34 页)。
联合大陆
Liánhé Dàlù/ㄌㄧㄢˊ ㄏㄜˊ ㄉㄚˋ ㄌㄨˋ
【地】即“泛大陆”(318 页)。
联合耕作机械/聯合耕作機
liánhé gēngzuò jīxiè/
ㄌㄧㄢˊ ㄏㄜˊ ㄍㄥ ㄗㄨㄛˋ ㄐㄧ
combination tiller, combined tillage machine
【机】农业机械的一种。能一次完成耕地、整地等多种作业项目的土壤耕作机械。由犁、耙、松土机、旋耕机、镇压器等中的两种或两种以上机具组成。可在一次行程中完成土壤的翻耕或深松以及碎土、平整、镇压等作业中的几项作业,以减少拖拉机在田间的通行次数,简化作业过程,提高作业效率,有利于及时播种或栽插。
联合库存管理/聯合庫存管理
liánhé kùcún guǎnlǐ/
ㄌㄧㄢˊ ㄏㄜˊ ㄎㄨˋ ㄘㄨㄣˊ ㄍㄨㄢˇ ㄌㄧˇ
joint managed inventory, JMI
【物流】在企业内部,由上游部门和相邻的下游部门共同管理下游部门的库存管理模式。在供应链内部,供应商和客户同时参与,共同制订库存计划,供应商与用户权利责任平衡和风险共担。特点是供应链上的每个库存控制者(供应商、制造商、分销商和零售商)都可参与协调之间的相互利益,从而降低供应链的库存成本。
联合收割机
liánhé shōugējī/ㄌㄧㄢˊ ㄏㄜˊ ㄕㄡ ㄍㄜ ㄐㄧ
【机】“谷物联合收割机”的简称。
联合应诊/聯合應診
liánhé yìngzhěn/ㄌㄧㄢˊ ㄏㄜˊ ㄧㄥˋ ㄓㄣˇ
joint consultation
【医】又称“会诊”。由两名及以上的医生同时为一个患者进行检查,并随后就患者的问题进行讨论的过程。
联合运输/聯合運輸
liánhé yùnshū/ㄌㄧㄢˊ ㄏㄜˊ ㄩㄣˋ ㄕㄨ
intermodal transport
【交】简称“联运”。指使用两种或两种以上的运输方式,可使货主能够按一个统一的运输规章或制度,使用同一个运输凭证,运用不同运输方式的优势去完成一项货物运输任务的综合运输方式。
联机事务处理/線上交易處理
liánjī shìwù chǔlǐ/
ㄒㄧㄢˋ ㄕㄤˋ ㄐㄧㄠ ㄧˋ ㄔㄨˇ ㄌㄧˇ
online transaction processing, OLTP
【信息】计算机中用以尽快处理收到事务并立即更新数据库管理系统中主文件的处理系统。广泛用于民航售票、银行出纳、证券交易、超市销售等领域。
联觉/聯覺 liánjué/ㄌㄧㄢˊ ㄐㄩㄝˊ
synesthesia
【心】一种感觉引起另一种心理活动的发生。如颜色温度觉,红、橙、黄等暖色调让人感觉温暖,蓝、青、紫等冷色调让人感觉寒冷。
联立式住宅
liánlìshì zhùzhái/ㄌㄧㄢˊ ㄌㄧˋ ㄕˋ ㄓㄨˋ ㄓㄞˊ
【建】即“联排式住宅”(732 页)。
联络线/命令線
liánluòxiàn/ㄇㄧㄥˋ ㄌㄧㄥˋ ㄒㄧㄢˋ

order wire，OW

【信息】又称“公务线”。通信系统中用来传送指导、控制系统操作的信号的信道或路径。

联排式住宅/連棟住宅

liánpáishì zhùzhái/ㄌㄧㄢˊ ㄆㄞˊ ㄕˋ ㄓㄨˋ ㄓㄞˊ

row house，terrace house，townhouse

【建】又称“联立式住宅”。由几个跃层式住宅在水平方向上并联而成的低层或多层住宅。

联锁/聯鎖 liánsuǒ/ㄌㄧㄢˊ ㄙㄨㄛˇ

interlocking

【交】相关信号、道岔、进路之间建立的一种相互联系、相互制约关系。以保证车站的列车行车、调车作业安全，提高车站的通过能力。联锁必须具备以下条件：当进路上各轨道区段空闲、有关道岔锁闭在正确位置、其敌对信号处于关闭状态时，防护该进路的信号机才能开放；信号机开放后，该进路上的相关道岔均应锁闭，不能转换，其敌对信号机不能开放；主体信号机未开放时其预告信号机不能开放；正线上的出站信号机未开放时，同方向的进站信号机不能开放通过信号。

📖 在车站范围内，列车或调车车列（或车组）所运行的径路称为进路。

联网/網路連結

liánwǎng/ㄨㄤˇ ㄌㄨˋ ㄌㄧㄢˊ ㄐㄧㄝˊ

networking

【信息】涉及计算机网络的连通、管理、操作或使用的过程。

联运 liányùn/ㄌㄧㄢˊ ㄩㄣˋ

【交】“联合运输”的简称。

联轴节 liánzhóujié/ㄌㄧㄢˊ ㄓㄡˊ ㄐㄧㄝˊ

【机】即“联轴器”(732 页)。

联轴器/聯軸器

liánzhóuqì/ㄌㄧㄢˊ ㄓㄡˊ ㄑㄧˋ

coupling

【机】又称“联轴节”。机械零件的一种。用来联结不同机构中的两根轴使之共同转动以传递动力。由两个部分组成，分别与两根轴联结。按驱动方式不同，可分为机械式、液力式、电磁式等。常用的刚性联轴器和挠性联轴器均属机械式。

联珠纹/聯珠紋

liánzhūwén/ㄌㄧㄢˊ ㄓㄨ ㄨㄣˊ

couplet pearl pattern

【纺】中国传统几何装饰纹样。在团纹的四周饰以若干小圆圈，圈圈相套相连，如同联珠，向四周循环发展，形成大圆的主题纹样，并组成四方连续纹样。借“珠”的美好，喻“珠联璧合”，后发展出在大圆小圆中间配以鸟兽或几何纹。是唐代的流行纹样，应用于古代织锦。

廉租房/廉租房

liánzūfáng/ㄌㄧㄢˊ ㄗㄨ ㄈㄤˊ

low-rent housing

【建】各级政府和单位在住房领域实施社会保障职能，以租金补贴、实物配租或租金减免的方式，向具有城镇常住居民户口，符合城镇居民最低生活保障标准且住房困难的家庭提供的租金相对低廉的普通住房。

鲢/鰱 lián/ㄌㄧㄢˊ

chub，silver carp

【动】*Hypophthalmichthys molitrix* 又称“白鲢”。鱼名。硬骨鱼纲鲤科。身体侧扁，较高，长可达 1 米多，银灰色，头大，腹缘有棱，鳞细。生活在淡水中，以浮游植物等为食。中国各地均有分布。是中国主要的淡水养殖鱼类。

聯合耕作機

ㄌㄧㄢˊ ㄏㄜˊ ㄍㄥ ㄗㄨㄛˋ ㄐㄧ/liánhé gēngzuòjī

combination tiller，combined tillage machine

【机】台湾名。即“联合耕作机械”(731 页)。

聯合律 ㄌㄧㄢˊ ㄏㄜˊ ㄌㄩˋ/liánhélǜ

associative law

【数】台湾名。即“结合律”(623 页)。

聯集 ㄌㄧㄢˊ ㄐㄧˊ/liánjí

union set

【数】台湾名。即“并集”(73 页)。

聯結車 ㄌㄧㄢˊ ㄐㄧㄝˊ ㄔㄜ/liánjiéchē

trailer

【交】台湾名。即“拖挂车”(1156 页)。

臁疮/臁瘡 liánchuāng/ㄌㄧㄢˊ ㄔㄨㄤ

chronic ulcer of shank，* shank sore

【中医】中医外科疾病之一。多因湿热下注，瘀血凝滞经络所致，发生于小腿下 1/3 处的皮肤和肌肉间，症见初起痒痛红肿，破流脂水，甚则腐烂，皮肉灰暗、溃烂后疮口经久不愈，或虽已收口又每因碰撞而复发等。治宜清热利湿,和营解毒,用萆薢化毒汤;久不愈者,宜补养气血,和营解毒,宜服桂枝加当归汤或十全大补汤,用金黄膏掺九一丹外贴。久不收口者,用夹纸膏加缠缚法,或用细白砂糖撒满,胶布牢贴。

簾牆 ㄌㄧㄢˊ ㄑㄧㄤˊ /liánqiáng
curtain wall
【建】台湾名。即"幕墙"(817 页)。

练习舰 liànxíjiàn/ㄌㄧㄢˋ ㄒㄧˊ ㄐㄧㄢˋ
【军】即"训练舰"(1301 页)。

练习曲线/練習曲線
liànxí qūxiàn/ㄌㄧㄢˋ ㄒㄧˊ ㄑㄩ ㄒㄧㄢˋ
practice curve
【心】表示练习进程与练习效果之间函数关系的曲线。从中可看出技能形成过程中的工作效率、活动速度和准确性的变化,及各种技能在形成过程中的共同点与差异性。各种练习曲线在形成过程中存在共同趋势,如随着练习时间增加,错误逐步减少,成绩逐步提高,练习成绩起伏,练习过程中出现高原现象等。

炼焦/煉焦 liànjiāo/ㄌㄧㄢˋ ㄐㄧㄠ
coking
【化】又称"焦化"。在炼焦炉内将配合煤经过高温干馏转化为焦炭、焦炉煤气和相关化学产品的工艺过程。

恋物癖/戀物症 liànwùpǐ/ㄌㄧㄢˋ ㄨˋ ㄓㄥˋ
fetishism
【医】又称"恋物症"。一种性偏好障碍(性变态)。表现为依靠某些非生命物体作为性唤起及性满足的刺激物。常见的迷恋物为人体的延伸物(如衣物或鞋袜),也有某些特殊质地的物品(如橡胶、塑料或皮革)。某些病例中,迷恋物仅作为提高以正常方式获得的性兴奋的一种手段(如要伴侣穿上特殊的衣服)。

恋物症/戀物症
liànwùzhèng/ㄌㄧㄢˋ ㄨˋ ㄓㄥˋ
【医】即"恋物癖"(733 页)。

链 liàn/ㄌㄧㄢˋ
【化】"分子链"的简称。

链传动/鏈驅動
liànchuándòng/ㄌㄧㄢˋ ㄑㄩ ㄉㄨㄥˋ
chain drive
【机】机械传动的一类。利用链与链轮轮齿的啮合传递运动和动力。应用于自行车上的链传动机构(由一根封闭的链条与两个链轮组成)最为常见。

链轨拖拉机
liànguǐ tuōlājī/ㄌㄧㄢˋ ㄍㄨㄟˇ ㄊㄨㄛ ㄌㄚ ㄐㄧ
【机】即"履带拖拉机"(762 页)。

链接/鍊接 liànjiē/ㄌㄧㄢˋ ㄐㄧㄝ
❶chaining,❷link
【信息】❶计算机中为使一个以上实体的操作相互依赖而进行的连接。❷通过建立指针把数据对象互连起来,或通过提供链路把一个或几个程序的各部分互连起来。例如由链接编辑器把目标程序链接起来。

链路/鏈結 liànlù/ㄌㄧㄢˋ ㄐㄧㄝˊ
link
【信息】两点之间具有规定性能的电信设施。按传输通道类型或容量大小,可分为无线电链路、同轴链路、宽带链路等。

链式反应/連鎖反應
liànshì fǎnyìng/ㄌㄧㄢˊ ㄙㄨㄛˇ ㄈㄢˇ ㄧㄥˋ
chain reaction
【物】由重核裂变产生的中子使裂变一代接一代继续下去的过程。例如,铀-235 吸收一个热中子发生裂变,放出 2～3 个裂变中子。裂变中子又可诱发核裂变反应,核裂变又产生下一代中子……其能够持续进行的条件,是平均每次核裂变释放的中子中至少有一个能引起又一次核裂变。

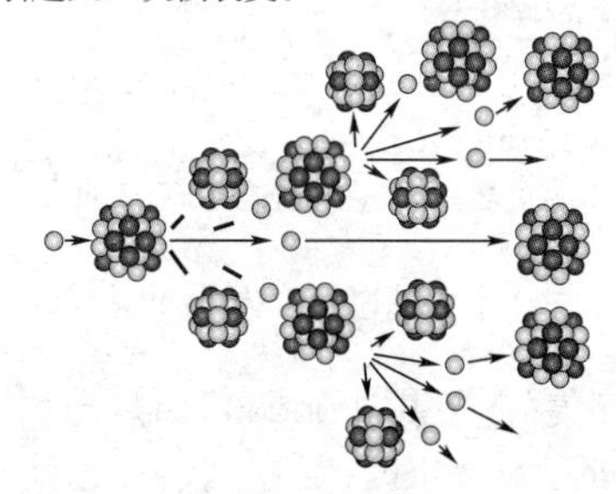
链式反应示意图

链式输送机/鏈式運送機
liànshì shūsòngjī/ㄌㄧㄢˋ ㄕˋ ㄩㄣˋ ㄙㄨㄥˋ ㄐㄧ
chain conveyor
【机】输送机械的一类。用链条作为牵引件,连续运送物料或运载人员。运物的有刮板输送机、埋刮板输送机、斗式提升机等;载人的有自动扶梯及人行道等。

链烃 liàntīng/ㄌㄧㄢˋ ㄑㄧㄥ

【化】"开链烃"的简称。

楝/楝 liàn/ㄌㄧㄢˋ

China berry

【植】*Melia azedarach* 又称"苦楝"。楝科楝属。落叶乔木。树冠倒伞形,侧枝开展,树皮灰褐色,浅纵裂。小枝叶痕和皮孔明显。二至三回羽状复叶,小叶对生,卵形至披针形,先端渐尖,基部偏斜,边缘有齿,主脉突起明显。圆锥花序,花瓣五枚,浅紫色,有香气。花期4—5月份。在中国,分布于黄河以南各地。绿化树种。

楝

鍊接 ㄌㄧㄢˋ ㄐㄧㄝ/liànjiē

❶chaining, ❷link

【信息】台湾名。即"链接"(733页)。

鏈結 ㄌㄧㄢˋ ㄐㄧㄝˊ/liànjié

link

【信息】台湾名。即"链路"(733页)。

鏈驅動 ㄌㄧㄢˋ ㄑㄩ ㄉㄨㄥˋ/liànqūdòng

chain drive

【机】台湾名。即"链传动"(733页)。

鏈式運送機

ㄌㄧㄢˋ ㄕˋ ㄩㄣˋ ㄙㄨㄥˋ ㄐㄧ/liànshì yùnsòngjī

chain conveyor

【机】台湾名。即"链式输送机"(733页)。

liang (ㄌㄧㄤ)

良序集/良序集 liángxùjí/ㄌㄧㄤˊ ㄒㄩˋ ㄐㄧˊ

well-ordered set

【数】任何非空子集都有位于最前面的元素的有序集。例如,自然数集**N**的任何非空子集,按"小于或等于(≤)"关系都有最小元素,它即位于最前面的元素,因此**N**按"≤"关系为良序集;而实数集**R**中无最小元素,因此**R**按"≤"关系不是良序集。

凉/涼 liáng/ㄌㄧㄤˊ

cool

【中医】中药四气之一。具有清热除蒸等作用,能治疗较轻的热证。例如,葛根性凉,有解热发表的作用。"凉"与"寒"性质相近,均为寒凉趋向,但程度偏低。

凉瓜 liángguā/ㄌㄧㄤˊ ㄍㄨㄚ

【植】即"苦瓜"(697页)。

凉爽呢/涼爽呢

liángshuǎngní/ㄌㄧㄤˊ ㄕㄨㄤˇ ㄋㄧˊ

polyester blend suiting

【纺】俗称"毛的确良"。混纺毛织物名。毛型涤纶与羊毛混纺交织的薄型精梳毛织物。平纹组织,紧度适中,通常采用色纱织造。轻薄,凉爽,透湿,挺滑,易洗,免烫。适于用作春夏之交穿的男女套装、西裤、连衣裙的面料。

涼害 ㄌㄧㄤˊ ㄏㄞˋ/liánghài

cool damage

【农】台湾名。即"冷害"(718页)。

梁/梁 liáng/ㄌㄧㄤˊ

beam

【建】由支座(或柱)支承的直线或曲线形构件。是水平方向的主要承重构件之一,支承上部梁架与檩、椽、望板及屋面重量。屋顶荷重通过梁架的层层传递至梁下的柱。梁柱之间,或由斗拱过渡,或将梁头直接置于柱头上,或将梁的一端插入内柱(金柱)柱身,另一端置于檐柱柱头上。古建筑中,梁的横断面呈矩形,宋制高宽比约为3∶2,明清时接近方形。图见"抬梁式木构架"(1098页)

梁桥/桁橋 liángqiáo/ㄏㄥˊ ㄑㄧㄠˊ

beam bridge

【交】以梁作为桥跨结构主要承重构件的桥梁。按照结构分为简支梁桥、连续梁桥和悬臂梁桥。

量測 ㄌㄧㄤˊ ㄘㄜˋ/liángcè

survey, measurement

【测绘】台湾名。即"测量"(99页)。

量測棒 ㄌㄧㄤˊ ㄘㄜˋ ㄅㄤˋ/liángcèbàng

measuring bar

【测绘】台湾名。即"测杆"(99页)。

量測容器

ㄌㄧㄤˊ ㄘㄜˋ ㄖㄨㄥˊ ㄑㄧˋ/liángcè róngqì

measuring container

【测绘】台湾名。即“量器”(735 页)。

量測誤差
ㄌㄧㄤˊ ㄘㄜˋ ㄨˋ ㄔㄚ/liángcè wùchā
measurement error
【测绘】台湾名。即“测量误差”(100 页)。

量规/量規 liángguī/ㄌㄧㄤˊ ㄍㄨㄟ
gage
【机】又称“极限量规”。一种无刻度的专用检测量具。用于检验工件的极限尺寸、形状和表面相互位置。常用的有塞规、卡规、螺纹塞规、螺纹环规和校对量规等。

量具/測定工具
liángjù/ㄘㄜˋ ㄉㄧㄥˋ ㄍㄨㄥ ㄐㄩˋ
measuring tool，measuring implement
【机】计量和检验用的器具的统称。如计量长度的量块、尺和各种比较仪等;检验工件的量规和平尺等。

量器/量測容器
liángqì/ㄌㄧㄤˊ ㄘㄜˋ ㄖㄨㄥˊ ㄑㄧˋ
measuring container
【计量】可作为计量器具的容器。常见的量器有量筒、量杯、单标线容量瓶、滴定管等。

量天尺/量天尺
liángtiānchǐ/ㄌㄧㄤˊ ㄊㄧㄢ ㄔˇ
common nightblooming-cereus
【植】*Hylocereus undatus* 又称“霸王鞭”“三棱箭”。仙人掌科量天尺属。攀缘肉质灌木,具气根。分枝具三棱,棱翅状,深绿色至淡蓝绿色,边缘波状或圆齿状;小窠沿棱排列,每小窠具 1～3 根硬刺;刺锥形,灰褐至黑色。花漏斗状,夜间开放;萼状花被片黄绿色,线形至线状披针形,反曲;瓣状花被片白色,长圆状倒披针形,边缘或啮蚀状,开展。浆果红色,长球形,果脐小,果肉白色,种子黑色。花期 7—12 月份。原生长于美洲,中国各地均有栽培。花可作蔬菜,果实可食,商品名称“火龙果”。

量雪尺/雪標 liángxuěchǐ/ㄒㄩㄝˇ ㄅㄧㄠ
snow scale，snow depth scale
【气】旧称“量雪杆”。为测量地面积雪深度而特制的直尺。一端有铁尖,表面有刻度。测量时将量雪尺垂直插入雪中,铁尖触及地表,不能插入土中。

量仪/測量儀器 liángyí/ㄘㄜˋ ㄌㄧㄤˊ ㄧˊ ㄑㄧˋ
measuring instrument
【机】测量仪器的统称。测量灵敏度高、精度高、测量力小,结构较量具复杂。按工作原理不同,可分为机械式量仪、光学量仪、电动量仪和气动量仪等。

粮食/糧食 liángshi/ㄌㄧㄤˊ ·ㄕ
grain，commissariat，foodstuff
【农】谷物和豆类的种子、果实,薯类的块根、块茎,以及用这些物质加工产品的统称;供食用的谷物、豆类和薯类。

粮食作物/糧食作物
liángshi zuòwù/ㄌㄧㄤˊ·ㄕ ㄗㄨㄛˋ ㄨˋ
food crop
【农】稻、麦、杂粮作物的统称。可为食品、医药、化工、能源等工业提供原料,也可为畜牧业提供精饲料和大部分粗饲料。通常分为谷类作物、薯类作物和豆类作物三类。

粱/粱 liáng/ㄌㄧㄤˊ
foxtail millet
【植】*Setaria italica* 又称“谷子”,通称“小米”。禾本科狗尾草属。一年生草本植物。秆粗壮,直立。叶鞘松裹茎秆;叶片长披针形,脉明显。圆锥花序圆柱形,下垂,小穗椭圆形,有黄、橘红和紫色。果实卵圆形,很小,黄色,去壳后称为小米。中国各地均有栽培。果实可作粮食。

两侧对称/兩側對稱
liǎngcè duìchèn/ㄌㄧㄤˇ ㄘㄜˋ ㄉㄨㄟˋ ㄔㄣˋ
bilateral symmetry
【植】又称“左右对称”。通过花的中心只能分出一个对称面的花形。这种花称为不整齐花。

两点分布/二點分布
liǎngdiǎn fēnbù/ㄦˋ ㄉㄧㄢˇ ㄈㄣ ㄅㄨˋ
two-point distribution
【数】离散型随机变量的一种概率分布。若随机变量 X 有两个取值(可以记作 1 和 0),对应的概率为 $P(X=1)=p$, $P(X=0)=q=1-p$,式中 $0<p<1$,则称 X 服从两点分布。例如,掷一枚硬币,表示试验结果的随机变量 X 服从两点分布。一般地,只有两个试验结果的随机试验,叫作伯努利试验。表示伯努利试验结果的随机变量都服从两点分

L

布。两点分布中，$P(X=1)=p$ 叫作成功概率。

两广丘陵/兩廣丘陵

Liǎng Guǎng Qiūlíng/ㄌㄧㄤˇ ㄍㄨㄤˇ ㄑㄧㄡ ㄌㄧㄥˊ

Guangdong and Guangxi Hills

【地】见“东南丘陵”(271 页)。

两河流域

Liǎng Hé liúyù/ㄌㄧㄤˇ ㄏㄜˊ ㄌㄧㄡˊ ㄩˋ

【地】即“美索不达米亚”(792 页)。

两湖平原/兩湖平原

Liǎng Hú Píngyuán/ㄌㄧㄤˇ ㄏㄨˊ ㄆㄧㄥˊ ㄩㄢˊ

Lianghu Plain

【地】平原名。位于湖北中部和湖南北部。湖北的江汉平原、湖南的洞庭湖平原的合称，是长江中下游平原的一部分，面积约 5 万平方千米。大部分海拔在 50 米以下。地势低平，河湖密布，土壤肥沃，物产丰富。农作物主要有稻、棉花、油菜籽等。

两栖动物/兩生類動物

liǎngqī dòngwù/ㄌㄧㄤˇ ㄕㄥ ㄌㄟˋ ㄉㄨㄥˋ ㄨˋ

amphibian

【动】Amphibia 脊椎动物两栖纲动物的统称。由古代的鱼类进化而来。通常没有鳞或甲，皮肤无毛，多黏液。四肢有趾无爪，体温随着气温变化而改变，卵生，变态发育。幼体生活在水中，用鳃呼吸，成体可在陆地上生活，用肺和皮肤呼吸。如青蛙、蟾蜍、蝾螈等。

两栖攻击舰/兩棲攻擊艦

liǎngqī gōngjījiàn/ㄌㄧㄤˇ ㄑㄧ ㄍㄨㄥ ㄐㄧ ㄐㄧㄢˋ

amphibious assault ship

【军】又称“直升机登陆运输舰”。用于搭载直升机、垂直短距起降飞机、登陆艇及其武器装备和作战部队，实施登陆作战的水面战斗舰艇。属大型登陆作战舰艇，排水量通常为 2 万～4 万吨，为适应远距离作战，续航力通常不小于 1 万海里，航速不低于 20 节。常作为战区的指挥舰，具有很强的两栖作战能力。

两栖坦克/兩棲坦克

liǎngqī tǎnkè/ㄌㄧㄤˇ ㄑㄧ ㄊㄢˇ ㄎㄜˋ

amphibious tank

【军】又称“两栖装甲突击车”。具备陆地和海上战斗性能的坦克。通常由武器系统、推进系统、防护系统、电气设备和通信设备等组成。其浮力由密闭车体排水体积获得。水上行驶时，由喷水推进器或螺旋桨提供推进动力，并通过水上操纵装置实现车辆的前进、倒车和转向。水上最大航速多在 15 千米/小时，有的可达 40 千米/小时以上。

两栖指挥舰/兩棲旗艦

liǎngqī zhǐhuījiàn/ㄌㄧㄤˇ ㄑㄧ ㄑㄧˊ ㄐㄧㄢˋ

amphibious command ship

【军】又称“登陆指挥舰”。登陆作战中对登陆编队实施统一指挥的大型水面舰艇。排水量通常为 1 万～2 万吨，最大航速 20 多节，续航力 1 万多海里。主要任务是指挥多兵种协同行动，实施有效登陆作战。装载登陆兵、两栖装甲车辆等的能力强，反舰、反潜作战和登陆作战等指挥设备完备。

两栖装甲突击车

liǎngqī zhuāngjiǎ tūjīchē/ㄌㄧㄤˇ ㄑㄧ ㄓㄨㄤ ㄐㄧㄚˇ ㄊㄨ ㄐㄧ ㄔㄜ

【军】即“两栖坦克”(736 页)。

两性花/兩性花

liǎngxìnghuā/ㄌㄧㄤˇ ㄒㄧㄥˋ ㄏㄨㄚ

hermaphrodite flower

【植】具有充分发育的雌蕊和雄蕊的花。

两性畸形/雌雄同體

liǎngxìng jīxíng/ㄘ ㄒㄩㄥˊ ㄊㄨㄥˊ ㄊㄧˇ

hermaphroditism

【医】体内同时具有睾丸、卵巢两种性腺的先天性生殖器官畸形。因胚胎发育中性染色体畸变(X 或 Y 染色体数目和结构发生异常)而引起。

两性生殖

liǎngxìng shēngzhí/ㄌㄧㄤˇ ㄒㄧㄥˋ ㄕㄥ ㄓˊ

【生】即“有性生殖”(1372 页)。

两用燃料汽车/兩用燃料汽車

liǎngyòng ránliào qìchē/ㄌㄧㄤˇ ㄩㄥˋ ㄖㄢˊ ㄌㄧㄠˋ ㄑㄧˋ ㄔㄜ

bi-fuel vehicle

【机】天然气汽车的一种。具有两套相互独立的燃料供给系统，一套供给天然气或液化石油气，另一套供给其他的燃料，两套燃料供给系统可分别但不可同时向发动机供给燃料。有汽油—压缩天然气两用燃料汽车、汽油—

液化石油气两用燃料汽车等。

两只手表定律

liǎng zhī shǒubiǎo dìnglǜ/
ㄌㄧㄤˇ ㄓ ㄕㄡˇ ㄅㄧㄠˇ ㄉㄧㄥˋ ㄌㄩˋ

【心】即“手表定律”(1041 页)。

兩棲旗艦

ㄌㄧㄤˇ ㄑㄧ ㄑㄧˊ ㄐㄧㄢˋ/liǎngqī qíjiàn

amphibious command ship

【军】台湾名。即“两栖指挥舰”(736 页)。

兩生類動物

ㄌㄧㄤˇ ㄕㄥ ㄌㄟˋ ㄉㄨㄥˋ ㄨˋ/
liǎngshēnglèi dòngwù

amphibian

【动】台湾名。即“两栖动物”(736 页)。

亮氨酸/白胺酸

liàng'ānsuān/ㄅㄞˊ ㄢ ㄙㄨㄢ

leucine, Leu

【生】又称“白氨酸”。20 种蛋白质氨基酸之一。为必需氨基酸。白色晶体。天然品左旋体,存在于脾脏、心脏等中。主要代谢场所在肌肉组织,最终生成乙酰乙酸,为生酮氨基酸。有促进胰岛素分泌的作用。幼儿缺乏会引起特发性高血糖症,但过多又会干扰烟酸、色氨酸代谢,引起糙皮症。

量/量 liàng/ㄌㄧㄤˋ

quantity

【计量】现象、物体或物质可定量测量的特性。其大小可用一个数和一个参照对象表示。

量变/量變 liàngbiàn/ㄌㄧㄤˋ ㄅㄧㄢˋ

quantitative change

【总】事物运动的基本状态之一。指事物在保持自己质的前提下,数量上的增减、场所的变更以及排列顺序或结构形式的变化,是逐渐的、不显著的变化。量变是质变的必要准备,质变是量变的必然结果。

量纲/量綱 liànggāng/ㄌㄧㄤˋ ㄍㄤ

dimension of a quantity

【计量】给定量对量制中各基本量的一种依从关系。它用与基本量相应的因子的幂的乘积去掉所有数字因子后的部分表示。例如,国际单位制七个基本量长度、质量、时间、电流、热力学温度、物质的量及发光强度的量纲依次为 L、M、T、I、Ⓗ、N 和 J。如体积的量纲为 L^3,加速度的量纲为 LT^{-2}。

量块/塊規 liàngkuài/ㄎㄨㄞˋ ㄍㄨㄟ

gauge block

【机】又称“块规”。两平行平面间具有准确尺寸的矩形量规。具有两个表面质量极高的测量面,测量面间的尺寸或角度即为该量块的标准尺寸或角度。使用时,从一套中选取若干块,以组成所需要的尺寸或角度,来检验量具、量规和精密工件。精度很高,是机械制造中长度和角度的传递标准。可分为端度量块(标准长度量具)和角度量块(标准角度量具)两种。

量子化学/量子化學

liàngzǐ huàxué/ㄌㄧㄤˋ ㄗˇ ㄏㄨㄚˋ ㄒㄩㄝˊ

quantum chemistry

【化】物理化学的一个分支。应用量子力学的原理和方法,对原子和分子的化学性质给予较完善的解释和预测,并解决理论化学中的一些基本问题。

量子力学/量子力學

liàngzǐ lìxué/ㄌㄧㄤˋ ㄗˇ ㄌㄧˋ ㄒㄩㄝˊ

quantum mechanics

【物】关于微观粒子运动规律的基本理论。微观粒子具有波粒二象性,表现出一系列不同于宏观物体的性质,遵从的物理规律也与宏观物体的根本不同。不仅是现代物理学的基本理论之一,而且在化学等有关学科和许多近代技术中也得到广泛应用。

liao (ㄌㄧㄠ)

辽东湾/遼東灣

Liáodōng Wān/ㄌㄧㄠˊ ㄉㄨㄥ ㄨㄢ

Liaodong Gulf

【地】海湾名。渤海三大海湾之一。位于渤海东北部,在秦皇岛与长兴岛一线以北。面积 2 万平方千米。有辽河、双台子河、大凌河、小凌河、六股河、石河、熊岳河等注入。水深 10 米,最深达 31 米。海底的石油、天然气蕴藏丰富。

辽河平原/遼河平原

Liáo Hé Píngyuán/ㄌㄧㄠˊ ㄏㄜˊ ㄆㄧㄥˊ ㄩㄢˊ

Liaohe River Plain

【地】平原名。位于辽东丘陵与辽西丘陵之

间，铁岭—彰武之南，直至辽东湾，东北平原的南部。由辽河冲积而成。地势低平，北部海拔 100 米左右，南部降至 20 米以下。是重要的农业产区，粮食作物主要有春小麦、谷子、高粱、大豆、棉花等。石油蕴藏丰富。沿海产盐。

辽堇菜 liáojǐncài/ㄌㄧㄠˊ ㄐㄧㄣˇ ㄘㄞˋ

【植】即“紫花地丁”(1496 页)。

辽宁丘陵/遼寧丘陵

Liáoníng Qiūlíng/ㄌㄧㄠˊ ㄋㄧㄥˊ ㄑㄧㄡ ㄌㄧㄥˊ

Liaoning Hills

【地】丘陵名。辽东丘陵和辽西丘陵的合称。辽东丘陵由长白山余脉及其支脉千山山脉组成，海拔多 500 米左右；辽西丘陵是内蒙古高原与辽河平原间的过渡带，多低山，地势由西北向东南逐渐降低。

钌/釕 liǎo/ㄌㄧㄠˇ

ruthenium

【化】金属元素。属周期表第Ⅷ B 族，符号 Ru，原子序数 44。原子量101.1。自然界主要存在于锇铱矿(天然合金)、镍黄铁矿和辉石中。单质为银灰色金属，质硬而脆，化学性质稳定，耐腐蚀性强。四氧化钌剧毒。可用于制耐腐蚀合金等。

📖 1828 年，俄国的奥桑(Г.В.Озанн)在处理乌拉尔的天然铂矿中发现钌，并命名为 ruthenium，但被否定后放弃；1844 年，另一位俄国的克劳斯(К.Клаус)重做奥桑的实验也发现了钌，但坚持自己的意见，最终得到国际权威的承认。拉丁文定名为 ruthenium，源自 Ruthnia，意思是“俄罗斯”。中文定名为“钌”，是形声字。

蓼/蓼 liǎo/ㄌㄧㄠˇ

smartweed

【植】*Polygonum* 蓼科蓼属。一至多年生草本植物。茎直立，节膨大。叶互生，条形至椭圆形或箭形，全缘。花小，排成总状、穗状、头状或圆锥状花序，花被五深裂。在中国，分布于各地。野生花草。

📖 蓼是对中国 113 种蓼属植物的统称。

料石/料石 liàoshí/ㄌㄧㄠˋ ㄕˊ

squared stone

【水利】开采出的较规则的六面体石块。因作为砌筑用的石料，故称。按其加工程度不同，可分为毛料石、粗料石、半细料石和细料石；按其形状不同，可分为条石、方石及拱石。

lie (ㄌㄧㄝ)

列车/列車 lièchē/ㄌㄧㄝˋ ㄔㄜ

train

【交】铁路上由机车和车辆连挂成列的运行整体。以所挂机车或车辆自身的动力装置为牵引动力，其编成符合一定的技术要求(包括重量、长度、编组顺序等)，并具备规定的列车标志。按运输性质和用途不同，可分为旅客列车、货物列车、行包快运专列、军用列车、路用列车和混合列车等。

列车时刻表/列車時刻表

lièchē shíkèbiǎo/ㄌㄧㄝˋ ㄔㄜ ㄕˊ ㄎㄜˋ ㄅㄧㄠˇ

train timetable

【交】标明各列列车在铁路车站出发、到达或通过时刻和停车时间的表格。根据列车运行图编制，是列车运行图的数字化与表格化。

列车员/列車員

lièchēyuán/ㄌㄧㄝˋ ㄔㄜ ㄩㄢˊ

train attendant

【交】旅客列车乘务组的成员之一。主要负责保持车内各项设备的完整和清洁，为旅客服务，检验车票，保证旅客安全乘降等工作。

列车运行图/列車運行圖

lièchē yùnxíngtú/

ㄌㄧㄝˋ ㄔㄜ ㄩㄣˋ ㄒㄧㄥˊ ㄊㄨˊ

train diagram

【交】标明列车在每个区段内各站的到达、发送、通过、会让关系，以及在区段间运行情况和时间的线条图。由铁路管理部门统一编制，是铁路行车组织的基础和铁路各部门各单位协调配合的保证。

列車編號

ㄌㄧㄝˋ ㄔㄜ ㄅㄧㄢ ㄏㄠˋ/lièchē biānhào

train number

【交】台湾名。即“车次”(119 页)。

列岛/列島 lièdǎo/ㄌㄧㄝˋ ㄉㄠˇ

archipelago

【地】排列成线形或弧形的群岛。如中国嵊泗列岛。

列印 ㄌㄧㄝˋ ㄧㄣˋ/lièyìn

print

【信息】台湾名。即“打印”(174 页)。

列印機 ㄌㄧㄝˋ ㄧㄣˋ ㄐㄧ/lièyìnjī

printer

【信息】台湾名。即“打印机”(174 页)。

列印預視 ㄌㄧㄝˋ ㄧㄣˋ ㄩˋ ㄕˋ/lièyìn yùshì

print preview

【信息】台湾名。即“打印预览”(174 页)。

猎户座/獵户座

lièhùzuò/ㄌㄧㄝˋ ㄏㄨˋ ㄗㄨㄛˋ

Orion, Ori

【天】星座名。横跨天赤道,主要部分由七颗亮星组成的一个腰部凹陷的长方形。位于长方形对角的参宿四和参宿七是一等星,参宿一、参宿二及参宿三排成一线,称为三星,组成“猎户”的腰带,是这个星座的标志。猎户座大星云(M42)是著名的恒星形成区。

裂变弹 lièbiàndàn/ㄌㄧㄝˋ ㄅㄧㄢˋ ㄉㄢˋ

【军】即“原子弹”(1389 页)。

裂谷/裂谷 liègǔ/ㄌㄧㄝˋ ㄍㄨˇ

rift

【地】以高角度断层为界呈长条状的地壳下降区。由地幔的上升热对流的长期作用,使大陆岩石圈减薄、上隆而致破裂,然后出现下陷而成,或由地壳的伸展作用或剪切作用,使岩石圈减薄、破裂而成。板块构造学认为裂谷是大陆崩裂、大洋开启的初始阶段,是洋盆形成的胚胎期。

裂果/裂果 lièguǒ/ㄌㄧㄝˋ ㄍㄨㄛˇ

dehiscent fruit

【植】果实的一类。成熟后,果皮开裂,散出多枚种子。可分为荚果、蓇葖果、角果、蒴果等。

裂痔 lièzhì/ㄌㄧㄝˋ ㄓˋ

【中医】即“肛裂”(387 页)。

鬣狗/鬣狗 liègǒu/ㄗㄨㄥ ㄍㄡˇ

hyena

【动】台湾又称“土狼”。哺乳动物名。食肉目鬣狗科动物的统称。外形略像狗,颈后有长鬣毛,头短而圆,额部宽,颌部及裂齿发达,尾短,前肢长,后肢短,毛棕黄色或棕褐色,有不规则的黑褐色斑点。多生活在热带或亚热带地区,以兽类尸体腐烂的肉为食,也成群捕食斑马、角羚等。有斑鬣狗(*Crocuta crocuta*)、棕鬣狗(*Hyaena brunnea*)、缟鬣狗和土狼(*Proteles cristata*)四种。分布于非洲和亚洲。

鬣羚/鬣羚 lièlíng/ㄌㄧㄝˋ ㄌㄧㄥˊ

serow

【动】*Capricornis sumatraensis* 又称“苏门羚”。哺乳动物名。偶蹄目牛科。外形与驴、骡、羊、牛、羚、马等略相像,比山羊稍大,毛黑色,颈背有长鬣毛,尾短,四肢长,雌雄都有角。生活在高山丛林地带,以青草、嫩枝、树叶、果实、菌类等为食。分布于亚洲,在中国,主要分布于甘肃、青海、西藏和南方地区。

鬣羚

鱲/鱲 liè/ㄌㄧㄝˋ

minnow

【动】又称“桃花鱼”。鱼名。硬骨鱼纲鲤科。身体侧扁,长约 10 厘米,银灰带红色,有蓝色横纹,产卵季节色泽鲜艳。生活在溪流中。中国以及朝鲜和日本均有分布。

鱲

lin (ㄌㄧㄣ)

邻苯二甲酸酐

línběn'èrjiǎsuāngān/

ㄌㄧㄣˊ ㄅㄣˇ ㄦˋ ㄐㄧㄚˇ ㄙㄨㄢ ㄍㄢ

【化】“苯酐”的全称。

邻补角/一條直線上的鄰角

línbǔjiǎo/ㄧ ㄊㄧㄠˊ ㄓˊ ㄒㄧㄢˋ ㄕㄤˋ ·ㄉㄜ ㄌㄧㄣˊ ㄐㄧㄠˇ

adjacent angles on a straight line

【数】若两个角有一条公共边且它们的另一条边组成一条直线,则这两个角互为邻补角。如图,α,β 互为邻补角。

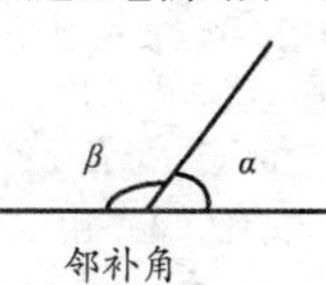

邻补角

邻磺酰苯甲酰亚胺
línhuángxiānběnjiǎxiānyà'àn/
ㄌㄧㄣˊ ㄏㄨㄤˊ ㄒㄧㄢ ㄅㄣˇ ㄐㄧㄚˇ ㄒㄧㄢ ㄧㄚˋ ㄢˋ
【化】“糖精”的学名。

邻域/鄰域 línyù/ㄌㄧㄣˊ ㄩˋ
neighborhood
【数】设 $a\in\mathbf{R}$，当 $\delta>0$ 时，开区间 $(a-\delta,a+\delta)$ 叫作以 a 为中心，δ 为半径的 δ-邻域，记作 $U(a,\delta)$。设 $(a,b)\in\mathbf{R}\times\mathbf{R}$，当 $\delta>0$ 时，集合 $\{(x,y)\mid(x-a)^2+(y-b)^2<\delta^2\}$ 叫作以 (a,b) 为中心，δ 为半径的 δ-邻域，记作 $U((a,b),\delta)$。

林火天气预报/林火天氣預報
línhuǒ tiānqì yùbào/
ㄌㄧㄣˊ ㄏㄨㄛˇ ㄊㄧㄢ ㄑㄧˋ ㄩˋ ㄅㄠˋ
forest-fire weather forecast
【气】简称“林火预报”。根据天气条件及林中植被的干燥程度，制作和发布林区发生火灾危险程度及危害程度的预报。

林火预报
línhuǒ yùbào/ㄌㄧㄣˊ ㄏㄨㄛˇ ㄩˋ ㄅㄠˋ
【气】“林火天气预报”的简称。

林业/林業 línyè/ㄌㄧㄣˊ ㄧㄝˋ
forestry
【农】以森林生态系统为经营对象，合理培育和保护森林以取得木材和其他林产品，利用林木的自然特性保护生态环境、保持生态平衡的生产事业。

林独 línyì/ㄌㄧㄣˊ ㄧˋ
【动】即“猞猁”(990 页)。

林种/林種 línzhǒng/ㄌㄧㄣˊ ㄓㄨㄥˇ
forest category
【农】按森林培育目的不同而区分的森林种类。中国分为防护林、用材林、经济林、薪炭林和特种用途林五类。

临床死亡/臨床死亡
línchuáng sǐwáng/ㄌㄧㄣˊ ㄔㄨㄤˊ ㄙˇ ㄨㄤˊ
clinical death
【医】意识丧失伴有呼吸、心跳停止的状态。细胞层面尚未出现死亡，如果能尽快恢复心跳和呼吸，患者还可存活。

临界角/臨界角
línjièjiǎo/ㄌㄧㄣˊ ㄐㄧㄝˋ ㄐㄧㄠˇ
critical angle
【物】发生全反射时的最小入射角，以 i_c 表示。如果光由折射率较大的介质 n_1 向折射率较小的介质 n_2 传播，由于$n_1>n_2$，有入射角 i 小于折射角 r。当 $\sin i=n_2/n_1$，$\sin r=1$ 时，$r=90°$，光线全部反射回原介质。故得 $i_c=\arcsin(n_2/n_1)$。

临界日长/臨界日長
línjiè rìcháng/ㄌㄧㄣˊ ㄐㄧㄝˋ ㄖˋ ㄔㄤˊ
critical day-length
【植】诱导短日植物开花所需的最长日照时数。也指诱导长日植物开花所需的最短日照时数。

临界温度/臨界溫度
línjiè wēndù/ㄌㄧㄣˊ ㄐㄧㄝˋ ㄨㄣ ㄉㄨˋ
critical temperature
【物】物质处于气液两相平衡状态时的温度。各种物质的临界温度不同，这一温度是物质以液态形式出现的最高温度。

临近预报/即時預報
línjìn yùbào/ㄐㄧˊ ㄕˊ ㄩˋ ㄅㄠˋ
nowcast
【气】按时效划分的一种天气预报。未来 2 小时之内的天气预报。

临客 línkè/ㄌㄧㄣˊ ㄎㄜˋ
【交】“临时旅客列车”的简称。

临时接地/臨時接地
línshí jiēdì/ㄌㄧㄣˊ ㄕˊ ㄐㄧㄝ ㄉㄧˋ
temporary grounding
【电】因电气工作安全需要，临时将线路或电气设备接地。

临时旅客列车/臨時旅客列車
línshí lǚkè lièchē/
ㄌㄧㄣˊ ㄕˊ ㄌㄩˇ ㄎㄜˋ ㄌㄧㄝˋ ㄔㄜ
extra passenger train
【交】简称“临客”。为适应客运市场需求，临时组织开行的旅客列车。在车次前冠以字母 L(“临”字汉语拼音的首字母，例如 L10 读作 lín10)。

淋巴管/淋巴管
línbāguǎn/ㄌㄧㄣˊ ㄅㄚ ㄍㄨㄢˇ
lymphatic vessel
【医】体内淋巴液所流经的管道。由毛细淋巴管交汇而成，与静脉血管伴行，较粗大，壁薄。大的淋巴管有瓣膜，能阻止淋巴液反流。

淋巴结/淋巴結 línbājié/ ㄌㄧㄣˊ ㄅㄚ ㄐㄧㄝˊ
lymph node
【医】由网状结缔组织构成的豆状体。属周围淋巴样器官，位于淋巴管汇集部位，是淋巴细胞定居和适应性免疫应答产生的场所。

淋巴瘤/淋巴瘤 línbāliú/ ㄌㄧㄣˊ ㄅㄚ ㄌㄧㄡˊ
lymphoma
【医】原发于淋巴系统的恶性肿瘤。特征是淋巴结无痛性、进行性肿大，发热、肝脾肿大等也很常见。可分为霍奇金病和非霍奇金淋巴瘤两类。

淋巴球 ㄌㄧㄣˊ ㄅㄚ ㄑㄧㄡˊ/línbāqiú
lymphocyte
【生】台湾名。即“淋巴细胞”(741 页)。

淋巴系统/淋巴系統
línbā xìtǒng/ ㄌㄧㄣˊ ㄅㄚ ㄒㄧˋ ㄊㄨㄥˇ
lymphatic system
【医】由淋巴管、淋巴器官和淋巴组织组成的脉管系统。能制造淋巴细胞和抗体，参与免疫反应，对于体液和营养物质在体内的分配也有重要作用。

淋巴细胞/淋巴細胞
línbā xìbāo/ ㄌㄧㄣˊ ㄅㄚ ㄒㄧˋ ㄅㄠ
lymphocyte
【生】台湾又称“淋巴球”。在适应性免疫中起关键作用的白细胞。主要指 B 淋巴细胞和 T 淋巴细胞，二者表面抗原受体具有高度多样性，经抗原激发可分化为抗原特异性效应细胞，分别介导体液免疫和细胞免疫。

磷/磷 lín/ ㄌㄧㄣˊ
phosphorus
【化】非金属元素。属周期表第ⅤA 族，符号 P，原子序数 15。原子量30.97。自然界主要存在于磷灰石中。单质有白磷、红磷、黑磷三种同素异形体。磷酸盐在动植物的新陈代谢、光合作用、神经功能和肌肉活动中都起着重要作用，也用作磷肥和洗涤剂。

📖 1669 年，德国的布兰德(H.Brand)用曲颈瓶加热蒸发尿，在暗处发现了白蜡状能发蓝绿色冷光的磷，他称之为“冷火”；1680 年，英国的玻意耳(R.Boyle)也从尿中制得了磷。拉丁文定名为 phosphorum，源自希腊文 phero(携带)和 phos(光)，意思是“发光物”。中文曾定名为“燐”，后改为“磷”。

磷光/磷光 línguāng/ ㄌㄧㄣˊ ㄍㄨㄤ
phosphorescence
【化】冷光的一种。入射光停止后发光现象持续存在。寿命较长，可用秒来计算。

📖 夜明珠发出的光即磷光，其光激发电子遇到杂质产生磷光。显然此处之磷光与由磷被氧化发出的光(俗称“鬼火”)，是完全不同性质的光，后者属于化学发光现象。

磷灰石/磷灰石
línhuīshí/ ㄌㄧㄣˊ ㄏㄨㄟ ㄕˊ
apatite
【地】矿物。成分为 $Ca_5[PO_4]_3$(F，Cl，OH)。按其成分中附加阴离子不同，可分为氟磷灰石、氯磷灰石、羟磷灰石等。六方晶系。晶体呈六方柱状，集合体呈粒状、致密块状或结核状。颜色不一，以灰色、褐黄、淡绿等为常见，玻璃光泽，莫氏硬度 5，密度 3.2 克/厘米^3。用于制取磷肥及黄磷，化工上用于制造各种磷盐和磷酸。透明色美的可作宝石。

磷酸/磷酸 línsuān/ ㄌㄧㄣˊ ㄙㄨㄢ
phosphoric acid
【化】无机酸的一类。是正磷酸(H_3PO_4)、焦磷酸($H_4P_2O_7$)、多磷酸($H_6P_4O_{13}$)、聚磷酸($H_nP_nO_{3n}$)和偏磷酸[$(HPO_3)_n$]的统称。通常指正磷酸或其水溶液，白色单斜结晶或无色黏稠液体，三元中强酸。是重要的化工原料，主要用于制药、食品、肥料等工业。

磷脂/磷脂 línzhī/ ㄌㄧㄣˊ ㄓ
phospholipid
【生】含有磷酸的脂质。是生物体的重要组成成分。存在于动植物细胞中，动物以脑、肝、卵等含量较多，植物以种子含量较多。如脑磷脂、卵磷脂等。

鳞/鱗屑 lín/ ㄌㄧㄣˊ ㄒㄧㄝˋ
scale
【动】鱼类、爬行动物和少数哺乳动物身体表面具有保护作用的薄片状组织，由角质、骨质等构成。

鳞翅目/鱗翅目 línchìmù/ ㄌㄧㄣˊ ㄔˋ ㄇㄨˋ
Lepidoptera
【动】Lepidoptera 昆虫纲有翅亚纲的一目。

成虫的翅和体上密被鳞片和毛，有虹吸式口器，适于吸食花蜜，完全变态。幼虫通常称为毛虫，多为农林植物的害虫。成虫称为蛾或蝶，可分为轭翅亚目、僵翅亚目和锤角亚目。如粉蝶、凤蝶、螟虫、蚕等。

鳞茎/鱗莖 línjīng/ㄌㄧㄣˊ ㄐㄧㄥ

bulb

【植】植物的一种退化的茎。由肥厚的鳞片构成，呈球形体或扁球形体，基部的中央有一小的底盘。如洋葱、百合、蒜的茎。在附生兰科植物中，肉质的基部或球茎称假鳞茎。

鳞叶/鱗葉 línyè/ㄌㄧㄣˊ ㄧㄝˋ

scale leaf

【植】特化或退化成鳞片状的叶。如文竹的叶。

鳞屑 ㄌㄧㄣˊ ㄒㄧㄝˋ/línxiè

scale

【动】台湾名。即"鳞"(741 页)。

檩/檁條 lǐn/ㄌㄧㄣˇ ㄊㄧㄠˊ

purlin

【建】通称"檩条"。设置在建筑物的梁架间，用以支撑椽、望板的构件。图见"抬梁式木构架"(1098 页)

檩条/檁條 lǐntiáo/ㄌㄧㄣˇ ㄊㄧㄠˊ

【建】"檩"的通称。

淋病/淋病 lìnbìng/ㄌㄧㄣˋ ㄅㄧㄥˋ

gonorrhea

【医】性病的一种。病原体为淋病双球菌，主要侵犯泌尿生殖系统，形成化脓性炎症，也可侵犯眼、咽、直肠、盆腔等导致播散性感染。

淋证/淋證 lìnzhèng/ㄌㄧㄣˋ ㄓㄥˋ

stranguria，strangury，* strangury patterns

【中医】中医内科疾病之一。因肾、膀胱气化失司、水道不利所致，症见小便频急，淋漓不尽，尿道涩痛，小腹拘急，痛引腰腹等。按其特殊症状的不同，可分为热淋、石淋、气淋、血淋、膏淋、劳淋等。热淋治宜清热利湿通淋，用八正散加减。石淋治宜清热利湿，通淋排石，用石苇散加减。气淋治宜分清虚实，实证宜利气疏导，用沉香散加味；虚证宜补中益气，用补中益气汤。血淋实证治宜清热通淋，凉血止血，用小蓟饮子合导赤散；虚证治宜滋阴清热，补虚止血，用知柏地黄丸加味。膏淋实证宜清热利湿，分清泄浊，用程氏萆薢分清饮加减；虚证宜补虚固涩，用膏淋汤或补中益气汤合七味都气丸等。劳淋可见小便淋沥不已，遇劳即发，治宜健脾益肾，方用无比山药丸加减。

ling （ㄌㄧㄥ）

灵璧石/靈璧石 língbìshí/ㄌㄧㄥˊ ㄅㄧˋ ㄕˊ

Lingbi stone

【地】玉石类的变质岩。是隐晶质石灰岩，由颗粒大小均匀的微粒方解石组成。因含金属矿物或有机质而呈漆黑色或带有花纹，是观赏奇石。因产于安徽灵璧，故名。

灵长目/靈長目

língzhǎngmù/ㄌㄧㄥˊ ㄓㄤˇ ㄇㄨˋ

Primates

【动】Primates 哺乳纲的一目。是最高等的一目。大脑发达，面部短，眼眶朝向前方，锁骨发育良好，手的五指和脚的五趾都分开，拇指灵活。胎生，每年繁殖 1～2 次。如猴、类人猿、狒狒等。人类也属于灵长目动物。

灵感/靈感 línggǎn/ㄌㄧㄥˊ ㄍㄢˇ

inspiration

【心】对事物根本性质的突发性领悟。是创造性思维的典型特征，往往是人脑以最优势功能加工处理信息的最佳心理状态，具有突发性和瞬时性，给人以一种豁然开朗的体验。

灵猫/靈貓 língmāo/ㄌㄧㄥˊ ㄇㄠ

civet

【动】Viverridae 哺乳动物名。食肉目灵猫科。种类很多，常见的有大灵猫(*Viverra zibetha*)和小灵猫(*Viverricula indica*)两种。体形瘦长，吻鼻向前突出，耳朵窄，毛灰黄色，有黑褐色斑纹。身体下部有分泌腺，能分泌油质芳香液体(灵猫香)。生活在山林里，以野果和小动物等为食。在中国，主要分布于浙江、福建、广东等地。

灵 猫

灵猫香/麝貓香

língmāoxiāng/ㄕㄜˋ ㄇㄠ ㄒㄧㄤ

civet

【化】一种名贵的动物香料。是灵猫生殖腺囊的分泌物。新鲜品为蜂蜜样稠厚液,呈白色或黄白色,经久置成褐色软膏状。含灵猫酮以及吲哚、粪臭素、乙胺、丙胺等。不溶于水,在酒精中部分溶解,点火燃烧而发明焰。原始气味带尿臭,高度稀释则有独特的类似麝香的香气,味苦。以气浓、白色或淡黄色、匀布纸上无粒块者为佳。

灵巧卡/精明卡

língqiǎokǎ/ㄌㄧㄥˊ ㄑㄧㄠˇ ㄎㄚˇ

smart card

【信息】带有程控微处理器,在适当终端上使用时执行若干操作的信用卡式电子卡。

灵枢 Língshū/ㄌㄧㄥˊ ㄕㄨ

【中医】即"灵枢经"(743 页)。

灵枢经/靈樞經

Língshū Jīng/ㄌㄧㄥˊ ㄕㄨ ㄐㄧㄥ

Miraculous Pivot, * ling shu jing

【中医】又称"灵枢"。《内经》组成部分之一。9卷,81篇。主要阐述经络、腧穴、针具、刺法及治疗原则等内容,兼论脏腑、病因、病机、病证、诊法等。

灵芝/靈芝 língzhī/ㄌㄧㄥˊ ㄓ

㊀ glossy ganoderma, ㊁ Ganoderma (拉), glossy ganoderma

㊀【植】*Ganoderma lucidum* 又称"赤芝"。菌类。多孔菌科灵芝属。子实体有中生或侧生圆柱形菌柄。菌盖平展,半圆形或肾形,木栓质;上表面幼时浅黄褐色,有似漆样光泽,成熟后黄褐色至紫褐色,有同心环带。在中国,主要分布于东南地区。多生长在阔叶树倒木、腐朽木上。全草入药。㊁【中医】中药名。多孔菌科真菌赤芝 *Ganoderma luncidum* (Leyss. ex Fr.) Karst. 或紫芝 *Ganoderma sinense* Zhao, Xu et Zhang 的干燥子实体。味甘,性平。归心、肺、肝、肾经。补气安神,止咳平喘。用于眩晕不眠,心悸气短,虚劳咳喘。

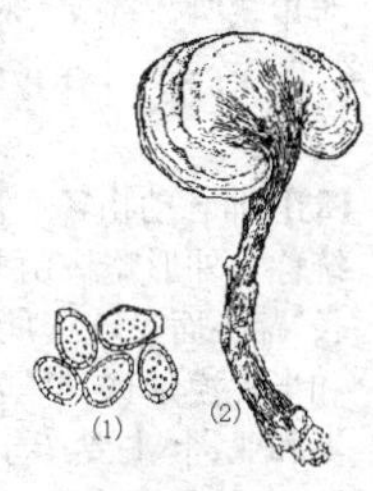

(1)孢子(放大)
(2)子实体
灵 芝

📖 在中国,灵芝是吉祥美好的象征,被当作起死回生、长生不老的神药。灵芝的神效遭到过很多中医学家的怀疑,例如李时珍认为,灵芝的功效不过是治疗虚劳、痔疮,把它当成长生不老的仙药,显然是不对的。

铃兰/鈴蘭 línglán/ㄌㄧㄥˊ ㄌㄢˊ

valley lily

【植】*Convallaria majalis* 百合科铃兰属。多年生草本植物,常成片生长。叶椭圆形或卵状披针形,先端尖,基部楔形。花莛高,近顶端有关节,苞片披针形,短于花莛,花钟状,下垂,白色,裂片卵状三角形。花期 5—6 月份。在中国,分布于东北、华北、西北(除新疆和青海),以及河南、山东、浙江和湖南。野生花草。全草入药。

铃 兰

📖 铃兰是芬兰、瑞典等国的国花。

铃铛花 língdanghuā/ㄌㄧㄥˊ·ㄉㄤ ㄏㄨㄚ

【植】即"桔梗"(624 页)。

凌/淩 líng/ㄌㄧㄥˊ

transit

【天】较小的暗弱天体投影在明亮天体视面上的现象。地内行星(水星和金星)运行到地球和太阳之间,呈现为缓慢经过日面的小黑点,称为水星(金星)凌日。还包括系外行星凌恒星,卫星凌行星,甚至飞行器凌日等。

凌霄/凌霄花

língxiāo/ㄌㄧㄥˊ ㄒㄧㄠ ㄏㄨㄚ

Chinese trumpet creeper

【植】*Campsis grandiflora* 紫葳科凌霄属。攀缘藤本植物。茎木质,枯褐色,有棱状网裂。奇数羽状复叶,小叶卵形至卵状披针形,先端尾尖,两侧不等,边缘有齿。圆锥花序顶生,萼钟

凌 霄

状,花冠漏斗状钟形,先端五裂,裂片半圆形,内面鲜红色,外面橙黄色,有香气。花期5—8月份。在中国,分布于广西、河南、陕西、广东、河北、福建、山东,以及长江流域各地。观赏花卉。花可入药。

凌霄花 ㄌㄧㄥˊ ㄒㄧㄠ ㄏㄨㄚ/língxiāohuā
Chinese trumpet creeper
【植】台湾名。即"凌霄"(743页)。

凌汛/凌汛 língxùn/ㄌㄧㄥˊ ㄒㄩㄣˋ
ice flood
【水利】河道因冰凌阻塞、解冻或冰雪融化而引起的江河涨水现象。

陵墓/陵墓 língmù/ㄌㄧㄥˊ ㄇㄨˋ
graveyard
【建】中国古代帝王的坟墓。
📖 此类建筑与人间建筑的布局相似。秦、汉、唐和北宋的帝后陵都有明确的轴线,陵丘居中,绕以围墙,四面辟门。唐与北宋诸陵在每个陵的轴线上建享殿、门阙、神道和石像生等。明朝各陵采用长达7千米的公共神道、牌坊、碑亭、方城明楼与宝顶相结合的处理方法。清代陵墓因袭明陵型制,只是雕饰更为华丽。

陵邑/陵邑 língyì/ㄌㄧㄥˊ ㄧˋ
mausoleum feod
【建】在陵区外围,设置建造供奉、守护帝陵的城邑。西汉皇陵旁多有贵族陪葬墓,并从各地迁来富豪人家,让他们居住在陵墓附近。汉代创建陵邑制度后,后代多有效仿。如北宋以永安县为陵邑,辽代置祖州天城以奉陵邑,金置万宁县以奉山陵,明代改设军卫以护帝陵。

菱角 língjiao/ㄌㄧㄥˊ·ㄐㄧㄠ
【植】即"欧菱"(848页)。

菱镁矿/菱鎂礦
língměikuàng/ㄌㄧㄥˊ ㄇㄟˇ ㄎㄨㄤˋ
magnesite
【地】矿物。成分为$MgCO_3$,常含铁、锰、钙等。三方晶系。晶体少见,常呈粒状或瓷状致密块体集合体。白色、灰色或黄色,莫氏硬度4~4.5,密度3克/厘米^3。是制造水泥、橡胶、塑料、化肥的原料,也是提取金属镁的矿物原料,冶金工业用作耐火材料。

菱锰矿/菱錳礦
língměngkuàng/ㄌㄧㄥˊ ㄇㄥˇ ㄎㄨㄤˋ
rhodochrosite
【地】矿物。成分为$MnCO_3$。三方晶系。晶体呈菱面体,集合体常呈粒状、块状或结核状。玫瑰色,氧化后变为褐黑色,玻璃光泽,莫氏硬度3.5~4.5,密度3.6~3.7克/厘米^3,是提取锰的重要矿物原料。

菱铁矿/菱鐵礦
língtiěkuàng/ㄌㄧㄥˊ ㄊㄧㄝˇ ㄎㄨㄤˋ
siderite
【地】矿物。成分为$FeCO_3$,含Fe48.2%。三方晶系。晶体呈菱面体,集合体呈粒状、块状或结核状。浅褐色,因含低价铁氧化而呈深褐、黑褐色,玻璃光泽,莫氏硬度3.5~4.5,密度3.9克/厘米^3。是炼铁的矿物原料。

菱锌矿/菱鋅礦
língxīnkuàng/ㄌㄧㄥˊ ㄒㄧㄣ ㄎㄨㄤˋ
smithsonite
【地】矿物。成分为$ZnCO_3$,常含铁、锰,有时含钴、镉、铟等。三方晶系。晶体呈菱面体或复三方偏三角面体,集合体常呈土状、钟乳状或皮壳状集合体。白色而微带浅绿、浅褐或浅灰,玻璃光泽,莫氏硬度5,密度4.1~4.5克/厘米^3。大量聚集时可作为提取锌的矿物原料。

菱形/菱形 língxíng/ㄌㄧㄥˊ ㄒㄧㄥˊ
rhombus
【数】邻边相等的平行四边形。除有平行四边形的性质外,还有以下特殊性质:(1)四条边都相等;(2)对角线互相垂直;(3)是轴对称图形,对角线所在直线是对称轴。

羚羊/羚羊 língyáng/ㄌㄧㄥˊ ㄧㄤˊ
gazelle
【动】哺乳动物名。偶蹄目牛科中一个类群的统称。外形略像山羊,角细圆有节。四肢细长,蹄小而尖,轻盈敏捷。生活在山区、旷野和半荒漠地区,群居。种类较多。分布于非洲和亚洲,主要产于中国的有高鼻羚羊、原羚、斑羚和藏羚等。

绫/綾 líng/ㄌㄧㄥˊ
ghatpot
【纺】以斜纹或变化斜纹为基础组织,表面具有明显斜纹纹路的丝织物的总称。织物光泽柔和明亮,质地细腻,穿着舒适。中厚型质地的绫适用于高档衬衫、连衣裙、睡衣、领带和丝巾等的面料。

零/零 líng/ㄌㄧㄥˊ

zero

【数】一个数,记作0。介于-1和1之间的整数,是唯一的既非负数又非正数的数。最初用于表示"无",后在阿拉伯数字中表示"空位"。

零担/拼車貨 língdàn/ㄆㄧㄣ ㄔㄜ ㄏㄨㄛˋ

less-than-truck-load

【交】物流运输中指货主向运输部门托运的货物不足一车,作为零星货物交运,承运部门将不同货主的货物按同一到站凑整一车后再发运的服务形式。

零担运输/零擔運輸

língdàn yùnshū/ㄌㄧㄥˊ ㄉㄢˋ ㄩㄣˋ ㄕㄨ

less-than-truck-load transport

【物流】一种运输组织形式。根据托运货物的重量、性质、体积、形状,不需要单独使用某一单位运载工具装运,而与其他货物共同运输。按运输方式不同,可分为铁路零担运输、汽车零担运输和海运零担运输。特点是单位运输成本高,组织工作复杂,货源不确定。

零点/零點 língdiǎn/ㄌㄧㄥˊ ㄉㄧㄢˇ

zero

【数】设$f(x)$是不恒等于0的函数,则满足$f(x)=0$的点x叫作$f(x)$的零点。例如,$x=2$和$x=-2$是$f(x)=x^2-4$的两个零点。

零件/機械零件

língjiàn/ㄐㄧ ㄒㄧㄝˋ ㄌㄧㄥˊ ㄐㄧㄢˋ

machine part

【机】机器、仪表以及各种设备的基本组成单元。其制造过程通常不需要装配工序,如螺钉、螺母、弹簧、轴等。有时也将用简单方式连成的构件称为零件,如轴承。电器、无线电工业及手表工业中的某些零件称元件。

零库存/零庫存

língkùcún/ㄌㄧㄥˊ ㄎㄨˋ ㄘㄨㄣˊ

zero inventory

【物流】在生产和消费达到均衡,供需基本实现一致的情况下,库存很小,甚至为"零"的状态。零库存来源于日本丰田汽车公司的JIT生产制生产模式,实现手段有即进即售、即进半售和超期即"送"等。

零库存技术

língkùcún jìshù/ㄌㄧㄥˊ ㄎㄨˋ ㄘㄨㄣˊ ㄐㄧˋ ㄕㄨˋ

【物流】即"准时制"(1490页)。

零排放/零排放

língpáifàng/ㄌㄧㄥˊ ㄆㄞˊ ㄈㄤˋ

zero discharge

【环】生产和生活活动中不排放环境污染物,即污染物排放量为零。属废物最小量化范畴,也是"零一散发"工业园的目标,即一家企业利用另一家企业产生的废料或副产品作为产品的原材料,构成工业生态系统,实现工业园区污染物的零排放。

零售企业/零售商

língshòu qǐyè/ㄌㄧㄥˊ ㄕㄡˋ ㄕㄤ

retailer

【物流】直接向最终消费者零星提供商品和售后服务的流通型企业或个人。位于供应链的终端环节,如百货商场、超级市场、便利店和电子商务公司。

零售商 ㄌㄧㄥˊ ㄕㄡˋ ㄕㄤ/língshòushāng

retailer

【物流】台湾名。即"零售企业"(745页)。

零售物流/零售物流

língshòu wùliú/ㄌㄧㄥˊ ㄕㄡˋ ㄨˋ ㄌㄧㄡˊ

retail logistics

【物流】零售企业的物流活动。俗称是从生产到销售的最后一公里物流。包括连锁超市的统一物流和便利店的分散物流。

零相序分量

ㄌㄧㄥˊ ㄒㄧㄤˋ ㄒㄩˋ ㄈㄣ ㄌㄧㄤˋ/

língxiàngxù fēnliàng

zero-sequence component

【电】台湾名。即"零序分量"(745页)。

零序分量/零相序分量

língxù fēnliàng/ㄌㄧㄥˊ ㄒㄧㄤˋ ㄒㄩˋ ㄈㄣ ㄌㄧㄤˋ

zero-sequence component

【电】三个幅值大小相等且相位相同的相量组$\underline{U}_A^0$、$\underline{U}_B^0$、$\underline{U}_C^0$。

零指数/零指數

língzhǐshù/ㄌㄧㄥˊ ㄓˇ ㄕㄨˋ

zero exponent

【数】乘方中是 0 的指数。$a^0=1(a\neq 0)$，即非零数的 0 次幂为 1。

龄期/期 língqī/ㄌㄧㄥˊ ㄑㄧ

stadium

【动】昆虫幼虫在两次蜕皮之间经历的时间。刚孵化出来的称第一龄期，第一次蜕皮后的称第二龄期，以下类推。

鲮/鯪 líng/ㄌㄧㄥˊ

mud carp

【动】*Cirrhinus molitorella* 又称"土鲮鱼"。鱼名。硬骨鱼纲鲤科。身体侧扁，长约 30 厘米，头短，口小，有须两对，背部青灰色，腹部银白色。生活在淡水中，以藻类等为食，生长快。中国南方均有分布，是重要的养殖鱼类。

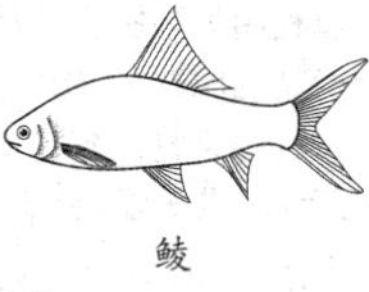

鲮

鲮鲤 línglǐ/ㄌㄧㄥˊ ㄌㄧˇ

【动】即"穿山甲"(144 页)。

岭南庭园/嶺南庭園

Lǐngnán tíngyuán/ㄌㄧㄥˇ ㄋㄢˊ ㄊㄧㄥˊ ㄩㄢˊ

court gardens in Lingnan

【建】泛指五岭以南的粤桂庭园。集中于粤中、潮汕和桂林等地。狭义上指广东中东部的清代古典园林。筑山是最具特色的技法，再现自然山石景色，取法在似与不似之间。建筑体型简练，屋面构造简洁，翼角曲线柔和，介于凝重的北方风格与飘逸的南方风格之间。门窗隔扇、花罩漏窗色彩绚丽，雕刻精美，将西方彩色玻璃技术与中国吉祥图案相结合。

领海/領海 lǐnghǎi/ㄌㄧㄥˇ ㄏㄞˇ

territorial sea

【地】邻接一国陆地领土和内水，距离海岸线一定宽度的海域。包括该海域的上空和海底，是该国领土的组成部分。《联合国海洋法公约》规定，领海的宽度从领海基线量起，最大宽度不超过 12 海里的一带水域。

领航/領航 lǐngháng/ㄌㄧㄥˇ ㄏㄤˊ

navigation

【航】实时测定飞行器位置，引领航空器按预定航线飞行，从地球表面的一点准时航行至指定另一点的全过程。可分为空中领航和地面实时引导领航；又可分为航空飞行器领航和航天飞行器导航。

领空/領空 lǐngkōng/ㄌㄧㄥˇ ㄎㄨㄥ

territorial sky

【地】一国的领陆和领水上的大气空间。是国家领土的组成部分。

领陆/領陸 lǐnglù/ㄌㄧㄥˇ ㄌㄨˋ

territorial land，draw land

【地】一国国界范围内的陆地及其底土。包括其大陆部分，也包括所属岛屿，是该国领土的组成部分。

领水/領水 lǐngshuǐ/ㄌㄧㄥˇ ㄕㄨㄟˇ

territorial waters，inland waters

【地】一国主权管辖下的内水和领海。包括全部水域及其底土，是国家领土中的组成部分。

领土/領土 lǐngtǔ/ㄌㄧㄥˇ ㄊㄨˇ

territory

【地】一国主权管辖下的地球表面特定部分。由领陆、领水和领空三部分组成，包括陆地、水域及其底土和大气空间。

领悟 lǐngwù/ㄌㄧㄥˇ ㄨˋ

【心】即"顿悟"(289 页)。

令牌 lìngpái/ㄌㄧㄥˋ ㄆㄞˊ

【信息】即"权标"(928 页)。

liu （ㄌㄧㄡ）

浏览器/瀏覽器 liúlǎnqì/ㄌㄧㄡˊ ㄌㄢˇ ㄑㄧˋ

browser

【信息】互联网服务中用来查找、浏览或下载网站信息的应用程序。通常指万维网浏览器，可向万维网服务器提出各种请求，并对服务器发来的超文本信息和多媒体数据格式进行解释、显示和播放。

📖 浏览器建立在超链接概念之上，用户通过点击能够从一个文档跳到另一个文档。目前浏览器已将各种因特网访问集成在一起，包括电子邮件、新闻、聊天、多媒体游戏等，成为重要的因特网软件。

留/留 liú/ㄌㄧㄡˊ

stationary

【天】行星在天穹上的视运动从顺行转为逆行或从逆行转为顺行之间的一个阶段。因相对于恒星背景似乎停留不动，故名。行星视运动由顺行转变为逆行时发生的称为顺留，由逆行转变为顺行时发生的称为逆留。

留鸟/留鳥 liúniǎo/ㄌㄧㄡˊ ㄋㄧㄠˇ

resident bird

【动】终年栖居繁殖在一定区域,不依季节变化而做周期性迁徙的鸟类。如麻雀、乌鸦、喜鹊、画眉等。有些种类也追寻食饵而做较短距离漂泊,如啄木鸟、山斑鸠等。

留汽除水閘

ㄌㄧㄡˊ ㄑㄧˋ ㄔㄨˊ ㄕㄨㄟˇ ㄓㄚˊ/liúqì chúshuǐzhá

steam trap value

【机】台湾名。即"疏水阀"(1046 页)。

流 liú/ㄌㄧㄡˊ

【计量】"流明"的简称。

流产/流產 liúchǎn/ㄌㄧㄡˊ ㄔㄢˇ

abortion

【医】妊娠在 28 周前、胎儿体重在 1000 克以下的自然或人工终止妊娠。分别称为自然流产和人工流产。

流程/流程 liúchéng/ㄌㄧㄡˊ ㄔㄥˊ

program, flow

【化】工业上指生产流程。产品生产中从原料到成品经历的各过程的组合和程序。

流程图/流程圖

liúchéngtú/ㄌㄧㄡˊ ㄔㄥˊ ㄊㄨˊ

flowchart, flow diagram

【信息】将某一过程或问题的求解步骤,以流程线连接起来,带有适当注释的几何图形。广泛运用于程序设计和文档编制。

流动式起重机/移動式起重機

liúdòngshì qǐzhòngjī/

ㄧˊ ㄉㄨㄥˋ ㄕˋ ㄑㄧˇ ㄓㄨㄥˋ ㄐㄧ

mobile crane

【机】又称"自行式起重机"。起重机的一类。可以配置立柱或塔柱,能在带载或不带载情况下沿无轨路面行驶,且依靠自重保持稳定。可分为汽车起重机、轮胎起重机和履带起重机。

流動智力

ㄌㄧㄡˊ ㄉㄨㄥˋ ㄓˋ ㄌㄧˋ/liúdòng zhìlì

fluid intelligence

【心】台湾名。即"液体智力"(1328 页)。

流量/流量 liúliàng/ㄌㄧㄡˊ ㄌㄧㄤˋ

flow

【物】流体流过一定截面的量。是瞬时流量和累积流量的统称。用体积表示时称为"体积流量";用质量表示时称为"质量流量"。

流量传感器/流量感測器

liúliàng chuángǎnqì/

ㄌㄧㄡˊ ㄌㄧㄤˋ ㄍㄢˇ ㄘㄜˋ ㄑㄧˋ

flow sensor/transducer

【自】传感器的一种。测量单位时间内流经管道某截面的流体体积或质量的传感器。是流量测量仪表的核心部分。

流量感測器

ㄌㄧㄡˊ ㄌㄧㄤˋ ㄍㄢˇ ㄘㄜˋ ㄑㄧˋ/liúliàng gǎncèqì

flow sensor/transducer

【自】台湾名。即"流量传感器"(747 页)。

流量计/流量計

liúliàngjì/ㄌㄧㄡˊ ㄌㄧㄤˋ ㄐㄧˋ

flowmeter

【机】用以指示或记录单位时间内流过管道的流体数量(瞬时流量)的计量仪表。可分为速度式流量计、容积式流量计、差压式流量计和质量流量计等类型。广泛用于工业生产、能源计量、环境保护以及交通运输等领域。

流媒体/串流媒體

liúméitǐ/ㄔㄨㄢ ㄌㄧㄡˊ ㄇㄟˊ ㄊㄧˇ

streaming media

【信息】又称"流式媒体"。采用流式传输的方式在因特网上播放的媒体格式。

流明/流明 liúmíng/ㄌㄧㄡˊ ㄇㄧㄥˊ

lumen

【计量】简称"流"。光通量的国际单位制单位。符号 lm。1 流=1 坎·球面度。

流脑 liúnǎo/ㄌㄧㄡˊ ㄋㄠˇ

【医】"流行性脑脊髓膜炎"的简称。

流式媒体 liúshì méitǐ/ㄌㄧㄡˊ ㄕˋ ㄇㄟˊ ㄊㄧˇ

【信息】即"流媒体"(747 页)。

流速计/流速計 liúsùjì/ㄌㄧㄡˊ ㄙㄨˋ ㄐㄧˋ

current-meter

【机】又称"流速仪"。测量水流速度的仪表。常用的有旋桨式流速计和旋杯式流速计。

流速仪 liúsùyí/ㄌㄧㄡˊ ㄙㄨˋ ㄧˊ

【机】即"流速计"(747 页)。

流体/流體 liútǐ/ㄌㄧㄡˊ ㄊㄧˇ

fluid

【物】台湾又称"流質"。液体和气体的统称。具有易流动性、黏滞性。通常称气体为可压缩流体,液体为不可压缩流体。

流体传动/流體驅動
liútǐ chuándòng/ㄌㄧㄡˊ ㄊㄧˇ ㄔㄨㄢˊ ㄉㄨㄥˋ
fluid drive, fluid transmission
【机】以流体(气体或液体)为工作介质传递运动和动力的一种方式。可分为气压传动、液压传动和液力传动。

流体机械/流體機械
liútǐ jīxiè/ㄌㄧㄡˊ ㄊㄧˇ ㄐㄧ ㄒㄧㄝˋ
fluid machinery
【机】以流体为工作介质来转换能量的机械。按能量转换不同,可分为原动机(如汽轮机、燃气轮机、水轮机等)和工作机(压缩机、泵等);按介质不同,可分为压缩机、泵、分离机;按结构特点不同,可分为往复式结构和旋转式结构等。

流体静压 liútǐ jìngyā/ㄌㄧㄡˊ ㄊㄧˇ ㄐㄧㄥˋ ㄧㄚ
【物】"流体静压强"的简称。

流体静压强/静液壓力
liútǐ jìngyāqiáng/ㄐㄧㄥˋ ㄧㄝˋ ㄧㄚ ㄌㄧˋ
hydrostatic pressure
【物】简称"流体静压"。指作用在静止流体内部的压强大小。在重力场中,其只是高度的函数,在同一高度上不同点的压强相等。

流体输送机/流體輸送機
liútǐ shūsòngjī/ㄌㄧㄡˊ ㄊㄧˇ ㄕㄨ ㄙㄨㄥˋ ㄐㄧ
fluid conveyor
【机】输送机械的一类。以空气或水力等流体的能量,通过设备管路输送物料。可分为气力输送机和水力输送机。

流体智力 liútǐ zhìlì/ㄌㄧㄡˊ ㄊㄧˇ ㄓˋ ㄌㄧˋ
【心】即"液体智力"(1328 页)。

流體驅動
ㄌㄧㄡˊ ㄊㄧˇ ㄑㄩ ㄉㄨㄥˋ/liútǐ qūdòng
fluid drive, fluid transmission
【机】台湾名。即"流体传动"(748 页)。

流通加工/流通加工
liútōng jiāgōng/ㄌㄧㄡˊ ㄊㄨㄥ ㄐㄧㄚ ㄍㄨㄥ
distribution processing
【物流】物品在流通过程中,根据需要进行的分割、计量、分装、分拣、刷标志、拴标签、组装等简单作业。主要包括食品流通加工、木材流通加工、钢材流通加工、煤炭流通加工和水泥流通加工等。

流通加工设备/流通加工設備
liútōng jiāgōng shèbèi/
ㄌㄧㄡˊ ㄊㄨㄥ ㄐㄧㄚ ㄍㄨㄥ ㄕㄜˋ ㄅㄟˋ
distribution processing equipment
【物流】流通中根据需要对货物施加简单加工作业的机械设备。常见的有玻璃切割机、贴标机、果品清洗机等。

流土/流土 liútǔ/ㄌㄧㄡˊ ㄊㄨˇ
soil flow
【水利】在渗流作用下处于浮动或流动状态的土体。对于黏土,表现为较大土块的浮动;对于无黏性土,表现为砂粒跳动和砂沸。

流纹岩/流紋岩
liúwényán/ㄌㄧㄡˊ ㄨㄣˊ ㄧㄢˊ
rhyolite
【地】酸性喷出岩。化学成分与花岗岩相同,灰色、粉红色或砖红色,具明显的流纹构造,斑状结构,斑晶主要为钾长石和石英。相关矿产有明矾石、叶蜡石、蒙脱石。

流线/流線 liúxiàn/ㄌㄧㄡˊ ㄒㄧㄢˋ
streamline
【物】描述某一特定时刻流体速度在空间分布的曲线。流体中各个质点的速度方向都与曲线切线的方向相同。在定常流(其中任一点的速度均不随时间变化的流动)中,流线不相交。

流星/流星 liúxīng/ㄌㄧㄡˊ ㄒㄧㄥ
meteor, shooting star
【天】太阳系中围绕太阳运行的碎小物质(即"流星体")闯入地球大气圈,与大气摩擦燃烧产生的光迹。通常在距地面 120～80 千米的高度出现。流星的本体在进入大气之前,体积都很小,但具有很高的动能,在与空气分子、原子碰撞过程中,动能转化为热能,使本体气化,气化的原子与周围空气的分子、原子进一步碰撞而发光。它的亮度跟质量有关,也随速度而不同。未烧尽的流星体降落到地面,即为陨石。

流星雨/流星雨 liúxīngyǔ/ㄌㄧㄡˊ ㄒㄧㄥ ㄩˇ
meteor shower
【天】某个天区流星明显增多的现象。大群流星体与地球相遇，造成天空某一区域在一段时间内流星数目显著增加，甚至像下雨一样，故名。发生流星雨时，流星出现率通常为每小时十几条到几万条不等。

流行病学/流行病學
liúxíngbìngxué/ㄌㄧㄡˊ ㄒㄧㄥˊ ㄅㄧㄥˋ ㄒㄩㄝˊ
epidemiology
【医】研究人群疾病发生、分布、健康状况及有关影响因素，借以探讨病因、阐明规律，制定预防、控制和消灭疾病的对策和措施，提高人民健康水平的科学，是预防医学的一个重要学科。

流行性斑疹伤寒/流行性斑疹傷寒
liúxíngxìng bānzhěn shānghán/
ㄌㄧㄡˊ ㄒㄧㄥˊ ㄒㄧㄥˋ ㄅㄢ ㄓㄣˇ ㄕㄤ ㄏㄢˊ
epidemic typhus
【医】由普氏立克次体经体虱传播的急性传染病。临床表现为急性起病、稽留高热、剧烈头痛、皮疹和中枢神经系统症状。

流行性感冒/流行性感冒
liúxíngxìng gǎnmào/
ㄌㄧㄡˊ ㄒㄧㄥˊ ㄒㄧㄥˋ ㄍㄢˇ ㄇㄠˋ
influenza
【医】由流行性感冒病毒引起的急性呼吸道传染病。主要通过空气飞沫直接传播，全年均可发病，暴发或流行具有一定的季节性。临床主要表现为高热、头痛、乏力、全身酸痛等。

流行性腦脊膜炎
ㄌㄧㄡˊ ㄒㄧㄥˊ ㄒㄧㄥˋ ㄋㄠˇ ㄐㄧˇ ㄇㄛˊ ㄧㄢˊ/
liúxíngxìng nǎojǐmóyán
epidemic cerebrospinal meningitis
【医】台湾名。即“流行性脑脊髓膜炎”(749页)。

流行性脑脊髓膜炎/流行性腦脊膜炎
liúxíngxìng nǎojǐsuǐmóyán/
ㄌㄧㄡˊ ㄒㄧㄥˊ ㄒㄧㄥˋ ㄋㄠˇ ㄐㄧˇ ㄇㄛˊ ㄧㄢˊ
epidemic cerebrospinal meningitis
【医】简称“流脑”。由奈瑟脑膜炎球菌经呼吸道传播而引起的化脓性脑脊髓膜病变。主要表现为突发高热、剧烈头痛、频繁呕吐、皮肤黏膜瘀点和脑膜刺激征等。

流行性腮腺炎/流行性腮腺炎
liúxíngxìng sāixiànyán/
ㄌㄧㄡˊ ㄒㄧㄥˊ ㄒㄧㄥˋ ㄙㄞ ㄒㄧㄢˋ ㄧㄢˊ
epidemic parotitis, mumps
【医】由腮腺炎病毒引起的急性自限性呼吸道传染病。主要见于儿童和青少年，以腮腺非化脓性肿痛为主要特征。也可累及胰腺、睾丸等。

流行性乙型脑炎/流行性乙型腦炎
liúxíngxìng yǐxíng nǎoyán/
ㄌㄧㄡˊ ㄒㄧㄥˊ ㄒㄧㄥˋ ㄧˇ ㄒㄧㄥˊ ㄋㄠˇ ㄧㄢˊ
epidemic encephalitis type B
【医】简称“乙脑”，又称“日本脑炎”。由乙型脑炎病毒感染引起的脑炎。经蚊虫传播，流行于夏秋季。主要症状为：高热、抽搐、脑膜刺激征、意识障碍等，重症者可出现中枢性呼吸衰竭，病死率较高。

流域/河川流域 liúyù/ㄏㄜˊ ㄔㄨㄢ ㄌㄧㄡˊ ㄩˋ
river basin
【水利】汇集地表水及地下水的区域，即由分水线所包围的区域。

流質 ㄌㄧㄡˊ ㄓˋ/liúzhì
fluid
【物】台湾名。即“流体”(747页)。

琉璃/色釉 liúli/ㄙㄜˋ ㄧㄡˋ
coloured glaze, azure stone
【轻】用铝和钠的硅酸化合物烧制成的釉料。常见的有绿色和金黄色两种。多加在以黏土为原料做成的缸、罐、盆、瓦坯料表面，烧制成琉璃制品。

琉璃瓦/琉璃瓦 liúliwǎ/ㄌㄧㄡˊ ㄌㄧˊ ㄨㄚˇ
glazed tile
【建】古代建筑所用的一种瓦。陶土制坯，经上釉焙烧而成。北魏时开始生产，有黄、绿、蓝、黑等颜色，但未广泛使用；唐代的宫殿、坛庙等只在局部使用；明代后为官式建筑专用。

硫/硫 liú/ㄌㄧㄡˊ
sulfur
【化】非金属元素。属周期表第ⅥA族，符号S，原子序数16。原子量32.05。自然界主要存在于黄铁矿、黄铜矿、闪锌矿、方铅矿中，以及天然气、煤炭、石油等中，硫酸盐矿以石膏和芒硝最丰富，也有自然硫。单质通称硫黄。

📖 硫发现于约公元前20世纪，很可能首先是由古埃及人发现的。1776年，法国的拉瓦锡才确认其为一种元素。拉丁文定名为sulfur，源自梵文 sulvere，意思是“鲜黄色”。中文定名为“硫”，是形声字。

硫胺素 liú'ànsù/ㄌㄧㄡˊ ㄢˋ ㄙㄨˋ

【医】即“维生素 B_1”(1182 页)。

硫化血红蛋白/硫化血紅蛋白 liúhuà xuèhóng dànbái/ㄌㄧㄡˊ ㄏㄨㄚˋ ㄒㄧㄝˋ ㄏㄨㄥˊ ㄉㄢˋ ㄅㄞˊ

sulfhemoglobin

【医】血红蛋白的硫化物，其中的 Fe^{2+} 被氧化成 Fe^{3+}，故不能携带氧。

硫黄/硫磺 liúhuáng/ㄌㄧㄡˊ ㄏㄨㄤˊ

sulfur

【化】又作“硫磺”。硫单质的通称。黄色固体，分为结晶形硫和无定形硫两种。化学性质较活泼，能燃烧，着火点 363 ℃。低毒，但蒸气或燃烧放出的二氧化硫有毒。是重要的工业原料，可用于制硫酸、火药、火柴、杀虫剂、橡胶等，也可入药，治疗皮肤病。

硫磺/硫磺 liúhuáng/ㄌㄧㄡˊ ㄏㄨㄤˊ

【化】即“硫黄”(750 页)。

硫酸/硫酸 liúsuān/ㄌㄧㄡˊ ㄙㄨㄢ

sulfuric acid, spirit of alum

【化】无机酸的一种。化学式 H_2SO_4。指纯硫酸或其水溶液。无色透明油状液体，二元强酸。浓硫酸与水有很强的亲和力，可使有机物脱水，吸湿性也强，可用作干燥剂。是重要的化工原料。

📖 纯硫酸中溶入三氧化硫称发烟硫酸。习惯上 H_2SO_4 含量 90%以上称浓硫酸。

硫酸锌/硫酸鋅 liúsuānxīn/ㄌㄧㄡˊ ㄙㄨㄢ ㄒㄧㄣ

zinc sulfate

【化】又称“皓矾”。无机化合物。化学式 $ZnSO_4 \cdot 7H_2O$。无色晶体，在干燥空气中逐渐风化，加热至 280℃ 失去结晶水而成无水物。在 740℃ 时分解为氧化锌。工业上用于制备锌钡白及其他锌化合物，也用作媒染剂、收敛剂、防腐剂。

硫酸渣 liúsuānzhā/ㄌㄧㄡˊ ㄙㄨㄢ ㄓㄚ

【环】即“烧渣”(989 页)。

榴弹/高爆炸性殼

liúdàn/ㄍㄠ ㄅㄠˋ ㄓㄚˋ ㄒㄧㄥˋ ㄎㄜˊ

high explosive shell

【军】❶以弹丸爆炸时的弹片和炸药本身的能量起杀伤、破坏作用的炮弹。❷泛指各种手榴弹、枪榴弹和榴弹发射器发射的弹药。

榴弹发射器/榴彈發射器

liúdàn fāshèqì/ㄌㄧㄡˊ ㄉㄢˋ ㄈㄚ ㄕㄜˋ ㄑㄧˋ

grenade launcher

【军】发射小型榴弹的轻武器。其外形、结构和使用方式大多类似步枪和机枪。口径通常为 20～60 毫米，体积小、火力猛，有较强的面杀伤威力和一定的破甲能力，主要用于毁伤开阔地带和掩蔽工事内的有生目标及轻装甲目标，为步兵提供火力支援。

榴弹炮/榴彈炮 liúdànpào/ㄌㄧㄡˊ ㄉㄢˋ ㄆㄠˋ

howitzer

【军】身管较短、初速较小、弹道较弯曲的火炮。身管长，与口径之比较小，装药号数较多，可进行低射界射击，也可进行高射界射击，最大射角可达 75 度。可用改变装药号或改变射角的方法获得不同的射程，具有较好的火力机动性能。适于对遮蔽物后的目标及水平目标射击。配用杀伤弹、爆破弹、杀伤爆破弹等主用弹。还配有破甲弹、碎甲弹和特种弹。配用火箭增程弹、底凹弹、底部排气弹可提高射程，发射制导炮弹可提高命中概率。按机动方式不同，可分为牵引式榴弹炮和自行式榴弹炮。

榴梿/榴槤 liúlián/ㄌㄧㄡˊ ㄌㄧㄢˊ

durian

【植】*Durio zibethinus* 木棉科榴梿属。常绿乔木。叶片长圆形，顶端尖，表面光滑，背面生鳞片。聚伞花序细长下垂，花蕾球形，花冠淡黄色。果实大，果皮坚实，密生三角形刺，果肉淡黄色，黏性多汁，有异常气味。花果期 6—12 月份。在中国，分布于广东和海南。果实可作水果。

瘤胃/瘤胃 liúwèi/ㄌㄧㄡˊ ㄨㄟˋ

rumen

【动】反刍动物的胃的第一部分。内壁有很多瘤状突起。食物先在瘤胃里消化，再入网胃。参见“网胃”(1172 页)、“瓣胃”(34 页)、“皱胃”(1474 页)。

鎦 ㄌㄧㄡˊ/liú

lutecium, lutetium

【化】台湾名。即“镥”(757 页)。

柳叶菜/柳葉菜 liǔyècài/ㄌㄧㄡˇ ㄧㄝˋ ㄘㄞˋ

willow herb

【植】*Epilobium hirsutum* 柳叶菜科柳叶菜属。多年生草本植物。地下匍匐根状茎粗壮。地上茎基部近木质化,中上部多分枝,被毛。叶草质,茎上部叶无柄,抱茎;茎中部叶椭圆形,先端尖,边缘有齿,两面被毛。总状花序直立,苞片叶状,花瓣宽倒心形,先端凹缺,玫瑰红、粉红、紫红等颜色。花期 6—8 月份。在中国,分布于吉林以南各地。嫩苗嫩叶可食,全草入药。

柳莺/柳鶯 liǔyīng/ㄌㄧㄡˇ ㄧㄥ

willow warbler

【动】鸟名。雀形目莺科柳莺属(*Phylloscopus*)各种的统称。身体比麻雀瘦小,羽毛黄绿至暗褐色,下体淡白色,多栖息于森林草丛间或在枝头上穿飞,玲珑活泼,以昆虫为食。种类较多,常见的有黄眉柳莺(*P. inornatus*)和黄腰柳莺(*P. proregulus*)。主要分布于俄罗斯西伯利亚、中国和东南亚。

柳 莺

锍/鋶 liǔ/ㄌㄧㄡˇ

matte

㊀【化】化学上指硫鎓离子。㊁【材】冶炼铜、镍、钴等金属硫化物矿石产生的不纯金属硫化物的混合物,是铜、镍、钴等金属冶炼过程中的中间产物。炼铜过程中的中间产物为铜锍,旧称冰铜。

六分仪/六分儀 liùfēnyí/ㄌㄧㄡˋ ㄈㄣ ㄧˊ

sextant

【船】用来测量天体的高度、岸上目标水平角或已知高度目标垂直角的测角仪器。供测定船舶自身位置坐标,属于导航设备。

六腑/六腑 liùfǔ/ㄌㄧㄡˋ ㄈㄨˇ

six fu viscera, * six bowels

【中医】胆、胃、大肠、小肠、三焦、膀胱六个脏器的合称。具有受纳(接受、容纳水谷)、传化(传导、消化水谷)、排泄功能和传化物而不藏,实而不能满的生理特点。

📖《素问·五脏别论》:"六腑者,传化物而不藏,故实而不能满也。所以然者,水谷入口则胃实而肠虚,食下则肠实而胃虚。故曰实而不满。"六腑多为空腔器官,传化饮食水谷,而水谷有形质粗,饮食入胃,则胃腑充实而肠腔空虚,食下,则肠腑充实而胃腔空虚,故说"实而不能满"。

六经辨证/六經辨證

liù jīng biànzhèng/ㄌㄧㄡˋ ㄐㄧㄥ ㄅㄧㄢˋ ㄓㄥˋ

syndrome differentiation of six channels theory, * six-channel pattern identification, * six-channel syndrome differentiation

【中医】辨证论治方法之一。由东汉著名医学家张仲景(约 150—219)提出。以阴阳为总纲,用太阳、阳明、少阳、太阴、少阴、厥阴作为辨证纲领,从邪正盛衰、病变部位、病势的进退缓急等方面对外感病进行分析辨别,并指导临床治疗。

六神丸/六神丸

liùshénwán/ㄌㄧㄡˋ ㄕㄣˊ ㄨㄢˊ

liushen pills, liushen wan, * Six-Spirits Pill

【中医】中成药名。主要成分:人工牛黄、麝香、蟾酥、珍珠粉、冰片、百草霜。口服,也可外用。清凉解毒,消炎止痛。用于烂喉丹痧,咽喉肿痛,喉风喉痈,单双乳蛾(扁桃体炎),小儿热疖,痈疡疔疮,乳痈发背,无名肿痛。六味药组方,功效如神,故名。

六味地黄丸/六味地黄丸

liùwèi dìhuángwán/

ㄌㄧㄡˋ ㄨㄟˋ ㄉㄧˋ ㄏㄨㄤˊ ㄨㄢˊ

liuwei dihuang pills, liuwei dihuang wan, * Six-Ingredient Rehmannia Pill

【中医】中医方剂名。组成:熟地黄 24 克,山萸肉、干山药各 12 克,泽泻、牡丹皮、白茯苓各 9 克。上为末,炼蜜为丸,每丸约重 15 克,每日服三丸,也可改为汤剂服用。滋补肝肾。可用于肝肾阴虚证,腰膝酸软,头目眩晕,耳鸣耳聋,盗汗遗精,小儿囟门不合、骨蒸潮热、消渴、手足心热等表现。六味地黄丸即将金匮肾气丸减去附子、桂枝而成的,原本用于儿科,因效果显著,现广泛用于临床各科。

📖 六味地黄丸由六种药物组成,其中地黄为君药,在方中所占比例最大,效力最著,故名。

六一散/六一散 liùyīsǎn/ㄌㄧㄡˋ ㄧ ㄙㄢˇ

liuyi powder, liuyi san, * Six-To-One Powder

【中医】中医方剂名。组成:滑石180克,甘草30克。研末,用水或蜂蜜水或葱豉汤冲服,每日9～18克,也可按比例配伍后水煎服。祛暑利湿。用于感受暑湿,身热烦渴,小便不利,或泄泻。

📖 六一散又称"天水散",取"天一生水,地六成之"之义,又因两药用量比例是6∶1。

六淫/六淫 liùyín/ㄌㄧㄡˋ ㄧㄣˊ

six climatic exopathogens, * six excesses

【中医】风、寒、暑、湿、燥、火六种外感病邪的合称。

long (ㄌㄨㄥ)

龙胆/龍膽 lóngdǎn/ㄌㄨㄥˊ ㄉㄢˇ

rough gentian

【植】*Gentiana scabra* 龙胆科龙胆属。多年生草本植物。根黄白色,绳索状。茎直立,粗壮,紫褐色,粗糙。叶对生,无柄,卵形,先端尖,边缘粗糙。花簇生,萼钟状,花冠筒状钟形,蓝紫色。花果期5—11月份。在中国,分布于东北和浙江。野生花草。根可入药。

龙 胆

龙骨/龍骨 lónggǔ/ㄌㄨㄥˊ ㄍㄨˇ

㊀keel, ㊁carina, ㊂joist, keel, ㊃Os Draconis(拉), bone fossil of big mammals

㊀【船】船底中线处从首至尾贯通底部全长的纵向连续构件。㊁【动】善于飞翔的鸟类的胸骨形成的较高突起。因类似船底的龙骨,故名。㊂【建】又称"顶棚楞木""吊顶搁栅"。吊顶棚的水平骨架。可分为主龙骨与次龙骨。主龙骨即主搁栅;次龙骨即次搁栅,也称龙筋。主龙骨直接悬挂在房屋结构(屋顶或楼层)下。㊃【中医】中药名。古代大型哺乳动物象类、犀类、三趾马、牛类、鹿类等的骨骼化石。由磷灰石 apatite、方解石 calcite 以及少量黏土矿物组成。味甘、涩,性微寒。归心、肝经。镇心安神,平肝潜阳,收敛固涩。用于神志不安,惊痫癫狂,肝阳上亢,遗精带下等。

📖 龙骨是发现甲骨文的重要线索。清光绪二十五年(1899),金石学家王懿荣服用中药时,发现一块龙骨上有些花纹,他推断这是古人有意刻画上去的,应当是一种古代的文字符号。于是,他从药铺开始,顺藤摸瓜,查清那块龙骨购自河南安阳的小屯村,这里正是商代国都所在。甲骨文从此为世人所知。

龙卷/龍捲 lóngjuǎn/ㄌㄨㄥˊ ㄐㄩㄢˇ

tornado

【气】又称"龙卷风"。在极不稳定的天气条件下,由空气强烈对流运动而产生的小直径的剧烈旋转风暴(风速27米/秒以上)。是灾害性天气的一种。

📖 龙卷具有很强的吸力,能将地面上的物体吸到空中。常见发生在水面上的龙卷,可把水吸上天空,与云底连接形成水柱,古称"龙吸水"。如果龙卷未及地面,仅因水汽上升冷却,便以积雨云底部下垂的漏斗云的形式出现,古称"龙摆尾"。

龙卷风 lóngjuǎnfēng/ㄌㄨㄥˊ ㄐㄩㄢˇ ㄈㄥ

【气】即"龙卷"(752页)。

龙口/龍口 lóngkǒu/ㄌㄨㄥˊ ㄎㄡˇ

closure gap

【水利】堤防堵口或围堰截流进占,最后用于合龙所留的过水口。

龙葵/龍葵 lóngkuí/ㄌㄨㄥˊ ㄎㄨㄟˊ

black nightshade

【植】*Solanum nigrum* 茄科茄属。一年生草本植物。茎直立,多分枝。叶卵形,顶端尖。短蝎尾状或近伞状花序,花冠辐状,五裂,白色。浆果球形,熟时黑色。在中国,分布于各地。野生植物。全草入药。

龙门刨床/龍門刨床

lóngmén bàochuáng/ㄌㄨㄥˊ ㄇㄣˊ ㄅㄠˋ ㄔㄨㄤˊ

double column planing machine

【机】刨床的一种。具有龙门架式双立柱和横梁,分别装有可移动的侧刀架和垂直刀架。

工作时工作台带动工件做直线往复主运动，刨刀横向或垂直间歇移动做进给运动。主要用于刨削大型工件或同时加工多个工件。

龙门吊 lóngméndiào/ㄌㄨㄥˊ ㄇㄣˊ ㄉㄧㄠˋ

【船】即“门式起重机”(793页)。

龙门石窟/龍門石窟

Lóngmén Shíkū/ㄌㄨㄥˊ ㄇㄣˊ ㄕˊ ㄎㄨ

Longmen Grottoes

【建】中国古代石窟群。位于河南洛阳南郊伊河两岸的龙门山与香山上，始凿于北魏孝文帝迁都洛阳(公元493年)前后，延续至东魏、西魏、北齐、隋、唐、五代、宋等朝代近500年。南北绵延1千米，今存有窟龛3680个，造像近10万尊，题记3680余种。其中大多为唐代所凿，最著名的为石佛洞奉先寺。

龙门式起重机

lóngménshì qǐzhòngjī/

ㄌㄨㄥˊ ㄇㄣˊ ㄕˋ ㄑㄧˇ ㄓㄨㄥˋ ㄐㄧ

【船】即“门式起重机”(793页)。

龙舌兰/龍舌蘭

lóngshélán/ㄌㄨㄥˊ ㄕㄜˊ ㄌㄢˊ

century plant

【植】*Agave americana* 石蒜科龙舌兰属。多年生草本植物。叶呈莲座式排列，大型，肉质，倒披针形，边缘有刺，顶端有一枚暗褐色硬尖刺。大型圆锥花序，多分枝，花黄绿色。中国华南及西南各地均有栽培。盆栽观赏花卉。叶纤维有用。

龙吻 lóngwěn/ㄌㄨㄥˊ ㄨㄣˇ

【建】即“正吻”(1436页)。

龙虾/龍蝦 lóngxiā/ㄌㄨㄥˊ ㄒㄧㄚ

spiny lobster

【动】甲壳动物名。十足目龙虾科各种的统称。身体圆柱形而略扁，粗壮，长可达30～40厘米，是虾类中最大的一类。色彩鲜艳，常有美丽斑纹。头胸甲坚硬多棘，两对触角发达，腹部较短。生活在热带海底。

龙眼/龍眼 lóngyǎn/ㄌㄨㄥˊ ㄧㄢˇ

longan

【植】*Dimocarpus longan* 通称“桂圆”。无患子科龙眼属。常绿乔木。小枝粗壮，散生皮孔。羽状复叶，小叶4～5对，椭圆形至长圆状披针形，两侧不对称。圆锥花序，多分枝，密被毛，花瓣乳白色，匙形。果球形，外皮黄褐色，粗糙，有微凸的小瘤体，果肉多汁，灰白色，味甜，种子黑色，有光泽。花期3—4月份，果期7—8月份。在中国，分布于南部及西南部各地。果实可作水果，还可入药。

龙眼肉/龍眼肉

lóngyǎnròu/ㄌㄨㄥˊ ㄧㄢˇ ㄖㄡˋ

Arillus Longan(拉)，longan aril，

* longan flesh

【中医】又称“桂圆肉”。中药名。无患子科植物龙眼 *Dimocarpus longan* Lour.的假种皮。味甘，性温。归心、脾经。补益心脾，养血安神。用于气血不足，心悸怔忡，健忘失眠，血虚萎黄。可用于食疗。

龙爪槐/龍爪槐

lóngzhǎohuái/ㄌㄨㄥˊ ㄓㄠˇ ㄏㄨㄞˊ

Chinese pagoda tree

【植】*Sophora japonica* var. *japonica* f. *pendula* 豆科槐属。落叶乔木。树冠如伞。枝和小枝都下垂，并向不同方向弯曲盘绕，形似龙爪。羽状复叶，小叶纸质，卵状披针形。圆锥花序，花冠蝶形，白色或淡黄色。花期7—8月份。在中国，分布于各地。行道树。

聋哑/聾啞

lóngyǎ/ㄌㄨㄥˊ ㄧㄚˇ

deafness-mutism

【中医】中医喉病之一。因先天禀赋不足，或疾患所致，症见耳不能闻声、口不能言语等。需要专业的聋哑康复治疗。

隆起/隆起 lóngqǐ/ㄌㄨㄥˊ ㄑㄧˇ

uplift

【地】❶地壳上不同成因的上升构造。❷盆地基底相对突起的地区。

癃闭/癃閉 lóngbì/ㄌㄨㄥˊ ㄅㄧˋ

dribbling and retention of urine，* dribbling urinary block

【中医】中医内科疾病之一。因肾、膀胱气化失司所致，症见小便量少，点滴而出，甚则闭塞不通等。其中小便不利，点滴而短少，病势较缓者为“癃”；小便闭塞，点滴全无，病势较急者为“闭”。二者均指排尿困难，而程度不同，故多并称。根据“腑以通为用”的原则，治疗着眼于通。实证宜清湿热，散瘀结，利气机而通水道；虚证治宜补脾肾，助气化，使气化得行，小便自通。若小腹胀急，小便全无，内服药

物不济急时，应配合导尿或针灸以急通小便。

聾 ㄌㄨㄥˊ/lóng

deafness

【医】台湾名。即“耳聋”(299 页)。

垄作/作畦栽培

lǒngzuò/ㄗㄨㄛˋ ㄑㄧˊ ㄗㄞ ㄆㄟˊ

ridge culture

【农】把作物种在垄台上，或在作物生长过程中逐渐将行间的土培到作物根部形成垄的耕作方式。

lou （ㄌㄡ）

蒌蒿/蔞蒿 lóuhāo/ㄌㄡˊ ㄏㄠ

wormwood

【植】*Artemisia selengensis* 菊科蒿属。多年生草本植物。有香气。根状茎直立，嫩时绿褐色，后为紫红色，有纵棱，下部半木质化。叶纸质，近掌状或指状分裂，先端尖，边缘有齿。头状花序多数，排成密穗状花序，再组成圆锥花序，分雌花和两性花。花果期 7－10 月份。在中国，分布于东北、华北、华东、华中、华西等地。嫩茎叶可作蔬菜，全草入药。

楼/樓 lóu/ㄌㄡˊ

multi-storied building

【建】两层以上的房屋。

📖 楼与远古时代南方干阑式建筑有渊源，早期楼阁含义不同，《说文解字》：“楼，重屋也。”楼之上下均可住人，而“阁”则下虚悬不用。后来楼阁常并称。楼又作为建筑组群中的次要建筑，狭长曲折，如经楼、厢楼、绣楼、后楼等，佛教传入中国后，重楼与印度窣堵坡相结合，创造出中国式塔。

楼层/樓層 lóucéng/ㄌㄡˊ ㄘㄥˊ

floor, storey

【建】多层建筑物、高层建筑物中，除底层外沿高度方向水平分隔的空间。每一楼层由结构层、面层、顶棚层组成。

楼阁/樓閣 lóugé/ㄌㄡˊ ㄍㄜˊ

multi-storied building

【建】中国古代的多层建筑。多为木结构。早期楼、阁有别，楼指重屋，多面宽大于进深，在建筑群中处于次要位置；阁指居于高台之上或下部架空、底层高悬的建筑，在建筑群中居主要位置。后二者互通，无严格区分。

楼阁式塔/樓閣式塔

lóugéshìtǎ/ㄌㄡˊ ㄍㄜˊ ㄕˋ ㄊㄚˇ

multi-storied pagoda in lounge style

【建】塔身为多层楼阁，从中国高层楼阁发展而来的佛塔。内设楼梯，每层辟门窗，常设平座，供登临远眺。顶部窣堵坡式塔刹为全塔艺术处理的顶峰。汉末已出现，初期多为木塔，唐代砖石塔渐多，平面多为方形，结构是单层空筒。宋代砖石塔多作八边形，双筒结构，外观仿木。明清时基本上是砖石结构，仿木程度较少。山西应县辽代佛宫寺释迦塔是木楼阁式塔的唯一遗存，陕西西安唐代大慈恩寺大雁塔是一座方形单筒砖造楼阁式塔，福建泉州南宋开元寺双塔是石造楼阁式塔中的佼佼者。

楼梯/樓梯 lóutī/ㄌㄡˊ ㄊㄧ

stair

【建】又称“扶梯”。建筑物中作为楼层间垂直交通用的构件。通常由连续梯级的楼梯段、楼体平台(休息平台)和楼梯栏杆或栏板、扶手等组成。

楼梯段/樓梯段

lóutīduàn/ㄌㄡˊ ㄊㄧ ㄉㄨㄢˋ

stair flight

【建】又称“梯段”“梯跑”。两个楼梯平台之间有若干连续踏步的楼梯构件。通常由楼梯斜梁和踏步板(含踏步面、起步板)组成。其净宽除符合防火规范外，主要根据建筑物的使用特征确定，每梯段的踏步通常不超过 18 级，也不少于 3 级。临空边缘应设置栏板或栏杆。

楼梯井/樓梯井

lóutījǐng/ㄌㄡˊ ㄊㄧ ㄐㄧㄥˇ

stair-wall

【建】四周为梯段和楼梯平台内侧面围绕而成的空间。公共建筑不宜小于 150 毫米，当有儿童经常使用，且楼梯井净宽大于 200 毫米时，必须采取安全措施。

楼梯踏步/樓梯踏步

lóutī tàbù/ㄌㄡˊ ㄊㄧ ㄊㄚˋ ㄅㄨˋ

stair step

【建】楼梯段中由踏板和梯面组成的梯级。水平的称为踏板，垂直的称为踢板，也可只设踏板，不设踢板。矩形踏板宽通常为260～300毫米，螺旋形楼梯或弧形楼梯采用一面宽一面窄的扇形踏板，一般要求距内侧1/3处的宽度不小于230毫米。踏高尺寸考虑抬脚或下脚的舒适，多为150～170毫米。

耧斗菜/耬斗菜
lóudǒucài/ㄌㄡˊ ㄉㄡˇ ㄘㄞˋ
green flower columbine
【植】*Aquilegia viridiflora* 毛茛科耧斗菜属。多年生草本植物。茎直立，上部分枝。二回三出复叶，小叶楔状倒卵形，顶端三裂，有齿。花倾斜或下垂，花冠漏斗状，花瓣五枚，倒卵形，有距，颜色因品种而异，常与萼片同色。花期5—7月份。在中国，分布于西北（除新疆）、华北和东北地区。观赏花卉。根可入药。

蝼蛄/螻蛄 lóugū/ㄌㄡˊ ㄍㄨ
mole cricket
【动】又称“蛞蝼”，通称“蝲蝲蛄”。昆虫名。直翅目蝼蛄科。背部茶褐色，腹面灰黄色。前足发达，呈铲状，适于掘土，有尾须。生活在泥土中，昼伏夜出，啃食农作物的幼苗、根茎。

蝼 蛄

镂空绣 lòukōngxiù/ㄌㄡˋ ㄎㄨㄥ ㄒㄧㄡˋ
【纺】即“雕绣”（265页）。

漏斗状花/漏斗狀花
lòudǒuzhuànghuā/ㄌㄡˋ ㄉㄡˇ ㄓㄨㄤˋ ㄏㄨㄚ
funnel-shaped flower
【植】花形的一种。花冠下部联合成筒状，向上渐渐扩大成漏斗状。如耧斗菜和昙花的花。

鏤空花繡
ㄌㄡˋ ㄎㄨㄥ ㄏㄨㄚ ㄒㄧㄡˋ/lòukōng huāxiù
cutwork
【纺】台湾名。即“雕绣”（265页）。

lu （ㄌㄨ）

卢浮宫/盧浮宫
Lúfú Gōng/ㄌㄨˊ ㄈㄨˊ ㄍㄨㄥ
Louvre Museum
【建】法国王宫。位于巴黎市中心塞纳河的右岸。1546年，建造新宫时采用16世纪法国流行的文艺复兴时期府邸建筑形式，平面是带有角楼的封闭式四合院，53.4米见方。但当时只建了西面的一部分，即现在卢浮宫院的西南一角。1624年，扩建卢浮宫，建造了现在的庭院（1624—1654年），面积扩大到120米见方。路易十四时期设计了宫院的南面、北面和东面的建筑物。1667—1674年，改造东立面，后成为古典主义建筑的典范。法国大革命后，1793年改为国立美术博物馆。20世纪80年代早期，又扩建卢浮宫内院。

芦根/蘆根 lúgēn/ㄌㄨˊ ㄍㄣ
Rhizoma Phragmitis（拉），reed rhizome，*phragmites root
【中医】中药名。禾本科植物芦苇 *Phragmites communis* Trin. 的新鲜或干燥根茎。味甘，性寒。归肺、胃经。清热生津，除烦，止呕，利尿。用于热病烦渴，胃热呕哕，肺热咳嗽，肺痈吐脓，热淋涩痛。

芦 根

芦荟/蘆薈 lúhuì/ㄌㄨˊ ㄏㄨㄟˋ
㊀Chinese aloe，㊁Aloe
㊀【植】*Aloe vera* var. *chinensis* 又称“油葱”。百合科芦荟属。常绿草本植物。茎较短。叶簇生，肉质多汁，披针形，顶端和边缘有齿。花莛多不分枝，总状花序，花点垂，淡黄色有红斑，花被基部联合成筒状。在中国，分布于南方各地，北方有栽培。观赏植物。全草入药。㊁【中医】中药名。百合科植物库拉索芦荟 *Aloe barbadensis* Miller 叶的汁液浓缩干燥物。味苦，性寒。归肝、胃、大肠经。清肝热，通便。用于便秘，小儿疳积，惊风；外治湿癣。

芦笋 lúsǔn/ㄌㄨˊ ㄙㄨㄣˇ
【植】即“石刁柏”（1023页）。
📖 石刁柏的嫩茎形似芦苇的嫩芽和竹笋，故名。

芦苇/蘆葦 lúwěi/ㄌㄨˊ ㄨㄟˇ

reed

【植】*Phragmites australis* 禾本科芦苇属。多年生草本植物。生于沼泽,匍匐根状茎发达。秆直立,节多,中空。叶舌边缘被毛;叶片宽大,披针状条形。雌雄同株,大型圆锥花序,密集,分枝多。颖果,披针形,与稃体相分离。花期夏秋季。在中国,分布于各地。水边野生杂草。全草入药。

芦竹/蘆竹 lúzhú/ㄌㄨˊ ㄓㄨˊ

giant reed

【植】*Arundo donax* 禾本科芦竹属。多年生草本植物。根状茎发达,秆粗大直立,多节,常分枝。叶鞘长于节间,叶舌截平;叶片扁平,基部白色,抱茎。圆锥花序极大型,分枝稠密,斜升,小穗含 2～4 小花。颖果细小黑色。花果期 9—12 月份。在中国,分布于广东、海南、广西、贵州、云南、四川、湖南、江西、福建、台湾、浙江、江苏。观赏植物。秆可制管乐器中的簧片。

鸬鹚/鸕鷀 lúcí/ㄌㄨˊ ㄘˊ

cormorant

【动】*Phalacrocorax* 又称"鱼鹰"。鸟名。鹈形目鸬鹚科鸬鹚属。身体较狭长,约 1 米,羽毛为金属黑色,有绿、蓝、紫色光泽,喙扁而长,暗黑色,上喙的尖端有钩。飞行时直线前进,能游泳,善潜水捕鱼,喉下皮肤扩大成囊状,捕鱼后可放入囊内。栖息于江河、湖泊和海滨。分布广泛,中国南方多饲养。

鸬鹚

𬬻/鑪 lú/ㄌㄨˊ

rutherfordium

【化】金属元素。属周期表第ⅣB 族。符号 Rf,原子序数 104。原子量 261.11。有放射性,由人工核反应获取。

📖 20 世纪 60 年代,苏联杜布纳联合核子研究所和美国劳伦斯伯克利国家实验室,分别用重离子回旋加速器的氖离子轰击钚靶以及重离子直线加速器的碳离子轰击锎靶而获得同一种新元素。拉丁文定名为 rutherfordium,源自 E.Rutherford,是英籍新西兰的卢瑟福的姓,用以纪念他在原子结构方面的贡献。中文定名为"𬬻",是形声字。

颅/頭顱 lú/ㄊㄡˊ ㄌㄨˊ

skull

【医】人头部的骨性支架。位于脊柱上方,由 23 块形状、大小不一的骨块组成(中耳三对听小骨未计入)。分为脑颅和面颅两部分。脑颅位于颅的后上部,内有颅腔、容纳脑,对脑起保护和支持作用;面颅位于颅的前下部,包括眶、鼻、口腔等。下颌骨与脑颅间形成下颌关节,使下颌骨参与咀嚼运动。

颅内压/顱内壓

lúnèiyā/ㄌㄨˊ ㄋㄟˋ ㄧㄚ

intracranial pressure

【医】颅腔内容物(脑组织、脑脊液和血液)对颅腔壁产生的压力。通常以侧卧位腰穿测得的压力表示,正常值为:成人 0.68～1.96 千帕(70～200 毫米水柱),儿童 0.49～0.98 千帕(50～100 毫米水柱)。

颅囟/頭顱囟 lúxìn/ㄊㄡˊ ㄌㄨˊ ㄒㄧㄣˋ

cranial fontanelles

【医】又称"囟门"。新生儿的颅顶各骨。因尚未完全发育,骨与骨之间存在着缝隙,被纤维结缔组织膜封闭。在额、顶骨之间的呈菱形,最大,称为"前囟";在枕骨与顶骨之间的呈三角形,称为"后囟"。

鲈/鱸 lú/ㄌㄨˊ

perch

【动】通称"鲈鱼",又称"花鲈"。鱼名。硬骨鱼纲鲈科。身体侧扁,长可达 60 厘米。上部青灰色,下部灰白色,背部和背鳍有黑斑,口大,下颌突出。性凶猛,以小鱼、虾为食。生活在近海,春、秋末到河口产卵。中国沿海均有分布。

卤素/鹵素 lǔsù/ㄌㄨˇ ㄙㄨˋ

halogen

【化】元素周期表第ⅦA 主族(卤族)元素。包括氟(F)、氯(Cl)、溴(Br)、碘(I)、砹(At)。卤素是"成盐"元素的意思。除砹是放射性元素外,本族其他元素均为活泼的非金属元素,其中氟是最活泼的非金属元素。

鲁冰花 lǔbīnghuā/ㄌㄨˇ ㄅㄧㄥ ㄏㄨㄚ

【植】即"羽扇豆"(1379 页)。

📖 台湾称羽扇豆为"鲁冰花",是其拉丁学

名 *Lupinus* 音译的结果。又因其根系具有固肥的机能,在茶园中广泛种植,故又被当地人称为“母亲花”。

鲁氏鼓風機 ㄌㄨˇ ㄕˋ ㄍㄨˇ ㄈㄥ ㄐㄧ/Lǔshì gǔfēngjī
Roots blower
【机】台湾名。即“罗茨鼓风机”(767 页)。

镥/鎦 lǔ/ㄌㄧㄡˊ
lutecium, lutetium
【化】金属元素。属周期表第ⅢB族(镧系),符号Lu,原子序数71。原子量175.0。自然界存在于独居石中,含量极少。天然镥有两种同位素:稳定镥-175,占97.41%;放射性镥-176,占2.56%,半衰期30亿年。单质为银白色金属,稀土金属中最难得,也是质地最硬、最重和最密致的。可用于核工业和磁性研究,也在有机物反应中做裂解、氢化或聚合反应的催化剂。镥-176用于测定与地球年龄有关的陨石的年龄。
📖 1907年,法国的于尔班(G. Urbain)发现镱土中还存在一种新元素的氧化物,这种新元素即为镥。拉丁文定名为lutetium,源自Lutetia,意思是“卢特齐亚”,是法国首都巴黎的古称。中文定名为“镥”,是形声字。

陆侧/陸側 lùcè/ㄌㄨˋ ㄘㄜˋ
landside
【航】又称“陆区”。机场内旅客和其他公众可以自由进入的地区。对候机建筑物而言,通常以登机旅客的安全检查口为界。

陆岛 lùdǎo/ㄌㄨˋ ㄉㄠˇ
【地】即“大陆岛”(180 页)。

陆地/陸地 lùdì/ㄌㄨˋ ㄉㄧˋ
land
【地】地球表面除去海洋(有时也除去江河湖泊)的部分。包括大陆和岛屿。地球陆地总面积14 950万平方千米,占地球总面积的29%,平均海拔875米,大部分分布在北半球。

陆地棉/陸地棉 lùdìmián/ㄌㄨˋ ㄉㄧˋ ㄇㄧㄢˊ
upland cotton
【植】*Gossypium hirsutum* 通称“棉花”。锦葵科棉属。一年生草本植物。叶阔卵形,基部心形,三浅裂,中裂片常深裂达叶片之半,裂片宽三角状卵形。花单生于叶腋,萼杯状,裂片五枚,三角形;花冠白色或淡黄色,后变淡红色或紫色。蒴果卵圆形,种子卵圆形,具白色长棉毛和灰白色短棉毛。花期夏秋季。中国各产棉区广泛栽培。重要经济作物,种子纤维是纺织原料。
📖 陆地棉是尼日利亚的国花。

陆架 lùjià/ㄌㄨˋ ㄐㄧㄚˋ
【地】“大陆架”的简称。

陆军水雷/陸軍水雷 lùjūn shuǐléi/ㄌㄨˋ ㄐㄩㄣ ㄕㄨㄟˇ ㄌㄟˊ
army water mine
【军】供陆军在近海浅水域和江河湖泊中使用的水雷。通常由雷壳、装药、引信、发火装置、辅助仪表和定深装置组成。可用人工、船艇、火箭和飞机布设,组成陆军水雷区,以毁伤船艇或两栖登陆车辆,迟滞敌方行动。可分为抗登陆水雷和江河水雷。

陆棚 lùpéng/ㄌㄨˋ ㄆㄥˊ
【地】即“大陆架”(180 页)。

陆桥运输/陸橋運輸 lùqiáo yùnshū/ㄌㄨˋ ㄑㄧㄠˊ ㄩㄣˋ ㄕㄨ
land bridge transportation
【物流】一种联合运输方式。利用横跨大陆的铁路作为桥梁,把大陆两端的海洋连接起来组成连贯的运输线路。包括大陆桥运输、小陆桥运输和微型陆桥运输。

陆壳/大陸地殼 lùqiào/ㄉㄚˋ ㄌㄨˋ ㄉㄧˋ ㄎㄜˊ
continental crust
【地】分布于大陆及浅海大陆架的地壳。多为双层结构,上部为硅铝层,下部为硅镁层。

陆禽/陸禽 lùqín/ㄌㄨˋ ㄑㄧㄣˊ
terrestores
【动】又称“走禽”。鸟的一类。翅膀短圆,不善飞行,善于在地面觅食。如原鸽、原鸡、鹌鹑等。

陆区 lùqū/ㄌㄨˋ ㄑㄩ
【航】即“陆侧”(757 页)。

陆生植物/陸生植物 lùshēng zhíwù/ㄌㄨˋ ㄕㄥ ㄓˊ ㄨˋ
terrestrial plant
【植】生长在陆地上的植物。包括湿生植物、中生植物和旱生植物。

陆相/陸相 lùxiàng/ㄌㄨˋ ㄒㄧㄤˋ
continental facies
【地】沉积相的一类。是大陆环境所形成的沉积。以碎屑沉积物(砾、砂、粉砂、黏土等)为主,也包括蒸发岩(石盐石膏等),及火山碎屑和熔岩。岩石碎屑分选欠佳,在水平方向上岩相变化大,含陆生生物化石。可分为残积相、坡积相、洪积相、冲积相、湖积相、冰碛相、火山相等。

陆相沉积/陸相沈積
lùxiàng chénjī/ㄌㄨˋ ㄒㄧㄤˋ ㄔㄣˊ ㄐㄧ
continental sedimentation
【地】又称"大陆沉积"。大陆环境下沉积下来的物质。包括河流、湖泊、冰川沉积物,风积物,坡积物,洪积物,残积物和地下水沉积物等。

陆缘冰 lùyuánbīng/ㄌㄨˋ ㄩㄢˊ ㄅㄧㄥ
【地】即"冰架"(70 页)。

录入键 lùrùjiàn/ㄌㄨˋ ㄖㄨˋ ㄐㄧㄢˋ
【信息】即"回车键"(543 页)。

录像/録影 lùxiàng/ㄌㄨˋ ㄧㄥˇ
video
【信息】利用专门设备,通过光学、电磁等方法把图像(多指活动的)及其伴音信号录制下来。可分为光电录像(如电影)、磁带录像等。也指录制下来的图像。

录像带/録影帶
lùxiàngdài/ㄌㄨˋ ㄧㄥˇ ㄉㄞˋ
video tape
【轻】磁带记录器的一种。用于录制、存储和播放模拟影音视频信号的磁带。按使用录像机种类的不同,分为家用型(video home system,即 VHS)、专业型(即广播级数字磁带)等;适用于普通型录像机的 VHS 型录像带又可分为标准型(ST)、高标准型(HS)、超高标准型(SP)和优质分辨型(FR)。有 Hi-Fi 标记的高保真录像带适用于具有高保真伴音功能的录像机,用来录制具有保存价值的视频节目。

录像机/磁帶録影機
lùxiàngjī/ㄘˊ ㄉㄞˋ ㄌㄨˋ ㄧㄥˇ ㄐㄧ
video tape recorder, VTR
【轻】能进行图像存储处理的计算机系统。具有远程监视和控制的功能,能存储并重新发送电视节目或闭路电视监视系统中的视频信号。按信号记录介质的不同,可分为模拟视频录像机和数字录像机(digital video recorder,即 DVR),二者分别采用磁带和数字硬盘记录视频信号。

录音机/録音機 lùyīnjī/ㄌㄨˋ ㄧㄣ ㄐㄧ
recorder
【轻】记录并能重放声音的设备。能利用磁性材料的剩磁特性将声音信号记录在磁带等载体上,主要由电磁转化装置(磁头)、驱动机构、电子线路、录放控制装置等构成。具有录音、放音和消音功能,有专业型和家用型之分。家用型多为盒式磁带录音机,录、放功能由一个磁头完成。

陸橋 ㄌㄨˋ ㄑㄧㄠˊ/lùqiáo
transcontinental railway
【交】台湾名。即"大陆桥"(180 页)。

鹿/鹿 lù/ㄌㄨˋ
deer
【动】哺乳动物名。偶蹄目鹿科动物的统称。反刍类,通常雄的有角,毛多为褐色,有的有花斑或条纹。性机警。善奔跑。生活在混交林、山地、草原和森林边缘,以青草、嫩芽、树叶等为食。种类很多,在中国,常见的有梅花鹿、马鹿、驼鹿、驯鹿、麝、麂、獐、狍等。

鹿角菜 lùjiǎocài/ㄌㄨˋ ㄐㄧㄠˇ ㄘㄞˋ
【植】即"角叉菜"(616 页)。

鹿茸/鹿茸 lùróng/ㄌㄨˋ ㄖㄨㄥˊ
Cornu Cervi Pantotrichum(拉), pilose antler, * velvet deerhorn
【中医】中药名。鹿科动物梅花鹿 *Cervus nippon* Temminck 或马鹿 *C. elaphus* Linnaeus 的雄鹿未骨化密生茸毛的幼角。味甘、咸,性温。归肾、肝经。壮肾阳,益精血,强筋骨,调冲任,托疮毒。用于阳痿滑精,宫冷不孕,羸瘦,神疲,畏寒,眩晕耳鸣耳聋,腰脊冷痛,筋骨痿软,崩漏带下,阴疽不敛。每日用量 1～2 克,研末冲服。

📖 鹿角胶:梅花鹿或马鹿的角煎熬而成的胶块。温补肝肾,益精养血。用于肝肾不足所致的腰膝酸冷,阳痿遗精,虚劳羸瘦,崩漏下血,便血尿血,阴疽肿痛。

禄丰龙/禄豐龍
lùfēnglóng/ㄌㄨˋ ㄈㄥ ㄌㄨㄥˊ

L

Lufengosaurus

【地】*Lufengosaurus* 恐龙的一属。属蜥臀目,兽脚类。身长6～7米,脚上有趾,趾端有粗大的爪,前肢短小,后肢粗壮,多用后肢行走,停止时前肢也落地。尾粗壮,站立时用来支撑身体。以植物为食。生存于距今约1.9亿年的早侏罗世。因发现于中国云南禄丰,故名,是在中国发现的第一个完整的恐龙化石。

路/路 lù/ㄌㄨˋ

circuit

【电】相互连接的路元件的集合。通常是"电路"和"磁路"的统称。

路程/路程 lùchéng/ㄌㄨˋ ㄔㄥˊ

path

【物】运动轨迹的长度。为标量,常用 s 表示,单位米。

路拱/路拱 lùgǒng/ㄌㄨˋ ㄍㄨㄥˇ

crown

【建】路面横断面的两端与中间形成一定坡度的拱起形状。

路轨/軌道 lùguǐ/ㄍㄨㄟˇ ㄉㄠˋ

track, rail

【交】❶铺设火车道或电车道用的长条钢材。❷轨道。

路基/路基 lùjī/ㄌㄨˋ ㄐㄧ

subgrade

【建】按照路线位置和一定技术要求修筑的作为路面基础的带状构造物。

路基修整机/路基修整機

lùjī xiūzhěngjī/ㄌㄨˋ ㄐㄧ ㄒㄧㄡ ㄓㄥˇ ㄐㄧ

grade trimming machine

【机】工程机械的一种。用于道路施工,装有旋转切削轮,在铺设路面材料之前,将公路或机场路的路基精确地整修成预定的轮廓。

路肩/路肩 lùjiān/ㄌㄨˋ ㄐㄧㄢ

shoulder, verge

【建】位于车行道外缘至路基边缘,具有一定宽度的带状部分。为保持车行道的功能和临时停车使用,并作为路面的横向支承。可分为硬路肩和土路肩。

路径 lùjìng/ㄌㄨˋ ㄐㄧㄥˋ

【信息】即"通道"(1137页)。

路块铺设机

lùkuài pūshèjī/ㄌㄨˋ ㄎㄨㄞˋ ㄆㄨ ㄕㄜˋ ㄐㄧ

【机】即"路石铺设机"(759页)。

路面/路面 lùmiàn/ㄌㄨˋ ㄇㄧㄢˋ

pavement

【建】道路表面的层状构造物。用各种筑路材料铺筑在路基上,直接承受车辆、行人的荷载。

路面铣刨机/路面銑刨機

lùmiàn xǐbàojī/ㄌㄨˋ ㄇㄧㄢˋ ㄒㄧㄢˇ ㄅㄠˋ ㄐㄧ

road milling machine

【机】工程机械的一种。用于沥青路面养护施工中铣刨道路铺装层。可分为冷铣式和热铣式两种。

路石铺设机/路石鋪設機

lùshí pūshèjī/ㄌㄨˋ ㄕˊ ㄆㄨ ㄕㄜˋ ㄐㄧ

paving stone laying machine

【机】又称"路块铺设机"。工程机械的一种。用于道路施工,装有起重吊臂和抓爪,可从载货汽车或料堆中抓取预制的铺路石(铺路块),并搬运、铺设在施工路面的合适位置。

路由/路由 lùyóu/ㄌㄨˋ ㄧㄡˊ

route

【信息】通信网中信息从信源到信宿的路径。

路由器/路由器 lùyóuqì/ㄌㄨˋ ㄧㄡˊ ㄑㄧˋ

router

【信息】为信息流或数据分组选择路由的设备。可实现相同或不同类型网络的互连,工作在开放系统互连参考模型的网络层,不同于工作在从运输层到应用层的网关。

路由选择/路由選擇

lùyóu xuǎnzé/ㄌㄨˋ ㄧㄡˊ ㄒㄩㄢˇ ㄗㄜˊ

routing

【信息】又称"选路"。确定在网络上传输信号、消息所经通路的过程。选择不同路由影响到信息通过网络的传输延迟,当所选的路由集中于网络的某一部分时,还可能造成其阻塞。

路元件/路元件

lùyuánjiàn/ㄌㄨˋ ㄩㄢˊ ㄐㄧㄢˋ

circuit element

【电】在电磁学中，用电磁场相关的量的积分量之间的一个或几个关系来表征的器件的数学模型。具体来讲，只涉及电积分量之间的关系的路元件称为电路元件，而只涉及磁积分量之间的关系的路元件称为磁路元件。

盝顶/盝頂 lùdǐng/ㄌㄨˋ ㄉㄧㄥˇ

truncated roof

【建】四面为坡顶，顶部为平顶的屋面形式。平顶四方有平脊，因其外形如盒(盝)盖而得名。元代宫室有盝顶殿，由平顶屋面与坡顶结合而成。

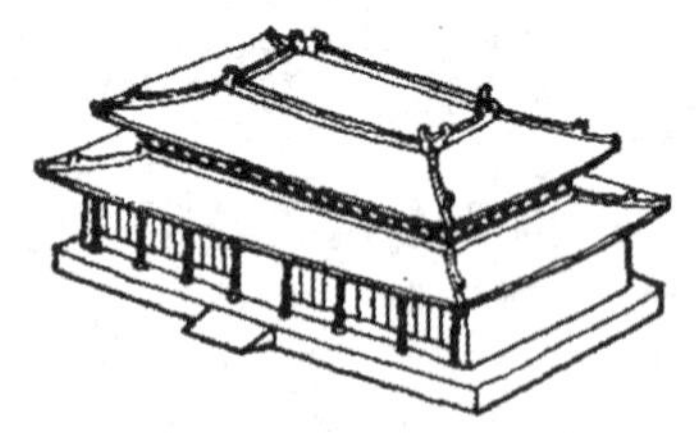

盝 顶

録影 ㄌㄨˋ ㄧㄥˇ/lùyǐng

video

【信息】台湾名。即“录像”(758 页)。

録影帶 ㄌㄨˋ ㄧㄥˇ ㄉㄞˋ/lùyǐngdài

video tape

【轻】台湾名。即“录像带”(758 页)。

轆轆船 ㄌㄨˋ ㄌㄨˋ ㄔㄨㄢˊ/lùlùchuán

roll on/roll off ship

【船】台湾名。即“滚装船”(453 页)。

鹭/鷺 lù/ㄌㄨˋ

egret, heron

【动】鸟名。鹳形目鹭科部分鸟的统称。身体较大，瘦削，喙直而尖，颈和足长，尾短，羽毛有白色、褐色、灰蓝色等，飞行时颈收缩于两肩间，脚向后直伸。主要栖息于河湖岸边或水田、湿地，以鱼类、昆虫和甲壳动物等为食。种类较多，常见的有白鹭(*Egretta garzetta*)、苍鹭等。

鹭

露/露 lù/ㄌㄨˋ

dew

【气】地面凝结现象的一种。气温高于冰点时，空气中的水汽在地面及地面物体上凝结而成的水珠。易在夜间形成。

露点 lùdiǎn/ㄌㄨˋ ㄉㄧㄢˇ

【气】“露点温度”的简称。

露点温度/露點溫度

lùdiǎn wēndù/ㄌㄨˋ ㄉㄧㄢˇ ㄨㄣ ㄉㄨˋ

dew point temperature

【气】简称“露点”。在不改变空气的水汽含量和气压的条件下，冷却到水汽达到饱和时的温度。该温度与气温的差值反映了水汽在空气中的饱和程度，故可用其表示空气湿度。

露虹/露虹 lùhóng/ㄌㄨˋ ㄏㄨㄥˊ

dewbow

【气】清晨在布满水滴的草地上形成的虹。观察者站在草地上，背对阳光所看到的自己头影周围略呈白色或白绿色光亮的区域。

露菌病 ㄌㄨˋ ㄐㄩㄣˋ ㄅㄧㄥˋ/lùjūnbìng

downy mildew

【农】台湾名。即“霜霉病”(1062 页)。

露头/露頭 lùtóu/ㄌㄨˋ ㄊㄡˊ

outcrop

【地】岩石、矿体等出露于地表的部分。地质观察和研究的重要对象，矿体的露头是探测矿床的重要线索。自然出露的称为天然露头，工程揭露的称为人工露头；氧化不深的称为原生露头，氧化明显的称为风化露头。

lǘ （ㄌㄩˊ）

驴/驢 lǘ/ㄌㄩˊ

donkey

【动】*Equus asinus* 哺乳动物名。奇蹄目马科。家畜。身体比马小，耳长，胸部稍窄，毛多灰褐色，尾端有毛。家驴性温顺，耐粗饲，善驮载，多用作力畜。中国野驴主要分布于内蒙古、甘肃、青海、新疆、西藏等

驴

地。

闾里 lúlǐ/ㄌㄩˊ ㄌㄧˇ

【建】即“里坊”(722 页)。

旅居车/旅居掛車

lǚjūchē/ㄌㄩˇ ㄐㄩ ㄍㄨㄚˋ ㄔㄜ

motor caravan

【交】乘用车的一种。车内具有座椅、桌子、睡具(可由座椅放平转换)、炊事设施、储藏设施等,适于亲友集体郊游或远足。

旅居掛車

ㄌㄩˇ ㄐㄩ ㄍㄨㄚˋ ㄔㄜ/lǚjū guàchē

motor caravan

【交】台湾名。即“旅居车”(761 页)。

旅客机 lǚkèjī/ㄌㄩˇ ㄎㄜˋ ㄐㄧ

【航】“客机”的全称。

旅客列车/旅客列車

lǚkè lièchē/ㄌㄩˇ ㄎㄜˋ ㄌㄧㄝˋ ㄔㄜ

passenger train

【交】以铁路客车(或代用客车)编组,运送旅客、行李、包裹、邮件的列车。按编组计划、运行要求和速度不同,分为高速动车组旅客列车(G 字头)、城际动车组旅客列车(C 字头)、动车组旅客列车(D 字头)、直达特快旅客列车(Z 字头)、特快旅客列车(T 字头)、快速旅客列车(K 字头)、普通旅客列车、临时旅客列车(L 字头)、旅游列车(Y 字头)等。

旅鸟/旅鳥 lǚniǎo/ㄌㄩˇ ㄋㄧㄠˇ

passing bird

【动】候鸟迁徙途中经过某一地区,不在此地繁殖、越冬,即称为该地区的旅鸟。

📖 正常迁徙时不经过此地,因迷失了方向来到此地的鸟,称为迷鸟。根本不是此地自然分布的,而在运输、贩卖过程中逃逸或放生到此地的鸟,称为逃逸鸟。

旅行车/旅行車

lǚxíngchē/ㄌㄩˇ ㄒㄧㄥˊ ㄔㄜ

station wagon

【机】乘用车的一种。车身为封闭式,后部可提供较大内部空间。车尾外形也按可提供较大的内部空间设计。车顶(顶盖)为固定式,硬顶。有的顶盖一部分可以开启。有 4 个或 4 个以上座位,至少两排。座椅的一排或多排可拆除,或装有向前翻倒的座椅靠背,以提供装载平台。有 2 个或 4 个侧门,并有一后开启门。有 4 个或 4 个以上侧窗。

旅游列车/旅遊列車

lǚyóu lièchē/ㄌㄩˇ ㄧㄡˊ ㄌㄧㄝˋ ㄔㄜ

tourist train

【交】在名胜古迹、游览胜地所在站和大中城市间开行的旅客列车。在车次前冠以字母 Y(“游”字汉语拼音的首字母,例如 Y10 读作 yóu10)。

铝/鋁 lǚ/ㄌㄩˇ

alumin(i)um

【化】金属元素。属周期表第ⅢA 族,符号 Al,原子序数 13。原子量26.98。单质为银白色轻金属,是地壳中含量最多的金属,质软,有延展性,导电性、导热性好,在空气中表面发生缓慢氧化,形成防止金属进一步腐蚀的氧化膜,溶于强碱生成铝酸盐,溶于稀酸生成盐并放出氢。

📖 1754 年,德国的马格拉夫(A.S.Marggraf)从明矾中分离出氧化铝(俗称矾土);1825 年,丹麦的奥斯特(H.C.Oersted)用钾汞齐还原无水氧化铝而制取不纯的铝;1854 年,法国的德维尔(S.C.Deville)用钠还原氧化铝而获取纯铝。拉丁文定名为 aluminium,源自拉丁文 alumen,意思是“收敛性矾”。中文定名为“铝”,是形声字。

铝矾土/鋁土礦

lǚfántǔ/ㄌㄩˇ ㄈㄢˊ ㄊㄨˇ

㊀ bauxite, ㊁ bauxite rock

㊀【地】富含铝质的岩石。主要成分为几种含水的氧化铝矿物,为含有杂质的水合氧化铝。白色或灰白色,因含铁而呈褐黄或浅红色,莫氏硬度 1～3,密度 4 克/厘米^3,质脆,极难熔化,不溶于水,溶于硫酸、氢氧化钠溶液。主要用于炼铝和制耐火材料。㊁【化】在台湾,铝矾土也指“矾土”(311 页)。

鋁土礦 ㄌㄩˇ ㄊㄨˇ ㄎㄨㄤˋ/lǚtǔkuàng

bauxite

【地】台湾名。即“铝矾土”(761 页)。

履带起重机/履帶起重機

lǚdài qǐzhòngjī/ㄌㄩˇ ㄉㄞˋ ㄑㄧˇ ㄓㄨㄥˋ ㄐㄧ

crawler crane

【机】起重机的一种。起重作业部分装设在履带底盘上,行走依靠履带装置。用于物料起

L

重、运输、装卸和安装等作业。牵引力大，接地比压小，稳定性好，越野能力和爬坡能力强。按传动方式不同，可分为机械式和液压式。

履带式装甲车辆/履帶式裝甲車輛
lǚdàishì zhuāngjiǎ chēliàng/ ㄌㄩˇ ㄉㄞˋ ㄕˋ ㄓㄨㄤ ㄐㄧㄚˇ ㄔㄜ ㄌㄧㄤˋ
tracked armored vehicle
【军】用履带行驶的重型装甲车辆。履带与地面的接触面积大，压强小，附着性能好，易于通过松软地面和较大的坡坎、沟渠等障碍，最小转向半径小，可原地转向等，越野机动性能强，但噪声大。可分为履带式战斗车辆和履带式保障车辆。

履带拖拉机/履帶式曳引機
lǚdài tuōlājī/ ㄌㄩˇ ㄉㄞˋ ㄕˋ ㄧㄝˋ ㄧㄣˇ ㄐㄧ
crawler tractor, tracklayer
【机】又称"链轨拖拉机"。拖拉机的一种。装有履带行走装置。牵引附着性、松软潮湿地通过性、稳定性等均较轮式拖拉机好。适于耕地、开荒、农田基建、林业生产以及在低湿和沼泽地上重负荷作业。

履帶式曳引機
ㄌㄩˇ ㄉㄞˋ ㄕˋ ㄧㄝˋ ㄧㄣˇ ㄐㄧ/lǚdàishì yèyǐnjī
crawler tractor, tracklayer
【机】台湾名。即"履带拖拉机"(762 页)。

绿宝石/綠寶石 lǜbǎoshí/ ㄌㄩˋ ㄅㄠˇ ㄕˊ
emerald
【地】❶祖母绿。❷宝石中的绿柱石。特指除祖母绿、海蓝宝石以外的其他颜色的宝石级的绿柱石。有金黄、浅柠檬黄、紫、粉红褐等颜色。

绿茶/綠茶 lǜchá/ ㄌㄩˋ ㄔㄚˊ
green tea
【轻】又称"不发酵茶"。基本茶类之一。因干叶、汤色、叶底均为绿色，故名。有茶叶的本香。制作时经杀青、揉捻或不揉捻、干燥而成，不发酵。按制作方式的不同，又可分为炒青绿茶、烘青绿茶、晒青绿茶和蒸青绿茶；按叶形不同，又可分为条形绿茶、针形绿茶、扁形绿茶、卷曲形绿茶、螺形绿茶、圆珠形绿茶、单芽形绿茶。主要产于浙江、安徽、湖南、江西、江苏、湖北和贵州等地。名品有西湖龙井、洞庭碧螺春、黄山毛峰、庐山云雾等。

绿豆/綠豆 lǜdòu/ ㄌㄩˋ ㄉㄡˋ
greenbean
【植】*Vigna radiate* 豆科豇豆属。一年生草本植物。茎直立，被毛。羽状复叶，小叶三枚，卵形全缘，侧生小叶偏斜。总状花序腋生，花冠蝶形，黄绿色略带粉红色。荚果圆柱形，成熟时黑色，种子淡绿色或黄褐色，短圆柱形。花期初夏，果期 6—8 月份。在中国，分布于各地。种子可作粮食，也可入药。

绿矾/綠礬 lǜfán/ ㄌㄩˋ ㄈㄢˊ
green vitriol, copperas
【化】又称"铁矾"。无机化合物。即七水硫酸亚铁($FeSO_4 \cdot 7H_2O$)。亮绿色晶体或颗粒，有腐蚀性，在干燥空气中能风化。64～90 ℃时失去六个结晶水，300 ℃时完全脱水，同时部分分解。易被潮湿空气氧化。可用作农药、医药收敛剂及补血剂、净水剂、木材防腐剂、分析试剂，也用于制墨水、颜料、肥料等。

绿肥/綠肥 lǜféi/ ㄌㄩˋ ㄈㄟˊ
green manure
【农】有机肥料的一种。是可用作肥料的绿色植物体。分为野生绿肥和栽培绿肥，前者如杂草、树叶、鲜嫩灌木等；后者以豆科作物为主，如苜蓿、紫云英等，其他还有黑麦草、绿萍、凤眼莲等。大部分绿肥可用作饲料。

绿篱/綠籬 lǜlí/ ㄌㄩˋ ㄌㄧˊ
hedge
【建】成行密植木本或草本植物，经造型修剪而成的像篱笆的围墙。

绿萝/黄金葛 lǜluó/ ㄏㄨㄤˊ ㄐㄧㄣ ㄍㄜˊ
scindapsus aureus
【植】*Epipremnum aureum* 天南星科麒麟叶属。高大攀缘藤本植物。茎节间有纵槽，多分枝，枝悬垂。叶柄长，叶片纸质，宽卵形，先端尖，基部心形，表面有多数不规则的纯黄色斑块，全缘。不易开花。中国各地均有栽培。观赏植物。

绿泥石/綠泥石 lǜníshí/ ㄌㄩˋ ㄋㄧˊ ㄕˊ
chlorite
【地】绿泥石族矿物的统称。成分比较复杂，是镁、铁、铝的铝硅酸盐，常含钙、钛、锰、铬等。单斜晶系。晶体呈板状，集合体呈片状、鳞状或致密块状。颜色为深浅不同的绿色,莫氏硬度2～2.5。按化学成分不同,可分为正绿泥石和鳞绿泥石两个亚族。正绿泥石中氧化亚铁(FeO)和氧化铁(Fe_2O_3)的含量不超过氧化镁(MgO)和氧化铝(Al_2O_3)的总量,通常结晶较粗,主要有叶绿泥石和斜绿泥石;鳞绿泥石中氧化亚铁(FeO)和氧化铁(Fe_2O_3)超过氧化镁(MgO)和氧化铝(Al_2O_3),故又称富铁绿泥石亚族,晶体通常很细小或呈隐晶质,主要有鳞绿泥石和鲕绿泥石。鲕绿泥石为海洋沉积成因,大量聚积时可用作炼铁矿物原料。

绿萍 lǜpíng/ㄌㄩˋ ㄆㄧㄥˊ

【植】即"满江红"(783 页)。

📖 满江红的变种。常绿满江红植物体终年常绿,不变颜色,故名。

绿墙/綠牆 lǜqiáng/ㄌㄩˋ ㄑㄧㄤˊ

green wall

【建】用枝叶茂盛的植物或植物构架而成的高于人视线的围墙。

绿色包装/綠色包裝

lǜsè bāozhuāng/ㄌㄩˋ ㄙㄜˋ ㄅㄠ ㄓㄨㄤ

green packaging

【环】具备安全性、经济性、实用性及废弃物可处理和再利用的包装。一些发达国家将其概括为按 4R1D 原则设计的包装,4R1D 是:Reduce(减量化)、Reuse(能重复利用)、Recycle(能回收再用)、Refill(能再填充使用)、Degradable(能降解腐化)。

绿色标志 lǜsè biāozhì/ㄌㄩˋ ㄙㄜˋ ㄅㄧㄠ ㄓˋ

【环】即"环境标志"(523 页)。

绿色产品/綠色産品

lǜsè chǎnpǐn/ㄌㄩˋ ㄙㄜˋ ㄔㄢˇ ㄆㄧㄣˇ

green product

【环】产品生产过程及其本身节约资源和能源、低污染和低毒性、可再生和可回收的产品。包括在产品生命周期全过程中符合特定的环境保护要求,具有优良的使用性能和环境友好性质。

绿色革命/綠色革命

lǜsè gémìng/ㄌㄩˋ ㄙㄜˋ ㄍㄜˊ ㄇㄧㄥˋ

green revolution

【环】20 世纪 60 年代至 70 年代中期,发展中国家以培育矮秆和半矮秆早熟高产作物品种为主要标志,以更有效地使用化肥为基础的农业技术革命运动。

绿色建筑/綠建築

lǜsè jiànzhù/ㄌㄩˋ ㄐㄧㄢˋ ㄓㄨˋ

green building

【建】能够节约资源、符合环保要求的建筑。在建筑的全寿命周期内,最大限度地节能、节地、节水、节材,保护环境,减少污染,为人们提供健康、适用和高效的使用空间,与自然和谐共生。

绿色设计 lǜsè shèjì/ㄌㄩˋ ㄙㄜˋ ㄕㄜˋ ㄐㄧˋ

【环】即"生态设计"(1008 页)。

绿色食品/綠色食品

lǜsè shípǐn/ㄌㄩˋ ㄙㄜˋ ㄕˊ ㄆㄧㄣˇ

green food

【环】经专门机构认定,许可使用相应标志的无污染、安全、优质、营养的食品。不含对人体有毒有害物质,其农药残留量、重金属含量和细菌含量等必须低于一定标准。绿色食品与有机食品是有区别的,如前者在生产中允许少量使用对人体无害的人工合成化学物质,而后者则完全禁用。

绿色物流/綠色物流

lǜsè wùliú/ㄌㄩˋ ㄙㄜˋ ㄨˋ ㄌㄧㄡˊ

environmental logistics

【物流】采取措施,降低物流对环境的污染,减少资源消耗,以实现可持续发展的物流活动。

绿色消费/綠色消費

lǜsè xiāofèi/ㄌㄩˋ ㄙㄜˋ ㄒㄧㄠ ㄈㄟˋ

green consumption

【环】对环境不构成破坏和威胁的可持续消费方式。是以适度节制消费,避免或减少对环境的污染和破坏,崇尚自然和保护生态等为特征的消费。其表现为消费时选择未被污染、有助健康的产品,消费过程中注重垃圾处理,在追求生活舒适的同时注重环境保护。

绿松石/綠松石

lǜsōngshí/ㄌㄩˋ ㄙㄨㄥ ㄕˊ

turquoise

【地】又称"土耳其玉"。矿物。成分为 $CuAl_6[PO_4]_4(OH)_8 \cdot 4H_2O$,常含铁和锌。三斜晶系。常呈隐晶质块状,也呈结核状和皮壳状。苹果绿或灰绿色,也有天蓝色,蜡状光泽,莫氏硬度 5～6,密度 2.6～2.8 克/厘米³。颜色鲜艳的块状物可用作工艺雕刻材料,松

L

散的碎屑可作颜料。

绿头鸭/綠頭鴨 lǜtóuyā/ㄌㄩˋ ㄊㄡˊ ㄧㄚ

mallard

【动】*Anas platyrhynchos* 鸟名。雁形目鸭科鸭属。体长 50 厘米左右，雄鸭头颈绿色，带金属光泽，颈部有白色环纹，尾羽向上卷曲，上体大都暗灰褐色，下体灰白色。雌鸭有深色的贯眼纹。主要栖息于河湖芦苇丛中，以植物种子为食，也吃鱼虾、贝类等。分布很广。

绿岩/綠岩 lǜyán/ㄌㄩˋ ㄧㄢˊ

greenstone

【地】变质岩的一类。是中基性喷出岩经轻微变质作用形成的绿色块状变质岩的统称。常见矿物为绿泥石、绿帘石、黝帘石、钠长石、石英、方解石等。致密块状，片理不发育。

绿洲/綠洲 lǜzhōu/ㄌㄩˋ ㄓㄡ

oasis

【地】沙漠中有稳定的水源，可以对土地进行灌溉，适于植物生长的地方。多呈带状或点状分布在河流或井、泉附近，以及有冰雪融水的山麓地带。

绿柱石/綠柱石 lǜzhùshí/ㄌㄩˋ ㄓㄨˋ ㄕˊ

beryl

【地】矿物。成分为 $Be_3Al_2[Si_6O_{18}]$。六方晶系。晶体常见，呈六方柱状。通常白色带绿，呈翠绿色并透明的称祖母绿，呈蔚蓝色透明的称海蓝宝石，呈玫瑰色透明的称铯绿柱石。玻璃光泽，莫氏硬度 7.5，密度 2.9 克/厘米^3。是提取铍的主要矿物原料。祖母绿、海蓝宝石、铯绿柱石为宝石。

葎草/葎草 lǜcǎo/ㄌㄩˋ ㄘㄠˇ

scandent hop

【植】*Humulus scandens* 桑科葎草属。多年生攀缘草本植物。茎、枝、叶柄有钩刺。叶纸质，肾状五角形，掌状 5～7 深裂，基部心形，边缘有齿，表面粗糙。雌雄异株，雄花序为圆锥花序，黄绿色，雌花序球果状。花期春夏季。在中国，除新疆、青海外均有分布。常见野草。全草入药。

葎 草

氯/氯 lǜ/ㄌㄩˋ

chlorine

【化】非金属元素。属周期表第ⅦA 族，符号 Cl，原子序数 17。原子量 35.44。自然界主要以氯化钠的形式存在。工业上用途广泛。单质氯气也简称氯。

📖 1774 年，瑞典的舍勒(C. W. Scheele)从加热软锰矿和盐酸混合后的蒸发物中发现一种有强刺激性的黄绿色气体，因其微溶于水后呈酸性，称之为"失去燃素的盐酸"；1810 年，英国的戴维(H. Davy)断定这是一种新元素的单质。拉丁文定名为 chlorine，源自希腊文 chloros，意思是"黄绿色"。中文定名为"氯"，是形声字。

氯仿/氯仿 lǜfǎng/ㄌㄩˋ ㄈㄤˇ

chloroform，trichloromethane

【化】学名"三氯甲烷"。有机化合物。无色透明液体，易挥发，遇空气或日光分解为有剧毒的光气。化学性质活泼。主要用作有机溶剂及化工原料，曾用作麻醉剂。是可疑致癌物。

氯化钠/氯化鈉 lǜhuànà/ㄌㄩˋ ㄏㄨㄚˋ ㄋㄚˋ

sodium chloride

【化】无机化合物。化学式 NaCl。无色透明晶体，溶于水。自然界大量存在于海洋、盐湖、盐井和岩盐中，可从海洋、盐湖、盐井取水，经浓缩、结晶获取。是重要的化工原料，用于制氯气、氢气、盐酸、纯碱等。是食盐的主要成分。

氯气/氯氣 lǜqì/ㄌㄩˋ ㄑㄧˋ

chlorine

【化】氯的单质。双原子分子，黄绿色气体，带刺激性臭味，有毒。工业上用电解食盐制取，实验室中用盐酸和二氧化锰制取。可用于漂白、杀菌或制染料、农药、塑料等。

滤波/濾波 lǜbō/ㄌㄩˋ ㄅㄛ

filtering

【信息】通信中将信号中某些频率分量除去的处理过程。

滤波器/濾波器 lǜbōqì/ㄌㄩˋ ㄅㄛ ㄑㄧˋ

filter

【电】一种线性二端口器件。按规定法则设计，用来传递输入量的各频谱分量，通常是为通过某些频带的频谱分量而衰减在其他一些频带内的频谱分量。

滤毒通风装置/濾毒通風裝置
lǜdú tōngfēng zhuāngzhì/
ㄌㄩˋ ㄉㄨˊ ㄊㄨㄥ ㄈㄥ ㄓㄨㄤ ㄓˋ
gas particulate filter unit
【军】安装于密闭工事和车辆、帐篷、舰艇、飞机中的一种集体防护装备。通常由滤毒器、预滤器、油网滤尘器、离心式通风机、密闭阀门、通风管道以及空气流量计等组成。作用是把外界空气中的毒剂、生物战剂、放射性灰尘滤净后，送入密闭舱室，供人员呼吸，并使内部形成超压，阻止受染空气渗入，使防毒通道换气，以排除人员进出时带入的受染空气。

滤纸/濾紙 lǜzhǐ/ㄌㄩˋ ㄓˇ
filter paper
【化】供过滤用的纸。流体悬浮物通过时能有选择地滞留颗粒。

緑建築 ㄌㄩˋ ㄐㄧㄢˋ ㄓㄨˊ/lǜjiànzhù
green building
【建】台湾名。即“绿色建筑”(763 页)。

luan （ㄌㄨㄢ）

孪晶 luánjīng/ㄌㄩㄢˊ ㄐㄧㄥ
【地】即“双晶”(1059 页)。

卵 ㄌㄨㄢˇ/luǎn
ovum
【动】台湾名。即“卵子”(765 页)。

卵巢癌/卵巢癌
luǎncháo'ái/ㄌㄨㄢˇ ㄔㄠˊ ㄧㄢˊ(又读ㄞˊ)
ovarian carcinoma, OC; oophoroma
【医】发生于卵巢的恶性肿瘤。其细胞类型多样，组织结构复杂，生物学特性各异。多因腹痛或发现腹块而就诊。

卵巢早衰/卵巢早衰
luǎncháo zǎoshuāi/
ㄌㄨㄢˇ ㄔㄠˊ ㄗㄠˇ ㄕㄨㄞ
premature ovarian failure
【医】多种病因导致的卵巢功能的过早衰退的综合征。通常表现为 40 岁前月经终止。

卵磷脂/卵磷脂
luǎnlínzhī/ㄌㄨㄢˇ ㄌㄧㄣˊ ㄓ
lecithin, phosphatidylcholine
【生】磷脂的一类，即磷脂酰胆碱。由甘油、脂肪酸、磷酸和胆碱组成，在卵黄中含量高。

卵生/卵生 luǎnshēng/ㄌㄨㄢˇ ㄕㄥ
oviparity
【动】动物的一种生殖方式。受精卵在母体外发育、孵化为新个体。胚胎发育的营养来自卵自身所含的卵黄。如鸡、鱼、龟、青蛙、蜻蜓等都是卵生。

卵胎生/卵胎生
luǎntāishēng/ㄌㄨㄢˇ ㄊㄞ ㄕㄥ
ovoviviparity
【动】动物的一种生殖方式。介于卵生与胎生之间。受精卵在母体内发育，胚胎发育的营养仍来自卵自身所含的卵黄，直到孵化出新个体才与母体分离。如星鲨和蝮蛇等都是卵胎生。

卵子/卵 luǎnzǐ/ㄌㄨㄢˇ
ovum
【动】雌性生殖细胞。通常为球形或椭圆形，较精子大，多不能活动。

亂流 ㄌㄨㄢˋ ㄌㄧㄡˊ/luànliú
turbulent flow
【物】台湾名。即“湍流”(1154 页)。

lüe （ㄌㄩㄝ）

掠海地效翼船
lüèhǎi dìxiào yìchuán/
ㄌㄩㄝˋ ㄏㄞˇ ㄉㄧˋ ㄒㄧㄠˋ ㄧˋ ㄔㄨㄢˊ
【船】即“地效翼船”(230 页)。

lun （ㄌㄨㄣ）

伦敦圣保罗教堂/倫敦聖保羅教堂
Lúndūn Shèngbǎoluó Jiàotáng/
ㄌㄨㄣˊ ㄉㄨㄣ ㄕㄥˋ ㄅㄠˇ ㄌㄨㄛˊ ㄐㄧㄠˋ ㄊㄤˊ
St.Paul's Cathedral of London
【建】英国基督教的中心教堂。建于 1675—1710 年。1675 年设计时，平面为希腊十字形，前面出挑一个短前厅，中央是一个圆形鼓座与大穹顶，为集中式的型制。后应国王和教会要求，前面加一巴西利卡式的中殿，后面加一歌坛和一个圣坛，形成拉丁十字形的平面。内部长度包括半圆殿为 141 米，宽度包括侧廊为 30.8 米，面积约 6000 平方米。穹顶高 111 米，重 6600 吨。外穹顶由木模架上覆盖铅皮，轮廓略向上拉长，显得饱满，上端有 8 个洞，形成穹顶采光口。教堂外观富有纪念性，西立面有两种柱式，下层为科林斯柱式，上层为混合式，总高 33.6 米。

伦敦型烟雾

lúndūnxíng yānwù/ㄌㄨㄣˊ ㄉㄨㄣ ㄒㄧㄥˊ ㄧㄢ ㄨˋ

【环】即“还原性烟雾”(523 页)。因 20 世纪 50 年代常出现在英国伦敦，故名。

伦琴/倫琴 lúnqín/ㄌㄨㄣˊ ㄑㄧㄣˊ

röntgen

【计量】射线照射剂量的非国际单位制单位。用 R 表示。1 伦琴 $=2.58\times10^{-4}$ 库/千克。在标准状况下，X 射线(或 γ 射线)能在 0.001 293 克空气中产生电荷量各为 1 静电单位的正、负离子的电离能力，其照射量为 1 伦琴。为纪念德国物理学家伦琴(Wilhelm Konrad Röntgen，1845—1923)而命名。

轮对/輪對 lúnduì/ㄌㄨㄣˊ ㄉㄨㄟˋ

wheelset

【交】机车车辆部件的一种。由两个相同的车轮紧密地压装在一根车轴上而组成。下压钢轨，使机车车辆在轨道上运行。

轮伞花序/輪傘花序

lúnsǎn huāxù/ㄌㄨㄣˊ ㄙㄢˇ ㄏㄨㄚ ㄒㄩˋ

verticillaster

【植】花序的一种。二歧聚伞花序生于对生叶的叶腋，呈轮状排列。

轮生/輪生 lúnshēng/ㄌㄨㄣˊ ㄕㄥ

whorl

【植】叶序方式的一种。茎的每一节上生有三片或三片以上的叶，并作辐射状排列。如夹竹桃和圆柏的叶序。

轮式拖拉机/輪式曳引機

lúnshì tuōlājī/ㄌㄨㄣˊ ㄕˋ ㄧㄝˋ ㄧㄣˇ ㄐㄧ

wheel tractor

【机】拖拉机的一种。通过车轮行走，两轴或多轴。可分为后轮驱动型和四轮驱动型。前者驱动轮较大，前轮较小，轮距可调整，用于中等土壤的田间作业及运输；后者(分前轮较小和四轮相同两种)牵引附着性、通过性、操纵性都较前者为好。

轮式装甲车辆/輪式裝甲車輛

lúnshì zhuāngjiǎ chēliàng/ㄌㄨㄣˊ ㄕˋ ㄓㄨㄤ ㄐㄧㄚˇ ㄔㄜ ㄌㄧㄤˋ

wheeled armored vehicle

【军】用轮胎支撑和行驶的轻型装甲车辆。具有高度的机动性和一定的防护力，公路行驶速度快、油耗低、噪声小，乘坐舒适，适于高速长途机动，但越野通行能力和承载能力较差。可分为轮式战斗车辆和轮式保障车辆。

轮胎/輪胎 lúntāi/ㄌㄨㄣˊ ㄊㄞ

tyre

【机】各种车辆或机械上装配的接地滚动的圆环形弹性橡胶制品。通常安装在金属轮辋上，能支承车身，缓冲外界冲击，实现与路面的接触并保证车辆的行驶性能。按用途不同，可分为轿车轮胎、轻型载重汽车轮胎、工程机械轮胎、农业和林业机械轮胎、航空轮胎等。

轮胎起重机/輪行起重機

lúntāi qǐzhòngjī/ㄌㄨㄣˊ ㄒㄧㄥˊ ㄑㄧˇ ㄓㄨㄥˋ ㄐㄧ

wheel crane, rubber tired crane

【机】起重作业部分装设在专用底盘上并保持轮胎行驶特点。上部构造与履带式起重机基本相同。用于装卸重物和安装作业。为保证安装作业时机身的稳定性，设有四个可伸缩的支腿。起重量较小时可带载行走。机动性好，转移方便。适用于流动性作业。

轮胎压路机/輪胎壓路機

lúntāi yālùjī/ㄌㄨㄣˊ ㄊㄞ ㄧㄚ ㄌㄨˋ ㄐㄧ

pneumatic tyred roller

【机】又称“胶轮压路机”。压路机的一种。由多个充气轮胎对道路进行压实作业。压实过程有揉搓作用，使压实层颗粒不破坏而相嵌，均匀密实。机动性好，行驶速度快。

轮辋/輪緣 lúnwǎng/ㄌㄨㄣˊ ㄩㄢˊ

rim, wheel rim

【机】车轮上安装和支撑轮胎的环形钢圈。按结构不同，可分为深底式、平底式和组合式等。深底式轮辋主要用于各种轿车及各种无内胎轮胎，平底式轮辋主要用于大客车和货车，组合式轮辋主要用于重型汽车。

轮种 lúnzhòng/ㄌㄨㄣˊ ㄓㄨㄥˋ

【农】即“轮作”(767 页)。

轮轴/輪軸 lúnzhóu/ㄌㄨㄣˊ ㄓㄡˊ

㊀wheel and axle，㊁axle shaft

㊀【物】简单机械的一种。把轮(半径较大)和轴(半径较小)固定在一起，使它们能够绕同一轴线转动。例如辘轳、旋钮、绞盘、汽车方向盘等。轮和轴的半径相差越大，则越省力。㊁【机】在台湾，轮轴也指“半轴”(33 页)。

轮作/輪作 lúnzuò/ㄌㄨㄣˊ ㄗㄨㄛˋ

rotation

【农】又称“轮种”，俗称“倒茬”。在同一块田地上，在季节间或年间轮换种植不同的作物或复种组合的种植方式。有利于均衡地利用土壤养分，防治病、虫、草害，改善土壤理化性状，调节土壤肥力，保护土壤生产力。常见的有禾谷类轮作、禾豆轮作、粮食和经济作物轮作、水旱轮作、草田轮作等。

铊/錀 lún/ㄌㄨㄣˊ

roentgenium

【化】金属元素。属周期表第ⅠB 族。符号 Rg，原子序数 111。原子量 272。有放射性，由人工核反应获取。

📖 1994 年，在德国重离子研究中心的国际科研组使用重离子加速器合成的新核素。拉丁文定名为 roentgenium，源自 W. K. Röntgen，是德国科学家伦琴的姓，用以纪念他发现 X 射线 100 周年。中文定名为“铊”，是形声字，2007 年由两岸化学界人士共同商议确定。

輪機壓縮機

ㄌㄨㄣˊ ㄐㄧ ㄧㄚ ㄙㄨㄛ ㄐㄧ/lúnjī yāsuōjī

turbo-compressor

【机】台湾名。即“透平式压缩机”(1146 页)。

輪磨 ㄌㄨㄣˊ ㄇㄛˊ/lúnmó

grinding

【机】台湾名。即“磨削”(809 页)。

輪式曳引機

ㄌㄨㄣˊ ㄕˋ ㄧㄝˋ ㄧㄣˇ ㄐㄧ/lúnshì yèyǐnjī

wheel tractor

【机】台湾名。即“轮式拖拉机”(766 页)。

輪行起重機

ㄌㄨㄣˊ ㄒㄧㄥˊ ㄑㄧˇ ㄓㄨㄥˋ ㄐㄧ/lúnxíng qǐzhòngjī

wheel crane，rubber tired crane

【机】台湾名。即“轮胎起重机”(766 页)。

輪緣 ㄌㄨㄣˊ ㄩㄢˊ/lúnyuán

rim，wheel rim

【机】台湾名。即“轮辋”(766 页)。

luo （ㄌㄨㄛ）

罗/羅 luó/ㄌㄨㄛˊ

leno silk

【纺】丝织物类名。全部或部分采用罗组织，构成等距或不等距的条状绞孔丝织物的总称。按绞孔成条方向不同，可分为直罗、横罗两种，绞孔沿织物纬向构成横条外观的称横罗，构成直条外观的称直罗。按罗织物提花与否，可分为素罗、花罗两种。罗类织物质地轻薄，丝缕纤细，绞孔透气，穿着凉快，并耐洗涤，适于制作夏季各类服装。

罗布林卡/羅布林卡

luóbùlínkǎ/ㄌㄨㄛˊ ㄅㄨˋ ㄌㄧㄣˊ ㄎㄚˇ

Norbulingka

【建】藏语意思是“宝贝园”。历代达赖喇嘛的夏宫。中国西藏规模最大、最精美的园林。位于拉萨西郊，布达拉宫西偏南。以七世达赖兴建乌尧颇章(凉亭宫)始，十四世达赖修建达旦米文颇章(俗称新宫)止，历时二百余年。全园分为三个区：东部宫前区包括入口和威镇三界阁之前的前园，中部为核心部分的宫殿区，西区是以自然丛林野趣为特色的金色林卡。每个景区又根据功能要求，结合自然环境，或宫墙深院，古木成荫；或芳草疏林，繁花似锦，构成不同的景观。其布置运用建筑、山石、水面、林木组景，创造出不同的意境，既有西藏高原的特点，又吸取内地园林传统手法。如湖心空的设计，就有内地古代造园艺术中“一池三山”的痕迹。

罗城 luóchéng/ㄌㄨㄛˊ ㄔㄥˊ

【建】即“外城”(1162 页)。

罗茨鼓风机/魯氏鼓風機

Luócí gǔfēngjī/ㄌㄨˇ ㄕˋ ㄍㄨˇ ㄈㄥ ㄐㄧ

Roots blower

【机】鼓风机的一种。利用两个叶形转子在气缸内做相对运动来压缩和输送气体。结构简单,制造方便。适用于低压力场合的气体输送和加压,也可用做真空泵。

罗缎/羅緞 luóduàn/ㄌㄨㄛˊ ㄉㄨㄢˋ

tussores

【纺】棉织物名。由细经粗纬织制的具有菱形横条的织物。布面颗粒明显,质地紧密结实,手感硬挺滑爽,有丝绸般光泽。适于做男女外衣、制服、夏季裤料、风衣和夹克等的面料。

罗非鱼 luófēiyú/ㄌㄨㄛˊ ㄈㄟ ㄩˊ

【动】即“非洲鲫鱼”(335 页)。

罗汉果/羅漢果

luóhànguǒ/ㄌㄨㄛˊ ㄏㄢˋ ㄍㄨㄛˇ

Fructus Momordicae(拉), grosvenor momordica fruit

【中医】中药名。葫芦科植物罗汉果 *Siraitia grosvenorii* (Swingle) C. Jeffrey ex A.M.Lu et Z. Y. Zhang 的干燥果实。味甘,性凉。归肺、大肠经。清热润肺,滑肠通便。用于肺火燥咳,咽痛失音,肠燥便秘。也可代茶饮。

罗汉果

罗汉松/羅漢松

luóhànsōng/ㄌㄨㄛˊ ㄏㄢˋ ㄙㄨㄥ

yew podocarpus

【植】*Podocarpus macrophyllus* 又称“土杉”。罗汉松科罗汉松属。常绿乔木。树冠广卵形,树皮灰色。叶螺旋状互生,条状披针形,中肋隆起,表面暗绿色,背面灰绿色且被白粉。雌雄异株,雄球花穗状,簇生于叶腋,雌球花单生叶腋。花期 4—5 月份。在中国,分布于华东南部、西南和华南地区。观赏树木。木材可用。

📖 罗汉松的种托成熟时深红色,卵形的种子着生其上,好似光头的和尚穿着红色僧袍一般,故名。罗汉松是南非的国树。

罗汉堂/羅漢堂

luóhàntáng/ㄌㄨㄛˊ ㄏㄢˋ ㄊㄤˊ

hall of the arhats

【建】寺庙中供奉罗汉的殿堂。

📖 罗汉是阿罗汉的简称,指小乘佛教僧徒修行所达到的最高阶段,获此成就的人称为罗汉。罗汉有十六(宋以后衍为十八)罗汉和五百罗汉之别,两种形式均出现于唐代。唐玄奘《法住记》载,十六罗汉各有驻地和部下,五百罗汉为其部下的一组。五代时寺院内已有罗汉堂设置。明、清时期十八罗汉常供奉于大雄宝殿内左右两侧,而五百罗汉则单独建罗汉堂于偏院,平面多作“田”字形。现存佛寺中的罗汉堂有:北京碧云寺、上海龙华寺、苏州西园寺、昆明筇竹寺、成都宝光寺、汉阳归元寺等,都是具有代表性的历史文化遗产。

罗马城市广场/羅馬城市廣場

Luómǎ Chéngshì Guǎngchǎng/

ㄌㄨㄛˊ ㄇㄚˇ ㄔㄥˊ ㄕˋ ㄍㄨㄤˇ ㄔㄤˇ

Roman Forum

【建】为罗马城市的政治活动中心和市民集会及交易场所。共和时期的广场与希腊广场一样,是市民集会和交易的场所,也是罗马城政治中心,周围零散布置公共建筑,如庙宇、政府大厦、商场、作坊以及巴西利卡。帝国时期,广场成为帝王推行个人崇拜的场所。罗马城旧广场的北面,从公元前 1 世纪到公元 2 世纪初陆续建造了恺撒广场、奥古斯都广场、韦帕香广场、乃尔维广场和图拉真广场。它们各自按设计一次建成,平面为长方形,有轴线对称,且彼此不共用轴线,以庙宇为中心四周柱廊的一端建造神庙。恺撒广场有钱庄和演讲台,奥古斯都广场有演讲堂。帝国鼎盛时期的广场参照了东方君主国建筑特点,不仅轴线对称,而且多层纵深布局。图拉真广场在 300 米的纵深里,布置了集进建筑,室内室外的空间交替,空间的纵横、大小、开合、明暗交替。即雕刻和建筑物交替。有意识地利用这一手法。在运动之中展开深入。结构是梁柱、桁架、拱顶系列。

罗马斗兽场/羅馬鬥獸場

Luómǎ Dòushòuchǎng/

ㄌㄨㄛˊ ㄇㄚˇ ㄉㄡˋ ㄕㄡˋ ㄔㄤˇ

Rome amphitheatre

【建】又称“罗马角斗场”。古罗马时期进行决斗表演的建筑。平面为椭圆形,中央为表演区,周围看台逐级升起,无永久性的屋顶,以罗马大角斗场为代表。位于古罗马市中心的东南，建于公元 70—82 年。平面长轴 188 米，短轴 156 米，周边长 527 米，观众席以 62% 的坡度升起，共 60 排，分为四区，前面是贵宾席，中间是骑士席，后面是平民席，可容纳 5 万人。中央表演区为椭圆形，与贵宾区前沿有 5 米多的高差，注水后可表演水战，兽栏和角斗士的预备室在表演区的地下，设有排水管道。支撑观众席的是三层相同的券洞，每层 80 个。底券洞是出入口，各区观众集散互不干扰。立面各层用券柱式作装饰，总高 48.5 米，由下而上依次采用多力克柱式、爱奥尼柱式和科林斯柱式，券洞立雕像，上层是实墙装饰科林斯壁柱，最上面的檐口有垂直孔洞，木杆通过孔洞立在插座上，木杆上端缚缆绳张挂篷顶。立面用灰白色的灰华石，其次用瓠和较软的石头，拱顶上层的承重墙用混凝土，骨料里添有浮石，前三区的观众席用白大理石做成，最后一区为木构。

罗马风建筑/羅馬風建築

luómǎfēng jiànzhù/
ㄌㄨㄛˊ ㄇㄚˇ ㄈㄥ ㄐㄧㄢˋ ㄓㄨˋ

Romanesque architecture

【建】10—12 世纪西欧的建筑风格。原意是罗马风格的建筑，故又译为“似罗马建筑”。主要建筑类型是教堂、修道院和城堡，主要特点是结构厚重，采用古罗马建筑传统做法，如半圆形的拱券、十字拱等。罗马风教堂继承、发展了巴西利卡式教堂形制，逐渐用分间的石砌拱顶取代木屋顶，满足防火要求。罗马风建筑不断探索、完善石结构技术，通常被看作是哥特建筑的必要准备时期。

罗马角斗场

Luómǎ Juédòuchǎng/
ㄌㄨㄛˊ ㄇㄚˇ ㄐㄩㄝˊ ㄉㄡˋ ㄔㄤˇ

【建】即“罗马斗兽场”(768 页)。

罗马凯旋门/羅馬凱旋門

Luómǎ kǎixuánmén/
ㄌㄨㄛˊ ㄇㄚˇ ㄎㄞˇ ㄒㄩㄢˊ ㄇㄣˊ

Roman triumphal arch

【建】古罗马时期用来纪念出征胜利、统帅的功勋、为皇帝颂德扬威等重要事件的建筑物。起源于罗马共和国后期，帝国时期建造的较多。立面大体为长方形，用券柱式构图。早期多为单开间，中央一个券洞，两侧立两对混合式柱子，上部的女儿墙很高，用以记功铭文，券洞内壁刻浮雕。以罗马城的第度凯旋门为代表，其高 14.4 米，宽 13.4 米，厚 4.8 米。之后发展出三开间的凯旋门。其两侧也设券洞，但比较矮小。以罗马城的君士坦丁凯旋门为代表，高 20.6 米，宽 25 米。

罗马凯旋门

罗马圣彼得大教堂/羅馬聖彼得大教堂

Luómǎ Shèngbǐdé Dàjiàotáng/
ㄌㄨㄛˊ ㄇㄚˇ ㄕㄥˋ ㄅㄧˇ ㄉㄜˊ ㄉㄚˋ ㄐㄧㄠˋ ㄊㄤˊ

S.Peter Cathedral of Rome

【建】世界上最大的天主教堂。具有明显的文艺复兴时期提倡的古典主义形式，主要特征是罗马式的圆顶穹窿和希腊式的石柱式及平的过梁相结合。1506 年动工。平面为正方形，其中又用柱墩将空间划分成希腊十字形，十字正中，用大穹顶覆盖，穹顶内径 41.9 米，顶部至地面为 137.7 米，原为罗马城内最高点。1585—1590 年，教堂主体完成。17 世纪初，教皇保罗五世决定把希腊十字改为拉丁十字，在前面加一段巴西利卡式大厅(1606—1626 年)。1655—1667 年建造教堂入口广场，由梯形与椭圆形平面组合而成。

罗马水道/羅馬水道

Luómǎ shuǐdào/ㄌㄨㄛˊ ㄇㄚˇ ㄕㄨㄟˇ ㄉㄠˋ

Roman waterway

【建】古罗马时期为供应城市用水，在罗马本土及其殖民地兴建的输水道工程。通常从郊外水源地用高架水槽引至城内，城内管道遍布街巷。罗马水道多为砖石结构。水道上层为砖砌渠道，渠宽 0.6～1.0 米，高 1.6～2.6

米,水渠断面多呈长方形,多设有盖板,每间隔 80 米左右有一个气孔或观测孔;水道下层为拱式干砌石架渡槽。引水管有铅管、陶管等,形成较完整的供水系统。输水道除常规渠道外,许多地方还采用虹吸管、隧洞和连拱支撑的石质渡槽。

罗马万神庙/羅馬萬神廟

Luómǎ Wànshén Miào/

ㄌㄨㄛˊ ㄇㄚˇ ㄨㄢˋ ㄕㄣˊ ㄇㄧㄠˋ

Pantheon of Roman

【建】古罗马城中心供奉众神的庙宇。建于公元 120—124 年。穹顶直径 43.3 米,顶部距地 43.3 米,穹顶覆在圆形的平面上,正中直径 8.92 米的圆洞为殿内唯一采光口,光柱形同圆柱直泻而下照在殿内神像上,下雨时洞口不漏雨。基础、墙和穹顶用混凝土浇筑,以石头为骨料,硬而重的在下部,软而轻的在上部,穹顶上部混凝土密度只有基础密度的三分之二。穹顶内表面作凹格以减轻重量,共 5 排,每排 28 个。墙上除大门外有 7 个壁龛式凹室,起减墙重、利用空间的作用。墙面与穹顶都以水平划分为主,所有构件都用赭红大理石与周围统一协调。正面有长方形柱廊,宽 34 米,深 15.5 米,设科林斯柱式 16 根,分三排,前排 8 根,中后排各 4 根,柱身高 12.5 米,底径 1.43 米,用整块埃及灰色花岗岩加工而成,柱头、柱础、额枋和檐部用希腊白大理石,穹顶和柱廊原覆盖镀金铜瓦,公元 735 年以铅瓦代替。庙前方原有狭长的广场,周围列柱,庙左右两侧原有建筑物紧贴。

罗马耶稣会教堂/羅馬耶穌會教堂

Luómǎ Yēsūhuì Jiàotáng/

ㄌㄨㄛˊ ㄇㄚˇ ㄧㄝ ㄙㄨ ㄏㄨㄟˋ ㄐㄧㄠˋ ㄊㄤˊ

Gesu of Rome

【建】意大利的一座教堂。位于罗马,建于 1568—1620 年,是意大利文艺复兴晚期由手法主义向巴洛克风格过渡的代表作,有人称之为第一座巴洛克建筑。教堂平面为长方形,端部突出一个圣龛,由哥特式教堂惯用的拉丁十字形演变而来,中厅宽阔,拱顶满布雕像和装饰。两侧用两排小祈祷室代替原来的侧廊。十字正中有一座穹隆顶。教堂的圣坛装饰富丽而自由,上面的山花,作圣像和装饰光芒。教堂立面,不再强调有序安排,用灵活的方式强化局部,使变得复杂而有吸引力。正门上面分层檐部和山花做成重叠的弧形和三角形,大门两侧采用倚柱和扁壁柱。立面上部两侧做了两对大涡卷。

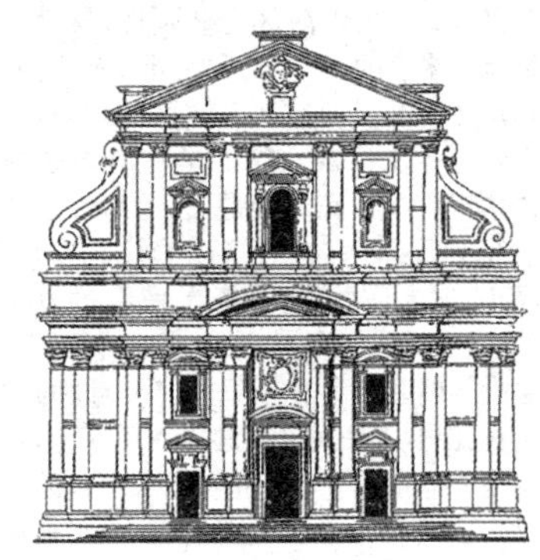

罗马耶稣会教堂

罗马浴场/羅馬浴場

Luómǎ yùchǎng/ㄌㄨㄛˊ ㄇㄚˇ ㄩˋ ㄔㄤˇ

Roman thermaey

【建】古罗马建筑中的公共浴场。是功能、空间组合和建筑技术最复杂的一种类型。罗马共和时期主要包括热水厅、温水厅、冷水厅三部分,较大的还有休息厅、娱乐厅和运动场。采用拱券结构,地下和墙体内设取暖管道。罗马帝国时期大型皇家浴场又增设图书馆、讲演厅和商店等,平面布局渐趋对称。建于公元 2 世纪初的图拉真浴场确定了皇家浴场的基本形制:主体建筑物为长方形,完全对称,纵轴线上是热水厅、温水厅和冷水厅;两侧各有入口、更衣室、按摩室、涂橄榄油和擦肥皂室、蒸汗室等;各厅室按健身、沐浴的一定顺序排列;锅炉间、储藏室和奴隶用房在地下。以后的卡拉卡拉浴场(211—217)、戴克里先浴场和君士坦丁浴场大体仿此建造。这几个浴场的主体建筑都很宏大。卡拉卡拉浴场长 216 米,宽 122 米,可容 1600 人;戴克里先浴场长 240 米,宽 148 米,可容 3000 人。它们的温水厅面积最大,用 3 个十字拱覆盖,是古罗马场结构技术成就代表作之一。在各种类型拱券覆盖下的厅堂,形成室内空间的序列。它们的大小、形状、高低、明暗、开合都富有变化,对以后欧洲古典主义建筑和折中主义建筑有很大的影响。

罗盘/羅盤 luópán/ㄌㄨㄛˊ ㄆㄢˊ

compass

㊀【地】又称"指南针"。提供方向基准、指示方向的仪表。传统的罗盘由中央灵活转动的磁针和周围方位刻度等组成。磁针静止时大致指南—北方向。㊁【机】在台湾,罗盘也指"罗盘仪"(771 页)。

罗盘仪/羅盤 luópányí/ㄌㄨㄛˊ ㄆㄢˊ

compass

【机】一种简易测绘仪器。利用磁针指向地磁南极和地磁北极以测定磁方位角。主要部件有磁针、刻度盘和照准器。

罗森塔尔效应/羅森塔爾效應

Luósēntǎ'ěr xiàoyìng/

ㄌㄨㄛˊ ㄙㄣ ㄊㄚˇ ㄦˇ ㄒㄧㄠˋ ㄧㄥˋ

Rosenthal's effect

【心】又称"皮格马利翁效应"。一种社会心理效应。1968 年,美国心理学家罗森塔尔(R. Rosenthal,1906—1975)和雅各布森(L. Jacobson)对小学生做了一次"学习潜力测验"。测试后,他们将一份"有优异潜能的学生"名单告诉有关老师。8 个月后再次测试,发现名单内的学生都有显著进步,其实这个名单是随机抽取的。老师的期望有意无意地传递给学生,学生会按照老师的期望来塑造自己。这个效应说明,将正面、积极的信息带给他人,会促使其向更好的方向发展。

罗素悖论/羅素詭論

Luósù bèilùn/ㄌㄨㄛˊ ㄙㄨˋ ㄍㄨㄟˇ ㄌㄨㄣˋ

Russell paradox

【数】英国哲学家、数学家、逻辑学家罗素(B. Russell)1901 年发现的集合论悖论之一。罗素提出集合可分为两类:第一类是不以自身作为其元素的集合。例如,把一切人所组成的集合记为 P,P 的元素是人,而 P 是集合,故 P 不是 P 的元素。第二类是以自身作为其一个元素的集合。例如,把一切人之外的所有事物所组成的集合记为 Q,由于 Q 本身也是人之外的事物,故 Q 也是 Q 的元素。把所有第一类集合所组成的集合记作 M,所有第二类集合所组成的集合记为 N,则任一集合应或属于 M,或属于 N,二者必居其一,并且只居其一。问题是:M 应属于 M 还是 N?若 M 属于 M,即 M 是其本身的元素,则 M 是第二类集合,故 M 又应属于 N;若 M 属于 N,即 M 是第二类集合,则 M 是其本身的元素,故 M 又应属于 M。总之,不论 M 属于 M 还是 N,都导致与它只能属于 M 和 N 中之一矛盾。这个悖论揭示出朴素集合论中存在逻辑矛盾,由此导致作为数学的理论基础出现危机。

萝卜/蘿蔔 luóbo/ㄌㄨㄛˊ ·ㄅㄛ

radish

【植】*Raphanus sativus* 又称"莱菔"。十字花科萝卜属。二年生草本植物。直根肉质,长圆形、球形或圆锥形,外皮红色、绿色或白色。基生叶及茎下部叶大头羽状半裂,边缘有齿,茎上部叶长圆形,向上渐变小。总状花序,十字花冠,花粉红色或白色。花期 4—5 月份,果期 5—6 月份。在中国,分布于各地。根可作蔬菜,全草入药。

啰音/囉音 luóyīn/ㄌㄨㄛˊ ㄧㄣ

rale

【医】支气管和肺脏病变时随呼吸出现的异常呼吸音。吸气时气体通过呼吸道内的稀薄分泌物而形成的水泡破裂音,称为湿啰音;气管、支气管或细支气管狭窄或部分阻塞,空气吸入或呼出时形成的湍流音,称为干啰音。

逻辑代数

luójí dàishù/ㄌㄨㄛˊ ㄐㄧˊ ㄉㄞˋ ㄕㄨˋ

【数】即"布尔代数"(87 页)。

逻辑电路/邏輯電路

luójí diànlù/ㄌㄨㄛˊ ㄐㄧˊ ㄉㄧㄢˋ ㄌㄨˋ

logic circuit

【信息】以二进制位,实现数字信号逻辑运算和操作的电路。主要由一些基本门电路组成。广泛用于计算机、数字控制、通信、自动化等方面。

逻辑记忆/邏輯記憶

luójí jìyì/ㄌㄨㄛˊ ㄐㄧˊ ㄐㄧˋ ㄧˋ

logic memory

【心】以概念及其文字、数字符号为内容的记忆。所储存的是反映事物内涵、意义、性质、规律的词汇、公式、定理、规则等,很少受外界因素的干扰,比较稳定,在人的各种记忆中起主导作用。

逻辑联结词/邏輯連接號

luójí liánjiécí/ㄌㄨㄛˊ ㄐㄧˊ ㄌㄧㄢˊ ㄐㄧㄝ ㄏㄠˋ

logical connective

【数】数理逻辑中表示命题之间运算关系的符号。包括“或”(∨)、“且”(∧)、“非”(¬)、“蕴涵”(→)和“等价”(↔)等。

逻辑思维/邏輯思考

luójí sīwéi/ㄌㄨㄛˊ ㄐㄧˊ ㄙ ㄎㄠˇ

logical thinking

【心】利用语言符号进行的思维活动。是人类思维的核心形态。语言符号所体现的概念、公式、法则、定理、定律、命题等都是抽象逻辑思维的主要材料。可分为形式逻辑思维和辩证逻辑思维。前者中的概念是无矛盾性的，具有绝对、静止、单一的特征；后者中的概念是有矛盾性的，具有变化、相对、运动、多样的特征。辩证逻辑思维是逻辑思维的高级阶段。

逻辑芯片/邏輯晶片

luójí xīnpiàn/ㄌㄨㄛˊ ㄐㄧˊ ㄐㄧㄥ ㄆㄧㄢˋ

logic chip

【信息】实现数字信号逻辑运算和逻辑操作的芯片。有别于只是存储信息的芯片。

逻辑学/邏輯學

luójíxué/ㄌㄨㄛˊ ㄐㄧˊ ㄒㄩㄝˊ

logic

【总】关于思维形式及其规律的学科。研究概念、判断、推理及其相互联系的规律。分为形式逻辑和辩证逻辑。

逻辑运算/邏輯運算

luójí yùnsuàn/ㄌㄨㄛˊ ㄐㄧˊ ㄩㄣˋ ㄙㄨㄢˋ

logic operation

【信息】服从符号逻辑规则的运算。计算机基本逻辑运算有“与”“或”和“非”三种。

逻辑炸弹/邏輯炸彈

luójí zhàdàn/ㄌㄨㄛˊ ㄐㄧˊ ㄓㄚˋ ㄉㄢˋ

logic bomb

【信息】由特定条件触发，对数据处理系统造成损害的恶性逻辑程序。

骡/騾 luó/ㄌㄨㄛˊ

mule

【动】*Equus asinus* × *Equus caballus orientalis* 通称“骡子”。哺乳动物名。是驴和马交配所生的杂交种。家畜。体形偏于像马，毛多黑褐色。适应性强，寿命长，力大而持久，是重要的力畜。一般不能生殖。公驴母马杂交所生的称马骡；公马母驴所生的称驴骡。

螺/螺 luó/ㄌㄨㄛˊ

snail

【动】软体动物。体外包着锥形、纺锤形或扁椭圆形硬壳的软体动物，种类很多，如田螺、海螺、钉螺等。

螺钉/螺釘 luódīng/ㄌㄨㄛˊ ㄉㄧㄥ

screw

【机】紧固件的一种。一端有头，另一端有螺纹。可直接旋入零件上有内螺纹的圆孔中。用于紧固两零件或调节零件的位置。按头部形状不同，可分为六角头螺钉、方头螺钉、圆头螺钉等。

圆头螺钉

螺钉旋具/螺絲起子

luódīng xuánjù/ㄌㄨㄛˊ ㄙ ㄑㄧˇ·ㄗ

screw-driver

【机】又称“螺丝刀”“起子”。手工具的一种。用于拧紧或旋松头部带一字或十字槽的螺钉。按头部形状不同，可分为一字形和十字形。

螺杆/螺桿 luógǎn/ㄌㄨㄛˊ ㄍㄢˇ

screw

【机】利用螺纹传递运动或动力的杆状机械零件。多用于塑料成型设备。可分为普通型、渐变型、突变型、混炼型、分离型等。

螺桨泵 luójiǎngbèng/ㄌㄨㄛˊ ㄐㄧㄤˇ ㄅㄥˋ

【机】即“轴流泵”(1473 页)。

螺槳 ㄌㄨㄛˊ ㄐㄧㄤˇ/luójiǎng

screw propeller

【船】台湾名。即“船用螺旋桨”(152 页)。

螺帽/螺帽 luómào/ㄌㄨㄛˊ ㄇㄠˋ

【机】即“螺母”(772 页)。

螺母/螺帽 luómǔ/ㄌㄨㄛˊ ㄇㄠˋ

nut

【机】又称“螺帽”。紧固件的一种。外形为六角形、方形或圆形等，其中有圆孔，孔内制有内螺纹。常与螺栓配合使用。参见“螺栓”(773 页)。

六角螺母

螺栓/螺栓 luóshuān/ㄌㄨㄛˊ ㄕㄨㄢ
bolt
【机】紧固件的一种。圆柱形,一端有头,一端有一段螺纹。与螺母配合使用,用于连接不太厚的并且能钻成通孔的两个零件。连接时螺栓穿过两零件上的光孔后用螺母紧固。按头部形状不同,可分为六角头螺栓、圆头螺栓、方形头螺栓等,其中六角头螺栓最为常用。

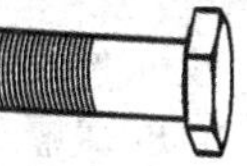
六角头螺栓

螺丝刀 luósīdāo/ㄌㄨㄛˊ ㄙ ㄉㄠ
【机】即"螺钉旋具"(772 页)。

螺丝攻/螺絲攻 luósīgōng/ㄌㄨㄛˊ ㄙ ㄍㄨㄥ
【机】即"丝锥"(1077 页)。

螺絲起子 ㄌㄨㄛˊ ㄙ ㄑㄧˇ ·ㄗ/luósī qǐzi
screw-driver
【机】台湾名。即"螺钉旋具"(772 页)。

螺纹/螺紋 luówén/ㄌㄨㄛˊ ㄨㄣˊ
screw thread
【机】圆柱、圆锥等外表面上呈螺旋线形的凸起,或内表面(孔壁)上呈螺旋线形的沟槽。按所在表面位置不同,可分为外螺纹和内螺纹;按母体形状不同,可分为圆柱螺纹、圆锥螺纹等;按截面形状不同,可分为三角螺纹、矩形螺纹、梯形螺纹、锯齿形螺纹等;按牙型(螺纹在通过轴线剖面上的轮廓形状)、直径、螺距三要素是否符合国家标准,可分为标准螺纹、特殊螺纹、非标准螺纹。

螺紋模 ㄌㄨㄛˊ ㄨㄣˊ ㄇㄨˊ/luówénmú
threading die
【机】台湾名。即"板牙"(29 页)。

螺线/螺線 luóxiàn/ㄌㄨㄛˊ ㄒㄧㄢˋ
spiral
【数】❶由极坐标方程 $\rho=f(\theta)$ 所表示的平面曲线,其中 $f(\theta)$ 是 θ 的单调函数。例如,$\rho=a\theta$ ($a>0$,常数)表示的是阿基米德螺线,它是作匀速圆周运动和匀速直线运动的合运动的动点的轨迹。❷由参数方程 $x=a\cos t$,$y=a\sin t$,$z=bt$ 所表示的空间曲线,其中 a,b 是常数,t 是参数。

螺旋/螺旋 luóxuán/ㄌㄨㄛˊ ㄒㄩㄢˊ
screw
【物】简单机械的一种。是侧表面刻有螺旋形槽的圆柱体。能把转动力矩转变为平动推力。可用来增力、传动和紧固。例如螺杆、螺旋千斤顶等。

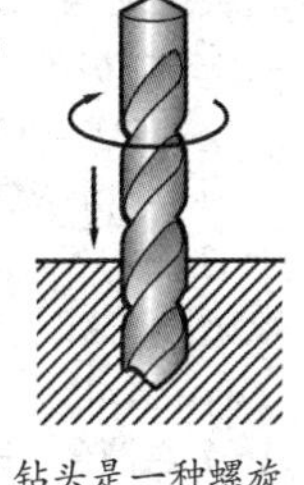
钻头是一种螺旋

螺旋测微器
luóxuán cèwēiqì/
ㄌㄨㄛˊ ㄒㄩㄢˊ ㄘㄜˋ ㄨㄟ ㄑㄧˋ
【机】即"千分尺"(900 页)。

螺旋传动/螺旋傳動
luóxuán chuándòng/
ㄌㄨㄛˊ ㄒㄩㄢˊ ㄔㄨㄢˊ ㄉㄨㄥˋ
screw drive
【机】机械传动的一类。利用螺杆和螺母的啮合传递运动和动力。能将旋转运动转换为直线运动,或反之。按螺纹间摩擦性质的不同,可分为滑动螺旋传动和滚动螺旋传动。

螺旋桨/螺旋槳
luóxuánjiǎng/ㄌㄨㄛˊ ㄒㄩㄢˊ ㄐㄧㄤˇ
propeller
【航】靠桨叶在空气中旋转,将发动机转动功率转化为推进力的装置。

螺旋菌/螺旋菌
luóxuánjūn/ㄌㄨㄛˊ ㄒㄩㄢˊ ㄐㄩㄣˋ
spirillum
【生】体形弯曲呈螺旋形的杆菌。细胞坚韧,常生活在淡水或海水中,腐生或寄生。

螺旋输送机/螺旋運送機
luóxuán shūsòngjī/
ㄌㄨㄛˊ ㄒㄩㄢˊ ㄩㄣˋ ㄙㄨㄥˋ ㄐㄧ
screw conveyor
【机】输送机械的一种。在管内或槽内用螺旋叶片推送物料。螺旋叶片转动时,物料沿管或槽水平式或垂直式连续输送。多用于输送粉状、颗粒状和小块状等松散物料。按照输送物料位移方向的角度不同,可分为水平式和垂直式。

螺旋体/螺旋體
luóxuántǐ/ㄌㄨㄛˊ ㄒㄩㄢˊ ㄊㄧˇ
spirochete
【生】介于细菌与原生动物之间的一类微生物。体形细长,柔软,弯曲呈螺旋状,能活泼运动。腐生或寄生。使人致病的有斑疹伤寒螺旋体、回归热螺旋体等。

螺旋運送機
ㄌㄨㄛˊ ㄒㄩㄢˊ ㄩㄣˋ ㄙㄨㄥˋ ㄐㄧ/
luóxuán yùnsòngjī
screw conveyor
【机】台湾名。即“螺旋输送机”(773 页)。

螺旋鑽 ㄌㄨㄛˊ ㄒㄩㄢˊ ㄗㄨㄢˋ/luóxuánzuàn
twist drill
【机】台湾名。即“麻花钻”(776 页)。

螺柱/螺樁 luózhù/ㄌㄨㄛˊ ㄓㄨㄤ
stud
【机】又称“双头螺栓”。两端无头,均带有一段螺纹的圆柱形紧固件。用于连接一个零件厚度较大,或因拆卸频繁、不宜采用螺栓连接的两个零件。连接时,一端旋入带有内螺纹孔的零件中,另一端穿过带有通孔的零件后用螺母紧固。

螺 柱

螺樁 ㄌㄨㄛˊ ㄓㄨㄤ/luózhuāng
stud
【机】台湾名。即“螺柱”(774 页)。

羅素詭論
ㄌㄨㄛˊ ㄙㄨˋ ㄍㄨㄟˇ ㄌㄨㄣˋ/Luósù guǐlùn
Russell paradox
【数】台湾名。即“罗素悖论”(771 页)。

邏輯晶片
ㄌㄨㄛˊ ㄐㄧˊ ㄐㄧㄥ ㄆㄧㄢˋ/luójí jīngpiàn
logic chip
【信息】台湾名。即“逻辑芯片”(772 页)。

邏輯連接號
ㄌㄨㄛˊ ㄐㄧˊ ㄌㄧㄢˊ ㄐㄧㄝ ㄏㄠˋ/luójí liánjiēhào
logical connective
【信息】台湾名。即“逻辑联结词”(771 页)。

裸大麦/青稞 luǒdàmài/ㄑㄧㄥ ㄎㄜ
naked barley
【农】又称“元麦”。中国西藏、青海等地称青稞。大麦的一个变种。成熟后籽粒与稃壳分离,籽粒可供食用或用作酿酒原料等。

裸麦 luǒmài/ㄌㄨㄛˇ ㄇㄞˋ
【植】即“青稞”(913 页)。

裸燕麥 ㄌㄨㄛˇ ㄧㄢˋ ㄇㄞˋ/luǒyànmài
naked oats, China oat
【植】台湾名。即“莜麦”(1366 页)。

裸子植物/裸子植物
luǒzǐ zhíwù/ㄌㄨㄛˇ ㄗˇ ㄓˊ ㄨˋ
gymnosperm
【植】介于蕨类植物和被子植物之间的维管植物。具有颈卵器,能产生种子,种子外没有果皮包被。

瘰疬/瘰癧 luǒlì/ㄌㄨㄛˇ ㄌㄧˋ
scrofula
【中医】中医外科疾病之一。症见颈部缓慢出现豆粒大小圆滑肿块,累累如串珠,不红不痛,溃后脓水清稀,夹有败絮状物,易成窦道等。多见于体弱儿童或青年,好发于颈部及耳后。相当于颈部淋巴结结核。气滞痰凝证,治宜疏肝化痰,方用逍遥散合二陈汤加减;阴虚火旺证,治宜滋阴降火,方用六味地黄汤合清骨散加减;气血两虚证,治宜益气养血,方用香贝养荣汤加减。多配合运用外治疗法和抗结核治疗。

洛磯山脈
ㄌㄨㄛˋ ㄐㄧ ㄕㄢ ㄇㄞˋ/Luòjī Shānmài
Rocky Mountains
【地】台湾名。即“落基山脉”(775 页)。

洛可可风格/洛可可風格
Luòkěkě fēnggé/ㄌㄨㄛˋ ㄎㄜˇ ㄎㄜˇ ㄈㄥ ㄍㄜˊ
Rococo style
【建】在巴洛克建筑的基础上发展起来的建筑风格。18 世纪 20 年代产生于法国并流行于欧洲,主要表现在室内装饰、工艺美术、家具和绘画上。基本特点是应用明快的色彩和细腻的雕饰,不像巴洛克那样用强烈的色彩和动态的浮雕。常见不对称构图,大量使用弧线。摒弃古典主义的严肃理性和巴洛克的喧嚣放肆,追求华美和闲适。

洛伦兹力/勞侖茲力
luòlúnzīlì/ㄌㄠˊ ㄌㄨㄣˊ ㄗ ㄌㄧˋ
Lorentz force
【物】运动电荷在磁场中所受到的作用。用 $\boldsymbol{F}$ 表示。其大小与运动电荷 q 的电荷量、运动速度 $\boldsymbol{v}$ 及所在处磁感应强度 B 的关系为 $\boldsymbol{F}=qvB\sin\theta$,式中 θ 为 $\boldsymbol{v}$ 与 B 之间的夹角;其方向可用左手定则来判断。它始终垂直于电荷的运动方向,只改变电荷运动的方向。因荷兰物理学家洛伦兹(H. A. Lorentz, 1853—1928)在 1895 年建立经典电子论时,作为基本假设首先提出，故名。

洛杉矶型烟雾
luòshānjīxíng yānwù/ ㄌㄨㄛˋ ㄕㄢ ㄐㄧ ㄒㄧㄥˊ ㄧㄢ ㄨˋ
【环】即“光化学烟雾”(441 页)。因 1944 年在美国洛杉矶首次出现，故名。

骆驼/駱駝 luòtuo/ ㄌㄨㄛˋ · ㄊㄨㄛ
camel
【动】哺乳动物名。偶蹄目骆驼科。反刍。身体高大，头小，颈长，背上有驼峰，眼为重睑，鼻孔能开闭，四肢长，蹄扁平，有肉质垫，耐饥渴，善负重，以粗草和灌木为食，适于在沙漠中行走。是沙漠地区主要的力畜。可分为单峰骆驼(*Camelus dromedarius*)和双峰骆驼(*C. bactrianus*)。单峰驼体形较大，野生种分布于阿拉伯半岛、印度和非洲北部；双峰骆驼四肢粗短，分布于中国内蒙古、甘肃、新疆等地和中亚。

络合物/錯合物 luòhéwù/ ㄘㄨㄛˋ ㄏㄜˊ ㄨˋ
complex, complex compound
【化】台湾又称“複合物”。一类复杂化合物。分子间相互作用形成的分子间化合物，以及由其他键型结合而成。

络脉/絡脈 luòmài/ ㄌㄨㄛˋ ㄇㄞˋ
collaterals
【中医】从经脉分出，遍布于全身的分支脉络，具有加强表里经脉的联系，通达经脉未能经过的部位等功能。有别络、浮络和孙络之分。

落差/落差 luòchā/ ㄌㄨㄛˋ ㄔㄚ
fall, drop
【水利】天然河、湖或人工建筑中水流的水位差值。

落尘/落塵 luòchén/ ㄌㄨㄛˋ ㄔㄣˊ
【环】即“降尘”(610 页)。

落花生/落花生
luòhuāshēng/ ㄌㄨㄛˋ ㄏㄨㄚ ㄕㄥ
peanut
【植】*Arachis hypogaea* 通称“花生”。豆科落花生属。一年生草本植物。根部有根瘤。茎有棱，被毛。小叶两对，纸质，卵状长圆形，全缘，被毛。花冠蝶形，黄色或金黄色。荚果有蚕茧形、串珠形和曲棍形，果壳黄色，种子 2～3 颗，红色。花果期 6—8 月份。在中国，分布于各地。果实可榨油，也可作干果。

📖 落花生因不易腐烂，常用其来象征长生不老，故又称长生果。另外，在传统婚礼中花生必不可少，寓意多子多孙。

落基山脉/洛磯山脈
Luòjī Shānmài/ ㄌㄨㄛˋ ㄐㄧ ㄕㄢ ㄇㄞˋ
Rocky Mountains
【地】山脉名。纵贯加拿大和美国西部。南北长 4800 千米，海拔多 2000～3000 米，最高峰埃尔伯特峰，海拔 4399 米。是科迪勒拉山系在北美洲的主干山脉，也是北美大陆重要的气候分界线和河流分水岭。植被具有垂直分布的特点，自上而下有高山草甸、针叶林和草原；铜、银、锌、铅、钼和煤等矿藏丰富。

落区/撞擊區 luòqū/ ㄓㄨㄤˋ ㄐㄧˊ ㄑㄩ
impact area, drop zone
【航】飞行器各级运载火箭和助推火箭完成使命后的抛弃坠落区，返回式卫星、载人航天飞船等返回式航天器返回降落着陆区。通常配备有搜索、捕获、跟踪和测量着陆目标轨迹及落点位置、目标参数的光学测量、雷达测量和遥感设备，以保证目标的安全着陆和着陆目标物的顺利回收。

落砂机/清箱機 luòshājī/ ㄑㄧㄥ ㄒㄧㄤ ㄐㄧ
knock-out machine, shakeout machine
【机】将铸件和型砂从浇注后的铸型中分离出来的设备。最常用的是振动落砂机。

落叶植物/落葉植物
luòyè zhíwù/ ㄌㄨㄛˋ ㄧㄝˋ ㄓˊ ㄨˋ
deciduous plant
【植】当温度较低或气候干旱时，叶片完全脱落，第二年条件适宜时再长出嫩叶的一类植物。大多数被子植物属于落叶植物。

L

M

ma (ㄇㄚ)

麻布/麻布 mábù/ㄇㄚˊ ㄅㄨˋ

hessian

【纺】麻的机织物。以半脱胶的洋麻、熟苎麻为主要原料,单经单纬,采用平纹组织织成的织物。多用于包装物品。

麻纺/麻紡 máfǎng/ㄇㄚˊ ㄈㄤˇ

bast fibre and leaf fibre spinning

【纺】把麻纤维加工成纱线的纺纱工艺过程。按原料不同,可分为苎麻纺、亚麻纺、黄麻纺等。

麻沸散/麻沸散 máfèisǎn/ㄇㄚˊ ㄈㄟˋ ㄙㄢˇ

powder for anesthesia, * anesthetic powder

【中医】古代中药麻醉方剂。为历史上最早的药物麻醉方。东汉华佗创制,用以给患者施行麻醉,进行外科手术。现存相关方剂载于《华佗神医秘传》卷三"华佗麻沸散神方"及《串雅内编》卷二所载"换皮麻药方",组成相同:"羊踯躅三钱,茉莉花根一钱,当归一两,菖蒲三分。水煎服一碗。"

麻花钻/螺旋鑽

máhuāzuàn/ㄌㄨㄛˊ ㄒㄩㄢˊ ㄗㄨㄢˋ

twist drill

【机】钻头的一种。通过其相对固定轴线的旋转切削来钻削工件的圆孔。因容屑槽呈螺旋状而形似麻花,故名。可夹持在手持式钻孔工具或钻床、铣床、车床、加工中心上使用。钻头材料通常为高速工具钢或硬质合金。

麻黄/麻黄 máhuáng/ㄇㄚˊ ㄏㄨㄤˊ

Herba Ephedrae(拉), ephedra

【中医】中药名。麻黄科植物草麻黄 *Ephedra sinica* Stapf、中麻黄 *E. intermedia* Schrenk et C. A. Mey.或木贼麻黄 *E. equisetina* Bge. 的干燥草质茎。味辛、微苦,性温。归肺、膀胱经。发汗散寒,宣肺平喘,利水消肿。用于风寒感冒,胸闷喘咳,风水浮肿,支气管哮喘。蜜麻黄润肺止咳。多用于表证已解,气喘咳嗽。

草麻黄　木贼麻黄

麻黄汤/麻黄湯

máhuángtāng/ㄇㄚˊ ㄏㄨㄤˊ ㄊㄤ

mahuang decoction, mahuang tang

【中医】中医方剂名。组成:麻黄 9 克,桂枝 6 克,杏仁 6 克,炙甘草 3 克。发汗解表,宣肺平喘。水煎服。治疗外感风寒表证,恶寒发热,头身疼痛,无汗而喘,舌苔薄白,脉浮紧等。

麻雀/麻雀 máquè/ㄇㄚˊ ㄑㄩㄝˋ

sparrow

【动】*Passer montanus* 又称"家雀儿"。鸟名。雀形目文鸟科麻雀属。体长 10 厘米以上,头圆,尾短,喙呈圆锥状,黑色头顶和颈部栗褐色,背部褐色,有黑褐色斑点条纹,尾羽暗褐色,翅膀短小,不能远飞,善跳跃。栖息于平原和丘陵地带,营巢于树洞和屋檐下的洞隙中,以谷粒和昆虫等为食。分布广泛。

麻纱/麻紗 máshā/ㄇㄚˊ ㄕㄚ

hair cords

【纺】棉织物名。经纬纱采用中细棉纱线(18~36 特),经纱捻度较高,采用变化纬重平组织(经纱以两根纱线和一根纱线相互间隔排列)织制。布面呈明显的粗细相间的经向直条纹路,外观粗细不匀,类似麻织物纱线。布面有细小的孔隙,质地轻薄挺滑,穿着不贴身,凉爽、透气。适于做夏季衬衫、儿童衣裤、裙料等。

麻田散體 ㄇㄚˊ ㄊㄧㄢˊ ㄙㄢˇ ㄊㄧˇ/mátiánsǎntǐ

martensite

【材】台湾名。即"马氏体"(779 页)。

麻油 máyóu/ㄇㄚˊ ㄧㄡˊ

【农】即"芝麻油"(1439 页)。

麻疹/麻疹 mázhěn/ㄇㄚˊ ㄓㄣˇ

measles

㊀【医】急性呼吸道传染病。由麻疹病毒引起,常见于青少年。主要表现为发热、咳嗽、

流涕、眼结膜充血等症状，特点是出现口腔麻疹黏膜斑及皮肤斑丘疹。㊁【中医】中医儿科疾病之一。因感染麻毒所致，症见初期发热、咳嗽、流涕、眼结膜充血、畏光等，2～3天后口腔颊黏膜粗糙，出现细小白点(麻疹黏膜斑)。因体表皮疹状如麻粒，故名。四季均可发生，尤以冬春季最易流行。通常分为疹前、出疹和疹回三期。其名始见于元代滑伯仁《麻证新书》。

麻织物/韌皮織物

mázhīwù/ㄇㄚˊ ㄓ ㄨˋ

bast fabric

【纺】用纯麻纱线或麻与其他纤维交织、混纺织制的织物。表面具有纱线粗细不匀、条影明显的特征，风格粗犷，吸湿性好、放湿快，手感爽利，穿着凉爽。但弹性差，易起褶皱，折边处易磨损，贴身穿着时偶有刺痒感。可作服装面料，尤其适于做夏季服装面料。

麻子仁丸/麻子仁丸

máz ǐrénwán/ㄇㄚˊ ㄗˇ ㄖㄣˊ ㄨㄢˊ

maziren pills，maziren wan，Cannabis Seed Pill

【中医】中医方剂名。组成：麻子仁20克，白芍9克，枳实9克，大黄12克，厚朴9克，杏仁10克。制成大蜜丸，口服。润肠泻热，行气通便。治疗脾约证，肠胃燥热，脾津不足，大便秘结，小便频数。

麻醉/麻醉 mázuì/ㄇㄚˊ ㄗㄨㄟˋ

anesthesia

【医】施行手术或进行诊断性检查操作时，为消除疼痛、保障病人安全，创造良好的手术条件而采取的方法。也用于控制疼痛。按给药方法不同，可分为吸入麻醉、静脉麻醉和复合麻醉；按体现在身体的部位不同，可分为全身麻醉、局部麻醉和表面麻醉等。

麻醉性镇痛药/麻醉性鎮痛藥

mázuìxìng zhèntòngyào/

ㄇㄚˊ ㄗㄨㄟˋ ㄒㄧㄥˋ ㄓㄣˋ ㄊㄨㄥˋ ㄧㄠˋ

narcotic analgesics

【医】对中枢神经系统能产生可逆性抑制的麻醉且有镇痛作用的药物。通常指阿片类药物及其人工合成药物，如吗啡、可卡因及其衍生物，也包括对阿片受体具有激动、部分激动或激动—拮抗混合作用的合成药物。

马/馬 mǎ/ㄇㄚˇ

horse

【动】*Equus caballus* 哺乳动物名。奇蹄目马科。家畜。头小，面部长，耳直立，颈部有鬣，尾有长毛，四肢强健，每肢各有一蹄，善跑，毛色多样。性温顺且敏捷，可供骑乘或驮载等，是重要的力畜。分布广泛。

马鞍面 mǎ'ānmiàn/ㄇㄚˇ ㄢ ㄇㄧㄢˋ

【数】即“双曲抛物面”(1060页)。

马齿苋/馬齒莧

mǎchǐxiàn/ㄇㄚˇ ㄔˇ ㄒㄧㄢˋ

㊀purslane，㊁Herba Portulacae(拉)，purslane herb

㊀【植】*Portulaca oleracea* 马齿苋科马齿苋属。一年生草本植物。茎伏地散生，多分枝，圆柱形，带暗红色。叶片扁平，肥厚，倒卵形，顶端圆钝或平截，全缘，似马齿状。花无梗，数朵簇生，午时盛开，花瓣五枚，黄色。花期5—8月份。在中国，分布于各地。野生植物。可作蔬菜，也可入药。㊁【中医】中药名。马齿苋科植物马齿苋 *Portulaca oleracea* L.的干燥地上部分。味酸，性寒。归肝、大肠经。清热解毒，凉血止血。用于热毒血痢，痈肿疔疮，湿疹，丹毒。蛇虫咬伤，便血，痔血，崩漏下血。

马齿苋

马达加斯加岛/馬達加斯加島

Mǎdájiāsījiā Dǎo/ㄇㄚˇ ㄉㄚˊ ㄐㄧㄚ ㄙ ㄐㄧㄚ ㄉㄠˇ

Madagascar Island

【地】岛名。位于非洲大陆东南的印度洋中。面积62.7万平方千米，是非洲最大的岛屿，世界第四大岛。多属热带气候，年降水量2000～3000毫米。自然资源丰富。石墨储量居非洲首位，还有云母、铀、铅、宝石、石英、金、银、铜等；主要经济作物有咖啡、丁香、剑麻、甘蔗、花生、棉花等。

马兜铃/馬兜鈴

mǎdōulíng/ㄇㄚˇ ㄉㄡ ㄌㄧㄥˊ

fructus aristolochiae

【植】*Aristolochia debilis* 又称“蛇参果”。马

兜铃科马兜铃属。多年生草质藤本植物。茎柔弱，有臭味。叶纸质，卵状三角形、长圆状卵形或戟形。花生于叶腋，花基部膨大呈球形，向上收狭成一长管，管口扩大成漏斗状，黄绿色，口部有紫斑。蒴果近球形，先端微凹，有六棱，成熟时由基部向上六瓣开裂。花果期7—10月份。在中国，分布于长江流域以南各地，以及山东、河南部分地区。果实和根可入药。

📖 因其果实成熟后如挂于马颈下的响铃，故名。

马耳他机构 Mǎ'ěrtā jīgòu/ㄇㄚˇ ㄦˇ ㄊㄚ ㄐㄧ ㄍㄡˋ

【机】即“槽轮机构”（96页）。因该机构的从动轮（即槽轮）形似马耳他十字，故名。

马粪包 mǎfènbāo/ㄇㄚˇ ㄈㄣˋ ㄅㄠ

【植】即“大秃马勃”（188页）。

马蜂 mǎfēng/ㄇㄚˇ ㄈㄥ

【动】“胡蜂”的通称。

马褂木 mǎguàmù/ㄇㄚˇ ㄍㄨㄚˋ ㄇㄨˋ

【植】即“鹅掌楸”（296页）。

马赫数/馬赫數 mǎhèshù/ㄇㄚˇ ㄏㄜˋ ㄕㄨˋ

Mach number

【航】流场中某点的速度与该点处的声速之比。用 *M* 或 *Ma* 表示。飞行器的“飞行马赫数”是飞行体重心相对无扰动大气的速度和包围飞行体无扰动大气中声速之比。

📖 19世纪80年代，奥地利物理学家马赫（Ernst Mach）首次用纹影法观测，对超声速流动进行了开拓性研究，确定了物速与声速的比值（即马赫数 *M*）标准，故称。

马鲛/鰆 mǎjiāo/ㄔㄨㄣ

Spanish mackerel

【动】*Scomberomorus niphonius* 又称“鲅”。鱼名。硬骨鱼纲鲭科。身体延长，侧扁，长可达1米以上，银灰色，有暗色横纹或斑点。鳞细小或退化。背鳍两个，第二背鳍及臀鳍后部各有数个小鳍。生活在海洋中，性凶猛，以小鱼等为食。种类很多。中国沿海均有分布。

马 鲛

马裤呢/馬褲呢 mǎkùní/ㄇㄚˇ ㄎㄨˋ ㄋㄧˊ

whipcord

【纺】精纺毛织物名。采用急斜纹组织织制的呢面，有粗壮陡直的斜纹线的厚型毛织物。呢面光洁，斜纹线粗壮突出，角度63°～76°，结构紧密，立体感强，手感厚实且富有弹性，风格粗犷、休闲，颜色多为黑、黑灰、铁灰、藏青、草绿、暗棕、白等素色或各种混色，也有夹丝或闪色等品种。适宜制作猎装、马裤、卡曲衫、军服等。

马来群岛/馬來群島

Mǎlái Qúndǎo/ㄇㄚˇ ㄌㄞˊ ㄑㄩㄣˊ ㄉㄠˇ

Malay Archipelago

【地】旧称“南洋群岛”。群岛名。位于亚洲东南部，太平洋与印度洋之间，主要由印尼17 000多个岛屿和菲律宾约7000多个岛屿组成，通常包括新几内亚岛。因居民多为马来人，故名。面积247.5万平方千米，是世界上最大的群岛。多属热带雨林气候，炎热多雨。石油、天然气、锡、铜、铝、镍等资源丰富，是世界橡胶、油棕、椰子、可可和胡椒的重要产地。

马力/馬力 mǎlì/ㄇㄚˇ ㄌㄧˋ

horsepower

【计量】全称“米制马力”。功率的非国际单位制单位。在标准重力加速度下，每秒把75千克的物体提高1米所做的功就是1马力。1马力＝735.499瓦。

马莲 mǎlián/ㄇㄚˇ ㄌㄧㄢˊ

【植】即“白花马蔺”（19页）。

马铃薯/馬鈴薯 mǎlíngshǔ/ㄇㄚˇ ㄌㄧㄥˊ ㄕㄨˇ

potato

【植】*Solanum tuberosum* 通称“土豆”，又称“洋芋”，俗称“山药蛋”。茄科茄属。一年生草本植物。地下茎块状，扁圆形或长圆形，外皮黄白色，有芽眼。奇数羽状复叶，小叶常大小相间，卵形，全缘，两面被毛。伞房花序顶生，花冠辐状，白色或蓝紫色。花期夏季。在中国，分布于各地。块茎可作蔬菜。

马六甲海峡/馬六甲海峽

Mǎliùjiǎ Hǎixiá/ㄇㄚˇ ㄌㄧㄡˋ ㄐㄧㄚˇ ㄏㄞˇ ㄒㄧㄚˊ

Strait of Malacca

【地】海峡名。位于南亚马来半岛与苏门答腊岛之间。呈东南—西北走向，西北端连通印度洋的安达曼海，东南端连接南海。全长约1080千米，西北部最宽处达370千米，东南部最窄处只有37千米。是太平洋与印度洋之间的重要航道。

马鹿/紅鹿 mǎlù/ㄇㄚˇ ㄌㄨˋ

red deer, wapiti

【动】*Cervus elaphus* 又称"赤鹿"。哺乳动物名。偶蹄目鹿科。体长可达 2 米多，雄鹿的角粗大而多叉，夏季毛红褐色，冬季灰褐色，尾较短，有的有白色臀斑。生活在高山密林或丘陵深谷，常群居，随季节迁徙，主要以植物为食。分布范围较广，在中国，分布于东北、西北等地。

马 鹿

马门溪龙/馬門溪龍

mǎménxīlóng/ㄇㄚˇ ㄇㄣˊ ㄒㄧ ㄌㄨㄥˊ

Mamenchisaurus

【地】*Mamenchisaurus*，古爬行动物名。属蜥龙类的蜥脚类。身体约长二三十米，高将近 4 米。头小，颈特别长，相当于体长的一半。以植物为食。生活于侏罗纪晚期。因发现于中国重庆(原四川)合川马门溪，故名。

马面/馬面 mǎmiàn/ㄇㄚˇ ㄇㄧㄢˋ

salient

【建】突出于城墙表面的墩台，是城墙的支撑体，又起防御作用。马面间距通常不超过一箭之遥。站在马面上可三面御敌。

📖 相邻的两座马面间可组织交叉射击网。

马枪 mǎqiāng/ㄇㄚˇ ㄑㄧㄤ

【军】即"卡宾枪"(666 页)。

马赛克 mǎsàikè/ㄇㄚˇ ㄙㄞˋ ㄎㄜˋ

【材】"陶瓷锦砖"的通称。

马氏体/麻田散體

mǎshìtǐ/ㄇㄚˊ ㄊㄧㄢˊ ㄙㄢˇ ㄊㄧˇ

martensite

【材】钢中相形态之一。纯金属或合金从某一固相转变成另一固相时的产物。在相变期间由快速冷却方法形成亚稳态过渡组织，其特征是原子不扩散，化学成分不变，但晶格结构发生变化，并具有针状的结晶体，同时新旧相间维持一定的位向关系，有切变共格。

马太效应/馬太效應

Mǎtài xiàoyìng/ㄇㄚˇ ㄊㄞˋ ㄒㄧㄠˋ ㄧㄥˋ

Matthew effect

【心】一种社会现象。源于《新约·马太福音》中的一则寓言。其第二十五章说："凡有的，还要加给他叫他多余；没有的，连他所有的也要夺过来。"指强者愈强，弱者愈弱；好的愈好，坏的愈坏；多的愈多，少的愈少。1968 年，美国社会学家罗伯特·默顿(R.K. Merton，1910—2003)将这种现象概括为马太效应，用以描述社会生活中普遍存在的两极分化现象。

马蹄 mǎtí/ㄇㄚˇ ㄊㄧˊ

【植】即"荸荠"(51 页)。

马蹄莲/馬蹄蓮 mǎtílián/ㄇㄚˇ ㄊㄧˊ ㄌㄧㄢˊ

common callalily

【植】*Zantedeschia aethiopica* 天南星科马蹄莲属。多年生草本植物。全株有毒。块茎肉质。叶基生，有长柄，下部抱茎，叶厚，箭形，先端尖，基部心形或戟形，全缘。花梗长，高出叶丛，佛焰苞管部短，黄色，张开呈马蹄形，檐部后仰，有锥状尖头，亮白色。肉穗花序包藏于佛焰苞内，圆柱形，黄色。花期 2—3 月份。在中国，北京、江苏、福建、四川、台湾、云南及秦岭地区均有栽培。观赏花卉。可作切花花材。

📖 马蹄莲是埃塞俄比亚的国花。

马铁 mǎtiě/ㄇㄚˇ ㄊㄧㄝˇ

【材】即"可锻铸铁"(680 页)。

马尾藻 mǎwěizǎo/ㄇㄚˇ ㄨㄟˇ ㄗㄠˇ

【植】即"鼠尾藻"(1049 页)。

吗啡/嗎啡 mǎfēi/ㄇㄚˇ ㄈㄟ

morphine

【医】含氮杂环化合物。氢化吡啶菲类生物碱。有重要的药用价值，具强大的镇痛功能，对一切疼痛均有效，并有镇静、镇咳等作用。但成瘾性强，是危害人类的毒品，用量过大可致中毒直至死亡。

📖 吗啡于 1806 年首次从阿片中分离得到。阿片含有 20 多种生物碱，吗啡是其中最重要的一种，含量为 6%～15%。

玛瑙/瑪瑙 mǎnǎo/ㄇㄚˇ ㄋㄠˇ

agate

【地】一种玉石。是具有不同颜色纹带构造的玉髓，主要成分为 SiO_2。隐晶质，常呈致密块状，多为同心圆构造。通常半透明至不透明，莫氏硬度6.5～7，密度 2.65 克/厘米³。通常有黑绿、黄、红、红褐、白和蓝色等。按色彩及图案不同，可分缟玛瑙、缠丝玛瑙、苔玛瑙、城堡玛瑙、火玛瑙、晕彩玛瑙等。常用来制作工艺品。

码/碼 mǎ/ㄇㄚˇ

yard

㊀【计量】长度的英制单位。符号 yd。1 码＝0.9144米。㊁【信息】“代码”的简称。㊂【交】在台湾，码也指“车场”(119 页)。

码分多址/分碼多重進接

mǎfēn duōzhǐ/

ㄈㄣ ㄇㄚˇ ㄉㄨㄛ ㄔㄨㄥˊ ㄐㄧㄣˋ ㄐㄧㄝ

code-division multiple access, CDMA

【信息】利用不同的代码序列来分割信道的多址技术。

码分复用/分碼多工

mǎfēn fùyòng/ㄈㄣ ㄇㄚˇ ㄉㄨㄛ ㄍㄨㄥ

code-division multiplexing, CDM

【信息】为使若干独立信号能在一条公共通路上传输，而将其配置成无相互干扰的多路信号的过程。

码头/碼頭 mǎtóu/ㄇㄚˇ ㄊㄡˊ

pier, quay, wharf

【船】专供船舶停靠、货物装卸、人员上下、货物补给以及船舶维修保养的水工建筑物。按结构形式不同，可分为固定码头和浮码头(由相互连接的趸船、栈桥和岸上部分构成)；按使用目的不同，可分为停靠码头、客运码头、货运码头、集装箱码头、油码头、煤码头、登陆码头和修船码头。

蚂蟥 mǎhuáng/ㄇㄚˇ ㄏㄨㄤˊ

【动】“蛭”的通称。

蚂蚁/螞蟻 mǎyǐ/ㄇㄚˇ ㄧˇ

ant

【动】Formicidae 昆虫名。膜翅目蚁科。体小而长，黑色或褐色常见，头大，有一对复眼，触角长，腹部卵形。由雌蚁、雄蚁和工蚁组成蚁群。雌蚁和雄蚁有翅膀，工蚁没有。种类很多。通常在地下筑巢群居。

馬克士威 ㄇㄚˇ ㄎㄜˋ ㄕˋ ㄨㄟ/mǎkèshìwēi

maxwell

【计量】台湾名。即“麦克斯韦”(781 页)。

馬口鐵 ㄇㄚˇ ㄎㄡˇ ㄊㄧㄝˇ/mǎkǒutiě

black sheet, tinplate

【材】台湾名。即“镀锡薄板”(282 页)。

蚂蚱 màzha/ㄇㄚˋ·ㄓㄚ

【动】即“蝗虫”(541 页)。

mai (ㄇㄞ)

埋刮板输送机/集體運送機

máiguābǎn shūsòngjī/

ㄐㄧˊ ㄊㄧˇ ㄩㄣˋ ㄙㄨㄥˋ ㄐㄧ

en masse conveyor

【机】链式输送机的一种。在封闭的料槽中靠刮板链条和物料之间的摩擦力以及物料的内摩擦力输送物料。可水平运输、倾斜运输和垂直运输。多用于输送粉尘状、小颗粒及小块料等散状物。

埋植 ㄇㄞˊ ㄓˊ/máizhí

nidation

【医】台湾名。即“着床”(1491 页)。

霾/霾 mái/ㄇㄞˊ

haze

【气】造成视程障碍的天气现象的一种。大量极细微的干尘粒等均匀地悬浮在空中，空气混浊，使水平能见度小于 10.0 千米。使远处光亮物体微带黄、红色，使黑暗物体微带蓝色。能见度低于 3 千米时，是灾害性天气。

霾预警信号/霾預警信號

máiyùjǐng xìnhào/ㄇㄞˊ ㄩˋ ㄐㄧㄥˇ ㄒㄧㄣˋ ㄏㄠˋ

haze warning signal

【气】气象灾害预警信号的一种。分为二级，分别以黄色、橙色标识。参见“气象灾害预警信号”(895 页)。

买麻藤/倪藤 mǎimáténg/ㄋㄧˊ ㄊㄥˊ

jointfir

【植】*Gnetum montanum* 又称“倪藤”。买麻藤科买麻藤属。大型藤本植物。茎枝有节，节膨大成关节状。叶革质大小多变，矩圆形或椭圆形，全缘。雌雄异株，雄球花序圆柱形，雌球花序侧生老枝上。成熟种子核果状，矩圆形，外被红色假种皮。花期 6—7 月份，果期 8—9 月份。在中国，分布于云南南部及广东、广西的部分地区。茎皮纤维可用。

麦冬/麥冬 màidōng/ㄇㄞˋ ㄉㄨㄥ

Radix Ophiopogonis(拉), dwarf lilyturf tuber, * ophiopogon

【中医】中药名。百合科植物麦冬 *Ophiopogon japonicus* (Thunb.) Ker-Gawl. 的干燥块根。味甘、微苦，性微寒。归心、肺、胃经。养阴生津，润肺清心。用于肺燥干咳，虚痨咳嗽，津伤口渴，心烦失眠，内热消渴，肠燥便秘，咽白喉。

麦 冬

麦尔登呢/墨爾登呢

mài'ěrdēngní/ㄇㄞˋ ㄦˇ ㄉㄥ ㄋㄧˊ

Melton

【纺】粗纺毛织物名。经缩绒起毛整理，呢面绒毛丰满密集，手感柔软，质地密实，保暖性能好。多为藏青色，主要用作秋冬制服和西裤等的面料。因首先产于英国麦尔登(Melton Mowbray)，故名。

麦饭石/麥飯石 màifànshí/ㄇㄞˋ ㄈㄢˋ ㄕˊ

maifan stone

【地】一类半风化的花岗质岩石。含多种对人体有益的元素，有较强的吸附能力，能净化水质。

麦积山石窟/麥積山石窟

Màijī Shān Shíkū/ㄇㄞˋ ㄐㄧ ㄕㄢ ㄕˊ ㄎㄨ

Grottoes of Mount Maiji

【建】中国古代石窟群。位于甘肃天水东南的麦积山，始凿于后秦，延续至以后历代1000余年。石窟分东西两部，东崖54窟，西崖140窟，有各种造像7000余尊。其中以北魏、北周时期的窟窑龛最多，是研究石窟艺术中国化历程的重要实例。崖阁式巨型洞窟是其典型窟型。洞窟有的距山基二三十米，有的达七八十米。在陡峻的悬崖上开凿为数众多的洞窟和佛像，在中国的石窟中罕见。

麦角生物碱类/麥角生物鹼

màijiǎo shēngwùjiǎnlèi/

ㄇㄞˋ ㄐㄧㄠˇ ㄕㄥ ㄨˋ ㄐㄧㄢˇ

ergot alkaloids

【医】由麦角菌核提取的一类麦角生物碱的总称。可分为氨基麦角碱(如麦角新碱)和氨基酸类麦角碱(如麦角胺)。具有收缩血管作用，有的应用于产后止血、偏头痛。

麦克风 màikèfēng/ㄇㄞˋ ㄎㄜˋ ㄈㄥ

【机】即“传声器”(145页)。

麦克斯韦/馬克士威

màikèsīwéi/ㄇㄚˇ ㄎㄜˋ ㄕˋ ㄨㄟ

maxwell

【计量】非国际单位制中磁通量单位。符号Mx。磁场的磁感应强度为1高斯时，垂直于磁感线方向的平面上每平方厘米通过的磁通量就是1麦克斯韦。1麦克斯韦$=10^{-8}$韦。为纪念英国物理学家麦克斯韦(J. C. Maxwell, 1831—1879)而命名。

麦曲/麥麴 màiqū/ㄇㄞˋ ㄑㄩ

wheat koji

【轻】一种酒曲。黄酒生产的糖化剂。将破碎的小麦粒做成方砖形，然后入房码放好，在控制好温度和湿度的条件下培养繁殖糖化菌而成。能为黄酒生产提供各种酶类，主要是淀粉酶和蛋白酶，以促使原料中的淀粉、蛋白质等高分子物质水解，并在制曲过程中形成各种代谢物，这些代谢产物相互作用而产生色泽、香味等，赋予黄酒酒体独特的风味。传统的麦曲生产采用自然培育微生物的方法，现多采用纯种培育的方法。

麦氏点压痛/麥氏點壓痛

Màishìdiǎn yātòng/ㄇㄞˋ ㄕˋ ㄉㄧㄢˇ ㄧㄚ ㄊㄨㄥˋ

McBurney point tenderness

【医】位于脐与右髂前上棘连线中，外1/3交界处称为麦氏点，按压此点产生的明显疼痛称为麦氏点压痛。是阑尾炎的重要体征。

麦芽/麥芽 màiyá/ㄇㄞˋ ㄧㄚˊ

Fructus Hordei Germinatus(拉), germinated barley, * barley sprout

【中医】中药名。禾本科植物大麦 *Hordeum vulgare* L.的成熟果实经发芽干燥的炮制加工品。味甘，性平。归脾、胃经。行气消食，健脾开胃，退乳消胀。用于食积不消，脘腹胀痛，脾虚食少，乳汁郁积，乳房胀痛，妇女断乳。按炮制的不同，可分为生麦芽、炒麦芽、焦麦芽等。生麦芽：健脾和胃，疏肝行气，用于脾虚食少，乳汁郁积。炒麦芽：行气消食回乳，用于食积不消，妇女断乳。焦麦芽：消食化滞，用于食积不消，脘腹胀痛。

📖 “三仙”是经常一起使用的麦芽、神曲、山楂三味消食药的合称。三药炒焦后，称为“焦三仙”。

麦芽糖/麥芽糖 màiyátáng/ㄇㄞˋ ㄧㄚˊ ㄊㄤˊ

maltose

【生】一种二糖。由两个葡萄糖分子缩合失水而成。白色晶体或粉末，是构成淀粉的基本单位，饴糖的主要成分。甜度为蔗糖的40%。有还原性，水溶液中有变旋现象。用作营养剂和培养基等。

脉/脈 mài/ㄇㄞˋ

vessel

【中医】经脉。是气血运行的通道。

脉搏/脈搏 màibó/ㄇㄞˋ ㄅㄛˊ

pulse

【医】动脉的搏动。由心脏节律性收缩和舒张而引起。正常成人脉搏为 60～100 次/分。

脉冲/脈衝 màichōng/ㄇㄞˋ ㄔㄨㄥ

pulse

【物】自第一额定状态出发，达到第二额定状态，最终又回到第一额定状态的一种波形。典型的脉冲波形有尖脉冲、矩形脉冲、阶跃脉冲等。

脉冲星/波霎 màichōngxīng/ㄅㄛ ㄕㄚˋ

pulsar

【天】有 10^7～10^9 特强磁场的快速自转中子星。基本特征是发射有规则的毫秒至百秒级的短周期脉冲辐射。英国天文学家休伊什(A. Hewish)和英国物理学家贝尔(J. Bell)在1967 年发现了第一颗脉冲星。

脉冲噪声/脈衝噪音

màichōng zàoshēng/ㄇㄞˋ ㄔㄨㄥ ㄗㄠˋ ㄧㄣ

impulsive noise

【环】间断的、短促的(如小于 1 秒)的噪声。如枪炮发射、炸药爆炸等产生的噪声。过强的脉冲噪声会使耳鼓膜破裂、中耳链失效。一般强度的脉冲噪声会引起暂时性听力损失，但长期反复暴露会造成永久性耳聋。

脉石/脈石 màishí/ㄇㄞˋ ㄕˊ

gangue

【地】矿石中不能利用的矿物集合体。其组成的矿物称为脉石矿物，多数为非金属矿物，如方解石等；也有金属矿物，如铜矿石中的黄铁矿。

脉象/脈象 màixiàng/ㄇㄞˋ ㄒㄧㄤˋ

pulse manifestation， * pulse

【中医】诊脉者手指所感受到的脉搏跳动的形象。包括频率、节律、充盈度、通畅的情况，以及动势的和缓、波动的幅度等。

脉序/脈序 màixù/ㄇㄞˋ ㄒㄩˋ

venation

【植】叶脉在叶片中分布的形式。位于叶片中央的较粗壮的一条称中脉或主脉，其向两侧第一次分出的脉称侧脉。联结各侧脉间的次级脉称小脉。侧脉与中脉平行直达叶顶的，或侧脉自中脉分出后走向叶缘且没有小脉联结的，称平行脉，如菖蒲、万年青的叶脉。叶脉数回分枝且有小脉互相联结成网的，称网状脉序，如胡椒、鼠李的叶脉。侧脉由中脉分出后排成羽毛状的，称羽状脉，如珍珠梅、白头婆的叶脉。几条等粗的主脉同时由叶柄顶部放射状分出的称掌状脉，如蜀葵的叶脉。

脉诊/脈診 màizhěn/ㄇㄞˋ ㄓㄣˇ

pulse taking

【中医】切诊之一。医生以食指、中指、无名指三指指端切按被检者桡动脉的寸口部，探查脉象的变化。

唛头/嘜頭 màitóu/ㄇㄚˋ ㄊㄡˊ

shipping mark，mark

【物流】又称“发货符号”“运输标志”。收发货人识别货物的标记。常由简单的几何图形和字母、数字以及文字组成，标明品名、货号、规格、毛重、净重、收货单位、发货单位等；进出口货物标明目的地名称或代号、收货人和发货人的代号、件号、体积、重量、原产国等。

鿏/䥑 mài/ㄇㄞˋ

meitnerium

【化】金属元素。属周期表第ⅧB 族。符号Mt，原子序数 109。原子量 266.13。有放射性，由人工核反应获取。

📖 1982 年，德国的明岑贝格(G. Münzenberg)等首先合成这种元素；几乎与此同时，苏联的奥加涅相(Oganessian)等也在杜布纳联合核子研究所完成合成。拉丁文定名为 meitnerium，源自 L. Meitner，这是奥地利科学家迈特纳的姓，用以纪念她首先发现铀裂变和参与发现镤元素的贡献。中文定名

M

为"鋑",是形声字,1998 年由两岸化学界人士共同商议确定。

脈衝噪音
ㄇㄞˋ ㄔㄨㄥ ㄗㄠˋ ㄧㄣ/màichōng zàoyīn
impulsive noise
【环】台湾名。即"脉冲噪声"(782 页)。

脈衝雷達
ㄇㄞˋ ㄔㄨㄥ ㄌㄟˊ ㄉㄚˊ/màichōng léidá
impulse radar
【军】台湾名。即"冲击雷达"(133 页)。

麥角生物鹼
ㄇㄞˋ ㄐㄧㄠˇ ㄕㄥ ㄨˋ ㄐㄧㄢˇ/
màijiǎo shēngwùjiǎn
ergot alkaloids
【医】台湾名。即"麦角生物碱类"(781 页)。

麥克風 ㄇㄞˋ ㄎㄜˋ ㄈㄥ/màikèfēng
microphone
【机】台湾名。即"传声器"(145 页)。

man (ㄇㄢ)

蔓菁 mánjing/ㄇㄢˊ·ㄐㄧㄥ
【植】即"芜菁"(1209 页)。

鳗 mán/ㄇㄢˊ
【动】"鳗鲡"的简称。

鳗鲡/日本鰻
mánlí/ㄖˋ ㄅㄣˇ ㄇㄢˊ
common eel
【动】*Anguilla japonica* 简称"鳗",又称"白鳝"。鱼名。硬骨鱼纲鳗鲡科。身体细长像蛇,长可达 1 米,前部近圆筒形,后部侧扁,鳞已退化,埋在皮肤下面,腹表面多黏液,头尖,背鳍、臀鳍和尾鳍连在一起,无腹鳍。背部灰黑色,腹部白色。生活在淡水中,成熟后到海洋中产卵。以鱼虾和水生昆虫等为食。中国沿海及江湖中均有分布。

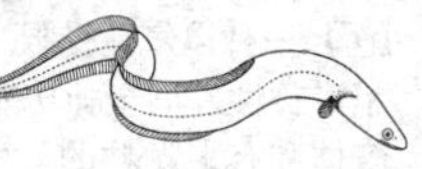
鳗 鲡

满带/滿帶
mǎndài/ㄇㄢˇ ㄉㄞˋ
filled band
【物】各能级都被电子填满的能带。通常内层电子能级所分裂的能带都是满带。参见"能带"(830 页)。

满灌疗法
mǎnguàn liáofǎ/ㄇㄢˇ ㄍㄨㄢˋ ㄌㄧㄠˊ ㄈㄚˇ
【心】即"冲击疗法"(133 页)。

满江红/水蕨
mǎnjiānghóng/ㄕㄨㄟˇ ㄐㄩㄝˊ
floating fern
【植】*Azolla imbricate* 又称"红萍""紫藻""绿萍"。蕨类满江红科满江红属。小型浮水植物。植物体很小,卵形或三角形。根状茎横走,向下生须根,下垂到水中。叶小,覆瓦状排列成两行;叶片深裂成两片:背裂片肉质,长圆形或卵形,绿色,秋后变红色,边缘无色透明,腹裂片贝壳状,无色透明略带淡紫红色,斜沉水中。在中国,分布于长江流域和南北各地的静水域中。与蓝藻共生,可作绿肥和饲料。

📖 满江红生长迅速,常在水面上长成一片,幼时呈绿色,秋冬时节变红,水体呈现一片红色,故名。

满射/映成
mǎnshè/ㄧㄥˋ ㄔㄥˊ
surjection
【数】若集合 B 中的任一元素 y 有映射 $f:A\to B$ 下的原像,则称映射 $f:A\to B$ 为满射。例如,$f(x)=x^2$ 是实数集 $\mathbf{R}$ 到非负实数集 $\mathbf{R}^*$ 的一个满射。

满月 mǎnyuè/ㄇㄢˇ ㄩㄝˋ
【天】即"望"(1175 页)。

满载排水量/滿載排水量
mǎnzài páishuǐliàng/
ㄇㄢˇ ㄗㄞˋ ㄆㄞˊ ㄕㄨㄟˇ ㄌㄧㄤˋ
full-load displacement
【船】装载额定载重量时的排水量。即在满载吃水时的排水量。常为船舶主要的设计计算状态,其型线、结构、性能、设备及装载能力都以此为主要依据。

螨/蟎 mǎn/ㄇㄢˇ
mite
【动】通称"螨虫"。节肢动物名。蛛形纲蜱螨亚纲真螨目(Acariformes)。身体微小,多为圆形或椭圆形,分节不明显,繁殖快。种类繁多,通常分为尘螨、粉螨、革螨、恙螨等类，有些寄居在人或动物体上，吸血液，能传播疾病。

螨虫 mǎnchóng/ㄇㄢˇ ㄔㄨㄥˊ

【动】“螨”的通称。

曼荼罗/曼荼羅 màntúluó/ㄇㄢˋ ㄊㄨˊ ㄌㄨㄛˊ

Mandala

【建】又称“坛城”。印度密教修法时，为防止外道“魔众”侵入，在修法处修建的带有佛像的圆形或方形土坛，表示聚集诸佛于一坛。坛城用于比喻佛教世界的结构，以后发展成独特的建筑形式。河北承德普乐寺旭光阁所置阇城为此型制的实例。

曼陀罗/曼陀羅

màntuóluó/ㄇㄢˋ ㄊㄨㄛˊ ㄌㄨㄛˊ

jimsonweed, datura

【植】*Datura stramonium* 茄科曼陀罗属。一年生草本植物。茎直立，粗壮，淡绿色微带紫色，下部木质化。叶广卵形，基部偏斜，边缘有浅裂或齿。花单生于叶腋，直立，有短梗，花萼筒状，筒部有五棱角，顶端五浅裂；花冠漏斗状，下部浅绿色，上部白色或淡紫色，檐部五浅裂。蒴果卵圆形，表面有硬刺，成熟后规则四裂。花期6—10月份，果期7—11月份。在中国，分布于各地。野生花草。全草入药，有毒。

曼陀罗

慢惊风/慢驚風

mànjīngfēng/ㄇㄢˋ ㄐㄧㄥ ㄈㄥ

chronic infantile convulsion, * chronic fright wind

【中医】惊风的一种。因大病久病之后，气血阴阳俱伤；或急惊未愈，正虚邪恋，虚风内动；或先天不足，后天失调，脾肾两虚，筋脉失养，风邪入络等所致，病势缓慢，症见反复抽筋，昏迷或瘫痪。治宜补虚治本。

慢性胆囊炎/慢性膽囊炎

mànxìng dǎnnángyán/

ㄇㄢˋ ㄒㄧㄥˋ ㄉㄢˇ ㄋㄤˊ ㄧㄢˊ

chronic cholecystitis

【医】胆囊慢性炎症性病变。多因急性胆囊炎反复发作而引起，常伴胆石症。主要症状为右上腹痛，可因脂肪饮食而诱发。

慢性胃炎/慢性胃炎

mànxìng wèiyán/ㄇㄢˋ ㄒㄧㄥˋ ㄨㄟˋ ㄧㄢˊ

chronic gastritis

【医】由幽门螺杆菌感染等引起的胃黏膜慢性炎症。症状是上腹部隐痛，食欲不振，餐后饱胀，反酸等。

慢性胰腺炎/慢性胰腺炎

mànxìng yíxiànyán/ㄇㄢˋ ㄒㄧㄥˋ ㄧˊ ㄒㄧㄢˋ ㄧㄢˊ

chronic pancreatitis

【医】胰腺发生的慢性炎症。由各种因素造成的胰腺组织和内、外分泌功能慢性损害。常有钙化、假性囊肿及胰岛细胞减少或萎缩，多伴有脂肪泻、糖尿病等。

慢性支气管炎/慢性支氣管炎

mànxìng zhīqìguǎnyán/

ㄇㄢˋ ㄒㄧㄥˋ ㄓ ㄑㄧˋ ㄍㄨㄢˇ ㄧㄢˊ

chronic bronchitis

【医】气管、支气管黏膜及其周围组织的慢性非特异性炎症。主要表现为咳嗽、咳痰或伴有气喘等反复发作，每年持续3个月，连续2年以上。多于冬季发作，晚期因炎症加重，症状可常年存在。严重的常发生肺动脉高压，甚至肺源性心脏病。

慢性阻塞性肺疾病/慢性阻塞性肺臟疾病

mànxìng zǔsèxìng fèijíbìng/

ㄇㄢˋ ㄒㄧㄥˋ ㄗㄨˇ ㄙㄜˋ ㄒㄧㄥˋ ㄈㄟˋ ㄐㄧˊ ㄅㄧㄥˋ

chronic obstructive pulmonary disease, COPD

【医】一种以气流受限为特征的肺部疾病。多呈进行性发展至肺功能受损。与肺部对有害气体和有害颗粒的异常炎症反应有关，主要累及肺脏，也可引起全身不良反应。

慢性阻塞性肺臟疾病

ㄇㄢˋ ㄒㄧㄥˋ ㄗㄨˇ ㄙㄜˋ ㄒㄧㄥˋ ㄈㄟˋ ㄗㄤˋ ㄐㄧˊ ㄅㄧㄥˋ/

mànxìng zǔsèxìng fèizàng jíbìng

chronic obstructive pulmonary disease, COPD

【医】台湾名。即“慢性阻塞性肺疾病”(784页)。

漫灌/漫灌 mànguàn/ㄇㄢˋ ㄍㄨㄢˋ

M

flooding irrigation

【水利】灌溉方法的一种。田间不修沟、畦，水以漫流的方式进行灌溉，均匀性差，水量浪费较大。

漫决/漫決　mànjué/ㄇㄢˋ ㄐㄩㄝˊ

levee breach due to over topping

【水利】堤防因遇超标准洪水，或风暴巨浪、冰坝壅塞而导致水流漫过堤顶的溢流决口。

漫游/漫遊　mànyóu/ㄇㄢˋ ㄧㄡˊ

roaming

【信息】移动电话或寻呼机用户离开签约的本网络服务区而进入其他网络服务区时，仍可享受通信服务的功能。

mang（ㄇㄤ）

芒果　ㄇㄤˊ ㄍㄨㄛˇ/mángguǒ

mango

【植】台湾名。即“杧果”(785 页)。

芒萁/芒萁　mángqí/ㄇㄤˊ ㄑㄧˊ

dichotomy forked fern

【植】*Dicranopteris dichotoma* 蕨类。里白科芒萁属。根状茎细长而横走。叶疏，纸质，叶轴多回分叉，每个分叉处有一对阔披针形羽片，羽状深裂，裂片条状披针形，全缘。孢子囊群在主脉两侧各排成一行。在中国，分布于长江以南各地。全草入药，有保持水土功效。

芒硝/芒硝　mángxiāo/ㄇㄤˊ ㄒㄧㄠ

mirabilite

【地】矿物。成分为 $Na_2SO_4 \cdot 10H_2O$。单斜晶系。集合体常呈粒状、块状，也呈皮壳状或被膜状。无色透明，有时混浊而微带黄或绿色，玻璃光泽，莫氏硬度 1.5～2.0，密度1.48克/厘米^3。味苦。在干燥空气中逐渐失水而变为白色粉末状的无水芒硝。用于陶瓷、药品、制纸、玻璃、纺织工业中，也可入药。

忙时/忙時　mángshí/ㄇㄤˊ ㄕˊ

busy hour

【信息】通信系统在给定 24 小时内业务负荷最大的 1 小时。

杧果/芒果　mángguǒ/ㄇㄤˊ ㄍㄨㄛˇ

mango

【植】*Mangifera indica* 漆树科杧果属。常绿大乔木。叶集生于枝端，长圆形，先端尖，边缘波状，侧脉明显。圆锥花序，花密集，黄色，花盘膨大。核果大，扁肾形，成熟时黄色，肉鲜多黄色，味甜，果核多坚硬。在中国，分布于云南、广东、广西、台湾、海南和福建南部。果实可作水果，核药用。

杧果

盲道/盲道　mángdào/ㄇㄤˊ ㄉㄠˋ

sidewalk for the blind

【建】在人行道或其他场所专为方便盲人行走而铺设的通道。用上有凸起的条纹或圆点的地面砖铺成，使盲人产生不同的脚感，引导其向前行走和辨别方向。

盲点/盲點　mángdiǎn/ㄇㄤˊ ㄉㄧㄢˇ

blind spot

【医】视网膜上没有视觉感受细胞的生理区域。落入该处的物像不能被感受，故名。

盲飞　mángfēi/ㄇㄤˊ ㄈㄟ

【航】即“仪表飞行”(1332 页)。

蟒蛇/蟒蛇　mǎngshé/ㄇㄤˇ ㄕㄜˊ

python

【动】又称“蚺蛇”。爬行动物名。蛇目蟒科蟒属。体长可达 10 米，是蛇类中最大的，头部长，口大，舌的尖端有分叉，背部黑褐色，有暗色斑点，腹部白色，无毒。生活在热带、亚热带森林里，捕食蛇、蛙、鼠、鸟等。分布于东南亚一带，中国分布在南方地区。

mao（ㄇㄠ）

猫/貓　māo/ㄇㄠ

cat

【动】*Felis catus* 哺乳动物名。食肉目猫科。面部略圆，躯干长，耳壳短小，眼大，瞳孔随光线强弱而缩小放大，四肢较短，趾底有脂肪质肉垫，毛柔软，有黑、白、黄、灰、褐等颜色。行动敏捷，善跳跃，能捕鼠。种类很多。广泛分布于世界各地。

猫艾滋病　māo'àizībìng/ㄇㄠ ㄞˋ ㄗ ㄅㄧㄥˋ

【生】“猫获得性免疫缺陷综合征”的通称。

猫获得性免疫缺陷综合征/貓獲得性免疫缺陷綜合徵
māo huòdéxìng miǎnyì quēxiàn zōnghézhēng/ㄇㄠ ㄏㄨㄛˋ ㄉㄜˊ ㄒㄧㄥˋ ㄇㄧㄢˇ ㄧˋ ㄑㄩㄝ ㄒㄧㄢˋ ㄗㄨㄥ ㄏㄜˊ ㄓㄥ
feline acquired immuno-deficiency syndrome, FAIDS
【生】通称“猫艾滋病”。由猫免疫缺损病毒(FIV)攻击并破坏猫的免疫系统,导致猫出现的各种类似人类艾滋病的患病症状。表现为淋巴结肿大、低热、腹泻、CD 4^+ T 细胞减少、免疫功能低下。猫免疫缺损病毒与人免疫缺损病毒有一定同源性,及相似的细胞嗜性和毒性,故猫成为研究人艾滋病的重要动物模型。

猫头鹰 māotóuyīng/ㄇㄠ ㄊㄡˊ ㄧㄥ
【动】即“鸮”(1254 页)。

猫熊 māoxióng/ㄇㄠ ㄒㄩㄥˊ
【动】即“大熊猫”(189 页)。

猫眼/貓眼石 māoyǎn/ㄇㄠ ㄧㄢˇ ㄕˊ
cat's eye, chatoyant cat's eye
【地】❶有猫眼效应的金绿宝石。❷“金绿宝石猫眼”的简称。

猫眼效应/貓眼光
māoyǎn xiàoyìng/ㄇㄠ ㄧㄢˇ ㄍㄨㄤ
chatoyancy
【地】在光照射下弧面型宝石表面呈现一条明亮光带,当宝石转动时,光带随之移动或张合的现象。因类似猫的瞳孔随光线强弱而出现张合现象,故名。由于宝石内有平行排列且折射率与之不同的针状或包裹体引起的反射光及散射光而造成。自然界中具有猫眼效应的宝石矿物有金绿宝石、海蓝宝石、电气石、石英等。

貓眼光 ㄇㄠ ㄧㄢˇ ㄍㄨㄤ/māoyǎnguāng
chatoyancy
【地】台湾名。即“猫眼效应”(786 页)。

貓眼石 ㄇㄠ ㄧㄢˇ ㄕˊ/māoyǎnshí
【地】台湾名。即“猫眼”(786 页)。

毛白杨/毛白楊
máobáiyáng/ㄇㄠˊ ㄅㄞˊ ㄧㄤˊ
Chinese white poplar
【植】*Populus tomentosa* 又称“响杨”。杨柳科杨属。落叶高大乔木。树冠圆锥形,树皮粗糙,灰绿色至黑灰色,纵裂,散生菱形皮孔。长枝上叶阔卵形,先端尖,基部心形,边缘齿牙缘,叶柄上部侧扁;短枝上叶较小,卵形,边缘齿牙缘,叶柄短于叶片,侧扁。雌雄异株,葇荑花序,较长,下垂。花期 3 月份。在中国,分布于辽宁南部至黄河流域。绿化树种,木材可用。

毛柄金钱菌/毛柄金錢菌
máobǐng jīnqiánjūn/ㄇㄠˊ ㄅㄧㄥˇ ㄐㄧㄣ ㄑㄧㄢˊ ㄐㄩㄣˋ
needle mushroom
【植】*Flammulina velutipes* 又称“金针菇”。菌类。口蘑科金针菇属。群生或丛生,子实体有中生菌柄,菌柄中空圆柱状,基部不膨大。菌盖幼时圆锥形,成熟时呈平展圆形;新鲜时肉质至纤维质,表面湿黏,黄白到黄褐色,干后黄褐色,边缘内卷。菌褶白色,密,质脆易碎。中国各地均有栽培。多生于阔叶树、倒木和树桩上。药食兼用。

毛虫/毛蟲 máochóng/ㄇㄠˊ ㄔㄨㄥˊ
caterpillar
【动】体上多毛的鳞翅目昆虫的幼虫。体圆柱形,分 13 节,有胸足三对和腹足数对。有松毛虫、桑毛虫等。

毛发湿度表/毛髮濕度儀
máofà shīdùbiǎo/ㄇㄠˊ ㄈㄚˋ ㄕ ㄉㄨˋ ㄧˊ
hair hygrograph
【气】湿度表的一种。根据脱脂毛发的长度随湿度变化的特性制成。当湿度增减时,毛发产生伸缩,通过机械传动装置带动指针在刻度盘上指示湿度大小。

毛发湿度计/毛髮濕度儀
máofà shīdùjì/ㄇㄠˊ ㄈㄚˋ ㄕ ㄉㄨˋ ㄧˊ
hair hygrograph
【气】湿度计的一种。根据脱脂毛发的长度随湿度变化的特性制成。以一束毛发作为感应元件,通过传动装置实现自动连续记录空气相对湿度的变化。

毛髮濕度儀
ㄇㄠˊ ㄈㄚˋ ㄕ ㄉㄨˋ ㄧˊ/máofà shīdùyí
hair hygrograph
【气】❶台湾名。即“毛发湿度表”(786 页)。❷台湾名。即“毛发湿度计”(786 页)。

毛纺/毛紡 máofǎng/ㄇㄠˊ ㄈㄤˇ

wool spinning

【纺】把毛纤维加工成纱线的纺纱工艺过程。毛纤维以羊毛为主,也有山羊绒、兔毛、马海毛、牦牛毛等。也用于毛型化纤纯纺、混纺以及与其他天然纤维混纺。用纯纺和混纺毛纱织制的毛织物、针织物、毛毯等,保暖、吸湿性好,富于弹性,耐磨。毛织物制成的服装手感柔润丰满,挺括。

毛栗 máolì/ㄇㄠˊ ㄌㄧˋ

【植】即"栗"(728 页)。

毛毛虫效应/毛毛蟲效應

máomaochóng xiàoyìng/ㄇㄠˊ ·ㄇㄠ ㄔㄨㄥˊ ㄒㄧㄠˋ ㄧㄥˋ

caterpillar effect

【心】一种社会心理效应。法国昆虫学家法布尔(J-H.C.Fabre,1823—1915)曾将一群毛毛虫首尾相接围成圈放在花盆上,并在不远处放上松叶,毛毛虫一个跟一个,一直转圈爬行,没有吃到松叶而最终饿死。这个效应说明,满足于做一个跟随者,可能导致最终失败。

毛毛雨/毛毛雨

máomaoyǔ/ㄇㄠˊ ·ㄇㄠ ㄩˇ

drizzle

【气】液态降水的一种。下降时稠密、细小且十分均匀。雨滴直径通常小于 0.5 毫米,下降情况不易分辨,迎面有潮湿感。落在水面无波纹,落在干地上均匀湿润地面,地面不见湿斑。主要从层积云和层雨云中产生。

毛囊炎/毛囊炎

máonángyán/ㄇㄠˊ ㄋㄤˊ ㄧㄢˊ

folliculitis

【医】发生于毛囊部的急性、亚急性或慢性化脓性或非化脓性炎症。可分为浅部毛囊炎和深部毛囊炎。病原体主要为金黄色葡萄球菌。好发于头颈部、臀部等处。

毛坯房/毛坯房 máopīfáng/ㄇㄠˊ ㄆㄧ ㄈㄤˊ

roughcast house

【建】又称"初装饰房"。商品房户门以内的部分项目仅完成初步装饰,达到房屋竣工验收标准的房屋。交付使用后由住户根据需要进一步装饰。

毛皮/毛皮 máopí/ㄇㄠˊ ㄆㄧˊ

fur

㊀【轻】原料皮经过一系列化学作用和机械作用后得到的具有使用性能、保留了毛面并以毛面为主要用途的产品。㊁【纺】在台湾,毛皮也指"裘皮"(924 页)。

毛渠/毛渠 máoqú/ㄇㄠˊ ㄑㄩˊ

field ditch

【水利】从农渠引水并分配到畦、沟的临时渠道。

毛紗 ㄇㄠˊ ㄕㄚ/máoshā

wool yarn

【纺】台湾名。即"毛线"(788 页)。

毛石/片石 máoshí/ㄆㄧㄢˋ ㄕˊ

rubble

【水利】岩石爆破后直接得到的形状不规则的石块。按其平整程度不同,可分为乱毛石和平毛石。

毛头鬼伞/毛頭鬼傘

máotóuguǐsǎn/ㄇㄠˊ ㄊㄡˊ ㄍㄨㄟˇ ㄙㄢˇ

shaggy cap

【植】*Coprinus comatus* 又称"鸡腿菇"。菌类。鬼伞科鬼伞属。子实体群生,有中生圆柱形菌柄,菌柄较细。菌盖幼时圆柱形,成熟时钟形,表面灰白色,粗糙,被鳞片,边缘波状。菌褶密,表面灰色或灰黑色,子实体开伞后边缘菌褶融化为墨汁状液体。菌肉新鲜时白色。中国各地均有栽培。生于田野、林缘、道旁和公园内。食药兼用。

毛细现象/毛細現象

máoxì xiànxiàng/ㄇㄠˊ ㄒㄧˋ ㄒㄧㄢˋ ㄒㄧㄤˋ

capillarity

【物】浸润液体的液面在毛细管中上升和不浸润液体的液面在毛细管中下降的现象。

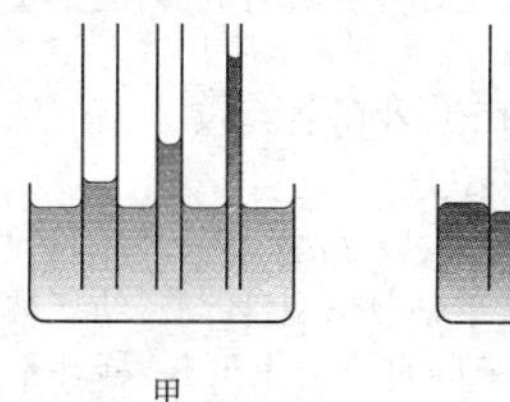

甲
浸润液体在
毛细管里上升

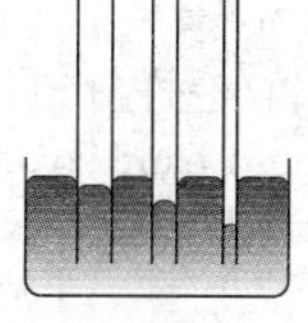

乙
不浸润液体在
毛细管里下降

毛细现象

毛纤维/毛纖維

máoxiānwéi/ㄇㄠˊ ㄒㄧㄢ ㄨㄟˊ

wool

【纺】动物纤维的一种。长度为 30～300 毫米。原毛按纤维细度、长度、强度、卷曲及含油汗率、含植物质率、含沙土率、缩绒性能、颜色、光泽等评定品质及区分用途。部分毛纤维有天然色彩,如山羊绒为青色、紫色,牦牛绒为褐色,骆驼绒为褐黄色,羊驼绒为粉红色等。绵羊毛及兔毛也已培育出天然彩色品种。

毛线/毛紗 máoxiàn/ㄇㄠˊ ㄕㄚ

wool yarn

【纺】又称"绒线"。用羊毛或毛型纤维制成的多股线。风格特征为圆、胖、蓬松,手感丰富,有弹性,供手编或针织用。粗梳毛纺系统制成的称粗纺绒线,精梳毛纺系统制成的称精纺绒线。混纺绒线有毛腈绒线、毛黏绒线、多合一绒线等,纯化纤绒线有腈纶绒线、膨体绒线等,花式绒线有结子绒线、圈圈绒线、拉毛绒线等。

毛象 máoxiàng/ㄇㄠˊ ㄒㄧㄤˋ

【地】即"猛犸"(794 页)。

毛织物/毛織物 máozhīwù/ㄇㄠˊ ㄓ ㄨˋ

wool fabric

【纺】用纯毛纱线或毛与其他纤维交织、混纺织制的织物。精纺毛织物由精梳毛纱织成,粗纺毛织物由结构疏松、纱线较粗的粗梳毛纱织成。光泽柔和,手感柔软而有弹性,干态抗皱性好,湿态抗皱性差,通常采用干洗,洗后需要熨烫。不耐碱,易虫蛀。主要用作高档或中高档服装面料。

毛重/毛重 máozhòng/ㄇㄠˊ ㄓㄨㄥˋ

gross weight

【交】指货物本身的重量加包装物的重量。在运输业中按重量计算运费时,货物的重量按毛重计算。

毛竹/毛竹 máozhú/ㄇㄠˊ ㄓㄨˊ

moso bamboo

【植】*Phyllostachys edulis* 禾本科刚竹属。常绿乔木状。单轴散生型,秆高。幼秆被毛和白粉,老秆节间自下向上变长,秆环不明显。叶片小而薄,披针形。花枝穗状,佛焰苞覆瓦状排列,每片孕性佛焰苞内有假小穗,小穗内包有小花。笋期 4 月份,花期 5—8 月份。在中国,分布于秦岭、汉水和长江流域以南地区,黄河流域有栽培。经济作物。观赏植物。

矛盾选择定律 máodùn xuǎnzé dìnglǜ/ㄇㄠˊ ㄉㄨㄣˋ ㄒㄩㄢˇ ㄗㄜˊ ㄉㄧㄥˋ ㄌㄩˋ

【心】即"手表定律"(1041 页)。

茅膏菜/茅膏菜 máogāocài/ㄇㄠˊ ㄍㄠ ㄘㄞˋ

lunate peltate sundew herb

【植】*Drosera peltata* 茅膏菜科茅膏菜属。多年生草本植物。直立,淡绿色,有紫红色汁液。基生叶密集成一轮,较小;茎生叶半月形或半圆形,边缘密有头状黏腺毛,分泌黏液。顶生螺旋聚伞花序,花白色或红色。花果期 6—9 月份。在中国,分布于云南、四川西南部、贵州西部和西藏南部。野生花草。

牦牛/犛牛 máoniú/ㄇㄠˊ ㄋㄧㄡˊ

yak

【动】*Bos grunniens* 哺乳动物名。偶蹄目牛科。反刍家畜。全身有长毛,黑褐色、棕色或白色,四肢短。耐寒、耐粗饲,善于在空气稀薄的高山峻岭间驮运。在中国,主要分布于青藏高原。

锚/錨 máo/ㄇㄠˊ

anchor

【船】抛入水中后能迅速啮入水底,并通过其端部所系的锚链或缆绳,将船舶或其他浮体系留于预定水域的专用设备。锚身由锚环(或锚卸扣)、锚杆(锚柄)、锚冠、锚臂、锚爪组成,形状特殊。按其结构和形状不同,可分为有杆锚、无杆锚、大抓力锚和单爪锚、双爪锚、多爪锚、菌形锚、浮锚及水锚等;按重量和所起作用不同,可分为主锚、中锚和小锚。

锚

锚泊/錨泊 máobó/ㄇㄠˊ ㄅㄛˊ

anchoring

【船】又称"抛锚"。利用锚和锚链的系留力,使船舶安全停泊的行为。

锚地/錨泊地 máodì/ㄇㄠˊ ㄅㄛˊ ㄉㄧˋ

anchorage area, anchorage

【水利】供船舶停泊、避风或进行各种水上作业需要所规划的水域。可分为装卸锚地、停泊锚地、避风锚地、引水锚地、检疫锚地等。

锚雷/錨雷 máoléi/ㄇㄠˊ ㄌㄟˊ

anchor mine

【军】由雷体和雷锚两部分组成,将雷体系留在水中设定深度的水雷。固定在一定深度和位置上,与敌方舰船相撞引爆。主要用于水深较大的海域,打击各种舰船。可由水面舰船、潜艇、飞机等布放。可分为被动锚雷和主动锚雷。

锚链/錨鏈 máoliàn/ㄇㄠˊ ㄌㄧㄢˋ

anchor chain

【船】用于连接锚和船舶的专用链条。由普通链环和一些特殊链环相互环扣串接而成。

錨泊地 ㄇㄠˊ ㄅㄛˊ ㄉㄧˋ/máobódì

anchorage area, anchorage

【水利】台湾名。即“锚地”(788 页)。

铆钉/鉚釘 mǎodīng/ㄇㄠˇ ㄉㄧㄥ

rivet

【机】紧固件的一种。一端有帽,杆状。穿入被连接的构件后,通过工具打、压等方式使其膨胀变粗而连接构件。可分为圆头铆钉、平头铆钉、沉头铆钉等。

铆接/鉚接 mǎojiē/ㄇㄠˇ ㄐㄧㄝ

riveting

【机】连接物体的一种方法。先在物体上钻孔放入铆钉,再用工具使铆钉膨胀变粗以连接物体。按加工时温度不同,可分为热铆和冷铆;按结构类型不同,可分为活动铆接、固定铆接、密封铆接。另有无铆钉铆接,利用压力设备和模具,通过对材料的冷挤压变形,将物体连接起来。

mei (ㄇㄟ)

玫瑰/玫瑰 méigui/ㄇㄟˊ ·ㄍㄨㄟ

rose

【植】*Rosa rugosa* 蔷薇科蔷薇属。落叶灌木。茎粗壮,丛生,小枝多刺,被毛。奇数羽状复叶,小叶 5～9 片,椭圆形,边缘有齿,上面叶脉下陷,多褶皱。花生叶腋,萼片卵状披针形,先端尾状尖;花瓣倒卵形,紫红色至白色,有香气。果球形,砖红色。花期 4—5 月份,果期 8—9 月份。中国各地均有栽培。食药兼用,还可提取芳香油。国家三级保护植物。

📖 玫瑰是法国、美国、英国、罗马尼亚、摩洛哥、伊朗、保加利亚和叙利亚的国花。

玫瑰窗/玫瑰窗 méiguichuāng/ㄇㄟˊ ·ㄍㄨㄟ ㄔㄨㄤ

rose window

【建】又称“玫瑰花窗”。中世纪教堂正门上方的大圆形窗。早期的窗棂像车轮的辐条,称为轮窗。后发展为放射状,镶嵌彩色玻璃,形似玫瑰花,故名。是哥特建筑的特色之一。

玫瑰花/玫瑰花 méiguihuā/ㄇㄟˊ ·ㄍㄨㄟ ㄏㄨㄚ

Flos Rosae Rugosae(拉), rose flower

【中医】中药名。蔷薇科植物玫瑰 *Rosa rugosa* Thunb. 的干燥花蕾。味甘、微苦,性温。归肝、脾经。行气解郁,和血,止痛。用于肝胃气痛,食少呕恶,月经不调,跌扑伤痛。

玫瑰花窗 méiguihuāchuāng/ㄇㄟˊ ·ㄍㄨㄟ ㄏㄨㄚ ㄔㄨㄤ

【建】即“玫瑰窗”(789 页)。

玫瑰石英 ㄇㄟˊ ·ㄍㄨㄟ ㄕˊ ㄧㄥ/méigui shíyīng

rose quartz

【地】台湾名。即“芙蓉石”(359 页)。

眉毛/眉毛 méimao/ㄇㄟˊ ㄇㄠˊ

eyebrow

【医】位于上睑与额之间的眶上缘眉弓部的短毛。自内向外呈弧形,分为眉头、眉峰、眉梢三部分。男性眉毛较粗密,近于平直;女性眉毛较细疏,弧度较明显。

梅/梅 méi/ㄇㄟˊ

plum

【植】*Armeniaca mume* 通称“梅花”,又称“干枝梅”“腊梅”。蔷薇科杏属。落叶小乔木。小枝细长,绿色。叶多宽卵形,先端尾尖,基部宽楔形,边缘有齿。花近无梗,先叶开放,花瓣五枚,白色或淡红色,有香气,栽培品种还有紫、黄等颜色且有重瓣。花期冬春季。在中国,主要分布于长江以南各地,其他地区均有栽培。观赏花木。果实食药兼用,称为梅子。

📖 梅是中国十大名花之一,被誉为“花中之魁”。在商代即有栽培,至今已有四千多年历史。梅花斗雪吐艳,凌寒留香,蕴含着中华民族的审美趋向和道德标准。

梅毒/梅毒 méidú/ㄇㄟˊ ㄉㄨˊ

syphilis

【医】一种慢性的性传播疾病。病原体为苍白密螺旋体，主要通过性交传染，也可通过胎盘传给下一代。可侵犯全身各器官，早期主要侵犯皮肤和黏膜，多发生在外阴部及性接触部位，表现为红肿、糜烂。晚期可侵犯心血管和中枢神经系统。

梅核气/梅核氣 méihéqì/ㄇㄟˊ ㄏㄜˊ ㄑㄧˋ

globus hystericus，* plum-pit qi

【中医】中医喉病之一。因情志不遂，肝气郁滞，痰气互结，停滞于咽所致，症见咽喉异物感如梅核梗阻，咽之不下，咯之不出，时发时止等。治宜疏肝解郁，理气降逆，化痰散结，可用半夏厚朴汤、加味四七汤、噙化丸等方。

梅花/梅花 méihuā/ㄇㄟˊ ㄏㄨㄚ

㊀ plum，㊁ Flos Mume（拉），plum flower

㊀【植】"梅"的通称。㊁【中医】中药名。蔷薇科植物梅 *Armeniaca mume* Sieb. 的干燥花蕾。味微酸、涩，性平。归肝、胃、肺经。开郁和中，化痰，解毒。用于郁闷心烦，肝胃气痛，梅核气，瘰疬疮毒。

梅花鹿/梅花鹿 méihuālù/ㄇㄟˊ ㄏㄨㄚ ㄌㄨˋ

sika deer

【动】*Cervus nippon* 哺乳动物名。偶蹄目鹿科。夏季毛栗红色，背部有白斑，形状像梅花。冬季毛棕黄色，白斑不明显。雄鹿有角。四肢细长，蹄窄而尖，善奔跑和跳跃。生活在森林边缘和山地、草原地区。分布于亚洲东部。

梅花鹿

梅花针/梅花針

méihuāzhēn/ㄇㄟˊ ㄏㄨㄚ ㄓㄣ

plum-blossom needle

【中医】皮肤针的一种。集针五枚，形如梅花。

梅雨/梅雨 méiyǔ/ㄇㄟˊ ㄩˇ

Meiyu，plum rain

【气】初夏(6—7 月份)时节，从中国江淮流域或日本南部出现的降水量较大、次数频繁、持续时间较长的连阴雨天气。

猸子 méizi/ㄇㄟˊ · ㄗ

【动】即"鼬獾"(1374 页)。

媒介子/媒介子 méijièzǐ/ㄇㄟˊ ㄐㄧㄝˋ ㄗˇ

mediated meson

【物】微观粒子的一类。是传递各种相互作用的粒子。例如光子、中间玻色子、胶子等。

媒液 ㄇㄟˊ ㄧㄝˋ/méiyè

vehicle

【化】台湾名。即"漆料"(885 页)。

煤/煤 méi/ㄇㄟˊ

coal

【地】固态化石燃料。是植物残骸被掩埋后在隔绝空气和一定的压力和温度的条件下经过煤化作用而成。按成煤物质不同，可分为腐植煤和腐泥煤两类。

煤层/煤層 méicéng/ㄇㄟˊ ㄘㄥˊ

coal seam

【地】沉积岩系中的层状煤体。煤层结构中，不含夹石层的称简单结构，含夹石层的称复杂结构。常见的夹石是黏土岩、碳质泥岩、泥岩和粉砂岩。煤层中的夹石层降低了煤的质量，并给开采带来一定困难。

煤矸石/煤矸石 méigānshí/ㄇㄟˊ ㄍㄢ ㄕˊ

coal gangue

【环】成煤过程中与煤层伴生的含碳量较低、比煤坚硬的黑灰色岩石。包括煤矿开采中排出的矸石和选矿作业中排出的尾矿。煤矸石堆存不用则占用土地，逸出物、浸出物污染环境。含硫量大的还会自燃，引起火灾。

煤褐/煤褐 méihè/ㄇㄟˊ ㄏㄜˋ

lignite，brown coal

【地】煤的一种。煤化程度仅高于泥炭。褐色至黑色，按煤化程度从低而高，可分为土状褐煤、暗褐煤和亮褐煤。含水 30%～60%，含腐殖酸。可用作动力用煤或用作化工原料(如提炼褐煤蜡)。

煤化作用/煤化作用

méihuà zuòyòng/ㄇㄟˊ ㄏㄨㄚˋ ㄗㄨㄛˋ ㄩㄥˋ

coalification

【地】泥炭或腐泥转变为褐煤、烟煤、无烟煤或腐泥煤的地球化学作用。包括煤成岩作用和煤变质作用。煤成岩作用以压力为主，使泥炭压实、脱水、固结；煤变质作用在以温度为主、压力为辅的条件下，使泥炭转变为褐煤、烟煤、无烟煤及各种腐泥煤乃至半石墨、石墨。

煤焦 ㄇㄟˊ ㄐㄧㄠ/méijiāo

coke

【化】台湾名。即“焦炭”(615 页。)

煤焦油/煤溚 méijiāoyóu/ㄇㄟˊ ㄊㄚˇ

coal tar

【化】焦油的一种。煤经干馏得到的褐色至黑色的黏稠液体，有臭味。其组成极为复杂，是许多有机物的混合物。主要用作化工原料。

煤精/煤玉 méijīng/ㄇㄟˊ ㄩˋ

jet

【地】又称“煤玉”。煤的一种。主要由腐泥形成，煤化程度与褐煤相当。致密块状，韧性大。黑色，沥青光泽、树脂光泽或玻璃光泽，莫氏硬度 3～4。中国主要产于抚顺。多用于制作工艺品和装饰品。

煤气/煤氣 méiqì/ㄇㄟˊ ㄑㄧˋ

coal gas

【化】❶泛指煤、焦炭、半焦等固体燃料和重油等液体燃料经干馏或气化得到的气体产物。无色、无味、无臭，有毒。可分为干馏煤气和气化煤气。干馏煤气主要成分是烷烃、烯烃、芳烃、一氧化碳和氢等可燃气体，并含有少量二氧化碳和氮等不可燃气体，热值较高；气化煤气的可燃成分主要是一氧化碳和氢，并含有较大量的二氧化碳和氮等，热值较低。可用作燃料或化工原料。❷煤不完全燃烧产生的气体，含有大量一氧化碳，有毒。人和动物吸入后与血液中的血红蛋白结合引起中毒甚至死亡。

煤气机 méiqìjī/ㄇㄟˊ ㄑㄧˋ ㄐㄧ

【机】即“燃气发动机”(936 页)。

煤溚 ㄇㄟˊ ㄊㄚˇ/méitǎ

coal tar

【化】台湾名。即“煤焦油”(791 页)。

煤炭型烟雾

méitànxíng yānwù/ㄇㄟˊ ㄊㄢˋ ㄒㄧㄥˊ ㄧㄢ ㄨˋ

【环】即“还原性烟雾”(523 页)。

煤油/煤油 méiyóu/ㄇㄟˊ ㄧㄡˊ

kerosene

【化】油品的一类。沸程为 180～310℃的轻质石油馏分。无色透明液体，含杂质呈淡黄色，主要成分为含 9～16 个碳的烃类。可分为航空煤油和灯用煤油。

煤玉 méiyù/ㄇㄟˊ ㄩˋ

【地】即“煤精”(791 页)。

煤渣/煤渣 méizhā/ㄇㄟˊ ㄓㄚ

coal cinder

【环】燃煤设备和锅炉排出的废渣。其化学成分为二氧化硅、三氧化二铝、三氧化二铁、氧化钙及小量镁、硫、碳等。可用作建筑材料的原料。煤渣堆存不用则占用土地，逸出物、浸出物污染大气、农田和水体，甚至会自燃引起火灾。

酶/酶 méi/ㄇㄟˊ

enzyme

【生】旧称“酵素”。动植物、微生物细胞分泌的具有催化能力的蛋白质。具有高度的专一性催化性能，生物体的化学变化几乎都在酶的催化作用下进行。

酶性核酸

méixìng hésuān/ㄇㄟˊ ㄒㄧㄥˋ ㄏㄜˊ ㄙㄨㄢ

【生】即“核酶”(489 页)。

镅/鎇 méi/ㄇㄟˊ

americium

【化】金属元素。属周期表第ⅢB 族(锕系)，符号 Am，原子序数 95。原子量 243.06。有放射性，由人工核反应获取。

📖 1944—1945 年，美国的西博格(G. Seaborg)等在核反应堆里被辐射过的钚中发现了这一新元素，后又在实验室中人工合成。拉丁文定名为 americium，源自 America，意思是“亚美利加州”，用以纪念发现地的所在洲。中文定名原为“鎇”(1944 年)，后大陆改为“镅”，现台湾、港澳仍用“鎇”，都是形声字。

霉变/霉變 méibiàn/ㄇㄟˊ ㄅㄧㄢˋ

mould and rot

【轻】食品受霉菌污染，导致发霉变质的现象。

霉漿菌 ㄇㄟˊ ㄐㄧㄤ ㄐㄩㄣˋ/méijiāngjūn

mycoplasma

【生】台湾名。即“支原体”(1439 页)。

霉菌/霉菌 méijūn/ㄇㄟˊ ㄐㄩㄣˋ

mould

【生】能生出可见菌丝的真菌的统称。体呈丝状,丛生。多腐生。种类很多,常见的有根霉、毛霉、曲霉和青霉等。霉菌多用于生产工业原料和制造抗生素等。有一小部分霉菌也可引起人类疾病和动植物的病害。

鎇 ㄇㄟˊ/méi

americium

【化】台湾名。即“镅”(791 页)。

美第奇·吕卡第府邸/美第奇·吕卡第府邸

Měidìqí Lǚkǎdì Fǔdǐ/
ㄇㄟˇ ㄉㄧˋ ㄑㄧˊ ㄌㄩˇ ㄎㄚˇ ㄉㄧˋ ㄈㄨˇ ㄉㄧˇ

Palazzo Medici-Riccardi

【建】意大利佛罗伦萨美第奇·吕卡第家族的府邸。建于 1446—1460 年。平面图几乎为正方形(40 米×38 米)。建筑由束带层将高 20 多米的立面划分为三层,由下而上逐层缩减,墙面也由粗糙变为平整。底层用略经雕琢的大石块砌筑,二层用加工平整的石块,有较宽的砌缝,三层是用完全光洁的石块,连砌缝难见。府邸结构匀称,窗户漂亮,门镶边,三层楼上还装饰 2.5 米的古罗马式的大挑檐口,屋檐的塑性造型更加突出了墙的坚固,同时掩饰了层高的差异。所有屋子绕宽阔的内院分布排列,一圈精致的希腊科林斯式连拱柱子将内院围起。显要位置处宽大的楼梯将人们导向主要活动层次。

美吨/短噸 měidūn/ㄉㄨㄢˇ ㄉㄨㄣˋ

short ton

【计量】又称“短吨”。质量的英制单位。符号 short ton。1 短吨=2000 磅 =907.1847千克。

美感/美感 měigǎn/ㄇㄟˇ ㄍㄢˇ

aesthetic feeling

【心】人对客观事物或对象的美的特征的高级情感体验。由具有一定审美观点的人对外界事物的美进行评价时所产生的肯定、满意、愉悦、爱慕的情感。是人对审美对象的一种主观态度,是对审美对象是否满足主体需要的反映。因人的观念、标准、能力、需要、动机等不同,对美感的体验难有统一的标准。

美丽绸/美麗綢 měilìchóu/ㄇㄟˇ ㄌㄧˋ ㄔㄡˊ

rayon lining twill

【纺】又称“美丽绫”。黏胶纤维仿丝织物名。经纬纱均采用有光黏胶丝。

美丽绫 měilìlíng/ㄇㄟˇ ㄌㄧˋ ㄌㄧㄥˊ

【纺】即“美丽绸”(792 页)。

美人蕉/美人蕉

měirénjiāo/ㄇㄟˇ ㄖㄣˊ ㄐㄧㄠ

India canna

【植】*Canna indica* 美人蕉科美人蕉属。多年生草本植物。根茎肥大,地上茎肉质,不分枝。叶宽大,卵状长圆形。总状花序自茎顶抽出,苞片卵形,绿色;萼片三枚,披针形,绿色带红;花冠裂片披针形,花以红色为多见,还有乳白、鲜黄、橙黄、橘红、粉红、紫红等颜色,以及复色斑点,四枚雄蕊瓣化。花果期 3—12 月份。中国各地均有栽培。观赏花卉。

美人靠/美人靠 měirénkào/ㄇㄟˇ ㄖㄣˊ ㄎㄠˋ

chair-back balustrade

【建】又称“鹅颈椅”“吴王靠”。园林建筑中一种靠背呈曲线形的栏杆座椅。除供游人休息外,还具有围护及装饰等功能。因曲线设计合乎人体轮廓,坐靠舒适,故名。

美索不达米亚/美索不達米亞

Měisuǒbùdámǐyà/
ㄇㄟˇ ㄙㄨㄛˇ ㄅㄨˋ ㄉㄚˊ ㄇㄧˇ ㄧㄚˋ

Mesopotamia

【地】又称“两河流域”。指西亚底格里斯河和幼发拉底河两河流域,海拔 200 米以下。历史上曾为古巴比伦所在地区,是世界古文明发祥地之一,现分属伊拉克和叙利亚。土地肥沃,农业灌溉便利。产椰枣、大麦、稻等。

美味牛肝菌/美味牛肝菌

měiwèi niúgānjūn/ㄇㄟˇ ㄨㄟˋ ㄋㄧㄡˊ ㄍㄢ ㄐㄩㄣˋ

boletus edulis

【植】*Boletus edulis* 菌类。牛肝菌科牛肝菌属。子实体中大型,有中生菌柄。菌盖初呈半球形,后期中凸而周围平展,土黄褐色。菌肉白色,伤后不变色,有香味。菌柄粗棒状,基部粗大,柄表具明显的网纹。在中国,分布于东北、华中和西南各地。生于林地上。药食兼用。

美洲鱷 ㄇㄟˇ ㄓㄡ ㄜˋ/měizhōu'è

alligator

【动】台湾名。即“鳄”(298 页)。

镁/鎂 měi/ㄇㄟˇ

magnesium

【化】金属元素。属周期表第ⅡA族，符号Mg，原子序数12。原子量24.30。自然界主要存在于菱镁矿、白云石、光卤石等中，海水是其取之不竭的资源。工业上应用广泛。单质为银白色金属，有展性，不甚硬，燃烧时产生耀眼的白光。在湿空气中易氧化，表面变暗。

📖 1808年，英国的戴维(H.Davy)用电解法从苦土和汞的混合物中得到镁汞齐，又用蒸馏法从中将镁分离出来。拉丁文定名为magnesium，源自希腊文Magnesia(美格里西亚，希腊的一座城市，该城附近盛产主要成分为氧化镁的苦土)。中文定名为“镁”，是形声字。

men （ㄇㄣ）

门/㊀閘，㊁門 mén/㊀ㄓㄚˊ，㊁ㄇㄣˊ

㊀gate，㊁phylum

㊀【信息】可执行基本逻辑运算的组合电路。当输入变量满足规定的逻辑条件时输出值“1”(或“真”)；否则输出值“0”(或“假”)。㊁【生】生物分类系统的一级。在界之下，纲之上。同一门的生物按照彼此相似的特征分为若干群，每一群称为一门。如动物界中有原生动物门、多孔动物门、腔肠动物门、环节动物门、软体动物门和脊索动物门等。在门之下还可以增加次生单元——亚门，如脊索动物门中有尾索动物亚门、头索动物亚门和脊椎动物亚门。

门电路/閘電路

méndiànlù/ㄓㄚˊ ㄉㄧㄢˋ ㄌㄨˋ

gate circuit

【物】对脉冲通路上的脉冲起开关作用的电子线路。可有一个或多个输入端，只有一个输出端。各输入端所加的脉冲信号只有满足一定条件时，“门”才打开，即才有脉冲信号输出。基本的逻辑关系有“与”门、“或”门、“非”门。“与”其逻辑可概括为，当条件A与B与C……都具备时，事件才能发生。“或”其逻辑可概括为，当条件A或B或C或……有一个或一个以上具备时，事件即能发生。“非”其逻辑可概括为，当条件A出现时，事件不发生；当条件A不出现时，事件反而发生。由基本门可组合成复合门。例如，由“与”门和“非”门组成“与非”门。

门额 mén'é/ㄇㄣˊ ㄜˊ

【建】即“门楣”(793页)。

门户网站/入口網站

ménhù wǎngzhàn/ㄖㄨˋ ㄎㄡˇ ㄨㄤˇ ㄓㄢˋ

portal website

【信息】通向某类综合性因特网信息资源，并提供有关信息服务的应用系统。

门廊/門廊 ménláng/ㄇㄣˊ ㄌㄤˊ

porch，portico

【建】屋门前的廊子。是建筑物入口前有顶棚的半围合空间。

门楣/門楣 ménméi/ㄇㄣˊ ㄇㄟˊ

lintel

【建】又称“门额”。大门门框上端的横木。

门桥/門橋 ménqiáo/ㄇㄣˊ ㄑㄧㄠˊ

pontoon raft

【军】用两个以上桥脚舟和其他部件结合而成的浮游结构物。按用途不同，可分为漕渡门桥、桥节门桥、打桩门桥和锚定门桥；按所用器材不同，可分为制式门桥和民舟门桥。

门式起重机/高架起重機

ménshì qǐzhòngjī/ㄍㄠ ㄐㄧㄚˋ ㄑㄧˇ ㄓㄨㄥˋ ㄐㄧ

gantry crane

【船】又称“龙门式起重机”“龙门吊”。由水平主梁通过两端支腿支撑在地面轨道上的桥架形起重机。其门架沿轨道纵向运动，起重小车沿主梁横向运动，吊钩上下运动。起吊能力强，可达到或超过1000吨。支腿固定地面上的门式起重机起吊能力可达10 000吨的，主要用于造船厂总装场所。

门厅/大廳 méntīng/ㄉㄚˋ ㄊㄧㄥ

entrance hall，anteroom，lobby

【建】大门内的厅堂。位于建筑物出入口内，是联系建筑室内外的枢纽空间。

门簪/門簪 ménzān/ㄇㄣˊ ㄗㄢ

decorative cylinder

【建】大门上方中槛突出的簪头。作用是连接中槛与连楹，以固定门扇转轴，兼有装饰功能。通常两个或四个，多为方形、圆形或多角形，端头表面多刻有吉祥图案或字样。

门阵列/閘陣列

ménzhènliè/ㄓㄚˊ ㄓㄣˋ ㄌㄧㄝˋ

gate array
【信息】与辅助电路一起制作在芯片上的一组门。门间的互连方式由客户定制。

门座起重机/門形起重機
ménzuò qǐzhòngjī/ㄇㄣˊ ㄒㄧㄥˊ ㄑㄧˇ ㄓㄨㄥˋ ㄐㄧ
portal crane
【机】回转起重机的一种。沿地面轨道运行，支座呈门框形，可让车辆通过。有特殊的机构，可使悬挂的重物在吊臂幅度改变时作水平移动。多用于港口码头和造船厂等的起重作业。

門形起重機
ㄇㄣˊ ㄒㄧㄥˊ ㄑㄧˇ ㄓㄨㄥˋ ㄐㄧ/ménxíng qǐzhòngjī
portal crane
【机】台湾名。即"门座起重机"(794 页)。

钔/鍆 mén/ㄇㄣˊ
mendelevium
【化】金属元素。属周期表第ⅢB 族(锕系)，符号 Md，原子序数 101，原子量 258.0984。有放射性，由人工核反应获取。同位素均由加速的重离子轰击重元素靶而成，其生成量以原子个数计。
📖 1955 年，美国的西博格(G.Seaborg)等使用回旋加速器以 α 粒子轰击锿而得新元素。拉丁文定名为 mendelevium，源自 D.Mendeleev，这是俄国著名科学家门捷列夫的姓，用以纪念他发现元素周期律的贡献。中文定名为"钔"，是形声字。

meng (ㄇㄥ)

虻/牛虻 méng/ㄋㄧㄡˊ ㄇㄥˊ
tabanid, horse-fly
【动】又称"牛虻"。昆虫名。双翅目虻科。成虫似蝇而大，黑绿色，体粗壮，头阔，眼大，触角短，口吻粗。生活在田野杂草中，雄虫吸食植物的汁液或花蜜，雌虫吸食人畜的血液。种类很多。

蒙脱石/蒙脱石
méngtuōshí/ㄇㄥˊ ㄊㄨㄛ ㄕˊ
montmorillonite
【地】矿物。成分为$(Al,Mg)_2[(Si,Al)_4O_{10}](OH)_2\cdot nH_2O$，水的含量变化很大。单斜晶系。通常呈土状块体。白色，有时带浅红、浅绿色，光泽暗淡，莫氏硬度 1，密度 2 克/厘米^3。吸水后体积能膨胀几倍至十几倍，具有很强的吸附力和阳离子交换性能。主要用于钻探的泥浆，铸造冶金的黏结剂和稳定剂，及一些工业中的吸附剂及絮凝剂，日用化工产品的填料。

猛禽/猛禽 měngqín/ㄇㄥˇ ㄑㄧㄣˊ
bird of prey
【动】鸟的一类。喙强大，呈钩状，翼大，善于飞行，脚强健有力，趾有利爪。性情凶猛，捕食其他鸟类或鼠、兔、蛇等，有的以动物腐尸为食。如鹰、雕、鸢、鹫、隼、鸮等。

猛犸/猛獁象 měngmǎ/ㄇㄥˇ ㄇㄚˇ ㄒㄧㄤˋ
mammoth
【地】*Mammuthus primigenius* 又称"毛象"。古哺乳动物名。长鼻目。外形与现代的象相似，全身有棕色长毛，门齿向上弯曲。曾在第四纪时生存在欧亚大陆北部及北美洲北部的寒冷地区，现已灭绝。

猛獁象 ㄇㄥˇ ㄇㄚˇ ㄒㄧㄤˋ/měngmǎxiàng
mammoth
【地】台湾名。即"猛犸"(794 页)。

猛炸药/猛炸藥
měngzhàyào/ㄇㄥˇ ㄓㄚˋ ㄧㄠˋ
high explosive, secondary explosive
【化】台湾又称"高級炸藥"。炸药的一种。在较大外界作用的激发下才能起爆，利用爆轰释放的能量对周围介质做功。

蒙古包/蒙古包
měnggǔbāo/ㄇㄥˇ ㄍㄨˇ ㄅㄠ
yurt
【建】又称"毡房"。蒙古族牧民居住的圆形帐篷。采用轻质木条，用驼绳扎结预编成的方格骨架(哈那)，包顶用固定支架，似伞盖，节点用皮条绑扎，外覆羊毛毡，再用绳捆紧。门南向，室内正中为火塘，上有烟囱，四周为坐卧处，上有圆天窗，顶上起气楼，供采光和通风。便于拆卸搬迁。

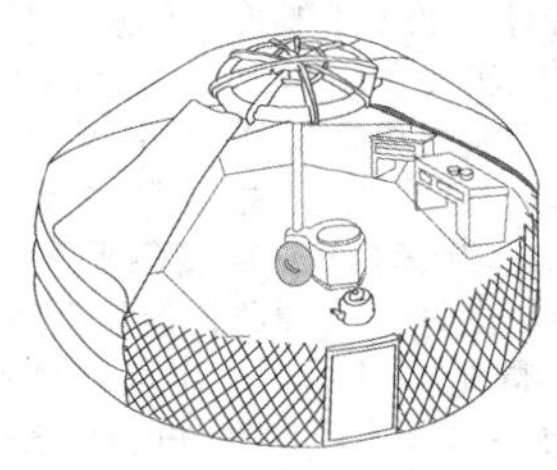
蒙古包

蒙古高原/蒙古高原
Měnggǔ Gāoyuán/ㄇㄥˇ ㄍㄨˇ ㄍㄠ ㄩㄢˊ
Mongolian Plateau
【地】高原名。位于东亚,东起大兴安岭,西至阿尔泰山脉,北接萨彦岭、肯特山、雅布洛诺夫山脉,南抵阴山山脉,包括蒙古全部、俄罗斯南部和中国内蒙古高原。平均海拔1580米,地势自西向东逐渐降低。属于温带大陆性气候,冬季严寒漫长,夏季炎热短暂,降水稀少。较大河流有色楞格河、鄂嫩河、石勒喀河、克鲁伦河、海拉尔河、额尔古纳河和黑龙江等,较大湖泊有乌布苏湖、库苏古尔湖、吉尔吉斯湖、哈尔乌苏湖和哈尔湖。

蒙古口蘑/蒙古口蘑
Měnggǔ kǒumó/ㄇㄥˇ ㄍㄨˇ ㄎㄡˇ ㄇㄛˊ
dried mushroom
【植】*Tricholoma mongolicum* 又称"口蘑"。菌类。白蘑科口蘑属。子实体数个群生,有中生粗壮菌柄。菌盖幼时半球形,后呈伞状,新鲜时白色肉质,干后浅黄褐色,易碎,边缘易内卷。菌褶白色,稠密,不等长,脆质。在中国,主要分布于内蒙古草原。可食用。

蒙古羚 měnggǔlíng/ㄇㄥˇ ㄍㄨˇ ㄌㄧㄥˊ
【动】即"黄羊"(540页)。

蒙古人种/蒙古人種
Měnggǔ rénzhǒng/ㄇㄥˇ ㄍㄨˇ ㄖㄣˊ ㄓㄨㄥˇ
Mongoloid
【地】又称"黄色人种"。世界三大人种之一。共同遗传特征是肤色呈黄色或白色,发色黑,发形顺直,眼球多为褐色,脸部扁平,鼻梁不高,体毛、胡须较轻。主要分布在东亚、北亚、中亚、美洲和北极地区。

蒙古族传统医学
Měnggǔzú chuántǒng yīxué/
ㄇㄥˊ ㄍㄨˇ ㄗㄨˊ ㄔㄨㄢˊ ㄊㄨㄥˇ ㄧ ㄒㄩㄝˊ
【中医】"蒙医学"的全称。

蒙医学/蒙醫學 měngyīxué/ㄇㄥˇ ㄧ ㄒㄩㄝˊ
Mongolian Medicine
【中医】全称"蒙古族传统医学"。中国传统医学之一。蒙古族在长期的医疗实践中,主要吸收藏医学、印度医学及中医学的精华而逐渐形成的具有本民族特点的医学。采用望、问、切等诊法;运用饮食疗、灸疗、针刺放血疗、温泉疗、皮疗等疗法;多用成药;善治创伤和正骨。重要的蒙医著作有《方海》《甘露之泉》《蒙药正典》等。

锰/錳 měng/ㄇㄥˇ
manganese
【化】金属元素。属周期表第ⅦB族,符号Mn,原子序数25。原子量54.94。自然界主要存在于软锰矿、黑锰矿和褐锰矿中。可用于制锰钢等合金钢。单质为灰白色金属,质地硬且脆,是氧化态最多样化的元素,在空气中易氧化。

📖 1774年,瑞典的舍勒(C.W.Scheele)对软锰矿进行对比实验后认为,这是一种特殊的金属氧化物,但未能将其成功分离,后他的助手瑞典的甘恩(J.G.Gahn)从软锰矿中分离出锰单质。拉丁文定名为manganese,源自Magnesia,意思是"马哥尼西亚",以纪念锰的产地。中文定名为"锰",是形声字。

锰结核/錳核 měngjiéhé/ㄇㄥˇ ㄏㄜˊ
manganese nodule
【地】旧称"锰团块"。一种锰、铁氧化物的集合体。多为黑色和褐黑色。形态多样,有球状、椭球状、马铃薯状、葡萄状、扁平状、炉渣状等。大小变化悬殊,从几微米到几十厘米,主要见于大洋底,也见于某些大湖底部。因每块中常有一个由生物骨骼或岩石碎片形成的核,故名。含多种成分,具经济价值的有锰、镍、铜、钴、铁,其他成分有硅、铝及少量钙、钠、镁、钾、钛和钡。

錳核 ㄇㄥˇ ㄏㄜˊ/měnghé
manganese nodule
【地】台湾名。即"锰结核"(795页)。

獴/獴 měng/ㄇㄥˇ
mongoose
【动】哺乳动物名。食肉目灵猫科獴属(*Herpestes*)。体长30～60厘米,头小,吻尖,四肢短,尾长,毛浅灰棕色,四肢棕黄,毛粗长蓬松,绒毛稀少。生活在山林沟谷及溪水旁,捕食蛇、鼠、蛙等。分布于热带和温带地区,在中国有食蟹獴和红颊獴两种。

獴

M

蠓/蠓蚊 měng/ㄇㄥˇ ㄨㄣˊ

midge

【动】昆虫名。双翅目蠓科昆虫的统称。成虫很小,褐色或黑色,触角细长,翅短而宽,常有翅斑。种类很多,某些雌蠓吸食人畜的血液。有些蠓能传播疾病。

孟德尔第二定律

Mèngdé'ěr dì-èr dìnglǜ/

ㄇㄥˋ ㄉㄜˊ ㄦˇ ㄉㄧˋ ㄦˋ ㄉㄧㄥˋ ㄌㄩˋ

【生】即"自由组合定律"(1506 页)。

孟德尔第一定律

Mèngdé'ěr dì-yī dìnglǜ/

ㄇㄥˋ ㄉㄜˊ ㄦˇ ㄉㄧˋ ㄧ ㄉㄧㄥˋ ㄌㄩˋ

【生】即"分离定律"(344 页)。

孟德尔遗传定律/孟德爾遺傳定律

Mèngdé'ěr yíchuán dìnglǜ/

ㄇㄥˋ ㄉㄜˊ ㄦˇ ㄧˊ ㄔㄨㄢˊ ㄉㄧㄥˋ ㄌㄩˋ

Mendel's laws of inheritance

【生】孟德尔根据豌豆杂交实验所提出的遗传学定律。包括分离定律和自由组合定律。

孟加拉湾/孟加拉灣

Mèngjiālā Wān/ㄇㄥˋ ㄐㄧㄚ ㄌㄚ ㄨㄢ

Bay of Bengal

【地】海湾名。位于印度洋的东北部,印度半岛、中南半岛和安达曼群岛之间。有恒河、布拉马普特拉河、伊洛瓦底江、萨尔温江等注入。面积 217.2 万平方千米,是世界最大的海湾。水深 2586 米,最深达 5258 米。是太平洋和印度洋之间的重要航道。

孟莎式屋顶/孟莎式屋頂

mèngshāshì wūdǐng/ㄇㄥˋ ㄕㄚ ㄕˋ ㄨ ㄉㄧㄥˇ

Mansard roof

【建】法国从文艺复兴时期到古典主义时期典型的屋顶形式。为四坡两折,每一坡被折线分成上下两种坡度,下节较上节长而陡,使阁楼层内有较大的空间,便于使用。屋顶多设老虎窗。因这种屋顶形式是法国建筑师孟莎(François Mansart,1598—1666)所创,故名。

梦魇/夢魘 mèngyǎn/ㄇㄥˋ ㄧㄢˇ

nightmare

【医】长而复杂的噩梦。可以发生于夜间睡眠或午睡时,以恐怖不安或焦虑为主要的梦境体验,事后患者能够详细回忆。可发生于任何年龄,但以 3～6 岁多见。多导睡眠图证实梦魇多发生在快速眼动睡眠期。

梦呓 mèngyì/ㄇㄥˋ ㄧˋ

【医】即"梦语症"(796 页)。

梦语症/夢語症

mèngyǔzhèng/ㄇㄥˋ ㄩˇ ㄓㄥˋ

sleep talking

【医】又称"梦呓"。睡眠中无意识地讲话、唱歌、哭笑或发出声音,清醒后本人不能回忆。可因情感应激、发热或其他类型的睡眠障碍促发。

mi (ㄇㄧ)

弥勒殿 Mílè diàn/ㄇㄧˊ ㄌㄜˋ ㄉㄧㄢˋ

【建】即"天王殿"(1127 页)。

迷航/迷航 míháng/ㄇㄧˊ ㄏㄤˊ

strayed

【航】机组人员在飞行中不能判定航空器所在位置和应飞航向,以致不能完成任务的一种飞行状态。

迷幻藥 ㄇㄧˊ ㄏㄨㄢˋ ㄧㄠˋ/míhuànyào

hallucinogen

【医】台湾名。即"致幻剂"(1453 页)。

迷你電腦 ㄇㄧˊ ㄋㄧˇ ㄉㄧㄢˋ ㄋㄠˇ/mínǐ diànnǎo

minicomputer

【信息】台湾名。即"小型计算机"(1260 页)。

迷你光碟

ㄇㄧˊ ㄋㄧˇ ㄍㄨㄤ ㄉㄧㄝˊ/mínǐ guāngdié

mini disc, MD

【信息】台湾名。即"小型音盘"(1260 页)。

迷走神经/迷走神經

mízǒu shénjīng/ㄇㄧˊ ㄗㄡˇ ㄕㄣˊ ㄐㄧㄥ

vagus nerve

【医】发自延髓的迷走神经核,支配呼吸、消化两个系统的绝大部分器官,以及心脏的感觉、运动和腺体分泌的混合神经。是第十对脑神经,含一般躯体传入神经纤维、一般内脏传入神经纤维和内脏传出纤维,以及特殊内脏传入神经纤维、内脏传出神经纤维。迷走神经一侧损害后,病侧软腭瘫痪,声带麻痹,轻度吞咽困难,声音嘶哑,心动过速;双侧麻痹后,可引起失声,喉部肌肉瘫痪,呼吸困难,心律不齐,甚至死亡。

猕猴/獼猴 míhóu/ㄇㄧˊ ㄏㄡˊ

macaque

【动】*Macaca mulatta* 又称“恒河猴”。哺乳动物名。灵长目猴科。上身毛灰褐色,腰部以下橙黄色,有光泽。面和耳裸出,幼时白色,长成后肉色或淡红色。两颊有颊囊,臀部的皮特别厚,不生毛,尾短。生活在山林中,群居,以野果、野菜、昆虫、小鸟等为食。分布于南亚、东南亚和中国南部。

猕猴桃 míhóutáo/ㄇㄧˊ ㄏㄡˊ ㄊㄠˊ

【植】“中华猕猴桃”的通称。

醚/醚 mí/ㄇㄧˊ

ether

【化】一类含氧有机化合物。可看作水的两个氢原子被烃基取代的产物,也可看作两分子醇之间失一分子水而成的产物。如甲醚、乙醚等。

糜 mí/ㄇㄧˊ

【植】即“穄”(586 页)。

糜烂性毒剂/糜爛性毒劑

mílànxìng dújì/ㄇㄧˊ ㄌㄢˋ ㄒㄧㄥˋ ㄉㄨˊ ㄐㄧˋ

blister agent

【军】破坏机体细胞,以皮肤或黏膜糜烂为主要毒害特征的毒剂。兼有全身中毒作用,可致死亡。芥子气(β,β′-二氯二乙硫醚)是最重要的糜烂性毒剂。

糜棱岩/磨嶺岩 míléngyán/ㄇㄛˊ ㄌㄧㄥˇ ㄧㄢˊ

mylonite

【地】花岗岩、片麻岩等刚性岩石经历强烈的动力变质作用形成的岩石。占 50%～90%的细颗粒部分主要由极细的石英、长石以及绢云母、绿泥石等组成,常可形成流纹状条带。较粗的颗粒形成眼球状碎斑。常见于断层带。

糜鹿 ㄇㄧˊ ㄌㄨˋ/mílù

moose

【动】台湾名。即“驼鹿”(1158 页)。

麋 mí/ㄇㄧˊ

【动】“麋鹿”的简称。

麋鹿/麋鹿 mílù/ㄇㄧˊ ㄌㄨˋ

milu

【动】*Elaphurus davidianus* 简称“麋”,又称“四不像”。哺乳动物名。偶蹄目鹿科。体长2米多,毛淡褐色,雄兽有角。脸像马,角像鹿,尾像驴,颈像骆驼,但整体看哪一种动物都不像,故名。性温驯,善游泳,以青草、树叶等为食。原产于长江中下游沼泽地带。是中国特有的珍稀动物。

麋 鹿

米/公尺 mǐ/ㄍㄨㄥ ㄔˇ

meter

【计量】国际单位制长度单位。符号 m。1983 年第 17 届国际计量大会规定,以光在真空中于 1/299 792 458 秒时间间隔内所经路径长度为 1 米。

米糠醇 ㄇㄧˇ ㄎㄤ ㄔㄨㄣˊ/mǐkāngchún

oryzanol

【医】台湾名。即“谷维素”(426 页)。

米糠油/米糠油 mǐkāngyóu/ㄇㄧˇ ㄎㄤ ㄧㄡˊ

rice bran oil

【化】从米糠中提炼的油。精炼的为淡黄到棕黄色油状液体,主要成分为油酸、亚油酸和棕榈酸的三甘油酯,约含 25%的游离酸,还有谷维素、甾醇和高级脂肪醇等。精制后可供食用,工业上用于制肥皂、甘油、脂肪酸、油漆树脂等。

米雪/雪粒 mǐxuě/ㄒㄩㄝˇ ㄌㄧˋ

snow grains

【气】固态降水的一种。由白色不透明的冰粒组成,其粒径小于 1 毫米,落到硬地面上不反跳。

米制/米制 mǐzhì/ㄇㄧˇ ㄓˋ

meter system

【计量】旧称“万国公制”“公制”“标准制”“米突制”。只基于长度单位“米”建立的计量单位制。18 世纪末法国首创。规定通过巴黎的地球子午线长度的四千万分之一为“1 米”;体积单位“升”为千分之一立方米;质量单位“公斤(千克)”为在 4℃时 1 立方分米纯水的质量;单位都采用十进制。1875 年,法、德、美、俄等 17 国在巴黎签订“米制公约”,承认“米制”为国际通用的计量制度。并成立了国际计量局，制作了长度和质量的铂铱合金原器，作为国际标准。随着科学技术的发展，长度和质量的标准都已改变。由于米制存在不足，1960 年，第 11 届国际计量大会决定改为以米制为基础的国际单位制。

米制马力 mǐzhì mǎlì/ㄇㄧˇ ㄓˋ ㄇㄚˇ ㄌㄧˋ

【计量】"马力"的全称。

脒/脒 mǐ/ㄇㄧˇ

amidine

【化】一类含氮有机化合物。酰胺分子中羰基氧原子被亚氨基取代而成。碱性比胺强，较稳定。

秘密密钥/密鑰 mìmì mìyào/ㄇㄧˋ ㄧㄠˋ

secret key

【信息】仅供数目有限的通信方加密解密使用的密钥。

秘密信道 mìmì xìndào/ㄇㄧˋ ㄇㄧˋ ㄒㄧㄣˋ ㄉㄠˋ

【信息】即"私用信道"(1077 页)。

密度/密度 mìdù/ㄇㄧˋ ㄉㄨˋ

density

【物】单位体积的某种物质的质量。为标量，用 ρ 表示。单位千克/米^3。如果质量分布均匀，物质的质量为 m，体积为 V，密度 $\rho=m/V$。如果质量分布不均匀，物质的质量为 m，体积为 V，$\rho_{平均}=m/V$。物质的密度随外界压强和温度的变化而变化，压强增大则密度增大，温度升高则密度减小。水在 4℃ 时密度最大。

密度计/密度計 mìdùjì/ㄇㄧˋ ㄉㄨˋ ㄐㄧˋ

densitometer

【机】测量物质密度的仪器。也可以作为比重计。按用途不同，可分为液体密度计、气体密度计、固体密度计等。常用的有浮子式密度计、静压式密度计、振动式密度计和放射性同位素密度计。

密封舱/密封艙室

mìfēngcāng/ㄇㄧˋ ㄈㄥ ㄘㄤ ㄕˋ

sealed module

【航】航天器中实施密封的舱段。为保证在轨运行的航天员正常生活、工作，保证航天器舱内仪器设备正常工作，将一特定舱段设定一定环境条件(如氧气、压力等)，并防止气体外漏或使气体泄漏量小于一定限度。返回舱、轨道舱就是密封舱。

密封艙室

ㄇㄧˋ ㄈㄥ ㄘㄤ ㄕˋ/mìfēng cāngshì

sealed module

【航】台湾名。即"密封舱"(798 页)。

密立根油滴实验/密立坎油滴實驗

Mìlìgēn yóudī shíyàn/

ㄇㄧˋ ㄌㄧˋ ㄎㄢˇ ㄧㄡˊ ㄉㄧ ㄕˊ ㄧㄢˋ

Millikan oil-drop experiment

【物】精确测量电子电荷量的实验。密立根(R. A. Millikan，1868—1953)用油滴实验测出，并证实元电荷的电荷量 e。

密立坎油滴實驗

ㄇㄧˋ ㄌㄧˋ ㄎㄢˇ ㄧㄡˊ ㄉㄧ ㄕˊ ㄧㄢˋ/

Mìlìkǎn yóudī shíyàn

Millikan oil-drop experiment

【物】台湾名。即"密立根油滴实验"(798 页)。

密码网关/密碼閘道

mìmǎ wǎngguān/ㄇㄧˋ ㄇㄚˇ ㄓㄚˊ ㄉㄠˋ

cryptographic gateway

【军】实现不同密码体制的网络之间互联互通的信息保密设备。通常配置在使用不同密码协议网络的边界。作用是实现不同网络的物理接口转换；完成不同密码网络之间的通信协议转换；完成不同密码体制的转换；接受不同密码管理系统的密钥管理。

密码子/密碼子 mìmǎzǐ/ㄇㄧˋ ㄇㄚˇ ㄗˇ

codon，coding triplet，triplet code

【生】又称"编码三联体""三联体密码"。由 3 个相邻的核苷酸组成的信使核糖核酸(mRNA)基本编码单位。有 61 种氨基酸密码子(包括起始密码子)和 3 个终止密码子，由它们决定多肽链的氨基酸种类和排列顺序的特异性以及翻译的起始和终止。

密碼閘道

ㄇㄧˋ ㄇㄚˇ ㄓㄚˊ ㄉㄠˋ/mìmǎ zhádào

cryptographic gateway

【军】台湾名。即"密码网关"(798 页)。

密西西比河/密西西比河

Mìxīxībǐ Hé/ㄇㄧˋ ㄒㄧ ㄒㄧ ㄅㄧˇ ㄏㄜˊ

Mississippi River

【地】水名。位于北美洲中南部。源于美国艾塔斯卡湖，向南流经中部平原，注入墨西哥湾。从最大支流密苏里河的源头算起，长

M

6262 千米，流域面积 322 万平方千米。是北美洲最长的河，也是世界第四大河。支流众多，水量丰富，航运、发电、灌溉、渔业等发达。

密檐塔/密簷塔 mìyántǎ/ㄇㄧˋ ㄧㄢˊ ㄊㄚˇ

densely-placed eaves pagoda

【建】高耸台基之上呈现单层塔身、多重出檐的佛塔。早期有塔心室，供奉佛像，辽金时期多为实心结构。

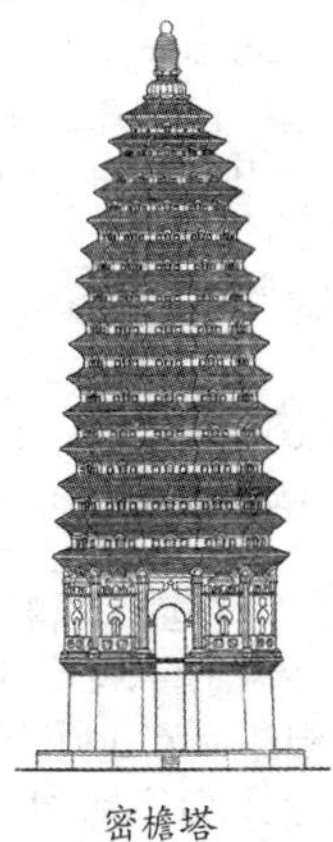

密檐塔

📖 密檐塔外轮廓呈柔和曲线，通常不能登临眺望。辽金是建造盛期，大都分布在黄河以北至东北一带。平面除北魏嵩岳寺塔一例为十二边形外，隋唐时多为正方形。辽金时多为八边形。元以后较少，唯云南一地直至清末、民国时期仍建，且恪守隋唐旧规。

密钥/密鑰 mìyào/ㄇㄧˋ ㄧㄠˋ

secret key

【信息】计算机安全中，控制加解密操作的可变长度的位串。

密钥加密/密鑰加密

mìyào jiāmì/ㄇㄧˋ ㄧㄠˋ ㄐㄧㄚ ㄇㄧˋ

secret key encryption

【信息】收发数据的双方采用相同或对称的密钥进行加密解密的运算方法。

幂 mì/ㄇㄧˋ

【数】即“乘方”(126 页)。例如，a^n 即 a 的 n 次幂。

幂函数/冪函數 mìhánshù/ㄇㄧˋ ㄏㄢˊ ㄕㄨˋ

power function

【数】形如 $y=x^\alpha$（α 为任意实数）的函数，当 $\alpha=0$ 时，$y=x^\alpha=x^0$ 的定义域为 $(-\infty,0)\cup(0,+\infty)$，函数值恒为 1。当 α 是正有理数 $\frac{p}{q}$（p,q 为互素的正整数）时，$y=x^\alpha=x^{\frac{p}{q}}=\sqrt[q]{x^p}$；当 α 是负有理数 $-\frac{p}{q}$ 时，$y=x^\alpha=x^{-\frac{p}{q}}=\frac{1}{\sqrt[q]{x^p}}$。相应的定义域和值域根据 p,q 的奇偶来确定。当 α 是正无理数时，$y=x^\alpha$ 的定义域和值域都是 $[0,+\infty)$；当 α 是负无理数时，$y=x^\alpha$ 的定义域和值域都是 $(0,+\infty)$。无理指数的幂函数是超越函数。

幂集/冪集 mìjí/ㄇㄧˋ ㄐㄧˊ

power set

【数】以集合 A 的所有子集作为元素构成的集合，叫作 A 的幂集，记作 $P(A)$。例如，$A=\{1,2,3\}$，$P(A)=\{\varnothing,\{1\},\{2\},\{3\},\{1,2\},\{1,3\},\{2,3\},A\}$。若 A 有 n 个元素，则 $P(A)$ 中有 2^n 个 A 的子集。

嘧啶/嘧啶 mìdìng/ㄇㄧˋ ㄉㄧㄥˋ

pyrimidine

【化】杂环化合物。又称“1,3 一二嗪”。化学式 $C_4H_4N_2$。无色液体，有刺激性气味。可用于制药。

蜜蜂/蜜蜂 mìfēng/ㄇㄧˋ ㄈㄥ

bee, honey bee

【动】昆虫名。膜翅目蜜蜂科。体表有很密的绒毛，前翅比后翅大，雄蜂触角较长，母蜂和工蜂有毒刺，能蜇人。由蜂王(雌蜂)、工蜂和雄蜂组成蜂群。工蜂能采花粉酿蜜，帮助某些植物传粉。蜂蜜、蜂蜡、蜂王浆的经济价值高。

蜜环菌/蜜環菌

mìhuánjūn/ㄇㄧˋ ㄏㄨㄢˊ ㄐㄩㄣˋ

halimasch

【植】*Armillariella mellea* 又称“榛蘑”。菌类。白蘑科小蜜环菌属。子实体中等大。菌盖蜂蜜色，老后棕褐色，中部有小鳞片，边缘具条纹。菌褶白色或稍粉色。菌柄细圆柱形，同菌盖色，上部有白色菌环。在中国，除中部地区外均有分布。丛生于树干基部、根部或倒木上。可食用。

蜜制/蜜製 mìzhì/ㄇㄧˋ ㄓˋ

stir-frying with honey

【中医】炮制方法的一种。将净药材或切制品加入一定量的稀释炼蜜，混合均匀，闷透，置锅内，用文火炒至规定程度时，取出放凉。如炙黄芪、炙甘草等，即以蜜制法炮制。

mian (ㄇㄧㄢ)

绵绸/綿綢 miánchóu/ㄇㄧㄢˊ ㄔㄡˊ

noil cloth

【纺】丝织物类名。以蚕丝短纤维为主，纯纺或混纺丝的机织物。质地厚实，手感柔软，吸湿性和透气性良好，但品种花色较长丝织物单一。代表品种是绢纺，为平纹织物。按蚕种不同，可分为桑蚕丝纺、柞蚕丝纺、木薯蚕丝纺、蓖麻蚕丝纺等。纺丝过程中，还有落绵产生，再次纺成较粗的细丝织制成绵绸，质地更厚实，风格更粗犷，表面呈现不规则的绵粒。绢丝织物主要用于服装面料和装饰用料。

绵羊/綿羊 miányáng/ㄇㄧㄢˊ ㄧㄤˊ

sheep

【动】*Ovis aries* 哺乳动物名。偶蹄目牛科。反刍家畜。公羊多有螺旋状大角，母羊角细小或无角，口吻长，四肢短，趾有蹄，尾肥大，毛白色，长而卷曲。性温顺。主要分布于寒带和温带。毛是纺织品的重要原料，皮可制革。

棉布 miánbù/ㄇㄧㄢˊ ㄅㄨˋ

【纺】即“棉织物”(800 页)。

棉短绒/棉籽絨

miánduǎnróng/ㄇㄧㄢˊ ㄗˇ ㄖㄨㄥˊ

linters

【纺】从轧棉后的棉籽上剥下的长度 16 毫米(或 12.7 毫米)以下的短纤维。纤维长度在 13 毫米以上的，可供生产棉毯及高级纸张等；13 毫米以下的，可生产黏胶纤维、醋酯纤维、人造革、玻璃纸、纸张、化学浆料、制药填料、电影照相胶片、炸药以及高级涂料和塑料等。

棉緞 ㄇㄧㄢˊ ㄉㄨㄢˋ/miánduàn

sateen

【纺】台湾名。即“横贡缎”(498 页)。

棉纺/棉紡 miánfǎng/ㄇㄧㄢˊ ㄈㄤˇ

cotton spinning

【纺】将棉或棉型化学纤维加工成纱的工艺过程。按纺纱方法和纺纱工艺不同，可分为传统纺纱和新型纺纱；按成品类别不同，可分为普梳纺纱、精梳纺纱和废纺。

棉酚/棉子酚 miánfēn/ㄇㄧㄢˊ ㄗˇ ㄈㄣ

gossypol

【化】天然有机物。分子式 $C_{30}H_{30}O_{8}$。黄色结晶粉末，有毒。存在于棉花种子中。可降低精子活动能力，用作男子节育药物。

棉花/棉花 miánhuā/ㄇㄧㄢˊ ㄏㄨㄚ

cotton

㊀【植】“陆地棉”的通称。㊁【纺】棉桃中的纤维。是棉籽表皮细胞延长发育而成的单细胞干瘪死亡后留下的细胞体，空心管状，条形，中段粗，两端细。纤维的平均长度为 22～46 毫米，粗绒棉在 25 毫米以下，细绒棉为 25～31 毫米，长绒棉在 31 毫米以上。棉纤维按细度、长度、强度、成熟度、转曲度、含杂率、含疵点率、含糖率(黏性)、颜色、光泽等评价其品质和区分用途。

📖 棉花是尼日利亚的国花。

棉铃虫/番茄夜蛾

miánlíngchóng/ㄈㄢ ㄑㄧㄝˊ ㄧㄝˋ ㄜˊ

cotton bollworm

【动】*Helicoverpa armigera* 昆虫名。鳞翅目夜蛾科。成虫雌蛾前翅赤褐色，雄蛾青灰色。幼虫体光滑，体色多变，绿至褐色，蛀食棉花的蕾、铃，使脱落。是棉花的主要害虫。

棉漆 miánqī/ㄇㄧㄢˊ ㄑㄧ

【化】即“熟漆”(1048 页)。

棉织物/棉織物 miánzhīwù/ㄇㄧㄢˊ ㄓ ㄨˋ

cotton fabric

【纺】又称“棉布”。用纯棉纱线或棉与其他纤维交织、混纺织制的织物。强度较好，手感柔软，吸湿性好，穿着舒适，不起静电，但抗皱性差。耐碱不耐酸，不易虫蛀，但易发霉。按织物的组织结构不同，可分为平纹织物和斜纹织物；按织物的染整后加工不同，可分为本色棉布、色织布、漂白布、色布和印花布。可用作各类服装的面料、里料和衬料以及服饰用品。

棉質法蘭絨

ㄇㄧㄢˊ ㄓˊ ㄈㄚˇ ㄌㄢˊ ㄖㄨㄥˊ/

miánzhì fǎlánróng

flannelette, cotton flannel

【纺】台湾名。即“绒布”(953 页)。

棉子酚 ㄇㄧㄢˊ ㄗˇ ㄈㄣ/miánzǐfēn

gossypol

【化】台湾名。即“棉酚”(800 页)。

棉籽絨 ㄇㄧㄢˊ ㄗˇ ㄖㄨㄥˊ/miánzǐróng

linters

【纺】台湾名。即“棉短绒”(800 页)。

免疫 miǎnyì/ㄇㄧㄢˇ ㄧˋ

【生】“免疫力”的简称。

免疫避孕/免疫避孕

miǎnyì bìyùn/ㄇㄧㄢˇ ㄧˋ ㄅㄧˋ ㄩㄣˋ

M

immunocontraception

【医】一类有计划地利用机体自身的免疫防御机制来阻止非计划妊娠的生育调节方式。

免疫力/免疫力 miǎnyìlì/ㄇㄧㄢˇ ㄧˋ ㄌㄧˋ

immunity

【生】简称“免疫”。机体抵抗感染的能力。

免疫球蛋白/免疫球蛋白

miǎnyì qiúdànbái/ㄇㄧㄢˇ ㄧˋ ㄑㄧㄡˊ ㄉㄢˋ ㄅㄞˊ

immunoglobulin

【医】一种具有抗体活性或化学结构上与抗体相似的蛋白质。由B淋巴细胞产生，普遍存在于血液、组织液及外分泌液中，分为IgG、IgM、IgA、IgD和IgE五种。

免疫球蛋白类/免疫球蛋白類

miǎnyì qiúdànbáilèi/

ㄇㄧㄢˇ ㄧˋ ㄑㄧㄡˊ ㄉㄢˋ ㄅㄞˊ ㄌㄟˋ

immunoglobulins

【医】将生物毒素接种于动物体，使之免疫产生的抗体或特异的免疫球蛋白分离而获得的具有活性的制品，在体内能起特异性抗体作用和参与体液免疫的药物。用于防治相应的疾病。健康人血浆中分离的丙种球蛋白也有增强免疫的作用。

免疫调节药/免疫調節劑

miǎnyì tiáojiéyào/ㄇㄧㄢˇ ㄧˋ ㄊㄧㄠˊ ㄐㄧㄝˊ ㄐㄧˋ

immunomodulator

【医】提高机体免疫功能，纠正免疫功能低下的药物。常用的有白介素、干扰素等。

免疫調節劑

ㄇㄧㄢˇ ㄧˋ ㄊㄧㄠˊ ㄐㄧㄝˊ ㄐㄧˋ/miǎnyì tiáojiéjì

immunomodulator

【医】台湾名。即“免疫调节药”(801页)。

免疫抑制劑

ㄇㄧㄢˇ ㄧˋ ㄧˋ ㄓˋ ㄐㄧˋ/miǎnyì yìzhìjì

immunosuppressant

【医】台湾名。即“免疫抑制药”(801页)。

免疫抑制药/免疫抑制劑

miǎnyì yìzhìyào/ㄇㄧㄢˇ ㄧˋ ㄧˋ ㄓˋ ㄐㄧˋ

immunosuppressant

【医】抑制体内免疫反应的药物。主要用于抑制器官移植的排异反应和自身免疫性疾病。常用的有环孢素、他克莫司、糖皮质激素和硫唑嘌呤等。

免疫治疗/免疫治療

miǎnyì zhìliáo/ㄇㄧㄢˇ ㄧˋ ㄓˋ ㄌㄧㄠˊ

immunotherapy

【医】应用免疫制剂调节机体免疫状态，使机体产生免疫应答，用以防治疾病的治疗方法。广泛用于免疫缺陷病、自身免疫病、病毒病、肿瘤、变应性疾病的治疗。按免疫种类不同，可分为细胞免疫治疗和体液免疫治疗；按免疫针对性不同，可分为特异性免疫治疗和非特异性免疫治疗；按机体对抗原刺激产生的反应不同，可分为免疫增强疗法和免疫抵制疗法等。

面积/面積

miànjī/ㄇㄧㄢˋ ㄐㄧ

area

【数】几何学的基本度量之一。描述平面或曲面上的区域D的大小。例如，边长为1的正方形的面积是1(它作为面积的基本度量单位)；半径为1的球的表面积是4π。

面阔/寬度 miànkuò/ㄎㄨㄢ ㄉㄨˋ

width

【建】建筑中指平行于檩条方向的两柱之间的宽度。整个建筑物各间宽度的总和称为通面阔。

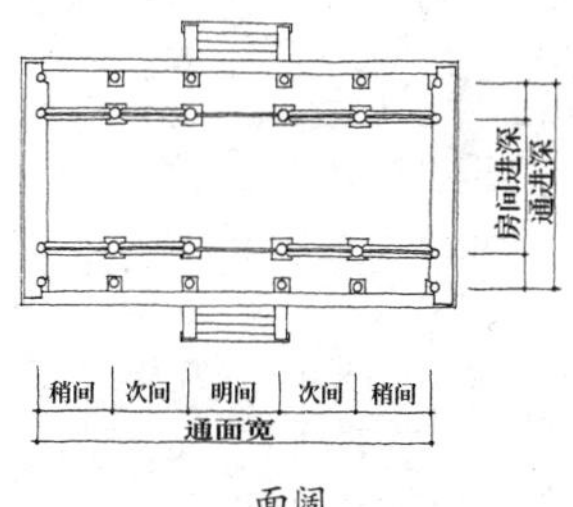

面阔

面神经/顏面神經

miànshénjīng/ㄧㄢˊ ㄇㄧㄢˋ ㄕㄣˊ ㄐㄧㄥ

facial nerve

【医】发自脑桥的面神经核，经茎乳孔出颅，发出颞支、颧支、颊支、下颌缘支、颈支，支配面部表情肌的神经。是第七对脑神经。受损时患侧前额皱纹消失，鼻唇沟变浅，笑时口角歪向健侧。

面雨量/面雨量

miànyǔliàng/ㄇㄧㄢˋ ㄩˇ ㄌㄧㄤˋ

area rainfall
【气】某一时段内一定面积上的平均雨量。

miao （ㄇㄧㄠ）

苗床/苗床 miáochuáng/ㄇㄧㄠˊ ㄔㄨㄤˊ
seedbed
【农】培育植物秧苗的场所。按结构不同，可分为露地苗床和室内苗床。室内苗床又分为温床和冷床两种。

苗锦/苗錦 miáojǐn/ㄇㄧㄠˊ ㄐㄧㄣˇ
Miao brocade
【纺】中国苗族的传统手工织锦。经纬向均用彩色丝线，用人字斜纹、菱形斜纹或复合斜纹织成。纹样多为小型几何图案及民间花纹，色彩优美，色调鲜艳。多用作民族服装镶嵌于衣领、袖套、后肩、裤脚、裙腰，或作其他装饰用。

秒/秒 miǎo/ㄇㄧㄠˇ
second
【计量】❶时间的国际单位制单位。符号 s。规定铯 133 原子基态的两个超精细能级之间跃迁所对应的辐射的9 192 631 770个周期的持续时间为 1 秒。以这一形式定义的秒就是原子秒。1967 年第 13 届国际计量大会通过。❷全称“角秒”。平面角单位，符号为(″)。1 秒 ＝1/60 分 ＝1/3600 度 ＝(π/648 000)弧度。

秒差距/秒差距
miǎochājù/ㄇㄧㄠˇ ㄔㄚ ㄐㄩˋ
parsec
【计量】天文学长度单位。符号 pc。1 秒差距 $=3.0857\times10^{16}$ 米。

庙/寺廟 miào/ㄙˋ ㄇㄧㄠˋ
temple
【建】中国古代奉祀祖宗、神灵或前代贤哲的祭祀建筑。可分为三类：⑴祭祀祖先的庙。中国古代帝王诸侯等奉祀祖先的建筑称宗庙。帝王的宗庙称太庙，是等级最高的建筑，后世惯用庑殿顶。现存明清北京太庙大殿为重檐庑殿顶。贵族、显宦、世家大族的宗庙称家庙或宗祠。家庙仿太庙方位，建于宅第东侧，规模不一。⑵奉祀圣贤的庙。奉祀孔丘的称孔庙，又称文庙。山东曲阜规模最大。奉祀名将关羽的庙称关帝庙，又称武庙。合祀刘备、关羽和张飞称三义庙，奉祀诸葛亮的称武侯祠；岳飞的称岳王庙或岳飞庙。⑶祭祀山川、神灵的庙。奉祀五岳的神庙，以泰山的岱庙规模最大。此外，还有城隍庙、土地庙、龙王庙、财神庙等。

mie （ㄇㄧㄝ）

灭活疫苗/不活化疫苗
mièhuó yìmiáo/ㄅㄨˋ ㄏㄨㄛˊ ㄏㄨㄚˋ ㄧˋ ㄇㄧㄠˊ
inactivated vaccine
【医】选用免疫原性强的病原微生物，经人工培养，用理化方法灭活后制成的疫苗。如霍乱疫苗、百日咳疫苗和伤寒疫苗等。

灭菌/殺菌 mièjūn/ㄕㄚ ㄐㄩㄣˋ
sterilization
【医】用物理或化学方法将所有致病和非致病的微生物以及细菌芽孢全部杀灭。是切断感染途径的措施。

灭雷具/滅雷具 mièléijù/ㄇㄧㄝˋ ㄌㄟˊ ㄐㄩˋ
mine neutralization vehicle
【军】全称“遥控灭雷具”。装备在猎雷舰艇上，在猎雷声呐的遥控导引下，接近、识别并摧毁单个水雷的猎雷武器。通常为缆控自航式潜水器，以猎雷舰艇为载体，执行灭雷任务时布放到水下，在猎雷舰艇声呐的引导下进行灭雷。

min （ㄇㄧㄣ）

民航 mínháng/ㄇㄧㄣˊ ㄏㄤˊ
【航】“民用航空”的简称。

民居/民居 mínjū/ㄇㄧㄣˊ ㄐㄩ
vernacular dwelling
【建】古代非官式的民间居住建筑。有时也包括由住宅延伸的传统居住环境。如北京四合院、黄土高原窑洞、安徽古民居、粤闽赣交界地带的土楼和游牧民族的毡房等。

民窑/民窯 mínyáo/ㄇㄧㄣˊ ㄧㄠˊ
civilian kiln
【轻】指中国古代民间瓷窑。以商品性生产为主，产品多为日用瓷和陈设瓷，以明清两代最为兴盛。明代景德镇有崔公窑、周公窑、壶公窑、小南窑等。民窑产品称为“客货”，其造型和纹饰题材丰富自由，青花、蓝彩、黑彩、金彩的使用，使彩瓷得到更大的发展。

民用电器

mínyòng diànqì/ㄇㄧㄣˊ ㄩㄥˋ ㄉㄧㄢˋ ㄑㄧˋ

【轻】即“家用电器”(589 页)。

民用航空/民用航空

mínyòng hángkōng/ㄇㄧㄣˊ ㄩㄥˋ ㄏㄤˊ ㄎㄨㄥ

civil aviation

【航】简称“民航”。利用各类航空器，为国民经济服务的非军事性飞行活动。可分为民用运输航空(国内外商业客货邮件运输)和民用通用航空(工、农、林、牧、科研、勘探、体育、公务、通勤、游乐)。

民用航太

ㄇㄧㄣˊ ㄩㄥˋ ㄏㄤˊ ㄊㄞˋ/mínyòng hángtài

civil space activities

【航】台湾名。即“民用航天”(803 页)。

民用航天/民用航太

mínyòng hángtiān/ㄇㄧㄣˊ ㄩㄥˋ ㄏㄤˊ ㄊㄞˋ

civil space activities

【航】利用航天器及航天技术为国民经济和社会发展服务，为科学实验服务的非军事航天活动。包括人造地球卫星和其他航天器所进行的通信广播、数据中继、导航定位、地球观测、气象预报、资源探测、科学实验、空间生产、空间环境研究、外星探测、载人航天等。

民用建筑/民用建築

mínyòng jiànzhù/ㄇㄧㄣˊ ㄩㄥˋ ㄐㄧㄢˋ ㄓㄨˋ

civil building

【建】供人们居住和进行各种公共活动的建筑，即非生产性建筑。通常由基础、墙或柱、楼底层、楼梯、屋顶、门窗等构配件组成。

敏感菌/敏感菌

mǐngǎnjūn/ㄇㄧㄣˇ ㄍㄢˇ ㄐㄩㄣ

sensitive bacteria

【医】易于被某种药物抑制或杀死的细菌或真菌。

míng (ㄇㄧㄥ)

名数/名數 míngshù/ㄇㄧㄥˊ ㄕㄨˋ

concrete number

【数】带有单位名称的数。例如 5 摄氏度，7 米，3 千米，6 千克，7 分 20 秒。

明矾/明礬 míngfán/ㄇㄧㄥˊ ㄈㄢˊ

alum

【化】又称“白矾”。无机化合物，即硫酸铝钾，化学式 $KAl(SO_4)_2 \cdot 12H_2O$。无色透明晶体，无臭，略有甜味或酸涩味。64.5℃失去 9 个结晶水，200℃失去全部结晶水。在水中水解成氢氧化铝胶状沉淀。是明矾石的主要成分。工业上用于制铝盐、钾肥、油漆、鞣料等，中药上用于燥湿、杀虫、解毒等。

明矾石/明礬石 míngfánshí/ㄇㄧㄥˊ ㄈㄢˊ ㄕˊ

alunite

【地】矿物。成分为 $KAl_3[SO_4]_2(OH)_6$。三方晶系。集合体常呈细粒状、土状或致密块状。白色，常带浅灰、浅黄、浅红或浅褐色，玻璃光泽，莫氏硬度 3.5～4.0，密度 2.6～2.8 克/厘米^3。可用于制取明矾。

明栿/明栿 míngfú/ㄇㄧㄥˊ ㄈㄨˊ

exposed beam

【建】一种宋式梁栿(即梁)。梁身在天花板以下，露明在外。通常经过艺术加工，做成月梁形式，其砍割卷杀均有定制。在有平棊与平闇的梁架中，只负荷平棊与平闇的重量。

明沟/明溝 mínggōu/ㄇㄧㄥˊ ㄍㄡ

open sewer drain, drainage

【建】沿建筑物外墙四周设置的，用来排除建筑物屋面、墙面的雨水，并排除建筑物附近地面一部分雨水的沟渠。通常用混凝土或砖砌筑，并每隔一定距离设置一个带存水弯的排水口，用管道通至附近窨井，然后排至城市排水系统。

明间/明間 míngjiān/ㄇㄧㄥˊ ㄐㄧㄢ

central bay

【建】房子正中的一间。通常比其他间略宽。宋代称“当心间”。图见“面阔”(801 页)

明目/明目 míngmù/ㄇㄧㄥˊ ㄇㄨˋ

improving eyesight, * brighten the eyes

【中医】内治法之一。用具有祛风、清热、凉血、化瘀、养血、益气、滋阴、健脾、补肝肾等作用的方药或其他疗法，以祛邪扶正，提高视力，治疗以视物不清为主症的病证。

明渠/明渠 míngqú/ㄇㄧㄥˊ ㄑㄩˊ

open canal

【水利】在地表开挖、修筑，露在地面上的渠道。

明十三陵/明十三陵
Míng Shísān Líng/ㄇㄧㄥˊ ㄕˊ ㄙㄢ ㄌㄧㄥˊ
Imperial Mausoleums of the Ming Dynasty
【建】明代皇帝的墓葬群。位于北京昌平境内，自永乐七年(公元1409年)五月始作长陵，至崇祯葬入思陵止，230多年间先后修建了13座皇帝陵墓、7座妃子墓、1座太监墓。总面积120余平方千米。陵区周围群山环抱，中部为平原，陵前有小河曲折蜿蜒，山明水秀，景色宜人。诸陵均为前陵后寝规制，因地而异，大小有别。其中，长陵建成最早，规模最大，思陵建成最晚，规模最小。诸神道在龙凤门内交汇与总神道相连接。定陵地宫揭示了明陵地宫的一般状况，反映了明代陵墓建筑的成就。

明视距离/明視距離
míngshì jùlí/ㄇㄧㄥˊ ㄕˋ ㄐㄩˋ ㄌㄧˊ
distance of distinct vision
【物】在合适的照明条件下，眼睛看东西最清晰而不疲劳的距离。约为25厘米。

明适应/光適應
míngshìyìng/ㄍㄨㄤ ㄕˋ ㄧㄥˋ
light adaptation
【医】从黑暗处突然进入明亮处时，最初感到一阵耀眼的光亮，不能看清物体，一定时间后才恢复视觉的现象。

明堂/明堂 míngtáng/ㄇㄧㄥˊ ㄊㄤˊ
mingtang
【建】古代帝王宣明政教的礼制建筑。朝会、祭祀、庆赏等大典都在明堂举行。
📖 明堂型制历代说法不同，清代惠栋认为明堂是大教之宫，位于国都之南，平面上圆下方。明堂规模最大的是唐代洛阳的“万象神宫”，高294尺，东西南北各300尺，有三层，下层为方形，中、上层为圆形。宋徽宗政和年间在汴京建明堂之后，各朝不再建造这种建筑。

明线/明線 míngxiàn/ㄇㄧㄥˊ ㄒㄧㄢˋ
open wire
【信息】跨越地面或水面，以支撑物和绝缘体架设在空中的金属裸线、电缆或光缆。

鸣禽/鳴禽 míngqín/ㄇㄧㄥˊ ㄑㄧㄣˊ
songbirds
【动】鸟的一类。由鸣管控制发音，善于鸣叫，繁殖季节的鸣声最为婉转、响亮。如伯劳、画眉、黄鹂、乌鸦、喜鹊等。
📖 鸣管为鸟类的发音器官，位于气管与支气管交界处。由若干环状软骨和其间的薄膜(鸣膜)构成。

冥王星/冥王星
míngwángxīng/ㄇㄧㄥˊ ㄨㄤˊ ㄒㄧㄥ
Pluto
【天】矮行星之一。曾被定为太阳系第九颗行星。其公转周期为247.69年，有5颗卫星。2006年8月，因其不符合新通过的行星定义，被国际天文学联合会降级为矮行星。

冥想/冥想 míngxiǎng/ㄇㄧㄥˊ ㄒㄧㄤˇ
meditation
【心】一种改变意识的形式。通过引导意识远离对外界的关注，寻求对精神自己的内在关注，获得进入深沉宁静的状态，以增加自我意识，获得良好状态。

螟虫/螟蟲 míngchóng/ㄇㄧㄥˊ ㄔㄨㄥˊ
borer, stem borer
【动】昆虫名。鳞翅目螟蛾科昆虫的统称。种类很多，通常指水稻钻心虫，如二化螟、三化螟，也泛指各种钻心的蛾类幼虫。很多螟虫是农作物的害虫。

命令控制通信與情報系統
ㄇㄧㄥˋ ㄌㄧㄥˋ ㄎㄨㄥˋ ㄓˋ ㄊㄨㄥ ㄒㄧㄣˋ ㄩˇ ㄑㄧㄥˊ ㄅㄠˋ ㄒㄧˋ ㄊㄨㄥˇ/
mìnglìng kòngzhì tōngxìn yǔ qíngbào xìtǒng
command, control, communication and intelligence system; C^3I system
【信息】台湾名。即“指挥控制通信与情报系统”(1447页)。

命令線 ㄇㄧㄥˋ ㄌㄧㄥˋ ㄒㄧㄢˋ/mìnglìngxiàn
order wire, OW
【信息】台湾名。即“联络线”(731页)。

命门/命門 mìngmén/ㄇㄧㄥˋ ㄇㄣˊ
GV4, DU4, *CV5, *Life gate
【中医】督脉穴之一。在腰部，当后正中线上，第二腰椎棘下凹陷中。该穴主治阳痿、遗精、带下、遗尿、尿频、月经不调、泄泻、腰脊强痛、手足逆冷等病证。

命题/命题　mìngtí/ㄇㄧㄥˋ ㄊㄧˊ

proposition

【数】逻辑名词。表达判断的语句。二值逻辑中,要求命题必须是能辨别其真假(正误)的语句。正确的命题叫作真命题,错误的命题叫作假命题。例如,"正数大于负数"是一个真命题,"负数大于正数"是一个假命题。数学中的命题常写作"若 A 则 B"的形式,其中 A 是命题的条件,B 是命题的结论。例如"若 a,b 两数都不为 0,则 $ab\neq 0$。"

命中計數

ㄇㄧㄥˋ ㄓㄨㄥˋ ㄐㄧˋ ㄕㄨˋ/mìngzhòng jìshù

hit count

【信息】台湾名。即"点击次数"(238 页)。

mo (ㄇㄛ)

谟亨约・达罗城/謨亨約・達羅城

Móhēngyuē Dáluó Chéng/

ㄇㄛˊ ㄏㄥ ㄩㄝ ㄉㄚˊ ㄌㄨㄛˊ ㄔㄥˊ

Mohenjo Daro

【建】印度古城。在印度河下游,今巴基斯坦信德省内,约建于公元前 2350—前 1750 年。面积 7.77 平方千米,城市经过规划,内有民居、宫殿、庙宇、主次分明的方格形道路网和完整的下水道。是至今已知最早的城市建设。

模/模　mó/ㄇㄛˊ

㊀modulus, ㊁mode

㊀【数】$\sqrt{a^2+b^2}$ 叫作复数 $z=a+bi$ 的模,记作 $|z|$ 或 $|a+bi|$。$|z|$ 即表示复数 z 的向量 $\overrightarrow{OZ}$ 的长度。z 的模的平方等于 z 与它的共轭复数的积,即 $|z|^2=z\cdot\bar{z}$。㊁【信息】特定电磁特性的空间域中,具有任何一种结构的电磁场。

模糊数学/模糊數學

móhu shùxué/ㄇㄛˊ ・ㄏㄨ ㄕㄨˋ ㄒㄩㄝˊ

fuzzy mathematics

【数】又称"弗晰数学"。研究和处理模糊性现象的数学理论和方法。模糊性现象在现实世界中大量存在。例如,对"秃头"的头发数量并无严格的划分标准。为讨论模糊性现象,1965 年美国数学家扎德(L.A.Zadeh)提出模糊集的概念。不同于通常集合论中某对象或属于某集合,或不属于这个集合,非此即彼,界限分明;模糊集的讨论中用取值为 0~1 的隶属函数表示某对象属于某集合的程度,隶属函数越大表示"属于"的程度越高。在此基础上建立和发展了模糊逻辑,进而形成模糊数学。模糊数学已渗透到拓扑、测度等数学内容中,并应用于模式识别、人工智能等方面。

模控學　ㄇㄛˊ ㄎㄨㄥˋ ㄒㄩㄝˊ/mókòngxué

cybernetics

【自】台湾名。即"控制论"(695 页)。

模控學模型

ㄇㄛˊ ㄎㄨㄥˋ ㄒㄩㄝˊ ㄇㄛˊ ㄒㄧㄥˊ/

mókòngxué móxíng

cybernetic model

【自】台湾名。即"控制论模型"(695 页)。

模块/模組　mókuài/ㄇㄛˊ ㄗㄨˇ

module

【信息】❶程序设计中,按编译、绑定或执行等活动开发成分立或可识别的,并可与其他程序交互的部分。其含义依编程语言不同可有所侧重。❷硬件设计中,能为系统提供部分功能的自主组件。可与提供类似功能的组件互换。

模块度/模組性　mókuàidù/ㄇㄛˊ ㄗㄨˇ ㄒㄧㄥˋ

modularity

【信息】对于由模块组成的程序,使一个模块的更改对其他部件的影响程度最小的测度。

模块化软件/模組化軟體

mókuàihuà ruǎnjiàn/

ㄇㄛˊ ㄗㄨˇ ㄏㄨㄚˋ ㄖㄨㄢˇ ㄊㄧˇ

modular software

【信息】由多个独立的软件组件集成的程序。能一起工作,以完成较大程序方能完成的任务,同时在其他程序中仍保持单独可用和可重用。由于组件在功能上自治自足,故程序员改变或修改一个组件的工作方式,不致对同一程序中其他组件产生不利影响。

模块化设计/模組化設計

mókuàihuà shèjì/ㄇㄛˊ ㄗㄨˇ ㄏㄨㄚˋ ㄕㄜˋ ㄐㄧˋ

modular design

【信息】将硬件或软件研发项目分解成许多较

小的单元或模块进行设计的方法。各模块执行各自的任务或功能,可单独开发、测试和完成,最后组合为最终产品。某一产品中的模块,大多能重用于具有相似要求的其他产品之中。

模寬 ㄇㄛˊ ㄎㄨㄢ/mókuān
molded breadth
【船】台湾名。即“型宽”(1280 页)。

模拟/模擬 mónǐ/ㄇㄛˊ ㄋㄧˇ
analogy,simulation
㊀【自】利用模型复现实际系统中发生的本质过程,并通过模型实验对它存在的或设计中的系统进行研究。其特点是可控性强、无破坏性、耗费小、允许多次重复。㊁【信息】采用数据处理系统来模仿其他系统的过程。要使模仿系统与被模仿系统接收同样数据,执行同样程序,并得到同样结果。可借助硬件或固件来实现,也可在通用计算机上完全由软件来实现。

模拟地图/模擬地圖 mónǐ dìtú/ㄇㄛˊ ㄋㄧˇ ㄉㄧˋ ㄊㄨˊ
analog map
【测绘】指不用数字化形式存储,不依赖计算机等电子设备显示,直接在实物介质上承载的目视直接可见的地图。如在纸张、丝绸、塑料、木材、石头等载体上通过描绘、压印、雕刻等方式记录的各种地图。

模拟技术/模擬技術 mónǐ jìshù/ㄇㄛˊ ㄋㄧˇ ㄐㄧˋ ㄕㄨˋ
simulation technique
【自】以控制理论、相似原理、数学模型与计算机技术等相关专业技术为基础,以计算机和多种专用物理效应设备为工具,借助系统模型,对实际的或设想的系统进行动态试验研究的一门新兴综合性技术。系统仿真技术可以有效而经济地用于科研、设计、训练以及系统的试验。

模拟器/模擬器 mónǐqì/ㄇㄛˊ ㄋㄧˇ ㄑㄧˋ
simulator, emulator
【自】用以复现另一系统的外在功能、表现、行为,而不是模拟系统的抽象模型的硬件系统。例如飞行模拟器。

模拟数据/類比資料 mónǐ shùjù/ㄌㄟˋ ㄅㄧˇ ㄗ ㄌㄧㄠˋ
analog data
【信息】由连续变化的物理量表示的数据。该物理量的幅度大多与该数据或与该数据的某一适宜函数成正比。

模拟通信/類比通訊 mónǐ tōngxìn/ㄌㄟˋ ㄅㄧˇ ㄊㄨㄥ ㄒㄩㄣˋ
analog communication
【信息】以模拟信号为载体,或以模拟信号调制载波来传输信息的通信方式。可用来传输电话、电报、数据和图像等。

模拟信号/類比信號 mónǐ xìnhào/ㄌㄟˋ ㄅㄧˇ ㄒㄧㄣˋ ㄏㄠˋ
analog signal
【信息】在一段时间的任何瞬时,所代表信息的各种特征量均可呈现为任何数值的信号。

i O t
音频电流模拟声压变化

模拟训练 mónǐ xùnliàn/ㄇㄛˊ ㄋㄧˇ ㄒㄩㄣˋ ㄌㄧㄢˋ
【军】即“军事训练模拟”(662 页)。

模深 ㄇㄛˊ ㄕㄣ/móshēn
molded depth
【船】台湾名。即“型深”(1281 页)。

模式标本/模式標本 móshì biāoběn/ㄇㄛˊ ㄕˋ ㄅㄧㄠ ㄅㄣˇ
type specimen
【地】建立种级新分类单元时依据的标本。

模式大气/模式大氣 móshì dàqì/ㄇㄛˊ ㄕˋ ㄉㄚˋ ㄑㄧˋ
model atmosphere
【气】在不失去大气主要特征的情况下,将复杂的真实大气形态通过某种假设简化后的数学模型大气。

模式识别/圖形識別 móshì shíbié/ㄊㄨˊ ㄒㄧㄥˊ ㄕˊ ㄅㄧㄝˊ
pattern recognition
【自】信息科学的一个分支。用数学、物理和技术的方法实现对模式(表征事物或现象的各种形式)信息的自动处理、描述、分类和解释。例如对语音的识别。

模数制/模數制 móshùzhì/ㄇㄛˊ ㄕㄨˋ ㄓˋ
module system
【建】建立在建筑模数基础上的一套尺寸协调

标准。是实现建筑工业化、标准化的前提和基础。实行模数制可以减少建筑制品、设备和构件的规格型号,改善制造及安装条件,降低造价,缩短工期,使建筑物的设计、制造、施工方案之间容易取得协调。

模数转换/類比—數位轉換
mó-shù zhuǎnhuàn/
ㄌㄟˋ ㄅㄧˇ — ㄕㄨˋ ㄨㄟˋ ㄓㄨㄢˇ ㄏㄨㄢˋ
analog-to-digital conversion
【信息】将模拟信号转换为信息基本等效的数字信号的处理过程。
📖 计算机用于工业控制时,模数转换非常重要。受控对象的温度、压力、流量、位移等物理量先由传感器检测出来,再通过模数转换电路转换成数字量输入计算机。

模型/模型 móxíng/ㄇㄛˊ ㄒㄧㄥˊ
model
【自】对现实世界的事物、现象、过程或系统的简化描述,或其部分属性的模仿。可分为过程模型、数学模型、系统模型等。

模型化/模型化
móxínghuà/ㄇㄛˊ ㄒㄧㄥˊ ㄏㄨㄚˋ
【自】即"建模"(602 页)。

模組 ㄇㄛˊ ㄗㄨˇ/mózǔ
module
【信息】台湾名。即"模块"(805 页)。

模組化軟體
ㄇㄛˊ ㄗㄨˇ ㄏㄨㄚˋ ㄖㄨㄢˇ ㄊㄧˇ/mózǔhuà ruǎntǐ
modular software
【信息】台湾名。即"模块化软件"(805 页)。

模組化設計
ㄇㄛˊ ㄗㄨˇ ㄏㄨㄚˋ ㄕㄜˋ ㄐㄧˋ/mózǔhuà shèjì
modular design
【信息】台湾名。即"模块化设计"(805 页)。

模組性 ㄇㄛˊ ㄗㄨˇ ㄒㄧㄥˋ /mózǔxìng
modularity
【信息】台湾名。即"模块度"(805 页)。

膜/膜 mó/ㄇㄛˋ
membrane, film
【材】具有选择性透过作用的材料。

膜翅目/膜翅目 móchìmù/ㄇㄛˋ ㄔˋ ㄇㄨˋ
Hymenoptera
【动】Hymenoptera 昆虫纲有翅亚纲的一目。体微小到大型,有的腹部第一节并入后胸,头大,复眼发达。翅两对,膜质。有咀嚼式或嚼吸式口器。雌虫腹部常有针状产卵器,草食性、肉食性或杂食性,完全变态。是昆虫中最进化的类群。可分为细腰亚目和广腰亚目。如蜜蜂、熊蜂、胡蜂、各种寄生蜂和蚂蚁等。

膜分离/薄膜分離
mófēnlí/ㄅㄛˊ ㄇㄛˋ ㄈㄣ ㄌㄧˊ
membrane separation
【环】利用隔膜使溶剂同溶质或微粒分离的技术。广泛用于海水和苦咸水淡化、废水深度处理、废水和废液中有用物质的浓缩回收。常用的方法有电渗析、扩散渗析、反渗透和超过滤法等。

膜片泵 ㄇㄛˋ ㄆㄧㄢˋ ㄅㄥˋ/mópiànbèng
diaphragm pump
【机】台湾名。即"隔膜泵"(402 页)。

膜片閥 ㄇㄛˋ ㄆㄧㄢˋ ㄈㄚˊ/mópiànfá
diaphragm pump
【机】台湾名。即"隔膜泵"(402 页)。

膜质/膜質 mózhì/ㄇㄛˋ ㄓˊ
membranous
【植】植物器官的质地薄而半透明,近似膜的性质。如蕨类植物的囊群盖就是膜质的。

摩 mó/ㄇㄛˊ
【计量】"摩尔"的简称。

摩擦/摩擦 mócā/ㄇㄛˊ ㄘㄚ
friction
【物】两个互相接触的物体之间做相对运动或有相对运动趋势时,其接触面上产生阻碍相对运动的现象。按运动形式不同,可分为滑动摩擦和滚动摩擦;按运动状态不同,可分为静摩擦和动摩擦。除静摩擦外,其他摩擦都有热效应。

摩擦层 mócācéng/ㄇㄛˊ ㄘㄚ ㄘㄥˊ
【气】即"大气边界层"(182 页)。

摩擦焊/摩擦熔接
mócāhàn/ㄇㄛˊ ㄘㄚ ㄖㄨㄥˊ ㄐㄧㄝ
friction welding
【机】压焊的一种。两焊件(通常成棒状)在接合处利用相对旋转摩擦生热,使结合处加热到塑性状态,然后迅速停止旋转,并加上轴向压力实现连接。生产率高,成本低,可焊接各种不同金属。

摩擦力/摩擦力 mócālì/ㄇㄛˊ ㄘㄚ ㄌㄧˋ

friction force

【物】阻碍物体做相对运动的力。成对出现。可分为静摩擦力和动摩擦力两类。

摩擦起电/摩擦起電

mócā qǐ diàn/ㄇㄛˊ ㄘㄚ ㄑㄧˇ ㄉㄧㄢˋ

electrification by friction

【物】利用摩擦使物体带电的方法。例如丝绸摩擦玻璃棒,毛皮摩擦橡胶棒均可产生带电现象。物体失去电子带正电,得到电子带负电。

摩擦熔接

ㄇㄛˊ ㄘㄚ ㄖㄨㄥˊ ㄐㄧㄝ/mócā róngjiē

friction welding

【机】台湾名。即“摩擦焊”(807 页)。

摩擦系数/摩擦係數

mócā xìshù/ㄇㄛˊ ㄘㄚ ㄒㄧˋ ㄕㄨˋ

coefficient of friction

【物】又称“摩擦因数”。阻止两物体相对运动的摩擦力与作用在该两物体接触表面的法向力之比。

摩擦因数 ㄇㄛˊ ㄘㄚ ㄧㄣ ㄕㄨˋ/mócā yīnshù

【物】即“摩擦系数”(808 页)。

摩尔/莫耳 mó'ěr/ㄇㄛˋ ㄦˇ

mole

【计量】简称“摩”。物质的量的国际单位制单位。符号 mol。是一系统物质的量,该系统中所包含的基本单元数与 0.012 千克碳-12 的原子数相等。基本单元应指明是原子、分子、离子,还是电子。

摩尔分数/莫耳分數

mó'ěr fēnshù/ㄇㄛˋ ㄦˇ ㄈㄣ ㄕㄨˋ

mole fraction

【计量】物理化学中常用的量。是某物质的量与总量之比。是纯数,常以百分数表示。

摩尔体积/莫耳體積

mó'ěr tǐjī/ㄇㄛˋ ㄦˇ ㄊㄧˇ ㄐㄧ

molar volume

【计量】系统的体积 V 与其中粒子的物质的量 n 之比。单位是米^3/摩(m^3/mol),常用升/摩(L/mol)。

摩尔质量/莫耳質量

mó'ěr zhìliàng/ㄇㄛˋ ㄦˇ ㄓˋ ㄌㄧㄤˋ

molar mass

【计量】基本单元的摩尔质量 M 等于其总质量 m 与物质的量 n 之比。单位是千克/摩(kg/mol),常用克/摩(g/mol)。

摩羯座/摩羯座 mójiézuò/ㄇㄛˊ ㄐㄧㄝˊ ㄗㄨㄛˋ

Capricornus, Cap

【天】黄道十二星座之一。位于人马座和宝瓶座之间,比较暗弱。

摩托/機車 mótuō/ㄐㄧ ㄔㄜ

motor cycle

【交】又称“摩托车”。装有内燃发动机的两轮车或三轮车。

摩托车 mótuōchē/ㄇㄛˊ ㄊㄨㄛ ㄔㄜ

【交】即“摩托”(808 页)。

磨 mó/ㄇㄛˊ

【机】“磨削”的简称。

磨床/磨床 móchuáng/ㄇㄛˊ ㄔㄨㄤˊ

grinding machine

【机】金属切削机床的一种。利用磨具(常用砂轮)对工件表面进行磨削加工。工作时砂轮做高速旋转的切削运动和相对于工件低速的进给运动。能磨削硬度较高的工件表面,达到较高的精度和较低的表面粗糙度。可分为外圆磨床、内圆磨床、坐标磨床、平面磨床等。

磨帶 ㄇㄛˊ ㄉㄞˋ/módài

abrasive band, abrasive belt

【机】台湾名。即“砂带”(978 页)。

磨光 ㄇㄛˊ ㄍㄨㄤ/móguāng

grinding

【机】台湾名。即“磨削”(809 页)。

磨耗 ㄇㄛˊ ㄏㄠˋ/móhào

wear

【机】台湾名。即“磨损”(809 页)。

磨具/磨具 mójù/ㄇㄛˊ ㄐㄩˋ

grinding tool, abrasive tool

【机】用以磨削、研磨和抛光的工具。由磨料和结合剂按一定形状和尺寸黏结而成。按原料来源不同,可分为天然磨具和人造磨具两类。常用的有砂轮、油石、砂瓦、砂布、磨头等。广泛用于机械制造和金属加工,以及陶瓷、玻璃、石材等非金属材料的加工。

磨矿机/磨礦機

mókuàngjī/ㄇㄛˊ ㄎㄨㄤˋ ㄐㄧ

grinding mill

【机】将矿石加工成细粉的机械。为一可旋转的圆柱筒或圆锥筒,内装磨矿介质(钢球、钢棒或砾石等),当筒体旋转时,介质随筒滚转并被带至一定高度落下,借冲击及磨剥作用粉碎矿石。常用的有球磨机、棒磨机、砾磨机。广泛用于选矿及建筑工程作业中。

磨料/研磨材 móliào/ㄧㄢˊ ㄇㄛˊ ㄘㄞˊ

abrasive

【材】用于研磨加工的硬质材料。硬度大于被加工材料的物质均可作磨料,常见的有碳化硅、石榴石、白刚玉、金刚砂、石英等。

磨嶺岩 ㄇㄛˊ ㄌㄧㄥˇ ㄧㄢˊ/mólǐngyán

mylonite

【地】台湾名。即"糜棱岩"(797 页)。

磨轮 mólún/ㄇㄛˊ ㄌㄨㄣˊ

【机】即"砂轮"(978 页)。

磨煤机/磨煤機 móméijī/ㄇㄛˊ ㄇㄟˊ ㄐㄧ

coal grinding machine, coal pulverizer

【机】用于将煤矿石磨成煤粉并在其中干燥的机械。是煤粉制备系统的关键设备。按工作转数不同,可分为低速磨煤机(钢球磨)、中速磨煤机(辊式磨和球式磨)和高速磨煤机(风扇磨和锤击磨)等。可制备煤粉,供锅炉及其他工业炉使用。

磨损/磨耗 mósǔn/ㄇㄛˊ ㄏㄠˋ

wear

【机】物体相对运动时,相对运动表面的物质损失或产生残余变形。按表面破坏机理特征不同,可分为磨料磨损、黏附磨损、表面疲劳磨损、腐蚀磨损和微动磨损。

磨头/磨頭 mótóu/ㄇㄛˊ ㄊㄡˊ

mounted point, wheel head

【机】人造磨具的一种。小型带柄,常装于电磨机、吊磨机和手电钻上。按材料不同,可分为陶瓷磨头、橡胶磨头、金刚石磨头、砂布磨头等。按形状不同,可分为圆柱磨头、截锥磨头、椭圆锥磨头、半球形磨头、球形磨头等。

磨削/輪磨 móxiāo/ㄌㄨㄣˊ ㄇㄛˊ

grinding

【机】简称"磨",台湾又称"磨光"。金属切削加工的一种方法。用高速旋转的砂轮或在两个高速转轴带动下运动的砂带,从工作表面上切除多余材料,以提高工件精度和降低加工表面粗糙度。适用于加工平面、端面、内外回转面和成形表面。

蘑菇/菇 mógu/ㄍㄨ

mushroom

【植】*Agaricus campestris* 又称"四孢蘑菇",台湾又称"蕈"。菌类。蘑菇科蘑菇属。子实体多单生,有中生近圆柱形的菌柄。菌盖幼时半球形,成熟后平展近圆形;新鲜时肉质,白色,光滑,干后浅黄色,边缘内卷。菌肉白色,伤后略变淡红色,具特有的气味。菌褶较密,不等长,易碎,颜色粉红色至黑褐色。菌柄中部有一单层菌环,白色,膜质,易脱落。中国各地均有栽培。多生于林地和草地。药食兼用。

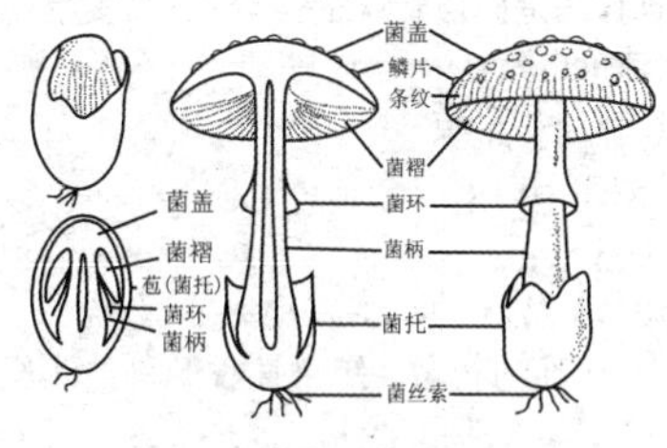

蘑菇示意图

蘑菇定律/蘑菇定律

mógu dìnglǜ/ㄇㄛˊ ·ㄍㄨ ㄉㄧㄥˋ ㄌㄩˋ

mushroom law

【心】一种心理学定律。蘑菇通常长在阴暗的角落,没有阳光,也无人施肥,只有长到足够大时候才被人关注。这个效应说明,初学者、初入门者的成长总要有个过程,开始阶段不被重视是正常现象。

魔酸/魔酸 mósuān/ㄇㄛˊ ㄙㄨㄢ

magic acid

【化】一种化学品。即氟锑磺酸。由按照摩尔比 10% 的氟磺酸和 90% 的五氟化锑混合而成。无色透明的黏稠液体,含杂质时为黄色、棕色至黑绿色,有刺激性气味。是已知最强的超酸体系,能溶解不溶于王水的高级烷烃蜡烛。

魔芋/磨芋 móyù/ㄇㄛˊ ㄩˋ

rivier giantarum

【植】*Amorphophallus konjac* 又称"蒟蒻"。天南星科魔芋属。多年生草本植物。块茎扁球形,暗红褐色。叶柄长,光滑有斑块;叶片

M

三裂，第一次裂片有柄，第二次裂片二回羽状分裂，小裂片椭圆形，外侧下延成翅状。佛焰苞漏斗形，檐部心状圆形，先端尖，边缘波状，外面绿色，内面深紫色，肉穗花序紫色。花期4—6月份。在中国，分布于陕西、甘肃、宁夏至江南各地。茎块可作蔬菜。

抹灰/抹灰 mǒhuī/ㄇㄛˇ ㄏㄨㄟ

plastering

【建】用各种抹灰砂浆覆盖墙面、顶棚的装修工程。可分为一般抹灰和装饰抹灰。一般抹灰采用石灰砂浆、混合砂浆、聚合物水砂浆、麻刀灰、纸筋灰、保温砂浆颗粒等，抹灰层总厚度通常为15～35毫米，需分层操作，要求附着力强，不易剥落，用料均匀，表面平整。装饰抹灰是面层特殊的抹灰工程，质量要求高，造价也高。

抹香鲸/抹香鯨

mǒxiāngjīng/ㄇㄛˇ ㄒㄧㄤ ㄐㄧㄥ

sperm whale

【动】*Physeter macrocephalus* 又称“巨头鲸”。哺乳动物名。鲸目抹香鲸科。体长可达20米，头部巨大，像桶，可占体长的三分之一，背面黑色，腹面灰色。常群栖，以章鱼、乌贼和鱼类等为食。其肠的分泌物称龙涎香，是名贵香料。分布于太平洋和大西洋，在中国，分布于黄海、东海和南海。

抹香鲸

末制导炮弹/末制導炮彈

mòzhìdǎo pàodàn/ㄇㄛˋ ㄓˋ ㄉㄠˇ ㄆㄠˋ ㄉㄢˋ

terminal guided shell

【军】用火炮发射，在弹道末段进行制导的炮弹。由引信、导引头、自动驾驶仪、战斗部、尾翼稳定组件、药筒、发射装药及底火等组成。主要配用于榴弹炮、加榴炮、迫击炮和火箭炮等，用于打击坦克、自行火炮、车辆和舰艇等装甲目标及指挥所等重要点目标。

没药/没藥 mòyào/ㄇㄛˋ ㄧㄠˋ

Myrrha(拉)， * myrrh

【中医】中药名。橄榄科植物地丁树 *Commiphora myrrha* Engl. 或哈地丁树 *Commiphora molmol* Engl.的干燥树脂。味辛、苦，性平。归心、肝、脾经。散瘀定痛，消肿生肌。用于胸痹心痛，胃脘疼痛，痛经经闭，产后瘀阻，癥瘕腹痛，风湿痹痛，跌打损伤，痈肿疮疡。

📖 没药原产非洲及阿拉伯诸国，其名称来自音译，历史上曾译作“末药”。

茉莉花/茉莉花 mòlìhuā/ㄇㄛˋ ㄌㄧˋ ㄏㄨㄚ

arabian jasmine

【植】*Jasminum sambac* 木樨科素馨属。直立或攀缘灌木。叶柄短，叶对生，纸质，圆形至倒卵形。聚伞花序生于枝端，通常花三朵，花瓣长圆形至近圆形，先端圆钝，白色(少紫色)，有浓香。花期5—8月份。中国各地广泛栽培。观赏花卉。花可作花茶和香精的原料。

📖 茉莉花是菲律宾、印度尼西亚、巴基斯坦和突尼斯的国花。

莫耳 ㄇㄛˋ ㄦˇ/mò'ěr

mole

【计量】台湾名。即“摩尔”(808页)。

莫耳分數 ㄇㄛˋ ㄦˇ ㄈㄣ ㄕㄨˋ/mò'ěr fēnshù

mole fraction

【计量】台湾名。即“摩尔分数”(808页)。

莫耳體積 ㄇㄛˋ ㄦˇ ㄊㄧˇ ㄐㄧ/mò'ěr tǐjī

molar volume

【计量】台湾名。即“摩尔体积”(808页)。

莫耳質量

ㄇㄛˋ ㄦˇ ㄓˊ ㄌㄧㄤˋ/mò'ěr zhìliàng

molar mass

【计量】台湾名。即“摩尔质量”(808页)。

莫非定律 ㄇㄛˋ ㄈㄟ ㄉㄧㄥˋ ㄌㄩˋ/Mòfēi dìnglǜ

Murphy's law

【心】台湾名。即“墨菲定律”(811页)。

莫高窟/莫高窟 Mògāo Kū/ㄇㄛˋ ㄍㄠ ㄎㄨ

Mogao Grottoes

【建】又称“千佛洞”。中国古代石窟群。位于甘肃敦煌，始建于前秦建元二年(公元366年)，延续至元朝一千多年。今有洞窟735个，壁画4.5万平方米，泥质彩塑2415尊，是世界上现存规模最大、内容最丰富的佛教艺术圣地。

莫合面 ㄇㄛˋ ㄏㄜˊ ㄇㄧㄢˋ/mòhémiàn

Moho discontinuity

【地】台湾名。即“莫霍界面”(810页)。

莫霍界面/莫合面

Mòhuò jièmiàn/ㄇㄛˋ ㄏㄜˊ ㄇㄧㄢˋ

Moho discontinuity

【地】全称“莫霍洛维契奇不连续面”。地壳与地幔的分界面。1909 年,克罗地亚地震学家莫霍洛维契奇(Andrija Mohoročić)发现在克罗地亚地下约 40 千米处其上下的地震波速度有明显变化,说明其上下的物质成分有显著差异。后来发现这个界面在世界各地都存在,只是在大陆区较深,在洋区较浅,故将其作为地壳与地幔的分界面。

莫霍洛维契奇不连续面

Mòhuòluòwéiqìqí bùliánxùmiàn/ㄇㄛˋ ㄏㄨㄛˋ ㄌㄨㄛˋ ㄨㄟˊ ㄑㄧˋ ㄑㄧˊ ㄅㄨˋ ㄌㄧㄢˊ ㄒㄩˋ ㄇㄧㄢˋ

【地】“莫霍界面”的全称。

莫三比克海峡

ㄇㄛˋ ㄙㄢ ㄅㄧˇ ㄎㄜˋ ㄏㄞˇ ㄒㄧㄚˊ/Mòsānbǐkè Hǎixiá

Mozambique Channel

【地】台湾名。即“莫桑比克海峡”(811 页)。

莫桑比克海峡/莫三比克海峡

Mòsāngbǐkè Hǎixiá/ㄇㄛˋ ㄙㄢ ㄅㄧˇ ㄎㄜˋ ㄏㄞˇ ㄒㄧㄚˊ

Mozambique Channel

【地】海峡名。位于非洲大陆与马达加斯加岛之间,呈东北—西南走向。全长 1670 千米,两端宽中间窄,北端最宽处达 960 千米,中部最窄处为 386 千米。大部分水深在 2000 米以上,最大深度超过 3500 米。是世界上最长的海峡,南大西洋与印度洋之间的重要航道。

莫氏硬度/莫氏硬度

Mòshì yìngdù/ㄇㄛˋ ㄕˋ ㄧㄥˋ ㄉㄨˋ

Mohs hardness

【地】表示矿物硬度的一种标准。1822 年,德国矿物学家腓特烈·莫斯(Friedrich Mohs)提出以 10 种矿物代表 10 级硬度的分级:1.滑石;2.石膏;3.方解石;4.萤石;5.磷灰石;6.正长石;7.石英;8.黄玉;9.刚玉;10.金刚石。其以刻划比较来确定硬度,简单易行,便于在野外测定时应用。

墨爾登呢 ㄇㄛˋ ㄦˇ ㄉㄥ ㄋㄧˊ/mò'ěrdēngní

Melton

【纺】台湾名。即“麦尔登呢”(781 页)。

墨菲定律/莫非定律

Mòfēi dìnglǜ/ㄇㄛˋ ㄈㄟ ㄉㄧㄥˋ ㄌㄩˋ

Murphy's law

【心】一种心理学定律。1949 年,美国工程师爱德华·墨菲(E. A. Murphy,1918—1990)在一次火箭减速超重试验中发现,测量仪表被一个技术人员装错了。他说,凡事只要有可能出错,那就一定会出错。不管这种可能性有多小,它总会发生。这个定律说明,工作中出现失误几乎是无法避免的,只有周密思考,谨慎行事,才能少犯或不犯错误。

墨菲征/墨菲徵

mòfēizhēng/ㄇㄛˋ ㄈㄟ ㄓㄥ

Murphy sign

【医】用左手手掌平放于患者右下胸部,用拇指的指腹压于右肋下胆囊点处,然后让患者缓慢深吸气,患者在吸气过程中感觉疼痛,并终止吸气的症状。是诊断胆囊炎的重要依据。

墨晶/黑水晶 mòjīng/ㄏㄟ ㄕㄨㄟˇ ㄐㄧㄥ

black quartz

【地】见“水晶”(1064 页)。

墨玉/墨玉 mòyù/ㄇㄛˋ ㄩˋ

black nephrite

【地】软玉的一种。肉眼看漆黑如墨,强光和放大下内部透出深绿色。质地细腻温润,莫氏硬度 4 左右。资源稀少。是治砚、雕刻的上佳材料。

貘/貘 mò/ㄇㄛˋ

tapir

【动】哺乳动物名。奇蹄目貘科。外形略像猪而比猪大,鼻子长,向下方突出,能自由伸缩,尾短,皮厚毛少,四肢短,前肢四趾,后肢三趾,善游泳。生活在热带密林多水的地方,以植物嫩枝叶等为食。分布于东南亚和美洲。有马来貘(*Tapirus indicus*),美洲貘(*T. terrestris*)等。

貘

mu (ㄇㄨ)

模板/模板 múbǎn/ㄇㄨˊ ㄅㄢˇ

template

【信息】用来与要识别实体的整体或部分做比较的基准模式。多用于字符识别、目标探测

M

及语音识别。

模锻/模鍛 múduàn/ㄇㄨˊ ㄉㄨㄢˋ

die forging, drop forging

【机】锻造方法的一种。利用模具使坯料变形而得到锻件。制得的零件,尺寸精确,结构较复杂。适于中、小型锻件的批量生产,广泛用于汽车、拖拉机、飞机、机床和动力机械等工业中。

模具/模具 mújù/ㄇㄛˊ ㄐㄩˋ

die, mould

【机】用来成形物品的工具。主要通过所成形材料物理状态的改变来实现物品外形的加工。按所成形材料的不同,可分为金属模具(冲压模、锻造模、铸造模和压铸模等)和非金属模具(塑料模、橡胶模和粉末冶金模等)。

模样/模樣 múyàng/ㄇㄨˊ ㄧㄤˋ

model, pattern

【机】铸造用的模具。用来形成铸型型腔。由木材、金属或其他材料制成。按使用特点不同,可分为消耗模和可复用模。前者用于某些特种铸造工艺(如消失模铸造用的泡沫塑料气化模等),后者用于砂型铸造。

母板/母板 mǔbǎn/ㄇㄨˇ ㄅㄢˇ

mother board

【信息】又称"主板"。装有计算机基本元器件(中央处理器、内存等)的主要电路板。采用开放式结构,大多有6～15个扩充槽,使厂家和用户在配置机型上有更大灵活性。

母本/母本 mǔběn/ㄇㄨˇ ㄅㄣˇ

female parent

【生】参与杂交的亲本之一。在动植物中是参与杂交的雌性个体或产生雌性生殖细胞的个体。常用符号♀表示。

母連接器 ㄇㄨˇ ㄌㄧㄢˊ ㄐㄧㄝ ㄑㄧˋ/mǔliánjiēqì

female connector

【信息】台湾名。即"阴连接器"(1345页)。

母线/母線 mǔxiàn/ㄇㄨˇ ㄒㄧㄢˋ

㊀generating line,㊁busbar

㊀【数】若直线(或线段)运动可以形成曲面,则运动过程中在任何位置的直线(或线段)都叫作曲面的母线。圆柱、圆锥、圆台的母线都是线段。㊁【电】"母线汇流排"的简称。

母线汇流排/匯電條

mǔxiàn huìliúpái/ㄏㄨㄟˋ ㄉㄧㄢˋ ㄊㄧㄠˊ

busbar

【电】简称"母线"。低阻抗导体。可以在其上分开的各点接入若干个电路,大多数情况下,母线由杆状导体构成。

母型 ㄇㄨˇ ㄒㄧㄥˊ/mǔxíng

matrix

【机】台湾名。即"凹模"(10页)。

母型船/母型船

mǔxíngchuán/ㄇㄨˇ ㄒㄧㄥˊ ㄔㄨㄢˊ

parent ship

【船】船舶设计中作为设计新船参考用的典型的船舶。通常以尺度和性能均与被设计船舶相近的、经过服役考验且性能较为优秀的现有船舶作为参考,吸取其优长,克服其缺点,使设计出的新船更好地满足技术任务书的要求。

母婴传播

mǔ-yīng chuánbō/ㄇㄨˇ ㄧㄥ ㄔㄨㄢˊ ㄅㄛˋ

【医】即"垂直传播"(155页)。

母子式渔船/母子式漁船

mǔzǐshì yúchuán/ㄇㄨˇ ㄗˇ ㄕˋ ㄩˊ ㄔㄨㄢˊ

mother ship with fishing dory

【船】又称"载艇渔船"。搭载若干子船进行捕鱼作业的专用船舶。到达渔场后,通常子船离开母船从事捕捞作业,母船提供燃油、淡水和食物等供应品,以延长子船在海上作业时间,子船则将渔获物交给母船处理或贮藏。

牡丹/牡丹 mǔdān/ㄇㄨˇ ㄉㄢ

subshrubby peony

【植】*Paeonia suffruticosa* 俗称"木芍药""洛阳花""富贵花"等。毛茛科芍药属。落叶灌木。二回三出复叶,小叶再裂。花单生枝顶,花瓣倒卵形,顶端呈不规则的波状,雄蕊瓣化。现生栽培品种繁多,花型颜色各异。花期4—5月份。中国各地均有栽培。观赏花卉。根可入药,称丹皮。

📖 牡丹是中国十大名花之一,被誉为"花中之王"。原产中国,洛阳是其发祥地之一。洛阳牡丹以花大色艳、富丽端庄名扬天下。洛阳牡丹始于晋、兴于隋、盛于唐、极盛于宋。唐代诗人刘禹锡有诗曰:"惟有牡丹真国色,

M

花开时节动京城。”

牡丹皮/牡丹皮 mǔdānpí/ㄇㄨˇ ㄉㄢ ㄆㄧˊ

Cortex Moutan Radicis(拉), tree peony root bark, * moutan

【中医】中药名。毛茛科植物牡丹 *Paeonia suffruticosa* Andr. 的干燥根皮。味苦、辛,性微寒。归心、肝、肾经。清热凉血,活血化瘀。用于温毒发斑,吐血衄血,夜热早凉,无汗骨蒸,经闭痛经,痈肿疮毒,跌扑伤痛。

牡蛎/牡蠣 mǔlì/ㄇㄨˇ ㄌㄧˋ

㊀oyster, ㊁Concha Ostreae(拉), oyster shell

㊀【动】*Ostrea* 又称“蚝”。软体动物名。双壳纲牡蛎科。有两个贝壳,一个小而平,另一个大而隆起,壳的表面凹凸不平。附着在沿海岩石或其他物体上,以浮游动物、硅藻、有机碎屑等为食。种类很多,分布广泛。㊁【中医】中药名。牡蛎科动物长牡蛎 *Ostrea gigas* Thunberg、大连湾牡蛎 *O. talienwhanensis* Crosse 或近江牡蛎 *O. rivularis* Gould 的贝壳。味咸,性微寒。归肝、胆、肾经。重镇安神,潜阳补阴,软坚散结。用于惊悸失眠,眩晕耳鸣,瘰疬痰核,癥瘕痞块。煅牡蛎收敛固涩。用于自汗盗汗,遗精崩带,胃痛吞酸。

亩/畝 mǔ/ㄇㄨˇ

mu

【计量】市制土地面积单位。1 亩=666.67 平方米。

木本蔓性植物

ㄇㄨˋ ㄅㄣˇ ㄇㄢˋ ㄒㄧㄥˋ ㄓˊ ㄨˋ/

mùběn mànxìng zhíwù

liana

【植】台湾名。即“藤本植物”(1117 页)。

木本植物/木本植物

mùběn zhíwù/ㄇㄨˋ ㄅㄣˇ ㄓˊ ㄨˋ

woody plant

【植】茎部显著木质化,且木质部很发达的植物。又分为乔木、灌木和半灌木。

木波罗 mùbōluó/ㄇㄨˋ ㄅㄛ ㄌㄨㄛˊ

【植】即“波罗蜜”(76 页)。

木材/木材 mùcái/ㄇㄨˋ ㄘㄞˊ

wood

【材】天然树木加工成的材料及其加工产品的总称。作为传统的结构材料,多用于建筑,也用来制家具及其他木制品等。

木耳/木耳 mù'ěr/ㄇㄨˋ ㄦˇ

woodear

【植】*Auricularia auricular* 又称“黑木耳”。菌类。木耳科木耳属。籽实体无柄,新鲜时呈胶质片状,形状略似人耳,柔软半透明,有弹性,棕褐色至黑褐色,腹面中部下凹,边缘锐,背面凸起;干燥后强烈收缩,硬而脆,入水后膨胀,可恢复成新鲜时形态。中国各地均有栽培。生于阔叶树倒木和腐木上。药食兼用。

木芙蓉/山芙蓉 mùfúróng/ㄕㄢ ㄈㄨˊ ㄖㄨㄥˊ

cotton rose hibiscus

【植】*Hibiscus mutabilis* 又称“芙蓉花”。锦葵科木槿属。落叶灌木或小乔木。小枝、叶柄、花梗和花萼均被毛。叶阔卵形或心形,5～7裂,裂片三角形,边缘有齿。花单生于叶腋,萼钟状,裂片五枚;花瓣五枚,近圆形,初开时白色或淡红色,后变深红色。花期 8—10 月份。在中国,分布于华东、中南、西南以及辽宁、河北、陕西、台湾。观赏花木。

木芙蓉

📖 木芙蓉是刚果(金)的国花。中国以成都一带栽培木芙蓉最多,历史悠久,故成都又有“蓉城”之称。

木拱桥/木拱橋

mùgǒngqiáo/ㄇㄨˋ ㄍㄨㄥˇ ㄑㄧㄠˊ

timber arch-bridge

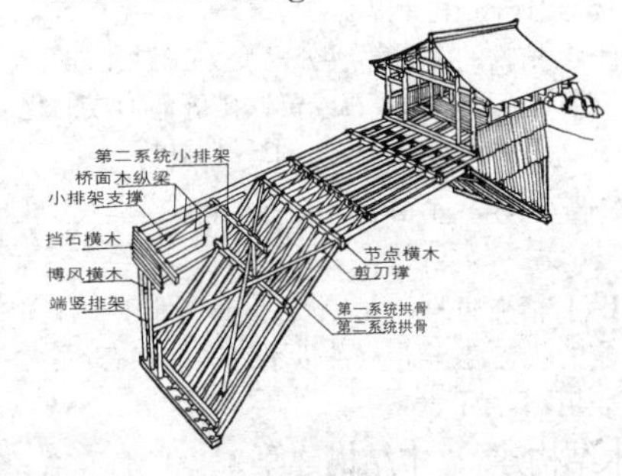

木拱桥

M

【建】木制的拱桥。始见于宋代青州城(今山东益都)。以梁木穿插、别压形成拱桥,足支撑在两岸的岩石上,木拱由数十根粗大圆木纵横相贯形成"八字撑架",不用钉铆,完全靠木材自身强度、摩擦力、所成角度、水平距离等巧妙搭接。桥梁结构简洁,采用较短的构造材料,形成较大的空间跨度。中国木拱桥是世界桥梁史上的奇迹。

木瓜/木瓜 mùguā/ㄇㄨˋ ㄍㄨㄚ

㊀papaya,㊁Fructus Chaenomelis(拉), common flowering qince fruit

㊀【植】"番木瓜"的通称。㊁【中医】中药名。蔷薇科植物贴梗海棠 *Chaenomeles speciosa* (Sweet) Nakai 的干燥近成熟果实。味酸,性温。归肝、脾经。平肝舒筋,和胃化湿。用于湿痹拘挛,腰酸,关节酸重疼痛,吐泻转筋,脚气水肿。

木 瓜

📖 水果木瓜实为番木瓜,与药用木瓜不同。

木瓜丸/木瓜丸

mùguāwán/ㄇㄨˋ ㄍㄨㄚ ㄨㄢˊ

mugua pills, mugua wan, chaenomeles pill

【中医】中成药名。主要成分:木瓜、当归、川芎、白芷、威灵仙、狗脊、牛膝、鸡血藤、海风藤、人参、制川乌、制草乌。祛风散寒,活络止痛。用于风寒湿痹,四肢麻木,周身疼痛,腰膝无力,步履艰难。

木化石/木化石 mùhuàshí /ㄇㄨˋ ㄏㄨㄚˋ ㄕˊ

fossil wood

【地】植物的木质部成分已变为二氧化硅、方解石、白云石、磷灰石或黄铁矿等而形成的化石。通常均能保存原来的纤维结构。

木僵/木殭 mùjiāng/ㄇㄨˋ ㄐㄧㄤ

stupor

【医】精神病的一种症状。全身僵滞于一种固定的状态,甚至是一种极不舒适的状态,面无表情,不言不食。

木结构建筑/木結構建築

mùjiégòu jiànzhù/ㄇㄨˋ ㄐㄧㄝˊ ㄍㄡˋ ㄐㄧㄢˋ ㄓㄨˋ

timber structure

【建】用木材构成承重构件的建筑物。有较好的抗震能力。除传统的柱梁结构外,现代还出现了大跨度建筑所用的框架、拱、网架、壳体等结构形式。

木槿/木槿 mùjǐn/ㄇㄨˋ ㄐㄧㄣˇ

shrub althea

【植】*Hibiscus syriacus* 锦葵科木槿属。落叶灌木。叶菱形至三角状卵形,先端钝,基部楔形,边缘有齿。花单生叶腋,被毛,萼钟状,五裂;花冠钟形,有淡紫、红、白、粉等颜色,朝开暮落。花期7—10月份。在中国,分布于各地。观赏花木。

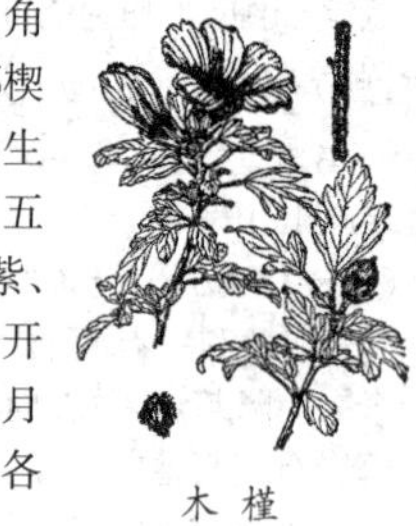
木 槿

📖 木槿是韩国的国花。

木马病毒

mùmǎ bìngdú/ㄇㄨˋ ㄇㄚˇ ㄅㄧㄥˋ ㄉㄨˊ

【信息】"特洛伊木马病毒"的简称。

木棉/木棉 mùmián/ㄇㄨˋ ㄇㄧㄢˊ

kapok

【植】*Bombax ceiba* 又称"攀枝花""英雄树"。木棉科木棉属。落叶大乔木。树干直,树皮灰白色,幼树枝干有圆锥形大刺。掌状复叶,小叶5~7枚,长圆形,顶端尖,全缘。花单生于枝端叶腋,萼杯状,花瓣肉质,红色和橙红色,先叶开花。果实大,长圆形,成熟时裂开。花期3—4月份。在中国,分布于云南、四川、贵州、广西、江西、广东、福建、台湾。观赏花木。

木 棉

📖 木棉是阿根廷国花。

木牡蠣 ㄇㄨˋ ㄇㄨˋ ㄌㄧˋ/mùmǔlì

oyster mushroom

【植】台湾名。即"糙皮侧耳"(96页)。

木薯/木薯 mùshǔ/ㄇㄨˋ ㄕㄨˇ

cassava

【植】*Manihot esculenta* 大戟科木薯属。多

年生直立灌木。块根圆柱状。叶柄长，叶纸质，3～7 掌状深裂，裂片倒披针形，顶端尖，全缘。圆锥花序，雌雄同序，花萼带紫红色，被白霜。花期 9—11 月份。在中国，分布于福建、台湾、广西、广东、海南、贵州、云南。根可作粮食。

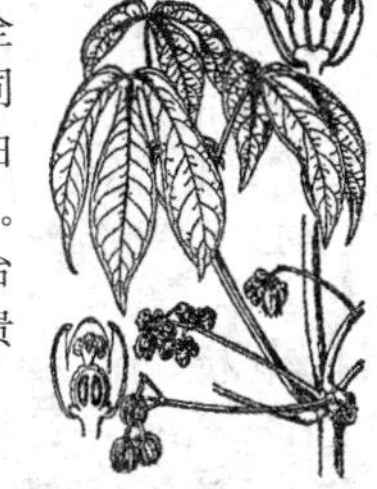
木 薯

木栓/木栓 mùshuān/ㄇㄨˋ ㄕㄨㄢ

㊀phellem，㊁cork

㊀【植】取代表皮起保护作用的周皮，由具栓化细胞壁的非生活细胞构成。如栓皮栎就有很厚的木栓层。㊁【材】即“栓皮”(1059 页)。

木栓組織

ㄇㄨˋ ㄕㄨㄢ ㄗㄨˇ ㄓ/mùshuān zǔzhī

phellem

【植】台湾名。即“木栓”(815 页)。

木炭/木炭 mùtàn/ㄇㄨˋ ㄊㄢˋ

charcoal

【化】炭的一种。由木材在隔绝空气的条件下加热分解而得。主要成分是碳，灰分很低，热值为 27.21～33.49 兆焦/千克。质松多孔，有吸收气体的特性，孔内含有空气，能浮在水面。有黑炭和白炭两种。多用作燃料，也用于水的过滤、液体的脱色和制备黑色火药等。

木糖醇/木糖醇

mùtángchún/ㄇㄨˋ ㄊㄤˊ ㄔㄨㄣˊ

xylitol

【化】又称“戊五醇”。有机化合物。分子式 $C_5H_{12}O_5$。白色粉状或颗粒状晶体，略带甜味。可代替蔗糖，在体内可不依赖胰岛素直接透过细胞膜，在细胞内代谢，产生热量。可作为糖尿病患者的能量补充剂，有消除糖尿病酮血症的作用。

木桶效应/木桶效應

mùtǒng xiàoyìng/ㄇㄨˋ ㄊㄨㄥˇ ㄒㄧㄠˋ ㄧㄥˋ

cask effect

【心】又称“短板效应”。一种社会心理效应。一只桶壁高低不齐的木桶，其盛水多少，不取决于桶壁木板中最长的一块，而是取决于最短的一块。这个效应说明，当构成一个组织的各个部分优劣不齐时，其劣势部分往往决定着整体的水平，应该特别关注和改进自身的某些薄弱环节。

木樨/桂花 mùxī/ㄍㄨㄟˋ ㄏㄨㄚ

sweet osmanthus

【植】*Osmanthus fragrans* 通称“桂花”。木樨科木樨属。常绿灌木或小乔木。叶革质，椭圆形，先端尖，基部楔形，有腺点。聚伞花序生于叶腋，苞片四枚，质厚；花黄白、淡黄、黄或橘红色，有浓香。花期 9—10 月份。在中国，分布于西南地区，其他各地均有栽培。观赏花木。花可作香料。

📖 桂花是中国十大名花之一，花开时节金风送爽，十里飘香。通常分为丹桂、金桂、银桂和四季桂四个品种。其中丹桂、金桂和银桂只秋季开花，又统称为八月桂。此外，木樨是泰国的国树。

木香/木香 mùxiāng/ㄇㄨˋ ㄒㄧㄤ

Radix Aucklandiae（拉），common aucklandia root，

* costusroot

【中医】中药名。菊科植物木香 *Aucklandia lappa* Decne. 的干燥根。味辛、苦，性温。归脾、胃、大肠、三焦、胆经。行气止痛，健脾消食。用于胸脘胀痛，泻痢后重，食积不消，不思饮食。

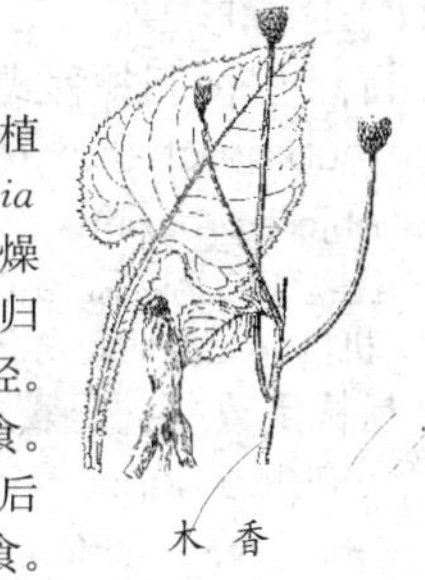
木 香

木星/木星 mùxīng/ㄇㄨˋ ㄒㄧㄥ

Jupiter

【天】太阳系八大行星之一。按离太阳由近及远的次序为第五颗。是气态行星，也是太阳系中最大的行星。有光环系统和 63 颗卫星。西方用罗马神话中的众神之王朱庇特(Jupiter)来命名木星；中国古代称之为“岁星”，因其公转周期约为 12 年，可与地支相配用于纪年。

木贼/木賊草 mùzéi/ㄇㄨˋ ㄗㄟˊ ㄘㄠˇ

horsetail

【植】*Equisetum hyemale* 又称“节节草”。蕨类。木贼科木贼属。地上茎单一，中空，有纵棱脊，棱脊上有疣状突，粗糙。鞘基部和鞘齿成黑色两圈。孢子囊穗矩圆形，无柄，具小尖

头。在中国,分部于东北地区及河北、陕西、甘肃、新疆和四川。全草入药。

木賊草 ㄇㄨˋ ㄗㄟˊ ㄘㄠˇ/mùzéicǎo
horsetail
【植】台湾名。即“木贼”(815 页)。

木枕 ㄇㄨˋ ㄓㄣˇ/mùzhěn
wooden tie, log for rail-road tie
【交】台湾名。即“枕木”(1427 页)。

木質塑膠合成
ㄇㄨˋ ㄓˋ ㄙㄨˋ ㄐㄧㄠ ㄏㄜˊ ㄔㄥˊ/
mùzhì sùjiāo héchéng
wood plastic composite
【材】台湾名。即“塑合木”(1086 页)。

目/目 mù/ㄇㄨˋ
order
【生】生物分类系统的一级。在纲之下,科之上。同一纲或亚纲的生物按照彼此相似的特征分为若干群,每一群称为一目。如鸟纲中有雁形目、隼形目、鸮形目、夜鹰目、鸽形目、鸡形目、鹳形目等。

目标程序/目標程式
mùbiāo chéngxù/ㄇㄨˋ ㄅㄧㄠ ㄔㄥˊ ㄕˋ
object program
【信息】台湾又称“目的程式”。可由指定计算机执行(必要时需先予以链接)的目的程序。

目标函数/目標函數
mùbiāo hánshù/ㄇㄨˋ ㄅㄧㄠ ㄏㄢˊ ㄕㄨˋ
objective function
【数】线性规划中要在约束条件下研究一个线性函数的极值,这个线性函数 $f(x)=c_1x_1+c_2x_2+\cdots+c_nx_n$($c_j$ 为常数,$j=1,2,\cdots,n$)叫作目标函数。

目标计算机/靶標計算機
mùbiāo jìsuànjī/ㄅㄚˇ ㄅㄧㄠ ㄐㄧˋ ㄙㄨㄢˋ ㄐㄧ
target computer
【信息】从通信装置、后加硬件或软件包中接收数据的计算机。

目标语言/目標語言
mùbiāo yǔyán/ㄇㄨˋ ㄅㄧㄠ ㄩˇ ㄧㄢˊ
target language
【信息】台湾又称“靶语言”。以翻译器表达结果的语言。

目标指示雷达/目標指示雷達
mùbiāo zhǐshì léidá/
ㄇㄨˋ ㄅㄧㄠ ㄓˇ ㄕˋ ㄌㄟˊ ㄉㄚˊ
target indication radar
【军】军用雷达的一种。为地空导弹和高射炮等防空武器系统提供防区空情并指示打击目标位置。

目標靶機 ㄇㄨˋ ㄅㄧㄠ ㄅㄚˇ ㄐㄧ/mùbiāo bǎjī
target drone
【航】台湾名。即“靶机”(15 页)。

目標程式
ㄇㄨˋ ㄅㄧㄠ ㄔㄥˊ ㄕˋ/mùbiāo chéngshì
object program
【信息】台湾名。即“目标程序”(816 页)。

目標器官
ㄇㄨˋ ㄅㄧㄠ ㄑㄧˋ ㄍㄨㄢ/mùbiāo qìguān
target organ
【环】台湾名。即“靶器官”(15 页)。

目標生物
ㄇㄨˋ ㄅㄧㄠ ㄕㄥ ㄨˋ/mùbiāo shēngwù
target organism
【环】台湾名。即“靶生物”(15 页)。

目標圖 ㄇㄨˋ ㄅㄧㄠ ㄊㄨˊ/mùbiāotú
object diagram
【数】台湾名。即“直观图”(1442 页)。

目的程式 ㄇㄨˋ ㄉㄧˋ ㄔㄥˊ ㄕˋ/mùdì chéngshì
object program
【信息】台湾名。即“目标程序”(816 页)。

目的地或目的港的集散站交货/目的地或目的港的集散站交貨
mùdìdì huò mùdìgǎng de jísànzhàn jiāohuò/
ㄇㄨˋ ㄉㄧˋ ㄉㄧˋ ㄏㄨㄛˋ ㄇㄨˋ ㄉㄧˋ ㄍㄤˇ ·ㄉㄜ ㄐㄧˊ ㄙㄢˋ ㄓㄢˋ ㄐㄧㄠ ㄏㄨㄛˋ
delivered at terminal, DAT
【物流】国际贸易术语之一。卖方在指定目的地(包括港口)的集散站卸货后,将货物交给买方,即完成交货。费用(进口费用除外)和风险以目的地货交买方为分界点。适用于任何运输方式,包括多式联运。

目的地交货/目的地交貨
mùdìdì jiāohuò/ㄇㄨˋ ㄉㄧˋ ㄉㄧˋ ㄐㄧㄠ ㄏㄨㄛˋ

delivered at place, DAP

【物流】国际贸易术语之一。卖方在指定的目的地(包括港口)交货,只需做好卸货准备,无须卸货,即完成交货。费用(进口费用除外)和风险以目的地货交买方为分界点。适用于任何运输方式,包括多式联运。

目视飞行/目視飛行

mùshì fēixíng/ㄇㄨˋ ㄕˋ ㄈㄟ ㄒㄧㄥˊ

visual flight

【航】驾驶员在简单气象条件下,根据外界景物,目测判断航空器飞行状态,确定航空器位置,操纵航空器的飞行。通常适于直升机和小型飞机,在空中能见度较好,可以清楚辨别天际线和特定地标时采用。

目系/目系 mùxì/ㄇㄨˋ ㄒㄧˋ

eye connector, *eye tie

【中医】眼球内连于脑的脉络。

苜蓿 mùxu/ㄇㄨˋ ㄙㄨˋ

【植】"紫苜蓿"的通称。

苜蓿草 ㄇㄨˋ ㄙㄨˋ ㄘㄠˇ/mùxucǎo

alfalfa

【植】台湾名。即"紫苜蓿"(1497页)。

牧夫座/牧夫座 mùfūzuò/ㄇㄨˋ ㄈㄨ ㄗㄨㄛˋ

Bootes, Boo

【天】星座之一。其中最亮的大角星是全天第四亮星,属于二十八宿中的"角宿"。

钼/鉬 mù/ㄇㄨˋ

molybdenum

【化】金属元素。属周期表第ⅥB族,符号Mo,原子序数42。原子量95.96。自然界主要存在于辉钼矿中。可用来制特种钢,或无线电器材等。单质为银白色金属或黑色粉末,质硬而坚韧,化学性质稳定,抗腐蚀性极强,常温下对水、氧和空气稳定。

📖 因方铅矿、石墨与辉钼矿很相似,18世纪中前期的欧洲市场上,通常将辉钼矿和石墨当作方铅矿出售。1778年,瑞典的舍勒(C.W.Scheele)利用硝酸对石墨和辉钼矿进行鉴别,断定辉钼矿是一种新金属的硫化物。1782年,瑞典的埃尔姆(P.J.Hjelm)用碳还原钼酸取得金属钼。拉丁文命名为molybdanium,源于希腊文molybdos,意思是"像铅"。中文定名为"钼",是形声字。

钼铅矿/鉬鉛礦

mùqiānkuàng/ㄇㄨˋ ㄑㄧㄢ ㄎㄨㄤˋ

wulfenite

【地】矿物。成分为$Pb(MoO_4)$。四方晶系。晶体呈四方板状,集合体呈粒状块体。蜡黄、灰色、褐色等。条痕白色或稍呈浅色,金刚光泽,莫氏硬度3,密度6.3~7.0克/厘米^3。可作为提炼钼和铅的矿物原料。

墓表 mùbiǎo/ㄇㄨˋ ㄅㄧㄠˇ

【建】即"神道柱"(998页)。

墓塔/墓塔 mùtǎ/ㄇㄨˋ ㄊㄚˇ

tomb pagoda

【建】埋葬佛教徒遗体或身骨的塔。和尚的墓不起坟,而是建一座小型的塔。

幕墙/簾牆 mùqiáng/ㄌㄧㄢˊ ㄑㄧㄤˊ

curtain wall

【建】又称"悬挂墙"。现代大型和高层建筑常用的具有装饰效果的轻质墙体。是由结构框架与镶嵌板材组成,不承担主体结构载荷与作用的建筑围护结构。能够减轻建筑物自重,造型美观。也有利于改善劳动条件,提高施工速度。可分为玻璃幕墙、石材幕墙等。

M

N

na (ㄋㄚ)

镎/錼 ná/ㄋㄞˊ

neptunium

【化】金属元素。属周期表第ⅢB族(锕系),符号Np,原子序数93。原子量237.0482。有放射性,由人工核反应获取。单质为银白色金属,有延展性,有毒,化学性质比较活泼。可用于航天、航海和医学等方面的能源。

📖 1939年,美国的麦克米伦(E.M.Macmillan)与埃布森(P.H.Abelson)在铀的衰变产物中发现了这一新元素;1940年又用中子轰击铀238,人工合成了这一新元素。拉丁文定名为neptunium,源自nepture,意思是“海王星”(因“镎”在周期表中排在用“天王星”命名的“铀”之后)。中文定名原为“錼”(1944年),后大陆改为“镎”(1951年),台湾、港澳仍用“錼”,都是形声字。

纳 nà/ㄋㄚˋ

【计量】“纳诺”的简称。

纳滤/納濾 nàlǜ/ㄋㄚˋ ㄌㄩˋ

nanofiltration

【化】全称“纳米过滤”。渗析的一种应用。在外压作用下,溶胶中的小分子或离子通过半透膜被除去,以使胶体溶液纯化和浓缩。膜的孔径为纳米数量级,所用的膜称“纳滤膜”,操作压力通常为0.7兆帕左右。

纳米材料/奈米材料

nàmǐ cáiliào/ㄋㄞˋ ㄇㄧˇ ㄘㄞˊ ㄌㄧㄠˋ

nanometer materials

【材】基本结构单元的三维中至少有一维在纳米尺度(通常1～100纳米)范围内的材料。因具有独特的量子尺寸效应和界面效应,有大的比表面积,故表现出特殊的磁学、热学、力学等性能,如低熔点、高催化活性、超顺磁性等。通常分为纳米粉末、纳米纤维、纳米膜、纳米块体四类。

纳米尺度/奈米尺度

nàmǐ chǐdù/ㄋㄞˋ ㄇㄧˇ ㄔˇ ㄉㄨˋ

nanoscale

【计量】在1～100纳米(1纳米＝10^{-9}米)范围内的几何尺度。

纳米过滤 nàmǐ guòlǜ/ㄋㄚˋ ㄇㄧˇ ㄍㄨㄛˋ ㄌㄩˋ

【化】“纳滤”的全称。

纳米技术/奈米技術

nàmǐ jìshù/ㄋㄞˋ ㄇㄧˇ ㄐㄧˋ ㄕㄨˋ

nanotechnology

【计量】研究纳米尺度范围物质的结构、特性和相互作用,以及利用这些特性制造具有特定功能产品的技术。

纳米碳管/奈米碳管

nàmǐ tànguǎn/ㄋㄞˋ ㄇㄧˇ ㄊㄢˋ ㄍㄨㄢˇ

carbon nanotube

【材】纳米碳材料的一类。由碳原子有序排列卷曲而成的具有纳米尺寸和中空管状结构的准一维碳材料。因其结构特殊和较大的长度直径比而具有特殊性能。如纳米碳管质量是同体积钢的1/6,强度约为钢的100倍,具有很强的导热性和导电性、优良的场发射性能,可呈现金属性质或半导体性质。

纳米卫星/奈衛星

nàmǐ wèixīng/ㄋㄞˋ ㄨㄟˋ ㄒㄧㄥ

nanosatellite

【航】又称“纳卫星”“固态卫星”。质量在1～10千克并具有实际卫星功能的微小型人造卫星。

📖 纳指纳米,是长度单位,为10^{-9}米。在此特指采用微纳技术较多的卫星重量级别。重量轻,发射灵活、研制周期短、造价低,在空间多采用分布式星座结构,可靠性和生存能力高。

纳米武器/奈米武器

nàmǐ wǔqì/ㄋㄞˋ ㄇㄧˇ ㄨˇ ㄑㄧˋ

nanoweapon

【军】采用纳米技术研制的体积微小的武器。通常由纳米传感器、驱动装置、计算装置等组成。

纳诺/奈 nànuò/ㄋㄞˋ

nano

【计量】简称“纳”。用于构成十进分数单位的词头。相当于 10^{-9}，符号 n。例如，1 纳米 ＝ 10^{-9} 米。

纳卫星 nàwèixīng/ㄋㄚˋ ㄨㄟˋ ㄒㄧㄥ

【航】即“纳米卫星”(818 页)。

钠/鈉 nà/ㄋㄚˋ

sodium，natrium

【化】金属元素。属周期表第ⅠA 族，符号 Na，原子序数 11。原子量22.99。自然界主要存在于岩盐、海盐和天然碱中。单质为银白色金属，质轻且软，延展性好，常温下呈蜡状，低温时变脆。化学性质极活泼，在空气中极速氧化而成暗灰色。燃烧时火焰呈黄色。遇水剧烈反应，生成氢气和氢氧化钠。工业上用途很广。

📖 1807 年，英国的戴维(H.Davy)用电解碳酸钠的方法获取钠。拉丁文定名为 natrium，源自阿拉伯文 natrum，意思是“碳酸钠”。英文定名为 sodium，源自拉丁文 soda，意思是“天然碱”。中文定名为“钠”，是形声字。

钠长石/鈉長石 nàchángshí/ㄋㄚˋ ㄔㄤˊ ㄕˊ

albite

【地】晶体属三斜晶系的架状硅酸盐矿物。化学式 $Na(AlSi_3O_8)$。

钠闪石/鈉閃石 nàshǎnshí/ㄋㄚˋ ㄕㄢˇ ㄕˊ

riebeckite

【地】角闪石的一种。成分为 $Na_2Fe_3^{2+}Fe_2^{3+}[Si_4O_{11}]_2(OH)_2$。单斜晶系。晶体呈柱状或针状，集合体呈纤维状的称青石棉。深蓝至黑色，玻璃光泽或丝绢光泽，莫氏硬度 4～5，密度 3.4 克/厘米^3。

鈉鹼 ㄋㄚˋ ㄐㄧㄢˇ/nàjiǎn

soda

【化】台湾名。即“纯碱”(157 页)。

nai (ㄋㄞ)

氖/氖 nǎi/ㄋㄞˇ

neon

【化】非金属元素。属周期表第ⅧA 族，符号 Ne，原子序数 10。原子量 20.18。单质为惰性气体。常温下无色无臭无味，沸点很低，较难液化，导电性能好，化学性质极不活泼，不能燃烧，也不助燃。受电激发放出橘红色的辉光。可用于制造霓虹灯、水银灯和钠蒸气灯。液态氖可用作冷冻剂。

📖 1898 年，英国的拉姆齐(W.Ramsay)和助手特拉弗斯(M.W.Travers)用蒸馏液态空气的方法获取氖。拉丁文定名为 neonum，源自希腊文 neos，意思是“新的”。中文定名为“氖”，是形声字。

奈 ㄋㄞˋ/nài

nano

【计量】台湾名。即“纳诺”(818 页)。

奈米材料

ㄋㄞˋ ㄇㄧˇ ㄘㄞˊ ㄌㄧㄠˋ/nàimǐ cáiliào

nanometer materials

【材】台湾名。即“纳米材料”(818 页)。

奈米尺度 ㄋㄞˋ ㄇㄧˇ ㄔˇ ㄉㄨˋ/nàimǐ chǐdù

nanoscale

【计量】台湾名。即“纳米尺度”(818 页)。

奈米技術 ㄋㄞˋ ㄇㄧˇ ㄐㄧˋ ㄕㄨˋ/nàimǐ jìshù

nanotechnology

【信息】台湾名。即“纳米技术”(818 页)。

奈米碳管

ㄋㄞˋ ㄇㄧˇ ㄊㄢˋ ㄍㄨㄢˇ/nàimǐ tànguǎn

carbon nanotube

【材】台湾名。即“纳米碳管”(818 页)。

奈米武器 ㄋㄞˋ ㄇㄧˇ ㄨˇ ㄑㄧˋ/nàimǐ wǔqì

nanoweapon

【军】台湾名。即“纳米武器”(818 页)。

奈衛星 ㄋㄞˋ ㄨㄟˋ ㄒㄧㄥ/nàiwèixīng

nanosatellite

【航】台湾名。即“纳米卫星”(818 页)。

耐波性/耐海性 nàibōxìng/ㄋㄞˋ ㄏㄞˇ ㄒㄧㄥˋ

seakeeping quality

【船】船舶在波浪中的运动性能以及船舶为船上人员、设备、武器装备、系统等提供良好运动环境条件的能力。主要衡量船舶遭受风浪扰动后所产生的各种摇荡运动以及砰击、上浪、飞车、失速等。

耐高温合金

ㄋㄞˋ ㄍㄠ ㄨㄣ ㄏㄜˊ ㄐㄧㄣ/nàigāowēn héjīn

high temperature alloy

【材】台湾名。即“高温合金”(395 页)。

耐海性 ㄋㄞˋ ㄏㄞˇ ㄒㄧㄥˋ/nàihǎixìng

seakeeping quality

【船】台湾名。即“耐波性”(819 页)。

耐火金屬

ㄋㄞˋ ㄏㄨㄛˇ ㄐㄧㄣ ㄕㄨˇ/nàihuǒ jīnshǔ

refractory metal

【材】台湾名。即“难熔金属”(823 页)。

耐热钢/耐熱鋼 nàirègāng/ㄋㄞˋ ㄖㄜˋ ㄍㄤ

heat resisting steel

【材】在高温下具有较高强度和良好化学稳定性的合金钢。包括抗氧化钢(或称高温不起皮钢)和热强钢两类。常用于制造锅炉、汽轮机、动力机械、工业炉和航空、石油化工等领域中在高温下工作的零部件。

耐受性/耐性 nàishòuxìng/ㄋㄞˋ ㄒㄧㄥˋ

toleration

【医】机体对药物反应性降低的特性。在长期用药过程中,药物效应会逐渐减弱,需加大剂量才能取得原来强度的效应。

耐性 ㄋㄞˋ ㄒㄧㄥˋ/nàixìng

toleration

【医】台湾名。即“耐受性”(820 页)。

耐压船体/壓力殼

nàiyā chuántǐ/ㄧㄚ ㄌㄧˋ ㄎㄜˊ

pressure hull

【船】又称“耐压壳”。由壳板、肋骨及端部耐压舱壁组成的能承受规定深度压力的船体。内部设置横舱壁以支撑,并将其分隔成各种舱室,其中部为圆柱形,近船端直径逐渐收缩,形成圆锥形。其横剖面通常圆形,也有椭圆形或“8”字形等。船体外壳用经过滚弯的板材焊成,并设环状肋骨加强,可耐很大的外压。潜艇的内壳必须是耐压船体。

耐压壳 nàiyākě/ㄋㄞˋ ㄧㄚ ㄎㄜˊ

【船】即“耐压船体”(820 页)。

耐药性/抗藥性

nàiyàoxìng/ㄎㄤˋ ㄧㄠˋ ㄒㄧㄥˋ

drug resistance

【医】病原体对药物的敏感性下降甚至消失的现象。按其发生原因不同,可分为获得性耐药性和天然耐药性两种。获得性耐药性是指病原体与药物多次接触后,对药物的敏感性下降甚至消失,致使药物对该病原体的疗效降低或无效。自然界中的病原体,如细菌的某一株可存在天然耐药性。

耐阴植物/耐陰植物

nàiyīn zhíwù/ㄋㄞˋ ㄧㄣ ㄓˊ ㄨˋ

shade-enduring plant

【植】对光照的适应幅度较大,在全日照条件下生长良好,也能忍耐适度的荫蔽,或是在生育期间需要轻度遮阴的植物。如山毛榉、侧柏、云杉、桔梗、党参等。

萘/萘 nài/ㄋㄞˋ

naphthalene

【化】芳香族化合物。化学式 $C_{10}H_8$。白色晶体,有特殊气味,易升华。可用于制染料、药品等。

錼 ㄋㄞˋ/nài

neptunium

【化】台湾名。即“镎”(818 页)。

nan (ㄋㄢ)

男性避孕药/男性避孕藥

nánxìng bìyùnyào/ㄋㄢˊ ㄒㄧㄥˋ ㄅㄧˋ ㄩㄣˋ ㄧㄠˋ

contraceptives for male

【医】男性应用后,能使精子数量减少直至没有,从而达到避孕目的的药物。如棉酚。

男性荷爾蒙

ㄋㄢˊ ㄒㄧㄥˋ ㄏㄜˊ ㄦˇ ㄇㄥˊ/nánxìng hé'ěrméng

androgen

【医】台湾名。即“雄激素”(1283 页)。

南半球/南半球

nánbànqiú/ㄋㄢˊ ㄅㄢˋ ㄑㄧㄡˊ

southern hemisphere

【地】地球赤道以南直至南极的部分。其中陆地包括南极洲、大洋洲的绝大部分,南美洲的大部分和非洲的南半部,亚洲的极小部分;海洋包括太平洋南部、大西洋南部和印度洋的大部分。

南禅寺大殿/南禪寺大殿

Nán Chánsì Dàdiàn/ㄋㄢˊ ㄔㄢˊ ㄙˋ ㄉㄚˋ ㄉㄧㄢˋ

Main Hall of Nanchan Temple

【建】中国现存最早的木结构建筑。位于山西五台县城西南的李家庄。大殿重建于唐建中三年(公元 782 年)。大殿平面近似方形,面阔、进深各 3 间,通面阔 11.62 米,进深 9.76 米,单檐歇山顶,檐柱 12 根,其中 3 根抹棱方柱当是始建时遗物。殿前有宽敞的月台，殿内无柱。内外地面具用方砖铺墁。殿内有泥塑佛像 17 尊，安置在凹形的砖砌佛坛上，佛坛上后部正中为释迦牟尼塑像，总高近 4 米，基本保存了原有风貌，是现存唐代塑像的杰出作品。1974 年落架大修，1961 年定为全国重点文物保护单位。

南方古陆
Nánfāng Gǔlù/ㄋㄢˊ ㄈㄤ ㄍㄨˇ ㄌㄨˋ
【地】即“冈瓦纳古大陆”(386 页)。

南非/南非 Nánfēi/ㄋㄢˊ ㄈㄟ
❶Southern Africa,❷South Africa
【地】❶非洲南部地区。通常指隆达一加丹加高原和鲁伍马河以南地区。地形以高原、盆地和沙漠为主，面积约 658 万平方千米，包括马拉维、赞比亚、博茨瓦纳、斯威士兰、莱索托、马达加斯加、毛里求斯、莫桑比克、安哥拉、科摩罗、津巴布韦、南非、纳米比亚、圣赫勒拿岛、留尼汪岛和阿松森岛等。气候类型复杂，以热带草原气候为主，东部炎热湿润；西南部属地中海气候；卡拉哈迪盆地和西部沿海干旱少雨。矿产资源极为丰富，其中黄金、金刚石和铬的储量和产量居世界首位。❷指南非共和国。

南风效应/南風效應
nánfēng xiàoyìng/ㄋㄢˊ ㄈㄥ ㄒㄧㄠˋ ㄧㄥˋ
south wind effect
【心】又称“温暖效应”。一种社会心理效应。法国作家拉·封丹(Jean de la Fontaine, 1621—1695)的寓言《北风和南风的较量》中说，北风和南风比威力，看谁能把行人身上的大衣脱掉。刺骨的北风使人把大衣裹紧，而和煦的南风却使人脱下了大衣，温暖胜于严寒。这个效应说明，在与人交往中，要顺应人的内在需要，友善体贴比强悍冷漠更容易得到对方的认可，办事更容易成功。

南瓜/南瓜 nánguā/ㄋㄢˊ ㄍㄨㄚ
pumpkin
【植】*Cucurbita moschata* 又称“倭瓜”。葫芦科南瓜属。一年生草本植物。蔓生。茎粗壮，有棱沟，被毛。卷须 3～5 分歧。单叶互生，叶片心形或宽卵形，有五角或五浅裂，两面被毛，有白斑，边缘有齿。雌雄同株，花单生，雄花钟形，花冠黄色，五中裂，裂片边缘反卷，有皱褶。瓠果形状多样，表面有棱和槽，橙黄至橙红色，果柄粗壮，瓜蒂喇叭状。在中国，分布于各地。果实可作蔬菜，全草入药。

南海/南海 Nán Hǎi/ㄋㄢˊ ㄏㄞˇ
South China Sea
【地】海洋名。中国三大边缘海之一。北接广东、广西、台湾海峡，南至曾母暗沙，东面隔菲律宾群岛与太平洋为邻，西临中南半岛和马来半岛。面积 358.91 万平方千米，平均水深 1112 米，最深达 5377 米。南海中有南海诸岛，包括东沙、西沙、南沙和中沙四大群岛。盛产鱼虾等。海底油气资源丰富。

南寒带/南寒帶 nánhándài/ㄋㄢˊ ㄏㄢˊ ㄉㄞˋ
south frigid zone
【地】南半球的寒带。在南极圈与南极之间。

南回归线/南回歸線
nánhuíguīxiàn/ㄋㄢˊ ㄏㄨㄟˊ ㄍㄨㄟ ㄒㄧㄢˋ
tropic of capricorn
【地】南纬 23°26′的纬线。参见“回归线”(544 页)。

南极/南極 nánjí/ㄋㄢˊ ㄐㄧˊ
south pole
【地】❶地轴的南端，南半球的顶点。❷指南极圈以内的地区。

南极光/南極光
nánjíguāng/ㄋㄢˊ ㄐㄧˊ ㄍㄨㄤ
aurora australis
【地】在南极地区高层大气中出现的极光。参见“极光”(572 页)。

南极圈/南極圈 nánjíquān/ㄋㄢˊ ㄐㄧˊ ㄑㄩㄢ
antarctic circle
【地】南半球的极圈。在南纬 66°34′，是南寒带和南温带的分界线。

南极洲/南極洲 Nánjízhōu/ㄋㄢˊ ㄐㄧˊ ㄓㄡ
Antarctica
【地】世界七大洲之一。位于地球最南端，由围绕南极的大陆、陆缘冰和岛屿组成。四周濒太平洋、印度洋和大西洋。是人类最后到达的大陆，也是世界纬度最高的一个洲。大陆平均海拔 410 米，陆缘冰平均海拔 2350 米。终年为冰雪所覆盖，陆缘冰面积约 200 万平方千米，平均厚度 2000～2500 米，最大厚度 4800 米，约占世界总淡水量的 70%。

总面积1405.1万平方千米，位于七大洲面积的第五位。气候酷寒、干燥，年平均气温－25℃。没有定居人口，只有十几个国家建立的考察站。

南极座/南極座 nánjízuò/ㄋㄢˊ ㄐㄧˊ ㄗㄨㄛˋ

Octans, Oct

【天】旧称“八分仪座”。星座之一。因包含南天极，故名。有3颗4等星。

南岭/南嶺 Nán Lǐng/ㄋㄢˊ ㄌㄧㄥˇ

Nan Mountains

【地】又称“五岭”。山脉名。位于广西、广东、湖南、江西一带，由越城岭、都庞岭、萌渚岭、骑田岭和大庾岭组成，东北—西南走向。东西长约1000千米，南北宽约200千米，平均海拔1000米，主峰猫儿山，海拔2141米。是中国南部最大的山脉，也是长江与珠江的分水岭。

南美洲/南美洲

Nánměizhōu/ㄋㄢˊ ㄇㄟˇ ㄓㄡ

South America

【地】全称“南亚美利加洲”。世界七大洲之一。位于西半球南部，东濒大西洋，西临太平洋，南隔德雷克海峡与南极洲相望，北以巴拿马运河与北美洲分界。地形多样化，可分为三个南北方向的纵列带：西部为狭长的安第斯山，东部为波状起伏的高原，中部为广阔平坦的平原低地。海拔300米以下的平原约占总面积的60%，海拔300～3000米的高原、丘陵和山地约占总面积的33%，海拔3000米以上的高原和山地约占总面积的7%，平均海拔约600米。总面积1797万平方千米（包括附近岛屿），现有12个独立国家，还有法属圭亚那和有争议的马尔维纳斯群岛（福克兰群岛）。人口总数约3.76亿（2010年），约占世界总人口的5.6%。居民中白色人种最多，其次是印欧混血种人和印第安人，黑色人种最少。使用较多的语言有葡萄牙语、西班牙语、法语、英语、印第安语和荷兰语。

南欧/南歐 Nán'ōu/ㄋㄢˊ ㄡ

South Europe

【地】欧洲南部地区，即阿尔卑斯山脉以南的巴尔干半岛、亚平宁半岛、伊比利亚半岛和附近岛屿。面积166.51万平方千米，包括罗马尼亚、保加利亚、塞尔维亚、黑山、斯洛文尼亚、克罗地亚、波斯尼亚和黑塞哥维那、马其顿、阿尔巴尼亚、希腊、意大利、梵蒂冈、圣马力诺、马耳他、西班牙、安道尔和葡萄牙等国。构造和地形复杂，多为山地高原，平原面积狭小。大部分地区呈现地中海性气候特征，冬季温湿、夏季干热。矿产有铜、硫黄、铝土矿、汞、石油、铁等。农业属于种植业和畜牧业并重的混合农业。

南沙群岛/南沙群島

Nánshā Qúndǎo/ㄋㄢˊ ㄕㄚ ㄑㄩㄣˊ ㄉㄠˇ

Nansha Archipelago

【地】群岛名。中国南海四大群岛之一。位于南海南部，属海南三沙管辖。主要由太平岛、中业岛、南威岛、弹丸礁、费信岛、阳明礁、万安滩等组成，是中国南海诸岛四大群岛中位置最南、岛礁最多、分布最广的群岛。太平岛面积最大，曾母暗沙附近是中国疆域四至的最南端。自然资源丰富，盛产海藻、海绵、海参、乌贼和玳瑁等。

南山 Nán Shān/ㄋㄢˊ ㄕㄢ

【地】即“衡山”（499页）。

南纬/南緯 nánwěi/ㄋㄢˊ ㄨㄟˇ

south latitude

【地】赤道以南的纬度或纬线。

南温带/南溫帶

nánwēndài/ㄋㄢˊ ㄨㄣ ㄉㄞˋ

south temperate zone

【地】南半球的温带。在南极圈与南回归线之间。

南亚/南亞 Nányà/ㄋㄢˊ ㄧㄚˋ

South Asia

【地】亚洲南部地区。面积约430万平方千米，包括巴基斯坦、印度、孟加拉国、尼泊尔、不丹、马尔代夫和斯里兰卡等国。喜马拉雅山将南亚与亚洲其他地区分开，在地理上形成独立的单元，故又称为南亚次大陆。北部是喜马拉雅山地，中部为印度河—恒河平原，南部为德干高原和东西两侧的海岸平原。大部分地区属热带季风气候。盛产水稻、小麦、甘蔗、黄麻、油菜籽、棉花和茶叶等。

南亚次大陆/南亞次大陸

Nányà Cìdàlù/ㄋㄢˊ ㄧㄚˋ ㄘˋ ㄉㄚˋ ㄌㄨˋ

South Asia Subcontinent

【地】又称“印巴次大陆”。喜马拉雅山脉以南

N

的一大片半岛形的陆地，亚洲大陆的南延部分。总面积约 430 万平方千米，人口约 13 亿。是由于喜马拉雅山的阻隔所形成的一个相对独立的地理单元，面积小于通常意义上的大陆，故名。

南亚美利加洲
Nányàměilìjiāzhōu/ㄋㄢˊ ㄧㄚˋ ㄇㄟˇ ㄌㄧˋ ㄐㄧㄚ ㄓㄡ
【地】"南美洲"的全称。

南阳玉　nányángyù/ㄋㄢˊ ㄧㄤˊ ㄩˋ
【地】即"独山玉"(280 页)。

难产/難產　nánchǎn/ㄋㄢˊ ㄔㄢˇ
dystocia, difficult delivery
㊀【医】妊娠足月临产时，胎儿不能顺利娩出的情况。母亲子宫收缩无力或异常，骨盆狭窄、子宫或阴道结构异常，胎儿过大或胎位不正，都可能造成分娩过程的困难。㊁【中医】中医产科疾病之一。妊娠足月临产时，胎儿不能顺利娩出。

难降解物质/難降解物質
nánjiàngjiě wùzhì/ㄋㄢˊ ㄐㄧㄤˋ ㄐㄧㄝˇ ㄨˋ ㄓˋ
non-degradable substance
【化】一类环境有害物。在自然条件下不易发生降解的化学物质的总称。一般指来自人工合成的大分子有机物，包括一些洗涤剂、有机氯农药、多氯联苯、塑料制品等。环境中的难降解物质停留时间长，广域分散，对环境和生态系统造成较大影响，停留在人体内则造成致癌等恶劣后果。已成为环境保护的控制对象之一。

难熔金属/耐火金屬
nánróng jīnshǔ/ㄋㄢˊ ㄖㄨㄥˊ ㄐㄧㄣ ㄕㄨˇ
refractory metal
【材】熔点高而难于熔化的金属。通常指熔点高于铂(即高于 1769℃)的金属，包括钨、钼、铌、钽、钒等及其合金。

楠木/楠木　nánmù/ㄋㄢˊ ㄇㄨˋ
nanmu
【植】*Phoebe zhennan* 樟科楠属。常绿高大乔木。树干通直，小枝较细，有棱，被毛。叶革质，椭圆形，先端尖，基部楔形，上面光亮，下面被毛。聚伞状圆锥花序，十分开展，花被裂六枚，近等大，被毛。花期 4—5 月份。在中国，分布于湖北西部、贵州西北部及四川。中国特有种。

nang　（ㄋㄤ）

囊泡/囊泡　nángpào/ㄋㄤˊ ㄆㄠˋ
vesicle
【生】由亲水亲油两亲性分子构成的球形或椭球形的单泡或多泡封闭双层结构。磷脂组成的囊泡称为磷脂脂质体，简称为脂质体。囊泡和脂质体可看作是生物膜的模型，也可作为某些反应的反应器、药物载体、能量转换装置等。

囊群盖/囊群膜
nángqúngài/ㄋㄤˊ ㄑㄩㄣˊ ㄍㄞˋ
indusium
【植】覆盖在蕨类植物孢子囊群外面起保护作用的膜质器官。

囊群膜　ㄋㄤˊ ㄑㄩㄣˊ ㄇㄛˊ/nángqúnmó
indusium
【植】台湾名。即"囊群盖"(823 页)。

囊肿/囊腫　nángzhǒng/ㄋㄤˊ ㄓㄨㄥˇ
cyst
【医】泛指囊性肿物。长在人体表面或内脏中。种类很多，按病因不同，可分为炎性囊肿、潴留囊肿、寄生虫性囊肿、肿瘤性囊肿和先天性囊肿等。

nao　（ㄋㄠ）

挠度/撓度　náodù/ㄋㄠˊ ㄉㄨˋ
deflection
【机】结构构件的轴线或中面由于弯曲引起垂直于轴线或中面方向的线位移。

挠性管/撓性管
náoxìngguǎn/ㄋㄠˊ ㄒㄧㄥˋ ㄍㄨㄢˇ
flexible tube
【材】具有挠性(弯而不折的性能)的管材。金属挠性管俗称蛇皮管，用窄而薄的金属带材螺旋缠绕而成，能够随意弯曲；塑料挠性管为增加其强度，有时在管外包金属丝编织外壳。

挠性联轴器/可撓性聯結器
náoxìng liánzhóuqì/
ㄎㄜˇ ㄋㄠˊ ㄒㄧㄥˋ ㄌㄧㄢˊ ㄐㄧㄝˊ ㄑㄧˋ

N

flexible coupling

【机】联轴器的一类。允许两轴间有少量的装配误差,具有一定的补偿两轴线相对偏移能力。可分为无弹性元件联轴器和弹性元件联轴器(包括金属弹性元件联轴器和非金属弹性元件联轴器)。用于被联结两轴有较大安装误差或工作时有相对位移的场合。

蛲虫/蟯蟲 náochóng/ㄋㄠˊ ㄔㄨㄥˊ

pinworm

【动】*Enterobius vermicularis* 寄生虫名。线虫纲尖尾线虫科。身体很小,长约1厘米,白色,像线头。寄生在人体的小肠下部和大肠里,头部钻入肠黏膜,吸取营养,可引起蛲虫病。

蛲 虫

脑/腦 nǎo/ㄋㄠˇ

brain

㊀【医】人体的神经中枢,位于颅骨内,由大脑、小脑、脑干三个部分组成。大脑整合来自感觉器官的信息,激发运动功能,控制情感,保存记忆和思维过程;小脑整合来自前庭系统的位置和运动信息,协调肢体运动;脑干由间脑、中脑、脑桥、延髓组成,控制反射、自动功能(如心率、血压)、肢体运动和内脏功能(如消化、排尿)。㊁【中医】位于颅内,由髓汇聚而成。有支配精神意识,进行思维活动的功能。

脑包虫病/腦包蟲病

nǎobāochóngbìng/ㄋㄠˇ ㄅㄠ ㄔㄨㄥˊ ㄅㄧㄥˋ

cerebral echinococcosis

【医】又称"脑棘球蚴病"。犬绦虫(细粒棘球绦虫)的幼虫(棘球蚴)侵入颅内,形成包虫囊肿所致的疾病。是自然疫源性疾病,主要流行于畜牧区。临床表现与肿瘤占位性病变相关,可出现癫痫、颅内压增高等症状。

脑出血/腦出血

nǎochūxuè/ㄋㄠˇ ㄔㄨ ㄒㄩㄝˋ

cerebral hemorrhage

【医】脑实质内血管破裂出血的急性脑血管病。常因高血压病、动脉硬化症、脑动静脉畸形、脑动脉瘤等而引起,是急性脑血管病中最严重的一种,起病急、发展快,早期出现偏瘫、意识障碍等。致残率、死亡率较高。

脑卒中/中風 nǎocùzhòng/ㄓㄨㄥˋ ㄈㄥ

apoplexy

【医】又称"脑血管意外"。发病突然的脑血液循环障碍性疾病。可致意识障碍、偏瘫甚至死亡,可分为出血性脑卒中和缺血性脑卒中两类。

脑挫伤/腦挫傷

nǎocuòshāng/ㄋㄠˇ ㄘㄨㄛˋ ㄕㄤ

contusion of brain

【医】一种常见的原发性脑损伤。只因外力作用形成的软脑膜完整而脑皮质浅层的出血和/或挫碎。可伴硬脑膜外或硬脑膜下积血,患者有神经系统功能障碍或癫痫发作。

脑电图/腦波圖 nǎodiàntú/ㄋㄠˇ ㄅㄛ ㄊㄨˊ

electroencephalogram

【医】通过特制的仪器,将脑的生物电放大记录而成的波状条纹图形。可以帮助诊断脑部疾病。

脑干/腦幹 nǎogàn/ㄋㄠˇ ㄍㄢˋ

brain stem

【医】脑的一部分。位于间脑和脊髓之间的神经组织,包括中脑、脑桥和延髓。其内有许多重要神经中枢,如心血管运动中枢、呼吸中枢、吞咽中枢,以及视、听等反射中枢。

脑梗死/腦梗死

nǎogěngsǐ/ㄋㄠˇ ㄍㄥˇ ㄙˇ

cerebral infarction

【医】局部脑组织因血液循环障碍,缺血、缺氧而发生的软化坏死。主要由供应脑部血液的动脉出现粥样硬化和形成血栓而引起。

脑积水/水腦 nǎojīshuǐ/ㄕㄨㄟˇ ㄋㄠˇ

hydrocephalus

【医】各种原因所致的脑脊液分泌过多、循环或吸收障碍而导致颅内脑脊液量增加。脑室系统扩大和/或蛛网膜下腔扩大,以脑脊液循环通路梗阻和吸收障碍较为多见。

脑棘球蚴病

nǎojíqiúyòubìng/ㄋㄠˇ ㄐㄧˊ ㄑㄧㄡˊ ㄧㄡˋ ㄅㄧㄥˋ

【医】即"脑包虫病"(824页)。

脑脊膜/腦膜 nǎojǐmó/ㄋㄠˇ ㄇㄛˊ

meninges

【医】简称"脑膜"。脑和脊髓表面的结缔组织膜。外层为硬膜(在脑部称"硬脑膜",在

N

脊髓称"硬脊膜"),厚而坚韧,有保护和支持作用;中层为蛛网膜,是一层无血管的半透明膜;内层为软膜(在脑部称"软脑膜",在脊髓称"软脊膜"),紧贴于脑和脊髓表面,富含神经和血管。

脑脊液/腦脊髓液
nǎojǐyè/ㄋㄠˇ ㄐㄧˇ ㄙㄨㄟˇ ㄧㄝˋ
cerebrospinal fluid
【医】由侧脑室、第三脑室和第四脑室的脉络丛分泌的无色透明液体。充满于蛛网膜下腔、脑室和脊髓中央管内,滋养神经组织,调节颅内压,保护脑免受震荡。

脑磷脂/腦磷脂 nǎolínzhī/ㄋㄠˇ ㄌㄧㄣˊ ㄓ
cephalin(e)
【生】磷脂的一类。由甘油、脂肪酸和磷酸乙醇胺组成。白色蜡状,易氧化变色。人大脑中磷脂约60%为脑磷脂,存在于细胞膜中,与血液凝结有关。

脑瘤 nǎoliú/ㄋㄠˇ ㄌㄧㄡˊ
【医】即"脑肿瘤"(826页)。

脑膜 nǎomó/ㄋㄠˇ ㄇㄛˋ
【医】"脑脊膜"的简称。

脑膜炎/腦膜炎 nǎomóyán/ㄋㄠˇ ㄇㄛˋ ㄧㄢˊ
meningitis
【医】脑膜或脑脊膜炎症。由多种病原微生物感染而引起,主要症状为发热、头痛、呕吐、意识障碍及颈项强直等。

脑囊虫病/腦囊蟲病
nǎonángchóngbìng/ㄋㄠˇ ㄋㄤˊ ㄔㄨㄥˊ ㄅㄧㄥˋ
cerebral cysticercosis
【医】一种脑部寄生虫病。猪绦虫幼虫(猪囊虫)钻入肠壁后经血液循环至全身各部位,可分为大脑皮质型、脑膜炎型、脑室型、痴呆型和脊髓型等。主要表现为癫痫发作、颅内压升高、精神异常、脑底脑膜炎、感觉运动障碍等。

脑缺血/大腦局部缺血
nǎoquēxuè/ㄉㄚˋ ㄋㄠˇ ㄐㄩˊ ㄅㄨˋ ㄑㄩㄝ ㄒㄧㄝˇ
cerebral ischemia
【医】由于供应脑部血液的动脉血管短时间供血不足,引起相应的脑组织发生暂时性功能障碍。常表现为突然发作的头晕、眼花、耳鸣、走路不稳,严重时意识模糊、双目失明或复视、肢体无力与感觉异常、说话不流利等。

脑栓塞/腦動脈栓塞
nǎoshuānsè/ㄋㄠˇ ㄉㄨㄥˋ ㄇㄞˋ ㄕㄨㄢ ㄙㄜˋ
cerebral embolism
【医】各种栓子随血流进入颅内动脉系统,使血管腔闭塞引起相应供血区脑组织缺血坏死及功能障碍。发病急骤,数秒至数分钟内症状达到高峰,为脑血管疾病中发病最快的,常有不同程度的意识障碍及头痛、呕吐、偏瘫等症状。

脑死亡/腦死 nǎosǐwáng/ㄋㄠˇ ㄙˇ
brain death
【医】包括脑干在内的全脑功能不可逆转的丧失。

脑外伤/腦外傷
nǎowàishāng/ㄋㄠˇ ㄨㄞˋ ㄕㄤ
cerebral trauma
【医】头部受到外力作用而产生的脑组织损伤。不同区域的脑损伤可引起不同的症状。严重的外伤会因冲击撕裂脑内的神经、血管及其他组织。造成神经通路破坏损伤,或引起出血、水肿。引起不同程度的暂时或永久性功能障碍。

脑血管扩张药/腦血管擴張藥
nǎoxuèguǎn kuòzhāngyào/
ㄋㄠˇ ㄒㄧㄝˋ ㄍㄨㄢˇ ㄎㄨㄛˋ ㄓㄤ ㄧㄠˋ
cerebral vasodilator
【医】扩张脑血管,改善脑血管循环,防治血管痉挛、硬化和栓塞等疾病的药物。常用的有尼莫地平、氟桂利嗪等。

脑血管意外
nǎoxuèguǎn yìwài/ㄋㄠˇ ㄒㄧㄝˇ ㄍㄨㄢˇ ㄧˋ ㄨㄞˋ
【医】即"脑卒中"(824页)。

脑炎/腦炎 nǎoyán/ㄋㄠˇ ㄧㄢˊ
encephalitis
【医】脑组织发生的炎症。由病毒、细菌、霉菌、螺旋体、立克次体、寄生虫等引起,其中以病毒性脑炎最为常见。

脑震荡/腦震盪
nǎozhèndàng/ㄋㄠˇ ㄓㄣˋ ㄉㄤˋ
concussion of brain
【医】头部受到打击后发生的中枢神经系统的暂时性功能障碍。短暂意识丧失,随即清醒,可出现近事遗忘,神经系统病理解剖无明显变化。

脑肿瘤/腦瘤 nǎozhǒngliú/ㄋㄠˇ ㄌㄧㄡˊ
brain tumor
【医】又称"脑瘤"。发生于中枢神经系统颅内部分的肿瘤(包括大脑半球、基底核、下丘脑、丘脑、脑干和小脑)。通常分为原发性脑肿瘤和继发性脑肿瘤两类。原发性脑肿瘤可发生于脑组织、脑膜、脑神经、垂体、血管残余胚胎组织等,有良性的和恶性的两种。继发性脑肿瘤指身体其他部位的恶性肿瘤转移或侵入颅内形成的转移瘤。

腦波圖 ㄋㄠˇ ㄅㄛ ㄊㄨˊ/nǎobōtú
electroencephalogram
【医】台湾名。即"脑电图"(824 页)。

腦動脈栓塞
ㄋㄠˇ ㄉㄨㄥˋ ㄇㄞˋ ㄕㄨㄢ ㄙㄜˋ/
nǎodòngmài shuānsè
cerebral embolism
【医】台湾名。即"脑栓塞"(825 页)。

腦脊髓液 ㄋㄠˇ ㄐㄧˇ ㄙㄨㄟˇ ㄧㄝˋ/nǎojǐsuǐyè
cerebrospinal fluid
【医】台湾名。即"脑脊液"(825 页)。

腦軟膜 ㄋㄠˇ ㄖㄨㄢˇ ㄇㄛˊ/nǎoruǎnmó
cerebral pia mater
【医】台湾名。即"软脑膜"(962 页)。

腦死 ㄋㄠˇ ㄙˇ/nǎosǐ
brain death
【医】台湾名。即"脑死亡"(825 页)。

腦硬膜 ㄋㄠˇ ㄧㄥˋ ㄇㄛˊ/nǎoyìngmó
cerebral dura mater
【医】台湾名。即"硬脑膜"(1360 页)。

nei (ㄋㄟ)

N

内存/記憶體 nèicún/ㄐㄧˋ ㄧˋ ㄊㄧˇ
memory
【信息】处理器用来执行指令的可编址存储空间。计算机运行时,中央处理器把要处理的数据调到内存中进行处理,处理完成后再把结果传送出来。

内存芯片/記憶體晶片
nèicún xīnpiàn/ㄐㄧˋ ㄧˋ ㄊㄧˇ ㄐㄧㄥ ㄆㄧㄢˋ
memory chip
【信息】专用于内存存储器的集成电路。内存存储器可为易失性的,例如随机存储器;也可为非易失性的,例如只读存储器、可擦可编程只读存储器。

内存转储/記憶體傾印
nèicún zhuǎnchǔ/ㄐㄧˋ ㄧˋ ㄊㄧˇ ㄑㄧㄥ ㄧㄣˋ
memory dump
【信息】对计算机内部存储器的全部或部分内容进行的转储。多采用二进制、八进制或十六进制形式。

内错角/内錯角
nèicuòjiǎo/ㄋㄟˋ ㄘㄨㄛˋ ㄐㄧㄠˇ
alternate interior angles
【数】在同一平面内,两条直线 a,b 与第三条直线 c 相交形成 8 个角,其中在 a,b 之间且分别位于 c 的两侧的一对角是内错角。图中 $\angle 3$ 与 $\angle 5$,$\angle 4$ 与 $\angle 6$ 是两对内错角。

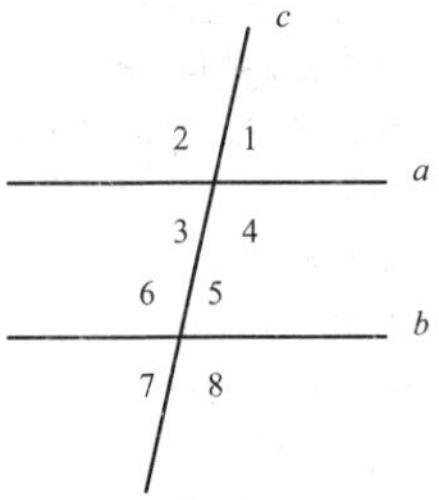

内错角

两条直线 a,b 与第三条直线 c 相交,$a \parallel b \Leftrightarrow$ 内错角相等。

内毒素/内毒素 nèidúsù/ㄋㄟˋ ㄉㄨˊ ㄙㄨˋ
endotoxin
【医】毒素的一类,为革兰氏阴性菌细胞壁中的一种脂多糖。其毒性成分主要为类脂质 A,在细胞死亡和裂解后才能释出。各种细菌的内毒素毒性作用大致相同,可引起发热、微循环障碍、内毒素休克和弥散性血管内凝血等。

内风/内風 nèifēng/ㄋㄟˋ ㄈㄥ
endogenous wind, * internal wind
【中医】由脏腑机能失调引起的,具有动摇、震颤特点的各种症状的病理变化。与肝脏关系最为密切。包括阴虚风动、肝阳化风、血虚生风、热极生风等。

内感器 ㄋㄟˋ ㄍㄢˇ ㄑㄧˋ/nèigǎnqì
interoceptor
【医】台湾名。即"内感受器"(826 页)。

内感受器/内感器
nèigǎnshòuqì/ㄋㄟˋ ㄍㄢˇ ㄑㄧˋ
interoceptor
【医】感受体内各种变化的感受器。主要分布于内脏器官和血管壁，感受来自内脏和血管的刺激。如内脏感受器、大动脉壁的压力感受器等。

内关/内關 nèiguān/ㄋㄟˋ ㄍㄨㄢ

P6，PC6，* inner pass

【中医】手厥阴心包经穴之一。在前臂掌侧，当曲泽与大陵的连线上，腕横纹上 2 寸，掌长肌腱与桡侧腕屈肌腱之间。手厥阴心包经的络穴，八脉交会穴，通于阴维脉。该穴主治心痛、心悸、胸闷、胸痛、胃痛、呕吐、呃逆、癫痫、热病、上肢痹痛、偏瘫、失眠、眩晕、偏头痛等病证。

内光电效应/内光電效應

nèiguāngdiàn xiàoyìng/

ㄋㄟˋ ㄍㄨㄤ ㄉㄧㄢˋ ㄒㄧㄠˋ ㄧㄥˋ

【物】即“光电导效应”(439 页)。

内光電效應

ㄋㄟˋ ㄍㄨㄤ ㄉㄧㄢˋ ㄒㄧㄠˋ ㄧㄥˋ/

nèiguāngdiàn xiàoyìng

photoconductive effect

【物】台湾名。即“光电导效应”(439 页)。

内海/内海 nèihǎi/ㄋㄟˋ ㄏㄞˇ

internal sea，inner sea

【地】❶又称“内陆海”“地中海”。除有狭窄水道跟外海或大洋相通外，全部为陆地所包围的海。如地中海、波罗的海。❷沿岸都属于一个国家，因而本身也属于该国家的海。如山东半岛与辽东半岛之间的渤海是中国的内海。

内寒/内寒 nèihán/ㄋㄟˋ ㄏㄢˊ

endogenous cold

【中医】指脾肾阳虚，不能温煦机体脏腑，阴寒内生的病理变化。

内河/内河 nèihé/ㄋㄟˋ ㄏㄜˊ

inland river

【地】从河源到入海口只流经一国的河流。如中国的长江、黄河。

内踝/内髁 nèihuái/ㄋㄟˋ ㄎㄜ

medial malleolus

【医】胫骨远端内侧伸向下方的突起。

内环境/内環境

nèihuánjìng/ㄋㄟˋ ㄏㄨㄢˊ ㄐㄧㄥˋ

internal environment

【医】指细胞外液。是体内细胞直接生存的环境，细胞直接进行新陈代谢的场所。对细胞的生存及维持细胞正常生理功能非常重要。

内积 nèijī/ㄋㄟˋ ㄐㄧ

【数】即“标量积”(65 页)。

内寄生/内寄生 nèijìshēng/ㄋㄟˋ ㄐㄧˋ ㄕㄥ

endoparasitism

【动】一种生物寄生在另一种生物的体内，叫作内寄生。例如蛔虫寄生在人的肠道里。

内角/内角 nèijiǎo/ㄋㄟˋ ㄐㄧㄠˇ

interior angle

【数】多边形的相邻的两条边所成的角叫作多边形的内角。凸 n 边形的内角和等于 $(n-2)\cdot180°$。

内经 Nèijīng/ㄋㄟˋ ㄐㄧㄥ

【中医】“黄帝内经”的简称。

内髁 ㄋㄟˋ ㄎㄜ/nèikē

medial malleolus

【医】台湾名。即“内踝”(827 页)。

内力/内力 nèilì/ㄋㄟˋ ㄌㄧˋ

internal force

【物】同一质点系中各个质点之间的相互作用力。

内联网/企業内部網路

nèiliánwǎng/ㄑㄧˋ ㄧㄝˋ ㄋㄟˋ ㄅㄨˋ ㄨㄤˇ ㄌㄨˋ

intranet

【信息】企事业单位为内部处理业务和交流信息而建立的专用网。采用因特网技术，多与因特网隔离。

内陆国/内陸國 nèilùguó/ㄋㄟˋ ㄌㄨˋ ㄍㄨㄛˊ

landlocked state

【地】国土被别国的陆地领土所包围，国境周边不临海的国家。如亚洲的蒙古，非洲的乌干达。

内陆海 nèilùhǎi/ㄋㄟˋ ㄌㄨˋ ㄏㄞˇ

【地】即“内海”(827 页)。

内陆河/内陸河 nèilùhé/ㄋㄟˋ ㄌㄨˋ ㄏㄜˊ

endorheic river

【地】不注入海洋，只流入内陆湖或在内陆消失的河流。

内陆湖/内陸湖 nèilùhú/ㄋㄟˋ ㄌㄨˋ ㄏㄨˊ

endorheic lake

【地】水流不汇入海洋的湖泊。也指非河流发源地的湖泊，其水量的损耗仅限于蒸发或土壤渗漏。

内蒙古高原/内蒙古高原
Nèiměnggǔ Gāoyuán/
ㄋㄟˋ ㄇㄥˇ ㄍㄨˇ ㄍㄠ ㄩㄢˊ
Inner Mongolian Plateau
【地】高原名。中国四大高原之一,位于中国北部。东起大兴安岭,西至马鬃山,南沿长城,北接蒙古国。包括内蒙古大部及甘肃的北部。面积约70万平方千米。海拔1000～1400米。地势起伏微缓,是中国天然牧场和沙漠分布地区之一,也是多风地区和湖泊较多地区。

内摩擦力 nèimócālì/ㄋㄟˋ ㄇㄛˊ ㄘㄚ ㄌㄧˋ
【物】即"黏性力"(836页)。

内能/内能 nèinéng/ㄋㄟˋ ㄋㄥˊ
internal energy
【物】物质系统由其内部状态决定的能量。指系统内的所有分子的热运动动能与分子势能的总和。
📖 分子动能是分子由于热运动而具有的动能,与温度有关;分子势能是分子间由相互作用而具有的势能,与分子间的距离有关。

内切圆/内切圓
nèiqiēyuán/ㄋㄟˋ ㄑㄧㄝ ㄩㄢˊ
inscribed circle
【数】若一个多边形的各边都与同一个圆相切,则这个圆叫作这个多边形的内切圆。例如,以三角形的各内角的平分线的交点(内心)为圆心,以这点到三角形的任一边的距离为半径的圆,是三角形的内切圆。以正n边形的中心为圆心,以边心距为半径的圆,是正n边形的内切圆。

内切圆

内倾/内向 nèiqīng/ㄋㄟˋ ㄒㄧㄥ
introversion
【心】又称"内向"。把一个人的能量指向自身,逃避社会接触并专注于自己内心世界的倾向。主要用于人格理论。

内驱力/驅力 nèiqūlì/ㄑㄩ ㄌㄧˋ
drive
【心】由内部或外部刺激唤起,并使有机体指向实现一定目标的某种内在倾向。在达到目标的过程中,随着指向目标的行为不断加强,内驱力逐渐减弱。

内燃动车组/柴聯車
nèirán dòngchēzǔ/ㄔㄞˊ ㄌㄧㄢˊ ㄔㄜ
diesel multiple unit
【交】以内燃机做功为动力的动车组。

内燃机/内燃機 nèiránjī/ㄋㄟˋ ㄖㄢˊ ㄐㄧ
internal combustion engine
【机】往复式发动机的一类。燃料直接在发动机气缸内燃烧而产生动力。燃烧所产生的高温高压燃气推动活塞做功,将热能转化为机械能。由气缸、活塞、连杆、曲轴等主要机件和其他辅助装置组成。按缸内着火方式不同,可分为点燃式和压燃式;按使用燃料不同,可分为汽油机、柴油机等;按冷却方式不同,可分为水冷发动机和风冷发动机等;按完成一个工作循环所需行程数不同,可分为四行程和二行程;按进气系统是否采用增压方式,可分为自然吸气(非增压)式和强制进气(增压)式。

内燃机车/柴油機車
nèirán jīchē/ㄔㄞˊ ㄧㄡˊ ㄐㄧ ㄔㄜ
diesel locomotive
【交】自给式机车的一种。利用内燃机产生动力,并通过传动装置驱动运行的机车。由内燃机、传动装置、车体走行部和辅助装置等组成。按内燃机种类的不同,可分为柴油机车和燃气轮机车。其中柴油机车使用广泛,所以习惯上专指柴油机车。

内燃機船
ㄋㄟˋ ㄖㄢˊ ㄐㄧ ㄔㄨㄢˊ/nèiránjīchuán
power-driven ship, motor ship
【船】台湾名。即"机动船"(559页)。

内热/内熱 nèirè/ㄋㄟˋ ㄖㄜˋ
endogenous heat, *internal heat
【中医】指热邪入里或阴虚生热,导致热势明显的病理变化。

内伤/内傷 nèishāng/ㄋㄟˋ ㄕㄤ
internal damage
【中医】七情过极、劳倦损伤、饮食失调等致病因素导致气机紊乱,脏腑受损而发病的过程。

N

内伤发热/内傷發熱
nèishāng fārè/ㄋㄟˋ ㄕㄤ ㄈㄚ ㄖㄜˋ
fever due to internal injury, endogenous fever, * internal damage heat effusion fever
【中医】中医内科疾病之一。因劳伤致脏腑功能失调而成,症见低热而多间歇等,起病缓慢,病程较长。其热时作时止,或发无定时,且多感手足心热,大多发热而不恶寒,或虽怯冷但得衣被则减,常伴头晕神疲、自汗盗汗等。治疗宜分清虚实,实火宜清,虚火宜补。实者宜解郁、活血、除湿为主,适当配伍清热;虚者宜益气、养血、滋阴、温阳,虚实夹杂者,则宜兼顾之。

内生作用/内生作用
nèishēng zuòyòng/ㄋㄟˋ ㄕㄥ ㄗㄨㄛˋ ㄩㄥˋ
endogenesis
【地】由地球内部能量导致岩石变形、熔融、重结晶,以及矿床形成等各种地质作用。地球内部热能包括放射性元素蜕变能,地幔及岩浆物的能量,地球重力场中物质调整过程中释放的位能,以及表生物质转入地壳内部后释放的动能等。除到达地表的火山作用外,内生作用均在地球内部较高的压力、温度及不同地质构造条件下发生的。

内湿/内濕
nèishī/ㄋㄟˋ ㄕ
endogenous dampness, * internal dampness
【中医】指脾肺肾阳虚,运化失职,导致体内水液停滞而湿浊内生的病理变化。

内水/内水
nèishuǐ/ㄋㄟˋ ㄕㄨㄟˇ
internal waters
【地】领水的一部分。包括领陆范围内的河流、湖泊和领海基线向陆一面的水域,如河口、内海、港口、港湾、海峡等。

内天井式住宅/内天井式住宅
nèitiānjǐngshì zhùzhái/ㄋㄟˋ ㄊㄧㄢ ㄐㄧㄥˇ ㄕˋ ㄓㄨˋ ㄓㄞˊ
inner-patio housing
【建】住宅中间设有天井,天井四周的居室或厨房、厕所等,借助天井解决采光和通风的住宅。

内向/内向 nèixiàng/ㄋㄟˋ ㄒㄧㄤˋ
【心】即"内倾"(828 页)。

内心/内心 nèixīn/ㄋㄟˋ ㄒㄧㄣ
incenter
【数】三角形三个内角的平分线的交点,叫作三角形的内心。内心是三角形的内切圆的圆心,它到三角形三边的距离相等。

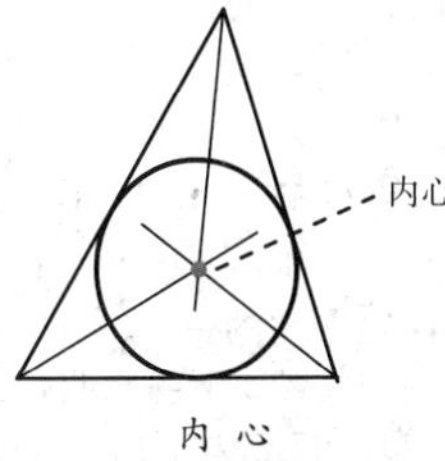

内 心

内省/内省 nèixǐng/ㄋㄟˋ ㄒㄧㄥˇ
introspection
【心】个体在内心省察自己的思想、言行有无过失。德国心理学家冯特(W. Wundt, 1832—1920)在实验室中对被试进行严格训练,使被试者对自己的感觉能仔细地注意,精确地辨别,并尽可能客观地描述自己的感觉和意识状态,这种主观自我观察、自我体验的研究方法称为内省法。

内隐记忆/内隱記憶
nèiyǐn jìyì/ㄋㄟˋ ㄧㄣˇ ㄐㄧˋ ㄧˋ
implicit memory
【心】又称"自动的无意识记忆"。在个体未意识其存在的情况下,过去经验对当前的作为产生的无意识的影响所提取的记忆。强调的是信息提取过程的无意识性,而不论信息识记过程是否有意识。

内营力/内營力
nèiyínglì/ㄋㄟˋ ㄧㄥˊ ㄌㄧˋ
endogenetic force
【地】地球内部能量所引起的力量。是塑造地貌形态的基本动力之一,可引起地壳运动、岩浆活动、变质作用和地震等。

内脏利什曼病
nèizàng lìshímànbìng/ㄋㄟˋ ㄗㄤˋ ㄌㄧˋ ㄕˊ ㄇㄢˋ ㄅㄧㄥˋ
【医】即"黑热病"(495 页)。

内燥/内燥 nèizào/ㄋㄟˋ ㄗㄠˋ
endogenous dryness, * internal dryness

【中医】指体内津液耗伤,导致干燥少津的病理变化。

内治法/内治法 nèizhìfǎ/ㄋㄟˋ ㄓˋ ㄈㄚˇ

internal treatment, * internal method of treatment

【中医】治法之一。通过给患者服用药物来治疗疾病。

内痔/内痔 nèizhì/ㄋㄟˋ ㄓˋ

internal hemorrhoid

【中医】痔的一种。生于肛门齿线以上,由直肠末端黏膜下静脉曲张或移位形成,症见便鲜血和有肿物脱出等。按病情严重程度可分为Ⅰ、Ⅱ、Ⅲ、Ⅳ四度。如内痔嵌顿,即为嵌顿性内痔,便血过多可致贫血。内治宜清热凉血,滋阴润燥,疏风利湿,可选用槐角丸等。外治宜药物敷、手术等。

neng (ㄋㄥ)

能 néng/ㄋㄥˊ

【物】"能量"的简称。

能带/能帶 néngdài/ㄋㄥˊ ㄉㄞˋ

energy band

【物】描绘固体中原子外层电子运动情况的图象。电子有多层运动轨道,有一定的能量,以能级形表示。一定能量范围内彼此相隔很近的能级形成一条带状区域,即"能带"。有满带、空带、禁带、价带之分。

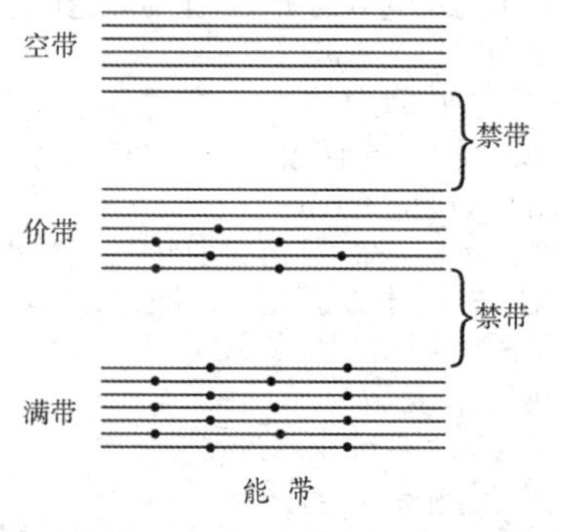

能 带

能级/能階 néngjí/ㄋㄥˊ ㄐㄧˊ

energy level

【物】微观粒子系统处于束缚态时,其能量只能处于一系列不连续的、分立的状态。这些状态分别具有一定的能量而数值不同。将这些能量值按大小用一系列水平线表示,能量越大,线的位置越高,因图形呈阶梯状,故名。

能见度/能見度 néngjiàndù/ㄋㄥˊ ㄐㄧㄢˋ ㄉㄨˋ

visibility

【航】正常视力判定目标物的最大距离。通常以能看清物体轮廓的最远距离表示。可分为水平能见度、垂直能见度和斜视能见度。

📖 在白天,以雾或天空作背景,在空中能看到和辨认出地面附近一个大小适度黑色目标物的最大距离;在夜间,则为能看到和识别中等强度灯光的最大距离。

能階 ㄋㄥˊ ㄐㄧㄝ/néngjiē

energy level

【物】台湾名。即"能级"(830 页)。

能力/能力 nénglì/ㄋㄥˊ ㄌㄧˋ

ability

【心】直接影响活动效率,使人顺利完成某种活动所必需的个性心理特征。人的能力在活动中形成并表现出来,从事任何活动都需要以一定的能力为前提。掌握活动的数量和获得成果的质量是一个人能力高低的重要标志。

能量/能量 néngliàng/ㄋㄥˊ ㄌㄧㄤˋ

energy

【物】简称"能"。描述物体状态的物理量。物体运动状态转换的一种量度。用 E 表示,单位焦[耳]。对应于不同的运动形式,有不同形式的能量。例如对应机械运动的是机械能,对应分子热运动的是内能。当物体的运动形式发生转变时,能量的形式也发生转变。

能量回收/能量回收 néngliàng huíshōu/ㄋㄥˊ ㄌㄧㄤˋ ㄏㄨㄟˊ ㄕㄡ

energy recovery

【环】环境工程中指在废物处理和处置过程中得到可供利用的能量的活动。能量直接回收主要是将废物作为燃料焚烧,以利用其热能;间接回收主要是将废物转换成为其他形式的燃料,如垃圾在无氧条件下分解放出沼气,作为燃料使用。

能量流 ㄋㄥˊ ㄌㄧㄤˋ ㄌㄧㄡˊ/néngliàngliú

energy flow

【环】台湾名。即"能量流动"(831 页)。

能量流动/能量流
néngliàng liúdòng/ㄋㄥˊ ㄌㄧㄤˋ ㄌㄧㄡˊ ㄉㄨㄥˋ
energy flow
【环】环境科学中指生态系统中能量沿营养级的传递和转换的过程。一切生物所需能量均来自太阳能,太阳能经植物光合作用进入生态系统中,并以食物的形式沿着营养级依次流动。流动过程中,生物所能利用的能量随着营养级升高而逐级减少,即生态系统中能量流动是单向的。

能量守恒定律/能量守恆定律
néngliàng shǒuhéng dìnglǜ/
ㄋㄥˊ ㄌㄧㄤˋ ㄕㄡˇ ㄏㄥˊ ㄉㄧㄥˋ ㄌㄩˋ
law of conservation of energy
【物】在热力学中称为热力学第一定律。即系统内能的增量等于系统在变化过程中外界对系统所做的功与系统从外界吸收的热量之和。数学表达式为 $\Delta U = W + Q$。也可表述为:第一类永动机不可能制成。参见"永动机"(1362 页)。

能量損失
ㄋㄥˊ ㄌㄧㄤˋ ㄙㄨㄣˇ ㄕ/néngliàng sǔnshī
energy loss
【电】台湾名。即"电能损耗"(252 页)。

能量转换器/能量轉換器
néngliàng zhuǎnhuànqì/
ㄋㄥˊ ㄌㄧㄤˋ ㄓㄨㄢˇ ㄏㄨㄢˋ ㄑㄧˋ
energy transducer
【电】使能量在两种不同的形式之间转换的器件。

能量子/能量子
néngliàngzǐ/ㄋㄥˊ ㄌㄧㄤˋ ㄗˇ
energy quantum
【物】能量量子化的基本单元。用 E_0 表示,有 $E_0 = h\nu$,式中 ν 是振子的振动频率,h 是普朗克常量,可取 $h = 6.63 \times 10^{-34}$ 焦秒。

能谱和射线分析仪器/能譜和射線分析儀器
néngpǔ hé shèxiàn fēnxī yíqì/
ㄋㄥˊ ㄆㄨˇ ㄏㄜˊ ㄕㄜˋ ㄒㄧㄢˋ ㄈㄣ ㄒㄧ ㄧˊ ㄑㄧˋ
spectroscope and ray analyzer
【机】利用能谱法和 X 射线分析原理对物质的成分、结构以及表面物化特性等进行分析的仪器。可分为电子能谱仪、离子散射谱仪、二次离子谱仪等。

能源/能源 néngyuán/ㄋㄥˊ ㄩㄢˊ
energy resource
【化】可以提供能量的资源。是人类赖以生存和发展生产所必需的动力来源。可分为一次能源(如煤、石油、天然气)和二次能源(如焦炭、煤气、石油产品及电力、蒸汽);也可分为不可再生能源(如煤、石油)和可再生能源(如生物质能);还可分为常规能源和新能源(如太阳能、生物能、核能、水位能、风能、潮汐能)。

能源气象学/能源氣象學
néngyuán qìxiàngxué/
ㄋㄥˊ ㄩㄢˊ ㄑㄧˋ ㄒㄧㄤˋ ㄒㄩㄝˊ
energy source meteorology
【气】应用气象学的一个分支。研究能源的勘探、开采、储存、运输和使用等与气象条件之间的相互关系。

ni (ㄋㄧ)

妮娜現象
ㄋㄧ ㄋㄚˋ ㄒㄧㄢˋ ㄒㄧㄤˋ/nīnà xiànxiàng
La Niña phenomenon
【环】台湾名。即"拉尼娜现象"(707 页)。

尼格罗人种/尼格羅人種
Nígéluó rénzhǒng/ㄋㄧˊ ㄍㄜˊ ㄌㄨㄛˊ ㄖㄣˊ ㄓㄨㄥˇ
Nigroid Race
【地】又称"黑色人种"。世界三大人种之一。共同遗传特征是肤色呈黑色或黑褐色,发色黑,发形呈卷曲状,眼球黑褐色,鼻子宽扁,嘴唇较厚。主要分布在非洲、美洲、大洋洲、印度南部、斯里兰卡和加里曼丹等地。

尼古丁依赖
nígǔdīng yīlài/ㄋㄧˊ ㄍㄨˇ ㄉㄧㄥ ㄧ ㄌㄞˋ
【医】即"烟草依赖"(1308 页)。因烟草的主要成分是尼古丁,故名。

尼加拉瀑布
ㄋㄧˊ ㄐㄧㄚ ㄌㄚ ㄆㄨˋ ㄅㄨˋ/Níjiālā pùbù
Niagara Falls
【地】台湾名。即"尼亚加拉瀑布"(832 页)。

N

尼罗河/尼羅河 Níluó Hé/ㄋㄧˊ ㄌㄨㄛˊ ㄏㄜˊ
Nile River
【地】水名。位于非洲。上源卡盖拉河出自卢旺达西部高地，流经维多利亚湖区后称“白尼罗河”，与源自埃塞俄比亚高原西北部的“青尼罗河”汇合成尼罗河主流，经撒哈拉沙漠，在开罗附近分流注入地中海。全长6671千米，是世界最长的河流。流经卢旺达、布隆迪、坦桑尼亚、肯尼亚、乌干达、刚果(金)、南苏丹、苏丹、埃塞俄比亚、厄立特里亚和埃及等国，流域面积287.5万平方千米。中下游的河谷与河口三角洲是世界古文明发祥地之一，水量充沛，水力资源丰富。

尼諾現象
ㄋㄧˊ ㄋㄨㄛˋ ㄒㄧㄢˋ ㄒㄧㄤˋ/nínuò xiànxiàng
El-Niño phenomenon
【环】台湾名。即“厄尔尼诺现象”(297页)。

尼亚加拉瀑布/尼加拉瀑布
Níyàjiālā Pùbù/ㄋㄧˊ ㄐㄧㄚ ㄌㄚ ㄆㄨˋ ㄅㄨˋ
Niagara Falls
【地】瀑布名。位于北美五大湖区的尼亚加拉河上。瀑布上端被山羊岛分流，西侧的是加拿大的马蹄形瀑布，宽793米，落差56米；东侧的是美国的亚美利加瀑布，宽320米，落差58米。为世界著名风景旅游区。

呢/呢 ní/ㄋㄧˊ
suiting silk
【纺】丝织物类名。采用绉组织、平纹组织、斜纹组织或联合组织，应用较粗的经纬丝线织制的织物。织物质地丰厚，具有毛型感。按外观风格不同，可分为毛型呢和丝型呢。主要用作夹袄、棉袄面料，较薄型的还可用作衬衣、连衣裙等的面料。

呢绒/紡毛織物 níróng/ㄈㄤˇ ㄇㄠˊ ㄓ ㄨˋ
woolen fabric
【纺】用纯毛纱线或毛与其他纤维交织、混纺织制的织物。光泽柔和，手感柔软而富有弹性，干态抗皱性好，但湿态抗皱性差，通常采用干洗，洗后需要熨烫，熨烫后有较好的褶裥成型和服装保形性。耐酸而不耐碱，且易虫蛀。用作高档或中高档服装面料。

泥肥/泥肥 níféi/ㄋㄧˊ ㄈㄟˊ
sludge (used as) manure
【农】有机肥料的一种。是可用作肥料的淤泥。由浅水动植物的残体、排泄物以及土粒、杂质，经沉积、腐烂、分解和混合而成，包括河泥、塘泥、湖泥、沟泥等。通常用作底肥。

泥灰岩/泥灰岩 níhuīyán/ㄋㄧˊ ㄏㄨㄟ ㄧㄢˊ
marl
【地】沉积岩的一种。是碳酸盐岩与黏土岩之间的过渡类型。由黏土和碳酸盐微粒组成，黏土含量25%～50%。微粒状或泥状结构，粒径常小于0.01毫米。与黏土岩的区别是滴稀盐酸后产生气泡，与石灰岩的区别是气泡处有暗色泥质物出现。常分布在石灰岩与黏土岩之间的过渡地带。可作为制作水泥的原料，也用作建筑石材。

泥疗/泥療 níliáo/ㄋㄧˊ ㄌㄧㄠˊ
pelotherapy
【医】利用加热的泥入浴或敷在患部进行治疗的方法。治疗用泥有淤泥、矿泥、泥煤、人工泥等，泥中含矿物质、有机物、气体等，加热温度在40～50℃之间，有温热作用以及机械作用、化学作用、生理作用等。用于治疗非急性炎症，关节、肌肉、韧带等的创伤后遗症。

泥流/泥流 níliú/ㄋㄧˊ ㄌㄧㄡˊ
mud flow
【地】携带大量黏土及粉砂级颗粒的流动体。因流动体中所含的水、黏土和岩屑的比例不同而具有不同的流动性特征。

泥煤 níméi/ㄋㄧˊ ㄇㄟˊ
【化】即“泥炭”(833页)。

泥漠/泥質沙漠 nímò/ㄋㄧˊ ㄓˋ ㄕㄚ ㄇㄛˋ
argillaceous desert
【地】地表完全被泥质沉积物覆盖的荒漠地区。主要因湖泊逐渐干涸而形成。多分布在荒漠低洼处。

泥盆纪/泥盆紀 nípénjì/ㄋㄧˊ ㄆㄣˊ ㄐㄧˋ
Devonian Period
【地】古生代的第四个纪。从距今4.16亿年开始，至距今3.592亿年结束。这个时期早期裸蕨繁茂，中期以后蕨类和原始裸子植物出现。无脊椎动物除珊瑚、腕足类和层孔虫等继续繁盛外，还出现了原始的菊石和昆虫。脊椎动物的鱼类空前发展，故泥盆纪有“鱼类时代”之称。

泥盆系/泥盆系 nípénxì/ㄋㄧˊ ㄆㄣˊ ㄒㄧˋ
Devonian System

【地】古生界的第四个系。是泥盆纪时期形成的地层。

泥鳅/泥鰍 níqiū/ㄋㄧˊ ㄑㄧㄡ

loach

【动】*Misgurnus anguillicaudatus* 鱼名。硬骨鱼纲鳅科。身体延长，近圆筒形，长约10厘米，尾端侧扁，鳞小，有黏液，黄褐色，有不规则黑色斑点，头小而尖，嘴有须。离水时能进行肠呼吸。生活在河湖、池沼、水田等处，常钻在泥中。

泥石流/土石流 níshíliú/ㄊㄨˇ ㄕˊ ㄌㄧㄡˊ

debris flow

【地】发生在山区的携带有大量泥沙石块的特殊洪流。可以由暴雨、暴雪、冰川融水或堰塞湖溃决等原因引起。暴发突然，流动快速，虽历时短暂，但破坏力巨大，会严重破坏生态环境、村庄、交通及工程设施，危害工农业生产。

泥炭/泥炭 nítàn/ㄋㄧˊ ㄊㄢˋ

peat

【地】又称"泥煤"。煤化程度最低的煤。是湖沼中的植物在水体底部缺氧环境下不完全分解所形成。含水量很高，可见未分解完的植物的枝、叶、皮等。可含有腐殖酸、沥青等。晒干后可作燃料、化工原料和绝热材料等。

泥岩/泥岩 níyán/ㄋㄧˊ ㄧㄢˊ

mudstone

【地】黏土岩的一类。块状，层理不明显。按混入物不同，可分为粉砂质泥岩、铁质泥岩、碳质泥岩、钙质泥岩等。

泥质岩 nízhìyán/ㄋㄧˊ ㄓˊ ㄧㄢˊ

【地】即"黏土岩"(836页)。

泥質沙漠 ㄋㄧˊ ㄓˊ ㄕㄚ ㄇㄛˋ/nízhì shāmò

argillaceous desert

【地】台湾名。即"泥漠"(832页)。

铌/鈮 ní/ㄋㄧˊ

niobium

【化】金属元素。属周期表第ⅤB族，符号Nb，原子序数41。原子量92.91。单质为钢灰色金属，质硬，有延展性，化学性质不活泼。可用来制耐高温合金和超导合金，也用于核反应堆材料。

📖 1801年，英国的哈切特(C.Hatchett)分析来自哥伦比亚的一种矿石(后确认为铌铁矿)，发现了一种新元素的氧化物。这种新元素的拉丁文定名为columbium，源自Columbia，用以纪念它的产地哥伦比亚。1932年中文定名为"钶"，是形声字。1844年，德国的罗斯(H.Rose)从波登马伊斯出产的一种矿石中，分离出两个元素相似的化合物，一种元素是钽，另一种认为是新元素。拉丁文定名为niobium，源自Niobe，是希腊神话中英雄坦塔罗斯的女儿"尼奥勃"的名字。1866年，瑞士的马利纳克(J.G.G.Marignac)发现这两种元素实际是同一种。1949年，国际上规定统称为niobium。1951年，中文定名为"铌"，是形声字。

倪藤/倪藤 níténg/ㄋㄧˊ ㄊㄥˊ

【植】即"买麻藤"(780页)。

霓/霓 ní/ㄋㄧˊ

secondary rainbow

【气】又称"副虹"。出现在虹之外、色序与虹的相反(外紫内红)、色彩亮的光环。

鲵/鯢 ní/ㄋㄧˊ

salamander

【动】两栖动物名。大鲵和小鲵的统称。

拟胆碱药/擬膽鹼藥

nǐdǎnjiǎnyào/ㄋㄧˇ ㄉㄢˇ ㄐㄧㄢˇ ㄧㄠˋ

cholinomimetics

【医】作用类似内源性神经递质乙酰胆碱的药物。按作用性质不同，可分为直接作用于胆碱受体的药物(如毛果芸香碱)和抑制胆碱酯酶作用的药(如新斯的明)等。

拟副交感神经药/擬副交感神經劑

nǐ fùjiāogǎn shénjīng yào/

ㄋㄧˇ ㄈㄨˋ ㄐㄧㄠ ㄍㄢˇ ㄕㄣˊ ㄐㄧㄥ ㄐㄧˋ

parasympathomimetics

【医】能引起与副交感神经兴奋效应相似的药物。主要是胆碱能神经药物类，如毒蕈碱及类似药物。

拟交感神经药/擬交感神經劑

nǐ jiāogǎn shénjīng yào/

ㄋㄧˇ ㄐㄧㄠ ㄍㄢˇ ㄕㄣˊ ㄐㄧㄥ ㄐㄧˋ

sympathomimetics

【医】能引起与交感神经兴奋效应相似的药物。如去甲肾上腺素。

拟南芥菜 nǐnánjiècài/ㄋㄧˇ ㄋㄢˊ ㄐㄧㄝˋ ㄘㄞˋ

【植】即"鼠耳芥"(1049页)。

拟肾上腺素药/擬腎上腺素藥 nǐshènshàngxiànsùyào/ㄋㄧˇ ㄕㄣˋ ㄕㄤˋ ㄒㄧㄢˋ ㄙㄨˋ ㄧㄠˋ

adrenergic

【医】能与肾上腺素受体结合,并使其激动产生与肾上腺素相似作用的药物。可引起血管收缩、升高血压、散大瞳孔、舒张支气管、弛缓胃肠肌、加速心率、加强心肌收缩力以及减少黏膜分泌等作用。临床上主要应用于升压、平喘、减轻鼻黏膜充血等。

拟态/擬態 nǐtài/ㄋㄧˇ ㄊㄞˋ

mimicry

【动】某些动物在进化过程中形成的,外形或色泽、斑纹同另一种生物或环境中其他物体相似的现象。有蒙蔽捕食者、保护自身的作用。在昆虫中最为常见,如枯叶蛱蝶。

拟柱体/擬柱體 nǐzhùtǐ/ㄋㄧˇ ㄓㄨˋ ㄊㄧˇ

prismatoid

【数】所有顶点分别在两个平行平面内的多面体。两个平行平面内的面叫作拟柱体的底面,其他各面叫作拟柱体的侧面,侧面的交线叫作拟柱体的侧棱,两底面之间的距离叫作拟柱体的高。

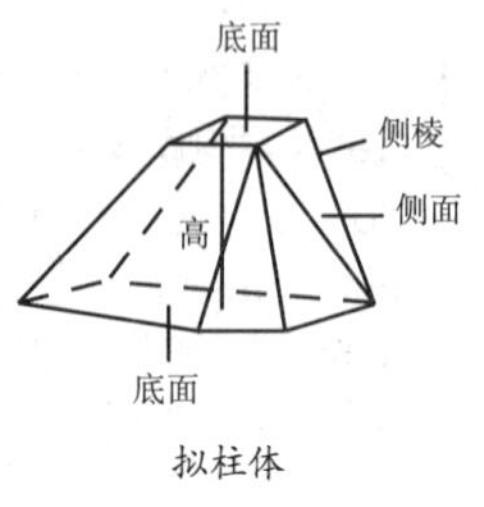

拟柱体

拟柱体体积 $V=\frac{1}{6}h(S_1+S_2+4S_0)$,$S_1$,$S_2$ 分别为两底面的面积,S_0 为两底面之间的中截面的面积,h 为高。拟柱体的侧面可以是三角形、四边形。棱柱、棱锥、棱台是特殊的拟柱体。

擬副交感神經劑

ㄋㄧˇ ㄈㄨˋ ㄐㄧㄠ ㄍㄢˇ ㄕㄣˊ ㄐㄧㄥ ㄐㄧˋ/

nǐ fùjiāogǎn shénjīng jì

parasympathomimetics

【医】台湾名。即“拟副交感神经药”(833 页)。

擬交感神經劑

ㄋㄧˇ ㄐㄧㄠ ㄍㄢˇ ㄕㄣˊ ㄐㄧㄥ ㄐㄧˋ/

nǐ jiāogǎn shénjīng jì

sympathomimetics

【医】台湾名。即“拟交感神经药”(833 页)。

擬隨機信號

ㄋㄧˇ ㄙㄨㄟˊ ㄐㄧ ㄒㄧㄣˋ ㄏㄠˋ/nǐsuíjī xìnhào

pseudorandom signal

【信息】台湾名。即“伪随机信号”(1184 页)。

逆变器/反向器 nìbiànqì/ㄈㄢˇ ㄒㄧㄤˋ ㄑㄧˋ

inverter

【电】将直流电流变换成单相或多相交流电流的电能变换器。

逆定理/逆定理 nìdìnglǐ/ㄋㄧˋ ㄉㄧㄥˋ ㄌㄧˇ

inverse theorem

【数】若一个定理的逆命题能被证明为真命题,则这个逆命题叫作这个定理的逆定理。例如,“若三角形中两边的平方和等于第三边的平方,则这个三角形是直角三角形,第三边所对的是直角”是勾股定理的逆定理。

逆反心理 nìfǎn xīnlǐ/ㄋㄧˋ ㄈㄢˇ ㄒㄧㄣ ㄌㄧˇ

【心】即“心理逆反”(1267 页)。

逆否命题/逆否命題

nì-fǒu mìngtí/ㄋㄧˋ ㄈㄡˇ ㄇㄧㄥˋ ㄊㄧˊ

converse negative proposition

【数】设有原命题“若 A 则 B”,同时否定它的条件和结论并交换它们的位置,得到的命题“若非 B 则非 A”,叫作原命题的逆否命题。例如,“若内错角相等,则两直线平行”与“若两直线不平行,则内错角不相等”互为逆否命题。原命题与其逆否命题同真假,因此两者等价。

逆矩阵/反矩陣

nìjǔzhèn/ㄈㄢˇ ㄐㄩˇ ㄓㄣˋ

inverse matrix

【数】对于 n 阶矩阵 $\boldsymbol{A}$,若有 n 阶矩阵 $\boldsymbol{B}$,使 $\boldsymbol{AB}=\boldsymbol{BA}=\boldsymbol{I}$,$\boldsymbol{I}$ 是 n 阶单位阵,则称 $\boldsymbol{B}$ 为 $\boldsymbol{A}$ 的逆矩阵,记作 $\boldsymbol{B}=\boldsymbol{A}^{-1}$。例如,$\boldsymbol{A}=\begin{pmatrix}2 & 0\\0 & 4\end{pmatrix}$,$\boldsymbol{A}^{-1}=\begin{pmatrix}0.5 & 0\\0 & 0.25\end{pmatrix}$。不是任何 n 阶矩阵都有逆矩阵。若 n 阶矩阵 $\boldsymbol{A}$ 有逆矩阵,则 $\boldsymbol{A}^{-1}$ 是唯一的。

逆命题/逆命題 nìmìngtí/ㄋㄧˋ ㄇㄧㄥˋ ㄊㄧˊ

converse proposition

【数】设有原命题“若 A 则 B”,交换它的条件和结论,得到的命题“若 B 则 A”,叫作原命题的逆命题。例如,“若内错角相等,则两直线平行”与“若两直线平行,则内错角相等”互为逆命题。原命题与其逆命题可能同真假，也可能一真一假。

逆温层/逆温層 nìwēncéng/ㄋㄧˋ ㄨㄣ ㄘㄥˊ

inversion layer

【气】气温随高度增加而增加或保持不变的大气层次。本身稳定且会阻碍其下层空气的对流上升运动。

逆向物流/逆向物流 nìxiàng wùliú/ㄋㄧˋ ㄒㄧㄤˋ ㄨˋ ㄌㄧㄡˊ

reverse logistics

【物流】原材料、半成品、产成品以及相关信息从使用地到起始地的物流活动。目的是恢复物品的使用价值或合理处置物品。因与传统物流方向相反，故名。

逆序部分 ㄋㄧˋ ㄒㄩˋ ㄅㄨˋ ㄈㄣ/nìxù bùfēn

negative sequence component

【电】台湾名。即“负序分量”(365 页)。

逆映射/反映射 nìyìngshè/ㄈㄢˇ ㄧㄥˋ ㄕㄜˋ

inverse mapping

【数】若映射 $f:A\to B$ 为一一映射，建立映射 $f^{-1}:B\to A$，使 B 中任一元素 y 对应它在 f 下的原像，则 $f^{-1}:B\to A$ 叫作 $f:A\to B$ 的逆映射。例如，$f(x)=2x$ 是实数集 $\mathbf{R}$ 到 $\mathbf{R}$ 的一个双射，它的逆映射为 $f^{-1}(y)=\frac{1}{2}y$，$y\in\mathbf{R}$。$f^{-1}(f(x))=x$，$f(f^{-1}(y))=y$，即 $f^{-1}\circ f$ 和 $f\circ f^{-1}$ 分别是 A,B 上的恒等映射。

逆运算/逆運算 nìyùnsuàn/ㄋㄧˋ ㄩㄣˋ ㄙㄨㄢˋ

inverse operation

【数】台湾又称“反運算”。由一种运算的结果以及参与运算的部分对象，得出参与运算的其他对象的操作，叫作原来运算的逆运算。例如，$a-b$ 是从加法的和 a 与一个加数 b 求另一个加数，即求满足 $b+c=a$ 中的 c，所以减法是加法的逆运算。

逆止阀 nìzhǐfá/ㄋㄧˋ ㄓˇ ㄈㄚˊ

【机】即“止回阀”(1446 页)。

腻子/油灰 nìzi/ㄧㄡˊ ㄏㄨㄟ

putty

【建】嵌填墙面的缺陷或缝隙，使其表面平整的膏状材料。

nian (ㄋㄧㄢ)

年/年 nián/ㄋㄧㄢˊ

year

【天】以地球绕太阳公转运动为基础确定的时间单位。选用的天球参考点不同，所得年的长度有差别。太阳在天球上连续两次通过春分点所需要的时间间隔称为回归年。其长度为365.242 20平太阳日。

📖 通常公历以 365 天为一年，4 年一闰，闰年 366 天；农历以 353 天、354 天或 355 天为一年，19 年七闰，闰年 383 天、384 天或 385 天。

鲇鱼/鯰魚 niányú/ㄋㄧㄢˊ ㄩˊ

catfish

【动】*Silurus asotus* 鱼名。硬骨鱼纲鲇科。身体前部平扁，后部侧扁，长可达 1 米以上，灰黑色，有斑块，口宽大，成鱼有须两对。尾圆而短，体表多黏液，无鳞。生活在淡水中，以小鱼和无脊椎动物为食。中国各地均有分布。

鲇鱼效应/鯰魚效應

niányú xiàoyìng/ㄋㄧㄢˊ ㄩˊ ㄒㄧㄠˋ ㄧㄥˋ

catfish effect

【心】一种社会心理效应。据说古时候日本渔民出海捕鱼，由于船舱小，到岸时鳗鱼几乎死光了。一个渔民在盛鳗鱼的船舱里放入一些鲇鱼，两种鱼相互争斗，鳗鱼就活了下来。这个效应说明，集体只有不断地补充新鲜血液，才有活力；个人只有积极地参与竞争，才能更快地成长和发展。

黏虫/夜盜蛾 niánchóng/ㄧㄝˋ ㄉㄠˋ ㄜˊ

armyworm

【动】*Mythimna separata* 又称“行军虫”。昆虫名。鳞翅目夜蛾科。成虫淡灰褐色，前翅中央有两个淡黄色的圆形斑纹，后翅尖与边缘黑灰色，昼伏夜出。幼虫头部褐色，背上和两侧有黄黑色纵线。幼虫危害小麦、玉米、水稻等茎叶。分布较广，危害极大。虫害暴发的年份，幼虫成群结队迁移。

黏度 niándù/ㄋㄧㄢˊ ㄉㄨˋ

【计量】“动力黏度”的简称。

黏附/黏附 niánfù/ㄋㄧㄢˊ ㄈㄨˋ

adhesion

【化】不需借助溶剂、热等外界条件，通过物质自身的微弱作用力粘在被粘物表面上，如再将其分开，被粘物表面不留痕迹。

黏合/黏著 niánhé/ㄋㄧㄢˊ ㄓㄨㄛˊ

adhesion

【化】两物体接触面相结合的现象。与黏附不同，黏合使两物质间形成新的结合面，界面上的分子能相互扩散渗透，多为界面上分子起化学反应，形成牢固的化学键结合。两物体黏合后通常可结合成一体。

黏合剂/黏合劑 niánhéjì/ㄋㄧㄢˊ ㄏㄜˊ ㄐㄧˋ

adhesive

【化】又称“胶黏剂”，台湾又称“黏著劑”。以黏合为主要目的的胶。能使被粘物之间通过机械结合、物理吸附、互相扩散或形成化学键等作用产生黏附力。天然黏合剂主要成分是蛋白质(如鳔胶等)；合成高分子黏合剂品种多，用量大，性能好，功能强。

黏合磨擦物

ㄋㄧㄢˊ ㄏㄜˊ ㄇㄛˊ ㄘㄚ ㄨˋ/niánhé mócāwù

bonded abrasive

【机】台湾名。即“固结磨具”(430 页)。

黏胶纤维/黏液纖維

niánjiāo xiānwéi/ㄋㄧㄢˊ ㄧㄝˋ ㄒㄧㄢ ㄨㄟˊ

viscose fibre

【化】再生纤维的一类。以从棉短绒、木材等植物材料中提取和纯化得到的纤维素为原料，生成纤维素黄原酸酯后制得。属再生纤维素纤维。包括人造丝、人造棉等。

黏接/黏接 niánjiē/ㄋㄧㄢˊ ㄐㄧㄝ

bonding

【化】又称“胶接”。用黏合剂将被粘物连接在一起的过程。

黏結材料

ㄋㄧㄢˊ ㄐㄧㄝˊ ㄘㄞˊ ㄌㄧㄠˋ/niánjié cáiliào

binding materials, cementing materials

【材】台湾名。即“胶凝材料”(614 页)。

黏力 niánlì/ㄋㄧㄢˊ ㄌㄧˋ

【物】“黏性力”的简称。

黏土/黏土 niántǔ/ㄋㄧㄢˊ ㄊㄨˇ

clay

【地】粒径小于0.0039毫米的颗粒。主要成分是黏土矿物，可含有少量石英、长石等其他矿物的颗粒。

黏土質土壤

ㄋㄧㄢˊ ㄊㄨˇ ㄓˊ ㄊㄨˇ ㄖㄤˇ/niántǔzhì tǔrǎng

clayey soil

【水利】台湾名。即“黏质土”(836 页)。

黏土岩/黏土岩 niántǔyán/ㄋㄧㄢˊ ㄊㄨˇ ㄧㄢˊ

claystone

【地】又称“泥质岩”。沉积岩的一类。粒度小于0.0039 毫米的碎屑组成的岩石。其中黏土矿物的含量通常大于 50%。主要是高岭石族、多水高岭石族、蒙脱石族、水云母族和绿泥石族矿物。致密均一，不透水，强度低，易产生压缩变形，抗风化能力较低。有泥岩和页岩两类。

黏性/黏性 niánxìng/ㄋㄧㄢˊ ㄒㄧㄥˋ

viscosity

【物】流体的一种性质。流体在运动状态下抵抗剪切变形速率能力的性质。是运动流体产生机械能损失的根源。实际流体都是黏性不能忽略的黏性流体。

黏性力/黏性力 niánxìnglì/ㄋㄧㄢˊ ㄒㄧㄥˋ ㄌㄧˋ

viscous force

【物】简称“黏力”，又称“内摩擦力”。存在于流体中阻碍各层流体之间相对运动的力。与相对运动方向相反。

黏液纖維

ㄋㄧㄢˊ ㄧㄝˋ ㄒㄧㄢ ㄨㄟˊ/niányè xiānwéi

viscose fibre

【化】台湾名。即“黏胶纤维”(836 页)。

黏液质/黏液質 niányèzhì/ㄋㄧㄢˊ ㄧㄝˋ ㄓˊ

lymphatic temperament

【心】人的气质类型之一。按巴甫洛夫高级神经活动类型学说，强而平衡、不灵活的神经活动类型为黏液质的生理基础。其外部表现为安静、沉着、稳重，反应较慢，思维、言语及行动迟缓，不灵活，情绪发生慢而弱，不易转移注意。心平气和，不易冲动。内向，态度持重，自我控制能力和持久性较强，但易因循守旧，不易适应新环境。坚韧、固执、淡漠。

黏质土/黏土質土壤

niánzhìtǔ/ㄋㄧㄢˊ ㄊㄨˇ ㄓˊ ㄊㄨˇ ㄖㄤˇ

N

clayey soil

【水利】粒径小于0.005毫米的颗粒含量在总质量中超过50%,且塑性指数大于或等于10的土。如砂质黏土、黏土等。

黏著 ㄋㄧㄢˊ ㄓㄨㄛˊ/niánzhuó

adhesion

【化】台湾名。即"黏合"(836页)。

黏著劑 ㄋㄧㄢˊ ㄓㄨㄛˊ ㄐㄧˋ/niánzhuójì

adhesive

【化】台湾名。即"黏合剂"(836页)。

捻度/撚度 niǎndù/ㄋㄧㄢˇ ㄉㄨˋ

twist

【纺】复丝或纱线在退捻前的规定长度内的捻回数。通常以每米捻回数或每厘米的捻回数表示。按加捻方向分为Z捻和S捻。

碾米机/碾米機 niǎnmǐjī/ㄋㄧㄢˇ ㄇㄧˇ ㄐㄧ

rice mill

【机】农业机械的一种。将稻谷或糙米加工成白米的机械。由喂料、碾白、调节、分离、出料、动力及传动装置组成。

niang (ㄋㄧㄤ)

酿热物/釀熱物 niàngrèwù/ㄋㄧㄤˋ ㄖㄜˋ ㄨˋ

ferment material

【农】铺垫在温床下,发酵时能产生热量的有机物。如牛马粪、秸秆、厩肥、生物垃圾等。

酿造/釀造 niàngzào/ㄋㄧㄤˋ ㄗㄠˋ

brewing

【轻】利用微生物的发酵作用,制造发酵食品的过程。如酿酒、制酱油、制食醋等。

酿造酒 niàngzàojiǔ/ㄋㄧㄤˋ ㄗㄠˋ ㄐㄧㄡˇ

【轻】即"发酵酒"(305页)。

釀酒酵母

ㄋㄧㄤˋ ㄐㄧㄡˇ ㄒㄧㄠˋ ㄇㄨˇ/niàngjiǔ jiàomǔ

distillers' yeast

【化】台湾名。即"酒曲"(649页)。

niao (ㄋㄧㄠ)

鸟/鳥 niǎo/ㄋㄧㄠˇ

bird

【动】脊椎动物的一纲。由古爬行类中的兽角类恐龙或假鳄类进化而来。体温恒定,卵生,几乎全身有羽毛,前肢变为翅膀,通常会飞,后肢能行走。按生活习惯不同,可分为陆禽、游禽、涉禽、猛禽、攀禽、鸣禽等。

鸟氨酸/鳥胺酸

niǎo'ānsuān/ㄋㄧㄠˇ ㄢ ㄙㄨㄢ

ornithine

【生】非蛋白质氨基酸的一种。参与人体鸟氨酸循环,在体内能促进腐胺、精脒、精素等多胺化合物的生成,有激活鸟氨酸循环,促进肝脏解氨毒的作用。

鸟苷/鳥苷 niǎogān/ㄋㄧㄠˇ ㄍㄢ

guanosine, guanine riboside

【生】全称"鸟嘌呤核苷"。核苷的一种。白色或类白色结晶状粉末。是制备三氧唑核苷、三磷酸鸟苷钠等药物的主要原料。

鸟笼效应/鳥籠效應

niǎolóng xiàoyìng/ㄋㄧㄠˇ ㄌㄨㄥˊ ㄒㄧㄠˋ ㄧㄥˋ

birdcage effect

【心】一种社会心理效应。美国心理学家詹姆斯(W.James,1842—1910)发现,如果一个人的家里有一只别人赠送的空鸟笼,那么他可能很快就会再买一只鸟放进笼子里喂养。这个效应说明,人们在偶然获得一件本不需要的物品的基础上,会自觉不自觉地继续添加与之相关而自己仍不需要的东西。

鸟嘌呤/鳥嘌呤

niǎopiàolìng/ㄋㄧㄠˇ ㄆㄧㄠˋ ㄌㄧㄥˊ

guanine, G

【生】嘌呤型碱基的一种。存在于DNA和RNA中。在DNA中,一股链上的胞嘧啶(C)与另一股链上的鸟嘌呤(G)配对,相互形成3个氢键,可以稳定DNA双螺旋结构。因这种碱基最初从鸟粪中发现,故名。

鸟嘌呤核苷

niǎopiàolìng hégān/

ㄋㄧㄠˇ ㄆㄧㄠˋ ㄌㄧㄥˊ ㄏㄜˊ ㄍㄢ

【生】"鸟苷"的全称。

鸟撞/鳥擊 niǎozhuàng/ㄋㄧㄠˇ ㄐㄧˊ

bird strike

【航】鸟类与航空器间的碰撞,即航空器在低空飞行或接近着陆时,迎面受到飞鸟撞击而造成局部损伤。

N

茑萝松/蔦蘿 niǎoluósōng/ㄋㄧㄠˇ ㄌㄨㄛˊ
cypress vine
【植】*Ipomoea quamoclit* 旋花科茑萝属。一年生草本植物。茎柔弱缠绕。叶卵形,羽状深裂至中脉,裂片线状。聚伞花序腋生,花直立,花冠高脚碟状,深红色,花冠管柔弱,上部稍膨大,冠檐开展。花期夏季。中国各地均有栽培。观赏花卉。全草入药。

鳥胺酸 ㄋㄧㄠˇ ㄢ ㄙㄨㄢ/niǎo'ànsuān
ornithine
【生】台湾名。即"鸟氨酸"(837 页)。

鳥擊 ㄋㄧㄠˇ ㄐㄧˊ/niǎojī
bird strike
【航】台湾名。即"鸟撞"(837 页)。

蔦蘿 ㄋㄧㄠˇ ㄌㄨㄛˊ/niǎoluó
cypress vine
【植】台湾名。即"茑萝松"(838 页)。

尿不尽/尿不盡 niàobùjìn/ㄋㄧㄠˋ ㄅㄨˋ ㄐㄧㄣˋ
incomplete bladder emptying
【医】排尿后仍感觉膀胱内有尿液未排出的现象。常见于泌尿系统感染、前列腺增生或下尿路症状等。

尿道/尿道 niàodào/ㄋㄧㄠˋ ㄉㄠˋ
urethra
【医】从膀胱通向体外的管道器官。男性尿道起于膀胱的尿道内口,穿过前列腺、尿生殖膈及阴茎海绵体,止于阴茎头顶端的尿道外口;女性尿道起于尿道内口,行向前下方,穿过尿生殖膈,开口于阴道前庭的尿道外口。男性尿道较长,有排尿和排精双重功能;女性尿道较短,主要功能为排尿。

尿道结石/尿道結石
niàodào jiéshí/ㄋㄧㄠˋ ㄉㄠˋ ㄐㄧㄝˊ ㄕˊ
calculus of urethra
【医】又称"尿路结石"。因由晶体物质和有机物质在泌尿道异常聚积形成石状的病症。主要表现为肾绞痛、血尿、尿闭及尿路感染等。

尿苷/尿苷 niàogān/ㄋㄧㄠˋ ㄍㄢ
uridine, uracil riboside
【生】全称"尿嘧啶核苷"。核苷的一种。白色针状晶体或粉末,无气味,味稍甜而微辛。能促进和改善心肌及脑细胞代谢,加速蛋白质、核酸生物合成和能量产生。

尿激酶/尿激酶 niàojīméi/ㄋㄧㄠˋ ㄐㄧ ㄇㄟˊ
urokinase
【医】一种丝氨酸蛋白酶。能催化无活性的纤溶酶原变为活性的纤溶酶,可溶解静脉或动脉中形成的血栓。

尿急/尿急 niàojí/ㄋㄧㄠˋ ㄐㄧˊ
urgent micturition
【医】有尿意即急于要排尿而难以控制,但尿量却很少的症状。常与尿频同时存在。

尿路感染/尿路感染
niàolù gǎnrǎn/ㄋㄧㄠˋ ㄌㄨˋ ㄍㄢˇ ㄖㄢˇ
urinary tract infection
【医】由细菌(少数可由真菌、原虫、病毒)直接侵袭尿路引起的炎症。可分为上尿路感染和下尿路感染。前者指肾盂肾炎,后者包括尿道炎和膀胱炎。

尿路结石 niàolù jiéshí/ㄋㄧㄠˋ ㄌㄨˋ ㄐㄧㄝˊ ㄕˊ
【医】即"尿道结石"(838 页)。

尿嘧啶/尿嘧啶
niàomìdìng/ㄋㄧㄠˋ ㄇㄧˋ ㄉㄧㄥˋ
uracil, U
【生】嘧啶型碱基的一种。存在于 RNA 中。在 RNA 双链中,尿嘧啶(U)可通过氢键和腺嘌呤(A)配对,也可和鸟嘌呤(G)配对。

尿嘧啶核苷
niàomìdìng hégān/ㄋㄧㄠˋ ㄇㄧˋ ㄉㄧㄥˋ ㄏㄜˊ ㄍㄢ
【生】"尿苷"的全称。

尿频/排尿頻繁
niàopín/ㄆㄞˊ ㄋㄧㄠˋ ㄆㄧㄣˊ ㄈㄢˊ
frequent micturition
【医】排尿次数增多的症状。通常认为成人每日排尿次数≥8 次,或夜间排尿次数≥2 次,且每次排出尿量少于 200 毫升即为尿频。多因尿液产生过多、膀胱容量缩小和膀胱不能完全排空及尿道刺激症状所引起。

尿失禁/小便失禁
niàoshījìn/ㄒㄧㄠˇ ㄅㄧㄢˋ ㄕ ㄐㄧㄣˋ
urinary incontinence
【医】尿液不自主流出的现象。漏出道是尿道的,称为尿道源性尿失禁;漏出道是其他腔道(如阴道)的,称为尿道外尿失禁。

尿素/尿素 niàosù/ㄋㄧㄠˋ ㄙㄨˋ
urea, carbamide

【化】又称“脲”。有机化合物。化学式$(H_2N)_2CO$。纯品为针状或棱柱状晶体，无色，无臭，含杂质时略带微红色。存在于人类和哺乳动物的尿中。农业上用作氮肥，工业上用作动物饲料添加剂，也用于制药和脲醛树脂等。

尿酸/尿酸 niàosuān/ㄋㄧㄠˋ ㄙㄨㄢ

uric acid

【医】核酸中嘌呤代谢的最终产物。当血中浓度高时，能沉积于关节、耳郭等处形成痛风石。主要用于诊断肾脏疾病和痛风。

尿痛/尿痛 niàotòng/ㄋㄧㄠˋ ㄊㄨㄥˋ

pain in urination

【医】排尿时感到尿道疼痛的症状。疼痛通常呈烧灼、针刺样痛感，可发生在排尿初、排尿中、排尿末或排尿后。见于膀胱、尿道或前列腺感染。

尿潴留/尿瀦留

niàozhūliú/ㄋㄧㄠˋ ㄓㄨ ㄌㄧㄡˊ

urine retention

【医】尿液在膀胱内不能排出的异常现象。尿液完全潴留膀胱，称为完全性尿潴留；排尿后仍有残留尿液，称为不完全性尿潴留。

脲/脲 niào/ㄋㄧㄠˋ

❶urea, carbamide, ❷urea

【化】❶即“尿素”(838 页)。❷一类含氮有机化合物。尿素中的氢被其他原子取代而成。

nie （ㄋㄧㄝ）

啮合/接合 nièhé/ㄐㄧㄝ ㄏㄜˊ

engagement

【机】台湾又称“銜接”。机械传动装置中，一对带有齿状部分的零件依次交替接触，以实现一定规律的相对运动的过程。

镍/鎳 niè/ㄋㄧㄝˋ

nickel

【化】金属元素。属周期表第ⅧB 族，符号Ni，原子序数 28。原子量58.69。自然界主要存在于红镍矿、硅镁镍矿和针镍矿等中。单质为银白色金属，质硬而韧，延展性好。有磁性，耐腐蚀性极强，在空气中不易氧化。可用于电镀，制造合金钢等。

📖 公元前 3 世纪，中国人用镍矿石与铜炼成白铜；17 世纪，德国人发现了一种表面带绿斑点的红棕色矿石（后确认为镍砒矿），误以为是铜矿；1751 年，瑞典的克龙斯泰特(A.F. Cronstedt)对镍砒矿进行实验后，确认这是一种新元素。拉丁文定名为 niccolum，源自德文 Kupfernickl，意思是“假铜”。中文定名为“镍”，是形声字。

镍镉电池/鎳鎘電池

niègé diànchí/ㄋㄧㄝˋ ㄍㄜˊ ㄉㄧㄢˋ ㄔˊ

Ni-Cd rechargeable battery, nickel-cadmium battery

【化】电池的一种。分别以氧化镍粉、氧化镉粉为正负极，氢氧化钾溶液作为电解液组成的可充电电池。特点是容量大，可快速充电，耐过充电和过放电能力强。常用作录像机、摄像机的电源。

镍氢电池/鎳氫電池

nièqīng diànchí/ㄋㄧㄝˋ ㄑㄧㄥ ㄉㄧㄢˋ ㄔˊ

Ni-MH battery, nickel-metal hydride battery

【化】电池的一种。以镍氢化合物为正极，其他金属氢化物为负极，氢氧化钾为电解液组成的充电电池。特点是电量储备较多，材料无毒，对环境污染小。常用作手机、数字摄像机、数字照相机、便携式计算机、电动工具、电动玩具、电动自行车及混合电动车的电源。

ning （ㄋㄧㄥ）

柠檬/檸檬 níngméng/ㄋㄧㄥˊ ㄇㄥˊ

lemon

【植】*Citrus limon* 芸香科柑橘属。常绿小乔木。嫩叶及花芽暗紫红色。叶片厚纸质，卵形或椭圆形，先端尖，边缘有齿。花萼杯状，花瓣外面淡紫红色，内面白色。果椭圆形或卵形，两端狭，顶部狭长并有突尖，果皮厚，粗糙，柠檬黄色，难剥离，富含油点，有香气，瓤囊 8～11 瓣，汁胞淡黄色，果汁酸。花期 4—5 月份，果期 9—11 月份。在中国，分布于长江以南各地。果实可作水果。

柠檬酸/檸檬酸

níngméngsuān/ㄋㄧㄥˊ ㄇㄥˊ ㄙㄨㄢ

N

citric acid

【化】又称"枸橼酸",学名"2-羟基丙烷-1,2,3-三羧酸"。有机化合物。分子式 $C_6H_8O_7$。无色晶体,常含1分子结晶水,无臭,有强酸味和刺激性。存在于柠檬、醋栗、覆盆子和葡萄汁等中。广泛用于食品、医药、化工和纺织业等。

凝固/固化 nínggù/ㄍㄨˋ ㄏㄨㄚˋ

solidification

【物】物质由液相转变为固相的过程。在一定条件下发生,释放热量。

凝固点/固化點

nínggùdiǎn/ㄍㄨˋ ㄏㄨㄚˋ ㄉㄧㄢˇ

solidifying point

【物】在一定压强下,物质固液两相平衡共存的温度。晶体具有确定凝固点。任何晶体的凝固点与其熔点相同。

凝固热/凝固熱 nínggùrè/ㄋㄧㄥˊ ㄍㄨˋ ㄖㄜˋ

freezing heat, heat of solidification

【物】台湾又称"固化热"。单位质量的某种液体凝固为同温度固体时释放的热量。同种物质的凝固热与熔化热数值相等。

凝华/凝華 nínghuá/ㄋㄧㄥˊ ㄏㄨㄚˊ

desublimation

【物】物质由气相直接转变为固相的过程。在一定条件下发生,释放热量。

凝华热/凝華熱

nínghuárè/ㄋㄧㄥˊ ㄏㄨㄚˊ ㄖㄜˋ

desublimation heat

【物】单位质量的某种气体凝华为同温度固体时释放的热量。同种物质的凝华热与升华热数值相等。

凝灰岩/凝灰岩

nínghuīyán/ㄋㄧㄥˊ ㄏㄨㄟ ㄧㄢˊ

tuff

【地】火山碎屑岩。主要成分是火山灰,有50%以上的颗粒粒径小于2毫米。外貌疏松多孔,粗糙,有层理,颜色多样,新鲜的为灰色、浅黄色,风化后为黄褐色、黑色、紫色、红色、白色、淡绿色等。是常用的建筑材料,还可作为制造水泥和提取钾肥的原料。

凝集/凝集 níngjí/ㄋㄧㄥˊ ㄐㄧˊ

agglutination

【化】胶体粒子等微小粒子因搅拌或添加化学品而形成大的悬浮粒子的现象。形成的大粒子是单个微粒子的集合体。主要在物理作用下产生。

凝胶/凝膠 níngjiāo/ㄋㄧㄥˊ ㄐㄧㄠ

gel

【化】一种分散体系。体系中分散相大分子相互连接形成三维网状结构,分散介质填充于其间。凝胶没有流动性,内部常含大量液体。按性质不同,可分为弹性凝胶和刚性凝胶,前者在失去分散介质时体积明显缩小,加入分散介质仍可恢复原状,如明胶;后者脱除分散介质后,再置于分散介质中不能恢复,如硅胶。脱去分散介质的凝胶称为"干胶",硅胶和硅铝胶是常见的干胶。

凝结/凝結 níngjié/ㄋㄧㄥˊ ㄐㄧㄝˊ

condensation

【物】物质由气相转变成液相的过程。

凝结热/凝結熱 níngjiérè/ㄋㄧㄥˊ ㄐㄧㄝˊ ㄖㄜˋ

condensation heat

【物】单位质量的某种气体凝结为同温度液体时释放的热量。凝结热与汽化热数值相等。

凝聚/凝聚 níngjù/ㄋㄧㄥˊ ㄐㄩˋ

coagulation

【化】胶体粒子等微小粒子因各种因素而引起的聚集现象。凝聚过程中形成凝胶状物质或分离出絮状沉淀。如升高温度、加入电解质、加入电荷相反的溶胶和浓缩等都可引起凝聚。与凝集不同,凝聚主要在化学作用下产生。

凝聚态/凝聚態 níngjùtài/ㄋㄧㄥˊ ㄐㄩˋ ㄊㄞˋ

condensed state

【物】指物质的固态、液态、等离子态等状态。处于凝聚态的物质,其粒子之间的相互作用都较强。

凝血因子/凝血因子

níngxuè yīnzǐ/ㄋㄧㄥˊ ㄒㄧㄝˋ ㄧㄣ ㄗˇ

blood coagulation factor

【医】一组参与凝血过程的血浆因子。多为蛋白质。这些因子形成酶促级联反应,即前一个因子激活下一个因子,以此类推,最终导致凝血。

niu (ㄋㄧㄡ)

牛/牛 niú/ㄋㄧㄡˊ

㊀cattle，㊁newton

㊀【动】哺乳动物名。偶蹄目牛科。反刍类家畜。身体大，头上多长有一对角，尾尖有长毛。力气大，供役使、乳用或乳肉兼用，是重要的力畜之一。种类较多，常见的有黄牛、水牛、牦牛等。㊁【计量】"牛顿"的简称。

牛蒡子/牛蒡子 niúbàngzǐ/ㄋㄧㄡˊ ㄅㄤˋ ㄗˇ

Fructus Arctii(拉)，great burdock achene

【中医】中药名。菊科植物牛蒡 *Arctium lappa* L.的干燥成熟果实。味辛、苦，性寒。归肺、胃经。疏散风热，宣肺透疹，解毒利咽。用于风热感冒，咳嗽痰多，麻疹，风疹，咽喉肿痛，痄腮丹毒，痈肿疮毒。牛蒡的根茎可用于食疗。

牛蒡子

牛顿/牛頓 niúdùn/ㄋㄧㄡˊ ㄉㄨㄣˋ

newton

【计量】简称"牛"。力的国际单位制单位。符号 N。使 1 千克质量的物体获得 1 米/秒^2 加速度所需的力为 1 牛。为纪念英国物理学家牛顿(I. Newton，1643—1727)而命名。

牛顿第二定律/牛頓第二運動定律

Niúdùn dì-èr dìnglǜ/

ㄋㄧㄡˊ ㄉㄨㄣˋ ㄉㄧˋ ㄦˋ ㄩㄣˋ ㄉㄨㄥˋ ㄉㄧㄥˋ ㄌㄩˋ

Newton second law

【物】经典力学的基本定律之一。物体的加速度 a 跟作用力 F 成正比，跟物体的质量 m 成反比。数学表达式为 $F=ma$。

📖 牛顿(I. Newton，1643—1727)在所著《自然哲学的数学原理》中，对该定律的表述是"运动的变化永远与所加的外力成正比，而且是沿着外力作用的直线方向发生的"。

牛顿第三定律/牛頓第三運動定律

Niúdùn dì-sān dìnglǜ/

ㄋㄧㄡˊ ㄉㄨㄣˋ ㄉㄧˋ ㄙㄢ ㄩㄣˋ ㄉㄨㄥˋ ㄉㄧㄥˋ ㄌㄩˋ

Newton third law

【物】经典力学的基本定律之一。两个物体间发生相互作用时，作用力 F_{12} 与反作用力 F_{21} 大小相等、方向相反，作用在同一直线上。数学表达式为 $F_{12}=-F_{21}$。

📖 牛顿(I. Newton，1643—1727)在所著《自然哲学的数学原理》中，对该定律的表述是"每个作用总有一个大小相等而方向相反的作用。或者说，两个物体的相互作用总是大小相等而方向相反的"。

牛顿第一定律/牛頓第一運動定律

Niúdùn dì-yī dìnglǜ/

ㄋㄧㄡˊ ㄉㄨㄣˋ ㄉㄧˋ ㄧ ㄩㄣˋ ㄉㄨㄥˋ ㄉㄧㄥˋ ㄌㄩˋ

Newton first law

【物】又称"惯性定律"。经典力学的基本定律之一。一个物体(指质点或做平动的刚体)如果不受外力，它保持原有的运动状态不变。

📖 牛顿(I. Newton，1643—1727)在所著《自然哲学的数学原理》中，对该定律的表述是"任何物体，都保持其静止状态或匀速直线运动状态除非施加外力迫使其改变这种状态"。

牛顿—莱布尼茨公式/Newton-Leibniz 公式

Niúdùn-Láibùnící gōngshì/

Newton-Leibniz ㄍㄨㄥ ㄕˋ

Newton-Leibniz formula

【数】微积分的重要公式。是微积分基本定理的公式表达形式。若函数 $f(x)$ 在区间$[a,b]$可积，$F(x)$ 是 $f(x)$ 的一个原函数，则 $\int_a^b f(x)\mathrm{d}x=F(b)-F(a)$。这一公式叫作牛顿—莱布尼茨公式，它表示了微分与积分的互逆关系。

牛頓第二運動定律

ㄋㄧㄡˊ ㄉㄨㄣˋ ㄉㄧˋ ㄦˋ ㄩㄣˋ ㄉㄨㄥˋ ㄉㄧㄥˋ ㄌㄩˋ/

Niúdùn dì-èr yùndòng dìnglǜ

Newton second law

【物】台湾名。即"牛顿第二定律"(841 页)。

牛頓第三運動定律

ㄋㄧㄡˊ ㄉㄨㄣˋ ㄉㄧˋ ㄙㄢ ㄩㄣˋ ㄉㄨㄥˋ ㄉㄧㄥˋ ㄌㄩˋ/

Niúdùn dì-sān yùndòng dìnglǜ

Newton third law

【物】台湾名。即"牛顿第三定律"(841 页)。

牛頓第一運動定律
ㄋㄧㄡˊ ㄉㄨㄣˋ ㄉㄧˋ ㄧ ㄩㄣˋ ㄉㄨㄥˋ ㄉㄧㄥˋ ㄌㄩˋ/
Niúdùn dì-yī yùndòng dìnglǜ
Newton first law
【物】台湾名。即"牛顿第一定律"(841 页)。

牛轭湖/牛軛湖 niú'èhú/ ㄋㄧㄡˊ ㄜˋ ㄏㄨˊ
oxbow lake
【地】又称"弓形湖""月亮湖"。弯曲的河道裁弯取直,原来的河道废弃后形成的湖泊。因形似牛轭,故名。湖北下荆江的尺八口湖和内蒙古的乌梁素海均为典型的牛轭湖。

牛海绵状脑病/牛海綿狀腦病變
niúhǎimiánzhuàngnǎobìng/
ㄋㄧㄡˊ ㄏㄞˇ ㄇㄧㄢˊ ㄓㄨㄤˋ ㄋㄠˇ ㄅㄧㄥˋ ㄅㄧㄢˋ
bovine spongiform encephalopathy, BSE
【医】通称"疯牛病"。一种牛的进行性中枢神经系统病变。可通过给牛喂食污染朊病毒的肉骨粉而致。表现为潜伏期长,精神错乱,运动失调,神经组织出现海绵状空泡,病程2～3周,长者达1年,最终死亡。

牛海綿狀腦病變
ㄋㄧㄡˊ ㄏㄞˇ ㄇㄧㄢˊ ㄓㄨㄤˋ ㄋㄠˇ ㄅㄧㄥˋ ㄅㄧㄢˋ/
niú hǎimiánzhuàngnǎo bìngbiàn
bovine spongiform encephalopathy, BSE
【医】台湾名。即"牛海绵状脑病"(842 页)。

牛黄/牛黄 niúhuáng/ ㄋㄧㄡˊ ㄏㄨㄤˊ
Calculus Bovis(拉), bezoar, * bovine bezoar
【中医】中药名。牛科动物牛 *Bos taurus domesticus* Gmelin 的干燥胆结石。味甘,性凉。归心、肝经。清心,豁痰。开窍,凉肝,息风,解毒。用于热病神昏,中风痰迷,惊痫抽搐,癫痫发狂,咽喉肿痛,口舌生疮,痈肿疔疮。现多使用人工牛黄。

牛黄解毒片/牛黄解毒片
niúhuáng jiědúpiàn/
ㄋㄧㄡˊ ㄏㄨㄤˊ ㄐㄧㄝˇ ㄉㄨˊ ㄆㄧㄢˋ
niuhuang jiedu tablets, niuhuang jiedu pian, * Bovine Bezoar Toxin-Resolving Tablet
【中医】中成药名。主要成分:牛黄、雄黄、石膏、大黄、黄芩、桔梗、冰片、甘草。清热解毒,用于火热内盛,咽喉肿痛,牙龈肿痛,口舌生疮,目赤肿痛。

牛黄清心丸/牛黄清心丸
niúhuáng qīngxīnwán/
ㄋㄧㄡˊ ㄏㄨㄤˊ ㄑㄧㄥ ㄒㄧㄣ ㄨㄢˊ
niuhuang qingxin pills, niuhuang qingxin wan, * Bovine Bezoar Heart-Clearing Pill
【中医】中成药名。主要成分:牛黄、当归、川芎、甘草、山药、黄芩、苦杏仁、大豆黄卷、大枣、白术、茯苓、桔梗、防风、柴胡、阿胶、干姜、白芍、人参、六神曲、肉桂、麦冬、白蔹、蒲黄、麝香、冰片、水牛角浓缩粉、羚羊角(用代用品)、朱砂、雄黄。口服。清心化痰,镇惊祛风。用于神志混乱,言语不清,痰涎壅盛,头晕目眩,癫痫惊风,痰迷心窍,痰火痰厥。

牛磺酸/牛磺酸
niúhuángsuān/ ㄋㄧㄡˊ ㄏㄨㄤˊ ㄙㄨㄢ
taurine
【生】非蛋白质氨基酸的一种。主要分布于中枢神经系统、视网膜、肝、骨骼肌、心脏等组织中,由含硫氨基酸代谢转变而来,在肝中与胆汁结合成牛磺胆酸,为机体吸收脂类和钙所必需。有调节神经传导、维持正常视觉机能、去毒、抗氧化、稳定生物膜功能以及调节渗透压的作用。

牛角花 niújiǎohuā/ ㄋㄧㄡˊ ㄐㄧㄠˇ ㄏㄨㄚ
【植】即"百脉根"(25 页)。

牛角椒 niújiǎojiāo/ ㄋㄧㄡˊ ㄐㄧㄠˇ ㄐㄧㄠ
【植】即"辣椒"(708 页)。

牛津布/牛津布 niújīnbù/ ㄋㄧㄡˊ ㄐㄧㄣ ㄅㄨˋ
oxford cloth
【纺】棉织物名。经纬纱采用较细的棉纱线(线密度为 13～29 特),通常经纱用色纱,纬纱用白纱。外观呈混色效应,色泽柔和,手感柔软,吸湿性好,透气性好,穿着舒适,有休闲风格。多用作衬衫面料。

牛羚/牛羚 niúlíng/ ㄋㄧㄡˊ ㄌㄧㄥˊ
takin
【动】*Budorcas taxicolor* 哺乳动物名。偶蹄目牛科。外形像牛,头大,颈粗,角粗大,四肢短，前肢比后肢粗壮，毛棕褐色或白色，颌下和颈下有胡须状的长垂毛。生活在高山森林、草甸地带，以草、树叶、花蕾等为食。在中国，分布于西南、西北地区。

牛羚

牛虻 niúméng / ㄋㄧㄡˊ ㄇㄥˊ

【动】即“虻”(794 页)。

牛皮癣 niúpíxuǎn/ ㄋㄧㄡˊ ㄆㄧˊ ㄒㄩㄢˇ

【中医】即“摄领疮”(995 页)。

牛皮纸/牛皮紙 niúpízhǐ/ ㄋㄧㄡˊ ㄆㄧˊ ㄓˇ

kraft paper

【轻】一种包装用纸。通常呈黄褐色，定量为 80～120 克/米^2，坚韧，耐水。可用作水泥袋纸、信封纸、沥青纸、绝缘纸等。

牛头刨床/牛頭刨床

niútóu bàochuáng/ ㄋㄧㄡˊ ㄊㄡˊ ㄅㄠˋ ㄔㄨㄤˊ

shaping machine

【机】刨床的一种。刨刀安装在滑枕前端的刀架上做纵向往复主运动，工作台横向或垂直间歇移动做进给运动。因刀架形似牛头，故名。主要用于刨削中小型工件上的平面、成形面和沟槽。

牛蛙/牛蛙 niúwā/ ㄋㄧㄡˊ ㄨㄚ

bullfrog

【动】*Lithobates catesbeiana* 两栖动物名。无尾目蛙科蛙属。身体大，长可达 20 厘米，体色多变化，四肢特别发达，雄蛙鸣声响亮，远闻像牛。生活在池沼、水田、池塘等处，以昆虫、鱼虾等为食。原产于北美洲。

牛膝/牛膝 niúxī/ ㄋㄧㄡˊ ㄒㄧ

Radix Achyranthis Bidentatae (拉), twotoothed achyranthes root

【中医】中药名。苋科植物牛膝 *Achyranthes bidentata* Bl. 的干燥根。味苦、酸，性平。归肝、肾经。补肝肾，强筋骨，逐瘀通经，引血下行。用于腰膝酸痛，筋骨无力，经闭癥瘕，肝阳眩晕。

牛膝

📖 牛膝，孕妇慎用。

牛仔布/牛仔布 niúzǎibù/ ㄋㄧㄡˊ ㄗㄞˇ ㄅㄨˋ

denim

【纺】又称“劳动布”，台湾又称“丹寧布”。织物名。粗厚和较粗厚的斜纹棉织物，经纱用色线，多为靛蓝色，纬纱用白线，组织一般采用 3/1 斜纹。质地紧密，坚牢耐穿，厚实硬挺。经石磨、砂洗或生物酶洗等处理，可得到特有的风格，且手感柔软舒适。按重量不同，可分为轻型、中型和重型三类。有竹节牛仔布、弹力牛仔布、套染牛仔布等。主要用作牛仔服面料。

扭摆/扭擺

niǔbǎi/ ㄋㄧㄡˇ ㄅㄞˇ

torsional pendulum

【物】以悬线为轴往复扭动的刚体。细金属线下悬挂的悬线通过质心的刚体，绕悬线转过一小角度后放开，其运动是简谐运动。

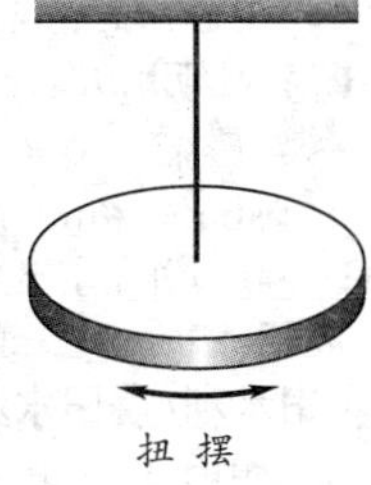
扭摆

扭矩/扭矩 niǔjǔ/ ㄋㄧㄡˇ ㄐㄩˇ

torsional moment, torque

【机】杆件受力扭转时，在任一横截面上两方剪应力所形成的内力矩。

扭伤/扭傷 niǔshāng/ ㄋㄧㄡˇ ㄕㄤ

sprain

【中医】骨伤科疾病之一。因旋转、牵拉或肌肉猛烈而不协调的收缩等间接暴力，使关节突然发生超出生理活动范围时，引起肌肉、肌腱、韧带、筋膜、关节囊等组织产生撕裂、断裂或移位等，症见局部肿胀、疼痛、活动受限、皮色青紫等。治宜活血化瘀、舒筋通络。内服壮筋养血汤或复元活血汤；外敷栀乳散及海桐皮汤熏洗，也可配合针灸、推拿治疗。

nong (ㄋㄨㄥ)

农产品/農產品

nóngchǎnpǐn/ ㄋㄨㄥˊ ㄔㄢˇ ㄆㄧㄣˇ

agricultural products

【农】农业产品。在农业生产活动中获得的植物、动物、微生物及其产品。

农场/農場 nóngchǎng/ㄋㄨㄥˊ ㄔㄤˇ
farm
【农】用机械进行大规模农业生产的具有一定规模的企业单位。

农家肥/農家肥 nóngjiāféi/ㄋㄨㄥˊ ㄐㄧㄚ ㄈㄟˊ
farmyard manure
【农】农民自行收集、加工或栽种的各种肥料的统称。例如人粪尿、厩肥、绿肥、骨粉、堆肥、沤肥、沼气肥、草木灰等。含有较多的有机物质,肥效稳定持久,长期施用能改良土壤。但须经过腐熟分解后才能被作物吸收。

农历/農曆 nónglì/ㄋㄨㄥˊ ㄌㄧˋ
Chinese traditional calendar
【天】见"阴阳历"(1347 页)。

农渠/農渠 nóngqú/ㄋㄨㄥˊ ㄑㄩˊ
distributary minors, field canal
【水利】从斗渠引水并分配到田间的渠道。是最末一级的固定渠道。

农田水利/農田水利 nóngtián shuǐlì/ㄋㄨㄥˊ ㄊㄧㄢˊ ㄕㄨㄟˇ ㄌㄧˋ
farmland water conservancy
【农】为农业增产而进行的水利工程建设以及相应的耕作措施。调节、改善农田水分状况和地区水利条件,提高抗灾能力,促进生态环境的良性循环。

农学/農藝學 nóngxué/ㄋㄨㄥˊ ㄧˋ ㄒㄩㄝˊ
agronomy
【农】研究作物生产理论,提高作物生产和管理技术的学科。主要包括作物育种学和作物栽培学,广义上也包括土壤管理、种植制度、植物保护、施肥、农田水利、农业机械、农产品加工与储藏和病虫害防治等领域。

农药/農藥 nóngyào/ㄋㄨㄥˊ ㄧㄠˋ
pesticides
【农】农业上使用的化学药剂。包括杀虫剂、杀菌剂、杀螨剂、杀线虫剂、杀鼠剂、除草剂、脱叶剂、植物生长调节剂等。

农药残留/農藥殘留 nóngyào cánliú/ㄋㄨㄥˊ ㄧㄠˋ ㄘㄢˊ ㄌㄧㄡˊ
pesticide residue
【环】农药施用后,一部分农药及其有害降解物和代谢物残存于环境和农牧产品中的现象。农药残留量取决于环境条件、施药量、取样时间,以及农药本身及其有害降解物和代谢物在环境中的稳定性。如六六六、滴滴涕等有机氯农药的结构稳定,属持久性高残留农药。

农药污染/農藥污染 nóngyào wūrǎn/ㄋㄨㄥˊ ㄧㄠˋ ㄨ ㄖㄢˇ
pesticide pollution
【环】农药及其在自然环境中的降解产物,对人类和环境造成不良影响和危害的现象。农药在环境中迁移转化,造成大气、水体、土壤和生物污染。一些难降解农药还通过生物富集作用,进入生态系统的物质循环过程,并最终通过饮水、呼吸和食物进入人体,造成危害。

农业/農業 nóngyè/ㄋㄨㄥˊ ㄧㄝˋ
agriculture
【农】通过培育植物、动物和微生物,取得农产品及工业原料的产业。狭义上指种植业,广义上包括种植业、林业、畜牧业、副业和渔业。是国民经济中重要的产业部门,属于第一产业,是国民经济的基础。

农业废弃物/農業廢料 nóngyè fèiqìwù/ㄋㄨㄥˊ ㄧㄝˋ ㄈㄟˋ ㄌㄧㄠˋ
agricultural waste
【环】农业生产、农产品加工和农村居民生活过程中排入环境的废弃物品。主要有农田和果园产生的秸秆、杂草、树枝等,以及农副产品加工的下脚料和禽畜粪便、栏圈铺垫物等。

农业机械/農業機械 nóngyè jīxiè/ㄋㄨㄥˊ ㄧㄝˋ ㄐㄧ ㄒㄧㄝˋ
agricultural machinery
【机】用于农业生产及其产品初加工等的机械和设备的统称。可分为动力机械和作业机械两类。动力机械包括内燃机、电动机、风力机、水轮机、拖拉机、汽车和飞机等;作业机械包括种植业机械、林业机械、农副产品加工机械、畜牧机械、渔业机械、设施农业机械等。

农业污染源/農業污染源 nóngyè wūrǎnyuán/ㄋㄨㄥˊ ㄧㄝˋ ㄨ ㄖㄢˇ ㄩㄢˊ
agricultural pollution source
【环】农业生产过程中的污染源。如施有化肥和农药的农田,产生大量有机废弃物的养殖场和农副产品加工厂等。

农艺/農藝　nóngyì/ㄋㄨㄥˊ ㄧˋ

agronomy

【农】作物生产的栽培、管理等技术。大田作物的栽培、育种、土壤管理、施肥、病虫害防治、农机具应用、农田灌溉和排水、农产品的初步加工和贮藏，以及农业生产的经营管理等。

农作物/作物　nóngzuòwù/ㄗㄨㄛˋ ㄨˋ

crops

【农】农业上栽培的各种植物。包括粮食作物、经济作物、工业原料作物、饲料作物和药用作物等。

浓度/濃度　nóngdù/ㄋㄨㄥˊ ㄉㄨˋ

❶concentration，❷molarity，amount of substance concentration

【计量】❶泛指两种或两种以上物质的相对含量。在化学中常用以表示溶质在溶液中的相对含量。❷“物质的量浓度”的简称。

浓度监测/濃度監測

nóngdù jiāncè/ㄋㄨㄥˊ ㄉㄨˋ ㄐㄧㄢ ㄘㄜˋ

concentration monitoring

【环】又称“污染物浓度控制监测”。对污染源排放的污染物浓度进行测定的过程。是为环境管理实行污染物浓度控制服务的监测活动。

浓缩/濃縮　nóngsuō/ㄋㄨㄥˊ ㄙㄨㄛ

concentration

【化】台湾又称“濃集”。溶液中的部分溶剂蒸发使溶液浓度增高的过程。

浓缩系数/濃縮係數

nóngsuō xìshù/ㄋㄨㄥˊ ㄙㄨㄛ ㄒㄧˋ ㄕㄨˋ

concentration coefficient

【环】又称“生物浓缩系数”“生物积累率”“富集系数”。生物体内某种元素或难分解的化合物浓度与它生存环境中该物质的浓度的比值。用于表示生物浓缩、生物积累、生物放大等生物学现象相应的数量关系。如在一个模式生态系统中，藻和鱼对六氯化苯(六六六)的浓缩率，可分别为610和1260。

脓耳/膿耳　nóng'ěr/ㄋㄨㄥˊ ㄦˇ

suppurative otitis media，＊purulent ear

【中医】中医耳病之一。因外邪侵袭，邪毒炽盛，停聚耳窍，或脏腑虚损，正气亏虚，邪滞耳窍，无力托毒所致，症见鼓膜穿孔、耳内流脓、听力下降等。湿热火毒，郁结肝胆，治宜清泄肝火，用泻青丸、龙胆泻肝汤；风热蕴毒，治宜清热解毒，用银翘散、五味消毒饮加减。外用龙骨、五倍子、乳香、枯矾、血余炭等。

脓尿/膿尿　nóngniào/ㄋㄨㄥˊ ㄋㄧㄠˋ

pyuria

【医】存在大量白细胞的尿液。通常提示存在感染和尿路上皮对细菌入侵炎症的应答。新鲜尿液离心后，每高倍镜视野白细胞＞5个，或1小时新鲜尿液白细胞数＞40万，或12小时尿液中白细胞数＞100万即为脓尿。

脓胸/膿胸　nóngxiōng/ㄋㄨㄥˊ ㄒㄩㄥ

empyema

【医】胸膜腔受化脓性病原体感染，产生脓性渗出液积聚的现象。

農業廢料

ㄋㄨㄥˊ ㄧㄝˋ ㄈㄟˋ ㄌㄧㄠˋ/nóngyè fèiliào

agricultural waste

【环】台湾名。即“农业废弃物”(844页)。

農藝學　ㄋㄨㄥˊ ㄧˋ ㄒㄩㄝˊ/nóngyìxué

agronomy

【农】台湾名。即“农学”(844页)。

濃化　ㄋㄨㄥˊ ㄏㄨㄚˋ/nónghuà

enrichment

【化】台湾名。即“富集”(371页)。

濃化铀　ㄋㄨㄥˊ ㄏㄨㄚˋ ㄧㄡˊ/nónghuàyóu

【化】台湾名。即“富集铀”(371页)。

濃集　ㄋㄨㄥˊ ㄐㄧˊ/nóngjí

concentration

【化】台湾名。即“浓缩”(845页)。

濃霧　ㄋㄨㄥˊ ㄨˋ/nóngwù

heavy fog

【气】台湾名。即“大雾”(188页)。

濃霧預警信號

ㄋㄨㄥˊ ㄨˋ ㄩˋ ㄐㄧㄥˇ ㄒㄧㄣˋ ㄏㄠˋ/

nóngwù yùjǐng xìnhào

heavy fog warning signal

【气】台湾名。即“大雾预警信号”(188页)。

nü　(ㄋㄩ)

女儿墙/女兒牆　nǚ'érqiáng/ㄋㄩˇ ㄦˊ ㄑㄧㄤˊ

N

parapet wall
【建】又称“女墙”。建筑物外墙高出屋面的部分。呈矮墙状，多用作建筑物屋顶上的栏护设施，或作为外形处理手段，成为房屋檐部的组成部分。古代在城垣和城堡顶部用砖或石砌成凹凸形的矮墙，以利警戒和防卫。

女屐蘭 ㄋㄩˇ ㄐㄧ ㄌㄢˊ/nǚjīlán
moccasin flower
【植】台湾名。即“杓兰”(990 页)。

女墙 nǚqiáng/ㄋㄩˇ ㄑㄧㄤˊ
【建】即“女儿墙”(845 页)。

女性避孕药/女性避孕藥
nǚxìng bìyùnyào/ㄋㄩˇ ㄒㄧㄥˋ ㄅㄧˋ ㄩㄣˋ ㄧㄠˋ
contraceptives for female
【医】女性应用后，能阻断正常生殖过程，达到避孕或终止妊娠目的的药物。常用的有短效口服片、长效口服片、长效注射药、埋植剂、多相片剂、阴道栓剂和胶冻剂等。

女贞子/女貞子 nǚzhēnzǐ/ㄋㄩˇ ㄓㄣ ㄗˇ
Fructus Ligustri Lucidi（拉），glossy privet fruit
【中医】中药名。木樨科植物女贞 *Ligustrum lucidum* Ait. 的干燥成熟果实。味甘、苦，性凉。归肝、肾经。滋补肝肾，明目乌发。用于眩晕耳鸣，腰膝酸软，须发早白，目暗不明。

女贞子

女子胞 nǚzǐbāo/ㄋㄩˇ ㄗˇ ㄅㄠ
【中医】即“胞宫”(36 页)。

钕/釹 nǚ/ㄋㄩˇ
neodymium
【化】金属元素。属周期表第ⅢB 族(镧系)，符号 Nd，原子序数 60。原子量 144.2。自然界存在于独居石中。单质为银白色金属，有延展性、顺磁性，化学性质很活泼。可制成超强磁体，高功率的钕激光器发出的强激光可切割薄钢板，含钕的玻璃可吸收火焰中的黄光及紫外线。
📖 1885 年，奥地利的韦尔斯巴赫(B. Welsbach)从镨土中分离出镨土后，余下的镨即为钕土。拉丁名定名为 neodymium，源自 neo(新)和 didymium(成对的)，意思是“新镨”。中文定名为“钕”，是形声字。

nuan （ㄋㄨㄢ）

暖风机/暖風機
nuǎnfēngjī/ㄋㄨㄢˇ ㄈㄥ ㄐㄧ
heater unit
【轻】家用电器的一种。主要由电热装置、散热器及通风机构成。空气经加热装置升温后由通风机送出，使室温升高，以满足人体舒适或工艺过程的要求。

暖气团/暖氣團
nuǎnqìtuán/ㄋㄨㄢˇ ㄑㄧˋ ㄊㄨㄢˊ
warm air mass
【气】按热力性质划分的一种气团。气温高于下垫面温度或锋面另一侧的气温。

暖云/暖雲 nuǎnyún/ㄋㄨㄢˇ ㄩㄣˊ
warm cloud
【气】由温度高于 0℃ 的水滴组成的云。

nüe （ㄋㄩㄝ）

疟疾/瘧疾 nüèji/ㄋㄩㄝˋ ㄐㄧˊ
malaria
【医】疟原虫寄生于人体所引起的传染病。经疟蚊叮咬或输入带疟原虫的血液传播。多在夏秋季节流行。主要表现为周期性寒战、发热、头痛、出汗和贫血、脾肿大等。因疟原虫种类不同，可分别引起间日疟、三日疟、恶性疟及卵形疟。

nuo （ㄋㄨㄛ）

锘/鍩 nuò/ㄋㄨㄛˋ
nobelium
【化】金属元素。属周期表第ⅢB 族(锕系)，符号 No，原子序数 102。原子量 259.1011。有放射性，由人工核反应获取。
📖 1957 年，瑞典诺贝尔物理研究所首先用碳离子流轰击锔核时发现这一元素。拉丁文定名为 nodelium，源自 A.Nobel，这是瑞典化学家诺贝尔的姓，用以纪念他对科学的贡献。中文定名为“锘”，是形声字。

糯稻/糯稻 nuòdào/ㄋㄨㄛˋ ㄉㄠˋ

glutinous rice

【农】禾本科一年生草本植物,是稻的黏性变种。脱壳后称糯米,外观为不透明的白色,与其他稻米最主要的区别是具有黏性,是粽子、八宝粥等黏性食品和酿造甜米酒的主要原料。

糯米纸/糯米紙 nuòmǐzhǐ/ㄋㄨㄛˋ ㄇㄧˇ ㄓˇ

oblatum

【轻】一种可食薄膜。由淀粉、明胶和少量卵磷脂混合成膜,烘干即成。厚度0.02～0.025毫米,半透明,无味,入口即化。主要用于糖果等内层包装(以防与外包装纸相粘)。

O

ou (ㄡ)

欧 ōu/ㄡ

【计量】“欧姆”的简称。

欧泊/蛋白石 ōubó/ㄡˉ ㄅㄛˊ

opal

【地】又称“贵蛋白石”。是名贵宝石。是蛋白石中的上品。具变彩或无变彩,呈黑、白、红、橙、黄、绿、蓝等颜色。按颜色不同,可分为黑酸泊、火酸泊、白酸泊、五彩酸泊。有变彩效应。

欧几里得几何/歐氏幾何

Ōujǐlǐdé jǐhé/ㄡ ㄕˋ ㄐㄧˇ ㄏㄜˊ

Euclidean geometry

【数】简称“欧氏几何”。几何学的一个分支。公元前300年前后,由欧几里得(Euclid)著《几何原本》,收集整理了当时已有的数学成果,以通常图形的直观知识为基础,开创公理化方法而产生。19世纪末,由德国数学家希尔伯特(D. Hilbert)著《几何基础》而补充完善。有结合、顺序、合同、平行和连续5组公理,平行公理是欧氏几何的最显著的标志。按几何变换说,是研究图形在平移、旋转、反射(对称)下的不变性和不变量的几何学。人们通常讨论的几何内容,基本都在其范围内。

欧氏几何中的平行公理可被粗略地解释为:过已知直线外一点,有且仅有一条直线与已知直线平行。平行公理是《几何原本》中第五公设的等价命题,由它可推出“三角形的内角和等于180°”等许多结论。是否承认平行公理是欧氏几何与非欧几何的分界。

欧几里得空间/歐氏空間

Ōujǐlǐdé kōngjiān/ㄡ ㄕˋ ㄎㄨㄥ ㄐㄧㄢ

Euclidean space

【数】简称“欧氏空间”。定义了内积的、实数域 **R** 上的向量空间 V,叫作欧几里得空间。直线是一维欧几里得空间,平面是二维欧几里得空间,通常的经验空间是三维欧几里得空间。

欧几里得算法/歐氏演算法

Ōujǐlǐdé suànfǎ/ㄡ ㄕˋ ㄧㄢˇ ㄙㄨㄢˋ ㄈㄚˇ

Euclid algorithm

【数】又称“辗转相除法”。求最大公因子的常用方法。设数 $A>B$ 或式子 A 的次数不小于式子 B 的次数,求 A,B 的最大公因子时,用 $A\div B$ 得商 Q_0 和余 R_0,若 R_0 为0,则 B 为最大公因子;否则用 $B\div R_0$ 得商 Q_1 和余 R_1,若 R_1 为0,则 R_0 为最大公因子;否则用 $R_0\div R_1$ 得商 Q_2 和余 R_2,若 R_2 为0,则 R_1 为最大公因子;否则继续下去,直至得出最大公因子。例如,求512和232的最大公约数,512÷232商2余48,232÷48商4余40,48÷40商1余8,40÷8商5余0,得最大公约数8。

欧拉公式/歐拉公式

Ōulā gōngshì/ㄡ ㄌㄚ ㄍㄨㄥ ㄕˋ

Euler formula

【数】简单多面体的顶点数、面数和棱数之间的数量关系式 $E+2=V+F$,其中 E,V,F 分别是棱数、顶点数和面数。因18世纪瑞士数学家欧拉(L.Euler)给出而得名。它表明2是简单多面体在拓扑变换下的不变数。

欧菱/歐菱 ōulíng/ㄡ ㄌㄧㄥˊ

water chestnut

【植】*Trapa natans* 又称“菱角”。菱科菱属。一年生浮水水生草本植物。根二型:着泥根,细铁丝状;同化根,羽状细裂。叶二型:浮水叶互生,菱圆形;沉水叶小,早落。花单生于叶腋,白色。果三角状菱形,表面黑色,有毛,两肩角直伸或斜举,果肉乳白色,淀粉质。花期5—10月份,果期7—11月份。在中国,分布于各地。果实是常见水果或主食。

欧罗巴人种/歐羅巴人種

Ōuluóbā rénzhǒng/

ㄡ ㄌㄨㄛˊ ㄅㄚ ㄖㄣˊ ㄓㄨㄥˇ

Europa Race

【地】又称“白色人种”。世界三大人种之一。共同遗传特征是肤色较浅,发色淡黄至金黄,发质柔软而呈波形,眼球大多碧蓝或灰褐色,鼻子窄而高,体毛、胡须较重。原住民主要分布在欧洲、北非及西亚、南亚地区,后逐渐扩大到美洲、大洋洲和非洲南部。

欧罗巴洲 Ōuluóbāzhōu/ㄡ ㄌㄨㄛˊ ㄅㄚ ㄓㄡ

【地】"欧洲"的全称。

欧姆/歐姆 ōumǔ/ㄡ ㄇㄨˇ

ohm

【计量】简称"欧"。电阻、电抗、阻抗等的国际单位制单位。符号Ω。如果一段导体两端的电压是1伏,通过的电流是1安,这段导体的电阻就是1欧。1欧=1伏/安。为纪念德国物理学家欧姆(Georg Simon Ohm, 1787—1854)而命名。

欧姆定律/歐姆定律

Ōumǔ dìnglǜ/ㄡ ㄇㄨˇ ㄉㄧㄥˋ ㄌㄩˋ

Ohm's law

【物】描述电路电流的基本实验定律。加在导体两端的电压 U 与通过导体的电流 I 成正比,比值为导体的电阻 R。数学表达式为 $U=RI$。适用于金属导体和导电液体,不适用于气态导体(如日光灯管中的汞蒸气)和电子管、晶体管等电子器件。因德国物理学家欧姆(Georg Simon Ohm, 1787—1854)首先发现,故名。

📖 在有源电路中,欧姆定律的数学表达式是 $I=E/(R+r)$。式中 E 为电源电动势,R 和 r 分别为电路外电阻和内电阻。

欧氏几何/歐氏幾何

Ōushì jǐhé/ㄡ ㄕˋ ㄐㄧˇ ㄏㄜˊ

【数】"欧几里得几何"的简称。

欧氏空间/歐氏空間

Ōushì kōngjiān/ㄡ ㄕˋ ㄎㄨㄥ ㄐㄧㄢ

【数】"欧几里得空间"的简称。

欧亚—西伯利亚大陆桥/歐亞—西伯利亞陸橋

Ōu-Yà Xībólìyà Dàlùqiáo/

ㄡ ㄧㄚˋ-ㄒㄧ ㄅㄛˊ ㄌㄧˋ ㄧㄚˋ ㄉㄚˋ ㄌㄨˋ ㄑㄧㄠˊ

Eurasian Land Bridge

【交】陆桥运输线名。以俄罗斯西伯利亚铁路干线和东欧、西欧各国铁路干线作为陆路桥梁,把太平洋远东地区与波罗的海和黑海沿岸以及西欧大西洋口岸连起来。此条大陆桥运输线东起海参崴的纳霍特卡港口,西至大西洋东岸的荷兰鹿特丹港。

欧洲/歐洲 Ōuzhōu/ㄡ ㄓㄡ

Europe

【地】全称"欧罗巴洲"。世界七大洲之一。位于亚欧大陆西半部,东与亚洲大陆相连,南隔地中海与非洲大陆相望,西临大西洋,北靠北冰洋。海岸线总长约3.8万千米,是世界上海岸线最曲折的一个洲。地形以平原为主,总面积1016万平方千米。现有45个国家和地区,人口总数约7.35亿(2010年),是人口密度最大的一个洲。居民大部分是欧罗巴人种。语言分属于印欧语系和乌拉尔语系。

欧洲夹竹桃/歐洲夾竹桃

Ōuzhōu jiāzhútáo/ㄡ ㄓㄡ ㄐㄧㄚ ㄓㄨˊ ㄊㄠˊ

oleander

【植】*Nerium oleander* 又称"夹竹桃"。夹竹桃科夹竹桃属。常绿直立大灌木。灰绿色枝条含水液。叶革质窄披针形,顶端急尖,基部楔形,全缘。聚伞花序,单瓣五裂时花冠漏斗形;重瓣时,内轮漏斗状,外轮辐状;有深红、粉红、黄、白等颜色,冠筒内被毛,喉部具副花冠。盛花期夏秋季。中国各地均有栽培。观赏花木。全株有剧毒。

📖 欧洲夹竹桃花似桃,叶像竹,故名。

歐姆錶 ㄡ ㄇㄨˇ ㄅㄧㄠˇ/ōumǔbiǎo

ohmmeter

【电】台湾名。即"电阻表"(260页)。

歐蓍草 ㄡ ㄕ ㄘㄠˇ/ōushīcǎo

yarrow

【植】台湾名。即"蓍"(1021页)。

歐氏演算法

ㄡ ㄕˋ ㄧㄢˇ ㄙㄨㄢˋ ㄈㄚˇ/Ōushì yǎnsuànfǎ

Euclid algorithm

【数】台湾名。即"欧几里得算法"(848页)。

歐亞—西伯利亞陸橋

ㄡ ㄧㄚˋ-ㄒㄧ ㄅㄛˊ ㄌㄧˋ ㄧㄚˋ ㄌㄨˋ ㄑㄧㄠˊ/

Ōu-Yà Xībólìyà Lùqiáo

Eurasian Land Bridge

【交】台湾名。即"欧亚—西伯利亚大陆桥"(849页)。

呕吐/嘔吐 ǒutù/ㄡˇ ㄊㄨˋ

vomiting

【医】胃和部分小肠内容物经食管、口腔排出体外的现象。

呕血/嘔血 ǒuxuè/ㄡˇ ㄒㄧㄝˋ

O

hematemesis

【医】上消化道疾病或全身性疾病所致的急性上消化道出血，血液经口腔吐出的病症。

偶函数/偶函數 ǒuhánshù/ㄡˇ ㄏㄢˊ ㄕㄨˋ

even function

【数】若函数 $y=f(x)$ 的定义域关于原点对称，且对定义域内任意的 x 都有 $f(x)=f(-x)$，则称 $y=f(x)$ 为偶函数。例如，$y=x^2$，$y=x^6+x^4$，$y=\cos x$ 等都是偶函数。偶函数的图像关于 y 轴对称。

偶合/偶合 ǒuhé/ㄡˇ ㄏㄜˊ

coupling

【化】又称"偶联"。两个分子中的主体部分相互连接成为新化合物的反应。一个分子内的两个主体部分连接起来形成新化合物的反应有时也称偶合，但实际是分子内环化。

偶联 ǒulián/ㄡˇ ㄌㄧㄢˊ

【化】即"偶合"(850 页)。

偶数/偶數 ǒushù/ㄡˇ ㄕㄨˋ

even integer

【数】能被 2 整除的整数，即 0，±2，±4，±6，±8，…。偶数集可表示 $\{2n \mid n\in\mathbf{Z}\}$。

耦合/耦合 ǒuhé/ㄡˇ ㄏㄜˊ

coupling

【信息】两条电路或两个器件的接合或连锁。

耦合电路/耦合電路

ǒuhé diànlù/ㄡˇ ㄏㄜˊ ㄉㄧㄢˋ ㄌㄨˋ

coupled circuit

【物】参与耦合过程的电路。通过相互作用，可把一个电路的能量输送到与之耦合的另外的电路上。

藕节/藕節 ǒujié/ㄡˇ ㄐㄧㄝˊ

Nodus Nelumbinis Rhizomatis（拉），lotus rhizome node，* lotus root node

【中医】中药名。睡莲科植物莲 *Nelumbo nucifera* Gaertn. 的干燥根茎节部。味甘、涩，性平。归肝、肺、胃经。止血，消瘀。用于吐血，咯血，衄血，尿血，崩漏。

沤肥/漚肥 òuféi/ㄡˋ ㄈㄟˊ

waterlogged compost

【农】又称"窖肥"。有机肥料的一种。以植物残体为主，与一定量的人畜粪尿、绿肥、石灰、河泥、塘泥、生活垃圾等混合，在淹水条件下，经厌氧微生物分解而成。通常用作底肥。

P

pa（ㄆㄚ）

爬距/爬行距離 páјù/ㄆㄚˊ ㄒㄧㄥˊ ㄐㄩˋ ㄌㄧˊ
creepage distance
【电】又称“泄漏距离”。在绝缘子正常施加运行电压的导电部分之间沿其表面的最短距离,或最短距离之和。

爬山虎 páshānhǔ/ㄆㄚˊ ㄕㄢ ㄏㄨˇ
【植】“地锦”的通称。

爬升/爬升 páshēng/ㄆㄚˊ ㄕㄥ
climb
【航】航空器连续增加高度的飞行。即飞行发动机推力大于空气阻力,剩余推力做功,增加航空器势能,使航空器增加高度的飞行。分为速度不变的直线爬升(定常爬升)和变速的加速爬升。

爬行动物/爬行動物
páxíng dòngwù/ㄆㄚˊ ㄒㄧㄥˊ ㄉㄨㄥˋ ㄨˋ
reptile
【动】*Reptilia* 脊椎动物爬行纲动物的统称。由古代两栖动物进化而来。体表有鳞或甲,体温随着气温变化而改变,用肺呼吸,卵生或卵胎生,在陆上繁殖。无变态。如蛇、蜥蜴、龟、鳖、玳瑁等。

爬行距離 ㄆㄚˊ ㄒㄧㄥˊ ㄐㄩˋ ㄌㄧˊ/páxíng jùlí
creepage distance
【电】台湾名。即“爬距”(851 页)。

帕 pà/ㄆㄚˋ
【计量】“帕斯卡”的简称。

帕金森病/震顫麻痹
pàjīnsēnbìng/ㄓㄣˋ ㄔㄢˋ ㄇㄚˊ ㄅㄧˋ
Parkinson disease, PD; shaking palsy
【医】又称“震颤麻痹”。一种病因未明,进展缓慢,以运动迟缓、肌强直、震颤为特点的中枢神经系统变性的疾病。病理改变为大脑黑质和其他含色素神经细胞进行性丢失,黑质致密部合成多巴胺减少,存在以突触核蛋白聚集为主的胞质内包涵体。中老年常见,症状是运动迟缓、肌强直、静止性震颤和姿势不稳等。

帕拉迪奥母题/帕拉迪奥母題
Pàlādí'ào mǔtí/ㄆㄚˋ ㄌㄚ ㄉㄧˊ ㄠˋ ㄇㄨˇ ㄊㄧˊ
Palladian motive
【建】一种券柱式。在两柱子之间按适当比例发一个券,券脚落在两个独立的柱子上,上面架着额枋,小额枋之上开个圆洞,每个开间里有三个小开间。这种结构设计因意大利著名建筑师帕拉迪奥奉命改建维琴察巴西利卡时首创,适应性强,从者甚众,故名。

帕雷托原理
ㄆㄚˋ ㄌㄟˊ ㄊㄨㄛ ㄩㄢˊ ㄌㄧˇ/Pàléituō yuánlǐ
Pareto's law, Pareto principle
【物流】台湾名。即“帕累托定律”(851 页)。

帕累托定律/帕雷托原理
Pàlèituō dìnglǜ/ㄆㄚˋ ㄌㄟˊ ㄊㄨㄛ ㄩㄢˊ ㄌㄧˇ
Pareto's law, Pareto principle
【物流】台湾又称“柏拉圖原理”。指在任何特定群体中,重要的因子通常只占少数,只要控制具有重要性的少数因子即能控制全局。后演化成二八法则,即 80% 的公司利润来自 20% 的重要客户,其余 20% 的利润来自 80% 的普通客户;在库存控制中表现为金额占 80% 的物料品种只占 20%。由约瑟夫·朱兰(Joseph M. Juran) 根据维尔弗雷多·帕累托(Vilfredo Pareto)本人当年对意大利 20% 的人口拥有 80% 的财产的观察而推论得出。

帕美爾高原
ㄆㄚˋ ㄇㄟˇ ㄦˇ ㄍㄠ ㄩㄢˊ/Pàměi'ěr Gāoyuán
Pamir
【地】台湾名。即“帕米尔高原”(851 页)。

帕米尔高原/帕美爾高原
Pàmǐ'ěr Gāoyuán/ㄆㄚˋ ㄇㄟˇ ㄦˇ ㄍㄠ ㄩㄢˊ
Pamir
【地】高原名。位于中亚东南部、中国的西端,地跨塔吉克斯坦、中国和阿富汗。平均海拔 4000 米,最高峰为中国境内的公格尔山,海拔 7649 米。气候寒冷,山峰终年积雪覆盖。各种冰川地形广泛发育,其中菲德钦科冰川为世界最长的高山冰川之一。

帕斯卡/帕斯卡 pàsīkǎ/ㄆㄚˋ ㄙ ㄎㄚˇ

P

pascal

【计量】简称“帕”。压力、压强、应力等的国际单位制单位。符号 Pa。物体在每平方米的面积上受到的压力为 1 牛时，压强为 1 帕。即 1 帕=1 牛/米^2。为纪念法国科学家帕斯卡(Blaise Pascal，1623—1662)而命名。

帕斯卡定律/帕斯卡定律

Pàsīkǎ dìnglǜ/ㄆㄚˋ ㄙ ㄎㄚˇ ㄉㄧㄥˋ ㄌㄩˋ

Pascal law

【物】描述液体传递压强的规律。对密闭液体任一部分所施加外力产生的压强，能按原来的大小传递到液体各处和容器壁上；或处于平衡状态的液体，由于部分界面受外力作用而产生的压强，会等值地传给液体中所有各点。因法国科学家帕斯卡(Blaise Pascal，1623—1662)首先提出，故名。

帕斯卡三角形/巴斯卡三角形

Pàsīkǎ sānjiǎoxíng/ㄆㄚˋ ㄙ ㄎㄚˇ ㄙㄢ ㄐㄧㄠˇ ㄒㄧㄥˊ

Pascal triangle

【数】表示$(a+b)^n$的展开式中系数排列规律的三角形数表。17 世纪时，法国数学家帕斯卡(Blaise Pascal)指出，利用组合数的性质$C_n^m=C_{n-1}^{m-1}+C_{n-1}^m$及$C_n^m=C_n^{n-m}$，由三角形数表的上一行可推出下一行。中国宋代数学家贾宪和杨辉在 11—13 世纪曾绘出类似的数表。阿拉伯人也在约 13 世纪取得类似成果。

n=0	1
n=1	1 1
n=2	1 2 1
n=3	1 3 3 1
n=4	1 4 6 4 1
n=5	1 5 10 10 5 1
n=6	1 6 15 20 15 6 1

帕斯卡三角形

帕提农神庙/帕提農神廟

Pàtínóng Shénmiào/ㄆㄚˋ ㄊㄧˊ ㄋㄨㄥˊ ㄕㄣˊ ㄇㄧㄠˋ

Parthenon

【建】守护雅典娜的神庙。建于公元前 447—前 432 年，位于雅典卫城的最高处，是卫城上唯一的围廊式庙宇，型制最为隆重，是古希腊多立克柱式最高成就的代表。通过采用一系列的视觉校正方法，使建筑看上去比例匀称，坚固美观。所有的水平线都呈中央隆起的曲线，以避免下陷的视错觉；所有的柱子都向建筑中心倾斜，以增强建筑整体的稳定感；角柱加粗，使建筑物角部显得强健有力；每根柱子都有卷杀，使柱子既有弹性又挺拔。其雕刻组合有四种动势：山花上是尺度超人的圆雕像，深重的阴影使人从远处就可观赏；走进神庙，看到的是檐壁四周一圈连续的饰带，这是小于人尺度的高浮雕；走到门廊下面，圣堂墙垣四壁是精致的浅浮雕，描绘雅典娜庆典的热闹场面。圣堂内部是镀金的雅典娜神像。神庙入口朝东，神像也面东，每天迎接清晨的第一缕阳光，象征雅典人的智慧与力量。

pai (ㄆㄞ)

拍/拍 pāi/ㄆㄞ

beat

【物】声学中振幅相同而频率略有差异的两个简谐运动叠加后产生的现象。两个简谐运动的频率 f_1 和 f_2 略有差异，叠加后它们的合运动的振幅 A 在 0—2A 振幅之间发生规律性变化，变化周期为 $\omega_1-\omega_2$(称为拍频)。例如两个频率相近的音叉同时发声时，叠加后形成按拍频周期变化的声音。可利用此现象设计振荡器，对未知频率进行校准。

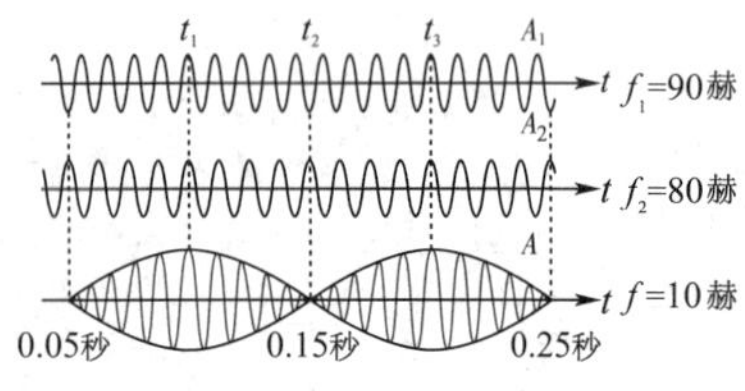

拍

排叉柱式城门/排叉柱式城門

páichā zhùshì chéngmén/ㄆㄞˊ ㄔㄚ ㄓㄨˋ ㄕˋ ㄔㄥˊ ㄇㄣˊ

citygate jamb

【建】城门洞口用密集排列的木柱，承托梯形木构架建造的城门洞口。宋以前通常采用这种做法。

排存 ㄆㄞˊ ㄘㄨㄣˊ/páicún

spooling

【信息】台湾名。即“假脱机”(594 页)。

排風機 ㄆㄞˊ ㄈㄥ ㄐㄧ/páifēngjī

exhaust fan

【机】台湾名。即“排风扇”(853 页)。

排风扇/排風機 páifēngshàn/ㄆㄞˊ ㄈㄥ ㄕㄢˋ

exhaust fan

【机】又称“换气扇”,台湾又称“抽風機”。一种电风扇。安装在墙壁或窗户上。电动机带动风叶旋转驱动气流,使室内外空气进行交换,以除去室内污浊空气,调节温度、湿度和感觉效果。

排涝/排澇 páilào/ㄆㄞˊ ㄌㄠˋ

waterlogged field drainage

【农】排除田地里过多的积水,使作物免受涝害。

排列/排列 páiliè/ㄆㄞˊ ㄌㄧㄝˋ

permutation

【数】从 n 个不同的元素中,不重复地任取 m $(m \leqslant n)$个元素,按照任意一种顺序排成的一列,叫作从 n 个不同元素中不重复地取 m 个元素的一个排列。当 $m<n$ 时,从 n 个元素中取 m 个元素的排列叫作选排列。例如,从三个字母 a,b,c 中不重复地取两个字母的排列,共有 6 个:ab,ac,ba,bc,ca,cb。把 n 个元素全部排成一列的排列叫作 n 个元素的全排列。例如,从三个字母 a,b,c 中取三个字母的全排列,共有 6 个:abc,acb,bac,bca,cab,cba。

排列数/排列數 páilièshù/ㄆㄞˊ ㄌㄧㄝˋ ㄕㄨˋ

number of permutation

【数】从 n 个不同元素中不重复地取 m 个元素的排列的总数,记作 A_n^m 或 P_n^m,计算公式为 $A_n^m=n(n-1)\cdots(n-m+1)$。$n$ 个元素的全排列数 $A_n^n=n(n-1)\cdots 2\cdot 1=n!$。

📖 排列数的计算公式可依据分步计数乘法原理推出。

排卵/排卵 páiluǎn/ㄆㄞˊ ㄌㄨㄢˇ

ovulation

【医】卵细胞及其周围的卵丘颗粒细胞一起从卵巢排出的过程。多发生在下次月经来潮前 14 日左右。

排尿頻繁 ㄆㄞˊ ㄋㄧㄠˋ ㄆㄧㄣˊ ㄈㄢˊ/páiniào pínfán

frequent micturition

【医】台湾名。即“尿频”(838 页)。

排尿异常/排尿異常 páiniào yìcháng/ㄆㄞˊ ㄋㄧㄠˋ ㄧˋ ㄔㄤˊ

urination disorders

【医】排尿过程中出现的一系列异常现象。包括尿频、尿急、尿痛、排尿困难、尿潴留、尿失禁等。多由下尿路疾病引起。

排气制动/排氣制動 páiqì zhìdòng/ㄆㄞˊ ㄑㄧˋ ㄓˋ ㄉㄨㄥˋ

exhaust braking

【机】在汽车发动机排气管道内用阀门阻挡,以增加排气阻力,使汽车(在挂挡行驶条件下)产生制动作用的辅助方法。多用于使用柴油的汽车上。

排氣 ㄆㄞˊ ㄑㄧˋ/páiqì

exhaust

【机】台湾名。即“乏汽”(307 页)。

排水量/排水量 páishuǐliàng/ㄆㄞˊ ㄕㄨㄟˇ ㄌㄧㄤˋ

displacement

【船】船体等物体自由浮于静水中并保持平衡时,所排开的水的重量。在流体力学中有时用质量来表达排水量,即排水质量。船舶在不同装载情况下,有不同的排水量。民用船舶中,最常用的是空载排水量和满载排水量;军用船舶中,主要分为最大排水量、满载排水量、正常排水量、标准排水量和空载排水量等。

排水量餘裕 ㄆㄞˊ ㄕㄨㄟˇ ㄌㄧㄤˋ ㄩˊ ㄩˋ/páishuǐliàng yúyù

displacement margin

【船】台湾名。即“储备排水量”(140 页)。

排水型船/排水型船 páishuǐxíngchuán/ㄆㄞˊ ㄕㄨㄟˇ ㄒㄧㄥˊ ㄔㄨㄢˊ

displacement ship

【船】全部靠水的静浮力支持其重量而航行的船。相对于滑行艇、水翼艇、气垫船、地效翼船等而言。承载能力大,低速时经济性好,是大中型舰船的基本船型。航行时吃水与静浮时吃水无明显差别,航行时阻力较船速提高后兴波阻力急剧增大,从而限制其快速性和耐波性等性能的提高。

排泄/排泄 páixiè/ㄆㄞˊ ㄒㄧㄝˋ

P

excretion

【医】机体新陈代谢的产物和进入机体的多余物质,及异物从体内排出体外的过程。

排油煙機 ㄆㄞˊ ㄧㄡˊ ㄧㄢ ㄐㄧ/páiyóuyānjī

range hood, kitchen ventilator, smoke exhaust ventilator

【轻】台湾名。即“抽油烟机”(136 页)。

牌坊/牌坊 páifang/ㄆㄞˊ ·ㄈㄤ

memorial archway, paifang, pailon

【建】又称“牌楼”。中国古建筑中,由单排立柱和额枋等横向构件组成的标志性建筑。通常单排冲天柱与额枋的称为牌坊,带有斗拱屋檐起楼的称为牌楼。牌坊起源于里坊制度的坊门,用于划分、标志空间,以及旌表功名、表彰节孝等。

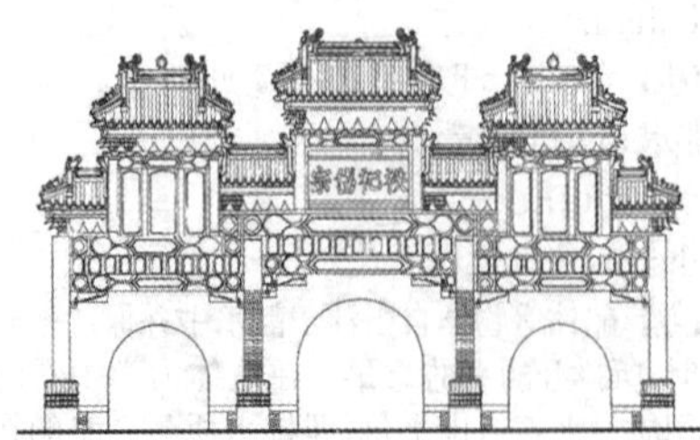

牌 坊

牌楼 páilou/ㄆㄞˊ ·ㄌㄡ

【建】即“牌坊”(854 页)。

迫击炮/迫擊炮 pǎijīpào/ㄆㄛˋ ㄐㄧˊ ㄆㄠˋ

mortar

【军】主要用座钣承受后坐力,以高射界射击、弹道弯曲的火炮。适于对遮蔽物后和位于反斜面上的目标射击。按炮膛结构不同,可分为滑膛式迫击炮和线膛式迫击炮;按运动方式不同,可分为便携式迫击炮、驮载式迫击炮、车载式迫击炮、牵引式迫击炮、自行式迫击炮。

派力司/豪華織物 pàilìsī/ㄏㄠˊ ㄏㄨㄚˊ ㄓ ㄨˋ

palace

【纺】精纺毛织物名。平纹,混色,轻薄细密。按纤维原料不同,可分为纯毛派力司、毛涤派力司、纯化纤派力司等。纯毛派力司手感挺滑,弹性好,呢面平整,颜色主要有中灰、浅灰、浅米色等,光泽自然;毛涤派力司外观非常接近纯毛派力司,手感稍硬。适于用作夏令西裤、套装等的面料。

pan (ㄆㄢ)

攀禽/攀禽 pānqín/ㄆㄢ ㄑㄧㄣˊ

scansores

【动】鸟的一类。脚短而强健,趾两个向前,两个向后,善于攀树,嘴坚硬,有的有锋利的钩。如啄木鸟、杜鹃、鹦鹉等。

攀枝花 pānzhīhuā/ㄆㄢ ㄓ ㄏㄨㄚ

【植】即“木棉”(814 页)。

盘 pán/ㄆㄢˊ

【信息】“磁盘”的简称。

盘点/盤點 pándiǎn/ㄆㄢˊ ㄉㄧㄢˇ

stocktake

【物流】对仓库内的物品清点数量和检查质量,使实物与记录相符,以便提高仓储作业效率的活动。方法有全面盘点、局部盘点、定期盘点、不定期盘点、年终盘点、年中盘点、账面盘点、现货盘点、抽样盘点及循环盘点。

盘旋/轉彎 pánxuán/ㄓㄨㄢˇ ㄨㄢ

turn

【航】航空器在水平面内的等速圆周运动,即连续改变飞行方向而高度保持不变的曲线运动。通常有 15°、30°、45°、60°和最大允许坡度的盘旋,是评定飞机水平面内机动特性的重要标志。当航向改变小于 360°时,称为转弯。

盘羊/盤羊 pányáng/ㄆㄢˊ ㄧㄤˊ

argali sheep

【动】*Ovis ammon* 哺乳动物名。偶蹄目牛科。体长 1～2 米,头大,颈粗,尾短,雄羊角粗大而向下弯曲,略呈螺旋形,毛厚而长,棕灰色,四肢强健。生活在雪线附近的高原和山麓地带,群居,季节性迁移。主要分布于亚洲,在中国,分布于西部地区。

盘 羊

盘古大陆 ㄆㄢˊ ㄍㄨˇ ㄉㄚˋ ㄌㄨˋ/Pángǔ Dàlù

Pangea

【地】台湾名。即“泛大陆”(318 页)。

判别式/判别式 pànbiéshì/ㄆㄢˋ ㄅㄧㄝˊ ㄕˋ
discriminant
【数】❶对于一元二次方程 $ax^2+bx+c=0$ $(a\neq0)$,式子 $\Delta=b^2-4ac$ 叫作根的判别式。当 $\Delta>0$ 时,方程有两个不等的实数根;当 $\Delta=0$时,方程有两个相等的实数根;当 $\Delta<0$ 时,方程有两个不等的虚数根。❷设一元 n 次方程 $f(x)=a_0x^n+a_1x^{n-1}+\cdots+a_n=0(a_0\neq0)$ 的根为 $\alpha_1,\alpha_2,\cdots,\alpha_n$,则 $D=a_0^{2(n-1)}\prod\limits_{i<j}(\alpha_i-\alpha_j)^2$ 称为 $f(x)=0$ 的判别式。$f(x)=0$ 有重根的充要条件是 $D=0$。

判读/判讀 pàndú/ㄆㄢˋ ㄉㄨˊ
interpretation
【测绘】又称"解译""判释"。将遥感图像中需要辨认的目标识别出来,获取相关信息的过程。分为人工判读、机器判读和人机结合判读。在目标辨认与信息提取过程中需要依靠电磁波特性、遥感图像成像规律、目标特征、地理知识以及人的经验。

判释 pànshì/ㄆㄢˋ ㄕˋ
【测绘】即"判读"(855 页)。

泮池/泮池 pànchí/ㄆㄢˋ ㄔˊ
Pan-chi, semi crescent-shaped pond
【建】学宫前的水池。
📖 学宫是西周诸侯所设的大学。《礼记·王制》:"大学在郊,天子曰辟雍,诸侯曰泮宫。"学宫前面的水池——泮池通常为半圆形。从《说文解字》"泮"字的解释可知,"诸侯乡射之宫,西南为水,东北为墙。从水从半,半亦声。"泮之半也,故半圆形。天子辟雍,诸侯泮宫。北京国子监是元明清三代全国的最高学府,中心建筑辟雍(皇帝讲学的地方)四面环水,外圆如璧。唯天子辟雍可用完满圆形的泮池。

pang (ㄆㄤ)

旁波帶 ㄆㄤˊ ㄅㄛ ㄉㄞˋ/pángbōdài
sideband
【信息】台湾名。即"边带"(58 页)。

旁路/旁路 pánglù/ㄆㄤˊ ㄌㄨˋ
bypass
【信息】❶电信技术中,不通过本地电话公司而采用通信路径(例如卫星和微波系统)的通路。❷主通路受阻时采用的预设辅助通路。

旁心/旁心 pángxīn/ㄆㄤˊ ㄒㄧㄣ
escenter of a triangel
【数】三角形的一个内角的平分线与以这个角的对边为边的外角的平分线的交点,叫作三角形的旁心。旁心是三角形的旁切圆的圆心。

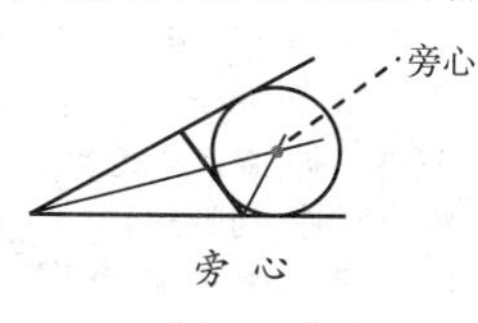

旁 心

膀胱/膀胱 pángguāng/ㄆㄤˊ ㄍㄨㄤ
㊀urinary bladder, ㊁bladder
㊀【医】体内储存尿液的囊状肌性器官。位于小骨盆腔的前部,呈锥体形。能够接受来自肾的尿液,并在意识支配下将尿液排出体外。㊁【中医】六腑之一。位于下腹前部中央,呈囊状。中医认为其主要功能是贮存水液,经气化排出尿液。

膀胱癌/膀胱癌
pángguāng'ái/ㄆㄤˊ ㄍㄨㄤ ㄧㄢˊ(又读 ㄞˊ)
bladder carcinoma
【医】发生于膀胱的恶性肿瘤。临床主要表现为无痛性肉眼血尿,偶可伴有尿频、尿痛、排尿困难和下腹肿块。

膀胱刺激征/膀胱刺激徵
pángguāng cìjīzhēng/
ㄆㄤˊ ㄍㄨㄤ ㄘˋ ㄐㄧ ㄓㄥ
irritation sign of bladder
【医】尿频、尿急、尿痛三者同时出现的现象。提示有泌尿系统感染。

膀胱湿热证/膀胱濕熱證
pángguāng shīrèzhèng/
ㄆㄤˊ ㄍㄨㄤ ㄕ ㄖㄜˋ ㄓㄥˋ
syndrome of dampness-heat of bladder, * bladder damp-heat pattern
【中医】中医证候之一。湿热侵袭,蕴结膀胱所致,以小便频数(shuò)、急迫、灼热、涩痛,或尿液浑浊,或尿血,或尿中有砂石,发热口渴,小腹胀痛,舌红苔黄腻,脉滑数(shuò)等为常见症。

螃蟹 pángxiè/ㄆㄤˊ ㄒㄧㄝˋ
【动】"蟹"的通称。

P

胖大海/膨大海
pàngdàhǎi/ㄆㄤˋ ㄉㄚˋ ㄏㄞˇ
Semen Sterculiae Lychnophorae(拉), boat-fruited sterculia seed
【中医】中药名。梧桐科植物胖大海 *Sterculia lychnophora* Hance 的干燥成熟种子。味甘,性寒。归肺、大肠经。清热润肺,利咽解毒,润肠通便。用于肺热声哑,干咳无痰,咽喉干痛,热结便闭,头痛目赤。胖大海以水泡之,即膨大成海绵状,故名。

胖大海

胖头鱼 pàngtóuyú/ㄆㄤˋ ㄊㄡˊ ㄩˊ
【动】即"鳙"(1361 页)。

pao (ㄆㄠ)

泡货 pāohuò/ㄆㄠ ㄏㄨㄛˋ
【物流】即"轻泡货"(915 页)。

泡桐/泡桐 pāotóng/ㄆㄠ ㄊㄨㄥˊ
paulownia
【植】*Paulownia* 玄参科泡桐属。落叶乔木。树冠多圆锥形和伞形,树皮幼时平滑,有皮孔,老时纵裂,除老枝外皆被毛。叶对生,心形,全缘或浅裂,有长柄。小聚伞花序再组成大型花序,花冠紫色或白色,漏斗形,腹部有两条纵褶,内面有深紫色斑点,檐部二唇型,上唇 2 裂,下唇 3 裂。蒴果卵圆形,室背开裂。花期春季,果期夏季。在中国,分布于除黑龙江、吉林、西北西部和西藏以外的各地。行道树和造林树种。木材可用。
📖 泡桐是对中国 7 种泡桐属植物的统称。

抛光/抛光 pāoguāng/ㄆㄠ ㄍㄨㄤ
polishing
【机】光整加工方法的一种。利用机械、化学或电化学的作用,使工件表面粗糙度降低,以获得光亮、平整的表面。多以抛光轮为工具。通常不能提高工件的几何形状精度和尺寸精度。

抛锚 pāomáo/ㄆㄠ ㄇㄠˊ
【船】即"锚泊"(788 页)。

抛体运动/抛體運動
pāotǐ yùndòng/ㄆㄠ ㄊㄧˇ ㄩㄣˋ ㄉㄨㄥˋ
projectile motion
【物】在空气阻力可忽略的情况下,向任意方向抛出物体的运动。运动轨迹是抛物线。是变速曲线运动,加速度等于重力加速度。

抛丸/珠粒噴擊 pāowán/ㄓㄨ ㄌㄧˋ ㄆㄣ ㄐㄧˊ
impeller blasting
【机】表面处理工艺的一种。用电动机带动叶轮体旋转,依靠离心力作用,将弹丸(铸钢丸、钢丝切丸、不锈钢丸等)抛向工件的表面,以去除表面氧化皮、除锈,提高表面质量或疲劳寿命。

抛物线/抛物線 pāowùxiàn/ㄆㄠ ㄨˋ ㄒㄧㄢˋ
parabola
【数】与定点 F 和定直线 l 的距离相等的动点的轨迹。F 叫作抛物线的焦点,l 叫作抛物线的准线。抛物线是轴对称图形,对称轴叫作抛物线的轴。如图,若以过点 F 且垂直于 l 的直线为 x 轴,点 F 到 l 的垂线段的中点为原点,建立直角坐标系,则抛物线的方程为 $y^2=2px$,焦点的坐标为 $F(\frac{p}{2},0)$,准线的方程为 $x=-\frac{p}{2}$,点 $O(0,0)$ 叫作抛物线的顶点。

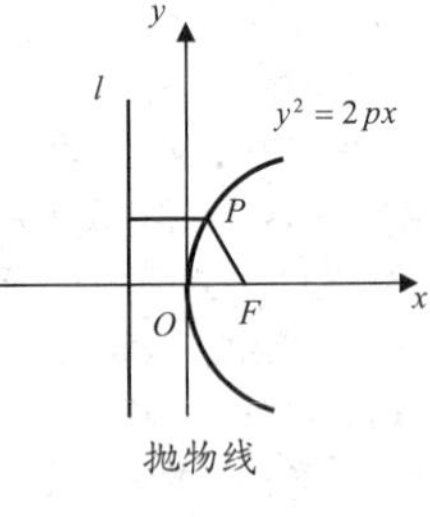

抛物线

狍/麞鹿 páo/ㄓㄨˋ ㄌㄨˋ
roe deer
【动】*Capreolus capreolus* 通称"狍子"。哺乳动物名。偶蹄目鹿科。体长 1 米多,雄兽有角,角小,分三叉,耳朵和眼都大,颈长,尾短,后肢略比前肢长,夏季毛栗红色,冬季毛棕褐色,臀部灰白色。生活在山林中,以青草、野果和野菌等为食。分布于欧洲和亚洲,在中国,分布于北方地区。

炮制/炮製 páozhì/ㄆㄠˊ ㄓˋ
processing, * processing of medicinals
【中医】又作"炮炙"。根据中医药理论,按照医疗、调制、制剂、贮藏等不同要求,以及药材自身的性质,将药材加工成饮片时所采取的一系列传统制药技术。炮制方法有炒制、煅制、酒制等。

炮炙 páozhì/ㄆㄠˊ ㄓˋ

【中医】即“炮制”(856 页)。

跑车/跑車 pǎochē/ㄆㄠˇ ㄔㄜ

roadster

【交】轿车的一类。功率大,动力强劲,最高车速较高的汽车。按类型可分为轿跑、敞篷跑车、双门跑车等。

跑道/跑道 pǎodào/ㄆㄠˇ ㄉㄠˋ

runway

【航】供航空器起飞和着陆滑跑的长条形场地。为保证飞行器的安全起降,跑道设有标志飞机进入跑道的入口灯、标志跑道尽头的端灯和边界灯。按其负载能力和长短及表面的粗糙度不同,可分为 A、B、C、D、E 五个等级或特级、1 级、2 级、3 级四个等级。跑道前后和两侧还设置相应的安全过渡滑行道和安全区域。

跑偏/跑偏 pǎopiān/ㄆㄠˇ ㄆㄧㄢ

pulling to one side

【机】制动过程中,车辆或左或右偏离直线行驶路线的现象。

跑墒/跑墒 pǎoshāng/ㄆㄠˇ ㄕㄤ

evaporate moisture

【农】又称“走墒”。因风吹日晒等原因,农田所含的水分蒸发,失去适合种子发芽或作物生长的湿度。

泡菜效应/泡菜效應

pàocài xiàoyìng/ㄆㄠˋ ㄘㄞˋ ㄒㄧㄠˋ ㄧㄥˋ

effect of pickled cabbage

【心】一种社会心理效应。同样的蔬菜浸泡在不同的水里,一段时间后,它们彼此的味道是不一样的。这个效应说明,人长期处在不同的环境里,其性格、气质、思维等方面都会有明显的差别,环境因素对人的成长具有不可抗拒的影响。

泡茶效应/泡茶效應

pàochá xiàoyìng/ㄆㄠˋ ㄔㄚˊ ㄒㄧㄠˋ ㄧㄥˋ

tea effect

【心】一种社会心理效应。泡茶的人通常要遵循一定的规则将泡的第一壶茶均匀地倒入每位客人的杯子,然后泡第二壶,也均匀地倒入每位客人的杯子,这样每位客人的茶浓淡相同。这种效应说明,遵循公平原则,是社会公众的普遍意识和精神追求。

泡碱/泡鹼 pàojiǎn/ㄆㄠˋ ㄐㄧㄢˇ

natron

【化】又称“苏打”。碳酸盐矿物。化学式为 $Na_2CO_3 \cdot 10H_2O$,晶体属单斜晶系。

泡沫/泡沫 pàomò/ㄆㄠˋ ㄇㄛˋ

foam

【化】一种粗分散体系。气体分散于液体介质或固体介质中形成。分散介质为液体的即通常所称的泡沫,为被液膜隔开的气泡聚集体;分散介质为固体的称固体泡沫,如泡沫塑料、泡沫玻璃、泡沫金属等。泡沫有去污、浮选、分离等功能,固体泡沫材料在工业中应用广泛。

泡沫塑料/泡沫塑料

pàomò sùliào/ㄆㄠˋ ㄇㄛˋ ㄙㄨˋ ㄌㄧㄠˋ

foamed plastics

【材】内部具有大量微小气孔的塑料。

泡沫岩 ㄆㄠˋ ㄇㄛˋ ㄧㄢˊ/pàomòyán

pumice

【地】台湾名。即“浮岩”(362 页)。

泡泡纱/泡泡紗

pàopàoshā/ㄆㄠˋ ㄆㄠˋ ㄕㄚ

seersucker

【纺】棉织物名。表面有条状或其他形式分布的凹凸状泡泡,除具有普通棉织物的服用性能外,还有与皮肤接触面积小,手感爽利,不黏身体的特点。多用作妇女、儿童的夏季衬衫和连衣裙面料。

炮弹/炮彈 pàodàn/ㄆㄠˋ ㄉㄢˋ

artillery ammunition

【军】火炮射击的弹药。通常由弹丸、引信、发射药、底火等组成。

炮射导弹/炮射飛彈

pàoshè dǎodàn/ㄆㄠˋ ㄕㄜˋ ㄈㄟ ㄉㄢˋ

gun-launched missile

【军】用火炮发射的导弹。由定装式导弹和制导控制系统等组成。导弹外形、装填方式、发射方式与普通炮弹相似,飞行速度快,命中精度高,不易被干扰。通常配用于坦克炮、反坦克炮和车载火炮等,有的配用于舰炮。主要用于攻击坦克等装甲目标及防御工事。

炮射飛彈

ㄆㄠˋ ㄕㄜˋ ㄈㄟ ㄉㄢˋ/pàoshè fēidàn

gun-launched missile

【军】台湾名。即"炮射导弹"(857 页)。

疱疹/疱疹 pàozhěn/ㄆㄠˋ ㄓㄣˇ

herpes, belb

【医】高出皮面,内含液体的局限性、腔隙性皮肤损伤。多由病毒引起。可分为单纯疱疹、带状疱疹和生殖器疱疹等。

pei (ㄆㄟ)

胚布 ㄆㄟ ㄅㄨˋ/pēibù

gray goods

【纺】台湾名。即"坯布"(863 页)。

胚胎/胚胎 pēitāi/ㄆㄟ ㄊㄞ

embryo

【生】初期发育的生物体。由精细胞和卵细胞结合发育而成。

📖 人和绝大多数哺乳动物的胚胎在母体的子宫内发育成长。人怀孕最初两个月内的幼体称"胚",三个月以后称"胎儿",简称"胎"。

胚胎干细胞/胚胎幹細胞

pēitāi gànxìbāo/ㄆㄟ ㄊㄞ ㄍㄢˋ ㄒㄧˋ ㄅㄠ

embryonic stem cell

【生】由胚胎内细胞团或原始生殖细胞经体外抑制培养而筛选出的细胞。具有发育全能性,理论上可以诱导分化为机体中 200 多种细胞。

胚珠/胚珠 pēizhū/ㄆㄟ ㄓㄨ

ovule

【植】种子植物特化的大孢子囊及其外面的包被。受精后发育成种子。

培土/培土 péitǔ/ㄆㄟˊ ㄊㄨˇ

hilling

【农】又称"壅土"。一种田间管理作业。指把土堆到植物的根基部位。

培养基/培養基 péiyǎngjī/ㄆㄟˊ ㄧㄤˇ ㄐㄧ

culture medium, medium

【生】人工配制的适合微生物生长繁殖或积累代谢产物的营养基质。是一种复杂混合物,含无机盐和其他营养成分,能够支持细胞在体外生存 24 小时以上。可分为生长性培养基和维持性培养基两种。前者用于细胞常规培养,使细胞分裂,细胞数随时间增加;后者只维持细胞生存而无细胞生长功能。

锫/鉳 péi/ㄆㄟˊ

berkelium

【化】金属元素。属周期表第ⅢB 族(锕系),符号 Bk,原子序数 97。原子量 247.0703。有放射性,由人工核反应获取。

📖 1949 年,美国的西博格(G.Seaborg)等在回旋加速器中首先合成这一新元素。拉丁文定名为 berkelium,源自 Berkeley,意思是"伯克利城",用以纪念首先合成这一元素所用回旋加速器所在地。中文定名原为"鉳"(1944 年),后大陆改为"锫"(1951 年),现台湾仍用"鉳",都是形声字。

佩兰/佩蘭 pèilán/ㄆㄟˋ ㄌㄢˊ

㊀fortune bogorchid, ㊁Herba Eupatorii(拉), fortune eupatorium herb

㊀【植】*Eupatorium fortunei* 菊科泽兰属。多年生草本植物。茎直立,绿色或红紫色,被毛。茎中部叶较大,通常三全裂或三深裂,裂片长椭圆形至倒披针形,边缘有齿。复伞房花序生于茎端,总苞钟状,苞片覆瓦状排列,紫红色;花白色或带微红色。花果期 7—11 月份。在中国,分布于河北和华东、华南、西南。野生。全草入药。

佩 兰

㊁【中医】中药名。菊科植物佩兰 *Eupatorium fortunei* Turcz. 的干燥地上部分。味辛,性平。归脾、胃、肺经。芳香化湿,醒脾开胃,发表解暑。用于湿浊中阻,脘痞呕恶,口中甜腻,口臭,多涎,暑湿表证,头胀胸闷。

📖 古人常佩戴兰草作为装饰,《离骚》有"纫秋兰以为佩"之句,故名。

配电/配電 pèidiàn/ㄆㄟˋ ㄉㄧㄢˋ

distribution of electricity

【电】在一个用电区域内向用户供电。

配电变压器/配電變壓器

pèidiàn biànyāqì/ㄆㄟˋ ㄉㄧㄢˋ ㄅㄧㄢˋ ㄧㄚ ㄑㄧˋ

distribution transformer

【电】用于配电系统将高压配电电压的功率变换成低压配电电压的功率以供各种低压电气设备用电的电力变压器。

配电损耗/配電損失

pèidiàn sǔnhào/ㄆㄟˋ ㄉㄧㄢˋ ㄙㄨㄣˇ ㄏㄠˋ

distribution loss

【电】配电网中设备引起的功率损耗。

配电所/配電站

pèidiànsuǒ/ㄆㄟˋ ㄉㄧㄢˋ ㄓㄢˋ

distribution substation

【电】将中压电力分配到周围的中压用户，或将中压电力变换成低压电力后向周围低压用户分配的供电设施。

配电网/配電網

pèidiànwǎng/ㄆㄟˋ ㄉㄧㄢˋ ㄨㄤˇ

power distribution network

【电】从输电网或地区发电厂接受电能，通过配电装置就地分配或按电压逐级分配给各类用户的电力网。

配电装置/配電裝置

pèidiàn zhuāngzhì/ㄆㄟˋ ㄉㄧㄢˋ ㄓㄨㄤ ㄓˋ

switchgear arrangement

【电】设在发电厂和变电站(所)，由各种电力设备组合而成，用来计量和控制电能的分配装置。

配电自动化/配電自動化

pèidiàn zìdònghuà/
ㄆㄟˋ ㄉㄧㄢˋ ㄗˋ ㄉㄨㄥˋ ㄏㄨㄚˋ

distribution automation

【电】利用计算机、电力通信技术对配电网设备进行数据采集、分析、控制、调节和管理的技术。

配電損失

ㄆㄟˋ ㄉㄧㄢˋ ㄙㄨㄣˇ ㄕ/pèidiàn sǔnshī

distribution loss

【电】台湾名。即“配电损耗”(859 页)。

配電線 ㄆㄟˋ ㄉㄧㄢˋ ㄒㄧㄢˋ/pèidiànxiàn

distribution line

【电】台湾名。即“低压线路”(217 页)。

配電站 ㄆㄟˋ ㄉㄧㄢˋ ㄓㄢˋ/pèidiànzhàn

distribution substation

【电】台湾名。即“配电所”(859 页)。

配殿/配殿 pèidiàn/ㄆㄟˋ ㄉㄧㄢˋ

side chamber

【建】宫殿或庙宇中正殿两旁的殿。

配方/配方 pèifāng/ㄆㄟˋ ㄈㄤ

formula

【化】指组合产品的配制方法。包括所用的原料及其用量等。

配方法/配方法 pèifāngfǎ/ㄆㄟˋ ㄈㄤ ㄈㄚˇ

method of completing the square

【数】一种变形方法。把二次三项式 $ax^2+bx+c(a\neq0)$ 中有 x 的项按下面方法配成完全平方的形式：$ax^2+bx+c=a\left(x+\frac{b}{2a}\right)^2+\frac{4ac-b^2}{4a}$。

配合公差/配合公差

pèihé gōngchā/ㄆㄟˋ ㄏㄜˊ ㄍㄨㄥ ㄔㄚ

variation of fit, fit tolerance

【机】组成配合的孔、轴公差之和。是允许间隙或过盈的变动量。

配合物 pèihéwù/ㄆㄟˋ ㄏㄜˊ ㄨˋ

【化】“配位化合物”的简称。

配件 ㄆㄟˋ ㄐㄧㄢˋ/pèijiàn

fitting

【电】台湾名。即“金具”(630 页)。

配接器 ㄆㄟˋ ㄐㄧㄝ ㄑㄧˋ/pèijiēqì

adapter, adaptor

【信息】台湾名。即“适配器”(1038 页)。

配送/配送 pèisòng/ㄆㄟˋ ㄙㄨㄥˋ

distribution

【物流】在经济合理区域范围内，对仓库、商店、配送中心等物流节点中的物品进行分拣、加工、配货、配载等，按客户要求送达指定地点的活动。按配送的时间和商品数量不同，可分为定量配送、定时配送、定时定量配送、定时定路线配送、定时定量定点配送和即时配送；按企业的经营形式不同，可分为销售配送、供应配送、销售—供应一体化配送和代存代供配送。配送模式包括自营配送、共同配送、互用配送、第三方配送和越库配送。

配送中心/配銷中心

pèisòng zhōngxīn/ㄆㄟˋ ㄒㄧㄠ ㄓㄨㄥ ㄒㄧㄣ

distribution center

【物流】根据用户订货要求对上游运来的货物进行分拣、加工、组配、包装等作业，并进行送货的设施和机构。按运营主体不同,可分为制造商配送中心、批发商配送中心、零售商配送中心和专业物流配送中心;按功能不同,可分为储存型配送中心、流通型配送中心和加工型配送中心。

配位化合物/配位化合物

pèiwèi huàhéwù/ㄆㄟˋ ㄨㄟˋ ㄏㄨㄚˋ ㄏㄜˊ ㄨˋ

coordination compound

【化】简称"配合物"。一类含配位键的化合物。化合物中有金属原子或离子作为中心原子,接受配位体的孤对电子或 π 电子通过配位键形成配位离子或分子。

配位键/配位鍵

pèiwèijiàn/ㄆㄟˋ ㄨㄟˋ ㄐㄧㄢˋ

coordinate bond

【化】共价键的一种。两个原子间形成共价键所需的一对电子由其中的一个原子单独提供。在结构式中常用箭头表示,如 N:→B 表示由 N 单独提供一对电子与 B 形成配位键。

配伍/配伍 pèiwǔ/ㄆㄟˋ ㄨˇ

㊀ combine, ㊁ concerted application, synergy

㊀【化】指组合产品的原料、剂量选择和调制,以获得预期效果的过程。㊁【中医】根据病情、治法和药性等因素,有选择地把两种或两种以上的药物配合应用。药物通过配伍,可以增强疗效,扩大治疗范围,减少毒副作用。例如,半夏配伍生姜,可以增强降逆止呕的作用,同时还可以减少半夏的副作用。

配伍禁忌/配伍禁忌

pèiwǔ jìnjì/ㄆㄟˋ ㄨˇ ㄐㄧㄣˋ ㄐㄧˋ

incompatibility of drugs in prescription

【医】在药物处方和调剂时应注意避免的配伍。旨在避免药物配合不当而影响药物疗效或引起毒性反应。

配銷中心

ㄆㄟˋ ㄒㄧㄠ ㄓㄨㄥ ㄒㄧㄣ/pèixiāo zhōngxīn

distribution center

【物流】台湾名。即"配送中心"(859 页)。

配载/裝配 pèizài/ㄓㄨㄤ ㄆㄟˋ

assembly

【物流】根据一定原则,合理安排运输工具中货物装载品种、数量及体积的作业。可充分利用运输工具的载重量和容积,原则是轻重搭配,大小搭配,货物性质搭配,同一目的地搭配,避免货物碰撞、沾污。

配子/配子 pèizǐ/ㄆㄟˋ ㄗˇ

gamete

【生】有性生殖生物中,经减数分裂产生的具有受精能力的单倍体生殖细胞。

pen (ㄆㄣ)

喷出岩 pēnchūyán/ㄆㄣ ㄔㄨ ㄧㄢˊ

【地】即"火山岩"(554 页)。

喷发/噴發 pēnfā/ㄆㄣ ㄈㄚ

eruption

【化】气体突然以较高速度通过颗粒堆积的固定层或静液层时,连带颗粒或液体向上喷射的现象。最典型的是火山喷发。工业上常用喷发方法进行固体颗粒或液体的输送。

喷发胶/噴髮膠 pēnfàjiāo/ㄆㄣ ㄈㄚˋ ㄐㄧㄠ

hair spray

【化】一种液状发用化妆品,以固发作用为主要目的。多以喷雾形式将内容物附着在头发上,在头发表面形成具有一定柔软性、坚韧性、平滑性及耐湿性的黏附性薄膜而达到固定发型目的。主要成分有高分子成膜剂、乙醇、调理剂等。

喷瓜/噴瓜 pēnguā/ㄆㄣ ㄍㄨㄚ

squirting cucumber

【植】*Ecballium elaterium* 葫芦科喷瓜属。一年生蔓生草本植物。茎粗糙,被刚毛。叶柄被刚毛,有纵纹;叶卵状长圆形或戟形,两面被毛,边缘波状,有齿。雄花排成总状花序,雌花单生,花冠黄色。瓠果长圆形,苍绿色,有刚毛,成熟时一端开裂,将果液和种子同时喷出。花果期夏秋季。野生植物。在中国,分布于新疆,南京、陕西武功有栽培。

📖 喷瓜的果实成熟后,多浆质组织变成黏性液体,挤满果实内部,强烈地膨压着果皮;一旦受到触动,就会"砰"的一声破裂,将种子喷出,故名。这也是大自然中传播种子的一种高水平的本领。

喷灌/噴灌 pēnguàn/ㄆㄣ ㄍㄨㄢˋ

sprinkler irrigation

【水利】灌溉方法的一种。用压力管道系统和设备将水送至灌溉地段并喷射到空中形成细小水滴,均匀地喷洒到田间。

喷灌机/絞盤式噴灌機

pēnguànjī/ ㄐㄧㄠˇ ㄆㄢˊ ㄕˋ ㄆㄣ ㄍㄨㄢˋ ㄐㄧ

sprinkling machine

【机】农业机械的一种。用于喷洒灌溉水的机器设备。由水泵机组、管道、喷头和行走机构等组成。有绞盘式喷灌机、卷盘式喷灌机、移管式喷灌机、潜水式喷灌机、轻小型机组式喷灌机等。

喷漆机器人/噴漆機器人

pēnqī jīqìrén/ ㄆㄣ ㄑㄧ ㄐㄧ ㄑㄧˋ ㄖㄣˊ

paint-spraying robot

【机】工业机器人的一种。用于自动喷漆或喷涂其他涂料。由机器人本体、计算机和相应的控制系统组成。动作速度快、防爆性能好。可通过手把手示教或点位示教来实现示教。广泛用于汽车、仪表、电器、搪瓷等行业。

喷气发动机/噴氣發動機

pēnqì fādòngjī/ ㄆㄣ ㄑㄧˋ ㄈㄚ ㄉㄨㄥˋ ㄐㄧ

jet engine

【航】通过加速并排出高速气流体做功的热机。即通过燃料燃烧产生的气体高速喷射而产生动力的发动机。

喷气式飞机/噴射飛機

pēnqìshì fēijī/ ㄆㄣ ㄕㄜˋ ㄈㄟ ㄐㄧ

jet airplane

【航】用喷气发动机作为飞行动力装置的飞机。

喷泉/噴泉 pēnquán/ ㄆㄣ ㄑㄩㄢˊ

fountain

【地】❶承压水的地面露头。❷为美化环境而人工制造的喷水装置。

喷砂/噴砂 pēnshā/ ㄆㄣ ㄕㄚ

sand blasting

【机】一种表面处理工艺。采用压缩空气为动力,将高速运动的砂粒(铜矿砂、石英砂、金刚砂等)喷射到需要处理的工件表面,使其外表或形状发生变化,以改善工件表面的机械性能,提高工件的抗疲劳性。

喷射/噴射 pēnshè/ ㄆㄣ ㄕㄜˋ

jetting

【化】因失压或受压使流体从较小的孔径中以高速射出的现象。

喷水推进/噴水推進

pēnshuǐ tuījìn/ ㄆㄣ ㄕㄨㄟˇ ㄊㄨㄟ ㄐㄧㄣˋ

water jet propulsion

【船】利用向船后喷射水流的反作用力使船舶前进的推进方式。喷水推进船通常为较小的内河浅水船和近海高速船。

喷涂/噴塗 pēntú/ ㄆㄣ ㄊㄨˊ

spray coating, spray

【机】利用喷枪等将雾化涂料以喷或(和)涂的方法覆盖在工件上的过程。可分为热喷涂、火焰喷涂、电弧喷涂等。

喷丸/珠粒噴擊 pēnwán/ ㄓㄨ ㄌㄧˋ ㄆㄣ ㄐㄧˊ

shot blasting

【机】一种表面处理工艺。采用压缩空气为动力,将高速运动的硬质丸粒(铸钢丸、钢丝切丸、不锈钢丸等)喷射到需要处理的工件表面,使其发生应变硬化,以提高工件的机械强度、抗疲劳、耐磨性和耐腐蚀性等。

喷雾剂/噴霧劑 pēnwùjì/ ㄆㄣ ㄨˋ ㄐㄧˋ

spray

【医】以压缩空气或稀有气体为动力,将药液喷出的剂型。按用药途径不同,可分为吸入喷雾剂、非吸入喷雾剂及外用喷雾剂。

噴射飛機 ㄆㄣ ㄕㄜˋ ㄈㄟ ㄐㄧ/pēnshè fēijī

jet airplane

【航】台湾名。即"喷气式飞机"(861 页)。

盆地/盆地 péndì/ ㄆㄣˊ ㄉㄧˋ

basin

【地】四周被山地、高原环绕,中间为平坦低地的盆状地形。是陆地表面一种基本地貌。如中国新疆的塔里木盆地、非洲的刚果盆地。

盆腔炎/骨盆腔发炎性疾病

pénqiāngyán/

ㄍㄨˇ ㄆㄣˊ ㄑㄧㄤ ㄈㄚ ㄧㄢˊ ㄒㄧㄥˋ ㄐㄧˊ ㄅㄧㄥˋ

pelvic inflammatory disease

【医】女性内生殖器及其周围的结缔组织、盆腔腹膜的炎症。临床表现为下腹痛伴发热,严重的则寒战、高热、食欲不振,并伴有泌尿系统症状及直肠刺激症状。可见宫颈内有大量脓性分泌物流出。

P

peng（ㄆㄥ）

砰击/波擊 pēngjī/ㄆㄛ ㄐㄧˊ

slamming

【船】船舶在恶劣的海况中航行时，因剧烈运动而引起波浪与船体的冲击现象。

棚车/箱車 péngchē/ㄒㄧㄤ ㄔㄜ

box car, covered goods wagon

【交】铁路货车车种之一。设有侧墙、端墙、顶棚和门窗的车辆。主要用来装运粮谷、食品、日用工业品等，防晒防淋。可代替客车输送人员。

蓬莱蕉 ㄆㄥˊ ㄌㄞˊ ㄐㄧㄠ/pénglái jiāo

monstera ceriman

【植】台湾名。即"龟背竹"(448 页)。

蓬莱米 ㄆㄥˊ ㄌㄞˊ ㄇㄧˇ/péngláimǐ

japonica rice

【农】台湾名。即"粳稻"(642 页)。

蓬鬆紗 ㄆㄥˊ ㄙㄨㄥ ㄕㄚ/péngsōngshā

❶bulky yarn, ❷bulked yarn

【纺】❶台湾名。即"膨松纱"(862 页)。❷台湾名。即"膨体纱"(862 页)。

硼/硼 péng/ㄆㄥˊ

boron

【化】非金属元素。属周期表第ⅢA 族，符号 B，原子序数 5。原子量10.80。自然界存在于硼酸盐中。单质中无定形硼为黑色粉末，晶态硼为黑色或银灰色晶体，硬度仅次于金刚石，较脆。在农业、工业和医药上用途广泛。

📖 1808 年，英国的戴维(H.Davy)用电解熔融的氧化硼取得单质硼；同年，法国的盖-吕萨克(J.L.Gay Lussac)与泰纳尔(L.J.Thenard)用金属钾还原无水硼酸也发现了单质硼。拉丁文定名为 boronium，源自阿拉伯文 bauraq，意思是"焊接"。中文定名为"硼"，是形声字。

硼砂/硼砂 péngshā/ㄆㄥˊ ㄕㄚ

borax

【地】矿物名。成分为 $Na_2[B_4O_5(OH)_4]\cdot 8H_2O$。单斜晶系。易风化，无色，含微量杂质时常呈浅黄到浅蓝等颜色。易溶于水，带甜味和涩味。是提取硼和硼化物的矿物原料，也用于制玻璃、搪瓷、肥料等，还用于医药等领域。

📖 硼砂曾被用作食品防腐添加剂，现在许多国家已禁用，美国消费者保护协会警告，经 5～10 年积累性食用有引起肝癌的危险。

硼酸/硼酸 péngsuān/ㄆㄥˊ ㄙㄨㄢ

boric acid

【化】无机酸的一种。化学式 H_3BO_3。无色晶体。高温下生成氧化硼玻璃体。微溶于水，水溶液呈弱酸性，有弱杀菌作用。因对消化系统有不良影响，现已不用于食品防腐。

澎湖列岛/澎湖群島

Pénghú Lièdǎo/ㄆㄥˊ ㄏㄨˊ ㄑㄩㄣˊ ㄉㄠˇ

Penghu Islands

【地】群岛名。位于台湾岛西南部的台湾海峡中。共有大小岛屿 64 个，总面积 125.3 平方千米。主要岛屿有澎湖岛、渔翁岛和白沙岛。地势平坦，渔业资源丰富，农业以甘薯、花生和瓜类为主。

澎湖群島

Pénghú Qúndǎo/ㄆㄥˊ ㄏㄨˊ ㄑㄩㄣˊ ㄉㄠˇ

Penghu Islands

【地】台湾名。即"澎湖列岛"(862 页)。

篷帐薄膜建筑/篷帳薄膜建築

péngzhàng bómó jiànzhù/

ㄆㄥˊ ㄓㄤˋ ㄅㄛˊ ㄇㄛˊ ㄐㄧㄢˋ ㄓㄨˋ

awning membrane structures

【建】薄膜建筑的一类。以刚性材料做骨架支撑，薄膜作为张力结构起围护作用，依靠形状和预应力的相互配合，保持张力结构的稳定性。建筑轻巧柔软，用料省，施工简易，建造速度快，可用于应急性临时建筑。

膨颈蛇 péngjǐngshé/ㄆㄥˊ ㄐㄧㄥˇ ㄕㄜˊ

【动】即"眼镜蛇"(1313 页)。

膨松纱/蓬鬆紗

péngsōngshā/ㄆㄥˊ ㄙㄨㄥ ㄕㄚ

bulky yarn

【纺】以膨松性为主的变形纱。以腈纶为主要原料，其特征是外观膨松丰满，主要用于针织外衣、内衣、绒线和毛毯等。

膨体纱/蓬鬆紗

péngtǐshā/ㄆㄥˊ ㄙㄨㄥ ㄕㄚ

bulked yarn

【纺】利用不同规格腈纶湿热收缩率的差异而

P

加工成的高度蓬松的纱线。通常用高收缩和常规的两种腈纶为原料纺制，富有弹性，与羊毛细绒线或针织纱风格相近，但水洗后蓬松度下降。常用于制作针织外衣、童装、披肩或帽子等。

膨胀机/擴張器
péngzhàngjī/ㄎㄨㄛˋ ㄓㄤˋ ㄑㄧˋ
expander
【机】将高压制冷剂膨胀成低压、低温状态，并输出外功的机械。常安装于深低温设备中。按运动形式和结构不同，可分为活塞膨胀机和透平膨胀机。

碰撞/碰撞 pèngzhuàng/ㄆㄥˋ ㄓㄨㄤˋ
collision
【物】两个做相对运动的物体在很短时间内相互接触而迅速改变其运动状态的现象。根据运动状态和内部状态的变化情况可分为弹性碰撞、非弹性碰撞、完全非弹性碰撞和非完全弹性碰撞。微观粒子的碰撞又称为散射。
📖 宏观物体在碰撞中相互作用的冲力很大，受到的其他作用力均可忽略不计，把发生碰撞的物体当作一个系统，可认为系统只受内力作用，遵从动量守恒定律。微观粒子的碰撞遵循量子力学中的不确定关系，可在碰撞过程中产生或湮没。

pi (ㄆㄧ)

批处理/批次處理 pīchǔlǐ/ㄆㄧ ㄘˋ ㄔㄨˇ ㄌㄧˇ
batch processing
【信息】台湾又称“整批處理”。将各次数据或作业预先累积起来再统一处理，最终用户对处理过程不施加进一步影响的操作模式。

批次處理 ㄆㄧ ㄘˋ ㄔㄨˇ ㄌㄧˇ/pīcì chǔlǐ
batch processing
【信息】台湾名。即“批处理”(863 页)。

批量分拣/批量分揀
pīliàng fēnjiǎn/ㄆㄧ ㄌㄧㄤˋ ㄈㄣ ㄐㄧㄢˇ
batch picking
【物流】又称“播种式分拣”。分拣方式的一种。分拣人员或分拣工具根据订单中的共同需求，从储存点取出共同需要的货物，并按各订单的需要量分放，循环往复，直至所需货物全部分拣及分发完毕。流程复杂，错误率较高，效率高，响应性差。适用于少品种批量出货，且重复订购率较高的订单。

坯布/胚布 pībù/ㄆㄟ ㄅㄨˋ
gray goods
【纺】用织机织成后未经其他加工的半成品织物。有白坯布、色织坯布等。立体裁剪时常用平布的白坯布。

披衣菌 ㄆㄧ ㄧ ㄐㄩㄣˋ/pīyījūn
chlamydia
【生】台湾名。即“衣原体”(1331 页)。

铍针/鈹針 pīzhēn/ㄆㄧ ㄓㄣ
stiletto needle, * sword needle
【中医】九针之一。针身长而宽，形如宝剑锋刃，用于排脓放血。

劈/楔 pī/ㄒㄧㄝ
wedge
【物】又称“尖劈”。简单机械的一种。是纵截面成三角形、两侧面间具有尖锐夹角的坚硬物体。例如，楔子、刀、斧的刃部。

劈理/劈理 pīlǐ/ㄆㄧ ㄌㄧˇ
cleavage
【地】岩石因受力或因变质作用形成的潜在破裂面。沿着这些面能将岩石分裂成大致平行排列的密集的薄层。

皮 pí/ㄆㄧˊ
【计量】“皮可”的简称。

皮癌 ㄆㄧˊ ㄧㄢˊ(又读 ㄞˊ)/pí'ái
cutaneum carcinoma
【医】台湾名。即“皮肤癌”(863 页)。

皮带机 pídàijī/ㄆㄧˊ ㄉㄞˋ ㄐㄧ
【机】即“带式输送机”(193 页)。

皮帶驅動
ㄆㄧˊ ㄉㄞˋ ㄑㄩ ㄉㄨㄥˋ/pídài qūdòng
belt drive
【机】台湾名。即“带传动”(193 页)。

皮肤癌/皮癌 pífū'ái/ㄆㄧˊ ㄧㄢˊ(又读 ㄞˊ)
cutaneum carcinoma
【医】发生于皮肤上的恶性肿瘤。可分为基底细胞癌、鳞状细胞癌、恶性黑色素瘤、恶性淋巴瘤、特发性出血性肉瘤、汗腺癌、隆突性皮肤纤维肉瘤、血管肉瘤等；其中以基底细胞癌和鳞状细胞癌最常见。

皮肤黏膜出血/皮膚黏膜出血
pífū niánmó chūxuè/
ㄆㄧˊ ㄈㄨ ㄋㄧㄢˊ ㄇㄛˊ ㄔㄨ ㄒㄩㄝˋ
mucocutaneous hemorrhage
【医】因凝血功能障碍,所引起的全身性或局限性皮肤黏膜自发性出血的现象。

皮肤癣菌病/皮癬菌病
pífū xuǎnjūnbìng/ㄆㄧˊ ㄒㄩㄢˇ ㄐㄩㄣˋ ㄅㄧㄥˋ
dermatophytosis
【医】由皮肤癣菌等侵犯人的皮肤、毛发、甲板等部位引起的感染性疾病。

皮肤针/皮膚針 pífūzhēn/ㄆㄧˊ ㄈㄨ ㄓㄣ
cutaneous needle, dermal needle
【中医】针具的一类。多枚针集束固定,用以浅刺皮肤,可激发、调节脏腑经络功能,防治疾病。

皮膚接受器
ㄆㄧˊ ㄈㄨ ㄐㄧㄝ ㄕㄡˋ ㄑㄧˋ/pífū jiēshòuqì
exteroceptor
【医】台湾名。即“外感受器”(1163 页)。

皮革/皮革 pígé/ㄆㄧˊ ㄍㄜˊ
leather
【轻】简称“革”。各类动物的皮经脱毛、鞣制、整饰加工后的熟皮。表面层具有自然的粒纹和光泽,强度好,耐曲折,富有弹性,透气性和吸湿性好。按原料皮的来源不同,可分为牛皮、羊皮、猪皮、鹿皮等;按用途不同,可分为鞋面革、鞋底革、服装革、手套革、包袋革、箱用革、皮带革、工业用革等。皮革面料通常以平方米为计量单位。

P

皮革態 ㄆㄧˊ ㄍㄜˊ ㄊㄞˋ/pígétài
leathery
【植】台湾名。即“革质”(400 页)。

皮格马利翁效应
Pígémǎlìwēng xiàoyìng/
ㄆㄧˊ ㄍㄜˊ ㄇㄚˇ ㄌㄧˋ ㄨㄥ ㄒㄧㄠˋ ㄧㄥˋ
【心】即“罗森塔尔效应”(771 页)。
📖 皮格马利翁是希腊神话中的塞浦路斯国王。他不喜欢凡间女子,而雕刻了一尊美丽的少女像。他将自己全部的爱都倾注在雕像上,为她起名为加拉泰亚。向神乞求让她成为自己的妻子。爱神阿芙洛狄忒被他感动,赋予少女塑像以生命,使他们结为夫妻。

皮胶/皮膠 píjiāo/ㄆㄧˊ ㄐㄧㄠ
skin glue
【化】天然黏合剂的一种。是皮明胶生产中最后提取的低级产品胶。不透明或透明度低于5毫米。通常只作木制品的黏合剂或火柴用胶。曾采用猪皮、牛皮直接熬制,制成猪皮膘牛皮胶。

皮可/微微 píkě/ㄨㄟˊ ㄨㄟˊ
pico
【计量】简称“皮”。用于构成十进分数单位的词头。相当于 10^{-12},符号 p。例如,1 皮米=10^{-12} 米。

皮米卫星/皮衛星
pímǐ wèixīng/ㄆㄧˊ ㄨㄟˋ ㄒㄧㄥ
picosatellite
【航】又称“皮卫星”。质量在 0.1~1 千克,并具有实际卫星功能的微小人造卫星。
📖 皮米是长度单位,为 10^{-12} 米。皮米卫星比纳米卫星还要小一个质量级别。

皮棉/皮棉 pímián/ㄆㄧˊ ㄇㄧㄢˊ
ginned cotton
【农】籽棉经轧棉机去除棉籽后未进一步加工的棉花。主要用作纺纱原料。

皮氏管 ㄆㄧˊ ㄕˋ ㄍㄨㄢˇ/píshìguǎn
Pitot tube
【机】台湾名。即“皮托管”(864 页)。

皮托管/皮氏管 pítuōguǎn/ㄆㄧˊ ㄕˋ ㄍㄨㄢˇ
Pitot tube
【机】又称“毕托管”“空速管”。流速计的一种。测量流体总压和静压以确定流体速度的管状装置。多用于测量飞机在大气中的飞行速度(常安装于机翼前端)和船舶在水中的航行速度。

皮卫星/皮衛星 píwèixīng/ㄆㄧˊ ㄨㄟˋ ㄒㄧㄥ
【航】即“皮米卫星”(864 页)。

皮下注射/皮下注射
píxià zhùshè/ㄆㄧˊ ㄒㄧㄚˋ ㄓㄨˋ ㄕㄜˋ
subcutaneous injection
【医】将药液注入皮下组织,使药液缓慢发挥作用的注射方法。注射部位通常在上臂、股外侧及腰背部感觉不灵敏的部位。

皮下组织/皮下組織
píxià zǔzhī/ㄆㄧˊ ㄒㄧㄚˋ ㄗㄨˇ ㄓ

subcutaneous tissue

【医】在真皮下方，其下与肌膜等相连的组织。由疏松结缔组织和脂肪小叶构成，含有血管、淋巴管、神经、外泌汗腺、顶泌汗腺等。

皮癬菌病

ㄆㄧˊ ㄒㄩㄢˇ ㄐㄩㄣ ㄅㄧㄥˋ/píxuǎnjūnbìng

dermatophytosis

【医】台湾名。即“皮肤癣菌病”(864 页)。

皮亚诺公理/Peano 公設

Píyànuò gōnglǐ/Peano ㄍㄨㄥ ㄕㄜˋ

Peano's axioms

【数】又称“自然数公理”。意大利数学家皮亚诺(G.Peano)1891 年给出的关于自然数的一组公理，包括：(1)1 是自然数。(2)每个自然数都有且仅有一个后继数。(3)任何自然数的后继数都不是 1。(4)若两个自然数的后继数相等，则这两个自然数相等。(5)设 S 是自然数集的子集，若 1 属于 S 且由 k 属于 S 可推出 k 的后继数也属于 S，则 S 就是自然数集。由皮亚诺公理可以推出自然数的全部性质。

📖 皮亚诺给出的上述公理，针对的是历史上的自然数定义。若将公理中的 1 都改为 0，则这组公理即适合现在通行的自然数定义了。

皮疹/皮疹 pízhěn/ㄆㄧˊ ㄓㄣˇ

shin rash，eruption

【医】一种皮肤病变。表现形式多样。从单纯的皮肤颜色改变到皮肤表面隆起或发生水疱等。包括斑疹、丘疹、玫瑰疹、斑丘疹、荨麻疹等。

皮質促素 ㄆㄧˊ ㄓˋ ㄘㄨˋ ㄙㄨˋ/pízhì cùsù

corticotrophin，ACTH

【医】台湾名。即“促皮质素”(170 页)。

皮重/皮重 pízhòng/ㄆㄧˊ ㄓㄨㄥˋ

tare weight

【计量】存放物品或物料的容器、包装物或运载车辆等的重量。在衡器中，指由皮重装置确定的载荷的重量示值。

枇杷/枇杷 pípa/ㄆㄧˊ·ㄆㄚ

loquat

【植】*Eriobotrya japonica* 蔷薇科枇杷属。常绿小乔木。小枝密被毛。叶片革质，披针形至长椭圆形，边缘有齿，表面皱。圆锥花序顶生，花密，花瓣白色，有香气。梨果长圆形，黄色或橘黄色，外有柔毛，果味甜酸。花期10—12 月份，果期翌年5—6 月份。在中国，分布于甘肃、陕西、台湾，以及华东、华中、华南和西南等地。果实可作水果，还可入药。

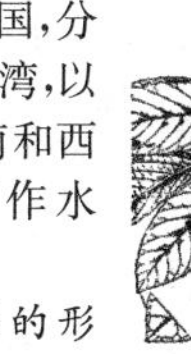

枇杷

📖 因枇杷果实的形状似民族乐器琵琶而得名。

枇杷叶/枇杷葉 pípayè/ㄆㄧˊ·ㄆㄚ ㄧㄝˋ

Folium Eriobotryae(拉)，loquat leaf

【中医】中药名。蔷薇科植物枇杷 *Eriobotrya japonica*（Thunb.）Lindl. 的干燥叶。味苦，性微寒。归肺、胃经。清肺止咳，降逆止呕。用于肺热咳嗽，气逆喘急，胃热呕逆，烦热口渴。

铍/鈹 pí/ㄆㄧˊ

beryllium

【化】金属元素。属周期表第ⅡA 族，符号 Be，原子序数 4。原子量9.012。自然界主要存在于绿柱石或硅铍石中。单质为灰白色金属，质轻而硬，有延展性，有毒，化学性质不太活泼，在空气中能形成保护性的氧化层而不易生锈。可用来制高强度合金，也用于核工业。

📖 1798 年，法国的沃克兰(L.N.Vauquelin)首先在绿柱石中发现了铍的氧化物；1828 年，德国的韦勒(F.Wöhler)与法国的伯塞(A.A.B.Bussy)分别用钾还原氯化铍而制得铍单质。拉丁文定名为 beryllium，源自英文 beryl，意思是“绿柱石”。中文定名为“铍”，是形声字。

疲劳/疲勞 píláo/ㄆㄧˊ ㄌㄠˊ

fatigue

【材】材料在低于其极限强度的交变应力作用下发生的无明显塑性变形的现象。疲劳导致材料产生裂纹最终断裂失效。疲劳失效属脆性破坏。破坏前往往没有外观征兆。

疲劳强度/疲勞強度

píláo qiángdù/ㄆㄧˊ ㄌㄠˊ ㄑㄧㄤˊ ㄉㄨˋ

fatigue strength

【机】材料、零件和结构件对疲劳破坏的抗力，即在规定的循环应力幅值和大量重复次数

P

下，其所能承受的最大交变应力。

疲劳试验机/疲勞試驗機
píláo shìyànjī/ㄆㄧˊ ㄌㄠˊ ㄕˋ ㄧㄢˋ ㄐㄧ
fatigue testing machine
【机】试验机的一种。用于测定金属及其合金材料在室温状态下的拉伸、压缩或拉、压交变负荷的疲劳性能试验的机器。

啤酒花/啤酒花 píjiǔhuā/ㄆㄧˊ ㄐㄧㄡˇ ㄏㄨㄚ
European hop flower
【植】*Humulus lupulus* 桑科葎草属。多年生攀缘草本植物。茎、枝、叶柄有钩刺。叶卵形，先端尖，基部心形，边缘有齿，两面被毛。雄花序为圆锥花序，花被片五枚，雌花每两朵生于一苞片腋间，成近球形的穗状花序。果穗球果状。花期秋季。在中国，新疆、四川北部有分布，其余各地多栽培。果穗供制啤酒用。

脾/脾 pí/ㄆㄧˊ
spleen
㊀【医】人体最大的周围淋巴样器官。其实质由红髓和白髓构成，具有造血和血液过滤功能，也是淋巴细胞迁移和接受抗原刺激后发生免疫应答、产生免疫效应分子的重要场所。㊁【中医】五脏之一。位于中焦，膈之下。与西医脾脏不同。中医认为其主要生理功能是主运化(主饮食物的消化、吸收和运送各种营养物质)，主统血(统摄或控制血液在血脉内运行，不致溢于血脉之外)，并与四肢、肌肉、口唇密切相关。

脾合胃/脾合胃 pí hé wèi/ㄆㄧˊ ㄏㄜˊ ㄨㄟˋ
spleen being connected with stomach
【中医】脏腑相合之一。脾与胃相表里、相毗邻，足太阴脾经与足阳明胃经相互络属，构成脾与胃的阴阳表里相合关系。二者生理上相互配合，胃主受纳腐熟，脾主运化，共同完成饮食物的消化、吸收。在病理上二者互相影响。

脾气虚证/脾氣虛證
píqìxūzhèng/ㄆㄧˊ ㄑㄧˋ ㄒㄩ ㄓㄥˋ
syndrome of deficiency of spleen qi,
* spleen qi vacuity pattern
【中医】中医证候之一。脾气不足，运化失职所致，以食少，腹胀、食后尤甚，大便溏泻，神疲肢倦，舌淡苔白，脉缓弱等为常见症。

脾虚证/脾虛證 píxūzhèng/ㄆㄧˊ ㄒㄩ ㄓㄥˋ
syndrome of spleen deficiency, * spleen vacuity pattern
【中医】中医证候之一。脾之气血阴阳不足，运化摄纳功能失职所致，是多种证候的统称。

脾阳虚证/脾陽虛證
píyángxūzhèng/ㄆㄧˊ ㄧㄤˊ ㄒㄩ ㄓㄥˋ
syndrome of deficiency of spleen yan,
* spleen yang vacuity pattern
【中医】中医证候之一。脾阳虚衰，失于温运所致，以食少，腹胀，腹痛绵绵，喜温喜按，畏冷肢凉，大便溏薄，或下肢水肿，或妇女带下量多，舌淡苔白润，脉沉迟无力等为常见症。

脾阴虚证/脾陰虛證
píyīnxūzhèng/ㄆㄧˊ ㄧㄣ ㄒㄩ ㄓㄥˋ
syndrome of deficiency of spleen yin,
* spleen yin vacuity pattern
【中医】中医证候之一。阴液亏虚，脾失健运所致，以纳呆，腹胀，便结，体瘦倦怠，涎少唇干，低热，舌红少苔，脉细数(shuò)等为常见症。

罴 pí/ㄆㄧˊ
【动】即“棕熊”(1508 页)。

pian (ㄆㄧㄢ)

偏大近似值
ㄆㄧㄢ ㄉㄚˋ ㄐㄧㄣˋ ㄙˋ ㄓˊ/piāndà jìnsìzhí
upper approximate value
【数】台湾名。即“过剩近似值”(457 页)。

偏导数/偏導數
piāndǎoshù/ㄆㄧㄢ ㄉㄠˇ ㄕㄨˋ
partial derivative
【数】设点(x,y)为函数$z=f(x,y)$的定义域D内一点，若$\lim\limits_{\Delta y\to 0}\dfrac{f(x+\Delta x,y)-f(x,y)}{\Delta x}$存在，则称这个极限为$z=f(x,y)$在点$(x,y)$处关于$x$的一阶偏导数，简称关于$x$的偏导数，记作$\dfrac{\partial z}{\partial x}$或$\dfrac{\partial f}{\partial x}$或$z_x$或$f_x(x,y)$。同样地，若$\lim\limits_{\Delta y\to 0}\dfrac{f(x,y+\Delta y)-f(x,y)}{\Delta y}$存在，则称这个极限为$z=f(x,y)$在点$(x,y)$处关于$y$的一阶偏导数，简称关于$y$的偏导数，记作$\dfrac{\partial z}{\partial y}$

或$\frac{\partial f}{\partial y}$或$z_y$或$f_y(x,y)$。类似地可以定义多元函数$f(x_1,x_2,\cdots,x_n)$关于$x_i(i=1,2,\cdots,n)$的偏导数。

偏航/偏航 piānháng/ㄆㄧㄢ ㄏㄤˊ
off route
【航】航空器的实际飞行路线(航迹线)偏离预定航线的现象。

偏口鱼 piānkǒuyú/ㄆㄧㄢ ㄎㄡˇ ㄩˊ
【动】即"比目鱼"(53 页)。

偏利共生
piānlì gòngshēng/ㄆㄧㄢ ㄌㄧˋ ㄍㄨㄥˋ ㄕㄥ
【生】即"共栖"(418 页)。

偏瘫/偏癱 piāntān/ㄆㄧㄢ ㄊㄢ
hemiplegia
【医】又称"半身不遂"。一侧上下肢、面肌下部和舌肌的运动障碍。主要因脑血管意外而引起,颅脑外伤、脑肿瘤、脑内感染、脑变性病及脱髓鞘病等也可引起偏瘫。

偏头痛/偏頭痛
piāntóutòng/ㄆㄧㄢ ㄊㄡˊ ㄊㄨㄥˋ
migraine
【医】一种常见的原发性头痛。病因可能与遗传因素、5-羟色胺递质改变、三叉神经血管系统激活等有关。表现为反复发作的单侧或双侧搏动性头痛,并常伴有恶心、呕吐、畏声、畏光等,活动后加重。

偏小近似值
ㄆㄧㄢ ㄒㄧㄠˇ ㄐㄧㄣˋ ㄙˋ ㄓˊ/piānxiǎo jìnsìzhí
lower approximate value
【数】台湾名。即"不足近似值"(86 页)。

偏序集/偏序集 piānxùjí/ㄆㄧㄢ ㄒㄩˋ ㄐㄧˊ
【数】即"半序集"(33 页)。

偏振光/偏振光
piānzhènguāng/
ㄆㄧㄢ ㄓㄣˋ ㄍㄨㄤ
polarized light
【物】具有偏振现象的光,即相对于传播方向振动方式不对称的光。

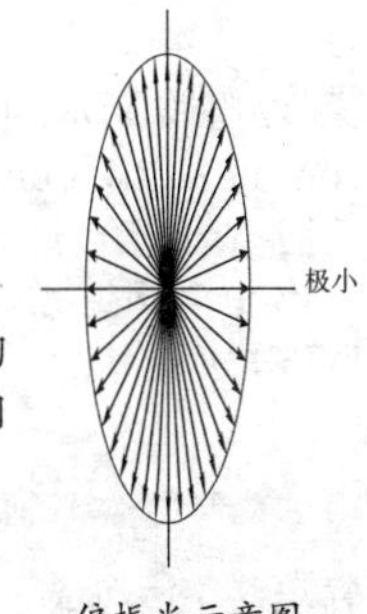

偏振光示意图

偏振片/偏振片
piānzhènpiàn/
ㄆㄧㄢ ㄓㄣˋ ㄆㄧㄢˋ
polaroid
【物】能使入射的自然光透过后变成线偏振光(电磁波只在某一方向振动的偏振光)的薄片。可用来制作太阳镜、观看立体电影的眼镜等。

偏振现象/偏振現象
piānzhèn xiànxiàng/ㄆㄧㄢ ㄓㄣˋ ㄒㄧㄢˋ ㄒㄧㄤˋ
polarization phenomenon
【物】横波具有的特性。横波的振动矢量偏于某些方向的现象。

犏牛/犏牛 piānniú/ㄆㄧㄢ ㄋㄧㄡˊ
cattle yak
【动】哺乳动物。牦牛和黄牛交配所生的第一代杂种牛,比牦牛驯顺,比黄牛力气大。母犏牛产乳量高,可与黄牛或牦牛交配繁殖后代,公犏牛没有生殖能力。母牦牛与公黄牛所生的称真犏牛,公牦牛与母黄牛所生的称假犏牛。

胼胝/胼胝 piánzhī/ㄆㄧㄢˊ ㄓ
callus
【中医】皮肤病之一。足底部长期受压或摩擦,局部气血运行受阻,引起局限性表皮角质增生,多见于掌蹠突起部位,患处皮肤增厚,以中央为甚,触之坚硬或有疼痛,边缘不清,表面多光滑,呈黄白色或淡黄褐色。治疗可用刀削后敷水晶膏,或用修脚术切除,并可配合外用生半夏末凉水调搽。

片理/片理 piànlǐ/ㄆㄧㄢˋ ㄌㄧˇ
schistosity
【地】岩石形成的薄片状构造。在千枚岩、片岩、片麻岩等变质程度较深的岩石中常见。在应力和温度的作用下,由岩石中的片状、细柱状、板状矿物出现沿一定方向排列所形成。

片利共生
ㄆㄧㄢˋ ㄌㄧˋ ㄍㄨㄥˋ ㄕㄥ/piànlì gòngshēng
commensalism
【生】台湾名。即"共栖"(418 页)。

片麻岩/片麻岩
piànmáyán/ㄆㄧㄢˋ ㄇㄚˊ ㄧㄢˊ
gneiss
【地】变质岩的一种。变质程度高。具片麻状构造(在具片理的岩中,长石等片状、柱状矿

P

物呈连续的定向排列)或条带状构造。矿物主要由长石、石英、云母等组成,其中长石多于石英。由酸性或中性喷出岩、浅成岩、长石砂岩、泥质岩经区域变质作用形成。可用作建筑石料和铺路材料。

片石 ㄆㄧㄢˋ ㄕˊ/piànshí

rubble

㊀【水利】台湾名。即“毛石”(787 页)。㊁【建】台湾名。即“荒料”(534 页)。

片岩/片岩 piànyán/ㄆㄧㄢˋ ㄧㄢˊ

schist

【地】变质岩的一类。具有明显片状构造。是常见的区域变质岩。常见矿物为石英、长石、云母,其中石英多于长石。常含有红柱石、蓝晶石、石榴子石、蓝闪石等。按主要片状或柱状矿物不同,可分为云母片岩、滑石片岩、石墨片岩等。原岩主要为泥质岩、中酸性喷出岩、钙质砂页岩等。原岩已全部重结晶,由片状、柱状和粒状矿物组成。可用作建筑石料和铺路材料。

piao (ㄆㄧㄠ)

漂雷/漂雷 piāoléi/ㄆㄧㄠ ㄌㄟˊ

floating mine

【军】布设于水面或水中一定深度,呈自由漂移状态的水雷。

漂砾/巨礫 piāolì/ㄐㄩˋ ㄌㄧˋ

boulder

【地】经冰川搬运的远离产源地的石块。粒径从几厘米至数十米。常作为识别冰川活动的标志。

漂心/浮面中心

piāoxīn/ㄈㄨˊ ㄇㄧㄢˋ ㄓㄨㄥ ㄒㄧㄣ

center of floatation

【船】船舶水线面的几何中心。因水线面形状通常随船的吃水或倾斜发生变化,故其漂心位置也相应发生变化。

飘尘 piāochén/ㄆㄧㄠ ㄔㄣˊ

【环】即“可吸入颗粒物”(682 页)。

瓢虫/瓢蟲 piáochóng/ㄆㄧㄠˊ ㄔㄨㄥˊ

ladybug, lady beetle, ladybird beetle

【动】昆虫名。鞘翅目瓢虫科昆虫的统称。甲虫的一类。成虫半球形,头小,颜色鲜艳,前翅坚硬,多有黑色或黄色斑点。幼虫体略长,多毛刺,尾端细小。种类很多,有七星瓢虫(*Coccinella septempunctata*)、异色瓢虫(*Harmonia axyridis*)、龟纹瓢虫(*Propylea japonica*)等。有的以蚜虫、介壳虫等为食。

漂白/漂白 piǎobái/ㄆㄧㄠˇ ㄅㄞˊ

bleaching

【纺】利用漂白剂的化学作用除去纺织品上的有色物质,使纺织品具有必要的白度或使其染浅色后有足够的鲜艳度的工艺过程。漂白方式有浸漂、淋漂和轧漂等。

漂白粉/漂白粉

piǎobáifěn/ㄆㄧㄠˇ ㄅㄞˊ ㄈㄣˇ

bleaching powder, calxchlorinate

【化】无机化学品。化学式 $CaOCl_2$。白色粉末,有类似氯的刺激性气味。主要成分为氯化钙、氢氧化钙和次氯酸钙,后者是有效成分,水解后产生次氯酸,有效氯含量为28%～32%。水溶液呈碱性,有漂白、消毒杀菌作用。

漂白粉濃縮物

ㄆㄧㄠˇ ㄅㄞˊ ㄈㄣˇ ㄋㄨㄥˊ ㄙㄨㄛ ㄨˋ/

piǎobáifěn nóngsuōwù

bleaching powder concentrate

【化】台湾名。即“漂粉精”(868 页)。

漂粉精/漂白粉濃縮物

piǎofěnjīng/ㄆㄧㄠˇ ㄅㄞˊ ㄈㄣˇ ㄋㄨㄥˊ ㄙㄨㄛ ㄨˋ

bleaching powder concentrate

【化】无机化学品。白色粉末或颗粒,有类似氯的刺激性气味。主要成分为次氯酸钙,有效氯含量60%～70%以上。遇水放出大量热和初生态氧,加热急剧分解引起爆炸。有漂白、消毒杀菌作用,比漂白粉稳定,作用更强。

嘌呤/嘌呤 piàolìng/ㄆㄧㄠ ㄌㄧㄥˊ

purine, Pu, Pur

【生】杂环化合物。无色晶体。广泛存在于生物体中,其衍生物腺嘌呤和鸟嘌呤是核酸的重要组成部分。

pie (ㄆㄧㄝ)

氕/氕 piē/ㄆㄧㄝ

protium

【化】氢的一种稳定同位素。符号^{1}H。质量数为1。化学性质与氢相同，但更活泼。占氢元素总量约99.985%。

pin（ㄆㄧㄣ）

拼車貨 ㄆㄧㄣ ㄔㄜ ㄏㄨㄛˋ/pīnchēhuò

less-than-truck-load

【交】台湾名。即"零担"(745页)。

拼合宝石/拼合寶石

pīnhé bǎoshí/ㄆㄧㄣ ㄏㄜˊ ㄅㄠˇ ㄕˊ

composite stone

【材】简称"拼合石"。由两块或两块以上材料经人工拼合而成，给人以整体印象的珠宝玉石。

拼合石 pīnhéshí/ㄆㄧㄣ ㄏㄜˊ ㄕˊ

【材】"拼合宝石"的简称。

贫化铀/耗乏鈾 pínhuàyóu/ㄏㄠˋ ㄈㄚˊ ㄧㄡˊ

depleted uranium

【化】同位素^{235}U含量低于天然丰度0.714%的铀或铀化合物。是铀同位素分离厂和乏燃料后处理厂的副产品。

贫血/貧血 pínxuè/ㄆㄧㄣˊ ㄒㄧㄝˇ

anemia

【医】外周血中单位容积内血红蛋白的浓度、红细胞计数及血细胞比容低于相同年龄、性别和地区正常标准的症状。

貧草原 ㄆㄧㄣˊ ㄘㄠˇ ㄩㄢˊ/píncǎoyuán

steppe

【地】台湾名。即"草原"(98页)。

频段/頻帶 pínduàn/ㄆㄧㄣˊ ㄉㄞˋ

frequency band

【信息】介于已界定的两个限值之间的频谱。通信上指无线电波按频率不同而分成的段。可分为低频、中频、高频、超高频等。

频分多址/分頻多重進接

pínfēn duōzhǐ/

ㄈㄣ ㄆㄧㄣˊ ㄉㄨㄛ ㄔㄨㄥˊ ㄐㄧㄣˋ ㄐㄧㄝ

frequency-division multiple access, FDMA

【信息】以不同的频率来分割信道的多址技术。

频分复用/分頻多工

pínfēn fùyòng/ㄈㄣ ㄆㄧㄣˊ ㄉㄨㄛ ㄍㄨㄥ

frequency-division multiplexing, FDM

【信息】为使若干独立信号能在一条公共通路上传输，将其分别配置在分离的频带上的处理过程。

频率/㊀㊁頻率,㊂相對次數

pínlǜ/㊀㊁ㄆㄧㄣˊ ㄌㄩˋ,㊂ㄒㄧㄤ ㄉㄨㄟˋ ㄘˋ ㄕㄨˋ

㊀㊁frequency, ㊂relative frequency

㊀【物】描述做周期性运动的物体在单位时间内重复的次数。用f表示，单位赫[兹]。简谐运动的频率是单位时间内完成全振动的次数。例如，中国交流电的频率是50赫。频率与周期T的关系是$f=1/T$。㊁【信息】通信中周期性信号在单位时间内的重复次数。单位赫[兹]。㊂【数】统计量的一种。若在N次试验中事件A发生n次，则称$\frac{n}{N}$为这N次试验中事件A发生的频率。

频率表/頻率計 pínlǜbiǎo/ㄆㄧㄣˊ ㄌㄩˋ ㄐㄧˋ

frequency meter

【电】用于测量周期变化电量频率的电表。有电动系、铁磁电动系、电磁系、变换器式等型式的频率表和数字频率表。

频率分布/次數分布

pínlǜ fēnbù/ㄘˋ ㄕㄨˋ ㄈㄣ ㄅㄨˋ

frequency distribution

【数】对一事件在各种情形下的频率的描述。若将N次试验分成m组，各组中事件A发生的频率为$\frac{n_i}{N_i}(i=1,2,\cdots,m)$，则数列$\frac{n_1}{N_1}$，$\frac{n_2}{N_2}$，…，$\frac{n_m}{N_m}$为事件$A$发生的频率分布。

频率划分/頻率分配

pínlǜ huàfēn/ㄆㄧㄣˊ ㄌㄩˋ ㄈㄣ ㄆㄟˋ

frequency allocation

【信息】对某一频带，规定其在指定条件下可供一种或不止一种无线电通信业务使用的过程。

频率温度计

pínlǜ wēndùjì/ㄆㄧㄣˊ ㄌㄩˋ ㄨㄣ ㄉㄨˋ ㄐㄧˋ

【机】即"石英温度计"(1026页)。

频谱/頻譜 pínpǔ/ㄆㄧㄣˊ ㄆㄨˇ

P

frequency spectrum

【物】复杂的振动分解成不同振幅、不同频率的振动,按其振幅、频率排列的图形。按复杂振动的不同类型可分为机械振动谱、声谱、电磁波谱(包括光谱)等。谱线呈分离状态时形成线状谱;由若干组密集谱线组成的是带状谱(密集谱线由于距离很近,故一组组谱线看上去是一条条宽窄不等的带);波长连续变化的谱形成连续谱。

频谱分析仪/頻譜分析儀 pínpǔ fēnxīyí/ㄆㄧㄣˊ ㄆㄨˇ ㄈㄣ ㄒㄧ ㄧˊ

spectrum analyzer

【机】能以模拟或数字方式显示信号频谱的仪器。用于研究电信号频谱结构,测量信号失真度、调制度、谱纯度、频率稳定度和交调失真等信号参数,以及放大器和滤波器等电路系统的某些参数。

频数/絕對頻率 pínshù/ㄐㄩㄝˊ ㄉㄨㄟˋ ㄆㄧㄣˊ ㄌㄩˋ

absolute frequency

【数】统计量的一种。若在 N 次试验中事件 A 发生 n 次,则称 n 为这 N 次试验中事件 A 发生的频数。

频移/移頻 pínyí/ㄧˊ ㄆㄧㄣˊ

frequency shift

【物】台湾又称"頻率移動"。观察者接收到的波的频率与波源发出的频率之间出现差异的现象。

P

頻帶 ㄆㄧㄣˊ ㄉㄞˋ/píndài

frequency band

【信息】台湾名。即"频段"(869 页)。

頻寬 ㄆㄧㄣˊ ㄎㄨㄢ/pínkuān

bandwidth, BW

【信息】台湾名。即"带宽"(193 页)。

頻率分配 ㄆㄧㄣˊ ㄌㄩˋ ㄈㄣ ㄆㄟˋ/pínlǜ fēnpèi

frequency allocation

【信息】台湾名。即"频率划分"(869 页)。

頻率移動 ㄆㄧㄣˊ ㄌㄩˋ ㄧˊ ㄉㄨㄥˋ/pínlǜ yídòng

frequency shift

【物】台湾名。即"频移"(870 页)。

品系/品系 pǐnxì/ㄆㄧㄣˇ ㄒㄧˋ

strain

【生】源出于一个共同的祖先且具有特定基因型的动植物或微生物。

品質保證期

ㄆㄧㄣˇ ㄓˋ ㄅㄠˇ ㄓㄥˋ ㄑㄧ/pǐnzhì bǎozhèngqī

quality guarantee period, shelf life

【轻】台湾名。即"保质期"(40 页)。

品种/品種 pǐnzhǒng/ㄆㄧㄣˇ ㄓㄨㄥˇ

variety

【生】经过自然或人工选择形成的动、植物群体。具有相对的遗传稳定性和生物学及经济学上的一致性,并可以用普通的繁殖方法保持其恒久性。

ping (ㄆㄧㄥ)

平/平 píng/ㄆㄧㄥˊ

calm, plain, * balanced

【中医】中药四气之一。寒、热、温、凉界限不明显,药性平和,作用较平缓。例如,山药性平,药性和缓,可用于气虚、阴虚、脾虚、肾虚等多种虚证。

平闇/平闇 píng'àn/ㄆㄧㄥˊ ㄢˋ

plain lattice ceiling

【建】天花的一种。用小而密的方格或斜方格组成,不施彩画,约一椽二空至一椽三空大小。宋《营造法式》在平棊制度中载:"以其方椽施素板者谓之平闇。"构造与平棊相同。

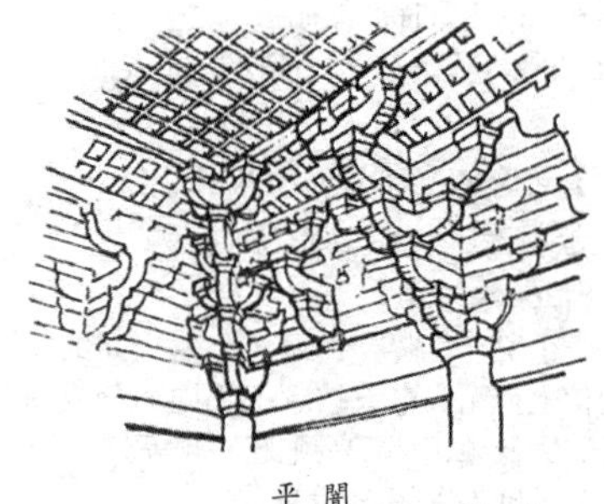

平 闇

平板/平板 píngbǎn/ㄆㄧㄥˊ ㄅㄢˇ

surface plate, flat plate

【机】又称"平台"。量具的一种。用于检验或画线的平面基准器具。按材质不同,可分为钢制平板、铸铁平板和岩石平板等;按用途不同,可分为检验平板、画线平板和压砂平板;按准确度级别不同,可分为 00、0、1、2、3 级,其中 2 级以上为检验平板,3 级为画线平板。

平板电脑/平板電腦
píngbǎn diànnǎo/ㄆㄧㄥˊ ㄅㄢˇ ㄉㄧㄢˋ ㄋㄠˇ
tablet computer
【信息】采用触摸屏的小型便携式个人计算机。形状像一块平板,无须翻盖,没有键盘鼠标,但功能相对完整。

平板仪/平板儀 píngbǎnyí/ㄆㄧㄥˊ ㄅㄢˇ ㄧˊ
plane table equipment
【机】测绘仪器的一种。用于测定点位和高差。主要部件有照准仪、测图版、罗盘仪、对点器和三脚架。是绘制地图用的传统的地形测量仪器。

平布 píngbù/ㄆㄧㄥˊ ㄅㄨˋ
【纺】即"平纹布"(876 页)。

平车/平車 píngchē/ㄆㄧㄥˊ ㄔㄜ
flat car
【交】铁路货车车种之一。没有墙板,或只有可向下翻转的矮墙板的车辆。主要用来装运长(cháng)大或笨重的货物,如钢材、木材、汽车、机器设备等。利用矮墙板还可装运矿石、砂土等散粒货物。

平尺/直尺 píngchǐ/ㄓˊ ㄔˇ
straightedge
【机】又称"直尺"。量尺的一种。用于检测直线度或平面度。可分为检验平尺、平行平尺、桥形平尺、角度平尺等。

平喘劑 ㄆㄧㄥˊ ㄔㄨㄢˇ ㄐㄧˋ/píngchuǎnjì
antiasthmatics
【医】台湾名。即"平喘药"(871 页)。

平喘药/平喘劑
píngchuǎnyào/ㄆㄧㄥˊ ㄔㄨㄢˇ ㄐㄧˋ
antiasthmatics
【医】抑制支气管痉挛,改善肺通气,防治哮喘症状发作的药物。可分为 β_2 受体激动剂(如沙丁胺醇等)和茶碱类(如茶碱、二羟丙茶碱)。

平等院凤凰堂/平等院鳳凰堂
Píngděng Yuàn Fènghuáng Táng/
ㄆㄧㄥˊ ㄉㄥˇ ㄩㄢˋ ㄈㄥˋ ㄏㄨㄤˊ ㄊㄤˊ
Byodoin Hoodo Temple
【建】日本古代佛教建筑。位于京都府宇治。原为一座贵族府邸中的供奉阿弥陀佛的佛堂。公元 1053 年建成,采用"寝殿式"型制三面环水,朝东,以中堂为中心,左右两侧建长翼廊,中堂背面伸出尾廊,平面像凤凰展翅飞翔,故名。正殿面阔 3 间,为10.3米,进深两间,为 7.9 米。正殿重檐歇山屋顶。四周加一卷围廊,廊顶成为正殿的腰檐,中间升高,将正门突出。正殿的两翼檐下加装饰性平坐,转角部分升高作攒尖顶楼阁。在正殿正脊两端各置一铜铸的金凤凰。门上和檐下缀有铜饰,大多为镀金铜具。堂内装有精美的雕刻和绘画,还用金箔、珠玉、螺钿、髹漆、金属透雕等多种工艺装饰。

平地机/平土機 píngdìjī/ㄆㄧㄥˊ ㄊㄨˇ ㄐㄧ
grader
【机】土方机械的一种。利用机身中部装置的刮刀(可升降、倾斜、回转和外伸)平整地面和摊铺物料。刮刀前常装以耙松器或轻型推土刀,预松地面。广泛用于道路、机场、广场、大型建筑工地、农田改良、铁路施工等。

平顶/平頂 píngdǐng/ㄆㄧㄥˊ ㄉㄧㄥˇ
ceiling
【建】屋面排水坡度小于 1∶10 的屋顶形式。适于中国华北、西北、西南等干燥少雨地区,用土、木、草等构成。施工简易,经济适用,如新疆维吾尔族和宁夏北部回族的木骨平顶,青藏、川西地区藏族的土平顶,云南西部的彝族的土掌房等。

📖 平顶的做法是先安檩条,钉椽子,在椽子上铺苇草、秸秆或铺板等,其上再用土和草墁成灰顶,讲究的是再于灰顶上墁石灰打压磨平,最讲究的是用方砖铺顶。

平动/平移 píngdòng/ㄆㄧㄥˊ ㄧˊ
translation, translational motion
【物】一种运动方式。其特征是物体中任意两点的连线在运动中始终与原来的方向保持平行。例如行驶中的汽车车身 ***AB*** 的运动。

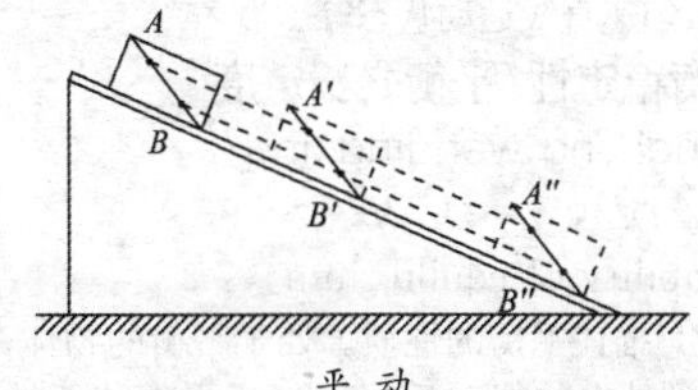

平 动

P

平动动能/平移動能
píngdòng dòngnéng/ ㄆㄧㄥˊ ㄧˊ ㄉㄨㄥˋ ㄋㄥˊ
translational kinetic energy
【物】刚体以速度 $\boldsymbol{v}$ 平动时具有的动能。质量为 M 的刚体以速度 $\boldsymbol{v}$ 运动具有的动能为 $\boldsymbol{E}_{\mathrm{k}}$。$\boldsymbol{E}_{\mathrm{k}}=M\boldsymbol{v}^2/2$。

平方/平方 píngfāng/ ㄆㄧㄥˊ ㄈㄤ
square
【数】2 次乘方。例如，$a\times a=a^2$ 叫作 a 的平方。

平方根/平方根
píngfānggēn/ ㄆㄧㄥˊ ㄈㄤ ㄍㄣ
square root
【数】2 次方根。当 $x^2=a$ 时，x 叫作 a 的平方根。在实数范围内，正数有两个平方根，它们互为相反数；0 的平方根是 0，负数没有平方根。例如，4 的平方根是 2 和 −2，−4 没有平方根。

平肝息风/平肝息風
pínggān xīfēng/ ㄆㄧㄥˊ ㄍㄢ ㄒㄧ ㄈㄥ
suppressing hyperactive liver for calming endogenous wind, * calm the liver and extinguish wind
【中医】又称“潜阳息风”。内治法之一。用具有重镇潜阳、平息肝风作用的方药，治疗肝阳化风证、肝阳暴亢证。

平工/平工 pínggōng/ ㄆㄧㄥˊ ㄍㄨㄥ
uncritical levee section
【水利】堤防临水面有宽滩，江河中心速度大的水流不顶冲，历来少险情的堤段。

平菇 pínggū/ ㄆㄧㄥˊ ㄍㄨ
【植】即“糙皮侧耳”(96 页)。

平衡/平衡 pínghéng/ ㄆㄧㄥˊ ㄏㄥˊ
equilibrium
【物】物体的一种运动状态。处于平衡态的物体，其原有的运动状态不改变。例如静止状态、匀速直线运动状态等。

平衡稳定性/平衡之穩定度
pínghéng wěndìngxìng/
ㄆㄧㄥˊ ㄏㄥˊ ㄓ ㄨㄣˇ ㄉㄧㄥˋ ㄉㄨˋ
stability of equilibrium
【物】描述平衡的性质。处于平衡的物体，在受到外力的扰动后仍能处于平衡位置的性质。可分为稳定平衡、不稳定平衡和中性平衡三种。

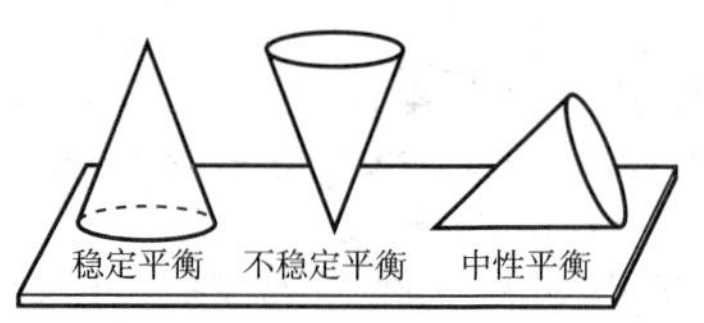

圆锥体的三种平衡情况

平衡机/均衡測驗機
pínghéngjī/ ㄐㄩㄣ ㄏㄥˊ ㄘㄜˋ ㄧㄢˋ ㄐㄧ
balancing machine
【机】测量转子(旋转物体)不平衡量大小和位置的机器。按测量结果进行校正，以改善被平衡转子的质量分布，使转子运转时轴颈的振动或作用于轴承的力减小到规定的范围内。

平衡膳食/平衡膳食
pínghéng shànshí/ ㄆㄧㄥˊ ㄏㄥˊ ㄕㄢˋ ㄕˊ
balance diet
【医】各种营养素种类齐全、比例适当，能够满足人体营养需要的合理膳食。

平衡态/平衡狀態
pínghéngtài/ ㄆㄧㄥˊ ㄏㄥˊ ㄓㄨㄤˋ ㄊㄞˋ
equilibrium state
㊀【化】体系内各部分的宏观性质不随时间改变，且不存在外界或内部的某些作用相互影响的状态。包括力平衡、热平衡、相平衡、化学平衡等。平衡态是一个理想化的概念，在实际问题中，只要系统状态的变化很小，可以忽略时，就近似平衡态。㊁【物】又称“热力学平衡态”。热力学性质相对稳定的状态。在没有外界影响的情况下，系统各部分的宏观性质长时间不发生变化。是一种理想状态，一种热动平衡(虽然分子不停地运动，但系统的宏观状态不变)。

平衡之穩定度
ㄆㄧㄥˊ ㄏㄥˊ ㄓ ㄨㄣˇ ㄉㄧㄥˋ ㄉㄨˋ/
pínghéng zhī wěndìngdù
stability of equilibrium
【物】台湾名。即“平衡稳定性”(872 页)。

平衡狀態
ㄆㄧㄥˊ ㄏㄥˊ ㄓㄨㄤˋ ㄊㄞˋ/pínghéng zhuàngtài
equilibrium state
【化】台湾名。即“平衡态”(872 页)。

平滑肌/平滑肌 pínghuájī/ ㄆㄧㄥˊ ㄏㄨㄚˊ ㄐㄧ
smooth muscle
【医】肌组织的一种。肌细胞呈长梭形,细胞质中含无横纹的肌原纤维,肌纤维之间有少量结缔组织。分布于动脉和静脉壁、膀胱、子宫、生殖道、消化道、呼吸道、眼睛的睫状肌和虹膜等。在自主神经支配下收缩或舒张,进行不随意运动。

平基槭 píngjīqì/ ㄆㄧㄥˊ ㄐㄧ ㄑㄧˋ
【植】即"元宝槭"(1384 页)。

平键/平鍵 píngjiàn/ ㄆㄧㄥˊ ㄐㄧㄢˋ
flat key
【机】键的一种。剖面矩形或方形而厚度、宽度不变。按用途不同,可分为普通平键、导向平键和滑键。前者用于静联接,后两者用于动联接。

平交口 ㄆㄧㄥˊ ㄐㄧㄠ ㄎㄡˇ/píngjiāokǒu
grade crossing
【交】台湾名。即"道口"(208 页)。

平角/平角 píngjiǎo/ ㄆㄧㄥˊ ㄐㄧㄠˇ
straight angle
【数】一条射线绕它的端点在平面内旋转到与原来位置成一直线时所形成的角。平角的大小等于 π 弧度或 $180°$。

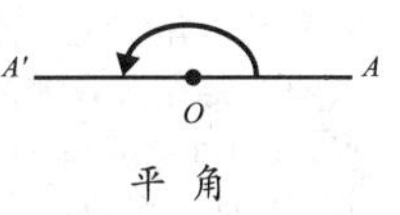

平 角

平均风速/平均風速
píngjūn fēngsù/ ㄆㄧㄥˊ ㄐㄩㄣ ㄈㄥ ㄙㄨˋ
average wind velocity, average wind speed
【气】在给定时段内,各瞬时风速的平均值。在不考虑风向的情形下,指各瞬时风速值的平均(标量);在考虑风向的情形下,指各瞬时风速的合成(矢量),即用合成方向代表主方向(称纵向),经坐标分解的平均值分别记为横向风和纵向风。

平均风向/平均風向
píngjūn fēngxiàng/ ㄆㄧㄥˊ ㄐㄩㄣ ㄈㄥ ㄒㄧㄤˋ
average wind direction
【气】在给定时段内,瞬时风矢量合成的方向。

平均海平面/平均海平面
píngjūn hǎipíngmiàn/
ㄆㄧㄥˊ ㄐㄩㄣ ㄏㄞˇ ㄆㄧㄥˊ ㄇㄧㄢˋ
mean sea level
【地】通过长期观测而确定的潮位平均值。用作测量高度的起点。中国现以黄海平均海平面为测量起点。

平均年 ㄆㄧㄥˊ ㄐㄩㄣ ㄋㄧㄢˊ/píngjūnnián
normal flow year
【水利】台湾名。即"平水年"(875 页)。

平均速度/平均速度
píngjūn sùdù/ ㄆㄧㄥˊ ㄐㄩㄣ ㄙㄨˋ ㄉㄨˋ
average velocity
【物】粗略描述物体运动快慢的物理量。指物体在单位时间内的运动的距离。参见"速度"(1085 页)。

平均值/平均值
píngjūnzhí/ ㄆㄧㄥˊ ㄐㄩㄣ ㄓˊ
mean value
【数】简称"均值"。表示一组数据的平均水平的数字特征。根据考察的需要,可以定义不同的均值,有算术平均值、几何平均值、调和平均值等。

平均值不等式/平均值不等式
píngjūnzhí bùděngshì/
ㄆㄧㄥˊ ㄐㄩㄣ ㄓˊ ㄅㄨˋ ㄉㄥˇ ㄕˋ
mean value inequality
【数】设 $x_1, x_2, \cdots, x_n$ 均为正数,则 $\frac{x_1+x_2+\cdots+x_n}{n} \geqslant \sqrt[n]{x_1x_2\cdots x_n} \geqslant \frac{n}{\frac{1}{x_1}+\frac{1}{x_2}+\cdots+\frac{1}{x_n}}$,即 n 个正数的算术平均值大于或等于几何平均值,几何平均值大于或等于调和平均值,当且仅当这 n 个正数都相等时等号成立。这个不等式叫作平均值不等式。

平快車 ㄆㄧㄥˊ ㄎㄨㄞˋ ㄔㄜ/píngkuàichē
ordinary express
【交】台湾名。即"普通快车"(882 页)。

平流层/平流層
píngliúcéng/ ㄆㄧㄥˊ ㄌㄧㄡˊ ㄘㄥˊ
stratosphere
【气】按热力性质划分的大气中的一层。在对流层顶向上至距地面约 50 千米高度的大气层。层内气温通常随高度的增加而递增,大气平稳,以平流为主,能见度好,适合航空飞行。进入该层的大气污染物能够长期存在并输送很远。

平流层顶/平流層頂
píngliúcéngdǐng/ ㄆㄧㄥˊ ㄌㄧㄡˊ ㄘㄥˊ ㄉㄧㄥˇ
stratopause
【气】平流层上部的逆温层。在距地面 50～55 千米的高度上。

平流雾/平流霧
píngliúwù/ ㄆㄧㄥˊ ㄌㄧㄡˊ ㄨˋ
advection fog
【气】暖湿空气流到较冷的下垫面上方,其下部被冷却达到饱和而成的雾。常发生在冬季,持续时间较长,厚度较大,有时可达数百米。

平面/平面 píngmiàn/ ㄆㄧㄥˊ ㄇㄧㄢˋ
plane
【数】最简单的面。一条射线绕其端点按同一方向转动一周所成的图形。几何学中,对平面只做描述而不加定义,它是以平静的水面等为背景的原始概念。用"线动成面"描述,平面是按一定方式运动的射线的轨迹。平面无薄厚,无限宽阔。过不在同一直线上的三点,有且仅有一个平面。若一条直线上的两点在一个平面内,则这条直线上所有的点都在这个平面内。若两个相异平面有一个公共点,则它们有一条过这点的公共直线。

平面波/平面波
píngmiànbō/ ㄆㄧㄥˊ ㄇㄧㄢˋ ㄅㄛ
plane wave
【物】波阵面与传播方向垂直的平面平行的波。

平面关节/平面關節
píngmiàn guānjié/ ㄆㄧㄥˊ ㄇㄧㄢˋ ㄍㄨㄢ ㄐㄧㄝˊ
plane joint
【医】又称"微动关节"。关节的一类。关节面曲度很小,接近平面。关节面大小互相一致,可做微小的回旋和滑动。如骶髂关节等。

平面几何/平面幾何
píngmiàn jǐhé/ ㄆㄧㄥˊ ㄇㄧㄢˋ ㄐㄧˇ ㄏㄜˊ
plane geometry
【数】欧氏几何的一部分。研究平面图形的形状、大小和位置关系等。

平面交叉/平面交叉路口
píngmiàn jiāochā/
ㄆㄧㄥˊ ㄇㄧㄢˋ ㄐㄧㄠ ㄔㄚ ㄌㄨˋ ㄎㄡˇ
at-grade intersection
【交】道路与道路在同一平面内的交叉。一般分为十字形、T 形、Y 形、X 形、错位和环形等交叉形式。

平面交叉路口
ㄆㄧㄥˊ ㄇㄧㄢˋ ㄐㄧㄠ ㄔㄚ ㄌㄨˋ ㄎㄡˇ/
píngmiàn jiāochā lùkǒu
at-grade intersection
【交】台湾名。即"平面交叉"(874 页)。

平面角/平面角
píngmiànjiǎo/ ㄆㄧㄥˊ ㄇㄧㄢˋ ㄐㄧㄠˇ
plane angle
【数】在两条相交射线的公共平面内,射线方向之间的夹角。

平面解析几何/平面解析幾何
píngmiàn jiěxī jǐhé/
ㄆㄧㄥˊ ㄇㄧㄢˋ ㄐㄧㄝˇ ㄒㄧ ㄐㄧˇ ㄏㄜˊ
analytic geometry in the plane
【数】解析几何的一部分。利用平面坐标系中点的坐标(x,y),建立与平面图形对应的代数形式,通过 $f(x,y)=0$ 形式的曲线方程等研究平面图形的几何性质。

平面三角/平面三角
píngmiàn sānjiǎo/ ㄆㄧㄥˊ ㄇㄧㄢˋ ㄙㄢ ㄐㄧㄠˇ
plane triangle
【数】三角学的一个分支。利用三角函数来研究平面上的三角形的边角关系及其应用。

平面图/平面圖
píngmiàntú/ ㄆㄧㄥˊ ㄇㄧㄢˋ ㄊㄨˊ
plane, plan
【测绘】忽略地球曲面和投影变形的影响,把地表小范围区域当成一个水平面而测绘的地图。在区域内优先使用直角坐标测量,有必要时与大地坐标按投影公式换算。只表示水平面上的位置,不表示高程、立面等垂直方向信息的地图。多用于各类工程建筑图纸。

平面图形/平面圖形
píngmiàn túxíng/ ㄆㄧㄥˊ ㄇㄧㄢˋ ㄊㄨˊ ㄒㄧㄥˊ
plane figure
【数】所有的点在同一平面内的图形。例如直线、三角形、圆等都是平面图形。

平面直角坐标/平面直角座標

píngmiàn zhíjiǎo zuòbiāo/ㄆㄧㄥˊ ㄇㄧㄢˋ ㄓˊ ㄐㄧㄠˇ ㄗㄨㄛˋ ㄅㄧㄠ

plane rectangular coordinate

【数】以有共同的原点并且互相垂直的两条数轴为坐标轴的坐标系。通常把两条坐标轴分别记作 x 轴和 y 轴,它们分别以向右和向上为正方向,把坐标系记作 $O\text{-}xy$。如图,从平面内一点 P 向两条坐标轴引垂线,两垂足在 x 轴和 y 轴上对应的数所组成的有序数对(a, b)即点 P 的坐标。其中 a 叫作横坐标,b 叫作纵坐标。

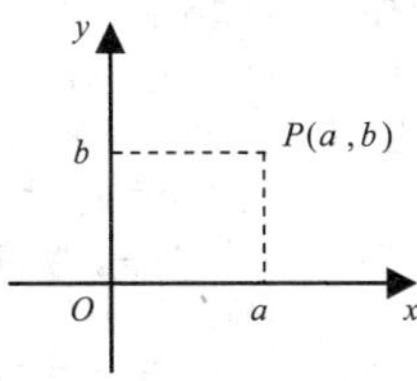

平面直角坐标

平面坐标/地平座標

píngmiàn zuòbiāo/ㄉㄧˋ ㄆㄧㄥˊ ㄗㄨㄛˋ ㄅㄧㄠ

horizontal coordinate, plane coordinate

【测绘】描述某一点在平面中所处位置的坐标系统分量。平面直角坐标系中表现为垂直两个坐标轴的横纵两个截距,极坐标系中表现为偏离极轴的角度和到极点的距离。在地面测量中,习惯将地图投影后平面直角坐标系中南北向纵坐标用 X 表示,东西向横坐标用 Y 表示,与一般的数学习惯不同。在图像处理中常设立不同方向和用途的平面直角坐标系以描述像点位置。

平綦/平綦 píngqí/ㄆㄧㄥˊ ㄑㄧˊ

pingqi, flat coffered ceiling

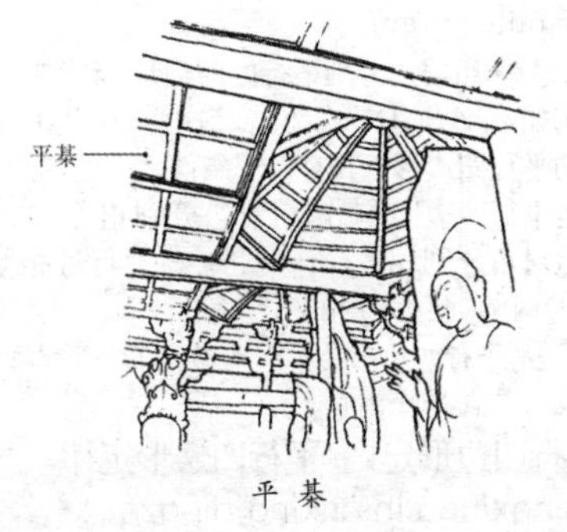

平 綦

【建】又作"平棋"。天花的一种。大的方木格网上置板,遍施彩画。因由大方格组成,仰望如棋盘,故名。

平棋 píngqí/ㄆㄧㄥˊ ㄑㄧˊ

【建】即"平綦"(875 页)。

平绒/平絨 píngróng/ㄆㄧㄥˊ ㄖㄨㄥˊ

velveteen

【纺】棉织物名。结构有纬起绒和经起绒两种。纬起绒由一组经纱与两组纬纱构成,经起绒由两组经纱双层织造,织后剖开成单面绒织物。割绒后,再经刷绒染整等加工整理为成品。绒毛均匀,绒面平整,布身厚实柔软,光泽柔和,耐磨防皱,保暖性强。按绒毛长短不同,可分为火车平绒与丝光平绒两种。适于用作妇女秋冬季服装、鞋、帽的面料,以及幕帷、窗帘、军人领章等装饰和工业用织物。

平水年/平均年

píngshuǐnián/ㄆㄧㄥˊ ㄐㄩㄣ ㄋㄧㄢˊ

normal flow year

【水利】年径流量与多年平均年径流量相近的年份。

平顺性/平順性

píngshùnxìng/ㄆㄧㄥˊ ㄕㄨㄣˋ ㄒㄧㄥˋ

ride comfort, smoothness

【机】控制汽车在行驶过程中所产生的使人感到不舒适、疲劳甚至损害健康,或使货物损坏的振动和冲击不超过允许界限的性能。

平台/平臺 píngtái/ㄆㄧㄥˊ ㄊㄞˊ

㊀㊁platform, ㊂surface plate, flat plate

㊀【船】❶近岸工程中的钻井平台、生产平台等的统称。❷船上作为安装设备、提供人员工作场所的具有一定面积的局部平面板架结构。如起货平台、机舱平台、舵机平台等。㊁【信息】计算机系统的技术基础和环境。计算机结构分层:最低是围绕芯片的硬件层,中间是固件和操作系统层,最高是应用程序层。处于最低的硬件层多称为平台。㊂【机】即"平板"(870 页)。

平太阳/平太陽

píngtàiyáng/ㄆㄧㄥˊ ㄊㄞˋ ㄧㄤˊ

mean sun

【天】在天赤道上以太阳周年运动的平均速度运行的假想天体。

P

平太阳日/平太陽日

píngtàiyángrì/ ㄆㄧㄥˊ ㄊㄞˋ ㄧㄤˊ ㄖˋ

mean solar day

【天】平太阳两次通过同一子午线的时间间隔。

平土機 ㄆㄧㄥˊ ㄊㄨˇ ㄐㄧ/píngtǔjī

grader

【机】台湾名。即“平地机”(871 页)。

平纹布/平紋布

píngwénbù/ ㄆㄧㄥˊ ㄨㄣˊ ㄅㄨˋ

plain cloth

【纺】又称“平布”。棉织物名。经纬纱以一上一下规律交织,由两根经纱和两根纬纱构成一个完全组织循环。经纬纱的线密度和密度相同或接近,外观平整,没有明显纹路。按所用纱线的粗细不同,可分为细平布、中平布和粗平布。通常都经过漂白、染色或印花。应用广泛,例如棉织物中的细布、府绸等。可用作夏季衣裙、罩衫、裤子等的面料。

平行/平行 píngxíng/ ㄆㄧㄥˊ ㄒㄧㄥˊ

parallel

【数】❶若同一平面内的两条直线无公共点,则称这两条直线互相平行。❷若一条直线与一个平面无公共点,则称这条直线平行于这个平面。❸若两个平面无公共点,则称这两个平面互相平行。平行的符号为“//”,如直线 a,b 互相平行记作 $a // b$。

平行不整合

píngxíng bùzhěnghé/

ㄆㄧㄥˊ ㄒㄧㄥˊ ㄅㄨˋ ㄓㄥˇ ㄏㄜˊ

【地】即“假整合”(594 页)。

平行埠 ㄆㄧㄥˊ ㄒㄧㄥˊ ㄅㄨˋ/píngxíngbù

parallel port

【信息】台湾名。即“平行端口”(876 页)。

平行處理

ㄆㄧㄥˊ ㄒㄧㄥˊ ㄔㄨˇ ㄌㄧˇ/píngxíng chǔlǐ

parallel processing

【信息】台湾名。即“并行处理”(73 页)。

平行傳輸

ㄆㄧㄥˊ ㄒㄧㄥˊ ㄔㄨㄢˊ ㄕㄨ/píngxíng chuánshū

parallel transmission

【信息】台湾名。即“并行传输”(73 页)。

平行端口/平行埠

píngxíng duānkǒu/ ㄆㄧㄥˊ ㄒㄧㄥˊ ㄅㄨˋ

parallel port

【信息】用来并行传送多个数据单位(如比特或字节)的功能单元的端口。

平行公理/平行公理

píngxíng gōnglǐ/ ㄆㄧㄥˊ ㄒㄧㄥˊ ㄍㄨㄥ ㄌㄧˇ

axiom of parallels

【数】设 a 是任意一条直线,P 是不在 a 上的任意一点,则在 P 与 a 所确定的平面内只有一条经过 P 的直线不与 a 相交。

📖 平行公理是欧几里得《几何原本》中第五公设的等价命题,由它可推出许多重要结论,如“平行于第三条直线的两条直线平行”“三角形的内角和等于180°”等。承认上述平行公理,是欧氏几何不同于非欧几何的基本特点。

平行計算

ㄆㄧㄥˊ ㄒㄧㄥˊ ㄐㄧˋ ㄙㄨㄢˋ/píngxíng jìsuàn

parallel computing

【信息】台湾名。即“并行计算”(73 页)。

平行介面

ㄆㄧㄥˊ ㄒㄧㄥˊ ㄐㄧㄝˋ ㄇㄧㄢˋ/píngxíng jièmiàn

parallel interface

【信息】台湾名。即“并行接口”(73 页)。

平行六面体/平行六面體

píngxíng liùmiàntǐ/ ㄆㄧㄥˊ ㄒㄧㄥˊ ㄌㄧㄡˋ ㄇㄧㄢˋ ㄊㄧˇ

parallelopiped

【数】底面是平行四边形的棱柱。6 个面都是平行四边形,相对的两个面平行且全等。

平行四边形/平行四邊形

píngxíng sìbiānxíng/

ㄆㄧㄥˊ ㄒㄧㄥˊ ㄙˋ ㄅㄧㄢ ㄒㄧㄥˊ

parallelogram

【数】两组对边分别平行的四边形,记作“▱”。例如,▱$ABCD$ 表示顶点依次为 A,B,C,D 的平行四边形。具有以下条件之一的四边形是平行四边形:(1)两组对边分别相等;(2)两组对角分别相等;(3)一组对边平行且相等;(4)两条对角线互相平分。

📖 平行四边形是中心对称图形,两条对角线的交点是对称中心。

平行四边形定则/平行四邊形定律

píngxíng sìbiānxíng dìngzé/

ㄆㄧㄥˊ ㄒㄧㄥˊ ㄙˋ ㄅㄧㄢ ㄒㄧㄥˊ ㄉㄧㄥˋ ㄌㄩˋ

parallelogram rule

【物】矢量合成遵守的规则。与三角形定则等效。例如，两个共点力 $\boldsymbol{F}_1$、$\boldsymbol{F}_2$ 合成时，以表示这两个力的线段为邻边作平行四边形，这两个邻边的对角线就表示合力的大小和方向。

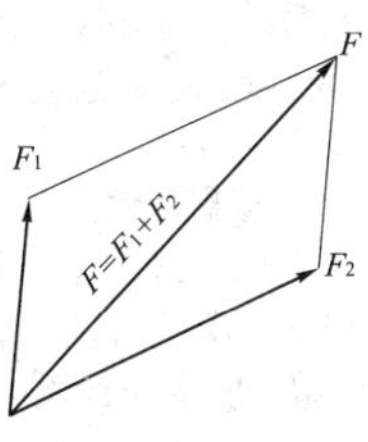

平行四边形定则

平行四邊形定律

ㄆㄧㄥˊ ㄒㄧㄥˊ ㄙˋ ㄅㄧㄢ ㄒㄧㄥˊ ㄉㄧㄥˋ ㄌㄩˋ/

píngxíng sìbiānxíng dìnglǜ

parallelogram rule

【物】台湾名。即“平行四边形定则”(876 页)。

平行投影/平行投影

píngxíng tóuyǐng/ㄆㄧㄥˊ ㄒㄧㄥˊ ㄊㄡˊ ㄧㄥˇ

parallel projection

【数】在互相平行的一束投影线照射下产生的投影。也可看作投影中心在无限远处的中心投影。

平行线/平行線

píngxíngxiàn/ㄆㄧㄥˊ ㄒㄧㄥˊ ㄒㄧㄢˋ

parallel lines

【数】同一平面内无公共点的两条(或多条)直线。

平旋推进器/擺線推進器

píngxuán tuījìnqì/ㄅㄞˇ ㄒㄧㄢˋ ㄊㄨㄟ ㄐㄧㄣˋ ㄑㄧˋ

cycloidal propeller

【船】又称“直叶片推进器”。做水平旋转而产生推力的推进器。可旋转的圆盘置于船底，圆盘下沿圆周装有若干能转动的直立叶片深入水中，能产生任何方向的推力。在各种荷载下均能吸收主机全部功率，常用于操纵性有较高要求的船，如在拥挤水面操作的渡船和拖船等。

平 移/平 移

píngyí/ㄆㄧㄥˊ ㄧˊ

㊀ translation, ㊁ translation, translational motion

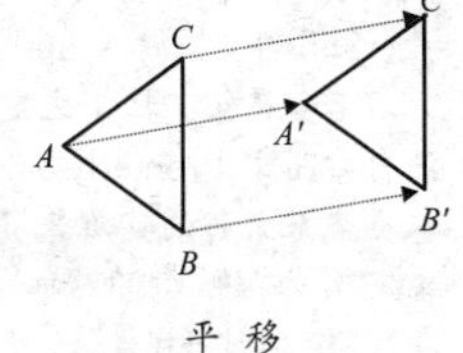

平 移

㊀【数】全等变换的一种。图形中每一点都按照同一方向移动同一距离的变换，即设任意两点 A,B 变换后分别为点 A'，B'，总有 $\overrightarrow{AA'}=\overrightarrow{BB'}$ 的变换。㊁【物】在台湾，平移也指“平动”(871 页)。

平移動能

ㄆㄧㄥˊ ㄧˊ ㄉㄨㄥˋ ㄋㄥˊ/píngyí dòngnéng

translational kinetic energy

【物】台湾名。即“平动动能”(872 页)。

平鱼 píngyú/ㄆㄧㄥˊ ㄩˊ

【动】即“鲳鱼”(107 页)。

平原/平原 píngyuán/ㄆㄧㄥˊ ㄩㄢˊ

plain

【地】表面平坦或起伏比较平缓的广大平地。海拔高度通常 200 米以下，是陆地表面一种基本地貌。如中国的长江中下游平原、南美洲的亚马孙平原。

平坐/平坐 píngzuò/ㄆㄧㄥˊ ㄗㄨㄛˋ

pingzuo, subsidiary construction level

【建】楼阁及楼阁式塔等楼层之间由短柱、辅作、草栿、地面枋、铺板枋、地面板等组成的结构层。通常在外檐挑出平台，置栏杆，供人凭栏远眺，同时也丰富建筑立面造型。

苹果/蘋果 píngguǒ/ㄆㄧㄥˊ ㄍㄨㄛˇ

apple

【植】*Malus pumila* 蔷薇科苹果属。落叶乔木。小枝短粗，圆柱形，紫褐色。叶片椭圆形，先端尖，边缘有齿。伞房花序生于枝端，花瓣倒卵形，基部有短爪，白带粉红色。果实圆形，萼洼下陷，味甜酸。花期 5 月份，果期 7—10 月份。在中国，分布于辽宁、河北、山西、陕西、甘肃、四川、云南、西藏等地。果实可作水果。

苹果酸/蘋果酸

píngguǒsuān/ㄆㄧㄥˊ ㄍㄨㄛˇ ㄙㄨㄢ

malic acid

【化】学名“羟基丁二酸”。有机化合物。白色结晶。因分子中有一个不对称碳原子，有右旋、左旋两种旋光异构体。最常见的是左旋苹果酸，存在于不成熟的山楂、苹果和葡萄果实的浆汁中。应用广泛，在食品中逐渐替代柠檬酸，是食品工业中用量很大的有机酸。

屏蔽门/遮罩門 píngbìmén/ㄓㄜ ㄓㄠˋ ㄇㄣˊ

shield door

【建】台湾又称"月臺門"。设在地铁站台边缘的封闭屏蔽墙上的滑动门。屏蔽墙将行车区与候车区隔开,滑动门与列车车门相对应。列车到站时,滑动门打开,乘客上下,列车出站前关上。

屏蔽体/屏蔽體 píngbìtǐ/ㄆㄧㄥˊ ㄅㄧˋ ㄊㄧˇ

screening,shielding

【电】用以减弱电场、磁场或电磁场透入给定区域的构件。包括电屏蔽体、磁屏蔽体和电磁屏蔽体。

屏幕/屏幕 píngmù/ㄆㄧㄥˊ ㄇㄨˋ

screen

【信息】台湾又称"螢幕"。显示器中可呈现图像的表面。供投射或显示文字、图像等信息。

鲆/牙鮃 píng/ㄧㄚˊ ㄆㄧㄥˊ

lefteye flounder

【动】*Bothidae* 鱼名。硬骨鱼纲鲆科。比目鱼的一类。身体侧扁,薄片状,长椭圆形,有细鳞,左侧灰褐色,有黑色斑点,右侧白色,成鱼两眼都在左侧,体右侧向下。生活在温带和热带浅海中,栖息于沙底,以小鱼、软体动物、甲壳动物等为食。种类很多,中国沿海均有分布。

po (ㄆㄛ)

P

钋/釙 pō/ㄆㄛ

polonium

【化】金属元素。属周期表第ⅥA族,符号Po,原子序数84。原子量208.9824。有放射性,是氡的衰变子体。自然界主要存在于沥青铀矿、钾钒铀矿和硅酸钍矿中。放射性比镭约大5000倍,可作为α射线源,钋-210毒性极强。单质为银白色金属,易呈胶体,化学性质较活泼。

📖 1898年,居里夫妇用硫化物沉淀法在沥青铀矿中发现了钋。拉丁文定名为polonium,源自Polonia,意思是"波兰",居里夫人用以纪念自己的祖国。中文定名为"钋",是形声字。

坡道/坡道 pōdào/ㄆㄛ ㄉㄠˋ

ramp

【建】连接有高差的地面或楼面,供车辆通行的斜坡式交通道。坡度通常(1∶6)~(1∶12);坡度大于1∶8时,表面需加做防滑条或做成锯齿形。常与台阶结合设置。通行省力、方便,通行能力与水平面相近,但占用面积较大,常用于无障碍设计。

坡鹿/坡鹿 pōlù/ㄆㄛ ㄌㄨˋ

eld's deer

【动】*Cervus eldii* 又称"泽鹿"。哺乳动物名。偶蹄目鹿科。外形略像梅花鹿,体长1.6米左右,四肢细长,上体赤褐色,背脊有一条黑褐色带。背侧点缀白色斑点,体侧及腿部土黄色。胸、腹部白色,雄鹿有角,弯曲成半圆。栖息于灌木林和草坡,以青草和嫩叶等为食。分布于海南。是中国特有的珍稀动物。

坡 鹿

婆婆纳/婆婆納 pópónà/ㄆㄛˊ ㄆㄛˊ ㄋㄚˋ

procumbent speedwell

【植】*Veronica didyma* 玄参科婆婆纳属。一至二年生草本植物。茎多分枝成丛,被毛。叶2~4对,叶片心形,边缘有齿,两面被毛。总状花序很长,苞片叶状,花冠辐状,有淡紫、蓝、粉或白等颜色。蒴果近于肾形,稍扁。花期3—10月份。在中国,分布于华东、华中、西南、西北及北京。全草入药。

钷/鉕 pǒ/ㄆㄛˇ

promethium

【化】金属元素。属周期表第ⅢB族(镧系),符号Pm,原子序数61。有36种同位素,均具放射性,寿命最长同位素原子量147,半衰期2.62年。单质为银白色金属,化学性质比较活泼。可用于航标灯,也用作核电池燃料。

📖 1945年,美国的格伦登宁(L. E. Glendenin)等在进行"钚计划"实验时发现这一元素;1965年,人们从6000吨铀矿中分离出0.35克金属钷。拉丁文定名为promethium,源自希腊文Prometheus,是古希腊神话中为人类盗来火种的英雄普罗米修斯的名字。中文定名为"鉕"(1932年),后改为"钷"(1951年)。钷是形声字。

迫降/迫降 pòjiàng/ㄆㄛˋ ㄐㄧㄤˋ
forced landing
【航】航空器在空中出现严重故障或特殊事件等情况，不能继续正常飞行，被迫紧急降落；或采取措施强迫非法入境航空器在指定的机场降落。可分为场内迫降和场外迫降。

破冰船/破冰船
pòbīngchuán/ㄆㄛˋ ㄅㄧㄥ ㄔㄨㄢˊ
icebreaker
【船】用于破碎水面冰层，为其他船舶开辟航道的船。船型短而宽，船体结构强度高，水线面附近的外板特别厚。船首向前倾斜。吃水较深，多采用双轴或多轴推进，螺旋桨位置低，推进效率高。通信导航设备齐全，生活设施完备，具有较大的续航力和自持力。作业时船首向前冲撞，待船体冲上冰层后，再通过平衡水舱使船舶呈纵、横倾状态，利用自身重量压碎周围冰块。除破冰开辟航道外，还可在流冰较严重的航道上领航，对冰区遇难的船舶进行施救作业等。

破窗效应/破窗效應
pòchuāng xiàoyìng/ㄆㄛˋ ㄔㄨㄤ ㄒㄧㄠˋ ㄧㄥˋ
broken windows effect
【心】一种社会心理效应。建筑物上的一块玻璃被打破后，如果没有及时修复，很快就会有第二块玻璃被打破。这个效应说明，人们很容易受到周围环境的暗示性诱导，建立好的环境，形成好的风气非常重要。发现有问题有错误，就应及时矫正和补救，以免导致更严重的后果。

破甲弹/破甲彈 pòjiǎdàn/ㄆㄛˋ ㄐㄧㄚˇ ㄉㄢˋ
armor defeating shell
【军】靠聚能装药爆炸后形成的金属射流侵彻装甲目标的炮弹。初速高，直射距离远，射击精度高，穿透能力强，后效好。主要用于对付坦克、装甲车、自行火炮、舰船和飞机等，也可用于破坏坚固防御工事。广泛配用于反坦克炮、坦克炮、航炮、高射炮、舰炮和岸炮，是反坦克炮和坦克炮的主用弹。

破裂 ㄆㄛˋ ㄌㄧㄝˋ/pòliè
fracture
【地】台湾名。即“断裂”(284 页)。

破伤风/破傷風
pòshāngfēng/ㄆㄛˋ ㄕㄤ ㄈㄥ
tetanus
【医】由破伤风杆菌毒素引起的急性疾病。主要表现为牙关紧闭、全身骨骼肌强直及阵发性痉挛等。

破碎机/軋碎機 pòsuìjī/ㄧㄚˋ ㄙㄨㄟˋ ㄐㄧ
crusher, crushing machine
【机】利用挤压、劈裂、折断、冲击、碾轧等机械力对物料进行破碎加工，取得所需尺寸成品的机械。根据物料的物理力学性质和破碎程度要求，有粗碎、中碎、细碎之分。广泛用于采矿、冶金、化学工业等及建筑工程中。

pou （ㄆㄡ）

剖面图/剖面圖
pōumiàntú/ㄆㄡˇ ㄇㄧㄢˋ ㄊㄨˊ
section
【建】建筑图的基本图样之一。假想用垂直于外墙水平方向的轴线的切平面将建筑物切开，切面以后部分建筑形体的正投影图。主要表示建筑外部的形体特征、内部的结构形式、楼层高度及层数、房间与门窗各部分的高度、楼板厚度、材料及各部位的关系等。

pu （ㄆㄨ）

铺管船/布管船
pūguǎnchuán/ㄅㄨˋ ㄍㄨㄢˇ ㄔㄨㄢˊ
pipelaying vessel
【船】专用于铺设海底管道的船。船上装载许多钢管，逐根焊接后依次吊放至经测定的海底管线位置上。如果管径较小，则将管线事先焊好，盘在大型转盘上，运至海上预定位置，缓缓展开管线放入海中。

铺首/鋪首 pūshǒu/ㄆㄨ ㄕㄡˇ
door knocker
【建】钉在门上，口衔门环的兽面形金属配件。是扣门和开关门户的拉手，兼有装饰作用。古代铜制，现代多为铁制。无兽面的称为门钹，外缘多为

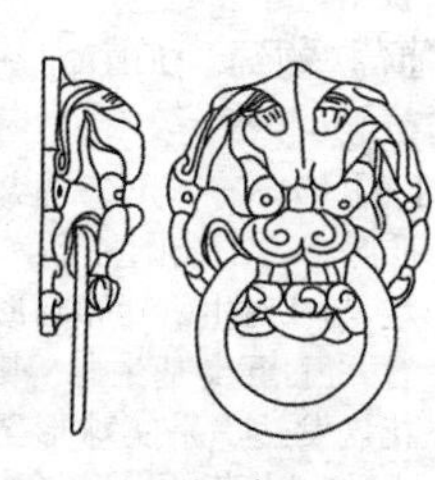
铺 首

圆形或六角形,可镂刻各种花饰。

铺展/展布 pūzhǎn/ㄆㄨ ㄓㄢˇ

spreading, spread

【化】一种液体在另一种与其不相混溶的液体或固体表面上自发展开的过程。低表面张力的液体易在高表面张力的液体、固体上铺展。

菩提迦耶寺塔/菩提迦耶寺塔 Pútíjiāyē Sì Tǎ/ㄆㄨˊ ㄊㄧˊ ㄐㄧㄚ ㄧㄝ ㄙˋ ㄊㄚˇ

Buddha Gaya Temple

【建】印度古代佛教建筑。位于印度比哈尔邦伽耶城南10千米处。是相传释迦牟尼"悟道"处的一座金刚宝座式寺院。原建于公元前2世纪,公元14世纪重建。塔为砖砌,成方锥形,中央塔高约55米,东西边长27米,南北约23米。其四周紧贴4个同样形状的小塔,塔身均布满雕刻。

菩提子 pútízǐ/ㄆㄨˊ ㄊㄧˊ ㄗˇ

【植】即"薏苡"(1343页)。

📖 薏苡的总苞骨质念珠状,光滑坚硬,有白、灰、蓝、紫等颜色,基部孔大,易于穿线制成工艺品,也常用于念佛穿珠用的菩提珠子,故名。

葡聚糖/葡聚糖 pújùtáng/ㄆㄨˊ ㄐㄩˋ ㄊㄤˊ

glucosan, glucan

【化】又称"右旋糖酐"。由葡萄糖组成的一种多糖。具有较高的分子量,白色粉末,加入水中即可产生很强的右旋性。医药上用作代用血浆。

葡糖苷酶抑制药/葡糖苷酶抑制藥 pútánggānméi yìzhìyào/ㄆㄨˊ ㄊㄤˊ ㄍㄢ ㄇㄟˊ ㄧˋ ㄓˋ ㄧㄠˋ

glucosidase inhibitor

【医】在消化道中阻滞多糖水解,减慢葡萄糖的生成和吸收,从而避免餐后血糖急剧上升的降血糖药。可单用或与其他降糖药联用。

葡萄/葡萄 pútao/ㄆㄨˊ ·ㄊㄠ

grape

【植】*Vitis vinifera* 葡萄科葡萄属。落叶木质藤本。小枝圆柱形,有纵棱纹。卷须二分歧,与叶对生。叶卵圆形,3～5浅中裂,边缘有大齿,五出基生脉。圆锥花序,花黄绿色,花盘发达。果实球形至椭圆形,果皮有白、青、红、褐、紫、黑等颜色,果肉多汁,味甘中带酸。花期4—5月份,果期8—9月份。在中国,分布于各地。果实可作水果。

葡萄球菌/葡萄球菌 pútaoqiújūn/ㄆㄨˊ ·ㄊㄠ ㄑㄧㄡˊ ㄐㄩㄣ

staphylococcus

【生】排列似葡萄状的化脓性球菌。存在于人和动物的黏膜、皮肤上,以及空气和水里。能引起化脓性疾病,如痈、疖等。

葡萄糖/葡萄糖 pútaotáng/ㄆㄨˊ ·ㄊㄠ ㄊㄤˊ

glucose, dextrose

【化】单糖的一种。是含醛基的己糖(六碳糖)。无色或白色结晶状粉末,具有还原性和右旋光性,是生物代谢中的关键中间物质。在某些植物果实(如葡萄、无花果)中含量丰富,也可以糖苷、寡糖的形式存在,或以多糖(如淀粉、纤维素、糖原)的形式存在。通常人体血液中含0.08%～0.1%。甜度约为蔗糖的74%。是工业发酵的重要原料,医学上主要用作注射用营养剂。

葡萄糖淀粉酶/葡萄糖澱粉酶 pútaotáng diànfěnméi/ㄆㄨˊ ·ㄊㄠ ㄊㄤˊ ㄉㄧㄢˋ ㄈㄣˇ ㄇㄟˊ

【轻】即"糖化酶"(1111页)。

葡萄籽油/葡萄籽油 pútaozǐyóu/ㄆㄨˊ ·ㄊㄠ ㄗˇ ㄧㄡˊ

grape-seed oil

【农】用葡萄种子经物理冷压榨工艺提取的食用油。呈淡黄色或淡绿色。

脯氨酸/脯胺酸 pú'ānsuān/ㄆㄨˊ ㄢ ㄙㄨㄢ

proline, Pro

【生】20种蛋白质氨基酸之一。为非必需氨基酸。无色针状晶体。是含吡咯烷的亚氨基酸,体内从谷氨酸出发合成,分解则通过逆反应过程转向谷氨酸代谢。

脯胺酸 ㄆㄨˊ ㄢ ㄙㄨㄢ/pú'ànsuān

proline, Pro

【生】台湾名。即"脯氨酸"(880页)。

蒲福风级/蒲福風級 Púfú fēngjí/ㄆㄨˊ ㄈㄨˊ ㄈㄥ ㄐㄧˊ

Beaufort wind scale

【气】英国人蒲福(Francis Beaufort,1774—1857)根据风对地面(或海面)物体的影响程度而定的等级。1805 年定出 0～12 级共 13 个等级。1946 年以来几经修改，增到 18 级。中国 2006 年公布了 0～18 级的蒲福风级（见附录“蒲福风级表”）。

📖 中国南北朝时期的庾季才（516—603）根据风对地面树木、沙石的影响程度，将风定为 8 级（见《灵台秘苑》）：1 级动叶；2 级鸣条；3 级摇枝；4 级伤枝；5 级折枝；6 级折大枝；7 级飞沙走石；8 级折大木。隋末唐初的李淳风（602—670）也将风力分成 8 级（见《乙巳占》和《观象玩占》），除 4 级堕叶和 5 级折小枝外，其余风级名称与庾氏的相同。

蒲公英/蒲公英 púgōngyīng/ㄆㄨˊ ㄍㄨㄥ ㄧㄥ

㊀mongol dandelion，㊁Herba Taraxaci（拉），dandelion

㊀【植】*Taraxacum mongolicum* 菊科蒲公英属。多年生草本植物。含白色乳汁。基生叶排成莲座状，披针形，羽状深裂，顶端裂片三角形，侧裂片基部渐狭成柄。花莛直立，顶部着生头状花序，总苞钟状，淡绿色带紫红色；舌状花黄色。瘦果倒卵状披针形，冠毛白色。花期 4—9 月份，果期 5—10 月份。在中国，分布于各地。野生花草。可作蔬菜，全草入药。㊁【中医】中药名。菊科植物蒲公英 *Taraxacum mongolicum* Hand.-Mazz.、碱地蒲公英 *T. sinicum* Kitag. 或同属数种植物的干燥全草。味苦、甘，性寒。归肝、胃经。清热解毒，消肿散结，利尿通淋。用于疔疮肿毒，乳痈，瘰疬，目赤，咽痛，肺痈，肠痈，湿热黄疸，热淋涩痛。

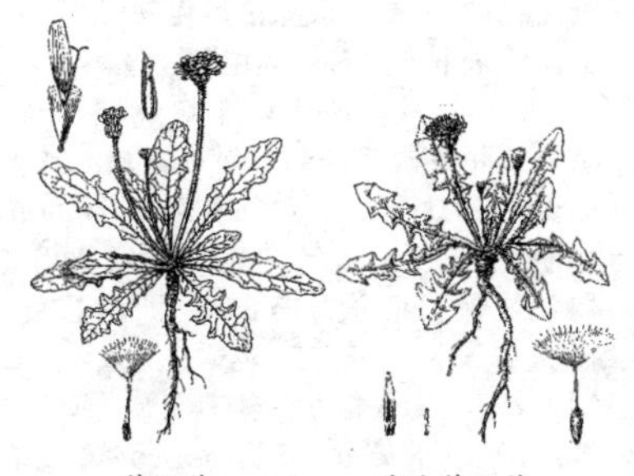

蒲公英　　碱地蒲公英

蒲葵/蒲葵 púkuí/ㄆㄨˊ ㄎㄨㄟˊ

Chinese fan palm

【植】*Livistona chinensis* 俗称“扇叶葵”。棕榈科蒲葵属。常绿乔木状。树干基部膨大。叶阔肾状扇形，掌状深裂，裂片线状披针形，顶端长渐尖，再二深裂为丝状下垂的裂片。圆锥状花序，有分枝，每分枝有一个佛焰苞，花小，两性。果实椭圆形，状如橄榄，紫黑色。花果期 4 月份。在中国，分布于秦淮以南各地。观赏树木。叶可用来编制葵扇与蓑衣。

蒲式耳/蒲式耳 púshì'ěr/ㄆㄨˊ ㄕˋ ㄦˇ

bushel

【计量】体积的英制单位。❶英国用于固体和液体，无规定符号，已于 1963 年废除，但仍在使用。1 蒲式耳（英）＝36.368 升。❷美国仅用于固体，符号 bu。1 蒲式耳（美）＝35.238 升。

镤/鏷 pú/ㄆㄨˊ

protactinium

【化】金属元素。属周期表第ⅢB 族（锕系），符号 Pa，原子序数 91。原子量 231.0。有放射性。自然界存在于沥青铀矿中。单质为灰色金属，延展性强，化学性质活泼。

📖 1913 年，美籍波兰人法扬斯（K.Fajans）及其助手在沥青矿中发现这一元素。拉丁文定名为 protactinium，源于希腊文 birotos（源）和 actinium（锕），意思是“锕之源”（因其可以 α 衰变成锕元素）。中文定名为“镤”，是形声字。

普洱茶/普洱茶 pǔ'ěrchá/ㄆㄨˇ ㄦˇ ㄔㄚˊ

Pu'er tea

【轻】产于云南普洱一带的黑茶。成茶可分为散茶和紧压茶两种。普洱散茶外形粗壮完整，褐红色。冲泡后汤色红浓，滋味醇厚，有陈香，耐冲泡；普洱紧压茶又分为普洱沱茶、普洱砖茶、七子饼茶等，耐储存，宜运输。有除腻、醒酒之功，人称“减肥茶”。

📖 普洱在历史上为滇南重镇，是茶叶的集散重地和加工重地，西双版纳、思茅地区所产茶叶均在此集散。普洱茶的最初记载见于明代，至清代产销两旺，名重天下。

普快 pǔkuài/ㄆㄨˇ ㄎㄨㄞˋ

【交】“普通快车”的简称。

普适气体常量/普適氣體常量 pǔshì qìtǐ chángliàng/ㄆㄨˇ ㄕˋ ㄑㄧˋ ㄊㄧˇ ㄔㄤˊ ㄌㄧㄤˋ

universal gas constant

【物】简称“气体常量”。属于 1 摩气体的常量，具有宏观性质。用 R 表示。其大小为 1 摩理想气体的压强 p 和体积的乘积 V 与热力学温度 T 的比值。$R=8.31$ 焦/(摩开)。

普通感冒/普通感冒
pǔtōng gǎnmào/ㄆㄨˇ ㄊㄨㄥ ㄍㄢˇ ㄇㄠˋ
common cold
【医】由鼻病毒等引起的急性呼吸道传染病。主要通过空气飞沫直接传播，全年均可发病。临床主要表现为上呼吸道卡他症状，可有低热、头痛、乏力、咳嗽等。

普通鋼 ㄆㄨˇ ㄊㄨㄥ ㄍㄤ/pǔtōnggāng
base steel, plain steel
【材】台湾名。即“普通质量钢”(882 页)。

普通化学/普通化學
pǔtōng huàxué/ㄆㄨˇ ㄊㄨㄥ ㄏㄨㄚˋ ㄒㄩㄝˊ
general chemistry
【化】化学的大学程度的入门课程。主要介绍化学基础理论、基础知识及其应用。20 世纪 90 年代以来，还引入有关能源、环境、生命、材料等方面的内容。
📖 普通化学是一个翻译名词，有人认为译成化学概论更确当。

普通角闪石/普通角閃石
pǔtōng jiǎoshǎnshí/
ㄆㄨˇ ㄊㄨㄥ ㄐㄧㄠˇ ㄕㄢˇ ㄕˊ
hornblende
【地】角闪石的一种。成分为 $NaCa_2(Mg,Fe,Al)_5[(Si,Al)_4O_{11}]_2(OH)_2$，因类质同象置换关系复杂，其组成成分不固定。单斜晶系。晶体呈柱状，其横切面为近于菱形的六边形，集合体常呈粒状或放射状。暗绿、暗褐至黑色，条痕浅灰绿色，玻璃光泽，近于不透明，莫氏硬度 5～6，密度 3.1～3.4 克/厘米^3。是主要造岩矿物。

普通快车/平快車
pǔtōng kuàichē/ㄆㄧㄥˊ ㄎㄨㄞˋ ㄔㄜ
ordinary express
【交】全称“普通旅客快车”，简称“普快”。行驶速度较慢，停靠车站较多(不是每站都停)的旅客列车。

普通旅客快车
pǔtōng lǚkè kuàichē/
ㄆㄨˇ ㄊㄨㄥ ㄌㄩˇ ㄎㄜˋ ㄎㄨㄞˋ ㄔㄜ
【交】“普通快车”的全称。

普通陶瓷 pǔtōng táocí/ㄆㄨˇ ㄊㄨㄥ ㄊㄠˊ ㄘˊ
【材】即“传统陶瓷”(146 页)。

普通心理学/普通心理學
pǔtōng xīnlǐxué/ㄆㄨˇ ㄊㄨㄥ ㄒㄧㄣ ㄌㄧˇ ㄒㄩㄝˊ
general psychology
【心】心理学的一个分支。研究正常人心理现象产生和发展的一般规律，包括心理与客观现实的关系、心脑之间的关系；感觉、知觉、记忆、想象、注意的一般规律；人的需要、动机、兴趣、能力、气质、性格的一般规律；心理现象的最一般的研究方法等。是心理学的基础学科。

普通质量钢/普通鋼
pǔtōng zhìliànggāng/ㄆㄨˇ ㄊㄨㄥ ㄍㄤ
base steel, plain steel
【材】普通质量非合金钢和普通质量低合金钢的总称。化学成分符合规定界限值，但不规定生产质量控制特殊要求和热处理，硫、磷含量均不得大于 0.040%。

氆氇/氆氌 pǔlu/ㄆㄨˇ ㄌㄨ
Tibetan wool
【纺】中国藏族传统手工纺织的羊毛织物。品种多样，色彩、纹样丰富。多用作衣服和坐垫的面料。

镨/鐠 pǔ/ㄆㄨˇ
praseodymium
【化】金属元素。属周期表第ⅢB 族(镧系)，符号 Pr，原子序数 59。原子量140.9。自然界主要存在于独居石中。单质为微黄色金属，质软，延展性好，化学性质活泼，在空气中易氧化，表面变暗，形成绿色氧化物层。可用于制合金、特种玻璃和耐高温陶瓷等。
📖 1841 年，瑞典的莫桑德(C.G.Mosander)在铈土中发现了除铈外另一种新元素的氧化物，他给这种新元素命名为 didymium，源自希腊文 didymou，意思是“孪生子”(因其与镧都从铈土中分离而出)。中文定名为“锚”，是形声字。1885 年，奥地利的威尔斯巴赫(B.Welsbach)从锚中发现了镨土。拉丁文定名为 praseodymium，源自 praseo(绿色)和 dymium(成对的)，意思是“绿锚”。中文定名为“镨”，是形声字。

蹼/蹼 pǔ/ㄆㄨˇ
web

【动】某些两栖动物(如青蛙)、爬行动物(如龟)、鸟类(如鸭)和哺乳动物(如水獭)趾间的皮膜。用来拨水游动。

譜系 ㄆㄨˇ ㄒㄧˋ/pǔxì

pedigree

【生】台湾名。即“系谱”(1230 页)。

瀑布/瀑布 pùbù/ㄆㄨˋ ㄅㄨˋ

waterfall

【地】河流经过局部悬崖状河床时倾泻而下的水流。如中国贵州的黄果树瀑布、北美洲的尼亚加拉瀑布。

Q

qi (ㄑㄧ)

七厘散/七厘散 qīlísǎn/ㄑㄧ ㄌㄧˊ ㄙㄢˇ

qili powder, qili san, * Seven Pinches Powder

【中医】中成药名。朱砂、麝香、冰片、没药、血竭、儿茶组成。黄酒或温开水冲服;外用适量。活血化瘀,止痛止血。用于跌打损伤,筋断骨折之瘀血肿痛,或刀伤出血。并治一切无名肿毒,烧伤烫伤等。药效峻猛,每次只能服用七厘(约0.22克),不可多服,故名。

七桥问题/七橋問題

qīqiáo wèntí/ㄑㄧ ㄑㄧㄠˊ ㄨㄣˋ ㄊㄧˊ

seven bridges problem

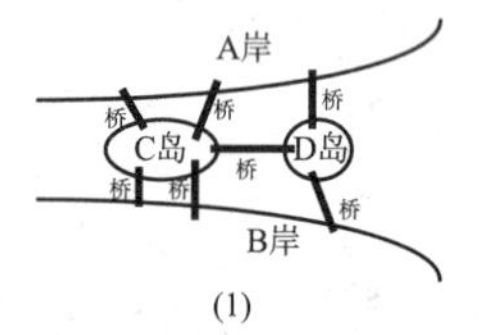

(1)

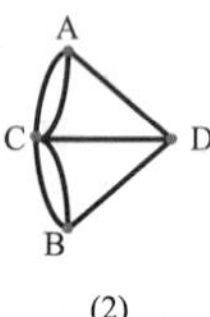

(2)

七桥问题

【数】图论中的一个著名问题。18世纪初,普鲁士的哥尼斯堡流传着一个问题:能否设计一种行走路线,使得从城中一点出发,经过城中的七座桥(如图(1))各一次,然后回到出发地?人们热衷于寻求这个"七桥问题"的解法,但始终得不到答案,也没人说这个问题无解。数学家欧拉(L.Euler)得知这个问题后,把问题转化为:能否一笔画出(不可重描)4个点(表示河的两岸和两个小岛)和7条线(表示7座桥)组成的图形(如图(2)),并使画笔回到起点?这是一个只与点线的位置有关,而与形状和度量无关的问题。欧拉给出这类"一笔画"问题的一般结论,即这种画中的"奇点"(有奇数条线与之相连的点)或者有2个(一个是起点,一个是终点);或者有0个(起点与终点重合)。哥尼斯堡七桥图中奇点有4个,因此不能一笔画出,即不存在所要求的行走路线。欧拉对七桥问题的研究,为建立图论这个组合数学分支奠定了基础。

七情/七情 qīqíng/ㄑㄧ ㄑㄧㄥˊ

❶seven emotions, ❷seven relations, * seven affects

【中医】❶人的喜、怒、忧、思、悲、恐、惊七种情志活动的合称。❷单行、相须、相使、相畏、相杀、相恶、相反七种中药配伍方法的合称。说明中药配伍后药效、毒性变化的关系。单行,即单味药应用,通常用于病情单纯轻浅或病情危急者,如独参汤以一味人参补气,抢救危重病人;相须(多药平等)、相使(药有主次)配伍,可增强药物作用,如大黄与枳实配伍,可增强泻下作用;相畏与相杀配伍,可使毒性减轻或消失,如半夏与生姜,可称半夏(毒)畏生姜,也可称生姜杀半夏(毒);相恶配伍,一药可破坏另一药的效能,如生姜恶黄芩,黄芩能削弱生姜的温胃止呕作用;相反配伍,两种药物合用,能增强或产生毒副作用,如"十八反""十九畏"中的药物。相恶、相反两种配伍不利于临床效果,应避免使用。

七情所伤/七情所傷

qīqíng suǒ shāng/ㄑㄧ ㄑㄧㄥˊ ㄙㄨㄛˇ ㄕㄤ

damaged by excess of seven emotions, * damage by the seven affects

【中医】喜、怒、忧、思、悲、恐、惊七种情志变化过于强烈、持久或突然,引起脏腑气机紊乱,功能失调而致病。

七伤/七傷 qīshāng/ㄑㄧ ㄕㄤ

seven damages

【中医】食伤、忧伤、饮伤、房室伤、饥伤、劳伤、经络营卫气伤七种受伤致病因素的合称。

七十二候/七十二候

qīshí'èrhòu/ㄑㄧ ㄕˊ ㄦˋ ㄏㄡˋ

seventy-two pentads

【气】中国古代黄河中下游地区用来指导农事活动的物候历。以五日为一候,三候为一气,六气为一时,四时为一年。候对应于二十四节气,一年共七十二候,故名。每候对应的物候现象,称候应。候应的依次变化,反映出一年中气象要素的通常变化状态。

📖 候应分为两类。一类是生物物候,如蚯蚓出、鸿雁来、桃始华、草木萌动;一类是非生物物候,如凉风至、水始冰、大雨时行。

七十二候的第一候第一天从立春之日算起，以后每个节气对应三候，每候都有候应。有关七十二候的完整记载，最早见于《周书》，后称《逸周书》，但有记载表明，今可见之本经后人改易。

時訓解第五十二

立春之日東風解凍又五日蟄蟲始振又五日魚上冰風不解凍號令不行蟄蟲不振陰奸陽魚不上冰甲冑私藏雨水之日獺祭魚又五日鴻鴈來又五日草木萌動獺不祭魚國多盜賊鴻鴈不來遠人不服草木不萌動果蔬不熟驚蟄之日桃始華又五日倉庚鳴又五日

欽定四庫全書　逸周書

鷹化為鳩桃始不華是謂陽否倉庚不鳴臣不闕主鷹不化鳩冦戎數起春分之日玄鳥至又五日雷乃發聲又五日始電玄鳥不至婦人不闕雷不發聲諸侯闕民

《逸周书》中七十二候记载

七星瓢虫/七星瓢蟲

qīxīng piáochóng/ㄑㄧ ㄒㄧㄥ ㄆㄧㄠˊ ㄔㄨㄥˊ

seven spot ladybird

【动】*Coccinella septempunctata* 昆虫名。鞘翅目瓢虫科。成虫体呈卵圆形，背面半球形拱起。头黑色，鞘翅红色或橙黄色，上有七个黑点，故名。捕食棉蚜、豆蚜、槐蚜、桃蚜等，对农作物有益。

七星瓢虫

七星针/七星針 qīxīngzhēn/ㄑㄧ ㄒㄧㄥ ㄓㄣ

seven-star needle

【中医】皮肤针的一种。集针七枚，形如七星。

期 ㄑㄧˊ/qī

stadium

【动】台湾名。即“龄期”(746 页)。

期待 qīdài/ㄑㄧˊ ㄉㄞˋ

【心】即“期望”㊀(885 页)。

期前收缩/期前收縮

qīqián shōusuō/ㄑㄧˊ ㄑㄧㄢˊ ㄕㄡ ㄙㄨㄛ

premature systole，extrasytole

【医】又称“过早搏动”，简称“早搏”。心脏正常脉搏搏动周期之前产生的收缩。按其起搏点部位不同，可分为房性期前收缩、房室交界性期前收缩和室性期前收缩，其中以室性最多，房性次之。室性期前收缩指由房室束分支以下起搏点提早产生的心室激动；房性期前收缩指心房异位起搏点提早产生的心房激动；房室交界区性期前收缩因房室结周围的特殊传导组织异常提早起搏所致。

期望/期望 qīwàng/ㄑㄧˊ ㄨㄤˋ

㊀expectancy，㊁mathematical expectation

㊀【心】又称“期待”“预期”。对自己或他人的特定的行为将会产生某种特定结果的预测性认知。是一种可根据情景变化而变化的心理状态。期望与认知、理解、分析、判断等思维活动有密切关系。㊁【数】“数学期望”的简称。

期望寿命/預期壽命

qīwàng shòumìng/ㄩˋ ㄑㄧˊ ㄕㄡˋ ㄇㄧㄥˋ

life expectancy

【医】某一年龄的平均期望寿命，是根据一个国家或地区的一般死亡率估算某一年龄的人还能够存活的平均年数，通过寿命表计算。最常用的是出生时的平均期望寿命。

期望效应/期望效應

qīwàng xiàoyìng/ㄑㄧˊ ㄨㄤˋ ㄒㄧㄠˋ ㄧㄥˋ

expectancy effect

【心】见“罗森塔尔效应”(771 页)。

棲地 ㄑㄧ ㄉㄧˋ/qīdì

habitat

【动】台湾名。即“生境”(1006 页)。

漆/漆 qī/ㄑㄧ

lacquer，paint

【化】天然漆、油漆、磁漆、乳胶漆等的统称。

漆蜡/漆蠟 qīlà/ㄑㄧ ㄌㄚˋ

lacquer wax，urushi tallow

【化】又称“漆脂”。从漆树果实(漆子)的果皮中得到的脂肪。在常温下为固体，似蜡状。为高熔点低碘值的油脂，主要成分为棕榈酸，其次为硬脂酸、肉豆蔻酸等。

漆料/媒液 qīliào/ㄇㄟˊ ㄧㄝˋ

vehicle

【化】色漆中的液相部分。

漆脂 qīzhī/ㄑㄧ ㄓ

【化】即"漆蜡"(885 页)。

齐次多项式/齊次多項式

qícì duōxiàngshì/ㄑㄧˊ ㄘˋ ㄉㄨㄛ ㄒㄧㄤˋ ㄕˋ

homogeneous polynomial

【数】各项次数都相等的多项式。例如,$x^2+2xy+5y^2$ 是二次齐次多项式(简称二次齐次式,也称二次型);$a^3+b^3+c^3-3abc$ 是三次齐次多项式(简称三次齐次式,也称三次型)。

齐次线性方程组/齊次線性方程組

qícì xiànxìng fāngchéngzǔ/

ㄑㄧˊ ㄘˋ ㄒㄧㄢˋ ㄒㄧㄥˋ ㄈㄤ ㄔㄥˊ ㄗㄨˇ

system of homogeneous linear equations

【数】常数项都是 0 的线性方程组。一般地,n 元齐次线性方程组表示为

$$\begin{cases} a_{11}x_1+a_{12}x_2+\cdots+a_{1n}x_n=0 \\ a_{21}x_1+a_{21}x_2+\cdots+a_{2n}x_n=0 \\ \quad\vdots \\ a_{m1}x_1+a_{m2}x_2+\cdots+a_{mn}x_n=0 \end{cases}$$

其矩阵形式为 $\boldsymbol{AX}=\boldsymbol{0}$,其中 $\boldsymbol{A}=(a_{ij})_{mn}$,$\boldsymbol{X}=(x_1,x_2,\cdots,x_n)'$,$\boldsymbol{0}=(0,0,\cdots,0)'$。

祁连山/祁連山

Qílián Shān/ㄑㄧˊ ㄌㄧㄢˊ ㄕㄢ

Qilian Mountains

【地】山脉名。位于青藏高原东北边缘,甘肃和青海交界处。由数条近似平行的山脉组成,东西长约 1000 千米,南北宽 200～500 千米。平均海拔约 4000 米,主峰团结峰,海拔 6305 米。

奇经八脉/奇經八脈

qíjīngbāmài/ㄑㄧˊ ㄐㄧㄥ ㄅㄚ ㄇㄞˋ

Eight Extraordinary Channels, Eight Extraordinary Meridians, * Eight Extraordinary vessels

【中医】人体经络系统的一部分。分为督脉、任脉、冲脉、带脉、阴维脉、阳维脉、阴跷脉、阳跷脉八条经脉。既不直属十二脏腑,又无阴阳表里配合关系,循行别道奇行,纵横交错地分布于十二经脉之间,具有沟通十二经脉之间的联系,对十二经气血有蓄积渗灌等调节作用。

奇异粒子/奇異粒子 qíyì lìzǐ/ㄑㄧˊ ㄧˋ ㄌㄧˋ ㄗˇ

strange particle

【物】带有奇异数的强子。含有奇异夸克或反奇异夸克,但奇异数不为零。通过强相互作用成对产生,又通过弱相互作用单独衰变。

奇异量子数

qíyì liàngzǐshù/ㄑㄧˊ ㄧˋ ㄌㄧㄤˋ ㄗˇ ㄕㄨˋ

【物】即"奇异数"(886 页)。

奇异数/奇異數 qíyìshù/ㄑㄧˊ ㄧˋ ㄕㄨˋ

strangeness number

【物】又称"奇异量子数"。描述强子内部性质的一种量子数。用符号 S 表示。能很好地解释奇异粒子的行为和性质。反粒子与粒子的奇异数相反,共振态奇异粒子与相应的非共振态奇异粒子具有相同的奇异数。

奇異果 ㄑㄧˊ ㄧˋ ㄍㄨㄛˇ/qíyìguǒ

Chinese gooseberry

【植】台湾名。即"中华猕猴桃"(1459 页)。

歧化/歧化 qíhuà/ㄑㄧˊ ㄏㄨㄚˋ

disproportionation

【化】反应物自身氧化还原,同种元素的原子一部分被氧化、一部分被还原的反应。

歧伞花序 qísǎn huāxù/ㄑㄧˊ ㄙㄢˇ ㄏㄨㄚ ㄒㄩˋ

【植】即"二歧聚伞花序"(302 页)。

脐/臍 qí/ㄑㄧˊ

umbilicus

【医】俗称"肚脐"。胎儿出生后,与母体相连的脐带脱落后成的凹陷。即位于腹白线中部的圆形腱性的脐环。胎儿时为脐血管通过处。

📖 连接胎儿与胎盘的带状物称为脐带,胎儿依靠脐带与母体联系,是胎儿吸取养料与排出废料的通道。

脐风/臍風 qífēng/ㄑㄧˊ ㄈㄥ

tetanus neonatorum, * umbilical wind

【中医】中医儿科疾病之一。断脐不洁,感染外邪所致,症见新生儿唇青口撮,牙关紧闭,苦笑面容,全身强直性痉挛抽搐等。治宜通经开闭,镇痉息风,方用撮风散等。

畦灌/田埂灌溉

qíguàn/ㄊㄧㄢˊ ㄍㄥˇ ㄍㄨㄢˋ ㄍㄞˋ

border irrigation

【农】灌溉方法的一种。用土埂将耕地分隔成长方形的畦田，水流在畦田形成薄水层，借重力作用沿畦长方向流动并浸润土壤。

骑楼/騎樓　qílóu/ㄑㄧˊ ㄌㄡˊ

overhang

【建】一种临架于人行道上的楼房。多建于炎热多雨的南方地区，具有避雨遮阳的功能。通常沿街或傍河建造，房屋底层是柱廊，与人行道连通，多为店铺，上层骑跨在人行道上，多为居住用房。台湾人、闽南人称之五脚基，英语直译 five feet way，因当时法律规定，店铺前的廊道应五英尺宽。

骑　楼

骑枪　qíqiāng/ㄑㄧˊ ㄑㄧㄤ

【军】即“卡宾枪”(666 页)。

蛴螬/蠐螬　qícáo/ㄑㄧˊ ㄘㄠˊ

grub

【动】昆虫名。金龟子的幼虫，鞘翅目金龟子总科。体圆柱状，乳白色，常向腹面弯曲成马蹄状。种类很多，生活在土里，以植物的根、块茎等地下部分为食，是农业害虫。

鳍/鰭　qí/ㄑㄧˊ

fin

【动】鱼类的运动器官。通常表面覆有皮肤，内由柔软分节的鳍条和坚硬不分节的鳍棘构成。可分为胸鳍、背鳍、腹鳍、臀鳍、尾鳍等。鱼在水中游时，有调节速度、变换方向的作用。

鰭板穩定器

ㄑㄧˊ ㄅㄢˇ ㄨㄣˇ ㄉㄧㄥˋ ㄑㄧˋ/qíbǎn wěndìngqì

fin stabilizer

【船】台湾名。即“减摇鳍装置”(599 页)。

乞力马扎罗山/吉力馬札羅山

Qǐlìmǎzhāluó Shān/

ㄐㄧˊ ㄌㄧˋ ㄇㄚˇ ㄓㄚˊ ㄌㄨㄛˊ ㄕㄢ

Kilimanjaro Mount

【地】山脉名。位于坦桑尼亚东北部，邻近肯尼亚边界。东西 80 千米，是非洲最高的山，也是火山群。最高峰基博峰，海拔 5895 米，是非洲最高点，山顶有直径 2400 米、深 200 米的火山口。顶部终年积雪，2000 米以下有香蕉、咖啡园，2000～5000 米森林茂密，种类繁多，植被垂直分布明显。

企鹅/企鵝　qǐ'é/ㄑㄧˇ ㄜˊ

penguin

【动】鸟名。企鹅目企鹅科(Spheniscidae)。体长近 1 米，嘴很坚硬，头和背部黑色，腹部白色，足短，尾短，翅膀成鳍状，不能飞，善潜水，在陆地上直立时像有所企望的样子，故名。羽毛重叠密集，皮下脂肪层厚。大部分时间在水中生活，巢居，主要以鱼虾为食。种类较多，多分布于南极洲及附近岛屿上。

企业对企业/企業對企業

qǐyè duì qǐyè/ㄑㄧˇ ㄧㄝˋ ㄉㄨㄟˋ ㄑㄧˇ ㄧㄝˋ

business-to-business, B2B

【信息】电子商务中企业对企业的交易模式。

企业对消费者/企業對消費者

qǐyè duì xiāofèizhě/

ㄑㄧˇ ㄧㄝˋ ㄉㄨㄟˋ ㄒㄧㄠ ㄈㄟˋ ㄓㄜˇ

business-to-consumer, B2C

【信息】电子商务中企业对消费者的交易模式。

企业网/企業網路

qǐyèwǎng/ㄑㄧˇ ㄧㄝˋ ㄨㄤˇ ㄌㄨˋ

enterprise network

【信息】大型企业拥有，由可满足本企业各种计算需求的计算机系统组成的网络。包含不同平台、操作系统、协议和网络体系结构，可跨不同地域。

企业物流/企業物流

qǐyè wùliú/ㄑㄧˇ ㄧㄝˋ ㄨˋ ㄌㄧㄡˊ

enterprise logistics

【物流】生产和流通企业围绕其经营活动所发生的物流活动。按其发生的先后顺序，分为供应物流、生产物流、销售物流、回收物流和废弃物物流五个部分。

企业资源计划/企業資源規劃

qǐyè zīyuán jìhuà/

ㄑㄧˇ ㄧㄝˋ ㄗ ㄩㄢˊ ㄍㄨㄟ ㄏㄨㄚˋ

enterprise resource planning, ERP

【物流】在制造资源计划的基础上，整合客户需求和企业内部生产经营活动以及供应商等资源,集成管理企业物流资源、人力资源、财务资源、信息资源的计划管理应用系统。由美国高德纳(咨询)集团(Gartner Group)于20世纪90年代提出。

企業內部網路
ㄑㄧˋ ㄧㄝˋ ㄋㄟˋ ㄅㄨˋ ㄨㄤˇ ㄌㄨˋ/
qǐyè nèibù wǎnglù
intranet
【信息】台湾名。即“内联网”(827页)。

企業網路 ㄑㄧˋ ㄧㄝˋ ㄨㄤˇ ㄌㄨˋ/qǐyè wǎnglù
enterprise network
【信息】台湾名。即“企业网”(887页)。

企業資源規劃
ㄑㄧˋ ㄧㄝˋ ㄗ ㄩㄢˊ ㄍㄨㄟ ㄏㄨㄚˋ/
qǐyè zīyuán guīhuà
enterprise resource planning,ERP
【物流】台湾名。即“企业资源计划”(887页)。

杞菊地黄丸/杞菊地黃丸
qǐjú dìhuángwán/ㄑㄧˇ ㄐㄩˊ ㄉㄧˋ ㄏㄨㄤˊ ㄨㄢˊ
qiju dihuang pills; * Lycium, Chrysanthemum and Rehmannia Pill
【中医】中成药名。主要成分:枸杞子、菊花、熟地黄、山茱萸、牡丹皮、山药、茯苓、泽泻。口服。滋肾养肝。用于肝肾阴亏,眩晕耳鸣,羞明畏光,迎风流泪,视物昏花。

Q

启明星/啟明星
qǐmíngxīng/ㄑㄧˇ ㄇㄧㄥˊ ㄒㄧㄥ
Phosphorus
【天】在日出前见于东方的金星。

起爆 ㄑㄧˇ ㄅㄠˋ/qǐbào
detonation
【化】台湾名。即“爆轰”(42页)。

起爆药/起爆藥 qǐbàoyào/ㄑㄧˇ ㄅㄠˋ ㄧㄠˋ
primary explosive,initiating explosive
【化】炸药的一种。在较弱的机械、热、电、光等外部激发能作用下,发生燃烧并迅速转为爆轰。所产生的爆轰波用以引爆猛炸药。

起伏噪声/起伏噪音
qǐfú zàoshēng/ㄑㄧˇ ㄈㄨˊ ㄗㄠˋ ㄕㄥ
fluctuation noise
【环】在观测时间内,声级连续在相当大范围内变化,干扰人们休息、学习和工作的噪声。

起伏噪音 ㄑㄧˇ ㄈㄨˊ ㄗㄠˋ ㄧㄣ/qǐfú zàoyīn
fluctuation noise
【环】台湾名。即“起伏噪声”(888页)。

起居室/起居室 qǐjūshì/ㄑㄧˇ ㄐㄩ ㄕˋ
living room
【建】又称“客厅”。供居住者会客、娱乐、团聚等活动的空间。

起落架/起落架 qǐluòjià/ㄑㄧˇ ㄌㄨㄛˋ ㄐㄧㄚˋ
landing gear
【航】用于支撑飞机重量,并使飞机在停放、滑行和起降滑跑时吸收撞击能量的装置。通常为三点式起落架。

起落架運轉齒輪系
ㄑㄧˇ ㄌㄨㄛˋ ㄐㄧㄚˋ ㄩㄣˋ ㄓㄨㄢˇ ㄔˇ ㄌㄨㄣˊ ㄒㄧˋ/
qǐluòjià yùnzhuǎn chǐlúnxì
running gears
【机】台湾名。即“行走系”(1280页)。

起落坪 qǐluòpíng/ㄑㄧˇ ㄌㄨㄛˋ ㄆㄧㄥˊ
【航】即“直升机场”(1444页)。

起重船/起重工作船
qǐzhòngchuán/ㄑㄧˇ ㄓㄨㄥˋ ㄍㄨㄥ ㄗㄨㄛˋ ㄔㄨㄢˊ
floating crane
【船】又称“浮式起重机”“浮吊”。专用于水域作业起吊重物的工程船。主要任务是吊装重型构件,吊放小艇,起吊沉船、沉物,港口、锚地装卸弹药和补给品等。按航行状态不同,可分为自航式和非自航式起重船;按船型不同,可分为驳型、单体型、双体型和半潜型起重船;按起重设备形式不同,可分为固定式和旋转式起重船等。

起重工作船
ㄑㄧˇ ㄓㄨㄥˋ ㄍㄨㄥ ㄗㄨㄛˋ ㄔㄨㄢˊ/
qǐzhòng gōngzuòchuán
floating crane
【船】台湾名。即“起重船”(888页)。

起重机/起重機 qǐzhòngjī/ㄑㄧˇ ㄓㄨㄥˋ ㄐㄧ
crane
【机】俗称“吊车”。用吊钩或其他取物装置吊挂重物,在空间进行升降与运移等循环作业的机械。按起重性质不同,可分为流动式起重机、塔式起重机、桅杆式起重机等;按结构形式不同,可分为桥架式起重机、缆索式起重机和臂架式起重机等;按驱动方式不同,可分为手动起重机、电动起重机、液压起重机、气动起重机等。

起重机械/起重機械

qǐzhòng jīxiè/ㄑㄧˇ ㄓㄨㄥˋ ㄐㄧ ㄒㄧㄝˋ

hoisting machine

【机】以间歇、重复工作方式,通过起重吊钩或其他吊具升降与运移重物的机械设备。通常分为轻小型起重设备(千斤顶、滑车、绞车等)、桥式类型起重机械(梁式起重机、龙门起重机等)和臂架类型起重机械(门座式起重机、桅杆起重机、浮式起重机)等。主要用于建筑工地、港口、车间等的重物装卸、转载、安装等作业。

起重機卡車

ㄑㄧˇ ㄓㄨㄥˋ ㄐㄧ ㄎㄚˇ ㄔㄜ/qǐzhòngjī kǎchē

crane truck,truck crane

【机】台湾名。即“汽车起重机”(898 页)。

起重举升汽车/升降運送車

qǐzhòng jǔshēng qìchē/

ㄕㄥ ㄐㄧㄤˋ ㄩㄣˋ ㄙㄨㄥˋ ㄔㄜ

crane truck, lift truck

【机】专用汽车的一种。装备有起重设备或可升降作业台(斗)。可分为起重举升专用运输汽车和起重举升专用作业汽车。

起重直升机/吊重直升機

qǐzhòng zhíshēngjī/ㄉㄧㄠˋ ㄓㄨㄥˋ ㄓˊ ㄕㄥ ㄐㄧ

lifting helicopter,crane helicopter

【航】用外挂方式吊装和吊运货物的直升机。采用方便装卸和运输的活动吊舱,起落架多采用不可收放式,可根据场地和运输货物的尺寸大小伸长或缩短。通常用于军事工程、建筑工程、架设高压线、大型天线、大型货物、集装箱和木材吊运。

起子 qǐzi/ㄑㄧˇ ·ㄗ

【机】即“螺钉旋具”(772 页)。

气/氣 qì/ㄑㄧˋ

qi

【中医】形成宇宙万物最基本的物质。中医指构成人体及维持生命活动的最根本、最微细的物质,如精气、津气、水谷之气、呼吸之气等;也指一切组织器官的功能活动,如脏腑之气、经络之气等。从生理的角度,大致可分为元气、卫气、营气和宗气等。气的概念引申至许多方面,如致病物质的邪气、湿气、疠气等;病机或病症的厥气、肝气、水气等;药物性质的寒热温凉四气和针灸效应的得气等。

气铲/氣動鏨鎚

qìchǎn/ㄑㄧˋ ㄉㄨㄥˋ ㄗㄢˊ ㄔㄨㄟˊ

pneumatic chipping hammer

【机】气动工具的一种。装有铲头,以冲击方式铲切金属构件飞边、毛刺及清砂等。多用于铸造、焊接和建筑以及炉膛维护等作业中。

气冲剪/氣衝剪

qìchòngjiǎn/ㄑㄧˋ ㄔㄨㄥˋ ㄐㄧㄢˇ

pneumatic nibbler

【机】气动工具的一种。以往复运动的冲头冲剪金属板材。

气导/空氣傳導

qìdǎo/ㄎㄨㄥ ㄑㄧˋ ㄔㄨㄢˊ ㄉㄠˇ

air conduction

【医】声波经外耳道引起鼓膜振动,再经听小骨和前庭窗进入内耳的过程。是主要的听觉途径。另外,鼓膜的振动也可引起鼓室内空气的振动,再经前庭窗将振动传入内耳。

气垫船/氣墊船

qìdiànchuán/ㄑㄧˋ ㄉㄧㄢˋ ㄔㄨㄢˊ

air-cushion vessel,ACV

【船】用较高的气压在船底与支承表面(水面或地面)间形成气垫,使全部或部分船体升离支承表面,在螺旋桨或喷气的推动下高速航行的船。

气垫飞行器

qìdiàn fēixíngqì/ㄑㄧˋ ㄉㄧㄢˋ ㄈㄟ ㄒㄧㄥˊ ㄑㄧˋ

【军】即“地面效应飞行器”(224 页)。

气动 qìdòng

【机】“气压传动”的简称。

气动扳手/氣力扳手

qìdòng bānshou/ㄑㄧˋ ㄌㄧˋ ㄅㄢ ㄕㄡˇ

pneumatic wrench

【机】气动工具的一种。用于拧紧或旋松螺栓、螺母。多用于连续装配生产线操作。

气动工具/氣力工具

qìdòng gōngjù/ㄑㄧˋ ㄌㄧˋ ㄍㄨㄥ ㄐㄩˋ

pneumatic tool

【机】又称“风动工具”。利用压缩空气作动力的手工具。便于携带,安全性高。按基本工作方式不同,可分为回转式和冲击式。常用

Q

的有气动扳手、气钻、气动螺丝刀、气动磨光机、气铲、气锤等。

气动攻丝机/氣動攻絲機
qìdòng gōngsījī/ㄑㄧˋ ㄉㄨㄥˋ ㄍㄨㄥ ㄙ ㄐㄧ
pneumatic tapper
【机】气动工具的一种。具有正反转机构，用于在金属等材料上攻制内螺纹。

气动螺丝刀/氣動螺絲起子
qìdòng luósīdāo/ㄑㄧˋ ㄉㄨㄥˋ ㄌㄨㄛˊ ㄙ ㄑㄧˇ ·ㄗ
pneumatic screw driver
【机】又称"气动起子"。气动工具的一种。用于拧紧或旋松螺钉。多用于各种装配作业。

气动磨光机/氣力砂磨器
qìdòng móguāngjī/ㄑㄧˋ ㄌㄧˋ ㄕㄚ ㄇㄛˊ ㄑㄧˋ
pneumatic sander
【机】气动工具的一种。用以磨光物体表面腻子、漆层等。

气动起子 qìdòng qǐzi/ㄑㄧˋ ㄉㄨㄥˋ ㄑㄧˇ ·ㄗ
【机】即"气动螺丝刀"(890 页)。

气动砂轮机/氣力磨輪
qìdòng shālúnjī/ㄑㄧˋ ㄌㄧˋ ㄇㄛˊ ㄌㄨㄣˊ
pneumatic grinder
【机】简称"气砂轮"。气动工具的一种。以气动发动机驱动砂轮回转，进行磨削。

气浮船 qìfúchuán/ㄑㄧˋ ㄈㄨˊ ㄔㄨㄢˊ
【船】即"气泡船"(892 页)。

气割/氣割 qìgē/ㄑㄧˋ ㄍㄜ
oxygen cutting
【机】又称"氧气切割"。切割方法的一种。利用气体火焰的热能将金属的切割处预热到一定温度后，喷出高速切割氧流，使切割处的金属燃烧并放出热量而实现切割。所用可燃气体多为乙炔、液化石油气和氢气。主要用于切割钢板、钢锭等。

气管/氣管 qìguǎn/ㄑㄧˋ ㄍㄨㄢˇ
trachea
【医】上端连于喉，下端至气管杈的一段呼吸管道。除最上端的环状软骨外，前部由 C 形气管软骨构成，后壁略平，由富有弹性的纤维组织和平滑肌构成。气管在气管杈以下分为左、右主支气管。

气管异物/氣道異物
qìguǎn yìwù/ㄑㄧˋ ㄉㄠˋ ㄧˋ ㄨˋ
foreign body in trachea
【医】因误吸等原因进入气道内的异物。可引起患者呼吸困难甚至窒息。

气海/氣海 qìhǎi/ㄑㄧˋ ㄏㄞˇ
CV6，RN6，* sea of qi
【中医】任脉穴之一。在下腹部，前正中线上，当脐下 1.5 寸。肓的原穴。该穴主治腹痛、泄泻、便秘、遗尿、疝气、遗精、阳痿、月经不调、经闭、崩漏、虚脱、形体羸瘦等病证，且具有强壮保健作用。

气焊/燃氧氣焊 qìhàn/ㄖㄢˊ ㄧㄤˇ ㄑㄧˋ ㄏㄢˋ
oxyfuel gas welding
【机】熔焊方法的一种。利用气体火焰加热使金属件的连接处熔合。可燃气体(常用乙炔、天然气、石油气等)与氧通过焊炬混合燃烧成火焰。与电弧焊相比，火焰温度较低，热量较分散，故生产率较低，金属的变形大。主要用于焊接薄钢板、低熔点金属、铸铁件和有色金属等。

气候/氣候 qìhòu/ㄑㄧˋ ㄏㄡˋ
climate
【气】一类自然环境因子。经地球与大气之间长期的能量和物质交换过程而形成。为长时期内气象要素和天气现象综合的统计特征。按空间尺度大小不同，可分为大气候、中气候与小气候。

气候变化/氣候變化
qìhòu biànhuà/ㄑㄧˋ ㄏㄡˋ ㄅㄧㄢˋ ㄏㄨㄚˋ
climatic change
【气】温度和降水等反映气候状态的要素，其平均值或离差(距平值)随时间出现的统计意义上的显著变化。本意包括由自然和人类活动影响等所有因素引起的变化。为专门研究人类活动对气候的影响，《联合国气候变化框架公约》中，气候变化指：经过相当一段时间的观察，在气候的自然变化之外，由人类活动直接或间接地改变全球大气组成而导致的气候改变。

📖 世界上最早论述气候变化的是中国北宋的沈括(1031—1095)。他在 1080 年任职延州(今陕西延安一带)后，根据当地发现的植物化石，正确推断出古今气候的变异，得出"旷古以前，地卑(低洼)气湿而宜竹(新芦木)耶"的结论(《梦溪笔谈·卷二十一》)。英国的罗伯特·胡克(Robert Hooke,1635—1703),1686 年根据海龟和菊石的化石,做出古代气候比当时气候温暖的推论,是欧洲关于气候变化的最早论述。

气候标准平均值/標準氣候平均值 qìhòu biāozhǔn píngjūnzhí/ ㄅㄧㄠ ㄓㄨㄣˇ ㄑㄧˋ ㄏㄡˋ ㄆㄧㄥˊ ㄐㄩㄣ ㄓˊ

climatological standard normals

【气】简称"气候平均"。为判断个别时间气候的异常程度,所采用的连续 30 年的气候要素的平均值。世界气象组织规定每 10 年更替一次,目前使用 1981—2010 年的平均值。

气候带/氣候帶 qìhòudài/ ㄑㄧˋ ㄏㄡˋ ㄉㄞˋ

climatic belt,climatic zone

【气】根据气候要素基本相似、呈带状分布的特征而划分的气候区域。太阳辐射是气候带形成的基本因素,理论上气候带应与地球纬度大体平行。实际上受海陆分布、海拔高度、地形和大气环流等因素的影响,并不完全如此。

气候恶化/氣候惡化 qìhòu èhuà/ ㄑㄧˋ ㄏㄡˋ ㄜˋ ㄏㄨㄚˋ

climatic deterioration

【气】因自然环境变化或人类活动影响,造成气候向不利于人类生存方向变化的现象。

气候分类/氣候分類 qìhòu fēnlèi/ ㄑㄧˋ ㄏㄡˋ ㄈㄣ ㄌㄟˋ

climatic classification

【气】将全球气候按某种标准划分为若干不同类型,借以区别和比较各地气候。

气候观测/氣候觀測 qìhòu guāncè/ ㄑㄧˋ ㄏㄡˋ ㄍㄨㄢ ㄘㄜˋ

climatological observation

【气】地面气象观测内容的一部分。为气候分析研究积累资料而进行的观测。观测时次和项目由各国自行规定。中国气象部门规定:时次和项目与基本天气观测一致,另增加日照时数、土壤温度、蒸发量和积雪等。

气候监测/氣候監測 qìhòu jiāncè/ ㄑㄧˋ ㄏㄡˋ ㄐㄧㄢ ㄘㄜˋ

climatic monitoring

【气】专门监视气候变化和气候与生物圈、人类活动相互作用情况的气象观测。包括常规要素观测和海冰、太阳常数等特殊项目的观测。

气候平均 qìhòu píngjūn/ ㄑㄧˋ ㄏㄡˋ ㄆㄧㄥˊ ㄐㄩㄣ

【气】"气候标准平均值"的简称。

气候评价/氣候評價 qìhòu píngjià/ ㄑㄧˋ ㄏㄡˋ ㄆㄧㄥˊ ㄐㄧㄚˋ

climatic assessment

【气】运用气候学的原理和方法,对某一区域的气候与社会活动和人民生活的相互影响进行分析和评定。

气候区/氣候區 qìhòuqū/ ㄑㄧˋ ㄏㄡˋ ㄑㄩ

climatic region

【气】根据地球上的气候特征而划分的区域。以气温和自然植物群落为基础,其气候特征与其他区域有所不同。

气候趋势/氣候趨勢 qìhòu qūshì/ ㄑㄧˋ ㄏㄡˋ ㄑㄩ ㄕˋ

climatic trend

【气】气候多年变化的倾向。通常只能在较短时间内观测到气候有一定的变化趋势,如最近百年全球气候变暖。从更长时间观察,气候趋势则呈现出振动性质。

气候适应/氣候適應 qìhòu shìyìng/ ㄑㄧˋ ㄏㄡˋ ㄕˋ ㄧㄥˋ

climatic adaptation,acclimatization

【气】为应对气候的变化,生物机体自身调整,使生理功能适应新的气候环境的过程。人类应对气候变化还包括利用所掌握的科技手段,一方面节约资源、保护环境,主动减缓气候恶化的趋势;另一方面通过工程措施和非工程措施,趋利避害,降低气候风险。

气候学/氣候學 qìhòuxué/ ㄑㄧˋ ㄏㄡˋ ㄒㄩㄝˊ

climatology

【气】大气科学的一个分支。研究气候形成的原因、时空分布特征和演变规律,以及与人类活动的相互关系。按研究目的不同,可分为理论气候学、区域气候学和应用气候学;按研究方法不同,可分为统计气候学、物理气候学、动力气候学、天气气候学等;按空间尺度大小不同,可分为大气候学、局地气候学和小气候学等。

气候要素/氣候要素 qìhòu yàosù/ ㄑㄧˋ ㄏㄡˋ ㄧㄠˋ ㄙㄨˋ

climatic element

【气】反映某地理区域在一定时期的气候特征或状态的物理量。如气温、降水量、湿度、风速等。

气候异常/氣候異常

qìhòu yìcháng/ㄑㄧˋ ㄏㄡˋ ㄧˋ ㄔㄤˊ

climatic anomaly

【气】指气候要素偏离多年平均值(通常用30年平均值),其距平值超过2倍均方差的气候状况。

气候站/氣候站 qìhòuzhàn/ㄑㄧˋ ㄏㄡˋ ㄓㄢˋ

climatological station

【气】主要为开展气候分析需要而对一些特定的要素进行观测的地面气象站。

气候资源/氣候資源

qìhòu zīyuán/ㄑㄧˋ ㄏㄡˋ ㄗ ㄩㄢˊ

climate resources

【气】自然资源的一部分。能为人类生活和生产活动提供可开发利用的气候要素的物质、能量和现象的总体。如光能、风能、热能、水分等。

📖 人类很早就认识到气候资源的作用。中国战国末期的吕不韦(?—前235)在《吕氏春秋·审时》中称"凡农之道,候(原作厚)之为宝",认为气候中的节令(候)是农业生产的资源(宝)。1983年,世界气象组织在《世界气象组织第二个长期计划草案(1988—1997)》中说:"气候既是有益于人类的一项重要自然资源,又可能导致自然灾害",气候资源这一科学概念至此形成。

气剪刀/氣剪刀 qìjiǎndāo/ㄑㄧˋ ㄐㄧㄢˇ ㄉㄠ

pneumatic shears

【机】气动工具的一种。用于剪切金属薄板。

气孔/氣孔 qìkǒng/ㄑㄧˋ ㄎㄨㄥˇ

㊀stoma, ㊁spiracle

㊀【植】植物体表皮细胞之间的小孔。是叶片上由两个保卫细胞构成的空隙,植物体水分蒸腾以及与外界交换气体的出入口。主要分布在叶子背面。㊁【动】即"气门"(892页)。

气力输送机/氣動運送機

qìlì shūsòngjī/ㄑㄧˋ ㄌㄧˋ ㄕㄨ ㄙㄨㄥˋ ㄐㄧ

pneumatic conveyor

【机】流体输送机的一种。运用风机在封闭管路内形成气流来输送散料物料的输送机。按送气方式不同,可分为吸送式、压送式以及混合式。

气流噪声/氣流噪音

qìliú zàoshēng/ㄑㄧˋ ㄌㄧㄡˊ ㄗㄠˋ ㄕㄥ

airflow noise

【环】又称"空气动力噪声"。流体运动或物体相对于流体运动所产生的人们不需要的声音。常见的有喷气噪声、螺旋桨噪声、风扇噪声、风吹声和受激涡旋声等。

气门/氣門 qìmén/ㄑㄧˋ ㄇㄣˊ

stigma

【动】又称"气孔"。某些节肢动物的呼吸器官,是气管与外界相通的小孔。在身体的胸部或两侧。

气囊/氣囊 qìnáng/ㄑㄧˋ ㄋㄤˊ

air sac

【动】鸟类呼吸器官的一部分。是由薄膜构成的许多小囊,与肺相通。分布在体腔内各个器官的空隙中,有些在皮下或骨腔间隙。

气尿/氣尿 qìniào/ㄑㄧˋ ㄋㄧㄠˋ

pneumaturia

【医】有气体与尿液一起排出的现象。提示可能存在膀胱—肠道瘘,或有泌尿系统产气细菌感染。造成肠道和膀胱之间瘘管的原因有外伤、手术、结核、憩室炎、乙状结肠癌和放射性肠炎等。

气泡船/氣泡船

qìpàochuán/ㄑㄧˋ ㄆㄠˋ ㄔㄨㄢˊ

air cavity craft

【船】又称"空气润滑船""气浮船"。利用气泡技术制造的船。将空气压入船底,在船底表面形成气水混合层,以降低水对船底的黏性,减小船体摩擦阻力,达到高效、高速的目的。多采用滑行艇艇型,经济性明显。

气泡室/氣泡室 qìpàoshì/ㄑㄧˋ ㄆㄠˋ ㄕˋ

bubble chamber

【物】利用过热液体的不稳定性显示带电粒子径迹的装置。耐高压的容器中装有透明液体(如液氦、液氢、丙烷、戊烷等),当带电粒子通过液体时,沿粒子径迹的液体被电离并沸腾而出现气泡,在强光照射下可见气泡构成的粒子径迹。粒子射程短,适于对高能粒子的研究。

气球/氣球 qìqiú/ㄑㄧˋ ㄑㄧㄡˊ

balloon

【航】无推进装置的轻于同体积空气的气囊形浮空航空器。在气囊下可吊有载人和仪器设备的吊篮。按气囊充气不同,可分为热气球、氢气球和氦气球;按升空系留不同,可分为自由和系留气球;按气囊内压不同,可分为零压式和超压式气球。

📖 法国的蒙戈尔菲耶兄弟(J.M.Montgolfier, J.E. Montgolfier)于1783年实现了人类首次空中大型热气球飞行,同年法国物理学家布朗夏尔(Jean-Pierre Blanchard)成功制造第一个氢气球,并使之成为具有实用价值的空中飞行器。

气溶胶/氣溶膠

qìróngjiāo/ㄑㄧˋ ㄖㄨㄥˊ ㄐㄧㄠ

aerosol

【气】又称"大气悬浮物",台湾又称"氣膠"。悬浮在大气中的尘埃、烟粒、盐粒、水滴、冰晶、花粉、孢子、细菌等固态粒子和液态小滴等的统称。粒径小于100微米,其中有些是水滴和冰晶的凝结核,也是太阳和地球辐射的吸收体和反射体,并参与大气化学循环过程。其中,粒径小于10微米的称为可吸入颗粒物。

📖 气溶胶是造成视程障碍的主要物质,工业排放的气溶胶会造成大气污染。其中,可吸入颗粒物粒小体轻,自身吸附能力强,可长时间飘浮在空气中,吸附各种金属粉尘、病原微生物等,随人们呼吸而进入肺部,引起呼吸系统疾病,或直接接触皮肤和眼睛,阻塞皮肤的毛囊和汗腺,引起皮肤炎和眼结膜炎甚至造成角膜损伤。不过,如果没有气溶胶存在,地球也不适合人类生存。

气溶胶化学/氣溶膠化學

qìróngjiāo huàxué/

ㄑㄧˋ ㄖㄨㄥˊ ㄐㄧㄠ ㄏㄨㄚˋ ㄒㄩㄝˊ

aerosol chemistry

【气】大气化学的一个分支。研究大气中气溶胶的来源、形成、分布、输送、消除过程中的物理化学行为、化学组成的变化、存在状态的特性、粒子谱的演变及其所产生的大气现象等。

气溶胶粒子谱/氣溶膠粒子譜

qìróngjiāo lìzǐpǔ/

ㄑㄧˋ ㄖㄨㄥˊ ㄐㄧㄠ ㄌㄧˋ ㄗˇ ㄆㄨˇ

aerosol particle size distribution

【气】简称"粒子谱"。反映组成气溶胶粒子群体的粒子数量随粒径大小的关系,即一群大小不等的粒子,相同粒径的数量随粒径从小到大的分布形式。

📖 粒子群体中粒子的大小和数量决定了其气候效应和环境影响作用。不同的时间、地点和条件下,不同种类的气溶胶粒子有不同的谱分布。对气溶胶粒子谱的研究是大气物理学和大气化学的重要内容之一。

气砂轮 qìshālún/ㄑㄧˋ ㄕㄚ ㄌㄨㄣˊ

【机】"气动砂轮机"的简称。

气生根/氣根 qìshēnggēn/ㄑㄧˋ ㄍㄣ

aerial root

【植】某些植物生活在地面以上的根。按功能不同,可分为:(1)支柱根,由植物体的地上部分长出,伸入土壤起支持作用,如玉米和榕树的根;(2)攀缘根,由植物茎上生出,能分泌黏液,用以固着于他物上生长,如常春藤和凌霄花的根;(3)呼吸根,生长在水中的植物的根由于呼吸困难,继而向上生长进入空气中呼吸,如红树的根;(4)寄生根,在寄生植物茎上发育,伸入寄主植物组织中,吸取寄主的养料和水分供本身生长发育需要,如菟丝子的根。

气态/氣態 qìtài/ㄑㄧˋ ㄊㄞˋ

gaseous state

【物】物质的气体状态。在这种状态下,物质没有固定的体积,也没有固定的形状。

气体常量

qìtǐ chángliàng/ㄑㄧˋ ㄊㄧˇ ㄔㄤˊ ㄌㄧㄤˋ

【物】"普适气体常量"的简称。

气体动理论/氣體動理論

qìtǐ dònglǐlùn/ㄑㄧˋ ㄊㄧˇ ㄉㄨㄥˋ ㄌㄧˇ ㄌㄨㄣˋ

kinetic theory of gases, gas kinetics

【物】全称"气体动力学理论"。从物质的微观结构阐述热现象规律的理论。主要内容有:宏观物体由大量的分子(或原子)组成;分子做永不停息的无规则热运动;分子间存在相互作用力。

气体动力学理论

qìtǐ dònglìxué lǐlùn /

ㄑㄧˋ ㄊㄧˇ ㄉㄨㄥˋ ㄌㄧˋ ㄒㄩㄝˊ ㄌㄧˇ ㄌㄨㄣˋ

【物】"气体动理论"的全称。

Q

气体放电/氣體放電
qìtǐ fàngdiàn/ㄑㄧˋ ㄊㄧˇ ㄈㄤˋ ㄉㄧㄢˋ
gas discharge
【物】电流通过气体的现象。气体通常是良好的绝缘体,其电离时出现电子和离子,电子和离子在外电场作用下做定向漂移运动,即导电。用紫外线、X 射线等照射气体,或给气体加热至足够高的温度,均可使气体放电。

气体交换率
qìtǐ jiāohuànlǜ/ㄑㄧˋ ㄊㄧˇ ㄐㄧㄠ ㄏㄨㄢˋ ㄌㄩˋ
【医】即"呼吸商"(505 页)。

气体绝缘材料/氣體絕緣材料
qìtǐ juéyuán cáiliào/
ㄑㄧˋ ㄊㄧˇ ㄐㄩㄝˊ ㄩㄢˊ ㄘㄞˊ ㄌㄧㄠˋ
gaseous insulating material
【电】能使有电位差的电极间保持绝缘的气体。

气体燃料内燃机
qìtǐ ránliào nèiránjī/
ㄑㄧˋ ㄊㄧˇ ㄖㄢˊ ㄌㄧㄠˋ ㄋㄟˋ ㄖㄢˊ ㄐㄧ
【机】即"燃气发动机"(936 页)。

气体温度计/氣體溫度計
qìtǐ wēndùjì/ㄑㄧˋ ㄊㄧˇ ㄨㄣ ㄉㄨˋ ㄐㄧˋ
gas thermometer
【机】温度计的一种。利用气体压强或体积随温度改变的性质制成。可分为定容和定压气体温度计。

气团/氣團 qìtuán/ㄑㄧˋ ㄊㄨㄢˊ
air mass
【气】物理属性在水平方向上分布大致均匀的大范围空气。水平范围可达几千千米,垂直高度可达几至十几千米。所在各地的气象要素特征和天气现象大体一致。

气味腺/臭腺 qìwèixiàn/ㄔㄡˋ ㄒㄧㄢˋ
odoriferous gland
【动】通称"臭腺"。某些动物体内分泌臭液或放出臭气的腺体。如臭虫和黄鼬体内都有气味腺。可分泌的臭液或放出的臭气有引诱异性个体或抵御敌害的作用。

气温/氣溫 qìwēn/ㄑㄧˋ ㄨㄣ
air temperature
【气】表征空气冷热程度的物理量。气象上观测和预报的地面气温,指距地面 1.5 米处百叶箱内的空气温度。
📖 气象观测和预报中所说的地面气温,代表空气流通、不受太阳直射条件下的空气温度,与人们户外活动的实际体感温度有所不同,其差异程度除与日照有关外,还与空气湿度、风速等因素有关。

气雾剂/霧化滴 qìwùjì/ㄨˋ ㄏㄨㄚˋ ㄉㄧ
aerosol
【医】含药的溶液、乳状液或混悬液借助抛射剂的压力喷出,以雾状物形式进入肺部或附于腔道黏膜、皮肤的制剂。也用于空间消毒。

气相沉积/蒸汽堆積
qìxiàng chénjī/ㄓㄥ ㄑㄧˋ ㄉㄨㄟ ㄐㄧ
vapor deposition
【机】金属表面处理的一种方法。利用气相中发生的物理、化学过程,在材料表面形成具有特种性能的金属或化合物涂层。可分为物理气相沉积、化学气相沉积。

气象观测/氣象觀測
qìxiàng guāncè/ㄑㄧˋ ㄒㄧㄤˋ ㄍㄨㄢ ㄘㄜˋ
meteorological observation
【气】借助仪器和目力,对气象要素和天气现象进行测量和判定。随着观测技术的进步和观测项目的扩充,逐步发展为大气探测。

气象航线/氣象航路
qìxiàng hángxiàn/ㄑㄧˋ ㄒㄧㄤˋ ㄏㄤˊ ㄌㄨˋ
meteorological shipping route
【气】仅根据气象预报信息,为航海活动制定的航线。

气象火箭/氣象火箭
qìxiàng huǒjiàn/ㄑㄧˋ ㄒㄧㄤˋ ㄏㄨㄛˇ ㄐㄧㄢˋ
meteorological rocket
【航】携带气象仪器,用于测量高空温度、气压、密度、湿度、风向、风速和大气组分等大气参数的无控火箭。测量所得的大气参数用于天气预报、气候变化和灾害性天气预防等。

气象雷达/氣象雷達
qìxiàng léidá/ㄑㄧˋ ㄒㄧㄤˋ ㄌㄟˊ ㄉㄚˊ
meteorological radar
【气】用于探测气象要素、天气现象等的雷达的统称。按用途的不同,可分为天气雷达、测风雷达、风廓线雷达等。

Q

气象台/氣象臺 qìxiàngtái/ㄑㄧˋ ㄒㄧㄤˋ ㄊㄞˊ
meteorological observatory
【气】利用各种气象观测资料,对大气进行研究、分析并预报天气的专门机构。

气象卫星/氣象衛星
qìxiàng wèixīng/ㄑㄧˋ ㄒㄧㄤˋ ㄨㄟˋ ㄒㄧㄥ
meteorological satellite
【气】携载相关仪器、装置,主要用于气象观测的人造地球卫星。主要有极轨气象卫星和同步气象卫星两大类。极轨气象卫星的轨道平面和太阳始终保持相对固定的交角,轨道为椭圆形,飞行高度 600～1500 千米;同步气象卫星的轨道平面与地球的赤道平面相重合,运行高度约 35 800 千米,从地球上观察,卫星静止在赤道某个经度的上空,故又称为地球静止气象卫星。

气象卫星地面站/氣象衛星地面站
qìxiàng wèixīng dìmiànzhàn/
ㄑㄧˋ ㄒㄧㄤˋ ㄨㄟˋ ㄒㄧㄥ ㄉㄧˋ ㄇㄧㄢˋ ㄓㄢˋ
meteorological satellite ground station
【气】简称"地面站"。接收和转发气象卫星发送的气象观测信息的卫星地面站。

气象学/氣象學
qìxiàngxué/ㄑㄧˋ ㄒㄧㄤˋ ㄒㄩㄝˊ
meteorology
【气】研究大气运动及其物理现象的学科。随着研究领域的扩大,20 世纪 60 年代发展为大气科学。

气象谚语/氣象諺語
qìxiàng yànyǔ/ㄑㄧˋ ㄒㄧㄤˋ ㄧㄢˋ ㄩˇ
meteorological proverb
【气】总结气候或天气变化经验的谚语。如"水缸穿裙山带帽,蚂蚁搬家蛇过道"预示着好天气转变。多与农事活动有关,应用和流传广泛。一般有特定的适用区域。

气象要素/氣象要素
qìxiàng yàosù/ㄑㄧˋ ㄒㄧㄤˋ ㄧㄠˋ ㄙㄨˋ
meteorological element
【气】反映某地点和特定时刻大气状态的物理量。主要有气温、气压、湿度、风、云、能见度、降水、蒸发、辐射、日照等。

气象仪器/氣象儀器
qìxiàng yíqì/ㄑㄧˋ ㄒㄧㄤˋ ㄧˊ ㄑㄧˋ
meteorological instrument
【机】用来定量、定性测量一个或几个气象要素的仪器。按用途不同,可分为高空探测仪器、辐射和温度测定仪器、气压测定仪器、云和降水测定仪器等。常见的有温度计、气压计、湿度计、风速计等。广泛应用于气象预报、气象监测等领域。

气象灾害/氣象災害
qìxiàng zāihài/ㄑㄧˋ ㄒㄧㄤˋ ㄗㄞ ㄏㄞˋ
meteorological disaster
【气】因天气或气候异常引起的灾害。例如台风、暴雨、暴雪、寒潮、大风、沙尘暴、高温、干旱、雷电、冰雹、霜冻、大雾、霾、道路结冰等造成的生产和生命财产损失。需采取相应的预报预警和防灾减灾措施。

气象灾害预警信号/氣象災害預警信號
qìxiàng zāihài yùjǐng xìnhào/
ㄑㄧˋ ㄒㄧㄤˋ ㄗㄞ ㄏㄞˋ ㄩˋ ㄐㄧㄥˇ ㄒㄧㄣˋ ㄏㄠˋ
severe weather warning signal
【气】各级气象主管机构所属的气象台站向社会公众发布的气象灾害预警信息。由名称、图标、标准和防御指南等内容构成。按可能造成的危害程度、紧急程度和发展态势,一般分为:Ⅳ级(一般)、Ⅲ级(较重)、Ⅱ级(严重)、Ⅰ级(特别严重)4 个等级,分别用蓝色、黄色、橙色和红色标识。预警信号主要包括台风、暴雨、暴雪、寒潮、大风、沙尘暴、高温、干旱、雷电、冰雹、霜冻、大雾、霾、道路结冰等方面。

气象站/氣象站
qìxiàngzhàn/ㄑㄧˋ ㄒㄧㄤˋ ㄓㄢˋ
meteorological station
【气】设在陆地或海洋上,安装气象仪器并能够长期获取、记录、传输和报告气象资料的专用场所。通常指地面气象站。可分为人工气象站和自动气象站。

气胸/氣胸 qìxiōng/ㄑㄧˋ ㄒㄩㄥ
pneumothorax
【医】胸膜因病变或外伤,导致气体进入胸膜腔形成的胸膜腔积气。通常分为自发性气胸、创伤性气胸和人工气胸。自发性气胸是肺部疾病使肺组织和脏层胸膜破裂,空气进入胸膜腔;创伤性气胸是胸部外伤引起空气进入胸膜腔;人工气胸是因诊治疾病需要,人为将气体注入胸膜腔。按气胸与外界空气的关系不同,又分为闭合性气胸、开放性气胸和张力性气胸。

气虚/氣虚 qìxū/ㄑㄧˋ ㄒㄩ

qi deficiency

【中医】由劳倦内伤或重病、久病后元气不足,脏腑组织功能低下,抗病力减弱的病理变化。

气虚血瘀/氣虚血瘀

qìxū xuèyū/ㄑㄧˋ ㄒㄩ ㄒㄧㄝˇ ㄩ

blood stasis due to qi deficiency, * qi vacuity with blood stasis

【中医】气虚推动无力而导致血液运行障碍,形成气虚与血瘀并存的病理变化。

气虚证/氣虚證 qìxūzhèng/ㄑㄧˋ ㄒㄩ ㄓㄥˋ

syndrome of qi deficiency, * qi vacuity pattern

【中医】中医证候之一。元气不足,脏腑机能衰退所致,以气短乏力,神疲懒言,自汗,舌淡,脉虚等为常见症。

气旋/氣旋 qìxuán/ㄑㄧˋ ㄒㄩㄢˊ

cyclone

【气】天气系统的一类。北(南)半球,大气水平气流呈逆(顺)时针旋转的涡旋。水平尺度为几百千米至几千千米,同一高度上中心气压比四周低。

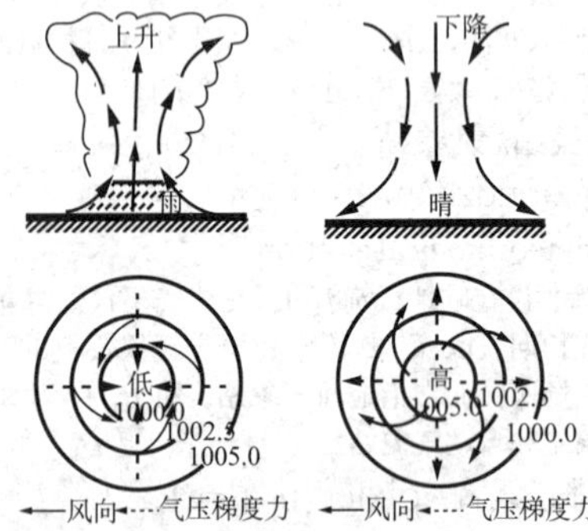

气旋与反气旋

气旋性环流/氣旋性環流

qìxuánxìng huánliú/

ㄑㄧˋ ㄒㄩㄢˊ ㄒㄧㄥˋ ㄏㄨㄢˊ ㄌㄧㄡˊ

cyclonic circulation

【气】在北半球,大气流场中呈环形逆时针方向流动的气流。在南半球则相反。

气血两虚证/氣血兩虚證

qì-xuè liǎngxūzhèng/

ㄑㄧˋ ㄒㄧㄝˇ ㄌㄧㄤˇ ㄒㄩ ㄓㄥˋ

syndrome of deficiency of both qi and blood, * pattern of dual vacuity of qi and blood, * syndrome of dual deficiency of qi and blood

【中医】中医证候之一。气虚血亏,形体失养所致,以神疲乏力,气短懒言,面色淡白或萎黄,头晕目眩,唇甲色淡,心悸失眠,舌淡,脉细弱等为常见症。

气血失调/氣血失調

qì-xuè shītiáo/ㄑㄧˋ ㄒㄧㄝˋ ㄕ ㄊㄧㄠˊ

disorder of qi and blood, * disharmony of qi and blood

【中医】气与血失去相互协调平衡的病理变化。

气压/氣壓 qìyā/ㄑㄧˋ ㄧㄚ

atmospheric pressure

㊀【物】作用在物体单位面积上的大气压力。单位帕[斯卡]。其大小与气体分子的平均动能、分子的密集程度有关。㊁【气】气象要素的一种,也是地面气象观测项目之一。指物体单位面积上所承受的大气压力,其值等于单位水平横截面向上延伸到大气上界的垂直空气柱的重力。单位帕[斯卡]。

气压表/氣壓計 qìyābiǎo/ㄑㄧˋ ㄧㄚ ㄐㄧˋ

barometer

【气】用于测量气压,目测读数而不具有自动记录功能的仪器。气象站采用的气压表主要有水银气压表和空盒气压表两类。

气压传动/氣壓傳動

qìyā chuándòng/ㄑㄧˋ ㄧㄚ ㄔㄨㄢˊ ㄉㄨㄥˋ

pneumatic transmission

【机】简称"气动"。流体传动的一种。以气体(常用压缩空气)为工作介质,利用其压力和流量来传递机械能和控制信号的传动方式。由气源(空气压缩机等)、执行元件(气缸或气动马达)、控制元件(控制阀等)和辅助元件用管路连接组成。广泛应用于机床、仪表等设备中。

气压传感器/氣壓感受器

qìyā chuángǎnqì/ㄑㄧˋ ㄧㄚ ㄍㄢˇ ㄕㄡˋ ㄑㄧˋ

baroceptor

【气】一种电子元件。能感受气压的变化并按一定规律变换为电信号或其他形式的信息，以满足气压信息的传输、显示、记录等要求。气象上常用的是振筒式气压传感器和膜盒式电容气压传感器。

气压计/氣壓儀 qìyājì/ㄑㄧˋ ㄧㄚ ㄐㄧˋ

❶barograph，❷barometer

【气】❶用于测量气压，并能自动连续记录气压随时间变化的仪器。由外壳、感应(金属弹性膜盒组)、传递放大(杠杆)和自记(自记钟、笔、纸)四部分构成。❷在台湾，气压计也指“气压表”(896页)。

气压梯度力/氣壓梯度力

qìyā tīdùlì/ㄑㄧˋ ㄧㄚ ㄊㄧ ㄉㄨˋ ㄌㄧˋ

pressure gradient force

【气】由于气压分布不均匀而作用于空气块上的力。其方向由高压区指向低压区。

气郁/氣鬱 qìyù/ㄑㄧˋ ㄩˋ

qi depression，qi stagnation

【中医】气郁结而不得疏泄发散的病理变化。

气质/氣質 qìzhì/ㄑㄧˋ ㄓˊ

temperament

【心】个人典型的稳定的心理活动的动力特征。主要表现在心理活动发生的强度、速度、灵活性和指向性等外部特征上，而不是指心理活动的内容。苏联生理学家巴甫洛夫(Иван Петрович Павлов，1849—1936)提出高级神经的类型是气质的生理基础。人的气质大多为混合型，受先天遗传的影响较大。

气质类型/氣質類型

qìzhì lèixíng/ㄑㄧˋ ㄓˊ ㄌㄟˋ ㄒㄧㄥˊ

temperament type

【心】表现在一类人身上的共有或相似的气质的典型结合。有多种学说对此加以解释，主要有：古希腊医生希波克拉底(Hippocrates of Cos，约公元前460—前370)的气质说，将气质分为多血质、胆汁质、黏液质和抑郁质；德国精神病学家克雷奇默(E. Kretschmer，1888—1964)的体型说，将气质分为肥胖型、瘦长型、健壮型；美国心理学家伯曼(L.Berman)的激素说，将气质分为甲状腺型、肾上腺型、脑下垂体型、副甲状腺型、性腺型；日本学者石川村二等的血型说，将气质分为A型、B型、AB型、O型；巴甫洛夫(Иван Петрович Павлов，1849—1936)的高级神经活动类型说，分为兴奋型、灵活型、安静型、抑制型，为气质研究提供了自然科学基础。

气滞/氣滯 qìzhì/ㄑㄧˋ ㄓˋ

qi stagnation

【中医】气运行不畅而停滞的病理变化。

气滞血瘀/氣滯血瘀

qìzhì xuèyū/ㄑㄧˋ ㄓˋ ㄒㄧㄝˋ ㄩ

stagnation of qi and blood stasis，*qi stagnation with blood stasis

【中医】气机运行不畅，以致血液运行障碍，形成气滞与血瘀并存的病理变化。

气滞血瘀证/氣滯血瘀證

qìzhì xuèyūzhèng/ㄑㄧˋ ㄓˋ ㄒㄧㄝˇ ㄩ ㄓㄥˋ

syndrome of qi stagnation and blood stasis

【中医】中医证候之一。气机阻滞，血行瘀滞所致，以胸胁、脘腹胀闷疼痛，偶有刺痛，或有痞块，时消时聚，舌紫或有斑点，脉弦涩等为常见症。

气滞证/氣滯證 qìzhìzhèng/ㄑㄧˋ ㄓˋ ㄓㄥˋ

syndrome of qi stagnation

【中医】中医证候之一。气机阻滞，运行不畅所致，以胸胁、脘腹胀闷疼痛，时轻时重，时作时休，或走窜不定，胀痛可随嗳气、肠鸣、矢气而减，脉弦等为常见症。

气钻/氣鑽 qìzuàn/ㄑㄧˋ ㄗㄨㄢˋ

pneumatic drill

【机】气动工具的一种。用于对金属构件钻孔，尤其适用于薄壁壳体件和铝镁等轻合金构件。钻孔精度高、效率高。

汽/汽 qì/ㄑㄧˋ

steam，vapor

【化】又称“水蒸气”。气态的水。

汽车/汽車 qìchē/ㄑㄧˋ ㄔㄜ

automobile

【交】有自身装备动力驱动、通常具有四个或四个以上车轮，不依靠轨道或架线在陆地行驶的车辆。因多采用汽油机，故名。由动力装置、底盘、车身、电器和电子设备及仪表等组成。主要用于载运人员、货物以及牵引。

汽车起重机/起重機卡車
qìchē qǐzhòngjī/ㄑㄧˋ ㄔㄜ ㄑㄧˇ ㄓㄨㄥˋ ㄐㄧ ㄎㄚˇ ㄔㄜ
crane truck,truck crane
【机】起重作业部分装设在通用或专用载重汽车底盘上的起重机。由上车和下车组成,备有上车、下车两个操纵室。作业时必须停车,架好支腿。机动性好,广泛用于城市建筑安装工程和装卸作业中。

汽车仪表/汽車儀錶
qìchē yíbiǎo/ㄑㄧˋ ㄔㄜ ㄧˊ ㄅㄧㄠˇ
automobile instrument
【机】汽车上使用的各种仪表的统称。常规仪表有车速里程表、转速表、机油压力表、水温表、燃油表、充电表等。主要作用是为驾驶员提供所需的汽车运行参数信息。

汽化/汽化 qìhuà/ㄑㄧˋ ㄏㄨㄚˋ
vaporization
【物】物质由液相转变为气相的过程。在一定条件下发生,吸收热量。可分为蒸发和沸腾两种方式。

汽化热/汽化熱 qìhuàrè/ㄑㄧˋ ㄏㄨㄚˋ ㄖㄜˋ
heat of vaporization
【物】单位质量的某种液体汽化为同温度气体时吸收的热量。汽化热与凝结热数值相等。

汽轮发电机/汽輪發電機
qìlún fādiànjī/ㄑㄧˋ ㄌㄨㄣˊ ㄈㄚ ㄉㄧㄢˋ ㄐㄧ
turbine-generator
【电】火力发电厂或核电厂中,以汽轮机或燃气轮机驱动作为发电机运行的圆柱形转子同步电机。

汽轮机/蒸汽渦輪機
qìlúnjī/ㄓㄥ ㄑㄧˋ ㄨㄛ ㄌㄨㄣˊ ㄐㄧ
steam turbine
【机】又称"蒸汽轮机""蒸汽透平机"。涡轮机的一种。利用高压蒸汽推动叶轮高速旋转,将热能转化为机械能。转速高,运转平稳,功率大,结构简单,耐用可靠。主要用于火力发电厂,驱动发电机发电;也用于大型船舶和潜水艇作为主机驱动螺旋桨,推进船舶。

汽轮机额定功率/汽輪機額定功率
qìlúnjī édìng gōnglǜ/
ㄑㄧˋ ㄌㄨㄣˊ ㄐㄧ ㄜˊ ㄉㄧㄥˋ ㄍㄨㄥ ㄌㄩˋ
turbine rated load
【电】又称"汽轮机铭牌功率"。汽轮机在规定的热力系统和补水率、额定参数(含转速、主蒸汽和再热蒸汽的压力、温度)及规定的对应于夏季高循环水温度的排汽压力等终端参数条件下,保证在寿命期内任何时间的额定功率因数、额定气压下,发电机出线端能安全、连续地输出的功率。

汽轮机铭牌功率
qìlúnjī míngpái gōnglǜ/
ㄑㄧˋ ㄌㄨㄣˊ ㄐㄧ ㄇㄧㄥˊ ㄆㄞˊ ㄍㄨㄥ ㄌㄩˋ
【电】即"汽轮机额定功率"(898 页)。

汽油/汽油 qìyóu/ㄑㄧˋ ㄧㄡˊ
gasoline
【化】油品的一类。初馏点至205℃的轻质石油馏分,无色或淡黄色液体,主要成分为含5～12个碳的烃类,易燃。主要用作汽油机的燃料,也用作溶剂。汽油标号为其辛烷值,如90 号汽油的辛烷值为90。

汽油机/汽油機 qìyóujī/ㄑㄧˋ ㄧㄡˊ ㄐㄧ
gasoline engine
【机】内燃机的一种。以汽油为燃料,汽油与空气组成的可燃混合物在气缸内被活塞压缩后由电火花点火,引起燃烧。产生的高温高压燃气在气缸内膨胀,推动活塞做功。自重轻,转速高,启动方便,运转平稳。多用作汽车,特别是小型汽车上的发动机。

砌块/砌塊 qìkuài/ㄑㄧˋ ㄎㄨㄞˋ
building block
【建】一种砌筑用的人造块材。利用混凝土工业废料或地方材料制成,外形尺寸较大,介于黏土砖和大型墙板之间。常用小型吊装机械按一定的排列顺序和搭接要求,用砂浆砌筑,砌筑效率高,墙体的刚度和抗震性能均较好。

氣喘 ㄑㄧˋ ㄔㄨㄢˇ/qìchuǎn
asthma
【医】台湾名。即"哮喘"(1261 页)。

氣動螺絲起子
ㄑㄧˋ ㄉㄨㄥˋ ㄌㄨㄛˊ ㄙ ㄑㄧˇ ·ㄗ/qìdòng luósī qǐzi
pneumatic screw driver
【机】台湾名。即"气动螺丝刀"(890 页)。

氣動運送機
ㄑㄧˋ ㄉㄨㄥˋ ㄩㄣˋ ㄙㄨㄥˋ ㄐㄧ/qìdòng yùnsòngjī

pneumatic conveyor
【机】台湾名。即“气力输送机”(892 页)。

氣動鑿鎚 ㄑㄧˋ ㄉㄨㄥˋ ㄗㄠˊ ㄔㄨㄟˊ/qìdòng záochuí
pneumatic chipping hammer
【机】台湾名。即“气铲”(889 页)。

氣根 ㄑㄧˋ ㄍㄣ/qìgēn
aerial root
【植】台湾名。即“气生根”(893 页)。

氣焊炬 ㄑㄧˋ ㄏㄢˋ ㄐㄩˋ/qìhànjù
welding torch
【机】台湾名。即“焊炬”(473 页)。

氣膠 ㄑㄧˋ ㄐㄧㄠ/qìjiāo
aerosol
【气】台湾名。即“气溶胶”(893 页)。

氣冷機 ㄑㄧˋ ㄌㄥˇ ㄐㄧ/qìlěngjī
air cooling machine
【轻】台湾名。即“冷风机”(718 页)。

氣冷式引擎
ㄑㄧˋ ㄌㄥˇ ㄕˋ ㄧㄣˇ ㄑㄧㄥˊ/qìlěngshì yǐnqíng
air-cooled engine
【机】台湾名。即“风冷发动机”(350 页)。

氣力扳手 ㄑㄧˋ ㄌㄧˋ ㄅㄢ ㄕㄡˇ/qìlì bānshou
pneumatic wrench
【机】台湾名。即“气动扳手”(889 页)。

氣力工具 ㄑㄧˋ ㄌㄧˋ ㄍㄨㄥ ㄐㄩˋ/qìlì gōngjù
pneumatic tool
【机】台湾名。即“气动工具”(889 页)。

氣力磨輪 ㄑㄧˋ ㄌㄧˋ ㄇㄛˊ ㄌㄨㄣˊ/qìlì mólún
pneumatic grinder
【机】台湾名。即“气动砂轮机”(890 页)。

氣力砂磨器
ㄑㄧˋ ㄌㄧˋ ㄕㄚ ㄇㄛˊ ㄑㄧˋ/qìlì shāmóqì
pneumatic sander
【机】台湾名。即“气动磨光机”(890 页)。

氣流噪音 ㄑㄧˋ ㄌㄧㄡˊ ㄗㄠˋ ㄧㄣ/qìliú zàoyīn
airflow noise
【环】台湾名。即“气流噪声”(892 页)。

氣體淨化 ㄑㄧˋ ㄊㄧˇ ㄐㄧㄥˋ ㄏㄨㄚˋ/qìtǐ jìnghuà
gas cleaning
【环】台湾名。即“烟气净化”(1308 页)。

氣象航路
ㄑㄧˋ ㄒㄧㄤˋ ㄏㄤˊ ㄌㄨˋ/qìxiàng hánglù
meteorological shipping route
【气】台湾名。即“气象航线”(894 页)。

氣壓感受器
ㄑㄧˋ ㄧㄚ ㄍㄢˇ ㄕㄡˋ ㄑㄧˋ/qìyā gǎnshòuqì
baroceptor
【气】台湾名。即“气压传感器”(896 页)。

氣壓儀 ㄑㄧˋ ㄧㄚ ㄧˊ/qìyāyí
barograph
【气】台湾名。即“气压计”(897 页)。

器官/器官 qìguān/ㄑㄧˋ ㄍㄨㄢ
organ
【生】构成生物体的一部分,由数种细胞组织构成,能担任某种独立的生理功能。在动植物和人体内,由多种不同组织构成的、具有一定的形态特征和生理功能的结构单位。如动物的胃、心、肺、肠,植物的根、茎、花、果实等。

器官移植/器官移植
qìguān yízhí/ㄑㄧˋ ㄍㄨㄢ ㄧˊ ㄓˊ
organ transplant
【医】移植健全的器官来代替病损的器官的手术。

器件/裝置 qìjiàn/ㄓㄨㄤ ㄓˋ
device
【电】台湾又称“設備”。为实现所需功能的实体元件或此种元件的组合。一个器件可以是更大的器件的组成部分。

qia (ㄑㄧㄚ)

卡具 qiǎjù/ㄎㄚˇ ㄐㄩˋ
【机】即“夹具”(588 页)。

卡盘/夾頭 qiǎpán/ㄐㄧㄚˊ ㄊㄡˊ
chuck
【机】机床附件的一种。由卡爪的径向移动来安装工件的圆盘形夹具。装在机床主轴上,多用于车床和磨床。常见的有四爪卡盘和三爪卡盘,后者能使工件自动定心。

髂骨/髂骨 qiàgǔ/ㄎㄚˋ ㄍㄨˇ
ilium
【医】髋骨的上部。分为髂骨体和髂骨翼两部分。髂骨体构成髋臼的上部,髂骨翼为髂骨体上部宽广部分，中部偏薄，周缘肥厚，呈S形。上缘为弯曲的髂嵴。髂嵴前后端稍凸出为髂前上棘和髂后上棘，其下方各有髂前下棘和髂后下棘。髂骨翼内面凹陷为髂窝，它的下方有一凸起的弓状线，为髂骨翼与髂骨体的分界线。髋窝后部粗糙，有一耳状面，与骶骨的耳状面相关节。耳状面后上方有一粗糙的髂粗隆，有韧带附着。髂骨翼外侧有三条弓状线，其所围成的骨面是臀肌的附着处。

髂嵴/髂脊 qiàjí/ㄑㄧㄚˋ ㄐㄧˊ

iliac crest

【医】见“髂骨”(899 页)。是测量骨盆径线的重要标志之一。

髂脊 ㄑㄧㄚˋ ㄐㄧˇ/qiàjǐ

iliac crest

【医】台湾名。即“髂嵴”(900 页)。

qian (ㄑㄧㄢ)

千/千 qiān/ㄑㄧㄢ

kilo

【计量】用于构成十进倍数单位的词头。相当于 10^3，符号 k。例如，1 千米＝1000 米。

千分尺/測微計 qiānfēnchǐ/ㄘㄜˋ ㄨㄟˊ ㄐㄧˋ

micrometer

【机】又称“螺旋测微器”，俗称“分厘卡”。一种高精度量具。利用螺旋运动将螺杆的直线位移变为套管的角度位移而得到放大，以测量线性尺寸。测量精度达0.001毫米或0.005毫米。精度达到 0.01 毫米的为百分尺。

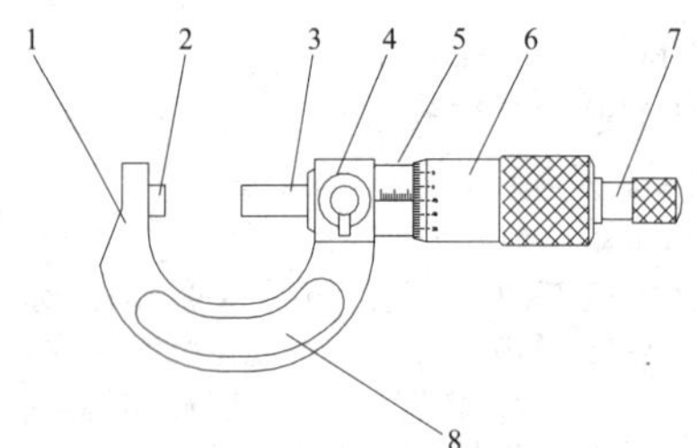

千分尺

1.尺架，2.测砧，3.测微螺杆，4.锁紧螺钉，5.固定套筒，6.微分筒，7.测力装置，8.隔热装置

千佛洞 Qiānfó Dòng/ㄑㄧㄢ ㄈㄛˊ ㄉㄨㄥˋ

【建】即“莫高窟”(810 页)。

千斤顶/千斤頂

qiānjīndǐng/ㄑㄧㄢ ㄐㄧㄣ ㄉㄧㄥˇ

jack

【机】一种轻小型起重设备。用刚性顶举件作为工作装置，通过顶部托座或底部托爪在行程内顶升重物。起重量大，举升高度不大。按驱动方式不同，可分为机械式(齿条千斤顶、螺旋千斤顶)和液压式。广泛用于修理安装等工作。

千克/千克 qiānkè/ㄑㄧㄢ ㄎㄜˋ

kilogram

【计量】质量的国际单位制单位。符号 kg。规定等于国际千克原器的质量为 1 千克。1889 年第 1 届国际计量大会和 1901 年第 3 届国际计量大会通过。

📖 国际千克原器为 1 千克的实物基准，是一个特制的铂铱合金圆柱体。保存在法国国际计量局里，各国均有复制品。

千枚岩/千枚岩

qiānméiyán/ㄑㄧㄢ ㄇㄟˊ ㄧㄢˊ

phyllite

【地】变质岩的一种。具千枚状构造的浅变质岩。岩石中肉眼不能分辨矿物颗粒的细小的绢云母、绿泥石等鳞片状矿物定向排列成微片理，片理面上有明显的丝绢光泽，常见皱纹。原岩通常为泥质岩、粉砂岩及中性或酸性凝灰岩等。变质程度介于板岩和片岩之间。

千屈菜/千屈菜 qiānqūcài/ㄑㄧㄢ ㄑㄩ ㄘㄞˋ

purple lythrum herb

【植】*Lythrum salicaria* 千屈菜科千屈菜属。多年生草本植物。茎直立，多分枝，枝有四棱。叶对生或三叶轮生，披针形，顶端钝，基部圆形或心形，全缘，无柄。小聚伞花序簇生成大型穗状花序，花瓣六枚，红紫色或淡紫色，倒披针状长椭圆形，有短爪，稍皱缩。在中国，分布于各地。水边观赏花草。全草入药。

千日红/千日紅

qiānrìhóng/ㄑㄧㄢ ㄖˋ ㄏㄨㄥˊ

Gomphrena globosa

【植】*Gomphrena globosa* 又称“圆仔花”。苋科千日红属。一年生直立草本。茎粗壮，有分枝，略成四棱形，节部稍膨大。叶片纸质，长椭圆形或矩圆状倒卵形，边缘波状，两面有小斑点。花密集成头状花序，多紫红色；总苞片2枚，卵形或心形，绿色；苞片卵形，白色，顶端紫红色；小苞片三角状披针形，紫红色；花被片披针形，不展开，外生白色绵毛。胞果近球形。花果期6—9月份。原生长于美洲热带地区，在中国广为栽培。观赏花卉，花序可入药。

迁飞/遷移 qiānfēi/ㄑㄧㄢ ㄧˊ

migratory

【动】某些鸟类或昆虫成群地、周期性地远距离飞行，迁移到较远地方去的行为。

迁徙/遷徙 qiānxǐ/ㄑㄧㄢ ㄒㄧˇ

migration，migrremove，move

【动】某些鱼类、鸟类和哺乳动物依季节不同周期性远距离往返于不同地区之间的移居行为。

迁移/遷移 qiānyí/ㄑㄧㄢ ㄧˊ

㊀transfer，㊁migratory

㊀【心】已获得的知识、技能、学习方法、学习态度等，对学习新知识、新技能和解决新问题所产生的影响。其中起积极影响的，称为正迁移，简称迁移；起消极影响的，称为负迁移，即干扰。㊁【动】在台湾，迁移也指“迁飞”(901页)。

钎焊/硬焊 qiānhàn/ㄧㄥˋ ㄏㄢˋ

brazing，soldering，braze welding

【机】焊接方法的一种。用比母材熔点低的钎料和焊件一同加热，使钎料熔化(焊件不熔化)后润湿并填满母材连接的间隙，钎料与母材相互扩散而实现连接。可分为硬钎焊和软钎焊。

📖 钎焊变形小，接头光滑美观，适合于焊接精密、复杂和由不同材料组成的构件，如蜂窝结构板、透平叶片、硬质合金刀具和印刷电路板等。钎焊前对工件必须进行细致加工和严格清洗，除去油污和过厚的氧化膜，保证接口装配间隙。间隙通常要求在0.01～0.1毫米。

牵出线/牽出線

qiānchūxiàn/ㄑㄧㄢ ㄔㄨ ㄒㄧㄢˋ

switching lead

【交】铁路编组站的基本调车设备。以调车机车的推力作为车辆溜放的动力，通常设在调车场尾部，适合于车列的编组、转线、车辆的摘挂、取送等调车作业。

牵牛/牽牛花 qiānniú/ㄑㄧㄢ ㄋㄧㄡˊ ㄏㄨㄚ

morning glory

【植】*Ipomoea nil* 通称“牵牛花”“喇叭花”。旋花科番薯属。一年生草本植物。茎缠绕，被毛。叶互生，宽卵形或近圆形，三裂，先端尖，基部心形。花腋生，萼片披针状条形，花冠漏斗状，蓝紫色或紫红色，花冠管色淡。花期6—10月份。在中国，分布于除西北和东北个别地区以外的各地。野生花草，可栽培观赏。种子入药。

牵牛花/牽牛花

qiānniúhuā/ㄑㄧㄢ ㄋㄧㄡˊ ㄏㄨㄚ

【植】“牵牛”的通称。

牵引/牽引 qiānyǐn/ㄑㄧㄢ ㄧㄣˇ

traction

【医】应用力学原理，通过自身力、他人力或器械，对身体某部位进行牵拉以治疗疾病的方法。常用的有颈椎牵引、腰椎牵引或肢体牵引。

牵引车/絞車 qiānyǐnchē/ㄐㄧㄠˇ ㄔㄜ

winch

【机】车辆后端装有牵引连接装置，用来在地面上牵引其他车辆的工业车辆。

牵引高炮/牽引高砲

qiānyǐn gāopào/ㄑㄧㄢ ㄧㄣˇ ㄍㄠ ㄆㄠˋ

towed antiaircraft gun

【军】用牵引车牵引机动的高射炮。由发射系统、供弹系统、瞄准具、随动系统、瞄准机、平衡机、摇架、托架和炮车等组成。炮车是专用的2轮或4轮挂车，由牵引杆、车轮及其悬挂系统、行军战斗变换器、车体、炮脚和刹车系统等组成。主要承担掩护区域、城市或要地等固定目标的防空任务，主要射击直升机、无人机和巡航导弹等低空、超低空目标，可对地面或水上目标射击。通常依托多个预设阵地机动作战，也可驻守在某一要地附近作战。作战时要实施放列、规正水平和方向标定等一系列准备操作，行军时要实施一系列撤收操作。

牵引火炮/拖曳砲

qiānyǐn huǒpào/ㄊㄨㄛ ㄧㄝˋ ㄆㄠˋ

towed gun

【军】靠机械车辆牵引而运动的火炮。有运动体和牵引装置，有的还带有前车。运动体包括车轮、缓冲器和制动器,车轮采用海绵胎或充气胎。有的在炮架上装有辅助推进装置,用以在火炮解脱牵引后驱动火炮进出阵地和短距离机动,或在通过难行地段时驱动火炮车轮与牵引车一起运动。有些长身管的牵引火炮,炮身可回拉或调转180°,以缩短火炮成行军状态时的长度。

牵张反射/伸張反射

qiānzhāng fǎnshè/ㄕㄣ ㄓㄤ ㄈㄢˇ ㄕㄜˋ

stretch reflex

【医】骨骼肌受到外力牵拉时发生的反射性收缩的生理反射。分为腱反射和肌紧张两类。前者是快速牵拉肌腱时发生的,又称为位相性牵张反射;后者是缓慢持续牵拉肌肉时发生的,又称为紧张性牵张反射。

铅/鉛 qiān/ㄑㄧㄢ

lead

【化】金属元素。属周期表第ⅣA族,符号Pb,原子序数82。原子量207.2。自然界主要存在于方铅矿和白铅矿等中。单质为银白色金属,质软,延性差,展性强,抗张强度小,有毒。化学性质不太活泼。可用于制合金、蓄电池等,也用作防辐射、防腐蚀的材料。

📖 自然界中含铅矿物很多,遇火时很容易从中熔化出铅。人类的先民很早就发现并使用铅。欧洲人为其拉丁文的定名是plumbum,源自plumbum nigrum,意思是"黑铅"。中文定名为"铅",是形声字。

铅酸蓄电池/鉛板蓄電池

qiānsuān xùdiànchí/ㄑㄧㄢ ㄅㄢˇ ㄒㄩˋ ㄉㄧㄢˋ ㄔˊ

lead-acid storage battery

【化】蓄电池的一种。以海绵状铅为负极活性物质,二氧化铅为正极活性物质,硫酸水溶液为电解质溶液,是重要的能量储存/转化装置。能在常温下工作,使用安全,性能稳定,应用广泛。缺点是自身较重,电池物质会造成环境污染。

签名/簽章 qiānmíng/ㄑㄧㄢ ㄓㄤ

signature

【信息】在电子邮件消息体的结尾处,由始发方用作个人标识而设计的特定文本片。通常包括姓名、地址、电话及传真号码,还可包含数字签名或对此消息进行鉴别的其他数据。

鉛板蓄電池

ㄑㄧㄢ ㄅㄢˇ ㄒㄩˋ ㄉㄧㄢˋ ㄔˊ/qiānbǎn xùdiànchí

lead-acid storage battery

【材】台湾名。即"铅酸蓄电池"(902页)。

遷鳥 ㄑㄧㄢ ㄋㄧㄠˇ/qiānniǎo

migratory bird

【动】台湾名。即"候鸟"(504页)。

簽章 ㄑㄧㄢ ㄓㄤ/qiānzhāng

signature

【信息】台湾名。即"签名"(902页)。

荨麻/蕁麻 qiánmá/ㄒㄩㄣˊ ㄇㄚˊ

nettle

【植】*Urtica fissa* 荨麻科荨麻属。多年生草本植物。茎四棱形,被毛。叶膜质,宽卵形或近五角形,浅裂,裂片三角形,边缘有齿,被毛。圆锥花序,雌雄同株,雌花序在雄花序之上。花期8—10月份。在中国,分布于华东、华中、华西以及陕西和甘肃的南部。野生花草。全草入药。

📖 荨麻茎叶上的毛有毒,人及动物一旦碰上就如蜂蜇般疼痛难忍,可引起皮肤刺激性皮炎,如瘙痒、红肿等。

前端处理器/前端處理機

qiánduān chǔlǐqì/ㄑㄧㄢˊ ㄉㄨㄢ ㄔㄨˇ ㄌㄧˇ ㄐㄧ

front-end processor

【信息】计算机网络中,可减轻宿主计算机通信负荷的处理器。其任务包括线路控制、消息处置、代码转换和差错控制。

前端處理機

ㄑㄧㄢˊ ㄉㄨㄢ ㄔㄨˇ ㄌㄧˇ ㄐㄧ/qiánduān chǔlǐjī

front-end processor

【信息】台湾名。即"前端处理器"(902页)。

前寒武纪/前寒武紀

qiánhánwǔjì/ㄑㄧㄢˊ ㄏㄢˊ ㄨˇ ㄐㄧˋ

Precambrian

【地】泛指寒武纪之前漫长的地质时期。包括太古宙和元古宙。

前馈/前饋 qiánkuì/ㄑㄧㄢˊ ㄎㄨㄟˋ

feedforward

【信息】通信中将部分信号从输入端向输出端前送,或从传输通道上的一点向随后的一点前送的控制和修正方式。

前列腺/攝護腺
qiánlièxiàn/ㄕㄜˋ ㄏㄨˋ ㄒㄧㄢˋ
prostate
【医】男性生殖系统的附属腺。位于膀胱下，栗子形，包绕尿道起始部，分为前叶、中叶、后叶和两侧叶共五个叶。其分泌液参与形成精液，与精液的液化、营养精子及保持精液的酸碱度有关。

前列腺癌/前列腺癌
qiánlièxiàn'ái/ㄑㄧㄢˊ ㄌㄧㄝˋ ㄒㄧㄢˋ ㄧㄢˊ（又读 ㄞˊ）
cancinoma of prostate
【医】发生于前列腺的恶性肿瘤。多无明显临床表现，肿瘤较大时可引起排尿困难、尿潴留和血尿等。

前列腺良性肥大
qiánlièxiàn liángxìng féidà/
ㄑㄧㄢˊ ㄌㄧㄝˋ ㄒㄧㄢˋ ㄌㄧㄤˊ ㄒㄧㄥˋ ㄈㄟˊ ㄉㄚˋ
【医】即“前列腺增生”（903 页）。

前列腺素/前列腺素
qiánlièxiànsù/ㄑㄧㄢˊ ㄌㄧㄝˋ ㄒㄧㄢˋ ㄙㄨˋ
prostaglandin
【医】人和动物体内的一类具有多种生物学作用的活性物质。由不饱和脂肪酸组成。因最初发现于人的精液中，以为是前列腺释放的，故名。对内分泌、生殖、消化、呼吸、心血管、泌尿和神经系统均有作用。按其结构不同，可分为 A、B、C、D、E、F、G、H、I 等类型。

前列腺炎/前列腺炎
qiánlièxiànyán/ㄑㄧㄢˊ ㄌㄧㄝˋ ㄒㄧㄢˋ ㄧㄢˊ
prostatitis
【医】前列腺在病原体和/或某些非感染因素作用下，患者出现以骨盆区域疼痛或不适、排尿异常等为特征的一组疾病。

前列腺增生/前列腺增生
qiánlièxiàn zēngshēng/
ㄑㄧㄢˊ ㄌㄧㄝˋ ㄒㄧㄢˋ ㄗㄥ ㄕㄥ
hyperplasia of prostate
【医】又称“前列腺良性肥大”。前列腺腺体增大压迫尿道，引起排尿困难等一系列症状的疾病。主要表现为进行性排尿困难、尿潴留等。

前脑/前腦 qiánnǎo/ㄑㄧㄢˊ ㄋㄠˇ
forebrain，prosencephalon
【医】位于双侧大脑半球和脑干之间的组织结构。包括丘脑、上丘脑、下丘脑和底丘脑四部分。

前室/前庭 qiánshì/ㄑㄧㄢˊ ㄊㄧㄥˊ
vestibule
【建】楼房电梯间等前面的过渡空间。

前庭蜗神经
qiántíngwō shénjīng/
ㄑㄧㄢˊ ㄊㄧㄥˊ ㄍㄨㄚ ㄕㄣˊ ㄐㄧㄥ
【医】即“听神经”（1136 页）。

前向信道
qiánxiàng xìndào/ㄑㄧㄢˊ ㄒㄧㄤˋ ㄒㄧㄣˋ ㄉㄠˋ
【信息】即“正向信道”（1437 页）。

前 *n* 项和/前 *n* 項總數
qián *n* xiàng hé/ㄑㄧㄢˊ *n* ㄒㄧㄤˋ ㄗㄨㄥˇ ㄕㄨˋ
sum of the first *n* terms
【数】数列中第 1 项、第 2 项……至第 n 项的和，即 $a_1+a_2+\cdots+a_n$，记作 S_n。以 n 为自变量用来表示数列的前 n 项和的式子 $S_n=f(n)$ 叫作数列的前 n 项和公式。例如，数列 1，2，3，…，n，…的前 n 项和公式为 $S_n=\frac{n(n+1)}{2}(n\in\mathbf{N}^*)$。

前 *n* 項總數
ㄑㄧㄢˊ *n* ㄒㄧㄤˋ ㄗㄨㄥˇ ㄕㄨˋ/
qián *n* xiàng zǒngshù
sum of the first *n* terms
【数】台湾名。即“前 *n* 项和”（903 页）。

前意识/前意識 qiányìshí/ㄑㄧㄢˊ ㄧˋ ㄕˊ
preconsciousness
【心】潜意识和意识之间的中介环节。认知心理学解释为，平常没有存放在意识中的材料，通过回忆、思考、表达就能调动出来。

前翼/前翼 qiányì/ㄑㄧㄢˊ ㄧˋ
canard
【航】又称“鸭翼”。装于机翼前方机身两侧起水平尾翼作用的小翼面。

前震/前震 qiánzhèn/ㄑㄧㄢˊ ㄓㄣˋ
foreshock
【地】一个地震的一系列地震中主震之前发生的地震。

前肢/前肢 qiánzhī/ㄑㄧㄢˊ ㄓ
foreleg
【动】昆虫或有四肢的脊椎动物身体前部的两

肢。

前置胎盘/前置胎盤

qiánzhì tāipán/ㄑㄧㄢˊ ㄓˋ ㄊㄞ ㄆㄢˊ

placenta praevia

【医】妊娠28周后胎盘覆盖于子宫下段或子宫内口处的情况。是产前出血的主要原因。

钱蒲 qiánpú/ㄑㄧㄢˊ ㄆㄨˊ

【植】即"金钱蒲"(631页)。

钳子/鉗子 qiánzi/ㄑㄧㄢˊ ·ㄗ

pliers

【机】手工工具。由钳柄、钳腮和钳嘴构成。用于夹紧或剪断某种材料。按用途不同,可分为钢丝钳、尖嘴钳、剥线钳、管钳等,常见的有平嘴、扁嘴、尖嘴、圆嘴、弯嘴等样式,可适用于不同的操作空间,对不同形状的工件进行拉伸、扭转、弯曲等操作。

潜地战略导弹/潛地戰略飛彈

qiándì zhànlüè dǎodàn/ㄑㄧㄢˊ ㄉㄧˋ ㄓㄢˋ ㄌㄩㄝˋ ㄈㄟ ㄉㄢˋ

submarine-to-ground strategic missile

【军】携带核弹头,由潜艇在水下发射攻击地面固定目标的导弹。机动性好,隐蔽性好,生存能力强,便于实施核突击。主要用于袭击敌方政治和经济中心、交通枢纽、重要军事设施等战略目标。是国家战略核武器的重要组成部分,现代条件下战略核力量中生存能力最强的核武器。可分为弹道式潜地战略导弹和巡航式潜地战略导弹。

潜伏期/潛伏期 qiánfúqī/ㄑㄧㄢˊ ㄈㄨˊ ㄑㄧˊ

incubation period

【医】自病原体侵入机体至最初临床症状出现的一段时间。因疾病不同而时间长短不同,短至几小时,长可达数年甚至数十年。同一种传染病的潜伏期通常固定。

潜科学/潛科學

qiánkēxué/ㄑㄧㄢˊ ㄎㄜ ㄒㄩㄝˊ

potential science

【总】处于孕育阶段而未成熟的科学。也指虽已得到证实而未得到社会承认的科学。

潜热/潛熱 qiánrè/ㄑㄧㄢˊ ㄖㄜˋ

latent heat

【物】温度不变时,单位质量的物体在相变过程中所吸收或放出的热量。

潜水/飽和地下水

qiánshuǐ/ㄅㄠˇ ㄏㄜˊ ㄉㄧˋ ㄒㄧㄚˋ ㄕㄨㄟˇ

phreatic water

【地】埋藏在第一个稳定隔水层之上、全部充填岩土层孔隙的地下水。补给区与分布区基本一致,易受气候和季节影响,动态变化较大,易受污染,在污染少的地区可作为生活、生产用水水源。潜水的顶面称为潜水面。受地形和补给的影响,潜水面不一定是水平面。

潜水面/潛水面

qiánshuǐmiàn/ㄑㄧㄢˊ ㄕㄨㄟˇ ㄇㄧㄢˋ

phreatic water table level

【地】见"潜水"(904页)。

潜水艇 qiánshuǐtǐng/ㄑㄧㄢˊ ㄕㄨㄟˇ ㄊㄧㄥˇ

【军】即"潜艇"(904页)。

潜水钟/潛水鐘

qiánshuǐzhōng/ㄑㄧㄢˊ ㄕㄨㄟˇ ㄓㄨㄥ

diving bell

【船】运载潜水员实施潜水作业的钟形容器设备。有开式潜水钟和闭式潜水钟两种。开式潜水钟的钟体是开放非密闭的,用于运载和保障潜水员60米以浅的空气常规潜水作业;闭式潜水钟用于保障潜水员水下出潜和载人水下观察。

潜艇/潛艇 qiántǐng/ㄑㄧㄢˊ ㄊㄧㄥˇ

submarine

【军】又称"潜水艇"。能在水面航行,也能潜入水中某一深度进行机动作战的舰艇。主要用于对陆上战略目标实施核袭击,摧毁敌方军事、政治、经济中心;消灭运输舰船、破坏敌方海上交通线;攻击大中型水面舰艇和潜艇;执行布雷、侦察、救援和遣送特种人员登陆等。按作战使命不同,可分为攻击潜艇和战略导弹潜艇;按动力来源不同,可分为常规潜艇(柴油机—蓄电池动力潜艇)和核潜艇(核动力潜艇);按艇体结构不同,可分为双壳潜艇、一壳半潜艇和单壳潜艇。

潜艇光电桅杆/潛艇光電桅杆

qiántǐng guāngdiàn wéigǎn/ㄑㄧㄢˊ ㄊㄧㄥˇ ㄍㄨㄤ ㄉㄧㄢˋ ㄨㄟˊ ㄍㄢˇ

submarine optoelectronic mast

【军】用于潜艇在潜望深度观测海面、空中和岸上目标的可升降的多传感器组合系统。主要由可升降桅杆、光电探测头与各种无线、电子显控台组成。具有探测搜索、跟踪监视、通信导航等功能。

潜艇雷达/潛艇雷達
qiántǐng léidá/ㄑㄧㄢˊ ㄊㄧㄥˇ ㄌㄟˊ ㄉㄚˊ
submarine radar
【军】装备在潜艇上的雷达。一般工作在3厘米波段,具有较高的测量精度。主要用于对海搜索和导航,并为鱼雷或导弹攻击提供目标数据,有的可担负对空警戒任务。

潜艇潜望镜/潛艇潛望鏡
qiántǐng qiánwàngjìng/
ㄑㄧㄢˊ ㄊㄧㄥˇ ㄑㄧㄢˊ ㄨㄤˋ ㄐㄧㄥˋ
submarine periscope
【军】用于潜艇在水下一定深度观测水面和空中目标的光电(光学)装备。深度航行时潜望,搜索、测定海上、空中和岸上目标,观测天体和助航标志,进行潜艇定位;测定对方舰船运动要素,保障鱼雷攻击。直观性强,可目视和照相,不受人为干扰,但受气象和地球曲率影响较大。按结构原理不同,可分为可见光潜望镜、光电潜望镜和光电桅杆;按用途不同,可分为攻击(指挥)潜望镜、搜索(对空)潜望镜和星光导航潜望镜。

潜艇声呐/潛艇聲納
qiántǐng shēngnà/ㄑㄧㄢˊ ㄊㄧㄥˇ ㄕㄥ ㄋㄚˋ
submarine sonar
【军】装备在潜艇上的各种声呐的统称。用于对水面舰艇、潜艇和其他水中目标进行搜索、识别、跟踪、定位、导航和水声通信等。

潜阳息风
qiányáng xīfēng/ㄑㄧㄢˊ ㄧㄤˊ ㄒㄧ ㄈㄥ
【中医】即“平肝息风”(872页)。

潜意识 qiányìshí/ㄑㄧㄢˊ ㄧˋ ㄕˊ
【心】即“无意识”(1208页)。

潛變 ㄑㄧㄢˊ ㄅㄧㄢˋ/qiánbiàn
creep
【材】台湾名。即“蠕变”(958页)。

潛地戰略飛彈
ㄑㄧㄢˊ ㄉㄧˋ ㄓㄢˋ ㄌㄩㄝˋ ㄈㄟ ㄉㄢˋ/
qiándì zhànlüè fēidàn
submarine-to-ground strategic missile
【军】台湾名。即“潜地战略导弹”(904页)。

潛艇聲納
ㄑㄧㄢˊ ㄊㄧㄥˇ ㄕㄥ ㄋㄚˋ/qiántǐng shēngnà
submarine sonar
【军】台湾名。即“潜艇声呐”(905页)。

浅成岩/淺成岩
qiǎnchéngyán/ㄑㄧㄢˇ ㄔㄥˊ ㄧㄢˊ
hypabyssal rock
【地】火成岩的一类。贯入到地壳较浅部位(深成岩与火山岩之间)的岩浆凝固而形成的岩体。多具细粒、隐晶质及斑状结构,其矿物的颗粒比深成岩细,但颗粒比喷出岩粗。主要有苦橄玢岩、橄辉玢岩、云母橄榄岩等。成因上与深成岩有密切关系,也与熔岩有密切关系。常构成小侵入体,多以岩床、岩墙、岩脉等状态产出。

浅二度烧伤/淺二度燒傷
qiǎn èr dù shāoshāng/
ㄑㄧㄢˇ ㄦˋ ㄉㄨˋ ㄕㄠ ㄕㄤ
superficial second degree burn
【医】包括整个表皮,直到生发层或真皮乳头层的烧伤。上皮的再生依赖于残存的生发层及皮肤附件的上皮细胞。如无继发感染,通常1～2周后愈合,不遗留瘢痕。

浅滩/淺灘 qiǎntān/ㄑㄧㄢˇ ㄊㄢ
shoal
㊀【水利】滩险的一种。河流中航道自然水深有时不能满足航行要求的局部河段。㊁【地】在台湾,浅滩也指“暗沙”(9页)。

芡实/芡實 qiànshí/ㄑㄧㄢˋ ㄕˊ
㊀ gorgon fruit, ㊁ Semen Euryales (拉), gorgon euryale seed
㊀【植】*Euryale ferox* 又称“鸡头米”。睡莲科芡属。一年生大型水生草本植物。根壮茎短缩,叶生其上;沉水叶箭形;浮水叶圆形,盾状,全缘,背面紫红色,叶柄及花梗粗壮有刺。花单生,花瓣披针形,紫红色。浆果球形,紫红色,种子球形,黑色。花期7—8月份,果期8—9月份。在中国,分布于各地。种子入药。㊁【中医】中药名。睡莲科植物芡 *Euryale ferox* Salisb. 的干燥成熟种仁。味甘、涩,性平。归脾、肾经。益肾固精,补脾止泻,祛湿止带。用于梦遗滑精,遗尿尿频,脾虚久泻,白浊,带下。可用于食疗。

堑 qiàn/ㄑㄧㄢˋ

【建】即“城壕”(124 页)。

嵌入式電腦

ㄑㄧㄢˋ ㄖㄨˋ ㄕˋ ㄉㄧㄢˋ ㄋㄠˇ/qiànrùshì diànnǎo

embedded computer

【军】台湾名。即“嵌入式计算机”(906 页)。

嵌入式计算机/嵌入式電腦

qiànrùshì jìsuànjī/ㄑㄧㄢˋ ㄖㄨˋ ㄕˋ ㄉㄧㄢˋ ㄋㄠˇ

embedded computer

【军】嵌入在宿主系统中使用的计算机。在物理结构上嵌入一个系统之中,在功能上融合于系统的运行之中,实现支持、完善和提高系统总体性能目标,并按指令或预定程序自动完成特定的信息处理任务。广泛应用于飞机、坦克、舰船、电子对抗系统、各种精确制导武器及指挥、控制、通信、情报、监视和侦察系统等。

嵌位/嵌位 qiànwèi/ㄑㄧㄢˋ ㄨㄟˋ

clamping

【信息】将重复性信号的某一特性保持在参考值上的过程。此参考值固定或可调节。

qiang (ㄑㄧㄤ)

羌活/羌活 qiānghuó/ㄑㄧㄤ ㄏㄨㄛˊ

Rhizoma et Radix Notopterygii(拉), incised notopterygium rhizome and root

【中医】中药名。伞形科植物羌活 *Notopterygiumincisum* Ting ex H. T. Chang 或宽叶羌活 *N. forbesii* Boiss. 的干燥根茎及根。味辛、苦,性温。归膀胱、肾经。散寒,祛风,除湿,止痛。用于风寒感冒头痛,风湿痹痛,肩背酸痛。

羌 活

枪弹/子彈 qiāngdàn/ㄗˇ ㄉㄢˋ

cartridge

【军】又称“子弹”。通过枪管内膛发射的弹药的统称。由弹头、弹壳、发射药和底火组成。通常口径小于 20 毫米。主要用于枪械射击,底火点燃发射药,高温高压火药气体推动弹头飞出枪口,以杀伤有生目标,击穿薄壁装甲目标,以及完成燃烧、爆炸、曳光、指示目标或校正射击等战斗任务。按枪械种类不同,可分为手枪弹、步(机)枪弹和大口径机枪弹等;按口径不同,可分为小口径枪弹(口径 6 毫米以下)和大口径枪弹(口径 12 毫米以上);按战术用途不同,可分为战斗用枪弹和辅助用枪弹。战斗用枪弹主要包括普通弹(又有轻弹和重弹之分)、穿甲弹、燃烧弹、曳光弹、爆炸弹,还有穿甲燃烧弹、燃烧曳光弹、穿甲燃烧曳光弹、爆炸燃烧曳光弹等;辅助用枪弹有空包弹、教练弹、强装药弹,还有信号弹及防暴武器用的各种霰弹、晕眩弹、催泪弹和橡胶弹。

枪乌贼/槍烏賊

qiāngwūzéi/ㄑㄧㄤ ㄨ ㄗㄟˊ

squid

【动】*Loligo chinensis* 通称“鱿鱼”。软体动物名。头足纲管鱿目枪乌贼科。外形略像乌贼而稍长,苍白色,有淡褐色的斑点,尾端呈菱形,似标枪的枪头,口周围有十只腕足,其中两只较长,有吸盘。栖息于海洋里,以鱼虾等为食。

枪乌贼

戗堤/戧堤 qiāngdī/ㄑㄧㄤ ㄉㄧ

berm

【水利】❶为使堤更稳定而在土堤防洪墙一侧或两侧堤坡上加筑的土石撑体,其堤面低于原堤。❷堵口的临时堤。

戗脊/戧脊 qiāngjǐ/ㄑㄧㄤ ㄐㄧˇ

diagonal ridge for gable and hip roof

【建】又称“岔脊”。歇山屋顶四个檐角处斜向的屋脊和重檐建筑下层檐的檐角屋脊。在平面上与垂脊成 45°。以戗兽为界分为兽前与兽后两段。兽前安有仙人走兽,但脊件规格较小。作用是封闭角梁背上的两坡瓦垄,防止雨水渗透,装饰屋顶檐角。

腔肠动物

qiāngcháng dòngwù/ㄑㄧㄤ ㄔㄤˊ ㄉㄨㄥˋ ㄨˋ

【动】“刺胞动物”的通称。

蜣螂/糞金龜 qiāngláng/ㄈㄣˋ ㄐㄧㄣ ㄍㄨㄟ
dung beetle
【动】又称“蛣螂”。昆虫名。鞘翅目蜣螂科昆虫的统称。全身黑色，背有坚甲，胸部和脚有黑褐色的长毛，以动物的尸体和粪尿等为食，常把粪滚成球形。可供药用，有解毒、消肿、通便等功效。

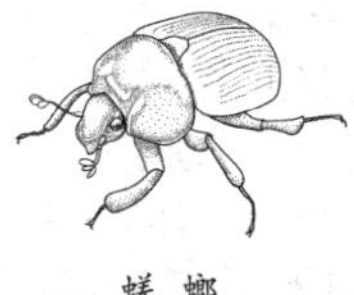
蜣 螂

強交互作用
ㄑㄧㄤˊ ㄐㄧㄠ ㄏㄨˋ ㄗㄨㄛˋ ㄩㄥˋ/
qiáng jiāohù zuòyòng
strong interaction
【物】台湾名。即“强相互作用”(907 页)。

強烈熱帶風暴
ㄑㄧㄤˊ ㄌㄧㄝˋ ㄖㄜˋ ㄉㄞˋ ㄈㄥ ㄅㄠˋ/
qiángliè rèdài fēngbào
severe tropical storm
【气】台湾名。即“强热带风暴”(907 页)。

強心劑 ㄑㄧㄤˊ ㄒㄧㄣ ㄐㄧˋ/qiángxīnjì
cardiotonics
【医】台湾名。即“强心药”(907 页)。

強震區 ㄑㄧㄤˊ ㄓㄣˋ ㄑㄩ/qiángzhènqū
meizoseismal area
【地】台湾名。即“极震区”(573 页)。

強制振盪
ㄑㄧㄤˊ ㄓˋ ㄓㄣˋ ㄉㄤˋ/qiángzhì zhèndàng
forced oscillation
【物】台湾名。即“受迫振荡”(1045 页)。

強制振動
ㄑㄧㄤˊ ㄓˋ ㄓㄣˋ ㄉㄨㄥˋ/qiángzhì zhèndòng
forced vibration
【物】台湾名。即“受迫振动”(1045 页)。

强化/強化 qiánghuà/ㄑㄧㄤˊ ㄏㄨㄚˋ
㊀reinforcement，㊁reinforcing
㊀【心】通过某种刺激增强或减弱特定行为的过程。包括正强化和负强化。㊁【材】在台湾，强化也指“补强”(82 页)。

强化玻璃
qiánghuà bōli/ㄑㄧㄤˊ ㄏㄨㄚˋ ㄅㄛ ·ㄌㄧ
【材】即“钢化玻璃”(388 页)。

强击机/強擊機 qiángjījī/ㄑㄧㄤˊ ㄐㄧ ㄐㄧ
attacker
【军】作战飞机的一种。以空地导弹、炸弹、航空火箭弹等为基本武器，具有低空、超低空突击地面目标能力。主要用于突击敌战术和浅近战役纵深内的地(水)面小型目标，直接支援地面部队(水面舰艇部队)作战。低空安定性和操纵性良好，搜索地面小目标能力良好，对地攻击武器的毁伤威力大，要害部位有装甲防护，起飞着陆性能良好。

强击艇 qiángjītǐng/ㄑㄧㄤˊ ㄐㄧ ㄊㄧㄥˇ
【军】即“冲锋舟”(133 页)。

强热带风暴/強烈熱帶風暴
qiáng rèdài fēngbào/
ㄑㄧㄤˊ ㄌㄧㄝˋ ㄖㄜˋ ㄉㄞˋ ㄈㄥ ㄅㄠˋ
severe tropical storm
【气】中心附近最大风力达 10～11 级的热带气旋。

强沙尘暴/強沙塵暴
qiángshāchénbào/ㄑㄧㄤˊ ㄕㄚ ㄔㄣˊ ㄅㄠˋ
severe sand and dust storm
【气】沙尘暴天气的一种。大风将地面尘沙吹起，使空气非常混浊，水平能见度小于 500 米。

强台风/強颱風
qiángtáifēng/ㄑㄧㄤˊ ㄊㄞˊ ㄈㄥ
severe typhoon
【气】中心附近风力达 14～15 级的台风。

强相互作用/強交互作用
qiáng xiānghù zuòyòng/
ㄑㄧㄤˊ ㄐㄧㄠ ㄏㄨˋ ㄗㄨㄛˋ ㄩㄥˋ
strong interaction
【物】基本相互作用的一种。作用于重子、介子等强子之间。短程力，作用范围为 10^{-15} 米量级，作用强度为电磁力的 10^2～10^3 倍。例如核子之间的核力。通常认为，核力通过中间粒子 π 介子的交换实现。

强心药/強心劑
qiángxīnyào/ㄑㄧㄤˊ ㄒㄧㄣ ㄐㄧˋ
cardiotonics
【医】增强心肌收缩力，增加心脏搏出量，改善动脉系统灌注不足和静脉系统淤血等症状的药物。可用于治疗急性、慢性心功能不全。

强震/強震 qiángzhèn/ㄑㄧㄤˊ ㄓㄣˋ

strong earthquake

【地】震级大于等于5里氏级至7里氏级以下的地震。

强直性脊柱炎/關節黏連性脊椎炎

qiángzhíxìng jǐzhùyán/

ㄍㄨㄢ ㄐㄧㄝˊ ㄋㄧㄢˊ ㄌㄧㄢˊ ㄒㄧㄥˋ ㄐㄧˇ ㄓㄨㄟ ㄧㄢˊ

ankylosing spondylitis

【医】一种慢性炎性脊柱关节病。以骶髂关节炎及中轴关节炎病变为特征,最显著的变化是关节的纤维化和骨性强直。多见于寒冷及潮湿地区,多发生于男性青壮年,可伴有眼、肺、心血管和肾等多系统损害。X射线检查可见椎体骨质疏松,边缘相连成骨桥。

强子/強子 qiángzǐ/ㄑㄧㄤˊ ㄗˇ

hadron

【物】微观粒子的一类。是参加强相互作用的粒子。包括介子和重子及它们的共振态。

墙/牆 qiáng/ㄑㄧㄤˊ

wall

【建】用砖石等砌筑成的,具有封闭、分割、承重功能的屏障。是建筑物竖直方向的主要构件,还有隔热、保温、隔声等作用。

Q

墙蕨 qiángjué/ㄑㄧㄤˊ ㄐㄩㄝˊ

【植】即"水龙骨"(1065页)。

墙裙/牆裙 qiángqún/ㄑㄧㄤˊ ㄑㄩㄣˊ

dado

【建】室内墙面或柱身下部地面至一定高度之间的特殊保护面层。高度通常为0.9～1.5米。对墙壁起防潮、防腐蚀、防磨损设置等作用,并有光洁、美观的效果。

墙纸 qiángzhǐ/ㄑㄧㄤˊ ㄓˇ

【建】即"壁纸"(56页)。

蔷薇 qiángwēi/ㄑㄧㄤˊ ㄨㄟ

【植】"野蔷薇"的通称。

蔷薇辉石/薔薇輝石

qiángwēi huīshí/ㄑㄧㄤˊ ㄨㄟ ㄏㄨㄟ ㄕˊ

rhodonite

【地】辉石的一种。成分为$(Mn^{2+},Fe^{2+},Mg,Ca)SiO_3$。三斜晶系。晶体呈板状、短柱状,集合体通常呈粒状或块状。玫瑰红色,玻璃光泽,莫氏硬度5.0～5.6,密度3.40～3.75克/厘米^3。可用作工艺雕刻材料。

蔷薇石英

qiángwēi shíyīng/ㄑㄧㄤˊ ㄨㄟ ㄕˊ ㄧㄥ

【地】即"芙蓉石"(359页)。

抢滩 qiǎngtān/ㄑㄧㄤˇ ㄊㄢ

【船】即"冲滩"(134页)。

羟胺/羥胺 qiǎng'àn/ㄑㄧㄤˇ ㄢˋ

hydroxylamine

【化】台湾又称"胲"。一类含氮有机化合物。胺分子中氨基氢被羟基取代或烃基与羟氨基结合而成。

羟基/羥基 qiǎngjī/ㄑㄧㄤˇ ㄐㄧ

hydroxyl radical

【化】又称"氢氧基"。有机化学中一个氢原子与一个氧原子结合的基团。为醇与酚存在的特征官能团。

羟基丁二酸

qiǎngjī dīng'èrsuān/

ㄑㄧㄤˇ ㄐㄧ ㄉㄧㄥ ㄦˋ ㄙㄨㄢ

【化】"苹果酸"的学名。

強迫性精神官能症

ㄑㄧㄤˇ ㄆㄛˋ ㄒㄧㄥˋ ㄐㄧㄥ ㄕㄣˊ ㄍㄨㄢ ㄋㄥˊ ㄓㄥˋ/

qiǎngpòxìng jīngshén guānnéngzhèng

【心】台湾名。即"强迫性神经症"(908页)。

强迫性神经症/強迫性精神官能症

qiǎngpòxìng shénjīngzhèng/

ㄑㄧㄤˇ ㄆㄛˋ ㄒㄧㄥˋ ㄐㄧㄥ ㄕㄣˊ ㄍㄨㄢ ㄋㄥˊ ㄓㄥˋ

obsessive compulsive neurosis

【心】又称"强迫症"。神经症的一种。临床特征是不能为主观意志所克制的反复出现某种观念、意象和行为。

强迫症 qiǎngpòzhèng/ㄑㄧㄤˇ ㄆㄛˋ ㄓㄥˋ

【心】即"强迫性神经症"(908页)。

qiao (ㄑㄧㄠ)

乔木/喬木 qiáomù/ㄑㄧㄠˊ ㄇㄨˋ

arbor,tree

【植】树身高大,主干明显而直立,木质部极发达,树干和树冠区分明显的树木。如松、杉、杨、槐等。

乔其 qiáoqí/ㄑㄧㄠˊ ㄑㄧˊ

【纺】即"乔其纱"(909页)。

乔其绒/喬琪絲絨
qiáoqíróng/ㄑㄧㄠˊ ㄑㄧˊ ㄙ ㄖㄨㄥˊ
georgette velvet
【纺】丝织物名。用桑蚕丝和黏胶丝交织,经起绒,地组织为乔其的丝织物。绒毛耸密挺立,手感柔软,富有弹性,光泽柔和。按地组织和加工工艺不同,有乔其立绒和烂花乔其绒两种。是高档晚礼服、宴会服及少数民族礼服的首选面料,并可作高档服饰和装饰用材料。

乔其纱/喬琪紗
qiáoqíshā/ㄑㄧㄠˊ ㄑㄧˊ ㄕㄚ
transparent velvet
【纺】又称"乔其",台湾又称"喬琪縐"。丝织物名。是绉类织物的典型产品之一,具有良好的抗皱、透气、悬垂性和弹性,穿着舒适滑爽。规格较多,纯桑蚕丝乔其,重量在56克/米^2(13姆米)以下称乔其纱,重量在56克/米^2(13姆米)以上称乔其绉;黏胶丝乔其,重量为37～77克/米^2;重磅真丝乔其绉,重量为86～172克/米^2(20～40姆米)。适于制作服装、舞裙、窗帘、头巾等。

乔唐日照计
Qiáotáng rìzhàojì/ㄑㄧㄠˊ ㄊㄤˊ ㄖˋ ㄓㄠˋ ㄐㄧˋ
【气】即"暗筒式日照计"(9页)。

荞麦/蕎麥 qiáomài/ㄑㄧㄠˊ ㄇㄞˋ
buckwheat
【植】*Fagopyrum esculentum* 又称"甜荞"。蓼科荞麦属。一年生草本植物。茎直立,多分枝,绿色或红色,有纵棱和乳状突。叶三角形,顶端尖,基部心形,叶脉有乳状突。总状花序,花被五深裂,白或淡红色。瘦果卵形,暗褐色,有三锐棱。花期5—9月份,果期6—10月份。在中国,分布于各地。果实可作粮食,全草入药。

桥/橋 ㄑㄧㄠˊ/qiáo
【交】"桥梁"的简称。

桥接/橋接 qiáojiē/ㄑㄧㄠˊ ㄐㄧㄝ
bridging
【信息】基于链路层协议把两个通信网络互连,并基于链路地址选出要传递的数据的过程。

桥梁/橋 qiáoliáng/ㄑㄧㄠˊ
bridge
【交】简称"桥"。架设在水面上或空中,使车辆、行人等顺利通行的构筑物。

桥楼/橋艛 qiáolóu/ㄑㄧㄠˊ ㄌㄡˊ
bridge
【船】船中部的上层建筑。用于增加居住空间,保护中部舱室免受波浪侵袭。

桥式起重机/橋式起重機
qiáoshì qǐzhòngjī/ㄑㄧㄠˊ ㄕˋ ㄑㄧˇ ㄓㄨㄥˋ ㄐㄧ
bridge crane, overhead crane
【机】又称"天车"。一种起重机。由跨越在建筑两边墙顶轨道上运行的桥架(大车),以及设置在桥架上能沿之运行的起升机构(小车)构成。利用桥架下面的空间吊运物料,不受地面设备阻碍。主要用于工业企业建筑物内部起升和搬移重物。

喬琪紗 ㄑㄧㄠˊ ㄑㄧˊ ㄕㄚ/qiáoqíshā
transparent velvet
【纺】台湾名。即"乔其纱"(909页)。

喬琪絲絨 ㄑㄧㄠˊ ㄑㄧˊ ㄙ ㄖㄨㄥˊ/qiáoqí sīróng
georgette velvet
【纺】台湾名。即"乔其绒"(909页)。

喬琪縐 ㄑㄧㄠˊ ㄑㄧˊ ㄓㄡˋ/qiáoqízhòu
transparent velvet
【纺】台湾名。即"乔其纱"(909页)。

橋接器 ㄑㄧㄠˊ ㄐㄧㄝ ㄑㄧˋ/qiáojiēqì
bridge
【信息】台湾名。即"网桥"(1172页)。

橋艛 ㄑㄧㄠˊ ㄌㄡˊ /qiáolóu
bridge
【船】台湾名。即"桥楼"(909页)。

壳菜 qiàocài/ㄎㄜˊ ㄘㄞˋ
【动】即"贻贝"(1332页)。

鞘翅/鞘翅 qiàochì/ㄑㄧㄠˋ ㄔˋ
elytron, elytra
【动】某些昆虫(如瓢虫、金龟子)的前翅。质地坚硬,静止时覆盖在膜质的后翅上。因形状和作用像鞘,故名。

鞘翅目/鞘翅目 qiàochìmù/ㄑㄧㄠˋ ㄔˋ ㄇㄨˋ
Coleoptera
【动】Coleoptera 昆虫纲中最大的一目。此目昆虫统称甲虫。一般体躯坚硬,有光泽。前翅角质,肥厚,称为鞘翅,后翅膜质。咀嚼式口器。完全变态。包括很多农业害虫,如金

Q

龟子、天牛、象鼻虫等。也有益虫,如七星瓢虫、澳洲瓢虫等。

鞘膜积液/陰囊積水

qiàomó jīyè/ㄧㄣ ㄋㄤˊ ㄐㄧ ㄕㄨㄟˇ

hydrocele

【医】鞘膜囊内积聚的液体增多而形成的囊肿。按鞘膜积液所在的部位与鞘状突闭合的情况不同,可分为睾丸鞘膜积液、精索鞘膜积液、精索睾丸鞘膜积液、混合型鞘膜积液和交通性鞘膜积液。通常无症状,体积较大时可有阴囊下垂感,影响运动。

qie (ㄑㄧㄝ)

切变线/切變線

qiēbiànxiàn/ㄑㄧㄝ ㄅㄧㄢˋ ㄒㄧㄢˋ

shear line

【气】天气系统的一类。两股气流相遇时,在风场中形成的一条风向或风速的不连续线。主要出现在气压为700百帕或850百帕的高空。

切齒機 ㄑㄧㄝ ㄔˇ ㄐㄧ/qiēchǐjī

gear cutting machine

【机】台湾名。即“齿轮加工机床”(130页)。

切割/切割 qiēgē/ㄑㄧㄝ ㄍㄜ

cutting

【机】利用电弧、气体火焰、电子束、激光或机械能将金属、非金属材料切断或割成所需形状的加工方法。可分为气割、电弧切割、等离子切割、激光切割、高压水切割等。

切集 ㄑㄧㄝ ㄐㄧˊ/qiējí

cutset

【电】台湾名。即“割集”(399页)。

切曲線 ㄑㄧㄝ ㄑㄩ ㄒㄧㄢˋ/qiēqūxiàn

tangent curve

【数】台湾名。即“正切曲线”(1435页)。

切线/切線 qiēxiàn/ㄑㄧㄝ ㄒㄧㄢˋ

tangent line

【数】❶和圆只有一个公共点的直线,叫作圆的切线,这个公共点叫作切点。过切点的半径垂直于切线。圆心到切线的距离等于半径。❷设点 P 是平面曲线上的点,过点 P 有曲线的割线,固定点 P,令这些割线与曲线的另一公共点沿曲线无限趋近于点 P,若这些割线都无限趋近于一条直线 l,则称 l 为这条曲线的一条切线,点 P 是切点。

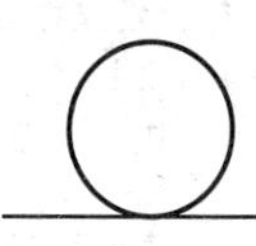

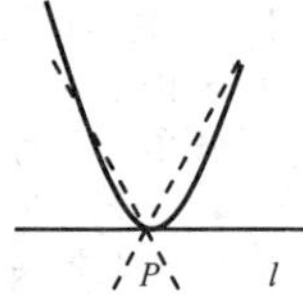

切线

切向加速度/切向加速度

qiēxiàng jiāsùdù/ㄑㄧㄝ ㄒㄧㄤˋ ㄐㄧㄚ ㄙㄨˋ ㄉㄨˋ

tangential acceleration

【物】在变速圆周运动中,起改变速度大小作用的加速度,用符号 a_t 表示。

切削刀具/切削刀具

qiēxiāo dāojù/ㄑㄧㄝ ㄒㄧㄠ ㄉㄠ ㄐㄩˋ

【机】即“刀具”(204页)。

切削機 ㄑㄧㄝ ㄒㄧㄠ ㄐㄧ/qiēxiāojī

machining center

【机】台湾名。即“加工中心”(587页)。

切展線 ㄑㄧㄝ ㄓㄢˇ ㄒㄧㄢˋ/qiēzhǎnxiàn

involute

【数】台湾名。即“渐伸线”(607页)。

伽蓝七堂/伽藍七堂

qiélán qī táng/ㄑㄧㄝˊ ㄌㄢˊ ㄑㄧ ㄊㄤˊ

seven hills of Buddhist temple

【建】佛教寺院中的主要七座堂殿。有山门、天王殿、大雄宝殿、钟楼、鼓楼、藏经楼和塔;一说有山门、天王殿、大雄宝殿、藏经楼、法堂、禅堂和罗汉堂。

📖 “伽蓝”是佛教寺院的通称。根据时代、宗派不同,佛教七堂有所不同。一说为佛塔、佛殿、经堂、钟鼓楼(钟楼、鼓楼为一堂)、藏经楼、僧堂、斋堂;另一说为山门、佛殿、法堂、厨库、僧堂、浴室、西净七堂。

茄/茄 qié/ㄑㄧㄝˊ

eggplant

【植】*Solanum melongena* 通称“茄子”。茄科茄属。一年生草本植物。小枝、叶柄及花梗被毛,小枝紫色。叶卵形,先端钝,基部偏斜,边缘波状,两面被毛。能孕花单生,不孕花蝎尾状排列,萼近钟形,花冠辐状,白色或紫色,被毛。果实长或圆形,外皮有白、红、紫等颜色,光滑。在中国,分布于各地。果实可作蔬菜。

且/且 qiě/ㄑㄧㄝˇ

and

【数】逻辑联结词的一种。符号"∧"。逻辑式 $p \wedge q$ 表示两个命题 p,q 的"积",也称为 p,q 的合取,读作"p 且 q"。当 p,q 都为真时,$p \wedge q$为真;当 p,q 中至少有一个为假时,$p \wedge q$为假。

切诊/切診 qièzhěn/ㄑㄧㄝˋ ㄓㄣˇ

palpation and pulse taking

【中医】四诊之一。医生用手指或手掌的触觉,对患者的脉或身体进行触、摸、按、压,以了解病情,诊察疾病。

qin (ㄑㄧㄣ)

侵彻弹/侵徹彈

qīnchèdàn/ㄑㄧㄣ ㄔㄜˋ ㄉㄢˋ

penetration shell

【军】又称"半穿甲弹"。靠弹丸壳体的结构强度和引信的延迟作用,进入目标后爆炸的炮弹。由壳体、炸药、引信等组成,壳体壁较厚,结构强度高,普遍采用延迟时间引信,兼具侵彻和爆破功能。主要用于攻击坦克、水面舰艇等装甲目标,也可用于破坏机场跑道、机库及混凝土工事等。

侵入岩/侵入岩 qīnrùyán/ㄑㄧㄣ ㄖㄨˋ ㄧㄢˊ

intrusive rock

【地】火成岩的一类。上地幔或地壳深处的岩浆向地壳表层运移,在地壳一定深度经缓慢冷却形成的岩石。按形成深度不同,可分为深成岩和浅成岩。

侵蚀作用/侵蝕作用

qīnshí zuòyòng/ㄑㄧㄣ ㄕˊ ㄗㄨㄛˋ ㄩㄥˋ

erosion

【地】❶河流对河床的破坏,导致其加深、加宽和加长的过程。❷地表岩石和土壤受自然力的影响而发生松散、溶解和破碎,并被移走的过程。

亲本/親本 qīnběn/ㄑㄧㄣ ㄅㄣˇ

parent

【生】台湾又称"親體"。参与杂交过程的雄性和雌性个体的统称。常用符号 P 表示。

亲和数/友誼數 qīnhéshù/ㄧㄡˇ ㄧˋ ㄕㄨˋ

amicable numbers

【数】设 a,b 是两个自然数,若 a 除其本身以外的约数之和等于 b,b 除其本身以外的约数之和等于 a,则称 a,b 为亲和数。例如,284 除其本身以外的约数 1,2,4,71,142 之和等于 220,220 除其本身以外的约数 1,2,4,5,10,11,20,22,44,55,110 之和等于 284,284 与 220 为亲和数。

亲子关系/親子關係

qīn-zǐ guānxì/ㄑㄧㄣ ㄗˇ ㄍㄨㄢ ㄒㄧˋ

parent-child relationship

【医】父母与子女的关系。是血缘最近的直系血亲,为家庭关系的重要组成部分。在法律上是指父母和子女之间的权利、义务关系。

亲子鉴定/親子鑒定

qīn-zǐ jiàndìng/ㄑㄧㄣ ㄗˇ ㄐㄧㄢˋ ㄉㄧㄥˋ

paternity testing

【医】应用医学及生物学有关的理论和技术,判断父母与子女是否亲生关系的技术及其过程。

親體 ㄑㄧㄣ ㄊㄧˇ/qīntǐ

parent

【生】台湾名。即"亲本"(911 页)。

親緣關係樹

ㄑㄧㄣ ㄩㄢˊ ㄍㄨㄢ ㄒㄧˋ ㄕㄨˋ/

qīnyuán guānxìshù

phylogenetic tree, family tree, dendrogram

【生】台湾名。即"进化系统树"(636 页)。

芹菜/芹菜 qíncài/ㄑㄧㄣˊ ㄘㄞˋ

【植】即"旱芹"(472 页)。

秦岭/秦嶺 Qín Lǐng/ㄑㄧㄣˊ ㄌㄧㄥˇ

Qinling Range

【地】山脉名。广义上指西起陇南,东至皖中淮河、长江下游间的山脉,全长约 1500 千米;狭义上指陕西境内部分。海拔 2000～3600 米,主峰太白山海拔 3767 米。是黄河流域与长江流域及长江与淮河的分水岭,地理上的南北分界线。

禽流感/禽流感 qínliúgǎn/ㄑㄧㄣˊ ㄌㄧㄡˊ ㄍㄢˇ

avian influenza, AI

【生】旧称"真性鸡瘟"。由禽流感病毒(AIV)所引起的一种流行于鸡群中的烈性传染病。高致病力毒株可致禽类突发死亡,是国际兽疫局规定的A类疫病,也能感染人。

勤務船 ㄑㄧㄣˊ ㄨˋ ㄔㄨㄢˊ/qínwùchuán

tender, supply ship

【船】台湾名。即"供应船"(415页)。

寝殿 qǐndiàn/ㄑㄧㄣˇ ㄉㄧㄢˋ

【建】即"寝宫"(912页)。

寝宫/寢宫 qǐngōng/ㄑㄧㄣˇ ㄍㄨㄥ

resting place

【建】又称"寝殿"。帝王后妃饮食起居所用的后殿。也指帝王陵墓中放置灵柩的地宫或宗庙后部藏先人衣冠的后殿。

qing (ㄑㄧㄥ)

青白瓷/青白瓷 qīngbáicí/ㄑㄧㄥ ㄅㄞˊ ㄘˊ

bluish-white ceramic

【轻】宋、元时期中国南方地区生产的一种重要瓷器品种。其釉色白中闪青,青中显白,介于青白之间,故名。

青菜/青菜 qīngcài/ㄑㄧㄥ ㄘㄞˋ

pakchoi

【植】*Brassica chinensis* 通称"小白菜",又称"小油菜""油菜"。十字花科芸薹属。一至二年生草本植物。被粉霜,根茎短。基生叶倒卵形,深绿色,全缘,中脉宽,白色;茎生叶宽展,两侧有垂耳,基部抱茎。总状花序顶生,圆锥状,十字花冠,浅黄色。花期4月份。中国各地均有栽培。嫩叶可作蔬菜。

📖 这是一种不结球白菜,南方称油白菜,北方称小油菜、油菜或小白菜。有别于油料作物的油菜(*Brassica campestris*)。

青茶 qīngchá/ㄑㄧㄥ ㄔㄚˊ

【轻】即"乌龙茶"(1198页)。

青春发育期

qīngchūn fāyùqī/ㄑㄧㄥ ㄔㄨㄣ ㄈㄚ ㄩˋ ㄑㄧ

【医】即"青春期"(912页)。

青春期/青春期

qīngchūnqī/ㄑㄧㄥ ㄔㄨㄣ ㄑㄧ

adolescence

【医】又称"青春发育期"。儿童少年时期过渡到成人的一个迅速发育阶段。是男女性功能逐渐发育成熟的时期。以生长突增为青春发育期开始的标志,以性成熟为结束。通常女孩为十一二岁至十七八岁的时期;男孩为十三四岁至十八九岁的时期。

青瓷/青瓷 qīngcí/ㄑㄧㄥ ㄘˊ

celadon

【轻】中国古代最主要的瓷器品种。以铁为着色剂的青釉瓷器的泛称。在坯体上施含有铁分的釉,在还原焰中烧成,呈现青色。

青冈 qīnggāng/ㄑㄧㄥ ㄍㄤ

【植】即"栎"(728页)。

青光眼/青光眼

qīngguāngyǎn/ㄑㄧㄥ ㄍㄨㄤ ㄧㄢˇ

glaucoma

【医】一组以视神经萎缩和视野缺损为共同特征的疾病。病理性眼压增高是其主要危险因素,眼压升高水平和视神经对压力损害的耐受性与青光眼视神经萎缩和视野缺损的发生和发展有关,是主要的致盲眼病之一,有一定的遗传倾向。

青果/青果

qīngguǒ/ㄑㄧㄥ ㄍㄨㄛˇ

Fructus Canarii(拉), Chinese white olive

【中医】中药名。橄榄科植物橄榄 *Canarium album* Raeusch. 的干燥成熟果实。味甘、酸,性平。归肺、胃经。清热,利咽,生津,解毒。用于咽喉肿痛,咳嗽,烦渴,鱼蟹中毒。

青蒿/青蒿

qīnghāo/ㄑㄧㄥ ㄏㄠ

Herba Artemisiae Annuae(拉), sweet wormwood herb

【中医】中药名。菊科植物黄花蒿 *Artemisia annua* L. 干燥地上部分。味苦、辛,性寒。归肝、胆经。清热解暑,除蒸,截疟。用于暑邪发热,阴虚发热,夜热早凉,骨蒸劳热,疟疾寒热,湿热黄疸。

📖 青蒿素是重要的抗疟药物,目前在世界上广泛应用。

黄花蒿

青蒿素/青蒿素
qīnghāosù/ㄑㄧㄥ ㄏㄠ ㄙㄨˋ
arteannuin
【化】天然有机物。是含内过氧化基团的倍半萜内酯类化合物。白色针状结晶。从青蒿叶中提取。对脑型疟、恶性疟等有特效,是治疗疟疾的理想药物,同时具有清热解毒和抗肿瘤、抗菌、增强免疫等药理作用。
📖 中国的屠呦呦是青蒿素的发现者,她因此获得2015年诺贝尔生理学或医学奖。

青花瓷/青花瓷 qīnghuācí/ㄑㄧㄥ ㄏㄨㄚ ㄘˊ
blue-and-white porcelain
【轻】又称"白地青花瓷"。瓷器的一类。属釉下彩瓷。以含氧化钴的钴矿为颜料,在陶瓷坯体上描绘纹饰后,再覆一层透明釉,入窑,经高温还原焰一次烧成。钴料烧成后呈蓝色,着色力强,色泽鲜艳,烧成率高,呈色稳定。
📖 中国青花瓷始于唐宋,成熟于元代,明代成为主流瓷器,清代康熙年间发展到顶峰。明清时还烧出青花五彩、孔雀绿釉青花、豆青釉青花、青花红彩、黄地青花、哥釉青花等。

青黄石/青黄石
qīnghuángshí/ㄑㄧㄥ ㄏㄨㄤˊ ㄕˊ
qinghuang stone
【建】青色和黄色的砂岩或变质岩。呈墩状,形体劣顽,见棱见角,节理面近于垂直。颜色橙黄的称黄石,颜色青灰的称青石。

青金石/青金石 qīngjīnshí/ㄑㄧㄥ ㄐㄧㄣ ㄕˊ
lazurite
【地】矿物。成分为$(Na,Ca)_8[AlSiO_4]_6(SO_4,S,Cl)_2$。等轴晶系。晶体为菱形十二面体,通常致密块状。深蓝色、紫色、天青色或绿蓝色,条痕浅蓝色,半透明至不透明,玻璃光泽,莫氏硬度5.5,密度2.38～2.42克/厘米^3。性脆。可作雕刻用的玉料。古代壁画中常用作颜料。

青稞/青稞 qīngkē/ㄑㄧㄥ ㄎㄜ
㊀highland barley,㊁naked barley
㊀【植】*Hordeum vulgare* var. *nudum* 又称"裸麦"。禾本科大麦属。一年生草本植物。秆圆柱形,直立,光滑。叶鞘两侧有叶耳,抱茎;叶片长披针形。穗状花序,成熟后黄褐色或紫褐色,颖线状披针形,先端延伸为芒,外稃先端也延伸成芒。颖果极易脱稃,形状多,颜色多。在中国,分布于西藏、青海、四川、云南等地。果实可作粮食。㊁【农】在台湾,青稞也指"裸大麦"(774页)。
📖 青稞在青藏高原上的种植历史约有3500年,是藏族人民的主要粮食作物。

青盲/青盲 qīngmáng/ㄑㄧㄥ ㄇㄤˊ
blue blindness, optic atrophy
【中医】中医眼病之一。症见眼外观端好,而视力渐降至失明。相当于视神经萎缩。治宜滋补肝肾,益精养血,开窍明目,可选用菊花散、杞菊地黄丸、驻景丸等。并配合针睛明、光明等穴。

青霉素/青霉素
qīngméisù/ㄑㄧㄥ ㄇㄟˊ ㄙㄨˋ
penicillin
【医】一类重要的β-内酰胺类抗生素。由发酵液或人工提取或半合成而成,是人类发现的第一个抗生素。

青年布/香布雷布
qīngniánbù/ㄒㄧㄤ ㄅㄨˋ ㄌㄟˊ ㄅㄨˋ
chambray
【纺】棉织物名。用单色经纱与漂白纬纱,或漂白经纱与单色纬纱以平纹组织交织而成。因多用作青年人衬衫和内衣的面料,故名。质地轻薄,滑爽柔软,穿着舒适,比较挺括。除纯棉织品外,还有棉维和涤棉等混纺品种。

青皮/青皮 qīngpí/ㄑㄧㄥ ㄆㄧˊ
Pericarpium Citri Reticulatae Viride (拉), immature tangerine peel, * unripe tangerine peel
【中医】中药名。芸香科植物橘 *Citrus reticulata* Blanco 及其栽培变种的干燥幼果或未成熟果实的果皮。味苦、辛,性温。归肝、胆、胃经。疏肝破气,消积化滞。用于胸胁胀痛,疝气,乳核,乳痈,食积腹痛。

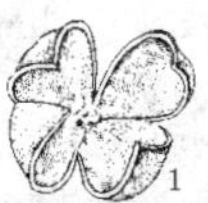

青皮(果皮或果实)外形
1.四化青皮 2.个青皮

青萍 qīngpíng/ㄑㄧㄥ ㄆㄧㄥˊ
【植】即"浮萍"(361页)。

青檀/青檀 qīngtán/ㄑㄧㄥ ㄊㄢˊ
wingceltis
【植】*Pteroceltis tatarinowii* 通称"檀树",又

称"翼朴"。榆科青檀属。落叶高大乔木。树皮灰色,不规则长片状剥落。小枝黄绿色,皮孔明显。叶纸质,宽卵形,先端尖,基部偏斜,边缘有齿,基部三出脉。翅果状坚果圆形或四方形,黄绿色,翅宽,有放射条纹和耳状附属物。花期 3—5 月份。在中国,分布于华北、西北东南部、华东、华中,以及辽宁、四川和贵州。木材可用。

青田石/青田石

qīngtiánshí/ㄑㄧㄥ ㄊㄧㄢˊ ㄕˊ

Qingtian stone

【地】印章石的一种。以叶蜡石为主要组分。因产于浙江青田,故名。青色为基色主调,色彩丰富,花纹奇特,呈蜡状,油脂、玻璃光泽,不透明、微透明至半透明,硬度中等,质地致密。著名品种有灯光冻、风门青、五彩冻等多个品种。

青铜/青銅 qīngtóng/ㄑㄧㄥ ㄊㄨㄥˊ

bronze

【材】又称"锡青铜"。铜锡合金的总称。化学稳定性、耐磨性好,力学性能优于黄铜、白铜。现青铜由铜和锡、铝、硅、铍、锰、铅或磷等元素组成,还可加入其他金属元素,形成特种青铜。常见的有铝青铜、硅青铜等。

📖 青铜的出现标志着一个历史时期——青铜时代(公元前 3000 年)的开始,中国在商代(公元前 16 世纪至公元前 11 世纪)就进入了高度发达的青铜时代。

青蛙/青蛙 qīngwā/ㄑㄧㄥ ㄨㄚ

pond green frog

【动】又称"蛤蟆",俗称"田鸡"。两栖动物名。无尾目蛙科蛙属。通常指黑斑蛙(*Rana nigromaculata*)。头部扁而宽,口阔,眼大,皮肤光滑,通常绿色,有灰色斑纹,趾间有蹼。栖息于水中或近水的地方,善跳跃,会游泳,多在夜间活动,雄蛙鸣声响亮,以昆虫为食。分布广泛。

青蛙效应/青蛙效應

qīngwā xiàoyìng/ㄑㄧㄥ ㄨㄚ ㄒㄧㄠˋ ㄧㄥˋ

frog effect

【心】一种社会心理效应。把青蛙放入沸水锅里,青蛙烫得立即跳出来。把青蛙放入凉水锅里,然后慢慢加热,青蛙感觉到温度的变化,却懒于跳出来,当它热得再也忍不住时,已经无力跳出逃生了。这个效应说明,如果缺乏忧患意识,危机一旦来临就会陷于被动。

青葙子/青葙子

qīngxiāngzǐ/ㄑㄧㄥ ㄒㄧㄤ ㄗˇ

Semen Celosiae(拉), feather cockscomb seed

【中医】中药名。苋科植物青葙 *Celosia argentea* L. 的干燥成熟种子。味苦,性微寒。归肝经。清肝,明目,退翳。用于肝热目赤,眼生翳膜,视物昏花,肝火眩晕。

青葙

📖 青葙子,肝肾虚、青光眼及瞳孔散大者慎用。

青羊 qīngyáng/ㄑㄧㄥ ㄧㄤˊ

【动】即"斑羚"(27 页)。

青鼬/黄喉貂 qīngyòu/ㄏㄨㄤˊ ㄏㄡˊ ㄉㄧㄠ

yellow-throated marten

【动】*Martes flavigula* 又称"黄喉貂"。哺乳动物名。食肉目鼬科。外形略像家猫,体长 45～70 厘米,四肢短,耳短圆,头的背面和侧面、四肢和尾巴为棕黑色,喉胸部鲜黄色,腹部黄灰色。栖息于树林中,以鼠类、鸟类、蜜蜂等为食。分布于中国、俄罗斯、朝鲜半岛、印度及东南亚等地。

青鼬

青鱼/青魚 qīngyú/ㄑㄧㄥ ㄩˊ

black carp

【动】*Mylopharyngodon piceus* 鱼名。硬骨鱼纲鲤科。身体近圆筒形,长达 1 米多,头较尖,背部青黑色,腹部色较浅,无须。生活在淡水中,以螺蛳、蚌、虾和水中昆虫等为食,生长快。中国各地均有分布,是中国主要的淡水养殖鱼类。

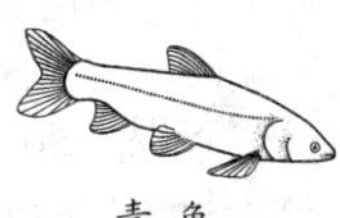

青鱼

青藏高原/青藏高原

Qīng-Zàng Gāoyuán/ㄑㄧㄥ ㄗㄤˋ ㄍㄠ ㄩㄢˊ

Qinghai-Tibet Plateau

【地】高原名。中国四大高原之一，位于中国西部和西南部。北至昆仑山、阿尔金山、祁连山，南到喜马拉雅山，东南至横断山。包括西藏、青海、四川西部、甘肃西南部和新疆南部山地、云南部分地区。面积约 250 万平方千米。平均海拔 4000 米以上，山岭海拔 6000 米以上，是世界最高的高原。为东亚、东南亚和南亚各大河流的发源地。

轻兵器 qīngbīngqì/ ㄑㄧㄥ ㄅㄧㄥ ㄑㄧˋ

【军】即"轻武器"(915 页)。

轻博客/輕博客 qīngbókè/ ㄑㄧㄥ ㄅㄛˊ ㄎㄜˋ

lofter

【信息】一种介于博客与微博之间的网络服务。

轻轨 qīngguǐ/ ㄑㄧㄥ ㄍㄨㄟˇ

【交】"轻轨铁路"的简称。

轻轨铁路/輕便鐵路

qīngguǐ tiělù/ ㄑㄧㄥ ㄅㄧㄢˋ ㄊㄧㄝˇ ㄌㄨˋ

light rail

【交】简称"轻轨"。用轻型铁轨铺设的铁路(可铺设在地面上、高架路上或地面下)。供电动客运列车行驶，采用中等载客量车厢，编组为每列 2～4 辆。常用于城市的城区与郊区之间的交通。

📖 地铁的轨重一般大于轻轨。区别地铁和轻轨的主要依据是运量，即单向最大高峰小时客流量的大小。地铁能适应的单向最大高峰小时客流量为 3 万～7 万人次，轻轨为 1 万～3 万人次。

轻货 qīnghuò/ ㄑㄧㄥ ㄏㄨㄛˋ

【交】即"轻泡货物"(915 页)。

轻机枪/輕機槍

qīngjīqiāng/ ㄑㄧㄥ ㄐㄧ ㄑㄧㄤ

light machine gun

【军】旧称"轻机关枪"。以两脚架为依托抵肩射击的机枪。口径通常为 5.45～8 毫米，全枪质量在 10 千克以下，发射步枪弹或机枪弹，有效射程多为 600～800 米，理论射速为 600～750 发/分。主要用于射击中近距离的集群或单个有生目标。

轻金属/輕金屬

qīngjīnshǔ/ ㄑㄧㄥ ㄐㄧㄣ ㄕㄨˇ

light metal

【化】密度小于 5 克/厘米^3 的金属，化学性质活泼。包括镁、铝、钡、钠、钾、钙、锂等及其合金。

轻泡货/輕舉貨

qīngpāohuò/ ㄑㄧㄥ ㄐㄩˇ ㄏㄨㄛˋ

bulky cargo

【物流】又称"泡货"。通常指体积大而质量轻的货物。从船舶配积载的角度，指货物积载因数大于船舶载货容积系数的货物；从计算货物运费的角度，指货物积载因数大于 1.1328米^3/吨的货物。

轻泡货物/輕泡貨物

qīngpāo huòwù/ ㄑㄧㄥ ㄆㄠ ㄏㄨㄛˋ ㄨˋ

light and puffy cargo

【交】又称"轻货""泡货"。指体积大而质量轻的货物。公路运输中指每立方米质量不足 333 千克的货物；航空运输中指每立方米质量不足 167 千克的货物；水路运输中指每立方米质量不足 1000 千克的货物。

轻水/輕水 qīngshuǐ/ ㄑㄧㄥ ㄕㄨㄟˇ

light water

【化】经净化的普通水。用作核反应堆的冷却剂和中子的慢化剂。

轻武器/輕武器

qīngwǔqì/ ㄑㄧㄥ ㄨˇ ㄑㄧˋ

small arms

【军】又称"轻兵器"。枪械及其他各种由单人或战斗小组携行战斗的轻便武器的统称。包括各种刀具、手枪、冲锋枪、步枪、机枪、特种枪、手榴弹、枪榴弹、榴弹发射器、便携式火箭发射器、单兵导弹等。特点是质量小，体积小，结构简单，便于维修，配套设备少，操作简便，开火迅速，火力密度大，环境适应性强，能适应多种作战任务，使用范围广。主要用于杀伤或压制暴露的有生目标，毁伤轻型装甲车辆，破坏其他武器装备和军事设施。装备对象以步兵、空降兵、海军陆战队为主，也为其他军种和兵种广泛使用，还可配备于飞机、舰船、装甲车辆。

轻雾/輕霧 qīngwù/ ㄑㄧㄥ ㄨˋ

mist

【气】旧称"霭"。造成视程障碍的天气现象的一种。由微小水滴或吸湿性粒子所构成的稀薄雾幕。灰白色，使水平能见度在 1～10 千米。

Q

轻泻药/緩瀉劑

qīngxièyào/ㄑㄧㄥ ㄒㄧㄝˋ ㄧㄠˋ

laxative

【医】又称"缓泻药"。使肠管内水分增加或通过润滑肠道，使粪便软化而加速排便的药物。常用的有比沙可啶、聚乙二醇、多库酯钠等。

轻型冲锋枪/輕型衝鋒槍

qīngxíng chōngfēngqiāng/ㄑㄧㄥ ㄒㄧㄥˊ ㄔㄨㄥ ㄈㄥ ㄑㄧㄤ

light submachine gun

【军】又称"微型冲锋枪"。全枪质量多在2.5千克以下，携行长度在500毫米以下，可以单手射击的冲锋枪。常采用折叠式或伸缩式枪托，便于携行使用和实施单手射击，在紧迫情况下，不打开枪托也能快速出枪射击。

轻型坦克/輕型坦克

qīngxíng tǎnkè/ㄑㄧㄥ ㄒㄧㄥˊ ㄊㄢˇ ㄎㄜˋ

light tank

【军】战斗全重为20吨左右，火炮口径不超过105毫米的坦克。体形小，速度快，通行性高。装备轻型机械化部队、空降兵和海军陆战队，用于侦察、警戒和特定条件下作战。

轻重两用机枪

qīngzhòng liǎngyòng jīqiāng/ㄑㄧㄥ ㄓㄨㄥˋ ㄌㄧㄤˇ ㄩㄥˋ ㄐㄧ ㄑㄧㄤ

【军】即"通用机枪"(1139页)。

轻子/輕子 qīngzǐ/ㄑㄧㄥ ㄗˇ

lepton

【物】微观粒子的一类。不参与强相互作用，参与电磁相互作用、弱相互作用和引力相互作用。自旋是半整数，如电子、正电子等。

📖 因未发现其有结构，通常认为是自然界最基本的粒子之一。有时也将不参与强相互作用的光子等包括其中。有些轻子质量大于常见的重子。

氢/氫 qīng/ㄑㄧㄥ

hydrogen

【化】非金属元素。属周期表第ⅠA族，符号H，原子序数1。原子量1.007。是元素中质量最小的，天然同位素有氕、氘、氚三种。在地壳中，按原子数量计占15.4%，按质量计占1%。大气中自由态的氢不足百万分之一，主要以化合态存在于水和有机物中。单质氢气也简称氢。

📖 1766年，英国的卡文迪什(H.Cavendish)在锌、铁等溶解在盐酸后释放的气体中发现氢，但未认定它是一种新元素，只称为"可燃的空气"；1785年，法国的拉瓦锡(A.L.Lavoisier)才明确指出这是一种新元素。拉丁文定名为hydrogenium，源自希腊文hydrogen，意思是"水之源"。中文定名为"氢"，是形声字。

氢弹/氫彈 qīngdàn/ㄑㄧㄥ ㄉㄢˋ

hydrogen bomb, superatomic bomb

【军】又称"聚变弹""热核弹"。核武器的一种。用特制的原子弹作为引爆装置，使氢的同位素氘、氚等原子核发生聚变反应，瞬时释放巨大能量以产生杀伤破坏效应。属于第二代核武器。威力比原子弹大，可达几千万吨级梯恩梯当量。

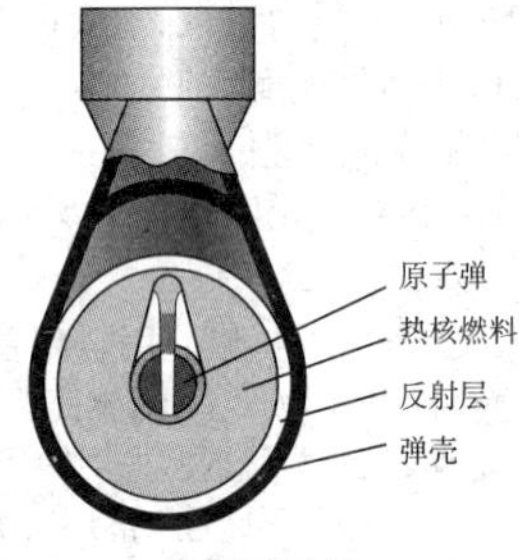

氢弹原理图

氢化油/氫化油

qīnghuàyóu/ㄑㄧㄥ ㄏㄨㄚˋ ㄧㄡˊ

hydrogenated oil

【化】一类经加工的油脂。多含单不饱和脂肪酸，如起酥油、人造黄油、色拉油等。天然植物油富含顺式多不饱和脂肪酸，这类脂肪酸在光照或空气中易发生氧化，产生酸败。氢化油中含10%～60%的反式脂肪酸，生产的食品口感好，松软酥脆，保质期延长。但经常摄入氢化油，心血管疾病风险提高。

氢键/氫鍵 qīngjiàn/ㄑㄧㄥ ㄐㄧㄢˋ

hydrogen bond

【化】化学键的一种。氢原子与电负性高的原子X共价结合时，共用电子对(X∶H)强烈地偏向X一边，使氢原子带有部分正电荷，能再与另一个电负性高而半径较小的原子Y结合，以X－H…Y表示。液态水中，水分子靠氢键结合形成缔合分子。氢键的存在，影响物质的熔点、沸点、溶解度、密度、黏度、酸碱性等。

氢能发电/氫氣發電
qīngnéng fādiàn/ㄑㄧㄥ ㄋㄥˊ ㄈㄚ ㄉㄧㄢˋ
hydrogen power generation
【电】用氢作燃料产生电力的发电方式。氢可直接燃烧产生热能发电,也可以作为燃料电池的燃料发电。

氢气/氫氣 qīngqì/ㄑㄧㄥ ㄑㄧˋ
hydrogen
【化】氢的单质,双原子分子。常温下为无色无臭无味气体,沸点低,难溶于水。高温下异常活泼,能燃烧,并能与许多金属和非金属直接化合。易被一些金属吸附。

氢氧根/氫氧根
qīngyǎnggēn/ㄑㄧㄥ ㄧㄤˇ ㄍㄣ
hydroxyl group
【化】无机化学中一个氢原子与一个氧原子结合的基团。带一个负电荷,为碱的特征基团。水是含氢氧根的最简单和最重要的化合物。

氢氧化钙/氫氧化鈣
qīngyǎnghuàgài/ㄑㄧㄥ ㄧㄤˇ ㄏㄨㄚˋ ㄍㄞˋ
calcium hydroxide
【化】无机化合物。化学式 $Ca(OH)_2$。白色粉末,吸湿,有强碱性,腐蚀性强,对皮肤、织物有腐蚀作用,能吸收空气中的二氧化碳生成碳酸钙。用作建筑材料,也用于制漂白粉、硬水软化剂、脱毛剂、消毒剂、止酸剂、收敛剂和各种钙盐。

氢氧化钠/氫氧化鈉
qīngyǎnghuànà/ㄑㄧㄥ ㄧㄤˇ ㄏㄨㄚˋ ㄋㄚˋ
sodium hydroxide
【化】俗称“苛性钠”。无机化合物。分子式 NaOH。无色透明晶体,吸湿性强,极易潮解,能吸收二氧化碳生成碳酸钠。易溶于水并产生大量的热,水溶液呈强碱性。是重要的工业原料。

氢氧基 qīngyǎngjī/ㄑㄧㄥ ㄧㄤˇ ㄐㄧ
【化】即“羟基”(908 页)。

倾角/傾角 qīngjiǎo/ㄑㄧㄥ ㄐㄧㄠˇ
㊀angle of inclination,㊁dip angle
㊀【数】在平面直角坐标系中,一条直线 l 向上的方向与 x 轴正方向所成的最小正角,叫作 l 的倾角。当 l 与 x 轴平行或重合时,规定 l 的倾角为 0°。直线的倾角 α 的范围是 $0° \leqslant \alpha < 180°$,由 α 的大小可以看出直线 l 对 x 轴的倾斜程度。㊁【地】构造面产状要素之一。构造面与水平面之间的两面角,即倾斜线与其水平投影线之间的夹角。

倾向/傾向 qīngxiàng/ㄑㄧㄥ ㄒㄧㄤˋ
dip
【地】构造面产状要素之一。垂直于走向线,沿构造面倾斜向下的方向所引的直线(倾斜线)在水平面上的投影线沿界面倾斜方向的指向。倾向在数值上与走向相差 90°。

氫氣發電
ㄑㄧㄥ ㄑㄧˋ ㄈㄚ ㄉㄧㄢˋ/qīngqì fādiàn
hydrogen power generation
【电】台湾名。即“氢能发电”(917 页)。

清炒/清炒 qīngchǎo/ㄑㄧㄥ ㄔㄠˇ
simple stir-frying, * plain stir-fry, * stir-fry without adjuvants
【中医】炒制法的一种。把净药材或切制品置锅中,不加辅料,用文火炒至表面黄色;或用中火炒至表面焦黄色,断面色加深,取出放凉。例如,炒杏仁即以清炒法制成。

清蛋白/白蛋白
qīngdànbái/ㄅㄞˊ ㄉㄢˋ ㄅㄞˊ
albumin
【医】又称“白蛋白”。一类分子较小、呈球状、能溶于水的蛋白质。占血清蛋白质的 55%~63%,是血液总渗透压的主要调节物质,具有维持血液渗透压、抗休克;输送脂肪酸、激素、微量金属离子、酶、维生素和药物等物质;并结合有毒物质,运送至解毒器官,排出体外等作用。

清东陵/清東陵
Qīng Dōng Líng/ㄑㄧㄥ ㄉㄨㄥ ㄌㄧㄥˊ
Eastern Mausoleums of Qing Dynasty, Eastern Qing tombs
【建】清代帝王的墓葬群。位于河北遵化境内,始建于康熙二年(公元 1663 年)。陵区南北长 125 千米、宽 20 千米,四面环山,正南有烟墩、天台两山对峙,形成宽仅 50 米的谷口,俗称龙门口。先后建有 5 座帝陵、4 座后陵、5 座妃园寝。以顺治的孝陵为中心,排列于昌瑞山南麓,均由宫墙、隆恩殿、配殿、方城明楼及宝顶等建筑构成。其中方城明楼为各陵园最高的建筑物,内立石碑,碑上以汉、满、蒙三种文字刻写墓主谥号;明楼之后为“宝顶”(大坟头),其下方是停放灵柩的“地宫”。从陵区最南端的石牌坊向北至孝陵宝顶,有一条神道(宽约 12 米,长 6000 米)连成一气,沿途大红门、大碑楼(圣德神功碑楼)、石像生、龙凤门、七孔桥、小碑楼(神道碑楼)、隆恩门、隆恩殿、方城明楼等建筑井然有序,主次分明。

清法/清法 qīngfǎ/ ㄑㄧㄥ ㄈㄚˇ

clearing method

【中医】又称“清热法”。内治法之一。用药性寒凉,具有清热作用的方药治疗热邪所致的病证。

清关 qīngguān/ ㄑㄧㄥ ㄍㄨㄢ

【物流】即“通关”(1138 页)。

清洁生产/清潔生産

qīngjié shēngchǎn/ ㄑㄧㄥ ㄐㄧㄝˊ ㄕㄥ ㄔㄢˇ

cleaner production

【环】通常指在产品的生产、使用及废弃处理过程中,始终坚持合理利用资源,改进工艺和控制污染的可持续发展生产方式。目前国际上尚无统一定义,同义性术语有“废物预防”“废物最小化”“源消减”“源控制”“污染预防”等。2002 年颁布的《中华人民共和国清洁生产促进法》规定:“本法称清洁生产,是指不断采取改进设计,使用清洁的能源和原料、采用先进的工艺技术与设备、改善管理、综合利用等措施,从源头削减污染,提高资源利用效率,减少或避免生产、服务和产品使用过程中污染物的产生和排放,以减轻或者消除对人类健康和环境的危害。”

清潔劑 ㄑㄧㄥ ㄐㄧㄝˊ ㄐㄧˋ/qīngjiéjì

detergent, washing agent

【化】台湾名。即“洗涤剂”(1229 页)。

清凉油/清涼油

qīngliángyóu/ ㄑㄧㄥ ㄌㄧㄤˊ ㄧㄡˊ

qingliang oil, * Cool Oil

【中医】中成药名。主要成分:薄荷脑、薄荷油、樟脑油、樟脑、桉油、丁香油、桂皮油、氨水。外用,涂于太阳穴或患处。清凉散热,醒脑提神,止痒止痛。用于感冒头痛,中暑,晕车,蚊虫蜇咬等。

清漆/清漆 qīngqī/ ㄑㄧㄥ ㄑㄧ

varnish

【化】不含颜料的透明油漆。主要成分为树脂或树脂加干性油及溶剂。涂在物体表面,干燥后形成硬质透明薄膜。可分为油基清漆(俗称“凡立水”)和树脂清漆(俗称“泡立水”)两类。

清热法

qīngrèfǎ/ ㄑㄧㄥ ㄖㄜˋ ㄈㄚˇ

【中医】即“清法”(918 页)。

清热解毒/清熱解毒

qīngrè jiědú/ ㄑㄧㄥ ㄖㄜˋ ㄐㄧㄝˇ ㄉㄨˊ

clearing heat and removing toxicity, * clear heat and resolve toxin

【中医】清热法的一种。用具有清热邪、解热毒作用的方药,治疗里热炽盛证、火热毒证及痈肿疔毒等病证。

清热解暑/清熱解暑

qīngrè jiěshǔ/ ㄑㄧㄥ ㄖㄜˋ ㄐㄧㄝˇ ㄕㄨˇ

clearing summer-heat

【中医】清热法的一种。用具有清热、解暑作用的方药治疗暑热证。

清掃車

ㄑㄧㄥ ㄙㄠˇ ㄔㄜ/qīngsǎochē

sweeper truck

【机】台湾名。即“扫路车”(974 页)。

清水墙/清水牆

qīngshuǐqiáng/ ㄑㄧㄥ ㄕㄨㄟˇ ㄑㄧㄤˊ

drywall

【建】不抹灰、不贴面,表现砌体质感的砖墙。砌筑要求严格,用泥沙浆或灰浆勾缝,以防风雨侵蚀,同时外表整洁质朴。

清西陵/清西陵

Qīng Xī Líng/ ㄑㄧㄥ ㄒㄧ ㄌㄧㄥˊ

Western Mausoleums of Qing Dynasty, Western Qing tombs

【建】清代帝王的陵墓群。位于河北易县城西永宁山下,始建于雍正八年(1730 年),面积 800 余平方千米。先后建有 4 座帝陵、3 座后陵,7 座公主、妃园寝。不用神功圣德碑楼,改重檐歇山顶的隆恩殿为单檐歇山顶的楠木殿,殿后用三间四柱三楼石牌楼代替琉璃门和二柱门。在石五供后,白石栏杆环绕的高台正中是黄色琉璃瓦檐的砖砌圆形宝顶,代替帝陵中的方城明楼和宝城宝顶。昌西陵在后陵中,没有神道碑亭,改隆恩门为三间,隆恩殿用单檐歇山顶，琉璃门后高台上置圆柱形宝顶，不用方城明楼，为后陵中特例。慕东陵由妃园寝改建，不用方城明楼，皇后的圆柱形宝顶居中，周围是妃嫔宝顶。

清洗车/清洗車 qīngxǐchē/ㄑㄧㄥ ㄒㄧˇ ㄔㄜ

cleaning tanker

【机】专用汽车的一种。装备有水泵、管道系统等设施，用于清理路面、管道沉积物或清洗物体。

清箱機 ㄑㄧㄥ ㄒㄧㄤ ㄐㄧ/qīngxiāngjī

knock-out machine, shakeout machine

【机】台湾名。即"落砂机"(775 页)。

清障车/拖吊車

qīngzhàngchē/ㄊㄨㄛ ㄉㄧㄠˋ ㄔㄜ

tow truck

【机】专用汽车的一种。装备有起重、托举、拖曳等设备，用于清除道路障碍物。

傾側 ㄑㄧㄥ ㄘㄜˋ/qīngcè

heel

【船】台湾名。即"横倾"(498 页)。

傾斗雨量計

ㄑㄧㄥ ㄉㄡˇ ㄩˇ ㄌㄧㄤˋ ㄐㄧˋ/qīngdǒu yǔliàngjì

tilting bucket raingauge

【气】台湾名。即"翻斗式雨量计"(310 页)。

輕便鐵路

ㄑㄧㄥ ㄅㄧㄢˋ ㄊㄧㄝˇ ㄌㄨˋ/qīngbiàn tiělù

light rail

【交】台湾名。即"轻轨铁路"(915 页)。

輕舉貨 ㄑㄧㄥ ㄐㄩˇ ㄏㄨㄛˋ/qīngjǔhuò

bulky cargo

【物流】台湾名。即"轻泡货"(915 页)。

輕落地 ㄑㄧㄥ ㄌㄨㄛˋ ㄉㄧˋ/qīngluòdì

soft landing

【航】台湾名。即"软着陆"(963 页)。

輕載排水量

ㄑㄧㄥ ㄗㄞˋ ㄆㄞˊ ㄕㄨㄟˇ ㄌㄧㄤˋ/

qīngzài páishuǐliàng

light displacement

【船】台湾名。即"空载排水量"(692 页)。

蜻蜓/蜻蜓 qīngtíng/ㄑㄧㄥ ㄊㄧㄥˊ

dragonfly

【动】昆虫名。蜻蜓目间翅亚目和差翅亚目昆虫的统称。身体细长，有膜质翅两对。复眼大而鼓，视力极好。雌虫用尾部点水而产卵于水中，幼虫(稚虫)在水中生活，用鳃呼吸。成虫在水边飞翔，捕食蚊子等。

鲭/鯖 qīng/ㄑㄧㄥ

mackerels and tunas

【动】*Scomber japonicus* 又称"鲐"。鱼名。硬骨鱼纲鲭科。身体梭形而侧扁，长约 40 厘米，头大而尖，口大，鳞圆而细，背部青黑色或深蓝色，体两侧有不规则纹，腹部白而略带黄色。生活在近海。中国沿海均有分布。

鲭

情操/情操 qíngcāo/ㄑㄧㄥˊ ㄘㄠ

sentiment

【心】与人的高级社会性需要相联系，与一定的思想和社会价值观念相结合的高级情感。体现在情感的内容方面，具有更稳定、更含蓄、更深厚的特点。

情感/情感 qínggǎn/ㄑㄧㄥˊ ㄍㄢˇ

affection

【心】广义上指人对客观事物的态度体验，狭义上指与人的社会性需要密切联系的较复杂、较稳定的态度体验。既有情景性，又有稳定性、长期性和一定的社会性，如道德感、理智感、美感。情感与情绪是一种心理活动过程的两个不同的侧面。

情感疾病

ㄑㄧㄥˊ ㄍㄢˇ ㄐㄧˊ ㄅㄧㄥˋ/qínggǎn jíbìng

affective disorder

【医】台湾名。即"情感障碍"(919 页)。

情感障碍/情感疾病

qínggǎn zhàng'ài/ㄑㄧㄥˊ ㄍㄢˇ ㄐㄧˊ ㄅㄧㄥˋ

affective disorder

【医】对于喜、怒、哀、乐、爱、憎、恐、忧等情感的体验和表达，有着与现实不相适应的表现。多与某些心理、精神疾病有关。

情感智商

qínggǎn zhìshāng/ㄑㄧㄥˊ ㄍㄢˇ ㄓˋ ㄕㄤ

【心】即"情商"(919 页)。

情商/情緒智商

qíngshāng/ㄑㄧㄥˊ ㄒㄩˋ ㄓˋ ㄕㄤ

Q

emotional quotient，EQ

【心】又称"情感智商""情绪智商"。指人在情绪、情感、意志、耐受挫折等方面的品质。是个体监控自己及他人的情绪、情感，识别、利用这些信息指导自己的思想和行为的能力。美国心理学博士丹尼尔·戈尔曼(D. Goleman，1946—)认为情商包括五个方面：⑴了解自我(是情商的核心)；⑵自我管理；⑶自我激励；⑷识别他人的情绪；⑸处理人际关系。

情绪/情緒 qíngxù/ㄑㄧㄥˊ ㄒㄩˋ

emotion

【心】广义的情绪包括情感，是人对客观事物的态度体验。狭义的情绪是人对客观事物是否符合自身需要而产生的暂时性的态度体验。情绪往往与生物性需要联系密切，带有较强的情景性，是一种以需要为中介的反映形式。只有与人的需要有联系的事物，才能使人产生情绪体验；有需要而且得到满足，会产生肯定的情绪体验(如满意、快乐等)，有需要得不到满足，就会产生否定的情绪体验(如愤怒、悲哀等)。情感与情绪是一种心理活动过程的两个不同的侧面。

情绪符/心情符號

qíngxùfú/ㄒㄧㄣ ㄑㄧㄥˊ ㄈㄨˊ ㄏㄠˋ

emoticon

【信息】利用字符来表示始发方心境的组合符号。例如以" :-) "表示快乐，以" :-("表示哀伤。

情绪记忆/情緒記憶

qíngxù jìyì/ㄑㄧㄥˊ ㄒㄩˋ ㄐㄧˋ ㄧˋ

emotional memory

【心】以体验过的情绪、情感为内容的记忆。是个体过去经历过的情绪、情感体验保存在记忆中，在一定条件下触发，当初的情绪、情感体验再度出现，因而重新体验到。

情绪智商/情緒智商

qíngxù zhìshāng/ㄑㄧㄥˊ ㄒㄩˋ ㄓˋ ㄕㄤ

【心】即"情商"(919 页)。

晴空電場

ㄑㄧㄥˊ ㄎㄨㄥ ㄉㄧㄢˋ ㄔㄤˇ/qíngkōng diànchǎng

fair-weather electric field

【气】台湾名。即"晴天电场"(920 页)。

晴天/碧空 qíngtiān/ㄅㄧˋ ㄎㄨㄥ

clear sky

【气】天空状况的一种。天空无云，或零星的云遮蔽天空不到一成(10%)。有时出现云遮蔽天空多于一成，因对透过阳光少有影响，也称为晴。

晴天电场/晴空電場

qíngtiān diànchǎng/ㄑㄧㄥˊ ㄎㄨㄥ ㄉㄧㄢˋ ㄔㄤˇ

fair-weather electric field

【气】正常状态下的大气电场。是指向朝下，陆地上强度为 120 伏特/米、海洋上强度为 130 伏特/米的电场。常用作参考电场。

氰/氰 qíng/ㄑㄧㄥ

cyanogen

【化】一类含氮物质。无色气体，有苦杏仁气味，剧毒。燃烧时呈桃红色火焰。氮碳两种元素组成的原子团称为"氰基"或"氰离子"，含氰基的有机化合物称为"腈"，含氰离子的无机化合物称为"氰化物"。

苘麻/苘麻 qǐngmá/ㄑㄧㄥˇ ㄇㄚˊ

Chinese jute

【植】*Abutilon theophrasti* 锦葵科苘麻属。一年生亚灌木状草本植物。全株被毛。叶圆心形，先端长尖，基部心形，边缘有齿。花单生于叶腋，花萼杯状，五裂；花瓣倒卵形，黄色。花期 7—8 月份。在中国，分布于除青藏高原外各地。野生植物。茎皮纤维可用，种子入药。

qiong（ㄑㄩㄥ）

穹窿/穹窿 qiónglóng/ㄑㄩㄥ ㄌㄨㄥˊ

dome

㊀【地】一种特殊形态的褶曲。地层在空间上呈中间突起的背斜构造，平面上地层呈近同心圆状分布，核部出露较老的地层，向外依次变新，岩层从顶部向四周倾斜。㊁【建】圆形平面上覆盖的半球形拱顶。多用砖、石、土坯砌筑。

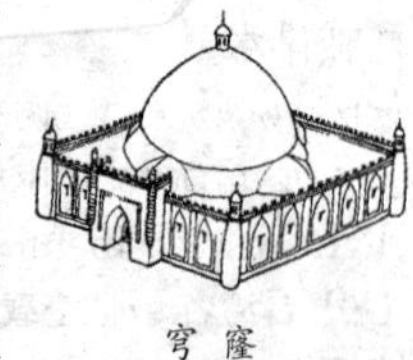

穹 窿

📖 穹窿在古代最先出现于两河流域的美

索不达米亚、波斯和伊特鲁利亚，后在罗马得到发展和完善。中国的穹窿出现于公元前1世纪的汉代，主要用于墓室的顶盖，地面建筑多见于砖塔的顶部。

琼脂/瓊脂 qióngzhī/ㄑㄩㄥˊ ㄓ

agar

【化】从某些海藻中提取的天然多糖混合物。由琼脂糖和琼脂胶两部分组成。不溶于冷水，能吸收相当本身体积20倍的水，易溶于沸水，稀释液在42℃保持液状，在37℃凝成紧密的胶冻。在食品工业中用作果冻、果糕等的胶凝剂，果汁饮料的稳定剂等。

琼州海峡/瓊州海峽 Qióngzhōu Hǎixiá/ㄑㄩㄥˊ ㄓㄡ ㄏㄞˇ ㄒㄧㄚˊ

Qiongzhou Strait

【地】海峡名。位于海南岛与雷州半岛之间，是连通北部湾与南海的重要通道。东西长约80千米，南北相距29.5千米。平均水深44米，最深达114米。

qiu （ㄑㄧㄡ）

丘陵/丘陵 qiūlíng/ㄑㄧㄡ ㄌㄧㄥˊ

hill

【地】高低起伏，坡度较缓，连绵成片的高地。海拔高度通常500米以下，是陆地表面的一种基本地貌。如中国的山东丘陵。

丘脑/丘腦 qiūnǎo/ㄑㄧㄡ ㄋㄠˇ

thalamus

【医】位于第三脑室旁双侧对称的卵圆形灰质团块，外侧面为内囊后肢。包括特异投射核团和非特异投射核团，为大脑皮质下辨认感觉性质、定位，对感觉刺激做出情感反应及保持觉醒的重要神经结构。

丘腦底部 ㄑㄧㄡ ㄋㄠˇ ㄉㄧˇ ㄅㄨˋ/qiūnǎo dǐbù

subthalamus

【医】台湾名。即“底丘脑”(218页)。

秋分点/秋分點

qiūfēndiǎn/ㄑㄧㄡ ㄈㄣ ㄉㄧㄢˇ

autumnal equinox

【天】二分点之一。黄道对天赤道的降交点，在天球上与春分点相隔180°。太阳每年9月23日前后通过秋分点。

秋耕/秋耕 qiūgēng/ㄑㄧㄡ ㄍㄥ

fall-plough

【农】秋收作物收获后进行的土壤耕作。以改善耕层的结构，保蓄水分，提高肥力，清除杂草和减少病虫发生。

秋海棠/秋海棠

qiūhǎitáng/ㄑㄧㄡ ㄏㄞˇ ㄊㄤˊ

evans begonia

【植】*Begonia grandis* 秋海棠科秋海棠属。多年生草本植物。根状茎球形，茎直立，有分枝。叶互生，有长柄。卵形，两侧不等，边缘有齿，齿尖带芒，表面带红色，背面紫红色。聚伞状花序，花粉红色。花期7月份。在中国，分布于河北、陕西、四川、贵州，以及华中和华东地区。观赏花卉。

📖 秋海棠是秋海棠属所有植物的统称，还包括近千种的园艺品种。

秋葵 qiūkuí/ㄑㄧㄡ ㄎㄨㄟˊ

【植】“黄蜀葵”的通称。

秋汛/秋汛 qiūxùn/ㄑㄧㄡ ㄒㄩㄣˋ

autumn flood

【水利】秋季(通常指晚秋)发生的江河涨水现象。

秋英/秋櫻 qiūyīng/ㄑㄧㄡ ㄧㄥ

cosmos

【植】*Cosmos bipinnata* 通称“波斯菊”。菊科秋英属。一至多年生草本植物。根纺锤状，多须根。叶二次羽状深裂，裂片条形。头状花序单生，总苞片外层披针形，淡绿色，具深紫色条纹；舌状花紫红、粉红或白色，管状花黄色。瘦果黑紫色。花期6—8月份。中国各地均有栽培。观赏花卉。

秋櫻 ㄑㄧㄡ ㄧㄥ/qiūyīng

cosmos

【植】台湾名。即“秋英”(921页)。

秋燥/秋燥 qiūzào/ㄑㄧㄡ ㄗㄠˋ

autumn-dryness disease

【中医】中医温病之一。秋季感受燥邪所致。通常病情较轻，传变较少。若肺受燥热，症见发热咳嗽，甚则喘而失血，可用清金保肺汤；若肺受燥凉，症见咳而微喘，气郁不下，可用润肺降气汤。

秋作物 ㄑㄧㄡ ㄗㄨㄛˋ ㄨˋ/qiūzuòwù

autumn crops

【农】台湾名。即“大秋作物”(187 页)。

蚯蚓/蚯蚓 qiūyǐn/ㄑㄧㄡ ㄧㄣˇ

earthworm, angleworm

【动】又称“蛐蟮”“地龙”。环节动物名。寡毛纲各种的统称。身体柔软,圆而长,褐色,腹面颜色较浅,环节上有刚毛,无骨骼。通过肌肉收缩和刚毛的配合向前移动。雌雄同体,异体受精。昼伏夜出,以畜禽粪便和有机废物垃圾为食,连同泥土一同吞入,也吃植物的茎叶等。生活在土壤中,对改良土壤有重要作用。种类很多,分布广泛。

楸/楸 qiū/ㄑㄧㄡ

manchurian catalpa

【植】*Catalpa bungei* 通称“楸树”。紫葳科梓属。落叶乔木。树干通直,树皮灰褐色,浅纵裂。叶三角状卵形,先端尖,基部有齿。总状花序伞房状排列,顶生,花冠淡红色,内有黄线和紫色斑点。花期 5—6 月份。在中国,分布于各地。行道树。木材可用。

楸树 qiūshù/ㄑㄧㄡ ㄕㄨˋ

【植】“楸”的通称。

犰狳/犰狳 qiúyú/ㄑㄧㄡˊ ㄩˊ

armadillo

【动】哺乳动物名。贫齿目犰狳科。身体分前、中、后三段,头顶、背部、尾部和四肢有角质鳞片,中段的鳞片有筋肉相连接,可伸缩,腹部无鳞多毛,趾有锐利的爪,善掘土。生活在疏林、草原和沙漠地区,昼伏夜出,以蚁类、蜗牛、蜥蜴、鸟卵和坚果等为食。分布于美洲。

犰 狳

求同思维

qiútóng sīwéi/ㄑㄧㄡˊ ㄊㄨㄥˊ ㄙ ㄨㄟˊ

【心】即“辐合思维”(362 页)。

求异思维 qiúyì sīwéi/ㄑㄧㄡˊ ㄧˋ ㄙ ㄨㄟˊ

【心】即“发散思维”(305 页)。

球 qiú/ㄑㄧㄡˊ

【数】“球体”的简称。

球鼻艏/球形艏 qiúbíshǒu/ㄑㄧㄡˊ ㄅㄧˊ ㄕㄡˇ

bulbous bow

【船】简称“球艏”,又称“球型艏”。船舶艏部在设计水线以下呈球状、鼻状等形状的凸出部分(还有水滴形、撞角形、圆筒形等多种)。船舶主尺度、速度等在适当关系时,采用球鼻艏对提高船舶速度等有较明显作用。

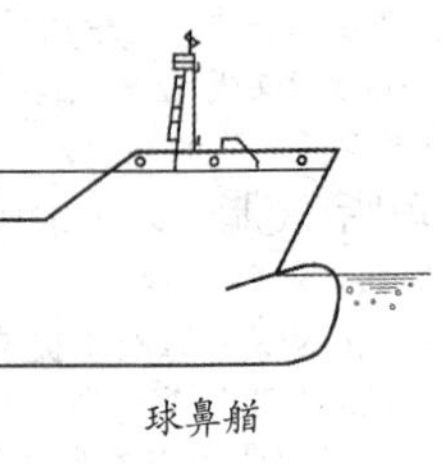
球鼻艏

球带/球帶 qiúdài/ㄑㄧㄡˊ ㄉㄞˋ

spherical zone

【数】用两个平行平面截球,夹在截面之间那部分球面叫作球带。两个截面之间的距离叫作球带的高。球带的面积 $S=2\pi Rh$,其中 R 是球的半径,h 是球带的高。

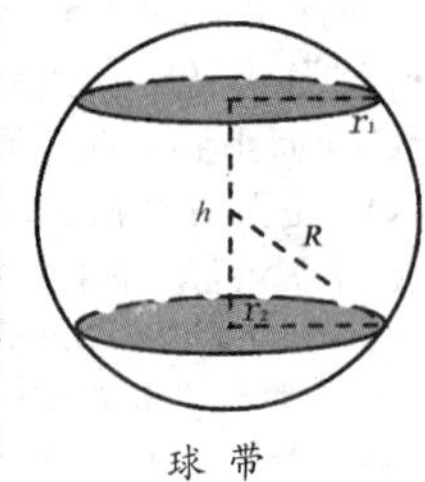

球 带

球蛋白/球蛋白 qiúdànbái/ㄑㄧㄡˊ ㄉㄢˋ ㄅㄞˊ

globulin

【生】一类简单蛋白质。不溶于水而溶于稀的中性盐溶液,加热就沉淀或凝固。血清球蛋白、乳球蛋白、肌球蛋白以及植物种子中的蛋白多属球蛋白。

球阀/球閥 qiúfá/ㄑㄧㄡˊ ㄈㄚˊ

ball valve

【机】阀的一种。用于截断或接通管路中的介质或流体的调节与控制。启闭件(球体)由阀杆带动,并绕阀杆的轴线做旋转运动。在管道中一般应当水平安装。按驱动方式不同,可分为气动、电动和手动;按功能不同,可分为旁通阀、空气阀、卸压阀、排污阀。

球冠/球冠 qiúguān/ㄑㄧㄡˊ ㄍㄨㄢ

spherical crown

【数】用平面截一个球面,球面被分成两部分,垂直于截面的直径也被分成两段。球面被分成的每一部分都叫作球冠。垂直于截面的直径上,夹在截面和球冠

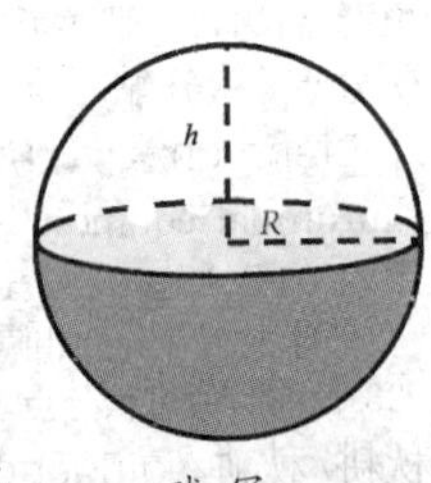

球 冠

之间的一段叫作球冠的高。球冠的面积 $S=2\pi Rh$，其中 R 是球的半径，h 是球冠的高。

球果 qiúguǒ/ㄑㄧㄡˊ ㄍㄨㄛˇ

【植】即“球花”(923 页)。

球花/球花 qiúhuā/ㄑㄧㄡˊ ㄏㄨㄚ

cone

【植】又称“孢子叶球”“球果”。一种单性花序。由一个中轴和围绕其生长的孢子叶共同组成，有雌雄之分。如松、杉等的花。

球截形 ㄑㄧㄡˊ ㄐㄧㄝˊ ㄒㄧㄥˊ/qiújiéxíng

spherical segment

【数】台湾名。即“球缺”(924 页)。

球茎/球莖 qiújīng/ㄑㄧㄡˊ ㄐㄧㄥ

corm

【植】短而肥厚、呈球形或扁球形的肉质地下茎。茎下部有很多根，外面有干膜质鳞片，芽藏于鳞片内部。如慈姑、水仙的茎。

球菌/球菌 qiújūn/ㄑㄧㄡˊ ㄐㄩㄣ

coccus

【生】球形的细菌。呈单生、成对、四联、八叠、链状、葡萄串状等。广泛分布于自然界或生物体内和体表。腐生或寄生。如肺炎双球菌、金黄色葡萄球菌等。

球面/球面 qiúmiàn/ㄑㄧㄡˊ ㄇㄧㄢˋ

sphere

【数】半圆绕它的直径所在直线旋转一周形成的曲面。球的表面积 $S=4\pi r^2$，其中 r 是球的半径。过球心的任一平面截球面所得的交线叫作球的大圆，不过球心的平面截球面所得的交线叫作球的小圆。过球面上任意两点的大圆上，以这两点为端点的劣弧(或半圆)长，叫作这两点之间的球面距离。球面也可看作空间中到定点的距离等于定长的点的集合。以原点为球心，r 为半径的球面的普通方程为 $x^2+y^2+z^2=r^2$。

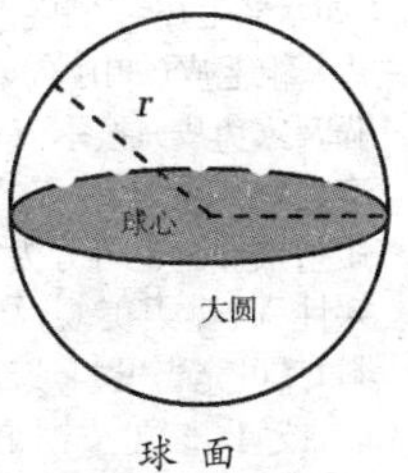

球 面

球面波/球面波

qiúmiànbō/ㄑㄧㄡˊ ㄇㄧㄢˋ ㄅㄛ

spherical wave

【物】波面为同心球面的波。

球面度/立弳 qiúmiàndù/ㄌㄧˋ ㄐㄧㄥˋ

steradian

【计量】国际单位制立体角单位。符号 sr。球面度是一立体角，其顶点位于球心，在球面上截出的面积等于以球半径为边长的正方形的面积。1 球面度＝1 米²/米²＝1。

球面三角/球面三角

qiúmiàn sānjiǎo/ㄑㄧㄡˊ ㄇㄧㄢˋ ㄙㄢ ㄐㄧㄠˇ

spherical triangle

【数】三角学的一个分支。利用三角函数来研究球面上的三角形(用大圆弧连接球面的三个点所成的球面图形)的边角关系及其应用。起源于天文测量，是三角学最早的内容。

球面坐标/球面座標

qiúmiàn zuòbiāo/ㄑㄧㄡˊ ㄇㄧㄢˋ ㄗㄨㄛˋ ㄅㄧㄠ

spherical coordinates

【数】取空间直角坐标系 $O\text{-}xyz$，从任一点 $P(x,y,z)$ 向 xy 平面做垂线，垂足为 M，连接 OP，OM，记 $\angle zOP=\varphi$，$\angle xOM=\theta$，$r=\sqrt{x^2+y^2+z^2}$，则有序数组 (r,φ,θ) 叫作点 P 的球面坐标，其中 $r\geqslant 0$，$0\leqslant\varphi\leqslant\pi$，$0\leqslant\theta<2\pi$。如图，坐标 (r,φ,θ) 表明点 P 为以原点为球心、半径为 r 的球面上的一个定点，因此称 (r,φ,θ) 为球面坐标。

球面坐标

球磨机/球磨機 qiúmójī/ㄑㄧㄡˊ ㄇㄛˊ ㄐㄧ

ball mill

【机】磨矿机的一种。是具有混合作用的研磨机械。因研磨体常为球形，故名。可用湿法或干法操作，前者常配置分级机，后者常配置抽风及分离设备。多用于粉磨各种矿石及其他物料。广泛用于选矿、化工等建筑工程作业中。

球墨铸铁/球墨鑄鐵

qiúmò zhùtiě/ㄑㄧㄡˊ ㄇㄛˋ ㄓㄨˋ ㄊㄧㄝˇ

spheroidal graphite cast iron, modular

cast iron

【材】含有球状石墨的灰铸铁。浇注前在铁水中加入少量球化剂和孕育剂，使凝固后在组织中形成球状石墨，力学性能良好，其强度和韧性较其他铸铁为高。有时可代替铸钢和锻钢。

球囊扩张式支架/球囊擴張式支架

qiúnáng kuòzhāngshì zhījià/ ㄑㄧㄡˊ ㄋㄤˊ ㄎㄨㄛˋ ㄓㄤ ㄕˋ ㄓ ㄐㄧㄚˋ

balloon-expand-able stent

【医】由医用不锈钢和钴铬合金等制成的预先装于球囊导管上的支架。与球囊一起输送到病变部位，球囊加压，释放支架，扩张后的支架使病变血管畅通。

球缺/球截形 qiúquē/ ㄑㄧㄡˊ ㄐㄧㄝˊ ㄒㄧㄥˊ

spherical segment

【数】用平面截一个球，球被分成两部分，每一部分都叫作球缺。球缺中的圆面叫作球缺的底面。过底面中心且垂直于底面的直线留在球缺内的一段叫作球缺的高。球缺的体积 $V=\frac{1}{3}\pi h^2(3R-h)$，其中 h 为球缺的高，R 为球的半径。

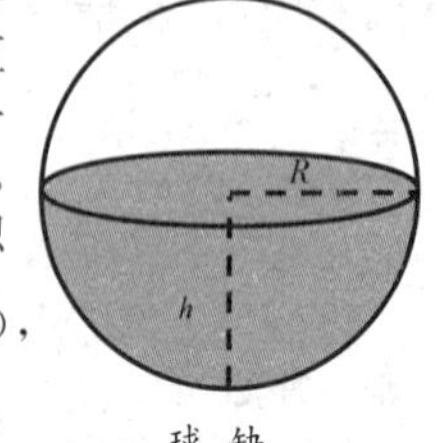

球 缺

球艏 qiúshǒu/ ㄑㄧㄡˊ ㄕㄡˇ

【船】“球鼻艏”的简称。

球台/球檯 qiútái/ ㄑㄧㄡˊ ㄊㄞˊ

spherical frustum

【数】用两个平行平面截球，夹在截面之间那部分球体叫作球台。两个截面之间的距离叫作球台的高，两个圆形截面叫作球台的两个底面。球台的体积 $V=\frac{1}{6}\pi h(3a^2+3b^2+h^2)$，其中 h 是球台的高，a，b 是两个截面的半径。

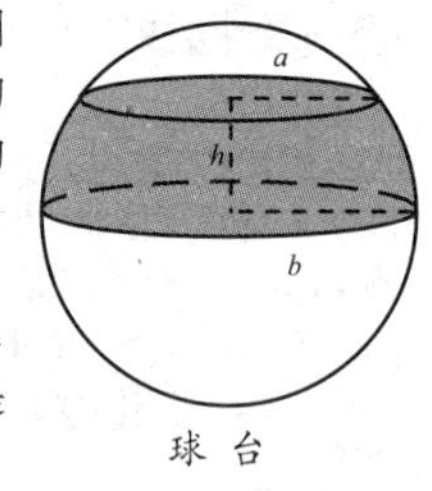

球 台

球体/球體 qiútǐ/ ㄑㄧㄡˊ ㄊㄧˇ

solid sphere

【数】简称“球”。以半圆的直径所在直线为轴，将半圆旋转一周所围成的旋转体。半圆的圆心叫作球心，连接球心与球表面上任一点的线段叫作球的半径，球的体积 $V=\frac{4}{3}\pi r^3$，其中 r 是球的半径。球也可看作空间中到定点的距离不超过定长的点的集合，定点为球心，定长为球的半径。

球形艏 ㄑㄧㄡˊ ㄒㄧㄥˊ ㄕㄡˇ/qiúxíngshǒu

bulbous bow

【船】台湾名。即“球鼻艏”(922 页)。

球型艏 qiúxíngshǒu/ ㄑㄧㄡˊ ㄒㄧㄥˊ ㄕㄡˇ

【船】即“球鼻艏”(922 页)。

巯基/巰基 qiújī/ ㄑㄧㄡˊ ㄐㄧ

sulfhydryl，mercapto

【化】一个氢原子与一个硫原子结合构成的原子团。为弱酸性与弱极性基。硫醇与硫酚中都含有巯基。

📖 “巯”字由“氢”和“硫”两字合成，读音取“氢”的声母 q，取“硫”的韵母和声调 iú。

裘皮/毛皮 qiúpí/ ㄇㄠˊ ㄆㄧˊ

fur

【纺】动物带毛的皮革。由皮板和毛被组成，毛被中，绒毛最细、最短、最柔软，颜色较差，色调较一致，占总毛量的 95%以上；针毛较粗、较长、较直，有弹性，颜色、光泽较好，占总毛量的 2%～4%；锋毛最粗、最长、最直，弹性最好，占总毛量的 0.5%～1%。按毛的长短、粗细、色泽和皮板厚薄不同，可分为小毛细皮(如水貂毛皮、黄鼬毛皮等)、大毛细皮(如狐毛皮)、粗毛皮(如山羊皮)、杂毛皮(如青鼬毛皮、猫及家兔皮)；按季节不同，可分为冬皮、秋皮、春皮和夏皮，其中从立冬到立春所产的毛皮质量最好。也可分为家养和野生两类。其御寒性强，轻柔美观，高雅珍贵。既可用作面料，又可充当里料或絮料。适于制作裘皮服装、披肩、皮领、皮帽、围巾、手套等。

qu (ㄑㄩ)

区段站/區段站

qūduànzhàn/ ㄑㄩ ㄉㄨㄢˋ ㄓㄢˋ

district station

【交】铁路车站的一种。是铁路网机车牵引区段的分界点。通常设有接发列车和调车车场、调车设备、机车整备和车辆检修设备,主要任务是为邻接的铁路区段供应机车及更换乘务组,对货物列车中的车辆进行技术检修和货运检查整理,办理一定数量的列车解体、编组作业及客货运业务。

区间/區間 qūjiān/ㄑㄩ ㄐㄧㄢ

interval

【数】实数集 **R** 的连续子集,在数轴上表示为一条线段或射线。可分为开区间、闭区间、半开区间、有限区间、无限区间等。

区域环境/區域環境

qūyù huánjìng/ㄑㄩ ㄩˋ ㄏㄨㄢˊ ㄐㄧㄥˋ

regional environment

【环】占有特定地域空间的环境。自然环境和社会经济的区域差异性形成不同的区域环境,按区域环境特性不同,可分为自然区域环境、社会区域环境等。

区域通信卫星/區域通信衛星

qūyù tōngxìn wèixīng/

ㄑㄩ ㄩˋ ㄊㄨㄥ ㄒㄧㄣˋ ㄨㄟˋ ㄒㄧㄥ

regional communication satellite

【航】通信波束覆盖某个区域,为多个国家通信服务、共同使用的卫星。通常由处在同一区域的不同国家和地区,共同建立的卫星通信系统(如“欧洲通信卫星”和“阿拉伯卫星”)或一个国家、一个国家公司投资拥有卫星,其他国家或地区租用(如“亚星”、“亚太星”、“中卫”1 号卫星、“马来西亚东亚”卫星和印度尼西亚的“统一”卫星)。

区域综合电子信息系统/區域綜合電子資訊系統

qūyù zōnghé diànzǐ xìnxī xìtǒng/

ㄑㄩ ㄩˋ ㄗㄨㄥ ㄏㄜˊ ㄉㄧㄢˋ ㄗˇ ㄒㄧㄣˋ ㄒㄧ ㄒㄧˋ ㄊㄨㄥˇ

regional integrated electronic information system

【军】在战区范围内构建的综合电子信息系统。由区域陆、海、空、导弹部队综合电子信息系统、区域共用信息基础设施等组成,包括指挥控制、预警探测、情报侦察、综合电子战、通信、作战保障、导航定位与目标识别、安全保密等功能系统。为各成员提供系统互操作能力、信息共享能力、态势一致理解能力、决策支持能力等,有效地支持协同作战和联合作战。用于区域作战,是夺取信息优势、决策优势和全维优势的重要手段。

曲率/曲率 qūlǜ/ㄑㄩ ㄌㄩˋ

curvature

【数】设 C 是一条平面曲线,在 C 上以某点为起点到点 P 的弧长是 s,到点 Q 的弧长是 $s+\Delta s$。曲线 C 的以点 P、点 Q 为切点的两条切线之间的夹角为 $\Delta\theta$,则 $k=\lim\limits_{\Delta s\to 0}\left|\dfrac{\Delta\theta}{\Delta s}\right|$ 叫作曲线 C 在点 P 处的曲率。若 $f(x)$ 有二阶导数,则曲线 $y=f(x)$ 的曲率 $k=\dfrac{|f''(x)|}{(1+(f'(x))^2)^{\frac{3}{2}}}$。

曲 率

对空间曲线可以类似地定义曲率。

📖 圆是曲率为定值的曲线,其曲率是半径的倒数。若曲线由参数方程 $x=x(t)$, $y=y(t)$ 给出,则曲率 $k=\dfrac{|x'y''-x''y'|}{(x'^2+y'^2)^{\frac{3}{2}}}$。若曲线由极坐标方程 $\rho=\rho(\theta)$ 给出,则曲率 $k=\dfrac{|\rho^2+2\rho'^2-\rho\rho''|}{(\rho^2+\rho'^2)^{\frac{3}{2}}}$。

曲率半径/曲率半徑

qūlǜ bànjìng/ㄑㄩ ㄌㄩˋ ㄅㄢˋ ㄐㄧㄥˋ

radius of curvature

【数】曲线 C 在它上一点 P 处的曲率 k 的倒数 $\dfrac{1}{k}$,叫作曲线 C 在点 P 处的曲率半径。圆上各点的曲率 k 都相等,在各点的曲率半径 $\dfrac{1}{k}=r$ 即圆的半径。

曲蟮 qūshàn/ㄑㄩ ㄕㄢˋ

【动】同“蛐蟮”。即“蚯蚓”(922 页)。

曲线锯/曲線鋸 qūxiànjù/ㄑㄩ ㄒㄧㄢˋ ㄐㄩˋ

jig saw

【轻】锯的一种。钢质锯条很窄,或只是一条带刺的钢线,便于在锯切过程中转弯,可在木材、塑料、瓷砖、石材及一些金属材料上进行直线和曲线锯切。可分为电动和手动两

Q

类。

曲线运动/曲線運動

qūxiàn yùndòng/ㄑㄩ ㄒㄧㄢˋ ㄩㄣˋ ㄉㄨㄥˋ

curvilinear motion

【物】运动轨迹不是直线的运动。是变速运动。质点在某一点的速度沿曲线在这一点的切线方向。当物体所受合力方向与速度方向不在同一直线上时，做曲线运动。例如圆周运动、抛体运动等。

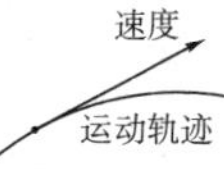

曲线运动的速度方向

驱肠虫药/驅蠕蟲劑

qūchángchóngyào/ㄑㄩ ㄖㄨˊ ㄔㄨㄥˊ ㄐㄧˋ

anthelmintics

【医】驱除或杀死肠内蠕虫感染的药物。可分为杀蛔虫药、杀蛲虫药、杀钩虫药、杀绦虫药和杀线虫药。

驱虫法/驅蟲法

qūchóngfǎ/ㄑㄩ ㄔㄨㄥˊ ㄈㄚˇ

expelling intestinal parasites method, * worm-expelling method

【中医】内治法之一。用对肠道寄生虫具有麻痹或毒杀作用的方药，促使其排出体外，治疗肠道寄生虫病。

驱动器 qūdòngqì/ㄑㄩ ㄉㄨㄥˋ ㄑㄧˋ

【机】即“执行机构”(1442 页)。

驱动桥/驅動橋

qūdòngqiáo/ㄑㄩ ㄉㄨㄥˋ ㄑㄧㄠˊ

drive axle

【机】汽车传动系的组成部分。处于汽车传动系的末端，由主减速器、差速器、半轴和驱动桥壳等组成。基本功能是将万向传动装置传来的发动机转矩传到驱动车轮，以实现降速增大转矩，改变转矩的传递方向，保证内、外侧车轮的不同转速、转向，实现承载及传力。

驱风药/驅風劑 qūfēngyào/ㄑㄩ ㄈㄥ ㄐㄧˋ

carminatives

【医】帮助驱散胃肠积郁气体的药物。多含挥发油成分，如薄荷油等。

驱蛔虫药/殺蛔蟲劑

qūhuíchóngyào/ㄕㄚ ㄏㄨㄟˊ ㄔㄨㄥˊ ㄐㄧˋ

ascaricides

【医】驱除或杀死肠内蛔虫，使之排出体外的药物。如哌嗪、左旋咪唑、甲苯达唑、阿苯达唑等。

驱逐舰/驅逐艦 qūzhújiàn/ㄑㄩ ㄓㄨˊ ㄐㄧㄢˋ

destroyer

【军】装有导弹、舰炮、鱼雷、深水炸弹和直升机等武器系统，具有多种作战能力，能在中远海机动作战的中型水面战斗舰艇。通常满载排水量 4000～9500 吨。主要用于攻击潜艇和水面舰船，舰队防空以及护航，侦察巡逻警戒，布雷，袭击岸上目标等。可分为防空型驱逐舰、反潜型驱逐舰和多用途型驱逐舰等。

屈氏体/吐粒散體 qūshìtǐ/ㄊㄨˇ ㄌㄧˋ ㄙㄢˇ ㄊㄧˇ

troostite

【材】见“珠光体”(1475 页)。

祛湿法/祛濕法 qūshīfǎ/ㄑㄩ ㄕ ㄈㄚˇ

eliminating dampness method

【中医】内治法之一。用具有祛除湿邪作用的方药，治疗外感湿邪及脾肾阳虚，湿浊内阻所致各种病证。

祛痰法/祛痰法 qūtánfǎ/ㄑㄩ ㄊㄢˊ ㄈㄚˇ

expelling phlegm method, * phlegm-dispelling method

【中医】内治法之一。用具有祛除生痰原因或促进排痰作用的方药治疗痰证。

祛痰药/祛痰藥

qūtányào/ㄑㄩ ㄊㄢˊ ㄧㄠˋ

expectorant

【医】增加呼吸道黏液分泌，使痰液变稀或黏痰分解而易于咳出的药物。可分为刺激性祛痰药(如氯化铵)和黏痰溶解药(如乙酰半胱氨酸)。

祛瘀通络

qūyū tōngluò/ㄑㄩ ㄩ ㄊㄨㄥ ㄌㄨㄛˋ

【中医】即“活血通络”(550 页)。

區段費率

ㄑㄩ ㄉㄨㄢˋ ㄈㄟˋ ㄌㄩˋ/qūduàn fèilǜ

block tariff

【电】台湾名。即“分档电价”(342 页)。

區域網路 ㄑㄩ ㄩˋ ㄨㄤˇ ㄌㄨˋ/qūyù wǎnglù

local area network, LAN

【信息】台湾名。即“局域网”(652 页)。

區域綜合電子資訊系統

ㄑㄩ ㄩˋ ㄗㄨㄥˋ ㄏㄜˊ ㄉㄧㄢˋ ㄗˇ ㄗ ㄒㄩㄣˋ ㄒㄧˋ ㄊㄨㄥˇ/

qūyù zōnghé diànzǐ zīxùn xìtǒng
regional integrated electronic information system
【军】台湾名。即“区域综合电子信息系统”(925 页)。

趋肤效应/趨膚效應
qūfū xiàoyìng/ㄑㄩ ㄈㄨ ㄒㄧㄠˋ ㄧㄥˋ
skin effect
【物】交变电流通过导体或交变磁通穿过导体时,由于电磁感应引起导体截面上电流、磁通不均匀分布,且愈接近导体表面电流密度、磁通密度愈大的现象。

蛐蛐儿　qūqur/ㄑㄩ ·ㄑㄩ ㄦˊ
【动】即“蟋蟀”(1228 页)。

蛐蟮　qūshàn/ㄑㄩ ㄕㄢˋ
【动】又作“曲蟮”。即“蚯蚓”(922 页)。

驅風劑　ㄑㄩ ㄈㄥ ㄐㄧˋ/qūfēngjì
carminatives
【医】台湾名。即“驱风药”(926 页)。

驅力　ㄑㄩ ㄌㄧˋ/qūlì
drive
【心】台湾名。即“内驱力”(828 页)。

驅蠕蟲劑　ㄑㄩ ㄖㄨˊ ㄔㄨㄥˊ ㄐㄧˋ/qūrúchóngjì
anthelmintics
【医】台湾名。即“驱肠虫药”(926 页)。

鸲鹆　qúyù/ㄑㄩˊ ㄩˋ
【动】即“八哥”(12 页)。

渠　qú/ㄑㄩˊ
【水利】“渠道”的简称。

渠道/渠道　qúdào/ㄑㄩˊ ㄉㄠˋ
canal
【水利】简称“渠”。人工开挖或填筑的水道。用于引水、输水、灌溉、供水、通航等。

鼩鼱/鼩鼱　qújīng/ㄑㄩˊ ㄐㄧㄥ
shrew soricids
【动】*Sorex araneus* 哺乳动物名。食虫目鼩鼱科。体形像小鼠,一般体长不足 10 厘米,尾长 4 厘米左右,是世界最小的哺乳动物,吻尖而长,体毛褐色,腹面白色。生活在平原、沼泽、高山和建筑物中,以昆虫、蜗牛和植物种子等为食。分布于欧洲和亚洲,在中国,分布于北方地区。

鼩鼱

蠼螋/蠼螋　qúsōu/ㄑㄩˊ ㄙㄡ
earwig
【动】昆虫名。革翅目昆虫的统称。体狭长,略扁平。头扁宽,触角丝状,无单眼,口器咀嚼式。前胸背板发达,方形或长方形。体表革质,有光泽。有翅或无翅。黑褐色,尾部有强大的铗状尾须一对。多生活在潮湿地方。

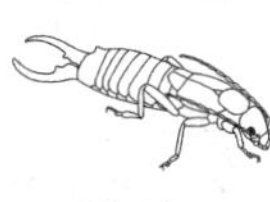
蠼螋

苣荬菜/苣蕒菜　qǔmǎicài/ㄐㄩˇ ㄇㄞˇ ㄘㄞˋ
field sowthistle
【植】*Sonchus arvensis* 菊科苦苣菜属。多年生草本植物。茎直立,基生叶多,茎生叶倒披针形,羽状裂,边缘有齿,基部渐狭成柄,茎上部叶,基部圆耳状半抱茎。头状花序于茎顶排成伞房状花序,舌状花黄色。花果期 1—9 月份。在中国,分布于西北、华北、东北、西南和东南各地。野生花草。可作野菜。

取代/取代　qǔdài/ㄑㄩˇ ㄉㄞˋ
substitution
【化】有机化合物分子中某个或几个原子或基团被其他原子或基团置换形成新化合物的反应。

龋齿/齲齒　qǔchǐ/ㄑㄩˇ ㄔˇ
dental caries
㊀【医】由多种因素导致的牙齿硬组织进行性病损。表现为牙齿硬组织脱矿物质软化,进而破坏有机质,形成牙齿的部分缺损,出现龋洞。可引发牙髓炎、根尖周炎,还可能引起机体的其他组织的感染,影响全身健康。㊁【中医】口齿病的一种。因外邪侵袭,阴虚火旺或虫蚀,或口齿不洁所致,症见牙体被蛀蚀,逐渐毁坏而成龋洞等。常以外治为主。

去春化作用/消除春化作用
qùchūnhuà zuòyòng/ㄒㄧㄠ ㄔㄨˊ ㄔㄨㄣ ㄏㄨㄚˋ ㄗㄨㄛˋ ㄩㄥˋ
devernalization
【植】在春化过程结束之前,将春化植物放在 25～40℃的高温下,春化效果减弱或消失的现象。

去磁　ㄑㄩˋ ㄘˊ/qùcí
demagnetization

Q

【物】台湾名。即“退磁”(1155 页)。

去离子水/去離子水

qùlízǐshuǐ/ㄑㄩˋ ㄌㄧˊ ㄗˇ ㄕㄨㄟˇ

deionized water

【化】用离子交换法获得的纯水。

去敏感作用

ㄑㄩˋ ㄇㄧㄣˇ ㄍㄢˇ ㄗㄨㄛˋ ㄩㄥˋ/

qùmǐngǎn zuòyòng

desensitization

【生】台湾名。即“脱敏”(1157 页)。

去污剂/去污劑 qùwūjì/ㄑㄩˋ ㄨ ㄐㄧˋ

decontaminant

【轻】洗涤剂的一种。通常含有去污力较强的表面活性剂。能在一般的洗涤条件下将污垢洗净。

去雄/去雄 qùxióng/ㄑㄩˋ ㄒㄩㄥˊ

emasculation

【农】除去母本花朵中的雄蕊。目的在于防止自花授粉,保证获得真杂种,是人工杂交授粉的一种技术措施。

去氧核醣核酸

ㄑㄩˋ ㄧㄤˇ ㄏㄜˊ ㄊㄤˊ ㄏㄜˊ ㄙㄨㄢ/

qùyǎng hétáng hésuān

deoxyribonucleic acid, DNA

【生】台湾名。即“脱氧核糖核酸”(1158 页)。

Q

quan (ㄑㄩㄢ)

权标/訊標 quánbiāo/ㄒㄩㄣˋ ㄅㄧㄠ

token

【信息】又称“令牌”。局域网中,依规定充当拥有传输权象征的位组。从一个数据站依次传至另一站,以指明所在站暂时管制着传输媒体。所有信息都按帧转送。某些帧只包含一个权标而没有用户数据,其他帧则只包含用户数据而没有权标。

权标传递/符記傳遞

quánbiāo chuándì/ㄈㄨˊ ㄐㄧˋ ㄔㄨㄢˊ ㄉㄧˋ

token passing

【信息】网络访问控制中,利用“权标”来确定让哪一站发送的方法。权标是一种专用信号,环绕网络逐站传递,只有占有权标的站点方能发送信息。

权证/權證 quánzhèng/ㄑㄩㄢˊ ㄓㄥˋ

ticket

【信息】计算机安全中,处理器对某一对象具有的一项或不止一项访问权的表示形式。

全称量词/全稱量詞

quánchēng liàngcí/ㄑㄩㄢˊ ㄔㄥ ㄌㄧㄤˋ ㄘˊ

universal quantifier

【数】全称命题“$\forall x, F(x)$”中的$\forall x$。表示“对于一切x”的意思,$\forall$是全称符号。

全称命题/全稱命題

quánchēng mìngtí/ㄑㄩㄢˊ ㄔㄥ ㄇㄧㄥˋ ㄊㄧˊ

universal proposition

【数】形式为“对于一切x,$F(x)$成立”的命题。其符号表示为“$\forall x, F(x)$”。这里的$F(x)$是关于x的命题。例如,“对于一切实数x,都有$x^2 \geqslant 0$”是一个全称命题,其符号表示为“$\forall x \in \mathbf{R}, x^2 \geqslant 0$”。

全等图形/全等圖形

quánděng túxíng/ㄑㄩㄢˊ ㄉㄥˇ ㄊㄨˊ ㄒㄧㄥˊ

congruent figures

【数】若图形F与图形F'能够完全重合,则称F与F'是全等图形,记作$F \cong F'$。全等的两个图形的形状和大小完全相同。

全发酵茶

quánfājiàochá/ㄑㄩㄢˊ ㄈㄚ ㄐㄧㄠˋ ㄔㄚˊ

【轻】即“红茶”(499 页)。

全反射/全反射

quánfǎnshè/ㄑㄩㄢˊ ㄈㄢˇ ㄕㄜˋ

total reflection

【物】光不能穿越两介质的截面而全部反射回原介质的现象。发生的条件是入射角大于或等于临界角。在光导纤维中,光线按照全反射的路径传播。

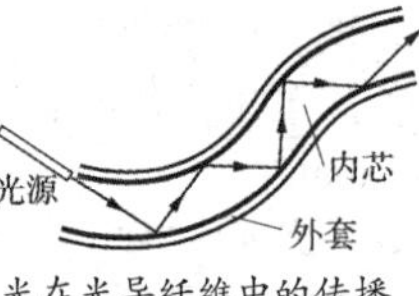

光在光导纤维中的传播

全幅 ㄑㄩㄢˊ ㄈㄨˊ/quánfú

full-width

【信息】台湾名。即“全角”(929 页)。

全光网/全光網路

quánguāngwǎng/ㄑㄩㄢˊ ㄍㄨㄤ ㄨㄤˇ ㄌㄨˋ

all-optical network, AON

【信息】传输和交换等主要功能都在光域里实

现(无需转换到电域里处理),直接用于光承载业务的传送网。

全光網路
ㄑㄩㄢˊ ㄍㄨㄤ ㄨㄤˇ ㄌㄨˋ/quánguāng wǎnglù
all-optical network, AON
【信息】台湾名。即“全光网”(928 页)。

全集/宇集 quánjí/ㄩˇ ㄐㄧˊ
universal set
【数】由要研究的问题所涉及的所有元素所组成的集合,通常记作 U。全集是相对于要研究的问题而言的,例如,在实数范围讨论问题时,全集是实数集 **R**;在有理数范围讨论问题时,全集是有理数集 **Q**。

全角/全幅 quánjiǎo/ㄑㄩㄢˊ ㄈㄨˊ
full-width
【信息】指一个字符占用两个标准的字符位置。汉字字符为全角字符。全角的显示内码为两个字节。

全凈鋼 ㄑㄩㄢˊ ㄐㄧㄥˋ ㄍㄤ/quánjìnggāng
killed steel
【材】台湾名。即“镇静钢”(1429 页)。

全科医疗/全科醫療
quánkē yīliáo/ㄑㄩㄢˊ ㄎㄜ ㄧ ㄌㄧㄠˊ
general practice, family practice
【医】又称“家庭医疗”。以全科医学理论、知识与技能为患者、家庭和社区人群提供的基本医疗卫生服务。

全科医师/全科醫師
quánkē yīshī/ㄑㄩㄢˊ ㄎㄜ ㄧ ㄕ
general practitioner
【医】临床医学毕业生经过全科医学专业住院医师规范化培训,或医师经在职全科医学专业培训后转岗,并通过国家级全科医师资格考试,主要在社区卫生服务机构向个人、家庭和社区提供全科医疗服务的医师。

全科医学/家庭醫學
quánkē yīxué/ㄐㄧㄚ ㄊㄧㄥˊ ㄧ ㄒㄩㄝˊ
general practice, family medicine
【医】又称“家庭医学”。基于现代医学模式和目标,以健康为中心,在社区卫生服务领域,面向界定的个人、家庭与社区,提供连续性、协调性、可及性医疗卫生服务的学科。

全麻药 quánmáyào/ㄑㄩㄢˊ ㄇㄚˊ ㄧㄠˋ
【医】“全身麻醉药”的简称。

全媒体/全媒體 quánméitǐ/ㄑㄩㄢˊ ㄇㄟˊ ㄊㄧˇ
all media
【信息】一种新的传播形态。综合运用文、图、声、光、电等表现形式全方位展示传播内容,同时通过印刷、声像、计算机网络、通信网络等手段传输,最终实现电视、电脑、手机等终端的融合接收(三屏合一),任何人、任何时间、任何地点均可接收任何媒体内容。

📖 All Media 一词源于一家美国公司 All Media Network 的品牌名。

全模法 ㄑㄩㄢˊ ㄇㄛˊ ㄈㄚˇ/quánmófǎ
full mold process
【机】台湾名。即“实型铸造”(1029 页)。

全球变暖/全球暖化
quánqiú biànnuǎn/ㄑㄩㄢˊ ㄑㄧㄡˊ ㄋㄨㄢˇ ㄏㄨㄚˋ
global warming
【气】全称“全球气候变暖”。指地球大气和海洋温度不断升高的现象。其原因有自然因素的影响和人类活动的影响。人类活动的影响主要是工农业生产和生活过程,向大气中排放大量温室气体,改变了大气的自然组成比例,因温室效应导致全球温度升高。

全球標準地層界線
ㄑㄩㄢˊ ㄑㄧㄡˊ ㄅㄧㄠ ㄓㄨㄣˇ ㄉㄧˋ ㄘㄥˊ ㄐㄧㄝˋ ㄒㄧㄢˋ/
quánqiú biāozhǔn dìcéng jièxiàn
Global Boundary Stratotype Section and Point, GSSP
【地】台湾名。即“全球界线层型剖面和层型点”(930 页)。

全球导航卫星系统/全球導航衛星系統
quánqiú dǎoháng wèixīng xìtǒng/
ㄑㄩㄢˊ ㄑㄧㄡˊ ㄉㄠˇ ㄏㄤˊ ㄨㄟˋ ㄒㄧㄥ ㄒㄧˋ ㄊㄨㄥˇ
global navigation satellite system
【信息】❶又称“全球卫星导航系统”。利用卫星技术在全球范围进行定位和导航的系统总称。通常包括太空中由多颗卫星组成的卫星网,地面上固定位置与功能的少量控制站,大量可移动的接收卫星信号的终端接收机等三部分。目前世界上主要有美国的全球定位系统(GPS)、俄罗斯的全球导航卫星系统(GLONASS)、欧洲的伽利略卫星导航系统(Galileo)和中国的北斗卫星导航系统(Bei

Dou，Compass）。❷（Quánqiú Dǎoháng Wèixīng Xìtǒng）指俄罗斯的全球导航卫星系统。

全球定位系统/全球定位系统
Quánqiú Dìngwèi Xìtǒng/
ㄑㄩㄢˊ ㄑㄧㄡˊ ㄉㄧㄥˋ ㄨㄟˋ ㄒㄧˋ ㄊㄨㄥˇ
global positioning system，GPS
【信息】又称“定时测距导航系统”。美国研发的卫星导航系统。通过导航卫星对地球上任何地点的用户进行定位并报时的系统。由导航卫星、地面台站和用户定位设备组成。1973年开始研制，1993年建成。共有24颗卫星，分布在6个相互夹角为60°的轨道面上，即每一轨道面上4颗卫星，保证地球上任何地点、任何时间都可以至少同时观测到4颗卫星，由此形成全球性、全天候的三维定位系统。

全球定位系统制导/GPS 導引
Quánqiú Dìngwèi Xìtǒng zhìdǎo/
GPS ㄉㄠˇ ㄧㄣˇ
global positioning system guidance，GPS guidance
【航】又称“定时测距导航系统制导”。为美国三军建立的一个战略性全球导航和武器投放系统。是利用全球定位系统信息进行制导导航的技术。

全球环境/全球環境
quánqiú huánjìng/ㄑㄩㄢˊ ㄑㄧㄡˊ ㄏㄨㄢˊ ㄐㄧㄥˋ
global environment
【环】又称“地球环境”。指大气圈中对流层全部和平流层下部、水圈、土壤—岩石圈、生物圈所构成的环境体系。是人类及生物生存繁衍的地方，也是不断受人类改造和冲击的空间。

全球界线层型剖面和层型点/全球標準地層界線
quánqiú jièxiàn céngxíng pōumiàn hé céngxíngdiǎn/
ㄑㄩㄢˊ ㄑㄧㄡˊ ㄅㄧㄠ ㄓㄨㄣˇ ㄉㄧˋ ㄘㄥˊ ㄐㄧㄝˋ ㄒㄧㄢˋ
Global Boundary Stratotype Section and Point，GSSP
【地】通称“金钉子”。国际地质联合会正式批准公布的某一年代地层单位界线的典型或标准。在一个特定的地点和特定的地层剖面中标出，作为确定和识别全球两个时代地层之间界线的唯一标志。

全球暖化
ㄑㄩㄢˊ ㄑㄧㄡˊ ㄋㄨㄢˇ ㄏㄨㄚˋ/quánqiú nuǎnhuà
global warming
【气】台湾名。即“全球变暖”(929页)。

全球气候变暖
quánqiú qìhòu biànnuǎn/
ㄑㄩㄢˊ ㄑㄧㄡˊ ㄑㄧˋ ㄏㄡˋ ㄅㄧㄢˋ ㄋㄨㄢˇ
【气】“全球变暖”的全称。

全球卫星导航系统
quánqiú wèixīng dǎoháng xìtǒng/
ㄑㄩㄢˊ ㄑㄧㄡˊ ㄨㄟˋ ㄒㄧㄥ ㄉㄠˇ ㄏㄤˊ ㄒㄧˋ ㄊㄨㄥˇ
【信息】即“全球导航卫星系统”(929页)。

全球資訊網
ㄑㄩㄢˊ ㄑㄧㄡˊ ㄗ ㄒㄩㄣˋ ㄨㄤˇ/
quánqiú zīxùnwǎng
World Wide Web，WWW
【信息】台湾名。即“万维网”(1168页)。

全身麻醉/全身麻醉
quánshēn mázuì/ㄑㄩㄢˊ ㄕㄣ ㄇㄚˊ ㄗㄨㄟˋ
general anesthesia
【医】麻醉方法的一种。使患者意识丧失，能够接受手术治疗和有创检查。

全身麻醉劑
ㄑㄩㄢˊ ㄕㄣ ㄇㄚˊ ㄗㄨㄟˋ ㄐㄧˋ/quánshēn mázuìjì
general anesthetics
【医】台湾名。即“全身麻醉药”(930页)。

全身麻醉药/全身麻醉劑
quánshēn mázuìyào/
ㄑㄩㄢˊ ㄕㄣ ㄇㄚˊ ㄗㄨㄟˋ ㄐㄧˋ
general anesthetics
【医】简称“全麻药”。作用于中枢神经系统，能可逆性地引起意识、感觉（主要是痛觉）和反射消失的药物。用于消除疼痛和松弛骨骼肌而使外科手术顺利进行。可分为吸入性麻醉药（如氧化亚氮、恩氟烷）和静脉麻醉药（如氯胺酮、依托米酯）。

全身性紅斑性狼瘡
ㄑㄩㄢˊ ㄕㄣ ㄒㄧㄥˋ ㄏㄨㄥˊ ㄅㄢ ㄒㄧㄥˋ ㄌㄤˊ ㄔㄨㄤ/
quánshēnxìng hóngbānxìng lángchuāng
systemic lupus erythematosus，SLE
【医】台湾名。即“系统性红斑狼疮”(1231

页)。

全身中毒性毒剂/全身中毒性毒劑

quánshēn zhòngdúxìng dújì/
ㄑㄩㄢˊ ㄕㄣ ㄓㄨㄥˋ ㄉㄨˊ ㄒㄧㄥˋ ㄉㄨˊ ㄐㄧˋ

blood agent

【军】又称“血液中毒性毒剂”。破坏血液输氧功能,造成组织细胞内窒息的毒剂。主要包括氢氰酸和氯化氰。

全天候飞行/全天候飛行

quántiānhòu fēixíng/
ㄑㄩㄢˊ ㄊㄧㄢ ㄏㄡˋ ㄈㄟ ㄒㄧㄥˊ

all weather flight

【航】又称“四种气象飞行”。在昼间和夜间(含黄昏、拂晓)或简单和复杂气象条件下都能飞行。

全天空輻射計

ㄑㄩㄢˊ ㄊㄧㄢ ㄎㄨㄥ ㄈㄨˊ ㄕㄜˋ ㄐㄧˋ/
quántiānkōng fúshèjì

pyranometer

【气】台湾名。即“总辐射表”(1509 页)。

全天空輻射量

ㄑㄩㄢˊ ㄊㄧㄢ ㄎㄨㄥ ㄈㄨˊ ㄕㄜˋ ㄌㄧㄤˋ/
quántiānkōng fúshèliàng

global radiation

【气】台湾名。即“总辐射”(1509 页)。

“全同”门/恆等閘

“quántóng”mén/ㄏㄥˊ ㄉㄥˇ ㄓㄚˊ

IDENTITY gate

【信息】执行“全同”逻辑运算的门。当且仅当其输入值全部相同时输出值为“真”,否则输出值为“假”。当只有两个输入时,“全同”门就是“等价”门。

全微分/全微分

quánwēifēn/ㄑㄩㄢˊ ㄨㄟˊ ㄈㄣ

total differential

【数】若函数 $z=f(x,y)$ 是完全可微的,则 z 的增量 $\Delta z=f(x+\Delta x,y+\Delta y)-f(x,y)$ 的主部 $A\Delta x+B\Delta y=f_x(x,y)\mathrm{d}x+f_y(x,y)\mathrm{d}y$,称为 $z=f(x,y)$ 全微分,记作 $\mathrm{d}z$,即 $\mathrm{d}z=\frac{\partial z}{\partial x}\mathrm{d}x+\frac{\partial z}{\partial y}\mathrm{d}y$。一般地,多元函数 $z=f(x_1,x_2,\cdots,x_n)$ 的全微分为 $\mathrm{d}z=\frac{\partial z}{\partial x_1}\mathrm{d}x_1+\frac{\partial z}{\partial x_2}\mathrm{d}x_2+\cdots+\frac{\partial z}{\partial x_n}\mathrm{d}x_n$。

全息摄影/全像術

quánxī shèyǐng/ㄑㄩㄢˊ ㄒㄧㄤˋ ㄕㄨˋ

holography

【物】记录物体全部光学信息的摄影技术。有光学、声学、X 射线等多种。例如利用激光和干涉技术拍摄的全息照片,是激光对物体的干涉图样,具有立体感,信息极其丰富,通过照片上任意一点都可看到物体的全貌。在检验技术和信息存储方面有广泛用途。

全相術 ㄑㄩㄢˊ ㄒㄧㄤˋ ㄕㄨˋ/quánxiàngshù

holography

【物】台湾名。同“全像術”。即“全息摄影”(931 页)。

全像術 ㄑㄩㄢˊ ㄒㄧㄤˋ ㄕㄨˋ/quánxiàngshù

holography

【物】又作“全相術”。台湾名。即“全息摄影”(931 页)。

全蝎/全蠍 quánxiē/ㄑㄩㄢˊ ㄒㄧㄝ

Scorpio(拉), scorpion

【中医】中药名。钳蝎科动物东亚钳蝎 *Buthus martensii* Karsch 的干燥体。味辛,性平;有毒。归肝经。息风镇痉,攻毒散结,通络止痛。用于小儿惊风,抽搐痉挛,中风口㖞,半身不遂,破伤风,风湿顽痹,偏正头痛,疮疡,瘰疬。

全新世/全新世

quánxīnshì/ㄑㄩㄢˊ ㄒㄧㄣ ㄕˋ

Holocene Epoch

【地】第四纪的第二个世。从距今约 1 万年至今,是地质年代中最新的一个世。

全新统/全新統

quánxīntǒng/ㄑㄩㄢˊ ㄒㄧㄣ ㄊㄨㄥˇ

Holocene Series

【地】第四系的第二个统。是全新世时期形成的地层。

全序集/全序集合

quánxùjí/ㄑㄩㄢˊ ㄒㄩˋ ㄐㄧˊ ㄏㄜˊ

totally ordered set

【数】又称“有序集”。若按集合 X 的一个顺序关系 $\prec$,对于 X 中任意两个元素,都可以确定它们的前后顺序,则称 X 按 $\prec$ 为有序集。例如,对于任意两个实数 a,b,都可以确定 $a\leqslant b$ 或 $b\leqslant a$ 中哪个成立,因此实数集 **R**

按"小于或等于(≤)"关系为有序集。

全序集合

ㄑㄩㄢˊ ㄒㄩˋ ㄐㄧˊ ㄏㄜˊ/quánxù jíhé

totally ordered set

【数】台湾名。即"全序集"(931 页)。

全站型电子速测仪/電子全站儀

quánzhànxíng diànzǐ sùcèyí/

ㄉㄧㄢˋ ㄗˇ ㄑㄩㄢˊ ㄓㄢˋ ㄧˊ

total station optical electronic tacheometric theodolite

【测绘】简称"全站仪""电子速测仪"。测量仪器的一种。由机械、光学、电子元件组合而成,可同时进行水平角、垂直角、距离(斜距、平距)、高差测量及数据处理。因其一次安置仪器就可完成该测站上全部测量工作,故名。广泛用于地上大型建筑和地下隧道施工等精密工程测量或变形监测领域。

全站仪 quánzhànyí/ㄑㄩㄢˊ ㄓㄢˋ ㄧˊ

【测绘】"全站型电子速测仪"的简称。

全振动/全振動

quánzhèndòng/ㄑㄩㄢˊ ㄓㄣˋ ㄉㄨㄥˋ

whole vibration

【物】一个完整的振动过程。以弹簧振子为例:把小球拉向右方 M,然后放开,它就在 MM'之间左右运动起来。设小球原来静止时的位置 O 为平衡位置。如果从振子向右通过 O 点的时刻开始运动时,它运动到 M 然后向左回到 O,又继续向左运动到 M',之后又回到 O。这样一个完整的振动过程为一次全振动。

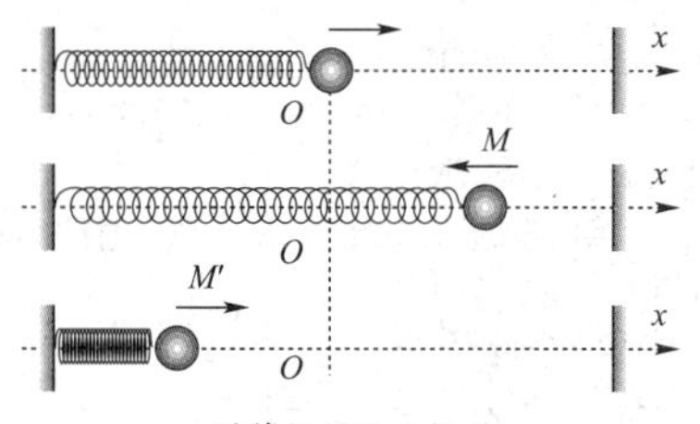

弹簧振子的全振动

泉/泉 quán/ㄑㄩㄢˊ

spring

【地】地下水的天然露头。多分布于山谷和山麓,是地下水的一种重要排泄方式。水中含有特殊化学成分的泉称为矿泉;水温显著高于当地年平均气温但低于 45℃ 的泉称为温泉;水温高于 45℃ 但低于当地沸点的泉称为热泉;水温相当于当地沸点的泉称为沸泉。

泉华/泉華 quánhuá/ㄑㄩㄢˊ ㄏㄨㄚˊ

sinter

【地】溶解有矿物质的地热水、蒸气在岩石裂隙和地表析出的化学沉淀物。常见的有硅华、钙华等。

痊愈/癒合 quányù/ㄩˋ ㄏㄜˊ

healing

【医】病症消除,恢复健康。外科指伤口、创伤愈合,功能恢复。

醛/醛 quán/ㄑㄩㄢˊ

aldehyde

【化】一类含氧有机化合物。由醛基与烃基(或氢原子)连接而成。如甲醛、乙醛、糠醛、苯甲醛等。

醛固酮抑制劑

ㄑㄩㄢˊ ㄍㄨˋ ㄊㄨㄥˊ ㄧˋ ㄓˋ ㄐㄧˋ/

quángùtóng yìzhìjì

aldosterone inhibitor

【医】台湾名。即"醛甾酮抑制药"(932 页)。

醛基/醛基 quánjī/ㄑㄩㄢˊ ㄐㄧ

aldehyde group

【化】羰基中的一个单键和氢原子结合而成的原子团。

醛醣還原酶抑制劑

ㄑㄩㄢˊ ㄊㄤˊ ㄏㄨㄢˊ ㄩㄢˊ ㄇㄟˊ ㄧˋ ㄓˋ ㄐㄧˋ/

quántáng huányuánméi yìzhìjì

aldose reductase inhibitor

【医】台湾名。即"醛糖还原酶抑制药"(932 页)。

醛糖还原酶抑制药/醛醣還原酶抑制劑

quántáng huányuánméi yìzhìyào/

ㄑㄩㄢˊ ㄊㄤˊ ㄏㄨㄢˊ ㄩㄢˊ ㄇㄟˊ ㄧˋ ㄓˋ ㄐㄧˋ

aldose reductase inhibitor

【医】抑制醛糖还原酶的化学物质。能阻止体内葡萄糖转化为山梨醇积聚而引发糖尿病性外周神经病症状。如依帕司他。

醛甾酮抑制药/醛固酮抑制劑

quánzāitóng yìzhìyào/

ㄑㄩㄢˊ ㄍㄨˋ ㄊㄨㄥˊ ㄧˋ ㄓˋ ㄐㄧˋ

aldosterone inhibitor
【医】拮抗远曲小管和集合管细胞膜上醛甾酮受体而逆转醛甾酮保钠、排钾作用的利尿剂。典型药物为螺内酯,有排钠保钾作用,适用于血醛甾酮水平增高的水肿患者。

權衡理論 ㄑㄩㄢˊ ㄏㄥˊ ㄌㄧˇ ㄌㄨㄣˋ/quánhéng lǐlùn
trade off theory
【物流】台湾名。即"效益背反说"(1262 页)。

權限 ㄑㄩㄢˊ ㄒㄧㄢˋ/quánxiàn
permission
【信息】台湾名。即"许可权"(1287 页)。

颧骨/顴骨 quángǔ/ㄑㄩㄢˊ ㄍㄨˇ
zygomatic bone
【医】位于眶的外下方的骨。呈菱形,形成面颊部的骨性突起,构成眶的外下壁。有上颌突、额突、眶突和颞突四个突,通过这些突起与相应的骨相联结。颞突向后接颞骨的颧突,形成颧弓。

犬/犬 quǎn/ㄑㄩㄢˇ
dog
【动】*Canis familiaris* 又称"狗"。哺乳动物名。食肉目犬科。嗅觉、听觉灵敏,犬齿锐利。舌长而薄,毛有黄、白、黑等多种颜色。是人类最早驯化的家畜,种类很多,按用途不同,可分为猎犬、警犬、导盲犬、牧羊犬和玩赏犬等。

que (ㄑㄩㄝ)

炔/炔 quē/ㄑㄩㄝ
alkyne
【化】全称"炔烃"。不饱和烃的一种。含有碳碳三键。如乙炔等。

炔烴 quētīng/ㄑㄩㄝ ㄊㄧㄥ
【化】"炔"的全称。

缺鉀症 ㄑㄩㄝ ㄐㄧㄚˇ ㄓㄥˋ/quējiǎzhèng
hypopotassemia
【医】台湾名。即"低钾血症"(215 页)。

缺乳/缺乳 quērǔ/ㄑㄩㄝ ㄖㄨˇ
oligogalactia, agalactia, hypogalactia, * scant breast milk
【中医】中医产科疾病之一。哺乳期内,产妇乳汁甚少,甚至全无。气血虚弱,乳房柔软、乳汁清稀者,宜补气养血,佐以通乳,可选通乳丹;肝气郁滞,乳房胀硬而痛,乳汁浓稠者,宜疏肝解郁,活络通乳,可选下乳涌泉散等。

缺铁性贫血/缺鐵性貧血 quētiěxìng pínxuè/ㄑㄩㄝ ㄊㄧㄝˇ ㄒㄧㄥˋ ㄆㄧㄣˊ ㄒㄧㄝˇ
iron deficiency anemia
【医】因体内铁含量不足,导致血红蛋白合成减少而造成的小细胞低色素性贫血。

缺陷 ㄑㄩㄝ ㄒㄧㄢˋ/quēxiàn
flaw
【信息】台湾名。即"瑕点"(1234 页)。

缺氧/缺氧 quēyǎng/ㄑㄩㄝ ㄧㄤˇ
hypoxia
【医】氧供应不足或利用氧障碍,导致组织的代谢、功能和形态结构发生异常变化的过程。是常见的病理现象,通常表现为头晕、头痛、耳鸣、眼花、四肢软弱无力,有的恶心、呕吐、心慌气短,严重的甚至窒息死亡。

雀/雀 què/ㄑㄩㄝˋ
sparrow
【动】鸟类的一科。体形较小,喙圆锥状。有的善鸣叫,主要以小昆虫为食,也吃果实或植物种子。

雀替/雀替 quètì/ㄑㄩㄝˋ ㄊㄧˋ
sparrow brace
【建】用于梁或阑额与柱交接处的承托梁枋的构件。可增加梁头的抗剪能力和减少梁枋的跨距,也有一定的装饰作用。在宋《营造法式》中,这一构件称为绰幕。

雀鹰/松雀鷹 quèyīng/ㄙㄨㄥ ㄑㄩㄝˋ ㄧㄥ
sparrow-hawk
【动】*Accipiter nisus* 鸟名。隼形目鹰科鹰属。雄鸟比雌鸟稍小。羽毛灰褐色,腹部白色,有褐色横斑,脚黄色。翅膀宽而圆,尾较长。栖息于山地林间,或村落农田附近。性凶猛,捕食鸟类、鼠类、兔、蛇等。分布广泛。

雀 鹰

鹊 què/ㄑㄩㄝˋ
【动】即"喜鹊"(1229 页)。

阙/闕 què/ㄑㄩㄝˋ

gate tower, que

【建】中国古代宅邸、祠庙、宫殿和陵墓前两侧的标志性建筑物。通常成对出现,两阙之间的空缺形成通道,供行人牲畜通行。

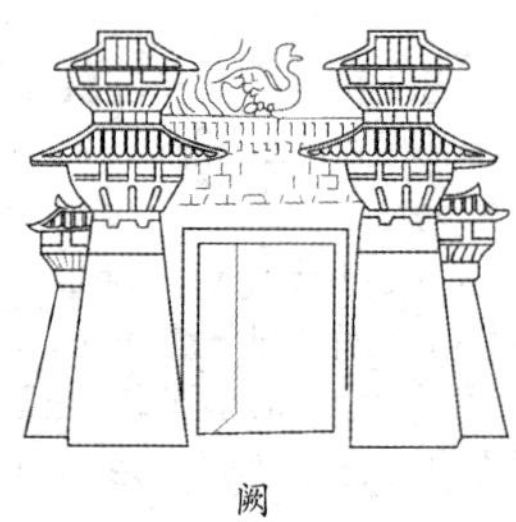

阙

📖 阙最初为大门外的两个岗亭,在围墙或栅栏上开缺口,两边建岗亭防守。汉代成为宫殿等大型公共建筑的入口标志,按照等级建造。天子用三出阙,即阙身由三座大小高低依次递减的建筑构成;其次为二出阙,大臣和祠庙所用。汉阙的形式有两种:一为独立的双阙,其间无门,阙身覆以单檐或重檐屋顶;二为门阙,多见于画像石、画像砖。两阙之间连接单层或重层门楼,平面呈"门"字形。唐宋以后宫殿前面的阙,至明清两代演化为午门。帝陵之阙至明清不复使用。

qun (ㄑㄩㄣ)

裙板 ㄑㄩㄣˊ ㄅㄢˇ/qúnbǎn

skirt

【建】台湾名。即"踢脚"(1118 页)。

裙带菜/裙帶菜

qúndàicài/ㄑㄩㄣˊ ㄉㄞˋ ㄘㄞˋ

undaria

【植】*Undaria pinnatifida* 藻类。褐藻门翅藻科裙带菜属。藻体披针形,明显分为叶片、柄和固着器三部分。固着器呈假根状,用以固着于岩礁上。柄部稍长,扁压,成熟时柄的两侧生有木耳状的重叠折皱,肥厚且富于胶质。叶片具中肋,两侧羽状裂片,较薄,很像裙带,故名。在中国,分布于黄渤海和东海沿海地区。生长于大干潮线附近及其下的岩石上。可食用。

裙房/裙房 qúnfáng/ㄑㄩㄣˊ ㄈㄤˊ

podium

【建】在高层建筑主体投影范围外,与建筑主体相连且建筑高度不超过 24 米的附属建筑。

群/群 qún/ㄑㄩㄣˊ

group

【数】抽象代数中的一种基本的代数结构。设 G 是一个非空的集合,"$\circ$"表示一种运算,对 G 中的任意元素 a,b,有 $a\circ b\in G$。若"$\circ$"满足:(1)结合律,即设 a,b,c 是 G 中的任意元素,$(a\circ b)\circ c=a\circ(b\circ c)$;(2)有单位元,即有 $e\in G$,对 G 中任一元素 a,$a\circ e=e\circ a=a$;(3)每一元素有逆元,即对 G 中任一元素 a,有 $a'\in G$,$a\circ a'=a'\circ a=e$,则称 G 对于运算"$\circ$"构成一个群。例如,整数集 $\mathbf{Z}$ 上有通常的加法,且加法结合律成立,有单位元 $0\in\mathbf{Z}$,任一整数 a 有逆元 $-a$。$\mathbf{Z}$ 对于加法构成一个群。对一般的群,不要求运算"$\circ$"必须满足交换律。满足交换律的群叫作交换群。研究群的理论叫作群论。

群岛/群島 qúndǎo/ㄑㄩㄣˊ ㄉㄠˇ

archipelago

【地】海洋中彼此相距很近的许多岛屿的统称。如亚洲的马来群岛、东非的亚速尔群岛。

群件/群組軟體

qúnjiàn/ㄑㄩㄣˊ ㄗㄨˇ ㄖㄨㄢˇ ㄊㄧˇ

groupware

【信息】让网络上至少两个用户能在一起工作的软件。例如电子邮件、调度规划及文件共享所用的软件。具有共同目标、共享环境和计算机协作应用系统三个特点。

群落/群落 qúnluò/ㄑㄩㄣˊ ㄌㄨㄛˋ

community

【生】生存在一起并与一定的生存条件相适应的生物的总体。

群青/群青 qúnqīng/ㄑㄩㄣˊ ㄑㄧㄥ

ultramarine, French blue

【化】矿物原料的一种。多由陶土、芒硝、硫黄、纯碱(碳酸钠)、炭黑、石英或由高岭土、硫黄、纯碱焙烧精制而成,少量来源于石蓝矿。深蓝色,鲜艳明亮。耐热、耐光、耐碱等性能好。用于制造油漆、橡胶、塑料、油墨,是绘画颜料。

群体免疫力/群體免疫力

qúntǐ miǎnyìlì/ㄑㄩㄣˊ ㄊㄧˇ ㄇㄧㄢˇ ㄧˋ ㄌㄧˋ

herd immunity

【医】人群对传染病的侵入和传播的抵抗力。抵抗力大小可通过该群体中有免疫力的人口占其全人口的比例反映。

群体性伤害事件/群體性傷害事件
qúntǐxìng shānghài shìjiàn/
ㄑㄩㄣˊ ㄊㄧˇ ㄒㄧㄥˋ ㄕㄤ ㄏㄞˋ ㄕˋ ㄐㄧㄢˋ
mass injury incident
【医】因相同的致病因素,同时造成 3 个以上伤病员的事件。

群組軟體
ㄑㄩㄣˊ ㄗㄨˇ ㄖㄨㄢˇ ㄊㄧˇ/qúnzǔ ruǎntǐ
groupware
【信息】台湾名。即“群件”(934 页)。

R

ran（ㄖㄢ）

蚺蛇 ránshé/ㄖㄢˊ ㄕㄜˊ

【动】即“蟒蛇”(785 页)。

燃点/燃點 rándiǎn/ㄖㄢˊ ㄉㄧㄢˇ

ignition point

【化】台湾又称“著火點”。石油产品在规定条件下加热到接触火焰点着并燃烧不少于 5 秒时的最低温度。

燃料/燃料 ránliào/ㄖㄢˊ ㄌㄧㄠˋ

fuel

【化】能源物质的一类。通常指能产生热能或动力的可燃物质。包括固体燃料(如煤、木柴);液体燃料(如汽油、柴油)、气体燃料(如天然气、煤气)以及核燃料。

燃料电池/燃料電池

ránliào diànchí/ㄖㄢˊ ㄌㄧㄠˋ ㄉㄧㄢˋ ㄔˊ

fuel cell

【化】化学电源的一类。燃料为负极活性物质,空气或氧等为正极活性物质,电池为反应器。可不经燃烧实现负极燃料氧化的化学能释放,直接转变为电能。燃料电池的电极板是惰性的,连续供应正负极物质即可运转。是一种效率很高(理论上接近 100%)的清洁能源。

📖 1839 年,英国的格罗夫(W.Grove)首先提出了燃料电池的概念,并进行了氢/氧电池的实验室研究。

燃料空气弹

ránliào kōngqìdàn/ㄖㄢˊ ㄌㄧㄠˋ ㄎㄨㄥ ㄑㄧˋ ㄉㄢˋ

【军】即“云爆弹”(1398 页)。

燃煤锅炉/燃煤鍋爐

ránméi guōlú/ㄖㄢˊ ㄇㄟˊ ㄍㄨㄛ ㄌㄨˊ

coal-fired boiler

【机】锅炉的一种。以煤为燃料。按用途不同,可分为燃煤开水锅炉(供应开水)、燃煤热水锅炉(采暖和洗浴)、燃煤蒸汽锅炉(供应蒸汽)、燃煤导热油锅炉(蒸煮和干燥)等。

燃气发动机/燃氣引擎

ránqì fādòngjī/ㄖㄢˊ ㄑㄧˋ ㄧㄣˇ ㄑㄧㄥˊ

gas engine

【机】又称“煤气机”“气体燃料内燃机”。完全或主要燃用气体燃料(煤气、天然气、沼气等)的发动机。按气体燃料不同,可分为天然气发动机、液化石油气发动机、燃氢发动机等。

燃气轮机/燃氣輪機

ránqì lúnjī/ㄖㄢˊ ㄑㄧˋ ㄌㄨㄣˊ ㄐㄧ

gas turbine

【机】台湾又称“燃氣渦輪”。涡轮机的一种。以连续流动的气体作为工质,将气体压缩、加热后膨胀做功,把一部分热能转换为机械能。由压气机、燃烧室、燃气涡轮(透平)控制系统和辅助设备组成。可分为移动式燃气轮机、微型燃气轮机、航空派生型燃气轮机、蒸汽燃气轮机等。广泛应用于油气开采输送、交通、冶金、化工等领域。

燃气轮机发电机组/燃氣輪機發電機組

ránqì lúnjī fādiàn jīzǔ/

ㄖㄢˊ ㄑㄧˋ ㄌㄨㄣˊ ㄐㄧ ㄈㄚ ㄉㄧㄢˋ ㄐㄧ ㄗㄨˇ

gas turbine generator set

【电】用燃气轮机驱动发电机的成套设备。

燃气热水器/瓦斯熱水器

ránqì rèshuǐqì/ㄨㄚˇ ㄙ ㄖㄜˋ ㄕㄨㄟˇ ㄑㄧˋ

gas water heater

【轻】热水器的一种。以燃气(煤气、天然气等)为燃料,通过燃烧加热,使流经热交换器的冷水温度升高。

燃气灶/瓦斯爐 ránqìzào/ㄨㄚˇ ㄙ ㄌㄨˊ

hotplate, gas cooker

【轻】以可燃气体为燃料进行直火加热的清洁灶具。主要由面板、燃烧器、阀体、炉架、控制旋钮、进气管、电子脉冲点火器及熄火保护装置等构成。按可燃气源不同,可分为液化气灶、煤气灶、天然气灶、沼气灶等;按灶眼数量不同,可分为单眼灶、双眼灶和多眼灶。

燃氣渦輪 ㄖㄢˊ ㄑㄧˋ ㄨㄛ ㄌㄨㄣˊ/ránqì wōlún

gas turbine

【机】台湾名。即“燃气轮机”(936 页)。

燃氣引擎

ㄖㄢˊ ㄑㄧˋ ㄧㄣˇ ㄑㄧㄥˊ/ránqì yǐnqíng

gas engine

【机】台湾名。即“燃气发动机”(936 页)。

燃烧/燃燒 ránshāo/ㄖㄢˊ ㄕㄠ

combustion

【化】两种物质产生激烈的化学反应而发光发热的现象。通常指物质剧烈氧化而发光发热的现象。有机化合物大都容易燃烧,大多数无机物不能燃烧。

燃烧弹/燃燒彈

ránshāodàn/ㄖㄢˊ ㄕㄠ ㄉㄢˋ

incendiary shell

【军】又称“纵火弹”。装有燃烧剂,用于引燃或烧毁的特种炮弹。主要用于烧伤敌方有生力量,烧毁易燃的军事技术装备和设备。

燃氧氣焊 ㄖㄢˊ ㄧㄤˇ ㄑㄧˋ ㄏㄢˋ/rányǎng qìhàn

oxyfuel gas welding

【机】台湾名。即“气焊”(890 页)。

染料/染料 rǎnliào/ㄖㄢˇ ㄌㄧㄠˋ

dye

【纺】能将纤维及其他材料染成各种颜色的有机物质,即能以分子或离子状态进入被染物,并使被染物着色耐久的色素。分为天然染料与合成染料两大类。天然染料从植物、动物或矿产资源中获得,合成染料主要从煤焦油中分馏出来(或石油加工)经化学加工而成。

染色/染色 rǎnsè/ㄖㄢˇ ㄙㄜˋ

dyeing

【纺】用染料对纤维和纤维制品施加色彩的过程。纤维在染料或染料隐色体溶液中浸渍吸收染料,染料分子与纤维以物理或化学的方式相结合。方法分为浸染和轧染两类。

染色弹/染色彈 rǎnsèdàn/ㄖㄢˇ ㄙㄜˋ ㄉㄢˋ

dyeing projectile

【军】装有染色剂的防暴装备。包括装填染色剂的手榴弹、枪榴弹等。主要用于防暴行动。

染色体/染色體 rǎnsètǐ/ㄖㄢˇ ㄙㄜˋ ㄊㄧˇ

chromosome

【生】细胞核中载有遗传信息的物质。呈丝状或棒状,主要由脱氧核糖核酸和蛋白质组成。因在细胞发生有丝分裂时期容易被碱性染料着色,故名。人的染色体按其大小排列成 23 对,其中第 1～22 对为常染色体,男女都一样;第 23 对为性染色体,男女不同。

染整/染整 rǎnzhěng/ㄖㄢˇ ㄓㄥˇ

dyeing-and-finishing

【纺】以化学处理为主对纤维、纱线和织物等纺织材料进行加工的工艺过程。与纺纱、机织或针织生产一起,形成纺织物生产的全过程。包括预处理、染色、印花和整理。

rao (ㄖㄠ)

桡骨/橈骨 ráogǔ/ㄋㄠˊ ㄍㄨˇ

radius

【医】前臂中靠近拇指一侧的长骨。分为两端一体。近侧端为呈圆盘状的桡骨头,头上有一凹陷的关节凹,与肱骨小头构成关节,周缘为光滑的环状关节面,与尺骨构成关节。远侧端膨大,内侧凹陷的关节面为尺切迹,与尺骨构成关节。远侧面为腕关节面,与腕骨相联结。

桡腕关节/橈腕關節

ráowàn guānjié/ㄋㄠˊ ㄨㄢˋ ㄍㄨㄢ ㄐㄧㄝˊ

radiocarpal joint

【医】又称“腕关节”。由桡骨的腕关节面和尺骨关节盘组成的关节窝与手舟骨、月骨、三角骨组成的关节头构成的关节。舟骨、月骨、三角骨之间由坚韧的骨间韧带连接。桡腕关节囊松弛,关节周围各面有韧带加固,外侧有桡侧副韧带,内侧有尺侧副韧带,背面有桡腕背侧韧带,前面有桡腕掌侧韧带。是典型的椭圆关节,可绕两个轴运动。绕额状轴可做屈伸运动,绕矢状轴可做内收外展运动,也可做环转运动。

扰动/干擾 rǎodòng/ㄍㄢ ㄖㄠˇ

disturbance

【自】控制系统中除控制输入以外的、能使系统输出偏离控制输入所要求的值或规律的系统内、外物理量。

扰动补偿/干擾補償

rǎodòng bǔcháng/ㄍㄢ ㄖㄠˇ ㄅㄨˇ ㄔㄤˊ

disturbance compensation

【自】控制系统中扰动进入控制对象的同时,也经过前馈环节的加工、处理后前馈至控制器(或放大环节)前端以消除或减小系统输出偏离控制输入所要求的值或规律的方法。

📖 原系统由元部件(环节)组成,包括:给定环节、比较环节、控制器、放大环节、执行机构和控制对象。控制对象的输出即被控制量,输出的偏差由扰动进入而引起。扰动补偿法增添包括扰动测量和扰动补偿两部件组成的前馈环节,其输出是前馈作用。后者产生的控制作用,抵消扰动引起的输出量的偏差,并使其尽量减小甚至为零。通常与闭环控制联合使用。

扰码/拌碼 rǎomǎ/ㄖㄠˇ ㄇㄚˇ

scramble

【信息】把一个代码序列变换为统计性质更完善的另一序列的过程。

绕组/繞組 ràozǔ/ㄖㄠˋ ㄗㄨˇ

winding

【电】用于共同工作的互联的线匝和/或线圈的组合。

繞射 ㄖㄠˋ ㄕㄜˋ/ràoshè

diffraction

【物】台湾名。即“衍射”(1312 页)。

re (ㄖㄜ)

惹草/惹草 rěcǎo/ㄖㄜˇ ㄘㄠˇ

leaf-patterned board, recao

【建】位于前后博风板下皮,钉在槫头之上的装饰木板。作用是保护伸出山墙的檩头。其表面纹样或用花瓣,或用云头。轮廓线大体呈等腰三角形,其底边长随建筑大小从 3 尺至 7 尺不等,高为长的 7/10。宋以后的建筑上已很少用。图见“博风板”(80 页)

热/熱 rè/ㄖㄜˋ

hot

【中医】中药四气之一。具有扶阳气、祛寒邪等作用,能治疗寒证。例如,附子性热,有回阳救逆、补火助阳的作用。

热层/增溫層 rècéng/ㄗㄥ ㄨㄣ ㄘㄥˊ

thermosphere

【气】按热力性质划分的大气中的一层。在中间层顶向上至距地面约 250(500)千米高度的大气层。因吸收太阳紫外线辐射,层内气温随高度的增加而递增,层顶气温可达 1500K。

热成风/熱流風

rèchéngfēng/ㄖㄜˋ ㄌㄧㄡˊ ㄈㄥ

thermal wind

【气】台湾又称“熱風”。一个气层地转风的垂直切变,或上下两层地转风的矢量差。大小与气层间的水平温度梯度成正比,与科里奥利力成反比。方向与气层间的平均等温线平行。在北半球,人背风而立,高温区在右侧,低温区在左侧;在南半球则相反。

热处理/熱處理 rèchǔlǐ/ㄖㄜˋ ㄔㄨˇ ㄌㄧˇ

heat treatment

【机】一种金属加工工艺。对固态金属或合金采用适当方式加热、保温和冷却,使材料表面或内部的金相组织结构改变,以获得所需要的组织结构与性能。又可分为整体热处理、表面热处理和化学热处理三种。

热传导/熱傳導

rèchuándǎo/ㄖㄜˋ ㄔㄨㄢˊ ㄉㄠˇ

heat conduction

【物】热传递的一种方式。是固体传热的主要方式。

热传递/熱傳輸

rèchuándì/ㄖㄜˋ ㄔㄨㄢˊ ㄕㄨ

heat transfer, heat transmission

【物】热量从物体温度较高的部分转移到温度较低的部分,或从高温物体转移到低温物体的过程。有传导、对流和辐射三种方式。

热带/熱帶 rèdài/ㄖㄜˋ ㄉㄞˋ

tropical zone, tropical belt, tropics

【地】天文上的低纬地带。赤道两侧南、北回归线之间的地带。约占地球表面积的 39.8%。太阳直射,气候终年炎热,冬季、夏季的昼夜长短变化不大。

热带风暴/熱帶風暴

rèdài fēngbào/ㄖㄜˋ ㄉㄞˋ ㄈㄥ ㄅㄠˋ

tropical storm

【气】中心附近最大风力达 8~9 级的热带气旋。

热带季雨林/熱帶季風林

rèdài jìyǔlín/ㄖㄜˋ ㄉㄞˋ ㄐㄧˋ ㄈㄥ ㄌㄧㄣˊ

tropical monsoon forest

【植】分布于热带有周期性干、湿交替地区,由热带植物种类组成的森林群落。

热带气旋/熱帶氣旋

rèdài qìxuán/ㄖㄜˋ ㄉㄞˋ ㄑㄧˋ ㄒㄩㄢˊ

tropical cyclone

【气】热带低压、热带风暴、强热带风暴、台风(强台风和超强台风)的统称。发生在热带或副热带洋面上,具有有组织的对流和确定的气旋性环流的非锋面性涡旋。

热带雨林/熱帶雨林

rèdài yǔlín/ㄖㄜˋ ㄉㄞˋ ㄩˇ ㄌㄧㄣˊ

tropical rain forest

【植】又称"赤道雨林"。分布于赤道附近南/北纬10度的低海拔、高温、多湿地区,由热带植物种类组成的,高大繁茂、终年常绿的森林群落,为地球表面最为繁茂的植被类型。

热岛/熱島 rèdǎo/ㄖㄜˋ ㄉㄠˇ

heat island

【环】又称"热岛效应""城市热岛""城市热岛效应"。城区气温高于郊区的现象。主要是城区人口稠密,工业集中,建筑物密度大、交通发达、地面干燥等因素造成的。其效应强度用城区与郊区平均气温之差表示。一般大城市年平均气温比郊区高0.5～1℃。热岛效应可造成局部地区气象异常,也会影响城区污染物扩散,加重城市污染。

热岛效应

rèdǎo xiàoyìng/ㄖㄜˋ ㄉㄠˇ ㄒㄧㄠˋ ㄧㄥˋ

【环】即"热岛"(939页)。

热点/熱點 rè-diǎn/ㄖㄜˋ ㄉㄧㄢˇ

hot spot

【地】指板块内部跨度一两万千米,持续至少数千万年的火山活动的岩浆源。是地幔物质以管状形式上升的地表显示。常伴有大规模火山活动的地表高热流区。夏威夷地区为最大的热点。

热电联产/熱電聯産

rè-diàn liánchǎn/ㄖㄜˋ ㄉㄧㄢˋ ㄌㄧㄢˊ ㄔㄢˇ

co-generation of heat and power

【电】同时向用户供给电能和热能的生产方式。

热堆 rèduī/ㄖㄜˋ ㄉㄨㄟ

【物】"热中子反应堆"的简称。

热对流/熱對流 rèduìliú/ㄖㄜˋ ㄉㄨㄟˋ ㄌㄧㄡˊ

heat convection

【物】热传递的一种方式。通过不同温度流体的循环流动,使温度趋于均匀一致。是流体传热的主要方式。

热辐射/熱輻射 rèfúshè/ㄖㄜˋ ㄈㄨˊ ㄕㄜˋ

heat radiation

【物】热传递的一种方式。热量以热源为中心沿着直线向各个方向发散出去。

热负荷 rèfùhè/ㄖㄜˋ ㄈㄨˋ ㄏㄜˋ

【电】"热力负荷"的简称。

热功当量/熱功當量

règōng dāngliàng/ㄖㄜˋ ㄍㄨㄥ ㄉㄤ ㄌㄧㄤˋ

mechanical equivalent of heat

【物】热量单位卡和功的单位焦耳的比值。其数值为4.19焦/卡。

热焓 rèhán/ㄖㄜˋ ㄏㄢˊ

【化】即"焓"(471页)。

热河生物群/熱河生物群

Rèhé shēngwùqún/ㄖㄜˋ ㄏㄜˊ ㄕㄥ ㄨˋ ㄑㄩㄣˊ

Jehol biota

【地】发现于辽宁西部中生代晚期的古生物化石群。化石种类繁多,保存精美,最初以东方叶肢介一三尾类蜉蝣一狼鳍鱼为代表,20世纪90年代发现大量带毛恐龙和原始鸟类化石,为鸟类起源于恐龙提供了关键的证据。

热核弹 rèhédàn/ㄖㄜˋ ㄏㄜˊ ㄉㄢˋ

【军】即"氢弹"(916页)。

热核反应/熱核反應

rèhé fǎnyìng/ㄖㄜˋ ㄏㄜˊ ㄈㄢˇ ㄧㄥˋ

thermonuclear reaction

【物】高温下发生的核聚变反应。

热环境/熱環境

rèhuánjìng/ㄖㄜˋ ㄏㄨㄢˊ ㄐㄧㄥˋ

thermal environment

【环】太阳辐射、气温、周围物体的表面温度、相对湿度和气流速度等物理因素构成的环境。是影响人体冷热感觉的环境热特性。包括天然热环境和人工热环境,前者由天然环境接收太阳辐射的热特性所形成,后者由室内环境的热特性所形成。

热机/熱機 rèjī/ㄖㄜˋ ㄐㄧ

heat engine

【物】从外界获得热能并将其中一部分转换为机械能向外做功的原动机。常见的将燃料的化学能转化成机械能的动力机械如蒸汽机、汽轮机、燃气轮机、内燃机、喷气发动机等属于热机。通常以气体作为工作物质，利用气体受热膨胀对外做功。热能的来源除燃料化学能外，还可以是原子能、太阳能和地热等。热机工作于两个不同温度的热源之间，从高温热源（T_1）吸热，做功，向低温热源（T_2）放热，根据热力学第一定律，热机效率＝1－（T_1/T_2），因此热机效率不可能达到100％。与热机相反的是制冷机，外界动力对制冷机（如冰箱）做功，或者说吸收其热量，使其降低温度。制冷温度越低，消耗的能越大。

📖 常见热机的热机效率：蒸汽机4％～8％，燃气轮机50％～60％，汽油发动机26％～40％，柴油发动机34％～45％，喷气发动机50％～60％。

热浪/熱浪 rèlàng/ㄖㄜˋ ㄌㄤˋ
heat wave
【气】由于大范围异常高温空气入侵，或连续数日空气显著增温使天气炎热的现象。是灾害性天气的一种。

热力层结/大氣成層
rèlì céngjié/ㄉㄚˋ ㄑㄧˋ ㄔㄥˊ ㄘㄥˊ
thermal stratification, atmospheric stratification
【气】又称"大气层结"。大气中温度和湿度等要素随高度的分布。

热力发动机/熱機 rèlì fādòngjī/ㄖㄜˋ ㄐㄧ
thermal machine, heat engine
【机】把热能转换为机械能的发动机。如蒸汽机、汽轮机、内燃机、燃气轮机和喷气发动机等。按工作原理不同，可分为往复式发动机、叶片式发动机和喷气发动机等。

热力负荷/熱負載 rèlì fùhè/ㄖㄜˋ ㄈㄨˋ ㄗㄞˋ
heat load
【电】简称"热负荷"。地区所需要的热能。

热力学/熱力學 rèlìxué/ㄖㄜˋ ㄌㄧˋ ㄒㄩㄝˊ
thermodynamics
【物】从能量转化的角度研究热及其变化的学科。着重研究物质的平衡状态以及准平衡状态的物理、化学过程。随着对不可逆过程研究的发展，形成了"非平衡态热力学"。

热力学第二定律/熱力學第二定律
rèlìxué dì-èr dìnglǜ/
ㄖㄜˋ ㄌㄧˋ ㄒㄩㄝˊ ㄉㄧˋ ㄦˋ ㄉㄧㄥˋ ㄌㄩˋ
second law of thermodynamics
【物】关于热力学的一个定律。有不同的表述形式。(1)不可能从单一热源吸热，使之完全变成有用的功，而不引起其他变化。(2)热量不能自发地从低温物体传到高温物体。(3)在任何自然过程中，一个孤立系统的总熵不会减小。(4)第二类永动机不可能制成。参见"永动机"(1362页)。

热力学第零定律/熱力學第零定律
rèlìxué dì-líng dìnglǜ/
ㄖㄜˋ ㄌㄧˋ ㄒㄩㄝˊ ㄉㄧˋ ㄌㄧㄥˊ ㄉㄧㄥˋ ㄌㄩˋ
zeroth law of thermodynamics
【物】关于热力学的一个定律。如果两个热力学系统的每一个都与第三个热力学系统处于热平衡，那么这两个系统也处于热平衡。

热力学第三定律/熱力學第三定律
rèlìxué dì-sān dìnglǜ/
ㄖㄜˋ ㄌㄧˋ ㄒㄩㄝˊ ㄉㄧˋ ㄙㄢ ㄉㄧㄥˋ ㄌㄩˋ
third law of thermodynamics
【物】关于热力学的一个定律。当温度趋近于绝对零度时，物质状态的任何变化都不能引起熵的改变。或者说，不可能用有限的步骤使物体的温度达到绝对零度。

热力学第一定律/熱力學第一定律
rèlìxué dì-yī dìnglǜ/
ㄖㄜˋ ㄌㄧˋ ㄒㄩㄝˊ ㄉㄧˋ ㄧ ㄉㄧㄥˋ ㄌㄩˋ
first law of thermodynamics
【物】关于热力学的一个定律。在任意过程中，系统从周围介质中吸取的热量对介质所做的功和系统内能增量之间在数量上守恒。是能量守恒定律在热力学中的表述。参见"能量守恒定律"(831页)。

热力学平衡态
rèlìxué pínghéngtài /
ㄖㄜˋ ㄌㄧˋ ㄒㄩㄝˊ ㄆㄧㄥˊ ㄏㄥˊ ㄊㄞˋ
【物】即"平衡态"(872页)。

热力学温标/熱力温標
rèlìxué wēnbiāo/ㄖㄜˋ ㄌㄧˋ ㄨㄣ ㄅㄧㄠ
thermodynamic scale
【物】旧称"开氏温标""绝对温标"。温标的一种。用T表示，单位开[尔文]。在热力学第二定律的基础上建立，不依赖于物质的特性。以绝对零度为起点，水的三相点的温度为273.16 K。因英国开尔文男爵威廉·汤姆森（Kelvin, William Thomson, Baron,

1824—1907)在 1848 年建立，故名。1954 年国际计量大会规定，水的三相点的热力学温度为 273.16 K。该温标没有负值，其温度下限是绝对零度(0 K)。

热力学温度/熱力學溫度
rèlìxué wēndù/ㄖㄜˋ ㄌㄧˋ ㄒㄩㄝˊ ㄨㄣ ㄉㄨˋ
thermodynamic temperature
【物】国际单位制七个基本物理量之一。热力学温标的标度。用符号 T 表示，单位开[尔文](K)。1967 年第 13 届国际计量大会决定为国际单位制的基本单位。

热力学系统/熱力學系統
rèlìxué xìtǒng/ㄖㄜˋ ㄌㄧˋ ㄒㄩㄝˊ ㄒㄧˋ ㄊㄨㄥˇ
thermodynamic system
【物】热力学的研究对象。由大量微观粒子组成，能与周围环境以任意方式相互作用的宏观客体。

热量/熱量 rèliàng/ㄖㄜˋ ㄌㄧㄤˋ
heat
【物】由于温度差而转移的能量。是系统能量传递的一种形式，并可作为系统能量变化的量度。用 Q 表示，单位焦[耳]。

热量资源/熱量資源
rèliàng zīyuán/ㄖㄜˋ ㄌㄧㄤˋ ㄗ ㄩㄢˊ
heat resources
【气】气候资源的一种。农业生产可以利用的热量条件。

热疗/熱療 rèliáo/ㄖㄜˋ ㄌㄧㄠˊ
heat therapy, hot curing
【医】以热为因子进行治疗的方法。包括蜡疗、红外线治疗、湿热治疗等，用于增加胶原结缔组织的延展性，改善局部血液循环和组织代谢，增强神经—肌肉功能等。

热敏电阻/熱敏電阻
rèmǐn diànzǔ/ㄖㄜˋ ㄇㄧㄣˇ ㄉㄧㄢˋ ㄗㄨˇ
thermistor
【物】电阻值对温度敏感的电阻器。由单晶、多晶、塑料等半导体材料制成，电阻值随温度变化极为显著，其伏安特性曲线呈非线性。广泛应用于温度测量、温度控制、温度补偿、火灾预警、过负荷保护以及红外线探测等方面。

热喷涂/熱噴塗 rèpēntú/ㄖㄜˋ ㄆㄣ ㄊㄨˊ
thermal spraying
【机】喷涂的一种。利用某种热源(如电弧、燃烧火焰等)将粉状或丝状的材料加热到熔融或半熔融状态，通过高速气流喷射到预处理过的基体表面，使沉积而形成涂层。

热平衡/熱平衡
rèpínghéng/ㄖㄜˋ ㄆㄧㄥˊ ㄏㄥˊ
thermal equilibrium
【物】两个热力学系统相互接触过程中，系统的状态参量不再变化。

热泉/熱泉 rèquán/ㄖㄜˋ ㄑㄩㄢˊ
hot spring
【地】见“泉”(932 页)。

热容 rèróng/ㄖㄜˋ ㄖㄨㄥˊ
【物】“热容量”的简称。

热容量/熱容量
rèróngliàng/ㄖㄜˋ ㄖㄨㄥˊ ㄌㄧㄤˋ
heat capacity
【物】简称“热容”。物体在温度升高或下降一度时所吸收或放出的热量。

热式流量计/熱式流量計
rèshì liúliàngjì/ㄖㄜˋ ㄕˋ ㄌㄧㄡˊ ㄌㄧㄤˋ ㄐㄧˋ
thermal flowmeter
【机】速度式流量计的一种。利用流体流量或流速与热源对流体传热量的关系来测量流量。常用的有热分布式流量计等。

热舒适/適溫 rèshūshì/ㄕˋ ㄨㄣ
thermal comfort
【环】大多数人对客观热环境从生理和心理方面都感到满意的状态。影响人体热舒适的主要因素是空气温度、平均辐射温度、相对湿度、气流速度以及人体活动量和衣着等。

热水锅炉/熱水鍋爐
rèshuǐ guōlú/ㄖㄜˋ ㄕㄨㄟˇ ㄍㄨㄛ ㄌㄨˊ
water heater
【机】锅炉的一种。利用燃料燃烧释放的热能或其他热能把水加热到额定温度。多用于供暖和洗浴。按燃料不同，可分为电热水锅炉、燃油热水锅炉、燃气热水锅炉、燃煤热水锅炉等；按水压不同，可分为常压热水锅炉和承压热水锅炉。

热水器/熱水器 rèshuǐqì/ㄖㄜˋ ㄕㄨㄟˇ ㄑㄧˋ
water heater

R

【轻】电器的一种。利用电、燃气或太阳能使水升温,热水可用于淋浴、洗涤等。可分为电热水器、燃气热水器和太阳能热水器等。

热污染/熱污染 rèwūrǎn/ ㄖㄜˋ ㄨ ㄖㄢˇ

thermal pollution

【环】人类活动使局部环境或全球环境发生增温,对人类和生态系统产生不良影响和危害的现象。排放大量废气,改变大气的组成,改变太阳辐射和地球辐射透过率;改变地表状态,改变其反射率,影响地表和大气之间热交换过程;直接向大气、水体释放热量等都是影响环境热平衡过程,形成环境热污染的主要因素。

热像仪/熱像儀 rèxiàngyí/ ㄖㄜˋ ㄒㄧㄤˋ ㄧˊ

thermovision, thermal imager

【机】又称"红外热像仪"。一种温度测量仪表。利用热成像技术,接收物体发出的红外线,通过有颜色的图片来显示被测量物表面的温度分布,根据温度的微小差异来找出温度的异常点。应用广泛,如在消防领域查找火源,判定事故起因,查找烟雾中的受伤者;在汽车生产领域检测轮胎的行走性能、发动机等的性能;在医学领域检测针灸效果,早期发现鼻咽癌、乳腺癌等疾病。

热邪/熱邪 rèxié/ ㄖㄜˋ ㄒㄧㄝˊ

heat pathogen

【中医】易导致阳热性病证的邪气的总称。与火邪同类,但较轻,常火热并称。致病多见发热息粗,红肿,焮痛,便秘等。

热性惊厥/熱性驚厥

rèxìng jīngjué/ ㄖㄜˋ ㄒㄧㄥˋ ㄐㄧㄥ ㄐㄩㄝˊ

febrile convulsion, FC

【医】小儿时期较常见的中枢神经系统功能异常的紧急症状,由发热引起的癫痫发作。大多由于各种感染性疾病引起(但不包括颅内感染引起的急性惊厥),典型表现为意识突然丧失,多伴有双眼球上翻,凝视或斜视,面肌或四肢肌强直,痉挛或不停地抽动。发作时间可由数秒至几分钟,有时反复发作,甚至呈持续状态。严重的可出现神经系统的后遗症。

热学/熱學 rèxué/ ㄖㄜˋ ㄒㄩㄝˊ

heat

【物】物理学的分支。研究与热现象有关的物质运动。包括物质处于热状态下的性质及其如何随热状态的变化而变化,以及热与其他运动形式之间相互转化的规律。即研究热产生、热传导现象与机理;热的本质及其普遍规律;物质的微观组成和相互作用,大量粒子组成的宏观物体的性质和行为的统计规律等。

热压焊/熱壓焊 rèyāhàn/ ㄖㄜˋ ㄧㄚ ㄏㄢˋ

hot pressure welding, thermocompression bonding

【机】压焊的一种。加热并加压到足以使金属件产生宏观变形实现连接。可用于引线焊接或倒装芯片焊接。

热运动/熱運動 rèyùndòng/ ㄖㄜˋ ㄩㄣˋ ㄉㄨㄥˋ

thermal motion

【物】宏观物体内的大量分子永不停息、温度越高越剧烈的无规则运动。

热噪声/熱雜訊 rèzàoshēng/ ㄖㄜˋ ㄗㄚˊ ㄒㄩㄣˋ

thermal noise

【信息】导体中由热骚动产生的随机噪声。

热证/熱證 rèzhèng/ ㄖㄜˋ ㄓㄥˋ

heat syndrome

【中医】中医证候之一。热邪侵袭,或阳气亢盛所致,以身热烦躁,面目红赤,唇红而干,咽燥口渴,喜冷饮,大便秘结,小便短赤,舌红苔黄,脉数(shuò)等为常见症。

热值/熱值 rèzhí/ ㄖㄜˋ ㄓˊ

calorific value

【计量】单位质量的燃料完全燃烧时产生的热量。单位是焦/千克,常用兆焦/千克。1 兆焦/千克$=10^6$ 焦/千克。

热质说/熱質説 rèzhìshuō/ ㄖㄜˋ ㄓˋ ㄕㄨㄛ

caloric theory of heat

【物】历史上关于热的本质的一种错误观点。即认为热是一种不生不灭的物质,没有重量。一个物体的冷热程度,由所含热质的多少决定。热质可以透入到一切物体中。冷热物体接触,会发生热质从较热物体流向较冷物体的现象。

热致液晶/熱致液晶

rèzhì yèjīng/ ㄖㄜˋ ㄓˋ ㄧㄝˋ ㄐㄧㄥ

thermotropic liquid crystal

【物】液晶的一类。某些高分子聚合物受热熔化时形成,只在一定温度范围内存在。其分子为长条形(长数纳米,宽十分之几纳米)。

按结构不同,可分为向列型液晶(又称长丝状液晶)、胆甾型液晶(又称螺旋状液晶)、近晶型液晶(又称碟层状液晶)。

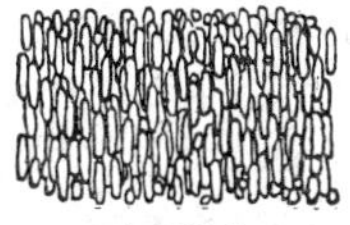
向列型液晶

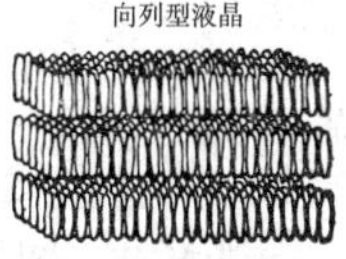
近晶型液晶

胆甾型液晶

热致液晶的分子结构示意图

热中子反应堆/熱中子反應器
rèzhōngzǐ fǎnyìngduī/
ㄖㄜˋ ㄓㄨㄥ ㄗˇ ㄈㄢˇ ㄧㄥˋ ㄑㄧˋ
thermal neutron reactor
【物】简称“热堆”。主要由能量减少速度变慢的热中子引起核裂变的反应堆。

熱帶季風林
ㄖㄜˋ ㄉㄞˋ ㄐㄧˋ ㄈㄥ ㄌㄧㄣˊ/rèdài jìfēnglín
tropical monsoon forest
【植】台湾名。即“热带季雨林”(938 页)。

熱風 ㄖㄜˋ ㄈㄥ/rèfēng
thermal wind
【气】台湾名。即“热成风”(938 页)。

熱負載 ㄖㄜˋ ㄈㄨˋ ㄗㄞˋ/rèfùzài
heat load
【电】台湾名。即“热力负荷”(940 页)。

熱回收鍋爐
ㄖㄜˋ ㄏㄨㄟˊ ㄕㄡ ㄍㄨㄛ ㄌㄨˊ/rèhuíshōu guōlú
heat recovery steam generator, heat recovery boiler
【机】台湾名。即“余热锅炉”(1375 页)。

熱傳輸 ㄖㄜˋ ㄔㄨㄢˊ ㄕㄨ/rèchuánshū
heat transfer, heat transmission
【物】台湾名。即“热传递”(938 页)。

熱床 ㄖㄜˋ ㄔㄨㄤˊ/rèchuáng
hot bed
【农】台湾名。即“温床”(1192 页)。

熱機 ㄖㄜˋ ㄐㄧ/rèjī
thermal machine, heat engine
【机】台湾名。即“热力发动机”(940 页)。

熱力温標 ㄖㄜˋ ㄌㄧˋ ㄨㄣ ㄅㄧㄠ/rèlì wēnbiāo
thermodynamic scale
【物】台湾名。即“热力学温标”(940 页)。

熱流風 ㄖㄜˋ ㄌㄧㄡˊ ㄈㄥ/rèliúfēng
thermal wind
【气】台湾名。即“热成风”(938 页)。

熱調質 ㄖㄜˋ ㄊㄧㄠˊ ㄓˋ/rètiáozhì
thermal refining
【机】台湾名。即“调质处理”(1133 页)。

熱雜訊 ㄖㄜˋ ㄗㄚˊ ㄒㄩㄣˋ/rèzáxùn
thermal noise
【信息】台湾名。即“热噪声”(942 页)。

熱中子反應器
ㄖㄜˋ ㄓㄨㄥ ㄗˇ ㄈㄢˇ ㄧㄥˋ ㄑㄧˋ/
rèzhōngzǐ fǎnyìngqì
thermal neutron reactor
【物】台湾名。即“热中子反应堆”(943 页)。

ren (ㄖㄣ)

人本主义/人本主義
rénběn zhǔyì/ㄖㄣˊ ㄅㄣˇ ㄓㄨˇ ㄧˋ
humanism
【心】心理学流派之一。第二次世界大战后在美国心理学革新中创立。代表人物有奥尔波特(G. W. Allport,1897—1967)、马斯洛(A. H. Maslow, 1908—1970)、罗杰斯(C. R. Rogers, 1902—1987)、阿德勒(A. Adler, 1870—1937)等。认为精神分析过于关注神经症和精神障碍研究,而行为主义看待问题过于机械。人本主义特别着重人格方面的研究,强调人的责任,强调当下,强调人的成长。

人才/人才 réncái/ㄖㄣˊ ㄘㄞˊ
talent
【总】才能较高的人。通常指具有一定的专业知识或专门技能,进行创造性劳动并对社会做出贡献的人。

人丹/人丹 réndān/ㄖㄣˊ ㄉㄢ
rendan mini-pills, rendan, * Human Elixir
【中医】中成药名。主要成分:薄荷脑、肉桂、甘草、儿茶、木香、冰片、桔梗、樟脑、小茴香、草豆蔻、丁香罗勒油。口服或含服。清暑开窍，辟秽排浊，驱风健胃。用于中暑呕吐，胸中满闷，头目眩晕，水土不服，消化不良，恶心呕吐，晕船，轻度中暑，酒醉饱滞。

📖 人丹，婴幼儿、孕妇禁用。

人痘接种术/人痘接種術

réndòu jiēzhòngshù/ㄖㄣˊ ㄉㄡˋ ㄐㄧㄝ ㄓㄨㄥˋ ㄕㄨˋ

variolation

【中医】古代取天花患者痘痂制浆，接种于健康儿童，使之产生免疫力，以预防天花的方法。

📖 天花是人类传染病史上一种烈性传染病。中国16世纪前后就发明了预防天花的人痘接种术。据清代俞茂鲲《痘科金镜赋集解》(1712年刻行)"种痘说"记载，人痘接种法始兴于明隆庆年间(1567—1572)。1682年康熙皇帝曾下旨令各地种痘，种痘术遂在全国推广。当时主要采用痘衣法、浆苗法、旱苗法、水苗法。之后广泛传播世界各地。1796年英国免疫学家詹纳(E.Jenner)受人痘接种术的启发，发明了牛痘接种术，并逐渐取代了人痘接种术。现天花已被消灭。

人格/人格 réngé/ㄖㄣˊ ㄍㄜˊ

personality

【心】又称"个性"。指一个人的整个精神面貌。即具有一定倾向性的心理特征的总和。是多层次、多侧面的，由复杂的心理特征的独特结合而构成的整体。人的个性具有稳定性，其可变性是相对的、有条件的。人的个性在先天遗传的基础上和后天环境教育的影响下形成，自身的实践和主观能动性的发挥也起着极大的作用。

人格测验/人格測驗

réngé cèyàn/ㄖㄣˊ ㄍㄜˊ ㄘㄜˋ ㄧㄢˋ

personality test

【心】又称"个性测验"。用心理测验方法对人的个性进行测量。即测量个人在一定情境下，经常表现出的典型行为和情感反应。测验内容涵盖个性的各个方面，如气质、性格、自我意识、需要、动机、兴趣、爱好、情感、意志、幸福感等。人格测验方法主要有两种：一为自陈式问卷法测验，易于数量化处理；一为结构不明确的投射法测验，通常用作个案研究。

人格疾患

ㄖㄣˊ ㄍㄜˊ ㄐㄧˊ ㄏㄨㄢˋ/réngé jíhuàn

personality disorder

【心】台湾名。即"人格障碍"(944页)。

人格特质/人格特質

réngé tèzhì/ㄖㄣˊ ㄍㄜˊ ㄊㄜˋ ㄓˋ

personality trait

【心】起源于20世纪40年代的美国，主要代表人物是奥尔波特(G. W. Allport, 1897—1967)和卡特尔(R.B.Cattell,1905—1998)。卡特尔把特质看作一种从个体的外显行为中，用因素分析推导而得到的人格结构。认为人格特质是个体对环境刺激做出反应时的一种内在倾向。它是由遗传和环境两方面因素形成的，对个体的行为具有动机的作用。

人格違常

ㄖㄣˊ ㄍㄜˊ ㄨㄟˊ ㄔㄤˊ/réngé wéicháng

personality disorder

【心】台湾名。即"人格障碍"(944页)。

人格心理学/人格心理學

réngé xīnlǐxué/ㄖㄣˊ ㄍㄜˊ ㄒㄧㄣ ㄌㄧˇ ㄒㄩㄝˊ

personality psychology

【心】又称"个性心理学"。心理学的一个分支。以人的个性为研究对象，从心理学角度探讨其发展、构成及表现的规律。从诸多心理现象中相对地把个性心理分割出来作为研究对象，用特定的研究方法和手段加以描述，进而深入阐明其本质，认识并掌握其规律，使对人有更为清晰的了解。

人格障碍/人格疾患

réngé zhàng'ài/ㄖㄣˊ ㄍㄜˊ ㄐㄧˊ ㄏㄨㄢˋ

personality disorder

【心】又称"病态人格""异常人格"，台湾又称"人格違常"。心理障碍的一种。自幼年或青少年时出现，并在成年期形成持久而牢固的社会适应不良。通常表现为人格各因素之间的失衡或人格特质上的缺失，常使自身或社会蒙受损害，并影响正常的人际关系。又可分为偏执型人格、分裂型人格、表演型人格、强迫型人格等。

人工宝石/人工寶石

réngōng bǎoshí/ㄖㄣˊ ㄍㄨㄥ ㄅㄠˇ ㄕˊ

artificial gem

【材】完全或部分由人工生产或制造、用于制首饰及装饰品的材料。包括合成宝石、人造宝石、拼合宝石和再造宝石。

人工被动免疫/人工被動免疫

réngōng bèidòng miǎnyì/
ㄖㄣˊ ㄍㄨㄥ ㄅㄟˋ ㄉㄨㄥˋ ㄇㄧㄢˇ ㄧˋ

artificial passive immunity

【医】将含有特异性抗体的血清或细胞因子等制剂注入机体,使机体被动地获得特异性免疫力而受到保护的措施。

人工放射性/人造放射性

réngōng fàngshèxìng/
ㄖㄣˊ ㄗㄠˋ ㄈㄤˋ ㄕㄜˋ ㄒㄧㄥˋ

artificial radioactivity

【物】用核反应的方法获得的放射性。1934年由约里奥-居里夫妇(Frederic Joliot-Curie, 1900—1958 和 Irene Joliot-Curie, 1897—1956)发现。

人工呼吸/人工呼吸

réngōng hūxī/ㄖㄣˊ ㄍㄨㄥ ㄏㄨ ㄒㄧ

artificial respiration

【医】自主呼吸停止时的急救方法。通过人工或机械装置使适量空气有节律地进入肺内后自然呼出,周而复始以代替自主呼吸。

人工湖/人工湖

réngōnghú/ㄖㄣˊ ㄍㄨㄥ ㄏㄨˊ

man-made lake

【地】湖泊的一种。利用河流有利的地理位置修建水坝、水库、水闸、水堤等水利工程,拦蓄河水而成。主要用于拦洪蓄水和调节水流,还可灌溉、发电和水产养殖等。

人工环境/人工環境

réngōng huánjìng/ㄖㄣˊ ㄍㄨㄥ ㄏㄨㄢˊ ㄐㄧㄥˋ

man-made environment

【环】又称"人为环境"。人类活动改变自然环境原有状态和面貌所形成的环境,如农田、工矿区、城镇等。

人工降水/人造降水

réngōng jiàngshuǐ/ㄖㄣˊ ㄗㄠˋ ㄐㄧㄤˋ ㄕㄨㄟˇ

artificial precipitation

【气】❶用人为的手段促使云层降水的过程。❷用人工的方法(如用飞机、气球、火箭、炮等工具)向云层投放催化剂(如干冰、碘化银、尿素、氯化钠、氯化钙等),促使云层的冰晶、水滴迅速增大而形成降水。

人工绝经/人工絕經

réngōng juéjīng/ㄖㄣˊ ㄍㄨㄥ ㄐㄩㄝˊ ㄐㄧㄥ

induced menopause

【医】出于医疗或其他目的,通过手术等终止双侧卵巢功能而导致的绝经。

人工控制/人工控制

réngōng kòngzhì/ㄖㄣˊ ㄍㄨㄥ ㄎㄨㄥˋ ㄓˋ

manual control

【自】又称"手动控制"。为改善系统的性能或达到特定的目的,通过对系统信息的采集和加工而人工施加到控制对象上的控制方式。

人工類神經網路

ㄖㄣˊ ㄍㄨㄥ ㄌㄟˋ ㄕㄣˊ ㄐㄧㄥ ㄨㄤˇ ㄌㄨˋ/
réngōng lèishénjīng wǎnglù

artificial neural network

【自】台湾名。即"人工神经网络"(946 页)。

人工流产/人工流產

réngōng liúchǎn/ㄖㄣˊ ㄍㄨㄥ ㄌㄧㄡˊ ㄔㄢˇ

induced abortion, artificial abortion

【医】通过机械或药物等以终止妊娠的措施。仅作为避孕失败的补救,不能作为常用的节育方法。可分为早期人工流产和中期妊娠引产。

人工免疫/人工免疫

réngōng miǎnyì/ㄖㄣˊ ㄍㄨㄥ ㄇㄧㄢˇ ㄧˋ

artificial immunity

【医】根据自然免疫的原理,用人工方法使人体获得的特异性免疫。广泛应用于预防传染病,也用于治疗某些传染病。分为人工主动免疫和人工被动免疫两种。

人工气道/人工氣道

réngōng qìdào/ㄖㄣˊ ㄍㄨㄥ ㄑㄧˋ ㄉㄠˋ

artificial airway

【医】将导管安放在手术切开后的气管或经上呼吸道插入气管所建立的气体通道。用于机械通气或单纯气道分泌物的引流。

人工器官/人造器官

réngōng qìguān/ㄖㄣˊ ㄗㄠˋ ㄑㄧˋ ㄍㄨㄢ

artificial organ

【医】用特定材料制成的,具有人体器官类似功能，且可替代人体病变器官主要功能的人工装置。植入体内的要适应人体内各种复杂生理环境，与机体完全相容，无毒，无腐蚀，无致癌性，不引起异物反应和变态反应，不引起组织发生炎症、血栓、血凝等。使用较广泛的有人工肺（氧合器）、人工心脏（血泵）、人工肾（血液透析器）等。

人工神经网络/人工類神經網路
réngōng shénjīng wǎngluò/ ㄖㄣˊ ㄍㄨㄥ ㄌㄟˋ ㄕㄣˊ ㄐㄧㄥ ㄨㄤˇ ㄌㄨˋ
artificial neural network
【自】简称"神经网络"。模仿生物神经网络的结构和信息处理功能的数学模型或计算模型。

人工授精/人工授精
réngōng shòujīng/ ㄖㄣˊ ㄍㄨㄥ ㄕㄡˋ ㄐㄧㄥ
artificial insemination
【医】通过非性交的方式，将男性精液注入女性阴道或子宫腔，以达到受孕目的。

人工小气候/人造微氣候
réngōng xiǎoqìhòu/ ㄖㄣˊ ㄗㄠˋ ㄨㄟˊ ㄑㄧˋ ㄏㄡˋ
artificial microclimate
【气】采取人为措施，通过改变局部下垫面的辐射特性、温湿状况和动力条件等营造的有利于人类活动和动植物生长的气候环境。如通过人工绿化、建造水体、设置风障、种植防护林带等改变局地环境气候条件；通过建造房屋、修建温室、覆盖地膜等控制人类生活和动植物生长的适宜环境条件。

人工影响天气/天氣改造
réngōng yǐngxiǎng tiānqì/ ㄊㄧㄢ ㄑㄧˋ ㄍㄞˇ ㄗㄠˋ
weather modification
【气】在适当气象条件下，通过科学技术手段对局部大气的物理、化学过程进行人工干预，促使局部的某些天气现象向预定的方向转变。包括人工降水、防雹、避雷、防霜、消雾、消云等。

人工肢 ㄖㄣˊ ㄍㄨㄥ ㄓ/réngōngzhī
artificial limb
【医】台湾名。即"假肢"（594 页）。

人工智慧
ㄖㄣˊ ㄍㄨㄥ ㄓˋ ㄏㄨㄟˋ/réngōng zhìhuì
artificial intelligence, AI
【信息】台湾名。即"人工智能"（946 页）。

人工智能/人工智慧
réngōng zhìnéng/ ㄖㄣˊ ㄍㄨㄥ ㄓˋ ㄏㄨㄟˋ
artificial intelligence, AI
【信息】又称"机器智能"。利用计算机模拟人类智力活动的认知科学分支。智力活动包括推理、学习和自我改进等。

人工智能武器
réngōng zhìnéng wǔqì/ ㄖㄣˊ ㄍㄨㄥ ㄓˋ ㄋㄥˊ ㄨˇ ㄑㄧˋ
【军】"智能武器"的全称。

人工主动免疫/人工主動免疫
réngōng zhǔdòng miǎnyì/ ㄖㄣˊ ㄍㄨㄥ ㄓㄨˇ ㄉㄨㄥˋ ㄇㄧㄢˇ ㄧˋ
artificial active immunity
【医】采用人工接种向机体输入抗原性物质，使机体自己产生特异性免疫力的方法。免疫力比人工被动免疫维持时间长。

人机工程学
rén-jī gōngchéngxué/ ㄖㄣˊ ㄐㄧ ㄍㄨㄥ ㄔㄥˊ ㄒㄩㄝˊ
【自】即"工效学"（407 页）。

人机交互/人機交互作用
rén-jī jiāohù/ ㄖㄣˊ ㄐㄧ ㄐㄧㄠ ㄏㄨˋ ㄗㄨㄛˋ ㄩㄥˋ
human-computer interaction
【信息】人与计算机之间使用某种对话语言，以一定的交互方式完成确定任务的信息交换过程。其功能主要依靠可输入输出的外部设备和相应的软件来实现。

人机界面/人機介面
rén-jī jièmiàn/ ㄖㄣˊ ㄐㄧ ㄐㄧㄝˋ ㄇㄧㄢˋ
human-machine interface
【信息】简称"界面"。❶人接触和使用机器的边界。设计时应以人为本，强调高效、直观、友好。已经从单纯的命令语言发展到选单选项，从二维、单通道发展到三维、多通道，从只有文字发展到兼有音像。当将此概念应用于程序或操作系统时，多称"使用界面"。❷使人能与计算机系统交换信息的命令、显示、控制和硬件的统称。用户以此操作和控制计算机，并从中得到反馈。

人機交互作用
ㄖㄣˊ ㄐㄧ ㄐㄧㄠ ㄏㄨˋ ㄗㄨㄛˋ ㄩㄥˋ/
rén-jī jiāohù zuòyòng

human-computer interaction
【信息】台湾名。即"人机交互"(946 页)。

人機介面
ㄖㄣˊ ㄐㄧ ㄐㄧㄝˋ ㄇㄧㄢˋ/rén-jī jièmiàn
human-machine interface
【信息】台湾名。即"人机界面"(946 页)。

人际距离/人際距離
rénjì jùlí/ㄖㄣˊ ㄐㄧˋ ㄐㄩˋ ㄌㄧˊ
interpersonal distance
【心】社会距离的一种。指人与人之间面对面直接交往接触时所保持的相互间的客观距离,体现了人际交往中双方的亲密程度。包括亲密距离、亲近距离、交际距离、大众距离等类型。

人际知觉/人際知覺
rénjì zhījué/ㄖㄣˊ ㄐㄧˋ ㄓ ㄐㄩㄝˊ
interpersonal perception
【心】社会知觉的一个重要方面。指在人际交往中,个体对人与人之间关系的知觉,包括对自己与他人关系、他人与他人关系的知觉。

人居环境/人類聚落
rénjū huánjìng/ㄖㄣˊ ㄌㄟˋ ㄐㄩˋ ㄌㄨㄛˋ
human settlement, human habitat
【建】台湾又称"人類居住環境"。人类集聚或居住的生存环境。是人类工作劳动、生活居住、休息游乐和社会交往的空间场所。特指建筑、城市、风景园林等整合的人工建成环境。

人口老化
ㄖㄣˊ ㄎㄡˇ ㄌㄠˇ ㄏㄨㄚˋ/rénkǒu lǎohuà
population aging
【医】台湾名。即"人口老龄化"(947 页)。

人口老龄化/人口老化
rénkǒu lǎolínghuà/ㄖㄣˊ ㄎㄡˇ ㄌㄠˇ ㄏㄨㄚˋ
population aging
【医】总人口中年轻人的数量减少,年长人的数量增加,导致老年人口比例相应增长的现象。通常以 60 岁及以上人口达到 10%,或 65 岁及以上人口达到 7%,作为该人口群体老龄化的标准。

人类免疫缺陷病毒/愛滋病毒
rénlèi miǎnyì quēxiàn bìngdú/ㄞˋ ㄗ ㄅㄧㄥˋ ㄉㄨˊ
human immunodeficiency virus, HIV
【医】通称"艾滋病病毒"。一种具有迅速变异能力,直接侵犯人体免疫系统,可破坏人体的细胞免疫和体液免疫的逆转录病毒。

人類居住環境
ㄖㄣˊ ㄌㄟˋ ㄐㄩ ㄓㄨˋ ㄏㄨㄢˊ ㄐㄧㄥˋ/
rénlèi jūzhù huánjìng
human settlement, human habitat
【建】台湾名。即"人居环境"(947 页)。

人類聚落 ㄖㄣˊ ㄌㄟˋ ㄐㄩˋ ㄌㄨㄛˋ/rénlèi jùluò
human settlement, human habitat
【建】台湾名。即"人居环境"(947 页)。

人马座/人馬座
rénmǎzuò/ㄖㄣˊ ㄇㄚˇ ㄗㄨㄛˋ
Sagittarius, Sgr
【天】黄道十二星座之一。位于摩羯座和天蝎座中间。是夏夜的明亮星座,位于银河系中心的方向上(银河系中心在射电源人马座A*附近),因此那里的银河最为明亮宽广,其中包含许多美丽的星云和星团。在日本,称为射手座。

人参/人參 rénshēn/ㄖㄣˊ ㄕㄣ
㊀ginseng,㊁Radixet Rhizoma Ginseng (拉), ginseng
㊀【植】*Panax ginseng* 俗称"棒槌"。五加科人参属。多年生草本植物。主根肥大,肉质,纺锤形或圆柱形,须根细长。根状茎短,地上茎单生。掌状复叶,小叶 3~5 枚,边缘有齿。伞形花序单生茎顶,花瓣五枚,淡黄绿色。

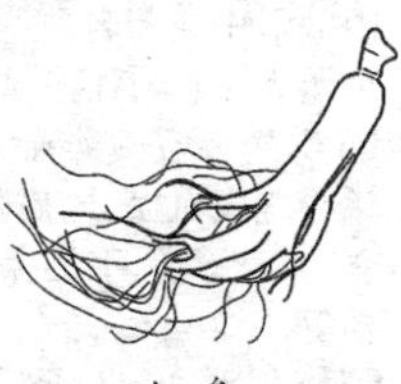
人参

果实扁球形,红色。花果期 5—9 月份。在中国,主要分布于东北地区。根可入药。野生人参是濒危物种。㊁【中医】中药名。五加科植物人参 *Panax ginseng* C. A. Mey. 的干燥根和根茎。味甘、微苦,性微温。归脾、肺、心经。大补元气,复脉固脱,补脾益肺,生津,安神。用于体虚欲脱,肢冷脉微,脾虚食少,肺虚喘咳,津伤口渴,内热消渴,久病虚羸,惊悸失眠,阳痿宫冷等。

📖 ❶人参是"东北三宝"(人参、貂皮、鹿茸)

R

之一,因其外形有人的形状,即有头(根状茎)、有体(主根)、有肩(主根的上部)、有腿(主根下部的分枝)、有须(须根),故名。❷人工栽培的人参称为“园参”,野生的人参称为“山参”。临床常见的人参炮制品有“生晒参”和“红参”。生晒参由人参栽培品直接晒干或烘干而成,温性偏弱,适于气阴不足者;红参即人参栽培品经蒸制后的干燥根和根茎,性偏温,适于气弱阳虚者。人参叶也可入药,性味与人参不同,味苦、甘,性寒。归肺、胃经。能补气益肺,祛暑生津。又,人参不宜与藜芦、五灵脂同用。

人参养荣丸/人參養榮丸

rénshēn yǎngróngwán/
ㄖㄣˊ ㄕㄣ ㄧㄤˇ ㄖㄨㄥˊ ㄨㄢˊ

renshen yangrong pills, renshen yangrong wan, * Ginseng Construction-Nourishing Pill

【中医】中成药名。主要成分:人参、白术、茯苓、炙甘草、当归、熟地黄、白芍、炙黄芪、陈皮、远志、肉桂、五味子、鲜姜、大枣。口服。温补气血。用于心脾不足,气血两亏,形瘦神疲,食少便溏,病后虚弱。

人参再造丸/人參再造丸

rénshēn zàizàowán/
ㄖㄣˊ ㄕㄣ ㄗㄞˋ ㄗㄠˋ ㄨㄢˊ

renshen zaizao pills, renshen zaizao wan, * Ginseng Renewal Pill

【中医】中成药名。主要成分:人参、酒蕲蛇、广藿香、细辛、乳香、黄芪、威灵仙、炒僵蚕等56味药。益气养血,祛风化痰,活血通络。治疗气虚血瘀、风痰阻络所致中风,口眼歪斜、半身不遂、手足麻木、疼痛、拘挛、言语不清等。

人体域网/近身通訊

réntǐ yùwǎng/ㄐㄧㄣˋ ㄕㄣ ㄊㄨㄥ ㄒㄩㄣˋ

body area network, BAN

【信息】能把人身体上携带的各种小型电器和通信设备连接起来的网络。

人为的助航标志

rénwéi de zhùháng biāozhì/
ㄖㄣˊ ㄨㄟˊ ·ㄉㄜ ㄓㄨˋ ㄏㄤˊ ㄅㄧㄠ ㄓˋ

【船】“航标”的全称。

人为环境

rénwéi huánjìng/ㄖㄣˊ ㄨㄟˊ ㄏㄨㄢˊ ㄐㄧㄥˋ

【环】即“人工环境”(945 页)。

人爲遺產

ㄖㄣˊ ㄨㄟˊ ㄧˊ ㄔㄢˇ/rénwéi yíchǎn

cultural heritage

【建】台湾名。即“文化遗产”(1194 页)。

人文地理学/人文地理學

rénwén dìlǐxué/ㄖㄣˊ ㄨㄣˊ ㄉㄧˋ ㄌㄧˇ ㄒㄩㄝˊ

human geography

【地】地理学两大分支学科之一。研究地球表面人类活动与地理环境之间相互关系形成的地域系统及其空间结构。

人因工程學

ㄖㄣˊ ㄧㄣ ㄍㄨㄥ ㄔㄥˊ ㄒㄩㄝˊ/
rényīn gōngchéngxué

ergonomics

【自】台湾名。即“工效学”(407 页)。

人鱼 rényú/ㄖㄣˊ ㄩˊ

【动】即“儒艮”(958 页)。

人猿 ㄖㄣˊ ㄩㄢˊ/rényuán

ape

【动】台湾名。即“猿”(1393 页)。

人造宝石/人造石

rénzào bǎoshí/ㄖㄣˊ ㄗㄠˋ ㄕˊ

artificial stone

【材】由人工制造且自然界无已知对应物的晶质或非晶质体。如人造钇铝榴石。

人造大理石/人造大理石

rénzào dàlǐshí/ㄖㄣˊ ㄗㄠˋ ㄉㄚˋ ㄌㄧˇ ㄕˊ

artificial marble

【材】一种人造石材。以合成树脂为黏合剂,配以大理石、方解石等碎石粉及硅粉、玻璃粉、阻燃剂、稳定剂等制得。外观具有大理石的花纹和质感。较大理石轻,耐酸碱性能好。

人造地球卫星/人造地球衛星

rénzào dìqiú wèixīng/
ㄖㄣˊ ㄗㄠˋ ㄉㄧˋ ㄑㄧㄡˊ ㄨㄟˋ ㄒㄧㄥ

artificial earth satellite

【航】在空间预定轨道环绕地球运行(至少一圈)的无人航天器。是发射数量最多、用途最广、发展最快的航天器。按运行轨道不同,可分为低轨道卫星、中高轨道卫星、地球同步轨道卫星、地球静止轨道卫星、太阳同步轨道卫星、大椭圆轨道卫星、极轨道卫星;按用途不同,可分为科学卫星、技术试验卫星、应用卫星;按体积质量又可分为小卫星、微卫星、纳米卫星、皮米卫星。

人造放射性
ㄖㄣˊ ㄗㄠˋ ㄈㄤˋ ㄕㄜˋ ㄒㄧㄥˋ/
rénzào fàngshèxìng
artificial radioactivity
【物】台湾名。即“人工放射性”(945 页)。

人造革/人造皮
rénzàogé/ㄖㄣˊ ㄗㄠˋ ㄆㄧˊ
artificial leather
【轻】又称“合成革”,台湾又称“人造皮革”。一种类似皮革的塑料制品。通常以织物为底基,其上涂布或贴覆一层树脂混合物,再加热使塑化,并经滚压压平或压花而成。按覆盖物的不同,可分为聚氯乙烯人造革、聚氨酯人造革等。表面的纹理和手感与皮革相似,但透气性、耐磨性、耐寒性等不如真皮。特点是表面光滑,厚薄均匀,强度一致,柔软耐磨,色泽美观,防水,耐酸碱,不易发霉和虫蛀。常作为皮革的代用品,用于制作衣服、包、袋及沙发等的软包面料等。

人造降水
ㄖㄣˊ ㄗㄠˋ ㄐㄧㄤˋ ㄕㄨㄟˇ/rénzào jiàngshuǐ
artificial precipitation
【气】台湾名。即“人工降水”(945 页)。

人造沥青/人造瀝青
rénzào lìqīng/ㄖㄣˊ ㄗㄠˋ ㄌㄧˋ ㄑㄧㄥ
asphalt, artificial bitumen
【化】沥青的一类。是焦油沥青、硬脂沥青、松脂沥青等的统称。棕黑色至黑色,通常具有光泽。

人造磨具/人造磨料
rénzào mójù/ㄖㄣˊ ㄗㄠˋ ㄇㄛˊ ㄌㄧㄠˋ
artificial abrasive
【机】磨具的一类。由具有磨削能力的磨粒(如碳化硅、氧化铝或金刚石等)经结合剂(如树脂等)按一定形状、尺寸黏结而成。可分为固结磨具和涂附磨具两类。

人造磨料
ㄖㄣˊ ㄗㄠˋ ㄇㄛˊ ㄌㄧㄠˋ/rénzào móliào
artificial abrasive
【机】台湾名。即“人造磨具”(949 页)。

人造皮 ㄖㄣˊ ㄗㄠˋ ㄆㄧˊ/rénzàopí
artificial leather
【轻】台湾名。即“人造革”(949 页)。

人造皮革 ㄖㄣˊ ㄗㄠˋ ㄆㄧˊ ㄍㄜˊ/rénzào pígé
artificial leather
【轻】台湾名。即“人造革”(949 页)。

人造器官
ㄖㄣˊ ㄗㄠˋ ㄑㄧˋ ㄍㄨㄢ/rénzào qìguān
artificial organ
【医】台湾名。即“人工器官”(945 页)。

人造石 ㄖㄣˊ ㄗㄠˋ ㄕˊ/rénzàoshí
artificial stone
【材】台湾名。即“人造宝石”(948 页)。

人造微氣候
ㄖㄣˊ ㄗㄠˋ ㄨㄟˊ ㄑㄧˋ ㄏㄡˋ/rénzào wēiqìhòu
artificial microclimate
【气】台湾名。即“人工小气候”(946 页)。

人造卫星/人造衛星
rénzào wèixīng/ㄖㄣˊ ㄗㄠˋ ㄨㄟˋ ㄒㄧㄥ
artificial satellite
【航】人类为了认识探索、开发利用目标天体而制造的功能装置,并由太空飞行载具(如火箭、航天飞机等)运送到目标天体,使其按照一定轨道和周期围绕特定目标天体回转的装置。

人造纤维
rénzào xiānwéi/ㄖㄣˊ ㄗㄠˋ ㄒㄧㄢ ㄨㄟˊ
【材】即“再生纤维”(1407 页)。

人造月亮/人造月亮
rénzào yuèliang/ㄖㄣˊ ㄗㄠˋ ㄩㄝˋ ㄌㄧㄤˋ
man-made moon
【航】用于夜间照明的人造地球卫星。除具有人造卫星基本功能系统外,装有多个巨大的姿态和角度可调整的光学反射器。光学反射器将阳光集中并可以超过 10 倍的满月照明亮度投射到地球表面。发射人造月亮是地球遭遇自然灾害及战争灾难等,供电系统受到破坏后的应急照明措施。

人种/人種 rénzhǒng/ㄖㄣˊ ㄓㄨㄥˇ
race
【地】又称“种族”。根据体质形态上具有的某些共同遗传特征(如肤色、发色、发形、眼色、血型等)而划分的人群。按遗传特征不同,人类

R

可分为三大人种，即蒙古人种、欧罗巴人种和尼格罗人种。

📖 主要根据肤色不同，可将人类分为黄色人种、白色人种、黑色人种和棕色人种。

人字呢 ㄖㄣˊ ㄗˋ ㄋㄧˊ/rénzìní

herringbone

【纺】台湾名。即“海力蒙”(462 页)。

忍冬/忍冬 rěndōng/ㄖㄣˇ ㄉㄨㄥ

Japanese honeysuckle

【植】*Lonicera Japonica* 通称“金银花”。忍冬科忍冬属。多年生半常绿木质藤本植物。叶纸质，卵形至卵状披针形，顶端尖，基部圆。总花梗单生于叶腋，花冠唇形，冠筒长于唇瓣，上唇裂片顶端钝形，下唇带状而反曲，花初开为白色，后转为黄色，有香气，味淡微苦。在中国，分布于除黑龙江、内蒙古、宁夏、青海、海南和西藏外各地。观赏花木。花可入药。

刃齿虎/刃齒虎 rènchǐhǔ/ㄖㄣˋ ㄔˇ ㄏㄨˇ

edge-toothed tiger

【地】*Smilodon*，旧称“美洲剑齿虎”。古哺乳动物。体形巨大，形态、大小跟现代的虎相似，有长达 20 厘米、形状像匕首的牙齿。生存于上新世晚期的美洲大陆，灭绝晚，出土化石多。

刃具 rènjù/ㄖㄣˋ ㄐㄩˋ

【机】即“刀具”(204 页)。

认识论/認識論 rènshílùn/ㄖㄣˋ ㄕˊ ㄌㄨㄣˋ

epistemology

【总】台湾又称“知識論”。研究人类认识的本质、结构，认识与客观实在的关系，认识的前提和基础，认识发生、发展的过程及其规律，认识的真理标准等问题的哲学学说。

认知/認知 rènzhī/ㄖㄣˋ ㄓ

cognition

【心】广义上指认识，即人脑对客观事物的意义、本质特征、作用、联系及规律性等的反映。狭义上指记忆过程中的再认或再现。再认和再现是回忆的不同形式。再认，指过去识记过的事物再度出现时能够将其识别；如果过去识记过的事物并未出现而能够在头脑中重现则是再现。

认知技能 rènzhī jìnéng/ㄖㄣˋ ㄓ ㄐㄧˋ ㄋㄥˊ

【心】即“智力技能”(1454 页)。

认知疗法/認知治療 rènzhī liáofǎ/ㄖㄣˋ ㄓ ㄓˋ ㄌㄧㄠˊ

cognitive therapy

【心】一种心理治疗方法。运用解释的方法来说明行为、情感、心理活动发生发展的原因，强调认知过程在决定行为中的重要作用，以解决患者的认识问题为主要治疗思想。现代认知疗法有认知的重建、适应技能和问题解决三个主要范围，常用的方法有与不合理信念辩论、合理的情绪想象、认知家庭作业等。

认知心理学/認知心理學 rènzhī xīnlǐxué/ㄖㄣˋ ㄓ ㄒㄧㄣ ㄌㄧˇ ㄒㄩㄝˊ

cognitive psychology

【心】心理学的一个分支。以信息加工的观点研究人的认知，也指侧重研究人的认识过程的心理学学派。包括人接受、编码、操作、提取和利用知识的过程，探讨感知觉、记忆、表象、思维、言语等心理活动，特别强调人已有认知结构对当前认知活动的决定作用，并比较分析计算机和人脑之间的特点，以揭示人脑高级心理活动的规律。

任播/任意傳送法

rènbō/ㄖㄣˋ ㄧˋ ㄔㄨㄢˊ ㄙㄨㄥˋ ㄈㄚˇ

anycast

【信息】允许发送者与本组中最近的接收者通信的网络服务。

任脉/任脈 rènmài/ㄖㄣˋ ㄇㄞˋ

Conception Channel, Conception Vessel, * controlling vessel, * CV

【中医】奇经八脉之一。起于胞中，下出会阴，向上前行至阴毛部位，沿腹部和胸部正中线直上，经咽喉，至下颌，环绕口唇，沿面颊，分行至目眶下。本经腧穴主治腹、胸、颈、头面的局部病证和相应的内脏器官疾病如疝气、带下、腹中结块等。

任务栏/工作列

rènwùlán/ㄍㄨㄥ ㄗㄨㄛˋ ㄌㄧㄝˋ

taskbar

【信息】Windows 系统指位于桌面上最下方的小长条。主要由开始菜单(选单)、快速启动栏、应用程序区、语言选项带和托盘区组成。

任意傳送法

ㄖㄣˋ ㄧˋ ㄔㄨㄢˊ ㄙㄨㄥˋ ㄈㄚˇ/rènyì chuánsòngfǎ

anycast

【信息】台湾名。即"任播"(950 页)。

任意角/任意角 rènyìjiǎo/ㄖㄣˋ ㄧˋ ㄐㄧㄠˇ

arbitrary angle

【数】三角学中,一条射线在平面内绕其端点旋转而成的图形叫作角。射线的端点叫作角的顶点,旋转开始时的射线叫作角的始边,旋转结束时的射线叫作角的终边。射线按逆、顺时针方向旋转所成的角分别为正角和负角。射线不做任何旋转时为零角。射线每多旋转一周,角的大小就增加或减少一个周角的大小。由于射线可以任意旋转,所以可以得到任意大小的角。

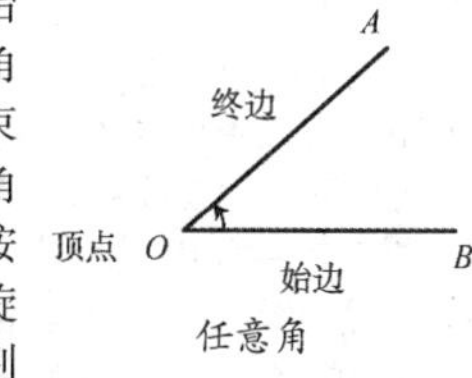

任意角

任意投影/任意投影

rènyì tóuyǐng/ㄖㄣˋ ㄧˋ ㄊㄡˊ ㄧㄥˇ

arbitrary projection

【测绘】地图投影的一种。角度变形、面积变形和长度变形同时存在的一种投影。多用于地域范围较大的地图(如世界地图)。

韧带/韌帶 rèndài/ㄖㄣˋ ㄉㄞˋ

ligament

【医】连接相邻两骨之间的致密纤维结缔组织束。位于关节腔周围的称为囊外韧带,位于关节腔内的称为囊内韧带,位于关节囊上即关节囊纤维层增厚部分的称为关节囊韧带。其主要功能是增强关节的稳固性;并且为肌肉或肌腱提供附着点,如膝关节的髌韧带就是由肌腱延续而成的。位于内脏的韧带具有固定肝、肾、子宫等脏器的功能。

韧性/韌性 rènxìng/ㄖㄣˋ ㄒㄧㄥˋ

toughness

【物】材料在塑性变形直至断裂的过程中吸收能量的能力。韧性越好,则发生脆性断裂的可能性越小。

妊娠/妊娠 rènshēn/ㄖㄣˋ ㄕㄣ

pregnancy

【医】人和哺乳动物新个体产生的过程,即母体承受胎儿在其体内发育成长的过程。包括受精与着床、妊娠的维持、胎儿的生长以及分娩。

妊娠恶阻/妊娠惡阻

rènshēn èzǔ/ㄖㄣˋ ㄕㄣ ㄜˋ ㄗㄨˇ

hyperemesis gravidarum

【中医】中医妇科疾病之一。因冲气上逆,胃失和降所致,症见妊娠早期出现严重恶心呕吐,头晕厌食,甚则食入即吐等。治疗以调气和中、降逆止呕为主。胃虚脘胀者,治宜健胃和中,降逆止呕,可用香砂六君子汤;肝热烦躁者,宜清肝和胃,降逆止呕,可用加味温胆汤;痰滞苔腻者,治宜化痰除湿,降逆止呕,可用青竹茹汤等。

軔距 ㄖㄣˋ ㄐㄩˋ/rènjù

braking distance

【机】台湾名。即"制动距离"(1449 页)。

韌皮織物

ㄖㄣˋ ㄆㄧˊ ㄓ ㄨˋ/rènpí zhīwù

bast fabric

【纺】台湾名。即"麻织物"(777 页)。

韌體 ㄖㄣˋ ㄊㄧˇ/rèntǐ

firmware

【信息】台湾名。即"固件"(430 页)。

認知治療

ㄖㄣˋ ㄓ ㄓˋ ㄌㄧㄠˊ/rènzhī zhìliáo

cognitive therapy

【心】台湾名。即"认知疗法"(950 页)。

rì (ㄖ)

日/日 rì/ㄖˋ

day

【天】以地球自转运动为基础的时间单位。因选用的天球参考点不同,所得不同的日的长度有差别。日常生活中通常指平太阳日。

日本古代建筑/日本古代建築

Rìběn gǔdài jiànzhù/

ㄖˋ ㄅㄣˇ ㄍㄨˇ ㄉㄞˋ ㄐㄧㄢˋ ㄓㄨˋ

Japanese ancient architecture

【建】通常指日本明治维新(1868 年)以前的建筑。也专指飞鸟、奈良、平安时代(12 世纪前)的建筑。建筑实物遗存,以法隆寺西院为代表。日本进入天智朝(公元 662 年),积极吸取中国唐朝都城、宫殿建筑制度,营建平城京(今奈良),是后世和样建筑的雏形。公元 794

年迁都平安京(今京都),密宗佛教盛行,推动了佛教建筑的日本化,以平等院凤凰堂为代表。公元 1185 年,镰仓时代东大寺复建时吸取宋式营造技术,大量使用素枋插拱的独特样式,今称大佛样。自室町幕府建立(公元 1336 年)至 15 世纪初,是禅宗建筑和折中建筑的盛期。

日本鰻 ㄖˋ ㄅㄣˇ ㄇㄢˊ/rìběnmán

common eel

【动】台湾名。即"鳗鲡"(783 页)。

日本脑炎 Rìběn nǎoyán/ㄖˋ ㄅㄣˇ ㄋㄠˇ ㄧㄢˊ

【医】即"流行性乙型脑炎"(749 页)。

日本七叶树/日本七葉樹

Rìběn qīyèshù/ㄖˋ ㄅㄣˇ ㄑㄧ ㄧㄝˋ ㄕㄨˋ

horse chestnut

【植】*Aesculus turbinata* 七叶树科七叶树属。落叶乔木。树皮深褐色,小枝圆柱形,有皮孔。掌状复叶,有 5～7 小叶,纸质,长圆披针形,边缘有齿,中脉显著。花序圆筒形,花杂性,萼管状钟形,花瓣四枚,白色,长圆倒卵形,边缘有纤毛,基部爪状。花期 4—5 月份。在中国,分布于河北、陕西、山西和河南。观赏树木。种子可食,还可入药。

📖 因日本七叶树的叶形似手掌,且多为七个叶片,故名。

日長石 ㄖˋ ㄔㄤˊ ㄕˊ/rìchángshí

sun stone

【材】台湾名。即"日光石"(952 页)。

日珥/日珥 rì'ěr/ㄖˋ ㄦˇ

solar prominence

【天】突出在日面边缘外的一种火焰状活动现象。整体形状像贴附在太阳边缘的耳环。比太阳圆面暗弱得多,通常情况下被日晕(即地球大气所散射的太阳光)淹没,不能直接看到。必须使用仪器,或者在日全食时才能观测到。其大小不一,长度可达几万千米到上百万千米。主要存在于日冕中,下部常与色球相连,由许多条细长的气流组成。

日光節約時間

ㄖˋ ㄍㄨㄤ ㄐㄧㄝˊ ㄩㄝ ㄕˊ ㄐㄧㄢ/

rìguāng jiéyuē shíjiān

daylight saving time, summer time

【天】台湾名。即"夏令时"(1236 页)。

日光石/日長石 rìguāngshí/ㄖˋ ㄔㄤˊ ㄕˊ

sun stone

【材】奥长石的一个宝石品种。以内部定向排列的片状晶体对光的反射作用形成砂金效应为特征。

日晷/日晷 rìguǐ/ㄖˋ ㄍㄨㄟˇ

sundial

【天】中国古代观测时的仪器。由有刻度的晷面和在晷面中央与之垂直的晷针构成。晷面一般平行赤道面放置,晷针指向南北极方向,以晷针在晷面上的投影指示时间。

日界线/换日線 rìjièxiàn/ㄏㄨㄢˋ ㄖˋ ㄒㄧㄢˋ

date line

【地】又称"国际日期变更线"。地球表面上一条与地球 180°经线大致相合的假想线,作为日期变更的地理界线。按照规定,凡越过这条变更线时,日期都要发生变化:从东向西越过这条界线,日期加一天;从西向东越过这条界线,日期减一天。

日冕/日冕 rìmiǎn/ㄖˋ ㄇㄧㄢˇ

solar corona

【天】太阳大气的最外层。主要由等离子体(包含质子、离子和自由电子)组成,密度小,非常稀薄。从色球边缘向外延伸到几个太阳半径,甚至更远处。温度高达百万开。

日内瓦機構

ㄖˋ ㄋㄟˋ ㄨㄚˇ ㄐㄧ ㄍㄡˋ/Rìnèiwǎ jīgòu

Geneva mechanism, maltese mechanism

【机】台湾名。即"槽轮机构"(96 页)。

日射 ㄖˋ ㄕㄜˋ/rìshè

solar radiation

【气】台湾名。即"太阳辐射"(1102 页)。

日坛/日壇 rìtán/ㄖˋ ㄊㄢˊ

Temple of the Sun, Ri Tan

【建】古代帝王祭日的场所。现存的北京日坛,位于朝阳门外东南,始建于明嘉靖九年(1530 年),为明清两代皇帝每年春分日祭祀大明之神(太阳)的地方。

日照 rìzhào/ㄖˋ ㄓㄠˋ

【气】"日照时数"的简称。

日照标准/日照標準

rìzhào biāozhǔn/ㄖˋ ㄓㄠˋ ㄅㄧㄠ ㄓㄨㄣˇ

daylight standard

【建】为保证室内环境的卫生条件,根据建筑物所处的气候区、城市大小和建筑物的使用性质确定,在规定的日照标准日(冬至日或大寒日)的有效日照时间范围内,建筑外窗获得满窗日照的时间。城市规划中指住宅的日照标准,即根据气候条件和居住卫生要求确定的向阳房间在规定日获得的日照量,是确定房屋间距的主要依据。日照量包括日照时间和日照质量两个指标。

日照计/日照計 rìzhàojì/ㄖˋ ㄓㄠˋ ㄐㄧˋ

sunshine recorder

【气】用于测量一天中太阳直接辐射达到一定强度的时间长度的仪器。

日照间距/日照間距

rìzhào jiānjù/ㄖˋ ㄓㄠˋ ㄐㄧㄢ ㄐㄩˋ

spacing of sunshine

【建】前后两列房屋之间,为保证后排房屋在规定日获得必需的日照所需要的水平距离。中国北纬地区居住建筑通常规定:保证后排房屋在冬至日底层获得不低于两小时的满窗日照而保持的最小间隔距离。

日照品質 ㄖˋ ㄓㄠˋ ㄆㄧㄣˇ ㄓˊ/rìzhào pǐnzhì

quality of sunshine

【建】台湾名。即“日照质量”(953 页)。

日照时间/日照時間

rìzhào shíjiān/ㄖˋ ㄓㄠˋ ㄕˊ ㄐㄧㄢ

insolation duration,sunshine duration

㊀【气】指受太阳实际照射的时间。❶光亮日照时间:太阳辐射能产生明显阴影的时段。❷地理的或地形的可能日照时间:太阳辐射能够达到一个给定平面的最长时段。❸最大可能日照时间:太阳边缘升起与降落之间的时段。㊁【建】建筑物室内受到日照的时间。以房间在规定的某一日内受到的日照时数为计算标准。北纬地区常以太阳高度角最低的冬至日作为规定日;有些地区由于气候特点,也采用其他日子作为规定日。

日照时数/日照時數

rìzhào shíshù/ㄖˋ ㄓㄠˋ ㄕˊ ㄕㄨˋ

sunshine duration, sunshine hours

【气】简称“日照”。指太阳一天之内实际照射到地面上的小时数。其长短除与地理位置、日期有关外,还与地形、天气等因素有关。

日照质量/日照品質

rìzhào zhìliàng/ㄖˋ ㄓㄠˋ ㄆㄧㄣˇ ㄓˊ

quality of sunshine

【建】建筑上指每小时室内地面和墙面阳光照射面积累计的大小以及阳光中紫外线的效用高低。为保证必要的日照质量,日照时间应在上午 9 时至下午 3 时之间,因为冬季这段时间的阳光中,紫外线辐射强度较高。另外射入室内的阳光应保证一定的照射面积,达到满窗或半窗日照。

日中性植物/日中性植物

rìzhōngxìng zhíwù/ㄖˋ ㄓㄨㄥ ㄒㄧㄥˋ ㄓˊ ㄨˋ

day-neutral plant

【植】在任何日长下均能顺利开花的植物。

rong (ㄖㄨㄥ)

茸毛/茸毛 róngmáo/ㄖㄨㄥˊ ㄇㄠˊ

fuzz, villi

【动】人或某些动物身上的绒毛。也指植物体上的细毛。

狨/絹狨 róng/ㄐㄩㄢˋ ㄖㄨㄥˊ

marmoset

【动】哺乳动物名。灵长目狨科。猿猴类,体矮小,体长在 20 厘米左右,尾长,头圆,无颊囊,鼻孔侧向。生活在森林深处,食性杂。分布于南美洲亚马孙河流域。

绒/絨 róng/ㄖㄨㄥˊ

velvet

【纺】丝织物类名。采用织物组织(经起绒或纬起绒)和特殊工艺,使织物表面形成有绒毛或绒圈的丝织物。适于用作高档旗袍、晚礼服等的面料。

绒布/棉質法蘭絨

róngbù/ㄇㄧㄢˊ ㄓˊ ㄈㄚˇ ㄌㄢˊ ㄖㄨㄥˊ

flannelette,cotton flannel

【纺】棉织物名。经拉绒或磨绒整理,织物表面具有蓬松的纤维绒毛。布身柔软丰厚,有温暖感,吸湿透气,穿着舒适,布面外观色泽柔和,分为单面绒布和双面绒布两种。适于用作冬季内衣、睡衣等的面料,印花绒布、条格绒布等宜用作婴幼儿服装的面料。

绒花树 rónghuāshù/ㄖㄨㄥˊ ㄏㄨㄚ ㄕㄨˋ

R

【植】即“合欢”(484 页)。

📖 因合欢花的头状花序皱缩成团，花冠细长如丝，远观如粉红的绒团，故名。

绒线 róngxiàn/ㄖㄨㄥˊ ㄒㄧㄢˋ

【纺】即“毛线”(788 页)。

容错/容錯 róngcuò/ㄖㄨㄥˊ ㄘㄨㄛˋ

fault tolerance, tolerance fault

㊀【信息】计算机系统的功能单元在出现故障时能继续执行所需功能的能力。㊁【航】系统或装置在错误信息或元部件损坏情况下仍能维持工作的能力。

容积/容積 róngjī/ㄖㄨㄥˊ ㄐㄧ

volume

【计量】容器内可容纳物质的空间体积。

容积吨/容積噸

róngjīdūn/ㄖㄨㄥˊ ㄐㄧ ㄉㄨㄣˋ

measurement ton

【物流】又称“尺码吨”。运输中以 1 立方米(约合 35.3147 立方英尺)计算运费的单位。用 M 表示。

R

容积率/建地比 róngjīlǜ/ㄐㄧㄢˋ ㄉㄧˋ ㄅㄧˇ

plot ratio, floor area ratio

【建】全称“用地容积率”。建筑总面积与建筑用地面积之比。反映城市土地利用情况及其经济性指标。例如每平方米建筑用地面积平均建造的建筑面积为 1.5 平方米，则容积率为 1.5。容积率越大，土地利用程度越高。

容积式泵/容積式泵

róngjīshìbèng/ㄖㄨㄥˊ ㄐㄧ ㄕˋ ㄅㄥˋ

positive-displacement pump

【机】泵的一类。依靠活塞、柱塞、隔膜、齿轮或叶片等在泵体内做往复运动或回转运动，使泵体内若干个工作腔的容积周期性变化而交替地吸入和排出液体。可分为往复泵和回转泵。

容积式流量计/容積式流量計

róngjīshì liúliàngjì/

ㄖㄨㄥˊ ㄐㄧ ㄕˋ ㄌㄧㄡˊ ㄌㄧㄤˋ ㄐㄧˋ

displacement meter, volumetric flowmeter

【机】又称“定排量流量计”“PD 流量计”。一种流量计。利用机械测量元件把流体连续不断地分割成单个已知的体积部分，根据测量室逐次重复地充满和排放该体积部分流体的次数来测量流体体积总量。按测量元件不同，可分为齿轮型流量计、刮板流量计、旋转活塞流量计等。

容积式压缩机/容積式壓縮機

róngjīshì yāsuōjī/ㄖㄨㄥˊ ㄐㄧ ㄕˋ ㄧㄚ ㄙㄨㄛ ㄐㄧ

positive displacement compressor

【机】压缩机的一类。依靠缩小气缸压缩腔的内部容积来提高气体压力。按运动件形状不同，可分为往复式压缩机和回转式压缩机两大类。多安装于制冷与空调系统中。

容抗/容抗 róngkàng/ㄖㄨㄥˊ ㄎㄤˋ

capacitive reactance

【物】描述由于电容而对交变电流起阻碍作用的物理量。用 X_C 表示。单位欧[姆]。数值上等于电容 C 乘以交流频率 f 的 2π 倍的倒数，即 $X_C = 1/(2\pi fC) = 1/(\omega C)$，式中 ω 为角频率，$\omega = 2\pi f$。频率越高、电容越大，容抗越小。纯电容电路的 X_C 等于电压有效值 U 与电流有效值 I 的比值，即 $X_C = U/I$。

容量/容量 róngliàng/ㄖㄨㄥˊ ㄌㄧㄤˋ

capacity

【计量】在一定条件下容器内可容纳物质的数量(体积或质量)。

容莫濃度

ㄖㄨㄥˊ ㄇㄛˋ ㄋㄨㄥˊ ㄉㄨˋ/róngmò nóngdù

amount of substance concentration, molarity

【计量】台湾名。即“物质的量浓度”(1220 页)。

溶洞/溶蝕洞 róngdòng/ㄖㄨㄥˊ ㄕˊ ㄉㄨㄥˋ

solution cave

【地】在石灰岩地区，地下水对可溶性岩石长期溶蚀而成的洞穴。洞内岩石因各部分含石灰质多少不同、溶解程度和时间长短的不同，逐渐形成大小不等、千姿百态的奇异景观。

溶剂/溶劑 róngjì/ㄖㄨㄥˊ ㄐㄧˋ

solvent

【化】能溶解其他物质的物质。在溶液中保持自己为连续状态。水是最常用的溶剂，酒精、汽油等是常用的有机溶剂。

溶胶/溶膠 róngjiāo/ㄖㄨㄥˊ ㄐㄧㄠ

sol

【化】粒径 1～100 纳米的胶体颗粒分布于介质中所形成的物质。胶体颗粒小而表面积大,具有独特的理化性质。按介质的不同,可分为固溶胶、液溶胶和气溶胶。

溶膠透析

ㄖㄨㄥˊ ㄐㄧㄠ ㄊㄡˋ ㄒㄧ/róngjiāo tòuxī

diasolysis

【化】台湾名。即“渗析”(1003 页)。

溶解/溶解 róngjiě/ㄖㄨㄥˊ ㄐㄧㄝˇ

solvation

【化】一种物质(溶质)分散在另一物质(溶剂)中形成稳定的均匀体系的过程。往往伴有热量、体积、颜色的变化。

溶解度/溶解度

róngjiědù/ㄖㄨㄥˊ ㄐㄧㄝˇ ㄉㄨˋ

solubility

【化】在一定温度和压力下,一定量饱和溶液中溶质的含量。数值与溶质、溶剂的本性,其饱和溶液所处的温度、压力有关。通常以 100 克溶剂溶解多少克溶质表示该溶质在该溶剂中的溶解度。

溶蚀/溶蝕 róngshí/ㄖㄨㄥˊ ㄕˊ

corrosion

【地】在水和二氧化碳的作用下,岩石的可溶性物质被溶解和搬移的作用。主要发生在碳酸盐岩地区。

溶蚀洞 ㄖㄨㄥˊ ㄕˊ ㄉㄨㄥˋ/róngshídòng

solution cave

【地】台湾名。即“溶洞”(954 页)。

溶血栓药/溶血栓藥

róngxuèshuānyào/ㄖㄨㄥˊ ㄒㄩㄝˇ ㄕㄨㄢ ㄧㄠˋ

thrombolytic

【医】可使血管中血栓纤维蛋白凝块溶解、恢复血供的药物。常用的有阿替普酶、尿激酶、链激酶、瑞替普酶、拉诺替普酶等。

溶液/溶液 róngyè/ㄖㄨㄥˊ ㄧㄝˋ

solution

【化】由两种或两种以上不同物质以分子、原子或离子形式组成的均匀稳定的混合物。是溶质均匀分散在溶剂中形成的分散体系。固态的如铜镍合金,气态的如空气,液态的如碘酒。通常指水溶液。

溶质/溶質 róngzhì/ㄖㄨㄥˊ ㄓˋ

solute

【化】溶液中被溶解的物质。在溶液中往往不能保持自己的连续状态,被溶剂所分隔。如糖水中的糖,碘酒中的碘。

溶致液晶/溶致液晶

róngzhì yèjīng/ㄖㄨㄥˊ ㄓˋ ㄧㄝˋ ㄐㄧㄥ

lyotropic liquid crystal

【物】液晶的一类。高分子聚合物溶解于某些溶剂(如水、硫酸、甲苯)中形成。其分子排列受电控制而改变光学性质。常用于仪器、仪表、电视的显示屏。

榕果 róngguǒ/ㄖㄨㄥˊ ㄍㄨㄛˇ

【植】即“隐头果”(1352 页)。

榕树/榕樹 róngshù/ㄖㄨㄥˊ ㄕㄨˋ

banyan

【植】*Ficus microcarpa* 又称“细叶榕”。桑科榕属。常绿大乔木。树冠广展,老树有气根,细弱悬垂至地面,入土生根,形似支柱。叶薄革质,狭椭圆形,先端钝尖,基部楔形,全缘。榕果成对腋生,扁球形,成熟时黄或微红色。花期 5—6 月份。在中国,分布于浙江以南及云南以东各地。观赏树木。

📖 榕树是热带植物区系中最大的木本植物之一,有板根、支柱根、绞杀、老茎结果、独木成林等多种热带雨林的重要特征。榕树是孟加拉的国树。

熔点/熔點 róngdiǎn/ㄖㄨㄥˊ ㄉㄧㄢˇ

melting point

【物】在一定压强下,固液两相平衡共存的温度。晶体具有确定的熔点。

熔焊/熔焊 rónghàn/ㄖㄨㄥˊ ㄏㄢˋ

fuse welding

【机】全称“熔化焊”。焊接方法的一种。将待焊处的母材金属熔化以形成焊缝。可分为电弧焊、电渣焊、气焊、电子束焊、激光焊等。

熔合寶石

ㄖㄨㄥˊ ㄏㄜˊ ㄅㄠˇ ㄕˊ/rónghé bǎoshí

reconstructed stone

【材】台湾名。即“再造宝石”(1407 页)。

熔化/熔化 rónghuà/ㄖㄨㄥˊ ㄏㄨㄚˋ

melting, fusion

【物】物质由固相转变为液相的过程。在一定条件下发生,吸收热量。

熔化焊 rónghuàhàn/ㄖㄨㄥˊ ㄏㄨㄚˋ ㄏㄢˋ

【机】"熔焊"的全称。

熔化热/融化熱

rónghuàrè/ㄖㄨㄥˊ ㄏㄨㄚˋ ㄖㄜˋ

heat of fusion, melting heat

【物】相变潜热的一种。单位质量的某种固体熔化为同温度液体时吸收的热量。同一种物质的熔化热与凝固热数值相等。

熔接金屬線

ㄖㄨㄥˊ ㄐㄧㄝ ㄐㄧㄣ ㄕㄨˇ ㄒㄧㄢˋ/

róngjiē jīnshǔxiàn

welding wire

【机】台湾名。即"焊丝"(473 页)。

熔炼/熔煉 róngliàn/ㄖㄨㄥˊ ㄌㄧㄢˋ

melting, smelting

【材】又称"冶炼"。利用高温从矿石等原料中提取金属或其化合物的过程。

熔模铸造/包模鑄造法

róngmú zhùzào/ㄅㄠ ㄇㄨˊ ㄓㄨˋ ㄗㄠˋ ㄈㄚˇ

investment casting, lost-wax molding

【机】又称"失蜡铸造"。特种铸造的一种。用易熔材料(如蜡料)制成模样,在模样上包覆若干层耐火涂料而成壳形,熔出模样,注入熔融金属而获得铸件。铸件无分型面,表面光洁,尺寸精确。适宜于多种合金的中小型、薄壁和复杂铸件的生产。

熔鐵爐 ㄖㄨㄥˊ ㄊㄧㄝˇ ㄌㄨˊ/róngtiělú

cupola

【机】台湾名。即"冲天炉"(134 页)。

熔岩/熔岩 róngyán/ㄖㄨㄥˊ ㄧㄢˊ

lava

【地】❶喷出地表后挥发分逸散的炽热熔融状态的岩浆。未冷却时沿山坡或河谷流动,称为熔岩流。其前端多呈舌状。❷喷出地表的岩浆冷却凝固而成的岩石。可呈波状、绳状、块状、瀑布状等形态。

熔盐/熔鹽 róngyán/ㄖㄨㄥˊ ㄧㄢˊ

molten salt, fused salt

【化】盐类熔化而成的、由阳离子和阴离子组成的离子熔体。有较高的电导率,可用作熔盐电解原料,制取铝、镁、钛、钠、锂、钙、稀土、钍、铀、钽等。

熔執 ㄖㄨㄥˊ ㄓˊ/róngzhí

seizure

【机】台湾名。即"咬死"(1321 页)。

蝾螈/蠑螈 róngyuán/ㄖㄨㄥˊ ㄩㄢˊ

newt

【动】两栖动物名。有尾目蝾螈科蝾螈属各种的统称。外形像蜥蜴,长不足 10 厘米,头扁,表皮粗糙,背部黑色、有蜡光,腹面红黄色,四肢短,尾侧扁,卵生,幼体为蝌蚪。生活在淡水和沼泽地区,靠皮肤吸收水分,以昆虫、蠕虫、蜗牛等为食。种类很多,分布于北半球的温带区域。

蝾 螈

融化熱 ㄖㄨㄥˊ ㄏㄨㄚˋ ㄖㄜˋ/rónghuàrè

heat of fusion, melting heat

【物】台湾名。即"熔化热"(956 页)。

rou (ㄖㄡ)

柔荑花序/柔荑花序

róutí huāxù/

ㄖㄡˊ ㄊㄧˊ ㄏㄨㄚ ㄒㄩˋ

catkin

【植】花序的一种。花序轴上生有无柄或具短柄的无花被单性花,花序轴柔软下垂。如杨、柳的花序。

柔荑花序

柔性磨具

róuxìng mójù/ㄖㄡˊ ㄒㄧㄥˋ ㄇㄛˊ ㄐㄩˋ

【机】即"涂附磨具"(1150 页)。

柔性制造单元/彈性製造單元

róuxìng zhìzào dānyuán/

ㄊㄢˊ ㄒㄧㄥˋ ㄓˋ ㄗㄠˋ ㄉㄢ ㄩㄢˊ

flexible manufacturing cell, FMC

【机】由一台或数台数控机床或加工中心构成的加工单元。可根据需要自动更换刀具和夹具,加工不同的工件。适合加工形状复杂、工序简单、工时较长、批量小的零件。

柔性制造系统/彈性製造系統

róuxìng zhìzào xìtǒng/

ㄊㄢˊ ㄒㄧㄥˋ ㄓˋ ㄗㄠˋ ㄒㄧˋ ㄊㄨㄥˇ

flexible manufacturing system, FMS

【机】一种自动化制造系统。由统一的信息控制系统、物料储运系统和一组数字控制加工设备(数控机床或加工中心)组成。能适应加工对象和加工顺序的实时调整,灵活性极大。可实现多品种、变批量混流方式生产。

鞣料/鞣料 róuliào/ㄖㄡˊ ㄌㄧㄠˋ

tanning material

【化】具有鞣革性能,可使兽皮柔软的物料。如铬盐、栲胶、鱼油等。

鞣酸/鞣酸 róusuān/ㄖㄡˊ ㄙㄨㄢ

tannic acid, tannin

【化】又称"单宁酸"。有机化合物。化学式 $C_{76}H_{52}O_{46}$。白色、浅褐色针状结晶或粉末,微有特殊气味,味极涩。五倍子的主要成分单宁酸经加压水解即得鞣酸和葡萄糖。广泛用于药品、墨水、染料、食品的加工,以及有机合成等方面。

鞣制/鞣製 róuzhì/ㄖㄡˊ ㄓˋ

tanning

【轻】皮革生产的一个主要工序。是鞣料分子向生皮内渗透并与胶原分子活性基结合使生皮发生变性的过程。鞣制可增强皮革耐热和抗酸、碱、酶作用的能力。

鞣质 róuzhì/ㄖㄡˊ ㄓˋ

【化】即"单宁"(197 页)。

肉苁蓉/肉蓯蓉

ròucōngróng/

ㄖㄡˋ ㄘㄨㄥ ㄖㄨㄥˊ

㊀cistanche, ㊁Herba Cistanches(拉), desertliving cistanche

㊀【植】*Cistanche deserticola* 又称"大芸"。列当科肉苁蓉属。高大草本植物。寄生。茎肉质,黄色,不分枝。叶密生于茎下部,披针形,覆瓦状排列,黄褐色。穗状花序,花冠筒状钟形,冠檐五裂,淡黄色或淡紫色。花期 5—6 月份。在中国,分布于内蒙古、宁夏、甘肃及新疆。茎可入药。㊁【中医】中药名。列当科植物肉苁蓉 *Cistanche deserticola* Y. C. Ma 或管花肉苁蓉 *C. tubulosa* (Schrenk) Wight 的干燥带鳞叶的肉质茎。味甘、咸,性温。归肾、大肠经。补肾阳,益精血,润肠通便。用于阳痿,不孕,腰膝酸软,筋骨无力,肠燥便秘。

肉苁蓉

📖 肉苁蓉是一种寄生在沙漠树木梭梭、红柳根部的寄生植物,是名贵中药材,有"沙漠人参"之美誉。

肉豆蔻/肉豆蔻 ròudòukòu/ㄖㄡˋ ㄉㄡˋ ㄎㄡˋ

Semen Myristicae (拉), nutmeg

【中医】中药名。肉豆蔻科植物肉豆蔻 *Myristica fragrans* Houtt. 的干燥种仁。味辛,性温。归脾、胃、大肠经。温中行气,涩肠止泻。用于脾胃虚寒,久泻不止,脘腹胀痛,食少呕吐。

肉豆蔻

肉冠/肉冠 ròuguān/ㄖㄡˋ ㄍㄨㄢ

comb

【动】某些鸟类头顶上长的肉质突起。形状略像冠,多为红色或略带紫色。

肉桂/肉桂 ròuguì/ㄖㄡˋ ㄍㄨㄟˋ

㊀cassia bark tree, ㊁Cortex Cinnamomi (拉), cassia bark

㊀【植】*Cinnamomum cassia* 又称"桂"。樟科樟属。常绿大乔木。有强烈气味。老树皮灰褐色,很厚。叶长椭圆形,革质,边缘软骨质,内卷,离基三出脉。圆锥花序腋生,花小,白色,被毛。花期 6—8 月份。在中国,分布于广东、广西、福建、台湾、云南等地。皮可入药,称肉桂;还可作调味料,称桂皮。㊁【中医】中药名。樟科植物肉桂 *Cinnamomum cassia* Presl 的干燥树皮。味辛、甘,性大热。归肾、脾、心、肝经。补火助阳,引火归源,散寒止痛,活血通经。用于阳痿,宫冷,腰膝冷痛,肾虚作喘,阳虚眩晕,目赤咽痛,心腹冷痛,虚寒吐泻,寒疝,奔豚,经闭,痛经。

肉 桂

📖 肉桂,有出血倾向者及孕妇慎用,不宜与赤石脂同用。

R

肉果/肉質果 ròuguǒ/ㄖㄡˋ ㄓˊ ㄍㄨㄛˇ
fleshy fruit
【植】果实的一种。成熟时果皮肉质化,常肥厚多汁。

肉瘤/肉瘤 ròuliú/ㄖㄡˋ ㄌㄧㄡˊ
sarcoma
【医】起源于间叶组织(如纤维、脂肪、平滑肌、横纹肌、脉管、间皮、滑膜、骨、软骨等)的恶性肿瘤。

肉鳍/肉鰭 ròuqí/ㄖㄡˋ ㄑㄧˊ
fin
【动】软体动物(如乌贼、枪乌贼)身上的鳍状物。用来帮助游水运动。

肉穗花序/肉穗花序
ròusuì huāxù/ㄖㄡˋ ㄙㄨㄟˋ ㄏㄨㄚ ㄒㄩˋ
spadix
【植】花序的一种。花序轴肥厚肉质化,花序外常被一枚佛焰苞所包围。如天南星科植物的花序。

肉质/肉質 ròuzhì/ㄖㄡˋ ㄓˊ
fleshy
【植】植物器官松软肥厚,像肉一样的性质。如马铃薯的块茎就是肉质的。

肉质茎/肉質莖 ròuzhìjīng/ㄖㄡˋ ㄓˊ ㄐㄧㄥ
fleshy stem
【植】肥厚多汁,且能进行光合作用的茎。如仙人掌的茎。

肉質果 ㄖㄡˋ ㄓˊ ㄍㄨㄛˇ/ròuzhìguǒ
fleshy fruit
【植】台湾名。即“肉果”(958 页)。

ru (ㄖㄨ)

如意纹/如意紋 rúyìwén/ㄖㄨˊ ㄧˋ ㄨㄣˊ
wishful pattern
【纺】中国传统器物装饰纹样。形如如意的花纹。如意原为用以搔痒的长柄器物,头部呈手指形或心字形,后用来把玩或观赏,头部呈灵芝形或朵云形,象征吉祥。多用于服装领、衩、门襟等的镶边。

铷/銣 rú/ㄖㄨˊ
rubidium
【化】金属元素。属周期表第ⅠA 族,符号 Rb,原子序数 37。原子量85.47。自然界中无独立矿物,光卤石中含少量氯化铷,也是锂、铯等金属冶炼的副产物。单质为银白色蜡状金属,暴露于空气时剧烈氧化而燃烧,与水激烈反应生成氢氧化铷,并使同时生成的氢气燃烧,即使－100℃时也能与冰剧烈反应。可用于制光电池、光电管等。铷在人体中生理作用与钾相似,但其代谢速度比钾慢,在脑瘤细胞中的密度明显高于普通细胞,故铷-87 可用于脑瘤放射诊断。
📖 1861 年,德国的本生(R.W.Bunsen)和基尔霍夫(G.R.Kirchhoff)研究锂云母光谱时观察到两条新的红色谱线,从而发现了铷。拉丁文定名为 rubidus,源自 rubius,意思是“深红色”,即其光谱的颜色。中文定名为“铷”,是形声字。

儒艮/儒艮 rúgèn/ㄖㄨˊ ㄍㄣˋ
dugong
【动】*Dugong dugon* 又称“人鱼”。哺乳动物名。海牛目儒艮科。身体纺锤形,长可达 3 米多,头圆,眼小,无耳壳,吻部有刚毛,雄兽上门齿特别发达,前肢呈鳍形,后肢退化,雌兽有一对乳头,全身灰褐色,腹部色淡,无毛。生活在河口和浅海湾内,以藻类和其他水生植物为食。分布于印度洋与太平洋地区,中国分布在广东、广西、海南和台湾南部沿海。

儒 艮

儒略历/儒略曆 rúlüèlì/ㄖㄨˊ ㄌㄩㄝˋ ㄌㄧˋ
Julian calendar
【天】阳历的一种。公元 46 年由罗马皇帝儒略·恺撒采纳天文学家索西琴尼(Sosigenes)的意见制定。历年平均长度为 365.25 日,比回归年长0.0078日,400 年要多出 3.12 日。至 16 世纪后期,累差已有 10 多天。因此,罗马教皇格列高里十三世决定改革历法,于 1582 年颁布格里历,沿用至今。

儒略日/儒略日 rúlüèrì/ㄖㄨˊ ㄌㄩㄝˋ ㄖˋ
Julian day
【测绘】从公元前 4713 年世界时 1 月 1 日正午开始按十进制累计的天数。

蠕变/潛變 rúbiàn/ㄑㄧㄢˊ ㄅㄧㄢˋ
creep

【材】固体材料在恒定应力作用下，随时间变化发生缓慢而连续形变且不可恢复的现象。所有固体材料都会在一定程度上产生蠕变，影响因素有温度、时间和压力。由蠕变引起的破坏为脆性断裂。

蠕虫/蠕蟲 rúchóng/ㄖㄨˊ ㄔㄨㄥˊ

worm

【信息】能通过数据处理系统或网络传播自身的自足式病毒程序。设计蠕虫程序的目的往往是想耗尽可用资源(例如存储空间或处理时间)。

蠕化剂/蠕化劑 rúhuàjì/ㄖㄨˊ ㄏㄨㄚˋ ㄐㄧˋ

vermiculizer

【材】加入到铁液中，可促进获得具有蠕虫状石墨组织的添加剂。

蠕墨铸铁/蠕墨鑄鐵

rúmò zhùtiě/ㄖㄨˊ ㄇㄛˋ ㄓㄨˋ ㄊㄧㄝˇ

vermicular cast iron

【材】大部分石墨为蠕虫状的灰铸铁。浇注前在铁水中加入少量蠕化剂和孕育剂制得。力学性能优于片状石墨灰铸铁，导热性能、抗热疲劳性能和铸造性能优于球墨铸铁，易于得到致密铸件。适于铸造内燃机缸盖、钢锭模、阀体、泵体等。

蠕形动物/蠕形動物

rúxíng dòngwù/ㄖㄨˊ ㄒㄧㄥˊ ㄉㄨㄥˋ ㄨˋ

vermes

【动】*Helminthes* 旧指无脊椎动物的一大类。身体延长，两侧对称，质柔软，无骨骼，无足，靠身体蠕动移动。现已分别归入扁形动物门(如血吸虫、绦虫)、环节动物门(如蚯蚓、水蛭)等。

汝窑/汝窯 Rǔyáo/ㄖㄨˇ ㄧㄠˊ

Ru kiln

【轻】中国宋代五大名窑之一。窑址位于汝州(今河南临汝)境内，故名。北宋后期被官府选定，专为宫廷烧制御用瓷器。产品以青瓷为主，称为“汝瓷”，是“宋代五大名瓷”之一。以名贵的玛瑙入釉，釉色温润柔和，具有“青如天，面如玉，蝉翼纹，晨星稀，芝麻支钉釉满足”的典型特色，天青色的薄胎，在半无光状态下有如羊脂玉，形成了独特的装饰技法和艺术风格。

乳白蛋白 ㄖㄨˇ ㄅㄞˊ ㄉㄢˋ ㄅㄞˊ/rǔbái dànbái

lactalbumin

【医】台湾名。即“乳清蛋白”(960 页)。

乳畜/乳畜 rǔchù/ㄖㄨˇ ㄔㄨˋ

dairy cattle

【农】以产乳为主要用途的家畜。如乳牛、乳用山羊等。

乳蛾/乳蛾 rǔ'é/ㄖㄨˇ ㄜˊ

nippled moth, tonsillitis

【中医】中医喉病之一。因邪客喉核，或脏腑耗损，虚火上炎，气滞血瘀所致，症见发热，咽痛，喉核红肿胀大，形如蚕蛾，或表面有黄白色脓点，或喉核肿大、质硬、暗红等。因风热邪毒侵袭喉核所致，症见发热，喉核急发红肿疼痛，状如乳蛾或蚕蛾者，为“急乳蛾”；急乳蛾反复发作，经久不愈，脏腑失调，虚火上炎所致，症见喉核常溢少量脓液，微红微肿，咽部不适者，为“慢乳蛾”。

乳化/乳化 rǔhuà/ㄖㄨˇ ㄏㄨㄚˋ

emulsification

【化】一种液体以极微小液滴均匀分散在互不相溶的另一种液体中的过程。

乳化剂/乳化劑 rǔhuàjì/ㄖㄨˇ ㄏㄨㄚˋ ㄐㄧˋ

emulsifier, emulsifying agent

【化】表面活性剂的一类。依靠界面化学作用而使乳状液稳定。可分为亲油型(油包水型)和亲水型(水包油型)。广泛应用于食品、化妆品、医药、农药、涂料、合成材料等的生产。

乳胶/乳膠 rǔjiāo/ㄖㄨˇ ㄐㄧㄠ

latex

【化】又称“胶乳”。高分子化合物的微粒分散于水中所成的胶体乳液。从橡胶树等植物中提取的乳胶，称为“天然乳胶”；弹性体与树脂合成的乳胶，称为“合成乳胶”。可直接用作表面涂层或制薄膜、胶黏剂等，也可加工成生橡胶和合成树脂等。

乳胶漆/乳膠漆 rǔjiāoqī/ㄖㄨˇ ㄐㄧㄠ ㄑㄧ

emulsion paint

【化】通常指水乳化漆。多为白色和浅色。通常以乳液聚合制成的合成树脂乳液为主要成膜物质，除加有颜料外，还有增稠剂、分散剂、防腐剂、成膜溶剂等。无臭，低污染，干燥快，涂膜耐水。主要用于表面涂饰和金属防锈。

乳糜尿/乳糜尿 rǔmíniào/ㄖㄨˇ ㄇㄧˊ ㄋㄧㄠˋ

chyluria

【医】混合了含有脂肪、蛋白质、红细胞和白细胞等的乳糜液或淋巴液的尿液。呈乳白色、米汤样或凝结成胶冻块。混有血液的称为“乳糜血尿”。常见原因为丝虫病感染，偶为腹膜后肿瘤、结核或外伤。

乳癖/乳癖 rǔpǐ/ ㄖㄨˇ ㄆㄧˇ

lump in breast, * mammary aggregation

【中医】中医外科疾病之一。症见乳房有形状大小不一的肿块、疼痛等，与月经周期相关。肝郁痰凝证，治宜疏肝解郁、化痰散结，方用逍遥蒌贝散加减；冲任失调证，治宜调摄冲任，方用加味二仙汤加减。外治可用阳和解凝膏加黑退消外贴。

乳清蛋白/乳白蛋白

rǔqīng dànbái/ ㄖㄨˇ ㄅㄞˊ ㄉㄢˋ ㄅㄞˊ

lactalbumin

【医】一种从乳汁中提取的蛋白质。其营养价值高，易消化吸收，含有多种活性成分，是人体优质蛋白质补充剂。

乳清酸 rǔqīngsuān/ ㄖㄨˇ ㄑㄧㄥ ㄙㄨㄢ

【医】即“维生素 B_{13}”(1183 页)。

乳熟期/乳熟期 rǔshúqī/ ㄖㄨˇ ㄕㄨˊ ㄑㄧˊ

milk stage

【农】禾本科作物成熟过程的一个阶段。籽粒开始变硬，但仍能挤压出白色浆状物，含水量50%以上。因籽粒内容物呈乳白色糊状，故名。

乳酸/乳酸 rǔsuān/ ㄖㄨˇ ㄙㄨㄢ

lactic acid, nancic acid

【化】有机化合物。分子式 $C_3H_6O_3$。无色或淡黄色稠厚液体，有酸味，有吸湿性和旋光性。广泛存在于生物体内。用于食品、鞣革、塑料、纺织等工业。

乳酸菌/乳酸菌

rǔsuānjūn/ ㄖㄨˇ ㄙㄨㄢ ㄐㄩㄣˋ

lactic acid bacteria

【生】使糖类发酵产生乳酸的细菌。广泛用于腌菜、泡菜、青贮饲料、乳酸发酵和制药等方面。

乳糖/乳醣 rǔtáng/ ㄖㄨˇ ㄊㄤˊ

lactose, milk sugar

【化】一种双糖。由葡萄糖和半乳糖缩合而成。白色晶体，存在于哺乳动物乳汁中，牛乳中含 4.6%～4.7%，人乳中含 6%～8%。味微甜，甜度是蔗糖的 20%。是奶酪生产的副产物，可用于制婴儿食品、糖果、人造奶油等，也可作赋形剂。

乳头层/乳頭層 rǔtóucéng/ ㄖㄨˇ ㄊㄡˊ ㄘㄥˊ

papillary layer

【医】位于真皮浅层，凸向表皮底部的乳头状隆起部分。内含丰富的毛细血管、毛细淋巴管、游离神经末梢和囊状神经小体。

乳腺癌/乳腺癌

rǔxiàn'ái/ ㄖㄨˇ ㄒㄧㄢˋ ㄧㄢˊ（又读 ㄞˊ）

㊀breast cancinoma, ㊁lump in breast

㊀【医】乳腺导管上皮细胞在致癌因素作用下，异常增生形成的恶性肿瘤。临床主要表现为乳腺出现肿块。是女性发病率较高的恶性肿瘤。㊁【中医】又称“乳岩”。中医妇科肿瘤之一。症见乳房部结块，质地坚硬，高低不平，病久肿块溃烂，脓血污秽恶臭，疼痛日增等。好发于 40～60 岁妇女，绝经期妇女发病率相对较高。肝郁气滞证，治宜疏肝解郁、化痰散结，方用神效瓜蒌散合开郁散加减；冲任失调证，治宜调摄冲任、理气散结，方用二仙汤合开郁散加减；毒蕴溃烂证，治宜解毒扶正，方用化岩汤加减；气血虚弱证，治宜调补气血，方用归脾汤加减。本病一旦确诊，而又未发现远处广泛转移者，均宜首选乳癌根治术，术后应配合化学疗法、放射治疗及综合治疗。

乳腺炎/乳腺炎 rǔxiànyán/ ㄖㄨˇ ㄒㄧㄢˋ ㄧㄢˊ

mastitis

【医】细菌经乳头皲裂处或乳管口侵入乳腺组织引起的炎症。常见于哺乳期妇女，症状为疼痛，皮肤发红，伴有剧烈触痛的乳房肿块。

乳香/乳香 rǔxiāng/ ㄖㄨˇ ㄒㄧㄤ

Olibanum (拉), frankincense

【中医】中药名。橄榄科植物乳香树 *Boswellia carterii* Birdw. 及同属植物树皮渗出的树脂。味辛、苦，性温。归心、肝、脾经。活血定痛，消肿生肌。用于胸痹心痛，胃脘疼痛，痛经经闭，产后瘀阻，癥瘕腹痛，风湿痹痛，筋脉拘挛，跌打损伤，痈肿疮疡。

乳香树

乳岩 rǔyán/ㄖㄨˇ ㄧㄢˊ

【中医】即“乳腺癌”(960 页)。

乳痈/乳癰 rǔyōng/ㄖㄨˇ ㄩㄥ

acute mastitis, * mammary welling-abscess

【中医】中医外科疾病之一。症见乳房部结块、肿胀疼痛,伴有全身发热,溃后脓出稠厚等。气滞热蕴证,治宜疏肝清胃、通乳消肿,方用瓜蒌牛蒡汤加减;热毒炽盛证,治宜清热解毒、托毒透脓,方用透脓散加味;正虚邪恋证,治宜益气和营托毒,方用托里消毒散加减。并分期常规运用外治法。

乳状液/乳狀液

rǔzhuàngyè/ㄖㄨˇ ㄓㄨㄤˋ ㄧㄝˋ

emulsion

【化】又称“乳浊液”。一种多相粗分散体系。以液体为分散相的液溶胶,由两种或两种以上不互溶或不完全互溶的液体形成,分散相液珠大小通常不小于 0.1 微米。习惯上将构成乳状液的有机液体称作油(O)。油分散在水(W)中称作水包油乳状液(O/W),如牛奶。反之,称油包水的乳状液(W/O),如原油。乳状液容易分层,加入乳化剂,可增加其稳定性。

乳浊液 rǔzhuóyè/ㄖㄨˇ ㄓㄨㄛˊ ㄧㄝˋ

【化】即“乳状液”(961 页)。

入轨/入軌 rùguǐ/ㄖㄨˋ ㄍㄨㄟˇ

orbit injection

【航】在运载火箭的推动和制导控制下,航天器进入预定运行轨道的过程。

入口網站

ㄖㄨˋ ㄎㄡˇ ㄨㄤˇ ㄓㄢˋ/rùkǒu wǎngzhàn

portal website

【信息】台湾名。即“门户网站”(793 页)。

入网点/網路連接點

rùwǎngdiǎn/ㄨㄤˇ ㄌㄨˋ ㄌㄧㄢˊ ㄐㄧㄝ ㄉㄧㄢˇ

point of presence, POP

【信息】又称“接入点”。互联网服务提供者为用户提供的接入互联网的点。多为物理实体。

褥疮/褥瘡 rùchuāng/ㄖㄨˋ ㄔㄨㄤ

bedsore, decubitus ulcer

【中医】中医外科疾病之一。因长期卧床不起,躯体重压与摩擦所致,症见初起患处呈现紫斑,继而皮肤破损,逐渐坏死溃烂、腐肉脱落,形成溃疡,疮口经久不愈等。宜调补气血。重在预防,包括清洁受压部位,勤换体位,保持局部干燥或用酒精按摩;患部衬以软垫等。若溃烂后宜去腐生肌,外敷五五丹,继用生肌玉红膏等。

ruan (ㄖㄨㄢ)

软雹 ruǎnbáo/ㄖㄨㄢˇ ㄅㄠˊ

【气】即“霰”(1245 页)。

软磁材料/軟磁材料

ruǎncí cáiliào/ㄖㄨㄢˇ ㄘˊ ㄘㄞˊ ㄌㄧㄠˋ

soft magnetic material

【物】容易磁化和退磁的材料。例如工业纯铁(阿姆可铁)、铁硅合金、铁镍合金(坡莫合金)、铝硅铁合金等。

软缎/素緞 ruǎnduàn/ㄙㄨˋ ㄉㄨㄢˋ

mixed satin

【纺】丝织物。素软缎、花软缎、黏胶丝软缎和各类合纤丝软缎的统称。以八枚经缎为基本组织,采用平经平纬,生织、染整加工为成品。手感柔软,缎面平整光亮。可用作各类男女服装面料或装饰用绸等。

软骨/軟骨 ruǎngǔ/ㄖㄨㄢˇ ㄍㄨˇ

cartilage

【医】体内一种结缔组织。由软骨细胞及其周围的软骨膜构成,具有一定的坚韧性、弹性和抗压能力,起支持和保护作用。在胚胎时期,人的大部分骨骼由软骨组成,成人只有鼻尖、外耳、肋骨的尖端、椎骨的连接面等处有软骨。

软骨鱼/軟骨魚 ruǎngǔyú/ㄖㄨㄢˇ ㄍㄨˇ ㄩˊ

selachian, elasmobranch, elasmobranchiate

【动】Chondrichthyes 脊椎动物的一纲。骨骼全部由软骨构成,鳞片多为粒状,或全身无鳞,无鳔。体内受精,卵生、卵胎生或胎生。多分布于海洋中。如鲨鱼、鳐鱼等。

软件/軟體 ruǎnjiàn/ㄖㄨㄢˇ ㄊㄧˇ

software

【信息】数据处理系统或信息处理系统的程序、过程、规则及关联的文档。与其记录媒体无关。

软件包/套裝軟體

ruǎnjiànbāo/ㄊㄠˋ ㄓㄨㄤ ㄖㄨㄢˇ ㄊㄧˇ

software package

【信息】供给多家用户使用并带有文档的完整程序集。多由基本配置加若干可选构件组成。既可采用源代码，也可采用目标码。例如系统软件包、科学计算软件包和工资处理软件包。

软件库/軟體程式館

ruǎnjiànkù/ㄖㄨㄢˇ ㄊㄧˇ ㄔㄥˊ ㄕˋ ㄍㄨㄢˇ

software library

【信息】程序设计中与软件及辅助软件的开发、使用或维护有关的文档的汇集。

软交换/軟交換

ruǎnjiāohuàn/ㄖㄨㄢˇ ㄐㄧㄠ ㄏㄨㄢˋ

softswitching

【信息】采用软件将呼叫控制功能与媒体网关分开，使分组电话交换网与 IP 电话沟通的交换技术。

软拷贝/軟拷貝

ruǎnkǎobèi/ㄖㄨㄢˇ ㄎㄠˇ ㄅㄟˋ

soft copy

【信息】声像数据的非永久性输出。例如视频显示器上的报表。

软科学/軟科學

ruǎnkēxué/ㄖㄨㄢˇ ㄎㄜ ㄒㄩㄝˊ

soft science

【总】由现代管理学、科学学、决策科学、预测学、系统分析、科学技术论等组成的综合性学科。研究经济、科学技术、管理、教育等社会环节之间的内在联系及其发展规律，为发展战略、目标规划、政策制定及组织管理等提供科学的决策依据。因借用"计算机软件"的意义，故名。

软流圈/軟流圈

ruǎnliúquān/ㄖㄨㄢˇ ㄌㄧㄡˊ ㄑㄩㄢ

asthenosphere

【地】地幔的弱塑性变形区域。位于岩石圈之下、上地幔的上部，深度在 60～400 千米。推测为熔融状态的超铁镁物质。板块构造理论认为，地幔对流运动是在软流圈中进行的，岩石圈板块在软流圈之上漂移。

软锰矿/軟錳礦

ruǎnměngkuàng/ㄖㄨㄢˇ ㄇㄥˇ ㄎㄨㄤˋ

pyrolusite

【地】矿物。成分为 MnO_2。斜方晶系。集合体通常为块状或土状，晶体呈细柱状或针状，有时具有放射纤维状形态。灰至黑色，条痕黑色，不透明。光泽和硬度随结晶程度而异，显晶的半金属光泽，莫氏硬度 5～6；隐晶或粉末状的光泽暗淡，莫氏硬度 1～2，极易污手。密度 4.7～5.0 克/厘米^3。含锰量 63%，是提取锰的重要矿物原料。

软木栎 ruǎnmùlì/ㄖㄨㄢˇ ㄇㄨˋ ㄌㄧˋ

【植】即"栓皮栎"(1059 页)。

软脑膜/腦軟膜

ruǎnnǎomó/ㄋㄠˇ ㄖㄨㄢˇ ㄇㄛˋ

cerebral pia mater

【医】紧贴于脑表面的薄层结缔组织。随着脑的外形伸展并深入脑沟和脑裂内，富含神经和血管，对脑具有重要的营养作用，是血脑屏障的组成部分。

软泥/軟泥 ruǎnní/ㄖㄨㄢˇ ㄋㄧˊ

ooze

【地】主要由生物残骸组成的大洋松散沉积物。包括钙质软泥和硅质软泥。

软水/軟水 ruǎnshuǐ/ㄖㄨㄢˇ ㄕㄨㄟˇ

soft water

【化】指含可溶性钙盐、镁盐较少的天然水或经软化处理过的天然水。其中钙离子、镁离子浓度约小于 1.5 毫摩/升。

软体动物/軟體動物

ruǎntǐ dòngwù/ㄖㄨㄢˇ ㄊㄧˇ ㄉㄨㄥˋ ㄨˋ

mollusc

【动】*Mollusca* 无脊椎动物的一门。身体柔软，两侧对称，不分节，有肉质的足或腕，多数具有钙质的硬壳，分布于水中或陆地上。种类繁多，包括腹足类、头足类、双壳类等。如螺类、乌贼、章鱼、蚌等。

软卧车/軟臥車

ruǎnwòchē/ㄖㄨㄢˇ ㄨㄛˋ ㄔㄜ

cushioned berch sleeping car

【交】铁路客车车种之一。卧铺为软席的车厢。铺面垫有弹簧装置，多为包房式，包房内设两个上铺和两个下铺。一节车厢的定员数通常为 36 人。

软下疳/軟下疳

ruǎnxiàgān/ㄖㄨㄢˇ ㄒㄧㄚˋ ㄍㄢ

chancroid

【医】由杜克雷嗜血杆菌引起的性传播疾病。临床表现为阴茎或外阴、阴道区域出现痛性非硬结性溃疡。

软玉/軟玉 ruǎnyù/ㄖㄨㄢˇ ㄩˋ

nephrite

【地】玉石。以透闪石—阳起石矿物系列为主要组分的隐晶质集合体,致密块状,质地坚韧。组成矿物的晶体主要为纤维状。常见深浅不同的绿色调,还有纯白、灰、蓝灰、浅灰白色,以及黄色和红色。半透明到微透明。油脂或蜡状光泽,莫氏硬度 6～7,密度 2.9～3.1克/厘米^3。产于中国新疆和田的软玉称和田玉,产于辽宁岫岩的称为东北软玉,产于四川汶川的称为龙溪软玉。产于台湾花莲的称为台湾翠,因含绿泥石、铬铁矿等而呈草绿、暗绿以及黄色。都是著名的工艺材料。

软着陆/輕落地

ruǎnzhuólù/ㄑㄧㄥ ㄌㄨㄛˋ ㄉㄧˋ

soft landing

【航】又称"安全着陆"。使航天返回器或航天进入器在接触地球或其他天体表面瞬时垂直速度降为能安全着陆的最小值(理想零速度)的着陆过程。进入有大气层的天体时,通常以降落伞气动减速或配以缓冲火箭减速,实现软着陆;进入无大气层天体时,须用制动火箭发动机减速,再辅以减震装置实现软着陆。

软组织感染/軟組織感染

ruǎnzǔzhī gǎnrǎn/ㄖㄨㄢˇ ㄗㄨˇ ㄓ ㄍㄢˇ ㄖㄢˇ

soft tissue infection

【医】皮肤、皮下组织及肌肉的细菌感染。

软座车/軟座車

ruǎnzuòchē/ㄖㄨㄢˇ ㄗㄨㄛˋ ㄔㄜ

cushioned seat coach

【交】铁路客车车种之一。座位为软座的车厢。座椅的坐垫和靠背均有弹簧装置。一节车厢的定员数通常为 80 人。

軟體 ㄖㄨㄢˇ ㄊㄧˇ/ruǎntǐ

software

【信息】台湾名。即"软件"(961 页)。

軟體程式館

ㄖㄨㄢˇ ㄊㄧˇ ㄔㄥˊ ㄕˋ ㄍㄨㄢˇ/

ruǎntǐ chéngshìguǎn

software library

【信息】台湾名。即"软件库"(962 页)。

rui (ㄖㄨㄟ)

蕊柱 ruǐzhù/ㄖㄨㄟˇ ㄓㄨˋ

【植】即"合蕊柱"(484 页)。

芮氏規模

ㄖㄨㄟˋ ㄕˋ ㄍㄨㄟ ㄇㄛˊ/Ruìshì guīmó

Richter magnitude

【地】台湾名。即"里氏震级"(722 页)。

蚋/蚋 ruì/ㄖㄨㄟˋ

black fly

【动】双翅目(Diptera)蚋科(Simuliidae)昆虫的统称。成虫体短粗,像蝇而小,通常黑色。隆背,触角和足粗壮,口器短,翅薄。幼虫生活在流水中。雌蚋吸食人畜血液,传染疾病。种类很多,分布较广。

锐角/鋭角 ruìjiǎo/ㄖㄨㄟˋ ㄐㄧㄠˇ

acute angle

【数】大于零角而小于直角的角。

锐角三角函数/鋭角三角函數

ruìjiǎo sānjiǎo hánshù/

ㄖㄨㄟˋ ㄐㄧㄠˇ ㄙㄢ ㄐㄧㄠˇ ㄏㄢˊ ㄕㄨˋ

acute angle trigonometric function

【数】以锐角为自变量的三角函数。如图,设 $\triangle ABC$ 中,$BC=a$,$CA=b$,$AB=c$,$\angle C$ 是直角。锐角 $\angle A$ 的正弦、余弦、正切、余切、正割和余割分别定义如下:$\sin A=\frac{a}{c}$,$\cos A=\frac{b}{c}$,$\tan A=\frac{a}{b}$,$\cot A=\frac{b}{a}$,$\sec A=\frac{c}{b}$,$\csc A=\frac{c}{a}$。

锐角三角函数

锐角三角形/鋭角三角形

ruìjiǎo sānjiǎoxíng/

ㄖㄨㄟˋ ㄐㄧㄠˇ ㄙㄢ ㄐㄧㄠˇ ㄒㄧㄥˊ

acute triangle

R

【数】三个角都是锐角的三角形。

run（ㄖㄨㄣ）

闰秒/閏秒 rùnmiǎo/ㄖㄨㄣˋ ㄇㄧㄠˇ
leap second
【天】为保持协调世界时与第一类世界时之差小于0.9秒，在协调世界时上引入的修正秒。增加一秒为正闰秒，减少一秒为负闰秒。进行闰秒的时间由国际计量局提前10周通知各地的授时实验室。优先选定的闰秒时间是6月底或12月底的最后一分钟。

闰日/閏日 rùnrì/ㄖㄨㄣˋ ㄖˋ
leap day
【天】因地球绕日公转周期不是地球自转周期的整数倍，1回归年＝365.2425平太阳日，阳历中为使其历年平均长度接近回归年而增设的日。现行的公历(格里历)，每四年在二月末增加一天(2月29日)，作为闰日。但年份数目可被100整除而不能被400整除时，不置闰。

润滑/潤滑 rùnhuá/ㄖㄨㄣˋ ㄏㄨㄚˊ
lubrication
【机】加入油脂等，以减少两摩擦表面间的摩擦、磨损或其他形式表面破坏的方法。按摩擦副之间润滑材料不同，可分为液体润滑、半液体润滑和固体润滑；按摩擦副之间摩擦状态不同，可分为液体润滑和边界润滑。介于流体润滑和边界润滑之间的称混合润滑。

润滑剂/潤滑劑 rùnhuájì/ㄖㄨㄣˋ ㄏㄨㄚˊ ㄐㄧˋ
lubricant
【机】加入两个相对运动表面之间，能减少或避免摩擦、磨损的物质。还能起冷却、清洗和防止污染等作用。

润滑油/潤滑油
rùnhuáyóu/ㄖㄨㄣˋ ㄏㄨㄚˊ ㄧㄡˊ
lubricating oil
【化】又称"机油"。油品的一类。油状液体的润滑剂。用于机械的摩擦部分，起润滑、冷却、密封和防护等作用。常见的有汽油机油、柴油机油、航空润滑油、航空喷气机润滑油、齿轮油、汽轮机油、轴承油等。

润滑脂/潤滑脂 rùnhuázhī/ㄖㄨㄣˋ ㄏㄨㄚˊ ㄓ
lubricating grease, grease
【机】稠厚的油脂状半液体润滑剂。主要由矿物油(或合成润滑油)和稠化剂调制而成。用于机械的摩擦部分，起润滑和密封作用；用于金属表面，起填充空隙和防锈作用。

润燥法/潤燥法 rùnzàofǎ/ㄖㄨㄣˋ ㄗㄠˋ ㄈㄚˇ
moistening dryness method
【中医】内治法之一。用具有养阴、生津、润燥作用的方药治疗燥证。

潤濕氣候 ㄖㄨㄣˋ ㄕ ㄑㄧˋ ㄏㄡˋ/rùnshī qìhòu
humid climate
【气】台湾名。即"湿润气候"(1021页)。

ruo（ㄖㄨㄛ）

若虫/若蟲 ruòchóng/ㄖㄨㄛˋ ㄔㄨㄥˊ
nymph
【动】不完全变态类昆虫的幼期虫态。外形像成虫而较小，其翅和外生殖器尚未完全发育。如蝗虫、椿象等的幼体。

若且唯若閘
ㄖㄨㄛˋ ㄑㄧㄝˇ ㄨㄟˊ ㄖㄨㄛˋ ㄓㄚˊ/
ruò qiě wéiruò zhá
EQUIVALENCE gate, IF-AND-ONLF-IF gate
【信息】台湾名。即"'等价'门"(212页)。

若則閘 ㄖㄨㄛˋ ㄗㄜˊ ㄓㄚˊ/ruò zé zhá
IF-THEN gate
【信息】台湾名。即"'蕴涵'门"(1405页)。

弱交互作用
ㄖㄨㄛˋ ㄐㄧㄠ ㄏㄨˋ ㄗㄨㄛˋ ㄩㄥˋ/
ruò jiāohù zuòyòng
weak interaction
【物】台湾名。即"弱相互作用"(965页)。

弱脉/弱脈 ruòmài/ㄖㄨㄛˋ ㄇㄞˋ
weak pulse
【中医】脉象之一。脉搏动沉细无力。

弱剩余辐射弹/弱剩餘輻射彈
ruò shèngyú fúshè dàn/
ㄖㄨㄛˋ ㄕㄥˋ ㄩˊ ㄈㄨˊ ㄕㄜˋ ㄉㄢˋ
reduced residual radioactivity nuclear weapon, shock bomb
【军】又称"冲击波弹"。核武器的一种。以冲击波为主要杀伤破坏因素，剩余放射性生成量较低。主要用于摧毁地面或浅层地下的坚固军事目标。爆炸时产生的放射性物质沉降较少。

弱视/鈍視 ruòshì/ㄖㄨㄛˋ ㄕˋ

amblyopia

【医】眼球无任何器质性病变，经矫正屈光而视力仍达不到 0.9 的状态。

弱透水层/弱透水層

ruòtòushuǐcéng/ㄖㄨㄛˋ ㄊㄡˋ ㄕㄨㄟˇ ㄘㄥˊ

aquitard

【地】见“透水层”(1147 页)。

弱相互作用/弱交互作用

ruò xiānghù zuòyòng/

ㄖㄨㄛˋ ㄐㄧㄠ ㄏㄨˋ ㄗㄨㄛˋ ㄩㄥˋ

weak interaction

【物】基本相互作用的一种。短程力，作用于轻子与轻子间、轻子与强子间、强子与强子间，作用范围在 10^{-15} 米量级内。例如原子核的 β 衰变。其作用强度微弱，电磁作用比它强 10^{9} 倍，强相互作用比它强 10^{12} 倍。通过交换中间玻色子实现。

箬竹/箬竹 ruòzhú/ㄖㄨㄛˋ ㄓㄨˊ

chequer-shape indocalamus

【植】*Indocalamus tessellatus* 禾本科箬竹属。多年生草本植物。秆细，圆筒形，中空，节下方有红棕色毛环。叶鞘具纵肋，紧密抱秆；叶片大，宽披针形，边缘有齿。圆锥花序，被毛，小穗绿带紫色。笋期 4—5 月份。在中国，分布于浙江和湖南的部分地区。观叶植物。叶可裹粽。

R

S

sa （ㄙㄚ）

撒哈拉沙漠/撒哈拉沙漠 Sāhālā Shāmò/ㄙㄚ ㄏㄚ ㄌㄚ ㄕㄚ ㄇㄛˋ
Sahara desert
【地】沙漠名。位于非洲北部。西起大西洋，经毛里塔尼亚、马里、阿尔及利亚、尼日尔、利比亚、乍得、埃及、苏丹等国，东抵红海。长 5600 千米，总面积 960 万平方千米，是世界上最大的沙漠。炎热干旱，大部分地区平均年降水量不足 50 毫米，极端最高气温达 58℃。是非洲最大的石油和天然气蕴藏地。

洒水车/灑水車 sǎshuǐchē/ㄙㄚˇ ㄕㄨㄟˇ ㄔㄜ
sprinkler
【机】专用汽车的一种。罐式，装备有水泵、喷嘴，能以一定压力向路面喷洒水流，以达到除尘和降温的目的。

撒播/撒播 sǎbō/ㄙㄚˇ ㄅㄛ
broadcasting
【农】播种的一种方法。把种子均匀地撒在土地、畦面上。通常随即覆土、覆盖或镇压。适用于苗床育苗和水稻秧田育秧。

脎/脎 sà/ㄙㄚˋ
osazone
【化】一类含氧有机化合物。含有两个相邻的羰基，由苯肼与糖类作用而成。可利用成脎反应来分离提纯糖类。

萨瓦那 sàwǎnà/ㄙㄚˋ ㄨㄚˇ ㄋㄚˋ
【地】即“稀树草原”(1226 页)。

sai （ㄙㄞ）

腮腺/腮腺 sāixiàn/ㄙㄞ ㄒㄧㄢˋ
parotid gland
【医】位于两侧颊部、耳前方的一对唾液腺。开口于颊黏膜。是最大的一对涎腺。

腮腺炎/腮腺炎 sāixiànyán/ㄙㄞ ㄒㄧㄢˋ ㄧㄢˊ
parotitis
【医】一侧或两侧腮腺发炎的疾病。主要表现为一侧或两侧耳垂下肿大。通常的致病原因是金黄色葡萄球菌感染，也有可能是病毒感染或其他因素。

塞尺/塞尺 sāichǐ/ㄙㄞ ㄔˇ
feeler
【机】台湾又称“測隙規”。用于测量间隙的薄片量尺测量仪器。

塞閥 ㄙㄞ ㄈㄚˊ/sāifá
plug valve
【机】台湾名。即“旋塞阀”(1291 页)。

噻唑/噻唑 sāizuò/ㄙㄞ ㄗㄨㄛˋ
thiazole
【化】杂环化合物。分子式 C_3H_3NS。无色或淡黄色液体，有特殊的恶臭气味。可用于制染料、药物等。

鳃/鰓 sāi/ㄙㄞ
gill，branchia
【动】鱼类等多数水生动物的呼吸器官。在头部两侧，多为羽毛状、板状或丝状，用来吸取溶解在水中的氧。

鰓蓋 ㄙㄞ ㄍㄞˋ/sāigài
operculum
【动】台湾名。即“厣”(1313 页)。

赛车/賽車 sàichē/ㄙㄞˋ ㄔㄜ
racing car
【交】用于竞赛的四轮汽车。不同类型的比赛对车辆有不同的要求。比赛的不仅是速度，也体现赛车的可靠性和耐用性，是汽车设计制造水平的比赛。

赛璐玢 sàilùfēn/ㄙㄞˋ ㄌㄨˋ ㄈㄣ
【材】即“玻璃纸”(78 页)。

赛璐珞/賽璐珞 sàilùluò/ㄙㄞˋ ㄌㄨˋ ㄌㄨㄛˋ
celluloid，zylonite
【材】一种热塑性塑料。在硝酸纤维中加入樟脑作为增塑剂配成。

賽珞凡 ㄙㄞˋ ㄌㄨㄛˋ ㄈㄢˊ/sàiluòfán
cellophane
【材】台湾名。即“玻璃纸”(78 页)。

san（ㄙㄢ）

三凹症/三凹症
sān'āozhèng/ㄙㄢ ㄠ ㄓㄥˋ
three concave sign, three depressions sign
【医】气道受阻时,气体吸入困难,致使吸气时可见胸骨上下、两侧锁骨上以及肋间隙均显凹陷的现象。

三叉神经/三叉神經
sānchā shénjīng/ㄙㄢ ㄔㄚ ㄕㄣˊ ㄐㄧㄥ
trigeminal nerve
【医】发自脑桥的三叉神经核,主管头面部感觉的神经。是第五对脑神经,为混合神经,含躯体传入神经纤维、传出神经纤维和特殊内脏传出神经纤维。出颅后发出眼神经、上颌神经、下颌神经,与下颌神经并行的有运动神经纤维。感觉支传导颜面、眼、鼻、口腔等的浅感觉,以及咀嚼肌的本体感觉;运动支支配咀嚼肌的随意运动。

三重积分/三重積分
sānchóng jīfēn/ㄙㄢ ㄔㄨㄥˊ ㄐㄧ ㄈㄣ
triple integral
【数】设V是三维空间中的一个有界且可求体积的区域,$f(x,y,z)$是定义在V上的一个有界函数。把V划分成n个可求体积的子区域$V_1,V_2,\cdots,V_n$,各子区域的直径(子区域中任意两点的最大距离)记作r_i,体积记作$\Delta V_i(i=1,2,\cdots,n)$,在每个子区域$V_i$内任取点$(x_i,y_i,z_i)(i=1,2,\cdots,n)$,作和式$S=\sum_{i=1}^{n}f(x_i,y_i,z_i)\Delta V_i$。若不论划分方法和点$(x_i, y_i, z_i)$的取法如何具体选择,只要$\lambda=\max_{1\leqslant i\leqslant n}r_i\to 0$时,和式$S$的极限都是某数$I$,即$\lim_{\lambda\to 0}\sum_{i=1}^{n}f(x_i,y_i,z_i)\Delta V_i=I$,则称数$I$为$f(x,y,z)$在区域$V$上的三重积分,记作$\iiint_V f(x,y,z)\mathrm{d}V$或$\iiint_V f(x,y,z)\mathrm{d}x\mathrm{d}y\mathrm{d}z$。这时称$f(x,y,z)$在区域$V$上可积,$V$叫作积分区域。

三叠纪/三疊紀 sāndiéjì/ㄙㄢ ㄉㄧㄝˊ ㄐㄧˋ
Triassic Period
【地】中生代的第一个纪。从距今约2.51亿年开始,至距今1.996亿年结束。裸子植物中的苏铁繁盛。海生无脊椎动物中菊石、双壳类、腹足类发育。脊椎动物中鱼类繁盛,爬行类迅速发展,恐龙类开始出现。

三叠系/三疊系 sāndiéxì/ㄙㄢ ㄉㄧㄝˊ ㄒㄧˋ
Triassic System
【地】中生界的第一个系。是三叠纪时期形成的地层。

三度烧伤/三度燒傷
sān dù shāoshāng/ㄙㄢ ㄉㄨˋ ㄕㄠ ㄕㄤ
third degree burn, full thickness burn
【医】又称"焦痂性烧伤"。全层皮肤损伤,表皮、真皮及其附件全都被毁的烧伤。可深达皮下、肌肉、骨等,创面修复依赖于手术植皮或皮瓣。

三废/三廢 sānfèi/ㄙㄢ ㄈㄟˋ
three wastes
【环】废水、废气和废渣的合称。

三合土/三合土 sānhétǔ/ㄙㄢ ㄏㄜˊ ㄊㄨˇ
trinity mixture fill
【水利】用石灰、黏土和细砂相混夯实而成的土料。其配比根据泥土的含沙量不同而调整。用于夯墙、地基土和渠道防渗等。

三合院/三合院
sānhéyuàn/ㄙㄢ ㄏㄜˊ ㄩㄢˋ
courtyard house [with three building], sanheyuan
【建】以庭院为中心,三面以房屋围合、正面有院墙的民居建筑。三合院的平面布局于隋唐时期已经完善。

三黄片/三黄片
sānhuángpiàn/ㄙㄢ ㄏㄨㄤˊ ㄆㄧㄢˋ
sanhuang tablets, sanhuang pian
【中医】中成药名。主要成分:黄柏、黄连、黄芩、栀子。口服。清热解毒,泻火通便。用于三焦热盛所致的目赤肿痛、口鼻生疮、咽喉肿痛、牙龈肿痛、心烦口渴、尿黄便秘。

三尖瓣/三尖瓣
sānjiānbàn/ㄙㄢ ㄐㄧㄢ ㄅㄢˋ
【医】即"右房室瓣"(1373页)。

三键/參鍵 sānjiàn/ㄙㄢ ㄐㄧㄢˋ
triple bond

【化】有机化合物中两原子间共用三对电子的共价键。通常用三条短线“≡”表示。如炔中的碳碳三键、重氮中的氮氮键等。

三江平原/三江平原
Sān Jiāng Píngyuán/ㄙㄢ ㄐㄧㄤ ㄆㄧㄥˊ ㄩㄢˊ
Sanjiang Plain

【地】平原名。位于黑龙江东部，是东北平原的组成部分。由黑龙江、乌苏里江和松花江三条江共同冲积而成。面积10万平方千米，海拔大部分低于50米，雨季时三江泛滥形成大片沼泽，是中国最大的沼泽分布区。原以“北大荒”著称，现在是重要的商品粮生产基地，粮食作物主要有玉米、大豆、稻和小麦等。

三焦/三焦 sānjiāo/ㄙㄢ ㄐㄧㄠ
sanjiao, triple energy, * triple burner, * TE, * TB

【中医】六腑之一。上焦、中焦、下焦的合称。中医认为其主要功能是主持诸气，总司人体气化(脏腑生理性升降出入的气机运动变化)功能，协助脏腑输布饮食精微、排泄废物，疏通水道，是体内水液运行的道路。从部位上分，咽喉至胃上口为上焦，胃上口至胃下口为中焦，胃下口至二阴为下焦；从功能上分，上焦包括心肺的功能，中焦包括脾胃的功能，下焦包括肝、肾、大小肠、膀胱等的功能。

三焦辨证/三焦辨證
sānjiāo biànzhèng/ㄙㄢ ㄐㄧㄠ ㄅㄧㄢˋ ㄓㄥˋ
syndrome differentiation of sanjiao theory, * triple burner pattern identification, * triple burner syndrome differentiation

【中医】辨证论治方法之一。以三焦所属部位，将外感温热病，尤其是湿温病的病理变化归纳为上、中、下三焦证候，用以阐明其病变先后、病位深浅、邪正盛衰及转变规律。

三角 sānjiǎo/ㄙㄢ ㄐㄧㄠˇ
【数】“三角学”的简称。

三角测量/三角測量
sānjiǎo cèliáng/ㄙㄢ ㄐㄧㄠˇ ㄘㄜˋ ㄌㄧㄤˊ
triangulation, trigonometric survey

【测绘】利用三角形边角数学关系测量地面点平面坐标的方法。通过观测各测点构成的三角形的水平角，并利用已知起始边长、方位角和起始点坐标，经过数据处理解算出其他三角形顶点的平面坐标。

三角点/三角點
sānjiǎodiǎn/ㄙㄢ ㄐㄧㄠˇ ㄉㄧㄢˇ
triangulation point

【测绘】按照三角测量规范布设的测量控制点。三角网中三角形的顶点。在国家等级的三角测量中，三角点通常采用埋设于地面或地下一定深度的标石表示其点位。

三角方程/三角方程
sānjiǎo fāngchéng/ㄙㄢ ㄐㄧㄠˇ ㄈㄤ ㄔㄥˊ
trigonometric equation

【数】含有关于未知数的三角函数的方程。例如 $2\cos x=1$，$\sin x+\cos x=1$ 等。一般地，解三角方程的结果是一个解集。例如，解方程 $2\cos x=1$，得 $\cos x=\frac{1}{2}$，$x=2k\pi\pm\frac{\pi}{3}(k\in\mathbf{Z})$。

三角函数/三角函數
sānjiǎo hánshù/ㄙㄢ ㄐㄧㄠˇ ㄏㄢˊ ㄕㄨˋ
trigonometric function

【数】正弦函数 $\sin x$，余弦函数 $\cos x$，正切函数 $\tan x$，余切函数 $\cot x$，正割函数 $\sec x$ 和余割函数 $\csc x$ 的统称。

三角函数线/三角函數線
sānjiǎo hánshùxiàn/ㄙㄢ ㄐㄧㄠˇ ㄏㄢˊ ㄕㄨˋ ㄒㄧㄢˋ
trigonometric function line

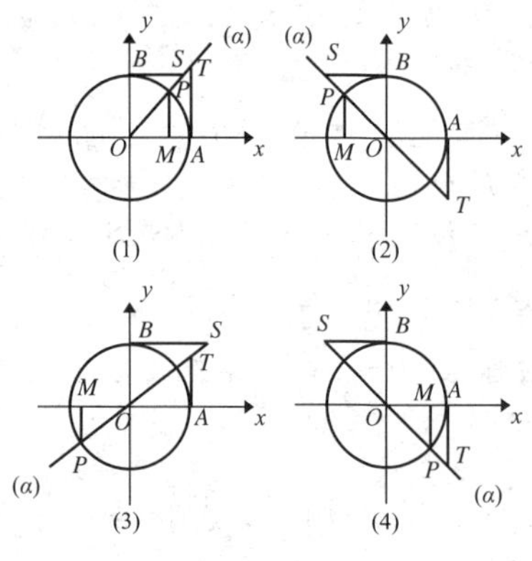

三角函数线

【数】利用单位圆直观地表示三角函数的有向

线段。如图，点 P 是 α 的终边与单位圆的交点。有向线段 MP，OM，AT，BS 分别表示 $\sin\alpha$，$\cos\alpha$，$\tan\alpha$，$\cot\alpha$。这些有向线段分别叫作正弦线、余弦线、正切线和余切线，统称三角函数线。

三角肌/三角肌 sānjiǎojī/ㄙㄢ ㄐㄧㄠˇ ㄐㄧ

deltoid muscle

【医】位于肩部，呈三角形的骨骼肌。起于锁骨外侧段、肩峰和肩胛冈，从前、后、外侧包裹肩关节，止于肱骨三角肌粗隆。近固定时，前部肌束收缩，使上臂屈和旋内；中部肌束收缩，使上臂外展；后部肌束收缩，使上臂伸和旋外。三部分肌束同时收缩，使上臂外展。还对加固和稳定肩关节有一定作用。

三角网/邊角網

sānjiǎowǎng/ㄅㄧㄢ ㄐㄧㄠˇ ㄨㄤˇ

triangulation network

【测绘】平面测量控制网的一种形式，由一系列相邻三角形连接组网。按测量规范选择一系列测量点位，相邻测量点位的连线构成网状图形，每个网格单元是三角形，三角形顶点均是测量点位。为保证测量推算的精度，三角形各内角应接近 60°，一般不小于 30°。优点是控制面积大、几何检测条件多，缺点是工作量大。

三角形/三角形

sānjiǎoxíng/ㄙㄢ ㄐㄧㄠˇ ㄒㄧㄥˊ

triangle

【数】三条线段顺次首尾连接所成的图形。用符号“△”表示，如△ABC。组成三角形的线段叫作三角形的边，相邻两边的公共端点叫作三角形的顶点，相邻两边所成的角叫作三角形的内角，简称三角形的角。三角形的 3 条边和 3 个角是它的 6 个基本元素。三角形是最简单的多边形。三条边长确定后，三角形的形状、大小就确定了，这叫作三角形的稳定性。

三角形定律

ㄙㄢ ㄐㄧㄠˇ ㄒㄧㄥˊ ㄉㄧㄥˋ ㄌㄩˋ/

sānjiǎoxíng dìnglǜ

triangular rule

【物】台湾名。即“三角形定则”(969 页)。

三角形定则/三角形定律

sānjiǎoxíng dìngzé/

ㄙㄢ ㄐㄧㄠˇ ㄒㄧㄥˊ ㄉㄧㄥˋ ㄌㄩˋ

triangular rule

【物】矢量合成遵守的规则。与平行四边形定则等效。例如，两个共点力合成时，把一个力(F_1)的首与另一个力(F_2)的尾相接，形成三角形的两条边，其合力(F)的大小和方向为第一个力的起点到第二个力的终点，即三角形的第三条边。

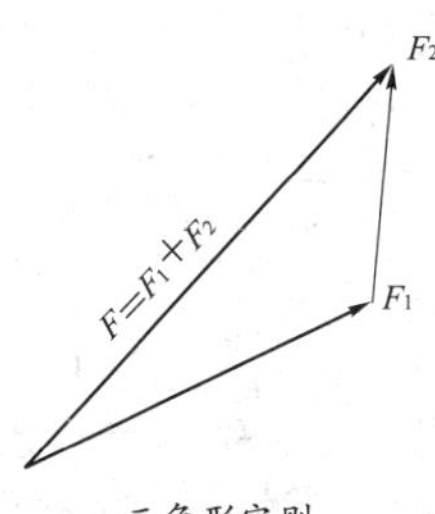

三角形定则

三角形连接/三角形接法

sānjiǎoxíng liánjiē/

ㄙㄢ ㄐㄧㄠˇ ㄒㄧㄥˊ ㄐㄧㄝ ㄈㄚˇ

delta connection

【电】三相元件的三角形连接(联结)。

三角学/三角學

sānjiǎoxué/ㄙㄢ ㄐㄧㄠˇ ㄒㄩㄝˊ

trigonometry

【数】简称“三角”。数学的一个分支。最初通过讨论三角形的边和角之间的关系，研究三角形及其他几何图形中的数量关系，后来重点研究三角函数的性质和应用，成为分析学的一部分。在几何、物理、天文、航海和测量等方面有广泛的应用。可分为平面三角学和球面三角学。

📖 trigonometry 一词最初源自希腊文的“三角形”和“测量”两个词，原意是解三角形。从 11 世纪起，三角学逐渐不再依附于天文学而成为独立的数学分支。18 世纪后，三角函数成为三角学的中心内容。

三角翼/三角翼 sānjiǎoyì/ㄙㄢ ㄐㄧㄠˇ ㄧˋ

delta wing

【航】翼平面形状为三角形，后缘平直，有大后掠角的机翼。20 世纪 50 年代出现，多用于超声速飞机。

三角洲/三角洲

sānjiǎozhōu/ㄙㄢ ㄐㄧㄠˇ ㄓㄡ

delta

【地】河流进入海洋、湖泊和水库等河口处，因水流能量减弱，其挟带的泥沙在河口区沉积形成的低平滩地。通常呈三角形，顶端指向上游。

三脚虎 ㄙㄢ ㄐㄧㄠˇ ㄏㄨˇ/sānjiǎohǔ
caltrop
【植】台湾名。即“蒺藜”(577 页)。

三棱箭 sānléngjiàn/ㄙㄢ ㄌㄥˊ ㄐㄧㄢˋ
【植】即“量天尺”(735 页)。

三棱针/三棱針
sānléngzhēn/ㄙㄢ ㄌㄥˊ ㄓㄣ
three-edged needle
【中医】又称“锋针”。针身呈三棱形的皮肤针。尖端三面有利刃,用于刺络放血。

三联体密码
sānliántǐ mìmǎ/ㄙㄢ ㄌㄧㄢˊ ㄊㄧˇ ㄇㄧˋ ㄇㄚˇ
【生】即“密码子”(798 页)。

三氯甲烷 sānlǜjiǎwán/ㄙㄢ ㄌㄩˋ ㄐㄧㄚˇ ㄨㄢˊ
【化】“氯仿”的学名。

三七/三七 sānqī/ㄙㄢ ㄑㄧ
㊀pseudo-ginseng, ㊁Radix et Rhizoma Notoginseng(拉), sanqi
㊀【植】*Panax notoginseng* 又称“田七”。五加科人参属。多年生草本植物。主根肉质,纺锤形。根状茎短,横生。掌状复叶轮生茎顶,小叶 3～7 枚,长圆形,边缘有齿。伞形花序单生茎顶,花瓣五枚,淡黄绿色。果扁球形,红色。在中国,分布于西藏、四川、云南、广西、湖南等地。根可入药。

三 七

㊁【中医】中药名。五加科植物三七 *Panax notoginseng* (Burk.) F. H. Chen 的干燥根和根茎。味甘、微苦,性温。归肝、胃经。祛瘀止血,消肿定痛。用于咯血,吐血,衄血,便血,崩漏,外伤出血,胸腹刺痛,跌扑肿痛。
📖 三七的每个复叶都具有 3～7 片小叶,而且入药要选择生长 3～7 年者为佳,故名。因其原产于广西田州,又名田七。又,三七,孕妇慎用。

三色堇/三色堇 sānsèjǐn/ㄙㄢ ㄙㄜˋ ㄐㄧㄣˇ
pansy
【植】*Viola tricolor* 俗称“蝴蝶花”“猫儿脸”。堇菜科堇菜属。一至多年生草本植物。地上茎较粗。基生叶长卵形,茎生叶卵形或长圆状披针形,先端圆钝,基部圆,边缘有齿。花梗单生于叶腋,花有紫、白、黄三色,上方花瓣深紫堇色,侧方及下方花瓣均为三色兼有紫色条纹。花期 4—7 月份。在中国,分布于各地。观赏花卉。
📖 因其花有三种颜色对称地分布在五个花瓣上,构成的图案似猫的两耳、两颊和一张嘴,故名猫儿脸;因整个花被风吹动时,如翻飞的蝴蝶,故还有蝴蝶花之称。三色堇是波兰的国花。

三视图/三視圖
sānshìtú/ㄙㄢ ㄕˋ ㄊㄨˊ
three orthographic views
【数】同一物体的三个视图的合称。通常包括主视图(由前向后的正投影)、左视图(由左向右的正投影)和俯视图(由上向下的正投影)。三视图可表示一般立体物件的形状和大小。

三水铝石/三水鋁石
sānshuǐlǚshí/ㄙㄢ ㄕㄨㄟˇ ㄌㄩˇ ㄕˊ
gibbsite
【地】矿物。成分为 $Al(OH)_3$。单斜晶系。晶体极细小,聚集成结核状、豆状或土状。通常白色,玻璃光泽,含杂质呈红色,解理面显珍珠光泽,莫氏硬度 2.5～3.5,密度2.40 克/厘米³。是提炼铝的矿物原料。

三酸甘油酯
ㄙㄢ ㄙㄨㄢ ㄍㄢ ㄧㄡˊ ㄓˇ/sānsuān gānyóuzhǐ
triacylglycerol, TAG
【医】台湾名。即“三酰甘油”(970 页)。

“三同时”制度/“三同時”制度
“sāntóngshí” zhìdù/
“ㄙㄢ ㄊㄨㄥˊ ㄕˊ” ㄓˋ ㄉㄨˋ
system of “the three at the same time”
【环】指建设项目的防治污染和其他公害的设施,必须与主体工程同时设计、同时施工、同时投产使用的法律规定。

三维打印 sānwéi dǎyìn/ㄙㄢ ㄨㄟˊ ㄉㄚˇ ㄧㄣˋ
【机】即“增材制造”(1415 页)。

三峡 Sān Xiá/ㄙㄢ ㄒㄧㄚˊ
【地】即“长江三峡”(109 页)。

三酰甘油/三酸甘油酯
sānxiān gānyóu/ㄙㄢ ㄙㄨㄢ ㄍㄢ ㄧㄡˊ ㄓˇ

triacylglycerol，TAG

【医】又称"甘油三酯"。由甘油的三个羟基与三个脂肪酸分子酯化生成的甘油酯。在室温下呈液态的称为油，呈固态的称为脂，统称为油脂。人体内大部分组织均可利用其分解产物供给能量。过剩可导致动脉粥样硬化，引起冠心病、脑卒中，引发高血压、男性性功能障碍或老年痴呆等。

三相点/三相點

sānxiàngdiǎn/ㄙㄢ ㄒㄧㄤˋ ㄉㄧㄢˇ

triple point

【物】三条平衡曲线（汽化曲线、熔化曲线、升华曲线）相交的一点。是固、液、气三个相共存的唯一状态，对应于某种物质，其三相点是确定的。

三相交流电源/三相交流電源

sānxiàng jiāoliú diànyuán/ㄙㄢ ㄒㄧㄤˋ ㄐㄧㄠ ㄌㄧㄡˊ ㄉㄧㄢˋ ㄩㄢˊ

three phase alternating current supply

【物】由三个频率、振幅都相同而相位互差120°的线圈U、V、W组成的电源。实用的三相交流电源是三相发电机。

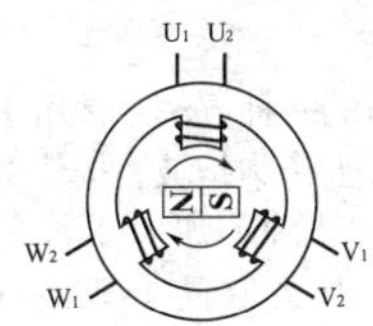

三相交流发电机

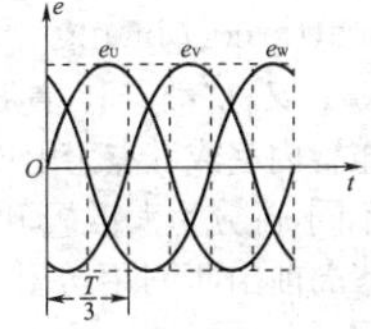

三相交变电流图线

三硝基苯酚

sānxiāojī běnfēn/ㄙㄢ ㄒㄧㄠ ㄐㄧ ㄅㄣˇ ㄈㄣ

【化】"苦味酸"的学名。

三硝甲苯

ㄙㄢ ㄒㄧㄠ ㄐㄧㄚˇ ㄅㄣˇ/sānxiāo jiǎběn

TNT；2，4，6-trinitrotoluene

【化】台湾名。即"梯恩梯"（1118页）。

三氧化二砷/三氧化二砷

sānyǎnghuà'èrshēn/ㄙㄢ ㄧㄤˇ ㄏㄨㄚˋ ㄦˋ ㄕㄣ

arsenic trioxide

【化】俗称"砒霜"。无机化合物。化学式As_2O_3。白色，无定形玻璃状团块或晶状粉末。有立方晶形、单斜晶形和无定形三种变体。无臭，剧毒。极缓慢地溶于冷水中成亚砷酸，水溶液略带甜味，呈两性，但以酸性为主。是制备砷衍生物的主要原料，可作杀虫剂、除草剂，也用于医药等领域。

三叶虫/三葉蟲

sānyèchóng/ㄙㄢ ㄧㄝˋ ㄔㄨㄥˊ

trilobite

【地】古节肢动物。出现并繁盛于寒武纪。背壳纵分为中轴和左右两个肋叶三部分，横分为头、胸和腹三部分，故名。最有代表性的是莱得利基虫(*Redlichia*)。

三因学说/三因學説

sānyīn xuéshuō/ㄙㄢ ㄧㄣ ㄒㄩㄝˊ ㄕㄨㄛ

theory of three types of disease causes，* theory of three categories of cause

【中医】中医病因理论之一。即宋代陈言关于病因分类的学说。主要内容是六淫（风、寒、暑、湿、燥、火）为外因；七情（喜、怒、忧、思、悲、恐、惊）为内因；饮食所伤、劳倦、房事过度、外伤、虫兽伤、溺水等为不内外因。

三阴交/三陰交 sānyīnjiāo/ㄙㄢ ㄧㄣ ㄐㄧㄠ

sanyinjiao，SP6，* Three Yin Intersection

【中医】足太阴脾经穴之一。在小腿内侧，当足内踝尖上3寸，胫骨内侧缘后方。为肝脾肾三经交会穴。该穴主治肠鸣泄泻、腹胀、食不化、月经不调、崩漏、赤白带下、阴挺、经闭、痛经、难产、产后血晕、恶露不尽、遗精、阳痿、早泄、阴茎痛、疝气、水肿、小便不利、遗尿、足痿痹痛、脚气、失眠、湿疹、荨麻疹、高血压、神经性皮炎、不孕等病证。

三用工作船/三用工作船

sānyòng gōngzuòchuán/ㄙㄢ ㄩㄥˋ ㄍㄨㄥ ㄗㄨㄛˋ ㄔㄨㄢˊ

towing/anchor-handling/supply vessel

【船】专用于海上钻井平台拖曳就位、起抛锚和物资补给的工作船。船上装有拖钩、自动拖缆绞车等拖曳设备。船体结构坚固，并有较强护舷材和防撞设备。操纵性好，通常设有首侧推装置。后甲板宽敞，便于上、下井台人员吊篮，安全着船和吊运物资。备有若干生活舱，供上、下井台人员休息。

三趾马/三趾馬 sānzhǐmǎ/ㄙㄢ ㄓˇ ㄇㄚˇ

Hipparion

【地】古哺乳动物。体形比现代马小，前后肢均为三趾，中趾粗，着地；侧趾较小，不着地。生存于上新世时期的欧洲、亚洲、非洲和北美洲等地。三趾马灭绝、真马(具单趾)出现常作为世界上划分新近纪与第四纪地层的界线。

📖 中国常见的三趾马是马类进化中的一个侧支，生存于距今1000多万年至100多万年前，在世界各地三趾马灭绝、真马出现的情况下，还继续生存到第四纪的更新世早期。

伞房花序/傘房花序

sǎnfáng huāxù/ㄙㄢˇ ㄈㄤˊ ㄏㄨㄚ ㄒㄩˋ

corymb

【植】花序的一种。小花柄不等长，下部小花花柄长，向上渐次变短，使所有小花排列在同一平面上，最外或最下的花先开放。如苹果的花序。

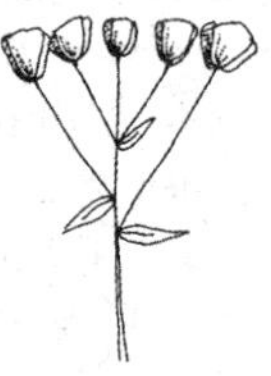

伞房花序示意图

伞形花序/傘形花序

sǎnxíng huāxù/ㄙㄢˇ ㄒㄧㄥˊ ㄏㄨㄚ ㄒㄩˋ

umbel

【植】花序的一种。小花着生在短缩的花轴顶端，小花柄等长，状如张开的伞。如人参和三七的花序。

伞形花序示意图

散货船/散裝貨船

sǎnhuòchuán/ㄙㄢˇ ㄓㄨㄤ ㄏㄨㄛˋ ㄔㄨㄢˊ

bulk carrier, bulk cargo ship

【船】专门装运谷物、矿砂、煤炭等大宗散装货的干货船。主要有散粮船、矿砂船、运煤船等。通常航速较低，多为单甲板、艉机型、双重底，内底板在两舷处有斜升，可使散货易于向货舱中部集中。有足够的压载水舱和良好的压载航行性能。通常依靠港口装卸设备，如大型抓斗、气动机械等进行装卸作业，装卸效率高。

散剂/散劑 sǎnjì/ㄙㄢˇ ㄐㄧˋ

powder

【中医】中药剂型之一。由一种或多种药材混合制成，粉末状。如逍遥散、银翘散、参苓白术散等。

散射/散射 sǎnshè/ㄙㄢˇ ㄕㄜˋ

scattering

【物】指微观粒子的碰撞。如果只交换动能，而无粒子种类、数目或内部运动状态的改变，称为弹性散射；如果不仅交换动能，还有粒子能态的跃迁或粒子的产生、湮灭，称为非弹性散射。参见“碰撞”(863页)。

散射光谱/散射光譜

sǎnshè guāngpǔ/ㄙㄢˇ ㄕㄜˋ ㄍㄨㄤ ㄆㄨˇ

scattering spectra

【物】光谱的一类。由散射光产生。在散射光中，除了与入射光频率相同的部分，还有一些新频率光(拉曼散射)，其光谱为拉曼光谱。由印度物理学家拉曼(Chandrasekhara Venkata Raman，1888—1970)1928年发现。

散射通信/散射通信

sǎnshè tōngxìn/ㄙㄢˇ ㄕㄜˋ ㄊㄨㄥ ㄒㄧㄣˋ

scatter communication

【信息】利用对流层、电离层的不均匀性对电波产生的散射作用进行的超视距通信。视距一般不超过50千米，超视距指超过这一距离。

散置/散置 sǎnzhì/ㄙㄢˇ ㄓˋ

scattered placing

【建】又称“散点”。置石的一种方法。常用于布置内庭或散点于山坡上作为护坡。按体量不同，可分为大散置和小散置。北京北海琼华岛前山西侧用房山石作大散置处理，既减缓了对地面的冲刷，又使土山增添奇特嶙峋之势。北京中山公园“松柏交翠”亭附近做小散置处理，显得深埋浅露，有断有续，散中有聚，脉络显隐。

散裝貨船

ㄙㄢˇ ㄓㄨㄤ ㄏㄨㄛˋ ㄔㄨㄢˊ/

sǎnzhuāng huòchuán

bulk carrier, bulk cargo ship

【船】台湾名。即“散货船”(972页)。

散点 sàndiǎn/ㄙㄢˋ ㄉㄧㄢˇ

【建】即“散置”(972页)。

散水/散水 sànshuǐ/ㄙㄢˋ ㄕㄨㄟˇ

apron

【建】外墙四周地面处设置的向外倾斜的排水坡。用于保护房屋四周的地面层，并将屋面和墙面的雨水排离墙体，以减少雨水对基础的侵蚀。其坡度为 2% ～ 5%，宽度为 600～1000毫米。

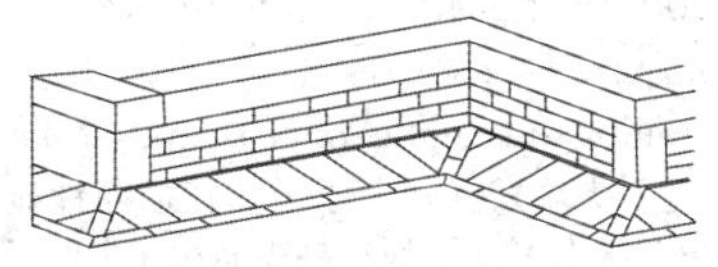

散水铺地

散瞳藥 ㄙㄢˋ ㄊㄨㄥˊ ㄧㄠˋ/sàntóngyào

mydriatic

【医】台湾名。即“扩瞳药”(705 页)。

sang （ㄙㄤ）

桑/桑 sāng/ㄙㄤ

mulberry

【植】*Morus alba* 通称“桑树”。桑科桑属。落叶乔木。树皮厚，灰色，浅纵裂。叶卵形，有各种分裂，先端尖，基部圆形至浅心形，边缘有齿。花单性，花序腋生，下垂，淡绿色，被毛。聚花果卵状椭圆形，成熟时红色或暗紫色。花期 4—5 月份，果期 5—8 月份。在中国，分布于中部和北部，其他地区均有栽培。叶是养蚕的主要饲料，果实可作水果。

📖 桑树是阿富汗的国树。

桑白皮/桑白皮 sāngbáipí/ㄙㄤ ㄅㄞˊ ㄆㄧˊ

Cortex Mori（拉）， white mulberry root-bark，* mulberry bark

【中医】中药名。桑科植物桑 *Morus alba* L. 的干燥根皮。味甘，性寒。归肺经。泻肺平喘，利水消肿。用于肺热喘咳，水肿胀满尿少，面目肌肤浮肿。

桑蚕/桑蠶 sāngcán/ㄙㄤ ㄘㄢˊ

silkworm

【动】*Bombyx mori* 又称“家蚕”。昆虫名。鳞翅目蚕蛾科。幼虫灰白色，主要吃桑叶。幼虫成长过程中蜕皮四次，成熟后停食，吐丝做茧，变成蛹，蛹羽化成蚕蛾，破茧而出，其交尾产卵后即死去。蚕茧可缫丝，蚕丝是重要的纺织原料。

桑蚕丝/桑蠶絲 sāngcánsī/ㄙㄤ ㄘㄢˊ ㄙ

mulberry silk

【纺】又称“家蚕丝”。以桑叶为饲料的蚕所吐出的丝纤维。含丝素 70%～80%，丝胶及其他成分 30%～20%。纤细，强伸度高，手感柔软，吸湿性好，具有珍珠样的光泽，捏之能发出悦耳的“丝”鸣声。适于制织轻薄型织物。

桑椹/桑椹 sāngshèn/ㄙㄤ ㄕㄣˋ

Fructus Mori(拉)， mulberry fruit

【中医】中药名。桑科植物桑 *Morus alba* L. 的干燥果穗。味甘、酸，性寒。归心、肝、肾经。补血滋阴，生津润燥。用于眩晕耳鸣，心悸失眠，须发早白，津伤口渴，内热消渴，血虚便秘。

桑叶/桑葉 sāngyè/ㄙㄤ ㄧㄝˋ

Folium Mori(拉)， mulberry leaf

【中医】中药名。桑科植物桑 *Morus alba* L. 的干燥叶。味甘、苦，性寒。归肺、肝经。疏散风热，清肺润燥，清肝明目。用于风热感冒，肺热燥咳，头晕头痛，目赤昏花。

桑枝/桑枝 sāngzhī/ㄙㄤ ㄓ

Ramulus Mori(拉)， mulberry twig

【中医】中药名。桑科植物桑 *Morus alba* L. 的干燥嫩枝。味微苦，性平。归肝经。祛风湿，利关节。用于肩臂、关节酸痛麻木。

磉墩/磉墩 sǎngdūn/ㄙㄤˇ ㄉㄨㄣ

sang pier

【建】又称“磉石”。柱础之下的承重构件。比柱础略大，用砖或石砌成方形，上放柱顶石，是柱子的基础，可以单独砌筑，也可连续砌筑。单独砌筑时，需要做拦土墙，墙与磉墩同高；连续砌筑时，呈带状，磉墩本身即为一道墙。

磉石 sǎngshí/ㄙㄤˇ ㄕˊ

【建】即“磉墩”(973 页)。

sao （ㄙㄠ）

缫丝/摇紗工程 sāosī/ㄧㄠˊ ㄕㄚ ㄍㄨㄥ ㄔㄥˊ

reeling

【纺】将若干根茧丝从煮熟茧茧层上抽出并合为符合一定质量要求的生丝的过程。先用索绪帚将煮熟茧索成有绪茧(一茧多丝的茧)，再整理成一茧一丝的正绪茧，若干粒正绪茧的茧丝，通过回转接绪器芯子和集绪器，进行捻鞘形成生丝，再经络交钩络交，边干燥边卷绕成小籰丝片或筒子丝。

扫雷舰/掃雷艦 sǎoléijiàn/ㄙㄠˇ ㄌㄟˊ ㄐㄧㄢˋ

mine sweeper

【军】专门用于搜索和排除水雷的水面战斗舰艇。主要担负开辟航道、登陆作战前扫雷及巡逻、警戒、护航等任务。可分为舰队扫雷舰、基地扫雷舰、港湾扫雷艇和扫雷母舰等。舰队扫雷舰又称为大型扫雷舰,排水量600～1000吨,航速14～20节,舰上装有各种扫雷具,可扫除布设在50～100米水深的水雷;基地扫雷舰又称为中型扫雷舰,排水量500～600吨,航速10～15节,可扫除30～50米水深的水雷;港湾扫雷艇又称为小型扫雷艇,排水量多在400吨以下,航速10～20节,吃水浅,机动灵活,用于扫除浅水区和狭窄航道内的水雷;扫雷母舰,排水量数千吨,包括扫雷供应母舰、舰载扫雷艇母舰和扫雷直升机母舰。

扫雷具/掃雷具 sǎoléijù/ㄙㄠˇ ㄌㄟˊ ㄐㄩˋ

minesweeping gear

【军】通过模拟舰船物理场诱爆水雷或以机械方法清除锚雷的反水雷武器。装备于水面舰艇或扫雷直升机上,扫雷宽度大,作业速度快。按清除方式不同,可分为接触扫雷具和非接触扫雷具;按携带方式不同,可分为拖曳式扫雷具与艇具合一式扫雷具;按装备对象不同,可分为舰用扫雷具和直升机扫雷具;按使用水域不同,可分为海洋扫雷具和江河港湾扫雷具。

扫雷直升机/掃雷直升機

sǎoléi zhíshēngjī/ㄙㄠˇ ㄌㄟˊ ㄓˊ ㄕㄥ ㄐㄧ

mine-clearing helicopter

【军】用于探测和清除地雷、水雷及其他爆炸物的军用直升机。扫雷速度快,机动性好,行动迅速。可通过拖曳不同的扫雷具或投掷、发射特种弹药,在地雷场中开辟通路等方式扫雷。

扫路车/清掃車 sǎolùchē/ㄑㄧㄥ ㄙㄠˇ ㄔㄜ

sweeper truck

【机】专用汽车的一种。装备有垃圾、尘土收集容器及清扫系统,用于清除、收集并运送路面垃圾、尘土等污物。

扫描/掃描 sǎomiáo/ㄙㄠˇ ㄇㄧㄠˊ

scan

【信息】计算机视觉中,按预先确定的顺序细查某一对象或将某一图像综合。图像可由光栅扫描系统生成。

扫描隧道显微镜/掃描穿隧顯微儀

sǎomiáo suìdào xiǎnwēijìng/

ㄙㄠˇ ㄇㄧㄠˊ ㄔㄨㄢ ㄙㄨㄟˋ ㄒㄧㄢˇ ㄨㄟ ㄧˊ

scanning tunneling microscope, STM

【信息】尖端只有一个原子的扫描探针显微镜。当探针接近金属样品表面达几个原子直径时,在外加电压作用下两者间产生隧道电流,该电流随距离的减小而迅速增大,通过保持探针的等电流扫描移动,可以获得具有原子尺度分辨力的表面形貌信息。

扫描仪/掃描器 sǎomiáoyí/ㄙㄠˇ ㄇㄧㄠˊ ㄑㄧˋ

scanner

【信息】将文本、照片、图像等数据转换成可由计算机处理的数字信息的输入设备。是图像输入系统和文字识别系统中的重要外设。扫描文字时,得到的是文字的图像文件;若想将其变为文字文件由文字处理软件编辑加工,计算机中需装有光学字符阅读软件(OCR)。按操作方式不同,可分为手持式、平板式和滚筒式三种;按扫描方式不同,可分为反射式和透射式两种。

掃描穿隧顯微儀

ㄙㄠˇ ㄇㄧㄠˊ ㄔㄨㄢ ㄙㄨㄟˋ ㄒㄧㄢˇ ㄨㄟ ㄧˊ/

sǎomiáo chuānsuì xiǎnwēiyí

scanning tunneling microscope, STM

【信息】台湾名。即“扫描隧道显微镜”(974页)。

掃描器 ㄙㄠˇ ㄇㄧㄠˊ ㄑㄧˋ/sǎomiáoqì

scanner

【信息】台湾名。即“扫描仪”(974页)。

埽工/埽工 sàogōng/ㄙㄠˋ ㄍㄨㄥ

fascine works

【水利】中国传统的河工建筑物。用树枝、秫秸、苇子等加上土及石料,分层铺匀,卷成一个圆柱形构件,即埽捆;连接若干个埽捆修筑而成的建筑物即为埽工。用来保护堤防或堵截水流等。

📖 秫秸、苇子质轻易朽,受压后容易沉陷,每年需培修,三五年后要重换。

se (ㄙㄜ)

色氨酸/色胺酸 sè'ānsuān/ㄙㄜˋ ㄢ ㄙㄨㄢ

tryptophan(e), Trp

【生】20种蛋白质氨基酸之一。为必需氨基酸。白色片状晶体,无味。可生成大脑中神经传递物质5-羟色胺、烟酸、黑素紧张素、松果体激素和黄尿酸等多种生理活性物质。5-羟色胺可控制行为和改善睡眠,收缩血管、止血。人体缺乏色氨酸会引起一般低蛋白症,还会产生皮肤疾患、白内障、玻璃体退化及心肌纤维化等特殊病症。

色胺酸 ㄙㄜˋ ㄢˋ ㄙㄨㄢ/sè'ànsuān

tryptophan(e), Trp

【生】台湾名。即"色氨酸"(975页)。

色纺纱/色紡紗 sèfǎngshā/ㄙㄜˋ ㄈㄤˇ ㄕㄚ

colored spun yarn

【纺】将纤维染成有色纤维后,再将两种或两种以上不同颜色的纤维充分混合,纺制成具有独特混色效果的纱线。

色谱法/層析術 sèpǔfǎ/ㄘㄥˊ ㄒㄧ ㄕㄨˋ

chromatography

【化】物质的一种分离分析方法。利用物质在两相中吸附或分配系数的微小差异,使被测物质在两相之间进行反复多次分配,放大原来微小的分配差异,达到分离、分析及测定一些物理化学常数的目的。1906年由俄国植物学家茨维特(M.C. Цвет)首创。

色谱仪/色析分析器

sèpǔyí/ㄙㄜˋ ㄒㄧ ㄈㄣ ㄒㄧ ㄑㄧˋ

chromatograph

【机】应用色谱法对物质进行定性、定量分析及研究物质的物理、化学特性的仪器。包括进样系统、检测系统、记录和数据处理系统、温控系统以及流动相控制系统等。可分为气相色谱仪、液相色谱仪、离子色谱仪等。

色球/色球 sèqiú/ㄙㄜˋ ㄑㄧㄡˊ

chromosphere

【天】太阳大气的中间一层。位于光球和日冕之间,主要由氢、氦、钙等原子和离子组成,厚度约为几千千米,层内温度从光球顶部的4600开增加到色球顶部的几万开。由于紧邻的光球亮度太高,色球通常不可见。只有在日全食期间,光球刚好被月面挡住,观测者才能用肉眼看到这一层玫瑰红色的辉光,并因此而得名。

色散/色散 sèsàn/ㄙㄜˋ ㄙㄢˋ

dispersion

【物】复色光分解为单色光的现象。不同频率的光颜色不同,在物质中的传播速度不同,折射率随频率而变。折射、干涉和衍射都可以使白光发生色散。

📖 北宋初年的杨亿(974—1020)所著《杨文公谈苑》中记载了峨眉山的"菩萨石",说"日光射之,有五色"。英国科学家牛顿(I. Newton, 1643—1727) 1666年用三棱镜研究了太阳光的色散,证明了白光是多种色光的混合体。

色素/色素 sèsù/ㄙㄜˋ ㄙㄨˋ

pigment

【生】能吸收或反射不同波长的光,使机体具有各种不同颜色的物质。

色析分析器

ㄙㄜˋ ㄒㄧ ㄈㄣ ㄒㄧ ㄑㄧˋ/sèxī fēnxīqì

chromatograph

【机】台湾名。即"色谱仪"(975页)。

色釉 ㄙㄜˋ ㄧㄡˋ/sèyòu

coloured glaze, azure stone

【轻】台湾名。即"琉璃"(749页)。

色织物/原紗染色織物

sèzhīwù/ㄩㄢˊ ㄕㄚ ㄖㄢˇ ㄙㄜˋ ㄓ ㄨˋ

yarn dyed fabric

【纺】用漂染后的纱线织成的条、格及小提花棉型织物。色彩调和,色调鲜明,花型多变,层次丰富。适于用作衬衫、罩衫、裤、裙等的面料。

涩/澀 sè/ㄙㄜˋ

astringent

【中医】中药五味之一。与酸相似,能收敛,能止涩,常酸涩并见。例如,龙骨、牡蛎能敛汗涩精,石榴皮能涩肠止泻,均为涩味药。

涩脉/澀脈 sèmài/ㄙㄜˋ ㄇㄞˋ

hesitant pulse, * sluggish pulse

【中医】脉象之一。脉搏动不流利,往来艰涩,如轻刀刮竹。

铯/銫 sè/ㄙㄜˋ

cesium

【化】金属元素。属周期表第ⅠA族,符号Cs,原子序数55。原子量132.9。自然界广泛存在于岩石、土壤和许多植物体中，主要矿物为铯榴石(含 Cs_2O 达 30%)，海水中的铯浓度仅十万分之几，但总储量约 44 亿吨。单质为银白色金属，质轻软，有延展性。在固体金属中熔点最低，受光照或加热易发射电子，光敏特性良好。化学性质非常活泼，常温下在空气中自燃，发出玫瑰色光。可用来制造光电管、原子钟等，也用于离子火箭方面，半衰期 30.07 年，用作工业探测用的伽马源。

📖 1860 年，德国的本生(R.W.Bunsen)和基尔霍夫(G.R.Kirchhoff)研究矿泉时观察到新的两条天蓝色光谱线并制得铯盐；德国的赛特贝格(K.Satterberg)从电解氰化物与氰化钡的混合溶液中取得金属铯。拉丁文定名为 caesium，源自 caesius，意思是"天蓝色"。中文定名为"铯"，是形声字。

sen (ㄙㄣ)

森林/森林 sēnlín/ㄙㄣ ㄌㄧㄣˊ

forest

【农】以乔木为主体的生物群落。是集中的乔木与其他植物、动物、微生物和土壤之间相互依存、相互制约，并与环境相互影响形成的生态系统的总体。具有丰富的物种，复杂的结构和保持水土、调节气候等功能。

森林火险天气等级/森林火險天氣等級

sēnlín huǒxiǎn tiānqì děngjí/

ㄙㄣ ㄌㄧㄣˊ ㄏㄨㄛˇ ㄒㄧㄢˇ ㄊㄧㄢ ㄑㄧˋ ㄉㄥˇ ㄐㄧˊ

weather grade of forest

【气】根据林区发生火险的难易程度划分的等级。中国林区一般采用 5 级制：1 级——不燃；2 级——难燃；3 级——可燃；4 级——易燃；5 级——强燃。

森林气象学/森林氣象學

sēnlín qìxiàngxué/ㄙㄣ ㄌㄧㄣˊ ㄑㄧˋ ㄒㄧㄤˋ ㄒㄩㄝˊ

forest meteorology

【气】应用气象学的一个分支。研究气象条件与森林和林业生产之间相互关系的学科。

seng (ㄙㄥ)

僧帽瓣 ㄙㄥ ㄇㄠˋ ㄅㄢˋ/sēngmàobàn

left atrioventricular valve, mitral valve

【医】台湾名。即"左房室瓣"(1520 页)。

sha (ㄕㄚ)

杀虫剂/殺蟲劑

shāchóngjì/ㄕㄚ ㄔㄨㄥˊ ㄐㄧˋ

insecticide

【化】化学药剂的一种。用于毒杀有害昆虫的药剂。农业上应用很多，公共卫生领域的灭蚊剂、杀蟑螂药等也属此范畴。

杀菌剂/殺黴劑 shājūnjì/ㄕㄚ ㄇㄟˊ ㄐㄧˋ

bactericidal agent, germicide, fungicide

【化】化学药剂的一种。对真菌、细菌有杀灭和抑制生长或对孢子有抑制作用的药剂。其中主要包括用作治疗剂的杀菌药物、农业用的杀菌药剂和食品、日用品与环境卫生用的杀菌、消毒剂。

杀菌浓度/殺菌濃度

shājūn nóngdù/ㄕㄚ ㄐㄩㄣˋ ㄋㄨㄥˊ ㄉㄨˋ

bactericidal concentration

【医】在体外试验中杀死细菌所需的药物最低浓度。

杀伤人员地雷

shāshāng rényuán dìléi/

ㄕㄚ ㄕㄤ ㄖㄣˊ ㄩㄢˊ ㄉㄧˋ ㄌㄟˊ

【军】即"防步兵地雷"(322 页)。

沙暴 shābào/ㄕㄚ ㄅㄠˋ

【气】即"沙尘暴"(976 页)。

沙尘暴/沙塵暴

shāchénbào/ㄕㄚ ㄔㄣˊ ㄅㄠˋ

sand and dust storm, sandstorm

【气】又称"沙暴""尘暴"。沙尘天气的一种。强风扬起地面的沙尘，使空气混浊，水平能见度小于 1 千米。春季在中国大陆西部多有发生。主要危害是风蚀土地、沙埋植被、影响人们的生活、生产活动和身体健康。

沙尘暴预警信号/沙塵暴預警信號

shāchénbào yùjǐng xìnhào/

ㄕㄚ ㄔㄣˊ ㄅㄠˋ ㄩˋ ㄐㄧㄥˇ ㄒㄧㄣˋ ㄏㄠˋ

sand and dust storm warning signal

【气】气象灾害预警信号的一种。分为三级，分别以黄色、橙色、红色标识。参见"气象灾害预警信号”(895 页)。

沙尘气溶胶/沙塵氣溶膠

shāchén qìróngjiāo/
ㄕㄚ ㄔㄣˊ ㄑㄧˋ ㄖㄨㄥˊ ㄐㄧㄠ

dust aerosol

【气】气溶胶的重要组成部分。来自风或人类活动扰动的地面,能较长时间飘浮在空中并随气流向下游传播的沙尘。在辐射、降水和无机盐循环过程中有重要作用。

沙尘天气/沙塵天氣

shāchén tiānqì/ㄕㄚ ㄔㄣˊ ㄊㄧㄢ ㄑㄧˋ

sand and dust weather

【气】风将地面沙尘吹起,使空气混浊的一类天气现象。分为浮尘、扬沙、沙尘暴等。

沙丁鱼/沙丁魚 shādīngyú/ㄕㄚ ㄉㄧㄥ ㄩˊ

sardine

【动】鱼名。硬骨鱼纲鲱科。身体侧扁而长,纺锤形,长约 15～30 厘米,银白色。生活在海洋中,以浮游生物等为食。种类很多。是重要的海洋经济鱼类之一,通常用来制罐头。

沙獾 shāhuān/ㄕㄚ ㄏㄨㄢ

【动】即“猪獾”(1475 页)。

沙棘/沙棘 shājí/ㄕㄚ ㄐㄧˊ

㊀ sea buckthorn, ㊁ Fructus Hippophae(拉), seabuckthorn fruit

㊀【植】*Hippophae rhamnoides* 胡颓子科沙棘属。落叶灌木或小乔木。棘刺多且粗壮,嫩枝密被柔毛。单叶对生,纸质,狭披针形。果实圆球形,橙黄色或橘红色。花期4—5 月份,果期 9—10 月份。在中国,分布于河北、内蒙古、山西、陕西、甘肃、青海和四川西部。水土保持常用植物。果实可作水果,也可入药。㊁【中医】中药名。胡颓子科植物沙棘 *Hippophae rhamnoides* L. 的干燥成熟果实。味酸、涩,性温。归肺、胃、肝经。止咳祛痰,消食化滞,活血散瘀。用于咳嗽痰多,消化不良,食积腹痛,瘀血经闭,跌扑瘀肿。

沙门氏菌/沙門桿菌

shāménshìjūn/ㄕㄚ ㄇㄣˊ ㄍㄢˇ ㄐㄩㄣ

salmonella

【医】一类革兰氏阴性肠道杆菌。属肠杆菌科。已发现的近 1000 种,除伤寒杆菌、副伤寒甲杆菌和副伤寒乙杆菌引起人类的疾病外,大多数仅引起家畜、鼠类和禽类等动物疾病,但可污染人类食物而引起食物中毒。

📖 1885 年,沙门等在霍乱流行时分离出猪霍乱沙门氏菌,故定名为沙门氏菌属。

沙門桿菌

ㄕㄚ ㄇㄣˊ ㄍㄢˇ ㄐㄩㄣ/Shāmén gǎnjūn

salmonella

【医】台湾名。即“沙门氏菌”(977 页)。

沙漠/沙漠 shāmò/ㄕㄚ ㄇㄛˋ

desert

【地】❶沙质荒漠。地表完全被沙覆盖,干旱缺水,植被稀疏的地区。❷在台湾,沙漠也指“荒漠”(534 页)。

沙漠化/沙漠化

shāmòhuà/ㄕㄚ ㄇㄛˋ ㄏㄨㄚˋ

❶ sandy desertification, ❷ desertification

【环】❶全称“土地沙质荒漠化”。在干旱、半干旱及部分半湿润地区,由于人类活动与自然环境不协调,使原来非沙质荒漠地区出现以风沙活动为显著特征的土地退化过程。沙漠化导致土地生产力衰退或丧失,是荒漠化的主要表现形式。❷在台湾,沙漠化也指“荒漠化”(534 页)。

沙丘/沙丘 shāqiū/ㄕㄚ ㄑㄧㄡ

sand dune

【地】沙粒在风力作用下堆积而成的丘状或垄状地貌。高几米至近百米,形状各异。裸露的沙丘流动可能会淹没耕地、房屋、道路等,生长植物的沙丘较为固定。

沙滩/沙灘 shātān/ㄕㄚ ㄊㄢ

sand beach

【地】水中或水边以沙为主的陆地。

沙眼/沙眼 shāyǎn/ㄕㄚ ㄧㄢˇ

trachoma

【中医】中医眼病之一。多因眼部受风热毒邪侵染,加之脾胃素有积热,引起眼睑脉络壅滞,气血失和所致,症见眼内生细小红而坚的颗粒,状似花椒皮,有沙涩微痒等。治宜祛风、清热、除湿、散瘀等。可选服清脾凉血汤或归芍红花散;外点黄连西瓜霜眼药水。睑内颗粒累累成片者,可用黄连制灯芯草或海螵蛸棒摩擦。

沙鱼 shāyú/ㄕㄚ ㄩˊ

S

【动】即“鲨鱼”(979页)。

沙洲/沙洲 shāzhōu/ㄕㄚ ㄓㄡ

shoal

【地】河流、湖滨和浅海中由泥沙淤积而成的陆地。

沙嘴/沙嘴 shāzuǐ/ㄕㄚ ㄗㄨㄟˇ

spit, sand spit

【地】基部与岸相连,前端向水中突出的狭长状沙体。由江、河、湖、海沿岸的泥沙在波浪作用下搬运、堆积而成。

纱/紗 shā/ㄕㄚ

yarn

【纺】丝织物类名。全部或部分采用纱组织,织物表面有分布均匀、不显条状的清晰纱孔。透气性好,穿着舒适,分为素纱和花纱两种。是夏季服装的理想面料。

纱锭/錠子 shādìng/ㄉㄧㄥˋ·ㄗ

spindle

【纺】简称“锭”,又称“锭子”。纺纱机上绕纱的机件。由新石器时代的纺专(即“纺锤”,上细下粗的杆)演变而来。粗纱锭的速度可达1600转/分,细纱锭的速度可达18 000~25 000转/分,电锭可达30 000转/分。

刹车 shāchē/ㄕㄚ ㄔㄜ

【机】即“制动”(1449页)。

刹车伞 shāchēsǎn/ㄕㄚ ㄔㄜ ㄙㄢˇ

【航】即“阻力伞”(1514页)。

砂/砂 shā/ㄕㄚ

sand

【地】颗粒直径0.0625~2毫米的颗粒。主要成分是石英、长石和云母以及各种岩石的碎屑。按粒径大小不同,又可分为极细砂(0.0625~0.125毫米)、细砂(0.125~0.25毫米)、中砂(0.25~0.5毫米)、粗砂(0.5~1毫米)、极粗砂(1~2毫米)五个粒级。砂级颗粒的沉积物可有良好的透水性。

砂带/磨帶 shādài/ㄇㄛˊ ㄉㄞˋ

abrasive band, abrasive belt

【机】磨具的一种。涂敷有磨料的布或纸制的环带。与固体磨具砂轮相比,磨削精度高、成本低和工艺灵活性大、适应性强。

砂锅/砂鍋 shāguō/ㄕㄚ ㄍㄨㄛ

marmite

【轻】一种陶制锅。以砂质陶土为原料高温烧制而成,内表面通常上釉。具有通气性、吸附性、传热均匀、散热慢的特点。用于煮饭、煲汤或熬中药等,能把热能均匀地传递给锅内的食物,食物易熟且味道鲜美。

砂積礦床

ㄕㄚ ㄐㄧ ㄎㄨㄤˋ ㄔㄨㄤˊ/shājī kuàngchuáng

placer

【地】台湾名。即“砂矿”(978页)。

砂金石/砂金石 shājīnshí/ㄕㄚ ㄐㄧㄣ ㄕˊ

aventurine

【地】❶泛指有砂金效应的宝玉石,如砂金石英(耀石英)、砂金长石(耀长石)等。❷含有云母、氧化铁矿物小片的石英岩。半透明,因内部有金星般的反射光,故名。

砂金石英 shājīn shíyīng/ㄕㄚ ㄐㄧㄣ ㄕˊ ㄧㄥ

【化】即“东陵石”(271页)。

砂金效应/閃耀效應

shājīn xiàoyìng/ㄕㄢˇ ㄧㄠˋ ㄒㄧㄠˋ ㄧㄥˋ

aventurescence

【地】透明宝石、玉石中光泽较强的包裹体或共存矿物界面反射光或折射光(并引起干涉)而呈现的耀眼闪光现象。具这种闪光的石英称耀石英或砂金石英;具这种闪光的长石称日长石或日光石。

砂矿/砂積礦床

shākuàng/ㄕㄚ ㄐㄧ ㄎㄨㄤˋ ㄔㄨㄤˊ

placer

【地】砂砾沉积物中的矿床。岩石或矿床在地表环境下遭受风化和侵蚀,其中一些具有较高化学稳定性的矿物经一定距离的搬运,以砂砾形态堆积在低洼处,形成具有开采价值的砂床。许多宝玉石、自然金等可以形成砂矿。

砂类土/砂質土 shālèitǔ/ㄕㄚ ㄓˊ ㄊㄨˇ

sandy soil

【水利】粗粒土中,砾粒(2~60毫米)含量在总质量中不足或等于50%的土。

砂轮/砂輪 shālún/ㄕㄚ ㄌㄨㄣˊ

grinding wheel

【机】又称“磨轮”。固结磨具的一种。用磨料和结合剂混合经压坯、干燥、焙烧而成,多为盘状或轮状。是磨具中用量最大、使用面最广的一种，使用时高速旋转，可对工件的外圆、内圆、平面等各种型面进行粗磨、半精磨和精磨以及开槽、切断等。

砂轮机/砂輪機 shālúnjī/ㄕㄚ ㄌㄨㄣˊ ㄐㄧ

grinder

【机】一种简单的磨床。砂轮有用手摇的，也有由电动机直接或经皮带拖动的。用于修磨刀具或去除坯件上的毛刺。

砂模 ㄕㄚ ㄇㄨˊ/shāmú

sand mold

【机】台湾名。即“砂型”(979 页)。

砂囊/砂囊 shānáng/ㄕㄚ ㄋㄤˊ

gizzard

【动】❶又称“肌胃”，俗称“肫”。鸟类的胃的一部分(另一部分为前胃)。通常肌肉壁较厚，内面多覆有一层角质皮，其中储有吞入的砂粒，用来磨碎食物。❷蚯蚓的胃。

砂仁/砂仁 shārén/ㄕㄚ ㄖㄣˊ

Fructus Amomi(拉)，villous amomum fruit

【中医】中药名。姜科植物阳春砂 *Amomum villosum* Lour.、绿壳砂 *A. villosum* Lour. var. *xanthioides* T. L. Wu et Senjen或海南砂仁 *A. longiligulare* T. L. Wu 的干燥成熟果实。味辛，性温。归脾、胃、肾经。化湿开胃，温脾止泻，理气安胎。用于湿浊中阻，脘痞不饥，脾胃虚寒，呕吐泄泻，妊娠恶阻，胎动不安。

阳春砂

📖 砂仁的果实外皮纹理皱缩，并密生短刺样突起，这些突起如同一层砂粒，故果壳称为缩砂，壳内的种仁称为砂仁。

砂瓦/砂瓦 shāwǎ/ㄕㄚ ㄨㄚˇ

segment of grinding wheel，grinding segment

【机】由磨料和结合剂制成的块状固结磨具。通常数块拼装在立轴磨床主轴圆盘上，粗磨金属工件的大平面。按横断面形状不同，可分为矩形、扇形、平凸形和梯形砂瓦等。

砂型/砂模 shāxíng/ㄕㄚ ㄇㄨˊ

sand mold

【机】用型砂制成的铸型。即用原砂、黏结剂及其他辅料做成的铸件型腔。按使用的黏结剂不同，可分为黏土砂型、自硬树脂砂型、自硬水玻璃砂(硅酸钠)型。

砂型铸造/砂型鑄造

shāxíng zhùzào/ㄕㄚ ㄒㄧㄥˊ ㄓㄨˋ ㄗㄠˋ

sand casting process

【机】俗称“翻砂”。用型砂紧实成铸型并用重力浇注的铸造方法。长期以来是铸造生产的基本工艺。主要过程包括制造模样、制造铸型、浇注、落砂和清理。铸型制造简便，适用于各种铸件的生产。

砂岩/砂岩 shāyán/ㄕㄚ ㄧㄢˊ

sandstone

【地】碎屑岩的一种。粒径 0.05～2 毫米的碎屑物经胶结而成。砂粒含量占 50%以上。按砂粒和其他成分的含量不同，可分为砂屑岩和杂砂岩两类。

砂質土 ㄕㄚ ㄓˊ ㄊㄨˇ/shāzhìtǔ

sandy soil

【水利】台湾名。即“砂类土”(978 页)。

殺蛔蟲劑

ㄕㄚ ㄏㄨㄟˊ ㄔㄨㄥˊ ㄐㄧˋ/shāhuíchóngjì

ascaricides

【医】台湾名。即“驱蛔虫药”(926 页)。

殺菌 ㄕㄚ ㄐㄩㄣˋ/shājūn

sterilization

【医】台湾名。即“灭菌”(802 页)。

殺黴劑 ㄕㄚ ㄇㄟˊ ㄐㄧˋ/shāméijì

bactericidal agent，germicide，fungicide

【医】台湾名。即“杀菌剂”(976 页)。

煞車圓盤

ㄕㄚ ㄔㄜ ㄩㄢˊ ㄆㄢˊ/shāchē yuánpán

brake disk，brake disc

【机】台湾名。即“制动盘”(1449 页)。

煞停距離 ㄕㄚ ㄊㄧㄥˊ ㄐㄩˋ ㄌㄧˊ/shātíng jùlí

braking distance

【机】台湾名。即“制动距离”(1449 页)。

鲨鱼/鯊魚 shāyú/ㄕㄚ ㄩˊ

shark

【动】又称“沙鱼”“鲛”。鱼名。软骨鱼纲，鳃裂位于两侧面的板鳃鱼类的统称。身体多呈纺锤形，稍扁，鳞为盾状，胸鳍、腹鳍大，尾鳍发达。生活在海洋中，性凶猛，行动敏捷，以其他鱼类为食。经济价值高。种类很多，常见的有真鲨、角鲨等，鲸鲨体长可达 20 米，是海洋中最大的鱼。

啥味呢/啥味呢 sháwèiní/ㄕㄚˊ ㄨㄟˋ ㄋㄧˊ

twill coating

【纺】精纺毛织物名。精梳毛纱织成的中厚型混色斜纹织物。

📖 中文名为英文 semifinish 的音译，意思是“轻缩绒整理的呢料”。

shai （ㄕㄞ）

筛分机/篩選機 shāifēnjī/ㄕㄞ ㄒㄩㄢˇ ㄐㄧ

sieving machine, screening machine

【机】将不同粒度的散装固体物料，通过筛面按粒度分成不同粒级的机械。粒级取决于筛面，筛面分为篦栅、板筛和网筛三种。

篩選機 ㄕㄞ ㄒㄩㄢˇ ㄐㄧ/shāixuǎnjī

sieving machine, screening machine

【机】台湾名。即“筛分机”(980 页)。

晒垡/曬田 shàifá/ㄕㄞˋ ㄊㄧㄢˊ

sun upturned soil

【农】耕翻后的土垡不耙碎、耙平，使其充分曝晒。可促进土垡熟化疏松，改善土壤物理性状和释放养分，提高土壤肥力，有利于整地播种和作物生长。

晒图纸/曬圖紙 shàitúzhǐ/ㄕㄞˋ ㄊㄨˊ ㄓˇ

diazotype paper

【轻】俗称“蓝图纸”。感光纸的一种。在原纸上涂敷一层感光涂料制成，蓝色，有单面和双面涂布之分。多用于工程设计和机械制图中，晒图方法分为干法和湿法两种。前者使用面广，采用重氮盐晒图纸，将画好的硫酸纸底图覆盖在晒图纸上，其感光还原系经氨水熏后，没有线条的部位被熏褪色，画有线条的部位仍保持蓝色；后者使用面窄，采用铁盐晒图纸，其感光还原系用水洗。

曬田 ㄕㄞˋ ㄊㄧㄢˊ/shàitián

sun upturned soil

【农】台湾名。即“晒垡”(980 页)。

shan （ㄕㄢ）

山/山 shān/ㄕㄢ

mountain

【地】海拔高度 500 米以上，地表相对起伏大于 200 米，坡度较陡的高地。是陆地表面的一种基本地貌。如中国山东的泰山、台湾的阿里山。

山崩 ㄕㄢ ㄅㄥ/shānbēng

landslide

【地】❶见“崩塌”(51 页)。❷台湾名。即“滑坡”(516 页)。

山茶/山茶 shānchá/ㄕㄢ ㄔㄚˊ

Japan camellia

【植】*Camellia japonica* 又称“茶花”。山茶科山茶属。常绿灌木或小乔木。叶革质，椭圆形，先端尖，边缘有齿。花顶生，大红色，花瓣 5～6片，顶端有凹缺，基部呈筒状，雄蕊发达。栽培品种还有粉红、深红、玫瑰红、紫、淡紫、白、黄等颜色，且多重瓣。花期 1—4 月份。在中国，分布于四川、台湾、山东、江西，其他地区均有栽培。观赏花木。种子可榨油。

山 茶

📖 山茶是中国十大名花之一，被誉为“花中娇客”。

山丹/山丹 shāndān/ㄕㄢ ㄉㄢ

morningstar lily

【植】*Lilium pumilum* 又称“细叶百合”。百合科百合属。多年生草本植物。鳞茎卵形或圆锥形，白色。茎带紫色条纹。叶散生，条形，边缘有乳突。花单生或数朵排成总状花序，花下垂，花被片反卷，鲜红色，常无斑点，有香气。花期 7—8 月份。在中国，分布于河南以北(除新疆外)的各地。野生花卉。鳞茎可食，也可入药。

山地/山地 shāndì/ㄕㄢ ㄉㄧˋ

mountain

【地】山岭、山间谷地和山间盆地的统称。通常海拔 500 米以上，相对高差 200 米以上，具有独特的气候、水文、土壤和生物群落特征。

山地车/登山車 shāndìchē/ㄕㄢ ㄉㄧˋ ㄔㄜ

mountain bike

【轻】自行车的一种。通常为直把,轮胎宽而多齿,抓地力强,前后轮都设有减震装置,适合在丘陵、小径、原野等沙土、碎石道上行驶。

山地气候/山岳氣候 shāndì qìhòu/ㄕㄢ ㄩㄝˋ ㄑㄧˋ ㄏㄡˋ

mountain climate

【气】受地形起伏的影响,形成山峰与谷底相间的局地气候。其主要特征为:地面气温总体偏低,气候要素区域和垂直分布差异大。

山东丘陵/山東丘陵 Shāndōng Qiūlíng/ㄕㄢ ㄉㄨㄥ ㄑㄧㄡ ㄌㄧㄥˊ

Shandong Hills

【地】丘陵名。位于黄河以南,大运河以东的山东半岛上,面积约占半岛面积的70%。除了崂山、沂山、蒙山和泰山等海拔超过1000米以外,其余不足500米。

山豆根/山豆根 shāndòugēn/ㄕㄢ ㄉㄡˋ ㄍㄣ

Radix et Rhizoma Sophorae Tonkinensis(拉), vietnamese sophora root

【中医】又称“广豆根”。中药名。豆科植物越南槐 *Sophora tonkinensis* Gagnep. 的干燥根及根茎。味苦,性寒;有毒。归肺、胃经。清热解毒,消肿利咽。用于火毒蕴结,咽喉肿痛,齿龈肿痛。

越南槐

山芙蓉 ㄕㄢ ㄈㄨˊ ㄖㄨㄥˊ/shānfúróng

cotton rose hibiscus

【植】台湾名。即“木芙蓉”(813页)。

山谷/山谷 shāngǔ/ㄕㄢ ㄍㄨˇ

mountain valley

【地】两山之间长的凹地。其间多有水流。

山谷风/山谷風 shāngǔfēng/ㄕㄢ ㄍㄨˇ ㄈㄥ

mountain-valley breeze

【气】山风和谷风的合称。因山与谷及其附近空气之间的热力差异而引起,白天由山谷吹向山顶的风,称“谷风”(valley breeze),夜间由山顶吹向山谷的风,称“山风”(mountain breeze)。

山核桃/山核桃 shānhétao/ㄕㄢ ㄏㄜˊ ·ㄊㄠ

cathay hickory

【植】*Carya cathayensis* 胡桃科山核桃属。落叶乔木。树皮灰白色,平滑;一年生枝紫灰色,被毛和皮孔。复叶,小叶5~7枚,披针形,镰状弯曲,边缘有齿。雌雄同株;雄性葇荑花序三条一束生于叶腋;雌性穗状花序直立,密被腺体。果实倒卵形,外果皮干燥后开裂,内果皮硬,淡灰黄褐色,果仁肉质。花期4—5月份,果期9月份。在中国,分布于浙江和安徽。果实可作干果。

山花/山花 shānhuā/ㄕㄢ ㄏㄨㄚ

pediment

【建】西方古典建筑中,檐部上面的三角形山墙。

山獾 shānhuān/ㄕㄢ ㄏㄨㄢ

【动】即“鼬獾”(1374页)。

山鸡 shānjī/ㄕㄢ ㄐㄧ

【动】即“雉”(1456页)。

山脉/山脈 shānmài/ㄕㄢ ㄇㄞˋ

mountain range

【地】沿一定方向呈脉状有规律分布的山体。由若干条山岭和山谷组成,因呈脉状,故名。

山猫/山貓 shānmāo/ㄕㄢ ㄇㄠ

【动】❶即“猞猁”(990页)。❷即“豹猫”(41页)。

山毛榉 ㄕㄢ ㄇㄠˊ ㄐㄩˇ/shānmáojǔ

beech

【植】台湾名。即“水青冈”(1068页)。

山莓/山莓 shānméi/ㄕㄢ ㄇㄟˊ

juteleaf raspberry

【植】*Rubus corchorifolius* 又称“树莓”,俗称“悬钩子”。蔷薇科悬钩子属。落叶灌木。枝有皮刺。单叶互生,卵形至卵状披针形,先端渐尖,基部微心形,边缘有齿。花单生,花瓣长圆形或椭圆形,白色。聚合果球形,成熟时红色,被柔毛。花期2—3月份,果期4—6月份。在中国,分布于除东北、内蒙古、甘肃、新疆、西藏以外各地。野生果木。果实可食,根、叶入药。

山门/山門 shānmén/ㄕㄢ ㄇㄣˊ
temple gate
【建】佛寺的大门或佛寺的外门。为避开市井尘俗，寺院常建于山林之中，其门故名山门。通常有三座门，故又称为三门，象征“三解脱门”，即“空门”“无相门”“无作门”。门内多对称放置两名金刚力士，或称护法神。早期山门常呈楼阁形式，阁上多安放罗汉群塑。后世则多作三间、五间殿门形式。

山炮/山炮 shānpào/ㄕㄢ ㄆㄠˋ
mountain gun
【军】重量轻、机动能力强，适合在山地等复杂地形使用的轻型榴弹炮。口径通常不超过105毫米，发射弹种以榴弹为主，弹道弯曲，射程较近。

山墙/山牆 shānqiáng/ㄕㄢ ㄑㄧㄤˊ
gable wall
【建】建筑物两端的外墙。上部通常呈三角形，也可做成阶梯形状(马头墙)。

山系/山系 shānxì/ㄕㄢ ㄒㄧˋ
mountain system
【地】在成因上相联系，属于同一系统的若干相邻山脉的总称。如中国的喜马拉雅山系。

山魈/山魈 shānxiāo/ㄕㄢ ㄒㄧㄠ
mandrill
【动】*Mandrillus sphinx* 哺乳动物名。灵长目猴科。体粗壮，站立高度可超过1米，头大，尾很短，鼻部深红色，面部皮肤蓝色，有微紫的皱纹，吻部有白色或橙色的须，全身毛黑褐色，腹部灰白色，臀部鲜红色。生活在多石的山上，群居，性凶猛，食性杂。生活在非洲西部。

山羊/山羊 shānyáng/ㄕㄢ ㄧㄤˊ
goat
【动】*Capra hircus* 哺乳动物名。偶蹄目牛科。反刍类家畜。身体窄，头长，颈短，角的基部略呈三角形，角尖向后，公羊有须，四肢强壮，善跳跃，毛不弯曲，多白色，也有黑、灰等颜色。以短草、灌木、树叶等为食。绒毛是优质的纺织原料，皮可以制革。

山羊绒 shānyángróng/ㄕㄢ ㄧㄤˊ ㄖㄨㄥˊ
【纺】即“开司米”(668页)。

山药/山藥 shānyao/ㄕㄢ ·ㄧㄠ
㊀yam，㊁Rhizoma Dioscoreae(拉)，common yam rhizome
㊀【植】“薯蓣”的通称。㊁【中医】中药名。薯蓣科植物薯蓣 *Dioscorea opposita* Thunb. 的干燥根茎。味甘，性平。归脾、肺、肾经。补脾养胃，生津益肺，补肾涩精。用于脾虚食少，久泻不止，肺虚喘咳，肾虚遗精，带下，尿频，虚热消渴。常用于食疗。

山药

📖 山药原名“薯蓣”，唐代避代宗李豫(726—779)之讳，改名“薯药”。宋代，又避英宗赵曙(1032—1067)之讳，改名“山药”。中药中的山药也称怀山药，因产于古怀庆府(今河南焦作一带)而得名。

山樱花/山櫻花 shānyīnghuā/ㄕㄢ ㄧㄥ ㄏㄨㄚ
oriental cherry
【植】*Cerasus serrulata* 通称“樱花”。蔷薇科樱属。落叶乔木。树皮灰褐色。叶片卵状椭圆形，先端尖，基部圆形，边缘有齿。伞房状总状花序，总苞褐红色；萼筒管状，先端扩大；花瓣倒卵形，先端下凹，白色、少粉红色。花期4—5月份。中国各地均有栽培。观赏花卉。

山岳氣候
ㄕㄢ ㄩㄝˋ ㄑㄧˋ ㄏㄡˋ/shānyuè qìhòu
mountain climate
【气】台湾名。即“山地气候”(981页)。

山楂/山楂 shānzhā/ㄕㄢ ㄓㄚ
㊀hawthorn，㊁Fructus Crataegi(拉)，hawthorn fruit
㊀【植】*Crataegus pinnatifida* 蔷薇科山楂属。落叶小乔木。树皮粗糙，有刺，枝密生。叶片三角状卵形，羽状深裂，裂片卵状披针形，边缘有齿。复伞房花序，萼筒钟状，被毛，花瓣倒卵形，白色。果实近球形或梨形，深红色，有浅色斑点，有花萼残

山楂

S

迹,果肉薄,味微酸涩。花期5—6月份,果期9—10月份。在中国,分布于东北、华北、陕西、山西和江苏。果实可作水果,也可入药。㊁【中医】中药名。蔷薇科植物山里红 *Crataegus pinnatifida* Bge. var. *major* N. E. Br. 或山楂 *C. pinnatifida* Bge. 的干燥成熟果实。味酸、甘,性微温。归脾、胃、肝经。消食健胃,行气散瘀。用于肉食积滞,胃脘胀满,泻痢腹痛,瘀血经闭,产后瘀阻,心腹刺痛,疝气疼痛,高脂血症。常用于食疗。

📖 山楂有一个变种是山里红。山里红叶片较大,分裂较浅,果形也较大,深红色,其他特征同山楂。

山茱萸/山茱萸 shānzhūyú/ㄕㄢ ㄓㄨ ㄩˊ

㊀dogwood, dogwood family, ㊁Fructus Corni(拉), asiatic cornelian cherry fruit

㊀【植】*Cornus officinalis* 山茱萸科山茱萸属。落叶乔木或灌木。叶对生,纸质,卵状披针形,全缘,中脉明显。伞形花序,先叶开放,花两性,花瓣四枚,舌状披针形,黄色。核果长椭圆形,红色。花期3—4月份,果期9—10月份。在中国,分布于陕西、山西、甘肃、山东、江苏、浙江、江西、河南、湖南和安徽。果实称萸肉,俗名枣皮,可入药。㊁【中医】中药名。山茱萸科植物山茱萸 *Cornus officinalis* Sieb. et Zucc.的干燥成熟果肉。味酸、涩,性微温。归肝、肾经。补益肝肾,涩精固脱。用于眩晕耳鸣,腰膝酸痛,阳痿遗精,遗尿尿频,崩漏带下,大汗虚脱,内热消渴。

山茱萸

山茱萸(果)

杉木/杉木 shānmù/ㄕㄢ ㄇㄨˋ

Chinese fir

【植】*Cunninghamia lanceolata* 杉科杉木属。常绿高大乔木。大树树冠圆锥形,树皮灰褐色,裂成长条片,内皮淡红色。大枝平展,小枝排成二列状。叶革质,坚硬,披针形,上下面两侧各有一条气孔带。雌雄同株,球花生于枝顶,球果卵圆形。花期4月份,球果10月份成熟。中国长江流域、秦岭以南地区广泛栽培。经济用材。

钐/釤 shān/ㄕㄢ

samarium

【化】金属元素。属周期表第ⅢB族(镧系),符号Sm,原子序数62。原子量150.4。自然界存在于独居石或氟碳铈矿中。单质为银白色金属,质硬易碎,化学性质比较活泼,在空气中稳定,但表面迅速变暗呈浅灰色,在稀土元素中挥发性最强。是良好的永久磁性材料,也用作核反应堆的中子吸收剂。

📖 1879年,法国的布瓦博德朗(P.E.L.de Biosbaudran)从杉马尔斯基矿的铌钇矿中分离出钐。虽然当时分离出的并不是单质,也不是单一元素的氧化物,而是多种元素氧化物的混合体,但仍以单质的名义命名。拉丁文定名为samarium,源自Samarsite,意思是"杉马尔斯基矿"。中文定名为"钐",是形声字。

珊瑚/珊瑚 shānhú/ㄕㄢ ㄏㄨˊ

coral

【化】海洋生物珊瑚虫的分泌物,构成珊瑚虫身体的支撑结构。分为钙质型珊瑚和角质型珊瑚两种。钙质型珊瑚主要由无机成分、有机成分和水等组成,主要包括红珊瑚、白珊瑚和蓝珊瑚;角质型珊瑚几乎全部由有机质组成,包括金珊瑚和黑珊瑚。

珊瑚虫/珊瑚蟲

shānhúchóng/ㄕㄢ ㄏㄨˊ ㄔㄨㄥˊ

coral

【动】腔肠动物名。珊瑚纲(Anthozoa)。身体呈圆筒形,有八个或八个以上的触手,触手中央有口,多群居,结合成一个群体,呈树枝状、盘状、块状等。雌雄异体。有些珊瑚虫外层能分泌石灰质的骨骼,堆积成珊瑚礁。生活在热带海洋中。

珊瑚岛/珊瑚島

shānhúdǎo/ㄕㄢ ㄏㄨˊ ㄉㄠˇ

coral island

【地】海洋中主要由珊瑚骨骼堆筑的岛屿。通常分布在热带或亚热带海洋中。如太平洋中的密克罗尼西亚群岛,中国南海诸岛中的南沙群岛和西沙群岛。

珊瑚海/珊瑚海

Shānhú Hǎi/ㄕㄢ ㄏㄨˊ ㄏㄞˇ

Coral Sea

【地】海名。太平洋西南部的边缘海，位于澳大利亚和新几内亚以东，所罗门群岛和新赫布里底群岛以西，新喀里多尼亚岛和切斯特菲尔德岛以南。北部又称为所罗门海。面积479万平方千米，平均水深70米，最深达9174米，是世界上最大的海。海中多珊瑚礁，产鲨鱼、鲱鱼、海龟、海参、珍珠贝等。

珊瑚礁/珊瑚礁

shānhújiāo/ㄕㄢ ㄏㄨˊ ㄐㄧㄠ

coral reef

【地】以珊瑚骨骼为骨架，造礁及喜礁生物的骨骼或壳体和石灰质藻类堆积而成的礁石。

闪长岩/閃長岩

shǎnchángyán/ㄕㄢˇ ㄔㄤˊ ㄧㄢˊ

diorite

【地】中性深成岩。多呈灰黑色，带深绿斑点的灰色或浅绿色。中至粗粒。常与花岗岩、辉长岩伴生。相关矿产有铁、铜等。

闪存/快閃記憶體

shǎncún/ㄎㄨㄞˋ ㄕㄢˇ ㄐㄧˋ ㄧˋ ㄊㄧˇ

flash memory

【信息】能成块(而不是一次一个字节)擦除和重新编程的非易失性存储器。

闪点/閃點 shǎndiǎn/ㄕㄢˇ ㄉㄧㄢˇ

flash point

【化】可燃性液体表面上的蒸气和空气的混合物与火接触，初次出现蓝色火焰闪光时的温度。温度比着火点低些。可燃性液体的闪点和着火点表明其发生爆炸或火灾的可能性大小，与运输、储存和使用的安全密切相关。

闪电/閃電 shǎndiàn/ㄕㄢˇ ㄉㄧㄢˋ

lightning

【气】发生在大气中的强烈放电并伴有发光的现象。按在空中发生的位置不同，可分为云内放电、云际放电和云地间放电三类；按闪电通道的形状不同，可分为线状、带状、片状、球状、叉状、火箭状、串珠状等类型。

闪电通道/閃電路

shǎndiàn tōngdào/ㄕㄢˇ ㄉㄧㄢˋ ㄌㄨˋ

lightning channel

【气】闪电放电所经过的空间路径。

闪光灯/閃光燈

shǎnguāngdēng/ㄕㄢˇ ㄍㄨㄤ ㄉㄥ

flashing light

【轻】一种强照明装置。照相机的感光配件，能在瞬间发出强光，以加强摄影曝光量，用于拍摄现场瞬间照明或局部补光。可分为内置式、外置式、手柄式。

闪石 shǎnshí/ㄕㄢˇ ㄕˊ

【地】“角闪石”的简称。

闪锌矿/閃鋅礦

shǎnxīnkuàng/ㄕㄢˇ ㄒㄧㄣ ㄎㄨㄤˋ

sphalerite, zinc blende

【地】矿物。成分为ZnS。等轴晶系。晶体呈四面体或菱形十二面体，通常呈粒状集合体。纯闪锌矿近于无色，常因含铁而呈浅黄、黄褐、棕甚至黑色，透明、半透明至不透明，光泽由树脂光泽、金刚光泽变至半金属光泽，莫氏硬度3.5～4.0，密度3.9～4.2克/厘米^3。通常含铁，也含锰、镉、铟、铊、镓、锗等。常与方铅矿共生。在地表易风化成菱锌矿。是提炼锌的最重要矿物原料，也是提取稀有元素的原料。

閃電路 ㄕㄢˇ ㄉㄧㄢˋ ㄌㄨˋ/shǎndiànlù

lightning channel

【气】台湾名。即“闪电通道”(984页)。

閃焰 ㄕㄢˇ ㄧㄢˋ/shǎnyàn

flare

【天】台湾名。即“耀斑”(1322页)。

閃耀效應

ㄕㄢˇ ㄧㄠˋ ㄒㄧㄠˋ ㄧㄥˋ/shǎnyào xiàoyìng

aventurescence

【地】台湾名。即“砂金效应”(978页)。

疝气/疝氣 shànqì/ㄕㄢˋ ㄑㄧˋ

hernia, * mounting qi

【中医】中医外科疾病之一。症见阴囊、小腹疼痛肿起，涉及腰、胁、背以及心窝部、脐周，伴有四肢厥冷，冷气抢心，止作无时等。临床根据病情，辨证施治。

扇贝/扇貝 shànbèi/ㄕㄢˋ ㄅㄟˋ

scallop, pectinid

【动】软体动物名。双壳纲扇贝科各种的统

称。壳略作扇形，两个大小几乎相等，壳面呈紫褐、黄褐、红褐、杏黄、灰白等颜色，表面有很多放射纵沟，生活在浅海中。分布广泛。闭壳肌的干制品称“干贝”。

扇区/扇區 shànqū/ㄕㄢˋ ㄑㄩ

sector

【信息】在同心圆状的磁(光)道上，能预先确定并编址，沿径向分成若干段中的一段。各扇区记录的数据量都相等。

扇形/扇形 shànxíng/ㄕㄢˋ ㄒㄧㄥˊ

sector

【数】一条弧和过它两个端点的两条半径所组成的图形。扇形的面积 $A=\frac{n\pi R^2}{360}=\frac{1}{2}lR$，其中 n 是扇形中圆心角的度数，R 是半径，l 是扇形的弧长。

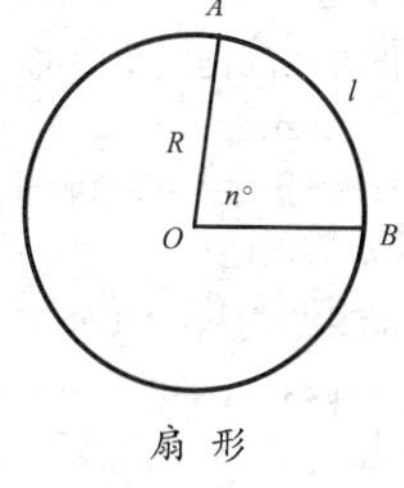

扇 形

扇形拱/扇形拱

shànxínggǒng/ㄕㄢˋ ㄒㄧㄥˊ ㄍㄨㄥˇ

fan vault

【建】英国哥特垂直时期常用的一种装饰拱顶。细柱组成的尖顶朝下侧面内凹到圆锥形嵌板拱顶。上大下小，因侧投影似张开的折扇，故名。

扇形图/扇形圖

shànxíngtú/ㄕㄢˋ ㄒㄧㄥˊ ㄊㄨˊ

sector diagram

【数】统计图的一种。如图所示，用圆表示总体，扇形表示相应对象的统计量。各扇形与圆的面积之比，等于相应各统计量与总体之比。

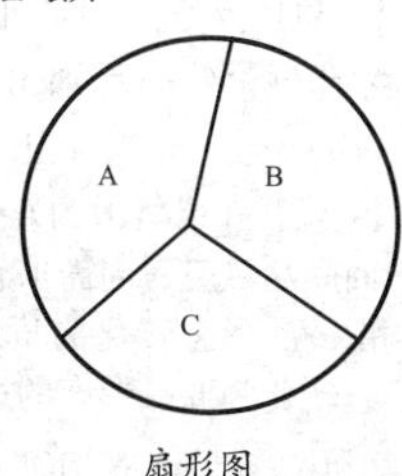

扇形图

膳食结构/膳食結構

shànshí jiégòu/ㄕㄢˋ ㄕˊ ㄐㄧㄝˊ ㄍㄡˋ

dietary pattern

【医】又称“食物结构”。膳食中的食物种类及其数量的相对构成。表示膳食中各种食物间的组成关系。膳食中的营养素种类齐全、数量充足、比例适当才有利于营养素的吸收和利用。可分为营养平衡型、营养过剩型和营养缺乏型。

膳食纤维/膳食纖維

shànshí xiānwéi/ㄕㄢˋ ㄕˊ ㄒㄧㄢ ㄨㄟˊ

dietary fiber

【医】又称“食物纤维”。不能被人体小肠消化吸收，而在大肠能部分或全部发酵的可食用的植物性成分、糖类及其类似物质的总称。包括多糖、寡糖、木质素以及相关的植物物质，可分为可溶性膳食纤维和不可溶性膳食纤维两类。前者能降低血液胆固醇，调节血糖，降低心血管病的危险；后者可调节肠的功能，防止便秘。

膳食治疗/膳食治療

shànshí zhìliáo/ㄕㄢˋ ㄕˊ ㄓˋ ㄌㄧㄠˊ

dietary therapy

【医】简称“食疗”。通过控制营养及饮食以治疗疾病或促进健康的一种治疗方法。

鳝 shàn/ㄕㄢˋ

【动】即“黄鳝”(539 页)。

shang （ㄕㄤ）

伤寒/傷寒 shānghán/ㄕㄤ ㄏㄢˊ

㊀typhoid fever，㊁cold pathogenic disease

㊀【医】由伤寒沙门氏菌经消化道侵入引起的急性肠道传染病。临床表现为腹部不适、肝脾肿大、持续发热和全身中毒症状，玫瑰疹和相对缓脉，多出现白细胞低下。肠出血、肠穿孔是其严重的并发症，常损伤肝功能。㊁【中医】中医外感热病之一。狭义上指感受寒邪引起的外感热病，广义上指外感热病。

📖《素问·热论》：“今夫热病者，皆伤寒之类也。”故张仲景《伤寒论》以伤寒命名，即为多种外感病的统称。

伤寒卒病论

Shānghán Cùbìng Lùn/

ㄕㄤ ㄏㄢˊ ㄘㄨˋ ㄅㄧㄥˋ ㄌㄨㄣˋ

【中医】即“伤寒杂病论”(986 页)。

伤寒论/傷寒論

Shānghán Lùn/ㄕㄤ ㄏㄢˊ ㄌㄨㄣˋ

Shanghan Lun，Treatise on Cold Pathogenic Diseases，* On Cold Damage

【中医】中医临床名著。《伤寒杂病论》的一部分。张仲景撰。约成书于东汉建安年间(196—220)。经晋代王叔和整理、北宋校正医书局校订而成。全书10卷，22篇，397法，113方。创立六经辨证，并以之为纲，对伤寒各阶段的辨脉审证大法和立方用药规律，以条文形式做出系统论述。奠定了辨证论治的基础，对中医学的发展有承先启后的作用。

伤寒杂病论/傷寒雜病論 Shānghán Zábìng Lùn/ㄕㄤ ㄏㄢˊ ㄗㄚˊ ㄅㄧㄥˋ ㄌㄨㄣˋ

Shanghan Zabing Lun，Treatise on Cold Pathogenic and Miscellaneous Diseases，* On Cold Damage and Miscellaneous Disease

【中医】又称"伤寒卒病论"。中医临床名著。张仲景撰。约成书于东汉建安年间(196—220)，已佚，经晋代王叔和整理，后将伤寒部分和杂病部分分为二书。北宋时校正医书局曾分别校订，计有《伤寒论》10卷、《金匮要略方论》3卷、《金匮玉函经》8卷等三种传本。后世根据该书佚文，分别整理成《伤寒论》《金匮要略》两部医书。所载方剂269首，配合严谨，体现因证立法，依法组方，随证加减的辨证论治思想和组方原则，被尊为"众方之祖"。其方剂应用广泛，并衍生出许多新方。

伤湿止痛膏/傷濕止痛膏 shāngshī zhǐtònggāo/ㄕㄤ ㄕ ㄓˇ ㄊㄨㄥˋ ㄍㄠ

shangshi zhitong plaster，shangshi zhitong gao，* Dampness Damage Pain-Relieving Plaster

【中医】中成药名。主要成分：伤湿止痛流浸膏、水杨酸甲酯、薄荷脑、冰片、樟脑、芸香浸膏、颠茄流浸膏。外用，贴于患处。祛风湿，活血止痛。用于风湿性关节炎，肌肉疼痛，关节肿痛。

商/商 shāng/ㄕㄤ

quotient

【数】除法运算的结果。a 与 b 的商通常指 $a \div b$ 的结果。例如，$12 \div 4=3$，3叫作12与4的商；$(a^4-1)\div(a^2+1)=a^2-1$，a^2-1 叫作 a^4-1 与 a^2+1 的商。

商标/商標 shāngbiāo/ㄕㄤ ㄅㄧㄠ

mark，trademark

【总】商品的生产者、经营者对其生产、制造、加工、拣选或者经销的商品，或服务的提供者在其提供的服务上使用的标志。用于区别商品或服务来源，由文字、图形、字母、数字、颜色等组成。经国家核准注册的商标为"注册商标"，受法律保护。

商店街 ㄕㄤ ㄉㄧㄢˋ ㄐㄧㄝ/shāngdiànjiē

shopping street

【建】台湾名。即"商业街"(987页)。

商港/商港 shānggǎng/ㄕㄤ ㄍㄤˇ

commercial port

【水利】主要供商船进出靠泊，装卸货物、上下旅客的港口。

商集/商集 shāngjí/ㄕㄤ ㄐㄧˊ

quotient set

【数】设 X 是一个非空的集合，R 是 X 内的一个等价关系，按 R 将 X 分成若干(有限或无限)个等价类，所有等价类构成的集合，叫作 X 关于 R 的商集。例如，整数集 $\mathbf{Z}$ 按"模3同余"分成分别以0，1，2为代表元的3个等价类，$\mathbf{Z}$ 关于"模3同余"关系的商集是 $\{[0],[1],[2]\}$。

商際網路 ㄕㄤ ㄐㄧˋ ㄨㄤˇ ㄌㄨˋ/shāngjì wǎnglù

extranet

【信息】台湾名。即"外联网"(1164页)。

商流/商流 shāngliú/ㄕㄤ ㄌㄧㄡˊ

commercial distribution

【物流】在以货币为媒介的商品交易活动中，商品从供应者向需求者转移形成的流动。即由商品形态转化为货币形态，以及由货币形态转化为商品形态的过程。

商頻 ㄕㄤ ㄆㄧㄣˊ/shāngpín

power frequency

【电】台湾名。即"工频"(407页)。

商品房销售面积/商品房銷售面積 shāngpǐnfáng xiāoshòu miànjī/ㄕㄤ ㄆㄧㄣˇ ㄈㄤˊ ㄒㄧㄠ ㄕㄡˋ ㄇㄧㄢˋ ㄐㄧ

sale area of commodity house

【建】购房者所购商品房的建筑面积。是所购买的"套"或"单元"内建筑面积与应分摊的公用建筑面积之和。

商务舱/商務艙
shāngwùcāng/ㄕㄤ ㄨˋ ㄘㄤ
business class
【航】又称"公务舱"。飞机客舱的一个舱段。舱内设备较经济舱舒适。

商务车/多用途車輛
shāngwùchē/ㄉㄨㄛ ㄩㄥˋ ㄊㄨˊ ㄔㄜ ㄌㄧㄤˋ
multi-purpose vehicle
【交】又称"多用途汽车"。集轿车、旅行车和厢式货车功能于一身的汽车。车内每个座椅都可调整,并有多种组合方式。除驾驶员外座位数 6～15 个。

商物分离说/商物分離説
shāng-wù fēnlíshuō/ㄕㄤ ㄨˋ ㄈㄣ ㄌㄧˊ ㄕㄨㄛ
theory on separation of deal and physical distribution
【物流】物流领域中的一种理论。认为流通过程中的商业流通和实物流通从统一的概念和运动中相分离,按照各自的规律和渠道进行独立运动,是物流科学赖以存在的先决条件,主要表现为专业分工与职能分工。

商业街/商店街
shāngyèjiē/ㄕㄤ ㄉㄧㄢˋ ㄐㄧㄝ
shopping street
【建】城市中两侧商店、商场密集的街道。

商业无菌/商業无菌
shāngyè wújūn/ㄕㄤ ㄧㄝˋ ㄨˊ ㄐㄩㄣˋ
commercial sterility
【轻】食品生产的一项卫生指标要求。杀灭在正常的商品管理条件下的贮运销售期间有碍人类健康的细菌。如罐头食品等经过适度加热杀菌后,达到不含有致病性微生物,也不含有在常温下能在其中繁殖的非致病性微生物的状态。

商用车/商用車
shāngyòngchē/ㄕㄤ ㄩㄥˋ ㄔㄜ
commercial vehicle
【交】用于运送人员和货物的汽车。包括客车、货车、半挂牵引车、客车非完整车辆和货车非完整车辆等。习惯上把商用车划分为客车和货车两大类。

商業性雜交
ㄕㄤ ㄧㄝˋ ㄒㄧㄥˋ ㄗㄚˊ ㄐㄧㄠ/
shāngyèxìng zájiāo
commercial crossbreeding
【农】台湾名。即"经济杂交"(639 页)。

商住楼/商住樓
shāngzhùlóu/ㄕㄤ ㄓㄨˋ ㄌㄡˊ
business-living building
【建】商业活动和居住两用的综合性建筑。由下部楼层的商业用房和上部的住宅组成,或空间具有灵活性,可供商业活动或居住转换使用。

傷病率 ㄕㄤ ㄅㄧㄥˋ ㄌㄩˋ/shāngbìnglǜ
morbidity rate
【医】台湾名。即"患病率"(534 页)。

墒情/土壤水分
shāngqíng/ㄊㄨˇ ㄖㄤˇ ㄕㄨㄟˇ ㄈㄣˋ
soil moisture
【农】耕作层土壤中的含水量及其土壤水分供给状况。

熵/熵 shāng/ㄕㄤ
entropy
【物】热力学系统的一个重要态函数。描述系统内分子运动无序性的量度,用 S 表示。$S=k\ln\Omega$,式中 k 是玻耳兹曼常量,Ω 为某宏观态所对应的微观态的数目。

熵增加原理/熵增加原理
shāng zēngjiā yuánlǐ/
ㄕㄤ ㄗㄥ ㄐㄧㄚ ㄩㄢˊ ㄌㄧˇ
principle of entropy increase
【物】关于判断过程性质和方向的定理。系统经绝热过程由初态变化至终态,其熵永不减少。数学表达式为 $S_B-S_A\geqslant0$,式中 S_B、S_A 分别表示终态和初态时的熵。等号适用于可逆过程,不等号适用于不可逆过程。

上层建筑/上層建築
shàngcéng jiànzhù/ㄕㄤˋ ㄘㄥˊ ㄐㄧㄢˋ ㄓㄨˊ
superstructure
【船】船舶甲板以上从一舷至另一舷的,供乘员生活起居、驾驶和工作的围蔽构筑物。通常有多层,布置为各种舱室。现代货船的上层建筑大多集中设置在艉部,占面积较小;客船则需要很大的上层建筑面积,通常设于舯

S

部，且几乎贯连艏艉。

上尺寸差

ㄕㄤˋ ㄔˇ ㄘㄨㄣˋ ㄔㄚ/shàngchǐcùnchā

upper deviation

【机】台湾名。即“上偏差”(988 页)。

上浮水雷/上浮水雷

shàngfú shuǐléi/ㄕㄤˋ ㄈㄨˊ ㄕㄨㄟˇ ㄌㄟˊ

rising mine

【军】全称“火箭上浮水雷”。布设在水底或水中一定深度，在舰船物理场作用下，其火箭发动机自动点火，使雷体上浮攻击目标的水雷。用于封锁较深水域，使用水深可达数千米，雷体待机深度通常不超过 300 米。装填系数较低，但毁伤效果较好，具有抗浅层接触扫雷能力。

上颌窦/上頜竇

shànghédòu/ㄕㄤˋ ㄍㄜˊ ㄉㄡˋ

maxillary sinus

【医】鼻旁窦之一。位于上颌骨体内，开口于中鼻道半月裂孔的后部，为锥形空腔。窦壁为骨质，大部分为薄的密质骨板，内稍有松质骨，最薄的地方只有密质骨。窦口引流不畅时易发生炎症。

上颌骨/上頜骨

shànghégǔ/ㄕㄤˋ ㄍㄜˊ ㄍㄨˇ

maxilla

【医】位于鼻腔两侧的骨。为成对的含气骨，组成颜面中部的大部分。体内的空腔为上颌窦，有颧突、额突、腭突和牙槽突四个突。颧突和额突形成眶和鼻腔的边缘部分；腭突形成硬腭，分隔骨性鼻腔和口腔。

上膠織物

ㄕㄤˋ ㄐㄧㄠ ㄓ ㄨˋ/shàngjiāo zhīwù

coated fabric

【纺】台湾名。即“涂层织物”(1150 页)。

上界/上界 shàngjiè/ㄕㄤˋ ㄐㄧㄝˋ

upper bound

【数】设 A 是一个非空数集，若存在常数 M，使得 A 中的任一元素 x 满足 $x \leqslant M$，则称 A 有上界，M 是 A 的一个上界。例如，设 $A=\{x \mid x \leqslant 0, x \in \mathbf{R}\}$，则 A 有上界，任一正数和 0 都是 A 的上界。

上尿路感染/上尿路感染

shàngniàolù gǎnrǎn/ㄕㄤˋ ㄋㄧㄠˋ ㄌㄨˋ ㄍㄢˇ ㄖㄢˇ

upper urinary tract infection

【医】病原微生物侵入上尿路(输尿管、肾盂、肾盏和肾实质)内繁殖而引起的一组炎症。感染途径包括上行感染、血行感染、淋巴道感染和直接感染，常见致病菌是大肠埃希菌等。临床表现为发热、腰痛、肾区压痛及叩击痛，以及尿频、尿急、尿痛等。

上排/上排 shàngpái/ㄕㄤˋ ㄆㄞˊ

up to patent slip

【船】将承托船舶的拖车架沿着纵向或横向倾斜滑道从水中牵引到水面并拖到船台位置的作业。此方法适用于中小型船舶的上岸修理。

上皮/上皮 shàngpí/ㄕㄤˋ ㄆㄧˊ

epithelium

【医】全称“上皮组织”。人体内外的所有游离面上被覆盖的细胞层。主要由上皮细胞紧密排列组成。分为被覆上皮和腺上皮两大类，具有保护、吸收、分泌和排泄等功能。

上皮组织

shàngpí zǔzhī/ㄕㄤˋ ㄆㄧˊ ㄗㄨˇ ㄓ

【医】“上皮”的全称。

上偏差/上偏差

shàngpiānchā/ㄕㄤˋ ㄆㄧㄢ ㄔㄚ

upper deviation

【机】台湾又称“上尺寸差”。最大极限尺寸减其基本尺寸所得的代数差。

上清丸/上清丸

shàngqīngwán/ㄕㄤˋ ㄑㄧㄥ ㄨㄢˊ

shangqing pills, shangqing wan,

* Upper-Body-Clearing Pill

【中医】中成药名。主要成分：菊花、薄荷、川芎、白芷、荆芥、防风、桔梗、连翘、栀子、黄芩、黄柏、大黄。口服。清热散风，解毒，通便。用于头晕耳鸣，目赤，鼻窦炎，口舌生疮，牙龈肿痛，大便秘结。

上确界/最小上界

shàngquèjiè/ㄗㄨㄟˋ ㄒㄧㄠˇ ㄕㄤˋ ㄐㄧㄝˋ

least upper bound

【数】设 A 是一个有上界的非空数集，常数 α 是 A 的一个上界。若对于任一 $\varepsilon>0$，A 中有元素 x 满足 $x>\alpha-\varepsilon$，则称 α 是 A 的上

确界,记作$\alpha=\sup A$。例如,设$A=\{x|x\leqslant 0, x\in\mathbf{R}\}$,则 0 是 A 的上确界,即 $0=\sup A$。数集的上确界是这个数集的上界中最小的数。有上界的非空数集有唯一的上确界。

上蜃景 ㄕㄤˋ ㄕㄣˋ ㄐㄧㄥˇ/shàngshènjǐng
superior mirage
【气】台湾名。即"上现蜃景"(989 页)。

上弦/上弦 shàngxián/ㄕㄤˋ ㄒㄧㄢˊ
first quarter
【天】从地球上看,月球在太阳东 90°时所呈现的月相。此时地面观测者可看到月球明亮的西半圆面。对应农历每月初七前后。

上现蜃景/上蜃景
shàngxiàn shènjǐng/ㄕㄤˋ ㄕㄣˋ ㄐㄧㄥˇ
superior mirage
【气】蜃景的一种。多见于中、高纬度的海面或雪原地区。暖空气流到冷海面或雪原上时,近地大气层在铅直方向上出现稳定的逆温层结,空气密度上小下大,形成位于实际景物上方、正立的物像。

上消化道/上消化道
shàngxiāohuàdào/ㄕㄤˋ ㄒㄧㄠ ㄏㄨㄚˋ ㄉㄠˋ
upper gastrointestinal tract
【医】十二指肠悬韧带以上的消化道。包括口腔、咽、食管、胃和十二指肠。

上新世/上新世
shàngxīnshì/ㄕㄤˋ ㄒㄧㄣ ㄕˋ
Pliocene Epoch
【地】新近纪的第二个世。从距今约 533 万年开始,至距今 181 万年结束。

上新统/上新統
shàngxīntǒng/ㄕㄤˋ ㄒㄧㄣ ㄊㄨㄥˇ
Pliocene Series
【地】新近系的第二个统。是上新世时期形成的地层。

上行方向/上行方向
shàngxíng fāngxiàng/ㄕㄤˋ ㄒㄧㄥˊ ㄈㄤ ㄒㄧㄤˋ
up direction
【交】在中国大陆指干线上开往北京的方向和在支线上开往连接干线的车站的方向。

上行链路/上行鏈路
shàngxíng liànlù/ㄕㄤˋ ㄒㄧㄥˊ ㄌㄧㄢˋ ㄌㄨˋ
uplink
【信息】点到多点(即从单个始发终端到多个目的地终端)的通信系统中,由分散点到集中点的传输链路。例如移动通信中由移动台到基站的链路,卫星通信中由地球站到卫星的链路。

上载/上載 shàngzài/ㄕㄤˋ ㄗㄞˋ
upload
【信息】将文件的副本从本地计算机传送到远程计算机上。

shao (ㄕㄠ)

烧碱 shāojiǎn/ㄕㄠ ㄐㄧㄢˇ
【化】即"苛性钠"(676 页)。

烧结/燒結 shāojié/ㄕㄠ ㄐㄧㄝˊ
sintering
【材】粉状或粒状物料经加热至一定温度范围而固结的过程。物料经烧结后发生物理、化学变化,以改变其物理、化学性质。在粉末冶金中,通过加热烧结使金属粉末形成密实黏结体(但并不熔化),以加强颗粒黏合、减小孔隙,并促使晶粒长大从而便于加工成材。在钢铁冶金铁矿粉烧结工序中,利用燃料燃烧加热,将铁矿粉固结转变为团块以利高炉冶炼。

烧伤/燒傷 shāoshāng/ㄕㄠ ㄕㄤ
burn, thermal injury
㊀【医】通常指热力或间接热力(化学物质、电、放射线等)作用于人体引起的组织损害。主要指皮肤和/或黏膜损害,严重的也可伤及皮肤和/或黏膜下组织结构,如肌肉、骨、关节甚至内脏。㊁【中医】中医外科疾病之一。因火焰、热水、电灼、化学物品及放射性物质侵害皮肤所致,轻则伤及皮毛,甚则伤及肌肉筋骨,严重者内攻脏腑,变生他证。烧伤面积小而浅者,只需外治;严重者必须内外治并重。

烧渣/燒渣 shāozhā/ㄕㄠ ㄓㄚ
sulfuric-acid residue
【环】全称"黄铁矿烧渣",又称"硫酸渣"。用黄铁矿物制取硫酸或亚硫酸过程中排出的废渣。主要成分是铁、硅、铝、钙、镁等的氧化物。可用作炼铁、制造水泥等的原料。堆存不用

S

则侵占土地,污染土壤;排入江河则污染水体。

稍间/稍間 shāojiān/ㄕㄠ ㄐㄧㄢ

final bay

【建】次间外侧的开间,通常比次间略小。图见“面阔”(801 页)

燒花織物

ㄕㄠ ㄏㄨㄚ ㄓ ㄨˋ/shāohuā zhīwù

burnt-out fabric

【纺】台湾名。即“烂花布”(711 页)。

燒録 ㄕㄠ ㄌㄨˋ/shāolù

burn

【信息】台湾名。即“刻录”(685 页)。

芍药/芍藥 sháoyào/ㄕㄠˊ ㄧㄠˋ

Chinese herbaceous peony

【植】*Paeonia lactiflora* 毛茛科芍药属。多年生草本植物。多二回三出复叶,小叶狭卵形,顶端尖,基部楔形。花数朵,生茎顶或近顶叶腋处,大型,花瓣多,倒卵形,园艺品种花色丰富,有白、粉、红、紫、黄、绿、黑和复色等颜色。花期 5—6 月份。在中国,分布于东北、华北、陕西及甘肃南部。观赏花卉。根可入药,称白芍。

芍 药

📖 芍药的观赏胜地有亳州、扬州、菏泽、洛阳和北京等。

杓兰/女履蘭

sháolán/ㄋㄩˇ ㄌㄩˇ ㄌㄢˊ

moccasin flower

【植】*Cypripedium calceolus* 兰科杓兰属。多年生草本植物。根状茎粗壮,直立,基部有鞘,中部以上有 3～4 枚叶,叶片椭圆形,先端尖。花序顶生,苞片叶状;萼片卵形,花瓣条形,二者都是栗色或者紫红色,唇瓣深囊状,黄色。花期 6—7 月份。在中国,分布于黑龙江、吉林东部、辽宁和内蒙古东北部。观赏花卉。地上部茎和叶可入药。

少切屑加工/部分切屑加工

shǎoqiēxiè jiāgōng/

ㄅㄨˋ・ㄈㄣ ㄑㄧㄝ ㄒㄧㄝˋ ㄐㄧㄚ ㄍㄨㄥ

partial chipless machining

【机】金属坯料经无屑加工后尚需进行少量切削加工的工艺方法。

少数载流子/少數載子

shǎoshù zàiliúzǐ/ㄕㄠˇ ㄕㄨˋ ㄗㄞˋ ㄗˇ

minority carrier

【物】简称“少子”。非本征半导体中,对导电不起支配作用的居于少数的载流子。n 型半导体中为空穴,p 型半导体中为电子。

少數載子 ㄕㄠˇ ㄕㄨˋ ㄗㄞˋ ㄗˇ/shǎoshù zàizǐ

minority carrier

【物】台湾名。即“少数载流子”(990 页)。

少云/疏雲 shǎoyún/ㄕㄨ ㄩㄣˊ

partly cloudy

【气】天空状况的一种。中、低云遮蔽天空 1～3成(10%～30%),或高云遮蔽天空 4～5 成(40%～50%)。

少子 shǎozǐ/ㄕㄠˇ ㄗˇ

【物】“少数载流子”的简称。

she （ㄕㄜ）

猞猁/山貓 shēlì/ㄕㄢ ㄇㄠ

lynx

【动】*Lynx lynx* 又称“林独”“山猫”。哺乳动物名。食肉目猫科。外形像猫,体长可达 1 米以上,耳的尖端有毛丛,两颊的毛也长。全身毛棕黄色,厚而软,有灰褐色斑点,尾短,末端黑色。生活在多岩石的森林中,性凶猛,善爬树,行动敏捷,昼伏夜出,以小型哺乳动物为食。分布于亚洲、欧洲和北美洲,在中国,分布于东北、山西、四川、云南、西藏、青海等地。

猞 猁

舌骨/舌骨 shégǔ/ㄕㄜˊ ㄍㄨˇ

hyoid bone

【医】位于颈前部呈横位马蹄铁形的骨。借肌肉和韧带悬于颈前正中。分为舌骨体和成对的大角、小角。中央部为体,两端向后上突出的为大角,体与大角交界处的短小突起为小角。

舌色/舌色 shésè/ㄕㄜˊ ㄙㄜˋ

tongue color

【中医】舌质的颜色。包括淡白舌、淡红舌、红舌、绛舌、紫舌、青舌等。

舌下錠 ㄕㄜˊ ㄒㄧㄚˋ ㄉㄧㄥˋ/shéxiàdìng

sublingual tablet

【医】台湾名。即“舌下片剂”(991 页)。

舌下片剂/舌下錠

shéxià piànjì/ㄕㄜˊ ㄒㄧㄚˋ ㄉㄧㄥˋ

sublingual tablet

【医】置于舌下,使药物迅速溶化,经舌下黏膜吸收而发挥药物作用的片剂。

舌下神经/舌下神經

shéxià shénjīng/ㄕㄜˊ ㄒㄧㄚˋ ㄕㄣˊ ㄐㄧㄥ

hypoglossal nerve

【医】发自延髓舌下神经核,经舌下神经管出颅,支配舌骨舌肌、茎突舌肌、颏舌肌及舌内肌的运动神经。是第十二对脑神经。舌下神经受损时,患侧舌肌瘫痪,伸舌时舌尖偏向患侧。

舌下腺/舌下腺

shéxiàxiàn/ㄕㄜˊ ㄒㄧㄚˋ ㄒㄧㄢˋ

sublingual gland

【医】位于舌下口底最小的一对唾液腺。开口于舌下黏膜。

舌象/舌象 shéxiàng/ㄕㄜˊ ㄒㄧㄤˋ

tongue manifestation, * tongue image

【中医】舌诊所观察到的舌的各种征象。包括舌质和舌苔,舌质多反映脏腑虚实,舌苔多反映病邪深浅与胃气存亡。

舌咽神经/舌咽神經

shéyān shénjīng/ㄕㄜˊ ㄧㄢ ㄕㄣˊ ㄐㄧㄥ

glossopharyngeal nerve

【医】发自延髓的舌咽神经核,传导舌部和咽部感觉的混合神经。是第九对脑神经,含一般躯体传入神经纤维、内脏传入神经纤维、内脏传出神经纤维、特殊内脏传入神经纤维、内脏传出纤维。经颈静脉孔出颅,发出咽支、茎突咽肌支、颈动脉窦支、舌支、扁桃体支、鼓室神经。舌咽神经受损时病变侧舌后 1/3 味觉缺失,咽肌轻度瘫痪收缩力弱,病侧软腭反射消失,咽部感觉丧失。

舌诊/舌診 shézhěn/ㄕㄜˊ ㄓㄣˇ

tongue inspection, * tougue examination

【中医】望诊之一。医生观察患者的舌质和舌苔的形态、色泽、润燥等,以辨别病邪性质、病势深浅、气血盛衰、津液盈亏、脏腑虚实,及判断预后等。

舌质/舌質 shézhì/ㄕㄜˊ ㄓˋ

tongue quality, * tougue body, * tougue substance

【中医】舌的肌肉脉络组织。中医望舌质包括观察舌色、舌神、舌形、舌态和湿润度。通常以舌尖候心肺,舌边候肝胆,舌中候脾胃,舌根候肾。

舌状花/舌狀花

shézhuànghuā/ㄕㄜˊ ㄓㄨㄤˋ ㄏㄨㄚ

ligulate flower

【植】花形的一种。花冠基部成一短筒,筒上面向一边张开成扁平舌状,且两侧对称。如菊科植物头状花序边缘上的花。

蛇/蛇 shé/ㄕㄜˊ

snake, serpent

【动】爬行动物名。有鳞目蛇亚目各种的统称。身体细长,体表有鳞,四肢退化,舌细长,分叉深,左右下颌骨之间由韧带相连,口可张得很大,有的有毒。多生活在荫蔽、潮湿、杂草丛生的地方,以青蛙、鸟、鼠等为食,也能吞食较大的兽类。种类很多,如蟒蛇(*Python molurus*)、蝰蛇(*Vipera russelii*)、蝮蛇(*Gloydius brevicaudus*)、眼镜蛇(*Naja naja*)等。分布广泛。

蛇参果 shéshēnguǒ/ㄕㄜˊ ㄕㄣ ㄍㄨㄛˇ

【植】即“马兜铃”(777 页)。

蛇串疮/蛇串瘡

shéchuànchuāng/ㄕㄜˊ ㄔㄨㄢˋ ㄔㄨㄤ

snake-like sores, herpes zoster, * snake string sores

【中医】又称“缠腰龙”“缠腰火丹”。皮肤病之一。因湿热火毒蕴蓄经络所致,症见簇集性水疱沿身体单侧,断续排列成带,宛如蛇形,四畔焮红,伴疼痛等。相当于带状疱疹。治宜清热解毒,泻火去湿,内服可用龙胆泻肝汤加减,外用黄连膏涂抹,并可配合针刺治疗。

蛇颈龙/蛇頸龍

shéjǐnglóng/ㄕㄜˊ ㄐㄧㄥˇ ㄌㄨㄥˊ

plesiosaur

【地】Plesiosaurs 一种生活在海洋中的恐龙。属鳍龙目。由陆上生物演化而来,回到海洋中生活。形体较大,颈长,故名。主要以鱼类为食。生活在三叠纪到白垩纪,白垩纪末灭绝。

蛇纹石/蛇紋石 shéwénshí/ㄕㄜˊ ㄨㄣˊ ㄕˊ

serpentine

【地】蛇纹石族矿物的统称。成分为 $Mg_6[Si_4O_{10}](OH)_8$,是一种层状结构硅酸盐矿物,结构层平坦如板的称利蛇纹石(单斜晶系);结构层卷曲成管状的称纤蛇纹石(斜方或单斜晶系);结构层呈波状起伏如叶片的称叶蛇纹石(单斜晶系);隐晶质的利蛇纹石或纤蛇纹石或二者的混合物称胶蛇纹石。集合体通常呈致密块状、细条片状、叶片状或纤维状,呈纤维状的纤蛇纹石称蛇纹石石棉或温石棉。颜色灰白、浅绿、深绿或黄绿色,蜡状光泽,石棉具丝绢光泽,莫氏硬度 2.5～3.5,密度 2.5～2.62 克/厘米^3。是制造钙镁磷肥的原料和耐火材料。透明、颜色鲜艳、质地细腻的致密块体称为蛇纹石玉。

蛇纹石玉/蛇紋石玉

shéwénshíyù/ㄕㄜˊ ㄨㄣˊ ㄕˊ ㄩˋ

serpentine jade

【地】玉石。主要由蛇纹石构成,密度 2.44～2.80 克/厘米^3,蜡状光泽至玻璃光泽,因所含次要矿物不同而呈现白、绿、黄、黑等颜色。因产地不同而有不同名称,产于辽宁岫岩的称为岫[岩]玉,产于广东信宜的称为信宜玉或南方玉,还有祁连玉、昆仑玉等。

蛇纹岩/蛇紋岩 shéwényán/ㄕㄜˊ ㄨㄣˊ ㄧㄢˊ

serpentinite

【化】以蛇纹石为主,由超基性岩经中低温热液交代作用或中低级区域变质作用形成的岩石。岩石外表像蛇皮的花纹。

捨入 ㄕㄜˇ ㄖㄨˋ/shěrù

rounding off

【数】台湾名。即"四舍五入"(1080 页)。

设备层/設備層

shèbèicéng/ㄕㄜˋ ㄅㄟˋ ㄘㄥˊ

mechanical floor

【建】建筑物中专为设置采暖、通风、空调、给水排水和配变电等的设备和管道,且供人进入操作的空间层。

设计排水量/設計排水量

shèjì páishuǐliàng/ㄕㄜˋ ㄐㄧˋ ㄆㄞˊ ㄕㄨㄟˇ ㄌㄧㄤˋ

designed displacement

【船】船舶设计时以某一特定的装载状态作为设计基准的排水量。设计排水量是船舶设计时首先需要确定的要素之一。民用船舶常以预期的满载排水量作为设计排水量。军用船舶的设计排水量则常指标准排水量或正常排水量。

设计任务书/設計任務書

shèjì rènwùshū/ㄕㄜˋ ㄐㄧˋ ㄖㄣˋ ㄨˋ ㄕㄨ

design brief

【船】用船部门对船舶的航行性能和使用性能提出基本要求的文件。是船舶设计的依据。通常包括用途、船级、船型、航区、装载量、尺度限制、航速、续航力、稳性、适航性、船体结构和材料、主辅机类型、主要设备及其他特殊要求等。

设计自动化/設計自動化

shèjì zìdònghuà/ㄕㄜˋ ㄐㄧˋ ㄗˋ ㄉㄨㄥˋ ㄏㄨㄚˋ

design automation

【自】使用计算机和相应软件辅助工业产品的设计、工艺过程的设计。应用于机械制造业和电子工业印刷电路板和集成电路的设计。

设施 shèshī/ㄕㄜˋ ㄕ

【电】"电气设施"的简称。

设陷/設陷阱 shèxiàn/ㄕㄜˋ ㄒㄧㄢˋ ㄐㄧㄥˇ

entrapment

【信息】计算机安全中,将若干明显纰漏故意植入数据处理系统的措施。用来检测是否有闯入试图,或使入侵者弄不清该利用哪些纰漏。

社会化/社會化

shèhuìhuà/ㄕㄜˋ ㄏㄨㄟˋ ㄏㄨㄚˋ

socialization

【心】个体对社会的认识与适应,个体的观念及行为纳入到社会规范的过程。通过个体与社会环境相互作用实现,是一个逐步内化和角色知识学习的过程。个体逐渐形成独特的人格,从生物人转变为社会人。

社会环境/社會環境

shèhuì huánjìng/ㄕㄜˋ ㄏㄨㄟˋ ㄏㄨㄢˊ ㄐㄧㄥˋ

S

social environment

【环】在自然环境基础上,人类通过长期有意识的社会劳动,加工和改造了的自然物质、创造的物质生产体系和积累的物质文化等形成的环境体系。也有人认为是人类生存活动的范围内的社会物质及精神条件的总和;还有人认为是人类在长期生存发展的社会劳动中所形成的人与人之间各种社会关系及联系方式的总体,如文化环境、经济环境、心理环境等。

社会科学/社會科學

shèhuì kēxué/ㄕㄜˋ ㄏㄨㄟˋ ㄎㄜ ㄒㄩㄝˊ

social sciences

【总】研究社会事物的本质及其产生和发展规律的科学。通常属于意识形态范畴(语言学等除外),有阶级性。包括经济学、政治学、法学、文学、伦理学、历史学、社会学、教育学、管理学、人类学、民俗学、宗教学、新闻学、传播学等。随着现代社会的发展和科学技术的进步,社会科学与自然科学相互交叉、渗透的趋势日益加强。

社会控制论/社會模控學

shèhuì kòngzhìlùn/

ㄕㄜˋ ㄏㄨㄟˋ ㄇㄛˊ ㄎㄨㄥˋ ㄒㄩㄝˊ

socio-cybernetics

【自】控制论的一个分支。应用控制论研究社会系统,其目的是为了最优治理社会。

社会物流总额/社會物流總額

shèhuì wùliú zǒng'é/

ㄕㄜˋ ㄏㄨㄟˋ ㄨˋ ㄌㄧㄡˊ ㄗㄨㄥˇ ㄜˊ

social logistics yield

【物流】一定时期内初次进入需求领域,从供应地向接收地实体流动的物品的价值总额。包括进入需求领域的农产品物流总额、工业品物流总额、进口货物物流总额、再生资源物流总额和单位与居民物品物流总额。其增长变化一定程度上反映物流需求的增长变化。

社会物流总费用/社會物流總費用

shèhuì wùliú zǒngfèiyòng/

ㄕㄜˋ ㄏㄨㄟˋ ㄨˋ ㄌㄧㄡˊ ㄗㄨㄥˇ ㄈㄟˋ ㄩㄥˋ

total logistics costs

【物流】国民经济各方面在一定时期内用于社会物流的各项费用支出的总和。包括支付给运输、储存、装卸搬运、包装、流通加工、配送、信息处理等各环节的费用,因物流活动中物品发生损耗而应承担的费用,因占用资金而应承担的利息支出和社会物流活动的管理费用等。

社会心理效应/社會心理效應

shèhuì xīnlǐ xiàoyìng/

ㄕㄜˋ ㄏㄨㄟˋ ㄒㄧㄣ ㄌㄧˇ ㄒㄧㄠˋ ㄧㄥˋ

social psychological effect

【心】某种人物或事物的行为或作用,引起其他人物或事物产生相应变化的因果反应或连锁反应。

社会心理学/社會心理學

shèhuì xīnlǐxué/ㄕㄜˋ ㄏㄨㄟˋ ㄒㄧㄣ ㄌㄧˇ ㄒㄩㄝˊ

social psychology

【心】心理学的一个分支。系统研究在社会相互作用背景下,人的社会心理与社会行为及其规律。既研究个体的社会心理现象,也研究群体的社会心理现象。

社会学习理论/社會學習理論

shèhuì xuéxí lǐlùn/

ㄕㄜˋ ㄏㄨㄟˋ ㄒㄩㄝˊ ㄒㄧˊ ㄌㄧˇ ㄌㄨㄣˋ

social learning theory

【心】研究人是怎样在社会环境中学习的理论。强调行为和环境的交互作用;强调认知过程的重要性;强调观察学习的作用以及观察他人并以之为原型的行为为基础;强调自我调节过程。

社會模控學

ㄕㄜˋ ㄏㄨㄟˋ ㄇㄛˊ ㄎㄨㄥˋ ㄒㄩㄝˊ/

shèhuì mókòngxué

socio-cybernetics

【自】台湾名。即“社会控制论”(993 页)。

社稷坛/社稷壇 Shèjì Tán/ㄕㄜˋ ㄐㄧˋ ㄊㄢˊ

Sheji Tan, Altar of Land and Grain

【建】古代天子、诸侯祭祀土地神(社)和五谷神(稷),祈祷丰年的场所。天子社稷坛以“中黄、东青、西白、南红、北黑”五色土覆盖,象征五行,隐喻普天之下莫非王土,诸侯则依方位以一色土覆之。北京社稷坛始建于明永乐十九年(1421 年),是明清两代皇帝祭祀土地神和五谷神的地方。按“左祖右社”古制,位于故宫中轴线端门的西侧,并与东侧的太庙相对而立。总体布局由北至南:正门三间、戟门、拜殿,最后方形社稷坛。坛四周矮墙环绕,墙上覆盖四色琉璃砖,围墙四面各有棂星门一座。每年春秋仲月上戊日清晨致祭。坛台中央原有一方形石柱，名社主石，又称江山石，表示江山永固。

📖 社是土地神，稷是五谷神，两者是农业社会最重要的根本。孝经曰："社者，土地之主；稷者，五谷之长。土地广博不可偏敬，故封土以为社；五谷众多不可偏祭，故立稷而祭之。"社稷成为国家的象征，京城有国家祭坛，地方各级城市也有祭祀社稷的场所。

社区/社區 shèqū/ㄕㄜˋ ㄑㄩ

community

【建】通常指以街道、居住区等为基础，由一定数量的社会成员组成，有着共同意识和利益以及较密切交往的社会群体。

社区医生/社區醫生

shèqū yīshēng/ㄕㄜˋ ㄑㄩ ㄧ ㄕㄥ

community doctor

【医】关注特定社区人群健康状况，为社区人群提供基本卫生服务的医生。

S

射出长波辐射

shèchū chángbō fúshè/

ㄕㄜˋ ㄔㄨ ㄔㄤˊ ㄅㄛ ㄈㄨˊ ㄕㄜˋ

【气】即"地球辐射"(225页)。

射電波 ㄕㄜˋ ㄉㄧㄢˋ ㄅㄛ/shèdiànbō

radio wave

【物】台湾名。即"无线电波"(1207页)。

射电天文学/電波天文學

shèdiàn tiānwénxué/

ㄉㄧㄢˋ ㄅㄛ ㄊㄧㄢ ㄨㄣˊ ㄒㄩㄝˊ

radio astronomy

【天】天文学的一个分支。通过观测天体的无线电波来研究天文现象。由于地球大气层的阻拦，只有波长约在1毫米～30米范围内的电磁波才能到达地面，射电天文学研究的绝大部分都在这个波段内进行。

射电望远镜/電波望遠鏡

shèdiàn wàngyuǎnjìng/

ㄉㄧㄢˋ ㄅㄛ ㄨㄤˋ ㄩㄢˇ ㄐㄧㄥˋ

radio telescope

【天】观测和研究来自天体的射电辐射(频率20千赫～3吉赫)的天文观测装置。包括收集射电波的定向天线，放大射电信号的高灵敏度接收机，信息记录、处理和显示系统等。射电望远镜用强度、频率和偏振三个量来表征射电的基本特性。

射精/射精 shèjīng/ㄕㄜˋ ㄐㄧㄥ

ejaculation

【医】男性性行为时，将精液由阴茎射出的反射性动作。

射流/射流 shèliú/ㄕㄜˋ ㄌㄧㄡˊ

jet

【化】在压力作用下从管口、孔口、狭缝中喷射出来的气流或液流。应用于水泵、通风机和化工设备等技术领域。

射频/射頻 shèpín/ㄕㄜˋ ㄆㄧㄣˊ

radio frequency，RF

【信息】无线电波的频率或相应电振荡的频率。范围在300千赫～30吉赫。

射线/射線 shèxiàn/ㄕㄜˋ ㄒㄧㄢˋ

ray

㊀【数】又称"半直线"。直线上的任一点及其一侧所有的点构成的图形。直线上的任一点都把这条直线分为两部分，其中每一部分都是一条射线，这一点叫作射线的端点。射线无限长，其方向即从端点沿射线延伸的方向。㊁【物】放射性电磁波或粒子流。有X射线、α射线、β射线、γ射线等。

射线增敏药/射線增敏藥

shèxiàn zēngmǐnyào/

ㄕㄜˋ ㄒㄧㄢˋ ㄗㄥ ㄇㄧㄣˇ ㄧㄠˋ

radio sensitivity promotive

【医】可使肿瘤细胞对放射治疗增加敏感性的药物。如甘氨双唑钠。马蔺子素也作为放射治疗的辅助用药。

射線治療

ㄕㄜˋ ㄒㄧㄢˋ ㄓˋ ㄌㄧㄠˊ/shèxiàn zhìliáo

radiotherapy

【医】台湾名。即"放射治疗"(328页)。

射影几何/射影幾何

shèyǐng jǐhé/ㄕㄜˋ ㄧㄥˇ ㄐㄧˇ ㄏㄜˊ

projective geometry

【数】几何学的一个分支。研究图形的射影性质，即在射影变换下不变的性质。讨论方法有综合法、解析法等。起源于透视图画法，主要奠基人是19世纪的法国数学家蓬斯莱(J. V. Poncelet)。平面射影几何有两个特点：(1)有一条无穷远直线，它与所有普通直线相交；

与一条直线平行的所有直线都相交于无穷远点。⑵对偶原理,即每一命题涉及的对象(例如直线)都可以换为与之对偶的对象(例如点)。把射影变换加以特殊化,可以得到多种特殊的几何变换。由此也可以说,射影几何是包括欧氏几何和非欧几何等的更一般的几何学。

涉禽/涉禽 shèqín/ㄕㄜˋ ㄑㄧㄣˊ
wading bird
【动】鸟的一类。适应在沼泽和水边生存。颈、嘴、脚和趾相对较长,适于在浅水中涉行并捕食水中鱼虾等。如鹤、鹭等。

設備 ㄕㄜˋ ㄅㄟˋ/shèbèi
device
【电】台湾名。即"器件"(899 页)。

設陷阱 ㄕㄜˋ ㄒㄧㄢˋ ㄐㄧㄥˇ/shè xiànjǐng
entrapment
【信息】台湾名。即"设陷"(992 页)。

摄领疮/攝領瘡
shèlǐngchuāng/ㄕㄜˋ ㄌㄧㄥˇ ㄔㄨㄤ
nape sores
【中医】又称"牛皮癣"。皮肤病之一。因风湿蕴肤,经气不畅所致,常发于颈项领口之处,症见皮肤状如牛皮,厚而且坚,剧痒呈阵发性等。治宜疏风清热,可内服消风散,外搽疯油膏或羊蹄根散醋调外涂。

摄谱仪/攝譜儀 shèpǔyí/ㄕㄜˋ ㄆㄨˇ ㄧˊ
spectrograph
【机】光谱仪的一种。将复色光分解为光谱,并进行摄影记录的精密光学仪器。由准直管、色散系统和照相机三部分组成。通常适用于范围为紫外光和可见光区域。可分为棱镜摄谱仪和光栅摄谱仪。

摄氏温标/攝氏溫標
Shèshì wēnbiāo/ㄕㄜˋ ㄕˋ ㄨㄣ ㄅㄧㄠ
Celsius thermometric scale
【物】温标的一种。在 1 个标准大气压下,纯水的沸点为 100℃、冰点为 0℃,间隔为 100 来确定其温度。用 t 表示,单位摄氏度(℃)。因瑞典天文学家摄尔西乌斯(Anders Celsius, 1701—1744)在 1742 年建立,故名。

摄氏温度/攝氏溫度
Shèshì wēndù/ㄕㄜˋ ㄕˋ ㄨㄣ ㄉㄨˋ
Celsius temperature
【物】摄氏温标的标度。一种广泛使用的温度。用 t 表示,单位摄氏度(℃)。与热力学温度(T)相联系,其关系为 $t=T-273.15$。热力学温度的 273.15K 为摄氏温度的零点,即 0℃。

📖 摄氏温度在历史上用摄氏温标定义。1954 年国际计量大会决定采用水的三相点为一个温度固定点所定义的温度单位。某一热状态的温度是其与一特定热状态(比水的三相点低 0.01K 的热状态,即 0℃)之间的温度差所表示的温度。

摄像机/攝影機 shèxiàngjī/ㄕㄜˋ ㄒㄧㄤˋ ㄐㄧ
video camera, camera
【轻】电视技术中用来摄取景物的设备。可将光影图像信号转为电信号,并在录像带等记录介质上存储下来,或通过传输系统在监视器上显示出来。有专业和家用之分。按用途不同,可分为电视摄像机、监视摄像机和网络摄像机等;按图像不同,可分为黑白摄像机、彩色摄像机和立体摄像机等。多用于现场拍摄或监控等。

摄影测量/攝影測量
shèyǐng cèliáng/ㄕㄜˋ ㄧㄥˇ ㄘㄜˋ ㄌㄧㄤˊ
photographic surveying
【测绘】利用目标的图像成像原理、图像信息和其他辅助资料,测定目标的空间位置以及形状、大小和其他属性信息的技术。常见的成像信号源有紫外光、可见光、红外光、雷达脉冲、激光等电磁波。起源于用相机拍摄地物照片的技术,过去主要用于测绘地形图,现在也用于建筑、考古、生物、医学等专门领域。

摄影测量学/攝影測量學
shèyǐng cèliángxué/
ㄕㄜˋ ㄧㄥˇ ㄘㄜˋ ㄌㄧㄤˊ ㄒㄩㄝˊ
photogrammetry
【测绘】研究目标成像机理,从图像中判读、测量目标的空间位置以及形状、大小和其他属性信息,以及相关数据处理方法的学科。按获取图像位置的不同,可分为航空航天摄影测量、地面摄影测量、特种摄影测量等;按成像机理和数据处理技术的不同,可分为模拟摄影测量、解析摄影测量、数字摄影测量。

攝護腺 ㄕㄜˋ ㄏㄨˋ ㄒㄧㄢˋ/shèhùxiàn

S

prostate
【医】台湾名。即“前列腺”(903 页)。

攝影機 ㄕㄜˋ ㄧㄥˇ ㄐㄧ/shèyǐngjī
video camera, camera
【轻】台湾名。即“摄像机”(995 页)。

麝/麝鹿 shè/ㄕㄜˋ ㄌㄨˋ
musk deer
【动】*Moschus moschiferus* 又称“香獐”。哺乳动物名。偶蹄目麝科。像鹿而小,体长不足 1 米,雌雄均无角,前肢短,后肢长,尾短,毛黑褐色或灰褐色。雄麝肚脐和生殖器之间有腺囊,能分泌麝香。生活在山林间,善攀登和跳跃。分布于亚洲东北部,在中国分布广泛。

麝

麝鹿 ㄕㄜˋ ㄌㄨˋ/shèlù
musk deer
【动】台湾名。即“麝”(996 页)。

麝貓香 ㄕㄜˋ ㄇㄠ ㄒㄧㄤ/shèmāoxiāng
civet
【化】台湾名。即“灵猫香”(742 页)。

麝牛/麝牛 shèniú/ㄕㄜˋ ㄋㄧㄡˊ
musk ox
【动】*Ovibos moschatus* 哺乳动物名。偶蹄目牛科。像牛而稍小,体长 2 米左右,头大而阔,四肢较短,蹄宽大,毛长,褐色,皮下有腺体,分泌物有麝香气味,极耐寒。

麝 牛

麝香/麝香 shèxiāng/ㄕㄜˋ ㄒㄧㄤ
Moschus(拉), musk
【中医】中药名。鹿科动物林麝 *Moschus berezovskii* Flerov、马麝 *M. sifanicus* Przewalski 或原麝 *M. moschiferus* Linnaeus 成熟雄体香囊中的干燥分泌物。味辛,性温。归心、脾经。开窍醒神,活血通经,消肿止痛。用于热病神昏,中风痰厥,气郁暴厥,中恶昏迷,经闭,癥瘕,难产死胎,心腹暴痛,痈肿瘰疬,咽喉肿痛,跌扑伤痛,痹痛麻木。
📖 麝香,孕妇禁用。

shen (ㄕㄣ)

伸張反射
ㄕㄣ ㄓㄤ ㄈㄢˇ ㄕㄜˋ/shēnzhāng fǎnshè
stretch reflex
【医】台湾名。即“牵张反射”(902 页)。

身高/身高 shēngāo/ㄕㄣ ㄍㄠ
body height
【医】人体直立时头顶至足底之间的垂直距离。由先天遗传与后天获得决定,是人体生长发育过程中反映人体骨骼发育状况和身体纵向发育水平的重要指标。成人一天内身高的变动在1.5厘米左右,清晨起床时最高,晚上睡觉前最低。

身歷聲音
ㄕㄣ ㄌㄧˋ ㄕㄥ ㄧㄣ/shēnlì shēngyīn
stereophone
【信息】台湾名。即“立体声”(726 页)。

身心障礙
ㄕㄣ ㄒㄧㄣ ㄓㄤˋ ㄞˋ/shēnxīn zhàng'ài
disability
【医】台湾名。即“残疾”(93 页)。

身體質量指數
ㄕㄣ ㄊㄧˇ ㄓˋ ㄌㄧㄤˋ ㄓˇ ㄕㄨˋ/
shēntǐ zhìliàng zhǐshù
body mass index, BMI
【医】台湾名。即“体质指数”(1120 页)。

身心病 ㄕㄣ ㄒㄧㄣ ㄅㄧㄥˋ/shēnxīnbìng
psychosomatic disease
【心】台湾名。即“心身疾病”(1269 页)。

参苓白术散/參苓白朮散
shēnlíng báizhúsǎn/
ㄕㄣ ㄌㄧㄥˊ ㄅㄞˊ ㄓㄨˊ ㄙㄢˇ
shenling baizhu powder, shenling baizhu san
【中医】中医方剂名。组成:人参 15 克,白茯苓 15 克,白术 15 克,莲子肉 9 克,桔梗 6 克,白扁豆 12 克,山药 15 克,薏苡仁 9 克,砂仁 6 克,甘草 9 克。水煎服;或研末吞服,大枣汤调下。益气健脾,渗湿止泻,兼可益肺。治疗脾虚夹湿证，饮食不化，胸脘痞闷，肠鸣泄泻，四肢乏力，形体消瘦，面色萎黄等。

砷/砷 shēn/ㄕㄣ

arsenic

【化】非金属元素。属周期表第ⅤA族，符号As，原子序数33。原子量74.92。自然界中存在于砷铅矿、雄黄、雌黄等矿物中。单质有灰、黄、黑三种同素异形体。高纯度的砷是半导体材料。三氧化二砷俗称"砒霜"，剧毒。

📖 公元4世纪，中国东晋的葛洪在《抱朴子内篇·仙药》中介绍了利用雄黄提取砷的方法；西方人认为砷是1250年由德意志的马格努斯(A. Magnus)用肥皂与雄黄共煮时发现的。拉丁名定名为arsenium，源自希腊文arsen，意思是"强烈的"。中国古时称"砒"，后中文定名为"砷"，是形声字。

砷化镓/砷化鎵

shēnhuàjiā/ㄕㄣ ㄏㄨㄚˋ ㄐㄧㄚ

gallium arsenide

【化】无机化合物。化学式GaAs。暗灰色结晶，有金属光泽，剧毒。是半导体，电子迁移率极高，为硅的6倍。用化学气相沉积技术可制成纯度很高的砷化镓半导体薄膜，广泛用于信息技术方面，也用来制发光二极管、太阳光电池等。

深成岩/深成岩

shēnchéngyán/ㄕㄣ ㄔㄥˊ ㄧㄢˊ

plutonic rock

【地】火成岩的一类。岩浆在地下深处缓慢冷却凝固而形成。其中的矿物晶粒都较粗，肉眼可见。如花岗岩、闪长岩、辉长岩等。

深弹 shēndàn/ㄕㄣ ㄉㄢˋ

【军】"深水炸弹"的简称。

深二度烧伤/深二度燒傷

shēn èr dù shāoshāng/

ㄕㄣ ㄦˋ ㄉㄨˋ ㄕㄠ ㄕㄤ

deep second degree burn, deep partial thickness burn

【医】伤及真皮乳头层以下，但仍残留部分真皮及皮肤附件的烧伤。如无感染，通常需3～4周后愈合，常留有瘢痕。

深反射 shēnfǎnshè/ㄕㄣ ㄈㄢˇ ㄕㄜˋ

【医】即"腱反射"(608页)。因通过深感觉感受器(本体感觉)传导，故名。

深海潜水器

shēnhǎi qiánshuǐqì/

ㄕㄣ ㄏㄞˇ ㄑㄧㄢˊ ㄕㄨㄟˇ ㄑㄧˋ

【船】"深潜器"的全称。

深空探测/太空探測

shēnkōng tàncè/ㄊㄞˋ ㄎㄨㄥ ㄊㄢˋ ㄘㄜˋ

space exploration

【航】又称"宇宙探测"。人类利用特定的无人航天器，对月球和月球以远的天体和空间进行探索性观测、研究的活动。以了解、认识、开发、保护、利用太空以及空间资源，研究探索太阳系的起源、现状和演变过程，以及空间生命存在的可能性。通常采用月球探测器、行星和行星际空间探测器，分步深入进行。

深空探测器

shēnkōng tàncèqì/ㄕㄣ ㄎㄨㄥ ㄊㄢˋ ㄘㄜˋ ㄑㄧˋ

【航】即"空间探测器"(688页)。

深潜器/深潛器 shēnqiánqì/ㄕㄣ ㄑㄧㄢˊ ㄑㄧˋ

deep diving submersible, bathyscaphe

【船】全称"深海潜水器"。可潜入水下较大深度并保持一定时间，完成某些特定任务的潜水装置。分载人潜器和遥控潜器两类。潜器上装有动力、控制、观察、探测、摄像等设备。载人潜器已能到达地球上最深海底。

深水炸弹/深水炸彈

shēnshuǐ zhàdàn/ㄕㄣ ㄕㄨㄟˇ ㄓㄚˋ ㄉㄢˋ

depth charge

【军】简称"深弹"。用于攻击潜艇的水中武器。通常装有定深引信，投入水中后下沉到一定深度或接近目标时引爆以杀伤目标。通常由舰船或反潜飞机投放。

神/神 shén/ㄕㄣˊ

vitality, spirit, mental activity

【中医】人体生命活动的总体现。广义上指整个人体的生命活动和生理功能，是机体生命活动的高度概括。狭义上指心所主的神志，即人的精神、意识和思维活动。

神道/神道 shéndào/ㄕㄣˊ ㄉㄠˋ

spirit road

【建】进入陵墓区的主要道路。位于墓前轴线上，是墓区的重要组成部分，起引导烘托的作用。

S

神道柱/神道柱
shéndàozhù/ㄕㄣˊ ㄉㄠˋ ㄓㄨˋ
columns of spirit road
【建】又称“墓表”。陵墓神道两侧的石柱，由柱础、柱身、柱头组成。早期兼有石碑的作用，记载死者生平。样式均有变化。

神经/神經 shénjīng/ㄕㄣˊ ㄐㄧㄥ
nervus
【医】高等动物体内能传递感知和运动冲动的组织。由许多神经纤维及包绕它们的结缔组织等构成，分布在全身所有器官、组织，并由特殊结构与肌细胞、腺体细胞等发生联系。按其功能不同，可分为感觉神经、运动神经和混合神经；按部位不同，又可分为脑神经、脊神经和自主神经。

神经丛/神經叢
shénjīngcóng/ㄕㄣˊ ㄐㄧㄥ ㄘㄨㄥˊ
nerve plexus
【医】周围神经在某些部位重复交织构成的神经集束丛。如颈神经丛、臂神经丛、腰神经丛、骶神经丛和阴部神经丛等。

神经递质/神經傳導介質
shénjīng dìzhì/ㄕㄣˊ ㄐㄧㄥ ㄔㄨㄢˊ ㄉㄠˇ ㄐㄧㄝˋ ㄓˊ
neurotransmitter
【医】由神经细胞合成、神经末梢释放的特殊信使物质。能作用于特异性受体，介导信息传递。

神经节阻滞药/神經節阻滯藥
shénjīngjié zǔzhìyào/
ㄕㄣˊ ㄐㄧㄥ ㄐㄧㄝˊ ㄗㄨˇ ㄓˋ ㄧㄠˋ
ganglioplegic
【医】阻断交感神经节对冲动的传递而引起血压下降的药物。常用的有樟磺咪芬、美卡拉明、六甲溴铵等。

神经类型/神經類型
shénjīng lèixíng/ㄕㄣˊ ㄐㄧㄥ ㄌㄟˋ ㄒㄧㄥˊ
nervous type
【心】巴甫洛夫根据神经活动基本过程的特点(强度、灵活性、平衡性)的稳定组合，将人的神经活动划分成活泼型、不可遏制型、安静型、弱型 4 种。

神经末梢/神經末梢
shénjīng mòshāo/ㄕㄣˊ ㄐㄧㄥ ㄇㄛˋ ㄕㄠ
nerve ending
【医】周围神经纤维的终末部分。分布于全身各部的组织和器官，形成多种多样的末梢装置。按形态结构和生理功能的不同，可分为感觉神经末梢和运动神经末梢。

神经衰弱/神經衰弱症
shénjīng shuāiruò/
ㄕㄣˊ ㄐㄧㄥ ㄕㄨㄞ ㄖㄨㄛˋ ㄓㄥˋ
neurashenia
【心】神经症的一种。主要表现为注意力障碍、联想、回忆增多和感觉过敏的心理易兴奋症状，精神易疲劳症状，烦恼易激惹、心情紧张的情绪症状和记忆减退、头痛、失眠。

神经网络
shénjīng wǎngluò/ㄕㄣˊ ㄐㄧㄥ ㄨㄤˇ ㄌㄨㄛˋ
【自】“人工神经网络”的简称。

神经网络控制系统/神經網路控制系統
shénjīng wǎngluò kòngzhì xìtǒng/
ㄕㄣˊ ㄐㄧㄥ ㄨㄤˇ ㄌㄨˋ ㄎㄨㄥˋ ㄓˋ ㄒㄧˋ ㄊㄨㄥˇ
neural network control system
【自】神经网络经过训练作为控制器，或成为模型未知的被控对象的神经网络模型，从而形成的许多新结构控制系统。

神经细胞
shénjīng xìbāo/ㄕㄣˊ ㄐㄧㄥ ㄒㄧˋ ㄅㄠ
【医】即“神经元”(999 页)。

神经纤维/神經纖維
shénjīng xiānwéi/ㄕㄣˊ ㄐㄧㄥ ㄒㄧㄢ ㄨㄟˊ
nerve fiber
【医】神经元较长的突起连同其被神经胶质细胞所包绕的结构。可分为有髓神经纤维和无髓神经纤维。

神经心理学/神經心理學
shénjīng xīnlǐxué/ㄕㄣˊ ㄐㄧㄥ ㄒㄧㄣ ㄌㄧˇ ㄒㄩㄝˊ
neuropsychology
【心】生理心理学的一个分支。主要研究神经过程与行为之间的相互关系。

神经性毒剂/神經性毒劑
shénjīngxìng dújì/ㄕㄣˊ ㄐㄧㄥ ㄒㄧㄥˋ ㄉㄨˊ ㄐㄧˋ
nerve agent
【军】又称“含磷毒剂”。破坏神经系统正常传导功能的毒剂。是高效、连杀性致死剂，无刺激性，仅有微弱臭味。可装填于多种弹药和导弹战斗部中使用,经呼吸道、皮肤等途径使人员中毒,抑制体内生物活性物质胆碱酯酶,破坏乙酰胆碱对神经冲动的传导。沙林、梭曼和维埃克斯是最具代表性的神经性毒剂。

神经元/神經元
shénjīngyuán/ㄕㄣˊ ㄐㄧㄥ ㄩㄢˊ
neuron
【医】又称"神经细胞"。神经组织的结构和功能单位。形态多样,可分为胞体和突起(树突及轴突)两部分。具有感受刺激、整合信息和传导冲动的能力;通过神经元之间的联系,将接收的信息加以分析储存,并传递给骨骼肌、内脏平滑肌和腺体等,以产生效应;也是意识、记忆、思维和行为调节的基础。

神经症/精神官能症
shénjīngzhèng/ㄐㄧㄥ ㄕㄣˊ ㄍㄨㄢ ㄋㄥˊ ㄓㄥˋ
neurosis
【心】一组精神障碍。除癔症外,没有精神症状,主要表现为烦恼,持续的心理冲突,病人觉察到或体验到这种冲突并因之而深感痛苦且妨碍心理或社会功能,但没有任何可证实的器质性病理基础。

神农/神農 Shénnóng/ㄕㄣˊ ㄋㄨㄥˊ
Shennong, * Divine Husbandman
【中医】又称"炎帝"。相传为中国农业与医药的创始人。传说他使用一种神奇的"赭鞭"抽打百草,使之各自呈现本性,然后根据其不同性味给人治病,始有医药。见于《淮南子·修务训》:"神农尝百草之滋味,水泉之甘苦,令民知所避就,一日而遇七十毒。"《神农本草经》托名神农所撰。

神农本草经/神農本草經
Shénnóng Běncǎo Jīng/
ㄕㄣˊ ㄋㄨㄥˊ ㄅㄣˇ ㄘㄠˇ ㄐㄧㄥ
Shennong's Classic of Materia Medica, Shennong Bencao Jing, * The Divine Husbandman's Herbal Foundation Canon
【中医】简称"本草经""本经"。现存最早的中药学著作。未著撰人。约成书于汉代或汉代以前。原书已佚,现存为后代辑佚本。该书总结了成书年代前的药物学成就,提出君臣佐使,阴阳配合,七情合和,五味、四气等药物学理论,介绍了药物的名称、性味、生长环境及主治功用等。收载药物 365 种,分为上、中、下三品(类),大多常用有效,有 200 多种药沿用至今,具有较高的历史、学术和临床价值。

神曲/神麯 shénqū/ㄕㄣˊ ㄑㄩ
Massa Medicata Fermentata (拉), medicated leaven
【中医】中药名。为辣蓼、青蒿、杏仁等药加入面粉或麸皮混合后,经发酵而形成的曲剂。味甘、辛,性温。归脾、胃经。消食和胃。用于食积不化,脘腹胀满食少,肠鸣泄泻等。

神經傳導介質 ㄕㄣˊ ㄐㄧㄥ ㄔㄨㄢˊ ㄉㄠˇ ㄐㄧㄝˋ ㄓˋ/
shénjīng chuándǎo jièzhì
neurotransmitter
【医】台湾名。即"神经递质"(998 页)。

神經衰弱症 ㄕㄣˊ ㄐㄧㄥ ㄕㄨㄞ ㄖㄨㄛˋ ㄓㄥˋ/
shénjīng shuāiruòzhèng
neurashenia
【心】台湾名。即"神经衰弱"(998 页)。

神經網路控制系統
ㄕㄣˊ ㄐㄧㄥ ㄨㄤˇ ㄌㄨˋ ㄎㄨㄥˋ ㄓˋ ㄒㄧˋ ㄊㄨㄥˇ/
shénjīng wǎnglù kòngzhì xìtǒng
neural network control system
【自】台湾名。即"神经网络控制系统"(998 页)。

肾/腎 shèn/ㄕㄣˋ
kidney
㊀【医】位于脊柱两侧腹膜后间隙内,紧贴腹后壁上部,左右各一,形似蚕豆的排泄器官。能够产生并排泄尿液。肾实质分为皮质和髓质。髓质内肾锥体以肾乳头突入肾小盏,肾小盏汇集成肾大盏,再汇合成肾盂,肾盂出肾门后远端变细移行为输尿管。肾以尿的形式排出代谢终产物。成人的肾重120～150克。㊁【中医】五脏之一。位于腰部,脊柱两旁,左右各一。与西医肾脏不完全一致。中医认为其主要生理功能是藏精(贮藏肾精、生殖之精),主生长发育和生殖,主水(主持和调节人体水液代谢)和主纳气(摄纳肺气以助呼吸),主骨、生髓,并与耳、二阴密切相关。

肾癌/腎癌 shèn'ái/ㄕㄣˋ ㄧㄞˊ(又读 ㄞˊ)
carcinoma of kidney
【医】全称"肾细胞癌"。发生于肾实质的恶性肿瘤。临床主要表现为间歇性、无痛性肉眼血尿,腰部疼痛和肿块等。

肾合膀胱/腎合膀胱
shèn hé pángguāng/ㄕㄣˋ ㄏㄜˊ ㄆㄤˊ ㄍㄨㄤ
kidney being connected with bladder, * kidney is connected with bladder
【中医】脏腑相合之一。肾与膀胱相表里,足少阴肾经与足太阳膀胱经相互络属,构成肾与膀胱的阴阳表里相合关系。二者生理上相互配合,肾主水,水液代谢后的剩余部分,贮存于膀胱,并在肾阳气化作用的促进下,膀胱开合有度,排出尿液。在病理上二者互相影响。

肾绞痛/腎絞痛
shènjiǎotòng/ㄕㄣˋ ㄐㄧㄠˇ ㄊㄨㄥˋ
renal colic
【医】发生于腰部的呈持续性或阵发性的绞痛。因肾盂、输尿管平滑肌痉挛或管腔的急性部分梗阻而引起,运动或震动可使疼痛加剧。疼痛可放射到同侧下腹部和外生殖器部位,并可伴有恶心、呕吐和血尿。常见原因为输尿管结石刺激输尿管引起输尿管痉挛,导致疼痛。

肾结石/腎結石 shènjiéshí/ㄕㄣˋ ㄐㄧㄝˊ ㄕˊ
renal calculus
【医】台湾又称"腎石"。发生于肾盏、肾盂及肾盂与输尿管连接部的石化异物。常引起上尿路梗阻、感染等,脱落至输尿管时可诱发痉挛,引起剧烈疼痛。

肾精亏虚证/腎精虧虛證
shènjīng kuīxūzhèng/
ㄕㄣˋ ㄐㄧㄥ ㄎㄨㄟ ㄒㄩ ㄓㄥˋ
syndrome of deficiency of kidney essence, * kidney essence depletion pattern, * kidney essence depletion syndrome
【中医】中医证候之一。肾精亏虚所致,以小儿生长发育迟缓,成人生殖机能减退,早衰,健忘,耳鸣,发脱,牙齿松动,舌淡,脉细弱等为常见症。

肾蕨/腎蕨 shènjué/ㄕㄣˋ ㄐㄩㄝˊ
tuber fern
【植】*Nephrolepis auriculata* 蕨类。肾蕨科肾蕨属。根状茎有直立的主轴及从主轴向四面发出的长匍匐茎,从匍匐茎的短枝上长出圆形块茎。叶簇生,草质,叶片披针形,一回羽裂,羽片无柄,以关节着生于叶轴,边缘有齿。孢子囊群在主脉两侧各排成一行,囊群盖肾形。在中国,分布于浙江以南各地。全草入药。

肾气丸/腎氣丸 shènqìwán/ㄕㄣˋ ㄑㄧˋ ㄨㄢˊ
shenqi pills, shenqi wan, * Kidney Qi Pill
【中医】又称"金匮肾气丸"。中医方剂名。组成:生地黄 24 克,山药、山茱萸各 12 克,泽泻、茯苓、牡丹皮各 9 克,桂枝、附子各 3 克。制成蜜丸服用,或水煎服。补肾助阳。治疗肾阳不足证,见腰痛脚软,身半以下常有冷感,少腹拘急,小便不利,或小便反多,入夜尤甚,阳痿早泄等。

肾气虚证/腎氣虛證
shènqìxūzhèng/ㄕㄣˋ ㄑㄧˋ ㄒㄩ ㄓㄥˋ
syndrome of deficiency of kidney qi, * kidney qi vacuity pattern, * kidney qi deficiency syndrome
【中医】中医证候之一。肾气虚弱所致,以腰酸,耳鸣,性欲减退,头晕健忘,脉弱等为常见症。

肾上腺/腎上腺
shènshàngxiàn/ㄕㄣˋ ㄕㄤˋ ㄒㄧㄢˋ
adrenal gland
【医】内分泌腺之一。位于两侧肾脏内上端,略呈三角形,分为皮质和髓质两部分。周围部分是皮质,分泌多种肾上腺皮质激素;内部为髓质,分泌肾上腺素和去甲肾上腺素。

肾上腺皮质激素类/腎上腺皮質激素
shènshàngxiàn pízhì jīsùlèi/
ㄕㄣˋ ㄕㄤˋ ㄒㄧㄢˋ ㄆㄧˊ ㄓˋ ㄐㄧ ㄙㄨˋ
adrenocortical hormones
【医】肾上腺皮质分泌的天然甾体激素及人工合成类似物的总称。按结构和作用不同,可分为糖皮质激素和盐皮质激素两类。

肾上腺素/腎上腺素
shènshàngxiànsù/ㄕㄣˋ ㄕㄤˋ ㄒㄧㄢˋ ㄙㄨˋ
adrenaline
【医】肾上腺髓质分泌的一种儿茶酚胺类激素。是一种作用快而强的强心药,有使心肌收缩力加强、兴奋性增高、传导加速、心排血量增多等作用。但对全身各部分血管的作用不同，对皮肤、黏膜和内脏的血管呈现收缩作用，对冠状动脉和骨骼肌血管呈现扩张作用。还可松弛支气管平滑肌及解除支气管平滑肌痉挛，缓解心跳微弱、血压下降、呼吸困难等症状。

肾上腺素受体拮抗药
shènshàngxiànsù shòutǐ jiékàngyào/ ㄕㄣˋ ㄕㄤˋ ㄒㄧㄢˋ ㄙㄨˋ ㄕㄡˋ ㄊㄧˇ ㄐㄧㄝˊ ㄎㄤˋ ㄧㄠˋ
【医】即“肾上腺素受体阻滞药”(1001页)。

肾上腺素受体阻滞药/腎上腺素受體阻斷劑
shènshàngxiànsù shòutǐ zǔzhìyào/ ㄕㄣˋ ㄕㄤˋ ㄒㄧㄢˋ ㄙㄨˋ ㄕㄡˋ ㄊㄧˇ ㄗㄨˇ ㄉㄨㄢˋ ㄐㄧˋ
adrenoreceptor blocker
【医】又称“肾上腺素受体拮抗药”。阻抑肾上腺素递质引起的激动症状的药物。分为α、β两种。α受体阻滞可引起外周血管舒张，用于血管痉挛性疾病；β受体阻滞可减慢心率，抑制心脏收缩力和房室传导，减少循环血流，降低心肌氧耗量，抑制肾素释放降低血压，用于多种心律失常、心绞痛、高血压等。

肾细胞癌
shènxìbāo'ái/ ㄕㄣˋ ㄒㄧˋ ㄅㄠ ㄧㄢˊ（又读 ㄞˊ）
【医】“肾癌”的全称。

肾小管/腎小管
shènxiǎoguǎn/ ㄕㄣˋ ㄒㄧㄠˇ ㄍㄨㄢˇ
renal tubule
【医】肾单位中起于肾小球囊直至集合管的弯曲小管。分为近端小管、髓袢细段和远端小管。除输送原尿外，还有重吸收、分泌调节功能，对尿的生成和浓缩起重要作用。

肾小球肾炎/腎絲球腎炎
shènxiǎoqiú shènyán/ ㄕㄣˋ ㄙ ㄑㄧㄡˊ ㄕㄣˋ ㄧㄢˊ
glomerulonephritis，GN
【医】双侧肾脏弥漫性或局灶性肾小球炎性病变。临床主要表现为血尿、蛋白尿、高血压、低蛋白血症、明显水肿等，可伴有肾功能障碍。

肾炎/腎炎 shènyán/ ㄕㄣˋ ㄧㄢˊ
nephritis
【医】双侧肾脏非化脓性的炎性病变。临床主要表现为浮肿、血尿、蛋白尿、管型尿、高血压等。按发病原因不同，可分为原发性肾小球肾炎和继发性肾小球肾炎。急性肾炎、慢性肾炎、肾病综合征、IgA肾炎等属于原发性肾炎；紫癜性肾炎、狼疮性肾炎、糖尿病肾病、高血压肾病等属于继发性肾炎。

肾阳虚证/腎陽虛證
shènyángxūzhèng/ ㄕㄣˋ ㄧㄤˊ ㄒㄩ ㄓㄥˋ
syndrome of deficiency of kidney yang，＊kidney yang vacuity pattern
【中医】中医证候之一。肾阳亏虚，机体失却温煦所致，以畏寒肢冷，腰以下为甚，面色㿠白或黧黑，神疲乏力，小便清长，夜尿多，舌淡苔白，脉弱等为常见症。

肾移植/腎移植 shènyízhí/ ㄕㄣˋ ㄧˊ ㄓˊ
renal transplantation
【医】将某一个体的肾脏移植给另一个体的手术。按供肾来源不同，可分为自体肾移植、同种肾移植和异种肾移植。

肾阴虚证/腎陰虛證
shènyīnxūzhèng/ ㄕㄣˋ ㄧㄣ ㄒㄩ ㄓㄥˋ
syndrome of deficiency of kidney yin，＊kidney yin vacuity pattern
【中医】中医证候之一。肾阴亏虚，虚热内生所致，以腰膝酸软而痛，眩晕耳鸣，齿松发脱，五心烦热，潮热颧红，男子遗精，女子经少或闭经，舌红少苔，脉细数(shuò)等为常见症。

肾盂/腎盂 shènyú/ ㄕㄣˋ ㄩˊ
renal pelvis
【医】由多个肾大盏集合而成的囊性组织。前后扁平，漏斗状。位于肾门，收集尿液，远端变细移行为输尿管。

肾盂肾炎/腎盂腎炎
shènyú shènyán/ ㄕㄣˋ ㄩˊ ㄕㄣˋ ㄧㄢˊ
pyelonephritis
【医】肾盂的炎性病变。多由细菌感染引起，常伴有下尿路感染。临床主要表现为发热、腰痛及尿频、尿急、尿痛等。

肾著/腎著 shènzhuó/ ㄕㄣˋ ㄓㄨㄛˊ
affection of kidney by cold-dampness, kidney disorder with cold painful waist，＊kidney fixity
【中医】中医内科疾病之一。多因劳动汗出之后，衣里冷湿，或居处卑湿较久，寒湿之气侵于腰间所致，症见腰部冷痛重着，转侧不利，遇阴雨则加重，多伴腹重下坠等。治宜温化寒湿，用甘姜苓术汤。

甚短期预报
shènduǎnqī yùbào/ㄕㄣˋ ㄉㄨㄢˇ ㄑㄧˊ ㄩˋ ㄅㄠˋ
【气】即“短时预报”(283 页)。

甚高频/特高頻
shèngāopín/ㄊㄜˋ ㄍㄠ ㄆㄧㄣˊ
very high frequency，VHF
【信息】无线电波中 30～300 兆赫的频率。

胂/胂 shèn/ㄕㄣˋ
arsine
【化】一类含砷有机化合物。砷化氢分子中的氢原子部分或全部被烃基取代而成。大多有剧毒。挥发性的胂在空气中迅速氧化而发烟，有些还能自燃。是重要的配位体，能与许多金属元素形成多种形式的配合物。
📖 砷化氢的英文名称和胂的英文名称相同，有时将砷化氢归入胂中。

渗出液/滲出液 shènchūyè/ㄕㄣˋ ㄔㄨ ㄧㄝˋ
transudate
【医】炎症过程中因血管壁通透性升高等因素，从血管内渗出到间质、体腔或体表的液体。含有较多的蛋白(包括大分子的纤维蛋白原)和细胞成分，肉眼观察混浊，能自凝，比重大于 1.018，里瓦尔塔(Rivalta)试验阳性。
📖 不同病菌引起的感染，渗出液不同，比如由金黄色葡萄球菌引起感染的，渗出液为稠厚黄色；由肺炎双球菌引起感染的，渗出液常浓稠而色深；由链球菌引起感染的，渗出液多稀淡呈淡黄色；由放线菌引起感染的，渗出液浓稠、黄或黄绿色，且有恶臭味。

渗氮/滲氮 shèndàn/ㄕㄣˋ ㄉㄢˋ
nitriding
【机】又称“氮化”。化学热处理的一种。通常将氨气通入密封加热炉中，氨分解所产生的活性氮渗入钢件表层形成氮化物，以提高其表面硬度、耐磨性、疲劳强度和抗蚀性。适于氮化的钢有含铬、钼、铝、钒等元素的合金钢、不锈钢等。也可用于钛合金等。

渗灌/地下灌溉
shènguàn/ㄉㄧˋ ㄒㄧㄚˋ ㄍㄨㄢˋ ㄍㄞˋ
subirrigation
【水利】微灌的一种。利用埋设在植物主要根系层下的低压管道使水慢慢渗出，借助土壤的毛细管作用浸润土壤。

渗硼/滲硼 shènpéng/ㄕㄣˋ ㄆㄥˊ
boriding
【机】化学热处理的一种。将钢件置于含有硼和催渗剂的介质中加热，使硼渗入钢件并在表面形成硼化铁层以获得很高的硬度、耐磨性和抗蚀性。常见的有在硼砂盐浴中进行的液体渗硼，将钢件埋在固体渗硼剂中进行的固体渗硼，将膏状渗硼剂涂覆于钢件表面进行的膏剂渗硼。

渗碳/滲碳 shèntàn/ㄕㄣˋ ㄊㄢˋ
carburizing
【机】化学热处理的一种。将钢件置于渗碳介质中加热并保温，使碳原子渗入表层，再通过淬火和低温回火，表面获得很高的硬度，而心部仍保持高的韧性。按渗碳介质不同，又可分为固体渗碳、液体渗碳和气体渗碳。

渗碳体/雪明碳體
shèntàntǐ/ㄒㄩㄝˇ ㄇㄧㄥˊ ㄊㄢˋ ㄊㄧˇ
cementite
【材】台湾又称“雪明碳鐵”。钢中相形态之一。铁和碳形成的化合物，通常呈片状、球状或网状。硬而脆，塑性很差，延伸率接近于零，在一定条件下会发生分解，形成石墨。在 230℃以下具有一定的磁性。渗碳体在钢组织中的形态对钢的性能有很大影响，可作为铁碳合金的重要强化相。铸铁中也含渗碳体。

渗透/滲透 shèntòu/ㄕㄣˋ ㄊㄡˋ
osmosis
【化】较稀溶液中溶剂透过半透膜向较浓溶液扩散的现象。恰好阻止溶剂渗透所需的机械压强称为“渗透压”。如溶液一方所施加的超过渗透压，则溶剂将反向透过半透膜流入溶液另一方，称为“反渗透”。渗透与反渗透用于海水淡化、硬水软化、重金属回收等方面。

渗透率/透水性
shèntòulǜ/ㄊㄡˋ ㄕㄨㄟˇ ㄒㄧㄥˋ
permeability
【地】❶表示岩石透水性大小的指标。其大小与岩石孔隙的性质有关，而与液体性质无关。❷在台湾，渗透率也指“渗透性”(1003 页)。

渗透系数/滲透係數
shèntòu xìshù/ㄕㄣˋ ㄊㄡˋ ㄒㄧˋ ㄕㄨˋ
permeability coefficient
【地】单位压力梯度下流体通过介质的单位流量。表达式为：$\kappa = k\rho g/\eta$。式中，κ 为渗透系数；k 为孔隙介质的渗透率；η 为动力黏滞系数；ρ 为流体密度；g 为重力加速度。通常以 m/d 为量值。其大小主要取决于岩石或土体孔隙的性质和流体的黏滞性等。

渗透性/滲透率
shèntòuxìng /ㄕㄣˋ ㄊㄡˋ ㄌㄩˋ
permeability
【地】在一定压差下，岩石允许流体通过的性质。常以渗透系数来度量。

渗透压/滲透壓 shèntòuyā/ㄕㄣˋ ㄊㄡˋ ㄧㄚ
osmotic pressure
【物】渗透作用发生时，在原溶液上所加的恰好能够阻止纯溶剂进入该溶液的机械压强。

渗析/溶膠透析
shènxī/ㄖㄨㄥˊ ㄐㄧㄠ ㄊㄡˋ ㄒㄧ
diasolysis
【化】利用半透膜将胶体与小分子或离子分离的操作。胶体粒子不能透过半透膜，小分子和离子可以透过，不断更换透过方溶剂，有助于分子和离子的迁移，可获得目标产品。

腎上腺皮質激素
ㄕㄣˋ ㄕㄤˋ ㄒㄧㄢˋ ㄆㄧˊ ㄓˋ ㄐㄧ ㄙㄨˋ/
shènshàngxiàn pízhì jīsù
adrenocortical hormones
【医】台湾名。即“肾上腺皮质激素类”(1000 页)。

腎上腺素受體阻斷劑
ㄕㄣˋ ㄕㄤˋ ㄒㄧㄢˋ ㄙㄨˋ ㄕㄡˋ ㄊㄧˇ ㄗㄨˇ ㄉㄨㄢˋ ㄐㄧˋ/
shènshàngxiànsù shòutǐ zǔduànjì
adrenoreceptor antagonist
【医】台湾名。即“肾上腺素受体阻滞药”(1001 页)。

腎石 ㄕㄣˋ ㄕˊ/shènshí
renal calculus
【医】台湾名。即“肾结石”(1000 页)。

腎絲球腎炎
ㄕㄣˋ ㄙ ㄑㄧㄡˊ ㄕㄣˋ ㄧㄢˊ/shènsīqiú shènyán
glomerulonephritis, GN
【医】台湾名。即“肾小球肾炎”(1001 页)。

蜃景/蜃景 shènjǐng/ㄕㄣˋ ㄐㄧㄥˇ
mirage
【气】俗称“海市蜃楼”。发生在大气中的一类光学现象。光线穿越密度变化足够大的气层时，产生折射或反射，把远处的景物显示在不同于原景物的位置上。按形成时的气象条件不同，可分为上现蜃景、下现蜃景、侧现蜃景、复杂蜃景等。
📖 平静的海面或广袤的沙漠有利于产生蜃景形成所需要的气象条件。古人误以为出现在海面上的蜃景为蜃(大蛤蜊)所吐之气形成，故旧称“蜃气”。晋伏琛《三齐略记》：“海上蜃气，时结楼台，名海市。”后常用海市蜃楼比喻虚幻而不可持久的事物。

滲入 ㄕㄣˋ ㄖㄨˋ/shènrù
㊀wettability, ㊁infiltration
【物,医】台湾名。即“浸润”(637 页)。

滲碳氮化法
ㄕㄣˋ ㄊㄢˋ ㄉㄢˋ ㄏㄨㄚˋ ㄈㄚˇ/shèntàn-dànhuàfǎ
carbonitriding
【机】台湾名。即“碳氮共渗”(1108 页)。

sheng (ㄕㄥ)

升/公升 shēng/ㄍㄨㄥ ㄕㄥ
litre
【计量】体积、容积的国际单位制单位。符号 L 或 l。1 升＝1 分米^3。

升船机/升船機
shēngchuánjī/ㄕㄥ ㄔㄨㄢˊ ㄐㄧ
ship lift, ship elevator
【船】用于托举并升降船舶的装置与设施。主要由平台、升降平台支架和平台升降机构等组成。用于水利工程，把整艘船舶提升过坝、过闸到上游，或从上游降至下游。升船机也用于船厂从水中提升船舶至岸上船台，或把船舶从船台移到水中。

升汞/昇汞 shēnggǒng/ㄕㄥ ㄍㄨㄥˇ
corrosive sublimate
【化】无机化合物。化学式 $HgCl_2$。无色晶体、白色颗粒及粉末。水溶液呈酸性，遇氢氧化钠生成氯氧化汞黄色沉淀，与氨水作用生成白色氨基氯化汞沉淀，极毒。用于制造氯化亚汞和其他汞盐，用作有机合成催化剂、防腐剂、消毒剂等。还用于农药、涂料、印染等方面。

升华/昇華 shēnghuá/ㄕㄥ ㄏㄨㄚˊ
sublimation
【物】物质由固相直接转变为气相的过程。在一定条件下发生，吸收热量。

升华热/昇華熱
shēnghuárè/ㄕㄥ ㄏㄨㄚˊ ㄖㄜˋ
heat of sublimation
【物】单位质量的某种固体升华为同温度气体时吸收的热量。同种物质的升华热与凝华热数值相等。

升降舵/升降舵
shēngjiàngduò/ㄕㄥ ㄐㄧㄤˋ ㄉㄨㄛˋ
elevator
【航】铰接在飞机的水平尾翼后缘，可上下摆动以操纵飞机俯仰运动的舵面。

S

升降浮沉/升降浮沉
shēngjiàng-fúchén/ㄕㄥ ㄐㄧㄤˋ ㄈㄨˊ ㄔㄣˊ
ascending and descending, floating and sinking
【中医】中药对人体作用的不同趋向性。升是上升提举，趋向于上；降是下达降逆，趋向于下；浮是向外发散，趋向于外；沉是向内收敛，趋向于内。例如，升麻、柴胡是升浮药，有升举清阳的作用；半夏、沉香是沉降药，有降逆止呕的作用。

升降運送車
ㄕㄥ ㄐㄧㄤˋ ㄩㄣˋ ㄙㄨㄥˋ ㄔㄜ/
shēngjiàng yùnsòngchē
crane truck, lift truck
【机】台湾名。即“起重举升汽车”(889 页)。

升力/升力 shēnglì/ㄕㄥ ㄌㄧˋ
ascensional force; lift force
【物】旧称“上举力”。气流作用在物体上的合力中的竖直向上的分力。

升力螺旋桨
shēnglì luóxuánjiǎng/
ㄕㄥ ㄌㄧˋ ㄌㄨㄛˊ ㄒㄩㄢˊ ㄐㄧㄤˇ
【航】即“旋翼”(1292 页)。

升麻/升麻 shēngmá/ㄕㄥ ㄇㄚˊ
Rhizoma Cimicifugae(拉), largetrifoliolious bugbane rhizome
【中医】中药名。毛茛科植物大三叶升麻 *Cimicifuga heracleifolia* Kom.、兴安升麻 *C. dahurica* (Turcz.) Maxim. 或升麻 *C. foetida* L. 的干燥根茎。味辛、微甘，性微寒。归肺、脾、胃、大肠经。发表透疹，清热解毒，升举阳气。用于风热头痛，齿痛，口疮，咽喉肿痛，麻疹透发不畅，阳毒发斑；脱肛，子宫脱垂。

升起/升起 shēngqǐ/ㄕㄥ ㄑㄧˇ
hoist, shengqi
【建】唐宋建筑中檐柱由明间向两端角柱逐渐升高的做法。宋《营造法式》规定：当心间柱高不动，次间柱升高二寸，往外各柱依次递增，使檐口形成一条两端起翘的缓和曲线，整个建筑外观生动活泼，富于变化。也用于屋脊等处。图见“侧脚”(98 页)

升限/升限 shēngxiàn/ㄕㄥ ㄒㄧㄢˋ
ceiling
【航】航空器在规定条件下所能达到的最大飞行高度。分为理论升限和实用升限两种。

升压药/增壓劑
shēngyāyào/ㄕㄥ ㄧㄚ ㄧㄠˋ
hypertensor
【医】用以纠正血压过低的治疗药物。包括具有 α 受体激动作用的肾上腺素类和直接收缩血管的增压素。

生产过程自动化/生產過程自動化
shēngchǎn guòchéng zìdònghuà/
ㄕㄥ ㄔㄢˇ ㄍㄨㄛˋ ㄔㄥˊ ㄗˋ ㄉㄨㄥˋ ㄏㄨㄚˋ
production process automation, automation of production process
【自】生产过程按其性质可分为二类：连续生产过程或称流程，以化工、石油、冶金为代表，另一类以机械制造为代表的断续生产过程。前者的自动化就是过程自动化、化工自动化。后者的自动化就是采用自动生产线、柔性制造系统、计算机集成制造系统等。可分别参阅各条。

生产商/製造商
shēngchǎnshāng/ㄓˋ ㄗㄠˋ ㄕㄤ
manufacturer
【物流】又称“制造商”。通过机器设备和生产工序将原材料或零部件制造成半成品或产成品的企业或个人。

生产线/生產線
shēngchǎnxiàn/ㄕㄥ ㄔㄢˇ ㄒㄧㄢˋ
production line
【机】配置着操作工人或工业机器人的机械系统,按顺序完成设定的生产流程的作业线。常见的有产品生产线、零部件生产线、装配生产线等。可按节奏快慢不同,分为流水生产线和非流水生产线;按自动化程度不同,分为自动化生产线和非自动化生产线。

生成器/產生器
shēngchéngqì/ㄔㄢˇ ㄕㄥ ㄑㄧˋ
generator
【信息】能为计算机产生其他程序的计算机程序。

生存/生存 shēngcún/ㄕㄥ ㄘㄨㄣˊ
existence
【生】生命系统如微生物、植物、动物的存在和生长。

生存力/生存力
shēngcúnlì/ㄕㄥ ㄘㄨㄣˊ ㄌㄧˋ
viability
【生】生物体生存和繁育后代的能力。

生存率/存活率
shēngcúnlǜ/ㄘㄨㄣˊ ㄏㄨㄛˊ ㄌㄩˋ
survival rate
【医】又称"存活率"。接受某种治疗或患某种疾病的人,在一定随访时间(通常为1,3,5年)尚存活人数在上述所有病人中所占的比例。反映疾病对生命的危害程度,也用于评价某些病程较长疾病的远期疗效。常用百分率(%)表示。

生地 shēngdì/ㄕㄥ ㄉㄧˋ
【植】即"地黄"(220页)。

生化武器
ㄕㄥ ㄏㄨㄚˋ ㄨˇ ㄑㄧˋ/shēnghuà wǔqì
biological weapon
【军】台湾名。即"生物武器"(1014页)。

生化需氧量/生化需氧量
shēnghuà xūyǎngliàng/
ㄕㄥ ㄏㄨㄚˋ ㄒㄩ ㄧㄤˇ ㄌㄧㄤˋ
biochemical oxygen demand, BOD
【环】全称"生物化学需氧量",又称"生物需氧量"。微生物分解水体中有机物所消耗溶解氧的量。以每升水中消耗溶解氧的毫克数表示,记为BOD。BOD测定通常采用在20℃条件下,以培养5天后测定溶解氧消耗量为标准方法,称为五日生化需氧量,记为BOD_5。是反映水体有机物污染程度的综合指标。

生荒地/處女地
shēnghuāngdì/ㄔㄨˇ ㄋㄩˇ ㄉㄧˋ
virgin land
【农】适宜耕种而尚未开垦种植的土地。也包括曾经开垦种植,后已荒废多年的土地。

生活垃圾
shēnghuó lājī/ㄕㄥ ㄏㄨㄛˊ ㄌㄜˋ ㄙㄜˋ
【环】即"城市垃圾"(125页)。

生活力/生活力
shēnghuólì/ㄕㄥ ㄏㄨㄛˊ ㄌㄧˋ
vitality
【生】生物体正常生长发育的能力。

生活污染源/生活污染源
shēnghuó wūrǎnyuán/
ㄕㄥ ㄏㄨㄛˊ ㄨ ㄖㄢˇ ㄩㄢˊ
domestic pollution source
【环】人类消费活动中造成环境污染的发生源。主要是取暖、做饭等的锅炉和炉灶,排放生活污水和生活垃圾的设施和场所等。

生活污水/家庭污水
shēnghuó wūshuǐ/ㄐㄧㄚ ㄊㄧㄥˊ ㄨ ㄕㄨㄟˇ
domestic sewage
【水利】居民聚居区和公共建筑区排出的污水。包括日常生活中饮食、盥洗、卫生产生的废水以及商业、医院和游乐场所的排水等。

生活用水/生活用水
shēnghuó yòngshuǐ/ㄕㄥ ㄏㄨㄛˊ ㄩㄥˋ ㄕㄨㄟˇ
domestic water
【水利】人类日常生活及其相关活动用水的统称。包括城镇生活用水和农村生活用水。城镇生活用水由居民用水和公共用水(服务业、餐饮业、娱乐场所及学校和机关等用水)组成,农村生活用水除居民生活用水外还包括牲畜用水。

生姜/生薑 shēngjiāng/ㄕㄥ ㄐㄧㄤ
Rhizoma Zingiberis Recens(拉), fresh ginger
【中医】中药名。姜科植物姜 *Zingiber*

officinale Rosc. 的新鲜根茎。味辛，性微温。归肺、脾、胃经。解表散寒，温中止呕，化痰止咳。用于风寒感冒，胃寒呕吐，寒痰咳嗽。

生境/棲地 shēngjìng/ㄑㄧ ㄉㄧˋ

habitat

【生】生物的个体、种群或群落生活地域的环境。包括必需的生存条件和其他对生物起作用的生态因素。

生理/生理 shēnglǐ/ㄕㄥ ㄌㄧˇ

physiologic occlusion

【生】生物机体的机能，即整个生物体及其各个部分所表现的各种生命活动。

生理反射/生理反應

shēnglǐ fǎnshè/ㄕㄥ ㄌㄧˇ ㄈㄢˇ ㄧㄥˋ

physiologic reflex

【医】正常生命过程中出现的各种反射。如瞳孔对光反射、吞咽反射、排尿反射等。

生理反應

ㄕㄥ ㄌㄧˇ ㄈㄢˇ ㄧㄥˋ/shēnglǐ fǎnyìng

physiologic reflex

【医】台湾名。即“生理反射”(1006 页)。

生理回饋

ㄕㄥ ㄌㄧˇ ㄏㄨㄟˊ ㄎㄨㄟˋ/shēnglǐ huíkuì

biofeedback

【心】台湾名。即“生物反馈”(1011 页)。

生理心理学/生理心理學

shēnglǐ xīnlǐxué/ㄕㄥ ㄌㄧˇ ㄒㄧㄣ ㄌㄧˇ ㄒㄩㄝˊ

physiological psychology

【心】心理学的一个分支。主要研究心理现象的生理机制，内容涉及生物遗传学、生理学、解剖学、医学、数学、物理学、化学等，被称为一门理解行为和经验的生物基础的学科，也可称为“心理生物学”。

生理盐水/生理鹽水

shēnglǐ yánshuǐ/ㄕㄥ ㄌㄧˇ ㄧㄢˊ ㄕㄨㄟˇ

physiological saline

【生】含 0.9%氯化钠的水溶液。与细胞保持等渗，用于稀释注射剂或作为血浆代用品。

生理依赖/生理依賴

shēnglǐ yīlài/ㄕㄥ ㄌㄧˇ ㄧ ㄌㄞˋ

physiological dependence

【心】身体变得对物质适应和需要，一旦停用身体就会出现痛苦的戒断症状。

生理钟 shēnglǐzhōng/ㄕㄥ ㄌㄧˇ ㄓㄨㄥ

【生】即“生物钟”(1016 页)。

生脉散/生脈散

shēngmàisǎn/ㄕㄥ ㄇㄞˋ ㄙㄢˇ

shengmai powder，shengmai san，

* Pulse-Engendering Powder

【中医】中医方剂名。组成：人参 10 克，麦冬 15 克，五味子 6 克。水煎服。益气生津，敛阴止汗。用于暑热汗多，耗气伤液，体倦气短，咽干口渴，或久咳伤肺，气阴两伤，咳嗽少痰，气短自汗，口干舌燥等。其他气阴两虚之证，均可酌情加减应用。

生命/生命 shēngmìng/ㄕㄥ ㄇㄧㄥˋ

life

【生】生物体所具有的活动能力。是由核酸和蛋白质等物质组成的生物体呈现的生理过程，最基本的生命现象是新陈代谢和自我复制。随着生物进化，生命现象越加复杂，主要包括应激性、生长、发育、遗传、变异、运动、调节等。

生命保障系统/維生系統

shēngmìng bǎozhàng xìtǒng/

ㄨㄟˊ ㄕㄥ ㄒㄧˋ ㄊㄨㄥˇ

life support system

【航】为保障航天员在空间飞行器中正常生活、工作、试验研究而提供的生活舱、工作舱、试验舱等空间舱段设施和保持特定空间舱段环境所必备的氧气、水和食物等的统称。可分为开式系统、最低限度的闭式系统、半闭式再生系统、闭式系统和改进型生命保障系统。

生命的起源

ㄕㄥ ㄇㄧㄥˋ·ㄉㄜ ㄑㄧˇ ㄩㄢˊ/

shēngmìng de qǐyuán

origin of life

【生】台湾名。即“生命起源”(1007 页)。

生命化学/生命化學

shēngmìng huàxué/ㄕㄥ ㄇㄧㄥˋ ㄏㄨㄚˋ ㄒㄩㄝˊ

life chemistry

【化】化学与生命科学的交叉学科。将分子生物学与生物化学结合，研究跟生命有关的生物分子结构与生理功能的关系，阐明生命现象的本质，解决人类生存活动存在的问题。

生命科学/生物科學
shēngmìng kēxué/ㄕㄥ ㄇㄧㄥˋ ㄎㄜ ㄒㄩㄝˊ
bioscience, life science
【生】研究生命现象、生命活动的本质、特征和发生、发展规律,以及各种生物之间和生物与环境之间相互关系的科学。以生物学为基础,多学科、多分支相互交融,系统而完整。

生命起源/生命的起源
shēngmìng qǐyuán/
ㄕㄥ ㄇㄧㄥˋ·ㄉㄜ ㄑㄧˇ ㄩㄢˊ
origin of life
【生】从无生命的物质形成最初的生物体的过程。历史上对生命起源有各种臆说。近代科学研究证明,生物只能通过物质运动变化,由简单到复杂,逐步发展形成。

生命体征/生命徵象
shēngmìng tǐzhēng/ㄕㄥ ㄇㄧㄥˋ ㄓㄥ ㄒㄧㄤˋ
vital sign
【医】评价生命活动存在与否及其状况的指标。包括体温、脉搏、血压和呼吸等。

生命元素/生物要素
shēngmìng yuánsù/ㄕㄥ ㄨˋ ㄧㄠˋ ㄙㄨˋ
biological element
【化】与人类生命过程相关的元素。可分为:(1)必需元素,如碳、氧、氢、氮、硫、磷、钠、氯、钙、钾、镁等,是生命过程中不可缺少的元素;(2)微量营养元素,如碘、铁、钴、锌、铜、硅、钼、硼、锰、铬、氟、硒、锡、锶、溴、砷、镍、钒等;(3)污染与毒害元素,如铅、汞、铊、钡等;(4)生理惰性元素,如钛等。

📖 必需元素碳、氢、氧组成的"碳水化合物"是生命必需的能量来源,并构成了机体的基本组织,与钙、磷共同组成骨骼。氮和硫是蛋白质必需元素。微量营养元素碘存在于甲状腺素,铁存在于血红素,钴为某种辅酶所必需,锌主要存在于生殖细胞。

生命徵象 ㄕㄥ ㄇㄧㄥˋ ㄓㄥ ㄒㄧㄤˋ/
shēngmìng zhēngxiàng
vital sign
【医】台湾名。即"生命体征"(1007 页)。

生命周期设计
shēngmìng zhōuqī shèjì/
ㄕㄥ ㄇㄧㄥˋ ㄓㄡ ㄑㄧˊ ㄕㄜˋ ㄐㄧˋ
【环】即"生态设计"(1008 页)。

生坯 shēngpī/ㄕㄥ ㄆㄧ
【材】即"压坯"(1303 页)。

生漆/中國漆 shēngqī/ㄓㄨㄥ ㄍㄨㄛˊ ㄑㄧ
raw lacquer, Chinese lacquer
【化】又称"大漆""中国漆""天然漆"。天然涂料。切割漆树得到的树汁经去水除杂而成的黏稠状液体。乳白色,接触空气后转为褐色,主要成分和成膜物是漆酚,含量50%~80%不等,另含漆酶、糖蛋白、多糖和其他含氧有机化合物、水分、无机物等。涂刷于物体表面,漆膜坚牢耐久,耐化学品及土壤腐蚀。但耐碱性不理想,有过敏性毒性,接触皮肤可引起皮肤红肿或皮炎。

生石灰/生石灰
shēngshíhuī/ㄕㄥ ㄕˊ ㄏㄨㄟ
quick lime, lump lime
【化】无机化学品。主要成分为氧化钙,活性氧化钙和氧化镁含量60%~90%。由石灰石、白云石等矿物原料经900~1300℃煅烧分解出二氧化碳而得。白色或淡黄色,块状。有强烈吸水性和吸湿性。易与水作用而生成熟石灰。潮湿状态下吸收空气中的二氧化碳,硬化变成石灰石。

生态标志
shēngtài biāozhì/ㄕㄥ ㄊㄞˋ ㄅㄧㄠ ㄓˋ
【环】即"环境标志"(523 页)。

生态材料/生態材料
shēngtài cáiliào/ㄕㄥ ㄊㄞˋ ㄘㄞˊ ㄌㄧㄠˋ
【环】即"环境材料"(523 页)。

生态毒理学/生態毒理學
shēngtài dúlǐxué/ㄕㄥ ㄊㄞˋ ㄉㄨˊ ㄌㄧˇ ㄒㄩㄝˊ
ecotoxicology
【环】环境生态学的一个分支。研究毒物、环境、生物机体之间相互作用关系。包括有毒物质进入环境对生物种群和群落产生的生态效应,以及毒物和污染物在生态环境中的转化过程及其影响等。

生态工业/生態工業
shēngtài gōngyè/ㄕㄥ ㄊㄞˋ ㄍㄨㄥ ㄧㄝˋ
ecological industry
【环】模拟生态系统的功能,建立类似生态系统"生产者、消费者、还原者"的物质循环链,以

S

低消耗、低污染(或无污染)、工业发展与生态环境相协调为目标的工业生产体系。基本内容是在工业生产从原料、中间产物、产品、废物的全过程中,达到资源、能源和投资的最优化利用,是一种循环经济的发展模式。

生态工业园区/生態工業園區
shēngtài gōngyè yuánqū/
ㄕㄥ ㄊㄞˋ ㄍㄨㄥ ㄧㄝˋ ㄩㄢˊ ㄑㄩ
ecological industrial park
【环】工业园区的一种。通过物流或能流传递等方式把不同工厂或企业科学地组合起来,形成共享资源和互换副产品的产业共生体系,寻求物质闭路循环、能量多级利用和废物产生最小化,获取尽可能多的产出,实现生态环境与经济效益双重优化和协调发展。

生态环境/生態環境
shēngtài huánjìng/ㄕㄥ ㄊㄞˋ ㄏㄨㄢˊ ㄐㄧㄥˋ
eco-environment
【环】生物有机体生存空间的各种自然因素、条件的总体。也有人认为生态环境与环境是同义词。

生态环境材料
shēngtài huánjìng cáiliào/
ㄕㄥ ㄊㄞˋ ㄏㄨㄢˊ ㄐㄧㄥˋ ㄘㄞˊ ㄌㄧㄠˋ
【环】即“环境材料”(523 页)。

生态恢复/生態復育
shēngtài huīfù/ㄕㄥ ㄊㄞˋ ㄈㄨˋ ㄩˋ
ecological restoration
【环】重建已损害或退化的生态系统,恢复其良性循环和功能的过程。包括修复或部分恢复原生态系统的多样性及其动态过程,使其恢复合理的结构、高效的功能和协调的关系,并维持生态系统健康和可持续发展。

生态基区 shēngtài jīqū/ㄕㄥ ㄊㄞˋ ㄐㄧ ㄑㄩ
【环】即“生态足迹”(1009 页)。

生态建筑/生態建築
shēngtài jiànzhù/ㄕㄥ ㄊㄞˋ ㄐㄧㄢˋ ㄓㄨˊ
ecological building
【建】根据当地的自然生态环境,能够运用、模拟或反映自然生态链条(或其片段)的建筑物。强调采用低技术及自然仿生的方法和手段,合理安排并组织建筑与其他相关因素之间的关系,使建筑和环境成为有机结合体,实现有序共生的和谐性和循环再生的可持续性。

生态空间占用
shēngtài kōngjiān zhànyòng/
ㄕㄥ ㄊㄞˋ ㄎㄨㄥ ㄐㄧㄢ ㄓㄢˋ ㄩㄥˋ
【环】即“生态足迹”(1009 页)。

生态农业/生態農業
shēngtài nóngyè/ㄕㄥ ㄊㄞˋ ㄋㄨㄥˊ ㄧㄝˋ
eco-agriculture
【环】根据生态学原理,以资源持续利用和生态环境保护为前提,运用系统工程方法建立和发展起来的综合农业生产体系。内容包括:调整和合理安排农业生产布局和产品结构;提高生物能利用率和废弃物循环转化率;保护并合理利用与增殖自然资源;防治农业生态环境污染;保持生态系统的相对平衡,实现农业生产的可持续发展。

生态平衡/生態平衡
shēngtài pínghéng/ㄕㄥ ㄊㄞˋ ㄆㄧㄥˊ ㄏㄥˊ
ecological balance
【生】指一定的动植物群落和生态系统发展过程中,各种对立因素(相互排斥的生物种和非生物条件)通过相互制约、转化、补偿、交换等作用,达到一个相对稳定的平衡状态。

生态平衡失调
shēngtài pínghéng shītiáo/
ㄕㄥ ㄊㄞˋ ㄆㄧㄥˊ ㄏㄥˊ ㄕ ㄊㄧㄠˊ
【环】即“生态失调”(1008 页)。

生态设计/生態設計
shēngtài shèjì/ㄕㄥ ㄊㄞˋ ㄕㄜˋ ㄐㄧˋ
ecological design
【环】又称“绿色设计”“生命周期设计”。一种设计方式。在产品设计阶段就将环境因素和预防污染的措施纳入总体设计之中,将环境性能作为产品整个生命周期的设计目标和出发点,力求减少产品对环境的影响。包括产品设计能够充分利用资源、能源,提高产品的性能并有利于回收利用,以取得经济效益和环境效益。

生态失调/生態擾動
shēngtài shītiáo/ㄕㄥ ㄊㄞˋ ㄖㄠˇ ㄉㄨㄥˋ
ecological disturbance, ecological imbalance
【环】又称“生态平衡失调”。外来干扰超出生态系统自动调节能力和代偿功能,致使生态系统结构和功能受到较大影响和破坏,在短期内难以恢复的现象。人类毁坏植被,引进或消灭某一生物种群,以及建造大型工程和施用大量化学毒物等,是造成生态失调的主要原因。

生态示范区/生態示範區
shēngtài shìfànqū/ㄕㄥ ㄊㄞˋ ㄕˋ ㄈㄢˋ ㄑㄩ
ecological demonstration region
【环】把经济和社会发展与生态环境保护密切结合进行规划建设,以期达到人与自然协调、现代化与自然共存、适合人类生存发展的区域。是1995年原国家环境保护总局主持制定的一项长期的环境保护建设计划。

生态塘/生態塘
shēngtàitáng/ㄕㄥ ㄊㄞˋ ㄊㄤˊ
ecosystem pond
【环】以太阳能为能源,在水塘中种植水生植物,进行水产和水禽养殖而形成的人工生态系统。用于处理污水的有机污染物,有利于实现污水处理资源化。

生态退化/生態退化
shēngtài tuìhuà/ㄕㄥ ㄊㄞˋ ㄊㄨㄟˋ ㄏㄨㄚˋ
ecological degeneration
【环】生态系统在自然和人类活动影响下,其结构、组分和功能发生变化,致使系统稳定性减弱、生产能力降低、服务功能弱化,逐渐变得不利于人类和生物生存的现象。

生态危机/生態危機
shēngtài wēijī/ㄕㄥ ㄊㄞˋ ㄨㄟˊ ㄐㄧ
ecological crisis
【环】主要由于人类活动导致自然环境和生态系统结构与功能发生严重破坏,从而威胁人类的生存和发展的现象。人类环境出现的气候异常、生态平衡失调和沙漠化等,都潜伏着人与环境关系存在的危机,危机一旦形成,难以在短时期内恢复。

生态系统/生態系
shēngtài xìtǒng/ㄕㄥ ㄊㄞˋ ㄒㄧˋ
ecosystem
【生】生物群落及其地理环境相互作用的自然系统。如森林、草原、湖泊、海洋。自然界的生态系统大小不一。小如一滴湖水,大至湖泊、海洋,最大的生态系统即生物圈。

生态效应/生態影響
shēngtài xiàoyìng/ㄕㄥ ㄊㄞˋ ㄧㄥˇ ㄒㄧㄤˇ
ecological effect
【环】环境污染和破坏引起生态系统结构和功能的变化,造成生物资源损失的现象。可分为大气污染生态效应、水污染生态效应和土壤污染生态效应。还包括不合理的垦牧和开发造成的环境破坏引起的生态效应。

生态演替/生態演替
shēngtài yǎntì/ㄕㄥ ㄊㄞˋ ㄧㄢˇ ㄊㄧˋ
ecological succession
【植】一个植物群落被另一个植物群落所取代的过程。是植物群落的长期变化,也是生物与其环境长期作用的结果。

生态移民/生態移民
shēngtài yímín/ㄕㄥ ㄊㄞˋ ㄧˊ ㄇㄧㄣˊ
ecological migration
【环】居民从生态脆弱区或重要生态功能区迁出的行为。分为自发型和政府主导型两类。其目的是保护和恢复迁出地的生态环境,改善移民生存条件,提高移民生活质量。生态移民对迁入地的生态环境也不应带来威胁。

生态住宅/生態住宅
shēngtài zhùzhái/ㄕㄥ ㄊㄞˋ ㄓㄨˋ ㄓㄞˊ
ecological housing
【环】合理利用自然环境条件,创造舒适、健康的生活环境,多层次利用自然资源和控制废弃物,寻求向自然索取与回报之间趋于平衡的住宅。

生态足迹/生態足跡
shēngtài zújì/ㄕㄥ ㄊㄞˋ ㄗㄨˊ ㄐㄧ
ecological footprint
【环】又称"生态空间占用""生态基区"。在现有技术水平上,维持一定区域经济和人口的资源消费及吸纳由此产生的废弃物等所需要的生物生产面积。是一种衡量人类对自然资源利用程度,以及自然界为人类提供生命支持服务功能的方法。

生態復育 ㄕㄥ ㄊㄞˋ ㄈㄨˋ ㄩˋ/shēngtài fùyù
ecological restoration
【环】台湾名。即"生态恢复"(1008页)。

S

生態擾動
ㄕㄥ ㄊㄞˋ ㄖㄠˇ ㄉㄨㄥˋ/shēngtài rǎodòng
ecological disturbance, ecological imbalance
【环】台湾名。即“生态失调”(1008 页)。

生態系 ㄕㄥ ㄊㄞˋ ㄒㄧˋ/shēngtàixì
ecosystem
【生】台湾名。即“生态系统”(1009 页)。

生態影響
ㄕㄥ ㄊㄞˋ ㄧㄥˇ ㄒㄧㄤˇ/shēngtài yǐngxiǎng
ecological effect
【环】台湾名。即“生态效应”(1009 页)。

生铁/生鐵 shēngtiě/ㄕㄥ ㄊㄧㄝˇ
pig iron
【材】含碳量较高(1.7%～4.5%)的铁碳合金。将铁矿石、焦炭和石灰石放入高炉中冶炼而成。含有少量硅、锰、硫、磷等元素,质硬,性脆,不能塑性加工,可铸造成型,有一定的机械强度。

S

生土建筑/生土建築
shēngtǔ jiànzhù/ㄕㄥ ㄊㄨˇ ㄐㄧㄢˋ ㄓㄨˊ
earthen building
【建】主要用未焙烧而仅做简单加工的原状土为材料营造主体结构的建筑。可以就地取材,易于施工,造价低廉,冬暖夏凉,节省能源,有利于环境保护和生态平衡。开间不大,布局受限制,日照不足,通风不畅,比较潮湿。

生物/生物 shēngwù/ㄕㄥ ㄨˋ
organism
【生】自然界中具有生命的物体。生物的个体都进行物质和能量代谢,使自身得以生长发育;按一定的遗传和变异规律进行繁殖,使种族得以繁衍和进化。过去生物分为动物、植物和微生物三界,现代生物学分为原核生物、原生生物、动物、真菌、植物五界。

生物安全/生物安全
shēngwù ānquán/ㄕㄥ ㄨˋ ㄢ ㄑㄩㄢˊ
bio-safety
【环】自然或人类活动,尤其是生物技术及其产品在研究、开发、生产、应用和释放过程中,以及生物入侵和转基因生物体对环境和生物多样性、对人类健康和生活所构成的风险和采取的防范措施。

生物半生期
ㄕㄥ ㄨˋ ㄅㄢˋ ㄕㄥ ㄑㄧˊ/shēngwù bànshēngqī
biological half-life
【医】台湾名。即“生物半衰期”(1010 页)。

生物半衰期/生物半生期
shēngwù bànshuāiqī/
ㄕㄥ ㄨˋ ㄅㄢˋ ㄕㄥ ㄑㄧˊ
biological half-life
【医】药物在体内分布达到平衡状态后,血浆药物浓度降低至一半所需的时间。

生物材料/生物醫學材料
shēngwù cáiliào/ㄕㄥ ㄨˋ ㄧ ㄒㄩㄝˊ ㄘㄞˊ ㄌㄧㄠˋ
biomaterial, biomedical materials
【材】又称“生物医学材料”“生物医用材料”。用以诊断、治疗、修复或替换机体组织、器官或增进其功能的材料。

生物柴油/生物柴油
shēngwù cháiyóu/ㄕㄥ ㄨˋ ㄔㄞˊ ㄧㄡˊ
biodiesel fuel
【化】以动植物油脂类为原料生产的柴油替代品。主要成分为脂肪酸甲酯。原料来源于生物物质,性能接近于石油柴油。

生物大分子/生物巨分子
shēngwù dàfēnzǐ/ㄕㄥ ㄨˋ ㄐㄩˋ ㄈㄣ ㄗˇ
bio-macromolecule
【生】由机体产生的大分子化合物,如蛋白质、核酸、多糖、纤维素等。

生物多样性/生物多樣性
shēngwù duōyàngxìng/
ㄕㄥ ㄨˋ ㄉㄨㄛ ㄧㄤˋ ㄒㄧㄥˋ
biodiversity
【生】基因、物种和生态系统多样性的统称。包括物种多样性、遗传变异多样性和生态系统多样性,是生物之间以及生物与其生存环境之间既相辅相成、又相互制约的复杂关系的体现。地球上多种多样的生物维持了地球的持续发展,也是人类赖以生存发展的基本条件。

生物多样性减少/生物多樣性減少
shēngwù duōyàngxìng jiǎnshǎo/
ㄕㄥ ㄨˋ ㄉㄨㄛ ㄧㄤˋ ㄒㄧㄥˋ ㄐㄧㄢˇ ㄕㄠˇ
loss of biodiversity

【环】又称"生物多样性丧失"。基因、物种和生态系统多样性减少的统称。由于人口增加和不合理的资源开发活动,环境污染和生态破坏以及不适当地引进外来物种等,造成生物多样性损失严重和珍稀物种濒危甚至灭绝的现象。

生物多样性丧失

shēngwù duōyàngxìng sàngshī/ㄕㄥ ㄨˋ ㄉㄨㄛ ㄧㄤˋ ㄒㄧㄥˋ ㄙㄤˋ ㄕ

【环】即"生物多样性减少"(1010 页)。

生物反馈/生理回饋

shēngwù fǎnkuì/ㄕㄥ ㄨˋ ㄈㄢˇ ㄎㄨㄟˋ ㄎㄨㄟˋ

biofeedback

【心】关于躯体功能的信息反馈,使其功能不断调整为新的合乎要求的状态。大都借助于正常的感觉通路。由于其过程受神经系统控制,是生物加工产生的信息,故名。以此为理论基础的治疗方法称为生物反馈疗法。

生物反馈疗法/生物反饋療法

shēngwù fǎnkuì liáofǎ/ㄕㄥ ㄨˋ ㄈㄢˇ ㄎㄨㄟˋ ㄌㄧㄠˊ ㄈㄚˇ

biofeedback therapy

【心】一种心理训练方法。利用电子仪器测量并记录自己内脏活动的信息,以了解自身的生理功能,学会改变、调节和控制自己内脏反应,知晓自己行动的效果。生物反馈训练需结合放松训练来进行,可以消除过度紧张、恐惧和焦虑情绪。

生物放大/生物放大

shēngwù fàngdà/ㄕㄥ ㄨˋ ㄈㄤˋ ㄉㄚˋ

biomagnification

【环】在生态系统的同一食物链上,由于高营养级生物以低营养级生物为食物,某种元素或难分解的化合物,在机体中的浓度随营养级的提高而逐步增大的现象。

生物分类/生物學分類

shēngwù fēnlèi/ㄕㄥ ㄨˋ ㄒㄩㄝˊ ㄈㄣ ㄌㄟˋ

biological classification

【生】研究生物的一种基本方法。根据生物的相近程度,将其划分为不同的类群。以种为基本单位,相近的种集合为属,相近的属集合为科,科隶于目,目隶于纲,纲隶于门,门隶于界。各等级间可随需要加设亚门、亚纲、亚目、亚科、亚属等。种以下又可有亚种、变种、品种等。例如家犬的分类是动物界、脊索动物门、脊椎动物亚门、哺乳纲、真兽亚纲、食肉目、犬科、犬属、家犬种。

生物富集

shēngwù fùjí/ㄕㄥ ㄨˋ ㄈㄨˋ ㄐㄧˊ

【环】即"生物浓缩"(1013 页)。

生物工程/生物工程

shēngwù gōngchéng/ㄕㄥ ㄨˋ ㄍㄨㄥ ㄔㄥˊ

bioengineering

【动】借助生命物质参与改造自然现象的生物学技术。包括酶工程(生化工程)、基因工程(遗传工程)、细胞工程、微生物工程(发酵工程)和化学工程。

生物化学/生物化學

shēngwù huàxué/ㄕㄥ ㄨˋ ㄏㄨㄚˋ ㄒㄩㄝˊ

biochemistry

【生】化学与生物学的交叉学科。运用化学原理和方法研究生物,通过认识生物体的化学组成和生命过程中的化学变化规律,阐明生命现象的本质。

生物化学需氧量

shēngwù huàxué xūyǎngliàng/ㄕㄥ ㄨˋ ㄏㄨㄚˋ ㄒㄩㄝˊ ㄒㄩ ㄧㄤˇ ㄌㄧㄤˋ

【环】"生化需氧量"的全称。

生物化学岩/生物化學岩

shēngwù huàxuéyán/ㄕㄥ ㄨˋ ㄏㄨㄚˋ ㄒㄩㄝˊ ㄧㄢˊ

biochemical rock

【地】生物体遗骸经化学沉积和成岩作用形成的岩石。常见的有硅藻土、介壳石灰岩、礁灰岩、磷块岩等。因主要物质来源于生物,且常具生物碎屑结构,又称为生物岩。

📖 经过一些化学变化,严格地说应称为"生物化学岩"。主要有介壳石灰岩、磷块岩、礁石灰岩、硅藻土以及可燃的有机岩石。

生物环境/生物環境

shēngwù huánjìng/ㄕㄥ ㄨˋ ㄏㄨㄢˊ ㄐㄧㄥˋ

biotic environment

【环】又称"有机环境"。生物学中指生物群落中不同生物种群生存的环境。环境科学中指围绕着人群空间的生命有机体所形成的环境。是按自然环境组成要素划分而产生的概念。

生物火箭/生物火箭

shēngwù huǒjiàn/ㄕㄥ ㄨˋ ㄏㄨㄛˇ ㄐㄧㄢˋ

biorocket

【航】用于进行空间生物学研究的火箭。主要功能是将生物及相关仪器载入空间,研究生物及相关仪器在空间飞行时对空间密封舱段适应性或对空间环境等承受能力,以及空间超重、失重、辐射等空间环境对生物机体功能及相关仪器的影响,为载人航天或未来人类进入空间并开发利用空间提供依据,其关键是解决密封生物舱、生命保障系统和数据获取系统等工程技术问题。

生物积累/生物累積

shēngwù jīlěi/ㄕㄥ ㄨˋ ㄌㄟˇ ㄐㄧ

bio-accumulation

【环】生物在整个代谢活动期内,通过呼吸、吸附、吞食等,从周围环境中蓄积某些元素或难分解的化合物,以致随着其生长发育,体内该物质浓度不断增加的现象。

生物积累率

S

shēngwù jīlěilǜ/ㄕㄥ ㄨˋ ㄐㄧ ㄌㄟˇ ㄌㄩˋ

【环】即"浓缩系数"(845 页)。

生物技术/生物科技

shēngwù jìshù/ㄕㄥ ㄨˋ ㄎㄜ ㄐㄧˋ

biotechnology

【生】运用分子生物学、生物信息学等手段,研究生命系统,以改良或创造新的生物品种的技术。也指运用生物体系与工程学相结合的手段,生产产品和提供服务的技术。

生物价 shēngwùjià/ㄕㄥ ㄨˋ ㄐㄧㄚˋ

【医】"蛋白质生物价"的简称。

生物监测/生物監測

shēngwù jiāncè/ㄕㄥ ㄨˋ ㄐㄧㄢ ㄘㄜˋ

biological monitoring

【环】环境监测的一种。利用生物个体、种群或群落对环境质量及其变化所产生的反应和影响,阐明环境污染的性质、程度和范围,以及变化趋势和规律的过程。包括定期采集人体生物材料样品,检测有害物质及其代谢产物或在体内的结合物的含量,以及所导致的生理性的生物效应,以了解生产和生活环境中有害因素对人体影响的程度。生物监测能连续反映各种污染因素对环境作用的综合效应和变化。

生物碱/生物鹼

shēngwùjiǎn/ㄕㄥ ㄨˋ ㄐㄧㄢˇ

alkaloid

【生】又称"植物碱"。一种碱性的含氮有机化合物。存在于生物体内,是由碳、氢、氮组成的杂环化合物,有的还含有氧和硫。大多数存在于植物体中,个别的存在于动物体中。有毒性及明显的生理作用。常见的有茶碱、烟碱、吗啡、颠茄碱、金鸡纳碱、麻黄碱等。

生物降解/生物降解

shēngwù jiàngjiě/ㄕㄥ ㄨˋ ㄐㄧㄤˋ ㄐㄧㄝˇ

biodegradation

【环】又称"生物降解作用"。有机物质通过生物代谢作用而被分解的现象。通常指土壤、水体和废水处理系统中的微生物对有机物的破坏或矿化作用。

生物降解作用

shēngwù jiàngjiě zuòyòng/
ㄕㄥ ㄨˋ ㄐㄧㄤˋ ㄐㄧㄝˇ ㄗㄨㄛˋ ㄩㄥˋ

【环】即"生物降解"(1012 页)。

生物晶片 ㄕㄥ ㄨˋ ㄐㄧㄥ ㄆㄧㄢˋ/shēngwù jīngpiàn

biochip

【生】台湾名。即"生物芯片"(1014 页)。

生物净化/生物淨化

shēngwù jìnghuà/ㄕㄥ ㄨˋ ㄐㄧㄥˋ ㄏㄨㄚˋ

biological purification

【环】又称"生物净化作用"。指生物类群通过代谢作用使环境中污染物的数量减少,浓度降低,毒性减轻,直至消失的过程。是自然环境的基本属性,进入环境的污染物只要不超过生态系统的负载能力,生物净化就可使生态系统恢复原有状态或达到新的动态平衡。

生物净化作用

shēngwù jìnghuà zuòyòng/
ㄕㄥ ㄨˋ ㄐㄧㄥˋ ㄏㄨㄚˋ ㄗㄨㄛˋ ㄩㄥˋ

【环】即"生物净化"(1012 页)。

生物巨分子

ㄕㄥ ㄨˋ ㄐㄩˋ ㄈㄣ ㄗˇ/shēngwù jùfēnzǐ

bio-macromolecule

【生】台湾名。即"生物大分子"(1010 页)。

生物科技 ㄕㄥ ㄨˋ ㄎㄜ ㄐㄧˋ/shēngwù kējì

biotechnology

【生】台湾名。即"生物技术"(1012 页)。

生物科學
ㄕㄥ ㄨˋ ㄎㄜ ㄒㄩㄝˊ/shēngwù kēxué
bioscience, life science
【生】台湾名。即"生命科学"(1007 页)。

生物控制论/生物模控學
shēngwù kòngzhìlùn/
ㄕㄥ ㄨˋ ㄇㄛˊ ㄎㄨㄥˋ ㄒㄩㄝˊ
biocybernetics
【自】控制论一个分支。应用控制论的思想和方法研究生物系统的调节、控制和信息处理规律。

生物矿化作用/生物礦化作用
shēngwù kuànghuà zuòyòng/
ㄕㄥ ㄨˋ ㄎㄨㄤˋ ㄏㄨㄚˋ ㄗㄨㄛˋ ㄩㄥˋ
biomineralization
【环】生物通过其代谢作用将有机物转化为无机物或简单的有机物的过程。在生态系统中,微生物分解动植物残体,将其中的有机物质矿化,形成二氧化碳、水和简单的化学物质,是生物矿化作用的主要表现形式。

生物累積 ㄕㄥ ㄨˋ ㄌㄟˇ ㄐㄧ/shēngwù lěijī
bio-accumulation
【环】台湾名。即"生物积累"(1012 页)。

生物量传感器/生物量感測器
shēngwùliàng chuángǎnqì/
ㄕㄥ ㄨˋ ㄌㄧㄤˋ ㄍㄢˇ ㄘㄜˋ ㄑㄧˋ
biological quantity transducer
【机】传感器的一种。能感受规定的生物量并转换成可用输出信号。应用于生物技术、环境监测、医疗卫生和食品检验等领域。

生物量感測器 ㄕㄥ ㄨˋ ㄌㄧㄤˋ ㄍㄢˇ ㄘㄜˋ ㄑㄧˋ/
shēngwùliàng gǎncèqì
biological quantity transducer
【机】台湾名。即"生物量传感器"(1013 页)。

生物模控學
ㄕㄥ ㄨˋ ㄇㄛˊ ㄎㄨㄥˋ ㄒㄩㄝˊ/
shēngwù mókòngxué
biocybernetics
【自】台湾名。即"生物控制论"(1013 页)。

生物膜/生物膜
shēngwùmó/ㄕㄥ ㄨˋ ㄇㄛˊ
biofilm, biomembrane
【环】环境科学中指污水生物滤池支承物或厌氧塘表面形成的一层薄膜。主要成分是菌胶团以及一些藻类、滴虫等。生物学中是细胞和细胞器外膜的总称,细胞膜、核膜、线柱体的内外膜等均为生物膜。

生物浓缩/生物濃縮
shēngwù nóngsuō/ㄕㄥ ㄨˋ ㄋㄨㄥˊ ㄙㄨㄛ
bio-concentration
【环】又称"生物富集"。生物机体或处于同一营养级上的许多生物种群,从周围环境中蓄积某种元素或难分解的化合物,使生物体内该物质浓度超过环境中的浓度的现象。

生物浓缩系数
shēngwù nóngsuō xìshù/
ㄕㄥ ㄨˋ ㄋㄨㄥˊ ㄙㄨㄛ ㄒㄧˋ ㄕㄨˋ
【环】即"浓缩系数"(845 页)。

生物评价/生物評鑑
shēngwù píngjià/ㄕㄥ ㄨˋ ㄆㄧㄥˊ ㄐㄧㄢˋ
biological assessment
【环】台湾又称"生物評估"。用生物学方法对环境质量现状和变化趋势进行的评定。常用的生物学方法有指示生物、生物指数、生物种类多样性指数、生物群落代谢及毒性毒理学指标等。生物评价能反映环境中各种污染物综合作用的结果,但难以确定环境污染物的性质和含量;评价环境质量状况时,是物理化学方法的补充和说明。

生物評估
ㄕㄥ ㄨˋ ㄆㄧㄥˊ ㄍㄨ/shēngwù pínggū
biological assessment
【环】台湾名。即"生物评价"(1013 页)。

生物評鑑
ㄕㄥ ㄨˋ ㄆㄧㄥˊ ㄐㄧㄢˋ/shēngwù píngjiàn
biological assessment
【环】台湾名。即"生物评价"(1013 页)。

生物气溶胶/生物氣膠
shēngwù qìróngjiāo/ㄕㄥ ㄨˋ ㄑㄧˋ ㄐㄧㄠ
bioaerosol
【气】气溶胶的重要组成部分。含有细菌、病毒、致敏花粉、霉菌孢子、蕨类孢子和寄生虫卵等的粒子。除具有一般气溶胶的特性外,还具有传染性、致敏性等。

生物气象学/生物氣象學
shēngwù qìxiàngxué/
ㄕㄥ ㄨˋ ㄑㄧˋ ㄒㄧㄤˋ ㄒㄩㄝˊ
biometeorology
【气】应用气象学的一个分支。研究大气形成的空间环境、大气成分中的物理和化学过程，及其对生命有机体产生的直接或间接影响。

生物气象指数/生物氣象指數
shēngwù qìxiàng zhǐshù/
ㄕㄥ ㄨˋ ㄑㄧˋ ㄒㄧㄤˋ ㄓˇ ㄕㄨˋ
biometeorological index
【气】评价小气候影响生命机体活动的一类综合指标。

生物氣膠
ㄕㄥ ㄨˋ ㄑㄧˋ ㄐㄧㄠ/shēngwù qìjiāo
bioaerosol
【气】台湾名。即“生物气溶胶”(1013 页)。

S

生物圈/生物圈
shēngwùquān/ㄕㄥ ㄨˋ ㄑㄩㄢ
biosphere
【地】地球上所有生物及其生存环境的统称。范围从海平面以下深约 11 千米至海平面以上约 10 千米，包括大气圈下部、整个水圈和岩石圈上部。生物圈是一个复杂而巨大的生态系统，其下可划分为不同等级，如陆地生态系统、森林生态系统等。

生物入侵/生物入侵
shēngwù rùqīn/ㄕㄥ ㄨˋ ㄖㄨˋ ㄑㄧㄣ
biological invasion
【环】某种生物原不见于本地，从外地或外国自然传入或人为引种后成野生状态，并对本地生态系统造成一定危害的现象。如凤眼莲(也称“水葫芦”“水浮莲”)原产于南美巴西等地，引入中国后，繁殖迅速，成为危害南方许多河流、湖泊生态系统的恶性植物。

生物時鐘
ㄕㄥ ㄨˋ ㄕˊ ㄓㄨㄥ/shēngwù shízhōng
biological clock
【生】台湾名。即“生物钟”(1016 页)。

生物陶瓷/生物陶瓷
shēngwù táocí/ㄕㄥ ㄨˋ ㄊㄠˊ ㄘˊ
bioceramic
【医】应用于生物材料的陶瓷。主要包括生物惰性陶瓷、生物活性陶瓷、生物可吸收陶瓷等。

生物污染/生物污染
shēngwù wūrǎn/ㄕㄥ ㄨˋ ㄨ ㄖㄢˇ
biological pollution
【环】有害微生物、寄生虫、细菌和病毒等对环境和人体健康造成不良影响和危害的现象。通常指有害生物、病原体等造成的大气生物污染、水体生物污染、土壤生物污染和食品生物污染。

生物武器/生化武器
shēngwù wǔqì/ㄕㄥ ㄏㄨㄚˋ ㄨˇ ㄑㄧˋ
biological weapon
【军】生物战剂及其施放装置的总称。施放装置包括炮弹、航空炸弹、火箭弹、导弹弹头和航空布撒器、喷雾器等。

生物物理学/生物物理學
shēngwù wùlǐxué/ㄕㄥ ㄨˋ ㄨˋ ㄌㄧˇ ㄒㄩㄝˊ
biophysics
【生】运用物理学的理论、观点和方法研究生命现象的学科。它从微观角度研究生物大分子的结构、运动以及分子聚集体(细胞、组织等)的结构、运动和功能，从宏观角度研究生物系统的物质、能量和信息的转换关系。

生物芯片/生物晶片
shēngwù xīnpiàn/ㄕㄥ ㄨˋ ㄐㄧㄥ ㄆㄧㄢˋ
biochip
【生】一种芯片技术，即借助微加工和微电子技术。将大量已知序列的核酸或蛋白质片段有序地组合在一个微小基片表面，通过与标记的核酸或蛋白质分子进行反应，分析待检标本的相应成分。

生物性污染/生物性污染
shēngwùxìng wūrǎn/ㄕㄥ ㄨˋ ㄒㄧㄥˋ ㄨ ㄖㄢˇ
biotic pollutant
【轻】食品污染的一类。由有害微生物及其毒素、寄生虫及其虫卵、昆虫及其排泄物引起。

生物修复/生物修復
shēngwù xiūfù/ㄕㄥ ㄨˋ ㄒㄧㄡ ㄈㄨˋ
bioremediation
【环】利用天然的或接种的生物，在受污染环境中将有毒有害污染物去除或降解的工程技术。广义上指各种以生物为主体进行环境污染的治理技术，包括利用植物、动物和微生物以吸收、降解、转化土壤和水体中的污染物，也包括将污染物稳定化，以减少其向周边环境扩散的技术。

生物需氧量

shēngwù xūyǎngliàng/ㄕㄥ ㄨˋ ㄒㄩ ㄧㄤˇ ㄌㄧㄤˋ

【环】即"生化需氧量"(1005 页)。

生物学/生物學

shēngwùxué/ㄕㄥ ㄨˋ ㄒㄩㄝˊ

biology

【生】研究动物、植物和微生物等生物的结构、功能、发育、种类、进化，以及生物之间、生物与环境之间关系的学科。包括动物学、植物学、微生物学、古生物学等。

生物学死亡/生物學死亡

shēngwùxué sǐwáng/ㄕㄥ ㄨˋ ㄒㄩㄝˊ ㄙˇ ㄨㄤˊ

biological death

【医】临床死亡发展到一定程度，细胞供血、供氧停止的结果。生物学死亡后，相应的组织脏器不再能恢复。

生物學分類

ㄕㄥ ㄨˋ ㄒㄩㄝˊ ㄈㄣ ㄌㄟˋ/shēngwùxué fēnlèi

biological classification

【生】台湾名。即"生物分类"(1011 页)。

生物學值

ㄕㄥ ㄨˋ ㄒㄩㄝˊ ㄓˊ/shēngwùxuézhí

biological value

【医】台湾名。即"蛋白质生物价"(202 页)。

生物岩/生物岩 shēngwùyán/ㄕㄥ ㄨˋ ㄧㄢˊ

biogenic rock, biolith

【地】见"生物化学岩"(1011 页)。

生物要素

ㄕㄥ ㄨˋ ㄧㄠˋ ㄙㄨˋ/shēngwù yàosù

biological element

【化】台湾名。即"生命元素"(1007 页)。

生物医学材料/生物醫學材料

shēngwù yīxué cáiliào/ㄕㄥ ㄨˋ ㄧ ㄒㄩㄝˊ ㄘㄞˊ ㄌㄧㄠˋ

【材】即"生物材料"(1010 页)。

生物医用材料

shēngwù yīyòng cáiliào/ㄕㄥ ㄨˋ ㄧ ㄩㄥˋ ㄘㄞˊ ㄌㄧㄠˋ

【材】即"生物材料"(1010 页)。

生物战剂/生物戰劑

shēngwùzhànjì/ㄕㄥ ㄨˋ ㄓㄢˋ ㄐㄧˋ

biological agent

【军】军事行动中用于杀死人畜和破坏农作物的致命微生物、毒素和其他生物活性物质的统称。可用作生物战剂的病原体有细菌、病毒、立克次体、病原体及其他菌类，是生物武器的基础。通常以液态或干粉制剂使用，生物战剂气溶胶污染近地面的空气层，随风传播；也可通过带菌昆虫如蝇、虱等病媒传播。有极强的致病性和传染性，经呼吸道、消化道、皮肤和黏膜侵入机体，经一定潜伏期后，使人畜受染发病。受染面积广，危害作用持久，能对人畜造成长期危害。

生物指标/生物指標

shēngwù zhǐbiāo/ㄕㄥ ㄨˋ ㄓˇ ㄅㄧㄠ

biological indicator

【环】环境质量监视与评价中的生物学特性和参数，如指示生物、生物多样性指数、生物指数等。可以综合反映环境质量变化的状况。

生物指数/生物指數

shēngwù zhǐshù/ㄕㄥ ㄨˋ ㄓˇ ㄕㄨˋ

biotic index

【环】用数学方法求得的，能反映生物种群或群落结构变化的数值。根据某一类或几类有代表性生物的形态特点或个体数量及其比例，用简单数字形式表示出来。可用于评价环境质量。

生物制品/生物製品

shēngwù zhìpǐn/ㄕㄥ ㄨˋ ㄓˋ ㄆㄧㄣˇ

biological product

【生】一类用于疾病诊断或防治的制剂。即应用自然的或借助基因工程、细胞工程等技术，获得各种微生物、细胞、动物和人体组织、液体等生物材料而制备。

生物质发电/生物質發電

shēngwùzhì fādiàn/ㄕㄥ ㄨˋ ㄓˊ ㄈㄚ ㄉㄧㄢˋ

biomass power generation

【电】利用生物质资源进行发电的工程技术。通常分直接燃烧发电技术和气化发电技术。

S

生物质气化发电/生物質氣化發電
shēngwùzhì qìhuà fādiàn/ㄕㄥ ㄨˋ ㄓˋ ㄑㄧˋ ㄏㄨㄚˋ ㄈㄚ ㄉㄧㄢˋ
biomass gasification power generation
【电】利用气化炉把生物质转化为可燃气体，经过除尘、除焦等净化工序后，再通过内燃机或燃气轮机进行发电的工程技术。

生物钟/生物時鐘
shēngwùzhōng/ㄕㄥ ㄨˋ ㄕˊ ㄓㄨㄥ
biological clock
【生】又称"生理钟"。决定生物生命活动节奏性的内在定时系统。生物通过它能感受外界环境的周期性变化，调节自身生理活动。植物在每年的一定季节开花，大多是通过生物钟的作用。

生育酚 shēngyùfēn/ㄕㄥ ㄩˋ ㄈㄣ
【医】即"维生素 E"(1183 页)。

生育控制
ㄕㄥ ㄩˋ ㄎㄨㄥˋ ㄓˋ/shēngyù kòngzhì
birth control
【医】台湾名。即"节育"(622 页)。

生长板 shēngzhǎngbǎn/ㄕㄥ ㄓㄤˇ ㄅㄢˇ
【医】即"骺板"(503 页)。

生长发育/生長發育
shēngzhǎng fāyù/ㄕㄥ ㄓㄤˇ ㄈㄚ ㄩˋ
growth and development
【医】生长指身体各器官、系统的长大，发育指细胞、组织、器官的分化和功能成熟，包括智力和体力的发展。生长是发育的物质基础，生长的量变在一定程度上反映身体器官、系统的成熟状况。

生长激素
shēngzhǎng jīsù/ㄕㄥ ㄓㄤˇ ㄐㄧ ㄙㄨˋ
【医】即"促生长素"(170 页)。

生长激素类/生長激素類
shēngzhǎng jīsùlèi/ㄕㄥ ㄓㄤˇ ㄐㄧ ㄙㄨˋ ㄌㄟˋ
growth hormones
【医】天然生长激素和合成生长激素药物的统称。临床主要应用合成生长激素，用于治疗垂体分泌不足所致的侏儒症、生长障碍等。

生长抑素/生長抑制素
shēngzhǎng yìsù/ㄕㄥ ㄓㄤˇ ㄧˋ ㄓˋ ㄙㄨˋ
somatostatin
【医】下丘脑分泌的十四肽激素。能抑制腺垂体分泌生长素，对中枢神经系统也有抑制作用。胰岛 D 细胞也可分泌生长抑素，以抑制胰岛素和高血糖素的分泌。

生长因子/生長因子
shēngzhǎng yīnzǐ/ㄕㄥ ㄓㄤˇ ㄧㄣ ㄗˇ
growth factor
【生】某些微生物具有了合适的水分、碳源、氮源和无机盐，仍不能生长或生长不良，必须加入少量的酵母粉、动物肝的浸出液等有机物才能生长良好。这些加入的有机物称为生长因子。

生長抑制素
ㄕㄥ ㄓㄤˇ ㄧˋ ㄓˋ ㄙㄨˋ/shēngzhǎng yìzhìsù
somatostatin
【医】台湾名。即"生长抑素"(1016 页)。

生殖/生殖 shēngzhí/ㄕㄥ ㄓˊ
reproduction
【生】生物的亲代个体产生子代个体，以维持种族延续的过程。是生命的基本特征之一。可分为无性生殖和有性生殖两类。

生殖健康/生殖健康
shēngzhí jiànkāng/ㄕㄥ ㄓˊ ㄐㄧㄢˋ ㄎㄤ
reproductive health
【医】生殖系统及其功能所涉及的身体、精神和社会等方面的健康状态。

生殖细胞/生殖細胞
shēngzhí xìbāo/ㄕㄥ ㄓˊ ㄒㄧˋ ㄅㄠ
germ cell
【生】又称"性细胞"。生物借以繁殖下一代的细胞。通常指卵和精子，以及一切产生卵和精子的细胞。

声波/聲波 shēngbō/ㄕㄥ ㄅㄛ
sound wave
【物】在弹性介质中传播的一种能引起听觉的机械波。由振动物体发出。由于频率在 20～20 000 赫范围内的波，能使人的听觉感受到，故名。其频率范围 10^{-4}～10^{12} 赫。按频率不同，可分为次声、可听声、超声等。

声场/音場 shēngchǎng/ㄧㄣ ㄔㄤˇ
sound field
【机】媒质中有声波存在的区域。

声环境/聲環境
shēnghuánjìng/ㄕㄥ ㄏㄨㄢˊ ㄐㄧㄥˋ

sound environment

【环】各种声波形成的环境。是环境中固体振动、液体或气体的不稳定流动及其与固体相互作用等所形成的环境声学特性。环境中声音过强,会影响人的正常活动和危害人体健康,环境中长久没有任何声音,也会影响人的身心健康。

声级计/聲位儀 shēngjíjì/ㄕㄥ ㄨㄟˋ ㄧˊ

sound level meter

【机】又称"噪声计"。用于测量声级的仪器。是声学测量中最基本最常用的仪器。按精度不同,可分为精密声级计和普通声级计。广泛用于各种机器、车辆、船舶、电器等工业噪声测量和环境噪声测量。

声卡/音效卡 shēngkǎ/ㄧㄣ ㄒㄧㄠˋ ㄎㄚˇ

sound card, audio card

【信息】与合成器结合一起,用作声学信号生成源的后加适配卡。计算机收发数字化声音均需通过这种卡。

声码器/語音編碼器

shēngmǎqì/ㄩˇ ㄧㄣ ㄅㄧㄢ ㄇㄚˇ ㄑㄧˋ

voice coder, vocoder

【信息】能提取语音信号的参量,以便重构出初始语音信号的编码器。

声呐/聲納 shēngnà/ㄕㄥ ㄋㄚˋ

sonar

【物】利用声波在水中的传播,通过电声转换以及信号处理进行水下探测的设备。军事上用来搜索敌方的舰艇、鱼雷、水雷等;民用上用于测探、捕鱼、海底地质勘探等。

声频/聲頻 shēngpín/ㄕㄥ ㄆㄧㄣˊ

audio frequency, AF

【信息】正常人耳能听见,相应于正弦声波的任何频率。范围多在16赫～16千赫。

声强/聲強 shēngqiáng/ㄕㄥ ㄑㄧㄤˊ

intensity of sound, sound intensity

【物】单位时间内通过与声波传播方向垂直的单位面积的能量。用 I 表示,单位瓦/米^2。振动的振幅越大、频率越高,声强越大。

声强级/聲強位準

shēngqiángjí/ㄕㄥ ㄑㄧㄤˊ ㄨㄟˋ ㄓㄨㄣˇ

sound intensity level

【物】描述声音客观强弱的物理量。符号为 L_I。把最低声强规定为测定声强的比较标准 I_0,声强 I 与标准声强 I_0 之比的对数即 $L_1=\lg(I/I_0)$,通常以分贝为单位。人交谈时的声强约 10^{-6} 瓦/米^2,声强级为60分贝左右。

声闪烁/聲閃爍

shēngshǎnshuò/ㄕㄥ ㄕㄢˇ ㄕㄨㄛˋ

acoustical scintillation

【气】指声波传播过程中,因所经路径上的介质(如大气、海洋)结构、密度不均匀且不停变化,使接收到的声波信号强度不规则起伏的现象。

声速/聲速 shēngsù/ㄕㄥ ㄙㄨˋ

sound velocity

【物】声波在介质中的传播速度。其大小与介质的性质(如弹性、惯性)和状态(如温度)有关。在气体中较小,在液体中较大,在固体中最大。在液体和固体中,它通常随温度升高而增大;在空气中的声速还与空气压强、密度、湿度等有关。在1个标准大气压和15℃的条件下,空气中的声速约为340米/秒。

声学/聲學 shēngxué/ㄕㄥ ㄒㄩㄝˊ

acoustics

【物】物理学的分支。研究声波的产生、传播、接收和效应等问题。声学不仅与物理学的其他分支有密切联系,而且与科学技术的各领域(包括环境、建筑、生理、心理等)乃至语言学、文化艺术等都有密切联系。

声学探测/聲測

shēngxué tàncè/ㄕㄥ ㄘㄜˋ

acoustic sounding

【气】以自然或人造声波为声源,根据声波在大气中传播的规律来探测大气的方法和技术。

牲畜/牲畜 shēngchù/ㄕㄥ ㄔㄨˋ

stock

【农】由人类饲养并利用,与农业生产相关的畜类。常与"家畜"通用。

聲測 ㄕㄥ ㄘㄜˋ/shēngcè

acoustic sounding

【气】台湾名。即"声学探测"(1017页)。

S

聲納 ㄕㄥ ㄋㄚˋ/shēngnà
sonar
【物】台湾名。即“声呐”(1017 页)。

聲強位準
ㄕㄥ ㄑㄧㄤˊ ㄨㄟˋ ㄓㄨㄣˇ/shēngqiáng wèizhǔn
sound intensity level
【物】台湾名。即“声强级”(1017 页)。

聲位儀 ㄕㄥ ㄨㄟˋ ㄧˊ/shēngwèiyí
sound level meter
【机】台湾名。即“声级计”(1017 页)。

省道/省道 shěngdào/ㄕㄥˇ ㄉㄠˋ
provincial highway
【交】又称“省干线公路”。连通省内重要地区,具有全省性的政治、经济、国防意义,在省级公路网中起骨架作用的公路交通干线。由省(自治区、直辖市)公路主管部门负责修建、养护和管理。

省干线公路
shěng gànxiàn gōnglù/
ㄕㄥˇ ㄍㄢˋ ㄒㄧㄢˋ ㄍㄨㄥ ㄌㄨˋ
【交】即“省道”(1018 页)。

圣索菲亚教堂/聖索菲亞教堂
Shèngsuǒfēiyà Jiàotáng/
ㄕㄥˋ ㄙㄨㄛˇ ㄈㄟ ㄧㄚˋ ㄐㄧㄠˋ ㄊㄤˊ
Saint Sophia, Constantinople
【建】拜占庭帝国的宫廷教堂。建于公元532—537年。集中体现了拜占庭建筑的特点,平面长方形,布局属于以穹顶覆盖的巴西利卡式,前面有一大院,正面入口有二道门廊,末端有半圆神龛,大厅高大宽阔。中央大穹顶直径32.6米,距地54.8米,通过帆拱架在四个墩子上,其横向推力由东西两个半穹顶及南北两个柱子平衡。结构关系明确,层次井然,并在穹顶底部密排一圈40个窗洞,使大穹顶显得轻巧凌空。色彩华丽的穹顶和柱子顶部镶嵌着由许多小块玻璃组成的美丽图案,衬以金色、彩色大理石墙面,并广泛采用斑岩或大理石圆柱做内部承重构件。15世纪后,土耳其人将其改为伊斯兰礼拜寺,在其四角加建光塔。

盛行风/盛行風
shèngxíngfēng/ㄕㄥˋ ㄒㄧㄥˊ ㄈㄥ
prevailing wind
【气】一个地区在某一时段内出现频数最多的风或风向。通常按日、月、季和年的时段,用统计方法得到。

剩余电流/剩餘電流
shèngyú diànliú/ㄕㄥˋ ㄩˊ ㄉㄧㄢˋ ㄌㄧㄡˊ
residual current
【电】低压配电线路中各相(含中性线)电流矢量和不为零的电流。

剩余电流动作保护装置/殘餘電流動作保護裝置
shèngyú diànliú dòngzuò bǎohù zhuāngzhì/
ㄘㄢˊ ㄩˊ ㄉㄧㄢˋ ㄌㄧㄡˊ ㄉㄨㄥˋ ㄗㄨㄛˋ ㄅㄠˇ ㄏㄨˋ ㄓㄨㄤ ㄓˋ
residual current operated device
【电】具有剩余电流保护功能的系列低压保护电器的总称。

剩余类/剩餘類 shèngyúlèi/ㄕㄥˋ ㄩˊ ㄌㄟˋ
residue class
【数】设 m 是一个正整数,则任一整数除以 m 时余数必是 $0,1,\cdots,m-1$ 这 m 个数之一。以 C_r 表示除以 m 时余数为 r ($r=0,1,\cdots,m-1$)的全体整数的集合,即 $C_r=\{mq+r|q\in\mathbf{Z}\}$,则整数集 $\mathbf{Z}$ 是互不相交的集合 $C_0,C_1,\cdots,C_{m-1}$ 的并集,任一整数必属于这 m 个集合之一。$C_0,C_1,\cdots,C_{m-1}$ 叫作 $\mathbf{Z}$ 以 m 为模的剩余类。例如,$\mathbf{Z}$ 以3为模的剩余类是 C_0,C_1,C_2。

聖經紙 ㄕㄥˋ ㄐㄧㄥ ㄓˇ/shèngjīngzhǐ
bible paper
【轻】台湾名。即“字典纸”(1507 页)。

聖嬰現象
ㄕㄥˋ ㄧㄥ ㄒㄧㄢˋ ㄒㄧㄤˋ/shèngyīng xiànxiàng
El-Niño phenomenon
【环】台湾名。即“厄尔尼诺现象”(297 页)。

shi (ㄕ)

失根 shīgēn/ㄕ ㄍㄣ
【数】即“遗根”(1335 页)。

失蜡铸造 shīlà zhùzào/ㄕ ㄌㄚˋ ㄓㄨˋ ㄗㄠˋ
【机】即“熔模铸造”(956 页)。

失眠/失眠 shīmián/ㄕ ㄇㄧㄢˊ

insomnia

【医】睡眠失常的状态。表现为入睡困难、睡眠表浅、易醒、多梦及早醒。睡眠不足而导致全身乏力倦怠。

失能剂 shīnéngjì/ㄕ ㄋㄥˊ ㄐㄧˋ

【军】“失能性毒剂”的简称。

失能性毒剂/失能性毒劑

shīnéngxìng dújì/ㄕ ㄋㄥˊ ㄒㄧㄥˋ ㄉㄨˊ ㄐㄧˋ

incapacitating agent

【军】简称“失能剂”。使人暂时丧失战斗能力,从而失去战斗力的毒剂。中毒后引起精神活动异常和躯体功能障碍,症状为口干,瞳孔散大,眩晕,步态蹒跚,丧失定向能力和产生幻觉等,可持续数小时以至数天,通常不会造成永久性伤害或死亡。按其毒理效应不同,可分为精神失能毒剂和躯体失能毒剂。前者主要是引起精神活动紊乱,产生幻觉,代表物为毕兹;后者主要是引起运动功能障碍、瘫痪、血压和体温失调、视觉和听觉障碍、持续呕吐腹泻,代表物为四氢大麻醇。可装填于炮弹、航空炸弹等弹体内使用,造成气溶胶使空气染毒。防毒面具可有效防护。

失认症/失認症

shīrènzhèng/ㄕ ㄖㄣˋ ㄓㄥˋ

agnosia

【医】由于脑部受损使得感觉皮质整合功能发生障碍,导致患者对经由视觉、听觉及触觉等途径获得的信息丧失正确的分析和识别能力,从而不能认识经由某一感觉(如视觉、听觉和触觉)察觉事物的疾病。

失神发作/失神型癲癇

shīshén fāzuò/ㄕ ㄕㄣˊ ㄒㄧㄥˊ ㄉㄧㄢ ㄒㄧㄢˊ

absence seizure

【医】台湾又称“意識喪失型癲癇”。一种癫痫症状。发作时突然动作停止,双眼茫然凝视,对外界没有反应,持续数秒至数十秒钟后又突然恢复发作前正在进行的活动。

失神型癲癇

ㄕ ㄕㄣˊ ㄒㄧㄥˊ ㄉㄧㄢ ㄒㄧㄢˊ/

shīshénxíng diānxián

absence seizure

【医】台湾名。即“失神发作”(1019 页)。

失調症 ㄕ ㄊㄧㄠˊ ㄓㄥˋ/shītiáozhèng

ataxia

【医】台湾名。即“共济失调”(418 页)。

失用症/失用症

shīyòngzhèng/ㄕ ㄩㄥˋ ㄓㄥˋ

apraxia

【医】在排除肌力下降、肌张力异常、运动协调性障碍、感觉缺失、视空间障碍、语言理解障碍、注意力差或不合作等情况下,不能正确地运用后天习得的运动技能进行目的性运动的运用障碍。可表现为双侧或一侧的失用。多见于左侧脑损伤的患者,且常合并失语。

失语症/失語症 shīyǔzhèng/ㄕ ㄩˇ ㄓㄥˋ

aphasia

【医】由于神经中枢病损导致抽象信号思维障碍而丧失口语、文字的表达和领悟能力的临床综合征。因脑损害部位不同,可分为运动和感知两类,分别涉及言语生成和言语理解两方面。常常出现听说读写和计算等方面的障碍。成人和儿童均可发生。不包括由于意识障碍和普通的智力减退造成的语言症状,也不包括听觉、视觉、书写、发音等感觉和运动器官损害引起的语言、阅读和书写障碍。因先天或幼年疾病引致学习困难,造成的语言功能缺陷也不属失语症范畴。

失张力发作/失張性癲癇發作

shīzhānglì fāzuò/

ㄕ ㄓㄤ ㄒㄧㄥˋ ㄉㄧㄢ ㄒㄧㄢˊ ㄈㄚ ㄗㄨㄛˋ

atonic seizure

【医】一种癫痫症状。突然全身发软跌倒,或颈部无力下垂,数秒钟后即恢复,发作时间短者多不伴有明显的意识障碍。

失張性癲癇發作

ㄕ ㄓㄤ ㄒㄧㄥˋ ㄉㄧㄢ ㄒㄧㄢˊ ㄈㄚ ㄗㄨㄛˋ/

shīzhāngxìng diānxián fāzuò

atonic seizure

【医】台湾名。即“失张力发作”(1019 页)。

失真/失真 shīzhēn/ㄕ ㄓㄣ

distortion

【信息】并非故意造成,通常不希望有的信号变化;或信号特性的畸变。

失重/失重 shīzhòng/ㄕ ㄓㄨㄥˋ

weightlessness

S

【物】物体的视重小于本身重力大小或为0的状态。因物体所在的参考系相对于地面做减速运动而造成。

📖 物体做减速运动时受到的一个跟重力方向相反的惯性力作用。它相对于地面的加速度方向与重力加速度相反，从而抵消重力作用，使物体的视重小于重力，处于失重状态。例如，轨道上运行的宇宙飞船、自由降落的电梯，都会发生失重现象。如果视重为0，物体处于完全失重状态。

虱/蝨 shī/ㄕ

louse

【动】昆虫名。虱目(Anoplura)昆虫的统称。身体小，灰白、浅黄或灰黑色，有短毛，头小，没有翅膀，腹部大，卵白色，椭圆形。种类很多，如人虱、阴虱、牛血虱等。常寄生在人和畜身体上，吸食血液，能传播疾病，人虱能传播斑疹伤寒和回归热等。

䴓/五十雀 shī/ㄨˇ ㄕˊ ㄑㄩㄝˋ

nuthatch

【动】鸟名。雀形目的一科。体形较小，背部青灰色，腹部黄褐色，嘴长而尖，足短爪硬，善攀缘。主要以昆虫和植物种子为食。种类很多，中国常见的有普通䴓(*Sitta europaea*)和黑头䴓(*S.villosa*)。

䴓

狮/獅 shī/ㄕ

lion

【动】*Panthera leo* 通称"狮子"。哺乳动物名。食肉目猫科。体壮，长可达3米，头大，脸阔，雄狮的颈部有长鬣，四肢强壮，有钩爪，尾巴细长，末端有毛丛，全身毛棕黄色。生活在树林稀少的沙地平原，通常夜间活动，捕食羚羊、斑马等动物，吼声很大，人称"兽中之王"。主要分布于非洲和亚洲西部。

狮子座/獅子座 shīzizuò/ㄕ ·ㄗ ㄗㄨㄛˋ

Leo

【天】黄道十二星座之一。位于室女座和巨蟹座之间，是个很容易辨认的明亮星座。其中最亮星为轩辕十四(狮子座α)。

施工电梯

shīgōng diàntī/ㄕ ㄍㄨㄥ ㄉㄧㄢˋ ㄊㄧ

【机】即"施工升降机"(1020页)。

施工升降机/施工升降機

shīgōng shēngjiàngjī/ㄕ ㄍㄨㄥ ㄕㄥ ㄐㄧㄤˋ ㄐㄧ

builders hoist

【机】又称"施工电梯"。一种升降设备。由动力机和钢丝绳吊着的箱状装置、料车或平台构成。多为电力驱动。用于建筑工地、高层建筑物等载人或载物升降。

施工噪声/建築噪音

shīgōng zàoshēng/ㄐㄧㄢˋ ㄓㄨˊ ㄗㄠˋ ㄧㄣ

construction noise

【环】施工机械或施工作业过程中产生的人们不需要的声音。主要是建筑施工及道路、管线、抢修工程等施工噪声。施工机械多是露天作业，又经常移动，易造成严重的噪声污染。

施主/施子 shīzhǔ/ㄕ ㄗˇ

donor

【物】能够向导带提供电子，同时自身成为正离子的杂质。

施子 ㄕ ㄗˇ/shīzǐ

donor

【物】台湾名。即"施主"(1020页)。

湿沉降/濕沈降

shīchénjiàng/ㄕ ㄔㄣˊ ㄐㄧㄤˋ

wet deposition

【环】大气沉降的一种。大气中的颗粒物和微量气体经过云和降水作用被清除而沉降的过程。包括在云的形成过程中发生的云内清除(旧称雨洗，rainout)，以及在降水时发生的云下清除(旧称洗脱，washout)。是大气的自净过程，也是沉降物进而影响土壤、水体和生态系统的过程。

湿疮/濕瘡 shīchuāng/ㄕ ㄔㄨㄤ

eczema, * damp sore

【中医】皮肤病之一。因禀赋不耐，风湿热邪客于肌肤所致，症见多形性损害，对称分布，剧烈瘙痒，渗出倾向，反复发作，易成慢性等。相当于湿疹。

湿地/濕地 shīdì/ㄕ ㄉㄧˋ

wetland

【地】泛指暂时或长期积水，水深不超过2米的低地、土壤含水较多的草甸以及低潮时水深不超过 6 米的海域。包括沼泽地、湿草甸、洪泛平原、河口三角洲、泥炭地、湖海滩涂、河边洼地或河漫滩、湿草原等。

湿度/濕度 shīdù/ㄕ ㄉㄨˋ

humidity

【气】气象要素的一种，也是地面气象观测项目之一。表示大气干湿程度的物理量。指一定的温度下，一定体积的空气里含有水汽的多少。湿度越大表明空气越潮湿。地面气象观测中专指距地面约 1.5 米处空气的湿度。

📖 气象上通常用混合比、比湿、绝对湿度、水汽压、露点或霜点温度、相对湿度、饱和差等物理量表示大气湿度。天气预报中通常使用相对湿度。人体对湿度的敏感程度与风和气温有关，一般居室环境温度在 18～25 ℃的情况下，相对湿度 40%～70% 时感觉良好。

湿度表/濕度計 shīdùbiǎo/ㄕ ㄉㄨˋ ㄐㄧˋ

hygrometer

【气】用于测量空气相对湿度而不具有自动记录功能的仪器。常见的有毛发湿度表、通风干湿表和湿敏电子器件湿度表。

湿度计/濕度儀 shīdùjì/ㄕ ㄉㄨˋ ㄧˊ

❶hygrograph，❷hygrometer

【气】❶用于测量湿度，并能自动连续记录空气相对湿度随时间变化的仪器。常见的有毛发湿度计和湿敏电子器件湿度计。❷在台湾，湿度计也指“湿度表”(1021 页)。

湿件 shījiàn/ㄕ ㄐㄧㄢˋ

【信息】即“活件”(550 页)。

湿润气候/潤濕氣候

shīrùn qìhòu/ㄖㄨㄣˋ ㄕ ㄑㄧˋ ㄏㄡˋ

humid climate

【气】以空气湿润、降水丰沛为主要特征的气候。中国指年降水量在 800～1600 毫米，自然植被以森林为主，农业虽有季节性干旱，但水分仍足以保证一年一熟的需要。

湿生植物/濕生植物

shīshēng zhíwù/ㄕ ㄕㄥ ㄓˊ ㄨˋ

hygrophyte

【植】在潮湿的环境中生长，不能长时间忍受缺水的植物。

湿邪/濕邪 shīxié/ㄕ ㄒㄧㄝˊ

dampness pathogen

【中医】六淫之一。湿为阴邪，其性重浊黏滞，易阻遏气机，趋下。致病常见头重如裹，身重体倦，关节酸痛，胸闷脘痞，纳呆腹胀，舌苔厚腻，或水肿腹泻，小便不利等。

湿疹/濕疹 shīzhěn/ㄕ ㄓㄣˇ

eczema

【医】由多种内外因素引起的表皮及真皮浅层的炎症性皮肤病。通常认为与超敏反应有一定关系。临床表现具有对称性、渗出性、瘙痒性、多形性和复发性等特点。

蓍/歐蓍草 shī/ㄡ ㄕ ㄘㄠˇ

yarrow

【植】*Achillea millefolium* 菊科蓍属。多年生草本植物。茎直立，有细条纹，被毛。叶无柄，披针形，羽状全裂。头状花序密集成复伞状，边花五枚，舌片近圆形，白、粉红或淡紫红色，盘花管状，黄色。瘦果，淡绿色。花果期 7—9 月份。中国各地均有栽培。观赏花草。全草入药。

📖 古时先民对蓍草很崇拜，常烧来做卦，进行占卜，跟龟壳的作用一样。

濕度儀 ㄕ ㄉㄨˋ ㄧˊ/shīdùyí

hygrograph

【气】台湾名。即“湿度计”(1021 页)。

十八反/十八反 shíbā fǎn/ㄕˊ ㄅㄚ ㄈㄢˇ

eighteen clashes

【中医】中药配伍禁忌之一。十八种中药相反配伍的合称。原记载于古代文献，有十八种，后世广为传诵，并有增加。十八反歌诀是：本草明言十八反，半蒌贝蔹及攻乌，藻戟芫遂俱战草，诸参辛芍叛藜芦。

十大功劳/狹葉十大功勞

shídà gōngláo/ㄒㄧㄚˊ ㄧㄝˋ ㄕˊ ㄉㄚˋ ㄍㄨㄥ ㄌㄠˊ

Chinese mahonia

【植】*Mahonia fortunei* 小檗科十大功劳属。常绿灌木。羽状复叶，小叶 2～5 对，狭披针形，边缘有刺。总状花序多个簇生，花黄色。浆果球形，紫黑色，被白粉。花期 7—9 月份。中国各地均有栽培。观赏花木。全草入药。

十滴水/十滴水 shídīshuǐ/ㄕˊ ㄉㄧ ㄕㄨㄟˇ

shidishui tincture，shidi shui，* Ten Drops of Water

【中医】中成药名。主要成分:樟脑、干姜、大黄、小茴香、桂皮、辣椒、桉油。口服。健胃,祛暑。用于因伤暑引起的头晕,恶心,腹痛,胃肠不适。

📖 十滴水,孕妇慎用,儿童减量。

十二经脉/十二經脈
shí'èr jīngmài/ㄕˊ ㄦˋ ㄐㄧㄥ ㄇㄞˋ
twelve regular channels, twelve regular meridians, * twelve channels
【中医】又称"十二正经"。人体经络系统的主体。是根据阴阳消长所衍化的三阴三阳,结合经脉循行于上肢和下肢的特点,以及与脏腑相属络的关系而确定的十二条经脉。即手太阴肺经、手厥阴心包经、手少阴心经、手阳明大肠经、手少阳三焦经、手太阳小肠经、足太阴脾经、足厥阴肝经、足少阴肾经、足阳明胃经、足少阳胆经、足太阳膀胱经。具有联络脏腑、运行气血、濡养全身的作用。通过手足阴阳表里经的连接而逐经相传,具有一定规律的循行路线,表里经脉相合,与相应脏腑络属,构成一个周而复始、如环无端的传注系统。

S

十二章纹/十二章紋
shí'èr zhāng wén/ㄕˊ ㄦˋ ㄓㄤ ㄨㄣˊ
twelve noble chapters pattern
【纺】中国传统祭祀服饰纹样。由各具象征意义的日、月、星辰、群山、龙、华虫、宗彝、藻、火、粉米、黼、黻十二种图案组成。约形成于周代,秦汉前多为服装上的吉祥纹,东汉确立十二章纹制后,成为帝制时代的服饰等级标志,是舆服制度的一个重要组成部分。帝王高官礼服上绣十二章纹,称为章服。

十二正经
shí'èr zhèngjīng/ㄕˊ ㄦˋ ㄓㄥˋ ㄐㄧㄥ
【中医】即"十二经脉"(1022 页)。

十二指肠/十二指腸
shí'èrzhǐcháng/ㄕˊ ㄦˋ ㄓˇ ㄔㄤˊ
duodenum
【医】连接胃的一段小肠。是小肠中最短最粗和位置最固定的部分,呈 C 形。成人十二指肠长 20～25 厘米。

十二指肠溃疡/十二指腸潰瘍
shí'èrzhǐcháng kuìyáng/
ㄕˊ ㄦˋ ㄓˇ ㄔㄤˊ ㄎㄨㄟˋ ㄧㄤˊ
duodenal ulcer
【医】发生于十二指肠部位的非特异性消化性溃疡。造成局限性黏膜缺损,累及黏膜肌层和黏膜下层,主要病因是胃酸、胃蛋白酶的消化作用、幽门螺杆菌的感染及黏膜屏障作用的减弱。

十进制/十進位 shíjìnzhì/ㄕˊ ㄐㄧㄣˋ ㄓˋ
decimal scale
【数】普遍使用的一种位值记数制。用 0,1,2,3,4,5,6,7,8,9 这十个数字,逢十进位。例如,十进制数 54 368 表示 $5\times10^4+4\times10^3+3\times10^2+6\times10+8$。十进制历史悠久,源于用手指数数,人有十指。

十進位 ㄕˊ ㄐㄧㄣˋ ㄨㄟˋ/shíjìnwèi
decimal scale
【数】台湾名。即"十进制"(1022 页)。

十九畏/十九畏 shíjiǔ wèi/ㄕˊ ㄐㄧㄡˇ ㄨㄟˋ
nineteen incompatibilities, * nineteen fears
【中医】中药配伍禁忌之一。十九种中药相反配伍的合称。原记载于古代文献,后世广为传诵。十九畏歌诀是:硫黄原是火中精,朴硝一见便相争,水银莫与砒霜见,狼毒最怕密陀僧,巴豆性烈最为上,偏与牵牛不顺情,丁香莫与郁金见,牙硝难合京三棱,川乌草乌不顺犀,人参最怕五灵脂,官桂善能调冷气,若逢石脂便相欺。

十全大补丸/十全大補丸
shíquán dàbǔwán/ㄕˊ ㄑㄩㄢˊ ㄉㄚˋ ㄅㄨˇ ㄨㄢˊ
shiquan dabu pills, shiquan dabu wan, * Perfect Major Supplementation Pill
【中医】中成药名。主要成分:党参、白术、茯苓、炙甘草、当归、川芎、白芍、熟地黄、炙黄芪、肉桂。口服。温补气血。用于气血两虚,面色苍白,气短心悸,头晕自汗,体倦乏力,四肢不温,月经量多。

十三天 shísāntiān/ㄕˊ ㄙㄢ ㄊㄧㄢ
【建】即"相轮"(1248 页)。

十四经/十四經 shísì jīng/ㄕˊ ㄙˋ ㄐㄧㄥ
fourteen channels
【中医】十二经脉、任脉和督脉的合称。

十字脊屋顶/十字脊屋頂
shízìjǐ wūdǐng/ㄕˊ ㄗˋ ㄐㄧˇ ㄨ ㄉㄧㄥˇ

cross-ridge roof

【建】两个屋脊垂直相交成十字的屋顶。多采用歇山式，外观庄重华丽。多用于大型风景建筑，如宋画古黄鹤楼及金明池图中的圆形水殿。明清故宫的角楼、山西万荣县飞云楼等均采用此式。

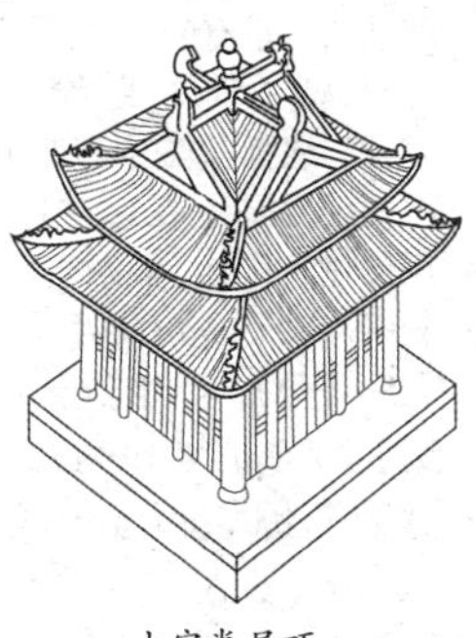
十字脊屋顶

十字接頭 ㄕˊ ㄗˋ ㄐㄧㄝ ㄊㄡˊ/shízì jiētóu

universal joint

【机】台湾名。即"万向联轴器"(1168 页)。

十字形交叉/十字形交叉

shízìxíng jiāochā/ㄕˊ ㄗˋ ㄒㄧㄥˊ ㄐㄧㄠ ㄔㄚ

cross road

【交】平面交叉的一种。两条道路呈十字形的相交。是道路网中最常见的一种形式。

石斑鱼/石斑魚 shíbānyú/ㄕˊ ㄅㄢ ㄩˊ

grouper

【动】*Epinephelussp* 鱼名。硬骨鱼纲鮨科。体长中等，稍侧扁，多呈褐色或红色，并有条纹和斑点，口大，牙细尖，背鳍和臀鳍棘发达。多生活在热带和温带海洋中，性凶猛，以其他鱼类为食，也吃甲壳类和头足类。种类很多。

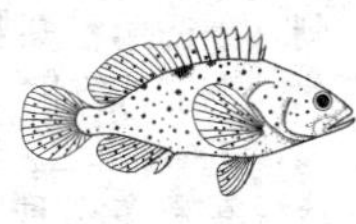
石斑鱼

石材/石材 shícái/ㄕˊ ㄘㄞˊ

dimension stone

【材】以天然岩石为原材料加工制成的具有一定规格、形状的工业产品。

石菖蒲/石菖蒲 shíchāngpú/ㄕˊ ㄔㄤ ㄆㄨˊ

Rhizoma Acori Tatarinowii（拉），grassleaf sweetflag rhizome，* acorus root

【中医】中药名。天南星科植物石菖蒲 *Acorus tatarinowii* Schott 的干燥根茎。味辛、苦，性温。归心、胃经。化湿开胃，开窍豁痰，醒神益智。用于脘痞不饥，噤口下痢，神昏癫痫，健忘耳聋。

石刁柏/石刁柏 shídiāobǎi/ㄕˊ ㄉㄧㄠ ㄅㄞˇ

asparagus

【植】*Asparagus officinalis* 又称"芦笋"。百合科天门冬属。多年生草本植物。地上茎，直立平滑，肉质，嫩时可食。叶状枝 3～6 枚成簇，近扁圆柱形，鳞片状叶基部有刺状短距。花 1～4 朵腋生，绿黄色。花期 5—6 月份。在中国，分布于各地。嫩茎可作蔬菜。

石舫/石舫 shífǎng/ㄕˊ ㄈㄤˇ

stone boat

【建】用石建造，供游玩宴饮、观景之用的仿船造型的园林建筑。

石膏/石膏 shígāo/ㄕˊ ㄍㄠ

㊀gypsum，㊁Gypsum Fibrosum（拉），gypsum

㊀【地】矿物。成分为 $CaSO_4 \cdot 2H_2O$。单斜晶系。晶体常呈板状，少数呈柱状，集合体常呈致密块状或纤维状，呈纤维状的称为纤维石膏，晶体无色透明的称为透石膏。通常白色，因混入杂质而呈灰、黄、褐色等，玻璃光泽，透石膏呈珍珠光泽，纤维石膏呈丝绢光泽，莫氏硬度 2，密度 2.3 克/厘米^3。与石盐、硬石膏等共生。用作水泥、建材、模型、化工、纺织业的填料，也可入药。㊁【中医】中药名。硫酸盐类矿物硬石膏族石膏，主含含水硫酸钙（$CaSO_4 \cdot 2H_2O$）。味甘、辛，性大寒。归肺、胃经。清热泻火，除烦止渴。用于外感热病，高热烦渴，肺热喘咳，胃火亢盛，头痛，牙痛。以明煅法炮制的石膏为"煅石膏"，主要供外用。味甘、辛、涩，性寒。归肺、胃经。收湿，生肌，敛疮，止血。外治溃疡不敛，湿疹瘙痒，水火烫伤，外伤出血。研末撒敷患处。

石斛/石斛 shíhú/ㄕˊ ㄏㄨˊ

㊀ dendrobium nobile，㊁ Caulis Dendrobii（拉），dendrobium

㊀【植】*Dendrobium nobile* 兰科石斛属。附生草本植物。茎直立，肉质肥厚，扁圆柱形，不分枝，具多节。叶革质，长圆形，先端钝，基部抱茎。总状花序花瓣斜宽卵形，唇瓣宽卵形，白色带淡紫色先端，有时全体淡紫红色或除唇盘上具一个紫红色斑块外，其余均为白色，蕊柱绿色。花期 4—5 月份。在中国，分布于台湾、湖北南部、香港、海南、广西西部至

东北部、四川南部、贵州西南部至北部、云南、西藏东南部。观赏花卉。㊂【中医】中药名。兰科植物金钗石斛 *Dendrobium nobile* Lindl.、鼓槌石斛 *D. chrysotoxum* Lindl.、流苏石斛 *D. fimbriatum* Hook. 或铁皮石斛 *D. officinale Kimura* et Migo 的栽培品及其同属近似种的新鲜或干燥茎。味甘，性微寒。归胃、肾经。益胃生津，滋阴清热。用于阴伤津亏，口干烦渴，食少干呕，病后虚热，目暗不明。

金钗石斛　　铁皮石斛

石花菜/石花菜 shíhuācài/ㄕˊ ㄏㄨㄚ ㄘㄞˋ

gelidium

【植】*Gelidium amansii* 又称“鸡毛菜”。藻类。红藻门石花菜科石花菜属。藻体线形，直立，单生或丛生。基部具假根状固着器固着于基质上。生长初期藻体呈尖锥形。紫红色，软骨质，羽状分枝，下部枝扁压，两缘薄。在中国，分布于黄渤海沿岸。生长在大干潮线附近至水深 6～10 米的海底岩石上。药食兼用，也是制作琼胶的主要原料。

石化作用/石化作用

shíhuà zuòyòng/ㄕˊ ㄏㄨㄚˋ ㄗㄨㄛˋ ㄩㄥˋ

petrifaction

【地】古代生物遗体、遗迹被矿物质置换或充填而保存生物原有构造形成化石的作用过程。

石灰/石灰 shíhuī/ㄕˊ ㄏㄨㄟ

lime

【化】生石灰和熟石灰的统称。通常指生石灰。

石灰华/石灰華 shíhuīhuá/ㄕˊ ㄏㄨㄟ ㄏㄨㄚˊ

【地】即“钙华”(376 页)。

石灰岩/石灰岩 shíhuīyán/ㄕˊ ㄏㄨㄟ ㄧㄢˊ

limestone

【地】简称“灰岩”。以方解石为主要成分的碳酸盐岩。也有的含白云石、黏土矿物等，颜色有灰、灰白、灰黑、黄、浅红、褐红等，硬度小，易溶蚀。遇稀盐酸剧烈起泡。是制作石灰、水泥的主要原料，在冶金工业中做熔剂等，也可用作建筑石材。石灰岩地区常形成喀斯特地貌(石林、天坑、溶洞等)。

石蜐/石蜐 shíjié/ㄕˊ ㄐㄧㄝˊ

【动】即“龟足”(449 页)。

石蜡/石蠟 shílà/ㄕˊ ㄌㄚˋ

paraffin wax

【化】石油蜡的一种。是固体烷烃的混合物。白色或淡黄色固体，无臭无味。可用来制肥皂、合成洗涤剂、化妆品、火柴、蜡烛、防水剂、软膏、绝缘材料等。

石林/石林 shílín/ㄕˊ ㄌㄧㄣˊ

stone forest

【地】喀斯特地貌的一种。地表上柱状、锥状、塔状的石灰岩体林立，由水流沿着岩石垂直裂隙溶蚀或侵蚀而成，相对高度通常 20 米左右，高的可达 50 米。中国云南的石林最为典型。

石榴/石榴 shíliu/ㄕˊ ㄌㄧㄡ

pomegranate

【植】*Punica granatum* 石榴科石榴属。落叶灌木或小乔木。枝圆柱形，先端成尖锐长刺。叶纸质，椭圆状披针形。花生枝端，辐状；萼钟状或筒状，裂片厚，卵状三角形；花瓣大，红、黄或白色。浆果近球形，果皮淡黄或淡绿色；籽多，外种皮肉质，多汁，红或白色，甜中带酸，内种皮角质。果期 9—10 月份。在中国，分布于各地。观赏花木。果实药食兼用。

📖 石榴花是西班牙和利比亚的国花。

石榴子石/石榴子石

shíliuzǐshí/ㄕˊ ㄌㄧㄡ ㄗˇ ㄕˊ

garnet

【地】石榴子石族矿物的统称。化学式通常为 $A_3B_2(SiO_4)_3$，其中 A 代表二价阳离子钙、铁、镁、锰等，B 代表三价阳离子铁、铝、铬等。属岛状结构硅酸盐。常见矿物有镁铝榴石 $Mg_3Al_2(SiO_4)_3$、铁铝榴石 $Fe_3Al_2(SiO_4)_3$、锰铝榴石 $Mn_3Al_2(SiO_4)_3$、钙铁榴石 $Ca_3Fe_2(SiO_4)_3$、钙铝榴石 $Ca_3Al_2(SiO_4)_3$、

钙铬榴石 $Ca_3Cr_2(SiO_4)_3$。一些含特殊成分的类质同象混晶有黑榴石和钛榴石(含钛的钙铁榴石)、锆榴石(含 ZrO_2 约 20% 的钙铁榴石)、钇榴石(含钇的钙铁榴石)等。等轴晶系。晶体常呈完好的菱形十二面体或四角三八面体。颜色多样,有血红、暗红、褐红、褐、红褐、黄褐、黄绿、鲜绿、黑色等,玻璃光泽,莫氏硬度 6.5～7.5,密度 3.1～4.3 克/厘米^3。可用作各种研磨材料,透明色美的可作宝石。

石煤/石煤 shíméi/ㄕˊ ㄇㄟˊ

stonelike coal

【化】又称"石炭"。低等海生植物菌藻类死亡后沉积形成的腐泥煤质岩石。

石棉/石綿 shímián/ㄕˊ ㄇㄧㄢˊ

asbestos

【地】可剥分为柔韧细长纤维的硅酸盐矿物的统称。按成分和内部结构不同,可分为蛇纹石石棉和角闪石石棉两类。具有隔热、保温、耐酸、耐碱、绝缘、防腐等特性。用作传动、制动、保温、隔热、绝缘、隔音、防腐、防酸等材料。

石綿 ㄕˊ ㄇㄧㄢˊ/shímián

asbestos

【地】台湾名。即"石棉"(1025 页)。

石漠 ㄕˊ ㄇㄛˋ/shímò

rocky desert

【地】台湾名。即"岩漠"(1310 页)。

石墨/石墨 shímò/ㄕˊ ㄇㄛˋ

graphite

【地】矿物,化学成分是碳,六方晶系。黑色。莫氏硬度 1～2。可用于制造铅笔芯和润滑剂,是铸铁和石墨化钢的一种组织组分。

📖 石墨与金刚石同为单质碳,但却是最软和最硬的矿物。它们的物理和化学性质取决于晶体结构。高硬度的金刚石和柔软滑腻的石墨晶体结构不同,各有各自的外观、密度、熔点等。

石青 shíqīng/ㄕˊ ㄑㄧㄥ

【地】即"蓝铜矿"(710 页)。

石松/石松 shísōng/ㄕˊ ㄙㄨㄥ

club moss

【植】*Lycopodium clavatum* 蕨类。石松科石松属。匍匐茎蔓生。直立茎分枝,营养枝密生针形叶,孢子枝叶疏生。孢子囊穗生于孢子枝上部,孢子囊肾形。在中国,分布于除西北地区外的各地。全草入药。

石笋/石筍 shísǔn/ㄕˊ ㄙㄨㄣˇ

stalagmite

【地】溶洞底面自下而上增长的碳酸钙淀积物。状如竹笋,故名。

📖 石灰岩、白云岩遇到溶有二氧化碳的水时,其中的碳酸钙会反应生成溶解性较大的碳酸氢钙。溶有碳酸氢钙的水沿洞顶的裂隙向下流出时,由于温度压力的变化,碳酸氢钙分解,二氧化碳逸出,重新生成的碳酸钙沉淀,自上而下堆积的就生成石钟乳,中间有小孔;滴落在洞底堆积成笋状的就是石笋。两者都会不断增长,如果连成一体,就称为石柱。

石炭 shítàn/ㄕˊ ㄊㄢˋ

【化】即"石煤"(1025 页)。

石炭纪/石炭紀 shítànjì/ㄕˊ ㄊㄢˋ ㄐㄧˋ

Carboniferous Period

【地】古生代的第五个纪。从距今 3.592 亿年开始,至距今 2.99 亿年结束。石炭纪时陆地面积不断扩大,气候温暖、湿润,沼泽遍布,陆地上出现了大规模的森林,是重要的成煤时期。昆虫大量繁殖。海生无脊椎动物以蜓类(纺锤虫)为代表,珊瑚、腕足类仍繁盛,脊椎动物中的两栖类开始出现。

石炭系/石炭系 shítànxì/ㄕˊ ㄊㄢˋ ㄒㄧˋ

Carboniferous System

【地】古生界的第五个系。是石炭纪时期形成的地层。

石碳酸 shítànsuān/ㄕˊ ㄊㄢˋ ㄙㄨㄢ

【化】即"苯酚"(50 页)。

石五供/石五供 shíwǔgòng/ㄕˊ ㄨˇ ㄍㄨㄥˋ

Shi Wugong

【建】明清帝王陵园中,象征香火不断的一组石雕祭品。须弥座中间置一石香炉,两侧依次是烛台、石瓶各一。明代帝陵设石五供于方城明楼前;清代帝后陵设石五供于方城明楼或方台坟丘前。关外清陵不设石五供。

石象生/石象生

shíxiàngshēng/ㄕˊ ㄒㄧㄤˋ ㄕㄥ

stone figure sculpture

【建】陵墓前神道两侧石雕的人和动物。设置石象生是人畜殉葬制度的遗风。其内容和数量与死者生前的官职密切相关。例如明制：公侯和一品、二品官员是石望柱、石虎、石羊、石马、石人各一对，三品官员减去石人一对，四品官员再减去石羊一对，五品官员是石马、石羊各一对，六品以下不准设置石象生。现存最早实例是汉武帝时的大将霍去病墓前的石象生，其中"马踏匈奴"最为有名。

石屑 ㄕˊ ㄒㄧㄝˋ/shíxiè

lithic pyroclast

【地】台湾名。即"岩屑"(1310 页)。

石屑撒布机/石屑撒布機

shíxiè sǎbùjī/ㄕˊ ㄒㄧㄝˋ ㄙㄚˇ ㄅㄨˋ ㄐㄧ

chippings spreader, chip spreader

【机】工程机械的一种。用于道路施工，可以一定的速率在道路上撒布石屑料层。按工作方式不同，可分为车载式、自行式和自卸卡车推行式。

石盐/石鹽 shíyán/ㄕˊ ㄧㄢˊ

halite

【地】台湾又称"岩鹽"。矿物。成分为 NaCl。等轴晶系。晶体呈立方体，在立方体晶面上常有阶梯状凹陷，集合体常呈粒状或块状。纯净晶体无色透明，含杂质时呈浅灰、黄、红、黑等色，玻璃光泽，潮解后表面呈油脂光泽，莫氏硬度 2.5，密度 2.1～2.2 克/厘米^3。易溶于水，味咸。在矿床中常与钾石盐(可溶性钾盐矿物)和石膏共生。是重要的化工原料。

石羊 shíyáng/ㄕˊ ㄧㄤˊ

【动】即"岩羊"(1310 页)。

石英/石英 shíyīng/ㄕˊ ㄧㄥ

quartz

【地】矿物。成分为 SiO_2。三方晶系或六方晶系。晶体称水晶。通常乳白色。莫氏硬度 7。物理、化学性质稳定。是烧制玻璃的主要原料。参见"水晶"(1064 页)。

石英砂/石英砂 shíyīngshā/ㄕˊ ㄧㄥ ㄕㄚ

quartz sand

【材】碎屑石英含量在 85%以上，呈未胶结松散状。颗粒大小在 0.05～2 毫米，有棱角状、次棱角状、浑圆状等形状。是很好的建筑材料和玻璃原料。

石英温度计/石英溫度計

shíyīng wēndùjì/ㄕˊ ㄧㄥ ㄨㄣ ㄉㄨˋ ㄐㄧˋ

quartz thermometer

【机】又称"频率温度计"。温度计的一种。利用石英晶体振荡频率与温度之间的关系实现温度测量。

石英岩/石英岩 shíyīngyán/ㄕˊ ㄧㄥ ㄧㄢˊ

quartzite

【地】一种变质岩。主要由石英组成(石英含量大于 85%)，由石英砂岩及硅质岩经变质作用形成。致密坚硬。可作工艺品雕刻用石，也用作建筑材料。

石英岩玉/石英岩玉

shíyīngyányù/ㄕˊ ㄧㄥ ㄧㄢˊ ㄩˋ

quartzite jade

【地】玉石。主要成分是显晶质石英岩。因含不同矿物成分的色裹体而形成不同品种，如东陵玉(含铬云母、蓝线石或赤铁矿等)、京白玉(含白云母)、黄翠(含地开石)、河南玉(又称密玉，含铁锂云母)等。

石油/石油 shíyóu/ㄕˊ ㄧㄡˊ

petroleum

【化】以碳氢化合物为主要成分的可燃性液体矿产。由远古海洋或湖泊中的生物在地下经过漫长的地球化学演化而成。开采的原油为黑褐色或暗绿色黏稠液体，是烷烃、环烷烃、芳香烃等的复杂混合物，含有少量氮、氧和硫元素。可燃，常与天然气并存。可加工制成汽油、煤油、柴油、润滑油、溶剂油等。

石油產品

ㄕˊ ㄧㄡˊ ㄔㄢˇ ㄆㄧㄣˇ/shíyóu chǎnpǐn

petroleum product

【化】台湾名。即"油品"(1365 页)。

石油焦/石油焦 shíyóujiāo/ㄕˊ ㄧㄡˊ ㄐㄧㄠ

petroleum coke

【化】焦炭的一种。渣油经焦化加工而得。多孔性固体，黑色，有金属光泽。主要成分为碳，含有少量的氢、氮、硫、氧和一些金属元素，有时还带有水分。性质随原料不同而有很大差异。有海绵焦、蜂窝状焦和针状焦等。可用作燃料，也用于制造电极和绝缘材料。

石油蜡/石油蠟 shíyóulà/ㄕˊ ㄧㄡˊ ㄌㄚˋ

petroleum wax

【化】石油产品。由轻质、重质润滑油馏分和残渣油经冷榨脱蜡或溶剂脱蜡加工而成。有石蜡、地蜡、液体石蜡、石油脂等。

石油污染/石油污染
shíyóu wūrǎn/ㄕˊ ㄧㄡˊ ㄨ ㄖㄢˇ
oil pollution

【环】在石油的开采、炼制、贮运和使用过程中,原油和各种石油炼制品进入环境,并对环境造成有害影响的现象。主要是海上油船漏油和事故、海底油田开发溢油和井喷、河流向海洋注入各种含油废水等造成的海洋石油污染。其主要污染物是各种烃类化合物。

石油脂/石油脂 shíyóuzhī/ㄕˊ ㄧㄡˊ ㄓ
petrolatum

【化】通称"凡士林"。石油蜡的一种。是70%～80%地蜡与20%～30%重质润滑油的混合物。白色至黄棕色油膏状半固体。

石钟乳/石鐘乳
shízhōngrǔ/ㄕˊ ㄓㄨㄥ ㄖㄨˇ
stalactite

【地】又称"钟乳石"。溶洞中自上向下积聚的碳酸钙淀积物,状如屋檐上探下的冰柱,中间有小孔。参见"石笋"(1025 页)。

石竹/石竹 shízhú/ㄕˊ ㄓㄨˊ
pink

【植】*Dianthus chinensis* 石竹科石竹属。多年生草本植物。茎疏丛状,直立,粉绿色。叶对生,线状披针形。花单生或集成聚伞花序生于枝端,花萼圆筒形,有纵条纹,萼齿披针形;花瓣紫红、粉红、鲜红或白色,顶缘不整齐齿裂,喉部有斑纹。花期 5—6 月份。在中国,分布于各地。观赏花卉。全草入药。

📖 石竹是葡萄牙、捷克和摩洛哥的国花。

石柱/石柱 shízhù/ㄕˊ ㄓㄨˋ
stalacto-stalagmite, stone pillar/column

【地】溶洞中钟乳石向下伸长,与对应的向上生长的石笋相连接所形成的碳酸钙柱体。参见"石笋"(1025 页)。

石作/石作 shízuò/ㄕˊ ㄗㄨㄛˋ
stone work, masonry

【建】宋《营造法式》中的 13 个工种之一。指各种石构件及其雕刻的制作、安装、垒砌等工作。重要项目有阶基、踏道、钩阑、流杯渠、水窗、马台、水槽、碑碣等,石料加工程序有打剥、粗搏、细漉、褊棱、斫砟、磨砻六道。

时/時 shí/ㄕˊ
hour

【计量】时间单位。符号 h。1 时＝60 分＝3600 秒。

时变电磁场/時變電磁場
shíbiàn diàncíchǎng/ㄕˊ ㄅㄧㄢˋ ㄉㄧㄢˋ ㄘˊ ㄔㄤˇ
time-varying electromagnetic field

【电】场量随时间变化的电磁场。电场的场量随时间变化伴随有磁场,磁场的场量随时间变化伴随有电场。电场与磁场两者相互依存,互为因果,形成统一的电磁场。

时变电路/時變電路
shíbiàn diànlù/ㄕˊ ㄅㄧㄢˋ ㄉㄧㄢˋ ㄌㄨˋ
time-varying electric circuit

【电】除独立电源外,含有时变参数元件的电路。

时病 shíbìng/ㄕˊ ㄅㄧㄥˋ

【中医】即"时令病"(1028 页)。

时分多址/多時多重進接
shífēn duōzhǐ/
ㄉㄨㄛ ㄕˊ ㄉㄨㄛ ㄔㄨㄥˊ ㄐㄧㄣˋ ㄐㄧㄝ
time-division multiple access, TDMA

【信息】利用不同的时间来分割信道的多址技术。

时分复用/分時多工
shífēn fùyòng/ㄈㄣ ㄕˊ ㄉㄨㄛ ㄍㄨㄥ
time-division multiplexing, TDM

【信息】为使若干独立信号能在一条公共通路上传输,将其分别配置在分立的周期性时间间隔上的处理过程。

时分码分多址/分時分碼多重進接
shífēn mǎfēn duōzhǐ/
ㄈㄣ ㄕˊ ㄈㄣ ㄇㄚˇ ㄉㄨㄛ ㄔㄨㄥˊ ㄐㄧㄣˋ ㄐㄧㄝ
time-division CDMA, TD-CDMA

【信息】同时利用时间分割和代码分割的多址技术。

时基/時基 shíjī/ㄕˊ ㄐㄧ
time base

【信息】用作基准,能以其周期中某些部分出现的瞬时来确定时间间隔的振荡。

时间/時間 shíjiān/ㄕˊ ㄐㄧㄢ
time

【物】国际单位制七个基本物理量之一。用 t

表示。单位秒(s)。其他单位有分、时。

时间服务/授時

shíjiān fúwù/ㄕㄡˋ ㄕˊ

time service

【天】又称“授时”。天文工作部门为社会提供精确的时间资料的系列工作。包括测时、守时、播时等。它不仅为日常生活和生产所必需,更与许多科学实验有密切的关系。

时间效用/時間效用

shíjiān xiàoyòng/ㄕˊ ㄐㄧㄢ ㄒㄧㄠˋ ㄩㄥˋ

time utility

【物流】物流过程中物品从供应地到接收地有一段时间差,改变这一时间差所创造的效用,称为“时间效用”。其价值体现在缩短需方与供方在时间上的距离,使人的可用时间增加,物品的获得时间减少,物品在需要的时候送达。

时间知觉/時間知覺

shíjiān zhījué/ㄕˊ ㄐㄧㄢ ㄓ ㄐㄩㄝˊ

time perception

【心】人脑对客观对象的持续时间、速度和顺序性的反映。是后天习得的一种条件反射。其不同形态主要有长短知觉(久暂知觉)、速度知觉和节奏知觉。

时角/時角 shíjiǎo/ㄕˊ ㄐㄧㄠˇ

hour angle, HA

【天】过天球上一点的赤经圈与子午圈所交的球面角。其天体的时角为0,表示天体在当地的子午圈上(中天);时角为1HA,表示天体1小时之前通过了当地的子午圈;时角为负数表明该天体尚未抵达子午圈。

时令病/時令病

shílìngbìng/ㄕˊ ㄌㄧㄥˋ ㄅㄧㄥˋ

seasonal disease

【中医】又称“时病”。中医外感热病之一。感受季节性外邪所致,如春天的春温、风温,夏天的中暑、泄泻、痢疾,秋天的秋燥、疟疾,冬天的冬温、咳嗽、伤寒等。

时区/時區 shíqū/ㄕˊ ㄑㄩ

time zone

【地】某一标准时适用的地区。按经度全球分为24个时区,每个时区跨经度15°,两个相邻的时区相差1小时。以本初子午线为中央经线的时区为零时区,由零时区向东、西各分12区,东、西12区都是半时区,共同使用180°经线的时区。

时钟速率/時鐘率

shízhōng sùlǜ/ㄕˊ ㄓㄨㄥ ㄌㄩˋ

clock rate

【信息】时钟输出脉冲的速率。国际单位制基本单位是赫(兹)(Hz),常用倍数单位有千赫[兹](kHz)、兆赫[兹](MHz)、吉赫[兹](GHz)等。

识记/記誦 shíjì/ㄐㄧˋ ㄙㄨㄥˋ

memorization

【心】人对客观事物识别并记住的过程。是记忆的开始环节,也是保持和回忆的前提。识记的形式按目的性划分,可分为无意识记和有意识记;按理解性划分,可分为机械识记和意义识记。

实/實 shí/ㄕˊ

excess

【中医】指邪气亢盛,以邪气盛为矛盾主要方面的病理反应。表现为正气与邪气均较强盛,正邪相搏,斗争剧烈,反应明显。可见各种亢盛有余的证候。

实变函数论/實變函數論

shíbiàn hánshùlùn/ㄕˊ ㄅㄧㄢˋ ㄏㄢˊ ㄕㄨˋ ㄌㄨㄣˋ

real function theory

【数】分析学的一个分支。19世纪末至20世纪初形成。研究关于一般实变数的函数的理论。其中函数可积性研究是最主要的内容,包括比黎曼积分更具有一般性的勒贝格积分等。实变函数论成为分析学各分支的普遍基础。

实存储器/真實記憶體

shícúnchǔqì/ㄓㄣ ㄕˊ ㄐㄧˋ ㄧˋ ㄊㄧˇ

real memory

【信息】虚拟存储器中的物理存储器。

实地址/實體位址 shídìzhǐ/ㄕˊ ㄊㄧˇ ㄨㄟˋ ㄓˇ

physical address

【信息】又称“物理地址”“硬件地址”。与硬件存储部位对应的地址。在简单的处理器中,所有地址都是实地址;在支持虚拟存储的处理器中,程序引用虚拟地址,再通过存储管理硬件将其映射为实地址。

实时操作系统/實時操作系統

shíshí cāozuò xìtǒng/

ㄕˊ ㄕˊ ㄘㄠ ㄗㄨㄛˋ ㄒㄧˋ ㄊㄨㄥˇ

real-time operating system，RTOS

【信息】能毫不滞后地识别出必须做出的响应并立即处理任务的操作系统。在远程通信、空中交通管制、机器人操作等应用系统中，多用作需要快速反应(例如秒级、毫秒级甚至微秒级)的嵌入式系统。

实时动画/實時動畫

shíshí dònghuà/ㄕˊ ㄕˊ ㄉㄨㄥˋ ㄏㄨㄚˋ

real-time animation

【信息】台湾又称“即時動畫”。对屏幕画面的计算和更新，与所模拟对象在现实世界中的运动具有同一速率的计算机动画。

实数/實數 shíshù/ㄕˊ ㄕㄨˋ

real number

【数】有理数与无理数的统称。实数集记作**R**，它的元素和数轴上的点一一对应。有理数集**Q**是实数集**R**的真子集。实数进行加、减、乘、除(除数不为0)运算的结果仍是实数。实数集**R**对它的加法和乘法构成一个域。

实数指数/實指數

shíshù zhǐshù/ㄕˊ ㄓˇ ㄕㄨˋ

real exponent

【数】有理数指数和无理数指数的统称。当$a>0$，α是实数时，a^{α}总有意义。

实像/實像

shíxiàng/ㄕˊ ㄒㄧㄤˋ

real image

【物】来自物体的光经光具组(由若干反射镜或透镜组成的光学系统)反射或折射汇聚而成，图像与原物相似。可呈现在屏幕上，能使照相底片感光。例如照相机拍摄的影像。

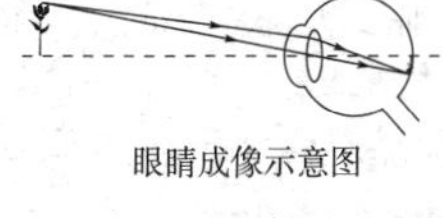

眼睛成像示意图

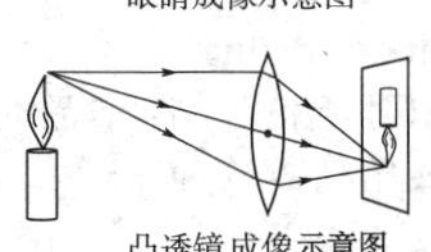

凸透镜成像示意图

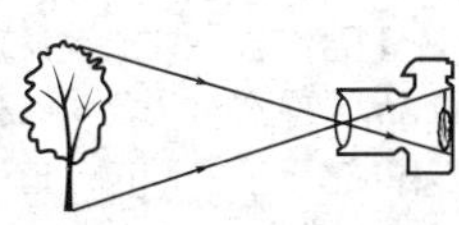

照相机成像示意图

实 像

实型铸造/全模法

shíxíng zhùzào/ㄑㄩㄢˊ ㄇㄛˊ ㄈㄚˇ

full mold process

【机】又称“消失模铸造”。特种铸造的一种。将与铸件尺寸形状相似的发泡塑料模型黏结组合成模型簇，刷涂耐火涂层并烘干后，埋在干石英砂中振动造型，在一定条件下浇注熔融金属，使模型气化并占据模型位置而获得铸件。是被誉为铸造工业绿色革命的技术。

实验法/實驗法 shíyànfǎ/ㄕˊ ㄧㄢˋ ㄈㄚˇ

experimental method

【心】心理学研究的一种方法。有目的、有计划地严密控制或创设某种条件，以主动引起或改变某些客观对象(包括人和现象)的出现，从而对心理现象进行分析研究，主动揭示其间因果关系。

实验式/實驗式 shíyànshì/ㄕˊ ㄧㄢˋ ㄕˋ

empirical formula

【化】化学式的一种。用元素符号表示化合物分子中各元素原子数最简整数比的式子。主要表示分子中的原子和数目比值。早期因实验条件有限，无法准确了解原子的具体数目，只能测出分子中原子的比值，故常使用实验式。

实验室离心机/實驗室離心機

shíyànshì líxīnjī/ㄕˊ ㄧㄢˋ ㄕˋ ㄌㄧˊ ㄒㄧㄣ ㄐㄧ

laboratory centrifuge

【机】利用旋转转头产生的离心力，使悬浮液或乳浊液中不同密度、不同颗粒大小的物质分离开来，或在分离的同时进行分析的仪器。按用途不同，可分为工业用和医用两类。前者多用于研究机械的教育、科研及企业实验室；后者多用于医疗实验、医院、制药企业、生物研究所。

实验心理学/實驗心理學

shíyàn xīnlǐxué/ㄕˊ ㄧㄢˋ ㄒㄧㄣ ㄌㄧˇ ㄒㄩㄝˊ

experimental psychology

【心】心理学的一个分支。用实验的方法研究心理现象，即采用自然科学的研究方法，通过实验设计、数据采集和处理、结果分析等步骤，提高研究结果的客观性与准确性。是许多心理学分支的基础和研究手段。

实用程序/公用程式

shíyòng chéngxù/ㄍㄨㄥ ㄩㄥˋ ㄔㄥˊ ㄕˋ

utility program

【信息】为计算机用户与服务人员提供的常见通用程序。例如诊断程序、追踪程序、归类程序。

食/蝕 shí/ㄕˊ

eclipse

【天】一个天体被另一个天体的影子所遮掩，视面变暗甚至消失的现象。月球进入地球的影子中会发生月食。整个月球都被遮蔽时就发生月全食；只有一部分被遮蔽时就是月偏食。地球上的部分区域进入月球投下的影子中，发生日食。太阳完全被月球挡住时发生日全食；只挡住一部分，发生日偏食。月球此时接近远地点，它的暗面比太阳略小时就发生日环食，在月球暗面周围仍可看见一圈明亮的日面。

食管/食道 shíguǎn/ㄕˊ ㄉㄠˋ

esophagus

【医】连接咽与胃的一段消化道。内层为黏膜层及黏膜下层，中层为平滑肌层，外层结缔组织，成人的食管长约 25 厘米。食管的颈段位于气管背后和脊柱前端，胸段位于左、右肺之间的纵膈内，胸段通过膈孔与腹腔内腹段相连，腹段很短，与胃相连。

食管癌/食管癌

shíguǎn'ái/ㄕˊ ㄍㄨㄢˇ ㄧㄢˊ（又读 ㄞˊ）

esophageal carcinoma

【医】发生于食管黏膜上皮或腺体的恶性肿瘤。在中国，绝大多数为鳞状细胞癌或少数为腺癌、未分化癌。其典型临床表现为进行性吞咽困难，先是难咽干的食物，继而是半流质食物，最后是水和唾液。

食积 shíjī/ㄕˊ ㄐㄧ

【中医】即“积滞”(565 页)。

食疗/食療

shíliáo/ㄕˊ ㄌㄧㄠˊ

㊀dietary therapy，㊁dietetic therapy

㊀【医】“膳食治疗”的简称。㊁【中医】又称“食治”。治法之一。用具有药理作用的食物来治疗疾病，也包括用少食、禁食等方法有利身体健康或病情恢复。

食品/食品 shípǐn/ㄕˊ ㄆㄧㄣˇ

foodstuff，food

【轻】可供人类食用或饮用的物质。包括加工食品、半成品、未加工食品的成品和原料，以及食药兼用的物品。不包括以治疗为目的的物品。

食品安全/食品安全

shípǐn ānquán/ㄕˊ ㄆㄧㄣˇ ㄢ ㄑㄩㄢˊ

food safety

【环】食物供给能够保证人类的生存和健康的各种措施的总称。主要包括食物量的安全和食物质的安全。前者指防范食物短缺，后者指确保食物生产和消费对人体健康没有不良影响。实现可持续农业发展，防止食物污染和现代生物技术生产的食品可能产生的风险及危害，加强食品卫生管理，改变不可持续的生活和消费方式，是保证食品安全的主要途径。

食品标准/食品標準

shípǐn biāozhǔn/ㄕˊ ㄆㄧㄣˇ ㄅㄧㄠ ㄓㄨㄣˇ

food standard

【轻】食品工业领域各类标准的总和。包括食品产品标准、食品卫生标准、食品分析方法标准、食品管理标准、食品添加剂标准、食品术语标准等。

食品产品标准/食品產品標準

shípǐn chǎnpǐn biāozhǔn/

ㄕˊ ㄆㄧㄣˇ ㄔㄢˇ ㄆㄧㄣˇ ㄅㄧㄠ ㄓㄨㄣˇ

food product standard

【轻】为保证食品的食用价值，对食品必须达到的某些或全部要求所做的规定。主要内容包括产品分类、技术要求、试验方法、检验规则，以及标签与标志、包装、贮存、运输等方面的要求。

食品品質 ㄕˊ ㄆㄧㄣˇ ㄆㄧㄣˇ ㄓˊ/shípǐn pǐnzhì

food quality

【轻】台湾名。即“食品质量”(1031 页)。

食品品質管理 ㄕˊ ㄆㄧㄣˇ ㄆㄧㄣˇ ㄓˊ ㄍㄨㄢˇ ㄌㄧˇ/

shípǐn pǐnzhì guǎnlǐ

food quality control

【轻】台湾名。即“食品质量管理”(1031 页)。

食品品質監督 ㄕˊ ㄆㄧㄣˇ ㄆㄧㄣˇ ㄓˊ ㄐㄧㄢ ㄉㄨ/

shípǐn pǐnzhì jiāndū

food quality supervision

【轻】台湾名。即“食品质量监督”(1031 页)。

食品品質檢驗 ㄕˊ ㄆㄧㄣˇ ㄆㄧㄣˇ ㄓˊ ㄐㄧㄢˇ ㄧㄢˋ/

shípǐn pǐnzhì jiǎnyàn

food quality inspection

【轻】台湾名。即“食品质量检验”(1031 页)。

食品生物污染/食品生物污染
shípǐn shēngwù wūrǎn/
ㄕˊ ㄆㄧㄣˇ ㄕㄥ ㄨˋ ㄨ ㄖㄢˇ
biological contamination of foods
【环】生物污染的一种。有害病毒、细菌、真菌和寄生虫等引起食物变质、腐败、霉烂，破坏其食用价值或食后引起人体中毒和致病的现象。

食品添加剂/食品添加物
shípǐn tiānjiājì/ㄕˊ ㄆㄧㄣˇ ㄊㄧㄢ ㄐㄧㄚ ㄨˋ
food additive, addition to food
【轻】为改善食品色、香、味等品质，或防腐和加工工艺的需要而加入食品中的化合物质及天然物质。中国食品添加剂主要有酸度调节剂、抗结剂、消泡剂、抗氧化剂、漂白剂、膨松剂、着色剂、护色剂、酶制剂、增味剂、营养强化剂、防腐剂、甜味剂、增稠剂、香料等。

食品添加物
ㄕˊ ㄆㄧㄣˇ ㄊㄧㄢ ㄐㄧㄚ ㄨˋ/shípǐn tiānjiāwù
food additive, addition to food
【轻】台湾名。即“食品添加剂”(1031 页)。

食品卫生/食品衛生
shípǐn wèishēng/ㄕˊ ㄆㄧㄣˇ ㄨㄟˋ ㄕㄥ
food hygiene, food sanitation
【轻】对在食品的生产、加工、运输、销售、供给等过程中，可能存在或产生的各种有害因素加以消除或控制，以确保食品对人体安全卫生、无毒无害，同时使食品尽可能地保持原有的营养成分及其自然风味，从而有益于人体健康所采取的一些干预措施。

食品卫生标准/食品衛生標準
shípǐn wèishēng biāozhǔn/
ㄕˊ ㄆㄧㄣˇ ㄨㄟˋ ㄕㄥ ㄅㄧㄠ ㄓㄨㄣˇ
food hygienic standard
【轻】为保护人体健康，对食品中具有卫生学意义的特性所做的统一规定。

食品污染/食品污染
shípǐn wūrǎn/ㄕˊ ㄆㄧㄣˇ ㄨ ㄖㄢˇ
food pollution
【环】食品在生产(种植、养殖)、加工、运输、贮存、销售、烹调等各个环节中，混入、残留或产生的各种不利于人体健康、影响其食品价值和商品价值的现象。

食品质量/食品品質
shípǐn zhìliàng/ㄕˊ ㄆㄧㄣˇ ㄆㄧㄣˇ ㄓˊ
food quality
【轻】食品满足规定或潜在要求的特征和特性总和。反映食品品质的优劣。

食品质量管理/食品品質管理
shípǐn zhìliàng guǎnlǐ/
ㄕˊ ㄆㄧㄣˇ ㄆㄧㄣˇ ㄓˊ ㄍㄨㄢˇ ㄌㄧˇ
food quality control
【轻】对确定和达到食品质量要求所必需的全部职能和活动。

食品质量监督/食品品質監督
shípǐn zhìliàng jiāndū/
ㄕˊ ㄆㄧㄣˇ ㄆㄧㄣˇ ㄓˊ ㄐㄧㄢ ㄉㄨ
food quality supervision
【轻】根据国家有关法律、法规和标准(或合同)，对食品质量及生产条件进行评价、分析、处理等活动。

食品质量检验/食品品質檢驗
shípǐn zhìliàng jiǎnyàn/
ㄕˊ ㄆㄧㄣˇ ㄆㄧㄣˇ ㄓˊ ㄐㄧㄢˇ ㄧㄢˋ
food quality inspection
【轻】检查和验证食品质量是否符合标准或有关规定的活动。

食品资源/食品資源
shípǐn zīyuán/ㄕˊ ㄆㄧㄣˇ ㄗ ㄩㄢˊ
food resource
【轻】含有营养物质，对人和动物安全无害，可作为食品或食品原料的天然物质。

食肉目/食肉目 shíròumù/ㄕˊ ㄖㄡˋ ㄇㄨˋ
Carnivora
【动】Carnivora 哺乳动物纲的一目。肉食性，身体健壮，动作灵敏，犬齿大而尖锐，爪锐利，大脑发达，有脑回。大部分种类在不同程度上以其他哺乳类、鸟类、两栖类、爬行类和鱼类为主要食物。可分为犬科、熊科、浣熊科、大熊猫科、鼬科、灵猫科、猫科和鬣狗科。如犬、狼、熊、大熊猫、虎、狮、豹等。

食糖/糖 shítáng/ㄊㄤˊ
sugar
【轻】又称“糖”。通常指白砂糖或绵白糖，以甘蔗或甜菜为原料，经提汁、清净、浓缩、结晶、筛分等工序精制而成。食品工业用糖还有淀粉糖浆、饴糖、葡萄糖、乳糖等。

食物不耐受/食物不耐受
shíwù bùnàishòu/ㄕˊ ㄨˋ ㄅㄨˋ ㄋㄞˋ ㄕㄡˋ
food intolerance
【医】部分人体对某些食物(如乳糖、蚕豆等)缺乏相应的消化或代谢的酶类,以致在进食此类食物时会引起不适或疾病的情况。

食物过敏/食物過敏
shíwù guòmǐn/ㄕˊ ㄨˋ ㄍㄨㄛˋ ㄇㄧㄣˇ
food allergy
【医】部分人体将某些食物(多为蛋白质类食物)识别为抗原后,产生相应抗体,再次摄入该食物时引起的过敏反应。

食物结构 shíwù jiégòu/ㄕˊ ㄨˋ ㄐㄧㄝˊ ㄍㄡˋ
【医】即“膳食结构”(985页)。

食物链/食物鏈 shíwùliàn/ㄕˊ ㄨˋ ㄌㄧㄢˋ
food chain
【生】各种生物间以一系列吃与被吃关系连接而成的食物关系的序列。因其彼此一环扣一环,像链条一样,故名。可分为捕食性食物链(蝗虫吃草,青蛙吃蝗虫,蛇吃青蛙,猫头鹰吃蛇)、碎食性食物链(虾吃树叶碎片及藻类,鱼吃虾,鸟吃鱼)和寄生性食物链(过滤性病毒寄生在细菌上,细菌寄生在原生动物上,原生动物寄生在跳蚤上,跳蚤寄生在牲畜上)。

食物媒介疾病
ㄕˊ ㄨˋ ㄇㄟˊ ㄐㄧㄝˋ ㄐㄧˊ ㄅㄧㄥˋ/
shíwù méijiè jíbìng
food-borne disease
【医】台湾名。即“食源性疾病”(1032页)。

食物纤维 shíwù xiānwéi/ㄕˊ ㄨˋ ㄒㄧㄢ ㄨㄟˊ
【医】即“膳食纤维”(985页)。

食物中毒/食物中毒
shíwù zhòngdú/ㄕˊ ㄨˋ ㄓㄨㄥˋ ㄉㄨˊ
food poisoning
【医】进食含有细菌、细菌毒素、动植物毒素或化学毒素的食物引起的中毒性疾病。临床主要表现为腹痛、吐泻等。

食性/食性 shíxìng/ㄕˊ ㄒㄧㄥˋ
food habit, feeding habit
【动】动物吃食物的习性。通常分为肉食性、草食性、杂食性(以动物和植物为食)等。

食盐/食鹽 shíyán/ㄕˊ ㄧㄢˊ
salt, sal communis, common salt
【轻】无机化学品。主要成分是氯化钠。是人体不可缺少的物质,人通过摄入食盐,获得维持体液平衡和酸碱性的钠离子和氯离子。其0.9009%的水溶液与血液渗透压相等,作为生理盐水用于临床。

食蚁兽/食蟻獸 shíyǐshòu/ㄕˊ ㄧˇ ㄕㄡˋ
anteater
【动】*Myrmecophaga tridactyla* 哺乳动物名。贫齿目食蚁兽科。体长达1米以上,头细长,眼和耳极小,吻成管状,无齿,舌细长,能伸缩舔食蚁类及其他昆虫。体毛灰色或棕褐色,背面两侧有宽阔的纵纹,纹的边缘白色。尾部密生长毛。分布于美洲的热带地区。

食蚁兽

食用油脂/食用油脂
shíyòng yóuzhī/ㄕˊ ㄩㄥˋ ㄧㄡˊ ㄓ
edible oil and fat
【轻】可食用的甘油三脂肪酸的统称。分为动物油脂和植物油脂。常温下呈液体状的称油,呈固体状的称脂。

食源性疾病/食物媒介疾病
shíyuánxìng jíbìng/ㄕˊ ㄨˋ ㄇㄟˊ ㄐㄧㄝˋ ㄐㄧˊ ㄅㄧㄥˋ
food-borne disease
【医】随饮食摄入有毒有害物质而引起的疾病。如食物中毒、寄生虫病等。

食治 shízhì/ㄕˊ ㄓˋ
【中医】即“食疗”(1030页)。

蚀变作用/蝕變作用
shíbiàn zuòyòng/ㄕˊ ㄅㄧㄢˋ ㄗㄨㄛˋ ㄩㄥˋ
alteration
【地】受岩浆及伴随的炽热气体和液体的影响,岩石、矿物的结构、构造以及成分相应发生改变生成新的矿物组合的过程。

炻器/炻器 shíqì/ㄕˊ ㄑㄧˋ
stoneware, semiporcelain
【材】又称“缸器”。介于陶器和瓷器之间的制品。坯体致密坚硬,不透明,无釉,不透水。如水缸、砂锅等。坯体接近白色的炻器也称为白炻器。

時鐘率 ㄕˊ ㄓㄨㄥ ㄌㄩˋ/shízhōnglǜ

clock rate

【信息】台湾名。即"时钟速率"(1028 页)。

蝕 ㄕˊ/shí

eclipse

【天】台湾名。即"食"(1030 页)。

實體層 ㄕˊ ㄊㄧˇ ㄘㄥˊ/shítǐcéng

physical layer

【信息】台湾名。即"物理层"(1215 页)。

實體位址 ㄕˊ ㄊㄧˇ ㄨㄟˋ ㄓˇ/shítǐ wèizhǐ

physical address

【信息】台湾名。即"实地址"(1028 页)。

實指數 ㄕˊ ㄓˇ ㄕㄨˋ/shízhǐshù

real exponent

【数】台湾名。即"实数指数"(1029 页)。

鲥/鰣 shí/ㄕˊ

reeves' shad, seasonal shad

【动】*Tenualosa reevesii* 鱼名。硬骨鱼纲鲱科。身体侧扁,长可达 70 厘米,银白色,头侧扁,上颌正中有一缺刻,眼周围银白色带金光。背部黑绿色,腹部银白色,有棱鳞。生活在近海,以浮游生物等为食。春末夏初进入河流中产卵。

識別符 ㄕˋ ㄅㄧㄝˊ ㄈㄨˊ/shíbiéfú

identifier

【信息】台湾名。即"标识符"(66 页)。

矢车菊/矢車菊 shǐchējú/ㄕˇ ㄔㄜ ㄐㄩˊ

centaurea

【植】*Centaurea cyanus* 又称"蓝芙蓉"。菊科矢车菊属。一或二年生草本植物。茎直立,灰白色,被毛。叶长椭圆状披针形,边缘全缘或大头羽状分裂,裂片披针形。头状花序在茎顶排成伞房花序或圆锥花序,总苞椭圆状,七层,苞片顶端有附属物,附属物边缘有流苏状齿;边花蓝、白、红或紫色,檐部有裂,盘花浅蓝或红色。花果期 2—8 月份。中国各地均有栽培。观赏花卉。

📖 矢车菊是德国的国花。

矢跨比/矢跨比 shǐkuàbǐ/ㄕˇ ㄎㄨㄚˋ ㄅㄧˇ

rise-span ratio

【建】拱桥的拱矢高度与拱的净跨之比。矢跨比反映拱券平缓陡峭程度,影响拱桥的构造形式和施工方法的选择,一般的矢跨比小于 1/5 的拱桥称坦拱,大于或等于 1/5 的称陡拱。例如,赵州桥矢高 7.23 米,净跨 37.02 米,矢跨比为 0.195,小于 1/5。

矢量 shǐliàng/ㄕˇ ㄌㄧㄤˋ

【数】即"向量"(1251 页)。物理学中矢量为正称。

使用面积/使用面積

shǐyòng miànjī/ㄕˇ ㄩㄥˋ ㄇㄧㄢˋ ㄐㄧ

usable floor area

【建】建筑面积中减去公共交通面积、结构面积后,可供实际使用的面积。

使用者代理

ㄕˇ ㄩㄥˋ ㄓㄜˇ ㄉㄞˋ ㄌㄧˇ/shǐyòngzhě dàilǐ

user agent, UA

【信息】台湾名。即"用户代理"(1363 页)。

始发/發端 shǐfā/ㄈㄚ ㄉㄨㄢ

originating

【信息】消息生成点位于本网络之内的电信业务。

始新世/始新世

shǐxīnshì/ㄕˇ ㄒㄧㄣ ㄕˋ

Eocene Epoch

【地】古近纪的第二个世。从距今约 5580 万年开始,至距今 3390 万年结束。

始新统/始新統

shǐxīntǒng/ㄕˇ ㄒㄧㄣ ㄊㄨㄥˇ

Eocene Series

【地】古近系的第二个统。是始新世时期形成的地层。

始祖鸟/始祖鳥 shǐzǔniǎo/ㄕˇ ㄗㄨˇ ㄋㄧㄠˇ

Archaeopteryx

【地】*Archaeopteryx*,古生物名。是最早、最原始的鸟,生活于晚侏罗世(距今约1.55亿年至距今 1.5 亿年),化石发现于德国南部。始祖鸟与恐龙同时代,但同时具有鸟类及恐龙的特征,故与恐龙有区别。其羽毛与现代鸟类相似,但颚骨上有利齿,脚上三趾有弯爪,还有长的骨质尾。

示波器/示波器 shìbōqì/ㄕˋ ㄅㄛ ㄑㄧˋ

oscilloscope, oscillograph

【机】显示某些随时间变化的物理量(如电压、振子电流等)的波形曲线的电子测量仪器。

通常分为阴极射线示波器和磁电式示波器，还可分为模拟示波器和数字示波器。

示值/示值 shìzhí/ㄕˋ ㄓˊ

indication

【计量】由测量仪器或测量系统给出的量值。

世/世 shì/ㄕˋ

epoch

【地】地质年代分期的第四级。在纪之下。如第四纪分为更新世和全新世。世所对应的年代地层单位是统。

世代/世代 shìdài/ㄕˋ ㄉㄞˋ

generation

【生】有世代交替的生物体从一个生殖期到下一个生殖期为一个世代。

世界城市/世界都市

shìjiè chéngshì/ㄕˋ ㄐㄧㄝˋ ㄉㄨ ㄕˋ

world city

【建】对全世界或大多数国家产生全球性经济、政治、文化影响的国际大城市。

世界观/世界觀

shìjièguān/ㄕˋ ㄐㄧㄝˋ ㄍㄨㄢ

view of world, worldview

【总】又称"宇宙观"。人们对整个世界的总的看法和根本观点。由于人们的社会地位不同,观察问题的角度不同,形成不同的世界观。其基本问题是精神和物质、思维和存在的关系问题,按照对这二者关系的回答不同,分为唯心主义世界观和唯物主义世界观。

世界时/世界時 shìjièshí/ㄕˋ ㄐㄧㄝˋ ㄕˊ

universal time, UT

【天】以地球自转为基础,以太阳作参照点建立的计时系统。规定以本初子午线所在地即英国格林尼治天文台观测得到的地方平太阳时作为零时区标准时间称为零类世界时(UT0)。由于地球自转轴的变化会引起观测误差,在 UT0 的基础上进行极移效应修正后得到一类世界时(UT1),能准确反映地球在空间的角位置,是天文界使用的时标。由于地球自转速率的不均匀变化影响世界时的精确测定,在 UT1 的基础上进行地球自转速率修正后的世界时称为二类世界时 UT2。

世界文化和自然遗产/世界文化和自然遺産

shìjiè wénhuà hé zìrán yíchǎn/
ㄕˋ ㄐㄧㄝˋ ㄨㄣˊ ㄏㄨㄚˋ ㄏㄜˊ ㄗˋ ㄖㄢˊ ㄧˊ ㄔㄢˇ

world cultural and natural heritage

【地】简称"世界遗产"。以保护对全世界人类具有杰出普遍性价值的自然或文化处所为目的,由联合国教科文组织确认的具有科学、审美和文化价值的自然景观与人类历史遗存。包括世界文化遗产(含世界文化景观)、世界自然遗产、世界自然和文化双重遗产。

世界文化遺址

ㄕˋ ㄐㄧㄝˋ ㄨㄣˊ ㄏㄨㄚˋ ㄧˊ ㄓˇ/
shìjiè wénhuà yízhǐ

world heritage site

【环】台湾名。即"世界遗产地"(1034 页)。

世界协调时/世界協調時

shìjiè xiétiáoshí/ㄕˋ ㄐㄧㄝˋ ㄒㄧㄝˊ ㄊㄧㄠˊ ㄕˊ

coordinated universal time, UTC

【信息】国际原子时与第一类世界时协调后产生的时标。所用的时间单位与国际原子时一样为原子秒,在时刻上与第一类世界时靠近,两者之差小于 0.9 秒,与国际原子时相差整数秒。世界协调时为国际上统一的法定时间,各国家或地区使用标准时间与世界协调时偏差整小时数,东半球超前,西半球滞后。

世界遗产 shìjiè yíchǎn/ㄕˋ ㄐㄧㄝˋ ㄧˊ ㄔㄢˇ

【地】"世界文化和自然遗产"的简称。

世界遗产地/世界文化遺址

shìjiè yíchǎndì/ㄕˋ ㄐㄧㄝˋ ㄨㄣˊ ㄏㄨㄚˋ ㄧˊ ㄓˇ

world heritage site

【环】世界闻名的,有特殊价值并已被所在国的国家机构予以法律保护的地域。是根据《联合国保护世界文化和自然历史遗产公约》(1972 年)建立的。列入世界遗产地至少符合下列条件之一:(1)反映地球进化历史主要阶段的突出范例;(2)重要的地质过程、生物进化和人与自然环境关系的突出代表;(3)独特、稀有或绝妙的自然现象或风景区;(4)珍稀动植物的定居地。

市/市場 shì/ㄕˋ ㄔㄤˇ

market

【建】又称"市井""市肆""市场",中国古代集中进行商业活动的场所。

📖 市最早是"交易而退"的市集,多半是一个露天的广场。西汉至唐代,市的形式没有多大的变化。据考古发掘和《长安图志》中的描绘,唐长安城有东、西市,为"井"字形大道分隔,四街八门,中心是市署。除封闭的市以外,还有个别不设市墙肆屋的"会市"。唐代中期以后,集中的封闭式的市场被陆续突破,在商业繁盛地方出现了夜市。北宋中期以后,城市中封闭式的市场改成临街设店的商业街。这些街有时也称某市,如盐市、米市。宋代以后的市还有两种特殊形式:庙会和榷场。庙会常定期在一些大的寺观中举行,利用佛寺的殿庭廊庑设摊交易,如宋代汴梁著名的大相国寺庙会,清代北京的隆福寺、妙应寺庙会等。榷场是宋与辽、金交易,由国家控制的外贸专卖市场,设于国境交界处,唐代称互市。市场用壕沟围起来,有专门的出入口。

市布/市布 shìbù/ㄕˋ ㄅㄨˋ

grew sheet

【纺】棉织物名。"中平布"的旧称。因可直接供市场销售,故名。主要用作服装衬布、袋布和包装用布等。

市场/市場 shìchǎng/ㄕˋ ㄔㄤˇ

【建】即"市"(1034页)。

市尺/市尺 shìchǐ/ㄕˋ ㄔˇ

chi

【计量】长度的市制单位。1市尺= 10市寸=(1/3)米。

市寸/市寸 shìcùn/ㄕˋ ㄘㄨㄣˋ

cun

【计量】长度的市制单位。1市寸=(10/3)厘米。

市斤/市斤 shìjīn/ㄕˋ ㄐㄧㄣ

jin

【计量】质量的市制单位。1市斤=(1/2)千克。

市井 shìjǐng/ㄕˋ ㄐㄧㄥˇ

【建】即"市"(1034页)。

市里/市里 shìlǐ/ㄕˋ ㄌㄧˇ

li

【计量】长度的市制单位。1市里=500米。

市肆 shìsì/ㄕˋ ㄙˋ

【建】即"市"(1034页)。

市用制 shìyòngzhì/ㄕˋ ㄩㄥˋ ㄓˋ

【计量】即"市制"(1035页)。

市制/市制 shìzhì/ㄕˋ ㄓˋ

Chinese system of weights and measures

【计量】又称"市用制"。单位制的一种。以米制为基础,结合中国传统的计量名称而制定。1929年开始施行。长度的基本单位是市尺(1市尺=1/3米),质量和重量的基本单位是市斤(1市斤=0.5千克),体积的基本单位是市升(1市升=1升)。现已基本不用。

事故备用电源/緊急電源供應

shìgù bèiyòng diànyuán/

ㄕˋ ㄍㄨˋ ㄅㄟˋ ㄩㄥˋ ㄉㄧㄢˋ ㄩㄢˊ

emergency power supply

【电】发电厂或变电站内,为保证事故照明、通信、保护、自动化等设备基本用电的紧急状态下可快速启动的备用电源。包括柴油发电机和与外电源相联的备用变压器等。

事件 shìjiàn/ㄕˋ ㄐㄧㄢˋ

【数】"随机事件"的简称。

势能/勢能 shìnéng/ㄕˋ ㄋㄥˊ

potential energy

【物】因物体(质点或质点系)在保守力场的相对位置变化而具有的能量。选择了势能0点后,才有确定的值。可分为电磁势能、核势能、弹性势能、引力势能等。

📖 物体(质点或质点系)在保守力场中运动时,如果场力对质点做正功,质点动能增加,势能减少;如果场力对质点做负功,质点动能减少,势能增加。

试飞 shìfēi/ㄕˋ ㄈㄟ

【航】即"飞行试验"(330页)。

试飞员/試飛員 shìfēiyuán/ㄕˋ ㄈㄟ ㄩㄢˊ

test pilot

【航】承担各种飞行试验任务的飞行驾驶员。必须熟练掌握多种型号飞机的驾驶技能,具备丰富的经验,具有较高的空气动力学理论水平和空中问题独立判断应对能力,能够通过试飞对飞机的性能、设计提出看法和改进意见。

试管婴儿/試管嬰兒

shìguǎn yīng'ér/ㄕˋ ㄍㄨㄢˇ ㄧㄥ ㄦˊ

test tube baby

【医】应用辅助生殖技术，使精子和卵子在体外受精，并短期培养，再将早期胚胎移植到母体子宫内发育而成的婴儿。

试管植物/試管植物

shìguǎn zhíwù/ㄕˋ ㄍㄨㄢˇ ㄓˊ ㄨˋ

test tube plant

【生】在无菌、离体培养条件下，通过对植物器官、胚胎、组织、细胞等的培养而获得的再生植物。

试航速度/試航船速

shìháng sùdù/ㄕˋ ㄏㄤˊ ㄔㄨㄢˊ ㄙㄨˋ

trial speed

【船】船舶试航时测得的航速。为剔除测速区水流因素的影响，要求船舶沿测速线连续往返航行数次，按相应要求取其加权平均值作为试航速度。

试验 shìyàn/ㄕˋ ㄧㄢˋ

【数】"随机试验"的简称。

试验舱/試驗艙 shìyàncāng/ㄕˋ ㄧㄢˋ ㄘㄤ

laboratory module

【航】又称"工作舱"。供航天员在空间飞行器中，利用空间特定环境条件，进行相关预定科学探索、观测、研究试验的舱段。装有多种专用仪器设备，通常设在载人多舱航天器的质心部位。

试验机/試驗機 shìyànjī/ㄕˋ ㄧㄢˋ ㄐㄧ

experimental machine, testing machine

【机】用于产品或材料投入使用前，对其质量和性能按设计要求进行验证的精密测试仪器。可分为材料试验机、工艺试验机等。广泛应用于机械、冶金、石油、化工、建材、建工、航空航天、造船、交通运输等行业以及大专院校、科研院所的相关实验室。

视差/視差 shìchā/ㄕˋ ㄔㄚ

parallax

【天】天体方向因在不同位置观测引起的天体方向差异。可用两个不同观测位置之间的距离（又称基线）在天体处的张角来表示。天体的视差与天体到观测者的距离之间存在着简单的反比关系。测出天体的视差，就可通过简单的三角方法确定天体的距离，这种方法称为三角视差法。在测定太阳系内一些天体的视差时，通常以地球半径为基线，所测定的视差称为周日视差。在测定恒星视差时，以地球和太阳之间的平均距离为基线，所测定的视差称为周年视差。

视程障碍/視程障礙

shìchéng zhàng'ài/ㄕˋ ㄔㄥˊ ㄓㄤˋ ㄞˋ

obstruction to vision

【气】天气现象的一类。因地面水平能见度恶化、能见距离（视程）减小而对视觉造成妨碍。能造成视程障碍的天气现象主要有雾、轻雾、吹雪、雪暴、烟幕、霾、沙尘暴、扬沙、浮尘等。有时降水也能对视觉造成严重妨碍。

视窗操作系统/視窗

shìchuāng cāozuò xìtǒng/ㄕˋ ㄔㄨㄤ

Windows

【信息】微软公司于1983年推出的操作系统。是一种多任务图形用户界面环境，提供基于下拉式选单、多窗口及鼠标等指点器的标准图形界面。基本模块有内核、图形设备接口和用户模块三种。

视黄醇 shìhuángchún/ㄕˋ ㄏㄨㄤˊ ㄔㄨㄣˊ

【医】即"维生素A"（1182页）。

视交叉/視交叉 shìjiāochā/ㄕˋ ㄐㄧㄠ ㄔㄚ

optic chiasma

【医】视神经通过视神经孔进入颅中窝，在垂体上方移行而成的结构。来自视网膜鼻侧的神经纤维交叉至对侧，而颞侧来的神经纤维不交叉。视交叉中心病变可引起双颞侧偏盲。

视角/視角 shìjiǎo/ㄕˋ ㄐㄧㄠˇ

viewing angle

【物】物体对眼睛瞳孔所张的角。决定于物体与眼睛的距离。物体离眼睛近时视角大。使用光学仪器（放大镜、望远镜等）可增大视角，在人眼视网膜上放大成像，看清物体。

视界/視界 shìjiè/ㄕˋ ㄐㄧㄝˋ

event horizon

【天】黑洞的边界。是一个只允许外部物质和辐射通过它进入而不允许物质和辐射通过它从黑洞中逃离的边界。

视距/視距 shìjù/ㄕˋ ㄐㄩˋ

sighting distance

【测绘】用测量仪器的望远镜调焦观察时，被清晰成像的目标物体与仪器旋转轴中心的距离。

视距测量/視距測量
shìjù cèliáng/ㄕˋ ㄐㄩˋ ㄘㄜˋ ㄌㄧㄤˊ
stadia survey
【测绘】利用带有视距丝装置的光学测量仪器和目标点上的标尺,测定仪器距离目标点的水平距离和垂直高差的测量方法。测量精度不高,主要常用于局部地物和高程测量。

视觉后像/視覺後像
shìjué hòuxiàng/ㄕˋ ㄐㄩㄝˊ ㄏㄡˋ ㄒㄧㄤˋ
visual after-image
【医】在视觉刺激停止作用后暂时保留的视觉映像。与原来刺激相同的视觉后像为正后像,与原来刺激相反的视觉后像为负后像。

视觉系统/視覺系統
shìjué xìtǒng/ㄕˋ ㄐㄩㄝˊ ㄒㄧˋ ㄊㄨㄥˇ
vision system
【信息】利用非接触式光学感测器能获取至少一幅图像的系统。具有测量、分析和处理各种特性的能力,能做出判决。可包括定位、审查、辨识、识别、运动追踪等功能。

视力/視力 shìlì/ㄕˋ ㄌㄧˋ
visual acuity
【医】又称“视敏度”。视觉对物体形态的精细分辨能力。以能识别两点之间的最小距离为测量标准。

视敏度 shìmǐndù/ㄕˋ ㄇㄧㄣˇ ㄉㄨˋ
【医】即“视力”(1037 页)。

视盘机/光碟機 shìpánjī/ㄍㄨㄤ ㄉㄧㄝˊ ㄐㄧ
video disc
【信息】又称“影碟机”“碟机”。一种放像设备。利用激光光束将光盘上储存的数字信号读出并还原成视频信号和声频信号。按记录密度和格式不同,可分为 VCD 和 DVD 等。

视频/視訊 shìpín/ㄕˋ ㄒㄩㄣˋ
video
【信息】通信系统中图像信号所包括的频率范围。即电视图像信号频谱分量的频带内的频率。

视频点播/隨選視訊
shìpín diǎnbō/ㄙㄨㄟˊ ㄒㄩㄢˇ ㄕˋ ㄒㄩㄣˋ
video on demand
【信息】又称“按需收视”。根据用户需要,为其传送所点播的视频节目的服务。

视频多用途数字光盘/DVD 視訊
shìpín duōyòngtú shùzì guāngpán/DVD ㄕˋ ㄒㄩㄣˋ
digital versatile disc-video, DVD-Video
【信息】以 MPEG2 编码压缩方式处理音频、视频信号,以 Dolby AC-3 和/或 DTS 音频编码压缩方式处理多声道环绕声音频信号的视频节目光盘。其单面单层播放时间约 133 分钟,图像水平清晰度约 500 线。

视频会议/視訊會議
shìpín huìyì/ㄕˋ ㄒㄩㄣˋ ㄏㄨㄟˋ ㄧˋ
video conferencing
【信息】以传输视频信号为主开展交流的会议方式。通过视频将不同地点与会人员的活动情形、会议内容及各种资料展现在各个分会场。属于多点实时交互式多媒体通信。

视频通信/視訊通信
shìpín tōngxìn/ㄕˋ ㄒㄩㄣˋ ㄊㄨㄥ ㄒㄧㄣˋ
video communication
【信息】又称“视像通信”。通过可视电话、视频会议系统或因特网实时传送连续活动图像信号的通信方式。

视频压缩/視訊壓縮
shìpín yāsuō/ㄕˋ ㄒㄩㄣˋ ㄧㄚ ㄙㄨㄛ
video compression
【信息】对以数字形式存储的视频图像文件的大小所做的精简。会造成图像像素损失,但不影响对图像的感觉质量。

视神经/視神經 shìshénjīng/ㄕˋ ㄕㄣˊ ㄐㄧㄥ
optic nerve
【医】感知和传导视觉冲动的神经。是第二对脑神经,为特殊躯体传入神经。自视网膜节细胞发出神经纤维,视神经盘处会聚穿过巩膜而构成。受损时出现视力下降、视神经萎缩等。

视双星/視雙星
shìshuāngxīng/ㄕˋ ㄕㄨㄤ ㄒㄧㄥ
optical double, apparent binary
【天】视位置很靠近但实际上并无物理联系的两颗恒星。

视图/視圖 shìtú/ㄕˋ ㄊㄨˊ

view

【数】根据物体的正投影绘出的图形。通常根据投影线的方向对视图加以区分。例如,投影线的方向是从左向右的,得到的视图叫作左视图;投影线的方向是从右向左的,得到的视图叫作右视图。

视像通信

shìxiàng tōngxìn/ㄕˋ ㄒㄧㄤˋ ㄊㄨㄥ ㄒㄧㄣˋ

【信息】即"视频通信"(1037 页)。

视星等/視星等

shìxīngděng/ㄕˋ ㄒㄧㄥ ㄉㄥˇ

apparent magnitude

【天】从地球上观测到的天体的星等。其个值与恒星的真实亮度、距离地球的远近以及视线方向上星际物质的消光等有关。

视野/視野 shìyě/ㄕˋ ㄧㄝˇ

visual field

【医】单眼固定地凝视正前方一点不动时所能看到的范围。双眼视野大于单眼视野。

视运动/視運動

shìyùndòng/ㄕˋ ㄩㄣˋ ㄉㄨㄥˋ

apparent motion

【天】反映天体真运动的一种表观现象。例如太阳从东向西绕天轴一周,是反映地球绕地球自转一周的表现象。

视在导纳/視在導納

shìzài dǎonà/ㄕˋ ㄗㄞˋ ㄉㄠˇ ㄋㄚˋ

apparent admittance

【电】又称"表观导纳"。二端元件或二端电路电流的方均根值和端子间电压的方均根值之比。正弦状态下,视在导纳是复导纳的模。

视在功率/視在功率

shìzài gōnglǜ/ㄕˋ ㄗㄞˋ ㄍㄨㄥ ㄌㄩˋ

apparent power

【电】又称"表观功率"。二端元件或二端电路端子间电压的方均根值 U 与该元件或电路中电流的方均根值 I 的乘积:$S=UI$。正弦状态下,视在功率是复功率的模。

视在阻抗/視在阻抗

shìzài zǔkàng/ㄕˋ ㄗㄞˋ ㄗㄨˇ ㄎㄤˋ

apparent impedance

【电】又称"表观阻抗"。二端元件或二端电路端子间电压的方均根值与该元件或电路中电流的方均根值之比。正弦状态下,视在阻抗是复阻抗的模。

视重/視重 shìzhòng/ㄕˋ ㄓㄨㄥˋ

apparent weight

【物】指物体挂在弹簧测力计上时的示数。如果两者相对于地面静止,其等于物体所受的重力大小;两者在一个对地面做相对运动的参考系中,随参考系运动状态不同,示数可能不等于物体所受的重力大小。

柿/柿 shì/ㄕˋ

persimmon

【植】*Diospyros kaki* 柿科柿属。落叶乔木。树皮暗褐色,鳞片状开裂。叶纸质,卵状椭圆形,深绿色,有光泽,脉明显。雌雄异株,萼钟状,深四裂,绿色;花冠钟状,四裂,黄白色。果实形状较多,基部有棱和宿存萼,嫩时绿色,果肉脆硬,后变橙黄,果肉柔软多汁,味甜略涩。花期 5—6 月份。在中国,分布于除黑龙江、吉林、内蒙古、宁夏、青海、新疆、西藏以外各地。经济树木,果实可作水果。

柿蒂/柿蒂 shìdì/ㄕˋ ㄉㄧˋ

Calyx Kaki(拉), persimmon calyx

【中医】中药名。柿树科植物柿 *Diospyros kaki* Thunb. 的干燥宿萼。味苦、涩,性平。归胃经。降逆下气。用于呃逆。

适航性/適航性

shìhángxìng/ㄕˋ ㄏㄤˊ ㄒㄧㄥˋ

㊀airworthiness, ㊁seaworthiness

㊀【航】航空器安全飞行中反映出来的各种品质,即飞行器在不同条件、环境和时限下安全飞行的性能。㊁【船】船舶具有的保证安全、适于航行的性能。除有良好的耐波性外,在稳性、抗沉性、船体结构、各种设备、燃料、给养等方面均符合航行法定要求,保证安全航行。

适配器/配接器 shìpèiqì/ㄆㄟˋ ㄐㄧㄝ ㄑㄧˋ

adapter, adaptor

【信息】又称"接口卡"。能让个人计算机利用但尚未配有的连接、端口或电路板等外设的印制电路板。所指外设多为光盘驱动器、调制解调器或游戏杆。一块适配卡上所装适配器大多不止一个。

适应/適應 shìyìng/ㄕˋ ㄧㄥˋ

adaptation
【心】同一感受器接受同一刺激的持续作用，使感受性发生变化(提高或降低)的现象。适应现象是感觉中普遍现象，视觉适应最为明显。适应能力是有机体在长期进化过程中形成的，对感知外界事物，调节自己的行为具有积极意义。

适应性免疫/適應性免疫
shìyìngxìng miǎnyì/ㄕˋ ㄧㄥˋ ㄒㄧㄥˋ ㄇㄧㄢˇ ㄧˋ
adaptive immunity, acquired immunity
【生】又称"获得性免疫"。个体出生后通过与抗原物质接触而由淋巴细胞所产生的免疫力，具有特异性和记忆性。

室内净高/室内淨高
shìnèi jìnggāo/ㄕˋ ㄋㄟˋ ㄐㄧㄥˋ ㄍㄠ
net story height
【建】自楼面、地面至顶棚底或梁、屋架等结构底之间的垂直高度。

室女座/室女座 shìnǚzuò/ㄕˋ ㄋㄩˇ ㄗㄨㄛˋ
Virgo, Vir
【天】黄道十二星座之一。位于狮子座与天秤座之间，是全天第二大星座。
📖 室女座在日本被称为乙女座。由于"乙女"在日文中有"处女"义，因此也常被称为处女座。

铈/鈰 shì/ㄕˋ
cerium
【化】金属元素。属周期表第ⅢB族(镧系)，符号Ce，原子序数58。原子量140.1。自然界主要存在于独居石等矿物中，是地壳中含量最多的稀土元素。单质为铁灰色金属，延展性好，质软似锡，化学性质活泼，可燃性强。铈化物有毒，铈铁合金是打火石，铈镁合金与铈铝合金适于制造飞机、导弹、火箭等。
📖 1758年，瑞典的克龙斯泰特(A.Cronstedt)曾指出，瑞典小城瓦斯特拉斯的红色重石(后确认为铈硅石)中含有一种未知的氧化物。后陆续有人发现了这种氧化物。1875年，美国的希勒布兰德(W.Hillebrand)电解氧化铈而取得了单质铈。拉丁文定名为cerium，源自Cores，意思是"谷神星"，用以纪念1801年发现的小行星。中文定名为"铈"，是形声字。

释迦果 shìjiāguǒ/ㄕˋ ㄐㄧㄚ ㄍㄨㄛˇ
【植】即"番荔枝"(309页)。
📖 因番荔枝果实的外形略像佛头，故名。

試航船速
ㄕˋ ㄏㄤˊ ㄔㄨㄢˊ ㄙㄨˋ/shìháng chuánsù
trial speed
【船】台湾名。即"试航速度"(1036页)。

試交 ㄕˋ ㄐㄧㄠ/shìjiāo
test cross
【生】台湾名。即"测交"(99页)。

試驗法 ㄕˋ ㄧㄢˋ ㄈㄚˇ/shìyànfǎ
test method
【心】台湾名。即"测验法"(100页)。

視窗 ㄕˋ ㄔㄨㄤ/shìchuāng
Windows
【信息】台湾名。即"视窗操作系统"(1036页)。

視訊 ㄕˋ ㄒㄩㄣˋ/shìxùn
video
【信息】台湾名。即"视频"(1037页)。

視訊電話
ㄕˋ ㄒㄩㄣˋ ㄉㄧㄢˋ ㄏㄨㄚˋ/shìxùn diànhuà
videophone, visual telephone
【信息】台湾名。即"可视电话"(682页)。

視訊電話機
ㄕˋ ㄒㄩㄣˋ ㄉㄧㄢˋ ㄏㄨㄚˋ ㄐㄧ/shìxùn diànhuàjī
viewphone set
【信息】台湾名。即"可视电话机"(682页)。

視訊會議 ㄕˋ ㄒㄩㄣˋ ㄏㄨㄟˋ ㄧˋ/shìxùn huìyì
video conferencing
【信息】台湾名。即"视频会议"(1037页)。

視訊卡 ㄕˋ ㄒㄩㄣˋ ㄎㄚˇ/shìxùnkǎ
video card, graphics card
【信息】台湾名。即"显示卡"(1241页)。

視訊通信
ㄕˋ ㄒㄩㄣˋ ㄊㄨㄥ ㄒㄧㄣˋ/shìxùn tōngxìn
video communication
【信息】台湾名。即"视频通信"(1037页)。

視訊壓縮
ㄕˋ ㄒㄩㄣˋ ㄧㄚ ㄙㄨㄛ/shìxùn yāsuō
video compression
【信息】台湾名。即"视频压缩"(1037页)。

嗜眠 ㄕˋ ㄇㄧㄢˊ/shìmián

lethargy

【医】台湾名。即“嗜睡”(1040 页)。

嗜睡/嗜眠 shìshuì/ㄕˋ ㄇㄧㄢˊ

lethargy

【医】在并非睡眠不足的情况下,发生睡眠过多的现象。

嗜陰植物 ㄕˋ ㄧㄣ ㄓˊ ㄨˋ/shìyīn zhíwù

sciophyte

【植】台湾名。即“阴生植物”(1346 页)。

適温 ㄕˋ ㄨㄣ/shìwēn

thermal comfort

【环】台湾名。即“热舒适”(941 页)。

適應式通信

ㄕˋ ㄧㄥˋ ㄕˋ ㄊㄨㄥ ㄒㄧㄣˋ/shìyìngshì tōngxìn

adaptive communication

【信息】台湾名。即“自适应通信”(1504 页)。

噬菌体/噬菌體 shìjūntǐ/ㄕˋ ㄐㄩㄣˋ ㄊㄧˇ

phage

【生】病毒的一类。体积极小,侵入细菌体内生长繁殖,引起细菌裂解。某一种噬菌体只对相应的细菌起作用,因此可用以诊断和防治某些细菌性疾病。

螫针/螫針 shìzhēn/ㄕˋ ㄓㄣ

sting, stinger

【动】某些膜翅目昆虫(如蜜蜂、胡蜂)尾部有螫刺作用的一种构造。由产卵器变成。连接毒腺,分泌毒液,注入被刺动物体内。

📖 因螫针有倒生刺,不易拔出,螫刺时有的致使腹部器官随之拔出,昆虫即死亡。

shou (ㄕㄡ)

收发器/收發機

shōufāqì/ㄕㄡ ㄈㄚ ㄐㄧ

transceiver

【信息】既能发送信号又能接收信号的器件。在局域网中,是将计算机连接到网络,并将信号的并串行形式加以转换的器件。

📖 英语词 transceiver 是 transmitter/receiver 的缩合语。

收發機 ㄕㄡ ㄈㄚ ㄐㄧ/shōufājī

transceiver

【信息】台湾名。即“收发器”(1040 页)。

收分/收分 shōufēn/ㄕㄡ ㄈㄣ

diminution

【建】为加强构件、砌体的结构稳定性,由下向上逐渐收缩减少的构造做法。

📖 中国古代砌墙,墙身下宽上窄,从下至上逐步收缩,这可能受夯土墙的影响。宋代收分约为墙高的百分之二,元代开始有不收分的做法,明清以来渐成完全不收分的定制。

收件箱/收文籃

shōujiànxiāng/ㄕㄡ ㄨㄣˊ ㄌㄢˊ

inbox

【信息】台湾又称“收信匣”。电子邮箱中,收存发来的电子邮件供查看的部分。

收敛药/收斂劑

shōuliǎnyào/ㄕㄡ ㄌㄧㄢˇ ㄐㄧˋ

astringent

【医】使发炎黏膜或创口表面的蛋白质变性凝结成保护层的,具有收敛和止泻作用药物。分为内服和外用两类:供内服用,如鞣酸蛋白;供外用药物,如鞣酸。

收斂劑 ㄕㄡ ㄌㄧㄢˇ ㄐㄧˋ/shōuliǎnjì

astringent

【医】台湾名。即“收敛药”(1040 页)。

收山/收山 shōushān/ㄕㄡ ㄕㄢ

recessing gable

【建】将歇山顶建筑的两侧山花,自山面檐柱中线向内收进一段距离的做法。宋代规定自最外一缝梁架向内收一椽架;清代规定自山面檐柱中线向内收进一檩径。两者计算方法不同,但从外观可以看出,收山尺寸由大变小,正脊由短变长。

收缩压/收縮壓

shōusuōyā/ㄕㄡ ㄙㄨㄛ ㄧㄚ

systolic pressure

【医】心室收缩时,主动脉压升高,并在收缩的中期达到最高值,此时的动脉血压称为收缩压。

收文籃 ㄕㄡ ㄨㄣˊ ㄌㄢˊ/shōuwénlán

inbox

【信息】台湾名。即“收件箱”(1040 页)。

收信匣 ㄕㄡ ㄒㄧㄣˋ ㄒㄧㄚˊ/shōuxìnxiá

inbox

【信息】台湾名。即“收件箱”(1040 页)。

手表定律/手錶定律
shǒubiǎo dìnglǜ/ㄕㄡˇ ㄅㄧㄠˇ ㄉㄧㄥˋ ㄌㄩˋ
watch law
【心】又称"两只手表定律""矛盾选择定律"。一个心理学定律。当只有一只手表时,人们的时间安排都服从它;当有两只手表时,人们因无法判断哪只手表的时间更准确,反而无所适从。这个定律说明,人们不能同时执行两个标准或选择两个不同的价值观,否则就会陷入混乱和矛盾。

手持游标器/定位盤
shǒuchí yóubiāoqì/ㄉㄧㄥˋ ㄨㄟˋ ㄆㄢˊ
puck
【信息】在图形输入平板上以手动定位方式记下输入点的指点器。外形似鼠标器,带选项按钮;但前端伸出印上十字线的透明塑料片,以十字线交点压着线条移动来跟踪画线。

手动变速器/手排變速器
shǒudòng biànsùqì/ㄕㄡˇ ㄆㄞˊ ㄅㄧㄢˋ ㄙㄨˋ ㄑㄧˋ
manual transmission, MT
【机】又称"手动挡"。通常指汽车手动变速器。驾驶者根据车辆行驶速度和交通情况,用手换挡选择合适的挡位行驶。

手动挡
shǒudòngdǎng/ㄕㄡˇ ㄉㄨㄥˋ ㄉㄤˇ
【机】即"手动变速器"(1041 页)。

手动控制
shǒudòng kòngzhì/ㄕㄡˇ ㄉㄨㄥˋ ㄎㄨㄥˋ ㄓˋ
【自】即"人工控制"(945 页)。

手動轉向系統
ㄕㄡˇ ㄉㄨㄥˋ ㄓㄨㄢˇ ㄒㄧㄤˋ ㄒㄧˋ ㄊㄨㄥˇ/
shǒudòng zhuǎnxiàng xìtǒng
manual steering system
【机】台湾名。即"机械转向系"(562 页)。

手扶拖拉机/手扶拖拉機
shǒufú tuōlājī/ㄕㄡˇ ㄈㄨˊ ㄊㄨㄛ ㄌㄚ ㄐㄧ
walking tractor
【机】拖拉机的一种。由扶手把操纵,单轴,两轮。结构简单,功率较小,适于果园、苗圃、菜园及小块地上作业,也可用作短途运输和固定作业的动力。

手机/手機 shǒujī/ㄕㄡˇ ㄐㄧ
handset
【信息】又称"移动电话机"。一种手持式移动电话机。可随身携带,握在手中通话。

手机办公/流動辦公室
shǒujī bàngōng/ㄌㄧㄡˊ ㄉㄨㄥˋ ㄅㄢˋ ㄍㄨㄥ ㄕˋ
mobile office
【信息】又称"移动办公"。利用手机的移动信息化软件,建立手机与个人计算机互连互通的软件应用系统,实现企业办公信息化的全新方式。是移动通信、个人计算机与互联网三者融合的信息化成果。

手机报/手機報 shǒujībào/ㄕㄡˇ ㄐㄧ ㄅㄠˋ
mobile phone newspaper
【信息】移动通信与传统媒体相结合的新媒体。依托手机媒介,由报纸、移动通信商和网络运营商联手搭建的信息传播平台,用户即可通过手机浏览当天的新闻。

手机电视/手機電視
shǒujī diànshì/ㄕㄡˇ ㄐㄧ ㄉㄧㄢˋ ㄕˋ
mobile phone TV
【信息】可在手机上收看电视节目的一种增值业务。主要依靠现有的移动网络实现,也有利用卫星播发电视节目信号的接收方式。

手机多媒体信息服务
shǒujī duōméitǐ xìnxī fúwù/
ㄕㄡˇ ㄐㄧ ㄉㄨㄛ ㄇㄟˊ ㄊㄧˇ ㄒㄧㄣˋ ㄒㄧ ㄈㄨˊ ㄨˋ
【信息】即"彩信"(91 页)。

手机个性化多彩回铃音
shǒujī gèxìnghuà duōcǎi huílíngyīn/
ㄕㄡˇ ㄐㄧ ㄍㄜˋ ㄒㄧㄥˋ ㄏㄨㄚˋ ㄉㄨㄛ ㄘㄞˇ ㄏㄨㄟˊ ㄌㄧㄥˊ ㄧㄣ
【信息】"彩铃"的全称。

手机媒体/手機媒體
shǒujī méitǐ/ㄕㄡˇ ㄐㄧ ㄇㄟˊ ㄊㄧˇ
m-Media
【信息】以手机为视听终端、手机上网为平台的个性化、大众化信息传播形态。具有分众、定向和互动等特点。

手机银行/手機銀行
shǒujī yínháng/ㄕㄡˇ ㄐㄧ ㄧㄣˊ ㄏㄤˊ
mobile bank
【信息】电子化货币与移动通信业务相结合的手机业务。利用移动通信网络将客户手机连接至银行,在手机界面上完成各种金融理财业务。

S

手机邮箱/手機郵箱
shǒujī yóuxiāng/ㄕㄡˇ ㄐㄧ ㄧㄡˊ ㄒㄧㄤ
push email
【信息】可以在移动终端上接收电子邮箱的邮件,阅读、回复、转发和撰写电子邮件的手机业务。

手厥阴心包经/手厥陰心包經
shǒu juéyīn xīnbāojīng/
ㄕㄡˇ ㄐㄩㄝˊ ㄧㄣ ㄒㄧㄣ ㄅㄠ ㄐㄧㄥ
Jueyin Pericardium Channel of Hand, Jueyin Pericardium Meridian of Hand, * hand reverting yin pericardium channel, * PC
【中医】十二经脉之一。起于胸中,出属心包络,向下穿过膈肌,络于上、中、下三焦。其分支从胸中分出,出胁部当腋下 3 寸处天池穴,向上至腋窝下,沿上肢内侧中线入肘,过腕部,入掌中,沿中指桡侧至末端中冲穴。另一分支从掌中分出,沿无名指尺侧端行,经气于关冲穴与手少阳三焦经相接。本经腧穴主治心、胸、胃、神志病以及经脉循行部位的其他病证如心痛、胸闷、心悸、癫狂、腋肿、肘臂挛急、掌心发热等。

手榴弹/手榴彈
shǒuliúdàn/ㄕㄡˇ ㄌㄧㄡˊ ㄉㄢˋ
hand-grenade
【军】俗称"手雷"。用手投掷或以手持发射器发射的爆炸弹药。通常由弹体和引信(或发火件)组成。弹体通常为圆柱形、卵形和桶形等,有的还有手柄,弹体内装炸药或其他装填物。多采用延期发火件、击发(拉发)延期引信、触发引信或延期/触发两用引信。结构简单,造价低廉,使用方便,配备步兵,用于杀伤有生目标、破坏简易土木工事或完成其他作战任务。是各兵种通用的作战与自卫两用武器。

手钳/手鉗 shǒuqián/ㄕㄡˇ ㄑㄧㄢˊ
pliers, plyers, hand vise
【机】手工具的一种。用于夹持、固定加工工件或者扭转、弯曲、剪断金属丝线。外形呈 V 形,通常包括手柄、钳腮和钳嘴三个部分。可分为尖嘴钳、扁嘴钳、圆嘴钳等。

手枪/手槍 shǒuqiāng/ㄕㄡˇ ㄑㄧㄤ
pistol
【军】以单手握持发射为主要使用方式的短管枪械。由枪管、套筒、握把座、复进机、弹匣、击发机构、发射机构和瞄准装置组成。现代手枪口径通常为5.45～11.43毫米,以 9 毫米居多,全枪质量 1 千克左右,枪长 200 毫米左右,容弹量 5～20 发。特点是短小轻便,开火迅速,隐蔽性好,在 50 米内有良好的侵彻和杀伤效能。主要用于自卫和近战。

手枪弹/手槍彈
shǒuqiāngdàn/ㄕㄡˇ ㄑㄧㄤ ㄉㄢˋ
pistol cartridge
【军】供手枪发射的枪弹。兼供冲锋枪使用。主要用于杀伤近距离有生目标,有效射程通常为 50 米,有足够的侵彻杀伤威力。分为普通弹和特种弹两类。普通弹是手枪的主要弹种。特种弹包括空包弹、塑料弹、防暴弹、染色弹、曳光弹、高速弹、低威力弹等。

手少阳三焦经/手少陽三焦經
shǒu shàoyáng sānjiāojīng/
ㄕㄡˇ ㄕㄠˋ ㄧㄤˊ ㄙㄢ ㄐㄧㄠ ㄐㄧㄥ
Shaoyang Sanjiao Channel of Hand, Shaoyang Sanjiao Meridian of Hand, * hand lesser yang triple burner channel, * TB
【中医】十二经脉之一。起于无名指尺侧端关冲穴,向上沿无名指尺侧至手腕背面,上行尺骨、桡骨之间,通过肘尖,沿上臂外侧向上至肩部,向前行入缺盆,布于膻中,散络心包,穿过膈肌,属上、中、下三焦。其分支从膻中分出,上行出缺盆,至肩部,左右交会并与督脉相会于大椎,上行到项,沿耳后直上出耳上角,然后屈曲向下经面颊部至目眶下。其另一分支从耳后分出,进入耳中,出走耳前,至目外眦,经气于瞳子髎穴与足少阳胆经相接。本经腧穴主治侧头、耳、胸胁、咽喉病和热病以及经脉循行部位的其他病证如腹胀、水肿、遗尿、小便不利、耳聋、耳鸣、咽喉肿痛、目赤肿痛、颊肿和耳后、肩臂、肘部外侧疼痛等。

手少阴心经/手少陰心經
shǒu shàoyīn xīnjīng/
ㄕㄡˇ ㄕㄠˋ ㄧㄣ ㄒㄧㄣ ㄐㄧㄥ
Shaoyin Heart Channel of Hand, Shaoyin Heart Meridian of Hand, * hand lesser yin heart channel

【中医】十二经脉之一。起于心中，出属心系，内行主干向下穿过膈肌，联络小肠；外行主干，从心系上肺，斜出腋下，沿上臂内侧后缘，过肘中，经掌后锐骨端，进入掌中，沿小指桡侧至末端，经气于少冲穴处与手太阳小肠经相接。支脉从心系向上，挟着咽喉两旁，连系于目系，即眼球内连于脑的脉络。本经腧穴主治心、胸、神志病和经脉循行部位的其他病证如心痛、咽干、口渴、目黄、胁痛、上臂内侧痛、手心发热等。

手太阳小肠经/手太陽小腸經

shǒu tàiyáng xiǎochángjīng/ㄕㄡˇ ㄊㄞˋ ㄧㄤˊ ㄒㄧㄠˇ ㄔㄤˊ ㄐㄧㄥ

Taiyang Small Intestine Channel of Hand, Taiyang Small Intestine Meridian of Hand, * hand greater yang small intestine channel, * SI

【中医】十二经脉之一。起于手小指尺侧端少泽穴，沿手背、上肢外侧后缘，过肘部，到肩关节后面，绕肩胛部，左右交会并与督脉在大椎穴处相会，前行入缺盆，深入体腔，络心，沿食道，穿过膈肌，到达胃部，下行，属小肠。其分支从面颊部分出，向上行于眼下，至目内眦，经气于睛明穴与足太阳膀胱经相接。本经腧穴主治头、项、耳、目、咽喉病和热病、神志病，以及经脉循行部位的其他病证如少腹痛、腰脊痛引睾丸、耳聋、目黄、颊肿、咽喉肿痛、肩臂外侧后缘痛等。

手太阴肺经/手太陰肺經

shǒu tàiyīn fèijīng/ㄕㄡˇ ㄊㄞˋ ㄧㄣ ㄈㄟˋ ㄐㄧㄥ

Taiyin Lung Channel of Hand, Taiyin Lung Meridian of Hand, * hand greater yin lung channel, * LU

【中医】十二经脉之一。起于中焦，向下络大肠，回过来沿着胃上口穿过膈肌，入属肺，从肺系横行出于胸壁外上方，出腋下，沿上肢内侧前缘下行，过肘窝入寸口上鱼际，直出拇指桡侧端少商穴。其分支从前臂列缺穴处分出，沿掌背侧走向食指桡侧端，经气于商阳穴与手阳明大肠经相接。本经腧穴主治头面、喉、胸、肺病和经脉循行部位的其他病证如咳嗽、气喘、少气不足以息、咳血、伤风、胸部胀满、咽喉肿痛、缺盆部和手臂内侧前缘痛、肩背部寒冷疼痛等。

手阳明大肠经/手陽明大腸經

shǒu yángmíng dàchángjīng/ㄕㄡˇ ㄧㄤˊ ㄇㄧㄥˊ ㄉㄚˋ ㄔㄤˊ ㄐㄧㄥ

Yangming Large Intestine Channel of Hand, Yangming Large Intestine Meridian of Hand, * hand yang brightness large intestine channel, * LI

【中医】十二经脉之一。起于食指桡侧端(商阳穴)，经过手背行于上肢伸侧前缘，上肩，至肩关节前缘，向后与督脉在大椎穴处相会，再向前下行入锁骨上窝(缺盆)，进入胸腔络肺，通过膈肌下行，入属大肠。其分支从锁骨上窝上行，经颈部至面颊，入下齿中，回出夹口两旁，左右交叉于人中，至对侧鼻翼旁，经气于迎香穴处与足阳明胃经相接。本经腧穴主治头面、五官、咽喉、热病病证和经脉循行部位的其他病证如腹痛、肠鸣、泄泻、便秘、痢疾、咽喉肿痛、齿痛、鼻流清涕或出血和本经循行部位疼痛、热肿或寒冷等。

手足口病/手足口症

shǒuzúkǒubìng/ㄕㄡˇ ㄗㄨˊ ㄎㄡˇ ㄓㄥˋ

hand foot mouth disease

【医】一种由肠道病毒引起的感染性疾病。引发此病的肠道病毒有 20 多种(型)，其中以柯萨奇病毒 A16 型和肠道病毒 E71 型最为常见。主要通过人群密切接触传播，潜伏期为 2～7天。多发生于婴幼儿，引起手、足、口腔等部位的疱疹，可引起心肌炎、肺水肿、无菌性脑膜炎等并发症。

手足口症

ㄕㄡˇ ㄗㄨˊ ㄎㄡˇ ㄓㄥˋ/shǒuzúkǒuzhèng

hand foot mouth disease

【医】台湾名。即“手足口病”(1043 页)。

首部/標頭 shǒubù/ㄅㄧㄠ ㄊㄡˊ

header

【信息】位于用户数据(电子邮件、超文本置标语言页面等)前部的控制数据。电子邮件中，首部包含日期、时间、发送方、接收方、主题及消息内容结构；超文本置标语言页面中，首部多包含题目、字符集标识、内容描述及对搜索引擎的关键词。

首乌藤/首烏藤

shǒuwūténg/ㄕㄡˇ ㄨ ㄊㄥˊ

Caulis Polygoni Multiflori(拉), tuber

fleeceflower stem，* flowery knotweed stem

【中医】又称“夜交藤”。中药名。蓼科植物何首乌 *Polygonum multiflorum* Thunb. 的干燥藤茎。味甘，性平。归心、肝经。养血安神，祛风通络。用于失眠多梦，血虚身痛，风湿痹痛；外治皮肤瘙痒。

首页/首頁 shǒuyè/ㄕㄡˇ ㄧㄝˋ

【信息】即“主页”(1478 页)。

首因效应/初始效應

shǒuyīn xiàoyìng/ㄔㄨ ㄕˇ ㄒㄧㄠˋ ㄧㄥˋ

primacy effect

【心】又称“最初效应”。对于总体印象的形成，最初获得的信息比后来获得的信息影响更大的现象。

艏/艏 shǒu/ㄕㄡˇ

bow

【船】船舶前端部分，也可指前端及近前端的部分。其形状与船舶的航行性能及外形、建造工艺等密切相关。按船型的需要不同，可分为直立首、前倾首、球鼻首、破冰型首、纵流型首等形状。

艏尖舱/艏尖艙

shǒujiāncāng/ㄕㄡˇ ㄐㄧㄢ ㄘㄤ

fore peak

【船】位于船舶艏部防撞舱壁前的舱。可防止船首破损进水而漫及其他舱室。常用作压载水舱，以便调整船舶纵倾。因处于艏部，通常形状尖瘦。航行于冰区的船舶艏部还要做冰区加强。

艏楼/艏艛 shǒulóu/ㄕㄡˇ ㄌㄡˊ

forecastle

【船】船首部的上层建筑。可增加船体容积，防止或减少波浪涌上甲板。

艏艛 ㄕㄡˇ ㄌㄡˊ/shǒulóu

forecastle

【船】台湾名。即“艏楼”(1044 页)。

寿命/壽命 shòumìng/ㄕㄡˋ ㄇㄧㄥˋ

life span

【医】生物个体从出生经过发育、成长、成熟、衰老直至死亡所生存的时间。由于个体之间的寿命有较大差别，在比较某个时期、某个地区的人类寿命时，通常采用期望寿命。

寿山石/壽山石

shòushānshí/ㄕㄡˋ ㄕㄢ ㄕˊ

Shoushan stone，agalmatolite，pagodite，figure stone

【地】印章石的一种。以迪开石为主，还可有叶蜡石、伊利石等矿物，因产于福州市郊寿山，故名。有黄、白、灰、蓝等颜色，质地致密，微透明至半透明，蜡状光泽，莫氏硬度2～3。品种很多，以产于水田中的田黄石最名贵。

寿字纹/壽字紋 shòuzìwén/ㄕㄡˋ ㄗˋ ㄨㄣˊ

birthday character pattern

【纺】中国传统文字装饰纹样。字花的一种，由单个或多个变形的“寿”字组成，形成花纹的装饰效果，表示祝福长寿。图案采用四方连续形式和锦缎与刺绣工艺，富贵华丽，多用于年长者的服饰中。

受电弓/受電弓

shòudiàngōng/ㄕㄡˋ ㄉㄧㄢˋ ㄍㄨㄥ

pantograph

【交】安装在电力机车或电动车辆顶部的一种受电器，工作时弓头升起，从接触网上将电流引入机车或电动车辆。每台机车或电动车辆一般装有两台受电弓，正常运行时只升起一台，另一台备用。

受风面积/受風面積

shòufēng miànjī/ㄕㄡˋ ㄈㄥ ㄇㄧㄢˋ ㄐㄧ

wind area

【船】船舶水线以上部分的侧投影面积。用以计算在恶劣海况下风对船舶作用的动力倾斜力矩。受风面积越大，受横风时船舶受到的横向漂移力及风压倾斜力矩也越大。受风面积与水下侧面积之比常用以衡准船舶侧向漂移的性能。

受激辐射/受激輻射

shòujī fúshè/ㄕㄡˋ ㄐㄧ ㄈㄨˊ ㄕㄜˋ

stimulated radiation

【物】受到外来光辐射的影响，处于高能态 E_2 的原子发射光子并向低能态 E_1 跃迁的过程。发生的条件是：外来光子的能量恰好满足 $h\nu_{21}=E_2-E_1$ 的关系，所发出的光就是激光，与外来光有相同的频率、相位、偏振态和出射方向。式中 h 是普朗克常量，ν_{21} 是光子由 E_2 跃迁到 E_1 的发光频率。

受精/受精 shòujīng/ㄕㄡˋ ㄐㄧㄥ
fertilization
【生】精子与卵子结合形成受精卵的过程。

受精卵/受精卵
shòujīngluǎn/ㄕㄡˋ ㄐㄧㄥ ㄌㄨㄢˇ
amphicytula
【医】经过受精过程,能发育成新个体的卵子。具有亲本双方的遗传性状,是新个体形成和发育的开端。

受控源/受控源
shòukòngyuán/ㄕㄡˋ ㄎㄨㄥˋ ㄩㄢˊ
controlled source
【电】输出量和外部电压或电流有关的理想电压源或理想电流源。

受迫振荡/強制振盪
shòupò zhèndàng/ㄑㄧㄤˊ ㄓˋ ㄓㄣˋ ㄉㄤˋ
forced oscillation
【物】振荡电路受外加振荡信号的控制而产生的振荡。其频率取决于外加信号的频率。其振幅与电路的固有频率 f_0 同外加信号频率 f 的比值有关。在受迫振荡电路中,电阻消耗的能量可由外加振荡源补充。

受迫振动/強制振動
shòupò zhèndòng/ㄑㄧㄤˊ ㄓˋ ㄓㄣˋ ㄉㄨㄥˋ
forced vibration
【物】在周期性外力(驱动力)持续作用下的振动。例如,机械运转时机座的振动、扬声器纸盆的振动等。阻尼使运动物体损耗机械能,同时外力使运动物体获得能量。

受体/受體 shòutǐ/ㄕㄡˋ ㄊㄧˇ
receptor
【生】细胞膜或细胞内的一种特异的化学分子。绝大多数是蛋白质。药物、体内激素与相应的受体结合后,可引起一系列生化反应,最终导致生理效应。受体发生异常引起受体病变。

受壓水 ㄕㄡˋ ㄧㄚ ㄕㄨㄟˇ/shòuyāshuǐ
confined water
【地】台湾名。即“承压水”(124 页)。

受意识控制的记忆
shòu yìshí kòngzhì de jìyì/
ㄕㄡˋ ㄧˋ ㄕˊ ㄎㄨㄥˋ ㄓˋ ㄉㄜ˙ ㄐㄧˋ ㄧˋ
【心】即“外显记忆”(1165 页)。

受主/受主 shòuzhǔ/ㄕㄡˋ ㄓㄨˇ
acceptor
【物】能够从价带接受电子,同时自身成为负离子的杂质。

授权/授權 shòuquán/ㄕㄡˋ ㄑㄩㄢˊ
authorization
【信息】通信中赋予或拒绝赋予客户访问权的过程。

授时/授時 shòushí/ㄕㄡˋ ㄕˊ
【天】即“时间服务”(1028 页)。

授受免疫性
ㄕㄡˋ ㄕㄡˋ ㄇㄧㄢˇ ㄧˋ ㄒㄧㄥˋ/
shòushòu miǎnyìxìng
adoptive immunity
【生】台湾名。即“过继免疫”(456 页)。

兽药残留/獸藥殘留
shòuyào cánliú/ㄕㄡˋ ㄧㄠˋ ㄘㄢˊ ㄌㄧㄡˊ
residue of veterinary drug
【轻】因兽药在畜、禽体内积蓄而导致动物性食品中含有的特定物质。如母体化合物、代谢产物,以及与兽药有关的混合物。

瘦果/瘦果 shòuguǒ/ㄕㄡˋ ㄍㄨㄛˇ
achene
【植】果实的一种。含一枚种子的小型闭果。果皮坚硬,易与种皮分离。如荞麦的果实。

shu (ㄕㄨ)

书写纸/書寫紙
shūxiězhǐ/ㄕㄨ ㄒㄧㄝˇ ㄓˇ
writing paper
【轻】具有一定的施胶度,适用于印制表格、练习簿、记录本、账簿等的书写用纸。

书院/書院 shūyuàn/ㄕㄨ ㄩㄢˋ
Academy of classical learning
【建】中国古代特有的一种教育机构。包含讲学、藏书、供祀三个功能。讲学是书院的最重要部分,有讲堂、斋堂的设置,讲于堂而习于斋。较大的书院都有藏书楼,以备师生之用。书院内还有圣殿、圣庙供祀孔子等先贤。

枢纽站 shūniǔzhàn/ㄕㄨ ㄋㄧㄡˇ ㄓㄢˋ

【交】即"铁路枢纽"(1135 页)。

枢椎/樞椎 shūzhuī/ㄕㄨ ㄓㄨㄟ

axis

【医】又称"第二颈椎"。椎体向上伸出一指状突起,称为"齿突",与寰椎前弓后面的齿突凹相关节。椎体较其他颈椎小。

梳理/梳理 shūlǐ/ㄕㄨ ㄌㄧˇ

carding

【纺】用两个表面植有钢针或锯齿的纺织机件对纤维进行分解、分梳的工艺过程。把纤维丛松解为单纤维状态,同时清除短纤维、纤维结粒、杂质等,使纤维排列初具方向性,并在梳理后制成纤维条。

梳毛織物 ㄕㄨ ㄇㄠˊ ㄓ ㄨˋ/shūmáo zhīwù

worsted cloth

【纺】台湾名。即"精纺毛织物"(643 页)。

淑气花 shūqìhuā/ㄕㄨ ㄑㄧˋ ㄏㄨㄚ

【植】"蜀葵"的通称。

舒筋和络 shūjīn héluò/ㄕㄨ ㄐㄧㄣ ㄏㄜˊ ㄌㄨㄛˋ

【中医】即"舒筋活络"(1046 页)。

舒筋活络/舒筋活絡

shūjīn huóluò/ㄕㄨ ㄐㄧㄣ ㄏㄨㄛˊ ㄌㄨㄛˋ

relieving rigidity of muscles and activating collaterals, * soothe the sinews and improve the network vessels

【中医】又称"舒筋和络"。理血法的一种。用具有舒畅筋脉、疏通经络作用的方药,治疗经气不利、筋肌挛急病证。

舒适温度/舒適溫度

shūshì wēndù/ㄕㄨ ㄕˋ ㄨㄣ ㄉㄨˋ

comfort temperature

【气】根据实验获得的人体感到舒适的环境温度。受风速、湿度影响。假定相对湿度为50%,无风或微风情况下,人们对温度的感觉和适应程度如表所示。

温度范围	感觉	适应程度
<4℃	很冷	极不适应
4—8℃	冷	很不舒适
8—13℃	凉	不舒适
13—18℃	凉爽	较舒适
18—23℃	舒适	最可接受
23—29℃	温暖	可接受
29—35℃	暖热	不舒适
35—41℃	热	很不舒适
>41℃	极热	极不舒适

舒适指数/舒適指數

shūshì zhǐshù/ㄕㄨ ㄕˋ ㄓˇ ㄕㄨˋ

comfort index

【气】考虑环境温度和湿度等气象要素的综合影响,表征人体感受舒适程度的指标。

舒张压/心舒壓

shūzhāngyā/ㄒㄧㄣ ㄕㄨ ㄧㄚ

diastolic pressure

【医】心室舒张时,主动脉压下降,并在舒张末期达到最低值,此时的动脉血压称为舒张压。

疏风散寒

shūfēng sànhán/ㄕㄨ ㄈㄥ ㄙㄢˋ ㄏㄢˊ

【中医】即"辛温解表"(1271 页)。

疏浚/疏浚 shūjùn/ㄕㄨ ㄐㄩㄣˋ

dredging

【水利】用人力或机械进行水下土石方开挖,以疏通水道,使水流畅通的工程措施。

疏浚船 shūjùnchuán/ㄕㄨ ㄐㄩㄣˋ ㄔㄨㄢˊ

【船】即"挖泥船"(1161 页)。

疏林 ㄕㄨ ㄌㄧㄣˊ/shūlín

savanna

【地】台湾名。即"稀树草原"(1226 页)。

疏苗 shūmiáo/ㄕㄨ ㄇㄧㄠˊ

❶thinning, ❷establishing

【农】❶即"间苗"(602 页)。❷台湾名。即"定苗"(269 页)。

疏散楼梯/逃梯

shūsàn lóutī/ㄊㄠˊ ㄊㄧ

escape stair

【建】用于发生火警或其他事故时紧急疏散人群的楼梯。可分为室外疏散楼梯和室内疏散楼梯。前者可作为辅助防烟楼梯;后者通常做成封闭式楼梯间,且有排烟措施。

疏水阀/留汽除水閘

shūshuǐfá/ㄌㄧㄡˊ ㄑㄧˋ ㄔㄨˊ ㄕㄨㄟˇ ㄓㄚˊ

steam trap value

【机】又称"蒸汽疏水阀"。阀的一种。用于自动排放蒸汽系统中的凝结水(蒸汽在机器、设备、管路中因受冷凝结而积存于内部的水)并阻止蒸汽随水排出。

疏雲 ㄕㄨ ㄩㄣˊ/shūyún
partly cloudy
【气】台湾名。即"少云"(990 页)。

输出设备/輸出裝置
shūchū shèbèi/ㄕㄨ ㄔㄨ ㄕㄜˋ ㄅㄟˋ
output device
【信息】能将数据从计算机中显示、打印或拷贝出来的器件。输出的数据包括输入信息、中间处理结果和最终处理结果。常见输出设备有显示器、打印机、绘图机、刻录机和语音输出设备。

输电/輸電 shūdiàn/ㄕㄨ ㄉㄧㄢˋ
transmission of electricity, power transmission
【电】通过电力线路从电源区向用电区输送电能。也指在不同电网之间输送电能。

输电容量/輸電量
shūdiàn róngliàng/ㄕㄨ ㄉㄧㄢˋ ㄌㄧㄤˋ
transmission capacity
【电】输电线路在规定工作条件下允许输送的最大有功功率。

输电损耗/輸電損失
shūdiàn sǔnhào/ㄕㄨ ㄉㄧㄢˋ ㄙㄨㄣˇ ㄕ
transmission losses
【电】输电网中设施和设备等引起的功率损耗。

输电线路/輸電線
shūdiàn xiànlù/ㄕㄨ ㄉㄧㄢˋ ㄒㄧㄢˋ
transmission line
【电】又称"送电线路"。传送大量电能的线路。通常指 110 千伏及以上电压等级的电力线路。

输电线路走廊/輸電線路走廊
shūdiàn xiànlù zǒuláng/
ㄕㄨ ㄉㄧㄢˋ ㄒㄧㄢˋ ㄌㄨˋ ㄗㄡˇ ㄌㄤˊ
transmission line corridor
【电】指沿高压架空电力线路边相导线,向两侧伸展规定宽度的线路下方带状区域。线路走廊范围内,允许公众进入或从事基本农业及其他受限的生产活动,不允许有危及线路安全运行的树木和建筑。

输精管/輸精管
shūjīngguǎn/ㄕㄨ ㄐㄧㄥ ㄍㄨㄢˇ
deferent duct
【医】男性体内输送精子的管状器官。一对,细长,是附睾管的直接延续,管壁较厚,肌层较发达,而管腔细小。可分为睾丸部、精索部、腹股沟管部及盆部。

输卵管/輸卵管
shūluǎnguǎn/ㄕㄨ ㄌㄨㄢˇ ㄍㄨㄢˇ
oviduct, fallopian tube
【医】女性体内向宫腔运送卵子的管状器官。一对,细长,位于子宫底的两侧,内侧端与子宫底的外侧角相连,外端呈伞状遮盖卵巢的表面。中部的管腔较宽畅,是卵子和精子结合的地方。

输尿管/輸尿管
shūniàoguǎn/ㄕㄨ ㄋㄧㄠˋ ㄍㄨㄢˇ
ureter
【医】位于后腹膜外的一对细长肌性管道。左右各一,上接肾盂,下连膀胱。管壁有平滑肌,呈节律性蠕动,将尿液传送到膀胱。

输入缓冲区/輸入緩衝區
shūrù huǎnchōngqū/
ㄕㄨ ㄖㄨˋ ㄏㄨㄢˇ ㄔㄨㄥ ㄑㄩ
input buffer
【信息】计算机内存中,专门留出用来暂时存储到达并等待处理的信息的部分。

输入设备/輸入裝置
shūrù shèbèi/ㄕㄨ ㄖㄨˋ ㄓㄨㄤ ㄓˋ
input unit, input device
【信息】能将数据和指令录入计算机的器件。例如键盘、鼠标器、光笔、操纵杆、阅读器。

输入输出通道/輸入輸出通道
shūrù shūchū tōngdào/
ㄕㄨ ㄖㄨˋ ㄕㄨ ㄔㄨ ㄊㄨㄥ ㄉㄠˋ
I/O channel, input-output channel
【信息】处理内部存储器与外围设备之间的数据传送的物理通道。

输入输出总线/輸入輸出匯流排
shūrù shūchū zǒngxiàn/
ㄕㄨ ㄖㄨˋ ㄕㄨ ㄔㄨ ㄏㄨㄟˋ ㄌㄧㄡˊ ㄆㄞˊ
input/output bus
【信息】计算机内用来传送出入处理器与各种输入输出设备的信息的硬件通路。

输送机械/運送機
shūsòng jīxiè/ㄩㄣˋ ㄙㄨㄥˋ ㄐㄧ

conveyor

【机】连续或间断地沿给定线路输送物料或物品的机械设备。运行成本低,效率高,容易控制。按结构特点不同,可分为有挠性构件的输送机(如带式、链式等)和无挠性构件的输送机(如螺旋输送机、振动输送机等)。广泛用于现代物流系统中。

蔬菜/蔬菜 shūcài/ㄕㄨ ㄘㄞˋ

vegetables

【农】可做菜吃的草本植物。常见的有白菜、萝卜、菜花、黄瓜、番茄、茄子、扁豆、洋葱、竹笋等。也包括一些木本植物的茎、叶和菌类,例如香椿、蘑菇等。

輸出裝置

ㄕㄨ ㄔㄨ ㄓㄨㄤ ㄓˋ/shūchū zhuāngzhì

output device

【信息】台湾名。即“输出设备”(1047 页)。

輸電量 ㄕㄨ ㄉㄧㄢˋ ㄌㄧㄤˋ/shūdiànliàng

transmission capacity

【电】台湾名。即“输电容量”(1047 页)。

輸電損失

ㄕㄨ ㄉㄧㄢˋ ㄙㄨㄣˇ ㄕ/shūdiàn sǔnshī

transmission losses

【电】台湾名。即“输电损耗”(1047 页)。

輸電線 ㄕㄨ ㄉㄧㄢˋ ㄒㄧㄢˋ/shūdiànxiàn

transmission line

【电】台湾名。即“输电线路”(1047 页)。

輸入輸出匯流排

ㄕㄨ ㄖㄨˋ ㄕㄨ ㄔㄨ ㄏㄨㄟˋ ㄌㄧㄡˊ ㄆㄞˊ/
shūrù shūchū huìliúpái

input/output bus

【信息】台湾名。即“输入输出总线”(1047 页)。

輸入裝置

ㄕㄨ ㄖㄨˋ ㄓㄨㄤ ㄓˋ/shūrù zhuāngzhì

input unit, input device

【信息】台湾名。即“输入设备”(1047 页)。

熟地/耕作地 shúdì/ㄍㄥ ㄗㄨㄛˋ ㄉㄧˋ

cultivated land

【农】耕作多年的土地。

熟荒地/熟荒地

shúhuāngdì/ㄕㄨˊ ㄏㄨㄤ ㄉㄧˋ

idle land

【农】曾经开垦种植,后又荒废的土地。

熟练/熟練 shúliàn/ㄕㄨˊ ㄌㄧㄢˋ

proficiency

【心】又称“技巧”。在掌握已有技能要领的基础上,通过反复练习而巩固的自动化和完善化的复杂的动作系统。其动作方式和智力活动方式更准确、更简捷,是技能发展的高级阶段。

熟漆/熟漆 shúqī/ㄕㄨˊ ㄑㄧ

ripe lacquer

【化】又称“棉漆”“推光漆”。生漆在搅拌下经日晒或低温烘烤,进行氧化聚合,并脱去一部分水而得。含水量 6%~8%,颜色为紫红或深棕色。如加入颜料,可制成各种色漆。

熟石灰/熟石灰 shúshíhuī/ㄕㄨˊ ㄕˊ ㄏㄨㄟ

hydrated lime, slaked lime

【化】又称“消石灰”。无机化学品。主要成分氢氧化钙。生石灰加水消化而成。加水量是生石灰体积的一倍左右时,呈粉状;用大量水消化时得到石灰膏或石灰浆,乳状悬浮液称石灰乳。

熟铁/熟鐵 shútiě/ㄕㄨˊ ㄊㄧㄝˇ

wrought iron

【材】又称“锻铁”。含碳量小于 0.2%的铁碳合金。比钢质软,容易变形,强度和硬度均较低。适于机械加工。

暑期运输/暑期運輸

shǔqī yùnshū/ㄕㄨˇ ㄑㄧˊ ㄩㄣˋ ㄕㄨ

transport during summer holiday

【交】简称“暑运”。每年暑期的交通运输。期限通常规定为 7 月初至 9 月初。以运送学生、旅游客流为主,具有客流大、流向集中、时间性强、要求高的特点,交通运输极其紧张。

暑邪/暑邪 shǔxié/ㄕㄨˇ ㄒㄧㄝˊ

summer-heat pathogen, * summerheat evil

【中医】六淫之一。暑为阳邪,其性升散,易耗气伤津。致病多在夏季,常见身热、多汗、烦渴、乏力等。

暑运 shǔyùn/ㄕㄨˇ ㄩㄣˋ

【交】“暑期运输”的简称。

暑中 shǔzhòng/ㄕㄨˇ ㄓㄨㄥˋ

【中医】即“中暑”(1468 页)。

属/屬 shǔ/ㄕㄨˇ

genus

【生】生物分类系统的一级。在科之下，种之上。同一科或亚科的生物按照彼此相似的特征分为若干群，每一群称为一属。如十字花科中有芸薹属、萝卜属、菘蓝属、蔊菜属、糖芥属、桂竹香属、紫罗兰属等，猫科中有猫属、云豹属、金猫属、猞猁属等。“属”的拉丁文学名应排斜体，首字母大写。

属性/屬性 shǔxìng/ㄕㄨˇ ㄒㄧㄥˋ

attribute, property

【物】指事物固有的性质。也就是一事物用他事物发生关系时表现出来的“质”(一事物区别于他事物的内在特征)。例如，物体的运动、物体的质量。

蜀锦/蜀錦 shǔjǐn/ㄕㄨˇ ㄐㄧㄣˇ

Shu brocade

【纺】产于四川一带的织锦。用全桑蚕染色丝织制，并以多重彩经起花的经(向)锦为主。后发展有桑蚕色丝和有光染色黏胶丝交织或再配以金银丝，同时也有多彩纬起花的纬(向)锦出现。图案题材广泛，多为花卉、山水、人物故事等。

蜀葵/蜀葵 shǔkuí/ㄕㄨˇ ㄎㄨㄟˊ

hollyhock

【植】*Alcea rosea* 通称“淑气花”。锦葵科蜀葵属。二年生草本植物。茎高大，直立，全株被毛。叶柄长，叶近圆心形，掌状5～7浅裂，裂片三角形或圆形，花单生或簇生于叶腋，萼钟状，五裂；花瓣五枚，倒卵状三角形，先端凹缺，基部有爪，有粉红、红、紫、墨紫、白、黄、复色等颜色，边缘波状皱或齿裂。花期2—8月份。在中国，分布于各地。观赏花卉。全草入药。

蜀葵

📖 蜀葵原产于四川，故名。

鼠/鼠 shǔ/ㄕㄨˇ

mouse

【动】哺乳动物名。啮齿目鼠科动物的统称。身体小，尾长，门齿发达，没有犬齿，毛褐色或黑色，繁殖迅速，有的能传播鼠疫等。种类很多，分布广泛。常见的有家鼠、仓鼠、田鼠、鼢鼠、沙鼠等。

鼠标 shǔbiāo/ㄕㄨˇ ㄅㄧㄠ

【信息】“鼠标器”的简称。

鼠标器/鼠標器 shǔbiāoqì/ㄕㄨˇ ㄅㄧㄠ ㄑㄧˋ

mouse

【信息】简称“鼠标”，台湾又称“滑鼠”。通过在某一表面(非显示面)上移动来操作的手持输入设备。以线缆与计算机相连。大多装一个或几个按钮，以便在屏幕上通过鼠标指针选项或激发动作。基本操作有移动、单击、双击、右击、拖动5种。根据工作原理可分为机械式、光电式和光电机械式3种。因外形略像老鼠，故名。

鼠标指针/滑鼠指標

shǔbiāo zhǐzhēn/ㄏㄨㄚˊ ㄕㄨˇ ㄓˇ ㄅㄧㄠ

mouse pointer

【信息】显示在屏幕上，位置随用户移动鼠标而变化的符号。用来在图形界面上标识鼠标位置；在其出现的区域按一下鼠标按钮即选定了动作的目标。

鼠耳芥/鼠耳芥 shǔ'ěrjiè/ㄕㄨˇ ㄦˇ ㄐㄧㄝˋ

common mouse ear cress

【植】*Arabidopsis thaliana* 又称“拟南芥菜”。十字花科鼠耳芥属。一年生草本植物。茎自中上部分枝，下部淡紫白色。基生叶莲座状，倒卵形或匙形，茎生叶无柄，披针形至椭圆形。总状花序疏松，十字花冠，花瓣白色，长圆条形。角果，果瓣两端钝，橘黄色或淡紫色。花期4—6月份。在中国，分布于华东、中南、西部各地。生物学中常用的典型模式植物。

鼠妇/鼠婦 shǔfù/ㄕㄨˇ ㄈㄨˋ

pillbug, woodlice, slater

【动】*Porcellio scaber* 又称“潮虫”。甲壳动物名。等足目鼠妇科。身体呈椭圆形，长约2厘米，背腹扁平，灰褐色或灰蓝色，受刺激卷曲成团，生活在潮湿地方，昼伏夜出。分布广泛。

鼠妇

鼠李/鼠李 shǔlǐ/ㄕㄨˇ ㄌㄧˇ

【植】即“冻绿”(276页)。

鼠尾藻/鼠尾藻 shǔwěizǎo/ㄕㄨˇ ㄨㄟˇ ㄗㄠˇ

sargassum thunbergii

【植】*Sargassum thunbergii* 又称“马尾藻”。藻类。褐藻门马尾藻科马尾藻属。藻体暗褐色。固着器扁平圆盘状，有一条很短的圆柱形主干，主干顶端有数条初生分枝，干和分枝都密生鳞片状小叶。叶丝状，全缘或有齿。在中国，分布于各沿海海域。生于中潮带和低潮带的岩石上。可作饲料，也是制造褐藻胶的原料。

鼠疫/鼠疫 shǔyì/ㄕㄨˇ ㄧˋ

plague

【医】由鼠疫耶尔森菌引起的烈性传染病。属自然疫源性疾病，流行于鼠类和其他啮齿类动物间，通过鼠—蚤类—人传播，人群普遍易感。可引起人发热、严重毒血症状、淋巴结肿大、肺炎和出血倾向。

薯蓣/山藥 shǔyù/ㄕㄢ ·ㄧㄠ

yam

【植】*Dioscorea polystachya* 通称“山药”。薯蓣科薯蓣属。多年生草质藤本植物。块茎肉质，长圆柱形，垂直生长，断面白色。茎通常带紫红色。叶卵状三角形至戟形，变异大，边缘三裂。雌雄异株，穗状花序生于叶腋，花白色，有紫褐色斑点。花期6—9月份。中国各地均有栽培。块茎可作粮食，还可入药。

曙暮光/曙暮光

shǔmùguāng/ㄕㄨˇ ㄇㄨˋ ㄍㄨㄤ

twilight

【气】❶日出前或日落后，地球大气层的上层对阳光的散射，照亮低层的大气与地球表面大气光学现象。❷在台湾，曙暮光也指“晨昏蒙影”(122页)。

曙暮霞 ㄕㄨˇ ㄇㄨˋ ㄒㄧㄚˊ/shǔmùxiá

twilight colors

【气】台湾名。即“霞”(1235页)。

束導體 ㄕㄨˋ ㄉㄠˇ ㄊㄧˇ/shùdǎotǐ

conductor bundle

【电】台湾名。即“分裂导线”(344页)。

束柱/束柱 shùzhù/ㄕㄨˋ ㄓㄨˋ

clustered pier

【建】哥特式教堂中将巨型柱墩做成许多细柱附于中心柱墩的形式。可减轻柱墩的笨重感，且细柱往往与拱顶的肋架相连，造成升腾直达拱顶的动势，加强哥特建筑的垂直感。

树/樹 shù/ㄕㄨˋ

tree

㊀【信息】由节点以层次结构链接而成的数据结构。各节点最多一个母节点，而根节点只有一个。可用以表示数据库等中数据的组织形式。㊁【电】连接网络所有节点而又不形成回路的诸支路的连通集。

树波罗 shùbōluó/ㄕㄨˋ ㄅㄛ ㄌㄨㄛˊ

【植】即“波罗蜜”(76页)。

树冠/樹冠 shùguān/ㄕㄨˋ ㄍㄨㄢ

crown

【植】乔木树干上部有分枝和叶子的部分。

树懒/樹懶 shùlǎn/ㄕㄨˋ ㄌㄢˇ

sloth

【动】哺乳动物名。贫齿目树懒科(Bradypodidae)。外形略像猴，头小而圆，耳小，尾短，毛粗而长，灰褐色，毛上常附有绿藻，很像树皮。动作迟缓，常用爪倒挂在树枝上不动，以树叶、嫩芽、果实等为食。分布于南美洲。

树林/樹林 shùlín/ㄕㄨˋ ㄌㄧㄣˊ

wood

【农】成片生长的树木。

树莓 shùméi/ㄕㄨˋ ㄇㄟˊ

【植】即“山莓”(981页)。

树突/樹突 shùtū/ㄕㄨˋ ㄊㄨ

dendrite

【医】神经元发出的一种突起。一个神经元上有一个或多个，起始部较粗，反复分支，逐渐变细，呈树枝状。其内部结构与神经元胞体相似。可接受其他神经元传来的冲动，并将冲动传至胞体，调节神经元的兴奋性。某些神经元的树突表面有许多小突起，称“树突棘”，是与其他神经元构成突触的部位。

树脂/樹脂 shùzhī/ㄕㄨˋ ㄓ

resin

【材】高分子材料的一类。可分为天然树脂和合成树脂。天然树脂有松香、琥珀、虫胶等，合成树脂是半固态、固态或假固态的无定形有机聚合物，为塑料的主要成分。

树状网/樹狀網路

shùzhuàngwǎng/ㄕㄨˋ ㄓㄨㄤˋ ㄨㄤˇ ㄌㄨˋ

tree network

【信息】任何两个节点之间都恰有一条通路的

网络。

腧穴/腧穴 shùxué/ㄕㄨˋ ㄒㄩㄝˊ

point, acupoint

【中医】又称"穴位"。人体脏腑经络之气输注出入的特殊部位。既是疾病的反应点,又是针灸临床的刺激点。

腧穴学/腧穴學

shùxuéxué/ㄕㄨˋ ㄒㄩㄝˊ ㄒㄩㄝˊ

subject of point, * point theory

【中医】针灸学科的一个分支。研究腧穴的位置、特点、主治、应用及其原理。

数的系统

shù de xìtǒng/ㄕㄨˋ ·ㄉㄜ ㄒㄧˋ ㄊㄨㄥˇ

【数】"数系"的全称。

数据保护/資料保護

shùjù bǎohù/ㄕ ㄌㄧㄠˋ ㄅㄠˇ ㄏㄨˋ

data protection

【信息】为防范对数据未经授权擅自访问而实施的保护。措施包括行政的、技术的或物理的三个方面。

数据仓库/資料儲倉

shùjù cāngkù/ㄗ ㄌㄧㄠˋ ㄔㄨˊ ㄘㄤ

data warehouse

【信息】能存取某一企业等的所有信息的大型数据库。可分布于几台计算机上,包含几个分数据库和多种来源、不同格式的信息,但均应通过服务器访问。

📖 数据仓库和数据库在本质上都是长期存储在计算机内,有组织、可共享的数据的汇集。但数据仓库中数据有以下特点:面向主题;偏爱集成;动态更新;更新须经授权。

数据处理/資料處理

shùjù chǔlǐ/ㄗ ㄌㄧㄠˋ ㄔㄨˇ ㄌㄧˇ

data processing, DP

【信息】对数据进行的系统性操作。例如对数据的算术逻辑运算、数据的合并或排序、对程序的汇编或编译,以及对文本的操作(编辑、存储、检索、显示、打印等)。

数据共享/資料共享

shùjù gòngxiǎng/ㄗ ㄌㄧㄠˋ ㄍㄨㄥˋ ㄒㄧㄤˇ

data sharing

【信息】不止一人或不止一台计算机使用单一文件的方式。可通过把文件从一台计算机传送到另一台计算机,或通过联网和计算机间的通信来实现。

数据汇集/資料收集

shùjù huìjí/ㄗ ㄌㄧㄠˋ ㄕㄡ ㄐㄧˊ

data collection

【信息】把数据从各处集中起来供计算机使用的过程。例如把数据网络在各办公室生成的事务汇集起来,供计算中心使用。

数据库/資料庫 shùjùkù/ㄗ ㄌㄧㄠˋ ㄎㄨˋ

database

【信息】支持至少一个应用领域而把数据按相互关系和概念结构组织起来的汇集。数据长期存储在计算机内,冗余度小,独立性强,扩展容易。

数据库管理系统/資料庫管理系統

shùjùkù guǎnlǐ xìtǒng/

ㄗ ㄌㄧㄠˋ ㄎㄨˋ ㄍㄨㄢˇ ㄌㄧˇ ㄒㄧˋ ㄊㄨㄥˇ

database management system, DBMS

【信息】用来建立数据库,使之可用并维护其完整性的基于计算机的系统。可对数据库进行更新、备份、恢复、确认、监控并确保其安全。并可由用户或应用程序启用,以便对事务进行定义、创建、修订、退役、询问和处理。

数据库语言/資料庫語言

shùjùkù yǔyán/ㄗ ㄌㄧㄠˋ ㄎㄨˋ ㄩˇ ㄧㄢˊ

database language

【信息】用来支持数据库创建、建模、实现、描述、使用和管理等活动的语言。例如数据操纵语言、数据定义语言。

数据链路层/資料連結層

shùjù liànlùcéng/ㄗ ㄌㄧㄠˋ ㄌㄧㄢˊ ㄐㄧㄝˊ ㄘㄥˊ

data link layer

【信息】开放系统互连参考模型中的第二层。为相邻节点提供透明、可靠的信息传输服务。

数据链路/數據鏈路

shùjù liànlù/ㄕㄨˋ ㄐㄩˋ ㄌㄧㄢˋ ㄌㄨˋ

data link

【信息】远程通信中支持数据传送的逻辑路径或物理路径。

数据流/資料流 shùjùliú/ㄗ ㄌㄧㄠˋ ㄌㄧㄡˊ

data flow

【信息】特定工作进程中的数据通过数据处理系统现用部分的运动。

S

数据流图/資料流程圖
shùjù liútú/ㄕㄨˋ ㄌㄧㄠˋ ㄌㄧㄡˊ ㄔㄥˊ ㄊㄨˊ
data flow diagram
【信息】把数据源、数据汇、数据存储和数据处理过程绘成节点,并把数据的逻辑流绘成链接的图。

数据目录/資料目録
shùjù mùlù/ㄗ ㄌㄧㄠˋ ㄇㄨˋ ㄌㄨˋ
data directory
【信息】标识数据部位和隶属关系的数据库或文件。

数据通信/數據通訊
shùjù tōngxìn/ㄕㄨˋ ㄐㄩˋ ㄊㄨㄥ ㄒㄩㄣˋ
data communication
【信息】在两个功能单元之间传输和交换数据的通信方式。在数据源处先给数据编码而成信号,再经传输介质送达目的地。

S

数据文件/資料檔案
shùjù wénjiàn/ㄗ ㄌㄧㄠˋ ㄉㄤˇ ㄢˋ
data file
【信息】由文本、数字、图形等数据组成的文件。不同于由命令或指令组成的程序文件。

数据元素/資料元件
shùjù yuánsù/ㄗ ㄌㄧㄠˋ ㄩㄢˊ ㄐㄧㄢˋ
data element
【信息】数据组织语境中视为不可分的数据单位。例如以三个十进制数字组成的数据元素“个人年龄”。

数据字典/資料字典
shùjù zìdiǎn/ㄗ ㄌㄧㄠˋ ㄗˋ ㄉㄧㄢˇ
data dictionary
【信息】提供数据实体的定义的数据库或文件。定义内容包括实体名、别名、含义、内容、类型、格式、使用范围以及约定、来源、用途等信息。这些信息是描写数据的数据,所以又把数据字典视为描写数据库的数据库。与“数据目录”并称数据库管理系统两大工具。

数据总线/資料匯流排
shùjù zǒngxiàn/ㄗ ㄌㄧㄠˋ ㄏㄨㄟˋ ㄌㄧㄡˊ ㄆㄞˊ
data bus
【信息】用来与进出处理器或存储器的数据进行通信的总线。

数控 shùkòng/ㄕㄨˋ ㄎㄨㄥˋ
【自】“数值控制”的简称。

数控分度头/數控分度頭
shùkòng fēndùtóu/ㄕㄨˋ ㄎㄨㄥˋ ㄈㄣ ㄉㄨˋ ㄊㄡˊ
numerical control dividing head, NC dividing head
【机】分度头的一种。用数值信息发出的指令控制分度。是数控铣床、加工中心等机床的主要附件之一,也可作为半自动铣床、镗床及其他类机床的主要附件。

数控机床/數控工具機
shùkòng jīchuáng/ㄕㄨˋ ㄎㄨㄥˋ ㄍㄨㄥ ㄐㄩˋ ㄐㄧ
numerical control machine tool
【机】全称“数字控制机床”。按加工要求预先编制程序,由控制系统发出数值信息指令,刀具按指令对工件进行加工的机床。对加工对象的适应性强,能加工形状复杂的零件。适用于单件小批生产。生产率高。可分为数控车床、数控铣床和数控磨床等。

数理逻辑/數理邏輯
shùlǐ luójí/ㄕㄨˋ ㄌㄧˇ ㄌㄨㄛˊ ㄐㄧˊ
mathematical logic
【数】又称“符号逻辑”。数学的一个分支。用数学方法研究符号化的形式逻辑推理演算,也被认为是精确化和数学化的形式逻辑。命题演算和谓词演算为基础内容,将基本逻辑推理规律形式化地表现出来。现代数理逻辑包括模型论、递归论、公理集合论和证明论等。

数理统计学/數理統計學
shùlǐ tǒngjìxué/ㄕㄨˋ ㄌㄧˇ ㄊㄨㄥˇ ㄐㄧˋ ㄒㄩㄝˊ
mathematical statistics
【数】数学的一个分支。包括试验与调查的设计及分析和统计推断。研究如何有效地收集、整理和分析带有随机性的数据,对所考察的问题进行推断或预测,为决策和行动提供依据和建议。

📖 数理统计学在20世纪上半叶逐渐成熟,以概率论为基础,广泛应用于各领域,并产生一些新分支,如生物统计、医学统计、教育统计、金融统计、统计物理等。

数列/數列 shùliè/ㄕㄨˋ ㄌㄧㄝˋ
sequence of number
【数】按一定次序排成一列的数。例如1,2,3,…。数列中的每个数叫作数列中的一项,

排在第 n(n=1,2,3,…)个位置的项叫作第 n 项。数列 $a_1,a_2,\cdots,a_n,\cdots$ 可以记作 $\{a_n\}$。

数论/數論 shùlùn/ㄕㄨˋ ㄌㄨㄣˋ

number theory

【数】数学的一个分支。研究数的规律,特别是研究整数的性质。按研究方法不同,可分为初等数论(主要使用算术方法)、解析数论(主要使用分析学的方法)和代数数论(主要使用与代数数域相关的方法)。

数码/數碼 shùmǎ/ㄕㄨˋ ㄇㄚˇ

figure

㊀【数】表示数的符号。例如 0,1,2,3,4,5,6,7,8,9 等。㊁【信息】采用数字技术的。

📖 ㊁港澳多用数码。例如数码电视、数码图书馆。大陆多用数字,台湾多用数位。

数模转换/數位一類比轉換

shù-mó zhuǎnhuàn/

ㄕㄨˋ ㄨㄟˋ-ㄌㄟˋ ㄅㄧˇ ㄓㄨㄢˇ ㄏㄨㄢˋ

digital-to-analog conversion

【信息】将数字信号转换为表示同样信息的模拟信号的过程。

📖 当用计算机控制物理量(温度、压力、流量、位移等)时,需要进行数模转换,即把计算机处理形成的数字信息转换成以电压、电流等表示的模拟信息。

数位/數位 shùwèi/ㄕㄨˋ ㄨㄟˋ

digit

㊀【数】用排成一行的数字表示数时,每个数字占一个位置,每个位置代表特定的数值,这些位置叫作数位。例如,十进制数 1234 有 4 个数位,其中数字 1,2,3,4 所占的数位分别是千位、百位、十位和个位。1234 表示 1 个“千”、2 个“百”、3 个“十”和 4 个“一”的和,即一千二百三十四。㊁【信息】采用数字技术的。

📖 ㊁台湾多用数位,例如数位电视、数位图书馆。大陆多用数字,港澳多用数码。

数系/數系 shùxì/ㄕㄨˋ ㄒㄧˋ

number system

【数】全称“数的系统”。数系的结构中,除了数的概念(定义)之外,还包括规定数的顺序关系和运算法则。按讨论对象的范围划分,有自然数系、有理数系、实数系和复数系等。也有人将这些数系作为子系统,将它们的总和称为数系。

数学/數學 shùxué/ㄕㄨˋ ㄒㄩㄝˊ

mathematics

【数】研究现实世界的空间形式和数量关系的学科。包括算术、数论、代数、几何、拓扑、数理逻辑、数学分析、微分方程、计算数学、概率、数理统计等分支。运筹学、控制理论等是数学的边缘学科。

📖 数学起源于计数和度量。至 16 世纪,算术、初等代数、初等几何、三角等以研究常量为主的初等数学基本完备。17 世纪后,以研究变量为主的高等数学逐渐形成并深入发展。20 世纪 50 年代以后,随着计算技术的不断发展,数学得到更加广泛的应用。

数学摆 shùxuébǎi/ㄕㄨˋ ㄒㄩㄝˊ ㄅㄞˇ

【物】即“单摆”(196 页)。

数学分析/數學分析

shùxué fēnxī/ㄕㄨˋ ㄒㄩㄝˊ ㄈㄣ ㄒㄧ

mathematical analysis

【数】建立在严格的极限理论基础上的微积分学。

数学归纳法/數學歸納法

shùxué guīnàfǎ/ㄕㄨˋ ㄒㄩㄝˊ ㄍㄨㄟ ㄋㄚˋ ㄈㄚˇ

mathematical induction

【数】以归纳法公理为依据,证明与自然数有关命题的一种方法。用数学归纳法证明命题 $P(n)$ 对于任一自然数 n 都为真时,基本步骤有两步,即证明:⑴当 $n=1$ 时命题 $P(n)$ 为真;⑵由 $n=k$ 时命题 $P(n)$ 为真,可推出 $n=k+1$ 时命题 $P(n)$ 为真。若⑴⑵都成立,则 n 为任一自然数时命题 $P(n)$ 都为真。

数学期望/數學期望值

shùxué qīwàng/ㄕㄨˋ ㄒㄩㄝˊ ㄑㄧ ㄨㄤˋ ㄓˊ

mathematical expectation

【数】简称“期望”。表示随机变量取值的平均水平的数字特征。随机变量 X 的数学期望记作 EX。设 X 是一个离散型随机变量,取值为 $x_i(i=1,2,\cdots)$,概率 $P(X=x_i)=p_i(i=1,2,\cdots)$,且 $\sum_{i=1}^{\infty}|x_i|p_i<\infty$,则 $EX=\sum_{i=1}^{\infty}x_ip_i$。设 X 是一个连续型随机变量,$p(x)$ 为 X 的概率密度函数,且

$\int_{-\infty}^{+\infty}|x|p(x)\mathrm{d}x<\infty$，则 $EX=\int_{-\infty}^{+\infty}xp(x)\mathrm{d}x$。数学期望需满足一定条件，并非所有的随机变量都有数学期望，若 $\sum_{i=1}^{\infty}|x_i|p_i<\infty$ 或 $\int_{-\infty}^{+\infty}|x|p(x)\mathrm{d}x<\infty$ 不成立，X 无数学期望。

数值控制/數值控制
shùzhí kòngzhì/ㄕㄨˋ ㄓˊ ㄎㄨㄥˋ ㄓˋ
numerical control
【自】简称"数控"。用数字、文字和符号组成的数字指令来实现一台或多台机械设备动作的控制。通常采用通用或专用计算机实现数字程序控制。与数字控制有时混用。

数值天气预报/數值天氣預報
shùzhí tiānqì yùbào/ㄕㄨˋ ㄓˊ ㄊㄧㄢ ㄑㄧˋ ㄩˋ ㄅㄠˋ
numerical weather prediction，NWP
【气】天气预报的一种。对给定的初始值和边值条件，求解描写天气演变过程的流体力学和热力学方程组，算出未来一定时段的大气运动状态和天气现象，从而做出天气预报。

数轴/數軸 shùzhóu/ㄕㄨˋ ㄓㄡˊ
number axis
【数】用来表示实数的有方向、原点和单位长度的直线。通常以从左向右为正方向，原点表示 0，原点左边表示负数，右边表示正数。数轴上的点和实数集的元素一一对应。

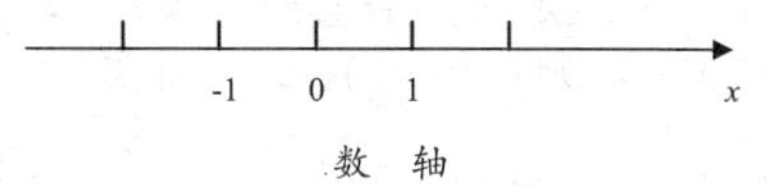

数 轴

数字/數字 shùzì/ㄕㄨˋ ㄗˋ
㊀figure，㊁digital
㊀【数】表示数的文字或符号。现在普遍使用的是阿拉伯数字，即 0，1，2，3，4，5，6，7，8，9 组成的数字。一些国家和民族有自己的数字形式，例如中文数字"一、二、三……"，罗马数字"Ⅰ,Ⅱ,Ⅲ,…"等。㊁【信息】采用数字技术的。
📖 ㊁大陆多用数字，例如，数字电视、数字图书馆。台湾多用数位，港澳多用数码。

数字标志 shùzì biāozhì/ㄕㄨˋ ㄗˋ ㄅㄧㄠ ㄓˋ
【信息】即"数字证书"(1057 页)。

数字出版物/數字出版物
shùzì chūbǎnwù/ㄕㄨˋ ㄗˋ ㄔㄨ ㄅㄢˇ ㄨˋ
digital publication
【信息】依托计算机、网络、多媒体等信息技术，将编辑的口语、书面语、影像、动画等内容以数字形式存储于磁、光、电等介质中的出版物。有封装型和网络型两类。

数字地球/數位地球
shùzì dìqiú/ㄕㄨˋ ㄨㄟˋ ㄉㄧˋ ㄑㄧㄡˊ
digital earth
【航】以地球地理坐标为基础，由海量高分辨率地球地理信息、数据组成的三维虚拟地球。
📖 "数字地球"的概念由美国副总统戈尔(A.A.Gore)提出，它是以网络虚拟技术为支撑、空间数据为基础，真实地球与相关地球现象统一的数字化认知。

数字地图/數值地圖
shùzì dìtú/ㄕㄨˋ ㄓˊ ㄉㄧˋ ㄊㄨˊ
digital map
㊀【航】测量与时间无关的地形地貌变量，作为地面位置函数制成能表述地形地貌海拔高度变化的阵列数据组所形成的可描述地形地貌的表示图。可更加准确地描述地形地貌。㊁【测绘】以数字形式储存的地图。存储于电子计算机常用的介质中，具有特定的数据结构，需要配合相应的符号进行可视化处理才能显示出来，是地理信息系统、电子地图等产品必需的组成部分。

数字电能表/數字電能錶
shùzì diànnéngbiǎo/ㄕㄨˋ ㄗˋ ㄉㄧㄢˋ ㄋㄥˊ ㄅㄧㄠˇ
digital electricity meter
【电】应用模数转换技术，测量电能并以数字显示的仪表。

数字电压表/數字電壓錶
shùzì diànyābiǎo/ㄕㄨˋ ㄗˋ ㄉㄧㄢˋ ㄧㄚ ㄅㄧㄠˇ
digital volt meter
【电】应用模数转换技术，测量直流电压并以数字显示的电表。

数字碟 shùzìdié/ㄕㄨˋ ㄗˋ ㄉㄧㄝˊ
【信息】"数字多功能光盘"的简称。

数字订户线
shùzì dìnghùxiàn/ㄕㄨˋ ㄗˋ ㄉㄧㄥˋ ㄏㄨˋ ㄒㄧㄢˋ
【信息】即"数字用户线"(1056 页)。

数字多功能光盘/數位光碟
shùzì duōgōngnéng guāngpán/
ㄕㄨˋ ㄨㄟˋ ㄍㄨㄤ ㄉㄧㄝˊ
digital versatile disk, DVD
【信息】简称“数字碟”。在容量、频带和用途多样性三方面均有较大改进的光盘。在原有光盘的基础上,将凹坑刻得更小更密并采用多层等技术。多用来存放高清影视、高品质音乐和大容量数据。单层单面容量可达普通光盘的7倍。

数字港 shùzìgǎng/ㄕㄨˋ ㄗˋ ㄍㄤˇ
【信息】即“信息港”(1274页)。

数字功率表/數位式功率錶
shùzì gōnglǜbiǎo/
ㄕㄨˋ ㄨㄟˋ ㄕˋ ㄍㄨㄥ ㄌㄩˋ ㄅㄧㄠˇ
digital power meter
【电】通过变换器将所测功率变换成电压,再经模数转换并以数字显示功率值的电表。

数字化/數位化 shùzìhuà/ㄕㄨˋ ㄨㄟˋ ㄏㄨㄚˋ
digitization
【信息】将模拟信号转换为表示同样信息的数字信号的过程。

数字化仪/數化器
shùzìhuàyí/ㄕㄨˋ ㄏㄨㄚˋ ㄑㄧˋ
digitizer
【信息】将模拟数据转换为数字形式的输入单元。由绘图板与手持游标器或画笔组成。绘图板上有网格传感器,可确定板上每一点的坐标;手持游标器透明板上有十字形标记,当标记交叉点对准绘图板上某一点时,传感器就在屏幕上显示出对应的点。

数字环境保护/數字環境保護
shùzì huánjìng bǎohù/
ㄕㄨˋ ㄗˋ ㄏㄨㄢˊ ㄐㄧㄥˋ ㄅㄠˇ ㄏㄨˋ
digital environmental protection
【环】采用数字化手段整体性地解决环境问题,并最大限度利用环境信息资源的过程。是数字地球在环境信息化和环境决策中的具体应用,基本实施过程是将信息、网络、自动控制、通信等科学技术应用于环保,形成多层环境保护监控管理平台集成的系统。

数字激光视盘/數字影音光碟
shùzì jīguāng shìpán/
ㄕㄨˋ ㄗˋ ㄧㄥˇ ㄧㄣ ㄍㄨㄤ ㄉㄧㄝˊ
compact disc-digital video, VCD
【信息】以MPEG1编码压缩格式存储音频、视频信息的CD光盘制品。其单面播放时间约74分钟,图像水平清晰度约250线。

数字计算机/數位計算機
shùzì jìsuànjī/ㄕㄨˋ ㄨㄟˋ ㄐㄧˋ ㄙㄨㄢˋ ㄐㄧ
digital computer
【信息】台湾又称“數位電腦”。接受、处理或产生数字数据的计算机。是当代计算机的主流,与只处理模拟数据的模拟计算机相对。

数字控制/數位控制
shùzì kòngzhì/ㄕㄨˋ ㄨㄟˋ ㄎㄨㄥˋ ㄓˋ
digital control
【自】用二进制数字1和0组成的数字指令来实现一台或多台机械设备动作的控制。常用数字计算机作为控制器。

数字控制机床
shùzì kòngzhì jīchuáng/
ㄕㄨˋ ㄗˋ ㄎㄨㄥˋ ㄓˋ ㄐㄧ ㄔㄨㄤˊ
【机】“数控机床”的全称。

数字控制器/數位控制器
shùzì kòngzhìqì/ㄕㄨˋ ㄨㄟˋ ㄎㄨㄥˋ ㄓˋ ㄑㄧˋ
digital controller
【自】采用数字信号的控制器,包括数字调节器和数字顺序控制器。

数字媒体/數位媒體
shùzì méitǐ/ㄕㄨˋ ㄨㄟˋ ㄇㄟˊ ㄊㄧˇ
digital media
【信息】以信息科学和数字技术为主导,应用到文化、艺术、商业、教育、管理等领域的大众化传播形态。

数字频率表/數位頻率計
shùzì pínlǜbiǎo/ㄕㄨˋ ㄨㄟˋ ㄆㄧㄣˊ ㄌㄩˋ ㄐㄧˋ
digital frequency meter
【电】应用模数转换技术,测量频率(或周期、任意时间间隔)并以数字显示的电表。

数字签名/數位簽章
shùzì qiānmíng/ㄕㄨˋ ㄨㄟˋ ㄑㄧㄢ ㄓㄤ
digital signature, electronic signature
【信息】又称“电子签名”。电子文件上,用以表明文件签署人身份以及对文件中信息负责

S

的依附性数据。作用与写在纸上的物理签名相当。

数字视频解码接收器

shùzì shìpín jiěmǎ jiēshōuqì/ㄕㄨˋ ㄗˋ ㄕˋ ㄆㄧㄣˊ ㄐㄧㄝˇ ㄇㄚˇ ㄐㄧㄝ ㄕㄡ ㄑㄧˋ

【信息】通称"机顶盒"。

数字视频指纹技术/数字指紋

shùzì shìpín zhǐwén jìshù/ㄕㄨˋ ㄗˋ ㄓˇ ㄨㄣˊ

digital video fingerprinting

【信息】又称"数字指纹"。利用特定算法，提取数字视频文件的特征数字串并嵌入到该文件中，用作该文件唯一性标识的技术。因其类似人的指纹具有唯一性，故称。

数字水印/數位浮水印

shùzì shuǐyìn/ㄕㄨˋ ㄨㄟˋ ㄈㄨˊ ㄕㄨㄟˇ ㄧㄣˋ

digital watermarking

【信息】嵌入某一文件，证明其拥有权和品质并阻止盗版的唯一性标识符。多用于图形和声音文件。

数字通信/數位通訊

shùzì tōngxìn/ㄕㄨˋ ㄨㄟˋ ㄊㄨㄥ ㄒㄩㄣˋ

digital communication

【信息】以数字信号为载体，或以数字信号对调制载波来传输信息的通信方式。抗干扰能力强，无噪声积累，远距离传输质量高；数字信号便于处理、存储和交流；便于实现电报、数据和图像等业务的综合传输；而且有利于设备的集成化、小型化；并使通信速度提高，但功耗却下降。

数字图像/數位影像

shùzì túxiàng/ㄕㄨˋ ㄨㄟˋ ㄧㄥˇ ㄒㄧㄤˋ

digital image

【测绘】数字影像和数字图形的合称。用有序列的二进制数字表示的图形、影像。为便于计算机存储和处理，数字图像的存储结构分栅格化和矢量化两种。采用栅格化结构的，存储每个行列点位的信息，目视结果多以带颜色的点群显示；采用矢量化结构的，存储每个点、线、面、体的信息，目视结果多以几何图案显示。

数字万用表/數字萬用錶

shùzì wànyòngbiǎo/ㄕㄨˋ ㄗˋ ㄨㄢˋ ㄩㄥˋ ㄅㄧㄠˇ

digital multi-meter

【电】应用模数转换技术，多功能、多量限并以数字显示测量结果的电表。可分为简易型(便携式)和精密型(台式)两类。

数字相位表/數位相位計

shùzì xiàngwèibiǎo/ㄕㄨˋ ㄨㄟˋ ㄒㄧㄤˋ ㄨㄟˋ ㄐㄧˋ

digital phase meter

【电】应用模数转换技术，测量相位并以数字显示的电表。

数字信号/數位信號

shùzì xìnhào/ㄕㄨˋ ㄨㄟˋ ㄒㄧㄣˋ ㄏㄠˋ

digital signal

【信息】能以数字编码形式来表示数据的信号。

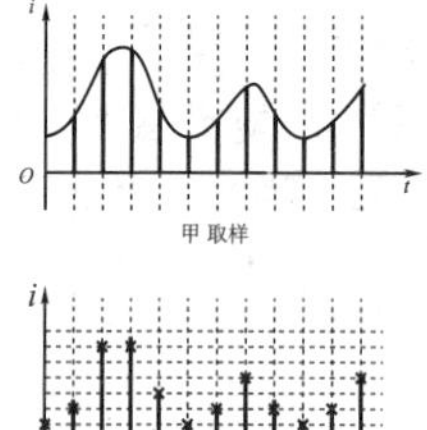

数字信号

数字压力表/数字壓力錶

shùzì yālìbiǎo/ㄕㄨˋ ㄗˋ ㄧㄚ ㄌㄧˋ ㄅㄧㄠˇ

digital pressure gauge

【机】压力表的一种。以数字形式显示被测压力值。功耗小，精度高，稳定性好，误差小。

数字音频光盘/光碟—數位聲訊

shùzì yīnpín guāngpán/ㄍㄨㄤ ㄉㄧㄝˊ — ㄕㄨˋ ㄨㄟˋ ㄕㄥ ㄒㄩㄣˋ

compact disc-digital audio, CD-DA

【信息】以脉冲数码调制(pulse code modulation, PCM)编码方式将数字化的音频信息存储在CD盘片上的光盘制品。

数字用户线/數位用户線

shùzì yònghùxiàn/ㄕㄨˋ ㄨㄟˋ ㄩㄥˋ ㄏㄨˋ ㄒㄧㄢˋ

digital subscriber line, DSL

【信息】又称"数字订户线"。处于订户设备安装场地与提供服务的本地电信局之间的数字传输链路。

数字照相机/數位相機

shùzì zhàoxiàngjī/ㄕㄨˋ ㄨㄟˋ ㄒㄧㄤˋ ㄐㄧ

digital camera, DC

【轻】照相机的一类。利用光电转换器把光学影像转换成数字信号的照相机，是一个光学、机械、电子元件组成的计算机系统。光线通过镜头折射聚焦在感光元件半导体光电耦合器(charge coupled device，CCD)上，光学影像转换为数字信号，通过影像运算芯片记录于数字存储卡中，经过电脑处理，在显示器上还原成影像，或经打印机打印出影像。

数字证书/數位憑證
shùzì zhèngshū/
ㄕㄨˋ ㄗˋ ㄓㄥˋ ㄕㄨ
digital certificate
【信息】又称“数字标志”。用来标志并证明互联网上通信双方身份的数字信息文件。

数字指纹/數字指紋
shùzì zhǐwén/ㄕㄨˋ ㄗˋ ㄓˇ ㄨㄣˊ
【信息】即“数字视频指纹技术”(1056 页)。

数字终端/數位終站
shùzì zhōngduān/
ㄕㄨˋ ㄨㄟˋ ㄓㄨㄥ ㄓㄢˋ
digital terminal
【信息】采用数字信号与网络设备或局端设备互连互通的终端设备。

數化器 ㄕㄨˋ ㄏㄨㄚˋ ㄑㄧˋ/shùhuàqì
digitizer
【信息】台湾名。即“数字化仪”(1055 页)。

數據機 ㄕㄨˋ ㄐㄩˋ ㄐㄧ/shùjùjī
modem
【信息】台湾名。即“调制解调器”(1132 页)。

數據通訊
ㄕㄨˋ ㄐㄩˋ ㄊㄨㄥ ㄒㄩㄣˋ/shùjù tōngxùn
data communication
【信息】台湾名。即“数据通信”(1052 页)。

數控工具機
ㄕㄨˋ ㄎㄨㄥˋ ㄍㄨㄥ ㄐㄩˋ ㄐㄧ/shùkòng gōngjùjī
numerical control machine tool
【机】台湾名。即“数控机床”(1052 页)。

數位地球
ㄕㄨˋ ㄨㄟˋ ㄉㄧˋ ㄑㄧㄡˊ/shùwèi dìqiú
digital earth
【航】台湾名。即“数字地球”(1054 页)。

數位電腦
ㄕㄨˋ ㄨㄟˋ ㄉㄧㄢˋ ㄋㄠˇ/shùwèi diànnǎo
digital computer
【信息】台湾名。即“数字计算机”(1055 页)。

數位浮水印
ㄕㄨˋ ㄨㄟˋ ㄈㄨˊ ㄕㄨㄟˇ ㄧㄣˋ/shùwèi fúshuǐyìn
digital watermarking
【信息】台湾名。即“数字水印”(1056 页)。

數位光碟
ㄕㄨˋ ㄨㄟˋ ㄍㄨㄤ ㄉㄧㄝˊ/shùwèi guāngdié
digital versatile disk，DVD
【信息】台湾名。即“数字多功能光盘”(1055 页)。

數位化 ㄕㄨˋ ㄨㄟˋ ㄏㄨㄚˋ/shùwèihuà
digitization
【信息】台湾名。即“数字化”(1055 页)。

數位計算機
ㄕㄨˋ ㄨㄟˋ ㄐㄧˋ ㄙㄨㄢˋ ㄐㄧ/shùwèi jìsuànjī
digital computer
【信息】台湾名。即“数字计算机”(1055 页)。

數位控制
ㄕㄨˋ ㄨㄟˋ ㄎㄨㄥˋ ㄓˋ/shùwèi kòngzhì
digital control
【自】台湾名。即“数字控制”(1055 页)。

數位控制器
ㄕㄨˋ ㄨㄟˋ ㄎㄨㄥˋ ㄓˋ ㄑㄧˋ/shùwèi kòngzhìqì
digital controller
【自】台湾名。即“数字控制器”(1055 页)。

數位—類比轉換
ㄕㄨˋ ㄨㄟˋ— ㄌㄟˋ ㄅㄧˇ ㄓㄨㄢˇ ㄏㄨㄢˋ/
shùwèi-lèibǐ zhuǎnhuàn
digital-to-analog conversion
【信息】台湾名。即“数模转换”(1053 页)。

數位媒體 ㄕㄨˋ ㄨㄟˋ ㄇㄟˊ ㄊㄧˇ/shùwèi méitǐ
digital media
【信息】台湾名。即“数字媒体”(1055 页)。

數位頻率計
ㄕㄨˋ ㄨㄟˋ ㄆㄧㄣˊ ㄌㄩˋ ㄐㄧˋ/shùwèi pínlǜjì
digital frequency meter
【电】台湾名。即“数字频率表”(1055 页)。

數位憑證
ㄕㄨˋ ㄨㄟˋ ㄆㄧㄥˊ ㄓㄥˋ/shùwèi píngzhèng
digital certificate
【信息】台湾名。即“数字证书”(1057 页)。

數位簽章
ㄕㄨˋ ㄨㄟˋ ㄑㄧㄢ ㄓㄤ/shùwèi qiānzhāng

S

digital signature, electronic signature
【信息】台湾名。即"数字签名"(1055 页)。

數位式功率錶
ㄕㄨˋ ㄨㄟˋ ㄕˋ ㄍㄨㄥ ㄌㄩˋ ㄅㄧㄠˇ/
shùwèi shì gōnglǜbiǎo
digital power meter
【电】台湾名。即"数字功率表"(1055 页)。

數位通訊
ㄕㄨˋ ㄨㄟˋ ㄊㄨㄥ ㄒㄩㄣˋ/shùwèi tōngxùn
digital communication
【信息】台湾名。即"数字通信"(1056 页)。

數位相機
ㄕㄨˋ ㄨㄟˋ ㄒㄧㄤˋ ㄐㄧ/shùwèi xiàngjī
digital camera, DC
【轻】台湾名。即"数字照相机"(1056 页)。

數位相位計
ㄕㄨˋ ㄨㄟˋ ㄒㄧㄤˋ ㄨㄟˋ ㄐㄧˋ/
shùwèi xiàngwèijì
digital phase meter
【电】台湾名。即"数字相位表"(1056 页)。

數位信號
ㄕㄨˋ ㄨㄟˋ ㄒㄧㄣˋ ㄏㄠˋ/shùwèi xìnhào
digital signal
【信息】台湾名。即"数字信号"(1056 页)。

數位影像
ㄕㄨˋ ㄨㄟˋ ㄧㄥˇ ㄒㄧㄤˋ/shùwèi yǐngxiàng
digital image
【测绘】台湾名。即"数字图像"(1056 页)。

數位終站
ㄕㄨˋ ㄨㄟˋ ㄓㄨㄥ ㄓㄢˋ/shùwèi zhōngzhàn
digital terminal
【信息】台湾名。即"数字终端"(1057 页)。

數學期望值
ㄕㄨˋ ㄒㄩㄝˊ ㄑㄧˊ ㄨㄤˋ ㄓˊ/
shùxué qīwàngzhí
mathematical expectation
【数】台湾名。即"数学期望"(1053 页)。

數值地圖 ㄕㄨˋ ㄓˊ ㄉㄧˋ ㄊㄨˊ/shùzhí dìtú
digital map
【测绘】台湾名。即"数字地图"(1054 页)。

數字系統 ㄕㄨˋ ㄗˋ ㄒㄧˋ ㄊㄨㄥˇ/shùzì xìtǒng
numeration system
【数】台湾名。即"记数制"(582 页)。

數字影音光碟
ㄕㄨˋ ㄗˋ ㄧㄥˇ ㄧㄣ ㄍㄨㄤ ㄉㄧㄝˊ/
shùzì yǐngyīn guāngdié
compact disc-digital video, VCD
【信息】台湾名。即"数字激光视盘"(1055 页)。

樹狀網路
ㄕㄨˋ ㄓㄨㄤˋ ㄨㄤˇ ㄌㄨˋ/
shùzhuàng wǎnglù
tree network
【信息】台湾名。即"树状网"(1050 页)。

shuai (ㄕㄨㄞ)

衰变/衰變 shuāibiàn/ㄕㄨㄞ ㄅㄧㄢˋ
decay
【物】大量的原子核因放射性而陆续发生转变,使处于原状态的核数目不断减少的过程。也指放射性元素放射出粒子而转变为另一种元素的过程,主要分为 α 衰变、β 衰变、γ 衰变三种。

衰减振荡
shuāijiǎn zhèndàng/ㄕㄨㄞ ㄐㄧㄢˇ ㄓㄣˋ ㄉㄤˋ
【物】即"阻尼振荡"(1514 页)。

衰老/衰老 shuāilǎo/ㄕㄨㄞ ㄌㄠˇ
senescence
【生】生物随着时间的推移,表现为机体形态、组织结构发生萎缩,生理功能逐渐减退的不可逆过程。包括适应性和抵抗力减退。衰老过程呈时间依赖性,进程持续而缓慢。

甩挂运输/甩掛運輸
shuǎiguà yùnshū/ㄕㄨㄞˇ ㄍㄨㄚˋ ㄩㄣˋ ㄕㄨ
drop and pull transport
【物流】一种运输组织形式。运输过程中,牵引车将挂车运至目的地,甩下挂车后,换上新挂车再运至另一目的地。特点是加快牵引车的周转,提高运输效率,促进多式联运的发展,但挂车交接和保管上手续较多,且挂车报废年限缩短,使设备折旧的成本增大。

shuan （ㄕㄨㄢ）

栓剂/栓劑 shuānjì/ㄕㄨㄢ ㄐㄧˋ
suppository
【医】药物与适宜基质制成的供腔道(如直肠、阴道)给药的制剂。

栓皮/木栓 shuānpí/ㄇㄨˋ ㄕㄨㄢ
cork
【材】又称“木栓”,俗称“软木”。从栓皮栎等树木剥下的外皮。栓皮由辐射排列的许多纤维质扁平细胞组成,细胞内常含有树脂和单宁等化合物。具有质柔软、富弹性、不传热、不导电、不透水和耐磨等特性。

栓皮栎/栓皮櫟 shuānpílì/ㄕㄨㄢ ㄆㄧˊ ㄌㄧˋ
cork oak
【植】*Quercus variabilis* 又称“软木栎”。壳斗科栎属。落叶乔木。树皮黑褐色,纵深裂,木栓层发达。叶片卵状披针形,先端渐尖,基部阔楔形,边缘有齿。雌雄同株。壳斗杯形,包2/3以上坚果,坚果近球形,果脐突出。花期3—4月份,果期翌年9—10月份。在中国,分布于从辽宁到广东各地。造林树种。软木原料。
📖 栓皮栎因树皮有发达的木栓层而得名。木栓层剥下可用于制作软木塞、绝热、隔音和绝缘材料。

shuang （ㄕㄨㄤ）

双翅目/雙翅目
shuāngchìmù/ㄕㄨㄤ ㄔˋ ㄇㄨˋ
Diptera
【动】Diptera 昆虫纲有翅亚纲的一目。体微小至中型,前翅发达,后翅退化成平衡棒,有刺吸式口器或舐吸式口器,完全变态。可分为长角亚目、短角亚目和环裂亚目。如蚊、蝇、蠓、虻、蚋、白蛉等。

双重人格/二重人格
shuāngchóng réngé/ㄦˋ ㄔㄨㄥˊ ㄖㄣˊ ㄍㄜˊ
double personality
【心】见“多重人格”(290页)。

双地址指令/二址指令
shuāngdìzhǐ zhǐlìng/ㄦˋ ㄓˇ ㄓˇ ㄌㄧㄥˋ
two-address instruction
【信息】包含两个地址部分的指令。例如将存储部位A的内容加到存储部位B的内容的指令。

双工/雙工 shuānggōng/ㄕㄨㄤ ㄍㄨㄥ
duplex
【信息】双向通信中,信息能沿两点之间的两个方向同时传送的工作方式。

双宫绸/雙宫綢
shuānggōngchóu/ㄕㄨㄤ ㄍㄨㄥ ㄔㄡˊ
doupion silk
【纺】丝织物名。经线采用31.08/33.33分特×2(2/28/30旦)桑蚕丝,纬线采用55.55/77.77分特×2(2/50/70旦)桑蚕双宫丝,以平纹组织织制的织物。表面呈现粗细不匀的横棱纹,质地紧密挺括,色泽柔和。适于用作时装面料。

双黄连口服液/雙黄連口服液
shuānghuánglián kǒufúyè/
ㄕㄨㄤ ㄏㄨㄤˊ ㄌㄧㄢˊ ㄎㄡˇ ㄈㄨˊ ㄧㄝˋ
shuanghuanglian mixture, shuanghuanglian koufuye, * Double Coptis Oral Liguid
【中医】中成药名。主要成分:金银花、黄芩、连翘。口服。清热解毒。用于风热感冒发热,咳嗽,咽痛。
📖 本药主要成分为金银花(又名“双花”)、黄芩、连翘,各取其首字,故名“双黄连”。

双击/快按兩次
shuāngjī/ㄎㄨㄞˋ ㄢˋ ㄌㄧㄤˇ ㄘˋ
double-click
【信息】将鼠标的左键或右键连续点击两次。多用在快速选择和激活程序的操作。

双键/雙鍵 shuāngjiàn/ㄕㄨㄤ ㄐㄧㄢˋ
double bond
【化】有机化合物中两原子间共用两对电子的共价键。通常用两条短线“=”表示。如烯中的碳碳双键、羰基中的碳氧键等。

双晶/雙晶 shuāngjīng/ㄕㄨㄤ ㄐㄧㄥ
twin
【地】又称“孪晶”。两个或两个以上的同种晶体按一定对称关系生长在一起的规则连生体。其中一个晶体为另一个晶体的镜像,或其中一个晶体旋转 180°后与另一晶体重合或平行。

双馈电机/雙饋電機

shuāngkuì diànjī/ㄕㄨㄤ ㄎㄨㄟˋ ㄉㄧㄢˋ ㄐㄧ

double-fed machine

【电】电机的一种。其定子绕组和转子绕组由交流电源供电。

双名法/雙名法

shuāngmíngfǎ/ㄕㄨㄤ ㄇㄧㄥˊ ㄈㄚˇ

binominal nomenclature

【生】生物分类法命名。即生物的某一物种的名称由两个拉丁词或拉丁化形式的词构成。第一个词是属名,第一个字母大写;第二个词为种加词,是种名,所有字母小写。学名后面还附有定名人的姓氏或姓氏缩写。由瑞典生物学家林奈(Carl von Linné)创立。

双频电话

shuāngpín diànhuà/ㄕㄨㄤ ㄆㄧㄣˊ ㄉㄧㄢˋ ㄏㄨㄚˋ

【信息】即"双频终端"(1060 页)。

双频终端/雙頻終端

shuāngpín zhōngduān/ㄕㄨㄤ ㄆㄧㄣˊ ㄓㄨㄥ ㄉㄨㄢ

dual-band terminal

【信息】又称"双频电话"。可在 800 兆赫和 1900 兆赫的两个网络上广播和接收信号的无线电话。前一频率指数字蜂窝电话,后一频率指个人通信服务即 PCS。

双巯丙氨酸

shuāngqiú bǐng'ānsuān/ㄕㄨㄤ ㄑㄧㄡˊ ㄅㄧㄥˇ ㄢ ㄙㄨㄢ

【生】即"胱氨酸"(447 页)。

双曲面/雙曲面

shuāngqūmiàn/ㄕㄨㄤ ㄑㄩ ㄇㄧㄢˋ

hyperboloid

【数】方程$\frac{x^2}{a^2}+\frac{y^2}{b^2}-\frac{z^2}{c^2}=\pm1$ 表示的曲面的统称。方程$\frac{x^2}{a^2}+\frac{y^2}{b^2}-\frac{z^2}{c^2}=1$ 表示的曲面叫作单叶双曲面。它可无限延伸,关于三个坐标平面、三条坐标轴和原点都对称,在 xz,yz 面的截线都是双曲线。整个曲面可以由两组直线沿一定方式运动而成。方程$\frac{x^2}{a^2}+\frac{y^2}{b^2}-\frac{z^2}{c^2}=-1$ 表示的曲面叫作双叶双曲面。它关于三个坐标平面、三条坐标轴和原点都对称,在 xz,yz 面的截线都是双曲线。整个曲面分为两部分,每部分可以无限延伸。

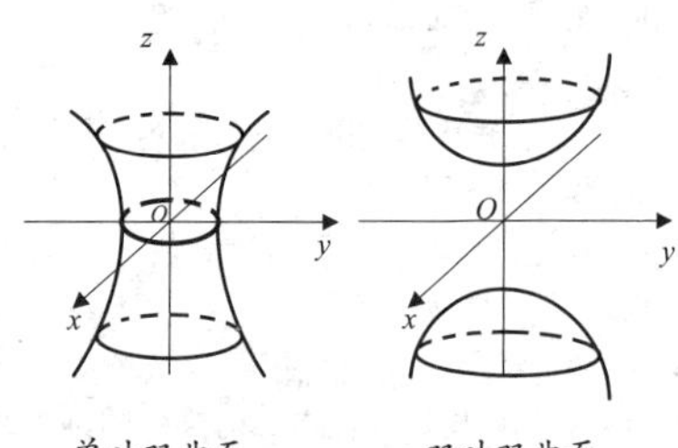

单叶双曲面　　双叶双曲面

双曲抛物面/雙曲拋物面

shuāngqū pāowùmiàn/ㄕㄨㄤ ㄑㄩ ㄆㄠ ㄨˋ ㄇㄧㄢˋ

hyperbolic paraboloid

【数】又称"马鞍面"。方程$\frac{x^2}{a^2}-\frac{y^2}{b^2}=2z$ 表示的曲面。形状略像马鞍,可无限延伸,关于 yz,xz 面和 z 轴都对称,在 xz,yz 面的截线都是抛物线,在平行于 xy 面的平面上的截线都是双曲线。

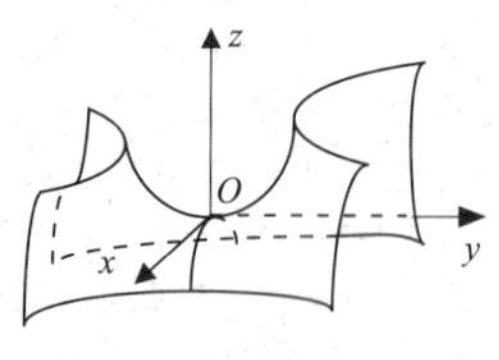

双曲抛物面

双曲线/雙曲線

shuāngqūxiàn/ㄕㄨㄤ ㄑㄩ ㄒㄧㄢˋ

hyperbola

【数】与两定点 F,F'的距离之差是常数的动点的轨迹。F,F'叫作双曲线的焦点,线段 FF' 的中点叫作双曲线的中心。如图,若以 F,F'所在直线为 x 轴,线段 FF' 的垂直平分线为 y 轴,建立直角坐标系,

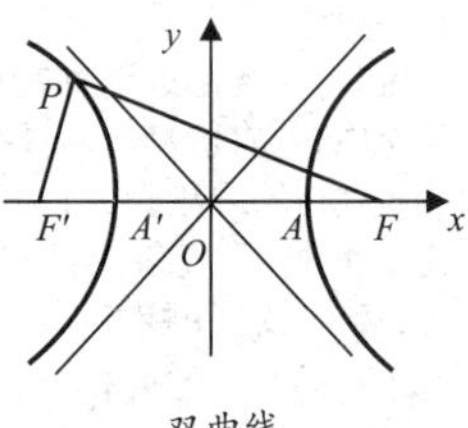

双曲线

则双曲线的方程为$\frac{x^2}{a^2}-\frac{y^2}{b^2}=1$,焦点的坐标为 $F(c,0)$,$F'(-c,0)$,$c^2=a^2+b^2$,点 $A(a,0)$,$A'(-a,0)$叫作双曲线的顶点,直

线$y=\pm\frac{b}{a}x$叫作双曲线的渐近线。

双燃料汽车/雙燃料車輛
shuāngránliào qìchē/
ㄕㄨㄤ ㄖㄢˊ ㄌㄧㄠˋ ㄑㄧˋ ㄌㄧㄤˋ
dual-fuel vehicle
【机】天然气汽车的一种。具有两套燃料供给系统,一套供给天然气或液化石油气,另一套供给其他的燃料。例如柴油—压缩天然气双燃料汽车、柴油—液化石油气双燃料汽车等。其中气体燃料是提供大部分发热量的主燃料,柴油是用来压缩着火的引燃燃料。在特殊情况下,这种车也可只用柴油燃料工作。

双水煤气/雙水煤氣
shuāngshuǐ méiqì/ㄕㄨㄤ ㄕㄨㄟˇ ㄇㄟˊ ㄑㄧˋ
enriched water gas
【化】可燃气体的一种。是含水煤气和干馏煤气的混合气体。由赤热的烟煤、褐煤与水蒸气在煤气发生炉中反应生成。与普通水煤气相比,氢和一氧化碳含量少,甲烷含量多。热值通常较高。

双糖 shuāngtáng/ㄕㄨㄤ ㄊㄤˊ
【生】即"二糖"(302 页)。

双体船/雙胴體船
shuāngtǐchuán/ㄕㄨㄤ ㄉㄨㄥˋ ㄊㄧˇ ㄔㄨㄢˊ
catamaran
【船】两个相同并列的单体船,其上部由强力结构连成一个整体的船。每个单体船均呈细长片体状,高速航行时兴波阻力降低,航速较高。其船体宽度比排水量相同的单体船大,横稳性较好,每个船体各自安装主机、螺旋桨和舵,形成大间距的双桨双舵,有良好的操纵性。但纵摇和垂荡大于相同长度的单体船,易引起晕船。

双头螺栓
shuāngtóu luóshuān/
ㄕㄨㄤ ㄊㄡˊ ㄌㄨㄛˊ ㄕㄨㄢ
【机】即"螺柱"(774 页)。

双喜纹/雙喜紋
shuāngxǐwén/ㄕㄨㄤ ㄒㄧˇ ㄨㄣˊ
double happiness pattern
【纺】中国传统文字装饰纹样。字花的一种,由两个"喜"字构成的"囍",是汉字中特有的符号,意为双喜临门,喜上加喜。多与鸳鸯等吉祥纹样组合运用,表示恩爱和欢愉,常见于婚嫁等服饰图案中。

双线铁路/雙線鐵路
shuāngxiàn tiělù/ㄕㄨㄤ ㄒㄧㄢˋ ㄊㄧㄝˇ ㄌㄨˋ
double track railway
【交】又称"复线铁路"。在同一区间内设有两条正线,列车分上行、下行单方向运行的铁路。

双星/雙星 shuāngxīng/ㄕㄨㄤ ㄒㄧㄥ
binary star, double star, DS
【天】在天空中两个位置比较接近的恒星。按其间是否有引力联系,可分为视双星和物理双星两类。也用于目前尚无法判断是否有物理联系的双星系统,例如大熊座中相距 11 角分的开阳和辅。

双悬果/雙懸果
shuāngxuánguǒ/ㄕㄨㄤ ㄒㄩㄢˊ ㄍㄨㄛˇ
cremocarp
【植】伞形科植物特有的果实。由二心皮合生雌蕊发育而成,成熟后心皮分离成两瓣,并列悬挂在中央果柄的上端。如胡萝卜、小茴香的果实。

双眼效应/雙眼效應
shuāngyǎn xiàoyìng/ㄕㄨㄤ ㄧㄢˇ ㄒㄧㄠˋ ㄧㄥˋ
binocular effect
【物】一般可把空间的物体看成是立体的,能判断物体的远近和相互位置的现象。人的正常视觉由双眼完成,看近处物体双眼视差大,立体感强;看远处物体双眼视差小,立体感弱。距离超过 1000 米,双眼视差很小看不出远近。

双氧水/雙氧水
shuāngyǎngshuǐ/ㄕㄨㄤ ㄧㄤˇ ㄕㄨㄟˇ
dioxowater
【化】过氧化氢的水溶液。市售浓度为 30%~35%。

双鱼座/雙魚座
shuāngyúzuò/ㄕㄨㄤ ㄩˊ ㄗㄨㄛˋ
Pisces, Psc
【天】黄道十二星座之一。位于白羊座和摩羯座之间。最亮星为右更二(双鱼座 η),视星等为 3.62。目前春分点位于双鱼座 ω(霹雳五)

附近。

双折射/雙折射
shuāngzhéshè/ㄕㄨㄤ ㄓㄜˊ ㄕㄜˋ
birefringence
【物】在各向异性的介质中，一束入射光产生两束折射光的现象。光透过许多晶体都会产生双折射现象。

双绉/雙縐 shuāngzhòu/ㄕㄨㄤ ㄓㄡˋ
crepe de Chine
【纺】丝织物类名。以平纹为主，经向采用无捻或弱捻丝，纬向采用两根S捻和两根Z捻强捻丝交替织入，表面形成特有的不规则顺逆双向漫反射的波状绉效应。具有一定的抗皱性和弹性，主要用作春夏季服装面料。

双子座/雙子座
shuāngzǐzuò/ㄕㄨㄤ ㄗˇ ㄗㄨㄛˋ
Gemini，Gem
【天】黄道十二星座之一。位于金牛座和巨蟹座之间。最亮星为双子座β(北河三)，视星等为1.14。

霜/霜 shuāng/ㄕㄨㄤ
frost
【气】地面凝结现象的一种。气温低于冰点时，空气中的水汽在地面及地面物体上凝华而成的冰晶，白色、松脆，或由露冻结而成的冰珠。易在晴朗风小的夜间形成。

霜冻/霜害 shuāngdòng/ㄕㄨㄤ ㄏㄞˋ
frost injury
【气】在植物生长期内，气温或地面温度短时间降到0℃或以下，使处在生长状态的植株遭受伤害甚至冻死的现象。是灾害性天气的一种。

霜冻预警信号/霜凍預警信號
shuāngdòng yùjǐng xìnhào/
ㄕㄨㄤ ㄉㄨㄥˋ ㄩˋ ㄐㄧㄥˇ ㄒㄧㄣˋ ㄏㄠˋ
frost warning signal
【气】气象灾害预警信号的一种。分为三级，分别以蓝色、黄色、橙色标识。参见“气象灾害预警信号”(895页)。

霜害 ㄕㄨㄤ ㄏㄞˋ/shuānghài
frost injury
【气】台湾名。即“霜冻”(1062页)。

霜霉病/露菌病
shuāngméibìng/ㄌㄨˋ ㄐㄩㄣˋ ㄅㄧㄥˋ
downy mildew
【农】植物病害的一种。由真菌中的霜霉菌引起，主要侵害植物的叶片和嫩梢，空气潮湿时叶片背面产生霜状霉层，后期病斑枯死连片，呈黄褐色，严重时全株枯黄死亡。

雙層雙體船
ㄕㄨㄤ ㄘㄥˊ ㄕㄨㄤ ㄊㄧˇ ㄔㄨㄢˊ/
shuāngcéng shuāngtǐchuán
wave piercing catamaran
【船】台湾名。即“穿浪双体船”(144页)。

雙胴體船
ㄕㄨㄤ ㄉㄨㄥˋ ㄊㄧˇ ㄔㄨㄢˊ/shuāngdòngtǐchuán
catamaran
【船】台湾名。即“双体船”(1061页)。

雙燃料車輛
ㄕㄨㄤ ㄖㄢˊ ㄌㄧㄠˋ ㄔㄜ ㄌㄧㄤˋ/
shuāngránliào chēliàng
dual-fuel vehicle
【机】台湾名。即“双燃料汽车”(1061页)。

雙醣 ㄕㄨㄤ ㄊㄤˊ/shuāngtáng
disaccharide
【生】台湾名。即“二糖”(302页)。

shui (ㄕㄨㄟ)

水/水 shuǐ/ㄕㄨㄟˇ
water
【化】化学式H_2O。无臭无味液体。浅层时几乎无色，深层时呈蓝色。固态水称冰，气态水称汽(水蒸气)。常压下，0℃以下结晶成冰、霜和雪，100℃沸腾放出水蒸气。广泛存在于自然界，几乎占地球表面的3/4。动植物中含水通常占70%左右，人体的60%左右由水组成。是人类生存和生产不可缺少的物质。水资源问题一直是人们高度关注的焦点。

水泵水轮机
shuǐbèng shuǐlúnjī/
ㄕㄨㄟˇ ㄅㄥˋ ㄕㄨㄟˇ ㄌㄨㄣˊ ㄐㄧ
【电】即“可逆式水轮机”(681页)。

水表/水錶 shuǐbiǎo/ㄕㄨㄟˇ ㄅㄧㄠˇ
water meter
【机】流量计的一种。用于测量水流量(多为累计流量)。通常分为容积式水表和速度式水表。

水鳖子 shuǐbiēzi/ㄕㄨㄟˇ ㄅㄧㄝ ·ㄗ

【动】即"鲎虫"(505 页)。

水产/水産 shuǐchǎn/ㄕㄨㄟˇ ㄔㄢˇ

aquatic product

【生】水里出产的动物、植物等的统称。

水产品/水産品

shuǐchǎnpǐn/ㄕㄨㄟˇ ㄔㄢˇ ㄆㄧㄣˇ

fishery product

【轻】以可食用的水生动植物(鱼、虾、贝、藻类等)为主要原料加工制成的食品。

水尺/水位標尺 shuǐchǐ/ㄕㄨㄟˇ ㄨㄟˋ ㄅㄧㄠ ㄔˇ

staff gauge

【水利】设立在岸边,用以直接观测江河、湖泊等水面升降情况的标尺。常用的有直立式水尺、倾斜式水尺、矮桩式水尺和悬锤式水尺。

水锤泵/液壓衝擊泵

shuǐchuíbèng/ㄧㄝˋ ㄧㄚ ㄔㄨㄥ ㄐㄧˊ ㄅㄥˋ

hydraulic ram pump

【机】泵的一种。利用水力冲击阀门时所产生的水锤压力进行抽水。以流水为动力,通过机械作用,产生水锤效应,将低水头能转换为高水头能。主要由进水管、泵体、泄水阀、中心阀、压力罐和出水管组成。

水稻/水稻 shuǐdào/ㄕㄨㄟˇ ㄉㄠˋ

rice

【农】一年生草本,禾本科作物,通常指种植在水田里的栽培稻。有籼稻和粳稻两个亚种。

水底沉积物/水底沉積物

shuǐdǐ chénjīwù/ㄕㄨㄟˇ ㄉㄧˇ ㄔㄣˊ ㄐㄧ ㄨˋ

aquatic sediment, wader body sediment

【环】又称"水体沉积物",俗称"底泥"。水中物质沉降到水体底部蓄积形成的泥状物质。主要来自水体夹带的泥沙等颗粒物和悬浮物,水生生物残骸及其代谢、分解产物,还有水体组分发生相互作用产生的沉淀物。

水电站 shuǐdiànzhàn/ㄕㄨㄟˇ ㄉㄧㄢˋ ㄓㄢˋ

【电】"水力发电站"的简称。

水貂/水貂 shuǐdiāo/ㄕㄨㄟˇ ㄉㄧㄠ

mink

【动】*Mustela vison* 哺乳动物名。食肉目鼬科。身体细长,四肢短,尾蓬松。体毛黑褐色,颊白色,密而柔软,有光泽。适于在水中生活,主要在夜间活动,捕食鱼、蛙、蛇、鼠等。原产北美洲,现多人工饲养。

水痘/水痘 shuǐdòu/ㄕㄨㄟˇ ㄉㄡˋ

varicella

㊀【医】由水痘—带状疱疹病毒初次感染引起的急性传染病。传染率很高,主要见于婴幼儿,临床表现为发热及成批出现周身性红色斑丘疹、疱疹、痂疹,丘疹、水疱和结痂往往同时存在。㊁【中医】中医儿科疾病之一。因感染水痘时邪所致,症见发热,咳嗽,全身皮肤分批出现皮疹,斑丘疹、疱疹、结痂同时存在等。其疱疹内含水液,形态椭圆,状如豆粒故名。清热解毒利湿为总治则。轻证痘形小而稀疏,色红润,疱内浆液清亮,或伴有轻度发热、咳嗽、流涕等症状,病在卫气,治宜疏风清热解毒,佐以利湿,可用银翘散加减;重证水痘邪毒较重,痘形大而稠密,色赤紫,疱浆较混,伴有高热、烦躁等症状,病在气营,治宜清热凉营,解毒渗湿,可用清胃解毒汤加减。

水飞/水飛 shuǐfēi/ㄕㄨㄟˇ ㄈㄟ

levigating, grinding in water, * water grinding

【中医】炮制方法的一种。取按规定处理后的药材,加适量水,研细,再加多量水,搅拌,倾出混悬液,下沉部分再按前法反复操作数次,除去杂质,合并混悬液,静置后取沉淀物,干燥后即成极细粉末。如朱砂、炉甘石等,即用水飞法炮制。

水高差 ㄕㄨㄟˇ ㄍㄠ ㄔㄚ/shuǐgāochā

water head

【水利】台湾名。即"水头"(1070 页)。

水耕 ㄕㄨㄟˇ ㄍㄥ/shuǐgēng

hydroponics

【农】台湾名。即"水培法"(1067 页)。

水工建筑物/水工建築物

shuǐgōng jiànzhùwù/

ㄕㄨㄟˇ ㄍㄨㄥ ㄐㄧㄢˋ ㄓㄨˊ ㄨˋ

hydraulic structure

【水利】在水的静力或动力的作用下工作,用以控制和调节水流,防治水害,开发利用水资源的建筑物。包括坝、水闸、堤等。

S

水管锅炉/水管鍋爐
shuǐguǎn guōlú/ㄕㄨㄟˇ ㄍㄨㄢˇ ㄍㄨㄛ ㄌㄨˊ
water tube boiler
【机】锅炉的一种。水、汽或汽水混合物在管内流动,而火焰或烟气在管外燃烧和流动。水循环好,蒸发效率高,热效率较高。结构较复杂,体积较大,多用于大、中型工厂和发电厂。

水合/水合 shuǐhé/ㄕㄨㄟˇ ㄏㄜˊ
hydration
【化】分子或离子与水结合而形成水合物或水合离子的过程。有机化学中分子的不饱和键(双键或三键)在催化剂存在下与水分子化合的反应。

水横枝 shuǐhéngzhī/ㄕㄨㄟˇ ㄏㄥˊ ㄓ
【植】即“栀子”(1440 页)。

水葫芦 shuǐhúlu/ㄕㄨㄟˇ ㄏㄨˊ ·ㄌㄨ
【植】“凤眼蓝”的通称。
📖 凤眼蓝的叶柄中间有一像葫芦状的膨大气囊结构,故名。

水华/水華 shuǐhuá/ㄕㄨㄟˇ ㄏㄨㄚˊ
water bloom
【环】又称“藻华”。淡水水体中一些藻类过度生长繁殖的现象。主要是人类活动造成水体富营养化所致。参见“富营养化”(372 页)。

水环境/水環境
shuǐhuánjìng/ㄕㄨㄟˇ ㄏㄨㄢˊ ㄐㄧㄥˋ
water environment
【环】又称“水体环境”。指地球上分布的各种水体及其河床、海岸、植被、土壤等所形成的环境。是按自然环境组成要素划分而产生的概念。主要由地表水环境和地下水环境组成,前者包括海洋、河流、池塘、水库、沼泽、冰川等,后者包括泉水、浅层地下水、深层地下水等。

水环境预测/水環境預測
shuǐhuánjìng yùcè/
ㄕㄨㄟˇ ㄏㄨㄢˊ ㄐㄧㄥˋ ㄩˋ ㄘㄜˋ
water environmental forecasting
【环】对人类社会经济活动造成的水环境质量变化和影响所做的预测。包括水资源开发利用预测、水质污染预测、污染治理对策和投资效果预测等。

水环境质量指数/水環境品質指數
shuǐhuánjìng zhìliàng zhǐshù/
ㄕㄨㄟˇ ㄏㄨㄢˊ ㄐㄧㄥˋ ㄆㄧㄣˇ ㄓˊ ㄓˇ ㄕㄨˋ
water environmental quality index
【环】表征水环境质量优劣的数值。是一种单要素环境质量评价的指数。主要方法是选定若干评价参数,将各参数的实际浓度和相应的评价标准浓度相比,求出各参数的相对质量指数,然后求出总和值。数值大表示水质差,数值小表示水质好。

水机 shuǐjī/ㄕㄨㄟˇ ㄐㄧ
【航】“水上飞机”的简称。

水煎/水煎 shuǐjiān/ㄕㄨㄟˇ ㄐㄧㄢ
decoct with water
【中医】将药物放入水中煎煮的方法。

水解/水解 shuǐjiě/ㄕㄨㄟˇ ㄐㄧㄝˇ
hydrolysis
【化】物质在水的作用下分解的过程。分解后的两个或更多部分常与水分子中的氢或氢氧根结合,形成其他物质。水解发生和程度决定于物质本性,也受温度、浓度、催化剂的影响。

水解酵素
ㄕㄨㄟˇ ㄐㄧㄝˇ ㄒㄧㄠˋ ㄙㄨˋ/shuǐjiě jiàosù
hydrolytic enzyme
【生】台湾名。即“水解酶”(1064 页)。

水解酶/水解酶
shuǐjiěméi/ㄕㄨㄟˇ ㄐㄧㄝˇ ㄇㄟˊ
hydrolytic enzyme
【生】台湾又称“水解酵素”。催化水解作用的酶。如蛋白酶、淀粉酶、脂肪酶、核酸酶等。

水晶/水晶 shuǐjīng/ㄕㄨㄟˇ ㄐㄧㄥ
rock crystal
【地】无色透明的石英晶体。常用于加工饰品,也用于制造器皿。含有其他元素或矿物时,会呈现不同色彩。呈紫色的称为紫水晶,呈浅红色的称为蔷薇水晶,呈茶褐色的称为茶晶,呈黑褐色的称为墨晶,等等。均可用作饰品等。

水蕨 ㄕㄨㄟˇ ㄐㄩㄝˊ/shuǐjué
floating fern
【植】台湾名。即“满江红”(783 页)。

水库/水庫 shuǐkù/ㄕㄨㄟˇ ㄎㄨˋ
reservoir
【地】能拦截一定水量,起径流调节作用的蓄水区域。通常指河流上建设拦河闸坝而成的人工蓄水工程。可以利用来灌溉、发电、防洪和水产养殖等。

水雷/水雷 shuǐléi/ㄕㄨㄟˇ ㄌㄟˊ

sea mine, water mine

【军】布设在水中,对目标具有自主探测、识别、攻击能力的水中待机武器。用于毁伤舰船或阻碍其行动,也可破坏桥梁和水工建筑物。通常集群使用,组成攻势或防御水雷障碍,实施海上机动布雷。可由舰船的机械碰撞或由其他非接触式因素(如磁性、噪音、水压等)的作用而起爆,主要执行封锁对方基地、港口、航道,限制对方舰船机动自由,破坏对方海上交通线,以及掩护己方基地和沿海交通线,抗登陆等任务。

水冷发动机/水冷式引擎

shuǐlěng fādòngjī/ㄕㄨㄟˇ ㄌㄥˇ ㄕˋ ㄧㄣˇ ㄑㄧㄥˊ

water-cooled engine

【机】发动机的一种。以水或以水为主要成分的冷却液作为冷却介质。在气缸及缸盖的内壁铸造出一些可流通水的通道,并在发动机机体外设有专门的散热器,通过水泵和管道使冷却水强制循环,然后用冷却风扇使空气高速吹过散热器的散热片表面,带走发动机散出的热量,使发动机冷却。缸体和缸盖刚度好,振动小,噪声小,不容易过热。但结构较复杂,质量较重,要经常补充冷却液,冷起动较慢。

水冷式引擎

ㄕㄨㄟˇ ㄌㄥˇ ㄕˋ ㄧㄣˇ ㄑㄧㄥˊ/shuǐlěngshì yǐnqíng

water-cooled engine

【机】台湾名。即“水冷发动机”(1065 页)。

水力抽水机

shuǐlì chōushuǐjī/ㄕㄨㄟˇ ㄌㄧˋ ㄔㄡ ㄕㄨㄟˇ ㄐㄧ

【机】即“水轮泵”(1066 页)。

水力发电站/水力發電站

shuǐlì fādiànzhàn/ㄕㄨㄟˇ ㄌㄧˋ ㄈㄚ ㄉㄧㄢˋ ㄓㄢˋ

hydropower station

【电】简称“水电站”。由挡水建筑物、泄水(洪)建筑物、引(输)水建筑物、发电厂房、变压器场和开关站等组成,以水力发电为主要任务的综合体。有的还建有通航、过木、过鱼和冲(沉)沙等建筑物。

📖 中国规定装机容量在 300 兆瓦及以上者为大型水电站;装机容量在 50 兆瓦及以上,并低于 300 兆瓦者为中型水电站;装机容量在 10 兆瓦及以上,并低于 50 兆瓦者为小型水电站。

水力机械/水力機械

shuǐlì jīxiè/ㄕㄨㄟˇ ㄌㄧˋ ㄐㄧ ㄒㄧㄝˋ

hydraulic machinery

【机】将水能转换成机械能输出或将机械能转换成水能输出的机械。如水轮机、水泵水轮机、蓄能泵、水泵和水轮泵等。

水力资源 shuǐlì zīyuán/ㄕㄨㄟˇ ㄌㄧˋ ㄗ ㄩㄢˊ

【水利】即“水能资源”(1067 页)。

水利/水利 shuǐlì/ㄕㄨㄟˇ ㄌㄧˋ

water conservancy

【水利】对自然界的水进行控制、调节、治导、开发、管理和保护,以防治水旱灾害,并利用水资源,适应人类生产和生活需要的各项事业和活动。

水利工程/水利工程

shuǐlì gōngchéng/ㄕㄨㄟˇ ㄌㄧˋ ㄍㄨㄥ ㄔㄥˊ

hydro project

【水利】对水资源调控治理,开发利用,除害兴利而修建的工程。包括农田水利工程、防洪工程、水力发电工程、给水排水工程、治河工程、海港工程和海岸工程等。

水利枢纽/水利樞紐

shuǐlì shūniǔ/ㄕㄨㄟˇ ㄌㄧˋ ㄕㄨ ㄋㄧㄡˇ

hydro project, hydrocomplex

【水利】为实现防洪、灌溉、给水、发电、航运等水利任务而集中兴修的各种水工建筑物的综合体。

水利行政

ㄕㄨㄟˇ ㄌㄧˋ ㄒㄧㄥˊ ㄓㄥˋ/shuǐlì xíngzhèng

water administration

【水利】台湾名。即“水政”(1073 页)。

水龙骨/水龍骨

shuǐlónggǔ/ㄕㄨㄟˇ ㄌㄨㄥˊ ㄍㄨˇ

poly pody

【植】*Polypodium niponicum* 又称“墙蕨”。蕨类。水龙骨科水龙骨属。根状茎横走,黑褐色,光秃带白粉,顶部有卵状披针形鳞片。叶片薄纸质,矩圆状披针形,两面密生毛,羽状深裂,裂片全缘。叶柄有关节和根状茎相连。孢子囊群在主脉两侧各排成一行,无盖。在中国,分布于长江以南各地。观赏植物,可入药。

水陆两栖飞机
shuǐ-lù liǎngqī fēijī/
ㄕㄨㄟˇ ㄌㄨˋ ㄌㄧㄤˇ ㄑㄧ ㄈㄟ ㄐㄧ
【航】即"水陆两用飞机"(1066 页)。

水陆两用飞机/水陸兩用飛機
shuǐ-lù liǎngyòng fēijī/
ㄕㄨㄟˇ ㄌㄨˋ ㄌㄧㄤˇ ㄩㄥˋ ㄈㄟ ㄐㄧ
amphibian
【航】又称"水陆两栖飞机"。既能在水面上也能在陆上机场起降的飞机。与水上飞机的关键区别是具有供陆地起降的起落架装置。

水鹿/水鹿 shuǐlù/ㄕㄨㄟˇ ㄌㄨˋ
sambar
【动】*Cervus unicolor* 又称"黑鹿"。哺乳动物名。偶蹄目鹿科。体长可达 2 米,耳大直立,尾长毛蓬松,雄鹿角粗大,分三叉,毛黑棕色。生活在树林、草原和高原地区,群居,善游泳,在水边觅食,吃草、树叶、果实、嫩芽等。分布于亚洲,在中国,分布于中南和西南及台湾等地区。

水 鹿

水路运输/水路運輸
shuǐlù yùnshū/ㄕㄨㄟˇ ㄌㄨˋ ㄩㄣˋ ㄕㄨ
water transport
【交】以船舶为主要运输工具,在水域(海洋、河流和湖泊)运送人员、货物的一种运输方式。具有装载量大、成本低等特点。

水轮泵/水輪泵
shuǐlúnbèng/ㄕㄨㄟˇ ㄌㄨㄣˊ ㄅㄥˋ
water-turbine pump
【机】又称"水力抽水机"。水轮机和水泵同轴安装在一起的提水机械。机泵浸没于水下,借水力驱动水轮机,带动水泵抽水。结构简单,制造容易,抽水成本低,可充分利用自然资源。可用于水坝下游、山区河流的急滩、渠道跌水下游等具有一定水头(>0.5 米)和足够流量的地方。

水轮发电机/水輪發電機
shuǐlún fādiànjī/ㄕㄨㄟˇ ㄌㄨㄣˊ ㄈㄚ ㄉㄧㄢˋ ㄐㄧ
hydrogenerator
【电】由水轮机驱动将水能转换成电能的交流同步发电机。由定子、转子、机架和轴承等组成。

水轮机/水輪機 shuǐlúnjī/ㄕㄨㄟˇ ㄌㄨㄣˊ ㄐㄧ
hydroturbine
【机】水力机械的一种。可将水能转变为旋转机械能,带动发电机发电。主要用作水电站的动力设备。按工作原理不同,可分为冲击式和反击式。

水煤气/水煤氣 shuǐméiqì/ㄕㄨㄟˇ ㄇㄟˊ ㄑㄧˋ
water gas
【化】可燃气体的一种。主要成分为一氧化碳和氢气,常含少量二氧化碳。由赤热的焦炭与水蒸气在煤气发生炉中反应生成。热值较高,可用作燃料或化工原料。

水面机场/水上機場
shuǐmiàn jīchǎng/ㄕㄨㄟˇ ㄕㄤˋ ㄐㄧ ㄔㄤˇ
seadrome
【航】设有必要设施,供水上航空器安全起降、停放和维修的规定水面区域。按起降飞行器质量的不同,通常分为 1 级(>60 吨)、2 级(15～60 吨)、3 级(<15 吨)三个等级,并由飞行区、滑行道和港口三部分组成。

水面舰艇导弹发射装置/水面艦艇飛彈發射裝置
shuǐmiàn jiàntǐng dǎodàn fāshè zhuāngzhì/
ㄕㄨㄟˇ ㄇㄧㄢˋ ㄐㄧㄢˋ ㄊㄧㄥˇ ㄈㄟ ㄉㄢˋ ㄈㄚ ㄕㄜˋ ㄓㄨㄤ ㄓˋ
missile launching device of surface ship, surface ballistic missile launcher
【军】水面舰艇上发射导弹的装置。用于存放保护导弹,完成导弹发射前准备和发射控制,为导弹提供建立离舰初速及初始导向。按结构特征,分为架式发射装置和箱(筒)式发射装置;按瞄准方式,分为回转式发射装置和固定式发射装置;按导弹发射俯仰角,分为水平或固定仰角式发射装置、俯仰式发射装置和垂直式发射装置;按导弹装载数量,分为单装式发射装置和联装式发射装置。其中回转式、箱式、垂直发射三种装置是典型代表。

水面艦艇飛彈發射裝置
ㄕㄨㄟˇ ㄇㄧㄢˋ ㄐㄧㄢˋ ㄊㄧㄥˇ ㄈㄟ ㄉㄢˋ ㄈㄚ ㄕㄜˋ ㄓㄨㄤ ㄓˋ/shuǐmiàn jiàntǐng fēidàn fāshè zhuāngzhì
missile launching device of surface ship, surface ballistic missile launcher
【军】台湾名。即"水面舰艇导弹发射装置"(1066 页)。

水磨石/水磨石 shuǐmóshí/ㄕㄨㄟˇ ㄇㄛˊ ㄕˊ
terrazzo, terrazzo concrete
【建】用水泥、无机颜料、装饰性骨料和水为主要原料,经配料、搅拌、成型、养护、水磨抛光等工艺制成的装饰面。

水母/水母 shuǐmǔ/ㄕㄨㄟˇ ㄇㄨˇ
jellyfish
【动】腔肠动物名。钵水母纲各种的统称。多数外形像伞,口在伞盖下中央,口周围有口腕,伞盖周缘有许多触手。生活在淡水或海洋中,以浮游生物、鱼类等为食。种类很多,分布广泛。

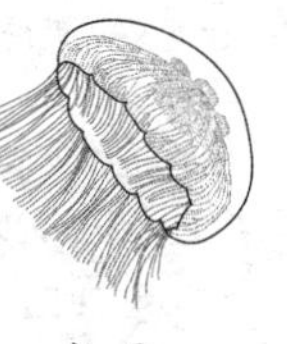
水 母

水腦 ㄕㄨㄟˇ ㄋㄠˇ/shuǐnǎo
hydrocephalus
【医】台湾名。即"脑积水"(824 页)。

水能资源/水能資源
shuǐnéng zīyuán/ㄕㄨㄟˇ ㄋㄥˊ ㄗ ㄩㄢˊ
hydropower resources
【水利】又称"水力资源"。以势能和动能等形式储存于天然水体中的能量资源。

水泥/水泥 shuǐní/ㄕㄨㄟˇ ㄋㄧˊ
cement
【材】粉状水硬性胶凝材料的一种。加入适量水后成为塑性浆体,在空气或水中会硬化,能将砂、石等材料牢固地胶结在一起。用水泥制成的砂浆或混凝土,坚固耐久,是重要的建筑材料和工程材料。

水鸟 shuǐniǎo/ㄕㄨㄟˇ ㄋㄧㄠˇ
【动】即"水禽"(1067 页)。

水牛/水牛 shuǐniú/ㄕㄨㄟˇ ㄋㄧㄡˊ
buffalo
【动】*Bubalus bubalis* 哺乳动物名。偶蹄目牛科。反刍家畜。角粗大弯曲,呈新月形,毛稀疏,灰黑色,皮厚,汗腺不发达,暑天喜欢浸在水中散热,腿短,蹄大。适于水田耕作。是重要的力畜。在中国,主要分布在南方地区。

水牛角/水牛角
shuǐniújiǎo/ㄕㄨㄟˇ ㄋㄧㄡˊ ㄐㄧㄠˇ
Cornu Bubali(拉), buffalo horn
【中医】中药名。牛科动物水牛 *Bubalus bubalis* Linnaeus 的角。味苦,性寒。归心、肝经。清热解毒,凉血,定惊。用于温病高热,神昏谵语,发斑发疹,吐血衄血,惊风,癫狂。与犀角功效相似,可作替代品。

水培法/水耕 shuǐpéifǎ/ㄕㄨㄟˇ ㄍㄥ
hydroponics
【农】培育植物的一种方法。用营养溶液代替土壤,通过溶液直接向植物提供其生长所需要的矿物质。多用于集约化生产蔬菜、瓜果等。

水平計 ㄕㄨㄟˇ ㄆㄧㄥˊ ㄐㄧˋ/shuǐpíngjì
level meter
【机】台湾名。即"电平表"(252 页)。

水平角/水平角
shuǐpíngjiǎo/ㄕㄨㄟˇ ㄆㄧㄥˊ ㄐㄧㄠˇ
horizontal angle
【测绘】测站点至观测目标的方向线,与测站点至参照物的方向线,在水平面上铅锤投影后两线所构成的夹角。有时也用测站北方向线代替参照物(参考系)的方向线。测量中常用水平角推算边长、方位角和点的坐标。

水平尾翼/水平尾翼
shuǐpíng wěiyì/ㄕㄨㄟˇ ㄆㄧㄥˊ ㄨㄟˇ ㄧˋ
tailplane, horizontal tail
【航】见"尾翼"(1185 页)。

水汽压/水氣壓 shuǐqìyā/ㄕㄨㄟˇ ㄑㄧˋ ㄧㄚ
water vapor pressure
【气】指空气中的水汽产生的分压强。反映一定的气压条件下,空气中含水量的多少。

水氣壓 ㄕㄨㄟˇ ㄑㄧˋ ㄧㄚ/shuǐqìyā
water vapor pressure
【气】台湾名。即"水汽压"(1067 页)。

水禽/水禽 shuǐqín/ㄕㄨㄟˇ ㄑㄧㄣˊ
waterfowl
【动】又称"水鸟"。在水面栖息并从水中或近水地带捕食的鸟类的统称。如鸭、雁、鹭鸶等。

水青冈/山毛櫸
shuǐqīnggāng/ㄕㄢ ㄇㄠˊ ㄐㄩˇ
beech
【植】*Fagus longipetiolata* 壳斗科水青冈属。落叶乔木。小枝有皮孔。叶卵形,先端尖,基部宽楔形,边缘波状且有齿。花单性,雌雄同株。成熟壳斗四瓣裂,木质,有坚果两个,二棱,脊棱顶部有翅。花期4—5月份。在中国,分布于秦岭以南、五岭以北各地。观赏树木。种子可榨油,木材可用。

水曲柳/水曲柳 shuǐqūliǔ/ㄕㄨㄟˇ ㄑㄩ ㄌㄧㄡˇ
manchurian ash
【植】*Fraxinus mandschurica* 木樨科梣属。落叶大乔木。树皮灰褐色,纵裂。小枝粗壮,四棱形,节膨大,散生小皮孔。羽状复叶,小叶着生处具关节,叶片纸质,长圆形,先端尖,基部偏斜,边缘有齿。圆锥花序,先叶开放,雄花与两性花异株,无花被。花期4月份。在中国,分布于东北、华北、陕西、甘肃、湖北等地。是重要的经济用材。

水圈/水圈 shuǐquān/ㄕㄨㄟˇ ㄑㄩㄢ
hydrosphere
【地】地球上水体的统称。包括大气水(海洋、河流、湖泊、水库、沼泽、冰川、积雪等)、地下水及大气中的水。
📖 地球上水的总体积约为13.68亿立方千米。其中咸水约占97.47%;淡水仅占2.53%,而且其中的2/3集中在极地冰川及陆地冰川。

水权/水權 shuǐquán/ㄕㄨㄟˇ ㄑㄩㄢˊ
water right
【水利】按照水法行使的对水的管辖权利,也指经过水行政主管部门批准给予用水户的对水资源处理和利用的权利。

水溶性维生素/水溶性維生素
shuǐróngxìng wéishēngsù/ㄕㄨㄟˇ ㄖㄨㄥˊ ㄒㄧㄥˋ ㄨㄟˊ ㄕㄥ ㄙㄨˋ
water-soluble vitamins
【医】可溶于水而不溶于有机溶剂的维生素。包括维生素 B_1、维生素 B_2、维生素 B_6、维生素 B_{12} 和维生素C等。

水三相点/水三相點
shuǐsānxiàngdiǎn/ㄕㄨㄟˇ ㄙㄢ ㄒㄧㄤˋ ㄉㄧㄢˇ
triple point of water
【物】水的固、液、气三相平衡共存时的温度,其值为273.16开(0.01℃)。为测温学中最基本的固定点。

水杉/水杉 shuǐshān/ㄕㄨㄟˇ ㄕㄢ
dawn redwood
【植】*Metasequoia glyptostroboides* 杉科水杉属。落叶高大乔木。树皮灰色,条状脱落,内皮紫褐色。大枝轮生,斜展;小枝对生,下垂。叶对生,羽状,条形,沿中脉有两条淡黄色气孔带。雌雄同株,球花单生。球果下垂,近四棱状球形。花期2月份,球果11月份成熟。在中国,分布于四川、湖北、湖南三省交界处。观赏树木。中国特有种。
📖 水杉属植物在中生代白垩纪及新生代曾广布于北半球,第四纪冰期后,同属的其他种类全部灭绝,仅存水杉这一个孑遗种,故被称为"活化石"。水杉的发现,被认为是当代植物界的重大发现之一。

水上飞机/水上飛機
shuǐshàng fēijī/ㄕㄨㄟˇ ㄕㄤˋ ㄈㄟ ㄐㄧ
seaplane
【航】简称"水机"。能在水面起降和停泊的飞机。按飞机在水面滑行结构不同,可分为浮筒式和船身式。其横截面均成V形密封结构,以减小与水浪的冲击阻力。船身式又可分为单船身式和双船身式。

水上機場
ㄕㄨㄟˇ ㄕㄤˋ ㄐㄧ ㄔㄤˇ/shuǐshàng jīchǎng
seadrome
【航】台湾名。即"水面机场"(1066页)。

水生根/水生根
shuǐshēnggēn/ㄕㄨㄟˇ ㄕㄥ ㄍㄣ
water root
【植】水生植物的根。如菱、菖蒲的根。

水生植物/水生植物
shuǐshēng zhíwù/ㄕㄨㄟˇ ㄕㄥ ㄓˊ ㄨˋ
aquatic plant
【植】生长在水中的植物。整株植物沉没在水下的称沉水植物,叶片漂浮在水面的称浮水植物,植物体大部分挺出水面的称挺水植物。

水声测量船/水聲測量船
shuǐshēng cèliángchuán/

ㄕㄨㄟˇ ㄕㄥ ㄘㄜˋ ㄌㄧㄤˊ ㄔㄨㄢˊ
underwater acoustic measurement ship
【军】测量声波在不同海区的水中传播特性和参数的勤务舰船。任务是搜集资料,建立反潜和水下预警系统;对各种水声设备的研制,进行声呐作用距离预报;为提高舰艇隐蔽性而进行的减振、降噪措施提供海洋声学参数。

水事/水事 shuǐshì/ㄕㄨㄟˇ ㄕˋ
water event
【水利】泛指一切涉及与水有关的权利和义务的事务。

水刷石/水刷石
shuǐshuāshí/ㄕㄨㄟˇ ㄕㄨㄚ ㄕˊ
granitic plaster, washed granolithic plaster
【建】又称"汰石子"。用水泥、石屑、小石子或颜料等加水拌和,抹在建筑物的表面,半凝固后,用硬毛刷蘸水刷去表面的水泥浆而半露的石屑或小石子。

水塔/水塔 shuǐtǎ/ㄕㄨㄟˇ ㄊㄚˇ
water tower
【水利】供水工程中重要的调蓄建筑物。其作用是调蓄水量和稳定管网水压,保证居民的生活用水。

水獭/水獺 shuǐtǎ/ㄕㄨㄟˇ ㄊㄚˇ
otter
【动】*Lutra lutra* 哺乳动物名。食肉目鼬科。体长约70厘米,头部宽而扁,耳小,尾长,四肢短粗,趾间有蹼,毛短而软密,背部深褐色,有光泽。穴居在水边,善游泳和潜水,昼伏夜出,以鱼类、青蛙和水鸟等为食。分布于欧洲、亚洲和非洲北部,在中国分布广泛。

水体/水體 shuǐtǐ/ㄕㄨㄟˇ ㄊㄧˇ
water body
【水利】水的聚合体。包括江、河、湖、海、冰川、积雪、水库、池塘等,也包括地下水和大气中的水汽。

水体沉积物
shuǐtǐ chénjīwù/ㄕㄨㄟˇ ㄊㄧˇ ㄔㄣˊ ㄐㄧ ㄨˋ
【环】即"水底沉积物"(1063页)。

水体环境
shuǐtǐ huánjìng/ㄕㄨㄟˇ ㄊㄧˇ ㄏㄨㄢˊ ㄐㄧㄥˋ
【环】即"水环境"(1064页)。

水体颗粒物/水體顆粒物
shuǐtǐ kēlìwù/ㄕㄨㄟˇ ㄊㄧˇ ㄎㄜ ㄌㄧˋ ㄨˋ
water particulate
【环】悬浮在水中的粒径为纳米级到微米级的粒状物质。包括无机颗粒物(黏土矿物、金属氢氧化物等)和有机颗粒物(腐殖质、高分子聚合物等),以及细菌、藻类等生命物质颗粒物。

水体生物污染/水體生物污染
shuǐtǐ shēngwù wūrǎn/
ㄕㄨㄟˇ ㄊㄧˇ ㄕㄥ ㄨˋ ㄨ ㄖㄢˇ
biological pollution of water body
【环】生物污染的一种。水体中的致病微生物、寄生虫和某些昆虫,或某些水生生物过量繁殖使水质恶化,危害人体健康和水体生态系统的现象。

水体酸化/水體酸化
shuǐtǐ suānhuà/ㄕㄨㄟˇ ㄊㄧˇ ㄙㄨㄢ ㄏㄨㄚˋ
water body acidification
【环】水体的酸度增高的现象。主要是酸雨或酸性物质进入水体,致使水体pH值低于5.5。湖泊酸化较常见,可造成湖中水生生物和有机物减少,也造成重金属等迁移率增高,对水生生态系统形成现实和潜在危害。

水体污染 shuǐtǐ wūrǎn/ㄕㄨㄟˇ ㄊㄧˇ ㄨ ㄖㄢˇ
【环】即"水污染"(1071页)。

水体污染物/水污染物
shuǐtǐ wūrǎnwù/ㄕㄨㄟˇ ㄨ ㄖㄢˇ ㄨˋ
water pollutant
【环】进入水体后,使水体的物理、化学性状或生物群落组成发生变化,造成水体使用价值和功能降低的物质及能量。按污染物形态不同,可分为水体颗粒物、浮游生物、溶解物质等;按其危害特征不同,可分为可降解有机物、难降解有机物、植物营养物质、无机物质、放射性物质、病原体以及废热水等污染物。

水体自净/水體自淨
shuǐtǐ zìjìng/ㄕㄨㄟˇ ㄊㄧˇ ㄗˋ ㄐㄧㄥˋ
water self-purification, self-purification of water body
【环】又称"水体自净作用"。污染物进入水体后经物理、化学和生物等自然作用而逐渐被清除的过程。其物理作用有稀释、混合、

S

挥发、沉淀等，化学作用有氧化还原、化合、分解等，生物作用有生物吸收和降解等。影响水体自净的因素有水流、水温、水量和水体溶解氧量、微生物种类及污染物的性质和浓度等。

水体自净作用
shuǐtǐ zìjìng zuòyòng/ㄕㄨㄟˇ ㄊㄧˇ ㄗˋ ㄐㄧㄥˋ ㄗㄨㄛˋ ㄩㄥˋ
【环】即“水体自净”(1069 页)。

水听器/水聽器
shuǐtīngqì/ㄕㄨㄟˇ ㄊㄧㄥ ㄑㄧˋ
hydrophone
【机】海洋仪器和声学测量仪器的一种。是水下声波的接收设备，能够把水下声信号转换为电信号。可分为无指向性和有指向性两类。常用的有光纤水听器和矢量水听器。

水头/水高差 shuǐtóu/ㄕㄨㄟˇ ㄍㄠ ㄔㄚ
water head
【水利】以液柱高度表示的质量的液体所具有的机械能。常用单位为米。

水土保持/水土保持
shuǐtǔ bǎochí/ㄕㄨㄟˇ ㄊㄨˇ ㄅㄠˇ ㄔˊ
water and soil conservation
【农】运用农、林、牧、水利等综合措施(如修筑梯田、沟渠、塘坝、封山育林、植树种草、退耕还林等)，防治土壤冲蚀，以蓄水保土，合理利用水土资源，建立良好的生态环境。

水土不服/水土不服
shuǐtǔ bùfú/ㄕㄨㄟˇ ㄊㄨˇ ㄅㄨˋ ㄈㄨˊ
non-acclimatization， * failure to acclimatize to a new environment
【中医】由于个体迁移，自然环境和生活习惯改变，暂时不能适应而引起病变。

水土流失/水土流失
shuǐtǔ liúshī/ㄕㄨㄟˇ ㄊㄨˇ ㄌㄧㄡˊ ㄕ
water and soil loss
【农】在水力、重力、风力等外营力作用下，水土资源和土地生产力的破坏和损失。包括土地表层侵蚀和水土损失。

水位/水位 shuǐwèi/ㄕㄨㄟˇ ㄨㄟˋ
water level，water stage
【水利】河流、湖泊、海洋及水库等水体的自由水面及地下水表面相对某基准面的高程。

水位標尺
ㄕㄨㄟˇ ㄨㄟˋ ㄅㄧㄠ ㄔˇ/shuǐwèi biāochǐ
staff gauge
【水利】台湾名。即“水尺”(1063 页)。

水位计/水位計 shuǐwèijì/ㄕㄨㄟˇ ㄨㄟˋ ㄐㄧˋ
water level indicator
【机】自动测定并记录湖泊和灌渠等水体的水位的仪器。按传感器原理不同，可分为浮子式、跟踪式、压力式和反射式等。

水文/水文 shuǐwén/ㄕㄨㄟˇ ㄨㄣˊ
hydrology
【水利】❶自然界中水的各种变化和运动的现象。❷水文学。

水文測量
ㄕㄨㄟˇ ㄨㄣˊ ㄘㄜˋ ㄌㄧㄤˊ/shuǐwén cèliáng
hydrometry
【水利】台湾名。即“水文测验”(1070 页)。

水文测验/水文測量
shuǐwén cèyàn/ㄕㄨㄟˇ ㄨㄣˊ ㄘㄜˋ ㄌㄧㄤˊ
hydrometry
【水利】❶在江、河、湖、海等地表水体及地下水体的特定地点(水文站)对水文要素进行观测、整理的过程。❷广义上指水文站网的布设及收集和整理水文资料的全部技术过程。

水文调查/水文調查
shuǐwén diàochá/ㄕㄨㄟˇ ㄨㄣˊ ㄉㄧㄠˋ ㄔㄚˊ
hydrological investigation
【水利】在没有水文测验资料或水文测验资料不足的情况下，为特定目的，采用现场查勘、调查、考证的方法收集水文要素等有关资料的工作。

水文气象学/水文氣象學
shuǐwén qìxiàngxué/ㄕㄨㄟˇ ㄨㄣˊ ㄑㄧˋ ㄒㄧㄤˋ ㄒㄩㄝˊ
hydrometeorology
【气】应用气象学的一个分支。研究在水文循环和水分平衡过程中与降水、蒸发有关的问题。用于河道、水库的防洪兴利，以及水资源的开发利用和水利水电工程的规划设计。

水文学/水文學
shuǐwénxué/ㄕㄨㄟˇ ㄨㄣˊ ㄒㄩㄝˊ
hydrology
【水利】研究地球上水的时空分布与运动规律，

并应用于水资源的开发利用与保护的学科。

水文循环/水文循環
shuǐwén xúnhuán/ㄕㄨㄟˇ ㄨㄣˊ ㄒㄩㄣˊ ㄏㄨㄢˊ
hydrological cycle, water cycle
【水利】又称"水循环"。指地球上的水分在太阳辐射和重力作用下,通过蒸发、水汽输送、降水、下渗、径流等过程不断在大气、陆地和海洋之间周而复始地转化、迁移的现象。

水文预报/水文預報
shuǐwén yùbào/ㄕㄨㄟˇ ㄨㄣˊ ㄩˋ ㄅㄠˋ
hydrological forecast
【水利】根据历史统计资料和现时水文气象资料,对某地区未来一定时期内的水文趋势和状况做出定性和定量的推测预报。是防汛、抗旱、水资源合理利用决策的重要依据。

水文站/水文站
shuǐwénzhàn/ㄕㄨㄟˇ ㄨㄣˊ ㄓㄢˋ
hydrological station
【水利】为观测及搜集水文、气象资料,在河流、湖泊、水库等水体固定位置设立的基层水文机构。

水文资料/水文資料
shuǐwén zīliào/ㄕㄨㄟˇ ㄨㄣˊ ㄗ ㄌㄧㄠˋ
hydrological data
【水利】通过水文测验和水文调查所收集的各种水文要素(包括降水、蒸发、水位、流量、流速、水温、含沙量、冰凌、水质等)的原始记录及整理分析成果的统称。

水污染/水污染 shuǐwūrǎn/ㄕㄨㄟˇ ㄨ ㄖㄢˇ
water pollution
【环】又称"水体污染"。工业废水、生活污水和其他废弃物质进入水体,使其物理、化学性质或生物群落组成发生变化,造成水体的使用价值和功能降低的现象。按水体特性不同,可分为地表水污染和地下水污染;按污染物性质不同,可分为水体无机物污染、有机物污染、放射性污染和生物污染等。

水污染防治工程/水污染防治工程
shuǐwūrǎn fángzhì gōngchéng/
ㄕㄨㄟˇ ㄨ ㄖㄢˇ ㄈㄤˊ ㄓˋ ㄍㄨㄥ ㄔㄥˊ
water pollution control engineering
【环】环境工程学的一个技术领域。任务是采取工程技术措施防治、减轻直至消除水环境污染,合理利用水资源,以改善并保持水环境质量。包括城市污水、工业废水和农业污水治理,以及流域或区域水污染综合防治。主要是各种污水产生及水量和水质的控制,污水输送集中技术,污水排放、处理和回用技术,水体和环境净化能力的应用,以及合理利用水资源和采取综合防治措施等。此外,对受污染水体进行修复也是一项重要内容。

水污染化学/水污染化學
shuǐwūrǎn huàxué/
ㄕㄨㄟˇ ㄨ ㄖㄢˇ ㄏㄨㄚˋ ㄒㄩㄝˊ
water pollution chemistry
【环】污染化学的一个分支。研究水体中污染物质迁移转化及其机理。内容包括水体的溶液平衡和不平衡体系的反应和动态;水体中污染物的物理化学过程和化学污染效应;水体污染自净和污染物生物降解等现象和化学机制等。

水污染物 ㄕㄨㄟˇ ㄨ ㄖㄢˇ ㄨˋ/shuǐwūrǎnwù
water pollutant
【环】台湾名。即"水体污染物"(1069 页)。

水污染指示生物/水污染指示生物
shuǐwūrǎn zhǐshì shēngwù/
ㄕㄨㄟˇ ㄨ ㄖㄢˇ ㄓˇ ㄕˋ ㄕㄥ ㄨˋ
indicating organism of water pollution
【环】在一定的水质条件下生存、对水体环境质量变化反应敏感而被用来监测和评价水体污染状况的水生生物。

水污染指数/水污染指數
shuǐwūrǎn zhǐshù/ㄕㄨㄟˇ ㄨ ㄖㄢˇ ㄓˇ ㄕㄨˋ
water pollution index
【环】用数学模型对水体中各种污染物及其浓度进行归纳和统计,所求得的能够反映水污染程度的数值。用于对不同水域或不同时间的水污染状况进行比较,也用作水污染分类和分级的指标。

水螅/水螅
shuǐxī/ㄕㄨㄟˇ ㄒㄧ
polyp
【动】*Hydra* 腔肠动物名。水螅纲。身体小,圆筒形,褐色,体内有空腔,口周围有数个触手。附着在池沼、水沟中的水草

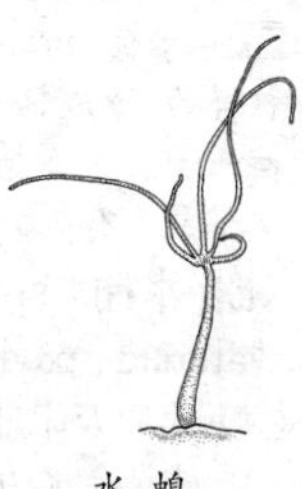
水 螅

S

或枯叶上,以水蚤等为食。大多雌雄同体,通常进行无性生殖(由身体长出芽体),夏初或秋末进行有性生殖。种类很多,分布广泛。

水洗布/經水洗處理的布

shuǐxǐbù/ ㄐㄧㄥ ㄕㄨㄟˇ ㄒㄧˇ ㄔㄨˇ ㄌㄧˇ ·ㄉㄜ ㄅㄨˋ

washer wrinkle fabric

【纺】经过水洗处理的纯棉织物、涤棉混纺织物和涤纶长丝织物等的统称。手感柔软,尺寸稳定,外观有轻微皱纹的自然感觉。有漂白、染色和印花等品种。适于用作各种外衣、衬衫、连衣裙及睡衣等的面料。

水系/水系 shuǐxì/ㄕㄨㄟˇ ㄒㄧˋ

river system

【水利】由河流的干流和各级支流以及流域内的湖泊、沼泽、暗河等构成脉络相通的系统。水系中直接注入海洋或湖泊的称为干流,流入干流的称为一级支流,流入一级支流的为二级支流。水系通常以其干流的河名命名。

水下机器人/水下機器人

shuǐxià jīqìrén/ㄕㄨㄟˇ ㄒㄧㄚˋ ㄐㄧ ㄑㄧˋ ㄖㄣˊ

underwater robot

【自】在水下进行作业的机器人。能代替人潜入水中完成作业。是海底采矿、海底油田开发与生产的重要工具。

水仙/水仙 shuǐxiān/ㄕㄨㄟˇ ㄒㄧㄢ

narcissus

【植】*Narcissus tazetta* var. *chinensis* 石蒜科水仙属。多年生草本植物。鳞茎卵球形,外被棕褐色皮膜。叶长,扁平,直立,钝头,全缘。花莛与叶等长,中空。伞形花序,花平伸或下垂,白色或黄色,中心有浅杯状淡黄色副冠,有香气。花期1—3月份。中国各地均有栽培。观赏花卉。鳞茎汁液有毒,可入药。

📖 水仙原产中国,是中国十大名花之一,被誉为"凌波仙子"。唐代即有栽培,至今已有一千多年历史。以上海崇明和福建漳州的水仙最为有名。水仙花是柬埔寨的国花。

水榭/水榭 shuǐxiè/ㄕㄨㄟˇ ㄒㄧㄝˋ

waterside pavilion

【建】供游人休息、观景的临水园林建筑。典型形式是在水边架起平台,平台一部分架在岸上,一部分伸入水中,跨水部分以梁、柱凌空架设在水面上。

水星/水星 shuǐxīng/ㄕㄨㄟˇ ㄒㄧㄥ

Mercury

【天】太阳系八大行星之一。按距离太阳由近及远的顺序为第一颗。是类地行星。绕太阳一周的时间为87.9天。因为水星运动速度较快,西方用罗马神话中速度之神墨丘利(Mercury)命名,中国古代称为辰星。

📖 水星轨道近日点的逐年变化与牛顿引力理论的计算结果不符,但可以用爱因斯坦的广义相对论做出完美解释。这是因为在强引力场中,牛顿引力理论不再适用。

水循环 shuǐxúnhuán/ㄕㄨㄟˇ ㄒㄩㄣˊ ㄏㄨㄢˊ

【水利】即"水文循环"(1071页)。

水翼/水翼 shuǐyì/ㄕㄨㄟˇ ㄧˋ

hydrofoil

【船】在水中运动时能产生升力并用以支撑艇重的翼形结构。完整的水翼除产生升力的翼板外,还有与艇体紧密连接的支柱等。

水翼船/水翼船

shuǐyìchuán/ㄕㄨㄟˇ ㄧˋ ㄔㄨㄢˊ

hydrofoil craft

【交】高速航行时利用船体下部所装水翼产生升力将全部或部分船体托出水面航行的船。

水银 shuǐyín/ㄕㄨㄟˇ ㄧㄣˊ

【化】"汞"的通称。

水银气压表/水銀氣壓計

shuǐyín qìyābiǎo/ㄕㄨㄟˇ ㄧㄣˊ ㄑㄧˋ ㄧㄚ ㄐㄧˋ

mercury barometer

【气】气压表的一类。利用托里拆利原理,以玻璃管中水银柱的高度测量气压数值。主要有虹吸式、福丁式和寇乌式三种。气象站常用福丁式和寇乌式两种。

水銀電池

ㄕㄨㄟˇ ㄧㄣˊ ㄉㄧㄢˋ ㄔˊ/shuǐyín diànchí

button cell

【轻】台湾名。即"扣式电池"(696页)。

水銀氣壓計

ㄕㄨㄟˇ ㄧㄣˊ ㄑㄧˋ ㄧㄚ ㄐㄧˋ/shuǐyín qìyājì

mercury barometer

【气】台湾名。即"水银气压表"(1072页)。

水饮内停证
shuǐyǐn nèitíngzhèng/
ㄕㄨㄟˇ ㄧㄣˇ ㄋㄟˋ ㄊㄧㄥˊ ㄓㄥˋ
【中医】即“饮证”(1351 页)。

水俣病/水俣病
shuǐyǔbìng/ㄕㄨㄟˇ ㄩˇ ㄅㄧㄥˋ
Minamata disease
【环】一种汞污染公害病。因最早发现于日本熊本县水俣湾，故名。当地居民长期食用被汞污染水体中的鱼贝类而引起。主要症状是末梢神经感觉障碍，中心性视野缩小，运动失调及语言和听力障碍等。严重时反复出现痉挛、麻痹，甚至死亡。对胎儿和幼儿发育影响严重，如可引起胎儿性水俣病。

水源侦察车/水源偵察車
shuǐyuán zhēnchácHē/
ㄕㄨㄟˇ ㄩㄢˊ ㄓㄣ ㄔㄚˊ ㄔㄜ
water source reconnaissance vehicle
【军】用于侦察地下和地面水源的专用车辆。属工程侦察装备。通常配备有物探仪器、地面水测量仪器、水质检测仪器及配套设备。

水闸/水閘 shuǐzhá/ㄕㄨㄟˇ ㄓㄚˊ
sluice，gate
【水利】修建在河道、渠道或湖、海口，利用闸门控制流量和调节水位的水工建筑物。

水蒸气 shuǐzhēngqì/ㄕㄨㄟˇ ㄓㄥ ㄑㄧˋ
【化】即“汽”(897 页)。

水政/水利行政
shuǐzhèng/ㄕㄨㄟˇ ㄌㄧˋ ㄒㄧㄥˊ ㄓㄥˋ
water administration
【水利】水事的行政管理。包括国家与地方涉水政策、法规的制定与实施监督，国家与地方水利行政机构的设置，水事纠纷的调解与裁决，水利工程建设的管理等。

水质监测/水質監測
shuǐzhì jiāncè/ㄕㄨㄟˇ ㄓˊ ㄐㄧㄢ ㄘㄜˋ
water quality monitoring
【环】环境监测的一种。对地表水、地下水、工业废水和生活污水、饮用水等的质量进行测定与评价的过程。包括监视测定水中污染物的种类和性质、含量和浓度以及变化趋势，对水质状况做出分析评价。

水质评价/水質評價
shuǐzhì píngjià/ㄕㄨㄟˇ ㄓˊ ㄆㄧㄥˊ ㄐㄧㄚˋ
water quality evaluation
【环】对水的物理、化学性质进行的评定。通常根据水的用途，选择相应的评价参数、水质标准和评价方法，对水质、水的利用价值及水处理效果等做出评定。是一种单要素评价，按用水要求不同，可分为饮用水、渔业用水、工业用水、游泳用水等水质评价。有人认为，水质评价应包括对水体水质进行的综合评价。

水蛭/水蛭 shuǐzhì/ㄕㄨㄟˇ ㄓˋ
㊀leech，hirudo，㊁Hirudo(拉)，leech
㊀【动】*Hirudo nipponica* 又称“医蛭”。环节动物名。蛭纲颚蛭目水蛭科。体狭长而扁，长可达 5 厘米，后端稍阔，背部暗绿色，有五条纵纹。有吸盘。生活在池沼或水田中，吸食人畜的血液。㊁【中医】中药名。水蛭科动物蚂蟥 *Whitmania pigra* Whitman、水蛭 *Hirudo nipponica* Whitman 或柳叶蚂蟥 *W. acranulata* Whitman 的干燥体。味咸、苦，性平；有小毒。归肝经。破血，逐瘀，通经。用于癥瘕痞块，血瘀经闭，跌扑损伤。

水 蛭

📖 水蛭，孕妇禁用。

水肿/水腫 shuǐzhǒng/ㄕㄨㄟˇ ㄓㄨㄥˇ
edema
㊀【医】细胞间液体积聚而发生局部或全身性肿胀的现象。引起水肿的原因主要有：血浆胶体渗透压降低，如蛋白质吸收不良或营养不良及伴有大量蛋白尿的肾脏疾患等；毛细血管内流体静力压升高，多见于静脉阻塞或静脉回流障碍，如肝硬化、心力衰竭；毛细血管壁通透性增高，如血管神经性水肿和超敏反应引起的水肿；淋巴回流受阻也可引发水肿。㊁【中医】中医内科疾病之一。因感受外邪，饮食失调，或劳倦过度等，引起肺失宣降通调，脾失健运，肾失开合，膀胱气化失常，导致体内水液潴留，泛滥肌肤，症见头面、眼睑、四肢、腹背，甚至全身浮肿。多分阳水、阴水：凡感受风邪、水气、湿毒、湿热诸邪，见表、热、实证者，多按阳水论治；凡饮食劳倦、房劳过度，损伤正气，见里、虚、寒证者，多从阴水论治。阴水

与阳水在一定程度上可互相转化。治疗用发汗、利尿、攻逐、健脾、温肾等法。水肿,另作症状解。

水准测量/水準測量

shuǐzhǔn cèliáng/ㄕㄨㄟˇ ㄓㄨㄣˇ ㄘㄜˋ ㄌㄧㄤˊ

leveling

【测绘】又称"几何水准测量"。利用测量仪器的水平视线观测地面两点的标尺读数,推算地面两点间高差的测量方法。依据测量精度,国家水准测量的等级分为一、二、三、四等。一、二等水准测量称为"精密水准测量",是国家高程网的基础,可为地壳形变等提供依据;通常用三、四等水准测量为地形测图和一般工程测量提供高程控制。精度低于四等的称为等外水准测量。

水准点/水準點

shuǐzhǔndiǎn/ㄕㄨㄟˇ ㄓㄨㄣˇ ㄉㄧㄢˇ

benchmark

【测绘】用水准测量方法布设的高程控制点。一般沿水准测量路线每隔一定距离布设,点位上有标志或标石。是测绘地形图和一般工程测量中的基本控制点。

水准面/水準面

shuǐzhǔnmiàn/ㄕㄨㄟˇ ㄓㄨㄣˇ ㄇㄧㄢˋ

level surface

【测绘】地表附近水在静止时的表面。在地球重力场中,是处处与重力方向垂直的连续曲面。由于地球重力场不均匀,不同水准面之间是互相不平行的,但也不相交,同一水准面各处的重力加速度不同。实际测量中以仪器上的水准气泡为平行水准面依据。

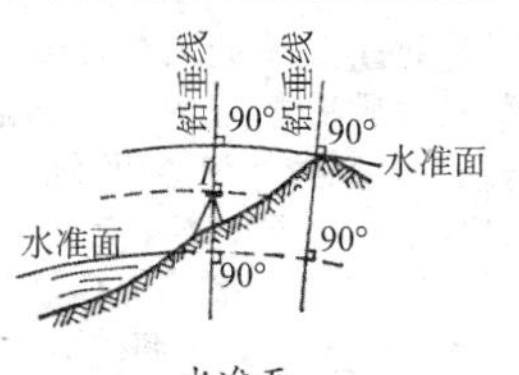

水准面

水准仪/水準儀

shuǐzhǔnyí/ㄕㄨㄟˇ ㄓㄨㄣˇ ㄧˊ

level

【机】测绘仪器的一种。用于测量地面两点间的高差。通常由望远镜、管状水准器或补偿器、竖轴、基座等组成。可分为微倾水准仪、激光水准仪、电子水准仪等。广泛用于控制测量、地形测量、施工放样和沉降观测等。

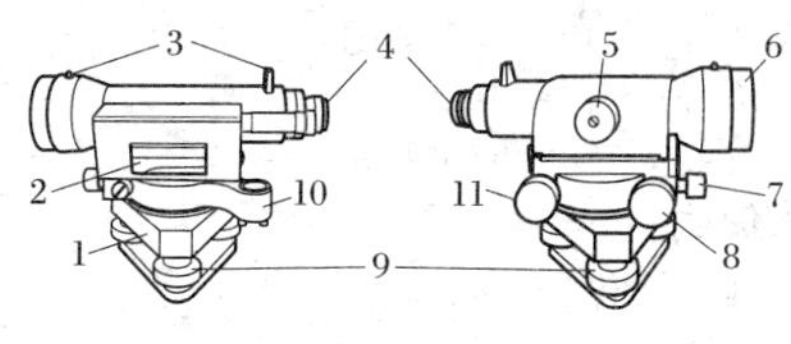

水准仪

1.基座 2.水准管 3.粗瞄准器 4.目镜 5.望远镜调焦螺旋 6.物镜 7.制动螺旋 8.微动螺旋 9.脚螺旋 10.圆水准气泡 11.微倾螺旋

水资源/水資源

shuǐzīyuán/ㄕㄨㄟˇ ㄗ ㄩㄢˊ

water resources

【水利】地球上所有可供人类利用的水。具备多种功能,包括可供饮用、灌溉、发电、给水、航运、养殖、生态、景观等。

睡莲/睡蓮 shuìlián/ㄕㄨㄟˋ ㄌㄧㄢˊ

pygmy waterlily

【植】*Nymphaea tetragona* 睡莲科睡莲属。多年生水生草本植物。根状茎短粗。叶有长柄浮于水面,近圆形,全缘,基部有深凹缺,下面红或紫色。花单生于花梗顶端,浮于水面,花瓣宽披针形,多白色。花期6—8月份。在中国,分布于各地。观赏花卉。水体净化植物。

📖 睡莲的外形与荷花相似,不同的是荷花的叶子和花挺出水面,而睡莲的叶子和花浮在水面上。

睡眠呼吸暂停综合征/睡眠呼吸中止症

shuìmián hūxī zàntíng zōnghézhēng/ㄕㄨㄟˋ ㄇㄧㄢˊ ㄏㄨ ㄒㄧ ㄓㄨㄥ ㄓˇ ㄓㄥˋ

sleep apnea syndrome, SAS

【医】因气道阻塞等原因,导致睡眠时频发呼吸暂停及低通气量,非睡眠时表现倦怠、工作效率下降等的综合征。

睡眠呼吸中止症

ㄕㄨㄟˋ ㄇㄧㄢˊ ㄏㄨ ㄒㄧ ㄓㄨㄥ ㄓˇ ㄓㄥˋ/

shuìmián hūxī zhōngzhǐzhèng

sleep apnea syndrome, SAS

【医】台湾名。即"睡眠呼吸暂停综合征"(1074页)。

shun （ㄕㄨㄣ）

顺坝/順壩 shùnbà/ㄕㄨㄣˋ ㄅㄚˋ
longitudinal dike
【水利】与水流方向平行或呈锐角,顺流向布置的河道整治建筑物,用以改变流向,引导水流,使河流的主流线偏离受冲刷的凹岸,保护河岸。

顺磁质/順磁物質
shùncízhì/ㄕㄨㄣˋ ㄘˊ ㄨˋ ㄓˊ
paramagnetic substance
【物】磁介质的一种。例如,锰、铬、铂等。其磁化率和相对磁导率为正值,放入磁场 B_0 中时,由磁化产生的附加磁场 B' 的方向与 B_0 相同,但数值很小(仅为 B_0 的十万分之几),总的磁感应强度略大于原来磁场 B_0。温度升高时,由于热运动加剧破坏了分子电流取向的排列,其磁化程度随温度的升高而减弱。

顺式/反式脂肪酸//順式/反式脂肪酸
shùnshì/fǎnshì zhīfángsuān//
ㄕㄨㄣˋ ㄕˋ/ㄈㄢˇ ㄕˋ ㄓ ㄈㄤˊ ㄙㄨㄢ
cis-/trans-fatty acid
【医】按照空间结构区分,H 在/不在不饱和键同一侧的脂肪酸。食物中的不饱和脂肪酸主要是顺式的,动物脂肪中一小部分是反式的。反式脂肪酸的性质类似于饱和脂肪酸。自然食品中反式脂肪酸的含量较少,但油炸及烘烤食品中含量剧增。

顺行/順行 shùnxíng/ㄕㄨㄣˋ ㄒㄧㄥˊ
direct motion
【天】行星在天穹上自西向东的视运动。因与太阳和月亮相对恒星背景的视运动方向相同,故名。

顺序关系/順序關係
shùnxù guānxi/ㄕㄨㄣˋ ㄒㄩˋ ㄍㄨㄢ ㄒㄧˋ
ordinal relation
【数】满足自反性、反对称性和传递性的关系。例如,整数集 **Z** 中的"整除(|)"关系满足自反性($x|x$)、反对称性(若 $x|y$ 且 $y|x$,则 $x=y$)和传递性(若 $x|y$ 且 $y|z$,则 $x|z$),因此"整除(|)"关系是 **Z** 的一个顺序关系。若关系 R 是集合 X 的一个顺序关系,则 R 可记作 $\prec$,称 $x \prec y$ 为 x 在 y 前,或 y 在 x 后。

顺序模 shùnxùmú/ㄕㄨㄣˋ ㄒㄩˋ ㄇㄨˊ
【机】即"连续模"(730 页)。

順磁物質 ㄕㄨㄣˋ ㄘˊ ㄨˋ ㄓˊ/shùncí wùzhì
paramagnetic substance
【物】台湾名。即"顺磁质"(1075 页)。

瞬間風速
ㄕㄨㄣˋ ㄐㄧㄢ ㄈㄥ ㄙㄨˋ/shùnjiān fēngsù
instantaneous wind speed
【气】台湾名。即"瞬时风速"(1075 页)。

瞬时风速/瞬間風速
shùnshí fēngsù/ㄕㄨㄣˋ ㄐㄧㄢ ㄈㄥ ㄙㄨˋ
instantaneous wind speed
【气】空气微团在瞬间水平移动的距离。在自动气象站观测中,一般取 3 秒的平均值。

瞬时记忆/立即性記憶
shùnshí jìyì/ㄌㄧˋ ㄐㄧˊ ㄒㄧㄥˋ ㄐㄧˋ ㄧˋ
immediate memory
【心】又称"感觉记忆"。感觉刺激停止后头脑中仍能保持瞬间映像的记忆。其信息未经任何加工,按刺激原有的物理特征编码。瞬时记忆的容量较大,如受到注意就转入短时记忆,未加注意的信息很快消失。

瞬时加速度
shùnshí jiāsùdù/ㄕㄨㄣˋ ㄕˊ ㄐㄧㄚ ㄙㄨˋ ㄉㄨˋ
【物】"加速度"的全称。

瞬时角速度/瞬時角速度
shùnshí jiǎosùdù/ㄕㄨㄣˋ ㄕˊ ㄐㄧㄠˇ ㄙㄨˋ ㄉㄨˋ
instantaneous angular velocity
【机】实现角位移的时间段趋于零时的角速度。

瞬时速度/瞬時速度
shùnshí sùdù/ㄕㄨㄣˋ ㄕˊ ㄙㄨˋ ㄉㄨˋ
instantaneous velocity
【物】简称"速度"。是质点在时间 t 时位移对时间的变化率,是矢量。参见"速度"(1085 页)。

瞬时转速/瞬時轉速
shùnshí zhuànsù/ㄕㄨㄣˋ ㄕˊ ㄓㄨㄢˋ ㄙㄨˋ
instantaneous rotating velocity
【机】又称"即时转速"。测试时间段趋于零时的转速。

S

瞬态噪声/瞬態噪音 shùntài zàoshēng/ㄕㄨㄣˋ ㄊㄞˋ ㄗㄠˋ ㄕㄥ

transient noise

【环】又称"非稳态噪声"。声波强度随时间变化较大的噪声。如道路交通噪声,测量时其幅值(能量)和频谱随时发生变化,这与机动车辆类型、速度、运行状态及交通干线状态等因素变化不定有关。

瞬态噪音 ㄕㄨㄣˋ ㄊㄞˋ ㄗㄠˋ ㄧㄣ/shùntài zàoyīn

transient noise

【环】台湾名。即"瞬态噪声"(1076 页)。

shuo (ㄕㄨㄛ)

朔望潮 shuòwàngcháo/ㄕㄨㄛˋ ㄨㄤˋ ㄔㄠˊ

【水利】即"大潮"(176 页)。

蒴柄/蒴柄 shuòbǐng/ㄕㄨㄛˋ ㄅㄧㄥˇ

seta

【植】苔藓植物的连接孢蒴与植物体的细长部分。

蒴齿/蒴齒 shuòchǐ/ㄕㄨㄛˋ ㄔˇ

peristomal teeth

【植】孢蒴口部着生的能随水湿而运动的齿状构造。

蒴萼/蒴萼 shuò'è/ㄕㄨㄛˋ ㄜˋ

perianth

【植】苔类植物保护雌性生殖器的,由内层苞叶愈合并变形而成的构造。

蒴盖/蒴蓋 shuògài/ㄕㄨㄛˋ ㄍㄞˋ

operculum

【植】孢蒴上部能开裂的部分。多为圆锥形。

蒴果/蒴果 shuòguǒ/ㄕㄨㄛˋ ㄍㄨㄛˇ

capsule

【植】❶果实的一种。由合生心皮的复雌蕊发育而成,子房一室或多室,每室多枚种子。成熟果实具有多种开裂方式(瓣裂、孔裂、盖裂、齿裂等)。如泡桐、紫花地丁、罂粟等的果实。❷在台湾,蒴果也指"孢蒴"(36 页)。

蒴帽/蒴帽 shuòmào/ㄕㄨㄛˋ ㄇㄠˋ

calyptra

【植】罩覆在孢蒴上部的保护性构造。

蒴台/蒴座 shuòtái/ㄕㄨㄛˋ ㄕㄨㄛˋ

apophysis

【植】在藓类中,孢蒴基部与蒴柄连接而不产生孢子组织的部分。

蒴座 ㄕㄨㄛˋ ㄗㄨㄛˋ/shuòzuò

apophysis

【植】台湾名。即"蒴台"(1076 页)。

数脉/數脈 shuòmài/ㄕㄨㄛˋ ㄇㄞˋ

rapid pulse

【中医】脉象之一。脉搏动急速,一息(一呼一吸)之间达 5 次或 5 次以上,相当于每分钟 90 次以上。

si (ㄙ)

丝氨酸/絲胺酸 sī'ānsuān/ㄙ ㄢ ㄙㄨㄢ

serine, Ser

【生】20 种蛋白质氨基酸之一。为非必需氨基酸。白色晶体,有甜味。在体内可由右旋甘油酸作前体合成。苏氨酸、甘氨酸可转化为丝氨酸,丝氨酸也可转化为甘氨酸。在体内参与巯基、羟基的变换及嘌呤、嘧啶和卟啉的生物合成。有特殊润湿性。在丝胶蛋白质中含量丰富,蚕茧茧衣中含量为 13.64%。

丝虫病/絲蟲病 sīchóngbìng/ㄙ ㄔㄨㄥˊ ㄅㄧㄥˋ

filariasis

【医】由斑氏丝虫、马来丝虫的成虫寄生于人体淋巴系统引起的慢性寄生虫病。通过蚊子叮咬传播。血中有丝虫微丝蚴的病人或带虫者为传染源,以 20～50 岁感染率与发病率最高,5—11 月份为感染的高峰季节。临床表现早期主要为淋巴管炎与淋巴结炎,晚期为淋巴管阻塞及其产生的系列症状。

丝绸/絲綢 sīchóu/ㄙ ㄔㄡˊ

【纺】❶"丝织物"的通称。❷在台湾,丝绸也指"绸"(136 页)。

丝蛋白 sīdànbái/ㄙ ㄉㄢˋ ㄅㄞˊ

【材】即"丝素"(1077 页)。

丝瓜/絲瓜 sīguā/ㄙ ㄍㄨㄚ

towel gourd

【植】*Luffa cylindrical* 葫芦科丝瓜属。一年生攀缘藤本植物。卷须 2～4 分歧。叶三角形,掌状 5～7 裂,裂片三角形,基部深心形,边缘有齿。雌雄同株,雄花为总状花序,雌花单生;花冠辐状,黄色,里面密被毛。果实圆柱状,直或弯,表面平滑,有深纵纹,未熟时肉质。花果期夏秋季。中国各地普遍栽培。嫩果实可作蔬菜,成熟果实的网状纤维称为丝瓜络,可作洗刷灶具,还可入药。

丝瓜络/絲瓜絡 sīguāluò/ㄙ ㄍㄨㄚ ㄌㄨㄛˋ

Retinervus Luffae Fructus(拉), luffa vegetable sponge

【中医】中药名。葫芦科植物丝瓜 *Luffa cylindrica* (L.) Roem. 的干燥成熟果实的维管束。味甘,性平。归肺、胃、肝经。通络,活血,祛风。用于痹痛拘挛,胸胁胀痛,乳汁不通。每日用量 4.5~9 克。

丝胶蛋白/絲膠蛋白

sījiāo dànbái/ㄙ ㄐㄧㄠ ㄉㄢˋ ㄅㄞˊ

sericin

【材】一种丝胶状球蛋白。含大量侧链带亲水基团的氨基酸(如丝氨酸、天冬氨酸),易溶于水。占蚕丝总质量的 20%~30%。当蚕营茧时,丝胶起着黏合作用,使两根单丝包覆于一体构成茧丝。蚕丝中的杂质主要存于丝胶中。

丝绵/絲綿 sīmián/ㄙ ㄇㄧㄢˊ

floss silk

【纺】以下脚茧为原料制成的袋状绵片。质地轻软,保暖性好,适于用作丝绵袄、丝绵被等的保暖填充品。

丝素/絲素 sīsù/ㄙ ㄙㄨˋ

silk protein, fibroin

【材】又称"丝蛋白"。一种高分子蛋白质。白色粉末状。是蚕丝的主要成分,占蚕丝纤维总质量的 70%~80%。细腻滑爽,透气性好,与人体皮肤有很好的亲和力,具有保湿作用、抗辐射作用,能增进色素、色淀的黏附力。其热稳定性好,无刺激性,无副作用。

丝肽/絲肽 sītài/ㄙ ㄊㄞˋ

silk peptide

【化】多肽的一种。丝素的降解产物,分子量为 300~5000。淡黄色透明液体。有抑制皮肤黑色素生成、护肤保湿和护发作用。是制造化妆品的原料。

丝织物/絲綢 sīzhīwù/ㄙ ㄔㄡˊ

silk fabric

【纺】通称"丝绸"。用蚕丝纯织,或蚕丝和其他纤维混纺、交织的织物。光泽柔和明亮,高雅华贵,手感爽滑柔软,吸湿性好。但耐光性差,耐酸不耐碱,且易虫蛀。其中,绡、纺、绉、缎、绫、罗、纱、绒等适于用作高档夏季女装面料及礼服面料,锦、织锦缎等适于用作富有中国传统特色的秋冬季服装面料。

丝锥/螺絲攻 sīzhuī/ㄌㄨㄛˊ ㄙ ㄍㄨㄥ

tap

【机】又称"螺丝攻"。刀具的一种。用于加工圆柱形和圆锥形内螺纹。形状像螺栓,沿轴向开有沟槽以形成切削刃和容屑槽。端部有切削锥角和引导锥。可分为手用丝锥、机用丝锥、螺母丝锥、锥螺纹丝锥和梯形螺纹丝锥等。

私房 sīfáng/ㄙ ㄈㄤˊ

【建】"城市私有房屋"的简称。

私人網路 ㄙ ㄖㄣˊ ㄨㄤˇ ㄌㄨˋ/sīrén wǎnglù

private network

【信息】台湾名。即"专用网"(1482 页)。

私钥/私鑰

sīyào/ㄙ ㄧㄠˋ

private key

【信息】供其拥有者(通常为发送方)独家解密使用的密钥。

私用信道/專用通道

sīyòng xìndào/ㄓㄨㄢ ㄩㄥˋ ㄊㄨㄥ ㄉㄠˋ

private channel

【信息】又称"秘密信道"。因特网中继聊天(IRC)中,仅为某一小组的成员使用而保留的信道。信道名隐藏不露,以防组外人员随意查看。

思考 ㄙ ㄎㄠˇ/sīkǎo

thinking

【心】台湾名。即"思维"(1077 页)。

思维/思考 sīwéi/ㄙ ㄎㄠˇ

thinking

【心】人脑对客观现实的本质特征与内在联系的间接、概括的反映。间接性和概括性是思维的两个最基本的特征,是借助于言语实现的,能揭示事物共同本质特征及内部规律的理性的认识过程。人的思维是以感知觉为基础的更高级的认识活动。

思维科学/純理性科學

sīwéi kēxué/ㄔㄨㄣˊ ㄌㄧˇ ㄒㄧㄥˋ ㄎㄜ ㄒㄩㄝˊ

noetic science

【总】研究人的思维规律、方法和应用的科学。内容有思维的属性、生理机制、历史发展，逻辑思维、形象思维、灵感思维、社会思维的具体规律，思维规律在文学创作、科学研究、技术发明、人工智能、知识工程中的应用等。

思维贫乏/思維貧乏

sīwéi pínfá/ㄙ ㄨㄟˊ ㄆㄧㄣˊ ㄈㄚˊ

poverty of thought

【医】受检者思想内容明显少，缺乏概念和词汇的精神病理状态。

思维破裂/思維破裂

sīwéi pòliè/ㄙ ㄨㄟˊ ㄆㄛˋ ㄌㄧㄝˋ

splitting of thought, fragmentation of thinking

【医】思维内容缺乏内在意义上的连贯性和应有的逻辑性。概念之间联想的断裂，建立联想的各种概念内容之间缺乏内在的联系。

思维散漫/思維散漫

sīwéi sǎnmàn/ㄙ ㄨㄟˊ ㄙㄢˇ ㄇㄢˋ

looseness of thinking

【医】思维的目的性、连贯性和逻辑性障碍。表现为联想松弛，内容散漫，思维缺乏主题，一个问题与另外一个问题之间缺乏联系。

絲胺酸 ㄙ ㄢ ㄙㄨㄢ/sī'ànsuān

serine, Ser

【生】台湾名。即“丝氨酸”(1076 页)。

锶/鍶 sī/ㄙ

strontium

【化】金属元素。属周期表第ⅡA 族，符号 Sr，原子序数 38。原子量 87.62。自然界主要存在于天青石和菱锶矿中。可用于制造合金、光电管和烟火，锶-90 可作 β 射线放射源。单质为银白色金属，质软，延展性好，化学性质活泼，燃烧时火焰呈洋红色。

📖 1787 年，苏格兰人在思特朗提安的铅矿中开采出一种新矿石(后确认为锶矿)，以后一些人陆续对其进行研究。1808 年，英国的戴维(H.Davy)首先制得一种新元素金属，即锶。拉丁文命名为 strontium，源自 Strontian，是为了纪念菱锶矿的产地思特朗提安。中文定名为“锶”，是形声字。

死海/死海 Sǐ Hǎi/ㄙˇ ㄏㄞˇ

Dead Sea

【地】湖名。位于巴勒斯坦和约旦之间的西亚裂谷中。面积 1020 平方千米，湖面低于海平面 398 米，平均水深 300 米，是世界陆地最低处。湖水盐度高达 300～332 克/升，是世界上最咸的湖泊。水生植物及鱼类不能生存，沿岸草木很少。

死机/當機 sǐjī/ㄉㄤˋ ㄐㄧ

hang

【信息】指计算机的运行因程序错误、操作错误等而非正常地停止。此时显示屏上的图像凝止不动，无法继续操作。计算机必须重新启动才能恢复操作。

死库容/死庫容 sǐkùróng/ㄙˇ ㄎㄨˋ ㄖㄨㄥˊ

dead reservoir capacity

【水利】又称“垫底库容”。死水位以下的水库容积。其水量除特殊情况(如特大干旱年)外，不参与径流调节，即不动用这部分库容内的水量。

死水位/死水位 sǐshuǐwèi/ㄙˇ ㄕㄨㄟˇ ㄨㄟˋ

dead water level

【水利】水库在正常运用的情况下，允许消落到的最低水位。通常由灌溉、发电、航运及水库淤积等方面的需要决定。

死锁/死鎖 sǐsuǒ/ㄙˇ ㄙㄨㄛˇ

deadlock

【信息】至少两个设备或并发进程，当各自都在等待已指派给其他设备或进程的资源时，将数据处理挂起的状况。出现死锁与系统拥有资源数量有限有关，也与资源分配策略和使用要求有关。一旦出现死锁，系统效率将大大降低；一般采用虚拟信道等办法分配和重新分配资源，尽量避免此情况发生。

死亡/死亡 sǐwáng/ㄙˇ ㄨㄤˊ

death

【生】有机体生命活动和新陈代谢的终结；失去生命。

死亡率/死亡率 sǐwánglǜ/ㄙˇ ㄨㄤˊ ㄌㄩˋ

mortality

【医】一定时期内所有死亡人数在该人群中所占的比例。常用百分率(%)表示。

四孢蘑菇 sìbāo mógu/ㄙˋ ㄅㄠ ㄇㄛˊ·ㄍㄨ

【植】即“蘑菇”(809 页)。

四边形/四邊形 sìbiānxíng/ㄙˋ ㄅㄧㄢ ㄒㄧㄥˊ
quadrilateral
【数】四条线段首尾相接组成的图形。这些线段叫作四边形的边,相邻两边组成的角叫作四边形的内角,这些线段的端点叫作四边形的顶点,连接不相邻的两顶点的线段叫作四边形的对角线。

四不像 sìbùxiàng/ㄙˋ ㄅㄨˋ ㄒㄧㄤˋ
【动】即“麋鹿”(797 页)。

四川盆地/四川盆地
Sìchuān Péndì/ㄙˋ ㄔㄨㄢ ㄆㄣˊ ㄉㄧˋ
Sichuan Basin
【地】盆地名。位于四川东部和重庆西部,四周为邛崃山、大巴山、巫山、大娄山和大凉山环绕。面积约 20 万平方千米。地势自北向南倾斜,略成梯形,海拔 300～700 米,是中国第四大内陆盆地。气候温暖湿润,农业发达。蕴藏有丰富的油气、井盐和煤等矿藏。

四点金/四點金 sìdiǎnjīn/ㄙˋ ㄉㄧㄢˇ ㄐㄧㄣ
sidianjin
【建】广东潮汕地区的三开间四合院式的民居建筑。庭院居中,前后各设一堂屋,分别称为上堂、下堂;左右两侧各有一间房,一间为厨房,一间为柴草房。入口位于下堂正中,房间居于四角,故名。

四度烧伤/四度燒傷
sì dù shāoshāng/ㄙˋ ㄉㄨˋ ㄕㄠ ㄕㄤ
fourth degree burn, devastating full-thickness burn
【医】深及肌肉、骨骼甚至内脏的烧伤。创面修复依赖于植皮及皮瓣修复,严重的需截肢。

四合院/四合院 sìhéyuàn/ㄙˋ ㄏㄜˊ ㄩㄢˋ
siheyuan, Chinese quadrangle
【建】以庭院为中心,四周环以房屋的民居建筑。是中国北方常见的住宅形式,北京四合院最为典型。四合院的平面布局最迟西周已经形成。

📖 北京四合院平面大致对称,大门位于八卦的“巽”位或“乾”位,即路北住宅大门在东南角,路南住宅大门在西北角。入口有影壁,转入前院,院南是倒座,常作客房、佣人房和杂物间。院北二道门为垂花门,内是大庭院、正房、厢房,为主人及家属居住。再后是小院,建后罩房一排,置厨厕和杂屋等。建筑四周围墙环绕,一般不对外开窗。

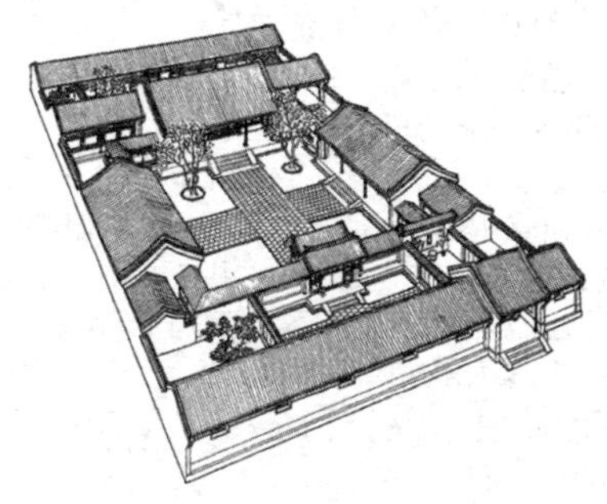

四合院

四季豆 sìjìdòu/ㄙˋ ㄐㄧˋ ㄉㄡˋ
【植】即“菜豆”(91 页)。

四季海棠/四季海棠
sìjì hǎitáng/ㄙˋ ㄐㄧˋ ㄏㄞˇ ㄊㄤˊ
begonia semperflorens
【植】*Begonia semperflorens* 又称“虎耳海棠”。秋海棠科秋海棠属。多年生草本植物。茎直立,稍肉质。叶互生,卵圆形,基部稍偏斜,边缘有齿和毛,主脉微红色。花聚生,有白、粉、红等颜色。花期常年。在中国,分布于长江流域以南各地。观赏花卉。

四脚蛇 sìjiǎoshé/ㄙˋ ㄐㄧㄠˇ ㄕㄜˊ
【动】即“蜥蜴”(1228 页)。

四君子汤/四君子湯
sìjūnzǐtāng/ㄙˋ ㄐㄩㄣ ㄗˇ ㄊㄤ
sijunzi decoction, sijunzi tang, * Four Gentlement Decoction
【中医】中医方剂名。组成:人参 10 克,甘草 6 克,茯苓、白术各 9 克。水煎服。益气健脾,用于脾胃气虚证,面色萎白,语声低微,四肢无力,食少或便溏等症状。

📖 方中四味药皆补,味甘,古人认为“有健运之功,具冲和之德,故为君子”,“四君子汤”因此得名。

四妙勇安汤/四妙勇安湯
sìmiào yǒng'āntāng/ㄙˋ ㄇㄧㄠˋ ㄩㄥˇ ㄢ ㄊㄤ
simiao yong'an decoction, simiao yong'an tang
【中医】中医方剂名。组成:玄参、金银花各 90 克,当归 30 克,甘草 15 克。水煎服。清热解毒,活血止痛。用于脱疽,热毒炽盛,患肢黯红微肿灼热,溃烂腐臭,疼痛剧烈,或见发热口渴,舌红脉数(shuò)等。

四逆汤/四逆湯 sìnìtāng/ㄙˋ ㄋㄧˋ ㄊㄤ

sini decoction, sini tang

【中医】中医方剂名。组成:生附子 5～10 克,干姜 6～9 克,炙甘草 6 克。水煎服,附子需先煎一小时。回阳救逆,用于少阴病,四肢厥逆,恶寒蜷卧,呕吐不渴,腹痛下利,神衰欲寐,以及太阳病误汗亡阳等。

四坡屋頂 ㄙˋ ㄆㄛ ㄨ ㄉㄧㄥˇ/sìpō wūdǐng

hip roof

【建】台湾名。即"庑殿顶"(1213 页)。

四气/四氣 sìqì/ㄙˋ ㄑㄧˋ

four nature of drugs, * four qi

【中医】又称"四性"。寒、热、温、凉等四种基本药性的合称。多认为在寒、热、温、凉之外,还有平性药物,即药性平和,寒热不明显者。

四日市哮喘/四日市哮喘

Sìrì Shì xiàochuǎn/ㄙˋ ㄖˋ ㄕˋ ㄒㄧㄠˋ ㄔㄨㄢˇ

Yokkaochi asthma

【环】一种大气污染公害病,因最早发现于日本四日市,故名。由石油化工企业排放的硫氧化物、氮氧化物、碳氢化物和颗粒物污染大气而引起,以阻塞性呼吸道疾病为特征,包括支气管哮喘、慢性支气管炎、哮喘性支气管炎和肺气肿等。

四色问题/四色問題

sìsè wèntí/ㄙˋ ㄙㄜˋ ㄨㄣˋ ㄊㄧˊ

four color theorem, four color map theorem

【数】图论和拓扑学中的一个著名问题。19 世纪时有人提出:在平面上或球面上给地图着色时,相邻(有一段公共边界)的国家要用不同的颜色来区分,只用四种颜色是否够用?数学家对它进行了持续的研究。19 世纪末有人证明了只用五种颜色就能为地图着色。1976 年阿佩尔(K. Appel)和哈肯(W. Haken)利用 3 台每秒百万次的电子计算机,费时 1200 小时,通过逻辑判断得出了四色够用的结论。这是一个机器证明的结果,数学家们仍期待能给出不借助机器的直接证明。在探求四色问题的过程中,图论和拓扑学等得到了发展。

四舍五入/捨入 sì shě wǔ rù/ㄕㄜˇ ㄖㄨˋ

rounding off

【数】取近似值时常用的一种方法。设要使近似值精确到第 n 个数位,考查近似值在第 n 个数位右边的下一位数字。若这个数字小于 5,则将第 n 个数位右边的数字都取 0(若这些 0 在小数点后则舍去);若这个数字不小于 5,则在第 n 个数位上加 1 后将第 n 个数位右边的数字都取 0(若这些 0 在小数点后则舍去)。例如,将近似值 2.564 精确到 0.01,则得 2.56;将近似值 2.568 精确到 0.01,则得 2.57;将近似值360 521 精确到千位,则得 $361\,000=3.61\times10^5$。

四物汤/四物湯 sìwùtāng/ㄙˋ ㄨˋ ㄊㄤ

siwu decoction, siwu tang, * Four Agents Decoction

【中医】中医方剂名。组成:白芍 12 克,当归 10 克,熟地黄 12 克,川芎 8 克。水煎服。补血调血。用于妇科冲任虚损,其他各种血虚证,均可以本方为基础加减。

四性 sìxìng/ㄙˋ ㄒㄧㄥˋ

【中医】即"四气"(1080 页)。

四元术/四元術 sìyuánshù/ㄙˋ ㄩㄢˊ ㄕㄨˋ

the four elements method

【数】中国元代数学家朱世杰(13 世纪)创立的列解四元高次方程组的方法。四元术以"天、地、人、物"为四元,表示四个未知数,并列出四个方程式(当时叫作天元开方式),然后采用消元法,使四元四式逐次变为三元三式、二元二式、一元一式,求得未知数。

四元数/四元數 sìyuánshù/ㄙˋ ㄩㄢˊ ㄕㄨˋ

quaternion

【数】形如 $a+bi+cj+dk$ 的数,其中 a,b,c,d 为实数,$i^2=j^2=k^2=-1$, $ij=k$, $jk=i$, $ki=j$。四元数是由复数引申出的数,对它可以定义类似复数运算的运算,但其乘法不满足交换律。

四则运算/算術運算

sìzé yùnsuàn/ㄙㄨㄢˋ ㄕㄨˋ ㄩㄣˋ ㄙㄨㄢˋ

arithmetic operation

【数】加法、减法、乘法和除法四种运算的合称。

四诊/四診 sìzhěn/ㄙˋ ㄓㄣˇ

four diagnostic methods, * four examinations

【中医】望、闻、问、切四种中医诊察疾病的基本方法的合称。四诊综合运用,相互参照才能全面了解病情。

四诊合参/四診合参

sìzhěn hécān/ㄙˋ ㄓㄣˇ ㄏㄜˊ ㄘㄢ

comprehensive analysis of data gained by four diagnostic methods, * correlation of all four examinations, * correlate all four examinations

【中医】中医诊断的原则。综合运用望、闻、问、切四种基本方法,对所获得的资料进行全面分析,为准确辨病辨证提供依据。

四种气象飞行

sì zhǒng qìxiàng fēixíng/ㄙˋ ㄓㄨㄥˇ ㄑㄧˋ ㄒㄧㄤˋ ㄈㄟ ㄒㄧㄥˊ

【航】即"全天候飞行"(931 页)。

寺廟 ㄙˋ ㄇㄧㄠˋ/sìmiào

temple

【建】台湾名。即"庙"(802 页)。

寺院/寺院 sìyuàn/ㄙˋ ㄩㄢˋ

monastery, temple

【建】又称"佛寺"。佛教徒从事宗教活动、聚居修行、放置佛像的场所。

📖 寺院的梵语 saghgharana,音译为僧伽蓝。"寺"初为汉代官署名,东汉明帝时(67年)以鸿胪寺接待印度二僧,后又专仿建印度的僧伽蓝供僧居住,并命名为"白马寺"。后世沿用"寺"名,东汉至东晋时期是佛寺兴起时期,型制是以塔为中心,四周绕以堂阁的庭院式建筑群。南北朝至五代为佛寺发展的鼎盛时期,许多达官显贵舍宅为寺,产生大量由宅院直接改建的佛寺,即前厅为佛殿,后堂为讲堂,廊庑环绕的布局形式。隋唐时期这种形式成为主流,塔不在寺院中心位置,改设于殿后、殿两侧或偏院。宋以后佛寺的建设数量和规模下降。明清时期仅喇嘛教寺院有较多发展。

似稳电磁场/似穩電磁場

sìwěn diàncíchǎng/ㄙˋ ㄨㄣˇ ㄉㄧㄢˋ ㄘˊ ㄔㄤˇ

quasi-stationary electromagnetic field

【电】频率较低的交变电流周围、与该电流相距比该频率的电磁波在真空中的波长小得多的区域内的电磁场。似稳电磁场中忽略电磁场的推迟效应。忽略电磁波的推迟效应就是忽略了电磁波的传播速度,相当于将位移电流产生磁场和变化的磁场产生电场这两方面的效应的某一方面忽略。

song (ㄙㄨㄥ)

松焦油/松焦油

sōngjiāoyóu/ㄙㄨㄥ ㄐㄧㄠ ㄧㄡˊ

pine tar oil

【化】松木经分解蒸馏而得的深褐色至黑色黏稠液体或半固体。主要成分为愈创木酚、甲酚、甲基甲酚、苯酚、邻乙基苯酚、松节油、松脂等。可用于橡胶软化、木材和医用防腐、矿石浮选及制造油毡、油漆、塑料等。

松节油/松節油

sōngjiéyóu/ㄙㄨㄥ ㄐㄧㄝˊ ㄧㄡˊ

turpentine oil

【化】松脂蒸馏获得的馏出物。主要成分为蒎烯、莰烯、萜烯等。无色或淡黄色澄清液体,具松节油特征气味。用作油漆溶剂和合成香料,也作杀虫剂等药用原料。也可入药,有抗风湿性关节炎、抗菌、抗流脑病毒、抗支气管炎等作用。

📖 除松脂松节油外,还有以松根明子提取的松节油、针叶木材的干馏松节油和造纸工业回收的松节油。

松辽平原

Sōng-Liáo Píngyuán/ㄙㄨㄥ ㄌㄧㄠˊ ㄆㄧㄥˊ ㄩㄢˊ

【地】即"东北平原"(270 页)。

松毛虫/松毛蟲

sōngmáochóng/ㄙㄨㄥ ㄇㄠˊ ㄔㄨㄥˊ

pine caterpillar

【动】*Dendrolimus* 昆虫名。鳞翅目枯叶蛾科松毛虫属。成虫褐色。幼虫颜色多变化,多黑褐色,腹面中央棕红。幼虫食针叶,常使松林大片枯死,是松林主要害虫。常见的有马尾松毛虫(*D. punctatus*)、赤松毛虫(*D. spectabilis*)、油松毛虫(*D. tabulaeformis*)和落叶松毛虫(*D. superans*)等。

松嫩平原/松嫩平原

Sōng-Nèn Píngyuán/ㄙㄨㄥ ㄋㄣˋ ㄆㄧㄥˊ ㄩㄢˊ

Songnen Plain

【地】平原名。位于大、小兴安岭与长白山脉及松辽分水岭之间，是东北平原的组成部分（面积占东北平原的三分之二），主要由松花江和嫩江冲积而成。地势低平，海拔通常在120～250米。是重要的农业产区，粮食作物主要有春小麦、玉米、稻，经济作物以大豆、甜菜、亚麻为主。石油蕴藏丰富。

松雀鹰 ㄙㄨㄥ ㄑㄩㄝˋ ㄧㄥ/sōngquèyīng

sparrow-hawk

【动】台湾名。即“雀鹰”(933页)。

松鼠/松鼠 sōngshǔ/ㄙㄨㄥ ㄕㄨˇ

squirrel

【动】*Sciurus vulgaris* 哺乳动物名。啮齿目松鼠科动物的统称。外形略像家鼠而大，尾蓬松，大而长，体毛灰色或褐色，腹部白色。生活在松林中，善跳跃，以干果、浆果和嫩叶等为食。分布广泛。

松土机/鬆土機 sōngtǔjī/ㄙㄨㄥ ㄊㄨˇ ㄐㄧ

ripper

【机】疏松土壤的机械。由松土铲、超载安全装置、机架及支撑轮等组成。使用时常由拖拉机牵引。按用途不同，可分为土方施工型、田间作业型和农田基建型。

松香/松香 sōngxiāng/ㄙㄨㄥ ㄒㄧㄤ

rosin

【化】松脂蒸馏出松节油后的固体剩余物。透明的玻璃状脆性物质，主要成分为松香酸、脱氢松香酸、新松香酸、异海松酸、异松香酸等。浅黄色至黑色，有特殊气味。可分为胶松香、木松香和妥尔油松香等。是重要的工业原料。

📖 木松香由松根提取制得，妥尔油松香由妥尔油蒸馏制得或直接从造纸木浆的蒸煮液中回收。松香透明度越高、颜色越浅，品质越好；松香酸含量越高，酸度越高，软化点越高。

松香水/礦油精

sōngxiāngshuǐ/ㄎㄨㄤˋ ㄧㄡˊ ㄐㄧㄥ

mineral spirit, white spirit

【化】涂料用的一种溶剂油。200号油漆溶剂油。因其最初代替松节油在涂料工业中广泛使用，故名。由石油经预处理和常压蒸馏而制得，微黄色液体。能溶解酚醛树脂漆料、酯胶漆料、醇酸调和树脂及长油度醇酸树脂等。用于降低油漆黏度，以便于施工。

松油/松油 sōngyóu/ㄙㄨㄥ ㄧㄡˊ

pine oil

【化】从松树的茎、枝、叶等提取的香精油。主要成分为萜醇、萜烃、醚、酮、酚和酚酯。无色至淡棕色液体，有松树的气味。可分为干馏松油和汽馏松油。汽馏松油颜色较浅，气味较好。

松脂/松脂 sōngzhī/ㄙㄨㄥ ㄓ

pine gum, raw rosin, raw colophony, pine oleoresin

【化】从松树树干采割的树脂。是黏稠性透明液体胶质干燥而成的。固体块状物，淡黄色。蒸馏加工后，馏出物是松节油，固体剩余物是松香。

嵩山/嵩山 Sōng Shān/ㄙㄨㄥ ㄕㄢ

Songshan Mountain

【地】五岳之一。位于河南登封。由太室山与少室山组成，东西长约60千米，面积450平方千米。有72峰，主峰连天峰，海拔1512米。山势挺拔，层峦叠嶂。有嵩山书院、少林寺等。是五岳中的中岳，中国著名的风景名胜区。

嵩岳寺塔/嵩嶽寺塔

Sōngyuè Sì Tǎ/ㄙㄨㄥ ㄩㄝˋ ㄙˋ ㄊㄚˇ

pagoda in Songyue temple

【建】嵩岳寺中的塔。位于中国河南郑州登封城西北5千米处，嵩山南麓峻极峰下，是中国现存最早的砖塔。初建于北魏正光四年(公元523年)，塔顶重修于唐朝，为砖筑密檐式塔，塔身十二边形，其近于圆形的平面，长径为10.6米，为国内孤例。塔身分为上下两段，下部为高1米台座，平素无饰，上部砌叠涩出密檐15层，全高约40米，外轮廓作上下收杀、中部微凸的曲线，兼有雄健与秀丽之美。塔底经东、西、南、北四面的券门可进入十二边形的塔心室(长径约5米)，塔室平面从二层起改为八角形，旧时曾以木楼板分隔为十层，塔身未用斗栱，密檐间门窗除七处外均为隐出，楣上以火焰券装饰。底层角柱平面八楞，柱头置莲瓣、宝珠，均为外来建筑形式。

宋锦/宋錦 sòngjǐn/ㄙㄨㄥˋ ㄐㄧㄣˇ

song brocade

【纺】具有宋代风格的织锦。用染色桑蚕丝纯织，或用桑蚕丝作经，有光黏胶丝作彩纬交织，织物结构以缎、斜纹为主。纹样繁复，配色淳朴。适于用作服装面料,或用于装裱书画等。

送 ㄙㄨㄥˋ/sòng

sonde

【气】台湾名。即“探空仪”(1107 页)。

送电线路

sòngdiàn xiànlù/ㄙㄨㄥˋ ㄉㄧㄢˋ ㄒㄧㄢˋ ㄌㄨˋ

【电】即“输电线路”(1047 页)。

送信匣 ㄙㄨㄥˋ ㄒㄧㄣˋ ㄒㄧㄚˊ/sòngxìnxiá

out-basket

【信息】台湾名。即“发件箱”(305 页)。

sou (ㄙㄡ)

搜索燈 ㄙㄡ ㄙㄨㄛˇ ㄉㄥ/sōusuǒdēng

search light

【机】台湾名。即“探照灯”(1107 页)。

搜索救援飞机/搜索救援飛機

sōusuǒ jiùyuán fēijī/

ㄙㄡ ㄙㄨㄛˇ ㄐㄧㄡˋ ㄩㄢˊ ㄈㄟ ㄐㄧ

search and rescue aircraft

【军】又称“救援飞机”。用于搜索和救援因飞机失事、迫降或空战中被击落而跳伞的飞行人员的飞机。装有较完备的搜索和通信联络设备及专用的救援设备,包括救生筏、绞车、悬梯、器具回收装置和担架等。具有良好的向下观察和搜索能力,低空低速飞行性能好。

搜索空间/搜尋空間

sōusuǒ kōngjiān/ㄙㄡ ㄒㄩㄣˊ ㄎㄨㄥ ㄐㄧㄢ

search space

【信息】人工智能中由结点与链路组成的网络。结点表示问题或子问题的状态,链路表示从一个结点移至另一结点的手段。

搜索路径/搜尋路徑

sōusuǒ lùjìng/ㄙㄡ ㄒㄩㄣˊ ㄌㄨˋ ㄐㄧㄥˋ

search path

【信息】又称“访问路径”。操作系统查找所存文件部位的路由。以驱动器或(磁盘)卷标开头,跟以一连串的目录和子目录,以该文件名结尾。

搜索网站/搜索網站

sōusuǒ wǎngzhàn/ㄙㄡ ㄙㄨㄛˇ ㄨㄤˇ ㄓㄢˋ

search sites

【信息】因特网环境中为用户提供搜索服务的网站。世界范围内主要的搜索网站包括谷歌、百度等。

搜索引擎/搜尋引擎

sōusuǒ yǐnqíng/ㄙㄡ ㄒㄩㄣˊ ㄧㄣˇ ㄑㄧㄥˊ

search engine

【信息】使用户能根据某些内容准则(关键字等)找到网络资源的名称或地址的服务器。用于从数据库中检索信息,或构建与搜索主题相关的数据库。

搜尋空間

ㄙㄡ ㄒㄩㄣˊ ㄎㄨㄥ ㄐㄧㄢ/sōuxún kōngjiān

search space

【信息】台湾名。即“搜索空间”(1083 页)。

搜尋路徑

ㄙㄡ ㄒㄩㄣˊ ㄌㄨˋ ㄐㄧㄥˋ/sōuxún lùjìng

search path

【信息】台湾名。即“搜索路径”(1083 页)。

su (ㄙㄨ)

苏氨酸/蘇胺酸 sū'ānsuān/ㄙㄨ ㄢ ㄙㄨㄢ

threonine, Thr

【生】20 种蛋白质氨基酸之一。为必需氨基酸。白色晶体,无臭,稍有甜味。在体内能促进磷脂合成和脂肪酸氧化,有抗脂肪肝的作用。是非必需氨基酸甘氨酸、丙氨酸、天门冬氨酸等的前体。在丝胶蛋白、酪蛋白、丝心蛋白等中广泛存在,其中酪蛋白、蛋类中含量为4%~5%。人体缺乏苏氨酸会引起食欲不振、体重减轻、脂肪肝、睾丸萎缩、脑垂体前叶细胞染色性变化及影响骨骼发育。

苏长岩/蘇長岩

sūchángyán/ㄙㄨ ㄔㄤˊ ㄧㄢˊ

norite

【地】基性深成岩。主要由基性长石和斜方辉石组成,还常含橄榄石。灰黑色,中至粗粒。常与超镁铁质岩及辉长岩共生。相关矿产有镍矿床。

苏打 sūdá/ㄙㄨ ㄉㄚˊ

【化】❶即“纯碱”(157 页)。❷即“泡碱”(857 页)。

苏合香/蘇合香 sūhéxiāng/ㄙㄨ ㄏㄜˊ ㄒㄧㄤ

Styrax(拉), storax

苏合香

【中医】中药名。金缕梅科植物苏合香树 *Liquidambar orientalis* Mill. 的树干渗出的香树脂,经加工精制而成。味辛,性温。归心、脾经。开窍,辟秽,止痛。用于中风痰厥,猝然昏倒,胸腹冷痛,惊痫。

苏合香丸/蘇合香丸 sūhéxiāngwán/ㄙㄨ ㄏㄜˊ ㄒㄧㄤ ㄨㄢˊ

suhexiang pills, suhexiang wan, * Storax Pill

【中医】中医方剂名。组成:白术、青木香、乌犀屑(用代用品)、香附子、朱砂、诃黎勒、白檀香、安息香、沉香、麝香、丁香、荜茇、龙脑、苏合香油、薰陆香、安息香。上为细末,制成蜜丸,口服。芳香开窍,行气止痛。治疗中风、中气或感受时行瘴疠之气,可见突然昏倒,牙关紧闭,不省人事或心腹猝痛,甚则昏厥等。

苏门羚 sūménlíng/ㄙㄨ ㄇㄣˊ ㄌㄧㄥˊ

【动】即“鬣羚”(739 页)。因最早在印度尼西亚的苏门答腊发现,故名。

苏式彩画/蘇式彩畫 sūshì cǎihuà/ㄙㄨ ㄕˋ ㄘㄞˇ ㄏㄨㄚˋ

Suzhou style pattern

【建】枋心以鸟兽鱼虫、山水人物、花卉风景为主题的彩画。因起源于苏州,故名。按构图格式不同,可分为:包袱构图、枋心构图、海墁构图、掐箍头构图、掐箍头搭包袱构图等几类,其中以包袱构图最常见。包袱可以将檩垫枋三件综合起来构图。苏式彩画主要用于园林中的小型建筑,如亭、台、廊、榭以及四合院住宅、垂花门的额枋上。

苏铁/蘇鐵 sūtiě/ㄙㄨ ㄊㄧㄝˇ

sago cycas

【植】*Cycas revolute* 通称“铁树”。苏铁科苏铁属。常绿乔木。茎干圆柱状,较粗壮,不分枝,有明显的螺旋状排列的菱形叶柄残痕。叶从茎顶部生出,羽状分裂,裂片条形,革质,坚硬,向上斜展,边缘向下反卷。雌雄异株,雄球花圆柱形,雌球花半球形,直立于茎顶。种子红褐色或橘红色,倒卵圆形。花期 6—7 月份。中国各地均有栽培。观赏植物。

苏伊士运河/蘇伊士運河

Sūyīshì Yùnhé/ㄙㄨ ㄧ ㄕˋ ㄩㄣˋ ㄏㄜˊ

Suez Canal

【地】运河名。位于埃及东北部。开凿于 1859—1869 年,全长 195 千米,连通地中海与红海。是从欧洲至印度洋最近的航线,连通欧、亚、非三大洲的主要国际海运航道,也是亚洲与非洲的分界线。

窣堵坡/窣堵坡 sūdǔpō/ㄙㄨ ㄉㄨˇ ㄆㄛ

stupa

【建】印度塔。以土石堆积,用以供奉安置舍利、经文和各种法物的台子。

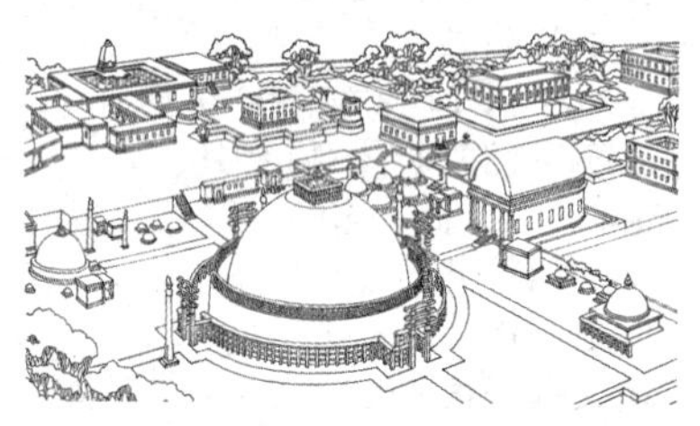
窣堵坡

📖 一种是埋藏舍利的窣堵坡,属于坟冢的性质;另一种是举行礼佛仪式的“支提”(Chaitya),类似庙宇形式。初为圆冢,将遗体或舍利埋于土中,上面堆积土石,自下而上由台基、覆钵、宝匣(梵语为 Harmika)和刹杆四部分组成。印度最大的窣堵坡在桑奇(Sanchi),现存三座,建筑群建在 100 米高的小山顶上,其中最重要的是一号桑奇大窣堵坡,建于公元前 2 世纪至公元前 1 世纪。内部砖造,外表覆以红色砂石片。台基和覆钵平面均为圆形。台基高 4.3 米,直径 36.6 米。覆钵是半球体,高 12.8 米,直径 32 米。宝匣为方形,是奉藏舍利的地方。宝匣之上建刹杆,杆上饰以相轮(梵语 Chhatra,伞的意思)。中国佛塔受印度影响,塔刹形式为窣堵坡缩影,置于塔顶,表示对佛的景仰。

蘇胺酸 ㄙㄨ ㄢ ㄙㄨㄢ/sū'ànsuān

threonine, Thr

【生】台湾名。即“苏氨酸”(1083 页)。

蘇合香烯 ㄙㄨ ㄏㄜˊ ㄒㄧㄤ ㄒㄧ/sūhéxiāngxī

styrene

【化】台湾名。即“苯乙烯”(50 页)。

素缎 ㄙㄨˋ ㄉㄨㄢˋ/sùduàn

mixed satin

【纺】台湾名。即“软缎”(961 页)。

素平/素平 sùpíng/ㄙㄨˋ ㄆㄧㄥˊ

plain plane

【建】宋代石雕工艺的一种。类似现代线刻，在平滑的表面上阴刻图案纹样。

素数/質數 sùshù/ㄓˊ ㄕㄨˋ

prime number

【数】又称“质数”。若一个大于 1 的整数 p，除 1 和它本身以外，不能被其他正整数整除，则称 p 为素数。素数有无限多个，例如 2，3，5，7，11，13，17，19。素数中只有 2 是偶数，其余都是奇数。素数 p 的素因数分解式就是 p 本身。

素问/素問 Sùwèn/ㄙㄨˋ ㄨㄣˋ

Plain Questions

【中医】全称“黄帝内经素问”。《内经》组成部分之一。原书 9 卷，后经唐代王冰订补，改编为 24 卷，计 81 篇，定名《黄帝内经素问》。以黄帝问而岐伯答的形式记载。阐述人体解剖生理(脏象、经络等)、病因、病理、诊断(辨证)、治疗、预防、养生，以及人与自然、阴阳、五行学说在医学中的应用和运气学说等，系统反映了秦汉以前中国医学的成就。“素者，本也；问者，黄帝问于岐伯也”，故名。

速冻食品/速凍食品

sùdòng shípǐn/ㄙㄨˋ ㄉㄨㄥˋ ㄕˊ ㄆㄧㄣˇ

fast frozen food，quick frozen snacks

【轻】在－18℃以下温度急速冷冻的加工食品。包括食品原料、食品半成品和成品。包装后于－20～－18℃储存、运输和销售。不借助任何防腐剂和添加剂，可最大限度保存食品中的水分和营养成分，抑制微生物的繁殖，延长食品的安全保存时间。有果蔬类、水产类、肉禽类、蛋类、乳制品类、调理食品类等。加工简便，成本较低，保质期较长。

速度/速度 sùdù/ㄙㄨˋ ㄉㄨˋ

velocity

【物】❶描述物体运动快慢的物理量。用 v 表示，为矢量。单位米/秒。❷“瞬时速度”的简称。

📖 如果质点在 Δt 时间内的位移为 Δr，则 $\Delta r/\Delta t$ 称为质点在 Δt 时间内的平均速度。在 t 时刻，如果 $\Delta t \to 0$，极限值 $\lim\limits_{\Delta t \to 0}(\Delta r/\Delta t)$ 为质点在 t 时刻的瞬时速度。

速度式流量计/速度式流量計

sùdùshì liúliàngjì/ㄙㄨˋ ㄉㄨˋ ㄕˋ ㄌㄧㄡˊ ㄌㄧㄤˋ ㄐㄧˋ

velocity-type flowmeter

【机】流量计的一种。用于测量管道内流量的平均速度。常用的有涡轮流量计、涡街流量计、电磁流量计、超声波流量计及热式流量计等。

速率/速率 sùlǜ/ㄙㄨˋ ㄌㄩˋ

speed

【物】描述物体运动快慢的物理量。为标量。是速度的大小。

速效性毒剂/速效性毒劑

sùxiàoxìng dújì/ㄙㄨˋ ㄒㄧㄠˋ ㄒㄧㄥˋ ㄉㄨˊ ㄐㄧˋ

quick acting agent

【军】能使人员染毒后很快(1～10 分钟)出现中毒症状而丧失战斗力的毒剂。无潜伏期或潜伏期很短。如沙林、梭曼、维埃克斯、氢氰酸等。

宿舍/宿舍 sùshè/ㄙㄨˋ ㄕㄜˋ

dormitory

【建】企业、机关、学校等供给工作人员及其家属或供给学生居住的房屋。特指有专人集中管理，供单身人士居住的房屋。

宿主/宿主 sùzhǔ/ㄙㄨˋ ㄓㄨˇ

host

【生】又称“寄主”。被寄生物所寄生的生物。如菟丝子寄生于大豆，大豆是宿主。就动物而言，被成虫寄生的叫终宿主，被幼虫寄生的叫中间宿主。如人是血吸虫的终宿主，钉螺是血吸虫的中间宿主。

嗉囊/嗉囊 sùnáng/ㄙㄨˋ ㄋㄤˊ

crop

【动】鸟类食管后段的膨大部分。用来储存食物。

塑钢/塑膠鋼 sùgāng/ㄙㄨˋ ㄐㄧㄠ ㄍㄤ

plastic steel

【材】以塑料为结构主材，挤压成型后在塑料型材中插入扁钢或其他型钢的材料。外形美观，保温、隔声性能好，耐腐蚀，易清洗，可回收再利用。主要用于门窗。

塑合木/木質塑膠合成
sùhémù/ㄇㄨˋ ㄓ ㄙㄨˋ ㄐㄧㄠ ㄏㄜˊ ㄔㄥˊ
wood plastic composite
【材】一种复合材料。木材浸在聚合物溶液或液态单体中,随后在木材中聚合制成。力学性能,尤其是耐磨性能比木材有显著提高,耐腐蚀性好,吸湿性和胀缩性明显改善。可用作地板材料。

塑胶/塑膠 sùjiāo/ㄙㄨˋ ㄐㄧㄠ
【材】即“塑料”(1086 页)。也泛指塑料和橡胶。

塑膠成形模具
ㄙㄨˋ ㄐㄧㄠ ㄔㄥˊ ㄒㄧㄥˊ ㄇㄛˊ ㄐㄩˋ/
sùjiāo chéngxíng mújù
mould for plastics
【机】台湾名。即“塑料成形模具”(1086 页)。

塑膠鋼 ㄙㄨˋ ㄐㄧㄠ ㄍㄤ/sùjiāogāng
plastic steel
【材】台湾名。即“塑钢”(1085 页)。

塑晶/塑晶 sùjīng/ㄙㄨˋ ㄐㄧㄥ
plastic crystal
【化】塑性晶体。是晶体和液体之间的一种中间状态。其分子通常近球形,分子间结合力较弱,阻碍分子转动的势垒较小。当温度升高,晶体中的分子除振动加剧外,在其平衡位置也会发生转动,显示的力学性质像蜡,半透明,可塑性高。可用作低温下固体所需的低静压的传输介质。

塑料/塑膠 sùliào/ㄙㄨˋ ㄐㄧㄠ
plastic
【材】又称“塑胶”。以高分子化合物为主要成分,可在一定条件下塑化成形的材料。由树脂添加填料、增塑剂、染料、稳定剂等加工成型。种类很多,通常质轻,绝缘,耐腐蚀,易加工,美观。按受热后的性能变化不同,可分为热塑性塑料和热固性塑料。

塑料成形模具/塑膠成形模具
sùliào chéngxíng mújù/
ㄙㄨˋ ㄐㄧㄠ ㄔㄥˊ ㄒㄧㄥˊ ㄇㄛˊ ㄐㄩˋ
mould for plastics
【机】简称“塑料模”。模具的一种。用于成形塑料件。通常分为热塑性塑料模和热固性塑料模。按照成形原理不同,还可分为注射模、压缩模、挤塑模、吹塑模等。

塑料模 sùliàomú/ㄙㄨˋ ㄌㄧㄠˋ ㄇㄨˊ
【机】“塑料成形模具”的简称。

塑性/塑性 sùxìng/ㄙㄨˋ ㄒㄧㄥˋ
plasticity
【材】又称“可塑性”。材料受外力、热等作用变形后,能完全或部分保持其变形的性质。是材料的一种加工和使用性能。

suan (ㄙㄨㄢ)

酸/酸 suān/ㄙㄨㄢ
㊀acid,㊁sour
㊀【化】通常指在水溶液中进行电离时生成的阳离子完全是氢离子的化合物。有酸味,能使蓝色石蕊试纸变红,与碱中和生成盐和水,pH 值小于 7。可分为一元酸、二元酸和多元酸;也可分为强酸和弱酸;或有机酸和无机酸。质子理论认为,能释放质子的物质称为酸。㊁【中医】中药五味之一。能收,能涩。大部分酸味药口尝有酸味。例如,五味子能敛肺止咳、乌梅能收敛止泻、赤石脂能涩肠、金樱子能缩尿,均属酸味药。

酸败/酸敗 suānbài/ㄙㄨㄢ ㄅㄞˋ
rancidity
【轻】油脂或食品中所含的脂肪在贮藏期间受氧气、日光、微生物或酶的作用生成游离脂肪酸,并进一步氧化、分解引起的变质现象。

酸沉降/酸性沈降
suānchénjiàng/ㄙㄨㄢ ㄒㄧㄥˋ ㄔㄣˊ ㄐㄧㄤˋ
acid deposition
【气】大气中酸性物质返回地面的迁移过程。通常分干沉降和湿沉降两种形式。干沉降指在气流或重力作用下,酸性物质直接迁移到地面的过程;湿沉降指在降水粒子的俘获或裹携下,酸性物质随之落到地面的过程,如硫氧化物溶入云滴或被降水吸收降落下来,形成酸雨。

酸度/酸度 suāndù/ㄙㄨㄢ ㄉㄨˋ
acidity
【化】用 pH 表示的溶液中游离氢离子的活度。pH 的理论定义是氢离子活度的负对数。pH 的实用定义是根据 pH 的电测量法原理提出的,已被有关国际组织和各国计量部门普遍采用。

酸度计/酸度計 suāndùjì/ㄙㄨㄢ ㄉㄨˋ ㄐㄧˋ
acidimeter, pH-meter
【机】又称"pH 计"。测量溶液 pH 值用的仪器。由参比电极、玻璃电极及电流计三部分组成。可分为笔试酸度计、便携式酸度计、台式酸度计、在线式酸度计。广泛应用于工业、农业、科研、环保等领域。

酸酐 suāngān/ㄙㄨㄢ ㄍㄢ
【化】"醋酸酐"的简称。

酸碱平衡/酸鹼平衡
suān-jiǎn pínghéng/ㄙㄨㄢ ㄐㄧㄢˇ ㄆㄧㄥˊ ㄏㄥˊ
acid-base balance
【医】人体内各种体液的酸碱度适中,可以维持正常生理活动的状态。正常人血液的 pH 值为 7.35～7.45。

酸碱平衡紊乱/酸鹼平衡紊亂
suān-jiǎn pínghéng wěnluàn/
ㄙㄨㄢ ㄐㄧㄢˇ ㄆㄧㄥˊ ㄏㄥˊ ㄨㄣˇ ㄌㄨㄢˋ
disturbance of acid-base balance
【医】血液的 pH 值偏离 7.35～7.45 的正常范围的状态。低于 7.35 时称为酸中毒,高于 7.45 时称为碱中毒。

酸浆/酸漿 suānjiāng/ㄙㄨㄢ ㄐㄧㄤ
groundcherry
【植】*Physalis alkekengi* 又称"红菇娘",俗称"菇蔫儿"。茄科酸浆属。多年生草本植物。茎基部稍木质。叶长卵形,先端尖,基部偏斜,全缘且波状。花梗长,花萼阔钟形;花冠辐状,白色。果萼卵状,薄革质,网脉显著,橙色或红色,顶端闭合,基部凹陷,内包球形浆果,橙红色,柔软多汁,味甜。花期 5—9 月份,果期 6—10 月份。中国各地均有栽培。果实可作水果,全草入药。

酸葡萄效应/酸葡萄效應
suānpútao xiàoyìng/
ㄙㄨㄢ ㄆㄨˊ ·ㄊㄠ ㄒㄧㄠˋ ㄧㄥˋ
sour grape effect
【心】一种社会心理效应。西方寓言说,狐狸想尽办法也吃不到葡萄架上的熟葡萄,就说:"这葡萄又酸又涩,给我也不吃。"然后高高兴兴地走了。这个效应说明,当人的需求无法得到满足时,会以某种理由来安慰自己,使得以解脱,免除苦恼。

酸雾/酸霧 suānwù/ㄙㄨㄢ ㄨˋ
acid fog
【环】pH 值小于 5.6 的雾。是无机酸(硫酸、硝酸、盐酸等)及有机酸(甲酸、乙酸、丙酸等)所形成的酸性雾。主要是人类活动排放的酸性气体同雾结合,或雾在形成过程中以酸性气溶胶为凝结核,致使雾滴呈酸性。城市中出现的酸雾主要是硫酸雾和硝酸雾,是燃煤和石油排放的硫氧化物、氮氧化物转化造成的二次污染。

酸性降水/酸性降水
suānxìng jiàngshuǐ/ㄙㄨㄢ ㄒㄧㄥˋ ㄐㄧㄤˋ ㄕㄨㄟˇ
acid precipitation
【气】pH 值小于 5.6 的降水。常指酸雨,也包括酸性的雪、冰粒、米雪、冰雹等固态降水。

酸性沈降
ㄙㄨㄢ ㄒㄧㄥˋ ㄔㄣˊ ㄐㄧㄤˋ/suānxìng chénjiàng
acid deposition
【气】台湾名。即"酸沉降"(1086 页)。

S

酸性岩/酸性岩
suānxìngyán/ㄙㄨㄢ ㄒㄧㄥˋ ㄧㄢˊ
acidic rock
【地】火成岩的一类。二氧化硅含量大于 65%;铁、镁、钙含量较低。暗色矿物含量较少。多为灰白色。主要由石英、钾长石、酸性斜长石和白云母及少量黑云母、角闪石组成。由地壳或上地幔物质部分熔融、分异或交代作用而形成,是上部地壳的主要组成岩石,也是大陆地壳独有的成分。代表性的岩石有花岗岩、花岗斑岩、流纹岩等。相关的重要矿产有钨、锡、铍、铜、铅、锌、铁、金、铌、钽、稀土以及沸石、叶蜡石、明矾石、萤石等。

酸雨/酸雨 suānyǔ/ㄙㄨㄢ ㄩˇ
acid rain
【气】指 pH 值小于 5.6 的雨,及其他形式的大气降水(如雾、露、霜等)。是大气中酸沉降的主要方式。由于人类活动排放大量的硫氧化物和氮氧化物等酸性气体,致使大气降水的酸度升高。酸雨可造成自然环境酸化,是全球性环境问题之一。

酸雨控制区/酸雨控制區
suānyǔ kòngzhìqū/ㄙㄨㄢ ㄩˇ ㄎㄨㄥˋ ㄓˋ ㄑㄩ
acid rain control region
【环】为防治酸雨污染,改善大气环境质量,中国划定的酸雨污染严重而须严格控制的地区。其控制措施主要是减少二氧化硫等酸性气体释放。

酸枣/酸棗　suānzǎo/ㄙㄨㄢ ㄗㄠˇ

sour jujube

【植】*Ziziphus jujuba* var. *spinosa* 又称“棘”。鼠李科枣属。落叶灌木。小枝呈之字形弯曲，紫褐色，有直伸和弯曲两种刺。叶互生，较小，椭圆形。花黄绿色。核果小，近球形或长圆形，嫩时绿色，后变红褐色，果皮较薄，果肉味酸甜，核两端钝。花期5—7月份，果期8—9月份。在中国，分布于辽宁、内蒙古、河北、山西、山东、安徽、河南、甘肃、陕西、宁夏、新疆和江苏。野生果树，果仁可入药。

酸枣

酸枣仁/酸棗仁

suānzǎorén/ㄙㄨㄢ ㄗㄠˇ ㄖㄣˊ

Semen Ziziphi Spinosae（拉），spine date seed，* spiny jujube kernel

【中医】中药名。鼠李科植物酸枣 *Ziziphus jujuba* Mill. var. *spinosa*（Bunge）Hu ex H. F. Chou 的干燥成熟种子。味甘、酸，性平。归肝、胆、心经。补肝，宁心，敛汗，生津。用于虚烦不眠，惊悸多梦，体虚多汗，津伤口渴。

蒜/大蒜　suàn/ㄉㄚˋ ㄙㄨㄢˋ

garlic

【植】*Allium sativum* 俗称“大蒜”。百合科葱属。一至二年生草本植物。鳞茎球状至扁球状，由多数肉质、瓣状的小鳞茎紧密地排列而成，外面被数层白色至紫色的膜质外皮。叶条形，扁平。花莛自鳞茎中抽出，圆柱状，伞形花序，花小，淡红色。花期7月份。中国各地均有栽培。可作蔬菜。

📖 蒜的鳞茎称为大蒜，嫩苗称为蒜苗或青蒜，嫩花莛称为蒜薹或蒜苗，三者都是常见蔬菜。

算筹/算籌　suànchóu/ㄙㄨㄢˋ ㄔㄡˊ

counting-rod

【数】简称“筹”，又称“算子”。中国古代用于记数、列式和演算的计算工具。长约10厘米，最初竹制，后也有用木、骨、牙、玉等制作的。数字1～9有两种表示形式。

	1	2	3	4	5	6	7	8	9
纵式	丨	〢	〣	〤	〥	⊤	⊤丨	⊤〢	⊤〣
横式	一	二	三	亖	五横	⊥	⊥(二)	⊥(三)	⊥(四)

表示大于或等于10的数字时，从高位到低位按从左到右的顺序横排。个位数字用纵式，十位数字用横式，百位数字用纵式，千位数字用横式……以此类推，横纵相间，遇到零则留空位。例如1037表示为

一　　三 ⊤丨

算筹通过染成不同颜色等方法区分正数和负数。例如红筹表示正数，黑筹表示负数。算盘是在算筹基础上演变而产生的。

算法/演算法　suànfǎ/ㄧㄢˇ ㄙㄨㄢˋ ㄈㄚˇ

algorithm

【数】狭义上指一种运算或计算的规则，广义上指解决一个问题的处理过程。现通常指计算机能机械地执行的一组规则。主要用于数值计算或判断真假，具有如下特点：操作步骤是有限的；初始操作是唯一的；每个操作的直接后续操作不超过一个；操作步骤结束表示问题得解或无解。例如，计算机可执行的一个程序就是一种算法。

算法语言/算法語言

suànfǎ yǔyán/ㄙㄨㄢˋ ㄈㄚˇ ㄩˇ ㄧㄢˊ

algorithmic language

【数】为表达用于计算机算法而设计的语言。语言由语句组成，语句由单词组成，组成时规定了明确的表示法、约定和语法规则，使信息能简洁、准确、清晰地表达。由不同的设计产生不同的算法语言，例如BASIC语言、ALGOL语言、C语言等。

算盘/算盤　suànpán/ㄙㄨㄢˋ ㄆㄢˊ

abacus

【数】珠算的计算工具。中国的算盘由算筹演变而来，形状为长方形，四周有木框，内安1根横梁和9、11或13根竖柱，每柱在梁上有2个算珠，每个算珠代表数5；在梁下有5个算珠，每个算珠代表数1。用算盘演算时，按柱定位并按口诀拨动算珠进行操作。

算术/算術　suànshù/ㄙㄨㄢˋ ㄕㄨˋ

arithmetic

【数】数学最基本、最初等的一个分支。主要研究正整数、零、正分数等的记数法，关

于加、减、乘、除、乘方和开方的运算法则和运算性质,以及它们最基本的实际应用。算术应用广泛,数论和代数等在它的基础上发展而来。

算术根/算術根
suànshùgēn/ㄙㄨㄢˋ ㄕㄨˋ ㄍㄣ
arithmetic root
【数】a 的非负的 n 次方根,叫作 a 的 n 次算术根,简称为算术根。例如,16 的 4 次算术根是 2,0 的 n 次算术根是 0。负数没有算术根。

算术级数/算術級數
suànshù jíshù/ㄙㄨㄢˋ ㄕㄨˋ ㄐㄧˊ ㄕㄨˋ
【数】即"等差级数"(211 页)。

算术平方根/算術平方根
suànshù píngfānggēn/ㄙㄨㄢˋ ㄕㄨˋ ㄆㄧㄥˊ ㄈㄤ ㄍㄣ
arithmetic square root
【数】非负的平方根。例如,4 的算术平方根是 2,0 的算术平方根是 0。

算术平均/算術平均
suànshù píngjūn/ㄙㄨㄢˋ ㄕㄨˋ ㄆㄧㄥˊ ㄐㄩㄣ
arithmetic mean
【数】平均值的一种。对于 n 个数 $x_1, x_2, \cdots, x_n$,数 $\frac{1}{n}\sum_{i=1}^{n} x_i$ 叫作它们的算术平均。

算術邏輯單元
ㄙㄨㄢˋ ㄕㄨˋ ㄌㄨㄛˊ ㄐㄧˊ ㄉㄢ ㄩㄢˊ/
suànshù luójí dānyuán
arithmetic unit
【信息】台湾名。即"运算器"(1404 页)。

算術運算
ㄙㄨㄢˋ ㄕㄨˋ ㄩㄣˋ ㄙㄨㄢˋ/suànshù yùnsuàn
arithmetic operation
【数】台湾名。即"四则运算"(1080 页)。

算术基本定理/算術基本定理
suànshù jīběn dìnglǐ/
ㄙㄨㄢˋ ㄕㄨˋ ㄐㄧ ㄅㄣˇ ㄉㄧㄥˋ ㄌㄧˇ
fundamental theorem of arithmetic
【数】数论中一个基本定理。是关于整数的唯一分解的命题。其内容是:任一大于 1 的正整数,都可分解为若干个素因数的乘积,若不计各因数的顺序,则这种分解是唯一的。例如,$12=2\times2\times3$ 是 12 唯一的素因数分解。这一命题已包含在欧几里得的《原本》中,1801 年高斯(G.Gauss)给出了证明。

算子/算子 suànzǐ/ㄙㄨㄢˋ ㄗˇ
operator
【数】❶通常指定义在函数的集合(函数空间)上的映射。例如,设 X 是区间 (a,b) 上全体可微函数的集合,则每个函数 $f\in X$,都对应于 (a,b) 上的函数 $\frac{\mathrm{d}f(x)}{\mathrm{d}x}$,这是一种映射,被称为 (a,b) 上的微分算子。❷即"算筹"(1088 页)。

sui (ㄙㄨㄟ)

随动控制
suídòng kòngzhì/ㄙㄨㄟˊ ㄉㄨㄥˋ ㄎㄨㄥˋ ㄓˋ
【自】即"伺服控制"(166 页)。

随动系统
suídòng xìtǒng/ㄙㄨㄟˊ ㄉㄨㄥˋ ㄒㄧˋ ㄊㄨㄥˇ
【自】即"伺服系统"(167 页)。

随机变量/隨機變數
suíjī biànliàng/ㄙㄨㄟˊ ㄐㄧ ㄅㄧㄢˋ ㄕㄨˋ
random variable
【数】取值随着随机试验结果而确定的变量,通常用 X,Y 等表示。随机变量的值是有限实数。例如,掷一枚硬币,可用随机变量 X 表示试验结果,"正面向上"时 $X=1$,"反面向上"时 $X=0$,在试验之前 X 的取值不确定。
📖 从函数观点看,随机变量 X 是一个实值函数 $X=X(\omega)(\omega\in\Omega)$,其中 Ω 是一个随机试验的样本空间。对于任一实数 x,集合 $\{\omega|X(\omega)<x\}$ 表示一个事件。

随机抽样/隨機抽樣
suíjī chōuyàng/ㄙㄨㄟˊ ㄐㄧ ㄔㄡ ㄧㄤˋ
random sampling
【数】从总体中按一定法则随机抽取样本(抽样时需注意每一个体被抽取的机会应相等)。例如,通常的抽签或抓阄都属于随机抽样。

随机存储器/隨機存取記憶體
suíjī cúnchǔqì/ㄙㄨㄟˊ ㄐㄧ ㄘㄨㄣˊ ㄑㄩˇ ㄐㄧˋ ㄧˋ ㄊㄧˇ
random access memory, RAM
【信息】能随机寻址的存储器。存取数据所需

S

时间与数据存取位置无关。多指读写存储器,以别于只读存储器(ROM)。

随机事件/隨機事件

suíjī shìjiàn/ㄙㄨㄟˊ ㄐㄧ ㄕˋ ㄐㄧㄢˋ

random event

【数】简称“事件”。在一次试验中,可能发生也可能不发生的结果。通常用大写字母表示。例如,掷一枚硬币,硬币落下后有“正面向上”或“反面向上”两种可能的结果,每种结果都可能发生也可能不发生,它们都是随机事件,可分别记为事件 A 和 B。

随机试验/隨機試驗

suíjī shìyàn/ㄙㄨㄟˊ ㄐㄧ ㄕˋ ㄧㄢˋ

random trial

【数】简称“试验”。呈现出随机现象的试验。特征是:(1)试验可在相同条件下重复进行;(2)试验可能出现的结果至少有两个,而且能知道这些可能结果是什么;(3)每次试验前不能确定出现哪个结果,只知道出现所有结果中的一种。例如,掷硬币或掷骰子都是随机试验。

随机数/隨機數 suíjīshù/ㄙㄨㄟˊ ㄐㄧ ㄕㄨˋ

random number

【数】由一些数字(通常为 0,1,2,…,9)随机地产生的数(其中每个数字在每次试验中出现的机会都相等)。

📖 用计算机或随机数骰子等工具可以产生随机数。用随机数可以列成随机数表,利用它可以进行简单随机抽样。

随机误差/隨機誤差

suíjī wùchā/ㄙㄨㄟˊ ㄐㄧ ㄨˋ ㄔㄚ

random error

【数】回归函数 $Y=f(X)$ 中带有的随机变量,叫作随机误差。例如,一元线性回归函数 $Y=a+bX+\varepsilon$ 中的随机误差是 ε。随机误差一般是由一些不可控制的或未加控制的因素引起的,对它的估计是回归分析中研究的问题之一。

随机现象/隨機現象

suíjī xiànxiàng/ㄙㄨㄟˊ ㄐㄧ ㄒㄧㄢˋ ㄒㄧㄤˋ

random phenomenon

【数】具有随机性质的现象。特征是:在一定条件下进行某试验,可能出现的结果有多个,具体出现哪个都带有偶然性,重复试验时,每次结果不尽相同,事先无法预判结果。例如,掷一枚硬币事先不能确定结果是哪面向上,掷一枚骰子事先不能确定掷出的点数,都是随机现象。

随机信号/隨機訊號

suíjī xìnhào/ㄙㄨㄟˊ ㄐㄧ ㄒㄩㄣˋ ㄏㄠˋ

stochastic signal

【信息】至少有一个参量(多为幅度)属于时间随机函数的信号。例如热噪声。

随意后注意/隨意後注意

suíyìhòu zhùyì/ㄙㄨㄟˊ ㄧˋ ㄏㄡˋ ㄓㄨˋ ㄧˋ

【心】即“有意后注意”(1372 页)。

随意肌 suíyìjī/ㄙㄨㄟˊ ㄧˋ ㄐㄧ

【医】即“骨骼肌”(427 页)。

随意识记 suíyì shíjì/ㄙㄨㄟˊ ㄧˋ ㄕˊ ㄐㄧˋ

【心】即“有意识记”(1372 页)。

随意注意 suíyì zhùyì/ㄙㄨㄟˊ ㄧˋ ㄓㄨˋ ㄧˋ

【心】即“有意注意”(1372 页)。

随遇平衡/隨遇平衡

suíyù pínghéng/ㄙㄨㄟˊ ㄩˋ ㄆㄧㄥˊ ㄏㄥˊ

indifferent equilibrium, neutral equilibrium

【物】❶专指物体在重力作用下的中性平衡。❷台湾名。即“中性平衡”(1464 页)。

不倒翁的随遇平衡

隨插即用

ㄙㄨㄟˊ ㄔㄚ ㄐㄧˊ ㄩㄥˋ/suíchā jíyòng

plug and play, PnP

【信息】台湾名。即“即插即用”(573 页)。

隨機變數

ㄙㄨㄟˊ ㄐㄧ ㄅㄧㄢˋ ㄕㄨˋ/suíjī biànshù

random variable

【数】台湾名。即“随机变量”(1089 页)。

隨機存取記憶體

ㄙㄨㄟˊ ㄐㄧ ㄘㄨㄣˊ ㄑㄩˇ ㄐㄧˋ ㄧˋ ㄊㄧˇ/

suíjī cúnqǔ jìyìtǐ

random access memory，RAM
【信息】台湾名。即“随机存储器”(1089 页)。

隨機訊號
ㄙㄨㄟˊ ㄐㄧ ㄒㄩㄣˋ ㄏㄠˋ/suíjī xùnhào
stochastic signal
【信息】台湾名。即“随机信号”(1090 页)。

隨選視訊
ㄙㄨㄟˊ ㄒㄩㄢˇ ㄕˋ ㄒㄩㄣˋ/suíxuǎn shìxùn
video on demand
【信息】台湾名。即“视频点播”(1037 页)。

髓/髓 suǐ/ㄙㄨㄟˇ
marrow
【中医】骨髓和脊髓的统称。髓由肾精化生，与脑相通。有充养骨骼、补益脑髓的功能。

岁差/歲差 suìchā/ㄙㄨㄟˋ ㄔㄚ
precession
【天】因地球自转轴的空间指向和相对于黄道平面的长期变化而引起的春分点向西移动现象。由太阳和月球对地球赤道隆起部分的吸引所引起。它使回归年比恒星年短。春分点沿黄道每26 000年运行一周。公元前 2 世纪，古希腊天文学家喜帕恰斯首先发现。公元 4 世纪，中国晋代天文学家虞喜也独立地发现了岁差。

碎裂岩/碎裂岩
suìlièyán/ㄙㄨㄟˋ ㄌㄧㄝˋ ㄧㄢˊ
cataclasite
【地】岩石在压应力作用下发生碎裂而形成的一种动力变质岩。

碎米荠/碎米薺 suìmǐjì/ㄙㄨㄟˋ ㄇㄧˇ ㄐㄧˋ
pennsylvania bittercress
【植】*Cardamine hirsuta* 十字花科碎米荠属。一年生草本植物。植株矮小，羽状复叶，基生叶的顶生小叶肾形，侧生小叶卵形，基部歪斜；茎生叶的顶生小叶菱状长卵形，侧生小叶条形；顶生小叶大于侧生小叶，且先端有齿裂。总状花序，十字花冠，白色。花期 2—4 月份。在中国，分布于各地。常见野草。可作野菜。

碎石 ㄙㄨㄟˋ ㄕˊ/suìshí
ballast
【交】台湾名。即“道砟”(208 页)。

碎屑岩/碎屑岩
suìxièyán/ㄙㄨㄟˋ ㄒㄧㄝˋ ㄧㄢˊ
clastic rock
【地】岩石机械风化后形成的岩石碎屑和矿物碎屑，经搬运、沉积、压实、胶结而成的岩石。其中碎屑含量达 50％以上，还有基质与胶结物。按碎屑颗粒大小不同，可分为砾岩、砂岩和粉砂岩。按物质来源不同，可分为陆源碎屑岩和火山碎屑岩两类。

碎纸机/紙張銷毀器
suìzhǐjī/ㄓˇ ㄓㄤ ㄒㄧㄠ ㄏㄨㄟˇ ㄑㄧˋ
paper shredder
【轻】办公设备的一种。由碎纸刀、纸梳、电动机等部件构成。纸张经过处理后可被破碎成碎末或粒状、段状、条状、丝状等。多用于处理内容需要保密的废弃文件。

隧道鑽鑿機
ㄙㄨㄟˋ ㄉㄠˋ ㄗㄨㄢˋ ㄗㄠˊ ㄐㄧ/suìdào zuànzáojī
tunnel boring machine
【机】台湾名。即“掘进机”(661 页)。

燧石/燧石 suìshí/ㄙㄨㄟˋ ㄕˊ
chert
【地】俗称“火石”。一种硅质岩。主要矿物成分为玉髓和微晶石英。致密坚硬，多为灰色或黑色，破碎后具贝壳状断口，敲击会迸出火花。常见有层状燧石和结核状燧石，后者多产于石灰岩中。燧石破碎后产生锋利的断口，故被石器时代的原始人打造为石器。

穗状花序

穗状花序/穗狀花序
suìzhuàng huāxù/
ㄙㄨㄟˋ ㄓㄨㄤˋ ㄏㄨㄚ ㄒㄩˋ
spike
【植】花序的一种。小花无柄，排列在无限伸长的且不分枝的花序轴上，自下而上陆续开放。如车前草的花序。

sun （ㄙㄨㄣ）

孙子剩余定理/中國剩餘定理
Sūnzǐ shèngyú dìnglǐ/
ㄓㄨㄥ ㄍㄨㄛˊ ㄕㄥˋ ㄩˊ ㄉㄧㄥˋ ㄌㄧˇ

Chinese remainder theorem

【数】又称“中国剩余定理”。中国古代数学著作《孙子算经》中有“物不知其数”问题，属于数论中的余数问题。推广后的问题为：已知 $a \equiv b_i \pmod{m_i}$ $(i=1,2,\cdots,n)$，且 $m_1, m_2,\cdots,m_n$ 两两互素，试求 a。对此，有下述定理：设 $M=m_1m_2\cdots m_n$，若有 $k_1,k_2,\cdots,k_n$，使得 $k_i\dfrac{M}{m_i}\equiv 1 \pmod{m_i}$ $(i=1,\cdots,n)$，则 $a\equiv\sum_{i=1}^{n} b_ik_i\dfrac{M}{m_i} \pmod{M}$，即 $a=\sum_{i=1}^{n} b_ik_i\dfrac{M}{m_i}-pM$。适当选择整数 p，可使 a 为满足条件的最小正整数。

损耗角/損耗角

sǔnhàojiǎo/ㄙㄨㄣˇ ㄏㄠˋ ㄐㄧㄠˇ

loss angle

【电】其正切是复阻抗的实部 R(电阻)和虚部 X(电抗)的绝对值之比的角度。数学表达式为 $\delta=\arctan\dfrac{R}{|X|}$。

S

损伤/損傷 sǔnshāng/ㄙㄨㄣˇ ㄕㄤ

injury

【中医】骨伤科疾病之一。外界各种创伤因素作用于人体，引起皮肉、筋骨、脏腑等组织结构破坏，及其局部和全身反应的疾病。

榫卯/榫卯 sǔnmǎo/ㄙㄨㄣˇ ㄇㄠˇ

mortise-and-tenon joint, sunmao

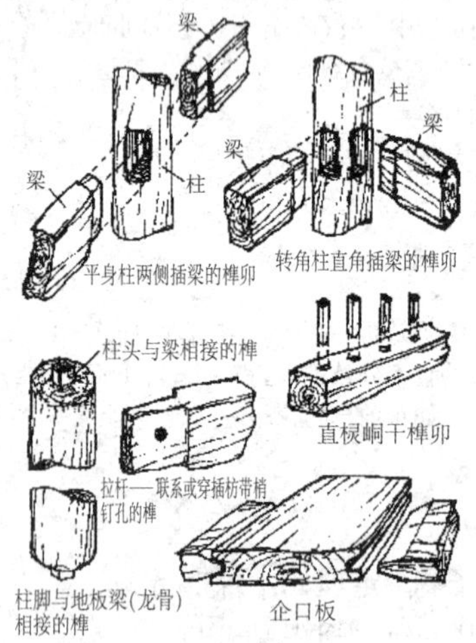

榫 卯

【建】在两个木构件上采用的一种凹凸结合的连接方式。凸出部分称为榫(或榫头)，凹进部分称为卯(或榫眼、榫槽)。是中国古代建筑、家具及其他木制器械的主要结构方式。中国木建筑构架主要包括柱、梁、枋、垫板、桁檩、斗拱、椽子、望板等基本构件。这些构件相互独立，原则上采取榫卯连接的方式。

suo (ㄙㄨㄛ)

莎草/莎草 suōcǎo/ㄙㄨㄛ ㄘㄠˇ

sedge

【植】❶*Cyperus* 莎草科莎草属。一年或多年生草本植物。秆直立，丛生，基部生叶。叶条形，有封闭的鞘。穗状花序，基部苞片叶状，小穗数枚聚生。小坚果三棱形。在中国，多分布于东部和南部，少数分布于北部。沼泽地中常见野草。本属植物有造纸、牧草、观叶和入药等多种用途。❷在台湾，莎草也指“薹草”(1099 页)。

📖 莎草是中国莎草属植物的统称。

桫椤/桫欏 suōluó/ㄙㄨㄛ ㄌㄨㄛˊ

sping alsophila

【植】*Alsophila spinulosa* 桫椤科桫椤属。现存唯一木本蕨类植物。茎直立，上部有残存的叶柄，向下密被不定根，茎顶端和拳卷叶被鳞毛。叶柄棕色，有刺突，背面有两条不连续的皮孔线。叶螺旋状排列于茎顶端，叶片长矩圆形，三回羽状深裂，叶脉羽状分裂，孢子囊群着生于侧脉分叉处，囊群盖球形，膜质。在中国，分布于福建、台湾、广东、海南、香港、广西、贵州、云南、四川和重庆。世界濒危植物。

📖 木桫椤科植物是一个较古老的类群，与恐龙同属爬行动物时代的两大标志。现在只有极少数被称为“避难所”的地方才能找到它。桫椤是新西兰的国树。

梭梭/梭梭

suōsuō/ㄙㄨㄛ ㄙㄨㄛ

sacsaoul

【植】*Haloxylon ammodendron* 又称“琐琐”。藜科梭梭属。落叶小乔木。树皮灰白色，老枝灰褐色，具环状裂隙。叶鳞片状，宽三角形，先端钝，腋间有毛。花侧生短枝上，小苞片舟形；花被片矩圆形，先端钝，背面生翅状附属物,上部内曲后围抱果实。果实黄褐色。花期5—7月份。在中国,分布于内蒙古、甘肃、宁夏、青海、新疆等地。干旱沙地植物。中国珍稀濒危植物。

📖 梭梭是肉苁蓉的寄主。

梭織 ㄙㄨㄛ ㄓ/suōzhī

weaving

【纺】台湾名。即“织造”(1440页)。

梭柱/梭柱 suōzhù/ㄙㄨㄛ ㄓㄨˋ

shuttle-shaped column

【建】形状略似纺织梭子的柱子。上下两端或仅上端收小,形成中间大、端部小的外观。

📖 梭柱的具体做法,宋《营造法式》中有明确规定,即在柱身上端的1/3处收杀(呈弧形逐渐变细)。另有中间大、上下两端都收杀的梭柱。最早见于河北易县北齐义慈惠石柱上小殿檐柱(569年),另有南宋广州光孝寺大殿木柱(1269年)以及皖南明代祠堂等。

梭子/梭子 suōzi/ㄙㄨㄛ ·ㄗ

shuttle

【纺】有梭织机的引纬器材。呈流线型,表面光滑,两端尖,内腔装有简单的张力装置,以调节纬纱的引出张力,用致密坚硬的材料制成。既是引纬器,又是载纬器,较重的质量以及间歇的高速飞行是有梭织机振动、噪声、机物料消耗的主要原因。分为左手车用梭子和右手车用梭子。

梭子蟹/梭子蟹 suōzixiè/ㄙㄨㄛ· ㄗ ㄒㄧㄝˋ

swimming crab

【动】*Portunus trituberculatus* 又称“蝤蛑”。甲壳动物名。十足目蝤蛑科。头胸甲宽大,两侧具长棘,略呈梭形,浅灰绿色,有白色云斑,螯长而大,第四对足扁平像桨,适于游泳。生活在浅海海底。分布于中国沿海,日本、朝鲜等国也有分布。

梭子蟹

羧酸/羧酸 suōsuān/ㄙㄨㄛ ㄙㄨㄢ

carboxylic acid

【化】一类含氧有机化合物。分子中含有羧基,具有极性、负电性与酸性。可以与碱生成盐,与醇、酚生成酯。自然界中多以酯的形式存在。

缩合/縮合 suōhé/ㄙㄨㄛ ㄏㄜˊ

condensation

【化】两个或两个以上有机化合物分子相互作用,以共价键结合成一个大分子,同时生成水或其他较简单分子的过程。

缩瞳药/縮瞳藥

suōtóngyào/ㄙㄨㄛ ㄊㄨㄥˊ ㄧㄠˋ

miotic

【医】局部滴眼应用后能使瞳孔缩小、眼压下降的药。多为拟副交感神经药,包括M受体激动药及胆碱酯酶抑制药,如毛果芸香碱、毒扁豆碱等。

索道/索道 suǒdào/ㄙㄨㄛˇ ㄉㄠˋ

ropeway

【机】输送机械的一种。由驱动机带动钢索,牵引箱体在距离地面一定高度处载运人员或物料。通常在中途每隔一段距离建造承托钢索的支架。可分为架空索道、缆车和拖牵索道。

索道桥/索道橋

suǒdàoqiáo/ㄙㄨㄛˇ ㄉㄠˋ ㄑㄧㄠˊ

cableway bridge

【军】在锚固于两岸的一排缆索上铺设桥面架成的桥梁。通常架设于山地的江河、峡谷或其他不宜架设浮桥和固定桥的地方。

索尔兹伯里教堂/索爾茲伯里教堂

Suǒ'ěrzībólǐ Jiàotáng/

ㄙㄨㄛˇ ㄦˇ ㄗ ㄅㄛˊ ㄌㄧˇ ㄐㄧㄠˋ ㄊㄤˊ

Salisbury Cathedral

【建】英国的一座哥特式天主教堂。始建于1220年,1258年完工,位于索尔兹伯里。中厅较矮较深,两边各有一侧廊,横厅突出较多,且有一道较短的后横厅。西面是教堂正面,东端以方厅结束。在十字交叉处有一座高达123米的尖塔,为英国最高的塔楼和尖顶,是整个建筑的构图中心。教堂外观上具有英国特色,但内部装饰简单,仍为法国风格,不同的是其强调层间的水平划分,增加了深远的感觉。

索氏体/索氏體 suǒshìtǐ/ㄙㄨㄛˇ ㄕˋ ㄊㄧˇ

sorbite

【材】见“珠光体”(1475页)。

索塔/索塔 suǒtǎ/ㄙㄨㄛˇ ㄊㄚˇ

cable support tower

【交】悬索桥或斜拉桥中用来支撑悬索或斜缆,承受传来的水平分力和垂直分力的结构。悬索桥的索塔用来承担主缆,斜拉桥的索塔用来锚固拉索。其常用形式,沿桥纵向布置的有单柱形、A形和倒Y形,沿桥横向布置的有单柱形、双柱形、门式、A形、倒V形、倒Y形等。

索引暫存器
ㄙㄨㄛˇ ㄧㄣˇ ㄓㄢˋ ㄘㄨㄣˊ ㄑㄧˋ/suǒyǐn zàncúnqì
index register
【信息】台湾名。即“变址寄存器”(63页)。

琐琐 suǒsuǒ/ㄙㄨㄛˇ ㄙㄨㄛˇ
【植】即“梭梭”(1092页)。

锁骨/鎖骨 suǒgǔ/ㄙㄨㄛˇ ㄍㄨˇ
clavicle
【医】连接肩胛骨与胸骨的S形细长骨。位于皮下,横架于胸廓前上方,其全长均能触摸到。无骨髓腔,是胎儿体内首先发生骨化的骨。

S

T

ta (ㄊㄚ)

铊/鉈 tā/ㄊㄚ

thallium

【化】金属元素。属周期表第ⅢA族,符号Tl,原子序数81。原子量204.3。自然界常与碱金属共存,也存在于铁、锌、铅和碲矿中。可用来制低熔点合金、光学玻璃、温度计等。单质为灰白色金属,质软,延展性好,剧毒。化学性质比较活泼。

📖 1861年,英国的克鲁克斯(N.Crooks)在光谱中发现了亮绿色谱线,1862年,他又提取到粉末状的金属铊。其后,法国的拉密(C.Lamy)制得块状的铊单质。拉丁文定名为thallium,源自希腊文thalls,意思是"树枝绿"。中文定名为"铊",是形声字。

溚 ㄊㄚˇ/tǎ

tar

【化】台湾名。即"焦油"(615页)。

塔/塔 tǎ/ㄊㄚˇ

tower

㊀【建】"佛塔"的简称。㊁【电】输电线路中用钢材、木材、混凝土等材料构成的支持结构。通常由塔身和横担组成。按用途和功能不同,可分为直线塔、耐张塔、转角塔、终端塔、换位塔、跨越塔;按外观形状不同,可分为酒杯型、猫头型、门型、悬链型、上字型等。

塔刹/塔剎 tǎchà/ㄊㄚˇ ㄔㄚˋ

pagoda finial

【建】塔顶端的高耸收束部分。本身为一个小塔,由刹座、刹身、刹顶三部分组成,结构上起盖顶作用,形式上是全塔艺术处理的高峰。

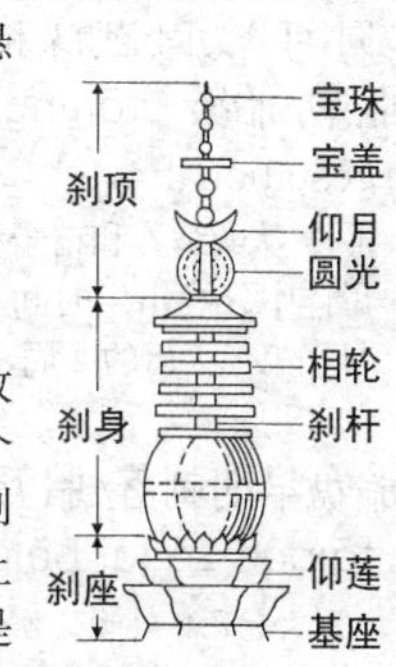

塔刹

📖 塔刹位于塔的最高处,是"观表全塔"和塔上最显著的标志。印度窣堵坡顶部是伞状顶盖,伞乃古印度贵人所用之物,伞盖在此象征对佛祖的崇敬。印度式佛塔传入中国后,与中国传统建筑相结合,将缩小比例的窣堵坡置于塔顶,变成中国式塔刹。佛寺常常称作"刹",可见刹之重要。

塔吊 tǎdiào/ㄊㄚˇ ㄉㄧㄠˋ

【机】即"塔式起重机"(1096页)。

塔夫绸/塔夫塔綢

tǎfūchóu/ㄊㄚˇ ㄈㄨ ㄊㄚˇ ㄔㄡˊ

taffeta

【纺】丝织物类名。以染色长丝为主,纯织或交织及部分色织套染,采用平纹组织的机织物。质地细密挺括,手感硬挺光滑。有全真丝塔夫绸、双宫塔夫绸、绢宫塔夫绸、交织塔夫绸等。适于制作服装、礼服、风雨衣、羽绒被套、伞面等。

塔夫塔綢

ㄊㄚˇ ㄈㄨ ㄊㄚˇ ㄔㄡˊ/tǎfūtǎchóu

taffeta

【纺】台湾名。即"塔夫绸"(1095页)。

塔机 tǎjī/ㄊㄚˇ ㄐㄧ

【机】"塔式起重机"的简称。

塔里木盆地/塔里木盆地

Tǎlǐmù Péndì/ㄊㄚˇ ㄌㄧˇ ㄇㄨˋ ㄆㄣˊ ㄉㄧˋ

Tarim Basin

【地】盆地名。位于新疆南部,西起帕米尔高原东麓,东至阿尔金山西麓,北起天山南麓,南至昆仑山北麓。面积约53万平方千米。西部海拔1000米以上,东部降至780米,是中国最大的内陆盆地。年降水量不足100毫米,多在50毫米以下。光照条件好,热量丰富,昼夜温差大。灌溉农业发达。盛产小麦、玉米、稻和瓜果,是优质棉高产区,蕴藏有丰富的油气资源和地下水资源。

塔林/塔林 tǎlín/ㄊㄚˇ ㄌㄧㄣˊ

pagoda forest

【建】成群的墓塔。大型寺院附近有墓地,高僧圆寂后在墓地内建塔。经年累月墓塔如林,故名。其选址多在寺院外,背山面水,居高临下,树木环抱,为中国佛教特有。著名的塔林有河南登封少林寺塔林、法王寺塔林、临汝风穴寺塔林,山西五台佛光寺塔林,永济栖岩寺塔林、山东历城神通寺塔林、灵岩寺塔林等。

塔群/塔群 tǎqún/ㄊㄚˇ ㄑㄩㄣˊ

pagoda group

【建】根据佛教典籍和具体奉佛、敬佛要求所建的成群的塔。

📖 中国最大的塔群在宁夏青铜峡，位于黄河西岸、面东的山坡上，从上至下分12行排列，共108座塔。

塔式高层住宅

tǎshì gāocéng zhùzhái/

ㄊㄚˇ ㄕˋ ㄍㄠ ㄘㄥˊ ㄓㄨˋ ㄓㄞˊ

【建】即“塔式住宅”(1096页)。

塔式起重机/塔式起重機

tǎshì qǐzhòngjī/ㄊㄚˇ ㄕˋ ㄑㄧˇ ㄓㄨㄥˋ ㄐㄧ

tower crane

【机】简称“塔机”，又称“塔吊”。回转起重机的一种。由高塔架、长吊臂和加压重底座组成。吊臂铰接在塔架顶部，能改变幅度并回转，可把重物升高运送，工作空间大。多用于高层建筑起重安装作业。

塔式住宅/塔式住宅

tǎshì zhùzhái/ㄊㄚˇ ㄕˋ ㄓㄨˋ ㄓㄞˊ

apartment of tower building

【建】又称“塔式高层住宅”。以共用楼梯、电梯为核心，每一层布置多套住房的高层住宅。

塔斯干柱式/塔斯干柱式

Tǎsīgān zhùshì/

ㄊㄚˇ ㄙ ㄍㄢ ㄓㄨˋ ㄕˋ

Tuscan order

【建】罗马柱式的一种。柱头为圆形柱顶板，柱身无凹槽，柱高通常是柱底径的6倍。檐部简朴，无装饰，被认为是希腊多立克柱式的变体。后世建筑理论家认为适合用于船坞、仓储，以及军事建筑。

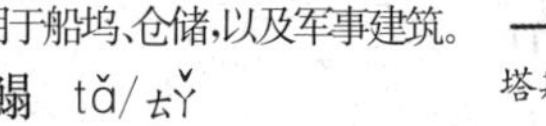

塔斯干柱式

鳎/鰨 tǎ/ㄊㄚˇ

sole

【动】鱼名。硬骨鱼纲鳎科。比目鱼的一类。身体侧扁，薄片状，长椭圆形，头部短小，有绒毛状的牙，两眼生在身体右侧，左侧向下卧在海底，以小鱼等为食。种类较多，常见的有卵鳎(*Solea ovata*)和条鳎(*Zebrias zebra*)。中国沿海均有分布。

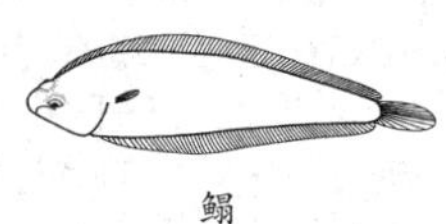

鳎

鎝 ㄊㄚˋ/tà

technetium

【化】台湾名。即“锝”(209页)。

tai (ㄊㄞ)

苔色/苔色 tāisè/ㄊㄞ ㄙㄜˋ

fur color

【中医】舌苔的颜色。常见的有白、黄、灰、黑四种，少见的还有绿色和霉酱色。

苔质/苔質 tāizhì/ㄊㄞˊ ㄓˊ

fur character, * texture of the fur

【中医】舌苔的形质。包括厚薄、润燥、滑涩、糙黏、腐腻、瓣晕、偏全、剥落、化退消长、真假等。

胎动/胎動 tāidòng/ㄊㄞ ㄉㄨㄥˋ

fetal movement

【医】胎儿在子宫内冲击子宫壁的活动。通常经产妇在怀孕18周开始感到胎动，第一次怀孕要20周才有感觉。

胎毒/胎毒 tāidú/ㄊㄞ ㄉㄨˊ

fetal toxicity, * fetal toxin

【中医】婴儿在胎妊期间禀受母体的热毒。可成为其出生后易发生疮疹诸病的病因。

胎架/胎架 tāijià/ㄊㄞ ㄐㄧㄚˋ

jig, moulding bed

【船】加工船体分段时，用以承托并保证其外形正确的工艺设备。通常用于建造船体的底部、甲板、舷侧和艏艉部等分段。利用胎架加工船体分段质量好、工效高。按适用性不同，可分为专用胎架和通用胎架；按结构形式不同，可分为固定胎架和活动胎架。

胎龄/胎齡 tāilíng/ㄊㄞ ㄌㄧㄥˊ

gestational age

【医】从卵细胞和精子结合成受精卵到胎儿从母体中分娩出生时间。受精一般发生在末次月经第一天后的2周，从卵子受精到胎儿出生约38周。

胎盘早期剥落/胎盤早期剝落

tāipán zǎoqī bōluò/

ㄊㄞ ㄆㄢˊ ㄗㄠˇ ㄑㄧ ㄅㄛ ㄌㄨㄛˋ

placental abruption

【医】妊娠20周后至分娩期，正常位置的胎盘在胎儿娩出前部分或完全从子宫剥离的现象。

胎生/胎生 tāishēng/ㄊㄞ ㄕㄥ
vivipary
【动】动物的一种生殖方式。受精卵在母体的子宫内发育，胚胎通过胎盘从母体获得营养，直到出生与母体分离。例如人和大多数哺乳动物均为胎生。

胎水过少
tāishuǐ guòshǎo/ㄊㄞ ㄕㄨㄟˇ ㄍㄨㄛˋ ㄕㄠˇ
【医】即“羊水过少”(1315页)。

台东山/臺東山
Táidōng Shān/ㄊㄞˊ ㄉㄨㄥ ㄕㄢ
Taidong Mountains
【地】又称“海岸山”。山脉名。位于台湾岛东部的太平洋沿岸。近南北走向，长约150千米，宽7～16千米，海拔500～1500米，主峰新港山，海拔1682米。

台风/颱風 táifēng/ㄊㄞˊ ㄈㄥ
typhoon
【气】发生在西北太平洋和南海海域的强热带气旋。中心附近最大风力达12～13级。是灾害性天气的一种。

台风预警信号/颱風預警信號
táifēng yùjǐng xìnhào/
ㄊㄞˊ ㄈㄥ ㄩˋ ㄐㄧㄥˇ ㄒㄧㄣˋ ㄏㄠˋ
typhoon warning signal
【气】气象灾害预警信号的一种。分为四级，分别以蓝色、黄色、橙色和红色标识。参见“气象灾害预警信号”(895页)。

台基/臺基 táijī/ㄊㄞˊ ㄐㄧ
stylobate
【建】高出地面的台子。是建筑物的底座，通常四面用砖石包砌，里面填土，上铺砖石。宋代和清代官式建筑的台基有具体规定，体现等级制度。图见“抬梁式木构架”(1098页)

台式电脑
táishì diànnǎo/ㄊㄞˊ ㄕˋ ㄉㄧㄢˋ ㄋㄠˇ
【信息】即“台式计算机”(1097页)。

台式计算机/桌上計算機
táishì jìsuànjī/ㄓㄨㄛ ㄕㄤˋ ㄐㄧˋ ㄙㄨㄢˋ ㄐㄧ
desktop computer
【信息】又称“台式电脑”。放置在桌子上使用的计算机。

台湾柏 táiwānbǎi/ㄊㄞˊ ㄨㄢ ㄅㄛˇ
【植】即“刺柏”(167页)。

台湾岛/臺灣島
Táiwān Dǎo/ㄊㄞˊ ㄨㄢ ㄉㄠˇ
Taiwan Island
【地】岛名。位于中国沿海大陆架上，隔台湾海峡与福建相望。面积3.578万平方千米，是中国第一大岛。山地和丘陵分布于东部和中部，占全岛面积的2/3，自东向西有台东山、中央山、玉山、雪山和阿里山。最高峰玉山，海拔3952米。平原多在西部，占全岛面积的1/3。台南平原为最大平原地区，东北部有宜兰平原。盆地主要有台北盆地、台中盆地。北部有大屯火山群。全岛河流以中央山脉为分水岭，分别向东、西流入海洋，主要有浊水溪、高屏溪、淡水河等。海岸较平直，岸线长1139千米。本岛西南有澎湖列岛，东北有钓鱼岛及赤尾屿，周围还有彭佳屿、基隆岛、龟山岛、绿岛、兰屿、七星岩、琉球屿等。

台湾海峡/臺灣海峽
Táiwān Hǎixiá/ㄊㄞˊ ㄨㄢ ㄏㄞˇ ㄒㄧㄚˊ
Taiwan Strait
【地】海峡名。位于福建与台湾之间，是连通南海与东海的通道。呈北东—南西走向，长约370千米，北窄南宽，北口相距约200千米，南口相距约410千米。平均水深60米。

台湾猴/臺灣獼猴
táiwānhóu/ㄊㄞˊ ㄨㄢ ㄇㄧˊ ㄏㄡˊ
Taiwanese macaque
【动】*Macaca cyclopis* 又称“黑肢猴”。哺乳动物名。灵长目猴科。头较圆，颜面较平。毛厚，淡褐色，尾粗而蓬松，四肢黑色。生活在高山密林和沿海石山上，以野果、树叶等为食。仅分布于台湾，是中国特有的珍稀动物。

台湾拟扭叶藓/臺灣擬扭葉蘚
Táiwān nǐniǔyèxiǎn/
ㄊㄞˊ ㄨㄢ ㄋㄧˇ ㄋㄧㄡˇ ㄧㄝˋ ㄒㄧㄢˇ
Taiwan quasi twisted leaf moss
【植】*Trachypodopsis formosana* 藓类。扭叶藓科拟扭叶藓属。稀疏片生，植物体粗壮，黄绿色带棕色。茎长，硬挺，不规则羽状分枝。叶密生，干时倾立，湿时平展。孢蒴未见。在中国，分布于西南地区及台湾。多生于树干及岩面上。

台湾杉/臺灣杉

táiwānshān/ㄊㄞˊ ㄨㄢ ㄕㄢ

flous taiwania

【植】*Taiwania cryptomerioides* 又称“秃杉”。杉科台湾杉属。常绿乔木。树皮淡褐灰色，裂成不规则的长条片，内皮红褐色，树冠圆锥形。大树的叶四棱状钻形，排列紧密，四面有气孔线；雄球花簇生于小枝顶端。球果圆柱形或长椭圆形，熟时褐色。球果10—11月份成熟。在中国，分布于云南西部，湖北西南部，贵州东南部和台湾。造林树种。

台湾藓/臺灣蘚

táiwānxiǎn/ㄊㄞˊ ㄨㄢ ㄒㄧㄢˇ

Taiwan moss

【植】*Taiwanobryum speciosum* 藓类。台湾藓属毛藓科。稀疏群生，植物体粗大，黄绿色。茎细长，匍匐横生，有红棕色假根。叶稀疏，干时紧贴，湿时倾立。雌雄异株。蒴柄细长，黄色；孢蒴直立，长卵形，黄色；蒴齿单层。在中国，分布于长江以南各地。多生于树上。

台榭/臺榭 táixiè/ㄊㄞˊ ㄒㄧㄝˋ

terraced building, taixie

【建】台和榭的合称。中国古代将地面上的高墩称为台，台上的木构房屋称为榭。最初是在夯土台上建造的四周无壁的敞厅，规模不大，供军事眺望、宴饮等用，后演变为一种园林建筑形式。水畔或水中的开敞式建筑称为“水榭”。

苔藓虫/苔蘚蟲

táixiǎnchóng/ㄊㄞˊ ㄒㄧㄢˇ ㄔㄨㄥˊ

bryozoa

【地】营固着生活的群体动物。在地质时代种类很多，出现于奥陶纪，现代还有生存。个体小，不分节，具体腔。体外分泌一层胶质，形成群体的骨骼。海水、淡水均产，海洋中常与珊瑚混生在一起。

苔藓植物/苔蘚植物

táixiǎn zhíwù/ㄊㄞˊ ㄒㄧㄢˇ ㄓˊ ㄨˋ

bryophyta

【植】形体矮小，结构简单，尚没有维管组织分化的植物类群。

苔原/苔原 táiyuán/ㄊㄞˊ ㄩㄢˊ

tundra

【地】以地衣、苔藓、多年生草本和小灌木组成的无林的低矮植被。通常处在极地或高寒永久冻土分布区。

抬梁式/抬梁式 táiliángshì/ㄊㄞˊ ㄌㄧㄤˊ ㄕˋ

post-and-beam type, tailiang

【建】中国传统建筑的一种主要构架形式。柱子上承大梁，梁上立短柱，其上铺设短梁。构架进深越大，所抬梁的层数越多，最上一层短梁通过短柱承托脊檩。通过此构架将屋顶荷载传至承重柱，并使进深方向的木结构成为一个整体。

抬梁式木构架/抬梁式木構架

táiliángshì mùgòujià/

ㄊㄞˊ ㄌㄧㄤˊ ㄕˋ ㄇㄨˋ ㄍㄡˋ ㄐㄧㄚˋ

post and lintel construction

【建】木构架的一种。柱顶上抬着梁架，梁上置梁，之间以短柱相连，上梁依步架而逐层缩短，最上一层梁中部立脊瓜柱而形成的三角形屋架。相邻的两梁架间用枋联系，在各层梁的梁端和脊瓜柱上架檩，檩间布椽，构成房屋的空间骨架，以承屋面重量，并通过斗栱、柱传至基础。结构复杂，要求严格，但结实牢固，内部有较大的使用空间，广泛用于中国北方广大地区。

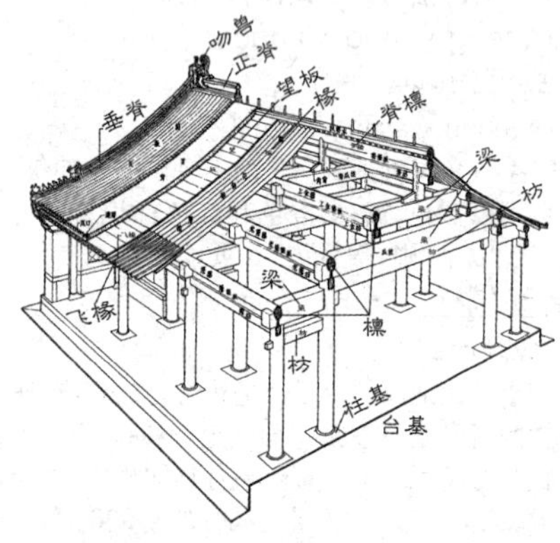

抬梁式木构架

鲐 tái/ㄊㄞˊ

【动】即“鲭”(919页)。

臺灣獼猴

ㄊㄞˊ ㄨㄢ ㄇㄧˊ ㄏㄡˊ/Táiwān míhóu

Taiwanese macaque

【动】台湾名。即“台湾猴”(1097页)。

薹草/莎草 táicǎo/ㄊㄞˊ ㄘㄠˇ
sedge
【植】*Carex* 莎草科薹草属。多年生草本植物。秆丛生或散生,直立,三棱形,基部具鞘。叶条形,基部具鞘。花单性,雌雄同株。小穗单性或两性,并排列成花序。在中国,分布于各地。常见野草。
📖 薹草是薹草属植物的统称。

太/太 tài/ㄊㄞˋ
【计量】"太拉"的简称。

太古宇/太古宇 tàigǔyǔ/ㄊㄞˋ ㄍㄨˇ ㄩˇ
Archean Eonothem
【地】太古宙时期形成的地层。

太古宙/太古宙 tàigǔzhòu/ㄊㄞˋ ㄍㄨˇ ㄓㄡˋ
Archean Eon
【地】地质年代的第一个宙。从距今 38 亿年开始,至距今 25 亿年结束。是原始生命出现及生物演化的初级阶段。分为始太古代、古太古代、中太古代和新太古代。

太行山/太行山
Tàiháng Shān/ㄊㄞˋ ㄏㄤˊ ㄕㄢ
Taihang Mountains
【地】山脉名。位于山西、河北交界处,东北—西南走向,局部地区近于南北走向。北起北京西山,南达豫北黄河北岸,西接山西高原,东临华北平原,全长约 400 千米,为山西东部、东南部与河北、河南的天然界山。大部分海拔 1200 米以上,多关隘。

太湖石/太湖石 tàihúshí/ㄊㄞˋ ㄏㄨˊ ㄕˊ
Taihu Lake stone
【地】俗称"假山石"。产于江苏太湖地区的具观赏价值的石灰岩。形状各异,姿态万千,具有"透、漏、皱、瘦"的特点;色泽以浅灰石为多,少有青黑色、黄色。以洞庭西山消夏湾一带出产的最著名。适宜布置于公园、草坪、校园、庭院等处。

太极拳/太極拳 tàijíquán/ㄊㄞˋ ㄐㄧˊ ㄑㄩㄢˊ
taijiquan, * Taiji
【中医】中国传统拳法之一。根据古代吐纳、导引之术和中医经络理论,宗太极阴阳之旨,并吸收历代各家拳法而成,具有防病治病健身的作用。特点是动作圆柔连贯,每一式绵绵不断、轻灵沉着。主要分为陈氏、杨氏、吴氏、武氏与孙氏五大流派。现有 24 式简化太极拳、48 式简化太极拳和 88 式太极拳等。
📖 据考证,太极拳最早传习于河南省温县陈家沟陈姓家族。原为技击,后逐渐演变为以健身为主的拳法。其拳法以掤、采、挤、按、捋、挒、肘、靠八势为八卦之式,架势与步法以进步、退步、左顾、右盼、中定五势为五行之式,计十三式。以绵、软、劲、柔中有刚为行拳要领。太极拳对人体各部位姿势的要求如下:头——保持"虚领顶劲",有上悬意念,不可歪斜摇摆,眼要自然平视,嘴要轻闭,舌抵上颚;颈——自然竖直,转动灵活,不可紧张;肩——平正松沉,不可上耸、前扣或后张;肘——自然弯曲沉坠,防止僵直或上扬;腕——下沉"塌腕",劲力贯注,不可松软;胸——舒松微含,不可外挺或故意内缩;背——舒展伸拔,称为"拔背",不可弓驼;腰——向下松沉,旋转灵活,不可前弓或后挺;脊——中正竖直,保持身型端正自然;臀——向内微敛,不可外突,称为"溜臀""敛臀";胯——松正含缩,使劲力贯注下肢,不可歪扭、前挺;腿——稳健扎实,弯曲合度,转旋轻灵,移动平稳,膝部松活自然,脚掌虚实分清。

太空船 ㄊㄞˋ ㄎㄨㄥ ㄔㄨㄢˊ/tàikōngchuán
space craft
【航】❶台湾名。即"航天器"(479 页)。❷台湾名。即"宇宙飞船"(1378 页)。

太空船變軌飛行
ㄊㄞˋ ㄎㄨㄥ ㄔㄨㄢˊ ㄅㄧㄢˋ ㄍㄨㄟˇ ㄈㄟ ㄒㄧㄥˊ/
tàikōngchuán biànguǐ fēixíng
【船】台湾名。即"航天器变轨飞行"(480 页)。

太空船軌道控制
ㄊㄞˋ ㄎㄨㄥ ㄔㄨㄢˊ ㄍㄨㄟˇ ㄉㄠˋ ㄎㄨㄥˋ ㄓˋ/
tàikōngchuán guǐdào kòngzhì
spacecraft orbit control
【航】台湾名。即"航天器轨道控制"(480 页)。

太空船回收
ㄊㄞˋ ㄎㄨㄥ ㄔㄨㄢˊ ㄏㄨㄟˊ ㄕㄡ/
tàikōngchuán huíshōu
spacecraft recovery
【航】台湾名。即"航天器回收"(480 页)。

太空船姿態確定
ㄊㄞˋ ㄎㄨㄥ ㄔㄨㄢˊ ㄗ ㄊㄞˋ ㄑㄩㄝˋ ㄉㄧㄥˋ/
tàikōngchuán zītài quèdìng
spacecraft attitude determination
【航】台湾名。即“航天器姿态确定”(480 页)。

太空發射載具
ㄊㄞˋ ㄎㄨㄥ ㄈㄚ ㄕㄜˋ ㄗㄞˋ ㄐㄩˋ/
tàikōng fāshè zàijù
space launch vehicle
【航】台湾名。即“航天运载器”(481 页)。

太空飛行器
tàikōng fēixíngqì/ㄊㄞˋ ㄎㄨㄥ ㄈㄟ ㄒㄧㄥˊ ㄑㄧˋ
【航】即“航天器”(479 页)。

太空飛機
ㄊㄞˋ ㄎㄨㄥ ㄈㄟ ㄐㄧ/tàikōng fēijī
aerospace plane
【航】台湾名。即“空天飞机”(692 页)。

太空飛行
ㄊㄞˋ ㄎㄨㄥ ㄈㄟ ㄒㄧㄥˊ/tàikōng fēixíng
space flight
【航】台湾名。即“航天”(479 页)。

太空寒冷黑暗環境
ㄊㄞˋ ㄎㄨㄥ ㄏㄢˊ ㄌㄥˇ ㄏㄟ ㄢˋ ㄏㄨㄢˊ ㄐㄧㄥˋ/
tàikōng hánlěng hēi'àn huánjìng
space cold and black environment
【航】台湾名。即“空间冷黑环境”(687 页)。

太空航測術
ㄊㄞˋ ㄎㄨㄥ ㄏㄤˊ ㄘㄜˋ ㄕㄨˋ/tàikōng hángcèshù
space photogrammetry
【航】台湾名。即“航天摄影测量”(480 页)。

太空環境
ㄊㄞˋ ㄎㄨㄥ ㄏㄨㄢˊ ㄐㄧㄥˋ/tàikōng huánjìng
space environment
【航】台湾名。即“空间环境”(687 页)。

太空環境模擬器
ㄊㄞˋ ㄎㄨㄥ ㄏㄨㄢˊ ㄐㄧㄥˋ ㄇㄛˊ ㄋㄧˇ ㄑㄧˋ/
tàikōng huánjìng mónǐqì
space environment simulator
【航】台湾名。即“空间环境模拟器”(687 页)。

太空機器人
ㄊㄞˋ ㄎㄨㄥ ㄐㄧ ㄑㄧˋ ㄖㄣˊ/tàikōng jīqìrén
space robot
【航】台湾名。即“航天机器人”(479 页)。

太空監視系統
ㄊㄞˋ ㄎㄨㄥ ㄐㄧㄢ ㄕˋ ㄒㄧˋ ㄊㄨㄥˇ/
tàikōng jiānshì xìtǒng
space surveillance system
【军】台湾名。即“空间监视系统”(687 页)。

太空垃圾
ㄊㄞˋ ㄎㄨㄥ ㄌㄜˋ ㄙㄜˋ/tàikōng lājī
space debris
【航】台湾名。即“太空碎片”(1101 页)。

太空漫步
ㄊㄞˋ ㄎㄨㄥ ㄇㄢˋ ㄅㄨˋ/tàikōng mànbù
space walk
【航】台湾名。即“太空行走”(1101 页)。

太空目標監視雷達
ㄊㄞˋ ㄎㄨㄥ ㄇㄨˋ ㄅㄧㄠ ㄐㄧㄢ ㄕˋ ㄌㄟˊ ㄉㄚˊ/
tàikōng mùbiāo jiānshì léidá
space target surveillance radar
【军】台湾名。即“空间目标监视雷达”(688 页)。

太空人 ㄊㄞˋ ㄎㄨㄥ ㄖㄣˊ/tàikōngrén
astronaut
【航】台湾名。即“航天员”(481 页)。

太空人個人求生設備
ㄊㄞˋ ㄎㄨㄥ ㄖㄣˊ ㄍㄜˋ ㄖㄣˊ ㄑㄧㄡˊ ㄕㄥ ㄕㄜˋ ㄅㄟˋ/
tàikōngrén gèrén qiúshēng shèbèi
personal survival equipment for astronauts
【航】台湾名。即“航天员个人救生装备”(481 页)。

太空攝影
ㄊㄞˋ ㄎㄨㄥ ㄕㄜˋ ㄧㄥˇ/tàikōng shèyǐng
space photography
【航】台湾名。即“航天摄影”(480 页)。

太空食品
ㄊㄞˋ ㄎㄨㄥ ㄕˊ ㄆㄧㄣˇ/tàikōng shípǐn
space food
【轻】台湾名。即“航天食品”(480 页)。

太空睡袋
ㄊㄞˋ ㄎㄨㄥ ㄕㄨㄟˋ ㄉㄞˋ/tàikōng shuìdài
space sleeping bag

【航】台湾名。即"航天睡袋"(480 页)。

太空碎片/太空垃圾

tàikōng suìpiàn/ㄊㄞˋ ㄎㄨㄥ ㄌㄜˋ ㄙㄜˋ

space debris

【航】又称"空间垃圾"。浮游于外层空间中废弃的人造物体。包括寿命终结的航天器、运载火箭废弃级、航天发射飞行抛弃物,以及人造物体碎裂形成的碎片等,因其与航天器相对速度很大,且数量极多,故对空间环境的安全、净化形成不利影响。

📖 1983 年,美国航天飞机"挑战者号"与一块直径 0.2 毫米的涂料剥离物相撞,导致舷窗被损,只好停止飞行。2014 年,为躲避一块火箭残骸,国际空间站曾调整了飞行轨道。

太空梭 ㄊㄞˋ ㄎㄨㄥ ㄙㄨㄛ/tàikōngsuō

space shuttle

【航】台湾名。即"航天飞机"(479 页)。

太空探測

ㄊㄞˋ ㄎㄨㄥ ㄊㄢˋ ㄘㄜˋ/tàikōng tàncè

space exploration

【航】台湾名。即"深空探测"(997 页)。

太空探測器

ㄊㄞˋ ㄎㄨㄥ ㄊㄢˋ ㄘㄜˋ ㄑㄧˋ/tàikōng tàncèqì

space probe

【航】台湾名。即"空间探测器"(688 页)。

太空天气/太空天氣

tàikōng tiānqì/ㄊㄞˋ ㄎㄨㄥ ㄊㄧㄢ ㄑㄧˋ

space weather

【气】主要由太阳活动引起的地球大气以外的部分或整体空间磁场、粒子分布等在短时间尺度内的变化。对大气的磁层和电离层影响很大。

📖 1989 年 3 月 9 日发生日冕物质抛射,3 月 13 日加拿大魁北克的电力网络因为地球感应电流瓦解。这是著名的太空天气事件。这个事件始于一个变压器出现故障,导致大规模断电,至少持续了 9 小时,并有 600 万人受到影响。

太空天文學

ㄊㄞˋ ㄎㄨㄥ ㄊㄧㄢ ㄨㄣˊ ㄒㄩㄝˊ/

tàikōng tiānwénxué

space astronomy

【天】台湾名。即"空间天文学"(688 页)。

太空通訊

ㄊㄞˋ ㄎㄨㄥ ㄊㄨㄥ ㄒㄩㄣˋ/tàikōng tōngxùn

space communication

【信息】台湾名。即"空间通信"(688 页)。

太空望遠鏡

ㄊㄞˋ ㄎㄨㄥ ㄨㄤˋ ㄩㄢˇ ㄐㄧㄥˋ/

tàikōng wàngyuǎnjìng

space telescope

【天】台湾名。即"空间望远镜"(688 页)。

太空武器

ㄊㄞˋ ㄎㄨㄥ ㄨˇ ㄑㄧˋ/tàikōng wǔqì

space weapon

【军】台湾名。即"空间武器"(689 页)。

太空行走/太空漫步

tàikōng xíngzǒu/ㄊㄞˋ ㄎㄨㄥ ㄇㄢˋ ㄅㄨˋ

space walk

【航】航天员在航天器运行轨道上或其他天体表面到航天器舱外进行的活动。主要进行设备维修、更换或回收各种航天器及空间设施、更换有效载荷及大型空间结构(如空间)等。

📖 1965 年,苏联航天员阿·阿·列昂诺夫(A. A. Леонов)离开"上升"2 号飞船实现了人类第一次太空行走。2008 年 9 月 27 日,中国航天员翟志刚离开"神州"7 号飞船,借助便携式生命保障系统到舱外活动,实现了中国航天员的第一次太空行走。

太空遙測

ㄊㄞˋ ㄎㄨㄥ ㄧㄠˊ ㄘㄜˋ/tàikōng yáocè

space remote sensing

【测绘】台湾名。即"航天遥感"(480 页)。

太空衣 ㄊㄞˋ ㄎㄨㄥ ㄧ/tàikōngyī

space suit

【航】台湾名。即"航天服"(479 页)。

太空醫學

ㄊㄞˋ ㄎㄨㄥ ㄧ ㄒㄩㄝˊ/tàikōng yīxué

space medicine

【航】台湾名。即"航天医学"(481 页)。

太空載具外活動

ㄊㄞˋ ㄎㄨㄥ ㄗㄞˋ ㄐㄩˋ ㄨㄞˋ ㄏㄨㄛˊ ㄉㄨㄥˋ/

tàikōng zàijùwài huódòng
extravehicular activity
【航】台湾名。即“舱外活动”(95 页)。

太空站 tàikōngzhàn/ㄊㄞˋ ㄎㄨㄥ ㄓㄢˋ
【航】即“空间站”(689 页)。

太空站服務艙
ㄊㄞˋ ㄎㄨㄥ ㄓㄢˋ ㄈㄨˊ ㄨˋ ㄘㄤ/
tàikōngzhàn fúwùcāng
space station service module
【航】台湾名。即“空间站服务舱”(689 页)。

太空戰 ㄊㄞˋ ㄎㄨㄥ ㄓㄢˋ/tàikōngzhàn
space warfare
【航】台湾名。即“天战”(1129 页)。

太空資源
ㄊㄞˋ ㄎㄨㄥ ㄗ ㄩㄢˊ/tàikōng zīyuán
space resources
【航】台湾名。即“空间资源”(689 页)。

太空作战
tàikōng zuòzhàn/ㄊㄞˋ ㄎㄨㄥ ㄗㄨㄛˋ ㄓㄢˋ
【航】即“天战”(1129 页)。

太拉/太 tàilā/ㄊㄞˋ
tera
【计量】简称“太”。用于构成十进倍数单位的词头。相当于 10^{12},符号 T。例如,1 太赫＝10^{12} 赫。

太庙/太廟 tàimiào/ㄊㄞˋ ㄇㄧㄠˋ
Imperial Ancestral Temple
【建】帝王祭祀祖先的宗庙。按周制,位于宫门前左侧(东侧)。北京太庙始建于明永乐十八年(1420 年),是明清两代皇帝祭祀祖先的地方。按“左祖右社”古制,位于故宫中轴线端门的东侧,并同西侧的社稷坛相对而立。太庙建筑群由两重庙墙包围,沿中轴线上布置前门、戟门及前、中、后三殿,分别为正殿、寝殿、祧庙。两侧有神库、神厨及东西配殿等建筑物。

太平花/太平花
tàipínghuā/ㄊㄞˋ ㄆㄧㄥˊ ㄏㄨㄚ
Beijing mockorange
【植】*Philadelphus pekinensis* 又称“京山梅花”。虎耳草科山梅花属。落叶灌木。多分枝。叶对生,卵形,边缘有齿;花枝上叶小,椭圆形。总状花序,花萼黄绿色,裂片卵形;花冠盘状,花瓣四枚,倒卵形,白色。花期 5—7 月份。在中国,分布于内蒙古、辽宁、河北、河南、陕西、山西、湖北等地。观赏花木。

太平洋/太平洋
Tàipíng Yáng/ㄊㄞˋ ㄆㄧㄥˊ ㄧㄤˊ
Pacific Ocean
【地】世界四大洋之一。从北极一直延伸至南极,西邻亚洲和大洋洲,东邻北美洲和南美洲。通常以赤道为界,分为南太平洋和北太平洋。东西宽约 1.95 万千米,南北长约 1.58 万千米,面积约17 968万平方千米。是地球上最大的洋,约占世界海洋总面积的 45%、地球总面积的 33%;也是最深的洋,平均深度 4028 米,其中马里亚纳海沟深11 034米,是世界海洋已知的最深点;还是岛屿最多的洋,有岛屿 1 万多个,占海洋岛屿总面积的 45%。渔业水产和矿产资源均居世界各大洋之首。

太阳/太陽 tàiyáng/ㄊㄞˋ ㄧㄤˊ
Sun
【天】银河系中的一颗恒星。是太阳系的中心天体,太阳系中的行星和其他天体都围绕其运动,绝对星等为 4.8。为一巨大的高温等离子体球,主要由氢和氦组成,表面的温度约 6000 开。内部热压力和自身引力保持平衡。内部有一个刚性旋转的日核,温度高达约 1600 万开,通过将氢聚变成氦的核反应而产生能量。日核外面被辐射层和对流层包裹。太阳大气有光球、色球和日冕三层。其半径为 6.963×10^{5} 千米,与地球的距离为1.496×10^{8} 千米。

太阳风/太陽風
tàiyángfēng/ㄊㄞˋ ㄧㄤˊ ㄈㄥ
solar wind
【天】从太阳外层大气的日冕不断发射出的稳定的粒子流。由电子、质子和重离子(主要是 α 粒子)组成。日冕具有极高的温度,作用于日冕气体上的引力不能平衡内外的压力差,日冕无法维持流体静力平衡,而是稳定地向外膨胀,热电离气体粒子持续不断地从太阳往外流出,形成太阳风。

太阳辐射/日射 tàiyáng fúshè/ㄖˋ ㄕㄜˋ
solar radiation
【气】又称“短波辐射”。地面气象观测项目之一。指太阳向宇宙发射的电磁波和粒子流,其能量主要集中在小于4微米波长范围内。是地球大气、海洋运动和生命活动的主要能量来源。

📖 太阳辐射通过大气层时,一部分到达地面,称为直接太阳辐射,另一部分被大气层吸收、散射和反射。被散射的太阳辐射中有一部分返回宇宙空间,另一部分到达地面,到达地面的称为散射太阳辐射。

太阳光谱/太陽光譜

tàiyáng guāngpǔ/ㄊㄞˋ ㄧㄤˊ ㄍㄨㄤ ㄆㄨˇ

solar spectrum

【物】由太阳光产生的光谱。太阳光被分解成按波长大小排成的彩色光带,有红橙黄绿蓝靛紫七色。

📖 太阳光谱是吸收光谱。1666年英国科学家牛顿(I. Newton,1643—1727)用棱镜首先观察到,1802年英国科学家沃拉斯顿(W. H. Wollaston,1766—1828)等观察到其中的暗线。1861年德国物理学家基尔霍夫(Gustav Robert Kirchhoff,1824—1887)等认为,这些暗线是太阳光球发出的连续波长光被太阳大气(主要是色球层)中的原子吸收产生的。

太阳黑子/太陽黑子

tàiyáng hēizǐ/ㄊㄞˋ ㄧㄤˊ ㄏㄟ ㄗˇ

sunspot

【天】简称"黑子"。太阳光球中的暗黑斑点。磁场比周围强,温度比周围低,是主要的太阳活动现象。19世纪时发现黑子的数目和位置有着以11年为周期的规律变化。大黑子群出现后,地球上往往发生磁暴和电离层扰动。中国汉成帝河平元年(公元前28年)就有世界公认的对太阳黑子最早的观测记录。

太阳历 tàiyánglì/ㄊㄞˋ ㄧㄤˊ ㄌㄧˋ

【天】即"阳历"(1315页)。

太阳能/太陽能

tàiyángnéng/ㄊㄞˋ ㄧㄤˊ ㄋㄥˊ

solar energy

【气】太阳以电磁辐射的形式向宇宙空间发射的能量。是地球上光和热的源泉。

太阳能电池/太陽能電池

tàiyángnéng diànchí/ㄊㄞˋ ㄧㄤˊ ㄋㄥˊ ㄉㄧㄢˋ ㄔˊ

solar cell

【材】又称"光伏电池"。物理电源的一种。利用硅片等半导体的PN结受阳光辐射时捕捉光子而产生直流电。储存寿命长,能长期连续使用,但能量转化效率通常不足20%。

太阳能火箭/太陽能火箭

tàiyángnéng huǒjiàn/

ㄊㄞˋ ㄧㄤˊ ㄋㄥˊ ㄏㄨㄛˇ ㄐㄧㄢˋ

solar energy rocket

【航】利用太阳能加热火箭发动机推进剂,经过喷管气动力加速喷射产生推力的火箭。由柔性太阳能聚集器采光,聚焦推进剂,使推进剂高温汽化喷射,形成推力推进运载器。能源利用率高,无污染,适于轨道运输和空间星际飞行。

太阳能建筑/太陽能建築

tàiyángnéng jiànzhù/

ㄊㄞˋ ㄧㄤˊ ㄋㄥˊ ㄐㄧㄢˋ ㄓㄨˋ

solar building

【建】利用太阳能供暖和制冷的建筑。可节省大量电力、煤炭等能源,不污染环境,特别适用于年日照时间长、空气洁净度高、阳光充足而缺乏其他能源的地区。但投资大,回收年限长。由于太阳能的间歇性和不稳定性,需要有辅助能源,补充太阳能的不足。按工作方式不同,可分为主动式系统和被动式系统;按载热体不同,可分为水系统和空气系统。

太阳能热水器/太陽能熱水器

tàiyángnéng rèshuǐqì/

ㄊㄞˋ ㄧㄤˊ ㄋㄥˊ ㄖㄜˋ ㄕㄨㄟˇ ㄑㄧˋ

solar water heater

【轻】热水器的一种。能吸收太阳辐射能并将其转变成热能以加热冷水。太阳能接收器体量和表面积较大,表面多为深色,内设储水桶或曲折水管,常安装在屋顶,流经器内的冷水升温后通过管道引入室内作为日常生活用水。

太阳能转换/太陽能轉換

tàiyángnéng zhuǎnhuàn/

ㄊㄞˋ ㄧㄤˊ ㄋㄥˊ ㄓㄨㄢˇ ㄏㄨㄢˋ

solar energy conversion

【电】利用能量转换器件或装置将太阳能转换成其他形式能量。

太阳同步轨道/太陽同步軌道

tàiyáng tóngbù guǐdào/

ㄊㄞˋ ㄧㄤˊ ㄊㄨㄥˊ ㄅㄨˋ ㄍㄨㄟˇ ㄉㄠˋ

sun-synchronous orbit

【航】轨道平面绕地球自转轴旋转的方向与地球公转的方向相同，旋转角速度等于地球公转的平均角速度(0.985 度/天或 360 度/年)的人造地球卫星轨道。其轨道倾角必须大于 90 度，为一条逆行轨道，此轨道可保证一定区域的始终日照。在太阳同步轨道上运行的卫星为太阳同步轨道卫星。

太阳同步卫星/太陽同步衛星 tàiyáng tóngbù wèixīng/ ㄊㄞˋ ㄧㄤˊ ㄊㄨㄥˊ ㄅㄨˋ ㄨㄟˋ ㄒㄧㄥ

sun-synchronous satellite

【航】在太阳同步轨道上运行的卫星。通常气象卫星、地球资源卫星是太阳同步轨道卫星。

太阳系/太陽系 tàiyángxì/ ㄊㄞˋ ㄧㄤˊ ㄒㄧˋ

solar system

【天】由太阳和围绕它运动的天体构成的体系及其所占有的空间区域。包含太阳和围绕太阳公转的八大行星(水星、金星、地球、火星、木星、土星、天王星、海王星)和它们的卫星及环带，以及矮行星、小行星、彗星、行星际物质等众多天体。太阳的质量占太阳系总质量的 99.8%，八大行星都在接近同一平面的近圆形轨道上沿同一方向绕太阳公转。

太阳穴/太陽穴 tàiyángxué/ ㄊㄞˋ ㄧㄤˊ ㄒㄩㄝˊ

EX-HN5, * Greater Yang point

【中医】经外穴之一。在颞部，当眉梢与目外眦之间，向后约一横指的凹陷处。该穴主治头痛、目疾等病证。

太陽神計劃 ㄊㄞˋ ㄧㄤˊ ㄕㄣˊ ㄐㄧˋ ㄏㄨㄚˋ/Tàiyángshén jìhuà

Apollo project

【航】台湾名。即“阿波罗工程”(1 页)。

太医/太醫 tàiyī/ ㄊㄞˋ ㄧ

palace physician, * imperial physician

【中医】古代专门为帝王和宫廷官员服务的医生。

太医署/太醫署 tàiyīshǔ/ ㄊㄞˋ ㄧ ㄕㄨˇ

Imperial Medical Academy, * Imperial Medical Bureau

【中医】古代医疗和医学教育的机构。

📖 太医署之名始于南北朝宋代，北齐时归太常寺管理。隋唐时仍属太常寺，设医学、药学两部门。医学分医、针、按摩、咒禁四科，其中医科又有体疗(内科)、疮肿(外科)、少小(儿科)、耳目口齿、角法(拔罐等外治法)等课程。药学设有行政管理、药学业务人员。其中有采药师、药园生等。各科的课程安排、考试制度、升、降、留、退等都有一定规范。教师职称有博士、助教、师、工等。太医署是中国也是世界上最早的医学校。北宋淳化三年(公元 992 年)改名为太医局，仍负责医疗与教学。金、元、明、清改为太医院，纯属医疗保健机构。

太医院/太醫院 tàiyīyuàn/ ㄊㄞˋ ㄧ ㄩㄢˋ

Imperial Academy of Medicine, * Imperial Institute of Medicine

【中医】古代专门为上层封建统治阶级服务的医疗保健机构。始设于金代，元明清三代均设。

太渊/太淵 tàiyuān/ ㄊㄞˋ ㄩㄢ

L9, LU9, * Great Abyss

【中医】手太阴肺经穴之一。在腕掌侧横纹桡侧，桡动脉搏动处。手太阴肺经的腧穴、原穴，八会穴之脉会。该穴主治咳嗽、气喘、咳血、胸痛、咽喉肿痛、无脉症、手腕痛等病证。

太子参/太子參 tàizǐshēn/ ㄊㄞˋ ㄗˇ ㄕㄣ

Radix Pseudostellariae (拉), heterophylly falsestarwort root

【中医】中药名。石竹科植物孩儿参 *Pseudostellaria heterophylla* (Miq.) Pax ex Pax et Hoffm. 的干燥块根。味甘、微苦，性平。归脾、肺经。益气健脾，生津润肺。用于脾虚体倦，食欲不振，病后虚弱，气阴不足，自汗口渴，肺燥干咳。

太子参

📖 因最早发现于南京明东陵(朱元璋之子、太子朱标之墓园)，故名太子参。又称“孩儿参”“童参”等。

汰石子 tàishízǐ/ ㄊㄞˋ ㄕˊ ㄗˇ

【建】即“水刷石”(1069 页)。

肽/肽 tài/ ㄊㄞˋ

peptide

【生】两个或两个以上氨基酸脱水缩合，并以肽键联结成的线性化合物。肽键是蛋白质中氨基酸连接的基本方式，系酰胺键，为共价键。蛋白质即由较长的肽链组成。

钛/鈦 tài/ㄊㄞˋ

titanium

【化】金属元素。属周期表第ⅣB族，符号Ti，原子序数22。原子量47.87。自然界主要存在于钛铁矿、金红石、钛磁铁矿、钙钛矿等中。单质为银白色金属，延展性好。质硬而轻，强度和耐腐蚀性极高，几乎没有金属疲劳现象。可制造合金和钛钢。

📖 1791年，英国的格雷戈尔（W.Gregor）首先从钛铁矿石中发现了钛与铁的混合氧化物。1910年，美国的亨特（M.A.Hunter）制出单质钛。拉丁文定名为titanium，源自Titans，意思是希腊神话中地球神的长子“太旦”。中文定名为“钛”，是形声字。

钛白/鈦白 tàibái/ㄊㄞˋ ㄅㄞˊ

titanium pigment

【化】无机颜料的一种。主要成分是二氧化钛（TiO_2），白色，固体或粉末状，无毒，黏附力强，化学性质稳定。是重要的白色颜料和瓷器釉料，广泛用于涂料、塑料、橡胶等生产中。

钛铁矿/鈦鐵礦

tàitiěkuàng/ㄊㄞˋ ㄊㄧㄝˇ ㄎㄨㄤˋ

ilmenite

【地】矿物。成分为$FeTiO_3$。三方晶系。晶体通常为板状，其集合体为块状或粒状。铁黑或钢灰色，条痕钢灰或黑色，金属至半金属光泽，莫氏硬度5～6，密度4～5克/厘米^3。是提取钛的矿物原料。

泰姬陵 Tàijī Líng /ㄊㄞˋ ㄐㄧ ㄌㄧㄥˊ

【建】“泰姬·玛哈尔陵”的简称。

泰姬·玛哈尔陵/泰姬·瑪哈爾陵

Tàijī Mǎhā'ěr Líng/

ㄊㄞˋ ㄐㄧ ㄇㄚˇ ㄏㄚ ㄦˇ ㄌㄧㄥˊ

Taj Mahal

【建】简称“泰姬陵”。莫卧儿王朝第五代皇帝沙贾汗皇后泰姬·玛哈尔的陵墓。在今印度阿格拉城内亚穆纳河右侧，始建于1631年。占地约17万平方米，基地为长方形，有两重院子，大花园正中有一十字形水渠，交叉处有喷水池。陵墓用白色大理石建成，立在96米见方、5.5米高的白色大理石台基上，建筑四面对称，每边中央有半穹形门殿。门殿两侧及抹角斜面上有两层较小的凹廊。建筑平面57米×57米，中央大穹顶直径17.7米，顶端离地61米，台基四角有高约41米的光塔。

泰山/泰山 Tài Shān/ㄊㄞˋ ㄕㄢ

Mount Tai，Tai Shan

【地】又称“岱宗”。五岳之一。位于山东中部，在泰安、济南、淄博三市之间，东西长约200千米，南北宽约50千米，总面积420平方千米，主峰玉皇顶，海拔1532.7米。山势险峻，峰峦层叠。是五岳中的东岳，1987年以世界文化与自然双重遗产列入《世界遗产名录》。

酞酸酐 ㄊㄞˋ ㄙㄨㄢ ㄍㄢ/tàisuāngān

phthalic anhydride，PA

【化】台湾名。即“苯酐”(50页)。

tan （ㄊㄢ）

贪青/貪青 tānqīng/ㄊㄢ ㄑㄧㄥ

reluctant ripen

【农】大田作物到变黄成熟时期，茎叶仍呈青绿色而成熟延迟的不正常生长现象。多由水肥管理失当，氮肥或水分过多等引起。常导致籽粒空瘪、蕾铃花果脱落、薯类作物结薯少而小、作物倒伏，严重影响作物产量和质量。

滩地/灘地 tāndì/ㄊㄢ ㄉㄧˋ

flood plain，alluvial plain

【水利】江河湖海边缘淤积成的平地或水中的沙洲。

滩涂/灘塗 tāntú/ㄊㄢ ㄊㄨˊ

tidal flat

【地】海滩、河滩和湖滩的统称。在沿海最高潮线与最低潮线之间，底质为砂砾、淤泥或软泥的滩地称“海滩”；在河流、湖泊常水位至洪水位间的滩地称“河滩”或“湖滩”。

滩险/灘險 tānxiǎn/ㄊㄢ ㄒㄧㄢˇ

shoal，rapids

【水利】浅滩、急滩、险滩等的统称。

坛/壇 tán/ㄊㄢˊ

Altar

【建】中国古代用于祭祀、朝会、拜相、封禅、明誓等的土筑高台。原用夯土筑造，后为砖石包砌，台上无房屋，四周环以方形或圆形的矮墙。如北京社稷坛、天坛、地坛、日坛、月坛等。

坛城 tánchéng/ㄊㄢˊ ㄔㄥˊ

【建】即“曼荼罗”(784 页)。

昙花/曇花 tánhuā/ㄊㄢˊ ㄏㄨㄚ

broadleaf epiphyllum

【植】*Epiphyllum oxypetalum* 仙人掌科昙花属。附生灌木,肉质,老茎圆柱状,木质化。叶状分枝侧扁,披针形,中肋粗大且两面凸起,边缘有齿,齿间有小窠,无刺。花单生小窠内,大型,夜间开放,花冠漏斗状,萼状花被片绿白色、淡琥珀色或带红晕,条形,边缘反曲;瓣状花被片白色,倒卵形,边缘啮蚀状,有香气。中国各地均有栽培。观赏花卉。

昙 花

📖 昙花美丽,但是只在夜间开放,且仅开 3~4 小时即凋谢,故有“昙花一现”之说。

弹性碰撞/彈性碰撞

tánxìng pèngzhuàng/ㄊㄢˊ ㄒㄧㄥˋ ㄆㄥˋ ㄓㄨㄤˋ

elastic collision

【物】碰撞的一种。两个物体碰撞后其形变完全恢复,碰撞时因形变而储存的势能,分离时完全转换为动能。故机械能守恒,动量守恒。

痰饮/痰飲 tányǐn/ㄊㄢˊ ㄧㄣˇ

phlegm and fluid retention, * phlegm-rheum

【中医】痰与饮的合称。脏腑病变过程中渗出并积存于体内的病理产物,可阻碍气血运行而成为继发的致病因素。

痰证/痰證 tánzhèng/ㄊㄢˊ ㄓㄥˋ

phlegm syndrome

【中医】中医证候之一。痰浊内阻所致,以咳嗽气喘,咯痰量多,呕恶眩晕,或局部有圆滑肿块,或神志错乱,苔腻,脉弦滑为常见症。

彈性製造單元

ㄊㄢˊ ㄒㄧㄥˋ ㄓˋ ㄗㄠˋ ㄉㄢ ㄩㄢˊ/

tánxìng zhìzào dānyuán

flexible manufacturing cell, FMC

【机】台湾名。即“柔性制造单元”(956 页)。

彈性製造系統

ㄊㄢˊ ㄒㄧㄥˋ ㄓˋ ㄗㄠˋ ㄒㄧˋ ㄊㄨㄥˇ/

tánxìng zhìzào xìtǒng

flexible manufacturing system, FMS

【机】台湾名。即“柔性制造系统”(956 页)。

檀树 tánshù/ㄊㄢˊ ㄕㄨˋ

【植】“青檀”的通称。

坦克/坦克 tǎnkè/ㄊㄢˇ ㄎㄜˋ

tank

【军】又称“坦克车”。具有强大直射火力、高度越野机动性和坚固装甲防护的履带式装甲车辆。通常由武器系统、推进系统、防护系统、通信系统、电气设备、特种设备和装置组成。主要用于与敌方坦克和其他装甲车辆作战,也用于压制反坦克武器,摧毁野战工事,歼灭有生力量。按用途不同,可分为主战坦克和特种坦克;按战斗全重不同,可分为轻型坦克、中型坦克和重型坦克。是陆军地面作战的主要突击武器。

坦克车 tǎnkèchē/ㄊㄢˇ ㄎㄜˋ ㄔㄜ

【军】即“坦克”(1106 页)。

坦克架桥车/坦克架橋車

tǎnkè jiàqiáochē/ㄊㄢˇ ㄎㄜˋ ㄐㄧㄚˋ ㄑㄧㄠˊ ㄔㄜ

tank bridge layer

【军】又称“架桥坦克”。以制式坦克车体底盘为基础,去掉炮塔,代之以制式车辙桥及架设、撤收机构的装甲车辆。用于在敌方火力威胁下快速架设桥梁,保障己方坦克及装甲车队安全通过反坦克壕沟、天然沟渠及河流等障碍。

坦克炮/坦克炮 tǎnkèpào/ㄊㄢˇ ㄎㄜˋ ㄆㄠˋ

tank gun

【军】安装在坦克上的火炮。主要以直接瞄准射击击毁敌装甲目标,摧毁敌坚固工事,压制、歼灭敌反坦克武器和有生力量。

钽/鉭 tǎn/ㄊㄢˇ

tantalum

【化】金属元素。属周期表第ⅤB 族,符号 Ta,原子序数 73。原子量 180.9。自然界与铌共存于铌钽铁矿中,也存在于钨矿和某些稀土矿中。单质为灰黑色金属,质硬,延展性好,熔点高,化学性质稳定,耐腐蚀。可用来制高强度合金或化工器材等。

📖 1802 年,瑞典的埃克柏里(A.Ekeberg)在分析来自芬兰和瑞典的矿物时都发现了钽,但钽、铌二者化学性质极其相似;直到

1866年，瑞士的马利纳克(J.G.G.Marignac)才明确将钽与铌分为两种元素。拉丁文定名为tantaium，源自Tantalus，意思是“坦塔洛斯”，是希腊神话中天神宙斯之子的名字。中文定名为“钽”，是形声字。

炭/炭 tàn/ㄊㄢˋ

charcoal

【化】炭素材料的一类。由含碳物质经烧制脱除其他元素而得。包括木炭、焦炭、活性炭、炭黑等。通常用作燃料和化工原料，也可作功能性化学品。

炭黑/碳黑 tànhēi/ㄊㄢˋ ㄏㄟ

carbon black

【化】炭素的一类。黑色粉末状的无定形碳。主要成分是碳元素，并含有少量氧及硫元素等。表面积很大，附着力很强。各种炭黑因来源不同而性能各异，有的补强性能高，有的耐磨性能好，有的导电性能良好等。主要用作颜料、橡胶补强剂和填料。

炭疽/炭疽 tànjū/ㄊㄢˋ ㄐㄩ

anthrax

【医】由炭疽芽孢杆菌所致的人畜共患急性、热性、败血性传染病。表现为脾脏显著肿大；皮下及浆膜下结缔组织出血性浸润；血液凝固不良，呈煤焦油样。自然条件下，食草兽最易感，人中等敏感，主要发生于与动物及畜产品加工接触较多及误食病畜肉的人员。

炭素/炭素 tànsù/ㄊㄢˋ ㄙㄨˋ

carbon

【化】碳单质为主要成分的材料和制品。包括炭、炭黑、玻璃碳及石墨、金刚石等，碳纤维也属此类。

探地雷达/探地雷達

tàndì léidá/ㄊㄢˋ ㄉㄧˋ ㄌㄟˊ ㄉㄚˊ

ground penetrating radar

【军】又称“透地雷达”“地质雷达”。军用雷达的一种。用于探测埋在地下、墙内或任意分层介质中目标，包括地雷、电缆、地下军事设施、伪装工事及窃听器、电台和爆炸物等。

探勘 ㄊㄢˋ ㄎㄢ/tànkān

exploration, prospecting

【地】台湾名。即“勘探”(669页)。

探空火箭/探空火箭

tànkōng huǒjiàn/ㄊㄢˋ ㄎㄨㄥ ㄏㄨㄛˇ ㄐㄧㄢˋ

sounding rocket

【航】进行近地空间探测研究和科学试验的火箭。通常作为30～200千米高空有效环境的探测工具，不设置火箭飞行控制系统。按目的不同，可分为地球物理火箭、气象火箭、生物火箭、技术试验火箭和冰雹防灾减灾火箭。

探空气球/探空氣球

tànkōng qìqiú/ㄊㄢˋ ㄎㄨㄥ ㄑㄧˋ ㄑㄧㄡˊ

sounding balloon

【气】携载相关仪器设备用于升空进行气象观测的气球。是研究大气平流层及以下气层各种气象要素的重要工具。

探空仪/送 tànkōngyí/ㄙㄨㄥˋ

sonde

【气】由探空气球载到高空，用自身感应元件对不同高度的大气压力、温度、相对湿度、风向风速等气象要素进行测量的设备。

探雷车/探雷車 tànléichē/ㄊㄢˋ ㄌㄟˊ ㄔㄜ

mine detecting vehicle

【军】装有车载式探雷器，专门用于实施探雷作业的车辆。主要用于道路、机场和平坦地域探测和标示地雷。机动性能好，探测速度快，作业效率高。

探雷针/探雷針 tànléizhēn/ㄊㄢˋ ㄌㄟˊ ㄓㄣ

mine probe

【军】简称“探针”。以触及雷体的方式发现地雷的针状探雷装备。通常与单兵探雷器配合使用。作业时将探雷针插入土、雪等覆盖物中，凭手感发现地雷。

探照灯/探照燈

tànzhàodēng/ㄊㄢˋ ㄓㄠˋ ㄉㄥ

search light

【机】台湾又称“搜索燈”。一种用于远距离照明和搜索用途的装置。具有强大的光源，以及一面能将光线集中向特定方向投射的凹面镜，多附有脚架或可移动的载具。照射距离通常为10～20千米，军事上用于照射和搜索空中、水上和地面目标。

探针 tànzhēn/ㄊㄢˋ ㄓㄣ

【军】“探雷针”的简称。

碳/碳 tàn/ㄊㄢˋ

carbon

【化】非金属元素。属周期表第ⅣA族,符号C,原子序数6。原子量12.00。自然界以单质和化合物两种形式存在。是有机化合物的主要成分。单质同素异形体有金刚石、石墨,另有非结晶碳木炭、煤、骨炭、焦炭、炭黑等。化学性质稳定。

📖 碳在远古时代就被发现,但欧洲人最早只把它看作是一种纯粹的"燃素"。1789年,法国的拉瓦锡(A.L.Lavoisier)才明确指出碳是一种元素。拉丁文定名为carbonium,源自英文carbon,意思是"煤炭"。中文定名原作"炭",后改为"碳",是形声字。

碳氮共渗/滲碳氮化法
tàndàn gòngshèn/ㄕㄣˋ ㄊㄢˋ ㄉㄢˋ ㄏㄨㄚˋ ㄈㄚˇ
carbonitriding
【机】化学热处理的一种。将钢件置于产生碳、氮活性元素的介质中,加热到一定温度,使之同时进行渗碳和氮化以增加钢件的表面硬度、耐磨性与疲劳强度。按所使用的介质不同,可分为气体法(含碳、氮的气体,如将氨气和渗碳气体同时通入炉内)和液体法(如采用含氰化钾或氰化钠的盐浴,由于有毒,现已不用)。通常把以氰盐为介质的碳氮共渗称"氰化"。

碳黑 ㄊㄢˋ ㄏㄟ/tànhēi
carbon black
【化】台湾名。即"炭黑"(1107页)。

碳钢/碳鋼 tàngāng/ㄊㄢˋ ㄍㄤ
【材】即"碳素钢"(1108页)。

碳化钙/碳化鈣
tànhuàgài/ㄊㄢˋ ㄏㄨㄚˋ ㄍㄞˋ
calcium carbide
【化】无机化合物。化学式CaC_2。不纯的多呈灰黄或灰紫色,有蒜臭味。常温下能与水作用生成熟石灰和可燃的乙炔,高温下有强还原性,可使石英、氧化硼等还原成硅或钙硅合金。是重要的工业原料,主要用于生产乙炔气或用于焊接等。

碳强度/碳強度
tànqiángdù/ㄊㄢˋ ㄑㄧㄤˊ ㄉㄨˋ
carbon intensity
【环】单位能源用量的碳排放量。能源种类不同,碳强度差异较大。化石燃料中,煤的碳强度最高,石油次之,天然气较低。

碳氢化合物
tànqīng huàhéwù/ㄊㄢˋ ㄑㄧㄥ ㄏㄨㄚˋ ㄏㄜˊ ㄨˋ
【化】即"烃"(1136页)。

碳水化合物
tànshuǐ huàhéwù/ㄊㄢˋ ㄕㄨㄟˇ ㄏㄨㄚˋ ㄏㄜˊ ㄨˋ
【生】即"糖类"(1112页)。

📖 ❶早年分析蔗糖、葡萄糖的这些同类化合物所含元素碳与水呈某种比例,分子式为$Cn(H_2O)n$或$Cn(H_2O)m$,即命名碳水化合物,后逐渐发现有些糖类化合物并不符合这个比例,且"碳水化合物"这一名称从分子式形式上说也不确切,故化学界逐渐不再采用。❷具有甜味的某些单糖或低聚糖,英文对应为sugar,中文也用"糖"字。

碳素钢/碳素鋼 tànsùgāng/ㄊㄢˋ ㄍㄤ
carbon steel, plain steel
【材】又称"碳钢"。含碳量通常为0.02%～2%的铁碳合金。常含有少量锰、硅、磷、硫、氧等杂质。按含碳量不同,可分为低碳钢、中碳钢、高碳钢;按用途不同,可分为建筑用钢、碳素结构钢和碳素工具钢。随含碳量增加,钢的强度、硬度升高,而延性、冲击韧性、可焊性等降低。

碳酸钙/碳酸鈣
tànsuāngài/ㄊㄢˋ ㄙㄨㄢ ㄍㄞˋ
calcium carbonate
【化】无机化合物。化学式$CaCO_3$。无色晶体或白色粉末,极难溶于水,溶于稀酸。是石灰石、方解石、白垩和大理石等的主要成分。工业上用于生产水泥、陶瓷、石灰、二氧化碳、人造石。食品、化妆品中主要使用轻质碳酸钙,也用于中和酸性土壤和医疗方面。

碳酸钠/碳酸鈉
tànsuānnà/ㄊㄢˋ ㄙㄨㄢ ㄋㄚˋ
sodium carbonate
【化】俗称"纯碱""苏打"。无机化合物。化学式Na_2CO_3。有无水物、一水物、七水物和十水物。无水物纯品呈白色或灰白色粉末或颗粒,水溶液呈碱性,空气中易吸水成一水碳酸钠(硬块),吸收二氧化碳成碳酸氢钠。可用作玻璃、造纸、肥皂、纺织、制革等工业的原料,也是冶金中的助溶剂,水处理的软化剂。

碳酸氢钠/碳酸氫鈉
tànsuānqīngnà/ㄊㄢˋ ㄙㄨㄢ ㄑㄧㄥ ㄋㄚˋ
sodium bicarbonate

【化】俗称"小苏打"。无机化合物。化学式 $NaHCO_3$。白色粉末或不透明结晶，水溶液因水解呈碱性，受热易分解放出二氧化碳。用途广泛，食品工业用作酸度调节剂、膨松剂等，药用为制酸剂，也用于阿司匹林用药过量和尿酸性肾结石的辅助治疗。

碳酸岩/碳酸岩
tànsuānyán/ㄊㄢˋ ㄙㄨㄢ ㄧㄢˊ
carbonatite
【地】主要由碳酸盐矿物(方解石、白云石、菱镁矿等)组成的火成岩。由富碳酸熔体侵入到围岩中结晶形成，或由直接喷出地表的碳酸熔岩形成。中至粗粒，块状构造。常与超镁铁质岩、碱性岩共同组成杂岩体，形成岩筒或岩脉。相关矿产有铌、钽、稀土元素、磷、铁等。

碳酸盐岩/碳酸鹽岩
tànsuānyányán/ㄊㄢˋ ㄙㄨㄢ ㄧㄢˊ ㄧㄢˊ
carbonate rock
【地】沉积岩的一大类。是化学或生物化学作用形成的沉积。碳酸盐矿物占50%以上，主要是方解石和白云石。主要岩石有石灰岩和白云岩两类。主要形成于海洋中，有少量形成于湖泊中。是重要的储油、储气层。可作为制作水泥和耐火材料的原料，也用作建筑石材。

碳纤维/碳纖維
tànxiānwéi/ㄊㄢˋ ㄒㄧㄢ ㄨㄟˊ
carbon fiber
【材】纤维状的碳材料。主要成分为碳，通常含碳量在90%以上，单丝直径5～10微米。密度小，耐高温，耐摩擦，耐腐蚀，防辐射，低热膨胀，可导电，导热，高阻尼，柔软而强韧，可用于航空航天、化工、体育用品等领域。

碳酰氯 tànxiānlǜ/ㄊㄢˋ ㄒㄧㄢ ㄌㄩˋ
【化】"光气"的学名。

碳循环/碳循環
tànxúnhuán/ㄊㄢˋ ㄒㄩㄣˊ ㄏㄨㄢˊ
carbon cycle
【化】碳元素在地球环境中大气—陆地—海洋圈中进行的循环。每年产生的有机物换算成碳达80亿吨。二氧化碳是碳循环的主体。

碳源/碳源 tànyuán/ㄊㄢˋ ㄩㄢˊ
carbon source
【环】❶为微生物生长发育提供所需碳素的物质的总称。❷专指向大气排放碳氧化物的过程、活动和机制。

碳中和/碳中和
tànzhōnghé/ㄊㄢˋ ㄓㄨㄥ ㄏㄜˊ
carbon neutral, carbon neutralization
【环】碳源与碳汇相互抵消的过程、活动和机制。碳源超出碳汇的部分，由个人付款给专门的企业或机构，由他们通过植树或其他环保项目来抵消大气中相应的二氧化碳量。

碳足迹/碳足跡 tànzújì/ㄊㄢˋ ㄗㄨˊ ㄐㄧˋ
carbon footprint
【环】人类活动对环境影响的一种量度。以其产生的温室气体量，按二氧化碳的重量计。包括化石燃料燃烧排放出二氧化碳的直接(初级)碳足迹，以及人们所用产品的整个产品生命周期(从其制造到最终分解)排放出二氧化碳的间接(次级)碳足迹。

tang (ㄊㄤ)

汤剂/湯劑 tāngjì/ㄊㄤ ㄐㄧˋ
decoction, * medinical decoction
【中医】又称"煎剂"。中药剂型之一。将药材饮片或粗粒加水煎煮或浸泡，去渣取汁服用。是最常用的中药剂型。

汤姆逊电桥
Tāngmǔxùn diànqiáo/
ㄊㄤ ㄇㄨˇ ㄒㄩㄣˋ ㄉㄧㄢˋ ㄑㄧㄠˊ
【电】即"直流双比电桥"(1444页)。

羰基/羰基 tāngjī/ㄊㄤ ㄐㄧ
carbonyl group, carboxide
【化】碳与氧原子结合构成的原子团。醛类与酮类的分子里都含有羰基。
📖 "羰"字由"碳"和"氧"两字合成。读音取"碳"的声母t，取"氧"的韵母ang。

唐菖蒲/唐菖蒲
tángchāngpú/ㄊㄤˊ ㄔㄤ ㄆㄨˊ
gladiolus
【植】*Gladiolus gandavensis* 鸢尾科唐菖蒲属。多年生草本植物。球茎扁圆球形。叶基生，剑形，嵌叠状排列，中脉显著。花序梗直立，高出叶面，顶生穗状花序，花生佛焰苞内，无梗，两侧对称；花冠筒漏斗形，有红、黄、白或粉红等颜色，有斑点和条纹，呈波状或褶皱状。花期 7—9 月份。中国各地均有栽培。观赏花卉。监测环境污染的指示植物。

唐古拉山/唐古喇山
Tánggǔlā Shān/ㄊㄤˊ ㄍㄨˇ ㄌㄚˇ ㄕㄢ
Tanggula Mountains
【地】山脉名。位于青藏高原中部，东西走向。平均海拔约 6000 米，主峰各拉丹冬峰海拔 6621 米。“唐古拉”是藏语音译，意为“高原上的山”。

唐古喇山
ㄊㄤˊ ㄍㄨˇ ㄌㄚˇ ㄕㄢ/Tánggǔlǎ Shān
Tanggula Mountains
【地】台湾名。即“唐古拉山”(1110 页)。

唐三彩/唐三彩
tángsāncǎi/ㄊㄤˊ ㄙㄢ ㄘㄞˇ
Tang tricolour, tri-coloured glazed pottery of Tang Dynasty
【轻】一种低温铅釉陶器。在陶坯表面涂上含有不同金属氧化物的色釉，经焙烧，形成浅黄、赭黄、浅绿、深绿、天蓝、褐红、茄紫等多种色彩，色釉浓淡变化自然协调，花纹流畅。因其盛产于唐代，且以黄、褐、绿为基本釉色，故称“唐三彩”。

唐松草/唐松草
tángsōngcǎo/ㄊㄤˊ ㄙㄨㄥ ㄘㄠˇ
grass of meadow rue
【植】*Thalictrum aquilegifolium* var. *sibiricum* 毛茛科唐松草属。多年生草本植物。茎粗壮，有分枝。茎生叶为三出复叶，三至四回，小叶草质，倒卵形。伞房状圆锥花序，花密集，萼片宽椭圆形，白色带紫色，无花瓣。花期 7 月份。在中国，分布于浙江、山东、河北、山西、内蒙古以及东北。野生花草。全草入药。

唐招提寺/唐招提寺
Táng Zhāotí Sì/ㄊㄤˊ ㄓㄠ ㄊㄧˊ ㄙˋ
Toshodaiji Monastery
【建】简称“招提寺”。日本佛教律宗建筑群。在日本奈良市西京五条，公元 759 年建成。有金堂、讲堂、经藏、宝藏以及礼堂、鼓楼等建筑物，中金堂最大，以建筑精美著称。其金堂建于奈良时代末期(公元 759—773 年)，阔七间，深四间，单檐庑殿式，筒瓦屋面，带前廊，斗栱宏大，出檐深远，殿身双槽柱。

塘鹅　táng'é/ㄊㄤˊ ㄜˊ
【动】即“鹈鹕”(1118 页)。

搪床　ㄊㄤˊ ㄔㄨㄤˊ/tángchuáng
boring machine, borer
【机】台湾名。即“镗床”(1110 页)。

搪瓷/搪瓷　tángcí/ㄊㄤˊ ㄘˊ
porcelain enamel
【材】金属表面涂敷瓷釉经烧制而牢固结合的材料。具有金属的机械强度，以及玻璃的耐蚀、耐热、耐磨、易清洁、可装饰等特点。主要应用于日用品、化工、建筑等领域。

搪光　ㄊㄤˊ ㄍㄨㄤ/tángguāng
honing
【机】台湾名。即“珩磨”(497 页)。

搪光機　ㄊㄤˊ ㄍㄨㄤ ㄐㄧ/tángguāngjī
honing machine
【机】台湾名。即“珩磨机”(497 页)。

搪孔　ㄊㄤˊ ㄎㄨㄥˇ/tángkǒng
boring
【机】台湾名。即“镗削”(1111 页)。

搪孔刀具
ㄊㄤˊ ㄎㄨㄥˇ ㄉㄠ ㄐㄩˋ/tángkǒng dāojù
boring tool
【机】台湾名。即“镗刀”(1111 页)。

膛线/步槍來復線
tángxiàn/ㄅㄨˋ ㄑㄧㄤ ㄌㄞˊ ㄈㄨˋ ㄒㄧㄢˋ
rifle
【军】又称“来复线”。枪膛或炮膛内螺旋形凹凸线。其作用是使弹头产生高速旋转，在飞行中保持稳定，以增加射程和提高命中率。

镗　táng/ㄊㄤˊ
【机】“镗削”的简称。

镗床/搪床　tángchuáng/ㄊㄤˊ ㄔㄨㄤˊ
boring machine, borer
【机】金属切削机床的一种。主要用镗刀在工件上加工已有的孔，使用不同的刀具和附件，还可加工端面、钻孔等。工作时工件安装在工作台上，镗刀装在镗杆上做旋转的切削运动，并与工件做相对的进给运动。多用于加工高精度孔或一次定位完成多个孔的精加工。可分为卧式铣镗床、坐标镗床和金刚镗床等。

镗刀/搪孔刀具
tángdāo/ㄊㄤˊ ㄎㄨㄥˇ ㄉㄠ ㄐㄩˋ
boring tool
【机】刀具的一种。用于镗削加工，通常为圆柄，较大工件使用方刀杆，有一个或两个切削部分。也可在车床或铣床上使用。

镗孔 tángkǒng/ㄊㄤˊ ㄎㄨㄥˇ
【机】即“镗削”(1111 页)。

镗削/搪孔 tángxiāo/ㄊㄤˊ ㄎㄨㄥˇ
boring
【机】简称“镗”，又称“镗孔”。金属切削加工的一种方法。通过镗刀和工件间的相对旋转运动(镗刀旋转做主运动，工件或镗刀做进给运动)扩大工件上已有孔(在毛坯上铸成、锻成或已钻出的孔)，以提高孔的精度和降低表面粗糙度。

糖/醣 táng/ㄊㄤˊ
saccharide，sugar
㊀【生】主要由碳、氢、氧三种元素组成，在地球上数量最多的一类有机物。在自然界主要由绿色植物经光合作用而形成，是光合作用的初期产物。与蛋白质、脂肪同为生物界三大基础物质，是人类生存发展必不可少的重要物质之一，生物体中淀粉、糖原等是能源物质，纤维素、半纤维素等是细胞结构物质。可分为单糖、寡糖、多糖等。淀粉、纤维素等多糖绝大多数无甜味，有甜味的为某些单糖和低聚糖。㊁【轻】即“食糖”(1031 页)。

糖蛋白/醣蛋白
tángdànbái/ㄊㄤˊ ㄉㄢˋ ㄅㄞˊ
glycoprotein
【医】一类复合蛋白质。是由寡糖和多肽链共价连接而成的生理活性物质，普遍存在于动物、植物及微生物中，主要功能有凝血、免疫、分泌、内吞、物质转运、信息传递、神经传导、生长及分化的调节、细胞迁移、细胞归巢、创伤修复及再生等。

糖苷/醣苷 tánggān/ㄊㄤˊ ㄍㄢ
glycoside
【生】简称“苷”。糖的衍生物。即糖类通过其还原性基团与其他含有羟基的物质(如醇、糖、酚、甾醇、含氮碱等)缩合而成的化合物，通常味苦或有特殊香气，有些有剧毒，水解时生成糖和醇、糖等配基物质。广泛分布于植物中，如苦杏仁苷、毛地黄毒苷、花色素苷等。

糖果效应/糖果效應
tángguǒ xiàoyìng/ㄊㄤˊ ㄍㄨㄛˇ ㄒㄧㄠˋ ㄧㄥˋ
candy effect
【心】又称“延迟满足效应”。一种社会心理效应。研究者给一群 4 岁的孩子每人一块糖，并告诉他们：能够坚持 20 分钟后再吃的，随后可以得到两块糖。一部分孩子在研究者走后立刻把糖吃了，一部分孩子则等到 20 分钟后才吃，得到两块糖。后经 12 年的追踪研究发现，当初能够坚持 20 分钟的孩子，后来做事比较有大局观，处理问题能力强；而当初立刻把糖吃掉的孩子则表现不佳。这个效应说明，从小就有自制力的孩子长大后会更加自制，容易成功；也说明要想获得成功，就要眼光长远，不能因暂时的既得利益而影响全局。

糖化酶/葡萄糖澱粉酶
tánghuàméi/ㄆㄨˊ ㄊㄠˊ ㄊㄤˊ ㄉㄧㄢˋ ㄈㄣˇ ㄇㄟˊ
glucoamylase
【轻】又称“葡萄糖淀粉酶”，学名 α-1，4-葡萄糖水解酶。酶的一种。由曲霉优良菌种经深层发酵提炼而成。能使淀粉从非还原性末端水解 α-1，4-葡萄糖苷键产生葡萄糖，也能缓慢水解 α-1，6-葡萄糖苷键，转化为葡萄糖。同时能水解糊精、糖原的非还原性末端释放 β-D-葡萄糖。多用于啤酒、白酒、黄酒、酒精、葡萄糖、味精、抗生素、有机酸、氨基酸、维生素等的工业发酵。

糖化血红蛋白/糖化血紅素
tánghuà xuèhóng dànbái/
ㄊㄤˊ ㄏㄨㄚˋ ㄒㄧㄝˇ ㄏㄨㄥˊ ㄙㄨˋ
glycosylated hemoglobin
【医】人体血液中红细胞内的血红蛋白与血糖结合的产物。与血糖浓度成正比，且保持 120 天左右，可反映近 8～12 周的血糖情况。其平均水平为 4%～5.5%。

糖化血紅素
ㄊㄤˊ ㄏㄨㄚˋ ㄒㄧㄝˇ ㄏㄨㄥˊ ㄙㄨˋ/
tánghuà xuèhóngsù
glycosylated hemoglobin
【医】台湾名。即“糖化血红蛋白”(1111 页)。

糖浆剂/糖漿 tángjiāngjì/ㄊㄤˊ ㄐㄧㄤ
syrup
【医】含有药物和芳香物质的浓蔗糖水溶液制

剂。

糖浆 ㄊㄤˊ ㄐㄧㄤ/tángjiāng
syrup
【医】台湾名。即“糖浆剂”(1111 页)。

糖精/糖精 tángjīng/ㄊㄤˊ ㄐㄧㄥ
saccharin, benzosulfimide, benzoic sulfimide
【化】学名“邻磺酰苯甲酰亚胺”。有机化学品。化学式 $C_7H_5O_3NS$。白色晶体或结晶性粉末,其稀水溶液甜度为蔗糖的 300～500 倍,是糖的代用品,无营养价值,少量无毒。大量摄入会引起血小板减少,造成急性大出血。中国规定每千克食品用量应小于 0.150 克。

T

糖类/醣類 tánglèi/ㄊㄤˊ ㄌㄟˋ
carbohydrate
【生】又称“碳水化合物”。由碳、氢、氧三种元素组成的一类有机化合物。可分为单糖、寡糖和多糖等。如葡萄糖、蔗糖、淀粉和纤维素等。

糖蜜/糖蜜 tángmì/ㄊㄤˊ ㄇㄧˋ
molasses
【轻】制糖工业的副产物。是一种复杂混合物,黏稠、黑褐色的半流体。主要含大量可发酵的蔗糖,具体组成因原料、加工条件不同而有差异。是很好的发酵原料,也可用作某些食品的原料和动物饲料。

糖尿病/糖尿病
tángniàobìng/ㄊㄤˊ ㄋㄧㄠˋ ㄅㄧㄥˋ
diabetes mellitus, DM
【医】糖及脂类为主的代谢紊乱综合征。由胰岛素缺乏或机体对胰岛素抵抗引起,与遗传、免疫、感染、精神等因素有关。以血糖升高为基本特征,主要表现为多尿、多饮、多食、消瘦等症状。如未得到有效治疗,会引起多种器官的损害。可分为 1 型糖尿病、2 型糖尿病、妊娠糖尿病以及其他特殊类型糖尿病。

糖皮质激素类/醣皮質素
tángpízhì jīsùlèi/ㄊㄤˊ ㄆㄧˊ ㄓˊ ㄙㄨˋ
glucocorticoids
【医】对体内的糖、脂肪、蛋白质以及水和电解质代谢起调节作用的甾体激素。还有抗炎、免疫抑制、抗过敏、抗毒、抗休克以及提高中枢神经系统兴奋性等作用,并对造血系统和血液凝固系统等有影响。常用的有可的松、氢化可的松等。

糖衣片/糖衣片劑
tángyīpiàn/ㄊㄤˊ ㄧ ㄆㄧㄢˋ ㄐㄧˋ
sugar coated tablet
【医】以蔗糖为主要包衣材料的片剂。

糖衣片劑
ㄊㄤˊ ㄧ ㄆㄧㄢˋ ㄐㄧˋ/tángyī piànjì
sugar coated tablet
【医】台湾名。即“糖衣片”(1112 页)。

糖原/糖原 tángyuán/ㄊㄤˊ ㄩㄢˊ
glycogen
【生】又称“动物淀粉”,台湾又称“肝醣”。一种广泛分布于哺乳类及其他动物肝、肌肉等组织的,多分散性的高度分支的葡聚糖,以葡萄糖为主链,并有多糖,用于能源贮藏。

醣 ㄊㄤˊ/táng
saccharide, sugar
【生】台湾名。即“糖”(1111 页)。

醣蛋白 ㄊㄤˊ ㄉㄢˋ ㄅㄞˊ/tángdànbái
glycoprotein
【医】台湾名。即“糖蛋白”(1111 页)。

醣苷 ㄊㄤˊ ㄍㄢ/tánggān
glycoside
【生】台湾名。即“糖苷”(1111 页)。

醣類 ㄊㄤˊ ㄌㄟˋ/tánglèi
carbohydrate
【生】台湾名。即“糖类”(1112 页)。

醣皮質素 ㄊㄤˊ ㄆㄧˊ ㄓˋ ㄙㄨˋ/tángpízhìsù
glucocorticoids
【医】台湾名。即“糖皮质激素类”(1112 页)。

螳螂/螳螂 tángláng/ㄊㄤˊ ㄌㄤˊ
mantis
【动】昆虫名。螳螂目(Mantodea)昆虫的统称。头呈三角形,触角呈丝状,胸部细长,有翅两对,前足呈镰刀状。种类很多,常见的有中华绿螳螂(*Paratenodera sinensis*)(绿色或黄褐色)、斑小螳螂(*Statilia maculata*)(灰褐色)等。捕食害虫,对农业有益。

烫伤/燙傷 tàngshāng/ㄊㄤˋ ㄕㄤ
scald
【医】由热液、蒸气等所引起的组织损伤。

tao (ㄊㄠ)

绦虫/絛蟲 tāochóng/ㄊㄠ ㄔㄨㄥˊ

tapeworm, cestode

【动】Cestoidea 扁形动物名。绦虫纲。身体柔软,像带子,由许多节片构成,每个节片都有雌雄两性生殖器,身体前端有槽、吸盘或钩,可附着在宿主肠壁上,靠体表吸收宿主肠内的营养物质。常见的是有钩绦虫和无钩绦虫两种,幼虫(囊虫又称囊尾蚴)多寄生在猪、牛等动物体内,成虫寄生在人体内。能引起绦虫病。

逃生系统

táoshēng xìtǒng/ㄊㄠˊ ㄕㄥ ㄒㄧˋ ㄊㄨㄥˇ

【军】即"航空救生设备"(476 页)。

逃梯 ㄊㄠˊ ㄊㄧ/táotī

escape stair

【建】台湾名。即"疏散楼梯"(1046 页)。

逃脱系統

ㄊㄠˊ ㄊㄨㄛ ㄒㄧˋ ㄊㄨㄥˇ/táotuō xìtǒng

escape system

【航】台湾名。即"逃逸系统"(1113 页)。

逃逸系统/逃脱系統

táoyì xìtǒng/ㄊㄠˊ ㄊㄨㄛ ㄒㄧˋ ㄊㄨㄥˇ

escape system

【航】载人航天事故中,航天员借以逃离事故现场的救生系统。可分为整舱逃逸和个人逃逸。根据事故发生环境,可分为大气层逃逸和空间在轨道逃逸。大气层逃逸时,如事故在舱内,主要采用定向高度弹射和降落伞配合;如事故在舱外,通常以整舱救生逃逸。在轨道逃逸时,须重新发射营救航天器或利用轨道备用的空间救生器系统进行。

桃/桃 táo/ㄊㄠˊ

peach

【植】*Amygdalus persica* 蔷薇科桃属。落叶小乔木。树皮暗红褐色。小枝光泽,红褐色或褐绿色,有皮孔。单叶互生,椭圆状披针形,先端渐尖,边缘有齿。花单生,先叶开放,几无梗,萼筒钟形,花瓣长圆状椭圆形,粉红色。核果卵圆形,大小有异,色泽由淡绿、白色至橙黄色,向阳面有红晕,外被毛,腹缝明显,果肉多汁,甜或酸甜,离核或黏核,核大,表面有纵沟纹。花期 3—4 月份,果期 6—9 月份。在中国,分布于各地。观赏花木。果实可作水果。

桃花鱼 táohuāyú/ㄊㄠˊ ㄏㄨㄚ ㄩˊ

【动】即"鱲"(739 页)。

桃仁/桃仁 táorén/ㄊㄠˊ ㄖㄣˊ

Semen Persicae(拉), peach seed, * peach kernel

【中医】中药名。蔷薇科植物桃 *Amygdalus persica* (L.) Batsch 或山桃 *A. davidiana* (Carr.) Franch 的干燥成熟种子。味苦、甘,性平。归心、肝、大肠经。活血祛瘀,润肠通便。用于经闭,痛经,癥瘕痞块,跌扑损伤,肠燥便秘。

📖 桃仁,孕妇慎用。

陶/陶 táo/ㄊㄠˊ

pottery

【材】见"陶瓷"(1113 页)。

陶瓷/陶瓷 táocí/ㄊㄠˊ ㄘˊ

ceramics, pottery and porcelain

【材】陶和瓷的合称。传统指硅酸盐材料的一类。由天然硅酸盐矿物添加一些化学品烧制而成。耐高温,耐磨,耐腐蚀,抗氧化,有绝缘性,强度大,硬度高而脆。其中坯体烧结温度较低、表面和断面粗糙且无光泽、机械强度较低、吸水率大的称陶;坯体烧结温度较高、表面和断面细腻有光泽、坚硬致密、施釉或无釉的称瓷。现陶瓷概念泛指除玻璃、水泥以外所有的无机非金属材料。

📖 陶瓷在中国有着悠久的历史。唐代的瓷器已达到"洁白、质坚、半透明"的水准,宋代瓷业兴盛,出现了定窑、汝窑、官窑、哥窑、钧窑等名窑。中国瓷器在世界上占有重要地位。

陶瓷锦砖/馬賽克

táocí jǐnzhuān/ㄇㄚˇ ㄙㄞˋ ㄎㄜˋ

mosaic, mosaic tile

【材】通称"马赛克"。用优质瓷土烧制而成的陶瓷制品。通常做成小块状。小瓷砖有方形、长方形、六角形等,质地坚硬,经久耐用,色泽鲜明,耐酸碱,不渗水,抗压力强,容易清洁。常用于铺设门厅、厕所、走廊的地面和墙面。

陶瓷釉/陶瓷釉 táocíyòu/ㄊㄠˊ ㄘˊ ㄧㄡˋ

ceramic color glaze

【材】一种硼硅酸盐复合材料。陶瓷器表面的玻璃质薄层。通常以石英、长石、黏土为原料,经研磨、水调后,涂敷于陶瓷坯体表面,经高温焙烧而熔融,冷却后在陶瓷器表面凝结成硬质、光滑的玻璃状表层。按烧成后外表特征不同,可分为透明釉、乳浊釉、有色釉、结晶釉、沙金釉、裂纹釉、无光釉等。

陶缸/陶缸 táogāng/ㄊㄠˊ ㄍㄤ

pottery jar, pithos

【材】一种大型陶制容器。以陶土制坯成形,入窑烧制而成。多用于盛水,也可用来存放粮食和其他物品。

📖 自古以来,陶缸用作中国酿酒业酿酒和贮酒的最佳容器。不仅可长期保持酒质,而且能改善和提升酒质,使口感更加醇和。

陶粒/陶粒 táolì/ㄊㄠˊ ㄌㄧˋ

ceramisite

【建】一种人造轻质粗集料。外壳表面粗糙而坚硬,内部多孔,一般由页岩、粉煤灰等经粉碎、筛分、高温烧结而成。用于配制轻集料混凝土、轻质砂浆,及耐酸、耐热混凝土集料。常根据原料命名,如页岩陶粒、粉煤灰陶粒等。

陶器/陶器 táoqì/ㄊㄠˊ ㄑㄧˋ

earthenware

【材】用黏土烧制的器物。以手捏、轮制、模塑等成型方法将黏土加工成坯体,经高温烧制而成。质地较松软,有微孔,具吸水性。按质地不同,可分为细陶和粗陶;按原料颜色不同,可分为灰陶、红陶、白陶、黑陶和彩陶等。现代陶器大多涂上粗釉。

陶石 ㄊㄠˊ ㄕˊ/táoshí

china stone

【材】台湾名。即“瓷石”(158 页)。

陶土/陶土 táotǔ/ㄊㄠˊ ㄊㄨˇ

syderolite, pottery clay

【轻】主要由高岭石、蒙脱石、石英、长石组成的粉砂质黏土。可以烧制一般生活用品的陶器具。

淘刷/淘刷 táoshuā/ㄊㄠˊ ㄕㄨㄚ

scouring of levee or bank

【水利】指堤坝河岸、护岸等的基础部位受水流冲刷,可能导致崩岸、堤坝坍塌的险情。

淘析 ㄊㄠˊ ㄒㄧ/táoxī

elutriation

【化】台湾名。即“洗提”(1229 页)。

套型/套型 tàoxíng/ㄊㄠˋ ㄒㄧㄥˊ

dwelling unit

【建】按不同的使用面积、居住空间组成的成套住宅的类型。

套裝軟體

ㄊㄠˋ ㄓㄨㄤ ㄖㄨㄢˇ ㄊㄧˇ/tàozhuāng ruǎntǐ

software package

【信息】台湾名。即“软件包”(961 页)。

te (ㄊㄜ)

特 tè/ㄊㄜˋ

【计量】❶“特克斯”的简称。❷“特斯拉”的简称。

特別快車

ㄊㄜˋ ㄅㄧㄝˊ ㄎㄨㄞˋ ㄔㄜ/tèbié kuàichē

express train

【交】台湾名。即“特快旅客列车”(1115 页)。

特称命题

tèchēng mìngtí/ㄊㄜˋ ㄔㄥ ㄇㄧㄥˋ ㄊㄧˊ

【数】即“存在命题”(173 页)。

特大暴雨/特大暴雨

tèdà bàoyǔ/ㄊㄜˋ ㄉㄚˋ ㄅㄠˋ ㄩˇ

extremely torrential rain

【气】灾害性天气的一种。12 小时降水量高于 140.0 毫米,或 24 小时降水量高于 250.0 毫米的雨。参见“雨量等级”(1379 页)。

特大城市/特大城市

tèdà chéngshì/ㄊㄜˋ ㄉㄚˋ ㄔㄥˊ ㄕˋ

mega-city

【建】城区常住人口 500 万以上 1000 万以下的城市。

特大型机 tèdàxíngjī/ㄊㄜˋ ㄉㄚˋ ㄒㄧㄥˊ ㄐㄧ

【信息】即“主机”❷(1477 页)。

特发性血小板减少性紫癜/自發性血小板減少紫癜

tèfāxìng xuèxiǎobǎn jiǎnshǎoxìng zǐdiàn/

ㄗˋ ㄈㄚ ㄒㄧㄥˋ ㄒㄧㄝˋ ㄒㄧㄠˇ ㄅㄢˇ ㄐㄧㄢˇ ㄕㄠˇ ㄗˇ ㄉㄧㄢˋ

idiopathic thrombocytopenic purpura,

ITP

【医】自身抗体与血小板结合，血小板受巨噬细胞吞噬而引起的血小板减少性疾病。主要表现为皮肤黏膜紫癜，也可引起内脏出血。

特高频/超高頻 tègāopín/ㄔㄠ ㄍㄠ ㄆㄧㄣˊ

❶ ultrahigh frequency, UHF; ❷ very high frequency, VHF

【信息】❶无线电波中 30～300 兆赫的频率。❷在台湾，特高频也指“甚高频”(1002 页)。

特高压/極超高壓

tègāoyā/ㄐㄧˊ ㄔㄠ ㄍㄠ ㄧㄚ

ultra-high voltage, UHV

【电】电力系统中 1000 千伏及以上的交流电压等级。目前，国际上没有统一的特高压电压等级划分标准。不同国家对电力系统特高压交流电压等级的划分不尽相同。

特高压直流/極超高壓直流

tègāoyā zhíliú/ㄐㄧˊ ㄔㄠ ㄍㄠ ㄧㄚ ㄓˊ ㄌㄧㄡˊ

ultra-high voltage direct current, UHVDC

【电】电力系统中±800 千伏及以上的直流电压等级。目前，国际上没有统一的特高压直流电压等级划分标准。

特化/特化 tèhuà/ㄊㄜˋ ㄏㄨㄚˋ

specialization

【动】动物在进化过程中，为了适应特殊的环境，局部器官专门向某一方面发展的现象。已特化的动物不能再改变发展方向。例如现代的类人猿已经特化，不能再变成人。

特技飞行/特技飛行

tèjì fēixíng/ㄊㄜˋ ㄐㄧˋ ㄈㄟ ㄒㄧㄥˊ

aerobatic flight

【航】驾驶员操纵航空器在空中多维空间平面内所做的机动飞行。特点是飞行状态和飞行速度、高度、方向以及飞行过载参数急速变化。可分为单机特技飞行和多机编队特技飞行，或平面、垂面和空间特技飞行，或低空、中空和高空特技飞行；又可分为简单条件、复杂条件和高级特技飞行。

特克斯/德士 tèkèsī/ㄉㄜˊ ㄕˋ

tex

【计量】简称“特”。线密度的单位。符号 tex。1 特$=10^{-6}$千克/米。

特快 tèkuài/ㄊㄜˋ ㄎㄨㄞˋ

【交】“特快旅客列车”的简称。

特快旅客列车/特別快車

tèkuài lǚkè lièchē/

ㄊㄜˋ ㄅㄧㄝˊ ㄎㄨㄞˋ ㄔㄜ

express train

【交】简称“特快”。在各主要城市间或国际开行，中间停靠次数少、旅行速度较高的旅客列车。通常在车次前冠以字母 T(“特”字汉语拼音的首字母，例如 T10 读作 tè10)。

特快专递/快捷郵件

tèkuài zhuāndì/ㄎㄨㄞˋ ㄐㄧㄝˊ ㄧㄡˊ ㄐㄧㄢˋ

express mail service

【物流】邮政服务的一种方式。根据用户需求，收取较高的邮费，提供特别的快速邮政传递。常应用于须快速发送的重要信函或邮件。

特勒根定理/特勒根定理

Tèlègēn dìnglǐ/ㄊㄜˋ ㄌㄜˋ ㄍㄣ ㄉㄧㄥˋ ㄌㄧˇ

Tellegen theorem

【电】电路理论定理。内容为：对于有相同支路数和相同连接方式的两个网络，取一网络支路端电压和另一网络对应支路中电流的乘积，所有支路这些乘积的代数和为零。第一个网络每条支路电压极性是相对于第二个网络对应支路中电流的参考方向选定的。所有支路的电压极性应遵循同一选定方式。如果这两个网络分别具有同一网络在同一瞬时的电压和电流分布，特勒根定理说明功率守恒。

特洛伊木马病毒/特洛依木馬

Tèluòyī mùmǎ bìngdú/

ㄊㄜˋ ㄌㄨㄛˋ ㄧ ㄇㄨˋ ㄇㄚˇ

Trojan horse, Trojan

【信息】简称“木马病毒”。一种计算机病毒。是能秘密潜伏，通过远程网络操控入侵计算机的恶意程序。

特洛依木馬

ㄊㄜˋ ㄌㄨㄛˋ ㄧ ㄇㄨˋ ㄇㄚˇ/Tèluòyī mùmǎ

Trojan horse, Trojan

【信息】台湾名。即“特洛伊木马病毒”(1115 页)。

特强沙尘暴/特強沙塵暴

tèqiáng shāchénbào/

ㄊㄜˋ ㄑㄧㄤˊ ㄕㄚ ㄔㄣˊ ㄅㄠˋ

extreme severe sand and dust storm

【气】俗称"黑风暴""黑风"。沙尘暴天气的一种。狂风将地面大量尘沙吹起,使空气特别混浊,水平能见度小于 50 米。

特士拉 ㄊㄜˋ ㄕˋ ㄌㄚ/tèshìlā

tesla

【计量】台湾名。即"特斯拉"(1116 页)。

特殊儿童/特殊兒童

tèshū értóng/ㄊㄜˋ ㄕㄨ ㄦˊ ㄊㄨㄥˊ

exceptional child

【心】通常指身心发展在正常规律范围之外(或高或低)的儿童。即在生理、心理或品德上有缺陷的儿童,或智力超常或低常的儿童,或表现出高度创造力的儿童。对特殊儿童的教育属于特殊教育的范畴。

特殊鋼 ㄊㄜˋ ㄕㄨ ㄍㄤ/tèshūgāng

special steel, quality steel

【材】台湾名。即"优质钢"(1364 页)。

特殊品質鋼

ㄊㄜˋ ㄕㄨ ㄆㄧㄣˇ ㄓˊ ㄍㄤ/tèshū pǐnzhìgāng

super-quality steel

【材】台湾名。即"特殊质量钢"(1116 页)。

特殊质量钢/特殊品質鋼

tèshū zhìliànggāng/ㄊㄜˋ ㄕㄨ ㄆㄧㄣˇ ㄓˊ ㄍㄤ

super-quality steel

【材】特殊质量非合金钢、特殊质量低合金钢和特殊质量合金钢的总称。硫、磷等杂质、微量残存元素含量、非金属夹杂的含量的控制及碳含量的波动范围比优质钢要求更严的钢。

特斯拉/特士拉 tèsīlā/ㄊㄜˋ ㄕˋ ㄌㄚ

tesla

【计量】简称"特"。磁通量密度、磁感应强度的国际单位制单位。符号 T。为纪念南斯拉夫物理学家特斯拉(Nicola Tesla, 1856—1943)而命名。

特斯拉计 tèsīlājì/ㄊㄜˋ ㄙ ㄌㄚ ㄐㄧˋ

【电】即"磁通计"(163 页)。

特提斯海/特提斯海

Tètísī Hǎi/ㄊㄜˋ ㄊㄧˊ ㄙ ㄏㄞˇ

Tethys

【地】又称"古地中海"。地质历史时期存在于冈瓦纳古大陆与劳亚古大陆之间的古海洋。现今的地中海为其残留部分。

特异质反应/特異體質反應

tèyìzhì fǎnyìng/ㄊㄜˋ ㄧˋ ㄊㄧˇ ㄓˊ ㄈㄢˇ ㄧㄥˋ

idiosyncratic reaction

【医】与药物剂量无关,而与个体特质反应相关的药物不良反应。

特異體質反應

ㄊㄜˋ ㄧˋ ㄊㄧˇ ㄓˊ ㄈㄢˇ ㄧㄥˋ/tèyì tǐzhì fǎnyìng

idiosyncratic reaction

【医】台湾名。即"特异质反应"(1116 页)。

特用作物

tèyòng zuòwù/ㄊㄜˋ ㄩㄥˋ ㄗㄨㄛˋ ㄨˋ

【农】即"经济作物"(639 页)。

特征谱线/特徵譜線

tèzhēng pǔxiàn/ㄊㄜˋ ㄓㄥ ㄆㄨˇ ㄒㄧㄢˋ

characteristic spectrum line

【物】指每种元素的原子所具有的特定且相对的明线或暗线谱线。光谱分析中可用于鉴别物质和确定其化学成分。

特征向量/特徵向量

tèzhēng xiàngliàng/ㄊㄜˋ ㄓㄥ ㄒㄧㄤˋ ㄌㄧㄤˋ

characteristic vector

【数】设 λ_0 为矩阵 $\boldsymbol{A}=(a_{ij})_{nn}$ 的特征值,则满足 $\boldsymbol{A}\xi=\lambda_0\xi$ 的非零向量 ξ,叫作对应于特征值 λ_0 的特征向量。

特征值/特徵值 tèzhēngzhí/ㄊㄜˋ ㄓㄥ ㄓˊ

characteristic value

【数】设有矩阵 $\boldsymbol{A}=(a_{ij})_{m}$,若 λ_0 为方程 $\det(\boldsymbol{A}-\lambda\boldsymbol{I})=0$ 的根,此处 $\boldsymbol{I}$ 是 n 阶单位阵,则 λ_0 叫作 $\boldsymbol{A}$ 的特征值。例如,矩阵 $\boldsymbol{A}=\begin{pmatrix}0 & 1\\ -1 & 0\end{pmatrix}$ 的特征值是方程 $\begin{vmatrix}-\lambda & 1\\ -1 & -\lambda\end{vmatrix}=\lambda^2+1=0$ 的根 $\pm\mathrm{i}$。

特置/特置 tèzhì/ㄊㄜˋ ㄓˋ

tezhi

【建】又称"孤置""立峰"。置石的一种方法。多以整块体量巨大、造型奇特、质地色彩特殊的石材做成。常用作园林入口的障景和对景,漏窗或地穴的对景。也可置于廊间、亭下、水边,作为局部空间的造景中心。如北京颐和园的"青芝岫",故宫御花园内的钟乳石、珊瑚石、木化石等。有时也可不用整块的立峰,而是以小拼大。

特种地雷/特種地雷
tèzhǒng dìléi/ㄊㄜˋ ㄓㄨㄥˇ ㄉㄧˋ ㄌㄟˊ
special mine
【军】具有特殊性能和用途的地雷。包括信号地雷、照明地雷、燃烧地雷、化学地雷、延期地雷、电磁地雷等。

特种货物/特種貨物
tèzhǒng huòwù/
ㄊㄜˋ ㄓㄨㄥˇ ㄏㄨㄛˋ ㄨˋ
special goods
【物流】在物流过程中需要特殊处理或特别注意的货物。包括超大超重货物、押运货物、贵重货物、鲜活货物、机动车辆;公务货物、灵柩骨灰、生物制品、菌种和毒种、植物和植物产品、危险货物、枪械、急件货物、外交信袋等。其对所提供的特殊条件、使用的设备和采取手段有着严格要求。

特种机器人/特種機器人
tèzhǒng jīqìrén/
ㄊㄜˋ ㄓㄨㄥˇ ㄐㄧ ㄑㄧˋ ㄖㄣˊ
special type robot
【机】用于非制造业并服务于人类的各种机器人(不包括工业机器人)的统称。可分为民用和军用两类。前者又可分为家务机器人、医用机器人、娱乐机器人等;后者又可分为排爆机器人、侦察机器人、战场机器人、扫雷机器人、空间机器人、水下机器人等。

特种加工/特種加工
tèzhǒng jiāgōng/
ㄊㄜˋ ㄓㄨㄥˇ ㄐㄧㄚ ㄍㄨㄥ
special type processing, non-traditional machining
【机】又称"非传统加工"。泛指不属于传统金属加工工艺的加工方法。包括电火花加工、电解加工、超声加工、激光加工、电子束加工等。主要用于加工一般切削加工方法难以加工(如材料性能特殊、形状复杂)的工件。

特种金属/特種金屬
tèzhǒng jīnshǔ/
ㄊㄜˋ ㄓㄨㄥˇ ㄐㄧㄣ ㄕㄨˇ
special metal
【材】不同用途的结构金属材料和功能金属材料的统称。有通过快速冷凝工艺获得的非晶态金属材料,以及准晶、微晶、纳米晶金属材料等;还有隐身、抗氢、超导、形状记忆、耐磨、减振阻尼等特殊功能合金以及金属基复合材料等。

特种坦克/特種坦克
tèzhǒng tǎnkè/ㄊㄜˋ ㄓㄨㄥˇ ㄊㄢˇ ㄎㄜˋ
special tank
【军】装有特殊设备,担负特定任务的坦克。包括侦察坦克、扫雷坦克等。

特种铸造/特種鑄造
tèzhǒng zhùzào/ㄊㄜˋ ㄓㄨㄥˇ ㄓㄨˋ ㄗㄠˋ
special casting process
【机】传统砂型铸造以外的其他铸造方法。如熔模铸造、壳型铸造、金属型铸造、压力铸造、低压铸造、离心铸造、真空铸造、连续铸造等。

铽/鋱 tè/ㄊㄜˋ
terbium
【化】金属元素。属周期表第ⅢB族(镧系),符号Tb,原子序数65。原子量158.9。自然界存在于磷钸钍砂和硅铍钇矿中,是稀土元素中含量最少的元素之一。单质为银灰色金属,质软,有延展性,化学性质比较活泼,在干燥空气中稳定,有顺磁性,可燃性强。用作荧光体的激活剂等。

📖 1843年,瑞典的莫桑德(C. G. Mosander)发现钇土中还包括两种新元素的氧化物,其中新元素之一即为铽(另一为铒)。拉丁文定名为terbium,源自Ytterby,意思是"乙特尔比"小镇,用以纪念最早发现含钇矿石的地方。中文定名为"铽",是形声字。

teng (ㄊㄥ)

藤本植物/藤本植物
téngběn zhíwù/ㄊㄥˊ ㄅㄣˇ ㄓˊ ㄨˋ
liana
【植】台湾又称"木本蔓性植物"。茎长而细,不能直立,只能匍匐地面或依附他物向上攀缘生长的植物。按茎的木质化程度不同,可分为木质藤本和草质藤本。

ti (ㄊㄧ)

剔地起突/剔地起突
tīdì qǐtū/ㄊㄧ ㄉㄧˋ ㄑㄧˇ ㄊㄨ

tidiqitu

【建】宋代石雕工艺的一种。类似现代高浮雕或半圆雕，其特点是装饰主题从建筑表面突起较高，立体感强烈，雕刻各部位可相互重叠交错，层次丰富，不在同一个平面上。

梯度风/梯度風 tīdùfēng/ㄊㄧ ㄉㄨˋ ㄈㄥ

gradient wind

【气】自由大气中，空气受水平气压梯度力、科里奥利力和惯性离心力相平衡的影响而产生的水平曲线运动。在北半球，高压中的梯度风沿着等压线、绕高压中心做顺时针方向运动；在南半球则相反。

梯段 tīduàn/ㄊㄧ ㄉㄨㄢˋ

【建】即"楼梯段"(754 页)。

梯恩梯/三硝甲苯

tī'ēntī/ㄙㄢ ㄒㄧㄠ ㄐㄧㄚˇ ㄅㄣˇ

TNT; 2,4,6-trinitrotoluene

【化】学名"2,4,6-三硝基甲苯"。有机化学品。化学式 $C_6H_2CH_3(NO_2)_3$。黄色单斜晶体，味苦，化学稳定性高。是最重要和用量最大的单质猛炸药，也可与其他炸药混合使用。接触明火和 240℃ 高热或受到摩擦、震动、撞击时可发生爆炸。也用作制染料和照相药品等的原料。属高度危害的毒物。

梯跑 tīpǎo/ㄊㄧ ㄆㄠˇ

【建】即"楼梯段"(754 页)。

梯形/梯形 tīxíng/ㄊㄧ ㄒㄧㄥˊ

trapezoid

【数】一组对边平行，另一组对边不平行的四边形。平行的两边叫作梯形的底，它们的距离叫作梯形的高，另两边叫作梯形的腰，两腰中点连线叫作梯形的中位线。梯形的中位线平行于两底且等于两底之和之半，梯形的面积等于中位线与高的乘积。

锑/銻 tī/ㄊㄧ

antimony

【化】金属元素。属周期表第ⅤA族，符号 Sb，原子序数 51。原子量 121.8。自然界主要存在于辉锑矿等矿物中。单质有金属变体和黄色变体两种同素异形体。前者是锑的稳定形式，为银灰色带金属光泽晶体，质硬而脆，易碎成粉末，无延展性，但遇冷膨胀。后者又称α锑，仅在−90℃以下稳定。化学性质不活泼。可用来制合金、颜料等，也用于半导体元件。

📖 中国古代很早就使用锑，《汉书》已有记载，称之为"连锡"。德国的阿格里科拉(G. Agricola)在 1546 年出版的《论化石的本质》一书中指出，锑和铋是两种独立的金属；德国的瓦伦丁(B. Valentine)在 1604 年出版的《锑的凯旋车》一书中介绍了制取单质锑的方法；1777 年，德国的博恩(I. E. von Born)发现了天然的游离状态的锑。拉丁文定名为 stibium，源自 stibnite，意思是"辉锑矿"。中文定名为"锑"，是形声字。

踢脚/裙板 tījiǎo/ㄑㄩㄣˊ ㄅㄢˇ

skirt

【建】设于室内墙面或柱身的根部，具有一定高度的特殊保护面层。

提灯藓/提燈蘚 tídēngxiǎn/ㄊㄧˊ ㄉㄥ ㄒㄧㄢˇ

lantern moss

【植】*Mnium* 藓类。提灯藓科提灯藓属。丛生，常成小片纯群落，植物体纤细，绿色带红色。茎直立，基部有黄棕色假根，顶部叶簇生，呈莲座状，叶干时皱缩，湿时平展。雌雄异株。蒴柄直立，粗壮，橙色。孢蒴下垂，长卵形；蒴齿双层，红色；蒴盖圆锥形，先端喙状。在中国，分布于各地。生于阴湿林地和沟边土坡上。

提升式建筑/提升式建築

tíshēngshì jiànzhù/ㄊㄧˊ ㄕㄥ ㄕˋ ㄐㄧㄢˋ ㄓㄨˊ

lift-slab structure

【建】以提升水平板(屋面板和楼板)为主建造房屋的建筑体系。按支承方式不同，可分为两类：一类以柱子作为提升时的支承点，以后又是房屋支承点的建筑体系；另一类是用预制墙板或砌筑墙体作为永久支承物，而另用临时导柱或千斤顶作为提升时支承点的建筑体系。其优点是施工速度快，机械化程度高，节省人工、模板和施工用地，整体刚性好，抗震能力强，但施工操作难度大。适用于多层、高层的民用和工业建筑。

鹈鹕/鵜鶘 tíhú/ㄊㄧˊ ㄏㄨˊ

pelican

【动】又称"塘鹅"。鸟名。鹈形目鹈鹕科鹈鹕属(*Pelecanus*)水禽的统称。体长可达 2 米，翼大，喙长，直而阔，尖端弯曲，下颌底部有一个皮质喉囊，能伸缩，可用以兜食鱼类等，羽毛多白色，翅膀上少数黑色。主要栖息于沿海湖泊、河流地带，喜群居，善游泳，捕食鱼类。中国主要分布在新疆、福建一带。

鹈鹕

蹄/蹄 tí/ㄊㄧˊ

hoof

【动】❶马、牛、羊、猪等动物生在趾端的坚硬角质物。有利于行走和承受体重等作用。可分为奇蹄和偶蹄两类。❷指具有这种坚硬角质物的脚。

体感温度/感覺溫度

tǐgǎn wēndù/ㄍㄢˇ ㄐㄩㄝˊ ㄨㄣ ㄉㄨˋ

sensible temperature

【气】又称“感觉温度”。在气温、湿度和风速的综合作用下，人体所感觉的冷暖程度。

体积/體積 tǐjī/ㄊㄧˇ ㄐㄧ

volume

【数】几何学的基本度量之一。描述三维空间中区域 D 的大小。例如，棱长为 1 的立方体的体积是 1(它作为体积的基本度量单位)；半径为 r 的球的体积是 $\frac{4}{3}\pi r^3$。

体积百分浓度/體積百分濃度

tǐjī bǎifēn nóngdù/

ㄊㄧˇ ㄐㄧ ㄅㄞˇ ㄈㄣ ㄋㄨㄥˊ ㄉㄨˋ

volume percentage concentration

【计量】简称“体积浓度”。在一定温度下，溶液中所含溶质体积与溶液体积的百分比。

体积分数/體積分數

tǐjī fēnshù/ㄊㄧˇ ㄐㄧ ㄈㄣ ㄕㄨˋ

volume fraction

【计量】组分 B 的体积与溶液的总体积之比。

体积浓度 tǐjī nóngdù/ㄊㄧˇ ㄐㄧ ㄋㄨㄥˊ ㄉㄨˋ

【计量】“体积百分浓度”的简称。

体膨胀率/體膨脹率

tǐpéngzhànglǜ /ㄊㄧˇ ㄆㄥˊ ㄓㄤˋ ㄌㄩˋ

volume expansivity

【计量】又称“体胀系数”。恒压下温度变 1℃时，物质体积的变化量与物质在 0℃时体积之比。常用 α_V 表示。定义为 $\alpha_V=(V_{t_2}-V_{t_1})/V_0(t_2-t_1)$。式中：$V_0$ 为物质在 0℃时的体积；V_{t_2} 和 V_{t_1} 是物质在摄氏温度 t_2 和 t_1 时的体积。常用单位为 $10^{-3}K^{-1}$。由于其随温度变化的数位很小，故可近似地视为常数。得到关系式 $V=V_0(1+\alpha_V t)$。式中 t 为摄氏温度。

体腔/體腔 tǐqiāng/ㄊㄧˇ ㄑㄧㄤ

body cavity

【生】动物体内脏器官周围的腔隙。低等脊椎动物仅有一个体腔；高等脊椎动物的体腔则分隔为胸腔、腹腔与围心腔。

体外受精/體外受精

tǐwài shòujīng/ㄊㄧˇ ㄨㄞˋ ㄕㄡˋ ㄐㄧㄥ

in vitro fertilization

【生】水生动物的普遍生殖方式。精子和卵子同时排出体外，在雌体产卵孔附近或在水中受精。如某些鱼类和部分两栖类动物。也指现代医学应用特殊方法，将精子与卵细胞的结合引至体外进行受精。

体温/體溫 tǐwēn/ㄊㄧˇ ㄨㄣ

body temperature

【医】人体的温度。口测法正常值为 36.3～37.2℃，肛测法正常值为 36.5～37.7℃，腋测法正常值为 36～37℃。

体温计/體溫計 tǐwēnjì/ㄊㄧˇ ㄨㄣ ㄐㄧˋ

thermometer, clinical thermometer

【物】用于测量体温的医用温度计。常用液体和电子两种。液体体温计常用汞作为测温物质，测温范围 35～42℃。

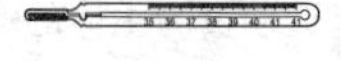
液体体温计

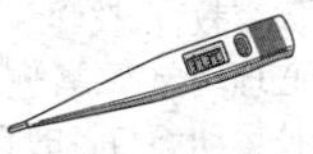
电子体温计

体细胞/體細胞 tǐxìbāo/ㄊㄧˇ ㄒㄧˋ ㄅㄠ

somatic cell

【生】高等生物体的二倍体细胞。是组成生物体各部分组织器官的基本单位。

体细胞杂交/細胞融合

tǐxìbāo zájiāo/ㄒㄧˋ ㄅㄠ ㄖㄨㄥˊ ㄏㄜˊ

somatic hybridization

【生】又称“细胞融合”。将两个不同遗传基础的体细胞的原生质体融合在一起，由这种异

T

核原生质体培养成完整个体的方法。分动物体细胞杂交、植物体细胞杂交、动物和植物体细胞杂交等。

体型/體型 tǐxíng/ㄊㄧˇ ㄒㄧㄥˊ

somatotype

【医】对人体形态结构及各组成成分间比例的描述。肌肉和骨骼的发达程度与脂肪储存程度是判定的主要依据。受遗传影响,随年龄、营养、发育和体质状态的不同而变化。

体循环/體循環

tǐxúnhuán/ㄊㄧˇ ㄒㄩㄣˊ ㄏㄨㄢˊ

systemic circulation

【医】又称"大循环"。血液从左心室出发,经主动脉及沿途动脉分支到身体各部分的毛细血管和组织细胞进行氧和营养物质交换,再循上、下腔静脉回到右心房再入右心室的过程。

体液/體液 tǐyè/ㄊㄧˇ ㄧㄝˋ

body fluid

【生】人和动物体内的液体。分细胞内的液体和细胞外的液体。高等动物细胞外的体液有血浆、淋巴液、组织液、脑脊液等。有运送物质、保护组织、参与身体机能调节等作用。

体育心理学/體育心理學

tǐyù xīnlǐxué/ㄊㄧˇ ㄩˋ ㄒㄧㄣ ㄌㄧˇ ㄒㄩㄝˊ

exercise and physical psychology

【心】应用心理学的一个分支。研究人在体育活动过程中的心理现象及其发展规律。广义的体育心理学又称体育运动心理学,包括体育心理学和运动心理学,两者在研究对象和内容上相互交叉又有所不同。前者涉及的是体育教育、教学和参与体育活动中一般人的心理现象,后者侧重于以运动员为主体的竞技运动参与者的心理现象。

体胀系数 tǐzhàng xìshù/ㄊㄧˇ ㄓㄤˋ ㄒㄧˋ ㄕㄨˋ

【物】即"体膨胀率"(1119 页)。

体征/徵象 tǐzhēng/ㄓㄥ ㄒㄧㄤˋ

sign

【医】患者自己发现的或医生在检查患者时所发现的在体格上的异常变化或具有诊断意义的征候。

体质/體質 tǐzhì/ㄊㄧˇ ㄓˊ

constitution

【医】在遗传性和获得性基础上表现出来的,人体形态结构、生理功能和心理因素等综合特征。主要包括身体形态发育水平、生理功能水平、身体素质和运动能力发展水平、心理发展水平以及适应能力五个方面。

体质指数/身體質量指數

tǐzhì zhǐshù/ㄕㄣ ㄊㄧˇ ㄓˊ ㄌㄧㄤˋ ㄓˇ ㄕㄨˋ

body mass index, BMI

【医】又称"体重指数"。评定体重的指标。其计算公式为:

体质指数=体重(千克)/[身高(米)]^2。中国人的正常值为 18～24;低于 18 为消瘦,大于 24 为超重,大于或等于 28 为肥胖。

体重/體重 tǐzhòng/ㄊㄧˇ ㄓㄨㄥˋ

body weight

【医】裸体称重得到的身体重量。是反映人体骨骼、肌肉、皮下脂肪和内脏器官综合变化状况的重要整体指标。体重在一天内随饮食和运动时的排汗量变化而有所变动。

体重指数 tǐzhòng zhǐshù/ㄊㄧˇ ㄓㄨㄥˋ ㄓˇ ㄕㄨˋ

【医】即"体质指数"(1120 页)。

體染色體 ㄊㄧˇ ㄖㄢˇ ㄙㄜˋ ㄊㄧˇ/tǐrǎnsètǐ

autosome

【生】台湾名。即"常染色体"(112 页)。

剃齿刀/刮齒刀 tìchǐdāo/ㄍㄨㄚ ㄔˇ ㄉㄠ

gear shaving cutter, shaving cutter

【机】刀具的一种。在齿面上开有小槽以形成切削刃,利用螺旋齿轮啮合时的齿向滑移运动和进给运动进行切削。用于在滚齿、插齿后对轮齿精加工。

剃刀鲸 tìdāojīng/ㄊㄧˋ ㄉㄠ ㄐㄧㄥ

【动】即"蓝鲸"(710 页)。

绨/綈 tì/ㄊㄧˋ

bengaline

【纺】丝织物类名。以长丝作经,棉纱线等作纬交织,采用平纹组织为主的机织物。质地粗厚缜密,织纹简洁清晰。可分为素绨和花绨,多用作被面。

tian (ㄊㄧㄢ)

天波/天波 tiānbō/ㄊㄧㄢ ㄅㄛ

sky wave

【物】由天线发出、经电离层反射而返回地球表面的无线电波。主要用于短波无线电通信和广播。因电离层经常变化,其传播不稳定,夜间比白天传得远。

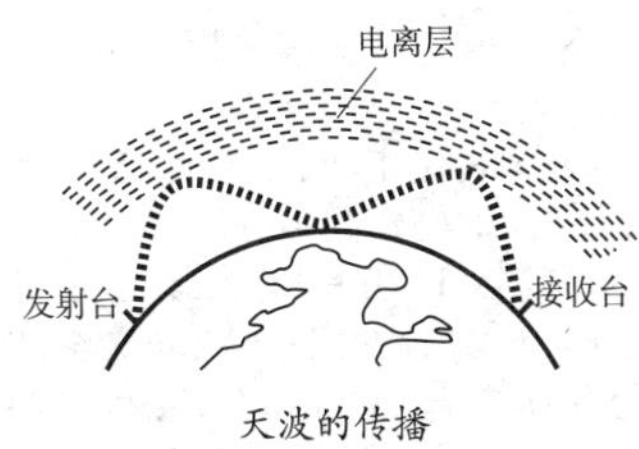

天波的传播

天才/天才 tiāncái/ㄊㄧㄢ ㄘㄞˊ
genius
【心】高度发展的多种能力的最完备的结合。高水平、开创性、卓有成效地完成某项活动,或完成某个领域中通常难以完成的特殊任务所必须具有的才能。

天才儿童
tiāncái értóng/ㄊㄧㄢ ㄘㄞˊ ㄦˊ ㄊㄨㄥˊ
【心】即"超常儿童"(113 页)。

天车 tiānchē/ㄊㄧㄢ ㄔㄜ
【机】即"桥式起重机"(909 页)。

天秤座/天秤座
tiānchèngzuò/ㄊㄧㄢ ㄔㄥˋ ㄗㄨㄛˋ
Libra, Lib
【天】黄道十二星座之一。位于室女座与天蝎座之间。有亮于 4 等的星 7 颗。

天赤道/天球赤道
tiānchìdào/ㄊㄧㄢ ㄑㄧㄡˊ ㄔˋ ㄉㄠˋ
celestial equator

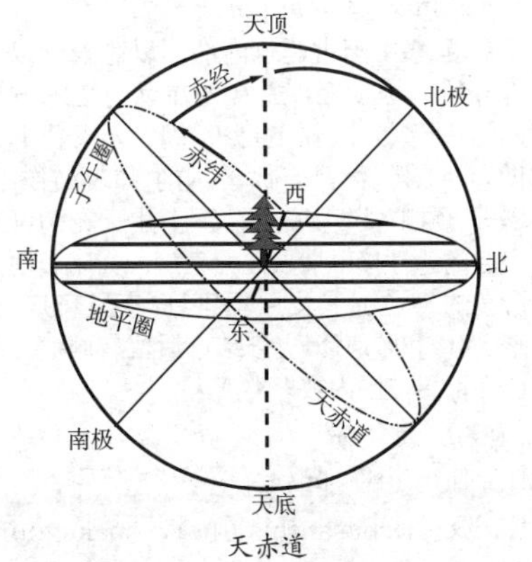

天赤道

【天】地球赤道面无限延伸与天球相交的大圆。

天窗/天窗 tiānchuāng/ㄊㄧㄢ ㄔㄨㄤ
skylight
【建】位于屋面上,以供天然采光和自然通风的窗。在屋面上可纵向或横向布置;可突出于屋面,下沉于屋面,或平行于屋面。可分为采光天窗和通风天窗(避风天窗)两种,但通常两种功能兼有。

天敌/天敵 tiāndí/ㄊㄧㄢ ㄉㄧˊ
natural enemy
【动】自然界中某种动物专门捕食或危害另一种动物,前者即为后者的天敌。例如猫是鼠的天敌,寄生蜂是某些作物害虫的天敌。

天底/天底 tiāndǐ/ㄊㄧㄢ ㄉㄧˇ
nadir
【天】过天球中心的铅垂线向下延伸后与天球的交点。图见"天赤道"(1121 页)

天地线 tiāndìxiàn/ㄊㄧㄢ ㄉㄧˋ ㄒㄧㄢˋ
【地】即"天际线"(1123 页)。

天顶/天頂 tiāndǐng/ㄊㄧㄢ ㄉㄧㄥˇ
zenith
【天】过天球中心的铅垂线向上延伸后与天球的交点。图见"天赤道"(1121 页)

天顶距/天頂距
tiāndǐngjù/ㄊㄧㄢ ㄉㄧㄥˇ ㄐㄩˋ
zenith distance, zenith angle
【测绘】台湾又称"天頂角"。测站与观测目标的方向线与测站天顶方向线(工程实测中多用铅垂线)之间的夹角。

天頂角 ㄊㄧㄢ ㄉㄧㄥˇ ㄐㄧㄠˇ/tiāndǐngjiǎo
zenith distance, zenith angle
【测绘】台湾名。即"天顶距"(1121 页)。

天冬/天冬 tiāndōng/ㄊㄧㄢ ㄉㄨㄥ
Radix Asparagi(拉), cochinchinese asparagus root
【中医】中药名。百合科植物天冬 *Asparagus cochinchinensis* (Lour.) Merr. 的干燥块根。味甘、苦,性寒。归肺、肾经。养阴润燥,

天冬

清肺生津。用于肺燥干咳，顿咳痰黏，咽干口渴，肠燥便秘。

天冬氨酸/天門冬胺酸

tiāndōng ānsuān/ㄊㄧㄢ ㄇㄣˊ ㄉㄨㄥ ㄢ ㄙㄨㄢ

aspartic acid, Asp

【生】全称“天门冬氨酸”。20 种蛋白质氨基酸之一。为非必需氨基酸。无色片状或棒状晶体或晶体粉末，无臭。在体内由谷氨酸转氨基作用从草酰乙酸而得。是生物体内赖氨酸、苏氨酸、异亮氨酸、蛋氨酸等氨基酸及嘌呤、嘧啶碱基的合成前体。可作为钾离子、镁离子的载体向心肌输送电解质，改善心肌收缩功能，降低氧消耗，对心肌有保护作用。并参与鸟氨酸循环，促使氨和二氧化碳生成尿素，降低血液中氨和二氧化碳的量，增强肝脏功能，消除疲劳。

天冬草 tiāndōngcǎo/ㄊㄧㄢ ㄉㄨㄥ ㄘㄠˇ

【植】即“天门冬”(1123 页)。

天冬酰胺/天冬醯胺

tiāndōng xiān'àn/ㄊㄧㄢ ㄉㄨㄥ ㄒㄧㄢ ㄢ

asparagine, Asn

【生】20 种蛋白质氨基酸之一。非必需氨基酸。存在于百合科植物天冬的块根等部位中，是人类从天然物中提取获得的第一种氨基酸。可用于制作代糖。

天鹅/天鵝 tiān'é/ㄊㄧㄢ ㄜˊ

swan

【动】又称“鹄”。鸟名。雁形目鸭科天鹅属(*Cygnus*)各种的统称。外形像鹅而较大，颈很长，全身白色，脚和尾都短，脚黑色，有蹼。栖息于湖边或沼泽地带，善飞翔，主要以水生植物为食，也吃鱼虾等。种类较多，分布很广，中国有大天鹅(*C. cygnus*)、小天鹅(*C.columbianus*)、疣鼻天鹅(*C.olor*)等。

天 鹅

天鹅绒/天鵝絨

tiān'éróng/ㄊㄧㄢ ㄜˊ ㄖㄨㄥˊ

velvet

【纺】丝织物类名。采用织物组织(经起绒或纬起绒)和特殊工艺，使织物表面形成有绒毛或绒圈的丝织物。光泽柔和深邃，外观华丽富贵，手感软糯，悬垂性好。按原料不同，可分为真丝绒、人造丝绒、交织绒等；按织物后处理加工不同，可分为素色绒、印花绒、烂花绒、条格绒等。适于用作高档旗袍、晚礼服等的面料。

天宫/天宮 tiāngōng/ㄊㄧㄢ ㄍㄨㄥ

Tiangong

【航】中国以古代神话传说中的“天宫”所命名的载人空间试验站，代号：TG。

📖 2011 年 11 月中国“天宫”空间试验站顺利升空并与“神舟”8 号成功交会对接成功，它将由“天和”(代号：TH)核心舱，“问天”(代号：WT)试验舱Ⅰ、“巡天”(代号：XT)试验舱Ⅱ和“天舟”(代号：TZ)货运飞船组成。2016 年中国将发射“天宫”2 号空间实验室，并发射“神舟”11 号载人飞船和“天舟”1 号货运飞船，与“天宫”2 号交会对接。

天沟/天溝 tiāngōu/ㄊㄧㄢ ㄍㄡ

gutter

【建】屋面上用于汇集、排除雨水的流水沟。按屋顶形式及其位置不同，可分为平天沟和斜天沟两种。

天癸/天癸 tiānguǐ/ㄊㄧㄢ ㄍㄨㄟˇ

tian gui, sex promoter, * heavenly tenth, * heavenly waters

【中医】人体肾中阴精或元阴的重要组成成分。是能促进人体生长发育，并促进生殖功能成熟的精微物质。来源于肾精，并受后天水谷精微之滋养而逐渐充盛，且在肾中精气充盛的前提下，人体发育到特定的年龄阶段，才生成而发挥其生理作用。

天花/天花 tiānhuā/ㄊㄧㄢ ㄏㄨㄚ

㊀ceiling, ㊁smallpox

㊀【建】❶中国古建筑内部用以遮蔽梁以上部分的木构顶棚。通常先在梁间搭木方格网，上铺镶板，或在下钉板、糊纸。天花上可做彩画或雕镂，具有保暖、防尘和装饰作用。❷即“顶棚”(267 页)。㊁【医】由天花病毒所引起的急性接触性烈性传染病。临床表现为严重的毒血症和皮肤损害，皮疹呈斑疹、丘疹、疱疹和脓疱疹，皮疹结痂后留有瘢痕。现已在世界范围内被人类消灭。

天花粉/天花粉

tiānhuāfěn/ㄊㄧㄢ ㄏㄨㄚ ㄈㄣˇ

Radix Trichosanthis (拉), snakegourd root

【中医】中药名。葫芦科植物栝楼 *Trichosanthes kirilowii* Maxim.或双边栝楼 *T. rosthorinii* Harms 的干燥根。味甘、微苦,性微寒。归肺、胃经。清热生津,消肿排脓。用于热病烦渴,肺热燥咳,内热消渴,疮疡肿毒。

📖 天花粉不宜与乌头类药物同用。

天基反导武器/天基反導武器 tiānjī fǎndǎo wǔqì/ㄊㄧㄢ ㄐㄧ ㄈㄢˇ ㄉㄠˇ ㄨˇ ㄑㄧˋ

space-based anti-missile weapons

【军】部署在外层空间用于拦截弹道导弹的空间武器。可分为天基动能武器和天基定向能武器。天基动能武器包括火箭推进的动能弹和电磁力推进的电磁轨道炮;天基定向能武器包括强激光武器、粒子束武器和微波武器。

天基雷达 tiānjī léidá/ㄊㄧㄢ ㄐㄧ ㄌㄟˊ ㄉㄚˊ

【军】即“航天雷达”(479 页)。

天极/天極 tiānjí/ㄊㄧㄢ ㄐㄧˊ

celestial pole(s)

【天】见“天球”(1125 页)。

天际线/天際線 tiānjìxiàn/ㄊㄧㄢ ㄐㄧˋ ㄒㄧㄢˋ

skyline

【地】又称“天地线”。天地相交的轮廓线。

天井/天井 tiānjǐng/ㄊㄧㄢ ㄐㄧㄥˇ

light court

【建】被建筑物围合的露天空间。主要用于建筑物的采光和通风。因面积较小,光线较暗,状如深井,故名。

天空電波

ㄊㄧㄢ ㄎㄨㄥ ㄉㄧㄢˋ ㄅㄛ/tiānkōng diànbō

space wave

【物】台湾名。即“空间波”(687 页)。

天空辐射表/天空輻射錶

tiānkōng fúshèbiǎo/

ㄊㄧㄢ ㄎㄨㄥ ㄈㄨˊ ㄕㄜˋ ㄅㄧㄠˇ

sky radiometer diffusometer

【气】测量天空散射辐射的仪器。一般在总辐射表上使用遮日盘或遮日环遮住太阳的直接辐射,即可测得散射辐射。

天空状况/天空狀況

tiānkōng zhuàngkuàng/

ㄊㄧㄢ ㄎㄨㄥ ㄓㄨㄤˋ ㄎㄨㄤˋ

sky condition

【气】云量、云属、云高等在天空的情形。天气预报中用晴、阴、多云、少云、晴转多云、多云转晴、多云转阴等用语表述。

天麻/天麻 tiānmá/ㄊㄧㄢ ㄇㄚˊ

Rhizoma Gastrodiae(拉), tall gastrodia tuber

【中医】中药名。兰科植物天麻 *Gastrodia elata* Bl.的干燥块茎。味甘,性平。归肝经。平肝息风止痉。用于头痛眩晕,肢体麻木,小儿惊风,癫痫抽搐,破伤风。

天 麻

📖 天麻善治风证,既可用于外风,又可用于内风,故又称“定风草”。研末吞服效果佳。

天麻丸/天麻丸

tiānmáwán/ㄊㄧㄢ ㄇㄚˊ ㄨㄢˊ

tianma pills, tianma wan, * Gastrodia Pill

【中医】中成药名。主要成分:天麻、羌活、独活、杜仲、牛膝、粉萆薢、附子、当归、地黄、玄参。口服。祛风除湿,舒筋通络,活血止痛。用于肝肾不足,风湿瘀阻,肢体拘挛,手足麻木,腰腿酸痛等。

天门冬/天門冬

tiānméndōng/ㄊㄧㄢ ㄇㄣˊ ㄉㄨㄥ

lucid asparagus

【植】*Asparagus cochinchinensis* 又称“天冬草”。百合科天门冬属。多年生常绿草本植物。根中部到末端膨大呈纺锤形,灰黄色。茎攀缘常弯曲或扭曲。叶状枝通常每三枚成簇,扁平或略呈三棱形。茎上的鳞片状叶延伸为硬刺。花常两朵腋生,淡绿色。浆果球形,熟时红色。花期 5—6 月份,果期 8—10 月份。在中国,分布于河北、山西、陕西、甘肃等地的南部及以南各地。块根入药。

天门冬氨酸

tiānméndōng ānsuān/

ㄊㄧㄢ ㄇㄣˊ ㄉㄨㄥ ㄢ ㄙㄨㄢ

【生】“天冬氨酸”的全称。

天門冬胺酸
ㄊㄧㄢ ㄇㄣˊ ㄉㄨㄥ ㄢ ㄙㄨㄢ/
tiānméndōng ànsuān
aspartic acid, Asp
【生】台湾名。即“天冬氨酸”(1122 页)。

天南星/天南星
tiānnánxīng/ㄊㄧㄢ ㄋㄢˊ ㄒㄧㄥ
rhizoma arisaematis
【植】*Arisaema heterophyllum* 天南星科天南星属。多年生草本植物。块茎扁球形。叶单一,叶片鸟足状分裂,裂片倒披针形,全缘。佛焰苞绿色,檐部下弯成盔状,肉穗花序,有两性花序和单性雄花序两种。花期4—5月份。在中国,分布于除西北和西藏以外的大部分地区。观赏花卉。块茎入药。

T

天牛/天牛 tiānniú/ㄊㄧㄢ ㄋㄧㄡˊ
longhorn beetle
【动】昆虫名。鞘翅目天牛科昆虫的统称。成虫大小、形状、颜色因种类而异,通常长椭圆形,触角比身体长。幼虫黄白色,扁长圆筒形。幼虫蛀食树木枝干,是林木和农作物的重要害虫。种类很多,常见的有星天牛(*Anoplophora chinensis*)、桑天牛(*Apriona germari*)等。

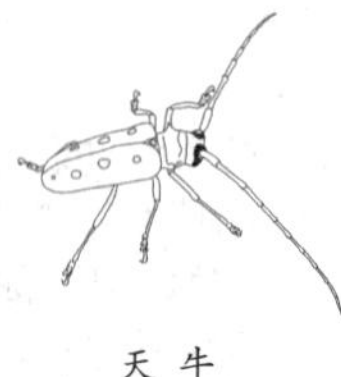
天 牛

天棚 tiānpéng/ㄊㄧㄢ ㄆㄥˊ
【建】即“顶棚”(267 页)。

天平/天平 tiānpíng/ㄊㄧㄢ ㄆㄧㄥˊ
balance
【机】用来称量物体质量的仪器。根据杠杆原理制成,通常分为等臂式和不等臂式两类;按称量精度不同,还可分为粗天平(一般称量用)和分析天平(精确称量用)两类。

天气/天氣 tiānqì/ㄊㄧㄢ ㄑㄧˋ
weather
【气】某一时间某一地区的大气状况。由温度、湿度、气压、降水、风、云等气象要素和天气现象组成。

天气尺度系统/綜觀尺度系統
tiānqì chǐdù xìtǒng/
ㄗㄨㄥˋ ㄍㄨㄢ ㄔˇ ㄉㄨˋ ㄒㄧˋ ㄊㄨㄥˇ
synoptic scale system
【气】天气系统的一类。水平尺度为1000～3000千米,时间尺度为1～3天。如气旋、反气旋、台风等。

天气分析/綜觀分析
tiānqì fēnxī/ㄗㄨㄥˋ ㄍㄨㄢ ㄈㄣ ㄒㄧ
synoptic analysis
【气】根据天气学方法和动力气象学原理,对天气图上各种气象要素和其他探测资料的分布状况及其演变进行分析。

天气符号/天氣符號
tiānqì fúhào/ㄊㄧㄢ ㄑㄧˋ ㄈㄨˊ ㄏㄠˋ
weather symbol
【气】表示各种天气现象、云状、天空状况等的专用符号。包括供观测记录使用的天气现象符号和供媒体传播使用的天气图形符号。

天气观测/天氣觀測
tiānqì guāncè/ㄊㄧㄢ ㄑㄧˋ ㄍㄨㄢ ㄘㄜˋ
synoptic observation
【气】地面气象观测内容的一部分。为提供天气分析与预报所需要的气象信息,在国际协定所规定的观测时间进行的气象观测。按其作用不同,可分为基本天气观测、辅助天气观测和补充观测。

天气过程/綜觀天氣過程
tiānqì guòchéng/
ㄗㄨㄥˋ ㄍㄨㄢ ㄊㄧㄢ ㄑㄧˋ ㄍㄨㄛˋ ㄔㄥˊ
synoptic process
【气】天气系统及其相伴随的天气的发生、发展、演变和消失的全部历程。

天气图/綜觀圖 tiānqìtú/ㄗㄨㄥˋ ㄍㄨㄢ ㄊㄨˊ
synoptic chart
【气】用于分析和预报天气的地图。填绘有气象状况和气象要素的数值、符号、等值线等。按高度不同,可分为地面天气图和高空天气图。

天气系统/綜觀系統
tiānqì xìtǒng/ㄗㄨㄥˋ ㄍㄨㄢ ㄒㄧˋ ㄊㄨㄥˇ
synoptic system
【气】大气运动体系的统称。通常根据温度、气压或风等气象要素的空间分布而划分。能导致天气的变化,各自有不同的时间和空间尺度及典型的运动特征。

天气现象/天氣現象
tiānqì xiànxiàng/ㄊㄧㄢ ㄑㄧˋ ㄒㄧㄢˋ ㄒㄧㄤˋ
weather phenomenon
【气】在一定的天气条件下,发生在大气中和地面上的一些物理现象。包括降水现象、地面凝结现象、视程障碍现象、雷电现象,以及大风、飑、龙卷、尘卷风、冰针、积雪、结冰等其他现象。

天气形势/綜觀形勢
tiānqì xíngshì/ㄗㄨㄥˋ ㄍㄨㄢ ㄒㄧㄥˊ ㄕˋ
synoptic situation
【气】通过天气图上的温压场等配置所显示的大气综合状况。

天气学/天氣學 tiānqìxué/ㄊㄧㄢ ㄑㄧˋ ㄒㄩㄝˊ
synoptic meteorology
【气】大气科学的一个分支。研究天气现象和天气过程的物理过程、发生机制及演变规律,并用以预测未来天气。

天气谚语/天氣諺語
tiānqì yànyǔ/ㄊㄧㄢ ㄑㄧˋ ㄧㄢˋ ㄩˇ
weather proverb
【气】气象谚语的一部分。总结天气变化经验的谚语。

天气预报/天氣預報
tiānqì yùbào/ㄊㄧㄢ ㄑㄧˋ ㄩˋ ㄅㄠˋ
weather forecast
【气】根据当前及近期的天气形势,对未来一定时期内天气变化进行的估计和预告。按时效长短的不同,大体可分为临近预报、短时预报、短期预报、中期预报和长期预报。

天氣改造
ㄊㄧㄢ ㄑㄧˋ ㄍㄞˇ ㄗㄠˋ/tiānqì gǎizào
weather modification
【气】台湾名。即“人工影响天气”(946 页)。

天桥/天橋 tiānqiáo/ㄊㄧㄢ ㄑㄧㄠˊ
over bridge
【交】全称“过街天桥”。架设在马路上空,供行人横过马路的桥。

天琴座/天琴座
tiānqínzuò/ㄊㄧㄢ ㄑㄧㄣˊ ㄗㄨㄛˋ
Lyra, Lyr
【天】星座之一。位于北天球。因形状接近古希腊的里拉琴,故名。中国古代则将其视作织布的梭子,因此将最亮星(天琴座 α)称作织女星。织女星与天鹰座的牛郎星及天鹅座的天津四,作为夏季夜空最亮的三颗星,一起组成“夏季大三角”。

天青石/天青石
tiānqīngshí/ㄊㄧㄢ ㄑㄧㄥ ㄕˊ
celestite
【地】矿物。成分为 $SrSO_4$,有时含钡和钙。斜方晶系。晶体呈板状或柱状,集合体呈粒状、纤维状、钟乳状或结核状。浅蓝灰色,有时无色透明,玻璃光泽,莫氏硬度 3～3.5,密度3.9～4.0 克/厘米^3。用于提取锶的化合物。

天球/天球 tiānqiú/ㄊㄧㄢ ㄑㄧㄡˊ
celestial sphere
【天】为研究天体在天空中的位置和运动而引进的一个假想圆球。其球心为观测者,半径为无穷大。地球自转轴的延长线与天球相交的两点称为天极,地球赤道面与天球相交的大圆称为天赤道。地球以外的天体在天球上各有自己的投影,并可用一定的坐标系来说明它们在天球上的位置。

天球赤道
ㄊㄧㄢ ㄑㄧㄡˊ ㄔˋ ㄉㄠˋ/tiānqiú chìdào
celestial equator
【天】台湾名。即“天赤道”(1121 页)。

天球恒星图/星圖
tiānqiú héngxīngtú/ㄒㄧㄥ ㄊㄨˊ
celestial stellar charts
【航】将恒星按照星座的关系及恒星的坐标绘制而成,用于识别和寻找恒星的专用星图。有纸质的注明星名、星等、星座和相对应的月份、时间的北天星图、南天星图和赤道星图,也有以供航天瞄准、姿态测量和导航制导用的数字化恒星图。

天然宝石/天然寶石
tiānrán bǎoshí/ㄊㄧㄢ ㄖㄢˊ ㄅㄠˇ ㄕˊ
natural gemstone
【材】由自然界产出,具有美观、耐久、稀少性,可加工成装饰品的矿物的单晶体(可含双晶)。

天然产物/天然產物
tiānrán chǎnwù/ㄊㄧㄢ ㄖㄢˊ ㄔㄢˇ ㄨˋ

natural product
【化】来源于生物体或由其代谢产物产生的化学物质。包括化合物、混合物、大分子物质等。如蛋白质、核酸、脂肪酸、糖类、生物碱、黄酮、油脂、挥发油、树脂等。广义上包括来源于自然界的所有化学物质,即包括矿产、天然水等。

天然放射性/天然放射性
tiānrán fàngshèxìng/ㄊㄧㄢ ㄖㄢˊ ㄈㄤˋ ㄕㄜˋ ㄒㄧㄥˋ
natural radioactivity
【物】天然存在的放射性核素(大多数属于钍系、铀系、锕系三个放射系)所具有的放射性。

天然免疫
tiānrán miǎnyì/ㄊㄧㄢ ㄖㄢˊ ㄇㄧㄢˇ ㄧˋ
【生】即"固有免疫"(431 页)。

天然漆 tiānránqī/ㄊㄧㄢ ㄖㄢˊ ㄑㄧ
【化】即"生漆"(1007 页)。

天然气/天然氣 tiānránqì/ㄊㄧㄢ ㄖㄢˊ ㄑㄧˋ
natural gas
【地】❶广义上指存在于大气圈及地球中的各种气体。其中可作为资源利用的有二氧化碳、硫化氢、氦及各种气态烃。❷台湾又称"天然瓦斯"。狭义上指各种多组分的混合气态化石燃料,主要成分是烷烃,其中甲烷占绝大多数,另有少量的乙烷、丙烷和丁烷。主要存在于油田、气田、煤田和页岩层中。燃烧后无废渣、废水产生,使用安全,热值高,洁净。

天然气汽车/天然氣車輛
tiānránqì qìchē/ㄊㄧㄢ ㄖㄢˊ ㄑㄧˋ ㄑㄧˋ ㄔㄜ
natural gas vehicle
【机】汽车的一类。以天然气作为燃料。按燃料状态的不同,可分为压缩天然气汽车、液化天然气汽车;按燃料使用状况的不同,可分为专用燃料天然气汽车、两用燃料天然气汽车、双燃料天然气汽车。

天然气水合物/天然氣水合物
tiānránqì shuǐhéwù/ㄊㄧㄢ ㄖㄢˊ ㄑㄧˋ ㄕㄨㄟˇ ㄏㄜˊ ㄨˋ
natural gas hydrate, combustible ice
【化】通称"可燃冰"。气体水合物的一种。天然气(甲烷)进入水分子晶格形成的甲烷水合物。冰状白色固体,可燃。主要存在于300～500 米的海底深处大陆斜坡和寒冷的高纬度永久冻土带。资料表明,可燃冰资源按含碳量计,是全球已知其他化石燃料的 2 倍。

天然氣車輛
ㄊㄧㄢ ㄖㄢˊ ㄑㄧˋ ㄔㄜ ㄌㄧㄤˋ/tiānránqì chēliàng
natural gas vehicle
【机】台湾名。即"天然气汽车"(1126 页)。

天然树脂/天然樹脂
tiānrán shùzhī/ㄊㄧㄢ ㄖㄢˊ ㄕㄨˋ ㄓ
natural resin
【材】由植物或动物分泌物得到的树脂。如来自植物的琥珀、松香、大漆、达玛树脂和来自动物的虫胶、化石树脂等。

天然瓦斯 ㄊㄧㄢ ㄖㄢˊ ㄨㄚˇ ㄙ/tiānrán wǎsī
natural gas
【化】台湾名。即"天然气"(1126 页)。

天然纤维/天然纖維
tiānrán xiānwéi/ㄊㄧㄢ ㄖㄢˊ ㄒㄧㄢ ㄨㄟˊ
natural fibre
【纺】由自然界产生的纤维。有植物纤维(如棉、麻)、动物纤维(如毛、丝)、矿物纤维(如石棉)。

天然玉石/天然玉石
tiānrán yùshí/ㄊㄧㄢ ㄖㄢˊ ㄩˋ ㄕˊ
natural jade
【材】由自然界产出,具有美观、耐久、稀少性和工艺价值的矿物集合体。少数为非晶质体。

天人相应/天人相應
tiān-rén xiāngyìng/ㄊㄧㄢ ㄖㄣˊ ㄒㄧㄤ ㄧㄥˋ
correspondence between human body and natural environment, * heaven and humankind are mutually responsive
【中医】中医的基本思维方法之一。强调人对自然的依存与适应关系。认为人的生命活动必须与天地自然的阴阳变化相适应,能适应则健康,不适应即为病;人体内部的生理活动和病理变化与天地自然的变化有相类似、可类比之处。

天山/天山 Tiān Shān/ㄊㄧㄢ ㄕㄢ
Tian Mountains
【地】山脉名。横贯中国新疆维吾尔自治区中部,西端伸入哈萨克斯坦和吉尔吉斯斯坦。

东西长约 2500 千米,宽 250～300 千米。是塔里木盆地和准噶尔盆地的分界。平均海拔约 5000 米。最高峰托木尔峰,海拔 7435.3 米。

天坛/天壇 tiāntán/ㄊㄧㄢ ㄊㄢˊ

Temple of Heaven

【建】古代帝王祭天和祈谷的场所。现存的北京天坛,始建于明永乐十八年(公元 1420 年),为明清两代皇帝每年冬至日祭祀皇天上帝、正月上辛日行祈谷礼的地方。占地 2.73平方千米。主体建筑由祈年殿、圜丘及辅助建筑组成。建筑布局呈回字形,由两道坛墙分成内坛、外坛两部分。外坛墙总长 6416 米,内坛墙总长 3292 米。最南的围墙呈方形,象征地,最北的围墙呈半圆形,象征天,北高南低,表示天高地低,又表示天圆地方。其主要建筑物集中在内坛南北中轴线的两端,其间由一条宽阔的丹陛桥相连接,由南至北分别为圜丘坛、皇穹宇、祈年殿和皇乾殿等;另有神厨、宰牲亭和斋宫等建筑。

天堂鸟 ㄊㄧㄢ ㄊㄤˊ ㄋㄧㄠˇ/tiāntángniǎo

paradise bird

【动】台湾名。即“极乐鸟”(572 页)。

天体/天體 tiāntǐ/ㄊㄧㄢ ㄊㄧˇ

celestial body

【天】宇宙间各种宏观实体的统称。可分为自然天体和人造天体两类。自然天体分布在银河系和河外星系中,有恒星、星团、星云,以及行星、矮行星、卫星、小行星、彗星、流星等,人造天体有在天空中运行的人造卫星、宇宙火箭、行星际飞船和空间实验室等。通常不把行星际、星际和星系际的弥漫物质以及各种微粒辐射流等称为天体。

天体地质学/天體地質學

tiāntǐ dìzhìxué/ㄊㄧㄢ ㄊㄧˇ ㄉㄧˋ ㄓˋ ㄒㄩㄝˊ

astrogeology

【地】运用地质学、地球化学和地球物理学的原理和方法,研究地球以外的天体及气体的性质、成因和历史的学科。主要通过遥感观测及对地外物质(陨石、月岩等)进行研究。

天体生物学/天文生物學

tiāntǐ shēngwùxué/ㄊㄧㄢ ㄨㄣˊ ㄕㄥ ㄨˋ ㄒㄩㄝˊ

astrobiology

【天】研究天体上存在生物的条件及探测天体上是否有生物存在的学科。地球上产生生命的基础是碳和水,而在其他天体上产生生命的基础则不一定和地球相同;其存在的条件和进化道路有可能与地球上的生物很不相同。

天体物理学/天文物理學

tiāntǐ wùlǐxué/ㄊㄧㄢ ㄨㄣˊ ㄨˋ ㄌㄧˇ ㄒㄩㄝˊ

astrophysics

【天】天文学的分支。利用物理学原理研究天体和其他宇宙物质的性质、结构和演化。

天体引力场/天體引力場

tiāntǐ yǐnlìchǎng/ㄊㄧㄢ ㄊㄧˇ ㄧㄣˇ ㄌㄧˋ ㄔㄤˇ

gravitational field of celestial body

【航】宇宙空间各种星体物质,能吸引存在于一定范围内其他物体的引力环境场。天体引力场理论是广义相对论。

天王殿/天王殿

tiānwángdiàn/ㄊㄧㄢ ㄨㄤˊ ㄉㄧㄢˋ

Hall of four patron saints

【建】又称“弥勒殿”。供奉天王的佛殿。

📖 根据佛教教义,欲界六天的最下天称为“天王天”,由四位天神分别守护四方天下,这四位天神称作四天王。唐代佛寺中已有“天王堂”或“天王楼”,直到明清时天王殿才普遍出现。殿内两侧分置四天王,正中须弥座上供奉弥勒佛(五代时的布袋和尚,自称弥勒转世),背后是护法神韦驮像。

天王星/天王星

tiānwángxīng/ㄊㄧㄢ ㄨㄤˊ ㄒㄧㄥ

Uranus

【天】太阳系八大行星之一。按距离太阳由近及远的顺序为第七颗,是类木行星。绕太阳一周的时间为 84.01 年。有光环和 29 颗卫星。

📖 天王星于 1781 年由德国天文学家赫歇尔(W. Herschel)发现,是第一颗用望远镜发现的行星。西方用古希腊神话的天空之神乌拉诺斯(Uranus)来命名。其自转轴与公转轨道面平行,而不是像其他行星那样垂直于轨道面。

天文潮/天文潮

tiānwéncháo/ㄊㄧㄢ ㄨㄣˊ ㄔㄠˊ

astronomical tide

【水利】地球上的海洋受月球和太阳引力作用

而产生的潮汐现象。

天文单位/天文單位
tiānwén dānwèi/ㄊㄧㄢ ㄨㄣˊ ㄉㄢ ㄨㄟˋ
astronomical unit
【计量】天文学长度单位,长度来自太阳与地球的平均距离。符号 AU,au。1 天文单位 $=1.495\ 978\ 7\times10^{11}$ 米。

天文导航/天文航海
tiānwén dǎoháng/ㄊㄧㄢ ㄨㄣˊ ㄏㄤˊ ㄏㄞˇ
celestial navigation
【船】又称“天文航海”。船舶上观测日、月和星体的仰角,记录测天体时刻的世界时以确定自身船位的导航技术。测者利用航海六分仪或测天潜望镜观测天体的高度,同时根据天文钟记录的精确的世界时,从《航海天文历》中查得天体坐标,进而推算,得出该时刻天文测算的船位,供进一步做出航海计划等。

天文导航系统/天文導航系統
tiānwén dǎoháng xìtǒng/
ㄊㄧㄢ ㄨㄣˊ ㄉㄠˇ ㄏㄤˊ ㄒㄧˋ ㄊㄨㄥˇ
celestial navigation system
【航】又称“星光制导”。观测天体(地球、月球、太阳等)信息及相对飞行器位置信息,通过解算从而确定飞行器运动参数,实现导航功能的系统。以已知天体坐标(赤经、赤纬)系及其规律作为基准,测量天体相对飞行器参考基准面的夹角,再利用飞行器的发射时间信息来解算确定飞行器空间位置和航向。属不与外界进行信息传输和交换,不依赖地面设备的自主导航技术。

天文点/天文點
tiānwéndiǎn/ㄊㄧㄢ ㄨㄣˊ ㄉㄧㄢˇ
astronomical point
【测绘】用天文观测方法测定天文经纬度的地面测量控制点。

天文馆/天象館
tiānwénguǎn/ㄊㄧㄢ ㄒㄧㄤˋ ㄍㄨㄢˇ
planetarium
【天】以传播天文知识为主的文化教育机构。通过展览、讲座和天象仪表演,以及编辑天文书刊等形式进行科学普及宣传。

天文航海/天文航海
tiānwén hánghǎi/ㄊㄧㄢ ㄨㄣˊ ㄏㄤˊ ㄏㄞˇ
【船】即“天文导航”(1128 页)。

天文生物學 ㄊㄧㄢ ㄨㄣˊ ㄕㄥ ㄨˋ ㄒㄩㄝˊ/
tiānwén shēngwùxué
astrobiology
【天】台湾名。即“天体生物学”(1127 页)。

天文台/天文台
tiānwéntái/ㄊㄧㄢ ㄨㄣˊ ㄊㄞˊ
observatory, astronomical observatory
【天】旧称“观象台”。从事天文观测和天文研究的机构。拥有各种类型的天文望远镜和测星计算装置,用以观测天体,并利用观测结果编制各种星表和历书,进行时间服务,还用以计算人造卫星轨道,研究天体的结构、组成、分布、运动以及演化规律。

天文望远镜/天文望遠鏡
tiānwén wàngyuǎnjìng/
ㄊㄧㄢ ㄨㄣˊ ㄨㄤˋ ㄩㄢˇ ㄐㄧㄥˋ
astronomical telescope
【天】收集天体辐射,并能确定辐射源方向的天文观测装置。

天文物理學
ㄊㄧㄢ ㄨㄣˊ ㄨˋ ㄌㄧˇ ㄒㄩㄝˊ/tiānwén wùlǐxué
astrophysics
【天】台湾名。即“天体物理学”(1127 页)。

天文学/天文學
tiānwénxué/ㄊㄧㄢ ㄨㄣˊ ㄒㄩㄝˊ
astronomy
【天】研究宇宙内所有天体和其他宇宙物质的学科。内容包括天体的构造、性质、运行规律等。主要通过接收天体发出的辐射,发现其存在,测量其位置,研究其结构,探索它们的运动和演化规律。分支学科主要分为理论天文学和观测天文学两种。按研究方法不同,可分为天体测量学、天体力学和天体物理学;按观测手段不同,可分为光学天文学、射电天文学、红外天文学和空间天文学;按研究对象不同,可分为行星天文学、恒星天文学、星系天文学、宇宙学等。

天线/天線 tiānxiàn/ㄊㄧㄢ ㄒㄧㄢˋ
antenna
【信息】无线电发射或接收系统中辐射或接收无线电波的部件。用于无线电通信、广播、电视、雷达、导航、电子对抗、遥感等工程系统。

天象館 ㄊㄧㄢ ㄒㄧㄤˋ ㄍㄨㄢˇ/tiānxiàngguǎn
planetarium
【天】台湾名。即“天文馆”(1128页)。

天象仪/天象儀 tiānxiàngyí/ㄊㄧㄢ ㄒㄧㄤˋ ㄧˊ
planetarium
【天】可在室内演示各种天体及其运动和变化规律的光学仪器。中国古代就制造过类似的仪器,例如宋代苏颂的水运仪象台,运用齿轮机械,表演某地某时的星空情况。

天蝎座/天蠍座
tiānxiēzuò/ㄊㄧㄢ ㄒㄧㄝ ㄗㄨㄛˋ
Scorpius, Sco
【天】黄道十二星座之一。位于天秤座与人马座之间。有亮于4等的星22颗,最亮星为红超巨星天蝎座α(心宿二)。

天行赤眼/天行赤眼
tiānxíng chìyǎn/ㄊㄧㄢ ㄒㄧㄥˊ ㄔˋ ㄧㄢˇ
epidemic keratoconjunctivitis, * heaven-current red eye
【中医】俗称“红眼病”。中医眼病之一。感受疫疠之气所致,症见白睛暴发红赤,痒涩微痛,畏光流泪,眵泪黏稠,甚则流淡红血泪等。多于夏秋之季发病。治宜清热散邪,凉血解毒,方用祛风散热饮子加减。外治可用蒲公英等煎水熏洗。

天鹰座/天鷹座
tiānyīngzuò/ㄊㄧㄢ ㄧㄥ ㄗㄨㄛˋ
Aquila, Aql
【天】星座之一。大部分在银河内,有亮于4等的星13颗,含有亮星河鼓二(牛郎星)。牛郎星与天琴座的织女星及天鹅座的天津四,作为夏季夜空最亮的三颗星,一起组成“夏季大三角”。
📖 因牛郎星与天琴座的织女星分列银河两侧,中国古代有牛郎、织女夫妇被分隔两地,每年只有农历七月初七才能相见的传说。

天元术/天元術
tiānyuánshù/ㄊㄧㄢ ㄩㄢˊ ㄕㄨˋ
tian yuan shu
【数】中国宋元时代一种列方程的一般方法。它与现代列方程的方法相似,首先是“立天元一为某某”,相当于“设某某为 x”;然后再根据条件列出两个相等的式子,两式相减,得到一端为零的方程(但未用表示零的符号)。天元术列方程和解方程都用筹算形式表示。

天擇 ㄊㄧㄢ ㄗㄜˊ/tiānzé
natural selection
【生】台湾名。即“自然选择”(1503页)。

天战/太空戰 tiānzhàn/ㄊㄞˋ ㄎㄨㄥ ㄓㄢˋ
space warfare
【航】又称“太空作战”。外层空间以航天器为攻击和防御目标对象的军事对抗。是未来战争中为确保在外层空间己方航天器行动自由而剥夺对方航天器行动自由,以夺取制天权的行为,它有多维、多模式、远程、快速、精确、高效、高科技、无人等特点。

天竺葵/天竺葵
tiānzhúkuí/ㄊㄧㄢ ㄓㄨˊ ㄎㄨㄟˊ
geranium
【植】*Pelargonium hortorum* 又称“洋绣球”。牻牛儿苗科天竺葵属。多年生草本植物。茎直立,基部木质化,上部肉质,有明显的节,密被毛,有浓腥味。叶互生,圆形至肾形,基部心形,边缘波状浅裂,叶缘内有暗红色马蹄纹,两面被短柔毛。伞形花序腋生,花梗较长,花瓣宽倒卵形,红、粉、橙、白、紫或混合色。花期5—7月份。在中国,分布于各地。观赏花卉。
📖 天竺葵是匈牙利的国花。

天竺牡丹
Tiānzhú mǔdān/ㄊㄧㄢ ㄓㄨˊ ㄇㄨˇ ㄉㄢ
【植】即“大丽花”(179页)。

天竺鼠 tiānzhúshǔ/ㄊㄧㄢ ㄓㄨˊ ㄕㄨˇ
【动】即“豚鼠”(1155页)。

田埂灌溉
ㄊㄧㄢˊ ㄍㄥˇ ㄍㄨㄢˋ ㄍㄞˋ/tiángěng guàngài
border irrigation
【农】台湾名。即“畦灌”(886页)。

田黄 tiánhuáng/ㄊㄧㄢˊ ㄏㄨㄤˊ
【地】“田黄石”的简称。

田黄石/田黄石
tiánhuángshí/ㄊㄧㄢˊ ㄏㄨㄤˊ ㄕˊ
larderite
【地】简称“田黄”。最优良的寿山石品种。因产于溪旁的水稻田底下,且多呈黄色,故名。

是以迪开石为主,与高岭石、伊利石、叶蜡石等矿物的集合体,常见的还有白、红、褐色等,微透明至半透明,蜡状光泽或油脂光泽,莫氏硬度约2.5。密度2.5～2.7克/厘米³。质地致密,细腻,温润,光洁。

田間作物 ㄊㄧㄢˊ ㄐㄧㄢ ㄗㄨㄛˋ ㄨˋ/tiánjiān zuòwù
field crop
【农】台湾名。即"大田作物"(188页)。

田菁 ㄊㄧㄢˊ ㄐㄧㄥ/tiánjīng
sesbania
【植】台湾名。即"刺田菁"(167页)。

田萍 tiánpíng/ㄊㄧㄢˊ ㄆㄧㄥˊ
【植】即"浮萍"(361页)。

田七 tiánqī/ㄊㄧㄢˊ ㄑㄧ
【植】即"三七"(970页)。

田鼠/田鼠 tiánshǔ/ㄊㄧㄢˊ ㄕㄨˇ
vole
【动】哺乳动物名。啮齿目仓鼠科。身体小,四肢和尾都短,耳小。毛多为暗灰褐色。生活在树林、草地、田野里,群居,善掘土挖洞,以草本植物的茎叶、种子等为食,对农业有害。种类很多,分布广泛。

甜橙/甜橙 tiánchéng/ㄊㄧㄢˊ ㄔㄥˊ
orange
【植】*Citrus sinensis* 芸香科柑橘属。常绿乔木。叶卵形或卵状椭圆形,翼叶狭长。花白色,背面偶有淡紫红色。果实圆球形,橙黄或橙红色,果皮不易剥离,内有9～12枚半月形果瓣,果心实,果肉淡黄、橙红或紫红色,味甜中带酸。花期3—5月份,果期10—12月份。中国秦岭以南各地均有栽培。果实可作水果。
📖 橙包括甜橙和酸橙两个基本种。甜橙又分为普通甜橙、糖橙、血橙和脐橙4个品种。脐橙类的主要特征是果顶部有脐。

甜瓜/甜瓜 tiánguā/ㄊㄧㄢˊ ㄍㄨㄚ
melon
【植】*Cucumis melo* 又名"香瓜"。葫芦科黄瓜属。一年生草本植物。匍匐或攀缘。茎枝有棱、毛和突起。卷须细,不分歧。叶柄长,叶片粗糙,近圆形,边缘有齿。雌雄同株,花萼筒狭钟形,花冠黄色。果实多样,多球形或长椭圆形,果皮平滑,有纵沟纹,果肉白色、黄色或淡绿色,味香甜。花果期夏季。中国各地均有栽培。果实可作水果,全草入药。

甜荞 tiánqiáo/ㄊㄧㄢˊ ㄑㄧㄠˊ
【植】即"荞麦"(909页)。

甜味剂/甜味劑 tiánwèijì/ㄊㄧㄢˊ ㄨㄟˋ ㄐㄧˋ
sweetener, sweeting agent
【轻】赋予食品或饲料以甜味的食品添加剂。按其来源不同,可分为天然型和人工合成型;按营养价值不同,可分为营养型和非营养型;按化学结构和性质不同,可分为糖类和非糖类甜味剂。常见的甜味剂有甜菊糖、阿斯巴甜及各种糖醇等。糖醇类的甜度多数比蔗糖低;非糖类甜味剂甜度很高,用量少,热值很小,多不参与人体代谢过程,适合作为高血糖患者的代糖品使用。在中国,葡萄糖、果糖、蔗糖、麦芽糖、淀粉糖和乳糖等天然甜味剂通常视为食品原料。

填料/填料 tiánliào/ㄊㄧㄢˊ ㄌㄧㄠˋ
filler
【化】加入到产品中不影响产品功能,或能改善产品外观、性状、物理构造、应用性能,同时可降低成本的惰性物质。广义的填料包括溶剂、载体、稀释剂等。

填埋场/填埋場
tiánmáichǎng/ㄊㄧㄢˊ ㄇㄞˊ ㄔㄤˇ
landfill site
【环】城市垃圾和固体废物进行填埋处理的场所。按自然条件不同,可分为山谷型填埋场、坑洼型填埋场、滩涂型填埋场等。按填埋废物技术不同,可分为卫生填埋场和安全填埋场。参见"土地填埋"(1151页)。

tiao (ㄊㄧㄠ)

条播/條播 tiáobō/ㄊㄧㄠˊ ㄅㄛ
drilling
【农】播种的一种方法。按一定的行距、密度、深度,把种子成条状均匀播入土中,随即覆土。适用于各种作物的人工、畜力和机械化播种,也用于间作、套种等作业。

条痕/條痕 tiáohén/ㄊㄧㄠˊ ㄏㄣˊ
streak
【地】指低于瓷硬度的矿物在未上釉的瓷片上刻画留下的矿物粉末的痕迹。矿物颜色可以有变化,但条痕的颜色基本不变,故可作为鉴别矿物的一个依据,便于在野外鉴别时应用。

条件不等式/條件不等式

tiáojiàn bùděngshì/ㄊㄧㄠˊ ㄐㄧㄢˋ ㄅㄨˋ ㄉㄥˇ ㄕˋ

conditional inequality

【数】其中的字母满足某些条件时才成立的不等式。例如,$5x+4>4x+10$,$x^2<y^2$ 等。当 $x>6$ 时,不等式 $5x+4>4x+10$ 才成立;当 $|x|<|y|$ 时,不等式 $x^2<y^2$ 才成立。一般地,解不等式即求使不等式成立的条件。

条件反射/條件反射

tiáojiàn fǎnshè/ㄊㄧㄠˊ ㄐㄧㄢˋ ㄈㄢˇ ㄕㄜˋ

conditioned reflex

【医】动物个体经过学习和训练而获得的反射形式。是在非条件反射基础上形成的反射,为动物个体生活过程中为适应环境变化而建立的暂时神经联系。如生活条件、环境发生改变,已形成的条件反射会消退,并可重新形成新的条件反射。

条件概率/條件機率

tiáojiàn gàilǜ/ㄊㄧㄠˊ ㄐㄧㄢˋ ㄍㄞˋ ㄌㄩˋ

conditional probability

【数】在事件 A 发生的条件下,事件 B 发生的概率,叫作 A 发生时 B 发生的条件概率,记作 $P(B|A)$。条件概率常用公式 $P(B|A)=\dfrac{P(AB)}{P(A)}$ 计算,其中 $P(A)>0$,$P(AB)$ 是 A,B 都发生的概率。例如,甲、乙从一副扑克中各抽一张牌,事件 A 为“甲抽到红桃”,事件 B 为“乙抽到红桃”,$P(A)=\dfrac{13}{54}$,$P(AB)=\dfrac{C_{13}^2}{C_{54}^2}=\dfrac{13\times12}{54\times53}$,则条件概率 $P(B|A)=\dfrac{P(AB)}{P(A)}=\dfrac{12}{53}$。

条件语句/條件敘述

tiáojiàn yǔjù/ㄊㄧㄠˊ ㄐㄧㄢˋ ㄩˇ ㄕㄨˋ

conditional statement

【信息】根据相应条件表达式的不同值,选择执行所包围的语句序列之一或不执行其中任何语句序列的复合语句。例如 Pascal 语言中的“若”(if)语句和“分情况”(case)语句。

条码/條碼 tiáomǎ/ㄊㄧㄠˊ ㄇㄚˇ

bar code

【物流】又称“条形码”。为表达一定的信息,由宽窄不同、反射率不同的条和空按规定的编码规则组成的图形信息代码。效率高,准确率高,经济性好,制作简便。按维数不同,可分为一维条码和二维条码。广泛应用于商品流通、图书管理等领域。

条形码

tiáoxíngmǎ/ㄊㄧㄠˊ ㄒㄧㄥˊ ㄇㄚˇ

【物流】即“条码”(1131 页)。

条形图/條狀圖

tiáoxíngtú/ㄊㄧㄠˊ ㄓㄨㄤˋ ㄊㄨˊ

bar chart

统计量 A B C D 对象

条形图

【数】统计图的一种。如图所示,用长条形的高表示相应对象的统计量。

调幅/調幅 tiáofú/ㄊㄧㄠˊ ㄈㄨˊ

amplitude modulation, AM

【信息】台湾又称“振幅調制”。调制方式的一种。使载波振幅受调制信号振幅控制而改变,常用 AM 表示。把载波和调制信号同时输入幅度调制器,得到的输出信号就是振幅变化规律与调制信号振幅变化规律一致的高频波,称为调幅波。在接收机中使调幅波经过检波、滤波,就能得到原来的调制信号。

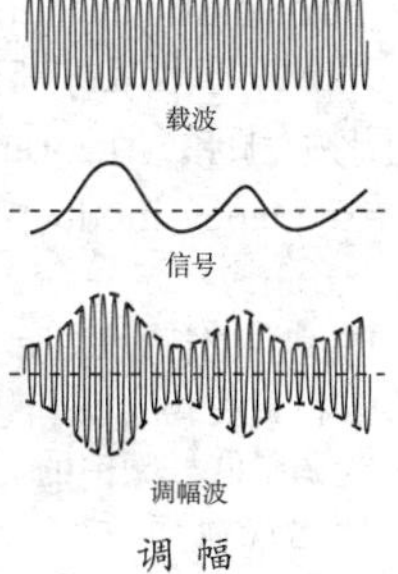

调 幅

调合漆/調合漆 tiáohéqī/ㄊㄧㄠˊ ㄏㄜˊ ㄑㄧ

ready-mixed paint

【化】不需调配即能使用的色漆。

调和平均/調和平均

tiáohé píngjūn/ㄊㄧㄠˊ ㄏㄜˊ ㄆㄧㄥˊ ㄐㄩㄣ

harmonic mean

【数】平均值的一种。对于 n 个数 $x_1,x_2,\cdots,x_n$,数 $n\Big/\sum\limits_{i=1}^{n}\dfrac{1}{x_i}$ 叫作它们的调和平均。

📖 n 个正数的算术平均大于或等于它们的几何平均,它们的几何平均大于或等于它们的调和平均,当且仅当这 n 个正数都相等时等号成立。表示这种关系的式子,叫作平均值不等式。

调和气血/調和氣血
tiáohé qìxuè/ㄊㄧㄠˊ ㄏㄜˊ ㄑㄧˋ ㄒㄧㄝˋ
harmonizing qi and blood
【中医】和解法的一种。用具有理气和血作用的方药治疗气血不和的病证。

调和数列/調和數列
tiáohé shùliè/ㄊㄧㄠˊ ㄏㄜˊ ㄕㄨˋ ㄌㄧㄝˋ
harmonic progression
【数】若数列$\{a_n\}$中各项的倒数组成的数列$\left\{\frac{1}{a_n}\right\}$为等差数列,则称$\{a_n\}$为调和数列。例如,数列$1,\frac{1}{2},\frac{1}{3},\frac{1}{4},\cdots,\frac{1}{n},\cdots$中,各项的倒数组成的数列$1,2,\cdots,n,\cdots$是等差数列,数列$1,\frac{1}{2},\frac{1}{3},\frac{1}{4},\cdots,\frac{1}{n},\cdots$是调和数列。

调节器 tiáojiéqì/ㄒㄧㄠˊ ㄐㄧㄝˊ ㄑㄧˋ
【自】“自动调节器”的简称。

调节性近视
tiáojiéxìng jìnshì/ㄊㄧㄠˊ ㄐㄧㄝˊ ㄒㄧㄥˋ ㄐㄧㄣˋ ㄕˋ
【医】即“假性近视”(594 页)。

调频/調頻 tiáopín/ㄊㄧㄠˊ ㄆㄧㄣˊ
frequency modulation
【信息】调制方式的一种。使载波频率受调制信号频率的变化规律而改变,常用FM表示。经过频率调制器控制高频振荡器的振荡频率,得到频率变化而振幅不变的调频波。

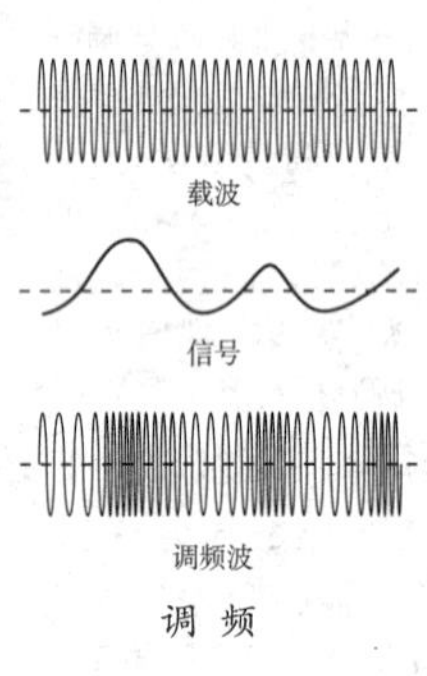

调 频

调相/調相 tiáoxiàng/ㄊㄧㄠˊ ㄒㄧㄤˋ
phase modulation, PM
【信息】台湾又称“相位調變”。调制方式的一种。使载波的相位受调制信号相位变化规律而改变。经过调相后的已调波(调相波)是振幅不变的等幅波,但其瞬时相位偏离载波相位的量与调制信号振幅的瞬时值成比例。调相时载波的频率也有变化,只是频率变化不与调制信号的振幅成比例。

调谐/調諧 tiáoxié/ㄊㄧㄠˊ ㄒㄧㄝˊ
tuning
【信息】使振荡电路的固有频率与信号频率相同而发生电谐振的过程。收音机通常用机械调谐,即改变电容来调谐;电视机通常用电调谐,即改变电感来调谐。

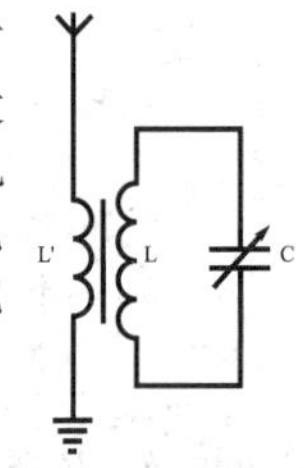

调 谐

调血脂药/調血脂藥
tiáoxuèzhīyào/ㄊㄧㄠˊ ㄒㄧㄝˋ ㄓ ㄧㄠˋ
lipidemic-modulating drugs
【医】可以降低血浆三酰甘油或血胆固醇的药物。包括羟甲戊二酰辅酶A还原酶抑制剂(如辛伐他汀)、胆酸螯合物类(如考来烯胺等)和减少胆固醇吸收的药物(如鱼油不饱和脂肪酸等)。

调压器/調壓器 tiáoyāqì/ㄊㄧㄠˊ ㄧㄚ ㄑㄧˋ
voltage regulator
【电】利用改变电磁感应的方法,在一定范围内调节输出电压的电器。按电流性质不同,可分为交流调压器和直流调压器;按结构不同,可分为机电式调压器和静止式调压器两类。交流机电式调压器又有接触调压器、感应调压器和移圈调压器三种;静止式调压器又有磁性调压器和半导体调压器两种。

调制/調變 tiáozhì/ㄊㄧㄠˊ ㄅㄧㄢˋ
modulation
【信息】将带有信息的信号加载到一个载波上,使载波的高频电振荡(电流、电压)的参数按照要传送信息的特征变化的过程。作为载波的高频振荡通常是正弦波,进行调制主要有调幅、调频、调相等方式。

调制解调器/數據機
tiáozhì-jiětiáoqì/ㄕㄨˋ ㄐㄩˋ ㄐㄧ
modem
【信息】对信号进行调制和解调的功能单元。既能将模拟信号转化成数字信号,又能将数字信号转化成模拟信号。可使计算机(数字信号设施)与电话线(模拟信号设施)互通互传。原理是:计算机二进制信号以并行方式传输;而电话线信号以连续正弦波方式传输,只能以一次传一位的串行方式工作;因此前者必须首先转换成串行信号,再转换成模拟信号,方能在电话线上传输;反之,电话线上的串行模拟信号,也必须转换成并行数字信号方能由计算机处理。

英语词 modem 是modulator/demodulator 的缩略语。

调制器/調制器 tiáozhìqì/ㄊㄧㄠˊ ㄓˋ ㄑㄧˋ
modulator
【信息】台湾又称"調變器"。使制约振荡或波的特征量随另一振荡或信号的变化而变化的非线性器件。

调质处理/熱調質 tiáozhì chǔlǐ/ㄖㄜˋ ㄊㄧㄠˊ ㄓˊ
thermal refining
【机】热处理的一种。将钢铁制件先淬火,再高温回火,以获得强度与韧性良好配合的综合性能。通常用于中碳结构钢,特别是合金调质钢。对于球墨铸铁,则用以提高其强度、硬度和耐磨性。

调质钢/調質鋼 tiáozhìgāng/ㄊㄧㄠˊ ㄓˊ ㄍㄤˊ
quenched and tempered steel
【材】台湾又称"淬火回火鋼"。结构钢的一类。含碳量在0.3%～0.6%的中碳钢。经调质处理(即淬火和高温回火)后,具有很好的塑性和韧性。广泛用于制作机器零件等。

條件機率 ㄊㄧㄠˊ ㄐㄧㄢˋ ㄐㄧ ㄌㄩˋ/tiáojiàn jīlǜ
conditional probability
【数】台湾名。即"条件概率"(1131 页)。

條件敘述 ㄊㄧㄠˊ ㄐㄧㄢˋ ㄒㄩˋ ㄕㄨˋ/tiáojiàn xùshù
conditional statement
【信息】台湾名。即"条件语句"(1131 页)。

條料 ㄊㄧㄠˊ ㄌㄧㄠˋ/tiáoliào
strip
【材】台湾名。即"带材"(193 页)。

條狀圖 ㄊㄧㄠˊ ㄓㄨㄤˋ ㄊㄨˊ/tiáozhuàngtú
bar chart
【数】台湾名。即"条形图"(1131 页)。

調變 ㄊㄧㄠˊ ㄅㄧㄢˋ/tiáobiàn
modulation
【信息】台湾名。即"调制"(1132 页)。

調變器 ㄊㄧㄠˊ ㄅㄧㄢˋ ㄑㄧˋ/tiáobiànqì
modulator
【信息】台湾名。即"调制器"(1133 页)。

調整 ㄊㄧㄠˊ ㄓㄥˇ/tiáozhěng
set
【心】台湾名。即"定势"(269 页)。

跳段/中繼段 tiàoduàn/ㄓㄨㄥ ㄐㄧˋ ㄉㄨㄢˋ
hop
【信息】数据通信中,介于地理上分散的网络的两个路由器之间的路径。

跳频/跳頻 tiàopín/ㄊㄧㄠˋ ㄆㄧㄣˊ
frequency hopping, FH
【信息】使无线传输中射频频率按特定算法重复变化的技术。多借助于扩频码发生器实现。

跳蚤/跳蚤 tiàozao/ㄊㄧㄠˋ ㄗㄠˇ
flea
【动】又称"虼蚤"。昆虫名。蚤目昆虫的统称。身体小,侧扁,深褐色或棕黄色,无翅,足长,善跳跃。成虫寄生在人或哺乳动物、鸟类身体上,吸食血液,有些种类是传染鼠疫、斑疹伤寒等的媒介。

跳蚤效应/跳蚤效應 tiàozao xiàoyìng/ㄊㄧㄠˋ ㄗㄠˇ ㄒㄧㄠˋ ㄧㄥˋ
flea effect
【心】一种社会心理效应。据说生物学家曾做过试验,将跳蚤放在地面上,它可以跳起1米多高,如果在1米高处加一个盖子,它屡次碰到盖子后,再跳时就会低于1米,以后即便不加盖子,它跳起也不会超过1米了。这个效应说明,生活中积累的负面经验很容易使人丧失创造力,变得平庸。

tie (ㄊㄧㄝ)

萜/萜類 tiē/ㄊㄧㄝ ㄌㄟˋ
terpene
【化】有机化合物的一类。分子的碳架由两个或两个以上异戊二烯分子构成。两分子、三分子、四分子叠加而成的依次称为单萜、倍半萜、双萜。余类推。

萜類 ㄊㄧㄝ ㄌㄟˋ/tiēlèi
terpene
【化】台湾名。即"萜"(1133 页)。

帖子/帖子 tiězi/ㄊㄧㄝˇ ·ㄗ
post

【信息】发送到某一服务器、网络或万维网站上,在论坛上发表意见、参与讨论的文件。

铁/鐵 tiě/ㄊㄧㄝˇ

iron

【化】金属元素。属周期表第ⅧB族,符号Fe,原子序数26。原子量55.85。自然界主要存在于赤铁矿、磁铁矿、褐铁矿等中。单质为银灰色金属,质地坚韧,延展性好,纯净铁磁化和退磁均很快,含杂质的铁在潮湿空气中会生锈。常含碳、硫、磷、硅、锰等。按含碳量的不同,可分为生铁(含碳4.5%～1.7%)、钢(含碳量1.7%～0.2%)、熟铁(含碳0.2%以下)。是重要的工业原材料。

📖 约公元前30世纪以前,人类从铁陨石中发现了铁。最早使用铁器的是两河流域的古代苏美尔人,中国商代的兵器也是用陨铁打造的。古埃及人称陨铁为"天石",古希腊人称之为"星"。拉丁文定名为ferrum,源自希腊文,意思是"星"。中文定名为"铁"。

铁磁性/鐵磁性

tiěcíxìng/ㄊㄧㄝˇ ㄘˊ ㄒㄧㄥˋ

ferromagnetism

【电】以铁为代表的元素在外磁场作用下所表现的一种磁性。是一种强磁性。

铁磁质/鐵磁性物質

tiěcízhì/ㄊㄧㄝˇ ㄘˊ ㄒㄧㄥˋ ㄨˋ ㄓˊ

ferromagnetic substance

【物】磁介质的一种。例如铁、钴、镍、钆、镝及其一些合金。在磁场B_0中时,附加磁场B'的方向与B_0同向,而且B'远大于B_0,总磁感应强度B比B_0大大增强(可增强几千倍到几十万倍)。由于原子的相互作用在其内部形成肉眼看不见的小区域(磁畴)。其磁性比顺磁质强得多。

铁道/鐵道 tiědào/ㄊㄧㄝˇ ㄉㄠˋ

railway

【交】又称"铁路"。供火车等交通工具行驶的轨道。以所挂机车或车辆自身的动力装置为牵引动力,组成列车在两条平行的铁轨上行驶。

铁道信号/鐵道信號

tiědào xìnhào/ㄊㄧㄝˇ ㄉㄠˋ ㄒㄧㄣˋ ㄏㄠˋ

railroad signaling

【交】又称"铁路信号"。铁路上用来指示列车运行及调车作业的命令。可分为听觉信号和视觉信号两大类。听觉信号(如机车、轨道车鸣笛声以及号角、哨声等)通过不同强度、频率和时长的音响来表达含义;视觉信号(如信号灯或信号旗、信号牌、火炬等)以物体或灯光的颜色、形状、位置、显示数目等来表达含义。

📖 铁路信号有关闭和开放两种状态:要求停车的信号(如红色灯光、蓝色灯光)称为信号的关闭状态;允许通过的信号(如绿色灯光、黄色灯光)称为信号的开放状态。

铁电材料/鐵電材料

tiědiàn cáiliào/ㄊㄧㄝˇ ㄉㄧㄢˋ ㄘㄞˊ ㄌㄧㄠˋ

ferroelectric material

【电】呈现电滞现象的电介质。具有一个或多个铁电相的晶体称为"铁电体"。按形态特征和性质不同,可分为铁电单晶体、铁电陶瓷多晶体、铁电薄膜和铁电负荷材料。

📖 铁电相指在某个温度范围内晶体存在自发极化,且自发极化强度可随外加电场重新定向的一种状态。

铁电体/鐵電體 tiědiàntǐ/ㄊㄧㄝˇ ㄉㄧㄢˋ ㄊㄧˇ

ferroelectrics

【物】电容率很大且随外电场变化的电介质。例如铌酸锂、钛酸钡等。有控能、传感、信息处理等功能,广泛应用在工程技术上。

铁矾 tiěfán/ㄊㄧㄝˇ ㄈㄢˊ

【化】即"绿矾"(762页)。

铁合金/鐵合金 tiěhéjīn/ㄊㄧㄝˇ ㄏㄜˊ ㄐㄧㄣ

ferroalloy

【材】台湾又称"合金鐵"。由铁和其他金属组成的合金的统称。如锰铁、硅铁等。所含的合金元素量较高,主要用作炼钢的脱氧剂或合金添加剂。

铁路 tiělù/ㄊㄧㄝˇ ㄌㄨˋ

【交】即"铁道"(1134页)。

铁路保价运输/鐵路保價運輸

tiělù bǎojià yùnshū/

ㄊㄧㄝˇ ㄌㄨˋ ㄅㄠˇ ㄐㄧㄚˋ ㄩㄣˋ ㄕㄨ

value insured rail traffic

【交】托运人在托运货物时向铁路承运人声明货物的价值,并缴纳相应的费用,当货物在运输中发生损毁灭失时,铁路承运人按约定的货物价值赔偿。

铁路起重机/鐵路起重機
tiělù qǐzhòngjī/ ㄊㄧㄝˇ ㄌㄨˋ ㄑㄧˇ ㄓㄨㄥˋ ㄐㄧ
railway crane
【机】回转起重机的一种。由起升、旋转、运行和改变外伸距离的变幅机构等组成。可在铁路轨道上运行。用于铁路沿线装卸作业以及铁路机车、车辆颠覆等事故救援的起重作业。

铁路枢纽/鐵路樞紐
tiělù shūniǔ/ ㄊㄧㄝˇ ㄌㄨˋ ㄕㄨ ㄋㄧㄡˇ
railway junction terminal
【交】又称"枢纽站"。铁路各线路交汇处或铁路与其他交通线路如港口、工矿企业的专用线衔接的地点。是由车站、联络线和进出站线路等技术设备构成的铁路运输综合体。功能是使各向铁路线相互沟通,与其他运输方式顺畅衔接。主要作业内容是组织各向列车的到发和通过、客货的集散和中转、车辆改编以及货物承运与换装等。

铁路信号 tiělù xìnhào/ ㄊㄧㄝˇ ㄌㄨˋ ㄒㄧㄣˋ ㄏㄠˋ
【交】即"铁道信号"(1134 页)。

铁路运输/鐵路運輸
tiělù yùnshū/ ㄊㄧㄝˇ ㄌㄨˋ ㄩㄣˋ ㄕㄨ
railway transport
【交】陆上运输方式之一。以铁路作为运输线路,用动力机车作牵引在铁轨上运送人员、货物。具有装载能力大、经济高效、安全可靠等特点。

铁路专用线/鐵路專用線
tiělù zhuānyòngxiàn/
ㄊㄧㄝˇ ㄌㄨˋ ㄓㄨㄢ ㄩㄥˋ ㄒㄧㄢˋ
railway special line
【交】由企业根据自身需要而修建并管理的,主要为本企业内部运输服务的铁路线路。与全国铁路网衔接,是国家铁路网的一个组成部分。技术标准通常比铁路网低。
📖 目前铁路运输的大宗物资大多数是在铁路专用线装车。有的铁路专用线还吸引周围的运量,既起到货物集散的作用,也起到货物的蓄水池的作用。

铁杉/鐵杉 tiěshān/ ㄊㄧㄝˇ ㄕㄢ
china hemlock
【植】*Tsuga chinensis* 松科铁杉属。常绿高大乔木。树冠塔形。树皮暗灰色,片状剥落。大枝平展,枝梢下垂;一年生枝细,带黄色,二三年生枝偏灰色。叶条形,排成二列,先端钝圆,全缘,中脉隆起,背面有两条灰绿色气孔带。球果卵圆形。花期 4 月份,球果 10 月份成熟。在中国,分布于甘肃白龙江流域、陕西南部、河南西部山区、湖北西部、四川东北部。观赏树种。中国特有种。

铁树 tiěshù/ ㄊㄧㄝˇ ㄕㄨˋ
【植】"苏铁"的通称。
📖 苏铁树干如铁打般的坚硬,又喜欢含铁质的肥料,故得名铁树。苏铁生长缓慢,寿命又长,盆栽开花常无规律,不易看到,故有"千年铁树开花"的说法。

铁素体/鐵氧磁體 tiěsùtǐ/ ㄊㄧㄝˇ ㄧㄤˇ ㄘˊ ㄊㄧˇ
ferrite
【材】钢中相形态之一。碳或合金元素溶入 α-Fe 或 δ-Fe 中形成的固溶体。

铁碳合金/鐵碳合金
tiětàn héjīn/ ㄊㄧㄝˇ ㄊㄢˋ ㄏㄜˊ ㄐㄧㄣ
iron-carbon alloy
【材】铁和少量碳组成的合金的总称。按含碳量不同,可分为钢和铸铁。也可加入一种或几种合金元素(如铬、钼、镍等)成为合金钢或合金铸铁,以改善其力学性能或获得某些特殊的物理、化学性能。

铁线蕨/鐵線蕨
tiěxiànjué/ ㄊㄧㄝˇ ㄒㄧㄢˋ ㄐㄩㄝˊ
adiantum
【植】*Adiantum capillus-veneris* 蕨类。铁线蕨科铁线蕨属。根状茎横走,有淡棕色披针形鳞片。叶片薄草质,卵状三角形,中部以下二回羽状,小羽片斜扇形,外缘有裂,裂片狭。孢子囊群生于由裂片顶部反折的囊群盖下面,囊群盖圆肾形。在中国,分布于河北以南各地。观赏植物。全草入药。

铁线莲/鐵線蓮
tiěxiànlián/ ㄊㄧㄝˇ ㄒㄧㄢˋ ㄌㄧㄢˊ
cream clematis
【植】*Clematis florida* 毛茛科铁线莲属。多年生草质藤本植物。茎棕色或紫红色,有纵纹,节膨大。二回三出复叶,小叶狭卵形,全缘。花单生于叶腋,萼片六枚,白色,倒卵圆形,花瓣无;雄蕊紫红色,花丝宽线形。园艺品种颜色较多。花期 1—2 月份。在中国,分布于广西、广东、湖南、江西。观赏花卉。全草入药。

铁氧体/鐵氧體 tiěyǎngtǐ/ ㄊㄧㄝˇ ㄧㄤˇ ㄊㄧˇ

ferrite, magnetic porcelain

【物】氧化铁和其他金属(如钡、锶、镍、锌等)的氧化物组成的磁性材料。因电阻率远大于纯金属,故在高频磁场中产生的涡流较小,适用于高频磁性材料。广泛用于电子设备中。

鐵磁性物質

ㄊㄧㄝˇ ㄘˊ ㄒㄧㄥˋ ㄨˋ ㄓˊ/tiěcíxìng wùzhì

ferromagnetic substance

【物】台湾名。即“铁磁质”(1134 页)。

鐵類金屬

ㄊㄧㄝˇ ㄌㄟˋ ㄐㄧㄣ ㄕㄨˇ/tiělèi jīnshǔ

ferrous metal

【材】台湾名。即“黑色金属”(495 页)。

鐵氧磁體 ㄊㄧㄝˇ ㄧㄤˇ ㄘˊ ㄊㄧˇ/tiěyǎngcítǐ

ferrite

【材】台湾名。即“铁素体”(1135 页)。

ting (ㄊㄧㄥ)

汀步/汀步 tīngbù/ ㄊㄧㄥ ㄅㄨˋ

stepping stone on water surface

【建】又称“步石”“飞石”。园林中的一种渡水设施。在浅水里按一定间距布设块石,微露水面,使人跨步而过。似桥非桥,似石非石,介于桥和石之间,淳朴自然,别有情趣。

听觉减退/聽覺減退

tīngjué jiǎntuì/ ㄊㄧㄥ ㄐㄩㄝˊ ㄐㄧㄢˇ ㄊㄨㄟˋ

hypoacusis, amblykusis, amblyacousia

【医】听觉系统的传音或感音部分发生病变或功能损伤,以致听力下降的现象。

听神经/聽神經

tīngshénjīng/ ㄊㄧㄥ ㄕㄣˊ ㄐㄧㄥ

acoustic nerve, vestibulocochlear nerve

【医】又称“位听神经”“前庭蜗神经”。分别发自脑桥的耳蜗神经核和延髓的前庭神经核,传导听觉和位置感觉的感觉神经。是第八对脑神经,为特殊躯体传入纤维,包括蜗神经(传导听觉)和前庭神经(传导平衡觉)。听神经受损时,出现听力下降和眩晕。

听阈/聽覺底限 tīngyù/ ㄊㄧㄥ ㄐㄩㄝˊ ㄉㄧˇ ㄒㄧㄢˋ

hearing threshold

【物】刚能引起听觉的声音的声强。频率 2000～4000 赫的声波,声压级约为 0 分贝。

烃/烴類 tīng/ ㄊㄧㄥ ㄌㄟˋ

hydrocarbon

【化】又称“碳氢化合物”。一类由碳与氢两种元素构成的有机化合物。是有机合成工业的基本原料。按结构和性质不同,可分为开链烃和闭链烃。

📖 “烃”的读音,取“碳”的声母 t,取“氢”的韵母和声调 īng。

烴類 ㄊㄧㄥ ㄌㄟˋ/tīnglèi

hydrocarbon

【化】台湾名。即“烃”(1136 页)。

聽覺底限

ㄊㄧㄥ ㄐㄩㄝˊ ㄉㄧˇ ㄒㄧㄢˋ/tīngjué dǐxiàn

hearing threshold

【物】台湾名。即“听阈”(1136 页)。

亭/亭 tíng/ ㄊㄧㄥˊ

pavilion

【建】通称“亭子”。中国传统建筑中四周开敞、有顶无墙的小型点式建筑,供人停留、观览,也用于典仪。最早见于南北朝中后期。通常设置在可供停息、观眺的地方,如山冈、水边、城头、桥上以及园林中。按照功能不同,可分为碑亭、井亭、宰牲亭、钟亭等;按平面形式不同,可分为圆、方、三角、四角、五角、六角、八角、圭角、扇面等单体,也有双环、套方、梅花、十字等组合体;按屋顶形式不同,可分为攒尖、盝顶、歇山、盔顶以及单檐、重檐等。《园冶·亭》中记载:“亭者,停也,所以停憩游行也。”

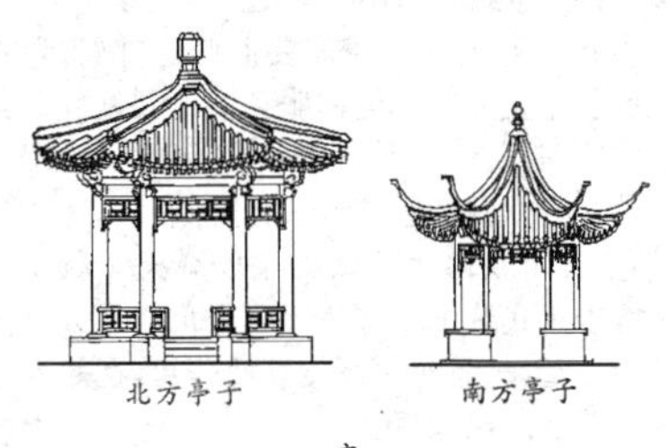

亭

亭阁式塔 tínggéshìtǎ/ ㄊㄧㄥˊ ㄍㄜˊ ㄕˋ ㄊㄚˇ

【建】即“单层塔”(196 页)。

庭荫树/庭蔭樹 tíngyīnshù/ ㄊㄧㄥˊ ㄧㄣ ㄕㄨˋ

shady tree

【建】在庭园或公园中种植,以取其绿荫为主要目的的树木。热带和亚热带地区多选常绿树种,寒冷地区多选落叶树种。

庭园/庭園 tíngyuán/ㄊㄧㄥˊ ㄩㄢˊ

courtyard garden

【建】庭院经过适当区划后种植树木、花卉、蔬菜,或相应地添置设备和修建建筑小品等,以供人游赏休憩的园林。现通常指低层住宅内外、多层和高层居住小区中以及大型公共建筑室内外相对独立设置的园林。

庭院/庭院 tíngyuàn/ㄊㄧㄥˊ ㄩㄢˋ

courtyard

【建】附属于建筑物的室外围合场地,可供人进行室外活动。即院子,特指正房前的院子。

停机坪/停機坪 tíngjīpíng/ㄊㄧㄥˊ ㄐㄧ ㄆㄧㄥˊ

apron

【航】又称"站坪"。机场供航空器停驻、加油、维护和空运业务准备的场地。按用途不同,可分为停机线停机坪、起飞线停机坪、警戒停机坪和过往飞机停机坪。

停經 ㄊㄧㄥˊ ㄐㄧㄥ/tíngjīng

menopause

【医】台湾名。即"绝经"(660 页)。

停懸 tíngxuán/ㄊㄧㄥˊ ㄒㄩㄢˊ

hovering

【航】台湾名。即"悬停"(1291 页)。

停止閥 ㄊㄧㄥˊ ㄓˇ ㄈㄚˊ/tíngzhǐfá

globe valve, stop valve

【机】台湾名。即"截止阀"(624 页)。

tong (ㄊㄨㄥ)

通草/通草 tōngcǎo/ㄊㄨㄥ ㄘㄠˇ

Medulla Tetrapanacis (拉), ricepaper-plant pith

【中医】中药名。五加科植物通脱木 *Tetrapanax papyriferus* (Hook.) K. Koch 的干燥茎髓。味甘、淡,性微寒。归肺、胃经。清热利尿,通气下乳。用于湿热尿赤,淋病涩痛,水肿尿少,乳汁不下。

📖 通草,孕妇慎用。

通帶 ㄊㄨㄥ ㄉㄞˋ/tōngdài

pass-band

【电】台湾名。即"通频带"(1138 页)。

通道/通道 tōngdào/ㄊㄨㄥ ㄉㄠˋ

❶channel, ❷path

【信息】❶①计算机系统中,可据以发送信号的物理或逻辑通路。例如输出通道。②超媒体和多媒体中,借以将运行期对象呈送给用户的逻辑空间。将通道指派给物理设备(例如图形窗口或扩音器),以使用户可感知运行期对象。❷又称"路径"。通信网络中两个节点或任何两点之间的途径。

通道存取

ㄊㄨㄥ ㄉㄠˋ ㄘㄨㄣˊ ㄑㄩˇ/tōngdào cúnqǔ

channel access

【信息】台湾名。即"信道接入"(1273 页)。

通道容量

ㄊㄨㄥ ㄉㄠˋ ㄖㄨㄥˊ ㄌㄧㄤˋ/tōngdào róngliàng

channel capacity

【信息】台湾名。即"信道容量"(1273 页)。

通分/通分 tōngfēn/ㄊㄨㄥ ㄈㄣ

reduction of fractions to a common denominator

【数】保持两个或更多的分母不同的分数(式)的值不变,把它们化成分母相同的分数(式)的过程。例如,把$\frac{1}{3}$和$\frac{3}{4}$通分,$\frac{1}{3}=\frac{1\times4}{3\times4}=\frac{4}{12}$,$\frac{3}{4}=\frac{3\times3}{4\times3}=\frac{9}{12}$;把$\frac{1}{xy^2}$和$\frac{3}{4x^2y}$通分,$\frac{1}{xy^2}=\frac{1\times4x}{xy^2\cdot4x}=\frac{4x}{4x^2y^2}$,$\frac{3}{4x^2y}=\frac{3\cdot y}{4x^2y\cdot y}=\frac{3y}{4x^2y^2}$。

通风干湿表/通風乾濕計

tōngfēng gānshībiǎo/

ㄊㄨㄥ ㄈㄥ ㄍㄢ ㄕ ㄐㄧˋ

aspirated psychrometer

【气】湿度表的一种。与干湿球温度表的测湿原理类似,主体由支架、干湿球温度表、通风装置和上水滴管等构成。采用电动或金属发条通风装置,使流过湿球的空气流速恒定为 2.5 米/秒。电动通风的附有专用直流稳压电源、双控开关和电缆等。携带方便,适用于野外观测。

通风机/風機 tōngfēngjī/ㄈㄥ ㄐㄧ

fan

【机】风机的一类。依靠输入的机械能，提高气体压力并排送气体。通常借助叶轮来保持气体连续流动。按气体流动方向的不同，分为离心式、轴流式、斜流式和横流式等。广泛用于工厂、矿井、隧道、冷却塔、车辆、船舶和建筑物的通风、排尘和冷却。

通風乾濕計

ㄊㄨㄥ ㄈㄥ ㄍㄢ ㄕ ㄐㄧˋ/tōngfēng gānshījì

aspirated psychrometer

【气】台湾名。即“通风干湿表”(1137 页)。

通关/通關 tōngguān/ㄊㄨㄥ ㄍㄨㄢ

customs clearance

㊀【物流】又称“清关”。申请人按照海关的规定申请物品进出境的过程，以及海关依法对货物和单证进行审核、查验、征缴税费，批准进口或出口的过程。申请物品包括货物、行李、运输工具。㊁【交】在台湾，通关也指“结关”(623 页)。

通廊式住宅/通廊式住宅

tōnglángshì zhùzhái/

ㄊㄨㄥ ㄌㄤˊ ㄕˋ ㄓㄨˋ ㄓㄞˊ

corridor apartment, corridor house

【建】由共用楼梯或共用楼梯、电梯通过内、外廊进入各套住房的住宅。

通路 tōnglù/ㄊㄨㄥ ㄌㄨˋ

【信息】即“信道”(1273 页)。

通配字符/通配字元

tōngpèi zìfú/ㄊㄨㄥ ㄆㄟˋ ㄗˋ ㄩㄢˊ

wildcard character

【信息】台湾又称“通用字元”。能用来表示一个或几个任何字符的键盘字符。例如常以星号(*)代表一个或几个任何字符，以问号(?)代表单个任何字符。

通配字元

ㄊㄨㄥ ㄆㄟˋ ㄗˋ ㄩㄢˊ/tōngpèi zìyuán

wildcard character

【信息】台湾名。即“通配字符”(1138 页)。

通频带/通帶 tōngpíndài/ㄊㄨㄥ ㄉㄞˋ

pass-band

【电】整个频带上衰减都小于规定值的频带。

通气层 tōngqìcéng/ㄊㄨㄥ ㄑㄧˋ ㄘㄥˊ

【水利】即“包气带”(35 页)。

通勤车/通勤車

tōngqínchē/ㄊㄨㄥ ㄑㄧㄣˊ ㄔㄜ

commuting bus

【交】有固定的线路、固定的站点，按时接送单位职工上下班的客车。

通项公式/通項公式

tōngxiàng gōngshì/

ㄊㄨㄥ ㄒㄧㄤˋ ㄍㄨㄥ ㄕˋ

formula of general term

【数】以 n 为自变量用来表示数列的第 n 项的式子 $a_n=f(n)$。例如，数列 2,4,6,… 的通项公式为 $a_n=2n(n\in\mathbf{N}^*)$，数列 1,3,5,…的通项公式为 $a_n=2n-1(n\in\mathbf{N}^*)$。

通信/通訊 tōngxìn/ㄊㄨㄥ ㄒㄩㄣˋ

communication

【信息】旧称“通讯”。根据既定协议，利用光、电或其他信号在用户、地点、进程或机器之间转送文字、图像等消息的活动。可分为模拟通信和数字通信等。

📖 在日常用语中，“通信”指“用书信互通消息”。“通讯”多指新闻体裁。另外，此处以“转送”一词概括传送、传输、传播、传真、发送、运送、发射、转发、投递等不同方式，以反映通信模式和媒体的多样性。

通信车/通信車

tōngxìnchē/ㄊㄨㄥ ㄒㄧㄣˋ ㄔㄜ

communication vehicle

【军】装载多种通信设备并能实现一定通信功能的专用车辆。包括无线电台车、接力通信车、散射通信车、卫星通信车、移动电话通信车和通信节点车、通信电源车、综合通信车等。通常装备到各级通信部(分)队，保障部队机动作战指挥，也可接入长途干线网或市话网，传输话音、数据、传真及图像等信息。按使用信道不同，可分为无线通信车和有线通信车；按装载系统不同，可分为短波无线通信车、卫星通信车、接力通信车、散射通信车、节点通信车、光缆通信车、集群通信车等；按装载车型不同，可分为厢式通信车和装甲通信车。

通信量/訊務量

tōngxìnliàng/ㄒㄩㄣˋ ㄨˋ ㄌㄧㄤˋ

traffic

【信息】通信链路或信道承载的负荷。

通信卫星/通信衛星
tōngxìn wèixīng/ㄊㄨㄥ ㄒㄧㄣˋ ㄨㄟˋ ㄒㄧㄥ
communication satellite
【信息】用作无线电通信中继站的人造地球卫星。按轨道类型不同,可分为地球静止轨道通信卫星、大椭圆轨道通信卫星、中轨道通信卫星和低轨道通信卫星;按通信业务种类不同,可分为固定通信卫星、移动通信卫星、电视广播卫星、海事通信卫星、跟踪和数据中继卫星以及兼有通信、气象和广播功能的多用途卫星等。

通信系统/通訊系統
tōngxìn xìtǒng/ㄊㄨㄥ ㄒㄩㄣˋ ㄒㄧˋ ㄊㄨㄥˇ
communication system
【信息】在发信者与收信者之间进行信息传递的系统。由发送设备、信道(传输媒质、电缆、光缆、无线、卫星等)接收设备组成。现今多采用数字通信方式。

通信协议/通訊協定
tōngxìn xiéyì/ㄊㄨㄥ ㄒㄩㄣˋ ㄒㄧㄝˊ ㄉㄧㄥˋ
communication protocol
【信息】适用于将计算机互连,并以尽量少的差错交换信息的一套规则。
📖 将计算机通信全面标准化并得到普遍接受的协议是"开放系统互连参考模型"。在开放系统互连(OSI)之前广泛使用而略有差别的标准是 IBM 的系统网络体系结构(SNA)。

通信直升机/通信直升機
tōngxìn zhíshēngjī/
ㄊㄨㄥ ㄒㄧㄣˋ ㄓˊ ㄕㄥ ㄐㄧ
communication helicopter
【军】装有专用通信设备,担负无线电中继通信任务的军用直升机。用于传输信息、数据,接送通信联络人员,作为空中通信平台和转信站实施通信联络。还可通过低空飞行、低速飞行、随地起降等飞行动作执行空中联络、空中交通管理等任务。

通信中断区
tōngxìn zhōngduànqū/
ㄊㄨㄥ ㄒㄧㄣˋ ㄓㄨㄥ ㄉㄨㄢˋ ㄑㄩ
【航】即"黑障区"(496 页)。

通訊 ㄊㄨㄥ ㄒㄩㄣˋ/tōngxùn
communication
【信息】台湾名。即"通信"(1138 页)。

通訊系統
ㄊㄨㄥ ㄒㄩㄣˋ ㄒㄧˋ ㄊㄨㄥˇ/tōngxùn xìtǒng
communication system
【信息】台湾名。即"通信系统"(1139 页)。

通訊協定
ㄊㄨㄥ ㄒㄩㄣˋ ㄒㄧㄝˊ ㄉㄧㄥˋ/tōngxùn xiédìng
communication protocol
【信息】台湾名。即"通信协议"(1139 页)。

通用串列匯流排
ㄊㄨㄥ ㄩㄥˋ ㄔㄨㄢˋ ㄌㄧㄝˋ ㄏㄨㄟˋ ㄌㄧㄡˊ ㄆㄞˊ/
tōngyòng chuànliè huìliúpái
universal serial bus, USB
【信息】台湾名。即"通用串行总线"(1139 页)。

通用串行总线/通用串列匯流排
tōngyòng chuànxíng zǒngxiàn/
ㄊㄨㄥ ㄩㄥˋ ㄔㄨㄢˋ ㄌㄧㄝˋ ㄏㄨㄟˋ ㄌㄧㄡˊ ㄆㄞˊ
universal serial bus, USB
【信息】用来把外围设备连接到微型计算机,数据传输速率为 12 兆比特/秒的串行总线。最多能连接 127 台外设(打印机、调制解调器、鼠标、键盘等)。支持自动添加和配置新设备能力;且在添加这类设备时不必关闭然后重新启动系统。

通用干货集装箱/通用乾貨集裝箱
tōngyòng gānhuò jízhuāngxiāng/
ㄊㄨㄥ ㄩㄥˋ ㄍㄢ ㄏㄨㄛˋ ㄐㄧˊ ㄓㄨㄤ ㄒㄧㄤ
general dry container, general dry cargo container
【物流】又称"杂货集装箱"。最常用的一类集装箱。用来装载除液体货物和需调温货物以外的一般件杂货。封闭式设计,在一端或侧面设有箱门。

通用机枪/通用機槍
tōngyòng jīqiāng/ㄊㄨㄥ ㄩㄥˋ ㄐㄧ ㄑㄧㄤ
universal machine gun
【军】又称"轻重两用机枪"。枪身用两脚架支撑可作为轻机枪使用,用稳定枪架支撑可作为重机枪使用的机枪。口径通常为 6.5~8 毫米,枪身长1200毫米左右,全枪质量为 6~15 千克,发射步枪弹或机枪弹,理论射速为 600~800发/分。作为轻机枪使用时,主要杀伤、压制 800 米内的有生目标;作为重机枪使用时,主要杀伤、压制 1000 米内的有生目标;通常都能高射架枪,实施对空射击。

通用计算机/一般用途電腦
tōngyòng jìsuànjī/ㄧ ㄅㄢ ㄩㄥˋ ㄊㄨˊ ㄉㄧㄢˋ ㄋㄠˇ
general-purpose computer
【信息】能执行带有可用软件的任何计算任务的计算机。个人计算机也属于通用计算机。

通用字元
ㄊㄨㄥ ㄩㄥˋ ㄗˋ ㄩㄢˊ/tōngyòng zìyuán
wildcard character
【信息】台湾名。即"通配字符"(1138 页)。

同病异治/同病異治
tóngbìng yìzhì/ㄊㄨㄥˊ ㄅㄧㄥˋ ㄧˋ ㄓˋ
treating same disease with different methods, * different treatment of same disease
【中医】治则之一。表现相同的疾病,可因人、因时、因地不同,或由于病情的发展、病机的变化、正邪的消长等差异,采取不同的治法。

同步变频机/同步變頻機
tóngbù biànpínjī/ㄊㄨㄥˊ ㄅㄨˋ ㄅㄧㄢˋ ㄆㄧㄣˊ ㄐㄧ
synchronizing frequency changer
【电】同步电机的一种。能将交流系统一种频率的电能变换成另一种频率的电能。由两台工作在不同频率的同步电机直接连接而成,一台运行在电动机状态,另一台运行在发电机状态。

同步补偿机
tóngbù bǔchángjī/ㄊㄨㄥˊ ㄅㄨˋ ㄅㄨˇ ㄔㄤˊ ㄐㄧ
【电】即"同步调相机"(1140 页)。

同步传送模式
tóngbù chuánsòng móshì/ㄊㄨㄥˊ ㄅㄨˋ ㄔㄨㄢˊ ㄙㄨㄥˋ ㄇㄛˊ ㄕˋ
【信息】即"同步转移模式"。

同步傳輸模式
ㄊㄨㄥˊ ㄅㄨˋ ㄔㄨㄢˊ ㄕㄨ ㄇㄛˊ ㄕˋ/tóngbù chuánshū móshì
synchronous transfer mode, STM
【信息】台湾名。即"同步转移模式"(1141 页)。

同步电动机/同步電動機
tóngbù diàndòngjī/ㄊㄨㄥˊ ㄅㄨˋ ㄉㄧㄢˋ ㄉㄨㄥˋ ㄐㄧ
synchronous motor
【电】作为电动机运行的同步电机。

同步电机/同步電機
tóngbù diànjī/ㄊㄨㄥˊ ㄅㄨˋ ㄉㄧㄢˋ ㄐㄧ
synchronous machine
【电】交流电机的一种,电动势的频率与电机转速之比为恒定值。

同步发电机/同步發電機
tóngbù fādiànjī/ㄊㄨㄥˊ ㄅㄨˋ ㄈㄚ ㄉㄧㄢˋ ㄐㄧ
synchronous generator
【电】作为发电机运行的同步电机。是最常见的交流发电机。

同步辐射/同步輻射
tóngbù fúshè/ㄊㄨㄥˊ ㄅㄨˋ ㄈㄨˊ ㄕㄜˋ
synchronism radiation
【物】磁场中高速回旋的电子做加速运动时发出的电磁辐射。是脉冲式的、偏振的。具有连续光谱,分布范围从红外线、可见光直到紫外线和 X 射线。在空间内方向性好,强度和稳定性高。同步辐射光源是从事物理、化学、生物等学科研究的重要工具。

同步軌道
ㄊㄨㄥˊ ㄅㄨˋ ㄍㄨㄟˇ ㄉㄠˋ/tóngbù guǐdào
geostationary orbit
【航】台湾名。即"地球静止轨道"(226 页)。

同步静止衛星
ㄊㄨㄥˊ ㄅㄨˋ ㄐㄧㄥˋ ㄓˇ ㄨㄟˋ ㄒㄧㄥ/tóngbù jìngzhǐ wèixīng
stationary satellite
【航】台湾名。即"静止卫星"(648 页)。

同步调相机/同步調相機
tóngbù tiáoxiàngjī/ㄊㄨㄥˊ ㄅㄨˋ ㄊㄧㄠˊ ㄒㄧㄤˋ ㄐㄧ
synchronous condenser, synchronous compensator
【电】又称"同步补偿机"。运行于电动机状态,但不带机械负载,只向电力系统提供无功功率的同步电机。

同步通信卫星/同步通訊衛星
tóngbù tōngxìn wèixīng/
ㄊㄨㄥˊ ㄅㄨˋ ㄊㄨㄥ ㄒㄩㄣˋ ㄨㄟˋ ㄒㄧㄥ
synchronous communication satellite
【信息】运转周期与地球自转周期相同的顺行通信卫星。运行轨道距地面36 000千米。

同步通訊衛星
ㄊㄨㄥˊ ㄅㄨˋ ㄊㄨㄥ ㄒㄩㄣˋ ㄨㄟˋ ㄒㄧㄥ/
tóngbù tōngxùn wèixīng
synchronous communication satellite
【信息】台湾名。即“同步通信卫星”(1141页)。

同步网/同步網路
tóngbùwǎng/ㄊㄨㄥˊ ㄅㄨˋ ㄨㄤˇ ㄌㄨˋ
synchronization network, synchronized network, synchronous network
【信息】能产生时间基准和频率基准,用来提供定时信号的网络。

同步網路
ㄊㄨㄥˊ ㄅㄨˋ ㄨㄤˇ ㄌㄨˋ/tóngbù wǎnglù
synchronization network, synchronized network, synchronous network
【信息】台湾名。即“同步网”(1141 页)。

同步卫星/同步衛星
tóngbù wèixīng/ㄊㄨㄥˊ ㄅㄨˋ ㄨㄟˋ ㄒㄧㄥ
❶synchronous satellite, ❷geo-stationary satellite
【航】❶运行周期和地球自转周期相同的人造地球卫星。❷在台湾,同步卫星也指“地球静止卫星”(226 页)。

同步协议/同步協定
tóngbù xiéyì/ㄊㄨㄥˊ ㄅㄨˋ ㄒㄧㄝˊ ㄧˋ
synchronous protocol
【信息】为将计算机间同步通信标准化而制定的指南。包括面向字符的二进制同步(BISYNC)协议、面向位的高级数据链路控制(HDLC)协议、同步数据链路控制(SDLC)协议等。

同步協定
ㄊㄨㄥˊ ㄅㄨˋ ㄒㄧㄝˊ ㄉㄧㄥˋ/tóngbù xiédìng
synchronous protocol
【信息】台湾名。即“同步协议”(1141 页)。

同步转移模式/同步傳輸模式
tóngbù zhuǎnyí móshì/
ㄊㄨㄥˊ ㄅㄨˋ ㄔㄨㄢˊ ㄕㄨ ㄇㄛˊ ㄕˋ
synchronous transfer mode, STM
【信息】又称“同步传送模式”。采用时分复用和交换的传送模式。其中为用户传送的比特率经规格化而固定不变。

同側内角
ㄊㄨㄥˊ ㄘㄜˋ ㄋㄟˋ ㄐㄧㄠˇ/tóngcè nèijiǎo
internal angles on the same side
【数】台湾名。即“同旁内角”(1142 页)。

同側外角
ㄊㄨㄥˊ ㄘㄜˋ ㄨㄞˋ ㄐㄧㄠˇ/tóngcè wàijiǎo
exterior angles on the same side
【数】台湾名。即“同旁外角”(1142 页)。

同构/同構 tónggòu/ㄊㄨㄥˊ ㄍㄡˋ
isomorphism
【数】设 R 和 $\overline{R}$ 是同一种类的两个代数结构,若有从 R 到 $\overline{R}$ 的一一映射 φ,并且 φ 是同态映射,则称 φ 为同构映射,R 和 $\overline{R}$ 同构,记作 $R \cong \overline{R}$ 。同构的两个代数结构具有相同的结构,可以视作共为同一结构。

同化激素类/同化激素類
tónghuà jīsùlèi/ㄊㄨㄥˊ ㄏㄨㄚˋ ㄐㄧ ㄙㄨˋ ㄌㄟˋ
anabolic hormones
【医】蛋白质合成作用较强而雄性激素作用弱的合成雄激素衍生物药物。用于各种慢性消耗性疾病的治疗。常用的有苯丙酸诺龙、司坦唑醇和美雄酮等。

同化作用/同化作用
tónghuà zuòyòng/ㄊㄨㄥˊ ㄏㄨㄚˋ ㄗㄨㄛˋ ㄩㄥˋ
assimilation
㊀【生】在新陈代谢过程中,生物体将从外界吸收的物质,通过体内一系列生物化学变化,转化为本身的组成物质,并储存能量的过程。㊁【地】岩浆融化围岩,将围岩改变成为岩浆的一部分的过程。

同解不等式/等價不等式
tóngjiě bùděngshì/ㄉㄥˇ ㄐㄧㄚˋ ㄅㄨˋ ㄉㄥˇ ㄕˋ
equivalent inequality
【数】解集相同的不等式。例如,不等式 $5x+$

$5>4x+10$ 和 $2\sqrt{x}>\sqrt{20}$ 是同解不等式，它们的解集都是 $x>5$；不等式 $x^2+1>0$ 和 $x^2+2x+2>0$ 是同解不等式，它们的解集都是实数集 **R**。

同解方程/等價方程

tóngjiě fāngchéng/ㄊㄨㄥˊ ㄐㄧㄝˇ ㄈㄤ ㄔㄥˊ

equivalent equation

【数】若方程(1)(2)都有解，且方程(1)的解都是方程(2)的解，方程(2)的解都是方程(1)的解，则称这两个方程同解，它们互为同解方程。两方程中若有的方程有重根，则当根相同且相应根的重数也相同时，两方程才是同解方程。例如，方程 $(x-1)^2=0$ 有二重根 1，方程 $(x-1)^3=0$ 有三重根 1，但根的重数不同，故两方程不是同解方程。

📖 两个方程可能在某数集上同解，而在另一数集上不同解。例如，方程 $x^2-1=0$ 的解为 1 和 -1，方程 $x^4-1=0$ 的解为 1，-1，i 和 $-$i，两方程在实数集 **R** 上同解，而在复数集 **C** 上不同解。

同类根式/同類根式

tónglèi gēnshì/ㄊㄨㄥˊ ㄌㄟˋ ㄍㄣ ㄕˋ

similar surds

【数】几个根式化简为最简根式后，被开方式相同，根指数也相同，这几个根式叫作同类根式。例如，$\sqrt{a+b}$，$\frac{1}{3}\sqrt{a+b}$，$\sqrt{a^5+a^4b}=a^2\sqrt{a+b}$ 是同类根式；$\sqrt[n]{xy-1}$，$-0.5\sqrt[n]{xy-1}$ 是同类根式。同类根式可以合并。例如 $\sqrt{a+b}-\frac{1}{3}\sqrt{a+b}=\frac{2}{3}\sqrt{a+b}$。

同类项/同類項

tónglèixiàng/ㄊㄨㄥˊ ㄌㄟˋ ㄒㄧㄤˋ

like term

【数】几个含有相同字母且相同字母的指数也相同的单项式。例如 $9x^2y^5$，$\frac{3}{4}x^2y^5$，$-x^2y^5$ 是同类项。几个单独的数也是同类项。

同旁内角/同側內角

tóngpáng nèijiǎo/ㄊㄨㄥˊ ㄘㄜˋ ㄋㄟˋ ㄐㄧㄠˇ

internal angles on the same side

【数】在同一平面内，两条直线 a,b 与第三条直线 c 相交形成 8 个角，其中在 a,b 之间且位于 c 的同侧的一对角是同旁内角。如图，$\angle 3$ 与 $\angle 6$，$\angle 4$ 与 $\angle 5$ 是两对同旁内角。图见“内错角”(826 页)

📖 两条直线 a,b 与第三条直线 c 相交，$a /\!/ b \Leftrightarrow$ 同旁内角互补。

同旁外角/同側外角

tóngpáng wàijiǎo/ㄊㄨㄥˊ ㄘㄜˋ ㄨㄞˋ ㄐㄧㄠˇ

exterior angles on the same side

【数】在同一平面内，两条直线 a,b 与第三条直线 c 相交形成 8 个角，其中不在 a,b 之间且位于 c 的同侧的一对角是同旁外角。如图，$\angle 1$ 与 $\angle 8$，$\angle 2$ 与 $\angle 7$ 是两对同旁外角。图见“内错角”(826 页)

📖 两条直线 a,b 与第三条直线 c 相交，$a /\!/ b \Leftrightarrow$ 同旁外角互补。

同态/同態 tóngtài/ㄊㄨㄥˊ ㄊㄞˋ

homomorphism

【数】设 R 和 $\overline{R}$ 是同一种类的两个代数结构，φ 是从 R 到 $\overline{R}$ 的一个映射。若 φ 保持运算，则称 φ 为从 R 到 $\overline{R}$ 的一个同态映射，R 和 $\overline{R}$ 同态，记作 $R \backsim \overline{R}$。所谓 φ 保持运算，对于群是指：对任何 $x,y\in R$，都有 $\varphi(x\circ y)=\varphi(x)\circ\varphi(y)$；对于环和域是指：对任何 $\boldsymbol{x},\boldsymbol{y}\in R$ 都有 $\varphi(x+y)=\varphi(x)+\varphi(y)$，$\varphi(x\circ y)=\varphi(x)\circ\varphi(y)$；对于向量空间是指：对任何 $\boldsymbol{x},\boldsymbol{y}\in R$，都有 $\varphi(a\boldsymbol{x})=a\varphi(\boldsymbol{x})$，$\varphi(\boldsymbol{x}+\boldsymbol{y})=\varphi(\boldsymbol{x})+\varphi(\boldsymbol{y})$。当 $R=\overline{R}$ 时，若 φ 保持运算，则称 φ 为 R 的一个自同态映射。

同位角/同位角

tóngwèijiǎo/ㄊㄨㄥˊ ㄨㄟˋ ㄐㄧㄠˇ

corresponding angles

【数】在同一平面内，两条直线 a,b 与第三条直线 c 相交形成 8 个角，其中分别在 a,b 上(或下)方且位于 c 的同侧的一对角是同位角。如图，$\angle 1$ 与 $\angle 5$，$\angle 2$ 与 $\angle 6$，$\angle 3$ 与 $\angle 7$，$\angle 4$ 与 $\angle 8$ 是 4 对同位角。图见“内错角”(826 页)

📖 两条直线 a,b 与第三条直线 c 相交，$a /\!/ b \Leftrightarrow$ 同位角相等。

同位素/同位素 tóngwèisù/ㄊㄨㄥˊ ㄨㄟˋ ㄙㄨˋ
isotope
【物】原子序数相同而质量数不同的核素。如$^1_1$H,$^2_1$H和$^3_1$H是氢的三种同位素。质量数相同而质子数不同的核素,称为同量异位素;质子数、质量数相同而能量状态不同的核素,称为同核异能素。

同性恋/同性戀
tóngxìngliàn/ㄊㄨㄥˊ ㄒㄧㄥˋ ㄌㄧㄢˋ
homosexuality
【医】在正常社会生活条件下对同性者在思想、情感和性爱行为方面持续表现性爱倾向,而对异性者缺乏兴趣的表现。

同余/同餘 tóngyú/ㄊㄨㄥˊ ㄩˊ
congruent
【数】设 a,b 是两个整数,若 $a-b$ 能被整数 m 整除,则称 a 与 b 模 m 同余,或 a 与 b 以 m 为模同余,记作 $a\equiv b(\mathrm{mod}\ m)$。例如,$7\equiv 2(\mathrm{mod}\ 5)$,$6\equiv 14(\mathrm{mod}\ 4)$。

同质多象/同質異像
tóngzhì duōxiàng/ㄊㄨㄥˊ ㄓˋ ㄧˋ ㄒㄧㄤˋ
polymorphism
【地】同一种化学组成在不同的热力学条件下,可生成不同结构晶体的现象。如碳元素在不同条件下可结晶为性质差异很大的金刚石和石墨。

同質異像
ㄊㄨㄥˊ ㄓˋ ㄧˋ ㄒㄧㄤˋ/tóngzhì yìxiàng
polymorphism
【地】台湾名。即“同质多象”(1143 页)。

同轴电缆/同軸電纜
tóngzhóu diànlǎn/ㄊㄨㄥˊ ㄓㄡˊ ㄉㄧㄢˋ ㄌㄢˇ
coax, coaxial cable
【信息】先由两条相互绝缘的同轴柱体导线构成基本单元,即同轴对,再由至少一个同轴对组成的电缆。传输距离较长,受干扰较小,成本较低。但即使一点出现故障,也会影响整个网络段运行。

茼蒿/茼蒿 tónghāo/ㄊㄨㄥˊ ㄏㄠ
crowndaisy chrysanthemum
【植】*Chrysanthemum coronarium* 菊科茼蒿属。一至二年生草本植物。全株光滑,有香气。茎中下部叶无柄,长椭圆形,二回羽状分裂,茎上部叶小。头状花序单生茎端,花黄色。花果期6—8月份。中国各地均有栽培。观赏花卉。
📖 茼蒿和蒿子秆是同科同属植物,它们的外形非常接近,易混淆。

砼 tóng/ㄊㄨㄥˊ
【材】即“混凝土”(548 页)。

铜/銅 tóng/ㄊㄨㄥˊ
copper
【化】金属元素。属周期表第IB族,符号Cu,原子序数29。原子量63.55。自然界主要存在于黄铜矿、辉铜矿、赤铜矿和孔雀石中。单质为淡红色有光泽金属,质地坚韧,延展性好,导热、导电性好。在有二氧化碳的潮湿空气中易生铜锈。是重要的工业原材料。
📖 人类很早就发现了铜。新石器时代已经用铜打造各种器物,特别是与锡合炼的青铜比铜硬度更大。因传说地中海岛屿塞浦路斯盛产铜矿,欧洲人将“铜”的拉丁文定名为caprum,源自Cyprus,意思是“塞浦路斯”。中文定名为“铜”,是形声字。

铜蓝/銅藍 tónglán/ㄊㄨㄥˊ ㄌㄢˊ
covellite
【地】矿物。成分为Cu_2S。六方晶系。呈六方片状。蓝色,条痕灰黑色,金属光泽,莫氏硬度1.5～2,密度4.67克/厘米^3,性脆。一般为片状,或呈膜状覆盖在其他矿物或岩石上。含铜量66%,是炼铜的矿物原料。

酮/酮 tóng/ㄊㄨㄥˊ
ketone
【化】一类含氧有机化合物。羰基上连接两个烃基而成。可分为脂肪酮、脂环酮、芳香酮等。

酮体/酮體 tóngtǐ/ㄊㄨㄥˊ ㄊㄧˇ
acetone body
【医】脂肪酸在肝脏中的不完全氧化产物。包括乙酰乙酸、β-羟丁酸和丙酮。酮体生成后,须经血液送至肝脏外组织氧化,是肝脏快速输出脂肪酸能源的一种形式。剧烈运动时,机体生成酮体增多。在饥饿时酮体可占脑能量来源的25%～75%。

銅鎳白銅
ㄊㄨㄥˊ ㄋㄧㄝˋ ㄅㄞˊ ㄊㄨㄥˊ/tóng-niè báitóng
cupro-nickel alloys

T

【材】台湾名。即“白铜”(21 页)。

统/統 tǒng/ㄊㄨㄥˇ

series

【地】地层系统分类的第四级。在系之下。如第四系分为更新统和全新统。统所对应的地质年代分期是世。

统计量/統計量

tǒngjìliàng/ㄊㄨㄥˇ ㄐㄧˋ ㄌㄧㄤˋ

statistic

【数】统计中根据样本得来的供推断用的一些量。这些量完全依赖于样本,不含未知参数。例如,样本的平均值、方差、标准差都是常用的统计量。

统计推断/統計推論

tǒngjì tuīduàn/ㄊㄨㄥˇ ㄐㄧˋ ㄊㄨㄟ ㄉㄨㄢˋ

statistical inference

【数】根据从总体中抽取的样本所提供的信息,对总体的某些性质做出的推断。例如,从某地区随机抽取一定数量的居民寿命记录,由此推断这个地区居民的平均寿命。

📖 一般说,统计推断不可能绝对准确,是否出现错误是不确定的,这种不确定性可以用概率来刻画。概率小则出现错误的可能性小,推断结果的可信程度高。因此,统计推断也被说成伴随一定概率的推断。

统计推断原理

tǒngjì tuīduàn yuánlǐ/
ㄊㄨㄥˇ ㄐㄧˋ ㄊㄨㄟ ㄉㄨㄢˋ ㄩㄢˊ ㄌㄧˇ

【数】即“小概率原理”(1258 页)。

统计学/統計學

tǒngjìxué/ㄊㄨㄥˇ ㄐㄧˋ ㄒㄩㄝˊ

statistics

【数】研究关于数据的收集、整理、计算和分析等的理论和方法的学科。可分两大类:⑴早期的描述统计学,通过数据研究已发生的现象;⑵后期的推断统计学,或数理统计学,通过数据对未发生的现象进行推断或预测。

统一建模语言/統一模型化語言

tǒngyī jiànmó yǔyán/
ㄊㄨㄥˇ ㄧ ㄇㄛˊ ㄒㄧㄥˊ ㄏㄨㄚˋ ㄩˇ ㄧㄢˊ

unified modeling language, UML

【信息】能用来规定、构建软件系统与非软件系统(例如业务模型)并为其编制文档的语言。通过对建模概念(包括对象类、关联、接口和职责)的描述,为面向对象的设计提供公共基础。其标准得到软件开发方和厂商支持,受对象管理组(OMG)监管。

统一码/萬國碼

tǒngyīmǎ/ㄨㄢˋ ㄍㄨㄛˊ ㄇㄚˇ

Unicode

【信息】支持以双字节表示字符的一项字符编码国际标准。为大多数语言中的每个字符都设定了统一且唯一的二进制编码,以满足跨语言、跨平台转换处理文本的要求。其最新版本的代码总表,覆盖 100 多种文字,超过 11 万个字符。

桶状胸/桶狀胸

tǒngzhuàngxiōng/ㄊㄨㄥˇ ㄓㄨㄤˋ ㄒㄩㄥ

barrel chest

【医】胸廓前后径增加,有时与左右径接近,呈圆筒状的畸形。肋骨的斜度变小,与脊柱的夹角常大于 45 度,肋间隙增宽且饱满,腹上角增大。可见于婴幼儿、老年或矮胖体型者,见于肺气肿或哮喘发作期。

筒体结构建筑/筒體結構建築

tǒngtǐ jiégòu jiànzhù/
ㄊㄨㄥˇ ㄊㄧˇ ㄐㄧㄝˊ ㄍㄡˋ ㄐㄧㄢˋ ㄓㄨˊ

bundle-structure construction

【建】由一个或几个密柱形筒体构成高耸空间抗侧力承重结构的建筑。整个建筑如一个固定于基础,中间由楼板逐层封闭的空心悬臂梁,具有良好的刚度和防震能力。筒体结构不仅能承受竖向荷载,还能承受很大的水平荷载。按布置方式和构造不同,可分为单筒、套筒和束筒三种基本形式。筒体结构建筑历史悠久,也广泛用于现代高层建筑。

筒瓦/筒瓦 tǒngwǎ/ㄊㄨㄥˇ ㄨㄚˇ

round tile

【建】横断面为半圆形的瓦。覆盖在两垄板瓦的交接处,以防雨水从接缝渗下。通常为大式瓦作所用。

📖 筒瓦最早见于战国燕下都遗址,除瓦当有花纹外,筒瓦背上饰以精致的蝉纹。房屋盖瓦时,将板瓦凹面向上,顺着屋顶的坡面叠放,一般压七留三,摆成一条沟,称作一垄板瓦,两垄板瓦的交接处,大式建筑用筒瓦覆盖,小式建筑用板瓦覆盖。古时筒瓦只能用于宫殿、寺庙和其他上等宫房，除朝廷特准外，民宅不能用筒瓦。

筒状花/管狀花
tǒngzhuànghuā/ㄍㄨㄢˇ ㄓㄨㄤˋ ㄏㄨㄚ
tubular flower
【植】又称"管状花"。花形的一种。花冠大部分联合成一管状或圆筒状。如菊科植物头状花序中的盘花。

統計推論
ㄊㄨㄥˇ ㄐㄧˋ ㄊㄨㄟ ㄌㄨㄣˋ/tǒngjì tuīlùn
statistical inference
【数】台湾名。即"统计推断"(1144 页)。

統一模型化語言
ㄊㄨㄥˇ ㄧ ㄇㄛˊ ㄒㄧㄥˊ ㄏㄨㄚˋ ㄩˇ ㄧㄢˊ/
tǒngyī móxínghuà yǔyán
unified modeling language，UML
【信息】台湾名。即"统一建模语言"(1144 页)。

痛风/痛風 tòngfēng/ㄊㄨㄥˋ ㄈㄥ
gout
【医】由嘌呤核苷酸代谢异常引起高尿酸血症，尿酸盐或尿酸结晶从超饱和的细胞外液沉积于组织或器官而引起的综合征。主要表现为急性痛风性关节炎、痛风石形成、痛风石性慢性关节炎、痛风性肾病及尿酸性尿路结石。

痛经/痛經 tòngjīng/ㄊㄨㄥˋ ㄐㄧㄥ
dysmenorrhea
㊀【医】经前或行经期间发生的难以忍受的下腹疼痛。常表现为阵发性或持续性疼痛，有阵发加剧的现象。典型表现为月经开始时腹痛厉害，面色苍白，恶心，呕吐，甚至晕厥。㊁【中医】月经病的一种。邪气内伏或精血素亏，胞宫气血运行不畅，或胞宫失于濡养所致，常见经期、经行前后，出现周期性腹痛，痛引腰骶，甚至剧痛晕厥等主症。治疗以通调气血为主。寒凝血瘀证用温经汤；湿热蕴结证用清热调血汤加红藤、败酱草、薏苡仁等；气滞血瘀证可用膈下逐瘀汤。肾气亏损证可用调肝汤；气血虚弱证可用黄芪建中汤。

痛痛病/痛痛病
tòngtòngbìng/ㄊㄨㄥˋ ㄊㄨㄥˋ ㄅㄧㄥˋ
itai-itai disease
【环】一种镉污染公害病。发生在日本富山县神通川流域部分地区，因周身剧烈疼痛为主要症状，故名。当地居民长期饮用被镉污染的河水，食用此水灌溉生产的含镉稻米，致使镉在体内蓄积而造成肾损害，进而导致骨软化症引起。

痛阈/痛閾
tòngyù/ㄊㄨㄥˋ ㄩˋ
pain threshold
【物】能引起耳朵痛觉的声音的声强。频率 2000 赫的声波，正常人听觉能忍受的最高声压级为 120 分贝。

痛知觉/痛知覺
tòngzhījué/ㄊㄨㄥˋ ㄓ ㄐㄩㄝˊ
pain perception
【心】个体对现实刺激和已储存的经验相互作用而产生的主观感受和体验。

tou （ㄊㄡ）

头风/頭風 tóufēng/ㄊㄡˊ ㄈㄥ
intermittent headache，* head wind
【中医】中医内科疾病之一。头痛病经久不愈，症见其痛作止无常，发作则持续不已，愈后遇触复发等。多因患者素有痰火，风寒客之则热郁而闷痛。头风痛在一侧者，称偏头风；两太阳连脑痛者，称夹脑风；头风而见头面多汗，恶寒者，称首风。

头皮针疗法/頭皮針療法
tóupízhēn liáofǎ/ㄊㄡˊ ㄆㄧˊ ㄓㄣ ㄌㄧㄠˊ ㄈㄚˇ
scalp acupuncture therapy
【中医】针刺头皮上特定刺激区以治疗疾病的方法。

头痛/頭痛 tóutòng/ㄊㄡˊ ㄊㄨㄥˋ
headache
㊀【医】广义上指头部的所有疼痛，狭义上局限于头颅上半部，包括眉弓、耳轮上缘和枕外隆突连线以上部位的疼痛。㊁【中医】中医内科疾病之一。因外感与内伤，致使脉络拘急或失养，清窍不利所致，症见头部或头的前、后、偏、侧部疼痛等。治宜调神利窍、缓急止痛。外感以祛邪活络为主，风寒证可用川芎茶调散，风热证宜用芎芷石膏汤，风湿证可用羌活胜湿汤；内伤以滋阴养血补虚为要，肝

阳证宜用天麻钩藤饮，肾虚证可用大补元煎，气血虚证用八珍汤，痰浊证可用半夏白术天麻汤，瘀血证可选通窍活血汤等。头痛，另作症状解。

头围/頭圍 tóuwéi/ㄊㄡˊ ㄨㄟˊ
head circumference
【医】经眉弓上方和枕后结节绕头一周的长度。

头状花序/頭狀花序
tóuzhuàng huāxù/ㄊㄡˊ ㄓㄨㄤˋ ㄏㄨㄚ ㄒㄩˋ
capitulum
【植】花序的一种。花序轴缩短并膨大成短宽、平坦或隆起的总托，无柄小花着生在总托上，包片密集生长形成总苞。如菊科植物的花序。

头状花序

投射/投射 tóushè/ㄊㄡˊ ㄕㄜˋ
projection
【心】把一个人的信念、价值观念或其他主观过程无意识地归于他人的过程。即按照自己的期望、需要、欲望等去知觉事件或环境刺激（尤其对模棱两可的刺激对象或情景）。

投射效应/投射效應
tóushè xiàoyìng/ㄊㄡˊ ㄕㄜˋ ㄒㄧㄠˋ ㄧㄥˋ
projection effect
【心】一种社会心理学效应。在人际交往中，认为自己具有某种特性或想法，别人也一定会有，因而把自己的感情、意志等强加于人，或认为别人理所当然地知道自己的内心想法。例如，敏感多疑的人往往会认为别人不怀好意。这种认知倾向是一种认知心理偏差。

投物伞/投物傘 tóuwùsǎn/ㄊㄡˊ ㄨˋ ㄙㄢˇ
cargo parachute
【航】空投物资、装备用的降落伞系统。

投影/投影 tóuyǐng/ㄊㄡˊ ㄧㄥˇ
projection
【数】设想一个图形被一束光线照射，在它后面的一个平面上形成的图形，叫作原来图形在这个平面上的投影。这束光线叫作投影线，这个平面叫作投影面。

投影机/投影機 tóuyǐngjī/ㄊㄡˊ ㄧㄥˇ ㄐㄧ
【机】即“投影仪”(1146 页)。

投影仪/投影機 tóuyǐngyí/ㄊㄡˊ ㄧㄥˇ ㄐㄧ
projector
【机】又称“投影机”。❶以精确的放大倍率将物体放大投影在投影屏上测定物体形状、尺寸的仪器。由光学投影系统和坐标工作台等组成。主要用于测量复杂形状工件（如成形刀具、样板、凸轮、仪表零件、电子元件的轮廓形状和表面尺寸等），广泛用于模具制造、电子、仪表等行业。❷一种可以将图像或视频投射到幕布上的设备。可以通过不同的接口同计算机等设备相连接播放相应的视频信号。广泛应用于家庭、办公室、学校和娱乐场所。按工作原理不同，可分为阴极射线管投影仪、液晶投影仪、数字投影仪等。

頭顱 ㄊㄡˊ ㄌㄨˊ/tóulú
skull
【医】台湾名。即“颅”(756 页)。

頭顱囟 ㄊㄡˊ ㄌㄨˊ ㄒㄧㄣˋ/tóulúxìn
cranial fontanelles
【医】台湾名。即“颅囟”(756 页)。

透地雷达 tòudì léidá/ㄊㄡˋ ㄉㄧˋ ㄌㄟˊ ㄉㄚˊ
【军】即“探地雷达”(1107 页)。

透辉石/透輝石 tòuhuīshí/ㄊㄡˋ ㄏㄨㄟ ㄕˊ
diopside
【化】化学式为 $CaMg(Si_2O_6)$，晶体属单斜晶系的单链硅酸盐矿物。有的可作为宝石。

透镜/透鏡 tòujìng/ㄊㄡˋ ㄐㄧㄥˋ
lens
【物】光学仪器的重要元件。用透明材料（如玻璃、水晶、塑料）制成，至少有一个面是曲面。其主光轴（主轴）是通过两个球面球心 CC' 的直线；其上有光心 O。除平光透镜外，可分为凸透镜和凹透镜两类。

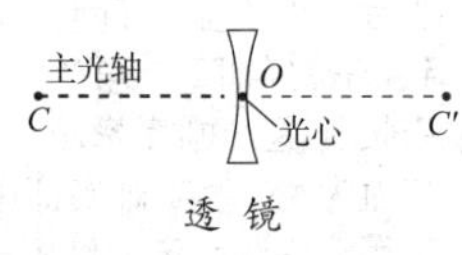

透 镜

透平机 tòupíngjī/ㄊㄡˋ ㄆㄧㄥˊ ㄐㄧ
【机】英语 turbine 的音译。即“涡轮机”(1197 页)。

透平式压缩机/輪機壓縮機
tòupíngshì yāsuōjī/ㄌㄨㄣˊ ㄐㄧ ㄧㄚ ㄙㄨㄛ ㄐㄧ
turbo-compressor

【机】具有高速旋转叶轮的动力式压缩机。依靠旋转叶轮与气流间的相互作用力来提高气体压力,同时使气流产生加速度而获得动能,再将动能转化为压力能以进一步提高压力。可分为轴流式、离心式、混流式。广泛用于各种工艺过程中输送空气及其他气体,并提高其压力。

透气式防毒服
tòuqìshì fángdúfú/ㄊㄡˋ ㄑㄧˋ ㄕˋ ㄈㄤˊ ㄉㄨˊ ㄈㄨˊ
【军】即"防毒服"(322 页)。

透闪石/透閃石 tòushǎnshí/ㄊㄡˋ ㄕㄢˇ ㄕˊ
tremolite
【地】角闪石的一种。成分为 $Ca_2Mg_5(Si_8O_{22})(OH)_2$。单斜晶系。晶体常呈细柱状、纤维状,集合体常呈柱状或放射状,无色、白色至浅灰色,也有粉红色、浅绿色、褐色、淡紫色,透明至半透明,玻璃光泽,纤维状者呈丝绢光泽,莫氏硬度 5～6,密度 2.9～3.2 克/厘米^3。是组成软玉的主要矿物。

透射/透射 tòushè/ㄊㄡˋ ㄕㄜˋ
transmission
【物】辐射在不改变其单色成分的频率时穿过介质的现象。

透视图/透視圖 tòushìtú/ㄊㄡˋ ㄕˋ ㄊㄨˊ
perspective drawing
【建】建筑图的基本图样之一。根据透视原理绘出的具有近大远小特征的图像。按物体主要面与画面相对关系不同,可分为一点透视、两点透视和三点透视。因透视图与人眼观看物体时,在视网膜上的成像规律相似,故给人以真实亲切的感觉。

透水层/透水層
tòushuǐcéng/ㄊㄡˋ ㄕㄨㄟˇ ㄘㄥˊ
permeable layer
【地】能够透过水流的地层。通常渗透系数大于 1 米/天。渗透系数小于 0.001 米/天的地层为不透水层。渗透系数介于 1～0.001 米/天的地层为弱透水层。只有透水层才有可能成为含水层。疏松的砂卵石层,半固结而富空隙的砂砾岩,富有裂隙的基岩,喀斯特发育的碳酸盐岩均属于透水层。

透水性 ㄊㄡˋ ㄕㄨㄟˇ ㄒㄧㄥˋ/tòushuǐxìng
permeability
【地】台湾名。即"渗透率"(1002 页)。

tu (ㄊㄨ)

凸版纸/凸版紙 tūbǎnzhǐ/ㄊㄨ ㄅㄢˇ ㄓˇ
letterpress printing paper
【轻】纸的一种。适用于凸版印刷。通常用于印制单色图书和期刊。按成品纸包装形式的不同,可分为卷筒纸和平板纸。

凸多边形/凸多邊形
tūduōbiānxíng/ㄊㄨ ㄉㄨㄛ ㄅㄧㄢ ㄒㄧㄥˊ
convex polygon
【数】将任一条边延长为直线时其他各边都在这条直线同侧的多边形。不是凸多边形的多边形叫作凹多边形。

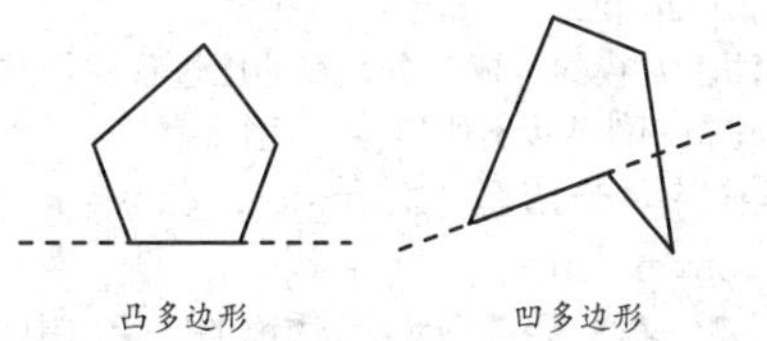

凸多面体/凸多面體
tūduōmiàntǐ/ㄊㄨ ㄉㄨㄛ ㄇㄧㄢˋ ㄊㄧˇ
convex polyhedron
【数】若将多面体的任一面延展成的平面都不通过多面体的内部,则称这样的多面体为凸多面体。例如立方体、长方体、平行六面体等。

凸花布 tūhuābù/ㄊㄨ ㄏㄨㄚ ㄅㄨˋ
【纺】即"烂花布"(711 页)。

凸轮/凸輪 tūlún/ㄊㄨ ㄌㄨㄣˊ
cam
【机】具有曲线或曲面轮廓,且作为高副元素的构件。其轮廓按输出运动学特性和动力学特性的要求设计。通常为主动件,做等速回转运动或往复直线运动。

凸轮机构/凸輪機構
tūlún jīgòu/ㄊㄨ ㄌㄨㄣˊ ㄐㄧ ㄍㄡˋ
cam mechanism
【机】由凸轮、从动杆和机架三个构件组成的运动机构。能将凸轮的等速转动转换为从动杆按某种规律的往复移动或摆动。按凸轮形状不同,可分为盘形凸轮、移动凸轮、圆柱凸轮。广泛用于自动机床、内燃机等机器中。下图分别为盘形凸轮和移动凸轮示意图。

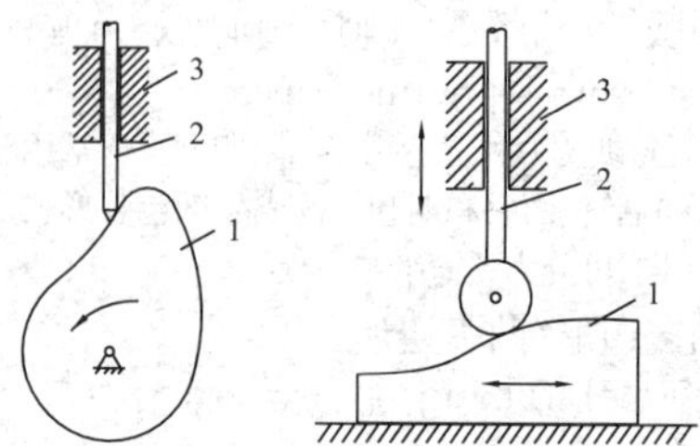

盘形凸轮机构示意图
1 凸轮,2 从动件,3 机架

移动凸轮机构示意图
1 凸轮,2 从动件,3 机架

T

凸模/凸模 tūmú/ㄊㄨ ㄇㄨˊ

punch-pin

【机】冲模的组成部分。在冲压过程中,冲模中被制件或废料所包容的工作零件。

凸透镜/凸透鏡 tūtòujìng/ㄊㄨ ㄊㄡˋ ㄐㄧㄥˋ

convex lens

【物】又称"会聚透镜"。透镜的一类。中央厚,边缘薄,能使透过的光会聚。可分为双凸透镜、平凸透镜和凸凹透镜三种。图见"凹透镜"(10 页)

秃鹫/秃鷲 tūjiù/ㄊㄨ ㄐㄧㄡˋ

vulture

【动】*Aegypius monachus* 又称"座山雕"。鸟名。隼形目鹰科秃鹫属。体大,展翅可达 2 米多,全身棕黑色,头部有暗褐色绒毛。颈后部裸秃,呈铅蓝色。嘴大而尖锐,呈钩状。栖息于高山上,性凶猛,主要以哺乳动物的尸体为食。分布广泛,在中国,多分布在西部山地。

秃 鹫

秃杉 tūshān/ㄊㄨ ㄕㄢ

【植】即"台湾杉"(1098 页)。

突触/突觸 tūchù/ㄊㄨˊ ㄔㄨˋ

synapse

【医】神经元之间或神经元与效应器之间一种特殊的连接部位。神经冲动可通过这种连接从一个神经元传递到另一个神经元或效应器。

突击步枪/突擊步槍 tūjī bùqiāng/ㄊㄨˊ ㄐㄧˊ ㄅㄨˋ ㄑㄧㄤ

assault rifle

【军】发射普通口径小威力步枪弹或小口径枪弹的自动步枪。口径小于 8 毫米,枪长1000 毫米左右,全枪质量小于 4 千克,容弹量 20～30 发或 30 发以上,初速 700～1000米/秒,有效射程 300～400 米。具有冲锋枪的猛烈火力和接近传统步枪的射击威力,适用于近战,以火力杀伤暴露的有生目标,也可用刺刀、枪托格斗;还可发射枪榴弹或挂装榴弹发射器,实施面杀伤和毁伤薄壁装甲目标。

突击舟 tūjīzhōu/ㄊㄨˊ ㄐㄧˊ ㄓㄡ

【船】即"冲锋舟"(133 页)。

突擊艇 ㄊㄨˊ ㄐㄧˊ ㄊㄧㄥˇ/tūjītǐng

assault boat

【军】台湾名。即"冲锋舟"(133 页)。

图盖拉瀑布/土格拉瀑布

Túgàilā Pùbù/ㄊㄨˊ ㄍㄞˋ ㄌㄚ ㄆㄨˋ ㄅㄨˋ

Tugella Falls

【地】瀑布名。位于非洲南部,南非图盖拉河上。是一个五级瀑布群,总落差 944 米,落差最大一级达 411 米。是非洲落差最大的瀑布,居世界第二,仅次于安赫尔瀑布。

图根点/圖根點 túgēndiǎn/ㄊㄨˊ ㄍㄣ ㄉㄧㄢˇ

mapping control point

【测绘】直接用于测绘地形图的测量控制点。通常有已知坐标,等级较低。用以直接测算地貌、地形和地物等目标的特征点的坐标位置。

图例/圖例 túlì/ㄊㄨˊ ㄌㄧˋ

legend

【测绘】台湾又称"圖式"。图内所用符号、文字注记及其表示含义的说明。常放在图上适当位置方便读图。在地形图上也称为"图式",一般不在图面上出现而是单独印发,由国家主管机构统一颁布施行,内容除了地形图上符号的图形、尺寸、颜色以及含义,还包括文字注记的字体、字号以及统一的地形图整饰规格说明等。电子地图的图例通常单独有说明界面或其他解释方式。

图论/圖論 túlùn/ㄊㄨˊ ㄌㄨㄣˋ

graph theory

【数】数学的一个分支。研究由若干个点及连接点的若干条边组成的图，只讨论点和边的个数及联系，而不涉及点的位置、边的形状和度量等几何学问题。由于点可作为事物的抽象代表，边可表示事物之间的联系，所以图可以作为很多问题的抽象模型。“七桥问题”“四色问题”等是图论中的著名问题。

图文电视/電傳視訊

túwén diànshì/ㄉㄧㄢˋ ㄔㄨㄢˊ ㄕˋ ㄒㄩㄣˋ

teletext

【信息】用户可在视频显示器(如电视屏幕)上接收简短的文字与图形信息(如新闻、天气预报)的单向信息业务。

图像/影像 túxiàng/ㄧㄥˇ ㄒㄧㄤˋ

image

【测绘】各种图形和影像的合称。影像一般以连续变化或分级变化的色彩为主表示和记录信息，图形一般以几何线条图案为主表示和记录信息。

图像编码/影像編碼

túxiàng biānmǎ/ㄧㄥˇ ㄒㄧㄤˋ ㄅㄧㄢ ㄇㄚˇ

image coding

【测绘】将数字化的图像数据按特定序列进行排列，以达到设计目的。在数字图像存储和处理过程中，图像编码有助于用较少的存储空间存储更多的图像数据，并方便图像数据的提取、处理、分析和输出。

图像辨识

túxiàng biànshí/ㄊㄨˊ ㄒㄧㄤˋ ㄅㄧㄢˋ ㄕˊ

【测绘】即“图像识别”(1149 页)。

图像处理/影像處理

túxiàng chǔlǐ/ㄧㄥˇ ㄒㄧㄤˋ ㄔㄨˇ ㄌㄧˇ

image processing

【测绘】将原始图像进行加工变换以达到某种目的。按图像存储介质的不同，可分为光学图像处理和数字图像处理。光学图像处理已日益稀少，目前常使用数字图像处理，例如为压缩存储容量而进行图像数字压缩处理，为准确判断目标边界而进行图像边缘锐化处理。

图像分析/影像分析

túxiàng fēnxī/ㄧㄥˇ ㄒㄧㄤˋ ㄈㄣ ㄒㄧ

image analysis

【测绘】从图像中辨认和提取信息。常根据某种成像特征和成像原理，参照已知信息，在图像各区域之间或不同图像之间进行比对、数学统计和图像处理，人工观察和自动计算统计相结合，以识别和获取信息，并给出描述或结果。

图像匹配制导/影像比對導引

túxiàng pǐpèi zhìdǎo/ㄧㄥˇ ㄒㄧㄤˋ ㄅㄧˇ ㄉㄨㄟˋ ㄉㄠˇ ㄧㄣˇ

image matching guidance

【航】自主制导的一种。利用实时遥感目标及其背景图像特征信息，与预存参考图像进行实时快速比较识别定位。分为一维图对二维图、二维图对二维图，即线—面图匹配制导和面—面图匹配制导。需要有超高速、大容量计算机作为保障。

图像识别/影像識別

túxiàng shíbié/ㄧㄥˇ ㄒㄧㄤˋ ㄕˊ ㄅㄧㄝˊ

image recognition

【测绘】又称“图像辨识”。以图像或景物的某些特征标识，认识辨别图像和景物，并描述图像和景物，进而达到识别、理解、认知图像或景物的过程。是针对现代数字景物、数字图像的认识和区别、辨识技术。

图像数字化/影像數位化

túxiàng shùzìhuà/ㄧㄥˇ ㄒㄧㄤˋ ㄕㄨˋ ㄨㄟˋ ㄏㄨㄚˋ

image digitization

【测绘】将不是数字化形式存储的图像经采样、量化、等级化后，转换成用二进制数字表示和存储的数字图像。便于计算机存储和处理，提高利用价值。即可以在采集原始图像时同时进行，也可以在对非数字化的图像进行转换时进行。

图形变换/圖形變換

túxíng biànhuàn/ㄊㄨˊ ㄒㄧㄥˊ ㄅㄧㄢˋ ㄏㄨㄢˋ

graph transformation

【数】将已有几何图形按照某种法则变为另一几何图形的过程。初等图形变换主要包括全等变换、相似变换和反演变换。设任意两点 A,B 变换后分别为点 A',B'，若总有 $AB=A'B'$，则这个变换叫作全等变换(或保距变换或正交变换)；若总有 $AB=kA'B'(k>0)$，则这个变换叫作相似变换。全等变换前后的图形全等，相似变换前后的图形相似。在平面内设有一半径为 r ，圆心为 O 的圆，设 O

以外的任一点 P 变换后为点 P'，若总有 $OP \cdot OP' = r^2$，则这个变换叫作平面反演变换。空间反演变换可看作是平面反演变换旋转的结果。反演变换前后两线（或两面）所成的角的大小不变，但方向相反。

图形用户界面/圖形使用者介面

túxíng yònghù jièmiàn/

ㄊㄨˊ ㄒㄧㄥˊ ㄩㄥˋ ㄏㄨˋ ㄐㄧㄝˋ ㄇㄧㄢˋ

graphical user interface

【信息】由现实场景（大多是桌面）的可视象征组成的计算机界面类型。场景中的图符表示用户能访问并可通过指点器操纵的实际对象。

涂布美术印刷纸/塗布美術印刷紙

túbù měishù yìnshuāzhǐ/

ㄊㄨˊ ㄅㄨˋ ㄇㄟˇ ㄕㄨˋ ㄧㄣˋ ㄕㄨㄚ ㄓˇ

coated art printing paper

【轻】俗称"铜版纸"。原纸涂布后，经压光整饰制成的印刷纸。

涂层刀具/塗層刀具

túcéng dāojù/ㄊㄨˊ ㄘㄥˊ ㄉㄠ ㄐㄩˋ

coated tool

【机】利用气相沉积方法在硬质合金（或高速钢、陶瓷、金刚石等）表面上涂覆耐磨性好的难熔化合物以提高耐用度的刀具。

涂层织物/塗布織物

túcéng zhīwù/ㄊㄨˊ ㄅㄨˋ ㄓ ㄨˋ

coated fabric

【纺】台湾又称"上膠織物"。以机织物、针织物或非织造布为基布，经表面涂高分子物或其他材料而成的织物。如防水织物、反光织物、人造皮革等。适于用作各种风雨衣、夹克等的面料。

涂附磨具/塗附磨具

túfù mójù/ㄊㄨˊ ㄈㄨˋ ㄇㄛˊ ㄐㄩˋ

coated abrasive

【机】又称"柔性磨具"。人造磨具的一种。将磨料用黏结剂黏附在可挠曲的基体（布或纸等）上而成。多为张页状（矩形）、圆片状、环带状。主要有砂布（纸）和砂带。常以机械或手工作业方式使用。广泛用于材料的磨削、抛光和打磨。

涂料/塗料 túliào/ㄊㄨˊ ㄌㄧㄠˋ

coating，coating products

【化】涂饰于底材表面形成坚韧、连续漆膜，起装饰、保护、标志等作用的液体或固体物质。通常由成膜物、溶剂或稀释剂、颜料、助剂四部分组成。

涂装/塗裝 túzhuāng/ㄊㄨˊ ㄓㄨㄤ

painting

【机】对金属和非金属表面覆盖保护层或装饰层。是机械产品表面制造工艺的一个环节。电泳涂装、粉末涂装等用于汽车部件的防蚀；与电镀相结合的彩色电泳涂装用于轻工业产品的装饰；不锈钢、铝合金表面用涂装取代传统的装饰性电镀。

塗布麻醉法

ㄊㄨˊ ㄅㄨˋ ㄇㄚˊ ㄗㄨㄟˋ ㄈㄚˇ/túbù mázuìfǎ

topical anesthesia

【医】台湾名。即"表面麻醉"（68 页）。

塗布織物 ㄊㄨˊ ㄅㄨˋ ㄓ ㄨˋ/túbù zhīwù

coated fabric

【纺】台湾名。即"涂层织物"（1150 页）。

圖式 ㄊㄨˊ ㄕˋ/túshì

legend

【测绘】台湾名。即"图例"（1148 页）。

圖形使用者介面

ㄊㄨˊ ㄒㄧㄥˊ ㄕˇ ㄩㄥˋ ㄓㄜˇ ㄐㄧㄝˋ ㄇㄧㄢˋ/

túxíng shǐyòngzhě jièmiàn

graphical user interface

【信息】台湾名。即"图形用户界面"（1150 页）。

圖形識別

ㄊㄨˊ ㄒㄧㄥˊ ㄕˊ ㄅㄧㄝˊ/túxíng shíbié

pattern recognition

【自】台湾名。即"模式识别"（806 页）。

土鳖 tǔbiē/ㄊㄨˇ ㄅㄧㄝ

【动】即"地鳖"（219 页）。

土拨鼠 tǔbōshǔ/ㄊㄨˇ ㄅㄛ ㄕㄨˇ

【动】即"旱獭"（472 页）。

土地处理系统/土地處理系統

tǔdì chǔlǐ xìtǒng/ㄊㄨˇ ㄉㄧˋ ㄔㄨˇ ㄌㄧˇ ㄒㄧˋ ㄊㄨㄥˇ

land treatment system

【环】利用土地及土地中的微生物和植物根系对污染物的净化功能，处理污水或废水，同时利用污水或废水中的水分和肥分促进植物生长的工程设施。主要由污水或废水的沉淀预处理、贮水塘、灌溉系统、地下排水系统等组成。

土地沙质荒漠化
tǔdì shāzhì huāngmòhuà/ㄊㄨˇ ㄉㄧˋ ㄕㄚ ㄓˋ ㄏㄨㄤ ㄇㄛˋ ㄏㄨㄚˋ
【环】“沙漠化”的全称。

土地填埋/土地掩埋
tǔdì tiánmái/ㄊㄨˇ ㄉㄧˋ ㄧㄢˇ ㄇㄞˊ
landfill
【环】利用填埋场处置固体废物及其方法。填埋场建设需选定合适场地，并防止因滤沥、渗漏等使填埋废物、淋溶液体进入地下水或地面水体，或散发有毒有害气体。土地填埋技术分为卫生填埋和安全填埋，前者主要用于处置城市垃圾，后者可用于处置各种工业固体废物。

土地掩埋 ㄊㄨˇ ㄉㄧˋ ㄧㄢˇ ㄇㄞˊ/tǔdì yǎnmái
landfill
【环】台湾名。即“土地填埋”(1151 页)。

土豆 tǔdòu/ㄊㄨˇ ㄉㄡˋ
【植】“马铃薯”的通称。

土耳其玉 tǔ'ěrqíyù/ㄊㄨˇ ㄦˇ ㄑㄧˊ ㄩˋ
【地】即“绿松石”(763 页)。

土方机械/土方機械
tǔfāng jīxiè/ㄊㄨˇ ㄈㄤ ㄐㄧ ㄒㄧㄝˋ
earthmoving machine
【机】工程机械的一类。能够挖掘、铲运、推运或平整土壤、砂石等。可分为准备作业机械、铲土运输机械、挖掘机械、平整作业机械、压实机械和水力土方机械等。用于建筑施工、水利建设、道路构筑、机场修建、矿山开采、码头建造、农田改良等工程中。

土茯苓/土茯苓 tǔfúlíng/ㄊㄨˇ ㄈㄨˊ ㄌㄧㄥˊ
Rhizoma Smilacis Glabrae(拉), glabrous greenbrier rhizome
【中医】中药名。百合科植物光叶菝葜 *Smilax glabra* Roxb. 的干燥根茎。味甘、淡，性平。归肝、胃经。除湿，解毒，通利关节。用于湿热淋浊，带下，痈肿，瘰疬，疥癣，梅毒及汞中毒所致的肢体拘挛，筋骨疼痛。

土茯苓

土格拉瀑布
ㄊㄨˇ ㄍㄜˊ ㄌㄚ ㄆㄨˋ ㄅㄨˋ/Tǔgélā Pùbù
Tugella Falls
【地】台湾名。即“图盖拉瀑布”(1148 页)。

土公蛇 tǔgōngshé/ㄊㄨˇ ㄍㄨㄥ ㄕㄜˊ
【动】即“蝮蛇”(374 页)。

土狼 ㄊㄨˇ ㄌㄤˊ/tǔláng
hyena
【动】台湾名。即“鬣狗”(739 页)。

土力学/土壤力学
tǔlìxué/ㄊㄨˇ ㄖㄤˇ ㄌㄧˋ ㄒㄩㄝˊ
soil mechanics
【地】地质学的一个分支。研究土的物理、化学和力学性质及土体在外力、水流和温度的作用下的应力、变形和稳定性问题。

土鲮鱼 tǔlíngyú/ㄊㄨˇ ㄌㄧㄥˊ ㄩˊ
【动】即“鲮”(746 页)。

土楼/土樓 tǔlóu/ㄊㄨˇ ㄌㄡˊ
earthen dwelling houses
【建】中国闽西、闽南、粤北一带以夯土墙和木结构共同承重，聚族而居的大型楼房住宅。按结构不同，分为通廊式和单元式两种。通廊式土楼在二层以上，内侧环周设“走马廊”(内廊)，联系各个房间。通常底层为厨房，二层是谷仓，三层以上住人。内院中心或轴线端部设置祖堂。单元式土楼每开间为一户，从内院进入，每户有独立的门厅、天井、楼梯，自成独立单元。特点是就地取材、施工简便、冬暖夏凉，突出防御功能。

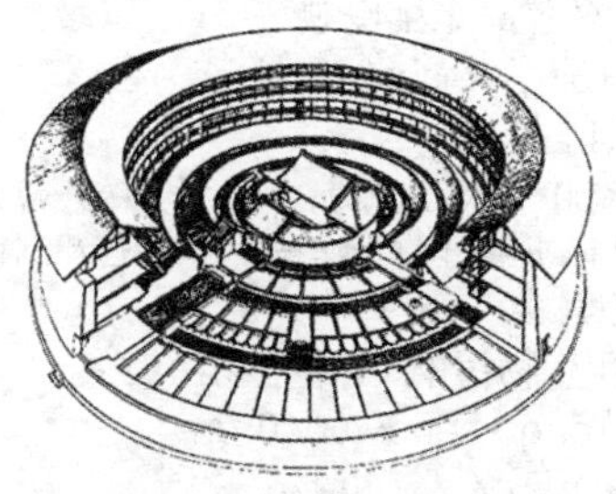
土 楼

土壤分类/土壤分類
tǔrǎng fēnlèi/ㄊㄨˇ ㄖㄤˇ ㄈㄣ ㄌㄟˋ

soil classification

【农】对地球表面的各种土壤按其发生和属性进行归纳综合所构成的多级分类系统。中国主要土壤发生类型可概括为红壤、棕壤、褐土、黑土、栗钙土、荒漠土、潮土、砂礓土、灌淤土、水稻土、湿土(草甸、沼泽土)、盐碱土、岩性土和高山土等。

土壤环境/土壤環境

tǔrǎng huánjìng/ㄊㄨˇ ㄖㄤˇ ㄏㄨㄢˊ ㄐㄧㄥˋ

soil environment

【环】有肥力并能生长植物的地球陆地的疏松表层所构成的环境。是按自然环境组成要素划分而产生的概念。

土壤环境监测/土壤污染監測

túrǎng huánjìng jiāncè/

ㄊㄨˇ ㄖㄤˇ ㄨ ㄖㄢˇ ㄐㄧㄢ ㄘㄜˋ

soil pollution monitoring

【环】又称"土壤污染监测"。环境监测的一种。对土壤的污染状况以及污染物的种类、性质、迁移转化途径和规律等进行分析测定的过程。主要对影响人群健康和生态平衡的各种金属、有机污染物、农药和病原体等进行监测。

土壤力学 ㄊㄨˇ ㄖㄤˇ ㄌㄧˋ ㄒㄩㄝˊ/tǔrǎng lìxué

soil mechanics

【地】台湾名。即"土力学"(1151页)。

土壤品質評價

ㄊㄨˇ ㄖㄤˇ ㄆㄧㄣˇ ㄓˋ ㄆㄧㄥˊ ㄐㄧㄚˋ/

tǔrǎng pǐnzhì píngjià

soil quality evaluation

【环】台湾名。即"土壤质量评价"(1153页)。

土壤侵蚀/土壤侵蝕

tǔrǎng qīnshí/ㄊㄨˇ ㄖㄤˇ ㄑㄧㄣ ㄕˊ

soil erosion

【水利】在水力、风力、冻融、重力等外营力作用下,土壤、土壤母质被剥蚀、搬运和沉积的过程。

土壤生物污染/土壤生物污染

tǔrǎng shēngwù wūrǎn/

ㄊㄨˇ ㄖㄤˇ ㄕㄥ ㄨˋ ㄨ ㄖㄢˇ

biological pollution of soil

【环】生物污染的一种。土壤中致病性原虫、蠕虫和病原体等大量繁衍,破坏原有的土壤生态平衡,引起土壤质量下降,对人体健康和生态系统产生不良影响的现象。

土壤水分

ㄊㄨˇ ㄖㄤˇ ㄕㄨㄟˇ ㄈㄣˋ/tǔrǎng shuǐfèn

soil moisture

【农】台湾名。即"墒情"(987页)。

土壤酸化/土壤酸化

tǔrǎng suānhuà/ㄊㄨˇ ㄖㄤˇ ㄙㄨㄢ ㄏㄨㄚˋ

soil acidification

【环】土壤溶液pH值降低和土壤盐基饱和度减少的过程。是土壤退化的表现形式,直接影响植物生长发育,还会破坏土壤结构,造成盐基离子流失。

土壤退化/土壤退化

tǔrǎng tuìhuà/ㄊㄨˇ ㄖㄤˇ ㄊㄨㄟˋ ㄏㄨㄚˋ

soil degradation

【农】因自然环境变化和人为利用不当,引起土壤肥力下降、植物生长条件恶化和土壤生产力减退的过程。

土壤污染/土壤污染

tǔrǎng wūrǎn/ㄊㄨˇ ㄖㄤˇ ㄨ ㄖㄢˇ

soil pollution

【环】污染物质或过量的植物营养元素进入土壤,致使土壤环境质量恶化的现象。工业废水和生活污水排放、固体废物堆存、农药和化肥施用及大气沉降物等可引起土壤污染,使土壤组成、结构、功能发生变化,进而影响植物正常生长发育和土壤生态系统平衡。

土壤污染化学/土壤污染化學

tǔrǎng wūrǎn huàxué/

ㄊㄨˇ ㄖㄤˇ ㄨ ㄖㄢˇ ㄏㄨㄚˋ ㄒㄩㄝˊ

soil pollution chemistry

【环】污染化学的一个分支。研究土壤中污染物质迁移转化规律及其机理。内容包括土壤中化学污染物的来源、分布、形态、循环、反应、降解和归宿等化学过程及其规律,以及土壤污染和自净的化学机理和环境效应等。

土壤污染监测

tǔrǎng wūrǎn jiāncè/

ㄊㄨˇ ㄖㄤˇ ㄨ ㄖㄢˇ ㄐㄧㄢ ㄘㄜˋ

【环】即"土壤环境监测"(1152页)。

土壤污染预测/土壤污染預測

tǔrǎng wūrǎn yùcè/

ㄊㄨˇ ㄖㄤˇ ㄨ ㄖㄢˇ ㄩˋ ㄘㄜˋ
soil pollution prediction
【环】根据土壤环境质量现状调查和污染物进入土壤的特点、过程及其在土壤中迁移转化规律,应用数学模型,对开发活动引起的土壤环境质量变化状况、变化趋势及影响所做的预测。是土壤环境影响评价的重要内容。

土壤污染指数/土壤污染指數
tǔrǎng wūrǎn zhǐshù/
ㄊㄨˇ ㄖㄤˇ ㄨ ㄖㄢˇ ㄓˇ ㄕㄨˋ
soil pollution index
【环】评价土壤污染程度或土壤环境质量等级所采用的一种相对的无量纲的数值。包括单项污染指数(以单一污染物表示土壤污染程度或土壤质量等级)和综合污染指数(由多个单项污染指数相加求得)。其数值越大,表示污染越严重。

土壤盐碱化/土壤鹽鹼化
tǔrǎng yánjiǎnhuà/ㄊㄨˇ ㄖㄤˇ ㄧㄢˊ ㄐㄧㄢˇ ㄏㄨㄚˋ
soil salinization
【环】又称"土壤盐渍化"。在干旱或半干旱地区及一些海滨地区,土壤中可溶性盐类逐渐在土壤表层和土体中积聚的过程。人类不合理的耕作和开采地下水灌溉,以及使用工矿企业排放的含盐废水灌溉,是造成土壤盐碱化的重要原因。

土壤盐渍化
tǔrǎng yánzìhuà/ㄊㄨˇ ㄖㄤˇ ㄧㄢˊ ㄗˋ ㄏㄨㄚˋ
【环】即"土壤盐碱化"(1153 页)。

土壤质量评价/土壤品質評價
tǔrǎng zhìliàng píngjià/
ㄊㄨˇ ㄖㄤˇ ㄆㄧㄣˇ ㄓˊ ㄆㄧㄥˊ ㄐㄧㄚˋ
soil quality evaluation
【环】对一定范围内的土壤受污染的程度进行的评定。是一种单要素评价,主要阐明土壤环境质量的空间差异和污染状况,为土壤质量区划和污染控制及防治提供依据。

土壤自净/土壤自净作用
tǔrǎng zìjìng/ㄊㄨˇ ㄖㄤˇ ㄗˋ ㄐㄧㄥˋ ㄗㄨㄛˋ ㄩㄥˋ
soil self-purification
【环】又称"土壤自净作用"。污染物进入土壤后经物理、化学和生物等自然作用而逐渐被清除的过程。是土壤自身通过吸附、过滤、渗透、分解、转化,以及生物吸收和降解等所具有的净化功能。通常情况下,增加土壤有机质含量,改善土壤结构和组成等可提高土壤自净能力。

土壤自净作用/土壤自净作用
tǔrǎng zìjìng zuòyòng/
ㄊㄨˇ ㄖㄤˇ ㄗˋ ㄐㄧㄥˋ ㄗㄨㄛˋ ㄩㄥˋ
【环】即"土壤自净"(1153 页)。

土杉 tǔshān/ㄊㄨˇ ㄕㄢ
【植】即"罗汉松"(768 页)。

土石流 ㄊㄨˇ ㄕˊ ㄌㄧㄡˊ/tǔshíliú
debris flow
【地】台湾名。即"泥石流"(833 页)。

土体/土體 tǔtǐ/ㄊㄨˇ ㄊㄧˇ
soil mass
【水利】分布于地壳表层的尚未固结成岩体的松散堆积物。

土星/土星 tǔxīng/ㄊㄨˇ ㄒㄧㄥ
Saturn
【天】太阳系八大行星之一。按距离太阳由近及远的顺序为第六颗,是类木行星。绕太阳一周的时间为 29.46 年。有明显的光环。有 63 颗卫星,其中土卫六是太阳系内唯一有明显大气的卫星。西方用罗马神话的农神萨图恩(Saturn)命名,中国古代称为镇星或填星。

吐法 tùfǎ/ㄊㄨˋ ㄈㄚˇ
【中医】即"涌吐法"(1362 页)。

吐粒散體 ㄊㄨˇ ㄌㄧˋ ㄙㄢˇ ㄊㄧˇ/tǔlìsǎntǐ
troostite
【材】❶台湾名。即"托氏体"(1156 页)。❷台湾名。即"屈氏体"(926 页)。

吐鲁番盆地/吐魯番盆地
Tǔlǔfān Péndì/ㄊㄨˇ ㄌㄨˇ ㄈㄢ ㄆㄣˊ ㄉㄧˋ
Turpan Basin
【地】盆地名。位于天山山地东端。面积 1.5 万平方千米。大部分海拔 500 米以下,艾丁湖底低于海平面 155 米,是中国地势最低的内陆盆地,也是中国夏季气温最高的地方。农田大多采用坎儿井灌溉,盛产葡萄、甜瓜、长绒棉等。油气资源丰富。

吐绶鸡 tǔshòujī/ㄊㄨˇ ㄕㄡˋ ㄐㄧ
【动】即"火鸡"(551 页)。

钍/釷 tǔ/ㄊㄨˇ
thorium

【化】金属元素。属周期表第ⅢB族(锕系),符号Th,原子序数90。原子量232.0。有放射性。自然界存在于独居石、钍石、方钍石、氟碳铈镧矿和铀钍矿等中。单质为银白色金属,质软,延展性好,有毒,化学性质不太活泼。📖 1815年,瑞典的贝尔塞柳斯(J.J.Berzelius)在分析一种矿石时,认为发现了一种新土,将其中所含的新金属元素命名为thorium,源自Thor,意思是斯堪的纳维亚的雷神(一说战神)"土尔"。1828年确认。中文定名为"钍",是形声字。

兔/兔 tù/ㄊㄨˋ

hare, rabbit

【动】Leporidae 通称"兔子"。哺乳动物名。兔形目兔科动物的统称。有家兔(*Oryctolagus cuniculus domestica*)和野兔等。通常指家兔。头部略像鼠,耳大而尖,上唇中间分裂,尾短而向上翘,前肢比后肢短。胆小,善跳跃,跑得快,以草和其他植物为食。有皮用、肉用、毛用和兼用等种类。中国饲养的主要有中国白兔、安哥拉兔、青紫蓝兔和力克斯兔等。

兔耳草 tù'ěrcǎo/ㄊㄨˋ ㄦˇ ㄘㄠˇ

【植】即"打碗花"(174页)。

兔耳花 tù'ěrhuā/ㄊㄨˋ ㄦˇ ㄏㄨㄚ

【植】即"仙客来"(1237页)。

兔子花 tùzihuā/ㄊㄨˋ ·ㄗ ㄏㄨㄚ

【植】即"仙客来"(1237页)。

菟丝子/菟絲子 tùsīzǐ/ㄊㄨˋ ㄙ ㄗˇ

㊀ China dodder, ㊁ Semen Cuscutae (拉), dodder seed

㊀【植】*Cuscuta chinensis* 旋花科菟丝子属。一年生寄生草本植物。茎缠绕,纤细,黄色。叶退化。花簇生,近无梗,花萼杯状,花冠白色,壶形,宿存。蒴果近球形,被宿存的花冠包围。花果期7—10月份。在中国,分布于各地。多寄生在豆科、菊科、蓼科等植物上。野生杂草。全草入药。

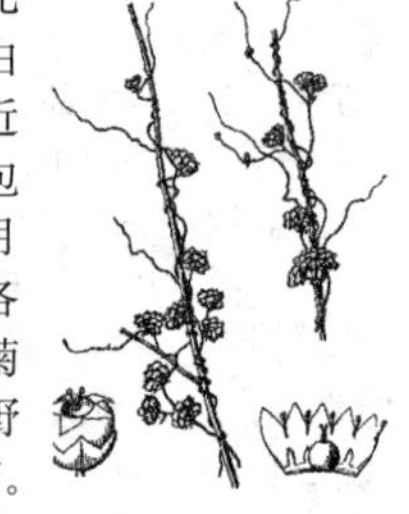

菟丝子

㊁【中医】中药名。旋花科植物南方菟丝子 *Cuscuta australis* R. Br.或菟丝子 *C. chinensis* Lam.的干燥成熟种子。味甘,性温。归肝、肾、脾经。滋补肝肾,固精缩尿,安胎,明目,止泻。用于阳痿遗精,不育,尿有余沥,遗尿尿频,腰膝酸软,目昏耳鸣,肾虚胎漏,胎动不安,脾肾虚泻;外治白癜风。

📖 菟丝子的细胞中没有叶绿体,不能自养,只能通过茎攀附在宿主植物上,利用吸器戳入宿主的韧皮部,吸取宿主的养分来维生,所以对寄主有很大的危害性。

tuan (ㄊㄨㄢ)

湍流/湍流 tuānliú/ㄊㄨㄢ ㄌㄧㄡˊ

turbulent flow

【物】又称"紊流",台湾又称"亂流"。流体的一种流动状态。流体质点互相混杂、碰撞,无规则运动,对流动中降低噪声、增强混合、加速扩散、减小阻力有决定性影响,故湍流研究在工程技术上有重要意义。

湍流扩散/渦流擴散

tuānliú kuòsàn/ㄨㄛ ㄌㄧㄡˊ ㄎㄨㄛˋ ㄙㄢˋ

turbulence diffusion

【气】大气中的物质或空气质点的属性(如热量、动量等),在大气湍流的作用下向周围传递和输送的过程。

团鱼 tuányú/ㄊㄨㄢˊ ㄩˊ

【动】即"鳖"(69页)。

tui (ㄊㄨㄟ)

推 tuī/ㄊㄨㄟ

【机】"推削"的简称。

推船/推船 tuīchuán/ㄊㄨㄟ ㄔㄨㄢˊ

pusher, pushboat

【船】船首装有顶推装置,用于顶推与其配套的驳船或驳船队的机动船。推船与单艘驳船连接,构成顶推船套组,推船顶推多艘驳船,则构成顶推船队。与拖带船相比,阻力小,操纵性好,航速较高,单位功率运量增加,运输成本低。

推顶车/推頂車

tuīdǐngchē/ㄊㄨㄟ ㄉㄧㄥˇ ㄔㄜ

pushing tractor

【机】车辆前端装有缓冲板并且能在地面上或钢轨上推动车辆运行的牵引车辆。

推光漆　tuīguāngqī/ㄊㄨㄟ ㄍㄨㄤ ㄑㄧ

【化】即"熟漆"(1048 页)。

推进剂/推進劑　tuījìnjì/ㄊㄨㄟ ㄐㄧㄣˋ ㄐㄧˋ

propellant

【化】火药的一种。通过可控燃烧释放能量给予火箭、导弹初速度。通常选用能量密度高、安全性好的化学物质。固体推进剂多为聚合物类化学品,液体推进剂主要有液氧、液氢、肼类等。

推山/推山　tuīshān/ㄊㄨㄟ ㄕㄢ

tuishan, pushing-out gable

【建】庑殿顶建筑中,加长正脊,将两山屋面向外推出的做法。使屋顶线条富有曲线美。如果两山坡度与前后的坡度相同,垂脊即为一条呆板的直线;如果加长正脊,两山向外推,山面坡度就比前后的坡度陡,无论从哪个方向看,垂脊都是一条曲线。宋代与清代推山做法不同。

推土机/推土機　tuītǔjī/ㄊㄨㄟ ㄊㄨˇ ㄐㄧ

bulldozer

【机】土方机械的一种。在工业拖拉机或专用牵引车前端装有推土装置,对土石方或散状物料进行切削或搬运。按行走方式不同,可分为履带式和轮胎式。用于建筑、筑路、矿山、水利、港口、农林及国防工程等。

推削/推削　tuīxiāo/ㄊㄨㄟ ㄒㄧㄠ

push broaching

【机】简称"推"。金属切削加工的一种方法。用推刀在推力作用下做轴向运动,加工工件的内、外表面。

退磁/退磁　tuìcí/ㄊㄨㄟˋ ㄘˊ

demagnetization

【物】台湾又称"去磁"。原来具有磁性的物体失去磁性的过程。磁性物体经高温、剧震或受逐渐减弱的交变磁场的作用,均可退磁。

退关/退關　tuìguān/ㄊㄨㄟˋ ㄍㄨㄢ

shut out

【交】对已办理了进出境海关手续的货物、行李物品、船舶等,由于某种原因,在征得海关同意后,货物取消进出口并按海关规定办理相关手续的过程。

退化/退化　tuìhuà/ㄊㄨㄟˋ ㄏㄨㄚˋ

katagenesis, degeneration

【生】生物体的某个器官在进化过程中,形状变小,构造简化,功能减退,甚至完全消失的过程。例如人的阑尾、智齿(第三磨牙)均为退化器官,又如虱的翅膀完全消失。

退火/退火　tuìhuǒ/ㄊㄨㄟˋ ㄏㄨㄛˇ

annealing

【机】热处理的基本工艺之一。将金属或合金加热到适当温度,保持一定时间,然后缓慢冷却,从而获得接近平衡状态的组织与性能。可分为去应力退火、球化退火、均匀化退火、等温退火、再结晶退火等。

蜕化/蜕化　tuìhuà/ㄊㄨㄟˋ ㄏㄨㄚˋ

exuviate, degeneracy

【动】昆虫的幼虫蜕皮后,变为另一种形态的过程。

蜕皮/蜕皮　tuìpí/ㄊㄨㄟˋ ㄆㄧˊ

moult, ecdysis

【动】某些节肢动物(如昆虫)或爬行动物(如蛇)在个体发育的一定阶段一次或多次重新形成新表皮而蜕去旧表皮的过程。

tun (ㄊㄨㄣ)

吞脊兽　tūnjǐshòu/ㄊㄨㄣ ㄐㄧˇ ㄕㄡˋ

【建】即"正吻"(1436 页)。

吞食梗塞

tūnshí gěngsè/ㄊㄨㄣ ㄕˊ ㄍㄥˇ ㄙㄜˋ

【中医】即"噎膈"(1323 页)。

吞噬作用/吞噬作用

tūnshì zuòyòng/ㄊㄨㄣ ㄕˋ ㄗㄨㄛˋ ㄩㄥˋ

phagocytosis

【生】原生动物、其他动物和人体的某些细胞以变形运动方式吞食微生物或细小物体的作用。如白细胞吞噬细菌。

吞吐量/資料産出量

tūntǔliàng/ㄗ ㄌㄧㄠˋ ㄔㄢˇ ㄔㄨ ㄌㄧㄤˋ

throughput

【信息】通信中网络、设备、端口、虚电路或其他设施在单位时间内成功传送数据的数量。以比特、字节、分组等计量。

豚鼠/豚鼠　túnshǔ/ㄊㄨㄣˊ ㄕㄨˇ

guinea pig

【动】*Cavia porcellus* 又称“天竺鼠”“荷兰猪”。哺乳动物名。啮齿目豚鼠科。体形短粗而圆，略像兔而小，长约25厘米，头部较大像猪，眼明亮且大而圆，上唇分裂，有须，耳圆短小，前肢短，后肢长，无尾，毛有白、黄、黑等颜色，有光泽。穴居，夜间活动，以植物为食。原分布于南美洲，世界各地均有饲养，可供医学和生理学等实验用。

豚鼠

鲀 tún/ㄊㄨㄣˊ

【动】即“河豚”(486页)。

臀大肌/臀大肌 túndàjī/ㄊㄨㄣˊ ㄉㄚˋ ㄐㄧ

gluteus maximus

【医】位于臀部皮下，略呈不规则四方形的肌肉。起于臀后线之后的髂骨翼外面、骶骨背面，肌纤维向外下方斜行，上部肌纤维越过大转子，以腱膜移行于髂胫束的深面，下部肌纤维以肥厚的腱板止于股骨臀肌粗隆。可后伸并外旋大腿。

📖 站立、行走、奔跑和上台阶等伸直或伸展腿部时，都必须要运用臀大肌。臀大肌也是肌肉注射最常用的注射部分。

臀围/臀圍 túnwéi/ㄊㄨㄣˊ ㄨㄟˊ

hip circumference

【医】在大转子与髂前上棘连线中点的水平面上绕臀一周的长度。

tuo （ㄊㄨㄛ）

托/托 tuō/ㄊㄨㄛ

torr

【计量】压力的非国际单位制单位。符号torr。1托＝133.322帕。

托帕石/黄玉 tuōpàshí/ㄏㄨㄤˊ ㄩˋ

topaz

【地】宝石级的黄玉。“托帕”是黄玉的英文名topaz的音译，多用于宝石界。颜色亮丽，透明度高，硬度大，反光效应好。

托盘/托盤 tuōpán/ㄊㄨㄛ ㄆㄢˊ

tray，pallet

【物流】用于集结、堆存货物的便于装卸和搬运的平台类设备。设置或配装上部构件后可形成各种类型的托盘。有时可作为集装化单元设备。按结构形态不同，可分为平板托盘、笼式托盘、罐式托盘、箱式托盘、筒式托盘、立柱式托盘、滑板托盘、轮式托盘和特种专用托盘等。

托氏体/吐粒散體 tuōshìtǐ/ㄊㄨˇ ㄌㄧˋ ㄙㄢˇ ㄊㄧˇ

troostite

【材】见“珠光体”(1475页)。

托叶/托葉 tuōyè/ㄊㄨㄛ ㄧㄝˋ

stipule

【植】叶柄基部的附属物。通常细小、早落，也有宿存的。

拖車 ㄊㄨㄛ ㄔㄜ/tuōchē

trailer

【交】台湾名。即“挂车”(433页)。

拖船/拖船 tuōchuán/ㄊㄨㄛ ㄔㄨㄢˊ

tug

【船】俗称“拖轮”。专用于拖曳其他船只或浮体的工作船。船上设有专门的拖曳设备(包括拖缆、脱钩架和拖缆绞车等)，船体结构强度高，具有良好的护舷器材和防撞设施。船型短而宽，以获得良好的静稳性和操纵性。按用途不同，可分为运输拖船和救助拖船等；按航程不同，可分为远洋拖船、沿岸拖船、内河拖船和港作拖船等。

拖吊車 ㄊㄨㄛ ㄉㄧㄠˋ ㄔㄜ/tuōdiàochē

tow truck

【机】台湾名。即“清障车”(919页)。

拖挂车/聯結車 tuōguàchē/ㄌㄧㄢˊ ㄐㄧㄝˊ ㄔㄜ

trailer

【交】本身无动力，独立承载，依靠牵引车才能行驶的车辆。分为半挂车和全挂车两种。

拖拉机/曳引機 tuōlājī/ㄧㄝˋ ㄧㄣˇ ㄐㄧ

tractor

【机】用于牵引、推动、驱动与操纵配套机具进行作业的自走式动力机械。按功能和用途不同，可分为农业、工业和特殊用途拖拉机；按结构类型不同，可分为轮式、履带、手扶式、船形拖拉机等。

拖牵索道/拖牽索道
tuōqiān suǒdào/ㄊㄨㄛ ㄑㄧㄢ ㄙㄨㄛˇ ㄉㄠˋ
ski-tow, draglift
【机】索道的一种。用绳索牵引,在地面上运送乘客的索道。适于短距离、小坡度场地。多用于滑雪场,乘客穿着滑雪板在雪面上随同钢绳的运转向上滑行。可分为手拉式、托腰式、托臀式等。

拖曳砲 ㄊㄨㄛ ㄧㄝˋ ㄆㄠˋ/tuōyèpào
towed gun
【军】台湾名。即"牵引火炮"(901 页)。

拖曳水池/船模試驗槽
tuōyè shuǐchí/ㄔㄨㄢˊ ㄇㄛˊ ㄕˋ ㄧㄢˋ ㄘㄠˊ
towing tank
【船】用以拖曳船模进行阻力等项目测量的试验水池。按拖曳方法不同,可分为重力式拖曳水池和拖车式拖曳水池。重力式是在砝码盘上加砝码,借砝码重量拖动船模运动,测出拖曳力与船模速度。适用于小型水池,试验内容有限。拖车式适用于大型水池,世界各国广泛采用。

脱肛/脱肛 tuōgāng/ㄊㄨㄛ ㄍㄤ
anal prolapse, * prolapse of the rectum
【中医】又称"脱肛痔"。肛肠病之一。多因中气不足、气虚下陷或湿热下注于大肠所致,症见大便后或劳累、下蹲时肛管和直肠黏膜或直肠全层或部分乙状结肠脱出肛外等。便后脱出的肛肠,初期可自然还纳,中期须用手托送回,晚期常因咳嗽、用力、步行等而随时脱出。气虚者,宜益气升陷,服补中益气汤;湿热下注者,宜先清利湿热,兼以升提,可用萆薢渗湿汤加减。外治可用香荆散、五倍子、白矾等煎汤熏洗。严重或经药物治疗无效者,应酌情选用注射疗法、手术治疗等。

脱肛痔 tuōgāngzhì/ㄊㄨㄛ ㄍㄤ ㄓˋ
【中医】即"脱肛"(1157 页)。

脱臼 tuōjiù/ㄊㄨㄛ ㄐㄧㄡˋ
【中医】即"脱位"(1157 页)。

脱粒机/脱粒機 tuōlìjī/ㄊㄨㄛ ㄌㄧˋ ㄐㄧ
thresher, sheller
【机】农业机械的一种。将农作物籽粒与茎秆分离的收割机械。按农作物不同,可分为打稻机、玉米脱粒机等;按工艺完善性不同,可分为简式、半复式和复式脱粒机。

脱硫/脱硫 tuōliú/ㄊㄨㄛ ㄌㄧㄡˊ
desulfurization, desulphurization
【环】去除燃料、原料或其他物料中的游离硫分或含硫化合物的过程。主要是化石燃料(煤、石油、天然气)在燃烧前或燃烧过程中利用化学药剂等方法脱硫,以防治硫氧化物对大气环境的污染。

脱敏/去敏感作用
tuōmǐn/ㄑㄩˋ ㄇㄧㄣˇ ㄍㄢˇ ㄗㄨㄛˋ ㄩㄥˋ
desensitization
【生】用于治疗特定过敏源所致Ⅰ型超敏反应的方法。即通过注射少量变应原,诱使致敏细胞仅释放微量活性介质,而不引发明显临床症状,短时间内多次注射,可使致敏细胞内活性介质逐渐耗竭,从而消除机体致敏状态。

脱水/脱水 tuōshuǐ/ㄊㄨㄛ ㄕㄨㄟˇ
dehydration
【医】体液总量,尤其是细胞外液量减少的症状。因水丢失过多和/或摄入量不足而引起,同时伴有钠、钾等电解质成分的丢失及酸碱平衡紊乱。按丢失成分的不同,可分为高渗性脱水、等渗性脱水和低渗性脱水。

脱位/脱位 tuōwèi/ㄊㄨㄛ ㄨㄟˋ
dislocation
【中医】又称"脱臼"。骨伤科疾病之一。因构成关节的骨端关节面脱离正常位置所致,症见患部肿胀、疼痛、明显畸形、弹性固定及关节功能障碍等。治宜手法复位,必要时还可在麻醉下切开复位,适当固定及功能锻炼。初期宜活血化瘀,消肿止痛,内服复元活血汤、复元通气散或七厘散,外敷乌头膏或栀乳散;中后期宜和营止痛,舒筋活络,内服壮筋养血汤、小活络丸,外用海桐皮汤、五加皮汤或损伤洗方浸洗,并结合功能锻炼。习惯性脱位宜内服补肝肾、壮筋骨之剂;病理性脱位除手法或手术矫正,还应注意治疗原发病。若合并有骨折者,应同时给予整复固定。

脱氧核糖/去氧核糖
tuōyǎng hétáng/ㄑㄩˋ ㄧㄤˇ ㄏㄜˊ ㄊㄤˊ
deoxyribose

【生】戊糖衍生物。核糖某些羟基被氢取代。2-脱氧核糖是脱氧核糖核酸的组成成分之一。

脱氧核糖核酸/去氧核醣核酸 tuōyǎng hétáng hésuān/ ㄑㄩˋ ㄧㄤˇ ㄏㄜˊ ㄊㄤˊ ㄏㄜˊ ㄙㄨㄢ

deoxyribonucleic acid, DNA

【生】核酸的一类。由含腺嘌呤、鸟嘌呤、胞嘧啶和胸腺嘧啶四种碱基的脱氧核糖核苷酸聚合而成,长链结构,分子量以百万计。是生物遗传的主要物质基础。多数存在于细胞核内,是细胞核染色体的主要成分,也存在于线粒体和植物的叶绿体内。物种通过脱氧核糖核酸复制实现遗传信息传代,通过变异传递在自然选择中获得的新遗传信息,完成物种的进化和延续。

T

脱证/脱證 tuōzhèng/ ㄊㄨㄛ ㄓㄥˋ

desertion disease, collapse syndrome, * desertion pattern

【中医】中医内科疾病之一。阴阳气血津液严重耗损,以致病情突变,阴阳决离,症见神志淡漠,甚则昏迷,气息微弱,大汗淋漓,口开目合,手撒遗尿,四肢厥冷,脉微细欲绝等。阳气严重耗损而出现幻觉幻视,神志异常,呢喃乱语,或大汗淋漓等症,为"脱阳";肝肾阴精过度耗伤而出现失明等症,为"脱阴"。

驮背运输/揹負 tuóbēi yùnshū/ ㄅㄟ ㄈㄨˋ

piggyback

【物流】一种公路铁路联合运输方式。货运汽车或集装箱直接开上火车车皮运输,到达目的地再从车皮上开下。

陀罗尼经幢 tuóluóní jīngchuáng/ ㄊㄨㄛˊ ㄌㄨㄛˊ ㄋㄧˊ ㄐㄧㄥ ㄔㄨㄤˊ

【建】即"经幢"(640 页)。

驼峰/駝峰 tuófēng/ ㄊㄨㄛˊ ㄈㄥ

hump

㊀【动】骆驼背部隆起的肉峰。内储大量脂肪,营养丰富。缺乏食物时,可供骆驼的体内消耗。㊁【交】铁路编组站的基本调车设备。因形似骆驼峰背,故名。车辆溜放的动力以车辆重力为主,调车机车的推力为辅。通常设在调车场头部,适合于车列的解体和编组作业。

驼鹿/麋鹿 tuólù/ ㄇㄧˊ ㄌㄨˋ

moose

【动】*Alces alces* 又称"堪达犴""犴"。哺乳动物名。偶蹄目鹿科。体长达 2 米多,是世界上最大的鹿,头大而长,颈短,鼻长如骆驼,背部很高,像驼峰,毛棕褐色,尾短,四肢细长,雄的有角,分叉很多,角上部呈铲形。生活在森林的湖沼附近,单独活动或小群居。以草、嫩枝、树叶以及水生植物为食。分布于欧亚和北美洲大陆北部,在中国,分布于东北、新疆等地。

驼 鹿

鸵鸟/鴕鳥 tuóniǎo/ ㄊㄨㄛˊ ㄋㄧㄠˇ

ostrich

【动】鸟名。鸵鸟目鸵鸟科鸵鸟属。雄鸟高可达 3 米,是现代体形最大的鸟,雌鸟灰褐色,雄鸟的翼和尾部有白色羽毛。颈长,头小,喙扁平,两翅退化短小,不能飞。栖息于草原和沙漠地带,群居,善奔走,食性杂。分布于非洲和阿拉伯地区。

鸵 鸟

鼍龙 tuólóng/ ㄊㄨㄛˊ ㄌㄨㄥˊ

【动】即"扬子鳄"(1314 页)。

妥尔油/高油 tuǒ'ěryóu/ ㄍㄠ ㄧㄡˊ

tall oil

【化】硫酸盐制浆造纸过程中回收的副产物。是一种复杂混合物。主要含松香酸和脂肪酸(油酸、亚油酸等)。用于制造肥皂、油漆、油墨、润滑剂等。

椭球面/橢球面 tuǒqiúmiàn/ ㄊㄨㄛˇ ㄑㄧㄡˊ ㄇㄧㄢˋ

ellipsoid

【数】又称"椭圆面"。在空间直角坐标系下,方程$\frac{x^2}{a^2}+\frac{y^2}{b^2}+\frac{z^2}{c^2}=1$表示的曲面。其中$a,b,c$为任意正常数。椭球面关于三个坐标平面、三条坐标轴和原点都对称,被三个坐标平面截得三个椭圆。当$a=b$或$b=c$时,曲面为椭圆绕它的对称轴旋转而成的旋转椭球面;当$a=b=c$时,曲面为球面。

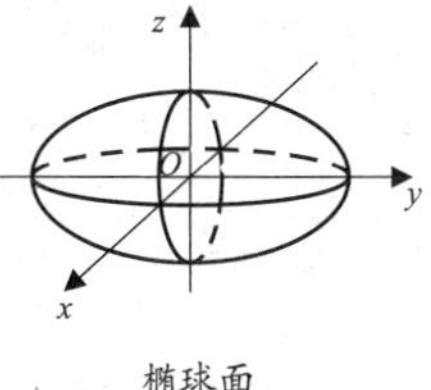

椭球面

椭圆/橢圓 tuǒyuán/ㄊㄨㄛˇ ㄩㄢˊ

ellipse

【数】与两定点F,F'的距离之和是常数的动点的轨迹。F,F'叫作椭圆的焦点,线段FF'的中点叫作椭圆的中心。当F,F'两点重合时,轨迹为圆。如图,若以F,F'所在直线为x轴,线段FF'的垂直平分线为y轴,建立直角坐标系,则椭圆的方程为$\frac{x^2}{a^2}+\frac{y^2}{b^2}=1$,焦点的坐标为$F(c,0)$,$F'(-c,0)$,$c^2=a^2-b^2$,线段$AA'=2a$,$BB'=2b$,$FF'=2c$,$AA'$,$BB'$分别叫作椭圆的长轴和短轴。

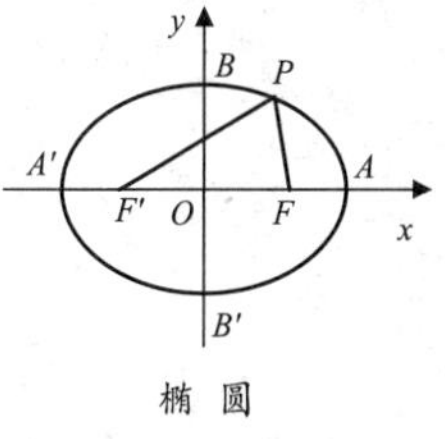

椭　圆

椭圆面 tuǒyuánmiàn/ㄊㄨㄛˇ ㄩㄢˊ ㄇㄧㄢˋ

【数】即"椭球面"(1158页)。

椭圆抛物面/橢圓拋物面

tuǒyuán pāowùmiàn/ㄊㄨㄛˇ ㄩㄢˊ ㄆㄠ ㄨˋ ㄇㄧㄢˋ

elliptic paraboloid

【数】方程$\frac{x^2}{a^2}+\frac{y^2}{b^2}=2z$表示的曲面。它可向上无限延伸,关于$yz$,$xz$面和$z$轴都对称。在$xz$,$yz$面的截线都是抛物线,在平行于$xy$平面的平面的截线都是椭圆。

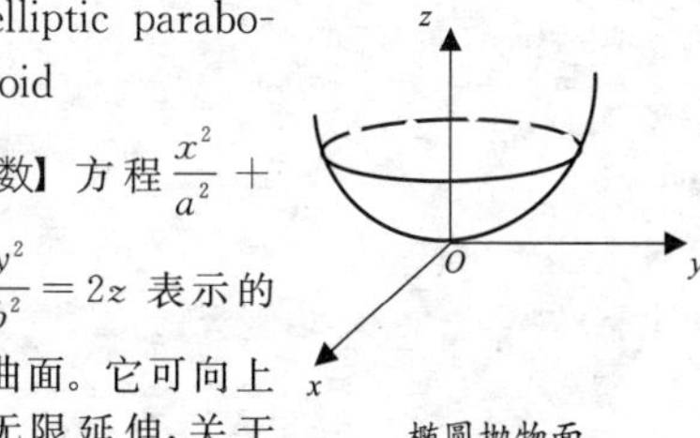

椭圆抛物面

椭圆星系/橢圓星系

tuǒyuán xīngxì/ㄊㄨㄛˇ ㄩㄢˊ ㄒㄧㄥ ㄒㄧˋ

elliptical galaxy, E galaxy

【天】河外星系的一类。椭球状,没有旋臂,气体和尘埃含量极低。按视形状自圆而扁的顺序,依次分为E0、E1、E2、E3、E4、E5、E6、E7共八个次型。

橢球面高

ㄊㄨㄛˇ ㄑㄧㄡˊ ㄇㄧㄢˋ ㄍㄠ/tuǒqiúmiàngāo

geodetic height, ellipsoidal height

【测绘】台湾名。即"大地高"(176页)。

拓扑/拓樸

tuòpū/ㄊㄨㄛˋ ㄆㄨ

topology

【数】在一个集合上建立的可以定义极限、连续等概念的结构。一般地,对于集合S取由它的子集组成的某集族T,使T满足下列条件:(1)$\varnothing\in T$,$S\in T$;(2)任意多个U_i属于T时,一定有并集$\bigcup U_i$也属于T;(3)有限多个U_i属于T时,一定有交集$\bigcap U_i$也属于T。满足这三个条件的T叫作S上的一个拓扑。

拓扑学/拓樸學

tuòpūxué/ㄊㄨㄛˋ ㄆㄨ ㄒㄩㄝˊ

topology

【数】数学的一个分支。研究几何图形在拓扑变换(一对一的双方连续变换)下不变的性质。这些性质叫作拓扑不变性,包括曲线的闭合性、相交性、连通性、紧致性等。按研究内容和方法的不同,可分为点集拓扑(也称一般拓扑)和代数拓扑等。

📖 拓扑的英文名直译是地志学,最早指研究地形、地貌相类似的有关学科。几何拓扑学形成于19世纪,七桥问题、四色问题等都是拓扑学发展史上的重要问题。

唾腺 ㄊㄨㄛˋ ㄒㄧㄢˋ/tuòxiàn

salivary gland

【医】台湾名。即"唾液腺"(1159页)。

唾液腺/唾腺

tuòyèxiàn/ㄊㄨㄛˋ ㄒㄧㄢˋ

salivary gland

【医】又称"涎腺"。外分泌腺之一。其分泌物为唾液。包括腮腺、下颌下腺、舌下腺三对大唾液腺,以及分布在口腔黏膜的唇腺、颊腺、腭腺、舌腺等小唾液腺。正常成年人每日分泌唾液1～1.5升。

箨鞘/蘀鞘 tuòqiào/ㄊㄨㄛˋ ㄑㄧㄠˋ

sheath

【植】禾本科植物的箨下部包裹秆的部分。相当于叶鞘。

W

wa （ㄨㄚ）

挖沟机/掘溝機　wāgōujī/ㄐㄩㄝˊ ㄍㄡ ㄐㄧ
trencher
【机】土方机械的一种。用于连续挖掘沟渠。在运转的链条或转轮上装有许多铲斗，当机械向前开行时，链条或转轮运转，带动铲斗连续挖土，并将土卸在输送带上运出。可分为链斗式挖沟机和轮斗式挖沟机。用于沟管工程或松散物料的采掘。

挖掘机/挖掘機　wājuéjī/ㄨㄚ ㄐㄩㄝˊ ㄐㄧ
excavator
【机】台湾又称"掘鑿機"。土方机械的一种。用铲斗挖掘物料(土壤、煤、泥沙以及经过预松后的土壤和岩石)并装入运输车辆或卸至堆料场。按行走方式不同，可分为履带式挖掘机、轮式挖掘机；按传动方式不同，可分为液压挖掘机、机械挖掘机；按铲斗可分为正铲挖掘机、反铲挖掘机、拉铲挖掘机和抓铲挖掘机。

挖掘装载机/挖掘裝載機
wājué zhuāngzàijī/
ㄨㄚ ㄐㄩㄝˊ ㄓㄨㄤ ㄗㄞˋ ㄐㄧ
backhoe loader
【机】俗称"两头忙"。土方机械的一种。由动力总成、装载端和挖掘端组成。前端是装载装置，后端为挖掘装置。多用于公路建设及养护、电缆敷设、电力和机场施工等。

挖泥船/挖泥船
wāníchuán/ㄨㄚ ㄋㄧˊ ㄔㄨㄢˊ
dredger
【船】又称"疏浚船""挖泥工程船"。用于挖取、提升和输送水下地表层泥土、沙石和沉积物的工程船。主要任务是开挖或疏浚码头、港池和航道，使其有足够的水深，达到建港水深标准，确保舰船驻泊及航行安全。

挖泥工程船
wāní gōngchéngchuán/
ㄨㄚ ㄋㄧˊ ㄍㄨㄥ ㄔㄥˊ ㄔㄨㄢˊ
【船】即"挖泥船"(1161 页)。

蛙人特种装备/蛙人特種裝備
wārén tèzhǒng zhuāngbèi/
ㄨㄚ ㄖㄣˊ ㄊㄜˋ ㄓㄨㄥˇ ㄓㄨㄤ ㄅㄟˋ
frogman special equipment
【军】专供蛙人在遂行水下作战任务中使用的设备器材的统称。主要包括蛙人水下呼吸器、蛙人水下导航定位仪、蛙人水下通信机、蛙人水下观测仪、蛙人预警声呐、蛙人目标寻的器、蛙人作战服、蛙人专用枪械和水下高能爆破器、袖珍式蛙人运行器。小而轻便，可靠性高，威力大，功能全，智能化，可以灵活组合。用于蛙人在水下生命支持、水下导航定位、水下通信观测和自身防护等。

窪地　ㄨㄚ ㄉㄧˋ/wādì
depression
【地】台湾名。即"坳陷"(10 页)。

娃娃鱼　wáwayú/ㄨㄚˊ ·ㄨㄚ ㄩˊ
【动】即"大鲵"(181 页)。

瓦　wǎ/ㄨㄚˇ
【计量】"瓦特"的简称。

瓦当/瓦當　wǎdāng/ㄨㄚˇ ㄉㄤ
eaves tile
【建】屋面筒瓦瓦垄最下端的一片瓦。是防水装饰构件。横断面与筒瓦相同，前端端头为半圆形或圆形，形状和雕刻的纹饰各个时代不同。秦汉以前为半圆形，表面纹样以凸起的饕餮纹、涡纹为多；秦汉时期为圆形，表面纹样有青龙、白虎等；明清时雕饰图案以龙纹为主。

瓦 当

📖 瓦当在西周晚期的建筑上已有使用。战国时燕下都遗址的瓦当为半圆形，花纹，有动物、植物等。秦汉多为圆形，纹样丰富，或写"延年益寿""万寿无疆""长乐未央""长生无极"等，或为动物纹、植物纹、如意纹等。南北朝花纹主要有两类，一是文字纹，一是莲花纹。唐代以莲花纹最常见。宋辽时常用龙凤、花草、莲瓣、兽头为纹饰，文字瓦当少见。明清时瓦当称为勾头，花纹比历代丰富。

W

瓦伦达效应/瓦倫達效應
Wǎlúndá xiàoyìng/ㄨㄚˇ ㄌㄨㄣˊ ㄉㄚˊ ㄒㄧㄠˋ ㄧㄥˋ
Wallenda effect
【心】一种社会心理效应。美国著名的高空走钢丝表演者瓦伦达,在一次重要表演中失足身亡。事后,他的妻子说,我知道这次要出事,因为他上场前不停地说,这次太重要了,不能失败;而以前,他只想着走钢丝本身,没有其他杂念。这个效应说明,做任何事情,只有保持平常心,精神专注,才能取得成功;越是担心失败就越可能失败。

瓦时/瓦時 wǎshí/ㄨㄚˇ ㄕˊ
【计量】“瓦特小时”的简称。

瓦時計 ㄨㄚˇ ㄕˊ ㄐㄧˋ/wǎshíjì
watt-hour meter
【电】台湾名。即“有功电能表”(1368 页)。

瓦斯/瓦斯 wǎsī/ㄨㄚˇ ㄙ
gas
【化】可燃气体。通常指煤气或煤层气等。

瓦斯爐 ㄨㄚˇ ㄙ ㄌㄨˊ/wǎsīlú
hotplate, gas cooker
【轻】台湾名。即“燃气灶”(936 页)。

瓦斯熱水器
ㄨㄚˇ ㄙ ㄖㄜˋ ㄕㄨㄟˇ ㄑㄧˋ/wǎsī rèshuǐqì
gas water heater
【轻】台湾名。即“燃气热水器”(936 页)。

瓦特/瓦特 wǎtè/ㄨㄚˇ ㄊㄜˋ
watt
【计量】简称“瓦”。功率的国际单位制单位。物体 1 秒做了 1 焦的功,功率为 1 瓦。为纪念英国发明家瓦特(James Watt,1736—1819)而命名。

瓦特表 wǎtèbiǎo/ㄨㄚˇ ㄊㄜˋ ㄅㄧㄠˇ
【电】即“功率表”(413 页)。

瓦特計 ㄨㄚˇ ㄊㄜˋ ㄐㄧˋ/wǎtèjì
wattmeter
【电】台湾名。即“功率表”(413 页)。

瓦特小时/瓦時 wǎtè xiǎoshí/ㄨㄚˇ ㄕˊ
watt hour
【计量】简称“瓦时”。能量的单位。符号 W·h。

膃肭兽/膃肭獸 wànàshòu/ㄨㄚˋ ㄋㄚˋ ㄕㄡˋ
【动】即“海狗”(460 页)。

wai (ㄨㄞ)

歪斜線 ㄨㄞ ㄒㄧㄝˊ ㄒㄧㄢˋ/wāixiéxiàn
skew lines
【数】台湾名。即“异面直线”(1339 页)。

外包物流 wàibāo wùliú/ㄨㄞˋ ㄅㄠ ㄨˋ ㄌㄧㄡˊ
【物流】即“第三方物流”。

外部导电部分/外部導電部分
wàibù dǎodiàn bùfen/
ㄨㄞˋ ㄅㄨˋ ㄉㄠˇ ㄉㄧㄢˋ ㄅㄨˋ ㄈㄣˋ
extraneous conductive part
【电】电气装置的金属外壳、支架等易引入电位(通常为地电位)的导电部分。

外测度/外測度 wàicèdù/ㄨㄞˋ ㄘㄜˋ ㄉㄨˋ
exterior measure
【数】点集 A 的外测度 $m^*(A)=\inf\{|G| \parallel G\supset A, G$是开集$\}$,其中开集$G=\bigcup_i(a_i,b_i)$,它的长度$|G|=\sum_i|b_i-a_i|$。

外层 wàicéng/ㄨㄞˋ ㄘㄥˊ
【气】“外逸层”的简称。

外层大气
wàicéng dàqì/ㄨㄞˋ ㄘㄥˊ ㄉㄚˋ ㄑㄧˋ
【气】即“外逸层”(1165 页)。

外层空间/外太空
wàicéng kōngjiān/ㄨㄞˋ ㄊㄞˋ ㄎㄨㄥ
outer space
【航】距地球表面 120 千米以外的空间。也称“外逸层”。大气密度极低,非常稀薄,大气粒子间碰撞几乎为零,热传导快,基本属等温层。中性粒子基本按抛物线运动。带电粒子较多,主要中性成分为氢、氦,能发射一定紫外波段辐射。能量足够就可以脱离地球引力,逃逸到外层空间。

外城/外城 wàichéng/ㄨㄞˋ ㄔㄥˊ
outer city
【建】又称“罗城”。州城或府城的外墙(大城),古代城通常有两重,里面的称“城”,外面的称“郭”。外城内多为居民区,也是手工业作坊、商业和会馆等公共建筑集中的地区。
📖《管子·度地篇》:“内之为城,城外为之郭。”《孟子·公孙丑》下:“三里之城,七里之郭。”《资治通鉴》卷二四一唐元和十四年:“子城已洞开,惟牙城拒守。"注曰:"凡大城谓之罗城,小城谓之子城。"至迟六朝时期,"罗城"与"外郭"已经并存互通。如《魏书·杨侃传》:"(裴)遂后竟袭寿春,入罗城而退。"又《魏书·萧衍传》:"衍将姜庆直袭陷寿春外郭,州军击走之。"

外存 wàicún/ㄨㄞˋ ㄘㄨㄣˊ

【信息】即"辅助存储器"(364页)。

外错角/外錯角

wàicuòjiǎo/ㄨㄞˋ ㄘㄨㄛˋ ㄐㄧㄠˇ

alternate exterior angles

【数】在同一平面内,两条直线 a,b 与第三条直线 c 相交形成8个角,其中不在 a,b 之间且分别位于 c 的两侧的一对角是外错角。如图,∠1与∠7,∠2与∠8是两对外错角。图见"内错角"(826页)

📖 两条直线 a,b 与第三条直线 c 相交,$a /\!/ b \Leftrightarrow$ 外错角相等。

外动力 wàidònglì/ㄨㄞˋ ㄉㄨㄥˋ ㄌㄧˋ

【地】即"外营力"(1165页)。

外毒素/外毒素 wàidúsù/ㄨㄞˋ ㄉㄨˊ ㄙㄨˋ

exotoxin

【医】毒素的一类。由细菌产生,在细菌内合成后分泌到菌体外的代谢产物,其主要成分为蛋白质。不同种细菌产生的外毒素对人体的毒性作用不同,可选择性地侵入某些组织、器官,引起特殊病变。

外风证/外風證

wàifēngzhèng/ㄨㄞˋ ㄈㄥ ㄓㄥˋ

exogenous wind syndrome, * external wind pattern

【中医】又称"风邪外袭证"。风证的一种。风邪外袭肌肤所致,以恶风、发热、汗出、头身疼痛,或鼻塞、喷嚏、咳嗽、咽喉痒痛,或皮肤瘙痒、水肿、发疹,舌苔薄白,脉浮缓等为常见症。

外感/外感 wàigǎn/ㄨㄞˋ ㄍㄢˇ

exogenous disease

【中医】六淫、疫疠之气等病邪侵犯人体,导致疾病的过程。

外感热病/外感熱病

wàigǎn rèbìng/ㄨㄞˋ ㄍㄢˇ ㄖㄜˋ ㄅㄧㄥˋ

exogenous febrile disease, * externally contracted tebrile disease

【中医】中医内科疾病之一。现代中医学对伤寒、温病的统称。感受外邪引起的以发热为主要表现的疾病。

外感受器/皮膚接受器

wàigǎnshòuqì/ㄨㄞˋ ㄈㄨ ㄐㄧㄝ ㄕㄡˋ ㄑㄧˋ

exteroceptor

【医】感受外界环境各种变化的感受器。主要分布于体表,如皮肤,感受外来的刺激(冷、热、痛、触和压等)。还包括光感受器、听觉感受器和味觉感受器等。

外骨骼/外骨骼 wàigǔgé/ㄨㄞˋ ㄍㄨˇ ㄍㄜˊ

exoskeleton

【动】节肢动物(如虾、蟹、蜈蚣、蟑螂)露在身体表面的骨骼。有支撑体内柔软组织,减少水分蒸发,防御外来物侵入的作用。

外关/外關 wàiguān/ㄨㄞˋ ㄍㄨㄢ

TE5, SJ5, * TB5, * Outer Pass

【中医】手少阳三焦经穴之一。在前臂背侧,当阳池与肘尖的连线上,腕背横纹上2寸,尺骨与桡骨之间。手少阳三焦经的络穴,八脉交会穴,通于阳维脉。该穴主治热病、头痛、颊痛、目赤肿痛、耳鸣、耳聋、瘰疬、胁肋痛、上肢痹痛等病证。

外海採油平臺

ㄨㄞˋ ㄏㄞˇ ㄘㄞˇ ㄧㄡˊ ㄆㄧㄥˊ ㄊㄞˊ/

wàihǎi cǎiyóu píngtái

offshore oil production platform

【船】台湾名。即"海上采油平台"(464页)。

外踝/外踝 wàihuái/ㄨㄞˋ ㄏㄨㄞˊ

lateral malleolus

【医】腓骨体下端的膨大部位。

外寄生/外寄生 wàijìshēng/ㄨㄞˋ ㄐㄧˋ ㄕㄥ

ectoparasitism

【动】一种生物寄生于另一种生物的体表,摄取宿主养分以维持生命的现象。例如跳蚤寄生在人或哺乳动物的身体表面。

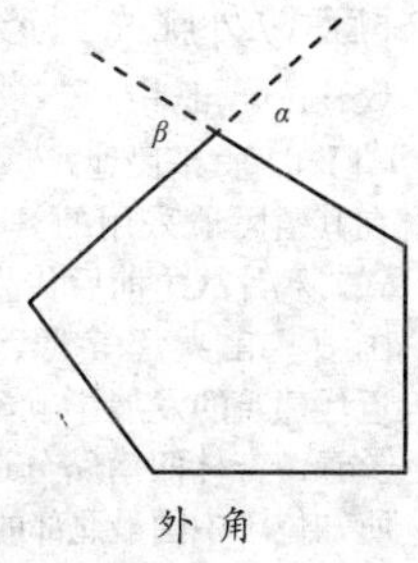

外角

外角/外角

wàijiǎo/ㄨㄞˋ ㄐㄧㄠˇ

exterior angle

【数】凸多边形内角的一边与另一边的反向延长线所成的

角，叫作凸多边形的外角。也即，凸多边形内角的邻补角是凸多边形的外角。以凸多边形每个顶点为顶点的外角有两个，它们是对顶角。如图，α，β 是顶点相同的两个外角。在凸多边形的每个顶点取一个外角，它们的和叫作凸多边形的外角和，等于 360°。

外接圆/外接圓

wàijiēyuán/ㄨㄞˋ ㄐㄧㄝ ㄩㄢˊ

circumcircle

【数】若一个多边形的各顶点都在同一个圆上，则这个圆叫作这个多边形的外接圆。例如，以三角形三边的中垂线的交点（外心）为圆心，以这点到三角形的任一顶点的距离为半径的圆，是三角形的外接圆。

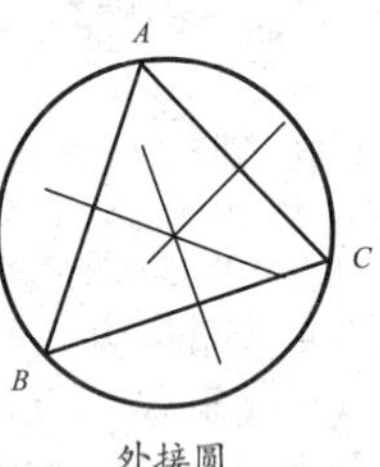

外接圆

外空条约/外太空條約

Wàikōng Tiáoyuē/ㄨㄞˋ ㄊㄞˋ ㄎㄨㄥ ㄊㄧㄠˊ ㄩㄝ

outer space treaty

【航】又称“空间宪法”。指《关于各国探索和利用包括月球和其他天体的外层空间活动所应遵守的原则和条约》。1966 年 12 月 19 日联合国大会通过，1967 年 1 月 27 日开放供签署，1967 年 10 月 10 日生效，是国际空间法的基础。规定了从事航天活动应遵守的共同利益原则、自由探索和利用原则、不得据为己有原则、限制军事化原则、援救航天员原则、国家责任原则、对空间物体管辖权和控制权原则、外空物体登记权原则、保护空间环境原则和国际合作原则共 10 项基本原则。

外廊式/外廊式 wàilángshì/ㄨㄞˋ ㄌㄤˊ ㄕˋ

veranda style

【建】旧称“殖民地式”“买办式”。欧美殖民者在其殖民地采用的具有外廊空间的建筑样式。鸦片战争前后传入中国，最初应用于外国领事馆、兵营、宅邸、洋行等建筑物，对中国近代建筑的发展影响深远。建于 1909 年的长春市吉林西南路分巡兵备道衙署，是目前所知位于中国最北部的外廊式建筑。

外力/外力 wàilì/ㄨㄞˋ ㄌㄧˋ

external force

【物】质点系外的物体作用于质点系中某一质点的力。

外联网/商際網路

wàiliánwǎng/ㄕㄤ ㄐㄧˋ ㄨㄤˇ ㄌㄨˋ

extranet

【信息】企事业单位为对外联系业务和交流信息而建立的专用网。采用因特网技术，多与内联网隔离。

外流河/外流河 wàiliúhé/ㄨㄞˋ ㄌㄧㄡˊ ㄏㄜˊ

exterior river

【地】直接或间接注入海洋的河流。通常为常流河。如中国的长江、雅鲁藏布江。

外露可接近导体/外露可接近導體

wàilù kějiējìn dǎotǐ/

ㄨㄞˋ ㄌㄨˋ ㄎㄜˇ ㄐㄧㄝ ㄐㄧㄣˋ ㄉㄠˇ ㄊㄧˇ

exposed approachability conductive part

【电】能触及的电气设备的可导电部分。在正常时不带电，在故障情况下有可能带电。

外能/外能 wàinéng/ㄨㄞˋ ㄋㄥˊ

external energy

【物】指体系做整体运动的动能以及在外力场中的位能。

外氣層 ㄨㄞˋ ㄑㄧˋ ㄘㄥˊ/wàiqìcéng

exosphere

【气】台湾名。即“外逸层”（1165 页）。

外墙/外牆 wàiqiáng/ㄨㄞˋ ㄑㄧㄤˊ

external wall

【建】用于分隔建筑内部与外部的墙体。

外倾/外向 wàiqīng/ㄨㄞˋ ㄒㄧㄤˋ

extroversion

【心】又称“外向”。把一个人的能量指向自身之外，重视外部世界，关心物质的与社会的环境，并从中获得满意的倾向。主要用于人格理论。

外伤/外傷 wàishāng/ㄨㄞˋ ㄕㄤ

external injury, * external damage

【中医】跌仆，或受外力撞击、兵器损伤，以及虫兽咬伤，烫伤、烧伤、冻伤等致病因素导致皮肉筋骨及内脏损伤。

外设 wàishè/ㄨㄞˋ ㄕㄜˋ

【信息】“外围设备”的简称。

外生作用/外生作用 wàishēng zuòyòng/ㄨㄞˋ ㄕㄥ ㄗㄨㄛˋ ㄩㄥˋ
exogenesis
【地】由太阳能作为能量来源导致风华、剥蚀、搬运、沉积，以及矿床形成等各种地质作用。在地球表面，裸露的岩石在太阳能及生物圈的影响下发生风化。是在地球表面或近地表处，即在常温、常压条件下发生的。

外太空 ㄨㄞˋ ㄊㄞˋ ㄎㄨㄥ/wàitàikōng
outer space
【航】台湾名。即"外层空间"(1162 页)。

外太空條約 ㄨㄞˋ ㄊㄞˋ ㄎㄨㄥ ㄊㄧㄠˊ ㄩㄝ/Wàitàikōng Tiáoyuē
outer space treaty
【航】台湾名。即"外空条约"(1164 页)。

外围电源/周邊電源 wàiwéi diànyuán/ㄓㄡ ㄅㄧㄢ ㄉㄧㄢˋ ㄩㄢˊ
peripheral power supply, PPS
【信息】计算机或设备在电源失效时用作备份的辅助电源。

外围设备/周邊裝置 wàiwéi shèbèi/ㄓㄡ ㄅㄧㄢ ㄓㄨㄤ ㄓˋ
peripheral device
【信息】简称"外设"。受计算机控制并与其通信的设备。主要包括输入输出设备。是与计算机相连的附属器件，用来传输、转换或存储数据，以扩充计算机的功能。例如磁盘驱动器、打印机、调制解调器或操纵杆。

外温動物 ㄨㄞˋ ㄨㄣ ㄉㄨㄥˋ ㄨˋ/wàiwēn dòngwù
poikilotherm, ectotherm
【动】台湾名。即"变温动物"(62 页)。

外显记忆/外顯記憶 wàixiǎn jìyì/ㄨㄞˋ ㄒㄧㄢˇ ㄐㄧˋ ㄧˋ
explicit memory
【心】又称"受意识控制的记忆"。在意识的控制下，过去经验对当前记忆任务所产生的有意识提取信息的过程。强调的是信息提取过程的有意识性，而不论信息识记过程是否有意识。

外向 wàixiàng/ㄨㄞˋ ㄒㄧㄤˋ
【心】即"外倾"(1164 页)。

外心/外心 wàixīn/ㄨㄞˋ ㄒㄧㄣ
circumcenter
【数】三角形三条边的垂直平分线的交点，叫作三角形的外心。外心是三角形的外接圆的圆心，它到三角形三个顶点的距离相等。

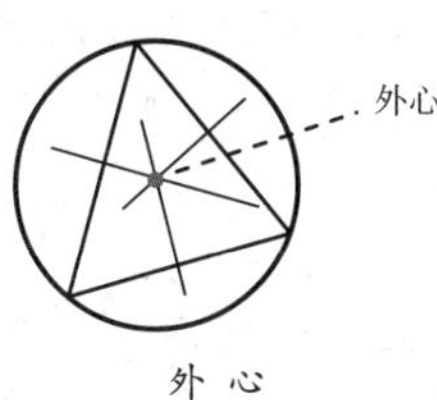

外 心

外逸层/外氣層 wàiyìcéng/ㄨㄞˋ ㄑㄧˋ ㄘㄥˊ
exosphere
【气】简称"外层"，又称"外层大气"。按热力性质划分的大气中的一层。在热层以外，空气十分稀薄，大气粒子很少相互碰撞，中性粒子基本按抛物线轨迹运动。速度高的中性粒子，能克服地球引力而逸入星际空间。

外阴/陰門 wàiyīn/ㄧㄣ ㄇㄣˊ
vulva
【医】又称"阴门"。女性生殖器官的外露部分。位于两股内侧之间，前面为耻骨联合，后面以会阴为界。包括阴阜、阴蒂、大阴唇、小阴唇、阴道前庭、前庭球及前庭大腺等。

外营力/外營力 wàiyínglì/ㄨㄞˋ ㄧㄥˊ ㄌㄧˋ
exogenic force
【地】又称"外动力"。来自地球外部的改变地球表面形态的作用力。是塑造地貌形态的基本动力之一，主要来源于太阳辐射能以及通过大气、水、生物等所产生的各种力量，来源于日月引力以及重力等。可以改变地表形态，分解地球表面岩石，使地面趋向平坦。

外痈 wàiyōng/ㄨㄞˋ ㄩㄥ
【中医】即"痈"(1361 页)。

外源河/外源河 wàiyuánhé/ㄨㄞˋ ㄩㄢˊ ㄏㄜˊ
exotic stream
【地】主要河源在境外的河流。如越南的湄公河，其上游为中国境内的澜沧江，湄公河即外源河。

外燥证/外燥證 wàizàozhèng/ㄨㄞˋ ㄗㄠˋ ㄓㄥˋ
exogenous dryness syndrome, * exter-

nal dryness pattern

【中医】燥证的一种。燥邪外袭，耗伤津液所致，以皮肤干燥，甚至皲裂、脱屑，口鼻咽干燥，或干咳少痰，痰黏难咯，小便短黄，大便燥结，舌苔干燥等为常见症。

外展神经

wàizhǎn shénjīng/ㄨㄞˋ ㄓㄢˇ ㄕㄣˊ ㄐㄧㄥ

【医】即“展神经”(1417 页)。

外治法/外治法 wàizhìfǎ/ㄨㄞˋ ㄓˋ ㄈㄚˇ

external treatment, * external method of treatment

【中医】用药物、器械或手术直接作用于患者的体表或孔窍(口、舌、咽喉、眼、耳、鼻、阴道、肛门)局部，以治疗各种病证。

外痔/外痔 wàizhì/ㄨㄞˋ ㄓˋ

external hemorrhoid

【中医】痔的一种。生于肛管齿状线以下，由痔静脉丛扩张屈曲或痔静脉破裂，或反复炎症而成。症见肛门坠胀、疼痛，有异物感。包括结缔组织性外痔、静脉曲张性外痔、炎性外痔和血栓性外痔等。治疗以外治法为主，可根据病情选用熏洗、针灸、结扎、手术切除等。

外周血管扩张药/外周血管擴張藥

wàizhōu xuèguǎn kuòzhāngyào/ ㄨㄞˋ ㄓㄡ ㄒㄧㄝˋ ㄍㄨㄢˇ ㄎㄨㄛˋ ㄓㄤ ㄧㄠˋ

peripheral vasodilator

【医】又称“外周血管舒张药”。能直接作用于外周血管平滑肌而使其舒张，或通过影响肾上腺素受体而松弛外周血管的药物。常用的有烟酸、烟酸铝、血管舒缓素、尼莫地平，以及前列环素和普鲁卡因等。

外周血管舒张药

wàizhōu xuèguǎn shūzhāngyào/ ㄨㄞˋ ㄓㄡ ㄒㄧㄝˋ ㄍㄨㄢˇ ㄕㄨ ㄓㄤ ㄧㄠˋ

【医】即“外周血管扩张药”(1166 页)。

wan (ㄨㄢ)

弯矩/彎矩 wānjǔ/ㄨㄢ ㄐㄩˇ

bending moment

【机】杆件受力弯曲时，在任一横截面上两方正应力所形成的内力矩。

弯曲时空/彎曲時空

wānqū shíkōng/ㄨㄢ ㄑㄩ ㄕˊ ㄎㄨㄥ

curved space time

【物】广义相对论的结论之一。天体的质量越大，周围的引力场越强。那里的时间越长，即时钟越慢；那里的空间是弯曲的，光线经过时沿曲线传播。引力场越强，空间弯曲越甚。

豌豆/豌豆 wāndòu/ㄨㄢ ㄉㄡˋ

garden pea

【植】*Pisum sativum* 豆科豌豆属。一年生或越年生攀缘草本植物。全株绿色，光滑。偶数羽状复叶，小叶卵圆形；托叶心形，比小叶大，基部耳状包围叶柄。花单生于叶腋，花萼钟状，深五裂，花冠蝶形，白色或紫红色。荚果长椭圆形，种子圆形，青绿色，干后变为黄色。花果期 6—9 月份。在中国，分布于各地。嫩荚和嫩苗可作蔬菜。

📖 遗传学家孟德尔根据豌豆种子的形状和颜色，以及表皮是否有皱和闭花授粉等特性，选其作为遗传因子研究的实验作物，从而发现了遗传规律。

丸剂/丸劑 wánjì/ㄨㄢˊ ㄐㄧˋ

pill

【中医】中药剂型之一。将药材细粉或药材提取物加适宜的黏合剂或其他辅料制成，球形或类球形。分为蜜丸、水丸、水蜜丸、糊丸、浓缩丸、蜡丸和微丸等。例如六味地黄丸、复方丹参滴丸等。

完全变态/完全變態

wánquán biàntài/ㄨㄢˊ ㄑㄩㄢˊ ㄅㄧㄢˋ ㄊㄞˋ

complete metamorphosis

【动】昆虫变态的一个类型。昆虫在个体发育过程中，经过卵、幼虫、蛹和成虫四个时期。如蝶、蛾、蚊、蜂和天牛等均为完全变态昆虫。

完全蛋白质/完全蛋白質

wánquán dànbáizhì/ ㄨㄢˊ ㄑㄩㄢˊ ㄉㄢˋ ㄅㄞˊ ㄓˋ

complete protein

【医】所含必需氨基酸种类齐全、数量充足、比例适当，能够维持生命，促进生长发育的蛋白质。如奶、蛋、鱼、肉中的蛋白质。

完全非弹性碰撞/完全非彈性碰撞

wánquán fēitánxìng pèngzhuàng/ ㄨㄢˊ ㄑㄩㄢˊ ㄈㄟ ㄊㄢˊ ㄒㄧㄥˋ ㄆㄥˋ ㄓㄨㄤˋ

perfect inelastic collision

【物】见“非弹性碰撞”(333 页)。

完全花/完全花

wánquánhuā/ㄨㄢˊ ㄑㄩㄢˊ ㄏㄨㄚ

complete flower

【植】具有萼片、花瓣、雄蕊和雌蕊的花。

完全可微/完全可微

wánquán kěwēi/ㄨㄢˊ ㄑㄩㄢˊ ㄎㄜˇ ㄨㄟ

totally differential

【数】若函数 $f(x,y)$ 在一点 (a,b) 处的增量 $f(a+\Delta x,b+\Delta y)-f(a,b)$ 可写成 $A\Delta X+B\Delta y+\varepsilon$，其中 A,B 为常数，$\lim\limits_{\Delta x,\Delta y\to 0}\dfrac{\varepsilon}{\sqrt{(\Delta x)^2+(\Delta y)^2}}=0$，则称 $f(x,y)$ 在点 (a,b) 处完全可微。若函数 $f(x,y)$ 在某区域 D 内每一点处完全可微，则称 $f(x,y)$ 在 D 内完全可微。

📖 $f(x,y)$ 完全可微的必要条件是：$f(x,y)$ 连续，并存在偏导数 f_x 和 f_y。$f(x,y)$ 完全可微的充分条件有：$f(x,y)$ 存在连续的偏导数 f_x 和 f_y。

完全数/完全數

wánquánshù/ㄨㄢˊ ㄑㄩㄢˊ ㄕㄨˋ

complete number

【数】设 a 是自然数，若 a 除其本身以外的约数之和等于 a，则称 a 为完全数。例如，$6=1+2+3$，$28=1+2+4+7+14$，6 和 28 都是完全数。是否有无穷多个完全数，是数论中的一个未解的问题。

完熟期/完熟期 wánshúqī/ㄨㄢˊ ㄕㄨˊ ㄑㄧ

full ripe stage

【农】禾本科作物成熟过程的一个阶段。在黄熟期之后，茎叶枯黄，籽粒干物质积累停止，籽粒变得坚硬，含水量降至 20%以下。因籽粒已完全成熟，故名。

完税后交货/完稅後交貨

wánshuìhòu jiāohuò/ㄨㄢˊ ㄕㄨㄟˋ ㄏㄡˋ ㄐㄧㄠ ㄏㄨㄛˋ

delivered duty paid, DDP

【物流】国际贸易术语之一。卖方在指定的目的地办理完进口清关手续，将尚未卸下的货物交与买方，即完成交货。费用与风险以目的地货交买方为分界点。卖方承担最大责任。适用于任何运输方式，包括多式联运。

顽辉石/頑火輝石

wánhuīshí/ㄨㄢˊ ㄏㄨㄛˇ ㄏㄨㄟ ㄕˊ

enstatite

【地】旧称“顽火辉石”。辉石的一种。斜方辉石的亚种。颜色自无色到浅绿、灰绿色。因含铁量低，熔点高，是常见宝石。

烷/烷烴 wán/ㄨㄢˊ ㄊㄧㄥ

alkane

【化】全称“烷烃”。开链烃的一类。分子中只含碳、氢两种元素，碳原子间以单键相连而成。属非极性惰性化合物。如甲烷、乙烷等。

烷烃/烷烴 wántīng/ㄨㄢˊ ㄊㄧㄥ

【化】“烷”的全称。

頑火輝石

ㄨㄢˊ ㄏㄨㄛˇ ㄏㄨㄟ ㄕˊ/wánhuǒhuīshí

enstatite

【地】台湾名。即“顽辉石”(1167 页)。

晚稻/晚稻 wǎndào/ㄨㄢˇ ㄉㄠˋ

late rice

【农】栽培稻中的晚熟品种。插秧期和收获期因各个地区气候条件的不同，有很大差异。生长期通常为 150～180 天。产量较高，米质较优。

晚婚/晚婚 wǎnhūn/ㄨㄢˇ ㄏㄨㄣ

late marriage

【医】男女均已达到法定婚龄而适当推迟结婚时间的初婚。

晚期妊娠

wǎnqī rènshēn/ㄨㄢˇ ㄑㄧ ㄖㄣˋ ㄕㄣ

【医】即“孕晚期”(1402 页)。

晚香玉/晚香玉

wǎnxiāngyù/ㄨㄢˇ ㄒㄧㄤ ㄩˋ

tuberose

【植】*Polianthes tuberose* 又称“夜来香”。石蒜科晚香玉属。多年生草本植物。根状茎块状。茎直立，不分枝。基生叶簇生，条形，顶端尖。花茎上叶散生。穗状花序顶生，每苞片内两朵花，漏斗状，乳白色，有浓香。花期 7—9 月份。中国各地

晚香玉

均有栽培。观赏花卉。切花花材，还可提芳香油。

📖 因晚香玉在晚上才会散发出浓郁的香味，故名。也因此，晚香玉通常不宜放在室内种植。

晚育/晚育 wǎnyù/ㄨㄢˇ ㄩˋ

late child-birth

【医】已婚妇女 25 周岁以上生育第一胎子女。

万能分度头/萬能分度頭

wànnéng fēndùtóu/ㄨㄢˋ ㄋㄥˊ ㄈㄣ ㄉㄨˋ ㄊㄡˊ

universal dividing head

【机】分度头的一种。主轴可在水平和垂直方向间倾斜任意角度，可进行直接、间接和差动分度。可与铣床工作台的进给丝杠相连接，使工件的轴向进给与回转运动相组合，按一定导程铣削出螺旋沟槽。

万能轧机/萬能輥軋機

wànnéng zhájī/ㄨㄢˋ ㄋㄥˊ ㄍㄨㄣˇ ㄓㄚˊ ㄐㄧ

universal mill

【机】轧机的一种。具有水平轧辊和一对(或两对)立辊。立辊用于加工轧件两侧，以获得平整的边缘。用于轧制板坯、宽扁钢、宽腿工字钢等。按水平轧辊的数目不同，可分为二辊式轧机、三辊式轧机和四辊式轧机。

万年青/萬年青

wànniánqīng/ㄨㄢˋ ㄋㄧㄢˊ ㄑㄧㄥ

omoto nipponlily

【植】*Rohdea japonica* 百合科万年青属。多年生常绿草本植物。无地上茎。根状茎短粗。叶基生，近两列套叠，质厚，近披针形，直出平行脉。花莛从叶腋中抽出，穗状花序肉质，花多数，花被球状钟形，顶端六浅裂，淡黄色。浆果球形，橘红色。花期 5—6 月份，果期 9—11 月份。在中国，分布于华东、华中及西南各地。观赏植物。全草入药。

万氏牛黄清心丸/萬氏牛黃清心丸

Wànshì niúhuáng qīngxīnwán/ㄨㄢˋ ㄕˋ ㄋㄧㄡˊ ㄏㄨㄤˊ ㄑㄧㄥ ㄒㄧㄣ ㄨㄢˊ

wanshi niuhuang qingxin pills, wanshi niuhuang qingxin wan, * Wan's Bovine Bezoar Heart-Clearing Pill

【中医】中成药名。主要成分：人工牛黄、朱砂、黄连、栀子、郁金、黄芩。口服。清热解毒，镇惊安神，用于邪热内闭，烦躁不安，神昏谵语，小儿高热惊厥等。

📖 中医历史上有多个“牛黄清心丸”，其中影响较广、疗效较好者有两个，一个见于《太平惠民和剂局方》，另一个为明代医家万全所创。为区别起见，前者称为“牛黄清心丸”，后者称为“万氏牛黄清心丸”。

万寿菊/萬壽菊

wànshòujú/ㄨㄢˋ ㄕㄡˋ ㄐㄩˊ

African marigold

【植】*Tagetes erecta* 菊科万寿菊属。一年生草本植物。茎直立，粗壮，有棱。叶片羽状分裂，裂片长椭圆形或披针形，边缘有齿。头状花序单生，花序梗顶端膨大，总苞杯状；舌状花黄色或暗橙色，舌片基部收缩成长爪，管状花黄色，顶端具五齿裂。瘦果黑色或褐色。花期 7—9 月份。中国各地均有栽培。观赏花卉。

万维网/全球資訊網

wànwéiwǎng/ㄑㄩㄢˊ ㄑㄧㄡˊ ㄗ ㄒㄩㄣˋ ㄨㄤˇ

World Wide Web, WWW

【信息】因特网上以超文本为基础建立的信息服务系统。便于用户在网上搜索和浏览信息。

📖 万维网融合了超文本置标语言统一资源定位符和超文本传送协议技术，由欧洲粒子物理实验室研制成功。

万维网页

wànwéi wǎngyè/ㄨㄢˋ ㄨㄟˊ ㄨㄤˇ ㄧㄝˋ

【信息】“网页”的全称。

万向联轴器/萬向接頭

wànxiàng liánzhóuqì/ㄨㄢˋ ㄒㄧㄤˋ ㄐㄧㄝ ㄊㄡˊ

universal joint

【机】台湾又称“十字接頭”。汽车传动系的组成部分。是能在两根空间相交叉的轴之间传递动力或运动的联轴装置。纵向和横向都可以活动，安装在传动轴两端。可分为刚性和挠性两类。

万应锭/萬應錠

wànyìngdìng/ㄨㄢˋ ㄧㄥˋ ㄉㄧㄥˋ

wanying troches, wanying ding, * Myriad Applications Lozenge

【中医】中成药名。主要成分：胡黄连、黄连、儿茶、冰片、香墨、熊胆、麝香、人工牛黄、牛胆汁。口服。清热，镇惊，解毒。用于小儿邪毒内蕴，高热烦躁，易惊，口舌生疮，牙龈、咽喉肿痛。

万用电表/萬用電錶
wànyòng diànbiǎo/ㄨㄢˋ ㄩㄥˋ ㄉㄧㄢˋ ㄅㄧㄠˇ
multimeter
【机】用于测量电阻、交直流电流和交直流电压等的多功能电表。由灵敏直流电流表、电阻元件、半导体整流元件、干电池以及转换开关等组成。常用于检查电路及元件。测量电阻时，被测电阻电路应断电，不能带电测量。

万有引力定律/萬有引力定律
wànyǒu yǐnlì dìnglǜ/
ㄨㄢˋ ㄧㄡˇ ㄧㄣˇ ㄌㄧˋ ㄉㄧㄥˋ ㄌㄩˋ
law of universal gravitation
【物】解释物体之间引力作用的定律。任何两个物体都是互相吸引的，引力的大小与物体质量的乘积成正比，与它们之间距离的平方成反比。数学表达式为 $F=Gm_1m_2/r^2$，式中 m_1、m_2 分别为相互吸引的两个物体的质量，r 为它们之间的距离。比例恒量 G 称为引力常量，$G=6.673\times10^{-11}$ 牛米^2/(千克)^2。英国物理学家牛顿(I. Newton，1643—1727)在1687年发表的《自然哲学的数学原理》中首先提出。

万字纹/萬字紋 wànzìwén/ㄨㄢˋ ㄗˋ ㄨㄣˊ
swastika pattern
【纺】中国传统装饰纹样。“卐”是古时的一种符咒、护符或宗教标志，象征太阳、火、光明等。

萬國碼 ㄨㄢˋ ㄍㄨㄛˊ ㄇㄚˇ/wànguómǎ
Unicode
【信息】台湾名。即“统一码”(1144页)。

萬克發動機
ㄨㄢˋ ㄎㄜˋ ㄈㄚ ㄉㄨㄥˋ ㄐㄧ/wànkè fādòngjī
rotary piston engine
【机】台湾名。即“旋转活塞式发动机”(1292页)。

萬能輥軋機
ㄨㄢˋ ㄋㄥˊ ㄍㄨㄣˇ ㄓㄚˊ ㄐㄧ/wànnéng gǔnzhájī
universal mill
【机】台湾名。即“万能轧机”(1168页)。

萬年松 ㄨㄢˋ ㄋㄧㄢˊ ㄙㄨㄥ/wànniánsōng
selaginella tamariscina
【植】台湾名。即“卷柏”(657页)。

萬向接頭
ㄨㄢˋ ㄒㄧㄤˋ ㄐㄧㄝ ㄊㄡˊ/wànxiàng jiētóu
universal joint
【机】台湾名。即“万向联轴器”(1168页)。

腕骨/腕骨 wàngǔ/ㄨㄢˋ ㄍㄨˇ
carpal bone
【医】腕部的骨。人体中共8块，排成2列，每列4块。近侧列从拇指侧起为手舟骨、月骨、三角骨和豌豆骨，远侧列从拇指侧起为大多角骨、小多角骨、头状骨和钩骨。

腕关节
wànguānjié/ㄨㄢˋ ㄍㄨㄢ ㄐㄧㄝˊ
【医】即“桡腕关节”(937页)。

腕管/腕管 wànguǎn/ㄨㄢˋ ㄍㄨㄢˇ
carpal canal
【医】由腕横韧带和腕骨沟围成的管状组织。位于腕掌侧，管内有指浅屈肌腱、指深屈肌腱、拇长屈肌腱和正中神经通过。

腕掌关节/腕掌關節
wànzhǎng guānjié/ㄨㄢˋ ㄓㄤˇ ㄍㄨㄢ ㄐㄧㄝˊ
carpometacarpal joint
【医】由远侧列腕骨和五个掌骨底构成的关节。除拇指腕掌关节外，其余四个腕掌关节包在一个关节囊内。拇指腕掌关节由大多角骨和第一掌骨底构成，有两个运动轴，绕额状轴可做屈伸运动，绕矢状轴可做内收外展运动，还可做环转运动。拇指向掌心，拇指尖与其余四指的掌侧面指尖相接触的运动为对掌运动。

腕足/腕足 wànzú/ㄨㄢˋ ㄗㄨˊ
peduncle
【动】某些软体动物(如乌贼、章鱼)长在口的四周能蜷曲的器官。上面有许多吸盘，有捕食和防御敌害的作用。

wang (ㄨㄤ)

亡阳/亡陽 wángyáng/ㄨㄤˊ ㄧㄤˊ
yang depletion, *yang collapse
【中医】又称“阳脱”。阳气在短时间内大量亡失，脏腑功能突然严重衰竭，导致生命垂危的病理变化。

亡阴/亡陰 wángyīn/ㄨㄤˊ ㄧㄣ

yin depletion, * yin collapse

【中医】又称“阴脱”。阴液在短时间内大量亡失,脏腑功能突然严重衰竭,导致生命垂危的病理变化。

王不留行/王不留行

wángbùliúxíng/ㄨㄤˊ ㄅㄨˋ ㄌㄧㄡˊ ㄒㄧㄥˊ

Semen Vaccariae(拉), cowherb, * vaccaria seed

【中医】中药名。石竹科植物麦蓝菜 *Vaccaria hispanica* (Miller) Raushert 的干燥成熟种子。味苦,性平。归肝、胃经。活血通经,下乳消肿。用于乳汁不下,经闭,痛经,乳痈肿痛。可用于耳穴压豆疗法。

麦蓝菜

📖 据《本草纲目》载,因其活血通经的力量很大,哪怕有君王的命令,也不能使它停留,故名。又,王不留行,孕妇慎用。

王水/王水 wángshuǐ/ㄨㄤˊ ㄕㄨㄟˇ

aqua regia

【化】无机化学品。由浓盐酸与浓硝酸按体积比 3∶1 组成的混合物。黄色发烟液体,强氧化剂,腐蚀性极强,可溶解不溶于硝酸的金、铂。因极易分解,故必须现配现用。

王棕/大王椰子

wángzōng/ㄉㄚˋ ㄨㄤˊ ㄧㄝˊ ·ㄗ

royal palm

【植】*Roystonea regia* 棕榈科王棕属。乔木状。茎直立,幼时基部膨大,老时近中部不规则膨大,向上渐狭。叶羽状全裂,弓形并下垂,羽片排列成四列,线状披针形,顶端浅二裂。花序很长,多分枝,佛焰苞开花前似垒球棒,花小,雌雄同株。果实近球形至倒卵形,暗红色至淡紫色。花期 3—4 月份,果期 10 月份。中国南部热带地区有栽培。观赏树木。果实可榨油。

📖 王棕是古巴的国树。

网 wǎng/ㄨㄤˇ

【信息】“网络”的简称。

网吧/網咖 wǎngbā/ㄨㄤˇ ㄎㄚ

internet café

【信息】向公众提供上网服务并出售食品、饮料的营业性场所。

网格/網格 wǎnggé/ㄨㄤˇ ㄍㄜˊ

grid

【信息】将地理上分布各处的资源集成共享,使之形成有机整体,共同完成各种任务的机制。资源包括如计算机系统、存储系统、通信系统、数据库、程序库等。

📖 网格是借鉴电力网的概念提出的。此模式使人们无须了解资源的确切提供者及其地理位置,只需集中精力使用这些资源以解决问题,从而改变了对计算的传统看法及解决问题的传统方式。

网格计算/網格式運算

wǎnggé jìsuàn/ㄨㄤˇ ㄍㄜˊ ㄕˋ ㄩㄣˋ ㄙㄨㄢˋ

grid computing

【信息】通过高速网络集成大量计算机系统来解决各个领域复杂问题的并行计算技术。其中网络可使用共享的语言和接口协议,在全球范围内接入运算资源、信息和服务。

📖 网格计算是借鉴传统电力网概念提出来的。改变了人们对计算和问题求解方式的习惯看法,提供了单台或几台计算机所不能提供的数据处理能力。

网关/閘道器 wǎngguān/ㄓㄚˊ ㄉㄠˋ ㄑㄧˋ

gateway, GW

【信息】采用不同体系结构或协议的网络之间实现互通时的互联设备。用来在网络之间提供协议转换、路由选择、数据交换等网络兼容功能。

📖 网关可实现相同或不同类型网络的互联,工作在开放系统互连参考模型的运输层到应用层,与工作在网络层的路由器不同。

网管 wǎngguǎn/ㄨㄤˇ ㄍㄨㄢˇ

【信息】“网络管理员”的简称。

网际互连

wǎngjì hùlián/ㄨㄤˇ ㄐㄧˋ ㄏㄨˋ ㄌㄧㄢˊ

【信息】即“网间互通”(1170 页)。

网间互通/網間網路

wǎngjiān hùtōng/ㄨㄤˇ ㄐㄧㄢ ㄨㄤˇ ㄌㄨˋ

internetworking

【信息】又称“网际互连”。将不同网络互相连接,实现通信的技术。互连时需通过各种互连设备,并采用专门的网络互连协议。

网络/網路 wǎngluò/ㄨㄤˇ ㄌㄨㄛˋ

network

【信息】简称"网"。按一定拓扑结构在物理上和逻辑上连接在一起的多个节点和链路的集合。特指计算机网络或通信网络。

网络安全/網路安全

wǎngluò ānquán/ㄨㄤˇ ㄌㄨㄛˋ ㄢ ㄑㄩㄢˊ

network security

【信息】保护互联网系统的设施和数据,避免破坏、更改或泄露,以确保其连续可靠运行的各种措施。主要保证网络的机密性(通过加密防止泄露信息)、完整性(通过验证防止篡改信息)和可用性(得到授权的实体在需要时可使用网络资源)。

网络层/網路層

wǎngluòcéng/ㄨㄤˇ ㄌㄨㄛˋ ㄘㄥˊ

network layer

【信息】开放系统互连参考模型中的第三层。提供始发站与目的地站之间的信息传输服务。

网络出版物/網路出版物

wǎngluò chūbǎnwù/ㄨㄤˇ ㄌㄨㄛˋ ㄔㄨ ㄅㄢˇ ㄨˋ

network publication

【信息】将文字、声音和(或)图像信息编辑加工后,存放于因特网页面或数据库中,供用户上网阅读、使用和传播的出版物。

网络管理/網路管理

wǎngluò guǎnlǐ/ㄨㄤˇ ㄌㄨㄛˋ ㄍㄨㄢˇ ㄌㄧˇ

network management

【信息】为保证网络有效运行,提供高质量服务而对其资源、性能和使用情况所做的记录、检测和控制。

网络管理员/網路管理員

wǎngluò guǎnlǐyuán/

ㄨㄤˇ ㄌㄨㄛˋ ㄍㄨㄢˇ ㄌㄧˇ ㄩㄢˊ

network administrator

【信息】简称"网管"。负责计算机网络运行和维护的个人。

网络化控制系统/網路化控制系統

wǎngluòhuà kòngzhì xìtǒng/

ㄨㄤˇ ㄌㄨㄛˋ ㄏㄨㄚˋ ㄎㄨㄥˋ ㄓˋ ㄒㄧˋ ㄊㄨㄥˇ

networked control system

【自】利用共享通信网络将空间分布的传感器、控制器和执行机构连接起来,通过实时通信网络进行信息、数据交换,实现控制对象实时反馈控制的系统。

网络计算机/網路電腦

wǎngluò jìsuànjī/ㄨㄤˇ ㄌㄨㄛˋ ㄉㄧㄢˋ ㄋㄠˇ

network computer, NC

【信息】在网络上使用,由服务器提供程序和存储的计算机。其设计不包括本地存储,而依赖网络服务器来运行应用程序。

网络接口适配器

wǎngluò jiēkǒu shìpèiqì/

ㄨㄤˇ ㄌㄨㄛˋ ㄐㄧㄝ ㄍㄡˇ ㄕˋ ㄆㄟˋ ㄑㄧˋ

【信息】即"网络适配器"(1171 页)。

网络接入点/網路進出點

wǎngluò jiērùdiǎn/ㄨㄤˇ ㄌㄨㄛˋ ㄐㄧㄣˋ ㄔㄨ ㄉㄧㄢˇ

network access point, NAP

【信息】❶通达因特网主干线的点。❷因特网服务提供者互相连接的点。

网络适配器/網路配接器

wǎngluò shìpèiqì/ㄨㄤˇ ㄌㄨㄛˋ ㄆㄟˋ ㄐㄧㄝ ㄑㄧˋ

network adapter, NA

【信息】又称"网络接口适配器"。把计算机、工作站、服务器等设备连接到网络上的通信接口装置。多为单独的网络接口卡(NIC),故又称"网卡"。

网络图论

wǎngluò túlùn/ㄨㄤˇ ㄌㄨㄛˋ ㄊㄨˊ ㄌㄨㄣˋ

【电】即"网络拓扑"(1171 页)。

网络拓扑/網路布局

wǎngluò tuòpū/ㄨㄤˇ ㄌㄨㄛˋ ㄅㄨˋ ㄐㄩˊ

network topology

㊀【电】又称"网络图论"。表示电路的理想电路元件的相对位置和相互连接的结构方式。㊁【信息】对网络的各节点和分支在物理上或逻辑上所做的系统性安排。

📖 英语词 topology 源自希腊词根 topos(意"地区")+后缀-ology(意"学科"),直译"地区学"。信息技术中定名"拓扑",用其"各组成部分相互关系和安排方式"之意。

网络文件系统/網路檔案系統

wǎngluò wénjiàn xìtǒng/

ㄨㄤˇ ㄌㄨㄛˋ ㄉㄤˇ ㄢˋ ㄒㄧˋ ㄊㄨㄥˇ

network file system
【信息】计算机网络上文件的命名、存储和组织形式的总体结构。

网络协议/網路協定
wǎngluò xiéyì/ㄨㄤˇ ㄌㄨㄛˋ ㄒㄧㄝˊ ㄉㄧㄥˋ
network protocol
【信息】界定并使通信能通过网络进行的一组规则和参数。由语义、语法和定时三部分组成：语义规定双方准备“说什么”；语法规定双方“如何说”，即确定数据格式；定时规定彼此的“应答关系”，即通信何时开始何时结束。可针对不同问题制定不同的协议。例如为传输文件制定了文件传输协议，规定文件如何存取、如何收发、出错时又如何处理。

网络信息中心/網路資訊中心
wǎngluò xìnxī zhōngxīn/
ㄨㄤˇ ㄌㄨㄛˋ ㄗ ㄒㄩㄣˋ ㄓㄨㄥ ㄒㄧㄣ
network information center, NIC
【信息】为用户提供网络资源服务的技术管理机构。主要负责网络资源的管理协调，包括域名管理、应用软件提供和管理、技术支持和培训。

网络迂回/網路迂迴
wǎngluò yūhuí/ㄨㄤˇ ㄌㄨㄛˋ ㄩ ㄏㄨㄟˊ
network weaving
【信息】利用其他通信网络获得对某一数据处理系统的访问权，以避开检测和追溯的侵入方式。

网络运行中心/網路營運中心
wǎngluò yùnxíng zhōngxīn/
ㄨㄤˇ ㄌㄨㄛˋ ㄧㄥˊ ㄩㄣˋ ㄓㄨㄥ ㄒㄧㄣ
network operation center, NOC
【信息】管理网络运行的机构。主要负责网络的日常运转、操作、故障排查和维护，保证其正常运行。

网络终端/網路終端
wǎngluò zhōngduān/ㄨㄤˇ ㄌㄨㄛˋ ㄓㄨㄥ ㄉㄨㄢ
network terminal, NT
【信息】在用户与网络接口处位于网络一侧的功能单元。

网络综合/網路合成
wǎngluò zōnghé/ㄨㄤˇ ㄌㄨㄛˋ ㄏㄜˊ ㄔㄥˊ
network synthesis
【电】为得到指定的运行特性，确定网络的拓扑和诸电路元件值的工作。

网桥/橋接器 wǎngqiáo/ㄑㄧㄠˊ ㄐㄧㄝ ㄑㄧˋ
bridge
【信息】在链路层实现中继功能的设备。多用在至少两个局域网的网间互联。用网桥来互联局域网，可防止某些节点上的故障波及整个网络，还可利用其筛选功能，适当隔离不需要传送的信息。

网球肘 wǎngqiúzhǒu/ㄨㄤˇ ㄑㄧㄡˊ ㄓㄡˇ
【医】“肱骨外上髁炎”的通称。

网上机器人/執行重複功能程式
wǎngshàng jīqìrén/
ㄓˊ ㄒㄧㄥˊ ㄔㄨㄥˊ ㄈㄨˋ ㄍㄨㄥ ㄋㄥˊ ㄔㄥˊ ㄕˋ
online robot
【信息】在网上完成某种重复性或耗时性任务的程序。
📖 英语词 bot 是 robot(机器人)的缩略语。

网胃/蜂巢胃 wǎngwèi/ㄈㄥ ㄔㄠˊ ㄨㄟˋ
reticulum
【动】又称“蜂巢胃”。反刍动物的胃的第二部分。内壁有蜂巢状皱褶。参见“瘤胃”(750页)、“瓣胃”(34页)、“皱胃”(1474页)。

网页/網頁 wǎngyè/ㄨㄤˇ ㄧㄝˋ
web page
【信息】全称“万维网页”。符合万维网各项规则的文档。多以超文本置标语言(HTML)写成。

网站/網站 wǎngzhàn/ㄨㄤˇ ㄓㄢˋ
website
【信息】企业、组织、机构或个人在互联网上建立的站点。由域名和一定存储空间构成，通常包括主页和超链接页面。

网址/網路位址 wǎngzhǐ/ㄨㄤˇ ㄌㄨㄛˋ ㄨㄟˋ ㄓˇ
net address
【信息】❶万维网地址。❷电子邮件的地址。❸网络适配器中用来唯一性地标识网络上节点的地址。

网状网/網狀網路
wǎngzhuàngwǎng/ㄨㄤˇ ㄓㄨㄤˋ ㄨㄤˇ ㄌㄨㄛˋ
mesh network
【信息】在至少两个节点之间的通路不少于两

条的网络。

往复泵/往復泵
wǎngfùbèng/ㄨㄤˇ ㄈㄨˋ ㄅㄥˋ
reciprocating pump
【机】容积式泵的一种。由泵缸、活塞(柱塞或隔膜)与阀门组成。依靠活塞(柱塞或隔膜)在泵缸内往复运动使缸内工作容积交替增大和缩小来输送液体或使之增压。可分为活塞泵、柱塞泵和隔膜泵。适用于需要高压液体的场合,输出的流量经常起伏变化而不均匀。

往复式发动机/往復式發動機
wǎngfùshì fādòngjī/
ㄨㄤˇ ㄈㄨˋ ㄕˋ ㄈㄚ ㄉㄨㄥˋ ㄐㄧ
reciprocating engine
【机】发动机的一类。依靠工质在气缸内膨胀,推动活塞在气缸内做往复运动。由气缸、活塞连杆、曲轴等主要基件组成。活塞的往复运动由连杆传给曲轴,变为旋转运动。可分为外部燃料发动机(蒸汽机、斯特林发动机等)和内燃机(柴油机、汽油机等)。

往复式压缩机/往復式壓縮機
wǎngfùshì yāsuōjī/
ㄨㄤˇ ㄈㄨˋ ㄕˋ ㄧㄚ ㄙㄨㄛ ㄐㄧ
reciprocating compressor
【机】容积式压缩机的一种。通过活塞或隔膜在气缸内做往复运动来压缩和输送气体。可分为往复活塞式、自由活塞式和隔膜式。

網格式運算
ㄨㄤˇ ㄍㄜˊ ㄕˋ ㄩㄣˋ ㄙㄨㄢˋ/
wǎnggéshì yùnsuàn
grid computing
【信息】台湾名。即“网格计算”(1170 页)。

網際網路
ㄨㄤˇ ㄐㄧˋ ㄨㄤˇ ㄌㄨˋ/wǎngjì wǎnglù
❶internet, ❷Internet
【信息】❶台湾名。即“互联网”(510 页)。❷台湾名。即“因特网”(1344 页)。

網際網路電話
ㄨㄤˇ ㄐㄧˋ ㄨㄤˇ ㄌㄨˋ ㄉㄧㄢˋ ㄏㄨㄚˋ/
wǎngjì wǎnglù diànhuà
Internet phone
【信息】台湾名。即“因特网电话”(1344 页)。

網際網路服務提供者
ㄨㄤˇ ㄐㄧˋ ㄨㄤˇ ㄌㄨˋ ㄈㄨˊ ㄨˋ ㄊㄧˊ ㄍㄨㄥ ㄓㄜˇ/
wǎngjì wǎnglù fúwù tígōngzhě
Internet service provider, ISP
【信息】台湾名。即“因特网服务提供者”(1344 页)。

網際網路媒體
ㄨㄤˇ ㄐㄧˋ ㄨㄤˇ ㄌㄨˋ ㄇㄟˊ ㄊㄧˇ/
wǎngjì wǎnglù méitǐ
Internet media
【信息】台湾名。即“因特网媒体”(1344 页)。

網際網路內容提供者
ㄨㄤˇ ㄐㄧˋ ㄨㄤˇ ㄌㄨˋ ㄋㄟˋ ㄖㄨㄥˊ ㄊㄧˊ ㄍㄨㄥ ㄓㄜˇ/
wǎngjì wǎnglù nèiróng tígōngzhě
Internet content provider, ICP
【信息】台湾名。即“因特网内容提供者”(1344 页)。

網際網路協定位址
ㄨㄤˇ ㄐㄧˋ ㄨㄤˇ ㄌㄨˋ ㄒㄧㄝˊ ㄉㄧㄥˋ ㄨㄟˋ ㄓˇ/
wǎngjì wǎnglù xiédìng wèizhǐ
Internet protocol address
【信息】台湾名。即“因特网协议地址”(1345 页)。

網間網路
ㄨㄤˇ ㄐㄧㄢ ㄨㄤˇ ㄌㄨˋ/wǎngjiān wǎnglù
internetworking
【信息】台湾名。即“网间互通”(1170 页)。

網咖 ㄨㄤˇ ㄎㄚ/wǎngkā
internet café
【信息】台湾名。即“网吧”(1170 页)。

網路 ㄨㄤˇ ㄌㄨˋ/wǎnglù
network
【信息】台湾名。即“网络”(1171 页)。

網路安全
ㄨㄤˇ ㄌㄨˋ ㄢ ㄑㄩㄢˊ/wǎnglù ānquán
network security
【信息】台湾名。即“网络安全”(1171 页)。

網路布局
ㄨㄤˇ ㄌㄨˋ ㄅㄨˋ ㄐㄩˊ/wǎnglù bùjú
network topology
【电,信息】台湾名。即“网络拓扑”(1171 页)。

網路層 ㄨㄤˇ ㄌㄨˋ ㄘㄥˊ/wǎnglùcéng

W

network layer
【信息】台湾名。即“网络层”(1171 页)。
網路出版物
ㄨㄤˇ ㄌㄨˋ ㄔㄨ ㄅㄢˇ ㄨˋ/wǎnglù chūbǎnwù
network publication
【信息】台湾名。即“网络出版物”(1171 页)。
網路檔案系統
ㄨㄤˇ ㄌㄨˋ ㄉㄤˋ ㄢˋ ㄒㄧˋ ㄊㄨㄥˇ/
wǎnglù dàng'àn xìtǒng
network file system
【信息】台湾名。即“网络文件系统”(1171 页)。
網路電話
ㄨㄤˇ ㄌㄨˋ ㄉㄧㄢˋ ㄏㄨㄚˋ/wǎnglù diànhuà
Voice over Internet Protocol, VoIP, IP telephony
【信息】台湾名。即“IP 电话”(1524 页)。
網路電腦
ㄨㄤˇ ㄌㄨˋ ㄉㄧㄢˋ ㄋㄠˇ/wǎnglù diànnǎo
network computer, NC
【信息】台湾名。即“网络计算机”(1171 页)。
網路管理
ㄨㄤˇ ㄌㄨˋ ㄍㄨㄢˇ ㄌㄧˇ/wǎnglù guǎnlǐ
network management
【信息】台湾名。即“网络管理”(1171 页)。
網路管理員
ㄨㄤˇ ㄌㄨˋ ㄍㄨㄢˇ ㄌㄧˇ ㄩㄢˊ/
wǎnglù guǎnlǐyuán
network administrator
【信息】台湾名。即“网络管理员”(1171 页)。
網路合成
ㄨㄤˇ ㄌㄨˋ ㄏㄜˊ ㄔㄥˊ/wǎnglù héchéng
network synthesis
【电】台湾名。即“网络综合”(1172 页)。
網路化控制系統
ㄨㄤˇ ㄌㄨˋ ㄏㄨㄚˋ ㄎㄨㄥˋ ㄓˋ ㄒㄧˋ ㄊㄨㄥˇ/
wǎnglùhuà kòngzhì xìtǒng
networked control system
【自】台湾名。即“网络化控制系统”(1171 页)。
網路進出點
ㄨㄤˇ ㄌㄨˋ ㄐㄧㄣˋ ㄔㄨ ㄉㄧㄢˇ/
wǎnglù jìnchūzhàn
network access point, NAP
【信息】台湾名。即“网络接入点”(1171 页)。
網路連接點
ㄨㄤˇ ㄌㄨˋ ㄌㄧㄢˊ ㄐㄧㄝ ㄉㄧㄢˇ/
wǎnglù liánjiēdiǎn
point of presence, POP
【信息】台湾名。即“入网点”(961 页)。
網路連結
ㄨㄤˇ ㄌㄨˋ ㄌㄧㄢˊ ㄐㄧㄝˊ/wǎnglù liánjié
networking
【信息】台湾名。即“联网”(732 页)。
網路配接器
ㄨㄤˇ ㄌㄨˋ ㄆㄟˋ ㄐㄧㄝ ㄑㄧˋ/wǎnglù pèijiēqì
network adapter, NA
【信息】台湾名。即“网络适配器”(1171 页)。
網路位址
ㄨㄤˇ ㄌㄨˋ ㄨㄟˋ ㄓˇ/wǎnglù wèizhǐ
net address
【信息】台湾名。即“网址”(1172 页)。
網路協定
ㄨㄤˇ ㄌㄨˋ ㄒㄧㄝˊ ㄉㄧㄥˋ/wǎnglù xiédìng
network protocol
【信息】台湾名。即“网络协议”(1172 页)。
網路營運中心
ㄨㄤˇ ㄌㄨˋ ㄧㄥˊ ㄩㄣˋ ㄓㄨㄥ ㄒㄧㄣ/
wǎnglù yíngyùn zhōngxīn
network operation center, NOC
【信息】台湾名。即“网络运行中心”(1172 页)。
網路迂迴
ㄨㄤˇ ㄌㄨˋ ㄩ ㄏㄨㄟˊ/wǎnglù yūhuí
network weaving
【信息】台湾名。即“网络迂回”(1172 页)。
網路蟑螂
ㄨㄤˇ ㄌㄨˋ ㄓㄤ ㄌㄤˊ/wǎnglù zhāngláng
cybersquatter
【信息】台湾名。即“域名抢注者”(1383 页)。
網路終端
ㄨㄤˇ ㄌㄨˋ ㄓㄨㄥ ㄉㄨㄢ/wǎnglù zhōngduān
network terminal, NT
【信息】台湾名。即“网络终端”(1172 页)。

網路資訊中心
ㄨㄤˇ ㄌㄨˋ ㄗ ㄒㄩㄣˋ ㄓㄨㄥ ㄒㄧㄣ/
wǎnglù zīxùn zhōngxīn
network information center, NIC
【信息】台湾名。即“网络信息中心”(1172页)。

網域名稱
ㄨㄤˇ ㄩˋ ㄇㄧㄥˊ ㄔㄥ/wǎngyù míngchēng
domain name
【信息】台湾名。即“域名”(1383 页)。

網狀網路
ㄨㄤˇ ㄓㄨㄤˋ ㄨㄤˇ ㄌㄨˋ/wǎngzhuàng wǎnglù
mesh network
【信息】台湾名。即“网状网”(1172 页)。

妄想/妄想 wàngxiǎng/ㄨㄤˋ ㄒㄧㄤˇ
delusion
【心】在病理基础上产生的歪曲的信念以及病态的推理和判断。不符合客观现实,也不符合个体受教育程度,但对此坚信不疑,难以动摇。

望/望 wàng/ㄨㄤˋ
full moon
【天】又称“满月”。月球与太阳的黄经相差180°时呈现的月相。即农历十五日(望日)的月相。此时地面观测者可看到月球的完整明亮的圆面。通常出现在农历每月的十五、十六。

望板/望板 wàngbǎn/ㄨㄤˋ ㄅㄢˇ
roofing board
【建】又称“屋面板”。铺在椽子或檩条上的木屋面板。上面铺设防水层、保温层、隔热层和瓦片等。图见“抬梁式木构架”(1098 页)

望色/望色 wàngsè/ㄨㄤˋ ㄙㄜˋ
inspection of color, * inspection of the complexion
【中医】望诊之一。是通过观察人体全身皮肤、黏膜、爪甲、毛发的色泽,重点在于面部皮肤的色泽变化的诊断方法。

望神/望神 wàngshén/ㄨㄤˋ ㄕㄣˊ
inspection of spirit
【中医】望诊之一。是通过观察人体生命活动的整体外在表现和精神状态的诊断方法。

望形态/望形態
wàngxíngtài/ㄨㄤˋ ㄒㄧㄥˊ ㄊㄞˋ
inspection of body statue and movements, * inspection of form and bearing
【中医】望诊之一。望形与望态的合称。望形是通过观察身体的外形,以测知肌肉、骨骼、皮肤状况的诊断方法;望态是通过观察身体的动态,如体位姿势及活动能力等的诊断方法。

望远镜/望遠鏡
wàngyuǎnjìng/ㄨㄤˋ ㄩㄢˇ ㄐㄧㄥˋ
telescope
【物】用于观察远处物体的光学仪器。由物镜和目镜组成。被观察物在很远的地方,中间像成在物镜的像方焦面上,目镜在望远镜中起放大镜作用。有折射望远镜、反射望远镜、反射折射望远镜等。大型望远镜多为反射望远镜。

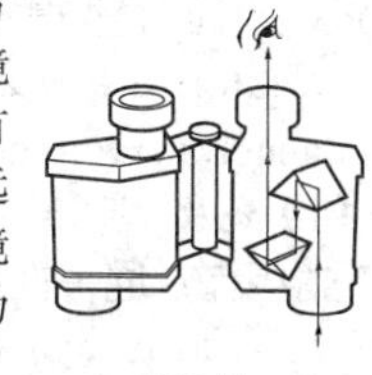
望远镜

📖 世界上第一架望远镜是德国的眼镜制造工匠利伯希(H. Lippershey,1570—1619)发明制造的。观测地面物体望远镜的口径一般为几到十几厘米,放大倍数为几倍到十几倍;天文望远镜的口径和放大倍数则大得多。

望诊/望診 wàngzhěn/ㄨㄤˋ ㄓㄣˇ
inspection
【中医】四诊之一。是通过观察病人的神、色、形、态、舌象、排泄物、小儿指纹等的异常变化,以了解病情、诊察疾病的诊断方法。又分为望神、望色、望形态等。

wei (ㄨㄟ)

危害性廢棄物
ㄨㄟˊ ㄏㄞˋ ㄒㄧㄥˋ ㄈㄟˋ ㄑㄧˋ ㄨˋ/
wēihàixìng fèiqìwù
hazardous waste
【环】台湾名。即“危险废物”(1176 页)。

危机干预/危機介入
wēijī gānyù/ㄨㄟˊ ㄐㄧ ㄐㄧㄝˋ ㄖㄨˋ
crisis intervention

【心】对处在危机下的个人、家庭或事件采取明确有效的措施，提供各种有益的帮助，使之消除危机，重归正常。

危機介入

ㄨㄟˊ ㄐㄧ ㄐㄧㄝˋ ㄖㄨˋ/wēijī jièrù

crisis intervention

【心】台湾名。即“危机干预”(1175 页)。

危险半圆/危險半圓

wēixiǎn bànyuán/ㄨㄟˊ ㄒㄧㄢˇ ㄅㄢˋ ㄩㄢˊ

dangerous semicircle

【气】热带气旋出现时，在海面上出现近似圆形的大风浪区。相对于航船，在北(南)半球，位于其前进方向的右(左)侧。

危险电压/危險電壓

wēixiǎn diànyā/ㄨㄟˊ ㄒㄧㄢˇ ㄉㄧㄢˋ ㄧㄚ

dangerous voltage

【电】危及人身安全或电气设备安全的电压。

危险废物/危害性廢棄物

wēixiǎn fèiwù/ㄨㄟˊ ㄏㄞˋ ㄒㄧㄥˋ ㄈㄟˋ ㄑㄧˋ ㄨˋ

hazardous waste

【环】全称“危险固体废物”。具有急性毒性、爆炸性、易燃性、腐蚀性、反应性、浸出毒性等危害特性的废物。具有放射性的废物通常不被列入危险废物进行管理。

📖 随着工业的发展，生产过程中产生的危险废物日益增多。危险废物带来了严重的环境污染和潜在影响，公众对危险废物的处理问题十分敏感。

危险固体废物

wēixiǎn gùtǐ fèiwù/

ㄨㄟˊ ㄒㄧㄢˇ ㄍㄨˋ ㄊㄧˇ ㄈㄟˋ ㄨˋ

【环】“危险废物”的全称。

危险化学品/危險化學品

wēixiǎn huàxuépǐn/

ㄨㄟˊ ㄒㄧㄢˇ ㄏㄨㄚˋ ㄒㄩㄝˊ ㄆㄧㄣˇ

hazardous chemicals

㊀【环】爆炸品、易燃品、压缩气体和液化气体、氧化剂和有机过氧化剂、有毒和有腐蚀性等化学品的统称。㊁【化】在台湾，危险化学品也指“化学危险品”(520 页)。

危险货物/危險貨物

wēixiǎn huòwù/ㄨㄟˊ ㄒㄧㄢˇ ㄏㄨㄛˋ ㄨˋ

dangerous freight

【物流】具有危险性的货物。包括爆炸品、压缩气体和液化气体、易燃液体和易燃固体、易燃物品和遇湿易燃物品、氧化剂和有机过氧化物、毒害品和感染性物品、放射性物质、腐蚀品及杂类和海洋污染物九类。

危险品物流/危險品物流

wēixiǎnpǐn wùliú/ㄨㄟˊ ㄒㄧㄢˇ ㄆㄧㄣˇ ㄨˋ ㄌㄧㄡˊ

dangerous goods logistics

【物流】以危险货物为对象的物流活动。危险性大，专业性强。要求严格按照有关特殊和强制性规范执行操作。

危险天气警报/危險天氣警報

wēixiǎn tiānqì jǐngbào/

ㄨㄟˊ ㄒㄧㄢˇ ㄊㄧㄢ ㄑㄧˋ ㄐㄧㄥˇ ㄅㄠˋ

severe weather warning

【气】当预测到有危险天气时所发布的一种天气警报。

威斯敏斯特教堂/威斯敏斯特教堂

Wēisīmǐnsītè Jiàotáng/

ㄨㄟ ㄙ ㄇㄧㄣˇ ㄙ ㄊㄜˋ ㄐㄧㄠˋ ㄊㄤˊ

Westminster Cathedral

【建】英国的一座哥特式教堂。位于伦敦泰晤士河北岸。原是英王爱德华于 11 世纪所建的诺曼式教堂，后屡经改建，亨利三世将其建为皇家大教堂，1245 年动工，1296 年完成主体部分。以后历代增建，于 15 世纪末竣工。规模宏大，装饰豪华，是英王举行加冕和其他典礼的皇家教堂。平面呈拉丁十字形，主体部分长 156 米，本堂两边各有一道侧廊，廊台宽敞。本堂宽 11.6 米，上部拱顶高 31 米，故本堂总体显得巍峨挺拔。耳堂总长 62 米，与本堂交会处的 4 个柱墩尺寸很大，以西是歌唱班的席位，以东是祭坛。教堂西部的双塔(建于 1735—1740 年)高 68.6 米。平衡本堂拱顶水平推力的飞拱跨侧廊和修道院围廊，形成复杂的支撑体系。教堂附有礼拜室、教师会堂及修道院回廊等建筑，其中亨利七世礼拜室(建于 1503—1519 年)是垂直式时期的代表作品，室内装饰极为丰富。

微/微 wēi/ㄨㄟˊ

micro

【计量】用于构成十进分数单位的词头。相当于 10^{-6}，符号 μ。例如，1 微米 $=10^{-6}$ 米。

微波/微波　wēibō/ㄨㄟˊ ㄅㄛ
microwave
【信息】波长范围 1 米～0.1 毫米的电磁波。波长很短，频率很高，占有很宽的频宽，能穿透介质并与之相互作用。广泛应用于通信、雷达、导航、遥感、全息技术、医疗诊断、射电天文学等领域。

微波電驛站
ㄨㄟˊ ㄅㄛ ㄉㄧㄢˋ ㄧˋ ㄓㄢˋ/wēibō diànyìzhàn
microwave relay station
【信息】台湾名。即“微波站”(1177 页)。

微波接力通信系统/微波接力通信系統
wēibō jiēlì tōngxìn xìtǒng/
ㄨㄟˊ ㄅㄛ ㄐㄧㄝ ㄌㄧˋ ㄊㄨㄥ ㄒㄧㄣˋ ㄒㄧˋ ㄊㄨㄥˇ
microwave radio relay communication
【信息】又称“微波中继通信”。利用微波传送电信号的一种通信方式。由于地面对微波有强烈的吸收，进行远距离微波通信时，在两个终端站之间要设置许多中继站，以接力的方式将信号一站一站地传下去。相邻两个中继站一般相距 50 千米。

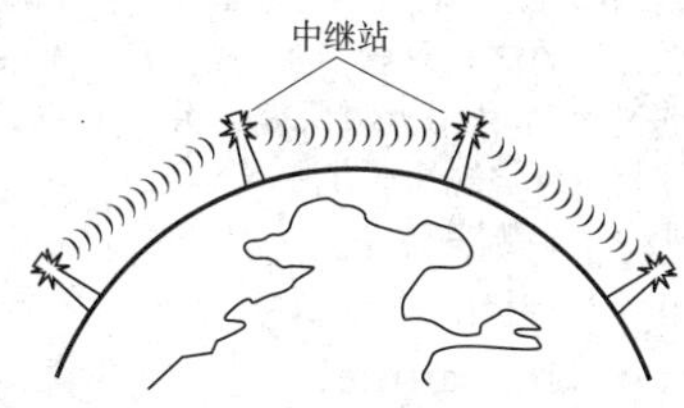

微波接力通信系统示意图

微波中继通信的特点：工作波段很宽，可安排几个高频波道而不互相干扰，每个波道可传送一路彩色电视或几百至几千路电话；受外界干扰(如工业干扰、雷电干扰等)的影响小，传输质量较高；与短波、超短波通信相比，可采用较小的天线；与电缆通信相比，可节省有色金属，建设费用较低(但保密性不如电缆通信)；天线方向性好，中继站距离近，发射机功率较小。

微波炉/微波爐　wēibōlú/ㄨㄟˊ ㄅㄛ ㄌㄨˊ
microwave oven
【轻】家用电器的一种。利用微波加热或烹调食品的设备。由炉腔、炉门、旋转承盘、定时器、功率分配器、磁控管、控制电路和连锁微动开关等构成。通过磁控管在高压电激励下连续产生微波，在炉腔内形成微波场，食物中的极性水分子在微波场作用下产生高速振动和摩擦产生热量，将食物加热或煮熟。

微波探雷器/微波探雷器
wēibō tànléiqì/ㄨㄟˊ ㄅㄛ ㄊㄢˋ ㄌㄟˊ ㄑㄧˋ
microwave mine detector
【军】便携式探雷器的一种。利用地雷和土壤背景之间介电常数的差异引起微波电磁场发生畸变的效应发现地雷。通常由探头、探杆、控制盒、耳机和电池组成。主要用于探测各种埋设的地雷。能探测有金属零部件的地雷，也能探测完全没有金属零部件的地雷。在地表基本没有被破坏且较为平整的地区，探测效果较好。

微波通信/微波通信網
wēibō tōngxìn/ㄨㄟˊ ㄅㄛ ㄊㄨㄥ ㄒㄧㄣˋ ㄨㄤˇ
microwave communication
【信息】采用波长 1～0.1 米(频率 0.3～3 吉赫)的电磁波传输信息的通信方式。包括地面微波中继通信、对流层散射通信、卫星通信及微波移动通信。

微波通信網
ㄨㄟˊ ㄅㄛ ㄊㄨㄥ ㄒㄧㄣˋ ㄨㄤˇ/
wēibō tōngxìnwǎng
microwave communication
【信息】台湾名。即“微波通信”(1177 页)。

微波站/微波電驛站
wēibōzhàn/ㄨㄟˊ ㄅㄛ ㄉㄧㄢˋ ㄧˋ ㄓㄢˋ
microwave relay station
【信息】地面微波接力通信系统的终端站或接力站。接力站又分为分路站与中继站。

微波中继通信
wēibō zhōngjì tōngxìn/
ㄨㄟˊ ㄅㄛ ㄓㄨㄥ ㄐㄧˋ ㄊㄨㄥ ㄒㄧㄣˋ
【信息】即“微波接力通信系统”(1177 页)。

微博　wēibó/ㄨㄟˊ ㄅㄛˊ
【信息】“微型博客”的简称。

微处理器/微處理機
wēichǔlǐqì/ㄨㄟˊ ㄔㄨˇ ㄌㄧˇ ㄐㄧ
microprocessor
【信息】在单一集成电路上实现的中央处理器。多由微程序控制，具有运算和控制能力。

微處理機 ㄨㄟˊ ㄔㄨˇ ㄌㄧˇ ㄐㄧ/wēichǔlǐjī
microprocessor
【信息】台湾名。即“微处理器”(1177 页)。

微电路/微電路 wēidiànlù/ㄨㄟˊ ㄉㄧㄢˋ ㄌㄨˋ
microcircuit
【信息】蚀刻在半导体芯片上的微型电子电路。由晶体管、电阻器和其他元件相互连接而成,并封装成一个单元。

微电网/微電網
wēidiànwǎng/ㄨㄟˊ ㄉㄧㄢˋ ㄨㄤˇ
micro-grid
【电】又称“微型电网”。包括分布式电源、储能装置、负荷和监控、保护装置的小型发配电系统。是一个能够实现自我控制、保护和管理的系统,既可以与大电网并网运行,也能以孤立电网独立运行。

微電腦 ㄨㄟˊ ㄉㄧㄢˋ ㄋㄠˇ/wēidiànnǎo
microcomputer
【信息】台湾名。即“微型计算机”(1180 页)。

微动关节
wēidòng guānjié/ㄨㄟˊ ㄉㄨㄥˋ ㄍㄨㄢ ㄐㄧㄝˊ
【医】即“平面关节”(874 页)。

微分/微分 wēifēn/ㄨㄟˊ ㄈㄣ
differential
【数】微分学的核心概念之一。函数 $y=f(x)$的自变量 x 的无穷小增量 Δx,称为 x 的微分,记作 $\mathrm{d}x$,即 $\mathrm{d}x=\Delta x(\Delta x\rightarrow 0)$。设 $y=f(x)$为可微函数,由 $\lim\limits_{\Delta x\rightarrow 0}\dfrac{\Delta y}{\Delta x}=f'(x)$可得,当 $\Delta x\rightarrow 0$ 时,函数的增量 $\Delta y=f'(x)\Delta x+\varepsilon(\varepsilon\rightarrow 0)$,其中 $f'(x)\Delta x$ 即 $f'(x)\mathrm{d}x$叫作 $y=f(x)$的微分,记作 $\mathrm{d}y$,即 $\mathrm{d}y=f'(x)\mathrm{d}x$。当时 $\Delta x\rightarrow 0$ 时,$\Delta y\approx \mathrm{d}y$。

微分方程/微分方程
wēifēn fāngchéng/ㄨㄟˊ ㄈㄣ ㄈㄤ ㄔㄥˊ
differential equation
【数】含有自变量、未知函数及其导函数的方程。解微分方程是求未知函数。变量 x 和一元函数 $y=f(x)$以及 y 的导函数之间的关系式 $F(x,y,\dfrac{\mathrm{d}y}{\mathrm{d}x},\cdots,\dfrac{\mathrm{d}^n y}{\mathrm{d}x^n})=0$,叫作关于 y 的 n 阶常微分方程。变量 $x_1,x_2,\cdots,x_m$ 和多元函数 $y=f(x_1,x_2,\cdots,x_m)$以及 y 的偏导函数之间的关系式 $F(x_1,x_2,\cdots,x_m,y,\dfrac{\partial y}{\partial x_1},\cdots,\dfrac{\partial^n y}{\partial x_1^{i_1}\cdots\partial x_m^{i_m}})=0$,叫作关于 y 的 n 阶偏微分方程。

微分几何/微分幾何
wēifēn jǐhé/ㄨㄟˊ ㄈㄣ ㄐㄧˇ ㄏㄜˊ
differential geometry
【数】几何学的一个分支。主要运用分析的方法研究空间的几何性质。初始阶段的微分几何,运用微积分的工具研究三维空间中的曲线和曲面。后来研究内容从三维空间中曲线和曲面的局部几何性质,转为 n 维空间的整体几何性质。现代微分几何运用现代化的分析工具,对一类重要的拓扑空间——微分流形进行研究。

微分学/微分學
wēifēnxué/ㄨㄟˊ ㄈㄣ ㄒㄩㄝˊ
differential calculus
【数】微积分的一部分。研究微分法的理论及应用。微分法起源于求切线的斜率、函数的极值和物体运动的瞬时速度等问题,是研究事物局部性质的重要数学工具。导数和微分是微分学的核心概念。在化整为零、无限细分的过程中,利用极限研究无穷小量的变化规律是微分学的基本方法。

微观粒子/微觀粒子
wēiguān lìzǐ/ㄨㄟˊ ㄍㄨㄢ ㄌㄧˋ ㄗˇ
microscopic particle
【物】具有波粒二象性运动特征的粒子。如分子、原子、质子、中子、电子和光子等。大小在1～1000 纳米,其运动依概率分布,无明显轨迹;能量状态量子化,遵循不确定性原理。分费米子和玻色子两类。

微灌/微灌 wēiguàn/ㄨㄟˊ ㄍㄨㄢˋ
micro irrigation
【水利】滴灌、微喷灌、雾灌、渗透的统称。均为用水量很小的局部灌溉技术,有利于植物生长。但投资和管理水平要求较高。

微机 wēijī/ㄨㄟˊ ㄐㄧ
【信息】“微型计算机”的简称。

微积分/微積分 wēijīfēn/ㄨㄟˊ ㄐㄧ ㄈㄣ
calculus
【数】微分学和积分学的合称。研究微分法和积分法的理论及应用,是分析学的基础。17

世纪时，英国的牛顿（I. Newton，1643—1727）和德国的莱布尼茨（G.Leibniz，1646—1716）分别从运动学和几何学的角度创立的微积分，成为由常量数学到变量数学的转折点。19世纪初，法国数学家柯西（A.Cauchy，1789—1857）等用极限理论使微积分严密化。微积分的产生和发展在数学史中具有非常重要的地位。

微积分基本定理/微積分基本定理
wēijīfēn jīběn dìnglǐ/
ㄨㄟˊ ㄐㄧ ㄈㄣ ㄐㄧ ㄅㄣˇ ㄉㄧㄥˋ ㄌㄧˇ
fundamental theorem of the calculus
【数】微积分中表示微分与积分互逆关系的基本定理。其内容为：若函数 $f(x)$ 在区间 $[a,b]$ 上可积，则 $F(x)=\int_a^x f(t)\mathrm{d}t$ 在区间 $[a,b]$ 上连续，且在 $f(x)$ 的连续点处有 $F'(x)=\frac{\mathrm{d}}{\mathrm{d}x}\int_a^x f(t)\mathrm{d}t=f(x)$。由此得到，若函数 $f(x)$ 在区间 $[a,b]$ 上可积，$F(x)$ 是 $f(x)$ 的一个原函数，则 $\int_a^b f(x)\mathrm{d}t=F(b)-F(a)$。

微膠粒 ㄨㄟˊ ㄐㄧㄠ ㄌㄧˋ/wēijiāolì
micelle
【化】台湾名。即“胶束”（614页）。

微晶玻璃/玻璃陶瓷
wēijīng bōli/ㄅㄛ ·ㄌㄧ ㄊㄠˊ ㄘˊ
glass ceramics
【材】又称“玻璃陶瓷”。一种复合材料。原始玻璃加入成核剂，经热处理后形成具有大量微小晶体，形成致密的微晶相和玻璃相的多相复合体，几乎不含气孔，有良好的热性能和力学性能。通过控制微晶的种类、大小和浓度，可制备透明微晶玻璃、零膨胀系数微晶玻璃、彩色微晶玻璃、磁性微晶玻璃等。用于机械、光学、电子、化工、医药、航空航天等领域。

微量養分
ㄨㄟˊ ㄌㄧㄤˋ ㄧㄤˇ ㄈㄣˋ/wēiliàng yǎngfèn
micronutrient
【医】台湾名。即“微量营养素”（1179页）。

微量营养素/微量養分
wēiliàng yíngyǎngsù/ㄨㄟˊ ㄌㄧㄤˋ ㄧㄤˇ ㄈㄣˋ
micronutrient
【医】需要量相对较少的营养素。主要指微量元素，如铁、钴、铬、铜、碘、锰、硒、锌和维生素。

微量元素/微量元素
wēiliàng yuánsù/ㄨㄟˊ ㄌㄧㄤˋ ㄩㄢˊ ㄙㄨˋ
trace element
㊀【生】❶植物生长、发育过程中必需但需要量很小的元素。如铁、铜、锰、锌、硼、钼等。❷人和动物组织中含量在万分之一以下或每千克组织中只含几微克的元素。如铁、锌、碘、硒、氟等。㊁【地】岩石中所含的稀有元素。

微喷灌/微噴灌
wēipēnguàn/ㄨㄟˊ ㄆㄣ ㄍㄨㄢˋ
microspray irrigation
【水利】微灌的一种。利用低压管道将水送到植株附近并以专用喷头向植株根部土壤或植株枝叶喷洒细小的水滴。

微砂土壤
ㄨㄟˊ ㄕㄚ ㄊㄨˇ ㄖㄤˇ/wēishā tǔrǎng
silty soil
【水利】台湾名。即“粉质土”（349页）。

微商 wēishāng/ㄨㄟˊ ㄕㄤ
【数】即“导函数”（205页）。对于可微函数 $y=f(x)$，$\mathrm{d}y$，$\mathrm{d}x$ 分别为 y，x 的微分，它们的商 $\frac{\mathrm{d}y}{\mathrm{d}x}=f'(x)$。

微生物/微生物
wēishēngwù/ㄨㄟˊ ㄕㄥ ㄨˋ
microbe，microorganism
【生】生物界中的一大类。个体微小，结构简单，绝大多数个体须用显微镜才能看到。分为细菌、病毒、霉菌、支原体、衣原体等。

微生物肥料/菌肥
wēishēngwù féiliào/ㄐㄩㄣˋ ㄈㄟˊ
microbial manure
【农】又称“细菌肥料”。肥料的一类。由一种或几种有益微生物、培养基质和添加物培养而成。能够给植物提供固氮、解磷、解钾等有益微生物，改善作物生长条件。主要有根瘤菌剂、固氮菌剂、磷细菌剂、抗生菌剂、复合菌剂等。

微生物学/微生物學
wēishēngwùxué/ㄨㄟˊ ㄕㄥ ㄨˋ ㄒㄩㄝˊ
microbiology

【生】研究微生物的形态、构造、分类、遗传变异、生理生化等生命活动规律的学科。

微特电机/微特電機

wēitè diànjī/ㄨㄟ ㄊㄜˋ ㄉㄧㄢˋ ㄐㄧ

small and special electrical machine

【电】体积、容量较小,输出功率多在数百瓦以下的电机;或用途、性能及环境条件要求特殊的电机。

微網誌 ㄨㄟ ㄨㄤˇ ㄓˋ/wēiwǎngzhì

microblog

【信息】台湾名。即"微型博客"(1180 页)。

微信/微信 wēixìn/ㄨㄟ ㄒㄧㄣˋ

wechat

【信息】一款通过网络快速发送语音、短信、视频、图片和文字,支持多人群聊的软件。也是一种网络即时通信工具。

微型博客/微網誌

wēixíng bókè/ㄨㄟ ㄨㄤˇ ㄓˋ

microblog

【信息】简称"微博"。内容简短(通常不超过 140 个汉字)的博客。

微型冲锋枪 wēixíng chōngfēngqiāng/ㄨㄟ ㄒㄧㄥˊ ㄔㄨㄥ ㄈㄥ ㄑㄧㄤ

【军】即"轻型冲锋枪"(916 页)。

微型电网

wēixíng diànwǎng/ㄨㄟ ㄒㄧㄥˊ ㄉㄧㄢˋ ㄨㄤˇ

【电】即"微电网"(1178 页)。

微型计算机/微型計算機

wēixíng jìsuànjī/ㄨㄟ ㄒㄧㄥˊ ㄐㄧˋ ㄙㄨㄢˋ ㄐㄧ

microcomputer

【信息】简称"微机",又称"电脑",台湾又称"微電腦"。中央处理部件由一个或几个微处理器芯片组成,并包含存储和输入输出设施的数字计算机。种类繁多,按一次处理数据位数多少分为 8 位、16 位、32 位和 64 位机;按是否便于携带分为便携式和非便携式;按是否由最终用户使用分为独立式与嵌入式;按使用面宽窄分为通用机与专用机;等等。

微雪 ㄨㄟ ㄒㄩㄝˇ/wēixuě

light snow

【气】台湾名。即"小雪"(1261 页)。

微血管循環 ㄨㄟ ㄒㄧㄝˇ ㄍㄨㄢˇ ㄒㄩㄣˊ ㄏㄨㄢˊ/wēixuèguǎn xúnhuán

microcirculation

【医】台湾名。即"微循环"(1180 页)。

微循环/微血管循環

wēixúnhuán/ㄨㄟ ㄒㄧㄝˇ ㄍㄨㄢˇ ㄒㄩㄣˊ ㄏㄨㄢˊ

microcirculation

【医】在微动脉和微静脉之间的血液循环。是血液循环的基本功能单位。既是循环的通路,也是血液和组织液之间进行物质交换的场所。受全身神经、体液的调节。

微微 ㄨㄟ ㄨㄟ/wēiwēi

pico

【计量】台湾名。即"皮可"(864 页)。

微震/微震 wēizhèn/ㄨㄟ ㄓㄣˋ

microearthquake

【地】震级大于等于 1 级至 3 级以下的地震。

微指令/微指令 wēizhǐlìng/ㄨㄟ ㄓˇ ㄌㄧㄥˋ

microinstruction

【信息】执行机器指令或其他自足式硬件功能所需的一个或几个基本操作。

微重力环境/微重力環境

wēizhònglì huánjìng/ㄨㄟ ㄓㄨㄥˋ ㄌㄧˋ ㄏㄨㄢˊ ㄐㄧㄥˋ

microgravity environment

【航】指在重力环境下,系统载体表观重量远远小于正常地球引力场下实际重量的环境。即天体引力被方向相反的惯性力抵消,重力弱化并接近为零的环境。凡能产生自由落体的方法,都可模拟微重力环境,如航天器、探空火箭、实验飞机、落管和落塔等。

微重力火箭/微重力火箭

wēizhònglì huǒjiàn/ㄨㄟ ㄓㄨㄥˋ ㄌㄧˋ ㄏㄨㄛˇ ㄐㄧㄢˋ

microgravity rocket

【航】用于科研空间微重力实验的火箭。是探空火箭加载微重力实验舱而成,分为短时间(<7 分钟)微重力试验火箭和长时间(>12 分钟)微重力试验火箭。1971 年 10 月,美国发射的"空蜂"170A 火箭实现了首次微重力材料加工试验。

韦 wéi/ㄨㄟˊ

【计量】"韦伯"的简称。

韦伯/韋伯 wéibó/ㄨㄟˊ ㄅㄛˊ

waber

【计量】简称"韦"。磁通量的国际单位制单位。符号 Wb。为纪念德国物理学家韦伯(W. E. Weber，1804—1891)而命名。

韦伯计 wéibójì/ㄨㄟˊ ㄅㄛˊ ㄐㄧˋ

【电】即“磁通计”(163 页)。

韦达定理/韋達定理

Wéidá dìnglǐ/ㄨㄟˊ ㄉㄚˊ ㄉㄧㄥˋ ㄌㄧˇ

Viete theorem

【数】揭示一元 n 次方程的根与系数的关系的定理。设一元 n 次方程 $f(x)=a_0x^n+a_1x^{n-1}+\cdots+a_{n-1}x+a_n=0(a_0\neq0)$ 的根为 $\alpha_1,\alpha_2,\cdots,\alpha_n$，则 $\frac{a_1}{a_0}=-\sum\limits_{i=1}^{n}\alpha_i$，$\frac{a_2}{a_0}=\sum\limits_{i<j}\alpha_i\alpha_j$，$\frac{a_3}{a_0}=-\sum\limits_{i<j<k}\alpha_i\alpha_j\alpha_k$，$\cdots$，$\frac{a_n}{a_0}=(-1)^n\alpha_1\alpha_2\cdots\alpha_n$。例如，设一元二次方程 $ax^2+bx+c=0(a\neq0)$ 的两个根为 α 和 β，则 $\alpha+\beta=-\frac{b}{a}$，$\alpha\beta=\frac{c}{a}$。

📖 法国数学家韦达(F. Viete)1615 年发现了一元 n 次方程的根与系数的关系，故此定理以韦达命名。

韦恩图/文氏圖 wéi'ēntú/ㄨㄣˊ ㄕˋ ㄊㄨˊ

Venn diagram

【数】表示集合间关系的一种直观图。因英国逻辑学家韦恩(J. Venn，1834—1883)最早用它而得名。常用圆或矩形表示集合，其中的点表示属于集合的元素。例如，右图表示 $A\subseteq B$。

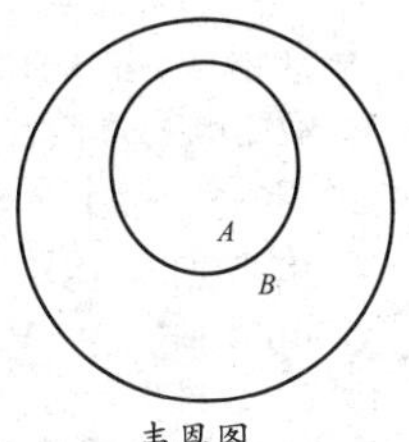

韦恩图

圩/圩田 wéi/ㄩˊ ㄊㄧㄢˊ

polder

【水利】又称“垸”。在江河、湖泊、沙洲、滩地及海滨近水地带修建堤防而构成的封闭圈。是内有排灌系统的农业区。

圩田 ㄩˊ ㄊㄧㄢˊ/wéitián

polder

【水利】台湾名。即“圩”(1181 页)。

围产期 wéichǎnqī/ㄨㄟˊ ㄔㄢˇ ㄑㄧˊ

【医】即“围生期”(1181 页)。

围绝经期综合征

ㄨㄟˊ ㄐㄩㄝˊ ㄐㄧㄥ ㄑㄧˊ ㄗㄨㄥˋ ㄏㄜˊ ㄓㄥ/

wéijuéjīngqī zōnghézhēng

【医】即“更年期综合征”(405 页)。

围生期/圍生期 wéishēngqī/ㄨㄟˊ ㄕㄥ ㄑㄧˊ

perinatal period

【医】又称“围产期”。怀孕 28 周到新生儿出生后一周的一段时间。

围岩/圍岩 wéiyán/ㄨㄟˊ ㄧㄢˊ

country rock，wall rock

【地】❶某种地质体(岩体或矿体)周围的岩石。❷岩石地下工程(巷道、硐室等)周围的岩石。

桅杆起重机/吊桿式起重機

wéigān qǐzhòngjī/ㄉㄧㄠˋ ㄍㄢˇ ㄕˋ ㄑㄧˇ ㄓㄨㄥˋ ㄐㄧ

derrick crane

【机】回转起重机的一种。由桅杆和臂架组成，臂架外伸距离可以改变。多用于船舶、建筑工地和其他露天场所的装卸和安装作业。

唯讀光碟

ㄨㄟˊ ㄉㄨˊ ㄍㄨㄤ ㄉㄧㄝˊ/wéidú guāngdié

compact disc-read-only memory，CD-ROM

【信息】台湾名。即“只读光盘”(1446 页)。

唯讀記憶體

ㄨㄟˊ ㄉㄨˊ ㄐㄧˋ ㄧˋ ㄊㄧˇ/wéidú jìyìtǐ

read-only memory，ROM

【信息】台湾名。即“只读存储器”(1446 页)。

唯讀式 DVD 光碟

ㄨㄟˊ ㄉㄨˊ ㄕˋ DVD ㄍㄨㄤ ㄉㄧㄝˊ/

wéidú shì DVD guāngdié

digital versatile disc-read-only memory，DVD-ROM

【信息】台湾名。即“只读数字多功能光盘”(1446 页)。

维多利亚瀑布/維多利亞瀑布

Wéiduōlìyà Pùbù/

ㄨㄟˊ ㄉㄨㄛ ㄌㄧˋ ㄧㄚˋ ㄆㄨˋ ㄅㄨˋ

Victoria Falls

【地】瀑布名。位于非洲赞比西河中游，赞比亚与津巴布韦接壤处。主瀑落差 107 米，宽 1800 米。是非洲最大的瀑布。

维基/維基 wéijī/ㄨㄟˊ ㄐㄧ

Wikis

【信息】又称“维客”。一种可供多人在网上协同创作的超文本系统。

W

维客 wéikè/ㄨㄟˊ ㄎㄜˋ

【信息】即"维基"(1181 页)。

维生素/維生素

wéishēngsù/ㄨㄟˊ ㄕㄥ ㄙㄨˋ

vitamin

【医】一类在体内含量极微的维持人体生命所必需的有机物质。是保持人体健康的重要活性物质,对机体的新陈代谢、生长、发育、健康有极重要作用。如果长期缺乏某种维生素,会引起生理功能障碍而发生某种疾病。现已发现的有几十种,如维生素 A、维生素 B、维生素 C 等。大致可分为脂溶性和水溶性两类。

W

维生素 A/維生素 A

wéishēngsù A/ㄨㄟˊ ㄕㄥ ㄙㄨˋ A

vitamin A, retinol

【医】又称"视黄醇"。维生素的一种。在结构上与胡萝卜素相关的脂溶性维生素。可分为维生素 A_1 及维生素 A_2。具有很好的多种全反式视黄醇的生物学活性,为某些代谢过程,特别是视觉的生化过程所必需。动物能将胡萝卜素在体内转化成维生素 A 而储存在肝脏中,鱼肝油中含量特别高,奶油和蛋黄中含量也比较丰富。

维生素 A 缺乏病/維生素 A 缺乏病

wéishēngsù A quēfábìng/ㄨㄟˊ ㄕㄥ ㄙㄨˋ A ㄑㄩㄝ ㄈㄚˊ ㄅㄧㄥˋ

vitamin A deficiency

【医】缺乏维生素 A 而引起的营养性疾病。症状包括皮肤粗糙、干燥、黑暗适应能力下降,生长发育迟缓等。

维生素 B_1/維生素 B_1

wéishēngsù B_1/ㄨㄟˊ ㄕㄥ ㄙㄨˋ B_1

vitamin B_1

【医】又称"硫胺素"。B 族维生素的一种。由 1 个嘧啶环和 1 个噻唑环通过亚甲基桥连接而成。其盐酸盐和硝酸盐形式在干燥和酸性溶液中稳定,在碱性环境中,特别在加热时迅速分解成嘧啶和噻唑,失去活性。某些食物中含有抗硫胺素因子,使硫胺素分子破坏而失去活性;某些蔬菜(如红色甘蓝),以及茶和咖啡中含有多羟基酚类物质,也可使硫胺素失活。长期大量食用此类食物可能会出现硫胺素缺乏。是中国膳食中容易缺乏的营养素之一。

维生素 B_2/維生素 B_2

wéishēngsù B_2/ㄨㄟˊ ㄕㄥ ㄙㄨˋ B_2

vitamin B_2

【医】又称"核黄素"。B 族维生素的一种。其辅酶形式是黄素单核苷酸和黄素腺嘌呤二核苷酸。在自然界分布广泛,是哺乳动物必需的营养物,在动物性食物、蛋黄、乳类中含量丰富,植物性食物中的绿叶蔬菜及豆类中含量较多,而粮谷类中含量较低。长期缺乏维生素 B_2,可引起口角炎、阴囊炎等。

维生素 B_4/維生素 B_4

wéishēngsù B_4/ㄨㄟˊ ㄕㄥ ㄙㄨˋ B_4

vitamin B_4

【医】B 族维生素的一种。是腺嘌呤的磷酸盐,针状晶体,有刺激白细胞增生的作用。可用于防治白细胞减少症,如肿瘤化疗时引起的白细胞减少症。

维生素 B_5/維生素 B_5

wéishēngsù B_5/ㄨㄟˊ ㄕㄥ ㄙㄨˋ B_5

vitamin B_5, pantothenic acid

【医】又称"泛酸"。B 族维生素的一种。存在于动植物组织中,肝、肾、酵母、麦胚中含量丰富。黄色黏性油状物,不稳定,易分解,只有右旋异构体才有维生素活性。为多种转氨酶、脱羧酶及消旋酶的辅酶,参与许多代谢过程。

维生素 B_6/維生素 B_6

wéishēngsù B_6/ㄨㄟˊ ㄕㄥ ㄙㄨˋ B_6

vitamin B_6

【医】B 族维生素的一种。以吡哆醇、吡哆醛和吡哆胺三种形式存在,无色晶体,易溶于水,为多种转氨酶、脱羧酶及消旋酶的辅酶,参与许多代谢过程。缺乏维生素 B_6 会引起皮炎、痉挛、贫血等。

维生素 B_9/維生素 B_9

wéishēngsù B_9/ㄨㄟˊ ㄕㄥ ㄙㄨˋ B_9

vitamin B_9, folic acid

【医】又称"叶酸"。B 族维生素的一种。广泛存在于绿色蔬菜中。有促进骨髓中幼细胞成熟的作用,缺少时可导致红细胞异常、未成熟细胞增加、贫血以及白细胞减少。

维生素 B_{12}/維生素 B_{12}

wéishēngsù B_{12}/ㄨㄟˊ ㄕㄥ ㄙㄨˋ B_{12}

vitamin B_{12}

【医】又称"钴胺素"。B 族维生素的一种。

是最大的非高分子化合物。深红色晶体。是细胞合成核酸过程中的重要辅酶，参与体内甲基移换及叶酸代谢。缺乏维生素 B_{12} 会产生叶酸代谢障碍，发生巨幼红细胞贫血。尚有趋脂作用，还是中枢神经系统和周围神经维持髓鞘纤维功能完整所必需的物质。

维生素 B_{13}/維生素 B_{13}
wéishēngsù B_{13}/ㄨㄟˊ ㄕㄥ ㄙㄨˋ B_{13}
vitamin B_{13}
【医】又称“乳清酸”。B族维生素的一种。是尿嘧啶羧酸，结晶性粉末。参与有关辅酶生物合成，影响蛋白质生物合成和造血作用。

维生素 C/維生素 C
wéishēngsù C/ㄨㄟˊ ㄕㄥ ㄙㄨˋ C
vitamin C
【医】又称“抗坏血酸”。维生素的一种。无色晶体或粉末，无臭，味酸，易溶于水，性质不稳定。人体内不能合成，必须从食物（如新鲜蔬果）中获取。在生物氧化及还原作用以及细胞呼吸中起重要作用。缺乏维生素C会引起坏血病。

维生素 D/維生素 D
wéishēngsù D/ㄨㄟˊ ㄕㄥ ㄙㄨˋ D
vitamin D
【医】又称“骨化醇”。维生素的一类。约有10种固醇化合物，其中最重要的为维生素 D_2 和 D_3。主要调节动物体内钙磷代谢，促进肠内钙、磷的吸收和骨内钙、磷沉积。长期缺乏维生素D，婴幼儿可出现佝偻病，成人易出现骨软化症。

维生素 D 缺乏病/維生素 D 缺乏病
wéishēngsù D quēfábìng/
ㄨㄟˊ ㄕㄥ ㄙㄨˋ D ㄑㄩㄝ ㄈㄚˊ ㄅㄧㄥˋ
vitamin D deficiency
【医】又称“维生素D缺乏性佝偻病”。缺乏维生素D引起钙磷代谢失常的慢性营养性疾病。临床表现为正在生长的长骨干骺端或骨组织钙化不全，或骨质软化症。多见于婴幼儿。

维生素 D 缺乏性佝偻病
wéishēngsù D quēfáxìng gōulóubìng/
ㄨㄟˊ ㄕㄥ ㄙㄨˋ D ㄑㄩㄝ ㄈㄚˊ ㄒㄧㄥˋ ㄍㄡ ㄌㄡˊ ㄅㄧㄥˋ
【医】即“维生素D缺乏病”(1183页)。

维生素 E/維生素 E
wéishēngsù E/ㄨㄟˊ ㄕㄥ ㄙㄨˋ E
vitamin E
【医】又称“生育酚”。维生素的一种。浅黄色黏稠油状液体，无臭，无味，脂溶性。广泛存在于绿色植物中。能使腺垂体促性腺分泌细胞亢进，促进生殖系统功能。缺乏维生素E会引起肌肉萎缩、不育、流产等。

维生素 K/維生素 K
wéishēngsù K/ㄨㄟˊ ㄕㄥ ㄙㄨˋ K
vitamin K
【医】又称“血凝维生素”“叶绿基甲萘醌”。维生素的一类。萘醌类化合物，广泛存在于绿色植物中。是肝脏合成凝血因子Ⅱ、Ⅶ、Ⅸ、Ⅹ所必需的物质。如果缺乏维生素K，会使凝血时间延长，引起出血症状。

维生素 K 缺乏病/維生素 K 缺乏病
wéishēngsù K quēfábìng/
ㄨㄟˊ ㄕㄥ ㄙㄨˋ K ㄑㄩㄝ ㄈㄚˊ ㄅㄧㄥˋ
vitamin K deficiency
【医】维生素K缺乏导致维生素K依赖性凝血因子活性低下引起的出血。病因为：摄入不足，肝脏疾病，新生儿体内维生素K贮存消耗、摄入不足等。其治疗可通过使用富含维生素K的食物，补充维生素K，补充凝血因子等方法。

维生素缺乏病/維生素缺乏病
wéishēngsù quēfábìng/
ㄨㄟˊ ㄕㄥ ㄙㄨˋ ㄑㄩㄝ ㄈㄚˊ ㄅㄧㄥˋ
hypovitaminosis, avitaminosis, vitamin-deficiency
【医】因维生素摄入不足、吸收障碍、机体需要量增加或消耗增加等引起的一系列病症。如缺乏维生素A发生夜盲和干眼症，缺乏维生素C发生坏血病，缺乏维生素D发生佝偻病或骨软化症等。

维吾尔族传统医学
Wéiwú'ěrzú chuántǒng yīxué/
ㄨㄟˊ ㄨˊ ㄦˇ ㄗㄨˊ ㄔㄨㄢˊ ㄊㄨㄥˇ ㄧ ㄒㄩㄝˊ
【中医】“维医学”的全称。

维医学/維醫學 wéiyīxué/ㄨㄟˊ ㄧ ㄒㄩㄝˊ
Uygur Medicine
【中医】全称“维吾尔族传统医学”。中国传统

W

医学之一。维吾尔族在长期的医疗实践中，主要受阿拉伯医学及波斯医学影响，又吸收中医学、古印度医学及藏医学的精华而逐渐形成的具有本民族特点的医学。理论系统是主要源于阿拉伯医学的四元素(土、火、水、气)学说和四体液(血液、胆质、黏液、黑胆质)学说，用以解释人体的生理病理现象；诊断用切脉、望诊和问诊；治疗以内服为主，多用汤剂、丸剂等复方合剂，一般不用单味药，也用熏法、坐药、放血、浴疗、烙法、冷热敷等外治法。

鮠/鮠 wéi/ㄨㄟˊ

Leiocassis longirostris

【动】鱼名。硬骨鱼纲鮠科鱼的统称。体延长，前部扁平，后部侧扁，长 30～50 厘米，浅灰色，吻圆突，有须四对，眼小，无鳞。生活在淡水中，以无脊椎动物和小鱼等为食。中国主要分布于长江流域。

維生系統

ㄨㄟˊ ㄕㄥ ㄒㄧˋ ㄊㄨㄥˇ/wéishēng xìtǒng

life support system

【航】台湾名。即“生命保障系统”(1006 页)。

伟晶岩/偉晶岩 wěijīngyán/ㄨㄟˇ ㄐㄧㄥ ㄧㄢˊ

pegmatite

【地】火成岩的一种。是粗粒甚至巨粒的浅色脉岩。矿物晶体粗大，达数厘米至数米，有时具带状构造。由富含挥发分的硅酸盐残浆侵入火成岩或围岩裂隙中缓慢结晶而成。多呈脉状，常成群产出。按矿物的组合不同，可分为花岗伟晶岩、正长伟晶岩和辉长伟晶岩。相关矿产有稀有元素矿产以及长石、白云母、石英及多种宝石。

伪随机信号/擬隨機信號

wěisuíjī xìnhào/ㄋㄧˇ ㄙㄨㄟˊ ㄐㄧ ㄒㄧㄣˋ ㄏㄠˋ

pseudorandom signal

【信息】至少有一个参量(多为幅度)由计算产生的有统计规律的信号。

伪药效应

wěiyào xiàoyìng/ㄨㄟˇ ㄧㄠˋ ㄒㄧㄠˋ ㄧㄥˋ

【心】即“安慰剂效应”(7 页)。

伪装涂料/偽裝塗料

wěizhuāng túliào/ㄨㄟˇ ㄓㄨㄤ ㄊㄨˊ ㄌㄧㄠˋ

camouflage paint

【军】涂敷于目标、遮障或背景表面，以对付侦察和制导武器攻击的伪装装备。通常由成膜物质、颜(填)料、助剂和溶剂组成。主要分为防光学伪装涂料、防热红外伪装涂料、雷达波吸收涂料和防多波段伪装涂料。

伪装网/偽裝網

wěizhuāngwǎng/ㄨㄟˇ ㄓㄨㄤ ㄨㄤˇ

camouflage net

【军】使用各种手段遮障武器装备、军事设施等军事目标的遮障伪装装备。包括光学伪装网、雷达伪装网、多波段伪装网等。

伪装作业车/偽裝作業車

wěizhuāng zuòyèchē/

ㄨㄟˇ ㄓㄨㄤ ㄗㄨㄛˋ ㄧㄝˋ ㄔㄜ

camouflage operation vehicle

【军】野战条件下实施伪装作业的专用车辆。主要有伪装勘察检测车、迷彩作业车、假目标作业车和遮障作业车。

伪足/偽足 wěizú/ㄨㄟˇ ㄗㄨˊ

pseudopodium

【动】某些原生动物(如变形虫)暂时性伸出的片状或条形突起。由身体的任一部分突出而形成，形成后可重新缩回。有运动和捕食的作用。

尾/尾 wěi/ㄨㄟˇ

tail

【动】通称“尾巴”。某些动物(如鸟类、鱼类、哺乳动物)身体末端的突出部分。通常指肛门以后的部分。有辅助运动、保持身体平衡等作用。

尾巴 wěiba/ㄨㄟˇ ·ㄅㄚ

【动】“尾”的通称。

尾骨/尾骨 wěigǔ/ㄨㄟˇ ㄍㄨˇ

coccyx

【医】骨盆的组成部分。由四块退化的尾椎融合而成，呈三角形。底朝上，尖朝下，底向上伸的尾骨角是第 1 尾椎的上关节突；与骶角相关节。尾骨角外侧每侧有一对向外平伸的尖突，是尾椎的横突，第 2 尾椎的横突甚小；第 3、4 尾椎退化成节结状小骨块。尾椎无椎弓，无椎管。

尾矿/尾渣 wěikuàng/ㄨㄟˇ ㄓㄚ

tailings

【环】矿物经选矿和洗矿作业后留下的残余脉石及矿砂的统称。通常以浆状从选矿厂排出，堆存在尾矿坝内或尾矿池中。其中含有大量固体颗粒和选矿、洗矿时所用的药剂，堆存的尾矿发生溃坝，会造成突发性环境灾害。

尾翼/尾翼組 wěiyì/ㄨㄟˇ ㄧˋ ㄗㄨˇ

tail unit

【航】装在飞机尾部起纵向和横向的平衡和稳定作用，配平并操纵飞机保持和改变飞行姿态的翼面。包括水平尾翼和垂直尾翼两部分。

尾翼組 ㄨㄟˇ ㄧˋ ㄗㄨˇ/wěiyìzǔ

tail unit

【航】台湾名。即“尾翼”(1185 页)。

尾羽龙/尾羽龍 wěiyǔlóng/ㄨㄟˇ ㄩˇ ㄌㄨㄥˊ

Caudipteryx

【地】*Caudipteryx* 一种兽脚类恐龙。属蜥臀目。头短又高，前肢非常小，尾很短，颈很长。尾端有扇形排列的尾羽，前肢也有一排羽毛。羽毛具明显的羽轴，有对称分布的羽片，没有飞行功能，可能代表羽毛演化的相对原始阶段。胃部保留着鸟类中常见而兽脚类恐龙中罕见的胃石。生存于白垩纪早期。

尾渣 ㄨㄟˇ ㄓㄚ/wěizhā

tailings

【环】台湾名。即“尾矿”(1184 页)。

纬度/緯度 wěidù/ㄨㄟˇ ㄉㄨˋ

latitude

【地】地理坐标之一。地球表面某一点的铅垂线与赤道面的夹角。以赤道为 0°，赤道以北为北纬，赤道以南为南纬，南北各分 90°。

纬纱/緯紗 wěishā/ㄨㄟˇ ㄕㄚ

weft yarn, filling yarn

【纺】织物中与布边方向垂直的一组纱线。通常被织机引纬器沿机器的左右方向纳入梭口，与经纱按一定规律交织形成织物。

纬线/緯圈 wěixiàn/ㄨㄟˇ ㄑㄩㄢ

parallel

【地】假定的沿地球表面与赤道平行的线。

纬向环流/緯向環流

wěixiàng huánliú/ㄨㄟˇ ㄒㄧㄤˋ ㄏㄨㄢˊ ㄌㄧㄡˊ

zonal circulation

【气】❶大气沿纬圈绕极地的运行状态，是大气环流的基本形状之一。❷西风带环流中，大致与纬圈平行的流型。

委陵菜/委陵菜

wěilíngcài/ㄨㄟˇ ㄌㄧㄥˊ ㄘㄞˋ

China cinquefoil herb

【植】*Potentilla chinensis* 蔷薇科委陵菜属。多年生草本植物。羽状复叶，小叶长圆形，边缘羽裂。伞房状聚伞花序，花瓣宽倒卵形，顶端微凹，黄色。花果期 4—10 月份。在中国，分布于除新疆和青海外所有地区。常见野草。全草入药，嫩苗可作蔬菜。

委外物流

wěiwài wùliú/ㄨㄟˇ ㄨㄞˋ ㄨˋ ㄌㄧㄡˊ

【物流】即“第三方物流”(234 页)。

萎缩/萎縮 wěisuō/ㄨㄟˇ ㄙㄨㄛ

atrophy

【医】器官、组织或细胞发生体积缩小、功能减退的过程。可伴发细胞数量的减少。分为生理性萎缩和病理性萎缩，前者如青春后期的胸腺萎缩，停经后卵巢、子宫、乳腺的萎缩；后者多由机体内的物质代谢障碍引起，如神经性萎缩、失用性萎缩。

僞化石 ㄨㄟˇ ㄏㄨㄚˋ ㄕˊ/wěihuàshí

pseudofossil

【地】台湾名。即“假化石”(594 页)。

艉 wěi/ㄨㄟˇ

stern

【船】船舶后端部分，也可指后端及近后端的部分。其形状与船舶的航行性触及外形、建造工艺等密切相关。

艉楼/艉艛 wěilóu/ㄨㄟˇ ㄌㄡˊ

poop

【船】船尾部的上层建筑。用于安装舵机，提供居住空间。对于尾机型船，也可保护机舱免受波浪侵袭。

艉艛 ㄨㄟˇ ㄌㄡˊ/wěilóu

poop

【船】台湾名。即“艉楼”(1185 页)。

艉向下水

ㄨㄟˇ ㄒㄧㄤˋ ㄒㄧㄚˋ ㄕㄨㄟˇ/wěixiàng xiàshuǐ

end launching

【船】台湾名。即“纵向下水”(1511 页)。

痿病/痿病 wěibìng/ㄨㄟˇ ㄅㄧㄥˋ

flaccidity disease, * wilting disease

【中医】中医内科疾病之一。症见四肢筋脉弛缓,软弱无力,日久不用,渐至肌肉萎缩,不能随意运动等。凡起病急,发展较快,肢体力弱,或拘急麻木,肌肉萎缩尚不明显者,属肺热津伤或湿热浸淫之实证,治宜清热润肺、濡养筋脉,用清燥救肺汤,或清热燥湿,通利筋脉,用加味二妙散。发病缓,病程长,肢体弛缓,肌肉萎缩明显不用者,多属虚证,治宜健脾益气,用参苓白术散,或补益肝肾、滋阴清热,用虎潜丸。

鲔 wěi/ㄨㄟˇ

【动】即"金枪鱼"(631 页)。

W

緯圈 ㄨㄟˇ ㄑㄩㄢ/wěiquān

parallel

【地】台湾名。即"纬线"(1185 页)。

卫气营血辨证/衛氣營血辨證

wèiqì yíngxuè biànzhèng/ㄨㄟˋ ㄑㄧˋ ㄧㄥˊ ㄒㄩㄝˋ ㄅㄧㄢˋ ㄓㄥˋ

syndrome differentiation of weifen, qifen, yingfen and xuefen, * four-aspect pattern identification, * qi construction and blood pattern identification

【中医】辨证论治方法之一。由清代医学家叶天士(1667—1746)首创,以外感温热病发展过程中卫分、气分、营分、血分四类不同病理阶段的理论,说明病位深浅、病情轻重和传变规律。

卫生填埋/衛生掩埋

wèishēng tiánmái/ㄨㄟˋ ㄕㄥ ㄧㄢˇ ㄇㄞˊ

sanitary landfill

【环】又称"卫生土地填埋"。对生活垃圾进行土地填埋的最终处置方法。通常在建成的填埋场每铺一层垃圾,即采取压实覆土处理,如此继续下去,当达到填埋场设计标高后,在填埋层上覆盖一定厚度的土壤,压实后封场。

卫生土地填埋

wèishēng tǔdì tiánmái/ㄨㄟˋ ㄕㄥ ㄊㄨˇ ㄉㄧˋ ㄊㄧㄢˊ ㄇㄞˊ

【环】即"卫生填埋"(1186 页)。

卫星/衛星 wèixīng/ㄨㄟˋ ㄒㄧㄥ

satellite

【天】环绕行星、矮行星或小行星运行的单个天体。本身不发光,因反射太阳光而发亮。除月球外,其他卫星的反射光非常微弱,通常肉眼不能直接看到。可分为天然卫星和人造卫星两类。

卫星导航/衛星導航

wèixīng dǎoháng/ㄨㄟˋ ㄒㄧㄥ ㄉㄠˇ ㄏㄤˊ

satellite navigation

【航】运动载体依据人造导航卫星信息实现自身定位导航制导的技术。通过运动载体的接收机装置,接收导航卫星系统发送的无线电导航编码信号,从而求得运动载体的位置和速度,实现对运动载体的导航制导。通常至少需要 3 颗导航星,才能较准确地确定载体的位置和速度。

卫星地震预报/衛星地震預報

wèixīng dìzhèn yùbào/ㄨㄟˋ ㄒㄧㄥ ㄉㄧˋ ㄓㄣˋ ㄩˋ ㄅㄠˋ

earthquake prediction by satellite

【航】利用人造卫星装载的仪器设备,获取地球地质变化信息,进行地震震前、震后灾情的预测预报。可分为长期预报、中期预报、短期预报和临震预报,也可根据震前异常信息识别预报。有卫星激光测震、"全球定位系统"定位测震、雷达干涉图像测震、卫星热红外信息测震、地震波测量定位、电离层异常观测测震等。

卫星定位/衛星定位

wèixīng dìngwèi/ㄨㄟˋ ㄒㄧㄥ ㄉㄧㄥˋ ㄨㄟˋ

satellite positioning

【测绘】利用地球人造卫星测定目标的地理空间位置。依据设计方案,卫星发射和接收带有测量信号的电磁波,目标采用接收机获取卫星信号或向卫星发送相关信号,据以测定目标到卫星的距离、方位,结合其他信息确定目标所处地理空间位置。一般根据卫星信号覆盖的地域范围,分为全球卫星定位和局域卫星定位。

卫星轨道/衛星軌道

wèixīng guǐdào/ㄨㄟˋ ㄒㄧㄥ ㄍㄨㄟˇ ㄉㄠˋ

satellite orbit

【航】人造卫星的空间飞行轨迹。即末级火箭推力中止到卫星返回或陨落前其质心的飞行轨迹。是一条由末级火箭使卫星达到的第一宇宙速度、第二宇宙速度或第三宇宙速度所决定，与开普勒轨道相近的曲线。由轨道半长轴、轨道偏心率、轨道倾角、升交点赤径、近地点幅角、过近地点时刻或平近点角等六个开普勒要素决定轨道的大小、现状和空间方位。分为运行轨道和返回轨道。

卫星计算机/衛星計算機

wèixīng jìsuànjī/ㄨㄟˋ ㄒㄧㄥ ㄐㄧˋ ㄙㄨㄢˋ ㄐㄧ

satellite computer

【信息】连接到另一计算机(主机)并通过通信链路与之交互的计算机。主机控制卫星机本身或控制卫星机所执行的任务。

卫星救援/衛星搜尋救援

wèixīng jiùyuán/

ㄨㄟˋ ㄒㄧㄥ ㄙㄡ ㄒㄩㄣˊ ㄐㄧㄡˋ ㄩㄢˊ

satellite search and rescue

【航】利用卫星搜索测定和营救空间失事载体、地表船舶、车辆、现场、人员以及其他遇险目标等的技术。救援卫星通常位于 850～1000 千米极地轨道，可接收近 5000 千米内的求救信号。搜索范围大，目标发现快。一旦飞机、船舶失事，其应急信标机将自动接通电源，不断发出紧急呼救信号，救援卫星获索即可将求救信息迅速转地面接收站，出事区救援组织可随即营救。

卫星平台/衛星平臺

wèixīng píngtái/ㄨㄟˋ ㄒㄧㄥ ㄆㄧㄥˊ ㄊㄞˊ

satellite platform

【航】由通用性卫星服务(保障)系统组成，可支持一种或多种卫星有效载荷的系统组合体。通常由一个或几个服务舱、推进舱和返回舱组成卫星保障系统，服务于一个或几个特定的有效载荷舱中的有效载荷。

卫星食/衛星食 wèixīngshí/ㄨㄟˋ ㄒㄧㄥ ㄕˊ

satellite eclipse

【航】卫星进入地球阴影，使卫星表面变暗的现象。

📖 地球遮挡阳光形成的阴影称为“地影”，有本影区和半影区之分。卫星在本影区将处于全部黑暗中，在半影区还将能接收部分阳光的照射。

卫星手机/衛星手機

wèixīng shǒujī/ㄨㄟˋ ㄒㄧㄥ ㄕㄡˇ ㄐㄧ

satellite phone

【交】利用低轨道卫星移动通信系统接发信号的手机。大多可同时作为卫星定位系统(GPS)的个人终端设备。

卫星天线/衛星天線

wèixīng tiānxiàn/ㄨㄟˋ ㄒㄧㄥ ㄊㄧㄢ ㄒㄧㄢˋ

satellite antenna

【航】又称“星载天线”。人造卫星及其航天器装载的天线。用于将输出信号转换成空间电磁波发射，或将空间电磁波转换成接收信号。按用途不同，分为通信、遥感、导航、测控、合成孔径雷达、数据中继、航天器交会对接等天线；按类型不同，分为反射面、相控阵、透镜、可展开、多波束、杆状天线及天线组，频率范围可从甚低频到极高频。

卫星通信/衛星通訊

wèixīng tōngxìn/ㄨㄟˋ ㄒㄧㄥ ㄊㄨㄥ ㄒㄩㄣˋ

satellite communication

【信息】由地面站和通信卫星组成的通信系统。以通信卫星作中继站，接收来自地面站的信号，经放大、变频后，再发送给另一地面站接收，实现两站之间的通信。以微波作为载波。通信距离远、覆盖面广、不受地理条件限制，容量大、可靠性高，成本与通信距离无关等。采用与地球自转同步的卫星，范围可覆盖地球的 1/3 地面。

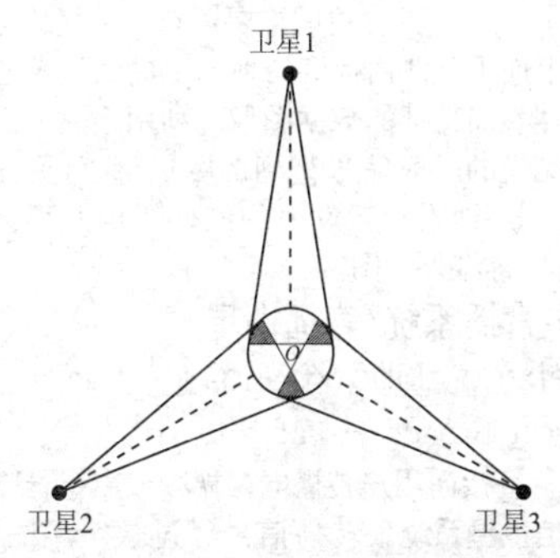

卫星通信示意图

卫星通信地球站/衛星通訊地面站

wèixīng tōngxìn dìqiúzhàn/

ㄨㄟˋ ㄒㄧㄥ ㄊㄨㄥ ㄒㄩㄣˋ ㄉㄧˋ ㄇㄧㄢˋ ㄓㄢˋ

earth station of satellite communications

【信息】能通过通信卫星传输信息的地球站。属于卫星通信系统中的地面通信设备，由天线、发射放大、接收放大、地面通信设备、终端、通信控制及电源七个分系统组成。

卫星星座/衛星星座
wèixīng xīngzuò/ㄨㄟˋ ㄒㄧㄥ ㄒㄧㄥ ㄗㄨㄛˋ
satellite constellation
【航】将单星模式工作的卫星按照一定的相位要求布放而形成多星模式工作的卫星群。可大幅度提高时间分辨率,获得较好数据和图像质量等。可分为同一轨道面内等间隔相位卫星布放星座和不同轨道面内等间隔相位卫星布放星座。

卫星应用地面系统/衛星應用地面系統
wèixīng yìngyòng dìmiàn xìtǒng/ㄨㄟˋ ㄒㄧㄥ ㄧㄥˋ ㄩㄥˋ ㄉㄧˋ ㄇㄧㄢˋ ㄒㄧˋ ㄊㄨㄥˇ
ground system for satellite application
【航】向卫星发送数据指令等并接收来自卫星的信息数据,进行数据处理后提供用户使用的一系列地面设备系统。卫星应用的用途和需求不同,形成不同的卫星地球站和数据处理中心,如卫星通信地球站、气象卫星地面系统、导航卫星注入站、地球资源卫星地面系统等。

卫星云图/衛星雲圖
wèixīng yúntú/ㄨㄟˋ ㄒㄧㄥ ㄩㄣˊ ㄊㄨˊ
satellite cloud picture
【气】现代气象分析的重要资料。是气象卫星自上而下观测而得到的地球上的云层覆盖和地球表面特征的数据图像。利用地表和云对可见光的反射信号得到的图像,称可见光云图;利用地表和云发射的红外线信号得到的图像,称红外云图。

卫星直播系统/直播衛星
wèixīng zhíbō xìtǒng/ㄓˊ ㄅㄛ ㄨㄟˋ ㄒㄧㄥ
direct broadcast satellite
【航】直接向用户转播电视视频或声音音频的通信卫星系统。转播信号经过数字压缩,单个卫星转发器能够同时播送数个(可达 200 个)节目。碟状天线指向一定轨道位置的带有广播转发器的卫星,就能接收各种业务节目。包括有线业务、体育、音频业务等。

卫星制导/衛星制導
wèixīng zhìdǎo/ㄨㄟˋ ㄒㄧㄥ ㄓˋ ㄉㄠˇ
satellite guidance
【航】利用由导航卫星、卫星地面接收站和用户感知解算装置组成的系统,实时获取飞行器速度、姿态及位置信息的制导。常用导航卫星系统主要有美国“全球定位系统”GPS、俄罗斯“全球导航卫星系统”GLONASS 和中国的“北斗卫星导航系统”BDS。

卫星组网/衛星組網
wèixīng zǔwǎng/ㄨㄟˋ ㄒㄧㄥ ㄗㄨˇ ㄨㄤˇ
satellite networking
【航】根据目标任务,将多个单卫星模式工作的卫星或以多座模式工作的卫星星座以一定形式联结成可获取完整信息的网络系统。是天基综合信息网的重要组成部分。

未成熟儿
wèichéngshú'ér/ㄨㄟˋ ㄔㄥˊ ㄕㄨˊ ㄦˊ
【医】即“早产儿”(1410 页)。

未静鋼
ㄨㄟˋ ㄐㄧㄥˋ ㄍㄤ/wèijìnggāng
rimming steel, rimmed steel
【材】台湾名。即“沸腾钢”(340 页)。

位矢 wèishǐ/ㄨㄟˋ ㄕˇ
【物】“位置矢量”的简称。

位似变换/位似變換
wèisì biànhuàn/ㄨㄟˋ ㄙˋ ㄅㄧㄢˋ ㄏㄨㄢˋ
homothetic transformation
【数】将一个图形变为它的位似形的变换。每对对应点都在位似中心同旁的位似变换,叫作外位似;每对对应点都在位似中心两旁的位似变换,叫作内位似。

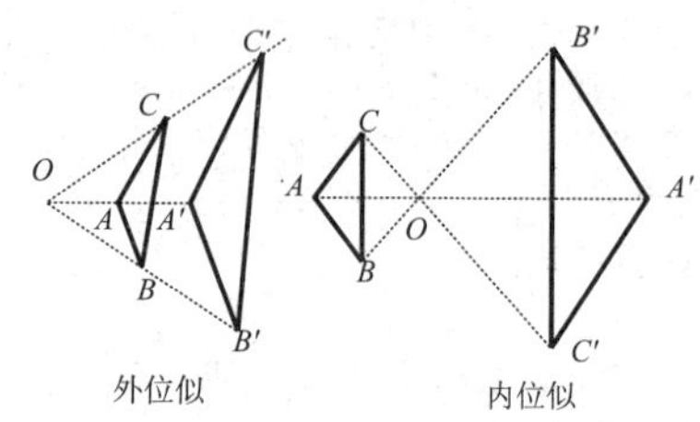

位似变换

位似圖形 ㄨㄟˋ ㄙˋ ㄊㄨˊ ㄒㄧㄥˊ/wèisì túxíng
homothetic figures
【数】台湾名。即“位似形”(1188 页)。

位似形/位似圖形
wèisìxíng/ㄨㄟˋ ㄙˋ ㄊㄨˊ ㄒㄧㄥˊ
homothetic figures
【数】若图形 F 与 F' 的点一一对应,F 的任

意点 $A_1, A_2, \cdots, A_n$ 对应 F' 的点 $A_1', A_2', \cdots, A_n'$，且满足：(1)直线 $A_1A_1', A_2A_2', \cdots, A_nA_n'$ 过同一点 O；(2)$\frac{OA_1}{OA'_1}=\frac{OA_2}{OA'_2}=\cdots=\frac{OA_n}{OA'_n}=k(k>0)$，则称 F 与 F' 是位似形，点 O 叫作位似中心。

位態 ㄨㄟˋ ㄊㄞˋ/wèitài
attitude
【地】台湾名。即“产状”(107 页)。

位听神经
wèitīng shénjīng/ㄨㄟˋ ㄊㄧㄥ ㄕㄣˊ ㄐㄧㄥ
【医】即“听神经”(1136 页)。

位图/位元映像 wèitú/ㄨㄟˋ ㄩㄢˊ ㄧㄥˋ ㄒㄧㄤˋ
bitmap
【信息】又称“像素图”。由指明某一属性是否存在的(二进制)位组成的二维数组。

位移/位移 wèiyí/ㄨㄟˋ ㄧˊ
displacement
【物】描述质点空间位置变更的大小和方向的物理量。为矢量，用 $\boldsymbol{L}$ 表示，单位米。如果一个质点的初位置为 A，末位置为 B，该质点的位移就是从 A 到 B 的有向线段，其大小就是线段的长度，方向由 A 指向 B。

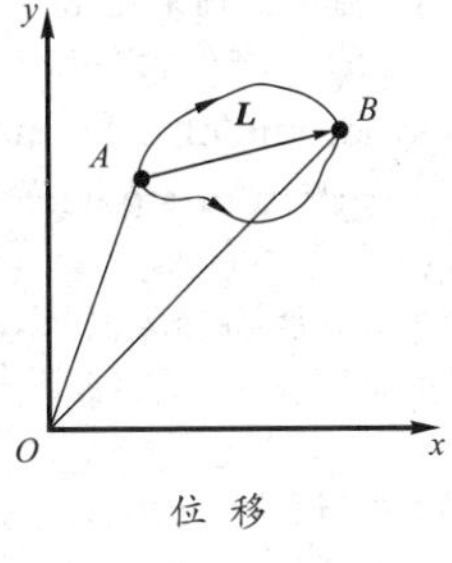

位 移

位移测量仪表/位移测量儀
wèiyí cèliáng yíbiǎo/ㄨㄟˋ ㄧˊ ㄘㄜˋ ㄌㄧㄤˊ ㄧˊ
displacement measuring instrument
【机】测量刚体平移或转动时的线位移或角位移的机械量测量仪表。由位移传感器、测量电路和指示器等部分组成。可分为电容位移测量仪、数字式位移测量仪、电感式位移测量仪等。

位移測量儀
ㄨㄟˋ ㄧˊ ㄘㄜˋ ㄌㄧㄤˊ ㄧˊ/wèiyí cèliángyí
displacement measuring instrument
【机】台湾名。即“位移测量仪表”(1189 页)。

位移角 ㄨㄟˋ ㄧˊ ㄐㄧㄠˇ/wèiyíjiǎo
displacement angle, phase difference angle
【电】台湾名。即“相位移角”(1253 页)。

位元映像
ㄨㄟˋ ㄩㄢˊ ㄧㄥˋ ㄒㄧㄤˋ/wèiyuán yìngxiàng
bitmap
【信息】台湾名。即“位图”(1189 页)。

位元組 ㄨㄟˋ ㄩㄢˊ ㄗㄨˇ/wèiyuánzǔ
byte
【信息】台湾名。即“字节”(1507 页)。

位址 ㄨㄟˋ ㄓˇ/wèizhǐ
address
【信息】台湾名。即“地址”(232 页)。

位置保持 wèizhì bǎochí/ㄨㄟˋ ㄓˋ ㄅㄠˇ ㄔˊ
【航】即“轨道保持”(451 页)。

位置公差/位置公差
wèizhì gōngchā/ㄨㄟˋ ㄓˋ ㄍㄨㄥ ㄔㄚ
position tolerance
【机】关联实际要素的位置对基准所允许的变动全量。按两者几何关系不同，可分为定向公差、定位公差和跳动公差。形状公差与位置公差合称为形位公差。

位置矢量/位置向量
wèizhì shǐliàng/ㄨㄟˋ ㄓˋ ㄒㄧㄤˋ ㄌㄧㄤˋ
position vector
【物】简称“位矢”。描述质点在空间位置的物理量。质点的空间位置可用质点相对于参考点的矢径来表示。以坐标原点 O 为起点(参考点)、位置 P 为终点的矢量 $\boldsymbol{r}$，称为位置矢量。

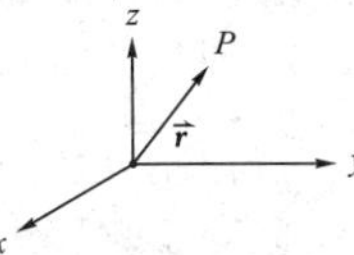

位置矢量

📖 可用其在直角坐标系的三个分量在坐标轴上的投影来表示，$\boldsymbol{r}=x\mathbf{i}+y\mathbf{j}+z\mathbf{k}$，式中 $\mathbf{i}$、$\mathbf{j}$、$\mathbf{k}$ 分别为 x 轴、y 轴、z 轴方向上的单位矢量。当质点运动时，质点的位置随时间 t 的变化而变化，在直角坐标系中可用 $x=x(t)$、$y=y(t)$、$z=z(t)$ 表示，也可用 $\boldsymbol{r}=\boldsymbol{r}(t)$ 表示。它依赖于坐标系的选择。例如在直角坐标系 $O-xyz$ 中的位矢 $\boldsymbol{r}$，在另一直角坐标系中 $O'-x'y'z'$ 中位矢为 $\boldsymbol{r}'$。$\boldsymbol{r}$ 与 $\boldsymbol{r}'$ 的方向和数值都不相同。

位置向量
ㄨㄟˋ ㄓˋ ㄒㄧㄤˋ ㄌㄧㄤˋ/wèizhì xiàngliàng

position vector

【物】台湾名。即“位置矢量”(1189 页)。

味精/味精 wèijīng/ㄨㄟˋ ㄐㄧㄥ

monosodium glutamate, MSG

【化】调味品的一种。主要成分是左旋谷氨酸的一种钠盐。白色晶体或结晶性粉末,有光泽,有特殊鲜味。可用面筋作为原料生产,经蛋白质水解生成,现多以玉米淀粉、甘薯淀粉或大米淀粉发酵获得。加入1%～12%呈味核苷酸钠可制成强力特鲜味精,鲜味成倍增加。

W

胃/胃 wèi/ㄨㄟˋ

stomach

㊀【医】主要的消化器官。上接食管,下通十二指肠,是中空袋状结构。入口为贲门,出口为幽门,分为贲门部、胃底部、胃体部和胃窦部四部分。胃壁内层为黏膜层和黏膜下层,外层为浆膜层,中间为由三层平滑肌组成的肌层。胃能将大块食物研磨成小块,并将食物中的大分子降解成较小的分子,以便于进一步被吸收,吸收少量水和少量酒精以及很少的无机盐。胃腺分泌胃液,胃液中含有盐酸和蛋白酶,可初步消化蛋白质。㊁【中医】六腑之一。位于中焦,其上口为贲门,下口为幽门。中医认为其主要生理功能是受纳与腐熟饮食物。

胃癌/胃癌 wèi'ái/ㄨㄟˋ ㄧㄢˊ(又读 ㄞˊ)

gastric cancer, stomach cancer

【医】发生于胃壁的恶性肿瘤。多来源于上皮组织,主要是腺癌,还有鳞状细胞癌、腺鳞癌、类癌、小细胞癌等。早期症状常不明显,如上腹部不适、隐痛、嗳气、泛酸、食欲减退、轻度贫血等。发病原因不明,可能与生活习惯、饮食习惯、环境因素、遗传素质、精神因素等有关,也与慢性胃炎、胃息肉、胃增生,以及长期幽门螺杆菌感染等有一定的关系。

胃穿孔/胃穿孔 wèichuānkǒng/ㄨㄟˋ ㄔㄨㄢ ㄎㄨㄥˇ

gastric perforation

【医】胃壁穿通,胃内容物进入腹腔的病变。多见于胃溃疡,是溃疡病最严重的并发症。多位于幽门附近小弯侧。

胃蛋白酶/胃蛋白酶 wèidànbáiméi/ㄨㄟˋ ㄉㄢˋ ㄅㄞˊ ㄇㄟˊ

pepsin

【医】一种蛋白水解酶。胃黏膜主细胞分泌的胃蛋白酶原,在胃酸作用下自动激活为有活性的胃蛋白酶,能够将食物中的蛋白质分解为小的肽片段。

胃溃疡/胃潰瘍 wèikuìyáng/ㄨㄟˋ ㄎㄨㄟˋ ㄧㄤˊ

gastric ulcer

【医】❶消化系统常见疾病。主要表现为饥饿不适、饱胀嗳气、反酸或餐后定时的慢性中上腹疼痛,严重时可有黑便与呕血。较明显的病因为幽门螺杆菌感染、服用非甾体抗炎药以及胃酸分泌过多,还可由遗传因素和情绪波动、过度劳累、饮食失调、吸烟酗酒等引起。❷在台湾,胃溃疡也指“消化性溃疡”(1256 页)。

胃排空/胃排空 wèipáikōng/ㄨㄟˋ ㄆㄞˊ ㄎㄨㄥ

gastric emptying

【医】食物由胃进入十二指肠的过程。其速度因食物的种类、性状和胃的运动情况而异。

胃气虚证/胃氣虛證 wèiqìxūzhèng/ㄨㄟˋ ㄑㄧˋ ㄒㄩ ㄓㄥˋ

syndrome of deficiency of stomach qi, * pattern of stomach qi vacuity

【中医】中医证候之一。胃气虚弱,纳运失职所致,以胃脘痞胀、隐痛,喜按,不思饮食,或得食痛缓,神疲乏力,舌淡嫩,苔薄白,脉弱等为常见症。

胃炎/胃炎 wèiyán/ㄨㄟˋ ㄧㄢˊ

gastritis

【医】胃部发生的炎症。由各种物理、化学或生物有害因子引起。按病程长短不同,可分为急性胃炎和慢性胃炎。

胃阴虚证/胃陰虛證 wèiyīnxūzhèng/ㄨㄟˋ ㄧㄣ ㄒㄩ ㄓㄥˋ

syndrome of deficiency of stomach yin, * pattern of stomach yin vacuity

【中医】中医证候之一。阴液亏虚,胃失濡润所致,以口燥咽干,饥不欲食,胃脘隐隐灼痛,或胃脘嘈杂、痞胀,或干呕呃逆,大便干结,舌红少津,脉细数(shuò)等为常见症。

渭河平原/渭河平原 Wèi Hé Píngyuán/ㄨㄟˋ ㄏㄜˊ ㄆㄧㄥˊ ㄩㄢˊ

Wei He Plain

【地】又称“关中平原”。平原名。位于陕西中部,介于秦岭和渭北北山之间。西窄东宽,东西长约300千米,面积约3.4万平方千米,平均海拔约400米,地势西高东低。土壤肥沃,气候温暖,交通便利。灌溉农业自古闻名,是重要的农业产区,盛产小麦、棉花等。

衛生掩埋

ㄨㄟˋ ㄕㄥ ㄧㄢˇ ㄇㄞˊ/wèishēng yǎnmái

sanitary landfill

【环】台湾名。即“卫生填埋”(1186页)。

衛星火箭分離

ㄨㄟˋ ㄒㄧㄥ ㄏㄨㄛˇ ㄐㄧㄢˋ ㄈㄣ ㄌㄧˊ/

wèixīng huǒjiàn fēnlí

satellite rocket separation

【航】台湾名。即“星箭分离”(1277页)。

衛星間通訊

ㄨㄟˋ ㄒㄧㄥ ㄐㄧㄢ ㄊㄨㄥ ㄒㄩㄣˋ/

wèixīngjiān tōngxùn

inter-satellite communication

【信息】台湾名。即“星际通信”(1276页)。

衛星上電腦

ㄨㄟˋ ㄒㄧㄥ ㄕㄤˋ ㄉㄧㄢˋ ㄋㄠˇ/

wèixīngshàng diànnǎo

satellite onboard computer

【航】台湾名。即“星载计算机”(1277页)。

衛星搜尋救援

ㄨㄟˋ ㄒㄧㄥ ㄙㄡ ㄒㄩㄣˊ ㄐㄧㄡˋ ㄩㄢˊ/

wèixīng sōuxún jiùyuán

satellite search and rescue

【航】台湾名。即“卫星救援”(1187页)。

衛星通訊

ㄨㄟˋ ㄒㄧㄥ ㄊㄨㄥ ㄒㄩㄣˋ/wèixīng tōngxùn

satellite communication

【物】台湾名。即“卫星通信”(1187页)。

衛星通訊地面站

ㄨㄟˋ ㄒㄧㄥ ㄊㄨㄥ ㄒㄩㄣˋ ㄉㄧˋ ㄇㄧㄢˋ ㄓㄢˋ/

wèixīng tōngxùn dìmiànzhàn

earth station of satellite communications

【信息】台湾名。即“卫星通信地球站”(1187页)。

魏氏体/魏氏體 wèishìtǐ/ㄨㄟˋ ㄕˋ ㄊㄧˇ

widmanst tten

【材】钢中相形态之一。通常指先共析铁素体或渗碳体加珠光体的组织。呈片状或针状、棒状。通常低、中碳钢冷却速度适当时,都可能产生魏氏体。钢中出现魏氏体会导致钢的强度、韧性与塑性降低。常采用退火或正火的方法细化晶粒,消除魏氏体。

鳚/鳚 wèi/ㄨㄟˋ

blenny

【动】鱼名。硬骨鱼纲鳚科Blenniidae鱼类的统称。身体侧扁,或形状像鳗,长10～20厘米,背鳍和臀鳍延长,无鳞。生活在热带、温带的近海和北极水域中。种类很多。

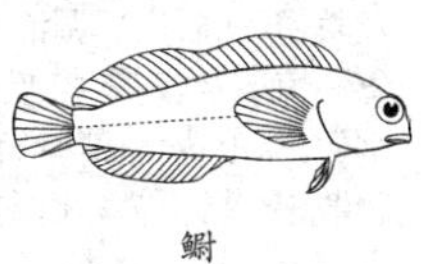

鳚

wen (ㄨㄣ)

温/温 wēn/ㄨㄣ

warm

【中医】中药四气之一。具有发散表寒、温胃和中、温通气血等作用,能治疗较轻的寒证。例如,桂枝性温,有发汗解表、温经通阳的作用。“温”与“热”性质相近,均为温热趋向,但程度偏低。

温标/温標 wēnbiāo/ㄨㄣ ㄅㄧㄠ

temperature scale, thermometric scale

【计量】温度的数值表示法。即关于温度零点和分度方法的规定。国际单位制采用热力学温标。常用的还有摄氏温标和华氏温标。

温病/温病

wēnbìng/ㄨㄣ ㄅㄧㄥˋ

warm disease

【中医】中医外感热病之一。感受温邪引起的外感热病的统称。通常起病较急,发热较甚,传变较快,容易化燥伤津,后期尤多阴枯液涸等。治疗通常按卫、气、营、血或三焦辨证理论,选用解表、清气、和解、化湿、通下、清营凉血、开窍、息风、滋阴、回阳固脱等法。可分为风温、温热、温疫、春温、暑温、秋温、冬温、秋燥、温毒、温疟、伏气温病、晚发等。

温病条辨/温病條辨
Wēnbìng Tiáobiàn/ㄨㄣ ㄅㄧㄥˋ ㄊㄧㄠˊ ㄅㄧㄢˋ
Detailed Analysis of Epidemic Warm Disease, * Systematized Identification of Warm Disease
【中医】中医温病著作。吴鞠通撰。成书于清嘉庆三年(1798年),刊于嘉庆十七年(1812年)。6卷,卷首1卷。作者阐发叶天士学说,采辑历代名贤著述,间附己意编成。引述《内经》有关温热病原文以阐述温病理论原始;依上、中、下三焦为纲,分论风温、温热、温疫、温毒、冬温、暑温等病证治,列238法,201方;论及救逆、病后产后调治及产后惊风诸症、小儿急慢惊风及痘疹、疳疾等。归纳出三焦辨证纲领,提出清络、清营、育阴治温三法,创制银翘散、桑菊饮等。在温热病病机、辨证、论治、方药等方面论述精审,内容丰富,系统实用,反映了当时的最高水平。

温病学派/温病學派
wēnbìng xuépài/ㄨㄣ ㄅㄧㄥˋ ㄒㄩㄝˊ ㄆㄞˋ
school of warm diseases
【中医】医学流派之一。对外感温热病的病因、病机、证治规律进行系统阐发。以清代叶桂、薛雪、吴鞠通、王士雄等为代表。叶桂撰《温热论》,明确指出温病病因是温热,由口鼻而入,其传变途径由卫而气、而营、而血(顺传),由肺直陷心包为逆传,并提出相应辛凉、清气、透热转气、凉血散血等一系列治疗法则,和察舌、验齿、辨斑疹白痦方法,以及有效方药。其所创立的卫气营血辨证体系,是温病学说成熟的标志。吴鞠通撰《温病条辨》,提出用三焦辨证统领风温、温热、温疫、温毒、冬温、暑温、伏暑、湿温、寒湿、温疟、秋燥等11种温病,确立清热养阴,顾存津液的治则,从叶桂医案中总结出桑菊饮、银翘散等名方,在危重阶段及时应用安宫牛黄丸、至宝丹、紫雪丹。薛雪撰《湿热病篇》,指出湿热病变中心在脾胃,辨明湿与热孰重或湿热并重,组方重视淡渗利湿、芳香化湿、苦温燥湿药的选择,宜选轻清扬散而不助热伤阴的清热药,善用犀角、羚羊角、鲜菖蒲、至宝丹抢救危重病症。王士雄撰《温热经纬》,集诸家学说,录本人经验,对温病学说的总结及普及起到很大作用。
📖 温病可溯源于《素问·生气通天论》:"冬伤于寒,春必病温。"汉代以后,温病与同属于外感热病的伤寒逐渐分离,并形成病因、病机相对立的一类疾病。经过历代医家的实践与阐发,明清时期温病学说趋于成熟。

温差电效应/熱電效應
wēnchādiàn xiàoyìng/ㄖㄜˋ ㄉㄧㄢˋ ㄒㄧㄠˋ ㄧㄥˋ
thermoelectric effect
【物】两种不同金属导体组成的回路中,如果回路的两种金属接头处于不同温度,在回路产生电动势的现象。产生这种效应的回路为温差电偶,其电动势为温差电动势。

温床/熱床 wēnchuáng/ㄖㄜˋ ㄔㄨㄤˊ
hot bed
【农】室内苗床的一种。用土、砖、水泥等筑成床框,上面覆有玻璃、塑料薄膜等透光材料,有人工加温设施或利用苗床下的酿热物发酵生热。主要用于冬、春季提前育苗或栽种蔬菜。

温带/溫帶 wēndài/ㄨㄣ ㄉㄞˋ
temperate zone
【地】天文上的中纬地带。南、北半球各自的回归线与极圈之间的地带,约占地球表面积的51.9%。终年昼夜分明。气候比较温和。在南半球的称"南温带",在北半球的称"北温带"。

温带草原/溫帶草原
wēndài cǎoyuán/ㄨㄣ ㄉㄞˋ ㄘㄠˇ ㄩㄢˊ
temperate steppe
【植】在温带半干旱至半湿润环境下发育,由多年生草本植物为主组成的植物群落类型。

温带落叶阔叶林/溫帶落葉闊葉林
wēndài luòyè kuòyèlín/
ㄨㄣ ㄉㄞˋ ㄌㄨㄛˋ ㄧㄝˋ ㄎㄨㄛˋ ㄧㄝˋ ㄌㄧㄣˊ
temperate deciduous broad-leaved forest
【植】分布于温带湿润、半湿润地区,由落叶植物为主形成的落叶森林群落。

温度/溫度 wēndù/ㄨㄣ ㄉㄨˋ
temperature
【计量】描述物体冷热程度的物理量。是物体分子热运动的剧烈程度的标志。在确定的温标下,其数值和单位准确地描述物体的冷热。

温度表/溫度計 wēndùbiǎo/ㄨㄣ ㄉㄨˋ ㄐㄧˋ
thermometer

【气】用于测量温度，目测读数而不具有自动记录功能的仪器。根据物质的热胀冷缩原理制成，通常由感温物质、读数装置和外壳构成。按所用感温物质不同，可分为煤油温度表、酒精温度表、水银温度表、气体温度表、电阻温度表、温差电偶温度表、辐射温度表和光测温度表等。气象上常用水银温度表。

温度传感器/温度感測器

wēndù chuángǎnqì/ㄨㄣ ㄉㄨˋ ㄍㄢˇ ㄘㄜˋ ㄑㄧˋ

temperature sensor/transducer

【自】传感器的一种。利用物质的某种物理性质随温度变化的规律，将温度转换为电量。是温度测量仪表的核心部分。

温度感測器

ㄨㄣ ㄉㄨˋ ㄍㄢˇ ㄘㄜˋ ㄑㄧˋ/wēndù gǎncèqì

temperature sensor/transducer

【自】台湾名。即“温度传感器”(1193 页)。

温度计/温度計 wēndùjì/ㄨㄣ ㄉㄨˋ ㄐㄧˋ

thermometer

㊀【物】测量物体温度的仪器。通常选择某种物体随温度而显著变化的性质即某种物理量作为温度测量的标志。测量温度时直接测量该物理量的大小，然后根据相应的物理规律计算出物体的温度。常见的有液体温度计、双金属温度计等。㊁【气】在台湾，温度计也指“温度表”(1192 页)。

温暖效应

wēnnuǎn xiàoyìng/ㄨㄣ ㄋㄨㄢˇ ㄒㄧㄠˋ ㄧㄥˋ

【心】即“南风效应”(821 页)。

温泉/溫泉 wēnquán/ㄨㄣ ㄑㄩㄢˊ

❶warm spring, ❷hot spring

【地】❶见“泉”(932 页)。❷台湾名，即“热泉”(941 页)。

温室气体/溫室氣體

wēnshì qìtǐ/ㄨㄣ ㄕˋ ㄑㄧˋ ㄊㄧˇ

greenhouse gas

【环】大气中具有透过太阳短波辐射(可见光)、吸收地球长波辐射(红外线)特性的气体。主要包括二氧化碳、甲烷、氧化二氮、氯氟烃等。它们在大气中含量增加，导致地球温室效应增强和全球变暖。

温室效应/溫室效應

wēnshì xiàoyìng/ㄨㄣ ㄕˋ ㄒㄧㄠˋ ㄧㄥˋ

greenhouse effect

【环】大气中某些痕量气体引起地球表面和大气下层年平均温度升高的现象。这些气体主要有二氧化碳、甲烷、臭氧、一氧化二氮等。太阳辐射透过大气层，除很少一部分被吸收外，大部分到达地表。地表温度提高，又以长波(热量)向外辐射，被大气中的温室气体和水蒸气吸收，阻留了地球热量向空间散发，使地表和大气下层温度增高。

温疫 wēnyì/ㄨㄣ ㄧˋ

【中医】即“瘟疫”(1193 页)。

温疫论/溫疫論 Wēnyìlùn/ㄨㄣ ㄧˋ ㄌㄨㄣˋ

On Plague Diseases, * On Warm Epidemics

【中医】中医温病著作。吴有性撰。成书于明崇祯十五年(1642 年)。2 卷。详细论述了温疫病因、初起、传变诸症及治法等内容。提出戾气病因说，有别于传统的“六淫致病说”，指出温疫之邪由口鼻而入，在半表半里，主张治温不可发汗。参考古今医案，创造了一些有实用价值的方药，如达原饮等。对温疫病因和传染途径的认识，突破中医传统之说。在显微镜还未应用的当时，其对病因戾气及其致病与后来西方对病菌及其致病的描述非常接近。

瘟疫/瘟疫 wēnyì/ㄨㄣ ㄧˋ

epidemic infectious disease, pestilence

【中医】又作“温疫”。中医外感热病之一。感受疫疠之气而发生的多种流行性急性传染病的统称。

文本/文本 wénběn/ㄨㄣˊ ㄅㄣˇ

text

【信息】采用字符、符号、单词、短语、段落、句子、表格或其他字符排列形式，表述一定意义的数据。例如打印在纸上或显示在屏幕上的业务信件。

文昌鱼/文昌魚

wénchāngyú/ㄨㄣˊ ㄔㄤ ㄩˊ

amphioxus

【动】脊索动物名。头索纲文昌鱼科 Branchiostomidae 动物的统称。白氏文昌鱼(*Branchiostoma belcheri*)外形像小鱼，体细长，侧扁，长约 5 厘米，半透明，头尾尖，体内有一条脊索，有背鳍、臀鳍和尾鳍。生活在海底泥沙中，以浮游生物为食。分布于热带、亚热带的浅水海域中，在中国，分布在厦门、青岛和烟台沿海。它的形态结构和胚胎发育像脊椎动物，又有无脊椎动物的一些特点，在生物学上具有重要的研究意义。

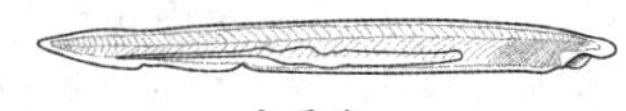

文昌鱼

文旦 wéndàn/ㄨㄣˊ ㄉㄢˋ

【植】即“柚”(1373 页)。

文冠果/文冠果

wénguānguǒ/ㄨㄣˊ ㄍㄨㄢ ㄍㄨㄛˇ

shinyleaved yellowhorn

【植】*Xanthoceras sorbifolium* 无患子科文冠果属。灌木或小乔木。小枝褐红色。奇数羽状复叶，小叶 9～19 枚，披针形，顶生小叶三深裂，边缘有齿。圆锥花序，先叶抽出，花杂性，花瓣白色，基部紫红色或黄色。种子球形，黑色而有光泽。花期春季，果期秋季。在中国，分布于北部和东北部各地。油料经济植物，种子可作干果。

文冠果

文化和自然混合遗产/文化和自然混合遺產

wénhuà hé zìrán hùnhé yíchǎn/ㄨㄣˊ ㄏㄨㄚˋ ㄏㄜˊ ㄗˋ ㄖㄢˊ ㄏㄨㄣˋ ㄏㄜˊ ㄧˊ ㄔㄢˇ

mixed cultural and natural heritage

【建】又称“自然与文化双遗产”。同时部分满足或完全满足文化遗产和自然遗产定义的人类财产。如泰山、黄山、武夷山、峨眉山—乐山大佛等。

文化景观/文化景觀

wénhuà jǐngguān/ㄨㄣˊ ㄏㄨㄚˋ ㄐㄧㄥˇ ㄍㄨㄢ

cultural landscape

【建】人类活动所造成的景观。反映在一系列社会、经济和文化因素的内外作用下，人类社会和定居地的历史沿革。通常分为由人类有意设计和建筑的景观、有机进化的景观、关联性文化景观三种类型。如中国浙江“杭州西湖文化景观”。

文化遗产/人為遺產

wénhuà yíchǎn/ㄖㄣˊ ㄨㄟˊ ㄧˊ ㄔㄢˇ

cultural heritage

【建】具有特定价值和意义的人类财产。可分为物质文化遗产(有形文化遗产)和非物质文化遗产(无形文化遗产)两类。

文件/檔案 wénjiàn/ㄉㄤˇ ㄢˋ

file

【信息】赋予名称并作为一个单位来处理的记录的集合。所含记录可以是同类型或不同类型的。用户不再需要了解文件存放的物理位置和物理结构，只需按名存取，由文件管理程序自动完成数据传送操作。

文件传送协议/檔案傳送協定

wénjiàn chuánsòng xiéyì/ㄉㄤˇ ㄢˋ ㄔㄨㄢˊ ㄙㄨㄥˋ ㄒㄧㄝˊ ㄉㄧㄥˋ

file transfer protocol，FTP

【信息】适用于在计算机之间传送文件的高级协议(标准)。多作为应用级程序实现，并利用远程登录协议(telnet)和传输控制协议(TCP)。

文件分配表/檔案配置表

wénjiàn fēnpèibiǎo/ㄉㄤˇ ㄢˋ ㄆㄟˋ ㄓˋ ㄅㄧㄠˇ

file allocation table

【信息】由操作系统维护，用来管理存储文件的磁盘空间的表格或清单。

文件夹/檔案夾 wénjiànjiā/ㄉㄤˇ ㄢˋ ㄐㄧㄚˊ

folder

【信息】指存放在一起的一组文件的目录。因作用类似保存纸质文件的夹子，故名。

文件库/程式館 wénjiànkù/ㄔㄥˊ ㄕˋ ㄍㄨㄢˇ

library

【信息】有关文件的汇集。例如存货管理中的一套库存控制文件。

文庙/孔廟 wénmiào/ㄎㄨㄥˇ ㄇㄧㄠˋ

Temple Confucius，Wen Miao

【建】又称“孔庙”。奉祀孔子的庙宇。京师立孔庙始于北魏孝文帝太和十三年(公元 489 年)。型制中轴线由南至北为万仞宫墙(照壁)、泮池、棂星门、大成门、大成殿、崇圣殿。轴线两侧为明伦堂、尊经阁、敬一亭等建筑。曲阜孔庙为孔氏家庙，公元前 478 年孔子旧居改建,后历代朝廷敕修,是中国历史最久、规模最大的孔庙。

文鸟/文鳥 wénniǎo/ㄨㄣˊ ㄋㄧㄠˇ

mannikin

【动】鸟名。雀形目梅花雀科文鸟属(*Lonchura*)各种的统称。常见的如白腰文鸟(*L. striata*),体长约 10 厘米,喙呈圆锥状,背部栗褐色,稍后灰白色,至腰部渐转为淡褐色。群栖在路旁灌木丛中,以谷粒、草籽等为食。中国分布在长江流域以南。

文鸟

文丘里流量计/文氏管 Wénqiūlǐ liúliàngjì/ㄨㄣˊ ㄕˋ ㄍㄨㄢˇ

Venturi flowmeter, Venturi meter

【机】又称"喉形管流量计"。差压式流量计的一种。通过量测收缩管段与进口管道之间的压差来推算管道流量。用于测量封闭管道中单相稳定流体的流量。

文石/文石 wénshí/ㄨㄣˊ ㄕˊ

aragonite

【地】又称"霰石"。矿物。成分为 $CaCO_3$,常含锶、铅、镁、铁等。与方解石为同质多象。斜方晶系。晶体呈板状或尖锥状,集合体呈棒状、放射状、钟乳状、豆状和鲕状等。白、灰、浅红至黑色,玻璃光泽,莫氏硬度 3.5～4.0,密度 3 克/厘米^3。遇冷稀盐酸剧烈起泡。

文氏管 ㄨㄣˊ ㄕˋ ㄍㄨㄢˇ/wénshìguǎn

Venturi flowmeter, Venturi meter

【机】台湾名。即"文丘里流量计"(1195 页)。

文氏圖 ㄨㄣˊ ㄕˋ ㄊㄨˊ/wénshìtú

Venn diagram

【数】台湾名。即"韦恩图"(1181 页)。

文艺复兴建筑/文藝復興建築

wényì fùxīng jiànzhù/

ㄨㄣˊ ㄧˋ ㄈㄨˋ ㄒㄧㄥ ㄐㄧㄢˋ ㄓㄨˊ

Renaissance architecture

【建】欧洲建筑史上继哥特式建筑之后出现的一种建筑风格,主张扬弃中世纪的哥特式建筑风格,而在宗教和世俗建筑上重新采用古希腊罗马时期的柱式构图要素。15 世纪产生于意大利,后传播到欧洲其他地区,形成带有各自特点的各国文艺复兴建筑。其中,意大利文艺复兴建筑占有最重要位置。

文语转换/文字至語音轉換

wén-yǔ zhuǎnhuàn/

ㄨㄣˊ ㄗˋ ㄓˋ ㄩˇ ㄧㄣ ㄓㄨㄢˇ ㄏㄨㄢˋ

text-to-speech conversion

【信息】由文本到语音输出的转换。可用于盲人计算机、电话信息查询、文本校对,以及专家系统、飞机场、火车站等的有声输出。

文竹/文竹 wénzhú/ㄨㄣˊ ㄓㄨˊ

setose asparagus

【植】*Asparagus setaceus* 又称"云片松"。百合科天门冬属。多年生常绿藤本植物。根略肉质,细长。茎多分枝,叶状枝通常 10～13 枚一簇,刚毛状,略三棱形,真正的叶退化成鳞片状。花小,白色。浆果球形,成熟后紫黑色。花期春季。中国各地均有栽培。观叶植物。根入药。

📖 文竹虽不是竹,但因其茎枝轻柔翠绿,有节似竹,且姿态文雅潇洒,才得此名,取"文雅之竹"之意。

文字至語音轉換

ㄨㄣˊ ㄗˋ ㄓˋ ㄩˇ ㄧㄣ ㄓㄨㄢˇ ㄏㄨㄢˋ/

wénzì zhì yǔyīn zhuǎnhuàn

text-to-speech conversion

【信息】台湾名。即"文语转换"(1195 页)。

纹层/紋層 wéncéng/ㄨㄣˊ ㄘㄥˊ

lamina

【地】又称"细层"。是组成层理的最小的单位。厚度可小于 1 毫米。物质成分比较均一,通常是在相同的水动力条件下形成的。

纹理/紋理 wénlǐ/ㄨㄣˊ ㄌㄧˇ

lamination

【地】❶物体表面的花纹或线条。❷岩石具有纹层的性质。

纹样/紋樣 wényàng/ㄨㄣˊ ㄧㄤˋ

pattern design

【纺】装饰花纹的总称。包括动物、植物、人物、风景等具象的和抽象的纹样,是构成图案的主要因素。可分为单独纹样、适合纹样、二方连续纹样、四方连续纹样和角隅纹样等。常见的有云纹、双喜纹、万字纹等。

闻诊/聞診 wénzhěn/ㄨㄣˊ ㄓㄣˇ

listening and smelling, * listening and

smelling examination, * audio-olfactory examination

【中医】四诊之一。医生从患者身体上听所发出的异常声音和嗅特殊气味,以了解病情,诊察疾病。

蚊/蚊 wén/ㄨㄣˊ

mosquito

【动】昆虫名。双翅目蚊科昆虫的统称。成虫身体细长,胸部有一对翅膀和三对细长的足,幼虫(孑孓)和蛹都生活在水中。雄蚊吸植物的汁液。雌蚊吸人畜的血液,能传播疟疾、丝虫病、流行性乙型脑炎等疾病。种类很多,最常见的有按蚊(*Anopheles*)、库蚊(*Culex*)和伊蚊(*Aedes*)三属。

吻/吻 wěn/ㄨㄣˇ

proboscis

【动】嘴唇。特指动物的口器或头部前端突出的部分。

吻兽/吻獸 wěnshòu/ㄨㄣˇ ㄕㄡˋ

roof-ridge decorative animal sculptures

【建】中国传统建筑屋顶的一种装饰性构件。在正脊两端,用釉陶或琉璃制成,头呈兽形,有固定屋瓦的作用。后被鸱尾取代。

紊流 wěnliú/ㄨㄣˇ ㄌㄧㄡˊ

【物】即"湍流"(1154 页)。

稳定平衡/穩定平衡

wěndìng pínghéng/ㄨㄣˇ ㄉㄧㄥˋ ㄆㄧㄥˊ ㄏㄥˊ

stable equilibrium

【物】平衡的一种。处于平衡状态的力学系统在受到外力的微小作用后,趋向于回复到原来位置的平衡。

稳态/穩定態 wěntài/ㄨㄣˇ ㄉㄧㄥˋ ㄊㄞˋ

steady state

㊀【物】系统的均衡状态。系统受到小的干扰后可自发恢复为这个状态。㊁【化】在台湾,稳态也指"定态"(269 页)。

稳态噪声/穩態噪音

wěntài zàoshēng/ㄨㄣˇ ㄊㄞˋ ㄗㄠˋ ㄕㄥ

steady noise

【环】强度连续而变化不大的噪声。通常指测量时,其幅值和频谱的变化小到可以略而不计的噪声,如机器运转处于稳定振动所发出的噪声,其强度变化往往小于 3dB。

稳心/定傾中心

wěnxīn/ㄉㄧㄥˋ ㄑㄧㄥ ㄓㄨㄥ ㄒㄧㄣ

metacenter

【船】船舶正浮时的浮力作用线与略微倾斜后的浮力作用线的交点。船横倾时的稳心称为横稳心,纵倾时的稳心称为纵稳心。通常特指横稳心。大多数船从正浮到横倾 10°～15°,稳心可近似视作一固定点,称为初稳心。初稳心与重心之间的距离称为重稳距,是初稳性的重要特征数。

穩定電流

ㄨㄣˇ ㄉㄧㄥˋ ㄉㄧㄢˋ ㄌㄧㄡˊ/wěndìng diànliú

steady current

【物】台湾名。即"恒定电流"(497 页)。

穩定態 ㄨㄣˇ ㄉㄧㄥˋ ㄊㄞˋ/wěndìngtài

steady state

【物】台湾名。即"稳态"(1196 页)。

穩流 ㄨㄣˇ ㄌㄧㄡˊ/wěnliú

steady flow

【物】台湾名。即"定常流"(268 页)。

穩態噪音

ㄨㄣˇ ㄊㄞˋ ㄗㄠˋ ㄧㄣ/wěntài zàoyīn

steady noise

【环】台湾名。即"稳态噪声"(1196 页)。

问题儿童/問題兒童

wèntí értóng/ㄨㄣˋ ㄊㄧˊ ㄦˊ ㄊㄨㄥˊ

problem child

【心】品行上严重不符合以至违反社会公共生活准则与有关行为规范,或不能良好地适应社会生活,给社会、他人和自身造成不良影响甚至危害,但未构成犯罪的儿童。

问诊/問診 wènzhěn/ㄨㄣˋ ㄓㄣˇ

inquiry

【中医】四诊之一。医生向患者或陪诊者询问疾病的发生、发展、治疗经过、现在症状和其他与疾病有关的情况,以了解病情,诊察疾病。

weng (ㄨㄥ)

鎓/鎓 wēng/ㄨㄥ

onium

【化】氧、硫、磷和砷等元素的正常价态化合物与氢离子结合成的正离子及其化合物的统称。

瓮城/甕城 wèngchéng/ㄨㄥˋ ㄔㄥˊ
barbican, wengcheng
【建】围在城门外的小城。通常有方、圆两种。圆形的称为“瓮”,方形的称为“方城”。

蕹菜/蕹菜 wèngcài/ㄨㄥˋ ㄘㄞˋ
swamp cabbage
【植】*Ipomoea aquatica* 又称“空心菜”。旋花科番薯属。一年生草本植物,蔓生或浮于水。茎圆柱形,中空,节上生根。叶片形状大小多变,卵形至披针形,先端尖,基部心形至截形,全缘或波状。聚伞花序腋生,花冠漏斗状,白色、淡红色或紫红色。中国南方各地均有栽培。嫩梢可作蔬菜。

wo (ㄨㄛ)

莴苣/萵苣 wōjù/ㄨㄛ ㄐㄩˋ
lettuce
【植】*Lactuca sativa* 通称“莴笋”。菊科莴苣属。一至二年生草本植物。茎直立,单生,白色。基生叶及下部茎叶大,不分裂,倒披针形,基部半抱茎,边缘波状。头状花序排成圆锥花序,舌状花黄色。花果期 2—9 月份。中国各地均有栽培。茎叶可作蔬菜。
📖 莴苣有很多栽培品种,如茎用莴苣即莴笋,叶用莴苣即生菜。

莴笋 wōsǔn/ㄨㄛ ㄙㄨㄣˇ
【植】“莴苣”的通称。

倭瓜 wōguā/ㄨㄛ ㄍㄨㄚ
【植】即“南瓜”(821 页)。

涡电流/渦電流 wōdiànliú/ㄨㄛ ㄉㄧㄢˋ ㄌㄧㄡˊ
eddy current
【物】简称“涡流”。电磁感应在大块金属中形成呈涡旋状的感应电流。

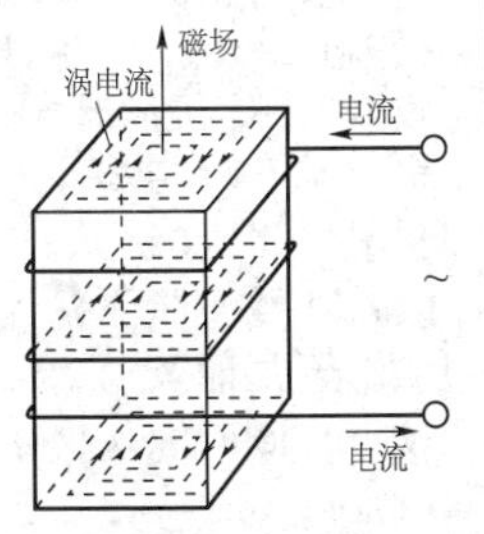

涡电流形成示意图

涡街流量计/渦街流量計 wōjiē liúliàngjì/ㄨㄛ ㄐㄧㄝ ㄌㄧㄡˊ ㄌㄧㄤˋ ㄐㄧˋ
vortex-shedding flowmeter
【机】速度式流量计的一种。通过在流体中安放一个非流线型旋涡发生体,使流体在发生体两侧交替分离,释放出两串规则地交错排列的旋涡,在一定范围内旋涡分离频率与流量成正比,由此可测得流体流量。按频率检出方式不同,可分为应力式、应变式、电容式、热敏式、振动体式、光电式及超声式等。

涡流/渦流 wōliú/ㄨㄛ ㄌㄧㄡˊ
eddy current
【物】❶流体单元围绕一个瞬时轴旋转的流动。例如龙卷风的核心部分。❷“涡电流”的简称。

涡轮机/渦輪機 wōlúnjī/ㄨㄛ ㄌㄨㄣˊ ㄐㄧ
turbine
【机】又称“透平机”。利用流体冲击叶轮转动而产生动力的叶片式发动机。按所用工质不同,可分为汽轮机、燃气轮机和水轮机等;按工质流动方向不同,可分为轴流式和辐流式(或径流式)。广泛用于发电、航空、航海等领域。

涡轮流量计/渦輪流量計 wōlún liúliàngjì/ㄨㄛ ㄌㄨㄣˊ ㄌㄧㄡˊ ㄌㄧㄤˋ ㄐㄧˋ
turbine flowmeter
【机】速度式流量计的一种。采用多叶片的涡轮(转子)感受流体平均流速,从而推导出流量或总量。由传感器和显示仪两部分组成,也可做成整体式。精度高,量程宽,反应快,耐高压,耐腐蚀和阻力损失小。广泛应用于石油、化学、电力、食品和航空等行业。

渦流擴散 ㄨㄛ ㄌㄧㄡˊ ㄎㄨㄛˋ ㄙㄢˋ/wōliú kuòsàn
turbulence diffusion
【气】台湾名。即“湍流扩散”(1154 页)。

蜗杆/蝸桿 wōgǎn/ㄍㄨㄚ ㄍㄢˇ
worm
【机】具有一个或几个螺旋齿可与蜗轮相啮合的杆形零件。常分为圆柱蜗杆和环面蜗杆两种;按螺旋线数量不同,还可分为单头蜗杆(有一条螺旋线)和双头蜗杆(有两条螺旋线)。

蜗杆传动/蝸桿驅動 wōgǎn chuándòng/ㄍㄨㄚ ㄍㄢˇ ㄑㄩ ㄉㄨㄥˋ
worm drive

【机】机械传动的一类。由蜗杆与蜗轮啮合组成交错轴传递运动和动力。按蜗杆形状的不同,可分圆柱蜗杆传动、环面蜗杆传动和锥蜗杆传动。

蜗轮/蝸輪 wōlún/ㄨㄛ ㄌㄨㄣˊ

worm wheel

【机】蜗杆传动中可与蜗杆相啮合的齿轮。

蜗牛/蝸牛 wōniú/ㄨㄛ ㄋㄧㄡˊ

snail

【动】*Fruticicola* 软体动物名。腹足纲柄眼目大蜗牛科。头部有两对触角,眼长在后一对触角的顶端,腹面有扁平宽大的足,壳略呈圆形或椭圆形,黄褐色,有螺旋纹,爬行后会留下条痕。生活在潮湿地方,以草本植物为食。

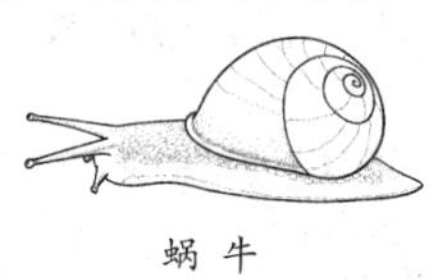
蜗 牛

蝸桿驅動

ㄨㄛ ㄍㄢˇ ㄑㄩ ㄉㄨㄥˋ/wōgǎn qūdòng

worm drive

【机】台湾名。即“蜗杆传动”(1197页)。

肟/肟 wò/ㄨㄛˋ

oxime

【化】一类含氮有机化合物。醛的羰基或酮的羰基与羟胺的氨基反应,脱去一分子水而成。由醛生成的称为“醛肟”,由酮生成的称为“酮肟”。

沃克环流/沃克環流

Wòkè huánliú/ㄨㄛˋ ㄎㄜˋ ㄏㄨㄢˊ ㄌㄧㄡˊ

Walker circulation

【气】赤道海洋表面因水温的东西差异而产生的一种纬圈热力环流。是热带太平洋上空大气循环的主要动力机制之一。其西侧上升,东侧下沉,高层为偏西风,低层为偏东风。

📖 沃克环流由美籍挪威气象学家皮叶克尼斯(J.Bjerknes,1897—1975)于1969年发现,因该环流是英国气象学家沃克(G.T.Walker,1868—1958)提出的“南方涛动”机制的一个重要组成部分,故以此命名作为纪念。

沃斯田體 ㄨㄛˋ ㄙ ㄊㄧㄢˊ ㄊㄧˇ/wòsītiántǐ

austenite

【材】台湾名。即“奥氏体”(10页)。

wu (ㄨ)

乌龟/烏龜 wūguī/ㄨ ㄍㄨㄟ

tortoise

【动】*Chinemys reevesii* 又称“金龟”“草龟”,俗称“王八”。爬行动物名。龟鳖目龟科。身体扁,长圆形,背部隆起,有硬甲,长10厘米左右,黑褐色,有花纹,趾有蹼,能游泳,头尾四肢能缩入壳内。生活在江河湖泊、池塘等中,以昆虫、蠕虫、鱼、虾、螺、蚌等为食,也吃植物的嫩叶、种子。在中国分布广泛,也见于朝鲜半岛和日本。

乌鸡白凤丸/烏雞白鳳丸

wūjī báifèngwán/ㄨ ㄐㄧ ㄅㄞˊ ㄈㄥˋ ㄨㄢˊ

wuji baifeng pills, wuji baifeng wan, * Black Chicken and White Phoenix Pill

【中医】中成药名。主要成分:乌鸡、鹿角胶、鳖甲、牡蛎、桑螵蛸、人参、黄芪、当归、白芍、香附、天冬、甘草、地黄、熟地黄、川芎、银柴胡、丹参、山药、芡实、鹿角霜。补气养血,调经止带。用于气血两虚,身体瘦弱,腰膝酸软,月经不调,崩漏带下;又用于妇女经期腹痛,肢体浮肿,产后体弱,虚汗低热等,还可用于男子气血两虚诸症。

乌拉尔山脉/猶拉斯基耶山脈

Wūlā'ěr Shānmài/

ㄧㄡˊ ㄌㄚ ㄙ ㄐㄧ ㄧㄝˊ ㄕㄢ ㄇㄞˋ

Ural Mountains

【地】山脉名。位于俄罗斯的中西部。北起北冰洋喀拉海沿岸,南至乌拉尔河河谷,近南北走向,长约2000千米,宽40～150千米,海拔多在500～1200米,最高峰纳罗达峰,海拔1895米。是欧洲与亚洲的界山。铁、铜、铝、石棉等矿藏丰富。

乌鳢 wūlǐ/ㄨ ㄌㄧˇ

【动】即“鳢”(724页)。

乌龙茶/烏龍茶

wūlóngchá/ㄨ ㄌㄨㄥˊ ㄔㄚˊ

Oolong tea

【轻】又称“半发酵茶”“青茶”。基本茶类之一。色泽青褐,汤色黄亮,香气浓郁,以“绿叶镶红边”为显著特征。制作时经晒青、摇青、晾青、炒青、揉捻、烘焙而成，半发酵。按产地不同，又分为闽北乌龙、闽南乌龙、广东乌龙和台湾乌龙。名品有大红袍、铁观音、凤凰单丛、包种茶等。

📖 乌龙茶的起源通常认为始于明末，盛于清初。其发源地有闽南或闽北武夷山两说。制作工艺亦炒亦焙。晒青，即把鲜叶放在阳光下晒去水分，促其凋萎；摇青，即把凋萎的鲜叶放在机器里转动，促使叶子边缘摩擦破损，使汁液渗出；晾青，即把做完摇青的叶子摊开通风晾。

乌梅/烏梅 wūméi/ㄨ ㄇㄟˊ

Fructus Mume（拉），smoked plum，* mume fruit

【中医】中药名。蔷薇科植物梅 *Prunus mume*（Sieb.）Sieb. et Zucc. 的干燥近成熟果实。味酸、涩，性平。归肝、脾、肺、大肠经。敛肺，涩肠，生津，安蛔。用于肺虚久咳，久痢滑肠，虚热消渴，蛔厥呕吐腹痛；胆道蛔虫症。

梅

乌鸦/烏鴉 wūyā/ㄨ ㄧㄚ

crow，corbie

【动】又称“老鸹”。鸟名。雀形目鸦科部分种的统称。身体大，喙大而直，全身羽毛黑色，翅膀有蓝绿光泽，翅长于尾，嘴、腿及脚黑色。多栖息于树林中或田野间，群居，以谷物、果实、昆虫等为食。种类较多，分布广泛，中国常见的有大嘴乌鸦、秃鼻乌鸦、寒鸦、白颈鸦等。

乌鱼 wūyú/ㄨ ㄩˊ

【动】即“鳢”(724 页)。

乌贼/烏賊 wūzéi/ㄨ ㄗㄟˊ

cuttlefish，inkfish

【动】也作“乌鲗”，又称“花枝”，俗称“墨鱼”“墨斗鱼”。软体动物名。头足纲乌贼目各种的统称。身体呈袋状，苍白色，有浓淡不均的黑斑，头部发达，眼大，口的四周有十只腕足，其中两只较长，腕足内侧有吸盘，体内有囊状物能分泌黑色液体，遇到刺激时即放出而逃避。生活在海洋中，以甲壳类、小鱼等动物为食。种类很多，分布广泛。

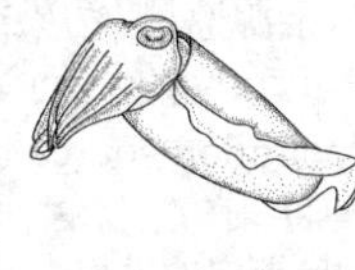
乌 贼

乌鲗 wūzéi/ㄨ ㄗㄟˊ

【动】同“乌贼”(1199 页)。

污秽等级/表面污染等級

wūhuì děngjí/ㄨ ㄏㄨㄟˋ ㄉㄥˇ ㄐㄧˊ; ㄅㄧㄠˇ ㄇㄧㄢˋ ㄨ ㄖㄢˇ ㄉㄥˇ ㄐㄧˊ

gradation for surface pollution

【电】根据变电站、架空线路环境污秽程度所划分的等级。中国按相关国家标准分级。

污泥/污泥 wūní/ㄨ ㄋㄧˊ

sludge

【环】环境工程中指废水处理过程中产生的沉淀物质。包括从废水中分离出来的固体杂质、悬浮物质、胶体物质。污泥中含有多种有毒有害物质，如有机物、重金属和病原体等。

污泥处理/污泥處理

wūní chǔlǐ/ㄨ ㄋㄧˊ ㄔㄨˇ ㄌㄧˇ

sludge treatment

【环】对废水处理中产生的沉淀物质进行减量化、无害化和资源化的过程。主要是降低污泥的含水率、去除有机杂质和杀灭病原体，处理方法有污泥浓缩、脱水、干燥、调理、热解、焚烧、填埋等。污泥可堆肥利用。

污泥浓缩/污泥濃縮

wūní nóngsuō/ㄨ ㄋㄧˊ ㄋㄨㄥˊ ㄙㄨㄛ

sludge thickening

【环】降低污泥的含水率，缩小污泥体积，使污泥初步脱水的处理过程。方法有在竖流式或辐流式浓缩池中靠重力作用分离的沉降浓缩法，以及上浮浓缩、离心机或振动筛等浓缩法。

污泥调理/污泥調理

wūní tiáolǐ/ㄨ ㄋㄧˊ ㄊㄧㄠˊ ㄌㄧˇ

sludge conditioning

【环】破坏污泥的胶态结构，减少泥水间的亲和力，改善污泥脱水性能的过程。有化学调理法、热处理法、冷冻溶解法及淘洗法等。

污泥消化/污泥消化

wūní xiāohuà/ㄨ ㄋㄧˊ ㄒㄧㄠ ㄏㄨㄚˋ

sludge digestion

【环】利用微生物的代谢作用使污泥中的有机物稳定化的过程。分为需氧微生物消化和厌氧微生物消化。多运用后者，即有机物在厌氧条件下被厌氧微生物分解,所产生的沼气可用作燃料,消化后的污泥可用作肥料。

污染防治/環境污染預防和控制
wūrǎn fángzhì/
ㄏㄨㄢˊ ㄐㄧㄥˋ ㄨ ㄖㄢˇ ㄩˋ ㄈㄤˊ ㄏㄜˊ ㄎㄨㄥˋ ㄓˋ
pollution prevention and control
【环】为保护和改善人类环境,对污染源及其排放的污染物质和能量采取的各项措施。包括合理利用自然资源,最大限度地减少污染物的产生量和排放量,预防和治理环境污染及其危害。

污染化学/污染化學
wūrǎn huàxué/ㄨ ㄖㄢˇ ㄏㄨㄚˋ ㄒㄩㄝˊ
pollution chemistry
【环】又称"环境污染化学"。环境化学的一个分支。研究化学污染物在环境中的发生的化学现象及其产生的环境影响和生态效应。内容包括化学污染物在环境中的来源、形态、迁移、转化和归宿的变化规律和反应机制,以及阐明其对人类和生物产生的影响和进行化学防治的理论及方法。

污染控制化学/污染控制化學
wūrǎn kòngzhì huàxué/
ㄨ ㄖㄢˇ ㄎㄨㄥˋ ㄓˋ ㄏㄨㄚˋ ㄒㄩㄝˊ
pollution control chemistry
【环】环境化学的一个分支。研究环境中化学污染物质控制、治理的化学机理和工艺技术。内容包括污染源控制、环境修复技术、污染预防和清洁生产中的化学现象,揭示污染控制过程中化学反应机理和规律,为污染控制提供新材料和新技术等。

污染生态化学/污染生態化學
wūrǎn shēngtài huàxué/
ㄨ ㄖㄢˇ ㄕㄥ ㄊㄞˋ ㄏㄨㄚˋ ㄒㄩㄝˊ
pollution eco-chemistry
【环】污染化学的一个分支。研究污染物质在生态系统中迁移转化规律及其机理。内容包括生态系统中化学污染物的来源、分布、循环、积累、降解和氧化等化学过程以及在生物体内的酶化学反应;揭示污染物引起的生物效应和机制,以及化学污染物在食物链传递中的生物化学过程和影响;探讨生物体对污染环境的调控等。

污染生态学/污染生態學
wūrǎn shēngtàixué/ㄨ ㄖㄢˇ ㄕㄥ ㄊㄞˋ ㄒㄩㄝˊ
pollution ecology
【环】环境生态学的一个分支。研究生物与受污染环境间相互作用及其调控机理。主要包括:研究环境污染的生态效应和生物净化作用;探讨环境质量的生物监测、评价的原理和方法,以及环境污染物对人和生物产生的不良影响的防治途径等。

污染物/污染物 wūrǎnwù/ㄨ ㄖㄢˇ ㄨˋ
pollutant
【环】进入环境后使环境的正常组成和性质发生变化,对人类和生态系统造成不良影响或危害的物质。有自然界释放的,也有人类活动产生的。按其性质不同,可分为化学污染物、物理污染物和生物污染物;按其形态不同,可分为气体污染物、液体污染物和固体污染物;按其影响的环境要素不同,可分为大气污染物、水体污染物、土壤污染物;按其在环境中物理、化学性状的变化不同,可分为一次污染物、二次污染物等。

污染物浓度控制监测
wūrǎnwù nóngdù kòngzhì jiāncè/
ㄨ ㄖㄢˇ ㄨˋ ㄋㄨㄥˊ ㄉㄨˋ ㄎㄨㄥˋ ㄓˋ ㄐㄧㄢ ㄘㄜˋ
【环】即"浓度监测"(845 页)。

污染物总量控制监测
wūrǎnwù zǒngliàng kòngzhì jiāncè/
ㄨ ㄖㄢˇ ㄨˋ ㄗㄨㄥˇ ㄌㄧㄤˋ ㄎㄨㄥˋ ㄓˋ ㄐㄧㄢ ㄘㄜˋ
【环】即"总量监测"(1510 页)。

污染源/污染源 wūrǎnyuán/ㄨ ㄖㄢˇ ㄩㄢˊ
pollution source
【环】造成环境污染的污染物质和能量的发生源,即向环境排放有害物质或对环境产生有害影响的设备、装置和场所。有多种分类,如按污染物的来源不同,可分为天然污染源和人为污染源。环境污染防治主要是控制人为污染源。

污染源监测/污染源監測
wūrǎnyuán jiāncè/ㄨ ㄖㄢˇ ㄩㄢˊ ㄐㄧㄢ ㄘㄜˋ
pollution source monitoring
【环】对污染物发生的场所和设备等进行分析、测定的过程。包括污染物排放口监测,固体废物的产生、贮存、处置、利用的监测,防治污染设施运行效果监测,建设项目的环保设施和污染源治理项目竣工验收监测，排放许可证执行情况监测和污染事故应急监测等。

污染指標 ㄨ ㄖㄢˇ ㄓˇ ㄅㄧㄠ/wūrǎn zhǐbiāo

pollution index

【环】台湾名。即“污染指数”(1201 页)。

污染指数/污染指標

wūrǎn zhǐshù/ㄨ ㄖㄢˇ ㄓˇ ㄅㄧㄠ

pollution index

【环】综合表示环境污染程度或环境质量等级的数值。用数字方法归纳各种环境质量参数求得，并以简明数值反映环境质量状况，在环境质量评价中广泛应用。

污水/污水 wūshuǐ/ㄨ ㄕㄨㄟˇ

foul water

【化】浑浊不洁的水。通常指生活污水和工业废水。污水经处理后可以回用。

📖 “污水”多指生活污水，“废水”多指工业废水，尤其是含有毒有害物的水。

污水初步處理

ㄨ ㄕㄨㄟˇ ㄔㄨ ㄅㄨˋ ㄔㄨˇ ㄌㄧˇ/

wūshuǐ chūbù chǔlǐ

primary treatment of sewage

【环】台湾名。即“污水一级处理”(1201 页)。

污水处理厂/污水處理廠

wūshuǐ chǔlǐchǎng/ㄨ ㄕㄨㄟˇ ㄔㄨˇ ㄌㄧˇ ㄔㄤˇ

wastewater treatment plant, sewage treatment plant

【环】台湾又称“廢水處理廠”。对城市或工业区废水和污水集中处理的场所。通常由进水提升泵站、污水处理设施、污泥处理设施和出水排放管道组成。按污水处理深度不同，可分为一级处理、二级处理、三级处理(又称深度处理)。一级处理主要去除水中漂浮物和部分悬浮状态的污染物；二级处理是进一步去除污水中大量有机污染物；三级处理是进一步去除污水中磷、氮和难以生物降解的有机物、矿物质、病原体等。

污水二级处理/污水二級處理

wūshuǐ èr jí chǔlǐ/ㄨ ㄕㄨㄟˇ ㄦˋ ㄐㄧˊ ㄔㄨˇ ㄌㄧˇ

secondary treatment of sewage

【环】见“污水处理厂”(1201 页)。

污水灌溉/污水灌溉

wūshuǐ guàngài/ㄨ ㄕㄨㄟˇ ㄍㄨㄢˋ ㄍㄞˋ

sewage irrigation, wastewater irrigation

【环】台湾又称“廢水灌溉”。利用城市污水或工业废水灌溉农田、草地和林地，以合理利用污水中的水肥资源和植物、土地的净化能力。用于灌溉的污水一般应经过适当处理，以达到相应的水质标准，并有控制地进行灌溉。

污水三级处理/污水三級處理

wūshuǐ sān jí chǔlǐ/

ㄨ ㄕㄨㄟˇ ㄙㄢ ㄐㄧˊ ㄔㄨˇ ㄌㄧˇ

tertiary treatment of sewage

【环】见“污水处理厂”(1201 页)。

污水生物学/污水生物學

wūshuǐ shēngwùxué/

ㄨ ㄕㄨㄟˇ ㄕㄥ ㄨˋ ㄒㄩㄝˊ

biology of polluted water

【环】环境生物学的一个分支。研究受污染水体中的生物的结构及其相互作用。主要包括污染水体中生物的种类、数量和群落结构特性和功能，污水生物系统监测、评价原理和方法，以及污水生物的毒性和毒理及污水生物处理等。

污水一级处理/污水初步處理

wūshuǐ yī jí chǔlǐ/ㄨ ㄕㄨㄟˇ ㄔㄨ ㄅㄨˋ ㄔㄨˇ ㄌㄧˇ

primary treatment of sewage

【环】见“污水处理厂”(1201 页)。

钨/鎢 wū/ㄨ

tungsten, wolfram

【化】金属元素。属周期表第ⅥB 族，符号 W，原子序数 74。原子量 183.8。自然界存在于白钨矿、黑钨矿等中。单质为钢灰色金属，质地较脆，纯品的延性和锻性均佳，化学性质稳定，熔点和沸点是所有元素中最高的，常温下不受空气的侵蚀。是重要的硬质合金金属，如碳化钨的硬度接近金刚石。可用来制高速切削工具、超硬模具，也用于光学仪器、化学仪器。

📖 1781 年，瑞典的舍勒(C.W.Scheele)用硝酸分解重石(黑钨矿)制得一种白色沉淀物，认为还原这种白色沉淀物可能得到一种新元素；1783 年，西班牙的德尔鲁兄弟(F.Elhuyar,J.Elhuyar)用木炭还原这种白色沉淀物，果然得到一种新金属。拉丁文当时定名为 tungsten，源自瑞典语 tungten，意思是"重石"；1959 年国际上又定为 wolfram，源自德文 Wolfsfroth，意思是"狼口中的渣"。中文定名为"钨"，是形声字。

钨锰铁矿
wūměngtiěkuàng/ㄨ ㄇㄥˇ ㄊㄧㄝˇ ㄎㄨㄤˋ
【地】即"黑钨矿"(495 页)。

钨青铜/鎢青銅
wūqīngtóng/ㄨ ㄑㄧㄥ ㄊㄨㄥˊ
tungsten bronze
【材】一种非整比化合物(组合元素不符合整数比且可以在一定范围内变化的化合物)。通式 $M_{1-x}WO_3$ ($0<x<1$)，M 为碱金属、碱土金属或稀土金属等。钨青铜是这些金属原子插入 WO_3 晶格中所形成的固溶体。外貌像铜，随 M 和 W 的比例的逐渐增大，颜色从金黄色至蓝紫色。$x>0.7$ 时具有金属光泽和良好的导电性，类似金属；$x<0.7$ 时为半导体。

屋面板 wūmiànbǎn/ㄨ ㄇㄧㄢˋ ㄅㄢˇ
【建】即"望板"(1175 页)。

无电解镀 wúdiànjiědù/ㄨˊ ㄉㄧㄢˋ ㄐㄧㄝˇ ㄉㄨˋ
【材】即"化学镀"(518 页)。

无缝线路
wúfèng xiànlù/ㄨˊ ㄈㄥˋ ㄒㄧㄢˋ ㄌㄨˋ
【交】即"长轨线路"(108 页)。

无氟冰箱/無氟冰箱
wúfú bīngxiāng/ㄨˊ ㄈㄨˊ ㄅㄧㄥ ㄒㄧㄤ
CFC-free refrigerator, freon-free refrigerator, freon-free fridge
【轻】家用电器的一种。是以无公害制冷剂 F-134a(四氟乙烷)或 R-600a(异丁烷)代替能破坏大气臭氧层的 F-12(氟利昂-12)作制冷剂的冰箱。其压缩机、冷凝器、蒸发器的结构及主要零部件和密封材料等都不同于普通电冰箱(联合国要求各国应于 2010 年前停止使用氟利昂作为制冷剂)。压缩机运转时低压管呈负压状态，高压排气管压力和温度较高，对通风散热条件有更高的要求。

无功功率/無功功率
wúgōng gōnglǜ/ㄨˊ ㄍㄨㄥ ㄍㄨㄥ ㄌㄩˋ
reactive power
【电】对于正弦状态下线性二端元件或二端电路，其量值等于视在功率 S 和端子间电压对电流的相位移角 φ 的正弦之乘积的量：$Q=S\sin\varphi$。

无功功率表/無效功率計
wúgōng gōnglǜbiǎo/ㄨˊ ㄒㄧㄠˋ ㄍㄨㄥ ㄌㄩˋ ㄐㄧˋ
varmeter
【电】用于测量交流无功功率量值的仪表。

无功因数/無功因數
wúgōng yīnshù/ㄨˊ ㄍㄨㄥ ㄧㄣ ㄕㄨˋ
reactive factor
【电】对于正弦状态下的二端元件或二端电路，无功功率与视在功率的比值。

无规噪声/無規噪音
wúguī zàoshēng/ㄨˊ ㄍㄨㄟ ㄗㄠˋ ㄧㄣ
random noise
【环】噪声振幅的瞬时值随时间变化的规律不能预先确定，只遵从某种统计分布规律(噪声幅值的时间特性满足正态分布)的声振荡。如交通噪声、多个声源产生的背景噪声等。

无害化/無害化 wúhàihuà/ㄨˊ ㄏㄞˋ ㄏㄨㄚˋ
harmlessness
【环】环境科学中指对难以综合利用的废物进行安全处理和处置，以消除和降低其环境危害和保护人群健康的过程。

无后坐力炮
wúhòuzuòlìpào/ㄨˊ ㄏㄡˋ ㄗㄨㄛˋ ㄌㄧˋ ㄆㄠˋ
【军】即"无坐力炮"(1209 页)。

无花果/無花果
wúhuāguǒ/ㄨˊ ㄏㄨㄚ ㄍㄨㄛˇ
fig
【植】*Ficus carica* 桑科榕属。落叶灌木。分枝多，皮孔明显。叶互生，广卵圆形，基部浅心形，3～5 裂，边缘有齿。雌雄异株，雄花和瘿花同生于一花序托内壁，雌花则生于另一株的花序托内壁。榕果单生叶腋，梨形，光滑，顶部下陷，成熟时紫红色或黄色，味甜。花果期 5—7 月份。中国各地均有栽

无花果

培。果实可作水果，还可入药。

📖 无花果的花生于囊状瘾头花序内，外观自始至终都看不见花，只见果实，故名。

无机肥 wújīféi/ㄨˊ ㄐㄧ ㄈㄟˊ

【农】"无机肥料"的简称。

无机肥料/無機肥料

wújī féiliào/ㄨˊ ㄐㄧ ㄈㄟˊ ㄌㄧㄠˋ

inorganic fertilizer

【农】简称"无机肥"，又称"矿质肥料"。肥料的一类。用物理或化学方法工业生产而成。所含氮、磷、钾等营养元素都以无机化合物形式存在。成分较单纯，养分含量高；大多易溶于水，肥效快，但不持久；施用和运输方便。绝大多数化肥属于无机肥料。

无机化合物/無機化合物

wújī huàhéwù/ㄨˊ ㄐㄧ ㄏㄨㄚˋ ㄏㄜˊ ㄨˋ

inorganic compound

【化】不含碳元素的化合物，但包括碳酸盐、碳的氧化物（如二氧化碳、一氧化碳）等少数简单的含碳化合物。

无机化学/無機化學

wújī huàxué/ㄨˊ ㄐㄧ ㄏㄨㄚˋ ㄒㄩㄝˊ

inorganic chemistry

【化】以无机物为研究对象的化学基础学科。研究无机物的组成、性质、结构、制备、变化和应用。

无机化学物质

wújī huàxué wùzhì/

ㄨˊ ㄐㄧ ㄏㄨㄚˋ ㄒㄩㄝˊ ㄨˋ ㄓˊ

【化】"无机物"的全称。

无机污染物/無機污染物

wújī wūrǎnwù/ㄨˊ ㄐㄧ ㄨ ㄖㄢˇ ㄨˋ

inorganic pollutant

【环】进入环境后使环境正常组成和性质发生变化，并对人类和生态系统产生不良影响或危害的无机物。如各种元素的氧化物、硫化物、酸、碱、盐类等。

无机物/無機物 wújīwù/ㄨˊ ㄐㄧ ㄨˋ

inorganics, inorganic matter

【化】全称"无机化学物质"。无机化合物及其组合物，即所有不含碳碳键的物质。早年因指从无生命物质中提取和制得的，故名。无机化合物指除碳以外的所有元素间的各种形式的化合物，一些简单的含碳化合物如CO、CO_2、碳酸盐、碳化物等也属无机化合物范畴。无机物主要来源于自然界的矿产。

无机盐 wújīyán/ㄨˊ ㄐㄧ ㄧㄢˊ

【化】即"矿物质"（702页）。

无级变速/無級變速

wújí biànsù/ㄨˊ ㄐㄧˊ ㄅㄧㄢˋ ㄙㄨˋ

stepless speed changing

【机】在一定速度范围内，能连续、任意变换速度。通过无级变速可得到传动系与发动机工况的最佳匹配。

无级变速器/無級變速器

wújí biànsùqì/ㄨˊ ㄐㄧˊ ㄅㄧㄢˋ ㄙㄨˋ ㄑㄧˋ

continuously variable transmission, CVT

【机】变速器的一种。能无级调整传动比。可充分发挥发动机特性，提高汽车动力性，降低油耗，使方便驾驶，平顺行驶。可分为液力式、电动式和机械式等。

无脊椎动物/無脊椎動物

wújǐzhuī dòngwù/ㄨˊ ㄐㄧˇ ㄓㄨㄟ ㄉㄨㄥˋ ㄨˋ

invertebrate

【动】身体内没有脊椎的动物。是动物界中除原生动物和脊椎动物以外所有动物的统称。种类很多，包括海绵动物、腔肠动物、扁形动物、线形动物、环节动物、软体动物、节肢动物和棘皮动物等。

无记忆电路

wújìyì diànlù/ㄨˊ ㄐㄧˋ ㄧˋ ㄉㄧㄢˋ ㄌㄨˋ

【电】即"电阻电路"（260页）。

无界函数的积分/無界函數的積分

wújiè hánshù de jīfēn/

ㄨˊ ㄐㄧㄝˋ ㄏㄢˊ ㄕㄨˋ ·ㄉㄜ ㄐㄧ ㄈㄣ

integral of unbounded function

【数】被积函数是无界函数的反常积分。设函数 $f(x)$ 定义在区间 $[a,b)$ 上，在 $x=b$ 的某邻域内 $f(x)$ 无界，对任意小的正数 ε，$f(x)$ 在区间 $[a,b-\varepsilon]$ 上可积，称 $\int_a^b f(x)\mathrm{d}x$ 为 $f(x)$ 从 a 到 b 的反常积分。若 $\lim\limits_{\varepsilon\to 0}\int_a^{b-\varepsilon} f(x)\mathrm{d}x$ 存在，则称 $\int_a^b f(x)\mathrm{d}x$ 收敛，$\int_a^b f(x)\mathrm{d}x=\lim\limits_{\varepsilon\to 0}\int_a^{b-\varepsilon} f(x)\mathrm{d}x$；否则称

$\int_a^b f(x)\mathrm{d}x$发散。类似地，设函数 $f(x)$ 定义在区间$(a,b]$上，在 $x=a$ 的某邻域内 $f(x)$ 无界，对任意小的正数 ε，$f(x)$ 在区间$[a+\varepsilon,b]$上可积，称$\int_a^b f(x)\mathrm{d}x$ 为 $f(x)$ 从 a 到 b 的反常积分。若 $\lim\limits_{\varepsilon\to 0}\int_{a+\varepsilon}^b f(x)\mathrm{d}x$ 存在，则称 $\int_a^b f(x)\mathrm{d}x$ 收敛，$\int_a^b f(x)\mathrm{d}x=\lim\limits_{\varepsilon\to 0}\int_{a+\varepsilon}^b f(x)\mathrm{d}x$；否则称$\int_a^b f(x)\mathrm{d}x$ 发散。设函数 $f(x)$ 定义在区间(a,b)上，在 a 和 b 各自的某邻域内$f(x)$无界，对任意小的正数 ε，$f(x)$ 在区间$[a+\varepsilon,b-\varepsilon]$上可积，称$\int_a^b f(x)\mathrm{d}x$为 $f(x)$ 从 a 到 b 的反常积分。若 $\lim\limits_{\varepsilon\to 0}\int_{a+\varepsilon}^{b-\varepsilon} f(x)\mathrm{d}x$ 存在，则称 $\int_a^b f(x)\mathrm{d}x$ 收敛，$\int_a^b f(x)\mathrm{d}x=\lim\limits_{\varepsilon\to 0}\int_{a+\varepsilon}^{b-\varepsilon} f(x)\mathrm{d}x$；否则称$\int_a^b f(x)\mathrm{d}x$ 发散。

无界集/無界集 wújièjí/ㄨˊ ㄐㄧㄝˋ ㄐㄧˊ

unbounded set

【数】所含元素无上界或下界的集合。例如，正整数集的元素无上界，其中无最大的元素；负整数集的元素无下界，其中无最小的元素；实数集的元素无上界和下界，其中无最大和最小的元素。它们都是无界集。

无界数列/無界數列

wújiè shùliè/ㄨˊ ㄐㄧㄝˋ ㄕㄨˋ ㄌㄧㄝˋ

unbounded sequence of number

【数】若对于任一给定的数 M，数列$\{a_n\}$中都有某项 a_k 满足$|a_k|>M$，则称$\{a_n\}$为无界数列。例如，数列 $1,2,4,8,16,\cdots,2^n,\cdots$ 是无界数列。

无尽小数/無限小數

wújìn xiǎoshù/ㄨˊ ㄐㄧㄣˋ ㄒㄧㄠˇ ㄕㄨˋ

unlimited decimal

【数】又称"无限小数"。小数点后有无限多位非零数字的小数。例如 0.333 …，1.010 010 001 000 01…。

无控火箭/無控火箭

wúkòng huǒjiàn/ㄨˊ ㄎㄨㄥˋ ㄏㄨㄛˇ ㄐㄧㄢˋ

unguided rocket

【航】不带飞行控制和制导设备的火箭。结构简单，成本低，使用方便，精度较低。可采取旋转稳定、尾翼稳定和二者合一结构提高飞行精度。

无理方程/無理方程

wúlǐ fāngchéng/ㄨˊ ㄌㄧˇ ㄈㄤ ㄔㄥˊ

irrational equation

【数】含有关于未知数的无理式的代数方程。例如，$\sqrt{x+1}=x-1$，$\frac{1}{\sqrt[3]{y}}=2$ 等。

📖 解无理方程时，常将方程的等号两边乘方化为有理方程，有理方程的解若满足原方程，则为原方程的解；否则为增根。例如，解方程 $\sqrt{x+2}=x$，两边平方得 $x+2=x^2$，得 $x=2$ 和 $x=-1$，其中 2 是原方程的解，-1 是增根。

无理函数/無理函數

wúlǐ hánshù/ㄨˊ ㄌㄧˇ ㄏㄢˊ ㄕㄨˋ

irrational function

【数】用变量的无理式表示的函数。例如，$y=\sqrt{2x}$，$y=\frac{\sqrt[3]{x^5}+9}{5}$ 等是 x 的无理函数。

无理式/無理式 wúlǐshì/ㄨˊ ㄌㄧˇ ㄕˋ

irrational expression

【数】含带字母的被开方式的代数式。例如 $\sqrt{x-2}$，$3a+\sqrt[4]{b}$，$\frac{1}{\sqrt{5m}+1}$等。

无理数/無理數 wúlǐshù/ㄨˊ ㄌㄧˇ ㄕㄨˋ

irrational number

【数】不能化成两个整数 a 和 b $(b\neq 0)$的比 $\frac{a}{b}$的形式的数，即无限不循环小数。例如，$\pi=3.141\,592\,6\cdots$，$\sqrt{2}=1.4142\cdots$等。

📖 无理数的发现源于不可公度问题，古希腊毕达哥拉斯学派有人发现：边长为 1 的正方形的对角线和边之间没有公共的度量单位，即$\sqrt{2}$不能化成整数之比的形式。

无理数指数/無理指數

wúlǐshù zhǐshù/ㄨˊ ㄌㄧˇ ㄓˇ ㄕㄨˋ

irrational exponent

【数】乘方中是无理数的指数。若 $a>0$，α 是无理数，数列$\{\alpha_n\}$的各项都是有理数，

$\lim\limits_{n\to+\infty}\alpha_n=\alpha$，则 $a^{\alpha}=\lim\limits_{n\to+\infty}a^{\alpha_n}$。

无穷大/無限大 wúqióngdà/ㄨˊ ㄒㄧㄢˋ ㄉㄚˋ

infinity

【数】设 x 是一个变量，若对于任一正数 M，$|x|$一定能取到比 M 大的值，则称 x 为无穷大量，记作 $x\to\infty$；若 x 一定能取到比 M 大的值，则称 x 为正无穷大量，记作 $x\to+\infty$；若 x 一定能取到比 $-M$ 小的值，则称 x 为负无穷大量，记作 $x\to-\infty$。若当 $x\to a$ 时函数 $f(x)\to\infty$，则称 $f(x)$ 当 $x\to a$ 时为无穷大。此处的条件“$x\to a$”，也可改为 $x\to a+0$（即 x 从右边趋于点 $x=a$），$x\to a-0$（即 x 从左边趋于点 $x=a$），$x\to\infty$，$x\to+\infty$，$x\to-\infty$。例如，当 $x\to0$ 时，$f(x)=\frac{1}{x}$ 为无穷大；当 $x\to\infty$ 时，$f(x)=2x$ 为无穷大。

无穷积分/無窮積分 wúqióng jīfēn/ㄨˊ ㄑㄩㄥˊ ㄐㄧ ㄈㄣ

infinite integral

【数】以无穷区间为积分区间的反常积分。设函数 $f(x)$ 定义在区间$[a,+\infty)$上，且对任意的 $b>a$，$f(x)$ 在区间$[a,b]$上可积，称 $\int_a^{+\infty}f(x)\mathrm{d}x$ 为 $f(x)$ 从 a 到 $+\infty$ 的反常积分。若 $\lim\limits_{b\to+\infty}\int_a^b f(x)\mathrm{d}x$ 存在，则称 $\int_a^{+\infty}f(x)\mathrm{d}x$ 收敛，$\int_a^{+\infty}f(x)\mathrm{d}x=\lim\limits_{b\to+\infty}\int_a^b f(x)\mathrm{d}x$；否则称 $\int_a^{+\infty}f(x)\mathrm{d}x$ 发散。类似地，设函数 $f(x)$ 定义在区间$(-\infty,b]$上，且对任意的 $a<b$，$f(x)$ 在区间$[a,b]$上可积，称 $\int_{-\infty}^b f(x)\mathrm{d}x$ 为 $f(x)$ 从 $-\infty$ 到 b 的反常积分。若 $\lim\limits_{a\to-\infty}\int_a^b f(x)\mathrm{d}x$ 存在，则称 $\int_{-\infty}^b f(x)\mathrm{d}x$ 收敛，$\int_{-\infty}^b f(x)\mathrm{d}x=\lim\limits_{a\to-\infty}\int_a^b f(x)\mathrm{d}x$；否则称 $\int_{-\infty}^b f(x)\mathrm{d}x$ 发散。若对任一实数 a，反常积分 $\int_{-\infty}^a f(x)\mathrm{d}x$ 和 $\int_a^{+\infty}f(x)\mathrm{d}x$ 都收敛，则 $f(x)$ 从 $-\infty$ 到 $+\infty$ 的反常积分 $\int_{-\infty}^{+\infty}f(x)\mathrm{d}x$ 收敛，$\int_{-\infty}^{+\infty}f(x)\mathrm{d}x=\int_{-\infty}^a f(x)\mathrm{d}x+\int_a^{+\infty}f(x)\mathrm{d}x$。

无穷区间

wúqióng qūjiān/ㄨˊ ㄑㄩㄥˊ ㄑㄩ ㄐㄧㄢ

【数】即“无限区间”（1207 页）。

无穷数列/無窮數列

wúqióng shùliè/ㄨˊ ㄑㄩㄥˊ ㄕㄨˋ ㄌㄧㄝˋ

infinite sequence of number

【数】台湾又称“無限數列”。项数无限的数列。例如，全体正偶数组成的数列 2，4，6，…，$2n$，…有无限多项，它是无穷数列。

无穷小/無窮小

wúqióngxiǎo/ㄨˊ ㄑㄩㄥˊ ㄒㄧㄠˇ

infinitesimal

【数】设 x 是一个变量，若对于任一正数 M，$|x|$一定能取到比 M 小的值，则称 x 为无穷小量，记作 $x\to0$。若当 $x\to a$ 时函数 $f(x)\to0$，则称 $f(x)$ 当 $x\to a$ 时为无穷小。此处的条件“$x\to a$”，也可改为 $x\to a+0$，$x\to a-0$，$x\to\infty$，$x\to+\infty$，$x\to-\infty$。例如，当 $x\to0$ 时，$f(x)=2x$ 为无穷小；当 $x\to\infty$ 时，$f(x)=\frac{1}{x}$ 为无穷小。

无人攻击机/無人攻擊機

wúrén gōngjījī/ㄨˊ ㄖㄣˊ ㄍㄨㄥ ㄐㄧˊ ㄐㄧ

unmanned attack aircraft

【军】作战飞机的一种。用于攻击地面和空中目标的无人驾驶飞机。主要任务是打击地面目标、反弹道导弹，夺取空中优势，可用自身战斗部攻击目标，也可通过投掷携带的武器达到攻击目的。

无人机 wúrénjī/ㄨˊ ㄖㄣˊ ㄐㄧ

【军】“无人驾驶飞机”的简称。

无人驾驶飞机/無人航空載具

wúrén jiàshǐ fēijī/

ㄨˊ ㄖㄣˊ ㄏㄤˊ ㄎㄨㄥ ㄗㄞˋ ㄐㄩˋ

unmanned aerial vehicle，UAV

【军】简称“无人机”。利用无线电遥控设备和自备的程序控制装置操纵的不载人飞机。装有自动驾驶仪、程序控制装置等设备，无驾驶舱。地面、舰艇上或母机遥控站人员通过雷达等设备，对其进行跟踪、定位、遥控、遥测和数字传输。可在无线电遥控下像普通飞机一样起飞或用助推火箭发射升空，也可由母机带到空中投放飞行。主要用于空中侦察、监视、通信、反潜、电子干扰等。

📖 世界第一架无人驾驶飞机由英国在1917年研制成功。过去无人机的用途以靶机为主，现已遍及军事侦察、反潜、骚扰、诱惑、电子对抗、炮兵校正等，以及民用监控、通信、大地测量、气象观测、资源勘探、大气取样、防火降雨、城市监测和其他相关科学试验等。

无人驾驶直升机/無人駕駛直升機
wúrén jiàshǐ zhíshēngjī/ㄨˊ ㄖㄣˊ ㄐㄧㄚˋ ㄕˇ ㄓˊ ㄕㄥ ㄐㄧ
unmanned helicopter
【军】依靠程序控制自动飞行或机外遥控的无人直升机。无需发射系统，能垂直起降，自由悬停，重量轻，尺寸小，成本低，机动性好，隐蔽性强。主要用于战场侦察、通信中继、电子对抗、炮兵校射、反潜、军事勘测，也可与其他空中平台协同作战，或与卫星、预警机组成多基地雷达侦察预警系统等。

无绳电话机
wúshéng diànhuàjī/ㄨˊ ㄕㄥˊ ㄉㄧㄢˋ ㄏㄨㄚˋ ㄐㄧ
【信息】即“无绳终端”(1206 页)。

无绳终端/無線終站
wúshéng zhōngduān/ㄨˊ ㄒㄧㄢˋ ㄓㄨㄥ ㄓㄢˋ
cordless terminal
【信息】又称“无绳电话机”。以无线方式接入固定电话网，可在有限范围内移动使用的电话机。

无霜期/無霜期
wúshuāngqī/ㄨˊ ㄕㄨㄤ ㄑㄧˊ
frost-free period
【农】一年中终霜后到初霜前的时期。这一期间内没有霜出现，是有利于植物生长的季节。无霜期越长，作物生长期也越长。通常纬度、海拔高度越低，无霜期越长。

无水石膏
wúshuǐ shígāo/ㄨˊ ㄕㄨㄟˇ ㄕˊ ㄍㄠ
【地】即“硬石膏”(1360 页)。

无丝分裂/無絲分裂
wúsī fēnliè/ㄨˊ ㄙ ㄈㄣ ㄌㄧㄝˋ
amitosis
【生】细胞分裂的一种方式。分裂时先是细胞核延长，分裂成两部分，细胞质随之分裂，成为两个子细胞。遗传物质均等分配。

无损压缩/無損壓縮
wúsǔn yāsuō/ㄨˊ ㄙㄨㄣˇ ㄧㄚ ㄙㄨㄛ
lossless compression
【信息】文件经解压缩后与原有文件格式逐位同等的压缩方法。对文本、代码或数值的数据文件，采用无损压缩方法大多能将文件压缩至原有大小的40%。

无糖食品/無糖食品
wútáng shípǐn/ㄨˊ ㄊㄤˊ ㄕˊ ㄆㄧㄣˇ
sugar free food
【轻】含糖量极少或不含蔗糖、葡萄糖、麦芽糖、果糖等的甜味食品。通常以糖醇或低聚糖等作为糖的替代物。由于甜味剂用量很少，且不被人体吸收，不会引起血糖值升高，适合糖尿病或高血压患者食用。

无条件反射
wútiáojiàn fǎnshè/ㄨˊ ㄊㄧㄠˊ ㄐㄧㄢˋ ㄈㄢˇ ㄕㄜˋ
【医】即“非条件反射”(333 页)。

无头疽/無頭疽 wútóujū/ㄨˊ ㄊㄡˊ ㄐㄩ
deep carbuncle, * headless flat-abscess
【中医】疽病之一。多生长于骨骼与关节间，常见漫肿色白，疼痛彻骨，难消，难溃，难敛，并能形成瘘管等。如发于长骨者多损骨；发于关节的，易造成畸形。临床常见有附骨疽、环跳疽。

无限不循环小数/無限不循環小數
wúxiàn bùxúnhuán xiǎoshù/ㄨˊ ㄒㄧㄢˋ ㄅㄨˋ ㄒㄩㄣˊ ㄏㄨㄢˊ ㄒㄧㄠˇ ㄕㄨˋ
unlimited non-recurring decimal
【数】小数点后没有一段数字循环出现、首尾相接的无限小数，即无限循环小数以外的无限小数。例如 $\pi=3.141\,592\,65\cdots$，$e=2.718\,28\cdots$。无限不循环小数是无理数。

无限花序/無限花序
wúxiàn huāxù/ㄨˊ ㄒㄧㄢˋ ㄏㄨㄚ ㄒㄩˋ
indefinite inflorescence
【植】花序的一大类。开花期间，花序轴还继续生长，并且不断产生新的小花，小花开花的顺序是在花序轴基部由下向上或由边缘向中间渐次进行。可分为总状花序、伞房花序、伞形花序、穗状花序、柔荑花序、肉穗花序、头状花序和隐头花序。若花序轴再分枝，且每一小枝上均为总状花序的称为复总状花序，又称圆锥花序；若每一小枝上均为伞房花序、伞形花序、穗状花序和头状花序，则分别称为复伞房花序、复伞形花序、复穗状花序和复头状花序。

无限集/無限集 wúxiànjí/ㄨˊ ㄒㄧㄢˋ ㄐㄧˊ

infinite set

【数】含有无限多个元素的集合。例如，整数集 $\mathbf{Z}=\{0,\pm1,\pm2,\cdots,\pm n,\cdots\}$含有无限多个元素，是一个无限集。

📖 有限集与它的任何真子集在元素之间不能一一对应，而无限集与它的某个真子集在元素之间能一一对应。例如，整数集与它的真子集偶数集在元素之间能建立 $a\longleftrightarrow 2a$（a 为任一整数）的一一对应。因此，无限集也被定义为：能与它的某个真子集在元素之间一一对应的集合。

无限区间/無限區間

wúxiàn qūjiān/ㄨˊ ㄒㄧㄢˋ ㄑㄩ ㄐㄧㄢ

infinite interval

【数】又称“无穷区间”。设 a 为任一实数，实数集 $\mathbf{R}$ 的子集 $\{x \mid x>a\}$，$\{x \mid x\geqslant a\}$，$\{x \mid x<a\}$，$\{x \mid a\leqslant x\}$，即 $(a,+\infty)$，$[a,+\infty)$，$(-\infty,a)$，$(-\infty,a]$统称无限区间。实数集 $\mathbf{R}$ 本身也可看作无限区间 $(-\infty,+\infty)$。

无限小数

wúxiàn xiǎoshù/ㄨˊ ㄒㄧㄢˋ ㄒㄧㄠˇ ㄕㄨˋ

【数】即“无尽小数”(1204 页)。

无限循环小数/無限循環小數

wúxiàn xúnhuán xiǎoshù/ㄨˊ ㄒㄧㄢˋ ㄒㄩㄣˊ ㄏㄨㄢˊ ㄒㄧㄠˇ ㄕㄨˋ

infinite recurring decimal

【数】小数点后从某一位起到某一位止的一段数字循环出现、首尾相接的无限小数。例如 0.333…，1.350 120 120 12…。无限循环小数中，小数点后循环出现的那一段数字叫作循环节。例如，0.333…中的数字 3 是循环节；1.350 120 120 12…中的数字 012 是循环节。无限循环小数可用在循环节首尾数字上各加一个点的方式表示。例如 $0.333\cdots=0.\dot{3}$，$1.350\,120\,120\,12\cdots=1.35\dot{0}\,1\dot{2}$。小数点后完全是循环部分的无限循环小数，叫作纯循环小数，例如，$0.\dot{3}$，$1.\dot{2}4\dot{5}$。小数点后不全是循环部分的无限循环小数，叫作混循环小数，例如，$0.01\dot{3}$，$1.30\dot{2}\,4\dot{5}$。无限循环小数是有理数。

无线电波/無線電波

wúxiàndiànbō/ㄨˊ ㄒㄧㄢˋ ㄉㄧㄢˋ ㄅㄛ

radio wave

【物】台湾又称“射電波”。波长大于 1 毫米(频率小于 300 吉赫)的电磁波。习惯上按频率(或波长)将其划分为若干频段(或波段)，如长波、中波、短波等。用于通信、广播及其他信号传输。

无线电波的频段和无线电波的波段

频率名	符号	频率	波长名称	波长
至低频	TLF	0.03~3 赫	至长波	10 000 ～ 100 兆米
极低频	ELF	3 ～ 30 赫	极长波	100 ～ 10 兆米
超低频	SLF	30 ～ 300 赫	超长波	10 ～ 1 兆米
特低频	ULF	300 ～ 3000 赫	特长波	1~0.1 兆米
甚低频	VLF	3 ～ 30 千赫	甚长波	100 ～ 10 千米
低频	LF	30 ～ 300 千赫	长波	10 ～ 1 千米
中频	MF	300 ～ 3000 千赫	中波	1 ～ 0.1 千米
高频	HF	3 ～ 30 兆赫	短波	100 ～ 10 米
甚高频	VHF	30 ～ 300 兆赫	超短波	10 ～ 1 米
特高频	UHF	300 ～ 3000 兆赫	分米波	1 ～ 0.1 米
超高频	SHF	3 ～ 30 吉赫	厘米波	100 ～ 10 毫米
极高频	EHF	30 ～ 300 吉赫	毫米波	10 ～ 1 毫米
至高频	THF	300 ～ 3000 吉赫	亚毫米波	1 ～ 0.1 毫米

无线电定位系统/無線定位系統

wúxiàndiàn dìngwèi xìtǒng/ㄨˊ ㄒㄧㄢˋ ㄉㄧㄢˋ ㄉㄧㄥˋ ㄨㄟˋ ㄒㄧˋ ㄊㄨㄥˇ

radio positioning system

【信息】利用无线电波以恒速直线传播的特性，通过测量固定或运动物体的位置来定位的系统。

无线电接力机/無線電接力機

wúxiàndiàn jiēlìjī/ㄨˊ ㄒㄧㄢˋ ㄉㄧㄢˋ ㄐㄧㄝ ㄌㄧˋ ㄐㄧ

radio relay set

【军】工作在超短波或微波波段，主要采用地面中间站转发无线电信号的工作方式，达成超视距多路通信的无线电接力设备。可分为超短波接力机和微波接力机。

无线电台/無線電臺

wúxiàndiàntái/ㄨˊ ㄒㄧㄢˋ ㄉㄧㄢˋ ㄊㄞˊ

radio station

【军】简称“电台”。装有发送和接收无线电信号设备的台站。可分为发射台、接收台和收发兼备的电台。

无线电通信/無線電通訊
wúxiàndiàn tōngxìn/
ㄨˊ ㄒㄧㄢˋ ㄉㄧㄢˋ ㄊㄨㄥ ㄒㄩㄣˋ
radio communication
【信息】利用无线电波在空间传输信息的通信方式。按波长的长短不同,可分为长波通信、中波通信、短波通信、超短波通信、微波通信等;按介质或设备类型不同,可分为微波中继通信、移动通信、卫星通信、散射通信等。

无线电制导/無線電導引
wúxiàndiàn zhìdǎo/ㄨˊ ㄒㄧㄢˋ ㄉㄧㄢˋ ㄉㄠˇ ㄧㄣˇ
radio guidance
【航】利用无线电波获取制导信息,控制载体飞向预定目标的制导技术。

无线局域网/無線區域網路
wúxiàn júyùwǎng/ㄨˊ ㄒㄧㄢˋ ㄑㄩ ㄩˋ ㄨㄤˇ ㄌㄨˋ
wireless LAN, WLAN
【信息】以无线方式构成的局域网。多工作于 2.5×10^9 赫或 5×10^9 赫频段。能覆盖有线局域网难于涉及的场所,具有流动性、简便性和易扩展性等优点。

无线射频设备/無線射頻設備
wúxiàn shèpín shèbèi/
ㄨˊ ㄒㄧㄢˋ ㄕㄜˋ ㄆㄧㄣˊ ㄕㄜˋ ㄅㄟˋ
radio frequency equipment
【物流】为实现自动识别目标信息而利用空间电磁感应或电磁传播进行通信的设备。识别范围广,识别率高,储存量大。

无线通信/無線通訊
wúxiàn tōngxìn/ㄨˊ ㄒㄧㄢˋ ㄊㄨㄥ ㄒㄩㄣˋ
wireless communication
【信息】不借助线缆线路,以红外线、声能或无线电波等传输声音、文字、图像等信息的通信方式。按传输内容类型的不同,可分为无线电话、无线电报、无线传真等。

无线因特网/無線網路
wúxiàn yīntèwǎng/ㄨˊ ㄒㄧㄢˋ ㄨㄤˇ ㄌㄨˋ
wireless Internet
【信息】专为无线电话和手持电子装置(如手机、平板计算机)设计的因特网。站点提供的内容多基本文本。

无屑加工/無屑加工
wúxiè jiāgōng/ㄨˊ ㄒㄧㄝˋ ㄐㄧㄚ ㄍㄨㄥ
chipless working, chipless machining
【机】金属坯料经铸造、锻压等之后不需切削而直接得到制件的工艺方法。因加工过程不产生金属屑,故称。

无形文化遗产
wúxíng wénhuà yíchǎn/
ㄨˊ ㄒㄧㄥˊ ㄨㄣˊ ㄏㄨㄚˋ ㄧˊ ㄔㄢˇ
【建】即"非物质文化遗产"(334 页)。

无性花/無性花
wúxìnghuā/ㄨˊ ㄒㄧㄥˋ ㄏㄨㄚ
asexual flower
【植】又称"中性花"。有花被而无雌蕊、雄蕊的花。

无性生殖/無性生殖
wúxìng shēngzhí/ㄨˊ ㄒㄧㄥˋ ㄕㄥ ㄓˊ
asexual reproduction
【生】不经过性细胞的结合,由亲体直接产生子代的生殖方式。包括分裂生殖、孢子生殖、出芽生殖或用植物的根、茎、叶进行的扦插、压条、嫁接等。

无性杂交/無性雜交
wúxìng zájiāo/ㄨˊ ㄒㄧㄥˋ ㄗㄚˊ ㄐㄧㄠ
asexual hybridization
【生】又称"营养杂交"。通过营养器官的接合,使不同个体交换营养物质以传递遗传性状的杂交方式。植物通常用嫁接方法使砧木同接穗相互影响而传递遗传性状。

无烟煤/無煙煤 wúyānméi/ㄨˊ ㄧㄢ ㄇㄟˊ
anthracite
【地】煤的一种。煤化程度最高的煤,燃烧时火焰短而少烟。含碳量通常在 90% 以上,黑色,有金属光泽,质硬,块状构造,燃点高,无黏结性,不结焦。发热量高,通常高于 3.3×10^7 焦/千克。通常用作动力能源和燃料,低硫、低灰的优质无烟煤可直接作为工业生产原料。

无意识/無意識 wúyìshí/ㄨˊ ㄧˋ ㄕˊ
unconsciousness
【心】又称"潜意识"。深藏在人类头脑中的一种不由自主的精神活动。

无意识记/無意識記
wúyì shíjì/ㄨˊ ㄧˋ ㄕˊ ㄐㄧˋ
unintentional memorization

【心】又称“不随意识记”。事先没有预定的目的,也没有经过意志努力的认识和记忆。特点是有较大的被动性、偶然性和片段性,不易引起疲劳。人类的大量知识均通过无意识记得来。

无意注意/不自主注意
wúyì zhùyì/ㄅㄨˋ ㄗˋ ㄓㄨˇ ㄓㄨˋ ㄧˋ
involuntary attention
【心】又称“不随意注意”。事先没有预定目的,并且不需要做出意志努力的注意。是一种消极被动的注意。是注意的初级形式。

无源的/無源的 wúyuánde/ㄨˊ ㄩㄢˊ ·ㄉㄜ
passive
【电】描述电路元件或电路,其瞬时功率在初次对之供给电能之前的某一瞬间开始的任何时间间隔内的时间积分为非负的。

无载波脉冲雷达
wúzàibō màichōng léidá/
ㄨˊ ㄗㄞˋ ㄅㄛ ㄇㄞˋ ㄔㄨㄥ ㄌㄟˊ ㄉㄚˊ
【军】即“冲击雷达”(133 页)。

无坐力炮/無坐力炮
wúzuòlìpào/ㄨˊ ㄗㄨㄛˋ ㄌㄧˋ ㄆㄠˋ
recoilless rifle
【军】又称“无后坐力炮”。发射时利用后喷物质的动量抵消后坐力使炮身不后坐的火炮。主要由炮身、炮架和瞄准装置组成。体积小,重量轻,结构简单,操作方便,口径通常为57~120毫米,反坦克直射距离 400~800米。适于随伴步兵作战。主要配用空心装药破甲弹,射击近距离坦克和其他装甲车辆。按炮膛结构不同,可分为线膛式无坐力炮和滑膛式无坐力炮;按运动方式不同,可分为便携式无坐力炮、牵引式无坐力炮、车载式无坐力炮和自行式无坐力炮。

芜菁/蕪菁
wújīng/ㄨˊ ㄐㄧㄥ
turnip
【植】*Brassica rapa* 又称“蔓菁”。十字花科芸薹属。二年生草本植物。块根肉质,球形、扁圆形或长圆形,外皮白、黄或红色,肉白或黄色,无辣味,有水分。基生叶大头羽裂,有刺毛;茎中部及以上叶长圆状披针形。总状花序顶生,十字花冠,鲜黄色。花期 3—4 月份。中国各地均有栽培。块根可作蔬菜。

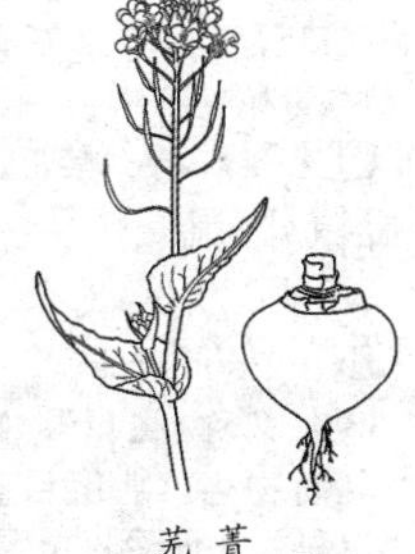
芜菁

吴郭魚 ㄨˊ ㄍㄨㄛ ㄩˊ/wúguōyú
tilapia
【动】台湾名。即“非洲鲫鱼”(335 页)。

吴王靠 wúwángkào/ㄨˊ ㄨㄤˊ ㄎㄠˋ
【建】即“美人靠”(792 页)。因传说这种栏杆座椅为春秋时吴王夫差专为西施所设,故名。

吴茱萸/吳茱萸 wúzhūyú/ㄨˊ ㄓㄨ ㄩˊ
Fructus Evodiae(拉), medicinal evodia fruit, * evodia fruit
【中医】中药名。芸香科植物吴茱萸 *Tetradium ruticarpum* (A. Jussieu) T. G. Hartley、石虎 *Evodia rutaecarpa* (Juss.) Benth. var. *officinalis* (Dode) Huang 或疏毛吴茱萸 *E. rutaecarpa* (Juss.) Benth. var. *bodinieri* (Dode) Huang 的干燥近成熟果实。味辛、苦,性热;有小毒。归肝、脾、胃、肾经。散寒止痛,降逆止呕,助阳止泻。用于厥阴头痛,寒疝腹痛,寒湿脚气,经行腹痛,脘腹胀痛,呕吐吞酸,五更泄泻;外治口疮,高血压。

吴茱萸

古人认为吴茱萸能消灾除祸,因此重阳节时有佩戴吴茱萸等习俗。唐代诗人王维名句“遥知兄弟登高处,遍插茱萸少一人”,此处的“茱萸”即吴茱萸。

無光澤漆
ㄨˊ ㄍㄨㄤ ㄗㄜˊ ㄑㄧ/wúguāngzéqī
lusterless paint
【化】台湾名。即“亚光漆”(1306 页)。

無規噪音
ㄨˊ ㄍㄨㄟ ㄗㄠˋ ㄧㄣ/wúguī zàoyīn
random noise
【环】台湾名。即“无规噪声”(1202 页)。

無理指數 ㄨˊ ㄌㄧˇ ㄓˇ ㄕㄨˋ/wúlǐ zhǐshù
irrational exponent
【数】台湾名。即“无理数指数”(1204 页)。

W

無人搬運車
ㄨˊ ㄖㄣˊ ㄅㄢ ㄩㄣˋ ㄔㄜ/wúrén bānyùnchē
automatic guided vehicle
【物流】台湾名。即“自动导引搬运车”(1499 页)。

無人航空載具
ㄨˊ ㄖㄣˊ ㄏㄤˊ ㄎㄨㄥ ㄗㄞˋ ㄐㄩˋ/
wúrén hángkōng zàijù
unmanned aerial vehicle, UAN
【航】台湾名。即“无人驾驶飞机”(1205 页)。

無限大 ㄨˊ ㄒㄧㄢˋ ㄉㄚˋ/wúxiàndà
infinity
【数】台湾名。即“无穷大”(1205 页)。

無限數列
ㄨˊ ㄒㄧㄢˋ ㄕㄨˋ ㄌㄧㄝˋ/wúxiàn shùliè
infinite sequence of number
【數】台湾名。即“无穷数列”(1205 页)。

無線電導引
ㄨˊ ㄒㄧㄢˋ ㄉㄧㄢˋ ㄉㄠˇ ㄧㄣˇ/wúxiàndiàn dǎoyǐn
radio guidance
【航】台湾名。即“无线电制导”(1208 页)。

無線電鈕
ㄨˊ ㄒㄧㄢˋ ㄉㄧㄢˋ ㄋㄧㄡˇ/wúxiàn diànniǔ
radio button
【信息】台湾名。即“单选按钮”(198 页)。

無線電通訊
ㄨˊ ㄒㄧㄢˋ ㄉㄧㄢˋ ㄊㄨㄥ ㄒㄩㄣˋ/
wúxiàndiàn tōngxùn
radio communication
【信息】台湾名。即“无线电通信”(1208 页)。

無線定位系統
ㄨˊ ㄒㄧㄢˋ ㄉㄧㄥˋ ㄨㄟˋ ㄒㄧˋ ㄊㄨㄥˇ/
wúxiàn dìngwèi xìtǒng
radio positioning system
【信息】台湾名。即“无线电定位系统”(1207 页)。

無線區域網路
ㄨˊ ㄒㄧㄢˋ ㄑㄩ ㄩˋ ㄨㄤˇ ㄌㄨˋ/
wúxiàn qūyù wǎnglù
wireless LAN, WLAN
【信息】台湾名。即“无线局域网”(1208 页)。

無線通訊
ㄨˊ ㄒㄧㄢˋ ㄊㄨㄥ ㄒㄩㄣˋ/wúxiàn tōngxùn
wireless communication
【信息】台湾名。即“无线通信”(1208 页)。

無線網路
ㄨˊ ㄒㄧㄢˋ ㄨㄤˇ ㄌㄨˋ/wúxiàn wǎnglù
wireless Internet
【信息】台湾名。即“无线因特网”(1208 页)。

無線終站
ㄨˊ ㄒㄧㄢˋ ㄓㄨㄥ ㄓㄢˋ/wúxiàn zhōngzhàn
cordless terminal
【信息】台湾名。即“无绳终端”(1206 页)。

無效功率計
ㄨˊ ㄒㄧㄠˋ ㄍㄨㄥ ㄌㄩˋ ㄐㄧˋ/wúxiào gōnglǜjì
varmeter
【电】台湾名。即“无功功率表”(1202 页)。

無訊號區
ㄨˊ ㄒㄩㄣˋ ㄏㄠˋ ㄑㄩ/wúxùnhàoqū
blackout range
【航】台湾名。即“黑障区”(496 页)。

蜈蚣/蜈蚣 wúgōng/ㄨˊ ㄍㄨㄥ
㊀ scolopendra, ㊁ Scolopendra(拉), centipede
㊀【动】节肢动物名。多足纲蜈蚣科。最常见的为少棘蜈蚣(*Scolopendra subspinipes mutilans*)。身体长而扁,头部金黄色,背部暗绿色,腹部黄褐色,头部有鞭状触角,躯干由许多环节构成,每个环节有足一对。第一对足呈钩状,有毒腺,能分泌毒液,称为“颚足”。以小昆虫为食。可入药。㊁【中医】中药名。蜈蚣科动物少棘蜈蚣 *Scolopendra subspinipes mutilans* L.Koch 的干燥体。味辛,性温;有毒。归肝经。息风镇痉,攻毒散结,通络止痛。用于小儿惊风,抽搐痉挛,中风口㖞,半身不遂,破伤风,风湿顽痹,疮疡,瘰疬,毒蛇咬伤。

📖 蜈蚣,孕妇禁用。

鼯鼠/鼯鼠
wúshǔ/ㄨˊ ㄕㄨˇ
flying-squirrel
【动】又称“飞鼠”。哺乳动物名。啮齿目鼯鼠科。外形像松鼠,前

鼯 鼠

后肢之间有宽大的薄膜，尾长，背部褐色或灰黑色。生活在山地森林中，能利用宽大的薄膜在树间滑翔，夜间活动。以植物的嫩叶、果实和甲虫等为食。分布于东亚、东南亚，在中国分布广泛。

五步蛇 wǔbùshé/ㄨˇ ㄅㄨˋ ㄕㄜˊ

【动】即“尖吻蛇”(596 页)。因传说人被咬伤中毒，不出五步即死，故名。

五彩瓷/彩瓷 wǔcǎicí/ㄘㄞˇ ㄘˊ

faience, decorative porcelain

【轻】一种彩绘瓷器。在已烧成的白瓷表面，用红、绿、黄、蓝、紫、孔雀绿等低温色料勾线，有的还加饰金彩，构成丰富多彩的装饰效果，其他均以透明色料平填，描绘图案纹样后，再次入窑，以 750～850℃ 窑火烧制而成。

五迟/五遲 wǔchí/ㄨˇ ㄔˊ

five retardations, * five slownesses

【中医】中医儿科疾病之一。小儿因先天胎禀不足，肾元亏损，或后天喂养不当，气血虚弱，生长发育迟缓所致，症见立迟、行迟、齿迟、语迟、发迟。

五大湖/五大湖 Wǔ Dà Hú/ㄨˇ ㄉㄚˋ ㄏㄨˊ

Great Lakes

【地】苏必利尔湖、休伦湖、密歇根湖、伊利湖和安大略湖的合称。位于加拿大与美国交界处。除密歇根湖属美国外，其他四湖为加拿大和美国共有。总面积 24.566 万平方千米。是世界最大的淡水湖群。多急流瀑布，水力资源丰富，湖区工农业发达。

五定班列/五定班列

wǔdìng bānliè/ㄨˇ ㄉㄧㄥˋ ㄅㄢ ㄌㄧㄝˋ

wuding train

【物流】铁路运输中，在铁路线上组织的定点、定线、定车次、定时、定价的快速货物列车。包括车站间对开和编组站间对开两种形式。

五加皮/五加皮

wǔjiāpí/ㄨˇ ㄐㄧㄚ ㄆㄧˊ

Cortex Acanthopanacis(拉), acanthopanax root bark

【中医】中药名。五加科植物细柱五加 *Acanthopanax gracilistylus* W. W. Smith 的干燥根皮。味辛、苦，性温。归肝、肾经。祛风湿，补肝肾，强筋骨。用于风湿痹痛，筋骨痿软，小儿行迟，体虚乏力，水肿，脚气。

细柱五加

📖 五加皮又称“南五加皮”，是无毒的。另有一种“北五加皮”，与其功效很相近，是有毒的。

五劳/五勞

wǔláo/ㄨˇ ㄌㄠˊ

five consumptions, * five taxations

【中医】久视、久卧、久坐、久立、久行五种过度劳累致病因素的合称。

📖 “五劳”和“七伤”通常连说为“五劳七伤”。

五棱镜/五稜鏡

wǔléngjìng/ㄨˇ ㄌㄥˊ ㄐㄧㄥˋ

pentaprism

【物】横截面为五边形的棱镜。其两内反射面的夹角为 45°，两透射面的夹角为 90°，使在横截面内的入射光线和出射光线相互垂直。

五苓散/五苓散

wǔlíngsǎn/ㄨˇ ㄌㄧㄥˊ ㄙㄢˇ

wuling powder, wuling san

【中医】中医方剂名。组成：猪苓 9 克，泽泻 15 克，白术 9 克，茯苓 9 克，桂枝 6 克。水煎服；或者按上述比例研末，温水冲服。利水渗湿，温阳化气。用于外有表证、内有水湿等证，头痛发热、烦渴欲饮，或水入即吐，小便不利，水肿，泄泻等症状。

五岭

Wǔ Lǐng/ㄨˇ ㄌㄧㄥˇ

【地】即“南岭”(822 页)。

五轮八廓/五輪八廓

wǔlún bākuò/ㄨˇ ㄌㄨㄣˊ ㄅㄚ ㄎㄨㄛˋ

five wheels and eight regions, * five wheels and eight belts

【中医】五轮是肉轮(上下眼睑)、血轮(内外两眦)、气轮(球结膜与巩膜)、风轮(角膜)和水轮(瞳孔)的合称，为眼睛由外向内划分的五个部位；八廓是天廓、地廓、风廓、雷廓、泽廓、山廓、火廓、水廓的合称，为中医眼科在外眼划分的八个部位。

五禽戏/五禽戲 wǔqínxì/ㄨˇ ㄑㄧㄣˊ ㄒㄧˋ

wuqinxi, five mimic-animal exercise, * five animal exercises

【中医】导引术之一。相传东汉华佗所创。通过模仿虎、熊、鹿、猿、鸟(鹤)五种动物的动作,配合呼吸吐纳,达到防治疾病、延年益寿的目的。具有外动内静,动中求静,刚柔并济,内外兼备的特点。分为虎戏(模仿虎扑捉的姿态)、熊戏(模仿熊侧卧的姿态)、鹿戏(模仿鹿伸扬头颈的姿态)、猿戏(模仿猿纵跳的姿态)、鸟戏(模仿鸟展翅飞翔的姿态)五种。

📖 相传东汉的著名医学家华佗精通医术,注重养生。他参考古代各种文献记载的“导引术”,编创了“五禽戏”。操练该拳法,可使周身关节、脊背、腰部、四肢得到舒展。体弱之人,练后体魄健壮;患病之人,练后加速康复;年迈之人,练后精力旺盛。华佗的弟子吴普坚持做“五禽戏”,活到近百岁,仍步履轻捷,耳聪目明,牙齿坚固。“五禽戏”广为传播,流传至今。

五软/五軟 wǔruǎn/ㄨˇ ㄖㄨㄢˇ

five infantile flaccidity, five kinds of flaccidity, * five limpnesses

【中医】中医儿科疾病之一。小儿因先天胎禀不足,肾元亏损,或后天喂养不当,气血虚弱,生长发育迟缓所致,症见头项、口、手、足、肌肉等软弱无力。

五十雀 ㄨˇ ㄕˊ ㄑㄩㄝˋ/wǔshíquè

nuthatch

【动】台湾名。即“䴓”(1020 页)。

五味/五味 wǔwèi/ㄨˇ ㄨㄟˋ

five flavours

【中医】辛、甘、酸、苦、咸等五种基本药味的合称。有时也泛指各种药味。其含义有二,一是真实的滋味,二是代表某种作用。

五味子/五味子 wǔwèizǐ/ㄨˇ ㄨㄟˋ ㄗˇ

㊀ China magnoliavine, ㊁ Fructus Schisandrae Chinensis(拉), Chinese magnoliavine fruit

㊀【植】*Schisandra chinensis* 木兰科五味子属。落叶木质藤本植物。幼枝红褐色,老枝片状剥落。叶膜质,宽椭圆形,先端边缘有齿。花单性,粉白色或粉红色。小浆果红色,近球形。花果期 5—10 月份。在中国,分布于东北、华北、宁夏、甘肃。果实入药。㊁【中医】中药名。木兰科植物五味子 *Schisandra chinensis* (Turcz.) Baill. 的干燥成熟果实。味酸、甘,性温。归肺、心、肾经。收敛固涩,益气生津,补肾宁心。用于久嗽虚喘,梦遗滑精,遗尿尿频,久泻不止,自汗,盗汗,津伤口渴,短气脉虚,内热消渴,心悸失眠。

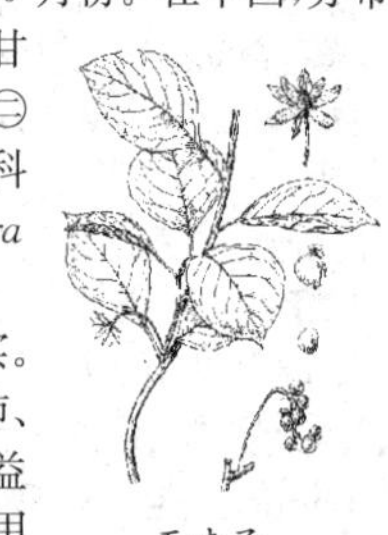
五味子

📖 据《新修本草》记载,其果实“五味皮肉甘酸,核中辛苦,都有咸味”,故名。

五行学说/五行學説 wǔxíng xuéshuō/ㄨˇ ㄒㄧㄥˊ ㄒㄩㄝˊ ㄕㄨㄛ

five-phase theory

【中医】中医基本理论之一。运用木、火、土、金、水五类物质的特性及其生克制化规律解释人体内脏之间的相互关系,脏腑组织器官的属性、运动变化,以及人体与外界环境的关系。

五行与自然人体的关系

	木	火	土	金	水
五性	曲直	炎上	稼穑	从革	润下
五季	春	夏	长夏	秋	冬
五方	东	南	中央	西	北
五气	风	热	湿	燥	寒
五味	酸	苦	甘	辛	咸
五音	角	徵	宫	商	羽
五色	青	红	黄	白	黑
五脏	肝	心	脾	肺	肾
六腑	胆 三焦	小肠	胃	大肠	膀胱
五官	目	舌	口	鼻	耳
五体	筋	血	肉	皮毛	骨髓
五液	泪	汗	涎	涕	唾
五志	怒	喜	思	忧	恐
五神	魂	神	意	魄	志

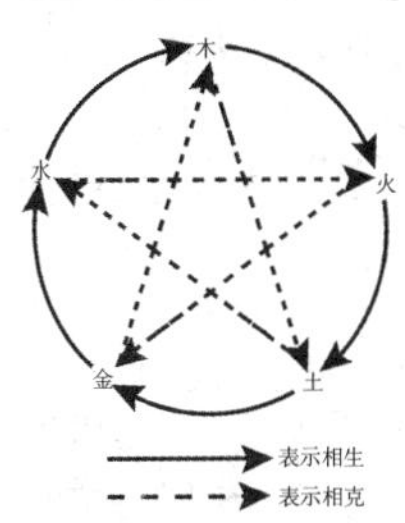

五行生克关系

五叶草 wǔyècǎo/ㄨˇ ㄧㄝˋ ㄘㄠˇ

【植】即“百脉根”(25 页)。

五硬/五硬 wǔyìng/ㄨˇ ㄧㄥˋ

five kinds of flaccidity, five kinds of stiffness, * five stiffnesses

【中医】中医儿科疾病之一。小儿因元阳不振,或寒凝血涩所致,症见手、足、头项、肌肤、腰冰冷僵硬,身体不温。

五岳/五嶽 Wǔ Yuè/ㄨˇ ㄩㄝˋ

Five Famous Mountain

【地】东岳泰山、西岳华山、南岳衡山、北岳恒山和中岳嵩山的合称。是中国的五座名山。

五脏/五臟 wǔzàng/ㄨˇ ㄗㄤˋ

five zang viscera, * five viscera

【中医】心、肝、脾、肺、肾五个脏器的合称。具有化生(气化生成)、贮藏功能和藏精气而不泻,满而不能实的生理特点。

📖《素问·五脏别论》:“五脏者,藏精气而不泻也,故满而不能实。”五脏所化生和贮藏的精气,呈弥散状态,宜充满而不宜走泻,不能贮藏充实水谷之物,故说“满而不能实”。

五志/五志 wǔzhì/ㄨˇ ㄓˋ

five minds

【中医】人的喜、怒、思、忧、恐五种主要情志活动的合称。

五爪金龙

wǔzhǎo jīnlóng/ㄨˇ ㄓㄠˇ ㄐㄧㄣ ㄌㄨㄥˊ

【动】即“巨蜥”(654 页)。

午时茶颗粒/午時茶顆粒

wǔshíchá kēlì/ㄨˇ ㄕˊ ㄔㄚˊ ㄎㄜ ㄌㄧˋ

wushicha granules, wushicha keli, * Midday Tea Granules

【中医】中成药名。主要成分:苍术、柴胡、羌活、防风、白芷、川芎、广藿香、前胡、连翘、陈皮、山楂、枳实、麦芽、甘草、六神曲、桔梗、紫苏叶、厚朴、红茶。开水冲服。解表和中。用于感受风寒,内伤食积,寒热吐泻。

庑殿 wǔdiàn/ㄨˇ ㄉㄧㄢˋ

【建】“庑殿顶”的简称。

庑殿顶/四坡屋頂

wǔdiàndǐng/ㄙˋ ㄆㄛ ㄨ ㄉㄧㄥˇ

hip roof

【建】简称“庑殿”。一条正脊与四条垂脊组成四面坡式的屋顶形式。构架宏大,两山用丁栿(顺扒梁)做成斜坡屋顶,与前后屋面 45°相交。四个坡面的举折曲线均作“反宇向阳”的弧线形,四条垂脊均有回囊,屋面四面排水。正脊部位多为大脊做法,两端带有吻兽。在建筑的层数上庑殿有单檐、重檐两种。是中国古建筑屋顶等级最高的形式,常用于宫殿、寺庙等大型建筑群中的主要殿阁。

📖 庑殿最早见于殷商,据《考工记》载,商代的宫室是“四阿重屋”,即为四面坡顶的重檐殿宇。古代“四阿”又称“四注顶”,为宫殿所用。《营造法式》称为五脊殿或吴殿,明清称为庑殿。清式庑殿顶采用推山法,使正脊加长、山面二坡更陡、垂脊曲线更柔和,外观更挺拔、雄健。一些大型殿宇常采用重檐做法,称为重檐庑殿。

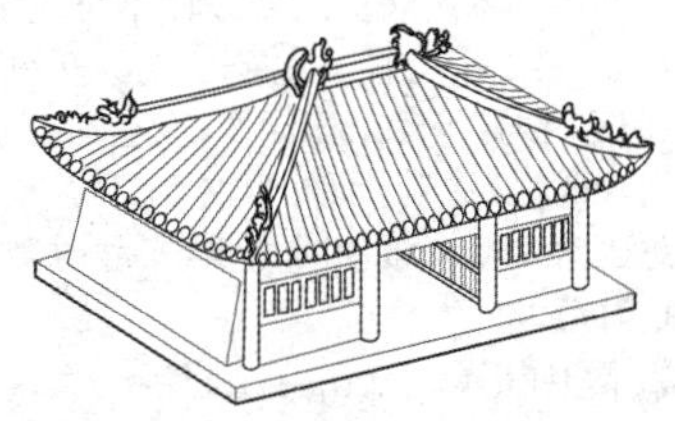
庑殿顶

武昌鱼 wǔchāngyú/ㄨˇ ㄔㄤ ㄩˊ

【动】即“鳊鱼”(59 页)。

武庙/武廟 wǔmiào/ㄨˇ ㄇㄧㄠˋ

Temple of Military God

【建】又称“关帝庙”。明清时奉祀关羽的庙。相传关羽故乡在山西解州常平村,故解州武庙规模最大,创建于隋初,重建于宋大中祥符七年(1014 年),明嘉靖三十四年(1555 年)毁于火灾,后屡次修建。建筑组群仿宫殿型制,端门、雉门、午门、御书楼、崇宁殿沿主轴线布置，气势宏伟。

武器级钚/武器級鈈
wǔqìjíbù/ㄨˇ ㄑㄧˋ ㄐㄧˊ ㄅㄨˋ
weapon-grade plutonium
【军】钚-239 丰度(或称含量)大于 93%或钚-240丰度(或称含量)小于 7%的钚。适于制造核武器。

武器级铀/武器級鈾
wǔqìjíyóu/ㄨˇ ㄑㄧˋ ㄐㄧˊ ㄧㄡˊ
weapon-grade uranium
【军】铀-235 丰度(或称含量)大于 90%的铀。适于制造核武器。

W

武装直升机/武裝直升機
wǔzhuāng zhíshēngjī/ㄨˇ ㄓㄨㄤ ㄓˊ ㄕㄥ ㄐㄧ
armed helicopter
【军】用于执行对地攻击和空战任务的军用直升机。机上装有航空机关枪、航空机关炮、炸弹、火箭及导弹等。武器多挂在机身外部两侧的挂架上，也有的机身前方装有活动机枪或炮塔。突防能力强，机动性和隐蔽性好，杀伤力大，生存力高。可分为攻击直升机、歼击直升机、反舰直升机和反潜直升机。

舞蹈症/舞蹈症
wǔdǎozhèng/ㄨˇ ㄉㄠˇ ㄓㄥˋ
chorea
【医】锥体外系疾病。以舞蹈样不自主运动为特征，多见于女性。主要表现为转颈、耸肩、摆手、伸臂等舞蹈样动作，步态不稳或不规则，可有扮鬼脸动作，肢体肌张力减低。随意运动或情绪激动时加重，安静时减轻，睡眠时消失。

兀鹫/高山兀鷲 wùjiù/ㄍㄠ ㄕㄢ ㄨˋ ㄐㄧㄡˋ
condor, griffon vulture
【动】又称“兀鹰”。鸟名。隼形目鹰科。身体大，展翅可达 3 米长，头部较小，喙形较扁有钩，翅膀宽大有力，头和颈部羽毛全部退化而裸露。生活在高原山野中，主要以地面哺乳动物的尸体为食。分布广泛，在中国，分布于西北、西南地区。

兀鹫

兀鹰 wùyīng/ㄨˋ ㄧㄥ
【动】即“兀鹫”(1214 页)。

乌拉草/烏拉草 wùlacǎo/ㄨ ㄌㄚ ㄘㄠˇ
meyer sedge
【植】*Carex meyeriana* 莎草科薹草属。根状茎形成踏头。秆紧密丛生，纤细，三棱形，坚硬。叶刚毛状，向内对折，质硬，边缘粗糙。小穗 2～3 个，顶端为雄性，侧生为雌性，花深紫黑色或红褐色。花果期 6—7 月份。在中国，分布于黑龙江、吉林、内蒙古。常见野草，东北三宝之一。

戊肝 wùgān/ㄨˋ ㄍㄢ
【医】“戊型肝炎”的简称。

戊五醇 wùwǔchún/ㄨˋ ㄨˇ ㄔㄨㄣˊ
【化】即“木糖醇”(815 页)。

戊型肝炎/E 型肝炎
wùxíng gānyán/E ㄒㄧㄥˊ ㄍㄢ ㄧㄢˊ
hepatitis E
【医】简称“戊肝”，台湾简称“E 肝”。戊型肝炎病毒引起的肝炎。经粪—口途径传播。通过饮水也可传播，尚未发现通过体液接触的人—人传播。

坞站/攜行電腦塢
wùzhàn/ㄒㄧ ㄒㄧㄥˊ ㄉㄧㄢˋ ㄋㄠˇ ㄨˋ
docking station
【信息】以简化方式插接电子器件的公共设施。可入坞器件范围很广，难以标准化，致使坞站有不同连接器和用法。例如，将膝上计算机或笔记本式计算机接到备有电源连接器、扩充槽和外设连接器的坞站，就能使这两种计算机临时升级成台式计算机，而不永久丧失其移动计算功能。

芴/茀 wù/ㄈㄨˊ
fluorene
【化】有机化合物。白色片状晶体。可用于制染料、树脂和药物。

物候/物候 wùhòu/ㄨˋ ㄏㄡˋ
phenology
【生】生物的周期性现象(如植物的发芽、开花、结实，候鸟的迁徙，某些动物的冬眠等)与气候的关系。

物候学/物候學 wùhòuxué/ㄨˋ ㄏㄡˋ ㄒㄩㄝˊ
phenology

【气】大气科学的一个分支。通过观测和记录自然界植物的生长荣枯、动物的迁徙繁殖和环境的变化等,研究气候变化规律及其与生态环境的相互关系。

物理 wùlǐ/ㄨˋ ㄌㄧˇ

【物】"物理学"的简称。

物理摆 wùlǐbǎi/ㄨˋ ㄌㄧˇ ㄅㄞˇ

【物】即"复摆"(366 页)。

物理变化/物理變化

wùlǐ biànhuà/ㄨˋ ㄌㄧˇ ㄅㄧㄢˋ ㄏㄨㄚˋ

physical change

【物】物质变化中,没有新物质产生或物质内部结构没有化学键改变的变化。如水变成水蒸气或结成冰是物理变化;石墨变成金刚石则不然,因其有碳原子间化学键的改变,是化学变化。

物理层/實體層 wùlǐcéng/ㄕˊ ㄊㄧˇ ㄘㄥˊ

physical layer

【信息】开放系统互连参考模型中的第一层(最低层)。提供实现透明传输的物理链接。

物理地址 wùlǐ dìzhǐ/ㄨˋ ㄌㄧˇ ㄉㄧˋ ㄓˇ

【信息】即"实地址"(1028 页)。

物理电源/物理電源

wùlǐ diànyuán/ㄨˋ ㄌㄧˇ ㄉㄧㄢˋ ㄩㄢˊ

physical power source

【物】将光能、热能或核能直接转变为电能,产生直流电的能源装置。储存寿命长,能长期连续使用,但输出功率通常较低,成本较高。主要有太阳能电池、温差发电器、热离子发电器及核电池等。

物理化学/物理化學

wùlǐ huàxué/ㄨˋ ㄌㄧˇ ㄏㄨㄚˋ ㄒㄩㄝˊ

physical chemistry

【化】又称"理论化学"。化学的理论基础学科。从物质的物理现象和化学变化来研究化学反应的基本规律,包括基本化学现象的理论解释、物质状态与变化规律、化学反应过程、物质结构及与热电磁光等性能的关系、量子化学行为等。

物理量传感器/物理量感測器

wùlǐliàng chuángǎnqì/
ㄨˋ ㄌㄧˇ ㄌㄧㄤˋ ㄍㄢˇ ㄘㄜˋ ㄑㄧˋ

physical quantity transducer

【机】传感器的一类。能感受规定的物理量并转换成可用输出信号。可分为光电式传感器、压电传感器、压阻式传感器、电磁式传感器、热电式传感器、光导纤维传感器等。

物理量感測器

ㄨˋ ㄌㄧˇ ㄌㄧㄤˋ ㄍㄢˇ ㄘㄜˋ ㄑㄧˋ/wùlǐliàng gǎncèqì

physical quantity transducer

【机】台湾名。即"物理量传感器"(1215 页)。

物理气相沉积/物理氣相沈積

wùlǐ qìxiàng chénjī/ㄨˋ ㄌㄧˇ ㄑㄧˋ ㄒㄧㄤˋ ㄔㄣˊ ㄐㄧ

physical vapor deposition, PVD

【机】气相沉积的一种。用物理方法(如蒸发、溅射等)使镀膜材料气化,在基体表面沉积,形成覆盖层的方法。广泛用于钟表行业中。

物理双星/物理雙星

wùlǐ shuāngxīng/ㄨˋ ㄌㄧˇ ㄕㄨㄤ ㄒㄧㄥ

physical double, physical pair

【天】互绕公共质量中心做周期性轨道运动的两个恒星级天体组成的系统。其中质量较大的一个称为主星,另一个称为伴星。著名的亮星天狼星、角宿一、五车二等均为物理双星。

物理污染 ㄨˋ ㄌㄧˇ ㄨ ㄖㄢˇ/wùlǐ wūrǎn

physical pollution

【环】台湾名。即"物理性污染"(1215 页)。

物理性污染/物理污染

wùlǐxìng wūrǎn/ㄨˋ ㄌㄧˇ ㄨ ㄖㄢˇ

physical pollution

【环】通常指环境中的声音或光、热、电磁场等物理因素对人或生物产生不良影响和危害的现象。环境中的物理因素都是人类所需要的,如果它们的量异常(过高或过低)才会造成污染。这些污染多是局部性的,区域或全球性污染少见。这类污染在环境中没有残留物质存在,污染源停止运转后,污染也随之消失。

物理性质/物理性質

wùlǐ xìngzhì/ㄨˋ ㄌㄧˇ ㄒㄧㄥˋ ㄓˊ

physical property

【物】不涉及化学变化的物质本身属性。如状态、颜色、气味、密度、熔点、沸点、蒸气压、导电率等。

物理学/物理學 wùlǐxué/ㄨˋ ㄌㄧˇ ㄒㄩㄝˊ
physics
【物】简称"物理"。研究宇宙间物质存在的主要基本形式、内部的基本结构以及运动最一般规律的科学。具有众多分支。按物质的存在形式和运动形式不同,主要包括经典物理学和近代物理学。经典物理学又分为力学、声学、热学、光学、电磁学等;近代物理学又分为相对论、量子力学等。
📖 "物理"一词出自拉丁文 physica 和希腊文 phusika,意即"自然"。物理学的基本理论和实验方法为化学、地学、生命科学、天文学、宇宙学等的发展提供了基础。

物理治疗/物理治療
wùlǐ zhìliáo/ㄨˋ ㄌㄧˇ ㄓˋ ㄌㄧㄠˊ
physical therapy, physiotherapy, PT
【医】简称"理疗"。应用机械、电、光、声、热、水、运动、手法等方法对疾病进行预防、治疗和康复的方法。广义上包括物理因子治疗和运动疗法,狭义上仅指物理因子治疗。

物联网/物聯網
wùliánwǎng/ㄨˋ ㄌㄧㄢˊ ㄨㄤˇ
Internet of Things
【信息】按约定的协议把涉及物品都连接到因特网上,以实现智能化识别、定位、跟踪、监控和管理的系统。物品连网通过射频识别、红外感应器、全球定位系统、激光扫描器等信息传感设备实现。

物料/物料 wùliào/ㄨˋ ㄌㄧㄠˋ
material
【物流】生产企业中除最终产品以外,在生产领域流转的所有材料的统称。包括燃料、零部件、半成品、外协件、其他辅助材料、工具、设备,以及边角余料、废料等。

物料需求規劃
ㄨˋ ㄌㄧㄠˋ ㄒㄩ ㄑㄧㄡˊ ㄍㄨㄟ ㄏㄨㄚˋ/
wùliào xūqiú guīhuà
material requirement planning, MRP
【物流】台湾名。即"物料需求计划"(1216页)。

物料需求计划/物料需求規劃
wùliào xūqiú jìhuà/
ㄨˋ ㄌㄧㄠˋ ㄒㄩ ㄑㄧㄡˊ ㄍㄨㄟ ㄏㄨㄚˋ
material requirement planning, MRP
【物流】制造企业根据产品生产计划倒排出的相关物料需要数量与需要时间的计划管理应用系统。包括客户需求管理、主生产计划、物料计划和库存记录。由美国库存协会于 20 世纪 60 年代提出。

物流/物流 wùliú/ㄨˋ ㄌㄧㄡˊ
logistics, the material flow, MF
【物流】物品在供应链系统中,根据客户需求,将运输、储存、装卸、搬运、包装、流通加工、配送、信息处理等基本功能有机结合,从供应地到接收地进行实体流动的过程。按其业务性质不同,可分为采购物流、销售物流、生产物流、回收物流和废弃物物流;按其活动的空间范围不同,可分为地区物流、国内物流、国际物流。

物流保险/物流保險
wùliú bǎoxiǎn/ㄨˋ ㄌㄧㄡˊ ㄅㄠˇ ㄒㄧㄢˇ
logistics insurance
【物流】物品从供应地向需求地的实体流动过程中,以财产、货物运输、机器损坏、车辆及其他运输工具安全,人身安全,雇员忠诚保证等内容为标的的保险。包括物流货物保险、物流责任保险、运输保险、产品质量保证保险、船舶保险、邮递货物保险等。

物流标签/物流標籤
wùliú biāoqiān/ㄨˋ ㄌㄧㄡˊ ㄅㄧㄠ ㄑㄧㄢ
logistics label
【物流】物流过程中附着在物品上的标签。用以标识目标对象,记录物流单元有关信息,以便快速查找、识别和定位目标。每个标签具有唯一的编码。

物流冰山说/物流冰山説
wùliú bīngshānshuō/
ㄨˋ ㄌㄧㄡˊ ㄅㄧㄥ ㄕㄢ ㄕㄨㄛ
logistics iceberg theory
【物流】物流领域中的一种理论。由日本早稻田大学教授西泽修提出。人们关注的财务统计数据中的物流费用,通常为支付给外部物流企业的费用,只是物流成本的一部分,犹如整个物流费用的冰山一角;而物流基础设施建设费及企业利用自己的车辆运输、利用自己的仓库保管货物、由自己的工人进行包装、装卸等费用都未包括在内,而这些才是物流费用的主体部分。

物流产业/物流産業
wùliú chǎnyè/ㄨˋ ㄌㄧㄡˊ ㄔㄢˇ ㄧㄝˋ
logistics industry
【物流】以物流活动为基本共同点,因物流资源产业化而形成的复合型产业。凭借铁路、公路、水路、航空、管道等基础设施,以及工业生产、商业批发零售和第三方仓储、运输及综合物流企业,实现物品的实体位移。属于第三产业范畴,其特征是跨部门、跨行业,体系庞大。

物流成本/物流成本
wùliú chéngběn/ㄨˋ ㄌㄧㄡˊ ㄔㄥˊ ㄅㄣˇ
logistics cost
【物流】物流活动全过程所消耗的物化劳动和活劳动的货币表现。是物品在实体流动过程中所支出的人力、财力、物力费用的总和。包括运输成本、仓储成本、流通加工成本、包装成本、配送成本、装卸搬运成本以及物流信息和管理费用等。

物流单元/物流單元
wùliú dānyuán/ㄨˋ ㄌㄧㄡˊ ㄉㄢ ㄩㄢˊ
logistics unit
【物流】为物流作业提高效率、降低成本而建立的货物组合单元。采用合理的单元化物流器具进行包装、储存、运输和配送,同时进行跟踪与管理。搭配在一个组合包装中的不同种类的多件货物,可以视为一个物流单元。有唯一的标识代码,即系列货运包装箱代码,表示其基本信息;另外其附加信息码表示运输目的地、物流包装重量、物流单元尺寸等。

物流单证/物流單證
wùliú dānzhèng/ㄨˋ ㄌㄧㄡˊ ㄉㄢ ㄓㄥˋ
logistics documents
【物流】物流业务过程及结算过程中使用的各种单据、票据、凭证、文件、证书的统称。用以处理物品的交付、运输、保险、商检、结汇等,是物流业务的重要组成部分,也是业务结算的基本工具、履约凭据、物权凭证。

物流服务/物流服務
wùliú fúwù/ㄨˋ ㄌㄧㄡˊ ㄈㄨˊ ㄨˋ
logistics service
【物流】物流企业为满足客户的物流需求,有效完成物品供应、减轻客户的物流作业负荷,从处理客户订货开始,直至商品送客户过程中所提供的一切物流活动。包括基本物流服务和增值物流服务。将从原材料供应到产成品配送的整个供应链作为统一流程,对物流的所有功能进行统一管理,为客户提供个性化解决方案的综合性物流服务,即为一体化物流服务。

物流服务提供商
wùliú fúwù tígōngshāng/
ㄨˋ ㄌㄧㄡˊ ㄈㄨˊ ㄨˋ ㄊㄧˊ ㄍㄨㄥ ㄕㄤ
【物流】即"物流企业"(1218 页)。

物流工程/物流工程
wùliú gōngchéng/ㄨˋ ㄌㄧㄡˊ ㄍㄨㄥ ㄔㄥˊ
logistics engineering
【物流】以物流系统为对象,对物流系统的规划设计、资源优化配置、物流运作的计划与控制以及经营管理进行研究,以支持整体物流系统的工程。将物流、信息流融为一体,将生产、流通和消费全过程视为一个整体,运用系统工程的理论和方法进行规划、控制,选择最优方案,以达到提高社会经济效益和企业经济效益的目的。

物流管理/物流管理
wùliú guǎnlǐ/ㄨˋ ㄌㄧㄡˊ ㄍㄨㄢˇ ㄌㄧˇ
logistics management
【物流】从满足消费者需求出发,根据物流规律,对采购、生产制造、储存、运输、销售等环节进行一体化计划、组织、指挥、协调、控制和监督的管理活动。使各项物流活动实现最佳的协调与配合,降低成本,提高效率,向用户提供满意的服务。主要包括物流作业管理、物流战略管理、物流成本管理、物流服务管理、物流组织与人力资源管理和供应链管理。

物流管理系统/物流管理系統
wùliú guǎnlǐ xìtǒng/
ㄨˋ ㄌㄧㄡˊ ㄍㄨㄢˇ ㄌㄧˇ ㄒㄧˋ ㄊㄨㄥˇ
logistics management system, LMS
【物流】可有效控制和管理物流活动的系统。狭义上指针对物流各环节流程进行管理的系统,广义上指兼有业务管理和行为协调功能的、与物流相关的管理系统。

物流规划/物流規劃

wùliú guīhuà/ㄨˋ ㄌㄧㄡˊ ㄍㄨㄟ ㄏㄨㄚˋ
logistics planning
【物流】根据一定的原则、程序和方法，针对物流发展目标设计相应的策略及行动。是对未来物流进行的全面的长远的发展规划。

物流合同/物流合同
wùliú hétong/ㄨˋ ㄌㄧㄡˊ ㄏㄜˊ ·ㄊㄨㄥ
logistics contract
【物流】物流服务的需求方与供给方依法订立的，约定由供给方为需求方完成一定的物流服务，同时需求方支付相应报酬的有偿合同。内容主要包括物流系统设计、具体物流运作标准、费用计算办法、对物流服务的特殊要求等。

物流活动/物流活動
wùliú huódòng/ㄨˋ ㄌㄧㄡˊ ㄏㄨㄛˊ ㄉㄨㄥˋ
logistics activity
【物流】围绕物流开展的各项活动。即物流各项功能的实施与管理过程，分为物流作业活动与物流管理活动两类。物流作业活动有运输、仓储、包装、装卸搬运、流通加工、配送、物流信息七个环节。物流管理活动是对物流作业活动进行的计划、组织、指挥、协调、控制和监督，以实现最佳协调与配合，降低成本，提高效率。

物流技术/物流技術
wùliú jìshù/ㄨˋ ㄌㄧㄡˊ ㄐㄧˋ ㄕㄨˋ
logistics technology
【物流】关于物流活动的管理、作业程序、技能、设施和装置工艺的技术。可分为物流硬技术和物流软技术两类。前者包括物流设施、物流工具、物流设备等；后者包括物流系统的规划技术、评价技术、管理技术、信息化技术等。

物流技术装备/物流技術裝備
wùliú jìshù zhuāngbèi/
ㄨˋ ㄌㄧㄡˊ ㄐㄧˋ ㄕㄨˋ ㄓㄨㄤ ㄅㄟˋ
logistics equipment
【物流】各项物流活动(运输、仓储、装卸、流通加工等)操作所必需的，保持原有实物形态期限长的机械设备和器具。如汽车、货架、托盘、叉车、集装箱等。

物流金融/物流金融
wùliú jīnróng/ㄨˋ ㄌㄧㄡˊ ㄐㄧㄣ ㄖㄨㄥˊ
logistics finance
【物流】为物流企业提供资金融通、结算、保险等服务的金融业务。包括融通仓、仓库证券、仓单质押融资、存货质押融资等。

物流经济/物流經濟
wùliú jīngjì/ㄨˋ ㄌㄧㄡˊ ㄐㄧㄥ ㄐㄧˋ
logistics economy
【物流】与物流有关的经济活动。包括对物流资源的配置、物流市场的供给与需求、物流产业的发展、物流产业组织形态演变等。

物流企业/物流企業
wùliú qǐyè/ㄨˋ ㄌㄧㄡˊ ㄑㄧˇ ㄧㄝˋ
logistics enterprise
【物流】又称“物流服务提供商”。从事运输(含运输代理、货物快递)或仓储或综合物流等主营业务，并能够根据客户物流需求对各项物流基本功能进行组织和管理，且具有与自身业务相适应的信息管理系统的企业。按业务类型不同，可分为运输型、仓储型和综合服务型。

物流设施/物流設施
wùliú shèshī/ㄨˋ ㄌㄧㄡˊ ㄕㄜˋ ㄕ
logistics infrastructure
【物流】满足物流组织与管理需要，可进行各项物流活动和物流作业的有形固定资产。是具有单一功能或综合功能的场所或组织的统称。

物流相关性/物流相關性
wùliú xiāngguānxìng/
ㄨˋ ㄌㄧㄡˊ ㄒㄧㄤ ㄍㄨㄢ ㄒㄧㄥˋ
logistics correlation
【物流】物流系统内部各物流要素之间及作业各环节之间，企业内物流活动与其他经营活动之间，或物流系统与外部环境之间存在的相关变化程度。

物流效用/物流效用
wùliú xiàoyòng/ㄨˋ ㄌㄧㄡˊ ㄒㄧㄠˋ ㄩㄥˋ
logistics utility
【物流】物流过程中物化劳动和活劳动所创造的效用。包括空间效用、时间效用和形质效用。

物流信息/物流資訊
wùliú xìnxī/ㄨˋ ㄌㄧㄡˊ ㄗ ㄒㄩㄣˋ

logistics information

【物流】与物流活动直接有关或间接有关的各种信息。包括物流活动产生的信息和物流系统外的信息。如仓储量、顾客信息、城市交通信息。

物流信息管理/物流資訊管理

wùliú xìnxī guǎnlǐ/

ㄨˋ ㄌㄧㄡˊ ㄗ ㄒㄩㄣˋ ㄍㄨㄢˇ ㄌㄧˇ

logistics information management

【物流】为实现物流管理总体目标,对物流信息资源与物流信息活动进行研究、组织和控制的管理工作。主要内容有信息政策制定、信息规划、信息收集、信息处理、信息传递和信息服务与应用等。

物流信息技术/物流資訊技術

wùliú xìnxī jìshù/ㄨˋ ㄌㄧㄡˊ ㄗ ㄒㄩㄣˋ ㄐㄧˋ ㄕㄨˋ

logistics information technology

【物流】物流过程各环节所运用的信息技术。是现代物流的重要标志。通常包括计算机技术、网络技术、信息分类编码技术、条码技术、射频识别技术、电子数据交换技术、全球定位系统和地理信息系统等。

物流优化/物流優化

wùliú yōuhuà/ㄨˋ ㄌㄧㄡˊ ㄧㄡ ㄏㄨㄚˋ

logistics optimization

【物流】为完成一定的物流目标,利用优化方法与手段对物流系统内因素或相关因素进行的优化。主要方法有智能优化算法、人工神经网络、模拟仿真法、物流系统仿真。

物流园区/物流園區

wùliú yuánqū/ㄨˋ ㄌㄧㄡˊ ㄩㄢˊ ㄑㄩ

logistic park

【物流】集中有多种物流设施和不同类型物流企业的园区。是具有现代物流基本功能和综合服务功能的物流组织和经济运行区域,也是具有产业发展性质的经济功能协调区。

物流中心/物流中心

wùliú zhōngxīn/ㄨˋ ㄌㄧㄡˊ ㄓㄨㄥ ㄒㄧㄣ

logistic center

【物流】从事物流活动的场所或组织。是区域经济圈的枢纽、运输网的依托和物流链管理的中枢。主要面向社会服务,特点是物流功能健全、信息网络完善、辐射范围广、吞吐能力强,适用于少品种、大批量物流活动,实现物流业务统一经营管理。包括集货中心、分货中心、转运中心、配载中心、储调中心和配送中心。具备运输功能、储存功能、装卸搬运功能、包装功能、流通加工功能、物流信息处理功能、结算功能、需求预测功能、物流系统设计咨询功能、物流教育与培训功能。

物流資訊 ㄨˋ ㄌㄧㄡˊ ㄗ ㄒㄩㄣˋ/wùliú zīxùn

logistics information

【物流】台湾名。即“物流信息”(1218 页)。

物流資訊管理

ㄨˋ ㄌㄧㄡˊ ㄗ ㄒㄩㄣˋ ㄍㄨㄢˇ ㄌㄧˇ/

wùliú zīxùn guǎnlǐ

logistics information management

【物流】台湾名。即“物流信息管理”(1219 页)。

物流資訊技術

ㄨˋ ㄌㄧㄡˊ ㄗ ㄒㄩㄣˋ ㄐㄧˋ ㄕㄨˋ/wùliú zīxùn jìshù

logistics information technology

【物流】台湾名。即“物流信息技术”(1219 页)。

物流作业/物流作業

wùliú zuòyè/ㄨˋ ㄌㄧㄡˊ ㄗㄨㄛˋ ㄧㄝˋ

logistics operation

【物流】物流过程中所进行的具体工作。包括进货作业、搬运作业、储存作业、盘点作业、订单处理作业、拣货作业、补货作业、出货作业和配送作业等。

物品/物品 wùpǐn/ㄨˋ ㄆㄧㄣˇ

article

【物流】具备物质实体特点,且可进行实体流动的物资。可以是固体的,例如钢材、汽车、计算机、绣花针等;也可以是液体或气体的,例如橄榄油、白酒、天然气、煤气等。

物品养护作业/物品養護作業

wùpǐn yǎnghù zuòyè/

ㄨˋ ㄆㄧㄣˇ ㄧㄤˇ ㄏㄨˋ ㄗㄨㄛˋ ㄧㄝˋ

items maintenance operations

【物流】为保证物品的储运安全、维护物品价值和使用价值而对物品进行的保养和维护作业。包括物品防霉、防锈、防虫害、防潮和物品密封、苫垫和通风等。措施是适当安排储存场所,严格入库验收,合理堆垛苫垫,加强库房温度湿度管理,实施金属防锈措施,推行在库巡查制度，做好仓库清洁卫生等。

物态/物質狀態 wùtài/ㄨˋ ㄓˊ ㄓㄨㄤˋ ㄊㄞˋ

state of matter

【物】又称"聚集态"。物质所处相对稳定的状态，即物质分子某种集合的状态。通常有固态、液态和气态三态。也常把等离子态称为第四态，在地球内部存在的超固态称为第五态。

📖 等离子态物质的等离子体状态。等离子体是自由电子和正离子的混合物。例如电弧、围绕地球的电离层等。超固态是物质的原子受压强达到相当于百万数量级大气压(10^{11}帕)时，电子与原子核紧密排列，没有空隙的状态。有科学家认为，地心的压强相当于350万个大气压(3.5×10^{11}帕)，那里的物质呈超固态。

物探 wùtàn/ㄨˋ ㄊㄢˋ

【地】"地球物理勘探"的简称。

物体颜色/物體色

wùtǐ yánsè/ㄨˋ ㄊㄧˇ ㄙㄜˋ

object colour

【物】物体在日光照明下呈现的颜色。发光物体的颜色由所发光的频率决定。不发光物体的颜色由反射(或透射)光的频率决定。

物體色 ㄨˋ ㄊㄧˇ ㄙㄜˋ/wùtǐsè

object colour

【物】台湾名。即"物体颜色"(1220页)。

物位测量仪表/物位測量儀錶

wùwèi cèliáng yíbiǎo/

ㄨˋ ㄨㄟˋ ㄘㄜˋ ㄌㄧㄤˊ ㄧˊ ㄅㄧㄠˇ

level measuring instrument, level measurement instrument

【机】用于工业生产过程中测量液位、固体颗粒和粉粒位，以及液—液、液—固相界面位置的仪表。可分为液位计、料位计、相界面计等。应用广泛，如测量水塔的水位、油罐的油液位、煤仓的煤块堆积高度、化工生产的反应塔溶液液位等。

物性分析仪器/物性分析儀器

wùxìng fēnxī yíqì/ㄨˋ ㄒㄧㄥˋ ㄈㄣ ㄒㄧ ㄧˊ ㄑㄧˋ

analyzer for physical property

【机】利用不同原理对物质物理特性(如黏度、密度、浊度、湿度等)进行分析的仪器。包括黏度计、密度计、浊度计、湿度计等。

物质的量/物質的量

wùzhì de liàng/ㄨˋ ㄓˊ ·ㄉㄜ ㄌㄧㄤˋ

amount of substance

【计量】国际单位制七个基本物理量之一。以粒子数计量单元物质集合体的量。单位是摩尔(mol)。使用这个量及其导出量时，必须明确基本单元，是原子、分子、离子、电子或其特定组合。

物质的量浓度/容莫濃度

wùzhì de liàng nóngdù/

ㄖㄨㄥˊ ㄇㄛˊ ㄋㄨㄥˊ ㄉㄨˋ

amount of substance concentration, molarity

【计量】简称"浓度"。以单位体积溶液里所含溶质的物质的量来表示溶液组成的物理量。单位摩/升。

物质减量化

wùzhì jiǎnliànghuà/

ㄨˋ ㄓˊ ㄐㄧㄢˇ ㄌㄧㄤˋ ㄏㄨㄚˋ

【环】即"非物质化"(333页)。

物质文化遗产/物質文化遺産

wùzhì wénhuà yíchǎn/

ㄨˋ ㄓˊ ㄨㄣˊ ㄏㄨㄚˋ ㄧˊ ㄔㄢˇ

tangible cultural heritage

【建】又称"有形文化遗产"。即传统意义上的文化遗产，包括文物古迹、建筑群、历史城市、遗址、历史园林、文化景观、文化线路等。如北京白塔寺、武当山古建筑群、山西平遥古城、周口店"北京人"遗址、苏州古典园林、丝绸之路等。

物质循环/物質循環

wùzhì xúnhuán/ㄨˋ ㄓˊ ㄒㄩㄣˊ ㄏㄨㄢˊ

material cycle

【环】环境科学中指包括环境污染物在内的各种物质，在生态系统中沿着特定的途径，从环境到生物体，再从生物体到环境的周而复始的变化过程。其中主要是构成生物体的碳、氮、氢、氧、磷、硫等元素的循环。

物质资料 wùzhì zīliào/ㄨˋ ㄓˊ ㄗ ㄌㄧㄠˋ

【物流】"物资"的全称。

物質狀態

ㄨˋ ㄓˊ ㄓㄨㄤˋ ㄊㄞˋ/wùzhì zhuàngtài

state of matter

【物】台湾名。即“物态”(1220 页)。

物种/物種 wùzhǒng/ㄨˋ ㄓㄨㄥˇ

species

【生】简称“种”。生物分类系统中的基本单位。在属之下。是具有一定的形态特征、生理特征和自然分布地区的生物类群。由共同的祖先演变发展而来,是生物继续进化的基础。已知的动物有 150 多万种,植物有 50 多万种。不同物种的生物在生态和形态上具有不同特点。通常一个物种的个体不与其他物种的个体交配,即使交配也不易产生出有生殖能力的后代。

物种多样性/物種多樣性 wùzhǒng duōyàngxìng/ㄨˋ ㄓㄨㄥˇ ㄉㄨㄛ ㄧㄤˋ ㄒㄧㄥˋ

species diversity

【植】用一定空间范围物种的数量和分布特征来衡量的生物多样性。

物资/物資 wùzī/ㄨˋ ㄗ

material goods

【物流】全称“物质资料”。自然界直接提供的物质财富和人通过劳动取得的劳动成果的总称。分为生产资料和生活资料两类。在生产中消费的物资,称为生产资料;在生活中消费的物资,称为生活资料。

误差/誤差 wùchā/ㄨˋ ㄔㄚ

error

【测绘】在实际观测和近似计算中得到的数据与真实的准确值或理论值不能严格相等的现象。按来源分为测量误差、数值截断误差和四舍五入造成的舍入误差。

误差界/誤差界 wùchājiè/ㄨˋ ㄔㄚ ㄐㄧㄝˋ

error bound

【数】对近似值的误差的限定范围。可分为绝对误差界和相对误差界。

雾/霧 wù/ㄨˋ

fog

【气】造成视程障碍的天气现象的一种。在水气充足、微风及大气层稳定的情况下,接近地面的空气冷却时,空气中的水汽凝结成微小的水滴悬浮于空中,使地面水平能见度小于 1.0 千米的天气现象。分为三个等级:能见度在 0.5～1.0 千米为雾;能见度在 0.05～0.5 千米为大雾;能见度小于 0.05 千米的为浓雾。

雾滴/霧滴 wùdī/ㄨˋ ㄉㄧ

fog-drop

【气】悬浮在近地面空气中,粒径在几微米到 100 微米的小水滴。

雾灌/霧灌 wùguàn/ㄨˋ ㄍㄨㄢˋ

mist irrigation

【水利】微灌的一种。通过雾化喷头将水喷洒成雾状水滴,以补充土壤水分,增加作物的株间湿度,调节株间温度,改善田间小气候。

雾凇/霧凇 wùsōng/ㄨˋ ㄙㄨㄥ

rime

【气】地面凝结现象的一种。空气中的水汽直接凝华,或过冷却雾滴直接冻结在地面物体上的冰晶。乳白色,常呈毛茸茸的针状或表面起伏不平的粒状。结构较松脆,受震易塌落。

霧化滴 ㄨˋ ㄏㄨㄚˋ ㄉㄧ/wùhuàdī

aerosol

【医】台湾名。即“气雾剂”(894 页)。

霧消 ㄨˋ ㄒㄧㄠ/wùxiāo

fog dissipation

【气】台湾名。即“消雾”(1256 页)。

xī （ㄒㄧ）

夕卡岩/矽卡岩 xīkǎyán/ㄒㄧ ㄎㄚˇ ㄧㄢˊ

skarn

【地】一种变质岩。常见于中酸性火成岩与碳酸盐类岩石的接触带。矿物成分主要有石榴子石、透辉石、透闪石、绿帘石、方解石等。颜色多样，常为暗绿或暗褐色，具有粒状变晶结构和块状构造，密度较大。相关的矿产有铁、铜、铅、锌、钨、钼、铍、硼等。

夕线石/矽線石 xīxiànshí/ㄒㄧ ㄒㄧㄢˋ ㄕˊ

sillimanite

【地】矿物。成分为 Al_2SiO_5。为红柱石的同质多象变体。斜方晶系。晶体柱状或针状，集合体常呈纤维状或放射状。白色、灰白色，有的呈浅褐、浅绿、浅蓝等色，玻璃光泽或丝绢光泽，莫氏硬度 6.7～7.5，密度 3.2 克/厘米^3。可用作耐火材料，透明色美的可做宝石。

西 xī/ㄒㄧ

【计量】“西门子”的简称。

西半球/西半球 xībànqiú/ㄒㄧ ㄅㄢˋ ㄑㄧㄡˊ

western hemisphere

【地】地球的西半部。地理学上指南美洲、北美洲所在的半球，制图学上指从西经 20°起向西到东经 160°止的半球。后者的陆地包括南美洲、北美洲，以及南极洲的一部分；海洋包括太平洋东部、大西洋西部和北冰洋一部分。

西非/西非 Xīfēi/ㄒㄧ ㄈㄟ

West Africa

【地】非洲西部地区。西临大西洋，东到乍得湖，北起撒哈拉沙漠，南濒几内亚湾。全境地势低平，海拔 200～500 米；南部、东北为高原；沿海有平原。面积约 650 万平方千米，包括毛里塔尼亚、马里、塞内加尔、冈比亚、布基纳法索、几内亚比绍、几内亚、塞拉利昂、佛得角、利比里亚、科特迪瓦、加纳、多哥、贝宁、尼日尔、尼日利亚以及加那利群岛、西撒哈拉等国家和地区。气候具有明显的纬度地带性：北部热带沙漠气候，中部热带草原气候，南部热带雨林气候，西部干热，沿海多雨。经济以农业、矿业为主，可可、花生等占有重要地位；铝土、金刚石、石油、金、铀矿等矿藏丰富。

西弗 ㄒㄧ ㄈㄨˊ/xīfú

sievert

【计量】台湾名。即“希沃特”(1225 页)。

西府海棠/西府海棠 xīfǔ hǎitáng/ㄒㄧ ㄈㄨˇ ㄏㄞˇ ㄊㄤˊ

midget crabapple

【植】*Malus micromalus* 又称“小果海棠”。蔷薇科苹果属。落叶小乔木。小枝细弱圆柱形，紫红色。叶片椭圆形，先端尖，基部楔形，边缘有齿。伞形总状花序生于枝端，花瓣近圆形，基部有短爪，粉红色至红色。果实球形，红色，萼洼和梗洼均下陷，味酸甜。花期 4—5 月份，果期 8—9 月份。在中国，分布于辽宁、河北、山西、山东、陕西、甘肃、云南。观赏花木。果实可作水果。

西府海棠

📖 西府海棠因在晋朝时生长于西府(今陕西宝鸡)而得名。

西瓜/西瓜 xīguā/ㄒㄧ ㄍㄨㄚ

water melon

【植】*Citrullus lanatus* 葫芦科西瓜属。一年生蔓生藤本植物。茎枝粗壮，有沟棱，被毛。叶片纸质，三角状卵形，先端钝，基部心形，三深裂，裂片再羽裂。雌雄同株，花单生叶腋，淡黄色。果实大，近球形，外果皮光滑，色泽和纹饰多样，果肉红、黄或白色，多汁，味甜，种子多数，扁卵形。花果期夏季。中国各地均有栽培。果实可作水果。

西红柿 xīhóngshì/ㄒㄧ ㄏㄨㄥˊ ㄕˋ

【植】“番茄”的通称。

西葫芦/西葫蘆 xīhúlu/ㄒㄧ ㄏㄨˊ ㄌㄨˊ

summer squash

【植】*Cucurbita pepo* 葫芦科南瓜属。一年生蔓生草本植物。茎有棱沟，被毛。卷须稍粗壮，多歧。叶柄粗壮，叶三角形或卵状三角形，先端尖，基部心形，边缘有齿，两面被毛。雌雄同株，花单生于叶腋，花萼筒有明显的五角，花冠钟形，五中裂，黄色。果梗粗壮，有明显的棱沟，果蒂粗，果实颜色和形状因品种而异。在中国，分布于各地。果实可作蔬菜。

西经/西經 xījīng/ㄒㄧ ㄐㄧㄥ

west longitude

【地】本初子午线以西的经度(0°～180°)或经线。

西门子/西門子 xīménzǐ/ㄒㄧ ㄇㄣˊ ㄗˇ

Siemens

【计量】简称"西"。电导、电纳、导纳等的国际单位制单位。符号 S。为纪念德国物理学家西门子(Ernst Werner von Siemons, 1816—1892)而命名。

西南亚 Xīnányà/ㄒㄧ ㄋㄢˊ ㄧㄚˋ

【地】即"西亚"(1223 页)。

西欧/西歐 Xī'ōu/ㄒㄧ ㄡ

West Europe

【地】欧洲西部地区，即欧洲西部濒临大西洋的大陆国家和附近的岛国。面积 94.06 万平方千米，包括英国、爱尔兰、荷兰、比利时、卢森堡、法国和摩纳哥。除内陆国卢森堡外，都有较长的海岸线。地形以平原和丘陵为主，山地面积较小。大部分地区具有典型的温带海洋性气候特征，气候温和湿润，降水丰沛、均匀。经济发达。

西沙群岛/西沙群島

Xīshā Qúndǎo/ㄒㄧ ㄕㄚ ㄑㄩㄣˊ ㄉㄠˇ

Xisha Islands

【地】群岛名。中国南海四大群岛之一。位于南海的中北部，属海南三沙市管辖。由 40 多个沙岛、礁岛、沙洲和礁滩组成，又分为永乐群岛和宣德群岛。海域面积 3.17 万平方千米，是中国分布范围最大的群岛，也是主要的热带渔场。

📖 西沙群岛中以永兴岛的面积最大，其东西长约 1800 米，南北宽约 1100 米，面积1.85平方千米，海拔 8.3 米。是中国海南三沙市政府驻地。

西西伯利亚平原/西西伯利亞平原

Xīxībólìyà Píngyuán/

ㄒㄧ ㄒㄧ ㄅㄛˊ ㄌㄧˋ ㄧㄚˋ ㄆㄧㄥˊ ㄩㄢˊ

Western Siberian Plain

【地】平原名。位于俄罗斯境内。东至叶尼塞河，西抵乌拉尔山脉，南接哈萨克丘陵、萨彦岭，北濒北冰洋的喀拉海。面积约 300 万平方千米，海拔 50～300 米，是亚洲第一大平原。大部分为亚寒带针叶林所覆盖。石油、天然气、森林等资源丰富。

西夏王陵/西夏王陵

Xīxià Wánglíng/ㄒㄧ ㄒㄧㄚˋ ㄨㄤˊ ㄌㄧㄥˊ

Mausoleum of Xixia dynasty

【建】西夏王朝的皇家陵寝。位于宁夏银川西约 30 千米的贺兰山东麓，营建年代约自 11 世纪初至 13 世纪初，占地 40 平方千米，分布着九座帝陵，253 座陪葬墓，是中国现存规模最大、地面遗址最完整的帝王陵园之一。陵园平面凸字形，用夯土墙围成前后两院。前院入口在南，院内原列有石象生，门外神道两侧树有碑亭，再前有一对阙台。后院四面设门，四隅建角楼，院内正中原有献殿，殿北有高达十余米的土台，平面为圆形或八角形，据考原有七级屋檐，形若宝塔。与宋陵有不少相同之处，同时受到佛教建筑影响，使汉族文化、佛教文化、党项族文化有机结合，构成别具一格的形式。

西亚/西亞 Xīyà/ㄒㄧ ㄧㄚˋ

West Asia

【地】又称"西南亚"。亚洲的西南部地区。面积约 706.3 万平方千米，包括阿富汗、伊朗、阿塞拜疆、亚美尼亚、格鲁吉亚、土耳其、塞浦路斯、叙利亚、黎巴嫩、巴勒斯坦、约旦、以色列、伊拉克、科威特、沙特阿拉伯、也门、阿曼、阿拉伯联合酋长国、卡塔尔、巴林等国家和地区。气候干燥少雨，属热带和亚热带沙漠气候。石油蕴藏量约占世界总量的一半，此外，还有铜、铬、铅、锌、锑、锰、铁和磷灰石等矿藏。

西洋参/西洋参

xīyángshēn/ㄒㄧ ㄧㄤˊ ㄕㄣ

Radix Panacis Quinquefolii(拉), american ginseng

【中医】中药名。五加科植物西洋参 *Panax quinquefolium* L. 的干燥根。味甘、微苦，性凉。归心、肺、肾经。补气养

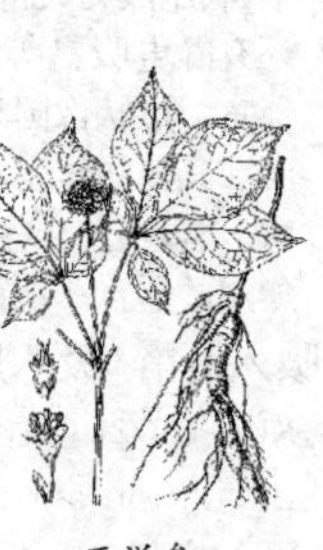

西洋参

阴,清热生津。用于气虚阴亏,内热,咳喘痰血,虚热烦倦,消渴,口燥咽干。不宜与藜芦同用。

📖 西洋参原产于美国北部、加拿大南部,又名"花旗参"。1716 年,法国传教士在加拿大蒙特利尔发现西洋参。

西印度群岛/西印度群島

Xīyìndù Qúndǎo/ㄒㄧ ㄧㄣˋ ㄉㄨˋ ㄑㄩㄣˊ ㄉㄠˇ

West Indies

【地】群岛名。位于北美洲东南部大西洋中,处于墨西哥湾、加勒比海之间。由 1200 多个岛屿、暗礁和环礁组成。主要有巴哈马和大安的列斯、小安的列斯群岛,著名岛屿有古巴岛、海地岛、牙买加岛和波多黎各岛等。面积 23.6 万平方千米。1492 年,哥伦布将此处误认为是印度附近的岛屿,又位于西半球,故名。

吸附/吸附 xīfù/ㄒㄧ ㄈㄨˋ

adsorption

【化】物质从体相浓集到界面,使界面的浓度与体相的浓度产生差异的现象。可在固—气、固—液、液—液、液—气等各种界面上发生。可分为物理吸附和化学吸附。吸附与吸收不同,区别在于前者发生和止于界面上,后者则在体相内。

吸积/吸積 xījī/ㄒㄧ ㄐㄧ

accretion

【天】天体借助自身引力逐渐俘获周围空间中的气体、尘埃等而增加质量的过程。在恒星形成的初期、双星系统的演化、中子星和黑洞的高能辐射等天文事件中都有重要作用。

吸盘/吸盤 xīpán/ㄒㄧ ㄆㄢˊ

㊀magnetic chuck, ㊁㊂sucker, sucking disk

㊀【机】机床附件的一种。主要安装在磨床上,利用吸力夹持工件。磁力吸盘最为常用,还有静电吸盘等。㊁【动】某些动物的吸附器官。形状像圆盘,中间凹陷,用以将身体附着在其他物体上。乌贼、水蛭等都有这种器官。㊂【植】某些藤本植物卷须顶端起吸附作用的器官。地锦就有这种器官。

吸入麻醉/吸入麻醉

xīrù mázuì/ㄒㄧ ㄖㄨˋ ㄇㄚˊ ㄗㄨㄟˋ

inhalation anesthesia

【医】麻醉方法的一种。使麻醉药通过呼吸道和肺吸入而产生麻醉作用的方法。使用的麻醉药有挥发性液体麻醉药和气体吸入麻醉药两类。常用的是麻醉性能较强、较安全易控的液体类吸入麻醉药,如七氟烷(又称"七氟异丙甲醚",一种高效麻醉剂)。药剂由呼吸道进入,经肺泡毛细血管膜弥散入血而到达脑组织,阻断其突触传递功能,产生全身麻醉作用。

吸入麻醉劑

ㄒㄧ ㄖㄨˋ ㄇㄚˊ ㄗㄨㄟˋ ㄐㄧˋ/xīrù mázuìjì

inhalation anesthetics

【医】台湾名。即"吸入麻醉药"(1224 页)。

吸入麻醉药/吸入麻醉劑

xīrù mázuìyào/ㄒㄧ ㄖㄨˋ ㄇㄚˊ ㄗㄨㄟˋ ㄐㄧˋ

inhalation anesthetics

【医】全身麻醉药的一类。是一种挥发性液体或气体,通过呼吸道,由肺泡毛细血管膜弥散入血而到达脑组织,阻断其突触传递功能,引起全身麻醉作用。

吸声降噪/吸聲降噪

xīshēng jiàngzào/ㄒㄧ ㄕㄥ ㄐㄧㄤˋ ㄗㄠˋ

noise reduction by absorption

【环】利用吸声材料或吸声结构和装置吸收室内声能量的措施。噪声控制工程中,常用多孔性和柔顺性等材料,或采用薄板共振、穿孔板吸声结构和各类空间吸声体等来降低噪声。

吸收/吸收 xīshōu/ㄒㄧ ㄕㄡ

absorption

㊀【化】气体或蒸气透过液体或固体表面融入其体相的过程。被吸收物质进入体相后结构与性质发生变化的,称为化学吸收;未发生变化的,称为物理吸收。吸附与吸收,区别在于前者发生和止于界面上,后者则在体相内。㊁【物】物体将其他物质或辐射、能量吸入内部的过程。实物的吸收是将其他物质吸入内部并与之化合或融合。如有机体从环境中吸取营养物质、固体或液体吸收气体等,能量、辐射的吸收是它们在到达介质表面或在介质内部传播时逐步减弱并转化为其他能量。如声波在空气中或水中传播时逐渐减弱、玻璃吸收紫外线、金属吸收 X 射线等。

吸收光谱/吸收譜

xīshōu guāngpǔ/ㄒㄧ ㄕㄡ ㄆㄨˇ

absorption spectrum
【物】光谱的一类。一束具有连续波长的光通过物质时，某些波长的光被吸收后所形成的光谱。其中出现暗线、暗带或暗区，故只能形成线状谱或带状谱。广泛用于物质成分、结构分析及其他科学用途。

吸收譜 ㄒㄧ ㄕㄡ ㄆㄨˇ/xīshōupǔ
absorption spectrum
【物】台湾名。即"吸收光谱"(1224 页)。

吸氧/吸氧 xīyǎng/ㄒㄧ ㄧㄤˇ
oxygen inhalation
【医】通过导管或面罩等多种方式增加患者吸入气体的氧浓度，以增加供氧的过程。

吸振/吸震 xīzhèn/ㄒㄧ ㄓㄣˋ
vibration absorption
【环】采用弹性元件和质量元件减轻系统振动的措施。是控制振动系统有临界频率的振动的有效方法。常用的吸振器具有无源吸振器、有源吸振器及阻尼吸振器。

吸震 ㄒㄧ ㄓㄣˋ/xīzhèn
vibration absorption
【环】台湾名。即"吸振"(1225 页)。

希 xī/ㄒㄧ
【计量】"希沃特"的简称。

希尔伯特公理体系/希爾伯特公理體系
Xī'ěrbótè gōnglǐ tǐxì/
ㄒㄧ ㄦˇ ㄅㄛˊ ㄊㄜˋ ㄍㄨㄥ ㄌㄧˇ ㄊㄧˇ ㄒㄧˋ
Hilbert's system of axioms
【数】19 世纪末，德国数学家希尔伯特(D. Hilbert, 1862—1943)对传统的欧氏几何公理体系加以整理、补充和完善，建立的和谐完整、逻辑严谨的欧氏几何公理体系。在《几何基础》一书中，将满足独立性、和谐性和完备性的全部 20 个公理分为 5 组：结合公理、顺序公理、合同公理、平行公理和连续公理。由它们出发可以引出欧氏几何的全部内容。

希腊十字教堂/希臘十字教堂
Xīlà shízì jiàotáng/
ㄒㄧ ㄌㄚˋ ㄕˊ ㄗˋ ㄐㄧㄠˋ ㄊㄤˊ
Greek cross church
【建】教堂平面型制的一种。十字形的两臂长度相等，一般交点处覆盖穹顶，四臂覆盖筒拱，形成集中式的纪念性空间。拜占庭建筑以及受其影响的其他地区的建筑多采用，如威尼斯圣马可教堂。

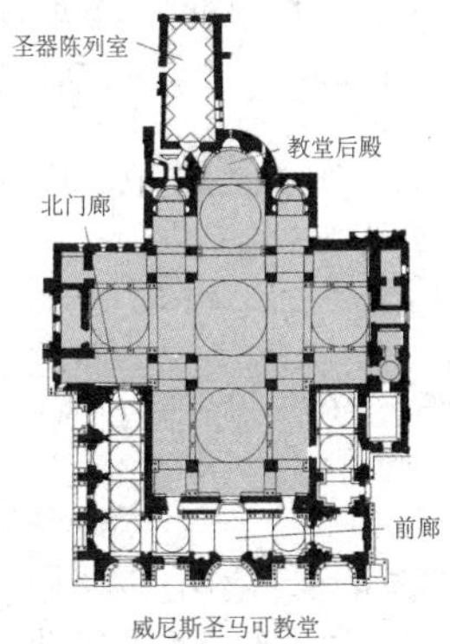

希腊十字教堂

希沃特/西弗
xīwòtè/ㄒㄧ ㄈㄨˊ
sievert
【计量】简称"希"。剂量当量的国际单位制单位。符号 Sv。为纪念瑞典物理学家希沃特(R. M. Sievert, 1896—1966)而命名。

矽 ㄒㄧˋ/xī
silicon
【化】台湾名。即"硅"(449 页)。

矽華 ㄒㄧˋ ㄏㄨㄚˊ/xīhuá
siliceous sinter, silica sinter
【地】台湾名。即"硅华"(449 页)。

矽化木 ㄒㄧˋ ㄏㄨㄚˋ ㄇㄨˋ/xīhuàmù
silicified wood
【地】台湾名。即"硅化木"(449 页)。

矽卡岩 ㄒㄧˋ ㄎㄚˇ ㄧㄢˊ/xīkǎyán
skarn
【地】台湾名。即"夕卡岩"(1222 页)。

矽鋁層 ㄒㄧˋ ㄌㄩˇ ㄘㄥˊ/xīlǔcéng
sial
【地】台湾名。即"硅铝层"(450 页)。

矽鎂層 ㄒㄧˋ ㄇㄟˇ ㄘㄥˊ/xīměicéng
sima
【地】台湾名。即"硅镁层"(450 页)。

矽凝膠 ㄒㄧˋ ㄋㄧㄥˊ ㄐㄧㄠ/xīníngjiāo
silica gel
【材】台湾名。即"硅胶"(449 页)。

X

矽樹脂 ㄒㄧˋ ㄕㄨˋ ㄓ/xīshùzhī
silicone resin
【材】台湾名。即“硅树脂”(450 页)。

矽酸鈉 ㄒㄧˋ ㄙㄨㄢ ㄋㄚˋ/xīsuānnà
sodium silicate
【化】台湾名。即“硅酸钠”(450 页)。

矽土沈著病
ㄒㄧˋ ㄊㄨˇ ㄔㄣˊ ㄓㄨㄛˊ ㄅㄧㄥˋ/xītǔchénzhuóbìng
silicosis
【医】台湾名。即“硅肺病”(449 页)。

矽線石 ㄒㄧˋ ㄒㄧㄢˋ ㄕˊ/xīxiànshí
sillimanite
【地】台湾名。即“夕线石”(1222 页)。

矽橡膠 ㄒㄧˋ ㄒㄧㄤˋ ㄐㄧㄠ/xīxiàngjiāo
silicone rubber
【材】台湾名。即“硅橡胶”(450 页)。

矽油 ㄒㄧˋ ㄧㄡˊ/xīyóu
silicone oil
【化】台湾名。即“硅油”(450 页)。

矽藻土 ㄒㄧˋ ㄗㄠˇ ㄊㄨˇ/xīzǎotǔ
kieselguhr
【化】台湾名。即“硅藻土”(450 页)。

矽質岩 ㄒㄧˋ ㄓˊ ㄧㄢˊ/xīzhìyán
siliceous rock
【地】台湾名。即“硅质岩”(450 页)。

息肉/息肉 xīròu/ㄒㄧˊ ㄖㄡˋ
polyp
【医】上皮或黏膜表面长出的赘生物。通常按出现的部位命名,如声带息肉、胃息肉、鼻息肉等。某一部位有两个或两个以上息肉,称为“多发性息肉”。

硒/硒 xī/ㄒㄧ
selenium
【化】非金属元素。属周期表第ⅥA 族,符号 Se,原子序数 34。原子量 78.96。自然界广泛存在于铜、砷等的硫化物矿石中。是人体必需的微量元素,在体内主要以有机硒化合物的形式存在。单质为带金属光泽的半金属,性脆,极毒。有 6 种同素异形体。能导电,其导电性随光照强度而急剧变化。是半导体材料和光敏材料。
📖 1817 年,瑞典的贝尔塞柳斯(J.J.Berzelius)从硫酸厂的铅室底部的红色粉末中制得硒。拉丁文定名为 selenium,源自希腊文 selene,意思是“月亮”(因硒与拉丁文名称意思为“地球”的碲性质相似)。中文定名为“硒”,是形声字。

硒鼓/硒鼓 xīgǔ/ㄒㄧ ㄍㄨˇ
print cartridge
【信息】激光打印机的一个部件,以铝板为基材,上面涂有感光材料。因其两端略呈鼓形,故名。

烯/烯煙 xī/ㄒㄧ ㄊㄧㄥ
olefin, alkene
【化】全称“烯烃”。一类含有碳碳双键的不饱和烃。开链的单烯烃常简称烯烃,如乙烯、丙烯等。闭链的单烯烃常简称环烯烃。

烯烃/烯煙 xītīng/ㄒㄧ ㄊㄧㄥ
【化】“烯”的全称。

稀料 xīliào/ㄒㄧ ㄌㄧㄠˋ
【化】“稀释剂”的通称。

稀释/稀釋 xīshì/ㄒㄧ ㄕˋ
dilution
【化】通过加入溶剂,物质浓度由大变小的过程。

稀释剂/稀釋劑 xīshìjì/ㄒㄧ ㄕˋ ㄐㄧˋ
thinner
【化】通称“稀料”。由溶解成膜物的溶剂、助溶剂以及冲淡剂配合而成。用于稀释涂料、降低涂料黏度。用量通常不超过涂料的 40%。油性漆所用的稀料可为溶剂汽油、松节油等;虫胶清漆所用的为酒精;水性漆所用的为水。

稀树草原/疏林
xīshù cǎoyuán/ㄕㄨ ㄌㄧㄣˊ
savanna
【地】又称“萨瓦那”。分布于热带干燥地区,以喜高温、旱生的多年生草本植物占优势,并有耐寒、矮生乔木稀疏散生的植物群落。

稀土金属/稀土金屬
xītǔ jīnshǔ/ㄒㄧ ㄊㄨˇ ㄐㄧㄣ ㄕㄨˇ
rare earth metal
【化】见“稀土元素”(1226 页)。

稀土元素/稀土元素
xītǔ yuánsù/ㄒㄧ ㄊㄨˇ ㄩㄢˊ ㄙㄨˋ
rare earth element

【化】周期表第ⅢB族元素中的钪(Sc)、钇(Y)以及镧系元素镧(La)、铈(Ce)、镨(Pr)、钕(Nd)、钷(Pm)、钐(Sm)、铕(Eu)、钆(Gd)、铽(Tb)、镝(Dy)、钬(Ho)、铒(Er)、铥(Tm)、镱(Yb)、镥(Lu)共19个元素。单质均为灰白色金属,化学性质相似且较活泼,在自然界常共生。为发光材料、永磁材料、储氢材料、超导材料、光导纤维等的功能组分。由稀土元素组成的金属为稀土金属。

稀有金属/稀有金屬

xīyǒu jīnshǔ/ㄒㄧ ㄧㄡˇ ㄐㄧㄣ ㄕㄨˇ

rare metal

【材】在自然界中地壳丰度小、天然资源少、分布稀散、提炼较难的金属。主要指钨(W)、铒(Er)、硒(Se)、锗(Ge)、铍(Be)、钪(Sc)、钇(Y)、铀(U)和钚(Pu)等。

稀有气体/惰性氣體

xīyǒu qìtǐ/ㄉㄨㄛˋ ㄒㄧㄥˋ ㄑㄧˋ ㄊㄧˇ

noble gas

【化】周期表第ⅧA族元素。包括氦(He)、氖(Ne)、氩(Ar)、氪(Kr)、氙(Xe)、氡(Rn)。为单原子分子,无色、无臭气体,熔点和沸点很低。行为接近理想气体。因在空气中含量稀少,故名;因其化学性质很稳定,故旧称为惰性气体。

📖 1962年,英国化学家巴特莱特(N.Bartlett)首次合成第一个稀有气体化合物 $Xe[PtF_6]$。至今已合成出数百种稀有气体化合物,其中氙的化合物最多。

舾装/艤裝

xīzhuāng/ㄧˇ ㄓㄨㄤ

outfitting

【船】现代船舶建造中除船体建造和涂装之外的各种作业内容的统称。包括动力设备、通风设备、供电设备、锚泊设备及相应的管路、电缆,以及船舶的绝缘、上层建筑中的家具、仪表等的布置安装。

舾装设备/艤裝設備

xīzhuāng shèbèi/ㄧˇ ㄓㄨㄤ ㄕㄜˋ ㄅㄟˋ

outfit of deck and accommodation

【船】设置在船上,用于控制船舶运动方向,保证航行安全以及进行营运作业所需要的各种设备和用具的统称。包括舵设备、关闭设备、系船设备、起货设备、推拖设备、救生设备、消防设备、航行信号设备、舱面属具和舱室设备等。

犀/犀

xī/ㄒㄧ

rhinoceros

【动】通称"犀牛"。哺乳动物名。奇蹄目犀科。外形略像牛,体粗大,长2～4米,重可达3吨。吻上有一个或两个角,颈短,眼小,皮粗厚而韧,微黑色,毛稀少。生活于亚洲和非洲的热带地区,以植物为食。

犀鸟/犀鳥

xīniǎo/ㄒㄧ ㄋㄧㄠˇ

hornbill

【动】鸟名。佛法僧目犀鸟科各种的统称。如冠斑犀鸟(*Anthracoceros albirostris*),体长约75厘米,背面羽毛纯黑,有绿色金属光泽,喙呈象牙色,形似犀角。喙基部有高大的盔突。栖息于干燥森林中的巨木上,以植物果实、昆虫等为食。主要分布在非洲及亚洲南部,在中国,仅存于云南和广西南部。

犀 鸟

犀牛

xīniú/ㄒㄧ ㄋㄧㄡˊ

【动】"犀"的通称。

锡/錫

xī/ㄒㄧˊ

tin, stannum

【化】金属元素。属周期表第ⅣA族,符号Sn,原子序数50。原子量118.7。自然界主要存在于锡石中。单质有白锡、灰锡和脆锡三种同素异形体。常见的白锡为银白色金属,质软,延展性好;在13.2 ℃以上稳定,低于13.2 ℃即缓慢地转变为灰锡粉末,如骤降至−33 ℃以下则急速转变。灰锡为金刚石型结构,密度比白锡低,白锡转变为灰锡时体积膨胀,呈现灰色粉末,破坏原来形态和光泽,称为锡疫。白锡加热至160 ℃以上时转变为脆锡。可用来制低熔点合金、青铜,也用于镀锡和锡焊。

📖 约公元前32世纪,人类发现了锡。由于它熔点较低而不挥发,所以发现得早。拉丁文定名为stannum,源自stannine,意思是"黄锡矿"。中文定名为"锡",是形声字。

锡青铜

xīqīngtóng/ㄒㄧˊ ㄑㄧㄥ ㄊㄨㄥˊ

【材】即"青铜"(914页)。

锡石/錫石 xīshí/ㄒㄧ ㄕˊ

cassiterite

【地】矿物。成分为 SnO_2。常含铁、钛、钽、铌等。四方晶系。晶体常为带双锥的短柱体，有时呈细长柱状或双锥状，集合体大多呈粒状块。纯净体几乎无色，但常呈黄棕至棕黑色，条痕白色，金刚光泽，断口呈油脂光泽，莫氏硬度 6～7，密度约 7 克/厘米³。抗化学风化力强，常富集成砂矿。含锡量 78.6%，是提炼锡的最主要的矿物原料。

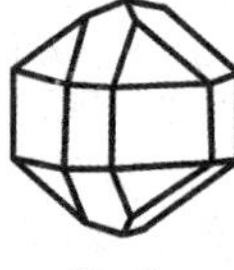
锡 石

蜥蜴/蜥蜴 xīyì/ㄒㄧ ㄧˋ

lizard, cabrite

【动】又称“四脚蛇”。爬行动物名。蜥蜴亚目(Lacertilia)各种的统称。身体表面有细小鳞片，分头、颈、躯干、尾四部分，多数有四肢，尾巴细长，断后可再生。雄的背面青绿色，有黑色直纹数条。雌的背面淡褐色，两侧各有黑色直纹一条，腹面均呈淡黄色。生活在草丛中，在墙、岩石缝或树洞里，捕食昆虫和其他小动物。种类很多，如壁虎、蛇蜥、草蜥等。多分布于热带和亚热带。

蜥 蜴

膝关节/膝接合

xīguānjié/ㄒㄧ ㄐㄧㄝ ㄏㄜˊ

knee joint

【医】由股胫关节和股髌关节构成的关节。是人体内结构最复杂的关节。关节囊薄而松弛，附着于各关节面的周缘，周围有韧带加固。前方的为髌韧带，是股四头肌肌腱的延续；后方的为腘斜韧带；内侧的为胫侧副韧带；外侧的为腓侧副韧带；关节内还有两条交叉韧带，有防止胫骨前移或后移的作用。由纤维软骨构成的半月板具有弹性，在膝关节内有缓解冲力及稳定关节的作用。

膝接合 ㄒㄧ ㄐㄧㄝ ㄏㄜˊ/xījiēhé

knee joint

【医】台湾名。即“膝关节”(1228 页)。

膝上计算机/膝上型電腦

xīshàng jìsuànjī/ㄒㄧ ㄕㄤˋ ㄒㄧㄥˊ ㄉㄧㄢˋ ㄋㄠˇ

laptop computer

【信息】又小又轻，可置于个人膝上操作，通常由电池供电的便携式计算机。

膝上型電腦

ㄒㄧ ㄕㄤˋ ㄒㄧㄥˊ ㄉㄧㄢˋ ㄋㄠˇ/

xīshàngxíng diànnǎo

laptop computer

【信息】台湾名。即“膝上计算机”(1228 页)。

蟋蟀/蟋蟀 xīshuài/ㄒㄧ ㄕㄨㄞˋ

cricket, Chinese cricket

【动】又称“促织”“蛐蛐儿”。昆虫名。直翅目蟋蟀科。身体黑褐色，触角比身体长，后足粗大，善跳跃。尾部有尾须一对，雌虫有一根长的产卵器。雄虫好斗，两翅摩擦能发声。生活在阴湿的地方，以植物的根、茎和种子为食，对农业有害。可入药。

鼷鹿/鼷鹿 xīlù/ㄒㄧ ㄌㄨˋ

chevrotain

【动】哺乳动物名。偶蹄目鼷鹿科。外形像鹿，大小如兔，面部尖长，雄的有发达的獠牙，四肢细长，前肢较短，毛黄褐色，雌雄均无角。生活在丛林深草中，昼伏夜出，以草根、树叶、野果等为食。分布在中南半岛，在中国，仅存于云南西双版纳地区。

鼷 鹿

鼷鼠 xīshǔ/ㄒㄧ ㄕㄨˇ

【动】即“小鼠”(1260 页)。

蠵龟/赤蠵龜 xīguī/ㄔˋ ㄒㄧ ㄍㄨㄟ

loggerhead turtle

【动】*Caretta caretta* 爬行动物名。龟鳖目海龟科蠵龟属。身体大，长可达 1 米，背面赤褐色，腹面淡黄色，头部有对称的鳞片，四肢呈桨状，尾短。生活在海洋中，以鱼类、甲壳动物和软体动物等为食。分布于大西洋、太平洋和印度洋温水海域。

蠵 龟

蓆紋呢 ㄒㄧˊ ㄨㄣˊ ㄋㄧˊ/xíwénní

hopsack

【纺】台湾名。即“板司呢”(28 页)。

洗涤剂/清潔劑 xǐdíjì/ㄒㄧˇ ㄉㄧˊ ㄐㄧˋ
detergent, washing agent
【化】可以去除固体表面污垢的物质。天然物如皂荚等,无机类去垢剂有酸、碱、硼砂、水玻璃(硅酸钠)等。通常指合成洗涤剂,主要是表面活性剂类化学物质。其本身呈固态或液态,易溶于水,能明显降低水的表面张力,润湿固体表面,使油污增溶和乳化,使固体污垢易于分散和脱离被清洗固体表面。

洗提/淘析 xǐtí/ㄊㄠˊ ㄒㄧ
elutriation
【化】沥取的一种。着重于冲洗过程。

洗消剂/洗消劑 xǐxiāojì/ㄒㄧˇ ㄒㄧㄠ ㄐㄧˋ
CBR, decontaminant
【军】用于清除放射性灰尘、生物战剂和毒剂的化学物质。包括消除剂、消毒剂和溶剂等。

洗衣粉/洗衣粉 xǐyīfěn/ㄒㄧˇ ㄧ ㄈㄣˇ
laundry detergent, washing powder
【轻】洗涤剂的一种。主要由表面活性剂、助洗剂、缓冲剂、增效剂、分散剂等合成,呈粉粒状。去污力较强,清洁效果好。多用于洗涤衣服、床单等纤维织物。

洗衣机/洗衣機 xǐyījī/ㄒㄧˇ ㄧ ㄐㄧ
washer, washing machine
【轻】电器的一种。自动洗衣设备。以水作为主要的清洗液体,通过控制时间和温度,利用化学和机械作用来洗净衣物。主要由箱体、洗涤脱水桶、电动机、传动系统和控制系统等构成,有的还有加热装置。以电动机带动波轮或滚筒间歇式地正反向旋转,使衣物和洗液随之旋转翻滚,类似搓洗和捶打,衣物洗完后自动脱水。按结构不同,可分为滚筒型、波轮型和搅拌型三大类;按脱水方式不同,可分为单缸型和双缸型,后者为半自动洗衣机,洗衣桶与脱水桶分置,洗净的衣物需放入脱水桶才能脱水;按洗涤容量不同,可分为家用和公用两类。

铣/銑 xǐ/ㄒㄧㄢˇ
【机】"铣削"的简称。

铣床/銑床 xǐchuáng/ㄒㄧㄢˇ ㄔㄨㄤˊ
milling machine, miller
【机】金属切削机床的一种。主要用铣刀在工件上加工各种表面。通常铣刀旋转做主运动,工件和铣刀移动做进给运动。用于加工平面、沟槽,也可加工各种曲面、齿轮等。可分为卧式铣床、立式铣床、万能式铣床、升降式铣床和床身式铣床等。

铣刀/銑刀 xǐdāo/ㄒㄧㄢˇ ㄉㄠ
milling cutter
【机】刀具的一种。用于铣削加工,具有一个或多个刀齿。工作时旋转,各刀齿依次间歇地切去工件的余量。常用的有圆柱铣刀、端铣刀、盘铣刀、立铣刀等。

铣削/銑 xǐxiāo/ㄒㄧㄢˇ
milling
【机】简称"铣"。金属切削加工的一种方法。通常指在铣床上用铣刀加工工件。铣刀由机床主轴旋转,以其圆周或端面上的刀刃切削工件,而工件随工作台做纵向或横向进给运动。可分为顺铣和逆铣两种方式。适用于加工平面、沟槽、齿轮和螺纹等。

喜马拉雅山/喜馬拉雅山
Xǐmǎlāyǎ Shān/ㄒㄧˇ ㄇㄚˇ ㄌㄚ ㄧㄚˇ ㄕㄢ
Himalaya Mountains
【地】山脉名。位于中国青藏高原南缘,分布在中国和巴基斯坦、印度、尼泊尔和不丹等国边境,西起帕米尔高原的南迦帕尔巴特峰,东至雅鲁藏布江急转弯处的南迦巴瓦峰,全长约2500千米,宽200～300千米,平均海拔6000米以上,有海拔8000米以上山峰11座,海拔7000米以上山峰40座,是世界上最高大、最雄伟的山脉。主峰珠穆朗玛峰,位于中国与尼泊尔的边界,海拔8844.43米,是世界最高峰。"喜马拉雅"是藏语音译,意为"冰雪之乡"。

喜鹊/喜鵲 xǐquè/ㄒㄧˇ ㄑㄩㄝˋ
common magpie
【动】*Pica pica* 又称"鹊"。鸟名。雀形目鸦科喜鹊属。身体大部黑色,肩和腹部白色,嘴尖,尾长,栖止时常上下翘动,声响亮。喜在人类活动多的地方栖息,食性杂。分布广泛。民间传说听见它叫将有喜事来临。

喜树/喜樹 xǐshù/ㄒㄧˇ ㄕㄨˋ
common camptotheca
【植】*Camptotheca acuminata* 蓝果树科喜树属。落叶乔木。树皮灰色或浅灰色,纵裂成浅沟。叶互生,纸质,近长圆形,先端渐尖,全缘,侧脉弧形平行。头状花序近球形,花杂性,同株,萼杯状,花瓣五枚,淡绿色。翅果长圆形,黄褐色,着生成近球形的头状果序。花期5—7月份,果期9月份。在中国,分布于华东、华中、华西和华南。观赏树木。

𨭎/𨭎 xǐ/ㄒㄧˇ

seaborgium

【化】金属元素。属周期表第ⅥB族,符号Sg,原子序数106。原子量263.12。有放射性,由人工核反应获取。

📖 1974年,美国吉奥索小组和苏联杜布纳联合核子研究所,分别用加速氧离子轰击锎靶以及加速铬离子轰击铅靶获得同一新元素。拉丁文定名为seaborgium,源自G.T. Seaborg,这是美国的西博格的姓,用以纪念他对于锕系元素的贡献。中文定名为"𨭎",是形声字,1998年由两岸化学界人士共同商议确定。

系/系 xì/ㄒㄧˋ

system

【地】底层系统分类的第三级。在界之下,统之上。如中生界分为三叠系、侏罗系、白垩系。系所对应的地质年代分期是纪。

系泊设备/系泊設備

xìbó shèbèi/ㄒㄧˋ ㄅㄛˊ ㄕㄜˋ ㄅㄟˋ

mooring equipment

【船】又称"系缆设备"。将船舶系留于水域或系结于码头、浮筒、船坞、岸边或他船时所需的设备。包括系缆、带缆桩、导缆器、缆索卷车和系缆机械等。通常布置在船的首、尾部或甲板的舷侧。

系泊试验/系泊試俥

xìbó shìyàn/ㄒㄧˋ ㄅㄛˊ ㄕˋ ㄧㄢˋ

mooring trial

【船】船舶建造或中修、大修、重大改装工程完工后,在系泊状态下对船舶总体、装船设备、武器与装备系统进行的一系列实船试验的统称。以检验船舶建造或修理、改造的质量,以及船舶总体、装船设备、武器与装备系统的战术技术性能、运转协调性、正确性、可靠性是否满足有关规范和合同规定的要求。为船舶试航并最终交船做好准备。

系缆设备

xìlǎn shèbèi/ㄒㄧˋ ㄌㄢˇ ㄕㄜˋ ㄅㄟˋ

【船】即"系泊设备"(1230页)。

系谱/譜系 xìpǔ/ㄆㄨˇ ㄒㄧˋ

pedigree

【生】又称"家谱"。一个家族各世代成员数目、亲缘关系、特定基因和遗传标记在该家族内的传递、表达和分布的记载。

系数/係數 xìshù/ㄒㄧˋ ㄕㄨˋ

coefficient

【数】单项式中,针对某个或某些字母而言,其余因子的积叫作所针对的字母的系数。例如,$-3a^2b^3$ 中 -3 是 a^2b^3 的系数,$-3a^2$ 是 b^3 的系数。一般情况下,若无特别说明针对哪个或哪些字母,则单项式的系数指其中的数字因数。例如,$-8mm$ 的系数是 -8,$\frac{1}{6}a^2b$ 的系数是 $\frac{1}{6}$,xy 的系数是1。

系统/系統 xìtǒng/ㄒㄧˋ ㄊㄨㄥˇ

system

㈠【生】生物体内由多种器官联合组成的结构。这些器官在组织形态上有相似的特征,在功能上完成一种连续性的生理作用。如心脏、动脉、静脉、毛细血管等器官构成循环系统,共同完成血液循环的生理功能。㈡【自】由相互关联、相互制约、相互影响的一些部分组成的,具有不同于各部分功能总和的某种功能的有机整体。

系统抽样/系統抽樣

xìtǒng chōuyàng/ㄒㄧˋ ㄊㄨㄥˇ ㄔㄡ ㄧㄤˋ

systematic sampling

【数】抽样的一种方法。要从有 N 个个体的总体中抽取 n 个个体作为样本($n \leqslant N$),将全部个体顺序排为一列(可以用编号代表个体),将此排列分为 n 段,使每段中的个体数相等或接近,从各段中抽取一个个体,再将取出的各个个体合为一个样本,这种抽样方法叫作系统抽样。

系统方法/系統方法

xìtǒng fāngfǎ/ㄒㄧˋ ㄊㄨㄥˇ ㄈㄤ ㄈㄚˇ

system approach

【自】综合应用运筹学、控制论、信息论、管理科学、心理学、经济学以及计算机科学等,用以解决系统问题的工作步骤、方法、工具和技术。

系统分析/系統分析

xìtǒng fēnxī/ㄒㄧˋ ㄊㄨㄥˇ ㄈㄣ ㄒㄧ

system analysis

【自】应用系统方法、建模、仿真等技术对系统各个方面进行定量和定性的分析，为选择最优的系统方案提供决策依据的分析研究及其过程。

系统工程/系統工程

xìtǒng gōngchéng/ㄒㄧˋ ㄊㄨㄥˇ ㄍㄨㄥ ㄔㄥˊ

systems engineering

【自】从整体出发合理开发、设计、实施和运营系统的工程技术。

系统管理员/系統管理者

xìtǒng guǎnlǐyuán/ㄒㄧˋ ㄊㄨㄥˇ ㄍㄨㄢˇ ㄌㄧˇ ㄓㄜˇ

system administrator，sysadmin

【信息】负责对多用户计算机系统、通信系统或同时对这两种系统的使用进行管理的个人。职责包括:赋予用户账号和口令;建立安全访问级别;分配存储空间;监视未授权访问,防止病毒程序或木马程序进入系统。

系统理论/系統理論

xìtǒng lǐlùn/ㄒㄧˋ ㄊㄨㄥˇ ㄌㄧˇ ㄌㄨㄣˋ

system theory

【自】从整体出发研究系统、合理开发、设计、实施和运营系统的科学理论。

系统论/系統理論

xìtǒnglùn/ㄒㄧˋ ㄊㄨㄥˇ ㄌㄧˇ ㄌㄨㄣˋ

system theory

【总】研究系统的一般模式、结构、性质和规律的理论。研究各种系统的共同特征,用数学方法定量地描述其功能,寻求并确立适用于一切系统的原理、原则和数学模型。广义上包括上述的一般系统论、控制论、自动化理论、信息论、集合论、网络理论、对策论、决策论、计算机等理论和方法。

系统软件/系統軟體

xìtǒng ruǎnjiàn/ㄒㄧˋ ㄊㄨㄥˇ ㄖㄨㄢˇ ㄊㄧˇ

system software

【信息】控制和协调计算机运行,并支持应用软件的运行而与应用独立的软件。例如操作系统。

系统树

xìtǒngshù/ㄒㄧˋ ㄊㄨㄥˇ ㄕㄨˋ

【生】"进化系统树"的简称。

系统脱敏/系統減敏感

xìtǒng tuōmǐn/ㄒㄧˋ ㄊㄨㄥˇ ㄐㄧㄢˇ ㄇㄧㄣˇ ㄍㄢˇ

systematic desensitization

【心】行为疗法的一种。将放松训练和经典条件反射原理结合运用。基本方法是:在患者出现焦虑或恐怖反应时,同时引起一个与之对抗的肌肉松弛反应,使其原来的不良反应强度减弱,即产生交互抑制,交互抑制按等级排列,从弱到强,依次实施,直到最终消除不良反应。适用于各种遇到创伤事件后产生的恐怖症等。

系统性红斑狼疮/全身性紅斑性狼瘡

xìtǒngxìng hóngbān lángchuāng/ㄑㄩㄢˊ ㄕㄣ ㄒㄧㄥˋ ㄏㄨㄥˊ ㄅㄢ ㄒㄧㄥˋ ㄌㄤˊ ㄔㄨㄤ

systemic lupus erythematosus，SLE

【医】自身免疫介导的,以免疫性炎症为突出表现的弥漫性结缔组织病。表现主要是血清中出现以抗核抗体为代表的多种自身抗体,可损伤全身各个系统和脏器,如皮肤、黏膜、关节、心脏、肾脏、中枢神经系统、血液系统等。

系統管理者

ㄒㄧˋ ㄊㄨㄥˇ ㄍㄨㄢˇ ㄌㄧˇ ㄓㄜˇ/xìtǒng guǎnlǐzhě

system administrator，sysadmin

【信息】台湾名。即"系统管理员"(1231 页)。

系統減敏感

ㄒㄧˋ ㄊㄨㄥˇ ㄐㄧㄢˇ ㄇㄧㄣˇ ㄍㄢˇ/xìtǒng jiǎnmǐngǎn

systematic desensitization

【心】台湾名。即"系统脱敏"(1231 页)。

系統理論

ㄒㄧˋ ㄊㄨㄥˇ ㄌㄧˇ ㄌㄨㄣˋ/xìtǒng lǐlùn

system theory

【总】台湾名。即"系统论"(1231 页)。

系統軟體

ㄒㄧˋ ㄊㄨㄥˇ ㄖㄨㄢˇ ㄊㄧˇ/xìtǒng ruǎntǐ

system software

【信息】台湾名。即"系统软件"(1231 页)。

细胞/細胞 xìbāo/ㄒㄧˋ ㄅㄠ

cell

【生】能进行独立繁殖的生物体的基本结构和功能单位。形状多种多样。一般由质膜、细胞质和细胞核构成,是生命活动的基本单位。植物细胞的细胞膜外还有细胞壁。细胞通常很微小,用显微镜才能见到。

细胞壁/細胞壁 xìbāobì/ㄒㄧˋ ㄅㄠ ㄅㄧˋ

cell wall

【生】植物细胞、真菌和细菌细胞外表面由多糖类物质组成的起支持作用的结构。

细胞凋亡/細胞凋亡

xìbāo diāowáng/ㄒㄧˋ ㄅㄠ ㄉㄧㄠ ㄨㄤˊ

apoptosis

【生】又称"程序性细胞死亡"。细胞在基因的调控下,自主而有序的死亡过程。是机体清除多余、变异或恶化细胞的主动的程序化过程。在生物体进化、发育、内环境稳定中起着重要的作用。

细胞分裂/細胞分裂

xìbāo fēnliè/ㄒㄧˋ ㄅㄠ ㄈㄣ ㄌㄧㄝˋ

cell division

【生】细胞繁殖子代细胞的过程。一般先是核分裂,形成两个子核;接着细胞质分裂,分为两个子细胞。分无丝分裂、有丝分裂和减数分裂三种方式。

细胞分裂素

xìbāo fēnlièsù/ㄒㄧˋ ㄅㄠ ㄈㄣ ㄌㄧㄝˋ ㄙㄨˋ

【医】即"细胞激动素"(1232 页)。

细胞工程/細胞工程

xìbāo gōngchéng/ㄒㄧˋ ㄅㄠ ㄍㄨㄥ ㄔㄥˊ

cell engineering

【生】运用细胞生物学的方法,按照人们的预定设计,有计划地保存、改变和创造细胞遗传性状的技术。主要包括细胞融合、细胞大规模培养、植物组织培养快速繁殖、染色体(组)工程以及细胞育种等技术。对农业、医药、食品等传统工艺的革新潜力极大。

细胞核/細胞核 xìbāohé/ㄒㄧˋ ㄅㄠ ㄏㄜˊ

cell nucleus

【生】细胞内遗传信息的储存、复制和转录的主要场所。一般呈圆球形或椭圆形,通常只有一个。核外有核膜,内有核液、核仁、染色质。

细胞激动素/細胞裂殖素

xìbāo jīdòngsù/ㄒㄧˋ ㄅㄠ ㄌㄧㄝˋ ㄓˊ ㄙㄨˋ

kinetin

【医】又称"细胞分裂素"。一类嘌呤类衍生物。能够促进细胞有丝分裂和细胞分化,通常用于细胞、组织培养。

细胞膜/細胞膜 xìbāomó/ㄒㄧˋ ㄅㄠ ㄇㄛˊ

cell membrane

【生】细胞表面的一层薄膜。对物质透过细胞有选择作用。对维持细胞内环境的相对恒定、调节细胞与周围环境的物质交换,有重要意义。

细胞器/細胞器 xìbāoqì/ㄒㄧˋ ㄅㄠ ㄑㄧˋ

organelle

【生】真核细胞的细胞质内具有一定形态结构和特定功能的小器官。如线粒体、叶绿体、中心体、高尔基体等。对活细胞完成各种生命活动有重要作用。

细胞融合/細胞融合

xìbāo rónghé/ㄒㄧˋ ㄅㄠ ㄖㄨㄥˊ ㄏㄜˊ

【生】即"体细胞杂交"(1119 页)。

细胞学/細胞學

xìbāoxué/ㄒㄧˋ ㄅㄠ ㄒㄩㄝˊ

cytology

【生】研究细胞生命现象的学科。其范围包括细胞的结构和功能,生长和分化,受精和分裂,遗传和变异,病变和衰老等。

细胞抑制药/細胞增殖抑制劑

xìbāo yìzhìyào/ㄒㄧˋ ㄅㄠ ㄗㄥ ㄓˊ ㄧˋ ㄓˋ ㄐㄧˋ

cytostatics

【医】能抑制增殖期细胞的药物。按作用细胞周期不同时相,可分为周期非特异性药物和细胞周期特异性药。前者包括烃化剂和大部分抗癌抗生素类,后者又可分为主要作用于 S 期和 M 期的药物。

细胞因子/細胞介素

xìbāo yīnzǐ/ㄒㄧˋ ㄅㄠ ㄐㄧㄝˋ ㄙㄨˋ

cytokine

【医】由免疫系统细胞以及其他类型细胞分泌的一类小分子量的可溶性蛋白质。包括干扰素、白细胞介素、集落刺激因子、促红细胞生长素、淋巴因子、肿瘤坏死因子、生长因子等。可调控机体免疫应答和造血功能。并参与炎症损伤等病理过程。

细胞质/細胞質 xìbāozhì/ㄒㄧˋ ㄅㄠ ㄓˊ

cytoplasm

【生】细胞膜与细胞核之间的胶状物质。一般透明,略黏稠,其中有大小不同的颗粒和网状物,分布着线粒体、高尔基体等细胞器。

细胞周期/細胞周期
xìbāo zhōuqī/ㄒㄧˋ ㄅㄠ ㄓㄡ ㄑㄧ
cell cycle
【生】细胞从一次分裂完成开始到下一次分裂完成为止所经历的过程。其间细胞的遗传物质复制并均等地分配给两个子细胞。

细层 xìcéng/ㄒㄧˋ ㄘㄥˊ
【地】即"纹层"(1195 页)。

细纺/細紡 xìfǎng/ㄒㄧˋ ㄈㄤˇ
cambric
【纺】棉织物名。采用细特的精梳棉纱作经纬纱织制,平纹,细密,质地轻薄,表面光洁,手感柔软。适于用作夏季衬衫或连衣裙的面料。

细菌/細菌 xìjūn/ㄒㄧˋ ㄐㄩㄣ
bacteria
【生】微生物的一大类。原始单细胞生物。大小一般仅几微米。有球形、杆形、弧形、螺旋形或线形。多腐生和寄生。

细菌肥料
xìjūn féiliào/ㄒㄧˋ ㄐㄩㄣ ㄈㄟˊ ㄌㄧㄠˋ
【农】即"微生物肥料"(1179 页)。

细菌尿/細菌尿
xìjūnniào/ㄒㄧˋ ㄐㄩㄣ ㄋㄧㄠˋ
bacteriuria
【医】存在大量细菌的尿液。通常提示泌尿系统存在菌落或感染,或是收集尿液过程中尿液发生了细菌污染。

细菌性痢疾/桿菌性痢疾
xìjūnxìng lìji/ㄍㄢˇ ㄐㄩㄣ ㄒㄧㄥˋ ㄌㄧˋ ㄐㄧˊ
bacillary dysentery
【医】简称"菌痢"。革兰氏阴性菌引起的肠道传染病。多由痢疾杆菌引起。痢疾杆菌随患者或带菌者的粪便排出,通过污染食品、水源或生活接触,经口传入消化道引发感染。

细菌学/細菌學
xìjūnxué/ㄒㄧˋ ㄐㄩㄣ ㄒㄩㄝˊ
bacteriology
【生】研究细菌的形态、构造、分类、生理、生态、遗传和进化,以及同人类和动植物疾病的关系的学科。

细颗粒物/細粒狀物
xìkēlìwù/ㄒㄧˋ ㄌㄧˋ ㄓㄨㄤˋ ㄨˋ
fine particulate, PM2.5
【环】飘浮于大气中的空气动力学等效直径(粒径)小于等于 2.5 微米的颗粒物。在大气中滞留时间长,可远距离传输。易被人体吸入,沉积于呼吸道、支气管甚至肺泡内,对人体危害严重。

📖 大气颗粒物按其特性、测量方法和研究目的不同,有多种分类和描述方法。如按大气颗粒物沉降特性分为降尘(粒径大于 10 微米)和飘尘;按物理状态分为固态(烟)、液态(雾)和固液混合态(烟雾)颗粒物。在大气环境监测和质量评价中,选用总悬浮颗粒物(粒径小于 100 微米)、可吸入颗粒物(粒径小于 10 微米)和细颗粒物(粒径小于 2.5 微米)等指标,并分别记为 TSP、IP(或 PM10)和 PM2.5。2013 年 4 月,大陆方面经过研讨审定,对于 PM2.5,正式推荐使用"细颗粒物"一名,并提出 PM2.5 仍可作为符号在一定范围内使用。

细粒土/細粒土壤
xìlìtǔ/ㄒㄧˋ ㄌㄧˋ ㄊㄨˇ ㄖㄤˇ
fine-grained soil
【水利】粒径小于 0.075 毫米的颗粒含量在总质量中超过或等于 50%的土。

细脉/細脈 xìmài/ㄒㄧˋ ㄇㄞˋ
thready pulse, * fine pulse
【中医】脉象之一。脉细如线,但应指清晰。

细皮青冈
xìpí qīnggāng/ㄒㄧˋ ㄆㄧˊ ㄑㄧㄥ ㄍㄤ
【植】即"槲栎"(508 页)。

细纱/細紗 xìshā/ㄒㄧˋ ㄕㄚ
spun yarn
【纺】以可纺纤维为原料,经纺纱加工(棉纺、毛纺、麻纺、绢纺等)而成的单纱。按所用原料和加工方法不同,可分为棉纱、毛纱、麻纱、绢丝纱、废纺纱、混纺纱等。

细辛/細辛 xìxīn/ㄒㄧˋ ㄒㄧㄣ
Radix et Rhizoma Asari(拉), manchurian wildginger
【中医】中药名。马兜铃科植物细辛 *Asarum heterotropoides* Fr.Schmidt var.*mandshuricum* (Maxim.) Kitag.、汉城细辛 *A. sieboldii* Miq. var. *seoulense* NaKai 或华细辛 *A. sieboldii* Miq.的干燥根和根茎。味辛,性温。归心、肺、肾经。祛风散寒,通窍止痛,温肺化

饮。用于风寒感冒，头痛，牙痛，鼻塞鼻渊，风湿痹痛，痰饮喘咳。

北细辛　　汉城细辛

细叶百合
xìyè bǎihé/ㄒㄧˋ ㄧㄝˋ ㄅㄞˇ ㄏㄜˊ
【植】即“山丹”(980 页)。

细叶榕 xìyèróng/ㄒㄧˋ ㄧㄝˋ ㄖㄨㄥˊ
【植】即“榕树”(955 页)。

细制服呢 xìzhìfúní/ㄒㄧˋ ㄓˋ ㄈㄨˊ ㄋㄧˊ
【纺】即“海军呢”(461 页)。

細胞介素 ㄒㄧˋ ㄅㄠ ㄐㄧㄝˋ ㄙㄨˋ/xìbāo jièsù
cytokine
【医】台湾名。即“细胞因子”(1232 页)。

細胞裂殖素
ㄒㄧˋ ㄅㄠ ㄌㄧㄝˋ ㄓˊ ㄙㄨˋ/xìbāo lièzhísù
kinetin
【医】台湾名。即“细胞激动素”(1232 页)。

細胞增殖抑制劑
ㄒㄧˋ ㄅㄠ ㄗㄥ ㄓˊ ㄧˋ ㄓˋ ㄐㄧˋ/
xìbāo zēngzhí yìzhìjì
cytostatics
【医】台湾名。即“细胞抑制药”(1232 页)。

細度 ㄒㄧˋ ㄉㄨˋ/xìdù
fineness
【纺】台湾名。即“纤度”(1238 页)。

細粒土壤 ㄒㄧˋ ㄌㄧˋ ㄊㄨˇ ㄖㄤˇ/xìlì tǔrǎng
fine-grained soil
【水利】台湾名。即“细粒土”(1233 页)。

細粒狀物 ㄒㄧˋ ㄌㄧˋ ㄓㄨㄤˋ ㄨˋ/xìlìzhuàngwù
fine particulate, PM2.5
【环】台湾名。即“细颗粒物”(1233 页)。

潟湖/潟湖 xìhú/ㄒㄧˋ ㄏㄨˊ
lagoon
【地】浅水海湾被沙嘴、沙坝或珊瑚礁分割后呈半封闭状，与外海分离而形成的湖泊。环礁包围的半封闭水域，也称潟湖。
📖 潟(xì)的字意是咸水浸渍的土地，因有些人误将“潟”字认作是“泻”的繁体字“瀉”，故常将“潟湖”错写成“泻湖”。最著名的潟湖当属威尼斯潟湖，位于亚得里亚海北端，意大利水城威尼斯就在这个潟湖内。

xia (ㄒㄧㄚ)

虾/蝦 xiā/ㄒㄧㄚ
shrimp, prawn
【动】甲壳动物名。十足目游泳亚目各种的统称。身体分为头胸部和腹部，覆透明甲壳，头部有附肢五对，胸部有附肢八对，腹部有附肢六对。生活在淡水或海水中。种类极多，常见的有对虾、龙虾、米虾、基围虾等。

峡谷/峽谷 xiágǔ/ㄒㄧㄚˊ ㄍㄨˇ
canyon, gorge
【地】狭窄而深的河谷。两坡陡峭，横剖面呈“V”字形，多发育在新构造运动强烈的山区，由河流强烈下切而成。

狭义相对论/狹義相對論
xiáyì xiāngduìlùn/
ㄒㄧㄚˊ ㄧˋ ㄒㄧㄤ ㄉㄨㄟˋ ㄌㄨㄣˋ
special relativity
【物】相对论的一个部分。基本假设是：(1)相对性原理，即力学规律在任何惯性参考系中都是相同的。(2)光速不变原理，即真空中的光速在不同的惯性参考系中都是相同的。

狹溫性生物
ㄒㄧㄚˊ ㄨㄣ ㄒㄧㄥˋ ㄕㄥ ㄨˋ/
xiáwēnxìng shēngwù
stenotherm
【植】台湾名。即“窄温植物”(1417 页)。

狹葉十大功勞
ㄒㄧㄚˊ ㄧㄝˋ ㄕˊ ㄉㄚˋ ㄍㄨㄥ ㄌㄠˊ/
xiáyè shídà gōngláo
Chinese mahonia
【植】台湾名。即“十大功劳”(1021 页)。

瑕点/缺陷 xiádiǎn/ㄑㄩㄝ ㄒㄧㄢˋ
flaw

【信息】计算机安全中,可造成保护机制失能或被绕开的错误。

瑕积分 ㄒㄧㄚˊ ㄐㄧ ㄈㄣ/xiájīfēn
improper integral
【数】台湾名。即"反常积分"(312 页)。

霞/曙暮霞 xiá/ㄕㄨˇ ㄇㄨˋ ㄒㄧㄚˊ
twilight colors
【气】日出或日落前后,因阳光受大气折射、散射和被选择性吸收等而形成的色彩绚丽的天象。分为朝霞和晚霞。

霞石/霞石 xiáshí/ㄒㄧㄚˊ ㄕˊ
nepheline
【地】矿物。成分为 $Na_3K(AlSiO_4)_4$。六方晶系。晶体呈短柱状,集合体通常呈粒状或致密块状。无色或白色,有时带淡黄色、淡褐色,玻璃光泽,断口呈油脂光泽,莫氏硬度 5~6,密度 2.6 克/厘米^3。可用作玻璃、陶瓷原料和油漆、颜料、乳胶、塑料、橡胶的填料。

下爆流 ㄒㄧㄚˋ ㄅㄠˋ ㄌㄧㄡˊ/xiàbàoliú
downburst
【气】台湾名。即"下击暴流"(1235 页)。

下法/下法 xiàfǎ/ㄒㄧㄚˋ ㄈㄚˇ
purgation method
【中医】又称"攻下法"。内治法之一。用具有通便、逐水、润肠作用的方药,治疗胃肠积滞、大便秘结、水饮积聚停滞的病证。

下疳 ㄒㄧㄚˋ ㄍㄢ/xiàgān
chancre
【医】台湾名。即"硬下疳"(1360 页)。

下颌骨/下頜骨 xiàhégǔ/ㄒㄧㄚˋ ㄍㄜˊ ㄍㄨˇ
mandible
【医】位于面部前下部分的骨。由马蹄状的体和两个垂直的支构成。

下颌下腺/頜下腺
xiàhéxiàxiàn/ㄍㄜˊ ㄒㄧㄚˋ ㄒㄧㄢˋ
submandibular gland
【医】又称"颌下腺"。位于两侧颌下的一对唾液腺。呈扁椭圆形。其导管自腺内侧面发出,沿口底黏膜深面前行,开口位于舌下阜。

下击暴流/下爆流
xiàjī bàoliú/ㄒㄧㄚˋ ㄅㄠˋ ㄌㄧㄡˊ
downburst
【气】由一种强对流性下沉气流引起的地面或近地面辐散形大风。通常水平尺度 1~10 千米,地面附近风速 18 米/秒以上。

下界/下界 xiàjiè/ㄒㄧㄚˋ ㄐㄧㄝˋ
lower bound
【数】设 A 是一个非空数集,若存在常数 m,使得 A 中的任一元素 x 满足 $x \geqslant m$,则称 A 有下界,m 是 A 的一个下界。例如,设 $A=\{x \mid x \geqslant 0, x \in \mathbf{R}\}$,则 A 有下界,任一负数和 0 都是 A 的下界。

下尿路感染/下尿路感染
xiàniàolù gǎnrǎn/
ㄒㄧㄚˋ ㄋㄧㄠˋ ㄌㄨˋ ㄍㄢˇ ㄖㄢˇ
lower urinary tract infection
【医】病原微生物侵入下尿路,在膀胱和尿道内繁殖而引起的一组炎症。包括膀胱炎和尿道炎。常见的致病菌为大肠埃希氏菌和葡萄球菌等,女性多见。主要表现为尿频、尿急、尿痛及尿道外口有黏液性分泌物。

下偏差/下偏差
xiàpiānchā/ㄒㄧㄚˋ ㄆㄧㄢ ㄔㄚ
lower deviation
【机】最小极限尺寸减其基本尺寸所得的代数差。

下确界/最大下界
xiàquèjiè/ㄗㄨㄟˋ ㄉㄚˋ ㄒㄧㄚˋ ㄐㄧㄝˋ
greatest lower bound
【数】设 A 是一个有下界的非空数集,常数 β 是 A 的一个下界。若对于任一 $\varepsilon>0$,A 中有元素 x 满足 $x<\beta+\varepsilon$,则称 β 是 A 的下确界,记作 $\beta=\inf A$。例如,设 $A=\{x \mid x \geqslant 0, x \in \mathbf{R}\}$,则 0 是 A 的下确界,即 $0=\inf A$。数集的下确界是这个数集的下界中最大的数。有下界的非空数集有唯一的下确界。

下蜃景 ㄒㄧㄚˋ ㄕㄣˋ ㄐㄧㄥˇ/xiàshènjǐng
sinking mirage
【气】台湾名。即"下现蜃景"(1235 页)。

下弦/下弦 xiàxián/ㄒㄧㄚˋ ㄒㄧㄢˊ
last quarter
【天】从地球上看,月球在太阳西 90°时所呈现的月相。此时地面观测者可看到月球明亮的东半圆面。对应农历每月二十二日前后。

下现蜃景/下蜃景
xiàxiàn shènjǐng/ㄒㄧㄚˋ ㄕㄣˋ ㄐㄧㄥˇ

sinking mirage

【气】蜃景的一种。多见于沙漠或草原地区。正午或午后,在强烈的太阳照射下,地面迅速升温并加热近地气层,出现空气密度上大下小的反常情况,形成位于实际景物下方、倒立的物像。

下行方向/下行方向

xiàxíng fāngxiàng/ㄒㄧㄚˋ ㄒㄧㄥˊ ㄈㄤ ㄒㄧㄤˋ

down direction

【交】在中国大陆指干线上与开往北京相反的方向和在支线上由连接干线的车站开向支线的方向。

下行链路/下行鏈路

xiàxíng liànlù/ㄒㄧㄚˋ ㄒㄧㄥˊ ㄌㄧㄢˋ ㄌㄨˋ

downlink

【信息】点到多点(即从单个始发终端到多个目的地终端)的通信系统中,由集中点到分散点的传输链路。例如移动通信中由基站到移动台的链路,卫星通信中由卫星到地球站的链路。

下载/下載 xiàzài/ㄒㄧㄚˋ ㄗㄞˋ

download

【信息】从另一计算机传来程序或数据。最初仅指将数据从大型计算机传送到小型计算机。

下肢静脉曲张/下肢靜脈曲張

xiàzhī jìngmài qūzhāng/ㄒㄧㄚˋ ㄓ ㄐㄧㄥˋ ㄇㄞˋ ㄑㄩ ㄓㄤ

varicose vein of lower extremity

【医】下肢浅表静脉扩张、伸长、弯曲成团状的症状。由于循环障碍,可并发慢性溃疡性病变。

夏布/夏布 xiàbù/ㄒㄧㄚˋ ㄅㄨˋ

grass cloth

【纺】麻织物名。用手工绩麻成纱,再用木织机以手工方式织成的苎麻布。经精炼、漂白后,颜色洁白,光泽柔和,穿着挺括凉爽,有清汗离体的感觉。适于用作夏季服装面料。是中国传统的纺织品之一,其中湖南浏阳夏布、江西万载夏布和四川隆昌夏布,以其紧密、细薄、滑爽洁白等性能驰名中外。

夏草冬虫

xiàcǎo-dōngchóng/ㄒㄧㄚˋ ㄘㄠˇ ㄉㄨㄥ ㄔㄨㄥˊ

【生】即"冬虫夏草"(272 页)。

夏枯草/夏枯草

xiàkūcǎo/ㄒㄧㄚˋ ㄎㄨ ㄘㄠˇ

Spica Prunellae(拉), common selfheal fruit-spike

【中医】中药名。唇形科植物夏枯草 *Prunella vulgaris* L. 的干燥果穗。味辛、苦,性寒。归肝、胆经。清火,明目,散结,消肿。用于目赤肿痛,目珠夜痛,头痛眩晕,瘰疬,瘿瘤,乳痈肿痛;甲状腺肿大,淋巴结结核,乳腺增生,高血压。

夏枯草

📖 夏枯草春季发芽,夏至前后即枯萎,故名。

夏历/夏曆 xiàlì/ㄒㄧㄚˋ ㄌㄧˋ

Chinese calendar

【天】中国历代颁行的阴阳历。大月 30 天,小月 29 天。全年 354 天或 355 天,闰年全年 384 天或 385 天。

夏令时/日光節約時間

xiàlìngshí/ㄖˋ ㄍㄨㄤ ㄐㄧㄝˊ ㄩㄝ ㄕˊ ㄐㄧㄢ

daylight saving time, summer time

【天】一种为节约能源而人为规定地方时间的制度。通常夏季人为将时间提前一小时,可使人早起早睡,以充分利用太阳光照资源,节约照明用电。

夏眠/夏眠

xiàmián/ㄒㄧㄚˋ ㄇㄧㄢˊ

aestivation, summer dormancy

【动】又称"夏蛰"。休眠的一种。是某些动物对干旱炎热季节的不利环境的适应性反应。主要表现为体温下降和进入昏睡状态。夏眠的动物有草原龟、黄鼠等。

夏特尔教堂/夏特爾教堂

Xiàtè'ěr Jiàotáng/ㄒㄧㄚˋ ㄊㄜˋ ㄦˇ ㄐㄧㄠˋ ㄊㄤˊ

Chartres Cathedral

【建】法国的一座哥特式天主教堂。位于厄尔一卢瓦尔省沙特尔市的山丘上。原教堂毁于 1194 年的大火,后在原址重建,1260 年完成,西部中厅及西面尚保留有大火前的残存部分。教堂按朝圣堂的要求而设计:加强横翼和侧入口,并在横翼以东每边改为双排侧廊及环廊,以便进行朝拜活动。教堂中厅为长方形间的四分拱顶,高 37 米,其中彩色玻璃窗精美绝伦。原设计七座尖塔,但只完成了西立面的两座钟塔。南塔与教堂同期建造,更为协调;北塔是后期风格的体现,与教堂风格不甚协调。

夏蛰 xiàzhé/ㄒㄧㄚˋ ㄓㄜˊ

【动】即“夏眠”(1236 页)。

xian (ㄒㄧㄢ)

仙鹤 xiānhè/ㄒㄧㄢ ㄏㄜˋ

【动】即“丹顶鹤”(195 页)。

仙鹤草/仙鶴草

xiānhècǎo/ㄒㄧㄢ ㄏㄜˋ ㄘㄠˇ

Herba Agrimoniae(拉), hairyvein agrimonia herb

【中医】中药名。蔷薇科植物龙芽草 *Agrimonia pilosa* Ledeb.的干燥地上部分。味苦、涩,性平。归心、肝经。收敛止血,截疟,止痢,解毒。用于咯血,吐血,崩漏下血,疟疾,血痢,脱力劳伤,痈肿疮毒,阴痒带下。

仙鹤草

仙后座/仙后座

xiānhòuzuò/ㄒㄧㄢ ㄏㄡˋ ㄗㄨㄛˋ

Cassiopeia, Cas

【天】星座之一。在北方天空。有亮于 4 等的星 11 颗,五颗亮星组成的 W 形(或说 M 形)很容易辨认。北天极即在其中央尖角所指的方向上。

仙客来/仙客來

xiānkèlái/ㄒㄧㄢ ㄎㄜˋ ㄌㄞˊ

florists cyclamen

【植】*Cyclamen persicum* 又称“兔耳花”“兔子花”。报春花科仙客来属。多年生草本植物。块茎扁球形,有棕褐色木栓质表皮。叶和花莛由块茎顶部抽出,叶片卵圆形,边缘有齿,表面绿色带白色或灰色斑纹。花单生,花冠筒半球形,花被裂片 5 枚,长圆状披针形,剧烈反卷,犹如兔耳,白色或玫红色,基部深红色。花期 10 月份至翌年 4 月份。中国各地均有栽培。观赏花卉。根茎有毒。

📖 仙客来中文名来自拉丁学名 *Cyclamen* 的音译,并取中文“仙客翩翩而至”的寓意。仙客来是圣马力诺的国花。

仙灵脾 xiānlíngpí/ㄒㄧㄢ ㄌㄧㄥˊ ㄆㄧˊ

【中医】即“淫羊藿”(1349 页)。

仙女座/仙女座

xiānnǚzuò/ㄒㄧㄢ ㄋㄩˇ ㄗㄨㄛˋ

Andromeda, And

【天】星座之一。在北方天空。含有肉眼可见的最远的天体仙女座星系。有亮于 4 等的星 18 颗,其中最亮的星仙女座 α(壁宿二)曾与飞马座共用,故也重复命名为飞马座 δ。

仙女座星系/仙女座星系

xiānnǚzuò xīngxì/ㄒㄧㄢ ㄋㄩˇ ㄗㄨㄛˋ ㄒㄧㄥ ㄒㄧˋ

Andromeda galaxy

【天】距离地球约 250 万光年的一个旋涡星系。位于仙女座天区,故名。目视星等为 3.5 等,是人类肉眼可见最远的深空天体。曾被误认为是银河系内的天体而被称为“仙女座大星云”。以约 100～140 千米/秒的速度靠近银河系,可能在 30 亿年后与银河系发生碰撞。

仙人掌/仙人掌

xiānrénzhǎng/ㄒㄧㄢ ㄖㄣˊ ㄓㄤˇ

cactus

【植】*Opuntia stricta* var.*dillenii* 仙人掌科仙人掌属。丛生肉质灌木。上部分枝宽倒卵形,先端圆形,边缘不规则波状,基部渐狭,绿色至蓝绿色;小窠疏生,明显突出,内生根刺和毛,刺黄褐色,坚硬。花辐状,花托绿色,花被片宽倒卵形,黄色。浆果倒卵球形,顶端凹陷,紫红色。花期 6—10 月份。中国各地均有栽培。观赏花卉。茎入药。

📖 仙人掌是墨西哥的国花。全世界仙人掌种类的一半都来自墨西哥,故墨西哥有“仙人掌之国”的美誉。

仙人走兽/仙人走獸

xiānrén zǒushòu/ㄒㄧㄢ ㄖㄣˊ ㄗㄡˇ ㄕㄡˋ

glazed tile with celestial being and beast

【建】安装在庑殿、歇山等建筑的檐角脊端的装饰构件。造型是一位仙人骑在昂首前视的鸡上，后面依次排列龙、凤、狮子、天马、海马、狻猊、押鱼、獬豸、斗牛、行什。根据建筑等级和脊的长度选用走兽，只用奇数。

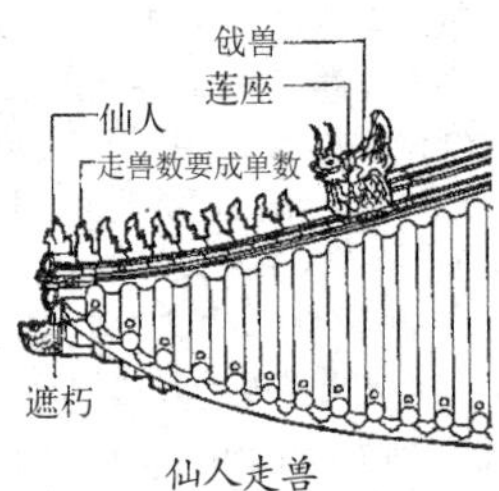

仙人走兽

先进陶瓷/精密陶瓷
xiānjìn táocí/ㄐㄧㄥ ㄇㄧˋ ㄊㄠˊ ㄘˊ
advanced ceramics
【材】台湾又称“尖端陶瓷”。以无机化合物为原料获得的无机非金属材料的统称。即在原料、工艺方面有别于传统陶瓷，通常采用高纯、超细的无机化合物原料，通过组成和结构设计而制成的新型材料。物理、化学、生物等方面的性能优异。有别于传统陶瓷，故名。

先农坛/先農壇
Xiānnóng Tán/ㄒㄧㄢ ㄋㄨㄥˊ ㄊㄢˊ
Altar of the God of Agriculture
【建】古代帝王祭祀传说中最先教民耕种的神农或后稷的场所。通常设于籍田之中，或在南郊，或在东郊，各代制度、名称不同。现存明代北京先农坛，创建于嘉靖年间，位于南郊西侧、籍田之北。坛为方形一层，砖石包砌，边长约15米(四丈七尺)，高1.5米(四尺五寸)，石阶九阶，为阳数。坛西为瘗位，东为銮驾库、斋宫。另有供奉先农神位的正殿、寝殿、日晷和时辰牌亭、用于收藏籍田谷物的神仓及观耕台等建筑。

先天免疫
xiāntiān miǎnyì/ㄒㄧㄢ ㄊㄧㄢ ㄇㄧㄢˇ ㄧˋ
【生】即“固有免疫”(431页)。

先天性免疫
ㄒㄧㄢ ㄊㄧㄢ ㄒㄧㄥˋ ㄇㄧㄢˇ ㄧˋ/
xiāntiānxìng miǎnyì
innate immunity, natural immunity, non-specific immunity
【生】台湾名。即“固有免疫”(431页)。

先天性心脏血管病/先天性心臟血管病
xiāntiānxìng xīnzàng xuèguǎnbìng/
ㄒㄧㄢ ㄊㄧㄢ ㄒㄧㄥˋ ㄒㄧㄣ ㄗㄤˋ ㄒㄧㄝˇ ㄍㄨㄢˇ ㄅㄧㄥˋ
congenital cardiovascular disease
【医】简称“先心病”。因心脏或大血管胚胎发育障碍所致的先天性畸形。病种繁多，多种畸形可在同一病人身上出现。

先心病
xiānxīnbìng/ㄒㄧㄢ ㄒㄧㄣ ㄅㄧㄥˋ
【医】“先天性心脏血管病”的简称。

纤度/細度 xiāndù/ㄒㄧˋ ㄉㄨˋ
fineness
【纺】表示单丝、复丝或纱的线密度的量度。单位有支数和特克斯(tex)或分特克斯(dtex)。支数为每克质量纤维或纱线所具有以米表示的长度。特克斯为每千米纤维或纱线所具有的质量。1特＝10分特。

纤毛/纖毛 xiānmáo/ㄒㄧㄢ ㄇㄠˊ
cilium
【动】某些生物体的细胞表面生长的纤细的毛。由原生质构成，通常较鞭毛短。纤毛虫等的纤毛有运动、捕食、呼吸等作用；人的器官内壁细胞的纤毛，有辅助排泄、分泌等作用。

纤溶酶原激活药/血漿蛋白原活化因子
xiānróngméiyuán jīhuóyào/
ㄒㄧㄝˇ ㄐㄧㄤ ㄉㄢˋ ㄅㄞˊ ㄩㄢˊ ㄏㄨㄛˊ ㄏㄨㄚˋ ㄧㄣ ㄗˇ
plasminogen activator
【医】一组蛋白酶。能使纤溶酶原激活生成有活性的纤溶酶。包括组织纤溶酶激动剂、尿激酶、链激酶。

纤维/纖維 xiānwéi/ㄒㄧㄢ ㄨㄟˊ
㊀ fiber, ㊁ textile fiber
㊀【化】通常指长度比其直径(几微米至几十微米)大1000倍以上的纤细材料。可分为无机纤维和有机纤维。无机纤维有金属纤维、玻璃纤维、陶瓷纤维、碳纤维及石棉纤维等；有机纤维有天然纤维及化学纤维。㊁【纺】“纺织纤维”的简称。

纤维坝 xiānwéibà/ㄒㄧㄢ ㄨㄟˊ ㄅㄚˋ
【水利】即“橡胶坝”(1254页)。

纤维板/纖維板
xiānwéibǎn/ㄒㄧㄢ ㄨㄟˊ ㄅㄢˇ
fiberboard
【建】以木材或其他植物纤维为原料，经分离成纤维，施加或不施加添加剂，成型热压而成的板材。

纤维蛋白/纖維蛋白

xiānwéi dànbái/ㄒㄧㄢ ㄨㄟˊ ㄉㄢˋ ㄅㄞˊ

fibrin

【医】一类主要不溶于水的蛋白质。通常含有呈现相同二级结构的多肽链。许多纤维蛋白结合紧密,并为单个细胞或整个生物体提供机械强度,起着保护或结构上的作用。

纤维囊性乳腺病/纖維囊性乳腺病

xiānwéinángxìng rǔxiànbìng/ㄒㄧㄢ ㄨㄟˊ ㄋㄤˊ ㄒㄧㄥˋ ㄖㄨˇ ㄒㄧㄢˋ ㄅㄧㄥˋ

fibrocystic mastopathy

【医】女性体内激素周期性变化引起的乳腺组织不同程度的纤维囊性变。包括纤维化、囊肿形成和腺体组织增殖。

纤维素/纖維素

xiānwéisù/ㄒㄧㄢ ㄨㄟˊ ㄙㄨˋ

cellulose

【化】由许多葡萄糖分子组成的大分子化合物。平均分子量约 100 万,是天然界最丰富的有机化合物,是植物细胞壁的主要成分。在酸作用下发生水解,经纤维素糊精、纤维二糖,最后形成葡萄糖。广泛用于造纸、人造纤维和制备葡萄糖等。

氙/氙 xiān/ㄒㄧㄢ

xenon

【化】非金属元素。属周期表第ⅧA 族,符号 Xe,原子序数 54。原子量 131.3。单质为无色无臭气体,化学性质极不活泼,是稀有气体中唯一能在常温下形成稳定化合物的元素,不能燃烧,也不助燃,能吸收 X 射线。可用来充填光电管、闪光灯和氙气高压灯(具有高度的紫外线辐射),医疗上用于深度麻醉剂而无副作用。单质氙气也简称氙。

📖 1898 年,英国的拉姆齐(W.Ramsay)与特拉弗斯(M.W.Travers)在液态空气的最后残留物中发现了氙。拉丁文定名为 xenonum,源自希腊文 xenos,意思是“陌生”。中文定名为“氙”,是形声字。

籼稻/秈稻 xiāndào/ㄒㄧㄢ ㄉㄠˋ

hsien rice

【农】栽培稻的一个亚种。米粒细长,与粳稻相比,出米率稍低,做成米饭胀性大而黏性较弱。

酰 xiān/ㄒㄧㄢ

【化】“酰基”的简称。

酰基/醯基 xiānjī/ㄒㄧㄢ ㄐㄧ

acyl group

【化】简称“酰”。含氧酸分子去掉羟基后余下的原子团。无机酸硝酸去掉羟基后为硝酰(基),有机化学中将硝酰称为硝基。碳酸去掉两个羟基后为碳酰(基),有机化学中将碳酰称为羰基。

鲜活货物/鮮活貨物

xiānhuó huòwù/ㄒㄧㄢ ㄏㄨㄛˊ ㄏㄨㄛˋ ㄨˋ

alive goods

【物流】新鲜的物品和活着的动物的合称。例如新采摘的花卉、蔬菜、水果和活鸡、活鱼、活猪等。物流过程中,需要对其采取特殊的条件、设备和手段,防止其腐烂变质或病残死亡,并快速送达。

纖維玻璃

ㄒㄧㄢ ㄨㄟˊ ㄅㄛ·ㄌㄧ/xiānwéi bōli

glass fiber

【材】台湾名。即“玻璃纤维”(78 页)。

弦/弦 xián/ㄒㄧㄢˊ

chord

【数】连接圆上任意两点的线段。垂直于弦的半径平分弦。如图,半径 OC 垂直于弦 AB,D 是垂足,$AD=DB$。

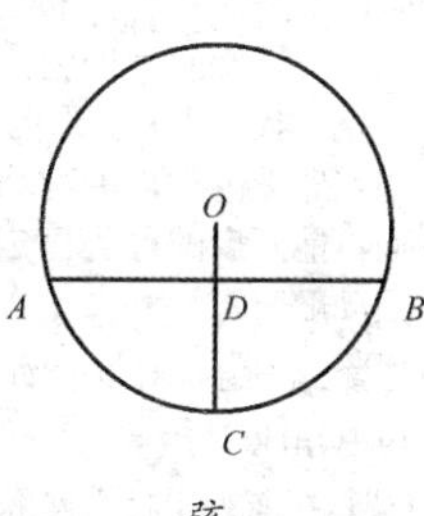

弦

弦切角/弦切角

xiánqiējiǎo/ㄒㄧㄢˊ ㄑㄧㄝ ㄐㄧㄠˇ

chord tangent angle

【数】顶点在圆上,一边与圆相交,另一边与圆相切的角。其度数等于它两边所夹弧的度数的一半。如图,弦切角$\angle BAC$ 的度数等于弧 AB 度数的一半。

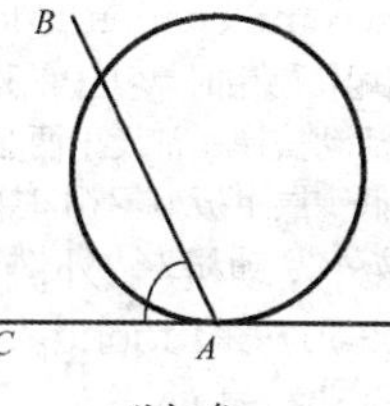

弦切角

咸/鹹 xián/ㄒㄧㄢˊ

salty

【中医】中药五味之一。能软,能下。大部分咸味药口尝有咸味。例如,牡蛎、昆布能软坚散结,芒硝能泻下软坚,均为咸味药。

咸水湖/鹹水湖

xiánshuǐhú/ㄒㄧㄢˊ ㄕㄨㄟˇ ㄏㄨˊ

saltwater lake

【地】湖水的盐度在 1~35 克/升的湖泊。

涎腺 xiánxiàn/ㄒㄧㄢˊ ㄒㄧㄢˋ

【医】即"唾液腺"(1159 页)。

舷侧推进/舷側推進

xiáncè tuījìn/ㄒㄧㄢˊ ㄘㄜˋ ㄊㄨㄟ ㄐㄧㄣˋ

lateral propulsion

【船】利用舷侧推进装置产生侧向推力以操纵船舶主动转向的推进方式。其装置通常设在近船首的两舷,通过调节侧向推力来操纵船舶主动转向,能大幅提高船舶的操纵性能。

舷窗/舷窗

xiánchuāng/ㄒㄧㄢˊ ㄔㄨㄤ

side scuttle

【船】设置在船体外板上,能保证船体密性并具有抗风暴能力的窗户。通常为圆形,上层建筑外板上也有方形的。装设在邻近载重线规定船舷范围内的称为重型舷窗,只供透光而不能开启的称为固定舷窗;可启闭的称为活动舷窗。

舷墙/舷牆 xiánqiáng/ㄒㄧㄢˊ ㄑㄧㄤˊ

bulwark

【船】在露天甲板沿两舷装设的围墙结构。用以防浪和保护人身安全。

舷梯/舷梯 xiántī/ㄒㄧㄢˊ ㄊㄧ

accommodation ladder

【船】使用时悬挂于舷外,供乘员登、离船舶的活动扶梯。常设于两舷侧不被外板封闭的最低一层甲板上,不用时可收存于舷旁。

舷外发动机/舷外機

xiánwài fādòngjī/ㄒㄧㄢˊ ㄨㄞˋ ㄐㄧ

outboard engine

【船】又称"舷外挂机""挂桨机"。小型船舶用悬挂支架固定在船尾上的动力装置。包括发动机、传动装置、止推轴承、螺旋桨、外壳等部件,主要应用于快艇、救生艇和一些小型交通运输船舶。

舷外挂机

xiánwài guàjī/ㄒㄧㄢˊ ㄨㄞˋ ㄍㄨㄚˋ ㄐㄧ

【船】即"舷外发动机"(1240 页)。

舷外机

xiánwàijī/ㄒㄧㄢˊ ㄨㄞˋ ㄐㄧ

㊀ outboard motor, ㊁ outboard engine

㊀【军】即"操舟机"(95 页)。㊁【船】在台湾,舷外机也指"舷外发动机"(1240 页)。

痫病/癇病 xiánbìng/ㄒㄧㄢˊ ㄅㄧㄥˋ

epilepsy

【中医】中医内科疾病之一。多因七情失调,饮食内伤,脑部内伤,或先天禀赋不足等,致脏腑受伤,痰、火、瘀为内风所触动,而气血逆乱,蒙蔽清窍所致,症见突然昏仆,口吐涎沫,肢体抽搐,移时苏醒,醒后如常,反复发作等。治疗当以急则开窍醒神豁痰以治其标,控制其发作,缓则祛邪补虚以治其本,多以调气豁痰,平肝息风,通络解痉,清泻肝火,补益心脾肝肾等法治之。发作期治疗主要分阳痫与阴痫。阳痫急以开窍醒神,继以泻热涤痰息风,方用黄连解毒汤送服定痫丸;阴痫急以开窍醒神,继以温化痰涎,方用五生饮。休止期可根据临床表现分别选用龙胆泻肝汤合涤痰汤、定痫丸、黄芪赤风汤送服龙马自来丹、归脾汤合温胆汤、大补元煎等。配合精神及饮食调养亦为促进康复的重要措施。

嫌氣微生物

ㄒㄧㄢˊ ㄑㄧˋ ㄨㄟ ㄕㄥ ㄨˋ/xiánqì wēishēngwù

anaerobic microbe

【生】台湾名。即"厌氧性微生物"(1313 页)。

銜接 ㄒㄧㄢˊ ㄐㄧㄝ/xiánjiē

engagement

【机】台湾名。即"啮合"(839 页)。

显函数/顯函數

xiǎnhánshù/ㄒㄧㄢˇ ㄏㄢˊ ㄕㄨˋ

explicit function

【数】若一个函数用 $y=f(x)$ 的形式表示出来,则称它为 x 的显函数。例如,$y=\sqrt{1-x^2}$,$y=a^x(a>0)$ 等。类似地,若一个函数用 $y=f(x_1,x_2,\cdots,x_n)$ 的形式表示出来,则称它为 $x_1,x_2,\cdots,x_n$ 的显函数。例

如 $y=3x_1-2x_2+1, w=x+y-z$。

显花植物

xiǎnhuā zhíwù/ㄒㄧㄢˇ ㄏㄨㄚ ㄓˊ ㄨˋ

【植】即“种子植物”(1467 页)。

显卡 xiǎnkǎ/ㄒㄧㄢˇ ㄎㄚˇ

【信息】“显示卡”的简称。

显生宇/顯生宇

xiǎnshēngyǔ/ㄒㄧㄢˇ ㄕㄥ ㄩˇ

Phanerozoic Eonothem

【地】显生宙时期形成的地层。

显生宙/顯生宙

xiǎnshēngzhòu/ㄒㄧㄢˇ ㄕㄥ ㄓㄡˋ

Phanerozoic Eon

【地】地质年代的第三个宙。在元古宙之后，从距今 5.42 亿年至今。是生物逐渐向较高级发展进化的阶段，因动物已具有外壳和清晰的骨骼结构，故名显生宙。分为古生代、中生代和新生代。

显示卡/視訊卡

xiǎnshìkǎ/ㄕˋ ㄒㄩㄣˋ ㄎㄚˇ

video card, graphics card

【信息】全称“显示器适配卡”，简称“显卡”。计算机的一个硬件。是连接主机与显示器的接口卡。其作用是将主机的输出信息转换成字符、图形和颜色等，传送到显示器上显示出来。

显示屏/顯示螢幕

xiǎnshìpíng/ㄒㄧㄢˇ ㄕˋ ㄧㄥˊ ㄇㄨˋ

display screen

【信息】用来显现字符、数据、文字、图形、图像等信息的屏幕。

显示器/顯示裝置

xiǎnshìqì/ㄒㄧㄢˇ ㄕˋ ㄓㄨㄤ ㄓˋ

display device, display

【信息】计算机输入输出的显示设备。与计算机主机相连，能将字符、数据、文字、图形、图像等信息显示到屏幕上。

显示器适配卡

xiǎnshìqì shìpèikǎ/

ㄒㄧㄢˇ ㄕˋ ㄑㄧˋ ㄕˋ ㄆㄟˋ ㄎㄚˇ

【信息】“显示卡”的全称。

显微镜/顯微鏡

xiǎnwēijìng/ㄒㄧㄢˇ ㄨㄟˊ ㄐㄧㄥˋ

microscope

【机】用来观察微小物体或物体微细部分的精密光学仪器，由物镜、目镜和镜筒等部分组成，有一个照明物体的聚光系统。通常可以把物体放大几百倍至几千倍。按原理不同，可分为光学显微镜与电子显微镜；又可分为台式显微镜、便携式显微镜和数字液晶显微镜等。

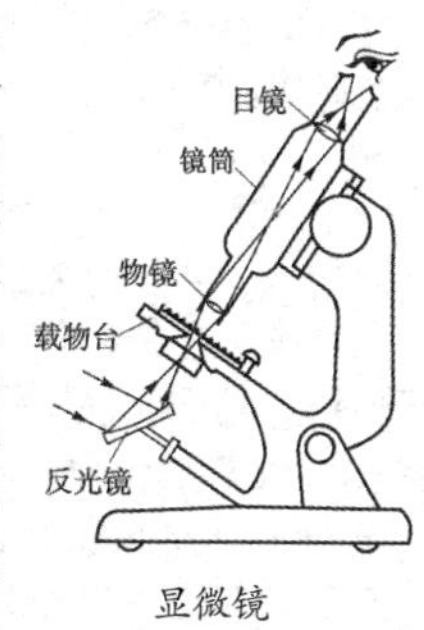

显微镜

显性遗传/顯性遺傳

xiǎnxìng yíchuán/ㄒㄧㄢˇ ㄒㄧㄥˋ ㄧˊ ㄔㄨㄢˊ

dominant inheritance

【生】生物体载有遗传性状的某些基因，在繁殖过程中亲代与子代之间代代表现出该基因性状的现象。例如人的肤色、发色，植物的叶型、花型均属于显性遗传。

险工/險工 xiǎngōng/ㄒㄧㄢˇ ㄍㄨㄥ

critical levee section

【水利】河流常受江河中心速度大的水流冲击的堤段。也指历史上多次发生险情的堤段。

险滩/險灘 xiǎntān/ㄒㄧㄢˇ ㄊㄢ

hazardous rapids, traffic hazard

【水利】滩险的一种。受不利河床边界影响，形成急弯、暗礁、险恶水流等的河段。

顯示螢幕

ㄒㄧㄢˇ ㄕˋ ㄧㄥˊ ㄇㄨˋ/xiǎnshì yíngmù

display screen

【信息】台湾名。即“显示屏”(1241 页)。

顯示裝置

ㄒㄧㄢˇ ㄕˋ ㄓㄨㄤ ㄓˋ/xiǎnshì zhuāngzhì

display device, display

【信息】台湾名。即“显示器”(1241 页)。

苋/莧 xiàn/ㄒㄧㄢˋ

amaranth

【植】*Amaranthus tricolor* 苋科苋属。一年生草本植物。茎粗壮，绿色或红色，常分枝。叶片卵形至披针形，顶端圆钝，全缘，绿、红、紫、黄色或绿色夹杂其他颜色，球形花簇腋生或顶生,形成穗状花序,雌雄混生。花期5—8月份。中国各地均有栽培。茎叶可作蔬菜,全草入药。

县道/縣道 xiàndào/ㄒㄧㄢˋ ㄉㄠˋ

county road

【交】连接县城和县内主要乡(镇),具有全县政治、经济意义的公路。由县公路主管部门负责修建、养护和管理。

现代建筑/現代建築

xiàndài jiànzhù/ㄒㄧㄢˋ ㄉㄞˋ ㄐㄧㄢˋ ㄓㄨˋ

modern architecture

【建】19世纪中叶至目前的所有建筑活动,特别指建筑脱离古典主义和文艺复兴影响以来的整个建筑发展阶段。

现代物流/現代物流

xiàndài wùliú/ㄒㄧㄢˋ ㄉㄞˋ ㄨˋ ㄌㄧㄡˊ

modern logistics

【物流】依靠计算机网络和信息技术,应用先进的管理技术和组织方式,将商流、物流、信息流和采购、运输、仓储、流通加工、配送等环节紧密联系的物流。特点是功能全面,手段先进,反应快速,作业规范,服务形成系列,能够较好地满足社会需求。

现代主义建筑/現代主義建築

xiàndài zhǔyì jiànzhù/

ㄒㄧㄢˋ ㄉㄞˋ ㄓㄨˇ ㄧˋ ㄐㄧㄢˋ ㄓㄨˋ

modern in architecture

【建】20世纪初期以来,在西方建筑界居主导地位的一种建筑风格。体现在建筑应该为大众服务,考虑生产建造成本,形式简单明确,反对附加装饰,接受工业技术和建筑材料,采用预制件的施工方法,强调功能和理性原则,主张机械美学。

现浇式钢筋混凝土结构/現澆式鋼筋混凝土結構

xiànjiāoshì gāngjīn hùnníngtǔ jiégòu/

ㄒㄧㄢˋ ㄐㄧㄠ ㄕˋ ㄍㄤ ㄐㄧㄣ ㄏㄨㄣˋ ㄋㄧㄥˊ ㄊㄨˇ ㄐㄧㄝˊ ㄍㄡˋ

cast-in-place reinforced concrete structure

【建】现场绑扎钢筋笼,现场制作构件模板,然后浇捣混凝土的建筑形式。钢筋混凝土结构充分利用混凝土和钢筋两种材料的力学特性,提高了整体强度。还可配置受力的预应力钢筋,进一步增加强度。比装配式建筑的整体性更好,造型更灵活,是现代建筑的主要施工方法之一。

限电/限電 xiàndiàn/ㄒㄧㄢˋ ㄉㄧㄢˋ

shortage

【电】在电力系统计划运行方式下,根据电力的供求关系,对于求大于供的部分电力用户进行限量供应。

限飞区/限航區

xiànfēiqū/ㄒㄧㄢˋ ㄏㄤˊ ㄑㄩ

restricted area

【航】在一个国家的版图上空划定的,在规定条件下限制航空器飞行的空域。即有限禁止航空器飞行活动的空域。设立限飞区是维护国家领空主权和航空权益、保障飞行安全、维护空中秩序、有效使用空域和安全保密的需要。

限航區 ㄒㄧㄢˋ ㄏㄤˊ ㄑㄩ/xiànhángqū

restricted area

【航】台湾名。即“限飞区”(1242页)。

线材/線材 xiàncái/ㄒㄧㄢˋ ㄘㄞˊ

wire rod

【材】俗称“盘条”,台湾又称“線棒”。截面积很小、长度很长且以盘卷供货的钢材产品。

线程/執行緒 xiànchéng/ㄓˊ ㄒㄧㄥˊ ㄒㄩˋ

thread

【信息】程序设计中作为大过程或大程序的组成部分的过程。是程序运行中的调度单位。

线导鱼雷/線導魚雷

xiàndǎo yúléi/ㄒㄧㄢˋ ㄉㄠˇ ㄩˊ ㄌㄟˊ

wire-guided torpedo

【军】由发射台通过导线传输指令控制导向目标的鱼雷。通常由潜艇和水面舰艇发射,也可由反潜直升机发射,用以攻击潜艇和水面舰船。航速35～60节,最大航程可达50千米以上,制导方式通常为线导加末自导(声、尾流自导)。发射后,鱼雷通过导线向发射台传回自身的状态、位置及目标的方位、距离等信息,发射台据此发出遥控指令,操纵鱼雷攻击目标,具有较好的抗干扰能力。

线段/線段 xiànduàn/ㄒㄧㄢˋ ㄉㄨㄢˋ

line segment

【数】直线上的任意两点连同在它们中间的所有点构成的图形。线段的两端叫作线段的端点。欧氏几何中，连接两点的线段的长度，叫作这两点间的距离。连接两点的各种线中，线段最短。

线缆/線纜 xiànlǎn/ㄒㄧㄢˋ ㄌㄢˇ

cable

【信息】以金属介质传输电信号的细长设施。是电线、电缆、光缆等的统称。

线粒体/線粒體 xiànlìtǐ/ㄒㄧㄢˋ ㄌㄧˋ ㄊㄧˇ

mitochondrion

【医】真核细胞中产生生命活动所需能量的细胞器。粒状或棒状，由内外两层膜包围而成。通常一个细胞中有许多个线粒体，代谢越旺盛，线粒体越多，是细胞内氧化磷酸化与合成腺苷三磷酸（ATP）的场所。为细胞物质代谢尤其是能量代谢的中心。

线路/線路 xiànlù/ㄒㄧㄢˋ ㄌㄨˋ

line

【电】电工学指连接两个点，以在其间输送电磁能的装置。

线路爬行/線路爬行

xiànlù páxíng/ㄒㄧㄢˋ ㄌㄨˋ ㄆㄚˊ ㄒㄧㄥˊ

track creeping

【交】列车运行时纵向力的作用，使钢轨产生纵向移动，甚至带动轨枕一起移动的现象。经常出现在单线铁路的重车方向（运量大的方向）、双线铁路的行车方向、长大下坡道以及进站前的制动距离内。会引起轨缝不匀、轨枕歪斜等线路病害，对轨道的破坏性极大，严重时会危及行车安全。防治措施包括加强钢轨与轨枕间的扣压力和道床阻力，设置防爬设备。

线膨胀率/線膨脹率

xiànpéngzhànglǜ/ㄒㄧㄢˋ ㄆㄥˊ ㄓㄤˋ ㄌㄩˋ

linear expansivity

【物】在恒压下温度改变1℃时固体物质长度的变化量与0℃时长度之比。常以符号 α_L 表示。定义为 $\alpha_L = L/L_0(t_2 - t_1)$。式中，$L$ 是固体的长度，L_0 是0℃时的长度。常用单位为 10^{-5} 开$^{-1}$。由于其随温度变化的数位很小，故可近似地视为常数。得到关系式 $L = L_0(1+\alpha_L t)$。

线圈/線圈 xiànquān/ㄒㄧㄢˋ ㄑㄩㄢ

coil

【电】通常是同轴的一组串联的线匝。

线速度/線速度

xiànsùdù/ㄒㄧㄢˋ ㄙㄨˋ ㄉㄨˋ

linear velocity

【物】描述曲线运动快慢的物理量，或描述转动刚体上质点速度的物理量。用 v 表示，为矢量。单位米/秒（m/s）。做圆周运动的质点在某位置的线速度，在这一点的切线方向，其大小等于做圆周运动物体通过的弧长 Δl 与所用时间 Δt 的比值，即 $v = \Delta l/\Delta t$。以角速度 ω 做定轴转动刚体上的质点 A 的线速度为 $v = \omega r \sin\theta$。式中 r 是 A 点到转动轴的垂直距离，θ 是弧长 l 所对应的夹角。

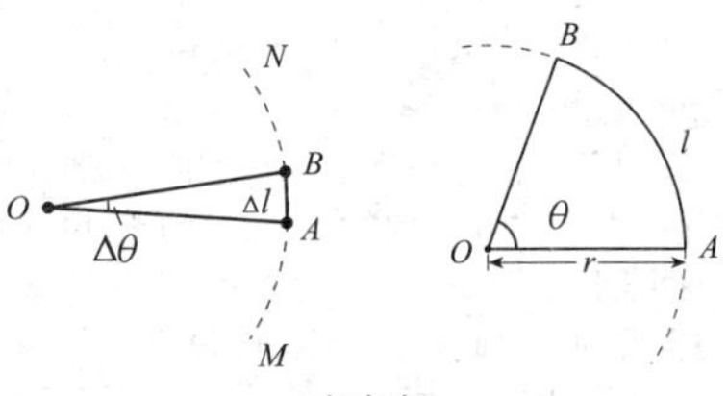

线速度

物体在 Δt 时间内沿圆弧由 A 运动到 B

线膛炮/線膛炮

xiàntángpào/ㄒㄧㄢˋ ㄊㄤˊ ㄆㄠˋ

rifled gun

【军】身管内壁有膛线的火炮。发射时弹丸上的弹带嵌入螺旋膛线，迫使弹丸在沿炮膛轴线前进的同时做旋转运动，具有一定的转速，以保持飞行稳定。炮弹从炮尾部装填，射程、射速和射击精度等优于滑膛炮。由于弹带和膛线密合，可防止火药燃气泄漏，保证火药燃气对弹丸有足够的推力，以增大射程和提高射击的密集度。

线形动物/線形動物

xiànxíng dòngwù/ㄒㄧㄢˋ ㄒㄧㄥˊ ㄉㄨㄥˋ ㄨˋ

round worm

【动】Nematomorpha 无脊椎动物的一门。外形通常像线或呈长圆柱形，两端略尖，不分节，表面有皮，体壁和消化管之间有一空腔，是动物进化中最早出现的体腔。大多雌雄异体，有的营寄生生活。如蛔虫、蛲虫、钩虫等。

线型图/線型圖

xiànxíngtú/ㄒㄧㄢˋ ㄒㄧㄥˊ ㄊㄨˊ

【船】即“型线图”(1281 页)。

线性变换/線性變換

xiànxìng biànhuàn/
ㄒㄧㄢˋ ㄒㄧㄥˋ ㄅㄧㄢˋ ㄏㄨㄢˋ
linear transformation

【数】线性代数研究的一个对象,线性空间到自身的保持加法和数乘运算的映射。设 V 是数域 F 上的线性空间,若变换 $\sigma:V\to V$ 满足:$\forall \boldsymbol{\alpha},\boldsymbol{\beta}\in V,\forall k\in F,\sigma(\boldsymbol{\alpha}+\boldsymbol{\beta})=\sigma(\boldsymbol{\alpha})+\sigma(\boldsymbol{\beta})$,$\sigma(k\boldsymbol{\alpha})=k\sigma(\boldsymbol{\alpha})$,则称 σ 为 V 上的一个线性变换。例如,对任一线性空间 V,$\sigma_k:\boldsymbol{\alpha}\mapsto k\boldsymbol{\alpha}$ 是 V 的一个线性变换。

线性代数/線性代數

xiànxìng dàishù/ㄒㄧㄢˋ ㄒㄧㄥˋ ㄉㄞˋ ㄕㄨˋ
linear algebra

【数】代数学的一个分支。主要研究线性关系(用一次形式表达的数量关系)问题,以向量空间及其线性变换作为中心内容,矩阵理论占重要地位。此外,还包括向量空间的理论在几何学上的应用等。

线性的/線性的

xiànxìngde/ㄒㄧㄢˋ ㄒㄧㄥˋ·ㄉㄜ
linear

【电】描述一个路元件或路,其电磁场相关量的积分量之间的关系是线性的。

线性方程/線性方程

xiànxìng fāngchéng/
ㄒㄧㄢˋ ㄒㄧㄥˋ ㄈㄤ ㄔㄥˊ
linear equation

【数】只含有关于未知数的一次式的方程。例如,关于 x,y 的线性方程为形如 $ax+by+c=0$ 的方程(其中 a,b,c 为已知数,a,b 不同时为 0)。

线性方程组/線性方程組

xiànxìng fāngchéngzǔ/
ㄒㄧㄢˋ ㄒㄧㄥˋ ㄈㄤ ㄔㄥˊ ㄗㄨˇ
system of linear equations

【数】仅由线性方程组成的方程组。例如,二元线性方程组 $\begin{cases}2x+y=1\\4x-3y=0\end{cases}$,三元线性方程组 $\begin{cases}5x+3y-z=0\\3x-2y+2z=0\\x-3y+6z=0\end{cases}$ 等。一般地,n 元线性方程组表示为

$$\begin{cases}a_{11}x_1+a_{12}x_2+\cdots+a_{1n}x_n=b_1\\a_{21}x_1+a_{22}x_2+\cdots+a_{2n}x_n=b_2\\\qquad\vdots\\a_{m1}x_1+a_{m2}x_2+\cdots+a_{mn}x_n=b_m\end{cases}$$

其矩阵形式为 $\boldsymbol{AX}=\boldsymbol{B}$,其中 $\boldsymbol{A}=(a_{ij})_{mn}$,$\boldsymbol{X}=(x_1,x_2,\cdots,x_n)'$,$\boldsymbol{B}=(b_1,b_2,\cdots,b_m)'$。

线性规划/線性規劃

xiànxìng guīhuà/ㄒㄧㄢˋ ㄒㄧㄥˋ ㄍㄨㄟ ㄏㄨㄚˋ
linear programming

【数】在一组线性等式或不等式组成的约束条件下,研究线性目标函数极值的数学规划问题。包括如何使用最小成本或发挥最大效率等问题。迭代计算是解决线性规划问题的有效方法,其中最基本的算法叫作单纯形法。解决线性规划问题时,经常利用表格进行表上作业,或利用图像进行图上作业。

线性空间/線性空間

xiànxìng kōngjiān/ㄒㄧㄢˋ ㄒㄧㄥˋ ㄎㄨㄥ ㄐㄧㄢ
linear space

【数】又称“向量空间”。设 F 为任意域(例如实数域或复数域),V 为一个集合。若对于 V 的任意两个元素 $\boldsymbol{\alpha},\boldsymbol{\beta}$ 可以定义 $\boldsymbol{\alpha}+\boldsymbol{\beta}\in V$,对于 F 的任意元素 k 与 V 的任意元素 $\boldsymbol{\alpha}$,可以定义数乘 $k\boldsymbol{\alpha}\in V$,而且下列条件(1)~(7)成立,则称集合 V 为 F 上的一个向量空间或线性空间,F 为 V 的系数域。(1)$\boldsymbol{\alpha}+\boldsymbol{\beta}=\boldsymbol{\beta}+\boldsymbol{\alpha}$;(2)$(\boldsymbol{\alpha}+\boldsymbol{\beta})+\boldsymbol{\gamma}=\boldsymbol{\alpha}+(\boldsymbol{\beta}+\boldsymbol{\gamma})$;(3)使 $\boldsymbol{\alpha}+\boldsymbol{x}=\boldsymbol{\beta}$ 的 $\boldsymbol{x}$ 在 V 中唯一存在;(4)$1\ \boldsymbol{\alpha}=\boldsymbol{\alpha}$;(5)$k(j\boldsymbol{\alpha})=(kj)\boldsymbol{\alpha}$;(6)$k(\boldsymbol{\alpha}+\boldsymbol{\beta})=k\boldsymbol{\alpha}+k\boldsymbol{\beta}$;(7)$(k+j)\boldsymbol{\alpha}=k\boldsymbol{\alpha}+j\boldsymbol{\alpha}$。

线性失真/線性失真

xiànxìng shīzhēn/ㄒㄧㄢˋ ㄒㄧㄥˋ ㄕ ㄓㄣ
linear distortion

【信息】线性网络或线性传输线所导致的信号失真。

线性无关/線性獨立的

xiànxìng wúguān/
ㄒㄧㄢˋ ㄒㄧㄥˋ ㄉㄨˊ ㄌㄧˋ·ㄉㄜ
linearly independence

【数】设 V 为系数域 F 上的一个向量空间,$\boldsymbol{\alpha}_1,\boldsymbol{\alpha}_2,\cdots,\boldsymbol{\alpha}_r\in V$,$k_1,k_2,\cdots,k_r\in F$,若仅当 $k_1=k_2=\cdots=k_r=0$,才有 $k_1\boldsymbol{\alpha}_1+k_2\boldsymbol{\alpha}_2+\cdots+k_r\boldsymbol{\alpha}_r=\boldsymbol{0}$,则称 $\boldsymbol{\alpha}_1,\boldsymbol{\alpha}_2,\cdots,\boldsymbol{\alpha}_r$ 线性无

关。例如，$\boldsymbol{\alpha}_1=(1,0,0)$，$\boldsymbol{\alpha}_2=(0,1,0)$，$\boldsymbol{\alpha}_3=(0,0,1)$是三个线性无关的向量。

线性相关/線性相關
xiànxìng xiāngguān/
ㄒㄧㄢˋ ㄒㄧㄥˋ ㄒㄧㄤ ㄍㄨㄢ
linearly dependence
【数】设 V 为系数域 F 上的一个向量空间，$\boldsymbol{\alpha}_1,\boldsymbol{\alpha}_2,\cdots,\boldsymbol{\alpha}_r\in V$，若 F 中存在不全为 0 的 $k_1,k_2,\cdots,k_r$，使 $k_1\boldsymbol{\alpha}_1+k_2\boldsymbol{\alpha}_2+\cdots+k_r\boldsymbol{\alpha}_r=\boldsymbol{0}$，则称 $\boldsymbol{\alpha}_1,\boldsymbol{\alpha}_2,\cdots,\boldsymbol{\alpha}_r$ 线性相关。例如，向量 $\boldsymbol{\alpha}_1=(0,1)$，$\boldsymbol{\alpha}_2=(1,0)$，$\boldsymbol{\alpha}_3=(2,1)$满足 $\boldsymbol{\alpha}_1+2\boldsymbol{\alpha}_2-\boldsymbol{\alpha}_3=\boldsymbol{0}$，$\boldsymbol{\alpha}_1,\boldsymbol{\alpha}_2,\boldsymbol{\alpha}_3$ 线性相关。线性相关的一组向量中，必有一个向量能表示为其他向量的线性组合。n 维向量空间中任何 $n+1$ 个或更多的向量一定线性相关。

线性组合/線性組合
xiànxìng zǔhé/ㄒㄧㄢˋ ㄒㄧㄥˋ ㄗㄨˇ ㄏㄜˊ
linear combination
【数】设 V 为系数域 F 上的一个向量空间，$\boldsymbol{\alpha}_1,\boldsymbol{\alpha}_2,\cdots,\boldsymbol{\alpha}_r\in V$，$k_1,k_2,\cdots k_r\in F$，则向量 $\boldsymbol{\beta}=k_1\boldsymbol{\alpha}_1+k_2\boldsymbol{\alpha}_2+\cdots+k_r\boldsymbol{\alpha}_r$ 叫作 $\boldsymbol{\alpha}_1,\boldsymbol{\alpha}_2,\cdots,\boldsymbol{\alpha}_r$ 的一个线性组合。V 中任一向量都可唯一地表示为 V 的一组基的线性组合。

线状谱/線狀譜
xiànzhuàngpǔ/ㄒㄧㄢˋ ㄓㄨㄤˋ ㄆㄨˇ
line spectrum
【物】见“频谱”(869 页)。

陷门/陷門 xiànmén/ㄒㄧㄢˋ ㄇㄣˊ
trapdoor
【信息】为测试与故障排查而创建，可绕开计算机安全措施的隐蔽软件或硬件机制。

腺苷/腺苷 xiàngān/ㄒㄧㄢˋ ㄍㄢ
adenosine
【生】全称“腺嘌呤核苷”。核苷的一种。白色或类白色结晶状粉末。可用作食品添加剂、调味剂及制药原料。

腺嘌呤/腺嘌呤
xiànpiàolìng/ㄒㄧㄢˋ ㄆㄧㄠˋ ㄌㄧㄥˋ
adenine, A
【生】嘌呤型碱基的一种。存在于 RNA 和 DNA 中。在 DNA 双螺旋中，一股链上的腺嘌呤(A)与另一股链上的胸腺嘧啶(T)配对，相互形成两个氢键，可以稳定双螺旋结构。腺嘌呤的磷酸盐即为维生素 B_4。

腺嘌呤核苷
xiànpiàolìng hégān/
ㄒㄧㄢˋ ㄆㄧㄠˋ ㄌㄧㄥˋ ㄏㄜˊ ㄍㄢ
【生】“腺苷”的全称。

線棒 ㄒㄧㄢˋ ㄅㄤˋ/xiànbàng
wire rod
【材】台湾名。即“线材”(1242 页)。

線上到離線
ㄒㄧㄢˋ ㄕㄤˋ ㄉㄠˋ ㄌㄧˊ ㄒㄧㄢˋ/
xiànshàng dào líxiàn
online to offline, O2O
【信息】台湾名。即“在线到离线”(1408 页)。

線上交易處理
ㄒㄧㄢˋ ㄕㄤˋ ㄐㄧㄠ ㄧˋ ㄔㄨˇ ㄌㄧˇ/
xiànshàng jiāoyì chǔlǐ
online transaction processing, OLTP
【信息】台湾名。即“联机事务处理”(731 页)。

線性獨立的
ㄒㄧㄢˋ ㄒㄧㄥˋ ㄉㄨˊ ㄌㄧˋ ·ㄉㄜ/
xiànxìng dúlì de
linearly independence
【数】台湾名。即“线性无关”(1244 页)。

線軸閥 ㄒㄧㄢˋ ㄓㄡˊ ㄈㄚˊ/xiànzhóufá
spool valve
【机】台湾名。即“滑阀”(515 页)。

霰/霰 xiàn/ㄒㄧㄢˋ
graupel
【气】又称“软雹”“雪丸”。固态降水的一种。由白色不透明的球形或锥形颗粒组成，其粒径多为 2～5 毫米，松脆易碎，下降时常呈阵性，落到硬地面常反跳。

霰石 xiànshí/ㄒㄧㄢˋ ㄕˊ
【地】即“文石”(1195 页)。

xiang (ㄒㄧㄤ)

乡道/鄉道 xiāngdào/ㄒㄧㄤ ㄉㄠˋ
village road
【交】主要为乡村经济、文化、生产、生活服务以及乡村与外部联系的公路。由县统一规划，由县、乡(人民政府)组织修建、养护和管理。

乡土建筑/鄉土建築
xiāngtǔ jiànzhù/ㄒㄧㄤ ㄊㄨˇ ㄐㄧㄢˋ ㄓㄨˋ
vernacular architecture
【建】在特定环境(如以相对封闭的农业、畜牧业为主的传统村落地区)自然形成的，其使用功能、形态、建造技术等方面均具自身特征的建筑物及其群体。

X

相地/相地 xiāngdì/ㄒㄧㄤ ㄉㄧˋ
site planning
【建】中国踏勘选定园林地域的通俗用语，包括园址的现场踏勘，环境和自然条件的评价，地形、地势和造景构图关系的设想，内容和意境的规划性考虑，直至基址的选择确定。

相对磁导率/相對磁導率
xiāngduì cídǎolǜ/ㄒㄧㄤ ㄉㄨㄟˋ ㄘˊ ㄉㄠˇ ㄌㄩˋ
relative permeability
【物】表征磁介质导磁性能的物理量。以 μ_1 表示。是磁导率(μ)和真空磁导率(μ_0)的比值。是一个纯数。顺磁性介质 $\mu_1>1$，抗磁性介质 $\mu_1<1$，两者与 1 的相差都不大；而铁磁介质的 μ_1 可达数万。

相对地址/相對位址
xiāngduì dìzhǐ/ㄒㄧㄤ ㄉㄨㄟˋ ㄨㄟˋ ㄓˇ
relative address
【信息】借助对基地址的位移来标识存储部位的地址。实际地址由相对地址加基地址得到。

相对高程/相對高度
xiāngduì gāochéng/ㄒㄧㄤ ㄉㄨㄟˋ ㄍㄠ ㄉㄨˋ
relative altitude, relative height
【测绘】又称"相对高度""高差"。两个点位在同一个高程系统中的高程的差值，通常两个点位均不在高程的起算面。

相对高度/相對高度
xiāngduì gāodù/ㄒㄧㄤ ㄉㄨㄟˋ ㄍㄠ ㄉㄨˋ
【测绘】即"相对高程"(1246 页)。

相对论/相對論
xiāngduìlùn/ㄒㄧㄤ ㄉㄨㄟˋ ㄌㄨㄣˋ
relativity
【物】关于物质运动与时间空间关系的理论。是近现代物理学的理论基础之一。主要由美国物理学家爱因斯坦(A. Einstein，1879—1955)建立。对经典时空观做了根本性的变革。以狭义相对性原理和光速不变原理为基础，1905 年建立了狭义相对论；利用非惯性系的等价场与引力场之间的等效原理，处理引力存在对物理定律产生的影响，1915 年建立了相对论性引力理论，即广义相对论。广义相对论超越了惯性参考系，把相对性原理推广到包括非惯性系在内的任意参考系。

相对密度
xiāngduì mìdù/ㄒㄧㄤ ㄉㄨㄟˋ ㄇㄧˋ ㄉㄨˋ
【物】即"比重"(53 页)。

相对湿度/相對溼度
xiāngduì shīdù/ㄒㄧㄤ ㄉㄨㄟˋ ㄕ ㄉㄨˋ
relative humidity
【气】指空气的绝对湿度与同温度下可能达到的最大绝对湿度之比。也可表示为空气中的实际水汽压与同温度下达到饱和时的水汽压的百分比。

相对误差/相對誤差
xiāngduì wùchā/ㄒㄧㄤ ㄉㄨㄟˋ ㄨˋ ㄔㄚ
relative error
【数】绝对误差与精确值的绝对值之比。例如，测量 100 厘米的长度时绝对误差是 0.1 厘米，测量 50 厘米的长度时绝对误差是 0.06 厘米，则第一个测量的相对误差是 $0.1\div100=0.001$，第二个测量的相对误差是 $0.06\div50=0.0012$。在精确值不易知时，也可用绝对误差与近似值的绝对值之比作为相对误差的近似值。

相对误差界/相對誤差界
xiāngduì wùchājiè/
ㄒㄧㄤ ㄉㄨㄟˋ ㄨˋ ㄔㄚ ㄐㄧㄝˋ
relative error bound
【数】误差界的一种。近似值的绝对误差界与精确值的绝对值之比。在精确值不易知时，也可用绝对误差界与近似值的绝对值之比替代。例如，近似值 2.50×10^3 精确到十位，绝对误差界为 5，相对误差界为 $5\div(2.50\times10^3)=0.002$。通常用相对误差界来表示近似值的精确程度。相对误差界越小，近似值的精确程度越高。

相对原子质量/相對原子質量
xiāngduì yuánzǐ zhìliàng/

ㄒㄧㄤ ㄉㄨㄟˋ ㄩㄢˊ ㄗˇ ㄓˋ ㄌㄧㄤˋ
relative atomic mass
【化】通称“原子量”。原子的平均相对质量。国际上规定：以^{12}C原子质量的1/12为标准，定出各个元素的同位素的相对质量，测定元素的相对质量及其自然丰度，获得各种元素的平均相对原子质量后，引入“相对原子质量”概念。

相对折射率/相對折射率
xiāngduì zhéshèlǜ/
ㄒㄧㄤ ㄉㄨㄟˋ ㄓㄜˊ ㄕㄜˋ ㄌㄩˋ
relative index of refraction
【物】一种介质的折射率 n_1 与另一种介质的折射率 n_2 之比值。即 $n_{12}=n_1/n_2$。如果 $n_{12}>1$，则折射率 n_1 的介质为光密介质；如果 $n_{12}<1$，则折射率 n_1 的介质为光疏介质。真空的折射率为1，空气本身的折射率稍大于1(20℃、1.013×10^5 帕时为1.000 27)，通常所说的各种介质的折射率，可视为相对于空气的折射率。

相對次數
ㄒㄧㄤ ㄉㄨㄟˋ ㄘˋ ㄕㄨˋ/xiāngduì cìshù
relative frequency
【数】台湾名。即“频率”(869页)。

相對位址
ㄒㄧㄤ ㄉㄨㄟˋ ㄨㄟˋ ㄓˇ/xiāngduì wèizhǐ
relative address
【信息】台湾名。即“相对地址”(1246页)。

相反数/相反數
xiāngfǎnshù/ㄒㄧㄤ ㄈㄢˇ ㄕㄨˋ
opposite number
【数】绝对值相等，符号相反的两个数互为相反数。例如1和−1互为相反数。0的相反数仍是0。数 a 的相反数记作 $-a$。数轴上表示互为相反数的两点关于原点对称。$a+(-a)=0$。

相干波/相干波
xiānggānbō/ㄒㄧㄤ ㄍㄢ ㄅㄛ
coherent wave
【物】两列频率相同、振动方向相同、相位差恒定的波源发出的波。

相干光/相干光
xiānggānguāng/ㄒㄧㄤ ㄍㄢ ㄍㄨㄤ
coherent light
【物】能够产生干涉现象的光。一般用两种方式获得：一种是波阵面分割法，例如双缝干涉；另一种是振幅分割法，例如薄膜干涉。

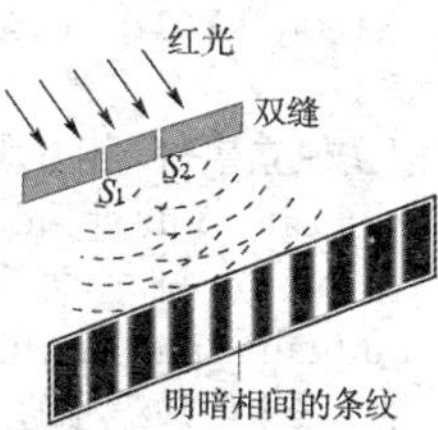

双缝干涉示意图

📖 双缝干涉是英国物理学家杨(T. Young，1773—1829)在1801年首先成功进行的光的干涉实验。见示意图。薄膜干涉是同一束光在薄膜的前后表面形成相干光，在薄膜的前表面附近相遇发生干涉。肥皂液膜和油膜在阳光下出现彩色条纹，都是薄膜干涉的结果。

相干条件/相干條件
xiānggān tiáojiàn/ㄒㄧㄤ ㄍㄢ ㄊㄧㄠˊ ㄐㄧㄢˋ
coherent condition
【物】能使波产生干涉的条件，即频率相同、相位差保持不变。如要使振动的最弱点为零，还需满足传播方向相同(如是横波，还需要在一个平面上)和振幅相同等条件。

相干性/相干性
xiānggānxìng/ㄒㄧㄤ ㄍㄢ ㄒㄧㄥˋ
coherence
【物】一切波能够相互干涉的一种性质。机械波、光波、物质波都具有这种性质。

相关分析/相關分析
xiāngguān fēnxī/ㄒㄧㄤ ㄍㄨㄢ ㄈㄣ ㄒㄧ
correlation analysis
【数】根据统计数据的数字特征，对两个随机变量之间在线性关系上的相关程度所做的分析。根据随机变量 X 与 Y 的相关系数 $\rho(X,Y)$ 的值，可推断它们的相关性的强弱。$\rho(X,Y)$ 越接近1，正相关性越强；$\rho(X,Y)$ 越接近−1，负相关性越强；$\rho(X,Y)$ 越接近0，相关性越弱。

相关系数/相關係數
xiāngguān xìshù/ㄒㄧㄤ ㄍㄨㄢ ㄒㄧˋ ㄕㄨˋ
correlation coefficient
【数】表示两个随机变量之间在线性关系上的相关程度的数字特征。若 $0<DX<+\infty$，$0<DY<+\infty$，则称 Cov (X, Y)/

$\sqrt{DX \cdot DY}$ 为随机变量 X 与 Y 的相关系数，记为 $\rho(X,Y)$。$-1 \leqslant \rho(X,Y) \leqslant 1$，$\rho(X,Y)$ 越接近 ± 1，X 与 Y 之间的线性关系越强；$\rho(X,Y)=0$，X 与 Y 之间无线性关系。

相互独立事件/相互獨立事件
xiānghù dúlì shìjiàn/ㄒㄧㄤ ㄏㄨˋ ㄉㄨˊ ㄌㄧˋ ㄕˋ ㄐㄧㄢˋ
mutually independent event
【数】若事件 A,B 中的任何一个发生与否，对于另一个发生的可能性大小没有影响，则称 A,B 为相互独立事件。例如，掷一枚硬币两次，A＝"第一次正面向上"，B＝"第二次正面向上"，A,B 互无影响，它们相互独立。
📖 若事件 A,B 相互独立，则 A,B 都发生的概率等于 A,B 各自发生的概率之积，即 $P(AB)=P(A)\ P(B)$。

相切圆/相切圓
xiāngqiēyuán/ㄒㄧㄤ ㄑㄧㄝ ㄩㄢˊ
tangent circles
【数】只有一个公共点的两个圆。相切圆的公共点叫作切点，它在连接两圆圆心的直线上。切点在两圆圆心之间时，两圆外切，圆心距等于两圆的半径的和；切点在两圆圆心同侧时，两圆内切，圆心距等于两圆的半径的差。

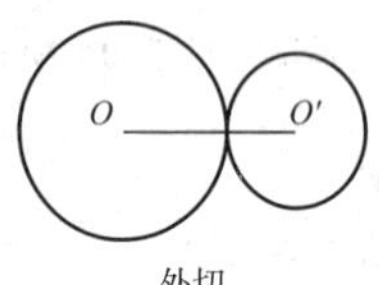

相切圆

相思豆/相思豆 xiāngsīdòu/ㄒㄧㄤ ㄙ ㄉㄡˋ
【植】即"相思子"(1248 页)。
📖 人们借相思豆来寄托和表达相思之情。唐代诗人王维有《相思》诗曰："红豆生南国，春来发几枝。愿君多采撷，此物最相思。"

相思子/相思豆
xiāngsīzǐ/ㄒㄧㄤ ㄙ ㄗˇ
coralhead plant
【植】*Abrus precatorius* 又称"相思豆""鸡母珠"。豆科相思子属。藤本植物。茎细弱，多分枝。羽状复叶，小叶膜质，近长圆形，先端截形，具小尖头。总状花序腋生，花冠蝶形，花密集，紫色。荚果成熟时开裂，种子椭圆形，平滑具光泽，上部约三分之二为鲜红色，下部三分之一为黑色，有剧毒。花期 3—6 月份，果期 9—10 月份。在中国，分布于台湾、广东、广西、云南。种子可作装饰品，也可入药。

相似投影
xiāngsì tóuyǐng/ㄒㄧㄤ ㄙˋ ㄊㄡˊ ㄧㄥˇ
【测绘】即"等角投影"(213 页)。

相似形/相似形
xiāngsìxíng/ㄒㄧㄤ ㄙˋ ㄒㄧㄥˊ
similar figures
【数】若图形 F 与 F' 的点一一对应，F 的任意两点 A,B 对应 F' 的两点 A',B',$AB=kA'B'(k>0)$ 总成立，则称 F 与 F' 是相似形，记作 $F \backsim F'$，k 叫作相似比。全等形是相似比为 1 的相似形。两个图形相似时，它们的形状相同，但大小可以不等。

香布雷布
ㄒㄧㄤ ㄅㄨˋ ㄌㄟˊ ㄅㄨˋ/xiāngbùléibù
chambray
【纺】台湾名。即"青年布"(913 页)。

香菜 xiāngcài/ㄒㄧㄤ ㄘㄞˋ
【植】"芫荽"的通称。

香椿/香椿 xiāngchūn/ㄒㄧㄤ ㄔㄨㄣ
Chinese toona
【植】*Toona sinensis* 楝科香椿属。落叶乔木。树皮粗糙，深褐色，片状脱落。偶数羽状复叶，小叶互生，纸质，卵状披针形，先端尾尖，基部偏斜。圆锥花序，花白色。花期 6—8 月份。在中国，分布于华北、华东、华中、华南和西南。嫩芽和叶可作蔬菜，根皮及果可入药。

香附/香附 xiāngfù/ㄒㄧㄤ ㄈㄨˋ
Rhizoma Cyperi(拉), nutgrass galingale rhizome
【中医】中药名。莎草科植物香附子 *Cyperus rotundus* L. 的干燥根茎。味辛、微苦、微甘，性平。归肝、脾、三焦经。行气解郁，调经止痛。用于肝郁气滞，胸、胁、脘腹胀痛，消化不良，胸脘痞闷，寒疝腹

莎 草

痛,乳房胀痛,月经不调,经闭痛经。

香菇/香菇 xiānggū/ㄒㄧㄤ ㄍㄨ

mushroom

【植】*Lentinus edodes* 菌类。侧耳科香菇属。子实体有中生或侧生圆柱形菌柄,菌柄被毛状鳞片。菌盖幼时近半球形,成熟时呈平展圆形;新鲜时肉质,无臭无味,干后革质至软木质;上表面褐色,被褐色鳞片,边缘钝。菌褶密,直生,白色,干后黄褐色。中国各地均有栽培。生于阔叶树倒木上。药食兼用。

香瓜 xiāngguā/ㄒㄧㄤ ㄍㄨㄚ

【植】即“甜瓜”(1130 页)。

香蕉 xiāngjiāo/ㄒㄧㄤ ㄐㄧㄠ

【植】“小果野蕉”的通称。

📖 香蕉真正的茎匍匐状,不显著,显著的茎是假茎,由粗厚的、覆瓦状排列的叶鞘包叠而成。

香精/香精 xiāngjīng/ㄒㄧㄤ ㄐㄧㄥ

essence

【化】由多种天然香料或合成香料按适当比例配制而成的具有一定香气的产品。有多种香型,如玫瑰型、茉莉型、橙花型、留兰香型等。主要用于为各种产品加香。可分为食用香精和日用香精两类。

香精油 xiāngjīngyóu/ㄒㄧㄤ ㄐㄧㄥ ㄧㄡˊ

【化】即“精油”(645 页)。

香连丸/香連丸

xiāngliánwán/ㄒㄧㄤ ㄌㄧㄢˊ ㄨㄢˊ

xianglian pills, xianglian wan, * Costusroot and Coptis Pill

【中医】中医方剂名。组成:黄连 620 克,木香 146.5 克。研为细末,制成水丸,口服;或按照比例配伍水煎服。清热燥湿,行气化滞,治疗湿热痢疾,脓血相兼,腹痛,里急后重等。

香料/香料 xiāngliào/ㄒㄧㄤ ㄌㄧㄠˋ

perfume

【化】具有挥发性的芳香物质。可分为天然香料和合成香料,天然香料又分为动物香料和植物香料。广泛用于日化用品、食品、医药等制品中。

香薷/香薷 xiāngrú/ㄒㄧㄤ ㄖㄨˊ

Herba Moslae(拉), Chinese mosla, * mosla

【中医】中药名。唇形科植物香薷 *Mosla chinensis* Maxim.的干燥地上部分。味辛,性微温。归肺、胃经。发汗解表,和中利湿。用于暑湿感冒,恶寒发热,头痛无汗,腹痛吐泻,小便不利。

香砂六君丸/香砂六君丸

xiāngshā liùjūnwán/

ㄒㄧㄤ ㄕㄚ ㄌㄧㄡˋ ㄐㄩㄣ ㄨㄢˊ

xiangsha liujun pills, xiangsha liujun wan

【中医】中成药名。主要成分:木香、砂仁、人参、白术、茯苓、炙甘草、陈皮、半夏、生姜、大枣。口服。益气,健脾,和胃。用于脾虚气滞,消化不良,嗳气食少,脘腹胀满,大便溏泻等。

📖 人参、白术、茯苓、炙甘草四味药合称四君子(见四君子汤),增入陈皮、半夏则为六君子,再加木香、砂仁,为丸,故名香砂六君丸。

香砂养胃丸/香砂養胃丸

xiāngshā yǎngwèiwán/

ㄒㄧㄤ ㄕㄚ ㄧㄤˇ ㄨㄟˋ ㄨㄢˊ

xiangsha yangwei pills, xiangsha yangwei wan, * Costusroot and Amomum Stomach-Nourishing Pill

【中医】中成药名。主要成分:木香、砂仁、白术、陈皮、茯苓、半夏、香附、枳实、豆蔻、厚朴、广藿香、甘草、生姜、大枣。口服。温中和胃。用于不思饮食,呕吐酸水,胃脘满闷,四肢倦怠等。

香石竹/香石竹

xiāngshízhú/ㄒㄧㄤ ㄕˊ ㄓㄨˊ

carnation

【植】*Dianthus caryophyllus* 通称“康乃馨”。石竹科石竹属。多年生草本植物。茎丛生,直立,基部木质化。叶片线状披针形,顶端长尖,中脉明显。花单生枝顶,花萼明显,圆筒形,花瓣倒卵形,顶端边缘有齿,单瓣或重瓣,有红、粉、黄、白等颜色,有香气。花期 5—8 月份。中国各地均有栽培。观赏花卉。

香石竹

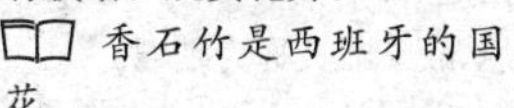

📖 香石竹是西班牙的国花。

香水/香水 xiāngshuǐ/ㄒㄧㄤ ㄕㄨㄟˇ
perfume
【化】用于美容修饰的水状芳香类化妆品。透明溶液,主要成分为香精和乙醇。施于身体表面,用于掩盖或改善体味。按其中香精含量不同,可分为浓香水(15%~30%)、香水(15%~18%)和淡香水(4%~8%)。

香油 xiāngyóu/ㄒㄧㄤ ㄧㄡˊ
【农】"芝麻油"的通称。

香橼/香橼 xiāngyuán/ㄒㄧㄤ ㄩㄢˊ
Fructus Citri(拉), citron fruit
【中医】中药名。芸香科植物香橼 *Citrus medica* L.或香圆 *C. wilsonii* Tanaka 的干燥成熟果实。味辛、苦、酸,性温。归肝、脾、肺经。疏肝理气,降逆,宽中,化痰。用于肝胃气滞,胸胁胀痛,脘腹痞满,呕吐噫气,痰多咳嗽。

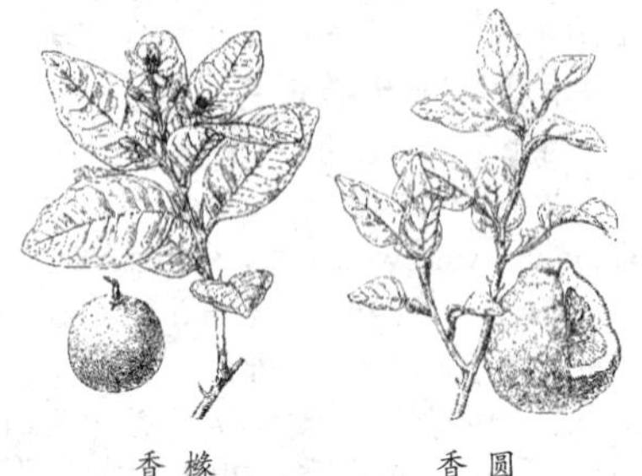

香橼　　香圆

香云纱 xiāngyúnshā/ㄒㄧㄤ ㄩㄣˊ ㄕㄚ
【纺】即"拷纱"(676 页)。

香獐 xiāngzhāng/ㄒㄧㄤ ㄓㄤ
【动】即"麝"(996 页)。

香樟 xiāngzhāng/ㄒㄧㄤ ㄓㄤ
【植】即"樟"(1420 页)。

厢房/廂房 xiāngfáng/ㄒㄧㄤ ㄈㄤˊ
wing room
【建】位于正房前两侧,左右相对的配房。

箱車 ㄒㄧㄤ ㄔㄜ/xiāngchē
box car, covered goods wagon
【交】台湾名。即"棚车"(862 页)。

享殿/享殿 xiǎngdiàn/ㄒㄧㄤˇ ㄉㄧㄢˋ
sacrificial hall
【建】帝王陵园中举行祭享活动的主体建筑。享有"献"的意思,故享殿又称为献殿。
📖 东汉明帝仿豪强地主的"上墓礼",创"上陵礼",建石享殿于光武帝原陵。北魏孝文帝在文明太皇太后陵建石享殿,称为永固堂。唐太宗建昭陵,设上、下宫,上宫即为享殿。宋以后帝陵均设享殿于坟前。明代称为祾恩殿,清代称为隆恩殿。从广义上说,享堂、享殿不应局限于陵墓。祠庙中祭祀神灵之所都是享堂、享殿,如祠堂中的前堂,以及太原晋祠、东岳岱庙也都有献殿。

享堂/享堂 xiǎngtáng/ㄒㄧㄤˇ ㄊㄤˊ
sacrificial hall
【建】古代陵墓供奉祖先牌位、偶像,以供祭享奉祀的建筑。士大夫、地主墓前有享堂的仅见于两汉,明清仅有经朝廷特许的曲阜孔林的衍圣公墓前有享堂。

响度/響度 xiǎngdù/ㄒㄧㄤˇ ㄉㄨˋ
loudness
【物】根据听觉判断声音的强弱程度。主要取决于声强,也与声音的频率有关。

响尾蛇/響尾蛇
xiǎngwěishé/ㄒㄧㄤˇ ㄨㄟˇ ㄕㄜˊ
rattlesnake
【动】爬行动物名。有鳞目蝰蛇科响尾蛇亚科各种的统称。体长约 2 米,身体绿黄色,有菱形黑褐色斑,尾的末端有角质的环,摆动时能发出声音。生活在沙漠或沙土地区,以鼠类、野兔、蜥蜴等为食。分布于美洲。

响杨 xiǎngyáng/ㄒㄧㄤˇ ㄧㄤˊ
【植】即"毛白杨"(786 页)。

响应时间/回應時間
xiǎngyìng shíjiān/ㄏㄨㄟˊ ㄧㄥˋ ㄕˊ ㄐㄧㄢ
response time
【信息】从对数据处理系统请求的结束到响应开始所经历的时间。例如用户终端上指明查询结束与显示出响应的第一个字符之间的时段。

想象/想像 xiǎngxiàng/ㄒㄧㄤˇ ㄒㄧㄤˋ
imagination
【心】人对头脑中的已有表象进行加工改造重新组合而形成新形象的过程。以表象为基本材料,进行积极的再加工、再组合。是思维活动的一种特殊形式。按是否依靠现成材料进行想象,可分为再造想象和创造想象。

向导/精靈 xiàngdǎo/ㄐㄧㄥ ㄌㄧㄥˊ
wizard

【信息】指导用户一步步完成特定任务(例如以商业信函格式启动字处理文档)的交互式帮助实用程序。

向量/向量 xiàngliàng/ㄒㄧㄤˋ ㄌㄧㄤˋ

vector

【数】又称“矢量”。既有大小又有方向的量。例如物理中的力、速度、加速度等。起点为 A 终点为 B 的有向线段是向量,记作 $\overrightarrow{AB}$。线段 AB 的长叫作 $\overrightarrow{AB}$ 的模。向量也可用黑体小写字母表示,例如用 $\boldsymbol{a}$,$\boldsymbol{b}$,$\boldsymbol{c}$ 表示三个向量。

向量积/向量積

xiàngliàngjī/ㄒㄧㄤˋ ㄌㄧㄤˋ ㄐㄧ

cross product

【数】俗称“叉乘积”。设 $\boldsymbol{a}$,$\boldsymbol{b}$ 都是非零向量,它们所成的角为 θ,定义向量 $\boldsymbol{c}=\boldsymbol{a}\times\boldsymbol{b}$ 为 $\boldsymbol{a}$,$\boldsymbol{b}$ 的向量积,其长为 $|\boldsymbol{a}|\cdot|\boldsymbol{b}|\sin\theta$,方向与 $\boldsymbol{a}$,$\boldsymbol{b}$ 都垂直,且指向从 $\boldsymbol{a}$ 到 $\boldsymbol{b}$ 的右螺旋前进方向(如图)。当 $\boldsymbol{a}$,$\boldsymbol{b}$ 中有零向量时,定义 $\boldsymbol{a}\times\boldsymbol{b}=\boldsymbol{0}$。若 $\boldsymbol{a}=(a_1,a_2,a_3)$,$\boldsymbol{b}=(b_1,b_2,b_3)$,则 $\boldsymbol{a}\times\boldsymbol{b}=(a_2b_3-a_3b_2,a_3b_1-a_1b_3,a_1b_2-a_2b_1)$。向量积的模与以 $\boldsymbol{a}$,$\boldsymbol{b}$ 为邻边的平行四边形的面积有相同的数值,两个向量 $\boldsymbol{a}$,$\boldsymbol{b}$ 平行的充要条件为 $\boldsymbol{a}\times\boldsymbol{b}=\boldsymbol{0}$。

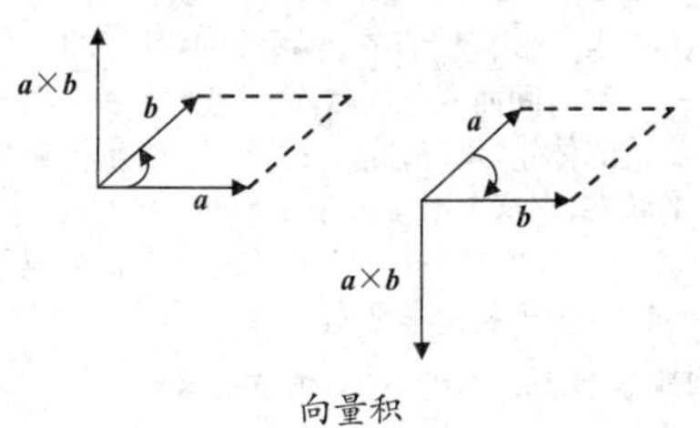

向量积

向量基本定理/向量基本定理

xiàngliàng jīběn dìnglǐ/

ㄒㄧㄤˋ ㄌㄧㄤˋ ㄐㄧ ㄅㄣˇ ㄉㄧㄥˋ ㄌㄧˇ

fundamental theorem of vector

【数】关于向量空间的构成的基本性论断。若 n 维向量空间 V 中的 n 个向量 $\boldsymbol{a}_1$,$\boldsymbol{a}_2$,…,$\boldsymbol{a}_n$ 线性无关,则 V 中任何元素 $\boldsymbol{a}$ 都是这些元素的线性组合,即 $\boldsymbol{a}=\lambda_1\boldsymbol{a}_1+\lambda_2\boldsymbol{a}_2+\cdots+\lambda_n\boldsymbol{a}_n$,且其中的系数只有 λ_1,λ_2,…,λ_n 这一种取法。例如,平面上的任何向量 $\boldsymbol{a}$ 都可以表示为 $\boldsymbol{a}=\lambda_1\boldsymbol{b}+\lambda_2\boldsymbol{c}$,其中 $\boldsymbol{b}$,$\boldsymbol{c}$ 是不共线的两个向量,且 λ_1,λ_2 的取法唯一。

向量空间

xiàngliàng kōngjiān/

ㄒㄧㄤˋ ㄌㄧㄤˋ ㄎㄨㄥ ㄐㄧㄢ

【数】即“线性空间”(1244 页)。

向日葵/向日葵

xiàngrìkuí/ㄒㄧㄤˋ ㄖˋ ㄎㄨㄟˊ

sunflower

【植】*Helianthus annuus* 菊科向日葵属。一年生高大草本植物。茎直立,粗壮,多棱角,被毛。叶互生,有长柄,叶片心状卵圆形,先端尖,基出三脉,边缘有齿,两面粗糙。头状花序单生茎端,很大,常下倾,花序边缘为舌状花,黄色,中部为管状花,棕色或紫色,结实。瘦果,倒卵形或卵状长圆形,稍扁,果皮木质化,灰色或黑色,称葵花子。花期 7—9 月份,果期 8—9 月份。中国各地均有栽培。重要经济作物,果实可作干果。

📖 向日葵从发芽到花盘盛开之前这一段时间,其叶子和花盘每天会随着太阳从东转向西,故名。但花盘盛开后,就会固定朝向东方了。向日葵是秘鲁和俄罗斯的国花。

向外长波辐射

xiàngwài chángbō fúshè/

ㄒㄧㄤˋ ㄨㄞˋ ㄔㄤˊ ㄅㄛ ㄈㄨˊ ㄕㄜˋ

【气】即“地球辐射”(225 页)。

向下兼容性/向下相容性

xiàngxià jiānróngxìng/

ㄒㄧㄤˋ ㄒㄧㄚˋ ㄒㄧㄤ ㄖㄨㄥˊ ㄒㄧㄥˋ

downward compatibility

【信息】在更先进的系统或编译器版本上开发的源代码或程序,可在较低级/旧版本上执行或编译的能力。

向下相容性

ㄒㄧㄤˋ ㄒㄧㄚˋ ㄒㄧㄤ ㄖㄨㄥˊ ㄒㄧㄥˋ/

xiàngxià xiāngróngxìng

downward compatibility

【信息】台湾名。即“向下兼容性”(1251 页)。

向斜/向斜 xiàngxié/ㄒㄧㄤˋ ㄒㄧㄝˊ

syncline

【地】地层受挤压而向下凹的褶曲形式。地层由两侧向中央倾斜。向斜的地层受侵蚀后,在平面上会形成中间新、两侧较老的地层排列方式。参见“褶皱”(1423 页)、“背斜”(47 页)。

X

向心加速度/向心加速度
xiàngxīn jiāsùdù/ㄒㄧㄤˋ ㄒㄧㄣ ㄐㄧㄚ ㄙㄨˋ ㄉㄨˋ
centripetal acceleration
【物】物体做曲线运动时的加速度的法向分量。因指向曲率中心,故名。只改变运动的方向,不改变加速度的大小。用符号 $\boldsymbol{a}_n$ 表示。为矢量。如果 v 为物体做匀速圆周运动的速度,$\boldsymbol{r}$ 为曲率的半径,其大小 $a_n=v^2/\boldsymbol{r}$。

向心力/向心力
xiàngxīnlì/ㄒㄧㄤˋ ㄒㄧㄣ ㄌㄧˋ
centripetal force
【物】使物体做匀速圆周运动的力。用 $\boldsymbol{F}_n$ 表示,指向圆心。

向心型肥胖/向心型肥胖
xiàngxīnxíng féipàng/ㄒㄧㄤˋ ㄒㄧㄣ ㄒㄧㄥˊ ㄈㄟˊ ㄆㄤˋ
central obesity
【医】又称"中心性肥胖"。身体脂肪分布以躯干,尤其以腹部为主的肥胖。男性腰臀比超过 0.9 或女性腰臀比超过 0.8 的肥胖者。

相/相 xiàng/ㄒㄧㄤˋ
phase
㊀【物】物理、化学性质相同,且成分相同的均匀物质的聚集态。例如在水和水蒸气组成的系统中,水是一相,水蒸气是一相;在冰水共存的系统中,冰是一相,水是一相。同一种物质的固态可以呈现不同的相。又如金刚石和石墨的点阵结构不同,具有不同的性质,是固态碳的两种相。㊁【地】一种具有一定特征的岩石体,但有不同的用法:(1)仅指岩石的外观,如砂岩相;(2)指岩石的成因,如沉积岩相;(3)指形成一种岩石或一套岩石的形成环境,如三角洲相。

相变/相變 xiàngbiàn/ㄒㄧㄤˋ ㄅㄧㄢˋ
phase transition
【物】物质从一相到另一相的转变过程。例如物质的固、液、气三态的转变。在一个标准大气压下,冰在 0 ℃时溶化为水,在 100 ℃时沸腾变为水蒸气。相变时,物质体积发生改变,吸收或释放热量而不改变温度。

相变潜热/相變潛熱
xiàngbiàn qiánrè/ㄒㄧㄤˋ ㄅㄧㄢˋ ㄑㄧㄢˊ ㄖㄜˋ
latent heat of phase change
【物】单位质量的物质从一相转变为同温度的另一相时吸收或释放的热量。单位焦/千克。例如汽化热、熔化热等。

相量法/相量法
xiàngliàngfǎ/ㄒㄧㄤˋ ㄌㄧㄤˋ ㄈㄚˇ
phasor method
【电】以相量表示正弦量的线性电路正弦稳态分析的方法。

相轮/相輪 xiànglún/ㄒㄧㄤˋ ㄌㄨㄣˊ
transmigration wheel
【建】又称"金盘""承露盘""十三天"。套在塔刹刹杆上的环状物,是塔刹的重要组成部分。
📖 据《佛学大词典》解释:"相轮,又云轮相,塔上之九轮也。相者,表相,表相高出,故谓之相。"《行事钞》曰:"人仰视之,故云相。"由此可见,相轮表示对塔的仰望,对佛的礼拜。相轮大小和数目多少表示塔等级的高低。大塔相轮多而大,小塔少而小。相轮数目最终形成一、三、五、七、九、十一、十三的规律。喇嘛塔大多采用十三个相轮,因此,又称"十三天"。

相平衡/相平衡
xiàngpínghéng/ㄒㄧㄤˋ ㄆㄧㄥˊ ㄏㄥˊ
phase equilibrium
【物】几个相同时存在的系统中,各相的组成都不随时间而变化的状态。例如水和水蒸气组成的体系,水和水蒸气之间停止互相转变的状态,则这个系统处于相平衡。$CaCO_3$(固态)$\rightleftharpoons$$CaO$(固态)$+CO_2$(气态)三者组成不变时则为多相化学平衡。

相位/相位 xiàngwèi/ㄒㄧㄤˋ ㄨㄟˋ
phase
【物】描述简谐运动的物理量。确定质点在时刻 t 的运动状态。在简谐运动方程 $A=A_0\cos(\omega t+\varphi)$ 中,相当于角度 $(\omega t+\varphi)$ 的部分。运动开始时的相位 φ 为初相位,表示运动的初始状态。频率相同的两个简谐运动,如果初相位不同,它们在任意时刻的相位也不同。其在同一时刻相位的差值,称为相差。相差为 $2n\pi(n=0,\pm1,\pm2,\cdots)$ 时,称为同相位或同相;相差为 $(2n+1)\pi(n=0,\pm1,\pm2,\cdots)$ 时,称为反相位或反相。

相位表/相位計
xiàngwèibiǎo/ㄒㄧㄤˋ ㄨㄟˋ ㄅㄧㄠˇ

phase meter

【机】又称“相位计”。用于测量两个同频率正弦信号之间相位差的仪器。测量精度高，使用方便。应用最广的是数字式相位表。

相位差角

xiàngwèi chājiǎo/ㄒㄧㄤˋ ㄨㄟˋ ㄔㄚ ㄐㄧㄠˇ

【信息】即“相位移角”(1253 页)。

相位计/相位計 xiàngwèijì/ㄒㄧㄤˋ ㄨㄟˋ ㄐㄧˋ

【机】即“相位表”(1252 页)。

相位調變

ㄒㄧㄤˋ ㄨㄟˋ ㄊㄧㄠˊ ㄅㄧㄢˋ/xiàngwèi tiáobiàn

phase modulation, PM

【信息】台湾名。即“调相”(1132 页)。

相位谐振/諧振

xiàngwèi xiézhèn/ㄒㄧㄝˊ ㄓㄣˋ

phaseresonance

【电】正弦电源激励下，含电感、电容元件的无源网络端子上的电压和与之成关联方向的电流同相位的状态。可分为电压谐振(又称“串联谐振”)和电流谐振(又称“并联谐振”)两种。谐振时，正弦电源频率(或角频率)称为电路的谐振频率(或谐振角频率)。

相位移角/位移角

xiàngwèi yíjiǎo/ㄨㄟˋ ㄧˊ ㄐㄧㄠˇ

displacement angle, phase difference angle

【电】又称“相位差角”。正弦状态下，施加在线性二端元件或二端电路的电压和该元件或电路中的电流之间的相位差。通常指正弦状态下电路中两个量(例如电压、电流、磁通量)之间的相位差。相位移角的余弦是有功因数。

象/象 xiàng/ㄒㄧㄤˋ

elephant

【动】又称“大象”。哺乳动物名。长鼻目象科。体高约 3 米，是陆地上现存最大的动物。头大，耳大如扇，鼻子长圆筒形，能蜷曲，多有一对长而大的门牙伸出口外，全身的毛稀疏，皮很厚，四肢粗壮，像柱子。生活在丛林、草原和河谷地带，群居，以嫩叶和野菜等为食。分布于中国云南南部和印度、非洲等地。可分为亚洲象(*Elephas maximus*)和非洲象(*Loxodonta africanus*)。

象鼻虫/象鼻蟲

xiàngbíchóng/

ㄒㄧㄤˋ ㄅㄧˊ ㄔㄨㄥˊ

snout beetle

【动】昆虫名。鞘翅目象甲科。多数有鞘翅，口吻很长，占身体的一半左右，末端为口器，像象鼻，故名。种类很多，成虫和幼虫都以植物为食。

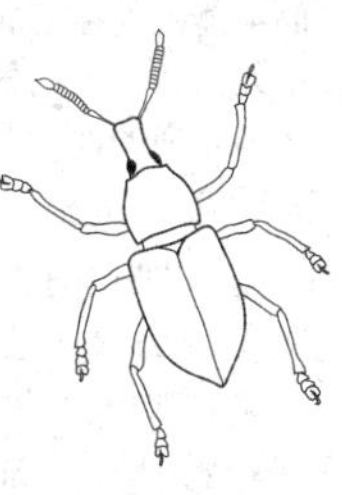

象鼻虫

象限/象限 xiàngxiàn/ㄒㄧㄤˋ ㄒㄧㄢˋ

quadrant

【数】平面笛卡儿(直角或斜角)坐标系中，被坐标轴分开的 4 个区域。$\angle xOy$ 的内部，$\angle yOx'$ 的内部，$\angle x'Oy'$ 的内部和 $\angle y'Ox$ 的内部，分别叫作第一、第二、第三和第四象限。

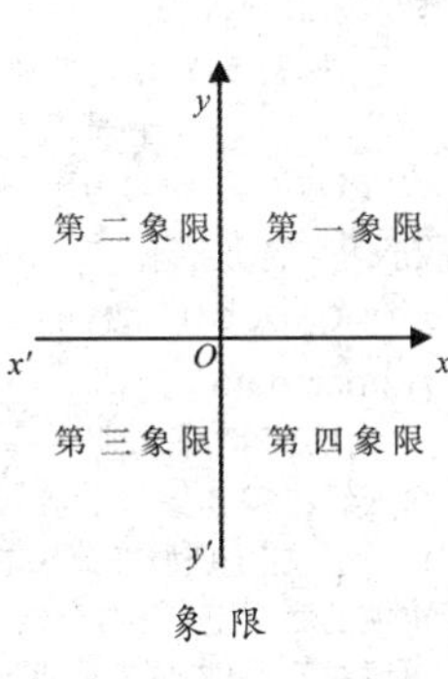

象限

象牙红 xiàngyáhóng/ㄒㄧㄤˋ ㄧㄚˊ ㄏㄨㄥˊ

【植】即“一串红”(1329 页)。

象鱼 xiàngyú/ㄒㄧㄤˋ ㄩˊ

【动】即“白鲟”(23 页)。

像/像 xiàng/ㄒㄧㄤˋ

image

【数】若集合 A 中的元素 x 在映射 $f:A\to B$ 下与集合 B 中的元素 y 对应，则称 y 为 x 在 f 下的像。例如，2 是 1 在 $f(x)=2x$ 下的像。

像差/像差 xiàngchā/ㄒㄧㄤˋ ㄔㄚ

aberration

【物】实际光学成像系统中，经透镜所成的像和原物不准确相似的现象。因物点发出的靠近主轴的光线和经过透镜边缘的光线不能完全聚合在一点上所致。其大小反映透镜成像品质的优劣。

像素/像素 xiàngsù/ㄒㄧㄤˋ ㄙㄨˋ

pixel, picture element

【信息】又称"像元",台湾又称"畫素"。显示面上能独立赋予属性(例如彩色和光强)的最小元素。屏上的各种彩色图像都可由不同彩色和光强的像素配成。

像素图 xiàngsùtú/ㄒㄧㄤˋ ㄙㄨˋ ㄊㄨˊ

【信息】即"位图"(1189 页)。

像元 xiàngyuán/ㄒㄧㄤˋ ㄩㄢˊ

【信息】即"像素"(1253 页)。

橡胶/橡膠 xiàngjiāo/ㄒㄧㄤˋ ㄐㄧㄠ

rubber

【材】在−50～150℃的温度范围内拉伸或压缩后具有高度回复特性的材料。可分为天然橡胶及合成橡胶。

📖 橡胶最早由南美洲一种植物流出的乳状汁液经凝固、干燥而得,印第安语为 cauchu,意思是"树的泪水"。

橡胶坝/橡膠壩

xiàngjiāobà/ㄒㄧㄤˋ ㄐㄧㄠ ㄅㄚˋ

rubber dam

【水利】又称"纤维坝"。一种挡水坝。高强度合成纤维织物经橡胶黏结,内外涂敷橡胶作保护层,加工成胶布袋或橡胶片,固定在钢筋水泥的底板上,向内充气或充水而成。坝顶可以溢流,可根据需要调节坝高,控制上游水位。

橡胶树/橡膠樹

xiàngjiāoshù/ㄒㄧㄤˋ ㄐㄧㄠ ㄕㄨˋ

rubber tree

【植】*Hevea brasiliensis* 大戟科橡胶树属。常绿大乔木。有乳汁。指状复叶,小叶 3 片,椭圆形,全缘,网脉明显。圆锥状花序腋生,花单性,雌雄同株。花期 5—6 月份。在中国,台湾、福建、广东、广西、海南和云南有栽培。是生产天然橡胶的主要原料。

橡木 ㄒㄧㄤˋ ㄇㄨˋ/xiàngmù

oak

【植】台湾名。即"栎"(728 页)。

橡皮舟/充氣艇

xiàngpízhōu/ㄔㄨㄥ ㄑㄧˋ ㄊㄧㄥˇ

pneumatic boat

【植】以橡胶布作为舟体基本材料,充气后成型的轻便制式舟。通常由舷筒、挂机板、舟底、龙骨、舱底板等组成,并配有附件。特点是重量轻,操作简便,航行速度快,便于存放和运输。在水上通常用操舟机作为动力,也可用桨划行;在陆上用汽车运输。充气后通常舟长 3.5～8 米,宽 1.5～3 米,重 50～500 千克,载重量 200～3500千克(或载人 2～30 名),满载最大航速可达 40～60 千米/时。可作为侦察舟、冲锋舟和桥脚舟使用。主要用于步兵分队强渡江河、江河侦察、通信联络、巡逻、救护和结合门桥、架设浮桥等。

橡树 xiàngshù/ㄒㄧㄤˋ ㄕㄨˋ

【植】即"栎"(728 页)。

📖 橡树是爱尔兰、芬兰、德国、爱沙尼亚、美国等国家的国树。

xiao (ㄒㄧㄠ)

枭混/梟混 xiāohùn/ㄒㄧㄠ ㄏㄨㄣˋ

sygma and sugma

【建】装饰线脚的一种。凸圆弧的线脚称为枭,凹圆弧的线脚称为混,上凸下凹的线脚称为枭混。

枭 混

逍遥散/逍遙散

xiāoyáosǎn/ㄒㄧㄠ ㄧㄠˊ ㄙㄢˇ

xiaoyao powder, xiaoyao san, * Free Wanderer Powder

【中医】中医方剂名。组成:甘草 4.5 克,当归、茯苓、芍药、白术、柴胡各 9 克,烧生姜一块,薄荷少许。水煎服。疏肝解郁,养血健脾。治疗肝郁脾弱血虚证,两胁作痛,头痛目眩,口燥咽干,神疲食少,或往来寒热,或月经不调,乳房胀痛,脉弦而虚。

鸮/鴞 xiāo/ㄒㄧㄠ

owl

【动】又称"猫头鹰"。鸟名。鸮形目各种的统称。头圆,像猫,眼睛生在前方,大而圆,四周羽毛放射状。身体羽毛柔软,褐色,多黑斑,昼伏于岩洞或森林里,夜出捕食鼠类等。夜间叫声有如哀鸣。种类很多,分布较广,中国有雕鸮、鸺鹠、角鸮、长耳鸮等。

消除/消去 xiāochú/ㄒㄧㄠ ㄑㄩˊ

elimination

【化】一个有机物分子内消除自身两个原子或

小基团并以分子形式脱离，产生一个新有机物的反应。

消除春化作用
ㄒㄧㄠ ㄔㄨˊ ㄔㄨㄣ ㄏㄨㄚˋ ㄗㄨㄛˋ ㄩㄥˋ/
xiāochú chūnhuà zuòyòng
devernalization
【植】台湾名。即“去春化作用”(927 页)。

消磁船/消磁船
xiāocíchuán/ㄒㄧㄠ ㄘˊ ㄔㄨㄢˊ
degaussing ship
【船】专用于舰艇检测和消除磁性的基地勤务船。减弱舰艇磁场强度，目的是提高对磁引信水中武器和磁力探测仪的防御能力。船上装有固定绕组消磁系统和临时线圈消磁系统。固定绕组消磁系统用于消磁船自身消磁；临时线圈消磁系统由电缆卷车、消磁仪和拉缆机等构成，主要用于消除被消磁舰艇的固定磁场。消磁对象主要是中小型战斗舰艇和扫雷、裂雷舰艇。

消导法 xiāodǎofǎ/ㄒㄧㄠ ㄉㄠˇ ㄈㄚˇ
【中医】即“消法”(1255 页)。

消毒/消毒 xiāodú/ㄒㄧㄠ ㄉㄨˊ
disinfection
【医】运用物理、化学、生物方法，杀灭或清除可能引起人和动物致病的微生物。是切断感染途径的措施。

消毒防腐药/消毒防腐藥
xiāodú-fángfǔyào/ㄒㄧㄠ ㄉㄨˊ ㄈㄤˊ ㄈㄨˇ ㄧㄠˋ
disinfections and antisepsics
【医】消毒剂和防腐剂的合称。能杀灭病原微生物的药物为消毒剂，通过杀灭或抑制生物增殖而防止腐败的药物为防腐药。常用的有醇类、酚类、重金属盐类消毒药和表面活性剂等。

消毒碗柜/消毒碗櫃
xiāodú wǎnguì/ㄒㄧㄠ ㄉㄨˊ ㄨㄢˇ ㄍㄨㄟˋ
disfection cupboard
【轻】电器的一种。利用紫外线、远红外线、高温、臭氧等杀菌消毒的设备。外形呈柜状，柜体多用不锈钢制成，柜内分若干层，设有电热装置、紫外灯、红外灯和臭氧发生器等，多用于餐具杀菌消毒。

消法/消法 xiāofǎ/ㄒㄧㄠ ㄈㄚˇ
promoting [removing] digestion method, resolving method
【中医】又称“消导法”。内治法之一。用具有消食导滞、消散积结作用的方药治疗积聚病证。

消防船/消防船
xiāofángchuán/ㄒㄧㄠ ㄈㄤˊ ㄔㄨㄢˊ
fire boat, firefighting ship
【船】俗称“救火船”。用于扑灭船舶、港口码头、岸边设施以及水面油火的工程船。

消费者对企业/消費者對企業
xiāofèizhě duì qǐyè/
ㄒㄧㄠ ㄈㄟˋ ㄓㄜˇ ㄉㄨㄟˋ ㄑㄧˇ ㄧㄝˋ
consumer-to-business, C2B
【信息】电子商务中消费者对企业的交易模式。

消费者对消费者/消費者對消費者
xiāofèizhě duì xiāofèizhě/
ㄒㄧㄠ ㄈㄟˋ ㄓㄜˇ ㄉㄨㄟˋ ㄒㄧㄠ ㄈㄟˋ ㄓㄜˇ
consumer-to-consumer, C2C
【信息】电子商务中个人对个人的交易模式。

消化/消化 xiāohuà/ㄒㄧㄠ ㄏㄨㄚˋ
digestion
【医】食物在消化道内被分解的过程。分为机械性消化和化学性消化。前者通过咀嚼、胃肠运动把大块食物磨碎；后者通过各种消化酶的作用，将食物分解成可吸收的小分子物质，如将蛋白质分解为氨基酸，脂肪分解为脂肪酸和甘油，多糖分解为葡萄糖，供机体吸收利用。

消化藥 ㄒㄧㄠ ㄏㄨㄚˋ ㄧㄠˋ/xiāohuàyào
digestant
【医】台湾名。即“助消化药”(1478 页)。

消化酶/消化酶
xiāohuàméi/ㄒㄧㄠ ㄏㄨㄚˋ ㄇㄟˊ
digestive enzyme
【生】参与消化的酶的总称。主要作用是促进食物中糖、脂肪、蛋白质的水解，将食物分解为人体能够吸收的小分子物质。按消化对象不同，可分为蛋白酶、淀粉酶、脂肪酶和纤维素酶等。

消化酶类药/消化酶類藥
xiāohuàméilèiyào/
ㄒㄧㄠ ㄏㄨㄚˋ ㄇㄟˊ ㄌㄟˋ ㄧㄠˋ

digestive enzyme

【医】消化和分解食物中的蛋白质、脂肪和淀粉等,并使胃肠道易于吸收的药物。常用的有胃蛋白酶、胰酶、淀粉酶等。

消化腺/消化腺

xiāohuàxiàn/ㄒㄧㄠ ㄏㄨㄚˋ ㄒㄧㄢˋ

digestive gland

【医】可分泌消化液,对食物行使消化作用的腺体。包括大消化腺和分布于消化管壁内的许多小消化腺。大消化腺是实质性器官,包括肝、胰腺、大涎腺等;小消化腺有食管腺、胃腺、肠腺、口腔内的小涎腺等。

消化性溃疡/胃潰瘍

xiāohuàxìng kuìyáng/ㄨㄟˋ ㄎㄨㄟˋ ㄧㄤˊ

peptic ulcer

【医】胃肠道黏膜被胃酸和胃蛋白酶等自身消化而发生的溃疡。主要表现为上腹隐痛并有一定的规律性。

消渴/消渴

xiāokě/ㄒㄧㄠ ㄎㄜˇ

consumptive thirst, *dispersion-thirst

【中医】中医内科疾病之一。因禀赋不足、饮食失节、情志失调或劳欲过度等所致,症见多尿、多饮、多食、形体消瘦,或尿有甜味等。本病阴虚为本,燥热为标,故清热润燥、养阴生津是治疗大法。以肺燥为主,多饮症状较突出者,为"上消",治宜清热润肺,生津止渴,可选用消渴方加味;以胃热为主,多食症状突出者,为"中消",治宜清胃泻火,养阴增液,可用玉女煎;以肾虚为主,多尿症状突出者,为"下消",治宜滋阴补肾,润燥止渴,方用六味地黄丸,阴阳两虚者,宜温阳滋阴,补肾固摄,方用金匮肾气丸。

消去 ㄒㄧㄠ ㄑㄩˋ/xiāoqù

elimination

【化】台湾名。即"消除"(1254 页)。

消去法 ㄒㄧㄠ ㄑㄩˋ ㄈㄚˇ/xiāoqùfǎ

elimination method

【数】台湾名。即"消元法"(1256 页)。

消声器/消聲器

xiāoshēngqì/ㄒㄧㄠ ㄕㄥ ㄑㄧˋ

muffler, silencer

【环】安装在具有吸声材料衬里或特殊形状的气流管道的降噪装置。通常安装在汽车排气、空气压缩机进气、枪炮出口、高压蒸汽和高压气体的排放系统。主要有阻性消声器、抗性消声器、阻抗复合式消声器、微穿孔板消声器、耗散型消声器等。

消失模铸造

xiāoshīmú zhùzào/ㄒㄧㄠ ㄕ ㄇㄨˊ ㄓㄨˋ ㄗㄠˋ

【机】即"实型铸造"(1029 页)。

消瘦/消瘦

xiāoshòu/ㄒㄧㄠ ㄕㄡˋ

emaciation

【医】因机体能量摄入不足或消耗过多,导致体内脂肪与蛋白质减少,体重下降超过正常标准的 20%。

消雾/霧消 xiāowù/ㄨˋ ㄒㄧㄠ

fog dissipation

【气】通过播撒催化剂、加热或动力扰动等方法,加快雾滴蒸发或凝结降落过程,使雾层消散。

消息/消息 xiāoxi/ㄒㄧㄠ ㄒㄧˊ

message

【信息】又称"报文""电文"。通信网络中传输的正式信息、联络信息或收到的确认信息。

消息交换

xiāoxi jiāohuàn/ㄒㄧㄠ ㄒㄧˊ ㄐㄧㄠ ㄏㄨㄢˋ

【信息】即"报文交换"(40 页)。

消元法/消去法

xiāoyuánfǎ/ㄒㄧㄠ ㄩㄢˊ ㄈㄚˇ

elimination method

【数】❶解一般线性方程组的一种方法。利用初等变换消去一些未知数,使方程组变换为阶梯形,进而解方程组。例如,解方程组 $\begin{cases}x+2y-z=1\\x-4y+2z=1\\x+2y+5z=7\end{cases}\to\begin{cases}x+2y-z=1\\-6y+3z=0\\6z=6\end{cases}\to\begin{cases}x=1\\y=\dfrac{1}{2}\\z=1\end{cases}$。❷泛指从方程组中消去某个未知数的方法。例如,解二元二次方程组 $\begin{cases}x^2+y=0\\2x-y=0\end{cases}$,两方程相加消去 y,得 $x^2+2x=0$,进而得 $\begin{cases}x=0\\y=0\end{cases}$ 或 $\begin{cases}x=-2\\y=-4\end{cases}$。

消云/消雲 xiāoyún/ㄒㄧㄠ ㄩㄣˊ
cloud dissipation
【气】通过播撒催化剂、凝结核等方法,改变局部区域内云滴的滴谱结构、数密度等,加快云滴蒸发,使云层消散。

消痔灵/消痔靈
xiāozhìlíng/ㄒㄧㄠ ㄓˋ ㄌㄧㄥˊ
xiaozhiling injections
【中医】又称"消痔灵注射液"。中成药名。主要成分:五味子提取物、明矾等。注射给药。收敛、止血。用于内痔出血,各期内痔,静脉曲张性混合痔。

消痔灵注射液
xiāozhìlíng zhùshèyè/
ㄒㄧㄠ ㄓˋ ㄌㄧㄥˊ ㄓㄨˋ ㄕㄜˋ ㄧㄝˋ
【中医】即"消痔灵"(1257 页)。

硝基/硝基 xiāojī/ㄒㄧㄠ ㄐㄧ
nitro group, nitryl
【化】硝酸分子脱掉一个羟基而成的原子团。

硝酸/硝酸 xiāosuān/ㄒㄧㄠ ㄙㄨㄢ
nitric acid
【化】酸的一种。化学式 HNO_3。无色液体,有强腐蚀性,有毒。置于空气中冒白烟,可与水任意混合,是一元强酸和强氧化剂。金属中除金、铂、铱都能与硝酸反应,可氧化许多非金属元素。是重要的基本化工原料,用于制氮肥、炸药等,也用于冶金、蚀刻等方面。

销/銷 xiāo/ㄒㄧㄠ
pin
【机】紧固件的一种。通常为圆锥形或圆柱形,贯穿于两个零件孔中,主要用于定位,也用于连接,或作为安全装置中的过载易剪断元件。主要分为圆柱销、圆锥销、带孔销、开口销和安全销等。

销售时点系统/銷售時點系統
xiāoshòu shídiǎn xìtǒng/
ㄒㄧㄠ ㄕㄡˋ ㄕˊ ㄉㄧㄢˇ ㄒㄧˋ ㄊㄨㄥˇ
point of sale system, POS
【物流】俗称"POS 机"。一种交易实时管理系统。销售商品时,通过收银机等自动设备直接读取商品信息,并通过通信网络和计算机系统传送信息。主要用于统计商品的销售、库存与顾客购买行为等数据。广泛用于现代零售业。

小白菜 xiǎobáicài/ㄒㄧㄠˇ ㄅㄞˊ ㄘㄞˋ
【植】"青菜"的通称。

小白鹭 xiǎobáilù/ㄒㄧㄠˇ ㄅㄞˊ ㄌㄨˋ
【动】即"白鹭"(20 页)。

小便失禁
ㄒㄧㄠˇ ㄅㄧㄢˋ ㄕ ㄐㄧㄣˋ/xiǎobiàn shījìn
urinary incontinence
【医】台湾名。即"尿失禁"(838 页)。

小檗/小檗 xiǎobò/ㄒㄧㄠˇ ㄅㄛˋ
barberry
【植】*Berberis* 小檗科小檗属。落叶灌木。枝有刺,幼枝红色。单叶互生,倒卵形,全缘,与叶柄连接处有关节,秋季变红。花序单生或簇生,花黄色。浆果近球形,红或蓝黑色。花期 5—6 月份,果期秋季。中国各地均有栽培。观赏树木。根茎可入药。
📖 小檗是小檗属植物的统称。

小柴胡汤/小柴胡湯
xiǎocháihútāng/ㄒㄧㄠˇ ㄔㄞˊ ㄏㄨˊ ㄊㄤ
xiaochaihu decoction, xiaochaihu tang., * Minor Bupleurum Decoction
【中医】中医方剂名。组成:柴胡 24 克,黄芩、人参、甘草、生姜各 9 克,大枣 12 枚,半夏 9 克。水煎服。和解少阳。可用于治疗伤寒少阳证,往来寒热,胸胁苦满,嘿嘿(mòmò)不欲饮食,心烦喜呕,口苦,咽干,目眩等。也可治疗妇人伤寒、热入血室等。

小产/小産 xiǎochǎn/ㄒㄧㄠˇ ㄔㄢˇ
late abortion, miscarriage
【中医】中医产科疾病之一。妊娠 12～28 周内,胎儿已成形而自然殒堕。

小肠/小腸 xiǎocháng/ㄒㄧㄠˇ ㄔㄤˊ
small intestine
㊀【医】消化管中最长的一段。起于胃的幽门,下接盲肠,分为十二指肠、空肠和回肠三部分,是食物消化和吸收的主要部位。成人小肠长 5～7 米。㊁【中医】六腑之一。位于腹中,上口在幽门处与胃相连,下口在阑门处与大肠相连。中医认为其主要生理功能是受盛化物(接受胃所传下的水谷,再消化,化生、吸收营养物质,下输糟粕)和泌别清浊(使水液、糟粕分别下传膀胱、大肠)。

小潮/小潮 xiǎocháo/ㄒㄧㄠˇ ㄔㄠˊ
neap tide
【水利】又称“方照潮”。在上弦日（农历初七）或下弦日（农历二十二）出现的涨落幅度较小的潮汐。因地球、月球、太阳三者位置几乎形成一个直角，太阴潮和太阳潮相抵消所致。

小城市/小城市
xiǎochéngshì/ㄒㄧㄠˇ ㄔㄥˊ ㄕˋ
small city
【建】城区常住人口50万以下的城市。其中20万以上50万以下的为Ⅰ型小城市，20万以下的为Ⅱ型小城市。

小尺度系统/小尺度系統
xiǎochǐdù xìtǒng/ㄒㄧㄠˇ ㄔˇ ㄉㄨˋ ㄒㄧˋ ㄊㄨㄥˇ
microscale system
【气】天气系统的一类。水平尺度为2～20千米，时间尺度为10～180分。如龙卷风、雷暴单体、对流单体等。

小盗龙/小盜龍
xiǎodàolóng/ㄒㄧㄠˇ ㄉㄠˋ ㄌㄨㄥˊ
Microraptor
【地】*Microraptor* 一种小型恐龙。属蜥臀目。体形小，与始祖鸟相仿，四肢和尾部长有羽毛，称为“四翼恐龙”。不能从地面起飞，但可在林间滑翔。化石发现于中国辽宁喀喇沁左翼蒙古族自治县九佛堂村，年代为白垩纪早期巴雷姆期，距今约1.30亿年至1.25亿年前。小盗龙的发现，有力地支持了鸟类飞行的“树栖起源”假说和“鸟类起源于恐龙”假说。

小儿肺炎/小兒肺炎
xiǎo'ér fèiyán/ㄒㄧㄠˇ ㄦˊ ㄈㄟˋ ㄧㄢˊ
infantile pneumonia
【医】由不同病原体引起的小儿肺部炎症。临床主要表现有发热、咳嗽、气促、呼吸困难及肺部湿啰音等。

小儿麻痹症
xiǎo'ér mábìzhèng/ㄒㄧㄠˇ ㄦˊ ㄇㄚˊ ㄅㄧˋ ㄓㄥˋ
【医】“脊髓灰质炎”的通称。

小概率事件/小概率事件
xiǎogàilǜ shìjiàn/ㄒㄧㄠˇ ㄍㄞˋ ㄌㄩˋ ㄕˋ ㄐㄧㄢˋ
small probability event
【数】本身发生的概率很小的事件。例如，在10万张彩票中有1000张有奖彩票，中奖的概率是0.01，“中奖”是小概率事件。一个事件的概率小到多少才是小概率事件，需根据具体问题而定。

小概率原理/小概率原理
xiǎogàilǜ yuánlǐ/ㄒㄧㄠˇ ㄍㄞˋ ㄌㄩˋ ㄩㄢˊ ㄌㄧˇ
small probability principle
【数】又称“统计推断原理”。小概率事件在一次试验中几乎是不可能发生的，这一原理叫作小概率原理。小概率原理是假设检验所依据的原理。在一次试验中如果当原假设 H_0 成立时本应是小概率的事件发生了，则说明原假设 H_0 成立的可能性很小。

小果海棠
xiǎoguǒ hǎitáng/ㄒㄧㄠˇ ㄍㄨㄛˇ ㄏㄞˇ ㄊㄤˊ
【植】即“西府海棠”(1222页)。

小果野蕉
xiǎoguǒ yějiāo/ㄒㄧㄠˇ ㄍㄨㄛˇ ㄧㄝˇ ㄐㄧㄠ
banana
【植】*Musa acuminata* 通称“香蕉”。芭蕉科芭蕉属。多年生常绿草本植物。植株丛生。假茎浓绿色带黑斑，被白粉。叶柄短粗，叶翼显著，边缘红色。叶片非常大，长圆形，两侧对称。花序下垂，单性花，乳白色带浅紫色。果丛有果8～10段，约上百个果实；果实弯曲成浅弓状，果棱明显，果皮青绿色，熟后为黄色，果肉松软，黄白色，味甜，香浓。在中国，分布于台湾、福建南部、广东、广西南部、云南南部。植株供观赏，果实可作水果。

小黄鱼/小黄魚
xiǎohuángyú/ㄒㄧㄠˇ ㄏㄨㄤˊ ㄩˊ
small yellow croaker, yellow corvina
【动】*Larimichthys polyactis* 又称“黄花鱼”。鱼名。硬骨鱼纲石首鱼科。黄鱼的一种，身体侧扁，长20厘米。腹部金黄色，背部灰褐色，两侧黄色，鳍灰褐色。鳞大，尾柄较短，鳔能发音。生活在海洋中，以小鱼、小虾等为食。中国的东海南部、黄海和渤海均有分布，是重要的海产鱼类。

小茴香/小茴香
xiǎohuíxiāng/ㄒㄧㄠˇ ㄏㄨㄟˊ ㄒㄧㄤ
㊀ fennel，㊁ Fructus Foeniculi（拉），fennel

㊀【植】即“茴香”(545 页)。㊁【中医】中药名。伞形科植物茴香 *Foeniculum vulgare* Mill.的干燥成熟果实。味辛,性温。归肝、肾、脾、胃经。散寒止痛,理气和胃。用于寒疝腹痛,睾丸偏坠,痛经,少腹冷痛,脘腹胀痛,食少吐泻。

小茴香和大茴香都是常用的调料,因为它们能除肉中腥气,使之重新添香,故名。

茴 香

小蓟 xiǎojì/ㄒㄧㄠˇ ㄐㄧˋ

【植】即“刺儿菜”(167 页)。

小键盘/小鍵盤

xiǎojiànpán/ㄒㄧㄠˇ ㄐㄧㄢˋ ㄆㄢˊ

keypad

【信息】为便利输入并提高击键灵活性而在键盘上设置的聚集在一起的若干键。例如数字小键盘或控制光标小键盘。

小科学/小科學

xiǎokēxué/ㄒㄧㄠˇ ㄎㄜ ㄒㄩㄝˊ

little science

【总】以个体研究为特征的科学。也指 19 世纪末以前的古代和近代科学。

小老鼠 ㄒㄧㄠˇ ㄌㄠˇ ㄕㄨˇ/xiǎolǎoshǔ

house mouse

【动】台湾名。即“小鼠”(1260 页)。

小立碗藓/小立碗蘚

xiǎolìwǎnxiǎn/ㄒㄧㄠˇ ㄌㄧˋ ㄨㄢˇ ㄒㄧㄢˇ

physcomitrella patens

【植】*Physcomitrella* 藓类。葫芦藓科小立碗藓属。散丛生,植物体细小,黄绿色。茎细短。叶干时皱缩,湿时伸展。蒴柄粗短,孢蒴球形,对称,不伸出叶丛,无蒴盖分化,无蒴齿;蒴帽极小,钟状,成熟后四裂。在中国,仅分布于湖南张家界森林公园的田边土地上。

小立碗藓是现代植物学研究的模式植物。

小麦/小麥 xiǎomài/ㄒㄧㄠˇ ㄇㄞˋ

wheat

【植】*Triticum aestivum* 禾本科小麦属。一至二年生草本植物。秆直立,丛生,有节。叶鞘松弛抱茎,叶片长披针形。穗状花序直立,上部花不育,颖卵圆形,外稃长圆状披针形。颖果大,长圆形,顶端有毛,腹面有深纵沟。在中国,分布于各地。果实可作粮食,麦秆可作编织、造纸原料。

小麦是阿富汗的国花。

小猫熊

xiǎomāoxióng/ㄒㄧㄠˇ ㄇㄠ ㄒㄩㄥˊ

【动】即“小熊猫”(1261 页)。

小米 xiǎomǐ/ㄒㄧㄠˇ ㄇㄧˇ

【植】“粱”的通称。

小木作/小木作

xiǎomùzuò/ㄒㄧㄠˇ ㄇㄨˋ ㄗㄨㄛˋ

joinery work

【建】宋《营造法式》中的 13 个工种之一。指非承重大木构件以外的木构件,如门、窗、楼梯、栏杆、天花等的设计、制作、组合和安装工作。

小脑/小腦 xiǎonǎo/ㄒㄧㄠˇ ㄋㄠˇ

cerebellum

【医】脑的一部分。位于颅腔内的颅后窝,扁平椭圆形,上部较平坦,盖以小脑幕,下部与脑桥和延髓背侧形成第四脑室,并通过三对小脑脚分别与中脑、脑桥和延髓相连接。主要功能是保持身体平衡、维持肌肉的紧张状态以及协调骨骼肌的运动,发生损害可导致躯干和四肢共济失调。

小鲵/斑鯢 xiǎoní/ㄅㄢ ㄋㄧˊ

hynobius

【动】又称“短尾鲵”“中国小鲵”。两栖动物名。有尾目小鲵科小鲵属。体长 8～9 厘米,四肢短,牙齿呈 V 形,背面颜黑色,腹面色淡,全身有银白色斑点,尾短而侧扁,生活在水边的草地里,以昆虫、蠕虫、蚯蚓、蛞蝓等为食。主要分布于亚洲地区,在中国,分布于南方地区。

小 鲵

小气候/小氣候

xiǎoqìhòu/ㄒㄧㄠˇ ㄑㄧˋ ㄏㄡˋ

microclimate

【气】按空间尺度划分的一类气候。水平范围为 10 千米以内,垂直高度一般在 2 米以下。

受人类活动和下垫面不均匀的影响大。

小壳化石/小殼化石
xiǎoqiào huàshí/ㄒㄧㄠˇ ㄎㄜˊ ㄏㄨㄚˋ ㄕˊ
small shelly fossils
【地】寒武纪最早期海相地层中大量涌现的个体微小的原始带壳动物化石。包括软舌螺类、单板类、腹足类、喙壳类等,以及许多分类位置不明的动物化石。这些生物往往生活在一起,组成一个多门类动物群。其化石的特点是个体小(0.1～5 毫米),形态多样,分布广,数量多,成为寒武纪最早期建阶划带的标准化石,也是划分前寒武纪和寒武纪地层界线最重要的古生物依据。

小倾角稳性
xiǎoqīngjiǎo wěnxìng/ㄒㄧㄠˇ ㄑㄧㄥ ㄐㄧㄠˇ ㄨㄣˇ ㄒㄧㄥˋ
【船】即"初稳性"(139 页)。

小鼠/小老鼠 xiǎoshǔ/ㄒㄧㄠˇ ㄌㄠˇ ㄕㄨˇ
house mouse
【动】*Mus musculus* 又称"鼷鼠"。哺乳动物名。啮齿目鼠科。体形较小,长不足 10 厘米,吻尖而长,上门齿内侧有缺刻,耳较大,尾细长,毛黑灰色至灰褐色。生活在建筑物、田野、山地、果园中。

小数/小數 xiǎoshù/ㄒㄧㄠˇ ㄕㄨˋ
decimal
【数】十进记数法中数的一种表达形式。形如 $a_0.a_1a_2\cdots a_n\cdots$ 的数叫作小数。例如,3.14,1.414,0.7078…都是小数。其中"."叫作小数点,小数点前的非负整数 a_0 叫作整数部分;小数点之后的 $a_1a_2\cdots a_n\cdots$ 叫作小数部分,a_i $(i=1,2,\cdots,n,\cdots)$ 是 0,1,2,…,9 这十个整数之一,"$.a_1a_2\cdots a_n\cdots$"表示 $\frac{a_1}{10}+\frac{a_2}{10^2}+\cdots+\frac{a_n}{10^n}+\cdots$,小数 $a_0.a_1a_2\cdots a_n\cdots=a_0+\frac{a_1}{10}+\frac{a_2}{10^2}+\cdots+\frac{a_n}{10^n}+\cdots$。当 $a_n\neq0$ 而 $a_i=0(i>n)$ 时,把 $a_0.a_1a_2\cdots a_n\cdots$ 表示为 $a_0.a_1a_2\cdots a_n$,例如 0.123,2.0125。

小水线面双体船/小水線面雙體船
xiǎo shuǐxiànmiàn shuāngtǐchuán/ㄒㄧㄠˇ ㄕㄨㄟˇ ㄒㄧㄢˋ ㄇㄧㄢˋ ㄕㄨㄤ ㄊㄧˇ ㄔㄨㄢˊ
small waterplane area twin hull, SWATH
【船】又称"半潜双体船"。借助两个深置水下的细长浮体(或称"下体"),通过若干支柱来支承水面上方船体(或称"上体")的船。适航性优越,可全海候航行。航行时上体不接触水,仅几根相对较薄的支柱割划海面,因其水线面积比相当排水量的普通单体或双体船小很多,故名。

小穗/小穗 xiǎosuì/ㄒㄧㄠˇ ㄙㄨㄟˋ
spikelet
【植】组成禾本科植物花序的基本单位。也是一种特殊的穗状花序,包括颖片、小花、稃片和浆片。

小行星/小行星
xiǎoxíngxīng/ㄒㄧㄠˇ ㄒㄧㄥˊ ㄒㄧㄥ
asteroid
【天】沿椭圆轨道环绕太阳运行的固态小天体。不易挥发出气体和尘埃,大多分布在火星轨道与木星轨道之间。最大的小行星是谷神星。

小行星带/小行星帶
xiǎoxíngxīngdài/ㄒㄧㄠˇ ㄒㄧㄥˊ ㄒㄧㄥ ㄉㄞˋ
asteroid belt
【天】位于木星轨道和火星轨道之间的小行星大量集聚的区域。轨道半径 2.17～3.64 天文单位,带宽约 1.5 天文单位,形状如环带,故名。

小型计算机/迷你電腦
xiǎoxíng jìsuànjī/ㄇㄧˊ ㄋㄧˇ ㄉㄧㄢˋ ㄋㄠˇ
minicomputer
【信息】功能介于微型计算机与大中型计算机之间的数字计算机。按字长长短,分为 8 位和 16 位小型计算机以及 32 位和 64 位超级小型计算机;按处理器结构简繁,分为精简指令计算机与复杂指令计算机;按能否容错,分为容错计算机和非容错计算机;按使用面宽窄,分为通用计算机与专用计算机;按能否适应恶劣环境(振荡、冲击、辐射、温湿度、沙尘、烟雾、微生物等),分为加固计算机与非加固计算机。

小型音盘/迷你光碟
xiǎoxíng yīnpán/ㄇㄧˊ ㄋㄧˇ ㄍㄨㄤ ㄉㄧㄝˊ
mini disc, MD
【信息】全称"小型音频光盘"。存储经过压缩的数字音频信息，置于保护盒中的小型光盘。其盘片直径63.5毫米，有只读和可重写两种。

小型音频光盘
xiǎoxíng yīnpín guāngpán/
ㄒㄧㄠˇ ㄒㄧㄥˊ ㄧㄣ ㄆㄧㄣˊ ㄍㄨㄤ ㄆㄢˊ
【信息】“小型音盘”的全称。

小熊猫/小熊貓
xiǎoxióngmāo/ㄒㄧㄠˇ ㄒㄩㄥˊ ㄇㄠ
lesser panda
【动】*Ailurus fulgens* 又称“小猫熊”“九节狼”。哺乳动物名。食肉目小熊猫科。体长60厘米左右，头圆，四肢粗短，头部棕色白色相间，耳边白色，脸有白色斑点。背部棕红色，尾粗，长约40厘米，有九个黄白相间的环纹。生活在亚热带高山上，能爬树，以野果、野菜和竹叶为食，也吃小鸟、鸟卵等。分布于中国的西部地区，也分布于缅甸、尼泊尔、印度等。

小熊猫

小熊座/小熊座
xiǎoxióngzuò/ㄒㄧㄠˇ ㄒㄩㄥˊ ㄗㄨㄛˋ
Ursa Minor，UMi
【天】星座之一。在北方天空。包含北天极。小熊座中的七颗亮星构成与大熊座的北斗七星相形似水勺，这七颗星称为小北斗。在斗柄端的星是小熊座α星，它是目前的北极星，指示北天极的近似位置。

小熊座α星
xiǎoxióngzuò α xīng/
ㄒㄧㄠˇ ㄒㄩㄥˊ ㄗㄨㄛˋ α ㄒㄧㄥ
【地】即“北极星”(44页)。

小雪/微雪 xiǎoxuě/ㄨㄟˊ ㄒㄩㄝˇ
light snow
【气】❶二十四节气之一。❷降水强度的一种。指将降雪折合成降水量后，12小时降水量0.1～0.9毫米，或24小时降水量0.1～2.4毫米的雪。

小循环
xiǎoxúnhuán/ㄒㄧㄠˇ ㄒㄩㄣˊ ㄏㄨㄢˊ
【医】即“肺循环”(338页)。

小雁塔/小雁塔
Xiǎoyàn Tǎ/ㄒㄧㄠˇ ㄧㄢˋ ㄊㄚˇ
Small Wild Goose Pagoda
【建】唐代佛塔。位于中国西安荐福寺内，建于唐代景龙元年(公元707年)。是密檐式方形砖塔，初建时为十五层，高约46米，塔基边长11米，塔身每层叠涩出檐，南北面各辟一门，从下往上逐层内收，形成秀丽舒畅的外轮廓线。其门框用青石砌成，门楣上雕刻出供养天人图和蔓草花纹图案。塔的内部为空筒式结构，设有木构式的楼层。明清时期遭多次地震，现仅存十三层。因比慈恩寺的大雁塔小，故名小雁塔。

小油菜 xiǎoyóucài/ㄒㄧㄠˇ ㄧㄡˊ ㄘㄞˋ
【植】即“青菜”(912页)。

小鱼际/小魚際 xiǎoyújì/ㄒㄧㄠˇ ㄩˊ ㄐㄧˋ
hypothenar
【医】手肌内侧肌群在手掌小指侧形成的肌性隆起。由小指展肌、小指短屈肌、小指对掌肌组成。

小雨/小雨 xiǎoyǔ/ㄒㄧㄠˇ ㄩˇ
light rain
【气】指1小时降水量小于等于2.5毫米，或24小时降水量小于10.0毫米的雨。参见“雨量等级”(1379页)。

小雲滴 ㄒㄧㄠˇ ㄩㄣˊ ㄉㄧ/xiǎoyúndī
cloud droplet
【气】台湾名。即“云滴”(1398页)。

小震/小震 xiǎozhèn/ㄒㄧㄠˇ ㄓㄣˋ
small earthquake
【地】震级大于等于3级至5级以下的地震。

哮病/哮病 xiàobìng/ㄒㄧㄠˋ ㄅㄧㄥˋ
wheezing，asthma，* wheezing disease
【中医】中医内科疾病之一。痰邪伏肺，复由外邪侵袭、饮食不当、情志失调、劳累过度等诱因引发，常见发作性喉中哮鸣有声，呼吸困难，甚则喘息不得平卧等主症。反复发作，可致脏气虚衰，真元耗损。治宜培补脾肾。发作时宜祛邪，宣降肺气，涤痰平喘。虚实挟杂，扶正与祛邪并用。按致病原因和临床表现的不同，可分为冷哮、热哮、痰哮、食哮、肾哮等。

哮喘/氣喘 xiàochuǎn/ㄑㄧˋ ㄔㄨㄢˇ

asthma

【医】属Ⅰ型超敏反应性疾病。特应性个体接触过敏源后诱导肥大细胞、嗜碱性粒细胞脱颗粒,使之释放前列腺素、组胺和白三烯等活性介质,引发支气管痉挛和肺通气障碍。

效益背反说/權衡理論

xiàoyì bèifǎnshuō/ㄑㄩㄢˊ ㄏㄥˊ ㄌㄧˇ ㄌㄨㄣˋ

trade off theory

【物流】又称"二律背反说"。物流领域中的一种理论。指物流成本与服务水平之间效益背反,以及物流各功能活动之间效益背反。例如,简化货物包装降低成本,则包装强度降低;堆放层数减少,则保管效率降低;装卸和运输过程中破损率减少,则搬运效率下降。

xie (ㄒㄧㄝ)

楔 ㄒㄧㄝ/xiē

wedge

【物】台湾名。即"劈"(863 页)。

歇山/歇山 xiēshān/ㄒㄧㄝ ㄕㄢ

gable and hip roof

【建】悬山和庑殿相交而成的屋顶形式。上部类似于两坡形式的悬山,下部类似于四坡形式的庑殿,级别仅次于庑殿。屋面有一条正脊、四条垂脊、四条戗脊,故又称九脊殿。可分为单檐、重檐和卷棚歇山等多种。造型精美,应用广泛。

📖 歇山屋顶最早见于汉阙石刻。早期的歇山顶较小,不做山花板,山面透空,只有博风板,博风板正中安悬鱼,沿边檩出头处安惹草。明代多用砖垒砌山花,并以砖或琉璃博缝。清代才盛行在博风板里皮安山花板,山花板上做雕饰。

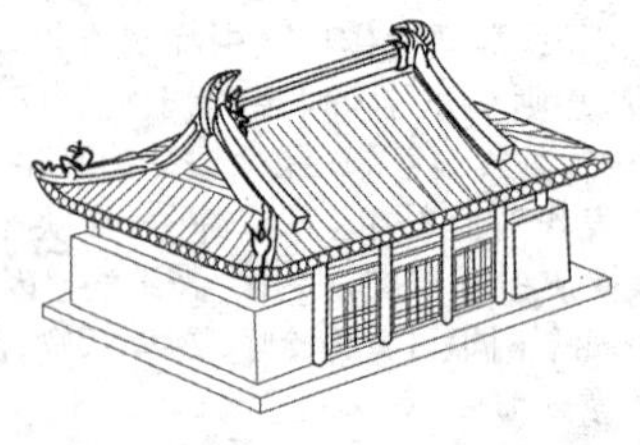

歇山顶

歇斯底里 xiēsīdǐlǐ/ㄒㄧㄝ ㄙ ㄉㄧˇ ㄌㄧˇ

【医】即"癔症"(1343 页)。

蝎/蠍 xiē/ㄒㄧㄝ

scorpion

【动】通称"蝎子"。节肢动物名。蛛形纲钳蝎科。身体长,多为黄褐色,口部两侧有一对螯,胸部有足四对,前腹部较粗,后腹部细长,尾部末端有毒钩,用来御敌或捕食。生活在较为干燥的地方,以蜘蛛、昆虫等为食。种类很多。

蝎虎 xiēhǔ/ㄒㄧㄝ ㄏㄨˇ

【动】即"壁虎"(56 页)。

协方差/共變異數

xiéfāngchā/ㄍㄨㄥˋ ㄅㄧㄢˋ ㄧˋ ㄕㄨˋ

covariance

【数】表示两个随机变量取值的离中程度的数字特征。若 $E(X-EX)(Y-EY)$ 存在,则称它为随机变量 X 与 Y 的协方差,记为 $\mathrm{Cov}(X,Y)$。特别地,$DX=\mathrm{Cov}(X,X)$。

协议/協定 xiéyì/ㄒㄧㄝˊ ㄉㄧㄥˋ

protocol

【信息】计算机之间通信时必须共同遵守的规定或规则。

协议转换/協定轉換

xiéyì zhuǎnhuàn/ㄒㄧㄝˊ ㄉㄧㄥˋ ㄓㄨㄢˇ ㄏㄨㄢˋ

protocol conversion

【信息】为实现不同协议之间的转换而进行的信息处理工作。

邪气/邪氣 xiéqì/ㄒㄧㄝˊ ㄑㄧˋ

pathogenic qi, * evil qi

【中医】中医对各种致病因素的总称。

協定 ㄒㄧㄝˊ ㄉㄧㄥˋ/xiédìng

protocol

【信息】台湾名。即"协议"(1262 页)。

協定轉換

ㄒㄧㄝˊ ㄉㄧㄥˋ ㄓㄨㄢˇ ㄏㄨㄢˋ/xiédìng zhuǎnhuàn

protocol conversion

【信息】台湾名。即"协议转换"(1262 页)。

斜长石/斜長石

xiéchángshí/ㄒㄧㄝˊ ㄔㄤˊ ㄕˊ

plagioclase

【地】矿物。由端员矿物钠长石($NaAlSi_3O_8$)

和钙长石($CaAl_2Si_2O_8$)及其中间矿物(奥长石、中长石、拉长石、培长石)组成的类质同象系列矿物的统称。是架状硅酸盐矿物。三斜晶系。晶形呈柱状、厚板状,集合体为粒状或块状。颜色多呈灰白色,有时微带浅棕、浅蓝及浅红色,晶体表面有细而平行的条纹,有的还有蓝色或绿色的晕彩,半透明,玻璃光泽,莫氏硬度 6～6.5,密度 2.61～2.76 克/厘米³。因两组斜交完全解理,故名。广泛分布于火成岩、变质岩和沉积岩中。可用来制造玻璃和陶瓷,色泽美丽的可做宝石。

斜角柱
ㄒㄧㄝˊ ㄐㄧㄠˇ ㄓㄨˋ/xiéjiǎozhù
oblique prism
【数】台湾名。即"斜棱柱"(1263 页)。

斜拉桥/斜張橋
xiélāqiáo/ㄒㄧㄝˊ ㄓㄤ ㄑㄧㄠˊ
cable stayed bridge
【交】通过固定于索塔并锚固于主梁的斜向拉索作为上部结构主要承重构件的桥梁。由索塔、主梁、斜拉索组成。索塔形式有 A 型、倒 Y 型、H 型、独柱,材料有钢和混凝土的。

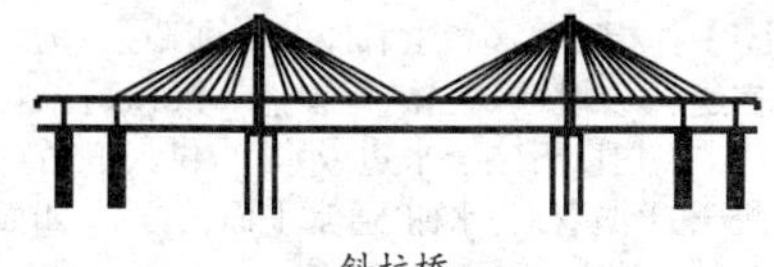

斜拉桥

斜棱柱/斜角柱
xiéléngzhù/ㄒㄧㄝˊ ㄐㄧㄠˇ ㄓㄨˋ
oblique prism
【数】侧棱与底面斜交的棱柱。

斜流輪機
ㄒㄧㄝˊ ㄌㄧㄡˊ ㄌㄨㄣˊ ㄐㄧ/xiéliú lúnjī
diagonal turbine
【机】台湾名。即"斜流式水轮机"(1263 页)。

斜流式水轮机/斜流輪機
xiéliúshì shuǐlúnjī/ㄒㄧㄝˊ ㄌㄧㄡˊ ㄌㄨㄣˊ ㄐㄧ
diagonal turbine
【机】又称"对角式水轮机"。反击式水轮机的一种。轴面水流通过叶片时方向与主轴斜交。适合于较高水头发电,用于大中型水电站中。

斜流通风机/混流式風扇
xiéliú tōngfēngjī/
ㄏㄨㄣˋ ㄌㄧㄡˊ ㄕˋ ㄈㄥ ㄕㄢˋ
mixed-flow fan
【机】又称"混流通风机"。通风机的一种。气体主要以介于径向和轴向之间的流向通过叶轮。叶轮和机壳的形状为圆锥形。兼有离心式和轴流式的特点,流量范围和效率均介于两者之间。

斜率/斜率 xiélǜ/ㄒㄧㄝˊ ㄌㄩˋ
slope
【数】在平面直角坐标系中,直线 l 的倾斜角 α 的正切值叫作 l 的斜率。斜率通常用 k 表示,即 $k=\tan\alpha$。当直线垂直于 x 轴时,它的斜率不存在。斜率的大小表示直线 l 对 x 轴的倾斜程度。

斜面/斜面 xiémiàn/ㄒㄧㄝˊ ㄇㄧㄢˋ
inclined plane
【物】简单机械的一种。是与水平面成一倾角的平面。例如盘山公路、大桥的引桥、儿童滑梯等。如果高度为 h、长度为 s 的斜面 AB 的倾斜角为 θ,沿斜面的力为 F,物重为 G 的物体,在忽略摩擦的情况下,有 $F=G\sin\theta$。沿斜面向上推拉物体,比竖直提升物体省力。倾角越小,则越省力,但路程越长。

斜三角形/斜三角形
xiésānjiǎoxíng/ㄒㄧㄝˊ ㄙㄢ ㄐㄧㄠˇ ㄒㄧㄥˊ
oblique triangle
【数】锐角三角形和钝角三角形的统称。

斜投影/斜投影
xiétóuyǐng/ㄒㄧㄝˊ ㄊㄡˊ ㄧㄥˇ
oblique projection
【数】投影线与一条直线(投影全落在它上)或一个平面(投影面)斜交的平行投影。

斜張橋 ㄒㄧㄝˊ ㄓㄤ ㄑㄧㄠˊ/xiézhāngqiáo
cable stayed bridge
【交】台湾名。即"斜拉桥"(1263 页)。

谐波分析仪/諧波分析器
xiébō fēnxīyí/ㄒㄧㄝˊ ㄅㄛ ㄈㄣ ㄒㄧ ㄑㄧˋ
harmonic analyzer
【电】用于测量非正弦电压、电流波中各次谐波的幅值、相位以及有功功率、无功功率等参量的仪器。分为模拟式与数字式两种。

X

谐波雷达/諧波雷達
xiébō léidá/ㄒㄧㄝˊ ㄅㄛ ㄌㄟˊ ㄉㄚˊ
resonance radar
【军】又称"金属再辐射雷达""电子目标探测雷达"。通过接收非线性目标再辐射的谐波信号以探测目标的雷达。主要用于探测隐藏于地下或墙内的窃听器、电子引信、电台等电子目标,以及地雷等地下金属目标。

谐音/諧音 xiéyīn/ㄒㄧㄝˊ ㄧㄣ
harmonic sound
【物】频率为基音频率整数倍的泛音。

谐振电路/諧振電路
xiézhèn diànlù/ㄒㄧㄝˊ ㄓㄣˋ ㄉㄧㄢˋ ㄌㄨˋ
resonant circuit
【电】能呈现谐振的电路。

缬氨酸/纈胺酸
xié'ānsuān/ㄒㄧㄝˊ ㄢ ㄙㄨㄢ
valine, Val
【生】20种蛋白质氨基酸之一。为必需氨基酸。白色晶体或结晶性粉末,无臭,略带特殊苦味。1摩缬氨酸氧化分解可产生32摩ATP(三磷酸腺苷,一种能量物质)。人体缺乏缬氨酸会影响机体生长发育,引起神经障碍、运动失调、贫血等。

諧波分析器
ㄒㄧㄝˊ ㄅㄛ ㄈㄣ ㄒㄧ ㄑㄧˋ/xiébō fēnxīqì
harmonic analyzer
【电】台湾名。即"谐波分析仪"(1263页)。

纈胺酸 ㄒㄧㄝˊ ㄢ ㄙㄨㄢ/xié'ànsuān
valine, Val
【生】台湾名。即"缬氨酸"(1264页)。

擕行電腦塢
ㄒㄧ ㄒㄧㄥˊ ㄉㄧㄢˋ ㄋㄠˇ ㄨˋ/xiéxíng diànnǎowù
docking station
【信息】台湾名。即"坞站"(1214页)。

泄洪區 ㄒㄧㄝˋ ㄏㄨㄥˊ ㄑㄩ/xièhóngqū
flood way district
【水利】台湾名。即"行洪区"(1278页)。

泄漏距离 xièlòu jùlí/ㄒㄧㄝˋ ㄌㄡˋ ㄐㄩˋ ㄌㄧˊ
【电】即"爬距"(851页)。

泄泻/泄瀉 xièxiè/ㄒㄧㄝˋ ㄒㄧㄝˋ
diarrhea
【中医】中医内科疾病之一。因饮食不节,情志失调或脾肾虚弱等使脾胃运化和大肠传导功能失司所致,症见大便次数增多,粪质稀薄,甚至泻出如水样等。粪出少而势缓,若漏泄之状者为泄;粪大出而势直无阻,若倾泻之状者为泻。寒湿泄泻,宜芳香化湿,解表散寒,可用藿香正气散;湿热泄泻,宜清肠利湿,可用葛根黄芩黄连汤;伤食泄泻,宜消食导滞,可用保和丸;脾虚泄泻,宜健脾益气,和胃渗湿,可用参苓白术散;肾虚泄泻,宜温补脾肾,固涩止泻,可用四神丸;肝郁泄泻,抑肝扶脾,调中止泻,可用痛泻要方。

泄殖腔/泄殖腔
xièzhíqiāng/ㄒㄧㄝˋ ㄓˊ ㄑㄧㄤ
cloaca
【动】某些动物(如鱼类、鸟类、两栖类、爬行动物等)的消化管、输尿管和生殖管最末端汇合处的空腔。有排粪、尿和生殖等作用。

卸料車 ㄒㄧㄝˋ ㄌㄧㄠˋ ㄔㄜ/xièliàochē
dumping car
【机】台湾名。即"自卸车"(1505页)。

榭/榭 xiè/ㄒㄧㄝˋ
pavilion on terrace
【建】原指建于高台上有柱无墙的敞屋。为木构建筑,供眺望、宴饮、行射用。汉以后不再建造。唐以后建于水边或水上,供人们游憩眺望的建筑称为水榭,通常平面长方形,四面开敞,或设窗扇。

榍石/榍石 xièshí/ㄒㄧㄝˋ ㄕˊ
sphene, titanite
【地】矿物。成分为 $CaTiSiO_4O$,常含钇和铈。单斜晶系。晶体常呈横切面为斜形的扁平柱状或板状,也呈粒状。黄色或浅褐色,有时见红、绿、黑色,玻璃光泽,莫氏硬度5～6,密度3.3～3.6克/厘米³。大量聚集时可用作提取钛的矿物原料,并可综合利用其中的钇、铈等。

薤 xiè/ㄒㄧㄝˋ
【植】即"藠头"(619页)。

小根蒜

薤白/薤白
xièbái/ㄒㄧㄝˋ ㄅㄞˊ

Bulbus Allii Macrostemonis （拉），longstamen onion bulb

【中医】中药名。百合科植物小根蒜 *Allium macrostemon* Bge.或薤 *A. chinensis* G.Don 的干燥鳞茎。味辛、苦，性温。归肺、胃、大肠经。通阳散结，行气导滞。用于胸痹疼痛，痰饮咳喘，泻痢后重。

蟹/蟹 xiè/ㄒㄧㄝˋ

crab

【动】通称“螃蟹”。甲壳动物名。十足目短尾次目各种的统称。身体分为头胸部和腹部，头胸部背面覆有甲壳，腹部扁平，眼有柄，足五对，前面的一对长成钳状，称螯，横着爬行，食性杂。种类很多，如毛蟹、青蟹、梭子蟹等。通常生活在淡水里的称河蟹，生活在海里的称海蟹。分布广泛。

xin （ㄒㄧㄣ）

心/心 xīn/ㄒㄧㄣ

heart

㊀【医】“心脏”的简称。㊁【中医】五脏之一。位居胸腔之内，膈之上，有心包卫护于外。与西医心脏不完全一致。中医认为其主要生理功能是主血脉、主神志，并与舌和汗液密切相关。

心包/心包 xīnbāo/ㄒㄧㄣ ㄅㄠ

pericardium

【医】覆盖于心脏、大血管根部的纤维浆膜囊。分为内侧的浆膜心包和外侧纤维心包两部分。浆膜心包分脏层和壁层包裹于心脏外表面，两层间隙内有浆液，起润滑作用，以防止心脏与胸腔摩擦。

心包络/心包絡

xīnbāoluò/ㄒㄧㄣ ㄅㄠ ㄌㄨㄛˋ

pericardium, * pericardiac network

【中医】心脏外围的包膜。上有脉络，可通行气血，具有保护心脏的作用。

心搏快速

ㄒㄧㄣ ㄅㄛˊ ㄎㄨㄞˋ ㄙㄨˋ/xīnbó kuàisù

tachycardia

【医】台湾名。即“心动过速”(1265 页)。

心电图/心電圖

xīndiàntú/ㄒㄧㄣ ㄉㄧㄢˋ ㄊㄨˊ

electrocardiogram

【医】通过心电描记器，从体表特定部位记录的，每个心动周期中由起搏点、心房、心室相继兴奋造成的心脏生物电电位变化而成的图形。为波形条纹，是心脏兴奋发生、传播及恢复过程的客观指标，可以帮助诊断心脏疾病。

心动过速/心搏快速

xīndòng guòsù/ㄒㄧㄣ ㄅㄛˊ ㄎㄨㄞˋ ㄙㄨˋ

tachycardia

【医】生理性、病理性原因导致成人心率超过 100 次/分的状态。因跑步、饮酒、重体力劳动及情绪激动而心率加快为生理性心动过速；因高热、贫血、甲亢、出血、疼痛、缺氧、心衰和患心肌病等而心率加快为病理性心动过速。

心动周期/心周期

xīndòng zhōuqī/ㄒㄧㄣ ㄓㄡ ㄑㄧˊ

cardiac cycle

【医】心脏每收缩和舒张一次所经历的过程。其长短与心率有关，以正常成人平均心率 75 次/分计，一个心动周期为 0.8 秒。

心房腔失調症候群

ㄒㄧㄣ ㄈㄤˊ ㄑㄧㄤ ㄕ ㄊㄧㄠˊ ㄓㄥˋ ㄏㄡˋ ㄑㄩㄣˊ/

xīnfángqiāng shītiáo zhènghòuqún

sick sinus syndrome, SSS

【医】台湾名。即“病态窦房结综合征”(74 页)。

心肺复苏/心肺復甦術

xīnfèi fùsū/ㄒㄧㄣ ㄈㄟˋ ㄈㄨˋ ㄙㄨ ㄕㄨˋ

cardiopulmonary resuscitation, CPR

【医】心跳、呼吸骤停后采取的旨在尽快恢复自主呼吸和循环功能的急救措施。

心肺復甦術

ㄒㄧㄣ ㄈㄟˋ ㄈㄨˋ ㄙㄨ ㄕㄨˋ/xīnfèi fùsūshù

cardiopulmonary resuscitation, CPR

【医】台湾名。即“心肺复苏”(1265 页)。

心功能不全/心功能不全

xīngōngnéng bùquán/

ㄒㄧㄣ ㄍㄨㄥ ㄋㄥˊ ㄅㄨˋ ㄑㄩㄢˊ

cardiac insufficiency

【医】因心脏结构或功能性疾病损伤心室充盈和/或射血能力引起的临床综合征。心脏舒缩功能异常，导致心脏泵出的血液达不到组织的需求。早期可通过代偿机制维持循环平衡，如心肌增生，提高前负荷等，反射性兴奋交感神经,激活肾素-血管紧张素-醛固酮系统及精氨酸加压素系统,使心功能处于代偿阶段。如病情继续发展,心输出量进一步减少,将进入心力衰竭阶段。

心合小肠/心合小腸
xīn hé xiǎocháng/ㄒㄧㄣ ㄏㄜˊ ㄒㄧㄠˇ ㄔㄤˊ
heart being connected with small intestine
【中医】脏腑相合之一。心与小肠相表里,手少阴心经与手太阳小肠经相互络属,构成心和小肠的阴阳表里相合关系。二者生理上相互配合,心主血,小肠主分清泌浊,奉心生血。病理上二者互相影响。

心肌/心肌 xīnjī/ㄒㄧㄣ ㄐㄧ
cardiac muscle
【医】肌组织的一种。由心肌纤维构成,分布于心壁和邻近心脏的大血管壁上。是心脏收缩的动力来源。
📖 心肌纤维呈不规则的短圆柱状,有分支,互连成网。多数心肌纤维有一个核,少数有双核。核呈卵圆形,位于细胞中央。心肌细胞呈明暗相间的周期性横纹。

心肌病/心肌症 xīnjībìng/ㄒㄧㄣ ㄐㄧ ㄓㄥˋ
cardiomyopathy
【医】由各种原因引起的伴有心肌机械或心电活动障碍的一组疾病。常表现为心室肥厚或扩张,可导致心功能不全。

心肌炎/心肌炎 xīnjīyán/ㄒㄧㄣ ㄐㄧ ㄧㄢˊ
myocarditis
【医】各种感染、自身免疫反应及理化因素引起的心肌肌层的局限性或弥漫性的炎性病变。可有胸闷、心前区隐痛、心悸、气急、头痛、头晕等症状。轻者可仅出现心电的 ST-T 改变,无症状,重者可在短期内出现心力衰竭。

心肌症 ㄒㄧㄣ ㄐㄧ ㄓㄥˋ/xīnjīzhèng
cardiomyopathy
【医】台湾名。即"心肌病"(1266 页)。

心悸/心悸 xīnjì/ㄒㄧㄣ ㄐㄧˋ
㊀ palpitation, cardiopalmus, tremor cordis, ㊁ palpitation
㊀【医】自我感觉心跳快而强,伴有心前区不适,甚至心中恐慌不能自主的症状。㊁【中医】中医内科疾病之一。多因气血虚弱、痰饮内停、气郁血瘀等所致,常见自觉心跳,惊慌不安,不能自主等主症。阳虚气弱者,治宜温阳益气,用小建中汤、真武汤等方;阴血不足,血不养心者,治宜养血补心,用四物汤、朱砂安神丸等方;水饮内停,水气凌心者,治宜通阳化饮,用苓桂术甘汤合小半夏汤加减;痰郁者,治宜涤痰定悸,用温胆汤、茯苓饮子、简要济众方等;气滞血瘀者,治宜活血理气,用血腑逐瘀汤、失笑散等方。以心跳剧烈,不能自安,而又持续不断为主要表现的心悸,称为怔忡,虚者居多,或见虚实夹杂,治宜补虚为主或标本兼治。心悸,另作症状解。

心绞痛/心絞痛
xīnjiǎotòng/ㄒㄧㄣ ㄐㄧㄠˇ ㄊㄨㄥˋ
angina pectoris
【医】因冠状动脉供血不足,心肌急剧暂时缺血、缺氧所引起的临床综合征。症状为发作性胸骨后或心前区疼痛,可放射至上肢,常发生于劳动或情绪激动时,每次发作3～5分钟。

心節律 ㄒㄧㄣ ㄐㄧㄝˊ ㄌㄩˋ/xīnjiélǜ
cardiac rhythm
【医】台湾名。即"心律"(1268 页)。

心境/心境 xīnjìng/ㄒㄧㄣ ㄐㄧㄥˋ
mood
【心】持续时间较长的、具有弥散性的情绪状态。是一种缓和而微弱的情绪体验,并不指向特定对象,而在相当长的一段时间内,使人的整个心理活动都染上某种情绪色彩,并扩散到其他体验和活动上,影响到人的整个行为表现。

心理/心理 xīnlǐ/ㄒㄧㄣ ㄌㄧˇ
mind
【心】实践活动中人脑对客观现实的主观反映。是物质长期演变、进化的结果,是脑的功能。客观现实是心理活动内容的源泉,心理活动受到客观现实的制约,又具有积极的主观能动性,在实践中不断地发生和发展。

心理测量学/心理計量學
xīnlǐ cèliángxué/ㄒㄧㄣ ㄌㄧˇ ㄐㄧˋ ㄌㄧㄤˊ ㄒㄩㄝˊ
psychometrics
【心】又称"测量心理学"。心理学的一个分支。以心理学和统计学为基础,论述各类心理测量的一般编制原理及实施、计分、解释的标准化方法。内容包括实验室运用心理物理法进行测量;使用各种量表、问卷,对人的心理活动进行测量;编制、研究、解释有关标准化测验工具;测验理论的探讨;运用计算机技术和软件对心理测量的结果进行数据处理、分析和预测等。

心理测验/心理測驗

xīnlǐ cèyàn/ㄒㄧㄣ ㄌㄧˇ ㄘㄜˋ ㄧㄢˋ

mental test, psychological test

【心】根据客观的标准化程序测量个体的某种行为,以判定个别差异的测试和检验。用于考查人的各种心理特征(包括心理过程、个性、能力等)。正规的心理测验包括四个要素:信度和效度、行为样组、标准化、难度。

心理創傷

ㄒㄧㄣ ㄌㄧˇ ㄔㄨㄤ ㄕㄤ/xīnlǐ chuāngshāng

psychic trauma

【心】台湾名。即“精神创伤”(644 页)。

心理定势/心理定勢

xīnlǐ dìngshì/ㄒㄧㄣ ㄌㄧˇ ㄉㄧㄥˋ ㄕˋ

mental set

【心】台湾又称“心向”。由先前活动所形成并影响后继活动趋势的心理准备状态。在思维活动中表现为易采用的习惯方式来解决问题的倾向。其作用在问题解决中有积极与消极之分。积极的定势会促进问题的有效解决,消极的定势则对问题的解决产生障碍。

心理分析 xīnlǐ fēnxī/ㄒㄧㄣ ㄌㄧˇ ㄈㄣ ㄒㄧ

【心】即“精神分析”(644 页)。

心理辅导/心理輔導

xīnlǐ fǔdǎo/ㄒㄧㄣ ㄌㄧˇ ㄈㄨˇ ㄉㄠˇ

psychological guidance

【心】指运用以心理学为主的多种学科的理论与技术,通过诱发辅导对象(有心理问题或无心理问题)自我教育的力量,协助其克服各种已存在的或预防可能发生的心理问题,充分发掘内在潜能,促进心理健康的过程。

心理活动/心智活動

xīnlǐ huódòng/ㄒㄧㄣ ㄓˋ ㄏㄨㄛˊ ㄉㄨㄥˋ

mental activity

【心】有机体在内部条件下直接释放的内隐性活动,是从事外显活动的准备与能力。

心理疾病/心理疾病

xīnlǐ jíbìng/ㄒㄧㄣ ㄌㄧˇ ㄐㄧˊ ㄅㄧㄥˋ

mental illness

【心】多种心理障碍的集中或综合表现。多种心理障碍是作为心理疾病的症状群,集中或综合表现在某种心理疾病之中。如单一的心理障碍比较突出,具有明显的稳固性和病态性,也可构成心理疾病。

心理疾患 ㄒㄧㄣ ㄌㄧˇ ㄐㄧˊ ㄏㄨㄢˋ/xīnlǐ jíhuàn

mental disorder

【心】台湾名。即“心理障碍”(1268 页)。

心理計量學

ㄒㄧㄣ ㄌㄧˇ ㄐㄧˋ ㄌㄧㄤˊ ㄒㄩㄝˊ/xīnlǐ jìliàngxué

psychometrics

【心】台湾名。即“心理测量学”(1266 页)。

心理健康/心理健康

xīnlǐ jiànkāng/ㄒㄧㄣ ㄌㄧˇ ㄐㄧㄢˋ ㄎㄤ

mental health

【心】又称“心理卫生”“精神卫生”。一种持续的积极发展的心理状况。基本心理活动协调一致,即认知、情感、意志、行为和人格完整协调,个体在这种状况下能具有良好的适应,充分发挥身心潜能,而不仅仅是没有心理疾病。其基本标准是智力正常、情感积极、意志良好、人际和谐、自我悦纳、符合年龄。

心理抗拒 ㄒㄧㄣ ㄌㄧˇ ㄎㄤˋ ㄐㄩˋ/xīnlǐ kàngjù

psychological reactance

【心】台湾名。即“心理逆反”(1267 页)。

心理量表/心理量表

xīnlǐ liángbiǎo/ㄒㄧㄣ ㄌㄧˇ ㄌㄧㄤˊ ㄅㄧㄠˇ

mental scale

【心】按照某种维度来确定个人心理功能水平的评定设计或测验。

心理逆反/心理抗拒

xīnlǐ nìfǎn/ㄒㄧㄣ ㄌㄧˇ ㄎㄤˋ ㄐㄩˋ

psychological reactance

【心】又称“逆反心理”。当客观环境与自身需要不相符时,为维护自尊而做出与通常相反的态度和言行的心理状态。常带有强烈的偏执的抵触情绪色彩。具有明显的年龄特征,是青少年期普遍存在的心理现象。

心理年龄/心理年齡

xīnlǐ niánlíng/ㄒㄧㄣ ㄌㄧˇ ㄋㄧㄢˊ ㄌㄧㄥˊ

mental age, MA

【心】又称“智力年龄”,台湾又称“心智年齡”。由某种智力测验测得的智力发展水平。正常人的心理年龄应与实际年龄相当。

心理社会应激/心理社會壓力
xīnlǐ shèhuì yìngjī/
ㄒㄧㄣ ㄌㄧˇ ㄕㄜˋ ㄏㄨㄟˋ ㄧㄥˋ ㄐㄧ
psychosocial stress
【心】人在受到现实社会环境中的躯体、生理、心理、社会等各种外来刺激时心理适应的状态和能力。动机、紧张度、兴奋度等是心理社会应激的外部表现。

心理社會壓力
ㄒㄧㄣ ㄌㄧˇ ㄕㄜˋ ㄏㄨㄟˋ ㄧㄚ ㄌㄧˋ/xīnlǐ shèhuì yālì
psychosocial stress
【心】台湾名。即“心理社会应激”(1268 页)。

心理卫生
xīnlǐ wèishēng/ㄒㄧㄣ ㄌㄧˇ ㄨㄟˋ ㄕㄥ
【心】即“心理健康”(1267 页)。

心理现象/心理現象
xīnlǐ xiànxiàng/ㄒㄧㄣ ㄌㄧˇ ㄒㄧㄢˋ ㄒㄧㄤˋ
mental phenomenon
【心】人脑对客观世界反映的过程。通常分为心理过程和个性心理特征两类。前者研究心理活动的共性,后者研究心理活动的差异性。在心理过程和个性心理特征之间还有一种过渡状态,即心理状态。故也可分为心理过程、个性心理特征和心理状态三种表现形式。

心理性依赖
ㄒㄧㄣ ㄌㄧˇ ㄒㄧㄥˋ ㄧ ㄌㄞˋ/xīnlǐxìng yīlài
psychological dependence
【心】台湾名。即“心理依赖”(1268 页)。

心理学/心理學
xīnlǐxué/ㄒㄧㄣ ㄌㄧˇ ㄒㄩㄝˊ
psychology
【心】研究心理现象的发生、发展及其规律的学科。解释、研究心理现象的发生与发展,揭示其本质和发展规律,有效地掌握心理学的原则和方法,可以调节和控制人的心理活动和行为,并据此预测心理活动,提高活动效率。

心理依赖/心理性依賴
xīnlǐ yīlài/ㄒㄧㄣ ㄌㄧˇ ㄒㄧㄥˋ ㄧ ㄌㄞˋ
psychological dependence
【心】个体渴望不断使用某种药物以满足自身情绪上的需要。如欣快、迷幻等。

心理障碍/心理疾患
xīnlǐ zhàng'ài/ㄒㄧㄣ ㄌㄧˇ ㄐㄧˊ ㄏㄨㄢˋ
mental disorder
【心】广义上指心理异常。狭义上指心理异常表现中的一种类型,即心理失常。通常是一般心理问题的累积、迁延、演变的表现和结果,特点是:与特定情景无必然联系;持久性与特异性;有心理状态的病理性变化。

心理治疗/心理治療
xīnlǐ zhìliáo/ㄒㄧㄣ ㄌㄧˇ ㄓˋ ㄌㄧㄠˊ
psychotherapy
【心】有目的地运用心理学的理论、措施和技术,以影响、治疗患有心理疾病的对象,促使其认知、行为、情绪或人格等发生改变,从而去除症状、适应环境、健全人格的过程。

心理状态/心理狀態
xīnlǐ zhuàngtài/ㄒㄧㄣ ㄌㄧˇ ㄓㄨㄤˋ ㄊㄞˋ
mental state
【心】台湾又称“心智狀態”。介于不断变化的暂时性的心理过程与稳定的个性心理特征之间的心理活动。是心理过程与个性心理特征的统一,是人在特定环境、特定时刻的心理活动的表现。如思维的敏锐性、注意的分配、情绪的应激状态、意志的自控力等。

心理咨询/心理諮詢
xīnlǐ zīxún/ㄒㄧㄣ ㄌㄧˇ ㄗ ㄒㄩㄣˊ
psychological counselling
【心】通过人际关系,应用心理学原理和方法,给来访者以帮助、启发和教育,改变其认知、情感和态度等,促进来访者人格发展和改善社会适应能力、增进心理健康的过程。精神分析、行为主义和人本主义等心理学流派的理论对心理咨询影响最大。

心力衰竭/心臟衰竭
xīnlì shuāijié/ㄒㄧㄣ ㄗㄤˋ ㄕㄨㄞ ㄐㄧㄝˊ
heart failure
【医】心脏泵血功能降低,排血量不能满足器官及组织代谢需要的异常状态。症状为呼吸困难、喘息、水肿等。

心律/心節律 xīnlǜ/ㄒㄧㄣ ㄐㄧㄝˊ ㄌㄩˋ
cardiac rhythm
【医】❶心跳的节奏。正常心脏的收缩有力、有序,节律均匀。患心脏病或心脏神经调节功能不正常时,出现心跳不规律、无序状态,称为“心律失常”或“心律不齐”。❷在台湾,心律也指“心率”(1269 页)。

心律不齐
xīnlǜ bùqí/ㄒㄧㄣ ㄌㄩˋ ㄅㄨˋ ㄑㄧˊ
【医】即“心律失常”(1269 页)。

心律不整
ㄒㄧㄣ ㄌㄩˋ ㄅㄨˋ ㄓㄥˇ/xīnlǜ bùzhěng
arrhythmia
【医】台湾名。即“心律失常”(1269 页)。

心律失常/心律不整
xīnlǜ shīcháng/ㄒㄧㄣ ㄌㄩˋ ㄅㄨˋ ㄓㄥˇ
arrhythmia
【医】又称“心律不齐”。心脏自律性异常或传导障碍引起的心动过速、心动过缓或心跳不规律等异常表现。轻度心律失常无症状者不需治疗；重者，尤其是有其他严重疾病者必须积极进行治疗，乃至抢救。

心率/心律 xīnlǜ/ㄒㄧㄣ ㄌㄩˋ
heart rate
【医】心脏跳动的频率。通常用每分钟的心跳次数表示。正常成人安静时心率为 60～100 次/分，新生儿的心率可超过 140 次/分。女性略快于男性。运动、情绪激动及妇女怀孕时心率加快。

心排血量/心輸出量
xīnpáixuèliàng/ㄒㄧㄣ ㄕㄨ ㄔㄨ ㄌㄧㄤˋ
cardiac output
【医】又称“心输出量”。每分钟由一侧心室收缩射出的血量。正常成年人安静时的心输出量约为 5 升/分。

心皮/心皮 xīnpí/ㄒㄧㄣ ㄆㄧˊ
carpel
【植】构成雌蕊的基本单位。一朵花中雌蕊仅由一个心皮组成的称单雌蕊，一个雌蕊由多个心皮联合形成的称合生雌蕊(复雌蕊)。心

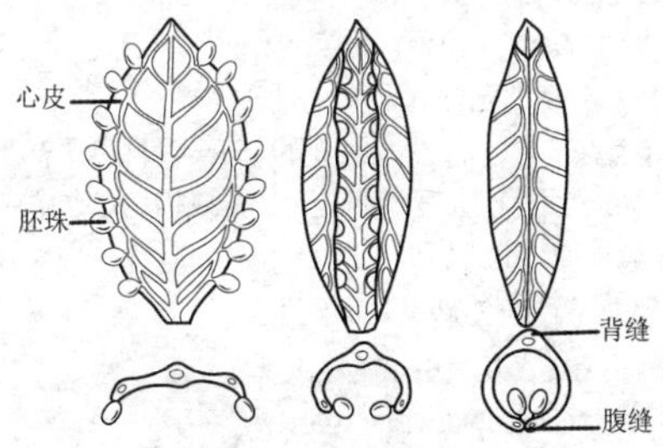

心皮示意图

皮边缘愈合处的缝线称腹缝，心皮中肋处称背缝。

心气虚证/心氣虛證
xīnqìxūzhèng/ㄒㄧㄣ ㄑㄧˋ ㄒㄩ ㄓㄥˋ
syndrome of deficiency of heart qi,
* pattern of heart qi vacuity
【中医】中医证候之一。心气亏虚，无力鼓动所致，以心悸气短，神疲乏力，动则加重，自汗，面白舌淡，脉虚等为常见症。

心情符號
ㄒㄧㄣ ㄑㄧㄥˊ ㄈㄨˊ ㄏㄠˋ/xīnqíng fúhào
emotion
【信息】台湾名。即“情绪符”(920 页)。

心身疾病/身心病
xīnshēn jíbìng/ㄕㄣ ㄒㄧㄣ ㄅㄧㄥˋ
psychosomatic disease
【心】由于认识和情绪等心理原因引起的躯体疾病。比心身障碍更为严重，且会因心理异常导致生理异常。

心身障碍/心身症
xīnshēn zhàng'ài/ㄒㄧㄣ ㄕㄣ ㄓㄥˋ
psychosomatic disorder
【心】泛指任何由于认识和情绪等心理原因引起的躯体功能障碍。在一定程度上是心理的障碍。

心身症
ㄒㄧㄣ ㄕㄣ ㄓㄥˋ/xīnshēnzhèng
psychosomatic disorder
【心】台湾名。即“心身障碍”(1269 页)。

心舒壓 ㄒㄧㄣ ㄕㄨ ㄧㄚ/xīnshūyā
diastolic pressure
【医】台湾名。即“舒张压”(1046 页)。

心输出量/心輸出量
xīnshūchūliàng/ㄒㄧㄣ ㄕㄨ ㄔㄨ ㄌㄧㄤˋ
【医】即“心排血量”(1269 页)。

心向 ㄒㄧㄣ ㄒㄧㄤˋ/xīnxiàng
mental set
【心】台湾名。即“心理定势”(1267 页)。

心血虚证/心血虛證
xīnxuèxūzhèng/ㄒㄧㄣ ㄒㄧㄝˇ ㄒㄩ ㄓㄥˋ
syndrome of deficiency of heart blood
【中医】中医证候之一。心血亏虚，心脏、心神

失养所致,以心悸,头晕,多梦,健忘,面色淡白或萎黄,唇舌色淡,脉细等为常见症。

心阳虚证/心陽虚證
xīnyángxūzhèng/ㄒㄧㄣ ㄧㄤˊ ㄒㄩ ㄓㄥˋ
syndrome of deficiency of heart yang, * pattern of heat yang vacuity, * syndrome of heart yang deficiency
【中医】中医证候之一。心阳虚衰,温运失职所致,以心悸怔忡,心胸憋闷而喘,畏冷肢凉,面色㿠白,或见下肢浮肿,唇舌色暗,苔白滑,脉弱或结或代等为常见症。

心因性呼吸困難
ㄒㄧㄣ ㄧㄣ ㄒㄧㄥˋ ㄏㄨ ㄒㄧ ㄎㄨㄣˋ ·ㄋㄢ/
xīnyīnxìng hūxī kùnnan
cardiac dyspnea
【医】台湾名。即"心源性呼吸困难"(1270 页)。

心因性氣喘
ㄒㄧㄣ ㄧㄣ ㄒㄧㄥˋ ㄑㄧˋ ㄔㄨㄢˇ/xīnyīnxìng qìchuǎn
cardiac asthma
【医】台湾名。即"心源性哮喘"(1270 页)。

心阴虚证/心陰虚證
xīnyīnxūzhèng/
ㄒㄧㄣ ㄧㄣ ㄒㄩ ㄓㄥˋ
syndrome of deficiency of heart yin, * heart yin vacuity pattern
【中医】中医证候之一。心阴亏损,心脏、心神失养所致,以心悸心烦,失眠多梦,头晕健忘,潮热,盗汗,舌红少苔,脉细数(shuò)等为常见症。

心音/心音 xīnyīn/ㄒㄧㄣ ㄧㄣ
heart sound
【医】心脏搏动时,心室壁、瓣膜或大血管壁振动产生的声音。

心源性呼吸困难/心因性呼吸困難
xīnyuánxìng hūxī kùnnan/
ㄒㄧㄣ ㄧㄣ ㄒㄧㄥˋ ㄏㄨ ㄒㄧ ㄎㄨㄣˋ ·ㄋㄢ
cardiac dyspnea
【医】主要由左心衰竭引起,自觉呼吸时空气不足,呼吸费力的状态。发生呼吸困难的主要原因是肺淤血,导致肺循环毛细血管压升高,组织液聚集在肺泡和肺组织间隙中,形成肺水肿,影响肺泡壁毛细血管的气体交换,妨碍肺的扩张和收缩,引起通气和换气的功能异常,致使肺泡内氧分压降低和二氧化碳分压升高,刺激和兴奋呼吸中枢,使人感觉呼吸费力。

心源性哮喘/心因性氣喘
xīnyuánxìng xiàochuǎn/
ㄒㄧㄣ ㄧㄣ ㄒㄧㄥˋ ㄑㄧˋ ㄔㄨㄢˇ
cardiac asthma
【医】急性左心衰竭的特征性症状。主要表现为夜间突然出现气急、端坐呼吸、发绀、烦躁不安、大汗淋漓、刺激性咳嗽、咯粉红色泡沫痰。坐起后呼吸困难可缓解。

心雜音 ㄒㄧㄣ ㄗㄚˊ ㄧㄣ/xīnzáyīn
cardiac murmur
【医】台湾名。即"心脏杂音"(1270 页)。

心脏/心臟 xīnzàng/ㄒㄧㄣ ㄗㄤˋ
heart
【医】简称"心"。体内推动血液循环的肌性器官。外形呈指向左下前方向的桃形,大小如本人的拳头,位于横膈之上,两肺间而偏左。分为左心房、左心室、右心房、右心室四个腔。心房与心室之间有瓣膜,心室与主动脉、肺动脉之间有瓣膜,这些瓣膜使血液只能由心房流入心室,由心室流入动脉,而不能倒流。心脏搏动推动血液流动,血液给器官、组织提供氧和各种营养物质,并带走代谢产物,或进行气体交换,使全身细胞维持正常的代谢和功能。成年人的心脏重约 300 克,每分钟泵血约 5 升。

心脏瓣膜病/心臟瓣膜疾病
xīnzàng bànmóbìng/
ㄒㄧㄣ ㄗㄤˋ ㄅㄢˋ ㄇㄛˊ ㄐㄧˊ ㄅㄧㄥˋ
valvular heart disease
【医】各种原因引起的心脏瓣膜损害,导致功能失常、血流动力学变化等,继而引起一系列临床症状的心脏病。

心脏杂音/心雜音
xīnzàng záyīn/ㄒㄧㄣ ㄗㄚˊ ㄧㄣ
cardiac murmur
【医】正常心音以外出现的非心音性的嘈杂声音。可因心脏瓣膜病变、中隔缺损、大动脉狭窄等原因造成。

心臟瓣膜疾病
ㄒㄧㄣ ㄗㄤˋ ㄅㄢˋ ㄇㄛˊ ㄐㄧˊ ㄅㄧㄥˋ/
xīnzàng bànmó jíbìng
valvular heart disease

【医】台湾名。即“心脏瓣膜病”(1270 页)。

心臟衰竭

ㄒㄧㄣ ㄗㄤˋ ㄕㄨㄞ ㄐㄧㄝˊ/xīnzàng shuāijié

heart failure

【医】台湾名。即“心力衰竭”(1268 页)。

心智活動

ㄒㄧㄣ ㄓˋ ㄏㄨㄛˊ ㄉㄨㄥˋ/xīnzhì huódòng

mental activity

【心】台湾名。即“心理活动”(1267 页)。

心智技能/心智技能

xīnzhì jìnéng/ㄒㄧㄣ ㄓˋ ㄐㄧˋ ㄋㄥˊ

【心】即“智力技能”(1454 页)。

心智年齡

ㄒㄧㄣ ㄓˋ ㄋㄧㄢˊ ㄌㄧㄥˊ/xīnzhì niánlíng

mental age, MA

【心】台湾名。即“心理年龄”(1267 页)。

心智狀態

ㄒㄧㄣ ㄓˋ ㄓㄨㄤˋ ㄊㄞˋ/xīnzhì zhuàngtài

mental state

【心】台湾名。即“心理状态”(1268 页)。

心周期 ㄒㄧㄣ ㄓㄡ ㄑㄧ/xīnzhōuqī

cardiac cycle

【医】台湾名。即“心动周期”(1265 页)。

芯片/晶片 xīnpiàn/ㄐㄧㄥ ㄆㄧㄢˋ

chip

【信息】❶用作电子元器件载体的半导体微小基片。❷半导体基片上的集成电路。是计算机上各种板、卡(主板、处理器、存储器等)的重要组成部分。

辛/辛 xīn/ㄒㄧㄣ

pungent, * acrid

【中医】中药五味之一。能散,能行。大部分辛味药口尝有辛味。例如,麻黄、薄荷能散表邪,半夏、天南星能散结化痰,木香、香附能行气,川芎、乳香能活血化瘀,均属辛味药。

辛烷值/辛烷值

xīnwánzhí/ㄒㄧㄣ ㄨㄢˊ ㄓˊ

octane number

【化】衡量汽油在气缸中燃烧时的抗爆性指标。通常规定正庚烷的辛烷值为 0,异辛烷的辛烷值为 100。如某种汽油抗爆性和 90%(体积)异辛烷加 10%正庚烷配置的基准燃料相同,该汽油辛烷值定为 90。汽油辛烷值越高,抗爆性越好。

辛温解表/辛溫解表

xīnwēn jiěbiǎo/ㄒㄧㄣ ㄨㄣ ㄐㄧㄝˇ ㄅㄧㄠˇ

relieving superficies syndrome with pungent and warm natured drugs, * resolve the exterior with warmth and acridity

【中医】又称“疏风散寒”。解表法的一种。用性味辛温,具有疏风散寒作用的方药治疗风寒表证。

辛夷/辛夷 xīnyí/ㄒㄧㄣ ㄧˊ

Flos Magnoliae(拉), biond magnolia flower-bud

【中医】中药名。木兰科植物望春玉兰 *Yulania biondii* (Pamp.)D. L. Fu、玉兰 *Y. denudata* (Desr.)D. L. Fu 或武当玉兰 *Y. sprengeri* (Pamp.)D. L. Fu 的干燥花蕾。味辛,性温。归肺、胃经。散风寒,通鼻窍。用于风寒头痛,鼻塞,鼻渊,鼻流浊涕。

📖 辛夷因形似毛笔,又称为木笔花。初春开放,是一种著名的观赏植物。

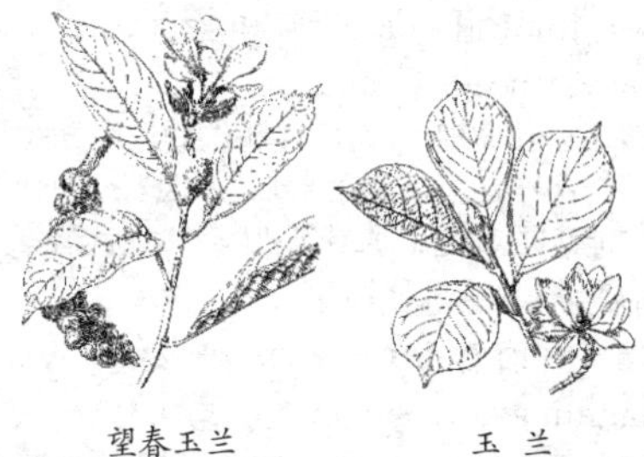

望春玉兰　　玉 兰

锌/鋅 xīn/ㄒㄧㄣ

zinc

【化】金属元素。属周期表第ⅡB 族,符号 Zn,原子序数 30。原子量 65.38。自然界主要存在于铅锌矿中,常与铅、汞、银、镉共生。单质为蓝白色金属,有延展性,在空气中易氧化,表面形成氧化物保护层,与酸、强碱和氨水作用时放出氢气。可用于制造合金、干电池等。

📖 中国古代就发现了锌,当初称为“倭铅”,因其“似铅而性猛”。1617 年,欧洲人才无意间得到锌。拉丁文定名为 zincum,源自德文 Zink,意思是“像锡”。中文定名为“锌”,是形声字。

新陈代谢/代謝
xīnchén dàixiè/ㄉㄞˋ ㄒㄧㄝˋ
metabolism
【生】简称"代谢"。生物体从外界取得生活必需物质,通过物理、化学作用变成生物体有机组成部分,供给生长、发育,同时产生能量维持生命活动,并把废物排出体外的新物质代替旧物质的过程。新陈代谢一旦停止,生命也随之停止。

新大陆/新大陸
Xīndàlù/ㄒㄧㄣ ㄉㄚˋ ㄌㄨˋ
New World
【地】美洲的别称。因其是 15 世纪以后才由欧洲人殖民的,故名。

新第三紀 ㄒㄧㄣ ㄉㄧˋ ㄙㄢ ㄐㄧˋ/xīndìsānjì
Neogene Period
【地】台湾名。即"新近纪"(1272 页)。

新第三系 ㄒㄧㄣ ㄉㄧˋ ㄙㄢ ㄒㄧˋ/xīndìsānxì
Neogene System
【地】台湾名。即"新近系"(1272 页)。

新概念武器/新概念武器
xīngàiniàn wǔqì/ㄒㄧㄣ ㄍㄞˋ ㄋㄧㄢˋ ㄨˇ ㄑㄧˋ
new concept weapon
【军】工作原理、毁伤机理和作战运用方式与传统武器有显著不同的高技术武器。包括定向能武器、动能武器、计算机网络攻防武器等。

新疆歌鸲/新疆歌鴝
Xīnjiāng gēqú/ㄒㄧㄣ ㄐㄧㄤ ㄍㄜ ㄑㄩˊ
nightingale, philomel
【动】*Luscinia megarhynchos*。又称"夜莺"。鸟名。雀形目鹟歌鸲属。体形大小像麻雀,身体上部赤褐色,下部灰白色,尾羽棕色,动作灵活,多在夜间鸣叫。栖息于树丛间,以昆虫、蠕虫等为食。主要分布在西欧。中国长江以南多见分布。

新近纪/新第三紀
xīnjìnjì/ㄒㄧㄣ ㄉㄧˋ ㄙㄢ ㄐㄧˋ
Neogene Period
【地】新生代的第二个纪。从距今约 2303 万年开始,至距今 181 万年结束。按时间早晚顺序,分为中新世和上新世。植物界面貌已接近现代。淡水介形类和海生小型有孔虫繁盛,哺乳动物形体趋于增大。

新近系/新第三系
xīnjìnxì/ㄒㄧㄣ ㄉㄧˋ ㄙㄢ ㄒㄧˋ
Neogene System
【地】新生界的第二个系。是新近纪时期形成的地层。

新近效應
ㄒㄧㄣ ㄐㄧㄣˋ ㄒㄧㄠˋ ㄧㄥˋ/xīnjìn xiàoyìng
recency effect
【心】台湾名。即"近因效应"(637 页)。

新生代/新生代
xīnshēngdài/ㄒㄧㄣ ㄕㄥ ㄉㄞˋ
Cenozoic Era
【地】显生宙的第三个代。地球历史上最新的一个地质时代,从距今约 6550 万年至今。按时间早晚的顺序,分为古近纪、新近纪和第四纪。

📖 新生代时全球的海陆分布及生物面貌与现代渐趋一致。植物界中被子植物繁盛,动物界中恐龙类已经灭绝,鸟类繁盛,人类出现。有强烈的地壳运动,形成了喜马拉雅山脉、阿尔卑斯山脉、安第斯山脉等一系列山系。在更新世时有全球范围的大冰期。

新生儿/新生兒
xīnshēng'ér/ㄒㄧㄣ ㄕㄥ ㄦˊ
newborn
【医】出生以后不满 28 天的婴儿。

新生界/新生界
xīnshēngjiè/ㄒㄧㄣ ㄕㄥ ㄐㄧㄝˋ
Cenozoic Erathem
【地】显生宇的第三个界。是新生代时期形成的地层。

新生态
xīnshēngtài/ㄒㄧㄣ ㄕㄥ ㄊㄞˋ
【化】即"初生态"(139 页)。

新闻组/新聞群組
xīnwénzǔ/ㄒㄧㄣ ㄨㄣˊ ㄑㄩㄣˊ ㄗㄨˇ
newsgroup
【信息】个人向新闻服务器投递邮件的集合。同一新闻组的邮件多具有共同主题,例如体育新闻组、幽默笑话新闻组。

新聞群組
ㄒㄧㄣ ㄨㄣˊ ㄑㄩㄣˊ ㄗㄨˇ/xīnwén qúnzǔ

newsgroup

【信息】台湾名。即“新闻组”(1272 页)。

新星/新星　xīnxīng/ㄒㄧㄣ ㄒㄧㄥ

nova

【天】一类光度会出现爆发性增大的变星。爆发前通常很暗,爆发时突然增亮,曾被误认为是新生的恒星,故名。其亮度在几天或几星期内上升至极大,然后缓慢下降,经几月或几年回复到原先的亮度。目前认为新星是吸积伴星物质的白矮星,在银河系内已发现 200 多颗新星。

新艺术运动/新藝術運動

Xīnyìshù Yùndòng/

ㄒㄧㄣ ㄧˋ ㄕㄨˋ ㄩㄣˋ ㄉㄨㄥˋ

Art-nouveau Movement

【建】19 世纪末在欧洲和美国开展的一场艺术运动。尝试改革过分装饰的贵族风格,适应来势汹汹的工业革命,成为传统设计与现代设计承上启下的重要阶段。装饰主题模仿自然界的动植物,突出表现曲线和有机形态,走完全的自然风格,接受钢铁、玻璃等新材料,探索适应时代技术,体现时代精神的简化形式。

新资源食品/新資源食品

xīnzīyuán shípǐn/ㄒㄧㄣ ㄗ ㄩㄢˊ ㄕˊ ㄆㄧㄣˇ

new resource food

【轻】在中国首次研制、发现或引进的,无食用习惯或仅在个别地区有食用习惯,符合食品基本要求的物品。其生产、经营由卫生部门审批。试生产的新资源食品,广告宣传和包装上,须在显著位置标明“新资源食品”字样及试生产批准文号。

囟门　xìnmén/ㄒㄧㄣˋ ㄇㄣˊ

【医】即“颅囟”(756 页)。

信道/信道　xìndào/ㄒㄧㄣˋ ㄉㄠˋ

channel

【信息】又称“通路”。通信系统中信息的通道。即两点之间用来收发信号的单向或多向电路。

信道接入/通道存取

xìndào jiērù/ㄊㄨㄥ ㄉㄠˋ ㄘㄨㄣˊ ㄑㄩˇ

channel access

【信息】网络系统中用来连接至少两条计算机数据信道的方法。

信道容量/通道容量

xìndào róngliàng/ㄊㄨㄥ ㄉㄠˋ ㄖㄨㄥˊ ㄌㄧㄤˋ

channel capacity

【信息】给定信道在特定约束下从规定的信源发送消息能力的度量,即信道每秒钟能传送的最大信息数量。

信管　xìnguǎn/ㄒㄧㄣˋ ㄍㄨㄢˇ

【军】即“引信”(1351 页)。

信号/訊號　xìnhào/ㄒㄩㄣˋ ㄏㄠˋ

signal

【信息】通信中用来传递信息的光、电波、声音、动作等表示量。指可使其中至少一个量发生变化,以此表示收发的信息。

信号发生器/信號產生器

xìnhào fāshēngqì/ㄒㄧㄣˋ ㄏㄠˋ ㄔㄢˇ ㄕㄥ ㄑㄧˋ

signal generator

【电】产生规定的电信号且其特性通常为可调的装置或器件。

信号设备/信號設備

xìnhào shèbèi/ㄒㄧㄣˋ ㄏㄠˋ ㄕㄜˋ ㄅㄟˋ

signal appliance

【船】船舶用于对外发出各种视觉和听觉信号的设备的统称。包括号灯、号型、号旗、烟火信号器具和音响信号器具等。船舶上设置信号设备以供舰船之间或船、岸之间相互联络和了解彼此状态或操作意图,并用以防止碰撞和用于呼救、求救。

信号噪声比

xìnhào-zàoshēngbǐ/

ㄒㄧㄣˋ ㄏㄠˋ ㄗㄠˋ ㄕㄥ ㄅㄧˇ

【物】“信噪比”的全称。

信號產生器

ㄒㄧㄣˋ ㄏㄠˋ ㄔㄢˇ ㄕㄥ ㄑㄧˋ/

xìnhào chǎnshēngqì

signal generator

【电】台湾名。即“信号发生器”(1273 页)。

信號方式

ㄒㄧㄣˋ ㄏㄠˋ ㄈㄤ ㄕˋ/xìnhào fāngshì

signaling

【信息】台湾名。即“信令”(1273 页)。

信令/信號方式

xìnlìng/ㄒㄧㄣˋ ㄏㄠˋ ㄈㄤ ㄕˋ

signaling

【信息】为在电信网的两个实体之间建立和控制接续而专门传输的信息。

信念/信念 xìnniàn/ㄒㄧㄣˋ ㄋㄧㄢˋ

belief

【心】人对自己和外界的主观认识和所遵循的原则和理想的信仰。通常是人自认为是可以确信的一种看法。信念以理想为中心,来自于直接经验、间接经验和推论,但是否可靠则取决于许多复杂的条件。

信使核糖核酸/傳訊 RNA

xìnshǐ hétáng hésuān/

ㄔㄨㄢˊ ㄒㄩㄣˋ RNA

messenger RNA, mRNA

【生】台湾又称"訊息 RNA"。核糖核酸的一种。是蛋白质的合成模板。以脱氧核糖核酸为模板合成,将脱氧核糖核酸的遗传信息翻译、携带、转运至蛋白质上。

信宿/信宿 xìnsù/ㄒㄧㄣˋ ㄙㄨˋ

sink

【信息】通信中接收从另一部件(信源)发来信息的部件。

信天翁/信天翁

xìntiānwēng/ㄒㄧㄣˋ ㄊㄧㄢ ㄨㄥ

shorttailed albatross

【动】鸟名。鹱形目信天翁科各种的统称。身体大,展翅可达 3 米以上,是飞行鸟类中体形最大的,鼻孔呈管状,左右分开,身体羽毛白色,翅膀黑色,趾间有蹼。栖息于海边,能游泳,善滑翔,捕食鱼类等。种类很多,主要分布于南半球海域,中国沿海有短尾信天翁和黑脚信天翁。是世界濒危物种,中国珍稀动物。

信天翁

信息/資訊 xìnxī/ㄗ ㄒㄩㄣˋ

information

【总】通常指音讯、消息,泛指人类社会传播的一切内容。通信系统上指传输和处理的对象。是客观事物状态和运动特征的一种普遍形式。表现形式多种多样,可以通过声音、语言、文字、符号、图像、气味等来表示其具体内容。

信息安全/資訊安全

xìnxī ānquán/ㄗ ㄒㄩㄣˋ ㄢ ㄑㄩㄢˊ

information security

【信息】保护信息资产免遭有意无意、未经授权的获取、损坏、泄露、操纵、修改、损失或使用的概念、技术及措施。技术措施有防火墙、防病毒软件、漏洞监测、入侵监测等。

信息处理/資訊處理

xìnxī chǔlǐ/ㄗ ㄒㄩㄣˋ ㄔㄨˇ ㄌㄧˇ

information processing

【信息】对信息(即数据的含义)的系统性的操作。包括所需的传送、存储、检索等数据处理,也可包括数据通信和办公自动化一类的操作。

信息港/信息港

xìnxīgǎng/ㄒㄧㄣˋ ㄒㄧˊ ㄍㄤˇ

information hub

【信息】又称"数字港"。通过计算机网络、电信网和广播电视网等信息网络,覆盖某个地区(多为大中城市),为广大用户提供生产、生活各方面信息的信息产业机构。主要包括信息传送网络、信息服务系统、网络管理中心以及信息技术产业。是该地区信息传输、集散、共享与服务的支撑,也是与其他网络互联的信息中转港口。

信息高速公路/資訊高速公路

xìnxī gāosù gōnglù/

ㄗ ㄒㄩㄣˋ ㄍㄠ ㄙㄨˋ ㄍㄨㄥ ㄌㄨˋ

information superhighway

【信息】建立在现代计算机和通信技术的基础上,能高速运行的通信网络。可在信息提供者与用户间迅速传输文字、图像、声音等信息。

信息汇/資訊槽 xìnxīhuì/ㄗ ㄒㄩㄣˋ ㄘㄠˊ

information sink

【信息】通信系统中接收消息的部分。

信息基础设施/資訊基礎建設

xìnxī jīchǔ shèshī/

ㄗ ㄒㄩㄣˋ ㄐㄧ ㄔㄨˇ ㄐㄧㄢˋ ㄕㄜˋ

information infrastructure

【信息】能以交互方式传送语音、数据、文本、图像、视像和多媒体信息的高速电信网及其相关设施。包括电信网、广播电视网、计算机网、大型数据库、支持环境等。可分为国家信息基础设施(NII)与全球信息基础设施(GII)。

信息技术/資訊科技
xìnxī jìshù/ㄗ ㄒㄩㄣˋ ㄎㄜ ㄐㄧˋ
information technology, IT
【信息】处理数据和信息的技术。内容包括对数据和信息的捕获、表示、处理、安全、传送、交换、呈现、管理、组织、存储和检索。

信息客体/資訊物件
xìnxī kètǐ/ㄗ ㄒㄩㄣˋ ㄨˋ ㄐㄧㄢˋ
information object
【信息】电子邮件中,表示信息实体的数据的集合。例如消息、探查件或报表。

信息空间/異度空間
xìnxī kōngjiān/ㄧˋ ㄉㄨˋ ㄎㄨㄥ ㄐㄧㄢ
cyberspace
【信息】由计算机、计算机网络及其用户形成的虚拟社区。人们在信息空间中共享讨论组或聊天组中的信息,邻居彼此熟悉。

信息流/資訊流 xìnxīliú/ㄗ ㄒㄩㄣˋ ㄌㄧㄡˊ
information flow
【物流】在不同组织之间,反映物流活动内容的知识、资料、图像、数据、文件的物流信息的流动。分为采集、传递和加工处理三个过程。

信息论/資訊論
xìnxīlùn/ㄗ ㄒㄩㄣˋ ㄌㄨㄣˋ
information theory
【总】研究信息及其传输的一般规律的学科。狭义上指研究通信系统中存在的信息传递和处理等的共同规律的学科,广义上指研究一切现实系统中存在的信息传递和处理等的共同规律的学科。

信息系统/資訊系統
xìnxī xìtǒng/ㄗ ㄒㄩㄣˋ ㄒㄧˋ ㄊㄨㄥˇ
information system
【信息】由信息处理系统连同关联的组织资源(人力、技术、财政资源等)组成,提供并分发信息的系统。

信息源/資訊源
xìnxīyuán/ㄗ ㄒㄩㄣˋ ㄩㄢˊ
information source
【信息】通信系统中始发消息的部分。

信息战/資訊戰爭
xìnxīzhàn/ㄗ ㄒㄩㄣˋ ㄓㄢˋ ㄓㄥ
information warfare
【信息】对敌方经济命脉或安全所系的信息系统的各种攻击。

信息中心/資訊中心
xìnxī zhōngxīn/ㄗ ㄒㄩㄣˋ ㄓㄨㄥ ㄒㄧㄣ
information center
【信息】❶大型计算机中心及关联的办公室。❷一个组织的信息管理枢纽。

信息资源/資訊資源
xìnxī zīyuán/ㄗ ㄒㄩㄣˋ ㄗ ㄩㄢˊ
information resource
【信息】企业视为法人资源,用于决策制定和问题求解的信息。

信元/信元 xìnyuán/ㄒㄧㄣˋ ㄩㄢˊ
cell
【信息】通信中由信头串和信息串组成的定长比特串。

信源/信源 xìnyuán/ㄒㄧㄣˋ ㄩㄢˊ
source
【信息】通信中向另一部件(信宿)发出信息的部件。

信噪比/訊噪比 xìnzàobǐ/ㄒㄩㄣˋ ㄗㄠˋ ㄅㄧˇ
signal-to-noise ratio
【信息】全称"信号噪声比"。通信设备的一项指标。为有用信号强度同噪声强度之比。用 S/N 表示。常用单位分贝。设备的信噪比越大,噪声对信号的干扰越小,通信质量越高。

xing (ㄒㄧㄥ)

兴奋/興奮 xīngfèn/ㄒㄧㄥ ㄈㄣˋ
excitation
【心】高级神经活动的基本过程之一。与有机体的某些活动的发动或加强相联系。

兴奋剂/興奮劑
xīngfènjì/ㄒㄧㄥ ㄈㄣˋ ㄐㄧˋ
excitants, agonist, dope
【医】在体育竞赛中为提高成绩而服用的一类违禁药品。国际奥林匹克委员会名为"滥用药物",中国统称为兴奋剂。咖啡因、可卡因、麻黄素等刺激剂通过神经系统作用增强精神和体力;吗啡、哌替啶等麻醉剂服用后可产生快感和心理亢奋;类固醇类为雄性激素衍生物,具有增强肌肉的作用;β-阻断剂具有镇静、稳定情绪作用;利尿剂有利于减轻体重,也使尿中禁用药物浓度降低,不易被查出;EPA等肽类激素是内源性激素,服后可起到雄性激素的作用,增强体力。上述兴奋剂同时都具有明显的伤害健康的作用。

国际奥委会明文禁用的兴奋剂逐年增加。服用兴奋剂因违背体育运动的根本目的,也违反公平竞赛的原则而被严令禁止。

兴奋状态/興奮狀態
xīngfèn zhuàngtài/ㄒㄧㄥ ㄈㄣˋ ㄓㄨㄤˋ ㄊㄞˋ
excitatory state
【医】精神活动普遍增加的状态。如情绪高涨,语言与动作增多等。

星彩性 ㄒㄧㄥ ㄘㄞˇ ㄒㄧㄥˋ/xīngcǎixìng
asterism
【地】台湾名。即“星光效应”(1276 页)。

星等/星等 xīngděng/ㄒㄧㄥ ㄉㄥˇ
magnitude, stellar magnitude (mag)
【天】表示天体相对亮度的等级。天体越亮,星等的数值越小。公元前 2 世纪,古希腊天文学家喜帕恰斯将全天肉眼可见的恒星亮度分为 6 等,现规定天体的亮度每差 2.512 倍,星等即差 1 等。如星等相差 5 等,亮度就相差 100 倍。

星光闪烁/星光閃爍
xīngguāng shǎnshuò/
ㄒㄧㄥ ㄍㄨㄤ ㄕㄢˇ ㄕㄨㄛˋ
twinkling of stars
【气】俗称“星星眨眼”。一种大气光学现象。晴空夜晚,由于大气湍流的作用,星光通过大气时,其强度和位置发生随机变化的现象。星光闪烁反映出大气的不稳定,是天气变化的征兆,故有“天上星星跳,风雨就来到”的谚语。

星光效应/星彩性
xīngguāng xiàoyìng/ㄒㄧㄥ ㄘㄞˇ ㄒㄧㄥˋ
asterism
【地】在平行光线照射下,弧面形表面呈现两条或两条以上的交叉亮线,有如星光闪烁的现象。多由晶体内具有密集平行排列的针状或纤维状包体、晶纹、定向解理造成。有六射星光、四射星光和十二射星光等类型。具星光效应的宝石(矿物)有铁铝榴石、刚玉、透辉石、正长石、尖晶石、石榴子石、石英等。

星光制导
xīngguāng zhìdǎo/ㄒㄧㄥ ㄍㄨㄤ ㄓˋ ㄉㄠˇ
【航】即“天文导航系统”(1128 页)。

星际尘/星際塵
xīngjìchén/ㄒㄧㄥ ㄐㄧˋ ㄔㄣˊ
interstellar dust
【气】又称“宇宙尘”。直接来自地球之外(流星、彗星、小行星碰撞等过程)的大气尘粒。尘埃的物质可能是由硅酸盐、石墨晶粒以及水、甲烷等冰状物所组成。

星际环境
xīngjì huánjìng/ㄒㄧㄥ ㄐㄧˋ ㄏㄨㄢˊ ㄐㄧㄥˋ
【环】即“宇宙环境”(1378 页)。

星际介质/星際介質
xīngjì jièzhì/ㄒㄧㄥ ㄐㄧˋ ㄐㄧㄝˋ ㄓˊ
interstellar medium, ISM; interstellar matter
【天】又称“星际物质”。恒星之间的物质,包括星际气体、星际尘埃和星际云,还可包括星际磁场和宇宙线。银河系内的星际介质约占银河系可见物质总质量的 10%。平均密度为 10^{-24} 克/厘米^3,相当于每立方厘米 1 个氢原子。其分布很不均匀。

星际空间/星際太空
xīngjì kōngjiān/ㄒㄧㄥ ㄐㄧˋ ㄊㄞˋ ㄎㄨㄥ
interstellar space
【天】一个星系之内恒星之间的空间。空间内物质密度非常低,但仍充斥着星际介质和电磁辐射。星系之间的空间称为星系际空间。

星际通信/衛星間通信
xīngjì tōngxìn/ㄨㄟˋ ㄒㄧㄥ ㄐㄧㄢ ㄊㄨㄥ ㄒㄧㄣˋ
inter-satellite communication
【信息】卫星与卫星之间的通信。

星际物质 xīngjì wùzhì/ㄒㄧㄥ ㄐㄧˋ ㄨˋ ㄓˊ
【天】即“星际介质”(1276 页)。

星際太空
ㄒㄧㄥ ㄐㄧˋ ㄊㄞˋ ㄎㄨㄥ/xīngjì tàikōng
interstellar space
【天】台湾名。即“星际空间”(1276 页)。

星箭分离/衛星火箭分離
xīng-jiàn fēnlí/
ㄨㄟˋ ㄒㄧㄥ ㄏㄨㄛˇ ㄐㄧㄢˋ ㄈㄣ ㄌㄧˊ
satellite rocket separation
【航】为使卫星能独立进入预定运行轨道,使人造卫星脱离末级推力火箭的分离过程。卫星(或宇宙飞船)和末级运载火箭间以特制爆炸(或螺旋压缩弹簧)螺栓固接,到达预定高度,按程序爆炸螺栓启爆,推动卫星(或宇宙飞船)离开火箭,同时也将火箭残体推离到距卫星(或宇宙飞船)较远的安全距离。分离方式有弹射式、制动式和旋转式多星分离。

星盘/星盤 xīngpán/ㄒㄧㄥ ㄆㄢˊ
astrolabe
【天】古代测量天体高度的仪器。其主体是一个刻有度数的圆盘,盘面有一根可绕中心旋转的窥管。使用时,将圆盘垂直悬挂,将窥管对准恒星或太阳后,就可从盘边刻度读出高度值。起源于古希腊,曾长期用于计时、航海和占星,后被六分仪取代。

星圖 ㄒㄧㄥ ㄊㄨˊ/xīngtú
celestial stellar charts
【航】台湾名。即“天球恒星图”(1125 页)。

星系/星系 xīngxì/ㄒㄧㄥ ㄒㄧˋ
galaxy
【天】通常由几亿至上万亿颗恒星以及星际物质构成的天体系统。空间尺度为几千至几十万光年。按形状不同,主要分为椭圆星系、旋涡星系(棒旋星系)和不规则星系。星系中心物质高度密集的部分称为“星系核”。活动性比一般星系核更强的称活动星系核。

星系核/星系核 xīngxìhé/ㄒㄧㄥ ㄒㄧˋ ㄏㄜˊ
galactic nucleus
【天】见“星系”(1277 页)。

星系际空间/星系際空間
xīngxìjì kōngjiān/ㄒㄧㄥ ㄒㄧˋ ㄐㄧˋ ㄎㄨㄥ ㄐㄧㄢ
intergalactic space
【天】见“星际空间”(1276 页)。

星下点/星下點
xīngxiàdiǎn/ㄒㄧㄥ ㄒㄧㄚˋ ㄉㄧㄢˇ
subsatellite point
【航】通常指卫星在地球表面的投影点(或卫星和地心连线与地面的交点),用地理经度、纬度表示。卫星运动与地球自转使星下点在地球表面移动,形成星下点轨迹。

星形连接/星形聯結
xīngxíng liánjiē/
ㄒㄧㄥ ㄒㄧㄥˊ ㄌㄧㄢˊ ㄐㄧㄝ
star connection scheme
【电】多相元件的所有相元件有一公共节点的连接(联结)。

星形聯結
ㄒㄧㄥ ㄒㄧㄥˊ ㄌㄧㄢˊ ㄐㄧㄝˊ/xīngxíng liánjié
star connection scheme
【电】台湾名。即“星形连接”(1277 页)。

星形網路
ㄒㄧㄥ ㄒㄧㄥˊ ㄨㄤˇ ㄌㄨˋ/xīngxíng wǎnglù
star network
【信息】台湾名。即“星状网”(1278 页)。

星云/星雲 xīngyún/ㄒㄧㄥ ㄩㄣˊ
nebula
【天】太阳系外银河系空间的云雾状天体。由气体和尘埃组成,形状不一,亮暗不等。按形态不同,可分为弥漫星云(广袤稀薄而无定形)、行星状星云(亮环中央具有高温核心星)和仍在不断地向四周扩散的超新星遗迹。按发光性质不同,可分为发射星云(被中心或附近的高温恒星激发而发光)、反射星云(因反射和散射低温恒星的辐射而发光)和暗星云(部分地或全部地挡住背景恒星)。前两种统称为亮星云,其中亮度时有变化的称为变光星云。反射星云同暗星云的区别,仅在于照明星、星云和观测者三者相对位置的不同。

星载计算机/衛星上電腦
xīngzài jìsuànjī/ㄨㄟˋ ㄒㄧㄥ ㄕㄤˋ ㄉㄧㄢˋ ㄋㄠˇ
satellite onboard computer
【航】供人造卫星、空间飞行器及深空探测器等空间飞行载体上使用的计算机。能够完成空间飞行载体的数据管理、在轨姿态控制、能源管理、容错管理、有效载荷等管理控制,空间功耗低,抗辐照,热真空,可靠性高。

星载雷达
xīngzài léidá/ㄒㄧㄥ ㄗㄞˋ ㄌㄟˊ ㄉㄚˊ
【军】即“航天雷达”(479 页)。

星载天线
xīngzài tiānxiàn/ㄒㄧㄥ ㄗㄞˋ ㄊㄧㄢ ㄒㄧㄢˋ

【航】即“卫星天线”(1187 页)。

星状网/星形網路
xīngzhuàngwǎng/ㄒㄧㄥ ㄒㄧㄥˊ ㄨㄤˇ ㄌㄨˋ
star network
【信息】除根节点外其余节点都是终端节点的树状网。

星座/星座 xīngzuò/ㄒㄧㄥ ㄗㄨㄛˋ
constellation
【天】恒星在天空背景投影位置的分区,人们为识辨星空,将其分成若干个区域,每一个区域为一个星座。全天共有 88 个星座,每个星座中的亮星组成易于辨认的形象,以古代神话中人物或动物命名。

中国古代把天空分为三垣二十八宿。三垣是北天极周围的 3 个区域,即紫微垣、太微垣、天市垣。二十八宿是在黄道和白道附近的 28 个区域。约公元前 3000 年,巴比伦人把较亮的星划分成若干“星座”。古希腊人主要以神话中的人物或动物为星座命名。公元 2 世纪,希腊天文学家已将北天星座的名称大体确定下来。南天的 48 个星座,直到 17 世纪环球航行成功,经航海者观察后才逐渐确定。1928 年,国际天文学联合会公布 88 个星座方案,并规定以 1875 年的春分点和赤道为基准的赤经线和赤纬线作为星座界线,为现行的通用标准。

猩红热/猩紅熱
xīnghóngrè/ㄒㄧㄥ ㄏㄨㄥˊ ㄖㄜˋ
scarlet fever
【医】由乙型 A 群溶血性链球菌引起的急性传染病。临床主要表现为发热、咽峡炎、全身弥漫性猩红色皮疹和疹退后皮肤脱屑。

猩猩/猩猩 xīngxing/ㄒㄧㄥ·ㄒㄧㄥ
orangutan
【动】*Pongo pygmaeus* 又称“褐猿”。哺乳动物名。灵长目猩猩科。比猴子大,身体构造同人类很接近,身高可达 1 米以上,头尖,吻部突出,眼和耳小,鼻平,口大,前肢长,无尾,全身有赤褐色长毛,没有臀疣。生活在森林中,树栖,有筑巢习性,昼间活动。以树叶、野果等为食。分布在东南亚的加里曼丹和苏门答腊。

猩猩木 xīngxingmù/ㄒㄧㄥ·ㄒㄧㄥ ㄇㄨˋ
【植】即“一品红”(1330 页)。

行车制动系/行車制動系統
xíngchē zhìdòngxì/
ㄒㄧㄥˊ ㄔㄜ ㄓˋ ㄉㄨㄥˋ ㄒㄧˋ ㄊㄨㄥˇ
service braking system
【机】供驾驶员使正常行驶中的车辆减速或停止,且具有可调节作用的所有零部件的统称。包括供能装置、控制装置、传动装置和制动器。

行車制動系統
ㄒㄧㄥˊ ㄔㄜ ㄓˋ ㄉㄨㄥˋ ㄒㄧˋ ㄊㄨㄥˇ/
xíngchē zhìdòng xìtǒng
service braking system
【机】台湾名。即“行车制动系”(1278 页)。

行道树/行道樹
xíngdàoshù/ㄒㄧㄥˊ ㄉㄠˋ ㄕㄨˋ
avenue tree, street tree
【建】沿道路或公路两旁种植的成行的树。

行動電話網路
ㄒㄧㄥˊ ㄉㄨㄥˋ ㄉㄧㄢˋ ㄏㄨㄚˋ ㄨㄤˇ ㄌㄨˋ/
xíngdòng diànhuà wǎnglù
mobile telephone network
【信息】台湾名。即“移动电话网”(1333 页)。

行動交換中心
ㄒㄧㄥˊ ㄉㄨㄥˋ ㄐㄧㄠ ㄏㄨㄢˋ ㄓㄨㄥ ㄒㄧㄣ/
xíngdòng jiāohuàn zhōngxīn
mobile switching center, MSC
【信息】台湾名。即“移动交换中心”(1333 页)。

行動上網
ㄒㄧㄥˊ ㄉㄨㄥˋ ㄕㄤˋ ㄨㄤˇ/
xíngdòng shàngwǎng
mobile Internet
【信息】台湾名。即“移动因特网”(1334 页)。

行動通信
ㄒㄧㄥˊ ㄉㄨㄥˋ ㄊㄨㄥ ㄒㄧㄣˋ/xíngdòng tōngxìn
mobile communication
【信息】台湾名。即“移动通信”(1333 页)。

行宫 xínggōng/ㄒㄧㄥˊ ㄍㄨㄥ
【建】即“离宫”(719 页)。

行洪区/泄洪區
xínghóngqū/ㄒㄧㄝˋ ㄏㄨㄥˊ ㄑㄩ
flood way district

【水利】天然河道主河槽与两岸主要堤防之间可以宣泄洪水的区域，平时不过水，遇较大洪水时，可以分泄部分洪水的过水区。

行军虫
xíngjūnchóng/ㄒㄧㄥˊ ㄐㄩㄣ ㄔㄨㄥˊ
【动】即“黏虫”(835 页)。

行李舱/行李艙
xínglicāng/ㄒㄧㄥˊ ㄌㄧˇ ㄘㄤ
luggage compartment, baggage compartment
【航】客机上装载旅客行李的舱段。

行李车/行李車
xínglichē/ㄒㄧㄥˊ ㄌㄧˇ ㄔㄜ
baggage car
【交】铁路客车车种之一。编挂在旅客列车的端部，供运送旅客行李及包裹的车厢。车内设有行李间、行李员办公室和生活设施。行李间两侧有装卸行李用的宽大滑门。

行为/行為 xíngwéi/ㄒㄧㄥˊ ㄨㄟˊ
behavior
【心】有机体对所处情境的所有反应的总和。包括所有内在的和外在的、生理性的和心理性的反应。心理学研究的主要是人或其他动物可观察到的外在反应。

行为矫正/行為矯正
xíngwéi jiǎozhèng/ㄒㄧㄥˊ ㄨㄟˊ ㄐㄧㄠˇ ㄓㄥˋ
behavior modification
【心】又称“行为治疗”。一种心理治疗技术。根据条件反射学说和社会学习理论来改正人的不良行为或心理障碍。通常采用正、负强化的方式进行行为训练，常用的方法有系统脱敏法、操作性治疗、奖励、示范、团体心理治疗等。

行为障碍/行為障礙
xíngwéi zhàng'ài/ㄒㄧㄥˊ ㄨㄟˊ ㄓㄤˋ ㄞˋ
behavior disorder
【医】行为的调节障碍。行为的模式、行为的意向及行为的表达发生障碍，如偷窃狂、同性恋等。也可以是其他疾病的伴发症状，如意志减退、木僵、自杀等。

行为治疗
xíngwéi zhìliáo/ㄒㄧㄥˊ ㄨㄟˊ ㄓˋ ㄌㄧㄠˊ
【心】即“行为矫正”(1279 页)。

行为主义/行為主義
xíngwéi zhǔyì/ㄒㄧㄥˊ ㄨㄟˊ ㄓㄨˇ ㄧˋ
behaviorism
【心】心理学流派之一。20 世纪初美国心理学家沃森(J.B.Watson，1878—1958)创立。认为心理学的对象不应该是意识，而应该是可以观察的事件，即行为。否认意识，主张心理学应该研究行为；反对内省，主张用实验方法。其对心理学应进行客观研究的主张有积极作用，但过于极端，有失偏颇。

行星/行星 xíngxīng/ㄒㄧㄥˊ ㄒㄧㄥ
planet
【天】围绕太阳或其他恒星运行的一类天体。质量较大，在自身引力的作用下呈球形，其公转方向常与所绕恒星的自转方向相同，本身不发光，能够清空所在轨道附近的其他天体。这个定义是国际天文学联合会在 2006 年 8 月 17 日给出的。目的是将冥王星、阋神星等矮行星与行星区分开来。

行星边界层
xíngxīng biānjiècéng/
ㄒㄧㄥˊ ㄒㄧㄥ ㄅㄧㄢ ㄐㄧㄝˋ ㄘㄥˊ
【气】即“大气边界层”(182 页)。

行星尺度系统/行星尺度系統
xíngxīng chǐdù xìtǒng/
ㄒㄧㄥˊ ㄒㄧㄥ ㄔˇ ㄉㄨˋ ㄒㄧˋ ㄊㄨㄥˇ
planetary scale system
【气】天气系统的一类。水平尺度与地球半径同量级(3000～10 000千米)，时间尺度在 3 天以上。如超长波、副热带高压、季风等。

行星环/行星環
xíngxīnghuán/ㄒㄧㄥˊ ㄒㄧㄥ ㄏㄨㄢˊ
planetary ring
【天】围绕某些行星运行的由碎小星际物质构成的环质，因反射太阳光而发光形成光环或环带。木星、土星、天王星、海王星都有自己的环。

行星探测器轨道/行星探測器軌道
xíngxīng tàncèqì guǐdào/
ㄒㄧㄥˊ ㄒㄧㄥ ㄊㄢˋ ㄘㄜˋ ㄑㄧˋ ㄍㄨㄟˇ ㄉㄠˋ
orbit and trajectory of planetary probe
【航】以探测行星为目的的航天器质心运动轨迹轨道。有行星探测器近距离飞越行星探测、成为行星的人造卫星长期绕行探测和行星探测器实地登陆行星探测三种轨道。由于行星不同,轨道平面和探测器运行速度也各不相同。根据行星的探测目标任务,通常分为绕地球运行阶段、绕太阳运行阶段和绕行星运行或进入行星运行三个阶段。

行走系/起落架運轉齒輪系

xíngzǒuxì/
ㄑㄧˇ ㄌㄨㄛˋ ㄐㄧㄚˋ ㄩㄣˋ ㄓㄨㄢˇ ㄔˇ ㄌㄨㄣˊ ㄒㄧˋ

running gears

【机】汽车底盘的一部分。用于支撑机体重力和承受路面对汽车产生的各种反作用力的部件。包括车架、前后车轴(桥)、悬架、车轮和轮胎。

形变/形變 xíngbiàn/ㄒㄧㄥˊ ㄅㄧㄢˋ

deformation

【物】物体在力的作用下,其内部各部分的位置发生变化所引起的形状或体积的改变。可分为弹性形变和塑性形变两种。除去力后,物体的形变随之消失而能恢复原来形状的为弹性形变;除去力后,物体的形变仍然保留下来的为塑性形变。

形式逻辑/形式邏輯

xíngshì luójí/ㄒㄧㄥˊ ㄕˋ ㄌㄨㄛˊ ㄐㄧˊ

formal logic

【总】逻辑学的一个分支。研究思维的形式结构及其规律。基本要素是概念、判断、推理。概念有内涵和外延两个部分,内涵指概念的含义和性质,外延指概念包含事物的范围大小。判断按质的不同,分为肯定判断和否定判断;按量的不同,分为全称判断、特称判断和单称判断。推理是思维的最高形式,概念构成判断,判断构成推理。要求思维满足同一律、矛盾律、排中律和理由充足律。

形式效用

ㄒㄧㄥˊ ㄕˋ ㄒㄧㄠˋ ㄩㄥˋ/xíngshì xiàoyòng

form utility

【物流】台湾名。即“形质效用”(1280 页)。

形象记忆/形象記憶

xíngxiàng jìyì/ㄒㄧㄥˊ ㄒㄧㄤˋ ㄐㄧˋ ㄧˋ

imaginal memory

【心】以过去感知过的事物形象为内容的记忆。即以表象的形式在头脑中储存过去的经验,所保留的是事物的具体形象,具有鲜明的直观性。

形象思维/形象思維

xíngxiàng sīwéi/ㄒㄧㄥˊ ㄒㄧㄤˋ ㄙ ㄨㄟˊ

imagery thinking

【心】又称“直观形象思维”。运用直观形象和表象进行思维、解决问题的思维。具有具体形象性的特点。有不同的发展水平,学龄前儿童的思维通常以具体形象思维为主导,幼儿的这种具体形象思维是形象思维的初级阶段,与成人的形象思维有着本质区别。

形质效用/形式效用

xíngzhì xiàoyòng/ㄒㄧㄥˊ ㄕˋ ㄒㄧㄠˋ ㄩㄥˋ

form utility

【物流】物流过程中改变物品形状、性质所创造的效用。主要通过流通加工活动实现,即将供应者物品原有的形状、性质,改造成需求者所需要的形状、性质,从而创造出附加值。例如,采摘下来的蔬菜通过择、洗、切等加工而成为净菜。

形状公差/形狀公差

xíngzhuàng gōngchā/
ㄒㄧㄥˊ ㄓㄨㄤˋ ㄍㄨㄥ ㄔㄚ

form tolerance

【机】单一实际要素的形状所允许的变动全量。形状公差与位置公差合称为形位公差。

形状记忆合金/形狀記憶合金

xíngzhuàng jìyì héjīn/
ㄒㄧㄥˊ ㄓㄨㄤˋ ㄐㄧˋ ㄧˋ ㄏㄜˊ ㄐㄧㄣ

shape memory alloy

【材】简称“记忆合金”。具有形状记忆功能的合金。能够在某一温度下经塑性变形而改变形状,在另一温度下又自动变回原来的形状。具有无磁性、耐磨耐蚀、无毒性的优点。广泛用于航空、军事、工业、农业、医疗等领域。

型钢/型鋼 xínggāng/ㄒㄧㄥˊ ㄍㄤ

section steel

【材】有一定截面形状和尺寸的条型钢材。按钢的冶炼质量等级不同,可分为普通型钢和优质型钢;按其断面形状不同,又可分为工字钢、槽钢、角钢、圆钢、方钢等。

型宽/型寬 xíngkuān/ㄒㄧㄥˊ ㄎㄨㄢ

molded breadth

【船】台湾又称“模寬”。船体的中横剖面上两舷的最大水平距离。通常所说的船宽即指型宽。最大宽度指两侧外板和伸出两舷的永久性固定凸出物之间，垂直于中线面的最大水平距离。

型深/型深　xíngshēn/ㄒㄧㄥˊ ㄕㄣ

molded depth

【船】台湾又称"模深"。船体的中横剖面上，沿船舷自平板龙骨上缘至上层连续甲板横梁上缘的垂直距离；对甲板转角为圆弧形的船舶，则由平板龙骨上缘量至横梁上缘延伸线与肋骨外缘延伸线的交点。型深的大小与船舶的干舷、舱容、稳性、操纵性、船体强度及抗沉性等有关。

型线图/線型圖

xíngxiàntú/ㄒㄧㄢˋ ㄒㄧㄥˊ ㄊㄨˊ

lines plan

【船】又称"线型图"。用投影方法完整地表示船体型表面形状的一组视图。以互相垂直的三个主坐标平面为基准投影面，取三组分别平行于三个基准投影面的定间距的平面剖切船体型表面，得出船体的纵剖线、横剖线和水线。这些曲线在相应基准投影面上的投影分别称为纵剖线图、横剖线图和半宽水线图。

兴趣/興趣　xìngqù/ㄒㄧㄥˋ ㄑㄩˋ

interest

【心】力求认识、探究某种事物的心理倾向。是人对客观事物的一种内在趋向性和内在选择性。其在社会生活实践中形成，随着社会生活实践的变化而改变。兴趣以需要为基础，是对客观事物需要的一种情绪色彩的表现。

杏/杏　xìng/ㄒㄧㄥˋ

apricot

【植】*Armeniaca vulgaris* 蔷薇科杏属。落叶乔木。树皮暗灰褐色，纵裂；老枝皮孔大而横生，新枝浅红褐色。叶宽卵形，先端尖，边缘有齿。花单生，近无梗，先叶开放，萼筒紫红色；花瓣五枚，圆形，白色或微红色，有短爪。果实球形或卵形，大小各异，熟时多浅黄或黄红色，有毛，味甜中带酸，核仁苦或甜。花期3—4月份，果期6—7月份。在中国，分布于各地。观赏花木。果实可作水果，种仁入药。

杏仁/杏仁　xìngrén/ㄒㄧㄥˋ ㄖㄣˊ

Semen Armeniacae Amarum(拉)，bitter apricot seed，* apricot kernel

【中医】又称"苦杏仁"。中药名。蔷薇科植物野杏 *Armeniaca vulgaris* Lam. var. *ansu* (Maxim.) Yu et Lu、山杏 *A. sibirica* (L.) Lam.、东北杏 *A. mandshurica* (Maxim.) Skv.或杏 *A. vulgaris* Lam.的干燥成熟种子。味苦，性微温；有小毒。归肺、大肠经。降气化痰，止咳平喘，润肠通便。用于咳嗽气喘，胸满痰多，血虚津枯，肠燥便秘。

性病/性病　xìngbìng/ㄒㄧㄥˋ ㄅㄧㄥˋ

sexually transmitted disease，STD

【医】即"性传播疾病"(1281页)。

性传播疾病/性病

xìngchuánbō jíbìng/ㄒㄧㄥˋ ㄅㄧㄥˋ

sexually transmitted disease，STD

【医】又称"性病"。主要通过性行为传播的，具有明显生殖器官损害症状的感染性疾病。指梅毒、淋病、软下疳、性病性淋巴肉芽肿这四种疾病。

性感/性感　xìnggǎn/ㄒㄧㄥˋ ㄍㄢˇ

sex appeal

【医】产生于性审美主体和客体的相互作用，能激发性驱动力，使人产生性联想、性冲动的感受。

性格/性格　xìnggé/ㄒㄧㄥˋ ㄍㄜˊ

character

【心】人对现实的稳定的态度和在习惯化的行为方式中所表现出的个性心理特征。是一个人心理面貌、本质属性的独特、稳定的结合，是人与人相互区别的重要方面，在个性心理特征中具有核心作用。其形成受社会环境的影响较大，具有道德评价的意义。

性激素　ㄒㄧㄥˋ ㄐㄧ ㄙㄨˋ/xìngjīsù

sex hormones

【医】台湾名。即"性激素类"(1281页)。

性激素类/性激素

xìngjīsùlèi/ㄒㄧㄥˋ ㄐㄧ ㄙㄨˋ

sex hormones

【医】调节性腺分泌或对性功能进行干扰类药物的统称。如雌激素、雄激素、孕激素等。

性交/交媾　xìngjiāo/ㄐㄧㄠ ㄍㄡˋ

coitus

【医】通常指男女双方发生性行为。

性染色体/性染色體
xìngrǎnsètǐ/ㄒㄧㄥˋ ㄖㄢˇ ㄙㄜˋ ㄊㄧˇ
sex chromosome
【生】在形态上可以识别并可以部分地决定个体性别的染色体。在动物界普遍存在,植物界少见。

性味/性味 xìngwèi/ㄒㄧㄥˋ ㄨㄟˋ
nature and flavour
【中医】中药四气五味的统称。参见“四气”(1080 页)、“五味”(1212 页)。

性细胞 xìngxìbāo/ㄒㄧㄥˋ ㄒㄧˋ ㄅㄠ
【生】即“生殖细胞”(1016 页)。

性早熟/性早熟
xìngzǎoshú/ㄒㄧㄥˋ ㄗㄠˇ ㄕㄨˊ
sexual precosity
【医】提前出现第二性征的发育现象。指女孩通常在 8 周岁以前或男孩在 9 周岁以前出现第二性征。

xiong (ㄒㄩㄥ)

芎䓖 xiōngqióng/ㄒㄩㄥ ㄑㄩㄥˊ
【植】即“川芎” (143 页)。

胸痹/胸痹 xiōngbì/ㄒㄩㄥ ㄅㄧˋ
chest bi, chest painful impediment, chest discomfort, * chest impediment
【中医】中医内科疾病之一。多因心阳不足、心血虚少,或阴寒凝滞;或痰浊、瘀血等内邪痹阻胸阳、脉络,心阳不展,心脉不通所致,常见胸闷或发作性心胸疼痛等主症。轻者偶发短暂轻微的胸部沉闷或隐痛,或为发作性膻中或左胸不适感;重者疼痛剧烈,或呈压榨样绞痛。常伴有心悸,气短,呼吸不畅,甚至喘促,惊恐不安,面色苍白,冷汗自出等。治宜驱除阴邪,宣通胸中阳气。寒邪内盛者,治宜通阳散寒,用瓜蒌薤白白酒汤加减;痰浊壅塞者,治宜通阳化痰,降逆泄浊,用瓜蒌薤白半夏汤加减;肝郁气滞者,治宜疏肝理气,宽胸止痛,用宽胸丸加减;瘀血停着者,治宜活血化瘀为主,方用丹参饮合失笑散加减。

胸大肌/胸大肌
xiōngdàjī/ㄒㄩㄥ ㄉㄚˋ ㄐㄧ
pectoralis major
【医】位于胸前的扁肌。呈扇形,起于锁骨内侧半、胸骨前面半侧和第 1~6 肋软骨以及腹直肌鞘前臂上部,止于肱骨大结节嵴。近固定时,可使上臂前屈、内收、旋内;远固定时,可上提躯干,还可提肋,辅助吸气。

胸导管/胸管
xiōngdǎoguǎn/ㄒㄩㄥ ㄍㄨㄢˇ
thoracic duct
【医】全身最大的淋巴管。起于乳糜池,向上穿膈的主动脉裂孔进入胸腔,沿脊柱前方上行出胸廓上口至颈根部,接收左颈干、左锁骨下干和左支气管纵隔干后注入左静脉角。主要功能是收集左侧上半身和整个下半身的淋巴。

胸高直径/胸高直徑
xiōnggāo zhíjìng/ㄒㄩㄥ ㄍㄠ ㄓˊ ㄐㄧㄥˋ
【农】“胸径”的全称。

胸骨/胸骨 xiōnggǔ/ㄒㄩㄥ ㄍㄨˇ
sternum
【医】胸廓前壁正中的长形扁骨。上宽下窄,上部和两侧分别与锁骨和第 1~7 对肋软骨相连接。从上向下依次为胸骨柄、胸骨体和剑突三部,三部之间借软骨相互结合。

胸管 ㄒㄩㄥ ㄍㄨㄢˇ/xiōngguǎn
thoracic duct
【医】台湾名。即“胸导管”(1282 页)。

胸径/胸高直徑
xiōngjìng/ㄒㄩㄥ ㄍㄠ ㄓˊ ㄐㄧㄥˋ
diameter at breast height
【农】全称“胸高直径”。指树干距地面以上相当于一般成年人胸高部位的直径。中国和大多数国家将这个高度定为地面以上 1.3 米处。

胸廓/胸廓 xiōngkuò/ㄒㄩㄥ ㄎㄨㄛˋ
thoracic cage
【医】胸部的骨质支架。由 12 个胸椎、12 对肋骨、1 块胸骨构成。成人胸廓近似前后略扁的圆锥形,上窄下宽,横径大于矢状径。

胸膜/胸膜 xiōngmó/ㄒㄩㄥ ㄇㄛˋ
pleura
【医】覆盖在肺表面、胸廓内面、膈上面和纵隔侧面的浆膜。分为脏胸膜和壁胸膜两部分。

胸膜積水

ㄒㄩㄥ ㄇㄛˋ ㄐㄧ ㄕㄨㄟˇ/xiōngmó jīshuǐ

pleural effusion

【医】台湾名。即“胸腔积液”(1283 页)。

胸膜腔/胸膜腔

xiōngmóqiāng/ㄒㄩㄥ ㄇㄛˋ ㄑㄧㄤ

pleural cavity

【医】胸膜的脏层、壁层在肺根处相互转折移行所形成的密闭腔隙。左右各一,互不相通,腔内有少量浆液。

胸膜炎/胸膜炎

xiōngmóyán/ㄒㄩㄥ ㄇㄛˋ ㄧㄢˊ

pleurisy

【医】致病因素(主要是病毒或细菌)刺激胸膜而引起的炎症。胸膜腔内有液体积聚的称为渗出性胸膜炎,没有液体的称为干性胸膜炎。炎症消退后,胸膜可恢复至正常,或发生粘连。

胸腔积液/胸膜積水

xiōngqiāng jīyè/ㄒㄩㄥ ㄇㄛˋ ㄐㄧ ㄕㄨㄟˇ

pleural effusion

【医】胸腔内的液体超出正常范围的病理改变。可分为漏出性和渗出性两类。按积液的性质不同,又可分为浆液、血液、脂性积液和脓性积液。

胸式呼吸/胸式呼吸

xiōngshì hūxī/ㄒㄩㄥ ㄕˋ ㄏㄨ ㄒㄧ

thoracic breathing

【医】以肋间外肌舒缩活动为主的呼吸运动。

胸腺/胸腺　xiōngxiàn/ㄒㄩㄥ ㄒㄧㄢˋ

thymus

【医】一种淋巴器官。位于胸腔前上纵隔内,主要由上皮组织和 T 细胞组成,外形略呈人字形。是 T 细胞分化、发育的场所,青春期后逐渐退化消失。能分泌胸腺激素及激素类物质,参与免疫反应。

胸腺嘧啶/胸腺嘧啶

xiōngxiàn mìdìng/ㄒㄩㄥ ㄒㄧㄢˋ ㄇㄧˋ ㄉㄧㄥˋ

thymine, T

【生】嘧啶型碱基的一种。存在于 DNA 中。在 DNA 中,一股链上的胸腺嘧啶(T)和另一股链上的腺嘌呤(A)配对,相互形成两个氢键,可以稳定双螺旋结构。

胸小肌/胸小肌

xiōngxiǎojī/ㄒㄩㄥ ㄒㄧㄠˇ ㄐㄧ

pectoralis minor

【医】位于胸大肌深面,呈三角形的肌肉。起于第 3～5 肋软骨,止于肩胛骨的喙突。可拉肩胛骨向前下方。肩胛骨固定时,可上提肋骨,辅助吸气。由胸前内侧神经支配。

胸椎/胸椎　xiōngzhuī/ㄒㄩㄥ ㄓㄨㄟ

thoracic vertebrae

【医】位于胸部的椎骨。共 12 个,自上而下,椎体逐渐增大。胸椎与肋骨构成胸廓。上位胸椎近似颈椎,下位胸椎近似腰椎。椎孔为圆形,棘突较长。

雄花/雄花　xiónghuā/ㄒㄩㄥˊ ㄏㄨㄚ

staminate flower

【植】缺少雌蕊的花。

雄黄/雄黄　xiónghuáng/ㄒㄩㄥˊ ㄏㄨㄤˊ

realgar

㊀【地】矿物。成分为 As_2S_2。单斜晶系,单晶体(呈细小的柱状、针状)少见,常为致密粒状或土状块体,或呈粉末状。橘红色,条痕浅橘红色,晶面呈金刚光泽,断口树脂光泽,透明至半透明,质软,莫氏硬度 1.5～2,密度 3.5～3.6克/厘米^3。性脆,熔点低,暴露在阳光和空气中时变成橙黄色粉末。常与雌黄、辉锑矿、辰砂共生。不溶于水和盐酸,可溶于硝酸,溶液呈黄色。加热到一定温度后可被氧化为剧毒的三氧化二砷(As_2O_3)(俗称砒霜)。含砷量 70.1%,是提取砷的矿物原料。㊁【中医】中药名。硫化物类矿物雄黄族雄黄,主要含二硫化二砷(As_2S_2)。味辛,性温;有毒。归肝、大肠经。解毒杀虫,燥湿祛痰,截疟。用于痈肿疔疮,蛇虫咬伤,虫积腹痛,惊痫,疟疾。

📖 古人认为,雄黄色橙黄,产于山阳,得阳气最盛,故名。产于山阴者,称为雌黄。又,雄黄,孕妇禁用。

雄激素/男性荷爾蒙

xióngjīsù/ㄋㄢˊ ㄒㄧㄥˋ ㄏㄜˊ ㄦˇ ㄇㄥˊ

androgen

【医】促进雄性器官成熟和副性征发育,并维持其正常功能的激素。属类固醇化合物,天然存在的主要是二氢睾酮、睾酮和雄酮。

雄激素拮抗药 xióngjīsù jiékàngyào/ ㄒㄩㄥˊ ㄐㄧ ㄙㄨˋ ㄐㄧㄝˊ ㄎㄤˋ ㄧㄠˋ

【医】即"抗雄激素类药"(675 页)。

雄蕊/雄蕊 xióngruǐ/ ㄒㄩㄥˊ ㄖㄨㄟˇ

stamen

【植】着生在花托中央外侧、花被内侧的,由花药和花丝两部分组成的结构。

熊/熊 xióng/ ㄒㄩㄥˊ

bear

【动】哺乳动物名。食肉目熊科。身体粗壮,头圆,颈短,眼小,吻长,尾短,四肢短而粗,脚掌大,趾端有带钩的爪。能爬树,会游泳。食性杂。常见的有棕熊、黑熊、马来熊、北极熊等。分布广泛。

熊蜂/熊蜂 xióngfēng/ ㄒㄩㄥˊ ㄈㄥ

bumble bee

【动】昆虫名。膜翅目熊蜂科。身体粗壮,周身被厚毛,黑色。习性与蜜蜂相同,飞行时振翅发声。对植物的传粉有很大作用。种类很多,常见的有明亮熊蜂(*Bombus lucorum*)和欧洲熊蜂(*B.terrestris*)。

熊猫 xióngmāo/ ㄒㄩㄥˊ ㄇㄠ

【动】即"大熊猫"(189 页)。

xiu (ㄒㄧㄡ)

休克/休克 xiūkè/ ㄒㄧㄡ ㄎㄜˋ

shock

【医】因有效循环血量锐减、全身微循环障碍引起重要生命器官严重缺血、缺氧的综合征。典型表现是面色苍白、四肢湿冷、血压降低、脉搏微弱、神志模糊。

休眠/休眠 xiūmián/ ㄒㄧㄡ ㄇㄧㄢˊ

dormancy

【生】又称"蛰伏"。某些生物为适应环境变化,使生命活动极度降低,几乎停止的状态。可分为冬眠和夏眠两种。冬眠的动物有蛇、蛙、刺猬、熊等;夏眠的动物有海参、肺鱼、箭猪等。

修補 ㄒㄧㄡ ㄅㄨˇ/xiūbǔ

patch

【信息】台湾名。即"补丁"(82 页)。

秀客/秀客 xiùkè/ ㄒㄧㄡˋ ㄎㄜˋ

suike

【信息】通过设计 web 页面来展示自己的人。秀客宗旨是通过分享、交流、展示,使每位网页设计爱好者完成网页设计的梦想,在浩瀚的网海中秀出自我,秀出个性。

岫岩玉/岫岩玉 xiùyányù/ ㄒㄧㄡˋ ㄧㄢˊ ㄩˋ

Xiuyan jade

【地】简称"岫玉"。产于辽宁岫岩的蛇纹石玉。

岫玉 xiùyù/ ㄒㄧㄡˋ ㄩˋ

【地】"岫岩玉"的简称。

绣球/球花 xiùqiú/ ㄑㄧㄡˊ ㄏㄨㄚ

largeleaf hydrangea

【植】*Hydrangea macrophylla* 虎耳草科绣球属。落叶灌木。茎基部多发出放射状枝条,枝圆柱形,粗壮,有皮孔。叶纸质,倒卵形,先端骤尖,边缘有齿,网状小脉明显。伞房状聚伞花序球形,花密,不育花的花瓣阔卵形,孕性花的花瓣长圆形,有白、淡蓝和粉红色。花期 6—8 月份。在中国,分布于华东、华南和西南。观赏花卉。

📖 绣球花多花成朵,团状如绣球,故名。

绣线菊/繡線菊 xiùxiànjú/ ㄒㄧㄡˋ ㄒㄧㄢˋ ㄐㄩˊ

willowleaf spiraea

【植】*Spiraea salicifolia* 蔷薇科绣线菊属。落叶直立灌木。枝条密集,小枝有棱和毛。单叶互生,叶片披针形,先端尖,基部楔形,边缘有齿。圆锥花序长圆形或金字塔形,被毛,花密集,萼筒钟状,花瓣卵形,粉红色,雄蕊长于花瓣。花期 6—8 月份。在中国,分布于东北地区等地。野生花草。蜜源植物。

锈/鏽 xiù/ ㄒㄧㄡˋ

rust

【材】金属表面很难用物理方法去除的变质物。是一种复杂混合物,主要成分为氧化物、含水氧化物或碱式盐。金属在含酸性气体(如二氧化碳)的潮湿空气、水或泥土中,或在其他条件下起电化学作用被氧化而成。金属生锈后即失去原有光泽,严重时失去部分功能。

溴/溴 xiù/ ㄒㄧㄡˋ

bromine

【化】非金属元素。属周期表第ⅦA族，符号Br，原子序数35。原子量79.90。自然界中以化合物形式存在于海水、井盐、池盐和咸水湖中。单质为带恶臭的暗红色液体，发红棕色烟雾。是唯一常温液态的非金属元素，−7.3℃时凝固成带金属光泽的墨色物质，类似碘。溴蒸气刺激黏膜，引起流泪、咳嗽、头晕、头痛和鼻出血，浓度高还会引起窒息和支气管炎。除贵金属外，能和所有的金属作用生成溴化物。可用于制造染料、消毒剂等，溴的化合物可用作阻燃材料。

📖 1828年，法国的巴拉尔(A.J.Balard)用盐湖水提取结晶盐后，向母液中通入氯气，母液变为棕红色，他断定其中含有一种与氯、碘性质相似的新元素，后经多次实验，得到了纯净的棕红色液体。1826年，法国巴黎科学院肯定了他的实验结果，拉丁文定名为bromium，源自希腊文bromos，意思是"恶臭"。中文定名为"溴"，是形声字。

xu (ㄒㄩ)

须根/鬚根

xūgēn/ㄒㄩ ㄍㄣ

fibrous roots

【植】根的一种。种子萌发后不久主根即萎缩，继而生出许多与主根难于区别的根。如玉米的根。

须根示意图

须弥座/須彌座

xūmízuò/ㄒㄩ ㄇㄧˊ ㄗㄨㄛˋ

sumeru pedestal

【建】多层叠涩组成的台座。原为佛像基座，后逐渐演化为古代建筑中等级较高的一种台基，可用砖、石、陶、琉璃、铜、铁等材料建造。

📖 须弥座源于印度，须弥指须弥山，在印度古代传说中是世界的中心，用于佛像底座，显示佛的神圣伟大。中国最早的须弥座见于北魏云冈石窟，上下有数层水平线条(枭混线)出涩，中间为较高的束腰。唐宋以后，上下叠涩增多，有莲瓣装饰；中部束腰加高，以蜀柱分割。在唐塔上还出现两层须弥座叠加使用的情况，以承托佛像、经幢等。元代以后束腰变矮，莲瓣增厚，明清时期装饰纹样成为定式。在同类建筑中，清式须弥座的尺度比宋式小。

宋式须弥座

清式须弥座

须弥座

虚/虛

xū/ㄒㄩ

deficiency

【中医】指正气不足，以正气虚损为矛盾主要方面的病理反应。表现为机体的精、气、血、津液亏少和功能衰弱，脏腑经络的功能低下，抗病能力减退。可见各种虚弱不足的证候。

虚存/虛擬記憶體

xūcún/ㄒㄩ ㄋㄧˇ ㄐㄧˋ ㄧˋ ㄊㄧˇ

virtual memory, VM

【信息】全称"虚拟存储器"。利用动态映射到实存地址的大地址空间，按需将数据从外存对换到内存的存储技术。以此扩展内存的表观大小。硬件负责虚实地址间的转换，软件负责实存管理以及虚存与外存间信息的自动调度。

虚电路/虛擬電路

xūdiànlù/ㄒㄩ ㄋㄧˇ ㄉㄧㄢˋ ㄌㄨˋ

virtual circuit

【信息】在两个终端设备的逻辑或物理端口之间，通过分组交换网建立的双向、透明信道。

虚寒证 xūhánzhèng/ㄒㄩ ㄏㄢˊ ㄓㄥˋ

【中医】即“阳虚证”(1316 页)。

虚火证 xūhuǒzhèng/ㄒㄩ ㄏㄨㄛˇ ㄓㄥˋ

【中医】即“阴虚火旺证”(1346 页)。

虚劳/虚勞 xūláo/ㄒㄩ ㄌㄠˊ

consumptive disease, * vacuity taxation

【中医】中医内科疾病之一。因禀赋薄弱、后天失养及外感内伤等所致,以脏腑功能衰退,气血阴阳亏损,日久不复为主要病机的多种慢性疾病。辨证以气血阴阳为纲,五脏虚候为目,以补益为基本治疗原则。

虚拟存储器

xūnǐ cúnchǔqì/ㄒㄩ ㄋㄧˇ ㄘㄨㄣˊ ㄔㄨˇ ㄑㄧˋ

【信息】“虚存”的全称。

虚拟局域网/虛擬區域網路

xūnǐ júyùwǎng/ㄒㄩ ㄋㄧˇ ㄑㄩ ㄩˋ ㄨㄤˇ ㄌㄨˋ

virtual local area network, virtual LAN

【信息】采用网际互联数据链路,对用户透明,对协议不加限制的计算机网。因其性态像局域网,故名。

虚拟力/虛設力

xūnǐlì/ㄒㄩ ㄕㄜˋ ㄌㄧˋ

fictitious force

【物】一种假想的力。没有施力物体,也没有相应的反作用力,不满足牛顿第三定律。例如非惯性系中的惯性力,它起着与真实力相同的作用,可以观测和测量。

虚拟外设/虛擬周邊設備

xūnǐ wàishè/ㄒㄩ ㄋㄧˇ ㄓㄡ ㄅㄧㄢ ㄕㄜˋ ㄅㄟˋ

virtual peripheral

【信息】物理上虽不存在,但由操作系统模拟得可引用的外围设备。例如应用程序可以把正在传送数据的串行端口当作打印机,但接收数据的设备却可能是另一计算机。

虚拟现实/虛擬實境

xūnǐ xiànshí/ㄒㄩ ㄋㄧˇ ㄕˊ ㄐㄧㄥˋ

virtual reality, VR

【信息】虚拟世界参与者的感知和体验。给人带来多种感官刺激的环境,感觉身临其境;旨在以自然方式与虚拟对象交互。

虚拟仪器/虛擬儀器

xūnǐ yíqì/ㄒㄩ ㄋㄧˇ ㄧˊ ㄑㄧˋ

virtual instrument

【电】以个人计算机为核心,由功能软件支持,具有虚拟控制面板、必要仪器硬件和通信能力的测量及信息处理仪器。

虚拟造船技术/虛擬造船技術

xūnǐ zàochuán jìshù/

ㄒㄩ ㄋㄧˇ ㄗㄠˋ ㄔㄨㄢˊ ㄐㄧˋ ㄕㄨˋ

virtual shipbuilding technology

【船】以电子计算机支持的仿真技术为手段,对船舶建造过程建模,以模拟实船建造的工艺与技术。在船舶设计阶段,模拟出船舶未来建造的全过程,预测船舶性能、造船成本、可制造性等,从而更有效地组织造船生产,以达到船舶产品的研制周期最短、成本最小、船舶性能最优和建造效率最高。

虚拟专用网/虛擬私有網路

xūnǐ zhuānyòngwǎng/

ㄒㄩ ㄋㄧˇ ㄙ ㄧㄡˇ ㄨㄤˇ ㄌㄨˋ

virtual private network, VPN

【信息】由公用网运营机构利用自身资源向客户提供,具有专用网特征和功能的网络。多采用鉴别、访问控制等措施,防止信息被泄露或篡改。

虛擬電路 ㄒㄩ ㄋㄧˇ ㄉㄧㄢˋ ㄌㄨˋ/xūnǐ diànlù

virtual circuit

【信息】台湾名。即“虚电路”(1285 页)。

虛擬記憶體 ㄒㄩ ㄋㄧˇ ㄐㄧˋ ㄧˋ ㄊㄧˇ/xūnǐ jìyìtǐ

virtual memory, VM

【信息】台湾名。即“虚存”(1285 页)。

虛擬區域網路

ㄒㄩ ㄋㄧˇ ㄑㄩ ㄩˋ ㄨㄤˇ ㄌㄨˋ/xūnǐ qūyù wǎnglù

virtual local area network, virtual LAN

【信息】台湾名。即“虚拟局域网”(1286 页)。

虛擬實境 ㄒㄩ ㄋㄧˇ ㄕˊ ㄐㄧㄥˋ/xūnǐ shíjìng

virtual reality, VR

【信息】台湾名。即“虚拟现实”(1286 页)。

虛擬私有網路

ㄒㄩ ㄋㄧˇ ㄙ ㄧㄡˇ ㄨㄤˇ ㄌㄨˋ/

xūnǐ sīyǒu wǎnglù

virtual private network, VPN

【信息】台湾名。即“虚拟专用网”(1286 页)。

虛擬通道

ㄒㄩ ㄋㄧˇ ㄊㄨㄥ ㄉㄠˋ/xūnǐ tōngdào

virtual channel, VC

【信息】台湾名。即“虚信道”(1287 页)。

虚擬指令

ㄒㄩ ㄋㄧˇ ㄓˇ ㄌㄧㄥˋ/xūnǐ zhǐlìng

dummy instruction

【信息】台湾名。即“哑指令”(1305 页)。

虚擬周邊設備

ㄒㄩ ㄋㄧˇ ㄓㄡ ㄅㄧㄢ ㄕㄜˋ ㄅㄟˋ/

xūnǐ zhōubiān shèbèi

virtual peripheral

【信息】台湾名。即“虚拟外设”(1286 页)。

虚設力 ㄒㄩ ㄕㄜˋ ㄌㄧˋ/xūshèlì

fictitious force

【物】台湾名。即“虚拟力”(1286 页)。

虚数/虚數 xūshù/ㄒㄩ ㄕㄨˋ

imaginary number

【数】虚部不为 0 的复数。复数 $z=a+bi$ 中,若 $b\neq0$,则 z 为虚数。例如 2i,3－5i,－0.5＋1.2i等。

虚像/虚像 xūxiàng/ㄒㄩ ㄒㄧㄤˋ

virtual image

【物】来自物体的光经光具组(由若干反射镜或透镜组成的光学系统)反射或折射而成的发散光反向延长可在交点处看到的图像。不能呈现在屏幕上,不能使照相底片感光,只能用眼观察到。例如在放大镜中观察到 AB 的放大像 $A'B'$。

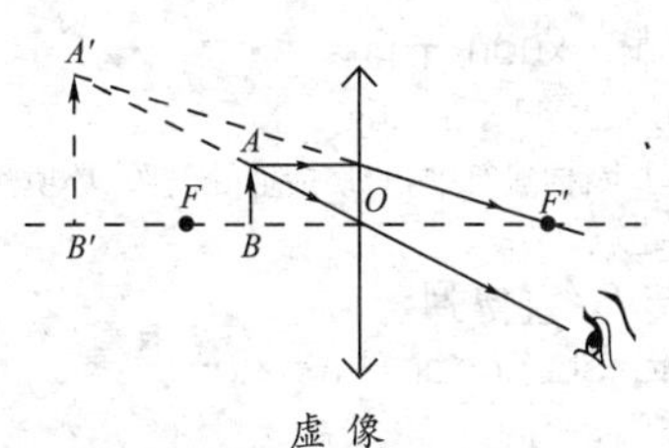

虚 像

虚信道/虚擬通道

xūxìndào/ㄒㄩ ㄋㄧˇ ㄊㄨㄥ ㄉㄠˋ

virtual channel, VC

【信息】通信中单向传送异步转移模式信元的逻辑信道。

需求侧管理/需求面管理

xūqiúcè guǎnlǐ/ㄒㄩ ㄑㄧㄡˊ ㄇㄧㄢˋ ㄍㄨㄢˇ ㄌㄧˇ

demand side management

【电】通过电力企业和电力用户等的协作,提高终端用电效率和改进用电方式,以实现各方受益、提供最低成本能源服务所进行的管理活动。

需求面管理

ㄒㄩ ㄑㄧㄡˊ ㄇㄧㄢˋ ㄍㄨㄢˇ ㄌㄧˇ/xūqiúmiàn guǎnlǐ

demand side management

【电】台湾名。即“需求侧管理”(1287 页)。

需要/需要 xūyào/ㄒㄩ ㄧㄠˋ

need

【心】人脑对个体和社会的客观需求的反映。是个体内部的某种缺失或不平衡状态在心理上的反映,也是个体活动积极性的内在源泉。人为了个体的和社会的生存与发展,必然需求一定的客观事物与对象,这些需求反映到个体头脑中,就形成需要。

许可权/許可 xǔkěquán/ㄒㄩˇ ㄎㄜˇ

permission

【信息】台湾又称“權限”。联网的或多用户的计算环境中,用户凭用户账号访问特定资源的能力。由系统管理员或其他权威人员授予,可赋予只读、读写(即查看和更改)或读写删等不同的访问级别。

许可证/許可證

xǔkězhèng/ㄒㄩˇ ㄎㄜˇ ㄓㄥˋ

license

【信息】通信中允许经营电信业务的法定凭证。可分为电信业务经营许可证与电信设备进网许可证两种。

許可 ㄒㄩˇ ㄎㄜˇ/xǔkě

permission

【信息】台湾名。即“许可权”(1287 页)。

醑剂/醑劑 xǔjì/ㄒㄩˇ ㄐㄧˋ

spirit

【医】挥发性药物的浓乙醇溶液。可内服或外用。

序数/序數 xùshù/ㄒㄩˋ ㄕㄨˋ

ordinal

【数】❶表示次序的数。通常在整数前加“第”字。例如,说 1,2 是正整数集中的“第 1,第 2”个数。❷集合论的基本概念之一,表示次序的数的推广。有限良序集$\{a_1\}$,$\{a_1,a_2\}$,…,$\{a_1,a_2,\cdots,a_n\}$(各集合中的元素按先后顺序排列)的序数分别记作 1,2,…,n。空集的序数记作 0。无限良序集的序数称为超限序数。对于通常的先后顺序(≤),自然数集 **N**,整数集 **Z**,有理数集 **Q**,实数集 **R** 的序数分别记作 ω,π,η,λ。

畜牧业/畜牧業 xùmùyè/ㄒㄩˋ ㄇㄨˋ ㄧㄝˋ
animal husbandry
【农】用放牧、圈养等方式,饲养畜禽以取得动物产品或役畜为主要目的的生产部门。

敘永石 ㄒㄩˋ ㄩㄥˇ ㄕˊ/xùyǒngshí
halloysite
【地】台湾名。即“埃洛石”(3 页)。

续断/續斷 xùduàn/ㄒㄩˋ ㄉㄨㄢˋ
Radix Dipsaci(拉), himalayan teasel root
【中医】中药名。川续断科植物川续断 *Dipsacus asperoides* C.Y.Cheng et T.M.Ai 的干燥根。味苦、辛,性微温。归肝、肾经。补肝肾,强筋骨,续折伤,止崩漏。用于腰膝酸软,风湿痹痛,崩漏,胎漏,跌扑损伤。酒续断多用于风湿痹痛,跌扑损伤。盐续断多用于腰膝酸软。

川续断

📖《神农本草经》谓其能“续筋骨”,续接断骨,故名“续断”。

续航发动机
xùháng fādòngjī/ㄒㄩˋ ㄏㄤˊ ㄈㄚ ㄉㄨㄥˋ ㄐㄧ
【航】即“主发动机”(1477 页)。

续航力/續航力 xùhánglì/ㄒㄩˋ ㄏㄤˊ ㄌㄧˋ
endurance
【船】船舶在满载后,以规定的航速在平常海面上航行所能达到的最大理论航距。设计船舶时,续航力是用以计算船上所需装载燃油、润滑油、淡水、机械用水、供应品等消耗品的主要依据。

絮凝/絮凝 xùníng/ㄒㄩˋ ㄋㄧㄥˊ
flocculation
【化】胶体体系分散相质点相互聚集的现象。絮凝物通常较为松散。如果聚集物紧密结块,则称“聚沉”。

蓄电池/蓄電池
xùdiànchí/ㄒㄩˋ ㄉㄧㄢˋ ㄔˊ
secondary battery, accumulator, storage battery
【化】化学电源的一种。通过充电使电能以化学能的形式在电池中储存起来,需要时通过放电将储存的化学能以电能形式释放出来。是重要的能量储存/转化装置。常见的有铅酸蓄电池、镉/镍蓄电池等。

蓄积器官/貯藏器官
xùjī qìguān/ㄓㄨˋ ㄘㄤˊ ㄑㄧˋ ㄍㄨㄢ
accumulating organ, storage organ
【医】某些元素和化合物在机体内不断积累的部位和组织。毒物进入机体后,在蓄积器官的浓度可能高于其他器官,但不一定对蓄积器官显示毒作用。如 DDT 农药主要蓄积在脂肪组织中,但其靶器官是中枢神经系统和肝脏。蓄积器官与靶器官不是同一概念。参见“靶器官”(15 页)。

蓄积作用/累加作用
xùjī zuòyòng/ㄌㄟˇ ㄐㄧㄚ ㄗㄨㄛˋ ㄩㄥˋ
cumulative action
【环】某些元素和化合物在机体内不断积累而产生的作用。是其进入机体的速度或数量超过从机体消除的速度或数量造成的,最终对机体组织或器官造成损害或毒作用。

xuan (ㄒㄩㄢ)

轩/軒 xuān/ㄒㄩㄢ
windowed veranda
【建】园林建筑中,通常指地处高旷、环境幽静的建筑。

宣传弹/宣傳彈
xuānchuándàn/ㄒㄩㄢ ㄔㄨㄢˊ ㄉㄢˋ
leaflet shell
【军】用于抛撒宣传品的特种炮弹。主要配用于中大口径火炮。由弹丸和发射装药组成。弹丸由弹体、底螺、抛射药、推板、支撑瓦、宣传品、隔板和时间引信组成。飞到预定地区上空一定高度时,时间引信点燃抛射药,其燃气压力通过推板、支撑瓦、隔板等零件传给底螺,剪断螺纹,将弹体内的宣传品和相应零件抛出。由于空气阻力和离心惯性力的作用,诸零件迅速飞离弹道,宣传品则被散开。

宣石/宣石 xuānshí/ㄒㄩㄢ ㄕˊ

Xuan stone

【建】主产于安徽宣城宁国一带的一种石头。石质细致坚硬,表面棱角明显,形态古朴,以山形见长,有白、黄、灰黑等颜色,以白色为主,愈旧愈白。适宜做表现雪景的假山或盆景。

宣纸/宣紙 xuānzhǐ/ㄒㄩㄢ ㄓˇ

Chinese art paper, Xuan paper

【轻】国画纸的一种。以檀树树皮和少量稻草为制浆原料,采用特殊的传统工艺,经手工抄造制成。颜色洁白,质地柔韧,不易破裂,抗虫蛀,吸墨均匀,适于长期保存。有生宣纸和熟宣纸之分,前者为普通宣纸,适于写意画和书法;后者是用生宣纸进一步加工制成,适于工笔画。因产于安徽泾县(唐代时属宣州),故名。

萱草/萱草 xuāncǎo/ㄒㄩㄢ ㄘㄠˇ

orange daylily

【植】*Hemerocallis fulva* 百合科萱草属。多年生草本植物。有短根状茎和粗壮的纺锤形肉质根。叶基生,二列,带状。花莛细长坚挺,长于叶;顶生总状花序,花大,橘红色,近漏斗形,花被片六裂,下部合成花被筒,上部开展而反卷,边缘波状。花果期5—7月份。中国各地均有栽培。观赏花卉。

玄参/玄參 xuánshēn/ㄒㄩㄢˊ ㄕㄣ

㊀figwort, ㊁Radix Scrophulariae(拉), figwort root

㊀【植】*Scrophularia ningpoensis* 又称"元参"。玄参科玄参属。多年生高大草本植物。根纺锤形或胡萝卜形膨大,有数条支根。茎四棱形,有浅槽。叶多为卵形,边缘有齿。大型疏散圆锥花序,花冠筒球形,花冠褐紫色。花期6—10月份。在中国,分布于华北中部以南至华南各地。根可入药。中国特有种。

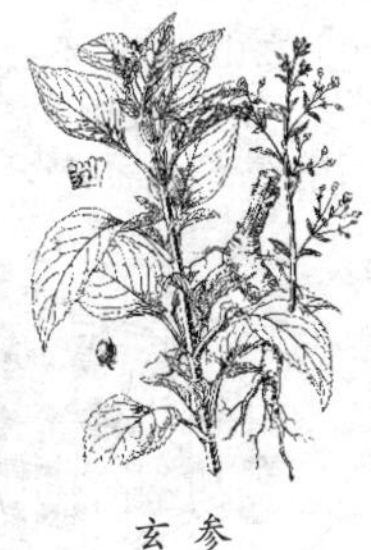

玄 参

㊁【中医】中药名。玄参科植物玄参 *Scrophularia ningpoensis* Hemsl.的干燥根。味甘、苦、咸,性微寒。归肺、胃、肾经。凉血滋阴,泻火解毒。用于热病伤阴,舌绛烦渴,温毒发斑,津伤便秘,骨蒸劳嗽,目赤,咽痛,瘰疬,白喉,痈肿疮毒。

📖 清因避康熙皇帝爱新觉罗·玄烨之讳,改称"元参"。又,玄参不宜与藜芦同用。

玄府/玄府 xuánfǔ/ㄒㄩㄢˊ ㄈㄨˇ

sweat pore, * mysterious mansion, * mysterious house

【中医】又称"汗孔"。体表出汗的孔窍。因其细微不可见,故名。

玄宫 xuángōng/ㄒㄩㄢˊ ㄍㄨㄥ

【建】即"地宫"(220页)。

玄空寺 Xuánkōng Sì/ㄒㄩㄢˊ ㄎㄨㄥ ㄙˋ

【建】即"悬空寺"(1290页)。

玄明粉/玄明粉

xuánmíngfěn/ㄒㄩㄢˊ ㄇㄧㄥˊ ㄈㄣˇ

Natrii Sulfas Exsiccatus(拉), sodium sulfate powder, * retined mirabilite

【中医】中药名。芒硝经风化干燥制得。主要成分是硫酸钠。味咸、苦,性寒。归胃、大肠经。泻热通便,润燥软坚,清火消肿。用于实热便秘,大便燥结,积滞腹痛;外治咽喉肿痛,口舌生疮,牙龈肿痛,目赤,痈肿,丹毒。

📖 清代因避讳康熙皇帝爱新觉罗·玄烨之讳,改称"元明粉"。又,孕妇禁用。

玄武岩/玄武岩

xuánwǔyán/ㄒㄩㄢˊ ㄨˇ ㄧㄢˊ

basalt

【地】基性喷出岩。主要由基性斜长石和单斜辉石组成,成分与辉长岩相当。黑色,细粒致密状,常形成岩床或岩被,在大洋底部广泛分布。棱柱状节理发育。是优良石材。相关矿产有铜、铁、锌、钴、冰洲石、玛瑙等。

悬臂起重机/懸臂起重機

xuánbì qǐzhòngjī/ㄒㄩㄢˊ ㄅㄧˋ ㄑㄧˇ ㄓㄨㄥˋ ㄐㄧ

cantilever crane

【机】起重机的一种。取物装置吊挂在刚性固定的悬臂(臂架)上,或悬挂在可沿悬臂(悬架)运行的小车上,旋臂可回转,但不能俯仰。属中小型起重设备。可分为定柱式、移动式和墙壁式等。

悬浮固体/懸浮固體

xuánfú gùtǐ/ㄒㄩㄢˊ ㄈㄨˊ ㄍㄨˋ ㄊㄧˇ

【环】即"悬浮物"(1290页)。

悬浮体/懸浮體 xuánfútǐ/ㄒㄩㄢˊ ㄈㄨˊ ㄊㄧˇ

suspensoid

【化】一种粗分散体系。由不溶性固体颗粒悬浮于液体介质中形成。如油漆、钻井泥浆、含不溶性固体细粉的污水等。

悬浮物/懸浮固體

xuánfúwù/ㄒㄩㄢˊ ㄈㄨˊ ㄍㄨˋ ㄊㄧˇ

suspended solid

【环】又称"悬浮固体"。悬浮在水中的不溶解物质,即水样中不能通过滤器的固体颗粒物。包括淤泥、黏土、有机物和微生物等颗粒物。是造成水质混浊的主要原因。

悬钩子 xuángōuzǐ/ㄒㄩㄢˊ ㄍㄡ ㄗˇ

【植】即"覆盆子"(374 页)。

悬挂结构建筑/懸掛結構建築

xuánguà jiégòu jiànzhù/

ㄒㄩㄢˊ ㄍㄨㄚˋ ㄐㄧㄝˊ ㄍㄡˋ ㄐㄧㄢˋ ㄓㄨˋ

suspended structure construction

【建】屋顶或各楼层直接或间接悬挂在支撑结构(井筒、塔架)上的建筑。其特点是用分散的钢索和吊杆承担屋顶和楼板的重量,充分发挥钢材的力学性能,可增大结构跨度,减少材料用量,使建筑形式富于变化。

悬挂墙

xuánguàqiáng/ㄒㄩㄢˊ ㄍㄨㄚˋ ㄑㄧㄤˊ

【建】即"幕墙"(817 页)。

悬挂输送机/懸吊式運送機

xuánguà shūsòngjī/

ㄒㄩㄢˊ ㄉㄧㄠˋ ㄕˋ ㄩㄣˋ ㄙㄨㄥˋ ㄐㄧ

overhead conveyor

【机】输送机的一种。物品通过固接在牵引链上的吊具进行空间输送,并能自动地装载和卸载。可分为提式、推式和拖式。广泛应用于大批量流水生产作业中。

悬河/懸河 xuánhé/ㄒㄩㄢˊ ㄏㄜˊ

【地】即"地上河"(227 页)。

悬架/懸吊 xuánjià/ㄒㄩㄢˊ ㄉㄧㄠˋ

suspension

【机】汽车上的一种连接装置。用于弹性连接车架(或车身)与车轴(或车轮)。通常由弹性元件、导向机构、减振器和缓冲块等组成。可缓冲由不平路面传给车架(或车身)的冲击力,衰减由此引起的震动,以及传递作用在车轮和车架(或车身)之间的各种力和力矩。可分为非独立悬架、独立悬架、平衡悬架等。

悬空寺/懸空寺

Xuánkōng Sì/ㄒㄩㄢˊ ㄎㄨㄥ ㄙˋ

Xuankong Temple

【建】又作"玄空寺"。中国古代寺庙。位于山西浑源县城南唐峪口内西岩峭壁上,始建于北魏太和十五年(公元 491 年),历代都有修缮。共有殿宇楼阁 40 间,上载危岩,下临深谷,利用力学原理半插飞梁为基,巧借岩石暗托梁柱上下一体,廊栏左右相连,曲折出奇。

悬铃木/懸鈴木

xuánlíngmù/ㄒㄩㄢˊ ㄌㄧㄥˊ ㄇㄨˋ

planetree

【植】*Platanus* 悬铃木科悬铃木属。落叶乔木。树皮苍白色,薄片状脱落后呈光滑的粉绿色。单叶互生,有长柄,掌状分裂,边缘有齿,掌状脉。雌雄同株,花单性,成头状花序。聚合果下垂,通常两球一串。中国各地均有栽培。行道树。

📖 悬铃木是悬铃木属植物的统称。悬铃木属有三个种,分别为一球悬铃木、二球悬铃木和三球悬铃木;对应的通称分别是美国梧桐、英国梧桐和法国梧桐。

悬山/懸山 xuánshān/ㄒㄩㄢˊ ㄕㄢ

overhanging gable roof

【建】两坡屋顶的两端屋面伸出山墙外的屋顶形式。宋代称"不厦两头",又称"两山出际",清代称为悬山,又称挑山。宋《营造法式》规定悬挑深度为 40～100 分。清代挑檐深度通常与正面檐出相同。多有一条正脊、四条垂脊,山尖通常不封闭,有利于木结构通风防腐。是民居住宅的主要形式,大型建筑群多用于配殿及厢房。

悬山式屋顶

悬索结构/懸索結構

xuánsuǒ jiégòu/ㄒㄩㄢˊ ㄙㄨㄛˇ ㄐㄧㄝˊ ㄍㄡˋ

cable-suspended structure

【建】由柔性受拉索及边缘构件或支承塔架所组成的承重结构。其结构形式可分为单层单向悬索结构、单层双向悬索结构、圆形单层悬索结构、圆形双层悬索结构、双重悬索结构等。钢索悬挂的屋面构件多由预制块拼装而成,既要考虑整个屋顶在空气动力作用下的不稳定和颤振,又要防止节点处渗水。

悬索桥/吊橋 xuánsuǒqiáo/ㄉㄧㄠˋ ㄑㄧㄠˊ

suspension bridge

【交】又称"吊桥"。通过索塔悬挂并锚固于两岸(或桥两端)的缆索作为上部结构主要承重构件的桥梁。由缆索、索塔、吊杆、锚碇、桥面等组成。

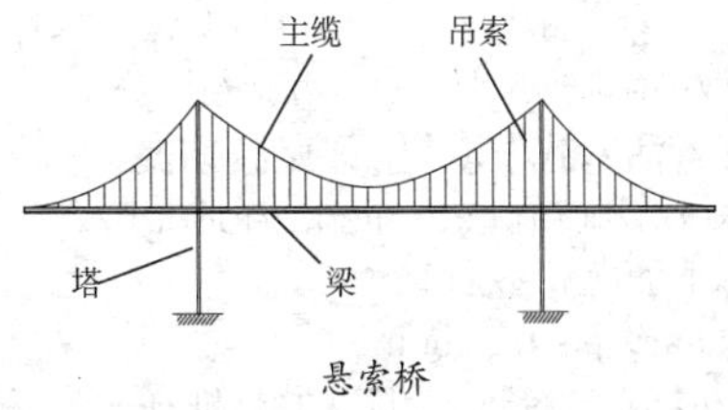

悬索桥

悬停/停懸 xuántíng/ㄊㄧㄥˊ ㄒㄩㄢˊ

hovering

【航】直升机在空中相对地面保持一定位置、状态的一种特征飞行状态。是直升机的特有飞行性能状态,悬停时旋翼的升力等于直升机重力和下洗气流阻力之和。可用于救生、空降、武器发射、垂直补给、目标监视、建筑吊装吊放作业,以及飞机起飞和着陆前的飞行状态调整检查。

悬鱼/懸魚 xuányú/ㄒㄩㄢˊ ㄩˊ

fish decoration

【建】位于前后博风板交互处的山尖下的装饰板件。垂于正脊,并从山面顶端悬垂,用木板雕成,安于博风板的正中。因初期雕作鱼形,从山面顶端悬垂,故名。其表面纹样或为鱼形,或用花瓣,或用云头。长短随建筑大小,3~10尺不等,其长宽比为10:6。悬鱼在明清时的北方官式建筑中已不用。但在四川、云南等地仍常见。图见"博风板"(80 页)

旋臂鑽床

ㄒㄩㄢˊ ㄅㄧˋ ㄗㄨㄢˋ ㄔㄨㄤˊ/xuánbì zuànchuáng

radial drilling machine

【机】台湾名。即"摇臂钻床"(1320 页)。

旋覆花/旋覆花

xuánfùhuā/ㄒㄩㄢˊ ㄈㄨˋ ㄏㄨㄚ

Flos Inulae(拉), inula flower

【中医】中药名。菊科植物旋覆花 *Inula japonica* Thunb.或欧亚旋覆花 *I. britannica* L.的干燥头状花序。味苦、辛、咸,性微温。归肺、脾、胃、大肠经。降气,消痰,行水,止呕。用于风寒咳嗽,痰饮蓄结,胸膈痞满,喘咳痰多,呕吐噫气,心下痞硬。

旋光度/旋光度

xuánguāngdù/ㄒㄩㄢˊ ㄍㄨㄤ ㄉㄨˋ

optical rotation

【化】物质旋光性的表示方法。即偏振光通过旋光物质时,偏振光的振动平面被旋转的角度。通常用 α 表示,与旋光物质的浓度、光程的长度、温度及偏振光的波长有关。

旋光性/旋光性

xuánguāngxìng/ㄒㄩㄢˊ ㄍㄨㄤ ㄒㄧㄥˋ

optical activity

【化】又称"光学活性"。物质能使平面偏振光振动平面旋转的性质。当一束平面偏振光透过含有手性物质的晶体或溶液时,偏振平面从原来位置旋转一定的角度。当观测者通过旋光仪观测时,如果旋光物质能够使透射过它的偏振面顺时针方向旋转,则具有右旋光性;反时针方向旋转则具有左旋光性。右旋光性用(+)表示,左旋光性用(−)表示。

旋花 ㄒㄩㄢˊ ㄏㄨㄚ/xuánhuā

ivy glorybind

【植】台湾名。即"打碗花"(174 页)。

旋回/旋迴 xuánhuí/ㄒㄩㄢˊ ㄏㄨㄟˊ

cycle

【地】一系列事件(或作用、岩层)以基本相似的面貌(或形式)有规律地重复出现的一个周期。地质上的旋回主要有沉积旋回、岩浆旋回、构造旋回等。

旋流泵 ㄒㄩㄢˊ ㄌㄧㄡˊ ㄅㄥˋ/xuánliúbèng

peripheral pump, helical flow pump

【机】台湾名。即"旋涡泵"(1292 页)。

旋轮线 xuánlúnxiàn/ㄒㄩㄢˊ ㄌㄨㄣˊ ㄒㄧㄢˋ

【数】即"摆线"(26 页)。

旋塞阀/塞閥 xuánsāifá/ㄙㄞ ㄈㄚˊ

plug valve
【机】阀的一种。用于切断和接通介质以及分流或节流。启闭件(塞子)由阀杆带动,并绕阀杆的轴线做旋转运动。小型无填料的旋塞阀又称为考克。

旋涡泵/旋流泵
xuánwōbèng/ㄒㄩㄢˊ ㄨㄛ ㄅㄥˋ
peripheral pump, helical flow pump
【机】离心泵的一种变型。由叶轮、泵体和泵盖等组成。主要工作机构是叶轮和流道,叶轮为外缘部分带有许多小叶片的整体轮盘,液体在叶片和流道中反复做旋涡运动。构造简单,维护方便。适用于要求小流量、较高扬程的消防泵、飞机加油车上的汽油泵等。

旋涡星系/螺旋狀星系
xuánwō xīngxì/
ㄌㄨㄛˊ ㄒㄩㄢˊ ㄓㄨㄤˋ ㄒㄧㄥ ㄒㄧˋ
spiral galaxy, S galaxy
【天】具有旋涡状结构的星系。包括正常旋涡星系和棒旋星系。其中心区为透镜状,周围围绕扁平的圆盘。从隆起的核球两端延伸出若干条螺线状旋臂,叠加在星系盘上。通常有一个笼罩整体的、结构稀疏的晕,称为星系晕。旋涡星系的典型质量是 $10^9 \sim 10^{11}$ 个太阳质量,直径 5～10 千秒差距。

旋翼/旋翼
xuányì/ㄒㄩㄢˊ ㄧˋ
rotor, lifting rotor
【航】又称"升力螺旋桨"。直升机和旋翼机等旋翼航空器的主要升力部件。由桨叶与铰链的桨毂组成。现多采用新一代"星型柔性旋翼"和"球柔性旋翼"的层压弹性轴承,取代机械铰链式旋翼。

旋转/旋轉
xuánzhuǎn/ㄒㄩㄢˊ ㄓㄨㄢˇ
rotation
【数】全等变换的一种。平面内的图形中每一点,都绕平面内的一定点 O,按照同一方向旋转同一角度 θ 的变换,叫作绕中心 O 旋转 θ 的平面旋转变换。点 O 叫作旋转中心,θ 叫作旋转角。设任一点 P 绕中心 O 旋转 θ 变换为点 P',则 $OP=OP'$,$\angle POP'=\theta$。空间图形有绕定直线的旋转变换,还有空间的中心反射变换。

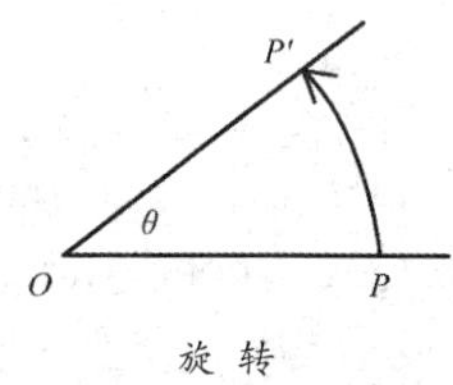

旋 转

旋转磁场/轉動磁場
xuánzhuǎn cíchǎng/
ㄓㄨㄢˇ ㄉㄨㄥˋ ㄘˊ ㄔㄤˇ
rotating magnetic field
【物】在空间旋绕固定轴线以一定速度旋转的磁场。交流电动机利用这种旋转磁场工作。

旋转电机/旋轉電機
xuánzhuǎn diànjī/ㄒㄩㄢˊ ㄓㄨㄢˇ ㄉㄧㄢˋ ㄐㄧ
electric rotating machine
【电】依靠电磁感应运行的电气装置。具有能做相对旋转运动的部件,用于转换能量。

旋转活塞式发动机/萬克發動機
xuánzhuǎn huósāishì fādòngjī/
ㄨㄢˋ ㄎㄜˋ ㄈㄚ ㄉㄨㄥˋ ㄐㄧ
rotary piston engine
【机】又称"转子发动机"。内燃机的一种。利用燃烧室产生的高温高压燃气推动活塞旋转以产生动力。工作活塞在缸体内做行星运动(活塞的中心线绕发动机输出轴中心线旋转,同时活塞又绕自身中心线旋转),活塞的三个弧形侧面则与缸体的外旋轮线形内壁表面及左、右端盖表面构成三个容积周期性变化的空腔,用于实现内燃机工作循环。

旋转体/旋轉體
xuánzhuǎntǐ/ㄒㄩㄢˊ ㄓㄨㄢˇ ㄊㄧˇ
solid of rotation
【数】平面图形绕它所在平面内一条直线旋转一周围成的封闭几何体。这条直线叫作旋转体的轴。例如,半圆绕它的直径所在直线旋转一周围成的球体是一个旋转体。

旋轉泵 ㄒㄩㄢˊ ㄓㄨㄢˇ ㄅㄥˋ/xuánzhuǎnbèng
rotary pump
【机】台湾名。即"回转泵"(545 页)。

旋轉式壓縮機
ㄒㄩㄢˊ ㄓㄨㄢˇ ㄕˋ ㄧㄚ ㄙㄨㄛ ㄐㄧ/
xuánzhuǎnshì yāsuōjī
rotary compressor
【机】台湾名。即"回转式压缩机"(545 页)。

懸吊 ㄒㄩㄢˊ ㄉㄧㄠˋ/xuándiào

suspension

【机】台湾名。即"悬架"(1290 页)。

懸吊式運送機

ㄒㄩㄢˊ ㄉㄧㄠˋ ㄕˋ ㄩㄣˋ ㄙㄨㄥˋ ㄐㄧ/

xuándiàoshì yùnsòngjī

overhead conveyor

【机】台湾名。即"悬挂输送机"(1290 页)。

选单/菜單 xuǎndān/ㄘㄞˋ ㄉㄢ

menu

【信息】俗称"菜单"。由计算机系统显示出来供用户选择的操作命令或操作对象的清单。

📖 英语 menu 借自餐饮业用语。"选单"是意译;"菜单"是直译,属于隐喻构词方式。

选路 xuǎnlù/ㄒㄩㄢˇ ㄌㄨˋ

【信息】即"路由选择"(759 页)。

選殖 ㄒㄩㄢˇ ㄓˊ/xuǎnzhí

clone

【生】台湾名。即"克隆"(684 页)。

癣/癬 xuǎn/ㄒㄧㄢˇ

tinea

㊀【医】真菌引起的传染性皮肤病。呈现有粉红色的丘疹或鳞屑性环状斑块,边缘隆起,向周围扩展等。按所在位置不同,可分为头癣、体癣、股癣、手癣、足癣、甲癣等。㊁【中医】皮肤病之一。发生在皮表、黏膜、毛发、指(趾)甲,症见皮损边缘清楚,略高出皮面,边缘周围有丘疹、水疱、脓疱、结痂、鳞屑等,自觉瘙痒等。具有传染性、长期性、广泛性特征。以外治为主,以杀虫为原则。

券/拱 xuàn/ㄍㄨㄥˇ

arch

【建】利用楔形的土坯、砖、石等块状材料之间的侧压力,建成跨空的承重结构。块体之间相互挤压,形成动态平衡,承载上部荷载。可分为半圆券、尖券、四圆心券、马蹄形券等。在西方古代建筑中,罗马风建筑多用半圆券,哥特建筑多用尖券,伊斯兰教建筑多用四圆心券和马蹄形券。

炫客/炫客 xuànkè/ㄒㄩㄢˋ ㄎㄜˋ

Show KE

【信息】指将博客、播客、个人相册和闪客技术融合的网络应用。它是 web 2.0 的产物,让用户可以创作炫客作品、分享乐趣。

眩晕/眩暈 xuànyūn/ㄒㄩㄢˋ ㄩㄣ

vertigo

㊀【医】感到自身或周围环境物体有旋转或摇动的主观感觉。旋转性眩晕,多由前庭神经系统及小脑的功能障碍所致,以倾倒的感觉为主;一般性眩晕,多由某些全身性疾病引起。㊁【中医】中医内科疾病之一。因情志、饮食内伤、体虚久病、失血劳倦,及外伤、手术等病因,引起风、火、痰、瘀上扰清空或精亏血少,清窍失养所致,症见头晕、眼花等。眩即眼花,晕是头晕,两者常同时并见,故统称为眩晕,其轻者闭目可止,重者如坐车船,旋转不定,不能站立,或伴有恶心、呕吐、汗出、面色苍白等症状。根据其临床辨证分型的不同,可分别选用天麻钩藤饮、龙胆泻肝汤、半夏白术天麻汤、通窍活血汤、归脾汤、左归丸等进行治疗。眩晕,另作症状解。

旋子彩画/鏇子彩畫

xuànzǐ cǎihuà/ㄒㄩㄢˋ ㄗˇ ㄘㄞˇ ㄏㄨㄚˋ

tangent circle pattern

【建】以藻头部位画圆形与半圆形旋花为特色的彩画。枋心部分常有龙饰枋心、锦枋心、一字枋心和空枋心等。按颜色深浅与用金多寡不同,可分为金琢墨石碾玉、烟琢墨石碾玉、金线大点金、墨线大点金、金线小点金、墨线小点金、雅伍墨、雄黄玉等八种。最早出现于元代,明初基本定型,清代进一步程式化,是明清官式建筑中运用最广泛的彩画。

xue (ㄒㄩㄝ)

穴灌/穴灌 xuéguàn/ㄒㄩㄝˊ ㄍㄨㄢˋ

hole irrigation

【水利】又称"点浇"。利用移动运水工具逐棵浇灌作物根部土壤的灌溉方法。

穴居/穴居 xuéjū/ㄒㄩㄝˊ ㄐㄩ

cave dwelling

【建】在土层上掏挖洞穴以栖身的原始住房,是建筑萌芽期的居住形式之一。地面上掘出圆形或长方形的坑,剖面上小下大,穴口用树枝藤蔓搭成拱形、穹窿形或两坡形,有的外抹一层黏土,穴内多有保存火种的火塘。

📖《周易·系辞》曰:"上古穴居而野处。"天然洞穴是人类最早的栖身之所。穴居在中国大约出现在旧石器晚期,主要分布在黄河流域的黄土地带。穴居的发展经历了以下几个环节:横穴(在黄土断崖及陡坡上营造洞穴)→袋形竖穴(深穴口加盖枝干茎叶编织的活动顶盖)→半穴居(浅穴口加设固定顶盖)→原始地面建筑。

X

穴位 xuéwèi/ㄒㄩㄝˊ ㄨㄟˋ

【中医】即"腧穴"(1051 页)。

穴位注射疗法/穴位注射療法

xuéwèi zhùshè liáofǎ/ㄒㄩㄝˊ ㄨㄟˋ ㄓㄨˋ ㄕㄜˋ ㄌㄧㄠˊ ㄈㄚˇ

point-injection therapy

【中医】用注射器的针头为针具刺入腧穴,在得气后注入药液以治疗疾病的方法。

学宫/學宫 xuégōng/ㄒㄩㄝˊ ㄍㄨㄥ

academy

【建】西周诸侯所设的大学,专门教授王公贵族子弟学习的场所。《礼记·王制》:"大学在郊,天子曰辟雍,诸侯曰泮宫。"孔庙建制后,学宫的意思发生转变,泛指官学,即历朝州、府、县等地方官办的学校。

学科/學科 xuékē/ㄒㄩㄝˊ ㄎㄜ

science, subject

【总】❶学术的分类。指一定科学领域或一门科学的分支。如自然科学中的数学、化学、物理学、天文学等,社会科学中的文学、法学、社会学、考古学等。❷学校教学的科目。如大学语言学系的文字学、语音学、语法学、词汇学;中小学的语文、数学、英语、历史、地理、生物、音乐、体育等。

学术研究/學術研究

xuéshù yánjiū/ㄒㄩㄝˊ ㄕㄨˋ ㄧㄢˊ ㄐㄧㄡ

academic research

【总】运用已有的理论、知识、经验对科学问题进行假设、分析、探讨和推出科学性结论的过程。是对未知科学问题的某种程度的揭示。

學説 ㄒㄩㄝˊ ㄕㄨㄛ/xuéshuō

theory

【总】台湾名。即"理论"(723 页)。

雪/雪 xuě/ㄒㄩㄝˇ

snow

【气】固态降水的一种。由冰晶聚合而成,大多呈白色不透明的六出分支星状、六角片状或柱状,常缓缓飘落,降水强度变化较缓慢。气温较高时多呈团状降落。

雪豹/雪豹 xuěbào/ㄒㄩㄝˇ ㄅㄠˋ

snow leopard

【动】*Uncia uncia* 又称"艾叶豹"。哺乳动物名。食肉目猫科。体长约 1.3 米,尾长约 0.9 米,头小而圆,全身灰白色,有黑色斑点和环纹,尾大,毛长而密。生活在雪线附近海拔 2500～5000 米高山岩石多的地区,行动敏捷,善跳跃,以野羊、麝、雪兔、鸟类、鼠类等为食。分布于中亚和南亚山地。

雪豹

雪暴/雪暴 xuěbào/ㄒㄩㄝˇ ㄅㄠˋ

snowstorm

【气】俗称"暴风雪"。造成视程障碍的天气现象的一种。大量的雪被强风卷起并随风运动,使水平能见度小于 1.0 千米,并且不能判定当时天空是否有降雪。发生时,寒风凛冽,掩埋道路,常造成灾害。

雪崩/雪崩 xuěbēng/ㄒㄩㄝˇ ㄅㄥ

avalanche

【地】大量的积雪和冰沿陡峭山坡向下滑动,引起雪体崩塌的现象。发生时常挟带泥土和岩石,同时还能引起山体滑坡、山崩和泥石流等。是积雪山区的一种严重自然灾害。

雪標 ㄒㄩㄝˇ ㄅㄧㄠ/xuěbiāo

snow scale, snow depth scale

【气】台湾名。即"量雪尺"(735 页)。

雪蛤 xuěhá/ㄒㄩㄝˇ ㄏㄚˊ

【动】即"中国林蛙"(1458 页)。

雪荷载/雪荷載 xuěhèzài/ㄒㄩㄝˇ ㄏㄜˋ ㄗㄞˋ

snow load

【气】积雪作用在建筑物上的重力。

雪粒 ㄒㄩㄝˇ ㄌㄧˋ/xuělì

snow grains

【气】台湾名。即"米雪"(797 页)。

雪莲花/雪蓮花

xuěliánhuā/ㄒㄩㄝˇ ㄌㄧㄢˊ ㄏㄨㄚ

snow lotus

【植】*Saussurea involucrata* 菊科风毛菊属。多年生草本植物。根状茎粗,基部残存多数棕褐色的叶残迹。茎粗壮,叶无柄,叶片长圆形,最上部叶苞叶状,膜质,淡黄色,边缘有齿。总苞半球形,苞片先端急尖,边缘紫褐色;头状花序,密集成球形,小花紫色。瘦果,冠毛污白色,羽毛状。花果期7—9月份。在中国,分布于新疆、西藏、青海和甘肃。花可入药。中国珍稀濒危植物。

雪莲花

📖 雪莲花生长在高山雪线以下,生长缓慢,成熟较晚且种子发芽率低,繁殖困难,正濒临绝种,因此保护雪莲的种质资源有着重要的意义。

雪柳/雪柳 xuěliǔ/ㄒㄩㄝˇ ㄌㄧㄡˇ

snow willow

【植】*Fontanesia phillyreoides* subsp. *fortune* 木樨科雪柳属。落叶灌木或小乔木。树皮灰褐色,大枝灰白色,圆柱形,小枝四棱形。叶柄有沟,叶片纸质,披针形,先端尖,基部楔形,全缘。圆锥花序,花两性或杂性同株,花冠深裂,白色。花期4—6月份。在中国,分布于河北、陕西、山东、江苏、安徽、浙江、河南及湖北东部。观赏树木。枝条编筐。

📖 雪柳叶形似柳,花白如雪,故名。

雪明碳體

ㄒㄩㄝˇ ㄇㄧㄥˊ ㄊㄢˋ ㄊㄧˇ/xuěmíngtàntǐ

cementite

【材】台湾名。即“渗碳体”(1002页)。

雪明碳鐵

ㄒㄩㄝˇ ㄇㄧㄥˊ ㄊㄢˋ ㄊㄧㄝˇ/xuěmíngtàntiě

cementite

【材】台湾名。即“渗碳体”(1002页)。

雪山/雪山 Xuě Shān/ㄒㄩㄝˇ ㄕㄢ

Snow Mountains

【地】山脉名。位于台湾岛北部,近南北走向,主峰同名雪山,海拔3886米,是台湾岛第二高峰。

雪深/雪深 xuěshēn/ㄒㄩㄝˇ ㄕㄣ

snow depth

【气】地面气象观测项目之一。从积雪表面到地面的深度。

雪松/雪松 xuěsōng/ㄒㄩㄝˇ ㄙㄨㄥ

deodar cedar

【植】*Cedrus deodara* 松科雪松属。常绿乔木。树皮深灰色,裂成不规则的鳞状块。大枝平展,轮生,小枝常下垂。叶在长枝上辐射伸展,在短枝上簇生,针状,坚硬,先端尖,三棱形,淡绿至蓝绿色。雌雄异株。球果卵圆形,成熟前淡绿色,熟时红褐色。花期春季,球果翌年10月份成熟。中国各地均有栽培。观赏树木。

📖 雪松是黎巴嫩的国树。

雪丸 xuěwán/ㄒㄩㄝˇ ㄨㄢˊ

【气】即“霰”(1245页)。

雪线/雪線 xuěxiàn/ㄒㄩㄝˇ ㄒㄧㄢˋ

snow line

【水利】高山常年积雪区的下边界,即高山常年积雪区与融雪区的分界线。是年固态降水量与消融量开始达到平衡的地带。

雪压/雪壓 xuěyā/ㄒㄩㄝˇ ㄧㄚ

snow pressure

【气】地面气象观测项目之一。单位水平面积上积雪的重量。

鳕/鱈 xuě/ㄒㄩㄝˇ

cod, codfish

【动】*Gadus macrocephalus* 鱼名。硬骨鱼纲鳕科。体稍侧扁,长约70厘米,头大,尾小,下颌有一根触须,背部灰褐色,有许多小黑斑,腹部灰白色,有三个背鳍。生活在海洋中,以其他鱼类和无脊椎动物为食。中国主要分布于黄海、渤海。

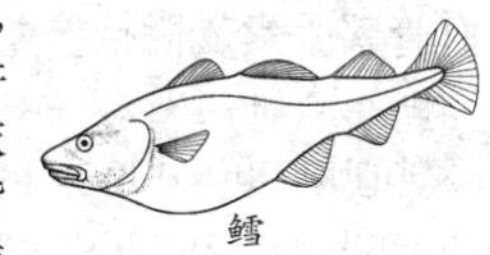
鳕

血/血 xuè/ㄒㄧㄝˋ

blood

【中医】体液的组成部分。赤色液体,有腥气,饮食水谷精微变化所生,在脉管中流动。

血滴石 ㄒㄧㄝˋ ㄉㄧ ㄕˊ/xuèdīshí

bloodstone

【地】台湾名。即“鸡血石”(563页)。

血府逐瘀汤/血府逐瘀湯

xuèfǔ zhúyūtāng/ㄒㄧㄝˋ ㄈㄨˇ ㄓㄨˊ ㄩ ㄊㄤ

xuefu zhuyu decoction, xuefu zhuyu tang

【中医】中医方剂名。组成:桃仁12克,红花

9克,当归9克,生地黄9克,川芎5克,赤芍6克,牛膝9克,桔梗5克,柴胡3克,枳壳6克,甘草3克。水煎服。活血化瘀,行气止痛。治疗胸中血瘀,血行不畅,胸痛、头痛日久不愈,痛如针刺而有定处,或见呃逆日久不止、失眠、发热、舌质黯红、舌体有瘀点瘀斑等。

血管紧张素受体拮抗药/血管緊張素受體拮抗劑
xuèguǎn jǐnzhāngsù shòutǐ jiékàngyào/
ㄒㄧㄝˇ ㄍㄨㄢˇ ㄐㄧㄣˇ ㄓㄤ ㄙㄨˋ ㄕㄡˋ ㄊㄧˇ ㄐㄧㄝˊ ㄎㄤˋ ㄐㄧˋ
angiotensin receptor antagonist
【医】可阻断血管紧张素Ⅱ受体作用的降压药物。常用的有氯沙坦、厄贝沙坦、缬沙坦等。

血管紧张素转换酶抑制药/血管緊張素轉換酶抑制藥
xuèguǎn jǐnzhāngsù zhuǎnhuànméi yìzhìyào/
ㄒㄧㄝˇ ㄍㄨㄢˇ ㄐㄧㄣˇ ㄓㄤ ㄙㄨˋ ㄓㄨㄢˇ ㄏㄨㄢˋ ㄇㄟˊ ㄧˋ ㄓˋ ㄧㄠˋ
angiotensin converting enzyme inhibitor
【医】可与血管紧张素转化酶结合,抑制其活性的抗高血压药物。常用的有卡托普利、依那普利、赖诺普利、福辛普利、雷米普利和贝那普利等。

血管緊張素受體拮抗劑
ㄒㄧㄝˇ ㄍㄨㄢˇ ㄐㄧㄣˇ ㄓㄤ ㄙㄨˋ ㄕㄡˋ ㄊㄧˇ ㄐㄧㄝˊ ㄎㄤˋ ㄐㄧˋ/
xuèguǎn jǐnzhāngsù shòutǐ jiékàngjì
angiotensin receptor antagonist
【医】台湾名。即“血管紧张素受体拮抗药”(1296页)。

血管扩张药/血管舒張劑
xuèguǎn kuòzhāngyào/
ㄒㄧㄝˇ ㄍㄨㄢˇ ㄕㄨ ㄓㄤ ㄐㄧˋ
vasodilator
【医】直接作用于血管平滑肌,松弛血管而引起血管舒张的药物。用于治疗高血压。按其作用机制不同,可分为直接舒张血管平滑肌的药物(如肼屈嗪、硝普钠)、钾通道开放药(如米诺地尔、二氮嗪)和其他血管舒张药(如吲达帕胺)。

血管瘤/血管瘤
xuèguǎnliú/ㄒㄧㄝˇ ㄍㄨㄢˇ ㄌㄧㄡˊ
hemangioma
【医】起源于中胚叶血管组织的良性瘤,由扩张、增生的血管内皮组织构成。发生于许多部位,无被膜,界限不清,在皮肤或黏膜的血管瘤,可呈突起的红色肿块。分为海绵状血管瘤、毛细血管瘤、混合性血管瘤等类型。

血管收缩药/血管收縮劑
xuèguǎn shōusuōyào/
ㄒㄧㄝˇ ㄍㄨㄢˇ ㄕㄡ ㄙㄨㄛ ㄐㄧˋ
vasoconstrictor
【医】使血管收缩而升高血压的药物。按其作用不同,可分为肾上腺素受体激动药和增压素两类。前者如肾上腺素、去甲肾上腺素、多巴胺、麻黄碱、间羟胺等;后者如苯赖加压素。

血管收縮劑
ㄒㄧㄝˇ ㄍㄨㄢˇ ㄕㄡ ㄙㄨㄛ ㄐㄧˋ/
xuèguǎn shōusuōjì
vasoconstrictor
【医】台湾名。即“血管收缩药”(1296页)。

血管舒張劑
ㄒㄧㄝˇ ㄍㄨㄢˇ ㄕㄨ ㄓㄤ ㄐㄧˋ/
xuèguǎn shūzhāngjì
vasodilator
【医】台湾名。即“血管扩张药”(1296页)。

血管性痴呆/血管性失智症
xuèguǎnxìng chīdāi/
ㄒㄧㄝˇ ㄍㄨㄢˇ ㄒㄧㄥˋ ㄕ ㄓˋ ㄓㄥˋ
vascular dementia
【医】因血管疾病造成的痴呆。包括高血压脑血管病等。可发生于多次短暂性脑缺血发作、连续的急性脑血管意外之后,个别情况下也可出现在一次严重脑卒中之后。梗塞灶通常较小,其效应可以累加。多在晚年起病。

血管性失智症
ㄒㄧㄝˇ ㄍㄨㄢˇ ㄒㄧㄥˋ ㄕ ㄓˋ ㄓㄥˋ/
xuèguǎnxìng shīzhìzhèng
vascular dementia
【医】台湾名。即“血管性痴呆”(1296页)。

血管支架/血管支架
xuèguǎn zhījià/ㄒㄧㄝˇ ㄍㄨㄢˇ ㄓ ㄐㄧㄚˋ
vascular stent
【材】用于支撑人体内因病变而狭窄、闭塞的血管，恢复血液流通的管状器件。采用金属或高分子材料加工制成，可长期或暂时留于人体血管内。

血蚶 ㄒㄧㄝˇ ㄏㄢ/xuèhān

blood clam

【动】台湾名。即"蚶"(470 页)

血寒/血寒 xuèhán/ㄒㄧㄝˇ ㄏㄢˊ

cold in blood, * blood cold

【中医】外感寒邪，寒入血分，或阳虚不能温煦血脉，使血行凝涩不畅的病理变化。

血寒证/血寒證

xuèhánzhèng/ㄒㄧㄝˇ ㄏㄢˊ ㄓㄥˋ

syndrome of cold in blood, * blood cold pattern

【中医】中医证候之一。寒邪客于血脉，凝滞气机，血行不畅所致，以肢体麻木冷痛，手足清冷，喜暖恶寒，唇舌青紫，妇女月经后期，痛经，经色紫暗夹块，苔白滑，脉沉迟涩等为常见症。

血红蛋白/血紅素

xuèhóng dànbái/ㄒㄧㄝˇ ㄏㄨㄥˊ ㄙㄨˋ

hemoglobin

【医】红细胞的一种含铁的复合变构蛋白。是红细胞中唯一的非膜蛋白，由血红素和珠蛋白结合而成。主要功能是运输氧和二氧化碳，维持血液酸碱平衡。与氧结合的称为"氧合血红蛋白"，呈鲜红色；与氧离解的称为"去氧血红蛋白"，呈暗红色。

血红蛋白尿/血紅素尿

xuèhóng dànbáiniào/ㄒㄧㄝˇ ㄏㄨㄥˊ ㄙㄨˋ ㄋㄧㄠˋ

hemoglobinuria

【医】红细胞损伤时发生溶血，使血浆中游离血红蛋白＞1.5 克/升的尿液。游离血红蛋白超过亲血色球蛋白结合能力时，游离血红蛋白因分子量较小，从肾小球滤出，尿液外观红色透明。见于急性肾小球肾炎、烧伤、肾肿瘤和疟疾等。

血紅素 ㄒㄧㄝˇ ㄏㄨㄥˊ ㄙㄨˋ/xuèhóngsù

hemoglobin

【医】台湾名。即"血红蛋白"(1297 页)。

血紅素尿

ㄒㄧㄝˇ ㄏㄨㄥˊ ㄙㄨˋ ㄋㄧㄠˋ/xuèhóngsùniào

hemoglobinuria

【医】台湾名。即"血红蛋白尿"(1297 页)。

血浆/血漿 xuèjiāng/ㄒㄧㄝˇ ㄐㄧㄤ

blood plasma

【医】血液的液体成分。半透明，淡黄色，黏稠状，由水和溶解于水中的溶质组成。

血浆半衰期/血漿半衰期

xuèjiāng bànshuāiqī/

ㄒㄧㄝˇ ㄐㄧㄤ ㄅㄢˋ ㄕㄨㄞ ㄑㄧˊ

plasma half-life

【医】血浆中药物浓度下降一半所需的时间。是临床确定给药间隔长短的重要参数之一。

血浆代用品/血漿代用品

xuèjiāng dàiyòngpǐn/

ㄒㄧㄝˇ ㄐㄧㄤ ㄉㄞˋ ㄩㄥˋ ㄆㄧㄣˇ

plasma substitute

【医】具有与血浆等渗而无毒性的胶体溶液。有代替血浆的作用，能维持血压、增加血液循环容量。常用的有右旋糖酐、羟乙基淀粉注射液，以及能携氧的氟碳乳剂等。

血漿蛋白原活化因子

ㄒㄧㄝˇ ㄐㄧㄤ ㄉㄢˋ ㄅㄞˊ ㄩㄢˊ ㄏㄨㄛˊ ㄏㄨㄚˋ ㄧㄣ ㄗˇ/

xuèjiāng dànbáiyuán huóhuà yīnzǐ

plasminogen activator

【医】台湾名。即"纤溶酶原激活药"(1238 页)。

血脑屏障/血腦障礙

xuè-nǎo píngzhàng/ㄒㄧㄝˇ ㄋㄠˇ ㄓㄤˋ ㄞˋ

blood-brain barrier

【医】存在于血液与脑组织之间的生理性屏障。能限制某些物质在血液和脑组织之间的交换，对于保持脑组织环境的稳定和防止血液中有害物质侵入脑内具有重要意义。

血腦障礙

ㄒㄧㄝˇ ㄋㄠˇ ㄓㄤˋ ㄞˋ/xuè-nǎo zhàng'ài

blood-brain barrier

【医】台湾名。即"血脑屏障"(1297 页)。

血尿/血尿 xuèniào/ㄒㄧㄝˇ ㄋㄧㄠˋ

hematuria

【医】尿液中混有红细胞的状态。根据程度可分为肉眼血尿和镜下血尿。尿液中红细胞≥3 个/每高倍镜视野，离心尿红细胞＞5 个/每高倍镜视野，或 12 小时尿沉渣红细胞计数＞50 万个即为血尿。泌尿系统肿瘤、结石或感染等疾病均可伴有血尿。

X

血凝维生素
xuènínq wéishēngsù/
ㄒㄧㄝˇ ㄋㄧㄥˊ ㄨㄟˊ ㄕㄥ ㄙㄨˋ
【医】即“维生素 K”(1183 页)。

血清/血清 xuèqīng/ㄒㄧㄝˇ ㄑㄧㄥ
blood serum
【医】血浆中除去纤维蛋白原后的胶状液体。透明,淡黄色。含有血浆蛋白、多肽、脂肪、糖类、生长因子、激素、无机物等。

血热/血熱 xuèrè/ㄒㄧㄝˇ ㄖㄜˋ
heat in blood, * blood heat
【中医】外感热邪,热入血分,血受热邪所迫而妄行,导致出血、发斑等的病理变化。

血栓/血栓 xuèshuān/ㄒㄧㄝˇ ㄕㄨㄢ
thrombus
【医】细胞成分、凝血因子活化共同作用下,在心血管内膜面发生血液成分析出、凝集和凝固所形成的固体状物质。

血糖/血糖 xuètáng/ㄒㄧㄝˇ ㄊㄤˊ
blood sugar
【医】血液中葡萄糖的浓度。血糖的正常范围是空腹 3.9～6.1 毫摩/升,餐后 2 小时 3.9～7.8 毫摩/升。

血糖指数/血糖指數
xuètáng zhǐshù/ㄒㄧㄝˇ ㄊㄤˊ ㄓˇ ㄕㄨˋ
glycemic index, GI
【医】服用一定量(通常为 50 克)的食物升高血糖的效应与相当量的标准食品(通常为葡萄糖 50 克)升高血糖效应之比。

血脱/血脱 xuètuō/ㄒㄧㄝˇ ㄊㄨㄛ
blood depletion, blood collapse, * blood desertion
【中医】急性大出血导致的血海空虚,血液脱失的危重病理变化。

血脱证/血脱證
xuètuōzhèng/ㄒㄧㄝˇ ㄊㄨㄛ ㄓㄥˋ
syndrome of blood depletion, * blood desertion pattern, * blood desertion syndrome
【中医】中医证候之一。突然大量失血,或长期反复出血,致血脉空虚,脏腑组织失养所致,出现面色苍白,头晕目眩,心悸怔忡,气微而短,四肢厥冷,渐致神志昏蒙,舌淡白,脉芤,或微细欲绝等危重症状。

血吸虫/血吸蟲
xuèxīchóng/ㄒㄧㄝˇ ㄒㄧ ㄔㄨㄥˊ
schistosomiasis
【动】*Schistosome* 扁形动物名。吸虫纲。体长 1～2 厘米。雌雄异体。雄虫乳白色,雌虫后半部褐色,寄生在人和其他动物静脉系统的小血管中,可引起血吸虫病。

血胸/血胸 xuèxiōng/ㄒㄧㄝˇ ㄒㄩㄥ
hemothorax
【医】胸膜腔中血性液体的积聚。多因胸部创伤引起。血液可来自肋间及胸廓内血管、肺裂伤或心脏和胸内大血管创伤。

血虚/血虚 xuèxū/ㄒㄧㄝˇ ㄒㄩ
blood deficiency
【中医】血液亏虚,血的营养和滋润功能减退,以致脏腑百脉、形体器官失养的病理变化。

血虚证/血虚證
xuèxūzhèng/ㄒㄧㄝˇ ㄒㄩ ㄓㄥˋ
syndrome of blood deficiency, * blood vacuity pattern
【中医】中医证候之一。血液亏虚,失于荣养所致,以面色淡白或萎黄,唇、甲淡白,头晕眼花,心悸多梦,手足发麻,妇女经少经闭,舌淡,脉细等为常见症。

血压/血壓 xuèyā/ㄒㄧㄝˇ ㄧㄚ
blood pressure
【医】血管内的血液对于单位面积血管壁的侧压力。成人收缩压平均约 110 毫米汞柱,舒张压平均约 70 毫米汞柱。

血氧饱和度/血氧飽和度
xuèyǎng bǎohédù/
ㄒㄧㄝˇ ㄧㄤˇ ㄅㄠˇ ㄏㄜˊ ㄉㄨˋ
blood oxygen saturation
【医】血红蛋白氧饱和的程度。公式为:血氧饱和度=(血氧含量－溶解的氧量)/血氧容量×100%。

血液病/血液病
xuèyèbìng/ㄒㄧㄝˇ ㄧㄝˋ ㄅㄧㄥˋ
hematopathy
【医】一类以血液、造血器官异常,以及出血、凝血方面的病理变化为表现的疾病。常见的有白血病、再生障碍性贫血、骨髓增生异常综合征、血小板减少、多发性骨髓瘤等。

血液循环/血液循環
xuèyè xúnhuán/ㄒㄧㄝˇ ㄧㄝˋ ㄒㄩㄣˊ ㄏㄨㄢˊ
blood circulation
【医】血液在体内由心室射出,经动脉、毛细血管和静脉返回心房的周而复始的循环流动。按循环途径的不同,可分为体循环和肺循环两种。

血液中毒性毒剂
xuèyè zhòngdúxìng dújì/
ㄒㄧㄝˇ ㄧㄝˋ ㄓㄨㄥˋ ㄉㄨˊ ㄒㄧㄥˋ ㄉㄨˊ ㄐㄧˋ
【军】即“全身中毒性毒剂”。

血瘀/血瘀 xuèyū/ㄒㄧㄝˇ ㄩ
blood stasis
【中医】由于气滞、气虚、血虚、外伤、阴寒内盛等原因,导致血液郁滞于一定部位的病理变化。

血瘀证/血瘀證
xuèyūzhèng/ㄒㄧㄝˇ ㄩ ㄓㄥˋ
syndrome of blood stasis, * blood stasis pattern
【中医】中医证候之一。瘀血内阻,血行不畅所致,以局部出现青紫肿块、疼痛拒按;或心、肝、脑等主要脏器瘀血阻络,功能障碍;或腹内肿块、刺痛不移、拒按;或出血紫暗成块,舌紫暗,脉弦涩等为常见症。

血证/血證 xuèzhèng/ㄒㄧㄝˇ ㄓㄥˋ
blood disease, blood syndrome
【中医】中医内科疾病之一。由多种原因引起火热熏灼或气虚不摄,致使血液不循常道,或上溢于口鼻诸窍,或下泄于前后二阴,或渗出于肌肤形成的以出血为主要表现。按病因病位的不同,可分为鼻衄、齿衄、咳血、吐血、便血、尿血、紫斑等。治疗原则为治火、治气、治血。实火宜清热泻火,虚火当滋阴降火;实证宜清气降气,虚证当补气益气;并酌情选用凉血止血、收敛止血或活血止血的方药。

xun (ㄒㄩㄣ)

熏花茶 xūnhuāchá/ㄒㄩㄣ ㄏㄨㄚ ㄔㄚˊ
【轻】即“花茶”(512 页)。

窨花茶 xūnhuāchá/ㄒㄩㄣ ㄏㄨㄚ ㄔㄚˊ
【轻】即“花茶”(512 页)。

薰衣草/薰衣草 xūnyīcǎo/ㄒㄩㄣ ㄧ ㄘㄠˇ
narrowleaf lavender
【植】*Lavandula angustifolia* 唇形科薰衣草属。多年生半灌木。有浓香。多分枝。叶条形,大而疏离或小而簇生,先端钝,基部狭成柄,全缘。轮伞花序,聚成穗状花序,花冠二唇形,蓝紫色。花期 6 月份。原产地中海,中国各地均有栽培。观赏花卉。可提制芳香油。

寻的鱼雷
xúndì yúléi/ㄒㄩㄣˊ ㄉㄧˋ ㄩˊ ㄌㄟˊ
【军】即“自导鱼雷”(1498 页)。

寻呼/傳呼 xúnhū/ㄔㄨㄢˊ ㄏㄨ
paging
【信息】把信号或信息从基站传输到接收器的单向无线通信方式。

📖 寻呼系统在 20 世纪 90 年代得到普及,进入 21 世纪后逐渐被手机取代。但在手机信号出现问题(例如灾区)或禁用(例如大型医院),以及急需“关键消息”的局部地区,寻呼系统仍有应用。大型医院以“现场寻呼机”(on-site pager)与医患及时沟通;“饭店寻呼机”(restaurant pager)可告知顾客菜单并反馈上菜消息。

寻呼机/呼叫器 xúnhūjī/ㄏㄨ ㄐㄧㄠˋ ㄑㄧˋ
pager, beeper
【信息】无线寻呼系统中的用户接收机。通常由超外差接收机、解码器、控制部分和显示部分组成。接收单向消息。

寻址/定址 xúnzhǐ/ㄉㄧㄥˋ ㄓˇ
addressing
【信息】赋予或引用某一地址的过程。程序设计中的地址大多是规定内存位置的值。

巡防艦 ㄒㄩㄣˊ ㄈㄤˊ ㄐㄧㄢˋ/xúnfángjiàn
frigate
【军】台湾名。即“护卫舰”(511 页)。

巡航导弹/巡弋飛彈
xúnháng dǎodàn/ㄒㄩㄣˊ ㄧˋ ㄈㄟ ㄉㄢˋ
cruise missile
【军】旧称“飞航式导弹”。依靠喷气发动机的推力和弹翼的气动升力,主要以巡航状态在稠密大气层内飞行的导弹。由弹体、制导系统、动力装置和战斗部组成。可从地面、空中、水面或水下发射，攻击固定目标或活动目标。可作为战术武器，也可作为战略武器。

巡航高度/巡航高度
xúnháng gāodù/ㄒㄩㄣˊ ㄏㄤˊ ㄍㄠ ㄉㄨˋ
cruising altitude
【军】适宜航空器长时间、远距离飞行的高度。

巡航速度/巡航速度
xúnháng sùdù/ㄒㄩㄣˊ ㄏㄤˊ ㄙㄨˋ ㄉㄨˋ
cruising speed
【军】适宜航空器长时间、远距离飞行的平飞速度。通常指空速(航空器相对于空气运动的速度)。

巡逻舰/巡邏艦
xúnluójiàn/ㄒㄩㄣˊ ㄌㄨㄛˊ ㄐㄧㄢˋ
patrol ship
【军】在近海水域执行警戒巡逻、护航护渔、搜索救援、海上执法、维护海洋权益、资源开发安全和海洋环境保护的中型水面舰艇。排水量通常为1000～3000吨，航速 20～30 节，装备中小口径舰炮 1～2 座，对海探测、搜索雷达和商用导航雷达各 1 部，通常还装备高频、超高频和甚高频通信设施及其他电子设备，建立指挥显示和目标跟踪控制系统。

📖 各国国情和舰艇分类标准不同，巡逻舰的称谓和管理体制有所不同。在日本属海上保安厅，称“巡逻舰”；在美国属海岸警卫队，称“海上安全舰”“沿海武装艇”；在法国通常称“通报舰”或“监视护卫舰”。在中国由多个海事部门管理，称“海监船”“渔政船”“海巡船”等。

巡洋舰/巡洋艦
xúnyángjiàn/ㄒㄩㄣˊ ㄧㄤˊ ㄐㄧㄢˋ
cruiser
【军】主要用于远洋作战，具有较强独立作战能力和指挥职能的大型水面战斗舰艇。装备有较强的进攻和防御型武器，具有较高的航速和适航性，能在恶劣气候条件下长时间进行远洋作战。通常满载排水量 0.7 万～2.5 万吨。主要任务是为航空母舰和战列舰护航，或作为编队旗舰组成海上机动编队，攻击敌方水面舰艇、潜艇或岸上目标。可分为常规动力巡洋舰和核动力巡洋舰。

巡弋飛彈
ㄒㄩㄣˊ ㄧˋ ㄈㄟ ㄉㄢˋ/xúnyì fēidàn
cruise missile
【军】台湾名。即“巡航导弹”(1299 页)。

荨麻疹/蕁麻疹
xúnmázhěn/ㄒㄩㄣˊ ㄇㄚˊ ㄓㄣˇ
urticaria
【医】皮肤和/或黏膜的小血管反应性扩张及渗透性增加，导致局限性水肿的一种过敏性皮肤病。

循环/循環 xúnhuán/ㄒㄩㄣˊ ㄏㄨㄢˊ
loop
【信息】计算机系统中当某一条件成立时可迭代执行的语句或指令的序列。

循环经济/循環經濟
xúnhuán jīngjì/ㄒㄩㄣˊ ㄏㄨㄢˊ ㄐㄧㄥ ㄐㄧˋ
circular economy
【环】一种符合可持续发展理念的经济增长模式。以资源的高效利用和循环利用为核心，以减量化、再利用、资源化为原则，以低消耗、低排放、高效率为基本特征，形成资源—产品—再生资源的物质反复循环流动的体系，以实现经济与环境的协调发展。

循环排列/環狀排列
xúnhuán páiliè/ㄏㄨㄢˊ ㄓㄨㄤˋ ㄆㄞˊ ㄌㄧㄝˋ
circular permutation
【数】从 n 个不同的元素中，不重复地任取 m $(m\leqslant n)$ 个元素，按照任意一种顺序排成一个圆圈状，叫作从 n 个不同元素中不重复地取 m 个元素的一个环状排列。这样的排列总数为 $\frac{A_n^m}{m}$。所含元素相同，且各字母的相对位置(要考虑旋转方向)也相同的环状排列是同一个排列。例如，下面左边与中间的环状排列是同一排列，它们与最右边的环状排列不同。

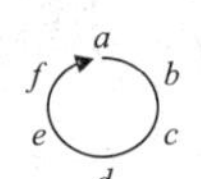

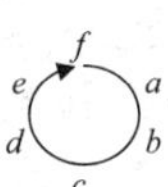

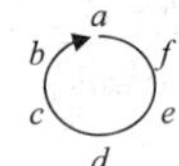

循环排列

鲟/鱘 xún/ㄒㄩㄣˊ
sturgeon
【动】鱼名。硬骨鱼纲鲟科。体近圆筒形，长可达 3 米以上，口小，吻尖，背部青黄色，腹部白色，体表覆五纵行骨板。生活在淡水中，有些入海越冬，以小鱼和无脊椎动物等为食。种类很多，产于中国的有中华鲟（*Acipenser sinensis*）和达氏鲟（*A. dabryanus*）等。

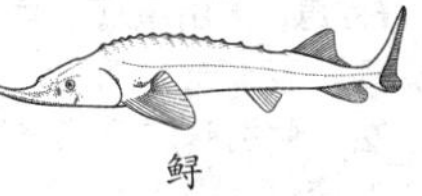

鲟

训练舰/訓練艦

xùnliànjiàn/ㄒㄩㄣˋ ㄌㄧㄢˋ ㄐㄧㄢˋ

training ship

【军】又称“练习舰”“教练舰”。专供海军院校学员或舰艇人员进行海上训练、实习的勤务舰船。包括专业训练舰、综合训练舰和风帆训练舰。

汛/汛 xùn/ㄒㄩㄣˋ

seasonal flood

【水利】江河等水域周期性的涨水现象。常以出现的原因或季节命名，如凌汛、潮汛、春汛、伏汛、秋汛等。

汛期/潦期 xùnqī/ㄌㄧㄠˊ ㄑㄧˊ

flood period

【水利】江河等水域在一年中集中上涨的时期。也指易造成洪涝灾害，需要进行防范固守的时段。

迅速傾印

ㄒㄩㄣˋ ㄙㄨˋ ㄑㄧㄥ ㄧㄣˋ/xùnsù qīngyìn

snapshot dump

【信息】台湾名。即“快照转储”（700 页）。

驯化/馴化 xùnhuà/ㄒㄩㄣˊ ㄏㄨㄚˋ

domestication, acclimatization

【生】人类长期饲养野生动物或长期培养野生植物，使其成为家畜、家禽或栽培植物的过程。可分为风土驯化、气候驯化和引种驯化。

驯鹿/馴鹿 xùnlù/ㄒㄩㄣˊ ㄌㄨˋ

reindeer, caribou

【动】*Rangifer tarandus* 又称“角鹿”。哺乳动物名。偶蹄目鹿科。体长 1 米以上，头长，耳短，雌雄都有长角，分成许多叉枝，蹄宽大，尾极短，白色，夏天毛深褐色，冬天棕灰色，颊部灰白或乳白。生活在寒温带针叶林中，性温顺，有迁移性，以草类、谷类、地衣、嫩枝等为食。分布于北极圈附近，在中国，分布于东北大兴安岭地区。

驯鹿

訊標 ㄒㄩㄣˋ ㄅㄧㄠ/xùnbiāo

token

【信息】台湾名。即“权标”（928 页）。

訊號 ㄒㄩㄣˋ ㄏㄠˋ/xùnhào

signal

【信息】台湾名。即“信号”（1273 页）。

訊務量 ㄒㄩㄣˋ ㄨˋ ㄌㄧㄤˋ/xùnwùliàng

traffic

【信息】台湾名。即“通信量”（1138 页）。

訊息 RNA

ㄒㄩㄣˋ ㄒㄧˊ RNA/xùnxī RNA

messenger RNA, mRNA

【生】台湾名。即“信使核糖核酸”（1274 页）。

訊息交換

ㄒㄩㄣˋ ㄒㄧˊ ㄐㄧㄠ ㄏㄨㄢˋ/xùnxī jiāohuàn

message switching

【信息】台湾名。即“报文交换”（40 页）。

訊噪比 ㄒㄩㄣˋ ㄗㄠˋ ㄅㄧˇ/xùnzàobǐ

signal-to-noise ratio

【信息】台湾名。即“信噪比”（1275 页）。

蕈 ㄒㄩㄣˋ/xùn

mushroom

【植】台湾名。即“蘑菇”（809 页）。

X

Y

ya (ㄧㄚ)

压舱 yācāng/ㄧㄚ ㄘㄤ

【船】即"船舶压载"(148 页)。

压疮/壓瘡 yāchuāng/ㄧㄚ ㄔㄨㄤ

pressure sore

【医】旧称"褥疮"。身体局部长期受压,血液循环障碍,局部持续缺血、缺氧,从而引起局部组织的破损和/或坏死。

压地隐起/壓地隱起

yādì yǐnqǐ/ㄧㄚ ㄉㄧˋ ㄧㄣˇ ㄑㄧˇ

sunken relief

【建】宋代石雕工艺的一种。类似现代浅浮雕,特点是图案主体与底子之间的凸凹起伏不大,且各部位的最高点都在装饰面的轮廓线上,装饰面可为平面,或曲面,如有边框,最高点不超过边框高度。

压电材料/壓電材料

yādiàn cáiliào/ㄧㄚ ㄉㄧㄢˋ ㄘㄞˊ ㄌㄧㄠˋ

piezoelectric material

【电】在压力作用下发生极化而在两端表面间出现电位差的电介质。

压电效应/壓電效應

yādiàn xiàoyìng/ㄧㄚ ㄉㄧㄢˋ ㄒㄧㄠˋ ㄧㄥˋ

piezoelectric effect

【物】一些固体电介质在应力作用下发生极化(电介质两端分别出现正负电荷的现象),或在电场作用力下出现与电场强度成正比的应变的现象。产生的电荷量与压力成正比。例如石英、电气石等受到张力作用时,其两端面出现与受到压力时符号相反的电荷。压电体(有压电效应的物体)可用于制作扩音器、电唱头,还可用于测量压力、振动以至加速度等。

压感式触摸屏/壓感式觸控式螢幕

yāgǎnshì chùmōpíng/

ㄧㄚ ㄍㄢˇ ㄕˋ ㄔㄨˋ ㄎㄨㄥˋ ㄕˋ ㄧㄥˊ ㄇㄨˋ

pressure sensing type touch screen

【信息】采用压感式触控技术的屏幕。在屏幕四角装上压力感应仪,当对屏幕施加压力时会由此引起感应仪电阻的变化,通过监测这些变化,就可以计算出触摸点的确切位置。

📖 压感式触控技术介于电阻式与电容式触控技术之间。

压焊/壓焊 yāhàn/ㄧㄚ ㄏㄢˋ

pressure welding

【机】焊接方法的一种。对焊件施加压力(加热或不加热)使连接。可分为电阻焊、扩散焊、摩擦焊、热压焊及冷压焊等。

压机/壓機 yājī/ㄧㄚ ㄐㄧ

【机】"压力机"的简称。

压扩/壓伸 yākuò/ㄧㄚ ㄕㄣ

companding

【信息】在发送端先将信号的动态范围压缩,在接收端再扩展为原来信号的操作。

压力/壓力 yālì/ㄧㄚ ㄌㄧˋ

pressure

㊀【物】物体所承受的与其表面垂直的作用力。㊁【心】在台湾,压力也指"应激"(1357 页)。

压力变送器/壓力傳送器

yālì biànsòngqì/ㄧㄚ ㄌㄧˋ ㄔㄨㄢˊ ㄙㄨㄥˋ ㄑㄧˋ

pressure transmitter

【机】压力表的一种。能将测压元件传感器感受到的气体、液体等物理压力参数转变成标准的电信号,以供给指示报警仪、记录仪、调节器等二次仪表进行测量、指示和过程调节。主要由测压元件传感器(也称压力传感器)、测量电路和过程连接件三部分组成。

压力表/壓力計 yālìbiǎo/ㄧㄚ ㄌㄧˋ ㄐㄧˋ

pressure gauge

【机】以弹性元件为敏感元件,测量并指示高于环境压力的仪表。用于测量液体、水蒸气和其他气体等介质压力。可分为普通指针指示型、数字型、接点型、远传型、耐振型、抗震型、隔膜型、耐腐型等。

压力传感器/壓力換能器

yālì chuángǎnqì/ㄧㄚ ㄌㄧˋ ㄏㄨㄢˋ ㄋㄥˊ ㄑㄧˋ

pressure transducer

【机】传感器的一种。能感受压力并转换成可用输出信号。按工作原理不同,可分为电阻式、应变式、晶体式、电容式等。广泛应用于各种工业自控环境,涉及水利水电、铁路交通、智能建筑、生产自控、航空航天等领域。

压力机/壓機 yālìjī/ㄧㄚ ㄐㄧ

press

【机】简称“压机”。利用机械传动或液压传动使装有模具、工具的横梁做往复运动而工作的机器。用于锻造、冲压、模锻、挤压等。常见的有曲柄压力机、水压机、油压机等。

压力天平

yālì tiānpíng/ㄧㄚ ㄌㄧˋ ㄊㄧㄢ ㄆㄧㄥˊ

【机】即“活塞式压力计”(550页)。

压力铸造/壓鑄法

yālì zhùzào/ㄧㄚ ㄓㄨˋ ㄈㄚˇ

die casting

【机】简称“压铸”。特种铸造的一种。熔融金属在高压下高速充填铸型腔,并在压力下成形和凝固而获得铸件的方法。铸件尺寸精确,表面光洁,生产率高。广泛用于小型、薄壁、形状复杂件的大批量生产。

压路机/壓路機 yālùjī/ㄧㄚ ㄌㄨˋ ㄐㄧ

roller

【机】工程机械的一种。利用机械自重或将自重转化为振动或冲击的方法,对被压实材料重复加载,排除其内部的空气和水分,使达到一定的密实度和平整度。用于公路、铁路路基、机场跑道、堤坝及建筑物基础等基本建设工程的压实作业。按工作原理不同,可分为静力碾压式、冲击式、振动式和复合作用式等。

压坯/粉壓坯 yāpī/ㄈㄣˇ ㄧㄚ ㄆㄟ

compact

【材】又称“生坯”。粉末冶金工艺过程之一。由粉末压制而未烧结的坯件。

压强/壓力強度

yāqiáng/ㄧㄚ ㄌㄧˋ ㄑㄧㄤˊ ㄉㄨˋ

pressure

【物】描述物体单位面积上所承受压力的物理量。用 p 表示,单位帕[斯卡]。

压缩/壓縮 yāsuō/ㄧㄚ ㄙㄨㄛ

compression

【信息】通信中把信号动态范围缩小的操作。

压缩机/壓縮機 yāsuōjī/ㄧㄚ ㄙㄨㄛ ㄐㄧ

compressor

【机】流体机械的一类。将机械能传递给气体,使其压力、速度、温度提高。其压力高于101千帕,升压比2.0以上。按工作原理不同,可分为容积式压缩机与透平式压缩机;按应用范围不同,又可分为低背压式压缩机、中背压式压缩机、高背压式压缩机。

压缩文件/壓縮檔

yāsuō wénjiàn/ㄧㄚ ㄙㄨㄛ ㄉㄤˇ

compressed file

【信息】经过压缩软件压缩处理,便于传输和储存的计算机文件。

压缩性骨折/壓迫性骨折

yāsuōxìng gǔzhé/ㄧㄚ ㄆㄛˋ ㄒㄧㄥˋ ㄍㄨˇ ㄓㄜˊ

compression fracture

【医】骨质因压缩变形造成的骨折。多由垂直方向的间接外力所致,多见于松质骨,如椎骨和跟骨。

压抑/壓抑 yāyì/ㄧㄚ ㄧˋ

suppression

【心】一种最基本的自我防御方式。个体采用直接的方式,把不能被允许的思想、情感、冲动等排斥于个人意识领域之外,人为地使其不去知觉,以解除或减缓自己心理上的紧张和焦虑。

压制茶 yāzhìchá/ㄧㄚ ㄓˋ ㄔㄚˊ

【轻】即“紧压茶”(635页)。

压铸 yāzhù/ㄧㄚ ㄓㄨˋ

【机】“压力铸造”的简称。

压铸机/壓鑄機 yāzhùjī/ㄧㄚ ㄓㄨˋ ㄐㄧ

die casting machine

【机】将熔融金属以高压、高速、瞬时压射到铸型中,并在压力下凝固获得铸件的机器。

压铸模/壓鑄模 yāzhùmú/ㄧㄚ ㄓㄨˋ ㄇㄨˊ

die casting mold

【机】模具的一种。用于液态金属压铸成形。通常由定模(固定在压铸机上不动的模具)和动模(随压铸机滑台做开合移动的模具)两部分组成。

压桩机/壓樁機

yāzhuāngjī/ㄧㄚ ㄓㄨㄤ ㄐㄧ

pile forcing machine, pile press machine

【机】工程机械的一种。利用静压力(重力或液压作用),将桩压入地层。由加压装置、导向装置、机架、动力装置和行走机构等组成。工作时无噪声和振动。用于软土地层的基础工程施工,如地下铁道、海港、桥梁、水电站。

鸭/鴨 yā/ㄧㄚ

duck

【动】*Anas domestica* 通称"鸭子",又称"家鸭"。鸟名。雁形目鸭科。家禽。喙长而扁,尾短,腿短,趾间有蹼。善游泳,喜合群。饲养可分为蛋用、肉用和兼用三类。

鸭翼 yāyì/ㄧㄚ ㄧˋ

【航】即"前翼"(903 页)。因其形状略像鸭蹼,故称。

鸭跖草/鴨蹠草 yāzhícǎo/ㄧㄚ ㄓˊ ㄘㄠˇ

dayflower

【植】*Commelina communis* 鸭跖草科鸭跖草属。一年生草本植物。茎匍匐生根,多分枝。叶披针形至卵状披针形。聚伞花序,总苞片佛焰苞状折叠,展开后为心形,花梗不伸出总苞片,花深蓝色,具爪。在中国,分布于云南、四川和甘肃以东的各地。全草可作饲料,还可入药。

鸭嘴龙/鴨嘴龍

yāzuǐlóng/ㄧㄚ ㄗㄨㄟˇ ㄌㄨㄥˊ

hadrosaurs

【地】一种较大型的草食性恐龙。属鸟臀目。最长可超过 20 米,吻部由于前上颌骨和前齿骨的延伸与横向扩展,构成了宽阔的鸭嘴状吻端,故名。生存于白垩纪晚期。

鸭嘴兽/鴨嘴獸

yāzuǐshòu/ㄧㄚ ㄗㄨㄟˇ ㄕㄡˋ

platypus

【动】*Ornithor hynchus anatinus* 哺乳动物名。单孔目鸭嘴兽科。身体肥而扁,尾巴短而阔,喙像鸭嘴,毛细密,深褐色,卵生,雌兽无乳头,乳汁由腹部的几个乳腺流出。穴居水边,善游泳,以昆虫、蜗牛和贝类等为食。分布于澳大利亚南部。

鸭嘴兽

壓差式流量計

ㄧㄚ ㄔㄚ ㄕˋ ㄌㄧㄡˊ ㄌㄧㄤˋ ㄐㄧˋ/

yāchāshì liúliàngjì

differential pressure flowmeter

【机】台湾名。即"差压式流量计"(102 页)。

壓感式觸控式螢幕

ㄧㄚ ㄍㄢˇ ㄕˋ ㄔㄨˋ ㄎㄨㄥˋ ㄕˋ ㄧㄥˊ ㄇㄨˋ/

yāgǎnshì chùkòngshì yíngmù

pressure sensing type touch screen

【信息】台湾名。即"压感式触摸屏"(1302 页)。

壓力傳送器

ㄧㄚ ㄌㄧˋ ㄔㄨㄢˊ ㄙㄨㄥˋ ㄑㄧˋ/yālì chuánsòngqì

pressure transmitter

【机】台湾名。即"压力变送器"(1302 页)。

壓力換能器

ㄧㄚ ㄌㄧˋ ㄏㄨㄢˋ ㄋㄥˊ ㄑㄧˋ/yālì huànnéngqì

pressure transducer

【机】台湾名。即"压力传感器"(1302 页)。

壓力殼 ㄧㄚ ㄌㄧˋ ㄎㄜˊ/yālìké

pressure hull

【船】台湾名。即"耐压船体"(820 页)。

壓力計 ㄧㄚ ㄌㄧˋ ㄐㄧˋ/yālìjì

pressure gauge

【机】台湾名。即"压力表"(1302 页)。

壓力強度 ㄧㄚ ㄌㄧˋ ㄑㄧㄤˊ ㄉㄨˋ/yālì qiángdù

pressure

【物】台湾名。即"压强"(1303 页)。

壓力源 ㄧㄚ ㄌㄧˋ ㄩㄢˊ/yālìyuán

stressor

【心】台湾名。即"应激源"(1357 页)。

壓迫性骨折

ㄧㄚ ㄆㄛˋ ㄒㄧㄥˋ ㄍㄨˇ ㄓㄜˊ/yāpòxìng gǔzhé

compression fracture

【医】台湾名。即"压缩性骨折"(1303 页)。

壓伸 ㄧㄚ ㄕㄣ/yāshēn

companding

【信息】台湾名。即"压扩"(1302 页)。

壓縮檔

ㄧㄚ ㄙㄨㄛ ㄉㄤˋ/yāsuōdàng

compressed file

【信息】台湾名。即"压缩文件"(1303 页)。

壓鑄法 ㄧㄚ ㄓㄨˋ ㄈㄚˇ/yāzhùfǎ
die casting
【机】台湾名。即“压力铸造”(1303 页)。

牙菌斑/齒斑 yájūnbān/ㄔˇ ㄅㄢ
dental plaque
【医】沉积在牙面或修复体表面的软而未钙化的细菌性生物膜。含有大量细菌,细菌在此生长、繁殖和衰亡,并进行复杂的代谢活动,是龋齿和牙周病的主要病因。

牙鲆 ㄧㄚˊ ㄆㄧㄥˊ/yápíng
lefteye flounder
【动】台湾名。即“鲆”(878 页)。

牙石/齒結石 yáshí/ㄔˇ ㄐㄧㄝˊ ㄕˊ
dental calculus
【医】牙面上的钙化斑块。由唾液中的矿物盐沉积在菌斑及牙垢中而形成。按所在部位不同,可分为龈上牙石和龈下牙石。

牙髓炎/齒髓炎
yásuǐyán/ㄔˇ ㄙㄨㄟˇ ㄧㄢˊ
pulpitis
【医】牙髓组织的炎症。是最常见的牙病。龋齿、牙周病、外伤、磨耗等使牙髓外露的因素均可引起。

牙形刺 yáxíngcì/ㄧㄚˊ ㄒㄧㄥˊ ㄘˋ
【地】即“牙形石”(1305 页)。

牙形石/牙形石 yáxíngshí/ㄧㄚˊ ㄒㄧㄥˊ ㄕˊ
conodonts
【地】又称“牙形刺”。具有各种各样尖齿或锯齿状物的古代动物遗体。可能由一类已经绝灭的海生动物的骨骼或器官所形成的微小化石。分布于寒武纪至三叠纪地层中。个体很小,从不足 0.1 毫米到 6 毫米,形态多样,特征明显,主要由薄片状的磷酸钙组成,多呈灰色、琥珀色或黑色,透明或不透明。可用于确定地层所属的地质年代。

牙獐 yázhāng/ㄧㄚˊ ㄓㄤ
【动】即“獐”(1420 页)。

牙周病/牙周病
yázhōubìng/ㄧㄚˊ ㄓㄡ ㄅㄧㄥˋ
periodontal disease
【医】牙龈病和牙周炎的统称。牙龈病只发生于牙龈组织,牙周炎是累及牙龈、牙周膜、牙槽骨和牙骨质的感染性疾病。常见症状为牙龈炎症,出血,牙槽骨吸收,牙齿松动,严重时牙齿可自行脱落。是成年人丧失牙齿的首位原因。

蚜虫/蚜蟲 yáchóng/ㄧㄚˊ ㄔㄨㄥˊ
aphid
【动】昆虫名。同翅目蚜总科昆虫的统称。身体小,卵圆形,绿色、黄色或棕色,腹部大。生活在植物茎叶上,吸食汁液,是农业害虫。种类很多,如棉蚜、烟蚜、高粱蚜等。

衙署/衙署 yáshǔ/ㄧㄚˊ ㄕㄨˇ
yashu, government office
【建】中国古代官吏处理公务的主要场所。通常采用廊院式布局,空间组成呈轴线并列,主体建筑为正厅。内设有仪门、架阁库(文件库)、仓库、军械库、监狱等。官员和眷属居住的官邸常布置在后部或两侧。

哑巴院/啞巴院
yǎbāyuàn/ㄧㄚˇ ㄅㄚ ㄩㄢˋ
"crescent moon" court
【建】又称“月牙城”。明清帝陵中,位于方城明楼与宝城宝顶之间的小院子。院内左右两侧设蹬道至明楼,正中贴砌一座影壁,地宫入口就在影壁后面。明代的哑巴院窄而长,没有明确称谓;清代始称哑巴院,因平面为月牙形,故又称月牙城。

📖 哑巴院是一处至关重要的所在,正中影壁后面就是地宫入口,下面就是进入地宫的墓道,帝后棺椁就是从此处送进地宫,所以,防范盗墓哑巴院是关键中的关键。

哑门/啞門 yǎmén/ㄧㄚˇ ㄇㄣˊ
GV15, DU15
【中医】督脉穴之一。在项部,当后发际正中直上 0.5 寸,第一颈椎下。该穴主治暴喑、舌强不语、癫狂痫、头痛、项强等病证。

哑指令/虛擬指令
yǎzhǐlìng/ㄒㄩ ㄋㄧˇ ㄓˇ ㄌㄧㄥˋ
dummy instruction
【信息】采用指令形式插入指令序列却不打算执行的数据项。

啞終端機
ㄧㄚˇ ㄓㄨㄥ ㄉㄨㄢ ㄐㄧ/yǎzhōngduānjī
dumb terminal
【信息】台湾名。即“笨终端”(50 页)。

Y

雅丹地貌/雅丹地貌
yǎdān dìmào/ㄧㄚˇ ㄉㄢ ㄉㄧˋ ㄇㄠˋ
yardang
【地】一种经流水或其他外力作用,再经风蚀后形成的奇特地貌。常呈现为与风向平行而相间排列的风蚀土墩、蘑菇状土台和沟槽等。中国新疆塔里木盆地罗布泊地区的雅丹地貌最为典型。

雅典卫城/雅典衛城
Yǎdiǎn Wèichéng/ㄧㄚˇ ㄉㄧㄢˇ ㄨㄟˋ ㄔㄥˊ
Acropolis of Athens
【建】祀奉雅典守护神雅典娜的圣地。重建于希波战争胜利之后(公元前 448—前 406),位于雅典城中心偏南的小山顶上,高于平地 70～80 米。台地西低东高,东西长约 280 米,南北最宽处 130 米,山势险要,只有一个上下通道。布局因地制宜,视觉设计同时照顾山上山下的观赏角度,追求步移景异的艺术效果。山门不对称,由胜利神庙均衡,迎面 11 米高的雅典娜圆雕像是整个建筑群的构图中心。雕像东南方向有帕提农神庙,为卫城的主题建筑。帕提农神庙北面是伊瑞克提翁神庙,其装饰性高于纪念性,并在体量、色彩、柱式等方面与帕提农神庙形成对比。

亚胺脲 yà'ànniào/ㄧㄚˋ ㄢˋ ㄋㄧㄠˋ
【化】“胍”的学名。

亚光漆/無光澤漆
yàguāngqī/ㄨˊ ㄍㄨㄤ ㄗㄜˊ ㄑㄧ
lusterless paint
【化】通常指涂层光泽度小于 5%的涂料。

亚麻/亞麻 yàmá/ㄧㄚˋ ㄇㄚˊ
flax
【植】*Linum usitatissimum* 亚麻科亚麻属。一年生草本植物。茎直立,基部木质化。茎纤维强韧,有弹性。叶互生,条形,无柄。花单生,多朵组成聚伞花序,花冠漏斗状或碟状,多蓝色或紫蓝色,少白、红两色。花期 6—8 月份。中国各地均有栽培。茎纤维是重要的纤维原料,种子可榨油,还可入药。

亚麻籽油/亞麻籽油
yàmázǐyóu/ㄧㄚˋ ㄇㄚˊ ㄗˇ ㄧㄡˊ
lin-seed oil
【农】用亚麻籽经浸提工艺或物理冷压榨工艺提取的食用油。呈金黄色。

亚马孙河/亞馬孫河
Yàmǎsūn Hé/ㄧㄚˋ ㄇㄚˇ ㄙㄨㄣ ㄏㄜˊ
Amazon River
【地】水名。位于南美洲中北部。上源阿普里马克河,源自秘鲁安第斯山脉的东坡,接纳乌鲁班巴河后称为“乌卡亚利河”,与马拉尼翁河汇合后始称“亚马孙河”,由此向东,横贯亚马孙平原,在巴西的马卡帕附近注入大西洋。全长 6575 千米,流域面积 705 万平方千米。是世界第二长河,也是世界流量最大、流域面积最广的河流。长度在 1000 千米以上的支流有 20 多条。水力、鱼类资源极为丰富,航运价值极大。

亚马孙平原/亞馬孫平原
Yàmǎsūn Píngyuán/
ㄧㄚˋ ㄇㄚˇ ㄙㄨㄣ ㄆㄧㄥˊ ㄩㄢˊ
Amazon Basin
【地】平原名。位于南美洲北部,亚马孙河中下游,圭亚那高原和巴西高原之间。西接安第斯山,东滨大西洋,跨巴西、秘鲁、哥伦比亚和玻利维亚四国。面积 560 万平方千米,是世界上面积最大的平原。地势低平坦荡,大部分海拔 150 米以下。热带雨林密布,野生动植物种类繁多,数量丰富。矿藏主要有石油。

亚眠教堂/亞眠教堂
Yàmián Jiàotáng/ㄧㄚˋ ㄇㄧㄢˊ ㄐㄧㄠˋ ㄊㄤˊ
Amiens Cathedral
【建】法国的一座哥特式教堂。位于亚眠市。主体建于 1220—1270 年,西立面于一个世纪后竣工。长 137 米,宽 46 米,横翼突出很少,东端环殿呈放射状布置七个礼拜室。以其中厅著名,中厅宽 15 米,高 43 米。室内布满彩色玻璃大窗,结构精巧,比例严谨。教堂外部雕刻精美,富丽堂皇,是哥特建筑成熟的标志。

亚欧—新海大陆桥/亞歐—新海陸橋
Yà-Ōu – Xīn-Hǎi Dàlùqiáo/
ㄧㄚˋ ㄡ-ㄒㄧㄣ ㄏㄞˇ ㄌㄨˋ ㄑㄧㄠˊ
New Eurasian Land Bridge
【交】陆桥运输线名。东起中国江苏连云港,经陇海、兰新铁路进入俄罗斯铁路网,然后经由波兰、德国,抵荷兰鹿特丹港。还可经由法国铁路网,通过欧洲隧道直达英国伦敦。与欧亚—西伯利亚大陆桥相比，运程缩短 2000 千米。

亚热带/亞熱帶 yàrèdài/ㄧㄚˋ ㄖㄜˋ ㄉㄞˋ
subtropical zone
【地】又称“副热带”。热带与温带之间的过渡地带。与热带相比，有显著的季节变化，气温比温带高，植物在冬季仍能缓慢生长。

亚声速/次音速
yàshēngsù/ㄘˋ ㄧㄣ ㄙㄨˋ
subsonic speed
【航】飞行器最大平飞速度低于声速（$Ma<1$）时的飞行速度。通常指低于一个马赫数（$0.3\leqslant Ma<0.8$）的飞行速度。

亚述建筑/亞述建築
Yàshù jiànzhù/ㄧㄚˋ ㄕㄨˋ ㄐㄧㄢˋ ㄓㄨˋ
Assyrian architecture
【建】亚述帝国（在今西亚两河流域北部）的建筑。公元前 8 世纪成就最大。古都亚述城在今伊拉克境内，曾兴建大规模的宫殿与庙宇，其最重要的建筑是萨尔贡二世所建造的王宫。为避免水患，大型建筑通常建在一大土台上，台周围有阶梯。建筑物上有许多浅浮雕和装饰性雕刻，装饰具有浓厚的埃及风味。
📖 萨艮王宫在都城西北角卫城内，和附属的观象台一起建在高 18 米、边长 300 米的方形土台上。土台南面有台阶。宫门设四座方形塔楼，塔楼间有三座拱门；中央拱门宽 4.3 米，墙上部做成雉堞，下部有高约 4 米的石板贴面，其余部分满贴彩色琉璃面砖。王宫东面有坡道，可供车马上下。宫中 210 个房间围绕成 30 多个内院，布局分区明确。

亚太地区/亞太地區
Yà-Tài Dìqū/ㄧㄚˋ ㄊㄞˋ ㄉㄧˋ ㄑㄩ
Asia-Pacific Area
【地】全称“亚洲地区和太平洋沿岸地区”。通常包括太平洋沿岸的亚洲、南北美洲和大洋洲各国以及太平洋中的各岛国。

亚细亚洲 Yàxìyàzhōu/ㄧㄚˋ ㄒㄧˋ ㄧㄚˋ ㄓㄡ
【地】“亚洲”的全称。

亚硝胺/亞硝胺 yàxiāo'àn/ㄧㄚˋ ㄒㄧㄠ ㄢˋ
nitrosamine
【化】一类环境有害物。亚硝基的氮原子与伯或仲胺基氮原子结合的有机化合物。是一类对人类具有潜在威胁的有毒致癌、致突变和致畸物。化学性质稳定，在酸中可分解。活化后有急性毒性，会对肝脏造成损害。广泛存在于人类生活环境中。
📖 亚硝胺来自橡胶、皮革、化工等工业污染排放物，食品加工的着色剂和防腐剂、化妆品中含胺乳化剂、农药中胺或酰胺成分、含氨基的药品等可因亚硝化而存在亚硝胺，烟草烟雾中含有亚硝胺，自然界的硝酸盐还原成亚硝酸盐后通过农产品进入胃肠道与仲胺作用生成亚硝胺。人们已对 300 多个亚硝胺类化合物做了动物试验，约 90% 具有致癌特性，对哺乳动物的绝大多数器官致癌。亚硝胺一般需经酶活化后才能致癌，而亚硝酰胺可直接致癌。致癌的亚硝胺类化合物通常也是致突变和致畸物。

亚种/亞種 yàzhǒng/ㄧㄚˋ ㄓㄨㄥˇ
subspecies
【生】生物分类系统中种以下的分类单位。是种内的一些群体，但彼此在某些形态特征或生理特性、染色体结构等方面存在差异，有一定的地理分布。与变种无本质区别。多用于动物分类。

亚洲/亞洲 Yàzhōu/ㄧㄚˋ ㄓㄡ
Asia
【地】全称“亚细亚洲”。世界七大洲之一。位于东半球的东北部，东临太平洋，南接印度洋，北濒北冰洋，西边以乌拉尔山脉、乌拉尔河、高加索山脉和黑海海峡与欧洲分界；西南以苏伊士运河和红海与非洲相邻。地形特点是地势高、地表起伏大，有世界海拔最高的喜马拉雅山，也有海拔最低的洼地死海。总面积 4400 万平方千米，是面积最大的一个洲。现有 48 个国家和地区，人口总数 40.53 亿（2010 年），是人数最多的一个洲。居民主要是蒙古人种和欧罗巴人种。语言分属于汉藏语系、南亚语系、阿尔泰语系、朝鲜语系、日本语系、印欧语系等。

亚洲地区和太平洋沿岸地区
Yàzhōu Dìqū Hé Tàipíng Yáng Yán'àn Dìqū/
ㄧㄚˋ ㄓㄡ ㄉㄧˋ ㄑㄩ ㄏㄜˊ ㄊㄞˋ ㄆㄧㄥˊ ㄧㄤˊ ㄧㄢˊ ㄢˋ ㄉㄧˋ ㄑㄩ
【地】“亚太地区”的全称。

亚洲野驴 Yàzhōu yělǘ/ㄧㄚˋ ㄓㄡ ㄧㄝˇ ㄌㄩˊ
【动】即“野驴”（1323 页）。

Y

亞佛加厥常數

ㄧㄚˋ ㄈㄛˊ ㄐㄧㄚ ㄐㄩㄝˊ ㄔㄤˊ ㄕㄨˋ/

yàfójiājué chángshù

Avogadro constant

【化】台湾名。即“阿伏伽德罗常量”(2 页)。

亞歐—新海陸橋

ㄧㄚˋ ㄡ-ㄒㄧㄣ ㄏㄞˇ ㄌㄨˋ ㄑㄧㄠˊ/

Yà-Ōu – Xīn-Hǎi Lùqiáo

New Eurasian Land Bridge

【交】台湾名。即“亚欧—新海大陆桥”(1306 页)。

氩/氬 yà/ㄧㄚˋ

argon

【化】非金属元素。属周期表Ⅷ A 族,符号 Ar,原子序数 18。原子量 39.95。单质为单原子分子,无色、无臭、无味惰性气体,化学性质极不活泼,不生成任何化合物,不能燃烧,也不助燃。放电时发出蓝紫色光。在空气中占 0.934%(体积)。可用作电弧焊接时的保护气体,也用于填充灯管或灯泡。

📖 1785 年,英国的卡文迪什(H.Cavendish)发现空气中分离出氮、氧和二氧化碳之后,还剩有原空气体积 1/120 的未知气体;1894 年,英国的瑞利(J.W.S.Rayleigh)和拉姆齐(W.Ramsay)分别实验,认定这些未知气体是新元素(实际上是氩和其他惰性气体的混合物)。拉丁文定名为 argonium,源自希腊文 argon,意思是“懒惰”。中文定名为“氩”,是形声字。

yan (ㄧㄢ)

咽炎/咽炎 yānyán/ㄧㄢ ㄧㄢˊ

pharyngitis

【医】咽部黏膜、黏膜下及淋巴组织的弥漫性炎症。以慢性反复发作者为多见。常见症状为咽部有干燥感、分泌物增多等。

烟/煙 yān/ㄧㄢ

smoke

【化】物质燃烧时产生的混有未完全燃烧的微小固体颗粒的气体。

烟草/煙草 yāncǎo/ㄧㄢ ㄘㄠˇ

tobacco

【植】*Nicotiana tabacum* 又称“烟叶”。茄科烟草属。一年生草本植物。全株被毛。茎基部稍木质化。叶长圆状披针形至卵形,顶端尖,基部半抱茎。圆锥状花序顶生,花萼筒状;花冠漏斗状,淡红色。夏秋季开花结果。原产南美洲,中国各地均有栽培。重要的烟草工业原料。

烟草依赖/煙草依賴

yāncǎo yīlài/ㄧㄢ ㄘㄠˇ ㄧ ㄌㄞˋ

tobacco addiction

【医】又称“尼古丁依赖”。患者有吸烟的冲动,并连续地吸烟,以体验其带来的欣快和愉悦感。

烟灰 yānhuī/ㄧㄢ ㄏㄨㄟ

【环】即“粉煤灰”(348 页)。

烟火药/煙火藥

yānhuǒyào/ㄧㄢ ㄏㄨㄛˇ ㄧㄠˋ

pyrotechnic composition

【化】炸药的一种。爆炸能力很低,燃烧时产生光、声、烟、色、热和气体等烟火效应。使用时是利用其燃烧效应。有燃气发生剂、烟火推进剂、点火药、燃烧剂、闪光剂、照明剂、曳光剂、信号剂、红外诱饵剂、哨音剂等。

烟煤/煙煤 yānméi/ㄧㄢ ㄇㄟˊ

bituminous coal

【地】煤的一大类。碳化程度介于褐煤和无烟煤之间。大多数燃烧时能结焦,发出热量较高,燃烧时火焰长而多烟。按煤化作用程度不同,由低到高又可分为长焰煤、不黏煤、弱黏煤、气煤、肥煤、焦煤、瘦煤、贫煤。其中气煤、肥煤、焦煤、瘦煤具有黏结性,能炼焦。其余几种可用作动力用煤或化工原料。

烟幕/煙幕 yānmù/ㄧㄢ ㄇㄨˋ

smoke screen

㊀【气】造成视程障碍的天气现象的一种。空气中含有大量的烟,使水平能见度小于 10 千米。城市、工矿区的上空呈黑色、灰色或褐色,浓时可闻到烟味。㊁【军】人工造成、起屏蔽作用的气溶胶。通常分为遮蔽烟幕、迷盲烟幕、干扰烟幕、欺骗烟幕和信号烟幕。

烟幕弹 yānmùdàn/ㄧㄢ ㄇㄨˋ ㄉㄢˋ

【军】即“发烟弹”(306 页)。

烟气净化/氣體净化

yānqì jìnghuà/ㄑㄧˋ ㄊㄧˇ ㄐㄧㄥˋ ㄏㄨㄚˋ

gas cleaning

【环】去除烟气中有害有毒气体和颗粒物的过程。主要去除烟气中的硫氧化物、氮氧化物和粉尘。是防治燃烧过程排放的污染物造成大气污染的措施。

烟雾/煙霧 yānwù/ㄧㄢ ㄨˋ

smog

【环】原指煤烟与自然雾相结合的混合体。现泛指以人类活动排放的烟尘为凝结核所生成的雾状物,是具有烟和雾的两重性的大气污染物。

烟叶 yānyè/ㄧㄢ ㄧㄝˋ

【植】即"烟草"(1308 页)。

淹灌/池式灌溉

yānguàn/ㄔˊ ㄕˋ ㄍㄨㄢˋ ㄍㄞˋ

basin irrigation

【水利】又称"格田灌溉"。灌溉方法的一种。在格田(由田埂分隔成的方格形田地)内保持一定水层,水在重力作用下渗入土壤。通常用于稻田灌溉。

湮没/湮滅 yānmò/ㄧㄢ ㄇㄛˋ

annihilation

【物】一种粒子与其反粒子碰撞时一起消失而转化为其他粒子的现象。例如电子与正电子相遇时即一起消失而转化为两个光子。

湮滅 ㄧㄢ ㄇㄧㄝˋ/yānmiè

annihilation

【物】台湾名。即"湮没"(1309 页)。

煙水晶 ㄧㄢ ㄕㄨㄟˇ ㄐㄧㄥ/yānshuǐjīng

smoky quartz

【地】台湾名。即"茶晶"(104 页)。

延迟满足效应

yánchí mǎnzú xiàoyìng/ㄧㄢˊ ㄔˊ ㄇㄢˇ ㄗㄨˊ ㄒㄧㄠˋ ㄧㄥˋ

【心】即"糖果效应"(1111 页)。

延胡索/延胡索

yánhúsuǒ/ㄧㄢˊ ㄏㄨˊ ㄙㄨㄛˇ

Rhizoma Corydalis(拉), yanhusuo, * corydalis [root]

【中医】又称"元胡索"。中药名。罂粟科植物延胡索 *Corydalis yanhusuo* W. T. Wang 的干燥块茎。味辛、苦,性温。归肝、脾经。活血,行气,止痛。用于胸胁、脘腹疼痛,经闭痛经,产后瘀阻,跌扑肿痛。

延胡索

📖 延胡索本名"元胡索",宋代避宋真宗讳(宋真宗赵恒,曾名赵元休、赵元侃),以"玄"代"元",故又称"玄胡索"。其治疗胃痛、胸痛等痛症效果显著,有"心痛欲死,速觅玄胡"的说法。

延命菊 yánmìngjú/ㄧㄢˊ ㄇㄧㄥˋ ㄐㄩˊ

【植】即"雏菊"(140 页)。

芫荽/芫荽 yánsuī/ㄩㄢˊ ㄙㄨㄟ

coriander

【植】*Coriandrum sativum* 通称"香菜"。伞形科芫荽属。一年生草本植物。有强烈气味。基生叶一至二回羽状全裂,末裂片宽卵形,边缘有齿或裂;茎生叶多回羽裂,末裂片狭条形,全缘。复伞形花序顶生,花冠白色或淡紫色。花果期 4—11 月份。中国各地均有栽培。嫩茎叶可作蔬菜。

芫 荽

岩/岩 yán/ㄧㄢˊ

cancer

【中医】中医外科疾病之一。即癌。症见肿块坚硬如石,表面凸凹不平,形如岩石等。

岩床/岩床 yánchuáng/ㄧㄢˊ ㄔㄨㄤˊ

sill

【地】又称"岩席"。岩浆沿层面流动铺开,形成与地层相整合的板状岩体。厚度通常较薄而面积较大。以镁铁质岩、超镁铁质岩为常见。

岩幹 ㄧㄢˊ ㄍㄢˋ/yángàn

stock

【地】台湾名。即"岩株"(1311 页)。

岩基/岩基 yánjī/ㄧㄢˊ ㄐㄧ

batholith

【地】巨大的深成侵入岩体。一般大于 100 平方千米,甚至超过数万平方千米,多处于山脉的核部,因大规模的岩浆运动而形成,后又因长期剥蚀作用而出露,成为广大的高地。周边的围岩常因热力接触而变质。

岩浆/岩漿 yánjiāng/ㄧㄢˊ ㄐㄧㄤ

magma

【地】地壳深处或上地幔天然形成的,富含挥发组分的高温黏稠的硅酸盐熔浆流体。是形成各种火成岩和岩浆矿床的母体。

岩浆岩 yánjiāngyán/ㄧㄢˊ ㄐㄧㄤ ㄧㄢˊ

【地】即"火成岩"(551 页)。

岩浆作用/岩漿作用

yánjiāng zuòyòng/ㄧㄢˊ ㄐㄧㄤ ㄗㄨㄛˋ ㄩㄥˋ

magmatism

【地】岩浆发生、运移、聚集、变化及冷凝成岩的过程。

岩界 ㄧㄢˊ ㄐㄧㄝˋ/yánjiè

lithosphere

【地】台湾名。即"岩石圈"(1310 页)。

岩脉/岩脈 yánmài/ㄧㄢˊ ㄇㄞˋ

dyke, dike

【地】又称"岩墙"。岩浆沿岩层裂隙或断层挤入后冷凝形成的直立或近于直立的板状岩体。有时呈群出现,如果沿一系列裂隙侵入,形成大体平行的岩墙群。在火山口周围还可形成环状或放射状岩墙群。

岩棉/岩綿 yánmián/ㄧㄢˊ ㄇㄧㄢˊ

rock wool

【建】天然火成岩(玄武岩、辉绿岩、安山岩等)经高温熔融,用离心力、高压载能气体喷吹而成的纤维状材料。

岩漠/石漠 yánmò/ㄕˊ ㄇㄛˋ

rocky desert

【地】地表完全被岩石或岩石碎屑覆盖的荒漠地区。因昼夜温差变化大,风化作用强烈,经过长时间剥蚀作用而形成。多分布在干旱地区山麓。

岩墙 yánqiáng/ㄧㄢˊ ㄑㄧㄤˊ

【地】即"岩脉"(1310 页)。

岩溶 yánróng/ㄧㄢˊ ㄖㄨㄥˊ

【地】即"喀斯特"(666 页)。

岩石/岩石 yánshí/ㄧㄢˊ ㄕˊ

rock

【地】天然产出的具有一定的结构、构造的矿物集合体、生物遗骸及天然玻璃。是构成地壳和部分上地幔的主体物质。按成因不同,可分为火成岩、沉积岩和变质岩。

岩石圈/岩界 yánshíquān/ㄧㄢˊ ㄐㄧㄝˋ

lithosphere

【地】又称"固体地球"。地球坚硬的固体圈层。在软流圈之上,由地壳和部分上地幔构成。岩石圈是破碎的,分裂成约 20 个板块,彼此之间有相对运动。

岩石学/岩石學

yánshíxué/ㄧㄢˊ ㄕˊ ㄒㄩㄝˊ

petrology

【地】地质学的一个分支。研究岩石的成分、结构构造、产状、分布、成因、演化历史及与成矿作用的关系等。陨石、月岩等宇宙来源的岩石,也是岩石学的研究对象。

岩石組合 ㄧㄢˊ ㄕˊ ㄗㄨˇ ㄏㄜˊ/yánshí zǔhé

rock association, rock assemblage

【地】台湾名。即"建造"(602 页)。

岩席 yánxí/ㄧㄢˊ ㄒㄧˊ

【地】即"岩床"(1309 页)。

岩相/岩相 yánxiàng/ㄧㄢˊ ㄒㄧㄤˋ

lithofacies

【地】依据可以反映一定沉积环境的岩石特征(包括矿物成分、岩石学性质及生物特征等)的岩石或岩石组合。如海绿石矿岩相、红层相等。

岩屑/石屑 yánxiè/ㄕˊ ㄒㄧㄝˋ

lithic pyroclast

【地】母岩岩石的碎块。是保持母岩结构的矿物集合体。母岩在内外地质作用下破碎而成。

岩芯/岩芯 yánxīn/ㄧㄢˊ ㄒㄧㄣ

core of rock

【地】用钻机从地下取出的供测试用的圆柱形岩块。是研究和了解地下地质和矿产情况的重要实物材料。

岩鹽 ㄧㄢˊ ㄧㄢˊ/yányán

halite

【地】台湾名。即"石盐"(1026 页)。

岩羊/岩羊 yányáng/ㄧㄢˊ ㄧㄤˊ

blue sheep, bharal

【动】*Pseudois nayaur* 又称"石羊"。哺乳动物名。偶蹄目牛科。体长 1 米以上,头狭长,雄羊角粗大，雌羊角短而直，毛青灰色，冬季体背毛土黄褐色。无须。生活在高山裸岩地带，善跳跃，群居，以灌木枝叶和草类等为食。主要分布于中国的西部地区。

岩株/岩幹 yánzhū/ㄧㄢˊ ㄍㄢˋ

stock

【地】出露面积不超过 100 平方千米的深成侵入体。常由中酸性岩组成。平面形状多呈不规则的浑圆形，与围岩接触面比较陡，规模比岩基小。通常认为岩株下面与岩基相连，是岩基的分支部分。

炎帝 Yándì/ㄧㄢˊ ㄉㄧˋ

【中医】即"神农"(999 页)。

炎性反應

ㄧㄢˊ ㄒㄧㄥˋ ㄈㄢˇ ㄧㄥˋ/yánxìng fǎnyìng

inflammatory reaction

【医】台湾名。即"炎症反应"(1311 页)。

炎症/發炎 yánzhèng/ㄈㄚ ㄧㄢˊ

inflammation

【生】机体组织受损伤时所发生的一系列保护性应答。以局部血管为中心，典型特征是红、肿、热、痛和功能障碍，可参与清除异物和修补组织等。

炎症反应/炎性反應

yánzhèng fǎnyìng/ㄧㄢˊ ㄒㄧㄥˋ ㄈㄢˇ ㄧㄥˋ

inflammatory reaction

【医】机体对致炎因子的一种防御反应。局部常有红、肿、热、痛等表现，同时常伴有发热、白细胞增多等全身反应。

沿面放电/沿面放電

yánmiàn fàngdiàn/ㄧㄢˊ ㄇㄧㄢˋ ㄈㄤˋ ㄉㄧㄢˋ

surface discharge, discharge along dielectric surface

【电】沿着不同凝聚态电介质交界面的放电。通常出现较多的是气体或液体电介质中沿固体介质表面的放电。

研光 ㄧㄢˊ ㄍㄨㄤ/yánguāng

lapping

【机】台湾名。即"研磨"(1311 页)。

研光具 ㄧㄢˊ ㄍㄨㄤ ㄐㄩˋ/yánguāngjù

lapping tools

【机】台湾名。即"研具"(1311 页)。

研具/研光具 yánjù/ㄧㄢˊ ㄍㄨㄤ ㄐㄩˋ

lapping tools

【机】用于研磨加工的工具。所用材料(如铸铁、铜或塑料等)比加工工件软，要求组织均匀，耐磨性好。通用研具可分为平面研具、外圆柱面研具和内圆柱面研具。

研磨/研光 yánmó/ㄧㄢˊ ㄍㄨㄤ

lapping

【机】光整加工方法的一种。利用涂敷或压嵌在研具上的磨料颗粒，通过研具与工件在一定压力下的相对运动，磨去工件上极薄的表面层。用于加工平面、圆柱面、圆锥面、球面等各种表面形状。

研磨材 ㄧㄢˊ ㄇㄛˊ ㄘㄞˊ/yánmócái

abrasive

【材】台湾名。即"磨料"(809 页)。

研磨机/研磨機 yánmójī/ㄧㄢˊ ㄇㄛˊ ㄐㄧ

lapping machine

【机】磨床的一种。利用研具和研磨剂对工件表面进行研磨。加工时研具和工件处于相互压紧状态，并做复杂的相对研磨运动。主要用于研磨工件中的高精度平面、内外圆柱面、圆锥面、球面等。可分为双盘研磨机、平面研磨机和内外圆研磨机等。

盐/鹽 yán/ㄧㄢˊ

salt

【化】❶酸和碱发生中和反应生成的离子化合物。由金属离子(包括铵离子)与酸根离子组成。可分为单盐和合盐。单盐又分为正盐(不含氢离子和氢氧根离子)、酸式盐(含有氢离子)和碱式盐(含有氢氧根离子)，合盐又分为复盐和络盐。❷专指食盐(NaCl)。

盐基饱和度/鹽基飽和百分率

yánjī bǎohédù/

ㄧㄢˊ ㄐㄧ ㄅㄠˇ ㄏㄜˊ ㄅㄞˇ ㄈㄣ ㄌㄩˋ

base saturation percentage

【农】土壤吸附的交换性盐基离子占交换性阳离子总量的百分数。

盐量计/鹽分計 yánliàngjì/ㄧㄢˊ ㄈㄣ ㄐㄧˋ

salinometer

【机】一种电化学式分析仪器。用于测量溶液(如海水)中盐的浓度。

盐漠/鹽漠 yánmò/ㄧㄢˊ ㄇㄛˋ

salt desert

【地】地表完全被盐类矿物覆盖的荒漠地区。在地下水位较浅的泥漠地区,含盐分的地下水沿毛细管升至地表,水分蒸发,盐分积聚而形成。多分布在荒漠低洼处。

盐泥/鹽泥 yánní/ㄧㄢˊ ㄋㄧˊ

salt mud

【环】电解食盐制取氯、氢和氢氧化钠(烧碱)过程中排放的泥浆。主要成分是氢氧化镁、碳酸钙、硫酸钡等。用汞法生产排出盐泥还含有汞化物,排入环境会造成汞污染。

盐溶/鹽溶 yánróng/ㄧㄢˊ ㄖㄨㄥˊ

salting in

【化】盐效应的一种。添加盐类使非电解质溶解度增加的现象。

盐酸/鹽酸 yánsuān/ㄧㄢˊ ㄙㄨㄢ

hydrochloric acid

【化】酸的一种。化学式 HCl。氯化氢的水溶液,无色,常用浓盐酸的浓度为 37%左右,是强酸。有腐蚀性。能与许多金属反应放出氢气。是重要的化工原料,用于制造金属氯化物、染料和化学药品等。人的胃酸是稀盐酸溶液。

盐析/鹽析 yánxī/ㄧㄢˊ ㄒㄧ

salting out

【化】盐效应的一种。添加无机盐类使非电解质溶解度减小而析出的现象。

盐效应/鹽效應

yánxiàoyìng/ㄧㄢˊ ㄒㄧㄠˋ ㄧㄥˋ

salt effect

【化】在弱电解质、难溶电解质和非电解质的水溶液中,加入非同离子无机盐类而改变其离解度或溶解度的现象。可分为盐溶和盐析等。

蜒蚰 yányóu/ㄧㄢˊ ㄧㄡˊ

【动】即“蛞蝓”(705 页)。

檐/簷 yán/ㄧㄢˊ

eave, yan

【建】屋顶悬挑出外墙或檐柱的部分。

檐口/簷口 yánkǒu/ㄧㄢˊ ㄎㄡˇ

eaves

【建】屋面与外墙墙身的交接部位。有方便排除屋面雨水和保护墙身的作用,也是建筑的重点装饰部位之一。常见的有挑檐和包檐两种。

顔面神經

ㄧㄢˊ ㄇㄧㄢˋ ㄕㄣˊ ㄐㄧㄥ/yánmiàn shénjīng

facial nerve

【医】台湾名。即“面神经”(801 页)。

嚴苛環境電腦

ㄧㄢˊ ㄎㄜ ㄏㄨㄢˊ ㄐㄧㄥˋ ㄉㄧㄢˋ ㄋㄠˇ/

yánkē huánjìng diànnǎo

severe environment computer

【军】台湾名。即“抗恶劣环境计算机”(671 页)。

鹽基飽和百分率

ㄧㄢˊ ㄐㄧ ㄅㄠˇ ㄏㄜˊ ㄅㄞˇ ㄈㄣ ㄌㄩˋ/

yánjī bǎohé bǎifēnlǜ

base saturation percentage

【农】台湾名。即“盐基饱和度”(1311 页)。

鹽分計 ㄧㄢˊ ㄈㄣˋ ㄐㄧˋ/yánfènjì

salinometer

【机】台湾名。即“盐量计”(1311 页)。

衍射/繞射 yǎnshè/ㄖㄠˋ ㄕㄜˋ

diffraction

【物】波动性的特征之一。波遇到障碍物或孔隙,能绕过边缘传播到相当宽的地方的现象。障碍物或孔隙越小,波长越长,则衍射现象越显著。声波、电磁波及电子束等都会产生衍射现象。

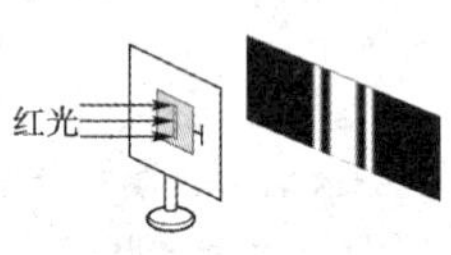

衍射现象

意大利学者格里马尔迪(F.M.Grimaldi, 1618—1665)在 1685 年出版的《关于光、色和虹的物理数学研究》一书中,首先描述了对光的衍射进行的研究。法国物理学家菲涅耳(Augustin-Jean Fresnel, 1788—1827)在 1815 年首先做了光的衍射实验,把铁丝放在从狭缝射出的光束中,观察到铁丝的影子中产生了衍射条纹,并发表了《光的衍射》一文。

衍生物/衍生物

yǎnshēngwù/ㄧㄢˇ ㄕㄥ ㄨˋ

derivative, derivant

【化】某物质分子中的原子或基团被其他原子或基团取代而衍生的化合物,即为该物质的衍生物。经常用于物质结构改良和化学合成,如青霉素最初由微生物发酵合成,易导致过敏,不宜口服;经改良结构的衍生物如阿莫西林等效果更好,可以口服且不易过敏。

衍生宇宙線
ㄧㄢˇ ㄕㄥ ㄩˇ ㄓㄡˋ ㄒㄧㄢˋ/
yǎnshēng yǔzhòuxiàn
secondary cosmic ray
【物】台湾名。即“次级宇宙线”(166 页)。

厣/鰓蓋 yǎn/ㄙㄞ ㄍㄞˋ
operculum
【动】❶螺类壳口圆片状的盖。由足部表皮分泌物形成,表面有螺纹,有保护作用。❷蟹腹面的薄壳。

眼镜蛇/眼鏡蛇
yǎnjìngshé/ㄧㄢˇ ㄐㄧㄥˋ ㄕㄜˊ
cobra
【动】*Naja naja* 又称“膨颈蛇”。爬行动物名。有鳞目眼镜蛇科部分种的统称。颈部扁宽,上面有一对白边黑心的环状斑纹,像一副眼镜,激怒时前半身竖起,颈部膨大。有剧毒。以鱼、蛙、鼠类和小鸟等为食。分布于热带和亚热带地区。

眼球会聚/眼球會聚
yǎnqiú huìjù/ㄧㄢˇ ㄑㄧㄡˊ ㄏㄨㄟˋ ㄐㄩˋ
eyeball convergence
【医】当双眼同时注视一个向眼前移近的物体时,两眼同时向鼻侧聚合的动作。

眼子菜/眼子菜 yǎnzǐcài/ㄧㄢˇ ㄗˇ ㄘㄞˋ
pondweed
【植】*Potamogeton distinctus* 眼子菜科眼子菜属。多年生水生草本植物。根茎发达,白色,节上生根。浮水叶宽披针形,革质。穗状花序顶生,开花时伸出水面,花小,绿色。花果期 5—10 月份。在中国,分布于各地。稻田杂草。

演化 ㄧㄢˇ ㄏㄨㄚˋ/yǎnhuà
evolution
【生】台湾名。即“进化”(636 页)。

演化论 yǎnhuàlùn/ㄧㄢˇ ㄏㄨㄚˋ ㄌㄨㄣˋ
【生】即“进化论”(636 页)。

演算法 ㄧㄢˇ ㄙㄨㄢˋ ㄈㄚˇ/yǎnsuànfǎ
algorithm
【数】台湾名。即“算法”(1088 页)。

鼹鼠/鼴鼠 yǎnshǔ/ㄧㄢˇ ㄕㄨˇ
mole
【动】哺乳动物名。食虫目鼹科。身体矮胖,嘴尖长,眼耳均不明显,毛黑褐色,前肢发达,脚掌向外翻,有利爪,适于掘土,后肢细小。生活在地面下,昼伏夜出,以昆虫、蚯蚓等为食,也吃农作物的根。分布于欧洲、亚洲和北美洲温带地区。种类较多。

鼹鼠

厌食/厭食 yànshí/ㄧㄢˋ ㄕˊ
anorexia, * aversion to food
【中医】中医儿科疾病之一。症见长期厌恶饮食,消瘦疲乏等。脾运失健者,治宜调和脾胃,运脾开胃,可用不换金正气散加减;脾胃气虚证,治宜健脾益气,佐以助运,可用异功散加味;脾胃阴虚证,治宜滋脾养胃,佐以助运,可用养胃增液汤加减。

厌氧性微生物/厭氧微生物
yànyǎngxìng wēishēngwù/
ㄧㄢˋ ㄧㄤˇ ㄒㄧㄥˋ ㄨㄟ ㄕㄥ ㄨˋ
anaerobic microbe
【生】台湾又称“嫌氣微生物”。在没有氧气的环境中生活的微生物。呼吸过程不需要氧气,进行无氧呼吸。主要是细菌,如沼气池中的甲烷细菌、引起破伤风病的破伤风杆菌等。

砚石/硯石 yànshí/ㄧㄢˋ ㄕˊ
inkstone
【地】制砚用的石料。通常石质温润,制砚后具有发墨效果好、不损伤毛笔的优点。
📖 端石(产于广东肇庆端溪)、歙石(产于安徽歙县)、洮石(产于甘肃洮河)和澄泥石(产于山西),合称四大名砚石。

验电器/驗電器
yàndiànqì/ㄧㄢˋ ㄉㄧㄢˋ ㄑㄧˋ
electroscope
【物】检验物体是否带电的仪器。常用的是金属箔验电器,在金属圆筒上有一橡胶塞,塞中插一金属杆,杆上端有一金属球,下端挂一对金属箔。当带电体与金属球接触时,一部分

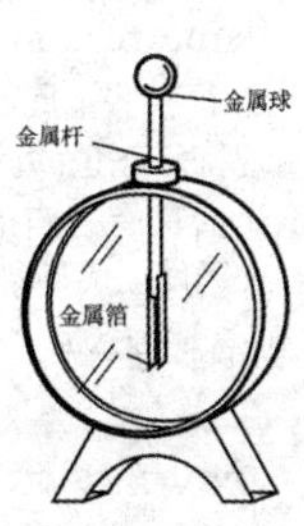

验电器

电荷通过金属杆传到下端的金属箔片上。两片金属箔因带同种电荷相互推斥而张开。所带电荷越多,张角越大。

堰/堰 yàn/ㄧㄢˋ

weir

【水利】顶部可溢流的挡水建筑物。可设在河道或明槽中。

堰塞湖/堰塞湖 yànsèhú/ㄧㄢˋ ㄙㄜˋ ㄏㄨˊ

imprisoned lake, barrier lake

【地】因地震、泥石流、火山爆发等造成岩石类堆积物堵塞山谷、河谷或河床后蓄水而形成的湖泊。如黑龙江的五大连池(由熔岩堵塞形成)。由松散物质形成的天然堤坝容易溃决,会对下游地区造成灾害。

堰式流量计/堰式流量計

yànshì liúliàngjì/ㄧㄢˋ ㄕˋ ㄌㄧㄡˊ ㄌㄧㄤˋ ㄐㄧˋ

weir type flowmeter

【机】测量明渠中流量的一种装置。流动液体通过明渠中途或末端安置的顶部有缺口的板或壁(即堰)溢流,按堰上游侧的液位与溢流量的一定关系来测量流量。通常可分为三角堰、矩形堰和全宽堰三类。

雁行 ㄧㄢˋ ㄏㄤˊ/yànháng

en echelon

【地】台湾名。即"雁列"(1314 页)。

雁行排列

yànháng páiliè/ㄧㄢˋ ㄏㄤˊ ㄆㄞˊ ㄌㄧㄝˋ

【地】即"雁列"(1314 页)。

雁列/雁行 yànliè/ㄧㄢˋ ㄏㄤˊ

en echelon

【地】又称"雁行排列"。像大雁飞行时逐一后错的排列方式。

焰色反应/焰色反應

yànsè fǎnyìng/ㄧㄢˋ ㄙㄜˋ ㄈㄢˇ ㄧㄥˋ

flame reaction

【化】某些金属或其化合物在灼烧时使火焰呈现特殊颜色的反应。灼烧时各种元素发出的光谱具有各自的特征波长,呈不同的颜色,如钾燃烧火焰呈紫色。可依此鉴别金属的种类。

厭氧微生物

ㄧㄢˋ ㄧㄤˇ ㄨㄟˊ ㄕㄥ ㄨˋ/

yànyǎng wēishēngwù

anaerobic microbe

【生】台湾名。即"厌氧性微生物"(1313 页)。

燕/燕 yàn/ㄧㄢˋ

swallow

【动】鸟名。雀形目燕科动物的统称。身体小,喙扁而短,翅长而尖,背部大多黑蓝色,尾呈叉状。捕食昆虫,是益鸟。

燕麦/燕麥 yànmài/ㄧㄢˋ ㄇㄞˋ

oat

【植】*Avena sativa* 禾本科燕麦属。一年生草本植物。秆直立,光滑,具节。叶鞘松弛,叶舌透明膜质,叶片扁平。圆锥花序开展,金字塔形,小穗下垂,外稃无芒。颖果被毛,腹面有纵沟。在中国,东北、华北、西北、华中等地区多有栽培。果实可作粮食。

yang (ㄧㄤ)

扬程/泵揚程 yángchéng/ㄅㄥˋ ㄧㄤˊ ㄔㄥˊ

water raising capacity

【机】泵的主要性能参数之一。单位质量液体从泵的入口至出口所获得的能量增量。以液柱高度(米)表示。通常通过试验测得。

扬沙/高吹沙 yángshā/ㄍㄠ ㄔㄨㄟ ㄕㄚ

blowing sand

【气】沙尘天气的一种。风将地面沙尘吹起,使水平能见度在 1～10 千米。

扬声器/揚聲器

yángshēngqì/ㄧㄤˊ ㄕㄥ ㄑㄧˋ

loudspeaker

【物】俗称"喇叭",台湾又称"擴音器"。一种电声器件。能将电能转换为声能并将声音在空气中辐射出去。

扬子鳄/揚子鱷 yángzǐ'è/ㄧㄤˊ ㄗˇ ㄜˋ

Chinese alligator, Yangtze alligator

【动】*Alligator sinensis* 又称"鼍龙",俗称"猪婆龙"。爬行动物名。鳄目鼍科。体长 2 米左右,吻短,背部、尾部有鳞甲,背面暗褐色,腹面灰色。穴居于江河岸边或池沼底部,冬天蛰居穴中,以鱼、螺、蛙、小鸟和鼠类等

扬子鳄

为食。仅分布于中国的长江(扬子江)中下游。是中国特有的珍稀动物。

羊/羊 yáng/ㄧㄤˊ

sheep and goat

【动】哺乳动物名。偶蹄目牛科羊亚科动物的统称。反刍类家畜。通常头上有一对角,对青粗饲料消化力强。种类很多,有山羊、绵羊、黄羊、岩羊等。

羊肚菌/羊肚蕈

yángdǔjūn/ㄧㄤˊ ㄉㄨˇ ㄒㄩㄣˋ

morel

【植】*Morchella esculenta* 菌类。羊肚菌科羊肚菌属。子实体小,多单生。菌盖圆锥形,表面凹凸不平,形似羊肚,淡灰褐色,空心。菌柄中生,乳白色,空心,基部膨大。在中国,除华中和华南地区外均有分布。生于阔叶林地上及路旁。药食兼用。

羊肚蕈 ㄧㄤˊ ㄉㄨˇ ㄒㄩㄣˋ/yángdǔxùn

morel

【植】台湾名。即"羊肚菌"(1315 页)。

羊毛脂/羊毛脂

yángmáozhī/ㄧㄤˊ ㄇㄠˊ ㄓ

lanolin

【化】从羊毛的原毛中提取的脂。半固体,黄色,有特殊气味。主要成分是有侧链的高级脂肪酸及其羟基脂肪酸与胆甾醇或羊毛甾醇所形成的酯。具有柔软皮肤、防止脱脂及保持水分的功效。可制备化学品,用作化妆品、药品、香波、香皂等的原料。

羊皮纸/羊皮紙 yángpízhǐ/ㄧㄤˊ ㄆㄧˊ ㄓˇ

parchment

【轻】中国的造纸术传到欧洲前,欧洲使用的一种书写材料。主要用小羊的皮,通过硝制等加工方法制成。蛋白质质地,薄而半透明。

羊水过多/羊水過多

yángshuǐ guòduō/ㄧㄤˊ ㄕㄨㄟˇ ㄍㄨㄛˋ ㄉㄨㄛ

polyhydramnios

【医】在妊娠任何时期羊水量超过 2000 毫升的现象。

羊水过少/羊水過少

yángshuǐ guòshǎo/ㄧㄤˊ ㄕㄨㄟˇ ㄍㄨㄛˋ ㄕㄠˇ

oligohydramnios

【医】又称"胎水过少"。妊娠晚期羊水量少于 300 毫升的现象。

羊脂玉/羊脂玉 yángzhīyù/ㄧㄤˊ ㄓ ㄩˋ

mutton-fat jade

【地】软玉的一种。晶莹洁白,质地细腻,光泽滋润,状如凝脂。莫氏硬度 6～6.5。是软玉中的上品。产于新疆和田。在白色的日光灯下观看,呈现的是纯白半透明状,没有一丝丝杂色,这是与其他白玉的重要区别。

阳极/陽極 yángjí/ㄧㄤˊ ㄐㄧˊ

anode

【化】见"电解池"(247 页)。

阳极似阴/陽極似陰

yáng jí sì yīn/ㄧㄤˊ ㄐㄧˊ ㄙˋ ㄧㄣ

extreme yang with yin manifestation, * extreme yang resembling yin

【中医】内热极盛,阳气被郁,深伏于里,不得外达四肢,因而格阴于外的病理变化。其本质是真热假寒。

阳离子/陽離子 yánglízǐ/ㄧㄤˊ ㄌㄧˊ ㄗˇ

cation

【化】又称"正离子"。见"离子"(720 页)。

阳历/陽曆 yánglì/ㄧㄤˊ ㄌㄧˋ

solar calendar

【天】又称"太阳历"。历法的一种。主要按太阳的周年运动来安排,可以较好地反映四季的变化。一年有 365 天左右。儒略历和格里历都属于阳历。

阳连接器/公連接器

yángliánjiēqì/ㄍㄨㄥ ㄌㄧㄢˊ ㄐㄧㄝ ㄑㄧˋ

male connector

【信息】具有插针,用来插入插座的连接器。组件上多标有 M(male,阳)或 P(plug,插头)。

阳起石/陽起石 yángqǐshí/ㄧㄤˊ ㄑㄧˇ ㄕˊ

actinolite

【地】角闪石的一种。成分为 $Ca_2(Mg,Fe)_5[Si_4O_{11}]_2(OH)_2$。单斜晶系。晶体呈长柱状,集合体呈放射柱状,也有呈粒状或块状,呈纤维状的称阳起石石棉。绿色,并随铁含量的增多而加深,玻璃光泽,莫氏硬度 5.5～6,密度 3.0～3.3 克/厘米^3。是组成软玉的主要矿物,可作为观赏物、饰物或用作工艺品的雕刻材料,也入中药。

Y

阳跷脉/陽蹺脈
yángqiāomài/ㄧㄤˊ ㄑㄧㄠ ㄇㄞˋ
Yang Heel Channel, Yang Heel Vessel
【中医】奇经八脉之一。起于外踝下申脉穴,经外踝后上行腓骨后缘,经股部外侧,再沿髋、胁、肩、颈的外侧,上夹口角,到达目内眦,与手足太阳经、阴跷脉会合,再上行经额,与足少阳胆经会于风池。主一身左右之阳。

阳生植物/陽生植物
yángshēng zhíwù/ㄧㄤˊ ㄕㄥ ㄓˊ ㄨˋ
heliophyte
【植】在强光环境中才能生长发育良好,在荫蔽或弱光条件下生长发育不良的植物。如松、杉、杨、柳、蒲公英、甘草等。

阳水/陽水 yángshuǐ/ㄧㄤˊ ㄕㄨㄟˇ
yang edema, * yang water
【中医】水肿病之一。多因外邪侵袭,腠理闭塞,或气机不畅而致水液泛滥,发病较急,症见肿多由上而下,面部先肿,继及全身,肿势明显,肿处皮肤绷急光亮、按之凹陷即起,兼见烦热、口渴、小便赤涩、大便秘结等。治疗可发汗、利尿或攻逐,以祛邪为主。通常病程较短。

阳台/陽臺 yángtái/ㄧㄤˊ ㄊㄞˊ
balcony
【建】附设于建筑物外墙的小平台。设有栏杆或栏板,可供人进行室外活动、晾晒衣物等。

阳桃/陽桃 yángtáo/ㄧㄤˊ ㄊㄠˊ
carambola
【植】*Averrhoa carambola* 又作"洋桃"。酢浆草科阳桃属。常绿或半常绿乔木。奇数羽状复叶,小叶卵形,顶端尖,基部歪斜,全缘。聚伞花序,花小,粉红色或白色,有香气。浆果肉质,下垂,有五棱,横切面呈星芒状,淡绿色或蜡黄色,味甜酸。花期4—12月份,果期7—12月份。在中国,广东、广西、福建、台湾、云南有栽培。果实可作水果。

阳脱 yángtuō/ㄧㄤˊ ㄊㄨㄛ
【中医】即"亡阳"(1169页)。

阳维脉/陽維脈
yángwéimài/ㄧㄤˊ ㄨㄟˊ ㄇㄞˋ
Yang Link Channel, Yang Link Vessel
【中医】奇经八脉之一。起于足跟外侧,向上经过外踝,与足少阳胆经并行,沿下肢外侧上行至髋部,经胁肋后侧,从腋后上肩,至前额,再到项后,合于督脉。具有维系、联络全身阳经的作用。

阳痿/陽痿 yángwěi/ㄧㄤˊ ㄨㄟˇ
impotence
【医】男子性功能障碍。表现为在有性欲要求时,阴茎不能勃起或勃起不坚,或者虽有勃起且有一定程度的硬度,但不能保持性交的足够时间,因而妨碍性交或不能完成性交。

阳虚/陽虛 yángxū/ㄧㄤˊ ㄒㄩ
yang deficiency
【中医】机体阳气不足,机能减退或衰弱,代谢活动减退,机体反应性低下,阳热不足的病理变化。

阳虚证/陽虛證
yángxūzhèng/ㄧㄤˊ ㄒㄩ ㄓㄥˋ
yang deficiency syndrome
【中医】又称"虚寒证"。中医证候之一。阳气不足,失去温煦推动所致,以畏寒肢冷,尿清便溏,舌淡胖,脉沉迟无力等为常见症。

杨辉三角/楊輝三角
Yáng Huī sānjiǎo/ㄧㄤˊ ㄏㄨㄟ ㄙㄢ ㄐㄧㄠˇ
Yang Hui triangle
【数】又称"贾宪三角"。中国南宋数学家杨辉在《详解九章算术》里以数表形式说明了二项展开式的系数规律,并绘出"古法七乘方图",后人称这种三角形数表为杨辉三角。图见"贾宪三角"(593页)

杨梅/楊梅 yángméi/ㄧㄤˊ ㄇㄟˊ
bayberry
【植】*Myrica rubra* 杨梅科杨梅属。常绿乔木。树冠圆球形。叶革质,萌发条上的叶长椭圆状,先端边缘有齿;孕性枝上的叶楔状倒卵形,全缘。雌雄异株,花序生于叶腋。核果球状,外表面有乳头状突起,外果皮肉质,多汁液,味酸甜,成熟时深红色或紫红色。花期4月份,果期6—7月份。在中国,分布于江苏、浙江、福建、江西、湖南、贵州、四川、云南、广西和

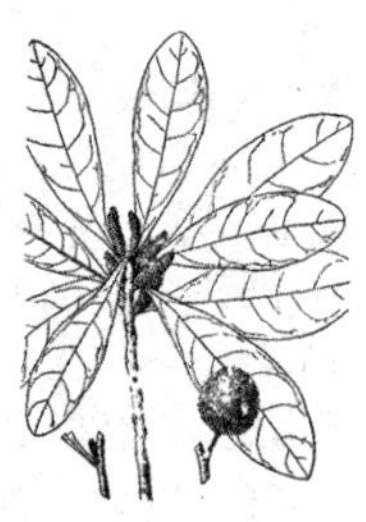
杨梅

广东。果实可作水果。

洋/洋 yáng/ㄧㄤˊ

ocean

【地】地球表面广阔浩大的水域。是海洋的主体，深度通常在3000米以上，基本不受大陆影响。有独自的洋流和潮汐系统。地球上有四大洋，即太平洋、大西洋、印度洋和北冰洋。

洋艾草 ㄧㄤˊ ㄞˋ ㄘㄠˇ/yáng'àicǎo

wormwood

【植】台湾名。即"蒿"(482页)。

洋葱/洋蔥 yángcōng/ㄧㄤˊ ㄘㄨㄥ

onion

【植】*Allium cepa* 通称"葱头"。百合科葱属。多年生草本植物。全株含有挥发性辛辣气味。鳞茎粗大，球状，外皮紫红色、白色、黄色，纸质很薄，易破裂，内皮不破裂，肥厚肉质，味辣。叶圆筒状，中空，向顶端渐尖。花莛粗壮，圆筒状中空，伞形花序，花冠粉白色。花果期5—7月份。在中国，分布于各地。鳞茎可作蔬菜。

洋风式/洋風式 yángfēngshì/ㄧㄤˊ ㄈㄥ ㄕˋ

foreign style

【建】19世纪末20世纪初，中国工匠模仿西方建筑而成的建筑样式。通常利用中国传统的结构技术建造，保留中国工匠的美学观念，采用许多当地传统的纹样和装饰，在局部吸收西方建筑采用的构件及做法，如拱券门窗、西洋柱式、线脚处理、洋式纹样和装饰等。代表建筑物有上海英国领事馆(1872年)、江苏省谘议局(1909年)、济南车站(1911年)、香港最高法院(1912年)。

洋底脊 ㄧㄤˊ ㄉㄧˇ ㄐㄧˇ/yángdǐjǐ

oceanic ridge

【地】台湾名。即"海岭"(462页)。

洋盆 yángpén/ㄧㄤˊ ㄆㄣˊ

【地】即"海盆"(464页)。

洋壳/洋殼 yángqiào/ㄧㄤˊ ㄎㄜˊ

oceanic crust

【地】分布于大洋盆地底部的地壳。由沉积层和硅镁层构成。双层结构不完整，硅镁层之上的硅铝层很薄或缺失。

洋桃 yángtáo/ㄧㄤˊ ㄊㄠˊ

【植】同"阳桃"(1316页)。

洋绣球 yángxiùqiú/ㄧㄤˊ ㄒㄧㄡˋ ㄑㄧㄡˊ

【植】即"天竺葵"(1129页)。

洋芋 yángyù/ㄧㄤˊ ㄩˋ

【植】即"马铃薯"(778页)。

洋紫荆 yángzǐjīng/ㄧㄤˊ ㄗˇ ㄐㄧㄥ

【植】即"红花羊蹄甲"(500页)。

📖 1997年，中华人民共和国香港特别行政区成立后，采用洋紫荆花的元素作为区徽、区旗及硬币的设计图案。区旗的洋紫荆图案花蕊以五颗星表示，与中国国旗上的五星相对应，寓意中国与香港地区紧密的关系，区旗用红白两色，象征香港实践"一国两制"。

仰角/仰角 yǎngjiǎo/ㄧㄤˇ ㄐㄧㄠˇ

angle of elevation

【数】一边为水平线，另一边在水平线上方且小于90°的视角。

仰 角

养料/養料 yǎngliào/ㄧㄤˇ ㄌㄧㄠˋ

nourishment

【生】能供给有机体营养的物质。

养生/養生 yǎngshēng/ㄧㄤˇ ㄕㄥ

health maintenance, * life nurturing

【中医】根据中医理论，运用调神、导引、四时调摄、食养、药养等传统方法进行保健。

养殖/養殖 yǎngzhí/ㄧㄤˇ ㄓˊ

cultivation

【生】家畜、家禽、水产等动植物的培养和繁殖。

氧/氧 yǎng/ㄧㄤˇ

oxygen

【化】非金属元素。属周期表第ⅥA族，符号O，原子序数8。原子量15.99。占地壳质量的48.6%。在大气和生物体中还有多种游离态的氧存在，如超氧离子、氧自由基等，都不稳定，有很强的氧化性。氧是地球上重要的生命元素，单质氧气和臭氧互为同素异形体。氧的化合物用途十分广泛。单质氧气也简称氧。

📖 1772年，瑞典的舍勒(C.W.Scheele)在加热硝酸钾、氧化汞等化合物时发现氧。1775—1777年，法国的拉瓦锡(A.L.Lavoisier)首先确定氧是一种元素，希腊文定名为oxygene，意思是"酸素"，因他错误地认为，所有的酸都具有这种气体，又据此将拉丁文名称定为 oxygenium。中文名称最早由清代的徐寿命名，他认为人的生存离不开这种气体，故名“养气”，曾用“氱”字，后统一改用“氧”，是形声字。

氧化/氧化 yǎnghuà/ㄧㄤˇ ㄏㄨㄚˋ

oxidation

【化】见“氧化还原”(1318 页)。

氧化钙/氧化鈣

yǎnghuàgài/ㄧㄤˇ ㄏㄨㄚˋ ㄍㄞˋ

calcium oxide

【化】无机化合物。化学式 CaO。生石灰的主要成分，白色粉末，含杂质时呈灰色或淡黄色，是碱性氧化物。与水反应剧烈，放出大量热而生成氢氧化钙；易溶于酸，在空气中渐渐吸收二氧化碳而成碳酸钙。由煅烧石灰石而得。主要用作化工原料、建筑材料、耐火材料，也用于制钙肥、干燥剂等，或中和酸性土壤。

氧化还原/氧化還原

yǎnghuà huányuán/ㄧㄤˇ ㄏㄨㄚˋ ㄏㄨㄢˊ ㄩㄢˊ

redox, oxidation-reduction

【化】台湾又称“氧還”。物质有电子得失、氧化数有升降的化学过程。得电子称为“还原”，失电子称为“氧化”，二者同时发生。多数氧化表现为分子中氧的增加或氢的减少；多数还原表现为分子中氧的减少或氢的增加。

氧化镁/氧化鎂

yǎnghuàměi/ㄧㄤˇ ㄏㄨㄚˋ ㄇㄟˇ

magnesium oxide

【化】无机化合物。化学式 MgO。白色粉末，呈碱性，难溶于水，耐火性强。长久放置于空气中即缓慢吸收水分及二氧化碳。可分为轻质氧化镁和重质氧化镁。工业上用作耐火材料、白色填料及化工原料，临床上可作抗酸药、轻泻药等。

氧化物/氧化物

yǎnghuàwù/ㄧㄤˇ ㄏㄨㄚˋ ㄨˋ

oxide

【化】氧与其他元素化合生成的化合物。几乎所有的元素都可生成氧化物。碱性氧化物为碱金属、碱土金属的氧化物，溶于水可形成碱，可与酸反应成盐；酸性氧化物为卤族、硫族的氧化物，溶于水可形成酸，可与碱反应成盐。既可与酸，又可与碱反应的是两性氧化物。

氧還 ㄧㄤˇ ㄏㄨㄢˊ/yǎnghuán

redox, oxidation-reduction

【化】台湾名。即“氧化还原”(1318 页)。

氧气/氧氣 yǎngqì/ㄧㄤˇ ㄑㄧˋ

oxygen

【化】氧元素单质的一种。双原子分子。常温下为无色无臭气体，能助燃，不能自燃。常温时性质稳定，高温下极活泼。占空气体积1/5以上。在－183 ℃时，为天蓝色液体，－218 ℃时变为蓝色晶体。地球上生物、燃烧都离不开氧。工业上分离空气获得。用途广泛。

氧气切割

yǎngqì qiēgē/ㄧㄤˇ ㄑㄧˋ ㄑㄧㄝ ㄍㄜ

【机】即“气割”(890 页)。

氧气再生装置

yǎngqì zàishēng zhuāngzhì/ㄧㄤˇ ㄑㄧˋ ㄗㄞˋ ㄕㄥ ㄓㄨㄤ ㄓˋ

【军】即“空气再生装置”(691 页)。

痒痒花 yǎngyanghuā/ㄧㄤˇ ·ㄧㄤ ㄏㄨㄚ

【植】即“紫薇”(1498 页)。

📖 如果用手抚摸紫薇树干，其会立即枝摇叶动，全株微微颤动，好似“怕痒”，故名。

養分 ㄧㄤˇ ㄈㄣˋ/yǎngfèn

nutrient

【生】台湾名。即“营养素”(1355 页)。

样板房/樣板房

yàngbǎnfáng/ㄧㄤˋ ㄅㄢˇ ㄈㄤˊ

model house

【建】为促进商品房销售，展示其设计思想而设置的具有样板作用的单元或户型。

样本/樣本 yàngběn/ㄧㄤˋ ㄅㄣˇ

sample

【数】作为考察对象从总体中抽取出来的部分个体。为研究总体，往往从中抽取部分个体进行统计研究。例如，要调查某批灯泡的使用寿命，从中抽取一些灯泡进行试验，则这些灯泡的使用寿命组成一个样本。

样本点/樣本點

yàngběndiǎn/ㄧㄤˋ ㄅㄣˇ ㄉㄧㄢˇ

sample point

【数】将随机试验的每一种可能结果用一个抽

象的点来表示，这样的点叫作随机试验的样本点，通常用 ω 表示。例如，掷一枚硬币，可用样本点 ω_1 和 ω_2 分别表示“正面向上”和“反面向上”两种结果。

样本空间/樣本空間

yàngběn kōngjiān/ㄧㄤˋ ㄅㄣˇ ㄎㄨㄥ ㄐㄧㄢ

sample space

【数】又称“基本事件空间”。随机试验的所有样本点的集合，通常记作 Ω。例如，掷一枚硬币时样本空间 $\Omega=\{\omega_1,\omega_2\}$，$\omega_1$，$\omega_2$ 为表示试验两种可能结果（“正面向上”和“反面向上”）的样本点。

样本量/樣本大小

yàngběnliàng/ㄧㄤˋ ㄅㄣˇ ㄌㄧㄤˋ ㄒㄧㄠˇ

sample size

【数】样本中个体的数量。例如，要调查某批灯泡的使用寿命，从中抽取 50 个灯泡进行试验，则样本量是 50。

恙虫病/恙蟲病

yàngchóngbìng/ㄧㄤˋ ㄔㄨㄥˊ ㄅㄧㄥˋ

tsutsugamushi disease

【医】又称“丛林斑疹伤寒”。由恙虫病立克次体感染引起的急性传染病。临床表现为急性起病，发热、皮疹、淋巴结肿大、肝脾肿大，被恙螨幼虫叮咬处出现焦痂等。

樣本大小

ㄧㄤˋ ㄅㄣˇ ㄉㄚˋ ㄒㄧㄠˇ/yàngběn dàxiǎo

sample size

【数】台湾名。即“样本量”(1319 页)。

yao（ㄧㄠ）

腰穿 yāochuān/ㄧㄠ ㄔㄨㄢ

【医】“腰椎穿刺”的简称。

腰大肌/腰大肌 yāodàjī/ㄧㄠ ㄉㄚˋ ㄐㄧ

psoas major

【医】腰部肌肉之一。位于脊柱腰部两侧，起于腰椎体侧面和横突，与髂肌向下会合，经腹股沟韧带深面，止于股骨小转子。腰大肌与髂肌合称为髂腰肌。

腰肌劳损/腰肌勞損

yāojī láosǔn/ㄧㄠ ㄐㄧ ㄌㄠˊ ㄙㄨㄣˇ

lumbar muscle strain

【中医】骨伤科疾病之一。因腰部肌肉及其附着点的积累性损伤，引起局部慢性无菌性炎症所致，症见腰部隐痛，反复发作，劳累后加重等。治宜局部推拿、牵引、针灸等，配合内服补肾强腰、舒筋活络药。

腰坑/腰坑 yāokēng/ㄧㄠ ㄎㄥ

mutton fat jade

【建】古代墓穴底部中央的长方形或长圆形小坑，因位置正当死者腰部，故名。商周时期流行。

📖 腰坑墓葬习俗在我国肇起于新石器时代晚期，与殉葬习俗有关。在北方地区的商和西周时期，腰坑墓葬极为流行，东周时期逐渐衰弱，战国后消失。坑内有殉牲或葬物，规格较高的墓坑内还常见殉人。

腰痛/腰痛 yāotòng/ㄧㄠ ㄊㄨㄥˋ

㊀ lumbago, lumbar pain, ㊁ lumbago

㊀【医】由腰背部组织劳损、腰椎病变、寒冷刺激、外伤等引起的腰部疼痛感。此外，其他器官的疾病也可引起腰痛，如泌尿系统类症、结石及某些腹部疾病，妇女妊娠也会出现腰痛。㊁【中医】中医内科疾病之一。腰部感受外邪，或因外伤、或由肾虚所致，症见腰部疼痛。治疗分虚实，虚者以补肾壮腰为主，兼调养气血；实者祛邪活络为要，针对病因，施之以活血化瘀，散寒除湿，清泻湿热等法。虚实兼夹者，分清主次，标本兼顾治疗。尚可配合针灸、按摩等法。腰痛，另作症状解。

腰线/腰線 yāoxiàn/ㄧㄠ ㄒㄧㄢˋ

waist line

【建】在内墙面一定高度上做的墙面装饰线。

腰椎/腰椎 yāozhuī/ㄧㄠ ㄓㄨㄟ

lumbar vertebrae

【医】位于腰部的椎骨。共 5 个，椎体高大，前高后低，呈肾形。椎孔大，呈三角形。

腰椎穿刺/腰椎穿刺

yāozhuī chuāncì/ㄧㄠ ㄓㄨㄟ ㄔㄨㄢ ㄘˋ

lumbar puncture

【医】简称“腰穿”。在较低位的腰椎间隙（通常腰 3～4 椎间隙）经皮穿刺进入腰池获得脑脊液的技术及操作。用于诊断性检验，也可作为给药的途径。

窑洞/窯洞

yáodòng/ㄧㄠˊ ㄉㄨㄥˋ

loess cave dwelling

【建】中国西北黄土地区挖掘建造的拱形穴居式住宅。利用丘陵、山崖、干涸河道两岸的原壁向纵深挖掘的，称为靠崖窑；利用台地向下挖成矩形深坑后，再向四壁纵深挖掘的，称为地坑窑或天井窑。

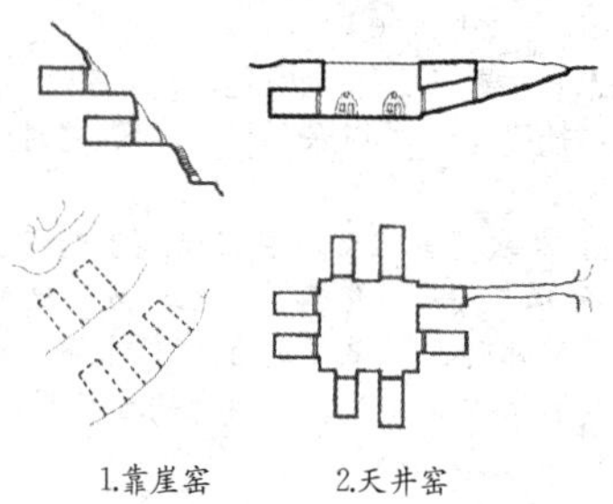

1.靠崖窑　2.天井窑

窑洞的平面图和剖面图

摇臂钻床/旋臂鑽床

yáobì zuànchuáng/ㄒㄩㄢˊ ㄅㄧˋ ㄗㄨㄢˋ ㄔㄨㄤˊ

radial drilling machine

【机】钻床的一种。有一个可绕立柱回转并上下移动的摇臂。装有钻头的主轴箱可在摇臂上移动。可用于钻孔、扩孔、铰孔、攻丝及修刮端面等。适用于加工大型工件上不同位置的孔。

摇表 yáobiǎo/ㄧㄠˊ ㄅㄧㄠˇ

【电】即“高阻表”(397 页)。

摇紗工程

ㄧㄠˊ ㄕㄚ ㄍㄨㄥ ㄔㄥˊ/yáoshā gōngchéng

reeling

【纺】台湾名。即“缫丝”(973 页)。

遥测/遥測術 yáocè/ㄧㄠˊ ㄘㄜˋ ㄕㄨˋ

telemetry, telemetering

【自】将对象参量的近距离测量值传输至远距离的测量站来实现远距离测量的技术。

遥測器 ㄧㄠˊ ㄘㄜˋ ㄑㄧˋ/yáocèqì

remote sensor

【测绘】台湾名。即“遥感器”(1320 页)。

遥測術 ㄧㄠˊ ㄘㄜˋ ㄕㄨˋ/yáocèshù

telemetry, telemetering

【自】台湾名。即“遥测”(1320 页)。

遥動服務

ㄧㄠˊ ㄉㄨㄥˋ ㄈㄨˊ ㄨˋ/yáodòng fúwù

teleaction service

【信息】台湾名。即“遥信业务”(1321 页)。

遥感/遥感探測

yáogǎn/ㄧㄠˊ ㄍㄢˇ ㄊㄢˋ ㄘㄜˋ

remote sensing

【测绘】不直接接触，远距离探测目标信息的科学技术。利用设备收集目标物体反射或辐射的电磁波信息，从中提取出目标物体的位置、形态、组成、性质等信息及其变化规律。按电磁波来源不同，可分为被动式遥感和主动式遥感；按设备运载工具不同，可分为航天遥感、航空遥感和地面遥感。目前不仅是对地球观测的重要手段，也是研究宇宙星球的有效方法。

遥感传感器

yáogǎn chuángǎnqì/

ㄧㄠˊ ㄍㄢˇ ㄔㄨㄢˊ ㄍㄢˇ ㄑㄧˋ

【测绘】即“遥感器”(1320 页)。

遥感器/遥感器

yáogǎnqì/ㄧㄠˊ ㄍㄢˇ ㄑㄧˋ

remote sensor

【测绘】又称“遥感传感器”，台湾又称“遥测器”。接收物体反射或辐射的电磁波信号，再将信号转化为图像且记录在某种介质上的仪器。是遥感技术获取和记录目标特征的关键。种类很多，例如，按成像技术不同，可分为 CCD 线阵扫描仪、框幅式成像仪等；按电磁波段不同，可分为多光谱扫描仪、红外辐射计、合成孔径雷达、激光雷达等。

遥感探測

ㄧㄠˊ ㄍㄢˇ ㄊㄢˋ ㄘㄜˋ/yáogǎn tàncè

remote sensing

【测绘】台湾名。即“遥感”(1320 页)。

遥感卫星/遥感衛星

yáogǎn wèixīng/ㄧㄠˊ ㄍㄢˇ ㄨㄟˋ ㄒㄧㄥ

remote sensing satellite

【航】用于对地球和大气的各种特征和现象进行遥感观测的人造地球卫星。具有观测范围广，速度快，谱段宽，可周期观测等特点。按遥感器搜集目标质的不同，可分为气象、地质资源、海洋观测、环境监测和侦察等卫星；按遥感器工作波长不同，可分可见光、红外光、微波和多谱段遥感器卫星。

遥感仪器/遥感儀器
yáogǎn yíqì/ㄧㄠˊ ㄍㄢˇ ㄧˊ ㄑㄧˋ
remote sensing instrument
【机】通过电磁辐射获取的记录远距离目标的特征信息,以及对所获取的信息进行处理和判读的仪器。

遥控/遥控 yáokòng/ㄧㄠˊ ㄎㄨㄥˋ
remote control
【自】对控制对象进行远距离控制和监测的综合性技术。

遥控地雷/遥控地雷
yáokòng dìléi/ㄧㄠˊ ㄎㄨㄥˋ ㄉㄧˋ ㄌㄟˊ
remote-controlled mine
【军】在一定距离内,受操纵者指令控制的地雷。主要由雷壳、装药、引信、信号收发装置组成。操纵者用控制装置发送指令控制地雷进入战斗状态、安全状态或直接起爆。通常布设在地雷场预留通路、主要道路、狭窄地段、隘口和桥梁、渡口地区。可分为有线遥控地雷和无线遥控地雷。

遥控机器人/遥控機器人
yáokòng jīqìrén/ㄧㄠˊ ㄎㄨㄥˋ ㄐㄧ ㄑㄧˋ ㄖㄣˊ
telerobot
【自】通过操作者遥控完成各种远程作业的机器人。操作者可以通过可视距离内遥控,也可在电视图像中进行监控操作。

遥控灭雷具
yáokòng mièléijù/ㄧㄠˊ ㄎㄨㄥˋ ㄇㄧㄝˋ ㄌㄟˊ ㄐㄩˋ
【军】"灭雷具"的全称。

遥控水雷/遥控水雷
yáokòng shuǐléi/ㄧㄠˊ ㄎㄨㄥˋ ㄕㄨㄟˇ ㄌㄟˊ
remote control mine
【军】靠接收遥控信号控制工作状态或直接起爆的非触发水雷。通常用于防御布雷,具有抗扫、抗干扰和便于己方隐蔽攻势的特点。按待机状态不同,可分为遥控沉底雷和遥控锚雷;按遥控方式不同,可分为有线遥控水雷和无线遥控水雷。

遥控系统/遥控系統
yáokòng xìtǒng/ㄧㄠˊ ㄎㄨㄥˋ ㄒㄧˋ ㄊㄨㄥˇ
remote control system
【自】对控制对象进行远距离控制和监测的系统。

遥信业务/遥動服務
yáoxìn yèwù/ㄧㄠˊ ㄉㄨㄥˋ ㄈㄨˊ ㄨˋ
teleaction service
【信息】对远距离被测对象的极限工作状态进行测定,以便为用户提供小数据量事务处理能力的通信业务。

咬死/熔執 yǎosǐ/ㄖㄨㄥˊ ㄓˊ
seizure
【机】指摩擦表面产生严重黏着或转移,使相对运动停止的现象。

药材/藥材 yàocái/ㄧㄠˋ ㄘㄞˊ
crude medicine, crude drug, * medicinal material
【中医】初步加工处理的中药原料药。是饮片的前身。

药兜疗法/藥兜療法
yàodōu liáofǎ/ㄧㄠˋ ㄉㄡ ㄌㄧㄠˊ ㄈㄚˇ
medicinal bag therapy
【中医】外治法之一。将一定处方的药物研末,装入布袋缝好,缚于腹部或病变部位,以治疗某些慢性疾病,如遗精、妇女经带疾患、久泄久痢、小儿疳积等。

药峰浓度/藥峰濃度
yàofēng nóngdù/ㄧㄠˋ ㄈㄥ ㄋㄨㄥˊ ㄉㄨˋ
peak concentration
【医】用药后所能达到的最高血浆药物浓度。通常与药物剂量成正比。

药峰时间/藥峰時間
yàofēng shíjiān/ㄧㄠˋ ㄈㄥ ㄕˊ ㄐㄧㄢ
peak time of drug
【医】用药后达到最高血浆药物浓度所需要的时间。

药膏疗法/藥膏療法
yàogāo liáofǎ/ㄧㄠˋ ㄍㄠ ㄌㄧㄠˊ ㄈㄚˇ
ointment therapy
【中医】外治法之一。将外用药膏敷贴于肌肤,药膏通过皮肤、黏膜的吸收,起到行气活血、疏通经络、祛邪外出的作用,以治疗损伤、骨折、局部感染等。

药瓜 yàoguā/ㄧㄠˋ ㄍㄨㄚ
【植】即"栝楼"(433 页)。

药品有效期/到期日
yàopǐn yǒuxiàoqī/ㄉㄠˋ ㄑㄧˊ ㄖˋ
date of expiration

Y

【医】药物分解至初始量90%所需要的时间。

药物/藥物 yàowù/ㄧㄠˋ ㄨˋ

drug

【医】能够改变或查明机体的生理功能及病理状态,可用于预防、诊断和治疗疾病的物质。

药物不良反应/藥物不良反應

yàowù bùliáng fǎnyìng/ㄧㄠˋ ㄨˋ ㄅㄨˋ ㄌㄧㄤˊ ㄈㄢˇ ㄧㄥˋ

adverse drug reaction, ADR

【医】合格药品在正常用法、用量下出现的,与用药目的无关或意外的有害反应。

药物性皮炎

yàowùxìng píyán/ㄧㄠˋ ㄨˋ ㄒㄧㄥˋ ㄆㄧˊ ㄧㄢˊ

【医】即"药疹"(1322页)。

药学/藥學 yàoxué/ㄧㄠˋ ㄒㄩㄝˊ

pharmacy

【医】研究防治疾病所用药物的学科。包括生药学、制药工艺学、药剂学、药理学、药物化学、药物分析、临床药学、药事管理学等分支。

药引/藥引 yàoyǐn/ㄧㄠˋ ㄧㄣˇ

medicinal usher

【中医】应用成药时,随症加减的药。也指汤剂煎煮前临时加用,由病人自备的药。药引主要有三个作用:一是协同主药,加强治疗效果。例如,应用安宫牛黄丸时,脉实者用金银花、薄荷汤冲下,金银花、薄荷作为药引,可增强主药的效力。二是作为引经药,引领方剂中的其他药物直达病所。例如,治疗肾虚的金匮肾气丸、六味地黄丸等,以淡盐水为药引送服,有利于药物归入肾经。三是缓和药性、解毒、矫味等作用。例如峻下剂十枣汤,用大枣煎汤送服泻下力量强大的主药,可以起到缓和药性、减轻毒性等作用。

药用气体/醫用氣體

yàoyòng qìtǐ/ㄧㄠˋ ㄩㄥˋ ㄑㄧˋ ㄊㄧˇ

medicinal gas

【医】应用于医疗及制药中的气体。如氧、二氧化碳、氨、氧化亚氮等。

药浴疗法/藥浴療法

yàoyù liáofǎ/ㄧㄠˋ ㄩˋ ㄌㄧㄠˊ ㄈㄚˇ

medicinal bath therapy

【中医】外治法之一。将身体浸泡在药液中以治疗疾病。

药枕疗法/藥枕療法

yàozhěn liáofǎ/ㄧㄠˋ ㄓㄣˇ ㄌㄧㄠˊ ㄈㄚˇ

medicinal pillow therapy

【中医】外治法之一。用药物作为枕芯装入枕中,或自制薄型药袋置于普通枕上,睡时枕用,治疗头痛头晕、失眠健忘、高血压、中风偏瘫、鼻渊等病证。

药疹/藥疹 yàozhěn/ㄧㄠˋ ㄓㄣˇ

drug eruption

【医】又称"药物性皮炎"。药物引起的皮肤、黏膜的过敏性反应。是药物不良反应的一种表现。

要素膳/要素膳

yàosùshàn/ㄧㄠˋ ㄙㄨˋ ㄕㄢˋ

elemental diet

【医】以人体营养素需要量为标准,并参照优质蛋白,如人乳、鸡蛋等氨基酸模式,和糖、脂肪、维生素、无机盐等营养素配制而成的膳食。

耀斑/閃焰 yàobān/ㄕㄢˇ ㄧㄢˋ

flare

【天】太阳大气局部区域突然增亮的活动现象。常伴随有电磁辐射的增强和粒子发射。强烈的耀斑会抛出大量高能粒子。这些粒子到达地球附近时,会干扰地球电离层,影响地面通信。对地球磁层以外的飞行器和航天员活动都有直接影响。

耀石英 ㄧㄠˋ ㄕˊ ㄧㄥ/yàoshíyīng

aventurine quartz

【化】台湾名。即"东陵石"(271页)。

ye (ㄧㄝ)

椰子/椰子 yēzi/ㄧㄝ·ㄗ

coconut

椰 子

【植】*Cocos nucifera* 又称"可可椰子"。棕榈科椰子属。常绿高大乔木状。茎直,粗壮,有环状叶痕,基部增粗。叶柄粗状,叶羽状全裂,裂片多,革质,线状披针形,花序腋生,佛焰苞厚,花瓣与萼片相似。果实大,卵球形或近球形，顶端微有三棱，外果皮薄，中果皮厚纤维质，内果皮木质坚硬，基部有三个孔，果腔中有胚乳(椰肉)、胚和汁液(椰汁)。花果期秋季。在中国，分布于广东南部诸岛、雷州半岛、海南、台湾及云南南部。绿化树种。果实可作水果。

📖 椰子是马尔代夫的国树。

噎膈/噎膈 yēgé/ㄧㄝ ㄍㄜˊ

dysphagia, * dysphagia-occlusion

【中医】又称“吞食梗塞”。中医内科疾病之一。因内伤饮食、情志，年老肾虚，脏腑失调所致，症见吞咽不顺，饮食梗塞难下等。噎即梗塞，吞咽食物时梗塞不顺；膈即格拒，食管阻塞，食物不能下咽到胃，食入即吐。噎属噎膈之轻证，可以单独为病，也可为膈的前驱表现，故统称为噎膈。因忧思气结，痰气交阻者，治宜解郁化痰，可用启膈宽中散、香砂宽中丸、启膈散等；酒色过度，肾阴亏损者，治宜滋补肾阴，方用六味地黄丸；阴虚火旺，瘀热交阻者，治宜养阴清火，活血化瘀，可用通幽汤、滋血润肠丸；津液枯槁者，宜生津益胃，可用麦门冬汤；脾气亏损者，治宜益气健脾，可用补气润脾丸等。

冶金/冶金 yějīn/ㄧㄝˇ ㄐㄧㄣ

metallurgy

【材】金属制取、加工的技术、方法和过程。按采用方法不同，可分为化学冶金和物理冶金，也可分为湿法冶金和火法冶金。有别于上述冶金技术、过程的还有生物冶金。

冶金起重机/冶金起重機

yějīn qǐzhòngjī/ㄧㄝˇ ㄐㄧㄣ ㄑㄧˇ ㄓㄨㄥˋ ㄐㄧ

metallurgy crane

【机】起重机的一种。用于金属冶炼、轧制等热加工及其他有特殊要求的生产工艺流程中。可分为平炉加料桥式起重机、地面加料起重机、锻造起重机等。

冶金自动化/冶金自動化

yějīn zìdònghuà/ㄧㄝˇ ㄐㄧㄣ ㄗˋ ㄉㄨㄥˋ ㄏㄨㄚˋ

metallurgical automation

【自】将自动化的理论、方法和技术，包括自动化仪表、控制器等工具及计算机应用于冶金企业。对采矿、选矿、冶炼、轧材等主生产流程和一些辅助流程，甚至对整个生产实行计算机管理。

冶炼 yěliàn/ㄧㄝˇ ㄌㄧㄢˋ

【材】即“熔炼”(956 页)。

野慈姑/野慈姑 yěcígū/ㄧㄝˇ ㄘˊ ㄍㄨ

arrowhead

【植】*Sagittaria trifolia* 通称“慈姑”。泽泻科慈姑属。多年生水生草本植物。根状茎横走，末端膨大呈球茎，卵圆形或球形，肉质较坚实，黄白色，含丰富淀粉质，略有苦味。叶片宽大、肥厚，叶形变化复杂，出水的呈箭形。圆锥花序，花单性，雄花在上，雌花在下；花被片反折，白色或淡黄色。花果期 5—10 月份。在中国，分布于除西藏外各地。球茎可作蔬菜，也可入药。

野鸽/野鴿 yěgē/ㄧㄝˇ ㄍㄜ

【动】即“原鸽”(1387 页)。

野鸡 yějī/ㄧㄝˇ ㄐㄧ

❶pheasant, ❷red jungle fowl

【动】❶即“雉”(1456 页)。❷在台湾，野鸡也指“原鸡”(1387 页)。

野菊花/野菊花 yějúhuā/ㄧㄝˇ ㄐㄩˊ ㄏㄨㄚ

Flos Chrysanthemi Indici(拉), wild chrysanthemum flower

【中医】中药名。菊科植物野菊 *Chrysanthemum indicum* (L.)Des Moul. 的干燥头状花序。味苦、辛，性微寒。归肝、心经。清热解毒。用于疔疮痈肿，目赤肿痛，头痛眩晕。

野驴/野驢 yělǘ/ㄧㄝˇ ㄌㄩˊ

wild ass

【动】*Equus hemionus* 又称“亚洲野驴”。哺乳动物名。奇蹄目马科。外形像家驴而较大，体长可达 2 米多，背中央有一条褐色细纹，夏季毛深棕色，冬季灰黄色，腹部毛白色，耐热、耐寒能力均强。生活在荒漠和半荒漠地带，会游泳，耐干渴，以草类为食。分布于中国西部和蒙古国及中亚地区。

野骆驼/野駱駝

yěluòtuo/ㄧㄝˇ ㄌㄨㄛˋ·ㄊㄨㄛ

wild camel

【动】*Camelus bactrianus* 哺乳动物名。偶蹄目骆驼科。未经驯化的骆驼。体形瘦高，四肢细长，驼峰圆锥状，蹄下肉垫厚，毛淡棕黄色。生活在荒漠地带，以粗干的野草和灌木枝叶为食。现分布于中国的新疆、青海、甘肃、内蒙古及蒙古国。

野马/野馬 yěmǎ/ㄧㄝˇ ㄇㄚˇ
Przewalski's horse
【动】*Equus przewalskii* 哺乳动物名。奇蹄目马科。体长2米多，耳短小。鬃短而直，毛浅棕色，腹部毛色较浅，尾毛长而多。生活在沙漠、草原地带，群居，性凶野。原产于中国，分布于新疆、甘肃、内蒙古，现几乎绝迹。

野牦牛/野犛牛 yěmáoniú/ㄧㄝˇ ㄇㄠˊ ㄋㄧㄡˊ
wild yak
【动】*Bos mutus* 哺乳动物名。偶蹄目牛科。外形像家牦牛而大，角长，呈圆锥形，四肢粗短，毛长而密，多为黑色。生活在雪线附近的高山上，性凶猛，耐寒，善登高，常成群活动。分布于中国的青藏高原。

野牛/野牛 yěniú/ㄧㄝˇ ㄋㄧㄡˊ
gaur
【动】哺乳动物名。偶蹄目牛科。外形像家牛而大，体长2米左右，头大，耳大，背部隆起，四肢粗短，尾长，全身毛暗棕色，四肢下部白色。生活在森林或稀树草原，以树皮、树叶等为食。分布于中国的云南、西藏南部和东南亚、印度。

野蔷薇/野薔薇
yěqiángwēi/ㄧㄝˇ ㄑㄧㄤˊ ㄨㄟ
multiflora rose
【植】*Rosa multiflora* 通称“蔷薇”。蔷薇科蔷薇属。攀缘灌木。茎密生小刺。羽状复叶，小叶倒卵形或长圆形，边缘有齿。圆锥状花序，花瓣宽倒卵形，先端微凹，白色。果球形，红褐色。中国各地均有栽培。观赏花卉。可作绿篱，果实可入药。

野生/野生 yěshēng/ㄧㄝˇ ㄕㄥ
wild
【生】生物在自然环境里生长而不是由人饲养或栽培。

野柿子 yěshìzi/ㄧㄝˇ ㄕˋ ˙ㄗ
【植】即“君迁子”(664页)。

野战服 yězhànfú/ㄧㄝˇ ㄓㄢˋ ㄈㄨˊ
【军】即“作训服”(1520页)。

野战化验车/野戰化驗車
yězhàn huàyànchē/
ㄧㄝˇ ㄓㄢˋ ㄏㄨㄚˋ ㄧㄢˋ ㄔㄜ
field laboratory vehicle
【军】专用于在野战条件下分析化验毒剂和测定放射性活度的车辆。车上装有气相色谱仪、液相色谱仪、质谱仪和放射性沾染测量装置，各种化验器具、玻璃器皿、试剂、溶剂，以及采样、供水、供电、通风和采暖等设备。主要用于化验毒剂、毒物、毒素，测定染毒浓度、消毒效果及消毒剂的质量，测定空气、粮秣、水的放射性活度等。定性或定量分析各种受染样品，确定受染种类，鉴定消毒剂质量与消毒效果，测定空气、粮秣、水的受染情况等。

野猪/野豬 yězhū/ㄧㄝˇ ㄓㄨ
wild boar
【动】哺乳动物名。偶蹄目猪科。外形略像家猪，体长1米以上。吻部比家猪长，犬齿发达，突出口外，雄猪的成獠牙。耳和尾短小，毛粗硬，黑褐色。性凶猛，食性杂，常夜间掘食农作物。分布于欧洲、亚洲和非洲。

叶/葉 yè/ㄧㄝˋ
leaf
【植】高等植物的营养器官之一。是植物进行光合作用和蒸腾作用的主要部位，通常由叶片、叶柄和托叶组成。

📖 禾本科植物的叶在外形上略有不同。叶下部包裹秆的部分称叶鞘，叶上部与秆分开的扁平部分称叶片，叶鞘与叶片连接处的内侧有一膜质或纤毛状的附属物称叶舌。

叶片
叶柄
托叶
叶的示意图

叶柄/葉柄 yèbǐng/ㄧㄝˋ ㄅㄧㄥˇ
petiole
【植】连接叶片和茎的结构。也是物质交流的通道。在不同种类的植物中有长短、粗细、有无之分。

叶刺/葉刺 yècì/ㄧㄝˋ ㄘˋ
leaf thorn
【植】叶和托叶变态形成的刺状物。

叶端/葉尖 yèduān/ㄧㄝˋ ㄉㄨㄢ
leaf apex
【植】又称“叶尖”。叶片远离茎(或枝)方向的部分。即叶片的先端或顶端。常见的有渐尖、急尖、尾尖、钝形、凹形、倒心形、截形等形状。

叶猴/葉猴 yèhóu/ㄧㄝˋ ㄏㄡˊ
langur, leaf monkey

【动】哺乳动物名。灵长目猴科。身体纤瘦，四肢细长，头小，尾长，主要以树叶、花、果为食。种类较多，中国有白头叶猴、黑叶猴、长尾叶猴、菲氏叶猴、戴帽叶猴、白臀叶猴六种。是中国珍稀动物。

叶基/葉基 yèjī/ㄧㄝˋ ㄐㄧ

leaf base

【植】叶片接近于茎(或枝)方向的部分。常见的有楔形、渐狭、截形、圆形、心形、耳形、戟形、箭形和偏斜等形状。

叶尖/葉尖 yèjiān/ㄧㄝˋ ㄐㄧㄢ

【植】即“叶端”(1324 页)。

叶卷须/葉卷鬚 yèjuǎnxū/ㄧㄝˋ ㄐㄩㄢˇ ㄒㄩ

leaf tendril

【植】植物由叶或叶的一部分变成的，借以攀缘向上生长的须状物。

叶蜡石/葉蠟石 yèlàshí/ㄧㄝˋ ㄌㄚˋ ㄕˊ

pyrophyllite

【化】晶体属三斜或单斜晶系的层状硅酸盐矿物。化学式为 $Al_2(Si_4O_{10})(OH)_2$。是制造陶瓷、耐火材料、玻璃钢、白色水泥、润滑剂、化工制品填料、雕刻工艺品等的矿物原料。

叶裂片/葉裂片

yèlièpiàn/ㄧㄝˋ ㄌㄧㄝˋ ㄆㄧㄢˋ

leaf lobes

【植】某些植物叶缘凹凸程度深，呈分裂状，裂与裂之间的部分。裂深约达叶三分之一处的为浅裂，如菊花的叶；深达叶中部的为半裂，如萝卜的叶；分裂已离中脉或基部不远的为深裂，如西瓜的叶；裂片之间完全分开，使叶片成为数部分的为全裂，如蓍草的叶。裂片排列成羽毛状而具有羽状脉序时称羽状裂，如茑萝松的叶；裂片排列具有掌状脉序时称掌状裂，如蜀葵的叶。

叶绿基甲萘醌

yèlǜjī jiǎnàikūn/

ㄧㄝˋ ㄌㄩˋ ㄐㄧ ㄐㄧㄚˇ ㄋㄞˋ ㄎㄨㄣ

【医】即“维生素 K”(1183 页)。

叶绿体/葉緑體 yèlǜtǐ/ㄧㄝˋ ㄌㄩˋ ㄊㄧˇ

chloroplast

【植】植物细胞中特有的一种细胞器。是植物进行光合作用的场所，含有叶绿素、叶黄素和胡萝卜素，可使叶片呈现多种颜色。

叶轮/葉輪 yèlún/ㄧㄝˋ ㄌㄨㄣˊ

impeller

【机】装有转动叶片的轮盘。即具有一列或多列叶片的工作轮。

叶轮泵 yèlúnbèng/ㄧㄝˋ ㄌㄨㄣˊ ㄅㄥˋ

【机】即“回转动力式泵”(545 页)。

叶脉/葉脈 yèmài/ㄧㄝˋ ㄇㄞˋ

vein

【植】贯穿在叶肉内的维管组织及其外围的机械组织。

叶片/葉片 yèpiàn/ㄧㄝˋ ㄆㄧㄢˋ

leaf blade

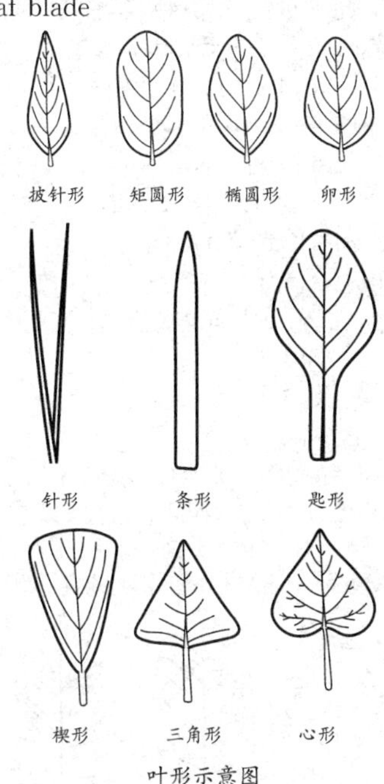

叶形示意图

【植】叶的主体部分。多为薄而绿色的扁平体，其形状和大小在不同种类的植物中差异很大，常见的有：(1)披针形，中部或中部以下最宽，向上下两端渐狭，如马蔺的叶；中部以上最宽，渐下渐狭的称倒披针形，如龙舌兰的叶。(2)条形，长而狭，且全长略等宽，两侧边缘近平行，如惠兰的叶。(3)针形，细长而顶尖如针，横切面三角形或菱形，如松、杉的叶。(4)卵形，形如鸡卵，中部以下较宽，如月季的叶；中部以上较宽的称倒卵形，如杜鹃的叶。(5)心形，长宽比例如卵形，但基部宽圆而凹缺，如黄瓜的叶；顶端宽圆而凹缺的称倒心形，如薯蓣的叶。(6)楔形，上端宽，两侧向下成直线渐变狭的形状。(7)匙形，全形狭长，上端宽而圆，向下渐狭，形如汤匙，如玉兰的叶。(8)剑形，坚实的、通常厚而强壮的、具尖锐顶端的条形叶，如鸢尾的叶。(9)椭圆形，长为宽的3～4倍，但两侧边缘不平行而呈弧形，顶、基两端略相等，如苹果的叶。(10)矩圆形/长圆形，长为宽的3～4倍，两侧边缘略平行。(11)三角形，基部宽呈平截形，三边几相等，如苦荞的叶。(12)钻形，长而细狭的大部分带革质的叶片，自基部至顶端渐变细瘦而顶端尖的形状。此外，可在上述几种形状前再加上"长、阔、狭、倒"等形容词来进一步描述。

叶片泵 yèpiàn bèng/ㄧㄝˋ ㄆㄧㄢˋ ㄅㄥˋ

【机】即"回转动力式泵"(545页)。

叶酸 yèsuān/ㄧㄝˋ ㄙㄨㄢ

【医】即"维生素 B_9"(1182页)。

叶序/葉序 yèxù/ㄧㄝˋ ㄒㄩˋ

phyllotaxy

【植】叶在茎上的空间排列方式。有互生、对生和轮生三种。

叶缘/葉緣 yèyuán/ㄧㄝˋ ㄩㄢˊ

leaf margin

【植】叶片的边缘。常见的形态有全缘(边缘成一连续的平线，没有齿和缺刻)、波状(边缘起伏如波浪)、有裂(边缘分裂)、反卷(边缘卷折)、锯齿(边缘有齿状结构)、重锯齿、钝齿、牙齿等。

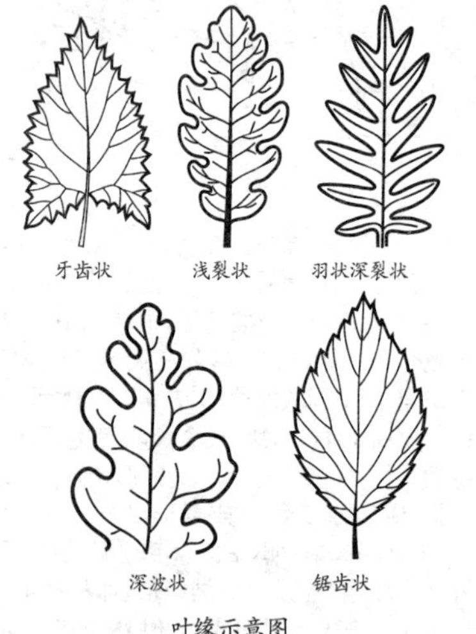

叶缘示意图

叶肢介/葉肢介 yèzhījiè/ㄧㄝˋ ㄓ ㄐㄧㄝˋ

conchostracans

【地】小型节肢动物。生存于泥盆纪至今。有两个几丁质的壳瓣，外形呈椭圆形、圆形、半圆形、卵形、菱形、长方形和三角形等，壳瓣上通常有细而规则的同心生长线。有些种类的壳瓣上有一条或多条放射脊，生长线之间有各种花纹(壳饰)。壳瓣的背缘和胎壳上有时有刺或瘤。中国发现的叶肢介化石最多，有500余种。

叶状体 yèzhuàngtǐ/ㄧㄝˋ ㄓㄨㄤˋ ㄊㄧˇ

【植】即"原植体"(1389页)。

叶状枝/葉狀莖

yèzhuàngzhī/ㄧㄝˋ ㄓㄨㄤˋ ㄐㄧㄥ

cladode

【植】扁化成类似叶片形状的枝。能分枝、生叶、开花，其上真正的叶则完全退化或不发达。如天门冬和昙花的枝。

页 yè/ㄧㄝˋ

【信息】"页面"的简称。

页面/頁面 yèmiàn/ㄧㄝˋ ㄇㄧㄢˋ

page

【信息】简称"页"。文本处理中打印在一页纸上或显示在一屏上的物理或逻辑数据块。

页面描述语言/頁描述語言

yèmiàn miáoshù yǔyán/

ㄧㄝˋ ㄇㄧㄠˊ ㄕㄨˋ ㄩˇ ㄧㄢˊ

page description language, PDL

【信息】用来对文档逐页规定打印或显示格式的语言。例如 HPGL 语言、Postscript 语言。是排版软件与输出设备(印刷机、照排机等)的中间媒体，排版软件将排版结果转换成页面描述语言形式，输出设备则将这种形式解释为页面并输出到纸张、胶片等介质上。

页旗/標題 yèqí/ㄅㄧㄠ ㄊㄧˊ

banner

【信息】又称"横幅"。在网站页面上建立的文本滚动标志。多置于页面顶部，作为页面标题，也是广告的主要形式之一。

页岩/頁岩 yèyán/ㄧㄝˋ ㄧㄢˊ

shale

【地】黏土岩的一类。具薄页状或薄片状层理。常见的有钙质页岩、硅质页岩、碳质页岩等。

曳光弹/曳光彈

yèguāngdàn/ㄧㄝˋ ㄍㄨㄤ ㄉㄢˋ

tracer，*flare cartridge，*tracer bullet

【军】弹头装有曳光药剂的枪弹。由弹头壳、铅芯、曳光药剂组成。发射后弹头在飞行中曳出一道鲜明光迹。通常配用于步枪和机枪，主要用于修正射击、指示目标、发射信号及弹道研究等。对有生目标具有杀伤作用，并对易燃目标有一定的引燃作用。

曳引機 ㄧㄝˋ ㄧㄣˇ ㄐㄧ/yèyǐnjī

tractor

【机】台湾名。即“拖拉机”(1156 页)。

夜盗蛾 yèdào'é/ㄧㄝˋ ㄉㄠˋ ㄜˊ

armyworm

【动】台湾名。即“黏虫”(835 页)。

夜间能见度/夜間能見度

yèjiān néngjiàndù/

ㄧㄝˋ ㄐㄧㄢ ㄋㄥˊ ㄐㄧㄢˋ ㄉㄨˋ

night visibility

【气】❶假定总体照明增加到白天正常水平，适当大小的黑色目标物能够被看到和辨识的最大水平距离。❷视力正常的人，在当时的天气条件下，中等强度的发光体夜间能够被看到和辨识的最大水平距离。参见“能见度”(830 页)。

夜間天光

ㄧㄝˋ ㄐㄧㄢ ㄊㄧㄢ ㄍㄨㄤ/yèjiān tiānguāng

night glow，night sky light

【天】台湾名。即“夜天光”(1327 页)。

夜交藤 yèjiāoténg/ㄧㄝˋ ㄐㄧㄠ ㄊㄥˊ

【中医】即“首乌藤”(1043 页)。

夜来香/夜來香

yèláixiāng/ㄧㄝˋ ㄌㄞˊ ㄒㄧㄤ

cordate telosma

【植】❶*Telosma cordata* 萝藦科夜来香属。多年生藤状灌木。柔弱，小枝黄绿色，被毛，老枝具皮孔。叶膜质，卵状长圆形，顶端尖，基部心形。聚伞花序腋生，多花，花冠高脚碟状，黄绿色，喉部被毛，副花冠五片，着生于合蕊冠上，有香气，夜间更盛，故名。花期 5—8 月份。在中国，分布于华南地区。观赏花卉。❷即“月见草”(1396 页)。❸即“晚香玉”(1167 页)。

夜视侦察器材/夜視裝置

yèshì zhēnchá qìcái/ㄧㄝˋ ㄕˋ ㄓㄨㄤ ㄓˋ

night vision device

【军】用于夜间或低照度条件下进行侦察的光电技术器材。有微光夜视仪、热像仪、主动红外线观察镜等。

夜視裝置

ㄧㄝˋ ㄕˋ ㄓㄨㄤ ㄓˋ/yèshì zhuāngzhì

night vision device

【军】台湾名。即“夜视侦察器材”(1327 页)。

夜啼/夜啼 yètí/ㄧㄝˋ ㄊㄧˊ

nocturnal crying，night crying

【中医】中医儿科疾病之一。症见婴儿日间安静，夜间啼哭不安。脾寒气滞者，治宜温脾行气，可用乌药散合匀气散加减；心经积热者，治宜清心导赤，可用导赤散加减；惊恐伤神者，治宜镇惊安神，可用远志丸去朱砂等。

夜天光/夜間天光

yètiānguāng/ㄧㄝˋ ㄐㄧㄢ ㄊㄧㄢ ㄍㄨㄤ

night glow，night sky light

【天】在无月晴夜，远离城市灯光的地方，太阳落入地平线下 18°以后，夜空中呈现的暗弱弥漫光辉。它的主要来源有高层大气中光化学过程产生的辉光，行星际物质散射的太阳光，银道面附近星际物质反射或散射的星光，以及地球大气散射上述光源的光。

夜莺 yèyīng/ㄧㄝˋ ㄧㄥ

【动】即“新疆歌鸲”(1272 页)。

夜鹰/夜鷹 yèyīng/ㄧㄝˋ ㄧㄥ

nightjar

【动】*Caprimulgus indicus* 鸟名。夜鹰目夜鹰科夜鹰属。体长约 30 厘米。头部扁平，喙短而宽，鼻通常呈管状，眼大，羽色灰暗，背部有纵斑，胸部有横带，翅膀尖端长。白昼静伏山林间，黄昏出外捕食蚊、虻等。种类很多，分布于温带和热带地区。

夜 鹰

頁描述語言

ㄧㄝˋ ㄇㄧㄠˊ ㄕㄨˋ ㄩˇ ㄧㄢˊ/yèmiáoshù yǔyán

page description language, PDL
【信息】台湾名。即“页面描述语言”(1326 页)。

液/液 yè/ㄧㄝˋ
turbid fluid, * humor
【中医】体液的组成部分。浊而稠厚,来源于饮食水谷,内藏于骨节、筋膜、颅腔之间,有滑利关节、濡润孔窍、补益脑髓等作用。

液化/液化 yèhuà/ㄧㄝˋ ㄏㄨㄚˋ
liquefaction
【物】气体温度降低或压力增加而变成液相的过程。

液化石油气/液化石油氣
yèhuà shíyóuqì/ㄧㄝˋ ㄏㄨㄚˋ ㄕˊ ㄧㄡˊ ㄑㄧˋ
liquefied petroleum gas
【化】石油产品的一类。出自油田、气田或石油炼厂的含 1～4 个碳的烃类混合气体。在加压和降温条件下凝成液态。可用作燃气或化工原料。

液货船/液貨船
yèhuòchuán/ㄧㄝˋ ㄏㄨㄛˋ ㄔㄨㄢˊ
liquid cargo ship
【船】专用于运载油类、液化气体、液体化学品等液态货物的货船。通常有原油船、成品油船、水船、液态化学品船、液化气船等。

液晶/液晶 yèjīng/ㄧㄝˋ ㄐㄧㄥ
liquid crystal
【物】液态晶体。介于液体与晶体之间的物质状态。力学性质上与液体相同,如具有流动性,可形成液滴等;光学性质、电磁性质等具有晶体的某些特征,各向异性明显。可分为热致液晶和溶致液晶两类。

液力传动/液體動力驅動
yèlì chuándòng/
ㄧㄝˋ ㄊㄧˇ ㄉㄨㄥˋ ㄌㄧˋ ㄑㄩ ㄉㄨㄥˋ
hydrodynamic drive
【机】流体传动的一种。以液体为工作介质,在两个或两个以上的叶轮组成的工作腔内,通过液体动量矩的变化来传递能量的传动方式。适用于大功率(几百至几千千瓦)传动。

液面计 yèmiànjì/ㄧㄝˋ ㄇㄧㄢˋ ㄐㄧˋ
【机】即“液位计”(1328 页)。

液态/液態 yètài/ㄧㄝˋ ㄊㄞˋ
liquid state
【物】物质的液体状态。在这种状态下,物质有固定的体积,没有固定的形状。

液体绝缘材料
yètǐ juéyuán cáiliào/
ㄧㄝˋ ㄊㄧˇ ㄐㄩㄝˊ ㄩㄢˊ ㄘㄞˊ ㄌㄧㄠˋ
【电】即“绝缘油”(661 页)。

液体石蜡/液體石蠟
yètǐ shílà/ㄧㄝˋ ㄊㄧˇ ㄕˊ ㄌㄚˋ
liquid paraffin
【化】石油蜡的一种。以煤油或柴油馏分为原料经加工制得,常温下为透明无色或浅黄色液状,正构烷烃含量 90%以上。可用作合成洗涤剂、农药乳化剂、塑料增塑剂、某些药物和石油蛋白的原料。

液体智力/流動智力
yètǐ zhìlì/ㄌㄧㄡˊ ㄉㄨㄥˋ ㄓˋ ㄌㄧˋ
fluid intelligence
【心】又称“流体智力”。以生理为基础的认知能力。表现为问题解决时的适应性和灵活性等,较多地依赖于感知觉、注意、记忆等生物学因素影响,易变性较大。

液體動力驅動
ㄧㄝˋ ㄊㄧˇ ㄉㄨㄥˋ ㄌㄧˋ ㄑㄩ ㄉㄨㄥˋ/
yètǐ dònglì qūdòng
hydrodynamic drive
【机】台湾名。即“液力传动”(1328 页)。

液位计/液位計 yèwèijì/ㄧㄝˋ ㄨㄟˋ ㄐㄧˋ
levelmeter
【机】又称“液面计”。用于显示贮槽或设备内部液面位置的仪表。常用的有玻璃液位计、压强液位计、浮子液位计、电容液位计及电阻液位计等。在高温高压下,也可采用同位素液位计。应用广泛,如测量锅炉水位、水塔水位等。

液相晶片
ㄧㄝˋ ㄒㄧㄤˋ ㄐㄧㄥ ㄆㄧㄢˋ/yèxiàng jīngpiàn
liquid chip
【生】台湾名。即“液相芯片”(1328 页)。

液相芯片/液相晶片
yèxiàng xīnpiàn/ㄧㄝˋ ㄒㄧㄤˋ ㄐㄧㄥ ㄆㄧㄢˋ
liquid chip
【生】一种芯片技术与流式细胞术相结合的新技术。即将 DNA、抗体等附着于微球表面作为探针，在液相中与待测物结合，再加入荧光标记的报道分子，借助流式细胞仪检测微球表面荧光标记物。

液压传动/液壓傳動
yèyā chuándòng/ㄧㄝˋ ㄧㄚ ㄔㄨㄢˊ ㄉㄨㄥˋ
hydraulic transmission, hydrostatic power transmission
【机】流体传动的一种。以液体为工作介质，利用其压力和流量来传递运动和动力的传动方式。主要由动力元件(油泵)、执行元件(油缸或液压电动机)、控制元件(各种阀)、辅助元件和工作介质组成。适用于中小功率传动。

液壓衝擊泵
ㄧㄝˋ ㄧㄚ ㄔㄨㄥ ㄐㄧ ㄅㄥˋ/yèyā chōngjībèng
hydraulic ram pump
【机】台湾名。即“水锤泵”(1063 页)。

葉鞘 ㄧㄝˋ ㄑㄧㄠˋ/yèqiào
sheath
【植】台湾名。即“箨鞘”(1160 页)。

葉狀莖 ㄧㄝˋ ㄓㄨㄤˋ ㄐㄧㄥ/yèzhuàngjīng
cladode
【植】台湾名。即“叶状枝”(1326 页)。

腋窝/腋窩 yèwō/ㄧㄝˋ ㄨㄛ
axillary fossa
【医】胸外侧壁与臂上部内侧之间的锥形腔隙。上肢的血管、臂丛神经及其分支等由此通过，其内还有大量的脂肪、淋巴结和淋巴管等组织。

yi (ㄧ)

一般用途電腦
ㄧ ㄅㄢ ㄩㄥˋ ㄊㄨˊ ㄉㄧㄢˋ ㄋㄠˇ/
yībān yòngtú diànnǎo
general-purpose computer
【信息】台湾名。即“通用计算机”(1140 页)。

一池三山/一池三山
yīchí-sānshān/ㄧ ㄔˊ ㄙㄢ ㄕㄢ
a pool three mountain
【建】创作园林池山的一种方法。即一片广阔的人工湖，池中堆砌三座小岛(象征传说中的蓬莱、方丈、瀛洲三山)。北京的北海、颐和园，杭州的西湖都是海上神山的布局方式。

一串红/一串紅
yīchuànhóng/ㄧ ㄔㄨㄢˋ ㄏㄨㄥˊ
red sage
【植】*Salvia splendens* 又称“象牙红”。唇形科鼠尾草属。多年生草本植物。茎直立，四棱形，光滑。叶卵圆形，先端尖，边缘有齿。轮伞花序组成顶生总状花序，苞片、花萼和花冠都是红色，花萼二唇型，深二裂；花冠二唇型，三裂，被红柔毛。花期 3—10 月份。在中国，分布于各地。观赏花卉。

一次电池/一次電池
yīcì diànchí/ㄧ ㄘˋ ㄉㄧㄢˋ ㄔˊ
primary battery
【化】没有充电功能，放完电后不能再次充电使用的电池。原电池为一次电池。

一次污染物
yīcì wūrǎnwù/ㄧ ㄘˋ ㄨ ㄖㄢˇ ㄨˋ
【环】即“原生污染物”(1388 页)。

一度烧伤/第一度燒傷
yī dù shāoshāng/ㄉㄧˋ ㄧ ㄉㄨˋ ㄕㄠ ㄕㄤ
first degree burn
【医】又称“红斑性烧伤”。仅伤及表皮的一部分，生发层健在的烧伤。有红斑，增殖再生能力活跃，常于短期内(3～5 天)脱屑愈合，不遗留瘢痕。

一颗印/一顆印 yīkēyìn/ㄧ ㄎㄜ ㄧㄣˋ
A printing
【建】中国云南昆明及其附近地区的一种小型合院式民居建筑。平面方形如印章。基本形式有两种：一是称为“三间四耳一颗印”的三合院形式，由三间正房与四间厢房组成；二是称为“三间四耳、倒八尺一颗印”的四合院形式，由三间正房、四间厢房和深八尺的倒座房组成。

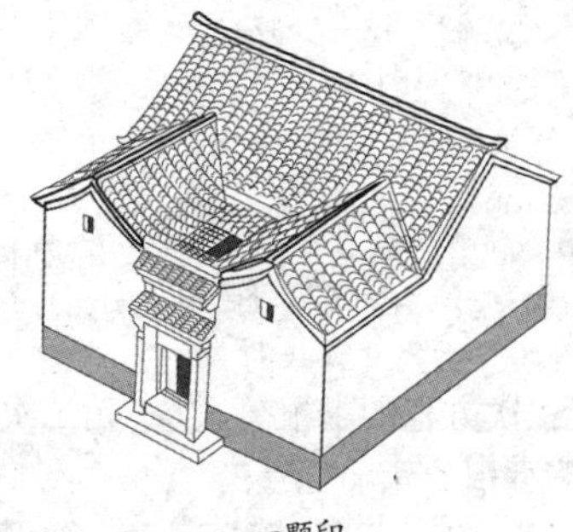

一颗印

Y

一品红/一品紅

yīpǐnhóng/ㄧ ㄆㄧㄣˇ ㄏㄨㄥˊ

poinsettia

【植】*Euphorbia pulcherrima* 又称"猩猩木"。大戟科大戟属。常绿灌木。茎直立。单叶互生,椭圆形,先端尖,全缘或浅裂。苞叶5～7枚,狭椭圆形,全缘,朱红色;聚伞花序,总苞坛状,淡绿色,一枚黄色腺体,扁二唇状。花果期10月份至翌年4月份。在中国,分布于各地。变色型观叶植物,苞叶是观赏部位。

一品红

一條直線上的鄰角

ㄧ ㄊㄧㄠˊ ㄓˊ ㄒㄧㄢˋ ㄕㄤˋ·ㄉㄜ ㄌㄧㄣˊ ㄐㄧㄠˇ/

yī tiáo zhíxiànshàng de línjiǎo

adjacent angles on a straight line

【数】台湾名。即"邻补角"(739页)。

一维码 yīwéimǎ/ㄧ ㄨㄟˊ ㄇㄚˇ

【物流】"一维条码"的简称。

一维条码/一維條碼

yīwéi tiáomǎ/ㄧ ㄨㄟˊ ㄊㄧㄠˊ ㄇㄚˇ

one dimension bar code

【物流】简称"一维码"。只在一维方向(通常为水平方向)上存储信息的条码。常用的有通用商品码(ENA码)、万用条码(UPC码)、PLU码等。

一一对应/一一對應

yīyī duìyìng/ㄧ ㄧ ㄉㄨㄟˋ ㄧㄥˋ

one-one correspondence

【数】若 $f:A\to B$ 是一一映射,则称集合 A,B 的元素在 f 下一一对应。

一一映射/對射

yīyī yìngshè/ㄉㄨㄟˋ ㄕㄜˋ

bijection

【数】若映射 $f:A\to B$ 既是单射又是满射,则称映射 $f:A\to B$ 为一一映射。例如,$f(x)=2x$ 是实数集 $\mathbf{R}$ 到 $\mathbf{R}$ 的一个一一映射。

一元二次方程的求根公式/一元二次方程的求根公式

yīyuán'èrcì fāngchéng de qiúgēn gōngshì/

ㄧ ㄩㄢˊ ㄦˋ ㄘˋ ㄈㄤ ㄔㄥˊ·ㄉㄜ ㄑㄧㄡˊ ㄍㄣ ㄍㄨㄥ ㄕˋ

formula of the roots of a quadratic equation with one unknown

【数】一元二次方程 $ax^2+bx+c=0(a\neq0)$ 的两个根为 $\frac{-b\pm\sqrt{b^2-4ac}}{2a}$。由配方法可以推出这个公式。

一元方程/一元方程

yīyuán fāngchéng/ㄧ ㄩㄢˊ ㄈㄤ ㄔㄥˊ

one unknown equation

【数】只有一个未知数的方程。例如,$x^2-3x+4=0$,$15y-2=3y$ 等。以 x 为未知数的一元方程常表示为 $f(x)=0$。

一元函数/單變數函數

yīyuán hánshù/ㄉㄢ ㄅㄧㄢˋ ㄕㄨˋ ㄏㄢˊ ㄕㄨˋ

function of one variable

【数】台湾又称"單元函數"。函数 $y=f(x)$ 中,若自变量 x 表示数,即定义域是一个数集,则 $y=f(x)$ 叫作一元函数。例如,$y=x+1\ (x\in\mathbf{R})$,$y=\frac{1}{x}(x\neq0)$ 等。

一致连续/均勻連續

yīzhì liánxù/ㄐㄩㄣ ㄩㄣˊ ㄌㄧㄢˊ ㄒㄩˋ

uniformly continuous

【数】设函数 $y=f(x)$ 在某区间 I 上有定义,若对于任意给定的 $\varepsilon>0$,存在 $\delta>0$,使得对所有的 $x_0\in I$,当 $|x-x_0|<\delta$ 时,$|f(x)-f(x_0)|<\varepsilon$ 成立,则称 $f(x)$ 在区间 I 上一致连续。当 I 是闭区间时,若函数 $f(x)$ 在 I 上连续,则 $f(x)$ 在 I 上一致连续。

伊波拉出血熱

ㄧ ㄅㄛ ㄌㄚ ㄔㄨ ㄒㄧㄝˇ ㄖㄜˋ/Yībōlā chūxuèrè

Ebola hemorrhagic fever

【医】台湾名。即"埃博拉出血热"(3页)。

伊瓜苏瀑布/伊瓜蘇瀑布

Yīguāsū Pùbù/ㄧ ㄍㄨㄚ ㄙㄨ ㄆㄨˋ ㄅㄨˋ

Iguassu Falls

【地】瀑布名。位于阿根廷与巴西边界上,距伊瓜苏河与巴拉那河汇流处23千米。瀑布为马蹄形,宽4000米,落差60～82米。是世界上最宽的瀑布。

伊利石/伊利石 yīlìshí/ㄧ ㄌㄧˋ ㄕˊ

illite

【地】矿物。成分为 $K_{0.75}Al_2[(Al,Si)Si_3O_{10}](OH)_2 \cdot nH_2O$。水的含量变化很大。单斜晶系。常呈鳞片状块体。白色,莫氏硬度 1～2。密度 2.6～2.9 克/厘米^3。不具膨胀性和可塑性。用作陶瓷、玻璃、耐火材料的原料,或橡胶、油漆、建材、食品、化妆品、药品的填料,也用于制钾肥和钾明矾等。

伊势神宫/伊勢神宮

Yīshì Shéngōng/ㄧ ㄕˋ ㄕㄣˊ ㄍㄨㄥ

Ise Shrine

【建】日本古代宗教建筑。位于日本伊势市五十铃川上密林中的神社,由皇大神宫(内宫)和丰受大神宫(外宫)组成。每隔 20 年重建一次,至 1993 年已进行过 63 次重建,仍完善地保存着最初的形式。内宫的主要殿舍是大宫院,在南北狭长的基地上,分成东西并列的两部分。正殿面阔三间,进深两间,由正面屋身出入,掘地立柱,用圆柱,地板面较高,设平台勾栏,悬山式茅草屋顶。正脊有圆桶形"坚鱼木"装饰,两山将博风板穿出屋面,交叉延伸,形成独特风格,称为神明造。外宫殿舍构成及形式与内宫相似,唯御馔殿为外宫特有,完好保持着井干式板仓建筑的结构。

伊斯兰建筑/伊斯蘭建築

Yīsīlán jiànzhù/ㄧ ㄙ ㄌㄢˊ ㄐㄧㄢˋ ㄓㄨˋ

Islamic architecture

【建】反映伊斯兰教特点的建筑风格。公元 7 世纪后产生于阿拉伯半岛,以西亚为中心,分布在欧、亚、非三大洲。各地的伊斯兰教建筑都有自己的特征,整体上又与其他建筑体系有鲜明的区别。建筑材料多以砖及砖坯为主,兼用木石。礼拜寺平面布局,通常是一个封闭的庭院,正面设柱式厅堂,其余三面以回廊环绕,四周再绕以高墙。

衣原体/披衣菌 yīyuántǐ/ㄧ ㄩㄢˊ ㄊㄧˇ

chlamydia

【生】微生物的一类。有细胞壁,以两均等分裂方式进行繁殖。只能在活细胞中生长繁殖,寄生于人和家畜以及鸟类的细胞中。如沙眼衣原体、鹦鹉热衣原体等。

医疗方舱/醫療方艙

yīliáo fāngcāng/ㄧ ㄌㄧㄠˊ ㄈㄤ ㄘㄤ

medical cabin

【军】配有医疗设备和药品器材,可实施医疗救治或卫生技术保障的方舱。通常由舱体、医疗设备、保障设备和辅助装置等组成。

医林改错/醫林改錯

Yīlín Gǎicuò/ㄧ ㄌㄧㄣˊ ㄍㄞˇ ㄘㄨㄛˋ

Correction on Errors in Medical Classics

【中医】中医脏象著作。王清任撰。成书于清道光十年(1830 年)。2 卷。作者查阅历代典籍有关脏腑讨论及图像,发现多有矛盾,感慨"著书不明脏腑,岂非痴人说梦? 治病不明脏腑,岂异盲子夜行?"通过对露脏尸体及刑余之人的脏腑器官的直接观察,绘图立说,纠正旧说,撰成此书。上卷以论脏腑为主,其所绘改正脏腑图及对脏腑的见解,纠正了前人的一些错误。倡脑髓说,指出灵性记忆归于脑而不在于心,并从实际解剖,阐述五官的功能也在于脑等;下卷以气血脏腑基础理论为依据,突出血瘀等证的辨证治疗,所载活血化瘀诸方分治 50 余种瘀证及半身不遂、瘫痿、痹病及难产等,多可在临床收到殊效,促进了中医学活血化瘀理论的建立。

医学心理学/醫學心理學

yīxué xīnlǐxué/ㄧ ㄒㄩㄝˊ ㄒㄧㄣ ㄌㄧˇ ㄒㄩㄝˊ

medical psychology

【心】心理学和医学的交叉学科。研究人在正常、健康、病态等不同情况下心理因素作用的表现及其规律。

医蛭 yīzhì/ㄧ ㄓˋ

【动】即"水蛭"(1073 页)。

医宗金鉴/醫宗金鑑

Yīzōng Jīnjiàn/ㄧ ㄗㄨㄥ ㄐㄧㄣ ㄐㄧㄢˋ

Golden Mirror of Medicine

【中医】中医学丛书。吴谦等奉敕编纂。成书于清乾隆七年(1742 年)。90 卷。内有《订正伤寒论注》《订正金匮要略注》《删补名医方论》《四诊心法要诀》《运气要诀》《伤寒心法要诀》《杂病心法要诀》《妇科心法要诀》《幼科杂病心法要诀》《痘疹心法要诀》《种痘心法要旨》《外科心法要诀》《眼科心法要诀》《刺灸心法要诀》《正骨心法要旨》共 15 种。论述各科疾病病因、诊断、辨证、治法、方剂等内容,简明实用,并附歌诀,便于记诵。是一部临床重要参考书籍。

依電性儲存器

ㄧ ㄉㄧㄢˋ ㄒㄧㄥˋ ㄔㄨˇ ㄘㄨㄣˊ ㄑㄧˋ/

yīdiànxìng chǔcúnqì
volatile memory
【信息】台湾名。即“易失性存储器”（1341页）。

依山为陵/依山為陵
yī shān wéi líng/ㄧ ㄕㄢ ㄨㄟˊ ㄌㄧㄥˊ
Mountain for the mausoleum
【建】中国古代帝王陵墓的一种形式，陵墓依山而建，或者直接在山体上开凿墓室。依山为陵的目的是借助自然山体的宏伟气势，体现帝王的宏大气魄。

📖 唐代帝王陵一开始就采用这种形式。安葬李世民的昭陵，选择长安西北海拔1188米的九嵕山为坟，凿山建造。埋葬唐高宗李治和女皇武则天的乾陵，依梁山而建，坐北朝南，利用海拔1047.6米的梁山主峰（北峰）和南面两座较低山峰，仿京师长安城建制，气势宏伟壮观。这种利用地形建造陵墓的做法汉代已有，如河北满城西汉中山靖王刘胜墓，就是开山凿洞而成，但远不如唐代帝王陵之宏伟。

依時獨立性
ㄧ ㄕˊ ㄉㄨˊ ㄌㄧˋ ㄒㄧㄥˋ/yīshí dúlìxìng
time-independent
【电】台湾名。即“非时变的”（333页）。

铱/銥 yī/ㄧ
iridium
【化】金属元素。属周期表第ⅧB族元素，符号Ir，原子序数77。原子量192.2。自然界主要存在于铱锇矿中。可用来制科学仪器、热电偶、电阻线等。单质为银白色金属，质硬而脆，熔点高，化学性质极稳定，是耐腐蚀性最强的金属。铱铂合金用于制钢笔尖，国际标准的米原器、千克原器，也是用9∶1的铱铂合金制作的。需用绝对纯净材料的产品，如皮下注射针头和火箭中均用铱。

📖 1804年，英国的坦南特（S. Tennant）等将提炼铂后的残渣溶解在稀王水中，经处理得到两种新元素，其中之一即为“铱”（另一为锇）。拉丁文定名为iridium，源自希腊文Iris，意思是希腊彩虹女神“伊丽斯”（因铱的一些化合物具有多种艳丽色彩）。中文定名为“铱”，是形声字。

醫用氣體
ㄧ ㄩㄥˋ ㄑㄧˋ ㄊㄧˇ/yīyòng qìtǐ
medicinal gas
【医】台湾名。即“药用气体”（1322页）。

仪表/儀錶 yíbiǎo/ㄧˊ ㄅㄧㄠˇ
instrument and apparatus
【机】用于测量各种自然量（如压力、温度、速度、电压、电流等）的仪器。按用途不同，可分为航空仪表、航海仪表、气象仪表、热工仪表、电子仪表等；按测量结果表示方式不同，可分为指示式、记录式和信号式。

仪表飞行/儀錶飛行
yíbiǎo fēixíng/ㄧˊ ㄅㄧㄠˇ ㄈㄟ ㄒㄧㄥˊ
instrument flight
【航】又称“盲飞”。驾驶员在看不见天际线和地标的条件下，完全依据机上仪表和设备判断航空器方位、姿态和飞机参数驾驶航空器的飞行。

仪器/儀器 yíqì/ㄧˊ ㄑㄧˋ
instrument, apparatus
【机】用于检查、测量、分析、计算、发信号的器具（工具）或设备。通常具有较精密的结构和灵敏的反应。泛指科学技术工作中所使用的各种器具，如物理仪器、化学仪器等。按工作原理不同，可分为机械的、电的、光学的和化学的等。

贻贝/貽貝 yíbèi/ㄧˊ ㄅㄟˋ
sea mussel
【动】*Mytilus* 又称“壳菜”。软体动物名。双壳纲贻贝科。壳略呈长三角形，黑褐色。以足丝固着于浅海岩石上，以硅藻和有机碎屑等为食。种类较多，分布广泛。肉干制后称“淡菜”。

胰岛素/胰島素
yídǎosù/ㄧˊ ㄉㄠˇ ㄙㄨˋ
insulin
【医】由胰岛B细胞分泌的蛋白质激素。由A、B链组成，共含51个氨基酸残基。能促进葡萄糖进入细胞被氧化利用而提供能量，或以糖原的形式储存起来，控制血糖平衡，促进蛋白质及脂质代谢。

📖 1965年中国科学家首次完成了牛胰岛素的全合成，是世界上首次人工合成蛋白质。提取物为白色或类白色结晶性粉末。

胰岛素依赖型糖尿病
yídǎosù yīlàixíng tángniàobìng/

ㄧˊ ㄉㄠˇ ㄙㄨˋ ㄧ ㄌㄞˋ ㄒㄧㄥˊ ㄊㄤˊ ㄋㄧㄠˋ ㄅㄧㄥˋ

【医】即“1型糖尿病”(1527页)。

胰腺/胰腺　yíxiàn/ㄧˊ ㄒㄧㄢˋ

pancreas

【医】消化腺之一。位于胃的后下方,具有内分泌和外分泌双重功能。外分泌的主要成分是胰液,其功能是中和胃酸,消化糖、蛋白质和脂肪;内分泌主要成分是胰岛素、胰高血糖素,其次是生长激素释放抑制激素、肠血管活性肽、促胃液素等。

胰腺癌/胰腺癌

yíxiàn'ái/ㄧˊ ㄒㄧㄢˋ ㄧㄢˊ(又读ㄞˊ)

pancreatic carcinoma

【医】发生于胰外分泌腺的恶性肿瘤。在胰腺头部的多以黄疸为首发症状,在胰体、胰尾部的多表现为消瘦、疲乏等不典型症状。

胰腺炎/胰臟炎

yíxiànyán/ㄧˊ ㄗㄤˋ ㄧㄢˊ

pancreatitis

【医】由多种病因造成胰酶激活后而引起的胰腺组织的炎症。症状为突发的持续性的腹疼,常伴恶心、呕吐、发热等。上腹有明显压痛及肌紧张。

胰臟炎　ㄧˊ ㄗㄤˋ ㄧㄢˊ/yízàngyán

pancreatitis

【医】台湾名。即“胰腺炎”(1333页)。

胰脂肪酶抑制藥

ㄧˊ ㄓ ㄈㄤˊ ㄇㄟˊ ㄧˋ ㄓˋ ㄧㄠˋ/

yízhīfángméi yìzhìyào

pancreatic lipase inhibitor

【医】台湾名。即“胰脂酶抑制药”(1333页)。

胰脂酶抑制药/胰脂肪酶抑制藥

yízhīméi yìzhìyào/

ㄧˊ ㄓ ㄈㄤˊ ㄇㄟˊ ㄧˋ ㄓˋ ㄧㄠˋ

pancreatic lipase inhibitor

【医】抑制胰脂酶释放和作用的药物。常用的有抑肽酶、奥曲肽、加贝酯等。

移动办公

yídòng bàngōng/ㄧˊ ㄉㄨㄥˋ ㄅㄢˋ ㄍㄨㄥ

【信息】即“手机办公”(1041页)。

移动电话机

yídòng diànhuàjī/ㄧˊ ㄉㄨㄥˋ ㄉㄧㄢˋ ㄏㄨㄚˋ ㄐㄧ

【信息】即“手机”(1041页)。

移动电话网/行動電話網路

yídòng diànhuàwǎng/

ㄒㄧㄥˊ ㄉㄨㄥˋ ㄉㄧㄢˋ ㄏㄨㄚˋ ㄨㄤˇ ㄌㄨˋ

mobile telephone network

【信息】提供移动电话服务的专用网。由无线信道和移动电话交换机构成。在移动台之间提供直联链路,可在移动台与基站间提供直接接入。

移动互联网/移動上網

yídòng hùliánwǎng/ㄧˊ ㄉㄨㄥˋ ㄕㄤˋ ㄨㄤˇ

mobile internet

【信息】将移动通信和互联网二者结合为一体,综合了移动通信随时随地随身和互联网分享、开放、互动优势的传播架构。

移动交换中心/行動交換中心

yídòng jiāohuàn zhōngxīn/

ㄒㄧㄥˊ ㄉㄨㄥˋ ㄐㄧㄠ ㄏㄨㄢˋ ㄓㄨㄥ ㄒㄧㄣ

mobile switching center, MSC

【信息】移动电话网中完成呼叫连接、过区切换控制、无线信道管理等功能的设施。

移动台/移動電臺

yídòngtái/ㄧˊ ㄉㄨㄥˋ ㄉㄧㄢˋ ㄊㄞˊ

mobile station, MS

【信息】移动电话网中当作用户终端设备(例如手机、车载台)的功能部件。

移动通信/移動通訊

yídòng tōngxìn/ㄧˊ ㄉㄨㄥˋ ㄊㄨㄥ ㄒㄩㄣˋ

mobile communication

【信息】台湾又称“行動通信”。通信双方或一方在移动中进行的通信方式。地面移动通信系统有公共电话系统(蜂窝式移动通信网)、集群系统(调度专用网)、无线寻呼系统和无绳电话。采用调频制。使用无线电传输,频率为25～1000兆赫,常用150兆赫、450兆赫和900兆赫三个频段。

移动通信卫星/移動通訊衛星

yídòng tōngxìn wèixīng/

ㄧˊ ㄉㄨㄥˋ ㄊㄨㄥ ㄒㄩㄣˋ ㄨㄟˋ ㄒㄧㄥ

mobile communication satellite

【军】为移动用户之间提供通信服务的卫星。

移动通信系统/移動通訊系統

yídòng tōngxìn xìtǒng/

ㄧˊ ㄉㄨㄥˋ ㄊㄨㄥ ㄒㄩㄣˋ ㄒㄧˋ ㄊㄨㄥˇ
mobile communication system
【军】双方或一方在运动中实现通信的无线电通信装备。可为部队快速展开、快速转移、快速推进提供实时可靠的通信手段,也可为部队日常办公、训练演习、抢险救灾、应对突发事件等提供快速可靠、互通性好的通信保障。按工作方式不同,可分为单工、双工和半双工;按使用方式不同,可分为无线城域网、无线局域网、无线本地环路系统、室内无线互连系统、卫星移动通信系统等;按空中接口模式数目不同,可分为单模移动通信系统和多模移动通信系统;按覆盖范围不同,可分为大区制移动通信系统和小区制移动通信系统,前者基站覆盖半径通常为 10～40 千米,后者基站覆盖半径通常为 2～10 千米;按应用场合不同,可分为蜂窝移动通信系统、集群移动通信系统和野战移动通信系统。

移动污染源/移動污染源
yídòng wūrǎnyuán/ㄧˊ ㄉㄨㄥˋ ㄨ ㄖㄢˇ ㄩㄢˊ
moving pollution source
【环】位置不固定的污染源。如机动车辆、飞机、机车和船舶等。

移动因特网/行動上網
yídòng yīntèwǎng/ㄒㄧㄥˊ ㄉㄨㄥˋ ㄕㄤˋ ㄨㄤˇ
mobile Internet
【信息】通过移动通信网提供的因特网。

移动因特网协议/移動 IP
yídòng yīntèwǎng xiéyì/ㄧˊ ㄉㄨㄥˋ IP
mobile IP, mobile Internet Protocol
【信息】适用于支持宿主机移动性的因特网协议(IP)。宿主机移动到不同地点时,该协议使其能以同一 IP 地址与因特网保持连接。

移动硬盘/可攜式硬碟
yídòng yìngpán/ㄎㄜˇ ㄒㄧ ㄕˋ ㄧㄥˋ ㄉㄧㄝˊ
mobile hard disk
【信息】台湾又称"抽取式硬碟"。不固定在计算机上使用的硬盘。体积较小,便于携带。

移動 IP ㄧˊ ㄉㄨㄥˋ IP/yídòng IP
mobile IP, mobile Internet Protocol
【信息】台湾名。即"移动因特网协议"(1334 页)。

移動電臺
ㄧˊ ㄉㄨㄥˋ ㄉㄧㄢˋ ㄊㄞˊ/yídòng diàntái
mobile station, MS
【信息】台湾名。即"移动台"(1333 页)。

移動上網
ㄧˊ ㄉㄨㄥˋ ㄕㄤˋ ㄨㄤˇ/yídòng shàngwǎng
mobile internet
【信息】台湾名。即"移动互联网"(1333 页)。

移動式起重機
ㄧˊ ㄉㄨㄥˋ ㄕˋ ㄑㄧˇ ㄓㄨㄥˋ ㄐㄧ/
yídòngshì qǐzhòngjī
mobile crane
【机】台湾名。即"流动式起重机"(747 页)。

移動通訊
ㄧˊ ㄉㄨㄥˋ ㄊㄨㄥ ㄒㄩㄣˋ/yídòng tōngxùn
mobile communication
【信息】台湾名。即"移动通信"(1333 页)。

移動通訊衛星
ㄧˊ ㄉㄨㄥˋ ㄊㄨㄥ ㄒㄩㄣˋ ㄨㄟˋ ㄒㄧㄥ/
yídòng tōngxùn wèixīng
mobile communication satellite
【军】台湾名。即"移动通信卫星"(1333 页)。

移動通訊系統
ㄧˊ ㄉㄨㄥˋ ㄊㄨㄥ ㄒㄩㄣˋ ㄒㄧˋ ㄊㄨㄥˇ/
yídòng tōngxùn xìtǒng
mobile communication system
【军】台湾名。即"移动通信系统"(1333 页)。

移頻 ㄧˊ ㄆㄧㄣˊ/yípín
frequency shift
【物】台湾名。即"频移"(870 页)。

移情/移情 yíqíng/ㄧˊ ㄑㄧㄥˊ
transference
【心】又称"感情移入"。泛指一个人的情绪或情感态度传递、转移或迁移到另一人或另一对象上去,同时自己也能体验到相应的情绪或情感。是人们在交往中彼此感情的相互作用。

移相器/移相器 yíxiàngqì/ㄧˊ ㄒㄧㄤˋ ㄑㄧˋ
phase shifter
【电】在输入和输出正弦量之间产生确定的相位移,但不改变其他特性的器件。

移植/移植 yízhí/ㄧˊ ㄓˊ
transplantation

【生】❶把苗床或秧田里的幼苗移栽到菜田或大田里。❷将某一有机体的一部分完好的组织或器官，移至同体或另一有机体的有缺陷的部分，使缺陷部分恢复正常。如皮肤移植、角膜移植等。

移植機 ㄧˊ ㄓˊ ㄐㄧ/yízhíjī

planting machine

【机】台湾名。“栽植机”(1407 页)。

遗传/遺傳 yíchuán/ㄧˊ ㄔㄨㄢˊ

heredity

【生】通常指亲代的性状在子代表现的现象。

遗传病/遺傳性疾病

yíchuánbìng/ㄧˊ ㄔㄨㄢˊ ㄒㄧㄥˋ ㄐㄧˊ ㄅㄧㄥˋ

inherited disease

【医】遗传基因发生异常而引起的，并通过遗传而产生的疾病。具有遗传性、先天性、终生性特征。包括单基因病、多基因病、染色体病和体细胞遗传病等。

遗传防治/遺傳防治

yíchuán fángzhì/ㄧˊ ㄔㄨㄢˊ ㄈㄤˊ ㄓˋ

genetic control

【生】利用生物遗传特性来防治虫害的方法。即按照昆虫遗传学原理，培育捕食性或寄生性昆虫的新品系，以提高其生物防治上的效能；或利用雌雄生殖细胞的胞质不亲和性，杂交不育，染色体的倒位、易位，半致死因子等遗传学上的现象或者培育所要防治害虫有遗传缺陷的品系或宗(雄虫)，将它释放于自然群体中，使害虫在三五代内完全绝灭。这种方法在防治螺旋锥蝇及尖音库蚊等害虫上已获得成功。

遗传工程

yíchuán gōngchéng/ㄧˊ ㄔㄨㄢˊ ㄍㄨㄥ ㄔㄥˊ

【生】即“基因工程”(568 页)。

遗传密码/遺傳密碼

yíchuán mìmǎ/ ㄧˊ ㄔㄨㄢˊ ㄇㄧˋ ㄇㄚˇ

genetic code

【生】包含在脱氧核糖核酸或核糖核酸的核苷酸排列顺序中的遗传信息。它决定蛋白质中的氨基酸排列顺序。

遗传武器

yíchuán wǔqì/ㄧˊ ㄔㄨㄢˊ ㄨˇ ㄑㄧˋ

【军】即“基因武器”(568 页)。

遗传物质/遺傳物質

yíchuán wùzhì/ㄧˊ ㄔㄨㄢˊ ㄨˋ ㄓˊ

genetic material

【生】亲代与子代之间传递遗传信息的物质。除某些病毒的遗传物质是核糖核酸外，所有其他生物的遗传物质都是脱氧核糖核酸。

遗传信息/基因資訊

yíchuán xìnxī/ㄐㄧ ㄧㄣ ㄗ ㄒㄩㄣˋ

genetic information

【生】子代从亲代所获得的控制遗传性状的信号。以密码子形式存在于组成核酸分子的核苷酸顺序中。在个体发育中，这些遗传信息通过代谢作用，在不同条件下控制着各种蛋白质的合成，发展成各种遗传性状，使亲代的性状得以在子代中重现。

遗传型 yíchuánxíng/ㄧˊ ㄔㄨㄢˊ ㄒㄧㄥˊ

【生】即“基因型”(568 页)。

遗传性/遺傳性

yíchuánxìng/ㄧˊ ㄔㄨㄢˊ ㄒㄧㄥˋ

heredity

【生】生物亲子间保持相似的一种基本特性。任何生物亲代与子代以及子代之间比较相似，就是遗传性的表现。

遗传学/遺傳學

yíchuánxué/ㄧˊ ㄔㄨㄢˊ ㄒㄩㄝˊ

genetics

【生】研究生物遗传与变异规律的学科。是选择和培育动植物和微生物优良品种以及研究防治遗传性疾病的理论基础。按研究的对象、问题和方法不同，可分为人类遗传学、分子遗传学等。

遗根/遺根 yígēn/ㄧˊ ㄍㄣ

residual root

【数】又称“失根”。解方程中，若由原方程导出的方程的解中不包含原方程的全部解，则未包含的原方程的解叫作遗根。例如，解方程 $x^2+4x+3=x+3$，两边同除以 $x+3$ 得方程 $x+1=1$，得 $x=0$。原方程的另一根 -3 未能得出，-3 是遗根。

遗迹化石/遺跡化石

yíjì huàshí/ㄧˊ ㄐㄧ ㄏㄨㄚˋ ㄕˊ

trace fossil，ichnofossil

【地】地质历史时期的生物遗留在沉积物表面

或沉积物内部的各种生命活动的形迹构造形成的化石。不包括由生物体变成的实体化石。是保存在地层中的各个地史时期生物活动的遗迹(钻迹、移迹、足迹等)和遗物(粪、卵、蛋及石器等)。

遗精/遺精 yíjīng/ㄧˊ ㄐㄧㄥ

spermatorrhea

【医】男性在没有性交或自慰的情况下自发射精。因性器官受刺激,神经系统兴奋增高而引起,属生理现象。

遗尿/遺尿 yíniào/ㄧˊ ㄋㄧㄠˋ

enuresis

【中医】中医疾病之一。症见睡眠或昏迷中不自觉地发生排尿。虚寒证,遗尿日久,小便清长,量多次频,兼见形寒肢冷、面白神疲、乏力自汗者,治宜温肾固涩,健脾补肺;实热证,遗尿初起,尿黄短涩,量少灼热,形体壮实,睡眠不宁者,治宜泻肝清热利湿。

遗尿症/遺尿症 yíniàozhèng/ㄧˊ ㄋㄧㄠˋ ㄓㄥˋ

enuresis

【医】3 岁后经常不能控制排尿或 5 岁后在睡眠中仍时有不自觉排尿的症状。

遗忘/遺忘 yíwàng/ㄧˊ ㄨㄤˋ

forgetting

【心】识记过的内容不能回忆(再认或再现),或是错误的回忆(再认或再现)。与遗忘相反的心理过程主要是保持,涉及记忆的所有环节。在识记环节,摄取的信息不清晰、不牢固,就蕴含着遗忘;在保持环节,信息的缺失或失真是遗忘的主要原因;在回忆环节,信息的提取发生困难,是导致遗忘的直接原因。遗忘表现在回忆阶段,而造成的原因贯穿于记忆全过程。

遗忘曲线/遺忘曲線 yíwàng qūxiàn/ㄧˊ ㄨㄤˋ ㄑㄩ ㄒㄧㄢˋ

forgetting curve

【心】又称"保持曲线""艾宾浩斯记忆遗忘曲线"。记忆材料在头脑中保持量的减少随时间推移呈先快后慢,保持内容的减少呈先多后少的趋势。以保持量的百分比为纵坐标,以学习后的时间为横坐标所画出的曲线为遗忘曲线。德国心理学家艾宾浩斯(H. Ebbinghaus,1850—1909)最先用实验方法研究了人类记忆中的保持过程。他以自己为被试者,以无意义音节组成的词表为记忆材料(旨在避免已有经验的影响),以再学时的节省率为保持量的指标。保持量=(初学所需时间－再学所需时间)÷初学所需时间×100%。

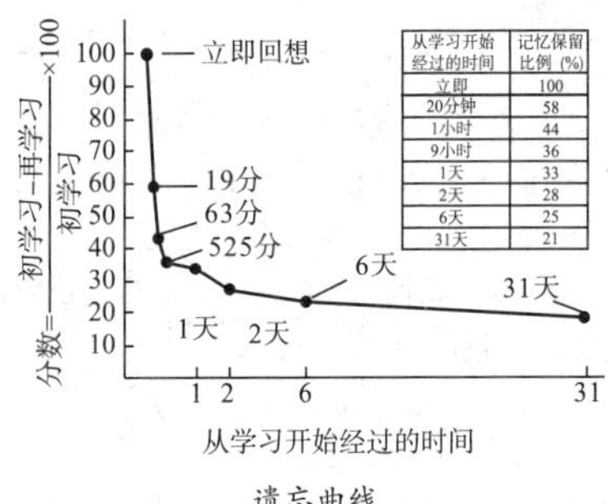

从学习开始经过的时间	记忆保留比例 (%)
立即	100
20分钟	58
1小时	44
9小时	36
1天	33
2天	28
6天	25
31天	21

遗忘曲线

疑病症/疑病症 yíbìngzhèng/ㄧˊ ㄅㄧㄥˋ ㄓㄥˋ

hypochondria

【心】神经症的一种。对自身健康过分关注,深信自己身患疾病,但与实际不符,并伴有神经症的焦虑、恐惧、抑郁和强迫现象。

疑源类/疑源類 yíyuánlèi/ㄧˊ ㄩㄢˊ ㄌㄟˋ

acritarchs

【地】生物亲缘关系不明的小型微体化石。是一种单细胞藻类,由一中央腔和包围它的单层或多层有机质壁组成,内容庞杂,形状多样,直径从十几微米至数百微米不等。生存年代从前寒武纪一直延续到第四纪,在古生代极为丰富,几乎全为海相,中生代、新生代则以海相为主,淡水沉积中也有发现。主要保存在页岩、泥岩或泥灰岩中。可作为判断古沉积环境的良好标志,广泛应用于地质时代的确定、地层的划分与对比、古生态的探讨和石油勘探等。

遺傳性疾病

ㄧˊ ㄔㄨㄢˊ ㄒㄧㄥˋ ㄐㄧˊ ㄅㄧㄥˋ/yíchuánxìng jíbìng

inherited disease

【医】台湾名。即"遗传病"(1335 页)。

儀器用互感器

ㄧˊ ㄑㄧˋ ㄩㄥˋ ㄏㄨˋ ㄍㄢˇ ㄑㄧˋ/yíqìyòng hùgǎnqì

instrument transformer

【电】台湾名。即"互感器"(510 页)。

乙醇/乙醇 yǐchún/ㄧˇ ㄔㄨㄣˊ

ethanol, alcohol

【化】通称“酒精”。有机化合物。无色透明液体,有特殊气味,醇香味浓厚,易挥发,有毒。其蒸气与空气形成爆炸混合物,爆炸极限3.5%～18%(体积)。工业乙醇通常含乙醇95%,100%的乙醇称为“无水乙醇”。是重要的溶剂和基础工业原料。

乙二酸 yǐ'èrsuān/ㄧˇ ㄦˋ ㄙㄨㄢ

【化】“草酸”的学名(98页)。

乙肝 yǐgān/ㄧˇ ㄍㄢ

【医】“乙型肝炎”的简称。

乙酐 ㄧˇ ㄍㄢ/yǐgān

acetic anhydride

【化】台湾名。即“醋酸酐”(170页)。

乙腈/乙腈 yǐjīng/ㄧˇ ㄐㄧㄥ

methyl cyanide

【化】有机化合物。无色透明液体,有类似乙醚的气味,有毒。易燃。可用作溶剂,也是重要的化工原料。

乙醚/乙醚 yǐmí/ㄧˇ ㄇㄧˊ

diethyl ether

【化】有机化合物。无色透明液体,有特殊刺激性气味,极易挥发及燃烧。长时间与氧接触,可形成爆炸性的过氧化物。主要用作溶剂。曾作为外科手术麻醉剂,现趋向于少用或不用。

乙脑 yǐnǎo/ㄧˇ ㄋㄠˇ

【医】“流行性乙型脑炎”的简称。

乙炔/乙炔 yǐquē/ㄧˇ ㄑㄩㄝ

acetylene

【化】俗称“电石气”。有机化合物。最简单的炔类物质。纯品为无色无臭气体,工业乙炔因含有硫化氢和磷化氢而有刺激性气味。与空气形成爆炸性混合物,爆炸极限2.4%～82%(体积)。化学性质活泼。主要用作化工原料,因在氧中燃烧可发出高温,可用于金属切割、焊接。

乙炔鈣 ㄧˇ ㄑㄩㄝ ㄍㄞˋ/yǐquēgài

calcium acetylide, carbide

【化】台湾名。即“电石”(254页)。

乙酸/乙酸 yǐsuān/ㄧˇ ㄙㄨㄢ

acetic acid

【化】通称“醋酸”。有机化合物。无色澄清液体,有刺激性气味,有腐蚀性。无水醋酸在低温凝固成冰状,凝固时体积膨大。普通乙酸为含纯酸36%水溶液,无色透明。食用醋酸可经发酵制成。是重要的工业原料。

乙酸酐 yǐsuāngān/ㄧˇ ㄙㄨㄢ ㄍㄢ

【化】“醋酸酐”的学名。

乙酸异戊酯/乙酸異戊酯

yǐsuān yìwùzhǐ/ㄧˇ ㄙㄨㄢ ㄧˋ ㄨˋ ㄓˇ

isoamyl acetate

【化】有机化合物。分子式$C_7H_{14}O_2$。无色至浅黄色液体,有香蕉气味,易挥发,易燃烧,天然存在于香蕉、苹果、可可豆中。可用作喷漆、清漆、氯丁橡胶等的溶剂,也用于香料等。

乙太網路 ㄧˇ ㄊㄞˋ ㄨㄤˇ ㄌㄨˋ/yǐtài wǎnglù

Ethernet

【信息】台湾名。即“以太网”(1338页)。

乙烯/乙烯 yǐxī/ㄧˇ ㄒㄧ

ethylene

㊀【化】有机化合物。分子式C_2H_4。是最简单的烯烃物质。无色气体,有香甜味,易燃易爆。与空气形成爆炸性混合物,爆炸极限2.7%～36%(体积)。化学性质活泼,对人有麻醉作用。是最广泛的有机化工基础原料。㊁【生】一种植物激素。可提早果实成熟期,促进器官脱落,调节性别转化,有利于产生雌花等。

乙酰甲酸

yǐxiān jiǎsuān/ㄧˇ ㄒㄧㄢ ㄐㄧㄚˇ ㄙㄨㄢ

【化】即“丙酮酸”(72页)。

乙型肝炎/B型肝炎

yǐxíng gānyán/B ㄒㄧㄥˊ ㄍㄢ ㄧㄢˊ

hepatitis B

【医】简称“乙肝”。台湾简称“B肝”。由乙型肝炎病毒引起的以肝脏炎性病变为主的传染性疾病。主要经血液和体液传播,具有长期携带性。因其可能通过性生活传播,国际上将其列入性传播疾病。有一定的慢性化倾向,有的可导致肝硬化、肝癌。

乙状结肠/乙狀結腸

yǐzhuàng jiécháng/ㄧˇ ㄓㄨㄤˋ ㄐㄧㄝˊ ㄔㄤˊ

sigmoid colon

【医】结肠的下段。位于左下腹髂窝内,沿左髂窝转入盆腔内,呈乙字形弯曲,向下进入盆腔与直肠相接。

以太网/乙太網路

yǐtàiwǎng/ㄧˇ ㄊㄞˋ ㄨㄤˇ ㄌㄨˋ

Ethernet

【信息】一种采用共享总线型传输介质的局域网。使用广泛。其中的网点通过同轴电缆、光纤或双绞线互连，传输的数据帧长度可变。

钇/釔 yǐ/ㄧˇ

yttrium

【化】金属元素。属周期表第ⅢB族，符号Y，原子序数39。原子量88.91。自然界主要存在于硅铍钇矿、黑稀金矿、磷钇矿和独居石中。可用来制特种玻璃、雷达，也用于核反应堆等材料。单质为深灰色金属，质轻，有延展性，化学性质活泼，切成碎片的钇在空气中能自燃。与热水反应迅速。

📖 1794年，芬兰的加多林(J.Gadolin)得到一块黑色矿石(后确认为硅铍钇矿)，经分析后发现，其中有38%的成分是一种新金属元素的氧化物，这种新元素就是钇。拉丁文定名为yttrium，源自Ytterby，用以纪念硅铍钇矿的产地——瑞典的乙特比尔镇。中文定名为"钇"，是形声字。

艤装 ㄧˇ ㄓㄨㄤ/yǐzhuāng

outfitting

【船】台湾名。即"舾装"(1227页)。

艤装設備

ㄧˇ ㄓㄨㄤ ㄕㄜˋ ㄅㄟˋ/yǐzhuāng shèbèi

outfit of deck and accommodation

【船】台湾名。即"舾装设备"(1227页)。

义齿/義齒 yìchǐ/ㄧˋ ㄔˇ

denture

【医】又称"假牙"。用以修复缺损、缺失的天然牙和邻近组织，恢复其功能和形态的人工材料修复体。按固位方式不同，可分为固定义齿、全口义齿、可摘局部义齿和种植义齿。

艺术与工艺运动/藝術與工藝運動

yìshù yǔ gōngyì yùndòng/

ㄧˋ ㄕㄨˋ ㄩˇ ㄍㄨㄥ ㄧˋ ㄩㄣˋ ㄉㄨㄥˋ

arts and crafts movement

【建】19世纪下半叶，在欧美国家开展的一场设计改良运动。针对工业革命带来的负面影响，反对粗制滥造、大规模的机器制品，以拉斯金和莫里斯为首的社会活动家热衷于手工艺传统和自然材料的美感，主张建造"田园式"住宅。这种将材料、工艺、形式、功能结合在一起的尝试具有深远影响，但将机器和技术视为敌人，妨碍了自身的进一步发展。

异白氨酸/異白胺酸

yìbái'ānsuān/ㄧˋ ㄅㄞˊ ㄢ ㄙㄨㄢ

【生】即"异亮氨酸"(1339页)。

异病同治/異病同治

yìbìng tóngzhì/ㄧˋ ㄅㄧㄥˋ ㄊㄨㄥˊ ㄓˋ

treating different diseases with same method, * same treatment of different disease

【中医】治则之一。表现不同的疾病，由于发病机理相同，采取相同的治法。

异步变频机/異步變頻機

yìbù biànpínjī/ㄧˋ ㄅㄨˋ ㄅㄧㄢˋ ㄆㄧㄣˊ ㄐㄧ

asynchronous frequency convertor

【电】把交流系统一种频率的电能变换成另一种频率的电能的异步电机。实际上是一种绕线式异步电机。

异步传送模式

yìbù chuánsòng móshì/

ㄧˋ ㄅㄨˋ ㄔㄨㄢˊ ㄙㄨㄥˋ ㄇㄛˊ ㄕˋ

【信息】即"异步转移模式"(1338页)。

异步电动机/異步電動機

yìbù diàndòngjī/ㄧˋ ㄅㄨˋ ㄉㄧㄢˋ ㄉㄨㄥˋ ㄐㄧ

asynchronous motor

【电】又称"感应电动机"。作为电动机运行的异步电机。

异步电机/非同步電機

yìbù diànjī/ㄈㄟ ㄊㄨㄥˊ ㄅㄨˋ ㄉㄧㄢˋ ㄐㄧ

asynchronous machine

【电】交流电机的一种。其负载时的转速与所接电网频率之比不是恒定值。

异步发电机/異步發電機

yìbù fādiànjī/ㄧˋ ㄅㄨˋ ㄈㄚ ㄉㄧㄢˋ ㄐㄧ

asynchronous generator

【电】又称"感应发电机"。作为发电机运行的异步电机。

异步转移模式/非同步傳遞方式

yìbù zhuǎnyí móshì/

ㄈㄟ ㄊㄨㄥˊ ㄅㄨˋ ㄔㄨㄢˊ ㄉㄧˋ ㄈㄤ ㄕˋ

asychronous transfer mode, ATM

【信息】又称"异步传送模式"。基于统计复用原理，面向连接的快速信元通信技术。

📖 异步传送模式的基本传输单位是信元。信元由5个字节的选路信息和48个字节的净荷（数据）组成。相当于分组交换模式下的"分组"。

异常人格
yìcháng réngé/ㄧˋ ㄔㄤˊ ㄖㄣˊ ㄍㄜˊ
【心】即"人格障碍"（944页）。

异地埋藏/異地埋藏
yìdì máicáng/ㄧˋ ㄉㄧˋ ㄇㄞˊ ㄘㄤˊ
heterochthonous burial
【地】指生物体埋藏地与生物栖息地不一致。

异构化/異構化 yìgòuhuà/ㄧˋ ㄍㄡˋ ㄏㄨㄚˋ
isomerization
【化】化合物分子组成和分子量不变，仅发生结构改变而成为其异构体的过程。

异构体/異構物 yìgòutǐ/ㄧˋ ㄍㄡˋ ㄨˋ
isomer
【化】分子化学组成相同而结构不同的化合物互为异构体。

异化作用/異化作用
yìhuà zuòyòng/ㄧˋ ㄏㄨㄚˋ ㄗㄨㄛˋ ㄩㄥˋ
dissimilation
【生】在新陈代谢过程中，生物体将自身的组成物质，通过体内一系列生物化学变化，分解成简单的物质，同时放出能量或排出体外的过程。

"异或"门/互斥或閘
"yìhuò"mén/ㄏㄨˋ ㄔˋ ㄏㄨㄛˋ ㄓㄚˊ
EXCLUSIVE-OR gate, XOR gate
【信息】执行逻辑运算"非等价"的门。当且仅当两个输入值中恰有一个为"真"时输出值为"真"，否则输出值为"假"。

异腈/異腈 yìjīng/ㄧˋ ㄑㄧㄥ
isonitrile
【化】一类含氮有机化合物。烃分子中氢被异腈基取代而成。无色液体，恶臭，有剧毒。

异亮氨酸/異白胺酸
yìliàng'ānsuān/ㄧˋ ㄅㄞˊ ㄢ ㄙㄨㄢ
isoleucine, Ile
【生】又称"异白氨酸"。20种蛋白质氨基酸之一。为必需氨基酸。亮氨酸的异构体。白色斜方结晶或结晶性粉末，无臭，有轻微苦味。氧化分解可释放较多能量，1摩异亮氨酸可产生43摩三磷酸腺苷（ATP）。其代谢场所主要在肌肉，代谢过程既释放出乙酰辅酶A，又生成琥珀酸。有促进胰岛素分泌的作用。人体缺乏异亮氨酸会引起骨骼肌障碍。

异面直线/歪斜線
yìmiàn zhíxiàn/ㄨㄞ ㄒㄧㄝˊ ㄒㄧㄢˋ
skew lines
【数】不同在任何一个平面内的两条直线，也就是既不平行又不相交的两条直线。设 a，b 是异面直线，在空间任取一点 P，过点 P 作两条直线 a'，b' 使 $a /\!/ a'$，$b /\!/ b'$，则 a'，b' 所成的角叫作异面直线 a，b 所成的角。

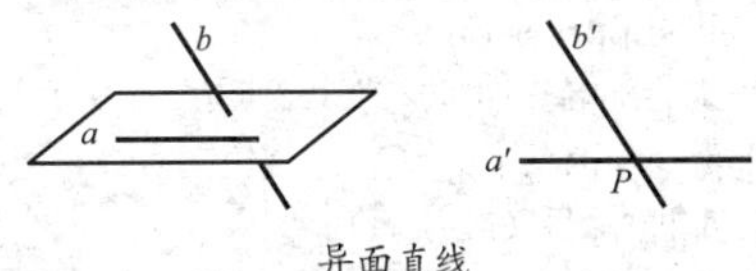

异面直线

异染色体/異染色體
yìrǎnsètǐ/ㄧˋ ㄖㄢˇ ㄙㄜˋ ㄊㄧˇ
allosome, heterochromosome
【生】大小、形状或行为上与常染色体不同的一种染色体。

异位节律/異位節律
yìwèi jiélǜ/ㄧˋ ㄨㄟˋ ㄐㄧㄝˊ ㄌㄩˋ
ectopic rhythm
【医】由窦房结以外异位起搏点兴奋所引起的心跳节律。

异位妊娠/子宫外孕
yìwèi rènshēn/ㄗˇ ㄍㄨㄥ ㄨㄞˋ ㄩㄣˋ
ectopic pregnancy
【医】通称"宫外孕"。受精卵于子宫腔以外（如输卵管、卵巢）着床发育的现象。

异物入耳/異物入耳
yìwù rù ěr/ㄧˋ ㄨˋ ㄖㄨˋ ㄦˇ
foreign body in ear
【中医】中医耳病之一。因异物误入耳道所致，症见耳内不适，有异物嵌塞感，或伴瘙痒、疼痛、耳鸣等。须到医院取出。

异养微生物/異生細菌
yìyǎng wēishēngwù/ㄧˋ ㄕㄥ ㄒㄧˋ ㄐㄩㄣˋ

heterotrophic microorganism, heterophytic bacteria
【生】以外来的有机物作为碳源,以无机物或有机物作为氮源,某些种类甚至要求不同的生长因子,通过氧化有机物获得能量的微生物。如枯草杆菌、啤酒酵母菌和结核杆菌等。

异养植物/異營植物 yìyǎng zhíwù/ㄧˋ ㄧㄥˊ ㄓˊ ㄨˋ
heterotrophic plant
【生】体内不含叶绿素的非绿色植物。有的寄生在其他生物体营寄生生活,从寄主吸取营养物质,如菟丝子、列当等;有的从已死的或腐烂的生物体获得能量,营腐生生活,如天麻等。

抑雹 ㄧˋ ㄅㄠˊ/yìbáo
hail suppression
【气】台湾名。即"防雹"(322 页)。

抑景 yìjǐng/ㄧˋ ㄐㄧㄥˇ
【建】即"障景"(1421 页)。

抑郁/憂鬱 yìyù/ㄧㄡ ㄩˋ
depression
【心】一种表现强烈而持久的复合性负情绪。通常不会导致极端行为、人格解体以及严重的思维障碍,但多会表现出情绪低落、消沉、沮丧、思维迟钝、对一切丧失兴趣、精神和动作抑制等消极行为,处于无望失助的状态之中,产生极大的负面影响。如进而发展,轻者属心理障碍,重者则为心理疾病,甚至会出现强烈的自杀倾向。

抑郁症/憂鬱症 yìyùzhèng/ㄧㄡ ㄩˋ ㄓㄥˋ
depression
【医】以情绪显著而持久的低落为基本临床表现,并伴有相应的思维和行为异常的精神障碍。常有反复发作倾向,患者情绪低落,自卑忧郁,甚至悲观厌世,可有自杀企图和行为。

抑郁质/憂鬱質 yìyùzhì/ㄧㄡ ㄩˋ ㄓˊ
melancholic temperament
【心】人的气质类型之一。按巴甫洛夫高级神经活动类型学说,弱的神经活动类型为抑郁质的生理基础。其外部表现为有较高的感受性,观察精细,敏感,理解深刻,但反应缓慢,动作迟钝,多愁善感,体验深刻、持久,但外表很少流露、内向。谨慎小心,不善与人交往,胆小、孤僻、忸怩,遇困难或挫折易畏缩。

抑制/抑制 yìzhì/ㄧˋ ㄓˋ
inhibition
【心】高级神经活动的基本过程之一。是与有机体的某些活动的停止或减弱相联系。

抑制状态/抑制狀態 yìzhì zhuàngtài/ㄧˋ ㄓˋ ㄓㄨㄤˋ ㄊㄞˋ
inhibitory state
【医】精神活动处于低迷的状态。语言动作和行为减少。

役畜/役用動物 yìchù/ㄧˋ ㄩㄥˋ ㄉㄨㄥˋ ㄨˋ
draught animal
【农】又称"力畜"。专门使役用来耕地、运输等的家畜。如牛、马、驴、骡、骆驼等。

役用動物 ㄧˋ ㄩㄥˋ ㄉㄨㄥˋ ㄨˋ/yìyòng dòngwù
draught animal
【农】台湾名。即"役畜"(1340 页)。

译码/解碼 yìmǎ/ㄐㄧㄝˇ ㄇㄚˇ
decoding
【信息】逻辑电路中,将编码数据转换回原有形式,即把机器可读的数据再转换为人可读的文本。

易腐物品/易腐物品 yìfǔ wùpǐn/ㄧˋ ㄈㄨˇ ㄨˋ ㄆㄧㄣˇ
perishable article
【物流】容易腐败变质的物品。例如鲜鱼、鲜肉、牛奶、花卉、蔬菜、水果等。物流过程中需要对其采取特殊的条件、设备和手段,使其保持适宜温度、湿度,并快速送达。

易感人群/易感人群 yìgǎn rénqún/ㄧˋ ㄍㄢˇ ㄖㄣˊ ㄑㄩㄣˊ
susceptible population
【医】对某种传染病缺乏特异性免疫力而容易被感染的人群。

易感者/易感者 yìgǎnzhě/ㄧˋ ㄍㄢˇ ㄓㄜˇ
susceptible person
【医】对某种传染病缺乏特异性免疫力而容易被感染的人。

易筋经/易筋經 yìjīnjīng/ㄧˋ ㄐㄧㄣ ㄐㄧㄥ
yijinjing, changing tendon exercise, * Sinew-Transformation Canon

【中医】导引术之一。通过锻炼筋骨,配合呼吸、意念以达加大肌力,增强体质的作用。具有动作简单、刚中有柔、多用静力、意力统一的特点。

📖 易筋经的起源,一说为达摩所创,一说为天台紫凝道人假托达摩之名所作。大体上分为两类。第一类多取站立姿势,上肢动作偏多,共22势,分3个阶段练习,每一势做49次。第二类所取姿势多种多样,遍及胸、腹、腰、背以及四肢。现较通行的是收载于《卫生要术》中的易筋经十二势,姿势名称有韦驮献杵势(三势)、摘星换斗势、出爪亮翅势、倒拽九牛尾势、九鬼拔马刀势、三盘落地势、青龙探爪势、卧虎扑食势、打躬势、掉尾势等。

易燃易爆物

yìrán-yìbàowù/ㄧˋ ㄖㄢˊ ㄧˋ ㄅㄠˋ ㄨˋ

【化】即"化学危险品"(520页)。

易失性存储器/依電性儲存器

yìshīxìng cúnchǔqì/

ㄧ ㄉㄧㄢˋ ㄒㄧㄥˋ ㄔㄨˊ ㄘㄨㄣˊ ㄑㄧˋ

volatile memory

【信息】所存数据断电即丢失的存储器。例如随机存储器。

疫苗/疫苗 yìmiáo/ㄧˋ ㄇㄧㄠˊ

vaccine

【医】将病原微生物及其代谢产物经人工减毒、灭活或转基因等方法制成的,用于预防传染病的免疫制剂。用于中和病原体和刺激机体产生抗体从而起免疫作用。分为灭活疫苗(如乙型脑炎灭活疫苗)和减毒活疫苗(如麻疹活疫苗、脊髓灰质炎活疫苗)。

疫苗接種

ㄧˋ ㄇㄧㄠˊ ㄐㄧㄝ ㄓㄨㄥˋ/yìmiáo jiēzhòng

prophylactic immunization

【医】台湾名。即"预防接种"(1382页)。

疫源 ㄧˋ ㄩㄢˊ/yìyuán

infectious focus

【医】台湾名。即"疫源地"(1341页)。

疫源地/疫源 yìyuándì/ㄧˋ ㄩㄢˊ

infectious focus

【医】传染源及其排出的病原体向四周传播所能波及的范围,即可能发生新病例或新感染的范围。

疫源地消毒/疫源地消毒

yìyuándì xiāodú/ㄧˋ ㄩㄢˊ ㄉㄧˋ ㄒㄧㄠ ㄉㄨˊ

disinfection of epidemic focus

【医】对现有或曾有传染源存在的场所实行的消毒。属防疫措施,其目的是杀灭病原体,切断其传播途径。

益母草/益母草 yìmǔcǎo/ㄧˋ ㄇㄨˇ ㄘㄠˇ

㊀ motherwort herb, ㊁ Herba Leonuri(拉), motherwort herb

㊀【植】*Leonurus japonicus* 又称"坤草"。唇形科益母草属。一至二年生草本植物。茎直立,四棱形,被毛。茎下部叶掌状三裂,裂片再裂;茎中部叶较小,多三裂;花序轴上叶条形,全缘。轮伞花序组成穗状花序,花冠粉红至淡紫红色,冠檐二唇形。花期6—9月份。在中国,分布于各地。

益母草

㊁【中医】中药名。唇形科植物益母草 *Leonurus japonicus* Houtt. 的新鲜或干燥地上部分。味苦、辛,性微寒。归肝、心包经。活血调经,利尿消肿。用于月经不调,痛经,经闭,恶露不尽,水肿尿少,急性肾炎水肿。

📖 益母草擅长治疗妇科疾病,故名。外用有美容功效,传说武则天有一个美容驻颜的药方,益母草为主药。又,孕妇禁用。

益母草膏/益母草膏

yìmǔcǎogāo/ㄧˋ ㄇㄨˇ ㄘㄠˇ ㄍㄠ

yimucao paste, yimucao gao, * Leonurus (Motherwort) Paste

【中医】中成药名。益母草经加工制成的煎膏。口服。活血调经。用于血瘀所致的月经不调,产后恶露不绝,月经量少,淋漓不净等。

益气/益氣 yìqì/ㄧˋ ㄑㄧˋ

benefiting qi, * boosting qi

【中医】又称"补气"。补法的一种。用具有补气作用的方药治疗气虚证。

益智药/益智劑 yìzhìjì/ㄧˋ ㄓˋ ㄐㄧˋ

nootropic

【医】能选择性地作用于大脑皮质,对神经细胞具有激活、保护和恢复功能的药物。如吡拉西坦和长春胺等。

益蟲 ㄧˋ ㄔㄨㄥˊ/yìchóng
beneficial insect, economic insect
【农】台湾名。即“经济昆虫”(639 页)。

益智劑 ㄧˋ ㄓˋ ㄐㄧˋ/yìzhìjì
nootropic
【医】台湾名。即“益智药”(1342 页)。

異度空間
ㄧˋ ㄉㄨˋ ㄎㄨㄥ ㄐㄧㄢ/yìdù kōngjiān
cyberspace
【信息】台湾名。即“信息空间”(1275 页)。

異構物 ㄧˋ ㄍㄡˋ ㄨˋ/yìgòuwù
isomer
【化】台湾名。即“异构体”(1339 页)。

異黑鯛 ㄧˋ ㄏㄟ ㄉㄧㄠ/yìhēidiāo
porgy
【动】台湾名。即“鲷”(265 页)。

異生細菌 ㄧˋ ㄕㄥ ㄒㄧˋ ㄐㄩㄣ/yìshēng xìjūn
heterotrophic microorganism, heterophytic bacteria
【生】台湾名。即“异养微生物”(1339 页)。

異向性 ㄧˋ ㄒㄧㄤˋ ㄒㄧㄥˋ/yìxiàngxìng
anisotropy
【物】台湾名。即“各向异性”(403 页)。

異營植物 ㄧˋ ㄧㄥˊ ㄓˊ ㄨˋ/yìyíng zhíwù
heterotrophic plant
【生】台湾名。即“异养植物”(1340 页)。

逸出字元
ㄧˋ ㄔㄨ ㄗˋ ㄩㄢˊ/yìchū zìyuán
escape character, ESC
【信息】台湾名。即“转义字符”(1485 页)。

意识/意識 yìshí/ㄧˋ ㄕˊ
consciousness
【医】人对周围环境和自身的认知能力与觉察能力。是大脑高级神经中枢功能活动的综合表现。

意识障碍/意識障礙
yìshí zhàng'ài/ㄧˋ ㄕˊ ㄓㄤˋ ㄞˋ
consciousness disorder
【医】对周围环境及自身状态的识别和觉察能力的障碍。

意識喪失型癲癇
ㄧˋ ㄕˊ ㄙㄤˋ ㄕ ㄒㄧㄥˊ ㄉㄧㄢ ㄒㄧㄢˊ/
yìshí sàngshīxíng diānxián
absence seizure
【医】台湾名。即“失神发作”(1019 页)。

意义识记/意義識記
yìyì shíjì/ㄧˋ ㄧˋ ㄕˊ ㄐㄧˋ
meaningful memorization
【心】又称“理解识记”。在理解材料意义的基础上,依靠材料本身的内在联系进行的识记。往往与积极的思维活动密切相连,运用已有的知识经验,能提高识记的效率并增强记忆的牢固性,效果明显优于机械识记。

意志/意志 yìzhì/ㄧˋ ㄓˋ
will
【心】人自觉地确定目的,并根据目的来支配和调节行动,克服困难,实现目的的心理过程。是内部意识向外部行为转化的过程,表现在人的实际行动上,是心理的能动性、积极性的集中体现,但并非一切行动都是意志行动。人的一般性的行为习惯、自动化的动作、无意的动作、本能行为等都不能称为意志。

意志缺失/意志缺失
yìzhì quēshī/ㄧˋ ㄓˋ ㄑㄩㄝ ㄕ
abulia
【医】对未来缺乏要求或打算,甚至自己的生活也处在被动状态,处处均要别人督促的思维。

溢出/溢位 yìchū/ㄧˋ ㄨㄟˋ
overflow
【信息】运算结果超出计算机采用数制的容量时出现的状况。

溢位 ㄧˋ ㄨㄟˋ/yìwèi
overflow
【信息】台湾名。即“溢出”(1342 页)。

薏米/薏米 yìmǐ/ㄧˋ ㄇㄧˇ
Chinese Job's tears
【植】*Coix lacryma-jobi* var. *ma-yuen* 台湾又称“薏仁米”。禾本科薏苡属。一年生草本植物。秆具节,多分枝。叶片宽大开展。总状花序腋生,雄花序在上,雌花序在下,总苞甲壳质,椭圆形,先端成喙,有纵长直条纹,按压易破。颖果大,长圆形,腹面具宽沟,基部有种脐,质地粉性坚实,白或黄白色。花果期7—12月份。在中国,分布于辽宁以南、陕西以东各地。果实可作粮食,称苡仁,还可入药。

薏仁米 ㄧˋ ㄖㄣˊ ㄇㄧˇ/yìrénmǐ

Chinese Job's tears

【植】台湾名。即"薏米"(1342页)。

薏苡/薏苡 yìyǐ/ㄧˋ ㄧˇ

job's tears

【植】*Coix lacryma-jobi* 又称"菩提子"。禾本科薏苡属。一年生草本植物。秆直立,粗壮,丛生,节多分枝。叶鞘短于节间,叶片扁平宽大,中脉明显,边缘粗糙。总状花序腋生,雌小穗在下,雄小穗在上,总苞坚硬,骨质念珠状。颖果小,不饱满。花果期6—12月份。在中国,分布于除辽宁以北、陕西以西、内蒙古、西藏以外的各地。野生杂草。

薏苡仁/薏苡仁 yìyǐrén/ㄧˋ ㄧˇ ㄖㄣˊ

Semen Coicis(拉), coix seed

【中医】中药名。禾本科植物薏苡 *Coix lacryma-jobi* L. var. *ma-yuen* (Roman.) Stapf 的干燥成熟种仁。味甘、淡,性凉。归脾、胃、肺经。健脾渗湿,除痹止泻,清热排脓。用于水肿,脚气,小便不利,湿痹拘挛,脾虚泄泻,肺痈,肠痈;扁平疣。

薏苡

📖 东汉建武年间,交趾地区爆发叛乱,汉光武帝刘秀派马援率军平乱。交趾气候湿热,瘴疟横行,当地百姓常食薏苡仁抵御邪气。汉军食之,果能驱邪防病。两年后叛乱平息。回京时,马援载一车薏苡仁,欲将其引种中原。抵京之时,朝中权贵见之,以为是岭南珍宝。不久,马援去世,有人上书朝廷,诬陷马援返京载回"明珠"一车,窃归己有。光武帝闻之大怒。马援家人得知,十分惊恐,竟不敢葬马援于祖茔,亲朋好友亦不敢吊唁。此即"薏苡之谤"。

翼/翼 yì/ㄧˋ

wing

【动】通称"翅"。动物的飞行器官。主要包括昆虫的翅和鸟类的翅。昆虫的翅通常两对,呈膜状,翅面上有纵横交错的翅脉,有的前翅变成角质或革质。鸟类的翅由脊椎动物的前肢特化而成,其上着生大型飞羽。

翼艙 ㄧˋ ㄘㄤ/yìcāng

wing tank

【船】台湾名。即"边舱"(58页)。

翼櫃 ㄧˋ ㄍㄨㄟˋ/yìguì

wing tank

【船】台湾名。即"边舱"(58页)。

翼龙/翼龍 yìlóng/ㄧˋ ㄌㄨㄥˊ

pterosaur

【地】*Pterosauria* 一种飞翔的恐龙。是最早出现的飞行的爬行动物。前肢第四指骨加长加粗,支撑由身体侧面延展的皮膜,形成翼,翼从胸部延展到极长的第四手指上。不同品种之间体形差异非常大。三叠纪晚期出现,白垩纪末灭绝。

翼朴 yìpò/ㄧˋ ㄆㄛˋ

【植】即"青檀"(913页)。

翼展/翼展 yìzhǎn/ㄧˋ ㄓㄢˇ

span

【航】又称"机翼展长"。飞机左右机翼翼梢最外端点之间的距离。

镱/鐿 yì/ㄧˋ

ytterbium

【化】金属元素。属周期表第ⅢB族(镧系),符号Yb,原子序数70。原子量173.1。自然界主要存在于黑稀金矿、磷钇矿和独居石中。单质为α型银白色金属,质软,延展性好,化学性质比较活泼,二价盐绿色,三价盐无色,氧化物白色。可用于制作光纤通信材料和激光器等。

📖 1878年,瑞士的马利纳克(J.C.G. de Marignac)发现铒土中还存在一种新元素的氧化物,这种新元素即为镱。拉丁文定名为ytterbium,源自Ytterby,意思是"乙特尔比小镇",用以纪念最早发现含钇矿石的地方。中文定名为"镱",是形声字。

癔病 ㄧˋ ㄅㄧㄥˋ/yìbìng

hysteria

【医】台湾名。即"癔症"(1343页)。

癔症/癔病 yìzhèng/ㄧˋ ㄅㄧㄥˋ

hysteria
【医】又称“歇斯底里”。一种以遗忘、漫游、假性惊厥、假性瘫痪、假性感觉缺失、神灵附体、木僵和/或出神为标志的综合征。

Y

yin （ㄧㄣ）

因变量/因變數
yīnbiànliàng/ㄧㄣ ㄅㄧㄢˋ ㄕㄨˋ
dependent variable
【数】又称“应变量”。函数 $y=f(x)$ 中，y 叫作因变量，它随自变量 x 的变化而变化。

因變數 ㄧㄣ ㄅㄧㄢˋ ㄕㄨˋ/yīnbiànshù
dependent variable
【数】台湾名。即“因变量”(1344 页)。

因式/因式 yīnshì/ㄧㄣ ㄕˋ
factor
【数】若整式 C 是包括 A 的若干整式的乘积，即 C 能被 A 整除，则 A 叫作 C 的一个因式。例如，$x^2-1=(x+1)(x-1)$，$x+1$，$x-1$ 和 x^2-1 都是 x^2-1 的因式。

因式分解/因式分解
yīnshì fēnjiě/ㄧㄣ ㄕˋ ㄈㄣ ㄐㄧㄝˇ
factorization
【数】把一个整式写成若干个整式相乘的形式。例如，$a^2-1=(a+1)(a-1)$，$ab+2a=a(b+2)$等。

因数/因數 yīnshù/ㄧㄣ ㄕㄨˋ
factor
【数】又称“约数”。若 $c=a\times b$，其中 a，b 是整数，则 a，b 叫作 c 的因数，c 叫作 a，b 的倍数。例如，$12=1\times12=2\times6=3\times4$，所以 1，2，3，4，6，12 都是 12 的因数。

因数分解/因數分解
yīnshù fēnjiě/ㄧㄣ ㄕㄨˋ ㄈㄣ ㄐㄧㄝˇ
factorization
【数】把一个整数写成两个以上整数的乘积的形式。例如，$12=2\times6$，$12=3\times4$ 都是 12 的因数分解。一个正整数可能有几种不同形式的因数分解，若要求每个因数都是素数，则在不计各因数顺序的情况下只有一种因数分解。例如，$12=2\times2\times3$ 是 12 唯一的素因数分解。

因特网/網際網路
yīntèwǎng/ㄨㄤˇ ㄐㄧˋ ㄨㄤˇ ㄌㄨˋ
Internet
【信息】世界上最大的互联网。由采用 TCP/IP 协议族的众多计算机网互相连接而成。前身是美国国防部高级研究计划署的大型广域网，即阿帕网。

因特网地址
yīntèwǎng dìzhǐ/ㄧㄣ ㄊㄜˋ ㄨㄤˇ ㄉㄧˋ ㄓˇ
【信息】“因特网协议地址”的简称。

因特网电话/網際網路電話
yīntèwǎng diànhuà/
ㄨㄤˇ ㄐㄧˋ ㄨㄤˇ ㄌㄨˋ ㄉㄧㄢˋ ㄏㄨㄚˋ
Internet phone
【信息】以因特网替代公用交换电信网来连接主叫方和被叫方的点对点话音通信。双方均需有计算机、调制解调器、因特网接入以及因特网电话软件包。

因特网服务提供者/網際網路服務提供者
yīntèwǎng fúwù tígōngzhě/
ㄨㄤˇ ㄐㄧˋ ㄨㄤˇ ㄌㄨˋ ㄈㄨˊ ㄨˋ ㄊㄧˊ ㄍㄨㄥ ㄓㄜˇ
Internet service provider, ISP
【信息】为企业用户和个人用户提供因特网服务的机构或企业。

因特网媒体/網際網路媒體
yīntèwǎng méitǐ/ㄨㄤˇ ㄐㄧˋ ㄨㄤˇ ㄌㄨˋ ㄇㄟˊ ㄊㄧˇ
Internet media
【信息】以因特网为平台，以计算机、电视、移动电话等为终端，通过文字、音像等形式来传播新闻的数字化、多媒体传播媒介。相对于报纸、广播、电视三种传统媒体，是“第四媒体”。

因特网内容提供者/網際網路內容提供者
yīntèwǎng nèiróng tígōngzhě/
ㄨㄤˇ ㄐㄧˋ ㄨㄤˇ ㄌㄨˋ ㄋㄟˋ ㄖㄨㄥˊ ㄊㄧˊ ㄍㄨㄥ ㄓㄜˇ
Internet content provider, ICP
【信息】在因特网上以网站形式提供文字、音频、视频等内容及信息的机构或企业。

因特网协议地址/網際網路協定位址
yīntèwǎng xiéyì dìzhǐ/
ㄨㄤˇ ㄐㄧˋ ㄨㄤˇ ㄌㄨˋ ㄒㄧㄝˊ ㄉㄧㄥˋ ㄨㄟˋ ㄓˇ

Internet protocol address

【信息】简称"因特网地址"。因特网上唯一性地标志某一节点,以便与其他节点通信的地址。占 32 位(4 个字节的二进制数),多按十进制以小点分开的四个十进制数的序列来表示。前三个字节标志与宿主机相连的网络,最后一个字节标志宿主机本身。例如 127.0.0.1。

因子/因子 yīnzǐ/ㄧㄣ ㄗˇ

factor

【数】若式子或数 $C=A\times B$,则 A 和 B 叫作 C 的因子。例如,$12=3\times4$,3 和 4 是 12 的因子(因数);$x^2-1=(x+1)(x-1)$,$x+1$,$x-1$ 是 x^2-1 的因子(因式)。

阴道/陰道 yīndào/ㄧㄣ ㄉㄠˋ

vagina

【医】连接子宫和外生殖器的肌性管道。位于骨盆底部、尿道与肛门之间,上端与宫颈相接,下端开口于阴道前庭。是女性性交、月经排出和胎儿娩出的通道。

阴道炎/陰道炎 yīndàoyán/ㄧㄣ ㄉㄠˋ ㄧㄢˊ

vaginitis

【医】发生于阴道部位的炎症。病原体可为细菌、真菌、原虫等,也可因正常菌群失调或过敏引起。可分为浆液性阴道炎和化脓性阴道炎。前者的患部黏膜紧张,有点状出血和水肿;后者阴道有剧烈水肿和疼痛,可排出大量白色或黄色脓液,常有全身症状,如体温升高等。

阴极/陰極 yīnjí/ㄧㄣ ㄐㄧˊ

cathode

【化】见"电解池"(247 页)。

阴极射线/陰極射線

yīnjí shèxiàn/ㄧㄣ ㄐㄧˊ ㄕㄜˋ ㄒㄧㄢˋ

cathode ray

【物】从放电管阴极发射出来的电子束。

阴极似阳/陰極似陽

yīn jí sì yáng/ㄧㄣ ㄐㄧˊ ㄙˋ ㄧㄤˊ

extreme yin with yang manifestation, * extreme yin resembling yang

【中医】阴寒亢盛于里,格阳于外,逼迫虚阳浮越的病理变化。其本质是真寒假热。

阴竭阳脱/陰竭陽脱

yīnjié yángtuō/ㄧㄣ ㄐㄧㄝˊ ㄧㄤˊ ㄊㄨㄛ

depletion of yin causing yang collapse, * exhaustion of yin and desertion of yang

【中医】阴液枯涸,阳气衰败,人体功能衰竭,生命垂危的病理变化。

阴茎/陰莖 yīnjīng/ㄧㄣ ㄐㄧㄥ

penis

【医】男性的外生殖器。长圆柱形,由两个阴茎海绵体和一个尿道海绵体组成,外面包以筋膜和皮肤。有松弛和勃起两种状态,平时柔软,勃起时伸长变粗变硬,是性行为的主要器官,主要功能是排尿、性交和射精。

阴茎套/保險套 yīnjīngtào/ㄅㄠˇ ㄒㄧㄢˇ ㄊㄠˋ

condom

【医】男用避孕工具。由乳胶或其他材料制成,袋状,性交前套在阴茎上,射精时精液排在套前端的小囊内,阻断精液进入阴道,避免受孕。还可防止性传播疾病的感染。

阴离子/陰離子 yīnlízǐ/ㄧㄣ ㄌㄧˊ ㄗˇ

anion

【化】又称"负离子"。见"离子"(720 页)。

阴历/陰曆 yīnlì/ㄧㄣ ㄌㄧˋ

lunar calendar

【天】历法的一种。以朔望月为一个月时间的长度,奇数月为 30 天,偶数月为 29 天,积 12 个月为一年,共 354 天。每年比公历年约少 11 天,故岁首逐年提早,约 33 年循环一周。

📖 中国的农历是阴阳历,但民间通称阴历。伊斯兰教历是一种阴历。

阴连接器/母連接器

yīnliánjiēqì/ㄇㄨˇ ㄌㄧㄢˊ ㄐㄧㄝ ㄑㄧˋ

female connector

【信息】具有插座供插针插入的连接器。组件上多标有 F(female,阴)或 S(socket,插座)。

阴门 yīnmén/ㄧㄣ ㄇㄣˊ

【医】即"外阴"(1165 页)。

阴囊/陰囊 yīnnáng/ㄧㄣ ㄋㄤˊ

scrotum

【医】位于耻骨联合下方的阴茎根部和两侧股上部前内侧会阴间的褶皱状皮肤囊袋。内有睾丸、附睾和精索的下部。

阴跷脉/陰蹺脈

yīnqiāomài/ㄧㄣ ㄑㄧㄠ ㄇㄞˋ

Y

Yin Heel Channel, Yin Heel Vessel
【中医】奇经八脉之一。起于内踝下照海穴，经过内踝后，沿下肢内侧上行，经阴部，沿腹、胸进入缺盆，再上行，出人迎穴之前，经鼻旁，到目内眦，与手足太阳经、阳跷脉会合。主一身左右之阴。

阴山/陰山 Yīn Shān/ㄧㄣ ㄕㄢ
Yinshan Mountain
【地】山脉名。位于内蒙古中部，东起河北西北部，西至内蒙古巴彦淖尔的狼山，全长约1200千米，南北宽50～100千米，海拔1500～2300米。是黄河流域的北部界线，季风与非季风区的分界线，也是中国古代游牧文化与农耕文化的分界线。

阴生植物/嗜陰植物
yīnshēng zhíwù/ㄕˋ ㄧㄣ ㄓˊ ㄨˋ
sciophyte
【植】台湾又称"陰地植物"。在较弱光照条件下生长良好的植物。

阴水/陰水 yīnshuǐ/ㄧㄣ ㄕㄨㄟˇ
yin edema, * yin water
【中医】水肿病之一。多因五脏虚衰，水失健运而致水液停蓄所致，症见水肿多由下而上，继则全身，以面浮足肿，或下肢先肿，肿处皮肤松弛、按之凹陷不易恢复，甚则按之如泥，兼见不烦渴、小便少但不赤涩、大便溏薄、神疲气怯等。治宜健脾、温肾，以扶正为主。病程较长。

阴天/陰天 yīntiān/ㄧㄣ ㄊㄧㄢ
overcast
【气】天空状况的一种。中、低云遮蔽天空8成(80%)以上，阳光不能透过云层或透过很少，天色阴暗。

阴脱 yīntuō/ㄧㄣ ㄊㄨㄛ
【中医】即"亡阴"(1170页)。

阴维脉/陰維脈
yīnwéimài/ㄧㄣ ㄨㄟˊ ㄇㄞˋ
Yin Link Channel, Yin Link Vessel
【中医】奇经八脉之一。起于小腿内侧足三阴经交会之处，沿下肢内侧上行，至腹部，与足太阴脾经同行，到胁部，与足厥阴经相合，然后上行至咽喉，合于任脉。具有维系、联络全身阴经的作用。

阴虚/陰虛 yīnxū/ㄧㄣ ㄒㄩ
yin deficiency
【中医】阴分不足，津血亏损，滋润、荣养不够的病理变化。也指因阴不制阳，出现阳相对亢盛的虚性机能亢奋的病理变化。

阴虚火旺/陰虛火旺
yīnxū huǒwàng/ㄧㄣ ㄒㄩ ㄏㄨㄛˇ ㄨㄤˋ
hyperactivity of fire due to yin deficiency
【中医】阴不制阳，阳相对亢盛而致虚火炽盛的病理变化。可见烦躁易怒，两颧潮红，性欲亢进等症。

阴虚火旺证/陰虛火旺證
yīnxū huǒwàngzhèng/
ㄧㄣ ㄒㄩ ㄏㄨㄛˇ ㄨㄤˋ ㄓㄥˋ
syndrome of hyperactivity of fire due to yin deficiency, * pattern of yin vacuity with effulgent fire
【中医】又称"虚火证"。中医证候之一。阴精亏损，虚火亢旺所致，以骨蒸潮热，口燥咽干，烦躁失眠，盗汗，颧红，便秘尿短，舌红少津，脉细数(shuò)，或遗精，或出血，或口舌生疮等为常见症。

阴虚证/陰虛證
yīnxūzhèng/ㄧㄣ ㄒㄩ ㄓㄥˋ
yin deficiency syndrome, * yin vacuity pattern
【中医】中医证候之一。阴精、阴液不足所致，以形体消瘦，头晕耳鸣，口燥咽干，便秘尿赤，午后潮热，颧红，盗汗，舌红少苔或无苔，脉细数(shuò)等为常见症。

阴阳格拒/陰陽格拒
yīnyáng géjù/ㄧㄣ ㄧㄤˊ ㄍㄜˊ ㄐㄩˋ
expulsion of yin-yang, * yin-yang block and repulsion
【中医】由于各种原因导致阴阳互根、相互维系的关系破裂，以致阴或阳一方偏盛至极，壅遏于内，而将另一方排斥格拒于外的病理变化。

阴阳离决/陰陽離決
yīnyáng líjué/ㄧㄣ ㄧㄤˊ ㄌㄧˊ ㄐㄩㄝˊ
divorce of yin-yang, * severance of yin and yang
【中医】阴阳分离，失其维系，生命垂危的病理变化。

阴阳历/陰陽合曆

yīnyánglì/ㄧㄣ ㄧㄤˊ ㄌㄧˋ

lunisolar calendar

【天】历法的一种。兼顾月相变化周期和太阳周年运动而制定。一年有 12 个朔望月，过若干年安置一个闰月，使年的平均值与回归年大致相当。中国的农历即为典型的阴阳历。其中二十四节气依太阳位置而定，以利指导农事；月份则根据月相来划分以便计日。

阴阳偏盛/陰陽偏盛

yīnyáng piānshèng/ㄧㄣ ㄧㄤˊ ㄆㄧㄢ ㄕㄥˋ

excess of either yin or yang, * yin-yang exuberance

【中医】阴偏盛导致阳虚，阳偏盛导致阴虚的病理变化的总称。阴邪以寒、静、湿为特点，侵犯人体，致阴偏盛；阳邪以热、动、燥为特点，侵犯人体，致阳偏盛。

阴阳偏衰/陰陽偏衰

yīnyáng piānshuāi/ㄧㄣ ㄧㄤˊ ㄆㄧㄢ ㄕㄨㄞ

deficiency of either yin or yang, * yin-yang debilitation

【中医】机体各种阴阳之气虚弱的病理变化的总称。

阴阳失调/陰陽失調

yīnyáng shītiáo/ㄧㄣ ㄧㄤˊ ㄕ ㄊㄧㄠˊ

yin-yang disharmony

【中医】阴阳失去平衡协调的各种病理变化的总称。

阴阳学说/陰陽學説

yīnyáng xuéshuō/ㄧㄣ ㄧㄤˊ ㄒㄩㄝˊ ㄕㄨㄛ

yin-yang theory

【中医】中医基本理论之一。在阴阳概念的基础上建立，将古代哲学的阴阳概念及其对立统一、依存互根、消长转化和相对平衡关系贯穿于自然与人体的关系中，认识人体生理和病理发生、发展、变化的根源及规律。广泛应用于辨证论治的各个方面，用以说明人体的组织结构、生理功能、病理变化，并指导疾病的诊断和治疗。

📖 阴阳学说是中国周秦时代形成的一种哲学理论，应用于各种学术领域。中医学认为世界的本原是物质性的元气，元气分为阴气和阳气两大类，阴阳二气相互作用产生了万事万物，一切事物的变化都是在两种对立势力的相互作用之下发生的。阳趋向为明亮、活跃、向前、向上、温热、充实、外露、伸张、扩散、开放、五脏、风、暑、温燥、火等；阴趋向为暗晦、沉静、向后、向下、寒凉、虚空、内藏、压缩、凝聚、闭阖、六腑、寒、凉燥、湿等。事物的阴阳属性不是绝对不变的，它通过与自己的对立面相比较而确定。如五脏之中又可分阴阳：心、肺在膈以上属阳，肝、脾、肾在膈以下属阴。各脏内部还可分阴阳，如心阴、心阳，肾阴、肾阳等。中医的八纲辨证即用阴阳来统领表里寒热虚实，故证候可分阴证阳证。相应的治疗、方药也分阴阳。

茵陈/茵陳 yīnchén/ㄧㄣ ㄔㄣˊ

Herba Artemisiae Scopariae(拉), virgate wormwood herb

【中医】中药名。菊科植物猪毛蒿 *Artemisia scoparia* Waldst. et Kit. 或茵陈蒿 *A. capillaries* Thunb. 的干燥地上部分。味苦、辛，性微寒。归脾、胃、肝、胆经。清湿热，退黄疸。用于黄疸尿少，湿疮瘙痒；传染性黄疸型肝炎。

茵陈蒿

📖 茵陈旧称茵陈蒿。是多年生草本植物，古人见其每年春季在原地发芽，"因旧苗而生"，故名。

茵陈蒿汤/茵陳蒿湯

yīnchénhāotāng/ㄧㄣ ㄔㄣˊ ㄏㄠ ㄊㄤ

yinchenhao decoction, yinchenhao tang

【中医】中医方剂名。组成：茵陈 18 克，栀子 9 克，大黄 6 克。水煎服。清热利湿退黄。治疗湿热黄疸(阳黄)，一身面目俱黄，黄色鲜明，腹微满，口中渴，小便短赤，舌苔黄腻，脉沉数(shuò)等。茵陈旧称茵陈蒿。

音場 ㄧㄣ ㄔㄤˇ/yīnchǎng

sound field

【信息】台湾名。即"声场"(1016 页)。

音带/磁帶 yīndài/ㄘ ㄉㄞˋ

tape

【信息】录音磁带。多指盒式录音带。

音调/音調 yīndiào/ㄧㄣ ㄉㄧㄠˋ

pitch

【物】根据听觉判断声音的高低程度。主要取决于声音的频率。频率越高，感觉音调也越高。还与声音的强度有关。

Y

音頻通道

ㄧㄣ ㄆㄧㄣˊ ㄊㄨㄥ ㄉㄠˋ/yīnpín tōngdào

voice channel

【信息】台湾名。即“话路”(521 页)。

音色/音色 yīnsè/ㄧㄣ ㄙㄜˋ

musical quality

【物】又称“音质”。根据听觉判断的声音特色。伴随复音出现。主要取决于声音的频谱，不同的人、不同的乐器发音的音色不同。

音像/影音 yīnxiàng/ㄧㄥˇ ㄧㄣ

phonotape and videotape

【信息】录音和录像的合称。

音效卡 ㄧㄣ ㄒㄧㄠˋ ㄎㄚˇ/yīnxiàokǎ

sound card, audio card

【信息】台湾名。即“声卡”(1017 页)。

音质 yīnzhì/ㄧㄣ ㄓˊ

【物】即“音色”(1348 页)。

陰地植物 ㄧㄣ ㄉㄧˋ ㄓˊ ㄨˋ/yīndì zhíwù

sciophyte

【植】台湾名。即“阴生植物”(1346 页)。

陰電性 ㄧㄣ ㄉㄧㄢˋ ㄒㄧㄥˋ/yīndiànxìng

electronegativity

【化】台湾名。即“电负性”(244 页)。

陰囊積水

ㄧㄣ ㄋㄤˊ ㄐㄧ ㄕㄨㄟˇ/yīnnáng jīshuǐ

hydrocele

【医】台湾名。即“鞘膜积液”(910 页)。

铟/銦 yīn/ㄧㄣ

indium

【化】金属元素。属周期表第ⅢA 族，符号 In，原子序数 49。原子量 114.8。单质为银白色金属，质软，延展性好，耐蚀性极强，化学性质活泼，燃烧时火焰呈紫色，有毒。自然界无单独矿物，常与锡、锌等矿物共生。可用来制合金，氧化铟锡薄膜用于制备液晶显示器，磷化铟是重要的半导体材料。

📖 1863 年，德国的赖希(F.Reich)和里希特(H.T.Richter)从矿石的发射光谱中发现一条未知的亮蓝色谱线；里希特于 1864 年分离出该元素的单质。拉丁文命名为 indium，源自希腊文 indikon，意思是“靛蓝”。中文定名为“铟”，是形声字。

银/銀 yín/ㄧㄣˊ

silver

【化】金属元素。属周期表第IB 族，符号 Ag，原子序数 47。原子量107.9。自然界有自然银，也存在于辉银矿、角银矿等中。单质为白色而有光泽的金属，延展性好，是导热和导电性能最好的金属。化学性质稳定。可用于制造合金、银箔、感光材料等，也用于珠宝业、电子元件以及医疗等方面。

📖 6000 年前，人类发现了银。虽然银的储量为金的几十倍，但发现得比金晚了 15 个世纪。拉丁名定名为 argentum，源自希腊文 argyros，意思是“明亮”。中文定名为“银”，是形声字。

银白杨/銀白楊

yínbáiyáng/ㄧㄣˊ ㄅㄞˊ ㄧㄤˊ

abele

【植】*Populus alba* 杨柳科杨属。落叶高大乔木。树冠宽阔，树皮平滑，白色至灰白色。萌条圆筒形被毛，芽卵圆形，先端尖。叶宽卵形，掌状 3～5 浅裂，裂片先端尖，基部楔形、圆形或近心形，边缘凹缺。雌雄异株，柔荑花序较短，下垂。花期 4—5 月份。中国分布于辽宁南部，以及西北、华北。绿化造林树种，木材可用。

银耳/銀耳 yín'ěr/ㄧㄣˊ ㄦˇ

tremella

【植】*Tremella fuciformis* 又称“白木耳”。菌类。银耳科银耳属。子实体没有柄，花朵状，由多个瓣片组成。新鲜时软，纯白色，胶质。干后硬骨质，且强烈收缩。中国各地均有栽培。多生于倒木上。药食兼用。

银河/銀河 yínhé/ㄧㄣˊ ㄏㄜˊ

Milky Way

【天】从地球上观测到的银河系主体在天球上的投影。在晴朗夜空中呈现为一条边界不规则的乳白色亮带，用望远镜观察，可看出银河由众多的恒星和星云组成，星云有亮有暗。银河在星空勾画出一条轮廓不很规则、宽窄

不一的带，称为银道带，其最宽处达 30°，最窄处也超过 10°。

银河系/銀河系 yínhéxì/ㄧㄣˊ ㄏㄜˊ ㄒㄧˋ

Galaxy

【天】地球和太阳所在的星系。为棒旋星系，因其投影在天球上的乳白亮带称银河，故名。银河系的主体称为银盘，呈透镜状，直径约 25 千秒差距，厚约 1～2 千秒差距。高光度星、银河星团和银河星云组成的旋涡结构勾画出银盘上的旋臂。中心为一个大质量的核球，其长轴长 4～5 千秒差距，厚 4 千秒差距。整个银河系为直径约 30 千秒差距的球状银晕笼罩，银晕中最亮的成员是球状星团。银河系的质量约 1.4×10^{11} 太阳质量，其中恒星约占 90%，气体和尘埃组成的星际物质约占 10%。银河系整体做较差自转，太阳在银道面以北约 8 秒差距处，距银心约 10 千秒差距，以每秒 250 千米速度绕银心运转，2.5 亿年转一周。

银环蛇/銀環蛇

yínhuánshé/ㄧㄣˊ ㄏㄨㄢˊ ㄕㄜˊ

bungarus

【动】*Bungarus multicinctus* 又称"寸白蛇"。爬行动物名。蛇目眼镜蛇科环蛇属。体长可达 1 米以上，头呈椭圆形，身体上有黑白相间的横纹，白色部分像银环，腹面、上唇、颈部均呈乳白色，尾梢细长，有毒。生活在平原、丘陵地区，夜晚活动，以鱼、蛙、鼠和其他蛇类为食。在中国，广泛分布于南方地区。

银匠式/銀匠式

yínjiàngshì/ㄧㄣˊ ㄐㄧㄤˋ ㄕˋ

Plateresque

【建】西班牙的建筑和装饰风格。始于 15 世纪末，并持续影响之后两个世纪。其结合伊斯兰复杂的建筑装饰和意大利文艺复兴式建筑的特点，建筑和装饰十分精致。当时西班牙从美国获得大量金银，兴起银匠业，并将大量金银用于建筑装饰，故名。

银莲花/銀蓮花

yínliánhuā/ㄧㄣˊ ㄌㄧㄢˊ ㄏㄨㄚ

cathayan windflower

【植】*Anemone cathayensis* 毛茛科银莲花属。多年生草本植物。根状茎不高，基生叶有长柄，叶片圆肾形，三全裂，中全裂片又中裂，裂片再裂，侧全裂片三深裂。花莛数根，苞片似叶，萼片花瓣状，白色带粉红色，花瓣无。花期 4—7 月份。在中国，分布于东北、山西、河北。野生花草。栽培品种可作观赏花卉。

银翘散/銀翹散

yínqiáosǎn/ㄧㄣˊ ㄑㄧㄠˊ ㄙㄢˇ

yinqiao powder, yinqiao san, * Lonicera and Forsythia Powder

【中医】中医方剂名。组成：连翘 15 克，金银花 15 克，苦桔梗 6 克，薄荷 6 克，竹叶 4 克，生甘草 5 克，荆芥穗 4 克，淡豆豉 5 克，牛蒡子 6 克，芦根适量。水煎服。辛凉透表，清热解毒。治疗温病初起。发热无汗，或有汗不畅，微恶风寒，头痛口渴，咳嗽咽痛，舌尖红，苔薄白或微黄，脉浮数(shuò)。

银杉/銀杉 yínshān/ㄧㄣˊ ㄕㄢ

cathaya

【植】*Cathaya argyrophylla* 松科银杉属。常绿乔木。树皮暗灰色，裂成薄片。大枝平展，小枝节间上端生长缓慢甚至成锯状。叶螺旋状排列，呈辐射状伸展，条形，常镰状弯曲，先端圆，下面中脉两侧具明显的粉白色气孔带。雌雄同株。球果卵圆形，下垂。在中国，分布于广西龙胜和四川南川。中国特有种。

银杏/银杏 yínxìng/ㄧㄣˊ ㄒㄧㄥˋ

ginkgo

【植】*Ginkgo biloba* 俗称"白果"。银杏科银杏属。落叶乔木。枝近轮生，斜上伸展；短枝密被叶痕，黑灰色。叶柄长，叶片扇形，有多数叉状并列细脉，短枝上叶簇生，边缘有缺刻；长枝上叶螺旋状散生，边缘两裂，秋季由绿转黄。球花雌雄异株，簇生状。种子椭圆形至圆球形，外种皮肉质，熟时黄色，被白粉，有臭气；中种皮白色，骨质，具纵脊；内种皮膜质，淡红褐色；胚乳肉质，味甘略苦。花期 3—4 月份，种子 9—10 月份成熟。在中国除西部和北部外，大部分地区均有栽培。观赏树木。种子可食，还可入药。中生代孑遗树种，中国特有种。

淫窥 ㄧㄣˊ ㄎㄨㄟ/yínkuī

voyeurism

【医】台湾名。即"窥阴癖"(703 页)。

淫羊藿/淫羊藿

yínyánghuò/ㄧㄣˊ ㄧㄤˊ ㄏㄨㄛˋ

Herba Epimedii(拉), epimedium herb

【中医】又称"仙灵脾"。中药名。小檗科植物淫羊藿 *Epimedium brevicornu* Maxim.、箭叶淫羊藿 *E. sagittatum* (Sieb. et Zucc.) Maxim.、柔毛淫羊藿 *E. pubescens* Maxim. 或朝鲜淫羊藿 *E. koreanum* Nakai 的干燥叶。味辛、甘,性温。归肝、肾经。补肾壮阳,强筋健骨,祛风除湿。用于阳痿遗精,尿频失禁,筋骨痿软,风湿痹痛,麻木拘挛;更年期高血压。

📖 陶弘景《本草经集注》记载,西北地区有一种"淫羊",食用一种植物,每天可以交配一百次,这种植物被称为"淫羊藿"。现代炮制淫羊藿药材时,也用羊油拌炒。

淫羊藿　　箭叶淫羊藿

柔毛淫羊藿　　朝鲜淫羊藿

引产/引產 yǐnchǎn/ㄧㄣˇ ㄔㄢˇ

induction of labor

【医】妊娠 13 周后,通过药物或手术引起子宫收缩以结束妊娠的行为。可分为中期引产(妊娠 14～28 周)和晚期引产(妊娠 28 周以后)。

引导/引導 yǐndǎo/ㄧㄣˇ ㄉㄠˇ

boot

【信息】以重新装入操作系统并清除内存的方式将计算机初始化。

引导雷达/引導雷達

yǐndǎo léidá/ㄧㄣˇ ㄉㄠˇ ㄌㄟˊ ㄉㄚˊ

directing radar

【军】又称"地面控制截击雷达"。军用雷达的一种。引导己方歼击机拦截入侵的敌方航空武器。通常配置在作战指挥中心或航空兵基地附近,根据指挥中心的预警情报开机和截获目标,向指挥员提供空中敌方目标和己方歼击机精确的坐标与运动参数,以便指挥、引导己方歼击机到达有利攻击位置。

引動器 ㄧㄣˇ ㄉㄨㄥˋ ㄑㄧˋ/yǐndòngqì

actuator

【机】台湾名。即"执行机构"(1442 页)。

引河/引河 yǐnhé/ㄧㄣˇ ㄏㄜˊ

pilot cut

【水利】人工开挖的引水河道。常在河道裁弯取直工程中开挖河道,利用水流的力量冲成新河道;或在堵塞决口时开挖河道,将水引入下游河槽,借以减少抢险处的水量。

引经/引經 yǐnjīng/ㄧㄣˇ ㄐㄧㄥ

channel affinity, channel ushering, * channel conduction

【中医】某药物可以引导其他药物作用趋向某经或直达病所,提高临床疗效。例如,桔梗入肺经,在补气的方剂中加入桔梗,可以增强补肺气的作用。

引力常量/重力常數

yǐnlì chángliàng/ㄓㄨㄥˋ ㄌㄧˋ ㄔㄤˊ ㄕㄨˋ

gravitational constant

【物】见"万有引力定律"(1169 页)。

引力场/重力場

yǐnlìchǎng/ㄓㄨㄥˋ ㄌㄧˋ ㄔㄤˇ

gravitational field

【物】物理场的一种。物体在其中能感受到引力的空间。其中的任何质点都受到指向引力场源的引力作用,其大小与该质点的质量成正比。引力场强度是表征某点引力场矢量特性的物理量,用 g 表示,数值等于引力 F 与质点质量 m 之比,即 $g=F/m$。

引力红移/重力紅移

yǐnlì hóngyí/ㄓㄨㄥˋ ㄌㄧˋ ㄏㄨㄥˊ ㄧˊ

gravitational red shift

【物】广义相对论的结论之一。引力场的存在使得空间不同位置的时间进程出现差别。例如矮星的密度很大,可达$10^5 \sim 10^7$ 千克/米^3,表面引力很强,那里的时间进程变慢,原子发光的频率比地球上偏低,看起来偏红。天文观测已经证实了这个猜想。

📖 红移指光谱线向波长较长的红端的位移。光源(发光的天体)背离观察者运动,会发生红移。红移量越大,表明光源离开观察者的速度越快,距离越远。

引力势能/重力勢能
yǐnlì shìnéng/ㄓㄨㄥˋ ㄌㄧˋ ㄕˋ ㄋㄥˊ
gravitational potential energy

【物】台湾又称"重力位能"。势能的一种。物体(质点)在万有引力场中具有的势能。取引力中心的位置为坐标原点,设引力源的质量为M,距引力中心的距离为r处,质量为m的质点所受的引力为$F=GMm/r^2$。取无穷远处为势能0点,质点在r处的引力势能为$V=-W=-GMm/r$,其力线沿球半径r指向球心。

引力相互作用/重力相互作用
yǐnlì xiānghù zuòyòng/
ㄓㄨㄥˋ ㄌㄧˋ ㄒㄧㄤ ㄏㄨˋ ㄗㄨㄛˋ ㄩㄥˋ
gravitational interaction

【物】基本相互作用的一种。长程力,支配着所有具有质量物体的运动。在微观领域里,远远弱于其他三种相互作用。在天体、星系、宇宙结构中起重要作用。理论上,传递引力相互作用的是引力子。但尚未在实验上发现引力子的存在。

引擎/引擎 yǐnqíng/ㄧㄣˇ ㄑㄧㄥˊ
engine

【信息】计算机技术中决定程序如何管理和操纵数据的处理器或程序段。例如数据库引擎包含操作数据库的工具;万维网搜索引擎具有搜索索引,以便与用户录入的关键字匹配。

引信/引信 yǐnxìn/ㄧㄣˇ ㄒㄧㄣˋ
fuze

【军】又称"信管"。装在炮弹、炸弹、地雷等上的一种引爆装置。包括发火控制系统、安全系统、传爆序列和能源装置四部分。利用目标信息和环境信息,在预定条件下引爆或引燃弹药战斗部装药的控制装置(系统)。炮弹弹种不同和对付目标不同,需要选择不同的引信。按作用原理不同,可分为触发引信、非触发引信和时间引信;按配用的弹药不同,可分为炮弹引信、迫击炮弹引信、火箭弹引信、导弹引信、手榴弹引信、航空炸弹引信、深水炸弹引信、地雷引信、水雷引信、鱼雷引信等;按配置在弹药的部位不同,可分为弹头引信、弹底(弹尾)引信、弹身引信,以及弹头激发弹底引爆引信等;按安全程度不同,可分为隔离雷管型引信、不需隔爆型引信、隔离火帽型引信和没有隔离引信等。

吲哚/吲哚 yǐnduǒ/ㄧㄣˇ ㄉㄨㄛˇ
indole

【化】杂环化合物。分子式C_8H_7N。无色片状晶体,空气中或光照下易变色,不纯物有浓烈的臭味,纯品高度稀释的溶液有香味。可用于制香料、染料和药物。

饮料/飲料 yǐnliào/ㄧㄣˇ ㄌㄧㄠˋ
beverage

【轻】经加工制成的供人直接饮用的液体食品。通常以水为基本原料,配以果蔬、茶、咖啡、乳和甜味剂等,采用不同的生产工艺和配方制成。能补充人体水分,并含有糖、酸、乳及各种氨基酸、维生素、无机盐等营养成分。可分为酒精饮料和无醇饮料两类。常见的有葡萄酒、啤酒、茶、咖啡、果蔬汁及各种汽水等。

饮片/飲片 yǐnpiàn/ㄧㄣˇ ㄆㄧㄢˋ
prepared drug in pieces, * decocting pieces

【中医】经加工和炮制后达到质量标准,直接用于配方的中药。如炒白术、煅龙骨、酒大黄等。

饮证/飲證 yǐnzhèng/ㄧㄣˇ ㄓㄥˋ
fluid retention syndrome, * rheum pattern

【中医】又称"水饮内停证"。中医证候之一。水饮停聚体内所致,以眩晕,胸脘痞闷,呕吐清水、涎液,苔滑,脉弦滑等为常见症。又因水饮停聚的部位不同而表现不同。

隐错/錯誤 yǐncuò/ㄘㄨㄛˋ ㄨˋ
bug

【信息】导致计算机程序误动作或得不到正确结果的编程错误。

隐睾/隱睪 yǐngāo/ㄧㄣˇ ㄍㄠ

cryptorchidism, undescended testicle
【医】睾丸在发育过程中没有下降到正常阴囊位置的先天性畸形。包括腹腔内隐睾、腹股沟管隐睾、阴囊高位隐睾、异位隐睾和滑动睾丸。

隐函数/隱函數
yǐnhánshù/ㄧㄣˇ ㄏㄢˊ ㄕㄨˋ
implicit function
【数】若二元方程 $F(x,y)=0$ 隐含了函数关系 $y=f(x)$,即 $F(x,f(x))=0$,则称 $y=f(x)$为 $F(x,y)=0$ 确定的隐函数,$F(x,y)=0$ 为隐函数形式。例如,函数 $y=\sqrt{1-x^2}$ 和 $y=-\sqrt{1-x^2}$ 是方程 $x^2+y^2-1=0$ 确定的隐函数,$x^2+y^2-1=0$ 为隐函数形式。类似地,若方程 $F(x_1,x_2,\cdots,x_n,y)=0$ 隐含了函数关系 $y=f(x_1,x_2,\cdots,x_n)$,即 $F(x_1,x_2,\cdots,x_n,f(x_1,x_2,\cdots,x_n))=0$,则称 $y=f(x_1,x_2,\cdots,x_n)$为 $F(x_1,x_2,\cdots,x_n,y)=0$ 确定的隐函数,$F(x_1,x_2,\cdots,x_n,y)=0$为隐函数形式。

隐花植物
yǐnhuā zhíwù/ㄧㄣˇ ㄏㄨㄚ ㄓˊ ㄨˋ
【植】即“孢子植物”(36 页)。

隐身材料/隱身材料
yǐnshēn cáiliào/ㄧㄣˇ ㄕㄣ ㄘㄞˊ ㄌㄧㄠˋ
stealthy materials
【材】用于降低目标可探测性的材料。按其针对的探测器不同,可分为雷达隐身材料、红外隐身材料和可见光隐身材料;按应用的状态不同,可分为涂层、贴片、罩网或结构隐身材料。

隐身飞机 yǐnshēn fēijī/ㄧㄣˇ ㄕㄣ ㄈㄟ ㄐㄧ
【航】即“隐形飞机”(1352 页)。

隐式寻址/隱含定址
yǐnshì xúnzhǐ/ㄧㄣˇ ㄏㄢˊ ㄉㄧㄥˋ ㄓˇ
implicit addressing
【信息】指令的操作部分兼指代一个或几个操作数的存储部位的寻址方法。例如当计算机只有一个累加器时,引用该累加器的指令就无需其地址信息。

隐头果/隱頭果
yǐntóuguǒ/ㄧㄣˇ ㄊㄡˊ ㄍㄨㄛˇ
hypanthodium
【植】又称“榕果”。由隐头花序形成的果实。如榕属植物的果实。

隐头花序/隱頭花序
yǐntóu huāxù/ㄧㄣˇ ㄊㄡˊ ㄏㄨㄚ ㄒㄩˋ
hypanthium
【植】花序的一种。花序轴顶端膨大并内陷形成中空的总花托,无柄小花着生于腔室壁上。如榕属的花序。

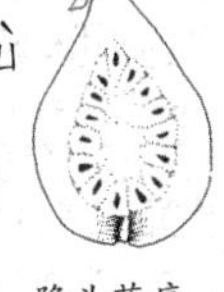
隐头花序示意图

隐形飞机/隱形飛機
yǐnxíng fēijī/ㄧㄣˇ ㄒㄧㄥˊ ㄈㄟ ㄐㄧ
stealth aircraft
【航】又称“隐身飞机”。靠自身的设计使雷达、红外、光学和声学等探测装置难以发现或难以瞄准的飞机。
📖 美国 1956 年首飞的 U-2 型无人驾驶飞机是世界隐形飞机的雏形。

隐形涂料/隱形塗層
yǐnxíng túliào/ㄧㄣˇ ㄒㄧㄥˊ ㄊㄨˊ ㄘㄥˊ
stealthy coating
【化】能通过涂装降低物体可被识别特征的涂料。

隐性遗传/隱性遺傳
yǐnxìng yíchuán/ㄧㄣˇ ㄒㄧㄥˋ ㄧˊ ㄔㄨㄢˊ
recessive inheritance
【生】生物体载有遗传性状的某些基因,传给后代时其显性表达有一定的概率,在子一代没有显性表达,亲代与子代之间隔代遗传。例如父亲是色盲,女儿不是色盲,而外孙又是色盲。

隱含定址
ㄧㄣˇ ㄏㄢˊ ㄉㄧㄥˋ ㄓˇ/yǐnhán dìngzhǐ
implicit addressing
【信息】台湾名。即“隐式寻址”(1352 页)。

隱形塗層
ㄧㄣˇ ㄒㄧㄥˊ ㄊㄨˊ ㄘㄥˊ/yǐnxíng túcéng
stealthy coating
【化】台湾名。即“隐形涂料”(1352 页)。

印巴次大陆
Yìn-Bā Cìdàlù/ㄧㄣˋ ㄅㄚ ㄘˋ ㄉㄚˋ ㄌㄨˋ
【地】即“南亚次大陆”(822 页)。

印表機 ㄧㄣˋ ㄅㄧㄠˇ ㄐㄧ/yìnbiǎojī
printer

【信息】台湾名。即“打印机”(174 页)。

印度洋/印度洋

Yìndù Yáng/ㄧㄣˋ ㄉㄨˋ ㄧㄤˊ

Indian Ocean

【地】世界四大洋之一。位于亚洲、非洲、南极洲和澳大利亚大陆之间。大部分在南半球,面积约 7491 万平方千米,约占世界海洋总面积的 21.1%,是世界第三大洋,平均深度 3897 米,其中蒂阿曼蒂那海沟深 8047 米。大部处于热带,水面平均温度 20～27℃。海洋资源以石油最为丰富,波斯湾是世界海底石油最大的产区。

印刷電路板

ㄧㄣˋ ㄕㄨㄚ ㄉㄧㄢˋ ㄌㄨˋ ㄅㄢˇ/

yìnshuā diànlùbǎn

printed circuit board, PCB

【信息】台湾名。即“印制电路板”(1353 页)。

印堂/印堂 yìntáng/ㄧㄣˋ ㄊㄤˊ

EX-HN3, * Hall of Impression

【中医】经外穴之一。在额部,当两眉头之中间。该穴主治头痛、眩晕、鼻衄、鼻渊、小儿惊风、失眠等病证。

印章石/印章石

yìnzhāngshí/ㄧㄣˋ ㄓㄤ ㄕˊ

sealstone

【地】用于雕刻印章和艺术品的石料。以叶蜡石为主要组分,色彩瑰丽,质地细腻滋润。著名的有福建寿山石、浙江青田石、浙江昌化石和内蒙古巴林石(后两者为鸡血石)。

印制电路板/印刷電路板

yìnzhì diànlùbǎn/

ㄧㄣˋ ㄕㄨㄚ ㄉㄧㄢˋ ㄌㄨˋ ㄅㄢˇ

printed circuit board, PCB

【信息】在非导电材料(塑料、玻璃纤维等)上,装上芯片和其他电子组件(大多插在设计好并预先钻好的孔内)的平板。组件孔之间用预先印制在板面的金属通路连接,电子组件上的金属引线与金属通路焊接在一起形成导电连接。

茚/茚 yìn/ㄧㄣˋ

indene

【化】芳香族化合物。无色液体,化学性质活泼。可用于制造合成树脂,与其他液态烃类混合可用作油漆的溶剂。

yīng (ㄧㄥ)

英尺/呎 yīngchǐ/ㄔˇ

foot

【计量】长度的英制单位。符号 ft。1 英尺＝12 英寸＝0.3048 米。

英寸/吋 yīngcùn/ㄘㄨㄣˋ

inch

【计量】长度的英制单位。符号 in。1 英寸＝0.0254 米。

英德石/英德石 yīngdéshí/ㄧㄥ ㄉㄜˊ ㄕˊ

Yingde stone

【地】具观赏价值的石灰岩。因产于广东英德,故名。有黑色、青灰、灰黑、浅绿等色。常间杂白色方解石条纹。坚而脆,质优的叩之有金属共鸣声。轮廓变化大,常见窥孔石眼。石表褶皱深密,石体通常正面凹凸多变,背面平坦无奇。分阳石和阴石两类。阳石裸露地面,适宜制作假山和盆景或独立成景。

英吨/長噸 yīngdūn/ㄔㄤˊ ㄉㄨㄣˋ

long ton

【计量】又称“长吨”。质量的英制单位。符号 ton。1 英吨＝2240 磅＝1016.0469 千克。

英里/哩 yīnglǐ/ㄌㄧˇ

mile

【计量】长度的英制单位。符号 mile。1 英里＝5280 英尺＝1609.344 米。

英亩/英畝 yīngmǔ/ㄧㄥ ㄇㄨˇ

acre

【计量】土地面积的英制单位。符号 acre。1 英亩＝4046.86 米^2。

英雄树 yīngxióngshù/ㄧㄥ ㄒㄩㄥˊ ㄕㄨˋ

【植】即“木棉”(814 页)。

📖 木棉树形高大,枝干舒展,花红如血,硕大如杯,盛开时好似一团团燃烧跳跃的火苗。在中国被人们视为英雄的象征,故名。

英制/英制 yīngzhì/ㄧㄥ ㄓˋ

British system of units

【计量】单位制的一种。长度的基本单位是英尺(ft),质量的基本单位是磅(lb),时间的基本单位是秒(s)。

Y

婴儿死亡率/嬰兒死亡率
yīng'ér sǐwánglǜ/ㄧㄥ ㄦˊ ㄙˇ ㄨㄤˊ ㄌㄩˋ
infant mortality
【医】婴儿一周岁以内的死亡率。即未满周岁死亡的婴儿在所有活产婴儿中所占的比例。常以一年为时间单位,用千分率(‰)表示。

罂粟/罌粟 yīngsù/ㄧㄥ ㄙㄨˋ
opium poppy
【植】*Papaver somniferum* 罂粟科罂粟属。一年生草本植物。茎直立,不分枝,被白粉。叶互生,卵形或长卵形,先端尖,基部心形,边缘有齿,被白粉。花单生,花梗长,花瓣四枚,近圆形或扇形,边缘浅波状或有裂,有白、粉红、紫红或杂色等颜色;柱头辐射状,联合成扁平的盘状体,边缘深裂。蒴果长圆状椭圆形。花果期3—11月份。植株药用。
📖 罂粟是提取毒品海洛因的主要毒品源植物。中国对罂粟的种植严加控制,除药用科研外,严禁种植。

樱花 yīnghuā/ㄧㄥ ㄏㄨㄚ
【植】"山樱花"的通称。也泛指其他樱属植物。
📖 樱花是日本的国花之一。樱花花期很短,边开边落,很受日本人民喜爱,因而广为种植,并形成了赏樱的民俗。

樱桃/櫻桃 yīngtáo/ㄧㄥ ㄊㄠˊ
cherry
【植】*Cerasus pseudocerasus* 蔷薇科樱属。落叶小乔木。树皮灰白色。叶片卵形,先端尖,基部圆形,边缘有齿,齿端有腺体。伞房状花序,先叶开放,花蕾红色,开放后白色,花瓣卵圆形,先端下凹或二裂。核果近球形,红色,味甜酸。花期3—4月份,果期5—6月份。中国各地均有栽培。果实可作水果。

霙 yīng/ㄧㄥ
sleet
【气】台湾名。即"雨夹雪"(1379页)。

鹦鹉/鸚鵡 yīngwǔ/ㄧㄥ ㄨˇ
parrot
【动】*Psittacula* 俗称"鹦哥"。鸟名。鹦形目鹦鹉科。头大而圆,嘴大弯曲,呈钩状,羽毛色彩华丽,有白、赤、黄、绿等颜色,舌肉质而软嫩。能模仿人说话的声音。栖息于热带森林中,以植物的枝芽、种子、果实等为食,也吃昆虫。种类很多,是著名的观赏鸟。

鹦鹉螺/鸚鵡螺
yīngwǔluó/ㄧㄥ ㄨˇ ㄌㄨㄛˊ
nautilus
【动】*Nautilus pompilius* 软体动物名。头足纲鹦鹉螺目鹦鹉螺科。壳很大,螺旋形,无螺顶,壳面光滑,灰白色,上有红褐色条状斑纹,内面有珍珠光泽,口旁有丝状触角,没有吸盘,用鳃呼吸。生活在海底,以小鱼、软体动物、甲壳动物等为食。主要分布于西南太平洋热带海域,是珍稀动物。

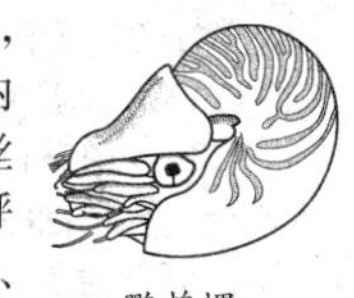
鹦鹉螺

迎春花/迎春花
yíngchūnhuā/ㄧㄥˊ ㄔㄨㄣ ㄏㄨㄚ
winter jasmine
【植】*Jasminum nudiflorum* 木樨科素馨属。落叶灌木。枝条细长,呈拱形下垂,小枝光滑,四棱形。叶对生,三出复叶,小叶卵形,有短尖头,中脉明显。花单生于叶腋,先叶开放,花冠筒形,顶端六裂,黄色。花期3—5月份。在中国,分布于各地。观赏花卉。
📖 迎春花因在百花之中开花最早,花后即迎来百花齐放的春天,故名。

荧光/螢光 yíngguāng/ㄧㄥˊ ㄍㄨㄤ
fluorescence
【化】冷光的一种。入射光停止后发光现象持续存在,持续时间在 10^{-8} 秒以下的称为"荧光"(与温度无关)。寿命很短,多为纳秒数量级。
📖 此处之荧光与生物(如萤火虫)发出的荧光是两种性质完全不同的光,后者是化学发光,称萤光更准确。

萤火虫/螢火蟲
yínghuǒchóng/ㄧㄥˊ ㄏㄨㄛˇ ㄔㄨㄥˊ
firefly
【动】昆虫名。鞘翅目萤科。身体通常细长而扁平,触角丝状,腹部末端下方有发光器,能发带绿色的光。夜晚飞出活动时,其尾部发出荧光。种类很多。

萤火虫

萤石/螢石 yíngshí/ㄧㄥˊ ㄕˊ
fluorite, fluospar

【地】又称"氟石"。矿物。成分为CaF_2，含杂质较多，钙常被钇和铈等稀土元素替代。常呈绿、蓝、紫等色。莫氏硬度4，性脆。在紫外线或阴极射线照射下会发出荧光，当含有稀土元素时，会发出磷光。多数夜明珠就是萤石制成的。是生产氢氟酸的主要原料，也常作玻璃的添加剂，工业用途广泛。

营救直升机

yíngjiù zhíshēngjī/ㄧㄥˊ ㄐㄧㄡˋ ㄓˊ ㄕㄥ ㄐㄧ

【军】即"救援直升机"(651页)。

营养/營養 yíngyǎng/ㄧㄥˊ ㄧㄤˇ

nutrition

【生】❶生物体由外界吸取养料来维持生长发育等生命活动的作用。❷生物在生长发育过程中不断地吸收、摄食赖以生存的各种物质。

营养不良/營養不良

yíngyǎng bùliáng/ㄧㄥˊ ㄧㄤˇ ㄅㄨˋ ㄌㄧㄤˊ

malnutrition

【医】又称"营养失调"。长期营养摄入不足或过剩，或营养素比例不平衡而导致营养不佳的状态。表现为消瘦、皮下脂肪消失、精神萎靡、免疫力低下、生长发育迟缓等。可继发于慢性腹泻、短肠综合征和吸收不良等疾病，食物短缺、缺乏营养知识、饮食结构不合理等，是造成营养不良的主要原因。

营养繁殖/營養生殖

yíngyǎng fánzhí/ㄧㄥˊ ㄧㄤˇ ㄕㄥ ㄓˊ

vegetative reproduction

【生】由植物的根、茎、叶等营养器官形成新个体的生殖方式。如甘薯用块根和茎蔓进行繁殖。广义的营养繁殖与无性繁殖相同。

营养强化/營養強化

yíngyǎng qiánghuà/ㄧㄥˊ ㄧㄤˇ ㄑㄧㄤˊ ㄏㄨㄚˋ

nutrient enrichment

【轻】在食品中加入氨基酸、蛋白质、矿物质、微量元素或维生素，补充在加工过程中已损失或本身缺少的营养素，以提高食品的营养价值。

营养强化剂/營養強化劑

yíngyǎng qiánghuàjì/

ㄧㄥˊ ㄧㄤˇ ㄑㄧㄤˊ ㄏㄨㄚˋ ㄐㄧˋ

nutritional supplement

【轻】为增强营养成分而加入食品中的，天然或人工合成、属于天然营养素范围的食品添加剂。

营养强化食品/營養強化食品

yíngyǎng qiánghuà shípǐn/

ㄧㄥˊ ㄧㄤˇ ㄑㄧㄤˊ ㄏㄨㄚˋ ㄕˊ ㄆㄧㄣˇ

nutrition-fortified foods

【轻】在食品加工过程中人为添加了营养素的食品。

营养缺乏病/營養缺乏症

yíngyǎng quēfábìng/

ㄧㄥˊ ㄧㄤˇ ㄑㄩㄝ ㄈㄚˊ ㄓㄥˋ

nutritional deficiency diseases

【医】机体长期缺少一种或数种营养素而引起的疾病。如缺铁性贫血、单纯性甲状腺肿、佝偻病、巨幼细胞性贫血等。

营养失调

yíngyǎng shītiáo/ㄧㄥˊ ㄧㄤˇ ㄕ ㄊㄧㄠˊ

【医】即"营养不良"(1355页)。

营养素/養分 yíngyǎngsù/ㄧㄤˇ ㄈㄣˋ

nutrient

【生】提供机体生长发育、维护健康和劳动所需能量的各种饮食所含的营养成分。主要包括糖类、脂肪、蛋白质、维生素、矿物质、粗纤维和水等。

营养杂交

yíngyǎng zájiāo/ㄧㄥˊ ㄧㄤˇ ㄗㄚˊ ㄐㄧㄠ

【生】即"无性杂交"(1208页)。

营养质量指数/營養品質指數

yíngyǎng zhìliàng zhǐshù/

ㄧㄥˊ ㄧㄤˇ ㄆㄧㄣˇ ㄓˊ ㄓˇ ㄕㄨˋ

index of nutrition quality

【医】营养素密度(该食物所含某营养素占供给量的比)与热能密度(该食物所含热能占供给量的比)之比。是评价食物营养质量的指标，食物对某种营养素的营养质量指数≥1，即认为该食物对此种营养素而言是高质量的。

营运航速

yíngyùn hángsù/ㄧㄥˊ ㄩㄣˋ ㄏㄤˊ ㄙㄨˋ

【船】即"服务船速"(359页)。

营造尺/營造尺 yíngzàochǐ/ㄧㄥˊ ㄗㄠˋ ㄔˇ

yingzaochi

【建】历代工部制定用于土木建筑工程、量地、石工、营造车楫等所用的尺子。长度历代稍有不同,明清时 1 营造尺约合 0.32 米,1 尺等于 10 寸。

营造法式/營造法式
yíngzào fǎshì/ㄧㄥˊ ㄗㄠˋ ㄈㄚˇ ㄕˋ
Yingzao shi, Treatise on Architectural Methods
【建】中国现存时代最早、内容最丰富的建筑学专著。北宋绍圣四年(1097 年)将作少监李诫奉命编修,元符三年(1100 年)成书。全书正文 34 卷,书前另有看详(相当于编者说明)、目录各 1 卷。内容分释名、制度、功限、料例、图样五部分。《营造法式》关于建筑设计、施工、计算工料等各方面的记叙详尽,特别是详细说明了"材份制"(古建筑一种完善的模数制)。《营造法式》科学价值很高,是研究中国古代建筑的珍贵资料。

蝇/蠅 yíng/ㄧㄥˊ
fly
【动】❶昆虫名。双翅目。种类很多。通常指苍蝇。❷在台湾,蝇也指"苍蝇"(94 页)。

螢光 ㄧㄥˊ ㄍㄨㄤ/yíngguāng
fluorescence
【化】台湾名。即"荧光"(1354 页)。

螢幕 ㄧㄥˊ ㄇㄨˋ/yíngmù
screen
【信息】台湾名。即"屏幕"(878 页)。

營養品質指數
ㄧㄥˊ ㄧㄤˇ ㄆㄧㄣˇ ㄓˋ ㄓˇ ㄕㄨˋ/
yíngyǎng pǐnzhì zhǐshù
index of nutrition quality
【医】台湾名。即"营养质量指数"(1355 页)。

營養缺乏症
ㄧㄥˊ ㄧㄤˇ ㄑㄩㄝ ㄈㄚˊ ㄓㄥˋ/
yíngyǎng quēfázhèng
nutritional deficiency diseases
【医】台湾名。即"营养缺乏病"(1355 页)。

營養生殖
ㄧㄥˊ ㄧㄤˇ ㄕㄥ ㄓˊ/yíngyǎng shēngzhí
vegetative reproduction
【生】台湾名。即"营养繁殖"(1355 页)。

營運船速
ㄧㄥˊ ㄩㄣˋ ㄔㄨㄢˊ ㄙㄨˋ/yíngyùn chuánsù
service speed
【船】台湾名。即"服务船速"(359 页)。

颖果/穎果 yǐngguǒ/ㄧㄥˇ ㄍㄨㄛˇ
caryopsis
【植】果实的一种。成熟时果皮与种皮愈合,不易分离。是禾本科植物特有的果实。如玉米、小麦的果实。

影/影 yǐng/ㄧㄥˇ
shadow
【物】通称"影子"。光照射到不透明物体时,在其后面产生的影像。可分为本影和半影两种。本影是影子中全暗部分,为光完全不能到达的区域;半影是影子中半暗部分,为一部分光不能到达的区域。

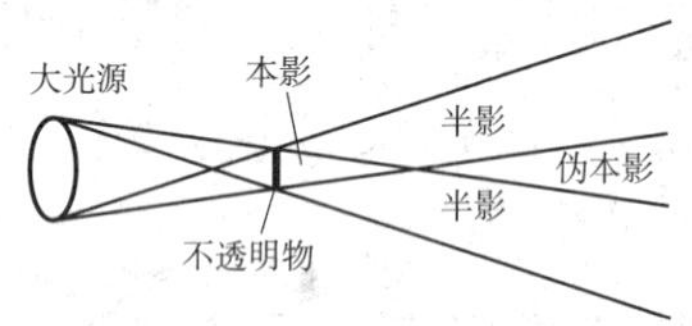

大光源产生的本影、半影和伪本影

影壁/影壁 yǐngbì/ㄧㄥˇ ㄅㄧˋ
screen spirit wall
【建】又称"照壁"。由壁座、壁身、壁顶三部分组成的独立式墙体。通常与院落大门相对,位于大门内或大门外,起着屏障、围合与装饰的作用。主要有一字形与八字形两种形式。大门内的影壁遮挡视线,避免对院内一览无余。大门外的影壁与大门、门前空地相结合,形成丰富的外部空间。

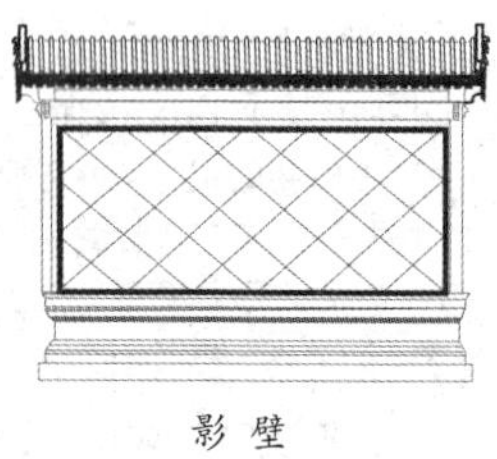
影 壁

📖 中国建筑早期门内称"隐",门外为"避"。影壁由"隐避"演变而来。

影碟/影碟 yǐngdié/ㄧㄥˇ ㄉㄧㄝˊ
video
【信息】用来存储影像及伴音信息的光盘。

影碟机 yǐngdiéjī/ㄧㄥˇ ㄉㄧㄝˊ ㄐㄧ
【信息】简称"碟机"。即"视盘机"(1037 页)。

影青瓷/影青瓷
yǐngqīngcí/ㄧㄥˇ ㄑㄧㄥ ㄘˊ
shadowy blue ware, shadowy blue glaze porcelain
【轻】宋、元时期中国南方地区生产的一种重要瓷器品种。其釉色白中闪青，青中显白，介于青白之间，其质感如青白玉，胎质细洁，釉色青莹，光照见影。

影区/影區 yǐngqū/ㄧㄥˇ ㄑㄩ
shadow zone
【气】因障碍物使探测波达不到的区域。

影像 ㄧㄥˇ ㄒㄧㄤˋ/yǐngxiàng
image
【心】台湾名。即"表象"(69 页)。

影像比對導引
ㄧㄥˇ ㄒㄧㄤˋ ㄅㄧˇ ㄉㄨㄟˋ ㄉㄠˇ ㄧㄣˇ/
yǐngxiàng bǐduì dǎoyǐn
image matching guidance
【航】❶台湾名。即"景象匹配制导"(646 页)。❷台湾名。即"图像匹配制导"(1149 页)。

影像編碼
ㄧㄥˇ ㄒㄧㄤˋ ㄅㄧㄢ ㄇㄚˇ/yǐngxiàng biānmǎ
image coding
【测绘】台湾名。即"图像编码"(1149 页)。

影像處理
ㄧㄥˇ ㄒㄧㄤˋ ㄔㄨˇ ㄌㄧˇ/yǐngxiàng chǔlǐ
image processing
【测绘】台湾名。即"图像处理"(1149 页)。

影像分析
ㄧㄥˇ ㄒㄧㄤˋ ㄈㄣ ㄒㄧ/yǐngxiàng fēnxī
image analysis
【测绘】台湾名。即"图像分析"(1149 页)。

影像識别
ㄧㄥˇ ㄒㄧㄤˋ ㄕˊ ㄅㄧㄝˊ/yǐngxiàng shíbié
image recognition
【测绘】台湾名。即"图像识别"(1149 页)。

影像數位化
ㄧㄥˇ ㄒㄧㄤˋ ㄕㄨˋ ㄨㄟˋ ㄏㄨㄚˋ/
yǐngxiàng shùwèihuà
image digitization
【测绘】台湾名。即"图像数字化"(1149 页)。

影音 ㄧㄥˇ ㄧㄣ/yǐngyīn
phonotape and videotape
【测绘】台湾名。即"音像"(1348 页)。

瘿/癭 yǐng/ㄧㄥˇ
goiter
【中医】中医外科疾病之一。因情志内伤，饮食及水土失宜，引起气滞、血瘀、痰凝所致，症见颈前喉结两旁漫肿或结块，皮色不变，逐渐增大等，病程缠绵。通常分为气瘿、肉瘿、石瘿、瘿痈 4 种。治疗以理气解郁、活血祛瘀、化痰软坚、清热化痰为基本原则，代表方有逍遥散、四海舒郁丸、桃红四物汤、海藻玉壶汤等，但对其中属于肿瘤范畴者，当及时采取手术治疗。

应变/應變 yìngbiàn/ㄧㄥˋ ㄅㄧㄢˋ
strain
【物】物体受到力的作用时，形状和大小发生的相对变化。可分为拉伸应变、弯曲应变和剪应变。物体的某段形变发生长度改变的为拉伸应变；物体轴线发生弯曲的应变是弯曲应变；物体内相互垂直的平面形变后发生所夹角度改变的为剪应变(又称切应变或角应变)。

应变量 yìngbiànliàng/ㄧㄥˋ ㄅㄧㄢˋ ㄌㄧㄤˋ
【数】即"因变量"(1344 页)。

应变仪/應變測量儀器
yìngbiànyí/ㄧㄥˋ ㄅㄧㄢˋ ㄘㄜˋ ㄌㄧㄤˊ ㄧˊ ㄑㄧˋ
strain meter
【机】测量机械零件、构件或试样应变的仪器。按测量原理不同，可分为机械式应变仪、机械—光学式应变仪、光学应变仪、声学应变仪和电学应变仪等；按频率响应范围不同，可分为静态应变仪、静动态应变仪、动态应变仪和超动态应变仪。

应激/壓力 yìngjī/ㄧㄚ ㄌㄧˋ
stress
【心】在出乎意料的突发事件、高度紧张状况或危急情境中表现出的情绪状态。其改变了机体的激活水平，特别是肌肉的紧张度、血压、激素的分泌、心率、呼吸都会发生明显变化。应激使机体产生特殊的防御功能，具有积极作用；但也会使人的认知与活动水平下降，长期的应激对人的健康极为不利，具有相当大的消极作用。

应激物 yìngjīwù/ㄧㄥˋ ㄐㄧ ㄨˋ
【心】即“应激源”(1358 页)。

应激源/壓力源
yìngjīyuán/ㄧㄥˋ ㄌㄧˋ ㄩㄢˊ
stressor
【心】又称“应激物”。来自物理、心理、社会方面的造成心理压力、心理紧张的来源物和缘由。应激就是其引起的结果。

应急监测/緊急監測
yìngjí jiāncè/ㄐㄧㄣˇ ㄐㄧˊ ㄐㄧㄢ ㄘㄜˋ
emergency monitoring
【环】利用专门的仪器和装备,以及相应的监测技术和手段,对突发的环境污染事故所进行的监测活动。可及时为环境污染事故处理提供科学依据。

应急离机设备
yìngjí líjī shèbèi/ㄧㄥˋ ㄐㄧˊ ㄌㄧˊ ㄐㄧ ㄕㄜˋ ㄅㄟˋ
【军】即“航空救生设备”(476 页)。

应急物流/應急物流
yìngjí wùliú/ㄧㄥˋ ㄐㄧˊ ㄨˋ ㄌㄧㄡˊ
emergency logistics
【物流】为应对严重自然灾害、突发性公共安全事件、公共卫生事件及军事冲突等而进行的特殊物流活动。突发性强,需求具有随机性和不确定性;时间紧迫,往往不考虑经济效益。目的是实现时间效益最大化和灾害损失最小化。

应力/應力 yìnglì/ㄧㄥˋ ㄌㄧˋ
stress
【物】物体由于外因或内在缺陷而产生形变时,在它内部任一截面单位面积上两方的相互作用力。

应县木塔
Yìng Xiàn Mùtǎ/ㄧㄥˋ ㄒㄧㄢˋ ㄇㄨˋ ㄊㄚˇ
【建】即“佛宫寺释迦塔”(356 页)。

应用层/應用層
yìngyòngcéng/ㄧㄥˋ ㄩㄥˋ ㄘㄥˊ
application layer
【信息】开放系统互连参考模型中的第七层(最高层)。为应用程序提供服务,以保证通信顺利进行。

应用程序/應用程式
yìngyòng chéngxù/
ㄧㄥˋ ㄩㄥˋ ㄔㄥˊ ㄕˋ
application program
【信息】专用于解决某一范畴应用问题的程序。例如字处理程序、电子表格程序。

应用化学/應用化學
yìngyòng huàxué/ㄧㄥˋ ㄩㄥˋ ㄏㄨㄚˋ ㄒㄩㄝˊ
applied chemistry
【化】广义上指研究化学物质生产和应用的学科。狭义上指研究生活或生产中化合物的合成、性能、用途等的分支学科,如工业化学、农业化学等。

应用科学/應用科學
yìngyòng kēxué/ㄧㄥˋ ㄩㄥˋ ㄎㄜ ㄒㄩㄝˊ
applied science
【总】将理论成果直接应用于生产或其他社会实践的科学。狭义上指以自然科学为基础,直接应用于物质生产中的技术、工艺性质的科学;广义上包括对社会科学以及横向科学的研究,如应用社会学、科学管理学、决策方法论等。

应用气象学/應用氣象學
yìngyòng qìxiàngxué/
ㄧㄥˋ ㄩㄥˋ ㄑㄧˋ ㄒㄧㄤˋ ㄒㄩㄝˊ
applied meteorology
【气】大气科学的一个分支。研究气象条件与有关学科的相互关系及气象学在有关领域的应用,如农业气象学、海洋气象学、航空气象学等。

应用心理学/應用心理學
yìngyòng xīnlǐxué/
ㄧㄥˋ ㄩㄥˋ ㄒㄧㄣ ㄌㄧˇ ㄒㄩㄝˊ
applied psychology
【心】将心理学的基本原理和方法应用于相关领域的实践中,并加以拓展的学科。分支学科有教育心理学、体育心理学、管理心理学、工业心理学等。

应用研究/應用研究
yìngyòng yánjiū/ㄧㄥˋ ㄩㄥˋ ㄧㄢˊ ㄐㄧㄡ
applied research, applications study
【总】运用基础研究成果和有关知识,为创造新产品、新方法、新技术、新材料的技术基础而进行的研究活动。主要针对某一特定的实际目的或目标,为解决具体问题提供科学依据。其成果通常只影响科学技术的局部范

围。

应指/應指 yìngzhǐ/ㄧㄥˋ ㄓˇ

palpable fluctuation

【中医】❶泛指切脉时指下有脉的搏动感。❷疮疡辨脓扪诊方法之一。

映成 ㄧㄥˋ ㄔㄥˊ/yìngchéng

surjection

【数】台湾名。即“满射”(783 页)。

映射/映射 yìngshè/ㄧㄥˋ ㄕㄜˋ

mapping

【数】集合之间的对应规则。设 A,B 是两个集合,$f:A\to B$ 是一个对应规则,若 A 中的任一元素按规则 f 都在 B 中有唯一的对应元素,则称 $f:A\to B$ 是 A 到 B 的一个映射。例如,$f(x)=2x$ 是 $\mathbf{R}$ 到 $\mathbf{R}$ 的一个映射。

硬币征/硬幣征 yìngbìzhēng/ㄧㄥˋ ㄅㄧˋ ㄓㄥ

coin sign

【医】将一枚硬币贴在背部,用另一枚硬币叩击,听诊器胸件置于前胸两侧对称部位,比较听到的叩击音。气胸侧叩击音清晰,健侧较模糊。

硬磁材料

yìngcí cáiliào/ㄧㄥˋ ㄘˊ ㄘㄞˊ ㄌㄧㄠˋ

【材】即“永磁材料”(1361 页)。

硬磁碟驅動機

ㄧㄥˋ ㄘˊ ㄉㄧㄝˊ ㄑㄩ ㄉㄨㄥˋ ㄐㄧ/

yìngcídié qūdòngjī

hard disk drive, HDD

【信息】台湾名。即“硬盘驱动器”(1360 页)。

硬碟 ㄧㄥˋ ㄉㄧㄝˊ/yìngdié

hard disk

【信息】台湾名。即“硬盘”(1360 页)。

硬度/硬度 yìngdù/ㄧㄥˋ ㄉㄨˋ

hardness

㊀【物】材料抵抗弹性变形、塑性变形、划痕或破裂等一种或多种作用的能力。㊁【化】水的硬度,反映水的含盐特性。

硬度计/硬度試驗機

yìngdùjì/ㄧㄥˋ ㄉㄨˋ ㄕˋ ㄧㄢˋ ㄐㄧ

hardness tester

【机】用于测定材料硬度值的测量装置。按原理不同,可分为里氏硬度计、洛氏硬度计、布氏硬度计、邵氏硬度计等;按测量对象不同,可分为水果硬度计、水泥硬度计等。

硬度試驗機

ㄧㄥˋ ㄉㄨˋ ㄕˋ ㄧㄢˋ ㄐㄧ/yìngdù shìyànjī

hardness tester

【机】台湾名。即“硬度计”(1359 页)。

硬骨鱼/硬骨魚 yìnggǔyú/ㄧㄥˋ ㄍㄨˇ ㄩˊ

bony fishes

【动】*Osteichthyes* 脊椎动物亚门的一纲。鱼类的重要类群。骨骼大部坚硬,椎骨的主体常为两凹状,鳃多为栉状,鳍有硬刺。体表面有硬鳞、圆鳞或栉鳞,有时裸露无鳞。通常有鳔。大多体外受精,卵生,少数为卵胎生。现在生存的鱼类绝大部分属于硬骨鱼。

硬焊 ㄧㄥˋ ㄏㄢˋ/yìnghàn

brazing, soldering, braze welding

【机】台湾名。即“钎焊”(901 页)。

硬件/硬體 yìngjiàn/ㄧㄥˋ ㄊㄧˇ

hardware

【信息】具有数据处理能力的任何物理组件。例如计算机、外围设备。

硬件地址

yìngjiàn dìzhǐ/ㄧㄥˋ ㄐㄧㄢˋ ㄉㄧˋ ㄓˇ

【信息】即“实地址”(1028 页)。

硬拷贝/硬拷貝

yìngkǎobèi/ㄧㄥˋ ㄎㄠˇ ㄅㄟˋ

hard copy

【信息】由打印机或绘图机输出生成的可读形式的永久性副本。例如打印的报告文字、表格、图像。

硬锰矿/硬錳礦

yìngměngkuàng/ㄧㄥˋ ㄇㄥˇ ㄎㄨㄤˋ

psilomelane

【地】矿物。成分为 $m\mathrm{MnO}\cdot\mathrm{MnO_2}\cdot n\mathrm{H_2O}$,常含少量的钡。单斜晶系。隐晶至微晶,通常呈钟乳状、肾状和葡萄状集合体,或呈致密块状和树枝状。颜色和条痕均为黑色,不透明,半金属光泽,莫氏硬度5～6,密度4.4～4.7克/厘米^3。含锰量45%～60%,是炼锰的重要矿物原料。

硬膜外麻醉/硬膜外麻醉

yìngmówài mázuì/

ㄧㄥˋ ㄇㄛˊ ㄨㄞˋ ㄇㄚˊ ㄗㄨㄟˋ

epidural anesthesia

【医】麻醉方法的一种。将局麻药注入硬脊膜外腔，阻滞脊神经根，使其支配的区域产生麻醉作用。

Y

硬模铸造
yìngmú zhùzào/ㄧㄥˋ ㄇㄨˊ ㄓㄨˋ ㄗㄠˋ
【机】即“金属型铸造”(633 页)。

硬脑膜/腦硬膜
yìngnǎomó/ㄋㄠˇ ㄧㄥˋ ㄇㄛˋ
cerebral dura mater
【医】附着于颅骨内面坚硬的结缔组织。由胶质纤维和弹性纤维组成，在枕骨大孔与硬脊膜相延续。分为两层：外层是颅骨内面富含血管和神经的骨膜，内层伸入大脑和小脑之间形成分隔和静脉窦。

硬脑膜外血肿/硬腦膜上血腫
yìngnǎomówài xuèzhǒng/
ㄧㄥˋ ㄋㄠˇ ㄇㄛˋ ㄕㄤˋ ㄒㄧㄝˇ ㄓㄨㄥˇ
epidural hematoma
【医】颅脑损伤后在颅骨内板与分离的硬脑膜之间出现的血肿。多发于幕上大脑半球凸面，出血主要来源于骨折损伤的硬脑膜动脉、静脉、静脉窦或颅骨板障。

硬脑膜下血肿/硬腦膜下血腫
yìngnǎomóxià xuèzhǒng/
ㄧㄥˋ ㄋㄠˇ ㄇㄛˋ ㄒㄧㄚˋ ㄒㄧㄝˇ ㄓㄨㄥˇ
subdural hematoma
【医】颅脑损伤后在硬脑膜与蛛网膜之间的硬脑膜下腔出现的血肿。因可能对大脑皮质产生压力，故可能会产生相关的神经症状。

硬腦膜上血腫
ㄧㄥˋ ㄋㄠˇ ㄇㄛˋ ㄕㄤˋ ㄒㄧㄝˇ ㄓㄨㄥˇ/
yìngnǎomóshàng xuèzhǒng
epidural hematoma
【医】台湾名。即“硬脑膜外血肿”(1360 页)。

硬盘/硬碟 yìngpán/ㄧㄥˋ ㄉㄧㄝˊ
hard disk
【信息】由刚性材料制成的磁盘。盘片以铝合金、陶瓷或玻璃为基片，表面涂有磁性材料。由硬盘适配器、驱动器和盘片组成，采用全密封结构。同一转轴可带动多张盘片，容量是其前身软磁盘的数十至数万倍。

硬盘驱动器/硬磁碟驅動機
yìngpán qūdòngqì/
ㄧㄥˋ ㄘˊ ㄉㄧㄝˊ ㄑㄩ ㄉㄨㄥˋ ㄐㄧ
hard disk drive, HDD
【信息】简称“硬驱”。采用快速旋转的硬盘来存储和检索数据的存储器。多采用装在单主轴上的若干硬盘片。

硬驱 yìngqū/ㄧㄥˋ ㄑㄩ
【信息】“硬盘驱动器”的简称。

硬山/硬山 yìngshān/ㄧㄥˋ ㄕㄢ
flush gable roof
【建】双坡屋顶中两端屋面不伸出山墙外的屋顶形式。屋顶前后两坡，两山以墙封砌至屋顶，不露檩头。建筑等级低于悬山。
📖 硬山在宋《营造法式》中没有记录，在宋画和雕刻以及建筑遗物中也未见到。这种屋顶形式可能与砖的大量生产和运用于地面建筑有关。明清后广泛用于住宅建筑中。

硬石膏/硬石膏
yìngshígāo/ㄧㄥˋ ㄕˊ ㄍㄠ
anhydrite
【地】又称“无水石膏”。矿物。成分为 $CaSO_4$。斜方晶系。晶体呈厚板状，集合体常呈致密块状或粒状。白色、灰白色，常微带浅蓝，有时带浅红色，玻璃光泽，莫氏硬度 3～3.5，密度2.8～3.0克/厘米^3。常与石盐、钾盐和光卤石共生。在地表条件下，可水化成石膏。

硬水/硬水 yìngshuǐ/ㄧㄥˋ ㄕㄨㄟˇ
hard water
【水】含钙盐、镁盐较多的水。其中的钙盐、镁盐能使肥皂失去去污能力，煮沸时会形成水垢。

硬體 ㄧㄥˋ ㄊㄧˇ/yìngtǐ
hardware
【信息】台湾名。即“硬件”(1359 页)。

硬卧车/硬臥車
yìngwòchē/ㄧㄥˋ ㄨㄛˋ ㄔㄜ
semi-cushioned berth sleeping car
【交】铁路客车车种之一。卧铺为硬席的车厢。铺面为半硬制品，设上、中、下三层，有开敞式和半开敞式两种。一节车厢的定员数通常为 66 人。

硬下疳/下疳 yìngxiàgān/ㄒㄧㄚˋ ㄍㄢ
chancre

【医】由梅毒螺旋体引起的性传播疾病。主要表现为生殖器上出现圆形或椭圆形、边界清晰的单发溃疡，无痛无痒，高出皮面，疮面较清洁，触之感觉有软骨样硬度，持续时间为4～6周，可自愈。

硬玉/硬玉 yìngyù/ㄧㄥˋ ㄩˋ

jadeite

【地】矿物。成分为 $NaAlSi_2O_6$。常含微量铬、铁、钒、钛、锰等。单斜晶系，晶体斜方柱状，通常呈隐晶质致密块状，白色、浅绿至翠绿色。莫氏硬度 6.5～7，密度 3.3～4 克/厘米^3。玻璃光泽。是构成翡翠的主要矿物成分。

硬着陆/重落地

yìngzhuólù/ㄧㄥˋ ㄓㄨㄛˊ ㄌㄨˋ

hard landing

【航】返回器或进入器未经专门减速而直接撞地的着陆方式。由于该方式着陆时，垂直速度较大，进入器全部或大部分被撞毁，硬着陆方式现在很少被采用。

硬座车/硬座車

yìngzuòchē/ㄧㄥˋ ㄗㄨㄛˋ ㄔㄜ

semi-cushioned seat coach

【交】铁路客车车种之一。座位为硬座的车厢。座椅和靠背为木制面或半硬制品(如泡沫塑料)。一节车厢的定员数通常为 118 人或 128 人。

應變測量儀器

ㄧㄥˋ ㄅㄧㄢˋ ㄘㄜˋ ㄌㄧㄤˊ ㄧˊ ㄑㄧˋ/

yìngbiàn cèliáng yíqì

strain meter

【机】台湾名。即“应变仪”(1357 页)。

應用程式

ㄧㄥˋ ㄩㄥˋ ㄔㄥˊ ㄕˋ/yìngyòng chéngshì

application program

【信息】台湾名。即“应用程序”(1358 页)。

yong (ㄩㄥ)

痈/癰 yōng/ㄩㄥ

carbuncle

㊀【医】多个相邻毛囊及毛囊周围炎症相互融合而形成的皮肤深层感染。病原体主要是金黄色葡萄球菌。临床表现为多毛囊性脓头及多房性脓肿，好发于皮下组织致密部位，常伴有全身中毒症状。㊁【中医】又称“外痈”。中医外科疾病之一。生长于皮肉之间，症见局部光软无头，红肿疼痛，结块范围多在 6～9 厘米，发病迅速，易肿、易溃、易敛，或有恶寒、发热、口渴等。由于发病部位不同，名称各异：生于颈部的，称颈痈；生于腋下的，称腋痈；生于脐部的，称脐痈；生于胯腹的，称胯腹痈。

雍和宫/雍和宫

Yōnghé Gōng/ㄩㄥ ㄏㄜˊ ㄍㄨㄥ

Yonghe Lama Temple

【建】中国藏传佛教寺院。位于北京东城安定门内。原为雍正即位前的王府，雍正三年(公元 1725 年)改称雍和宫，乾隆九年(公元 1744 年)改建为寺院。主要由三座牌坊和五进大殿组成。占地66 400平方米，殿宇千余间。雍和宫为正殿，七间单檐歇山顶，左右各有配殿八间，法轮殿平面呈十字形，屋顶汇成五座带喇嘛塔的小阁。万福阁为三层中空建筑，面阔、进深各七间，重檐歇山顶，内有高达 25 米的木质佛像一尊，用悬空阁道与两侧永康、延绥两阁相接，成三殿并列之势。

壅土 yōngtǔ/ㄩㄥ ㄊㄨˇ

【农】即“培土”(858 页)。

鳙/鱅 yōng/ㄩㄥ

bighead carp

【动】*Hypophthalmichthys nobilis* 又称“胖头鱼”“花鲢”。鱼名。硬骨鱼纲鲤科。身体侧扁，较高。长可达 1 米多，头大，眼睛靠近头的下部，背部暗黑色，有小黑斑，鳞细，腹缘后部有棱。生活在淡水中，以浮游生物为食。中国各地均有分布，是重要的淡水养殖鱼类。

永磁材料/永磁材料

yǒngcí cáiliào/ㄩㄥˇ ㄘˊ ㄘㄞˊ ㄌㄧㄠˋ

permanent magnetic materials

【材】又称“硬磁材料”。磁化后撤去外磁场而仍能长时间保持较强磁性的材料。如铁、镍、钴、某些合金(合金钢、铝镍钴、钕铁硼)及某些铁氧体等。大致分为金属永磁材料、铁氧体永磁材料、复合永磁材料三类。

永磁电机/永磁電機

yǒngcí diànjī/ㄩㄥˇ ㄘˊ ㄉㄧㄢˋ ㄐㄧ

permanent magnet electric machine
【电】利用永磁体建立励磁磁场的电机。不需要电流励磁,但功率较小,小型电动机和发电机多为永磁电机。

永磁体/永久磁體
yǒngcítǐ/ㄩㄥˇ ㄘˊ ㄊㄧˇ
permanent magnet
【物】用永磁材料制成的人造磁体。多制成针形、条形或马蹄形。有两个磁极。主要用于需要有固定磁通量的仪表和设备中。

永磁同步电动机/永磁同步電動機
yǒngcí tóngbù diàndòngjī/ㄩㄥˇ ㄘˊ ㄊㄨㄥˊ ㄅㄨˋ ㄉㄧㄢˋ ㄉㄨㄥˋ ㄐㄧ
permanent magnet synchronous motor
【电】利用永磁体建立励磁磁场的同步电动机。

永电体/永電體
yǒngdiàntǐ/ㄩㄥˇ ㄉㄧㄢˋ ㄊㄧˇ
electret
【物】又称"驻极体"。极化后能长期保持极化状态(电介质两端出现正负电荷的现象)的电介质。其材料有天然蜡、树脂、松香、磁化物、某些陶瓷以及有机玻璃等。能长期保持其极化的特性,与永磁体的性质类似。可用于制造静电计等。

永动机/永動機
yǒngdòngjī/ㄩㄥˇ ㄉㄨㄥˋ ㄐㄧ
perpetual motion machine
【物】不需要消耗任何能量或只需从单一热源吸取热量就能不断对外提供有用功的动力装置。前者称为第一类永动机,因违反热力学第一定律而不可能实现。后者称为第二类永动机,因违反热力学第二定律而不可能实现。

永久磁體 ㄩㄥˇ ㄐㄧㄡˇ ㄘˊ ㄊㄧˇ/yǒngjiǔ cítǐ
permanent magnet
【物】台湾名。即"永磁体"(1362 页)。

永續發展
ㄩㄥˇ ㄒㄩˋ ㄈㄚ ㄓㄢˇ/yǒngxù fāzhǎn
sustainable development
【环】台湾名。即"可持续发展"(680 页)。

涌泉/湧泉 yǒngquán/ㄩㄥˇ ㄑㄩㄢˊ
K1, KI1, * Gushing Spring
【中医】足少阴肾经穴之一。在足底部,蜷足时足前部凹陷处,约当足底第二和第三趾趾缝纹头端与足跟连线的前三分之一与后三分之二交点上。足少阴肾经的井穴。该穴主治头痛、头晕、小便不利、便秘、小儿惊风、足心热、癫证、昏厥等病证。

涌吐法/湧吐法
yǒngtùfǎ/ㄩㄥˇ ㄊㄨˋ ㄈㄚˇ
emesis method
【中医】又称"吐法"。内治法之一。用具有催吐作用的方药或物理刺激方法引起呕吐,治疗痰涎、宿食或毒物停蓄而病位偏上的病证。

蛹/蛹 yǒng/ㄩㄥˇ
pupa
【动】完全变态的昆虫成长发育过程中由幼虫变为成虫的一个过渡形态。通常枣核形。不食不动,但内部组织和外形发生变化。蛹在条件适合的情况下羽化,变为成虫。

蛹化/蛹化 yǒnghuà/ㄩㄥˇ ㄏㄨㄚˋ
pupation
【动】完全变态昆虫幼虫老熟后进入不食不动的蛹期的过程。

用地红线/用地紅線
yòngdì hóngxiàn/ㄩㄥˋ ㄉㄧˋ ㄏㄨㄥˊ ㄒㄧㄢˋ
boundary line of land, property line of land
【建】建筑总体规划图上,在各项工程项目用地的外缘,用红笔画出的本用地与其他用地的界线。

用地容积率
yòngdì róngjīlǜ/ㄩㄥˋ ㄉㄧˋ ㄖㄨㄥˊ ㄐㄧ ㄌㄩˋ
【建】"容积率"的全称。

用电/用電 yòngdiàn/ㄩㄥˋ ㄉㄧㄢˋ
electric power utilization
【电】按预定目的使用电能的行为。

用电负荷/用電負荷
yòngdiàn fùhè/ㄩㄥˋ ㄉㄧㄢˋ ㄈㄨˋ ㄏㄜˋ
electric load
【电】用电对象吸取的电功率。

用电负荷分级/用電負荷分級
yòngdiàn fùhè fēnjí/ㄩㄥˋ ㄉㄧㄢˋ ㄈㄨˋ ㄏㄜˋ ㄈㄣ ㄐㄧˊ
classification of electric load
【电】按用电负荷的重要性划分的负荷等级。

按用电负荷重要性分为三级：(1)一级负荷是指中断供电将造成人身伤亡的负荷。中断供电将造成政治、经济的重大损失。(2)二级负荷是指中断供电将在政治、经济上造成较大损失的负荷。(3)三级负荷是指不属于一级负荷和二级负荷的其他负荷。

用电质量/用電品質
yòngdiàn zhìliàng/ㄩㄥˋ ㄉㄧㄢˋ ㄆㄧㄣˇ ㄓˊ
quality of consumption
【电】用户电力负荷对公用电网的干扰水平。干扰因素包括谐波电流、负序电流、零序电流、用电功率因数、无功功率波动和有功功率冲击等。专指用电方与供电方之间相互作用和影响中用电方的责任。

用電品質
ㄩㄥˋ ㄉㄧㄢˋ ㄆㄧㄣˇ ㄓˊ/yòngdiàn pǐnzhì
quality of consumption
【电】台湾名。即“用电质量”(1363 页)。

用户代理/使用者代理
yònghù dàilǐ/ㄕˇ ㄩㄥˋ ㄓㄜˇ ㄉㄞˋ ㄌㄧˇ
user agent, UA
【信息】❶电子邮件消息处理系统中用户用来创建、提交或接收消息的部件。❷开放系统互联局域网参考模型中，帮助客户系统连接到服务器的程序。

用户简档/用户設定檔
yònghù jiǎndàng/
ㄩㄥˋ ㄏㄨˋ ㄕㄜˋ ㄉㄧㄥˋ ㄉㄤˋ
user profile
【信息】访问控制中使用的关于用户的简要文档。其中包括用户标识符、用户名、口令、访问权及其他属性。

用户介面
ㄩㄥˋ ㄏㄨˋ ㄐㄧㄝˋ ㄇㄧㄢˋ/yònghù jièmiàn
user interface
【信息】台湾名。即“用户界面”(1363 页)。

用户界面/用户介面
yònghù jièmiàn/
ㄩㄥˋ ㄏㄨˋ ㄐㄧㄝˋ ㄇㄧㄢˋ
user interface
【信息】计算机系统中与用户交互的部分。按发展过程先后可分为控制面板式、字符显示式、图形式和虚拟现实式四个阶段。

用户設定檔
ㄩㄥˋ ㄏㄨˋ ㄕㄜˋ ㄉㄧㄥˋ ㄉㄤˋ/
yònghù shèdìngdàng
user profile
【信息】台湾名。即“用户简档”(1363 页)。

用户手册/用户手冊
yònghù shǒucè/ㄩㄥˋ ㄏㄨˋ ㄕㄡˇ ㄘㄜˋ
user manual
【信息】又称“用户指南”。描述功能单元的用法，并可包括用户、拥有方与供货方的权利和义务的文档。

用户小交换机
yònghù xiǎojiāohuànjī/
ㄩㄥˋ ㄏㄨˋ ㄒㄧㄠˇ ㄐㄧㄠ ㄏㄨㄢˋ ㄐㄧ
【信息】即“专用小交换机”(1482 页)。

用户友好的/用户友好的
yònghù yǒuhǎo de/
ㄩㄥˋ ㄏㄨˋ ㄧㄡˇ ㄏㄠˇ·ㄉㄜ
user-friendly
【信息】软件、硬件或系统易于且便于用户使用的。

用户指南
yònghù zhǐnán/ㄩㄥˋ ㄏㄨˋ ㄓˇ ㄋㄢˊ
【信息】即“用户手册”(1363 页)。

用户驻地网/客户辦公室網路
yònghù zhùdìwǎng/
ㄎㄜˋ ㄏㄨˋ ㄅㄢˋ ㄍㄨㄥ ㄕˋ ㄨㄤˇ ㄌㄨˋ
customer premises network, CPN
【信息】私人、企业或机构等用户在占用的建筑物和场地范围内敷设的网络设施。

you (ㄧㄡ)

优生/優生 yōushēng/ㄧㄡ ㄕㄥ
eugenics
【医】狭义上指通过医学手段，减少胎儿遗传性疾病和出生缺陷率的生产。广义上指从孕前着手，避免孕前、孕期任何对胚胎不利因素的暴露，尽可能保证健康胎儿出生的生产。

优先级/優先 yōuxiānjí/ㄧㄡ ㄒㄧㄢ
priority
【信息】收到微处理器通知后使用系统资源的先后顺序。设置优先级是避免不同类型的潜

Y

在冲突和操作被打断。对计算机上运行的各个任务可赋予优先级，以此确定各任务在何时和多长时间获得微处理器；网络上可赋予各工作站优先级，以确定在何时和以怎样频度控制通信线路；对消息也能赋予优先级，以指明其等待多长时间后必须发出。

优选法/優選法
yōuxuǎnfǎ/ㄧㄡ ㄒㄩㄢˇ ㄈㄚˇ
optimum seeking method
【数】寻求最优化方案的一种数学方法。主要依据关于函数极值存在情况的一般规律，合理地设计试验，尽快找到最优化方案。具体方法有多种，例如对分法、黄金分割法(0.618法)等。广泛用于管理、生产、科技和经济等领域。

优质蛋白/優質蛋白
yōuzhì dànbái/ㄧㄡ ㄓˋ ㄉㄢˋ ㄅㄞˊ
high quality protein
【医】所含必需氨基酸种类齐全、数量充足、比例恰当，氨基酸模式与人类接近，易于被人体消化、吸收的蛋白质。如鱼、肉、蛋、奶、大豆中的蛋白。

优质钢/特殊鋼
yōuzhìgāng/ㄊㄜˋ ㄕㄨ ㄍㄤ
special steel, quality steel
【材】特殊质量非合金钢、特殊质量低合金钢和特殊质量合金钢的统称。对硫、磷等杂质、微量残存元素、非金属夹杂的含量的控制及碳含量的波动范围要求较严的钢。

幽宫 yōugōng/ㄧㄡ ㄍㄨㄥ
【建】即"地宫"(220页)。

憂鬱 ㄧㄡ ㄩˋ/yōuyù
depression
【心】台湾名。即"抑郁"(1340页)。

憂鬱症 ㄧㄡ ㄩˋ ㄓㄥˋ/yōuyùzhèng
depression
【医】台湾名。即"抑郁症"(1340页)。

憂鬱質 ㄧㄡ ㄩˋ ㄓˊ/yōuyùzhì
melancholic temperament
【心】台湾名。即"抑郁质"(1340页)。

優先 ㄧㄡ ㄒㄧㄢ/yōuxiān
priority
【信息】台湾名。即"优先级"(1363页)。

邮船/郵船 yóuchuán/ㄧㄡˊ ㄔㄨㄢˊ
mail ship
【交】海洋上定期、定航线航行的大型客船。因过去水运邮件委托这种客船运载，故名。

邮件/郵件 yóujiàn/ㄧㄡˊ ㄐㄧㄢˋ
mail
【交】通过邮局传递的函件和包裹的统称。函件包括信函、明信片、印刷品和盲人读物4种，包裹包括包裹和快递小包。按寄递区域可分为国际邮件和国内邮件、本埠邮件和外埠邮件；按处理手续可分为平常邮件和给据邮件；按运递方式可分为水陆邮件和航空邮件；按寄递时限可分为普通邮件和快递邮件。

邮件炸弹/電子郵件炸彈
yóujiàn zhàdàn/
ㄉㄧㄢˋ ㄗˇ ㄧㄡˊ ㄐㄧㄢˋ ㄓㄚˋ ㄉㄢˋ
e-mail bomb
【信息】为使对方电子邮箱无法接收正常信息而有意发去的数量极为庞大的电子邮件数据。件数极多或消息极长，从而造成对方电子信箱因超载而崩溃，作用类似炸弹，故名。

邮亭/郵亭 yóutíng/ㄧㄡˊ ㄊㄧㄥˊ
postal kiosk
【交】邮政部门在街道、广场、港口码头、学校、公园等处设立的亭子型服务设施。办理出售邮票、收寄邮件及办理小额汇款等业务。

邮箱 yóuxiāng/ㄧㄡˊ ㄒㄧㄤ
【信息】"电子邮箱"的简称。

邮政/郵政 yóuzhèng/ㄧㄡˊ ㄓㄥˋ
postal service
【交】通信行业之一。通过传递信函、包裹等邮件传递信息，并办理报刊发行、汇兑和储蓄等业务。

邮政编码/郵遞區號
yóuzhèng biānmǎ/ㄧㄡˊ ㄉㄧˋ ㄑㄩ ㄏㄠˋ
postcode, zipcode
【物流】用阿拉伯数字组成的，代表投递邮件的邮局的专用代号。也是这个投递范围内居民和机关、企事业单位通信的代号，有利于实现邮件分拣自动化和邮政网络数字化，加快邮件传递速度。

邮政车/郵政車
yóuzhèngchē/ㄧㄡˊ ㄓㄥˋ ㄔㄜ

postal car

【交】铁路客车车种之一。编挂在旅客列车的端部,供运送邮政信件和邮政包裹的车厢。车内设有邮政间及邮政员办公室等。

邮政服务/郵政服務 yóuzhèng fúwù/ㄧㄡˊ ㄓㄥˋ ㄈㄨˊ ㄨˋ

postal service

【物流】由邮政部门或邮政企业提供的具有社会公共服务性质的经营服务。包括信函、包裹等的寄递业务,以及邮政汇兑业务。

油/油 yóu/ㄧㄡˊ

oil

【化】常温下呈液态的憎水性物质的统称。包括植物油、动物油、矿物油、香精油等。植物油、动物油(如豆油、猪油)的主要成分是脂肪酸的甘油酯,可供食用,也是化工轻工等产品的重要原料。香精油为特殊的植物油,主要成分是萜烯类,因具有挥发性和香味,主要用于配制香料。矿物油(如石油、页岩油)的主要成分是碳氢化合物,大多有挥发性,可加工成汽油、煤油、润滑油等。

油胞/油細胞 yóubāo/ㄧㄡˊ ㄒㄧˋ ㄅㄠ

oil cell

【植】叶细胞中分化的大形黄色细胞。有散列和呈条状两种形式。

油餅 ㄧㄡˊ ㄅㄧㄥˇ/yóubǐng

oil cake

【农】台湾名。即“枯饼”(697 页)。

油菜/油菜 yóucài/ㄧㄡˊ ㄘㄞˋ

rape

【植】❶*Brassica rape* var. *oleifera* 又称“芸薹”。十字花科芸薹属。二年生草本植物,茎粗壮,叶抱茎。基生叶大头羽裂,茎下部叶羽状半裂,茎上部叶长圆状倒卵形,两侧有垂耳。总状花序呈伞房状,十字花冠,黄色。花期 3—4 月份。在中国,分布于陕西、江苏、安徽、浙江、江西、湖北、湖南、四川等地。油料作物,嫩茎叶可作蔬菜。❷即“青菜”(912 页)。

油船/運油船 yóuchuán/ㄩㄣˋ ㄧㄡˊ ㄔㄨㄢˊ

oil tanker

【船】又称“油轮”。用于运送散装石油类货物的液货船。按运载品种不同,可分为油船和成品油船。油船主要装运未经加工的原油,成品油船主要装运经过加工的柴油、汽油、煤油和润滑油等。

油葱 yóucōng/ㄧㄡˊ ㄘㄨㄥ

【植】即“芦荟”(755 页)。

油罐車 ㄧㄡˊ ㄍㄨㄢˋ ㄔㄜ/yóuguànchē

fuel tanker

【机】台湾名。即“运油车”(1404 页)。

油灰/油灰 yóuhuī/ㄧㄡˊ ㄏㄨㄟ

putty

【材】俗称“玻璃腻子”。一种安装玻璃用的辅助材料。以白垩为基础,用熟桐油、清油等调制而成。具有塑性,涂抹时不断裂,常温下 20 个昼夜硬化。硬化后为硬质材料,无弹性,无伸缩变形。

油轮 yóulún /ㄧㄡˊ ㄌㄨㄣˊ

【船】即“油船”(1365 页)。

油麦 yóumài/ㄧㄡˊ ㄇㄞˋ

【植】即“莜麦”(1366 页)。

油墨/油墨 yóumò/ㄧㄡˊ ㄇㄛˋ

printing ink

【化】供印刷用的,由连接料、着色料、辅助料和溶剂组成的均匀混合的胶态分散体。其中的颜料等固体高度分散悬浮,具有一定流动形态、流变形式,可在印刷机上传递并转移到承印物表面,经渗透、固着、干燥,形成坚韧光亮的图像、文字。

油品/石油產品 yóupǐn/ㄕˊ ㄧㄡˊ ㄔㄢˇ ㄆㄧㄣˇ

petroleum product

【化】石油加工产品。由原油经炼制加工而得。可分为石油燃料、石油溶剂、石油化工原料、润滑剂、石油蜡、石油沥青、石油焦等。

📖 石油燃料包括液化石油气、汽油、煤油、柴油、喷气燃料等。

油漆/油漆 yóuqī/ㄧㄡˊ ㄑㄧ

paint

【化】台湾又称“塗料”。人造漆的一类。以干性油为主,加入有机溶剂、颜料、填充料、助剂等制成。因其主要成分是干性油脂,故称。

📖 传统上的油漆即涂料的别名,现在习惯上将溶剂型涂料称为油漆,将水性涂料称为涂料。

油石/油石 yóushí/ㄧㄡˊ ㄕˊ

Y

oil stone，abrasive stick

【机】磨具的一种。用于磨砺刀刃或磨光工件表面，也可安装在珩磨头上。因使用时常须加油润滑，故名。有天然的和人造的两种。后者用均匀细粒磨料黏结成条状或块状后焙烧而成。

油松/油松 yóusōng/ㄧㄡˊ ㄙㄨㄥ

Chinese pine

【植】*Pinus tabuliformis* 又称“短叶松”“红皮松”。松科松属。常绿乔木。树皮灰褐色，裂成不规则较厚的鳞块，裂缝及上部树皮红褐色。大枝平展或向下斜展，小枝粗壮，褐黄色。针叶两针一束，暗绿色，较粗硬，两面具气孔线。雌雄同株，雄球花圆柱形，聚生于新枝下部呈穗状；当年生幼球果卵球形，黄褐色或黄绿色，直立，成熟后黄褐色，常宿存几年。花期4—5月份，球果翌年10月份成熟。在中国，分布于吉林南部、辽宁，以及华北和西北(除新疆外)。造林树种。观赏树木。中国特有种。

油田气/油田天然氣

yóutiánqì/ㄧㄡˊ ㄊㄧㄢˊ ㄊㄧㄢ ㄖㄢˊ ㄑㄧˋ

oil field gas

【化】天然气的一类。与石油伴生。主要成分是甲烷，含量在85%以下，还含有乙烷、丙烷、丁烷和部分碳五以上的组分。可从中回收液态烃和轻质汽油，用作动力燃料或化工原料。可分为井蒸气和溶解气两种。井蒸气未溶在石油中，为保持井压，不轻易采出；溶解气伴随石油开采过程释放出来。

油田天然氣

ㄧㄡˊ ㄊㄧㄢˊ ㄊㄧㄢ ㄖㄢˊ ㄑㄧˋ/

yóutián tiānránqì

oil field gas

【化】台湾名。即“油田气”(1366页)。

油細胞 ㄧㄡˊ ㄒㄧˋ ㄅㄠ/yóuxìbāo

oil cell

【植】台湾名。即“油胞”(1365页)。

油性皮肤/油性皮膚

yóuxìng pífū/ㄧㄡˊ ㄒㄧㄥˋ ㄆㄧˊ ㄈㄨ

oily skin

【医】皮脂腺产生过多而导致的外观油腻发亮的皮肤。多伴有毛孔粗大，易黏附灰尘。

油烟机 yóuyānjī/ㄧㄡˊ ㄧㄢ ㄐㄧ

【轻】“抽油烟机”的简称。

油脂/油脂 yóuzhī/ㄧㄡˊ ㄓ

fat oil

【化】油和脂的合称。通常专指来源于动植物组织的脂肪类物质，常温下呈液态的称为“油”，呈固态或半固态的称为“脂”。主要成分为脂肪酸的三酰甘油，还含有少量游离酸、磷脂、甾醇、色素和维生素等。按其来源不同，可分为动物油脂、植物油脂、微生物油脂；按其在空气中的干燥态不同，可分为干性油、半干性油和不干性油。可供食用，也用作化工和轻工产品的原料。

油制/油製 yóuzhì/ㄧㄡˊ ㄓˋ

processed with oil

【中医】炮制方法的一种。将净药材或切制品与一定量的油脂共同加热处理。如淫羊藿，即以油制法(加羊脂)炮制。

疣/疣 yóu/ㄧㄡˊ

wart，verruca

【中医】皮肤病之一。发生在皮肤浅表的良性赘生物。按皮损形态及发病部位的不同，可分为疣目、扁瘊、跖疣、鼠乳、丝状疣等。以外治为主，皮损多的疣目与扁瘊可配合内治。

莜麦/裸燕麦 yóumài/ㄌㄨㄛˇ ㄧㄢˋ ㄇㄞˋ

naked oats，China oat

【植】*Avena chinensis* 又称“油麦”。禾本科燕麦属。一年生草本植物。秆直立，丛生，具节。叶鞘松弛，鞘缘和叶舌透明膜质；叶片扁平，质软粗糙。圆锥花序疏展，小穗轴细而弯曲。颖果与稃体分离。花果期6—8月份。在中国，分布于西北、西南、华北和湖北等地。果实可作粮食。

铀/鈾 yóu/ㄧㄡˊ

uranium

【化】金属元素。属周期表第ⅢB族(锕系)，符号U，原子序数92。原子量238.0。有放射性。自然界存在于沥青铀矿、独居石中。单质为银白色金属，质软，延展性好，有毒，化学性质活泼，能形成多种铀化合物。铀-235作为裂变核燃料吸收中子后发生裂变，并释放巨大能量，是核反应堆和核武器的重要原料。

📖 1789年，德国的克拉普鲁特(M.H.Klaproth)在对沥青铀矿做实验时,得到铀的黑粉末状的+4价化合物;1841年,法国的配里高特(E.M.Peligot)才用钾从中分离出这一元素;1898年,法国的贝克勒尔(A.H.Beguerel)才发现了铀及其化合物的放射性。拉丁文定名为uranium,源自uranus,意思是"天王星",用以纪念1781年发现的行星。中文定名为"铀",是形声字。

鱿鱼 yóuyú/ㄧㄡˊ ㄩˊ

【动】"枪乌贼"的通称。

猶拉斯基耶山脈

ㄧㄡˊ ㄌㄚ ㄙ ㄐㄧ ㄧㄝ ㄕㄢ ㄇㄞˋ/

Yóulāsījīyē Shānmài

Ural Mountains

【地】台湾名。即"乌拉尔山脉"(1198页)。

游标/游標 yóubiāo/ㄧㄡˊ ㄅㄧㄠ

cursor

【信息】❶关系数据库中,为在表中移动而设置的指向一行的指针。❷在台湾,游标也指"光标"(438页)。

📖 游标与光标对应的英语术语尽管相同,但两者含义不同:前者是关系数据库中的指针,后者是屏幕上的位置指示符号。

游标卡尺/游標尺

yóubiāo kǎchǐ/ㄧㄡˊ ㄅㄧㄠ ㄔˇ

vernier calliper

【机】台湾又称"游標測徑器"。卡尺的一种。用于测量长度、内外径和深度。由主尺和游标两部分构成,游标附在主尺上,测量时移动游标与主尺配合。见下图。

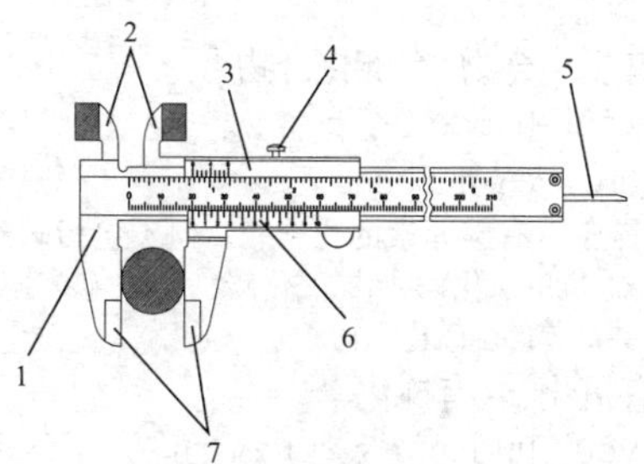

游标卡尺

1 尺身,2 上量爪,3 尺框,

4 紧固螺钉,5 深度尺,6 游标,7 下量爪

游標測徑器

ㄧㄡˊ ㄅㄧㄠ ㄘㄜˋ ㄐㄧㄥˋ ㄑㄧˋ/yóubiāo cèjìngqì

vernier calliper

【机】台湾名。即"游标卡尺"(1367页)。

游標尺 ㄧㄡˊ ㄅㄧㄠ ㄔˇ/yóubiāochǐ

vernier calliper

【机】台湾名。即"游标卡尺"(1367页)。

游彩 yóucǎi/ㄧㄡˊ ㄘㄞˇ

【地】即"变彩"(60页)。

游离基 yóulíjī/ㄧㄡˊ ㄌㄧˊ ㄐㄧ

【化】即"自由基"(1506页)。

游离态/自由態 yóulítài/ㄗˋ ㄧㄡˊ ㄊㄞˋ

free state

【化】物质、粒子或基团没有与其他物质、粒子或基团结合而单独存在的状态。游离态物质、粒子或基团较化合态性质活泼。

游离脂肪酸

yóulí zhīfángsuān/ㄧㄡˊ ㄌㄧˊ ㄓ ㄈㄤˊ ㄙㄨㄢ

【医】即"非酯化脂肪酸"(335页)。

游離 ㄧㄡˊ ㄌㄧˊ/yóulí

ionization

【化】台湾名。即"电离"(248页)。

游離輻射

ㄧㄡˊ ㄌㄧˊ ㄈㄨˊ ㄕㄜˋ/yóulí fúshè

ionizing radiation

【物】台湾名。即"电离辐射"(248页)。

游码/游碼 yóumǎ/ㄧㄡˊ ㄇㄚˇ

rider

【机】安装在天平横梁上或与横梁连接的有分度标尺上的可以移动的小质量砝码。

游禽/游禽 yóuqín/ㄧㄡˊ ㄑㄧㄣˊ

natatores

【动】鸟的一类。趾间有蹼,嘴宽而扁平,会游泳,通常在水上生活,以鱼虾等为食。如雁、鸳鸯、绿头鸭等。

游艇/遊艇 yóutǐng/ㄧㄡˊ ㄊㄧㄥˇ

yacht, pleasure craft

【船】专供水上游览观光、家庭娱乐用的小型艇只。通常分为水上娱乐场用的公共游览艇和家庭用的豪华游艇。

游泳生物/游泳生物

yóuyǒng shēngwù/ㄧㄡˊ ㄩㄥˇ ㄕㄥ ㄨˋ

swimming organisms，necton

【生】又称“自游生物”。能在水中自由游泳的生物。包括鱼类、龟鳖类和鲸、海豚、海豹等哺乳类。

Y

郵遞區號

ㄧㄡˊ ㄉㄧˋ ㄑㄩ ㄏㄠˋ/yóudì qūhào

postcode，zipcode

【物流】台湾名。即“邮政编码”(1364 页)。

蝤蛑 yóumóu/ㄧㄡˊ ㄇㄡˊ

【动】即“梭子蟹”(1093 页)。

友誼數 ㄧㄡˇ ㄧˋ ㄕㄨˋ/yǒuyíshù

amicable numbers

【数】台湾名。即“亲和数”(911 页)。

有感地震/有感地震

yǒugǎn dìzhèn/ㄧㄡˇ ㄍㄢˇ ㄉㄧˋ ㄓㄣˋ

felt earthquake

【地】人能感觉到但未直接造成人员伤亡以及显著财产损失的地震。震级约为 3 级至 4.5 级。

有感電抗

ㄧㄡˇ ㄍㄢˇ ㄉㄧㄢˋ ㄎㄤˋ/yǒugǎn diànkàng

inductive reactance

【物】台湾名。即“感抗”(384 页)。

有功电度表

yǒugōng diàndùbiǎo/

ㄧㄡˇ ㄍㄨㄥ ㄉㄧㄢˋ ㄉㄨˋ ㄅㄧㄠˇ

【电】即“有功电能表”(1368 页)。

有功电能表/瓦時計

yǒugōng diànnéngbiǎo/ㄨㄚˇ ㄕˊ ㄐㄧˋ

watt-hour meter

【电】又称“有功电度表”。应用有功功率对时间积分的原理测量有功电能的仪表。有功电能的单位为千瓦[特]·[小]时(kW·h)(俗称“度”)。

有功功率/有效功率

yǒugōng gōnglǜ/ㄧㄡˇ ㄒㄧㄠˋ ㄍㄨㄥ ㄌㄩˋ

active power

【电】周期状态下，瞬时功率 p 在一个周期 T 内的平均值 $p=\frac{1}{T}\int_0^T p(\tau)\mathrm{d}\tau$。在正弦状态下，有功功率是复功率的实部。

有功因数/有功因數

yǒugōng yīnshù/ㄧㄡˇ ㄍㄨㄥ ㄧㄣ ㄕㄨˋ

active factor

【电】对于正弦状态下的二端元件或二端电路，有功功率与视在功率的比值。

有光漆/光亮漆

yǒuguāngqī/ㄍㄨㄤ ㄌㄧㄤˋ ㄑㄧ

gloss paint

【化】一般指涂层光泽度在 80％以上的涂料。

有花植物

yǒuhuā zhíwù/ㄧㄡˇ ㄏㄨㄚ ㄓˊ ㄨˋ

【植】即“被子植物”(48 页)。

有机肥 yǒujīféi/ㄧㄡˇ ㄐㄧ ㄈㄟˊ

【农】“有机肥料”的简称。

有机肥料/有機肥料

yǒujī féiliào/ㄧㄡˇ ㄐㄧ ㄈㄟˊ ㄌㄧㄠˋ

organic manure

【农】简称“有机肥”。肥料的一类。源于植物或动物，经微生物分解或发酵而成。原料来源广，数量大；养分全，含量低；肥效迟而长，须经微生物分解转化后才能为植物所吸收；所形成的腐殖质有利于提高土壤肥力。主要有绿肥、人粪尿、厩肥、堆肥、沤肥、沼气肥等。

有机硅/有機矽

yǒujīguī/ㄧㄡˇ ㄐㄧ ㄒㄧˋ

organosilicon

【化】分子中含有碳硅键或硅硅键的化合物。有硅烷、卤代硅烷、硅醇和硅醚等。有机硅分子中硅硅原子间只有单键，没有双键和叁键。有机硅聚合物具有耐高温、耐低温、耐化学腐蚀和憎水等特性。可分为硅油、硅橡胶和硅树脂。

有机化合物/有機化合物

yǒujī huàhéwù/ㄧㄡˇ ㄐㄧ ㄏㄨㄚˋ ㄏㄜˊ ㄨˋ

organic compound

【化】含有碳元素的化合物。但不包括碳酸盐、碳的氧化物(如二氧化碳、一氧化碳)等少数简单的含碳化合物。

有机化学/有機化學

yǒujī huàxué/ㄧㄡˇ ㄐㄧ ㄏㄨㄚˋ ㄒㄩㄝˊ

organic chemistry

【化】以有机物为研究对象的化学基础学科。研究有机物的组成、性质、结构、制备、变化和应用。

有机化学物质
yǒujī huàxué wùzhì/
ㄧㄡˇ ㄐㄧ ㄏㄨㄚˋ ㄒㄩㄝˊ ㄨˋ ㄓˋ
【化】“有机物”的全称。

有机环境
yǒujī huánjìng/ㄧㄡˇ ㄐㄧ ㄏㄨㄢˊ ㄐㄧㄥˋ
【环】即“生物环境”(1011 页)。

有机金属化合物/有機金屬化合物
yǒujī jīnshǔ huàhéwù/
ㄧㄡˇ ㄐㄧ ㄐㄧㄣ ㄕㄨˇ ㄏㄨㄚˋ ㄏㄜˊ ㄨˋ
organometallic compound
【化】又称“金属有机化合物”。金属原子直接与碳原子结合而成的有机化合物。

有机农业/有機農業
yǒujī nóngyè/ㄧㄡˇ ㄐㄧ ㄋㄨㄥˊ ㄧㄝˋ
organic agriculture
【环】一种农业生产体系。在生产中不采用基因工程获得的生物及其产物,不使用化学合成的肥料、农药、生长调节剂及饲料添加剂等,而是遵循自然规律和生态学原理,采用可持续发展的农业技术,实现农业生产与自然环境和生态系统良性循环。是依靠生物有机物或依靠生物本身的物质循环和能量转换进行农业生产的方式,故生产效率较低。

有机食品/有機食品
yǒujī shípǐn/ㄧㄡˇ ㄐㄧ ㄕˊ ㄆㄧㄣˇ
organic food
【轻】无污染天然食品的统称。是来自有机农业生产体系,根据国际有机农业生产要求和相应的标准生产加工的,通过独立的有机食品认证机构认证的食品。包括粮食、蔬菜、水果、蜂蜜等农产品及加工产品、乳及乳制品、畜禽产品、水产品、饮料、油料、调料等,在原料生产和产品加工过程中不使用化肥、农药、生长激素、化学添加剂,禁止基因工程技术。

有机蔬菜/有機蔬菜
yǒujī shūcài/ㄧㄡˇ ㄐㄧ ㄕㄨ ㄘㄞˋ
organic vegetable
【农】来自有机农业生产体系,在生产、加工、储存、运输过程中无污染的蔬菜。经独立认证机构认证,允许使用有机食品标志。

有机体/有機體 yǒujītǐ/ㄧㄡˇ ㄐㄧ ㄊㄧˇ
organism
【生】简称“机体”。具有生命的个体的统称。包括植物体和动物体。

有机污染物/有機污染物
yǒujī wūrǎnwù/ㄧㄡˇ ㄐㄧ ㄨ ㄖㄢˇ ㄨˋ
organic pollutant
【环】进入环境后使环境正常组成和性质发生变化,并对人类和生态系统造成不良影响或危害的碳氢化合物及其衍生物。

有机物/有機物質
yǒujīwù/ㄧㄡˇ ㄐㄧ ㄨˋ ㄓˊ
organics, organic matter
【化】全称“有机化学物质”。有机化合物及其组合物,即含碳碳键的物质。在已知的化学物质中约占 90%。是以碳为必要元素和氢、氧、氮、卤素、硫、磷、硅、硼、砷以及个别特殊金属或非金属元素所组成的化合物,分脂肪族、芳香族碳氢化合物和含杂原子化合物。有机物在自然界主要存在于土壤、有机矿产及生物体中,大部分是以混合物或大分子形式存在。

有机质/有機質 yǒujīzhì/ㄧㄡˇ ㄐㄧ ㄓˊ
organic matter
【生】动植物的所有有机物质。如淀粉、脂肪、蛋白质、纤维素等。土壤中的有机质,包括动植物残体、死亡的微生物和施用的有机肥料等。肥沃的土壤含有较多的有机质。

有機物質 ㄧㄡˇ ㄐㄧ ㄨˋ ㄓˊ/yǒujī wùzhì
organics, organic matter
【化】台湾名。即“有机物”(1369 页)。

有機矽 ㄧㄡˇ ㄐㄧ ㄒㄧˋ/yǒujīxī
organosilicon
【化】台湾名。即“有机硅”(1368 页)。

有界集/有界集
yǒujièjí/ㄧㄡˇ ㄐㄧㄝˋ ㄐㄧˊ
bounded set
【数】所含元素有上界和下界的集合。例如,$A=\left\{\frac{1}{2},\frac{2}{3},\cdots,\frac{n}{n+1},\cdots\right\}$的元素小于 1 且大于 0,有上界 1 和下界 0,A 是一个有界集。又如,$B=\{(x,y)\mid 1<x^2+y^2<2\}$的元素是坐标平面中一个圆环区域中的点,它们到原点的距离有上界$\sqrt{2}$和下界 1,B 是一个有界集。

Y

有界数列/有界數列
yǒujiè shùliè/ㄧㄡˇ ㄐㄧㄝˋ ㄕㄨˋ ㄌㄧㄝˋ
bounded sequence of number
【数】若存在数 M,使得数列 $\{a_n\}$ 中任一项 a_n 都满足 $|a_n|\leqslant M$,则称 $\{a_n\}$ 为有界数列。例如,数列 $1,\frac{1}{2},\frac{1}{4},\frac{1}{8},\frac{1}{16},\cdots,\frac{1}{2^n},\cdots$ 是有界数列,它的各项的绝对值都不超过 1。

有尽小数/有限小數
yǒujìn xiǎoshù/ㄧㄡˇ ㄒㄧㄢˋ ㄒㄧㄠˇ ㄕㄨˋ
terminating decimal
【数】又称"有限小数"。小数点后只有有限位的小数。例如 0.1,0.0037,1.32。

有孔虫/有孔蟲
yǒukǒngchóng/ㄧㄡˇ ㄎㄨㄥˇ ㄔㄨㄥˊ
foraminifera
【地】原生动物。是微小的真核单细胞动物,从寒武纪至今始终存在。具有石灰质壳,壳上多小孔,孔中伸出许多丝状的假足,假足分泌物形成壳体。生活在海洋中,遗壳堆积海底,在地层中形成化石。有孔虫化石可用来测定岩石的地质年龄。

有理方程/有理方程
yǒulǐ fāngchéng/ㄧㄡˇ ㄌㄧˇ ㄈㄤ ㄔㄥˊ
rational equation
【数】由关于未知数的有理式构成的方程。可分为整式方程和分式方程。

有理函数/有理函數
yǒulǐ hánshù/ㄧㄡˇ ㄌㄧˇ ㄏㄢˊ ㄕㄨˋ
rational function
【数】用变量的有理式表示的函数。例如,$y=x^2-2x+5$,$y=\frac{3x-2}{5x+4}$ 是 x 的有理函数。

有理式/有理式 yǒulǐshì/ㄧㄡˇ ㄌㄧˇ ㄕˋ
rational expression
【数】不含带字母的被开方式的代数式。例如,$ab+cd$,$\frac{x^2-1}{xy}$,$3a$ 等。有根号但根号下不带字母的代数式是有理式。例如,$\sqrt{3}a+b$,$\frac{x+\sqrt{5}}{x-\sqrt[3]{6}}$ 等。

有理数/有理數 yǒulǐshù/ㄧㄡˇ ㄌㄧˇ ㄕㄨˋ
rational number
【数】能化成两个整数 a 和 b $(b\neq 0)$ 的比 $\frac{a}{b}$ 的形式的数。因整数可看作其本身与 1 的比,故有理数包括整数和分数。有限小数和无限循环小数均为有理数。有理数集记作 **Q**。有理数进行加、减、乘、除(除数不为 0)运算的结果仍是有理数。有理数集 **Q** 对它的加法和乘法构成一个域。

有理数指数/有理指數
yǒulǐshù zhǐshù/ㄧㄡˇ ㄌㄧˇ ㄓˇ ㄕㄨˋ
rational exponent
【数】整数指数和分数指数的统称。当 $a>0$,α 是有理数时,a^α 总有意义。

有理指數
ㄧㄡˇ ㄌㄧˇ ㄓˇ ㄕㄨˋ/yǒulǐ zhǐshù
rational exponent
【数】台湾名。即"有理数指数"(1370 页)。

有穷区间
yǒuqióng qūjiān/ㄧㄡˇ ㄑㄩㄥˊ ㄑㄩ ㄐㄧㄢ
【数】即"有限区间"(1371 页)。

有人潛水器
ㄧㄡˇ ㄖㄣˊ ㄑㄧㄢˊ ㄕㄨㄟˇ ㄑㄧˋ/
yǒurén qiánshuǐqì
manned submersible
【船】台湾名。即"载人潜水器"(1408 页)。

有色金属/非鐵金屬
yǒusè jīnshǔ/ㄈㄟ ㄊㄧㄝˇ ㄐㄧㄣ ㄕㄨˇ
nonferrous metal, coloured metal
【材】工业上指除黑色金属以外的所有其他金属(不包括人工合成元素)。通常分为轻金属、重金属、贵金属、半金属、稀有金属和稀土金属等。

有丝分裂/有絲分裂
yǒusī fēnliè/ㄧㄡˇ ㄙ ㄈㄣ ㄌㄧㄝˋ
mitosis
【生】细胞分裂的一种方式。其过程分为分裂间期和分裂期。在分裂间期,细胞核分裂,已复制的染色体一分为二,所产生的两个子核都有与亲代相同数目的染色体。在分裂期,纺锤丝出现,将两个子染色体拖至两极使细胞体也一分为二,同时细胞质分裂,最终形成两个子细胞。

有损压缩/有損壓縮
yǒusǔn yāsuō/ㄧㄡˇ ㄙㄨㄣˇ ㄧㄚ ㄙㄨㄛ
loss compression
【信息】文件经解压缩后会损失某些数据的压缩方法。视频和声音文件包含的信息往往比观众或听众感觉到的要多。采用不留过剩信息的有损压缩,能将这种数据压缩至原有大小的5%。

有头疽/有頭疽 yǒutóujū/ㄧㄡˇ ㄊㄡˊ ㄐㄩ
carbuncle, * headed flat-abscess
【中医】疽病之一。生长于肌肤间,常见局部初起皮肤上即有粟粒脓头,红肿热痛,易向深部及周围扩散,脓头相继增多,溃烂后状如莲蓬蜂窝等。好发于中老年人,多发于项后、背部。热毒蕴滞证,治宜清热利湿、和营解毒,方用仙方活命饮加减;阴虚火炽证,治宜滋阴生津、清热解毒,方用竹叶黄芪汤加减;气虚毒滞证,治宜扶正托毒,方用托里消毒散加减。外治分为三期:初期与溃脓期应箍围消肿,提脓去腐;若脓腐已熟,应手术切开,以彻底引流;后期则用生肌收口药。

有限花序/有限花序
yǒuxiàn huāxù/ㄧㄡˇ ㄒㄧㄢˋ ㄏㄨㄚ ㄒㄩˋ
definite inflorescence
【植】花序的一大类。花序的主轴和侧轴因顶花先开放而生长受到限制,故其花的数目和范围都是有限的。如聚伞花序。

有限集/有限集
yǒuxiànjí/ㄧㄡˇ ㄒㄧㄢˋ ㄐㄧˊ
finite set
【数】含有有限多个元素的集合。例如,A=$\{0,1,2,3\}$含有4个元素,是一个有限集。空集$\varnothing$的元素个数为0,它也是有限集。

有限区间/有限區間
yǒuxiàn qūjiān/ㄧㄡˇ ㄒㄧㄢˋ ㄑㄩ ㄐㄧㄢ
finite interval
【数】又称"有穷区间"。设a,b为任意两个实数,且$a<b$,实数集$\mathbf{R}$的子集$\{x|a<x<b\}$,$\{x|a\leqslant x\leqslant b\}$,$\{x|a\leqslant x<b\}$和$\{x|a<x\leqslant b\}$,即$(a,b)$,$[a,b]$,$[a,b)$和$(a,b]$统称有限区间。

有限数列/有限數列
yǒuxiàn shùliè/ㄧㄡˇ ㄒㄧㄢˋ ㄕㄨˋ ㄌㄧㄝˋ
finite sequence of number
【数】项数有限的数列。例如,数列1,2,3,…,99,100有100项,它是有限数列。

有限小数
yǒuxiàn xiǎoshù/ㄧㄡˇ ㄒㄧㄢˋ ㄒㄧㄠˇ ㄕㄨˋ
【数】即"有尽小数"(1370页)。

有线电视/有線電視
yǒuxiàn diànshì/ㄧㄡˇ ㄒㄧㄢˋ ㄉㄧㄢˋ ㄕˋ
cable television, CATV
【信息】通过宽带同轴电缆将多个频道的视频信号传送到各个用户的单向通信系统。

有线通信/有線通信
yǒuxiàn tōngxìn/ㄧㄡˇ ㄒㄧㄢˋ ㄊㄨㄥ ㄒㄧㄣˋ
wire communication
【信息】借助线缆线路以电信号传输声音、文字、图像等信息的通信方式。保密性强,可靠性高,受干扰较小。按传输内容类型不同,可分为有线电话、有线电报、有线传真等。

有线系统/有線系統
yǒuxiàn xìtǒng/ㄧㄡˇ ㄒㄧㄢˋ ㄒㄧˋ ㄊㄨㄥˇ
wireline system
【信息】借助线缆(包括对称电缆、同轴电缆或光缆)的转送系统。

有向线段/有向線段
yǒuxiàng xiànduàn/ㄧㄡˇ ㄒㄧㄤˋ ㄒㄧㄢˋ ㄉㄨㄢˋ
oriented segment
【数】规定了起点和终点,并以起点到终点的方向作为正方向的线段。起点为A终点为B的有向线段,记作$\overrightarrow{AB}$。$\overrightarrow{AB}$和$\overrightarrow{BA}$是长度相等而方向相反的有向线段。

有效功率
ㄧㄡˇ ㄒㄧㄠˋ ㄍㄨㄥ ㄌㄩˋ/yǒuxiào gōnglǜ
active power
【电】台湾名。即"有功功率"(1368页)。

有效孔隙度/有效孔隙率
yǒuxiào kǒngxìdù/
ㄧㄡˇ ㄒㄧㄠˋ ㄎㄨㄥˇ ㄒㄧˋ ㄉㄨˋ
effective porosity
【地】见"孔隙度"(694页)。

有效孔隙率
ㄧㄡˇ ㄒㄧㄠˋ ㄎㄨㄥˇ ㄒㄧˋ ㄌㄩˋ/yǒuxiào kǒngxìlǜ
effective porosity

【地】台湾名。即“有效孔隙度”(1371 页)。

有效数字/有效數字

yǒuxiào shùzì/ㄧㄡˇ ㄒㄧㄠˋ ㄕㄨˋ ㄗˋ

significant digit

【数】用四舍五入法取近似值时，若一个近似值的绝对误差界是某指定数位上的半个单位，则从这个近似值的左边第一个非零数字起到指定数位止，每一个数字都称这个近似值的有效数字。例如，0.1234 是精确到 0.0001的近似值，它有 4 个有效数字 1，2，3，4。12.150 是精确到 0.001 的近似值，它有 5 个有效数字 1，2，1，5，0。若38 000是精确到千位的近似值，则它有 2 个有效数字 3，8，用科学计数法表示为 3.8×10^4；若38 000是精确到百位的近似值，则它有 3 个有效数字 3，8，0，用科学计数法表示为 3.80×10^4。

有效通气量

yǒuxiào tōngqìliàng/

ㄧㄡˇ ㄒㄧㄠˋ ㄊㄨㄥ ㄑㄧˋ ㄌㄧㄤˋ

【医】即“肺泡通气量”(338 页)。

有效性/有效性

yǒuxiàoxìng/ㄧㄡˇ ㄒㄧㄠˋ ㄒㄧㄥˋ

effectiveness

【自】指完成策划的活动和达到策划结果的程度。

有效载荷舱/有效載荷艙

yǒuxiào zàihècāng/

ㄧㄡˇ ㄒㄧㄠˋ ㄗㄞˋ ㄏㄜˋ ㄘㄤ

payload module

【航】装置飞行试验研究的仪器、设备、装置等有效载荷系统的独立航天器舱段。通常与服务舱和推进舱组成飞行器公用平台。

有形文化遗产

yǒuxíng wénhuà yíchǎn/

ㄧㄡˇ ㄒㄧㄥˊ ㄨㄣˊ ㄏㄨㄚˋ ㄧˊ ㄔㄢˇ

【建】即“物质文化遗产”(1220 页)。

有性生殖/有性生殖

yǒuxìng shēngzhí/ㄧㄡˇ ㄒㄧㄥˋ ㄕㄥ ㄓˊ

sexual reproduction

【生】又称“两性生殖”。经过雌雄两性生殖细胞的结合而产生后代的生殖方式。是生物界中最普遍的生殖方式。可分为同配生殖、异配生殖和卵式生殖。

有性杂交/有性雜交

yǒuxìng zájiāo/ㄧㄡˇ ㄒㄧㄥˋ ㄗㄚˊ ㄐㄧㄠ

sexual hybridization

【生】基因型不同的生物体通过生殖细胞结合而产生后代的杂交方式。是引起生物遗传性变异的途径之一。

有序集 yǒuxùjí/ㄧㄡˇ ㄒㄩˋ ㄐㄧˊ

【数】即“全序集”(931 页)。

有序数对/有序數對

yǒuxù shùduì/ㄧㄡˇ ㄒㄩˋ ㄕㄨˋ ㄉㄨㄟˋ

ordered number pair

【数】有前后顺序的两个数组成的数组。当两个数按前后顺序为 a，b 时，有序数对记作 (a, b)。(a, b)和(b, a)是不同的有序数对。平面坐标系中各点的坐标是有序数对。

📖 类似有序数对，有前后顺序的 n 个数组成的数组$(a_1, a_2, \cdots, a_n)$叫作 n 元有序数组。n 维空间中各点的坐标是 n 元有序数组。

有意后注意/随意後注意

yǒuyìhòu zhùyì/ㄙㄨㄟˊ ㄧˋ ㄏㄡˋ ㄓㄨˋ ㄧˋ

post voluntary attention

【心】又称“随意后注意”“继有意注意”。在有意注意的基础上产生的，与目的任务联系在一起而又不需要意志努力的注意。来源于有意注意，比有意注意更为高级，是人所独有的注意形态。

有意识记/有意識記

yǒuyì shíjì/ㄧㄡˇ ㄧˋ ㄕˊ ㄐㄧˋ

intentional memorization

【心】又称“随意识记”。事先有预定目的，并经过一定意志努力的识记。具有主动性特点，适宜完成系统性和针对性的识记任务，是学习活动中最主要的识记类型。

有意注意/自主注意

yǒuyì zhùyì/ㄗˋ ㄓㄨˇ ㄓㄨˋ ㄧˋ

voluntary attention

【心】又称“随意注意”。事先有预定目的，在必要时需要做出意志努力的注意。是一种积极主动地服从于当前目的任务的注意，受人的意识支配、调节和控制，充分体现人的能动作用。是注意的高级发展形式。

有源降噪/有源降噪

yǒuyuán jiàngzào/ㄧㄡˇ ㄩㄢˊ ㄐㄧㄤˋ ㄗㄠˋ

active noise reduction

【环】又称"反声""有源消声"。利用电子线路和扩声设备产生与噪声的相位相反的声音，来抵消原有噪声的技术。使用的仪器设备包括传声器、放大器、调相装置、功率放大器和扬声器等。

有源消声

yǒuyuán xiāoshēng/ㄧㄡˇ ㄩㄢˊ ㄒㄧㄠ ㄕㄥ

【环】即"有源降噪"(1372 页)。

铕/銪 yǒu/ㄧㄡˇ

europium

【化】金属元素。属周期表第ⅢB族(镧系)，符号 Eu，原子序数 63。原子量 152.0。自然界主要存在于独居石和氟碳铈矿中。单质为银白色金属，较软，延展性好，是稀土元素中化学性质最活泼的元素，室温下发生氧化迅速变暗。可用作核反应堆的中子吸收剂，也用于制荧光粉等。

📖 1896 年，法国的德马尔赛(D. Demarcay)在不纯的氧化钐中发现了铕。拉丁文定名为 europium，源自 Europe，意思是"欧洲"。中文定名为"铕"，是形声字。

右岸/右岸 yòu'àn/ㄧㄡˋ ㄢˋ

right bank

【水利】面向下游，右手边为河流右岸。

右房室瓣/三尖瓣

yòufángshìbàn/ㄙㄢ ㄐㄧㄢ ㄅㄢˋ

right atrioventricular value, tricuspid valve

【医】又称"三尖瓣"。位于右房室口周围纤维环上的三片瓣膜。右心室收缩时此瓣关闭，阻止血液流回右心房；右心室舒张时此瓣开放，血液从右心房流入右心室。如同一个单向活门，保证血液循环由右心房向右心室流动。

右分配律/右分配律

yòufēnpèilǜ/ㄧㄡˋ ㄈㄣ ㄆㄟˋ ㄌㄩˋ

right distributive law

【数】分配律的一种。设⊕，⊗是集合 S 上的两种二元运算，a,b,c 是 S 中的任意三个元素，若 $(a\oplus b)\otimes c=a\otimes c\oplus b\otimes c$，则称⊗对⊕满足右分配律。

右手定则/右手法則

yòushǒu dìngzé/ㄧㄡˋ ㄕㄡˇ ㄉㄧㄥˋ ㄗㄜˊ

right-hand rule

【物】判定导体切割磁感线时在导体中产生的感应电流方向的规则。伸开右手，使大拇指跟其余四个手指垂直，并且都和手掌在一个平面内。把右手放入磁场中，让磁感线垂直穿入手心，大拇指指向导体运动的方向，其余四个手指指向感应电流的方向。

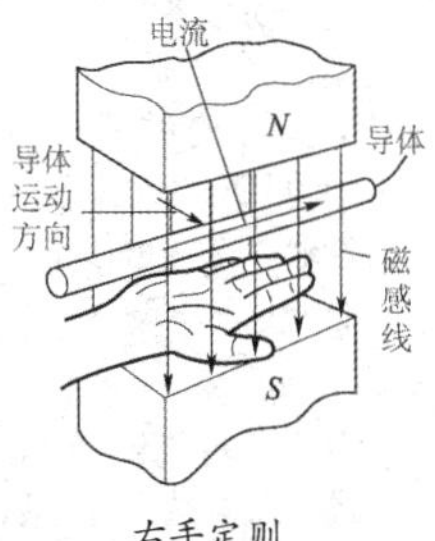

右手定则

右手法則

ㄧㄡˋ ㄕㄡˇ ㄈㄚˇ ㄗㄜˊ/yòushǒu fǎzé

right-hand rule

【物】台湾名。即"右手定则"(1373 页)。

右手螺旋定则/右手螺旋律

yòushǒu luóxuán dìngzé/
ㄧㄡˋ ㄕㄡˇ ㄌㄨㄛˊ ㄒㄩㄢˊ ㄌㄩˋ

right-handed screw rule

【物】矢积方向遵守的规则。如果矢量 $\boldsymbol{A}\times\boldsymbol{B}=\boldsymbol{C}$，则 $\boldsymbol{C}$ 的方向垂直于 $\boldsymbol{A}$ 和 $\boldsymbol{B}$ 所在的平面。即矢量 $\boldsymbol{A}$ 经过小于 180° 的角转到矢量 $\boldsymbol{B}$ 的方向，则螺旋前进的方向就是矢量 $\boldsymbol{C}$ 的方向。

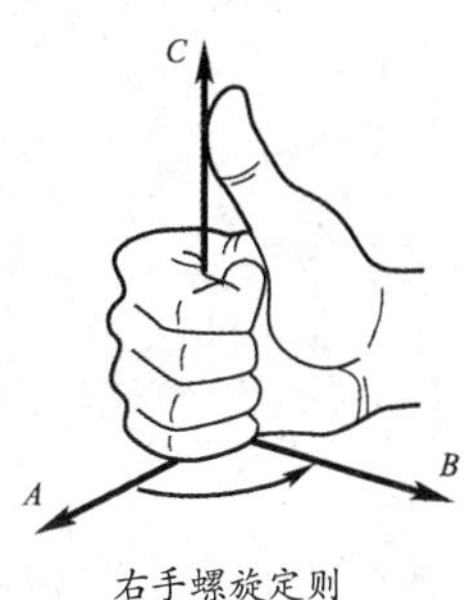

右手螺旋定则

右手螺旋律

ㄧㄡˋ ㄕㄡˇ ㄌㄨㄛˊ ㄒㄩㄢˊ ㄌㄩˋ/
yòushǒu luóxuánlǜ

right-handed screw rule

【物】台湾名。即"右手螺旋定则"(1373 页)。

右旋糖酐

yòuxuán tánggān/ㄧㄡˋ ㄒㄩㄢˊ ㄊㄤˊ ㄍㄢ

【化】即"葡聚糖"(880 页)。

柚/柚 yòu/ㄧㄡˋ

pomelo

【植】*Citrus maxima* 又称"文旦"。芸香科柑橘属。常绿乔木。嫩枝扁且有棱，暗紫红色。叶大而厚，阔卵形，翼叶大。总状花序，花蕾淡紫红色，开放后乳白色。果实大，圆球形、扁球形、梨形等，淡黄、黄绿或朱红色，有香气，果皮海绵质，油胞大且凸起，汁胞白、粉红或鲜红色，有酸、甜两种味道。花期4—5月份，果期9—12月份。在中国，分布于长江以南各地。果实可作水果。

囿/囿 yòu/ㄧㄡˋ

hunting park

【建】中国古代供帝王贵族狩猎、游乐的园林形式。通常选定地域后划出范围，或筑界垣。囿中草木鸟兽自然滋生繁育。狩猎既是游乐活动，也是一种军事训练方式。

📖 最早的囿是周文王的灵囿（约公元前11世纪）。《诗经·大雅·灵台》记载灵囿的经营。灵囿除了筑台掘沼为人工设施外，全为自然景物。秦汉以来，绝少单独建囿，大都在规模较大的宫苑中辟有供狩猎游乐的部分，或在宫苑中建有驯养兽类以供赏玩的建筑和场地，称兽圈或囿。

诱发地震/誘發地震

yòufā dìzhèn/ㄧㄡˋ ㄈㄚ ㄉㄧˋ ㄓㄣˋ

induced earthquake

【地】地震类型之一。因水库蓄水、地下注水或陨石坠落等引起。

诱因/誘因 yòuyīn/ㄧㄡˋ ㄧㄣ

incentive

【心】能诱发个体行为的刺激物。是激起行为的外部原因，即环境因素（包括自然性因素和社会性因素）。对人们趋向的、具有吸引力的、能满足个体需要的刺激物称为“正诱因”；对人们所回避的、妨碍其满足个体需要的刺激物称为“负诱因”。

蚴/蟲幼 yòu/ㄔㄨㄥˊ ㄧㄡˋ

larva

【动】某些寄生蠕虫（如绦虫、血吸虫等）的幼体。

釉/釉 yòu/ㄧㄡˋ

glaze

㊀【材】覆盖在陶瓷和搪瓷表面的玻璃质薄层。以石英、长石等为原料，经研磨并加水调制后涂敷于坯体表面，再经焙烧而成。能增加成品的机械强度和绝缘性能，防止液体和气体的侵蚀。㊁【轻】在台湾，釉也指“瓷釉”（158页）。

鼬/鼬 yòu/ㄧㄡˋ

weasel, stoat

【动】哺乳动物名。食肉目鼬科部分动物的统称。身体细长，四肢短小，头狭长，耳短而圆，唇有须，肛门附近大多有臭腺，毛有黄褐、棕、灰棕等颜色。性凶猛，捕食各种小动物。种类很多，常见的有黄鼬、黑獾、水獭、紫貂等。

鼬

鼬獾/鼬獾 yòuhuān/ㄧㄡˋ ㄏㄨㄢ

ermine

【动】*Melogale moschata* 又称“山獾”“白猸”“猸子”。哺乳动物名。食肉目鼬科。身体比猫小，尾长，毛棕灰色，两眼间有一方形白斑，眼下和耳下白色，腹部白色。生活在树林中或岩石间，常夜间活动，善爬树，食性杂。在中国，分布于南方地区；也分布于印度尼西亚、缅甸、尼泊尔、越南。

yu （ㄩ）

淤斑 ㄩ ㄅㄢ/yūbān

ecchymosis

【医】台湾名。即“瘀斑”（1375页）。

淤灌/淤灌 yūguàn/ㄩ ㄍㄨㄢˋ

warping irrigation

【水利】灌溉方法的一种。用含细颗粒泥沙的河水灌溉土地，在浸润土壤的同时沉积泥沙，以改造低洼地或盐碱地。

淤积/淤積 yūjī/ㄩ ㄐㄧ

silting

【地】水流挟带的泥沙颗粒在流速变慢时沉落在河床上的过程。会使河底抬高。

淤泥/淤泥 yūní/ㄩ ㄋㄧˊ

silt

【地】在静水或缓慢的流水环境中沉积，并含有机质的粉质的或黏土质的细粒土。由物理化学和生物化学作用形成，未固结，为现代新近沉积物。海滨淤泥的黏土矿物以伊利石和蒙脱石为主，淡水淤泥以伊利石和高岭石为主。天然含水率高,孔隙比多大于1.0,干密度只有0.8～0.9克/厘米³,压缩性很高,强度极低,常处于流动状态。不适宜作天然地基。

瘀斑/淤斑　yūbān/ㄩ ㄅㄢ

ecchymosis

【医】因各种损伤、中毒、感染、过敏或血小板减少等因素,致使血管通透性增高而引起的皮下或黏膜下斑状出血。不高出皮面,压之不褪色,可融合成片。

瘀血/瘀血　yūxuè/ㄩ ㄒㄩㄝˋ

static blood

【中医】血液滞留或凝结于体内,包括血溢出于经脉外而瘀积或血脉运行受阻而滞留经脉腔内。是病理产物,又可成为继发性致病因素。

余割/餘割　yúgē/ㄩˊ ㄍㄜ

cosecant

【数】三角函数之一。如图,在平面直角坐标系 xOy 中,角 θ 以原点 O 为顶点,x 轴的正半轴为始边,射线 OA 为终边,点 $P(x,y)$ 为 OA 上任一点,$|OP|=r>0$。$\frac{r}{y}$ 叫作 θ 的余割,记作 $\csc\theta=\frac{r}{y}$。

余　割

余集　yújí/ㄩˊ ㄐㄧˊ

【数】即"补集"(82页)。

余角/餘角　yújiǎo/ㄩˊ ㄐㄧㄠˇ

complementary angle

【数】若两角的和等于90°,则这两个角互为余角(简称"互余")。

余切/餘切　yúqiē/ㄩˊ ㄑㄧㄝ

cotangent

【数】三角函数之一。如图,在平面直角坐标系 xOy 中,角 θ 以原点 O 为顶点,x 轴的正半轴为始边,射线 OA 为终边,点 $P(x,y)$ 为 OA 上任一点,$|OP|=r>0$。$\frac{x}{y}$ 叫作 θ 的余切,记作 $\cot\theta=\frac{x}{y}$。图见"余割"(1375页)

余切曲线/餘切曲線　yúqiē qūxiàn/ㄩˊ ㄑㄧㄝ ㄑㄩ ㄒㄧㄢˋ

cotangent curve

【数】函数 $y=\cot x$ 的图像。$y=\cot x$ 的定义域为 $\{\theta|\theta\neq k\pi,k\in\mathbf{Z},\theta\in\mathbf{R}\}$,值域为 $\mathbf{R}$,最小正周期为 π。

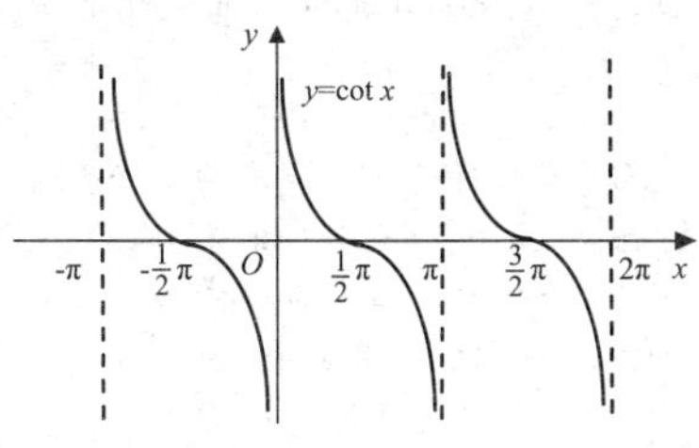

余切曲线

余热发电/餘熱發電　yúrè fādiàn/ㄩˊ ㄖㄜˋ ㄈㄚ ㄉㄧㄢˋ

waste heat generating

【电】利用工业生产过程中废气余热的热能发电。

余热锅炉/熱回收鍋爐　yúrè guōlú/ㄖㄜˋ ㄏㄨㄟˊ ㄕㄡ ㄍㄨㄛ ㄌㄨˊ

heat recovery steam generator, heat recovery boiler

【机】锅炉的一种。利用各种工业过程中的废气、废料或废液中的余热及其可燃物质燃烧产生热量。按燃料不同,可分为燃油式、燃气式、燃煤式等;按用途不同,可分为余热热水锅炉、余热蒸汽锅炉、余热有机热载体锅炉等。

余树/餘樹　yúshù/ㄩˊ ㄕㄨˋ

co-tree

【电】不在所选树中的网络诸支路的集合。

余弦/餘弦　yúxián/ㄩˊ ㄒㄧㄢˊ

cosine

【数】三角函数之一。如图,在平面直角坐标系 xOy 中,角 θ 以原点 O 为顶点,x 轴的正半轴为始边,射线 OA 为终边,点 $P(x,y)$ 为 OA 上任一点,$|OP|=r>0$。$\frac{x}{r}$ 叫作 θ 的

余弦，记作 $\cos\theta=\dfrac{x}{r}$。图见“余割”(1375页)

余弦定律/餘弦定律

yúxián dìnglǜ/ㄩˊ ㄒㄧㄢˊ ㄉㄧㄥˋ ㄌㄩˋ

law of cosines

【数】关于三角形的边角关系的定理之一。设 $\triangle ABC$ 中，顶点 A,B,C 所对的边分别为 a,b,c。(1)若 $\triangle ABC$ 是平面三角形，则有 $a^2=b^2+c^2-2bc\cos A$，$b^2=c^2+a^2-2ca\cos B$，$c^2=a^2+b^2-2ab\cos C$。(2)若 $\triangle ABC$ 是球面三角形，它的边是三条圆弧，其弧长与球半径之比分别记作 a,b,c，则有
$\cos a=\cos b\cos c+\sin b\sin c\cos A$，
$\cos b=\cos c\cos a+\sin c\sin a\cos B$，
$\cos c=\cos a\cos b+\sin a\sin b\cos C$。

📖 勾股定理是平面三角形余弦定律的特例。利用余弦定律可以解决下列解三角形问题：(1)已知两边和它们的夹角，求其余边角；(2)已知三条边，求三个角。

余弦曲线/餘弦曲線

yúxián qūxiàn/ㄩˊ ㄒㄧㄢˊ ㄑㄩ ㄒㄧㄢˋ

cosine curve

【数】函数 $y=\cos x$ 的图像。$y=\cos x$ 的定义域为实数集 **R**，值域为$[-1,1]$，最小正周期为 2π。

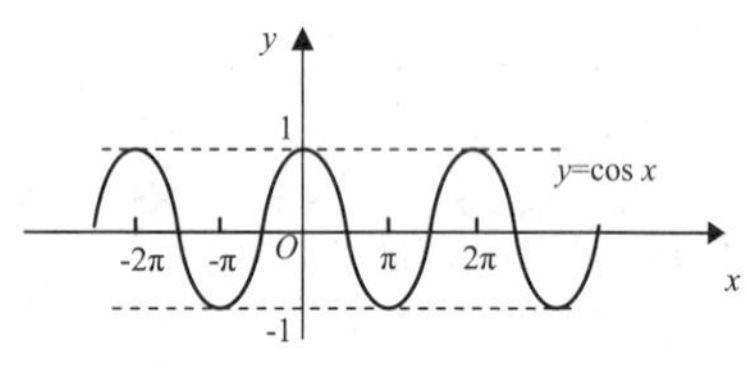

余弦曲线

余震/餘震

yúzhèn/ㄩˊ ㄓㄣˋ

aftershock

【地】一个地震的一系列地震中主震之后发生的地震。

余子式/餘因子

yúzǐshì/ㄩˊ ㄗˇ ㄕˋ

cofactor

【数】在 n 阶行列式 $D=|a_{ij}|$ 中，划去一个 k $(1\leqslant k\leqslant n)$ 阶子式 M 中的元素所在的行和列，余下的元素按原来的位置组成的 $n-k$ 阶行列式 M'，叫作 M 的余子式。例如，在 5 阶行列式 $D=|a_{ij}|$ 中，二阶子式 $M=\begin{vmatrix}a_{22}&a_{24}\\a_{32}&a_{34}\end{vmatrix}$ 的余子式是三阶行列式 $M'=\begin{vmatrix}a_{11}&a_{13}&a_{15}\\a_{41}&a_{43}&a_{45}\\a_{51}&a_{53}&a_{55}\end{vmatrix}$。

鱼/魚 yú/ㄩˊ

fish

【动】水生脊椎动物。通常身体侧扁，有鳞，生活在水中，用鳃呼吸，用鳍游泳，体温随外界温度而变化。种类很多，可分为硬骨鱼纲和软骨鱼纲。

鱼际/魚際 yújì/ㄩˊ ㄐㄧˋ

thenar

【医】手掌拇指外侧肌群在手掌拇指侧形成的肌性隆起。由拇短展肌、拇短屈肌、拇对掌肌、拇收肌组成。

鱼雷/魚雷 yúléi/ㄩˊ ㄌㄟˊ

torpedo

【军】由舰艇发射或由飞机、直升机发射，入水后能自航，主要用于攻击水面舰船和潜艇的水中武器。按携载平台和攻击对象不同，可分为反舰(舰舰、潜舰、空舰)鱼雷和反潜(舰潜、潜潜、空潜)鱼雷；按雷体直径不同，可分为大型鱼雷(533～555 毫米)、中型鱼雷(400～482 毫米)和小型鱼雷(254～324 毫米)；按制导方式不同，可分为自控(程序控制)鱼雷、自导鱼雷、线导鱼雷和复合制导鱼雷；按推进动力不同，可分为热动力(燃气、喷气)鱼雷、电动力鱼雷和火箭助飞鱼雷；按装药不同，可分为常规装药鱼雷和核装药鱼雷。

鱼雷艇/魚雷艇 yúléitǐng/ㄩˊ ㄌㄟˊ ㄊㄧㄥˇ

torpedo boat

【军】以鱼雷为主要武器的小型高速水面战斗舰艇。主要用于在近岸海区与其他兵力协同，以编队对敌方大、中型舰艇实施鱼雷攻击。可分为滑行型鱼雷艇、半滑行型鱼雷艇、水翼型鱼雷艇和翼滑型鱼雷艇等。

鱼龙/魚龍 yúlóng/ㄩˊ ㄌㄨㄥˊ

ichthyosaur

【地】*Ichthyosauria* 一种生活在海洋里的恐龙。属鱼龙目。四肢桨状，适于游泳，眼大，嘴长，牙齿尖锐，肉食，类似鱼和海豚。生活在中生代，繁盛于侏罗纪，约 9000 万年前灭

绝。

鱼腥草 yúxīngcǎo/ㄩˊ ㄒㄧㄥ ㄘㄠˇ

㊀ heartleaf houttuynia, ㊁ Herba Houttuyniae(拉), heartleaf houttuynia herb

㊀【植】即"蕺菜"(577 页)。㊁【中医】中药名。三白草科植物蕺菜 *Houttuynia cordata* Thunb. 的干燥地上部分。味辛,性微寒。归肺经。清热解毒,消痈排脓,利尿通淋。用于肺痈吐脓,痰热喘咳,热痢,热淋,痈肿疮毒。

📖 越王勾践被吴王打败后,为报仇雪恨,卧薪尝胆,经常去蕺山采集一种带鱼腥味的野菜充饥。后来,人们把这种野菜称为蕺菜。因其有鱼腥味,故又称"鱼腥草"。

鱼鹰 yúyīng/ㄩˊ ㄧㄥ

【动】❶即"鹗"(298 页)。❷即"鸬鹚"(756 页)。

渔港/漁港 yúgǎng/ㄩˊ ㄍㄤˇ

fishery port, fishing harbor

【水利】为渔业生产服务的港口。主要供渔船靠泊装卸,并设有水产加工、冷藏、储运等设施。

渔业船/漁業船

yúyèchuán/ㄩˊ ㄧㄝˋ ㄔㄨㄢˊ

fishery vessel

【船】从事渔业捕捞、养殖、加工、运输、科研和管理等渔业生产活动的船舶的统称。主要有渔船、母子式渔船、渔政船、渔业调查船、渔业补给船、渔业训练船、渔业基地船等。

渔业监督船

yúyè jiāndūchuán/ㄩˊ ㄧㄝˋ ㄐㄧㄢ ㄉㄨ ㄔㄨㄢˊ

【船】即"渔政船"(1377 页)。

渔业指导船

yúyè zhǐdǎochuán/ㄩˊ ㄧㄝˋ ㄓˇ ㄉㄠˇ ㄔㄨㄢˊ

【船】即"渔政船"(1377 页)。

渔政船/漁政船

yúzhèngchuán/ㄩˊ ㄓㄥˋ ㄔㄨㄢˊ

fishery administration ship

【船】又称"渔业指导船""渔业监督船"。用于在渔业专属水域执行渔政任务的专用船只。渔政的主要任务是监督渔船执行国家的各项渔业法规;监督、检查国际或国与国之间渔业协定的执行,保护本国渔业资源;保护水产资源的正常繁殖,实行休渔制度,制止酷渔滥捕;维护渔场生产秩序,及时处理渔业生产纠纷及各种事故等。

榆树/榆樹 yúshù/ㄩˊ ㄕㄨˋ

elm

【植】*Ulmus pumila* 榆科榆属。落叶乔木。树皮暗灰色,不规则深纵裂。小枝淡黄灰色,散生皮孔。叶椭圆状卵形,先端尖,基部偏斜,边缘有齿。花先叶开放,簇生于叶腋。翅果(即榆钱)近圆形,顶端有凹缺。花果期 3—6 月份。在中国,分布于东北、华北、西北及西南各地。造林绿化树种。木材可用,树皮磨粉可食。

榆叶梅/榆葉梅 yúyèméi/ㄩˊ ㄧㄝˋ ㄇㄟˊ

flowering almond

【植】*Amygdalus triloba* 蔷薇科桃属。落叶灌木。树干红褐色,树皮剥裂。叶簇生,宽椭圆形至倒卵形,先端短尖,三裂,边缘有齿。花先叶开放,花梗短,萼筒宽钟形,花瓣近圆形,先端微凹,粉红色。花期 3—4 月份。在中国,分布于各地。观赏花木。

📖 榆叶梅因其叶似榆,花如梅,故名。

餘因子 ㄩˊ ㄧㄣ ㄗˇ/yúyīnzǐ

cofactor

【数】台湾名。即"余子式"(1376 页)。

"与非"门/反及閘

"yǔfēi"mén/ㄈㄢˇ ㄐㄧˊ ㄓㄚˊ

NAND gate

【信息】执行"非合取"(nonconjunction)逻辑运算的门。当且仅当所有输入值都为"真"时输出值为"假",否则输出值为"真"。

"与"门/與閘

"yǔ"mén/ㄩˇ ㄓㄚˊ

AND gate

【信息】台湾又称"及閘"。执行逻辑运算"合取"(conjunction)的门。当且仅当所有输入值都为"真"时输出值为"真",否则输出值为"假"。

宇/宇 yǔ/ㄩˇ

eonothem

【地】地层系统分类的第一级。分为太古宇、元古宇和显生宇。宇所对应的地质年代分期是宙。

宇称/宇稱 yǔchēng/ㄩˇ ㄔㄥ

parity

【物】描述粒子或粒子组成的系统在空间反射下变换性质的物理量。强相互作用和电磁相互作用中宇称守恒，即系统的各个部分宇称之积不随时间变化。弱相互作用中宇称不守恒。

📖 1956 年，中国美籍物理学家李政道和杨振宁从理论上做出预言，后被吴健雄用实验证实。

宇航服 yǔhángfú/ㄩˇ ㄏㄤˊ ㄈㄨˊ

【航】即“航天服”(479 页)。

宇集 ㄩˇ ㄐㄧˊ/yǔjí

universal set

【数】台湾名。即“全集”(929 页)。

宇宙/宇宙 yǔzhòu/ㄩˇ ㄓㄡˋ

cosmos, universe

【天】时间、空间以及其中存在的所有物质和能量的总称。根据大爆炸理论，由于光速有限，我们无法观测到比 137 亿光年更遥远的天体，故将所能探测并研究的范围称为“可观测宇宙”。

宇宙尘 yǔzhòuchén/ㄩˇ ㄓㄡˋ ㄔㄣˊ

【气】即“星际尘”(1276 页)。

宇宙飞船/太空船 yǔzhòu fēichuán/ㄊㄞˋ ㄎㄨㄥ ㄔㄨㄢˊ

spacecraft

【航】飞船的一种。用多级火箭作为运载工具，从地球上发射出去，能在宇宙空间航行。

宇宙观 yǔzhòuguān/ㄩˇ ㄓㄡˋ ㄍㄨㄢ

【总】即“世界观”(1034 页)。

宇宙航行学/宇宙航行學 yǔzhòu hángxíngxué/ㄩˇ ㄓㄡˋ ㄏㄤˊ ㄒㄧㄥˊ ㄒㄩㄝˊ

【航】即“航天学”(480 页)。

宇宙环境/宇宙環境 yǔzhòu huánjìng/ㄩˇ ㄓㄡˋ ㄏㄨㄢˊ ㄐㄧㄥˋ

cosmic environment

【环】又称“空间环境”“星际环境”。指地球大气层以外的环境。与人类生存环境密切相关，如太阳辐射及其活动、来自太阳以外的宇宙射线或星际物质、月球与地球相对位置的变动、太阳系在银河系运动的空间位置等，都对人类生存环境产生重大影响。

宇宙論 ㄩˇ ㄓㄡˋ ㄌㄨㄣˋ/yǔzhòulùn

cosmology

【天】台湾名。即“宇宙学”(1378 页)。

宇宙射线 yǔzhòu shèxiàn/ㄩˇ ㄓㄡˋ ㄕㄜˋ ㄒㄧㄢˋ

【天】即“宇宙线”(1378 页)。

宇宙速度/宇宙速度 yǔzhòu sùdù/ㄩˇ ㄓㄡˋ ㄙㄨˋ ㄉㄨˋ

cosmic velocity

【航】航天器(如卫星、飞船等)环绕地球，或脱离地球，或飞出太阳系所需要的最小速度。可分为第一宇宙速度、第二宇宙速度和第三宇宙速度。

宇宙探测 yǔzhòu tàncè/ㄩˇ ㄓㄡˋ ㄊㄢˋ ㄘㄜˋ

【航】即“深空探测”(997 页)。

宇宙探测器 yǔzhòu tàncèqì/ㄩˇ ㄓㄡˋ ㄊㄢˋ ㄘㄜˋ ㄑㄧˋ

【航】即“空间探测器”(688 页)。

宇宙线/宇宙線 yǔzhòuxiàn/ㄩˇ ㄓㄡˋ ㄒㄧㄢˋ

cosmic ray

【天】又称“宇宙射线”。来自宇宙空间的各种高能微观粒子流。主要是质子(氢原子核)，其次是 α 粒子(氦原子核)，还有少量其他元素的原子核，以及电子、中微子和高能光子(X 射线和 γ 射线)一起构成的辐射流。主要来自太阳耀斑爆发以及银河系中其他天体的剧烈高能活动。

宇宙学/宇宙論 yǔzhòuxué/ㄩˇ ㄓㄡˋ ㄌㄨㄣˋ

cosmology

【天】天文学的一个分支。主要研究宇宙的起源、结构和演化。涉及观测天文学、理论物理学、粒子物理学等领域。大爆炸宇宙学是公认的主流理论，能够较好地解释目前已发现的大部分观测事实。但暗物质和暗能量的本质仍是有待解决的重要问题。

羽/羽 yǔ/ㄩˇ

feather

【动】通称“羽毛”。鸟类身体表面所长的毛。由表皮角质化而形成，被覆在体表，有保护身体、保持体温、帮助飞翔等作用。成鸟的羽可

分为正羽、半羽、绒羽、纤羽和刚毛五种。

羽绸 yǔchóu/ㄩˇ ㄔㄡˊ

【纺】即"羽缎"(1379 页)。

羽缎/羽緞 yǔduàn/ㄩˇ ㄉㄨㄢˋ

lustre satin

【纺】又称"羽绸"。棉织物名。通常以单纱作经纬,或以双股线作经、单纱作纬织成的缎纹织物。质地紧密细致,布面平整挺滑,富有光泽,具绸缎感。黑色羽缎多用作伞面,也用于服装、帽子或鞋的绲边等;印花及杂色羽缎可用作衣料。

羽冠/羽冠 yǔguān/ㄩˇ ㄍㄨㄢ

【动】即"冠羽"(436 页)。

羽毛 yǔmáo/ㄩˇ ㄇㄠˊ

【动】"羽"的通称。

羽扇豆/羽扇豆 yǔshàndòu/ㄩˇ ㄕㄢˋ ㄉㄡˋ

lupine

【植】*Lupinus micranthus* 又称"鲁冰花"。豆科羽扇豆属。一年生草本植物。茎直立,全株被毛。掌状复叶,小叶长圆形,全缘,两面被毛。总状花序顶生,花冠蝶形,蓝色,旗瓣和龙骨瓣有白色斑纹。花期 3—5 月份。原产地中海,中国各地均有栽培。观赏花卉。

雨/雨 yǔ/ㄩˇ

rain

【气】液态降水的一种。下降时清楚可见,落在水面上会激起波纹和水花,落在地上可留下湿痕。

雨花石/雨花石 yǔhuāshí/ㄩˇ ㄏㄨㄚ ㄕˊ

Yuhua stone

【地】一种二氧化硅质的砾石。主要成分是玛瑙,也有蛋白石、石英和燧石。有很多自然条纹、图案,有的呈风景或人物的形状,观赏价值很高。由河流冲刷、磨圆而成。因盛产于南京雨花台一带的砾石层中,故名。

雨夹雪/霙 yǔjiāxuě/ㄧㄥ

sleet

【气】固态降水的一种。半融化的雪,或雨滴和雪同时下降。多在近地面气温略高于0 ℃的气象条件下发生。

雨量等级/雨量等级 yǔliàng děngjí/ㄩˇ ㄌㄧㄤˋ ㄉㄥˇ ㄐㄧˊ

grade of rainfall

【气】为反映降雨的强度,根据单位时间内站点雨量的大小而定出的等级。通常根据站点雨量或流域面雨量的大小,分为六级。

雨量等级

雨量等级	12 时站点雨量/毫米	24 时站点雨量/毫米	12 时面雨量/毫米	24 时面雨量/毫米
小雨	0.1～4.9	0.1～9.9	0.1～2.9	0.1～5.9
中雨	5.0～14.9	10.0～24.9	3.0～9.9	6.0～14.9
大雨	15.0～29.9	25.0～49.9	10.0～19.9	15.0～29.9
暴雨	30.0～69.9	50.0～99.9	20.0～39.9	30.0～59.9
大暴雨	70.0～140.0	100.0～250.0	40.0～80.0	60.0～150.0
特大暴雨	＞140.0	＞250.0	＞80.0	＞150.0

雨量计/雨量儀 yǔliàngjì/ㄩˇ ㄌㄧㄤˋ ㄧˊ

❶ pluviograph, recording raingauge, ❷raingauge

【气】❶用于测量雨量,并具有自动连续记录功能的仪器。从雨量器发展而来,由承接或感应雨量部分、计量部分和自动记录部分构成。按仪器的工作方式不同,可分为虹吸式、翻斗式、称重式、容栅式等,前两者较常用。❷在台湾,雨量计也指"雨量器"(1379 页)。

雨量器/雨量計 yǔliàngqì/ㄩˇ ㄌㄧㄤˋ ㄐㄧˋ

raingauge

【气】用于测量降水量的仪器。由带有刻度的专用量杯和雨量筒两部分构成。量杯的直径与雨量筒的承水器口径成一定比例，使两者之间盛水的深度构成固定的换算比例。

雨量儀 ㄩˇ ㄌㄧㄤˋ ㄧˊ/yǔliàngyí

pluviograph, recording raingauge

【气】台湾名。即"雨量计"(1379 页)。

雨量站 ㄩˇ ㄌㄧㄤˋ ㄓㄢˋ/yǔliàngzhàn

station rainfall

【气】台湾名。即"站点雨量"(1419 页)。

雨棚 yǔpéng/ㄩˇ ㄆㄥˊ

【建】即"雨篷"(1380 页)。

雨篷/遮篷 yǔpéng/ㄓㄜ ㄆㄥˊ

canopy

【建】又作"雨棚"。设置在建筑物外门顶部悬挑的防雨遮阳板,并有一定装饰作用的顶盖。

雨日/雨日 yǔrì/ㄩˇ ㄖˋ

rain day

【气】日降水量不小于 0.1 毫米的日子。

雨凇/雨凇 yǔsōng/ㄩˇ ㄙㄨㄥ

glaze

【气】地面凝结现象的一种。过冷却雨滴碰到温度较低(0～－3℃)的地面或地面物体后,直接冻结而成的坚硬冰层。透明或呈毛玻璃状,外表光滑或略有隆凸。主要生成在迎风面上。

雨燕/雨燕 yǔyàn/ㄩˇ ㄧㄢˋ

common swift

【动】鸟名。雨燕目雨燕科大部分种的统称。体形像燕子。翅膀尖而长,静止时折叠的翼尖超过尾端,善飞行。在岩石缝隙中或洞穴内、屋檐下筑巢,在飞行中捕食昆虫。种类很多,如白腰雨燕、普通楼燕等。分布广泛。

语句/陳述 yǔjù/ㄔㄣˊ ㄕㄨˋ

statement

【信息】高级语言中用来表达算法、控制构造和传送数据的基本单位。按句式简繁不同,可分为简单语句与构造语句:前者包括赋值、过程、转向、出口、返回等语句;后者包括复合、重复、条件等语句。

语言/語言 yǔyán/ㄩˇ ㄧㄢˊ

language

【信息】计算机编程中,用来构建并解释表达式的字符、规约和规则的集合。计算机技术中的"语言"多指编程语言;人际交流的"语言"多改称"自然语言"。

语音编码/語音編碼

yǔyīn biānmǎ/ㄩˇ ㄧㄣ ㄅㄧㄢ ㄇㄚˇ

speech coding, speech encoding

【信息】按合理重构信号的规则,将经数字化的语音信号转换为离散数据序列的过程。多与编码、压缩以及可能有的加密等操作组合使用。

语音合成/語音合成

yǔyīn héchéng/ㄩˇ ㄧㄣ ㄏㄜˊ ㄔㄥˊ

speech synthesis

【信息】利用某一功能单元生成人工语音的过程。按表示语音的方式不同,可分为频谱逼近与波形逼近两种。

语音识别/話音辨識

yǔyīn shíbié/ㄏㄨㄚˋ ㄧㄣ ㄅㄧㄢˋ ㄕˊ

speech recognition

【信息】对人的话音中承载的信息,利用计算机系统进行的感知与分析。所识别的信息可以是预定词序列中的一个词,预定语言中的一个音素,或通过其语音特征体现的说话人的身份。

语音压缩/語音壓縮

yǔyīn yāsuō/ㄩˇ ㄧㄣ ㄧㄚ ㄙㄨㄛ

speech compression

【信息】采用比通常所需的信号量少(以时间、频率或位来衡量)的技术,传输或存储语音信号的处理过程。所用技术有预测编码、子带编码、利用共振峰的编码等。

與閘 ㄩˇ ㄓㄚˊ/yǔzhá

AND gate

【信息】台湾名。即"'与'门"(1377 页)。

語音編碼器

ㄩˇ ㄧㄣ ㄅㄧㄢ ㄇㄚˇ ㄑㄧˋ/yǔyīn biānmǎqì

voice coder, vocoder

【信息】台湾名。即"声码器"(1017 页)。

玉/玉 yù/ㄩˋ

jade

【地】又称"玉石"。软玉和硬玉的统称。质地细腻、色泽美丽。坚硬,有光泽,略透明。

玉兰/玉蘭 yùlán/ㄩˋ ㄌㄢˊ

yulan magnolia

【植】*Yulania denudata* 木兰科木兰属。落叶乔木。树皮深灰色。叶纸质,倒卵形至椭圆形,先端宽圆,具短尖,脉明显。花先叶开放,单生枝顶,直立,呈钟状,花被片九枚,长圆状倒卵形,碧白或紫红色,有香气,雌蕊群淡绿色,圆柱形。花期 2—3 月份。中国各地均有栽培。观赏树木。花可入药。

玉米 yùmǐ/ㄩˋ ㄇㄧˇ

【植】"玉蜀黍"的通称。

玉米螟/玉米螟 yùmǐmíng/ㄩˋ ㄇㄧˇ ㄇㄧㄥˊ

corn borer

【动】昆虫名。鳞翅目螟蛾科。成虫黄褐色,幼虫圆筒形,头黑褐色,背部褐黄色。幼虫危害玉米、高粱等的心叶、茎秆及穗部等。是杂粮作物的主要害虫。

玉米油/玉米油 yùmǐyóu/ㄩˋ ㄇㄧˇ ㄧㄡˊ

corn oil

【农】从玉米胚芽中提取的食用油。澄清透明,呈金黄色。

玉屏风散/玉屏風散

yùpíngfēngsǎn/ㄩˋ ㄆㄧㄥˊ ㄈㄥ ㄙㄢˇ

yupingfeng powder, yupingfeng san, * Jade Wind-Barrier Powder

【中医】中医方剂名。组成:防风、黄芪各 30 克,白术 60 克。研末,冲服。也可按比例改成汤剂。益气固表止汗,治疗表虚自汗、易感冒。

📖 本方有益气固表、抵御风邪的作用,如同屏风一样,疗效显著,珍贵如玉,故名"玉屏风散"。

玉山/玉山 Yù Shān/ㄩˋ ㄕㄢ

Yu Mountain

【地】山脉名。位于台湾岛中南部。近南北走向,长约 120 千米,主峰同名玉山,海拔 3952 米,是台湾岛最高山峰,也是中国东部最高峰。

玉石 yùshí/ㄩˋ ㄕˊ

【地】即"玉"(1380 页)。

玉蜀黍/玉蜀黍 yùshǔshǔ/ㄩˋ ㄕㄨˇ ㄕㄨˇ

corn

【植】*Zea mays* 通称"玉米",又称"包谷",俗称"棒子"。禾本科玉蜀黍属。一年生草本植物。秆直立,高大,粗壮,不分枝,基部各节具支柱根。叶鞘具横脉;叶片扁平宽大,线状披针形,基部呈耳状。雌雄异花同株,顶生大型雄性圆锥花序,雌花序被大苞片包藏,雌小穗成多数纵行排列于花序轴上。颖果球形或扁球形,胚长为颖果的一半以上。花果期秋季。中国各地均有栽培。颖果可作粮食。

玉蜀黍

玉髓/玉髓 yùsuǐ/ㄩˋ ㄙㄨㄟˇ

chalcedony

【地】矿物。隐晶质石英集合体。半透明至不透明,常呈肾状、钟乳状、葡萄状等,常见同心层状构造。颜色多样,有玉髓、葱绿玉髓、肉红玉髓等。主要用来制作工艺美术品。

玉簪/玉簪 yùzān/ㄩˋ ㄗㄢ

fragrant plantain lily

【植】*Hosta plantaginea* 又称"白玉簪"。百合科玉簪属。多年生草本植物。根状茎粗。叶大,基生成簇,叶片卵形,先端尖,基部心形。花莛从叶丛中抽出,顶生总状花序,花被长漏斗形,裂片六枚,白色,有香气,雄蕊和花柱常伸出花被外。花果期 8—10 月份。中国各地均有栽培。观赏花卉。全草入药。

玉竹/玉竹 yùzhú/ㄩˋ ㄓㄨˊ

Rhizoma Polygonati Odorati(拉), fragrant solomonseal rhizome, * Solomon's seal root

【中医】中药名。百合科植物玉竹 *Polygonatum odoratum* (Mill.) Druce 的干燥根茎。味甘,性微寒。归肺、胃经。养阴润燥,生津止渴。用于肺胃阴伤,燥热咳嗽,咽干口渴,内热消渴。

芋/芋 yù/ㄩˋ

dasheen

【植】*Colocasia esculenta* 通称"芋头"。天南星科芋属。多年生草本植物。块茎卵形,生小球茎,富含淀粉。叶柄长,叶片卵状,先端短尖,后裂片圆。花序柄单生,佛焰苞展开呈舟状,边缘内卷,淡黄色至绿白色;肉穗花序,短于佛焰苞。花期 2—4 月份。中国各地均有栽培。块茎可作粮食,还可入药。

芋头 yùtou/ㄩˋ·ㄊㄡ

【植】"芋"的通称。

郁病/鬱病 yùbìng/ㄩˋ ㄅㄧㄥˋ

depression disease, depression

【中医】中医内科疾病之一。因情志不舒、气机郁滞所致,症见心情抑郁,情绪不宁,胸部满闷,胁肋胀痛,或易怒易哭,或咽中如有异物梗塞等。基本治则为理气开郁、调畅气机、怡情移性。

郁金/鬱金 yùjīn/ㄩˋ ㄐㄧㄣ

Radix Curcumae(拉), turmeric root tuber

【中医】中药名。姜科植物温郁金 *Curcuma wenyujin* Y. H. Chen et C. Ling、姜黄 *C. longa* L.、广西莪术 *C. kwangsiensis* S. G. Lee et C. F. Liang 或蓬莪术 *C. phaeocaulis* Val. 的干燥块根。味辛、苦,性寒。归肝、心、肺经。行气化瘀,清心解郁,利胆退黄。用于经闭痛经,胸腹胀痛、刺痛,热病神昏,癫痫发狂,黄疸尿赤。

📖 郁金,指一种气味浓烈的香草,其根黄如金,故名。

郁金香/鬱金香

yùjīnxiāng/ㄩˋ ㄐㄧㄣ ㄒㄧㄤ

tulip

【植】*Tulipa gesneriana* 百合科郁金香属。多年生草本植物。鳞茎卵形。叶 3～5 枚,长披针形或卵状披针形。花单生,杯型、碗型、钟型等,花被片六枚,倒卵形,有白、红、紫等颜色,单色或复色,柱头增大呈鸡冠状。花期 4—5 月份。中国各地均有栽培。观赏花卉。

郁金香

📖 郁金香是荷兰、土耳其、伊朗、匈牙利、阿富汗等国的国花。

育龄妇女/育齡婦女

yùlíng fùnǚ/ㄩˋ ㄌㄧㄥˊ ㄈㄨˋ ㄋㄩˇ

woman of childbearing age

【医】处于生育年龄的妇女。其生育年龄的上下限取决于女性的生理状态。人口统计中通常以 15～49 岁为妇女生育年龄。

预报区/預報區 yùbàoqū/ㄩˋ ㄅㄠˋ ㄑㄩ

forecast area

【气】天气预报适用的区域。

预报责任区/預報責任區

yùbào zérènqū/ㄩˋ ㄅㄠˋ ㄗㄜˊ ㄖㄣˋ ㄑㄩ

responsible forecasting area

【气】各级气象机构按天气预报的服务责任或行政责任区划,规定必须制作、发布天气预报和预警预报的区域。

预报准确率/預報準確率

yùbào zhǔnquèlǜ/

ㄩˋ ㄅㄠˋ ㄓㄨㄣˇ ㄑㄩㄝˋ ㄌㄩˋ

forecast accuracy

【气】为评估天气预报准确与否,用数值描述的预报量与实况的接近程度。不同的国家或地区可采用不同的评估计算方法。一种简单的方法是:预报成功的次数除以预报的总次数加漏报次数的百分数。

预防接种/疫苗接種

yùfáng jiēzhòng/ㄧˋ ㄇㄧㄠˊ ㄐㄧㄝ ㄓㄨㄥˋ

prophylactic immunization

【医】将生物制品(抗原或抗体)接种到机体,使其获得对某种传染病的特异性免疫力的措施。以保护易感者,预防传染病发生,达到预防、控制、消灭相应传染病的目的。

预防性消毒/預防性消毒

yùfángxìng xiāodú/

ㄩˋ ㄈㄤˊ ㄒㄧㄥˋ ㄒㄧㄠ ㄉㄨˊ

preventive disinfection

【医】在未发现明确传染源时,对可能受到病原微生物污染的场所和物品实行的消毒。属预防性措施,如饮水消毒、乳制品消毒、空气消毒等。

预防医学/預防醫學

yùfáng yīxué/ㄩˋ ㄈㄤˊ ㄧ ㄒㄩㄝˊ

preventive medicine

【医】研究预防和控制疾病,增强体质、改善环境、促进健康、提高生命质量的学科。

📖 中国古代人民在与疾病做斗争的过程中积累了丰富的预防疾病的经验。公元前 2 世纪的《黄帝内经》中已有"治未病"的记述。

预警机/早期預警機

yùjǐngjī/ㄗㄠˇ ㄑㄧˊ ㄩˋ ㄐㄧㄥˇ ㄐㄧ

early warning aircraft
【军】又称“空中预警指挥机”。作战飞机的一种。装有机载预警雷达和电子侦察设备，用于搜索、监视、先期报警空中或海上目标，并引导己方歼击机或防空武器实施截击。

预警卫星/早期預警衛星
yùjǐng wèixīng/ㄗㄠˇ ㄑㄧˊ ㄩˋ ㄐㄧㄥˇ ㄨㄟˋ ㄒㄧㄥ
early warning satellite
【军】装有星载遥感器，用于探测、发现、识别、跟踪弹道导弹等飞行目标并及时提供预警信息的卫星。

预览/預覽 yùlǎn/ㄩˋ ㄌㄢˇ
preview
【信息】超媒体和多媒体中对内容短暂动态显示的功能。

预期 yùqī/ㄩˋ ㄑㄧˊ
【心】即“期望”(885 页)。

预舾装/預艤裝
yùxīzhuāng/ㄩˋ ㄧˇ ㄓㄨㄤ
per-outfitting
【船】在船体分段制造阶段安装部分机电设备、管系或舾装件的工艺和过程。可使许多高空作业平地完成，船台作业在平台上进行，水上作业提前在陆上处理，从而改善劳动条件，提高生产效率，缩短造船周期。

域/域 yù/ㄩˋ
㊀ field，㊁ domain
㊀【数】抽象代数中的一种基本的代数结构。设 F 是一个非空的集合，用“+”“∘”表示两种运算，分别称为加法和乘法(不一定是通常的加法和乘法)。对 F 中的任意元素 $a,b,a+b\in F,a\circ b\in F$。若 F 对于加法和乘法构成一个具有单位元的交换环，且 F 中加法单位元(零元)以外的任一元素都有乘法逆元，则称 F 对于运算“+”“∘”构成一个域。例如，有理数集 **Q**，实数集 **R** 和复数集 **C**，对于通常的加法和乘法都构成域，分别叫作有理数域、实数域和复数域。㊁【信息】域名系统层次结构中，表示因特网上一个网络所涉及范围的部分。例如“.com”表示商业单位，“.edu”表示教育机构，“.gov”表示政府部门。最高层的域多表示国家或地区，例如“.cn”表示中国。

域名/網域名稱
yùmíng/ㄨㄤˇ ㄩˋ ㄇㄧㄥˊ ㄔㄥ
domain name
【信息】因特网中域的标识符。多采用“服务器.组织机构.类型”的格式，以层次结构安排，顶级域名置于右端。例如北京大学的域名是 pku.edu.cn。

域名抢占/域名搶佔
yùmíng qiǎngzhàn/ㄩˋ ㄇㄧㄥˊ ㄑㄧㄤˇ ㄓㄢˋ
domain slamming
【信息】未经客户许可，就将其域名拥有权转移的行为。

域名抢注者/網路蟑螂
yùmíng qiǎngzhùzhě/
ㄨㄤˇ ㄌㄨˋ ㄓㄤ ㄌㄤˊ
cybersquatter
【信息】将他人公司的名称或商标抢先注册为因特网域名，迫使该公司实际拥有者以高价收购该域名的个人。

預付電話卡
ㄩˋ ㄈㄨˋ ㄉㄧㄢˋ ㄏㄨㄚˋ ㄎㄚˇ/yùfù diànhuàkǎ
phone rechargeable card
【信息】台湾名。即“电话充值卡”(246 页)。

預留浮力 ㄩˋ ㄌㄧㄡˊ ㄈㄨˊ ㄌㄧˋ/yùliú fúlì
reserve buoyancy
【船】台湾名。即“储备浮力”(140 页)。

預期壽命
ㄩˋ ㄑㄧˊ ㄕㄡˋ ㄇㄧㄥˋ/yùqī shòumìng
life expectancy
【医】台湾名。即“期望寿命”(885 页)。

預艤裝 ㄩˋ ㄧˇ ㄓㄨㄤ/yùyǐzhuāng
per-outfitting
【船】台湾名。即“预舾装”(1383 页)。

瘉合 ㄩˋ ㄏㄜˊ/yùhé
healing
【医】台湾名。即“痊愈”(932 页)。

yuan (ㄩㄢ)

鸢/老鷹 yuān/ㄌㄠˇ ㄧㄥ
black kite
【动】*Milvus korschun lineatus* 又称“老鹰”。

Y

鸟名。隼形目鹰科鹰属。喙蓝黑色，上喙弯曲，脚强健有力，趾有锐利的爪，身体上部暗褐色，下部灰棕色带纵纹，翅膀大，善飞。性凶猛，以蛇、鼠和其他鸟类为食。分布广泛。

鸢

鸢尾/鳶尾 yuānwěi/ㄩㄢ ㄨㄟˇ
fleur-de-lis
【植】*Iris tectorum* 又称"蓝蝴蝶"。鸢尾科鸢尾属。多年生草本植物。茎直立，基部有残留叶鞘。叶基生，宽剑形，顶端渐尖，基部鞘状。花茎光滑，中部生叶；苞片边缘膜质，内含1～2朵花；花被蓝紫色，花冠管细长，上端膨大成喇叭形，外花被裂片较大，圆形，顶端凹，中脉上有鸡冠状附属物，内花被裂片椭圆形。花期4—5月份。在中国，分布于山西以南各地。观赏花卉。
📖 鸢尾拉丁学名来源于希腊语，意思是彩虹，即天上彩虹的颜色都可以在这个属的花朵中看到，说明本属植物花的颜色很丰富。鸢尾是法国国花。

鸳鸯/鴛鴦 yuānyang/ㄩㄢ ㄧㄤ˙
mandarin duck
【动】*Aix galericulata* 鸟名。雁形目鸭科鸳鸯属。外形像野鸭而小，嘴扁，颈长，趾间有蹼，善游泳，翅膀长，能飞，雄鸟有彩色羽毛，翅上有竖起的扇状直立羽，头后有棕红、紫、绿等色的长冠毛，嘴红色，雌鸟羽毛苍褐色，嘴灰黑色。生活在湖泊和溪流中，雌雄多成对活动，以植物为食，也吃小鱼和蛙类。分布于中国及亚洲地区。

鸳鸯

元 yuán/ㄩㄢˊ
【数】"元素"的简称。

元宝枫 yuánbǎofēng/ㄩㄢˊ ㄅㄠˇ ㄈㄥ
【植】即"元宝槭"(1384页)。

元宝槭/元寶槭
yuánbǎoqì/ㄩㄢˊ ㄅㄠˇ ㄑㄧˋ
purpleblow maple
【植】*Acer truncatum* 通称"枫树"，又称"元宝枫""平基槭"。槭树科槭属。落叶乔木。树皮褐色，深纵裂。单叶对生，纸质，掌状五裂，中裂片有时又三裂，裂片先端尖，裂片间的凹缺尖，基部截形，边缘全缘，秋季转红。伞房花序顶生，花杂性，黄绿色。花期4月份。在中国，分布于东北南部、华北，以及内蒙古、陕西、甘肃、江苏、安徽等地。观叶树木。

元宝槭

元参 yuánshēn/ㄩㄢˊ ㄕㄣ
【植】即"玄参"(1289页)。

元檔案 ㄩㄢˊ ㄉㄤˋ ㄢˋ/yuándàng'àn
metafile
【信息】台湾名。即"元文件"(1385页)。

元电荷/基本電荷
yuándiànhè/ㄐㄧ ㄅㄣˇ ㄉㄧㄢˋ ㄏㄜˋ
elementary charge
【物】物理学的基本常量。经典物理学中是电荷[量]的基本单元，用 e 表示，$e=1.602\ 176\ 462\times10^{-19}$ 库，通常可取 $e=1.60\times10^{-19}$ 库。所有带电体的电荷量等于 e 或 e 的整数倍。

元古宇/元古宇 yuángǔyǔ/ㄩㄢˊ ㄍㄨˇ ㄩˇ
Proterozoic Eonothem
【地】元古宙时期形成的地层。

元古宙/元古宙
yuángǔzhòu/ㄩㄢˊ ㄍㄨˇ ㄓㄡˋ
Proterozoic Eon
【地】地质年代的第二个宙。在太古宙之后，从距今25亿年开始，至距今5.42亿年结束。是藻类和细菌开始繁盛，由原核生物向真核生物演化、从单细胞原生动物到多细胞后生动物演化的重要阶段，晚期已发现无脊椎动物。也是一个重要的成矿期，矿产主要有铁、金、铀、锰、铜、硼、磷、菱镁矿等。分为古元古代、中元古代和新元古代。新元古代中晚期在中国定为震旦纪。

元胡索 yuánhúsuǒ/ㄩㄢˊ ㄏㄨˊ ㄙㄨㄛˇ
【植】即"延胡索"(1309页)。

元件/元件 yuánjiàn/ㄩㄢˊ ㄐㄧㄢˋ
component

【电】器件的基本构成部分。在不失去其特定功能的条件下，不能再分成更小的部分。

元麦 yuánmài/ㄩㄢˊ ㄇㄞˋ

【农】即"裸大麦"(774 页)。

元气/元氣 yuánqì/ㄩㄢˊ ㄑㄧˋ

primordial qi, * original qi

【中医】又称"原气"。禀于先天，藏于肾中，又赖后天精气以充养，维持人体生命活动的基本物质与原动力。主要功能是促进人体的生长发育，温煦和激发脏腑、经络等组织器官的生理功能。

元数据/元數據

yuánshùjù/ㄩㄢˊ ㄕㄨˋ ㄐㄩˋ

metadata

【信息】描述数据的数据。包括有关数据描述、拥有权、访问路径、访问权和数据易变性等的内容。

元素/元素 yuánsù/ㄩㄢˊ ㄙㄨˋ

element

㊀【数】简称"元"。组成某集合的各个事物，通常用小写字母表示。若 a 是集合 A 的元素，则称 a 属于 A，记作 $a \in A$；否则称 a 不属于 A，记作 $a \notin A$。例如，$1 \in \mathbf{N}$(自然数集)，$\frac{1}{2} \notin \mathbf{N}$。㊁【化】指化学元素。具有相同核电荷即质子数的原子为同一种化学元素。国际上统一采用表示元素的符号和名称。至 2011 年，已发现元素 114 种。其中，94 种元素是天然存在于地球上的，80 种元素有稳定同位素，原子序数大于 82 的元素都具有放射性。

📖 元素的概念始于英国科学家波意耳(R. Boyle, 1627—1691)。他指出：早先的学者关于万物由土、水、气、火或由盐、硫、汞等要素组成的观点并不正确，构成物质的元素是用一般化学方法不能再分解为更简单实体的实物。后来元素周期律的发现和原子内部结构的确立，使元素的概念有了明确的定义。

元素符号/元素符號

yuánsù fúhào/ㄩㄢˊ ㄙㄨˋ ㄈㄨˊ ㄏㄠˋ

element symbol

【化】用以表示元素的化学符号。通常用元素的拉丁文名称的第一个字母(大写)来表示，如碳用 C(carbon)表示；当第一个字母与其他元素相同时，则用元素第一个字母(大写)和第二个或其后的某一个字母(小写)来表示，如铜用 Cu(cuprum)来表示。

元素態物質

ㄩㄢˊ ㄙㄨˋ ㄊㄞˋ ㄨˋ ㄓˋ/yuánsùtài wùzhì

elementary substance

【化】台湾名。即"单质"(199 页)。

元素周期表/元素周期表

yuánsù zhōuqībiǎo/

ㄩㄢˊ ㄙㄨˋ ㄓㄡ ㄑㄧˊ ㄅㄧㄠˇ

periodic table of elements

【化】简称"周期表"。根据元素周期律将所有元素按原子序数递增的次序排列并表示元素性质周期性变化的表。形式很多，最常见的是长周期表。表中横行分为 7 个周期，纵列分为 18 个族。通常同周期元素的性质依原子序数递增而递变，同族元素的性质则大致相同。

元素周期律/元素周期律

yuánsù zhōuqīlǜ/ㄩㄢˊ ㄙㄨˋ ㄓㄡ ㄑㄧˊ ㄌㄩˋ

periodic law of elements

【化】元素的性质随原子序数递增而呈周期性变化的规律。元素原子的原子半径、电负性、离子半径、氧化数及化学性质都呈现周期性变化。根据元素周期律可推测某个元素的性质以及推测未知元素的性质。

📖 系统地提出周期律始于 19 世纪 60 年代。1869 年，俄国化学家门捷列夫(Д. И. Менделеев)在当时已知的 63 种元素的化学性质和原子量相互关系的基础上提出元素周期律。指出单质的性质及各元素化合物和形态、性质与元素原子量成周期性关系；预言未发现的元素(如钙、锗等)的性质，并在周期表中留出空位。当时元素周期律并未得到普遍认可，直到 20 世纪初才被确认。1913 年，英格兰的莫塞莱(H. Moseley)研究各元素的 X 射线谱，指出原子序数就是元素原子中的质子数。同年丹麦物理学家尼尔斯·玻尔(N. Bohr)提出原子结构理论，指出随着原子序数的增加，元素原子的电子排布周期性变化，从而揭示出元素周期律周期性变化的内在原因。

元文件/元檔案

yuánwénjiàn/ㄩㄢˊ ㄨㄣˊ ㄐㄧㄢˋ

metafile

【信息】包含或定义其他文件的文件。许多操作系统在给定存储器上采用元文件来存放有关其他文件的目录信息。

元鱼 yuányú/ㄩㄢˊ ㄩˊ

【动】同“鼋鱼”(1393 页)。

元语言/元語言

yuányǔyán/ㄩㄢˊ ㄩˇ ㄧㄢˊ

metalanguage

【信息】用来描述或规定另一种语言的某些或所有方面的语言。例如巴克斯－诺尔形式。

园林/園林 yuánlín/ㄩㄢˊ ㄌㄧㄣˊ

garden and park

【建】在一定地域内,通过因地制宜地改造地形、整治水系、栽种植物、营造建筑和布置园路等而成的供人游赏休憩的风景区。

园林驳岸/園林駁岸

yuánlín bó'àn/ㄩㄢˊ ㄌㄧㄣˊ ㄅㄛˊ ㄢˋ

revetment in garden

【建】保护园林中水体的设施。是园林工程的组成部分,必须在符合技术要求的条件下具有造型美,并与周围景色协调。按断面形状不同,可分为整形式和自然式两类。大型水体或水位变化大的水体,以及规则式布局的园林中的水体,常采用整形式直驳岸,用石料、砖或混凝土等砌筑整形岸壁。小型水体和大水体的小局部,以及自然式布局的园林中水位稳定的水体,常采用自然式山石驳岸,或有植被的缓坡驳岸。自然式山石驳岸可做成岩、矶、崖、岫等形状,采取上伸下收、平挑高悬等形式。

园林布局/園林布局

yuánlín bùjú/ㄩㄢˊ ㄌㄧㄣˊ ㄅㄨˋ ㄐㄩˊ

garden layout

【建】园林设计总体规划的一个重要步骤。是根据计划确定所建园林的性质、主题、内容,结合选定园址的具体情况,进行总体的立意构思,对构成园林的各种重要因素进行综合的全面安排,确定它们的位置和相互之间的关系。

园林建筑/園林建築

yuánlín jiànzhù/ㄩㄢˊ ㄌㄧㄣˊ ㄐㄧㄢˋ ㄓㄨˋ

garden building

【建】园林中起造景作用,同时供人游览、观赏、休息的建筑物。常见的有亭、榭、廊、阁、轩、楼、台、舫、厅堂等。

📖 各类园林建筑具有不同功能。屈复生《扬州东园记》:“堂以宴,亭以憩,阁以眺。”郑板桥《梅庄记》:“一亭一池、一楼一阁、一台一榭、一廊一柱、一栏一槛、一花一木,皆主人经营部署,出人意表之旨趣焉。”

园林意境/園林意境

yuánlín yìjìng/ㄩㄢˊ ㄌㄧㄣˊ ㄧˋ ㄐㄧㄥˋ

poetic imagery of garden

【建】通过园林的形象所反映的情感,使游赏者触景生情,产生情景交融的一种艺术境界。园林是一种自然的空间境域,与文学、绘画有相异之处。园林意境寄情于自然物及其综合关系中,情生于境而又超出由之所激发的境域事物之外,给感受者以余味或遐想的余地。当客观的自然境域与主观情感相统一,相激发时,就产生园林意境。

园林植物/園林植物

yuánlín zhíwù/ㄩㄢˊ ㄌㄧㄣˊ ㄓˊ ㄨˋ

garden plant

【建】园林中作为观赏、组景、分隔空间、装饰、庇荫、防护、覆盖地面等功能的植物。花木选择注重枝叶扶疏,体态潇洒,色香清雅;树木选择追求“古”“奇”“雅”。花木种类的寓意也很重要,例如栽植紫薇、榉树象征高官厚禄,玉兰牡丹谐音玉堂富贵,石榴取其多子,萱草可以忘忧等。

园墙/園牆 yuánqiáng/ㄩㄢˊ ㄑㄧㄤˊ

garden wall

【建】园林的围墙。用来分割空间、衬托景物、遮蔽视线和遮挡劣景等,通常用薄砖空斗砌筑,有云墙(波形墙)、梯形墙、漏明墙等,色彩以白色为主,偶用黑色和青灰色。

原本 Yuánběn/ㄩㄢˊ ㄅㄣˇ

【数】“几何原本”的简称。

原地埋藏/原地埋藏

yuándì máicáng/ㄩㄢˊ ㄉㄧˋ ㄇㄞˊ ㄘㄤˊ

autochthonous burial

【地】指生物体埋藏地与生物栖息地一致。

原电池/加凡尼電池

yuándiànchí/ㄐㄧㄚ ㄈㄢˊ ㄋㄧˊ ㄉㄧㄢˋ ㄔˊ

primary cell, galvanic cell

【化】❶指电化学电池。❷指一次电池。

原动机/原動機

yuándòngjī/ㄩㄢˊ ㄉㄨㄥˋ ㄐㄧ

prime mover, prime motor

【机】用热能、势能或动能作为能源产生原动力的机械。按能量来源不同,可分为热力发动机、水力发动机、风力发动机等;按使用能源的形式不同,可分为一次原动机(内燃机、风力机、水轮机等)和二次原动机(电动机、液压马达等)。

原发性闭经/原發性無經

yuánfāxìng bìjīng/ㄩㄢˊ ㄈㄚ ㄒㄧㄥˋ ㄨˊ ㄐㄧㄥ

primary amenorrhea

【医】女性年满 18 岁或第二性征发育成熟两年以上仍无月经来潮。

原发性腹膜炎/原發性腹膜炎

yuánfāxìng fùmóyán/
ㄩㄢˊ ㄈㄚ ㄒㄧㄥˋ ㄈㄨˋ ㄇㄛˊ ㄧㄢˊ

primary peritonitis

【医】腹腔内无原发病灶,病原菌经由血液、淋巴或女性生殖系等途径感染腹腔而引起的腹膜炎。临床主要表现为急性腹痛、呕吐、腹泻,并迅速出现脱水或全身中毒症状。

原发性肝癌/原發性肝癌

yuánfāxìng gān'ái/
ㄩㄢˊ ㄈㄚ ㄒㄧㄥˋ ㄍㄢ ㄧㄢˊ(又读ㄞˊ)

primary hepatic carcinoma

【医】发生于肝细胞或肝内胆管细胞的恶性肿瘤。多数为肝细胞性肝癌和胆管细胞性肝癌,少数为混合型肝癌。主要表现为肝痛、乏力、纳差等。根据肝癌的不同阶段进行个体化综合治疗,是提高疗效的关键。治疗方法包括手术、肝动脉结扎、肝动脉化疗栓塞、射频、冷冻、激光、微波以及化疗和放射治疗等。生物治疗、中医中药治疗肝癌也多有应用。

原发性高血压/本態性高血壓

yuánfāxìng gāoxuèyā/
ㄅㄣˇ ㄊㄞˋ ㄒㄧㄥˋ ㄍㄠ ㄒㄧㄝˇ ㄧㄚ

essential hypertension

【医】高血压的一类。病因尚未阐明,多认为是在一定的遗传背景下,因受到多种后天环境因素作用,正常血压调节机制失代偿而引起。起病缓慢,早期常无症状;血压持久升高可引起心、脑、肾、血管、视网膜等器官损害,出现头痛、眩晕、气急、疲劳、心悸、耳鸣等症状;后期临床表现常与心、脑、肾等器官并发症有关。

原發性無經

ㄩㄢˊ ㄈㄚ ㄒㄧㄥˋ ㄨˊ ㄐㄧㄥ/yuánfāxìng wújīng

primary amenorrhea

【医】台湾名。即"原发性闭经"(1387 页)。

原发性支气管肺癌/原發性支氣管肺癌

yuánfāxìng zhīqìguǎn fèi'ái/
ㄩㄢˊ ㄈㄚ ㄒㄧㄥˋ ㄓ ㄑㄧˋ ㄍㄨㄢˇ ㄈㄟˋ ㄧㄢˊ(又读ㄞˊ)

primary bronchogenic carcinoma

【医】简称"肺癌"。肿瘤细胞起源于支气管黏膜上皮细胞或腺体的恶性肿瘤。是最常见的肺部原发性恶性肿瘤。临床前期可没有症状,随疾病的发展可出现咳嗽、咯血、喘鸣、气急、发热、胸痛等病症。

原鸽/野鴿 yuángē/ㄧㄝˇ ㄍㄜ

rock dove

【动】*Columba livia* 又称"野鸽"。鸟名。鸽形目鸠鸽科鸽属。体形大小像家鸽,是家鸽的原种,身体羽毛上部灰色,颈部有绿紫色的光泽,腹部淡灰色,善飞行。以谷物及其他植物的种子为食。多分布于欧洲、亚洲大陆。

原函数/原函數

yuánhánshù/ㄩㄢˊ ㄏㄢˊ ㄕㄨˋ

primitive function

【数】若函数 $F(x)$ 的导数是 $f(x)$,即 $F'(x)=f(x)$,则称 $F(x)$ 是 $f(x)$ 的一个原函数。例如,x^2 是 $2x$ 的一个原函数。若 $F(x)$ 是 $f(x)$ 的一个原函数,则 $f(x)$ 的全体原函数可以表示为 $F(x)+C$(C 是任意常数)的形式。例如,$2x$ 的全体原函数为 x^2+C(C 是任意常数)。

原核生物/原核生物

yuánhé shēngwù/ㄩㄢˊ ㄏㄜˊ ㄕㄥ ㄨˋ

prokaryote, procaryotic organism

【生】生物界中的一大类。由原核细胞构成。其核质与细胞质之间不存在明显的核膜,无真正的细胞核,染色体由单核酸组成。如细菌、蓝藻、支原体和衣原体等比较原始的生物。

原鸡/野雞 yuánjī/ㄧㄝˇ ㄐㄧ

red jungle fowl

【动】*Gallus gallus* 台湾又称"叢林雞"。鸟名。鸡形目雉科原鸡属。外形像家鸡而小,是家鸡的远祖,雄鸡羽毛颜色美丽,上部多红色,下部黑褐色,雌鸡上部暗褐色,尾短。栖息于山区密林中,常成群活动,以植物的花叶、嫩芽、果实、种子为食,也吃谷粒或昆虫等。分布广泛。

原脊索動物
ㄩㄢˊ ㄐㄧˇ ㄙㄨㄛˇ ㄉㄨㄥˋ ㄨˋ/yuánjǐsuǒ dòngwù
protochordata
【动】台湾名。即"原索动物"(1388 页)。

原羚 yuánlíng/ㄩㄢˊ ㄌㄧㄥˊ
【动】即"藏原羚"(1410 页)。

原木/圓木 yuánmù/ㄩㄢˊ ㄇㄨˋ
log
【建】伐倒的树干经打枝和造材后,被截成长度适于锯制商品材的木段。

原气 yuánqì/ㄩㄢˊ ㄑㄧˋ
【中医】即"元气"(1385 页)。

原紗染色織物
ㄩㄢˊ ㄕㄚ ㄖㄢˇ ㄙㄜˋ ㄓ ㄨˋ/
yuánshā rǎnsè zhīwù
yarn dyed fabric
【纺】台湾名。即"色织物"(975 页)。

原生动物/原生動物
yuánshēng dòngwù/ㄩㄢˊ ㄕㄥ ㄉㄨㄥˋ ㄨˋ
protozoan
【动】Protozoa 无脊椎动物的一门。是最原始、最低等的真核单细胞动物。个体微小,通常须用显微镜观察。分布于淡水、土壤和海洋中,有的由多数个体组成群体生活,或寄生在其他生物体内。多以有性和无性两种世代相互交替的方法进行生殖。如眼虫、太阳虫等。

原生环境/原生環境
yuánshēng huánjìng/
ㄩㄢˊ ㄕㄥ ㄏㄨㄢˊ ㄐㄧㄥˋ
primary environment
【环】未受人类活动影响或影响较小的自然环境。其物质交换、能量和信息传递,结构形态和物种演化等基本上按自然界的规律进行,如一些原始森林地区、人迹罕至的荒漠和冻原地区、大洋中心区等环境。

原生林 yuánshēnglín/ㄩㄢˊ ㄕㄥ ㄌㄧㄣˊ
【农】即"原始林"(1388 页)。

原生污染物/一次污染物
yuánshēng wūrǎnwù/ㄧ ㄘˋ ㄨ ㄖㄢˇ ㄨˋ
primary pollutant
【环】又称"一次污染物"。污染源直接排入环境中,其物理、化学性状未发生变化的污染物。常见的有大气中的烟尘、花粉、二氧化硫、二氧化碳、一氧化碳、臭氧,水体和土壤中的重金属、农药、有机污染物等。一次污染物造成的环境污染称为一次污染。

原生质/原生質
yuánshēngzhì/ㄩㄢˊ ㄕㄥ ㄓˊ
protoplasm
【生】泛指细胞的全部生命物质。分细胞膜、细胞质和细胞核,其主要成分为核酸和蛋白质。能不断地进行新陈代谢,产生能量,进行生命活动。

原始程式
ㄩㄢˊ ㄕˇ ㄔㄥˊ ㄕˋ/yuánshǐ chéngshì
source program
【信息】台湾名。即"源程序"(1393 页)。

原始檔案
ㄩㄢˊ ㄕˇ ㄉㄤˇ ㄢˋ/yuánshǐ dàng'àn
source file
【信息】台湾名。即"源文件"(1393 页)。

原始林/原始林
yuánshǐlín/ㄩㄨㄢˊ ㄕˇ ㄌㄧㄣˊ
primeval forest
【农】又称"原生林"。从未经人为干扰、人为采伐或培育的天然森林。

原始碼 ㄩㄢˊ ㄕˇ ㄇㄚˇ/yuánshǐmǎ
source code
【信息】台湾名。即"源代码"(1393 页)。

原始語言 ㄩㄢˊ ㄕˇ ㄩˇ ㄧㄢˊ/yuánshǐ yǔyán
source language
【信息】台湾名。即"源语言"(1393 页)。

原始資料 ㄩㄢˊ ㄕˇ ㄗ ㄌㄧㄠˋ/yuánshǐ zīliào
source data
【信息】台湾名。即"源数据"(1393 页)。

原索动物/原脊索動物
yuánsuǒ dòngwù/

ㄩㄢˊ ㄐㄧˇ ㄙㄨㄛˇ ㄉㄨㄥˋ ㄨˋ
protochordata
【动】Protochordata 脊索动物门的一个类群。背部有柔软的脊索,不分节,是构成骨骼的最原始中轴。以支持身体。可分为口索动物、尾索动物、头索动物。如文昌鱼、海鞘等。

原条/原條 yuántiáo/ㄩㄢˊ ㄊㄧㄠˊ
tree-length
【材】树木经伐倒、打枝后的干材。

原位癌/原位癌
yuánwèi'ái/ㄩㄢˊ ㄨㄟˋ ㄧㄞˊ(又读ㄞˊ)
carcinoma in situ
【医】尚未突破上皮基膜浸润生长的恶性肿瘤。

原像/原像 yuánxiàng/ㄩㄢˊ ㄒㄧㄤˋ
preimage
【数】若集合 B 中的元素 y 是集合 A 中的元素 x 在映射 $f:A\to B$ 下的像,则称 x 为 y 在 f 下的原像。例如,1 是 2 在 $f(x)=2x$ 下的原像。

原宇宙線
ㄩㄢˊ ㄩˇ ㄓㄡˋ ㄒㄧㄢˋ/yuányǔzhòuxiàn
primary cosmic ray
【物】台湾名。即"初级宇宙线"(138 页)。

原植体/葉狀體
yuánzhítǐ/ㄧㄝˋ ㄓㄨㄤˋ ㄊㄧˇ
thallus
【植】又称"叶状体"。藻类、苔藓植物和真菌类中的一种较简单的植物体。器官分化少,缺少真正的根、茎、叶。

原纸/原紙 yuánzhǐ/ㄩㄢˊ ㄓˇ
base paper
【轻】又称"加工原纸"。需要经过加工处理的纸的统称。用以制成各种加工纸,质量随加工要求而异。例如,涂料纸原纸要求纸质紧密,洁白细致,厚薄均匀,并有良好涂层强度;钢纸原纸要求组织松软,吸收性好,不会使成品起泡分层;誊写蜡纸原纸要求纸质柔韧,纤维细长,使用铁笔刻写时不易破裂。

原种/原種 yuánzhǒng/ㄩㄢˊ ㄓㄨㄥˇ
stock
【生】保持一定基因型的培养物,可用于随时取得属于该一基因型的生物。

原子/原子 yuánzǐ/ㄩㄢˊ ㄗˇ
atom
【化】组成单质和化合物分子的基本单位。是物质在化学变化中的最小微粒,由带正电的原子核和带负电的核外电子组成。电子在核外空间做有规律的高速运动。原子核所带的正电量与核外电子的负电量相等,故原子不显电性。

原子弹/原子彈
yuánzǐdàn/ㄩㄢˊ ㄗˇ ㄉㄢˋ
atomic bomb
【军】又称"裂变弹"。核武器的一种。利用铀或钚等原子核发生链式裂变反应,瞬时释放巨大能量以产生杀伤破坏效应。属于第一代核武器。可分为枪法原子弹和内爆法原子弹。威力通常为几百至几万吨梯恩梯当量。

原子反应堆
yuánzǐ fǎnyìngduī/ㄩㄢˊ ㄗˇ ㄈㄢˇ ㄧㄥˋ ㄉㄨㄟ
【物】即"核反应堆"(488 页)。

原子光谱/原子光譜
yuánzǐ guāngpǔ/ㄩㄢˊ ㄗˇ ㄍㄨㄤ ㄆㄨˇ
atomic spectrum
【物】原子或离子的电子运动状态发生变化时,吸收或发射的特定频率的电磁波的频谱。通常指红外线、可见光、紫外线区域的谱。可用于研究原子结构及其运动状态,也用于化学、天体物理学、等离子物理学和一些应用技术中。

原子核/原子核 yuánzǐhé/ㄩㄢˊ ㄗˇ ㄏㄜˊ
atomic nucleus
【物】原子的核心部分。由质子和中子组成,近似球形,半径的数量级为 10^{-14} 米(整个原子的半径数量级是 10^{-10} 米);所带电荷是元电荷 e 的整数倍,倍数与元素周期表中原子序数一致;集中了几乎原子全部质量。可处于不同的能量状态,能量最低时称为原子核的基态,能量较高时称为原子核的激发态。

原子价 yuánzǐjià/ㄩㄢˊ ㄗˇ ㄐㄧㄚˋ
【化】即"化合价"(517 页)。

原子力显微镜/原子力顯微鏡
yuánzǐlì xiǎnwēijìng/
ㄩㄢˊ ㄗˇ ㄌㄧˋ ㄒㄧㄢˇ ㄨㄟˊ ㄐㄧㄥˋ
atomic force microscope, AFM

【物】用一端固定的对微弱力极敏感的微悬臂，探测探针尖端原子与样品表面原子间的斥力随扫描点位置的变化，来控制针尖沿原子间斥力等位面的运动，从而获得样品表面形貌信息的一种显微镜。

Y

原子量 yuánzǐliàng/ㄩㄢˊ ㄗˇ ㄌㄧㄤˋ

【化】“相对原子质量”的通称。

原子能 yuánzǐnéng/ㄩㄢˊ ㄗˇ ㄋㄥˊ

【化】即“核能”(489 页)。

原子时/原子時 yuánzǐshí/ㄩㄢˊ ㄗˇ ㄕˊ

atomic time，AT

【天】由原子钟导出的时间。它以物质内部原子运动的特征为基础。原子时秒长的定义是：铯－133(^{133}Cs)原子跃迁频率 9 192 631 770赫所持续的时间。1967 年第十三届国际计量委员会决定，把在海平面上实现的上述原子时秒，规定为国际单位制时间单位。

原子团/原子團

yuánzǐtuán/ㄩㄢˊ ㄗˇ ㄊㄨㄢˊ

atomic group，radical

【化】两种或两种以上元素的原子结合而成的集合体。往往作为一个整体来参加化学反应。可分为基、根、复杂离子、官能团和自由基等。

原子武器 yuánzǐ wǔqì/ㄩㄢˊ ㄗˇ ㄨˇ ㄑㄧˋ

【军】即“核武器”(491 页)。

原子序 ㄩㄢˊ ㄗˇ ㄒㄩˋ/yuánzǐxù

atomic number

【化】台湾名。即“原子序数”(1390 页)。

原子序数/原子序

yuánzǐ xùshù/ㄩㄢˊ ㄗˇ ㄒㄩˋ

atomic number

【化】元素周期表中元素按顺序排列的序号。以元素原子核中的质子数(即其核电荷数)的多少为序。

原子质量单位/原子質量單位

yuánzǐ zhìliàng dānwèi/

ㄩㄢˊ ㄗˇ ㄓˋ ㄌㄧㄤˋ ㄉㄢ ㄨㄟˋ

atomic mass unit

【计量】质量的国际单位制单位。符号 u。1 原子质量单位＝$1.660\ 57\times10^{-27}$千克。

原子钟/原子鐘

yuánzǐzhōng/ㄩㄢˊ ㄗˇ ㄓㄨㄥ

atomic clock

【天】以原子谐振频率为主振器频率的数字时钟。利用特定原子(常用铯原子)的特定能级之间的量子跃迁原理工作。在空间飞行器和人造卫星中广泛应用。

圆/圓 yuán/ㄩㄢˊ

circle

【数】平面内和一个定点的距离等于定长的点的集合(或轨迹)。定点叫作圆心，定长叫作半径。圆也可被定义为：一条线段绕它的一个端点在平面内旋转一周时，另一个端点所画出的封闭图形。线段的固定不动的端点叫作圆心，线段的长叫作半径。圆心为 O，半径为 R 的圆记作圆(O,R)或$\odot(O,R)$，在只要表示圆的位置时，圆通常用表示圆心的字母表示，例如$\odot O$。平面直角坐标系中，以点(a,b)为圆心，R 为半径的圆的普通方程为$(x-a)^2+(y-b)^2=R^2$。

📖 过不在同一直线上的三点，能且仅能作一个圆。圆是轴对称图形，过圆心的任一直线都是对称轴。圆有旋转不变性，即一个圆绕圆心旋转任意角度后仍和原来的圆重合。

圆白菜 yuánbáicài/ㄩㄢˊ ㄅㄞˊ ㄘㄞˋ

【植】即“甘蓝”(380 页)。

圆柏/圓柏 yuánbǎi/ㄩㄢˊ ㄅㄛˊ

China savin

【植】*Juniperus chinensis* 柏科圆柏属。常绿乔木。树皮深灰色，纵裂，幼树树冠尖塔形，老树树冠广圆形。叶二型，幼树上全为刺形叶，三叶轮生或交互对生，老树则为鳞形叶。雌雄异株，雄球花黄色，椭圆形；球果近圆球形。在中国，分布于各地。观赏树木，造林树种。枝叶入药。

圆度仪/圓度量測儀

yuándùyí/ㄩㄢˊ ㄉㄨˋ ㄌㄧㄤˊ ㄘㄜˋ ㄧˊ

roundness measuring instrument

【机】量仪的一种。利用回转轴法测量工件圆度误差。通常可分为传感器回转式圆度仪和工作台回转式圆度仪。

圆利针/圓利針

yuánlìzhēn/ㄩㄢˊ ㄌㄧˋ ㄓㄣ

round-sharp needle

【中医】九针之一。针身较小针末微大，圆而锐，用以治痈肿痹病。

圆内角/圓内角

yuánnèijiǎo/ㄩㄢˊ ㄋㄟˋ ㄐㄧㄠˇ

angle in a circle

【数】顶点在圆内且两边都和圆相交的角。其度数等于它两边所夹的弧和它的对顶角的两边所夹的弧的度数的和的一半。如图，圆内角∠ACB 的度数等于弧 AB 和弧 DE 的度数的和的一半。

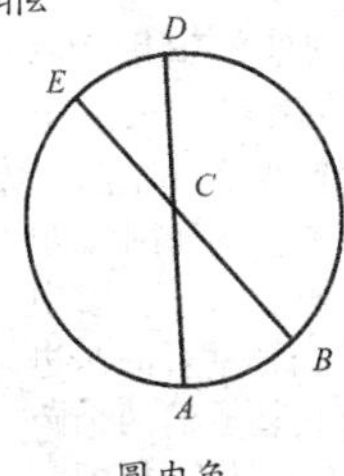

圆内角

圆内接多边形/圓内接多邊形

yuán nèijiē duōbiānxíng/ㄩㄢˊ ㄋㄟˋ ㄐㄧㄝ ㄉㄨㄛ ㄅㄧㄢ ㄒㄧㄥˊ

circle polygon

【数】各顶点在同一圆上的多边形。如图，六边形 $ABCDEF$ 是圆内接六边形。将一个圆 n 等分，连接相邻两个分点的各弦组成一个圆内接正 n 边形。

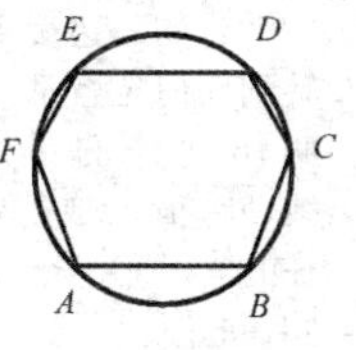

圆内接多边形

圆片/圓片

yuánpiàn/ㄩㄢˊ ㄆㄧㄢˋ

wafer

【信息】集成电路制造中使用的半导体薄平晶片。采用刻蚀、掺杂和分层等技术可在圆片表面印制电路元件。

圆台/圓錐臺

yuántái/ㄩㄢˊ ㄓㄨㄟ ㄊㄞˊ

frustum of a cone

【数】又称“圆锥台”。以直角梯形的垂直于底边的腰所在直线为轴，将直角梯形旋转一周所围成的旋转体。这条旋转轴叫作圆台的轴，梯形的两底旋转成的两个圆面叫作圆台的底面，两底面间的距离叫作圆台的高，梯形的不垂直于底边的腰旋转到任何位置都叫作圆台的母线，母线旋转成的曲面叫作圆台的侧面。圆台的体积 $V=\frac{1}{3}\pi h(r_1^2+\sqrt{r_1r_2}+r_2^2)$，其中 r_1，r_2 分别是两底面半径，h 是圆台的高。

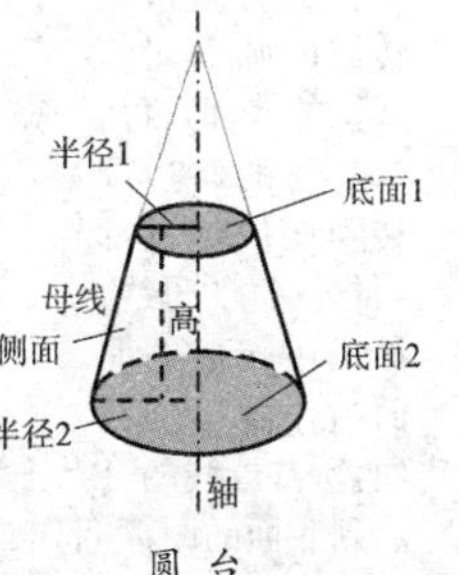

圆 台

圆厅别墅/圓廳别墅

yuántīng biéshù/ㄩㄢˊ ㄊㄧㄥ ㄅㄧㄝˊ ㄕㄨˋ

Villa Rotonda

【建】又称“卡普拉别墅”。意大利著名的庄园府邸建筑。位于意大利北部城市维琴察城郊的一个小山丘上。1567 年动工兴建。采用对称手法，平面呈正方形，四面都有门廊，正中为一圆形大厅，覆盖直径 12 米的圆顶。以中央圆厅为中心向四边辐射，四个立面均有庄严的门廊和巨大的弧形台阶，富有古典韵味。

圆外角/圓外角

yuánwàijiǎo/ㄩㄢˊ ㄨㄞˋ ㄐㄧㄠˇ

angle out of a circle

【数】顶点在圆外且两边都和圆相交的角。其度数等于它两边所夹的两条弧的度数的差的一半。如图，圆外角∠ACB 的度数等于弧 AB 和弧 DE 的度数的差的一半。

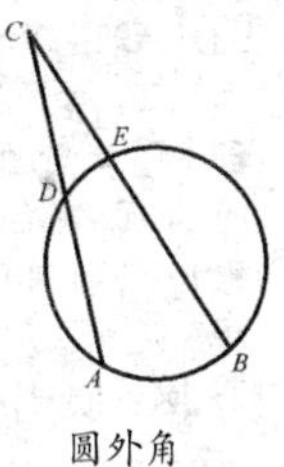

圆外角

圆外切多边形/圓外切多邊形

yuán wàiqiē duōbiānxíng/ㄩㄢˊ ㄨㄞˋ ㄑㄧㄝ ㄉㄨㄛ ㄅㄧㄢ ㄒㄧㄥˊ

tangential polygon

【数】各边都与同一圆相切的多边形。如图，四边形 $ABCD$ 是圆外切四边形。

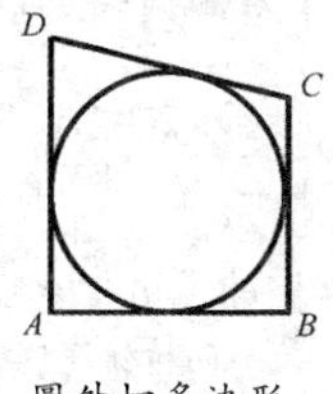

圆外切多边形

圆心角/圓心角

yuánxīnjiǎo/ㄩㄢˊ ㄒㄧㄣ ㄐㄧㄠˇ

central angle

【数】顶点在圆心的角。其度数与它所对弧的度数相等。

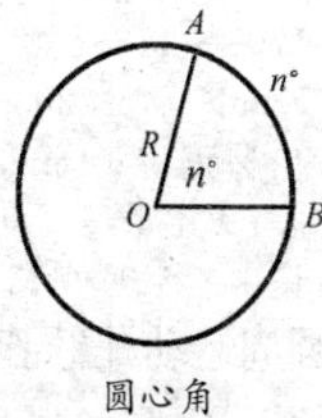

圆心角

圆仔花

yuánzǐhuā/ㄩㄢˊ ㄗˇ ㄏㄨㄚ

【植】即“千日红”(900 页)。

📖 因圆仔花花形像小圆球,故名。

圆针/圓針 yuánzhēn/ㄩㄢˊ ㄓㄣ

round-point needle

【中医】九针之一。针尖卵圆形,用于按摩皮肉。

圆周长/圓周長

yuánzhōucháng/ㄩㄢˊ ㄓㄡ

circumference

【数】在 n 趋于无穷大时,同一个圆的圆内接和圆外切正 n 边形的周长的共同的极限值。圆周长 $C=2\pi R$,其中 R 为半径。

圆周角/圓周角

yuánzhōujiǎo/ㄩㄢˊ ㄓㄡ ㄐㄧㄠˇ

angle in a circular segment

【数】顶点在圆上且两边都和圆相交的角。其度数等于它所对弧的度数的一半。

📖 ❶同弧或等弧上的圆周角相等。❷半圆上(或直径上)的圆周角是直角。❸90°的圆周角所对的弦是直径。

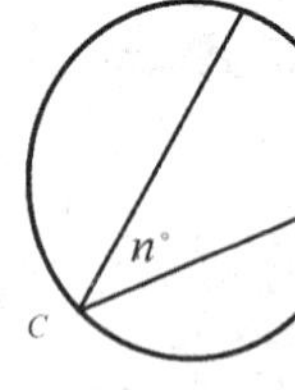

圆周角

圆周率/圓周率

yuánzhōulǜ/ㄩㄢˊ ㄓㄡ ㄌㄩˋ

number π

【数】圆周长与直径的比值(常数),通常记作 π。值为 3.141 592 653 589 793 …(无限不循环小数),常取 3.14 为近似值。

📖 历史上研究 π 的重要成果包括:阿基米德(Archimedes)用古典算法得 $\pi\approx3.14$;刘徽用“割圆术”得 $\pi\approx3.1416$;祖冲之用“缀术”使 π 的精确度达小数点后 7 位,并给出分数近似值 $\frac{355}{113}$(密率);布丰(G. F. Buffon, 1707—1788)创立 π 的概率算法;朗伯(J. H. Lambert, 1728—1777)证明 π 是无理数;林德曼(F.von.Lindemann, 1852—1939)证明 π 是超越数等。电子计算机为 π 的精确计算提供了方便,现已算到小数点后 5 万亿位。

圆周运动/圓周運動

yuánzhōu yùndòng/ㄩㄢˊ ㄓㄡ ㄩㄣˋ ㄉㄨㄥˋ

circular motion

【物】运动轨迹是圆的运动。是曲线运动。例如时钟的分针、时针上某点,或车轮、齿轮上某点的运动。有匀速圆周运动和变速圆周运动两种。

圆柱/圓柱 yuánzhù/ㄩㄢˊ ㄓㄨˋ

circular cylinder

【数】以矩形的一边所在直线为轴,将矩形旋转一周所围成的旋转体。这条旋转轴叫作圆柱的轴,矩形中与轴垂直的两边旋转成的两个圆面叫作圆柱的底面,底面的直(半)径叫作圆柱的直(半)径,两底面间的距离叫作圆柱的高,矩形中与轴平行的一边旋转到任何位置都叫作圆柱的母线,母线旋转成的曲面叫作圆柱的侧面。圆柱的体积 $V=\pi r^2 h$,其中 r 是底面半径,h 是圆柱的高。

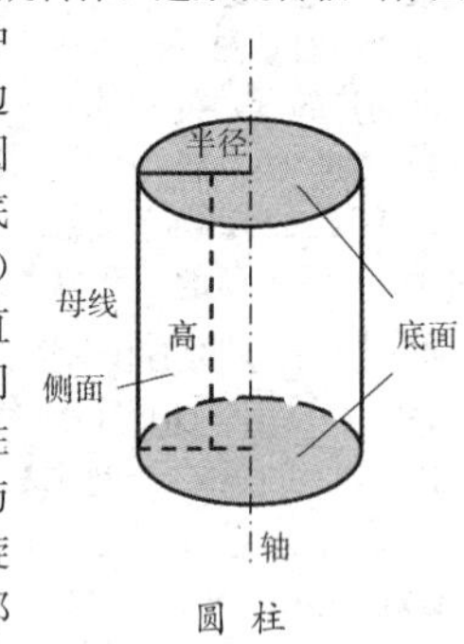

圆 柱

圆锥/圓錐 yuánzhuī/ㄩㄢˊ ㄓㄨㄟ

circular cone

【数】以直角三角形的一条直角边所在直线为轴,将直角三角形旋转一周所围成的旋转体。这条旋转轴叫作圆锥的轴,直角三角形中与轴垂直的直角边旋转成的圆面叫作圆锥的底面,直角三角形的斜边旋转到任何位置都叫作圆锥的母线,母线旋转成的曲面叫作圆锥的侧面,所有母线的公共点叫作圆锥的顶点,顶点到底面的距离叫作圆锥的高。圆锥的体积 $V=\frac{1}{3}\pi r^2 h$,其中 r 是底面半径,h 是圆锥的高。

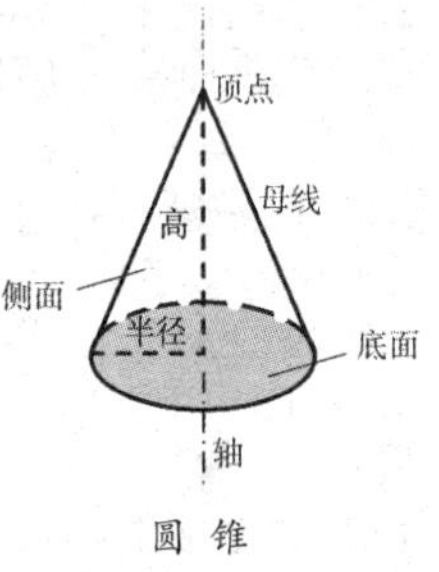

圆 锥

圆锥花序/圓錐花序

yuánzhuī huāxù/ㄩㄢˊ ㄓㄨㄟ ㄏㄨㄚ ㄒㄩˋ

panicle

【植】花序的一种。花的总轴有分枝,分枝上生两朵以上的花。有时泛指一切分枝疏松,外形呈尖塔形的花丛。如白蜡树、水稻、燕麦的花序。

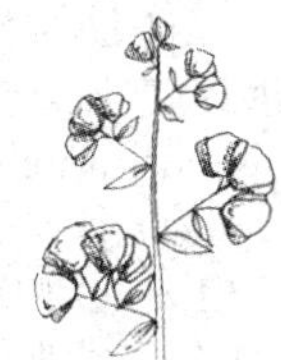

圆锥花序

圆锥曲线

yuánzhuī qūxiàn/

ㄩㄢˊ ㄓㄨㄟ ㄑㄩ ㄒㄧㄢˋ

【数】即“二次曲线”(300 页)。在平面直角坐标系中,由二次方程 $ax^2+2bxy+cy^2+dx+ey+f=0$ 表示的曲线。

圆锥台/圓錐臺

yuánzhuītái/ㄩㄢˊ ㄓㄨㄟ ㄊㄞˊ

【数】即“圆台”(1391 页)。

鼋鱼 yuányú/ㄩㄢˊ ㄩˊ

【动】又作“元鱼”。即“鳖”(69 页)。

圓度量測儀

ㄩㄢˊ ㄉㄨˋ ㄌㄧㄤˊ ㄘㄜˋ ㄧˊ/yuándù liángcèyí

roundness measuring instrument

【机】台湾名。即“圆度仪”(1390 页)。

圓環 ㄩㄢˊ ㄏㄨㄢˊ/yuánhuán

rotary intersection

【交】台湾名。即“环形交叉”(531 页)。

圓木 ㄩㄢˊ ㄇㄨˋ/yuánmù

log

【建】台湾名。即“原木”(1388 页)。

圓周 ㄩㄢˊ ㄓㄡ/yuánzhōu

circumference

【数】台湾名。即“圆周长”(1392 页)。

圓柱座標

ㄩㄢˊ ㄓㄨˋ ㄗㄨㄛˋ ㄅㄧㄠ/yuánzhù zuòbiāo

cylindrical coordinates

【数】台湾名。即“柱面坐标”(1480 页)。

猿/人猿 yuán/ㄖㄣˊ ㄩㄢˊ

ape

【动】哺乳动物名。灵长目人猿总科。外形像猴而大,没有颊囊和尾巴,有的特征跟人类很相似,与人类亲缘关系最近。生活在热带森林中。种类很多,有猩猩、黑猩猩、大猩猩和长臂猿。

源/源 yuán/ㄩㄢˊ

source

【环】❶事物的发生源。❷污染的来源。如污染源、噪声源等。❸任何向大气中释放温室气体、气溶胶或产生其前体的过程、活动和机制的总称。

源程序/原始程式

yuánchéngxù/ㄩㄢˊ ㄕˇ ㄔㄥˊ ㄕˋ

source program

【信息】能为特定翻译器或解释器所接受的程序。必须经过汇编、编译或解释器转换成目标程序方能执行。可作为文件进行保存、编辑、修改等文本操作。

源代码/原始碼

yuándàimǎ/ㄩㄢˊ ㄕˇ ㄇㄚˇ

source code

【信息】简称“源码”。以适宜于汇编器、编译器或其他翻译器输入的形式来表达的代码。

源码 yuánmǎ/ㄩㄢˊ ㄇㄚˇ

【信息】“源代码”的简称。

源数据/原始資料

yuánshùjù/ㄩㄢˊ ㄕˇ ㄗ ㄌㄧㄠˋ

source data

【信息】作为计算机应用程序基础的原有的数据。

源文件/原始檔案

yuánwénjiàn/ㄩㄢˊ ㄕˇ ㄉㄤˇ ㄢˋ

source file

【信息】包含源代码的文件。

源削减/減廢 yuánxuējiǎn/ㄐㄧㄢˇ ㄈㄟˋ

source reduction

【环】采用清洁生产工艺,在生产中节约原材料和能源,淘汰有毒原料,减少或消除排入环境的有害污染物数量的过程。参见“清洁生产”(918 页)。

源语言/原始語言

yuányǔyán/ㄩㄢˊ ㄕˇ ㄩˇ ㄧㄢˊ

source language

【信息】用在源程序中的编程语言。

塬羊/塬羊 yuányáng/ㄩㄢˊ ㄧㄤˊ

alpine ibex

【动】*Capra ibex* 又称“北山羊”。哺乳动物名。偶蹄目牛科。外形像家养山羊而大,雄羊有须，雌雄均有角，向后弯曲，雄羊角大，长可达1米多，毛夏季褐灰色，冬季深褐色。善攀登，栖息于高山地带。分布于欧亚大陆和北非，是濒危物种。

远程导弹/長程飛彈
yuǎnchéng dǎodàn/ㄔㄤˊ ㄔㄥˊ ㄈㄟ ㄉㄢˋ
long-range missile
【军】通常指射程在5000～8000千米的导弹。有的国家将射程3000～8000千米的导弹界定为远程导弹。

远程批处理/遠程整批處理
yuǎnchéng pīchǔlǐ/
ㄩㄢˇ ㄔㄥˊ ㄓㄥˇ ㄆㄧ ㄔㄨˇ ㄌㄧˇ
remote batch processing
【信息】输入输出设备经由数据链路访问计算机的批处理。

远程通信网
yuǎnchéng tōngxìnwǎng/
ㄩㄢˇ ㄔㄥˊ ㄊㄨㄥ ㄒㄧㄣˋ ㄨㄤˇ
【信息】即“电信网”(256页)。

远地点/遠地點
yuǎndìdiǎn/ㄩㄢˇ ㄉㄧˋ ㄉㄧㄢˇ
apogee
【天】环绕地球运动的天体轨道上离地心最远的点。参见“近地点”(636页)。

远点/遠點 yuǎndiǎn/ㄩㄢˇ ㄉㄧㄢˇ
far point
【物】当眼睛肌肉放松时能看清楚的最远点。正常眼的远点在无限远处。

远东/遠東 Yuǎndōng/ㄩㄢˇ ㄉㄨㄥ
Far East
【地】欧洲人称亚洲东部地区。通常包括中国东部、朝鲜、韩国、日本、菲律宾、俄罗斯太平洋沿岸地区和东南亚地区。

远动学/遠動學
yuǎndòngxué/ㄩㄢˇ ㄉㄨㄥˋ ㄒㄩㄝˊ
telemechanics
【自】研究远距离测量(遥测)和远距离控制(遥控)的原理、方法和技术的学科。

远交/遠親配種
yuǎnjiāo/ㄩㄢˇ ㄑㄧㄣ ㄆㄟˋ ㄓㄨㄥˇ
outbreeding
【生】无亲缘关系的个体间的交配。在动物育种实践中常指交配个体间的亲缘关系比群体内随机交配时所期望的更远。

远日点/遠日點
yuǎnrìdiǎn/ㄩㄢˇ ㄖˋ ㄉㄧㄢˇ
aphelion
【天】环绕太阳运动的天体轨道上距离太阳最远的点。根据开普勒定律，环绕太阳的行星、小行星、流星体等都在椭圆轨道上运行，太阳位于椭圆的一个焦点上。椭圆轨道的长轴与轨道交于两点，其中离太阳最远的为远日点，最近的为近日点。

远视/遠視 yuǎnshì/ㄩㄢˇ ㄕˋ
hyperopia
【医】视力缺陷的一种。入眼平行光线因屈光不正，不能落在视网膜上，只能在视网膜后聚焦成像的一种屈光不正性眼病。以视远物清楚、视近物模糊为主要表现。

远洋航行/大洋航行
yuǎnyáng hángxíng/ㄉㄚˋ ㄧㄤˊ ㄏㄤˊ ㄒㄧㄥˊ
ocean navigation
【船】船舶远离海岸、穿越大洋的航行。特点是海域水深、开阔，航程长，水文气象条件多变，各国助航标志不一致，途中可能遭遇恶劣环境且长时间不靠岸等。

远缘杂交/遠緣雜交
yuǎnyuán zájiāo/ㄩㄢˇ ㄩㄢˊ ㄗㄚˊ ㄐㄧㄠ
distant hybridization
【生】亲缘关系较远(不同种、不同属等)的生物个体间的杂交。如马和驴、小麦和黑麦的杂交。这种方法可以培育出优良品种。

远志/遠志 yuǎnzhì/ㄩㄢˇ ㄓˋ
㊀ thinleaf milkwort，㊁ Radix Polygalae(拉)，milkwort root
㊀【植】 *Polygala tenuifolia* 远志科远志属。多年生草本植物。茎丛生，具棱槽。单叶互生，条形，全缘，反卷。总状花序生于枝顶，萼片五枚，三枚线状披针形，两枚花瓣状，紫堇色；花瓣紫色，三枚，侧瓣斜长圆形，基部与龙骨瓣合生，龙骨瓣具流

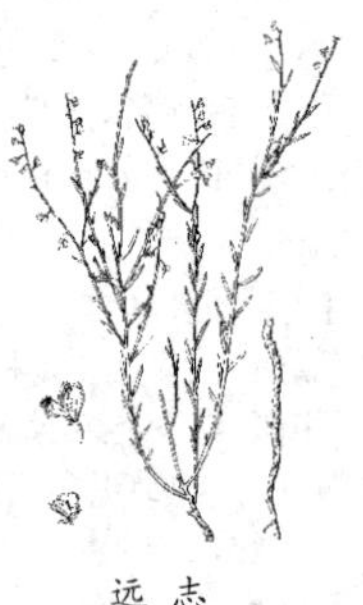
远 志

苏状附属物。花果期 5—9 月份。在中国，分布于东北、华北、西北、华中地区，以及四川。野生花草。根皮可入药。㊁【中医】中药名。远志科植物远志 *Polygala tenuifolia* Willd. 或卵叶远志 *P. sibirica* L. 的干燥根。味苦、辛，性温。归心、肾、肺经。安神益智，祛痰，消肿。用于心肾不交引起的失眠多梦、健忘惊悸、神志恍惚，咳痰不爽，疮疡肿毒，乳房肿痛。

📖 远志的地上部分叫“小草”。东晋大臣谢安曾隐居深山，声称终身不仕，但后来还是出山为官。有人讽刺他说，隐于山中时，胸怀远大的志向，可以称“远志”；出山做官后，变得庸庸碌碌，微不足道，只能叫“小草”了。

遠程交換
ㄩㄢˇ ㄔㄥˊ ㄐㄧㄠ ㄏㄨㄢˋ/yuǎnchéng jiāohuàn
telecommuting
【信息】台湾名。即“在家办公”(1408 页)。

遠程整批處理
ㄩㄢˇ ㄔㄥˊ ㄓㄥˇ ㄆㄧ ㄔㄨˇ ㄌㄧˇ/
yuǎnchéng zhěngpī chǔlǐ
remote batch processing
【信息】台湾名。即“远程批处理”(1394 页)。

遠親配種
ㄩㄢˇ ㄑㄧㄣ ㄆㄟˋ ㄓㄨㄥˇ/yuǎnqīn pèizhǒng
outbreeding
【生】台湾名。即“远交”(1394 页)。

苑/苑 yuàn/ㄩㄢˋ
imperial park
【建】又称“宫苑”。秦汉以来在囿的基础上发展起来，建有宫室的一种园林。除了有天然植被，有野生或畜养的飞禽走兽，供帝王射猎行乐外，还建有举行朝贺、处理政务的宫殿，以及供帝王后妃居住的寝殿。

📖 苑囿通常拥有广阔的土地和富于变化的地形。园内建筑布局，首先把宫殿布置在相对平坦的地带，自成一区；然后根据地形特点把全园分成若干景区，每区有不同的内容和景物，并有体现各自特点和富有诗意的题名。

垸 yuàn/ㄏㄨㄢˋ
【水利】即“圩”(1181 页)。

yue (ㄩㄝ)

约分/約分 yuēfēn/ㄩㄝ ㄈㄣ
reduction of a fraction
【数】把分数(式)的分子和分母同除以它们的公约数(公因式)，使分数(式)化简而值不改变的过程。例如，$\frac{3}{9}=\frac{1}{3}$，$\frac{x^2-x}{xy-y}=\frac{x}{y}(x\neq1)$。

约数 yuēshù/ㄩㄝ ㄕㄨˋ
【数】即“因数”(1344 页)。

約旦日照計
ㄩㄝ ㄉㄢˋ ㄖˋ ㄓㄠˋ ㄐㄧˋ/Yuēdàn rìzhàojì
Jordan sunshine recorder
【气】台湾名。即“暗筒式日照计”(9 页)。

月/月 yuè/ㄩㄝˋ
month
【天】❶一种周期或时间间隔。以月球围绕地球公转运动为基础。根据起迄点不同，有各种的“月”。朔望月是月相变化的周期，根据月球相对于太阳的位置确定，长度为 29.530 59 平太阳日。中国的农历，以朔望月为月的单位。恒星月是月球在天球上连续两次通过某一恒星所需要的时间，长度为 27.321 66 平太阳日。这是月球绕地球的平均公转周期。❷一种计时单位。对不同的历法，历月的时间长短不同。格里历大月 31 天，小月 30 天，2 月 28 天(闰年 29 天)；夏历大月 30 天，小月 29 天，闰年置 1 闰月。

月長石 ㄩㄝˋ ㄔㄤˊ ㄕˊ/yuèchángshí
moon stone
【地】台湾名。即“月光石”(1395 页)。

月光石/月長石
yuèguāngshí/ㄩㄝˋ ㄔㄤˊ ㄕˊ
moon stone
【地】一种宝石。是正长石和钠长石薄层晶体的互层。因两者的折射率略有差异，出现干涉和散射现象而产生月光效应。

月光效应/月光效應
yuèguāng xiàoyìng/ㄩㄝˋ ㄍㄨㄤ ㄒㄧㄠˋ ㄧㄥˋ
moonstone effect
【地】宝石中心出现有如月光的幽蓝或亮白的晕彩现象。当白色光照射到宝石上，因宝石内特殊结构而产生干涉颜色，在其表面可见白至淡蓝色的闪光。

月季花/月季花

yuèjìhuā/ㄩㄝˋ ㄐㄧˋ ㄏㄨㄚ

㊀ China rose，㊁ Flos Rosae Chinensis(拉)，Chinese rose flower

㊀【植】*Rosa chinensis* 蔷薇科蔷薇属。常绿或半常绿小灌木。羽状复叶，小叶 3～5 枚，多宽卵形，先端渐尖，边缘有齿，光滑。花数朵聚生于枝端，花瓣倒卵形，先端有凹缺。重瓣者多，颜色各异，花期 4—9 月份。中国各地均有栽培。观赏花卉。花、根、叶可入药。㊁【中医】中药名。蔷薇科植物月季 *Rosa chinensis* Jacq. 的干燥花。味甘，性温。归肝经。活血调经。用于月经不调，痛经。

月季花

📖 月季是中国十大名花之一，被誉为“花中皇后”。其名字取月月有花，四季常开之意。

月见草/月見草

yuèjiàncǎo/ㄩㄝˋ ㄐㄧㄢˋ ㄘㄠˇ

evening primrose

【植】*Oenothera biennis* 又称“夜来香”。柳叶菜科月见草属。二年生草本植物。茎直立，粗壮，幼苗期呈莲座状。基生叶倒披针形，茎生叶椭圆形，先端尖，边缘有齿。穗状花序，苞片叶状；花蕾锥状长圆形，顶端有喙；被毛，萼片绿色带红色，披针形，开放时基部反折，中部上翻，被毛；花瓣宽倒卵形，黄色，先端微凹缺。花期 6—10 月份。在中国，除西北外都有分布。野生花草。

📖 月见草因在傍晚至夜间开花，天亮即谢，故名；又因它开放时有清香，又名夜来香。

月经/月經 yuèjīng/ㄩㄝˋ ㄐㄧㄥ

menstruation

【医】子宫内膜周期性脱落，脱落的内膜组织和血液由阴道排出的现象。其周期的长短取决于卵巢周期的长短，通常为 28～30 天，出血时间通常为 2～7 天，每次月经出血总量通常不超过 100 毫升。

月经病/月經病

yuèjīngbìng/ㄩㄝˋ ㄐㄧㄥ ㄅㄧㄥˋ

menopathy，* menstrual disease

【中医】中医妇科疾病之一。月经的周期、经期和经量、经质、经色发生异常，伴随月经周期或于经断前后出现明显不适症状的疾病。常见有月经先期、月经后期、月经先后无定期、月经过多、月经过少、经期延长、经间期出血、崩漏、闭经、痛经、经行发热、经行头痛、经行吐衄、经行泄泻、经行乳房胀痛、经行情志异常、经断前后诸证、经断复来等。

月亮 yuèliang/ㄩㄝˋ ㄌㄧㄤ˙

【天】“月球”的通称。

月亮湖 yuèlianghú/ㄩㄝˋ ㄌㄧㄤ˙ ㄏㄨˊ

【地】即“牛轭湖”(842 页)。因其形状略像半个月亮，故名。

月龄/月齡 yuèlíng/ㄩㄝˋ ㄌㄧㄥˊ

moon's age

【天】从新月起算到各不同月相所经历的时间。以日为单位表示。从新月到下一次新月的间隔时间为一个朔望月，长度为29.530 59 日，取近似值则 1 朔望月＝29.5 日。月相和月龄的对应关系大致是：朔的月龄为 0 日，上弦月的月龄为 7.4 日，满月的月龄为 14.8 日，下弦月的月龄为 22.1 日。中国农历的日期和月龄基本符合。

月面車 ㄩㄝˋ ㄇㄧㄢˋ ㄔㄜ/yuèmiànchē

lunar roving vehicle

【航】台湾名。即“月球车”(1396 页)。

月球/月球 yuèqiú/ㄩㄝˋ ㄑㄧㄡˊ

moon

【天】通称“月亮”。地球唯一的天然卫星。是距离地球最近的天体。本身不发光，反射太阳光，直径 3476 千米，重力是地球的六分之一，月地平均距离为 384 401 千米。正面黑暗的区域是火山熔岩形成的月海，中间夹杂着明亮的高地和突出的环形山。月球引力造成地球上的海洋潮汐，并因此减慢了地球自转。月球自转周期与月球绕地运动的公转周期一致，故月球始终以同一面朝向地球。

月球车/月面車

yuèqiúchē/ㄩㄝˋ ㄇㄧㄢˋ ㄔㄜ

lunar roving vehicle

【航】在月球表面行驶并对月球考察和收集分

析样品的专用车辆。分为无人驾驶和有人驾驶两种。

📖 1970 年 11 月,苏联发射的“月球”17 号探测器将世界上第一个无人月球车送上月球,行走 10.5 千米;1971 年 9 月 30 日,美国“阿波罗”15 号飞船登上月球,第一次将有人驾驶月球车送上月球,行驶 27.9 千米;2013 年 12 月 14 日,中国“嫦娥三号”在月球正面的虹湾以东地区成功着陆,12 月 15 日凌晨 4 点 35 分,着陆器与“玉兔月球车”成功分离,驶入月面,执行探月任务。

月球登陆
ㄩㄝˋ ㄑㄧㄡˊ ㄉㄥ ㄌㄨˋ/yuèqiú dēnglù
lunar landing
【航】台湾名。即“月球着陆”(1397 页)。

月球着陆/月球登陸
yuèqiú zhuólù/ㄩㄝˋ ㄑㄧㄡˊ ㄉㄥ ㄌㄨˋ
lunar landing
【航】月球着陆器在月球表面的着陆过程。月球周围没有大气层,月球着陆器必须采用火箭发动机反推力使月球探测器减速,根据与月球面的高度改变反推力大小,实现在月球表面安全着陆。

月球资源/月球資源
yuèqiú zīyuán/ㄩㄝˋ ㄑㄧㄡˊ ㄗ ㄩㄢˊ
lunar resource
【航】指月球上存在的物质资源和环境资源。

📖 物质资源为:月岩含地球全部元素和 60 多种矿物,6 种地球没有的矿物。月球土壤表层含氦-3(He)的矿物晶粒,月土可建造防辐射屏障等;环境资源为:月球是一个微重力、无大气围绕、背面不受地球无线电干扰、真空无菌的巨大稳定平台。

月台/月臺 yuètái/ㄩㄝˋ ㄊㄞˊ
railway platform
【物流】为便于运输工具停靠、装卸货物和暂时存放货物而在货场或仓库的出入口处修建的站台或码头。按其高度不同,可分为高月台和低月台。前者高度与车辆货台的高度一致,便于装卸作业车水平装卸;后者高度与地面一致,便于月台与仓库之间的搬运。按货车在仓库地面停靠的形式不同,可分为侧面停靠月台、锯齿式月台、正面停靠月台和港湾式月台。

月臺門 ㄩㄝˋ ㄊㄞˊ ㄇㄣˊ/yuètáimén
shield door
【建】台湾名。即“屏蔽门”(878 页)。

月台式车站/月臺式車站
yuètáishì chēzhàn/
ㄩㄝˋ ㄊㄞˊ ㄕˋ ㄔㄜ ㄓㄢˋ
platform station
【交】公交车站的一种。具备乘客候车或上下车所需设施的平台,通常高于路面。

月坛/月壇 yuètán/ㄩㄝˋ ㄊㄢˊ
Temple of the Moon, Yue Tan
【建】古代帝王祭月的场所。现存的北京月坛,始建于明嘉靖九年(1530 年),为明清两代皇帝每年秋分日祭祀夜明之神(月亮)和诸星宿(木火土金水五星、二十八宿)的地方。

月相/月相 yuèxiàng/ㄩㄝˋ ㄒㄧㄤˋ
lunar phase
【天】从地球上看到的月亮圆缺变化的各种形状的统称。

月牙城 yuèyáchéng/ㄩㄝˋ ㄧㄚˊ ㄔㄥˊ
【建】即“哑巴院”(1305 页)。

月暈效果
ㄩㄝˋ ㄩㄣˋ ㄒㄧㄠˋ ㄍㄨㄛˇ/yuèyùn xiàoguǒ
halo effect
【心】台湾名。即“光环效应”(442 页)。

月震/月震 yuèzhèn/ㄩㄝˋ ㄓㄣˋ
moonquake
【航】月球本体浅表层或内部发生的震动。在月球表面所建的 5 个测震站测知:月球月震 75～100 次/年;天然月震与月球潮汐有关,与月面形状特征无关,最大相当地震 2～3 级,震源深 300～950 千米。

乐器数字接口/樂器數位介面
yuèqì shùzì jiēkǒu/
ㄩㄝˋ ㄑㄧˋ ㄕㄨˋ ㄨㄟˋ ㄐㄧㄝˋ ㄇㄧㄢˋ
musical instrument digital interface, MIDI
【信息】音乐行业用来连接数字乐器的标准化接口。能使计算机与电子乐器相互通信。不是直接记录乐音,而是记录乐器的种类、音键、作用强度、持续时间等参数,所得文件比波形音频文件小得多。

乐音/樂音 yuèyīn/ㄩㄝˋ ㄧㄣ

musical tone

【物】物体有规律的振动，听起来和谐悦耳的声音。

阅读器/閱讀機 yuèdúqì/ㄩㄝˋ ㄉㄨˊ ㄐㄧ

reader

【信息】用于获取或解释来自某一存储器、数据媒体或其他来源中的数据的功能单元。读取电子文件的阅读器可以用软件来实现；读取硬拷贝数据的条码阅读器、身份证阅读器等，需由光学字符识别硬件配合来实现。

跃层住宅/躍層住宅

yuècéng zhùzhái/ㄩㄝˋ ㄘㄥˊ ㄓㄨˋ ㄓㄞˊ

duplex apartment

【建】每户占用两个楼层的住宅。户内有独立楼梯联系上下层。户外每隔一层或两层设置公共走廊，走廊有内廊或外廊两种。高层有电梯时，每隔一层或两层设置电梯停靠处，有利于提高电梯运行速度。通常每户的起居室、厨房与入口在同一楼面，其余居室在另一楼面，也有起居室占两层空间的。

跃迁/躍遷 yuèqiān/ㄩㄝˋ ㄑㄧㄢ

transition

【化】粒子伴随能量辐射或吸收从一个状态转变成另一状态的过程。

越橘/越橘 yuèjú/ㄩㄝˋ ㄐㄩˊ

cowberry

【植】*Vaccinium vitis-idaea* 杜鹃花科越橘属。常绿小灌木。茎纤细。叶密生，革质，椭圆形，顶端圆，有尖或凹，边缘反卷，有齿。总状花序短，生于枝顶，花冠钟状，四裂，白色或淡红色。浆果球形，紫红色。花期6—7月份，果期8—9月份。在中国，分布于黑龙江、吉林、内蒙古、陕西、新疆。果实可作水果，还可入药。

越行/越行 yuèxíng/ㄩㄝˋ ㄒㄧㄥˊ

overtaking

【交】同向开行的两列车，后面一列要超越前面一列，前面一列需在车站到发线路停靠，后面一列才能够超越。

閱讀機 ㄩㄝˋ ㄉㄨˊ ㄐㄧ/yuèdújī

reader

【信息】台湾名。即“阅读器”(1398页)。

樂器數位介面

ㄩㄝˋ ㄑㄧˋ ㄕㄨˋ ㄨㄟˋ ㄐㄧㄝˋ ㄇㄧㄢˋ/

yuèqì shùwèi jièmiàn

musical instrument digital interface, MIDI

【信息】台湾名。即“乐器数字接口”(1397页)。

yun (ㄩㄣ)

晕厥 yūnjué/ㄩㄣ ㄐㄩㄝˊ

【医】即“昏厥”(547页)。

云/雲 yún/ㄩㄣˊ

cloud

【气】悬浮在大气中的小水滴、过冷水滴、冰晶或其混合物组成的集合体。地球表面的水蒸发形成的水汽，上升冷却后因聚集在大气中的微粒(凝结核)周围而形成。

云豹/雲豹 yúnbào/ㄩㄣˊ ㄅㄠˋ

clouded leopard

【动】*Neofelis nebulosa* 哺乳动物名。食肉目猫科。身体比金钱豹小，全身淡灰褐色，头部有黑斑，体侧有云形暗灰色斑纹，颈上有六条黑纹，尾上有十几个浅黑或棕色环带。生活在热带和亚热带丛林中，捕食鸟、兔、松鼠等小动物。在中国，分布于南方各地。

云豹

云爆弹/雲爆彈

yúnbàodàn/ㄩㄣˊ ㄅㄠˋ ㄉㄢˋ

fuel-air explosive projectile

【军】又称“燃料空气弹”。战斗部内装填云爆剂的火箭弹、炮弹、航空炸弹等的统称。充分利用爆炸区大气中的氧气，在一定起爆条件下使云爆剂与空气混合并发生剧烈爆炸，达到毁伤目标的目的。主要用于攻击土木质工事、混凝土坚固工事等，杀伤工事内及暴露的有生力量，毁伤各类轻型装甲车辆、雷达、通信设施等，还可实施扫雷。

云滴/小雲滴 yúndī/ㄒㄧㄠˇ ㄩㄣˊ ㄉㄧ

cloud droplet

【气】悬浮在空气中，粒径在几微米到100微米的小水滴。

云地间放电/雲地放電
yúndìjiān fàngdiàn/ㄩㄣˊ ㄉㄧˋ ㄈㄤˋ ㄉㄧㄢˋ
cloud-to-ground discharge
【气】闪电的一类。在云和地面之间发生的放电现象。

云分类/雲分類
yúnfēnlèi/ㄩㄣˊ ㄈㄣ ㄌㄟˋ
cloud classification
【气】一种云的归类体系。根据云的外形特征、结构特点和云底高度,将云归类为3族、10属、29类。
📖 云能够反映大气状态并能预示天气变化,因此是气象观测的重要内容之一。按云底距地面高度不同,可分为低云、中云和高云3族:云底距地面高度在2千米以下的为低云;距地面高度分别是2～4千米(极地地区)、2～7千米(温带地区)、2～8千米(热带地区)的为中云;距地面高度分别是3～8千米(极地地区)、5～13千米(温带地区)、6～18千米(热带地区)的为高云。按云高、外形和形成过程不同,可分为积云、层云、卷云等10属。再按云的排列方式、透光程度等不同,可分为浓积云、淡积云等29类。

云冈石窟/雲岡石窟
Yúngāng Shíkū/ㄩㄣˊ ㄍㄤ ㄕˊ ㄎㄨ
Yungang Caves
【建】中国古代石窟群。位于山西大同西郊武州山南麓,始置于北魏兴安二年(453年),一直延续至正光年间(520—525年)。石窟依山开凿,东西绵延1千米,今存主要洞窟45个,大小造像51 000余尊。最著名的为昙曜五窟。云冈石质上好,窟内多为雕刻,且受外来影响大,如希腊爱奥尼柱头,中亚兽形柱头,印度塔柱等,中国的佛教艺术和建筑形象也多有表现,如各式方塔、佛殿以及柱、阑额、斗栱、人字补间、台基、勾阑等细部。

云高/雲高 yúngāo/ㄩㄣˊ ㄍㄠ
cloud height
【气】云底距地面的高度。气象观测云高,使用云幕球、云幕灯、激光测云仪等仪器实测,无实测条件时可凭经验目测。

云贵高原/雲貴高原
Yún-Guì Gāoyuán/ㄩㄣˊ ㄍㄨㄟˋ ㄍㄠ ㄩㄢˊ
Yungui Plateau
【地】高原名。中国四大高原之一。位于中国西南部,包括云南东部、贵州、广西西北部和四川、重庆南部及湖南、湖北的边境地区。面积约50万平方千米。海拔1000～2000米。山地顶部宽广平坦;山岭间有断层湖,如滇池、洱海等;有典型的喀斯特现象,形成石林、洞穴、地下暗河等。

云计算/雲端計算
yúnjìsuàn/ㄩㄣˊ ㄉㄨㄢ ㄐㄧˋ ㄙㄨㄢˋ
cloud computing
【信息】台湾又称"雲端運算"。通过计算机网络(多指因特网)而非本地计算机,按需配置计算资源的超级计算模式。能快速提供和释放,包括网络、服务器、存储器、数据和软件。用户可通过计算机、手机等接入数据中心,所需管理以及与服务提供方的交互均降至最低限度。
📖 "云"在此隐喻该计算的基础设施,即因特网。源自过去绘制通信系统时,为凸显其基础电话网,多以封闭弧线围着,看似云朵。

云际放电/雲際放電
yúnjì fàngdiàn/ㄩㄣˊ ㄐㄧˋ ㄈㄤˋ ㄉㄧㄢˋ
cloud-to-cloud discharge
【气】闪电的一类。在不同云体之间发生的放电现象。

云量/雲量 yúnliàng/ㄩㄣˊ ㄌㄧㄤˋ
cloud amount
【气】观测时天空被云遮蔽的成数(一成为10%)。分为总云量和低云量两种。总云量指天空被所有的云遮蔽的成数;低云量指天空被低云遮蔽的成数。

云母/雲母 yúnmǔ/ㄩㄣˊ ㄇㄨˇ
mica
【地】云母族矿物的统称。是层状结构铝硅酸盐。包括白云母、黑云母、金云母、锂云母、铁锂云母等。多为单斜晶系。晶体常呈柱状、板状或片状,集合体常呈鳞片状。玻璃光泽,莫氏硬度2～3。片状极完全解理,可沿解理剥成具弹性的薄片。云母是分布很广的造岩矿物,常见于火成岩、沉积岩和变质岩中。

云南白药/雲南白藥
Yúnnán báiyào/ㄩㄣˊ ㄋㄢˊ ㄅㄞˊ ㄧㄠˋ
yunnan baiyao powder, yunnan baiyao, * Yunnan White Powder

【中医】中成药名。配方保密。也可外用。化瘀止血,活血止痛,解毒消肿。用于跌打损伤,瘀血肿痛,吐血、咳血、便血、痔血、崩漏下血,支气管及肺结核咳血,溃疡病出血,疮疡肿毒及软组织挫伤,闭合性骨折,以及皮肤感染性疾病。

📖 云南白药由云南民间医生曲焕章于1902年研制成功,原名万应百宝丹。1955年,其妻将配方献给政府,并改名云南白药。配方至今依然保密。

云内放电/雲内放電
yúnnèi fàngdiàn/ㄩㄣˊ ㄋㄟˋ ㄈㄤˋ ㄉㄧㄢˋ
intracloud discharge
【气】闪电的一类。在同一云体内发生的放电现象。

云凝结核/雲凝結核
yúnníng jiéhé/ㄩㄣˊ ㄋㄧㄥˊ ㄐㄧㄝˊ ㄏㄜˊ
cloud condensation nuclei
【气】指能够凝结大气中的水汽而形成微滴的气溶胶粒子。是成云过程中必不可少的物质,如冰核、盐核、燃烧核等。

云片松 yúnpiànsōng/ㄩㄣˊ ㄆㄧㄢˋ ㄙㄨㄥ
【植】即"文竹"(1195页)。

云雀/雲雀 yúnquè/ㄩㄣˊ ㄑㄩㄝˋ
skylark
【动】鸟名。雀形目百灵科云雀属(Alauda)各种的统称。喙小而尖,羽毛赤褐色,有黑色斑纹,翅膀大,飞得高,高空飞行时鸣叫,鸣声悦耳。以昆虫和种子等为食,分布广泛。原产欧洲。

云 雀

云杉/雲杉 yúnshān/ㄩㄣˊ ㄕㄢ

Chinese spruce
【植】*Picea asperata* 松科云杉属。常绿乔木。树皮淡灰褐色,裂成不规则块片脱落。一年生枝淡褐黄色至淡红褐色。主枝上叶辐射伸展,呈螺旋状排列,侧枝上、下及两侧的叶都向上伸展,四棱状条形,先端尖,四面有气孔线。雌雄同株。球果圆柱形,上端渐窄。花期4—5月份,球果9—10月份成熟。在中国,分布于陕西南部、甘肃东部、四川岷江流域等地。中国特有种。

云 杉

云室/雲霧室 yúnshì/ㄩㄣˊ ㄨˋ ㄕˋ
cloud chamber
【物】核物理学中用于研究带电粒子径迹的装置。可根据带电粒子在云室中径迹的长短和粗细,判断粒子的性质。将云室放在磁场中,从带电粒子运动轨迹的弯曲方向,还可知粒子所带电荷的正负。可分为膨胀云室和扩散云室。

云水资源/雲水資源
yúnshuǐ zīyuán/ㄩㄣˊ ㄕㄨㄟˇ ㄗ ㄩㄢˊ
cloud water resources
【气】气候资源的一种。指储存在云中的水,通过天然降水或人工降水达到可以利用的部分。

云物理学/雲物理學
yúnwùlǐxué/ㄩㄣˊ ㄨˋ ㄌㄧˇ ㄒㄩㄝˊ
cloud physics
【气】大气物理学的一个分支。研究大气中云的发生、发展、结构及其产生降水所遵循的物理和动力过程。

云英岩/雲英岩
yúnyīngyán/ㄩㄣˊ ㄧㄥ ㄧㄢˊ
greisen
【化】由花岗岩(主要为黑云母花岗岩)经高温热液交代蚀变形成的变质岩。主要由石英(70%)和云母(30%)组成,岩石致密坚硬,具有等粒变晶结构、块状构造。

云芝/雲芝 yúnzhī/ㄩㄣˊ ㄓ
rainbow conk
【植】*Coriolus versicolor* 菌类。多孔菌科云芝属。子实体半圆伞状,硬木质,深灰褐色,外缘有白色或浅褐色边。菌盖扇形,呈覆瓦状连接在一起生长,革质,有杂色同心环带,边缘波浪状。无菌柄。在中国,分布于各地。是腐生真菌,生于阔叶树上。有广泛的经济用途,还可入药。

云状/雲狀 yúnzhuàng/ㄩㄣˊ ㄓㄨㄤˋ
cloud form
【气】由云的尺度、结构、形状、灰度、透光程度及其空间分布情况所确定的云的外形特征。

能够反映云的特性和形成过程。

匀强电场/均勻電場
yúnqiáng diànchǎng/
ㄩㄣˊ ㄑㄧㄤˊ ㄉㄧㄢˋ ㄔㄤˇ
uniform electric field

【物】在某个区域内各点电场强度大小相等、方向相同的电场。其电场线是间隔相等的平行线。带有等量异号电荷的一对平行金属板,如果两板相距很近,除边缘部分外,它们之间的电场可看作匀强电场。

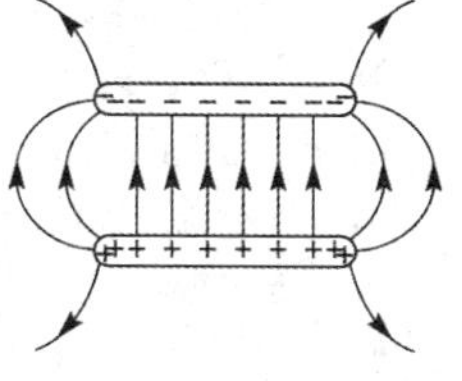
匀强电场的电场线

匀速直线运动/勻速直線運動
yúnsù zhíxiàn yùndòng/
ㄩㄣˊ ㄙㄨˋ ㄓˊ ㄒㄧㄢˋ ㄩㄣˋ ㄉㄨㄥˋ
uniform rectilinear motion

【物】速度保持不变的运动。质点沿 x 轴方向做匀速直线运动,其运动方程是 $x=x_0+v(t-t_0)$,式中 v 是质点运动的速度,x_0 是 t_0 时刻质点的位置,x 是 t 时刻质点的位置。该运动还可用速度—时间图像甲和位移—时间图像乙来表示。

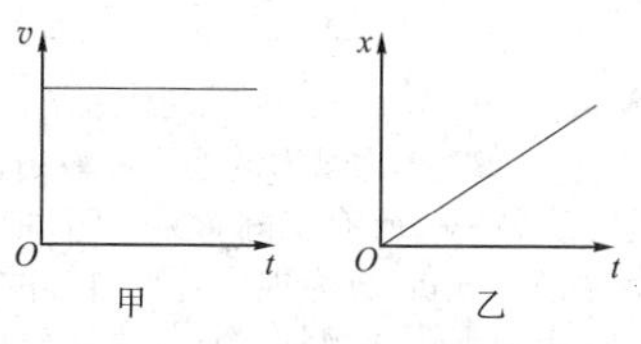

匀速直线运动的图像

芸薹 yúntái/ㄩㄣˊ ㄊㄞˊ

【植】即“油菜”(1365 页)。

芸香/芸香 yúnxiāng/ㄩㄣˊ ㄒㄧㄤ
rue

【植】*Ruta graveolens* 芸香科芸香属。多年生草本植物。全株有油点和浓烈气味。羽状复叶,二至三回分裂,末回小裂片短匙形,灰绿或蓝绿色。聚伞花序,花冠金黄色,花瓣四枚,雄蕊四枚贴附于花瓣上。花期 3—6 月份。中国各地均有栽培。茎、枝、叶可入药。

📖 中国古代的读书人因芸香散发出的香味能杀死书虫,而把芸香夹在书中,并对其飘散出的香气称为“书香”。巧妙地借用“书香”一词,表达了人们对文化审美与精神尊崇的追求。芸香是立陶宛的国花。

雲地放電 ㄩㄣˊ ㄉㄧˋ ㄈㄤˋ ㄉㄧㄢˋ/yúndì fàngdiàn
cloud-to-ground discharge

【气】台湾名。即“云地间放电”(1399 页)。

雲端計算 ㄩㄣˊ ㄉㄨㄢ ㄐㄧˋ ㄙㄨㄢˋ/yúnduān jìsuàn
cloud computing

【信息】台湾名。即“云计算”(1399 页)。

雲端運算 ㄩㄣˊ ㄉㄨㄢ ㄩㄣˋ ㄙㄨㄢˋ/yúnduān yùnsuàn
cloud computing

【信息】台湾名。即“云计算”(1399 页)。

雲霧室 ㄩㄣˊ ㄨˋ ㄕˋ/yúnwùshì
cloud chamber

【物】台湾名。即“云室”(1400 页)。

陨击坑 yǔnjīkēng/ㄩㄣˇ ㄐㄧ ㄎㄥ

【天】即“陨星坑”(1401 页)。

陨石/隕石 yǔnshí/ㄩㄣˇ ㄕˊ
meteorite

【地】又称“陨星”。大块流星体从行星际空间穿过地球大气层而陨落到地球表面的天然固态物体。下落过程中与高温气流相互作用,通常会形成一薄层黑色或深褐色的熔壳以及小凹坑。陨石按矿物组成和化学成分不同,可分为石陨石、铁陨石和石铁陨石。石陨石主要由硅酸盐组成,含有少量铁镍金属和铁的硫化物;铁陨石主要由铁镍金属组成,含少量铁的硫化物、磷化物和碳化物;石铁陨石由大致等量的硅酸盐和铁镍金属组成。

陨石雨 yǔnshíyǔ/ㄩㄣˇ ㄕˊ ㄩˇ

【天】即“陨星雨”(1402 页)。

陨星 yǔnxīng/ㄩㄣˇ ㄒㄧㄥ

【地】即“陨石”(1401 页)。

陨星坑/隕石坑
yǔnxīngkēng/ㄩㄣˇ ㄕˊ ㄎㄥ
meteorite crater

【天】又称“陨击坑”。小天体高速撞击行星或卫星表面所形成的圆形坑构造。因表面物质的反弹,其中心往往有物质堆积,形成凸起(称“中央峰”)。几乎所有具有固态表面的行星、卫星和小行星上都有陨星坑，在具有风化过程或地壳运动的天体上，陨星坑逐渐磨灭。故陨星坑的密度可用来确定相应地区的地质年龄。目前地球上已确认的陨星坑有约170个。

Y

陨星雨/陨石雨
yǔnxīngyǔ/ㄩㄣˇ ㄕˊ ㄩˇ
meteorite shower
【天】又称“陨石雨”。大块流星体在下落过程中因与大气摩擦而发生爆裂解体成许多碎块，像暴雨、冰雹散落地面的现象。可能伤害人畜，甚至在地表造成陨石坑群。

陨石坑 ㄩㄣˇ ㄕˊ ㄎㄥ/yǔnshíkēng
meteorite crater
【天】台湾名。即“陨星坑”(1401页)。

孕产妇死亡率/產婦死亡率
yùnchǎnfù sǐwánglǜ/
ㄔㄢˇ ㄈㄨˋ ㄙˇ ㄨㄤˊ ㄌㄩˋ
maternal mortality rate
【医】某一年内，因怀孕和分娩及相关并发症造成的孕产妇死亡人数与同年出生活产数之比。常用十万分率表示。

孕激素/助孕素 yùnjīsù/ㄓㄨˋ ㄩㄣˋ ㄙㄨˋ
progestogen
【医】维持妊娠所需要的二十一碳类固醇激素。包括天然的和人工合成的化合物，最主要的激素为孕酮。

孕激素类/助孕素
yùnjīsùlèi/ㄓㄨˋ ㄩㄣˋ ㄙㄨˋ
progestogens
【医】孕酮及人工合成而作用相似的药物。临床用于补充孕激素不足等。合成物有17α-羟孕酮类，如甲羟孕酮、甲地孕酮、氯地孕酮、环丙孕酮，还有19-去甲基睾酮类，如炔孕酮、炔诺酮等。

孕晚期/孕晚期
yùnwǎnqī/ㄩㄣˋ ㄨㄢˇ ㄑㄧˊ
late pregnancy
【医】又称“晚期妊娠”。从妊娠28周起到40周的一段时间。

孕性花/可孕性花
yùnxìnghuā/ㄎㄜˇ ㄩㄣˋ ㄒㄧㄥˋ ㄏㄨㄚ
fertile flower
【植】能产种子的花。

孕育剂/接種劑 yùnyùjì/ㄐㄧㄝ ㄓㄨㄥˇ ㄐㄧˋ
inoculant
【材】铸铁和铸钢生产中，在临浇注前所加入的某些微量元素(或其合金、化合物)。可改变铸铁和铸钢的组织和性能。

孕育铸铁/接種鑄鐵
yùnyù zhùtiě/ㄐㄧㄝ ㄓㄨㄥˇ ㄓㄨˋ ㄊㄧㄝˇ
inoculated cast iron
【材】一种优质灰铸铁。浇注前在铁水中加入孕育剂，通过孕育作用使铸铁具有细小而均匀分布的石墨。力学性能较普通灰铸铁好。

孕早期/孕早期 yùnzǎoqī/ㄩㄣˋ ㄗㄠˇ ㄑㄧˊ
early pregnancy
【医】又称“早期妊娠”。从妊娠开始到妊娠12周末的一段时间。

孕中期/孕中期
yùnzhōngqī/ㄩㄣˋ ㄓㄨㄥ ㄑㄧˊ
medium-term pregnancy
【医】又称“中期妊娠”。从妊娠13周起到27周末的一段时间。

运筹学/作業研究
yùnchóuxué/ㄗㄨㄛˋ ㄧㄝˋ ㄧㄢˊ ㄐㄧㄡˋ
operations research
【数】数学的一个分支。利用现代数学特别是统计方法，研究人力物力的运用和筹划，使其产生最大效率。既有实际背景，又有抽象化的数学模型分析，成为现代管理科学的重要基础。可分为数学规划、图论、决策分析、排队论、库存论、对策论等分支。

📖 运筹学的产生和发展与军事有密切的关系，operations research 的原意为“作战研究”。20世纪30年代后，为军事需要，英美等国的运筹学研究迅速发展。第二次世界大战后，运筹学逐渐应用于工业、商业和政府管理等。

运动副/運動對
yùndòngfù/ㄩㄣˋ ㄉㄨㄥˋ ㄉㄨㄟˋ
kinematic pair
【机】两个构件直接接触组成的可动连接。两构件间的某些相对运动被限制，另一些相对运动被允许。按两构件运动方式不同，可分为转动副、圆柱副、球面副、球销副、球槽副、螺旋副和平面副；按两构件接触方式不同，可分为低副和高副。

运动记忆/動作記憶
yùndòng jìyì/ㄉㄨㄥˋ ㄗㄨㄛˋ ㄐㄧˋ ㄧˋ
motor memory
【心】又称“动作记忆”。以过去做过的动作形象或经历过的身体运动状态为内容的记忆。以过去的动作或操作所形成的动作表象为基础。运动记忆中的信息保持和提取都较容易，也不易遗忘。

运动控制系统/運動控制系統
yùndòng kòngzhì xìtǒng/
ㄩㄣˋ ㄉㄨㄥˋ ㄎㄨㄥˋ ㄓˋ ㄒㄧˋ ㄊㄨㄥˇ
motion control system
【自】通过对工作机械所用的电动机电压、电流、频率等输入变量的控制，来改变工作机械的转矩、速度、位移等机械量使工作机械按人们的要求运行的控制系统。

运动疗法/運動療法
yùndòng liáofǎ/ㄩㄣˋ ㄉㄨㄥˋ ㄌㄧㄠˊ ㄈㄚˇ
exercise therapy, kinesiotherapy
【医】通过运动锻炼进行预防、治疗和康复的方法。以运动学、生物力学和神经发育学为基础，以改善躯体、生理、心理和精神功能障碍为主要目标，以作用力和反作用力为治疗因子，通过改善、代偿和替代的途径，改善运动组织(肌肉、骨关节、韧带等)的血液循环和代谢，促进神经肌肉功能，提高肌力、耐力、心肺功能和平衡功能，减轻异常压力或施加必要的治疗压力，纠正躯体畸形和功能障碍。

运动神经末梢/運動神經末梢
yùndòng shénjīng mòshāo/
ㄩㄣˋ ㄉㄨㄥˋ ㄕㄣˊ ㄐㄧㄥ ㄇㄛˋ ㄕㄠ
motor nerve ending
【医】运动神经元的轴突分布于肌组织和腺体内的终末部分。与其他组织构成效应器，支配肌纤维的收缩，调节腺细胞的分泌。可分为躯体运动神经末梢和内脏运动神经末梢两类。

运动神经元/運動神經元
yùndòng shénjīngyuán/
ㄩㄣˋ ㄉㄨㄥˋ ㄕㄣˊ ㄐㄧㄥ ㄩㄢˊ
motor neuron
【医】又称“传出神经元”。一般位于脑、脊髓的运动核内或周围的植物神经节内，为多极神经元，它将冲动从中枢传至肌肉或腺体等效应器。

运动心理学/運動心理學
yùndòng xīnlǐxué/
ㄩㄣˋ ㄉㄨㄥˋ ㄒㄧㄣ ㄌㄧˇ ㄒㄩㄝˊ
sports psychology
【心】应用心理学的一个分支。研究人在体育运动中的心理现象及其发展规律。主要内容包括竞技运动中运动员选材、训练、技能、战术、竞赛、意识、心理训练、恢复、运动队管理等。

运动型多功能汽车/運動型多功能汽車
yùndòngxíng duōgōngnéng qìchē/
ㄩㄣˋ ㄉㄨㄥˋ ㄒㄧㄥˊ ㄉㄨㄛ ㄍㄨㄥ ㄋㄥˊ ㄑㄧˋ ㄔㄜ
sport utility vehicle, SUV
【机】乘用车的一种。兼具普通乘用车、厢式车的功能，且有良好越野性能。按车型尺寸不同，可分为小型、紧凑型、中型、大中型等。

运动知觉/運動知覺
yùndòng zhījué/ㄩㄣˋ ㄉㄨㄥˋ ㄓ ㄐㄩㄝˊ
motor perception
【心】人脑对客观对象的空间位移、移动速度及人体自身运动状态的反映。是后天习得的一种条件反射。是视觉、听觉、肤觉、平衡觉、机体觉、运动觉等系统协同参与的结果。通常由视觉范围内物体的真正运动所引起，在某些情况下，真正静止的物体，因某种因素影响也能使人产生运动知觉(如似动知觉、诱动知觉等)。

运费吨/運費噸
yùnfèidūn/ㄩㄣˋ ㄈㄟˋ ㄉㄨㄣ
freight ton
【物流】重量吨和尺码吨的统称。是运输中计算运费的单位。

运费付至目的地/運費付至目的地
yùnfèi fùzhì mùdìdì/
ㄩㄣˋ ㄈㄟˋ ㄈㄨˋ ㄓˋ ㄇㄨˋ ㄉㄧˋ ㄉㄧˋ
carriage paid to, CPT
【物流】国际贸易术语之一。卖方将货物交买方指定的承运人，并支付运费，办理出口清关手续，即完成交货。其他费用和风险以货交承运人为分界点。适用于任何运输方式，包括多式联运。

Y

运费加保险费付至目的地/運費加保險费付至目的地
yùnfèi jiā bǎoxiǎnfèi fùzhì mùdìdì/ㄩㄣˋ ㄈㄟˋ ㄐㄧㄚ ㄅㄠˇ ㄒㄧㄢˇ ㄈㄟˋ ㄈㄨˋ ㄓˋ ㄇㄨˋ ㄉㄧˋ ㄉㄧˋ
carriage and insurance paid to, CIP
【物流】国际贸易术语之一。卖方将货物交买方指定的承运人,并支付运费、保险费,办理出口清关手续,即完成交货。风险以货交承运人为分界点。适用于任何运输方式,包括多式联运。

运河/運河 yùnhé/ㄩㄣˋ ㄏㄜˊ
canal
【水利】人工开挖的通航水道。除航运外,还可用于灌溉、分洪、排涝、给水等。

运输/運輸 yùnshū/ㄩㄣˋ ㄕㄨ
transport
㊀【交】用车、船、飞机等交通工具和设备把人、物等从一个地方运到另一个地方的活动。㊁【物流】利用机械设备和交通工具,载运物品从一个地点向另一地点输送的物流活动。只改变物品的空间位置,并不创造新的实物形态产品。可分为铁路运输、公路运输、水上运输、航空运输和管道运输。㊂【信息】又称"传送"。通信中提供的端到端(从始发端到目的地端)可靠传递服务。

运输标志
yùnshū biāozhì/ㄩㄣˋ ㄕㄨ ㄅㄧㄠ ㄓˋ
【物流】即"唛头"(782 页)。

运输机/運輸機 yùnshūjī/ㄩㄣˋ ㄕㄨ ㄐㄧ
transport airplane
【航】用于运送人员和物资的飞机。

运输网/運輸網路
yùnshūwǎng/ㄩㄣˋ ㄕㄨ ㄨㄤˇ ㄌㄨˋ
transport network
【交】各种运输方式的线路与枢纽构成的运输网络。

运输型物流企业/運輸型物流企業
yùnshūxíng wùliú qǐyè/ㄩㄣˋ ㄕㄨ ㄒㄧㄥˊ ㄨˋ ㄌㄧㄡˊ ㄑㄧˇ ㄧㄝˋ
transport service logistics enterprise
【物流】物流企业的一类。具备一定规模,提供货物运输业务、运输代理或货物快递等业务,以运费及其他费用为主要收入。

运输直升机/運輸直升機
yùnshū zhíshēngjī/ㄩㄣˋ ㄕㄨ ㄓˊ ㄕㄥ ㄐㄧ
transport helicopter
【军】用于运送兵员、武器和其他军用物资的直升机。以中型和重型直升机为主。运载能力强,机舱容积大,航程远,并可进行吊挂运输。可分为超轻型运输直升机(2 吨以下)、轻型运输直升机(2～4 吨)、中型运输直升机(8～10 吨)和重型运输直升机(13 吨以上)。有的还加装防护装甲和自卫武器。

运算/運算 yùnsuàn/ㄩㄣˋ ㄙㄨㄢˋ
operation
【数】根据一定的法则,由一些对象得出一个结果的操作。例如,加法、减法、乘法、除法、乘方和开方是基本的代数运算。设 $*$ 是一种法则,若对集合 S 中的任意两个元素 a,b 按法则 $*$ 进行操作,能得到 S 中的一个元素 c,即 $a*b=c$,则 $*$ 叫作 S 上的一个二元运算。

运算律/運算律
yùnsuànlǜ/ㄩㄣˋ ㄙㄨㄢˋ ㄌㄩˋ
operation law
【数】交换律、结合律、分配律等的统称。

运算器/算術邏輯單元
yùnsuànqì/ㄙㄨㄢˋ ㄕㄨˋ ㄌㄨㄛˊ ㄐㄧˊ ㄉㄢ ㄩㄢˊ
arithmetic unit
【信息】处理器中执行算术运算和逻辑运算的部分。由累加器、寄存器、移位线路等组成。可进行算术运算(加减乘除等)、逻辑运算("与""和""非"等)以及其他运算(比较、移位、转移等)。

运油车/油罐車
yùnyóuchē/ㄧㄡˊ ㄍㄨㄢˋ ㄔㄜ
fuel tanker
【机】专用汽车的一种。罐式,装备有消除静电、灭火等安全装置。用于运输油料。

运载火箭/發射載具
yùnzài huǒjiàn/ㄈㄚ ㄕㄜˋ ㄗㄞˋ ㄐㄩˋ
launch vehicle
【航】运载航天器的火箭推进器。是将人造卫星、载人飞船、空间站或空间探测器等航天器有效载荷送入预定轨道的航天运载工具。通常由 2～4 级火箭组成。

晕/暈 yùn/ㄩㄣˋ

halo

【气】日光或月光经悬浮在大气中的冰晶(常为卷状云或冰雾)的折射和反射而产生的一组大气光学现象。通常呈环状、弧状、柱状或亮点状。

晕轮效应

yùnlún xiàoyìng/ㄩㄣˋ ㄌㄨㄣˊ ㄒㄧㄠˋ ㄧㄥˋ

【心】即"光环效应"(442 页)。

運動對 ㄩㄣˋ ㄉㄨㄥˋ ㄉㄨㄟˋ/yùndòngduì

kinematic pair

【机】台湾名。即"运动副"(1402 页)。

運輸網路

ㄩㄣˋ ㄕㄨ ㄨㄤˇ ㄌㄨˋ/yùnshū wǎnglù

transport network

【交】台湾名。即"运输网"(1404 页)。

運送機 ㄩㄣˋ ㄙㄨㄥˋ ㄐㄧ/yùnsòngjī

conveyor

【机】台湾名。即"输送机械"(1047 页)。

運油船 ㄩㄣˋ ㄧㄡˊ ㄔㄨㄢˊ/yùnyóuchuán

oil tanker

【船】台湾名。即"油船"(1365 页)。

蕴涵/蘊涵 yùnhán/ㄩㄣˋ ㄏㄢˊ

implication

【数】逻辑联结词的一种。符号"→"。逻辑式 $p \to q$ 表示两个命题 p, q 的"蕴涵"关系,读作"p 蕴涵 q"或"若 p 则 q"。当 p 为真而 q 为假时,$p \to q$ 为假;其他情形时,$p \to q$ 都为真。$p \to q$ 与 $\neg p \vee q$ 等价。

"蕴涵"门/若則閘

"yùnhán"mén/ㄖㄨㄛˋ ㄗㄜˊ ㄓㄚˊ

IF-THEN gate

【信息】可以执行逻辑运算"蕴涵"的门。

Z

Z

za (ㄗㄚ)

杂环化合物/雜環化合物
záhuán huàhéwù/ㄗㄚˊ ㄏㄨㄢˊ ㄏㄨㄚˋ ㄏㄜˊ ㄨˋ
heterocyclic compound
【化】分子的环状结构中含有杂原子（除碳原子外的其他原子）的有机物。常见的杂原子有氮、氧、硫等。简单的代表物有呋喃、吡啶等。有些杂环化合物具有芳香性。

杂货船/雜貨船
záhuòchuán/ㄗㄚˊ ㄏㄨㄛˋ ㄔㄨㄢˊ
general cargo ship
【船】以运载成包、成捆、成桶等件杂货为主，也装运某些散装货的干货运输船。

杂货集装箱
záhuò jízhuāngxiāng/
ㄗㄚˊ ㄏㄨㄛˋ ㄐㄧˊ ㄓㄨㄤ ㄒㄧㄤ
【物流】即“通用干货集装箱”(1139 页)。

杂交/雜交 zájiāo/ㄗㄚˊ ㄐㄧㄠ
㊀cross,㊁hybridization
【医】㊀不同基因型的个体之间交配,取得双亲基因重新组合个体的方法。㊁【生】分子生物学指互补的核苷酸序列通过碱基配对而形成稳定双链体的过程。

杂性花/雜性花
záxìnghuā/ㄗㄚˊ ㄒㄧㄥˋ ㄏㄨㄚ
polygamous flower
【植】单性花和两性花同生于一株植物上或生于同种不同株的植物上,称这样的植物具有杂性花。如七叶树和鸡爪槭的花。

杂质半导体/雜質半導體
zázhì bàndǎotǐ/ㄗㄚˊ ㄓˋ ㄅㄢˋ ㄉㄠˇ ㄊㄧˇ
【物】即“非本征半导体”(331 页)。

杂种/雜種 zázhǒng/ㄗㄚˊ ㄓㄨㄥˇ
hybrid
【生】两种不同种、属的动物或植物杂交而生成的新品种。具有两亲种的特征。

杂种一代
zázhǒng yī dài/ㄗㄚˊ ㄓㄨㄥˇ ㄧ ㄉㄞˋ
【生】即“子一代”(1495 页)。

雜訊傳播
ㄗㄚˊ ㄒㄩㄣˋ ㄔㄨㄢˊ ㄅㄛ/záxùn chuánbō
noise propagation
【环】台湾名。即“噪声传播”(1413 页)。

雜訊劑量計
ㄗㄚˊ ㄒㄩㄣˋ ㄐㄧˋ ㄌㄧㄤˋ ㄐㄧˋ/záxùn jìliàngjì
noise dose meter
【机】台湾名。即“噪声剂量计”(1413 页)。

zai (ㄗㄞ)

灾变论/巨變説
zāibiànlùn/ㄐㄩˋ ㄅㄧㄢˋ ㄕㄨㄛ
catastrophism
【地】地质学的一种理论。认为在地球历史上发生过多次巨大突然而剧烈的变化,使地球和生物面貌或气候发生重大变化,甚至导致大量生物的灭绝和新物种的产生。由法国动物学家居维叶(Georges Cuvier, 1769—1832)提出,后被均变论所取代,20 世纪后,灾变论的某些思想(如生物的大灭绝等)又重新提出,形成“新灾变论”。

灾害性天气/劇烈天氣
zāihàixìng tiānqì/ㄐㄩˋ ㄌㄧㄝˋ ㄊㄧㄢ ㄑㄧˋ
severe weather
【气】对人类具有潜在的破坏和危险的天气过程的统称。如台风、暴雨、沙尘暴等。

灾害医学/災害醫學
zāihài yīxué/ㄗㄞ ㄏㄞˋ ㄧ ㄒㄩㄝˊ
disaster medicine
【医】研究在各种自然灾害和人为事故所造成的灾害性损伤条件下,实施紧急医学救治、伤病防治和卫生保障的学科。

甾醇 zāichún/ㄗ ㄔㄨㄣˊ
【生】即“固醇”(429 页)。

甾族化合物
zāizú huàhéwù/ㄗ ㄗㄨˊ ㄏㄨㄚˋ ㄏㄜˊ ㄨˋ
【化】即“类固醇”(716 页)。

栽培种/栽培種
zāipéizhǒng /ㄗㄞ ㄆㄟˊ ㄓㄨㄥˇ
cultivar
【生】按照一定目的进行人工培育获得的,遗传性稳定、有一定经济价值的植物群体。几乎所有的粮食作物、纤维作物、油料作物和大多数果树、蔬菜及观赏植物都是栽培种。

栽植机/移植機 zāizhíjī/ㄧˊ ㄓˊ ㄐㄧ
planting machine
【机】种植机械的一种。用于把作物秧苗栽种到本田。有水稻插秧机、玉米栽植机、甜菜栽植机、烟草栽植机、蔬菜栽植机、植树机等。

再加工茶/再加工茶
zàijiāgōngchá/ㄗㄞˋ ㄐㄧㄚ ㄍㄨㄥ ㄔㄚˊ
reprocessed tea
【轻】茶叶的一大类。按加工方法不同,可分为花茶、紧压茶等。

再认/再認 zàirèn/ㄗㄞˋ ㄖㄣˋ
recognition
【心】回忆的形式之一。当识记过的事物再度出现时能够把它识别出来。再认通常比再现容易,因有当前事物作为再现的线索。但原识记的事物与当前感知的事物似是而非的程度较高时,再认就可能难于再现。

再生/再生 zàishēng/ㄗㄞˋ ㄕㄥ
regeneration
【医】组织损伤后,邻近细胞分裂繁殖增生以完成修复的过程。可分为生理性再生和病理性再生。病理性再生又分为完全性再生和不完全性再生。

再生材料/再生材料
zàishēng cáiliào/ㄗㄞˋ ㄕㄥ ㄘㄞˊ ㄌㄧㄠˋ
breeder material
【环】废弃物通过技术措施和管理手段,使其具有使用价值或加工后可重新利用的材料。由废旧物资生产的再生材料,通常含杂质较多,产品性能也低于自新材料制成品,因此再生材料应去除材料中的杂质,使之无害化,并改善其产品性能以合理利用。

再生能源
ㄗㄞˋ ㄕㄥ ㄋㄥˊ ㄩㄢˊ/zàishēng néngyuán
renewable energy
【电】台湾名。即“可再生能源”(683 页)。

再生水 zàishēngshuǐ/ㄗㄞˋ ㄕㄥ ㄕㄨㄟˇ
【环】即“中水”(1462 页)。

再生纤维/再生纖維
zàishēng xiānwéi/ㄗㄞˋ ㄕㄥ ㄒㄧㄢ ㄨㄟˊ
regenerated fiber
【材】又称“人造纤维”。化学纤维的一类。以天然高分子化合物及其衍生物为原料,用化学方法制成,化学组成与天然分子基本相同。包括再生纤维素纤维和再生蛋白质纤维。

再生制动/再生制動
zàishēng zhìdòng/ㄗㄞˋ ㄕㄥ ㄓˋ ㄉㄨㄥˋ
regeneration braking
【机】又称“反馈制动”。一种使用在汽车或铁路列车上的制动技术。制动时,利用电动机的可逆原理将牵引电动机转换成发电机,把车辆的动能转化为电能,再将电能反馈到牵引接触网加以重新利用。

再现/再現 zàixiàn/ㄗㄞˋ ㄒㄧㄢˋ
reproduction
【心】回忆的形式之一。当识记过的事物不在眼前,在一定条件下能够在头脑中重现出来。

再造宝石/熔合寶石
zàizào bǎoshí/ㄖㄨㄥˊ ㄏㄜˊ ㄅㄠˇ ㄕˊ
reconstructed stone
【材】通过人工手段将天然珠宝玉石的碎块或碎屑熔接或压结成具整体外观的珠宝玉石。

再造思维/再制思考
zàizào sīwéi/ㄗㄞˋ ㄓˋ ㄙ ㄎㄠˇ
reproductive thinking
【心】又称“常规性思维”,台湾又称“複製性思考”。运用已获得的知识经验,按常规方式和固定模式来解决问题的思维。其中经验和知识经验起主要作用,也包含分析、综合、比较、推理、抽象、概括等思维过程。

再造想象/再造想像
zàizào xiǎngxiàng/ㄗㄞˋ ㄗㄠˋ ㄒㄧㄤˇ ㄒㄧㄤˋ
reproductive imagination
【心】想象的一种。依据词语或符号的描述、示意,在头脑中形成与之相应的新形象的心理过程。是初级的简单的想象。

再制思考 ㄗㄞˋ ㄓˋ ㄙ ㄎㄠˇ/zàizhì sīkǎo
reproductive thinking
【心】台湾名。即“再造思维”(1407 页)。

在家办公/遠程交換
zàijiā bàngōng/ㄩㄢˇ ㄔㄥˊ ㄐㄧㄠ ㄏㄨㄢˋ
telecommuting
【信息】在家工作并利用工作站收发所属办公室信息的工作方式。

在线到离线/線上到離線
zàixiàn dào líxiàn /ㄒㄧㄢˋ ㄕㄤˋ ㄉㄠˋ ㄌㄧˊ ㄒㄧㄢˋ
online to offline, O2O
【信息】电子商务中在线营销和在线购买带动离线经营和离线消费的模式。

在线服务/線上服務
zàixiàn fúwù/ㄒㄧㄢˋ ㄕㄤˋ ㄈㄨˊ ㄨˋ
online service
【信息】通过因特网实现即时沟通的个性化的服务。分为面向个人的和面向企业的两种。

载波/載波 zàibō/ㄗㄞˋ ㄅㄛ
carrier
【信息】可通过调制携带信号的电振荡波。多呈周期性,对其调制是以强制其某些特征量(振幅、频率等)随着某一信号或另一振荡的特征值成比例变化。

载驳船/子母船
zàibóchuán/ㄗˇ ㄇㄨˇ ㄔㄨㄢˊ
lighter aboard ship, LASH
【船】又称"子母船"。专门装载货驳的运输船。由一艘大型机动货船(母船)装载一批尺度相同的驳船(子船),驳船内能装放标准尺度的集装箱或其他类型的货物。载驳船抵达港口锚地后,直接卸下货驳,将其吊放入水;再装上另一批待运的货驳,即可开航。从而提高货物装卸速度,并能实现江海联运。

载驳运输/載駁運輸
zàibó yùnshū/ㄗㄞˋ ㄅㄛˊ ㄩㄣˋ ㄕㄨ
barge carrier transportation
【物流】将甩挂运输原理应用于集装箱或挂车的换装作业形式。驳船(子船)装在载驳船的货轮(母船)上运输。

载货电梯/貨物升降機
zàihuò diàntī/ㄏㄨㄛˋ ㄨˋ ㄕㄥ ㄐㄧㄤˋ ㄐㄧ
freight elevator
【机】又称"货客电梯"。电梯的一种。主要用于运送货物,同时允许有人员伴随。

载流子/載子 zàiliúzǐ/ㄗㄞˋ ㄗˇ
carrier
【物】导体或半导体中电流的载体。例如金属的载流子是自由电子,电解质水溶液以及熔融电解质的载流子是正离子和负离子,半导体的载流子是电子和空穴。

载人飞船/載人太空船
zàirén fēichuán/ㄗㄞˋ ㄖㄣˊ ㄊㄞˋ ㄎㄨㄥ ㄔㄨㄢˊ
manned spaceship, manned spacecraft
【航】能保障航天员在外层空间执行航天任务并返回地面的航天器。属于一次性使用的返回型载人航天器。

载人航天器/載人太空船
zàirén hángtiānqì/
ㄗㄞˋ ㄖㄣˊ ㄊㄞˋ ㄎㄨㄥ ㄔㄨㄢˊ
manned spacecraft
【航】由人驾驶和乘坐并从事各种航天活动的航天器。包括载人飞船、航天飞机、空天飞机、空间站、应急救生飞行器等。如苏联/俄罗斯的"联盟号""和平号",美国的"阿波罗号""哥伦比亚号"和中国的"神舟号"。

载人潜水器/有人潛水器
zàirén qiánshuǐqì/ㄧㄡˇ ㄖㄣˊ ㄑㄧㄢˊ ㄕㄨㄟˇ ㄑㄧˋ
manned submersible
【船】可载人员到水下活动,进行观察采集样品等作业的潜水装置。可分为系缆潜水器、浮力舱式深潜器和自由自航潜水器等。

载艇渔船
zàitǐng yúchuán/ㄗㄞˋ ㄊㄧㄥˇ ㄩˊ ㄔㄨㄢˊ
【船】即"母子式渔船"(812 页)。

载重汽车
zàizhòng qìchē/ㄗㄞˋ ㄓㄨㄥˋ ㄑㄧˋ ㄔㄜ
【机】即"货车"(555 页)。

載具選路問題
ㄗㄞˋ ㄐㄩˋ ㄒㄩㄢˇ ㄌㄨˋ ㄨㄣˋ ㄊㄧˊ/
zàijù xuǎnlù wèntí
vehicle routing problem, VRP
【物流】台湾名。即"车辆路径问题"(119 页)。

載客升降機
ㄗㄞˋ ㄎㄜˋ ㄕㄥ ㄐㄧㄤˋ ㄐㄧ/zàikè shēngjiàngjī
passenger lift
【机】台湾名。即"乘客电梯"(126 页)。

載人太空船 ㄗㄞˋ ㄖㄣˊ ㄊㄞˋ ㄎㄨㄥ ㄔㄨㄢˊ/ zàirén tàikōngchuán

❶ manned spaceship, manned spacecraft, ❷ manned spacecraft

【航】❶台湾名。即“载人飞船”(1408 页)。❷台湾名。即“载人航天器”(1408 页)。

載入 ㄗㄞˋ ㄖㄨˋ/zàirù

load

【信息】台湾名。即“装入”(1488 页)。

載子 ㄗㄞˋ ㄗˇ/zàizǐ

carrier

【物】台湾名。即“载流子”(1408 页)。

zan (ㄗㄢ)

暂时性毒剂/暫時性毒劑 zànshíxìng dújì/ㄓㄢˋ ㄕˊ ㄒㄧㄥˋ ㄉㄨˊ ㄐㄧˋ

transient agent

【军】又称“非持久性毒剂”。毒害作用持续时间为几分钟到几十分钟的毒剂。通常为气态或沸点低、易挥发的液态毒剂,或以气溶胶状态使用的固态毒剂。主要呈蒸气、气溶胶等状态,用于空气染毒,产生随风移动和迅速扩散的云团。如沙林、氢氰酸。

暫存器 ㄓㄢˋ ㄘㄨㄣˊ ㄑㄧˋ/zàncúnqì

register

【信息】台湾名。即“寄存器”(585 页)。

暫停機構 ㄓㄢˋ ㄊㄧㄥˊ ㄐㄧ ㄍㄡˋ/zàntíng jīgòu

intermittent mechanism, dwell mechanism

【机】台湾名。即“间歇运动机构”(602 页)。

錾子/鏨子 zànzi/ㄗㄢˋ·ㄗ

chisel

【机】手工具的一种。通过凿、刻、旋、削来加工材料。具有短金属杆,一端有锐刃。

zang (ㄗㄤ)

脏腑辨证/臟腑辨證

zàngfǔ biànzhèng/ㄗㄤˋ ㄈㄨˇ ㄅㄧㄢˋ ㄓㄥˋ

syndrome differentiation of zang-fu viscera, * bowel and visceral pattern identification

【中医】辨证论治方法之一。以脏象学说的理论为指导,分析判断疾病所在的脏腑病位及其病因、病性及邪正盛衰情况等。

脏腑相合/臟腑相合

zàngfǔ xiānghé/ㄗㄤˋ ㄈㄨˇ ㄒㄧㄤ ㄏㄜˊ

interconnection of zang-fu viscera, * bowel-viscus interconnection

【中医】脏(属阴为里)与腑(属阳为表)之间相互联系的阴阳表里关系。

脏象/臟象 zàngxiàng/ㄗㄤˋ ㄒㄧㄤˋ

visceral manifestations

【中医】又作“藏象”。脏腑生理功能、病理变化表现于外的征象。“脏象”二字首见于《素问·六节脏象论》。脏,藏于体内的内脏;象,表现于外的生理功能和病理现象。

脏象学说/臟象學説

zàngxiàng xuéshuō/ㄗㄤˋ ㄒㄧㄤˋ ㄒㄩㄝˊ ㄕㄨㄛ

theory of visceral manifestations

【中医】又作“藏象学说”。中医基本理论之一。研究人体脏腑生理功能、病理变化规律及相互关系与外在征象的学说。

脏躁/臟躁 zàngzào/ㄗㄤˋ ㄗㄠˋ

hysteria, * visceral agitation

【中医】中医妇科疾病之一。多因忧愁思虑,情志不悦,积久伤心,引起神失所舍所致,症见精神抑郁,心中烦乱,无故悲伤欲哭,哭笑无常,哈欠频作等。治宜养心安神,和中缓急,可用甘草小麦大枣汤为主加减。

藏獒/藏獒 zàng'áo/ㄗㄤˋ ㄠˊ

Tibetan mastiff

【动】*Canis lupus familiaris* 又称“藏狗”。哺乳动物名。食肉目犬科。獒的一种,体形高大,长达 1 米以上,体毛厚而长,耐寒冷。性格刚毅,力大凶猛,野性尚存,善攻击,忠于主人,是优良的牧羊犬和护卫犬。原产于中国青藏高原,世界各地均有饲养。

藏狗 zànggǒu/ㄗㄤˋ ㄍㄡˇ

【动】即“藏獒”(1409 页)。

藏红花 zànghónghuā/ㄗㄤˋ ㄏㄨㄥˊ ㄏㄨㄚ

【植】即“番红花”(309 页)。

藏羚/藏羚 zànglíng/ㄗㄤˋ ㄌㄧㄥˊ

Tibetan antelope

Z

【动】*Pantholops hodgsonii* 又称“藏羚羊”。哺乳动物名。偶蹄目牛科。体长1米以上，尾短而尖，背部毛厚，浅红棕色，腹部白色，四肢灰白色。雄羚有角，长而侧扁，近于直立，侧面看像只有一只角。生活在雪线附近的高原上，胆小，常成群活动，善奔跑，以草为食。在中国，分布于青藏高原。

藏羚羊 zànglíngyáng/ㄗㄤˋ ㄌㄧㄥˊ ㄧㄤˊ

【动】即“藏羚”(1409页)。

藏象/藏象 zàngxiàng/ㄗㄤˋ ㄒㄧㄤˋ

visceral manifestations

【中医】见“脏象”(1409页)。

藏象学说

zàngxiàng xuéshuō/ㄗㄤˋ ㄒㄧㄤˋ ㄒㄩㄝˊ ㄕㄨㄛ

【中医】即“脏象学说”(1409页)。

藏医学/藏醫學 zàngyīxué/ㄗㄤˋ ㄧ ㄒㄩㄝˊ

Tibetan Medicine

【中医】全称“藏族传统医学”。中国传统医学之一。藏族在长期的医疗实践中，吸收了中医学、古印度吠陀医学、阿拉伯医学等的精华而逐渐形成具有本民族特点的医学。理论系统主要是“龙、赤巴、培根”三元素学说，用以解释人体生理病理现象；诊断上特别重视尿诊及脉诊；治疗有内服丸剂、散剂、膏剂和外用药物或放血等方法；用药多采用成药。藏医的重要典籍有《四部医典》，公元8世纪由宇妥·元丹贡布(729—853)撰成，记述理论、病症、治疗、药物等。17世纪后，该书内容绘成79幅彩色唐卡，流传至今。

藏原羚/藏原羚

zàngyuánlíng/ㄗㄤˋ ㄩㄢˊ ㄌㄧㄥˊ

Tibetan gazelles

【动】*Procapra picticaudata* 又称“原羚”。哺乳动物名。偶蹄目牛科。体长近1米，耳狭而尖，吻部短宽，尾短，雄羚有角，向上向后弯曲，末端又向上，有横棱，体毛大都灰褐色，腹部白色，臀斑大。生活在高原和荒漠、草原上，行动敏捷，以草为食。在中国，分布于西藏、新疆、内蒙古、青海、四川等地。

藏原羚

藏族传统医学

Zàngzú chuántǒng yīxué/

ㄗㄤˋ ㄗㄨˊ ㄔㄨㄢˊ ㄊㄨㄥˇ ㄧ ㄒㄩㄝˊ

【中医】“藏医学”的全称。

zao (ㄗㄠ)

凿岩机/鑿岩機 záoyánjī/ㄗㄠˊ ㄧㄢˊ ㄐㄧ

rock drill

【机】又称“风钻”。工程机械的一种。具有冲击和回转机构，用于钻凿岩孔。按动力来源不同，可分为风动凿岩机、内燃凿岩机、电动凿岩机和液压凿岩机。

早搏 zǎobó/ㄗㄠˇ ㄅㄛˊ

【医】“期前收缩”的简称。

早产/早産 zǎochǎn/ㄗㄠˇ ㄔㄢˇ

premature delivery

【中医】中医产科疾病之一。妊娠在28周后至37周前而中断妊娠。

早产儿/早産兒 zǎochǎn'ér/ㄗㄠˇ ㄔㄢˇ ㄦˊ

premature infant

【医】又称“未成熟儿”。胎龄超过28周，但不满37周的活产婴儿。

早稻/早稻 zǎodào/ㄗㄠˇ ㄉㄠˋ

early rice

【农】栽培稻中的早熟品种。插秧期和收获期因各个地区气候条件的不同，有很大差异。生长期通常为90～120天。产量较低，米质较差。

早期基督教建筑/早期基督教建築

zǎoqī jīdūjiào jiànzhù/

ㄗㄠˇ ㄑㄧ ㄐㄧ ㄉㄨ ㄐㄧㄠˋ ㄐㄧㄢˋ ㄓㄨˋ

early Christian architecture

【建】5—10世纪的西欧基督教建筑。主要类型是教堂。初期，基督徒没有固定的教堂，常将罗马巴西利卡改为教堂。教会规定：举行仪式时，信徒要面向圣地耶路撒冷，故圣坛必须在东端，大门朝西。圣坛覆盖半圆形穹顶，圣坛前设祭坛，祭坛前又增建一条较短的横翼，与巴西利卡共同形成带有长短臂的十字形平面，称为拉丁十字，象征基督受难。早期基督教堂多用木屋架，柱子细长。室外装修简单。内部装饰重点在圣坛上面的半圆形穹顶，采用马赛克镶嵌画，基督或圣徒像衬以金色背景，十分醒目。这种早期巴西利卡式教堂基本确定了中世纪欧洲教堂的正统型制。

早期妊娠
zǎoqī rènshēn/ㄗㄠˇ ㄑㄧ ㄖㄣˋ ㄕㄣ
【医】即"孕早期"(1402 页)。

早期預警機
ㄗㄠˇ ㄑㄧ ㄩˋ ㄐㄧㄥˇ ㄐㄧ/zǎoqī yùjǐngjī
early warning aircraft
【军】台湾名。即"预警机"(1382 页)。

早期預警衛星
ㄗㄠˇ ㄑㄧ ㄩˋ ㄐㄧㄥˇ ㄨㄟˋ ㄒㄧㄥ/
zǎoqī yùjǐng wèixīng
early warning satellite
【军】台湾名。即"预警卫星"(1383 页)。

早熟禾/早熟禾 zǎoshúhé/ㄗㄠˇ ㄕㄨˊ ㄏㄜˊ
annual bluegrass
【植】*Poa annua* 禾本科早熟禾属。一年生草本植物。丛生,秆质软。叶鞘中部以下闭合;叶片柔软,扁平或对折,顶端急尖呈船形。圆锥花序,开展,绿色。颖果纺锤形。花期 4—5 月份,果期 6—7 月份。在中国,分布于各地。野外杂草。可作牧草,还可作园林绿化用草。

早霜/早霜 zǎoshuāng/ㄗㄠˇ ㄕㄨㄤ
early frost
【农】每年秋末霜期开始阶段出现的霜。

枣/棗 zǎo/ㄗㄠˇ
Chinese date
【植】*Ziziphus jujube* 通称"大枣"。鼠李科枣属。落叶小乔木。枝紫红色或灰褐色,呈之字形曲折,有刺。叶纸质,卵形或长卵形,边缘有齿,基生三出脉。花小,黄绿色,花盘厚。核果长圆形,红或紫红色,中果皮厚,肉质,味甜酸,核两端尖。花期 5—7 月份,果期 8—9 月份。在中国,分布于除黑龙江、西藏、海南、台湾以外各地。果实可食,还可入药。

藻华 zǎohuá/ㄗㄠˇ ㄏㄨㄚˊ
【环】即"水华"(1064 页)。

藻井/藻井 zǎojǐng/ㄗㄠˇ ㄐㄧㄥˇ
domed coffered ceiling
【建】中国古建筑中室内顶棚的独特装饰部分。是一种顶部穹隆状的天花,通常做成向上隆起的井状,有方形、多边形或圆形凹面,周围饰以各种花纹、雕刻和彩绘。宋辽金时期普遍采用斗八藻井,宋《营造法式》规定了斗八藻井和小斗八藻井建造之制。明清时期的藻井多采用三层形式。藻井上遍施彩画、雕镂。多用在宫殿、寺庙中的宝座、佛坛上方最重要部位。

皂化/皂化 zàohuà/ㄗㄠˋ ㄏㄨㄚˋ
saponification
【化】酯在碱的作用下水解成羧酸盐和醇的过程。因用于制造肥皂,故名。

皂荚/皂莢 zàojiá/ㄗㄠˋ ㄐㄧㄚˊ
Chinese honey locust
【植】*Gleditsia sinensis* 又称"皂角"。豆科皂荚属。落叶乔木。枝生圆锥状刺。羽状复叶,小叶卵状披针形,边缘有齿,网脉明显。总状花序,花瓣长圆形,四枚,黄白色。荚果带状,果肉稍厚,两面鼓起,褐棕色,被白霜,长圆形种子多颗。花期 3—5 月份,果期 5—12 月份。在中国,分布于中部、东部、南部及西部东侧地区。荚果煎汁可代肥皂用,还可入药。

皂角 zàojiǎo/ㄗㄠˋ ㄐㄧㄠˇ
【植】即"皂荚"(1411 页)。

造/造 zào/ㄗㄠˋ
way of construction, zao
【建】中国古代建筑工程指工程项目定型的技术做法。宋《营造法式》提及近百种技术做法,如彻上明造、厦两头造、剔地起突造、刷土朱通造等。

造船/造船 zàochuán/ㄗㄠˋ ㄔㄨㄢˊ
shipbuilding
【船】又称"船舶建造"。按照船舶设计任务书、设计图纸及有关技术文件与要求,造船厂建造船舶的过程。现代造船多以钢材为船体材料。钢质船的建造通常包括施工准备、船体建造、舾装、下水及各项试验等工序。

造船工艺/造船工藝
zàochuán gōngyì/ㄗㄠˋ ㄔㄨㄢˊ ㄍㄨㄥ ㄧˋ
shipbuilding technology
【船】船舶建造过程中所采用的各种方法和技艺。主要有船舶总体建造工艺、船体建造工艺、焊接工艺、涂装工艺、舾装工艺、管系制造及安装工艺、型材处理及加工工艺、计算机辅助设计、制造工艺、起重运输工艺、安全与环保措施等。

造船技术/造船技術
zàochuán jìshù/ㄗㄠˋ ㄔㄨㄢˊ ㄐㄧˋ ㄕㄨˋ

Z

shipbuilding technology

【船】建造船舶和海洋工程的各项技术。有时泛指船舶工业的行业技术,或专指造船厂建造船舶和海洋工程的专业工艺技术。

造船臺 ㄗㄠˋ ㄔㄨㄢˊ ㄊㄞˊ/zàochuántái

building berth

【船】台湾名。即“船台”(150页)。

造船学/造船學

zàochuánxué/ㄗㄠˋ ㄔㄨㄢˊ ㄒㄩㄝˊ

naval architecture

【船】研究船舶性能和设计以及建造的学科。研究内容主要包括船舶原理、船舶结构、船舶设计、船舶建造、船舶设备与系统、船舶动力及推进、舰船隐身、舰船电子及武备、可靠性及系统试验等。与轮机、电工、通信、电子、武备、导航、材料、焊接等众多学科密切相关,并涉及有关国际公约、国家法令和验船机构颁布的规章制度等。

造船周期/造船周期

zàochuán zhōuqī/ㄗㄠˋ ㄔㄨㄢˊ ㄓㄡ ㄑㄧˊ

shipbuilding period

【船】从船舶建造开工日起,至完工交船所需的时间。通常不包括设计、生产准备和工艺技术准备的时间。

造景/造景 zàojǐng/ㄗㄠˋ ㄐㄧㄥˇ

landscaping

【建】园林中通过人工手段,利用环境条件,模仿自然,组织创造所需景观的工作及其方法。主要包括:挖湖堆山,塑造地形,布置山谷溪涧;构筑亭台楼阁等建筑设施;布置组合形态各异的树木、植被等。

造陆运动/造陸運動

zàolù yùndòng/ㄗㄠˋ ㄌㄨˋ ㄩㄣˋ ㄉㄨㄥˋ

epeirogeny

【地】地壳大范围的上升和下降运动。速度慢、幅度小、范围广,常引起大面积海侵和海退。在其作用下,地壳上升时形成不高的陆地,地形起伏不大;地壳下沉时形成低缓的平原或浅海。在整个地质历史中,升降运动交替进行,地壳升降部分的轮廓、大小和分布位置不断改变。

造山带/造山帶

zàoshāndài/ㄗㄠˋ ㄕㄢ ㄉㄞˋ

orogenic belt

【地】地球上部由岩石圈剧烈构造变动和挤压所造成的强烈构造变形带。在地表上呈相对隆起的线状山脉,与克拉通对应。

造山运动/造山作用

zàoshān yùndòng/ㄗㄠˋ ㄕㄢ ㄗㄨㄛˋ ㄩㄥˋ

orogeny

【地】地壳局部受力、岩层急剧变形而大规模隆起形成山脉的运动。包括地壳挤压收缩,岩层褶皱、断裂,并伴随岩浆活动与变质作用所形成的山脉,以及拉伸、剪切过程中形成的山系。

造山作用

ㄗㄠˋ ㄕㄢ ㄗㄨㄛˋ ㄩㄥˋ/zàoshān zuòyòng

orogeny

【地】台湾名。即“造山运动”(1412页)。

造型机/鑄型機 zàoxíngjī/ㄓㄨˋ ㄒㄧㄥˊ ㄐㄧ

moulding machine

【机】用于制造砂型的机器。能完成填砂、紧实、起模等工序,或至少完成紧实工序。

造血干细胞/造血幹細胞

zàoxuè gànxìbāo/ㄗㄠˋ ㄒㄩㄝˇ ㄍㄢˋ ㄒㄧˋ ㄅㄠ

hematopoietic stem cell, HSC

【生】指骨髓中的干细胞,具有自我更新能力并能分化为各种血细胞前体细胞,最终生成各种血细胞成分,包括红细胞、白细胞和血小板。

造血细胞/造血細胞

zàoxuè xìbāo/ㄗㄠˋ ㄒㄩㄝˇ ㄒㄧˋ ㄅㄠ

hematopoietic cell

【生】造血干细胞和祖细胞的统称。是所有免疫细胞的来源。

造纸/造紙 zàozhǐ/ㄗㄠˋ ㄓˇ

papermaking

【轻】以植物纤维为原料,经制浆、抄造、压光、干燥、切边、卷筒等工序生产纸张的过程。常用的书写纸、印刷纸、包装纸等均用植物纤维原料生产;以动物纤维、矿物纤维、合成纤维、金属纤维等为原料,可生产某些特殊用途的纸张。

噪声/噪音 zàoshēng/ㄗㄠˋ ㄧㄣ

noise

【环】声学中指振幅和频率杂乱、断续或统计上无规则的声振动。电路中的干扰声,也称为噪声。环境科学研究中,凡是干扰人们休息、学习和工作的声音,即人们不需要的、使人厌烦的声音,统称为噪声。

噪声传播/雜訊傳播

zàoshēng chuánbō/ㄗㄚˊ ㄒㄩㄣˋ ㄔㄨㄢˊ ㄅㄛˋ

noise propagation

【环】噪声引起弹性媒质振动的过程。噪声在媒质中传播会发生声衰减,在媒质界面上会发生反射、折射和透射,遇到障碍物还会发生衍射现象。其传播速度与媒质的特性和温度有关,如标准大气压和0 ℃的空气中,其速度为331.4米/秒,气温升高,其速度增大,气温每增加1 ℃,速度约增加0.607米/秒。

噪声辐射/噪音輻射

zàoshēng fúshè/ㄗㄠˋ ㄧㄣ ㄈㄨˊ ㄕㄜˋ

noise radiation

【环】噪声源在媒质中形成声场的过程。各类噪声源在任何固体、液体、气体的弹性媒质中都能产生不同程度和不同特性的噪声辐射,造成噪声污染。

噪声级/噪音級 zàoshēngjí/ㄗㄠˋ ㄧㄣ ㄐㄧˊ

noise level

【环】表示噪声强弱的物理量。通常指A声级,即使用声级计的A计权网络测出的噪声值,单位为分贝,记作dB。

噪声计 zàoshēngjì/ㄗㄠˋ ㄕㄥ ㄐㄧˋ

【机】即“声级计”(1017页)。

噪声剂量计/雜訊劑量計

zàoshēng jìliàngjì/ㄗㄚˊ ㄒㄩㄣˋ ㄐㄧˋ ㄌㄧㄤˋ ㄐㄧˋ

noise dose meter

【机】用来测量一定时间内噪声暴露量的仪器。按灵敏度不同,可分为普通噪声剂量计和精密噪声剂量计。

噪声控制/噪音管制

zàoshēng kòngzhì/ㄗㄠˋ ㄧㄣ ㄍㄨㄢˇ ㄓˋ

noise control

【环】降低或消除噪声,为人们创造适宜声环境的技术措施。包括控制噪声源的声输出,改变噪声传播的途径和采取接受者防护等措施,防止噪声污染危害。

噪声污染/噪音污染

zàoshēng wūrǎn/ㄗㄠˋ ㄧㄣ ㄨ ㄖㄢˇ

noise pollution

【环】噪声超过人们生活和生产活动所容许的声环境状况。通常指人为活动产生的噪声超过国家颁布的噪声控制标准的现象。通常是局部性的,不会残留在环境中,噪声源停止运转,污染也就消失。

噪声污染监测/雜訊污染監測

zàoshēng wūrǎn jiāncè/

ㄗㄚˊ ㄒㄩㄣˋ ㄨ ㄖㄢˇ ㄐㄧㄢ ㄘㄜˋ

noise pollution monitoring

【环】环境监测的一种。对干扰人们学习、工作和生活的声音和声源进行测量的过程。通常用声级计和频率分析仪对固定和流动的噪声源所发出的环境噪声进行测量。测量结果用A声级表示,记作dB(A)。

噪声性聋/噪音性聾

zàoshēngxìnglóng/ㄗㄠˋ ㄧㄣ ㄒㄧㄥˋ ㄌㄨㄥˊ

noise induced hearing loss

【环】又称“噪声性听力损失”。长期处在强噪声环境中,内耳感觉器官所发生的器质性病变。在噪声环境中暴露一定时间后听力下降,离开噪声环境后恢复正常,这种暂时性听力下降称听力疲劳。听力疲劳不能恢复,就造成噪声性聋。此外,人突然暴露于极强烈的噪声环境(如爆炸)中而失去听力,称为声外伤或爆震性聋。

噪声性听力损失

zàoshēngxìng tīnglì sǔnshī

ㄗㄠˋ ㄕㄥ ㄒㄧㄥˋ ㄊㄧㄥ ㄌㄧˋ ㄙㄨㄣˇ ㄕ

【环】即“噪声性聋”(1413页)。

噪声源/噪音源

zàoshēngyuán/ㄗㄠˋ ㄧㄣ ㄩㄢˊ

noise source

【环】产生噪声的振动体。按发声特性不同,可分为机械噪声源、气流噪声源、电磁噪声源;按发声来源不同,可分为工业噪声源、交通噪声源、施工噪声源、社会生活噪声源;按发声机理不同,可分为点源、偶极子源和四极子源等。

噪声源监测/噪音源監測

zàoshēngyuán jiāncè/

ㄗㄠˋ ㄧㄣ ㄩㄢˊ ㄐㄧㄢ ㄘㄜˋ

noise source monitoring

【环】对噪声源的辐射强度和指向性进行的监

测活动。主要是对交通噪声源、工业噪声源、施工噪声源、社会生活噪声源等进行监测。

噪声指标/噪音指標

zàoshēng zhǐbiāo/ㄗㄠˋ ㄧㄣ ㄓˇ ㄅㄧㄠ

noise index

【环】产品(主要是机电产品)出厂时,厂方用以表明产品噪声辐射水平的数据。同类产品中,噪声指标小的对环境干扰小。是产品质量的一项指标。

噪声主观评价/噪音主觀評價

zàoshēng zhǔguān píngjià/

ㄗㄠˋ ㄧㄣ ㄓㄨˇ ㄍㄨㄢ ㄆㄧㄥˊ ㄐㄧㄚˋ

subjective assessment of noise

【环】从噪声对人的心理、生理影响的角度来量度噪声的方法。噪声的影响往往因人而异,环境声学确定了一些统计上能反映其主观感觉的评价量,并把这些主观感觉评价量与客观量度联系起来,以反映人们感受到的声刺激。

噪音 ㄗㄠˋ ㄧㄣ/zàoyīn

noise

【环】台湾名。即"噪声"(1412 页)。

噪音輻射 ㄗㄠˋ ㄧㄣ ㄈㄨˊ ㄕㄜˋ/zàoyīn fúshè

noise radiation

【环】台湾名。即"噪声辐射"(1413 页)。

噪音管制

ㄗㄠˋ ㄧㄣ ㄍㄨㄢˇ ㄓˋ/zàoyīn guǎnzhì

noise control

【环】台湾名。即"噪声控制"(1413 页)。

噪音級 ㄗㄠˋ ㄧㄣ ㄐㄧˊ/zàoyīnjí

noise level

【环】台湾名。即"噪声级"(1413 页)。

噪音污染 ㄗㄠˋ ㄧㄣ ㄨ ㄖㄢˇ/zàoyīn wūrǎn

noise pollution

【环】台湾名。即"噪声污染"(1413 页)。

噪音性聾

ㄗㄠˋ ㄧㄣ ㄒㄧㄥˋ ㄌㄨㄥˊ/zàoyīnxìnglóng

noise induced hearing loss

【环】台湾名。即"噪声性聋"(1413 页)。

噪音削減

ㄗㄠˋ ㄧㄣ ㄒㄩㄝ ㄐㄧㄢˇ/zàoyīn xuējiǎn

noise reduction, noise abatement

【环】台湾名。即"降噪"(610 页)。

噪音源 ㄗㄠˋ ㄧㄣ ㄩㄢˊ/zàoyīnyuán

noise source

【环】台湾名。即"噪声源"(1413 页)。

噪音源監測

ㄗㄠˋ ㄧㄣ ㄩㄢˊ ㄐㄧㄢ ㄘㄜˋ/zàoyīnyuán jiāncè

noise source monitoring

【环】台湾名。即"噪声源监测"(1413 页)。

噪音指標

ㄗㄠˋ ㄧㄣ ㄓˇ ㄅㄧㄠ/zàoyīn zhǐbiāo

noise index

【环】台湾名。即"噪声指标"(1414 页)。

噪音主觀評價

ㄗㄠˋ ㄧㄣ ㄓㄨˇ ㄍㄨㄢ ㄆㄧㄥˊ ㄐㄧㄚˋ/

zàoyīn zhǔguān píngjià

subjective assessment of noise

【环】台湾名。即"噪声主观评价"(1414 页)。

燥邪/燥邪 zàoxié/ㄗㄠˋ ㄒㄧㄝˊ

dryness pathogen

【中医】六淫之一。燥性干涩,易伤津液,尤其易损伤肺津。致病常见干咳,口干鼻燥,皮肤干裂等。燥分为温燥和凉燥两种。温燥可见偏热症状,凉燥可见偏寒症状。

燥证/燥證 zàozhèng/ㄗㄠˋ ㄓㄥˋ

dryness syndrome

【中医】中医证候之一。外感燥邪或体内津液不足所致,以口鼻、肌肤、毛发、大便干燥等为特点,分为外燥证和内燥证。

ze (ㄗㄜ)

责任分散效应/責任分散效應

zérèn fēnsàn xiàoyìng/

ㄗㄜˊ ㄖㄣˋ ㄈㄣ ㄙㄢˋ ㄒㄧㄠˋ ㄧㄥˋ

diffusion of responsibility

【心】一种社会心理效应。当集体内部管理不善时,人们会认为别人工作没有尽力,于是自己也减少努力,或者认为个人努力在集体工作中难以衡量,与绩效缺乏明确关系,因而不愿全力以赴。这个效应说明,如果责任不清,人多也不一定解决问题,反而可能误事。

泽鹿 zélù/ㄗㄜˊ ㄌㄨˋ

【动】即"坡鹿"(878 页)。

泽泻/澤瀉　zéxiè/ㄗㄜˊ ㄒㄧㄝˋ

Rhizoma Alismatis(拉), oriental waterplantain rhizome, * alisma [tuber], * water plantain

【中医】中药名。泽泻科植物泽泻 *Alisma orientalis* (Sam.) Juzep. 的干燥块茎。味甘,性寒。归肾、膀胱经。利小便,清湿热。用于小便不利,水肿胀满,泄泻尿少,痰饮眩晕,热淋涩痛;高血脂。

zeng (ㄗㄥ)

增白细胞药/白血球生成劑

zēngbáixìbāoyào/ㄅㄞˊ ㄒㄧㄝˇ ㄑㄧㄡˊ ㄕㄥ ㄔㄥˊ ㄐㄧˋ

leukopoietic

【医】用于治疗粒细胞缺乏症的药物。包括促进白细胞增生和代谢的药物,以及一些细胞因子。

增材制造/增材製造

zēngcái zhìzào/ㄗㄥ ㄘㄞˊ ㄓˋ ㄗㄠˋ

additive manufacturing

【机】又称"三维打印"。相对于传统的减材制造方法而言。依据工件的三维计算机辅助设计(CAD)模型,沿着高度方向逐层沉积材料,形成工件的一系列二维截面薄片层,并使片层与片层之间相互黏结,最终堆积成三维工件。主要技术有立体光刻、分层实体制造、选择性激光烧结、熔融沉积成型等。按加工材料的类型和方式不同,可分为金属成形、非金属成形、生物材料成形等。

增稠/增稠　zēngchóu/ㄗㄥ ㄔㄡˊ

thickening

【化】台湾又称"增濃"。见"沉积"(121 页)。

增根/增根　zēnggēn/ㄗㄥ ㄍㄣ

extraneous root

【数】解方程中,若由原方程导出的方程的解中有的不是原方程的解,则这样的解叫作原方程的增根。例如,在实数集内解分式方程 $\frac{x^3-x^2+2}{x+1}+x-1=0$,去分母得整式方程 $x^3+1=0$,得 $x=-1$,而 -1 是原方程的增根。

增函数　zēnghánshù/ㄗㄥ ㄏㄢˊ ㄕㄨˋ

【数】"单调递增函数"的简称。

增量/增量　zēngliàng/ㄗㄥ ㄌㄧㄤˋ

increment

【数】包括变化方式和程度的数值。

增濃　ㄗㄥ ㄋㄨㄥˊ/zēngnóng

thickening

【化】台湾名。即"增稠"(1415 页)。

增强辐射武器

zēngqiáng fúshè wǔqì/

ㄗㄥ ㄑㄧㄤˊ ㄈㄨˊ ㄕㄜˋ ㄨˇ ㄑㄧˋ

【军】即"中子弹"(1465 页)。

增强 X 射线弹/增強 X 射線彈

zēngqiáng X shèxiàndàn/

ㄗㄥ ㄑㄧㄤˊ X ㄕㄜˋ ㄒㄧㄢˋ ㄉㄢˋ

enhanced X-ray nuclear weapon

【军】核武器的一种。以增强 X 射线为主要杀伤破坏因素,主要用于高空反弹道导弹。利用其高空爆炸时产生的强 X 射线流,辐照、烧蚀或穿透来袭导弹弹头壳体,使导弹内部电子部件、电路等丧失应有功能。

增生/增生　zēngshēng/ㄗㄥ ㄕㄥ

㊀hyperplasia, ㊁proliferation

㊀【医】在一定因素刺激下,组织内正常细胞数目异常增多的现象。其细胞形态无异型性,刺激因素去除后可恢复常态。㊁【生】在台湾,增生也指"增殖"(1415 页)。

增溼器　ㄗㄥ ㄕ ㄑㄧˋ/zēngshīqì

humidifier

【机】台湾名。即"加湿器"(588 页)。

增溫層　ㄗㄥ ㄨㄣ ㄘㄥˊ/zēngwēncéng

thermosphere

【气】台湾名。即"热层"(938 页)。

增壓劑　ㄗㄥ ㄧㄚ ㄐㄧˋ/zēngyājì

hypertensor

【医】台湾名。即"升压药"(1004 页)。

增值网/加值網路

zēngzhíwǎng/ㄐㄧㄚ ㄓˊ ㄨㄤˇ ㄌㄨˋ

value-added network, VAN

【信息】提供外加服务项目(例如替代选路与不间断供电)的网络。

增殖/增殖　zēngzhí/ㄗㄥ ㄓˊ

proliferation

Z

【生】台湾又称"增生"。细胞通过有丝分裂产生子代细胞的过程。

zha （ㄓㄚ）

扎伊尔河 Zhāyī'ěr Hé/ㄓㄚ ㄧ ㄦˇ ㄏㄜˊ

【地】即"刚果河"(386 页)。

扎伊尔盆地

Zhāyī'ěr Péndì/ㄓㄚ ㄧ ㄦˇ ㄆㄣˊ ㄉㄧˋ

【地】即"刚果盆地"(387 页)。

渣棉 ㄓㄚ ㄇㄧㄢˊ/zhāmián

slag wool

【建】台湾名。即"矿渣棉"(703 页)。

轧机/輥軋機 zhájī/ㄍㄨㄣˇ ㄓㄚˊ ㄐㄧ

rolling mill

【材】轧制金属材料的机械设备。由工作机座(装有轧辊等)、传动机构和电动机等组成。按用途不同,可分为初轧机、型材轧机、板材轧机、管材轧机、特种轧机等;按轧辊的数目和排列不同,可分为二辊轧机、三辊轧机、四辊轧机、多辊轧机、万能轧机等。

轧制/輥軋 zházhì/ㄍㄨㄣˇ ㄓㄚˊ

rolling

【机】金属塑性加工方法的一种。材料在旋转轧辊的压力作用下,产生连续塑性变形,以得到一定的截面形状并改变其性能。按轧制温度不同,可分为冷轧、热轧和温轧;按轧制方式不同,可分为纵轧(轧件变形后运动方向与轧辊轴线方向垂直)、横轧(轧件变形后运动方向与轧辊轴线方向一致)和斜轧(轧件螺旋运动,轧件与轧辊轴线有一斜角)。

軋碎機 ㄓㄚˊ ㄙㄨㄟˋ ㄐㄧ/zhásuìjī

crusher, crushing machine

【机】台湾名。即"破碎机"(879 页)。

闸阀/閘閥 zháfá/ㄓㄚˊ ㄈㄚˊ

gate valve, slide valve

【机】阀的一种。密封外壳内装有闸板的阀。操纵阀的闸板可改变管道内液流或气流的通路面积,起调节流量和压力的作用。按闸板构造不同,可分为平板式和楔式两种;按阀杆结构不同,可分为明杆闸阀、暗杆闸阀和平行式闸阀。

闸门/閘門 zhámén/ㄓㄚˊ ㄇㄣˊ

gate

【水利】设置在输送或泄放水的建筑物或管道中的结构设施。可以关闭或开启,用以调节流量。

閘 ㄓㄚˊ/zhá

gate

【信息】台湾名。即"门"(793 页)。

閘道器 ㄓㄚˊ ㄉㄠˋ ㄑㄧˋ/zhádàoqì

gateway, GW

【信息】台湾名。即"网关"(1170 页)。

閘電路 ㄓㄚˊ ㄉㄧㄢˋ ㄌㄨˋ/zhádiànlù

gate circuit

【物】台湾名。即"门电路"(793 页)。

閘流體 ㄓㄚˊ ㄌㄧㄡˊ ㄊㄧˇ/zháliútǐ

thyristor

【电】台湾名。即"晶闸管"(642 页)。

炸药/炸藥 zhàyào/ㄓㄚˋ ㄧㄠˋ

explosive

【化】爆炸性化学品。可分为利用化学能的化学炸药和利用原子核能的核炸药两类。化学炸药即常规炸药,分为起爆药、猛炸药、火药和烟火药四种。起爆药、猛炸药引爆后发生爆轰,火药、烟火药引爆后发生爆燃。在生产建设和军事上用途广泛。通常专指猛炸药。

痄腮/痄腮 zhàsāi/ㄓㄚˋ ㄙㄞ

mumps

【中医】中医儿科疾病之一。因感染痄腮时邪所致,症见发热、耳下腮部漫肿疼痛等。一年四季均可发生,冬春易流行。学龄儿童发病率高。轻证不发热或发热不甚,腮肿不坚硬,属温毒在表,治宜疏风清热,散结消肿,可用银翘散加减;重证发热高,腮肿坚硬,胀痛拒按,属热毒在里,治宜清热解毒,软坚散结,可用普济消毒饮加减。若出现高热不退,神志昏迷,反复抽风,或睾丸胀痛,少腹疼痛等并发症者,则按息风开窍或清肝泻火等法治之。

蚱蝉/紅脈熊蟬

zhàchán/ㄏㄨㄥˊ ㄇㄞˋ ㄒㄩㄥˊ ㄔㄢˊ

cicada

【动】*Cryptotympana atrata* 通称"知了"。昆虫名。同翅目蝉科。体长达 4 厘米,是最大的一种蝉。前、后翅基部黑褐色。有斑纹，外侧呈截断状。雄性腹部的发音器能连续发音，声音尖锐。幼虫生活在土中，吸食树根液汁。其壳称为蝉蜕，可入药。

蚱蝉

榨油机/榨油機 zhàyóujī/ㄓㄚˋ ㄧㄡˊ ㄐㄧ
oil press
【机】农业机械的一种。借助机械外力的作用，将油脂从油料中挤压出来的机器。可分为液压榨油机、螺旋榨油机等。

zhai （ㄓㄞ）

斋宫/齋宫 zhāigōng/ㄓㄞ ㄍㄨㄥ
Palace of Abstinence
【建】皇帝行祭斋戒时的住处。北京天坛的斋宫外围有两重“御沟”，相当于护城河。外沟内岸四周有围廊一百六十三间。斋宫东向，正殿五间，砖石结构。正殿月台上有斋戒铜人亭和时辰牌位亭（又称奏书亭或时辰亭）。殿后有寝殿五间；东北隅有钟楼一座，内悬大钟一口。

摘果式分拣
zhāiguǒshì fēnjiǎn/ㄓㄞ ㄍㄨㄛˇ ㄕˋ ㄈㄣ ㄐㄧㄢˇ
【物流】即“按单分拣”(8 页)。

窄带/窄頻帶 zhǎidài/ㄓㄞˇ ㄆㄧㄣˊ ㄉㄞˋ
narrowband
【信息】数字通信中相对较窄的频带。多指可传送 64 千比特/秒以下信号的带宽。

窄頻帶 ㄓㄞˇ ㄆㄧㄣˊ ㄉㄞˋ/zhǎipíndài
narrowband
【信息】台湾名。即“窄带”(1417 页)。

窄温植物/狹温性生物
zhǎiwēn zhíwù/ㄒㄧㄚˊ ㄨㄣ ㄒㄧㄥˋ ㄕㄥ ㄨˋ
stenotherm
【植】只能在很窄的温度范围内生活，不能适应较大温度变化的植物。包括低温窄温植物和高温窄温植物。

zhan （ㄓㄢ）

毡房 zhānfáng/ㄓㄢ ㄈㄤˊ
【建】即“蒙古包”(794 页)。

粘合紙 ㄋㄧㄢˊ ㄏㄜˊ ㄓˇ/zhānhézhǐ
bond paper
【轻】台湾名。即“证券纸”(1438 页)。

詹森效应/詹森效應
Zhānsēn xiàoyìng/ㄓㄢ ㄙㄣ ㄒㄧㄠˋ ㄧㄥˋ
Jansen effect
【心】一种社会心理效应。一位名叫詹森的美国速滑运动员，平时训练有素，实力雄厚，在正式比赛中却因压力过大、情绪不安而连连失利。这个效应说明，人要获得成功，除了具备应有的业务技能以外，还要具备良好的心理素质。

谵妄/譫妄 zhānwàng/ㄓㄢ ㄨㄤˋ
delirium
【医】在意识障碍的基础上，表现普遍性精神活动紊乱的病理状态。为可逆性器质性精神障碍。典型症状是意识混浊，伴有对时间、地点、人物的定向紊乱，很难集中注意力及性格和情绪的改变。

展布 ㄓㄢˇ ㄅㄨˋ/zhǎnbù
spreading, spread
【化】台湾名。即“铺展”(880 页)。

展開導線
ㄓㄢˇ ㄎㄞ ㄉㄠˇ ㄒㄧㄢˋ/zhǎnkāi dǎoxiàn
open traverse
【测绘】台湾名。即“支导线”(1438 页)。

展頻 ㄓㄢˇ ㄆㄧㄣˊ/zhǎnpín
spread spectrum
【信息】台湾名。即“扩频”(705 页)。

展神经/展神經
zhǎnshénjīng/ㄓㄢˇ ㄕㄣˊ ㄐㄧㄥ
abducent nerve
【医】又称“外展神经”。发自脑桥的展神经核，支配眼外直肌的运动神经。是第六对脑神经，为躯体传出神经纤维。展神经受损时，患眼发生内斜视、眼球不能外展，有复视。

展性鑄鐵
ㄓㄢˇ ㄒㄧㄥˋ ㄓㄨˋ ㄊㄧㄝˇ/zhǎnxìng zhùtiě
malleable cast iron
【材】台湾名。即“可锻铸铁”(680 页)。

辗转相除法
zhǎnzhuǎn xiāngchúfǎ/
ㄓㄢˇ ㄓㄨㄢˇ ㄒㄧㄤ ㄔㄨˊ ㄈㄚˇ

【数】即“欧几里得算法”(848 页)。

占地面积/佔地面積
zhàndì miànjī/ㄓㄢˋ ㄉㄧˋ ㄇㄧㄢˋ ㄐㄧ
site area
【建】建筑物、建筑群、构筑物或工厂区所占用的土地面积。建筑物、构筑物占地面积按建筑底层外墙边线所包围的面积计算，厂区占地面积是厂区围墙或规定的厂区界限以内的用地面积。

占位符/佔位
zhànwèifú/ㄓㄢˋ ㄨㄟˋ
placeholder
【信息】出于安全原因屏蔽或隐藏另一字符的字符。例如当用户键入口令时，在屏幕上显示星号“ * ”，以隐藏所键入的字符。

佔位 ㄓㄢˋ ㄨㄟˋ/zhànwèi
placeholder
【信息】台湾名。即“占位符”(1418 页)。

栈桥/棧橋 zhànqiáo/ㄓㄢˋ ㄑㄧㄠˊ
trestle
【交】形状像桥的构筑物。建在矿山、工厂、车站或港口，用于装卸货物或旅客上下、游客观光。

战场传感器/戰場感測器
zhànchǎng chuángǎnqì/
ㄓㄢˋ ㄔㄤˇ ㄍㄢˇ ㄘㄜˋ ㄑㄧˋ
battlefield sensor
【军】通过探测地面目标运动所产生的声响、震动或引起地球磁场、红外辐射场等物理量的变化，判明目标性质、位置、数量和运动方向的侦察情报装备。常用的有音响传感器、震动传感器、磁敏传感器、压力传感器、电磁传感器和红外传感器等。

战场监视弹/戰場監視彈
zhànchǎng jiānshìdàn/
ㄓㄢˋ ㄔㄤˇ ㄐㄧㄢ ㄕˋ ㄉㄢˋ
battlefield monitoring shell
【军】装有传感器，用于远距离监测战场情况的特种炮弹。通常装有地震—音响分类器、发射系统等。用于分辨轮式车辆、履带车辆和人员等目标。与监测接收系统组成战场监测系统。战场监视弹发射到敌方某一地域后，弹丸直立于地表面，地震—音响分类器将传感器感受的被测参量变成电信号，调制后通过发射系统发射出去，监测接收系统对接收到的信号进行解调、记录、处理和显示，从而获得敌方军事行动信息。

战略导弹/戰略飛彈
zhànlüè dǎodàn/ㄓㄢˋ ㄌㄩㄝˋ ㄈㄟ ㄉㄢˋ
strategic missile
【军】用于打击战略目标的导弹。进攻性战略导弹通常射程在1000千米以上，携带核弹头或常规弹头，主要用于打击敌方政治经济中心、军事和工业基地、核武器库、交通枢纽，以及拦截敌方来袭的战略弹道导弹等重要目标。是战略核武器的主要组成部分。

战略导弹核潜艇/戰略飛彈核潛艇
zhànlüè dǎodàn héqiántǐng/
ㄓㄢˋ ㄌㄩㄝˋ ㄈㄟ ㄉㄢˋ ㄏㄜˊ ㄑㄧㄢˊ ㄊㄧㄥˇ
strategic nuclear ballistic-missile submarine
【军】又称“战略核潜艇”“弹道导弹核潜艇”。以潜地弹道导弹、洲际弹道导弹为主要武器的核潜艇。突击威力大，生命力强，隐蔽性和机动性良好。用于对敌方陆上军事、政治、经济中心等战略目标实施核突击。

战略核潜艇
zhànlüè héqiántǐng/
ㄓㄢˋ ㄌㄩㄝˋ ㄏㄜˊ ㄑㄧㄢˊ ㄊㄧㄥˇ
【军】即“战略导弹核潜艇”(1418 页)。

战略核武器/戰略核武器
zhànlüè héwǔqì/ㄓㄢˋ ㄌㄩㄝˋ ㄏㄜˊ ㄨˇ ㄑㄧˋ
strategic nuclear weapon
【军】用于攻击敌方战略目标或保卫己方战略要地的核武器。通常是由威力较高的核弹头和射程较远的投射工具组成的武器系统。作用距离可至上万千米，突击性强，核爆炸威力为数十万吨、数百万吨乃至上千万吨梯恩梯当量。

战略中心说/戰略中心説
zhànlüè zhōngxīnshuō/
ㄓㄢˋ ㄌㄩㄝˋ ㄓㄨㄥ ㄒㄧㄣ ㄕㄨㄛ
strategy centered theory
【物流】物流领域中的一种理论。认为物流具有战略性，而并非仅是一项具体操作性服务。需要将物流和企业的生存发展直接联系起来，进行战略性规划、战略性投资、战略性技术开发。

战勤直升机
zhànqín zhíshēngjī/ㄓㄢˋ ㄑㄧㄣˊ ㄓˊ ㄕㄥ ㄐㄧ
【军】"作战勤务直升机"的简称。

战术核武器/戰術核武器
zhànshù héwǔqì/ㄓㄢˋ ㄕㄨˋ ㄏㄜˊ ㄨˇ ㄑㄧˋ
tactical nuclear weapon
【军】用于支援陆、海、空战场作战，打击敌方战役战术纵深内重要目标的核武器。通常是由威力较低的核弹头和射程较短的投射工具组成的武器系统，主要有战术核导弹、核航空炸弹、核炮弹、核深水炸弹和核地雷等。

战术互联网/戰術互聯網
zhànshù hùliánwǎng/
ㄓㄢˋ ㄕㄨˋ ㄏㄨˋ ㄌㄧㄢˊ ㄨㄤˇ
tactical internet
【军】采用网络互联协议(IP)将各种战术通信设备、指控终端、武器平台和传感器互联而成的无线电通信装备。包括多功能交换机、互联网控制器、互联网网关、数字微波接力机、战术电台系列、网络控制管理设备、通信终端设备等。主要由机动部署通信网、运动通信网、传感器网络组成，并通过卫星、升空平台通信系统等扩展通信范围。

战役战术导弹/戰役戰術飛彈
zhànyì zhànshù dǎodàn/
ㄓㄢˋ ㄧˋ ㄓㄢˋ ㄕㄨˋ ㄈㄟ ㄉㄢˋ
operational and tactical missile
【军】用于毁伤战役战术目标的导弹。其射程通常在1000千米以内，多属近程导弹。主要用于打击敌方战役战术纵深内的核袭击兵器、集结的部队、坦克、飞机、舰船、雷达、指挥所、机场、港口、铁路枢纽和桥梁等目标。包括打击地面目标的地地导弹、空地导弹、舰地导弹、反雷达导弹和反坦克导弹；打击水域目标的岸舰导弹、空舰导弹、舰舰导弹、潜舰导弹和反潜导弹；打击空中目标的地空导弹、舰空导弹和空空导弹等。

站 ㄓㄢˋ/zhàn
station
【交】台湾名。即"车站"(120 页)。

站场/站場 zhànchǎng/ㄓㄢˋ ㄔㄤˇ
station yard
【建】火车站的站内场地。是列车通过和停靠的场地，也是旅客和行李包裹的集散地点。

站点雨量/雨量站
zhàndiǎn yǔliàng/ㄩˇ ㄌㄧㄤˋ ㄓㄢˋ
station rainfall
【气】在某时段内，测站观测到从天空降落到地面上的液态降水，未经蒸发、渗透、流失而在水平面上积累的深度。以毫米为单位计量。

站坪 zhànpíng/ㄓㄢˋ ㄆㄧㄥˊ
【航】即"停机坪"(1137 页)。

戰場感測器
ㄓㄢˋ ㄔㄤˇ ㄍㄢˇ ㄘㄜˋ ㄑㄧˋ/
zhànchǎng gǎncèqì
battlefield sensor
【军】台湾名。即"战场传感器"(1418 页)。

戰鬥轟炸機
ㄓㄢˋ ㄉㄡˋ ㄏㄨㄥ ㄓㄚˋ ㄐㄧ/zhàndòu hōngzhàjī
fighter-bomber
【军】台湾名。即"歼击轰炸机"(596 页)。

戰鬥機 ㄓㄢˋ ㄉㄡˋ ㄐㄧ/zhàndòujī
fighter
【军】台湾名。即"歼击机"(597 页)。

戰機 ㄓㄢˋ ㄐㄧ/zhànjī
combat aircraft
【军】台湾名。即"作战飞机"(1520 页)。

戰略飛彈
ㄓㄢˋ ㄌㄩㄝˋ ㄈㄟ ㄉㄢˋ/zhànlüè fēidàn
strategic missile
【军】台湾名。即"战略导弹"(1418 页)。

戰略飛彈核潛艇
ㄓㄢˋ ㄌㄩㄝˋ ㄈㄟ ㄉㄢˋ ㄏㄜˊ ㄑㄧㄢˊ ㄊㄧㄥˇ/
zhànlüè fēidàn héqiántǐng
strategic nuclear ballistic-missile submarine
【军】台湾名。即"战略导弹核潜艇"(1418 页)。

戰役戰術飛彈
ㄓㄢˋ ㄧˋ ㄓㄢˋ ㄕㄨˋ ㄈㄟ ㄉㄢˋ/
zhànyì zhànshù fēidàn
operational and tactical missile
【军】台湾名。即"战役战术导弹"(1419 页)。

Z

zhang （ㄓㄤ）

张力腿平台/張力腳式平臺
zhānglìtuǐ píngtái/
ㄓㄤ ㄌㄧˋ ㄐㄧㄠˇ ㄕˋ ㄆㄧㄥˊ ㄊㄞˊ
tension leg platform，tethered buoyant platform
【船】利用绷紧状态的锚索张力进行定位的海上石油平台。平台甲板及其上建筑由若干提供浮力的立柱支撑于水面以上，立柱下端有近乎垂直的钢丝索和沉于海底的定位锚将立柱向下拉紧。定位性能较好，适于深水作业，常用作采油平台。

章动/章動 zhāngdòng/ㄓㄤ ㄉㄨㄥˋ
nutation
【天】地球自转轴在空间绕黄道轴转动（岁差）的同时，伴随发生的短周期的微小摆动。由英国天文学家布拉得雷（James Bradley）于1748年首次发现。月球轨道面（白道面）位置的变化是引起章动的主要原因。白道的升交点沿黄道向西运动，约18.6年绕行一周，故月球对地球的引力作用也有同一周期的变化。岁差和章动一起改变着地球自转轴的指向。

章鱼/章魚 zhāngyú/ㄓㄤ ㄩˊ
octopus
【动】*Octopus* 又称“八爪鱼”。软体动物名。头足纲八腕目章鱼科。身体呈短卵圆形，有八条腕足，腕足内侧有吸盘，有的体内有墨囊。生活在海底，以鱼类和甲壳类等为食。种类很多，分布广泛。

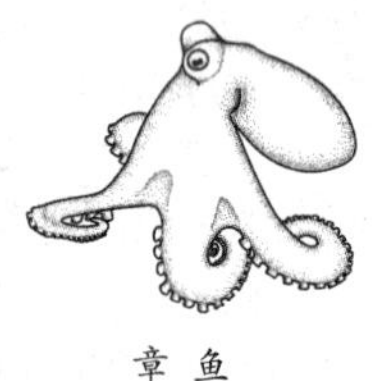
章 鱼

張力腳式平臺
ㄓㄤ ㄌㄧˋ ㄐㄧㄠˇ ㄕˋ ㄆㄧㄥˊ ㄊㄞˊ/
zhānglìjiǎoshì píngtái
tension leg platform，tethered buoyant platform
【船】台湾名。即“张力腿平台”（1420页）。

獐/獐 zhāng/ㄓㄤ
Chinese river deer
【动】*Hydropotes inermis* 通称“獐子”，又称“牙獐”“河麂”。哺乳动物名。偶蹄目鹿科。外形像鹿而较小，尾短，冬季毛较密，黄褐色，夏季毛稍细，带红棕色，腹部白色，雌雄均无角，雄獐犬齿发达，成獠牙。生活在灌丛、草坡或水边沼泽地，善跳跃，会游泳，以杂草、树叶等为食。原产中国东部和朝鲜半岛，多分布于中国长江流域。

獐

樟/樟樹 zhāng/ㄓㄤ ㄕㄨˋ
camphor tree
【植】*Cinnamomum camphora* 通称“樟树”，又称“樟木”“香樟”。樟科樟属。常绿大乔木。树冠广卵形，树皮黄褐色，纵裂，有气味。叶卵状椭圆形，先端尖，基部宽楔形，边缘全缘且软骨质，离基三出脉。圆锥花序腋生，花小，绿白带黄色。花期4—5月份。在中国，分布于南方各地。可作行道树，还是提取樟脑和樟油的原料。

樟木 zhāngmù/ㄓㄤ ㄇㄨˋ
【植】即“樟”（1420页）。

樟脑/樟腦 zhāngnǎo/ㄓㄤ ㄋㄠˇ
camphor
【化】天然有机物。无色或白色晶体，有强烈的樟木气味和辛辣味道。存在于香樟树的叶、茎、根中。是重要的药品和化工产品原料。

蟑螂 zhāngláng/ㄓㄤ ㄌㄤˊ
【动】即“蜚蠊”（336页）。

掌骨/掌骨 zhǎnggǔ/ㄓㄤˇ ㄍㄨˇ
metacarpal bone
【医】掌部的骨。共5块，由拇指向小指侧依次称第一、二、三、四、五掌骨。每块掌骨都有一个近侧的底、一个中间的体和一个远侧的头。第一掌骨底的关节面呈鞍状，与大多角骨的鞍状关节面构成灵活的鞍状关节，其余掌骨底关节面都是平面状。

掌上电脑
zhǎngshàng diànnǎo/ㄓㄤˇ ㄕㄤˋ ㄉㄧㄢˋ ㄋㄠˇ
【信息】即“个人数字助理”（403页）。

掌上计算机/掌上型電腦
zhǎngshàng jìsuànjī/

ㄓㄤˇ ㄕㄤˋ ㄒㄧㄥˊ ㄉㄧㄢˋ ㄋㄠˇ
palmtop computer
【信息】可用一手托着、一手操作的便携式个人计算机。与膝上计算机的主要区别是，多以现货电池（例如 AA 电池）供电，采用触摸屏，没有磁盘驱动器，程序存储在只读存储器内，打开电源后即自动装入随机存储器。

掌上型電腦 ㄓㄤˇ ㄕㄤˋ ㄒㄧㄥˊ ㄉㄧㄢˋ ㄋㄠˇ/ zhǎngshàngxíng diànnǎo
palmtop computer
【信息】台湾名。即“掌上计算机”（1420 页）。

障景/障景 zhàngjǐng/ㄓㄤˋ ㄐㄧㄥˇ
obstructive scenery, blocking view
【建】又称“抑景”。园林风景中阻隔视线，引导空间方向转换的屏障类景物。作用是风景层层展开，引人入胜。常常采用欲扬先抑，欲露先藏的手法。

zhao （ㄓㄠ）

招提寺 Zhāotí Sì/ㄓㄠ ㄊㄧˊ ㄙˋ
【建】“唐招提寺”的简称。

著火點 ㄓㄠˊ ㄏㄨㄛˇ ㄉㄧㄢˇ/zháohuǒdiǎn
ignition point
【化】台湾名。即“燃点”（936 页）。

沼气/沼氣 zhǎoqì/ㄓㄠˇ ㄑㄧˋ
marsh gas
【化】可燃气体的一种。是池沼污泥中埋藏的植物体腐烂发酵生成的气体，也可用粪便、秸秆发酵制得。主要成分是甲烷（占 50%～80%），还有二氧化碳、氮气、氢气、氧气与硫化氢等。因含硫化氢而略带臭味。可用作燃料。

沼泽/沼澤 zhǎozé/ㄓㄠˇ ㄗㄜˊ
swamp
【地】地表过湿或有浅层积水，土壤水分几乎饱和，生长有喜湿性和喜水性沼生植物的地段。

兆/百萬 zhào/ㄅㄞˇ ㄨㄢˋ
mega
【计量】用于构成十进倍数单位的词头。相当于 10^6，符号 M。例如，1 兆赫＝10^6 赫。

兆欧表 zhào'ōubiǎo/ㄓㄠˋ ㄡ ㄅㄧㄠˇ
【电】即“高阻表”（397 页）。

兆域/兆域 zhàoyù/ㄓㄠˋ ㄩˋ
graveyard, zhaoyu
【建】墓葬区的地域和界址。
📖《说文》：“墓，兆域也。”“兆域”一词在春秋时期已出现。古人烧灼龟甲以卜吉凶，其裂痕称“兆”，用这种方法选择的墓地称为“兆域”。由于卜地而葬的方法一直被后代沿袭，所以“兆域”又作为墓地的代称。

兆域图/兆域圖 zhàoyùtú/ㄓㄠˋ ㄩˋ ㄊㄨˊ
map of a graveyard
【建】帝王陵墓区的建筑规划图。
📖 据《周礼·春官·冢人》“掌公墓之地，辨其兆域而为之图”可知，至少周代就有专职官员负责帝王、诸侯陵墓的规划设计。这种制度一直延续至清代。1977 年在河北平山中山王古墓发现一块铜板兆域图。地图长 94 厘米，宽 48 厘米，平均厚度 1 厘米。其上用金银镶嵌中山王陵的建筑平面图，并注明三座大墓、两座中墓的位置、名称和尺寸。

照壁 zhàobì/ㄓㄠˋ ㄅㄧˋ
【建】即“影壁”（1356 页）。

照度/照度 zhàodù/ㄓㄠˋ ㄉㄨˋ
illuminance
【物】描述受照面明亮程度的物理量。用 E 表示。单位勒[克斯]。照射在表面某点所在的微面积上的光通量 $d\Phi$ 与微面积 dA 之比，即 $E=d\Phi/dA$。

照明弹/照明彈 zhàomíngdàn/ㄓㄠˋ ㄇㄧㄥˊ ㄉㄢˋ
flare, * star shell, * illuminating projectile
【军】装有照明剂，利用其燃烧发出的强光实施夜间照明的特种炮弹。可利用时间引信在预定的空中位置引燃抛射药，将被点燃的照明炬连同吊伞系统从弹底抛出，缓慢下降，照明剂发出强光，照亮目标区。主要有照明炮弹和照明航空炸弹。

照排机/照片排版機 zhàopáijī/ㄓㄠˋ ㄆㄧㄢˋ ㄆㄞˊ ㄅㄢˇ ㄐㄧ
photocomposer, phototypesetter
【信息】在胶片或相纸上输出高精度、高分辨率文字和图像的非接触式印刷机。计算机控制的激光照排机比之铅字印刷，在编排效率和印刷质量上均有质的飞跃。

照片光碟/照片光碟

zhàopiàn guāngdié/ㄓㄠˋ ㄆㄧㄢˋ ㄍㄨㄤ ㄉㄧㄝˊ

【信息】即“照片光盘”(1422 页)。

照片光盘/照片光碟

zhàopiàn guāngpán/ㄓㄠˋ ㄆㄧㄢˋ ㄍㄨㄤ ㄉㄧㄝˊ

photo-compact disc, photo-CD

【信息】又称“照片光碟”。用于记录数字化照片信息的 CD 光盘制品。也可用于存储文字、图形、音频信息。

照片排版機

ㄓㄠˋ ㄆㄧㄢˋ ㄆㄞˊ ㄅㄢˇ ㄐㄧ/zhàopiàn páibǎnjī

photocomposer, phototypesetter

【信息】台湾名。即“照排机”(1421 页)。

照相侦察装备/照相偵察裝備

zhàoxiàng zhēnchá zhuāngbèi/ㄓㄠˋ ㄒㄧㄤˋ ㄓㄣ ㄔㄚˊ ㄓㄨㄤ ㄅㄟˋ

photographic reconnaissance equipment

【军】利用照相技术获取静态图像情报的光电侦察设备。主要由照相机、成像介质(胶卷或半导体感光记忆器件)、冲印放大设备和判读处理设备等组成。按承载平台不同，可分为星载、机载、舰载、车载及手持等照相侦察装备；按光学波段不同，可分为可见光、红外、紫外和多光谱等照相侦察装备；按图像色彩不同，可分为黑白和彩色照相侦察装备；按成像介质不同，可分为胶片式和数码式照相侦察装备；按成像方式不同，可分为画幅式、全景式、倾斜式和行扫式照相侦察装备等。

照叶林 zhàoyèlín/ㄓㄠˋ ㄧㄝˋ ㄌㄧㄣˊ

【植】即“常绿阔叶林”(112 页)。

zhe (ㄓㄜ)

遮没 ㄓㄜ ㄇㄛˋ/zhēmò

blanking

【机】台湾名。即“冲裁”(135 页)。

遮篷 ㄓㄜ ㄆㄥˊ/zhēpéng

canopy

【建】台湾名。即“雨篷”(1380 页)。

遮阳/遮陽 zhēyáng/ㄓㄜ ㄧㄤˊ

sunshade

【建】在外墙窗口的上部、前方或两侧为遮挡直射的阳光，避免产生眩光和防止室内过热而采取的建筑措施。按建筑物朝向和遮阳要求不同，可分为永久性和临时性两类，永久性遮阳设施中又可分为固定式和活动式两种。按构造不同，可分为水平遮阳、垂直遮阳、综合遮阳、挡板遮阳等。

遮罩門 ㄓㄜ ㄓㄠˋ ㄇㄣˊ/zhēzhàomén

shield door

【建】台湾名。即“屏蔽门”(878 页)。

折射/折射 zhéshè/ㄓㄜˊ ㄕㄜˋ

refraction

【物】波通过非光学均匀介质或者穿过不同介质的分界面时，由于其传播速度的变化而引起传播方向变化的现象。

折射定律/折射定律

zhéshè dìnglǜ/ㄓㄜˊ ㄕㄜˋ ㄉㄧㄥˋ ㄌㄩˋ

refraction law

【物】几何光学的基本规律。光在两种介质的平滑交界面上发生折射时，折射光线位于由入射光线与界面在入射点 O 的法线 NN' 决定的平面内；折射光线和入射光线位于法线两侧；入射角 i 的正弦与折射角 r 的正弦之比是仅由两介质折射率 n_1 和 n_2 所决定的常数。数学表达式为 $\sin i/\sin r = n_2/n_1$，其中 n_1 和 n_2 分别为入射光和折射光所在介质的折射率。

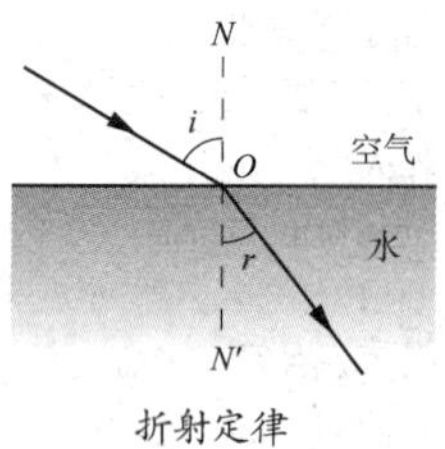

折射定律

折射率/折射率 zhéshèlǜ/ㄓㄜˊ ㄕㄜˋ ㄌㄩˋ

refractive index

【物】光学介质的一个基本参量。随光波波长的不同而变化。可分为绝对折射率和相对折射率。

折中主义建筑/折中主義建築

zhézhōng zhǔyì jiànzhù/ㄓㄜˊ ㄓㄨㄥ ㄓㄨˇ ㄧˋ ㄐㄧㄢˋ ㄓㄨˋ

eclecticism architecture

【建】又称“集仿主义建筑”。19 世纪上半叶至 20 世纪初，流行于欧美的一种建筑风格。

任意模仿历史上的各种风格,自由组合各种样式,注重比例均衡和纯形式美,不考虑当时出现的新建筑材料和新建筑技术的要求以及与之适应的新形式。19 世纪中叶以法国为典型,巴黎高等艺术学院是当时传播折中主义艺术和建筑的中心。代表作有巴黎歌剧院、罗马伊曼纽尔二世纪念堂等。

蛰伏 zhéfú/ㄓㄜˊ ㄈㄨˊ

【生】即“休眠”(1284 页)。

锗/鍺 zhě/ㄓㄜˇ

germanium

【化】金属元素。属周期表第ⅣA 族,符号 Ge,原子序数 32。原子量 72.63。自然界主要存在于富含硫的锗石矿、硫银锗矿与硫铅锗矿中。是重要的半导体元素。单质为银灰色金属。晶形锗质脆,加工性能似玻璃,有明显的非金属性质。

📖 1885 年,德国的韦斯巴赫(A. Weisbach)发现了一种新矿石(后确认为辉银锗矿),其中成分除银、硫、氧化铁与氧化锌外,还有 7%的物质不知道是什么;1886 年,温克勒(C.A.Winkler)用光谱分析法在辉银锗矿中发现并制得锗。拉丁文定名为 germanium,源自 Germania,意思是“德意志”。中文定名为“锗”,是形声字。

褶曲/褶曲 zhěqū/ㄓㄜˇ ㄑㄩ

fold

【地】层(面)状构造形成的单个弯曲。是褶皱的基本单位,即褶皱变动中岩层的一个弯曲。

褶皱/褶皺 zhězhòu/ㄓㄜˇ ㄓㄡˋ

fold

【地】岩层受构造应力作用形成的一个或一系列弯曲的现象。按弯曲朝向不同,可分为背斜和向斜。

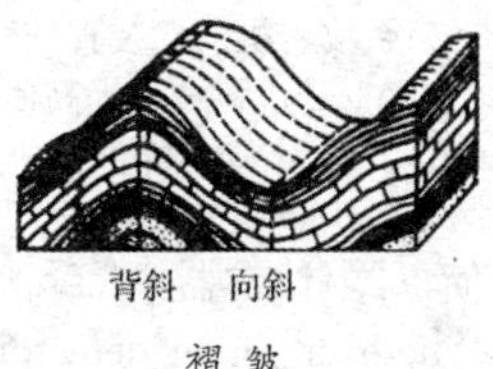

褶 皱

浙贝母/浙貝母 zhèbèimǔ/ㄓㄜˋ ㄅㄟˋ ㄇㄨˇ

Bulbus Fritillariae Thunbergii (拉), thunberg fritillary bulb

【中医】中药名。百合科植物浙贝母 *Fritillaria thunbergii* Miq. 的干燥鳞茎。味苦,性寒。归肺、心经。清热散结,化痰止咳,用于风热犯肺,痰火咳嗽,肺痈,乳痈,瘰疬,疮毒。

📖 浙贝母不宜与乌头类药物同用。

浙闽丘陵/浙閩丘陵

Zhè-Mǐn Qiūlíng/ㄓㄜˋ ㄇㄧㄣˇ ㄑㄧㄡ ㄌㄧㄥˊ

Zhejiang-Fujian Hills

【地】见“东南丘陵”(271 页)。

蔗糖/蔗糖 zhètáng/ㄓㄜˋ ㄊㄤˊ

sucrose

【化】一种双糖。可由果糖和葡萄糖缩合而成。白色晶体,有甜味,易结晶。在甜菜、甘蔗和水果中含量极高,以甘蔗为主要成分的食糖又可分为冰糖、白砂糖、绵白糖和赤砂糖(俗称“红糖”或“黑糖”)。是重要的食品和调味品。

鹧鸪/鷓鴣 zhègū/ㄓㄜˋ ㄍㄨ

Chinese francolin

【动】*Francolinus pintadeanus* 鸟名。鸡形目雉科鹧鸪属。体长约 30 厘米,背部和腹部羽毛黑白两色相杂,有眼状白斑,头顶棕色,脚黄色。栖息于有灌木丛的低矮山地。雄鸟好斗,以昆虫、蚯蚓及植物嫩芽、果实、种子等为食。分布于亚洲的东部和南部,在中国,分布在南方地区。

鹧 鸪

䗪虫 zhèchóng/ㄓㄜˋ ㄔㄨㄥˊ

【动】即“地鳖”(219 页)。

zhen (ㄓㄣ)

针刺法 zhēncìfǎ/ㄓㄣ ㄘˋ ㄈㄚˇ

【中医】即“刺法”(167 页)。

针刺麻醉/針刺麻醉

zhēncì mázuì/ㄓㄣ ㄘˋ ㄇㄚˊ ㄗㄨㄟˋ

acupuncture anesthesia

【中医】通过针刺特定穴位所产生的镇痛作用,使患者在清醒状态下接受手术的麻醉方法。

针规/針規 zhēnguī/ㄓㄣ ㄍㄨㄟ

pin gauge

【计量】按一定尺寸系列,具有标称直径的圆柱形实物量具。通常用于工作孔径的检验。

针灸大成/針灸大成
Zhēnjiǔ Dàchéng/ㄓㄣ ㄐㄧㄡˇ ㄉㄚˋ ㄔㄥˊ
Compendium of Acupuncture and Moxibustion
【中医】中医针灸著作。杨继洲撰。刊于明万历二十九年(公元1601年)。10卷。作者根据家传《卫生针灸玄机秘要》,参考明代以前20余种针灸著作,结合本人临床经验编成。内容有针灸理论、针灸歌赋、针法、子午流注及灵龟飞腾针法、经络及腧穴、诸症针灸法、各家针法、灸法及杨氏医案,收录《小儿按摩经》。全面总结了明代以前有关针灸的学术经验和成就,是学习研究针灸的重要参考著作。

针灸学/針灸學
zhēnjiǔxué/ㄓㄣ ㄐㄧㄡˇ ㄒㄩㄝˊ
science of acupuncture and moxibustion of traditional Chinese medicine, * acumoxatherapy, * acupuncture and moxibustion
【中医】中医学的一个分支。研究经络、腧穴、操作技能、治疗法则、作用机制及防治疾病的规律。又有经络学、腧穴学、刺法灸法学等分支。

针铁矿/針鐵礦
zhēntiěkuàng/ㄓㄣ ㄊㄧㄝˇ ㄎㄨㄤˋ
goethite
【地】矿物。成分为FeO(OH)。黄棕色至红色,晶体为片状、柱状或针状,其集合体通常为具有同心层和放射状纤维构造的球状、钟乳状或块状。暗褐色,条痕褐色。主要由其他铁矿(黄铁矿、磁铁矿等)风化形成,除了炼铁外,还用作黄赭颜料,是组成褐铁矿的主要矿物。

针眼/針眼 zhēnyǎn/ㄓㄣ ㄧㄢˇ
hordeolum, * sty
【中医】中医眼病之一。多由风热或脾胃热毒所致,症见眼睑边缘生疖,形如麦粒,赤肿痒痛,易成脓等。相当于睑腺炎(麦粒肿)。治宜祛风清热,泻火解毒,消肿止痛。内服可选用清脾散或仙方活命饮加减;外治宜用如意金黄散。

针叶林/針葉林 zhēnyèlín/ㄓㄣ ㄧㄝˋ ㄌㄧㄣˊ
coniferous forest
【植】由耐寒的针叶乔木为建群种所组成的森林群落类型。分布于欧亚大陆和北美洲的北部,其北部界线也是地球森林带的北界。

针叶树/針葉樹
zhēnyèshù/ㄓㄣ ㄧㄝˋ ㄕㄨˋ
conifer
【农】植物分类上属于裸子植物的树木。种子裸露在种鳞上,叶呈针状、条状或鳞片状,大多常绿。树干通直,树冠多为圆锥形。如松、杉、柏等。

侦察机/偵察機 zhēnchájī/ㄓㄣ ㄔㄚˊ ㄐㄧ
reconnaissance aircraft
【军】作战飞机的一种。装有航空侦察设备,专用于遂行空中侦察任务。能进行目视侦察、成像侦察和电子侦察。可分为战略侦察机和战术侦察机。

侦察机器人/偵察機器人
zhēnchá jīqìrén/ㄓㄣ ㄔㄚˊ ㄐㄧ ㄑㄧˋ ㄖㄣˊ
reconnaissance robot
【军】以无人驾驶的机动平台为载体,用于战场地面近距离侦察监视和打击的智能化装备。

侦察直升机/偵察直升機
zhēnchá zhíshēngjī/ㄓㄣ ㄔㄚˊ ㄓˊ ㄕㄥ ㄐㄧ
reconnaissance helicopter
【军】用于空中侦察获取情报的军用直升机。可超低空飞行,在昼夜和复杂气象条件下进行侦察。装有直升机载通信设备、直升机导航设备、目标识别等设备和直升机武器系统。可对目标进行识别、跟踪和定位,引导炮兵、攻击机或武装直升机进行攻击。未来侦察直升机将全面提高侦察、攻击的综合能力,发展无人侦察直升机和攻击侦察直升机。

侦毒器/偵毒器 zhēndúqì/ㄓㄣ ㄉㄨˊ ㄑㄧˋ
chemical agent detector
【军】用于侦检空气、地面、装备和其他物体表面的毒剂,查明毒剂种类,并判定空气中毒剂的概略浓度的核生化侦察装备。通常由侦毒管、抽气装置和辅助件三部分组成。

珍珠/珍珠 zhēnzhū/ㄓㄣ ㄓㄨ
Margarita(拉), pearl
【中医】中药名。珍珠贝科动物马氏珍珠贝

Pteria martensii (Dunker)、蚌科动物三角帆蚌 *Hyriopsis cumingii* (Lea) 或褶纹冠蚌 *Cristaria plicata* (Leach) 等双壳类动物受刺激形成的圆形颗粒。味甘、咸，性寒。归心、肝经。安神定惊，明目消翳，解毒生肌。用于惊悸失眠，惊风癫痫，目生云翳，疮疡不敛。

珍珠梅/珍珠梅

zhēnzhūméi/ㄓㄣ ㄓㄨ ㄇㄟˊ

false spiraea

【植】*Sorbaria sorbifolia* 蔷薇科珍珠梅属。落叶灌木。小枝圆柱形。羽状复叶，小叶对生，近无柄，披针形，先端尖，边缘有齿，羽状脉。圆锥花序顶生，花梗被毛，萼筒钟状；花瓣长圆形或倒卵形，白色，雄蕊比花瓣长近两倍，生于花盘边缘。花期 7—8 月份。在中国，分布于东北地区和内蒙古，北京有栽培。观赏花卉。

帧/框 zhēn/ㄎㄨㄤ

frame

【信息】数据通信和数字通信中，由若干比特或字段组成，并按某一标准预先确定的信息结构。

帧速率/框速率 zhēnsùlǜ/ㄎㄨㄤ ㄙㄨˋ ㄌㄩˋ

frame rate

【信息】台湾又称“框率”。把单帧全屏图像传送给光栅扫描监视器并显示出来的速度。以每秒电子束扫过屏幕的次数计，单位赫[兹]。

真分式/真分式 zhēnfēnshì/ㄓㄣ ㄈㄣ ㄕˋ

proper fraction

【数】分子和分母都是整式，且分子的次数小于分母的次数的分式。例如，$\frac{1}{2x}$，$\frac{7a+1}{9a^2-1}$，$\frac{10-12t^2}{25t+5t^3}$都是真分式。

真分数/真分數

zhēnfēnshù/ㄓㄣ ㄈㄣ ㄕㄨˋ

proper fraction

【数】分子小于分母的分数。例如，$\frac{1}{2}$，$\frac{7}{9}$，$\frac{12}{25}$等。

真果/真果 zhēnguǒ/ㄓㄣ ㄍㄨㄛˇ

true fruit

【植】果实的一类。仅由子房发育而成的果实。如桃、杏、大豆的果实。

真核生物/真核生物

zhēnhé shēngwù/ㄓㄣ ㄏㄜˊ ㄕㄥ ㄨˋ

eucaryon

【生】由真核细胞构成的生物。其核质与细胞质之间存在着核膜，有明显的细胞核，染色体由脱氧核糖核酸、组蛋白及非组蛋白等成分构成。除原核生物外，其他的生物都是真核生物。

真核藻类/真核藻類

zhēnhé zǎolèi/ㄓㄣ ㄏㄜˊ ㄗㄠˇ ㄌㄟˋ

eukaryotic algae

【植】一群没有根、茎、叶分化的，能够进行光合作用的低等自养真核植物。

真假/真假 zhēnjiǎ/ㄓㄣ ㄐㄧㄚˇ

truth and falsity

【数】二值逻辑中，一个命题或真或假，二者必居其一。通常对真命题赋值为 T 或 1，对假命题赋值为 F 或 0。T，F 或 1，0 表示命题的真假。

真菌/真菌 zhēnjūn/ㄓㄣ ㄐㄩㄣˋ

fungus

【生】生物的一大类。属真核生物，菌体为单细胞或由菌丝组成。无叶绿素，有完整的细胞核。主要靠菌丝体分解吸收现成的营养物质，通常寄生在其他物体上。自然界中分布很广。如酵母菌、青霉菌、蘑菇等。有些能使动植物致病。

真菌尿/真菌尿

zhēnjūnniào/ㄓㄣ ㄐㄩㄣˋ ㄋㄧㄠˋ

funguria

【医】存在大量真菌的尿液。提示泌尿系统有真菌感染。念珠菌为最常见导致泌尿系统真菌感染的病原体。

真空/真空 zhēnkōng/ㄓㄣ ㄎㄨㄥ

vacuum

【物】没有任何物质的空间。也指气体稀薄空间。气体稀薄的程度为真空度，单位帕[斯卡]。实验上真空度可达 10^{-9} 帕以下。现代物理学认为真空是量子场系统的基态，即量子场系统的最低能态，没有任何物理粒子的状态。

真空磁导率/真空磁導率
zhēnkōng cídǎolǜ/ㄓㄣ ㄎㄨㄥ ㄘˊ ㄉㄠˇ ㄌㄩˋ
permeability of vacuum
【物】物理常量。符号 μ_0,在国际单位制中,其值为 $4\pi\times10^{-7}$ 亨/米。

真空电容率/真空電容率
zhēnkōng diànrónglǜ / ㄓㄣ ㄎㄨㄥ ㄉㄧㄢˋ ㄖㄨㄥˊ ㄌㄩˋ
permittivity of vacuum
【电】又称"真空介电常数"。物理常数。符号 ε_0,在国际单位制中,其值为 8.85×10^{-12} 法/米。

真空规 zhēnkōngguī/ㄓㄣ ㄎㄨㄥ ㄍㄨㄟ
【机】即"真空计"(1426 页)。

真空计/真空計
zhēnkōngjì/ㄓㄣ ㄎㄨㄥ ㄐㄧˋ
vacuum gauge
【机】又称"真空规"。测量低于 101.325 千帕(1 标准大气压)气体压强的量具。可分为绝对和相对两类。前者可直接测出气压的大小,后者必须同绝对真空规校准后才能指示出相应的气压值。

真空介电常数
zhēnkōng jièdiàn chángshù/ ㄓㄣ ㄎㄨㄥ ㄐㄧㄝˋ ㄉㄧㄢˋ ㄔㄤˊ ㄕㄨˋ
【电】即"真空电容率"(1426 页)。

真空热处理/真空熱處理
zhēnkōng rèchǔlǐ/ㄓㄣ ㄎㄨㄥ ㄖㄜˋ ㄔㄨˇ ㄌㄧˇ
vacuum heat treatment
【机】热处理的一种。在低于一个大气压的环境中进行加热,以实现无氧化、无脱碳、无渗碳。可去掉工件表面的磷屑,脱脂除气,达到表面光亮净化的效果。

真理/真理 zhēnlǐ/ㄓㄣ ㄌㄧˇ
truth
【总】客观事物及其规律在人的头脑中的正确反映。具有客观性,其内容不依赖于主体而存在。人们通过实践发现真理,又通过实践检验真理、证实真理和发展真理。真理与错误相比较而存在,相斗争而发展,并在一定条件下相互转化。可分为绝对真理和相对真理。实践是检验真理的唯一标准。

真两性畸形/真陰陽症
zhēn liǎngxìng jīxíng/ㄓㄣ ㄧㄣ ㄧㄤˊ ㄓㄥˋ
true hermaphroditism
【医】体内兼有睾丸和卵巢两种性腺,且兼有两性的外生殖器和第二性征的两性畸形。

真皮/真皮 zhēnpí/ㄓㄣ ㄆㄧˊ
dermis
【医】表皮下的不规则致密结缔组织。由纤维、基质和细胞组成,含有血管、淋巴管、神经、肌肉、皮肤附属器等。来源于中胚层。

真实遗传
zhēnshí yíchuán/ㄓㄣ ㄕˊ ㄧˊ ㄔㄨㄢˊ
【生】即"纯育"(158 页)。

真實記憶體
ㄓㄣ ㄕˊ ㄐㄧˋ ㄧˋ ㄊㄧˇ/zhēnshí jìyìtǐ
real memory
【信息】台湾名。即"实存储器"(1028 页)。

真陰陽症
ㄓㄣ ㄧㄣ ㄧㄤˊ ㄓㄥˋ/zhēnyīnyángzhèng
true hermaphroditism
【医】台湾名。即"真两性畸形"(1426 页)。

真值/真值 zhēnzhí/ㄓㄣ ㄓˊ
truth
【数】❶二值逻辑中,用来表示一个命题是真命题或假命题的记号,叫作这个命题的真值。通常真命题的真值记为 T 或 1,假命题的真值记为 F 或 0。❷一个量客观存在的值,叫作这个量的真值。测量一个量所得的值可能仅是真值的近似值。

真子集/真子集 zhēnzǐjí/ㄓㄣ ㄗˇ ㄐㄧˊ
proper subset
【数】若 A 是 B 的子集,并且 B 中有不属于 A 的元素,则 A 叫作 B 的真子集,记作 $A\subset B$ 或 $B\supset A$。例如,自然数集是整数集的真子集,即 $\mathbf{N}\subset\mathbf{Z}$。

針盤指示器
ㄓㄣ ㄆㄢˊ ㄓˇ ㄕˋ ㄑㄧˋ/zhēnpán zhǐshìqì
dial gauge
【机】台湾名。即"百分表"(24 页)。

榛/榛 zhēn/ㄓㄣ
siberia filbert
【植】*Corylus heterophylla* 通称"榛子"。桦木科榛属。落叶灌木或小乔木。小枝黄褐

Z

色,被毛。叶矩圆形,顶端凹,中央有三角形突尖,基部心形,边缘有齿。花单性,雌雄同株,雄花序下垂,无花被,雌花序头状,花黄褐色。果苞钟形,有细棱、毛和刺,坚果近球形。花期3—4月份,果期11月份。在中国,分布于东北地区及河北、山西、陕西。种子可作干果。

榛蘑　zhēnmó/ㄓㄣ ㄇㄛˊ

【植】即“蜜环菌”(799页)。

诊断用药/診斷用輔助劑

zhěnduàn yòngyào/ㄓㄣˇ ㄉㄨㄢˋ ㄩㄥˋ ㄈㄨˇ ㄓㄨˋ ㄐㄧˋ

diagnostic aid

【医】有助于医生对疾病做出诊断,或对生理病理情况做出正确判断的药物。主要有X射线造影剂和器官功能检查用药两类。

诊法/診法　zhěnfǎ/ㄓㄣˇ ㄈㄚˇ

diagnostic method, * examination

【中医】以中医学理论为指导,临床收集病变资料,探求病因、病位、病性及病势,辨别证候,判断疾病,指导临床治疗的方法。

枕木/木枕　zhěnmù/ㄇㄨˋ ㄓㄣˇ

wooden tie, log for rail-road tie

【交】木制的轨枕。有时也泛指其他材料制成的轨枕。

診斷用輔助劑

ㄓㄣˇ ㄉㄨㄢˋ ㄩㄥˋ ㄈㄨˇ ㄓㄨˋ ㄐㄧˋ/

zhěnduànyòng fǔzhùjì

diagnostic aid

【医】台湾名。即“诊断用药”(1427页)。

阵性降水/陣性降水

zhènxìng jiàngshuǐ/ㄓㄣˋ ㄒㄧㄥˋ ㄐㄧㄤˋ ㄕㄨㄟˇ

showery precipitation

【气】降水时间短暂,开始及终止都很突然,且降水强度变化很大的降水。通常来自水平范围较小的积雨云。

阵雪/陣雪　zhènxuě/ㄓㄣˋ ㄒㄩㄝˇ

showery snow

【气】固态降水的一种。持续时间短促,开始和终止都较突然的雪。

阵雨/陣雨　zhènyǔ/ㄓㄣˋ ㄩˇ

showery rain

【气】液态降水的一种。持续时间短促,开始和终止都较突然,强度变化很大。多发生在夏季,从积雨云中降落,有时伴有闪电和雷鸣。

振荡/振盪　zhèndàng/ㄓㄣˋ ㄉㄤˋ

oscillation

【电】电压、电流或其他电量的幅度随时间而周期性反复变化的现象。

振荡电路/振盪電路

zhèndàng diànlù/ㄓㄣˋ ㄉㄤˋ ㄉㄧㄢˋ ㄌㄨˋ

oscillatory circuit

【物】能产生电磁振荡的电路。由电容器C和电感线圈L串联组成的振荡电路称为LC电路,其周期$T=2\pi\sqrt{LC}$,频率$f=1/T=1/(2\pi\sqrt{LC})$,产生周期性变化的电流。

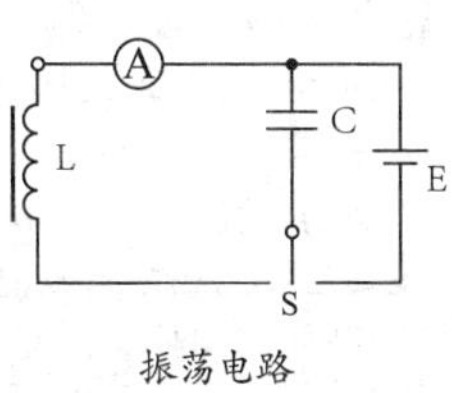

振荡电路

振荡器/振盪器

zhèndàngqì/ㄓㄣˋ ㄉㄤˋ ㄑㄧˋ

oscillator

【电】产生周期性的量的有源器件。该量的基频取决于本器件的特性。常见的由电子管或晶体管和电阻、电感、电容等或压电石英等组成。

振动　zhèndòng/ㄓㄣˋ ㄉㄨㄥˋ

【物】“机械振动”的简称。

振动打桩机/振動打樁機

zhèndòng dǎzhuāngjī/

ㄓㄣˋ ㄉㄨㄥˋ ㄉㄚˇ ㄓㄨㄤ ㄐㄧ

vibratory pile driver

【机】打桩机的一种。利用振动或振动冲击作用把桩打入地层。多用于砂质土层,打设中、小型桩。可分为机械式和液压式。

振动发生器/振動發生器

zhèndòng fāshēngqì/

ㄓㄣˋ ㄉㄨㄥˋ ㄈㄚ ㄕㄥ ㄑㄧˋ

vibration generator

【机】利用电动、电液压、压电或其他原理产生振动或激振力并将其传递给试件或结构的振动发生装置。用于模拟汽车零部件、电工、电子等产品在制造、组装、运输及使用过程中所遭受的振动环境，以评定其结构的耐振性、可靠性和完好性。

振动计/振動計

zhèndòngjì/ㄓㄣˋ ㄉㄨㄥˋ ㄐㄧˋ

vibrometer

【机】测量并显示物体振动值的仪表。由拾振器、校准过的放大器和输出指示器等组成。还可用来测定振动体的位移、速度和加速度。外接滤波器时，可进行振动频谱分析，或进行振动监测。

振动控制/振動控制

zhèndòng kòngzhì/ㄓㄣˋ ㄉㄨㄥˋ ㄎㄨㄥˋ ㄓˋ

vibration control

【环】防止振动污染及其影响所采取的措施。主要是采取隔振、吸振、阻尼等技术消除或减弱物体振动并阻止其传播。在强振作业环境中，对工人可采取用防护用具（如防振鞋、防振手套）减轻振动的危害和影响。

振动输送机/振動運送機

zhèndòng shūsòngjī/
ㄓㄣˋ ㄉㄨㄥˋ ㄩㄣˋ ㄙㄨㄥˋ ㄐㄧ

vibrating conveyor

【机】输送机的一种。通过振动使物料沿水平或略微倾斜的料槽进行连续输送。多用于连续输送和自动给料作业。广泛用于冶金、煤炭、建材、化工、食品等行业。

振动台/振動產生器系統

zhèndòngtái/
ㄓㄣˋ ㄉㄨㄥˋ ㄔㄢˇ ㄕㄥ ㄑㄧˋ ㄒㄧˋ ㄊㄨㄥˇ

vibration generator system

【机】由振动发生器、控制与测量装置及其所需辅助设备构成的系统。可分为机械振动台、电动振动台、电磁振动台、压电振动台和液压振动台等。

振动污染/振動污染

zhèndòng wūrǎn/ㄓㄣˋ ㄉㄨㄥˋ ㄨ ㄖㄢˇ

vibration pollution

【环】机械系统（包括声学系统）的运动参量（位移、速度或加速度）不停地在极大值和极小值之间交替变化，对人的生活或生产环境造成不良影响和危害的现象。表示污染程度的参量主要有两类：⑴描述振动的幅度的量，有位移、速度和加速度；⑵描述振动变化率的量，有周期、频率或频谱。

振动压路机/振動滾壓機

zhèndòng yālùjī/ㄓㄣˋ ㄉㄨㄥˋ ㄍㄨㄣˇ ㄧㄚ ㄐㄧ

vibratory roller

【机】压路机的一种。碾轮轴上装有液压激振器或偏心块激振器。利用机重和激振力进行压实，压实厚度大、效果好。多用于压实各种非黏性土壤、碎石、碎石混合料以及各种沥青混凝土。

振動產生器系統

ㄓㄣˋ ㄉㄨㄥˋ ㄔㄢˇ ㄕㄥ ㄑㄧˋ ㄒㄧˋ ㄊㄨㄥˇ/
zhèndòng chǎnshēngqì xìtǒng

vibration generator system

【机】台湾名。即“振动台”(1428 页)。

振動滾壓機

ㄓㄣˋ ㄉㄨㄥˋ ㄍㄨㄣˇ ㄧㄚ ㄐㄧ/zhèndòng gǔnyājī

vibratory roller

【机】台湾名。即“振动压路机”(1428 页)。

振動運送機

ㄓㄣˋ ㄉㄨㄥˋ ㄩㄣˋ ㄙㄨㄥˋ ㄐㄧ/
zhèndòng yùnsòngjī

vibrating conveyor

【机】台湾名。即“振动输送机”(1428 页)。

振幅/振幅 zhènfú/ㄓㄣˋ ㄈㄨˊ

amplitude

【物】描述简谐运动的物理量。振动物体离开平衡位置的最大距离。是标量，且永远为正。用 A 表示，单位米。其大小由系统的能量决定，振幅大表示系统的能量大。

振幅調制

ㄓㄣˋ ㄈㄨˊ ㄊㄧㄠˊ ㄓˋ/zhènfú tiáozhì

amplitude modulation, AM

【信息】台湾名。即“调幅”(1131 页)。

震波 ㄓㄣˋ ㄅㄛ/zhènbō

seismic wave, earthquake wave

【地】台湾名。即“地震波”(230 页)。

震測 ㄓㄣˋ ㄘㄜˋ/zhèncè

seismic prospecting

【地】台湾名。即“地震勘探”(231 页)。

震颤/震顫 zhènchàn/ㄓㄣˋ ㄔㄢˋ

tremor

【医】两组拮抗肌交替快速收缩而引起的肢体连续摆动动作。

震颤麻痹/震顫麻痹
zhènchàn mábì/ㄓㄣˋ ㄔㄢˋ ㄇㄚˊ ㄅㄧˋ
【医】即"帕金森病"(851 页)。

震旦纪/震旦紀 zhèndànjì/ㄓㄣˋ ㄉㄢˋ ㄐㄧˋ
Sinian Period
【地】中国元古宙的最后一个纪。从距今约 8 亿年开始,至距今约 5.42 亿年结束。是在中国命名并向国际推荐的一个地质年代单位。已出现微古植物、藻类,以及蠕形动物和腔肠动物。以埃迪卡拉动物群最为代表。

震旦系/震旦系 zhèndànxì/ㄓㄣˋ ㄉㄢˋ ㄒㄧˋ
Sinian System
【地】震旦纪时期形成的地层。

震動強度
ㄓㄣˋ ㄉㄨㄥˋ ㄑㄧㄤˊ ㄉㄨˋ/zhèndòng qiángdù
earthquake intensity, seismic intensity
【地】台湾名。即"地震烈度"(231 页)。

震级/地震規模 zhènjí/ㄉㄧˋ ㄓㄣˋ ㄍㄨㄟ ㄇㄛˊ
earthquake magnitude, magnitude
【地】按地震时所释放出的能量大小确定的等级标准。最常用的是里氏震级。

震聲 ㄓㄣˋ ㄕㄥ/zhènshēng
earthquake sound
【地】台湾名。即"地声"(227 页)。

震央 ㄓㄣˋ ㄧㄤ/zhènyāng
epicenter
【地】台湾名。即"震中"(1429 页)。

震央距 ㄓㄣˋ ㄧㄤ ㄐㄩˋ/zhènyāngjù
epicentral distance
【地】台湾名。即"震中距"(1429 页)。

震央強度
ㄓㄣˋ ㄧㄤ ㄑㄧㄤˊ ㄉㄨˋ/zhènyāng qiángdù
epicenter intensity
【地】台湾名。即"震中烈度"(1429 页)。

震源/震源 zhènyuán/ㄓㄣˋ ㄩㄢˊ
hypocenter, focus, seismic source
【地】地震发生时地球内部岩石最先开始破裂的部位,即首先发出地震波的地方。

震中/震央 zhènzhōng/ㄓㄣˋ ㄧㄤ
epicenter
【地】震源在地面上的垂直投影点。是地震震源正对着地面的地方,通常用经纬度表示。震中的震动最强,破坏性最大。

震中距/震央距
zhènzhōngjù/ㄓㄣˋ ㄧㄤ ㄐㄩˋ
epicentral distance
【地】地面上某点到震中的直线距离。同一地震,通常震中距越小的地方,影响或破坏越重。

震中烈度/震央強度
zhènzhōng lièdù/ㄓㄣˋ ㄧㄤ ㄑㄧㄤˊ ㄉㄨˋ
epicenter intensity
【地】震中区的烈度,是一次地震中的最高烈度,按地震的震中烈度不同,可分为无感地震、有感地震和破坏性地震。

镇静催眠药/鎮靜催眠藥
zhènjìng cuīmiányào/
ㄓㄣˋ ㄐㄧㄥˋ ㄘㄨㄟ ㄇㄧㄢˊ ㄧㄠˋ
sedative hypnotic
【医】对中枢神经系统能产生不同程度的抑制作用,引起镇静和催眠的药物。常用的有巴比妥类、苯二氮䓬类和其他类。

镇静钢/全淨鋼
zhènjìnggāng/ㄑㄩㄢˊ ㄐㄧㄥˋ ㄍㄤ
killed steel
【材】台湾又称"净静鋼"。浇注前钢液充分脱氧,浇注时钢液平静而不沸腾的钢。其连铸坯组织致密,但有缩孔。

镇静药/鎮定劑
zhènjìngyào/ㄓㄣˋ ㄉㄧㄥˋ ㄐㄧˋ
sedative
【医】通过对中枢神经系统抑制,使人达到平和安静状态的药物。主要用于治疗焦虑、烦躁等症。常用的有苯巴比妥、安定、眠尔通和利眠宁等。

镇咳药/止咳劑 zhènkéyào/ㄓˇ ㄎㄜˊ ㄐㄧˋ
antitussive
【医】减轻咳嗽症状而止咳的药物。有中枢性镇咳药和末梢性镇咳药两类。前者有可待因、右美沙芬、喷托维林等;后者有甘草制剂、那可汀等。

镇痛药/鎮痛劑
zhèntòngyào/ㄓㄣˋ ㄊㄨㄥˋ ㄐㄧˋ
analgesics
【医】通过激动中枢神经系统特定部位的阿片

Z

受体而产生镇痛作用，同时缓解疼痛引起的紧张不安的药物。

镇吐药/止吐劑 zhèntùyào/ㄓˇ ㄊㄨˋ ㄐㄧˋ

antiemetic

【医】影响呕吐反射的不同环节而发挥止吐作用的药物。可分为多巴胺受体阻滞药(如异丙嗪)、抗胆碱药(如东莨菪碱)、抗组胺药(如茶苯海明)和 5-HT_3 受体阻滞药(如昂丹司琼)。

镇压/夯實 zhènyā/ㄏㄤ ㄕˊ

compacting

【农】把播种后的垄或植株行间的土壤压紧，使种子或植株容易吸收水分和养分。

鎮定劑 ㄓㄣˋ ㄉㄧㄥˋ ㄐㄧˋ/zhèndìngjì

sedative

【医】台湾名。即“镇静药”(1429 页)。

鎮痛劑 ㄓㄣˋ ㄊㄨㄥˋ ㄐㄧˋ/zhèntòngjì

analgesics

【医】台湾名。即“镇痛药”(1429 页)。

zheng (ㄓㄥ)

争用/爭用 zhēngyòng/ㄓㄥ ㄩㄥˋ

contention

【信息】在同一条公用信道上，至少两站同时试图发送的状态。

筝形/箏形

zhēngxíng/ㄓㄥ ㄒㄧㄥˊ

kite

【数】有一条对角线所在直线垂直平分另一条对角线的四边形。分为凸筝形和凹筝形两类。

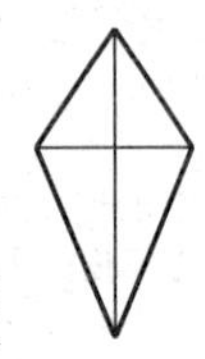

凸筝形

凹筝形

筝 形

蒸发/蒸發 zhēngfā/ㄓㄥ ㄈㄚ

evaporation

【物】在液体表面发生的汽化过程，在任何温度下都可进行。

📖 固态水不经液态直接变为水汽的过程应称升华，但气象上将其列为蒸发观测。物质蒸发和升华都需要吸收热量，因此有“下雪不冷化雪冷”的说法。

蒸发计/蒸發儀 zhēngfājì/ㄓㄥ ㄈㄚ ㄧˊ

evaporograph

【气】用于测定由水面向大气中蒸发的水分，并具有自动连续记录功能的仪器。

蒸发量/蒸發率

zhēngfāliàng/ㄓㄥ ㄈㄚ ㄌㄩˋ

evaporation capacity

【气】地面气象观测项目之一。指一定时段内，水由液态或固态变为气态的量。结合降水量，可在一定程度上反映某地的干旱情况。

📖 气象台通常使用蒸发器或蒸发池等人造小水面进行蒸发量观测，与自然蒸发量有所差别。在降水量远小于蒸发量的干旱地区，如中国新疆的吐鲁番盆地，一般所说的蒸发量是指该地的最大可能蒸发量，实际的自然蒸发量远小于此。

蒸发皿/蒸發皿

zhēngfāmǐn/ㄓㄥ ㄈㄚ ㄇㄧㄣˇ

evaporation pan

【气】用于通过加热以蒸发浓缩溶液或灼烧固体的器皿。气象上指用于测量每天由水面向大气蒸发多少水的器皿。分为小型和大型两种。前者为口径 20 厘米、高 10 厘米的柱形金属圆盆；后者为器口面积 3000 平方厘米，有圆锥底的柱形桶。

蒸发雾/蒸發霧 zhēngfāwù/ㄓㄥ ㄈㄚ ㄨˋ

evaporation fog

【气】俗称“蒸汽雾”。冷空气流到暖水面上时，由于暖水面蒸发而成的雾。常发生在深秋寒冷早晨的湖面或河面上，范围较小。

蒸发岩/蒸發岩

zhēngfāyán/ㄓㄥ ㄈㄚ ㄧㄢˊ

evaporite

【地】化学岩的一类。是湖盆、海盆中的卤水经蒸发、浓缩，盐类物质依不同的溶解度结晶而成。主要成分有氯化物(石盐、钾盐等)、硫酸盐(杂卤石、石膏、硬石膏等)、硝酸盐(钾硝石、钠硝石)和硼酸盐(硼砂等)组成。按成分不同，可分为石膏岩、硬石膏岩、盐岩等。主要形成于海湾、潟湖和大陆上干燥地区的湖泊。是重要的矿产资源，广泛用于工业和农业。

蒸发总残留物

zhēngfā zǒngcánliúwù

ㄓㄥ ㄈㄚ ㄗㄨㄥˇ ㄘㄢˊ ㄌㄧㄡˊ ㄨˋ
【环】即“总固体”(1509 页)。

蒸發率 ㄓㄥ ㄈㄚ ㄌㄩˋ/zhēngfālǜ
evaporation capacity
【气】台湾名。即“蒸发量”(1430 页)。

蒸發儀 ㄓㄥ ㄈㄚ ㄧˊ/zhēngfāyí
evaporograph
【气】台湾名。即“蒸发计”(1430 页)。

蒸馏/蒸餾 zhēngliú/ㄓㄥ ㄌㄧㄡˊ
distillation
【化】利用液体混合物中各组分挥发度的不同,分离其中组分的方法。将液体混合物加热至沸腾,生成的蒸气冷凝为液体,蒸气比原混合物含有较多易挥发组分,剩余的混合物中含有较多难挥发组分,因而实现分离。

蒸馏酒/蒸餾酒
zhēngliújiǔ/ㄓㄥ ㄌㄧㄡˊ ㄐㄧㄡˇ
distilled spirits
【轻】用特制的蒸馏器将发酵酒液、酒醪或酒醅加热蒸馏得到的酒精饮料。产品通常需要勾兑。酒精浓度较高,多为 38%～60%(体积分数)。酒液无色,含有特殊的香味物质,气味辛辣香浓。常见的有白酒、白兰地、威士忌、伏特加、朗姆酒等。

蒸馏水/蒸餾水
zhēngliúshuǐ/ㄓㄥ ㄌㄧㄡˊ ㄕㄨㄟˇ
distilled water
【化】用蒸馏方法获得的纯水。

蒸气/蒸氣 zhēngqì/ㄓㄥ ㄑㄧˋ
vapour
【化】液体(如水、汞、苯)蒸发或固液(如碘)升华而产生的气体。

蒸汽/蒸汽 zhēngqì/ㄓㄥ ㄑㄧˋ
steam
【化】通常指工业用的水蒸气。

蒸汽堆積 ㄓㄥ ㄑㄧˋ ㄉㄨㄟ ㄐㄧ/zhēngqì duījī
vapor deposition
【机】台湾名。即“气相沉积”(894 页)。

蒸汽锅炉/蒸汽鍋爐
zhēngqì guōlú/ㄓㄥ ㄑㄧˋ ㄍㄨㄛ ㄌㄨˊ
steam boiler
【机】锅炉的一种。利用燃料燃烧释放的热能或其他热能加热水产生蒸汽。按燃料不同,可分为电蒸汽锅炉、燃油蒸汽锅炉、燃气蒸汽锅炉等;按构造不同,可分为立式蒸汽锅炉、卧式蒸汽锅炉;按水或水蒸气循环的动力不同,可分为自然循环锅炉、控制循环锅炉、直流锅炉和复合循环锅炉,通常后三种锅炉又统称为强制循环锅炉。

蒸汽机/蒸汽機 zhēngqìjī/ㄓㄥ ㄑㄧˋ ㄐㄧ
steam engine
【机】往复式发动机的一种。利用蒸汽在汽缸内膨胀,推动活塞运动而产生动力。配汽机构按规定时刻使蒸汽进入汽缸内膨胀做功,或使做过功的乏汽从汽缸中排出,保证活塞连续不断地往复运动。

蒸汽机车/蒸汽機車
zhēngqì jīchē/ㄓㄥ ㄑㄧˋ ㄐㄧ ㄔㄜ
steam locomotive
【交】自给式机车的一种。利用蒸汽机产生动力,并通过曲柄连杆机构驱动运行的机车。由锅炉、汽机、车架和走行部以及煤水车等组成,是铁路最早使用的机车。

📖 1814 年,英国工程师斯蒂芬森(G. Stephenson)发明了第一台蒸汽机车,这是人类近代工业文明发展史的一个重要里程碑。此后的一个多世纪里,蒸汽机车成为铁路运输的主要牵引动力。1945 年后,由于热效率低、污染严重等原因,逐渐被内燃机车、电力机车所取代。

蒸汽轮机 zhēngqì lúnjī/ㄓㄥ ㄑㄧˋ ㄌㄨㄣˊ ㄐㄧ
【机】即“汽轮机”(898 页)。

蒸汽疏水阀
zhēngqì shūshuǐfá/ㄓㄥ ㄑㄧˋ ㄕㄨ ㄕㄨㄟˇ ㄈㄚˊ
【机】即“疏水阀”(1046 页)。

蒸汽透平机
zhēngqì tòupíngjī/ㄓㄥ ㄑㄧˋ ㄊㄡˋ ㄆㄧㄥˊ ㄐㄧ
【机】即“汽轮机”(898 页)。

蒸汽渦輪機
ㄓㄥ ㄑㄧˋ ㄨㄛ ㄌㄨㄣˊ ㄐㄧ/zhēngqì wōlúnjī
steam turbine
【机】台湾名。即“汽轮机”(898 页)。

蒸散/蒸散 zhēngsàn/ㄓㄥ ㄙㄢˋ
evapotranspiration
㊀【气】所有通过陆面、海面蒸发及植物蒸腾作用,使水由地球表面输送到大气的过程。是自然界水循环的一个环节。㊁【农】在台

Z

湾,蒸散也指"蒸腾"(1432 页)。

蒸散作用
ㄓㄥ ㄙㄢˋ ㄗㄨㄛˋ ㄩㄥˋ/zhēngsàn zuòyòng
thanspiration
【植】台湾名。即"蒸腾作用"(1432 页)。

蒸腾/蒸散 zhēngténg/ㄓㄥ ㄙㄢˋ
transpiration
【农】植物中的水分以水汽形式转移到大气中的过程。

蒸腾作用/蒸散作用
zhēngténg zuòyòng/ㄓㄥ ㄙㄢˋ ㄗㄨㄛˋ ㄩㄥˋ
transpiration
【植】水分由植物体表面(主要是叶片)以气体状态散失到植物体外的过程。

徵候 ㄓㄥ ㄏㄡˋ/zhēnghòu
symptom
【医】台湾名。即"症状"(1438 页)。

徵象 ㄓㄥ ㄒㄧㄤˋ/zhēngxiàng
sign
【医】台湾名。即"体征"(1120 页)。

整倍体/整倍體 zhěngbèitǐ/ㄓㄥˇ ㄅㄟˋ ㄊㄧˇ
euploid
【生】具有物种特有的一套或几套整倍数染色体组的细胞或个体。

整车运输/整車運輸
zhěngchē yùnshū/ㄓㄥˇ ㄔㄜ ㄩㄣˋ ㄕㄨ
㊀transportation of truckload, ㊁carload freight traffic
㊀【物流】一种运输组织形式。根据托运货物的重量、性质、体积、形状,需要单独使用一单位或一单位以上的运载工具装运。在分卸和途中作业时,按整车托运的组织形式操作。㊁【交】铁路货物运输的一种。按一张货物运单托运,其重量、体积、形状等需要一辆或一辆以上货车的货物运输。具有运输成本较低、送达速度较快、安全性好等特点。

整除/整除 zhěngchú/ㄓㄥˇ ㄔㄨˊ
divisible
【数】若 a,b,c 都是整数(或整式),$b\neq0$,a 是 b,c 的乘积,即 $a=b\times c$,则称 a 被 b 整除,或称 b 整除 a,记作 $b|a$。例如 $5|10$,$(x+1)|(x^2-1)$。

整地/整地 zhěngdì/ㄓㄥˇ ㄉㄧˋ
land preparation
【农】农田播种前进行的一系列耕作措施的统称。包括翻地、耙地、平整土面、开沟、做畦、起垄等。

整合/整合 zhěnghé/ㄓㄥˇ ㄏㄜˊ
conformity
【地】同一地区新老两套地层间产状基本一致,岩性和所含生物化石演化连续或渐变,没有明显沉积间断的一种地层接触关系。

整合軟體
ㄓㄥˇ ㄏㄜˊ ㄖㄨㄢˇ ㄊㄧˇ/zhěnghé ruǎntǐ
integrated software
【信息】台湾名。即"集成软件"(576 页)。

整流器/整流器 zhěngliúqì/ㄓㄥˇ ㄌㄧㄡˊ ㄑㄧˋ
rectifier
【电】实现整流(把交流电变换为直流电)的设备。常用的电子整流器有真空管整流器、充气管整流器、汞弧整流器、半导体整流器、可控硅整流器等;最常见的、最简单的半导体整流器是半导体二极管整流器。

整批處理 ㄓㄥˇ ㄆㄧ ㄔㄨˇ ㄌㄧˇ/zhěngpī chǔlǐ
batch processing
【信息】台湾名。即"批处理"(863 页)。

整式/整式 zhěngshì/ㄓㄥˇ ㄕˋ
integral expression
【数】不含带字母的分母的有理式。例如,$3x, ab+cd, 5m^2-mn+3n^2, \frac{1}{2}a+b, \frac{x+1}{\sqrt{2}}$ 等。

整式方程/整式方程
zhěngshì fāngchéng/ㄓㄥˇ ㄕˋ ㄈㄤ ㄔㄥˊ
integral equation
【数】由关于未知数的整式构成的方程。例如,$5x^2+6x+1=0$,$2x+3y-4=0$ 等。

整数/整數 zhěngshù/ㄓㄥˇ ㄕㄨˋ
integer
【数】正整数、0 和负整数的统称,即 $\cdots,-3,-2,-1,0,1,2,3,\cdots$。整数集记作 **Z**。整数进行加法、减法、乘法的结果仍是整数,进行除法的结果不一定是整数。整数集 **Z** 对它的加法和乘法构成一个环。

Z

整数指数/整數指數
zhěngshù zhǐshù/ㄓㄥˇ ㄕㄨˋ ㄓˇ ㄕㄨˋ
integral exponent
【数】正整指数、零指数和负整指数的统称。当 $a \neq 0$，α 是整数时，a^{α} 总有意义。

整体观念/整體觀念
zhěngtǐ guānniàn/ㄓㄥˇ ㄊㄧˇ ㄍㄨㄢ ㄋㄧㄢˋ
holism
【中医】中医的基本思维方法之一。中医学把人体内脏和体表各部组织、器官之间看成一个有机的整体，同时认为四时气候、外界环境等因素的变化，对人体生理、病理有不同程度的影响，既强调人体内部的协调、完整性，也重视人体和外界环境的统一性。这种思维方法贯穿于对人体的生理、病理认识，疾病的诊断和治疗，以及养生保健过程中。

整体热处理/整體熱處理
zhěngtǐ rèchǔlǐ/ㄓㄥˇ ㄊㄧˇ ㄖㄜˋ ㄔㄨˇ ㄌㄧˇ
bulk heat treatment
【机】热处理的一种。对工件整体进行穿透加热，以改变其整体力学性能，获得需要的金相组织。有退火、正火、淬火和回火四种基本工艺。

整體服務數位網路
ㄓㄥˇ ㄊㄧˇ ㄈㄨˊ ㄨˋ ㄕㄨˋ ㄨㄟˋ ㄨㄤˇ ㄌㄨˋ/
zhěngtǐ fúwù shùwèi wǎnglù
integrated services digital network, ISDN
【信息】台湾名。即“综合业务数字网”(1508 页)。

正比 ㄓㄥˋ ㄅㄧˇ/zhèngbǐ
direct proportion
【数】台湾名。即“正比例”(1433 页)。

正比例/正比 zhèngbǐlì/ㄓㄥˋ ㄅㄧˇ
direct proportion
【数】❶若 a 与 b 的比等于 c 与 d 的比，即 $a : b = c : d$，则称 a, b, c, d 成(正)比例。例如，$1 : 2 = 3 : 6$，即 1，2，3，6 成(正)比例。❷若两个变量 x, y 满足 $y = kx$ (k 是非零常数)，则称 x 和 y 成正比例。

正比例函数/比例函數
zhèngbǐlì hánshù/ㄅㄧˇ ㄌㄧˋ ㄏㄢˊ ㄕㄨˋ
proportional function
【数】形如 $y = kx$ ($k \neq 0$)的函数。其定义域和值域都为 **R**，图像为过原点的一条直线(如图)。$k > 0$ 时，$y = kx$ 为增函数；$k < 0$ 时，$y = kx$ 为减函数。

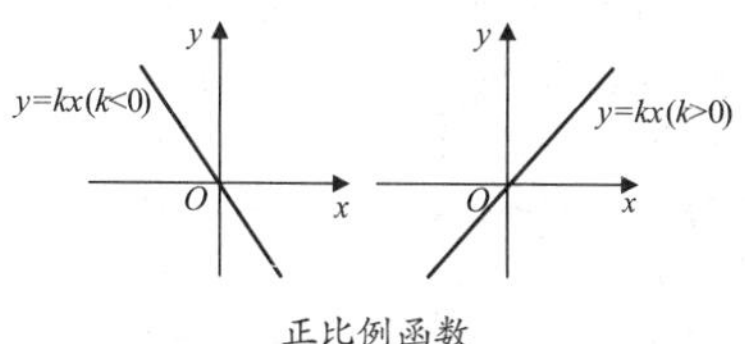

正比例函数

正长石/正長石
zhèngchángshí/ㄓㄥˋ ㄔㄤˊ ㄕˊ
orthoclase
【地】矿物。成分为 $KAlSi_3O_8$，常含一定数量的 $NaAlSi_3O_8$ 组分。单斜晶系。晶体呈短柱状或厚板状，集合体呈粒状或块状。多为肉红色，或呈黄褐、灰白等色，玻璃光泽，莫氏硬度 6～6.5，密度 2.57 克/厘米^3。因两组正交完全解理，故名。分布于火成岩中，也是某些片麻岩的主要矿物。用作绝缘电瓷和瓷器釉药的材料，以及玻璃和搪瓷的配料，也用于制造钾肥。

正长岩/正長岩
zhèngchángyán/ㄓㄥˋ ㄔㄤˊ ㄧㄢˊ
syenite
【地】中性深成岩。主要由长石(大多数是正长石)、闪石和黑云母组成，不含或含极少量的石英。浅灰色，具等粒状、斑状结构。常呈小的岩株，与基性岩、碱性岩组成杂岩体。为良好的建筑材料，其中的正长石用作制玻璃、陶瓷、釉料等的原料。相关矿产有铁矿及稀有元素、放射性元素等。

正常化 ㄓㄥˋ ㄔㄤˊ ㄏㄨㄚˋ/zhèngchánghuà
normalizing, normalization
【机】台湾名。即“正火”(1434 页)。

正電極 ㄓㄥˋ ㄉㄧㄢˋ ㄐㄧˊ/zhèngdiànjí
positive electrode
【化】台湾名。即“正极”(1434 页)。

正多边形/正多邊形
zhèngduōbiānxíng/ㄓㄥˋ ㄉㄨㄛ ㄅㄧㄢ ㄒㄧㄥˊ
regular polygon
【数】各边都相等、各角都相等的多边形。按边数不同可分为正三角形、正方形、正五边形、正六边形等。正多边形有外接圆和内切圆,它们是同心圆,圆心叫作正多边形的中心;中心到顶点的距离叫作正多边形的半径,中心到边的距离叫作正多边形的边心距。

正多面体/正多面體
zhèngduōmiàntǐ/ㄓㄥˋ ㄉㄨㄛ ㄇㄧㄢˋ ㄊㄧˇ
regular polyhedron
【数】若多面体的每个面都是全等的正多边形,各顶点处都是相同的正多面角,则称这样的多面体为正多面体。凸正多面体有5种:正四面体、正六面体(立方体)、正八面体、正十二面体和正二十面体。
📖 古希腊的毕达哥拉斯学派发现了5种正多面体。18世纪,瑞士数学家欧拉(L.Euler)给出多面体的欧拉公式($E+2=F+V$,其中V,F,E分别是顶点数、面数和棱数),由它可证明凸正多面体只有5种。

正反交/互交
zhèngfǎnjiāo/ㄈㄢˇ ㄐㄧㄠ
reciprocal cross
【生】两个具有不同基因型的杂交亲本杂交时配置父母本的两种方式。用a、b两种不同基因型的亲本杂交时,如以a为母本,b为父本,称为正交;如以b为母本,a为父本,称为反交。

正方形/正方形
zhèngfāngxíng/ㄓㄥˋ ㄈㄤ ㄒㄧㄥˊ
square
【数】四条边都相等,四个角都是直角的四边形。具有矩形和菱形的所有性质。

正分数/正分數
zhèngfēnshù/ㄓㄥˋ ㄈㄣ ㄕㄨˋ
positive fraction
【数】大于0的分数。通常不加符号,例如$\frac{1}{2}$,$\frac{2}{3}$,$\frac{7}{4}$,$2\frac{2}{9}$等。特别需要强调是正数时,在前面加"+"号,例如$+\frac{1}{2}$,$+\frac{2}{3}$,$+\frac{7}{4}$,$+2\frac{2}{9}$等。

正分数指数/正分數指數
zhèngfēnshù zhǐshù/ㄓㄥˋ ㄈㄣ ㄕㄨˋ ㄓˇ ㄕㄨˋ
positive fractional exponent
【数】乘方中是正分数的指数。$a^{\frac{m}{n}}=\sqrt[n]{a^m}$,其中$m$,$n$为正整数,当$m$为奇数,$n$为偶数时,$a\geqslant0$;其他情形$a$可为任意实数。

正浮/縱平浮 zhèngfú/ㄓㄥˋ ㄈㄨˊ ㄆㄧㄥˊ ㄈㄨˊ
floating on even keel,zero trim
【船】船舶浮于静水面,无横倾和纵倾时的浮态。通常船舶性能按正浮的浮态进行计算。

正割/正割 zhènggē/ㄓㄥˋ ㄍㄜ
secant
【数】三角函数之一。如图,在平面直角坐标系xOy中,角θ以原点O为顶点,x轴的正半轴为始边,射线OA为终边,点$P(x,y)$为OA上任一点,$|OP|=r>0$。$\frac{r}{x}$叫作θ的正割,记作$\sec\theta=\frac{r}{x}$。图见"余割"(1375页)

正骨水/正骨水
zhènggǔshuǐ/ㄓㄥˋ ㄍㄨˇ ㄕㄨㄟˇ
zhenggu mixture,zhenggu shui,
* Bone-Righting Water
【中医】中成药名。主要成分:九龙川、木香、海风藤、土鳖虫、豆豉姜、猪牙皂、香加皮、莪术、买麻藤、过江龙、香樟、徐长卿、降香、两面针、碎骨木、羊耳菊、虎杖、五味藤、千斤拔、朱砂根、横经席、穿壁风、鹰不扑、草乌、薄荷脑、樟脑。用药液轻搽患处。活血祛瘀,舒筋活络,消肿止痛。用于跌打扭伤、骨折脱位以及体育运动前后消除疲劳。

正火/正常化 zhènghuǒ/ㄓㄥˋ ㄔㄤˊ ㄏㄨㄚˋ
normalizing,normalization
【机】又称"常化"。热处理的基本工艺之一。将钢铁或其制件加热到一定温度(相变温度)以上,保温,然后在空气中冷却,以实现细化组织、去除材料的内应力及降低材料的硬度。

正极/正電極 zhèngjí/ㄓㄥˋ ㄉㄧㄢˋ ㄐㄧˊ
positive electrode
【化】见"电化学电池"(245页)。

正脊/正脊 zhèngjǐ/ㄓㄥˋ ㄐㄧˇ
principal ridge
【建】位于屋顶最高处,前后两坡瓦面相交处的屋脊。具有防止雨水渗漏和装饰功能,通常由盖脊筒瓦、正通脊、群色条、压当条、正当沟和正吻组成。唐宋建筑常作生起曲线,明清建筑正脊则为通直线。图见"抬梁式木构

架"(1098 页)

正交/正交 zhèngjiāo/ㄓㄥˋ ㄐㄧㄠ

orthogonal

【数】台湾又称"直交"。❶直线与直线、直线与平面、平面与平面垂直地相交。❷若两曲线在同一点处的切线互相垂直,则称两曲线在这点正交。❸若两向量互相垂直,即它们的数量积(内积)为 0,则称它们正交。❹若从向量空间的两个子空间中分别任取的两个向量都正交,则称这两个子空间正交。

正交坐标系

zhèngjiāo zuòbiāoxì/
ㄓㄥˋ ㄐㄧㄠ ㄗㄨㄛˋ ㄅㄧㄠ ㄒㄧˋ

【数】即"直角坐标系"(1443 页)。

正棱柱/正稜柱

zhèngléngzhù/ㄓㄥˋ ㄌㄥˊ ㄓㄨˋ

regular prism

【数】底面是正多边形的直棱柱。正棱柱的各侧面是全等的矩形。

正棱锥/正稜錐

zhènglíngzhuī/ㄓㄥˋ ㄌㄥˊ ㄓㄨㄟ

regular pyramid

【数】底面是正多边形,且顶点在底面中心的垂线上的棱锥。正棱锥的各侧面是全等的三角形。

正离子 zhènglízǐ/ㄓㄥˋ ㄌㄧˊ ㄗˇ

【化】即"阳离子"(1315 页)。

正气/正氣 zhèngqì/ㄓㄥˋ ㄑㄧˋ

vital qi

【中医】人体正常功能活动的统称。即人体正常功能及所产生的各种维护健康的能力,包括自我调节能力、适应环境能力、抗邪防病能力和康复自愈能力等。

正切/正切 zhèngqiē/ㄓㄥˋ ㄑㄧㄝ

tangent

【数】三角函数之一。如图,在平面直角坐标系 xOy 中,角 θ 以原点 O 为顶点,x 轴的正半轴为始边,射线 OA 为终边,点 $P(x,y)$ 为 OA 上任一点,$|OP|=r>0$。$\dfrac{y}{x}$ 叫作 θ 的正切,记作 $\tan\theta=\dfrac{y}{x}$。图见"余割"(1375 页)

正切定律/正切定律

zhèngqiē dìnglǜ/ㄓㄥˋ ㄑㄧㄝ ㄉㄧㄥˋ ㄌㄩˋ

law of tangents

【数】关于三角形的边角关系的定理之一。设 $\triangle ABC$ 中,顶点 A,B,C 所对的边分别为 a,b,c。(1)若 $\triangle ABC$ 是平面三角形,则有 $\dfrac{b-c}{b+c}=\dfrac{\tan\dfrac{B-C}{2}}{\tan\dfrac{B+C}{2}}$,$\dfrac{c-a}{c+a}=\dfrac{\tan\dfrac{C-A}{2}}{\tan\dfrac{C+A}{2}}$,$\dfrac{a-b}{a+b}=\dfrac{\tan\dfrac{A-B}{2}}{\tan\dfrac{A+B}{2}}$。(2)若 $\triangle ABC$ 是球面三角形,它的边是三条圆弧,其弧长与球半径之比分别记作 a,b,c,则有 $\dfrac{\tan\dfrac{b-c}{2}}{\tan\dfrac{b+c}{2}}=\dfrac{\tan\dfrac{B-C}{2}}{\tan\dfrac{B+C}{2}}$,$\dfrac{\tan\dfrac{c-a}{2}}{\tan\dfrac{c+a}{2}}=\dfrac{\tan\dfrac{C-A}{2}}{\tan\dfrac{C+A}{2}}$,$\dfrac{\tan\dfrac{a-b}{2}}{\tan\dfrac{a+b}{2}}=\dfrac{\tan\dfrac{A-B}{2}}{\tan\dfrac{A+B}{2}}$。

正切曲线/切曲線

zhèngqiē qūxiàn/ㄑㄧㄝ ㄑㄩ ㄒㄧㄢˋ

tangent curve

【数】函数 $y=\tan x$ 的图像。$y=\tan x$ 的定义域为 $\{\theta\,|\,\theta\neq k\pi+\dfrac{\pi}{2},k\in\mathbf{Z},\theta\in\mathbf{R}\}$,值域为 $\mathbf{R}$,最小正周期为 π。

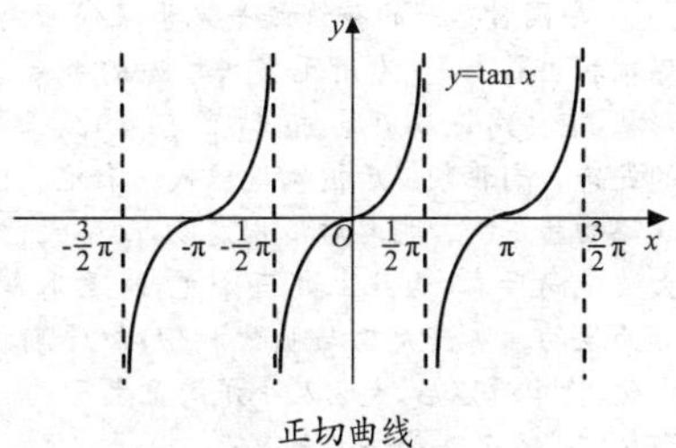

正切曲线

正三角形

zhèngsānjiǎoxíng/ㄓㄥˋ ㄙㄢ ㄐㄧㄠˇ ㄒㄧㄥˊ

【数】即“等边三角形”(211 页)。

正数/正數 zhèngshù/ㄓㄥˋ ㄕㄨˋ

positive number

【数】大于 0 的数。通常不加符号,例如 1, $2\frac{1}{2}$,3.05 等。特别需要强调是正数时,在前面加正号“+”,例如+1,$+2\frac{1}{2}$,+3.05。

正态分布/常態分布

zhèngtài fēnbù/ㄓㄥˋ ㄊㄞˋ ㄈㄣ ㄅㄨˋ

normal distribution, Gaussian distribution

【数】又称“高斯分布”。连续型随机变量的一种最重要的概率分布。若随机变量 X 的概率密度函数为 $p(x)=\frac{1}{\sqrt{2\pi}\sigma}e^{-\frac{(x-\mu)^2}{2\sigma^2}}$ 其中 σ,μ 为常数,$\sigma>0$,则称 X 服从以 μ,σ^2 为参数的正态分布,记作 $X\sim N(\mu,\sigma^2)$。

📖 很多随机变量的概率分布都可以用正态分布来近似描述。一般来说,若一个量是由许多微小的随机变量共同影响的结果,则可认为这个量近似服从正态分布。

正投影/正投影

zhèngtóuyǐng/ㄓㄥˋ ㄊㄡˊ ㄧㄥˇ

orthographic projection

【数】投影线垂直于一条直线(投影全落在它上面)或一个平面(投影面)的平行投影。

正吻/正吻 zhèngwěn/ㄓㄥˋ ㄨㄣˇ

ridge ornament, zhengwen

【建】又称“大吻”“龙吻”“吞脊兽”。明清建筑屋顶的正脊两端的装饰构件。龙头形,龙口大开,咬住正脊,用釉陶或琉璃制成。图见“抬梁式木构架”(1098 页)

📖 中国古建筑的脊饰最早见于汉代石阙、石祠和明器上,多为用瓦当头堆砌的翘起的形状,重要建筑多用凤凰(朱雀、孔雀)做正脊的脊饰。南北朝以后被鸱尾取代。宋元时出现鸱吻和龙吻。明以后多用龙吻,改称大吻。大吻尾向后卷,吻身上部有小龙,鳞飞爪舞,颇为生动。清代大吻与明代相似,但逐渐程式化,清中叶以后,大吻及小龙均无生气。

正弦/正弦 zhèngxián/ㄓㄥˋ ㄒㄧㄢˊ

sine

【数】三角函数之一。如图,在平面直角坐标系 xOy 中,角 θ 以原点 O 为顶点,x 轴的正半轴为始边,射线 OA 为终边,点 $P(x,y)$ 为 OA 上任一点,$|OP|=r>0$。$\frac{y}{r}$ 叫作 θ 的正弦,记作 $\sin\theta=\frac{y}{r}$。图见“余割”(1375 页)。

正弦电流/正弦電流

zhèngxián diànliú/ㄓㄥˋ ㄒㄧㄢˊ ㄉㄧㄢˋ ㄌㄧㄡˊ

sinusoidal current

【电】随时间按正弦规律变化的电流。

正弦电流电路/正弦電流電路

zhèngxián diànliú diànlù/

ㄓㄥˋ ㄒㄧㄢˊ ㄉㄧㄢˋ ㄌㄧㄡˊ ㄉㄧㄢˋ ㄌㄨˋ

sinusoidal current circuit

【电】电压、电流随时间做同频率正弦规律变化的电路。

正弦定律/正弦定律

zhèngxián dìnglǜ/ㄓㄥˋ ㄒㄧㄢˊ ㄉㄧㄥˋ ㄌㄩˋ

law of sines

【数】关于三角形的边角关系的定理之一。设 $\triangle ABC$ 中,顶点 A,B,C 所对的边分别为 a,b,c。(1)若 $\triangle ABC$ 是平面三角形,则有 $\frac{a}{\sin A}=\frac{b}{\sin B}=\frac{c}{\sin C}=2R$,其中 R 是 $\triangle ABC$ 的外接圆的半径。(2)若 $\triangle ABC$ 是球面三角形,它的边是三条圆弧,其弧长与球半径之比分别记作 a,b,c,则有 $\frac{\sin a}{\sin A}=\frac{\sin b}{\sin B}=\frac{\sin c}{\sin C}$。

📖 利用正弦定律可以解决下列解三角形问题:(1)已知两边和其中一边的对角,求其余边角;(2)已知两角和一条边,求其余边角。

正弦曲线/正弦曲線

zhèngxián qūxiàn/ㄓㄥˋ ㄒㄧㄢˊ ㄑㄩ ㄒㄧㄢˋ

sine curve

【数】函数 $y=\sin x$ 的图像。$y=\sin x$ 的定义域为实数集 $\mathbf{R}$,值域为$[-1,1]$,最小正周期为 2π。函数 $y=A\sin(\omega x+\varphi)$ 的图像可以由函数 $y=\sin x$ 的图像经过平移、伸缩等变化而得出。函数 $y=A\sin(\omega x+\varphi)$ $(A>0,\omega>0)$ 的最小正周期是 $\frac{2\pi}{\omega}$,$\frac{\omega}{2\pi}$ 叫作频率,

A 叫作图像的振幅，φ 叫作初相角。

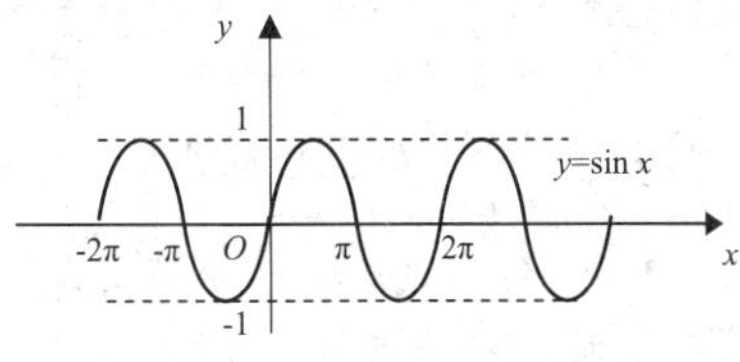

正弦曲线

正弦状态/正弦狀態

zhèngxián zhuàngtài/ㄓㄥˋ ㄒㄧㄢˊ ㄓㄨㄤˋ ㄊㄞˋ

sinusoidal condition

【电】线性电路元件或电路的一种状态。特征为所有电流和电压均为具有相同频率的时间正弦函数。

正向通道

ㄓㄥˋ ㄒㄧㄤˋ ㄊㄨㄥ ㄉㄠˋ/zhèngxiàng tōngdào

forward channel

【信息】台湾名。即“正向信道”(1437 页)。

正向信道/正向通道

zhèngxiàng xìndào/ㄓㄥˋ ㄒㄧㄤˋ ㄊㄨㄥ ㄉㄠˋ

forward channel

【信息】又称“前向信道”。传输方向与正在传送用户信息的方向一致的信道。

正形投影

zhèngxíng tóuyǐng/ㄓㄥˋ ㄒㄧㄥˊ ㄊㄡˊ ㄧㄥˇ

【测绘】即“等角投影”(213 页)。

正序分量/正序分量

zhèngxù fēnliàng/ㄓㄥˋ ㄒㄩˋ ㄈㄣ ㄌㄧㄤˋ

positive sequence component

【电】三个幅值大小相等的相量 $\underline{U}_A^+$、$\underline{U}_B^+$、$\underline{U}_C^+$，且在相位上 $\underline{U}_B^+$ 落后 $\underline{U}_A^+$ 120°，$\underline{U}_C^+$ 落后 $\underline{U}_B^+$ 120°。

正压大气/正壓大氣

zhèngyā dàqì/ㄓㄥˋ ㄧㄚ ㄉㄚˋ ㄑㄧˋ

barotropic atmosphere

【气】模式大气的一种。假设等压面与等密度面(或等温面)不相互斜交，空气密度的分布只依赖于气压分布。

正整数/正整數

zhèngzhěngshù/ㄓㄥˋ ㄓㄥˇ ㄕㄨˋ

positive integer

【数】0 以外的自然数，即大于 0 的整数。通常不加符号，例如，1，2，3 等。特别需要强调是正数时，在前面加“＋”号，例如，＋1，＋2，＋3 等。

正整數指數

ㄓㄥˋ ㄓㄥˇ ㄕㄨˋ ㄓˇ ㄕㄨˋ/

zhèngzhěngshù zhǐshù

positive integral exponent

【数】台湾名。即“正整指数”(1437 页)。

正整指数/正整數指數

zhèngzhěng zhǐshù/ㄓㄥˋ ㄓㄥˇ ㄕㄨˋ ㄓˇ ㄕㄨˋ

positive integral exponent

【数】乘方中是正整数的指数。$a^n=\underbrace{a\cdot a\cdot\cdots\cdot a}_{n\text{个}}$($n$ 为正整数)，a 叫作底数，n 叫作指数，a^n 叫作 a 的 n 次幂或 n 次方。正整指数幂是相同因数的积。

正轴投影/正軸投影

zhèngzhóu tóuyǐng/ㄓㄥˋ ㄓㄡˊ ㄊㄡˊ ㄧㄥˇ

normal projection

【测绘】一种地图投影类型。借助与地球相切或相割的平面或其他可展开成平面的曲面(如圆锥面、圆柱面)等辅助面进行地图投影时，满足以下条件：若辅助面为平面，则辅助面与地球自转轴须垂直；若辅助面为圆柱面或圆锥面，则圆柱体或圆锥体的对称中心轴与地球自转轴须重合。

证/證 zhèng/ㄓㄥˋ

syndrome，pattern，* syndrome classification

【中医】对疾病过程中一定阶段的病位、病因、病性(如寒热虚实)、病势(如急缓)及机体抗病能力(强弱)等本质变化的概括。如风寒感冒证、风热感冒证等。

📖 “证”字是“証”和“證”的简体字。“証”最初无病象之义；“證”有病象之义，元代被俗字“証”代替，“證”还通假为“症”，作症状解。“证”在中医是一个特有概念，西医没有。其复合词有适应证、禁忌证等。西医名词译入时，选用“徵”字，现简化为“征”，其复合词有体征、综合征。体征(sign)是医生在检查患者时所发现的异常变化。症状(symptom 简称症)是患者自我的不良感觉。古代中医不使用“徵”，也无体征一词，通常将体征包括在症状之内。综合征(syndrome)

又称症候群，代表相互关连的器官病变或功能紊乱而同时出现一群症状，常出现于几种疾病或由几种不同原因所引起的疾病。与中医证候相对应。

证候/證候 zhènghòu/ㄓㄥˋ ㄏㄡˋ

syndrome

【中医】证的外候。即疾病过程中一定阶段的病位、病因、病性、病势及机体抗病能力的反应状态。表现为临床可观察到的症状(包括体征)等。如风寒感冒证外在表现为发热、恶寒重、无汗、脉浮紧等，这组症状及体征即为风寒感冒的证候。

证券纸/粘合紙

zhèngquànzhǐ/ㄋㄧㄢˊ ㄏㄜˊ ㄓˇ

bond paper

【轻】具有耐久性、高强度和防伪性能的书写和印刷用纸。主要用于耐久储存的文书及证券用纸。

症状/症狀 zhèngzhuàng/ㄓㄥˋ ㄓㄨㄤˋ

symptom

㊀【医】台湾又称"徵候"。患者对机体生理功能异常的自身主观感觉，或他人的感觉器官所感知的各种异常表现。㊁【中医】机体因发生疾病而表现出来的异常状态。中医认为症状包括患者自身的各种异常感觉，以及医者的感觉器官所感知的各种异常表现。

zhi （ㄓ）

支持软件/支援軟體

zhīchí ruǎnjiàn/ㄓ ㄩㄢˊ ㄖㄨㄢˇ ㄊㄧˇ

support software

【信息】帮助开发、维护或使用其他软件，或者提供独立于应用的通用能力的程序。例如编译程序、数据库管理系统。

支导线/展開導線

zhīdǎoxiàn/ㄓㄢˇ ㄎㄞ ㄉㄠˇ ㄒㄧㄢˋ

open traverse

【测绘】只有起点是已知坐标的控制点而其他导线点的坐标均不是已知的导线。

支链/支鏈 zhīliàn/ㄓ ㄌㄧㄢˋ

branched chain

【化】聚合物主链上的分支。可分为长支链和短支链。

支流/支流 zhīliú/ㄓ ㄌㄧㄡˊ

tributary

【地】流入干流的河流。

支流站 ㄓ ㄌㄧㄡˊ ㄓㄢˋ/zhīliúzhàn

tributary station

【信息】台湾名。即"支站"(1439 页)。

支路/支路 zhīlù/ㄓ ㄌㄨˋ

branch

【电】一种网络的子集。含一个电路元件或电路元件的组合的二端电路。

支气管/支氣管 zhīqìguǎn/ㄓ ㄑㄧˋ ㄍㄨㄢˇ

bronchi

【医】气管在第 4、5 胸椎交界处的分支。左右各一支，分别进入左、右侧肺。每侧支气管入肺后经反复分支，最后进入独立的肺小叶中。

支气管肺炎/支氣管肺炎

zhīqìguǎn fèiyán/ㄓ ㄑㄧˋ ㄍㄨㄢˇ ㄈㄟˋ ㄧㄢˊ

bronchopneumonia

【医】支气管黏膜、肺泡和其间质发生的炎症。由病毒、细菌、真菌、支原体、衣原体等感染引起，主要表现为咳嗽和呼吸困难。

支气管扩张/支氣管擴張

zhīqìguǎn kuòzhāng/

ㄓ ㄑㄧˋ ㄍㄨㄢˇ ㄎㄨㄛˋ ㄓㄤ

bronchiectasis

【医】支气管慢性疾病。由支气管及其周围组织的慢性炎症和气道阻塞导致支气管壁破坏，管腔不可逆性扩张和变形。主要表现为慢性咳嗽、咳大量脓痰、反复咯血及肺部感染等。

支气管树 /支氣管樹

zhīqìguǎnshù/

ㄓ ㄑㄧˋ ㄍㄨㄢˇ ㄕㄨˋ

bronchial tree

【医】肺内各级支气管的反复分支。如同树枝状，共约 23 级。

支气管哮喘/支氣管性氣喘

zhīqìguǎn xiàochuǎn/

ㄓ ㄑㄧˋ ㄍㄨㄢˇ ㄒㄧㄥˋ ㄑㄧˋ ㄔㄨㄢˇ

bronchial asthma

【医】呼吸道常见疾病。发病原因有超敏反应、气道慢性炎症、气道高反应性、遗传、呼吸道病毒感染等。主要表现为发作性气道痉挛、喘息性呼气困难等。

支氣管性氣喘
ㄓ ㄑㄧˋ ㄍㄨㄢˇ ㄒㄧㄥˋ ㄑㄧˋ ㄔㄨㄢˇ/
zhīqìguǎnxìng qìchuǎn
bronchial asthma
【医】台湾名。即“支气管哮喘”(1438 页)。

支气管炎/支氣管炎
zhīqìguǎnyán/ㄓ ㄑㄧˋ ㄍㄨㄢˇ ㄧㄢˊ
bronchitis
【医】气管和支气管黏膜因感染、物理化学刺激及变态反应而引起的炎症。主要表现为咳嗽咳痰,通常发生于冬季或气候交换季节。

支渠/支渠 zhīqú/ㄓ ㄑㄩˊ
branch canal,lateral
【水利】从干渠引水到斗渠的渠道。

支提/支提 zhītí/ㄓ ㄊㄧˊ
chaitya
【建】印度佛教建筑的一种形式。梵语 Chaitya 的音译,含有积聚之意。建筑与塔相同,因其中有无舍利存放而相区别,有舍利者称作塔,无舍利者称作支提。
📖 印度塔有两种形式:一是埋藏舍利的窣堵坡,属于坟冢的性质;二是举行礼佛仪式的支提,类似庙宇形式。

支线客机/支線客機
zhīxiàn kèjī/ㄓ ㄒㄧㄢˋ ㄎㄜˋ ㄐㄧ
feeder liner
【航】用于大城市与中、小城市或中、小城市之间航线上的旅客机。

支线铁路/支線鐵路
zhīxiàn tiělù/ㄓ ㄒㄧㄢˋ ㄊㄧㄝˇ ㄌㄨˋ
branch line railway
【交】连接中小城市,在铁路网中起辅助、联络作用,或为地区交通运输服务,客货行车量达不到干线铁路标准的铁路线路。

支序图/支序圖 zhīxùtú/ㄓ ㄒㄩˋ ㄊㄨˊ
cladogram
【生】又称“进化树”。种系进化的树状图解,表明物种间的相互关系及在进化支路上的时序。

支原体/霉漿菌
zhīyuántǐ/ㄇㄟˊ ㄐㄧㄤ ㄐㄩㄣˋ
mycoplasma
【生】原核生物最简单的最小的一类。只有细胞膜,没有细胞壁。形态多样,一般呈不规则的球状、椭圆状、长丝状,有时有分枝,还有的呈螺旋丝状。寄生、共生或腐生,能侵染人、畜、禽类,引起病害。

支援軟體
ㄓ ㄩㄢˊ ㄖㄨㄢˇ ㄊㄧˇ/zhīyuán ruǎntǐ
support software
【信息】台湾名。即“支持软件”(1438 页)。

支站/支流站 zhīzhàn/ㄓ ㄌㄧㄡˊ ㄓㄢˋ
tributary station
【信息】多点连接或点对点连接中,除控制站外的其他数据站。

芝加哥学派/芝加哥學派
Zhījiāgē xuépài/ㄓ ㄐㄧㄚ ㄍㄜ ㄒㄩㄝˊ ㄆㄞˋ
Chicago school of architecture
【建】19 世纪 70 年代,美国芝加哥的一批建筑师围绕高层建筑设计发展起来的组织。最大贡献是采用钢结构建造高层建筑,奠定美国“摩天楼”的设计原则和形式基础。芝加哥也因此成为世界摩天楼的摇篮和发源地。

芝麻/芝麻 zhīma/ㄓ·ㄇㄚ
sesame
【植】*Sesamum indicum* 又称“胡麻”。胡麻科胡麻属。一年生草本植物。茎直立。叶矩圆形或卵形,下部叶常掌状三裂,中部叶有齿缺,上部叶近全缘。花生叶腋内,花冠筒状,白色带紫红色或黄色的晕彩。蒴果矩圆形,有纵棱,种子有黑白之分。花期夏末秋初。中国各地均有栽培。种子供食用,可榨油。

芝麻油/芝麻油 zhīmayóu/ㄓ·ㄇㄚ ㄧㄡˊ
sesame oil
【农】又称“麻油”,通称“香油”。用芝麻种子提取的食用油。呈红色或橙红色。

枝刺/枝刺 zhīcì/ㄓ ㄘˋ
thorn
【植】生于植物的叶腋处,由茎变态而成的具有保护功能的刺。如山楂的叶腋就有枝刺。

知柏地黄丸/知柏地黄丸
zhībǎi dìhuángwán/ㄓ ㄅㄛˇ ㄉㄧˋ ㄏㄨㄤˊ ㄨㄢˊ
zhibai dihuang pills; zhibai dihuang wan; * Anemarrhena, phellodendron, and Rehmannia Pill
【中医】中成药名。主要成分:知母、黄柏、熟

Z

地黄、山茱萸、牡丹皮、茯苓、泽泻、山药。口服。滋阴降火。用于阴虚火旺，潮热盗汗，口干咽痛，耳鸣遗精，小便短赤。

知觉/知覺 zhījué/ㄓ ㄐㄩㄝˊ

perception

【心】人脑对当前直接作用于感觉器官的客观事物的整体反映。感觉和知觉通常同时发生，故合称为感知觉。人是以知觉形式来反映客观世界的。通过感觉，可知客观事物的属性；通过知觉，才能对其有完整的映像。对事物的各个属性了解得越丰富、越完善，对事物的知觉也就越完整、越准确。

知了 zhīliǎo/ㄓ ㄌㄧㄠˇ

【动】"蚱蝉"的通称。

知母/知母 zhīmǔ/ㄓ ㄇㄨˇ

Rhizoma Anemarrhenae(拉), common anemarrhena rhizome

【中医】中药名。百合科植物知母 *Anemarrhena asphodeloides* Bge. 的干燥根茎。味苦、甘，性寒。归肺、胃、肾经。清热泻火，生津润燥。用于外感热病，高热烦渴，肺热燥咳，骨蒸潮热，内热消渴，肠燥便秘。

📖 知母原名蚳(chí)母，蚳是传说中的一种虫，一头而两身。知母的根茎附着许多状如蚳虫的须根，故名蚳母，后讹为"知母"。

知识/知識 zhīshi/ㄓ ㄕˋ

knowledge

【总】人类通过感觉、交流、推理等，在实践中认识客观世界（包括人类自身）的成果或结晶。是构成人类智慧的最根本的因素。按反映对象的深刻性不同，可分为生活知识和科学知识；按反映层次的系统性，可分为经验知识和理论知识。

知识产权/智慧財產

zhīshi chǎnquán/ㄓ ㄏㄨㄟˋ ㄘㄞˊ ㄔㄢˇ

intellectual property

【总】权利人对其所创作的智力劳动成果所依法享有的专有权利。通常是国家赋予创造者对其智力成果在一定时期内享有的专有权或独占权。传统上可分为工业产权和文学艺术产权两类。

知识产业/知識產業

zhīshi chǎnyè/ㄓ ㄕˋ ㄔㄢˇ ㄧㄝˋ

knowledge industry

【总】又称"智力产业"。以进行知识生产和知识服务为主体的产业。包括教育部门、研究开发部门、通信部门、信息传播部门和信息咨询服务部门。

知识经济/知識經濟

zhīshi jīngjì/ㄓ ㄕˋ ㄐㄧㄥ ㄐㄧˋ

knowledge economy

【总】以知识为主要生产要素，以信息产业为核心的经济。是继农业经济、工业经济之后发展起来的新型经济形态。教育、文化和研究开发为其先导产业，知识和高素质的人力资源为最重要的资源。

知识库/知識庫 zhīshikù/ㄓ ㄕˋ ㄎㄨˋ

knowledge base, K-base, KB

【信息】包含某一领域人类经验和专家经验的推断规则和信息的数据库。数据库的信息单元只能录入、查询和修改；而知识库还可依据信息单元间的关系和推断规则动态扩充。

知識論 ㄓ ㄕˋ ㄌㄨㄣˋ/zhīshilùn

epistemology

【总】台湾名。即"认识论"(950 页)。

织造/梭織 zhīzào/ㄙㄨㄛ ㄓ

weaving

【纺】将经、纬纱线在织机上相互交织成织物的工艺过程。

栀子/梔子 zhīzi/ㄓ·ㄗ

㊀gardenia, ㊁Fructus Gardeniae(拉), cape jasmine fruit

㊀【植】*Gardenia jasminoides* 又称"水横枝"。茜草科栀子属。常绿灌木。枝圆柱形，灰色。叶对生，革质，长圆状披针形。花单生枝顶，花冠高脚碟状，冠檐常六裂，裂片倒卵形，白色或乳黄色，有香气。果卵形，黄色或橙红色。花期 3—7 月份。在中国，分布于华中、华东、华南和西南的东部地区。观赏花卉。果实可入药。㊁【中医】中药名。茜草科植物栀子 *Gardenia jasminoides* Ellis 的干燥成熟果实。味苦，性寒。归心、肺、三焦经。泻火除烦，清热利尿，凉血解毒。用于热病心烦，黄疸尿赤，血淋涩痛，

栀 子

血热吐衄,目赤肿痛,火毒疮疡;外治扭挫伤痛。

📖 栀子,又作"卮子"。卮是古时一种酒器,栀子花状如卮,故名。

脂/脂 zhī/ㄓ

fat

【化】常温下呈固态或半固态的憎水性物质的统称。包括生物脂、矿物脂、蜡及其他脂状物体,油在凝固点以下也成脂。生物脂是生物体中的油性物质的统称,包括脂肪、磷脂、糖脂、固醇、固醇酯等。工业上使用的一些物质常制成脂状,如润滑脂、防锈脂等。

脂蛋白/脂蛋白 zhīdànbái/ㄓ ㄉㄢˋ ㄅㄞˊ

lipoprotein

【医】脂质与蛋白质结合形成的脂质—蛋白质复合物。以疏水脂类为核心,围绕着极性脂类及载脂蛋白。人体脂蛋白可分为乳糜微粒、极低密度脂蛋白、低密度脂蛋白和高密度脂蛋白四类。

脂肪/脂肪 zhīfáng/ㄓ ㄈㄤˊ

fat

【生】生物体中油性物质的总称。主要成分是脂肪酸的甘油酯,可分为单酰甘油酯、二酰甘油和三酰甘油(又称为三酯甘油)。前二者在自然界存在量极小,故脂肪即指三酰甘油。是机体中的主要储能物质。脏器周围的脂肪组织具有缓冲外力的作用,肝脏、脂肪组织和小肠是合成三酰甘油酯的主要场所,其中以肝脏的合成能力最强。

脂肪肝/脂肪肝 zhīfánggān/ㄓ ㄈㄤˊ ㄍㄢ

fatty liver

【医】各种原因引起的肝细胞内脂肪堆积过多的现象。轻者无症状,早期及时治疗常可恢复正常。

脂肪酸/脂肪酸

zhīfángsuān/ㄓ ㄈㄤˊ ㄙㄨㄢ

fatty acid

【生】链状羧酸的统称。同甘油结合生成脂肪,故名。是动物、植物和微生物脂类的重要成分。分饱和脂肪酸与不饱和脂肪酸。一般由脂肪水解制得,也可人工合成。在有充足氧供给的情况下,可以氧化分解为二氧化碳和水,并释放大量能量。是机体主要能量来源之一,也是一类重要的工业原料。

脂溶性维生素/脂溶性維生素

zhīróngxìng wéishēngsù/

ㄓ ㄖㄨㄥˊ ㄒㄧㄥˋ ㄨㄟˊ ㄕㄥ ㄙㄨˋ

fat-soluble vitamin

【医】可溶于脂类或有机溶剂而不溶于水的维生素。包括维生素 A、维生素 D、维生素 E 和维生素 K 等。

脂质/脂質 zhīzhì/ㄓ ㄓˋ

lipid

【生】脂肪和类似脂肪物质的统称。包括脂肪、类脂和类固醇。不溶于水而溶于有机溶剂,其主要作用为储存能量,构成机体组织,提供生物活性物质。

蜘蛛/蜘蛛 zhīzhū/ㄓ ㄓㄨ

spider

【动】节肢动物名。蜘蛛目(Araneida)各种的统称。身体圆形或长圆形,分为头部、胸部和腹部,有触须,有足四对,有些肛门尖端的突起能分泌黏液,黏液在空气中凝成细丝,用来结网。生活在屋檐和草木间,以昆虫等为食。种类极多,分布广泛。

蜘蛛膜下麻醉法

ㄓ ㄓㄨ ㄇㄛˊ ㄒㄧㄚˋ ㄇㄚˊ ㄗㄨㄟˋ ㄈㄚˇ/

zhīzhūmóxià mázuìfǎ

subarachnoid anesthesia

【医】台湾名。即"蛛网膜下腔阻滞"(1476页)。

蜘蛛膜下腔

ㄓ ㄓㄨ ㄇㄛˊ ㄒㄧㄚˋ ㄑㄧㄤ/zhīzhūmó xiàqiāng

subarachnoid space

【医】台湾名。即"蛛网膜下腔"(1476 页)。

蜘蛛血管瘤

ㄓ ㄓㄨ ㄒㄧㄝˋ ㄍㄨㄢˇ ㄌㄧㄡˊ/zhīzhū xuèguǎnliú

spider angioma

【医】台湾名。即"蜘蛛痣"(1441 页)。

蜘蛛痣/蜘蛛血管瘤

zhīzhūzhì/ㄓ ㄓㄨ ㄒㄧㄝˋ ㄍㄨㄢˇ ㄌㄧㄡˊ

spider angioma

【医】皮肤小动脉末端分支扩张形成的血管痣。多出现于面部、颈部及胸部。中心部为直径 1 毫米左右的圆形小血管瘤,向四周伸出许多毛细血管,形似红色蜘蛛。常见于肝炎或肝硬化患者,也见于妊娠期妇女及健康人。

执行机构/引動器
zhíxíng jīgòu/ㄧㄣˇ ㄉㄨㄥˋ ㄑㄧˋ
actuator
【机】又称“驱动器”。利用驱动能源(液体、气体、电力或其他能源)将控制信号转换成相应动作的机构。可分为气动执行机构、电动执行机构、液动执行机构、电液执行机构等。

执行器/最終控制元件
zhíxíngqì/ㄗㄨㄟˋ ㄓㄨㄥ ㄎㄨㄥˋ ㄓˋ ㄩㄢˊ ㄐㄧㄢˋ
final controlling element
【机】台湾又称“執行元件”。控制系统正向通路中直接改变操纵变量的仪表。由执行机构和调节机构组成。按所用驱动能源不同,可分为气动、电动和液压执行器;按动作规律不同,可分为开关型、积分型和比例型。

直播衛星
ㄓˊ ㄅㄛ ㄨㄟˋ ㄒㄧㄥ/zhíbō wèixīng
direct broadcast satellite
【航】台湾名。即“卫星直播系统”(1188 页)。

直肠癌/直腸癌
zhícháng'ái/ㄓˊ ㄔㄤˊ ㄧㄢˊ(又读 ㄞˊ)
rectal cancer
【医】发生于乙状结肠直肠交界处以下至肛门处齿状线的肠癌。

直尺/直尺 zhíchǐ/ㄓˊ ㄔˇ
【机】即“平尺”(871 页)。

直翅目/直翅目 zhíchìmù/ㄓˊ ㄔˋ ㄇㄨˋ
Orthopteran
【动】Orthoptera 昆虫纲有翅亚纲的一目。体中至大型,前翅狭长,稍硬化,后翅膜质,有咀嚼式口器,后足强大,善跳跃,雄虫常有发音器,不完全变态。可分为蝗亚目、螽斯亚目、蝼蛄亚目等。如蝗虫、蟋蟀、螽斯、蝼蛄等。

直达特快旅客列车/直達特快旅客列車
zhídá tèkuài lǚkè lièchē/
ㄓˊ ㄉㄚˊ ㄊㄜˋ ㄎㄨㄞˋ ㄌㄩˇ ㄎㄜˋ ㄌㄧㄝˋ ㄔㄜ
through express train
【交】简称“直快”。在各大城市或国际间开行,运行中不停站做任何技术作业的旅客列车。在车次前冠以字母 Z(“直”字汉语拼音的首字母,例如 Z10 读作 zhí10)

直达运输/直達運輸
zhídá yùnshū/ㄓˊ ㄉㄚˊ ㄩㄣˋ ㄕㄨ
through transport
【物流】一种运输组织形式。货物直接由产地运至目的地,途中没有发生中间环节。特点是减少中间环节、货物消耗和损耗,加速车辆周转和货物运送,节省运输费用和时间,但对企业各部门分工协作程度的要求较高。

直方图/直方圖
zhífāngtú/ㄓˊ ㄈㄤ ㄊㄨˊ
histogram
【数】常见统计图的一种。如图所示,用矩形的面积表示相应区间对应的统计量。

统计量/组距
对象
直方图

直观图/對象圖
zhíguāntú/ㄉㄨㄟˋ ㄒㄧㄤˋ ㄊㄨˊ
object diagram
【数】台湾又称“目標圖”。为表示立体图形,按一定的投影方法,在平面上画出的、具有立体感而能看出主要部分位置关系和度量关系的投影图。

直观形象思维
zhíguān xíngxiàng sīwéi/
ㄓˊ ㄍㄨㄢ ㄒㄧㄥˊ ㄒㄧㄤˋ ㄙ ㄨㄟˊ
【心】即“形象思维”(1280 页)。

直积/直積 zhíjī/ㄓˊ ㄐㄧ
direct product
【数】又称“积集”“笛卡尔积”。由全体满足 $a \in A$, $b \in B$ 的序对(a,b)构成的集合,叫作集合 A 与 B 的直积,记作 $A \times B$,即 $A \times B = \{(a,b) \mid a \in A, b \in B\}$。例如,$\mathbf{R} \times \mathbf{R} = \{(x,y) \mid x \in \mathbf{R}, y \in \mathbf{R}\}$对应的几何模型就是普通坐标平面。

直交 ㄓˊ ㄐㄧㄠ/zhíjiāo
orthogonal
【数】台湾名。即“正交”(1435 页)。

直角/直角 zhíjiǎo/ㄓˊ ㄐㄧㄠˇ
right angle
【数】平角的一半。常记为 Rt∠。直角的大小等于$\frac{\pi}{2}$弧度或 90°。

直角三角形/直角三角形
zhíjiǎo sānjiǎoxíng/ㄓˊ ㄐㄧㄠˇ ㄙㄢ ㄐㄧㄠˇ ㄒㄧㄥˊ

right triangle

【数】有一个角是直角的三角形。通常用符号"Rt△"表示,例如 Rt△*ABC*。直角三角形中,夹直角的两边叫作直角边,直角所对的边叫作斜边。

📖 直角三角形中,(1)两个锐角互余。(2)两条直角边的平方和等于斜边的平方。(3)斜边上的中线长等于斜边的一半。(4)斜边是外接圆的直径。

直角坐标系/直角座標系

zhíjiǎo zuòbiāoxì/ㄓˊ ㄐㄧㄠˇ ㄗㄨㄛˋ ㄅㄧㄠ ㄒㄧˋ

orthogonal coordinates system

【数】又称"正交坐标系"。以有共同的原点并且互相垂直的数轴为坐标轴的坐标系。

直径/直徑 zhíjìng/ㄓˊ ㄐㄧㄥˋ

diameter

【数】过圆心的弦。是圆中最大的弦,等于半径的 2 倍。

直觉动作思维

zhíjué dòngzuò sīwéi/ㄓˊ ㄐㄩㄝˊ ㄉㄨㄥˋ ㄗㄨㄛˋ ㄙ ㄨㄟˊ

【心】即"动作思维"(276 页)。

直快 zhíkuài/ㄓˊ ㄎㄨㄞˋ

【交】"直达特快旅客列车"的简称。

直棱柱/直稜柱 zhíléngzhù/ㄓˊ ㄌㄥˊ ㄓㄨˋ

straight prism

【数】侧棱垂直于底面的棱柱。直棱柱的各侧面都是矩形,侧棱长等于棱柱的高。

直流/直流 zhíliú/ㄓˊ ㄌㄧㄡˊ

direct current, DC

【物】又称"直流电流"。方向和量值不随时间变化的电流。广义上指以直流分量为主的周期电流。

直流单比电桥/惠斯登電橋

zhíliú dānbǐ diànqiáo/ㄏㄨㄟ ㄙ ㄉㄥ ㄉㄧㄢˋ ㄑㄧㄠˊ

Wheatstone bridge

【电】又称"惠斯通电桥"。用于测量直流电阻的四臂电桥。由电阻器 R 联结成四边形电路。用其测量电阻可达到很高的准确度。

📖 四边形的每一边都为电桥的"臂";四边形一条对角线的两端是输入端,与电源相接;另一条对角线的两端是输出端,与检测器或指示仪表相接。当 *A* 和 *B* 间接通直流电源时,如果 *C* 和 *D* 间的检流计 G 有电流 *I* 通过,为不平衡电桥;如果 *C* 和 *D* 间的检流计 G 没有电流通过,为平衡电桥。电桥的平衡条件是电阻器阻值 $R_1/R_2=R_3/R_4$。

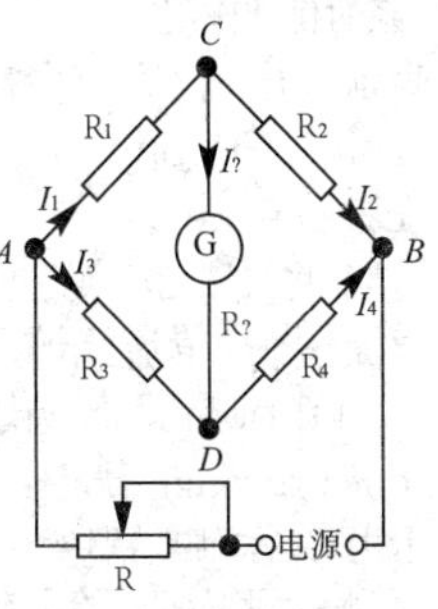

直流单比电桥

直流电动机/直流電動機

zhíliú diàndòngjī/ㄓˊ ㄌㄧㄡˊ ㄉㄧㄢˋ ㄉㄨㄥˋ ㄐㄧ

DC motor

【电】将直流电能转换为机械能的电动机。

直流电机/直流機

zhíliú diànjī/ㄓˊ ㄌㄧㄡˊ ㄐㄧ

direct current machine

【电】一种旋转电机。其电枢绕组经换向器连接到直流系统,磁极由直流或波动电流励磁或为永久磁铁。

直流电流 zhíliú diànliú/ㄓˊ ㄌㄧㄡˊ ㄉㄧㄢˋ ㄌㄧㄡˊ

【物】即"直流"(1443 页)。

直流电路/直流電路

zhíliú diànlù/ㄓˊ ㄌㄧㄡˊ ㄉㄧㄢˋ ㄌㄨˋ

DC circuit

【电】电压、电流不随时间变化的电路。

直流电压/直流電壓

zhíliú diànyā/ㄓˊ ㄌㄧㄡˊ ㄉㄧㄢˋ ㄧㄚ

direct voltage

【电】不随时间变化的电压。广义上指以直流分量为主的周期电压。

直流电源/直流電源

zhíliú diànyuán/ㄓˊ ㄌㄧㄡˊ ㄉㄧㄢˋ ㄩㄢˊ

DC power source

【物】电源的一类。使电路形成恒定电流的装置。其电动势恒定不变。包括干电池、蓄电池、直流发电机等。有正负两个电极,正极电势高,负极电势低。与电路连通后,能维持电路两端之间的恒定电势差,在外电路中形成由正极到负极的恒定电流。不同类型直流电源的非静电力不同。例如在化学电池中的非静电力，来自与离子的溶解和沉积过程相联系的化学作用。

直流发电机/直流發電機

zhíliú fādiànjī/ㄓˊ ㄌㄧㄡˊ ㄈㄚ ㄉㄧㄢˋ ㄐㄧ

DC generator

【电】将机械能转换为直流电能的发电机。

直流锅炉/單流鍋爐

zhíliú guōlú/ㄉㄢ ㄌㄧㄡˊ ㄍㄨㄛ ㄌㄨˊ

once-through boiler, mono-tube boiler

【机】又称"惯流锅炉"。水管锅炉的一种。只有水管，无锅筒。给水在水泵的作用下，一次流过管子之后全部受热变成蒸汽。适用于超高压、亚临界压力、超高临界压力条件下。

直流機 ㄓˊ ㄌㄧㄡˊ ㄐㄧ/zhíliújī

direct current machine

【电】台湾名。即"直流电机"(1443 页)。

直流双比电桥/克耳文電橋

zhíliú shuāngbǐ diànqiáo/ㄎㄜˋ ㄦˇ ㄨㄣˊ ㄉㄧㄢˋ ㄑㄧㄠˊ

Kelvin bridge, Thomson bridge

【电】又称"开尔文电桥""汤姆逊电桥"。用于测量低值直流电阻的六臂电桥。

直流系统/直流制

zhíliú xìtǒng/ㄓˊ ㄌㄧㄡˊ ㄓˋ

direct current system, DC system

【电】提供直流电力的系统。按电压等级可分为特高压直流系统、高压直流系统和低压直流系统。

直流制 ㄓˊ ㄌㄧㄡˊ ㄓˋ/zhíliúzhì

direct current system, DC system

【电】台湾名。即"直流系统"(1444 页)。

直闪石/直閃石 zhíshǎnshí/ㄓˊ ㄕㄢˇ ㄕˊ

anthophyllite

【地】角闪石的一种。主要成分为$(Mg,Fe)_7[Si_4O_{11}]_2(OH)_2$。斜方晶系。通常呈放射状或纤维状集合体，后者构成直闪石石棉。颜色随铁含量增高而加深，有白、灰、绿及黄褐色等，玻璃光泽，纤维状集合体呈丝绢光泽，莫氏硬度 5.5～6，密度 2.8～3.3 克/厘米^3。

直升机/直升機 zhíshēngjī/ㄓˊ ㄕㄥ ㄐㄧ

helicopter

【航】旋翼航空器的一类。以动力装置驱动的旋翼作为主要升力和推进力来源，能垂直起落及前后、左右飞行。主要由机体和升力(含旋翼和尾桨)、动力、传动三大系统以及机载飞行设备等组成。旋翼通常由涡轮轴发动机或活塞式发动机通过机械传动系统驱动，也可由桨尖喷气产生的反作用力驱动。

📖 中国古代的竹蜻蜓是直升机的雏形。1483 年意大利的达·芬奇(Leonardo da Vinci)提出直升机的设想并绘制图形，1936 年德国的福克(A. H. Gerard Foker)才成功试飞世界第一架 FW-61 载人直升机，1942 年美国的西科尔斯基(Igor Ivanovich Sikorsky)在 VS -300 直升机的基础上加以改进，开始应用生产。

直升机场/直升機場

zhíshēngjīchǎng/ㄓˊ ㄕㄥ ㄐㄧ ㄔㄤˇ

heliport, helipads

【航】又称"起落坪"。供直升机起落，设有必要设施的规定场地。

直升机登陆运输舰

zhíshēngjī dēnglù yùnshūjiàn/ㄓˊ ㄕㄥ ㄐㄧ ㄉㄥ ㄌㄨˋ ㄩㄣˋ ㄕㄨ ㄐㄧㄢˋ

【军】即"两栖攻击舰"(736 页)。

直线/直線 zhíxiàn/ㄓˊ ㄒㄧㄢˋ

straight line

【数】一点沿一定方向及其相反方向无休止运动的轨迹。几何学中，直线是只作描述而不加定义的原始概念。用"点动成线"描述，它是按一对相反方向排列的无穷多个点的集合，这些点的排列不间断，且无限延伸。直线无宽窄，无限长。过两点有且仅有一条直线。两条相异的直线至多有一个公共点。

直线电动机/直線電動機

zhíxiàn diàndòngjī/ㄓˊ ㄒㄧㄢˋ ㄉㄧㄢˋ ㄉㄨㄥˋ ㄐㄧ

linear motor

【电】利用电能直接产生直线运动的电动机。

直线加速器/直線加速器

zhíxiàn jiāsùqì/ㄓˊ ㄒㄧㄢˋ ㄐㄧㄚ ㄙㄨˋ ㄑㄧˋ

linear accelerator

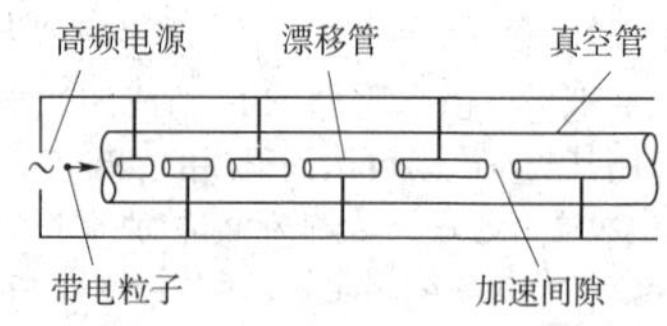

直线加速器工作原理图

【物】带电粒子在加速器中做直线运动以获得高能的加速器。能加速电子、质子或离子。

直叶片推进器
zhíyèpiàn tuījìnqì/
ㄓˊ ㄧㄝˋ ㄆㄧㄢˋ ㄊㄨㄟ ㄐㄧㄣˋ ㄑㄧˋ
【船】即“平旋推进器”(877 页)。

值域/值域 zhíyù/ㄓˊ ㄩˋ
range
【数】自变量 x 取遍定义域内的值时,函数 $y=f(x)$ 的所有值的集合叫作这个函数的值域。例如,在实数集 **R** 讨论函数时,$y=\sqrt{x+1}$ 的值域为 $y\geqslant 0$,$y=x^2+2$ 的值域为 $y\geqslant 2$。

執行重複功能程式
ㄓˊ ㄒㄧㄥˊ ㄔㄨㄥˊ ㄈㄨˋ ㄍㄨㄥ ㄋㄥˊ ㄔㄥˊ ㄕˋ/
zhíxíng chóngfù gōngnéng chéngshì
online robot
【信息】台湾名。即“网上机器人”(1172 页)。

執行緒 ㄓˊ ㄒㄧㄥˊ ㄒㄩˋ/zhíxíngxù
thread
【信息】台湾名。即“线程”(1242 页)。

執行元件
ㄓˊ ㄒㄧㄥˊ ㄩㄢˊ ㄐㄧㄢˋ/zhíxíng yuánjiàn
final controlling element
【机】台湾名。即“执行器”(1442 页)。

职务发明/職務發明
zhíwù fāmíng/ㄓˊ ㄨˋ ㄈㄚ ㄇㄧㄥˊ
on-duty invention
【总】发明人执行本单位的任务,或主要是利用本单位的物质技术条件所完成的发明创造。

职业病/職業病 zhíyèbìng/ㄓˊ ㄧㄝˋ ㄅㄧㄥˋ
occupation disease
【医】职业有害因素作用于人体的强度、时间超过机体的代偿功能,造成机体功能性或器质性改变,并出现相应的临床征象,影响劳动和生活能力的疾病。

植被/植被 zhíbèi/ㄓˊ ㄅㄟˋ
vegetation
【植】一个地区覆盖地表的所有植物群落(如森林、草原、灌丛、荒漠、草甸、沼泽等)的总和。

植入剂/植入物 zhírùjì/ㄓˊ ㄖㄨˋ ㄨˋ
implant
【医】将药物与辅料制成小块状或条状,以供植入体内的无菌固体制剂。

植入片/植入片 zhírùpiàn/ㄓˊ ㄖㄨˋ ㄆㄧㄢˋ
implant tablet
【医】埋植到体内缓慢溶解以供吸收的片剂。

植入物 ㄓˊ ㄖㄨˋ ㄨˋ/zhírùwù
implant
【医】台湾名。即“植入剂”(1445 页)。

植树机/植樹機 zhíshùjī/ㄓˊ ㄕㄨˋ ㄐㄧ
tree planter
【机】农业机械的一种。造林时用于栽植树苗的机械。多与拖拉机配套使用,承担开沟、栽植、覆土和压实工作。按机械化程度不同,可分为简单植树机、半自动植树机和自动植树机。

植物蛋白食品/植物蛋白食品
zhíwù dànbái shípǐn/
ㄓˊ ㄨˋ ㄉㄢˋ ㄅㄞˊ ㄕˊ ㄆㄧㄣˇ
vegetable protein food
【轻】以富含蛋白质的可食性植物为原料加工制成的食品。

植物激素/植物激素
zhíwù jīsù/ㄓˊ ㄨˋ ㄐㄧ ㄙㄨˋ
phytohormone
【植】在植物体内合成的,微量就能对植物产生显著生理作用的活性有机物。通常包括生长素类、赤霉素类、细胞分裂素类、脱落酸和乙烯五类。

植物碱 zhíwùjiǎn/ㄓˊ ㄨˋ ㄐㄧㄢˇ
【生】即“生物碱”(1012 页)。

植物群落/植物群落
zhíwù qúnluò/ㄓˊ ㄨˋ ㄑㄩㄣˊ ㄌㄨㄛˋ
plant community
【植】由生态系统中所有植物组成的群落。是共同生存在某一特定生态环境中所有植物种群的组合。

植物神经
zhíwù shénjīng/ㄓˊ ㄨˋ ㄕㄣˊ ㄐㄧㄥ
【医】即“自主神经”(1506 页)。

植物生长调节剂/植物生長調節素
zhíwù shēngzhǎng tiáojiéjì/
ㄓˊ ㄨˋ ㄕㄥ ㄓㄤˇ ㄊㄧㄠˊ ㄐㄧㄝˊ ㄙㄨˋ

plant growth regulator

【化】能调节植物生长、成熟的化学品。可调节植物生根、发芽、发育、成熟、落花、落果，控制植物生长期、成熟季节，获得预期果实等。传统上属农药的一类，但有肥料功能，用途也不限于农业。

植物生長調節素

ㄓˊ ㄨˋ ㄕㄥ ㄓㄤˇ ㄊㄧㄠˊ ㄐㄧㄝˊ ㄙㄨˋ/

zhíwù shēngzhǎng tiáojiésù

plant growth regulator

【化】台湾名。即“植物生长调节剂”(1445页)。

植物性食品/植物性食品

zhíwùxìng shípǐn/ㄓˊ ㄨˋ ㄒㄧㄥˋ ㄕˊ ㄆㄧㄣˇ

vegetable food, plant food

【轻】可食植物的根、茎、叶、花、果、籽、皮、汁，包括食用菌和藻类。也指以植物和菌藻类为主要原料的加工制品。

止回阀/止回閥 zhǐhuífá/ㄓˇ ㄏㄨㄟˊ ㄈㄚˊ

check valve, non-return valve

【机】又称“单向阀”“逆止阀”。阀的一种。用于介质单向流动的管道上，以防止发生事故。启闭件(阀瓣)靠介质流动和力量自行开启或关闭，自动阻止介质逆流。按结构不同，可分为升降式、旋启式和蝶式。按连接方式不同，可分为螺纹连接、法兰连接、焊接和对夹式连接。

止咳劑 ㄓˇ ㄎㄜˊ ㄐㄧˋ/zhǐkéjì

antitussive

【医】台湾名。即“镇咳药”(1429页)。

止吐劑 ㄓˇ ㄊㄨˋ ㄐㄧˋ/zhǐtùjì

antiemetic

【医】台湾名。即“镇吐药”(1430页)。

止血/止血 zhǐxuè/ㄓˇ ㄒㄧㄝˇ

hemostasis

【医】通过药物或压迫、填塞、缠止血带等使出血部位停止出血的方法。

止血药/止血藥 zhǐxuèyào/ㄓˇ ㄒㄧㄝˇ ㄧㄠˋ

hemostatic

【医】又称“促凝血药”。加速血液凝固或降低毛细血管通透性，使出血停止并使止血功能恢复正常的药物。常用的有促凝血因子活性药、阻抗纤维蛋白溶解药、降低毛细血管通透性药，以及收缩血管的止血药。

止痒药/止癢藥劑

zhǐyǎngyào/ㄓˇ ㄧㄤˇ ㄧㄠˋ ㄐㄧˋ

antipruritic

【医】能消除或减轻皮肤瘙痒的药物。局部用药有氢化可的松制剂、炉甘石洗剂、氧化锌洗剂、酚软膏等；全身用药有氯苯那敏、苯海拉明、异丙嗪等。

止癢藥劑 ㄓˇ ㄧㄤˇ ㄧㄠˋ ㄐㄧˋ/zhǐyǎng yàojì

antipruritic

【医】台湾名。即“止痒药”(1446页)。

只读存储多用途数字光盘

zhǐdú cúnchǔ duōyòngtú shùzì guāngpán/

ㄓˇ ㄉㄨˊ ㄘㄨㄣˊ ㄔㄨˇ ㄉㄨㄛ ㄩㄥˋ ㄊㄨˊ ㄕㄨˋ ㄗˋ ㄍㄨㄤ ㄆㄢˊ

【信息】即“只读数字多功能光盘”(1446页)。

只读存储器/唯讀記憶體

zhǐdú cúnchǔqì/ㄨㄟˊ ㄉㄨˊ ㄐㄧˋ ㄧˋ ㄊㄧˇ

read-only memory, ROM

【信息】只能读出其中数据而不能将数据写入的存储器。具有非易失性特征。按内容可否擦除分为不可擦的和可擦的两类。不可擦的在生产中一次性写入；可擦的可以用专用技术多次改写，包括电可擦只读存储器(EEROM)和可擦可编程只读存储器(EPROM)。

只读光盘/唯讀光碟

zhǐdú guāngpán/ㄨㄟˊ ㄉㄨˊ ㄍㄨㄤ ㄉㄧㄝˊ

compact disc-read-only memory, CD-ROM

【信息】计算机只能读出其所存数据而不能写入数据的光盘。制作时先由专用设备预录一张母盘，再以母盘通过模压或其他手段翻制而成。盘上数据呈螺旋状，由中心向外延伸，盘面布满小坑，那就是写入的数据表示。读取时不借助磁光效应，而利用激光束扫描，根据激光在小坑内外反射的变化转换为数据。

只读数字多功能光盘/唯讀式 DVD 光碟

zhǐdú shùzì duōgōngnéng guāngpán/ㄨㄟˊ ㄉㄨˊ ㄕˋ DVD ㄍㄨㄤ ㄉㄧㄝˊ

digital versatile disc-read-only memory, DVD-ROM

【信息】又称“只读存储多用途数字光盘”。从数字影盘发展起来的多功能只读数字光盘。每片存储容量已达4.7吉字节,约可存放133分钟的高压缩比视频节目。

纸/紙 zhǐ/ㄓˇ

paper

【轻】一种纤维交织形成的薄片状材料。由纤维浆在滤网上抄造而成。大部分采用较短而软的植物纤维,特殊的也用矿物纤维、动物纤维或合成纤维。有用于书写、绘画、印刷的文化用纸,还有包装用纸、生活用纸和技术用纸等。

📖 纸是中国古代四大发明之一。据考证,西汉时已有纸的制作,至晋代(公元4世纪),已取代帛和简,成为主要书写材料。东汉的蔡伦是著名的造纸术发明家。

纸板/紙板 zhǐbǎn/ㄓˇ ㄅㄢˇ

board

【轻】通常指厚度大、定量在225克/米^{2}以上的纸。

纸浆/紙漿 zhǐjiāng/ㄓˇ ㄐㄧㄤ

pulp

【轻】由植物纤维原料通过不同方法制得的用于造纸的纤维状物质。

纸质/紙質 zhǐzhì/ㄓˇ ㄓˋ

papery

【植】植物器官的质地近似厚纸的性质。如蜡梅的叶就属于纸质。

枳壳/枳殼 zhǐqiào/ㄓˇ ㄑㄧㄠˋ

Fructus Aurantii(拉), orange fruit, * bitter orange

【中医】中药名。芸香科植物酸橙 *Citrus aurantium* L. 及其栽培变种的干燥未成熟果实。味苦、辛、酸,性温。归脾、胃经。理气宽中,行滞消胀。用于胸胁气滞,胀满疼痛,食积不化,痰饮内停;胃下垂,脱肛,子宫脱垂。

📖 枳壳,孕妇慎用。

指標 ㄓˇ ㄅㄧㄠ/zhǐbiāo

pointer

【信息】台湾名。即"指点器"(1447页)。

指標生物

ㄓˇ ㄅㄧㄠ ㄕㄥ ㄨˋ/zhǐbiāo shēngwù

indicator organism, biological indicator

【环】台湾名。即"指示生物"(1448页)。

指点器/指標 zhǐdiǎnqì/ㄓˇ ㄅㄧㄠ

pointer

【信息】一种用来控制光标的输入器件。可进行的操作有:在话框中"按下"在屏按钮,选出选单项,挑出文档中的一组单词,以及画出图形等。最常用的指点器便是鼠标器,其他还有光笔、操纵杆、手持游标器等。

指骨/指骨 zhǐgǔ/ㄓˇ ㄍㄨˇ

phalanges of fingers

【医】手部小的短管状骨。共14块,除拇指为2块外,其余各指均为3块。可分为近节指骨、中节指骨和远节指骨。

指挥控制通信与情报系统/命令控制通信與情報系統

zhǐhuī kòngzhì tōngxìn yǔ qíngbào xìtǒng/

ㄇㄧㄥˋ ㄌㄧㄥˋ ㄎㄨㄥˋ ㄓˋ ㄊㄨㄥ ㄒㄧㄣˋ ㄩˇ ㄑㄧㄥˊ ㄅㄠˋ ㄒㄧˋ ㄊㄨㄥˇ

command, control, communication and intelligence system; C^{3}I system

【军】又称"C^{3}I系统"。以信息技术为核心的军队指挥自动化系统。综合运用了指挥、控制、通信与情报技术,具有情报获取、传输、处理能力,实现了远程通信和指挥控制的自动化。

📖 这类军队指挥自动化系统始于20世纪50年代,将警戒雷达、通信设备、计算机和显示设备连为一体,实现了航迹绘制及其他数据处理和显示的自动化。70年代初到80年代末,随着计算机技术的飞速发展,实现了信息采集分析、方案制定、辅助决策等信息处理的自动化,并朝着数字化、网络化、智能化和一体化的方向发展。

指挥直升机/指揮直升機

zhǐhuī zhíshēngjī/ㄓˇ ㄏㄨㄟ ㄓˊ ㄕㄥ ㄐㄧ

command helicopter

【军】装有作战指挥、侦察、通信等设备,用于空中指挥的军用直升机。视野开阔,机动性强,联络距离远,可用于辅助地面指挥。

指挥自动化系统/指揮自動化系統

zhǐhuī zìdònghuà xìtǒng/

ㄓˇ ㄏㄨㄟ ㄗˋ ㄉㄨㄥˋ ㄏㄨㄚˋ ㄒㄧˋ ㄊㄨㄥˇ

command automated system

【军】综合运用以电子计算机为核心的各种技术设备,实现军事信息收集、传递、处理自动化,保障对军队和武器实施指挥与控制的人—机系统。

指甲花 zhǐjiahuā/ㄓˇ·ㄐㄧㄚ ㄏㄨㄚ

【植】即“凤仙花”(355页)。

📖 指甲花带有天然红棕色素,用它的汁液可染指甲,故名。印度身体彩绘,也是用它来染色的。

指令/指令 zhǐlìng/ㄓˇ ㄌㄧㄥˋ

instruction

【信息】计算机中指定应进行的操作以及所关联操作数的代码。由操作码和地址码两部分组成。操作码规定计算机应执行何种操作,例如加、减、乘、除、比较和移位;地址码规定被操作的数据应存在何处。

指令集/指令集 zhǐlìngjí/ㄓˇ ㄌㄧㄥˋ ㄐㄧˊ

instruction set

【信息】给定计算机能识别,或给定编程语言能提供的全部指令。其复杂程度和指令总数取决于系统的结构、字长、内存容量等。

指南针 zhǐnánzhēn/ㄓˇ ㄋㄢˊ ㄓㄣ

【地】即“罗盘”(770页)。

指示表/度盤指示器 zhǐshìbiǎo/ㄉㄨˋ ㄆㄢˊ ㄓˇ ㄕˋ ㄑㄧˋ

dial indicator

【计量】利用机械传动系统,将测量杆的直线位移转变为指针在圆刻度盘上的角位移,并由刻度盘进行读数的一种测量仪器。也指利用线位移传感器将测量杆的直线位移通过数字显示的测量仪器。其中,分度值为0.01厘米的称为百分表,分度值为0.001厘米的称为千分表。测量范围超过10厘米的指示表又称为大量程指示表。

指示剂/指示劑 zhǐshìjì/ㄓˇ ㄕˋ ㄐㄧˋ

indicator

【化】化学试剂的一类。能因溶液某些性质(如酸碱性、氧化还原电位)的改变或某种化合物的存在而改变自身的颜色和性状(如产生沉淀)。用于滴定分析。

指示器 ㄓˇ ㄕˋ ㄑㄧˋ/zhǐshìqì

indicator

【自】台湾名。即“指示仪(表)”(1448页)。

指示生物/指標生物 zhǐshì shēngwù/ㄓˇ ㄅㄧㄠ ㄕㄥ ㄨˋ

indicator organism, biological indicator

【环】对环境中某些物质(包括进入环境中的污染物)能产生各种敏感反应而被用来监测和评价环境质量的生物。主要是水污染指示生物、大气污染指示生物。

指示仪(表)/指示器 zhǐshìyí(biǎo)/ㄓˇ ㄕˋ ㄑㄧˋ

indicator

【自】接受检测元件(仪表)的输出信号显示被测量值的仪表。

指示植物/指示植物 zhǐshì zhíwù/ㄓˇ ㄕˋ ㄓˊ ㄨˋ

indicator plant

【环】在一定地区范围内,能指示环境或其中某一因子特性的植物种、属或群落。如能指示土壤酸性的石松,能指示土壤和气候干旱的仙人掌群落等。

指数/指數 zhǐshù/ㄓˇ ㄕㄨˋ

exponent

【数】❶幂指数。例如 a^n 中指数是 n。❷表示某数量与基准数量之比的100倍的数。指数$=\dfrac{\text{某数量}}{\text{基准数量}}\times 100$。例如,去年物价上涨5%,今年物价上涨6%,与去年相比今年的物价指数为$\dfrac{6\%}{5\%}\times 100=120$。

指数方程/指數方程 zhǐshù fāngchéng/ㄓˇ ㄕㄨˋ ㄈㄤ ㄔㄥˊ

exponential equation

【数】在指数中含有未知数的方程。例如,$2^x=16$,$3^{2x}=\dfrac{1}{81}$等。

📖 解指数方程时,常在方程的等号两边取对数。例如,解方程 $2^x=2e$,取对数得 $x\ln 2=\ln 2+1$,得 $x=1+\dfrac{1}{\ln 2}$。

指数分布/指數分布 zhǐshù fēnbù/ㄓˇ ㄕㄨˋ ㄈㄣ ㄅㄨˋ

exponential distribution

【数】台湾又称“指数分配”。连续型随机变量的一种概率分布。若随机变量 X 的概率密度函数为 $p(x)=\begin{cases}\lambda e^{\lambda x}\ (x>0)\\ 0\ (x\leqslant 0)\end{cases}$,$\lambda$ 为常数,则称 X 服从指数分布。

指数函数/指數函數

zhǐshù hánshù/ㄓˇ ㄕㄨˋ ㄏㄢˊ ㄕㄨˋ
exponential function
【数】形如 $y=a^x$ $(a>0,a\neq1)$ 的函数。其定义域是 **R**,值域是 $(0,+\infty)$,图像为过点 $(0,1)$ 的一条曲线。$a>1$ 时,$y=a^x$ 为增函数;$0<a<1$ 时,$y=a^x$ 为减函数。

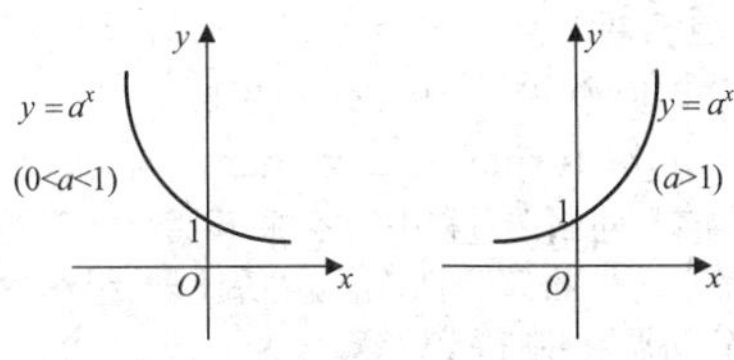

指数函数

指數分配 ㄓˇ ㄕㄨˋ ㄈㄣ ㄆㄟˋ/zhǐshù fēnpèi
exponential distribution
【数】台湾名。即“指数分布”(1448 页)。

酯/酯 zhǐ/ㄓˇ
ester
【化】一类含氧有机化合物。是羧酸的羧基氢原子被烃基取代的产物。油脂是高级脂肪酸的甘油酯。

紙張銷毀器
ㄓˇ ㄓㄤ ㄒㄧㄠ ㄏㄨㄟˇ ㄑㄧˋ/zhǐzhāng xiāohuǐqì
paper shredder
【轻】台湾名。即“碎纸机”(1091 页)。

至宝丹/至寶丹 zhìbǎodān/ㄓˋ ㄅㄠˇ ㄉㄢ
zhibao mini-pills, zhibao dan, * Supreme Jewel Elixir
【中医】中医方剂名。组成:生乌犀屑(用代用品)、朱砂、雄黄、生玳瑁屑、琥珀、麝香、龙脑、金箔、银箔、牛黄、安息香。制成蜜丸,口服。清热开窍,化浊解毒。用于中暑、中风及温病痰热内闭,神昏谵语,身热烦躁,痰盛气粗等。

志留纪/志留紀 zhìliújì/ㄓˋ ㄌㄧㄡˊ ㄐㄧˋ
Silurian Period
【地】古生代的第三个纪。从距今 4.437 亿年开始,至距今 4.16 亿年结束。原始的陆生植物裸蕨开始出现。无颌类脊椎动物进一步发展,牙形石、珊瑚、腕足类大量繁育。

志留系/志留系 zhìliúxì/ㄓˋ ㄌㄧㄡˊ ㄒㄧˋ
Silurian System
【地】古生界的第三个系。是志留纪时期形成的地层。

制冰机/製冰機 zhìbīngjī/ㄓˋ ㄅㄧㄥ ㄐㄧ
ice maker
【机】一种制冷设备。用制冷剂将制冷系统中的水冷却生成冰。按冰的形状不同,可分为颗粒冰机、片冰机、板冰机、管冰机、壳冰机等。

制导/導引 zhìdǎo/ㄉㄠˇ ㄧㄣˇ
guidance
【航】自动控制和导引飞行器按照预定弹道或飞行路线准确到达目标的过程。按制导方式不同,可分为遥控制导、寻的制导、自主制导和复合制导;按采用的技术和设备不同,可分为有线制导、无线制导、雷达制导、红外制导、激光制导、惯性制导和天文制导等。

制导雷达 zhìdǎo léidá/ㄓˋ ㄉㄠˇ ㄌㄟˊ ㄉㄚˊ
【军】“导弹制导雷达”的简称。

制动/制動 zhìdòng/ㄓˋ ㄉㄨㄥˋ
braking
【机】又称“刹车”。人为控制制动系统,使运行中的汽车等运输工具(或机械等)减速(或阻止其加速)以至停止的动作和过程。其实质是使运动体的动能转移。按动能转移方式不同,可分为摩擦制动、涡流制动和动力制动。

制动距离/煞停距離
zhìdòng jùlí/ㄕㄚ ㄊㄧㄥˊ ㄐㄩˋ ㄌㄧˊ
braking distance
【机】台湾又称“軔距”。驾驶员开始踩制动踏板到汽车完全停止所驶过的距离。与制动踏板力、路面附着条件、车辆载荷、发动机是否结合等因素有关。其值越小,汽车的行驶安全性越好。在同样条件下,车速越高,制动距离越大。

制动盘/煞車圓盤
zhìdòngpán/ㄕㄚ ㄔㄜ ㄩㄢˊ ㄆㄢˊ
brake disk, brake disc
【机】俗称“刹车盘”。机械零件的一种。以端平面为摩擦工作面的圆盘形运动部件。与闸片配对成摩擦副,固定在车轮或轮轴上。制动时,闸片压紧于制动盘,产生摩擦力,制止车轮转动,以使车辆减速、限速及停车。

制动器/制動器 zhìdòngqì/ㄓˋ ㄉㄨㄥˋ ㄑㄧˋ
brake
【机】俗称“刹车”“闸”。机械零件的一种。具有使运动部件(或运动机械)减速、停止或保持停止状态等功能。主要由机架、制动件和操纵装置等组成。可分为工业制动器和汽车制动器两类。后者又可分为行车制动器(脚刹)和驻车制动器(手刹)。

制服衣料 ㄓˋ ㄈㄨˊ ㄧ ㄌㄧㄠˋ/zhìfú yīliào
uniform cloth
【纺】台湾名。即"制服呢"(1450 页)。

制服呢/制服衣料 zhìfúní/ㄓˋ ㄈㄨˊ ㄧ ㄌㄧㄠˋ
uniform cloth
【纺】粗纺毛织物名。用半细毛或改良毛,并混用部分精梳短毛或化学纤维纺织,经缩绒或缩绒后拉毛的织物。以藏青、黑色为主,质地厚实,呢面平整,正反面都覆盖绒毛,手感挺实,但成衣穿着后易起球落毛。多用作冬季服装和劳动保护用服装的面料。

制浆/製漿 zhìjiāng/ㄓˋ ㄐㄧㄤ
pulping, slurrying
【轻】台湾又称"漿化"。利用化学方法、机械方法或两者结合的方法,使木、竹、草等植物纤维原料离解成为纸浆的生产过程。通常包括备料、磨浆或蒸煮、洗涤、筛选、漂白等工序。

制冷机/冷凍機 zhìlěngjī/ㄌㄥˇ ㄉㄨㄥˋ ㄐㄧ
refrigerating machine
【机】又称"冷冻机"。泛指用于制冷及低温技术的机械。可分为压缩式、吸收式、蒸汽喷射式等类型。广泛用于冷藏、空气调节、空气分离、气体液化及其他需要低温的场合。

制霜/製霜 zhìshuāng/ㄓˋ ㄕㄨㄤ
frost-like powder
【中医】炮制方法的一种。将净药材碾碎如泥状,压去部分油脂,制成符合一定要求的松散粉末,或析出细小结晶,或升华、煎熬成粉渣。如巴豆霜、西瓜霜、鹿角霜等,即以制霜法炮制。

制丝/製絲 zhìsī/ㄓˋ ㄙ
silk making
【纺】用桑蚕茧或柞蚕茧为原料制成生丝或柞蚕丝的工艺过程。

制炭/製炭 zhìtàn/ㄓˋ ㄊㄢˋ
carbonizing
【中医】炮制方法的一种。将净药材或切制品通过炒、煅等方法制成炭,但须保存药性,不致灰化。如藕节炭、血余炭,即以制炭法炮制。

制图/製圖 zhìtú/ㄓˋ ㄊㄨˊ
cartography
【测绘】绘制地图的技术和过程。将信息分类分级,经过取舍、简化、合并、综合等处理,按照测量规范和设计要求,转换成地图符号和图像,完成符合标准的地图。

制造管理/製造管理
zhìzào guǎnlǐ/ㄓˋ ㄗㄠˋ ㄍㄨㄢˇ ㄌㄧˇ
manufacturing management
【物流】对制造过程中的零件、设备、员工与步骤等进行的管理活动。包括计划、组织、指挥、协调、控制和考核等。

制造商 zhìzàoshāng/ㄓˋ ㄗㄠˋ ㄕㄤ
【物流】即"生产商"(1004 页)。

制造资源计划/製造資源計劃
zhìzào zīyuán jìhuà/
ㄓˋ ㄗㄠˋ ㄗ ㄩㄢˊ ㄐㄧˋ ㄏㄨㄚˋ
manufacturing resource planning, MRP-Ⅱ
【物流】在闭环物料需求计划基础上,进一步集成管理制造企业销售、财务、工程技术等环节的计划管理应用系统。由美国奥利佛·怀特(Oliver White)公司于 20 世纪 80 年代提出。

质变/質變 zhìbiàn/ㄓˊ ㄅㄧㄢˋ
qualitative change
【总】事物运动的基本状态之一。指事物从一种质向另一种质的转变。在量变的基础上发生,标志着量的渐进过程的中断,是迅速的、剧烈的、显著的变化。量变是质变的必要准备,质变是量变的必然结果。

质点/質點 zhìdiǎn/ㄓˊ ㄉㄧㄢˇ
mass point, material point
【物】具有一定质量且可忽略其几何尺寸的物体。是一种理想化模型。研究物体运动时,如果物体的大小在所研究的范围内很小,或仅做平动时,就可忽略其几何尺寸,而认为是质量集中在一点的质点。

质点系/質點系 zhìdiǎnxì/ㄓˊ ㄉㄧㄢˇ ㄒㄧˋ
system of particles
【物】彼此相互影响的若干质点的集合。其中任一质点的位置或运动都与其余质点的位置和运动有关。各个质点间的距离可变的质点系，称为可变质点系或自由质点系；各个质点间的距离不变的质点系，称为不变质点系或非自由质点系。

质量/質量 zhìliàng/ㄓˋ ㄌㄧㄤˋ

mass

㊀【物】根据牛顿运动定律，质量是物体惯性大小的量度，称为惯性质量；根据万有引力定律，质量是物体对其他物体的引力大小的量度，称为引力质量。通常指物体中所含物质的多少。人们生活和贸易中，质量习惯上称为重量。经典力学认为物体的质量不变。狭义相对论认为，物体的质量将随其速度和动能的增加而增加，并由实验证实。㊁【计量】国际单位制基本物理量之一。用 m 表示。基本单位千克(kg)。其他常用单位有吨(t)、克(g)等。

质量百分浓度/質量百分濃度

zhìliàng bǎifēn nóngdù/

ㄓˋ ㄌㄧㄤˋ ㄅㄞˇ ㄈㄣ ㄋㄨㄥˊ ㄉㄨˋ

mass percentage concentration

【计量】溶液中所含溶质质量与溶液质量的百分比。

质量分数/質量百分比

zhìliàng fēnshù/ㄓˋ ㄌㄧㄤˋ ㄅㄞˇ ㄈㄣ ㄅㄧˇ

mass fraction

【计量】组分B的质量 m_B 与体系的总质量 m 之比。

质量亏损/質量缺陷

zhìliàng kuīsǔn/ㄓˋ ㄌㄧㄤˋ ㄑㄩㄝ ㄒㄧㄢˋ

mass defect

【物】组成原子核的核子总质量与原子核的质量之差。原子核的质量总是小于组成它的核子的质量之和。可定量描述原子结合能的大小。

质量流量计/質量流量計

zhìliàng liúliàngjì/ㄓˋ ㄌㄧㄤˋ ㄌㄧㄡˊ ㄌㄧㄤˋ ㄐㄧˋ

mass flowmeter

【机】一种流量计。以科氏力为基础，采用感热式测量通过流量计的介质的质量流量、密度及温度。可分为直接式和间接式。

质量摩尔浓度/重量莫耳濃度

zhìliàng mó'ěr nóngdù/

ㄓㄨㄥˋ ㄌㄧㄤˋ ㄇㄛˋ ㄦˇ ㄋㄨㄥˊ ㄉㄨˋ

molality

【计量】溶液中组分B的物质的量 n_B 与溶剂A的质量之比。单位是摩尔/千克($mol \cdot kg^{-1}$)，常用毫摩尔/千克($mmol \cdot kg^{-1}$)。

质量浓度/質量濃度

zhìliàng nóngdù/ㄓˋ ㄌㄧㄤˋ ㄋㄨㄥˊ ㄉㄨˋ

mass concentration

【计量】组分B的质量 m_B 与相应混合物的体积 V(包括物质B的体积)之比。单位是千克/米^3($kg \cdot m^{-3}$)，常用克/升($g \cdot L^{-1}$)。

质量守恒定律/質量守恆律

zhìliàng shǒuhéng dìnglǜ/

ㄓˋ ㄌㄧㄤˋ ㄕㄡˇ ㄏㄥˊ ㄌㄩˋ

law of conservation of mass

【物】旧称“物质不灭定律”，自然界普遍存在的基本定律之一。参加化学反应的各物质的总质量，等于反应后生成物质的总质量。任何变化都不能消除物质，只是改变了物质原有的形态或结构，自然界物质永恒存在。

质量数/質量數 zhìliàngshù/ㄓˋ ㄌㄧㄤˋ ㄕㄨˋ

mass number

【化】指原子核的质量数。是质子数与中子数的和。

质能关系/質能關係

zhìnéng guānxi/ㄓˋ ㄋㄥˊ ㄍㄨㄢ ㄒㄧˋ

mass-energy relation

【物】狭义相对论的结论之一。狭义相对论中质量与能量之间的当量关系。数学表达式为 $E = mc^2$，式中 E 是物体具有的能量，m 是物体的质量，c 是光速。

质谱计/質譜儀 zhìpǔjì/ㄓˋ ㄆㄨˇ ㄧˊ

mass spectrometer，mass spectrograph

【机】又称“质谱仪”。用于分离和检测不同同位素的仪器。根据带电粒子在电磁场中能够偏转的原理，按物质原子、分子或分子碎片的质量差异进行分离和检测物质组成。

质谱仪 zhìpǔyí/ㄓˋ ㄆㄨˇ ㄧˊ

【机】即“质谱计”(1451页)。

质数/質數 zhìshù/ㄓˋ ㄕㄨˋ

【数】即“素数”(1085页)。

质心/質心 zhìxīn/ㄓˋ ㄒㄧㄣ

center of mass

【物】物体(或物体系)的质量中心。作为研究

Z

物体运动时的代表点，通过对物体质量分布情况以加权平均法求得。不大的物体的质心与重心相符。刚体的质心位置是不变的，而变形物体的质心则随形变而变动。

质心运动定理/質心運動定理 zhìxīn yùndòng dìnglǐ/ㄓˋ ㄒㄧㄣ ㄩㄣˋ ㄉㄨㄥˋ ㄉㄧㄥˋ ㄌㄧˇ

theorem of motion of mass center

【物】描述质点系运动时其质心运动规律的定理。质点系的质心运动与一个位于质心的质点的运动相同，该质点的质量等于质点系的总质量，作用于质点上的力等于作用于质点系所有外力之矢量和。

质子/質子 zhìzǐ/ㄓˋ ㄗˇ

proton

【物】粒子的一种。与中子组成原子核。质量为1.67×10^{-27}千克，电荷量为1.60×10^{-19}库。常用符号 p 表示。原子核中质子的数目等于该原子的原子序数。氢离子(H^+)即单独存在的质子。

📖 英国物理学家卢瑟福(Ernest Rutherford)1919 年首先发现质子。

质子数/質子數 zhìzǐshù/ㄓˋ ㄗˇ ㄕㄨˋ

proton number

【化】原子核所携带的质子的数目。每种元素都具有一定的质子数，具有相同质子数的原子、离子等均属同种元素。

治病求本/治病求本 zhìbìng qiúběn/ㄓˋ ㄅㄧㄥˋ ㄑㄧㄡˊ ㄅㄣˇ

treatment aiming at its root causes, * to treat disease, * seek the root

【中医】治则之一。针对产生疾病的根本原因进行治疗。

治法/治法 zhìfǎ/ㄓˋ ㄈㄚˇ

method of treatment

【中医】以治疗原则为指导，针对不同病证采用的具体治疗方法。

治風濕藥 ㄓˋ ㄈㄥ ㄕ ㄧㄠˋ/zhìfēngshīyào

antirheumatic

【医】台湾名。即“抗风湿药”(672 页)。

治未病/治未病 zhìwèibìng/ㄓˋ ㄨㄟˋ ㄅㄧㄥˋ

preventive treatment of disease, * treat disease before it arises

【中医】治则之一。采取一定的措施防止疾病的产生和发展，包括未病先防和既病防变两个方面。

治愈率/治癒率 zhìyùlǜ/ㄓˋ ㄩˋ ㄌㄩˋ

cure rate

【医】治愈的病人在所有接受治疗的病人中所占的比例。常用百分率(%)表示。

治则/治則 zhìzé/ㄓˋ ㄗㄜˊ

principle of treatment

【中医】对临床的具体立法、处方、用药等具有普遍的指导意义，在治病时必须遵循的基本原则。

致癌物/致癌物 zhì'áiwù/ㄓˋ ㄧㄢˊ(又读 ㄞˊ) ㄨˋ

carcinogen

【环】能在人类或哺乳动物的机体诱发癌症的物质。按性质不同，可分为化学性(如苯并芘、萘胺等)、物理性(如 X 射线、放射性核素氡等)和生物性(如某些致癌病毒)致癌物。主要是化学性致癌物。化学物质中可能致癌的约 2000 种，其中已确定有致癌作用的有 500 多种。

📖 世界卫生组织国际肿瘤研究中心(IARC)将致癌物分为三类：一类对人致癌性证据充分，确认为致癌物；二类为可疑致癌物，其中 A 类对人体致癌可能性较高，B 类致癌可能性较低；三类仅有动物数据，对人类致癌作用证据尚不足，也可称为潜在致癌物。常见的化学性致癌物有氯乙烯，苯，双氯甲醚(一种很强的致癌剂)，多环芳烃(苯并芘、二苯并芘、二苯并蒽、苯并蒽)，芳香胺(1-萘胺、2-萘胺、联苯胺、4-氨基联苯)，亚硝胺化合物(亚硝胺、亚硝酸胺)，农药(有机氯、有机磷、有机氮)。天然致癌剂及加工生成的致癌产物有黄曲霉毒素 B_1，是最强型的致癌剂之一；环孢素 A、槟榔及酒精性饮料、烟草及烟气中余有多种致癌物和大量促癌物；食品的不当加工，如腌熏、高温烧烤都会产生多种致癌物。无机致癌物：钴、镭、氡因其放射性致癌。镍、铬、铅、铍及其盐类均可在一定条件下致癌，其中镍、铍致癌性最强。

致病菌/致病菌 zhìbìngjūn/ㄓˋ ㄅㄧㄥˋ ㄐㄩㄣ

pathogenic bacterium

【医】又称“病原菌”。能引起人类疾病的细菌。细菌在人体内寄生、增殖,并引起疾病的特性为细菌的致病性,其致病作用、毒力,与侵入机体的数量、侵入途径及机体的免疫状态密切相关。

致幻剂/迷幻藥
zhìhuànjì/ㄇㄧˊ ㄏㄨㄢˋ ㄧㄠˋ
hallucinogen
【医】一类天然或合成的精神活性物质。能够引起意识状态改变,对时间和空间产生错觉、幻觉,直至导致自我歪曲、妄想和思维分裂。包括吲哚胺类、甲氧基化苯乙胺类、四氢大麻酚类等。

致死劑 ㄓˋ ㄙˇ ㄐㄧˋ/zhìsǐjì
lethal agent
【军】台湾名。即“致死性毒剂”(1453页)。

致死性毒剂/致死劑
zhìsǐxìng dújì/ㄓˋ ㄙˇ ㄐㄧˋ
lethal agent
【军】能使人畜死亡的毒剂。如神经性毒剂、全身中毒性毒剂、窒息性毒剂等。

秩/秩 zhì/ㄓˋ
rank
【数】❶若向量组 $\boldsymbol{\alpha}_1,\boldsymbol{\alpha}_2,\cdots,\boldsymbol{\alpha}_n$ 中有 r 个向量线性无关,并且其余任一向量都可表示为这 r 个向量的线性组合,则称这 r 个向量构成向量组 $\boldsymbol{\alpha}_1,\boldsymbol{\alpha}_2,\cdots,\boldsymbol{\alpha}_n$ 的一个极大线性无关组,r 为向量组 $\boldsymbol{\alpha}_1,\boldsymbol{\alpha}_2,\cdots,\boldsymbol{\alpha}_n$ 的秩。❷矩阵 $\mathbf{A}$ 的行(或列)向量组的秩,叫作矩阵 $\mathbf{A}$ 的秩,记作 $R(\mathbf{A})$ 或 $rank(\mathbf{A})$。若 $R(\mathbf{A})=r$,则矩阵 $\mathbf{A}$ 的行(或列)向量中存在 r 个向量线性无关,而任何 $r+1$ 个向量线性相关。

痔/痔 zhì/ㄓˋ
hemorrhoid
㊀【医】通称“痔疮”。直肠末端黏膜下和肛管皮肤下静脉丛发生扩张和屈曲所形成的静脉团。位于肛门内部的称“内痔”,位于皮肤下围绕肛门的为“外痔”,也有内外连在一起的混合痔。㊁【中医】肛肠病之一。直肠末端黏膜下和肛管皮下的静脉丛发生扩大、曲张或移位所形成的柔软静脉团,或肛管皮下血栓形成和增生的结缔组织。按发病部位的不同,可分为内痔、外痔和混合痔。

痔疮 zhìchuāng/ㄓˋ ㄔㄨㄤ
【医】“痔”的通称。

窒息/窒息 zhìxī/ㄓˋ ㄒㄧˊ
asphyxia
【医】呼吸过程受阻或发生异常,全身各器官组织缺氧,二氧化碳潴留而引起的组织细胞代谢障碍、功能紊乱和形态结构损伤的病理状态。严重可导致死亡。

蛭/蛭 zhì/ㄓˋ
leech
【动】通称“蚂蟥”。环节动物名。蛭纲(Hirudinea)各种的统称。体长而扁平,无刚毛,前后各有一个吸盘。生活在淡水中或潮湿的陆地上,种类很多,多营半寄生生活,如水蛭、山蛭等,有的吸食人或动物的血液。

蛭石/蛭石 zhìshí/ㄓˋ ㄕˊ
vermiculite
【地】矿物。成分为 $(Mg,Fe,Al)_3[(Si,Al)_4O_{10}](OH)_2\cdot4H_2O$,成分常变化不定。单斜晶系。通常呈片状。褐色、黄褐色或古铜色,油脂光泽,莫氏硬度1~1.5,密度2.4~2.7克/厘米^3。片状完全解理,薄片具挠性,有时微具弹性。烧灼后呈银白色,体积可膨胀18~25倍,呈水蛭状,故名。具优良的防火、隔热、隔音性能,作为骨料或填料,用于建筑、石油、化工、纺织及航空工业中。也可入药,称“金精石”。

智齿冠周炎/齒冠周圍齦炎
zhìchǐ guānzhōuyán/
ㄔˇ ㄍㄨㄢ ㄓㄡ ㄨㄟˊ ㄧㄣˊ ㄧㄢˊ
pericoronitis of wisdom tooth
【医】第三磨牙周围的软组织炎症。常发生于18~25岁的青年。主要症状为牙冠周围软组织肿胀疼痛,可引起不同程度的张口受限,导致咀嚼、进食及吞咽困难。病情重者的还可有周身不适、头痛、体温上升等症状。

智慧財産
ㄓˋ ㄏㄨㄟˋ ㄘㄞˊ ㄔㄢˇ/
zhìhuì cáichǎn
intellectual property
【总】台湾名。即“知识产权”(1440页)。

智慧感測器
ㄓˋ ㄏㄨㄟˋ ㄍㄢˇ ㄘㄜˋ ㄑㄧˋ/
zhìhuì gǎncèqì
intelligent sensor

Z

【机】台湾名。即“智能传感器”(1455 页)。

智慧决策支援系统

ㄓˋ ㄏㄨㄟˋ ㄐㄩㄝˊ ㄘㄜˋ ㄓ ㄩㄢˊ ㄒㄧˋ ㄊㄨㄥˇ/
zhìhuì juécè zhīyuán xìtǒng
intelligent decision support system
【自】台湾名。即“智能决策支持系统”(1455 页)。

智慧卡 ㄓˋ ㄏㄨㄟˋ ㄎㄚˇ/zhìhuìkǎ
integrated circuit card
【信息】台湾名。即“集成电路卡”(576 页)。

智慧型材料

ㄓˋ ㄏㄨㄟˋ ㄒㄧㄥˊ ㄘㄞˊ ㄌㄧㄠˋ/zhìhuìxíng cáiliào
smart materials
【材】台湾名。即“机敏材料”(559 页)。

智慧型大樓

ㄓˋ ㄏㄨㄟˋ ㄒㄧㄥˊ ㄉㄚˋ ㄌㄡˊ/zhìhuìxíng dàlóu
intelligent building
【建】台湾名。即“智能建筑”(1455 页)。

智慧型機器

ㄓˋ ㄏㄨㄟˋ ㄒㄧㄥˊ ㄐㄧ ㄑㄧˋ/zhìhuìxíng jīqì
intelligent machine
【自】台湾名。即“智能机器”(1455 页)。

智慧型機器人

ㄓˋ ㄏㄨㄟˋ ㄒㄧㄥˊ ㄐㄧ ㄑㄧˋ ㄖㄣˊ/zhìhuìxíng jīqìrén
intelligent robot
【机】台湾名。即“智能机器人”(1455 页)。

智慧型通訊網路

ㄓˋ ㄏㄨㄟˋ ㄒㄧㄥˊ ㄊㄨㄥ ㄒㄩㄣˋ ㄨㄤˇ ㄌㄨˋ/
zhìhuìxíng tōngxùn wǎnglù
intelligent network, IN
【信息】台湾名。即“智能网”(1455 页)。

智慧型武器

ㄓˋ ㄏㄨㄟˋ ㄒㄧㄥˊ ㄨˇ ㄑㄧˋ/zhìhuìxíng wǔqì
artificial intelligence weapon
【军】台湾名。即“智能武器”(1455 页)。

智慧型儀器

ㄓˋ ㄏㄨㄟˋ ㄒㄧㄥˊ ㄧˊ ㄑㄧˋ/zhìhuìxíng yíqì
intelligent instrument
【自】台湾名。即“智能仪表”(1456 页)。

智慧終端機

ㄓˋ ㄏㄨㄟˋ ㄓㄨㄥ ㄉㄨㄢ ㄐㄧ/
zhìhuì zhōngduānjī
intelligent terminal
【信息】台湾名。即“智能终端”(1456 页)。

智慧資料庫

ㄓˋ ㄏㄨㄟˋ ㄗ ㄌㄧㄠˋ ㄎㄨˋ/zhìhuì zīliàokù
intelligent database
【信息】台湾名。即“智能数据库”(1455 页)。

智力/智力 zhìlì/ㄓˋ ㄌㄧˋ
intelligence
【心】台湾又称“智能”。指一般能力的综合。一般能力指大多数活动所需要的能力,是人所共有的最基本的能力。包括观察力、记忆力、注意力、想象力、思维力等。

智力测验/智力測驗
zhìlì cèyàn/ㄓˋ ㄌㄧˋ ㄘㄜˋ ㄧㄢˋ
intelligence test
【心】用以衡量人的智力水平高低的测验。按照一定的智力结构的理论编制。各种智力测验的维度不尽相同,大都是测验人的各种基本能力,包括观察力、记忆力、注意力、想象力、思维力等。对鉴别人的智力水平,特别是早期诊断智力缺陷和智力超常儿童有相当的临床意义。比内－西蒙智力量表是世界上第一个正规的标准智力测验,韦克斯勒智力量表是当今世界上运用最广的智力测验。

智力产业 zhìlì chǎnyè/ㄓˋ ㄌㄧˋ ㄔㄢˇ ㄧㄝˋ
【总】即“知识产业”(1440 页)。

智力技能/心智技能
zhìlì jìnéng/ㄒㄧㄣ ㄓˋ ㄐㄧˋ ㄋㄥˊ
intellectual skill
【心】又称“心智技能”“认知技能”。人借助于内部言语在头脑中完成的智力活动方式。其经过练习把各种认知因素,如感知、记忆、想象、思维等加以整合,达到完善化和自动化程度,形成一个认知操作系统。具有动作对象的观念性、动作进行的内隐性、动作结构的简缩性等特点。

智力年龄 zhìlì niánlíng/ㄓˋ ㄌㄧˋ ㄋㄧㄢˊ ㄌㄧㄥˊ
【心】即“心理年龄”(1267 页)。

智力缺陷 zhìlì quēxiàn/ㄓˋ ㄌㄧˋ ㄑㄩㄝ ㄒㄧㄢˋ
【心】即“智力障碍”(1455 页)。

智力商数 zhìlì shāngshù/ㄓˋ ㄌㄧˋ ㄕㄤ ㄕㄨˋ
【心】“智商”的全称。

智力因素/智力因素
zhìlì yīnsù/ㄓˋ ㄌㄧˋ ㄧㄣ ㄙㄨˋ
intellective factor
【心】人在认识方面的能力。主要包括观察力、记忆力、注意力、想象力、思维力等，即认识能力的总和。是人认识事物过程中所表现出的心理特征，是人的认识活动的操作系统。

智力障碍/智力障礙
zhìlì zhàng'ài/ㄓˋ ㄌㄧˋ ㄓㄤˋ ㄞˋ
intellectual disorder
【心】又称"智力缺陷"。大脑损伤或发育不全，造成认知活动持续障碍及整个心理活动障碍。

智能 ㄓˋ ㄋㄥˊ/zhìnéng
intelligence
【心】台湾名。即"智力"(1454 页)。

智能传感器/智慧感測器
zhìnéng chuángǎnqì/
ㄓˋ ㄏㄨㄟˋ ㄍㄢˇ ㄘㄜˋ ㄑㄧˋ
intelligent sensor
【机】传感器的一种。对外界信息具有一定的检测、自诊断、数据处理以及自适应能力。精度高，可靠性与稳定性高，信噪比与分辨力高。广泛应用于测量设备，分析设备，汽车电子设备，天文仪器，航空、航天、航海仪器以及生物医疗、地球探测、电力等领域。

智能地雷/智能地雷
zhìnéng dìléi/ㄓˋ ㄋㄥˊ ㄉㄧˋ ㄌㄟˊ
intelligent landmine
【军】利用探测技术、传感器技术、微处理器技术等，能自动探测、识别和攻击目标的地雷。多用于杀伤装甲目标。

智能机器/智慧型機器
zhìnéng jīqì/ㄓˋ ㄏㄨㄟˋ ㄒㄧㄥˊ ㄐㄧ ㄑㄧˋ
intelligent machine
【自】能够在环境中出现不确定性和变动时自主地执行各种较特殊任务的机器。

智能机器人/智慧型機器人
zhìnéng jīqìrén/ㄓˋ ㄏㄨㄟˋ ㄒㄧㄥˊ ㄐㄧ ㄑㄧˋ ㄖㄣˊ
intelligent robot
【机】机器人的一种。能模拟人类部分逻辑思维活动，具有类似视觉、听觉、嗅觉等感觉功能，可在人所不能适应的环境下代替人的工作。按智能程度不同，可分为初级智能机器人和高级智能机器人。

智能建筑/智慧型大樓
zhìnéng jiànzhù/ㄓˋ ㄏㄨㄟˋ ㄒㄧㄥˊ ㄉㄚˋ ㄌㄡˊ
intelligent building
【建】具有智能化特征的建筑。其中设有信息设施系统、信息化应用系统、建筑设备管理系统、公共安全系统等，集建筑结构、机电设施、服务管理及其优化组合为一体，为人们提供安全、高效、便捷、节能、环保、健康的建筑环境。

智能决策支持系统/智慧決策支援系統
zhìnéng juécè zhīchí xìtǒng/
ㄓˋ ㄏㄨㄟˋ ㄐㄩㄝˊ ㄘㄜˋ ㄓ ㄩㄢˊ ㄒㄧˋ ㄊㄨㄥˇ
intelligent decision support system
【自】以计算机为工具结合人工智能，充分地应用人类的知识帮助决策者利用数据或/和模型来解决非结构化或半结构化决策问题的交互式辅助决策系统。

智能卡 zhìnéngkǎ/ㄓˋ ㄋㄥˊ ㄎㄚˇ
【信息】即"集成电路卡"(576 页)。

智能汽车/智能汽車
zhìnéng qìchē/ㄓˋ ㄋㄥˊ ㄑㄧˋ ㄔㄜ
intelligent vehicle
【交】利用多种传感器和智能公路技术，实现自动驾驶的汽车。通常具有导航信息资料库、GPS 定位系统、道路状况信息系统、车辆防碰系统、紧急报警系统、无线通信系统、自动驾驶系统等。

智能数据库/智慧資料庫
zhìnéng shùjùkù/ㄓˋ ㄏㄨㄟˋ ㄗ ㄌㄧㄠˋ ㄎㄨˋ
intelligent database
【信息】按合乎逻辑、自然和易于使用的方式，操纵所存储信息的数据库。

智能网/智慧型通訊網路
zhìnéngwǎng/
ㄓˋ ㄏㄨㄟˋ ㄒㄧㄥˊ ㄊㄨㄥ ㄒㄩㄣˋ ㄨㄤˇ ㄌㄨˋ
intelligent network, IN
【信息】以计算机和数据库为核心，可向用户提供智能型业务的网络。

智能武器/智慧型武器
zhìnéng wǔqì/ㄓˋ ㄏㄨㄟˋ ㄒㄧㄥˊ ㄨˇ ㄑㄧˋ
artificial intelligence weapon

【军】全称"人工智能武器"。利用人工智能技术自动寻找、识别和摧毁敌方目标的武器。通常由信息采集与处理系统、知识库系统、辅助决策系统和任务执行系统等组成。包括智能弹药、军用机器人等。

智能仪表/智慧型儀器

zhìnéng yíbiǎo/ㄓˋ ㄋㄥˊ ㄧˊ ㄅㄧㄠˇ

intelligent instrument

【自】以微型计算机(单片机)为主体,将计算机技术和检测技术有机结合组成,可完成数据采集、处理和通信功能的新一代仪表。

智能终端/智慧終端機

zhìnéng zhōngduān/ㄓˋ ㄏㄨㄟˋ ㄓㄨㄥ ㄉㄨㄢ ㄐㄧ

intelligent terminal

【信息】又称"可编程终端"。具有内置数据处理能力的用户终端。这种处理能力由程序员通过可变更的程序进行控制。

智商/智商 zhìshāng/ㄓˋ ㄕㄤ

intelligence quotient, IQ

【心】全称"智力商数"。测量个体智力发展水平的指标。有两种计算方法:比率智商 IQ=MA/CA×100,其中 MA 为智力年龄,CA 为实际年龄;离差智商 IQ=100+15Z, $Z=\frac{X-M}{S}$,其中 Z 为标准分,X 为测验所得分数,M 为被试所在年龄组平均得分,S 为该年龄组分数的标准差。

IQ 等级分类表

智商 IQ	等级类别
≥140	非常优秀
120～139	优秀
110～119	中上(聪明)
90～109	中等
80～89	中下(迟钝)
70～79	临界智力状态
≤70	智力缺陷
60～69	轻度智力低力
50～59	重度智力低下
25～49	亚白痴
≤25	白痴

滞洪区/滯洪區 zhìhóngqū/ㄓˋ ㄏㄨㄥˊ ㄑㄩ

flood retarding basin

【水利】平时不过水,当达到某一洪水位时可以滞蓄部分洪水的区域。即河道沿岸滩地、附近湖泊、洼地或低矮圩区。

置标语言/標示語言

zhìbiāo yǔyán/ㄅㄧㄠ ㄕˋ ㄩˇ ㄧㄢˊ

markup language

【信息】通过在原文本中插入过程性和描述性的标记,以便将原始文本转换成结构式文本的格式化语言。例如万维网页中的超文本置标语言(HTML)、可扩展置标语言(XML)。

置换/置換 zhìhuàn/ㄓˋ ㄏㄨㄢˋ

❶displacement, ❷substitution

【化】❶指一种单质替代化合物中一种原子或原子团,使之脱离化合物成为单质的反应。最常见的是活泼金属从不活泼金属盐溶液中置换出不活泼金属的反应。❷生物化学上指 DNA 分子中一对碱基被另一对碱基所取代的现象。根据碱基的取代方式,一个嘌呤被另一嘌呤或一个嘧啶被另一嘧啶所置换,称"转换";一个嘌呤被一个嘧啶或一个嘧啶被一个嘌呤所置换,称"颠换"。

置石/置石 zhìshí/ㄓˋ ㄕˊ

stone layout

【建】将石材或仿石材布置成自然露岩景观的造景手法。以欣赏山石为主,不要求具备完整山行,可观而不可游。能够用简单的形式体现较深的意境,达到"寸石生情"的艺术效果。可分为特置和散置两种方法。由于魏晋南北朝山水诗和山水画对园林创作的影响,唐宋时园林中建造假山之风大盛。

雉/雉 zhì/ㄓˋ

pheasant

环颈雉

【动】❶又称"野鸡""山鸡"。鸟名。鸡形目雉科。种类很多,如环颈雉(*Phasianus colchicus*)、血雉、长尾雉等。通常指环颈雉。外形像鸡,雄鸡尾长,羽毛艳丽,多为赤铜色或深绿色,有光泽,雌鸡尾稍短,灰黄褐色。善走,不能久飞。栖息于荒山田野间,以植物种子、果实和昆虫等为食。❷在台湾,雉也指“锦鸡”(635 页)。

雉堞/雉堞 zhìdié/ㄓˋ ㄉㄧㄝˊ

parapet

【建】城墙顶部筑于外侧、连续的齿形矮墙,在反击敌人时,用于掩护守城士兵。

稚虫/稚蟲 zhìchóng/ㄓˋ ㄔㄨㄥˊ

naiad

【动】某些不完全变态类昆虫的幼体。水栖,以鳃呼吸;成虫陆生,以气管呼吸。例如水虿(蜻蜓的稚虫)。

質降 ㄓˊ ㄐㄧㄤˋ/zhìjiàng

dematerialization

【环】台湾名。即“非物质化”(333 页)。

質量百分比

ㄓˊ ㄌㄧㄤˋ ㄅㄞˇ ㄈㄣ ㄅㄧˇ/zhìliàng bǎifēnbǐ

mass fraction

【计量】台湾名。即“质量分数”(1451 页)。

質量缺陷

ㄓˊ ㄌㄧㄤˋ ㄑㄩㄝ ㄒㄧㄢˋ/zhìliàng quēxiàn

mass defect

【物】台湾名。即“质量亏损”(1451 页)。

質量守恆律

ㄓˊ ㄌㄧㄤˋ ㄕㄡˇ ㄏㄥˊ ㄌㄩˋ/zhìliàng shǒuhénglǜ

law of conservation of mass

【物】台湾名。即“质量守恒定律”(1451 页)。

zhong (ㄓㄨㄥ)

中波/中波 zhōngbō/ㄓㄨㄥ ㄅㄛ

medium wave, MW

【信息】波长 1000～100 米(频率 300～3000 千赫)的无线电波。

中层大气/中層大氣

zhōngcéng dàqì/ㄓㄨㄥ ㄘㄥˊ ㄉㄚˋ ㄑㄧˋ

middle atmosphere

【气】按高度划分的大气中的一层。距地面高度 15～85 千米,包括平流层和中间层在内。

中成药/中成藥

zhōngchéngyào/ㄓㄨㄥ ㄔㄥˊ ㄧㄠˋ

traditional Chinese patent medicines and simple preparations, * ready-prepared Chinese medicine

【中医】临床反复使用、安全有效、剂型固定,并采取合理工艺制备的质量稳定、可控,经批准依法生产的成方中药制剂。如黄连上清丸、清开灵注射液、感冒清热颗粒等。

中程导弹/中程飛彈

zhōngchéng dǎodàn/ㄓㄨㄥ ㄔㄥˊ ㄈㄟ ㄉㄢˋ

medium-range missile

【军】通常指射程在 1000～5000 千米的导弹。有的国家将射程 500～5500 千米的导弹界定为中程导弹。

中程飛彈

ㄓㄨㄥ ㄔㄥˊ ㄈㄟ ㄉㄢˋ/zhōngchéng fēidàn

medium-range missile

【军】台湾名。即“中程导弹”(1457 页)。

中尺度系统/中尺度系統

zhōngchǐdù xìtǒng/ㄓㄨㄥ ㄔˇ ㄉㄨˋ ㄒㄧˋ ㄊㄨㄥˇ

mesoscale system

【气】天气系统的一类。水平尺度为 10～300 千米,时间尺度为 1～10 小时。如飑线、热带风暴等。

中垂/舯垂

zhōngchuí/ㄓㄨㄥ ㄔㄨㄟˊ

sagging

【船】波浪的波谷位于船中,船首、船尾处于波峰,船体产生中部下垂、首尾上翘的弯曲变形。此时船体甲板结构受压,船底结构受拉。

中垂线/中垂線

zhōngchuíxiàn/ㄓㄨㄥ ㄔㄨㄟˊ ㄒㄧㄢˋ

perpendicular bisector

【数】又称“垂直平分线”。若一条直线垂直于一条线段并且经过这条线段的中点,则称它为这条线段的垂直平分线。

中稻/中稻 zhōngdào/ㄓㄨㄥ ㄉㄠˋ

mid-season rice

【农】栽培稻中处于早熟类型和晚熟类型之间的中熟品种。插秧期和收获期因各地区的气候条件不同而有很大差异。生长期通常为 120～150 天。产量和米质介于早稻和晚稻之间。

中等城市/中等城市

zhōngděng chéngshì/ㄓㄨㄥ ㄉㄥˇ ㄔㄥˊ ㄕˋ

Z

medium-sized city
【建】城区常住人口 50 万以上 100 万以下的城市。

中點接地
ㄓㄨㄥ ㄉㄧㄢˇ ㄐㄧㄝ ㄉㄧˋ/zhōngdiǎn jiēdì
neutral earthing
【电】台湾名。即"接零"(620 页)。

中东/中東 Zhōngdōng/ㄓㄨㄥ ㄉㄨㄥ
Middle East
【地】泛指以西亚为主,欧、亚、非三洲连接的地区。欧洲人称离西欧较远的东方地区为中东,较近的为近东,之间没有明确的界线。包括伊朗、巴勒斯坦、以色列、叙利亚、伊拉克、约旦、黎巴嫩、也门、沙特阿拉伯、阿拉伯联合酋长国、阿曼、科威特、卡塔尔、巴林、土耳其、塞浦路斯和埃及等国。

中耳炎/中耳炎
zhōng'ěryán/ㄓㄨㄥ ㄦˇ ㄧㄢˊ
otitis media
【医】各种致病因素导致中耳鼓室、鼓窦、乳突和咽鼓管等部位的炎症。常见症状为耳痛,听力减退,耳道流软耵聍或脓液。可分为非化脓性和化脓性两类。前者包括分泌性中耳炎和气压损伤性中耳炎;后者可分为急性中耳炎和慢性中耳炎。

中非/中非 Zhōngfēi/ㄓㄨㄥ ㄈㄟ
Central Africa
【地】❶非洲中部地区。西起喀麦隆火山山地,东至东非大裂谷,北到提贝斯提高原,南至加丹加高原。地形多样,起伏较大,多为高原和盆地,面积约 537 万平方千米,包括乍得、中非共和国、喀麦隆、赤道几内亚、加蓬、刚果民主共和国、刚果共和国、圣多美和普林西比。大部分地区属热带草原气候。经济以农业为主,矿业次之。出产棕油、棕榈仁、橡胶、可可、棉花等;金刚石、铀、铁、铜、锰、钴、金、锡、镭、铌、钽等矿产在世界上占重要地位。❷指中非共和国。

中高层住宅/中高層住宅
zhōnggāocéng zhùzhái/
ㄓㄨㄥ ㄍㄠ ㄘㄥˊ ㄓㄨˋ ㄓㄞˊ
medium high housing
【建】地面以上七至九层的住宅建筑。通常需设电梯。也有不设电梯的,为减少上楼疲劳,在一层或二层的屋顶设置绿化平台,让居民先到达平台,再进入上层住宅;有些将住宅的最高两层做成一户。

中耕/中耕 zhōnggēng/ㄓㄨㄥ ㄍㄥ
intertillage
【农】在作物生长期间,用手锄、中耕犁和齿耙等在株行间进行的表土耕作。可疏松表土、破除板结,增加土壤通气性,提高地温,去除杂草,促使根系伸展,调节土壤水分状况。

中耕机械/耕耘設備
zhōnggēng jīxiè/ㄍㄥ ㄩㄣˊ ㄕㄜˋ ㄅㄟˋ
inter-row cultivator
【机】农业机械的一类。在作物生长过程中进行松土、除草、培土等作业的土壤耕作机械。有中耕机、松土机、除草机、培土机、间苗机等。

中拱/舯拱 zhōnggǒng/ㄓㄨㄥ ㄍㄨㄥˇ
hogging
【船】波峰位于船中,船首、船尾处于波谷,船体产生中部上拱、首尾下垂的弯曲变形。此时船体甲板结构受拉,船底结构受压。

中国传统医学/中國傳統醫學
Zhōngguó chuántǒng yīxué/
ㄓㄨㄥ ㄍㄨㄛˊ ㄔㄨㄢˊ ㄊㄨㄥˇ ㄧ ㄒㄩㄝˊ
traditional Chinese medicine
【中医】中华民族在长期的医疗实践中,不断积累而逐渐形成的医学理论体系和临床经验。是汉族和各少数民族医学的统称。主要包括中医学、藏医学、蒙医学、维医学、朝医学、壮医学、傣医学、彝医学,以及苗族、拉祜族、畲族、鄂伦春族等民族的医学。

中国林蛙/中國林蛙
Zhōngguó línwā/ㄓㄨㄥ ㄍㄨㄛˊ ㄌㄧㄣˊ ㄨㄚ
Chinese brown frog
【动】*Rana chensinensis* 又称"哈什蚂""雪蛤"。两栖动物名。无尾目蛙科。体长 6～7 厘米,背面土黄色,有黄色和红色斑点。生活在阴湿的山坡树丛和山沟附近。分布于中国东北、西北等地,也见于俄罗斯、蒙古和朝鲜半岛。

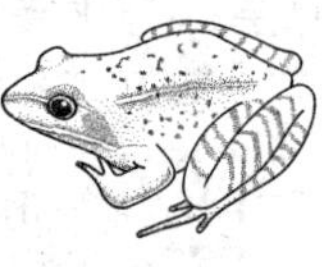
中国林蛙

中国鸟龙/中國鳥龍
Zhōngguó niǎolóng/

ㄓㄨㄥ ㄍㄨㄛˊ ㄋㄧㄠˇ ㄌㄨㄥˊ

Sinornithosaurus

【地】*Sinornithosaurus* 一种长有羽毛的恐龙。属蜥臀目。后头部骨骼型态与多数恐龙很不一样,具早期鸟类的许多特征,用后肢行走,皮肤表面有丝状衍生物,肩带构造与始祖鸟类似。不能飞翔,但前肢结构产生了一系列适应飞翔的变化。是恐龙演化到鸟类的中间形态。化石发现于中国辽宁的义县组,年代为早白垩世的巴雷姆期。

中国漆 zhōngguóqī/ㄓㄨㄥ ㄍㄨㄛˊ ㄑㄧ

【化】即"生漆"(1007 页)。

中国剩余定理/中國剩餘定理

Zhōngguó shèngyú dìnglǐ/

ㄓㄨㄥ ㄍㄨㄛˊ ㄕㄥˋ ㄩˊ ㄉㄧㄥˋ ㄌㄧˇ

【数】即"孙子剩余定理"(1091 页)。

中国小鲵

Zhōngguó xiǎoní/ㄓㄨㄥ ㄍㄨㄛˊ ㄒㄧㄠˇ ㄋㄧˊ

【动】即"小鲵"(1259 页)。

中国营造学社/中國營造學社

Zhōngguó Yíngzào Xuéshè/

ㄓㄨㄥ ㄍㄨㄛˊ ㄧㄥˊ ㄗㄠˋ ㄒㄩㄝˊ ㄕㄜˋ

Chinese Society of Architecture

【建】近代中国私人兴办的、研究中国传统营造学的学术团体。1929 年在北京创建,朱启钤任社长,梁思成、刘敦桢分别任法式组、文献组主任。学社以整理、诠释营造古籍和调查、测绘古建遗构为使命,整理了宋《营造法式》和清工部《工程做法》等一批古籍专著、历史文献和匠师抄本,编辑出版《中国营造学社汇刊》及《清式营造则例》《建筑设计参考图例》等,1946 年停止活动。学社培养、造就了一批中国古建筑史的研究人员,做出了重大贡献。

中和/中和 zhōnghé/ㄓㄨㄥ ㄏㄜˊ

neutralization

【化】酸与碱生成盐和水的化学作用。其实质是氢离子(H^+)和氢氧根离子(OH^-)结合生成水。

中华巴洛克/中華巴羅克

Zhōnghuá bāluòkè/

ㄓㄨㄥ ㄏㄨㄚˊ ㄅㄚ ㄌㄨㄛˋ ㄎㄜˋ

Chinese baroque style

【建】基于中国工匠对西方古典建筑的理解而产生的建筑样式。外观类似西方巴洛克式,但附加的装饰取材自由,体现了地方特征,有时甚至装饰过度,为西方巴洛克建筑样式所未有。主要见于哈尔滨、沈阳等城市。代表建筑物有哈尔滨道外区商住建筑、沈阳中街(四平街,1919—1930 年)建筑。

中华白海豚/中華白海豚

Zhōnghuá báihǎitún/

ㄓㄨㄥ ㄏㄨㄚˊ ㄅㄞˊ ㄏㄞˇ ㄊㄨㄣˊ

Indo-Pacific humpbacked dolphin

【动】*Sousa chinensis* 哺乳动物名。鲸目海豚科。身体纺锤形,长 2 米左右,喙突出狭长,眼眶黑色,有背鳍,老年时全身乳白色,有灰黑色细斑,生活在热带、亚热带的内海港湾及河口,以鱼虾、乌贼等为食。在中国,主要分布在东南部沿海。

中华龙鸟/中華龍鳥

Zhōnghuá lóngniǎo/

ㄓㄨㄥ ㄏㄨㄚˊ ㄌㄨㄥˊ ㄋㄧㄠˇ

Sinosauropteryx

【地】*Sinosauropteryx* 一种古生物名。前肢粗短,爪钩锐利,后肢较长,善奔跑,全身披覆原始绒毛。1996 年在中国辽西热河生物群中发现它的化石,开始以为是一种原始鸟类,后证实是一种小型食肉恐龙。生活于早白垩世。

中华猕猴桃/奇異果

Zhōnghuá míhóutáo/ㄑㄧˊ ㄧˋ ㄍㄨㄛˇ

Chinese gooseberry

【植】*Actinidia chinensis* 通称"猕猴桃"。猕猴桃科猕猴桃属。大型落叶藤本植物。幼枝被毛。叶纸质,宽倒卵形至圆形,顶端截平,中间凹入或具尖,基部钝圆形至浅心形。聚伞花序,花瓣五枚,初乳白色,后变黄色。果实卵形至椭圆形,黄褐色,被茸毛。成熟时,质地柔软,果肉亮绿色,味酸甜。花期 4—5 月份,果期 8—10 月份。在中国,分布于陕西南部至广西北部之间的各地。果实可作水果。

📖 因果皮覆棕色长茸毛,貌似猕猴,故名。

中华鲟/中華鱘

zhōnghuáxún/ㄓㄨㄥ ㄏㄨㄚˊ ㄒㄩㄣˊ

Chinese sturgeon

【动】*Acipenser sinensis* 鱼名。硬骨鱼纲鲟

科。身体梭形，长 2～3 米，吻尖而长，口小，有两对须，全身基本无鳞，背部青灰色或灰褐色，体表覆五纵行骨板，尾鳍歪形。在江河和海洋中洄游，常栖息于有沙砾的水底，以无脊椎动物和鱼类为食。长江、钱塘江、闽江和东海、南海均有分布。是中国特有的古老珍稀鱼类。

中华鲟

中继器/中繼站 zhōngjìqì/ㄓㄨㄥ ㄐㄧˋ ㄓㄢˋ
repeater
【信息】用来对信号放大、补偿、整形和转发，以便扩展数据站之间传输距离，或将两个分支互连的装置。
📖 信号通过传输介质时发生衰减，传输距离越长衰减越严重，甚至会因信号无法分辨而丢失，因此网络段所允许的主缆长度不得超过一定范围。中继器延长了电缆的总长度，扩展了网络的覆盖范围。

中继网/幹線網路
zhōngjìwǎng/ㄍㄢˋ ㄒㄧㄢˋ ㄨㄤˇ ㄌㄨˋ
trunk network
【信息】电话局之间的传输网络。可分为市内中继网与长途中继网。

中继站/中繼站
zhōngjìzhàn/ㄓㄨㄥ ㄐㄧˋ ㄓㄢˋ
❶repeater station，❷repeater
【信息】❶在链路某一点上，若干中继器及其相关器件的统称。相关器件包括信令、调制、复用、监控、电源等功能单元。❷在台湾，中继站也指"中继器"(1460 页)。

中繼段 ㄓㄨㄥ ㄐㄧˋ ㄉㄨㄢˋ/zhōngjìduàn
hop
【信息】台湾名。即"跳段"(1133 页)。

中间层/中氣層
zhōngjiāncéng/ㄓㄨㄥ ㄑㄧˋ ㄘㄥˊ
mesosphere
【气】按热力性质划分的大气中的一层。在平流层顶向上至距地面约 85 千米高度的大气层。层内温度随高度的增加而迅速递减，对流运动强烈，空气分子吸收太阳紫外线辐射后可发生电离，在高纬度地区夏季的黎明或黄昏时可看到中间层顶附近的夜光云。

中间层顶/中間層頂
zhōngjiāncéngdǐng/ㄓㄨㄥ ㄐㄧㄢ ㄘㄥˊ ㄉㄧㄥˇ
mesopause
【气】中间层与热层之间的过渡层，高度约 85 千米。

中间件/中介軟體
zhōngjiānjiàn/ㄓㄨㄥ ㄐㄧㄝˋ ㄖㄨㄢˇ ㄊㄧˇ
middleware
【信息】介于至少两种软件之间，并在其间转换信息的软件。多处于应用程序与操作系统、网络操作系统或数据库管理系统之间。一般具有较强的通信能力和可扩展性。

中间商/仲介商
zhōngjiānshāng/ㄓㄨㄥˋ ㄐㄧㄝˋ ㄕㄤ
broker
【物流】台湾又称"經紀人"。在生产商与最终消费者之间充当商品交换媒介的企业或个人。位于供应链的中间环节。按拥有商品所有权与否，可分为经销商和代理商；按销售对象不同，可分为批发商和零售商。

中间设备/中間設備
zhōngjiān shèbèi/ㄓㄨㄥ ㄐㄧㄢ ㄕㄜˋ ㄅㄟˋ
intermediate equipment
【信息】置于数据终端设备与数据电路终端设备之间，在调制前或解调后执行某些附加功能的辅助设备。通常包括网络接入设备、网间设备(路由器)、通信服务器、调制解调器和安全设备(防火墙)。

中间站/中間站
zhōngjiānzhàn/ㄓㄨㄥ ㄐㄧㄢ ㄓㄢˋ
intermediate station
【交】铁路车站的一种。设置在铁路区段内，为沿线的城乡居民生产、生活提供服务。主要办理列车的到发、通过、会让和越行以及少量的客货运业务。中国铁路有专门设置在单线铁路的会让站和双线铁路上的越行站，二者都属于中间站的范畴。

中介軟體
ㄓㄨㄥ ㄐㄧㄝˋ ㄖㄨㄢˇ ㄊㄧˇ/zhōngjiè ruǎntǐ
middleware
【信息】台湾名。即"中间件"(1460 页)。

中空飞行/中空飛行
zhōngkōng fēixíng/ㄓㄨㄥ ㄎㄨㄥ ㄈㄟ ㄒㄧㄥˊ

mid airway flight

【航】在 1000 米(含 1000 米)至 6000 米高度上的飞行。

中美洲/中美洲

Zhōngměizhōu/ㄓㄨㄥ ㄇㄟˇ ㄓㄡ

Central America

【地】全称“中亚美利加洲”。指墨西哥以南、哥伦比亚以北的美洲大陆中部地区。属于北美洲的一部分。东临加勒比海,西濒太平洋,是连接南美洲和北美洲的狭长地带。地形以高原和山地为主,平原狭窄。面积54.13万平方千米,包括危地马拉、洪都拉斯、伯利兹、萨尔瓦多、尼加拉瓜、哥斯达黎加和巴拿马等国家。气候湿热。经济以农业为主,香蕉、咖啡、甘蔗等热带经济作物占有重要地位,还出产棉花、烟草、可可、剑麻、谷物等。

中南半岛/中南半島

Zhōngnán Bàndǎo/ㄓㄨㄥ ㄋㄢˊ ㄅㄢˋ ㄉㄠˇ

Indo-China Peninsula

【地】旧称“印度支那半岛”。半岛名。位于亚洲东南部,中国和南亚次大陆之间,西临孟加拉湾、安达曼海和马六甲海峡,东临太平洋的南海。面积 206.9 万平方千米,海拔 1500～2000 米。多热带季风气候,气温高,分为旱季与雨季。稻米、橡胶、棕榈油、木材、热带水果和花卉出口居世界前列,铅、锌、银、锑、铜、锡、钨、宝石、石油和天然气生产占有重要地位。

中欧/中歐 Zhōng'ōu/ㄓㄨㄥ ㄡ

Central Europe

【地】欧洲中部地区,即波罗的海以南,阿尔卑斯山脉以北一带。面积 101.59 万平方千米,包括波兰、捷克、斯洛伐克、匈牙利、德国、奥地利、瑞士、列支敦士登等国。除德国和波兰以外都是内陆国。南部是阿尔卑斯山和喀尔巴阡山,中部是高地,北部是冰碛丘陵和平原,地势南高北低。西部地区多为温带海洋性气候,东部为温带大陆性湿润气候。工业发达,能源不足;畜牧业、渔业、加工贸易和旅游业发达。

中期妊娠

zhōngqī rènshēn/ㄓㄨㄥ ㄑㄧ ㄖㄣˋ ㄕㄣ

【医】即“孕中期”(1402 页)。

中期预报/中期預報

zhōngqī yùbào/ㄓㄨㄥ ㄑㄧ ㄩˋ ㄅㄠˋ

medium-range weather forecast

【气】按时效划分的一种天气预报。未来 72 小时至 10 天的天气预报。

中气候/中氣候

zhōngqìhòu/ㄓㄨㄥ ㄑㄧˋ ㄏㄡˋ

mesoclimate

【气】按空间尺度划分的一类气候。水平范围为几十千米到几百千米。受下垫面影响较大,如谷地、湖泊、森林、山地、城市等。

中氣層 ㄓㄨㄥ ㄑㄧˋ ㄘㄥˊ/zhōngqìcéng

mesosphere

【气】台湾名。即“中间层”(1460 页)。

中日照植物/中日照植物

zhōngrìzhào zhíwù/ㄓㄨㄥ ㄖˋ ㄓㄠˋ ㄓˊ ㄨˋ

day intermediate plant

【植】只有当昼夜长短比例接近于 1 的时候才能开花的植物。甘蔗就属于中日照植物。

中沙群岛/中沙群島

Zhōngshā Qúndǎo/ㄓㄨㄥ ㄕㄚ ㄑㄩㄣˊ ㄉㄠˇ

Zhongsha Archipelago

【地】群岛名。中国南海四大群岛之一。位于西沙群岛东南,属海南省管辖。主要由隐没在水中的珊瑚礁滩组成,是中国南海诸岛四大群岛中位置居中的群岛。黄岩岛是中沙群岛中唯一露出水面的环礁。

中生代/中生代

zhōngshēngdài/ㄓㄨㄥ ㄕㄥ ㄉㄞˋ

Mesozoic Era

【地】显生宙的第二个代。在古生代之后,从距今约 2.51 亿年开始,至距今约 6550 万年结束。按时间早晚的顺序,分为三叠纪、侏罗纪和白垩纪。

📖 中生代植物以真蕨类和裸子植物最繁盛,到中生代末,被子植物取代裸子植物而居重要地位。中生代爬行动物(恐龙类、鱼龙类、翼龙类等)空前繁盛,故有“爬行动物时代”或“恐龙时代”之称,中生代出现了鸟类和哺乳类动物。海生无脊椎动物以菊石类繁盛为特征。随着陆地不断扩大,河湖遍布,双壳类、腹足类、叶肢介、介形类等淡水无脊椎动物大量发展。中生代末发生著名的生物灭绝事件,特别是恐龙类灭绝,菊石类灭绝。有人认为此与地外小天体撞击地球有关。

中生界/中生界 zhōngshēngjiè/ㄓㄨㄥ ㄕㄥ ㄐㄧㄝˋ
Mesozoic Erathem
【地】显生宇的第二个界。是中生代时期形成的地层。

中生植物/中生植物 zhōngshēng zhíwù/ㄓㄨㄥ ㄕㄥ ㄓˊ ㄨˋ
mesophyte
【植】生长在干湿条件适中环境中的陆生植物。是种类最多、分布最广和数量最大的陆生植物。

中枢神经/中樞神經 zhōngshū shénjīng/ㄓㄨㄥ ㄕㄨ ㄕㄣˊ ㄐㄧㄥ
central nervous
【医】神经系统的主要部分。包括位于颅腔的脑和椎管内的脊髓。是调节和控制人体各种机能活动的最高中枢。

中枢兴奋药/中樞神經興奮劑 zhōngshū xīngfènyào/ㄓㄨㄥ ㄕㄨ ㄕㄣˊ ㄐㄧㄥ ㄒㄧㄥ ㄈㄣˋ ㄐㄧˋ
central nervous system stimulant
【医】具有兴奋中枢神经系统,提高脑活动功能的药物。分别有兴奋大脑皮质、延髓呼吸中枢、脊髓的药物及促进脑细胞代谢、改善脑功能的药物。

中樞神經興奮劑 ㄓㄨㄥ ㄕㄨ ㄕㄣˊ ㄐㄧㄥ ㄒㄧㄥ ㄈㄣˋ ㄐㄧˋ/zhōngshū shénjīng xīngfènjì
central nervous system stimulant
【医】台湾名。即“中枢兴奋药”(1462 页)。

中水/回收水 zhōngshuǐ/ㄏㄨㄟˊ ㄕㄡ ㄕㄨㄟˇ
intermediate water, reclaimed water
【环】又称“再生水”。生活污水、工业废水、雨水经处理后达到规定的水质标准,可在一定范围内回用的非饮用水。通常把自来水称为“上水”,把排出污水称为“下水”,因其水质介于上述二者之间,故称。主要用于工业冷却、园林灌溉、厕所和车辆冲洗、建筑工程和消防等用水。

中碳钢/中碳鋼 zhōngtàngāng/ㄓㄨㄥ ㄊㄢˋ ㄍㄤ
medium carbon steel
【材】碳含量在 0.25%～0.6%范围内的非合金钢。

中堂 zhōngtáng/ㄓㄨㄥ ㄊㄤˊ
【建】即“中庭”(1462 页)。

中庭/中庭 zhōngtíng/ㄓㄨㄥ ㄊㄧㄥˊ
atrium
【建】又称“中堂”。建筑中贯穿多层的室内大厅。

中脘/中脘 zhōngwǎn/ㄓㄨㄥ ㄨㄢˇ
CV12,RN12
【中医】任脉穴之一。在上腹部,前正中线上,当脐中上 4 寸。胃的募穴,八会穴之腑会。该穴主治胃痛、呕吐、吞酸、呃逆、腹胀、泄泻、黄疸、癫狂等病证。

中位数/中位數 zhōngwèishù/ㄓㄨㄥ ㄨㄟˋ ㄕㄨˋ
median
【数】统计量的一种。将 n 个数从小到大排成一列,相同的数重复排列。当 n 是奇数时,取排在这列数中央位置的数;当 n 是偶数时,取排在这列数中央位置的两数的算术平均数。这样取得的数叫作这 n 个数的中位数。例如,1,1,2,3,5,7,7 的中位数是 3;1,2,3,4,4,6 的中位数是 3.5。

中位线/中線 zhōngwèixiàn/ㄓㄨㄥ ㄒㄧㄢˋ
median line
【数】❶连接三角形两边的中点的线段,叫作三角形的中位线。它平行于三角形的第三边,并且等于第三边的一半。❷连接梯形两腰的中点的线段,叫作梯形的中位线。它平行于梯形的底,且等于两底的和的一半。

中误差/中誤差 zhōngwùchā/ㄓㄨㄥ ㄨˋ ㄔㄚ
root mean square error, RMSE
【测绘】又称“均方差”。方差的平方根。测量计算中,常用观测值的带权残差平方和的平均数的平方根表示。常用作衡量测量精度的一种数值指标,中误差越小,测量精度越高。

中线/中線 zhōngxiàn/ㄓㄨㄥ ㄒㄧㄢˋ
median
【数】❶连接三角形一边的中点和这边所对的顶点的线段,叫作三角形(这边)的中线。三角形的三条中线交于一点。❷在台湾,中线也指“中位线”(1462 页)。

中心对称/中心對稱

zhōngxīn duìchèn/ㄓㄨㄥ ㄒㄧㄣ ㄉㄨㄟˋ ㄔㄣˋ

central symmetry

【数】全等变换的一种。设有一个定点 O 和任一点 P，作线段 PO，延长 PO 至点 P' 使 $OP'=PO$，称点 P' 为点 P 关于点 O 的对称点。将图形中的每一点都变为其关于点 O 的对称点的变换，叫作关于点 O 的中心对称变换，点 O 叫作对称中心。也可以说，将图形中的任一点都绕定点旋转 180°的变换，是中心对称变换。如图，对△PQR 作关于点 O 的中心对称变换，得到△$P'Q'R'$，称这两个三角形关于点 O 对称，彼此是关于点 O 的对称图形。

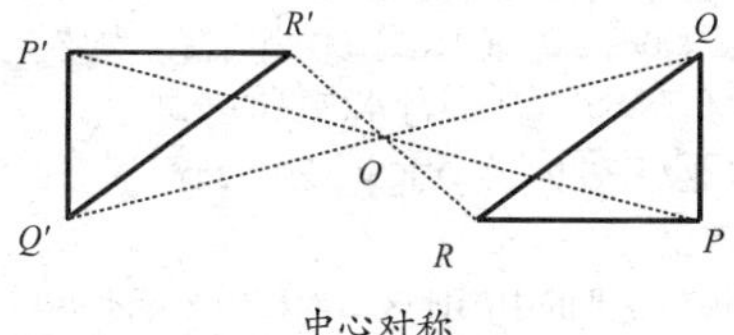

中心对称

中心对称图形/中心對稱圖形

zhōngxīn duìchèn túxíng/ㄓㄨㄥ ㄒㄧㄣ ㄉㄨㄟˋ ㄔㄣˋ ㄊㄨˊ ㄒㄧㄥˊ

central symmetry figure

【数】若一个图形关于某定点的对称图形仍是它自身，则称这个图形为中心对称图形。也即，若将一个图形上的每一点都绕一个定点旋转 180°，所得图形与原图形重合，则称这个图形为中心对称图形。这个定点叫作对称中心。例如，平行四边形是中心对称图形，对角线交点是对称中心；圆是中心对称图形，圆心是对称中心。

中心极限定理/中心極限定理

zhōngxīn jíxiàn dìnglǐ/ㄓㄨㄥ ㄒㄧㄣ ㄐㄧˊ ㄒㄧㄢˋ ㄉㄧㄥˋ ㄌㄧˇ

central limit theorem

【数】概率论和数理统计中的重要定理之一。关于随机变量序列的部分和的概率分布渐近于正态分布的一系列定理的统称。其中两个重要的结论是：⑴设 n 次伯努利试验中，每次试验事件中事件 A 出现的概率为 $p,q=1-p$，A 出现的次数为 μ_n，则对任意实数 x，$\lim\limits_{n\to+\infty}P\left(\frac{\mu_n-np}{\sqrt{npq}}\leqslant x\right)=\frac{1}{\sqrt{2\pi}}\int_{-\infty}^{x}\mathrm{e}^{-\frac{t^2}{2}}\mathrm{d}t$。⑵设两两独立且概率分布相同的随机变量组成了序列 $\{X_j\}$，数学期望 $EX_j=\mu$，方差 $DX_j=\sigma^2\neq0$，$\sum\limits_{j=1}^{n}X_j=S_n$，则对任意实数 x，$\lim\limits_{n\to+\infty}P\left(\frac{S_n-n\mu}{\sqrt{n}\sigma}\leqslant x\right)=\frac{1}{\sqrt{2\pi}}\int_{-\infty}^{x}\mathrm{e}^{-\frac{t^2}{2}}\mathrm{d}t$。

📖 若一个随机变量 X 是受到许多独立的随机因素共同影响而形成的，而每个随机因素单独的影响是微小的，则 X 可看作许多随机变量的和 $\sum\limits_{j=1}^{n}X_j$，由中心极限定理可以推出，在一定条件下 X 近似服从正态分布。据此，许多随机变量问题都可利用正态分布来解决。

中心射影

ㄓㄨㄥ ㄒㄧㄣ ㄕㄜˋ ㄧㄥˇ/zhōngxīn shèyǐng

central projection

【数】台湾名。即“中心投影”(1463 页)。

中心投影/中心射影

zhōngxīn tóuyǐng/ㄓㄨㄥ ㄒㄧㄣ ㄕㄜˋ ㄧㄥˇ

central projection

【数】在从有限远处的一点出发的一束投影线照射下产生的投影。这一点叫作投影中心。

中心性肥胖

zhōngxīnxìng féipàng/ㄓㄨㄥ ㄒㄧㄣ ㄒㄧㄥˋ ㄈㄟˊ ㄆㄤˋ

【医】即“向心型肥胖”(1252 页)。

中新世/中新世

zhōngxīnshì/ㄓㄨㄥ ㄒㄧㄣ ㄕˋ

Miocene Epoch

【地】新近纪的第一个世。从距今约 2303 万年开始，至距今 533 万年结束。

中新统/中新統

zhōngxīntǒng/ㄓㄨㄥ ㄒㄧㄣ ㄊㄨㄥˇ

Miocene Series

【地】新近系的第一个统。是中新世时期形成的地层。

中型電腦

ㄓㄨㄥ ㄒㄧㄥˊ ㄉㄧㄢˋ ㄋㄠˇ/zhōngxíng diànnǎo

medium-scale computer

【信息】台湾名。即“中型计算机”(1463 页)。

中型计算机/中型電腦

zhōngxíng jìsuànjī/ㄓㄨㄥ ㄒㄧㄥˊ ㄉㄧㄢˋ ㄋㄠˇ

medium-scale computer

【信息】中等规模的数字计算机。除不包括单用户工作站外，与术语"小型机"可互换使用。

中型坦克/中型坦克

zhōngxíng tǎnkè/ㄓㄨㄥ ㄒㄧㄥˊ ㄊㄢˇ ㄎㄜˋ

medium tank

【军】战斗全重为 40 吨左右，火炮口径为 75～105 毫米的坦克。具有良好的综合性能，火力强，机动性和防护性好。用于遂行装甲兵的主要作战任务。

中性层/中性層

zhōngxìngcéng/ㄓㄨㄥ ㄒㄧㄥˋ ㄘㄥˊ

neutrosphere

【气】按电磁特性划分的大气中的一层。从地面向上至距地面约 60 千米高度的大气层。层内局部有时有较多的带电粒子(如雷暴时)，但一般情况下带电粒子少，主要由中性气体组成。

中性点/中性點

zhōngxìngdiǎn/ㄓㄨㄥ ㄒㄧㄥˋ ㄉㄧㄢˇ

neutral point

【电】多相元件做星形连接的公共点。

中性点接地方式/中性點接地方式

zhōngxìngdiǎn jiēdì fāngshì/
ㄓㄨㄥ ㄒㄧㄥˋ ㄉㄧㄢˇ ㄐㄧㄝ ㄉㄧˋ ㄈㄤ ㄕˋ

neutral point treatment, neutral point connection

【电】中性点与参考地的电气连接方式。可分为中性点不接地、中性点直接接地、中性点阻抗接地、中性点谐振接地等接地方式。

中性花 zhōngxìnghuā/ㄓㄨㄥ ㄒㄧㄥˋ ㄏㄨㄚ

【植】即"无性花"(1208 页)。

中性皮肤/中性皮膚

zhōngxìng pífū/ㄓㄨㄥ ㄒㄧㄥˋ ㄆㄧˊ ㄈㄨ

neutral skin

【医】角质层含水量 20%左右，pH 值 4.5～6.5，皮脂分泌量适中的皮肤。其表面光滑细腻，不干燥，不油腻，有弹性，对外界刺激耐受性较好。

中性平衡/隨遇平衡

zhōngxìng pínghéng/ㄙㄨㄟˊ ㄩˋ ㄆㄧㄥˊ ㄏㄥˊ

neutral equilibrium

【物】平衡的一种。处于平衡状态的力学系统在受到外力的微小作用后，由于重心的高度不变，而能在任意位置继续保持的平衡。例如均质圆球在水平面的平衡。

中性岩/中性岩

zhōngxìngyán/ㄓㄨㄥ ㄒㄧㄥˋ ㄧㄢˊ

intermediate rock

【地】火成岩的一类。二氧化硅含量 52%～65%，介于酸性岩和基性岩之间。呈深灰色至浅灰色。主要由中性斜长石和角闪石组成，有时含少量石英。代表性的岩石有闪长岩、石英闪长玢岩、安山岩等。相关的矿产有铁、铜、铅、锌等以及高岭石、萤石、叶蜡石等。

中雪/中雪 zhōngxuě/ㄓㄨㄥ ㄒㄩㄝˇ

moderate snow

【气】指将降雪折合成降水量后，12 小时降水量 1.0～2.9 毫米，或 24 小时降水量 2.5～4.9 毫米的雪。是降水强度的一种。

中亚/中亞 Zhōngyà/ㄓㄨㄥ ㄧㄚˋ

Central Asia

【地】亚洲的中部地区。面积约 399.4 万平方千米，包括哈萨克斯坦、乌兹别克斯坦、吉尔吉斯斯坦、塔吉克斯坦和土库曼斯坦。以高原和平原为主，南部气候干燥，雨量稀少；东南部为高山气候，降水丰富，气候湿润。矿产资源种类多，储量大，有煤、铁和有色金属、石油、天然气等；畜牧业和农业也很发达。

中亚美利加洲

Zhōngyàměilìjiāzhōu/
ㄓㄨㄥ ㄧㄚˋ ㄇㄟˇ ㄌㄧˋ ㄐㄧㄚ ㄓㄡ

【地】"中美洲"的全称。

中央处理器/中央處理單元

zhōngyāng chǔlǐqì/
ㄓㄨㄥ ㄧㄤ ㄔㄨˇ ㄌㄧˇ ㄉㄢ ㄩㄢˊ

central processing unit, CPU

【信息】计算机系统中处于中心地位的处理单元。由运算器、控制器、寄存器等组成。负责完成算术与逻辑运算和控制整个系统的运行。主要性能指标有运算器数据位数、寻址能力、主频等。

中央處理單元

ㄓㄨㄥ ㄧㄤ ㄔㄨˇ ㄌㄧˇ ㄉㄢ ㄩㄢˊ/
zhōngyāng chǔlǐ dānyuán

central processing unit, CPU

【信息】台湾名。即"中央处理器"(1464 页)。

中央山/中央山

Zhōngyāng Shān/ㄓㄨㄥ ㄧㄤ ㄕㄢ

Central Authority Mountains

【地】山脉名。位于台湾岛中部偏东。近南北走向,长约 330 千米,宽约 80 千米,主峰秀姑峦山,海拔 3833 米。中央山纵贯台湾岛中央,将全岛分成东小、西大不对称的两半,东部地势陡峻,西部较平缓,为全岛河流主要分水岭。

中药/中藥 zhōngyào/ㄓㄨㄥ ㄧㄠˋ

Chinese materia medica, * Chinese medicinal

【中医】在中医理论指导下应用的药物。包括中药材、中药饮片和中成药等。

中药剂量/中藥劑量

zhōngyào jìliàng/ㄓㄨㄥ ㄧㄠˋ ㄐㄧˋ ㄌㄧㄤˋ

Chinese materia medica dose

【中医】指中药的用量。有时也指方剂中各药物的相对剂量的比例,或制剂的实际服用量。

中药学/中藥學

zhōngyàoxué/ㄓㄨㄥ ㄧㄠˋ ㄒㄩㄝˊ

Chinese materia medica, * Chinese pharmacy

【中医】中医学的一个分支。研究中药基本理论和各种药材饮片、中成药的来源、采制、性能、功效、临床应用等。又有中药资源学、药用植物学、中药鉴定学、中药炮制学、中药药剂学、中药制剂分析、中药药理学、中药化学、临床中药学等分支。

中医/中醫 zhōngyī/ㄓㄨㄥ ㄧ

❶traditional Chinese medicine, ❷traditional Chinese physician

【中医】❶"中医学"的简称。❷中医医生。

中医学/中醫學

zhōngyīxué/ㄓㄨㄥ ㄧ ㄒㄩㄝˊ

traditional Chinese medicine, * Chinese medicine

【中医】简称"中医"。中国传统医学之一。以中医药理论与实践经验为主体,研究人类生命活动中健康与疾病转化规律及其预防、诊断、治疗、康复和保健的综合性学科。包括中医史学、中医文献学、中医基础理论、中医诊断学、中药学、方剂学、针灸学、推拿学、中医内科学、中医外科学、中医妇科学、中医儿科学、中医眼科学、中医耳鼻喉科学、中医骨伤科学、中医养生学、中医康复学等分支。

📖 中医传至日本后,为了与传自欧洲的"兰方医"以及日本自有的"和方医"相区别,将传自中国的中医称为"汉方医"。汉方医以张仲景《伤寒杂病论》(包括《伤寒论》《金匮要略》)为主要经典,喜用仲景方,也用针灸、按摩等。朝鲜、韩国位于中国东边,称传自中国的传统医学为东医。20 世纪中叶朝鲜半岛分裂后,朝鲜仍称东医,韩国改称韩医。主要著作有《东医宝鉴》《医方类聚》《乡药集成方》等。越南的传统医学相对于西方医学,称为东医。为区别于韩国、朝鲜的东医,称为越南东医,并进一步分为以中药(北药)为主的北医,与以越南当地药材(南药)为主的南医。

中雨/中雨 zhōngyǔ/ㄓㄨㄥ ㄩˇ

moderate rain

【气】指 1 小时降水量为 2.6～8.0 毫米,或 24 小时降水量为 10.0～24.9 毫米的雨。参见"雨量等级"(1379 页)。

中子/中子 zhōngzǐ/ㄓㄨㄥ ㄗˇ

neutron

【物】粒子的一种。与质子组成原子核。质量为1.66×10^{-27}千克,不带电荷。常用符号 n 表示。运动具有波动性,易穿入其他原子的内部。单独存在的中子不稳定,可以通过 β 衰变放出电子和反中微子后变为质子。

中子弹/中子彈

zhōngzǐdàn/ㄓㄨㄥ ㄗˇ ㄉㄢˋ

neutron bomb, strengthen the radiation bomb

【军】又称"增强辐射武器"。核武器的一种。在氢弹的基础上发展起来,以高能中子辐射为主要杀伤力,威力为千吨级梯恩梯当量。爆炸时核辐射效应大,穿透力强,释放的能量不高,冲击波、光辐射、热辐射和放射性污染比原子弹、氢弹小。属于第二代核武器。

中子恆星

ㄓㄨㄥ ㄗˇ ㄏㄥˊ ㄒㄧㄥ/zhōngzǐ héngxīng

neutron star

【天】台湾名。即"中子星"(1465 页)。

中子星/中子恆星

zhōngzǐxīng/ㄓㄨㄥ ㄗˇ ㄏㄥˊ ㄒㄧㄥ

neutron star

【天】依靠中子间的相互作用与引力相平衡的致密星。源于中小质量的超新星爆发。其质量下限约0.1太阳质量,上限在1.5~2太阳质量之间,半径的典型值约10千米。脉冲星就是有强磁场的快速自转中子星。

终端/終端機 zhōngduān/ㄓㄨㄥ ㄉㄨㄢ ㄐㄧ

❶termination,❷terminal device

【信息】❶计算机系统或数据通信网络中用来录入或取出数据的功能单元。按距计算机远近可分为远程终端(需在其间加装调制解调器)与本地终端(无需加装调制解调器);按使用面宽窄可分为通用终端与专用终端;按功能强弱可分为智能终端、灵巧终端与笨终端。❷“终端设备”的简称。

📖 终端多置于计算机中心或便于用户使用之处。终端距计算机较远,需要在传输线路上加装调制解调器时,这类终端称为“远程终端”;终端距计算机较近,例如在同一建筑物内,不需加装调制解调器时,这类终端称为“本地终端”。

终端设备/終端裝置

zhōngduān shèbèi/ㄓㄨㄥ ㄉㄨㄢ ㄓㄨㄤ ㄓˋ

terminal device

【信息】简称“终端”。处于信道两端,用来收发信号的通信设备。是通过通信线路或数据传输线路链接计算机的输入输出设备。

终端用户/終端使用者

zhōngduān yònghù/

ㄓㄨㄥ ㄉㄨㄢ ㄕˇ ㄩㄥˋ ㄓㄜˇ

ultimate consumer,end-user

【电】为自身需要而使用电能的用户。

终接/連接 zhōngjiē/ㄌㄧㄢˊ ㄐㄧㄝ

terminating

【信息】信息终止点位于本网络之内的电信业务。

终霜/終霜 zhōngshuāng/ㄓㄨㄥ ㄕㄨㄤ

latest frost

【农】每年冬末春初最后一次出现的霜。

钟鼓楼/鐘鼓樓

zhōng-gǔlóu/ㄓㄨㄥ ㄍㄨˇ ㄌㄡˊ

bell and drum tower

【建】钟楼和鼓楼的合称。在古代,钟楼多用于报时,鼓楼多用于报警,但也可报时。

📖 钟鼓楼迟至南北朝时期已有出现,可分设,也可合设。寺庙中常对称设置,左钟右鼓,喻合晨钟暮鼓。宫廷、官衙也有类似形制。都城中元大都规划最先建置,在城市中轴线上设置前钟后鼓,沿袭至明清。明代西安鼓楼保存最为完好,是现存最古实例。

钟乳拱/鐘乳拱

zhōngrǔgǒng/ㄓㄨㄥ ㄖㄨˇ ㄍㄨㄥˇ

stalactite vault

【建】又称“蜂窝式饰”。伊斯兰建筑特有的装饰手法。由层层小龛向前突出累叠而成,从方整的平面过渡到圆形曲面。用灰泥、砖、木或石等材料制作,装饰于建筑檐部、突角拱、帆拱或圆顶的内部等。

钟乳石 zhōngrǔshí/ㄓㄨㄥ ㄖㄨˇ ㄕˊ

【地】即“石钟乳”(1027页)。

钟状花/鐘狀花

zhōngzhuànghuā/ㄓㄨㄥ ㄓㄨㄤˋ ㄏㄨㄚ

bell-shaped flower

【植】花形的一种。花冠下部的筒宽而短,上部扩大成钟形。如铃兰的花。

舯/舯 zhōng/ㄓㄨㄥ

midship

【船】船体的中纵剖面上垂线间长或设计水线长的中点。船舯指船舶在舯附近的部位。

舯垂 ㄓㄨㄥ ㄔㄨㄟˊ/zhōngchuí

sagging

【船】台湾名。即“中垂”(1457页)。

舯拱 ㄓㄨㄥ ㄍㄨㄥˇ/zhōnggǒng

hogging

【船】台湾名。即“中拱”(1458页)。

終端機 ㄓㄨㄥ ㄉㄨㄢ ㄐㄧ/zhōngduānjī

termination

【信息】台湾名。即“终端”(1466页)。

終端使用者

ㄓㄨㄥ ㄉㄨㄢ ㄕˇ ㄩㄥˋ ㄓㄜˇ/

zhōngduān shǐyòngzhě

ultimate consumer, end-user

【电】台湾名。即“终端用户”(1466页)。

終端裝置

ㄓㄨㄥ ㄉㄨㄢ ㄓㄨㄤ ㄓˋ/

zhōngduān zhuāngzhì

terminal device

【信息】台湾名。即“终端设备”(1466 页)。

終站　ㄓㄨㄥ ㄓㄢˋ/zhōngzhàn

terminal

【电】台湾名。即“端子”(282 页)。

螽斯/螽斯　zhōngsī/ㄓㄨㄥ ㄙ

long-horned grasshopper

【动】俗称“蝈蝈”。昆虫名。直翅目螽斯科。身体窄长,绿色或褐色,触角呈丝状,有的种类无翅,雄虫的前翅摩擦发声,雌虫尾端有剑状的产卵管。善跳跃,种类很多。通常以其他小虫为食,有的也吃植物。

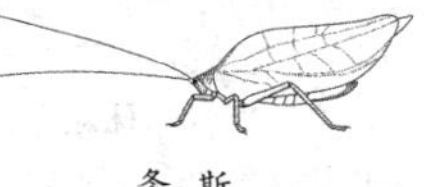

螽 斯

肿瘤/腫瘤　zhǒngliú/ㄓㄨㄥˇ ㄌㄧㄡˊ

tumor

【医】机体在各种致瘤因素作用下,细胞遗传物质改变、基因表达失常,细胞异常增殖而形成的新生物。可分为良性肿瘤和恶性肿瘤两类。

种　zhǒng/ㄓㄨㄥˇ

【生】“物种”的简称。

种鳞/種鱗　zhǒnglín/ㄓㄨㄥˇ ㄌㄧㄣˊ

seminiferous scale

【植】针叶球果的组成部分。由珠鳞经传粉后发育而成。

种禽/種禽　zhǒngqín/ㄓㄨㄥˇ ㄑㄧㄣˊ

breeding poultry

【农】以繁殖优良后代为主要用途的公禽或母禽。

种群/族群　zhǒngqún/ㄗㄨˊ ㄑㄩㄣˊ

population

【生】又称“居群”。同种生物在特定环境空间内和特定时间内的所有个体的集群。能自由交配、繁殖。种群反映生物个体所不具备的特征,包括密度、年龄及性别比率、出生和死亡率、迁入和迁出率、种内和种间的相互关系。动物种群还具有占有领地、迁徙活动和社会行为等特征。种群在分类学、遗传学、生态学研究中都是基本单位。

种畜/種畜　zhǒngchù/ㄓㄨㄥˇ ㄔㄨˋ

breeding stock

【农】以繁殖优良后代为主要用途的公畜或母畜。

种子/種子　zhǒngzi/ㄓㄨㄥˇ ·ㄗ

seed

【植】种子植物的生殖器官。在适宜条件下可萌发形成新的植株。成熟种子的种皮上通常还有种脐、种孔和种脊等结构。

种子植物/種子植物

zhǒngzi zhíwù/ㄓㄨㄥˇ ·ㄗ ㄓˊ ㄨˋ

seed plant

【植】又称“显花植物”。以种子进行繁殖的植物。可分为裸子植物和被子植物。

种族　zhǒngzú/ㄓㄨㄥˇ ㄗㄨˊ

【地】即“人种”(949 页)。

中毒/中毒　zhòngdú/ㄓㄨㄥˋ ㄉㄨˊ

intoxication, poisoning

【医】毒物进入体内,导致机体功能障碍、结构损害而引起的疾病或病理现象。因毒物品种不同,出现的症状各有不同。可分为急性中毒和慢性中毒两类。

中毒性菌痢/中毒性菌痢

zhòngdúxìng jūnlì/

ㄓㄨㄥˋ ㄉㄨˊ ㄒㄧㄥˋ ㄐㄩㄣ ㄌㄧˋ

toxic bacillary dysentery

【医】由痢疾志贺氏菌感染引起的痢疾。多见于儿童。多数起病急骤,突起高热,同时出现烦躁、谵妄、惊厥,继而出现面色苍白、四肢厥冷,迅速发生中毒性休克,而肠道炎症反应较轻。按临床表现不同,可分为休克型、脑型和混合型。

中风/中風　zhòngfēng/ㄓㄨㄥˋ ㄈㄥ

apoplexy

【中医】中医内科疾病之一。因正气亏虚,饮食、情志、劳倦内伤等引起气血逆乱,导致脑脉痹阻或血溢于脑所致,症见突然昏仆,半身不遂,语言謇涩或失语,口舌㖞斜,偏身麻木等,并具有起病急,变化快,如风邪善行数变的特点。本病多见于中老年人。四季皆可发病,以冬春两季为多见。分为中经络与中脏腑两大类。急性期标实证突出,急则治其标,以祛邪为主,常用平肝息风、清化痰热、化痰通腑、活血通络、醒神开窍等法。闭、脱二证当分别治以祛邪开窍醒神和扶正固脱、救阴回阳;内闭外脱则醒神开窍与扶正固本可以兼用。在恢复期及后遗症期,多为虚实夹杂,邪实未清而正虚已现,治宜扶正祛邪,常用育阴息风、益气活血等法。

中风后遗症/中風後遺症

zhòngfēng hòuyízhèng/ㄓㄨㄥˋ ㄈㄥ ㄏㄡˋ ㄧˊ ㄓㄥˋ

sequela of apoplexy, * sequela of wind strike

【中医】中医内科疾病之一。多为中风之后,因风痰内扰,瘀阻经络,或气虚血瘀,或肾虚精亏所致,症见半身不遂,麻木不仁,口舌㖞斜,言语不利等。半身不遂属气虚血滞,脉络瘀阻者,治宜补气活血,通经活络,用补阳还五汤加味;属肝阳上亢,脉络瘀阻者,治宜平肝潜阳,息风通络,用镇肝熄风汤或天麻钩藤饮加减。言语不利属风痰阻络者,治宜祛风除痰,宣窍通络,用解语丹;肾虚精亏者,治宜滋阴补肾利窍,用地黄饮子加减;肝阳上亢,痰邪阻络者,可用天麻钩藤饮或镇肝熄风汤加味治疗;口眼㖞斜,多由风痰阻络所致,治宜祛风、除痰、通络,用牵正散。

中暑/中暑 zhòngshǔ/ㄓㄨㄥˋ ㄕㄨˇ

heat stroke and sunstroke, summer-heat stroke

【中医】又称"暑中"。中医温病之一。感受暑邪所致,症见高热汗出或肤燥无汗,烦躁,口渴,神昏抽搐,或呕恶腹痛等。治宜将患者移至凉爽通风处,法用清暑、解热、开窍,先用辟瘟丹、消暑丸灌服,后用益元散、白虎汤、清营汤等。可配用针刺、刮痧、冰水擦浴等法。元气不足者,当调补元气为主,少佐解暑。

仲介商 ㄓㄨㄥˋ ㄐㄧㄝˋ ㄕㄤ/zhòngjièshāng

broker

【物流】台湾名。即"中间商"(1460 页)。

众数/衆數 zhòngshù/ㄓㄨㄥˋ ㄕㄨˋ

mode

【数】统计量的一种。n 个数据中重复次数最多的数据。例如,1,2,3,3,3,4,4 的众数是 3。n 个数据的众数可有多个。例如,1,1,2,3,4,4,5 的众数是 1 和 4。

种植机械/種植機械

zhòngzhí jīxiè/ㄓㄨㄥˋ ㄓˊ ㄐㄧ ㄒㄧㄝˋ

seeding and planting machinery

【机】农业机械的一类。可按一定的农艺要求将作物(包括树木,花卉)种子、种块、种苗等播种或栽植在土壤中。按照种植对象和工艺过程的不同,可分为播种机、栽种机和栽植机。

种植义齿/種植義齒

zhòngzhí yìchǐ/ㄓㄨㄥˋ ㄓˊ ㄧˋ ㄔˇ

implant supported denture

【医】由植入牙槽骨内的种植体及其支持的上部结构组成的修复体。

重货/重貨 zhònghuò/ㄓㄨㄥˋ ㄏㄨㄛˋ

heavy cargo

【物流】通常指体积小而质量重的货物。从船舶配积载的角度,指货物积载因数小于船舶载货容积系数的货物;从计算货物运费的角度,指货物积载因数小于 1.1328 米^3/吨的货物。

重机枪/重機槍

zhòngjīqiāng/ㄓㄨㄥˋ ㄐㄧ ㄑㄧㄤ

heavy machine guns

【军】旧称"重机关枪"。配有稳定枪架,能持续、连发射击的机枪。主要由枪身、枪架和瞄准装置组成。在远距离上有较好的射击精度和火力持续性,能实施超越射击和散布射击,靠大容量弹链箱供弹。枪架可调整为平射、高射两种状态,平射有效射程为 800～1000 米,高射有效射程为 500 米。战斗射速为 300～400 发/分。主要用于杀伤中远距离有生目标、压制火力点、射击薄壁装甲目标及低空目标。是步兵分队的重要支援武器。

重金属/重金屬

zhòngjīnshǔ/ㄓㄨㄥˋ ㄐㄧㄣ ㄕㄨˇ

heavy metal

【材】密度大于 5 克/厘米^3 的金属。包括铜、锌、锡、铅、锑、汞、镉、铋、镍等及其合金。

重金属污染/重金屬污染

zhòngjīnshǔ wūrǎn/ㄓㄨㄥˋ ㄐㄧㄣ ㄕㄨˇ ㄨ ㄖㄢˇ

heavy metal pollution

【环】密度大于 5 克/厘米^3 的金属(主要有铬、锰、镍、铜、镉、汞、铅等)及其化合物所造成的环境污染。这类污染物在环境中不能被微生物降解,能在生态系统中蓄积,并经食物链逐级浓缩而造成危害,如发生在日本的水俣病、痛痛病就分别由汞和镉污染所致。

重晶石/重晶石
zhòngjīngshí/ㄓㄨㄥˋ ㄐㄧㄥ ㄕˊ
barite
【地】矿物。成分为 $BaSO_4$，常含锶和钙。斜方晶系。晶体常呈厚板状，集合体常呈粒状或晶簇，少数呈致密块状、钟乳状和结核状。纯净的无色透明，因含杂质而呈灰、红、黄褐、暗灰或黑色，玻璃光泽，莫氏硬度3～3.5，密度4.3～4.5克/厘米³。因其密度大且性质稳定，绝大部分用作石油钻探泥浆的加重剂，也用于化工、医药及核工业中，是提取钡的矿物原料。

重力/重力 zhònglì/ㄓㄨㄥˋ ㄌㄧˋ
gravity
【物】❶地球对地表物体的引力。方向指向地心，用 G 表示。在地球表面附近，质量为 m 的物体所受的重力为 $G=mg$，式中 g 为地表附近的重力加速度，大小约为 9.8 米/秒²。地球不是严格的球体，质量分布不均匀，一个物体在其表面不同位置的重力值略有差别。这个定义与在地面直接测量的结果不一致。❷地球对地表物体的引力与使物体参与地球自转的向心力的矢量差。这是从原点在地心、坐标轴指向恒星的惯性系出发来定义的，把重力看作地球引力的一个分力，方向与产生相对于地面自由下落加速度的方向相同。这个定义与在地面直接测量的结果一致。❸泛指任何天体对其他物体的吸引力。例如月球重力等。

重力波/重力波 zhònglìbō/ㄓㄨㄥˋ ㄌㄧˋ ㄅㄛ
gravity wave
【气】在一定层结条件下，大气在重力和垂直惯性力作用下，围绕某一平衡位置产生的波动。分为重力外波和重力内波。

重力常數
ㄓㄨㄥˋ ㄌㄧˋ ㄔㄤˊ ㄕㄨˋ/zhònglì chángshù
gravitational constant
【物】台湾名。即“引力常量”(1350 页)。

重力场/重力場
zhònglìchǎng/ㄓㄨㄥˋ ㄌㄧˋ ㄔㄤˇ
㊀gravity field，㊁gravitational field
㊀【测绘】位于地球和其他天体的表面附近的引力场。是使物体落向其表面的重力起作用的空间范围及其特性。在重力场中，空间的每一点都有一个大小和方向具有唯一性的重力矢量，即重力加速度。㊁【物】在台湾，重力场也指“引力场”(1350 页)。

重力紅移
ㄓㄨㄥˋ ㄌㄧˋ ㄏㄨㄥˊ ㄧˊ/zhònglì hóngyí
gravitational red shift
【物】台湾名。即“引力红移”(1350 页)。

重力加速度/重力加速度
zhònglì jiāsùdù/ㄓㄨㄥˋ ㄌㄧˋ ㄐㄧㄚ ㄙㄨˋ ㄉㄨˋ
acceleration of gravity
【物】物体只在重力作用下自由下落的加速度。方向向下，通常用符号 g 表示，约为 9.8 米/秒²。地球表面上同一地点的物体，具有相同的重力加速度。
📖 地球是个椭球，物体在其表面不同位置的重力加速度值略有不同。赤道处，g 约为 9.78 米/秒²；两极处，g 约为 9.83 米/秒²。它还与物体距地面的高度有关。高处的重力加速度比同纬度海平面上的重力加速度要小。利用测量各处重力加速度异常值，可以间接了解地下矿藏情况。

重力势能/重力勢能
zhònglì shìnéng/ㄓㄨㄥˋ ㄌㄧˋ ㄕˋ ㄋㄥˊ
❶potential energy of gravity，❷gravitational potential energy
【物】❶势能的一种。物体(质点)在重力场中具有的势能。如果取 z 轴竖直向上，用 g 表示重力加速度，则质量为 m 的质点在重力场中所受的重力为 $G=mg$。取 $z=0$ 处的势能为 0，在 $z=h$ 处的重力对质点所做的功等于质点重力势能的增量，即重力势能为 $V=-W=-mgh$。通常取地面为重力势能的 0 点，力线方向竖直向下。❷在台湾，重力势能也指“引力势能”(1351 页)。

重力位能
ㄓㄨㄥˋ ㄌㄧˋ ㄨㄟˋ ㄋㄥˊ/zhònglì wèinéng
gravitational potential energy
【物】台湾名。即“引力势能”(1351 页)。

重力相互作用
ㄓㄨㄥˋ ㄌㄧˋ ㄒㄧㄤ ㄏㄨˋ ㄗㄨㄛˋ ㄩㄥˋ/
zhònglì xiānghù zuòyòng
gravitational interaction
【物】台湾名。即“引力相互作用”(1351 页)。

重量/重量 zhòngliàng/ㄓㄨㄥˋ ㄌㄧㄤˋ

Z

weight

【物】物体所受重力的大小。为物体质量与当地重力加速度的乘积。某物体的重量随所在的高度或纬度不同而有微小差别。习惯上也用来指质量。

重量吨/重量噸

zhòngliàngdūn/ㄓㄨㄥˋ ㄌㄧㄤˋ ㄉㄨㄣ

weight ton

【物流】运输中以吨(1000 千克)、长吨(1016千克)或短吨(907.2 千克)计算运费的单位。按毛重计算,用 W 表示。

重量莫耳濃度

ㄓㄨㄥˋ ㄌㄧㄤˋ ㄇㄛˋ ㄦˇ ㄋㄨㄥˊ ㄉㄨˋ/

zhòngliàng mò'ěr nóngdù

molality

【计量】台湾名。即"质量摩尔浓度"(1451页)。

重落地 ㄓㄨㄥˋ ㄌㄨㄛˋ ㄉㄧˋ/zhòngluòdì

hard landing

【航】台湾名。即"硬着陆"(1361 页)。

重氢 zhòngqīng/ㄓㄨㄥˋ ㄑㄧㄥ

【化】即"氘"(204 页)。

重水/重水 zhòngshuǐ/ㄓㄨㄥˋ ㄕㄨㄟˇ

deuterated water

【化】由氘和氧组成的化合物。化学式 D_2O。分子量 20.0275,比普通水的分子量18.0153高约 11%。天然水中重水含量约占0.015%(质量分数)。与普通水的化学性质相似,但密度、熔点、沸点都较普通水略高,对生物有不利的影响。主要用于核反应堆的冷却剂和中子慢化剂。

重心/重心 zhòngxīn/ㄓㄨㄥˋ ㄒㄧㄣ

㈠㈡barycenter,㈢center of gravity

㈠【物】重力 G 在物体上的作用点。把物体看作由许多质点组成,每个质点的重力都平行,物体的重力就是这些平行力的合力,合力的中心即物体的重心。质量分布均匀物体的重心在其几何中心,例如圆板的重心在圆心;某些形状特殊以及质量分布不均匀物体的重心有时位于体外,例如均质圆环的重心不在圆环上。㈡【船】船舶各部分重力的合力的作用点。其位置对船的浮态、稳性、耐波性等均有重大影响。㈢【数】❶三角形的三条中线的交点,叫作三角形的重心。三角形的重心是中线的一个三等分点。❷设 D 是面积为 D_0 的封闭平面图形,则用重积分可定义图形 D 的重心(x_0,y_0),$x_0=\frac{1}{D_0}\iint\limits_D x\mathrm{d}D$,$y_0=\frac{1}{D_0}\iint\limits_D y\mathrm{d}D$。❸设 V 是体积为 V_0 的封闭空间图形,则用重积分可定义图形 V 的重心(x_0,y_0,z_0),$x_0=\frac{1}{V_0}\iiint\limits_V x\mathrm{d}V$,$y_0=\frac{1}{V_0}\iiint\limits_V y\mathrm{d}V$,$z_0=\frac{1}{V_0}\iiint\limits_V z\mathrm{d}V$。

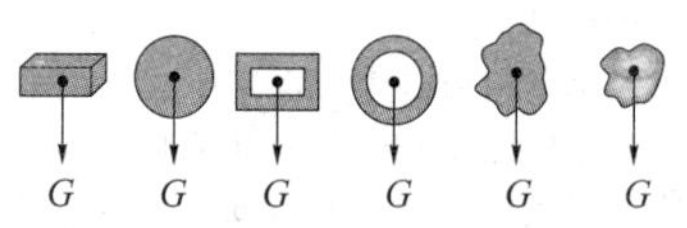

重心

重型坦克/重型坦克

zhòngxíng tǎnkè/ㄓㄨㄥˋ ㄒㄧㄥˊ ㄊㄢˇ ㄎㄜˋ

heavy tank

【军】战斗全重为 40～60 吨,火炮口径为76～122 毫米的坦克。主要用于支援中型坦克战斗。

重性精神疾病/重性精神疾病

zhòngxìng jīngshén jíbìng/

ㄓㄨㄥˋ ㄒㄧㄥˋ ㄐㄧㄥ ㄕㄣˊ ㄐㄧˊ ㄅㄧㄥˋ

major psychosis

【医】以精神分裂症为代表的,主要表现有幻觉、妄想、严重思维障碍、行为紊乱等精神病性症状,且患者社会生活能力严重受损的一组精神疾病。主要包括精神分裂症、分裂情感性精神障碍、偏执性精神病、双相情感障碍等。

重子/重子 zhòngzǐ/ㄓㄨㄥˋ ㄗˇ

baryon

【物】强子的一类。由三个夸克或三个反夸克组成的复合粒子,例如质子和中子等。

zhou (ㄓㄡ)

舟居/舟居 zhōujū/ㄓㄡ ㄐㄩ

boat dwelling

【建】中国南方沿海、沿山涧溪水的古越人，长年从事捕捞活动，以船为家，漂泊为生。船舱是活动的住宅，可纵向分为两至三个舱，既是起居室又是卧室。

舟桥/舟橋 zhōuqiáo/ㄓㄡ ㄑㄧㄠˊ

pontoon bridge

【军】用于架设浮桥和结构门桥的成套制式渡河桥梁器材。主要用于保障军队渡河作战和机动。特点是构筑渡口迅速，陆上机动性能好；能结构多种吨位的漕渡门桥，有的能架设多种吨位的浮桥，并能方便地进行门桥渡河与浮桥渡河的转换；使用时受江河水深、河底地形和土质的影响小。用舟桥架设的浮桥，其适应流速为 2.5～3.5 米/秒，载重量通常为 80 吨(指履带式载荷)以下，有的可达 120 吨以上；用舟桥结合的漕渡门桥，载重量通常为 80 吨以下，有的可达 150 吨以上。

舟山群岛/舟山群島

Zhōushān Qúndǎo/ㄓㄡ ㄕㄢ ㄑㄩㄣˊ ㄉㄠˇ

Zhoushan Archipelago

【地】群岛名。位于长江口以南、杭州湾以东的东海海域中，属浙江管辖。呈东北至西南排列。陆地面积 1440 平方千米，海域面积 2 万平方千米，是中国沿海最大的群岛。舟山岛面积 469.3 平方千米，是中国第四大岛。附近海域鱼类资源丰富，是中国最大的渔场。

周髀算经/周髀算經

Zhōubì Suànjīng/ㄓㄡ ㄅㄧˋ ㄙㄨㄢˋ ㄐㄧㄥ

Arithmetical Classic of the Gnomon and the Circular Paths of the Heaven

【数】中国古代天文著作。约公元前 1 世纪成书，现传本为后人所增补。主要记述西汉及西汉以前的天文历算，书中涉及较复杂的开方、分数计算和勾股定理的应用等内容。“勾三股四弦五”最早见于此书。

周邊電源

ㄓㄡ ㄅㄧㄢ ㄉㄧㄢˋ ㄩㄢˊ/zhōubiān diànyuán

peripheral power supply, PPS

【信息】台湾名。即“外围电源”(1165 页)。

周邊裝置

ㄓㄡ ㄅㄧㄢ ㄓㄨㄤ ㄓˋ/zhōubiān zhuāngzhì

peripheral device

【信息】台湾名。即“外围设备”(1165 页)。

周角/周角 zhōujiǎo/ㄓㄡ ㄐㄧㄠˇ

round angle

【数】一条射线绕它的端点在平面内旋转一周又回到原来位置所形成的角。周角的大小等于 2π 弧度或 360°。

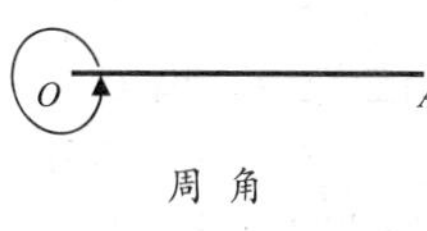

周 角

周期/周期 zhōuqī/ㄓㄡ ㄑㄧˊ

period

㊀【物】描述每隔一定时间循环一次现象的物理量。从开始运动到再一次回复初始状态所需要的时间，即循环一次的时间。用 T 表示，单位秒。简谐运动的周期是完成一次全振动所需的时间。例如秒摆的周期是 1 秒。周期与频率 f 的关系是 $T=1/f$。㊁【数】若存在常数 $\omega(\omega\neq0)$ 使得 $f(x+\omega)=f(x)$ 对定义域内的一切 x 都成立，则称 ω 为函数 $f(x)$ 的周期。周期函数的周期不唯一，若 ω 是函数 $f(x)$ 的周期，则 $k\omega$ $(k\in\mathbf{Z}$，且 $k\neq0)$ 也是函数 $f(x)$ 的周期。例如，$\pm2\pi$，$\pm4\pi$，$\pm6\pi$ 都是 $y=\sin x$ 的周期。㊂【化】指元素周期表的横行。反映化学元素性质的周期性变化。共分为 7 个周期，其中第 1、2、3 周期为短周期，分别有 2、8、8 个元素；第 4、5、6 周期为长周期，分别有 18、18 和 32 个元素；第 7 周期也是长周期，从 87 号元素始，至 118 号元素，已有 28 个元素，其中从 93 号元素起均为人工放射性元素。

周期表 zhōuqībiǎo/ㄓㄡ ㄑㄧˊ ㄅㄧㄠˇ

【化】“元素周期表”的简称。

周期函数/周期函數

zhōuqī hánshù/ㄓㄡ ㄑㄧˊ ㄏㄢˊ ㄕㄨˋ

periodic function

【数】若存在常数 $\omega(\omega\neq0)$ 使得 $f(x+\omega)=f(x)$ 对定义域内的一切 x 都成立，则称 $f(x)$ 为以 ω 为周期的周期函数。例如，$y=\sin x$，$y=\cos x$ 都是以 2π 为周期的周期函数。

周期庫存

ㄓㄡ ㄑㄧˊ ㄎㄨˋ ㄘㄨㄣˊ/zhōuqī kùcún

cycle stock

【物流】台湾名。即“经常库存”(638 页)。

Z

周期状态/周期狀態
zhōuqī zhuàngtài/ㄓㄡ ㄑㄧˊ ㄓㄨㄤˋ ㄊㄞˋ
periodic state
【电】电路元件或电路的一种状态。其特征为所有电流和电压均为具有相同周期的时间周期函数。

周围神经/周圍神經
zhōuwéi shénjīng/ㄓㄡ ㄨㄟˊ ㄕㄣˊ ㄐㄧㄥ
peripheral nerves
【医】中枢神经以外的神经组织。包括脑神经、脊神经和自主神经,以及神经干、神经丛、神经节及神经末梢。其与脑和脊髓相连,又与各种器官和组织相连,实现中枢神经对人体各种机能活动的调节和控制。

周转库存
zhōuzhuǎn kùcún/ㄓㄡ ㄓㄨㄢˇ ㄎㄨˋ ㄘㄨㄣˊ
【物流】即"经常库存"(638 页)。

周转箱/周轉箱
zhōuzhuǎnxiāng/ㄓㄡ ㄓㄨㄢˇ ㄒㄧㄤ
turnover box
【物流】一种小型集装化物流容器。可在不同物流作业环节长期循环使用。按用途不同,可分为防静电周转箱、导电周转箱、阻燃周转箱、零部件周转箱、仪器周转箱、饮料周转箱、农药周转箱和水果周转箱等;按性能不同,可分为可堆式周转箱、可插式周转箱、折叠式周转箱和万通板周转箱等。

洲/洲 zhōu/ㄓㄡ
continent
【地】❶又称"大洲"。面积广阔的陆地和附近岛屿的统称。地球上有七大洲,即亚洲、欧洲、非洲、北美洲、南美洲、大洋洲和南极洲。❷河流、湖泊中或海滨由泥沙淤积而成的陆地。如南亚次大陆的恒河三角洲。

洲际弹道导弹
zhōujì dàndào dǎodàn/
ㄓㄡ ㄐㄧˋ ㄉㄢˋ ㄉㄠˋ ㄉㄠˇ ㄉㄢˋ
【军】即"洲际导弹"(1472 页)。

洲际导弹/洲際飛彈
zhōujì dǎodàn/ㄓㄡ ㄐㄧˋ ㄈㄟ ㄉㄢˋ
intercontinental missile
【军】又称"洲际弹道导弹"。通常指射程大于 8000 千米的远程弹道式导弹。主要用于攻击敌方纵深具有战略意义的地面固定目标。是国家战略核力量的重要组成部分。

洲际铁路 zhōujì tiělù/ㄓㄡ ㄐㄧˋ ㄊㄧㄝˇ ㄌㄨˋ
【交】即"大陆桥"(180 页)。

洲際飛彈 ㄓㄡ ㄐㄧˋ ㄈㄟ ㄉㄢˋ/zhōujì fēidàn
intercontinental missile
【军】台湾名。即"洲际导弹"(1472 页)。

轴/軸 zhóu/ㄓㄡˊ
shaft,axis
【机】机械零件的一种。圆柱形或方形,穿在轴承中间、车轮中间或齿轮中间。支承转动零件并与之一起回转以传递运动、扭矩或弯矩。按轴线形状不同,可分为曲轴和直轴;按轴的承载情况不同,可分为转轴、心轴和传动轴。

轴测图/立體正投影圖
zhóucètú/ㄌㄧˋ ㄊㄧˇ ㄓㄥˋ ㄊㄡˊ ㄧㄥˇ ㄊㄨˊ
axonometric drawing
【建】建筑图的基本图样之一。根据平行投影的原理,将物体投影到一个投影面上所得的图形。具有三维空间的投影,沿轴的方向具有度量性,有一定立体感,作图方法比较简单。在建筑图中作为辅助图形,用于表现规模不大的建筑群体、单体建筑和建筑局部的立体形状。

轴承/軸承 zhóuchéng/ㄓㄡˊ ㄔㄥˊ
bearing
【机】机械零件的一种。用于确定旋转轴与其他零件的相对运动位置,起支承或导向作用。按摩擦性质不同,可分为滚动轴承和滑动轴承两类。按受力方向不同,可分为向心轴承、推力轴承和向心推力轴承。

轴对称/軸對稱 zhóuduìchèn/
ㄓㄡˊ ㄉㄨㄟˋ ㄔㄣˋ
axial symmetry
【数】全等变换的一种。过点 P 作定直线 l 的垂线 PO,垂足为 O,延长 PO 至点 P' 使 $OP' = PO$,称点 P' 为点 P 关于直线 l 的对称点。将图形中的每一点都变为其关于直线 l

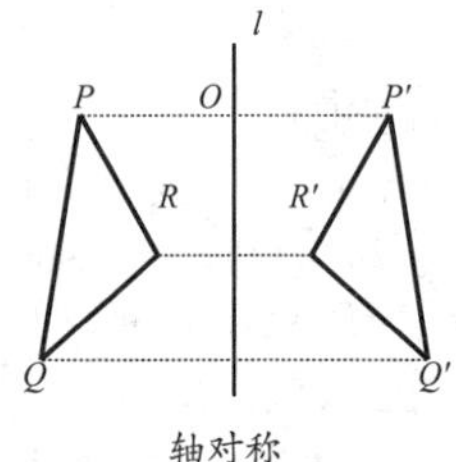

轴对称

的对称点的变换，叫作关于直线 l 的轴对称变换，l 叫作对称轴。对称轴是每对对称点连线的垂直平分线。如图，对$\triangle PQR$ 作关于直线 l 的轴对称变换，得到$\triangle P'Q'R'$，称这两个三角形关于 l 对称，彼此是关于 l 的对称图形。l 是 PP'，QQ'，RR' 的垂直平分线。

轴对称图形/軸對稱圖形
zhóuduìchèn túxíng/
ㄓㄡˊ ㄉㄨㄟˋ ㄔㄣˋ ㄊㄨˊ ㄒㄧㄥˊ
axial symmetric figure
【数】若一个图形被一条直线分成的两部分关于这条直线对称，则称这个图形为轴对称图形，这条直线是它的对称轴。例如，菱形是轴对称图形，两条对角线所在直线是它的两条对称轴。将轴对称图形沿对称轴对折，对称轴两边的部分重合。

轴流泵/軸流泵
zhóuliúbèng/ㄓㄡˊ ㄌㄧㄡˊ ㄅㄥˋ
axial-flow pump
【机】又称"螺桨泵"。泵的一种。利用叶片的推力作用增加液体压力并使之沿轴向流动。由泵壳、叶轮和转轴等构成，叶轮上有若干螺旋桨状的叶片。与离心泵相比，构造简单，产生的液体压力较低(通常 10 米以内)，排量大，效率较高。

轴流式水轮机/軸流式渦輪機
zhóuliúshì shuǐlúnjī/
ㄓㄡˊ ㄌㄧㄡˊ ㄕˋ ㄨㄛ ㄌㄨㄣˊ ㄐㄧ
axial flow hydroturbine, Kaplan turbine
【机】又称"卡普兰式水轮机"。反击式水轮机的一种。水流沿转轮轴向流入，轴向流出，水流方向始终平行于主轴。主要由转轮轮叶、转轮轮毂、泄水锥组成。可分为轴流定桨式和轴流转桨式。适用于中低水头、大流量的水电站。

轴流式通风机/軸流風扇
zhóuliúshì tōngfēngjī/ㄓㄡˊ ㄌㄧㄡˊ ㄈㄥ ㄕㄢˋ
axial fan
【机】通风机的一种。气体沿与通风机同轴的圆柱面方向流入和流出叶轮。

轴流式压缩机/軸流式壓縮機
zhóuliúshì yāsuōjī/
ㄓㄡˊ ㄌㄧㄡˊ ㄕˋ ㄧㄚ ㄙㄨㄛ ㄐㄧ
axial-flow compressor
【机】透平式压缩机的一种。依靠高速旋转的叶轮将气体从轴向吸入，使其速度增加后排入导叶，经扩压沿轴向排出，将动能变为压力能。

轴突/軸突 zhóutū/ㄓㄡˊ ㄊㄨ
axon
【医】神经元的一种突起。一个神经元上只有一个。其末端与其他神经元的树突或胞体形成突触或直接到达效应器。轴突的长短与神经元的种类有关，短的仅数微米，长的可达 1 米以上。

轴重/軸負荷 zhóuzhòng/ㄓㄡˊ ㄈㄨˋ ㄏㄜˋ
axle load
【交】车辆每一轮对施加于轨道的重力。数值为车辆总重(自重＋载重)与轮对数的比。受制于轨道和桥梁结构强度，不允许超过规定数值。
📖 目前，中国线路允许的最大轴重为 25 吨。

軸承壁 ㄓㄡˊ ㄔㄥˊ ㄅㄧˋ/zhóuchéngbì
bearing wall
【建】台湾名。即"承重墙"(124 页)。

軸負荷 ㄓㄡˊ ㄈㄨˋ ㄏㄜˋ/zhóufùhè
axle load
【交】台湾名。即"轴重"(1473 页)。

軸根 ㄓㄡˊ ㄍㄣ/zhóugēn
taproot
【植】台湾名。即"主根"(1477 页)。

軸流風扇
ㄓㄡˊ ㄌㄧㄡˊ ㄈㄥ ㄕㄢˋ/zhóuliú fēngshàn
axial fan
【机】台湾名。即"轴流式通风机"(1473 页)。

軸流式渦輪機
ㄓㄡˊ ㄌㄧㄡˊ ㄕˋ ㄨㄛ ㄌㄨㄣˊ ㄐㄧ/
zhóuliúshì wōlúnjī
axial flow hydroturbine, Kaplan turbine
【机】台湾名。即"轴流式水轮机"(1473 页)。

肘关节/肘關節
zhǒuguānjié/ㄓㄡˇ ㄍㄨㄢ ㄐㄧㄝˊ

Z

elbow joint

【医】由肱骨远侧端和桡尺骨近端关节面组成的关节。肱尺关节、肱桡关节和桡尺近侧关节三个关节共同包在一个关节囊内。可做前屈、后伸、旋前和旋后运动。

肘窝/肘窩 zhǒuwō/ㄓㄡˇ ㄨㄛ

cubital fossa

【医】肘关节前面的凹窝。略呈三角形,其内主要有肱二头肌肌腱、肱动脉及其分支、桡动脉和尺动脉、正中神经及脂肪和结缔组织。

宙/宙 zhòu/ㄓㄡˋ

eon

【地】地质年代分期的第一级。分为太古宙、元古宙和显生宙。宙所对应的年代地层单位是宇。

皱胃/皺胃 zhòuwèi/ㄓㄡˋ ㄨㄟˋ

abomasum,fourth stomach

【动】反刍动物胃的第四部分。内壁能分泌胃液。食物由瓣胃进入皱胃,消化后进入肠管。参见“瘤胃”(750 页)、“网胃”(1172 页)、“瓣胃”(34 页)。

zhu (ㄓㄨ)

朱顶红/朱頂紅

zhūdǐnghóng/ㄓㄨ ㄉㄧㄥˇ ㄏㄨㄥˊ

barbadoslily

【植】*Hippeastrum rutilum* 石蒜科朱顶红属。多年生草本植物。鳞茎近球形。叶 6～8 枚,带形,花后抽出。花茎中空,表面有白粉;总苞片披针形;花 2～4 朵,花被管绿色,圆筒状,花被裂片长圆形,顶端尖,洋红色,喉部有小鳞片。花期夏季。中国仅有引种栽培。观赏花卉。

朱鹮/朱䴉 zhūhuán/ㄓㄨ ㄏㄨㄢˊ

crested ibis

【动】鸟名。鹳形目鹮科朱鹮属。雄鸟体长约 70 厘米,雌鸟稍小。全身羽毛白色,但羽基及飞羽有粉红色渲染,颈部有若干延长而下垂的柳叶形羽毛,喙黑色,尖端及下喙基部红色。栖息于沼泽、水田及山区溪流附近,以蟹、蛙、小鱼、田螺等为食。中国秦岭地区、河南、浙江等地有分布,是中国特有珍稀鸟类。

朱鹮

朱槿/朱槿

zhūjǐn/ㄓㄨ ㄐㄧㄣˇ

Chinese hibiscus

【植】*Hibiscus rosa-sinensis* 又称“扶桑花”。锦葵科木槿属。常绿大灌木或小乔木。叶片卵形,先端尖,边缘有齿,形似桑叶。花单生于叶腋,常下垂,萼钟形;花冠漏斗形,花瓣倒卵形,有红、黄、粉、白等颜色。花期四季,夏秋最盛。在中国,北京、广东、云南、福建、广西、四川、台湾等地都有栽培。观赏花木。

朱砂/朱砂 zhūshā/ㄓㄨ ㄕㄚ

㊀Cinnabaris(拉), cinnabar,㊁ cinnabar

㊀【中医】又称“辰砂”。中药名。硫化物类矿物辰砂族辰砂,主要成分是硫化汞(HgS)。味甘,性微寒;有毒。归心经。清心镇惊,安神解毒。用于心悸易惊,失眠多梦,癫痫发狂,小儿惊风,视物昏花,口疮,喉痹,疮疡肿毒。㊁【地】即“辰砂”(121 页)。

📖 朱砂,有毒,不宜大量服用,也不宜少量久服。肝肾功能不全者禁服。

朱砂掌/朱砂掌

zhūshāzhǎng/ㄓㄨ ㄕㄚ ㄓㄤˇ

cinnabar palm, * cinnabar hand

【中医】又称“肝掌”。大、小鱼际部位出现密集红色小斑点,颜色红如朱砂的手掌。有的融合成片,压之褪色。较常见于臌胀病,部分健康人也可见到。

侏罗纪/侏羅紀 zhūluójì/ㄓㄨ ㄌㄨㄛˊ ㄐㄧˋ

Jurassic Period

【地】中生代的第二个纪。从距今约 1.996 亿年开始,至距今 1.455 亿年结束。这个时期陆生裸子植物发展到极盛,以苏铁、松柏及银杏为代表。恐龙成为陆地的统治者,鱼龙类、翼龙类和鸟类出现,哺乳动物开始发展。

侏罗系/侏羅系 zhūluóxì/ㄓㄨ ㄌㄨㄛˊ ㄒㄧˋ

Jurassic System

【地】中生界的第二个系。是侏罗纪时期形成的地层。

珠峰 Zhū Fēng/ㄓㄨ ㄈㄥ

【地】“珠穆朗玛峰”的简称。

珠光体/波來鐵

zhūguāngtǐ/ㄅㄛ ㄌㄞˊ ㄊㄧㄝˇ

pearlite

【材】钢中相形态之一。奥氏体从高温缓慢冷却时发生共析转变的产物，为铁素体与渗碳体交替排列的两相机械混合物。因在光学显微镜下图像指纹有珍珠光泽，故名。通常在约650℃形成片层较厚的粗珠光体称为珠光体。在650～600℃形成的片层较薄的细珠光体称为索氏体。在600～550℃形成的片层很薄的极细珠光体称为托氏体或屈氏体。

珠江/珠江 Zhū Jiāng/ㄓㄨ ㄐㄧㄤ

Zhujiang River

【地】水名。西江、北江、东江三江的统称。西江是水系主流，发源于云南马雄山。流经贵州、广西，在广东磨刀门入南海。全长2215.8千米，流域面积44.2万平方千米(不包括越南境内的1万多平方千米)。是中国南方最大的河流，水道纵横交错，流量丰富，水运量仅次于长江。主要支流有北盘江、柳江、郁江、桂江、贺江等。

珠江三角洲/珠江三角洲

Zhū Jiāng Sānjiǎozhōu/

ㄓㄨ ㄐㄧㄤ ㄙㄢ ㄐㄧㄠˇ ㄓㄡ

Zhujiang River Delta

【地】组成珠江的西江、北江和东江在入海处冲积而成的三角洲。位于广东中南部，毗邻香港和澳门。面积4.17万平方千米。海拔20～30米，四周是丘陵、山地和岛屿。终年温暖湿润，河道纵横。盛产稻、甘蔗、蚕茧、黄麻、香蕉、菠萝、木瓜、荔枝、龙眼、橙、柠檬等。人口稠密，城市众多，在国民经济中占有重要地位。

珠粒噴擊 ㄓㄨ ㄌㄧˋ ㄆㄣ ㄐㄧ/zhūlì pēnjī

❶shot blasting, ❷impeller blasting

【机】❶台湾名。即“喷丸”(861页)。❷台湾名。即“抛丸”(856页)。

珠鳞/珠鱗 zhūlín/ㄓㄨ ㄌㄧㄣˊ

ovuliferous scale

【植】松柏类植物中具有胚珠的鳞片。

珠穆朗玛峰/珠穆朗瑪峰

Zhūmùlǎngmǎ Fēng/

ㄓㄨ ㄇㄨˋ ㄌㄤˇ ㄇㄚˇ ㄈㄥ

Qomolangma Peak

【地】简称“珠峰”。山峰名。位于喜马拉雅山脉中段中国西藏和尼泊尔交界，终年积雪。海拔8844.43米，为世界第一高峰。1989年中国政府建立了珠穆朗玛峰自然保护区。“珠穆朗玛”是藏语音译，意为“第三女神”。

珠算/珠算 zhūsuàn/ㄓㄨ ㄙㄨㄢˋ

computation with abacus

【数】使用算盘进行数值计算的方法。中国元代珠算已应用于实际，明代得到普及并长期盛行，后又流传到日本、朝鲜等亚洲国家。明代数学家程大位的《直指算法统宗》对珠算的推广发挥了重要作用。

猪/豬 zhū/ㄓㄨ

pig, swine

【动】*Sus scrofa domesticus* 哺乳动物名。偶蹄目猪科。家畜。由野猪驯化而来，身体肥，头大，鼻和口吻长，眼小，耳大，四肢短，性温顺。生长快，适应性强。肉可以吃，皮可制革，鬃可制刷子等。

猪獾/豬獾 zhūhuān/ㄓㄨ ㄏㄨㄢ

hog badger

【动】*Arctonyx collaris* 又称“沙獾”。哺乳动物名。食肉目鼬科。体长可达70多厘米，头尖，鼻吻长而圆，吻端像猪鼻，眼小，耳短圆，四肢短粗有力，体毛灰褐色，四肢棕黑色，头部有一条白色纵纹，颈、喉、耳和尾部白色。穴居，夜间活动，性凶猛，以青蛙、泥鳅、蝼蛄、鼠类和植物等为食。分布广泛。其脂肪炼的油可用来治疗烫伤。

猪 獾

猪苓/豬苓 zhūlíng/ㄓㄨ ㄌㄧㄥˊ

㊀grifola, ㊁Polyporus(拉), zhuling

㊀【植】*Grifola umbellate* 菌类。多孔菌科树花属。子实体大型，丛生，有柄，多分枝，末端生菌盖。菌盖圆形，中部下凹，边缘内卷，略呈漏斗状，白色至浅褐色，有深色小鳞片。在中国，分布于陕西、山西、河北、河南、云南等地。寄生

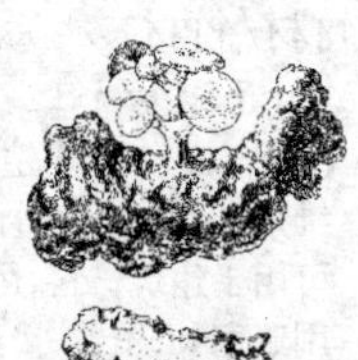

猪 苓

Z

于桦树、枫树、柞树等的根部。子实体幼时可食。菌核可入药。㊁【中医】中药名。多孔菌科真菌猪苓 *Polyporus umbellatus* (Pers.) Fries 的干燥菌核。味甘、淡,性平。归肾、膀胱经。利水渗湿。用于小便不利,水肿,泄泻,淋浊,带下。

📖 猪苓是一种菌核,外皮棕黑,形状不定,略像猪粪,故名。

猪秧秧/豬秧秧

zhūyāngyāng/ㄓㄨ ㄧㄤ ㄧㄤ

【植】即"拉拉藤"(706 页)。

蛛网膜/蛛網膜

zhūwǎngmó/ㄓㄨ ㄨㄤˇ ㄇㄛˊ

arachnoid

【医】位于硬脑膜与软脑膜之间的一层半透明膜。主要由纤维结缔组织和少量弹性纤维构成。脑蛛网膜包覆整个脑,除大脑纵裂和横裂之外,通常不进入脑的沟和裂。

蛛网膜下腔/蜘蛛膜下腔

zhūwǎngmó xiàqiāng/

ㄓ ㄓㄨ ㄇㄛˊ ㄒㄧㄚˋ ㄑㄧㄤ

subarachnoid space

【医】位于蛛网膜和软脑膜之间的间隙。其内充满脑脊液,并有脑动脉和静脉走行,在腔内有许多来自软脑膜的小梁,附着在蛛网膜上,对脑组织起支持和固定的作用。

蛛网膜下腔阻滞/蜘蛛膜下麻醉法

zhūwǎngmó xiàqiāng zǔzhì/

ㄓ ㄓㄨ ㄇㄛˊ ㄒㄧㄚˋ ㄇㄚˊ ㄗㄨㄟˋ ㄈㄚˇ

subarachnoid anesthesia

【医】俗称"腰麻"。麻醉方法的一种。把局麻药注入蛛网膜下腔,从而取得躯体下半身某一水平部位麻醉。

豬粟 ㄓㄨ ㄙㄨˋ/zhūsù

broomcorn millet

【植】台湾名。即"稷"(586 页)。

竹材/竹材 zhúcái/ㄓㄨˊ ㄘㄞˊ

bamboo wood

【材】来源于竹类植物的地上秆茎。主要由纤维素、半纤维素和木质素等成分组成。原竹可用于建筑材料、运输竹筏、农具、竹编等,也用于家具、乐器、文具等,还可制成层压板、纤维板等建筑用材。

竹筒屋/竹筒屋 zhútǒngwū/ㄓㄨˊ ㄊㄨㄥˇ ㄨ

bamboo tube house, Zhutong Wu

【建】广东粤中地区的一种单开间传统住宅。门面窄小,纵深狭长,形似竹筒。平面呈纵向长条形,进深可达 20 米,采光、通风、排水靠天井及宅内巷道。大型竹筒屋中间设若干天井,有的建成楼房。

竹叶青/竹葉青

zhúyèqīng/ㄓㄨˊ ㄧㄝˋ ㄑㄧㄥ

green bamboo snake, Chinese green tree viper

【动】*Trimeresurus stejnegeri* 爬行动物名。有鳞目蝰蛇科。体长 60~90 厘米,头呈三角形,头顶青绿色,体背和侧面草绿色,从眼的下部沿腹部两旁至尾端有黄白色条纹,尾端焦红色。有毒。生活在山区树林中,以蛙、蜥蜴、鼠类、小鸟等为食。在中国分布广泛。

燭光 ㄓㄨˊ ㄍㄨㄤ/zhúguāng

candela

【计量】台湾名。即"坎德拉"(669 页)。

主板 zhǔbǎn/ㄓㄨˇ ㄅㄢˇ

【信息】即"母板"(812 页)。

主保护/主保護 zhǔbǎohù/ㄓㄨˇ ㄅㄠˇ ㄏㄨˋ

main protection

【电】满足系统稳定和设备安全要求,能以最快速度有选择地切除被保护设备和线路的保护。

主程序/主程序

zhǔchéngxù/ㄓㄨˇ ㄔㄥˊ ㄒㄩˋ

main program

【信息】在要执行的程序中,可启用其他模块来执行的首要模块。

主齒輪箱

ㄓㄨˇ ㄔˇ ㄌㄨㄣˊ ㄒㄧㄤ/zhǔchǐlúnxiāng

main gearbox

【机】台湾名。即"主减速器"(1477 页)。

主存储器/主記憶體

zhǔcúnchǔqì/ㄓㄨˇ ㄐㄧˋ ㄧˋ ㄊㄧˇ

main memory

【信息】内部存储器中,必须将随后执行或处理的指令和数据装入其中的部分。

主动脉瓣/主動脈瓣

zhǔdòngmàibàn/ㄓㄨˇ ㄉㄨㄥˋ ㄇㄞˋ ㄅㄢˋ

aortic valve

【医】位于左心室主动脉口处的三片半月形瓣膜，左心室舒张时，此瓣关闭，阻止血液从主动脉逆流回左心室；心室收缩时，此瓣开放，血液进入主动脉。

主动免疫/主動免疫

zhǔdòng miǎnyì/ㄓㄨˇ ㄉㄨㄥˋ ㄇㄧㄢˇ ㄧˋ

active immunity

【生】机体对抗原刺激产生特异性应答所建立的免疫。

主動運輸

ㄓㄨˇ ㄉㄨㄥˋ ㄩㄣˋ ㄕㄨ/zhǔdòng yùnshū

active transport

【医】台湾名。即“主动转运”(1477 页)。

主动转运/主動運輸

zhǔdòng zhuǎnyùn/ㄓㄨˇ ㄉㄨㄥˋ ㄩㄣˋ ㄕㄨ

active transport

【医】通过耗能，在细胞膜上特殊蛋白质的协助下，将某些物质分子或离子逆浓度差(从低浓度一侧向高浓度一侧)转运的过程。

主发动机/主發動機

zhǔfādòngjī/ㄓㄨˇ ㄈㄚ ㄉㄨㄥˋ ㄐㄧ

sustainer motor

【航】又称“续航发动机”。在助推火箭发动机助推器工作期间或工作结束后，用来增加或保持导弹(火箭)飞行速度的火箭发动机。

主干网/基幹網路

zhǔgànwǎng/ㄐㄧ ㄍㄢˋ ㄨㄤˇ ㄌㄨˋ

backbone network

【信息】又称“骨干网”。为在各局域网或区域网络之间提供传输信道的网络。具有较高的传输速率和可靠性。带宽多在 10 吉赫左右。

主根/軸根

zhǔgēn/ㄓㄡˊ ㄍㄣ

taproot

【植】种子萌发出的最初的根。通常是单一的圆柱状的主轴。

主根
侧根

主根示意图

主机/主機 zhǔjī/ㄓㄨˇ ㄐㄧ

mainframe

【信息】❶计算机的核心部分。主要包括运算器、控制器和存储器。❷又称“特大型机”。具有巨大的能力和资源，其他计算机可与之相连以便共享其各种设施的计算机。多置于计算机中心。

主記憶體 ㄓㄨˇ ㄐㄧˋ ㄧˋ ㄊㄧˇ/zhǔjìyìtǐ

main memory

【信息】台湾名。即“主存储器”(1476 页)。

主减速器/主齒輪箱

zhǔjiǎnsùqì/ㄓㄨˇ ㄔˇ ㄌㄨㄣˊ ㄒㄧㄤ

main gearbox

【机】汽车传动系中主要的减速齿轮机构。用于减小转速、增大扭矩。其传动比对整车动力性和经济性影响很大。可分为单级式主减速器和双级式主减速器。微、轻、中型车多采用单级主减速器。

主叫方/呼叫方

zhǔjiàofāng/ㄏㄨ ㄐㄧㄠˋ ㄈㄤ

calling party

【信息】电信网中发起试呼的用户。

主控開關 ㄓㄨˇ ㄎㄨㄥˋ ㄎㄞ ㄍㄨㄢ/zhǔkòng kāiguān

master switch

【电】台湾名。即“主令开关”(1477 页)。

主链/主鏈 zhǔliàn/ㄓㄨˇ ㄌㄧㄢˋ

backbone

【化】在具有侧链和侧基的多聚体中，成键原子的序列结构。有支链(侧链)结构的高分子链中链节数最多的链。

主令电器

zhǔlìng diànqì/ㄓㄨˇ ㄌㄧㄥˋ ㄉㄧㄢˋ ㄑㄧˋ

【电】即“主令开关”(1477 页)。

主令开关/主控開關

zhǔlìng kāiguān/ㄓㄨˇ ㄎㄨㄥˋ ㄎㄞ ㄍㄨㄢ

master switch

【电】又称“主令电器”。用来接通、分断及转换控制电路，并发布控制命令的低压电器。

主流 ㄓㄨˇ ㄌㄧㄡˊ/zhǔliú

main stream，stem stream

【地】台湾名。即“干流”(385 页)。

主路/主要道路 zhǔlù/ㄓㄨˇ ㄧㄠˋ ㄉㄠˋ ㄌㄨˋ

main road

【交】道路的主要部分。宽度较大，分多条车道，只允许汽车行驶，行车速度快。与两侧的

Z

辅路用隔离带分隔。

主诉/主訴 zhǔsù/ㄓㄨˇ ㄙㄨˋ

chief complaint

【医】患者诉说其本次就诊主要原因的方式。通常表述其感受到的最明显的症状、体征及其持续时间。

主題地圖 ㄓㄨˇ ㄊㄧˊ ㄉㄧˋ ㄊㄨˊ/zhǔtí dìtú

thematic map

【测绘】台湾名。即“专题地图”(1482 页)。

主題群組 ㄓㄨˇ ㄊㄧˊ ㄑㄩㄣˊ ㄗㄨˇ/zhǔtí qúnzǔ

topic group

【信息】台湾名。即“话题组”(521 页)。

主序/主序列 zhǔxù/ㄓㄨˇ ㄒㄩˋ ㄌㄧㄝˋ

main sequence

【天】银河系中大多数恒星在赫罗图上密集于从左上方(高温、高光度)至右下方(低温、低光度)沿对角线的狭窄带区所形成的序列。其中恒星的能量来源于核内氢聚变的热核反应,正处于恒星演化的中期阶段。恒星在这个阶段停留的时间最长,占其寿命中的大部分时间。

主序列 ㄓㄨˇ ㄒㄩˋ ㄌㄧㄝˋ/zhǔxùliè

main sequence

【天】台湾名。即“主序”(1478 页)。

主要道路 ㄓㄨˇ ㄧㄠˋ ㄉㄠˋ ㄌㄨˋ/zhǔyào dàolù

main road

【交】台湾名。即“主路”(1477 页)。

主要元素

ㄓㄨˇ ㄧㄠˋ ㄩㄢˊ ㄙㄨˋ/zhǔyào yuánsù

major element, macroelement

【化】台湾名。即“大量元素”(179 页)。

主页/首頁 zhǔyè/ㄕㄡˇ ㄧㄝˋ

homepage

【信息】又称“首页”。网站页面中的初始页。多标有网站名、服务项目、消息类别、搜索引擎、用户身份验证窗口等。

主战坦克/主戰坦克

zhǔzhàn tǎnkè/ㄓㄨˇ ㄓㄢˋ ㄊㄢˇ ㄎㄜˋ

main battle tank

【军】装有大威力火炮、具有高度越野机动性和装甲防护力,担负主要作战任务的坦克。由中型坦克和重型坦克发展而成。通常全重为 40～60 吨,主要用于与敌方坦克和其他装甲车辆作战,也可摧毁反坦克武器、野战工事,歼灭有生力量。

主站/主站 zhǔzhàn/ㄓㄨˇ ㄓㄢˋ

master station, primary station

【信息】接受请求后保证将数据传送到其他站的数据站。在给定时刻,一条数据链路上只能有一个主站。

主震/主震 zhǔzhèn/ㄓㄨˇ ㄓㄣˋ

main shock

【地】一个较大的地震在一段时间内所发生的一系列地震中最强的一次地震。

苎麻/苧麻 zhùmá/ㄓㄨˋ ㄇㄚˊ

ramie

【植】*Boehmeria nivea* 荨麻科苎麻属。灌木。茎叶被毛。叶互生,草质,广卵形,顶端骤尖,边缘有齿。圆锥花序腋生,雌雄同株,花被四片,椭圆形,四枚。花期 8—10 月份。在中国,秦岭以南均有栽培。茎皮纤维是重要的纺织原料,全草入药。

助剂/佐藥 zhùjì/ㄗㄨㄛˇ ㄧㄠˋ

auxiliary

【化】化学工业中用于生产过程或改善产品使用性能的辅助药剂。如在高分子材料加工中,为改善高分子加工性能和(或)物理机械性能或增强功能而加入高分子体系中的各种辅助物质,包括引发剂、促进剂、增塑剂、发泡剂、防老剂、抗氧剂、抗静电剂等。

助推级 zhùtuījí/ㄓㄨˋ ㄊㄨㄟ ㄐㄧˊ

【航】即“助推器”(1478 页)。

助推器/助推器 zhùtuīqì/ㄓㄨˋ ㄊㄨㄟ ㄑㄧˋ

booster

【航】又称“航天助推器”“助推级”。在航天火箭运载器起飞和爬升阶段,辅助主推进系统提供附加推力的动力装置。可分为液体火箭发动机助推器和固体火箭发动机助推器。助推任务完成后,助推器与运载器分离并被抛弃。

助消化药/消化藥

zhùxiāohuàyào/ㄒㄧㄠ ㄏㄨㄚˋ ㄧㄠˋ

digestant

【医】增强消化功能,促进食欲的药物。分为消化酶类和酸类,常用的有胃蛋白酶、胰酶、淀粉酶、稀盐酸等。

助孕素 ㄓㄨˋ ㄩㄣˋ ㄙㄨˋ/zhùyùnsù

❶progestogen，❷progestogens

【医】❶台湾名。即“孕激素”(1402 页)。❷台湾名。即“孕激素类”(1402 页)。

住区/住宅區 zhùqū/ㄓㄨˋ ㄓㄞˊ ㄑㄩ

residential area

【建】一定自然生态环境、社会经济环境和文化环境下的人类居住区域。城市中通常指以居住功能为核心的街区。

住屋 ㄓㄨˋ ㄨ /zhùwū

residential building

【建】台湾名。即“居住建筑”(651 页)。

住宅區 ㄓㄨˋ ㄓㄞˊ ㄑㄩ/zhùzháiqū

residential area

【建】台湾名。即“住区”(1479 页)。

贮氢材料

zhùqīng cáiliào/ㄓㄨˋ ㄑㄧㄥ ㄘㄞˊ ㄌㄧㄠˋ

【材】即“储氢材料”(141 页)。

注册/登入 zhùcè/ㄉㄥ ㄖㄨˋ

logon，login

【信息】又称“登录”。用户按计算机提示输入用户名和密码，以得到计算机网络系统认可并进入此系统的操作。按操作繁简程度可分为三类：(1)手工：每次注册都得输入用户名和密码；(2)半自动：系统在起始页每次提示用户注册，但不必输入用户名和密码而只需确认要注册即可；(3)自动：用户完全不用输入用户名和密码，而由系统自行完成。

注射成形模具

zhùshè chéngxíng mújù/

ㄓㄨˋ ㄕㄜˋ ㄔㄥˊ ㄒㄧㄥˊ ㄇㄨˊ ㄐㄩˋ

【机】“注射模”的全称。

注射剂/注射劑 zhùshèjì/ㄓㄨˋ ㄕㄜˋ ㄐㄧˋ

injection

【医】供注入体内的药物。是溶液或混悬液。

注射模/注射模 zhùshèmú/ㄓㄨˋ ㄕㄜˋ ㄇㄨˊ

injection mould

【机】全称“注射成形模具”。塑料注射成形所用的模具。由注射机的螺杆或活塞使料筒内塑化熔融的塑料，经喷嘴、浇注系统，注入型腔，固化成形。可分为普通注射模具和特种注射模具。

注塑/注塑 zhùsù/ㄓㄨˋ ㄙㄨˋ

injection moulding

【材】材料成型加工的一种方法。将材料加热熔融、注入并充满预先关闭的模具型腔后，使之硬化或固化成制品。常用于热塑性塑料及复合材料的成型加工。

注意/注意 zhùyì/ㄓㄨˋ ㄧˋ

attention

【心】心理活动对一定对象的指向和集中。指向和集中是同一注意状态下的两个方面，二者不可分割。指向性和集中性是注意的基本特性。注意不是一个独立的心理过程，它伴随着心理过程而产生，是各种心理过程的共同属性。

注意力不足過動症

ㄓㄨˋ ㄧˋ ㄌㄧˋ ㄅㄨˋ ㄗㄨˊ ㄍㄨㄛˋ ㄉㄨㄥˋ ㄓㄥˋ/

zhùyìlì bùzú guòdòngzhèng

attention deficit hyperactivity disorder

【医】台湾名。即“注意缺陷障碍伴多动”(1479 页)。

注意缺陷障碍伴多动/注意力不足過動症

zhùyì quēxiàn zhàng'ài bàn duōdòng/ㄓㄨˋ ㄧˋ ㄌㄧˋ ㄅㄨˋ ㄗㄨˊ ㄍㄨㄛˋ ㄉㄨㄥˋ ㄓㄥˋ

attention deficit hyperactivity disorder

【医】又称“注意缺陷障碍”，俗称“多动症”。智力基本正常的小儿，表现出具有与年龄不相称的注意力不集中，不分场合的过度活动、情绪冲动，并可有认知障碍和学习困难的综合征。

注意缺陷障碍

zhùyì quēxiàn zhàng'ài/

ㄓㄨˋ ㄧˋ ㄑㄩㄝ ㄒㄧㄢˋ ㄓㄤˋ ㄞˋ

【医】即“注意缺陷障碍伴多动”(1479 页)。

驻波/駐波 zhùbō/ㄓㄨˋ ㄅㄛ

standing wave

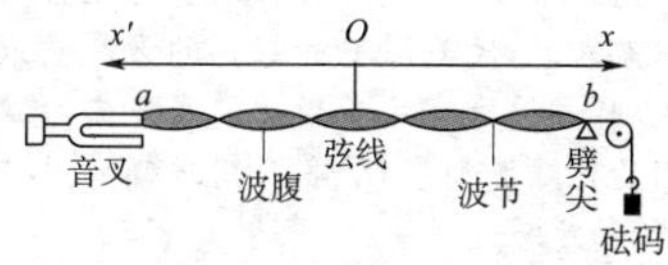

弦线上的驻波

【物】局限于某一区域而不向外传播的波。是一种特殊的干涉现象。由两列振幅相同的相干波沿相反方向传播，因叠加而形成。其中，振幅最大的点为驻波的波腹，振幅最小(为 0)的点为驻波的波节，相邻的两波节或波腹间的距离等于波长的 1/2。实际应用上常用于测波长。

驻极体 zhùjítǐ/ㄓㄨˋ ㄐㄧˊ ㄊㄧˇ

【物】即“永电体”(1362 页)。

柱/柱 zhù/ㄓㄨˋ

㊀column，㊁cylinder

㊀【建】承受建筑物上部荷载的直立构件。按材料不同，可分为木柱、石柱、钢柱、钢筋混凝土柱；按外形不同，可分为圆柱、方柱、八角柱、瓜楞柱、雕龙柱；按位置不同，可分为檐柱、金柱、中柱、山柱、童柱；按构造不同，可分为单柱和拼合柱两类。图见“抬梁式木构架”(1098 页)。㊁【数】柱面与同它的每条母线都相交的两个平行平面所围成的封闭立体图形。柱的两个平行的面(在截柱面的两个平面上)叫作底面，两底面之间的柱面部分叫作侧面，两底面之间的距离叫作高。柱的体积等于底面积与高的积。

📖 方柱始于秦。汉代用石柱，增加八角柱、人像柱等多种形式。唐中期以后，几乎不用方柱。宋代圆柱最多，还有八角柱和瓜楞柱。《营造法式》有梭柱的做法，宋以后，梭柱不多见。元以后重要建筑大多用直柱。明清时用方形擎檐柱，雕龙柱多为石制。

柱础/柱礎 zhùchǔ/ㄓㄨˋ ㄔㄨˇ

column base

【建】又称“柱脚石”。木柱下所垫的石墩。其作用是传递上部荷载，防止地面潮湿，避免磕碰损坏柱脚。图见“抬梁式木构架”(1098 页)

📖 柱础最早见于殷代，有天然石块柱础，也有抱膝而坐的人形柱础，背有槽以插柱脚。汉代有圆形和覆斗形柱础，有的还刻有动物纹样。汉末至南北朝时期，因佛教传入，开始出现莲瓣形柱础。唐、宋柱础多为花样丰富的覆盆式；元代多用不加雕饰的素覆盆或素平柱础。明、清官式多用鼓镜式。南方建筑所用的柱础类型多样，多采用较高的鼓状石墩，称作鼓磴。

柱脚石 zhùjiǎoshí/ㄓㄨˋ ㄐㄧㄠˇ ㄕˊ

【建】即“柱础”(1480 页)。

柱面/柱面 zhùmiàn/ㄓㄨˋ ㄇㄧㄢˋ

cylindrical surface

【数】给定一条平面曲线 C，动直线垂直于 C 所在的平面并沿 C 运动时所形成的曲面。定曲线 C 叫作柱面的准线或导线，动直线在每一位置都叫作柱面的母线。

柱面波/柱面波

zhùmiànbō/ㄓㄨˋ ㄇㄧㄢˋ ㄅㄛ

cylindrical wave

【物】波阵面为同轴柱面的波。

柱面坐标/圓柱座標

zhùmiàn zuòbiāo/ㄩㄢˊ ㄓㄨˋ ㄗㄨㄛˋ ㄅㄧㄠ

cylindrical coordinates

【数】取空间直角坐标系 $O\text{-}xyz$，从任一点 $P(x, y, z)$ 向 xy 平面做垂线，垂足为 M，连接 OM，记 $\angle xOM=\theta$，$\rho=\sqrt{x^2+y^2}$，则有序数组(ρ,θ,z)叫作点 P 的柱面坐标，其中 $\rho\geqslant 0$，$0\leqslant\theta<2\pi$。如图，坐标(ρ,θ,z)表明点 P 是以 z 轴为轴、半径为 ρ 的圆柱面上的一个定点，因此称(ρ,θ,z)为柱面坐标。

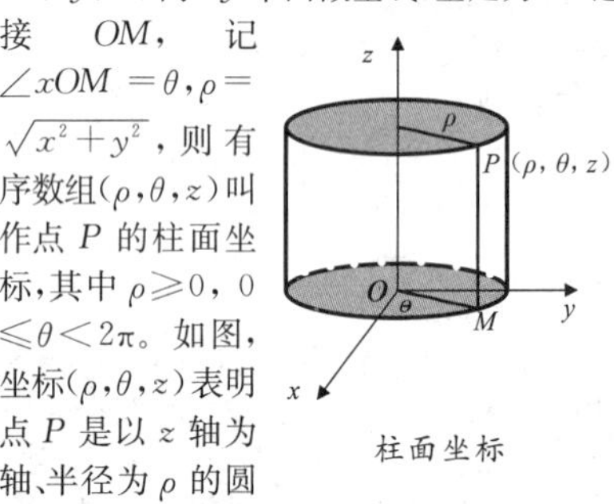

柱面坐标

柱塞泵/柱塞泵

zhùsāibèng/ㄓㄨˋ ㄙㄞ ㄅㄥˋ

plunger pump

【机】往复泵的一种。依靠柱塞在泵缸体内往复运动，使密封工作腔的容积发生变化，实现吸入和排出液体并增高其压力。额定压力高，结构紧凑，效率高，流量调节方便。适用于高压、大流量和流量需要调节的场合。

柱式/柱式 zhùshì/ㄓㄨˋ ㄕˋ

architectual Order

【建】欧洲古代石制梁柱结构的规范化艺术形式。形成于希腊，在罗马得到发展。包括柱子和柱子之上的檐部。柱子通常包括柱头、柱身和柱础；檐部包括檐口、檐壁和额枋。成熟的柱式从整体构图到细节处理都基本定型，各部分比例大致稳定，特点鲜明，决定建筑风格。古典柱式可分为希腊柱式和罗马柱式。希腊柱式又分多立克柱式、爱奥尼柱式和科林斯柱式三种；罗马柱式又分塔司干柱式、罗马多立克柱式、罗马爱奥尼柱式、罗马科林斯柱式以及混合柱式五种。

柱头/柱頭 zhùtóu/ㄓㄨˋ ㄊㄡˊ

stigma

【植】雌蕊的顶端。通常膨大或扩展，可接受花粉。

柱櫍/柱櫍 zhùzhì/ㄓㄨˋ ㄓˋ

Column Zhi

【建】柱础之上、柱脚之下的构件。用铜、石或木料做成，作用是防潮，兼有装饰效果。

📖 最早的柱质为铜櫍，见于殷代遗址。殷代晚期，宫殿建筑的擎檐柱不再埋入地下，而在台基上作露明处理。础石不外露，上盖一个青铜盘状构件，因垫于柱脚下，如椹质（锤锻所用的垫板、砧板）置于地，故名。"质、櫍、鑕"三字通用。殷代的青铜柱櫍是最早用于建筑的金属构件。宋《营造法式》规定用木为櫍。木櫍通常用横纹，以防水气沿立柱纵向毛细管侵入柱体。明清建筑中，仍可发现櫍的痕迹。

疰夏/疰夏 zhùxià/ㄓㄨˋ ㄒㄧㄚˋ

summer non-acclimation, * summer infixation

【中医】中医温病之一。症见夏季倦怠嗜卧，低热，纳差等。治宜益气阴，消暑热。方用补中益气汤、生脉散等加减。

著作权/著作權

zhùzuòquán/ㄓㄨˋ ㄗㄨㄛˋ ㄑㄩㄢˊ

copyright

【总】又称"版权"。知识产权的一类。作者对其创作的文学、艺术和科学作品依法享有的权利。分为著作人身权和著作财产权。前者包括发表权、署名权、维护作品完整权，后者是作者准许他人出版、表演、改编、翻译、广播、展览自己的作品而取得报酬的权利。

貯藏器官

ㄓㄨˋ ㄘㄤˊ ㄑㄧˋ ㄍㄨㄢ/zhùcáng qìguān

accumulating organ, storage organ

【环】台湾名。即"蓄积器官"(1288页)。

铸钢/鑄鋼 zhùgāng/ㄓㄨˋ ㄍㄤ

cast steel

【机】铸造合金的一种。用于铸造铸件的钢。比铸铁具有更好的力学性能，如强度、韧性等。通常分为碳素铸钢及合金铸钢两类。铸钢件通常需要进行热处理以改善性能。

铸件/鑄件 zhùjiàn/ㄓㄨˋ ㄐㄧㄢˋ

casting

【机】将熔融金属注入铸型，凝固后得到的具有一定形状、尺寸和性能的金属零件或零件毛坯。按铸型成型方法不同，可分为普通砂型铸件、金属型铸件、压铸件、离心铸件、熔模铸件等。

铸石/鑄石 zhùshí/ㄓㄨˋ ㄕˊ

cast stone

【材】一种硅酸盐结晶材料。以天然岩石或工业废渣为主要原料，经破碎、配料、熔融、浇注、热处理等工艺而制成，晶体排列规整，质地坚硬细腻，耐磨、耐腐性能好。

铸铁/鑄鐵 zhùtiě/ㄓㄨˋ ㄊㄧㄝˇ

cast iron

【材】铸造用生铁。含碳量大于2.0%的铁碳合金。含有硅、锰、硫、磷等元素和其他杂质元素，有时还加入某些合金元素。耐磨、抗振，强度低，塑性和韧性差，可焊性也差。因碳和硅含量高，熔点低，流动性好，是机械制造业重要的金属材料。按金相组织不同，可分为白口铸铁、灰口铸铁、球墨铸铁、蠕墨铸铁和可锻铸铁。

铸铁方箱

zhùtiě fāngxiāng/ㄓㄨˋ ㄊㄧㄝˇ ㄈㄤ ㄒㄧㄤ

【机】即"划线方箱"(521页)。

铸型/鑄模 zhùxíng/ㄓㄨˋ ㄇㄨˊ

mold

【机】铸造铸件所用的模子。由型砂、金属或其他耐火材料制成，包括形成铸件形状的型腔、芯子和浇冒口系统等部分。砂型用砂箱支撑时，砂箱也是铸型的组成部分。

铸造/鑄造 zhùzào/ㄓㄨˋ ㄗㄠˋ

foundry, founding, casting

【机】金属加工成形方法。将熔融的金属浇入铸型，使凝固后成为一定形状、尺寸、成分、组织和性能的铸件。按造型方法不同，可分为普通砂型铸造和特种铸造；按铸件材质不同，可分为黑色铸造和有色铸造。

駐立電場

ㄓㄨˋ ㄌㄧˋ ㄉㄧㄢˋ ㄔㄤˇ/zhùlì diànchǎng

stationary electric field

【电】台湾名。即“恒定电场”(497 页)。

麈鹿 ㄓㄨˋ ㄌㄨˋ/zhùlù

roe deer

【动】台湾名。即“狍”(856 页)。

鑄模 ㄓㄨˋ ㄇㄨˊ/zhùmú

mold

【机】台湾名。即“铸型”(1481 页)。

鑄型機 ㄓㄨˋ ㄒㄧㄥˊ ㄐㄧ/zhùxíngjī

moulding machine

【机】台湾名。即“造型机”(1412 页)。

zhuan (ㄓㄨㄢ)

专家控制/專家控制

zhuānjiā kòngzhì/ㄓㄨㄢ ㄐㄧㄚ ㄎㄨㄥˋ ㄓˋ

expert control

【自】将专家系统的理论和技术与自动控制理论、方法和技术相结合，在未知环境下仿效专家的经验实现对对象的控制。

专家系统/專家系統

zhuānjiā xìtǒng/ㄓㄨㄢ ㄐㄧㄚ ㄒㄧˋ ㄊㄨㄥˇ

expert system

【信息】借助据专家经验开发出的知识库，按专家推断方式解决给定领域问题的数据处理系统。有时与“基于知识的系统”同义。某些专家系统能依据解决以前问题的经验改进其知识库，并开发出新的推断规则。

专利/專利 zhuānlì/ㄓㄨㄢ ㄌㄧˋ

patent

【总】国家依法在一定时期内授予发明创造者或其权利继受者独占使用其发明创造的权利，即专利权。受国家认可并在公开的基础上进行法律保护的专有技术，即专利技术。

专题地图/主題地圖

zhuāntí dìtú/ㄓㄨㄢ ㄊㄧˊ ㄉㄧˋ ㄊㄨˊ

thematic map

【测绘】着重表示自然现象和人类社会现象中的某一种或几种要素，集中表现某种主题内容的地图。内容与种类繁多，如自然地图、经济地图、历史地图等。通常以地理底图为基础，附加很多表示主题信息的方法，如区域范围法、质底法、等值线法、符号法、统计图法、影像图法等。

专线/專線 zhuānxiàn/ㄓㄨㄢ ㄒㄧㄢˋ

private line

【信息】又称“专用连接”。将至少两个部位永久性地连接起来的信道。属于“私用线路”或“租用线路”，而非“公用线路”。

专线业务/專線業務

zhuānxiàn yèwù/ㄓㄨㄢ ㄒㄧㄢˋ ㄧㄝˋ ㄨˋ

private line service

【信息】在至少两点之间的专用信道上，传送大业务量的话音、数据、音频或视频的业务。

专业气象服务/專業氣象服務

zhuānyè qìxiàng fúwù/

ㄓㄨㄢ ㄧㄝˋ ㄑㄧˋ ㄒㄧㄤˋ ㄈㄨˊ ㄨˋ

special meteorological service

【气】根据特定用户从事的行业或某个具体活动，应邀提供的专门气象预报服务。

专用连接

zhuānyòng liánjiē/ㄓㄨㄢ ㄩㄥˋ ㄌㄧㄢˊ ㄐㄧㄝ

【信息】即“专线”(1482 页)。

专用汽车/專用汽車

zhuānyòng qìchē/ㄓㄨㄢ ㄩㄥˋ ㄑㄧˋ ㄔㄜ

special purpose vehicle

【机】汽车的一类。装有专用设备，用于承担专门运输或专项作业以及其他专项用途。按用途不同，分为消防车、救护车、冷藏车、保温车、运钞车、垃圾车、洒水车、警车等；按结构不同，可分为厢式、罐式汽车和起重及举升、特种作业汽车。

专用网/私人網路

zhuānyòngwǎng/ㄙ ㄖㄣˊ ㄨㄤˇ ㄌㄨˋ

private network

【信息】某一企业、组织或部门专为满足自身需要特地建立和使用的网络。

专用小交换机/專用交換機

zhuānyòng xiǎojiāohuànjī/

ㄓㄨㄢ ㄩㄥˋ ㄐㄧㄠ ㄏㄨㄢˋ ㄐㄧ

private branch exchange, PBX

【信息】又称“用户小交换机”。能把内部电话互连起来，进入公用电话网并交换数据的专用电话交换机。

专用信道/專用信道

zhuānyòng xìndào/ㄓㄨㄢ ㄩㄥˋ ㄒㄧㄣˋ ㄉㄠˋ

private communication channel

Z

【信息】为特定的用途或用户保留的信道。

专有软件/專屬軟體
zhuānyǒu ruǎnjiàn/ㄓㄨㄢ ㄕㄨˇ ㄖㄨㄢˇ ㄊㄧˇ
proprietary software
【信息】由个人或企业拥有或持有版权,需通过购买或经拥有方许可方能使用的程序。

砖/磚 zhuān/ㄓㄨㄢ
brick
【材】原指外形多为直角六面体的人造小型块材。用黏土制坯经烧制而成,主要用于建筑结构砌筑。可分为普通砖(红砖、青砖)、微孔砖、空心砖等。现泛指建筑材料中起各种作用(如装饰或特种功能)的块体材料。如陶瓷锦砖、釉面砖、吸声砖等。

砖混结构建筑/磚混結構建築
zhuānhùn jiégòu jiànzhù/
ㄓㄨㄢ ㄏㄨㄣˋ ㄐㄧㄝˊ ㄍㄡˋ ㄐㄧㄢˋ ㄓㄨˊ
reinforced concrete and brick construction
【建】由砖墙与钢筋混凝土楼板和屋面层混合组成承重结构的房屋。耐久、防火、保温、隔热、隔声等性能良好,取材与施工方便,造价低廉。但自重大,抗震性能差,施工劳动量大,属于湿作业。广泛用于中小型低层、多层民用和工业建筑。

砖木结构建筑/磚木結構建築
zhuānmù jiégòu jiànzhù/
ㄓㄨㄢ ㄇㄨˋ ㄐㄧㄝˊ ㄍㄡˋ ㄐㄧㄢˋ ㄓㄨˊ
masonry-timber structure
【建】砖墙和木屋顶、木楼层混合构成承重结构的房屋。一般砖木结构的民用建筑,承重的砖墙多为横向布置,木结构屋顶多用木或钢木,屋架木檩条,上铺屋面。有楼层的,多用木搁栅直接搁置在横墙上,再铺木地板;大房间也有把木搁栅搁在大梁或梁架上的。砖木结构建筑取材、施工较为方便,造价较低,多用于小型民用建筑。

砖石结构建筑/磚石結構建築
zhuānshí jiégòu jiànzhù/
ㄓㄨㄢ ㄕˊ ㄐㄧㄝˊ ㄍㄡˋ ㄐㄧㄢˋ ㄓㄨˊ
brick masonry structure
【建】以砖或石砌筑的墙作为承重结构的房屋。狭义上指屋顶和楼层必须用砖或石的拱或穹窿承重。广义上指屋顶和楼板可由木、钢或钢筋混凝土结构混合建造。砖石墙在承重、保温、隔热、隔声、防火、耐久等方面性能良好,且取材与施工方便,造价低。但自重大,抗震性能差,施工劳动强度大。

專用交換機
ㄓㄨㄢ ㄩㄥˋ ㄐㄧㄠ ㄏㄨㄢˋ ㄐㄧ/
zhuānyòng jiāohuànjī
private branch exchange, PBX
【信息】台湾名。即"专用小交换机"(1482页)。

專用通道
ㄓㄨㄢ ㄩㄥˋ ㄊㄨㄥ ㄉㄠˋ/zhuānyòng tōngdào
private channel
【信息】台湾名。即"私用信道"(1077 页)。

專屬軟體
ㄓㄨㄢ ㄕㄨˇ ㄖㄨㄢˇ ㄊㄧˇ/zhuānshǔ ruǎntǐ
proprietary software
【信息】台湾名。即"专有软件"(1483 页)。

转氨酶/轉胺酶
zhuǎn'ānméi/ㄓㄨㄢˇ ㄢ ㄇㄟˊ
transaminase
【医】在氨基酸代谢中催化氨基酸和酮酸之间的氨基转移的酶。体内存在多种转氨酶,其中天冬氨酸转氨酶和丙氨酸转氨酶是重要的具有临床诊断意义的工具酶。

📖 正常生理状态下,血清中天冬氨酸转氨酶和丙氨酸转氨酶活力很低,当相应组织发生病变时,它们释放至血液中,造成血清中酶活性迅速升高。如肝炎病人血清中丙氨酸转氨酶和天冬氨酸转氨酶活力同时升高,急性肝炎时丙氨酸转氨酶高于天冬氨酸转氨酶,心肌病变如心肌炎、心肌梗死时天冬氨酸转氨酶急剧升高。

转发/轉發 zhuǎnfā/ㄓㄨㄢˇ ㄈㄚ
forwarding
【信息】发送电子邮件时,预定接收方将收到的消息再发送出去。

转关运输/轉關運輸
zhuǎnguān yùnshū/ㄓㄨㄢˇ ㄍㄨㄢ ㄩㄣˋ ㄕㄨ
tran-customs transportation
【物流】一种运输组织形式。在海关监管下,进出口货物由某一设关地点运至另一设关地点,并需办理相关海关手续。按报关手续不同,可分为提前报关转关运输、直接转关运输、中转转关运输。特点是节省仓储费用、方便进出口货物报关、加速口岸货物的运输,但易出现管理不严、中途失控、偷逃关税等问题。

转化膜/轉換塗層
zhuǎnhuàmó/ㄓㄨㄢˇ ㄏㄨㄢˋ ㄊㄨˊ ㄘㄥˊ
conversion coating
【材】金属经化学或电化学处理形成的含有该金属化合物的表面膜层。机械制造中多用铝的阳极氧化膜。不锈钢上的转化膜有利于冷变形加工(拉管、拉丝、挤压)时提高拉速,加大断面收缩率,降低工具磨损。

转化糖/轉化糖
zhuǎnhuàtáng/ㄓㄨㄢˇ ㄏㄨㄚˋ ㄊㄤˊ
invert sugar
【轻】用稀酸或酶对蔗糖作用后所得含等量葡萄糖和果糖的混合物。无色透明的黏稠液体,具有左旋光性,吸湿性很强,甜度为蔗糖的 1.3 倍。10%～15%的转化糖可防止蔗糖重结晶,常用于制造硬糖。因旋光度由右旋变为左旋的水解过程称为转化,故名。

转换/轉換 zhuǎnhuàn/ㄓㄨㄢˇ ㄏㄨㄢˋ
conversion
【信息】计算机系统中从一种形式或格式变为另一种形式或格式的过程。只影响信息的形式而不影响其本质。按设施类型分为数据的(改变信息的表示方式)、文件的(转换文件格式)、硬件的(改变计算机系统的全部或部分)、媒体的(将数据从一种存储媒体传送到另一种存储媒体)、软件的(将一种平台上的程序转换到另一种平台上运行)和系统的(从一种操作系统转换到另一种操作系统)。

转换器/轉換器
zhuǎnhuànqì/ㄓㄨㄢˇ ㄏㄨㄢˋ ㄑㄧˋ
converter
【信息】将电子信号或计算机数据从一种形式变为另一种形式的器件。是将数据形式不同的两种设备联接起来的中间环节。有许多种,例如代码转换器、串并转换器以及将模拟信号转换为数字信号的模数转换器。

转基因技术/基因轉殖
zhuǎnjīyīn jìshù/ㄐㄧ ㄧㄣ ㄓㄨㄢˇ ㄓˊ
transgenic technology
【生】将一种生物的基因转入另一种生物基因的染色体,使形成可遗传新性状的生物技术。运用这种技术可培育出多种转基因动植物,如转基因兔、转基因大豆等。

转基因生物/轉基因生物
zhuǎnjīyīn shēngwù/ㄓㄨㄢˇ ㄐㄧ ㄧㄣ ㄕㄥ ㄨˋ
transgenic organism
【生】台湾又称"基因轉殖生物"。在基因组中稳定整合外源基因的植物或动物。

转基因食品/基因改造食品
zhuǎnjīyīn shípǐn/ㄐㄧ ㄧㄣ ㄍㄞˇ ㄗㄠˋ ㄕˊ ㄆㄧㄣˇ
genetically modified food, transgenic food
【轻】用已被基因工程技术改变了基因组构成的动物、植物和微生物来生产的食品及食品添加剂。包括转基因动植物、微生物产品,转基因动植物、微生物直接加工品,以转基因动植物、微生物或者其直接加工品为原料生产的食品和食品添加剂。

📖 未经国家卫生部审查批准的转基因食品不得生产或者进口,也不得用作食品或食品原料。转基因食品应当符合《食品卫生法》及其他有关法规、规章、标准的规定,不得对人体造成急性、慢性或其他潜在性健康危害。转基因食品的食用安全性和营养质量不得低于对应的原有食品。食品产品(包括原料及其加工的食品)中含有基因修饰有机体或/和表达产物的,要标注"转基因××食品"或"以转基因××食品为原料"。转基因食品来自潜在致敏食物的,还要标注"该品转××食物基因,对××食物过敏者注意"。

转录/轉録 zhuǎnlù/ㄓㄨㄢˇ ㄌㄨˋ
transcription
【生】DNA 的遗传信息被拷贝成 RNA 的遗传信息的过程。

转向传动机构/轉向連桿組
zhuǎnxiàng chuándòng jīgòu/ㄓㄨㄢˇ ㄒㄧㄤˋ ㄌㄧㄢˊ ㄍㄢˇ ㄗㄨˇ
steering linkage
【机】把转向器输出的力和运动传给转向节,从而使左、右转向轮按一定关系进行偏转的机构。

转向机 zhuǎnxiàngjī/ㄓㄨㄢˇ ㄒㄧㄤˋ ㄐㄧ
【机】即"转向器"(1485 页)。

转向节/轉向關結
zhuǎnxiàngjié/ㄓㄨㄢˇ ㄒㄧㄤˋ ㄍㄨㄢ ㄐㄧㄝˊ
steering knuckle
【机】汽车转向桥的主要零件之一。用于使汽车稳定行驶并灵敏传递行驶方向。可承受汽车前部载荷,支承并带动前轮绕主销转动而使汽车转向。

转向盘/方向盤
zhuǎnxiàngpán/ㄈㄤ ㄒㄧㄤˋ ㄆㄢˊ
steering wheel
【机】又称"方向盘"。转向器的组成部分。用于操纵汽车(轮船、飞机等)行驶方向的轮状装置。通过花键与转向轴相连。

转向器/轉向器
zhuǎnxiàngqì/ㄓㄨㄢˇ ㄒㄧㄤˋ ㄑㄧˋ
steering gear
【机】又称"转向机""方向机"。汽车转向系中最重要的部件。用于操纵汽车行驶方向。由转向盘、转向柱及轴、减速机构、壳等组成。转向盘、转向柱及轴直接相连。当转动转向盘时,通过转向柱及轴驱动减速机构,然后带动转向摇臂,并通过一套杆件带动转向车轮,使之转向。

转向桥/轉向軸
zhuǎnxiàngqiáo/ㄓㄨㄢˇ ㄒㄧㄤˋ ㄓㄡˊ
steering axle
【机】承受汽车负荷,通过主销、转向节等零件安装转向轮的构件。通常汽车的前桥是转向桥。四轮转向汽车的前后桥都是转向桥。

转向系/轉向系統
zhuǎnxiàngxì/ㄓㄨㄢˇ ㄒㄧㄤˋ ㄒㄧˋ ㄊㄨㄥˇ
steering system
【机】汽车底盘的一部分。用来改变或保持汽车行驶方向的一系列装置。包括转向盘、转向器和转向传动装置。可分为机械转向系统和动力转向系统两类。

转义字符/逸出字元
zhuǎnyì zìfú/ㄧˋ ㄔㄨ ㄗˋ ㄩㄢˊ
escape character, ESC
【信息】台湾又称"分離字元"。用来指明跟随的字符或字符组按另一代码或字符集进行解释的代码扩充字符。ASCII 字符集中 32 个控制字符之一。

转运核糖核酸/轉移 RNA
zhuǎnyùn hétáng hésuān/ㄓㄨㄢˇ ㄧˊ RNA
transfer RNA, tRNA
【生】台湾又称"傳遞 RNA"。核糖核酸的一种。约占全部核糖核酸的 15%。在蛋白质生物合成中特异地转运氨基酸,并保证遗传信息从核酸到蛋白质准确传递。每种氨基酸有一种以上相应的转运核糖核酸。

轉胺酶 ㄓㄨㄢˇ ㄢˋ ㄇㄟˊ/zhuǎn'ànméi
transaminase
【医】台湾名。即"转氨酶"(1483 页)。

轉換塗層
ㄓㄨㄢˇ ㄏㄨㄢˋ ㄊㄨˊ ㄘㄥˊ/zhuǎnhuàn túcéng
conversion coating
【材】台湾名。即"转化膜"(1484 页)。

轉頻器 ㄓㄨㄢˇ ㄆㄧㄣˊ ㄑㄧˋ/zhuǎnpínqì
set-top box, STB
【信息】台湾名。即"机顶盒"(558 页)。

轉彎 ㄓㄨㄢˇ ㄨㄢ/zhuǎnwān
turn
【航】台湾名。即"盘旋"(854 页)。

轉向關結
ㄓㄨㄢˇ ㄒㄧㄤˋ ㄍㄨㄢ ㄐㄧㄝˊ/
zhuǎnxiàng guānjié
steering knuckle
【机】台湾名。即"转向节"(1485 页)。

轉向連桿組
ㄓㄨㄢˇ ㄒㄧㄤˋ ㄌㄧㄢˊ ㄍㄢˇ ㄗㄨˇ/
zhuǎnxiàng liángǎnzǔ
steering linkage
【机】台湾名。即"转向传动机构"(1484 页)。

轉向系統
ㄓㄨㄢˇ ㄒㄧㄤˋ ㄒㄧˋ ㄊㄨㄥˇ/zhuǎnxiàng xìtǒng
steering system
【机】台湾名。即"转向系"(1485 页)。

轉向軸 ㄓㄨㄢˇ ㄒㄧㄤˋ ㄓㄡˊ/zhuǎnxiàngzhóu
steering axle
【机】台湾名。即"转向桥"(1485 页)。

轉移 RNA ㄓㄨㄢˇ ㄧˊ RNA/zhuǎnyí RNA
transfer RNA, tRNA
【生】台湾名。即"转运核糖核酸"(1485 页)。

Z

转动/轉動 zhuàndòng/ㄓㄨㄢˇ ㄉㄨㄥˋ

rotation

【物】一种运动方式。其特征是物体中各点绕一条直线即转动轴做圆周运动。例如行驶中的汽车方向盘的运动。

转动动能/轉動動能

zhuàndòng dòngnéng/

ㄓㄨㄢˇ ㄉㄨㄥˋ ㄉㄨㄥˋ ㄋㄥˊ

rotation kinetic energy

【物】刚体以角速度 ω 绕某固定轴转动时具有的动能。转动惯量为 I、角速度为 ω 的刚体,其转动动能为 $E_k = I\omega^2/2$。

转动惯量/轉動慣量

zhuàndòng guànliàng/

ㄓㄨㄢˇ ㄉㄨㄥˋ ㄍㄨㄢˋ ㄌㄧㄤˋ

moment of inertia

【物】刚体绕固定轴转动惯性的量度。用 I 表示,为标量,单位千克米^2。其大小取决于刚体的质量对转动轴的分布情况。刚体中某质点的质量 m 与到已知轴的垂直距离 r 的平方的乘积为刚体该质点对轴的转动惯量,数学表达式为 $I = mr^2$。由质点系组成的刚体的转动惯量为 $I = \sum m_i r_i^2$。m_i 和 r_i 分别为质点的质量及其到轴的距离。

转矩/轉矩 zhuànjǔ/ㄓㄨㄢˋ ㄐㄩˇ

torgue

【机】使机械元件转动(包括有转动倾向)的力矩。如旋转机械中传递的力矩。可分为静态转矩和动态转矩。

转轮藏/轉輪藏

zhuànlúnzàng/ㄓㄨㄢˋ ㄌㄨㄣˊ ㄗㄤˋ

Revolving book case

【建】一种可以转动的藏经柜。

📖 转轮藏为梁代佛徒傅翕(486—569)所创,目的是让不识字或无暇阅读经典的佛教徒转动经藏,作为一种功德,认为与念经有同等功效。转轮藏通常八边形平面,中间一根转轴,推动即可旋转,外观饰以台基、柱枋、斗拱、门窗、屋檐等建筑元素。宋代寺院中已比较普遍,位置常设在大雄宝殿前西侧,建殿或阁。著名例子有河北正定龙兴寺转轮藏、四川江油云岩寺飞天藏等。

转轮手枪/轉輪手槍

zhuànlún shǒuqiāng/ㄓㄨㄢˋ ㄌㄨㄣˊ ㄕㄡˇ ㄑㄧㄤ

wheel pistol

【军】又称"左轮手枪"。带有多弹膛转轮的单发手枪。由握把座、枪管、转轮、转轮制动装置、击发机构和发射机构等组成。转轮上通常有 5 或 6 个兼作弹仓的弹膛,旋转装好枪弹的转轮,可使枪弹逐发对正枪管和击发机构实施射击。结构简单,枪管和枪膛分离,动作可靠,首发开火迅速,转轮弹膛存弹数清晰可见,瞎火弹易于排除。按待发与击发方式不同,可分为单动式和双动式;按装弹和退壳方式不同,可分为转轮滑动式、转轮摆出式和转轮折转式。

转速/轉速 zhuànsù/ㄓㄨㄢˋ ㄙㄨˋ

rotating velocity

【电】旋转刚体在单位时间内的转数。

转速表/轉速錶

zhuànsùbiǎo/ㄓㄨㄢˋ ㄙㄨˋ ㄅㄧㄠˇ

tachometer

【机】测量并显示转速的仪表。按工作原理不同,可分为离心式转速表、磁性转速表、电动式转速表、磁电式转速表、闪光式转速表、电子式转速表等。常用于电机、电扇、洗衣机、汽车、飞机、轮船等制造业。

转子/轉子 zhuànzǐ/ㄓㄨㄢˋ ㄗˇ

rotor

【电】旋转电机的转动部分。

转子发动机

zhuànzǐ fādòngjī/ㄓㄨㄢˋ ㄗˇ ㄈㄚ ㄉㄨㄥˋ ㄐㄧ

【机】即"旋转活塞式发动机"(1292 页)。

转子流量计

zhuànzǐ liúliàngjì/ㄓㄨㄢˋ ㄗˇ ㄌㄧㄡˊ ㄌㄧㄤˋ ㄐㄧˋ

【机】即"浮子流量计"(362 页)。

轉動磁場

ㄓㄨㄢˋ ㄉㄨㄥˋ ㄘˊ ㄔㄤˇ/zhuàndòng cíchǎng

rotating magnetic field

【物】台湾名。即"旋转磁场"(1292 页)。

轉動起重機 ㄓㄨㄢˋ ㄉㄨㄥˋ ㄑㄧˇ ㄓㄨㄥˋ ㄐㄧ/

zhuàndòng qǐzhòngjī

slewing crane

【机】台湾名。即"回转起重机"(545 页)。

轉子動力泵 ㄓㄨㄢˋ ㄗˇ ㄉㄨㄥˋ ㄌㄧˋ ㄅㄥˋ/

zhuànzǐ dònglìbèng

rotodynamic pump

【机】台湾名。即“回转动力式泵”(545 页)。

zhuang (ㄓㄨㄤ)

装船机/装船機
zhuāngchuánjī/ㄓㄨㄤ ㄔㄨㄢˊ ㄐㄧ
ship loader
【机】一种装载机。用于将物料或物品连续装到船舱内或甲板上。多用于港口大宗散货连续装船作业。按整机特点不同,可分为固定式、移动式和浮式。按机构的性能特点不同,可分为转盘式、弧线摆动式和直线摆动式。

装甲车辆/裝甲車輛
zhuāngjiǎ chēliàng/ㄓㄨㄤ ㄐㄧㄚˇ ㄔㄜ ㄌㄧㄤˋ
armored vehicle
【军】具有装甲防护的战斗车辆及其保障车辆的统称。按推进装置不同,可分为履带式装甲车辆和轮式装甲车辆;按用途不同,可分为装甲战斗车辆和装甲保障车辆。是现代陆军的重要装备和地面作战的主要突击兵器。

装甲输送车/裝甲輸送車
zhuāngjiǎ shūsòngchē/
ㄓㄨㄤ ㄐㄧㄚˇ ㄕㄨ ㄙㄨㄥˋ ㄔㄜ
armored personnel carrier
【军】装有武器系统、防护系统、信息系统等,主要用于承载步兵遂行作战任务,也可用于输送人员和物资器材的装甲战斗车辆。具有高度机动性、一定防护力和火力。战斗全重多为6~16 吨,车长4.5~7.5 米,车宽2.2~3 米,车高1.9~2.5 米,最大爬坡度25~35度,最大侧倾行驶坡度15~30 度。乘员2~3 人,载员8~13 人。可水上行驶,用履带或轮胎划水,最大时速5 千米左右;装有螺旋桨或喷水式推进装置的,最大时速可达10 千米。有履带式和轮式两种。前者陆上最大时速55~70 千米,最大行程300~500 千米。后者陆上最大时速可达100 千米,最大行程可达1000 千米。

装甲通信车/裝甲通信車
zhuāngjiǎ tōngxìnchē/
ㄓㄨㄤ ㄐㄧㄚˇ ㄊㄨㄥ ㄒㄧㄣˋ ㄔㄜ
armor communication vehicle
【军】装有多种通信器材和设备,执行通信任务的轻型装甲车辆。主要用于保障坦克部队指挥与协同等通信联络。车上装有有线通信设备、无线电台、车内通话器和发电机等,有的还配有自卫武器。运动和停止时均可执行通信勤务。有履带式装甲通信车和轮式装甲通信车两种。

装甲侦察车/裝甲偵察車
zhuāngjiǎ zhēnchá chē/
ㄓㄨㄤ ㄐㄧㄚˇ ㄓㄣ ㄔㄚˊ ㄔㄜ
armored reconnaissance vehicle
【军】装有侦察装备,主要用于实施战术侦察的装甲车辆。具有高度机动性、一定的火力和防护能力。有履带式装甲侦察车和轮式装甲侦察车两种。

装甲指挥车/裝甲指揮車
zhuāngjiǎ zhǐhuīchē/
ㄓㄨㄤ ㄐㄧㄚˇ ㄓˇ ㄏㄨㄟ ㄔㄜ
armored command vehicle
【军】装有指挥设备,用于实施作战指挥的装甲车辆。车上通常装有电台、车内通话器、计算机、导航仪、观察仪器及指挥控制作业图板等,还装有机枪、遥控装置、辅助发电机、帐篷等。车辆停止时,指挥员可使用车上电台实施指挥。在固定地点实施指挥时,可在车尾部架设帐篷,组成车外工作室。装备机械化部队,作为移动指挥所。有履带式装甲指挥车和轮式装甲指挥车两种。

装具/裝具 zhuāngjù/ㄓㄨㄤ ㄐㄩˋ
accouterment
【军】配发军队单位、人员及马匹等使用的制式用具。可分为人装具(包括生活装具、防护装具、携行装具、卧具等)、马装具(包括乘马装具、驮马装具、通用马装具等)、阵营装具(包括军旗、盖布等)和被装机具(包括被装修理、洗涤设备等)。

装配机器人/裝配機器人
zhuāngpèi jīqìrén/ㄓㄨㄤ ㄆㄟˋ ㄐㄧ ㄑㄧˋ ㄖㄣˊ
assembly robot
【机】工业机器人的一种。用于生产线上对零件或部件进行装配。由机器人操作机、控制器、末端执行器和传感系统组成。精度高、柔顺性好、工作范围小、能与其他系统配套使用,是柔性自动化装配系统的核心设备。广泛用于电器制造行业。

装配夹具/裝配夾具
zhuāngpèi jiājù/ㄓㄨㄤ ㄆㄟˋ ㄐㄧㄚ ㄐㄩˋ
assembly jig
【机】夹具的一种。在装配过程中用来确保装配件的定位精度和避免各装配件由于位置误差而造成的相互干涉,以确保整个工件的装配精度。通常由定位器具、夹持器具和必要的检测计量器具等组成。

装配式建筑/裝配式建築
zhuāngpèishì jiànzhù/
ㄓㄨㄤ ㄆㄟˋ ㄕˋ ㄐㄧㄢˋ ㄓㄨˊ
prefabricated construction
【建】由预制构件或部件通过焊接、螺栓等连接方式装配而成的建筑。按构件形式和施工方法不同,可分为砌块建筑、板材建筑、骨架板材建筑、盒式建筑及升板升层建筑等五类。砌块建筑是用预制块材砌筑墙体;板材建筑(又称大板建筑)由大型内外墙板、楼板和屋面板装配而成;骨架板材建筑由预制的骨架和板材装配而成;盒式建筑用立体盒式构件组装而成;升板升层建筑是骨架板材中板柱结构体系的一种,在底层地面上重复浇筑各层楼板和屋面板,竖立预制柱子,在柱顶安装提升设备,沿柱逐步提升屋面板和楼板而成;升层法是在楼板未提之前先将楼层内外墙板安装好,再一起提升就位。

装配整体式建筑/裝配整體式建築
zhuāngpèi zhěngtǐshì jiànzhù/
ㄓㄨㄤ ㄆㄟˋ ㄓㄥˇ ㄊㄧˇ ㄕˋ ㄐㄧㄢˋ ㄓㄨˊ
assembled monolithic concrete structure
【建】用预制和现浇结合的方法建造的钢筋混凝土建筑。主要承重构件可分别预制或现浇,主要类型有现浇墙体或柱和预制楼板相结合的建筑等。建筑具有装配和现浇建筑的优点。比全装配式建筑有较好的整体性,但增加了大量的湿作业。

装入/載入 zhuāngrù/ㄗㄞˇ ㄖㄨˋ
load
【信息】又称"加载"。把数据从外存放入内存供处理,或把程序代码从外存放入内存供执行。

装饰艺术/裝飾藝術
zhuāngshì yìshù/ㄓㄨㄤ ㄕˋ ㄧˋ ㄕㄨˋ
decoration art
【建】20世纪二三十年代,法、英、美等国开展的一场国际性设计运动。不回避现代化和工业化,接受钢铁、玻璃等新材料,接受单纯的几何形式,采用原色、金属色与黑白色系列,使机械形式和现代特征更加自然华丽。装饰艺术深受现代主义运动影响,但是与强调设计民主化的现代主义立场大相径庭,服务对象依然是社会上层。

装卸/裝卸 zhuāngxiè/ㄓㄨㄤ ㄒㄧㄝˋ
loading and unloading
【物流】以人力或机械方式,使物品进行垂直位移为主的作业。包括与输送设备对应的装进装卸和卸下装卸,与储存设施对应的入库装卸和出库装卸,仓库内物品进行堆码、拆垛、分拣、配送所进行的装卸。本身不能产生新的效用和价值。

装卸搬运/裝卸搬運
zhuāngxiè bānyùn/ㄓㄨㄤ ㄒㄧㄝˋ ㄅㄢ ㄩㄣˋ
handing
【物流】为改变物品的存放状态或空间位置而在物流场所内进行的水平方向或垂直方向的短程运输活动。是装卸和搬运两项作业的合称。其要素有人、装卸物、装卸场所、装卸时间和装卸手段。实际操作中,装卸和搬运密不可分,通常在搬运前后必须进行一次装卸。

装卸搬运机械设备/裝卸搬運機械設備
zhuāngxiè bānyùn jīxiè shèbèi/
ㄓㄨㄤ ㄒㄧㄝˋ ㄅㄢ ㄩㄣˋ ㄐㄧ ㄒㄧㄝˋ ㄕㄜˋ ㄅㄟˋ
handling machinery
【物流】用于搬运、装卸和短距离输送货物的机械设备。可分为非动力和有动力两类。如手推车、笼车、叉车、起重机械等。

装运港船边交货/船邊交貨
zhuāngyùngǎng chuánbiān jiāohuò/
ㄔㄨㄢˊ ㄅㄧㄢ ㄐㄧㄠ ㄏㄨㄛˋ
free alongside ship, FAS
【物流】国际贸易术语之一。卖方在指定的装运港将货物交到船边,办理出口清关手续,即完成交货。费用与风险以货物交船边为分界点。适用于海运及内河运输。

装运港船上交货/出口地船上交貨
zhuāngyùngǎng chuánshàng jiāohuò/ㄔㄨ ㄎㄡˇ ㄉㄧˋ ㄔㄨㄢˊ ㄕㄤˋ ㄐㄧㄠ ㄏㄨㄛˋ

free on board, FOB

【物流】国际贸易术语之一。卖方在指定的装运港将货物装上船,办理货物出口清关手续,即完成交货。风险以货物在装运港装上船为分界点。适用于海运及内河运输。

装载机/裝載機

zhuāngzàijī/ㄓㄨㄤ ㄗㄞˋ ㄐㄧ

loader

【机】又称"铲斗车""铲车"。土方机械的一种。用机身前端的铲斗进行铲、装、运、卸作业。能够铲装土壤、砂石、石灰、煤炭等散状物料,也可对矿石、硬土等作轻度铲挖作业。按行走方式不同,可分为轮式和履带式。用于公路、铁路、建筑、水电、港口、矿山等建设工程。

装甲步兵戰防車

ㄓㄨㄤ ㄐㄧㄚˇ ㄅㄨˋ ㄅㄧㄥ ㄓㄢˋ ㄈㄤˊ ㄔㄜ/

zhuāngjiǎ bùbīng zhànfángchē

infantry fighting vehicle

【军】台湾名。即"步兵战车"(88 页)。

装配 ㄓㄨㄤ ㄆㄟˋ/zhuāngpèi

assembly

【物流】台湾名。即"配载"(860 页)。

装置 ㄓㄨㄤ ㄓˋ /zhuāngzhì

device

【电】台湾名。即"器件"(899 页)。

壮锦/壯錦 zhuàngjǐn/ㄓㄨㄤˋ ㄐㄧㄣˇ

Zhuang brocade

【纺】中国壮族的传统手工织锦。以棉线或麻线作经、桑蚕丝作纬,用色织提花织成。质地结实,纹样精美,色彩浓艳,风格粗犷。主要用作衣裙、巾被、背包和台布等的面料。

撞擊區 ㄓㄨㄤˋ ㄐㄧˊ ㄑㄩ/zhuàngjīqū

impact area, drop zone

【航】台湾名。即"落区"(775 页)。

zhui (ㄓㄨㄟ)

追肥/追肥 zhuīféi/ㄓㄨㄟ ㄈㄟˊ

top dressing

【农】作物生长过程中施加的肥料。在基肥的基础上,将速效肥料分期施用,以满足作物各个生育期的营养需要。

椎弓/椎弓 zhuīgōng/ㄓㄨㄟ ㄍㄨㄥ

vertebral arch

【医】椎骨椎体后方的弓形骨板。由椎弓根、椎弓板组成。颈、胸、腰部椎体附件处有小关节,上下各一对,在维持椎体整体稳定同时,允许椎体在一定范围内活动。

椎骨/脊椎 zhuīgǔ/ㄐㄧˇ ㄓㄨㄟ

vertebrae

【医】构成中轴骨的主要骨骼。由椎体和椎弓组成。幼年时为 32 或 33 块,分为颈椎 7 块、胸椎 12 块、腰椎 5 块、骶椎 5 块,尾椎 3～4 块;成年后骶椎融合成骶骨,尾椎融合成尾骨。

椎管/椎管 zhuīguǎn/ㄓㄨㄟ ㄍㄨㄢˇ

vertebral canal

【医】所有椎骨的椎孔和骶骨的骶管连贯而成的管道。管内主要容纳脊髓。

椎管内麻醉/椎管内麻醉

zhuīguǎnnèi mázuì/

ㄓㄨㄟ ㄍㄨㄢˇ ㄋㄟˋ ㄇㄚˊ ㄗㄨㄟˋ

intrathecal anesthesia

【医】麻醉方法的一种。将局麻药注入椎管内的不同腔隙,使脊神经所支配的相应区域产生麻醉。可分为蛛网膜下腔阻滞麻醉和硬膜外阻滞麻醉。

椎间孔/椎間孔

zhuījiānkǒng/ㄓㄨㄟ ㄐㄧㄢ ㄎㄨㄥˇ

intervertebral foramina

【医】两个相邻椎骨的上下切迹围成的孔道。其间有脊神经和血管通过。

椎间盘/椎間盤

zhuījiānpán/ㄓㄨㄟ ㄐㄧㄢ ㄆㄢˊ

intervertebral disc

【医】联结相邻两个椎骨椎体的纤维软骨盘(第 1、2 颈椎之间除外)。由周围的纤维环和中央的髓核组成。成人有 23 个椎间盘。

椎间盘突出症/椎間盤突出

zhuījiānpán tūchūzhèng/

ㄓㄨㄟ ㄐㄧㄢ ㄆㄢˊ ㄊㄨˊ ㄔㄨ

protrusion of intervertebral disc

【医】因较重的外伤或反复的损伤,脊椎间纤维环软弱或破裂,髓核即由该处突出,压迫神经根而引起的疾病。主要表现是腰腿痛。

椎間盤突出

ㄓㄨㄟ ㄐㄧㄢ ㄆㄢˊ ㄊㄨˊ ㄔㄨ/zhuījiānpán tūchū

Z

protrusion of intervertebral disc

【医】台湾名。即“椎间盘突出症”(1489 页)。

椎孔/椎孔 zhuīkǒng/ㄓㄨㄟ ㄎㄨㄥˇ

vertebral foramen

【医】椎体后面微凹陷,与椎弓围成的孔道。

椎体/椎體 zhuītǐ/ㄓㄨㄟ ㄊㄧˇ

vertebral body

【医】椎骨负重的主要部分。属不规则骨,借椎间盘与邻近椎体相接,椎体后面与椎弓围成椎孔。

锥/錐 zhuī/ㄓㄨㄟ

cone

【数】锥面与不通过它的顶点并同每条母线都相交的平面所围成的封闭立体图形。锥面的顶点叫作锥的顶点,锥的不过顶点的面叫作底面,顶点与底面之间的锥面部分叫作侧面,顶点到底面的距离叫作高。锥的体积等于$\frac{1}{3}$×底面积×高。

锥面/錐面 zhuīmiàn/ㄓㄨㄟ ㄇㄧㄢˋ

conical surface

【数】给定一条平面曲线 C,V 是 C 所在的平面外的一个定点,通过点 V 的动直线沿 C 运动时所形成的曲面叫作锥面。定曲线 C 叫作锥面的准线,动直线在每一位置都叫作锥面的母线,点 V 叫作锥面的顶点。

锥体外系反应/錐體外系反應

zhuītǐ wàixì fǎnyìng/ㄓㄨㄟ ㄊㄧˇ ㄨㄞˋ ㄒㄧˋ ㄈㄢˇ ㄧㄥˋ

response of extrapyramidal system

【医】抗精神病药物治疗最常见的神经系统副作用。主要表现为急性肌张力障碍、静坐不能、类帕金森病和迟发性运动障碍。以类帕金森病最为常见。

錐坑 ㄓㄨㄟ ㄎㄥ/zhuīkēng

counterbore, countersink

【机】台湾名。即“锪钻”(549 页)。

zhun (ㄓㄨㄣ)

准噶尔盆地/準噶爾盆地

Zhǔngá'ěr Péndì/ㄓㄨㄣˇ ㄍㄚˊ ㄦˇ ㄆㄣˊ ㄉㄧˋ

Junggar Basin

【地】盆地名。位于新疆北部,在天山、阿尔泰山及西部的一些山脉之间。面积 38 万平方千米。地势东高西低,海拔 500～1000 米,是中国第二大内陆盆地。中部是草原沼泽和沙漠,边缘则是山麓和绿洲。冬季气候寒冷,雨雪丰富。蕴藏有丰富的石油、煤和金属矿藏。

准时制/及時法 zhǔnshízhì/ㄐㄧˊ ㄕˊ ㄈㄚˇ

just in time, JIT

【物流】又称“及时制”“零库存技术”。一种生产管理模式。在精确测定生产各工艺环节作业效率的前提下制订计划,只将所需要的材料,以所需要的数量,在正好需要的时间送到生产线用于生产,以消除一切无效作业并避免浪费。

📖 准时制概念于 20 世纪 50 年代由日本丰田汽车公司首创,后广泛用于现代制造业。

准时制物流/準時制物流

zhǔnshízhì wùliú/ㄓㄨㄣˇ ㄕˊ ㄓˋ ㄨˋ ㄌㄧㄡˊ

just in time logistics

【物流】物流模式的一种。在准时制管理理念基础上发展而来,确保上游产品在规定时间内准确及时地满足下游产品的生产需求,在原材料、制品及产成品保持最小库存的情况下,能保持连续、高效的批量生产。

准线/準線 zhǔnxiàn/ㄓㄨㄣˇ ㄒㄧㄢˋ

directrix

【数】❶圆锥曲线是到定点和定直线的距离之比是常数的曲线,定直线叫作圆锥曲线的准线。椭圆和双曲线都有两条准线,抛物线有一条准线。如图,圆锥曲线上的任一点 P 到焦点和准线的距离之比$\frac{PF}{PH}=\frac{PF'}{PH'}$为常数。❷动直线沿一条定曲线按一定方式运动产生柱面、锥面等曲面,这条定曲线叫作曲面的准线。

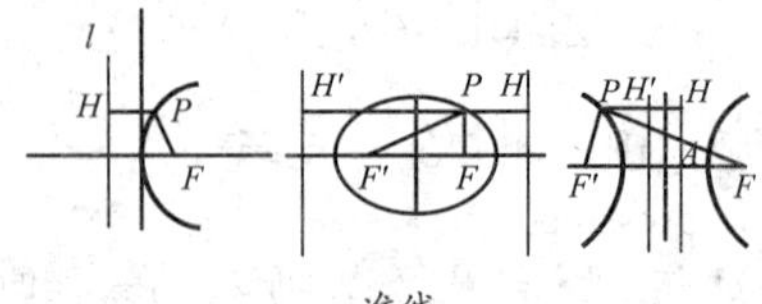

准线

準確度 ㄓㄨㄣˇ ㄑㄩㄝˋ ㄉㄨˋ/zhǔnquèdù

accuracy

【数】台湾名。即“精确度”(643 页)。

zhuo （ㄓㄨㄛ）

桌面/桌面　zhuōmiàn/ㄓㄨㄛ ㄇㄧㄢˋ

desktop

【信息】采用图标和选单来模拟物理桌面的在屏工作区。使用户像在物理桌面上工作那样,方便直观地使用计算机。

桌上計算機

ㄓㄨㄛ ㄕㄤˋ ㄐㄧˋ ㄙㄨㄢˋ ㄐㄧ/

zhuōshàng jìsuànjī

desktop computer

【信息】台湾名。即“台式计算机”(1097 页)。

浊度/濁度　zhuódù/ㄓㄨㄛˊ ㄉㄨˋ

turbidity

【化】液体中悬浮的不溶物的量。是被测液体对直射光产生光吸收或光散射的一种定量描述。

浊度计/濁度計　zhuódùjì/ㄓㄨㄛˊ ㄉㄨˋ ㄐㄧˋ

turbidimeter

【机】测量液体的浑浊程度的仪器。可分为光学式浊度计(散射光式、透射光式和透射散射光式)、在线浊度分析仪等。

浊积岩/濁流岩　zhuójīyán/ㄓㄨㄛˊ ㄌㄧㄡˊ ㄧㄢˊ

turbidite

【地】浊流沉积形成的各类沉积岩的统称。多具如下特征:⑴较粗砂级浊积岩常有粒级由下向上变细的递变层理,各部分分选不好,都有极细的充填物质;⑵浊积砂岩及粉砂岩不发育大、中型交错层理,不保存波痕,但可有波纹交错层理;⑶岩层底面上常发育各种突出形状的底面铸模,且其细而低的一端指向当时水流的上游方向;⑷通常不形成砾岩,但可形成含砾泥岩、含砾砂岩、含砾灰岩等。

浊流/濁流　zhuóliú/ㄓㄨㄛˊ ㄌㄧㄡˊ

turbidity current

【地】一种富含悬浮固体颗粒的高密度水流。其密度大于周围海水,在重力驱动下顺坡向下流动。

啄木鸟/啄木鳥

zhuómùniǎo/ㄓㄨㄛˊ ㄇㄨˋ ㄋㄧㄠˇ

woodpecker

【动】鸟名。䴕形目啄木鸟科各种的统称。腿短,趾端有锐利的爪,善攀树。嘴尖,长而直,能啄开树皮。舌细长,前端有钩,能深入树洞内捕捉昆虫。尾羽粗硬,啄木时用以支撑身体。是林业益鸟。种类很多,中国常见的有灰头绿啄木鸟(*Picus canus*)、大斑啄木鸟(*Dendrocopos major*)。分布广泛。

啄木鸟

着床/著床　zhuóchuáng/ㄓㄨㄛˊ ㄔㄨㄤˊ

nidation

【医】台湾又称“埋植”。约在受精后第 7 天,受精卵发育成的胚泡植入子宫内膜中的过程。

着陆/著陸　zhuólù/ㄓㄨㄛˊ ㄌㄨˋ

landing

【航】飞行器或返回器从空间返回,进入安全高度并过渡到接地直至完全停止的整个减速运动过程。有硬着陆、软着陆和水上着陆之分。硬着陆冲击过载达 10 个 g(重力加速度);软着陆通常有反冲火箭发动机的规律减速,将着陆速度从6～7米/秒降低到 1 米/秒,着陆冲击过载减小到 3～4 个 g(重力加速度);水上着陆在海洋洋面上溅落,着陆冲击过载通常为 6～8 个 g(重力加速度)。

濁流岩　ㄓㄨㄛˊ ㄌㄧㄡˊ ㄧㄢˊ/zhuóliúyán

turbidite

【地】台湾名。即“浊积岩”(1491 页)。

zi （ㄗ）

咨询心理学/諮商心理學

zīxún xīnlǐxué/ㄗ ㄕㄤ ㄒㄧㄣ ㄌㄧˇ ㄒㄩㄝˊ

counseling psychology

【心】应用心理学的一个分支。主要研究人类在个人、社会、教育、职业等方面遇到的心理障碍,并向个人或团体提供应对这些问题的系统理论和科学方法,以帮助人们消除心理障碍,恢复正常。

姿态调整

zītài tiáozhěng/ㄗ ㄊㄞˋ ㄊㄧㄠˊ ㄓㄥˇ

【航】即“姿态机动”(1491 页)。

姿态机动/姿態調整

zītài jīdòng/ㄗ ㄊㄞˋ ㄊㄧㄠˊ ㄓㄥˇ

Z

attitude manuver

【航】又称“姿态调整”。指改变航天器姿态，满足特定要求过程。是飞行器在空间完成特定飞行、运载、变轨、转轨、空间观测试验的基础，通过姿态测控系统的姿态敏感器、姿态控制器和执行机构进行。

资金流/資金流 zījīnliú/ㄗ ㄐㄧㄣ ㄌㄧㄡˊ

fund flow

【物流】供方、需方因商品物权转移而产生的资金流动。

资源节约型社会

zīyuán jiéyuēxíng shèhuì/

ㄗ ㄩㄢˊ ㄐㄧㄝˊ ㄩㄝ ㄒㄧㄥˊ ㄕㄜˋ ㄏㄨㄟˋ

【环】即“节约型社会”(622 页)。

滋阴/滋陰 zīyīn/ㄗ ㄧㄣ

nourishing yin, * enrich yin

【中医】补法的一种。用味甘性凉，具有滋补阴液作用的方药治疗阴虚证。

資賦優異兒童

ㄗ ㄈㄨˋ ㄧㄡ ㄧˋ ㄦˊ ㄊㄨㄥˊ/zīfù yōuyì értóng

supernormal child

【心】台湾名。即“超常儿童”(113 页)。

資料保護 ㄗ ㄌㄧㄠˋ ㄅㄠˇ ㄏㄨˋ/zīliào bǎohù

data protection

【信息】台湾名。即“数据保护”(1051 页)。

資料產出量

ㄗ ㄌㄧㄠˋ ㄔㄢˇ ㄔㄨ ㄌㄧㄤˋ/zīliào chǎnchūliàng

throughput

【信息】台湾名。即“吞吐量”(1155 页)。

資料儲倉

ㄗ ㄌㄧㄠˋ ㄔㄨˇ ㄘㄤ/zīliào chǔcāng

data warehouse

【信息】台湾名。即“数据仓库”(1051 页)。

資料處理 ㄗ ㄌㄧㄠˋ ㄔㄨˇ ㄌㄧˇ/zīliào chǔlǐ

data processing, DP

【信息】台湾名。即“数据处理”(1051 页)。

資料檔案

ㄗ ㄌㄧㄠˋ ㄉㄤˇ ㄢˋ/zīliào dàng'àn

data file

【信息】台湾名。即“数据文件”(1052 页)。

資料共享

ㄗ ㄌㄧㄠˋ ㄍㄨㄥˋ ㄒㄧㄤˇ/zīliào gòngxiǎng

data sharing

【信息】台湾名。即“数据共享”(1051 页)。

資料匯流排

ㄗ ㄌㄧㄠˋ ㄏㄨㄟˋ ㄌㄧㄡˊ ㄆㄞˊ/zīliào huìliúpái

data bus

【信息】台湾名。即“数据总线”(1052 页)。

資料庫 ㄗ ㄌㄧㄠˋ ㄎㄨˋ/zīliàokù

database

【信息】台湾名。即“数据库”(1051 页)。

資料庫管理系統

ㄗ ㄌㄧㄠˋ ㄎㄨˋ ㄍㄨㄢˇ ㄌㄧˇ ㄒㄧˋ ㄊㄨㄥˇ/

zīliàokù guǎnlǐ xìtǒng

database management system, DBMS

【信息】台湾名。即“数据库管理系统”(1051 页)。

資料庫語言

ㄗ ㄌㄧㄠˋ ㄎㄨˋ ㄩˇ ㄧㄢˊ/zīliàokù yǔyán

database language

【信息】台湾名。即“数据库语言”(1051 页)。

資料連結層

ㄗ ㄌㄧㄠˋ ㄌㄧㄢˊ ㄐㄧㄝˊ ㄘㄥˊ/zīliào liánjiécéng

data link layer

【信息】台湾名。即“数据链路层”(1051 页)。

資料流 ㄗ ㄌㄧㄠˋ ㄌㄧㄡˊ/zīliàoliú

data flow

【信息】台湾名。即“数据流”(1051 页)。

資料流程圖

ㄗ ㄌㄧㄠˋ ㄌㄧㄡˊ ㄔㄥˊ ㄊㄨˊ/zīliào liúchéngtú

data flow diagram

【信息】台湾名。即“数据流图”(1052 页)。

資料目録 ㄗ ㄌㄧㄠˋ ㄇㄨˋ ㄌㄨˋ/zīliào mùlù

data directory

【信息】台湾名。即“数据目录”(1052 页)。

資料收集 ㄗ ㄌㄧㄠˋ ㄕㄡ ㄐㄧˊ/zīliào shōují

data collection

【信息】台湾名。即“数据汇集”(1051 页)。

資料元件

ㄗ ㄌㄧㄠˋ ㄩㄢˊ ㄐㄧㄢˋ/zīliào yuánjiàn

data element

【信息】台湾名。即“数据元素”(1052 页)。

資料字典 ㄗ ㄌㄧㄠˋ ㄗˋ ㄉㄧㄢˇ/zīliào zìdiǎn

data dictionary

【信息】台湾名。即“数据字典”(1052 页)。

資訊 ㄗ ㄒㄩㄣˋ/zīxùn
information
【信息】台湾名。即“信息”(1274 页)。

資訊安全
ㄗ ㄒㄩㄣˋ ㄢ ㄑㄩㄢˊ/zīxùn ānquán
information security
【信息】台湾名。即“信息安全”(1274 页)。

資訊槽 ㄗ ㄒㄩㄣˋ ㄘㄠˊ/zīxùncáo
information sink
【信息】台湾名。即“信息汇”(1274 页)。

資訊處理 ㄗ ㄒㄩㄣˋ ㄔㄨˇ ㄌㄧˇ/zīxùn chǔlǐ
information processing
【信息】台湾名。即“信息处理”(1274 页)。

資訊高速公路
ㄗ ㄒㄩㄣˋ ㄍㄠ ㄙㄨˋ ㄍㄨㄥ ㄌㄨˋ/
zīxùn gāosù gōnglù
information superhighway
【信息】台湾名。即“信息高速公路”(1274 页)。

資訊基礎建設
ㄗ ㄒㄩㄣˋ ㄐㄧ ㄔㄨˇ ㄐㄧㄢˋ ㄕㄜˋ/
zīxùn jīchǔ jiànshè
information infrastructure
【信息】台湾名。即“信息基础设施”(1274 页)。

資訊科技 ㄗ ㄒㄩㄣˋ ㄎㄜ ㄐㄧˋ/zīxùn kējì
information technology, IT
【信息】台湾名。即“信息技术”(1275 页)。

資訊流 ㄗ ㄒㄩㄣˋ ㄌㄧㄡˊ/zīxùnliú
information flow
【物流】台湾名。即“信息流”(1275 页)。

資訊論 ㄗ ㄒㄩㄣˋ ㄌㄨㄣˋ/zīxùnlùn
information theory
【总】台湾名。即“信息论”(1275 页)。

資訊物件 ㄗ ㄒㄩㄣˋ ㄨˋ ㄐㄧㄢˋ/zīxùn wùjiàn
information object
【信息】台湾名。即“信息客体”(1275 页)。

資訊系統 ㄗ ㄒㄩㄣˋ ㄒㄧˋ ㄊㄨㄥˇ/zīxùn xìtǒng
information system
【信息】台湾名。即“信息系统”(1275 页)。

資訊源 ㄗ ㄒㄩㄣˋ ㄩㄢˊ/zīxùnyuán
information source
【信息】台湾名。即“信息源”(1275 页)。

資訊戰爭
ㄗ ㄒㄩㄣˋ ㄓㄢˋ ㄓㄥ/zīxùn zhànzhēng
information warfare
【信息】台湾名。即“信息战”(1275 页)。

資訊中心
ㄗ ㄒㄩㄣˋ ㄓㄨㄥ ㄒㄧㄣ/zīxùn zhōngxīn
information center
【信息】台湾名。即“信息中心”(1275 页)。

資訊資源 ㄗ ㄒㄩㄣˋ ㄗ ㄩㄢˊ/zīxùn zīyuán
information resource
【信息】台湾名。即“信息资源”(1275 页)。

鯔/鯔烏魚 zī/ㄗ ㄨ ㄩˊ
gray mullet
【动】*Mugil cephalus* 鱼名。硬骨鱼纲鲻科。身体延长，稍侧扁，长可达 50 厘米，银灰色，有暗色条纹。头短而扁，吻宽而短，眼大，鳞片圆形，背鳍两个。生活在浅海或河口，以硅藻等为食。中国沿海均有分布。

鲻

諮商心理學
ㄗ ㄕㄤ ㄒㄧㄣ ㄌㄧˇ ㄒㄩㄝˊ/zīshāng xīnlǐxué
counseling psychology
【心】台湾名。即“咨询心理学”(1491 页)。

鯔烏魚 ㄗ ㄨ ㄩˊ/zīwūyú
gray mullet
【动】台湾名。即“鲻”(1493 页)。

子城/子城 zǐchéng/ㄗˇ ㄔㄥˊ
small city within larger one
【建】大城所包围或所附的小城。如内城及附郭的月城。《元和郡县志·天德军》：“西城是开元十年张说所筑，今河水来侵，已毁其半……城南面，即为水所坏，其子城犹坚牢。”

子程式 ㄗˇ ㄔㄥˊ ㄕˋ/zǐchéngshì
❶routine，❷subroutine
【信息】❶台湾名。即“例程”(727 页)。❷台湾名。即“子程序”(1493 页)。

子程序/子程序
zǐchéngxù/ㄗˇ ㄔㄥˊ ㄒㄩˋ

subprogram

【信息】台湾又称"子程式"。与子计算任务相应、功能相对独立的程序模块。具有标识符;包括定义和调用两方面:前者是定义算法;后者是实际使用,即从另一程序借助特定的语言构造将其调入控制流,控制流又从其返回到实施调用的程序。例如函数、过程、子例程。

子代/子代 zǐdài/ㄗˇ ㄉㄞˋ

filial progeny

【生】生物体通过有性繁殖或有性杂交所产生的后代。第一代称为子一代,第二代称为子二代。

子弹 zǐdàn/ㄗˇ ㄉㄢˋ

【军】即"枪弹"(906 页)。

子二代/第二子代 zǐ'èrdài/ㄉㄧˋ ㄦˋ ㄗˇ ㄉㄞˋ

second filial generation, F_2

【生】又称"杂种二代"。由子一代自交或杂交所产生的下一代。

子房/子房 zǐfáng/ㄗˇ ㄈㄤˊ

ovary

【植】着生在花托上的,雌蕊基部膨大的部分。

子宫/子宫 zǐgōng/ㄗˇ ㄍㄨㄥ

㊀uterus,㊁uterus,womb

㊀【医】女性产生月经和孕育胎儿的生殖器官。位于骨盆腔中央,膀胱与直肠之间。子宫壁由平滑肌组成,内部为宫腔,呈倒置梨形,自上而下分为子宫底、子宫体和子宫颈。子宫底部与输卵管相通,下方通过宫颈与阴道相通。其大小、形态随年龄及生育而变化。㊁【中医】即"胞宫"(36 页)。

子宫肌瘤/子宫肌瘤

zǐgōng jīliú/ㄗˇ ㄍㄨㄥ ㄐㄧ ㄌㄧㄡˊ

myoma of uterus

【医】子宫平滑肌组织增生而形成的良性肿瘤。其中含有少量纤维结缔组织。多见于30～50 岁妇女,通常无症状。

子宫颈/子宫頸

zǐgōngjǐng/ㄗˇ ㄍㄨㄥ ㄐㄧㄥˇ

neck of uterus

【医】又称"宫颈"。子宫下部呈圆柱状的较窄部分。上与子宫体相连,下端突入阴道。

子宫内膜癌/子宫内膜癌

zǐgōng nèimó'ái/

ㄗˇ ㄍㄨㄥ ㄋㄟˋ ㄇㄛˋ ㄧㄢˊ(又读 ㄞˊ)

endometrial carcinoma, carcinoma of endometrium

【医】又称"宫体癌"。发生于子宫内膜上皮的癌。以阴道流血为最常见症状。多见于绝经后或更年期妇女。

子宫内膜异位症/子宫内膜異位症

zǐgōng nèimó yìwèizhèng/

ㄗˇ ㄍㄨㄥ ㄋㄟˋ ㄇㄛˋ ㄧˋ ㄨㄟˋ ㄓㄥˋ

endometriosis

【医】具有功能的子宫内膜组织出现在子宫腔外(如卵巢、子宫骶骨韧带等处)的病症。主要表现为痛经、月经失调及不孕等。

子宫腔/子宫腔

zǐgōngqiāng/ㄗˇ ㄍㄨㄥ ㄑㄧㄤ

cavity of uterus

【医】女性生殖器官的一部分,是子宫体内的空腔和胎儿发育生长的场所。

子宫收缩药/子宫收缩劑

zǐgōng shōusuōyào/

ㄗˇ ㄍㄨㄥ ㄕㄡ ㄙㄨㄛ ㄐㄧˋ

uterotonic

【医】能选择性地兴奋子宫平滑肌,引起子宫节律性收缩或强直性收缩的药物。常用的有垂体后叶素、缩宫素、麦角新碱和地诺前列酮等。

子宫收縮劑

ㄗˇ ㄍㄨㄥ ㄕㄡ ㄙㄨㄛ ㄐㄧˋ/zǐgōng shōusuōjì

uterotonics

【医】台湾名。即"子宫收缩药"(1494 页)。

子宫松弛药/子宫鬆弛藥

zǐgōng sōngchíyào/ㄗˇ ㄍㄨㄥ ㄙㄨㄥ ㄔˊ ㄧㄠˋ

uterotonic

【医】抑制子宫平滑肌收缩,用于延长妊娠和防止早产的药物。如利托君。

子宫体/子宫體 zǐgōngtǐ/ㄗˇ ㄍㄨㄥ ㄊㄧˇ

body of uterus

【医】子宫的主体部分。其壁由浆膜层、肌肉层和黏膜层组成。浆膜层由覆盖在子宫外面的腹膜组成;肌层由大量平滑肌、少量弹力纤维与胶原纤维组成;黏膜层位于宫腔面,即子宫内膜,是一层薄而淡红的绒样膜。

子宫外孕

ㄗˇ ㄍㄨㄥ ㄨㄞˋ ㄩㄣˋ/zǐgōngwàiyùn

ectopic pregnancy

【医】台湾名。即“异位妊娠”(1339 页)。

子规 zǐguī/ㄗˇ ㄍㄨㄟ

【动】即“杜鹃”(281 页)。

子集/子集 zǐjí/ㄗˇ ㄐㄧˊ

subset

【数】若集合 A 的所有元素也是集合 B 的元素,则 A 叫作 B 的子集,记作 $A \subseteq B$ 或 $B \supseteq A$。例如,自然数集是整数集的子集,即 $\mathbf{N} \subseteq \mathbf{Z}$。任一集合 A 都是它自身的子集,即 $A \subseteq A$。

子例程/子例程 zǐlìchéng/ㄗˇ ㄌㄧˋ ㄔㄥˊ

subroutine

【信息】不返回数据值的子程序。

子母船/子母船

zǐmǔchuán/ㄗˇ ㄇㄨˇ ㄔㄨㄢˊ

【交】即“载驳船”(1408 页)。

子母弹/子母彈 zǐmǔdàn/ㄗˇ ㄇㄨˇ ㄉㄢˋ

aimable cluster

【军】以母弹为载体,内装一定数量的子弹,发射后母弹在预定高度开仓抛射子弹的炮弹。多配用于中大口径线膛炮、迫击炮和火箭炮,用于毁伤集群坦克等装甲目标,杀伤有生力量或布雷。主要有破甲杀伤子母弹、动能穿甲子母弹、杀伤子母弹和布雷子母弹。

子实体/孢子果 zǐshítǐ/ㄅㄠ ㄗˇ ㄍㄨㄛˇ

sporocarp

【植】又称“担子果”。大型真菌的产孢组织。形状和质地多样,常有菌盖和菌柄的分化。

子式/子式 zǐshì/ㄗˇ ㄕˋ

minor

【数】在 n 阶行列式 $D=|a_{ij}|$ 中任意选定 k 行 k 列$(1 \leqslant k \leqslant n)$,位于这些行列交点处的 k^2 个数按原来的位置组成的 k 阶行列式 M,叫作 D 的一个 k 阶子式。例如,在 5 阶行列式 $D=|a_{ij}|$中,选两行 $i_1=2, i_2=3$ 和两列 $j_1=2, j_2=4$,得到 D 的一个二阶子式 $\begin{vmatrix} a_{22} & a_{24} \\ a_{32} & a_{34} \end{vmatrix}$。

子午面/子午面 zǐwǔmiàn/ㄗˇ ㄨˇ ㄇㄧㄢˋ

meridian, meridian plane

【测绘】包含星球自转轴的平面。包含地球自转轴和地面一点的平面是该地面点的大地子午面,该面与地表相交的大圆即为该地面点的子午线,也称为经线,是代表该地面点的南北方向线。该地面点的大地子午面与 0°经线所在的起算子午面的夹角大小即为该地面点的经度。

子午圈/子午圈 zǐwǔquān/ㄗˇ ㄨˇ ㄑㄩㄢ

meridian

【天】过天极和地平圈上正南、正北两点的假想大圆。通常用作地平坐标系中地平经度的起算点。图见“天赤道”(1121 页)。

子午线/子午線 zǐwǔxiàn/ㄗˇ ㄨˇ ㄒㄧㄢˋ

meridian line

㊀【地】又称“经线”。假定的沿地球表面连接南北两极而与赤道垂直的线。中国古代以“子”为北,以“午”为南,故名。㊁【天】过天体表面一点和自转轴的平面与其表面相交的弧线。通常用作天体表面球面坐标的经线。

子系统/子系統 zǐxìtǒng/ㄗˇ ㄒㄧˋ ㄊㄨㄥˇ

subsystem

【自】大系统按某个特征分解后的组成部分。

子一代/第一子代 zǐyīdài/ㄉㄧˋ ㄧ ㄗˇ ㄉㄞˋ

first filial generation, F_1

【生】又称“杂种一代”。由亲本杂交所产生的第一代杂种。

籽棉/籽棉 zǐmián/ㄗˇ ㄇㄧㄢˊ

seed cotton

【农】从成熟的棉铃中采摘下来的带棉籽的棉花。

紫菜 ㄗˇ ㄘㄞˋ/zǐcài

laver

【植】台湾名。即“甘紫菜”(380 页)。

紫貂/黑貂 zǐdiāo/ㄏㄟ ㄉㄧㄠ

sable

【动】*Martes zibellina* 又称“黑貂”。哺乳动物名。食肉目鼬科。外形像黄鼬,体长 30～40 厘米,耳略呈三角形,尾短而粗,末端毛长,毛通常棕褐色,爪尖利,生活在针叶林中,能爬树,以野兔、野鼠或鸟类为食,也吃果实等。分布于东亚地区,在中国,主要分布于东北地区和新疆。

紫丁香/紫丁香

zǐdīngxiāng/ㄗˇ ㄉㄧㄥ ㄒㄧㄤ

Z

lilac

【植】*Syringa oblata* 木樨科丁香属。落叶灌木或小乔木。叶片革质,卵圆形至肾形,全缘。圆锥花序直立,花冠管圆柱形,裂片四枚,呈直角开展,紫色。花期 4—5 月份。在中国,分布于西南、西北、华北和东北地区。观赏花卉。

📖 丁香因花筒细长如钉且香,故名。

紫绀 zǐgàn/ㄗˇ ㄍㄢˋ

【医】即“发绀”(304 页)。

紫河车/紫河車 zǐhéchē/ㄗˇ ㄏㄜˊ ㄔㄜ

Placenta Hominis(拉), human placenta

【中医】中药名。健康人的干燥胎盘。味甘、咸,性温。归心、肺、肾经。温肾补精,益气养血。用于虚劳羸瘦,骨蒸盗汗,咳嗽气喘,食少气短,阳痿遗精,不孕少乳。

📖 据《本草纲目》载,胎儿乘坐着胎盘,可以“遨游于西天佛国,南海仙山,飘荡于蓬莱仙境,万里天河”,故称胎盘为“河车”。因母体娩出时为红色,稍放置即转紫色,故又称其为“紫河车”。

紫花地丁/紫花地丁

zǐhuā dìdīng/ㄗˇ ㄏㄨㄚ ㄉㄧˋ ㄉㄧㄥ

㊀purpleflower violet,㊁Herba Violae(拉), Tokyo violet herb

㊀【植】*Viola philippica* 又称“辽堇菜”“光瓣堇菜”。堇菜科堇菜属。多年生草本植物。无地上茎,根状茎短。叶基生,披针形,边缘有齿,叶柄有狭翅。花梗多,细弱,花紫堇或淡紫色,喉部有条纹,距细管状,直或稍上弯。花期 4—5 月份。在中国,分布于东北和华东地区。

紫花地丁

嫩叶可作蔬菜,全草入药。㊁【中医】中药名。堇菜科植物紫花地丁 *Viola yedoensis* Makino(*V. philippica* Cav.)的干燥全草。味苦、辛,性寒。归心、肝经。清热解毒,凉血消肿。用于疔疮肿毒,痈疽发背,丹毒,毒蛇咬伤。

📖 紫花地丁的花紫色,地下主根圆直如钉,故名。

紫胶/蟲膠 zǐjiāo/ㄔㄨㄥˊ ㄐㄧㄠ

shellac

【化】紫胶虫在虫胶树上吸食和消化树汁后,留在树枝上的分泌物。是天然产物,主要含有紫胶树脂、紫胶蜡和紫胶色素。其加工产品称为虫胶。

紫金锭/紫金錠 zǐjīndìng/ㄗˇ ㄐㄧㄣ ㄉㄧㄥˋ

zijin troches, zijin ding, * Purple Gold Lozenge

【中医】又称“紫金散”。中成药名。主要成分:山慈菇、红大戟、千金子霜、五倍子、麝香、朱砂、雄黄。口服,外用醋磨调敷患处。辟瘟解毒,祛痰开窍,消肿止痛。内服多用于中暑、脘腹胀痛、恶心呕吐、痢疾泄泻、小儿痰厥惊风等病症。外治多用于疮疡肿毒。

紫金散 zǐjīnsǎn/ㄗˇ ㄐㄧㄣ ㄙㄢˇ

【中医】即“紫金锭”(1496 页)。

紫堇/紫堇 zǐjǐn/ㄗˇ ㄐㄧㄣˇ

common corydalis

【植】*Corydalis edulis* 罂粟科紫堇属。一年生草本植物。全株灰绿色。叶具长柄,叶片三角形,羽状全裂,背面苍白色。总状花序,花冠粉红色至紫红色,外花瓣宽展,顶端微凹,内花瓣具鸡冠状突起。花期 4—5 月份。在中国,分布于华北、华东、华中和西南各地。全草入药。

紫禁城 Zǐjìn Chéng/ㄗˇ ㄐㄧㄣˋ ㄔㄥˊ

【建】即“故宫”(431 页)。

紫荆/紫荊 zǐjīng/ㄗˇ ㄐㄧㄥ

Chinese redbud

【植】*Cercis chinensis* 豆科紫荆属。落叶灌木或小乔木。树皮灰白色。叶纸质,近圆形,先端急尖,基部心形,叶缘膜质透明。花成束簇生于枝干上,先叶开放,花冠蝶形,紫红色或粉红色,龙骨瓣基部有深紫色斑纹。花期 3—4 月份。在中国,分布于除东北、陕西以北和西藏以外的地区。观赏花木。树皮可入药。

紫荆

紫罗兰/紫羅蘭 zǐluólán/ㄗˇ ㄌㄨㄛˊ ㄌㄢˊ

common stock

【植】*Matthiola incana* 十字花科紫罗兰属。两年或多年生草本植物。全株被毛。茎直立,多分枝。叶片长椭圆形至倒披针形,先端圆钝,基部渐狭成柄。总状花序,花多且大,花瓣卵形,顶端微凹,下部有爪,有紫红、淡红、淡黄、白等颜色。花期 4—5 月份。中国各大城市均有栽培。观赏花卉。

紫罗兰

紫茉莉/紫茉莉 zǐmòlì/ㄗˇ ㄇㄛˋ ㄌㄧˋ

four-o'clock

【植】*Mirabilis jalapa* 紫茉莉科紫茉莉属。一年生草本植物。茎直立,圆柱形,多分枝,节稍膨大。叶片卵形或卵状三角形,全缘。花数朵簇生枝端,午后开放;总苞钟形,花被紫红、黄、白色或杂色,高脚碟状,檐部五浅裂,有香气。瘦果球形,黑色,表面有皱纹。花期 6—10 月份,果期 8—11 月份。中国各地均有栽培。观赏花卉。

紫苜蓿/苜蓿草 zǐmùxu/ㄇㄨˋ ㄙㄨˋ ㄘㄠˇ

alfalfa

【植】*Medicago sativa* 通称"苜蓿"。豆科苜蓿属。多年生草本植物。根系发达,主根深入土层,根颈密生许多茎芽。茎丛生,直立或平卧,四方形。三出羽状复叶,小叶长卵形,先端有齿,中叶略大。总状花序,小花稠密,花冠蝶形,黄色。花期 5—7 月份。在中国,分布于各地。优质牧草。

紫薸 zǐpiáo/ㄗˇ ㄆㄧㄠˊ

【植】即"满江红"(783 页)。

紫砂/紫砂 zǐshā/ㄗˇ ㄕㄚ

boccaro pottery

【轻】一种陶土。产于江苏宜兴。是含铁质黏土粉砂岩,主要矿物成分为高岭岩、石英、云母和铁,含铁量高,质地细腻,高温烧成后呈现奇丽的色彩,有朱砂红、枣红、紫铜、海棠红、铁灰铅、葵黄、墨绿、青兰、赤褐、紫灰等颜色。主要用于烧制茶具和各种艺术品。

紫砂壶/紫砂壺 zǐshāhú/ㄗˇ ㄕㄚ ㄏㄨˊ

boccaro teapot, zisha kettle

【轻】特指以宜兴紫砂泥为原料烧制的茶壶。多为手工制作,分为光身壶、花果型壶、方壶、筋纹壶、陶艺装饰壶五类。特点是造型丰富,色泽奇诡,用其泡茶,壶壁吸附茶气后,即使用空壶注入沸水也有茶香。

紫苏/紫蘇 zǐsū/ㄗˇ ㄙㄨ

㊀perilla,㊁Herba Perillae(拉), purple common perilla

㊀【植】*Perilla frutescens* 唇形科紫苏属。一年生草本植物。茎直立,绿色或紫色,四棱形,密被毛。叶对生,阔卵形,边缘有齿,绿色或紫色,被毛。轮伞花序组成总状花序,密被毛,花萼钟形,萼檐二唇型,花冠白色至紫红色,冠筒短,冠檐二唇形。花期 8—11 月份。中国各地均有栽培。嫩叶可作蔬菜,全草入药。㊁【中医】中药名。唇形科植物紫苏 *Perilla frutescens* (L.) Britt. 的干燥叶(或带嫩枝)茎、成熟果实。紫苏叶,味辛,性温。归肺、脾经。解表散寒,行气和胃。用于风寒感冒,咳嗽呕恶,妊娠呕吐,鱼蟹中毒。紫苏梗,味辛、性温。归脾、胃经。理气宽中,止痛,安胎。用于胸膈痞闷,胃脘疼痛,嗳气呕吐,胎动不安。紫苏子,又名"苏子"。味辛、性温。归肺经。降气消痰,平喘,润肠。用于痰壅气逆,咳嗽气喘,肠燥便秘。

紫藤/紫藤 zǐténg/ㄗˇ ㄊㄥˊ

Chinese wisteria

【植】*Wisteria sinensis* 豆科紫藤属。落叶藤本植物。茎左旋,枝粗壮,皮深灰色,不裂。奇数羽状复叶,小叶纸质,卵状椭圆形至卵状披针形,先端尖,全缘。总状花序顶生,下垂,花萼杯状,花冠蝶形,紫色,有香气。花期 4—5 月份。在中国,分布于河北以南、陕西以东各地。观赏花卉。

紫铜 zǐtóng/ㄗˇ ㄊㄨㄥˊ

【材】即"纯铜"(157 页)。

紫外线/紫外線 zǐwàixiàn/ㄗˇ ㄨㄞˋ ㄒㄧㄢˋ

ultraviolet ray

【物】波长范围 5～370 纳米的电磁波。比紫光波长更短,不能引起视觉。具有较高的能量,足以破坏细胞核中的物质,还有显著的化学效应和荧光效应。

紫菀/紫菀 zǐwǎn/ㄗˇ ㄨㄢˇ

tatarian aster

Z

【植】*Aster tataricus* 菊科紫菀属。多年生草本植物。茎直立,粗壮,有棱和沟。叶厚纸质,被毛,中脉粗壮,网脉明显。基生叶在花期枯落;茎下部叶匙状长圆形,较小;中部叶长圆形或长圆披针形,无柄,全缘或有浅齿,上部叶狭小。头状花序,总苞半球形,舌状花蓝紫色。瘦果。花期 7—9 月份。在中国,分布于黑龙江、吉林、辽宁、内蒙古东部及南部、山西、河北、河南、陕西及甘肃南部。观赏花卉。根可入药。

紫薇/紫薇 zǐwēi/ㄗˇ ㄨㄟ

common crape myrtle

【植】*Lagerstroemia indica* 又称“痒痒花”。千屈菜科紫薇属。落叶灌木或小乔木。树皮易脱落,光滑,枝干扭曲,幼枝四棱形。叶近无柄,纸质,椭圆形,先端短尖。圆锥花序顶生,萼筒有短棱,萼片六裂,裂片三角形;花瓣六枚,皱缩,有长爪,紫、淡红或白色。花期 6—9 月份。在中国,分布于除东北、西北以外的各地。观赏花卉。树皮、叶、花、根都可入药。

紫云英/紫雲英 zǐyúnyīng/ㄗˇ ㄩㄣˊ ㄧㄥ

Chinese milkvetch

【植】*Astragalus sinicus* 豆科黄耆属。二年生草本植物。多分枝,匍匐。奇数羽状复叶,小叶倒卵形或椭圆形,先端钝圆或微凹。总状花序呈伞形,花冠蝶形,紫红色或橙黄色。花期 2—6 月份。在中国,分布于长江流域各地。全株可作绿肥和饲料。

自变量/自變量

zìbiànliàng/ㄗˋ ㄅㄧㄢˋ ㄌㄧㄤˋ

independent variable

【数】台湾又称“自變數”。函数 $y=f(x)$ 中,变量 x 称为自变量,函数 y 随自变量的变化而变化。当自变量 x 为有序数组$(x_1,x_2,\cdots,x_n)$时,也称 $x_1,x_2,\cdots,x_n$ 为 n 个独立的自变量,y 是关于它们的 n 元函数,记作 $y=f(x_1,x_2,\cdots,x_n)$。

自變數 ㄗˋ ㄅㄧㄢˋ ㄕㄨˋ/zìbiànshù

independent variable

【数】台湾名。即“自变量”(1498 页)。

自导水雷/自導水雷

zìdǎo shuǐléi/ㄗˋ ㄉㄠˇ ㄕㄨㄟˇ ㄌㄟˊ

captor

【军】又称“自动跟踪水雷”。以锚雷雷体为系留平台,以封装在雷体内自导鱼雷为战斗部,自动搜索、跟踪、攻击目标的特种水雷。由舰艇和飞机、直升机及水下无人航行器布设。可分为锚系自导水雷、沉底自导水雷和自航自导水雷。

自导鱼雷/自導魚雷

zìdǎo yúléi/ㄗˋ ㄉㄠˇ ㄩˊ ㄌㄟˊ

homing torpedoe

【军】又称“寻的鱼雷”。利用自导装置自动搜索、跟踪和攻击目标的鱼雷。由水面舰艇、潜艇、飞机携带,用于攻击潜艇和水面舰船,通常利用声波和舰船尾流进行自导,命中率较高。可分为声自导鱼雷和尾流自导鱼雷。

自顶向下程序设计/自上而下程式設計

zìdǐng xiàngxià chéngxù shèjì/ㄗˋ ㄕㄤˋ ㄦˊ ㄒㄧㄚˋ ㄔㄥˊ ㄕˋ ㄕㄜˋ ㄐㄧˋ

top-down programming

【信息】从抽象的最高层逐步向下直至最低层的程序设计方法。典型做法是先编写一个主体带有对若干主例程的调用,然后再为每一例程编码,以此调用其他低层例程。

自动变速器/自動變速器

zìdòng biànsùqì/ㄗˋ ㄉㄨㄥˋ ㄅㄧㄢˋ ㄙㄨˋ ㄑㄧˋ

automatic transmission

【机】又称“自动挡”。通常指汽车自动变速器,驾驶者不用手动换挡,车辆根据行驶速度和交通情况,按照预先制定的换挡规律而自动选择合适的挡位行驶。

自动步枪/自動步槍

zìdòng bùqiāng/ㄗˋ ㄉㄨㄥˋ ㄅㄨˋ ㄑㄧㄤ

automatic rifle

【军】利用火药燃气能量实现首发射击后次发弹药自动装填的步枪。口径通常小于 8 毫米,枪长 1 米左右,全枪质量 4 千克左右,容弹量 10~30 发,有效射程 400~600 米。分为半自动步枪和全自动步枪。半自动步枪仅能自动装填,不能连发射击;全自动步枪既能自动装填,又能连发射击。

自动车床/自動車床

zìdòng chēchuáng/ㄗˋ ㄉㄨㄥˋ ㄔㄜ ㄔㄨㄤˊ

automatic lathe

【机】能按预定工艺程序自动对工件进行加工的车床。加工时,所有动作(包括送料、装卸工件、切削等)均自动完成。生产率高、适用于大量生产。如工件的装卸为人力操作,则称半自动车床。可分为单轴或多轴,立式或卧式。

自动挡 zìdòngdǎng/ㄗˋ ㄉㄨㄥˋ ㄉㄤˇ

【机】即"自动变速器"(1498 页)。

自动导引搬运车/無人搬運車

zìdòng dǎoyǐn bānyùnchē/ㄨˊ ㄖㄣˊ ㄅㄢ ㄩㄣˋ ㄔㄜ

automatic guided vehicle

【物流】利用自身导引装置沿规定路径行驶的搬运车辆。可无人驾驶,可编程。常用于自动化搬运或物流仓储等系统中。

自动的无意识记忆

zìdòng de wúyìshí jìyì/ㄗˋ ㄉㄨㄥˋ·ㄉㄜ ㄨˊ ㄧˋ ㄕˊ ㄐㄧˋ ㄧˋ

【心】即"内隐记忆"(829 页)。

自动读表系统/自動讀錶系統

zìdòng dúbiǎo xìtǒng/ㄗˋ ㄉㄨㄥˋ ㄉㄨˊ ㄅㄧㄠˇ ㄒㄧˋ ㄊㄨㄥˇ

automatic meter reading

【电】使用通信技术读取远方用户电能表的各类数据,将其传送至控制中心,并存储、分析的自动化系统。

自动扶梯/電扶梯

zìdòng fútī/ㄉㄧㄢˋ ㄈㄨˊ ㄊㄧ

escalator

【机】又称"电动扶梯"。电梯的一种。带有循环运行梯级,用于向上或向下倾斜输送乘客。途中梯级会一路保持水平,扶梯两旁设有跟梯级同步移动的扶手,供使用者扶握。

自动跟踪/自動追蹤

zìdòng gēnzōng/ㄗˋ ㄉㄨㄥˋ ㄓㄨㄟ ㄗㄨㄥ

automatic tracking

【自】随动系统所具有的使控制对象自动跟踪按预先未知规律的控制输入的变化的作用和功能。

自动跟踪水雷

zìdòng gēnzōng shuǐléi/ㄗˋ ㄉㄨㄥˋ ㄍㄣ ㄗㄨㄥ ㄕㄨㄟˇ ㄌㄟˊ

【军】即"自导水雷"(1498 页)。

自动轨道衡/自動軌道衡

zìdòng guǐdàohéng/ㄗˋ ㄉㄨㄥˋ ㄍㄨㄟˇ ㄉㄠˋ ㄏㄥˊ

automatic rail-weighbridge

【计量】一种自动衡器。按预定程序对行进中的铁路货车进行称量,具有对称量数据进行处理、判断、指示和打印等功能。有动态轨道衡、不断轨动态轨道衡、单车溜放轨道衡、组合式动态轨道衡等。

自动焊/自動熔接

zìdònghàn/ㄗˋ ㄉㄨㄥˋ ㄖㄨㄥˊ ㄐㄧㄝ

automatic welding

【机】焊接方法的一种。用自动焊接装置完成全部焊接操作(引燃电弧、送进焊条以维持一定的电弧长度、向前移动电弧和熄弧等),无需人工调节设备的控制部分。

自动化/自動化 zìdònghuà/ㄗˋ ㄉㄨㄥˋ ㄏㄨㄚˋ

automation

【自】在没有人或较少人的直接参与下,机器设备、系统或过程(生产、管理过程)按照人的要求,经过自动检测、信息处理、分析判断、操纵控制,实现预期目标的过程。是机械化的更高阶段。各类自动化方法和相应自动装置广泛用于工业、农业、军事、科学研究、交通运输、商业和医疗等领域。

自动化生产线

zìdònghuà shēngchǎnxiàn/ㄗˋ ㄉㄨㄥˋ ㄏㄨㄚˋ ㄕㄥ ㄔㄢˇ ㄒㄧㄢˋ

【自】即"自动生产线"(1500 页)。

自动化信息系统/自動化資訊系統

zìdònghuà xìnxī xìtǒng/ㄗˋ ㄉㄨㄥˋ ㄏㄨㄚˋ ㄗ ㄒㄩㄣˋ ㄒㄧˋ ㄊㄨㄥˇ

automated information system, AIS

【信息】用来收集、处理、存储、传输、显示、传播和处置信息的基础设施、组织、人员等的总称。

自动化仪表/自動化儀錶

zìdònghuà yíbiǎo/ㄗˋ ㄉㄨㄥˋ ㄏㄨㄚˋ ㄧˊ ㄅㄧㄠˇ

automatic instrument

【自】由若干自动化元件组成,具有较完善功能的自动化技术工具。可单独或同时具有测量、显示、记录、报警、控制(调节)等功能。可分为获取信息的传感器、转换信息的变送器、处理信息的控制器和执行信息的执行机构等。

自动换刀数控机床

zìdòng huàndāo shùkòng jīchuáng/

ㄗˋ ㄉㄨㄥˋ ㄏㄨㄢ ㄉㄠ ㄕㄡˋ ㄎㄨㄥˋ ㄐㄧ ㄔㄨㄤˊ
【机】即“加工中心”(587 页)。

自动机/自動機 zìdòngjī/ㄗˋ ㄉㄨㄥˋ ㄐㄧ
automaton
【自】表示有限个状态以及在这些状态之间的转移和动作等行为的数学模型。能对信号序列进行逻辑处理。在电子工程、计算机科学等不同领域有重要应用。

自动控制/自動控制
zìdòng kòngzhì/ㄗˋ ㄉㄨㄥˋ ㄎㄨㄥˋ ㄓˋ
automatic control
【自】又称“反馈控制”“闭环控制”。为了改善控制对象的性能或达到特定的目的,通过信息的自动采集和加工而自动地施加到控制对象的作用和过程。是针对人工控制而言的。实际上,自动控制是通过反馈而闭环实施的。

自动控制器/自動控制器
zìdòng kòngzhìqì/ㄗˋ ㄉㄨㄥˋ ㄎㄨㄥˋ ㄓˋ ㄑㄧˋ
automatic controller
【自】简称“控制器”。根据误差信号,按一定规律产生相应控制作用(信号)的部件、装置。是自动控制系统的核心部分。市场上出售的控制器包括给定环节和比较环节在内。

自动控制系统/自動控制系統
zìdòng kòngzhì xìtǒng/
ㄗˋ ㄉㄨㄥˋ ㄎㄨㄥˋ ㄓˋ ㄒㄧˋ ㄊㄨㄥˇ
automatic control system
【自】又称“闭环控制系统”“反馈控制系统”。由控制输入或扰动变化引起控制对象的输出,偏离控制输入所要求的值或规律。输出经过反馈环节通过反馈环路与输入比较后产生误差,误差经控制器、放大环节和执行环节产生了控制作用。后者力图消灭误差。

📖 原系统由元部件(环节)组成,包括给定环节、比较环节、控制器、放大环节、执行机构、控制对象和反馈环节。控制对象的输出就是被控制量。扰动或控制输入的改变,引起系统输出偏离控制输入所要求的值或规律。输出通过反馈环节形成反馈作用,与控制输入相比较后产生误差。后者经过一串环节的加工处理后形成控制作用,力图使输出回到输入所要求的值或规律。

自动气象站/自動氣象站
zìdòng qìxiàngzhàn/ㄗˋ ㄉㄨㄥˋ ㄑㄧˋ ㄒㄧㄤˋ ㄓㄢˋ
automatic meteorological station
【气】简称“自动站”。一种无人操作,能自动定时观测、发报或记录气象观测项目的气象站。主要有传感器、采集器、系统电源、通信接口及外围设备(计算机、打印机)等组成部分。

自动人行道/乘客運送機
zìdòng rénxíngdào/ㄔㄥˊ ㄎㄜˋ ㄩㄣˋ ㄙㄨㄥˋ ㄐㄧ
moving sidewalk
【机】电梯的一种。带有循环运行(板式或带式)走道,用于水平或倾斜角≤12°方向上输送乘客。多用于人流量大的公共场所(如机场、车站和大型购物中心或超市)的长距离水平运输。

自动生产线/自動生產線
zìdòng shēngchǎnxiàn/
ㄗˋ ㄉㄨㄥˋ ㄕㄥ ㄔㄢˇ ㄒㄧㄢˋ
transfer machine, automatic production line
【自】又称“自动化生产线”“自动线”。由工件传送系统和控制系统将自动机床和辅助设备按照工艺顺序联结起来,自动完成产品全部或部分制造过程的生产系统。

自动手枪/自動手槍
zìdòng shǒuqiāng/ㄗˋ ㄉㄨㄥˋ ㄕㄡˇ ㄑㄧㄤ
automatic pistol
【军】全称“自动填装手枪”。利用火药燃气能量实现自动装填枪弹的手枪。口径为 5.45～11.43 毫米,以 9 毫米和 7.62 毫米最为常见,空枪质量 1 千克左右,全枪长 200 毫米左右,使用弹夹供弹,容弹量通常为 6～12 发。分为半自动手枪和全自动手枪。半自动手枪能完成自动装填,仅能单发射击,战斗射速 30～40发/分;全自动手枪能完成自动装填,又能连发射击。连发战斗射速可达 80～110 发/分。有效射程 50 米。

自动填装手枪
zìdòng tiánzhuāng shǒuqiāng/
ㄗˋ ㄉㄨㄥˋ ㄊㄧㄢˊ ㄓㄨㄤ ㄕㄡˇ ㄑㄧㄤ
【军】“自动手枪”的全称。

自动调节/自動調節
zìdòng tiáojié/ㄗˋ ㄉㄨㄥˋ ㄊㄧㄠˊ ㄐㄧㄝˊ

automatic regulation

【自】自动控制的一种。通过比较环节得出输入与输出的误差,使控制对象的被控制量保持恒定的作用和过程。此时控制输入应是恒值,控制对象相应地称为调节对象,被控制量称为被调节量等。如室温自动调节。

自动调节器/自動調節器

zìdòng tiáojiéqì/ㄗˋ ㄉㄨㄥˋ ㄊㄧㄠˊ ㄐㄧㄝˊ ㄑㄧˋ

automatic regulator

【自】简称"调节器"。自动调节系统中的控制器。

自动调节系统/自動調節系統

zìdòng tiáojié xìtǒng/ㄗˋ ㄉㄨㄥˋ ㄊㄧㄠˊ ㄐㄧㄝˊ ㄒㄧˋ ㄊㄨㄥˇ

automatic regulation system

【自】自动控制系统的一种。系统的控制输入应是恒值,通过比较环节得出输入与输出的误差,使控制对象的被控制量保持恒定。控制对象相应地称为调节对象,被控制量称为被调节量。如温度自动调节系统。

自动线 zìdòngxiàn/ㄗˋ ㄉㄨㄥˋ ㄒㄧㄢˋ

【自】即"自动生产线"(1500 页)。

自动站 zìdòngzhàn/ㄗˋ ㄉㄨㄥˋ ㄓㄢˋ

【气】"自动气象站"的简称。

自动装配线/自動裝配線

zìdòng zhuāngpèixiàn/ㄗˋ ㄉㄨㄥˋ ㄓㄨㄤ ㄆㄟˋ ㄒㄧㄢˋ

automatic assembly line

【自】由自动进行配送、装配、检测、包装等专用机器设备和传送设备按工艺顺序连接组成的自动装配作业线。新型自动装配线集机电、信息、影像、网络于一体,采用可编程逻辑控制器、触摸屏及机械手等方式控制。广泛用于家电、食品、塑胶、五金、机动车等制造行业。

自动装置/自動裝置

zìdòng zhuāngzhì/ㄗˋ ㄉㄨㄥˋ ㄓㄨㄤ ㄓˋ

automatic equipment

【自】能自动地完成一切检测、监控、发信(报警)、操纵、调整、控制等预定功能的设备的总称。

自动着陆/自動著陸

zìdòng zhuólù/ㄗˋ ㄉㄨㄥˋ ㄓㄨㄛˊ ㄌㄨˋ

automatic landing

【航】俗称"盲降"。利用机上和地面导航仪器设备,使飞机沿着预定飞行轨迹,自主降落至机场跑道的着陆过程。通常用于无人机的自动操纵降落和特殊情况的着陆。

自動化資訊系統

ㄗˋ ㄉㄨㄥˋ ㄏㄨㄚˋ ㄗ ㄒㄩㄣˋ ㄒㄧˋ ㄊㄨㄥˇ/

zìdònghuà zīxùn xìtǒng

automated information system, AIS

【信息】台湾名。即"自动化信息系统"(1499 页)。

自動熔接

ㄗˋ ㄉㄨㄥˋ ㄖㄨㄥˊ ㄐㄧㄝ/zìdòng róngjiē

automatic welding

【机】台湾名。即"自动焊"(1499 页)。

自動追蹤

ㄗˋ ㄉㄨㄥˋ ㄓㄨㄟ ㄗㄨㄥ/zìdòng zhuīzōng

automatic tracking

【自】台湾名。即"自动跟踪"(1499 页)。

自发动作/自發動作

zìfā dòngzuò/ㄗˋ ㄈㄚ ㄉㄨㄥˋ ㄗㄨㄛˋ

spontaneous activity

【医】不依赖外部刺激,仅由自身内部的刺激或状态所引起的动作。如自言自语等。

自发辐射/自發輻射

zìfā fúshè/ㄗˋ ㄈㄚ ㄈㄨˊ ㄕㄜˋ

spontaneous radiation

【物】处于激发态的原子经很短时间(10^{-8} 秒量级)自动返回较低的能态,把两个能态间的能量以光子形式辐射出去的过程。

自發性血小板減少紫癜

ㄗˋ ㄈㄚ ㄒㄧㄥˋ ㄒㄧㄝˋ ㄒㄧㄠˇ ㄅㄢˇ ㄐㄧㄢˇ ㄕㄠˇ ㄗˇ ㄉㄧㄢˋ/

zìfāxìng xuèxiǎobǎn jiǎnshǎo zǐbān

idiopathic thrombocytopenic purpura, ITP

【医】台湾名。即"特发性血小板减少性紫癜"(1114 页)。

自反性/自反性 zìfǎnxìng/ㄗˋ ㄈㄢˇ ㄒㄧㄥˋ

reflexivity

【数】设 R 是 X 到 X 的一个关系,若对于任一 $x \in X$,都有 xRx,则称 R 有自反性。例如,每个整数都与自身相等,整数集内"相等(=)"关系有自反性。

Z

自感/自感 zìgǎn/ㄗˋ ㄍㄢˇ

self-inductance

【物】❶由于线圈中电流发生变化，在线圈自身中产生感应电动势的现象。❷"自感系数"的简称。用L表示。单位亨[利]。其大小由线圈本身的特性决定。

自感系数 zìgǎn xìshù/ㄗˋ ㄍㄢˇ ㄒㄧˋ ㄕㄨˋ

【物】"自感"❷的全称。

自航船 zìhángchuán/ㄗˋ ㄏㄤˊ ㄔㄨㄢˊ

【船】即"机动船"(559 页)。

自航水雷/自航水雷

zìháng shuǐléi/ㄗˋ ㄏㄤˊ ㄕㄨㄟˇ ㄌㄟˊ

self-propelled mine

【军】布设入水后能自动潜航至预定地点待战的水雷。通常由潜艇或飞机、直升机携载远距离发射，用于隐蔽攻势布雷，以封锁港口、重要航道和海军基地等。包括自航的沉底雷和锚雷。

自夹紧夹具/自夾緊夾具

zìjiājǐn jiājù/ㄗˋ ㄐㄧㄚˊ ㄐㄧㄣˇ ㄐㄧㄚˊ ㄐㄩˋ

self-clamping fixture

【机】夹具的一种。用离心力或切削力自动夹紧工件。

自交/自交 zìjiāo/ㄗˋ ㄐㄧㄠ

selfing

【生】在雌雄同体生物中，同一个体的雌雄配子相结合。如植物的自花授粉和雌雄异花植物的同株授粉。自交是获得纯系的有效方法。

自交系/自交系 zìjiāoxì/ㄗˋ ㄐㄧㄠ ㄒㄧˋ

inbred line

【生】人工控制自花授粉所得的单株(一个植株)后代。如玉米经过 3～5 代自交选择，就可选出生长整齐、性状优良的自交系。可用作杂交亲本。

自控离合器/自控離合器

zìkòng líhéqì/ㄗˋ ㄎㄨㄥˋ ㄌㄧˊ ㄏㄜˊ ㄑㄧˋ

auto-controlled clutch

【机】离合器的一类。当主动部分或从动部分某些性能参数变化达到规定限度时，接合元件具有自行接合或分离功能。按工作原理不同，可分为超越离合器、离心离合器、安全离合器等。

自流井/自流井 zìliújǐng/ㄗˋ ㄌㄧㄡˊ ㄐㄧㄥˇ

artesian well

【水利】开凿在承压含水层中，且承压水位高于井口所在的地面，地下水可自行流出的井。

自流水/自流水 zìliúshuǐ/ㄗˋ ㄌㄧㄡˊ ㄕㄨㄟˇ

artesian water

【地】在承压水面或潜水面高于当地地面，在天然露头或凿井后能自行溢出地表的地下水。

自然保护/自然保育

zìrán bǎohù/ㄗˋ ㄖㄢˊ ㄅㄠˇ ㄩˋ

nature conservation

【环】维护和协调人与自然界相互关系的活动。主要是保护自然环境和自然资源，包括合理开发利用自然资源和维护可更新资源的增殖；保护水源的涵养；保护乡土景观和野外休养及娱乐场所；维护环境净化能力；保持自然生态系统平衡和生物多样性；在自然灾害发生时保护国家资源不受危害等。其目的是为当代人和后代人建立适宜的环境条件。

自然保护区/自然保護區

zìrán bǎohùqū/ㄗˋ ㄖㄢˊ ㄅㄠˇ ㄏㄨˋ ㄑㄩ

nature reserve

【环】国家为保护自然环境和自然资源，对具有代表性的自然地带的环境和生态系统、珍稀濒危生物及自然历史遗迹、重要水源地等划定的予以特殊保护的自然地域。也有人认为，是指以保护特殊生态系统进行科学研究为主要目的而划定的自然区域，其意义在于保留自然本底，储备物种资源，保留自然界美学价值，并提供科研、教学基地等。

自然保育 ㄗˋ ㄖㄢˊ ㄅㄠˇ ㄩˋ/zìrán bǎoyù

nature conservation

【环】台湾名。即"自然保护"(1502 页)。

自然辩证法/科學技術哲學

zìrán biànzhèngfǎ/

ㄎㄜ ㄒㄩㄝˊ ㄐㄧˋ ㄕㄨˋ ㄓㄜˊ ㄒㄩㄝˊ

philosophy of science and technology, dialectics of nature

【总】又称"科学技术哲学"。哲学的一个分支。主要研究自然界的一般规律，科学技术活动的基本方法，科学技术及其发展中的哲学问题，科学技术与社会的相互作用等。内容包括科学技术史、科学学、哲理数学、数学哲学、工程哲学、技术哲学、技术经济学等。

自然地理学/自然地理學
zìrán dìlǐxué/ㄗˋ ㄖㄢˊ ㄉㄧˋ ㄌㄧˇ ㄒㄩㄝˊ
physical geography
【地】地理学两大分支学科之一。研究自然地理环境各种要素及其相互关系，阐明自然地理环境的结构、功能、物质迁移、能量转换、动态演变及地域分异规律。

自然对数/自然對數
zìrán duìshù/ㄗˋ ㄖㄢˊ ㄉㄨㄟˋ ㄕㄨˋ
natural logarithm
【数】以实数 $e=1+\frac{1}{2!}+\frac{1}{3!}+\cdots+\frac{1}{n!}+\cdots$ 为底的对数。常用于理论问题中。$\log_e x$ 简记作 $\ln x$。e 是无理数，近似值为 2.718 28…。

自然光/自然光
zìránguāng/ㄗˋ ㄖㄢˊ ㄍㄨㄤ
natural light
【物】普通光源发出的光。由互不相干的大量线偏振光组成。宏观看来包含了所有方向的横振动，垂直于传播方向形成轴对称分布，而不显示偏振性质。

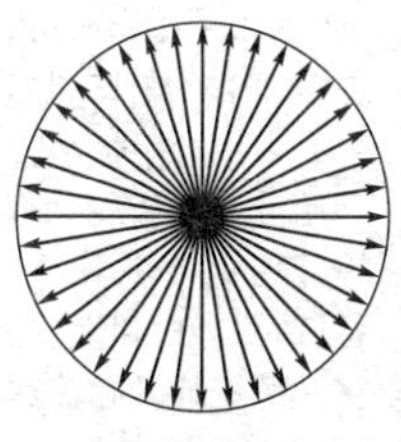
自然光示意图

自然环境/自然環境
zìrán huánjìng/ㄗˋ ㄖㄢˊ ㄏㄨㄢˊ ㄐㄧㄥˋ
natural environment
【环】影响人类生产及生活的自然物质和能量的总体。由大气、水、生物、土壤、岩石及太阳辐射等环境要素组成。按环境要素不同，可分为大气环境、水环境、生物环境、土壤环境等。按受人类活动影响的程度不同，可分为原生环境和次生环境等。

自然接地体/自然接地體
zìrán jiēdìtǐ/ㄗˋ ㄖㄢˊ ㄐㄧㄝ ㄉㄧˋ ㄊㄧˇ
natural earthing substance
【电】直接埋入地中或水中的可用作接地装置的金属管道、金属结构以及钢筋混凝土基础等。

自然界噪声/自然界噪音
zìránjiè zàoshēng/ㄗˋ ㄖㄢˊ ㄐㄧㄝˋ ㄗㄠˋ ㄕㄥ
noise in nature
【环】非人类活动产生而使人厌烦的声音。包括火山爆发、地震、雪崩和滑坡等自然现象产生的空气声、地声和水声，以及潮汐声、雷声、瀑布声、风声、陨石进入大气层的轰声和动物发出的声音等。

自然界噪音
ㄗˋ ㄖㄢˊ ㄐㄧㄝˋ ㄗㄠˋ ㄧㄣ/zìrán jiè zàoyīn
noise in nature
【环】台湾名。即“自然界噪声”(1503 页)。

自然科学/自然科學
zìrán kēxué/ㄗˋ ㄖㄢˊ ㄎㄜ ㄒㄩㄝˊ
natural sciences
【总】研究自然界的物质形态、结构、性质和运动规律的科学。是知识形态的生产力，本身没有阶级性，具有重复验证性。其发展取决于生产的发展，是人类生产实践经验的总结。现代科学通常包括数学、物理学、化学、天文学、地学、生物学等。

自然石蠟 ㄗˋ ㄖㄢˊ ㄕˊ ㄌㄚˋ/zìrán shílà
ceresin，native paraffin，ozocerite
【化】台湾名。即“地蜡”(221 页)。

自然数/自然數 zìránshù/ㄗˋ ㄖㄢˊ ㄕㄨˋ
natural number
【数】❶0，1，2，3，… 这样的数，即零和正整数。这是现在通行的自然数定义。❷1，2，3，… 这样的数，即正整数。这是历史上的自然数定义。自然数集记作 **N**。

自然数公理
zìránshù gōnglǐ/ㄗˋ ㄖㄢˊ ㄕㄨˋ ㄍㄨㄥ ㄌㄧˇ
【数】即“皮亚诺公理”(865 页)。

自然选择/天擇 zìrán xuǎnzé/ㄊㄧㄢ ㄗㄜˊ
natural selection
【生】生物体在自然界适者生存，不适者被淘汰的现象。是生物进化的客观规律。由达尔文首先提出。他认为生物体在自然条件影响下发生变异，对生存有利的变异逐代积累加强，不利的变异逐渐被淘汰。自然选择可用来说明物种的形成、生物的适应性和生物界的多样性。

Z

自然遗产/自然遺産
zìrán yíchǎn/ㄗˋ ㄖㄢˊ ㄧˊ ㄔㄢˇ
natural heritage
【建】从美学或科学的角度，是具有特定价值的由地质和生物结构或这类结构群组成的自然面貌；从科学或保护的角度，是具有特定价值的地质和自然地理结构以及明确规定的濒危动植物物种生境区；从科学、保护或自然美的角度，是具有特定价值的天然名胜或明确划定的自然区域。如九寨沟、三江并流、四川大熊猫栖息地等。

自然与文化双遗产
zìrán yǔ wénhuà shuāngyíchǎn/
ㄗˋ ㄖㄢˊ ㄩˇ ㄨㄣˊ ㄏㄨㄚˋ ㄕㄨㄤ ㄧˊ ㄔㄢˇ
【建】即“文化和自然混合遗产”(1194 页)。

自然哲学的数学原理/自然哲學之數學原理
Zìrán Zhéxué De Shùxué Yuánlǐ/
ㄗˋ ㄖㄢˊ ㄓㄜˊ ㄒㄩㄝˊ ㄓ ㄕㄨˋ ㄒㄩㄝˊ ㄩㄢˊ ㄌㄧˇ
The Mathematical Principia of Natural Philosophy
【数】著作名。英国科学家牛顿(I.Newton)著。1687 年出版。书中用数学解释了哥白尼学说和天体运动现象，阐明了运动三定律和万有引力等，将力学建立在严谨的数学演绎基础之上。此书运用牛顿创造的数学方法，第一次正式公布了牛顿微积分。全书分为三卷：第 1 卷题为“论物体之运动(一)”；第 2 卷题为“论物体之运动(二)”；第 3 卷题为“论宇宙系统”。

自然哲學之數學原理
ㄗˋ ㄖㄢˊ ㄓㄜˊ ㄒㄩㄝˊ ㄓ ㄕㄨˋ ㄒㄩㄝˊ ㄩㄢˊ ㄌㄧˇ/
Zìrán Zhéxué Zhī Shùxué Yuánlǐ
The Mathematical Principia of Natural Philosophy
【数】台湾名。即“自然哲学的数学原理”(1504 页)。

自然资源/自然資源
zìrán zīyuán/ㄗˋ ㄖㄢˊ ㄗ ㄩㄢˊ
natural resources
【地】天然存在的有利用价值的自然物。人类可以从自然界获得，是人类生存的物质基础。主要包括气候资源、生物资源、水资源、土地资源和矿产资源。

自燃/自燃 zìrán/ㄗˋ ㄖㄢˊ
autoignition, spontaneous ignition
【化】物质在空气中缓慢氧化进而发生燃烧的现象。

自上而下程式設計
ㄗˋ ㄕㄤˋ ㄦˊ ㄒㄧㄚˋ ㄔㄥˊ ㄕˋ ㄕㄜˋ ㄐㄧˋ/
zìshàng'érxià chéngshì shèjì
top-down programming
【信息】台湾名。即“自顶向下程序设计”(1498 页)。

自身免疫/自體免疫
zìshēn miǎnyì/ㄗˋ ㄊㄧˇ ㄇㄧㄢˇ ㄧˋ
autoimmunity
【医】机体免疫系统针对自身抗原发生免疫应答，并形成自身抗体或自身致敏淋巴细胞的现象。

自升式钻井平台/自升式鑽井平臺
zìshēngshì zuànjǐng píngtái/
ㄗˋ ㄕㄥ ㄕˋ ㄗㄨㄢˋ ㄐㄧㄥˇ ㄆㄧㄥˊ ㄊㄞˊ
jack-up drilling platform
【船】能自行升降进行海上钻井作业的钻井平台。由平台甲板和若干桩腿组成。每根桩腿利用液压或齿轮齿条装置，各自相对于平台甲板独立上下升降。上层甲板设有钻井设备、钻井器材和生活保障舱室等。需移航时，将全部桩腿升起，拖移至井位后，再将桩腿下降插入海底，然后平台升起到一定高度，进行钻井作业。此型平台移动方便，作业稳定，受风浪影响小，效率高，成本低。

自适应通信/適應式通信
zìshìyìng tōngxìn/ㄕˋ ㄧㄥˋ ㄕˋ ㄊㄨㄥ ㄒㄧㄣˋ
adaptive communication
【信息】在给定时间能按特定要求调整自身的通信方式。

自體免疫 ㄗˋ ㄊㄧˇ ㄇㄧㄢˇ ㄧˋ/zìtǐ miǎnyì
autoimmunity
【医】台湾名。即“自身免疫”(1504 页)。

自慰/自慰 zìwèi/ㄗˋ ㄨㄟˋ
masturbation
【医】旧称“手淫”。用手摩擦自己的外生殖器，以获得性快感的行为。

自我覺察 ㄗˋ ㄨㄛˇ ㄐㄩㄝˊ ㄔㄚˊ/zìwǒ juéchá

self-awareness

【心】台湾名。即“自我觉知”(1505 页)。

自我觉知/自我覺察

zìwǒ juézhī/ㄗˋ ㄨㄛˇ ㄐㄩㄝˊ ㄔㄚˊ

self-awareness

【心】认识或知觉个人经历的事件,产生一种个人历史感和认同感。

自卸车/卸料車 zìxièchē/ㄒㄧㄝˋ ㄌㄧㄠˋ ㄔㄜ

dumping car

【机】又称“翻斗车”。通过液压或机械举升机构使车体一侧倾斜而自行卸载货物的车辆。由汽车底盘、举升机构、货厢和取力装置等组成。在土木工程中,经常与挖掘机、装载机、带式输送机等工程机械联合作业,构成装、运、卸生产线,进行土方、砂石、散料的装卸运输工作。按外形不同,可分为单桥自卸车、双桥自卸车、平头自卸车等;按用途不同,可分为矿山自卸车、垃圾自卸车、工程机械自卸车等。

自行车/自行車 zìxíngchē/ㄗˋ ㄒㄧㄥˊ ㄔㄜ

bicycle, bike

【轻】俗称“脚踏车”“单车”。一种人力两轮交通工具。通常由方向把、车架、车座、脚踏板、轮子、链轮传动装置和刹车装置等构成。按用途不同,可分为普通车、变速车、山地车、赛车等。

自行高炮/自行高炮

zìxíng gāopào/ㄗˋ ㄒㄧㄥˊ ㄍㄠ ㄆㄠˋ

self-propelled antiaircraft gun

【军】与车辆底盘组成一体,依靠自身动力进行机动的高射炮。由火力系统、火控系统、车体和车辆底盘组成。现代自行高炮是独立的高炮系统。可分为履带式自行高炮和轮式自行高炮。其战斗准备时间和反应时间短,机动能力强,可在行进间射击,具有自主作战能力。

自行火炮/自行火炮

zìxíng huǒpào/ㄗˋ ㄒㄧㄥˊ ㄏㄨㄛˇ ㄆㄠˋ

self-propelled gun

【军】安装在车辆底盘上,不需外力牵引而能自行运动的火炮。机动性能好,行军与战斗转换速度快。通常分为履带式自行火炮和轮式自行火炮;按装甲防护不同,又可分为全装甲式(封闭式)自行火炮、半装甲式(半封闭式)自行火炮和敞开式自行火炮。全装甲式车体多是密闭的,具有对核武器、生物武器和化学武器的防护能力。

自行式起重机

zìxíngshì qǐzhòngjī/

ㄗˋ ㄒㄧㄥˊ ㄕˋ ㄑㄧˇ ㄓㄨㄥˋ ㄐㄧ

【机】即“流动式起重机”(747 页)。

自旋/自旋 zìxuán/ㄗˋ ㄒㄩㄢˊ

spin

【物】粒子固有的角动量。

自掩埋水雷/自掩埋水雷

zìyǎnmái shuǐléi/ㄗˋ ㄧㄢˇ ㄇㄞˊ ㄕㄨㄟˇ ㄌㄟˊ

self-buried mine

【军】布放后能够将雷体自动掩埋在海底泥沙或淤泥中的沉底水雷。由雷体、引信和自掩埋装置组成。具有良好的光、声隐身性能,猎雷声呐和光探测手段难以探测。可以是主动雷,也可以是被动雷。

自养微生物/自養微生物

zìyǎng wēishēngwù/ㄗˋ ㄧㄤˇ ㄨㄟ ㄕㄥ ㄨˋ

autotrophic microorganism

【生】以二氧化碳作为主要或唯一的碳源,以无机氮化物作为氮源,通过细菌光合作用或化能合成作用获得能量的微生物。如硝化细菌、紫色硫细菌等。

自营物流/自營物流

zìyíng wùliú/ㄗˋ ㄧㄥˊ ㄨˋ ㄌㄧㄡˊ

autotrophy logistics

【物流】物流模式的一种。企业自己营业的物流,即物流的各个环节由企业自身筹建并组织管理,以实现企业内部和外部物品的供应。优点是专业性和控制力强,服务性和协调性好;缺点是增加了企业的投资负担,不利于核心竞争力的提高。

自由大气/自由大氣

zìyóu dàqì/ㄗˋ ㄧㄡˊ ㄉㄚˋ ㄑㄧˋ

free atmosphere

【气】模式大气的一种。摩擦层以上,下限高度随季节变化(冬季约 500 米,夏季约 2000 米),运动受地面摩擦的影响可忽略不计。在中、高纬度,气流几乎与等压线平行。

自由度/自由度 zìyóudù/ㄗˋ ㄧㄡˊ ㄉㄨˋ

degree of freedom

【机】在任意时刻完全确定机械系统位置所需要的独立的广义坐标数。如自由运动的质点有三个自由度,自由运动的刚体有六个自由度。

自由锻/開式模鍛
zìyóuduàn/ㄎㄞ ㄕˋ ㄇㄨˊ ㄉㄨㄢˋ
open die forging
【机】锻造方法的一种。用简单的通用性工具,或在锻造设备的上、下砧面间直接使加热好的坯料变形而得到锻件。坯料在锻造过程中除与工具(或设备)接触的部分表面外,都是自由表面,变形不受限制,故名。通常可分为手工自由锻和机器自由锻。工具简单,通用性强,适于单件、小批锻件的生产,特别是特大型锻件的生产。

自由航速/自由航速
zìyóu hángsù/ㄗˋ ㄧㄡˊ ㄏㄤˊ ㄙㄨˋ
free running speed
【船】有拖带作业功能的船舶在不拖带其他船(物)时的航速。

自由基/自由基 zìyóujī/ㄗˋ ㄧㄡˊ ㄐㄧ
free radical
【化】又称"游离基"。化合物分子在光或热等外界条件影响下,共价键发生均裂所形成的含有单电子的原子或原子团。通常有很强的反应活性而不稳定。

自由落体运动/自由落體運動
zìyóu luòtǐ yùndòng/
ㄗˋ ㄧㄡˊ ㄌㄨㄛˋ ㄊㄧˇ ㄩㄣˋ ㄉㄨㄥˋ
motion of a free falling body
【物】物体只在重力作用下从静止开始下落的运动。其加速度是重力加速度 g。物体向地球表面下落的运动是近似的自由落体运动。

📖 自由落体运动是意大利科学家伽利略(Galileo Galilei, 1564—1642)在1638年所著《两种新科学的对话》中确立的。他用科学的推理否定了延续两千多年的古希腊学者亚里士多德(Aristotle, 前384—前322)的错误观点,得到自由落体运动是一种匀变速运动的正确论断。

自由態 ㄗˋ ㄧㄡˊ ㄊㄞˋ/zìyóutài
free state
【化】台湾名。即"游离态"(1367页)。

自由液面/自由液面
zìyóu yèmiàn/ㄗˋ ㄧㄡˊ ㄧㄝˋ ㄇㄧㄢˋ
free surface
【船】当船舶倾斜时,船舶液舱未装满尚存空间时液体的表面。液面保持与舷外水面平行,舱内液体重心向倾侧方向移动,增加了额外的倾斜力矩,使船舶倾斜加大,相当于船舶稳性降低。

自由振荡
zìyóu zhèndàng/ㄗˋ ㄧㄡˊ ㄓㄣˋ ㄉㄤˋ
【物】即"本征振荡"(49页)。

自由振动
zìyóu zhèndòng/ㄗˋ ㄧㄡˊ ㄓㄣˋ ㄉㄨㄥˋ
【物】即"本征振动"(49页)。

自由组合定律/獨立分配律
zìyóu zǔhé dìnglǜ/ㄉㄨˊ ㄌㄧˋ ㄈㄣ ㄆㄟˋ ㄌㄩˋ
law of independent assortment, Mendel's second law
【生】又称"独立分配定律""孟德尔第二定律"。位于不同染色体上的两对或两对以上非等位基因,当配子形成时,同一对基因各自独立地分离,分别进入不同的配子,不同对的基因可自由组合。

自游生物 zìyóu shēngwù/ㄗˋ ㄧㄡˊ ㄕㄥ ㄨˋ
【生】即"游泳生物"(1367页)。

自展程式
ㄗˋ ㄓㄢˇ ㄔㄥˊ ㄕˋ/zìzhǎn chéngshì
bootstrap
【信息】台湾名。即"自展程序"(1506页)。

自展程序/自展程式
zìzhǎn chéngxù/ㄗˋ ㄓㄢˇ ㄔㄥˊ ㄕˋ
bootstrap
【信息】❶永久驻留或易于装入计算机,执行时把更大的程序(例如操作系统或其装入器)引入内存的短程序。❷执行时能将附加的指令装入并执行,直至将计算机程序全部装入内存的指令序列。

自主神经/自主神經
zìzhǔ shénjīng/ㄗˋ ㄓㄨˇ ㄕㄣˊ ㄐㄧㄥ
autonomic nerve
【医】又称"植物神经"。周围神经的一部分。包括交感神经和副交感神经。调节内脏、心血管的运动和腺体的分泌,参与人体的新陈代谢活动,且人的意志难以控制。

自主注意 ㄗˋ ㄓㄨˇ ㄓㄨˋ ㄧˋ/zìzhǔ zhùyì

voluntary attention

【心】台湾名。即“有意注意”(1372 页)。

自转/自轉 zìzhuàn/ㄗˋ ㄓㄨㄢˋ

rotation

【地】天体围绕自己的轴心的转动。恒星、行星和卫星都有自转。例如,地球在围绕太阳公转的同时,围绕一根通过自身质心的轴线转动。

字/字 zì/ㄗˋ

word

【信息】对给定目的当作一个单位处理的字符串或位串。计算机字的长度由计算机体系结构决定;字处理中的字则由专用字符或控制字符前后定界,长短不拘。

字长/字長 zìcháng/ㄗˋ ㄔㄤˊ

word length

【信息】对给定的计算机,作为一个单位处理的字中的字符数或位数。计算机字长特指一条指令所处理的位数。

字串 ㄗˋ ㄔㄨㄢˋ/zìchuàn

character string

【信息】台湾名。即“字符串”(1507 页)。

字典纸/聖經紙 zìdiǎnzhǐ/ㄕㄥˋ ㄐㄧㄥ ㄓˇ

bible paper

【轻】用于印刷袖珍手册、工具书等的高级印刷用纸。具有薄而紧度大、不透明等特点。

字段/字段 zìduàn/ㄗˋ ㄉㄨㄢˋ

field

【信息】数据安排中,数据媒体或存储器中特殊类别的数据元素所占用的规定区域。例如用于录入或在屏幕上显示工资级别的一组字符位置。

字符/字元 zìfú/ㄗˋ ㄩㄢˊ

character

【信息】计算机或无线电通信中设定的字母、数字和各种符号。计算机中一个字符用一个(8 位)字节来表示。

字符串/字串

zìfúchuàn/ㄗˋ ㄔㄨㄢˋ

character string

【信息】台湾又称“字元字串”。仅由字符组成的串。

字符集/字元集 zìfújí/ㄗˋ ㄩㄢˊ ㄐㄧˊ

character set

【信息】为打印、显示、传输等目的设立的数目有限而完备的字符的集合。例如 ASCII 字符集、GB18030 字符集。

字节/位元組 zìjié/ㄨㄟˋ ㄩㄢˊ ㄗㄨˇ

byte

【信息】由若干二进制位组成,作为一个单位表示整个或部分字符的串。对于给定的数据处理系统,字节中的位数固定,多为 8 位。一个字符可由一个 8 位字节表示,一个汉字可由两个 8 位字节表示。

字元 ㄗˋ ㄩㄢˊ/zìyuán

character

【信息】台湾名。即“字符”(1507 页)。

字元集 ㄗˋ ㄩㄢˊ ㄐㄧˊ/zìyuánjí

character set

【信息】台湾名。即“字符集”(1507 页)。

字元字串

ㄗˋ ㄩㄢˊ ㄗˋ ㄔㄨㄢˋ/zìyuán zìchuàn

character string

【信息】台湾名。即“字符串”(1507 页)。

zong (ㄗㄨㄥ)

宗庙/宗廟 zōngmiào/ㄗㄨㄥ ㄇㄧㄠˋ

ancestral temple

【建】古代帝王、诸侯祭祀祖先的场所。大夫以下称为家庙。宗庙制度对保持以家族为中心的宗法制度,巩固贵族的世袭统治具有重要意义。

综合电子信息系统/綜合電子資訊系統

zōnghé diànzǐ xìnxī xìtǒng/

ㄗㄨㄥˋ ㄏㄜˊ ㄉㄧㄢˋ ㄗˇ ㄗ ㄒㄩㄣˋ ㄒㄧˋ ㄊㄨㄥˇ

integrated electronic information system

【军】为实现最优资源配置,提高作战能力,按军队信息系统一体化原则和综合集成技术构建的电子信息系统。是用于夺取信息优势、决策优势和全维优势的主要装备。具有互操作能力、信息共享能力、态势一致理解能力、快速优化决策能力,能有效地支持协同作战和联合作战。

Z

综合服务型物流企业/綜合服務型物流企業

zōnghé fúwùxíng wùliú qǐyè/ ㄗㄨㄥˋ ㄏㄜˊ ㄈㄨˊ ㄨˋ ㄒㄧㄥˊ ㄨˋ ㄌㄧㄡˊ ㄑㄧˇ ㄧㄝˋ

comprehensive-service logistics enterprise

【物流】物流企业的一类。具备一定规模,提供多种物流服务或综合物流服务业务,以各种物流服务费用为主要收入。

综合科学/綜合科學

zōnghé kēxué/ ㄗㄨㄥˋ ㄏㄜˊ ㄎㄜ ㄒㄩㄝˊ

integrated science

【总】运用诸多学科的理论和方法,对某一特定对象进行综合性研究的科学。如空间科学、海洋科学、环境科学、材料科学等。

综合楼/綜合樓

zōnghélóu/ ㄗㄨㄥˋ ㄏㄜˊ ㄌㄡˊ

multiple-use building, complex building

【建】又称"建筑综合体"。由两种及两种以上用途的楼层组成的公共建筑。

综合扫雷车/綜合掃雷車

zōnghé sǎoléichē/ ㄗㄨㄥˋ ㄏㄜˊ ㄙㄠˇ ㄌㄟˊ ㄔㄜ

integrated minelaying vehicle

【军】在基础车上装有两种或两种以上扫雷装置的扫雷装备。主要用于伴随进攻部队行动,在地雷场中开辟通路。通常由基础车、爆破扫雷装置、机械扫雷装置、磁模拟扫雷装置和通路标示装置组成。

综合体建筑/綜合體建築

zōnghétǐ jiànzhù/ ㄗㄨㄥˋ ㄏㄜˊ ㄊㄧˇ ㄐㄧㄢˋ ㄓㄨˋ

building complex

【建】又称"建筑综合体"。由若干使用功能不同的空间组合成的建筑。可分为单体式(单幢建筑)和组群式(多幢建筑)两类。单体式指各层之间或一层内各房间使用功能不同,组成一个既分工又联系的综合体,例如北京的民族文化宫;组群式指在总体设计、功能、艺术风格上,各个建筑物间有机协调,互为补充,组成统一的综合体,例如北京的友谊宾馆。

综合业务数字网/整體服務數位網路

zōnghé yèwù shùzìwǎng/ ㄓㄥˇ ㄊㄧˇ ㄈㄨˊ ㄨˋ ㄕㄨˋ ㄨㄟˋ ㄨㄤˇ ㄌㄨˋ

integrated services digital network, ISDN

【信息】在用户与网络接口之间建立起数字连接,可将多种电信业务集于一身的网络。

📖 传统的通信网(电话网、用户电报网、数据通信网等)各自独立,每种网络都需有专门的物理连接、各自的终端、不同的网络接口和单独的运营部门。综合业务数字网从根本上改变了不同业务网之间的隔离状态,用户只需一条路线就能实现多种通信业务。

棕榈/棕櫚 zōnglǘ/ ㄗㄨㄥ ㄌㄩˊ

windmill palm

【植】*Trachycarpus fortunei* 又称"棕树"。棕榈科棕榈属。常绿乔木状。茎圆柱形,被老叶柄基和网状纤维包裹。叶柄很长,叶片大,近圆形,生于干顶,深裂成30～50个线状裂片,裂片先端二裂,下垂,两侧有齿。雌雄异株,花序粗壮,多次分枝;雄花序卵球形,黄绿色,钝三棱;雌花序球形,淡绿色,被佛焰苞。果实阔肾形,淡蓝色,被白粉。花期4月份,果期12月份。中国长江以南各地均有栽培。观赏树木。叶可制扇。

棕榈

棕树 zōngshù/ ㄗㄨㄥ ㄕㄨˋ

【植】即"棕榈"(1508页)。

棕熊/棕熊 zōngxióng/ ㄗㄨㄥ ㄒㄩㄥˊ

brown bear

【动】*Ursus arctos* 又称"罴"。哺乳动物名。食肉目熊科。身体大,体长可达2米多,肩部隆起,毛通常棕褐色,胸部有一宽白纹,延伸至肩部。四肢黑色。生活在北温带山林地区,胆小,力大,能爬树,会游泳,有冬眠现象。以果、菜、虫、鱼、鸟、兽等为食,有时也伤害人。分布于亚洲、欧洲和北美洲部分地区,在中国,分布于东北、西北和西南等地。

棕熊

腙/腙 zōng/ ㄗㄨㄥ

hydrazone

【化】一类含氮有机化合物。醛、酮、糖等分子中的羰基和肼类化合物反应，脱去一分子水后而成。如苯腙等。

綜觀尺度系統

ㄗㄨㄥˋ ㄍㄨㄢ ㄔˇ ㄉㄨˋ ㄒㄧˋ ㄊㄨㄥˇ/

zōngguān chǐdù xìtǒng

synoptic scale system

【气】台湾名。即“天气尺度系统”(1124 页)。

綜觀分析

ㄗㄨㄥˋ ㄍㄨㄢ ㄈㄣ ㄒㄧ/zōngguān fēnxī

synoptic analysis

【气】台湾名。即“天气分析”(1124 页)。

綜觀天氣過程

ㄗㄨㄥˋ ㄍㄨㄢ ㄊㄧㄢ ㄑㄧˋ ㄍㄨㄛˋ ㄔㄥˊ/

zōngguān tiānqì guòchéng

synoptic process

【气】台湾名。即“天气过程”(1124 页)。

綜觀圖 ㄗㄨㄥˋ ㄍㄨㄢ ㄊㄨˊ/zōngguāntú

synoptic chart

【气】台湾名。即“天气图”(1124 页)。

綜觀系統

ㄗㄨㄥˋ ㄍㄨㄢ ㄒㄧˋ ㄊㄨㄥˇ/zōngguān xìtǒng

synoptic system

【气】台湾名。即“天气系统”(1124 页)。

綜觀形勢

ㄗㄨㄥˋ ㄍㄨㄢ ㄒㄧㄥˊ ㄕˋ/zōngguān xíngshì

synoptic situation

【气】台湾名。即“天气形势”(1125 页)。

綜合電子資訊系統

ㄗㄨㄥˋ ㄏㄜˊ ㄉㄧㄢˋ ㄗˇ ㄗ ㄒㄩㄣˋ ㄒㄧˋ ㄊㄨㄥˇ/

zōnghé diànzǐ zīxùn xìtǒng

integrated electronic information system

【军】台湾名。即“综合电子信息系统”(1507 页)。

鬃狗 ㄗㄨㄥ ㄍㄡˇ/zōnggǒu

hyena

【动】台湾名。即“鬣狗”(739 页)。

总苞/總苞 zǒngbāo/ㄗㄨㄥˇ ㄅㄠ

involucre

【植】在花序基部聚生的苞片。有保护花和果实、吸引昆虫的作用。如菊科植物的花上就有总苞。

总成/組合件 zǒngchéng/ㄗㄨˇ ㄏㄜˊ ㄐㄧㄢˋ

assembly

【机】由一系列零件或产品组成的能够实现某个特定功能的整体。如汽车上的大灯总成、发动机动力总成、传动总成以及齿轮总成等。

总氮/總氮量 zǒngdàn/ㄗㄨㄥˇ ㄉㄢˋ ㄌㄧㄤˋ

total nitrogen

【环】水中有机氮、氨氮、亚硝酸盐氮、硝酸盐氮的总和。以每升水中含氮毫克数计量。总氮量增加，会造成水体富营养化。

总段建造法/船體分段建造法

zǒngduàn jiànzàofǎ/

ㄔㄨㄢˊ ㄊㄧˇ ㄈㄣ ㄉㄨㄢˋ ㄐㄧㄢˋ ㄗㄠˋ ㄈㄚˇ

block method of hull construction

【船】在船台上或船坞内以船体总段为主组装成完整船体的建造方法。

总辐射/全天空輻射量

zǒngfúshè/ㄑㄩㄢˊ ㄊㄧㄢ ㄎㄨㄥ ㄈㄨˊ ㄕㄜˋ ㄌㄧㄤˋ

global radiation

【气】水平表面接收到的直接太阳辐射和天空散射辐射。

总辐射表/全天空輻射計

zǒngfúshèbiǎo/

ㄑㄩㄢˊ ㄊㄧㄢ ㄎㄨㄥ ㄈㄨˊ ㄕㄜˋ ㄐㄧˋ

pyranometer

【气】用于测量来自全天空的直接辐射和散射辐射总和的仪器。

总干渠/總幹渠

zǒnggànqú/ㄗㄨㄥˇ ㄍㄢˋ ㄑㄩˊ

general main canal

【水利】从灌溉水源取水，并向干渠供水的第一级渠道。

总固体/總固體 zǒnggùtǐ/ㄗㄨㄥˇ ㄍㄨˋ ㄊㄧˇ

total solid

【环】又称“蒸发总残留物”。水中溶解性和悬浮性固体物质的总量。是在规定条件下，水样蒸发烘干至恒重时残留物质的量，折合为每升水所含残留物的毫克数计量。水中总固体量增加，会导致水体浑浊，异味和耗氧量增加，是反映水体污染程度的指标之一。

Z

总量监测/總量監測
zǒngliàng jiāncè/ㄗㄨㄥˇ ㄌㄧㄤˋ ㄐㄧㄢ ㄘㄜˋ
total quantity monitoring
【环】又称"污染物总量控制监测"。为核定污染源排放的污染物的总量,在污染源排放口对污染物进行连续测定的过程。是为环境管理实行污染物总量控制服务的监测活动。

总磷/總磷量 zǒnglín/ㄗㄨㄥˇ ㄌㄧㄣˊ ㄌㄧㄤˋ
total phosphorus
【环】水样经消解后将各种形态的磷均转变成正磷酸盐后的测定结果。以每升水样含磷毫克数计量。总磷增加,会造成水体富营养化。

总平面图/總平面圖
zǒngpíngmiàntú/ㄗㄨㄥˇ ㄆㄧㄥˊ ㄇㄧㄢˋ ㄊㄨˊ
master plan, site plan
【建】按水平投影法和相应的图例绘制的,表示整个建筑基地总体布局的平面图。包括建筑物,构筑物的方位、间距以及道路网、绿化、竖向布置、地形、地貌、标高等以及原有环境的关系和基地临界情况等。图上有指北针,有的还有风向频率玫瑰图。也是房屋及其他设施施工的定位、土方施工以及绘制水、暖、电等管线总平面图和施工总平面图的依据。

总鳍鱼/總鰭魚 zǒngqíyú/ㄗㄨㄥˇ ㄑㄧˊ ㄩˊ
crossopterygian
【动】硬骨鱼纲的一类。有肺,某些种类有内鼻孔,可在水外呼吸,鳍强壮有力,可在陆地爬行。生活在淡水和海洋中。最早发现于泥盆纪,是陆生脊椎动物的祖先,为鱼类进化成两栖类的过渡类型,现残存于非洲东南部海洋中的拉蒂迈鱼,被看作是总鳍鱼类的活化石。

总溶解固体/總溶解固體量
zǒng róngjiě gùtǐ/
ㄗㄨㄥˇ ㄖㄨㄥˊ ㄐㄧㄝˇ ㄍㄨˋ ㄊㄧˇ ㄌㄧㄤˋ
total dissolved solids, TDS
【环】水中溶解性固体的总量。是在规定条件下,水样过滤后得到的溶液经蒸发至干所得到的残留物的量,折合为每升水中所含残留物的毫克数计量,记为TDS。溶解性固体主要是一些盐类及溶于水中的有机物,也包括一些能通过滤器的胶粒和微生物。是反映水体污染程度的指标之一。

总体/總體 zǒngtǐ/ㄗㄨㄥˇ ㄊㄧˇ
population
【数】一个统计问题中的被考查对象的全体。例如,要调查某班50名学生的身高,则这50个身高数值组成一个总体。

总线/匯流排 zǒngxiàn/ㄏㄨㄟˋ ㄌㄧㄡˊ ㄆㄞˊ
bus
【信息】用来在两个端点间的若干设备相互传送数据,而在给定时间只有一台设备能进行传送的开环器件。由信号线、总线控制器和附属电路组成。按所传信息类型可分为数据总线、地址总线和控制总线。

总悬浮颗粒物/總懸浮顆粒物
zǒng xuánfú kēlìwù/
ㄗㄨㄥˇ ㄒㄩㄢˊ ㄈㄨˊ ㄎㄜ ㄌㄧˋ ㄨˋ
total suspended particulate, TSP; total suspended particulate matter
【环】悬浮在大气中的各种不同粒径的固体或液体颗粒物的总称。在中国颁布的"环境空气质量标准"中,总悬浮颗粒物(或悬浮微粒)指空气动力学等效直径100微米以下的颗粒物。其浓度是反映大气环境质量优劣的重要指标。

总有机碳/總有機碳
zǒngyǒujītàn/ㄗㄨㄥˇ ㄧㄡˇ ㄐㄧ ㄊㄢˋ
total organic carbon, TOC
【环】溶解于水中有机物含碳的总量。折合为碳含量计量,记为TOC。是反映水中有机物含量的综合性指标,但不能反映水中有机物的种类和组成,也不能反映总有机碳相同所造成的不同污染后果。

总余氯/總餘氯 zǒngyúlǜ/ㄗㄨㄥˇ ㄩˊ ㄌㄩˋ
total residual chlorine
【环】水加氯消毒处理后,其中存在的仍具有氧化性能的氯。余氯量反映水的消毒处理效果和水中氯的持续消毒能力。

总云量/總雲量
zǒngyúnliàng/ㄗㄨㄥˇ ㄩㄣˊ ㄌㄧㄤˋ
total cloud cover
【气】天空被所有的云遮蔽的成数(每成相当于十分之一)。

总装机容量/總發電裝置容量
zǒng zhuāngjī róngliàng/
ㄗㄨㄥˇ ㄈㄚ ㄉㄧㄢˋ ㄓㄨㄤˋ ㄓˋ ㄖㄨㄥˊ ㄌㄧㄤˋ
total installed capacity

【电】系统中在役的所有各类发电机组的额定有功容量之和。

总状花序/總狀花序

zǒngzhuàng huāxù/ㄗㄨㄥˇ ㄓㄨㄤˋ ㄏㄨㄚ ㄒㄩˋ

raceme

【植】花序的一种。小花有等长的柄,排列在伸长的且不分枝的花序轴,自下而上陆续开放。如绿豆、苦荞麦的花序。

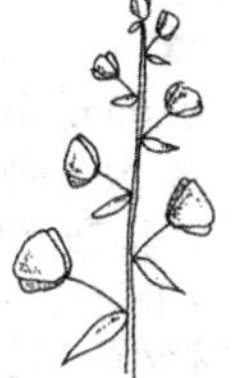

总状花序

总纵强度/縱向強度

zǒngzòng qiángdù/ㄗㄨㄥˋ ㄒㄧㄤˋ ㄑㄧㄤˊ ㄉㄨˋ

longitudinal strength

【船】船体抵抗水上总纵弯曲的能力。

总纵弯曲/縱彎曲

zǒngzòng wānqū/ㄗㄨㄥˋ ㄨㄢ ㄑㄩ

longitudinal bending

【船】由作用在船体上的重力、浮力、波浪水动力和惯性力等引起的船体整体绕水平横轴的弯曲。

總氮量 ㄗㄨㄥˇ ㄉㄢˋ ㄌㄧㄤˋ/zǒngdànliàng

total nitrogen

【环境】台湾名。即“总氮”(1509 页)。

總發電裝置容量

ㄗㄨㄥˇ ㄈㄚ ㄉㄧㄢˋ ㄓㄨㄤ ㄓˋ ㄖㄨㄥˊ ㄌㄧㄤˋ/

zǒng fādiàn zhuāngzhì róngliàng

total installed capacity

【电】台湾名。即“总装机容量”(1510 页)。

總磷量 ㄗㄨㄥˇ ㄌㄧㄣˊ ㄌㄧㄤˋ/zǒnglínliàng

total phosphorus

【环】台湾名。即“总磷”(1510 页)。

總溶解固體量

ㄗㄨㄥˇ ㄖㄨㄥˊ ㄐㄧㄝˇ ㄍㄨˋ ㄊㄧˇ ㄌㄧㄤˋ/

zǒng róngjiě gùtǐliàng

total dissolved solids, TDS

【环】台湾名。即“总溶解固体”(1510 页)。

纵波/縱波 zòngbō/ㄗㄨㄥˋ ㄅㄛ

longitudinal wave

波源振动方向

波传播方向

纵 波

【物】机械波的一种。其质点的振动方向与波传播方向平行,例如声波。在纵波中,质点分布最密的位置称为密部,质点分布最疏的位置称为疏部。

纵隔/縱膈 zònggé/ㄗㄨㄥˋ ㄍㄜˊ

mediastinum

【医】左、右纵隔胸膜之间的所有器官、结构和结缔组织的统称。

纵骨架式/縱肋系統

zònggǔjiàshì/ㄗㄨㄥˋ ㄌㄟˋ ㄒㄧˋ ㄊㄨㄥˇ

longitudinal framing system

【船】船体骨架形式的一种。船体结构的纵向骨材较密,横向骨材较稀。

纵横图

zònghéngtú/ㄗㄨㄥˋ ㄏㄥˊ ㄊㄨˊ

【数】即“幻方”(533 页)。

纵火弹

zònghuǒdàn/ㄗㄨㄥˋ ㄏㄨㄛˇ ㄉㄢˋ

【军】即“燃烧弹”(937 页)。

纵倾/縱傾 zòngqīng/ㄗㄨㄥˋ ㄑㄧㄥ

trim

【船】船舶自正浮位置朝船尾方向或船首方向倾斜的浮态。

纵向下水/縱向下水

zòngxiàng xiàshuǐ/ㄗㄨㄥˋ ㄒㄧㄤˋ ㄒㄧㄚˋ ㄕㄨㄟˇ

end launching

【船】台湾又称“艉向下水”。船舶在滑道上沿船长方向滑行入水的下水方式。通常是船的艉部先行入水。常用的有油脂滑润的滑道下水和钢珠的滑道下水。

縱膈 ㄗㄨㄥˋ ㄍㄜˊ/zònggé

mediastinum

【医】台湾名。即“纵隔”(1511 页)。

縱肋系統

ㄗㄨㄥˋ ㄌㄟˋ ㄒㄧˋ ㄊㄨㄥˇ/zònglèi xìtǒng

longitudinal framing system

【船】台湾名。即“纵骨架式”(1511 页)。

縱平浮

ㄗㄨㄥˋ ㄆㄧㄥˊ ㄈㄨˊ/zòngpíngfú

floating on even keel, zero trim

【船】台湾名。即“正浮”(1434 页)。

縱彎曲 ㄗㄨㄥˋ ㄨㄢ ㄑㄩ/zòngwānqū

longitudinal bending

【船】台湾名。即“总纵弯曲”(1511 页)。

縱向強度

ㄗㄨㄥˋ ㄒㄧㄤˋ ㄑㄧㄤˊ ㄉㄨˋ/zòngxiàng qiángdù

longitudinal strength

【船】台湾名。即“总纵强度”(1511 页)。

zou （ㄗㄡ）

走黄/走黃 zǒuhuáng/ㄗㄡˇ ㄏㄨㄤˊ

carbuncle complicated by septicemia, * running yellow

【中医】中医外科疾病之一。因疔疮火毒炽盛,走散入血,内攻脏腑所致,症见原发病灶处忽然疮顶陷黑无脓,肿势散漫,迅速向四周扩散,皮色暗红,出现寒战高热,头痛,烦躁不安等。或伴恶心呕吐、口渴喜饮、便秘腹胀或腹泻;或伴肢体拘急、骨节肌肉疼痛;或伴发附骨疽、流注等;或伴身发瘀斑、风疹块、黄疸等;甚至伴神昏谵语、呓语谵妄、咳嗽气喘、胁痛、痰红、发痉发厥等。相当于败血症、毒血症、脓血症。

走廊/走廊 zǒuláng/ㄗㄡˇ ㄌㄤˊ

corridor

【建】屋檐下高出平地的走道,或房屋之间有顶的走道。是建筑物中的线形水平交通空间。

走马廊/走馬廊

zǒumǎláng/ㄗㄡˇ ㄇㄚˇ ㄌㄤˊ

cloister, loggia

【建】合院式内庭院四周的内回廊。通常楼层上下都有,南方民居中多见。现代建筑中,大厅周围架空设置的走廊、展廊、休息廊也称走马廊。

走禽 zǒuqín/ㄗㄡˇ ㄑㄧㄣˊ

【动】即“陆禽”(757 页)。

走墒 zǒushāng/ㄗㄡˇ ㄕㄤ

【农】即“跑墒”(857 页)。

走向/走向 zǒuxiàng/ㄗㄡˇ ㄒㄧㄤˋ

strike

【地】构造面产状要素之一。构造面与水平面的交线(走向线)两端的延伸方向。以方位角或方向角表示。

zu （ㄗㄨ）

租船运输/租船運輸

zūchuán yùnshū/ㄗㄨ ㄔㄨㄢˊ ㄩㄣˋ ㄕㄨ

shipping by chartering

【物流】一种水路运输方式。租船人根据合同向船东租赁船舶运输货物。可分为航次租船运输、定期租船运输、包运租船运输、光船租船运输。特点是主要依据租船合同组织运输,无固定的航线、船期、港口及运价。

足弓/足弓

zúgōng/ㄗㄨˊ ㄍㄨㄥ

arch of foot

【医】跗骨和跖骨以及足底的韧带、肌腱构成的凸向上方的弓。可分为纵弓及横弓。纵弓又分为内侧纵弓、外侧纵弓。内侧纵弓由跟骨、距骨、足舟骨、3 块楔骨以及内侧 3 块跖骨联结构成;外侧纵弓由跟骨、骰骨和外侧 2 块跖骨联结构成;横弓由骰骨、3 块楔骨和跖骨构成。主要功能是保证直立的稳固性,使足底压力分散并起缓冲作用,还可使足底的血管和神经免受压迫。

足厥阴肝经/足厥陰肝經

zú juéyīn gānjīng/ㄗㄨˊ ㄐㄩㄝˊ ㄧㄣ ㄍㄢ ㄐㄧㄥ

Jueyin Liver Channel of Foot, Jueyin Liver Meridian of Foot, * foot reverting yin liver channel, * LV

【中医】十二经脉之一。起于足大趾爪甲后丛毛处,向上沿足背至内踝前 1 寸处,向上沿胫骨内缘,在内踝上 8 寸处交出足太阴脾经之后,上行过膝内侧,沿大腿内侧中线进入阴毛中,绕阴器,至小腹,夹胃两旁,属肝,络胆,向上穿过膈肌,分布于胁肋部。沿喉咙的后边,向上进入鼻咽部,上行连接目系,出于额,上行与督脉会于头顶部。其分支从肝分出,穿过膈肌,向上注入肺,经气由此处与手太阴肺经相接。本经腧穴主治肝病、妇科病、前阴病和经脉循行部位的其他病证如腰痛、胸满、呃逆、遗尿、小便不利、疝气、少腹肿等。

足三里/足三里 zúsānlǐ/ㄗㄨˊ ㄙㄢ ㄌㄧˇ

S36, ST36

【中医】足阳明胃经穴之一。在小腿前外侧,当犊鼻下 3 寸，距胫骨前缘一横指（中指）。足阳明胃经的合穴，胃的下合穴。该穴主治胃痛、呕吐、腹胀、肠鸣、消化不良、下肢痿痹、泄泻、便秘、痢疾、疳积、癫狂、中风、脚气、水肿、下肢不遂、心悸、气短、虚劳羸瘦等病证，且具有强健保健作用。

足少阳胆经/足少陽膽經

zú shàoyáng dǎnjīng/ㄗㄨˊ ㄕㄠˋ ㄧㄤˊ ㄉㄢˇ ㄐㄧㄥ

Shaoyang Gallbladder Channel of Foot, Shaoyang Gallbladder Meridian of Foot, * foot lesser yang gallbladder channel, * GB

【中医】十二经脉之一。起于目外眦瞳子髎穴，上至头角，再向下到耳后，再折向上行，经额部至眉上，又向后折至枕部，沿颈下行至肩上，左右交会并与督脉相会于大椎穴，前行入缺盆。其分支：从目外眦分出，下行至大迎穴，行至目眶下，分支经过下颌角部下行至颈部，入缺盆后，深入体腔，穿过膈肌，络肝，属胆，沿胁里浅出气街，绕毛际，横向至环跳穴处。直行主干从缺盆下行腋部，沿胸侧，过季肋，下行至环跳穴处与前脉会合，再向下沿大腿外侧、膝关节外缘，行于腓骨前面，直下至腓骨下端，浅出外踝之前，沿足背行出于足第四趾外侧端窍阴穴。其分支从足背分出，前行出足大趾外侧端，折回穿过爪甲，分布于足大趾爪甲后丛毛中，经气由此处与足厥阴肝经相接。本经腧穴主治侧头、目、耳、咽喉病和神志病、热病以及经脉循行部位的其他病证如口苦、目疾、疟疾、头痛、颌痛、目外眦痛、缺盆部肿痛、腋下肿、胸胁股及下肢外侧痛、足外侧痛、足外侧发热等。

足少阴肾经/足少陰腎經

zú shàoyīn shènjīng/ㄗㄨˊ ㄕㄠˋ ㄧㄣ ㄕㄣˋ ㄐㄧㄥ

Shaoyin Kidney Channel of Foot, Shaoyin Kidney Meridian of Foot, * foot lesser yin kidney channel, * KI

【中医】十二经脉之一。起于足小趾下，斜行于足心涌泉穴，出行于舟骨粗隆之下，沿内踝后，分出进入足跟，向上沿小腿内侧后缘，至腘内侧，上股内侧后缘入脊内，穿过脊柱，属肾，络膀胱。其直行主干从肾分出，上行，穿过肝和膈肌，进入肺，沿喉咙，到舌根两旁。其分支从肺中分出，络心，注于胸中，经气于此处与手厥阴心包经相接。本经腧穴主治妇科、前阴病和肾、肺、咽喉病以及经脉循行部位的其他病证如咳血、气喘、舌干、咽喉肿痛、水肿、大便秘结、泄泻、腰痛、下肢内后侧痛、痿弱无力、足心热等。

足太阳膀胱经/足太陽膀胱經

zú tàiyáng pángguāngjīng/ㄗㄨˊ ㄊㄞˋ ㄧㄤˊ ㄆㄤˊ ㄍㄨㄤ ㄐㄧㄥ

Taiyang Bladder Channel of Foot, Taiyang Bladder Meridian of Foot, * foot greater yang bladder channel, * BL

【中医】十二经脉之一。起于目内眦睛明穴，向上至额部，左右交会并与督脉相会于头顶部百会穴。直行主干从头顶部分别向后行至枕骨处，进入颅腔，络脑，回出至后项部左右分开向下。一支沿肩胛内侧，脊柱两旁旁开 1.5 寸，到达腰部，进入脊柱两旁的肌肉，深入体腔，络肾，属膀胱。另一支经肩胛内侧，从附分穴夹脊旁开 3 寸下行至髀枢，经大腿后侧至腘窝中，然后下行穿过腓肠肌，出走于足外踝后，沿足背外侧缘至小趾外侧端，经气于至阴穴与足少阴肾经相接。本经腧穴主治头、项、目、背、腰、下肢等病证及脏腑、神志病如小便不通、遗尿、癫狂、疟疾、目痛、迎风流泪、鼻塞多涕、鼻衄、头痛以及项、背、股、臀部和下肢后侧本经循行部位疼痛等。

足太阴脾经/足太陰脾經

zú tàiyīn píjīng/ㄗㄨˊ ㄊㄞˋ ㄧㄣ ㄆㄧˊ ㄐㄧㄥ

Taiyin Spleen Channel of Foot, Taiyin Spleen Meridian of Foot, * foot greater yin spleen channel, * SP

【中医】十二经脉之一。起于足大趾内侧端隐白穴，沿内侧赤白肉际上行，过内踝的前缘，沿小腿内侧正中线上行，在内踝上 8 寸处，交出足厥阴肝经之前，上行沿大腿内侧前缘，进入腹部，属脾，络胃。向上穿过膈肌，沿食道两旁，连舌本，散舌下。其分支从胃别出，上行通过膈肌，注入心中，经气于此与手少阴心经相接。本经腧穴主治脾胃病、妇科病、前阴病和经脉循行部位的其他病证如胃脘痛、食则呕、嗳气、腹胀便溏、黄疸、身重无力、舌根强痛、下肢内侧肿胀、厥冷等。

Z

足阳明胃经/足陽明胃經
zú yángmíng wèijīng/
ㄗㄨˊ ㄧㄤˊ ㄇㄧㄥˊ ㄨㄟˋ ㄐㄧㄥ
Yangming Stomach Channel of Foot, Yangming Stomach Meridian of Foot, * foot yang brightness stomach channel, * ST
【中医】十二经脉之一。起于鼻翼两旁迎香穴,夹鼻上行,至鼻根部,与足太阳膀胱经相交于目内眦,向下沿鼻柱外侧,入上齿中,还出,环绕嘴唇,在颏唇沟承浆穴处左右相交,退回沿下颌骨后下缘经下颌角上行过耳前,沿发际,到额前神庭穴。其下行支脉沿喉咙向下后行,左右交会并与督脉在大椎穴处相会,折向前行,入缺盆,深入体腔,下行穿过膈肌,属胃,络脾。其直行主干从缺盆出体表,沿乳中线下行,夹脐两旁旁开2寸,下行至腹股沟处的气街穴,沿大腿前侧,至膝膑,沿下肢胫骨前缘下行至足背,入足第二趾外侧端厉兑穴。另一分支从足背上冲阳穴分出,前行入足大趾内侧端,经气于隐白穴与足太阴脾经相接。本经腧穴主治胃肠病和头面、目、鼻、口齿病和神志病,以及经脉循行部位的其他病证如肠鸣腹胀、水肿、胃痛、呕吐或消谷善饥、口渴、咽喉肿痛、鼻衄、胸及膝髌等本经循行部位热痛,热病、发狂等。

族/族 zú/ㄗㄨˊ
family group
【化】指元素周期表的纵列。反应化学元素性质的类同。共分为18个族,族的记号有两种:一种是1～18用阿拉伯数字标明;另一种是用罗马数字标明,ⅠA族到ⅧA族为主族元素,ⅠB族到ⅧB族为副族元素。

族群 ㄗㄨˊ ㄑㄩㄣˊ/zúqún
population
【生】台湾名。即“种群”(1467页)。

阻帶 ㄗㄨˇ ㄉㄞˋ/zǔdài
stop-band
【电】台湾名。即“阻频带”(1514页)。

阻抗/阻抗 zǔkàng/ㄗㄨˇ ㄎㄤˋ
impedance
【物】描述具有电阻、电感、电容的电路对交流电所起的阻碍和抵抗作用的物理量。用Z表示。单位欧[姆](Ω)。数值上等于电路两端的电压U与电路中电流的有效值I的比值,即$Z=U/I$。以复数形式表示时称为复阻抗,其实部称为电阻,虚部称为电抗。

阻力伞/阻力傘 zǔlìsǎn/ㄗㄨˇ ㄌㄧˋ ㄙㄢˇ
drag parachute, brake parachute
【航】又称“刹车伞”“减速伞”。飞行器飞行或火箭撬高速试验,用来产生气动阻力减速并缩短着陆、停滑滑跑距离的阻尼伞状装置系统。通常由引导伞、主伞、连接绳和装伞套等组成。

阻力係數 ㄗㄨˇ ㄌㄧˋ ㄒㄧˋ ㄕㄨˋ/zǔlì xìshù
resistivity
【物】台湾名。即“电阻率”(260页)。

阻尼/阻尼 zǔní/ㄗㄨˇ ㄋㄧˊ
damping
【环】通过材料的黏滞效应或摩擦作用阻碍物体做的相对运动,并把运动的能量转变为热能而耗散的措施。阻尼技术广泛用于振动和噪声控制。

阻尼伞 zǔnísǎn/ㄗㄨˇ ㄋㄧˊ ㄙㄢˇ
【航】即“降落伞”(610页)。

阻尼振荡/阻尼振盪
zǔní zhèndàng/ㄗㄨˇ ㄋㄧˊ ㄓㄣˋ ㄉㄤˋ
damped oscillation
【物】又称“衰减振荡”。存在阻尼作用的振荡。振荡电路中,除储能组件电感、电容外,还存在耗能的电阻。振荡过程中,起始接受的外界能量被电阻逐渐转化为热而散失,振荡的振幅逐渐减小,最后趋近于零。

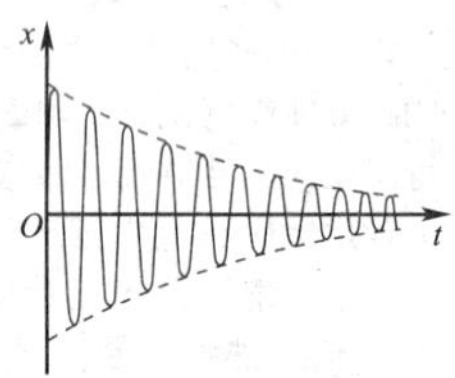

阻尼振荡的图像

阻尼振动/阻尼振動
zǔní zhèndòng/ㄗㄨˇ ㄋㄧˊ ㄓㄣˋ ㄉㄨㄥˋ
damped vibration
【物】在影响振动的阻力作用下的运动。运动系统由于克服阻力损失能量而使振幅逐渐减小。

阻频带/阻帶 zǔpíndài/ㄗㄨˇ ㄉㄞˋ
stop-band
【电】整个频带上衰减都大于规定值的频带。

组氨酸/組胺酸 zǔ'ānsuān/ㄗㄨˇ ㄢ ㄙㄨㄢ

histidine, His

【生】20 种蛋白质氨基酸之一。半必需氨基酸。是婴幼儿生长发育必不可少的氨基酸。在生物体内经由 5-磷酸核糖焦磷酸和三磷酸腺苷合成。其咪唑环可与金属离子络合，起吸收和转送微量元素二价铜离子的作用。尿毒症患者摄入组氨酸有利于对氨基酸的全面利用，长期缺乏组氨酸会出现负氮平衡、皮肤损害、血清白蛋白下降，特别是血细胞比容减低。

组胺受体拮抗药/組胺受體拮抗藥
zǔ'àn shòutǐ jiékàngyào/ㄗㄨˇ ㄢ ㄕㄡˋ ㄊㄧˇ ㄐㄧㄝˊ ㄎㄤˋ ㄧㄠˋ
histamine receptor antagonist

【医】能拮抗组胺 H_1 受体在人体内的某些作用，特别是超敏反应作用的药物。常用于治疗枯草热、瘙痒症、鼻炎、荨麻疹及其他相关超敏性疾病。

组分/組分 zǔfèn/ㄗㄨˇ ㄈㄣˋ
component

【化】又称“成分”。指构成某种混合物质的各种成分。

组合/組合 zǔhé/ㄗㄨˇ ㄏㄜˊ
combination

【数】从 n 个不同的元素中，不重复地任取 m $(m\leqslant n)$ 个元素，不考虑顺序地组成的一组，叫作从 n 个不同元素中不重复地取 m 个元素的一个组合。例如，从三个字母 a,b,c 中不重复地取两个字母的组合共有 3 个，即 ab，ac，bc。

组合机床/組合機床
zǔhé jīchuáng/ㄗㄨˇ ㄏㄜˊ ㄐㄧ ㄔㄨㄤˊ
modular machine tool

【机】以通用部件为基础，配以少量专用部件组成的专用机床(加工特定工件的、特定工序的机床)。对工件按预先确定的工序进行加工。工件改变时，可重复利用通用部件，更换专用部件，迅速组成新的专用机床。生产率较高。适用于成批和大量生产。

组合夹具/組合夾具
zǔhé jiājù/ㄗㄨˇ ㄏㄜˊ ㄐㄧㄚ ㄐㄩˋ
modular jig and fixture

【机】夹具的一种。由可反复使用的标准夹具零部件(或专用零部件)组装而成，易于连接和拆卸。标准化、系列化、通用化程度高。按其结构形式不同，可分为孔系组合夹具、槽系组合夹具和组合冲模。

组合数/組合數 zǔhéshù/ㄗㄨˇ ㄏㄜˊ ㄕㄨˋ
combinatorial number

【数】从 n 个不同元素中不重复地取 m 个元素的组合的总数，记作 C_n^m 或 $\binom{n}{m}$。计算公式为 $C_n^m=\frac{A_n^m}{m!}=\frac{n(n-1)\cdots(n-m+1)}{m!}=\frac{n!}{m!\ (n-m)!}$。组合数具有以下性质：$C_n^m=C_n^{n-m}$，$C_{n+1}^m=C_n^{m-1}+C_n^m$，$1+C_n^1+C_n^2+\cdots+C_n^n=2^n$。特别规定 $C_n^0=1$。

📖 组合数的计算公式可依据组合与排列的关系推出。

组合数学/組合數學
zǔhé shùxué/ㄗㄨˇ ㄏㄜˊ ㄕㄨˋ ㄒㄩㄝˊ
combinatorial mathematics

【数】又称“组合学”。离散数学的一个分支。研究一组对象按某种要求的组合模式问题，包括：组合模式的存在性、个数、产生方式和优化等。在实际问题和理论研究中有广泛的应用，20 世纪以来由于许多学科研究的需要，促进了它的新发展。

📖 组合数学历史悠久。中国古代著作《易经》中已有关于河图和洛书的记述，它们都是数字组合问题。17 世纪德国数学家莱布尼茨(G.W.Leibniz)首次提出近代数学意义下的“组合”概念。

组合学 zǔhéxué/ㄗㄨˇ ㄏㄜˊ ㄒㄩㄝˊ

【数】即“组合数学”(1515 页)。

组织/組織 zǔzhī/ㄗㄨˇ ㄓ
tissue

【生】生物学上指在动植物和人体内，由许多相似的细胞和细胞间质组成的基本构造，有一定的形态结构和生理功能。如高等动物和人体的上皮、结缔、肌肉和神经等基本组织；种子植物的分生和永久组织。

组织芯片/組織晶片
zǔzhī xīnpiàn/ㄗㄨˇ ㄓ ㄒㄧㄣ ㄆㄧㄢˋ
tissue chip

【生】一种芯片技术。即将大量组织(或细胞、微生物蛋白质、RNA)样品有序地组合在一个

Z

微小基片表面，借助免疫组织化学、原位杂交、原位 PCR 等方法进行检测。

组织行为学
zǔzhī xíngwéixué/ㄗㄨˇ ㄓ ㄒㄧㄥˊ ㄨㄟˊ ㄒㄩㄝˊ
【心】即"管理心理学"(437 页)。

祖母绿/祖母緑 zǔmǔlǜ/ㄗㄨˇ ㄇㄨˇ ㄌㄩˋ
emerald
【地】名贵宝石。绿柱石的变种。因含微量的铬和钒而呈翠绿色。
📖 "祖母绿"一词源于波斯语的音译。

祖暅原理/祖暅原理
Zǔ Gèng yuánlǐ/ㄗㄨˇ ㄍㄥˋ ㄩㄢˊ ㄌㄧˇ
Zu Geng theorem
【数】中国南北朝时期的数学家祖冲之与其子祖暅得出的关于立体体积的一个原理。其内容为："幂势既同则积不容异。"其意为：若在每一等高处两个立体的截面积都相等，则这两个立体的体积相等。祖暅提出这一原理之后约 1100 年，意大利数学家卡瓦列里（F. B. Cavalieri，1598—1647）提出与祖暅原理内容相仿的原理，西方称之卡瓦列里原理。

組胺酸 ㄗㄨˇ ㄢ ㄙㄨㄢ/zǔ'ànsuān
histidine，His
【生】台湾名。即"组氨酸"(1514 页)。

組合程式 ㄗㄨˇ ㄏㄜˊ ㄔㄥˊ ㄕˋ/zǔhé chéngshì
assembler
【信息】台湾名。即"汇编程序"(546 页)。

組合件 ㄗㄨˇ ㄏㄜˊ ㄐㄧㄢˋ/zǔhéjiàn
assembly
【机】台湾名。即"总成"(1509 页)。

組態 ㄗㄨˇ ㄊㄞˋ/zǔtài
configuration
【化】台湾名。即"构型"(421 页)。

組織晶片
ㄗㄨˇ ㄓ ㄐㄧㄥ ㄆㄧㄢˋ/zǔzhī jīngpiàn
tissue chip
【生】台湾名。即"组织芯片"(1515 页)。

zuan （ㄗㄨㄢ）

钻探/鑽探 zuāntàn/ㄗㄨㄢ ㄊㄢˋ
drilling
【地】用钻机设备从地表向地下钻进，获取实物资料（岩芯、岩屑等）、水文资料及地球物理资料，以查明地下情况的施工工程。

钻床/鑽床 zuànchuáng/ㄗㄨㄢˋ ㄔㄨㄤˊ
drilling machine，driller
【机】金属切削机床的一种。主要以钻头作刀具在工件上加工孔。工作时通常工件固定不动，刀具兼作旋转和进给运动。多用于钻孔，也可用于扩孔、绞孔或攻螺纹。可分为立式钻床、摇臂钻床、深孔钻床和多轴钻床等。

钻井平台/鑽探平台
zuànjǐng píngtái/ㄗㄨㄢ ㄊㄢˋ ㄆㄧㄥˊ ㄊㄞˊ
drilling platform
【船】用于海上石油钻井作业的海洋工程结构。具有高于水面或被托出水面，能避开波浪冲击的平台甲板。其上设有井架、钻机等钻井设备和钻管、泥浆泵等钻井器材，并有相应的工作场所、储藏部位和生活舱室等。可分为固定式和移动式两类。固定式用于浅水区作业；移动式又分为坐底式、自升式、半潜式等。

钻石/鑽石 zuànshí/ㄗㄨㄢˋ ㄕˊ
diamond
【地】由金刚石加工而成的贵重宝石，无色或浅色透明。

钻头/鑽頭 zuàntóu/ㄗㄨㄢˋ ㄊㄡˊ
drill
【机】刀具的一种。用于孔加工。可在实体材料上钻削出通（盲）孔或对已有的孔扩孔。可分为麻花钻、锪钻、扩孔钻、中心钻、深孔钻等。

鑽探平臺
ㄗㄨㄢ ㄊㄢˋ ㄆㄧㄥˊ ㄊㄞˊ/zuāntàn píngtái
drilling platform
【船】台湾名。即"钻井平台"(1516 页)。

鑽錐坑 ㄗㄨㄢˋ ㄓㄨㄟ ㄎㄥ/zuànzhuīkēng
countersinking
【机】台湾名。即"锪削"(549 页)。

zui （ㄗㄨㄟ）

最初效应
zuìchū xiàoyìng/ㄗㄨㄟˋ ㄔㄨ ㄒㄧㄠˋ ㄧㄥˋ
【心】即"首因效应"(1044 页)。

最大风速/最大風速
zuìdà fēngsù/ㄗㄨㄟˋ ㄉㄚˋ ㄈㄥ ㄙㄨˋ
maximum wind speed
【气】在给定时段内,各分段风速平均值中的最大值。地面气象观测中,指任意10分钟内平均风速中的最大值。

最大公因式/最大公因式
zuìdà gōngyīnshì/ㄗㄨㄟˋ ㄉㄚˋ ㄍㄨㄥ ㄧㄣ ㄕˋ
greatest common factor
【数】两个或更多的整式的次数最大的公因式,叫作这些整式的最大公因式。例如,x^2-1与x^4-1的最大公因式是x^2-1。

最大公约数/最大公約數
zuìdà gōngyuēshù/
ㄗㄨㄟˋ ㄉㄚˋ ㄍㄨㄥ ㄩㄝ ㄕㄨˋ
greatest common divisor
【数】两个或更多的整数的最大的公约数,叫作这些整数的最大公约数。例如,6与12的最大公约数是6;8,12,16的最大公约数是4。整数a,b的最大公约数记作(a,b)。

最大呼吸量
ㄗㄨㄟˋ ㄉㄚˋ ㄏㄨ ㄒㄧ ㄌㄧㄤˋ/zuìdà hūxīliàng
maximal voluntary ventilation
【医】台湾名。即“最大通气量”(1517页)。

最大耐受剂量/最大耐受劑量
zuìdà nàishòu jìliàng/
ㄗㄨㄟˋ ㄉㄚˋ ㄋㄞˋ ㄕㄡˋ ㄐㄧˋ ㄌㄧㄤˋ
maxium tolerate dose
【医】化学物质急性毒性实验中,不引起实验动物出现死亡的最高剂量。根据90天毒性实验确定。该剂量所造成的中毒症状或病理损害,应使动物体重减轻不超过对照动物的10%,且不引起死亡,也不致缩短寿命。

最大通气量/最大呼吸量
zuìdà tōngqìliàng/ㄗㄨㄟˋ ㄉㄚˋ ㄏㄨ ㄒㄧ ㄌㄧㄤˋ
maximal voluntary ventilation
【医】尽力做深快呼吸时,每分钟吸入或呼出的最大气体量。

最大下界
ㄗㄨㄟˋ ㄉㄚˋ ㄒㄧㄚˋ ㄐㄧㄝˋ/zuìdà xiàjiè
greatest lower bound
【数】台湾名。即“下确界”(1235页)。

最大值/最大值 zuìdàzhí/ㄗㄨㄟˋ ㄉㄚˋ ㄓˊ
maximum value
【数】设函数$f(x)$在点$x=a$有定义,若对于定义域内的一切x,都有$f(a)\geqslant f(x)$,则称$f(a)$为$f(x)$的最大值,$x=a$为$f(x)$的最大值点。例如,当$x=1$时$f(x)=-(x-1)^2+3$有最大值$f(1)=3$,$x=1$是$f(x)=-(x-1)^2+3$的最大值点。不是所有函数都有最大值。例如,$f(x)=x^2$ $(x\in\mathbf{R})$没有最大值。

最低气温 zuìdī qìwēn/ㄗㄨㄟˋ ㄉㄧ ㄑㄧˋ ㄨㄣ
【气】即“最低温度”(1517页)。

最低温度/最低溫度
zuìdī wēndù/ㄗㄨㄟˋ ㄉㄧ ㄨㄣ ㄉㄨˋ
minimum temperature
【气】又称“最低气温”。一定时段内空气温度的最低值。常用的有日最低温度、月最低温度和年最低温度。日最低温度用最低温度表观测得到;一个月中最低的日最低温度为月最低温度;一年中最低的月最低温度为年最低温度。日最低气温一般出现在清晨日出前后。

最低温度表/最低溫度計
zuìdī wēndùbiǎo/ㄗㄨㄟˋ ㄉㄧ ㄨㄣ ㄉㄨˋ ㄐㄧˋ
minimum thermometer
【气】用于测量最低温度的温度表。表中装有酒精,酒精柱顶端有一活动指示标。降温时酒精收缩,指示标在酒精的表面张力的作用下跟随下降;升温时,酒精从指示标与管壁的缝隙处胀出,而指示标留在原处。指示标停留的指示度即为所测量时段内的最低温度。

最低温度計
ㄗㄨㄟˋ ㄉㄧ ㄨㄣ ㄉㄨˋ ㄐㄧˋ/zuìdī wēndùjì
minimum thermometer
【气】台湾名。即“最低温度表”(1517页)。

最多风向/最多風向
zuìduō fēngxiàng/ㄗㄨㄟˋ ㄉㄨㄛ ㄈㄥ ㄒㄧㄤˋ
most wind direction
【气】在给定时段内,各分段风向出现频率最多的方向。

最高气温
zuìgāo qìwēn/ㄗㄨㄟˋ ㄍㄠ ㄑㄧˋ ㄨㄣ
【气】即“最高温度”(1518页)。

Z

最高温度/最高温度

zuìgāo wēndù/ㄗㄨㄟˋ ㄍㄠ ㄨㄣ ㄉㄨˋ

maximum temperature

【气】又称"最高气温"。一定时段内空气温度的最高值。常用的有日最高温度、月最高温度和年最高温度。日最高温度用最高温度表观测得到;一个月中最高的日最高温度为月最高温度;一年中最高的月最高温度为年最高温度。一般在晴朗无云、微风的条件下,日最高温度出现在正午之后1~2小时。

最高温度表/最高温度計

zuìgāo wēndùbiǎo/ㄗㄨㄟˋ ㄍㄠ ㄨㄣ ㄉㄨˋ ㄅㄧㄠˇ

maximum thermometer

【气】用于测量最高温度的温度表。其感应球部和毛细管的连通处特别狭窄。升温时,球内水银膨胀而挤入毛细管内;降温时,毛细管内水银因受狭窄处阻碍而停留在毛细管内。水银停留的最高处即指示所测量时段的最高温度。

最高温度計

ㄗㄨㄟˋ ㄍㄠ ㄨㄣ ㄉㄨˋ ㄐㄧˋ/zuìgāo wēndùjì

maximum thermometer

【气】台湾名。即"最高温度表"(1518页)。

最佳航线/最佳航線

zuìjiā hángxiàn/ㄗㄨㄟˋ ㄐㄧㄚ ㄏㄤˊ ㄒㄧㄢˋ

optimum route

【气】综合考虑海洋、水文、气象预报等因素,为航海活动制定的安全、省时、经济的航线。

最佳解 ㄗㄨㄟˋ ㄐㄧㄚ ㄐㄧㄝˇ/zuìjiājiě

optimal solution

【数】台湾名。即"最优解"(1519页)。

最简分式/最簡分式

zuìjiǎn fēnshì/ㄗㄨㄟˋ ㄐㄧㄢˇ ㄈㄣ ㄕˋ

fraction in lowest terms

【数】又称"不可约分式"。约去分子和分母的所有公因式后的分式,即分子和分母没有可约的公因式的分式。例如,$\frac{y}{x}$,$\frac{2a-3b}{4a+7b}$等。

最简根式/不可約根

zuìjiǎn gēnshì/ㄅㄨˋ ㄎㄜˇ ㄩㄝ ㄍㄣ

irreducible radical

【数】满足下列三个条件的根式:⑴被开方式的每个因式的指数都小于根指数;⑵被开方式不含分母;⑶被开方式的指数与根指数互质。利用根式的性质可以把根式化简为最简根式。例如,$\sqrt[4]{\frac{a^6b^{10}}{16}}=\frac{ab^2}{2}\sqrt{ab}$。

最近效应

zuìjìn xiàoyìng/ㄗㄨㄟˋ ㄐㄧㄣˋ ㄒㄧㄠˋ ㄧㄥˋ

【心】即"近因效应"(637页)。

最小二乘法/最小二乘法

zuìxiǎo èrchéngfǎ/ㄗㄨㄟˋ ㄒㄧㄠˇ ㄦˋ ㄔㄥˊ ㄈㄚˇ

method of least squares

【数】测量工作和科学实验中常用的一种数据处理方法,通常的做法是:根据一组样本数据点$(x_i,y_i)(i=1,2,\cdots,n)$,找出一个函数$f(x)$,使它在$x_i$的函数值$f(x_i)$与$y_i$的差的平方和$\sum_{i=1}^{n}(f(x_i)-y_i)^2$最小,由此确定$y=f(x)$的解析式,作为表示$x$,$y$之间关系的经验公式。例如,一元线性回归中,若两个变量之间有线性相关关系,则各样本点大体分布在一条直线附近,这条直线叫作回归直线,设它的方程为$\hat{y}=\hat{b}x+\hat{a}$,从使样本数据点(x_i,y_i)到回归直线相应点的距离的平方和最小入手,可求得系数$\hat{b}=\frac{\sum_{i=1}^{n}x_iy_i-n\bar{x}\bar{y}}{\sum_{i=1}^{n}x_i^2-n\bar{x}^2}$,$\hat{a}=\bar{y}-\hat{b}\bar{x}$,其中$\bar{x}=\frac{1}{n}\sum_{i=1}^{n}x_i$,$\bar{y}=\frac{1}{n}\sum_{i=1}^{n}y_i$,由此确定回归方程$\hat{y}=\hat{b}x+\hat{a}$,作为表示$x$,$y$之间线性关系的经验公式。

📖 最小二乘法是由法国数学家勒让德(A.-M. Legendre)和德国数学家高斯(C.F. Gauss)于19世纪初分别独立提出的。其原理是:若以相同的精确度对同一个量进行n次测量所得的值为$m_1,m_2,\cdots,m_n$,则此时这个量的最好的近似值m应使平方和$u=\sum_{i=1}^{n}(m-m_i)^2$最小。据此原理,令$\frac{du}{dm}=0$,即得$m=\frac{1}{n}\sum_{i=1}^{n}m_i=\bar{m}$,即$m$是各测量值的算术平均值。

最小公倍式/最小公倍式

zuìxiǎo gōngbèishì/

ㄗㄨㄟˋ ㄒㄧㄠˇ ㄍㄨㄥ ㄅㄟˋ ㄕˋ

least common multiple

【数】两个或更多的整式的次数最小的公倍式,叫作这些整式的最小公倍式。例如,$2x+2$与x^2-1的最小公倍式是$2(x^2-1)$。

最小公倍数/最小公倍數

zuìxiǎo gōngbèishù/
ㄗㄨㄟˋ ㄒㄧㄠˇ ㄍㄨㄥ ㄅㄟˋ ㄕㄨˋ

least common multiple

【数】两个或更多的整数的最小的公倍数,叫作这些整数的最小公倍数。例如,6与8的最小公倍数是24。8,12,16的最小公倍数是48。整数a,b的最小公倍数记作$[a,b]$。

最小公分母/最小公分母

zuìxiǎo gōngfēnmǔ/
ㄗㄨㄟˋ ㄒㄧㄠˇ ㄍㄨㄥ ㄈㄣ ㄇㄨˇ

least common denominator

【数】两个或更多的分数的公分母中最小的一个,即各分母的最小公倍数,叫作这些分数的最小公分母。例如,12,24,36都是$\frac{1}{3}$和$\frac{3}{4}$的公分母,其中12是最小公分母。

最小上界

ㄗㄨㄟˋ ㄒㄧㄠˇ ㄕㄤˋ ㄐㄧㄝˋ/zuìxiǎo shàngjiè

least upper bound

【数】台湾名。即“上确界”(988页)。

最小数原理/最小數原理

zuìxiǎoshù yuánlǐ/ㄗㄨㄟˋ ㄒㄧㄠˇ ㄕㄨˋ ㄩㄢˊ ㄌㄧˇ

minimum principle

【数】与归纳法公理等价的原理。内容为:自然数集的任何非空子集中都有最小的数。

最小正周期/最小正周期

zuìxiǎo zhèngzhōuqī/
ㄗㄨㄟˋ ㄒㄧㄠˇ ㄓㄥˋ ㄓㄡ ㄑㄧˊ

minimal positive period

【数】周期函数$f(x)$的周期中的最小正数,叫作$f(x)$的最小正周期。例如,$y=\sin x$的最小正周期是2π,$y=\tan x$的最小正周期是π。

最小值/最小值 zuìxiǎozhí/ㄗㄨㄟˋ ㄒㄧㄠˇ ㄓˊ

minimum

【数】设函数$y=f(x)$在点$x=a$有定义,若对于定义域内的一切x,都有$f(a)\leqslant f(x)$,则称$f(a)$为$f(x)$的最小值,$x=a$为$f(x)$的最小值点。例如,当$x=0$时$f(x)=x^2+2$有最小值$f(0)=2$,$x=0$是$f(x)=x^2+2$的最小值点。不是所有函数都有最小值。例如,$f(x)=-x^2(x\in \mathbf{R})$没有最小值。

最小致死剂量/最小致死劑量

zuìxiǎo zhìsǐ jìliàng/
ㄗㄨㄟˋ ㄒㄧㄠˇ ㄓˋ ㄙˇ ㄐㄧˋ ㄌㄧㄤˋ

least fatal dose

【医】化学物质在受试对象中引起死亡的最小剂量。

最小中毒量/最小中毒量

zuìxiǎo zhòngdúliàng/
ㄗㄨㄟˋ ㄒㄧㄠˇ ㄓㄨㄥˋ ㄉㄨˊ ㄌㄧㄤˋ

minimum toxic dose

【医】化学物质在受试对象中引起毒性反应的最小剂量。

最优解/最佳解

zuìyōujiě/ㄗㄨㄟˋ ㄐㄧㄚ ㄐㄧㄝˇ

optimal solution

【数】线性规划的所有可行解中使目标函数$f(x)$取得最大(小)值的一个可行解。

最优控制/最優控制

zuìyōu kòngzhì/ㄗㄨㄟˋ ㄧㄡ ㄎㄨㄥˋ ㄓˋ

optimal control

【自】在规定的限度下,使被控系统的某个性能指标达到极值(极大或极小)的控制。

最值点/最值點

zuìzhídiǎn/ㄗㄨㄟˋ ㄓˊ ㄉㄧㄢˇ

maximum

【数】最大值点和最小值点的统称。

最终用户/最終用户

zuìzhōng yònghù/ㄗㄨㄟˋ ㄓㄨㄥ ㄩㄥˋ ㄏㄨˋ

end user

【信息】通信系统所提供服务的最终受益者。既包括信息的最终享用者,也包括信息的初始提供者。

最終控制元件

ㄗㄨㄟˋ ㄓㄨㄥ ㄎㄨㄥˋ ㄓˋ ㄩㄢˊ ㄐㄧㄢˋ/
zuìzhōng kòngzhì yuánjiàn

final controlling element

【机】台湾名。即“执行器”(1442页)。

醉酒驾车/醉酒駕車

zuìjiǔ jiàchē/ㄗㄨㄟˋ ㄐㄧㄡˇ ㄐㄧㄚˋ ㄔㄜ

drunk driving

【交】指车辆驾驶人员血液中的酒精含量大于或者等于 80 毫克/100 毫升的驾驶行为。

zuo （ㄗㄨㄛ）

左岸/左岸 zuǒ'àn/ㄗㄨㄛˇ ㄢˋ

left bank

【水利】面向下游,左手边为河流左岸。

左房室瓣/僧帽瓣

zuǒfángshìbàn/ㄙㄥ ㄇㄠˋ ㄅㄢˋ

left atrioventricular valve, mitral valve

【医】又称"二尖瓣"。左房室口周缘的二片瓣膜。其腱索连于左室壁乳头肌,左心房收缩时,其开放,血液从左心房流入左心室;左心室收缩时,其关闭,阻止血液流回左心房。如同一个单向活门,保证血液由左心房向左心室流动。

左分配律/左分配律

zuǒfēnpèilǜ/ㄗㄨㄛˇ ㄈㄣ ㄆㄟˋ ㄌㄩˋ

left distributive law

【数】分配律的一种。设⊕,⊗是集合 S 上的两种二元运算,a,b,c 是 S 中的任意三个元素,若 $a\otimes(b\oplus c)=a\otimes b\oplus a\otimes c$,则称⊗对⊕满足左分配律。

左轮手枪

zuǒlún shǒuqiāng/ㄗㄨㄛˇ ㄌㄨㄣˊ ㄕㄡˇ ㄑㄧㄤ

【军】即"转轮手枪"(1486 页)。

左手定则/左手定则

zuǒshǒu dìngzé/ㄗㄨㄛˇ ㄕㄡˇ ㄉㄧㄥˋ ㄗㄜˊ

left-hand rule

【物】描述电流在磁场中受力方向的定则。伸开左手,使拇指与其余四指垂直,并都和手掌在同一平面内,使磁感线垂直进入手心,其余四指指向电流方向,则拇指所指即载流导线受到的磁场力方向。此定则是电动机的理论基础。

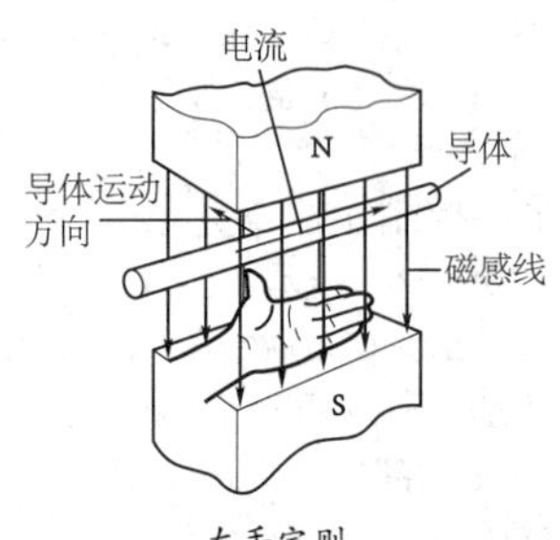

左手定则

左右对称

zuǒyòu duìchèn/ㄗㄨㄛˇ ㄧㄡˋ ㄉㄨㄟˋ ㄔㄣˋ

【植】即"两侧对称"(735 页)。

佐藥 ㄗㄨㄛˇ ㄧㄠˋ/zuǒyào

auxiliary

【化】台湾名。即"助剂"(1478 页)。

作/作 zuò/ㄗㄨㄛˋ

type of work, zuo

【建】中国古代建筑工程指房屋营造的工种。宋《营造法式》分为 13 个工种,分别是壕寨、石作、大木作、小木作、雕作、旋作、锯作、竹作、瓦作、泥作、彩画作、砖作、窑作;清工部《工程做法》列举了大木作、雕銮作、石作、搭材作、土作、油作、画作、裱作等 20 余个工种。

作畦栽培 ㄗㄨㄛˋ ㄑㄧˊ ㄗㄞ ㄆㄟˊ/zuòqí zāipéi

ridge culture

【农】台湾名。即"垄作"(754 页)。

作物 ㄗㄨㄛˋ ㄨˋ/zuòwù

crops

【农】台湾名。即"农作物"(845 页)。

作训服/作訓服

zuòxùnfú/ㄗㄨㄛˋ ㄒㄩㄣˋ ㄈㄨˊ

combat dress

【军】又称"野战服""作战服"。供军人在训练、作战和执行其他勤务时穿着的制式服装。

作業船 ㄗㄨㄛˋ ㄧㄝˋ ㄔㄨㄢˊ/zuòyèchuán

working ship, work ship

【船】台湾名。即"工程船"(406 页)。

作業系統

ㄗㄨㄛˋ ㄧㄝˋ ㄒㄧˋ ㄊㄨㄥˇ/zuòyè xìtǒng

operating system, OS

【信息】台湾名。即"操作系统"(96 页)。

作業研究

ㄗㄨㄛˋ ㄧㄝˋ ㄧㄢˊ ㄐㄧㄡ/zuòyè yánjiū

operations research

【数】台湾名。即"运筹学"(1402 页)。

作战飞机/戰機 zuòzhàn fēijī/ㄓㄢˋ ㄐㄧ

combat aircraft

【军】能以机载武器、特种装备对空中、地面、水上、水下目标进行攻击和担负其他作战任务的军用飞机。包括歼击机、强击机、歼击轰炸机、轰炸机、侦察机、反潜机、预警机、电子对抗飞机等。现代作战飞机分别具有高空高速、远航程、全天候、大装载量、自动驾驶、超低空突防、实施电子干扰和不同起落方式等性能。

作战服 zuòzhànfú/ㄗㄨㄛˋ ㄓㄢˋ ㄈㄨˊ

【军】即"作训服"(1520 页)。

作战模拟/作戰模擬

zuòzhàn mónǐ/ㄗㄨㄛˋ ㄓㄢˋ ㄇㄛˊ ㄋㄧˇ

warfare simulation

【军】按照已知的或假定的情况和数据对作战过程进行的模仿。可分为实兵演习模拟、沙盘或图上作业模拟、兵棋推演模拟、计算机作战模拟等。

作战勤务直升机/作戰勤務直升機

zuòzhàn qínwù zhíshēngjī/

ㄗㄨㄛˋ ㄓㄢˋ ㄑㄧㄣˊ ㄨˋ ㄓˊ ㄕㄥ ㄐㄧ

combat service helicopter

【军】简称"战勤直升机"。装有专用机载设备,完成特定作战勤务的军用直升机。包括指挥控制、通信联络、目标指引、中继制导、侦察、电子对抗、布雷、扫雷、搜救、伤员后送等直升机。专用功能强,机动性能好,使用广泛。

作战指挥工作台/作戰指揮工作臺

zuòzhàn zhǐhuī gōngzuòtái/

ㄗㄨㄛˋ ㄓㄢˋ ㄓˇ ㄏㄨㄟ ㄍㄨㄥ ㄗㄨㄛˋ ㄊㄞˊ

operation command operating pad

【军】指挥人员计划、组织、指挥和控制部队作战活动的设备。基本型作战指挥工作台由计算机、显示屏、键盘、跟踪球(鼠标)、网络设备、话音通信设备等组成。是指挥人员与指挥控制系统间的交互设备,为指挥人员提供和显示各种与战场态势和作战指挥命令相关的信息,自动解算作战方案,辅助指挥员拟制作战方案,进行方案的仿真模拟与评估,发布指挥和控制部队的作战行动命令等。

坐标/座標 zuòbiāo/ㄗㄨㄛˋ ㄅㄧㄠ

coordinate

㊀【数】坐标系中确定点的位置的有序数对(组)中的各个数。例如,在三维空间坐标系中,点 $P(a, b, c)$的坐标为(a, b, c),其中 a 为横坐标,b 为纵坐标,c 为竖坐标。㊁【地】地理上指用以标示地球表面某一点位的经度和纬度。

坐标变换/座標變換

zuòbiāo biànhuàn/ㄗㄨㄛˋ ㄅㄧㄠ ㄅㄧㄢˋ ㄏㄨㄢˋ

coordinate transformation

【数】将同一个点在一种坐标系中的坐标变换为在另一种坐标系中的坐标。这两种坐标之间的关系式叫作坐标变换式。例如,将平面直角坐标系平移,使点(a, b)成为新原点$O'(0,0)$,原坐标系中的点 $P(x, y)$ 在新坐标系中的坐标为 $P(x', y')$,$x'=x-a$, $y'=y-b$ 是这个平移的坐标变换公式。

坐标格网/座標網格

zuòbiāo géwǎng/ㄗㄨㄛˋ ㄅㄧㄠ ㄨㄤˇ ㄍㄜˊ

coordinate grid

【测绘】按一定纵横坐标间距在地图上绘制的格网。分为地理坐标格网和直角坐标格网两种。地形图上的方里网是直角坐标格网,中国古代地图上"计里画方"的格子线,也是坐标格网概念萌芽的体现。

坐高/坐高 zuògāo/ㄗㄨㄛˋ ㄍㄠ

sitting height

【医】人体取正位坐姿时头和躯干的长度,即头顶到座位平面的垂直距离。

坐骨神经/坐骨神經

zuògǔ shénjīng/ㄗㄨㄛˋ ㄍㄨˇ ㄕㄣˊ ㄐㄧㄥ

sciatic nerve

【医】由第 4、5 腰神经和第 1～3 骶神经的前支组成的神经。经梨状肌下孔出骨盆至臀大肌深面,在股骨大转子与坐骨结节之间下行至股后面。在股二头肌深面下降至腘窝,分为内侧的胫神经和外侧的腓总神经。为人体内最粗大的神经,是股后群肌、小腿和足肌的运动神经,也是小腿和足的重要感觉神经。

坐骨神经痛/坐骨神經痛

zuògǔ shénjīngtòng/

ㄗㄨㄛˋ ㄍㄨˇ ㄕㄣˊ ㄐㄧㄥ ㄊㄨㄥˋ

sciatica, ischialgia

【医】各种原因引起的坐骨神经通路及其分布区的(疼痛位于腰、臀部、大腿后、小腿后外侧和足外侧)的疼痛综合征。绝大多数患者的坐骨神经痛继发于坐骨神经局部及周围结构的病变对坐骨神经的刺激压迫与损害。腰椎间盘突出压迫坐骨神经是引起疼痛的主要原因。

柞丝绸/柞絲綢 zuòsīchóu/ㄗㄨㄛˋ ㄙ ㄔㄡˊ

tussah cloth

【纺】以柞蚕丝为原料织成的织物。颜色略显淡黄色,光泽柔和,手感柔软,吸湿性、透气性好,耐酸,耐碱,热传导系数小,有良好的电绝缘性能。多用作服装面料和装饰用料。

座標網格

ㄗㄨㄛˋ ㄅㄧㄠ ㄨㄤˇ ㄍㄜˊ/zuòbiāo wǎnggé

coordinate grid

【测绘】台湾名。即"坐标格网"(1521 页)。

座舱/座艙 zuòcāng/ㄗㄨㄛˋ ㄘㄤ

cabin

【航】供飞行器机组人员和旅客乘坐的舱段。

座山雕 zuòshāndiāo/ㄗㄨㄛˋ ㄕㄢ ㄉㄧㄠ

【动】即"秃鹫"(1148 页)。

字母词

首字为西文字母

A肝 A ㄍㄢ/A gān
hepatitis A
【医】台湾名。"A型肝炎"的简称。

A型肝炎
A ㄒㄧㄥˊ ㄍㄢ ㄧㄢˊ/A xíng gānyán
hepatitis A
【医】台湾名。即"甲型肝炎"(592页)。

ABO血型系统/ABO血型系統
ABO xuèxíng xìtǒng/
ABO ㄒㄧㄝˇ ㄒㄧㄥˊ ㄒㄧˋ ㄊㄨㄥˇ
ABO blood group system
【医】根据红细胞膜上是否存在凝集原A与凝集原B的情况,将血液分成四型的血型系统。凡红细胞膜只有A凝集原的为A型,只有B凝集原的为B型,A、B两种凝集原都有的为AB型,A、B两种凝集原都没有的为O型。

ASCII字符集/ASCII字元集
ASCII zìfújí/ASCII ㄗˋ ㄩㄢˊ ㄐㄧˊ
ASCII character set
【信息】采用二进制值来表示ASCII字符,码值范围从0到127的7位代码标准。基于个人计算机的系统大多采用8位扩展ASCII代码,额外的128个字符用来表示专用符号、外语字符和图形符号。
📖 ASCII是American Standard Code for Information Interchange(美国信息交换用标准代码)的缩略语。等效的中国国家标准为GB/T 1988《信息交换用七位编码字符集》。

ASCII字元集
ASCII ㄗˋ ㄩㄢˊ ㄐㄧˊ/ASCII zìyuánjí
ASCII character set
【信息】台湾名。即"ASCII字符集"(1523页)。

B肝 B ㄍㄢ/B gān
hepatitis B
【医】台湾名。"B型肝炎"的简称。

B型肝炎
B ㄒㄧㄥˊ ㄍㄢ ㄧㄢˊ/B xíng gānyán
hepatitis B
【医】台湾名。即"乙型肝炎"(1337页)。

Boole代數
Boole ㄉㄞˋ ㄕㄨˋ/Boole dàishù
Boolean algebra
【数】台湾名。即"布尔代数"(87页)。

C肝 C ㄍㄢ/C gān
hepatitis C
【医】台湾名。"C型肝炎"的简称。

C型肝炎
C ㄒㄧㄥˊ ㄍㄢ ㄧㄢˊ/C xíng gānyán
hepatitis C
【医】台湾名。即"丙型肝炎"(72页)。

CD燒録器
CD ㄕㄠ ㄌㄨˋ ㄑㄧˋ/CD shāolùqì
compact disc recorder
【信息】台湾名。即"光盘刻录机"(443页)。

C^3I系统 C^3I xìtǒng/C^3I ㄒㄧˋ ㄊㄨㄥˇ
【军】即"指挥控制通信与情报系统"(1447页)。

Cramer法則
Cramer ㄈㄚˇ ㄗㄜˊ/Cramer fǎzé
Cramer rule
【数】台湾名。即"克莱姆法则"(684页)。

D肝 D ㄍㄢ/D gān
hepatitis D
【医】台湾名。"D型肝炎"的简称。

D型肝炎
D ㄒㄧㄥˊ ㄍㄢ ㄧㄢˊ/D xíng gānyán
hepatitis D
【医】台湾名。即"丁型肝炎"(267页)。

DNA晶片
DNA ㄐㄧㄥ ㄆㄧㄢˋ/DNA jīngpiàn
DNA chip
【生】台湾名。即"DNA芯片"(1524页)。

DVD視訊
DVD ㄕˋ ㄒㄩㄣˋ/DVD shìxùn
digital versatile disc-video, DVD-Video

【信息】台湾名。即“视频多用数字光盘”(1037 页)。

DNA 芯片/DNA 晶片

DNA xīnpiàn/DNA ㄐㄧㄥ ㄆㄧㄢˋ

DNA chip

【生】可在同一时间对大量样品进行高通量分析的技术。利用类似于大规模集成电路的技术手段,借助光刻技术及化学固相合成法,将 DNA 探针阵列分布于玻璃或硅基片上,与液相中待测组分进行杂交,通过检测荧光或其他标记物而分析反应结果。

E 肝 E ㄍㄢ/E gān

hepatitis E

【医】台湾名。“E 型肝炎”的简称。

E 型肝炎

E ㄒㄧㄥˊ ㄍㄢ ㄧㄢˊ/E xíng gānyán

hepatitis E

【医】台湾名。即“戊型肝炎”(1214 页)。

EAN 码/EAN 碼

EAN mǎ/EAN ㄇㄚˇ

european article numbering

【物流】一种一维商品条码。由国际物品编码协会制定。包括 EAN-13(标准版)和 EAN-8(缩短版)两种类型。标准版 EAN-13 由 13 位数字组成;缩短版 EAN-8 由 8 位数字组成。全球通用。

Galois 理論

Galois ㄌㄧˇ ㄌㄨㄣˋ/Galois lǐlùn

Galois theory

【数】台湾名。即“伽罗瓦理论”(375 页)。

GPS 導引 GPS ㄉㄠˇ ㄧㄣˇ/GPS dǎoyǐn

global positioning system guidance, GPS guidance

【航】台湾名。即“全球定位系统制导”(930 页)。

H 型钢/H 型鋼

H xínggāng/H ㄒㄧㄥˊ ㄍㄤ

H-shaped steel

【材】断面形状为 H 形的型钢。

I 型鋼 I ㄒㄧㄥˊ ㄍㄤ/I xínggāng

steel I-beam, I-beam steel

【材】台湾名。即“工字钢”(409 页)。

IP 电话/網路電話

IP diànhuà/ㄨㄤˇ ㄌㄨˋ ㄉㄧㄢˋ ㄏㄨㄚˋ

Voice over Internet Protocol, VoIP, IP telephony

【信息】IP 网上基于TCP/IP协议提供的电话服务。

IP 网/IP 網路 IP wǎng/IP ㄨㄤˇ ㄌㄨˋ

IP network

【信息】由采用 IP 协议的计算机网互相连接而成的网络。

IP 網路 IP ㄨㄤˇ ㄌㄨˋ/IP wǎnglù

IP network

【信息】台湾名。即“IP 网”(1524 页)。

L 测度 L cèdù/L ㄘㄜˋ ㄉㄨˋ

【数】即“勒贝格测度”(713 页)。

L 积分 L jīfēn/L ㄐㄧ ㄈㄣ

【数】即“勒贝格积分”(713 页)。

Lebesgue 積分

Lebesgue ㄐㄧ ㄈㄣ/Lebesgue jīfēn

Lebesgue integral

【数】台湾名。即“勒贝格积分”(713 页)。

n 端电路/*n* 端電路

n duān diànlù/*n* ㄉㄨㄢ ㄉㄧㄢˋ ㄌㄨˋ

n-terminal circuit

【电】具有 *n* 个端子的电路。其中 *n* 一般大于 2。

n 端口网络/*n* 埠網路

n duānkǒu wǎngluò/*n* ㄅㄨˋ ㄨㄤˇ ㄌㄨˋ

n-port network

【电】分离端口数为 *n* 的器件或网络。

n 维向量空间/*n* 維向量空間

n wéi xiàngliàng kōngjiān/*n* ㄨㄟˊ ㄒㄧㄤˋ ㄌㄧㄤˋ ㄎㄨㄥ ㄐㄧㄢ

n-dimensional vector space

【数】若向量空间 V 中有 n 个向量线性无关,而任何 $n+1$ 个或更多个向量一定线性相关,则称 V 的维数为 n,V 为 n 维向量空间。

n 型半导体/n 型半導體

n xíng bàndǎotǐ/n ㄒㄧㄥˊ ㄅㄢˋ ㄉㄠˇ ㄊㄧˇ

n-type semiconductor

【物】主要依靠电子导电的半导体。参见“非本征半导体”(331 页)。

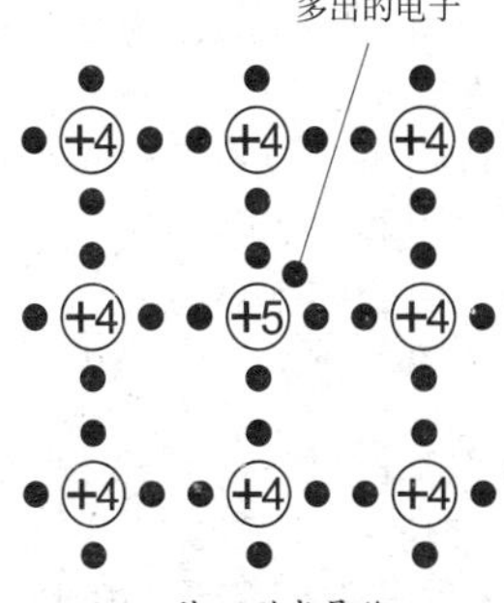

一种 n 型半导体

Newton-Leibniz 公式
Newton-Leibniz ㄍㄨㄥ ㄕˋ/
Newton-Leibniz gōngshì
Newton-Leibniz formula
【数】台湾名。即“牛顿—莱布尼茨公式”(841 页)。

p 型半导体/p 型半導體
p xíng bàndǎotǐ/p ㄒㄧㄥˊ ㄅㄢˋ ㄉㄠˇ ㄊㄧˇ
p-type semiconductor
【物】主要依靠空穴导电的半导体。参见“非本征半导体”(331 页)。

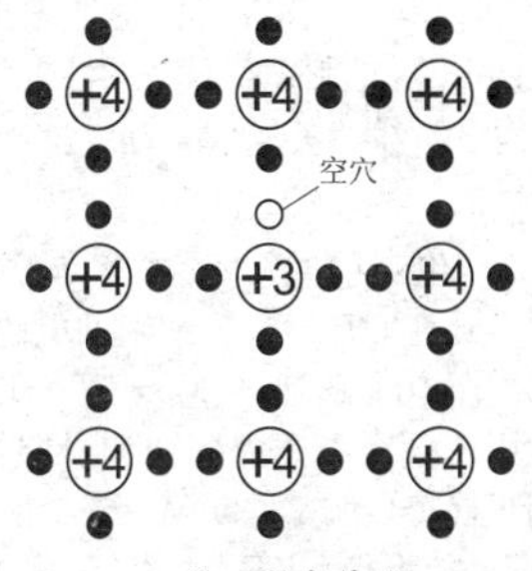

一种 p 型半导体

Peano 公設
Peano ㄍㄨㄥ ㄕㄜˋ/Peano gōngshè
Peano's axioms
【数】台湾名。即“皮亚诺公理”(865 页)。

PD 流量计
PD liúliàngjì/PD ㄌㄧㄡˊ ㄌㄧㄤˋ ㄐㄧˋ
【机】即“容积式流量计”(954 页)。

pH 计 pH jì/pH ㄐㄧˋ
【机】即“酸度计”(1087 页)。

pn 接面 pn ㄐㄧㄝ ㄇㄧㄢˋ/pn jiēmiàn
pn junction
【物】台湾名。即“pn 结”(1525 页)。

pn 结/pn 接面 pn jié/pn ㄐㄧㄝ ㄇㄧㄢˋ
pn junction
【物】在一块半导体中,掺入施主杂质的 n 型半导体和掺入受主杂质的 p 型半导体的交界层。具有单向导电性。是构成半导体二极管、太阳能电池等器件的基础。

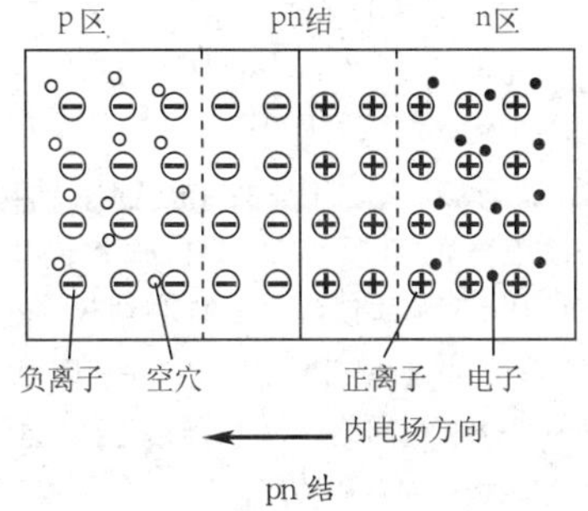

pn 结

Poisson 分布
Poisson ㄈㄣ ㄅㄨˋ/Poisson fēnbù
Poisson distribution
【数】台湾名。即“泊松分布”(79 页)。

Poisson 分配
Poisson ㄈㄣ ㄆㄟˋ/Poisson fēnpèi
Poisson distribution
【数】台湾名。即“泊松分布”(79 页)。

r 进制/r 進制 r jìnzhì/r ㄐㄧㄣˋ ㄓˋ
r-system of notation
【数】以数 r 为基准的一种位值记数制。只用 $0,1,\cdots,r-1$ 这 r 个数字,逢 r 进位,其中 r 是大于 1 的自然数。表示 r 进制数时,在它右下角加(r)。例如,r 进制数 $a_na_{n-1}\cdots a_1a_{0\,(r)}$,它的值等于通常的十进制数 $a_nr^n+a_{n-1}r^{n-1}+\cdots+a_2r^2+a_1r^1+a_0$,其中 $a_i\in\{0,1,2,\cdots,r-1\}$,$i=0,1,\cdots,n$。例如,六进制数 $102345_{(6)}$ 的值用十进制数表示是 $1\times6^5+0\times6^4+2\times6^3+3\times6^2+4\times6+5=8345$。

return 鍵 return ㄐㄧㄢˋ/return jiàn

return key

【信息】台湾名。即“回车键”(543页)。

RNA 酵素

RNA ㄒㄧㄠˋ ㄙㄨˋ/RNA jiàosù

ribozyme

【生】台湾名。即“核酶”(489页)。

T 形交叉

T xíng jiāochā/T ㄒㄧㄥˊ ㄐㄧㄠ ㄔㄚ

【交】即“丁字形交叉”(267页)。

TCP/IP 协议/TCP/IP 協定

TCP/IP xiéyì/TCP/IP ㄒㄧㄝˊ ㄧˋ

Transmission Control Protocol/Internet Protocol, TCP/IP

【信息】计算机网络中提供可靠数据传输和数据报服务的两项协议,即传输控制协议(TCP)和网际协议(IP)。TCP协议在运输层中运行,把数据拆分成分组,并利用IP协议为各分组在网络之间和网络之内选择路由,以形成点对点通信能力。

📖 TCP/IP协议于1983年开始在阿帕网(ARPANET)上运行。可靠性高,用户广泛,现已成为事实上的工业标准,世界上大部分国家和地区均通过该协议与因特网相连。

TCP/IP 協定

TCP/IP ㄒㄧㄝˊ ㄉㄧㄥˋ/TCP/IP xiédìng

Transmission Control Protocol/Internet Protocol, TCP/IP

【信息】台湾名。即“TCP/IP 协议”(1526页)。

UHT 灭菌法

UHT mièjūnfǎ/UHT ㄇㄧㄝˋ ㄐㄩㄣ ㄈㄚˇ

【轻】即“超高温瞬时灭菌”(114页)。

UNIX 操作系统/UNIX 作業系統

UNIX cāozuò xìtǒng/

UNIX ㄗㄨㄛˋ ㄧㄝˋ ㄒㄧˋ ㄊㄨㄥˇ

UNIX operating system

【信息】一种多用户多任务化操作系统。以C语言写成,与其他操作系统相比,可移植性较好,受机器的限制较少。

📖 UNIX操作系统在1969—1973年由AT&T公司的贝尔实验室开发,仅在小型机上使用;现已演变为功能强大的复杂操作系统,与因特网配合之后,应用更为广泛。

UNIX 作業系統

UNIX ㄗㄨㄛˋ ㄧㄝˋ ㄒㄧˋ ㄊㄨㄥˇ/

UNIX zuòyè xìtǒng

UNIX operating system

【信息】台湾名。即“UNIX 操作系统”(1526页)。

UPC 码/UPC 碼 UPC mǎ/UPC ㄇㄚˇ

universal product code

【物流】一种一维商品条码。由美国统一代码委员会制定。仅用来表示数字,字码集为数字0～9,设有A、B、C、D、E五种版本。常用的有UPC-A码(标准版)和UPC-E码(压缩版)。主要用于美国和加拿大。

X 光天文學

X ㄍㄨㄤ ㄊㄧㄢ ㄨㄣˊ ㄒㄩㄝˊ/

X guāng tiānwénxué

X-ray astronomy

【天】台湾名。即“X 射线天文学”(1526页)。

X 染色体/X 染色體

X rǎnsètǐ/X ㄖㄢˇ ㄙㄜˋ ㄊㄧˇ

X chromosome

【生】性染色体之一。在XY性别决定的物种中,雌性和雄性细胞中都存在的性染色体。

X 射线/X 射線 X shèxiàn/X ㄕㄜˋ ㄒㄧㄢˋ

X-ray

【物】旧称“伦琴射线”,俗称“爱克斯光”。波长范围大致在0.01～100纳米的电磁波。由原子的内层电子跃迁产生,穿透力很强。医学上常用于检查人体内病变和骨骼情况,工业上用于检查金属零件缺陷及安全检查。

X 射线天文学/X 光天文學

X shèxiàn tiānwénxué/

X ㄍㄨㄤ ㄊㄧㄢ ㄨㄣˊ ㄒㄩㄝˊ

X-ray astronomy

【天】天文学的一个分支。在X射线波段观测与研究天体和其他宇宙物质。由于地球大气层强烈吸收X射线,这个波段的研究主要在空间进行观测。发出这种辐射的天体都有剧烈的高能过程,包括太阳耀斑、超新星遗迹、脉冲星、活动星系、星系团、类星体等。

X形交叉/X形交叉
X xíng jiāochā/X ㄒㄧㄥˊ ㄐㄧㄠ ㄔㄚ
X-intersection
【交】平面交叉的一种。两条道路呈 X 形的相交。

Y染色体/Y染色體
Y rǎnsètǐ/Y ㄖㄢˇ ㄙㄜˋ ㄊㄧˇ
Y chromosome
【生】性染色体之一。在 XY 性别决定的物种中，只在异配性别即雄性细胞中存在的性染色体。

Y形交叉/Y形交叉
Y xíng jiāochā/Y ㄒㄧㄥˊ ㄐㄧㄠ ㄔㄚ
Y-intersection
【交】平面交叉的一种。三条道路呈 Y 形的相交。

ZigBee技术/ZigBee技術
ZigBee jìshù/ZigBee ㄐㄧˋ ㄕㄨˋ
ZigBee
【信息】传输距离比蓝牙技术远，范围多在 50～500 米的无线通信方式。
📖 英语词 ZigBee 源自 Zigzag（屈折的，“8”字形）＋Bee（蜜蜂）。ZigBee 技术比喻类似于蜜蜂以“8”字飞舞方式向同伴报知新蜜源的方位和距离，故似可译为“蜂飞技术”。

α-氨基戊二酸
α-ānjīwù'èrsuān/α ㄢ ㄐㄧ ㄨˋ ㄦˋ ㄙㄨㄢ
【生】“谷氨酸”的学名。

α射线/α射線 α shèxiàn/α ㄕㄜˋ ㄒㄧㄢˋ
【化】即“阿尔法射线”(1 页)。

α衰变/α衰變
α shuāibiàn/α ㄕㄨㄞ ㄅㄧㄢˋ
【化】即“阿尔法衰变”(1 页)。

β射线 β shèxiàn/β ㄕㄜˋ ㄒㄧㄢˋ
【化】即“贝塔射线”(46 页)。

β衰变 β shuāibiàn/β ㄕㄨㄞ ㄅㄧㄢˋ
【物】即“贝塔衰变”(46 页)。

γ射线 γ shèxiàn/γ ㄕㄜˋ ㄒㄧㄢˋ
【化】即“伽马射线”(375 页)。

首字为阿拉伯数字

1,3-二嗪 1,3-èrqín/1,3-ㄦˋ ㄑㄧㄣˊ
【化】即“嘧啶”(799 页)。

1型糖尿病/1型糖尿病
1 xíng tángniàobìng/
1 ㄒㄧㄥˊ ㄊㄤˊ ㄋㄧㄠˋ ㄅㄧㄥˋ
diabetes mellitus type 1, insulin-dependent diabetes mellitus
【医】又称“胰岛素依赖型糖尿病”。糖尿病的一种类型。主要因受到感染或接触毒物等，诱发机体产生异常自身体液和细胞免疫应答，导致胰岛 B 细胞损伤，胰岛素分泌减少。多发生于青少年。发病通常较急骤，口渴、多饮、多尿、多食以及乏力消瘦，体重急剧下降等症状十分明显。从发病开始，需终生补充胰岛素以维持生命。

2-羟基丙烷-1,2,3-三羧酸
2-qiǎngjībǐngwán-1,2,3-sānsuōsuān/
2-ㄑㄧㄤˇ ㄐㄧ ㄅㄧㄥˇ ㄨㄢˊ-1,2,3-ㄙㄢ ㄙㄨㄛ ㄙㄨㄢ
【化】“柠檬酸”的学名。

2,4,6-三硝基甲苯
2,4,6-sānxiāojījiǎběn/
2,4,6-ㄙㄢ ㄒㄧㄠ ㄐㄧ ㄐㄧㄚˇ ㄅㄣˇ
【化】“梯恩梯”的学名。

2型糖尿病/2型糖尿病
2 xíng tángniàobìng/
2 ㄒㄧㄥˊ ㄊㄤˊ ㄋㄧㄠˋ ㄅㄧㄥˋ
diabetes mellitus type 2, noninsulin-dependent diabetes mellitus
【医】又称“非胰岛素依赖型糖尿病”。糖尿病的一种类型。因体内胰岛素分泌能力相对不足或胰岛素抵抗而引起，占糖尿病发病人群的 90%以上。患者体内胰岛素相对缺乏，但产生胰岛素的能力并未完全丧失。其治疗目标是控制血糖，预防并发症。适度运动和合理控制饮食与药物治疗具有同样重要的作用。

“3R”原则/“3R”原则
“3R” yuánzé/“3R” ㄩㄢˊ ㄗㄜˊ
3R principles
【环】reduce(减量化)、reuse(再利用)、recycle(再循环)的合称。是循环经济活动的行为准则。

附录

汉语拼音方案

（1957 年 11 月 1 日国务院全体会议第 60 次会议通过）

（1958 年 2 月 11 日第一届全国人民代表大会第五次会议批准）

一、字母表

字母	Aa	Bb	Cc	Dd	Ee	Ff	Gg
名称	ㄚ	ㄅㄝ	ㄘㄝ	ㄉㄝ	ㄜ	ㄝㄈ	ㄍㄝ
	Hh	Ii	Jj	Kk	Ll	Mm	Nn
	ㄏㄚ	ㄧ	ㄐㄧㄝ	ㄎㄝ	ㄝㄌ	ㄝㄇ	ㄋㄝ
	Oo	Pp	Qq	Rr	Ss	Tt	
	ㄛ	ㄆㄝ	ㄑㄧㄡ	ㄚㄦ	ㄝㄙ	ㄊㄝ	
	Uu	Vv	Ww	Xx	Yy	Zz	
	ㄨ	ㄪㄝ	ㄨㄚ	ㄒㄧ	ㄧㄚ	ㄗㄝ	

v 只用来拼写外来语、少数民族语言和方言。

字母的手写体依照拉丁字母的一般书写习惯。

二、声母表

b	p	m	f	d	t	n	l
ㄅ玻	ㄆ坡	ㄇ摸	ㄈ佛	ㄉ得	ㄊ特	ㄋ讷	ㄌ勒
g	k	h		j	q	x	
ㄍ哥	ㄎ科	ㄏ喝		ㄐ基	ㄑ欺	ㄒ希	
zh	ch	sh	r	z	c	s	
ㄓ知	ㄔ蚩	ㄕ诗	ㄖ日	ㄗ资	ㄘ雌	ㄙ思	

在给汉字注音的时候，为了使拼式简短，zh ch sh可以省作 ẑ ĉ ŝ 。

三、韵母表

	i 丨　衣	u ㄨ　乌	ü ㄩ　迂
a ㄚ　啊	ia 丨ㄚ　呀	ua ㄨㄚ　蛙	
o ㄛ　喔		uo ㄨㄛ　窝	
e ㄜ　鹅	ie 丨ㄝ　耶		üe ㄩㄝ　约
ai ㄞ　哀		uai ㄨㄞ　歪	
ei ㄟ　欸		uei ㄨㄟ　威	
ao ㄠ　熬	iao 丨ㄠ　腰		
ou ㄡ　欧	iou 丨ㄡ　忧		
an ㄢ　安	ian 丨ㄢ　烟	uan ㄨㄢ　弯	üan ㄩㄢ　冤
en ㄣ　恩	in 丨ㄣ　因	uen ㄨㄣ　温	ün ㄩㄣ　晕
ang ㄤ　昂	iang 丨ㄤ　央	uang ㄨㄤ　汪	
eng ㄥ　亨的韵母	ing 丨ㄥ　英	ueng ㄨㄥ　翁	
ong （ㄨㄥ）轰的韵母	iong ㄩㄥ　雍		

(1)“知、蚩、诗、日、资、雌、思”等七个音节的韵母用 i，即：知、蚩、诗、日、资、雌、思等字拼作 zhi，chi，shi，ri，zi，ci，si。

(2) 韵母儿写成 er，用作韵尾的时候写成 r。例如：“儿童”拼作 ertong，“花儿”拼作 huar。

(3) 韵母ㄝ单用的时候写成 ê。

(4) i 行的韵母，前面没有声母的时候，写成 yi（衣），ya（呀），ye（耶），yao（腰），you（忧），yan（烟），yin（因），yang（央），ying（英），yong（雍）。

u 行的韵母，前面没有声母的时候，写成 wu（乌），wa（蛙），wo（窝），wai（歪），wei（威），wan（弯），wen（温），wang（汪），weng（翁）。

ü 行的韵母，前面没有声母的时候，写成 yu（迂），yue（约），yuan（冤），yun（晕）；ü 上两点省略。

ü 行的韵母跟声母 j，q，x 拼的时候，写成 ju（居），qu（区），xu（虚），ü 上两点也省略；但是跟声母 n，l 拼的时候，仍然写成 nü（女），lü（吕）。

(5) iou，uei，uen 前面加声母的时候，写成 iu，ui，un，例如 niu（牛），gui（归），lun（论）。

(6) 在给汉字注音的时候，为了使拼式简短，ng 可以省作 ŋ。

四、声调符号

阴平	阳平	上声	去声
ˉ	ˊ	ˇ	ˋ

声调符号标在音节的主要母音上。轻声不标。例如：

妈 mā	麻 má	马 mǎ	骂 mà	吗 ma
（阴平）	（阳平）	（上声）	（去声）	（轻声）

五、隔音符号

a，o，e 开头的音节连接在其他音节后面的时候，如果音节的界限发生混淆，用隔音符号（'）隔开，例如：pi'ao（皮袄）。

希腊字母表

大写	小写	名　称	大写	小写	名　称
Α	α	阿尔法	Ν	ν	纽
Β	β	贝塔	Ξ	ξ	克西
Γ	γ	伽马	Ο	ο	奥米克戎
Δ	δ	德尔塔	Π	π	派
Ε	ε	艾普西隆	Ρ	ρ	柔
Ζ	ζ	泽塔	Σ	σ，ς	西格马
Η	η	伊塔	Τ	τ	陶
Θ	θ	西塔	Υ	υ	宇普西隆
Ι	ι	约(yāo)塔	Φ	φ	斐
Κ	κ	卡帕	Χ	χ	希
Λ	λ	拉姆达	Ψ	ψ	普西
Μ	μ	谬	Ω	ω	奥米伽

国际单位制

1. 国际单位制(Le Système International d'Unités)及其国际简称 SI 是在 1960 年第 11 届国际计量大会上通过的。国际单位制单位由基本单位、导出单位(包括辅助单位在内的具有专门名称的导出单位和组合形式的导出单位,组合形式的导出单位本附录不予收录)及其倍数单位构成。

2. 圆括号中的名称,是它前面的名称的同义词。

3. 无方括号的量的名称与单位名称均为全称。方括号中的字,在不致引起混淆、误解的情况下,可以省略。去掉方括号中的字即为其名称的简称。

表 1　基本单位

量的名称		单位名称		单位符号
大陆名/台湾名	英文	大陆名/台湾名	英文	
长度/長度	length	米/公尺	metre	m
质量/質量	mass	千克(公斤)/公斤	kilogram	kg
时间/時間	time	秒/秒	second	s
电流/電流	electric current	安[培]/安培	ampere	A
热力学温度/熱力學溫度	thermodynamic temperature	开[尔文]/克耳文	kelvin	K
物质的量/物質的量	amount of substance	摩[尔]/莫耳	mole	mol
发光强度/發光強度	luminous intensity	坎[德拉]/燭光	candela	cd

表 2　包括辅助单位在内的具有专门名称的导出单位

量的名称		导出单位			
		单位名称		单位符号	换算关系
大陆名/台湾名	英文	大陆名/台湾名	英文		
[平面]角/平面角	angle	弧度/弳度	radian	rad	$1rad=1m/m=1$
立体角/立體角	solid angle	球面度/立弳	steradian	sr	$1sr=1m^2/m^2=1$
频率/頻率	frequency	赫[兹]/赫茲	hertz	Hz	$1Hz=1s^{-1}$
力/力	force	牛[顿]/牛頓	newton	N	$1N=1kg \cdot m/s^2$
压力,压强,应力/壓力,壓強,應力	pressure,stress	帕[斯卡]/帕斯卡	pascal	Pa	$1Pa=1N/m^2$

量的名称		导出单位			
		单位名称		单位符号	换算关系
大陆名/台湾名	英文	大陆名/台湾名	英文		
能[量],功,热量/能量,功,熱量	energy, work, heat	焦[耳]/焦耳	joule	J	1J=1N·m
功率,辐[射能]通量/功率,輻射通量	power, radiant flux	瓦[特]/瓦特	watt	W	1W=1J/s
电荷[量]/電荷量	electric charge or quantity of electricity	库[仑]/庫侖	coulomb	C	1C=1A·s
电压,电动势,电位,(电势)/電勢,電壓,電動勢	voltage (electrical potential difference), electromotive force	伏[特]/伏特	volt	V	1V=1W/A
电容/電容	capacitance	法[拉]/法拉	farad	F	1F=1C/V
电阻/電阻	electric resistance, impedance, reactance	欧[姆]/歐姆	ohm	Ω	1Ω=1V/A
电导/電導	electrical conductance	西[门子]/西門子	siemens	S	$1S=1\Omega^{-1}$
磁通[量]/磁通量	magnetic flux	韦[伯]/韋伯	weber	Wb	1Wb=1V·s
磁通[量]密度,磁感应强度/磁通量密度,磁感應強度	magnetic field strength	特[斯拉]/特斯拉	tesla	T	$1T=1Wb/m^2$
电感/電感	inductance	亨[利]/亨利	henry	H	1H=1Wb/A
摄氏温度/攝氏溫度	Celsius temperature	摄氏度/攝氏	degree Celsius	℃	1℃=1K
光通量/光通量	luminance flux	流[明]/流明	lumen	lm	1lm=1cd·sr
[光]照度/光照度	illuminance	勒[克斯]/勒克斯	lux	lx	$1lx=1lm/m^2$

表 3　由于人类健康安全防护需要而确定的具有专门名称的导出单位

量的名称		导出单位			
		单位名称		单位符号	换算关系
大陆名/台湾名	英文	大陆名/台湾名	英文		
[放射性]活度/放射性活度	radioactivity	贝可[勒尔]/貝克勒	becquerel	Bq	$1Bq=1s^{-1}$
吸收剂量/吸收劑量 比授[予]能 比释动能/比釋動能	absorbed dose	戈[瑞]/戈雷	gray	Gy	1Gy=1J/kg
剂量当量/劑量當量,(等效劑量)	equivalent dose	希[沃特]/西弗	sievert	Sv	1Sv=1J/kg

表 4　国际单位制词头

因数	词头名称		词头符号
	英文	大陆名/ 台湾名	
10^{24}	yotta	尧[它]/ 佑	Y
10^{21}	zetta	泽[它]/ 皆	Z
10^{18}	exa	艾[可萨]/ 艾	E
10^{15}	peta	拍[它]/ 拍	P
10^{12}	tera	太[拉]/ 兆	T
10^{9}	giga	吉[咖]/ 吉	G
10^{6}	mega	兆/ 百萬	M
10^{3}	kilo	千/ 千	k
10^{2}	hecto	百/ 百	h
10^{1}	deca	十/ 十	da
10^{-1}	deci	分/ 分	d
10^{-2}	centi	厘/ 厘	c
10^{-3}	milli	毫/ 毫	m
10^{-6}	micro	微/ 微	μ
10^{-9}	nano	纳[诺]/ 奈	n
10^{-12}	pico	皮[可]/ 皮	p
10^{-15}	femto	飞[母托]/ 飛	f
10^{-18}	atto	阿[托]/ 阿	a
10^{-21}	zepto	仄[普托]/ 介	z
10^{-24}	yocto	幺[科托]/ 攸	y

词头与基本单位、导出单位共同组成一个新单位，即构成倍数单位。词头只用于构成倍数单位，不单独使用。

表5 可与国际单位制单位并用的计量单位

量的名称		单位名称		单位符号	换算关系
大陆名/台湾名	英文	大陆名/台湾名	英文		
时间/時間	time	分/分	minute	min	1min=60 s
		[小]时/時	hour	h	1h=60min=3600s
		日,(天)/日	day	d	1d=24h=86400s
[平面]角/角度	angle	度/度	degree	°	1°=(π/180) rad
		[角]分/分	arcminute	′	1′=(1/60)° =(π/10800) rad
		[角]秒/秒	arcsecond	″	1″=(1/60)′ =(π/648000) rad
体积/體積	volume	升/公升	litre	L,(l)	$1L=1dm^3=10^{-3}m^3$
质量/質量	mass	吨	tonne	t	$1\ t=10^3\ kg$
		原子质量单位	unified atomic mass unit	u	$1\ u\approx 1.660540\times10^{-27}\ kg$
旋转速度	rotation speed	转每分		r/min	$1r/min=(1/60)\ s^{-1}$
长度	length	海里/海里,浬	nautical mile	n min	1n mile=1852m (只用于航行)
速度/速度	velocity	节/節	knot	kn	1kn=1n mile/h=(1852/3600) m/s (只用于航行)
能/功	energy	电子伏/電子伏特	electronvolt	eV	$1eV\approx1.602177\times10^{-19}J$
级差/音壓位準	sound pressure level	分贝/分貝	decibel	dB	
线密度/線密度,纖度	linear density	特[克斯]	Tex	tex	$1tex=10^{-6}\ kg/m$
面积/面積	area	公顷/公頃	hectare	hm^2	$1hm^2=10^4m^2$

注:1. 平面角单位度、分、秒的符号,在组合单位中采用(°)、(′)、(″)的形式。例如,不用°/s,而用(°)/s。

2. 升的符号中,小写字母l为备用符号。

3. 公顷的国际通用符号为ha。

地质年代表

宙 Eon	代 Era	纪 Period	世 Epoch	生物发展阶段 Development of Organisms	距今时间 (百万年) Time(Ma BP)
显生宙(PH) Phanerozoic	新生代(Kz) Cenozoic	第四纪(Q) Quaternary	全新世(Q_h) Holocene	现代人类出现。	0.0117
			更新世(Q_p) Pleistocene	生物绝大部分与现在类似。智人出现。	2.588
		新近纪(N) Neogene	上新世(N_2) Pliocene	生物面貌与现在接近,哺乳类形体变大。直立人出现。	5.333
			中新世(N_1) Miocene	类人猿出现。	23.03
		古近纪(E) Paleogene	渐新世(E_3) Oligocene	哺乳类迅速发展,被子植物繁盛。	33.9
			始新世(E_2) Eocene		56.0
			古新世(E_1) Paleocene		66.0
	中生代(Mz) Mesozoic	白垩纪(K) Cretaceous		被子植物出现,末期恐龙等大批生物绝灭。	~145.0
		侏罗纪(J) Jurassic		鸟类出现,爬行类及苏铁等裸子植物繁盛。	201.3±0.2
		三叠纪(T) Triassic		哺乳类出现。	252.17±0.06
	古生代(Pz) Paleozoic	二叠纪(P) Permian		无脊椎动物和裸子植物发展。	298.9±0.15
		石炭纪(C) Carboniferous		爬行类出现,蕨类植物繁盛。	358.9±0.4
		泥盆纪(D) Devonian		昆虫、原始鱼类、蕨类和原始裸子植物出现。	419.2±3.2
		志留纪(S) Silurian		原始鱼类、原始陆生植物出现。	443.4±1.5
		奥陶纪(O) Ordovician		无颌类脊椎动物出现,海生藻类发育。	485.4±1.9
		寒武纪(€) Cambrian		小壳动物出现,藻类、三叶虫开始繁盛。	~541.0±1.0
前寒武纪 Precambrian 元古宙(PT) Proterozoic				藻类、细菌繁盛,软躯体无脊椎动物出现。	2500
太古宙(AR) Archaean					4000
冥古宙 Hadean					~4600

说明:本表各地质时代的距今时间按国际地层委员会 2013 年 1 月资料。其中未经全球地质年龄测定的标准方法确定的用近似值表示(数字前加"~")。

地震烈度表

地震烈度	人的感觉	房屋震害			其他震害现象
		类型	震害程度	平均震害指数	
Ⅰ	无感	—	—	—	—
Ⅱ	室内个别静止中的人有感觉	—	—	—	—
Ⅲ	室内少数静止中的人有感觉	—	门、窗轻微作响	—	悬挂物微动
Ⅳ	室内多数人、室外少数人有感觉，少数人梦中惊醒	—	门、窗作响	—	悬挂物明显摆动，器皿作响
Ⅴ	室内绝大多数、室外多数人有感觉，多数人梦中惊醒	—	门窗、屋顶、屋架颤动作响，灰土掉落，个别房屋墙体抹灰出现细微裂缝，个别屋顶烟囱掉砖	—	悬挂物大幅度晃动，不稳定器物摇动或翻倒
Ⅵ	多数人站立不稳，少数人惊逃户外	A	少数中等破坏，多数轻微破坏和/或基本完好	0.00～0.11	家具和物品移动；河岸和松软土出现裂缝，饱和砂层出现喷砂冒水；个别独立砖烟囱轻度裂缝
		B	个别中等破坏，少数轻微破坏，多数基本完好		
		C	个别轻微破坏，大多数基本完好	0.00～0.08	
Ⅶ	大多数人惊逃户外，骑自行车的人有感觉，行驶中的汽车驾乘人员有感觉	A	少数毁坏和/或严重破坏，多数中等和/或轻微破坏	0.09～0.31	物体从架子上掉落；河岸出现塌方，饱和砂层常见喷水冒砂，松软土地上裂缝较多；大多数独立砖烟囱中等破坏
		B	少数中等破坏，多数轻微破坏和/或基本完好		
		C	少数中等和/或轻微破坏，多数基本完好	0.07～0.22	
Ⅷ	多数人摇晃颠簸，行走困难	A	少数毁坏，多数严重和/或中等破坏	0.29～0.51	干硬土上出现裂缝，饱和砂层绝大多数喷砂冒水；大多数独立砖烟囱严重破坏
		B	个别毁坏，少数严重破坏，多数中等和/或轻微破坏		
		C	少数严重和/或中等破坏，多数轻微破坏	0.20～0.40	

续表

<table>
<tr><th rowspan="2">地震烈度</th><th rowspan="2">人的感觉</th><th colspan="3">房屋震害</th><th rowspan="2">其他震害现象</th></tr>
<tr><th>类型</th><th>震害程度</th><th>平均震害指数</th></tr>
<tr><td rowspan="3">Ⅸ</td><td rowspan="3">行动的人摔倒</td><td>A</td><td>多数严重破坏或/和毁坏</td><td rowspan="2">0.49～0.71</td><td rowspan="3">干硬土上多处出现裂缝,可见基岩裂缝、错动,滑坡、塌方常见;独立砖烟囱多数倒塌</td></tr>
<tr><td>B</td><td>少数毁坏,多数严重和/或中等破坏</td></tr>
<tr><td>C</td><td>少数毁坏和/或严重破坏,多数中等和/或轻微破坏</td><td>0.38～0.60</td></tr>
<tr><td rowspan="3">Ⅹ</td><td rowspan="3">骑自行车的人会摔倒,处不稳状态的人会摔离原地,有抛起感</td><td>A</td><td>绝大多数毁坏</td><td rowspan="2">0.69～0.91</td><td rowspan="3">山崩和地震断裂出现,基岩上拱桥破坏;大多数独立砖烟囱从根部破坏或倒毁</td></tr>
<tr><td>B</td><td>大多数毁坏</td></tr>
<tr><td>C</td><td>多数毁坏和/或严重破坏</td><td>0.58～0.80</td></tr>
<tr><td rowspan="3">Ⅺ</td><td rowspan="3">—</td><td>A</td><td rowspan="3">绝大多数毁坏</td><td rowspan="2">0.89～1.00</td><td rowspan="3">地震断裂延续很大,大量山崩滑坡</td></tr>
<tr><td>B</td></tr>
<tr><td>C</td><td>0.78～1.00</td></tr>
<tr><td rowspan="3">Ⅻ</td><td rowspan="3">—</td><td>A</td><td rowspan="3">几乎全部毁坏</td><td rowspan="3">1.00</td><td rowspan="3">地面剧烈变化,山河改观</td></tr>
<tr><td>B</td></tr>
<tr><td>C</td></tr>
</table>

注:本表参照 GB/T 17742－2008《中国地震烈度表》。

中国的世界地质公园名录

省(自治区、直辖市)	地质公园名称	批次	地质遗产	自然人文遗产
北京市	房山地质公园	三	石灰岩喀斯特洞穴，各类石笋、石钟乳，北京人遗址	北京西南大量人文遗址
	延庆地质公园	七	原地埋藏的硅化木化石、恐龙足迹	古崖居、庙宇、民俗
内蒙古自治区	克什克腾地质公园	二	花岗岩峰林地貌，沙漠与大兴安岭林区接壤地，草原，达里湖，云杉林	金边堡，岩画，蒙古族民族风情
	阿拉善沙漠地质公园	五	沙漠和湖泊	蒙古族民族风情
黑龙江省	五大连池地质公园	一	火山岩地貌景观、温泉	中国大陆最近的火山喷发(1719～1721年)
	镜泊湖地质公园	三	十二处火山口、地下森林、熔岩流动微地貌、熔岩隧道、堰塞湖、吊水楼瀑布、峡谷、花岗岩山体景观	古渤海国上京龙泉府遗址、清代兴隆寺、朝鲜族民俗村
安徽省	黄山地质公园	一	花岗岩峰丛地貌	历代名人踪迹
	天柱山地质公园	六	花岗岩峰丛地貌和超高压变质带地质遗迹、古新世化石产地	薛家岗文化遗址，古皖国，古南岳，山谷流泉摩崖石刻，佛教禅宗承前启后的重要发祥地
山东省	泰山地质公园	三	早前寒武纪地质、寒武纪地层	
河南省	嵩山地质公园	一	完整的华北地台地层剖面，三个前寒武纪的角度不整合	七千年华夏文化，文物，寺庙集中，少林寺，嵩阳书院
	云台山地质公园	一	丹崖赤壁，悬崖瀑布，水利工程，喀斯特	竹林七贤居地，寺，塔，古树
	王屋山—黛眉山地质公园	三	地质构造和地层遗迹	小浪底水利工程
	伏牛山地质公园	三	恐龙蛋集中产地	
湖南省	张家界地质公园	一	砂岩峰林地貌，柱、峰、塔锥上植物奇秀，附近有溶洞和脊椎动物化石产地	土家族民族风情
湖北省	神农架地质公园	七	构造地貌生态	巴楚文化、民风民俗

续表

省(自治区、直辖市)	地质公园名称	批次	地质遗产	自然人文遗产
广东省	丹霞山地质公园	一	丹霞地貌命名地	
广西壮族自治区	乐业—凤山地质公园	六	天坑群、岩溶地貌、大洞穴系统、地下水文地貌	蓝衣壮族、蓝靛瑶族、高山汉族民族风情
海南省	雷琼地质公园	三	雷琼陆谷火山带	
陕西省	秦岭地质公园	五	造山带地质遗迹,第四纪地质遗迹,古人类遗址	古代名人碑刻
香港特别行政区	香港地质公园		火山岩、沉积岩	
浙江省	雁荡山地质公园	二	火山地质遗迹	寺庙
福建省	泰宁地质公园	二	湖上丹霞地貌	
	宁德地质公园	六	花岗岩、火山岩地貌,河床侵蚀地貌	客家文化
江西省	庐山地质公园	一	断块山体,江南古老地层剖面,第四纪冰川遗迹	白鹿洞书院,世界不同风格建筑,历史事件
	龙虎山地质公园	四	丹霞地貌景观	古代道教活动中心之一,并有悬棺群和古崖葬遗址
	三清山地质公园	六	花岗岩峰林地貌	道教人文景观
云南省	石林地质公园	一	碳酸盐岩溶峰丛地貌,溶洞	哈尼族民族风情,歌舞
四川省	自贡地质公园	四	恐龙发掘地,多种恐龙化石密集埋藏	世界最早的超千米盐井
	宜宾兴文地质公园	二	岩溶地貌,古生物化石	苗族民族风情

蒲福风级表

风力等级	名称	海面浪高		海面和渔船征象	陆地地物征象	对应平地10m高处/风速(m/s)	
		一般	最高			范围	中数
0	静风	—	—	海面平静。	静，烟直上。	0.0～0.2	0.0
1	软风	0.1	0.1	微波如鳞，无浪花，一般渔船正好能使舵。	烟能表示风向，树叶略有摇动。	0.3～1.5	1.0
2	轻风	0.2	0.3	小波、波长尚短，但波形显著，波峰光亮但不破裂。渔船张帆时，可随风移行1～2海里时。	人面感觉有风，树叶有微响，旗子开始飘动。高的草开始摇动。	1.6～3.3	2.0
3	微风	0.6	1.0	小波加大，波峰开始破裂；浪沫光亮，有时有散见的白浪花。渔船开始簸动，张帆随风移行3～4海里时。	树叶及小枝摇动不息，旗子展开。高的草摇动不息。	3.4～5.4	4.0
4	和风	1.0	1.5	小浪，波长变长；白浪成群出现。渔船满帆时，可使船身倾于一侧。	能吹起地面尘埃和纸张，树枝动摇。高的草呈波浪起伏。	5.5～7.9	7.0
5	清劲风	2.0	2.5	中浪，具有较显著的长波形状；许多白浪形成(偶有飞沫)。渔船须缩帆一部分。	有叶的小树摇摆，内陆的水面有小波。高的草波浪起伏明显。	8.0～10.7	9.0
6	强风	3.0	4.0	轻度大浪开始形成；到处都有更大的白沫峰(有时有些飞沫)。渔船缩帆大部分，并注意风险。	大树枝摇动，电线呼呼有声，撑伞困难。高的草不时倾伏于地。	10.8～13.8	12.0
7	疾风	4.0	5.5	轻度大浪，碎浪而成的白沫沿风向呈条状。渔船不再出港，在海者下锚。	全树摇动，大树枝弯下来，迎风步行感觉不便。	13.9～17.1	16.0
8	大风	5.5	7.5	有中度大浪，波长较长，波峰边缘开始破碎成飞沫片；白沫沿风向呈明显的条带。所有近海渔船都要靠港，停留不出。	可折毁小枝，迎风步行感觉阻力很大。	17.2～20.7	19.0

续表

风力等级	名称	海面浪高		海面和渔船征象	陆地地物征象	对应平地10m高处/风速(m/s)	
		一般	最高			范围	中数
9	烈风	7.0	10.0	狂浪，沿风向白沫呈浓密的条带状，波峰开始翻滚，飞沫可影响能见度。机帆船航行困难。	草房遭受破坏，屋瓦被掀起，可折断大树枝。	20.8～24.4	23.0
10	狂风	9.0	12.5	狂涛，波峰长而翻卷，白沫成片出现，沿风向呈白色浓密条带，整个海面呈白色；海面颠簸加大有震动感，能见度受影响，机帆船航行颇危险。	树木可被吹倒，一般建筑物遭破坏。	24.5～28.4	26.0
11	暴风	11.5	16.0	异常狂涛(中小船只可一时隐没在浪后)；海面完全被沿风向吹出的白沫所掩盖；能见度受影响，机帆船遇之极危险。	大树可被吹倒，一般建筑物遭严重破坏。	28.5～32.6	31.0
12	飓风	14.0	—	空中充满了白色浪花和飞沫；海面完全变白，能见度受到严重影响。	陆上很少见，其破坏力极大。	32.7～36.9	35.0
13						37.0～41.4	39.0
14						41.5～46.1	44.0
15						46.2～50.9	49.0
16						51.0～56.0	54.0
17						56.1～61.2	59.0
18						≥61.3	—

海况等级表

等级	海面征状
0	海面光滑如镜，或仅有涌浪存在
1	波纹或涌浪和波纹同时存在
2	波浪较小，波峰开始破裂，浪花不显或呈玻璃色
3	波浪很触目，波峰破裂，其中有些地方形成白色浪花（白浪）
4	波浪具有明显的形状，到处形成白浪
5	出现高大的波峰，浪花占波峰上很大的面积，风开始削去波峰上的浪花
6	波峰上被风削去的浪花，开始沿着波浪斜面伸长成带状，有时波峰出现风暴波的长波形状
7	风削去的浪花带布满了波浪斜面，有些地方达到波谷，波峰上布满了浪花层
8	稠密的浪花布满了波浪斜面，海面变成白色，只有波谷内某些地方没有浪花
9	整个海面布满了稠密的浪花层，空气中充满了水滴和飞沫，能见度显著降低

星 座 表

表1 星座

大陆名	台湾名	国际通用名	所有格	简号
白羊座	白羊座	Aries	Arietis	Ari
半人马座	半人馬座	Centaurus	Centauri	Cen
宝瓶座	寶瓶座	Aquarius	Aquarii	Aqr
北冕座	北冕座	Corona Borealis	Coronae Borealis	CrB
波江座	波江座	Eridanus	Eridani	Eri
苍蝇座	蒼蠅座	Musca	Muscae	Mus
豺狼座	豺狼座	Lupus	Lupi	Lup
长蛇座	長蛇座	Hydra	Hydrae	Hya
船底座	船底座	Carina	Carinae	Car
船帆座	船帆座	Vela	Velorum	Vel
船尾座	船尾座	Puppis	Puppis	Pup
大犬座	大犬座	Canis Major	Canis Majoris	CMa
大熊座	大熊座	Ursa Major	Ursae Majoris	UMa
雕具座	雕具座	Caelum	Caeli	Cae
杜鹃座	杜鵑座	Tucana	Tucanae	Tuc
盾牌座	盾牌座	Scutum	Scuti	Sct
飞马座	飛馬座	Pegasus	Pegasi	Peg
飞鱼座	飛魚座	Volans	Volantis	Vol
凤凰座	鳳凰座	Phoenix	Phoenicis	Phe
海豚座	海豚座	Delphinus	Delphini	Del
后发座	后髮座	Coma Berenices	Comae Berenices	Com
狐狸座	狐狸座	Vulpecula	Vulpeculae	Vul
绘架座	繪架座	Pictor	Pictoris	Pic
唧筒座	唧筒座	Antlia	Antliae	Ant
剑鱼座	劍魚座	Dorado	Doradus	Dor
金牛座	金牛座	Taurus	Tauri	Tau
鲸鱼座	鯨魚座	Cetus	Ceti	Cet
矩尺座	矩尺座	Norma	Normae	Nor
巨爵座	巨爵座	Crater	Crateris	Crt
巨蛇座	巨蛇座	Serpens	Serpentis	Ser

续表

大陆名	台湾名	国际通用名	所有格	简号
巨蟹座	巨蟹座	Cancer	Cancri	Cnc
孔雀座	孔雀座	Pavo	Pavonis	Pav
猎户座	獵户座	Orion	Orionis	Ori
猎犬座	獵犬座	Canes Venatici	Canum Venaticorum	CVn
六分仪座	六分儀座	Sextans	Sextantis	Sex
鹿豹座	鹿豹座	Camelopardalis	Camelopardalis	Cam
罗盘座	羅盤座	Pyxis	Pyxidis	Pyx
摩羯座	摩羯座	Capricornus	Capricorni	Cap
牧夫座	牧夫座	Bootes	Bootis	Boo
南极座	南極座	Octans	Octantis	Oct
南冕座	南冕座	Corona Australis	Coronae Australis	CrA
南三角座	南三角座	Triangulum Australe	Trianguli Australis	TrA
南十字座	南十字座	Crux	Crucis	Cru
南鱼座	南魚座	Piscis Austrinus	Piscis Austrini	PsA
麒麟座	麒麟座	Monoceros	Monocerotis	Mon
人马座	人馬座	Sagittarius	Sagittarii	Sgr
三角座	三角座	Triangulum	Trianguli	Tri
山案座	山案座	Mensa	Mensae	Men
蛇夫座	蛇夫座	Ophiuchus	Ophiuchi	Oph
狮子座	獅子座	Leo	Leonis	Leo
时钟座	時鐘座	Horologium	Horologii	Hor
室女座	室女座	Virgo	Virginis	Vir
双鱼座	雙魚座	Pisces	Piscium	Psc
双子座	雙子座	Gemini	Geminorum	Gem
水蛇座	水蛇座	Hydrus	Hydri	Hyi
天秤座	天秤座	Libra	Librae	Lib
天鹅座	天鵝座	Cygnus	Cygni	Cyg
天鸽座	天鴿座	Columba	Columbae	Col
天鹤座	天鶴座	Grus	Gruis	Gru
天箭座	天箭座	Sagitta	Sagittae	Sge
天龙座	天龍座	Draco	Draconis	Dra
天炉座	天爐座	Fornax	Fornacis	For
天猫座	天貓座	Lynx	Lyncis	Lyn
天琴座	天琴座	Lyra	Lyrae	Lyr

续表

大陆名	台湾名	国际通用名	所有格	简号
天坛座	天壇座	Ara	Arae	Ara
天兔座	天兔座	Lepus	Leporis	Lep
天蝎座	天蠍座	Scorpius	Scorpii	Sco
天燕座	天燕座	Apus	Apodis	Aps
天鹰座	天鷹座	Aquila	Aquilae	Aql
网罟座	網罟座	Reticulum	Reticuli	Ret
望远镜座	望遠鏡座	Telescopium	Telescopii	Tel
乌鸦座	烏鴉座	Corvus	Corvi	Crv
武仙座	武仙座	Hercules	Herculis	Her
仙后座	仙后座	Cassiopeia	Cassiopeiae	Cas
仙女座	仙女座	Andromeda	Andromedae	And
仙王座	仙王座	Cepheus	Cephei	Cep
显微镜座	顯微鏡座	Microscopium	Microscopii	Mic
小马座	小馬座	Equuleus	Equulei	Equ
小犬座	小犬座	Canis Minor	Canis Minoris	CMi
小狮座	小獅座	Leo Minor	Leonis Minoris	LMi
小熊座	小熊座	Ursa Minor	Ursae Minoris	UMi
蝎虎座	蝎虎座	Lacerta	Lacertae	Lac
蝘蜓座	蝘蜓座	Chamaeleon	Chamaeleontis	Cha
印第安座	印第安座	Indus	Indi	Ind
英仙座	英仙座	Perseus	Persei	Per
玉夫座	玉夫座	Sculptor	Sculptoris	Scl
御夫座	御夫座	Auriga	Aurigae	Aur
圆规座	圓規座	Circinus	Circini	Cir

表 2　黄道十二宫

大陆名	台湾名	国际通用名
白羊宫	白羊宫	Aries
金牛宫	金牛宫	Taurus
双子宫	雙子宫	Gemini
巨蟹宫	巨蟹宫	Cancer
狮子宫	獅子宫	Leo
室女宫	室女宫	Virgo
天秤宫	天秤宫	Libra
天蝎宫	天蝎宫	Scorpius
人马宫	人馬宫	Sagittarius
摩羯宫	摩羯宫	Capricornus
宝瓶宫	寶瓶宫	Aquarius
双鱼宫	雙魚宫	Pisces

二十四节气表

	节气名称	英文名	节气日期	太阳到达黄经	气候或物候现象
春	立春(正月节)	Beginning of Spring	2 月 4 日或 5 日	315°	春季开始,天渐回暖
	雨水(正月中)	Rain Water	2 月 19 日或 20 日	330°	天气回暖,冰雪开化,雨量增多
	惊蛰(二月节)	Awakening from Hibernation	3 月 5 日或 6 日	345°	冬眠动物开始苏醒,始闻雷声
	春分(二月中)	Vernal Equinox	3 月 20 日或 21 日	0°	春季中间,昼夜等长
	清明(三月节)	Fresh Green	4 月 4 日或 5 日	15°	天气清朗、温暖,草木返青
	谷雨(三月中)	Grain Rain	4 月 20 日或 21 日	30°	降水明显增多,开始播种五谷瓜豆
夏	立夏(四月节)	Beginning of Summer	5 月 5 日或 6 日	45°	夏季开始,气温显著升高,作物旺长
	小满(四月中)	Lesser Fullness	5 月 21 日或 22 日	60°	麦类作物籽粒开始饱满
	芒种(五月节)	Grain in Ear	6 月 5 日或 6 日	75°	芒类作物成熟,进入多雨季节
	夏至(五月中)	Summer Solstice	6 月 21 日或 22 日	90°	炎热将至,该日昼最长,夜最短
	小暑(六月节)	Lesser Heat	7 月 7 日或 8 日	105°	进入伏天,开始炎热
	大暑(六月中)	Greater Heat	7 月 23 日或 24 日	120°	最炎热时期到来,雨水最多
秋	立秋(七月节)	Beginning of Autumn	8 月 7 日或 8 日	135°	秋季开始,气温转降
	处暑(七月中)	End of Heat	8 月 23 日或 24 日	150°	炎热暑期即将过去,天气转凉
	白露(八月节)	White Dew	9 月 7 日或 8 日	165°	夜间转凉,地面水汽结露
	秋分(八月中)	Autumn Equinox	9 月 23 日或 24 日	180°	秋季中间,昼夜等长
	寒露(九月节)	Cold Dew	10 月 8 日或 9 日	195°	气温更降,露水更凉
	霜降(九月中)	First Frost	10 月 23 日或 24 日	210°	天气渐寒,开始有霜冻

续表

	节气名称	英文名	节气日期	太阳到达黄经	气候或物候现象
冬	立冬(十月节)	Beginning of Winter	11月7日或8日	225°	冬季开始，耕作结束
	小雪(十月中)	Light Snow	11月22日或23日	240°	开始降雪，雪量小
	大雪(十一月节)	Heavy Snow	12月7日或8日	255°	降雪机会增多，雪大
	冬至(十一月中)	Winter Solstice	12月21日或22日	270°	寒冬到来，该日昼最短，夜最长
	小寒(十二月节)	Lesser Cold	1月5日或6日	285°	天气开始寒冷
	大寒(十二月中)	Great Cold	1月20日或21日	300°	最寒冷的时期到来

元素周期表

原子序数 —— 1　H —— 元素符号
大陆中文名称 —— 氢 / 氫 —— 台湾中文名称
hydrogen —— 元素英文名称
[1.007, 1.009] —— 标准原子量

族 周期	1/IA	2/IIA	3/IIIB	4/IVB	5/VB	6/VIB	7/VIIB	8/VIIIB	9/VIIIB	10/VIIIB	11/IB	12/IIB	13/IIIA	14/IVA	15/VA	16/VIA	17/VIIA	18/VIIIA	电子壳层	层电子数
1	1 H 氢 / 氫 hydrogen [1.007, 1.009]																	2 He 氦 / 氦 helium 4.003	K	2
2	3 Li 锂 / 鋰 lithium [6.938, 6.997]	4 Be 铍 / 鈹 beryllium 9.012											5 B 硼 / 硼 boron [10.80, 10.83]	6 C 碳 / 碳 carbon [12.00, 12.02]	7 N 氮 / 氮 nitrogen [14.00, 14.01]	8 O 氧 / 氧 oxygen [15.99, 16.00]	9 F 氟 / 氟 fluorine 19.00	10 Ne 氖 / 氖 neon 20.18	L K	8 2
3	11 Na 钠 / 鈉 sodium 22.99	12 Mg 镁 / 鎂 magnesium [24.30, 24.31]											13 Al 铝 / 鋁 aluminium 26.98	14 Si 硅 / 矽 silicon [28.08,28.09]	15 P 磷 / 磷 phosphorus 30.97	16 S 硫 / 硫 sulfur [32.05, 32.08]	17 Cl 氯 / 氯 chlorine [35.44, 35.46]	18 Ar 氩 / 氬 argon 39.95	M L K	8 8 2
4	19 K 钾 / 鉀 potassium 39.10	20 Ca 钙 / 鈣 calcium 40.08	21 Sc 钪 / 鈧 scandium 44.96	22 Ti 钛 / 鈦 titanium 47.87	23 V 钒 / 釩 vanadium 50.94	24 Cr 铬 / 鉻 chromium 52.00	25 Mn 锰 / 錳 manganese 54.94	26 Fe 铁 / 鐵 iron 55.85	27 Co 钴 / 鈷 cobalt 58.93	28 Ni 镍 / 鎳 nickel 58.69	29 Cu 铜 / 銅 copper 63.55	30 Zn 锌 / 鋅 zinc 65.38(2)	31 Ga 镓 / 鎵 gallium 69.72	32 Ge 锗 / 鍺 germanium 72.63	33 As 砷 / 砷 arsenic 74.92	34 Se 硒 / 硒 selenium 78.96(3)	35 Br 溴 / 溴 bromine [79.90, 79.91]	36 Kr 氪 / 氪 krypton 83.80	N M L K	8 18 8 2
5	37 Rb 铷 / 銣 rubidium 85.47	38 Sr 锶 / 鍶 strontium 87.62	39 Y 钇 / 釔 yttrium 88.91	40 Zr 锆 / 鋯 zirconium 91.22	41 Nb 铌 / 鈮 niobium 92.91	42 Mo 钼 / 鉬 molybdenum 95.96(2)	43 Tc 锝 / 鎝 technetium	44 Ru 钌 / 釕 ruthenium 101.1	45 Rh 铑 / 銠 rhodium 102.9	46 Pd 钯 / 鈀 palladium 106.4	47 Ag 银 / 銀 silver 107.9	48 Cd 镉 / 鎘 cadmium 112.4	49 In 铟 / 銦 indium 114.8	50 Sn 锡 / 錫 tin 118.7	51 Sb 锑 / 銻 antimony 121.8	52 Te 碲 / 碲 tellurium 127.6	53 I 碘 / 碘 iodine 126.9	54 Xe 氙 / 氙 xenon 131.3	O N M L K	8 18 18 8 2
6	55 Cs 铯 / 銫 caesium 132.9	56 Ba 钡 / 鋇 barium 137.3	57 — 71 镧系元素 / 鑭系元素 lanthanoids	72 Hf 铪 / 鉿 hafnium 178.5	73 Ta 钽 / 鉭 tantalum 180.9	74 W 钨 / 鎢 tungsten 183.8	75 Re 铼 / 錸 rhenium 186.2	76 Os 锇 / 鋨 osmium 190.2	77 Ir 铱 / 銥 iridium 192.2	78 Pt 铂 / 鉑 platinum 195.1	79 Au 金 / 金 gold 197.0	80 Hg 汞 / 汞 mercury 200.6	81 Tl 铊 / 鉈 thallium [204.3, 204.4]	82 Pb 铅 / 鉛 lead 207.2	83 Bi 铋 / 鉍 bismuth 209.0	84 Po 钋 / 釙 polonium	85 At 砹 / 砈 astatine	86 Rn 氡 / 氡 radon	P O N M L K	8 18 32 18 8 2
7	87 Fr 钫 / 鍅 francium	88 Ra 镭 / 鐳 radium	89 — 103 锕系元素 / 錒系元素 actinoids	104 Rf 𬬻 / 鑪 rutherfordium	105 Db 𬭊 / 𨧀 dubnium	106 Sg 𬭳 / 𨭎 seaborgium	107 Bh 𬭛 / 𨨏 bohrium	108 Hs 𬭶 / 𨭆 hassium	109 Mt 鿏 / 䥑 meitnerium	110 Ds 𫟼 / 鐽 darmstadtium	111 Rg 𬬭 / 錀 roentgenium	112 Cn 鿔 / 鎶 copernicium		114 Fl 𫓧 / 鈇 flerovium		116 Lv 𫟷 / 鉝 livermorium			Q P O N M L K	8 18 32 32 18 8 2

镧系元素	57 La 镧 / 鑭 lanthanum 138.9	58 Ce 铈 / 鈰 cerium 140.1	59 Pr 镨 / 鐠 praseodymium 140.9	60 Nd 钕 / 釹 neodymium 144.2	61 Pm 钷 / 鉕 promethium	62 Sm 钐 / 釤 samarium 150.4	63 Eu 铕 / 銪 europium 152.0	64 Gd 钆 / 釓 gadolinium 157.3	65 Tb 铽 / 鋱 terbium 158.9	66 Dy 镝 / 鏑 dysprosium 162.5	67 Ho 钬 / 鈥 holmium 164.9	68 Er 铒 / 鉺 erbium 167.3	69 Tm 铥 / 銩 thulium 168.9	70 Yb 镱 / 鐿 ytterbium 173.1	71 Lu 镥 / 鎦 lutetium 175.0
锕系元素	89 Ac 锕 / 錒 actinium	90 Th 钍 / 釷 thorium 232.0	91 Pa 镤 / 鏷 protactinium 231.0	92 U 铀 / 鈾 uranium 238.0	93 Np 镎 / 錼 neptunium	94 Pu 钚 / 鈽 plutonium	95 Am 镅 / 鋂 americium	96 Cm 锔 / 鋦 curium	97 Bk 锫 / 鉳 berkelium	98 Cf 锎 / 鉲 californium	99 Es 锿 / 鑀 einsteinium	100 Fm 镄 / 鐨 fermium	101 Md 钔 / 鍆 mendelevium	102 No 锘 / 鍩 nobelium	103 Lr 铹 / 鐒 lawrencium

注：1. 标准原子量的数值选自 Pure Appl. Chem. 85, 1047-1078 (2013) 中的表 4（http://dx.doi.org/10.1351/PAC-REP-13-03-02）。
2. 族号 1/ I A，前者为国际纯粹与应用化学联合会（IUPAC）推荐标法，后者为中国大陆较为通用的标法。
3. 元素“铝”和“铯”的英文名称“aluminum”和“aluminium”、“cesium”和“caesium”都可使用。

词目英文索引

（英文右边的号码指词典正文的页码）

A

B

C

D

E

F

G

I

J

K

L

M

N

O

P

— S —

T

U

V

W

— X —

— Y —

Z

数　字

希腊字母

后　　记

经过几年的艰苦努力，《两岸科技常用词典》终于同广大读者见面了。

编写词典不容易，编写科技词典更不容易，编写两岸对照的科技词典尤其不容易。尽管我们在开编之初已经做好了充分的准备，但是编写过程中不断出现的新问题，以及需要不断克服的新困难还是大大出乎预料。词典主要面向的是中等及以上文化程度的读者，因此收词要不失系统又要尽量贴近生活，注释要不失科学又要尽量通俗易懂；词典面向的是来自两岸的读者，于是词目的汉字书写既有简化字，又有繁体字；注音上既有汉语拼音，又有注音字母；根据名词对照的需要，词目的后面一般要附注对应的英文，有些词目还要附注对应的拉丁文；为了帮助说明释义内容及交代文化背景等，又配加了大量的插图和知识窗。如此之高的编写要求，如此之多的编写栏目，使我们的编委会和编写队伍感到很大压力，同时也激发了我们一定要编好这部具有鲜明特色的词典的决心。

如今，两岸专家学者通力合作，终于不辱使命，胜利地完成了这项光荣而艰巨的任务。

本词典的编者是来自各个学科领域的科技专家和辞书专家，有着较为丰富的专业知识及编辑经验。他们具体的编写分工是：

科学技术总论　李志江
数学　田载今
物理　杜　敏
化学化工　徐　蔓
天文　余　恒
气象　王存忠
地质　吴寅泰　胡晓春　周明镒
地理　吕　京
生物基础　曹兰萍　霍春雁
动物　曹兰萍　程利平
植物　霍春雁
医学　张玉森
中医　朱建平　高新颜　洪　梅　吴文清　邱　玏
心理　周家骥　姚云云
信息　王有志
机械　王自严
轻工　李克力　马　静
自动化　万百五

航空航天 陈效真 何 静

环境保护 刘志荣

材料 徐 蔓

建筑 许 政

农业 吕 京

物流 张 茜

测绘 李国建

船舶 程天柱

电工电力 王赞基 辛德培

纺织 唐小兰

交通 荆志文 吕 京

水利 吕 京

计量 周明镳

军事装备 杨 鲁 李咸菊

汉字审定 魏 励

汉语拼音拼写审定 杜 翔 李志江

注音字母注音审定 李志江

英文审定 周 欣 代晓明 王 海 吴 岖

大陆名正称、又称核定 代晓明 姜 贺 善 玉 吴 岖 张 晖

在这里，我们要衷心感谢台湾教育研究院编译发展中心的林庆隆、丁彦平、刘宝琦三位先生，他们在词典中的大陆和台湾科技名词对照审定方面进行了卓有成效的工作。我们要衷心感谢全国科技名词委事务中心的才磊、王琪、王小辉、史金鹏、叶艳玲、刘金婷、邬江、余前帆、杜振雷、赵伟、郭剑、高素婷、商涛、魏星等同仁，他们在本职工作之余，为词典的编辑付出了辛勤的汗水。其余同仁也为词典的编辑、出版做出了贡献，在此一并表示感谢。

我们要衷心感谢这部词典的出版方商务印书馆的于殿利总经理、周洪波总编辑和本书的责任编辑吕海春女士和余桂林先生。商务印书馆是中国现代出版的百年老店，有着悠久的出版历史和深厚的文化底蕴。他们在这部词典的编辑上精心审读，在出版上精心安排，提高了内容质量，保证了出版进度。

在编写《两岸科技常用词典》的过程中，尽管我们尽心竭力，但是由于学识有限，词典中仍难免存在着这样或那样的不足之处，希望各位方家和广大读者批评指正。辞书界的前辈陈原先生说过："一部辞书的出版之日，就是它修订的开始之时。"我们一定认真听取大家的宝贵意见，继续做好这部词典的完善和修订工作，为两岸科学技术事业的繁荣发展，为两岸人民的文化交流做出自己应有的贡献。

刘 青

2015 年 10 月 21 日

图书在版编目(CIP)数据

两岸科技常用词典/全国科学技术名词审定委员会事务中心编. —北京:商务印书馆,2017
ISBN 978-7-100-11461-5

Ⅰ.①两… Ⅱ.①全… Ⅲ.①科技词典 Ⅳ.①N61

中国版本图书馆 CIP 数据核字(2015)第 160396 号

LIǍNG'ÀN KĒJÌ CHÁNGYÒNG CÍDIǍN

两岸科技常用词典

全国科学技术名词审定委员会事务中心编

商 务 印 书 馆 出 版
(北京王府井大街 36 号 邮政编码 100710)
商 务 印 书 馆 发 行
北京通州皇家印刷厂印刷
ISBN 978-7-100-11461-5

2017 年 5 月第 1 版 开本 880×1230 1/32
2017 年 5 月北京第 1 次印刷 印张 53¼
定价:138.00 元